Zoologie

13., aktualisierte Auflage

Unser Online-Tipp
für noch mehr Wissen …

Aktuelles Fachwissen rund um die Uhr
– zum Probelesen, Downloaden oder
auch auf Papier.

www.informit.de

bio biologie

Cleveland P. Hickman
Larry S. Roberts
Allan Larson
Helen l'Anson
David J. Eisenhour

Zoologie

13., aktualisierte Auflage

Aus dem Amerikanischen von Thomas Lazar

Deutsche Bearbeitung von Wolf-Michael Weber

Mit 1048 Abbildungen

ein Imprint von Pearson Education
München • Boston • San Francisco • Harlow, England
Don Mills, Ontario • Sydney • Mexico City
Madrid • Amsterdam

Bibliografische Information Der Deutschen Bibliothek
Die Deutsche Bibliothek verzeichnet diese Publikation in der Deutschen Nationalbibliografie;
detaillierte bibliografische Daten sind im Internet über http://dnb.ddb.de abrufbar.

Die Informationen in diesem Produkt werden ohne Rücksicht auf einen eventuellen Patentschutz veröffentlicht.
Warennamen werden ohne Gewährleistung der freien Verwendbarkeit benutzt. Bei der Zusammenstellung
von Texten und Abbildungen wurde mit größter Sorgfalt vorgegangen. Trotzdem können Fehler nicht vollständig
ausgeschlossen werden. Verlag, Herausgeber und Autoren können für fehlerhafte Angaben und deren Folgen
weder eine juristische Verantwortung noch irgendeine Haftung übernehmen. Für Verbesserungsvorschläge und
Hinweise auf Fehler sind Verlag und Herausgeber dankbar.

Alle Rechte vorbehalten, auch die der fotomechanischen Wiedergabe und der Speicherung in elektronischen
Medien. Die gewerbliche Nutzung der in diesem Produkt gezeigten Modelle und Arbeiten ist nicht zulässig.
Fast alle Produktbezeichnungen und weitere Stichworte und sonstige Angaben, die in diesem Buch
verwendet werden, sind als eingetragene Marken geschützt. Da es nicht möglich ist, in allen Fällen
zeitnah zu ermitteln, ob ein Markenschutz besteht, wird das ®-Symbol in diesem Buch nicht verwendet.

Original Edition Copyright © 2006 by the McGraw-Hill Companies, Inc. All rights reserved.
German Language Edition Copyright © 2008 by Pearson Education Deutschland GmbH. All rights reserved.

Umwelthinweis:
Dieses Buch wurde auf chlorfrei gebleichtem Papier gedruckt. Die Einschrumpffolie – zum Schutz vor Verschmutzung –
ist aus umweltverträglichem und recyclingfähigem PE-Material.

10 9 8 7 6 5 4 3 2 1

10 09 08

ISBN 978-3-8273-7265-9

© 2008 by Pearson Studium
ein Imprint der Pearson Education Deutschland GmbH
Martin-Kollar-Straße 10–12, D–81829 München
Alle Rechte vorbehalten
www.pearson-studium.de
Übersetzung: Dr. Thomas Lazar, Paderborn
Lektorat: Dr. Stephan Dietrich, sdietrich@pearson.de
           Christian Schneider, cschneider@pearson.de
Fachlektorat: Prof. Dr. Wolf-Michael Weber,
              Institut für Zoophysiologie der Universität Münster
Originalzeichnungen: William C. Ober, M. D. und Claire W. Garrison, R. N.
Herstellung: Martha Kürzl-Harrison, mkuerzl@pearson.de
Bildbearbeitung: ptp-graphics e. K., Germany • www.ptp-graphics.eu
Korrektorat, Satz & Layout: PTP-Berlin Protago-T$_E$X-Production GmbH, Germany • www.ptp-berlin.eu
           (gesetzt in QuarkXPress 6.5)
Einbandgestaltung: Thomas Arlt, tarlt@adesso21.net
Coverbild: Minden-Pictures, Watsonville, CA, USA
Druck und Verarbeitung: Print Consult GmbH

Printed in the Slovak Republic

Inhaltsübersicht

Vorwort … XXIII

TEIL I Einführung in die Biologie rezenter Tiere … 1

Kapitel 1 Das Leben: Biologische Grundprinzipien und Zoologie als wissenschaftliche Disziplin … 3
Kapitel 2 Der Ursprung und die Chemie des Lebens … 31
Kapitel 3 Die Zelle als Grundeinheit des Lebens … 55
Kapitel 4 Zellstoffwechsel … 87

TEIL II Die Kontinuität und die Evolution der Tiere … 113

Kapitel 5 Genetik: Eine Übersicht … 115
Kapitel 6 Organismische Evolution … 159
Kapitel 7 Die Fortpflanzung … 203
Kapitel 8 Grundprinzipien der Individualentwicklung … 235

TEIL III Die Vielfalt tierischen Lebens … 275

Kapitel 9 Der Bauplan eines Tieres … 277
Kapitel 10 Klassifizierung und Stammesgeschichte der Tiere … 299
Kapitel 11 Protozoen … 327
Kapitel 12 Mesozoa und Parazoa … 369
Kapitel 13 Radiärsymmetrische Tiere (Radiata) … 391
Kapitel 14 Acoelomate Bilateralia … 431
Kapitel 15 Pseudocoelomaten … 463
Kapitel 16 Weichtiere … 495
Kapitel 17 Segmentierte Würmer … 539
Kapitel 18 Arthropoda (Gliederfüßler) … 565
Kapitel 19 Aquatische Mandibulaten … 587
Kapitel 20 Terrestrische Mandibulaten … 617
Kapitel 21 Kleinere Protostomierstämme … 663
Kapitel 22 Echinodermata und Hemichordata (Stachelhäuter und Kragenwürmer) … 689
Kapitel 23 Chordata (Chordatiere) – Allgemeine Merkmale, Protochordaten und der Ursprung der frühen Vertebraten … 727
Kapitel 24 Fische … 755
Kapitel 25 Frühe Tetrapoden und die modernen Amphibien … 797
Kapitel 26 Der Ursprung der Amnioten und die Reptilien … 827
Kapitel 27 Vögel (Aves) … 857
Kapitel 28 Säugetiere … 895

TEIL IV Lebensäußerungen 941

Kapitel 29 Halt, Schutz und Bewegung 943
Kapitel 30 Homöostase 975
Kapitel 31 Innere Flüssigkeiten und Atmung 1005
Kapitel 32 Verdauung und Ernährung 1039
Kapitel 33 Nervöse Steuerung 1067
Kapitel 34 Chemische Koordination 1109
Kapitel 35 Immunsystem 1137
Kapitel 36 Das Verhalten der Tiere 1161

TEIL V Tiere und ihre Lebensräume 1193

Kapitel 37 Die Biosphäre und die geografische Verbreitung von Tieren ... 1195
Kapitel 38 Tierökologie 1223

Anhang 1253

Inhaltsverzeichnis

Vorwort — XXIII

TEIL I Einführung in die Biologie rezenter Tiere — 1

Kapitel 1 Das Leben: Biologische Grundprinzipien und Zoologie als wissenschaftliche Disziplin — 3

- 1.1 Grundlegende Merkmale des Lebens — 5
  - 1.1.1 Hat das Leben Merkmale mit Definitionskraft? — 5
  - 1.1.2 Allgemeine Eigenschaften lebender Systeme — 6
  - 1.1.3 Das Leben gehorcht den Gesetzen der Physik — 14
- 1.2 Die Zoologie als Teil der Biologie — 15
- 1.3 Die Prinzipien der Wissenschaft — 15
  - 1.3.1 Das Wesen der Wissenschaft — 15
  - 1.3.2 Die wissenschaftliche Methode — 17
  - 1.3.3 Experimentelle und evolutive Wissenschaft — 21
- 1.4 Evolutions- und Vererbungstheorien — 22
  - 1.4.1 Darwins Theorie der Evolution — 22
  - 1.4.2 Die Mendel'sche Vererbung und die Chromosomentheorie der Vererbung — 27
  - 1.4.3 Beiträge der Zellbiologie — 27

Kapitel 2 Der Ursprung und die Chemie des Lebens — 31

- 2.1 Der chemische Aufbau lebender Systeme — 33
  - 2.1.1 Kohlenhydrate: Die häufigsten organischen Substanzen in der Natur — 34
  - 2.1.2 Lipide: Treib-, Speicher- und Baustoffe — 35
  - 2.1.3 Aminosäuren und Proteine — 37
  - 2.1.4 Nucleinsäuren — 39
- 2.2 Chemische Evolution — 39
  - 2.2.1 Die präbiotische Synthese niedermolekularer organischer Moleküle — 40
  - 2.2.2 Die Bildung von Polymeren — 41
- 2.3 Der Ursprung lebender Systeme — 45
  - 2.3.1 Der Ursprung des Stoffwechsels — 45
  - 2.3.2 Photosynthese und oxidativer Stoffwechsel treten auf den Plan — 46
- 2.4 Das Leben im Präkambrium — 47
  - 2.4.1 Prokaryonten und das Zeitalter der Cyanobakterien — 47
  - 2.4.2 Das Auftauchen der Eukaryonten — 49

Kapitel 3 Die Zelle als Grundeinheit des Lebens — 55

- 3.1 Das Zellkonzept — 57
  - 3.1.1 Wie Zellen untersucht werden — 58
- 3.2 Der Aufbau von Zellen — 60
  - 3.2.1 Prokaryontische und eukaryontische Zellen — 61
  - 3.2.2 Die Komponenten eukaryontischer Zellen und ihre Funktionen — 61
  - 3.2.3 Die Oberflächen von Zellen und ihre Spezialisierungen — 68
  - 3.2.4 Die Funktionen der Zellmembranen — 70

3.3	Mitose und Zellteilung	77
	3.3.1 Der Aufbau der Chromosomen	77
	3.3.2 Die Phasen der Mitose	78
	3.3.3 Zellflux	82

Kapitel 4 Zellstoffwechsel — 87

4.1	Energie und die Hauptsätze der Thermodynamik	89
4.2	Die freie Energie	90
4.3	Die Rolle der Enzyme	91
	4.3.1 Enzyme und die Aktivierungsenergie	91
	4.3.2 Die chemische Natur der Enzyme	92
	4.3.3 Die Wirkungsweise von Enzymen	93
	4.3.4 Die Spezifität von Enzymen	93
	4.3.5 Enzymkatalysierte Reaktionen	94
4.4	Übertragung chemischer Energie durch ATP	95
4.5	Zellatmung	96
	4.5.1 Wie der Transport von Elektronen genutzt wird, um chemische Bindungsenergie nutzbar zu machen	96
	4.5.2 Aerober versus anaerober Stoffwechsel	97
	4.5.3 Übersicht über die Zellatmung	97
	4.5.4 Glycolyse	98
	4.5.5 Acetyl-Coenzym A: Strategisches Zwischenprodukt der Zellatmung	99
	4.5.6 Der Zitronensäurezyklus: Die Oxidation des Acetyl-Coenzyms A	100
4.6	Die Atmungskette	101
	4.6.1 Der Wirkungsgrad der oxidativen Phosphorylierung	102
	4.6.2 Anaerobe Glycolyse: ATP-Erzeugung ohne Sauerstoff	104
4.7	Lipid (Fett-)Stoffwechsel	105
4.8	Proteinstoffwechsel	106
4.9	Die Regulation des Stoffwechsels	108

TEIL II Die Kontinuität und die Evolution der Tiere — 113

Kapitel 5 Genetik: Eine Übersicht — 115

5.1	Mendels Untersuchungen	117
5.2	Die chromosomale Grundlage der Vererbung	118
	5.2.1 Meiose: Reduktionsteilung der Gameten	119
	5.2.2 Geschlechtsfestlegung (Determination)	121
5.3	Die Mendel'schen Vererbungsregeln	123
	5.3.1 Die 1. Mendel'sche Regel	123
	5.3.2 Die 2. Mendel'sche Regel	126
	5.3.3 Multiple Allele	129
	5.3.4 Genwechselwirkungen	129
	5.3.5 Geschlechtsgebundene Vererbung	131
	5.3.6 Autosomale Koppelung und Crossing over	133
	5.3.7 Chromosomenaberrationen	134
5.4	Die Gentheorie	136
	5.4.1 Das Genkonzept	136
5.5	Speicherung und Weitergabe der genetischen Information	137
	5.5.1 Nucleinsäuren: Die molekulare Grundlage der Vererbung	137
	5.5.2 Die Transkription und die Rolle der Boten-RNA	142
	5.5.3 Die Translation: Der letzte Schritt der Informationsweitergabe	144
	5.5.4 Regulation der Genexpression	146
	5.5.5 Molekulargenetik	147

5.6	Die Quellen phänotypischer Variation		151
	5.6.1 Genmutationen		152
5.7	Molekulare Krebsgenetik		153
	5.7.1 Onkogene und Tumorsuppressorgene		153

Kapitel 6 Organismische Evolution — 159

6.1	Der Ursprung der Darwin'schen Evolutionstheorie		161
	6.1.1 Vordarwin'sche Vorstellung von der Evolution		161
	6.1.2 Darwins große Entdeckungsreise		163
6.2	Die Darwin'sche Evolutionstheorie: Die Beweise		166
	6.2.1 Beständiger Wandel		166
	6.2.2 Gemeinsame Abstammung		171
	6.2.3 Vermehrung der Artenzahl		175
	6.2.4 Gradualismus		180
	6.2.5 Natürliche Selektion		183
6.3	Erweiterungen der Darwin'schen Theorie		186
	6.3.1 Der Neodarwinismus		186
	6.3.2 Die Entstehung des modernen Darwinismus: Die synthetische Theorie		187
6.4	Mikroevolution: Genetische Variation und Veränderung innerhalb einer Art		187
	6.4.1 Das genetische Gleichgewicht		188
	6.4.2 Störungen des genetischen Gleichgewichtes		189
	6.4.3 Die Messung genetischer Vielfalt in Populationen		193
	6.4.4 Quantitative Variation		194
6.5	Makroevolution: Wesentliche evolutive Ereignisse		194
	6.5.1 Artbildung und Aussterben über geologische Zeiträume		195
	6.5.2 Massensterben		197

Kapitel 7 Die Fortpflanzung — 203

7.1	Die Natur des Fortpflanzungsprozesses		205
	7.1.1 Ungeschlechtliche Vermehrung: Fortpflanzung ohne Gameten		205
	7.1.2 Geschlechtliche Vermehrung: Fortpflanzung mit Gameten		207
	7.1.3 Warum pflanzen sich so viele Tiere geschlechtlich statt ungeschlechtlich fort?		210
7.2	Der Ursprung und die Reifung von Keimzellen		211
	7.2.1 Die Keimzellwanderung		212
	7.2.2 Die Festlegung des Geschlechtes		212
	7.2.3 Die Gametogenese		213
7.3	Fortpflanzungsstrategien		217
7.4	Baupläne von Fortpflanzungssystemen		219
	7.4.1 Fortpflanzungssysteme bei Invertebraten		219
	7.4.2 Fortpflanzungssysteme bei Vertebraten		219
7.5	Endokrine Ereignisse bei der Fortpflanzung		222
	7.5.1 Die hormonelle Steuerung des zeitlichen Verlaufs von Fortpflanzungszyklen		222
	7.5.2 Gonadensteroide und ihre Kontrolle		223
	7.5.3 Der Menstruationszyklus		224
	7.5.4 Menschliche Schwangerschaftshormone und die Geburt		225
	7.5.5 Mehrlingsgeburten		228

Kapitel 8   Grundprinzipien der Individualentwicklung — 235

- 8.1 Frühe Konzepte: Präformation vs. Epigenese — 237
- 8.2 Fertilisation — 238
  - 8.2.1 Eizellreifung — 238
  - 8.2.2 Befruchtung und Aktivierung — 239
- 8.3 Furchung und Frühentwicklung — 242
  - 8.3.1 Was können wir aus der Entwicklung lernen? — 243
- 8.4 Übersicht über die auf die Furchung folgenden Entwicklungsgänge — 244
  - 8.4.1 Die Blastulabildung — 244
  - 8.4.2 Die Gastrulation und die Bildung zweier Keimblätter — 245
  - 8.4.3 Bildung eines vollständigen Darms — 245
  - 8.4.4 Die Bildung des Mesoderms – eines dritten Keimblattes — 245
  - 8.4.5 Coelombildung — 246
- 8.5 Merkmalsausstattungen — 247
  - 8.5.1 Die deuterostome Entwicklung — 247
  - 8.5.2 Die protostome Entwicklung — 252
- 8.6 Entwicklungsmechanismen — 254
  - 8.6.1 Zellkernäquivalenz — 254
  - 8.6.2 Cytoplasmatische Spezifikation — 255
  - 8.6.3 Embryonale Induktion — 255
- 8.7 Genexpression im Verlauf der Entwicklung — 256
  - 8.7.1 Musterbildung — 257
  - 8.7.2 Homöotische und *Hox*-Gene — 258
  - 8.7.3 Morphogenese der Gliedmaßen und der inneren Organe — 259
  - 8.7.4 Evolutionäre Entwicklungsbiologie — 260
- 8.8 Wirbeltierentwicklung — 262
  - 8.8.1 Das gemeinsame Erbe der Vertebraten — 262
  - 8.8.2 Amnioten und das Amniotenei — 263
  - 8.8.3 Die Plazenta und die Frühentwicklung der Säugetiere — 264
- 8.9 Die Entwicklung von Organsystemen — 266
  - 8.9.1 Derivate des Ektoderms: Nervensystem und Nervenwachstum — 267
  - 8.9.2 Derivate des Entoderms: Verdauungskanal und das Schicksal der Kiemenbögen — 268
  - 8.9.3 Derivate des Mesoderms: Stützapparat, Bewegung und das schlagende Herz — 269

TEIL III   Die Vielfalt tierischen Lebens — 275

Kapitel 9   Der Bauplan eines Tieres — 277

- 9.1 Die hierarchische Organisation des Aufbaus tierischer Körper — 279
- 9.2 Tierische Baupläne — 280
  - 9.2.1 Tiersymmetrie — 281
  - 9.2.2 Leibeshöhlen und Keimblätter — 282
- 9.3 Entwicklungsgänge bestimmen Baupläne — 285
- 9.4 Baupläne wesentlicher Tiertaxa — 286
- 9.5 Komponenten des Metazoenkörpers — 288
  - 9.5.1 Extrazelluläre Komponenten — 288
  - 9.5.2 Zelluläre Bestandteile: Gewebe — 289
  - 9.5.3 Epithelgewebe — 289
  - 9.5.4 Bindegewebe — 291
  - 9.5.5 Muskelgewebe — 293
  - 9.5.6 Nervengewebe — 293
- 9.6 Komplexität und Körpergröße — 293

Kapitel 10 Klassifizierung und Stammesgeschichte der Tiere — 299

- 10.1 Linnaeus und Klassifikation — 301
- 10.2 Arten — 303
  - 10.2.1 Das typologische Artkonzept — 305
  - 10.2.2 Das biologische Artkonzept — 306
  - 10.2.3 Das evolutive Artkonzept — 306
  - 10.2.4 Das phylogenetische Artkonzept — 307
  - 10.2.5 Der Dynamismus der Artkonzepte — 307
- 10.3 Taxonomische Merkmale und phylogenetische Rekonstruktion — 308
  - 10.3.1 Die Verwendung von Merkmalsvariationen zur Rekonstruktion der Phylogenese — 308
  - 10.3.2 Quellen phylogenetischer Information — 311
- 10.4 Taxonomische Theorien — 311
  - 10.4.1 Die traditionelle evolutionäre Taxonomie — 312
  - 10.4.2 Die phylogenetische Systematik oder Kladistik — 317
  - 10.4.3 Die gegenwärtige Situation in der Taxonomie der Tiere — 319
- 10.5 Die Hauptabteilungen des Lebens — 319
- 10.6 Hauptabteilungen des Tierreichs — 321

Kapitel 11 Protozoen — 327

- 11.1 Wie legt man die Protozoengruppen fest? — 330
- 11.2 Form und Funktion — 334
  - 11.2.1 Lokomotion — 334
  - 11.2.2 Funktionelle Komponenten von Protozoenzellen — 338
  - 11.2.3 Ernährung — 339
  - 11.2.4 Exkretion und Osmoregulation — 340
  - 11.2.5 Fortpflanzung — 342
  - 11.2.6 Enzystierung und Exzystierung — 343
- 11.3 Die wesentlichen Taxa der Protozoen — 344
  - 11.3.1 Stramenopili — 344
  - 11.3.2 Viridiplantae — 345
  - 11.3.3 Phylum Euglenozoa — 346
  - 11.3.4 Phylum Retortamonada und die Diplomonaden — 348
  - 11.3.5 Alveolata — 349
  - 11.3.6 Parabasalia — 361
  - 11.3.7 Amöben — 361
- 11.4 Phylogenese und adaptive Radiation — 365
  - 11.4.1 Phylogenese — 365
  - 11.4.2 Adaptive Radiation — 366

Kapitel 12 Mesozoa und Parazoa – Phylum Mesozoa, Phylum Placozoa, Phylum Porifera (Schwämme) — 369

- 12.1 Ursprung der Metazoen — 371
- 12.2 Phylum Mesozoa — 372
  - 12.2.1 Phylogenese der Mesozoen — 374
- 12.3 Phylum Placozoa — 374
- 12.4 Phylum Porifera: Die Schwämme — 375
  - 12.4.1 Form und Funktion — 377
  - 12.4.2 Classis Calcarea (Kalkschwämme) — 383
  - 12.4.3 Classis Hexactinellida (Hyalospongiae): Glasschwämme — 383
  - 12.4.4 Classis Demospongiae (Klasse der Hornkieselschwämme) — 385
  - 12.4.5 Phylogenese und adaptive Radiation — 385

Kapitel 13 Radiärsymmetrische Tiere (Radiata) – Phylum Cnidaria, Phylum Ctenophora — 391

- 13.1 Phylum Cnidaria — 393
    - 13.1.1 Form und Funktion — 395
    - 13.1.2 Classis Hydrozoa — 400
    - 13.1.3 Nahrungsaufnahme und Verdauung — 402
    - 13.1.4 Classis Scyphozoa (Schirm- oder Scheibenquallen) — 406
    - 13.1.5 Classis Cubozoa (Würfelquallen) — 410
    - 13.1.6 Classis Anthozoa (Blumentiere) — 411
- 13.2 Phylum Ctenophora (Stamm der Rippenquallen) — 421
    - 13.2.1 Classis Tentaculata (Tentakeltragende Rippenquallen) — 422
    - 13.2.2 Andere Ctenophoren — 424
- 13.3 Phylogenese und adaptive Radiation — 425
    - 13.3.1 Phylogenese — 425
    - 13.3.2 Adaptive Radiation — 427

Kapitel 14 Acoelomate Bilateralia – Phylum Plathelminthes (Plattwürmer), Phylum Nemertea (Schnurwürmer), Phylum Gnathosotomulida (Kiefermünder) — 431

- 14.1 Phylum Plathelminthes — 434
    - 14.1.1 Form und Funktion — 435
    - 14.1.2 Classis Turbellaria — 440
    - 14.1.3 Classis Trematoda — 441
    - 14.1.4 Classis Monogenea (Saugwürmer) — 448
    - 14.1.5 Classis Cestoda (Bandwürmer) — 449
- 14.2 Phylum Nemertea (Rhynchocoela; der Stamm der Schnurwürmer) — 453
    - 14.2.1 Form und Funktion — 456
- 14.3 Phylum Gnathostomulida — 457
- 14.4 Phylogenie und adaptive Radiation — 458
    - 14.4.1 Phylogenie — 458
    - 14.4.2 Adaptive Radiation — 458

Kapitel 15 Pseudocoelomaten – Ecdysozoische Phylae: Nematoda, Nematomorpha, Kinorhyncha, Loricifera, Priapulida; Lophotrochozoische Phylae: Rotifera, Acanthocephala, Gastrotricha, Entoprocta — 463

- 15.1 Pseudocoelomaten — 465
- 15.2 Ecdysozoische Stämme — 467
    - 15.2.1 Phylum Nematoda (Stamm der Fadenwürmer) — 467
    - 15.2.2 Phylum Nematomorpha (Stamm der Saitenwürmer) — 476
    - 15.2.3 Phylum Kinorhyncha (Stamm der Hakenrüssler) — 478
    - 15.2.4 Phylum Loricifera (Stamm der Harnischtierchen) — 479
    - 15.2.5 Phylum Priapulida (Stamm der Priapswürmer) — 479
- 15.3 Lophotrochozoische Stämme — 480
    - 15.3.1 Phylum Rotifera (Stamm der Rädertierchen) — 480
    - 15.3.2 Phylum Acanthocephala (Stamm der Kratzwürmer) — 484
    - 15.3.3 Phylum Gastrotricha — 486
    - 15.3.4 Phylum Entoprocta — 487

15.4	Phylogenese und adaptive Radiation	489
	15.4.1 Phylogenese	489
	15.4.2 Adaptive Radiation	491

Kapitel 16 Weichtiere – Phylum Mollusca   495

16.1	Mollusken	497
16.2	Form und Funktion	499
	16.2.1 Der Kopf-Fuß-Bereich	500
	16.2.2 Der Eingeweidesack (Pallialkomplex)	501
	16.2.3 Fortpflanzung und Lebenslauf	503
16.3	Klassen der Mollusken	504
	16.3.1 Classis Caudofoveata	504
	16.3.2 Classis Solenogastres	504
	16.3.3 Classis Monoplacophora	505
	16.3.4 Classis Polyplacophora: Die Klasse der Käferschnecken	505
	16.3.5 Classis Scaphopoda: Die Klasse der Kahnfüßler	507
	16.3.6 Classis Gastropoda: Die Klasse der Schnecken	507
	16.3.7 Classis Bivalvia (= Pelecypoda): Die Klasse der Muscheln	517
	16.3.8 Classis Cephalopoda: Die Klasse der Kopffüßler	525
16.4	Phylogenese und adaptive Radiation	531

Kapitel 17 Segmentierte Würmer – Phylum Annelida   539

17.1	Bauplan	542
17.2	Classis Polychaeta	543
	17.2.1 Form und Funktion	544
	17.2.2 Die Meeresringelwürmer: Gattung *Nereis*	547
	17.2.3 Weitere interessante Polychaeten	548
17.3	Classis Oligochaeta	550
	17.3.1 Regenwürmer	550
	17.3.2 Süßwasseroligochaeten	555
17.4	Classis Hirudinea: Egel	557
	17.4.1 Form und Funktion	557
17.5	Die evolutive Bedeutung der Metamerie	559
17.6	Phylogenese und adaptive Radiation	561
	17.6.1 Phylogenese	561
	17.6.2 Adaptive Radiation	561

Kapitel 18 Arthropoda (Gliederfüßler) – Phylum Arthropoda, Subphylum Trilobita, Subphylum Chelicerata   565

18.1	Phylum Arthropoda	567
	18.1.1 Warum haben die Arthropoden eine so gewaltige Diversität und Häufigkeit erreichen können?	569
18.2	Subphylum Trilobita	570
18.3	Subphylum Chelicerata	571
	18.3.1 Classis Merostomata	571
	18.3.2 Classis Pycnogonida: Die Asselspinnen	572
	18.3.3 Classis Arachnida: Die Spinnentiere	573
18.4	Phylogenese und adaptive Radiation	581
	18.4.1 Phylogenese	581
	18.4.2 Adaptive Radiation	583

Kapitel 19 Aquatische Mandibulaten – Phylum Arthropoda, Subphylum Crustacea 587

- 19.1 Subphylum Crustacea 589
  - 19.1.1 Die allgemeine Natur eines Krustentieres 589
  - 19.1.2 Form und Funktion 590
- 19.2 Eine kurze Übersicht über die Crustaceen 600
  - 19.2.1 Classis Remipedia 601
  - 19.2.2 Classis Cephalocarida 601
  - 19.2.3 Classis Branchiopoda (Klasse der Blattfußkrebse = Kiemenfußkrebse) ... 601
  - 19.2.4 Classis Ostracoda (Klasse der Muschelkrebse) 602
  - 19.2.5 Classis Maxillopoda 603
  - 19.2.6 Classis Malacostraca (Klasse der höheren Krebse) 605
- 19.3 Phylogenese und adaptive Radiation 609
  - 19.3.1 Phylogenese 609
  - 19.3.2 Adaptive Radiation 611

Kapitel 20 Terrestrische Mandibulaten – Phylum Arthropoda, Subphylum Uniramia, Classis Chilopoda, Classis Diplopoda, Classis Pauropoda, Classis Symphyla, Classis Insecta 617

- 20.1 Classis Chilopoda 619
- 20.2 Classis Diplopoda 620
- 20.3 Classis Pauropoda 621
- 20.4 Classis Symphyla 621
- 20.5 Classis Insecta (Kerbtiere) 622
  - 20.5.1 Verteilung 622
  - 20.5.2 Anpassungsfähigkeit 622
  - 20.5.3 Äußere Form und Funktion 623
  - 20.5.4 Innere Form und Funktion 629
  - 20.5.5 Metamorphose und Wachstum 638
  - 20.5.6 Diapause 641
  - 20.5.7 Verteidigung 642
  - 20.5.8 Verhalten und Kommunikation 643
- 20.6 Insekten und menschliches Wohlergehen 647
  - 20.6.1 Nützliche Insekten 647
  - 20.6.2 Schadinsekten 648
  - 20.6.3 Insektenbekämpfung 650
- 20.7 Phylogenese und adaptive Radiation 655

Kapitel 21 Kleinere Protostomierstämme – Lophotrochozoische Stämme: Sipuncula, Echiura, Pogonophora, Ectoprocta, Brachiopoda; Ecdysozoische Stämme: Pentastomida, Onychophora, Tardigrada, Chaetognatha 663

- 21.1 Lophotrochozoenstämme 665
  - 21.1.1 Phylum Sipuncula 665
  - 21.1.2 Phylum Echiura 666
  - 21.1.3 Phylum Pogonophora 668
  - 21.1.4 Die Lophophoraten 670
  - 21.1.5 Phylum Phoronida 671
  - 21.1.6 Phylum Ectoprocta (= Bryozoa; Moostierchen) 672
  - 21.1.7 Phylum Brachiopoda (Armfüßler) 675

21.2		Ecdysozoische Stämme	676
	21.2.1	Phylum Pentastomida	676
	21.2.2	Phylum Onychophora	677
	21.2.3	Phylum Tardigrada	679
	21.2.4	Phylum Chaetognatha	681
21.3		Phylogenese	682

Kapitel 22   Echinodermata und Hermichordata (Stachelhäuter und Kragenwürmer) – Phylum Echinodermata, Phylum Hemichordata   689

22.1		Phylum Echinodermata	691
	22.1.1	Classis Asteroidea (Klasse der Seesterne)	694
	22.1.2	Classis Ophiuroidea (Klasse der Schlangensterne)	702
	22.1.3	Classis Echinoidea (Klasse der Seeigel)	704
	22.1.4	Classis Holothuroidea (Klasse der Seegurken)	708
	22.1.5	Classis Crinoidea (Klasse der Haarsterne)	710
	22.1.6	Form und Funktion	711
	22.1.7	Classis Concentricycloidea (Klasse der Seegänseblümchen)	712
22.2		Phylogenese und adaptive Radiation	713
	22.2.1	Phylogenese	713
	22.2.2	Adaptive Radiation	715
22.3		Phylum Hermichordata	716
	22.3.1	Classis Enteropneusta (Klasse der Eichelwürmer)	716
	22.3.2	Classis Pterobranchia (Klasse der Flügelkiemer)	719
22.4		Phylogenese und adaptive Radiation	721
	22.4.1	Phylogenese	721
	22.4.2	Adaptive Radiation	722

Kapitel 23   Chordata (Chordatiere) – Allgemeine Merkmale, Protochordaten und der Ursprung der frühen Vertebraten   727

23.1		Die Chordaten	729
	23.1.1	Traditionelle und kladistische Klassifizierung der Chordaten	730
23.2		Die fünf Hauptmerkmale der Chordaten	733
	23.2.1	Die Chorda dorsalis	733
	23.2.2	Der dorsale tubuläre Nervenstrang	734
	23.2.3	Kiementaschen und -spalten	734
	23.2.4	Endostyl oder Schilddrüse	734
	23.2.5	Der postanale Schwanz	735
23.3		Ahnenreihe und Evolution	735
23.4		Subphylum Urochordata (Unterstamm der Tunikaten = Manteltiere)	736
23.5		Subphylum Cephalochordata (Unterstamm Schädellose)	739
23.6		Subphylum Vertebrata (= Craniata; Unterstamm Wirbeltiere = Schädeltiere)	741
	23.6.1	Anpassungen, die für die frühe Evolution der Vertebraten maßgeblich waren	741
	23.6.2	Die Suche nach dem Ursprung der Wirbeltiere	743
	23.6.3	Die Ammocoeten-Larve der Neunaugen als Modell für den primitiven Wirbeltierbauplan	746
	23.6.4	Die frühesten Vertebraten	748
	23.6.5	Frühe, kiefertragende Wirbeltiere	749

Kapitel 24 Fische – Phylum Chordata, Classis Myxini, Classis Cephalaspidomorphi, Classis Chondrichthyes, Classis Actinopterygii, Classis Sarcopterygii — 755

- 24.1 Ahnenreihe und Verwandtschaftsbeziehungen wesentlicher Fischgruppen ... 757
- 24.2 Rezente kieferlose Fische ... 759
  - 24.2.1 Classis Myxini: Schleimaale ... 760
  - 24.2.2 Classis Cephalaspidomorphi (Petromyzontes): Neunaugen ... 761
- 24.3 Classis Chondrichthyes: Die Klasse der Knorpelfische ... 765
  - 24.3.1 Subclassis Elasmobranchii: Die Unterklasse der Plattenkiemer (Haie und Rochen) ... 765
  - 24.3.2 Subclassis Holocephali: Die Unterklasse der Chimären ... 770
- 24.4 Osteichthyes: Die Knochenfische ... 771
  - 24.4.1 Ursprung, Evolution und Vielfalt ... 771
  - 24.4.2 Classis Actinopterygii: Die Klasse der Strahlenflosser ... 771
  - 24.4.3 Classis Sarcopterygii: Die Klasse der Muskelflosser ... 776
- 24.5 Bauliche und funktionelle Anpassungen der Fische ... 778
  - 24.5.1 Lokomotion im Wasser ... 778
  - 24.5.2 Nullauftrieb und Schwimmblase ... 780
  - 24.5.3 Hören und Weber'scher Apparat ... 781
  - 24.5.4 Respiration ... 782
  - 24.5.5 Osmoregulation ... 783
  - 24.5.6 Fressverhalten ... 785
  - 24.5.7 Wanderungen ... 787
  - 24.5.8 Fortpflanzung, Entwicklung und Wachstum ... 789

Kapitel 25 Frühe Tetrapoden und die modernen Amphibien – Phylum Chordata, Classis Amphibia — 797

- 25.1 Vom Wasser ans Land ... 799
- 25.2 Die frühe Evolution der terrestrischen Vertebraten ... 799
  - 25.2.1 Der devonische Ursprung der Tetrapoden ... 799
  - 25.2.2 Die Radiation der Tetrapoden im Karbon ... 804
- 25.3 Moderne Amphibien ... 805
  - 25.3.1 Blindwühlen: Die Ordnung Gymnophiona (Apoda) ... 805
  - 25.3.2 Salamander: Die Ordnung Urodela (Caudata) ... 806
  - 25.3.3 Frösche und Kröten: Die Ordnung Anura (Salientia) ... 810

Kapitel 26 Der Ursprung der Amnioten und die Reptilien – Phylum Chordata, Classis Reptilia — 827

- 26.1 Ursprung und adaptive Radiation der Reptiliengruppen ... 829
  - 26.1.1 Änderungen der traditionellen Klassifizierung der Reptiliengruppen ... 832
- 26.2 Merkmale, die die Reptilien von den Amphibien unterscheiden ... 833
- 26.3 Merkmale und Naturgeschichte der Reptilienordnungen ... 836
  - 26.3.1 Anapside Reptilien: Subclassis Anapsida ... 836
  - 26.3.2 Diapside Reptilien: Subclassis Diapsida ... 838

Kapitel 27 Vögel (Aves) – Phylum Chordata, Classis Aves — 857

- 27.1 Ursprung und Verwandtschaftsverhältnisse 859
- 27.2 Form und Funktion 865
  - 27.2.1 Federn 865
  - 27.2.2 Das Vogelskelett 867
  - 27.2.3 Das Muskelsystem 869
  - 27.2.4 Nahrung, Ernährung und Verdauung 871
  - 27.2.5 Kreislaufsystem 873
  - 27.2.6 Das Atmungssystem 873
  - 27.2.7 Das Ausscheidungssystem 874
  - 27.2.8 Nervensystem und Sinnesorgane 874
  - 27.2.9 Der Vogelflug 876
- 27.3 Vogelzug und Navigation 880
  - 27.3.1 Zugrouten 880
  - 27.3.2 Auslöser des Vogelzuges 881
  - 27.3.3 Richtungsfindung während des Zuges 881
- 27.4 Sozialverhalten und Fortpflanzung 883
  - 27.4.1 Das Fortpflanzungssystem 884
  - 27.4.2 Paarungsstrategien 884
  - 27.4.3 Nestbau und Jungenaufzucht 886
- 27.5 Vogelpopulationen 887

Kapitel 28 Säugetiere (Phylum Chordata) – Classis Mammalis — 895

- 28.1 Ursprung und Evolution der Säugetiere 898
- 28.2 Bauliche und funktionelle Anpassungen der Säugetiere 904
  - 28.2.1 Das Integument und seine Derivate 904
  - 28.2.2 Nahrung und Nahrungsaufnahme 908
  - 28.2.3 Wanderungen (Migration) 914
  - 28.2.4 Flug und Echoortung 915
  - 28.2.5 Fortpflanzung 917
  - 28.2.6 Territorium (Revier) und Streifgebiet 921
  - 28.2.7 Säugetierpopulationen 922
- 28.3 Der Mensch und (andere) Säugetiere 923
- 28.4 Die Evolution des Menschen 925
  - 28.4.1 Die evolutive Radiation der Primaten 925
  - 28.4.2 Die ersten Hominiden 926
  - 28.4.3 Das Erscheinen der Gattung *Homo*, der echten Menschen ... 929
  - 28.4.4 *Homo sapiens:* Der moderne Mensch 929
  - 28.4.5 Die einzigartige Stellung des Menschen 931

TEIL IV Lebensäußerungen — 941

Kapitel 29 Halt, Schutz und Bewegung — 943

- 29.1 Das Integument (Haut) bei verschiedenen Tiergruppen 945
  - 29.1.1 Das Integument bei Invertebraten 945
  - 29.1.2 Das Integument und seine Derivate bei Vertebraten 946
- 29.2 Skelettsysteme 950
  - 29.2.1 Hydrostatische Skelette 950
  - 29.2.2 Starre Skelette 951

29.3 Tierische Bewegungsvorgänge 957
    29.3.1 Die amöboide Bewegung 958
    29.3.2 Cilien- und Flagellenbewegung 958
    29.3.3 Die muskuläre Bewegung 960
    29.3.4 Muskelleistung 969

Kapitel 30 Homöostase – Osmotische Regulation, Exkretion und Temperaturregulierung — 975

30.1 Das Wasser und die osmotische Regulation 977
    30.1.1 Wie marine Invertebraten die Probleme des Salz- und Wasserhaushaltes bewältigen 977
    30.1.2 Die Besiedelung des Süßwassers 979
    30.1.3 Fische, die ins Meer zurückkehren 979
    30.1.4 Wie terrestrische Tiere ihren Salz- und Wasserhaushalt aufrechterhalten 981
30.2 Ausscheidungsorgane von Wirbellosen 983
    30.2.1 Kontraktile Vakuolen 983
    30.2.2 Nephridien 984
    30.2.3 Arthropodennieren 985
30.3 Die Wirbeltierniere 986
    30.3.1 Abstammung und Embryologie 986
    30.3.2 Funktionsweise der Wirbeltierniere 987
    30.3.3 Glomeruläre Filtration 988
    30.3.4 Tubuläre Reabsorption 989
    30.3.5 Tubuläre Sekretion 991
    30.3.6 Wasserausscheidung 991
30.4 Temperaturregulierung 994
    30.4.1 Ektothermie und Endothermie 995
    30.4.2 Wie ektotherme Tiere von der Temperatur unabhängig werden 995
    30.4.3 Temperaturregulation bei Endothermen 996
    30.4.4 Adaptive Hypothermie bei Vögeln und Säugetieren 999

Kapitel 31 Innere Flüssigkeiten und Atmung — 1005

31.1 Das Milieu der inneren Flüssigkeiten 1007
    31.1.1 Die Zusammensetzung der Körperflüssigkeiten 1008
31.2 Die Zusammensetzung des Blutes 1009
    31.2.1 Hämostase: Die Verhinderung von Blutverlusten 1011
31.3 Kreislaufsysteme 1013
    31.3.1 Offene und geschlossene Kreislaufsysteme 1013
    31.3.2 Der Bauplan des Kreislaufsystems der Wirbeltiere 1015
    31.3.3 Arterien 1020
    31.3.4 Kapillaren 1021
    31.3.5 Venen 1023
    31.3.6 Das lymphatische System 1023
31.4 Atmung 1024
    31.4.1 Probleme der aquatischen und der terrestrischen Atmung 1024
    31.4.2 Atmungsorgane 1025
    31.4.3 Bau und Funktionsweise des Atmungsapparates der Säugetiere 1029

Kapitel 32 Verdauung und Ernährung — 1039

- 32.1 Ernährungsweisen — 1041
  - 32.1.1 Ernährung durch kleine organische Partikel — 1041
  - 32.1.2 Ernährung durch kompakte Nahrung — 1042
  - 32.1.3 Ernährung durch Flüssigkeiten — 1045
- 32.2 Verdauung — 1046
  - 32.2.1 Die Wirkung der Verdauungsenzyme — 1047
  - 32.2.2 Bewegungen des Verdauungstraktes — 1048
- 32.3 Aufbau und Funktionsweise der einzelnen Abschnitte des Verdauungstraktes — 1048
  - 32.3.1 Bereich der Nahrungsaufnahme — 1048
  - 32.3.2 Weiterleitung und Zwischenlagerung des Speisebreis — 1050
  - 32.3.3 Zermahlen und Frühverdauung des Speisebreis — 1050
  - 32.3.4 Bereich der Endverdauung und Absorption: Der Darm — 1052
  - 32.3.5 Wasserabsorption und der Aufkonzentrierung von Feststoffen — 1057
- 32.4 Regulation der Nahrungsaufnahme — 1057
- 32.5 Regulation der Verdauung — 1059
- 32.6 Nährstoffbedarf — 1060

Kapitel 33 Nervöse Steuerung — 1067

- 33.1 Neuronen: Die funktionellen Baueinheiten des Nervensystems — 1069
  - 33.1.1 Die Natur eines Nervenaktionspotenzials — 1071
- 33.2 Synapsen: Kontaktstellen zwischen Nerven — 1075
- 33.3 Die Evolution von Nervensystemen — 1078
  - 33.3.1 Wirbellose: Die Entwicklung zentralisierter Nervensysteme — 1078
  - 33.3.2 Wirbeltiere: Die Früchte der Cephalisation — 1079
- 33.4 Sinnesorgane — 1088
  - 33.4.1 Klassifizierung der Rezeptoren — 1089
  - 33.4.2 Chemorezeption — 1089
  - 33.4.3 Mechanorezeption — 1093
  - 33.4.4 Photorezeption: Das Sehen — 1100

Kapitel 34 Chemische Koordination — 1109

- 34.1 Mechanismen der Hormonwirkung — 1112
  - 34.1.1 Membranständige Rezeptoren und das Second-messenger-Konzept — 1112
  - 34.1.2 Zellkernrezeptoren — 1113
  - 34.1.3 Die Kontrolle der hormonellen Sekretionsraten — 1113
- 34.2 Hormone wirbelloser Tiere — 1114
- 34.3 Endokrine Drüsen und Hormone von Wirbeltieren — 1116
  - 34.3.1 Hormone des Hypothalamus und der Hypophyse — 1116
  - 34.3.2 Die Epiphyse (Zirbeldrüse) — 1121
  - 34.3.3 Neuropeptide des Gehirns — 1121
  - 34.3.4 Prostaglandine und Cytokine — 1122
  - 34.3.5 Stoffwechselhormone — 1123

Kapitel 35 Immunsystem — 1137

- 35.1 Empfindlichkeit und Resistenz — 1139
- 35.2 Angeborene Abwehrmechanismen — 1139
  - 35.2.1 Physische und chemische Barrieren — 1139
  - 35.2.2 Zelluläre Abwehr: Phagocytose — 1141
  - 35.2.3 Antimikrobiell wirkende Peptide — 1142
- 35.3 Die erworbene Immunantwort bei Wirbeltieren — 1143
  - 35.3.1 Die Grundlagen der Selbst-/Nichtselbst-Unterscheidung — 1143
  - 35.3.2 Erkennungsmoleküle — 1144
  - 35.3.3 Cytokine — 1147
  - 35.3.4 Die Anregung einer humoralen Immunreaktion: Die T_H2-Antwort — 1147
  - 35.3.5 Die zellvermittelte Reaktion: Die T_H1-Antwort — 1150
  - 35.3.6 Entzündung — 1151
  - 35.3.7 Das erworbene Immunschwächesyndrom (AIDS) — 1153
- 35.4 Blutgruppenantigene — 1153
  - 35.4.1 Die AB0-Blutgruppen — 1153
  - 35.4.2 Der Rhesusfaktor — 1154
- 35.5 Immunität bei Invertebraten — 1155

Kapitel 36 Das Verhalten der Tiere — 1161

- 36.1 Beschreibung des Verhaltens: Prinzipien der klassischen Ethologie — 1164
- 36.2 Verhaltenssteuerung — 1166
  - 36.2.1 Die Genetik des Verhaltens — 1167
  - 36.2.2 Lernen und Verhaltensvielfalt — 1168
- 36.3 Sozialverhalten — 1171
  - 36.3.1 Selektionierende Konsequenzen des Sozialverhaltens — 1172
  - 36.3.2 Agonistisches (kämpferisches) oder Konkurrenzverhalten — 1174
  - 36.3.3 Revierverhalten — 1176
  - 36.3.4 Paarungsverhalten — 1177
  - 36.3.5 Kooperatives Verhalten, Altruismus und Sippenselektion — 1178
  - 36.3.6 Tierische Kommunikation — 1182

TEIL V Tiere und ihre Lebensräume — 1193

Kapitel 37 Die Biosphäre und die geografische Verbreitung von Tieren — 1195

- 37.1 Die Verteilung des Lebens auf der Erde — 1197
  - 37.1.1 Die Biosphäre und ihre Untergliederung — 1197
  - 37.1.2 Terrestrische Umwelten: Biome — 1199
  - 37.1.3 Süßgewässer — 1204
  - 37.1.4 Ozeanische Umwelten — 1205
- 37.2 Zoogeografie: Die Verteilung und Verbreitung der Tiere auf der Erde — 1211
  - 37.2.1 Fragmentierte Verbreitung — 1212
  - 37.2.2 Verbreitung durch Dispersion — 1213
  - 37.2.3 Verbreitung durch Vikarianz — 1213
  - 37.2.4 Wegeners Theorie der Kontinentaldrift — 1216
  - 37.2.5 Temporäre Landbrücken — 1217

Kapitel 38   Tierökologie   1223

    38.1   Die Hierarchie der Ökologie 1225
                38.1.1   Umwelt und ökologische Nische 1226
                38.1.2   Populationen 1227
                38.1.3   Gemeinschaftsökologie 1233
                38.1.4   Ökosysteme 1239
    38.2   Aussterben und biologische Vielfalt 1245

Anhang   1253

    A   Glossar 1254
    B   Bildnachweis 1309
    C   Index 1312

Vorwort zur amerikanischen Ausgabe

Dieses Buch ist ein Hochschullehrbuch, das für die Grundausbildung im Fach Zoologie konzipiert ist. Die 13. Auflage beschreibt wie die vorausgegangenen die Vielfalt des tierischen Lebens und die faszinierenden Anpassungen, die es Tieren ermöglichen, praktisch jede erdenkliche ökologische Nische zu besiedeln und zu bewohnen. Wir haben auch in dieser neuen Auflage den grundlegenden Aufbau des Buches mit seinen kennzeichnenden Merkmalen beibehalten – insbesondere die Betonung der Prinzipien der Evolution und der wissenschaftlichen Zoologie. Ebenfalls erhalten geblieben sind diverse didaktische Merkmale: einführende Abschnitte an den Kapitelanfängen, die auf das Thema hinführen; Kapitelzusammenfassungen und Übungsfragen, die der Rekapitulation, der Verständnisvertiefung und der Selbstkontrolle der Lehrinhalte dienen; akkurate und visuell ansprechende Abbildungen; in den Text eingearbeitete Herleitungen wissenschaftlicher Namen und Begriffe; interessante Exkurse, die den Haupttext ergänzen, indem sie Schlaglichter auf aktuelle Probleme oder Erkenntnisse werfen; schließlich ein umfassendes Glossar, das als kurzes Wörterbuch der Zoologie dienen kann.

Didaktik

Um den Studenten bei der Entwicklung ihrer fachsprachlichen Fertigkeiten behilflich zu sein, sind überall im Text wichtige Fachbegriffe durch **Fettdruck** hervorgehoben. Außerdem werden die linguistisch-etymologischen Herleitungen vieler zoologischer und allgemeinbiologischer Begriffe angegeben. Zusätzlich zu den wissenschaftlichen Artnamen sind, sofern verfügbar, auch die Trivialnamen der Tierarten aufgeführt. Auf diese Weise wird der Lernende nach und nach auch mit den Wurzeln, das heißt der Herkunft der fachspezifischen Vokabeln, die er lernen muss, vertraut. Ein umfangreiches **Glossar** gibt Definitionen und die sprachliche Herleitung von rund 1100 Begriffen, die zur raschen Auffindbarkeit am Ende des Buches lexikalisch zusammengefasst sind.

Ein besonderes Merkmal dieses Lehrbuchs sind die **Prologe**, die jedem Kapitel vorangestellt sind, und die ein spezielles Thema oder Faktum, das zu dem Inhalt des betreffenden Kapitels in Beziehung steht, herausgreifen. Einige der Prologe führen biologische – insbesondere evolutive – Prinzipien ein; andere – insbesondere solche der systematischen Kapitel im Mittelteil des Buches – werfen ein Licht auf charakteristische Merkmale der Tiergruppe, um die es in dem jeweiligen Kapitel geht. Jeder dieser Einführungstexte zielt darauf hin, auf interessante Weise ein wichtiges Konzept vorzustellen, das sich aus dem Inhalt des Kapitels ergibt, und welches den Studenten das Lernen erleichtern sowie ihr Interesse wecken und ihre Neugier anstacheln soll.

Feature-Kästen, die an zahlreichen Stellen über das ganze Buch verteilt auftauchen, ergänzen den Haupttext und bieten interessante Einblicke auf Nebenschauplätze, ohne den Gang der Handlung zu unterbrechen.

Um den Studierenden bei der Rekapitulation der Kapitel behilflich zu sein, endet jedes der Kapitel mit einer **Zusammenfassung**, einer Reihe von **Übungsaufgaben** und einer kommentierten Liste ausgewählter **weiterführender Literatur** zum vertiefenden Studium. Die Übungsfragen erlauben es den Studierenden, ihre Merkfähigkeit und ihr Verständnis der wichtigsten Kapitelinhalte selbst zu überprüfen und gegebenenfalls bestimmte Themen noch einmal nachzulesen.

Abermals haben William Ober und Claire Garrison den Abbildungsteil des Buches durch viele neue, vielfarbige Zeichnungen, die ältere ersetzen oder neue Inhalte bildlich darstellen, verbessert und in seiner Bedeutung verstärkt. Bills künstlerische Fähigkeiten, seine Kenntnisse der Biologie und seine Erfahrung aus seiner früheren Tätigkeit als praktizierender Arzt haben dieses Lehrbuch über neun Auflagen hinweg bereichert. Claire war Krankenschwester in der Geburtshilfe und Kinderheilkunde, bevor sie wissenschaftliche Illustrationen zu ihrem Hauptberuf gemacht hat. Von Claire und Bill bebilderte Bücher haben viel Aufmerksamkeit auf sich gezogen und sind mit Preisen der *Association of Medical Illustrators*, des *American Institute of Graphic Arts*, der *Chicago Book Clinic*, der *Printing Industries of America* und der *Bookbuilders West* ausgezeichnet worden. Darüber hinaus haben sie den *Art Directors Award* gewonnen.

Dank

Es ist eine monumentale Aufgabe, die *Integrated Principles of Zoology* zu überarbeiten und sie in immer neuen Auflagen interessant, aktuell und fachlich kompetent zu halten. Dieses Unterfangen wurde im Fall der vorliegenden Auflage durch die Hilfestellung dreier erfahrener Coautoren erleichtert, die sämtliche Kapitel zu wirbellosen Tieren überarbeitet und dabei fachmännische Einsichten in ihre jeweiligen zoologischen Interessens- und Forschungsgebiete eingebracht haben. Ohne ihre Hilfe wäre diese ausgedehnte Neubearbeitung nicht möglich gewesen.

Susan Keen (die die Kapitel 8, 9 und 11 bis 13 bearbeitet hat) hat an der University of California in Davis promoviert und ist eine Spezialistin für den Lebensverlauf von Quallen. Sie hat eine Dozentur an der University of California. Dort hat sie 13 Jahre lang Evolution und systematische Zoologie in der biologischen Grundausbildung unterrichtet. Neben der Überarbeitung der fünf genannten Kapitel dieses Buches hat Susan sich die Aufgabe der herausgeberischen Koordinierung der Überarbeitungen dieser Auflage durch die Haupt- und Zusatzautoren mit dem Seniorautor C. Hickman geteilt.

Robert Toonen (der die Kapitel 14 bis 16, 21 und 22 bearbeitet hat) hat ebenfalls an der University of California in Davis promoviert und ist Assistenzprofessor am Hawaii Institute of Marine Biology, das Teil der Fakultät für Geowissenschaften und Geotechnik an der University of Hawaii in Manoa ist.

Matthew Douglas (der die Kapitel 17 bis 20 bearbeitet hat) hat an der University of Kansas promoviert und ist Professor und Abteilungsleiter am Grand Rapids Community College; daneben hat er eine Position als Honorarprofessor am Snow-Museum für Entomologie an der University of Kansas sowie eine weitere Honorarprofessur für Entomologie am Fortgeschrittenenkolleg der Michigan State University.

Die Autoren möchten an dieser Stelle in ihren Dank die Fachgutachter einbeziehen, die durch zahlreiche Vorschläge für Verbesserungen für den Bearbeitungsprozess der neuen Auflage von größtem Wert waren. Ihre Erfahrungen mit Studenten verschiedenster akademischer Hintergründe und ihr Interesse und ihre Kenntnisse des Fachgebietes haben geholfen, das Buch in seine abschließende Form zu bringen.

Dennis Anderson, *Oklahoma City Community College*
Patricia M. Biesiot, *University of Southern Mississippi*
Donna M. Bruns Stockrahm, *Minnesota State University-Moorhead*
Nancy M. Butler, *Kutztown University*
Brian P. Butterfield, *Freed-Hardeman University*
Laura Carruth, *Georgia State University*
Roger D. Choate, *Oklahoma City Community College*
Tamara J. Cook, *Sam Houston State University*
Peter K. Ducey, *State University of New York-Cortland*
Tom Dudley, *Angelina College*
Elizabeth Duewer, *University of Wisconsin-Platteville*
Andrew Goliszek, *North Carolina A&T State University*
Harold Heatwole, *North Carolina State University-Raleigh*
Mark E. Knauss, *Floyd College*
Eric C. Lovely, *Arkansas Tech University*
Kevin Lumney, *Ohio State University*
Kevin Lyon, *Jones County Junior College*
Esther Ofulue, *University of Wisconsin-Platteville*
Robert K. Okazaki, *Weber State University*
Marc C. Perkins, *Orange Coast College*
Marjorie L. Reaka-Kudla, *University of Maryland-College Park*
Jon B. Scales, *Midwestern State University*
Douglas G. Smith, *University of Massachusetts, Amherst*
Scott D. Snyder, *University of Nebraska at Omaha*
Anthony J. Stancampiano, *Oklahoma City Community College*
Richard E. Trout, *Oklahoma City Community College*
Danny B. Wann, *Carl Albert State College*
Dwina W. Willis, *Freed-Hardeman University*

Die Autoren danken den Mitarbeitern des Verlages McGraw-Hill Higher Education, die dieses Projekt möglich gemacht haben. Ein besonderer Dank geht an die Lektoren Colin Wheatley, Marge Kemp und Fran Schreiber (Entwicklungsredakteurin), die die treibenden Kräfte waren, die dem Werk während seiner ganzen Entstehung seine Richtung gegeben haben. Jayne Klein (Koordinatorin) hat es irgendwie geschafft, die Autoren, den Text, die Abbildungen und den ganzen Produktionsablauf zeitlich in die Reihe zu bringen. John Leland hatte die Aufsicht über das ausgedehnte fotografische Bildmaterial, und David Hash hat den Satz und die Umschlagsgestaltung verantwortet. Wir sind ihnen allen zu besonderem Dank verpflichtet.

Über die Autoren

Cleveland Hickman war bis zu seiner Emeritierung Professor für Biologie an der Washington & Lee-University in Lexington (Virginia), wo er über 30 Jahre lang allgemeine Zoologie und Tierphysiologie gelehrt hat. Er ist Autor zahlreicher Artikel und Forschungsberichte auf dem Gebiet der Fischphysiologie und hat an zahlreichen, sehr erfolgreichen Lehrbüchern mitgearbeitet. Im Laufe der Jahre hat Hickman zahlreiche Exkursionen zu den Galapagosinseln geleitet. Seine gegenwärtigen Forschungen befassen sich mit der Zonierung des Gezeitenbereichs und der Systematik von wirbellosen Tieren des Meeres auf dem Galapagosarchipel.

Larry Roberts war bis zu seiner Emeritierung Professor für Biologie an der Texas Tech University sowie Honorarprofessor an der Florida International University. Er hat umfangreiche Erfahrungen in der Lehre auf den Gebieten der Invertebratenzoologie, der Meeresbiologie, der Parasitologie und der Entwicklungsbiologie. Roberts war Präsident der Amerikanischen Parasitologengesellschaft und ist Mitglied im Herausgeberstab der Fachzeitschrift *Parasitology Research*.

Allan Larson ist Professor an der Washington University in St. Louis (Missouri). Zu seinen Spezialisierungsgebieten gehören die Evolutionsbiologie, die molekulare Populationsgenetik und -systematik sowie die Amphibiensystematik. Er gibt Kurse in einführender Genetik, Makroevolution, molekularer Evolution und der Geschichte der Evolutionstheorie. Darüber hinaus hat er spezielle Weiterbildungskurse im Fach Evolutionsbiologie für Lehrer weiterführender Schulen organisiert und unterrichtet.

Die in England geborene **Helen I'Anson** ist Professorin für Biologie an der Washington & Lee-University in Lexington (Virginia). Sie unterrichtet Kurse in Tierphysiologie, Mikroanatomie, Neuroendokrinologie, allgemeiner Biologie und Fortpflanzungsphysiologie. Ihr besonderes Interesse gilt der Frage, wie in einem sich entwickelnden Tier die zur Verfügung stehende Energie aufgeteilt wird, wie Signale aus der Nahrung und aus Nährstoffspeichern vom Gehirn überwacht werden, und wie solche Signale umgewandelt und weitergeleitet werden, um die Fortpflanzungstätigkeit zu Beginn der Pubertät von Säugetieren zu regulieren.

David Eisenhour ist Professor für Biologie an der Morehead State University in Morehead (Kentucky). Er unterrichtet Kurse in Umweltwissenschaft, Humananatomie, allgemeiner Zoologie, vergleichender Anatomie, Ichthyologie und Wirbeltierkunde. Sein besonderes Interesse gilt der Vielfalt der Fischfauna von Kentucky.

Vorwort zur deutschen Ausgabe

Dieses Buch wurde für Studierende der Biologie mit Ausrichtung Zoologie geschrieben, aber auch für Studierende mit dem Nebenfach Biologie und für zoologisch Interessierte. Die vorliegende Fassung ist die Übersetzung des amerikanischen Originals *Integrated Principles of Zoology* von Cleveland P. Hickman, Jr., Larry S. Roberts, Allan Larson, Helen l'Anson und David J. Eisenhour, das seit seiner Ersterscheinung 1997 bereits in dreizehn Auflagen vorliegt. Diese erste deutsche Ausgabe wurde vollkommen überarbeitet und auf den neuesten Stand gebracht. Die Biologie und in besonderem Maße die Zoologie haben in den letzten Jahrzehnten des 20. Jahrhunderts und in den ersten Jahren des jungen 21. Jahrhunderts rasante Entwicklungen erlebt, dem dieses aktuelle Lehrbuch der Zoologie in gebührendem Maße Rechnung trägt.

Die Zoologie begnügt sich nicht mehr mit der einfachen Aufzählung und Beschreibung der tierischen Vielfalt. Sie hat in den letzten Jahren neben vielen Einzelerkenntnissen auch Einsicht in grundlegende Organisationsprinzipien gewonnen, die es einfacher machen, komplexe Zusammenhänge zu verstehen und über die vielen Teildisziplinen der Zoologie hinaus zu interpretieren. Dadurch wurden auch vielversprechende Wege zur Aufklärung weiterer biologischer und speziell auch zoologischer Probleme aufgezeigt. Die Zoologie mit ihren vielen Teilgebieten nutzt zunehmend integrative Ansätze, um teilgebietsübergreifende Lösungen für spezielle Fragestellungen zu finden: So werden zum Beispiel Transportsysteme aus den Atemwegen des Menschen mit denen in der Rückenhaut des Blutegels oder aus dem Dünndarm der Ratte charakterisiert und verglichen, um Rückschlüsse auf die molekulare und funktionelle Evolution dieser Transportproteine ziehen zu können. Dieses neue, integrative Denken zieht sich als roter Faden durch das gesamte Buch.

Das Buch ist in fünf Hauptteile gegliedert:

I. Einführung in die Biologie rezenter Tiere
II. Kontinuität und Evolution der Tiere
III. Die Vielfalt tierischen Lebens
IV. Lebensäußerungen
V. Tiere und ihre Lebensräume

Die vier Kapitel des ersten Teils beschäftigen sich mit grundlegenden zoologischen Prinzipien, der molekularen Evolution und mit dem zellulären Stoffwechsel. Der zweite Teil stellt die Grundlagen der Vererbung, der organischen Evolution und die Mechanismen der Entwicklung vor. Teil drei geht intensiv auf die verschiedenen Gruppen des Tierreiches ein, wobei in 20 Kapiteln die Entwicklung vom Einzeller bis hin zu den Säugetieren und dem Menschen beschrieben und mit vielen anschaulichen Abbildungen illustriert wird. Der folgende vierte Teil ist der Physiologie der Tiere gewidmet und beschreibt evolutive Entwicklung und Funktionen der Organsysteme der Tiere sowie wichtige Aspekte der Verhaltensbiologie. Der fünfte und letzte Teil beschäftigt sich mit der Umwelt der Tiere und den wechselseitigen Einflüssen zwischen Tieren und der Biosphäre. Hier gehen die Autoren auf die aktuellen Probleme der globalen Klimaänderung und deren vermutlich dramatische Auswirkungen auf die Tiere und die gesamte Biosphäre ein.

Bei der Übersetzung und Bearbeitung der vorliegenden deutschen Ausgabe wurde der Inhalt gegenüber der amerikanischen Ausgabe weiter aktualisiert und mit vielen hochaktuellen Literaturhinweisen zur weiterführenden Vertiefung spezifischer Themen ergänzt. In der Originalausgabe vorkommende Beispiele von Tieren und Lebensräumen des amerikanischen Kontinents wurden durch solche des europäischen Lebensraumes ersetzt oder ergänzt, wenn dies sinnvoll und möglich erschien. Dennoch ist die amerikanische Herkunft des Buches nicht zu leugnen, was auch nicht die Absicht der deutschen Ausgabe ist. Es ist auf diese Weise ein Buch entstanden, das die universelle kosmopolitische Natur des Tierreiches und der modernen, integrativen Zoologie mit ihren vielen Teilgebieten widerspiegelt.

Dieses Buch verfügt über eine Companion Website mit zusätzlichen Materialien in elektronischer Form. Unter **http://www.pearson-studium.de** finden Dozenten alle Abbildungen aus dem Buch elektronisch zum Download. Studierenden werden hier das Glossar und zahlreiche weiterführende Links zu den einzelnen Kapiteln angeboten.

Verlag und Bearbeiter der vorliegenden deutschen Ausgabe freuen sich über jeden Hinweis, Anregungen, Verbesserungsvorschläge von Seiten der Leserschaft. Auch über ein Lob der Leser oder Ergänzungsvorschläge würden wir uns freuen.

Wolf-Michael Weber

Über den Bearbeiter der deutschen Ausgabe

Wolf-Michael Weber studierte Biologie in Saarbrücken und schloss dieses Studium mit einem Diplom in Zoologie 1987 ab. Danach promovierte er 1989 mit einer Arbeit über Natrium/Glucose Cotransporter am Max-Planck-Institut für Biophysik in Frankfurt/Main. Nach einer kurzen Zeit als Entwicklungsleiter in einer Firma für elektrophysiologische Geräte kehrte er 1991 zur universitären Forschung zurück, und zwar an das Institut für Veterinärphysiologie der Freien Universität Berlin. 1992 wechselte er an das Institut für Tierphysiologie der Justus-Liebig-Universität Gießen, wo er sich 1996 habilitierte und die Lehrbefugnis für Zoologie erhielt. In der Zeit von 1999 bis 2002 lehrte und forschte er als Gastprofessor an der Universität von Leuven/Belgien. In seinen Forschungsarbeiten befasst er sich mit einem breiten Spektrum von Organismen aus dem Tierreich, das vom Blutegel *Hirudo medicinalis* über den afrikanischen Krallenfrosch *Xenopus laevis* bis hin zum Menschen *Homo sapiens* reicht. Hauptthema seiner Forschungen sind epitheliale Transportsysteme im Allgemeinen und Ionenkanäle im Besonderen. Dabei liegt der Schwerpunkt auf Defekten in diesen Ionenkanälen, die beim Menschen schwere, heute noch nicht heilbare Krankheiten hervorrufen. Seit einigen Jahren entwickelt er mit seiner Arbeitsgruppe und im Verbund mit anderen Forscher-Teams neue Technologien zur Therapie der am häufigsten vorkommenden menschlichen Erbkrankheit Mukoviszidose.

Seit 2002 hat Wolf-Michael Weber eine Professur für Tierphysiologie am Fachbereich Biologie der Westfälischen Wilhelms Universität Münster, wo er die Arbeitsgruppe Membran-Physiologie leitet. Neben vielen anderen Aufgaben in der universitären Selbstverwaltung ist er außerdem als ERASMUS-Koordinator des Fachbereiches Biologie für die internationalen Kontakte verantwortlich und organisiert den Austausch von Studierenden mit 11 Partner-Universitäten in ganz Europa. Seit 2007 ist er im Vorstand der Deutschen Zoologischen Gesellschaft.

TEIL I

Einführung in die Biologie rezenter Tiere

1	Das Leben: Biologische Grundprinzipien und Zoologie als wissenschaftliche Disziplin	3
2	Der Ursprung und die Chemie des Lebens	31
3	Die Zelle als Grundeinheit des Lebens	55
4	Zellstoffwechsel	87

Das Leben: Biologische Grundprinzipien und Zoologie als wissenschaftliche Disziplin

1.1	**Grundlegende Merkmale des Lebens**	5
1.2	**Die Zoologie als Teil der Biologie**	15
1.3	**Die Prinzipien der Wissenschaft**	15
1.4	**Evolutions- und Vererbungstheorien**	22
	Zusammenfassung	29
	Übungsaufgaben	29
	Weiterführende Literatur	30

1 Das Leben: Biologische Grundprinzipien und Zoologie als wissenschaftliche Disziplin

Wir erlangen unser Wissen um die Welt der Tiere, indem wir bei unseren Beobachtungen und Untersuchungen wichtige, grundlegende Prinzipien des wissenschaftlichen Arbeitens zur Anwendung bringen. Genauso wie die Erforschung des Weltraums von der verfügbaren Technik angetrieben und gleichzeitig auch begrenzt wird, hängt auch die Erforschung der Tierwelt ganz wesentlich von den Fragen ab, die man stellt, sowie von den Methoden und dem Prinzip der Wissenschaftlichkeit.

Die Masse des Wissens, die wir als zoologisches Fachwissen bezeichnen, macht nur dann Sinn, wenn die Prinzipien, nach denen wir dieses Wissen gesammelt und geordnet haben, klar sind.

Die Prinzipien der modernen Zoologie blicken auf eine lange Geschichte und eine Vielzahl von Quellen zurück. Einige dieser Prinzipien leiten sich von den Gesetzen der Physik und der Chemie her, denen alle Lebewesen gehorchen. Andere entstammen der wissenschaftlichen Methodik, die unter anderem besagt, dass unsere Hypothesen über das Tierreich nutzlos sind, wenn sie uns nicht dazu bringen, Daten zu sammeln (Beobachtungsdaten, Experimentaldaten ...), die zumindest im Prinzip die Hypothese zu widerlegen vermögen (Falsifizierungspostulat von Popper). Viele wichtige Prinzipien leiten sich aus vorausgegangenen Untersuchungen der Welt des Lebendigen ab, von der die Tiere nur ein Teil sind. Prinzipien der Vererbung, der Veränderung und der organismischen Evolution sind Leitfäden und Messlatten für alle Untersuchungen lebender Systeme – von den einfachsten einzelligen Formen bis zu den komplexesten Tieren, Pflanzen und Pilzen sowie der Ökosysteme, die sie aufbauen. Da alles Leben auf einen gemeinsamen evolutiven Ursprung zurückblickt, gelten Prinzipien und Einsichten, zu denen man durch das

Eine Zoologin bei der Untersuchung des Verhaltens von Steppenpavianen *(Papio cynocephalus)* im Amboseli-Naturreservat in Kenia.

Studium einer Gruppe von Lebensformen gelangt ist, oftmals auch für andere, vielleicht sogar alle. Durch das Zurückverfolgen der Prinzipien, nach denen wir vorgehen, erkennen wir, dass Zoologen keine auf sich bezogene Insel bilden, sondern Teil einer großen, wissenschaftlichen Gemeinschaft aller Naturforscher sind.

Wir beginnen unsere Reise durch die Welt der Zoologie nicht, indem wir uns mit eng beschränktem Blick in der Tierwelt umtun, sondern mit einer breit angelegten Suche nach den grundlegendsten Prinzipien und deren vielfältigen Quellen. Diese Prinzipien werden gleichzeitig unsere Leitschnur für unser Studium der Tiere sein und helfen, diese Studien in den größeren Zusammenhang des „Wissens der Menschheit" zu integrieren.

Zoologie, die wissenschaftliche Untersuchung und Erforschung von Tieren, gründet sich auf Jahrhunderte menschlicher Betrachtungen der Tierwelt. Die Mythen praktisch jeder menschlichen Kultur versuchten, die Geheimnisse um das Leben der Tiere und seines Ursprungs zu ergründen. Die Zoologen nehmen sich heute derselben Geheimnisse an, und dies unter Anwendung der neuesten Techniken und Methoden, die von allen Zweigen der Wissenschaft zur Verfügung gestellt werden. Wir beginnen mit einer Dokumentation über die Vielfalt des tierischen Lebens und seiner Unterteilung in einer organisierten, systematischen Weise. Dieser verwickelte und spannende Vorgang gründet sich auf die Beiträge, die tausende von Zoologen geleistet haben, die auf allen Größenebenen der Biosphäre tätig waren und sind (▶ Abbildung 1.1). Wir streben danach, durch diese Arbeit zu verstehen, wie die Artenvielfalt der Tiere entstanden ist, und wie die Tiere die grundlegenden Lebensvorgänge bewältigen, die es ihnen erlauben, eine Vielfalt von Lebensräumen zu erobern und darin zu überleben.

Dieses Kapitel gibt eine Einführung in die fundamentalen Merkmale und Eigenschaften tierischer Lebensformen, die methodischen Prinzipien, auf die sich unsere Forschungsarbeit stützt sowie zwei bedeutsame Theorien, die die Forschung leiten: (1) die Evolutionstheorie, die das zentrale organisierende Prinzip der Biologie ist und (2) die Chromosomentheorie der Vererbung, die von zentraler Bedeutung für das Studium und das Verständnis der Vererbung und der Variation bei Tieren ist. Diese Theorien vereinheitlichen unser Wissen über die Welt der Tiere.

Grundlegende Merkmale des Lebens 1.1

1.1.1 Hat das Leben Merkmale mit Definitionskraft?

Wir beginnen mit einer schwierigen Frage. Was ist Leben? Obwohl es viele Versuche gegeben hat, das Leben – oder besser: den Zustand des Lebendigen – mit einer

(a)

(b)

(c)

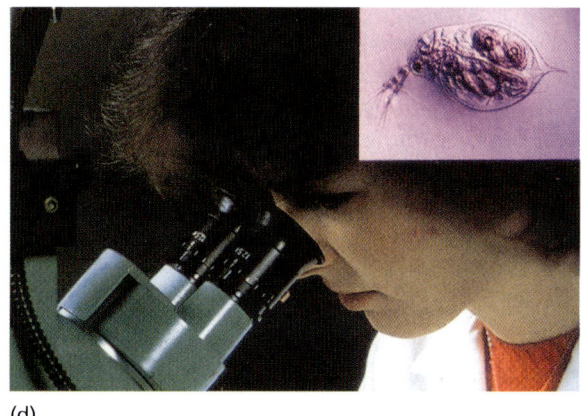
(d)

Abbildung 1.1: **Einige Beispiele für die vielen Bereiche zoologischer Forschung.** (a) Die Vorortbeobachtung einer Nasenmuräne vor Maui (Hawaii). (b) Markierung narkotisierter Eisbären (*Ursus maritimus*). (c) Beringung von Stockenten (*Anas platyrhynchos*). (d) Mikroskopische Untersuchung von Wasserflöhen (*Daphnia pulex*) (150-fach vergrößert).

Definition zu fassen, sind einfache Festschreibungen zum Scheitern verurteilt. Wenn wir versuchen, das Leben mit einer simplen Definition zu fassen, dann suchen wir nach festgelegten Merkmalen oder Eigenschaften, die sich durch die gesamte Geschichte des Lebens auf der Erde erhalten haben. Die Merkmale und Eigenschaften, die das Leben heute kennzeichnen sind jedoch sehr verschieden von denen, die während seiner Entstehung vorhanden gewesen sind. Die Geschichte des Lebens ist eine weit reichende und andauernde Veränderung – also das, was wir als **Evolution** bezeichnen. In dem Maß, in dem sich der Stammbaum des Lebens vergrößert und verzweigt hat, angefangen bei den frühesten Lebensformen bis zu den Millionen heute lebender Arten, evolvierten sich neue Merkmale und wurden von Elterntieren auf ihre Nachkommen übertragen. Durch diesen Prozess haben lebende Systeme viele seltene und spektakuläre Merkmale hervorgebracht, für die es in der unbelebten Welt keine Entsprechungen gibt. Unerwartete Eigenschaften tauchen in der Evolutionsgeschichte des Lebens in vielen unterschiedlichen Abstammungslinien auf. Dies hat zur Entstehung der großen organismischen Vielfalt geführt, die wir heute beobachten können.

Wir könnten versuchen, das Leben durch universelle Eigenschaften zu definieren, die bei seinem Ursprung zutage getreten sind. Die Replikation von Molekülen etwa kann bis zum Ursprung des Lebens zurückverfolgt werden und stellt eine der universalen Grundeigenschaften allen Lebens dar. Eine Definition des Lebendigen, die auf diese Weise geschieht, sieht sich dem Problem gegenüber, dass dies diejenigen Eigenschaften sind, die mit der höchsten Wahrscheinlichkeit auch bei manchen unbelebten Dingen vorkommen. Um dem Ursprung des Lebens nachzuspüren, müssen wir der Frage nachgehen, wie organische Verbindungen die Fähigkeit zur präzisen Reduplikation erlangt haben. Wo aber zieht man die Grenzlinie zwischen solchen replikativen Vorgängen, die kennzeichnend für das Leben sind, und solchen, die bloß allgemeine chemische Merkmale der Materie sind, aus der das Leben entstanden ist? Die Reduplikation komplexer kristalliner Strukturen in unbelebten chemischen Zusammenschlüssen könnte beispielsweise mit den replikativen molekularen Eigenschaften, die mit dem Zustand des Lebendigen assoziiert sind, verwechselt werden. Falls wir den belebten Zustand nur mit den am weitesten fortgeschrittenen Merkmalen hoch evolvierter Systeme definieren, wie wir sie heute beobachten, würde die Welt der unbelebten Dinge nicht in unsere Festlegung hineinreichen; gleichzeitig aber würden wir vermutlich sehr frühe Formen des Lebens dabei ausschließen, von denen sich alle anderen Formen ableiten und die dem Leben seine historische Kontinuität und Einheitlichkeit verleihen.

Letztendlich muss sich unsere Definition des Lebens auf die gemeinsame geschichtliche Herkunft des Lebens auf der Erde gründen. Die Geschichte des Lebens, als eine mit einer gemeinsamen Herkunft und mit anschließenden Veränderungen, verleiht dem Leben eine Identität und Kontinuität, was es von der unbelebten Welt strikt trennt. Wir können diese gemeinsame Historie in der Zeit zurückverfolgen, ausgehend von den vielfältigen Formen, die wir heute beobachten, durch die fossile Überlieferung hin zu den gemeinsamen Urahnen, die in der Atmosphäre der Urerde ihren Anfang nahmen (siehe Kapitel 2). Alle Lebewesen bilden einen Teil dieser wahrhaft langen Geschichte der erblichen Abstammung vom Urvorläufer allen Lebens und müssen in unser Konzept des Lebens mit einbezogen werden.

Wir zwingen das Leben nicht in eine einfache Definition, doch können wir die belebte Welt über ihre Geschichte einer gemeinschaftlichen evolutiven Abstammung leicht identifizieren. In der Geschichte des Lebens haben sich viele bemerkenswerte Eigenschaften herausgebildet, die sich bei den vielgestaltigen Lebensformen in unterschiedlichen Kombinationen beobachten lassen. Diese Merkmale, die wir im nächsten Abschnitt des Kapitels erörtern werden, identifizieren ihre Träger eindeutig als Teil des vereinheitlichten Daseins, das wir Leben nennen. Alle diese Merkmale treten bei den am höchsten evolvierten Lebensformen wie denen, die das Tierreich bilden, auf. Da sie so bedeutungsvoll für die Erhaltung und das Funktionieren der über sie verfügenden Lebensformen sind, sollten diese Eigenschaften auch in der zukünftigen Evolutionsgeschichte erhalten bleiben und überdauern.

1.1.2 Allgemeine Eigenschaften lebender Systeme

Zu den herausragendsten allgemeinen Merkmalen in der Geschichte des Lebens gehören chemische Einzigartigkeit, Komplexität und hierarchische Ordnung, Fortpflanzung (Vererbung und Variation), der Besitz eines erblichen Programms, ein (regulierter) Stoffwechsel, Entwicklung sowie die Wechselwirkung mit der Umwelt.

1 **Chemische Einzigartigkeit.** *Lebende Systeme zeigen eine einzigartige, komplexe molekulare Ordnung.*

Die lebenden Systeme setzen große Moleküle zusammen – Makromoleküle genannt – die viel komplexer sind als die kleinen Moleküle der unbelebten Materie (und auch von komplexerem Bau als die in der unbelebten Welt auftretenden makromolekularen Verbindungen). Diese Makromoleküle bestehen aus genau den gleichen Atomen, die von den gleichen chemischen Bindungen zusammengehalten werden wie die Elemente der leblosen Welt, und sie gehorchen auch genau den gleichen chemischen Gesetzmäßigkeiten. Es ist lediglich der Komplexitätsgrad der strukturellen und funktionellen Organisation, der diesen Makromolekülen und ihren supramolekularen Zusammenschlüssen ihren speziellen Charakter verleiht. Wir unterscheiden drei Hauptgruppen biologischer Makromoleküle: Nucleinsäuren, Proteine und polymere Kohlenhydrate (siehe Kapitel 2).

Diese Gruppen unterscheiden sich im Aufbau der Bestandteile und in ihren Aufgaben, die sie in lebenden Systemen erfüllen.

Die allgemeinen Strukturen dieser Makromoleküle haben sich früh in der Geschichte des Lebens evolutiv herausgebildet und stabilisiert. Mit leichten Abweichungen finden sich in allen heutigen Lebensformen dieselben allgemeinen Strukturen. So enthalten Proteine 20 verschiedene Arten von Aminosäureresten, die durch Peptidbindungen zu einer linearen Abfolge angeordnet sind (▶ Abbildung 1.2). Zusätzliche Bindungen werden zwischen Aminosäureresten ausgebildet, die in der Peptidkette nicht benachbart sind; diese verleihen dem Protein seine verwickelte dreidimensionale Struktur (siehe Abbildungen 1.2 und 2.11). Ein typisches Protein enthält mehrere hundert Aminosäurereste als Bausteine. Ungeachtet der Stabilität dieses grundlegenden Proteinbauplans, unterliegt die Reihenfolge der verschiedenen Aminosäurereste in einem Proteinmolekül einer enormen Variation. Diese Variationsbreite ist die Grundlage der Diversität, die wir bei den verschiedenartigen Lebensformen beobachten. Nucleinsäuren, komplexe Kohlenhydrate und Lipide weisen ebenfalls charakteristische Verknüpfungsmuster ihrer Bausteine auf, welche die variablen Baueinheiten miteinander verknüpfen (siehe Kapitel 2). Diese Ordnung verleiht lebenden Systemen sowohl eine biochemische Einheitlichkeit als auch eine riesige potenzielle Diversität.

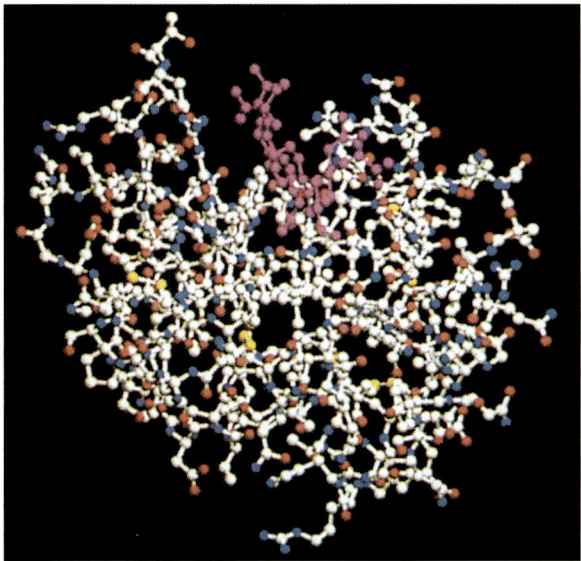

(a)

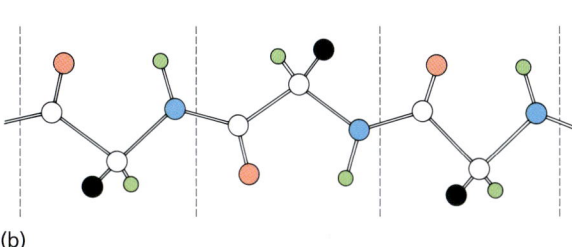

(b)

Abbildung 1.2: Computersimulation. Ein Computermodell der Raumstruktur des Enzyms Lysozym (a), das von Tieren hergestellt und zur Zerstörung von Bakterienzellen eingesetzt wird. Das Protein besteht aus einer linearen Abfolge molekularer Bausteine (Aminosäuren), die, wie in (b) schematisch dargestellt, miteinander verbunden sind. Der Faden aus aufeinanderfolgenden Aminosäureresten faltet sich zu einem reproduzierbaren dreidimensionalen Muster, welches das Protein in seiner biologisch aktiven Form darstellt. Die weißen Kugeln entsprechen Kohlenstoffatomen, die roten Sauerstoffatomen, die blauen Stickstoffatomen, die gelben Schwefelatomen. Die grünen Kreise in (b) zeigen Wasserstoffatome an, die schwarzen aus mehreren Atomen bestehende Seitengruppen, die aus verschiedenartigen Kombinationen von Kohlenstoff-, Sauerstoff-, Stickstoff-, Wasserstoff- und Schwefelatomen bestehen. Die Zusammensetzung dieser Seitengruppierung unterscheidet sich von Aminosäure zu Aminosäure, definiert also die chemische Natur des entsprechenden Aminosäurerestes. Aus Gründen der Übersichtlichkeit sind in (a) die Wasserstoffatome nicht dargestellt. Das purpurfarbige Molekül in der Mitte oben von (a) ist ein Ausschnitt aus einer bakteriellen Zellwand, die vom Lysozym angegriffen wird.

2 Komplexität und hierarchische Ordnung. *Lebende Systeme zeigen eine einzigartige, höchst komplexe und hierarchische Ordnung.* Die unbelebte Materie ist mindestens zu Atomen und Molekülen geordnet. Oft weisen auch unbelebte Dinge einen noch höheren Ordnungsgrad auf. In der belebten Welt sind Atome und Moleküle jedoch zu Mustern angeordnet, die in der unbelebten Welt nicht existieren. In lebenden Systemen beobachtet man eine Hierarchie von Ebenen, nachfolgend aufgeführt in aufsteigen-

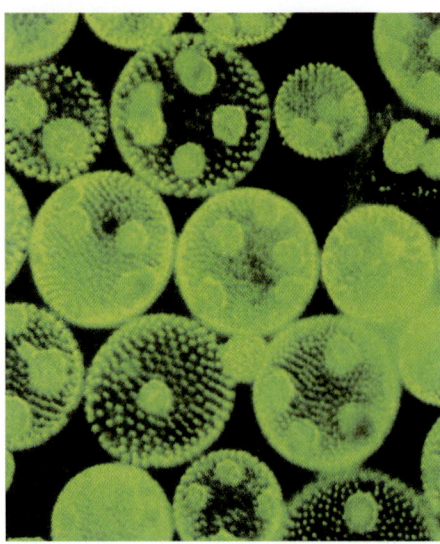

Abbildung 1.3: *Volvox globator* ist eine vielzellige Grünalge (Chlorophyt). An ihr (siehe Kapitel 11: Viriplantae) lassen sich drei Ebenen der biologischen Komplexitätshierarchie illustrieren: die zelluläre, die organismische und die populatorische. Jeder einzelne Sphäroid (Organismus) enthält Zellen, die in eine gelatinöse Matrix eingebettet sind. Die größeren Zellen dienen der Fortpflanzung, die kleineren vollführen die allgemeinen metabolischen Aufgaben des Lebewesens. Die einzelnen Sphäroide bilden in ihrer Gesamtheit eine Population.

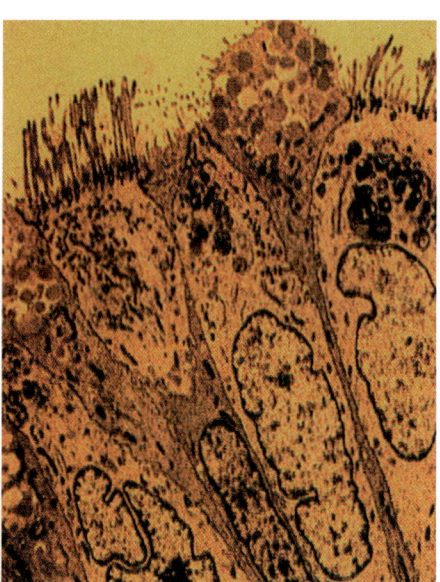

Abbildung 1.4: Elektronenmikroskopische Aufnahme cilientragender und schleimabsondernder Epithelzellen. Zellen sind die grundlegenden Baueinheiten aller Lebewesen (siehe auch Kapitel 9: Abschnitt „Gewebe").

der Reihenfolge: Makromoleküle, Zellen, Organismen, Populationen und Arten (▶ Abbildung 1.3). Jede Ebene baut sich auf die darunterliegende auf und besitzt ihre eigene innere Struktur, die ebenfalls in vielen Fällen hierarchisch organisiert ist. So sind etwa innerhalb einer Zelle die Makromoleküle zu Gebilden wie Ribosomen, Chromosomen und Membranen zusammengefasst und angeordnet. Diese sind manchmal ihrerseits in verschiedenartiger Weise zu noch höher geordneten subzellulären Strukturen – den Organellen – gruppiert (z. B. den Mitochondrien; siehe die Kapitel 3 und 4). Die Ebene der Organismen weist ebenfalls eine hierarchische Substruktur auf: Zellen lagern sich zu Geweben zusammen, die sich ihrerseits zu Organen zusammenlagern, und Organe gruppieren sich schließlich zu Organsystemen (siehe Kapitel 9).

Zellen (▶ Abbildung 1.4) sind die kleinsten Einheiten der biologischen Hierarchie, die autonom bis halbautonom sind bezüglich ihrer Fähigkeit, die grundlegenden Lebensfunktionen einschließlich der Fortpflanzung auszuführen. Die Replikation von Molekülen und subzellulären Komponenten wie Organellen vollzieht sich nur im Kontext der Zelle, aber niemals unabhängig davon. Zellen werden daher als die Grundeinheiten lebender Systeme angesehen (siehe Kapitel 3). Wir können Zellen aus einem Lebewesen isolieren und sie unter Laborbedingungen nur mit Hilfe von Nährstoffen zum Wachsen und zur Vermehrung bringen. Diese halbautonome Replikation ist bei einzelnen Molekülen oder subzellulären Komponenten nicht möglich. Diese erfordern für ihre Vervielfältigung zusätzliche zelluläre Bestandteile. Jedes folgende, höhere Niveau der biologischen Hierarchie setzt sich aus Einheiten des vorausgegangenen, nächstniedrigeren Niveaus in der Hierarchie zusammen. Ein bedeutsames Kennzeichen dieser Hierarchie besteht darin, dass die Eigenschaften einer jeden Ebene sich nicht aus den versammelten Eigenschaften der Bestandteile ableiten lassen, wie vollständig das Wissen um diese auch ist. Ein physiologisches Merkmal wie der Blutdruck ist eine Eigenschaft der organismischen Ebene. Es ist unmöglich, den Blutdruck eines Lebewesens nur durch die Kenntnis der physikalischen Eigenschaften einzelner Zellen des Körpers vorherzusagen. In gleicher Weise lassen sich Systeme sozialer Wechselwirkungen, wie man sie etwa bei Honigbienen antrifft, nur auf der Ebene der Population beobachten und erklären. Es ist nicht möglich, die Eigenschaften und Eigenheiten eines sozialen Verbandes allein aus dem Wissen um eine einzelne Biene herzuleiten.

Das Auftreten neuer und neuartiger Merkmale und Eigenschaften auf einer gegebenen Ordnungsebene wird als **Emergenz** bezeichnet (lat. *emergo*, auftauchen lassen) und die zugehörigen Systemmerkmale als **emergente Eigenschaften**. Diese neuen Eigenschaften erwachsen aus den Wechselwirkungen zwischen den Bestandteilen, die das System aufbauen. Aus diesem Grund müssen wir alle Ebenen unmittelbar untersuchen. Jede Ebene der Bildung biologischer Ordnung ist Gegenstand einer eigenen Sub- oder Teildisziplin der Biologie: Biochemie, Molekularbiologie, Zellbiologie, organismische Anatomie, Physiologie und Genetik, Populationsbiologie, Verhaltensforschung, Ökologie (siehe ▶ Tabelle 1.1). Emergente Eigenschaften, die auf einem bestimmten Niveau der biologischen Hierarchie zum Ausdruck kommen, werden zweifelos durch die Eigenschaften der Komponenten des nächstniedrigeren Niveaus beeinflusst und beschränkt. So wäre es beispielsweise unmöglich für eine Population von Lebewesen, der die Fähigkeit zum Hören fehlt, eine gesprochene Sprache zu entwickeln. Nichtsdestotrotz legen die Eigenschaften der Teile eines lebenden Systems die Eigenschaften des Gesamtsystems nicht in starrer Weise fest. Viele verschiedene gesprochene Sprachen sind in der menschlichen Kulturgeschichte auf der Grundlage derselben anatomischen Bildungen entstanden, die das Hören und das Sprechen erst ermöglichen. Die Freiheit der Teile, auf verschiedenartige Weise miteinander in Wechselwirkung zu treten, macht die große Vielfalt potenzieller emergenter Eigenschaften auf jeder Ebene der biologischen Hierarchie möglich.

Die verschiedenen Ebenen der biologischen Hierarchie und ihre speziellen emergenten Eigenschaften werden durch die Evolution hervorgebracht. Bevor sich vielzellige Lebewesen evolviert hatten, gab es keine Unterscheidung (= keinen Unterschied) zwischen dem organismischen und dem zellulären Niveau, so dass diese bei einzelligen Lebensformen keinen Sinn macht (siehe Kapitel 11). Die Vielfalt der emergenten Eigenschaften, denen wir auf allen Ebenen der biologischen Hierarchie immer wieder begegnen werden, trägt zu der Schwierigkeit bei,

Tabelle 1.1

Unterschiedliche hierarchische Ebenen der biologischen Komplexität, welche die Eigenschaften der Fortpflanzung, der Variation und der Vererbung zeigen

Ebene	Zeitskala der Fortpflanzung	Disziplin, die das Phänomen untersucht	Untersuchungsmethoden	Auf dieser Ebene auftauchende neue Eigenschaften
Zelle	Stunden (Säugetierzellen ≈ 16 Stunden)	Zellbiologie, Molekularbiologie, Physiologie	Mikroskopie (Licht-, Elektronen-,) Biochemie, Gentechnik, Molekularbiologie, Elektrophysiologie	Chromosomale Reduplikation (Meiose, Mitose), Synthese von Makromolekülen (DNA, RNA, Proteine, Polysaccharide), supramolekulare Zusammenschlüsse, Organellenbildung, gerichteter Transport
Einzelwesen (Organismus)	Stunden bis Tage (Einzeller); Tage bis Jahre (Vielzeller)	Anatomie, Physiologie, Genetik, Entwicklungsbiologie	Sektion, Mikroskopie, Kreuzungsversuche, klinische Studien, physiologische Experimente	Aufbau, Funktion und Koordination von Geweben, Organen und Organsystemen (Blutdruck, Körpertemperatur, Sinneswahrnehmung, Fressen), Verhalten
Population	Bis Tausende von Jahren	Populationsbiologie, Populationsgenetik, Ökologie	Statistische Analysen der Variation, der Häufigkeit, der geographischen Verteilung, des Zuwachses und der Abnahme	Soziale Strukturen, Paarungssysteme, Altersverteilung in der Population, Ebenen der Variation, Verhaltensweisen, Wirkung der natürlichen und der sexuellen Selektion
Art	Tausende bis Millionen von Jahren	Systematik und Evolutionsbiologie, Gemeinschaftsökologie	Untersuchung von Fortpflanzungsbarrieren, Phylogenetik, Paläontologie, ökologische Wechselwirkungen	Fortpflanzungsstrategien, Fortpflanzungsbarrieren, Artbildung

das Leben durch eine einfache Definition oder Beschreibung zu erfassen.

3 **Fortpflanzung.** *Lebende Systeme vermögen sich selbstständig fortzupflanzen.* Das Leben entsteht nicht spontan, sondern aus vorhandenem Leben durch den Vorgang der Fortpflanzung oder Vermehrung (= Reproduktion). Obwohl das Leben mit Sicherheit mindestens einmal aus unbelebter Materie hervorgegangen ist (siehe Kapitel 2), vollzog sich dieser Ursprung über einen enorm langen Zeitraum und unter Bedingungen, die sehr verschieden von den in der heutigen Biosphäre herrschenden Voraussetzungen waren. Auf jeder Ebene der biologischen Hierarchie pflanzen sich die Lebensformen unter Hervorbringung anderer Lebewesen fort, die ihnen ähnlich sind (▶ Abbildung 1.5). Chromosomen replizieren sich unter Bildung neuer Chromosomen. Zellen teilen sich unter Bildung neuer Zellen. Organismen pflanzen sich – geschlechtlich oder ungeschlechtlich – unter Hervorbringung neuer Lebewesen fort (siehe Kapitel 5). Populationen können unter Bildung neuer Populationen zerfallen, und Arten können sich in einem als Speziation (Artbildung) bezeichneten Vorgang in neue Arten aufspalten. Die Fortpflanzung führt für gewöhnlich auf allen Ebenen zu einer zahlenmäßigen Zunahme der sich fortpflanzenden Einheiten. Einzelne Gene, Chromosomen, Zellen, Lebewesen, Populationen oder Arten können bei dem Versuch, sich zu vermehren, scheitern, doch ist die Fortpflanzung/Vermehrung nichtsdestotrotz eine zu erwartende Eigenschaft dieser individuellen Einheiten.

Die Fortpflanzung zeigt auf jeder dieser Ebenen die komplementären und doch scheinbar sich widersprechenden Phänomene der **Vererbung** und der **Variation**. Unter Vererbung versteht man die getreuliche Weitergabe von Eigenarten der Eltern auf die Nachkommen. Dies geschieht für gewöhnlich

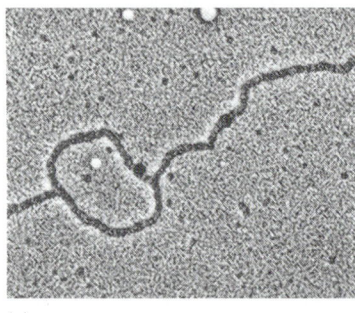
(a)

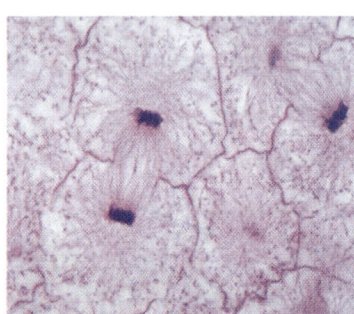
(b)

(c)

(d)

Abbildung 1.5: Fortpflanzungsprozesse auf vier Ebenen der biologischen Komplexität. (a) Die molekulare Ebene – elektronenmikroskopische Aufnahme eines sich replizierenden DNA-Moleküls. (b) Die zelluläre Ebene – lichtmikroskopische Aufnahme sich teilender Zellen zum Zeitpunkt der mitotischen Telophase. (c) Die organismische Ebene – eine ausschlüpfende Königsnatter (*Lampropeltis* sp.). (d) Die Ebene der Art – evolutive Bildung neuer Seeigelarten (*Eucidaris* sp.) nach der geographischen Trennung der karibischen *(E. tribuloides)* und der pazifischen *(E. thouarsi)* Populationen durch die Ausbildung einer Landbrücke in Mittelamerika vor ca. fünf Millionen Jahren.

(aber nicht notwendigerweise) auf der organismischen Ebene. Der Begriff Variation beschreibt dagegen die Erzeugung von *Unterschieden* in den Merkmalen verschiedener Individuen. Beim Vorgang der Fortpflanzung ähneln die Eigenschaften der Nachfahren denen ihrer Eltern in verschiedenem Ausmaß, sind für gewöhnlich aber nicht mit jenen identisch. Die Replikation der Desoxyribonucleinsäure (DNA) geht mit hoher Genauigkeit vonstatten, doch treten mit wiederkehrender Häufigkeit dabei auch Fehler auf. Die Zellteilung ist ein außergewöhnlich präziser Vorgang – insbesondere im Hinblick auf das Material im Zellkern – doch kommt es auch hierbei mit messbarer Häufigkeit zu chromosomalen Abweichungen. Die organismische Vermehrung zeigt gleichfalls sowohl das Phänomen der Vererbung als auch der Variation; Letztere ist bei sich geschlechtlich fortpflanzenden Formen am augenfälligsten. Bei der Hervorbringung neuer Populationen und Arten beobachtet man die Erhaltung einiger Eigenschaften ebenso wie die Veränderung anderer. Zwei eng miteinander verwandte Froscharten können beispielsweise ähnliche Paarungslockrufe besitzen, die sich aber im Rhythmus der sich wiederholenden Klänge unterscheiden.

Die Wechselbeziehung von Vererbung und Variation beim Vorgang der Fortpflanzung ist die Grundlage der organismischen Evolution (siehe Kapitel 6). Wenn die Vererbung perfekt verliefe, würden sich die Lebewesen nie verändern; würde die Variation nicht der Kontrolle durch die Vererbung unterstehen, fehlte den biologischen Systemen die Stabilität, die es ihnen erlaubt, die Zeiten zu überdauern.

4 **Besitz eines erblichen Programms.** *Ein genetisches Programm vermittelt die Originaltreue der biologischen Vererbung* (▶ Abbildung 1.6). Die Strukturen der Proteinmoleküle, die notwendig sind für die organismische Entwicklung und das Funktionieren eines Lebewesens, sind in codierter Form indirekt in den **Nucleinsäuren** niedergelegt (siehe Kapitel 5). Bei allen Lebewesen – sowie auch bei allen Tieren – besteht die Erbinformation aus DNA (= DNS; Desoxyribonucleinsäure). DNA-Moleküle sind sehr lange, unverzweigte Ketten aus Einheiten, die Nucleotide heißen, und die jeweils eine Zuckerphosphateinheit (Desoxyribosephosphat) sowie eine von vier stickstoffhaltigen, heterozyklischen Verbindungen enthalten, die als „Basen" bezeichnet werden. Bei der DNA sind dies Adenin (A), Cytosin (C), Guanin (G)

(a)

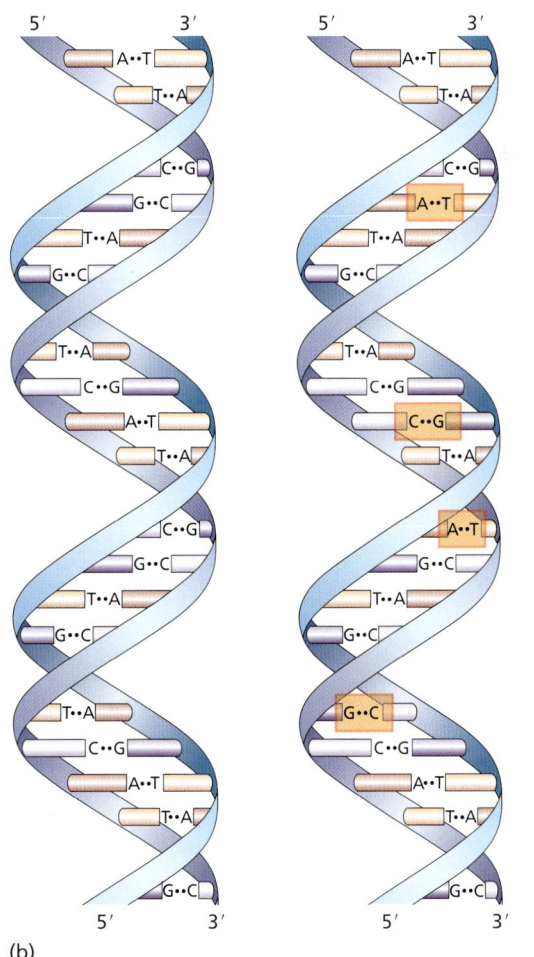

(b)

Abbildung 1.6: Modell der DNA-Doppelhelix. James Watson und Francis Crick mit einem Modell der DNA-Doppelhelix (a). Die Erbinformation ist in der Sequenz der Nucleotidbasen im Inneren des DNA-Moleküls codiert. Genetische Variation am Beispiel von zwei DNA-Molekülen (b), die ähnliche Basensequenzen enthalten, sich aber an vier Stellen in der Basenfolge unterscheiden. Solche Unterschiede können alternative Merkmale sowie unterschiedliche Augen- oder Haarfarben bedingen.

und Thymin (T). Die Sequenz dieser Nucleobasen in einem DNA-Molekül legt die Reihenfolge der Aminosäurereste in einem Proteinmolekül sowie dessen Expressionsmuster fest. Die Entsprechung von wiederkehrenden Basenfolgen zu bestimmten Aminosäuren wird als der **genetische Code** bezeichnet. Der genetische Code ist anders ausgedrückt also der Übersetzungsschlüssel, um die Erbinformation der DNA in zeitlich geordnete Proteininformation zu übersetzen.

Der genetische Code hat sich vermutlich in der Evolutionsgeschichte des Lebens früh herausgebildet. Alle Lebewesen (Bakterien, Pflanzen, Pilze, Tiere) benutzen denselben genetischen Code; sein Ursprung geht also der Trennung dieser Linien voraus. Die praktisch unveränderte Natur des genetischen Codes unter den Lebewesen ist ein starkes Indiz für einen einmaligen Ursprung des Lebens, oder besser gesagt sind sämtliche Lebensformen auf der Erde die Folge dieses einen oder des exklusiv erfolgreichsten von mehreren Ursprüngen. Seit seinem Ursprung hat der genetische Code nur sehr wenig Änderung erfahren, denn diese würde zur Störung der Struktur praktisch jeden Proteins führen. Dies wiederum hätte die Störung praktisch sämtlicher zellulärer Funktionen zur Folge, da hierzu sehr spezifische Proteinstrukturen – die die Funktionen bedingen – notwendig sind. Nur in den seltenen Fällen, in denen eine abgeänderte Proteinstruktur ihre zelluläre Funktion weiterhin zu erfüllen vermag, würde diese Änderung erhalten bleiben und weitergegeben werden. Eine evolutive Änderung des genetischen Codes hat in der DNA der Mitochondrien (den Organellen, die den Energiehaushalt der Zelle regulieren) tierischer Zellen stattgefunden. Der genetische Code der hauseigenen DNA tierischer Mitochondrien ist daher vom Standardcode der Zellkerne und der bakteriellen DNA leicht verschieden. Da die mitochondriale DNA (mtDNA) im Vergleich zur DNA des Zellkerns nur sehr wenige Proteine codiert, ist die Wahrscheinlichkeit, dass eine solche Veränderung unter Erhalt der zellulären Funktionstüchtigkeit stattfinden kann, höher als dies im Zellkern der Fall wäre.

5 **Stoffwechsel.** *Lebewesen halten sich durch die Aufnahme von Nährstoffen aus der Umwelt am Leben* (▶ Abbildung 1.7). Die Nährstoffe werden eingesetzt, um chemische Energie zu gewinnen oder sie zum Aufbau molekularer Bestandteile des Lebewe-

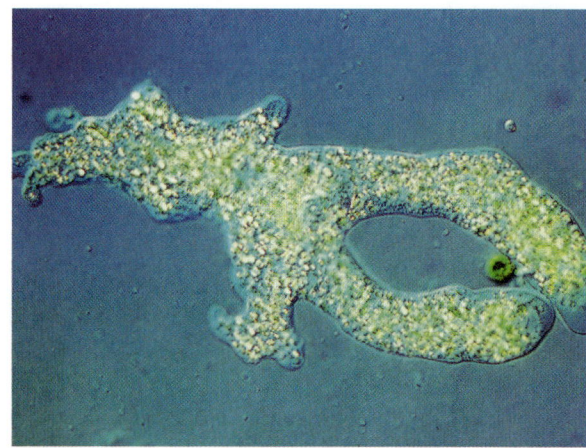

(a)

(b)

Abbildung 1.7: Fressvorgang. Er ist dargestellt am Beispiel einer Amöbe, die ihre Nahrung umfließt (a), und einem Chamäleon (b), das ein Insekt mit seiner herausschnellbaren Zunge fängt.

sens zu verwenden (siehe Kapitel 4). Diese chemischen Umsetzungen in einem Lebewesen werden als **Stoffwechsel** oder **Metabolismus** bezeichnet. Darunter fallen die Verdauung, die Energieumwandlung unter Gewinnung nutzbarer Energie für den Organismus (Atmung), sowie die Synthese von Molekülen und der Aufbau übergeordneter Strukturen. Der Stoffwechsel wird oft als ein Wechselspiel zweier gegenläufiger Ströme, des katabolen und des anabolen Stoffwechsels, betrachtet: Der **Katabolismus** ist der abbauende Stoffwechsel; bei diesen Reaktionen werden Stoffe zu einfacheren Substanzen zerlegt; der **Anabolismus** ist der aufbauende Stoffwechsel, in dessen Verlauf aus einfacheren Stoffen komplizierter gebaute hergestellt werden. Die grundlegendsten anabolischen und katabolischen chemischen Reaktionen, die von lebenden Systemen durchgeführt werden, sind früh in der Evolutionsgeschichte des Lebens entstanden und allen Lebensformen gemeinsam.

Zu diesen Reaktionen gehören die Synthese von Kohlenhydraten, Lipiden, Nucleinsäuren und Proteinen einschließlich deren niedermolekularen Bestandteilen, sowie weiterhin die Spaltung chemischer Bindungen unter Gewinnung der darin gespeicherten Energie. Bei Tieren verlaufen viele fundamentale metabolische Reaktionen auf der zellulären Ebene – oftmals in speziellen Organellen, die sich überall im Tierreich wiederfinden. Die Zellatmung läuft beispielsweise in den bereits erwähnten Mitochondrien ab. Die Membransysteme der Zelle wirken regulierend auf den Stoffwechsel, indem sie die Bewegungen und somit die Verteilung und Verfügbarkeit von Stoffen innerhalb der Zelle einschränken und kontrollieren. Die Untersuchung komplexer Stoffwechselfunktionen ist Gegenstand der **Physiologie**. Wir widmen einen großen Teil dieses Buches der Beschreibung und dem Vergleich verschiedener Gewebe, Organe und Organsysteme, die unterschiedliche Gruppen von Tieren evolviert haben, um die grundlegenden physiologischen Aufgaben des Lebens zu vollführen (siehe hierzu die Kapitel 11 bis 36).

6 Entwicklung. *Alle Lebewesen durchlaufen einen für sie charakteristischen Lebenszyklus.* Unter Entwicklung (Ontogenese) versteht man in der Biologie die charakteristischen Veränderungen, denen ein Lebewesen vom Zeitpunkt seines Ursprungs (für gewöhnlich die Befruchtung einer Eizelle durch ein Spermium) bis zum Erreichen seines adulten Endzustandes unterliegt (siehe Kapitel 8). Manchmal wird auch die biologische Alterung (Seneszenz) vom adulten zum greisen Lebewesen mit einbezogen. Bei der ontogenetischen Entwicklung kommt es regelmäßig zu Änderungen der Größe und der Form des Lebewesens, sowie zur Differenzierung von Strukturen innerhalb des Organismus. Selbst die einfachsten, einzelligen Lebewesen nehmen an Größe zu und vervielfältigen ihre Bestandteile, bis sie sich schließlich in zwei oder mehr Folgezellen teilen. Vielzellige Lebensformen machen im Verlauf ihres Lebens dramatischere Änderungen durch. Die unterschiedlichen Entwicklungsstadien mancher Vielzeller sind sich so wenig ähnlich, dass man sie kaum als zur selben Art gehörig erkennt (und tatsächlich sind einige Larvenformen einst tatsächlich als eigene Arten geführt worden). Embryonen sind erkennbar anders als die Juvenil- und Adultformen, die sich aus ihnen entwickeln. Selbst die postembryonale Entwicklung beinhaltet bei einigen Arten Stadien, die sich auf dramatische Art voneinander unterscheiden. Die Umwandlung, die sich von einem Stadium in ein erkennbar anderes vollzieht, wird **Metamorphose** genannt. Unter den verschiedenen Entwicklungsstadien eines metamorphen Insekts (Ei, Larve, Puppe, Adultus) gibt es nur wenig Ähnlichkeit (▶ Abbildung 1.8). Bei Tieren sind frühe Entwicklungsstadien verwandter Arten einander oftmals ähnlicher als spätere Stadien. Bei unserer Übersicht über die Vielfalt der Tiere in den späteren Kapiteln werden wir alle beobachtbaren Stadien in den Lebenszyklen beschreiben, den Adultstadien aber höhere Aufmerksamkeit schenken, weil unter diesen eine tendenziell größere Vielfalt herrscht.

7 Wechselwirkung mit der Umwelt. *Alle Tiere stehen mit ihrer Umwelt in Wechselwirkung.* Die Untersuchung der Wechselwirkung von Lebewesen mit der Umwelt ist Gegenstand der **Ökologie**. Von besonderem Interesse sind die Faktoren, die die geografische Verbreitung und die Häufigkeit der Tiere bestimmen und beeinflussen (siehe Kapitel 37 und 38). Die Wissenschaft der Ökologie erforscht, wie ein Lebewesen Umweltreize wahrnimmt und in geeigneter Weise auf diese reagiert, indem es metabolische und andere physiologische Vorgänge anpassend einreguliert (▶ Abbildung 1.9). Alle Organismen reagieren auf Reize aus der Umwelt – eine Eigenschaft, die man **Erregbarkeit** oder **Reizbarkeit** nennt. Der Reiz und die Antwort darauf können einfacher Natur

(a) (b)

Abbildung 1.8: Monarchschmetterling. (a) Ein adulter Monarchschmetterling schlüpft aus dem Puppengehäuse. (b) Vollständig ausgebildeter adulter Monarchschmetterling.

Abbildung 1.9: Anpassung physiologischer Vorgänge. Eine Eidechse reguliert ihre Körpertemperatur, indem sie zu unterschiedlichen Tageszeiten unterschiedliche Orte (Mikrohabitate) aufsucht.

sein, wie im Fall eines Einzellers, der sich einer Lichtquelle nähert oder sich von der Quelle einer schädlichen Substanz wegbewegt. Reiz und Reaktion können aber auch von komplexer Natur sein, wie etwa bei einem Vogel, der auf eine komplizierte Folge von Signalen im Verlauf eines Balzrituals reagiert (siehe Kapitel 36). Leben und Umwelt sind untrennbar miteinander verknüpft. Wir können die Evolutionsgeschichte einer Abstammungslinie von Organismen nicht isoliert von der Umwelt betrachten, in der sie sich vollzogen hat.

1.1.3 Das Leben gehorcht den Gesetzen der Physik

Für den ungeschulten Betrachter mag es so erscheinen, als ob diese sieben Grundeigenschaften des Lebendigen den fundamentalen Gesetzen der Physik zuwiderlaufen. Der Vitalismus, die überholte Vorstellung, dass das Leben mit einer mysteriösen „Lebenskraft" (lat. *vis vitalis*) ausgestattet sei, die nicht an die Gesetzmäßigkeiten gebunden ist, welche die Chemie und die Physik für alle Naturvorgänge gefunden haben, hatte einstmals viele Anhänger. Die biologische Forschung hat dem Vitalismus immer ablehnend gegenübergestanden. Die gesamte Forschung hat vielmehr gezeigt, dass alle lebenden Systeme den Grundgesetzen der Physik und der Chemie ohne Ausnahme gehorchen. Die physikalischen Regeln („Gesetze"), die die Energie und ihre Umwandlung beschreiben (Thermodynamik) sind für das Verständnis des Lebens von besonderem Interesse (siehe Kapitel 4). Der **1. Hauptsatz der Thermodynamik** ist auch als der Satz von der Erhaltung der Energie bekannt. Energie kann weder erschaffen noch zerstört werden, sondern lediglich aus einer Form in eine andere umgewandelt werden. Alle Aspekte des Lebens erfordern Energie und gehen mit Energieumwandlungen einher. Die Energie, die das Leben auf der Erde aufrechterhält, entstammt den Kernfusionsprozessen in der Sonne und erreicht die Erde als Licht und Wärmestrahlung. Sonnenlicht, das von den Pflanzen und den Cyanobakterien eingefangen wird, wird in diesen durch die Photosynthese in energiereiche chemische Bindungen verwandelt und gespeichert. Die Bindungsenergie chemischer Verbindungen ist eine Form der potenziellen Energie, die freigesetzt wird, wenn die Bindungen aufgelöst werden. Derart freigesetzte Energie wird von lebenden Zellen benutzt, um vielfältige Aufgaben auszuführen. Die in Pflanzen umgewandelte und gespeicherte Energie wird dann von Tieren verwertet, die diese Pflanzen verzehren. Die pflanzenfressenden Tiere können unter Umständen selbst wieder anderen Tieren Energie liefern, von denen sie vertilgt werden.

Der **2. Hauptsatz der Thermodynamik** besagt, dass ein System sich zu einem Zustand größerer Unordnung (höherer **Entropie**) hin entwickelt. Die von den Pflanzen eingesammelte und gespeicherte Energie wird in der Folge durch verschiedenartige Mechanismen wieder freigesetzt und letztlich in Form von Wärme abgegeben. Der komplexe molekulare Aufbau lebender Zellen kommt zustande und wird aufrechterhalten, solange Energie zufließt, die gestattet, den Ordnungszustand beizubehalten. Unvermeidliches Schicksal der Stoffe in den Zellen ist ihr chemischer Abbau und die Freisetzung ihrer Bindungsenergie als Wärme. Der Prozess der Evolution, durch den die organismische Komplexität mit der Zeit zunehmen kann, scheint auf den ersten Blick diesem Prinzip – dem 2. Hauptsatz – zu widersprechen. Tatsächlich ist dies aber nicht so: Die organismische Komplexität kann nur durch den fortwährenden Eintrag und die ebenso kontinuierliche Abgabe von Energie, die von der Sonne in die Biosphäre einstrahlt, entstehen und aufrechterhalten werden. Überleben, Wachstum und Vermehrung der Tiere erfordert Energie, die aus der Zerlegung komplexer Nahrungsmoleküle in einfacher gebaute Abfallstoffe stammt. Die Vorgänge, durch welche Tiere aus Nahrung und Atmung Energie gewinnen, sind uns durch die Untersuchungen der verschiedenen Zweige der Physiologie verständlich geworden.

1.2 Die Zoologie als Teil der Biologie

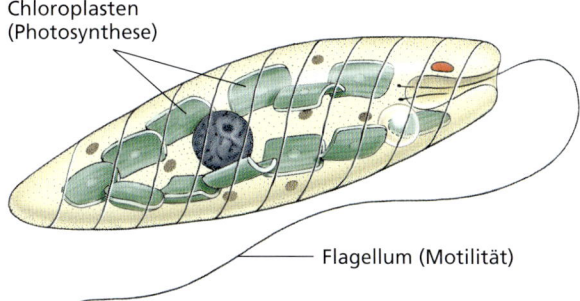

Abbildung 1.10: **Die Gattung *Euglena*.** Einige Lebewesen, wie der Einzeller der hier abgebildeten Gattung *Euglena* oder die der bereits vielzelligen Gattung *Volvox* (siehe Abbildung 1.3), kombinieren Eigenschaften, die man normalerweise entweder mit Tieren (Bewegung, Motilität) oder mit Pflanzen (Fähigkeit zur Photosynthese) in Verbindung bringt.

Die Tiere stellen einen eigenen Zweig am evolutiven Stammbaum des Lebens dar. Es ist ein alter und großer Zweig, der seinen Ursprung vor über 600 Millionen Jahren im präkambrischen Ozean hat. Die Tiere sind selbst Teil eines noch größeren Astes, dem der **Eukaryonten** – das sind Organismen, deren Zellen einen von einer Membran umschlossenen Zellkern besitzen. Zu diesem eukaryontischen Ast gehören auch die Pflanzen, die Pilze sowie zahlreiche einzellige Lebensformen. Das vielleicht kennzeichnendste Merkmal der Tiere als Gruppe ist ihre Ernährungsweise, die in dem Verzehr anderer Organismen besteht. Die Evolution hat diese grundlegende Lebensweise verfeinert. Dies geschieht durch die Hervorbringung vielfältiger Systeme für das Einfangen und Verarbeiten eines breiten Spektrums von Nahrungsquellen und solcher für die Lokomotion.

Tiere zeichnen sich weiterhin durch das Fehlen von Merkmalen aus, die man bei anderen Eukaryontengruppen findet. Pflanzen nutzen beispielsweise die Energie des Lichts zur Herstellung organischer Verbindungen (Photosynthese) und sie haben, wie die Pilze und manche Protozoen, starre Zellwände evolviert, die außerhalb der Plasmamembranen der Zellen liegen. Bei den Tieren fehlen Photosynthese und Zellwände. Pilze erlangen ihre Nährstoffe durch die Absorption niedermolekularer organischer Verbindungen aus der Umwelt, und ihr Bauplan schließt röhrenförmige Filamente ein, die Hyphen heißen. Diese Strukturen fehlen bei Tieren ebenfalls.

Einige Lebewesen kombinieren Merkmale von Tieren und Pflanzen. So ist etwa *Euglena* (▶ Abbildung 1.10) ein beweglicher Einzeller, der einer Pflanze gleicht, weil er zur Photosynthese befähigt ist, gleichzeitig aber einem Tier darin ähnelt, dass er Nahrungsteilchen aufnehmen und diese verdauen kann. *Euglena* gehört zu einer gesonderten eukaryontischen Abstammungslinie, die sich früh in der Geschichte der Eukaryonten abgespalten hat, bevor es zur Trennung von Pflanzen und Tieren (sowie Pilzen) kam. *Euglena* und andere einzellige Eukaryonten werden von manchen Systematikern einem eigenen Organismenreich, dem Regnum Protista (Reich der Protisten) zugerechnet. Andere Forscher lehnen diese Gruppierung ab, weil die Protisten eine willkürliche Zusammenstellung nicht oder nur weitläufig miteinander verwandter Abstammungslinien sind, die sich mit den Prinzipien der Taxonomie nicht vertragen (siehe Kapitel 10).

Die grundlegenden baulichen und ontogenetischen Merkmale, die im Reich der Tiere evolutiv entstanden sind, werden in Kapitel 8 erörtert.

1.3 Die Prinzipien der Wissenschaft

1.3.1 Das Wesen der Wissenschaft

Gleich im ersten Satz dieses Kapitels haben wir die Aussage gemacht, dass die Zoologie die wissenschaftliche Untersuchung von Tieren sei. Ein grundlegendes Verständnis der Zoologie setzt daher auch ein Erfassen und Begreifen voraus, was Wissenschaft ist – oder was nicht! – und wie mit Hilfe der wissenschaftlichen Methode neues Wissen erlangt wird.

Wissenschaft ist eine Denkweise. Es ist die spezifische Art und Weise, wie man sich einer Problemstellung nähert, wie man Fragen stellt und welche Wege beschritten werden, eine Antwort zu finden und diese einzuschätzen. Die Antworten, die man findet, können präzise oder vage sein. Obwohl sich die Wissenschaft im modernen Sinn in der Geschichte der Menschheit erst vor relativ kurzer Zeit (den letzten 400 Jahren, seit Tycho Brahe, William Harvey, Johannes Kepler u. a.) entwickelt hat, ist die Tradition, Fragen über die Natur der Dinge und Phänomene zu stellen viel älter. Tatsächlich gab es insbesondere im antiken Griechenland Denker und Forscher, die durchaus in einem modernen Sinn argumentiert und sogar experimentiert haben. Leider ging diese hoch entwickelte Tradition für lange Zeit verloren und wurde erst gegen Ende der Renaissance in Mitteleuropa unabhängig wiederentdeckt.

In diesem Abschnitt werden wir die Methodologie untersuchen, die die Zoologie mit anderen Zweigen der Wissenschaft gemeinsam hat. Dieser methodische Ansatz im Denken wie in der praktischen Vorgehensweise unterscheidet die Wissenschaft von anderen Tätigkeiten des menschlichen Denkvermögens, die jenseits der Grenzen des Reichs des Wissenschaftlichen liegen. Grundsätzlich lässt sich allerdings *jede* Frage mit dem methodischen Ansatz angehen, den man das **wissenschaftliche Denken** nennt!

Ungeachtet des enormen Einflusses, den die Wissenschaft auf unser Leben hat, besitzen sehr viele Menschen nur ein minimales oder gar kein Verständnis vom Wesen der Wissenschaft. So unterzeichnete beispielsweise der Gouverneur des US-Staates Arkansas (entspricht grob einem deutschen Ministerpräsidenten eines Bundeslandes) ein Gesetz zur „gleichrangigen Behandlung der ‚Schöpfungswissenschaft' und der Evolutionswissenschaft". Dieses Gesetz geht fälschlicherweise davon aus, dass es sich bei der „Schöpfungswissenschaft", die auch als Kreationismus bekannt ist, um solide Naturwissenschaft handelt. Der Kreationismus ist aber tatsächlich eine religiöse Haltung, die von manchen Sekten vertreten und verbreitet wird, und die den Anspruch der Wissenschaftlichkeit in keiner Hinsicht erfüllt. Das Gesetz wurde in der Folge Gegenstand einer gerichtlichen Auseinandersetzung vor US-amerikanischen Gerichten. Im Jahr 1982 wurde dem Staat Arkansas gerichtlich und endgültig untersagt, das besagte Gesetz umzusetzen. In Europa hat der Kreationismus keinen so starken Rückhalt und keine so aggressive Lobby wie in den USA, obwohl auch in einigen europäischen Ländern – und jüngst sogar einem deutschen Bundesland – Anstrengungen unternommen worden sind, ihn in den allgemeinen Schulunterricht einzuschleusen.

Ein beträchtlicher Anteil der Zeugenaussagen in dem oben erwähnten Gerichtsprozess drehte sich um das Wesen der Wissenschaft. Einige der geladenen Zeugen haben die Wissenschaft sehr einfach, aber wenig erhellend, als „das, was von der Gemeinschaft der Wissenschaftler akzeptiert wird" definiert, oder als „das, was Wissenschaftler tun". Es scheint, dass diese Zeugen nicht genau wussten (ob sie vorgaben, Wissenschaftler zu sein, ist nicht überliefert), was Wissenschaft ist und wie sie funktioniert. Der vorsitzende Richter war aber schließlich in der Lage, auf der Grundlage anderer Aussagen (von Wissenschaftlern), die wesentlichen Merkmale der Wissenschaft explizit zu benennen:

1. Sie gründet sich auf die experimentell ermittelbaren Naturgesetze.
2. Ihre Erklärungen nehmen Bezug auf die Naturgesetze.
3. Ihre Aussagen sind in der beobachtbaren Welt nachprüfbar.
4. Ihre Schlussfolgerungen besitzen vorläufigen Charakter und stellen somit nicht notwendigerweise abschließende Meinungsäußerungen dar. Die Aussagen der Wissenschaft sind also revidierbar.
5. Die Aussagen und Hypothesen der Wissenschaft sind falsifizierbar.

Dem Streben nach wissenschaftlicher Einsicht müssen die als „Naturgesetze" bekannten Regeln insbesondere der Physik und der Chemie zugrunde liegen und als Messlatten dienen. Das wissenschaftliche Weltbild erklärt die beobachteten Sachverhalte und Phänomene auf der Grundlage der allgemein akzeptierten und durch Messung und Beobachtung bestätigten Naturgesetze, ohne auf das Eingreifen einer „übernatürlichen" Instanz oder Kraft angewiesen zu sein. Wir müssen in der Lage sein, Ereignisse in der realen Welt direkt oder indirekt (z. B. mit Hilfe von Messinstrumenten) zu beobachten, um gebildete Hypothesen – vorläufige Annahmen – über die Natur zu überprüfen. Falls wir bezüglich eines untersuchten Ereignisses Schlussfolgerungen ziehen, müssen wir stets dazu bereit sein, unsere Schlüsse abzuändern oder gänzlich zu verwerfen, falls zukünftige Beobachtungen und/oder Messungen neue Erkenntnisse erbringen, die unseren Folgerungen widersprechen oder diese widerlegen. Oder wie der zuständige vorsitzende Richter in Arkansas sagte: „Während jedermann frei darin ist, die wissenschaftliche Suche nach seinem selbst gewählten Belieben zu betreiben, kann er die von ihm angewandte Methodik nicht als wissenschaftlich ausgeben, falls von einer Schlussfolgerung ausgegangen und es verweigert wird, diese zu ändern oder aufzugeben, sollten im Verlauf der Untersuchung Hinweise oder Beweise dafür gefunden werden, die dies notwendig machten." Die Wissenschaft steht der Religion in ihrem Denkansatz diametral gegenüber, und wissenschaftliche Ergebnisse sind nicht geeignet, die Glaubenssätze einzelner Religionen zu begünstigen.

Unseligerweise hat die religiöse Haltung, die früher als „Kreationismus" kursierte, ihr hässliches Haupt unter dem neuen Namen „Theorie des intelligenten Entwurfs (Intelligent Design)" wieder erhoben (alter Hut, neue Verpackung). Ein weiteres Mal muss sich die wissenschaftliche Lehre in Teilen der Welt gegen die Infektion und Unterwanderung durch ein wissenschaftlich wertloses Dogma zur Wehr setzen.

1.3.2 Die wissenschaftliche Methode

Die essenziellen Kriterien der Wissenschaft bilden die Grundlage für die **hypothetiko-deduktive Methode**. Bei dieser Vorgehensweise besteht der erste Schritt, nachdem die Fragestellung feststeht, in der Formulierung von Hypothesen, die mögliche Antworten auf die Frage- oder Problemstellung darstellen. Die Hypothesen gründen sich für gewöhnlich auf zuvor gemachte Beobachtungen oder Ergebnisse von durchgeführten Experimenten oder sie leiten sich aus wohlfundierten Theorien als Vorhersagen ab. Wissenschaftliche Hypothesen stellen oftmals allgemeine Aussagen über die Natur dar, die eine größere Zahl von Beobachtungen oder Messdaten zu erklären vermögen.

Darwins Hypothese der natürlichen Selektion erklärte beispielsweise die Beobachtung, dass viele unterschiedliche Arten von Lebewesen Eigenschaften erkennen lassen, die sie als an ihre Umwelt angepasst erscheinen lassen. Auf der Grundlage seiner Hypothese kann ein Wissenschaftler den Versuch unternehmen, zukünftige Beobachtungen oder Versuchsergebnisse vorherzusagen oder abzuschätzen. Der Wissenschaftler sagt oder denkt sinngemäß: „Falls meine Hypothese richtig ist – also die zuvor gemachten Beobachtungen richtig gedeutet sind – dann sollte sich bei neuen, zukünftigen Beobachtungen oder Messungen etwa Folgendes zeigen oder ergeben ..." Brauchbare Hypothesen sind solche, die überprüfbar sind, aus deren Ableitung oder Fortführung sich Vorhersagen ergeben, die im Experiment prüfbar und damit falsifizierbar sind. Falls sich im Experiment oder bei den zu messenden Beobachtungen Widersprüche zu der aufgestellten Hypothese ergeben, muss diese verworfen werden – man sagt dann, sie sei *falsifiziert*. Eine Bestätigung einer Hypothese gilt hingegen als *Verifizierung*.

Die Hypothese von der natürlichen Selektion wurde herangezogen, um Variationen in Mottenpopulationen auf den britischen Inseln zu erklären (▶ Abbildung 1.11). In stark industrialisierten Gegenden Englands mit starker Luftverschmutzung bestanden viele Mottenpopulationen überwiegend aus dunkel gefärbten (melani-

(a)

(b)
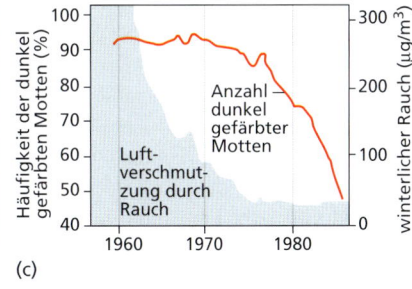
(c)

Abbildung 1.11: **Hell und dunkel gefärbte Formen (Morphen) der Mottenart *Biston betularia* (Birkenspanner).** Sie befinden sich auf einem mit Flechten überzogenen Baum in einer unverschmutzten, ländlichen Gegend (a), sowie auf einem mit Ruß überzogenen Baum in der Nähe der Industriestadt Birmingham in Mittelengland (b). Diese Farbvarianten haben eine einfache genetische Grundlage. (c) zeigt eine deutliche Abnahme in der Häufigkeit der dunkel gefärbten Form des Birkenspanners, die mit Verzögerung einer drastischen Abnahme der Luftverschmutzung durch Smog nachfolgt (grau schattierter Bereich). Um 1960 lag die Häufigkeit der dunkel gefärbten Morphen bei über 90 Prozent; zu der Zeit waren die Ruß- und Schwefeldioxidemissionen und somit die Smogbildung noch sehr hoch. Als später die Emissionen heruntergingen, und sich auf den Baumstämmen hell gefärbte Flechten ansiedelten, fielen die dunkel gefärbten Tiere Fressfeinden viel leichter ins Auge. Im Jahr 1986 hatten nur noch etwa 50 Prozent der Tiere eine dunkle Färbung, die andere Hälfte rekrutierte sich neuerlich aus hell gefärbten Individuen.

HINTERGRUND

Der Streit um die Rechte der Tiere

Die Debatte um die Verwendung von Tieren zur Befriedigung menschlicher Bedürfnisse setzt sich bis heute fort. Am kontroversesten ist dabei die Verwendung von Versuchstieren in der biomedizinischen Forschung einschließlich Verhaltensstudien, sowie beim Testen kommerzieller Produkte.

Der Kongress der USA hat eine Reihe von Zusatzverordnungen zum Bundestierschutzgesetz verabschiedet, die ein Gesetzespaket darstellen, das der Haltung und Pflege von Tiere in Laboratorien und anderen Einrichtungen zugrunde liegt. Diese Zusatzverordnungen beziehen sich auf die folgenden Aspekte: Verminderung der Zahl von Tieren, die für Forschungszwecke eingesetzt werden, Verfeinerung der Techniken, die Stress oder Leiden hervorrufen können, und der Ersatz von Tieren durch Simulationen oder Zellkulturtechniken, wo immer dies möglich ist. Als Folge dieser Bemühungen hat die Zahl der Tiere, die pro Jahr für Forschungszwecke und für die Erprobung kommerzieller Produkte verbraucht werden, abgenommen. Entwicklungen in der Zell- und Molekularbiologie haben ebenfalls zu einem Rückgang der für Forschung und Erprobung verwendeten Tiere geführt. Die Tierrechtsbewegung hat zu einem Bewusstsein für die Bedürfnisse der zu diesen Zwecken genutzten Tiere geführt und Forscher dazu angeregt, billigere, effizientere und „humanere" Alternativen zu entwickeln.

Computer und in Kultur gehaltene Zellen können nur dann ein Ersatz für Experimente mit ganzen Tieren sein, wenn die grundlegenden Prinzipien, die Anwendung finden, wohlbekannt sind. Wenn die Prinzipien selbst Gegenstand der Forschung sind und herausgefunden werden müssen, reichen Computermodelle nicht aus. Ein jüngerer Bericht des Nationalen Forschungsrates der USA hat eingeräumt, dass ungeachtet weitergehender Anstrengungen bei der Suche nach Alternativen zu Tieren in Forschung und Erprobung die „Wahrscheinlichkeit, dass in absehbarer Zukunft Alternativmethoden Tierversuche gänzlich ersetzt werden, praktisch null" ist. Realistische kurzfristige Ziele sind jedoch die Reduzierung der Zahl der verbrauchten Tiere, der Ersatz von Säugetieren durch andere Wirbeltiere, sowie die Verfeinerung der experimentellen Verfahren zur Verminderung von Unannehmlichkeiten für die eingesetzten Tiere.

Human- und veterinärmedizinische Fortschritte hängen von Forschung an und mit Tieren ab. Jedes Medikament und jeder Impfstoff, der entwickelt wird, um das Wohlergehen des Menschen zu steigern, ist zunächst an Tieren erprobt worden. Forschungen an Tieren hat die Humanmedizin in die Lage versetzt, Krankheiten wie die Pocken (Variola) und die Kinderlähmung (Poliomyelitis) nahezu auszurotten, und gegen Krankheiten, die vormals häufig waren wie Scharlach oder Windpocken und oftmals tödlich verliefen wie die Diphtherie, Impfstoffe zu entwickeln. Tierversuche haben auch geholfen, Behandlungen für Krebserkrankungen, die Zuckerkrankheit, Herz-

Nach Angaben des US-Ministeriums für Gesundheit und soziale Dienste hat die Forschung an Tieren zu einer Verlängerung der durchschnittlichen Lebenserwartung um 20,8 Jahre geführt.

krankheiten und andere mehr zu entwickeln oder zu verbessern. Operative Methoden einschließlich der Herzchirurgie, der Beseitigung des grauen Stars und anderer sind ebenfalls an Tieren entwickelt und geübt worden. Die AIDS-Forschung stützt sich vollständig auf Untersuchungen an Tieren. Die Ähnlichkeit von Affen-AIDS, an dem Rhesusaffen erkranken, mit AIDS beim Menschen hat es möglich gemacht, die Erkrankung des Affen als Modellfall für die Krankheit beim Menschen zu nutzen. Jüngere Arbeiten weisen außerdem darauf hin, dass Katzen ebenfalls ein erfolgversprechendes Modell für die bislang völlig erfolglosen Bemühungen um die Entwicklung eines Anti-AIDS-Impfstoffes sein könnten. Hautverpflanzungsexperimente, die zuerst an Rindern und später auch an anderen Tieren durchgeführt worden sind, haben ein neues Zeitalter in der immunologischen Forschung mit riesigen Beiträgen zur Behandlung von Krankheiten des Menschen und anderer Tiere eingeläutet.

Forschungen an Tieren haben wiederum auch anderen Tieren insofern genutzt, indem sie zur Entwicklung veterinärmedizinischer Behandlungs- und Heilverfahren beigetragen haben. Die Impfstoffe für die Katzenleukämie und für Parvovirusinfektionen bei Hunden wurden zunächst im Experiment bei anderen Katzen und Hunden erprobt. Viele weitere Impfstoffe für schwere Infektionskrankheiten bei Tieren wurden mit Hilfe von Tierversuchen entwickelt, zum Beispiel für die Tollwut, die Staupe, den Milzbrand, die Hepatitis und den Wundstarrkrampf. Keine vom Aussterben bedrohte Art wird für Forschungen allgemeiner Art herangezogen (außer zum Zweck der Bewahrung vor der vollständigen Ausrottung). Forschungen mit/an Tieren haben somit zu enormem Nutzen für den Menschen sowie für andere Tiere geführt. Trotzdem bleibt noch vieles über die Bekämpfung von Krankheiten wie AIDS, Krebs, Diabetes und Herzerkrankungen zu lernen, und Tierversuche werden hierzu weiterhin notwendig sein.

Ungeachtet des bemerkenswerten Nutzens, der aus der Forschung an Tieren hervorgegangen ist, zeichnen die Tierrechtsaktivisten vielfach ein unzutreffendes und emotional verzerrtes Bild dieser Forschungen. Das letztendliche Ziel einiger Tierrechtsaktivisten, die sich speziell auf die Verwendung von Tieren in der Wissenschaft statt auf die Behandlung von Tieren eingeschossen haben, ist und bleibt die vollständige Abschaffung jeglicher Art von Forschungen an und mit Tieren. Die wissenschaftliche Gemeinschaft ist zutiefst besorgt wegen des Einflusses, den diese Angriffe auf die Fähigkeit der Wissenschaft, wichtige Experimente durchzuführen, hat und noch haben könnte. Die Forscher argumentieren, dass, wenn es erlaubt ist, Tiere als Nahrungsquelle zu nutzen und als Haustier zu halten, es ebenfalls gerechtfertigt sei, Experimente zum Nutzen des Menschen durchzuführen, wenn diese Studien in humaner und ethisch vertretbarer Weise durchgeführt werden.

Die internationale Vereinigung für die Bewertung und Akkreditierung für Versuchstierversorgung unterstützt die Verwendung von Tieren zur Förderung des Fortschritts in Medizin und Naturwissenschaft, wenn andere Alternativen nicht verfügbar sind und die Tiere in einer „ethischen" und „humanen" Art und Weise behandelt werden. Die Akkreditierung durch diese Organisation erlaubt es Forschungseinrichtungen, ein herausragendes Niveau bei ihrer Sorge um Versuchstiere zu beweisen. Fast alle großen Institutionen, die von der US-amerikanischen Gesundheitsbehörde NIH finanziell gefördert werden, haben um die Akkreditierung dieser Vereinigung nachgesucht und sie auch bekommen. Für weitergehende Informationen sei auf die Internetseite *www.aaalac.org* verwiesen.

Literatur zur Tierrechtskontroverse

Ahne, W. (2007): Tierversuche. Im Spannungsfeld von Praxis und Bioethik. 1. Auflage. Schattauer; ISBN: 3-7945-2561-2.
Stern, H. (1986): Tierversuche. Rowohlt; ISBN: 3-4991-7406-5.
Reindardt, C. (1994): Alternatives to Animal Testing. New Ways in the Biomedical Sciences, Trends and Progress. Wiley-VCH; ISBN: 3-527-30043-0.
Deutsche Forschungsgemeinschaft (DFG) (2004): Tierversuche in der Forschung (Taschenbuch) Lemmens; ISBN: 3-9323-0653-8.
Groves, J. (1997): Hearts and minds: the controversy over laboratory animals. Temple University Press; ISBN: 1-5663-9475-9.
Paul, E. und J. Paul (Hrsg.) (2001): Why animal experimentation matters: the use of animals in medical research. Transaction Publishers; ISBN: 0-7658-0685-1.
Pringle, L. (1989): The animal rights controversy. Harcourt Brace Jovanovich; ISBN: 0-1520-3559-1.
Rowan, A., F. Loew und J. Weer (1995): The animal rights controversy: protest, process and public policy: an analysis of strategic issues. Center for Animals & Public Policy, Tufts University; ASIN: B-0006-PC2C-S.

sierten) Tieren, wohingegen Populationen der gleichen Art, die in Wäldern mit sauberer Luft lebten, die Tiere mit viel größerer Häufigkeit hell gefärbt waren.

Die Hypothese besagt, dass die Motten am besten überleben, wenn sie im Aussehen an ihre Umgebung angepasst sind und so für Vögel, die nach ihnen Ausschau halten, um sie zu vertilgen, fast unsichtbar sind. Experimentelle Untersuchungen haben gezeigt, dass im Einklang mit dieser Hypothese Vögel leichter in der Lage sind, Motten aufzuspüren und zu fressen, die im Aussehen von ihrer Umgebung abweichen. Vögel in derselben Gegend sind nicht erfolgreich beim Aufspüren von Motten, die mit ihrer Umgebung optisch verschmelzen, so dass diese Insekten überleben und sich fortpflanzen können. Die Zahl der angepassten Tiere steigt so mit der Zeit an, relativ zu der Zahl ihrer nicht-angepassten Artgenossen.

Eine weitere überprüfbare Vorhersage, die sich aus der Hypothese von der natürlichen Selektion ableiten lässt, ist, dass sich die Zahl der heller gefärbten Tiere in der Mottenpopulation erhöhen sollte, wenn in dem betrachteten Gebiet die Luftverschmutzung zurückgeht und die Belastung durch Ruß und Staub zu einer Veränderung der Umgebung führt. Untersuchungen an Populationen in solchen Gebieten haben Ergebnisse geliefert, welche die Vorhersagen aus dem Modell der natürlichen Selektion bestätigen. Die Hypothese hat sich in der Realität bewährt.

Ist eine Hypothese sehr erfolgreich bei der Erklärung eines weiten Spektrums miteinander in Beziehung stehender Phänomene, und steht sie im Einklang mit den als gesichert geltenden Naturgesetzen und anderen, vielleicht grundlegenderen Theorien, und bewährt sie sich im Experiment immer wieder (es liegen also keine reproduzierbaren Beobachtungs- oder Messdaten vor, die zu ihr im Widerspruch stehen), kann sie schließlich den Rang einer Theorie erlangen.

Die natürliche Selektion ist hier wieder ein gutes Beispiel. Unser Modellfall von der Heranziehung des Darwin'schen Prinzips der natürlichen Zuchtwahl zur Erklärung der evolutionären Anpassung in den englischen Mottenpopulationen ist nur eines von vielen Phänomenen, auf die sich das Prinzip der natürlichen Selektion zur Anwendung bringen lässt. Die natürliche Selektion liefert eine befriedigende Erklärung für das Auftreten vieler verschiedenartiger Merkmale, die bei praktisch allen Tierarten (und darüber hinaus anderen Organismentypen) vorkommen. Jeder beobachtete Einzelfall stellt eine eigenständige, spezifische (neue) Hypothese zur allgemeineren Theorie der natürlichen Selektion dar, die durch die Analyse immer neuer Fälle wiederholt auf die Probe gestellt wird. Dabei ist in jedem Einzelfall die Möglichkeit gegeben, dass durch Abweichungen von der Theorie (Falsifikation der Arbeitshypothese) diese durch so gewonnene neue Erkenntnisse modifiziert werden muss oder sogar gänzlich ins Wanken gerät. Man beachte jedoch, dass die Falsifizierung einer spezifischen (Arbeits-)Hypothese nicht notwendig zur Verwerfung der gesamten, zugrunde liegenden Theorie führen muss. So könnte die Theorie der natürlichen Selektion zum Beispiel bei dem Versuch der Erklärung des Ursprungs des menschlichen Verhaltens versagen, aber gleichzeitig immer noch eine ausgezeichnete Deutung für die vielen strukturellen Modifikationen der Pentadaktylie (Fünffingrigkeit) der Wirbeltiere liefern. Die Theorie wäre dann nur an ihre Grenzen gestoßen, und zur Erklärung neuartiger Phänomene müsste dann eine neue, eigenständige Theorie entwickelt werden.

Wissenschaftler sind beständig damit beschäftigt, untergeordnete Hypothesen (Arbeitshypothesen), die sich aus ihren Haupttheorien ableiten, zu überprüfen, um herauszufinden, wie tragfähig diese Theorien sind und wo ihre Grenzen liegen. Die nützlichsten Theorien sind diejenigen, die in der Lage sind, den breitesten Bereich verschiedenartiger Naturphänomene zu erklären.

Wir wollen an dieser Stelle ausdrücklich betonen, dass der Begriff der „Theorie", wie er von Wissenschaftlern benutzt wird, keinesfalls mit dem der „Spekulation" identisch ist, wie es die Umgangssprache oft implizit unterstellt (*„Das ist ja bloß Theorie."*). Ein Missverständnis dieses konzeptuellen Unterschieds ist bei der pseudowissenschaftlichen Demagogie der Kreationisten erkennbar, die sich die umgangssprachliche Doppeldeutigkeit des wissenschaftstheoretisch viel strenger gefassten Begriffs der Theorie propagandistisch zunutze machen. Die fanatisch motivierten Kreationisten behaupten verfälschend, dass die Evolution „eben nur eine Theorie" sei, als wäre sie nicht mehr als eine hingeworfene, undurchdachte Idee. Tatsächlich wird die Evolutionstheorie von einer solchen Menge von Beobachtungen und experimentellen Ergebnissen gestützt, dass die Biologen eine Ablehnung des Konzeptes der Evolution als gleichbedeutend mit einer Ablehnung des vernünftigen Denkens an sich ansehen. Nichtsdestoweniger ist die Evolutionstheorie – genauso wie alle anderen Theorien in der Wissenschaft – nicht im mathematischen Sinne bewiesen oder überhaupt beweisbar. Das wissenschaftliche Weltbild ist immer ein vorläufiges, das selbst einer evolutiven Weiterentwicklung unterliegt.

Wissenschaftliche Theorien sind Konstrukte, welche Teile der Wirklichkeit beschreiben, und die überprüfbar, vorläufig und falsifizierbar sind. Der vorläufige, veränderliche Charakter macht den Fortschritt der Wissenschaft und die Erweiterung und Verfeinerung des wissenschaftlichen Weltbildes erst möglich und unterscheidet die wissenschaftliche Beschreibung der Welt radikal und grundlegend von jeder religiösen. Einflussreiche Theorien, die ausgedehnte Forschungsaktivitäten nach sich ziehen und die Denkrichtungen der Wissenschaftler beeinflussen, werden **Paradigmen** (Sing. *Paradigma*) genannt. Die Geschichte der Wissenschaft zeigt, dass selbst grundlegende Paradigmen der Widerlegung unterliegen können und ersetzt werden, wenn sie neuen Befunden und Erkenntnissen nicht Rechnung tragen können. Sie werden dann durch neue Paradigmen verdrängt – ein Vorgang, der häufig als **wissenschaftliche Revolution** bezeichnet wird, weil er weite Kreise zieht und bei nachfolgenden Generationen zu einer stark veränderten Sichtweise auf die Dinge führt.

So wurden zum Beispiel vor dem 19. Jahrhundert Tierarten als etwas wie eigens geschaffene Größen angesehen, deren wesentliche Eigenschaften über die Zeiten unverändert geblieben sind, ja unveränderbar waren. Die Ideen Darwins und einiger seiner Zeitgenossen führten zu einer wissenschaftlichen Revolution, die die vormaligen Ansichten durch das Paradigma der Evolution ablösten. Das evolutionäre Paradigma hat seitdem der Biologie über mehr als 140 Jahre als Leitschnur gedient, und bis zum heutigen Tag gibt es keine wissenschaftlichen Hinweise, die es infrage stellen würden. Dieses Paradigma fährt fort, die aktive Erforschung der belebten Welt richtungsweisend zu leiten und wird allgemein als eine der tragenden Säulen der Biologie angesehen.

Tatsächlich hat sich dieses Konzept der Evolution – einer gerichteten, zeitlichen Weiterentwicklung eines Systems – über die Grenzen der Biologie hinaus ausgebreitet und liegt heute modernen Vorstellungen in anderen Fächern, etwa der Kosmologie oder der Soziologie, ebenfalls zugrunde.

1.3.3 Experimentelle und evolutive Wissenschaft

Die vielen Fragen, die seit der Zeit des antiken Griechenlands gestellt worden sind, lassen sich in zwei Hauptkategorien einteilen.* Die der ersten Kategorie streben danach, die **proximalen** oder **unmittelbaren Ursachen** zu ergründen, die der Arbeitsweise biologischer Systeme zu einem bestimmten Zeitpunkt an einem bestimmten Ort zugrunde liegen. Hierzu gehören die Antworten auf die Fragen, wie Tiere ihre metabolischen und physiologischen Funktionen und ihr Verhalten auf der molekularen, der zellulären, der organismischen und sogar auf der Populationsebene bewerkstelligen. Wie wird beispielsweise die genetische Information bei der Synthese von Proteinen zum Ausdruck gebracht? Was veranlasst Zellen, sich zu teilen und neue Zellen zu bilden? Wie beeinflusst die Individuendichte einer Population die Physiologie und das Verhalten der sie ausmachenden Lebewesen?

Die biologischen Teildisziplinen, die sich mit den unmittelbaren Ursachen befassen, werden als **Experimentalwissenschaften** bezeichnet, da sie sich zur Gewinnung neuer Erkenntnisse auf das Experiment stützen, das – wie wir aus dem Bacon'schen Apodiktum wissen – von entscheidender Bedeutung für den wissenschaftlichen Erkenntnisprozess ist. Der experimentelle Ansatz besteht grob aus drei Schritten: (1) dem Versuch der Vorhersage, wie das zu untersuchende System auf eine experimentelle Einflussnahme mutmaßlich reagieren wird (Hypothesenbildung), (2) Vorbereiten der experimentellen Situation und Durchführung des Experiments und (3) schließlich die Auswertung der Beobachtungen und Messungen (Versuchsergebnisse). Dies schließt oft einen Vergleich der erhaltenen Ergebnisse mit den Erwartungswerten aus der Arbeitshypothese ein. Die Bedingungen, unter denen ein Experiment durchgeführt wird, müssen so genau wie möglich dokumentiert und während des Versuchs denkbar konstant gehalten werden, damit der Versuch unter möglichst gleichen Bedingungen wiederholt werden kann (Reproduzierbarkeit der Ergebnisse). Mit der Reproduzierbarkeit von Experimenten sollen Experimentalfehler und zufällige Ergebnisse, aus denen unter Umständen falsche Schlüsse gezogen werden können, so weit wie möglich eliminiert werden. Dem gleichen Zweck dienen **Kontrollexperimente** (im Jargon kurz „Kontrollen"). Kontrollexperimente werden immer gleichzeitig parallel zu Vollexperimenten durchgeführt, um vorhersehbare Fehler auszuschließen. Man unterscheidet **Positivkontrollen**, bei denen eine vorhersagbare Reaktion des Systems eintreten muss, und **Negativkontrollen**, bei denen eine vorhersagbare Reaktion nicht eintreten darf. Mit Hilfe solcher Kontrollexperimente lassen sich falsch-positive und falsch-negative Versuchsergebnisse zumindest zum Teil ausschließen. So werden Fehlschlüsse vermieden, die den Forscher in die Irre führen würden. Positivkontrollen dienen außerdem dazu, sicherzustellen, dass eine durchgeführte experimentelle Prozedur prinzipiell funktioniert und ein brauchbares, interpretationsfähiges Ergebnis liefert. Weiterhin ist bei vielen experimentellen Messungen die Bestimmung einer internen Referenzgröße zur Kalibrierung der Messergebnisse notwendig. Die sorgfältige Planung, die einem Experiment vorausgeht, ist genauso wichtig wie die sorgfältige Durchführung und die sorgsame Dokumentation des Verlaufs und der Resultate. Die Abläufe, durch welche Tiere ihre Körpertemperatur unter verschiedenen Umweltbedingungen aufrechterhalten, ihre Nahrung verdauen, in neue Lebensräume einwandern oder wie sie Energie speichern, sind einige weitere Beispiele für physiologische Phänomene, die im Experiment untersucht werden (für Einzelheiten hierzu, siehe die Kapitel 29 bis 36). Andere Experimentaldisziplinen der Biologie sind die Molekularbiologie, die Zellbiologie, die Endokrinologie, die Entwicklungs- und Verhaltensbiologie und die Gemeinschaftsökologie.

Den Fragen nach den unmittelbaren Ursachen in biologischen Systemen stehen die Fragen nach den ultimativen oder **Endursachen** gegenüber, die diese Systeme hervorgebracht und die ihre kennzeichnenden Merkmale über evolutive Zeiträume ausgeformt haben. Welches sind zum Beispiel die evolutiven Faktoren, die dazu geführt haben, dass einige Vogelarten verwickelte Muster jahreszeitlicher Wanderungen zwischen gemäßigten und tropischen Breiten unternehmen? Warum besitzen unterschiedliche Tierarten verschieden große Chromosomenzahlen in ihren Zellen? Warum leben einige Tiere in großen, komplex organisierten Gesellschaften, während die Mitglieder anderer Arten größtenteils solitär leben?

Die Teilgebiete der Biologie, die versuchen, die Fragen nach den Endursachen zu beantworten, werden als **evolutionäre Wissenschaften** bezeichnet. Sie gewinnen

---
* Mayr, E. (1982): The Growth of Biological Thought – Diversity, Evolution, and Inheritance. Harvard University Press; ISBN: 0-6743-6445-7. S. 67–71.

ihre Erkenntnisse großenteils durch **vergleichende Untersuchungen** statt durch direkte experimentelle Eingriffe, obwohl auch zur Gewinnung des notwendigen Vergleichsmaterials oft experimentelle Prozeduren notwendig sind, für die dieselben Stringenzkriterien wie die Mitführung von Bezugsmaßstäben und anderen Kontrollen wie bei den oben diskutierten Experimentalfeldern zwingend ist; gleichzeitig bedienen sich auch die Vertreter der Experimentaldisziplinen vergleichender Ansätze, etwa bei der Untersuchung von embryonalen Entwicklungsvorgängen (siehe Kapitel 8); die Grenzziehung zwischen den beiden hier erörterten Kategorien ist daher keinesfalls scharf und in der Praxis tatsächlich ohne Bedeutung. Befunde der Molekular- und Zellbiologie, der Anatomie und Morphologie, der Entwicklungsbiologie und der Ökologie werden unter verschiedenen Arten miteinander verglichen, um Gemeinsamkeiten und Abweichungen aufzudecken, und daraus allgemeine Muster oder Regeln abzuleiten. Diese Regelmäßigkeiten, die sich durch Ähnlichkeiten in Strukturen oder Abläufen äußern, beziehungsweise ihr Fehlen, werden dann benutzt, um Hypothesen über Verwandtschaftsgrade abzuleiten, aus denen sich ein Stammbaum der untersuchten Arten ableiten lässt. Ein solcher Stammbaum wird dann seinerseits zur Grundlage von weiteren Hypothesen über die evolutiven Ursprünge diverser molekularer, zellulärer, physiologischer, organismischer und populationsbiologischer Eigenschaften der Tierwelt. Damit wird klar, dass sich die evolutionären Disziplinen auf die Ergebnisse der Experimentaldisziplinen stützen. Zu den evolutionär ausgerichteten Ansätzen gehören die vergleichende Biochemie, die vergleichende Molekularbiologie, die vergleichende Genomik, die vergleichende Anatomie, die vergleichende Physiologie, die vergleichende Verhaltensforschung und die phylogenetische Systematik.

1.4 Evolutions- und Vererbungstheorien

Wir wenden uns nunmehr einer spezielleren Betrachtung zweier Paradigmen zu, die Maßstäbe für die zoologische Forschung unserer Tage darstellen: Darwins Theorie der Evolution und die Chromosomentheorie der Vererbung.

1.4.1 Darwins Theorie der Evolution

Die Darwin'sche Evolutionstheorie ist nun fast 150 Jahre alt (siehe Kapitel 6). Darwin kleidete seine komplette Theorie in Worte, als er im Jahr 1859 sein berühmtestes Buch *Über den Ursprung der Arten auf dem Wege der natürlichen Zuchtwahl* in England veröffentlichen ließ (▶ Abbildung 1.12). Noch heute wird man als Biologe häufig gefragt: „Was ist eigentlich der Darwinismus?" oder „Gibt es noch irgendwelche Zweifel an Darwins Evolutionstheorie?" Diese Fragen sind – will man ins Detail der akademischen Exaktheit gehen – tatsächlich nicht ganz einfach zu beantworten, weil der Darwinismus keine homogene Denkrichtung mehr ist, sondern sich im Laufe der Zeit in verschiedene, sich teilweise wechselseitig ausschließende Theorien aufgespalten hat. Der deutschstämmige Zoologe und Evolutionsbiologe Ernst Mayr (1904–2005), der lange in den USA gelebt und geforscht hat, hat dargelegt, dass die als Darwinismus bezeichnete Denkrichtung eigentlich aus fünf hauptsächlichen Theorien besteht.[*]

Diese fünf Teiltheorien oder Thesen haben etwas unterschiedliche Ursprünge und auch verschiedene Schicksale durchlitten und lassen sich nicht in einer einzigen Aussage zusammenfassen. Die fünf Theorien

Abbildung 1.12: **Die moderne Evolutionslehre wird stark mit der Person Charles Darwins identifiziert.** Er erbrachte – zusammen mit seinem Landsmann Alfred Wallace – die erste überzeugende Erklärung für die biologische Evolution. Dieses fotografische Portrait Darwins wurde 1854 aufgenommen, als Darwin 45 Jahre alt war. Sein berühmtestes Buch mit dem Titel „Über den Ursprung der Arten" erschien fünf Jahre später, im Jahr 1859.

---

[*] Mayr, E. (1985): Kapitel 25 in: D. Kohn (Hrsg.): The Darwinian Heritage. Princeton University Press; ISBN: 0-6910-2414-6 (vergriffen).

sind (1) die des beständigen Wandels, (2) die der gemeinsamen Abstammung, (3) die der Vermehrung der Arten, (4) die des Gradualismus und (5) die der natürlichen Selektion. Die ersten drei dieser Theorien sind allgemein fast überall in der belebten Welt ohne Ausnahme als gültig anerkannt. Die Theorie des Gradualismus, und in Teilen auch die der natürlichen Selektion, sind unter den Evolutionsbiologen nicht allgemein anerkannt und werden zum Teil hitzig debattiert, weil beide von großen Fraktionen der Gemeinschaft der Fachbiologen heftig verteidigt werden und bedeutende Komponenten des Darwin'schen Evolutionsparadigmas sind. Der Gradualismus sowie die natürliche Selektion sind ohne Frage Teile des Evolutionsgeschehens, doch kann ihre Erklärungskraft nicht so umfassend und weitreichend sein, wie Darwin sich vorgestellt hat. Völlig legitime wissenschaftliche Kontroversen unter den Fachleuten, die letztlich zum Fortschritt der Wissenschaft und zur Erweiterung unserer Einsicht in die Natur führen werden, werden von Interessensgruppen wie den Kreationisten oftmals bewusst fehlinterpretiert und verfälschend mit der Absicht kolportiert, als ob dadurch auch die Validität der ersten drei der genannten Theorien infrage gestellt sei. Tatsächlich wird die Stichhaltigkeit aller drei zuerst aufgezählten Theorien durch sämtliche relevanten Beobachtungen und Untersuchungen stark untermauert.

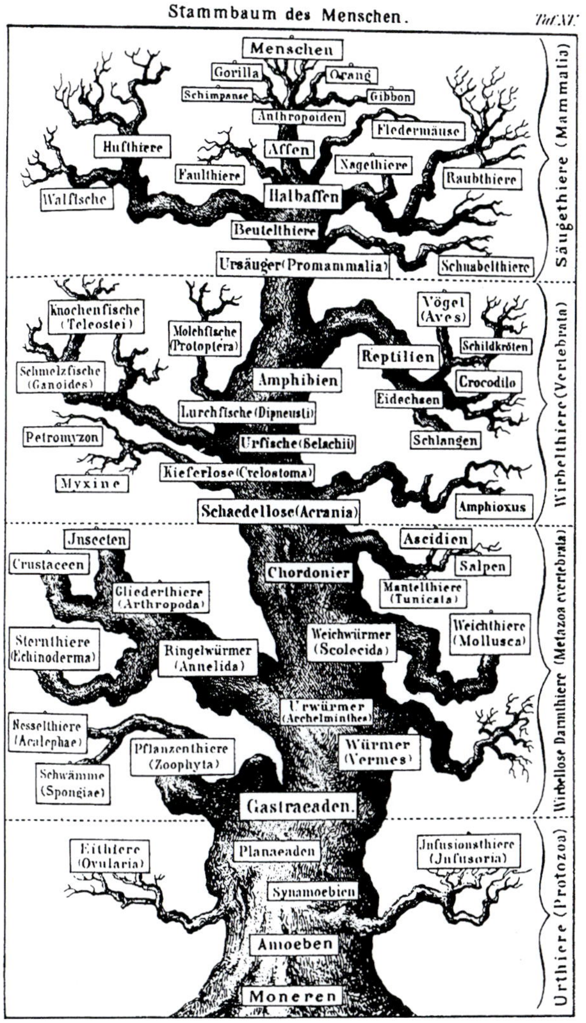

1 Beständiger Wandel. Dies ist die Grundthese der Evolution, auf die sich die übrigen stützen. Sie besagt, dass die belebte Welt nicht gleichförmig ist und sich nicht unablässig wiederholt, sondern sich fortwährend verändert. Die Eigenschaften der Lebewesen unterliegen über Generationen hinweg der Transformation. Diese Theorie hat ihren Ursprung bereits in der Antike, fand aber keine weite Verbreitung, bis Darwin sie im Zusammenhang mit den anderen vier Thesen vertrat. Der „beständige Wandel" ist in der fossilen Überlieferung früherer erdgeschichtlicher Epochen dokumentiert, die jede kreationistisch motivierte Behauptung eines erst kürzlich erfolgten Ursprungs aller Lebensformen widerlegt. Da sie zahllosen Prüfungen und allen Anfeindungen standgehalten hat und von einer überwältigenden Menge von Beobachtungsmaterial gestützt wird, betrachten wir den „beständigen Wandel" heute als wissenschaftlich gesicherte Tatsache.

2 Gemeinsame Abstammung. Die zweite von Darwins Theorien – die der „gemeinsamen Abstammung" – besagt, dass alle Lebensformen sich durch eine verzweigende Aufspaltung in zahlreiche Abstammungslinien von einer gemeinsamen Urahnenform herleiten (▶ Abbildung 1.13). Das gegenläufige Argument, dass die verschiedenen Lebensformen unabhängig voneinander entstanden sind und sich in linearen, unverzweigten Generationslinien bis heute fortgepflanzt haben, ist durch zahllose vergleichende Untersuchungen zur organismischen Gestalt, des Zellaufbaus und in neuerer Zeit der Struktur biologischer Makromoleküle (einschließlich denen des Erbmaterials, der DNA) widerlegt worden. Alle diese Studien bestätigen die Theorie, dass die Geschichte des Lebens auf der Erde die Struktur eines

Abbildung 1.13: Ein früher Stammbaum des Lebens, gezeichnet von dem deutschen Biologen Ernst Haeckel (1834–1919). Er war stark von Darwins Abstammungslehre beeinflusst und galt auf dem europäischen Festland zu seinen Lebzeiten als einer der glühendsten Verfechter der neuen Theorie. Viele der stammesgeschichtlichen Hypothesen, die sich in diesem Stammbaum wiederfinden (einschließlich der unilateralen Progression hin zum Menschen) sind in der Zwischenzeit durch neuere Forschungen widerlegt worden.

verzweigten Baumes aufweist, ein Faktum, das als **Stammesgeschichte (Phylogenese)** bezeichnet wird. Arten, die einen weniger weit zurückliegenden gemeinsamen Ursprung haben, weisen mehr ähnliche Merkmale auf als solche Arten, deren jüngster gemeinsamer Vorfahr in einer weiter zurückliegenden Epoche gelebt hat. Eine Menge der gegenwärtigen Forschungsanstrengungen ist darauf gerichtet, Darwins Theorie der gemeinsamen Abstammung durch die Rekonstruktion der Stammesgeschichte des Lebens auf der Grundlage von Ähnlichkeiten und Verschiedenartigkeiten unter den Arten zu rekonstruieren. Die sich daraus ableitende Stammesgeschichte dient als Grundlage unserer heutigen taxonomischen Klassifizierung der Tiere (siehe Kapitel 10).

3 **Vermehrung der Arten**. Darwins dritte Theorie besagt, dass der evolutive Prozess neue Arten durch die Aufspaltung und Umwandlung älterer (Vorgänger-)Arten hervorbringt. Biologische Arten werden heute allgemein als reproduktiv abgegrenzte Populationen von Organismen angesehen, die sich im Regelfall – jedoch nicht immer – in der organismischen Gestalt voneinander unterscheiden. Nachdem sich eine Art vollständig ausgebildet hat, kommt eine Kreuzung mit Angehörigen einer anderen Art nicht mehr vor. Die Evolutionsbiologen stimmen allgemein darin überein, dass die Aufspaltung und die Transformation von Abstammungslinien zu neuen Arten führen, obgleich es noch viele offene Fragen und Unstimmigkeiten hinsichtlich der Details dieses Vorgangs gibt (siehe Kapitel 6). Ebenso gibt es keine allgemein verbindliche Festlegung des Begriffs der „Art" (siehe Kapitel 10). Es gibt zahlreiche, andauernde Forschungsprogramme, welche die historischen Prozesse, die neue Arten hervorbringen, zum Gegenstand haben.

4 **Gradualismus**. Die Gradualismustheorie besagt, dass die großen Unterschiede in den anatomischen Merkmalen, die verschiedene Arten kennzeichnen, sich durch die Anhäufung vieler kleiner, kaum merklicher Änderungen über einen sehr langen Zeitraum herausgebildet haben. Diese Theorie ist deshalb bedeutsam, weil genetische Veränderungen, die sehr starke Effekte auf die Gestalt oder die Funktion eines Lebewesens haben, für gewöhnlich schädlich für den Organismus sind. Es ist jedoch möglich, dass einige genetische Variationen, die eine große Wirkung auf den Träger dieser Anlagen haben, sich nichtsdestotrotz als so günstig für den Merkmalsträger erweisen, dass sie von der natürlichen Selektion begünstigt werden und zur Vererbung kommen.

Abbildung 1.14: **Der Gradualismus liefert eine plausible Erklärung für den Ursprung unterschiedlicher Schnabelformen unter den hier abgebildeten hawaiianischen Türkis- oder Zuckervögeln (Gattung *Cyanerpes* in der Familie Thraupidae).** Diese Theorie ist als Erklärung für die Evolution von Bildungen wie den Schuppen, Federn und Haaren der Wirbeltiere aus einer gemeinsamen Wurzel infrage gestellt worden. Der Genetiker Richard Goldschmidt (1878–1958) sah die letztgenannten Körperanhangsbildungen durch irgendeine graduelle Transformationsfolge untereinander als unverrrückbar an.

1.4 Evolutions- und Vererbungstheorien

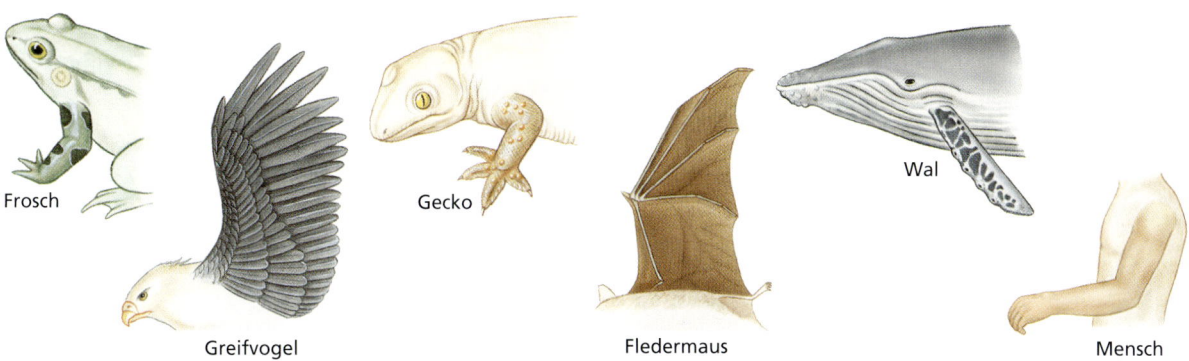

Abbildung 1.15: **Verschiedene Formen der Wirbeltiervordergliedmaßen.** Nach der Darwin'schen Evolutionstheorie sind die verschiedenen Formen dieser Wirbeltiervordergliedmaßen durch die natürliche Selektion als Anpassungen an unterschiedliche Aufgaben ausgeformt worden. Wir werden in den späteren Kapiteln dieses Buches aufzeigen, dass diesen Gliedmaßen ungeachtet dieser adaptiven Differenzen ein grundlegend gleicher Bauplan zugrunde liegt.

Obwohl man sicher weiß, dass graduelle Evolution stattfindet, ist es möglich, dass dies nicht den Ursprung aller beobachtbaren strukturellen Differenzen erklärt, die wir unter den Arten beobachten (▶ Abbildung 1.14). Diese Fragestellung wird ebenfalls intensiv untersucht.

5 **Natürliche Selektion.** Die natürliche Selektion oder natürliche Zuchtwahl ist vielleicht Darwins berühmteste These. Sie beruht auf drei Voraussetzungen. Zunächst gibt es innerhalb von Populationen Variationen anatomischer, physiologischer und verhaltensbiologischer Merkmale. Zweitens sind die Variationen mindestens teilweise erblich, so dass die Nachfahren dazu neigen, ihren Eltern ähnlich zu sein. Drittens erwartet man, dass Organismen, die verschiedene Varianten darstellen, unterschiedliche Nachkommenzahlen hinterlassen. Varianten, die es schaffen, ihre Umgebung in effektiverer Weise auszunutzen, werden bevorzugt überleben und ihre Merkmale an zukünftige Generationen weitergeben können. Über einen Zeitraum von vielen Generationen werden sich dann bevorzugte neue Merkmale innerhalb der Population verbreiten. Die Anhäufung solcher Veränderungen führt über lange Zeiträume zur Hervorbringung neuer organismischer Merkmale und schließlich zu neuen Arten. Die natürliche Selektion ist daher ein kreativer Prozess, der aus kleinen individuellen Abweichungen, die unter den Mitgliedern einer Population auftreten, neuartige Formen erzeugt.

Die natürliche Selektion vermag zu erklären, warum Lebewesen so gebaut sind, dass sie den Erfordernissen ihrer Umgebung in zweckmäßiger Weise entsprechen – ein Phänomen, das als **Adaption** (= **Anpassung**) bezeichnet wird (▶ Abbildung 1.15). Die Adaption ist das zu erwartende Ergebnis eines Vorgangs, in dessen Verlauf sich über die langen Strecken evolutiver Zeiträume die am stärksten begünstigten Varianten, die in einer Population auftreten, akkumulieren. Anpassung bzw. die Angepasstheit von Organismen wurde einstmals als starkes Argument *gegen* die Evolution angesehen, und Darwins Theorie der natürlichen Selektion war von großer Bedeutung, als es darum ging, die Menschen davon zu überzeugen, dass ein natürlicher Prozess neue Arten hervorzubringen imstande ist. Die Demonstration, dass natürliche Vorgänge Anpassungen hervorbringen können, war für die letztendliche Akzeptanz aller fünf der Darwin'schen Theorien von Bedeutung.

Darwins Theorie von der natürlichen Selektion sah sich einem wesentlichen Hindernis gegenüber, als sie zum ersten Mal öffentlich diskutiert wurde: Es fehlte eine schlüssige, aussagekräftige Theorie der biologischen Vererbung. Man nahm fälschlicherweise an, dass die Vererbung ein Vermischungsprozess sei, und dass bei diesem Durchmischungsprozess jegliche neue Variante mit im Prinzip günstigen Eigenschaften in einer Population wieder verlorengehen würde. Die Variation erscheint zunächst in einem einzigen Individuum, das den einzigen Vertreter der neuen Variante darstellt, und dieses Lebewesen müsste sich zwangsläufig mit einem anderen fortpflanzen, dem diese günstige neue Eigenschaft fehlt.

Beim Vorliegen einer vermischenden Vererbung hätten die Nachfahren dieser Kreuzung dann höchstens eine verdünnte, verwässerte Form des neuen, günstigen Merkmals. Die Nachfahren würden sich ihrerseits mit anderen Organismen fortpflanzen, denen ebenfalls das

(a) (b)

Abbildung 1.16: Die Theorie der Vererbung. (a) Gregor Johann Mendel. (b) Das Kloster von Brünn (Tschechien), das heute ein Museum ist. Im Garten dieses Klosters hat Mendel seine Kreuzungsversuche mit Erbsenpflanzen durchgeführt.

neue Merkmal fehlt. Mit einer Verdünnungsrate von 50 Prozent pro Generation würde das Merkmal rasch aussterben und wäre so wieder verschwunden. Die natürliche Selektion wäre unter diesen Umständen vollständig unwirksam.

Darwin war bis zum Ende seines Lebens nicht in der Lage, dieser Kritik etwas Wirkungsvolles entgegenzusetzen. Obwohl er um die Vererbung von Eigenschaften wusste, scheint es Darwin nie in den Sinn gekommen zu sein, dass Erbfaktoren diskrete Einheiten sein könnten, die sich nicht überschneidend vermischen, und dass eine neue genetische Variante daher von einer Generation unverändert auf die nächste übergehen könnte. Dieses, zu Darwins Zeit noch spekulative Konzept, ist als **partikulare Vererbung** bekannt. Es wurde nach dem Jahr 1900 (Darwin starb 1882) durch die Wiederent-

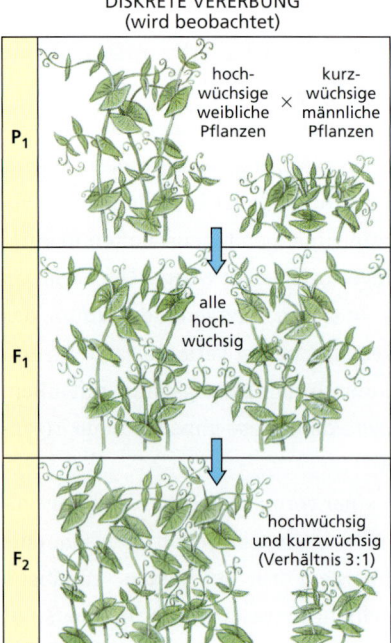
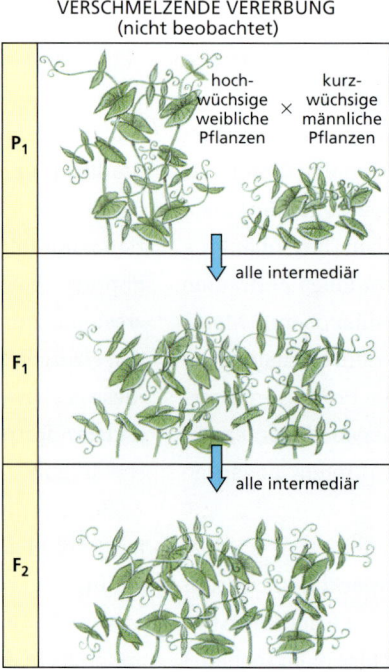

Abbildung 1.17: Verschiedenartige Voraussagen, wie sie sich aus den Modellen der partikularen und der vermischenden Vererbung für die Mendel'schen Kreuzungsexperimente ergeben. Die Vorhersagen des Modells der partikularen Vererbung finden sich im Experiment bestätigt, die Hypothese der vermischenden Vererbung wird von den Versuchsergebnissen falsifiziert. Das reziproke Experiment (Wiederholung des Experiments mit umgekehrten Rollen) durch Kreuzung kurzwüchsiger weiblicher Pflanzen mit hochwüchsigen männlichen (ein Kontrollexperiment) führte zu gleichartigen Ergebnissen (P_1: Parental-, = Elterngeneration; F_1: erste Filialgeneration; F_2: zweite Filialgeneration).

deckung von Gregor Mendels genetischen Experimenten erforscht und ging in der Folge in ein weiter ausgearbeitetes Konzept ein, das als **Chromosomentheorie der Vererbung** bezeichnet wird. Die in der Folgezeit entstandene Theorie der Vererbung erweiterten die Darwin'schen Theorien zur Evolution und sind unter dem Begriff **Neodarwinismus** geläufig.

1.4.2 Die Mendel'sche Vererbung und die Chromosomentheorie der Vererbung

Die Chromosomentheorie der Vererbung ist die Grundlage heutiger Studien der Genetik und der Evolution von Tieren (siehe die Kapitel 5 und 6). Diese Theorie entsprang der Konsolidierung von Forschungen auf dem Feld der Genetik (Vererbungslehre), die sich auf die experimentellen Arbeiten Gregor Mendels (▶ Abbildung 1.16) stützen sowie den Erkenntnissen der Zellbiologie.

Der genetische Ansatz

Der genetische Ansatz bedient sich der Kreuzung von Populationen von Organismen, die bezüglich bestimmter Merkmale, deren Erbgang verfolgt werden soll, reinerbig sind, und deren Merkmalsausprägung deutlich verschieden ist. Man untersucht dann das Verhalten und das Muster der Weitergabe dieses Merkmals bzw. dieser Merkmale auf nachfolgende Generationen. Reinerbig bedeutet, dass eine Population über die Generationen nur einen der verschiedenen möglichen Merkmalszustände aufweist und diesen unverändert an die Nachkommenschaft weitervererbt. Dies gilt, wenn die Fortpflanzung nur innerhalb dieser Population stattfindet und keine Einkreuzung durch andere Populationen erfolgt.

Gregor Mendel hat die Übertragung sieben variabler Merkmale an Gartenerbsen (*Pisum sativum*) untersucht. Dafür kreuzte er reinerbige Sorten, die alternative Zustände eines Merkmals ausprägten, zum Beispiel kleinwüchsige gegen hochwüchsige Pflanzen. In der ersten Folgegeneration (F_1 für: Folge- oder Filialgeneration) beobachtete er nur eines der beiden elterlichen Merkmale. Es gab keine Vermischung der elterlichen Merkmalszustände mit Zwischenformen. Bei der Kreuzung klein- und hochwüchsiger Pflanzen erhielt Mendel Nachkommen (F_1-Hybride), die immer hochwüchsig waren, und es war egal, ob die Eigenschaft der Hochwüchsigkeit von der mütterlichen Linie oder von der väterlichen Linie herstammte. Diesen F_1-Hybridpflanzen erlaubte Mendel die Selbstbestäubung; unter den Nachkommen der 2. Generation (F_2-Generation) traten beide großelterlichen Merkmale (Hoch- und Kurzwüchsigkeit) wieder in Erscheinung. Die Merkmalsausprägung der F_1-Hybride (hochwüchsige Pflanzen in diesem Versuchsansatz) war dabei dreimal häufiger als die kurzwüchsige. Wieder waren die Merkmalszustände klar ausgeprägt, und es gab keinen Hinweis auf Zwischenzustände durch Vermischung der Merkmale (▶ Abbildung 1.17).

Mendels Experimente zeigten, dass die Effekte eines genetischen (erblichen) Faktors in einem Individuum einer Hybridlinie verdeckt sein können, dass aber diese Faktoren bei der Weitergabe an Nachkommen physisch offensichtlich erhalten bleiben und nicht abgeändert werden. Er postulierte daraufhin, dass variable Merkmale durch paarweise vorliegende, erbliche Faktoren festgelegt werden. Diese von Mendel anhand ihrer Wirkungen entdeckten erblichen Faktoren nannte man in der Folge „Gene" (gr. *genein*, ich bilde). Wenn Gameten (Keimzellen = Eizellen und Samenzellen) produziert werden, werden die beiden Gene, die ein bestimmtes Merkmal oder eine bestimmte Eigenschaft determinieren, voneinander getrennt, so dass jeder Gamet nur eine Variante erhält, sofern die beiden Versionen des betreffenden Gens sich in dem Individuum unterscheiden. Bei der Befruchtung wird der paarige Zustand wiederhergestellt. Falls ein Organismus unterschiedliche Formen (Allele genannt) des Gens für ein bestimmtes Merkmal besitzt, wird nur eines davon sichtbar ausgeprägt und bestimmt das Erscheinungsbild des Lebewesens, aber beide Allele (alternative Formen) des Gens werden unverändert und zu gleichen Teilen auf die im Körper erzeugten Keimzellen verteilt. Die Weitergabe von Genen erfolgt partikular, nicht vermischend. Mendel beobachtete bei seinen Kreuzungsversuchen, dass die Vererbung eines Merkmalspaares unabhängig von der Vererbung anderer Merkmalspaare war. Heute wissen wir, dass nicht alle Merkmalspaare wirklich unabhängig voneinander vererbt werden. Zahlreiche Untersuchungen, insbesondere solche an der Taufliege *Drosophila melanogaster*, haben bewiesen, dass die zu Anfang an Pflanzen gemachten Entdeckungen zur Vererbung ebenso bei den Tieren zutreffen, die biologische Vererbung also eine universelle Eigenschaft ist.

1.4.3 Beiträge der Zellbiologie

Erhebliche Verbesserungen in den Mikroskopiertechniken im Verlauf des 19. Jahrhunderts haben die Zytologen in die Lage versetzt, die Bildung der Gameten

lich, jedoch nicht identisch. Die Zahl der Chromosomenpaare variiert unter den Arten. Ein Mitglied jeden Paares leitet sich vom mütterlichen Elterntier her, das andere vom väterlichen. Gepaarte Chromosomen sind miteinander verbunden und werden im Verlauf der Zellteilung, die der Gametenbildung vorausgeht, auf die entstehenden Tochterzellen aufgeteilt (▶ Abbildung 1.19). Jeder sich ergebende Gamet erhält ein Chromosom jeden Paares. Diese verschiedenen Chromosomenpaare werden unabhängig voneinander auf die Gameten verteilt.

Da das Verhalten des Chromosomenmaterials bei der Gametenbildung eine Parallelität zu den von Mendel postulierten Genen zeigt, spekulierten Sutton und Boveri in den Jahren 1903/1904, dass die Chromosomen die physischen Träger des Erbmaterials sein könnten. Diese Hypothese stieß anfangs auf extreme Skepsis unter den Biologen. Lange Folgen von Experimenten, die dazu dienen sollten, die Hypothese zu Fall zu bringen, führten jedoch regelmäßig zu die Hypothese stützenden Ergebnissen. Die Chromosomentheorie der biologischen Vererbung ist seit Langem wohletabliert und ist jenseits jeden Zweifels eine der tragenden Säulen der modernen Biologie.

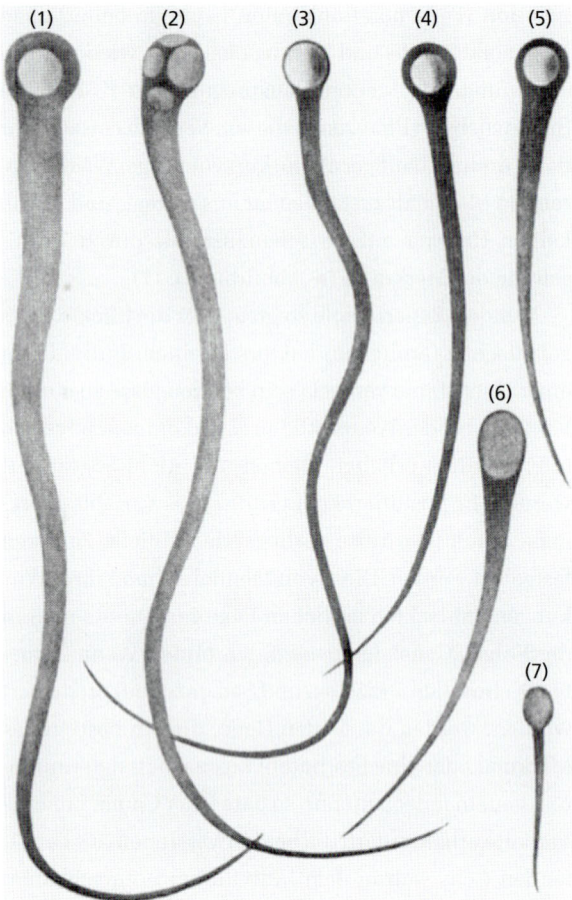

Abbildung 1.18: Eine Zeichnung nach einer Mikroskopbeobachtung aus dem frühen 19. Jahrhundert. Dargestellt sind Spermien (Samenzellen) von (1) einem Meerschweinchen, (2) einer weißen Maus, (3) einem Igel, (4) einem Pferd, (5) einer Katze, (6) einem Widder und (7) einem Hund (Prevost und Dumas, 1821). Einige Forscher interpretierten diese wimmelnden Gebilde als parasitische Würmer, die in der Samenflüssigkeit lebten, doch wurde durch weitergehende Studien schließlich bewiesen, dass es sich um die männlichen Keimzellen handelt.

durch beobachtende Untersuchung der reproduktiven Gewebe unmittelbar in Augenschein zu nehmen. Die Interpretation der gemachten Beobachtungen erwies sich anfangs jedoch als schwierig. Einige prominente Biologen vertraten beispielsweise die Meinung, dass die Spermien „parasitische Würmer in der Samenflüssigkeit" seien (▶ Abbildung 1.18). Diese Hypothese konnte bald falsifiziert werden, und die wahre Natur der Keimzellen wurde aufgeklärt. Wenn sich die Vorläuferzellen der Gameten zu einem frühen Zeitpunkt in der Keimzellbildung anschicken, sich zu teilen, kondensiert sich das Material des Zellkerns zu diskreten, langgestreckten Gebilden, die den Namen Chromosomen erhielten. Die Chromosomen treten paarweise auf. Die Chromosomenpaare sind sich für gewöhnlich in ihrer Erscheinung und ihrem Informationsgehalt ähn-

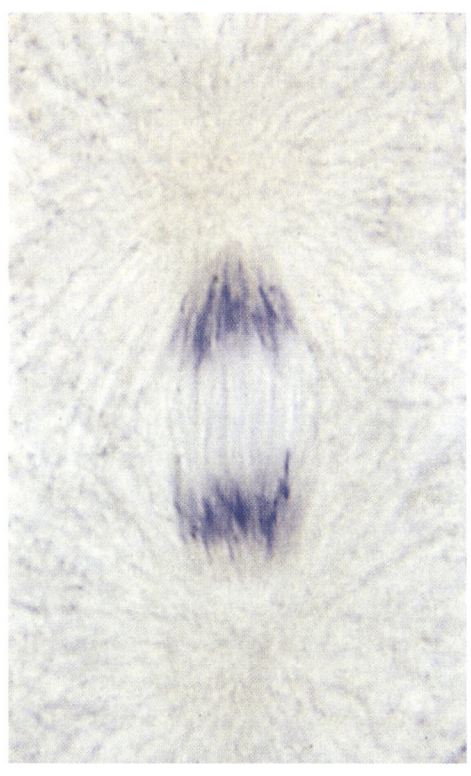

Abbildung 1.19: Getrennte Sätze paariger Chromsomen im Verlauf der Keimzellbildung. Gezeigt ist ein spätes Mitosestadium vor der Teilung des Zellkerns (für Einzelheiten siehe Kapitel 3).

ZUSAMMENFASSUNG

Lebewesen zeigen in Bezug auf ihre chemischen Bestandteile und den Stoffwechsel eine bemerkenswerte Ähnlichkeit, die ihre gemeinsame Abstammung von einem unbekannten, hypothetischen Urahnen allen Lebens widerspiegelt.

Die Zoologie (Tierkunde) ist das Teilgebiet der Biologie, das sich dem Studium der Tiere widmet. Tiere, und das Leben im Allgemeinen, können anhand von Attributen identifiziert werden, die im Verlauf einer langen Evolutionsgeschichte erworben worden sind. Die herausstechendsten Eigenheiten des Lebendigen sind seine chemische Einzigartigkeit, die Komplexität des Aufbaus und seine hierarchische Ordnung, die Fähigkeit zur Fortpflanzung, der Besitz eines genetischen Programms, ein Stoffwechsel, eine Entwicklung und die Wechselwirkung mit der Umwelt. Physikalisch ist der Zustand des Lebendigen durch einen thermodynamischen Ungleichgewichtszustand und die aktive Aufrechterhaltung des Ungleichgewichts (= die Vermeidung des thermodynamischen Gleichgewichts) gekennzeichnet. Der gesamte Energiedurchfluss durch lebende Systeme dient allein diesem Zweck. Biologische Systeme zeigen eine Hierarchie integrativer Ebenen (die molekulare, die zelluläre, die organismische, die Populations- und die Artebene), von denen jede eine Anzahl spezifischer emergenter Eigenschaften erkennen lässt.

Die Wissenschaft ist durch den Erwerb von Wissen durch die Bildung von Hypothesen und deren Überprüfung an und in der Wirklichkeit (durch Beobachtung und Experiment) gekennzeichnet. Richtlinien der Wissenschaft sind die Naturgesetze; ihre Hypothesen sind überprüfbar, vorläufig und falsifizierbar (in letzter Konsequenz jedoch nicht verifizierbar). Die Teilfächer der Zoologie lassen sich grob in zwei Kategorien untergliedern: experimentelle und evolutionäre Fächer. Die experimentell arbeitenden Disziplinen bedienen sich des kontrollierten, reproduzierbaren Experiments zur Aufklärung grundlegender metabolischer, physiologischer, entwicklungsbiologischer, verhaltensbiologischer und fortpflanzungsbiologischer Fragestellungen. Dies schließt Untersuchungen der molekularen, zellulären und populationsbiologischen Grundlagen der Phänomene ein. Die evolutionären Fächer benutzen einen vergleichenden methodischen Ansatz, um die Geschichte des Lebens zu rekonstruieren, und benutzen dann diese Geschichte, um zu ergründen, wie sich die vielfältigen Arten und ihre molekularen, zellulären, organismischen, und populativen Eigenschaften im Verlauf der Evolution herausgebildet haben. Hypothesen, die wiederholter Überprüfung standhalten und viele verschiedene Phänomene zu erklären in der Lage sind, können in den Rang einer Theorie aufrücken. Erfolgreiche, erklärungsstarke Theorien, die ausgedehnten Forschungsfeldern ihre Ausrichtung geben, werden Paradigmen genannt. Die Hauptparadigmen, die dem Studium der Zoologie zugrunde liegen, sind Darwins Theorie der Evolution und die Chromosomentheorie der Vererbung.

Die in diesem Kapitel dargelegten Prinzipien verdeutlichen die Einheit der biologischen Fächer zu einer Gesamtwissenschaft des Lebens. Alle Komponenten eines biologischen Systems von den molekularen Bausteinen der Zelle bis hin zu den Ökosystemen, die die Biosphäre konstituieren, gehorchen den Naturgesetzen und werden durch diese in ihren Möglichkeiten beschränkt. Lebewesen entstehen nur aus anderen Lebewesen, Zellen ebenso wie vielzellige Lebensformen. Fortpflanzungsvorgänge treten auf allen Ebenen der biologischen Hierarchie in Erscheinung und zeigen sowohl das Merkmal der Vererblichkeit als auch das der Variationsfähigkeit. Die Wechselbeziehung von Vererbung und Variation auf allen Ebenen der biologischen Hierarchie erzeugt den evolutiven Wandel und hat die großartige Vielfalt des tierischen Lebens hervorgebracht, der dieses Buch gewidmet ist.

Übungsaufgaben

1. Warum ist der Zustand des Lebendigen so schwierig zu definieren?
2. Welches sind die grundlegenden chemischen Unterschiede, die lebende von nichtlebenden Systemen abgrenzen?
3. Beschreiben Sie die hierarchische Ordnung des Lebendigen. Wie führt diese Ordnung auf den verschiedenen Ebenen der biologischen Komplexität zum Erscheinen neuer und neuartiger Eigenschaften?
4. Welches ist die (Wechsel-)Beziehung von Vererbung und Variation in sich fortpflanzenden biologischen Systemen?
5. Beschreiben Sie, wie die Evolution komplexer Organismen mit dem 2. Hauptsatz der Thermodynamik zu vereinbaren ist.
6. Welches sind die wesentlichen Merkmale der Wissenschaft bzw. die Bedingungen für Wissenschaftlichkeit? Beschreiben Sie, wie evolutive Untersuchungen diese Kriterien erfüllen, und warum der pseudowissenschaftliche Kreationismus und

die ebenso unwissenschaftliche „Theorie des Intelligent Design" dies nicht tun.

7 Erläutern Sie am Beispiel der Untersuchungen zur natürlichen Selektion bei britischen Mottenpopulationen die hypothetiko-deduktive Methode der Wissenschaft.

8 Wie grenzen wir in der Wissenschaft die Begriffe Hypothese, Theorie, Paradigma und wissenschaftliche Tatsache gegeneinander ab?

9 Wie unterscheiden Biologen zwischen experimenteller und evolutiver Wissenschaft?

10 Welches sind Darwins fünf Theorien der Evolution (wie Sie von Ernst Mayr herausgearbeitet wurden)? Welche sind als faktisch richtig anerkannt, und welche führen noch immer zu Auseinandersetzungen unter den Biologen?

11 Welchem Haupthindernis sah sich Darwins Theorie der natürlichen Selektion gegenüber, als sie von Darwin erstmals vorgestellt wurde? Wie wurde dieses Hindernis überwunden?

12 Auf welche Weise unterscheidet sich der Neodarwinismus vom (klassischen) Darwinismus?

13 Beschreiben Sie die Beiträge, die der genetische Ansatz und die Zellbiologie zur Formulierung der Chromosomentheorie der Vererbung geleistet haben.

Weiterführende Literatur

Brohmer, P. und M. Schaefer (2006): Fauna von Deutschland. Ein Bestimmungsbuch unserer heimischen Tierwelt. 22. Auflage. Quelle & Meyer; ISBN: 3-494-01409-4.

Futuyma, D. (1995): Science on trial: the case for evolution. Sinauer; ISBN: 0-8789-3184-8. *Eine Verteidigungsschrift für die Evolutionsbiologie als dem exklusiven wissenschaftlichen Ansatz zur Ergründung der Vielfalt des Lebens.*

Kitcher, P. (1982): Abusing science: the case against creationism. MIT Press; ISBN: 0-2626-1037-X. *Eine Abhandlung darüber, wie wissenschaftliche Erkenntnisse gewonnen werden und warum der Kreationismus keine Wissenschaft ist. Man beachte, dass die in diesem Buch widerlegte und als „wissenschaftlicher" Kreationismus daherkommende Lehre ihrem Inhalt nach der in jüngerer Zeit in Erscheinung getretenen pseudowissenschaftlichen Fantasie der „Theorie des Intelligent Design" vollkommen gleichwertig ist. Neuer gepanschter Wein aus alten Schläuchen ...*

Kuhn, T. (1970): The structure of scientific revolutions. 2. Auflage. University of Chicago Press; ISBN: 0-2264-5808-3. *Deutsche Ausgabe*: Die Struktur wissenschaftlicher Revolutionen. 19. Auflage. Suhrkamp (2002); ISBN: 3-5182-7625-5. *Ein einflussreicher und kontroverser Kommentar über die Arbeitsweise der Wissenschaft.*

Mayr, E. (1982): The growth of biological thought: diversity, evolution and inheritance. Harvard University Press; ISBN: 0-6743-6445-7. *Deutsche Ausgabe:* Die Entwicklung der biologischen Gedankenwelt. Vielfalt, Evolution und Vererbung. Springer (2002); ISBN: 3-540-43213-2. *Eine interpretative Geschichte der Biologie mit besonderem Bezug zur Genetik und Evolution.*

Mayr, E. (1998) This Is Biology – The Science of the Living World. Harvard University Press; ISBN: 0-6748-8469-8. *Eine persönliche Erklärung, worum es sich bei der Biologie eigentlich handelt, von einem der großen alten Männer der Biologie des 20. Jahrhunderts, der vielen als der legitime Sachverwalter des Dawin'schen Erbes gilt.*

Moore, J. (1993): Science as a way of knowing: the foundations of modern biology. Harvard University Press; ISBN: 0-6747-9482-6. *Eine lebendige, weit ausholende Darstellung der Geschichte der biologischen Gedankenwelt und der Arbeitsweise des Lebens.*

Pigliucci, M. (2002): Denying evolution: creationism, scientism, and the nature of science. Sinauer; ISBN: 0-8789-3659-9. *Eine Kritik der wissenschaftlichen Erziehung und der öffentlichen Wahrnehmung der Wissenschaft.*

Rennie, J. (2002): 15 answers to creationist nonsense. Scientific American, vol. 287: 78–85. *Ein Leitfaden der gebräuchlichsten von den Kreationisten gebrauchten Argumente gegen die Evolutionsbiologie mit knappen Erläuterungen der wissenschaftlichen Fehler in den unhaltbaren Behauptungen der Kreationisten.*

Siewing, R. und H. Wurmbach (Hrsg.) Lehrbuch der Zoologie in zwei Bänden. Band 1: Allgemeine Zoologie. G. Fischer (1980); ISBN: 3-4372-0223-5. Band 2: Systematik. G. Fischer (1985); ISBN: 3-4372-0299-5.

Weitere Informationen zu diesem Buchkapitel finden Sie auf der Companion-Website unter
http://www.pearson-studium.de

Der Ursprung und die Chemie des Lebens

2.1	Der chemische Aufbau lebender Systeme	33
2.2	Chemische Evolution	39
2.3	Der Ursprung lebender Systeme	45
2.4	Das Leben im Präkambrium	47
	Zusammenfassung	51
	Übungsaufgaben	52
	Weiterführende Literatur	52

ÜBERBLICK

2

2 Der Ursprung und die Chemie des Lebens

Seit alters her dachten viele Menschen, dass neues Leben außer durch elterliche Fortpflanzung auch wiederholt und spontan aus nichtlebender Materie entsteht. Frösche etwa schienen aus feuchter Erde zu entspringen, Mäuse aus verfaulenden Stoffen, Insekten aus dem Tau und Maden aus sich zersetzendem Fleisch. Wärme, Feuchtigkeit, Sonnenlicht – ja, sogar das Licht nächtlicher Sterne – wurden vielfach als Faktoren genannt, welche die spontane Entstehung von Lebewesen fördern sollten.

Man versuchte, Lebewesen in Laboratorien zu „synthetisieren". So findet sich unter den Unterlagen des belgischen Pflanzenforschers Jean Baptiste van Helmont aus dem Jahr 1648 ein Rezept zur „Herstellung" von Mäusen: „Legt man ein Stück verschwitzter Unterwäsche mit einigen Weizenkörnern in einen offenen Krug, verändert sich nach etwa 21 Tagen der Geruch, und die Fermentation setzt ein …, welche die Weizenkörner in Mäuse verwandelt. Das Bemerkenswerteste aber war, dass die Mäuse, die aus dem Weizen und der Unterwäsche stiegen, keine jungen Tiere waren, nicht einmal Miniaturausgaben ausgewachsener Mäuse oder Totgeburten, sondern richtige ausgewachsene Mäuse!"

1861 konnte der große französische Wissenschaftler Louis Pasteur durch seine Experimente seine Wissenschaftlerkollegen davon überzeugen, dass Lebewesen nicht spontan aus nichtlebender Materie entspringen können. Bei seinen berühmt gewordenen Versuchen gab Pasteur fermentierbare Stoffe in eine Schwanenhalsflasche, die unverschlossen blieb. Das Gefäß und dessen Inhalt wurden dann für eine lange Weile gekocht,

Der reiche Wasservorrat auf der Erde war von wesentlicher Bedeutung für den Ursprung des irdischen Lebens.

um jedwede Mikrobe, die anwesend gewesen sein könnte, abzutöten. Nach dem Abkühlen ließ man die Gerätschaft ungestört stehen. Es kam zu keiner Fermentation, weil alle Kleinstlebewesen, die durch das offene Ende eindrangen, in dem s-förmig gebogenen Hals der Flasche niedersanken und nicht bis zu der fermentierbaren Flüssigkeit im Hauptkompartiment des Kolbens vorzudringen vermochten. Entfernte man den gebogenen Flaschenhals, rieselten Mikroorganismen aus der Luft in kurzer Zeit in die fermentierbare Masse und vermehrten sich in ihr. Pasteur zog daraus den Schluss, dass Leben bei völliger Abwesenheit vorher existierender Lebensformen und ihrer reproduktiven Elemente wie Eier und Sporen nicht entstehen konnte. Bei der Vorstellung seiner Ergebnisse vor einer Versammlung der Academie Française, verkündete Pasteur: „Niemals wieder wird sich die Doktrin von der spontanen Lebensentstehung von diesem tödlichen Schlage erholen!"

Alle Lebewesen gehen auf einen gemeinsamen Urahnen zurück, mit größter Wahrscheinlichkeit eine Population kolonialer Mikroorganismen, die vor beinahe vier Milliarden Jahren auf der Erde lebten. Diese Urform des Lebens war selbst das Produkt einer langen Zeitspanne präbiotischer Evolution nichtlebender Materie wie organische (kohlenstoffhaltige) Moleküle und Wasser, die während dieser Phase der chemischen Evolution selbstreplizierende Systeme herausgebildet hatten. Alle bis heute existierenden Lebewesen besitzen eine grundlegende chemische Zusammensetzung, die sie von ihrem gemeinsamen Urvorfahren geerbt haben.

Nach dem Urknallmodell der Kosmologie hatte das Weltall seinen Ursprung in einem Urfeuerball und hat sich seit diesem Beginn vor 10 bis 20 Milliarden Jahren beständig ausgedehnt und dabei abgekühlt. Die Sonne und die Planeten des Sonnensystems haben sich vor ca. 4,6 Milliarden Jahren aus einer kugelförmigen Wolke aus kosmischem Staub und Gas gebildet. Die Wolke fiel unter ihrer eigenen Schwerkraftwirkung zu einer rotierenden Scheibe in sich zusammen. Als sich das Material im inneren Teil der Gas/Staubscheibe zu unserer Sonne zusammenballte, wurde dabei Gravitationsenergie in Form von Strahlung abgegeben. Der Druck dieser auswärts gerichteten Strahlung verhinderte, dass auch das restliche Material an dem Gravitationskollaps teilnahm und in die Sonne stürzte. Das zurückgebliebene Material kühlte sich ab und bildete schließlich die Planeten einschließlich der Erde (▶ Abbildung 2.1).

In den 20er-Jahren des 20. Jahrhunderts entwickelten der sowjetische Biochemiker Alexander Oparin und der britische Biologe John Haldane unabhängig voneinander die Hypothese, dass das Leben auf der Erde nach einer unvorstellbar langen Zeit der „abiogenen molekularen Evolution" entstanden sei. Statt anzunehmen, dass die ersten Lebewesen auf irgendeine wundersame Weise urplötzlich entstanden seien – eine Vorstellung, die zuvor von der wissenschaftlichen Untersuchung dieser Fragestellung abgeschreckt hatte –, sprachen sich Oparin und Haldane für die Annahme aus, dass sich die einfachsten Lebensformen nach und nach durch die fortschreitende Zusammenfindung kleinerer Moleküle zu größeren, komplexer gebauten organischen Verbindungen entwickelt haben, die sich ihrerseits zu noch komplizierteren supramolekularen Verbänden organisierten. Dabei wären schließlich zur Selbstreplikation befähigte Moleküle entstanden, die Keimzellen für die evolutive Bildung lebender, einzelliger Mikroorganismen gewesen sind.

Der chemische Aufbau lebender Systeme 2.1

Die chemische Evolution in der präbiotischen Umwelt der Urerde hat zur Bildung einfacher organisch-chemischer Verbindungen geführt, die letztlich zu den Bausteinen lebender Zellen wurden. Organische Verbindungen im Sinne der Chemie sind solche, die ein Grundgerüst aus Kohlenstoffatomen aufweisen. Praktisch immer enthalten diese auch Wasserstoffatome, in vielen Fällen auch noch zusätzliche Atome wie Sauerstoff, Stickstoff, Schwefel oder Phosphor, oft auch Kombinationen derselben. Manche treten als Salze, andere als elektrisch neutrale Moleküle auf. Die Atome des Kohlenstoffs besitzen die Fähigkeit und ausgeprägte Neigung, Bindungen mit anderen Kohlenstoffatomen einzugehen. Dabei werden Ketten variabler Länge oder Ringmoleküle gebildet. Durch die Verbindung von Kohlenstoffatomen mit anderen Kohlenstoffatomen ergeben sich ein enormes Spektrum möglicher Verbin-

Abbildung 2.1: **Schematische, nicht maßstabsgetreue Darstellung des Sonnensystems.** Hier ist die enge Zone erkennbar, in der die thermischen Bedingungen für das Leben, so wie es auf der Erde existiert, geeignet sind.

dungen sowie die Bildung hochkomplexer Gebilde mit großer Variabilität der molekularen Struktur. Die Chemiker kennen heute etliche Millionen charakteristischer organischer Verbindungen.

Wir stellen im Folgenden die Arten der chemischen Verbindungen dar, die man regelmäßig in lebenden Systemen antrifft. Es folgt eine weitergehende Diskussion ihres Ursprungs auf der Urerde mit ihrer reduzierenden (= sauerstofffreien) Atmosphäre.

2.1.1 Kohlenhydrate: Die häufigsten organischen Substanzen in der Natur

Kohlenhydrate sind Verbindungen aus Kohlenstoff, Wasserstoff und Sauerstoff. Diese chemischen Elemente treten in Kohlenhydraten für gewöhnlich im stöchiometrischen Verhältnis 1C:2H:1O auf und sind vielfach zu Gruppen der Form H—C—OH angeordnet. Kohlenhydrate dienen im Cytoplasma hauptsächlich als Bauteile sowie als Quelle für chemische Energie. Die Glucose (der Traubenzucker) ist das wichtigste dieser energiespeichernden Kohlenhydrate. Andere bekannte Beispiele für Kohlenhydrate sind Stärke und die Zellulose (= Cellulose) der Zellwände von Pflanzen. Die Menge der Zellulose auf der Erde übertrifft die aller anderen organisch-chemischen Verbindungen zusammengenommen. Deren Moleküle bestehen aus verknüpften Glucoseeinheiten. Kohlenhydrate werden von den Pflanzen aus Wasser und Kohlendioxid synthetisiert. Die notwendige Energie liefert die Energie des Sonnenlichts. Der Vorgang, **Photosynthese** genannt, ist eine biochemische Reaktionsfolge, von dem das gesamte Leben auf der Erde abhängt, weil er der Ausgangspunkt für die Bildung der Hauptmasse aller in den Ökosystemen verbrauchten Nahrung ist.

Die Kohlenhydrate werden im Allgemeinen in folgende Klassen eingeteilt: (1) **Monosaccharide** oder Einfachzucker, (2) **Disaccharide** oder Zweifachzucker, (3) **Oligosaccharide** aus einer überschaubaren Zahl von Zuckereinheiten und (4) **Polysaccharide** mit langen Ketten aus vielen Zuckerresten. Der Übergang von den Oligo- zu den Polysacchariden ist unscharf. Die Einfachzucker besitzen ein Gerüst aus 3 bis 7 Kohlenstoffatomen (Triosen: 3 C-Atome, Tetrosen: 4 C-Atome, Pentosen: 5 C-Atome, Hexosen: 6 C-Atome, Heptosen: 7 C-Atome). Andere, seltene Einfachzucker können bis zu 10 Kohlenstoffatome enthalten; die biologische Bedeutung dieser Verbindungen ist jedoch gering. Einfachzucker wie die Glucose (Traubenzucker), die Galactose und die Fructose (Fruchtzucker) enthalten eine Carbonylgruppe:

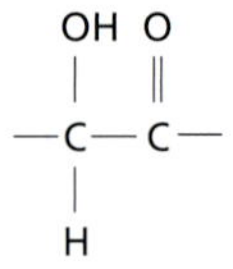

$$\begin{array}{c} OH \quad O \\ | \quad \quad || \\ -C-C- \\ | \\ H \end{array}$$

Das doppelt gebundene Sauerstoffatom (=O) kann an das endständige oder ein anderes C-Atom einer Kette aus Kohlenstoffatomen, beziehungsweise an ein C-Atom in einem Ring aus Kohlenstoffatomen gebunden sein. Die Hexose Glucose (in der älteren Literatur auch als Dextrose bezeichnet) ist für die belebte Welt von besonderer Bedeutung. Das Glucosemolekül wird oft in der offenkettigen Form dargestellt (▶ Abbildung 2.2 a); in wässriger Lösung liegt es aber überwiegend in einer zyklischen Form vor (Abbildung 2.2 b). Die in ▶ Abbildung 2.3 gezeigte Sesselkonformation gibt die tatsächliche Form des Glucosemoleküls am besten wieder, doch sind alle Formen der Glucose, unabhängig von ihrer Projektionsweise, chemisch äquivalent. Andere Hexosen mit biologischer Bedeutung sind die Galactose und die Fructose, die in ▶ Abbildung 2.4 der Glucose gegenübergestellt werden.

Disaccharide sind Zweifachzucker, die durch die kovalente Verknüpfung von zwei Einfachzuckern und der Abspaltung von Wasser gebildet werden (▶ Abbildung 2.5). Ein Beispiel ist die Maltose (Malzzucker), die aus zwei Glucoseresten zusammengesetzt ist. Die Abspaltung des Wassermoleküls führt dazu, dass sich

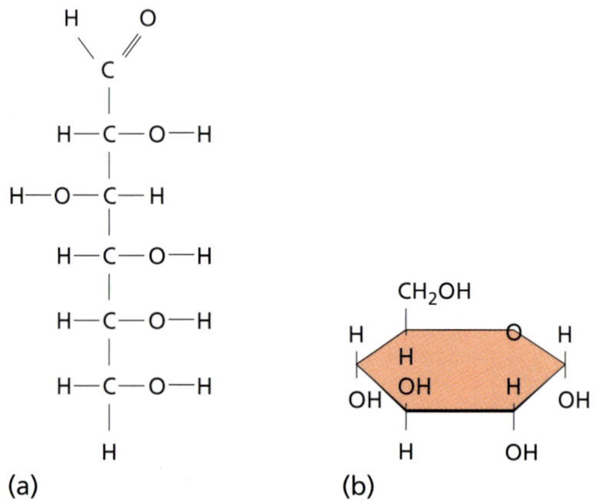

Abbildung 2.2: Zwei Darstellungsweisen für den Einfachzucker Glucose. (a) Das Glucosemolekül in der offenkettigen Form. In Wasser aufgelöst, neigt die Glucose dazu, eine ringförmige Molekülstruktur auszubilden, wie sie in (b) zu sehen ist. Bei dieser Darstellungsweise werden der Übersichtlichkeit halber die meisten Kohlenstoffatome nicht durch das Elementsymbol C dargestellt. Jede Ecke der Strukturformel repräsentiert ein Kohlenstoffatom.

2.1 Der chemische Aufbau lebender Systeme

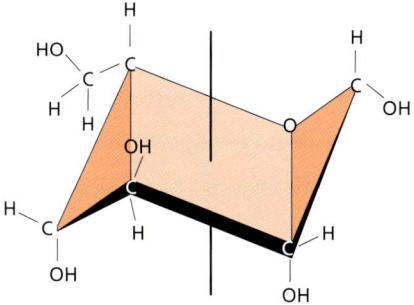

Abbildung 2.3: Sesselkonformation. Die Sesselkonformation ist eine weitere Darstellungsform für das Glucosemolekül.

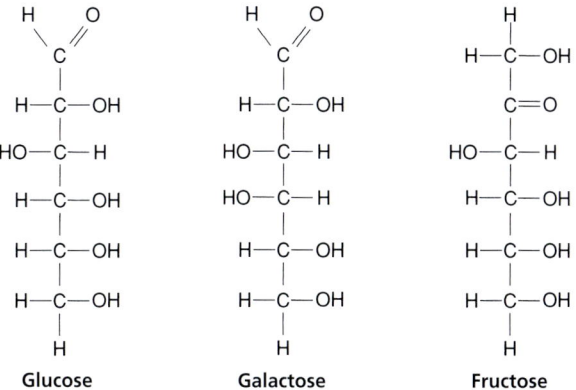

Abbildung 2.4: Hexosen mit biologischer Bedeutung. Diese drei Hexosen sind die häufigsten in der Natur vorkommenden Monosaccharide.

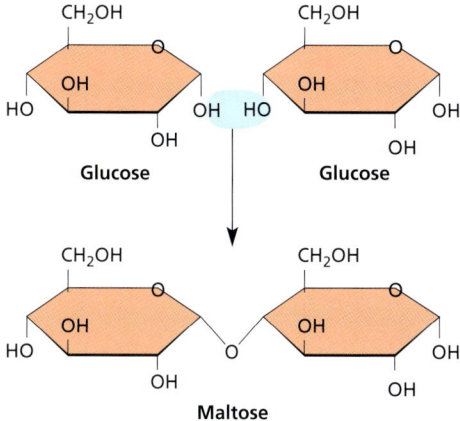

Abbildung 2.5: Zweifachzucker. Die Bildung eines Zweifachzuckers (hier am Beispiel des Disaccharids Maltose) vollzieht sich unter Abspaltung eines Moleküls Wasser aus den Ausgangsverbindungen.

beide Monosaccharid-Einheiten ein Sauerstoffatom teilen. Alle Disaccharide bilden sich auf diese Weise. Zwei andere weit verbreitete Disaccharide sind die Saccharose (Rohrzucker; aus Glucose und Fructose) und die Laktose (Milchzucker; aus Glucose und Galactose).

Polysaccharide setzen sich aus vielen Monosaccharidresten (häufig Glucose oder Glucosederivaten) zusammen, die lange Polymerketten bilden. Die Summenformel ist $(C_6H_{10}O_5)_n$, worin n die Zahl der Monosaccharidreste in dem betreffenden Polymer angibt. Diese Zahl schwankt häufig auch bei chemisch einheitlich benannten Verbindungen wie Zellulose oder Stärke. Die Stärke ist ein sehr weit verbreitetes Kohlenhydratpolymer. In dieser Form werden Kohlenhydrate von den meisten Pflanzen gespeichert. Diese stellen eine wichtige Nahrungsgrundlage für zahlreiche Tiere dar. **Glycogen** ist ein weiteres wichtiges Polysaccharid; es ist die der pflanzlichen Stärke in ihrer Funktion entsprechende Speicherform bei Tieren („tierische Stärke"). Man findet das Glycogen hauptsächlich in der Leber und in den Muskelzellen von Wirbeltieren. Je nach Bedarf kann das Glycogen rasch in Glucose gespalten werden (durch Wassereinlagerung – also die Umkehrung des Bildungsprozesses) und in das Blut, beziehungsweise lokal in das Gewebe freigesetzt werden. Ein weiteres Polysaccharid ist die **Zellulose** (Cellulose); sie ist das hauptsächliche, strukturgebende Polymer von Pflanzenzellwänden.

2.1.2 Lipide: Treib-, Speicher- und Baustoffe

Fette und fettähnliche Substanzen sind Lipide. Es sind Verbindungen von niedriger Polarität. Aus diesem Grund sind sie in Wasser schlecht löslich bis gänzlich unlöslich, in unpolaren organischen Lösungsmitteln wie Aceton und Ether lösen sie sich jedoch. Die drei Hauptgruppen der Lipide sind die Neutralfette (Triglyceride), die Phospholipide und die Steroide.

Neutralfette

Die Neutralfette oder „echten Fette" sind Hauptbrennstoffe für Tiere. Speicherfett kann sich unmittelbar vom Fett in der Nahrung oder von den in der Nahrung enthaltenen Kohlenhydraten herleiten, die im Körper zum Zweck der Einlagerung bei Energieüberschuss in Fette überführt werden. Fette werden nach Bedarf in den Blutstrom entlassen und in den Zellen oxidiert (verbrannt); dies geschieht insbesondere, um den Energiebedarf aktiver Muskeln zu decken.

Die Neutralfette werden auch als Triglyceride oder Triacylglycerine bezeichnet. Sie bestehen aus einem Glycerinrest und drei mit dem Glycerinrest veresterten Fettsäureresten. Die Neutralfette sind also chemisch gesehen Ester des dreiwertigen Alkohols Glycerin mit einwertigen Fettsäuren. Die Fettsäuren der Triglyceride sind

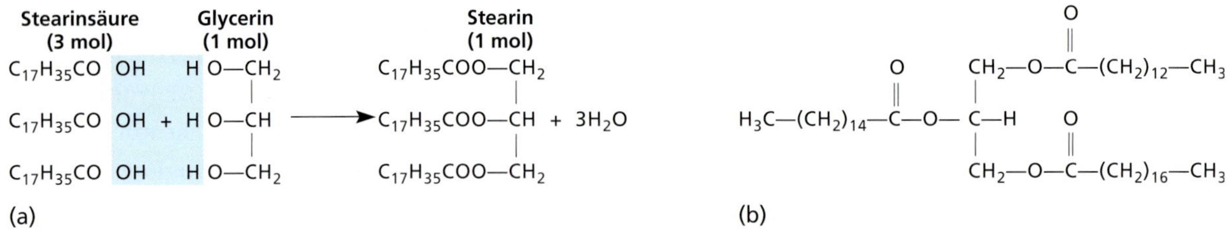

Abbildung 2.6: Neutralfette. (a) Bildung eines Neutralfettmoleküls aus drei Molekülen Stearinsäure (eine typische Fettsäure) und einem Molekül Glycerin. (b) Ein Neutralfettmolekül mit drei unterschiedlichen Fettsäureresten.

unverzweigte, langkettige Monocarbonsäuren. Die Länge der Kohlenstoffkette ist variabel, die Mehrzahl der Fettsäurereste enthält jedoch 14 bis 24 Kohlenstoffatome. Die Bildung eines typischen Fettmoleküls durch die Vereinigung eines Glycerinmoleküls mit drei Molekülen Stearinsäure ist als Bruttogleichung in ▶ Abbildung 2.6a wiedergegeben. Aus der Reaktionsgleichung wird deutlich, wie die Fettsäuremoleküle mit den OH-Gruppen des Glycerins zusammentreten und ein Molekül Stearin (ein Neutralfett- oder Triacylglycerinmolekül) plus 3 Moleküle Wasser bilden. Eine solche Reaktion, bei der ein im Verhältnis kleines Molekül (= H_2O) abgespalten wird, bezeichnet man als Kondensationsreaktion.

Die meisten Triglyceride enthalten zwei oder drei unterschiedliche Fettsäuren an einem Glycerinrest. Daraus ergeben sich schwerfällige Namen wie z. B. Myristoylstearoylglycerin (Abbildung 2.6b). Die Fettsäureanteile in diesem Molekül sind **gesättigt**. Das bedeutet, dass jedes Kohlenstoffatom in der Seitenkette der Fettsäuren zwei Wasserstoffatome gebunden hält. Gesättigte Fette, die bei Tieren häufiger vorkommen als bei Pflanzen, sind bei Zimmertemperatur zumeist fest. **Ungesättigte Fettsäuren**, die typisch für Pflanzenöle sind, weisen in den Seitenketten der Fettsäurereste zwei oder mehr Kohlenstoffatome auf, die durch Doppelbindungen (—C=C—) miteinander verbunden sind. Diese Kohlenstoffatome sind nicht mit Wasserstoffatomen gesättigt. Die Doppelbindungen können leicht Bindungen mit anderen Atomen eingehen. Zwei häufig vorkommende ungesättigte Fettsäuren sind die Ölsäure und die Linolensäure (▶ Abbildung 2.7). Pflanzliche Fette wie Rapsöl und Olivenöl, sind bei Zimmertemperatur flüssig (flüssige Fette werden Öle genannt).

Phospholipide

Anders als die Fette, die Brennstoffe sind und keine strukturgebende Rolle für die Zelle spielen, sind die Phospholipide wichtige Komponenten des molekularen Aufbaus von Zellen und Geweben, insbesondere von Membranen. Sie ähneln in ihrem Aufbau den Triglyceriden. Der Unterschied zu diesen liegt darin, dass

$CH_3—(CH_2)_7—CH=CH—(CH_2)_7—COOH$
Ölsäure

$CH_3—(CH_2)_4—CH=CH—CH_2—CH=CH—(CH_2)_7—COOH$
Linolensäure

Abbildung 2.7: Ungesättigte Fettsäuren. Ölsäure enthält eine C=C-Doppelbindung, Linolensäure zwei.

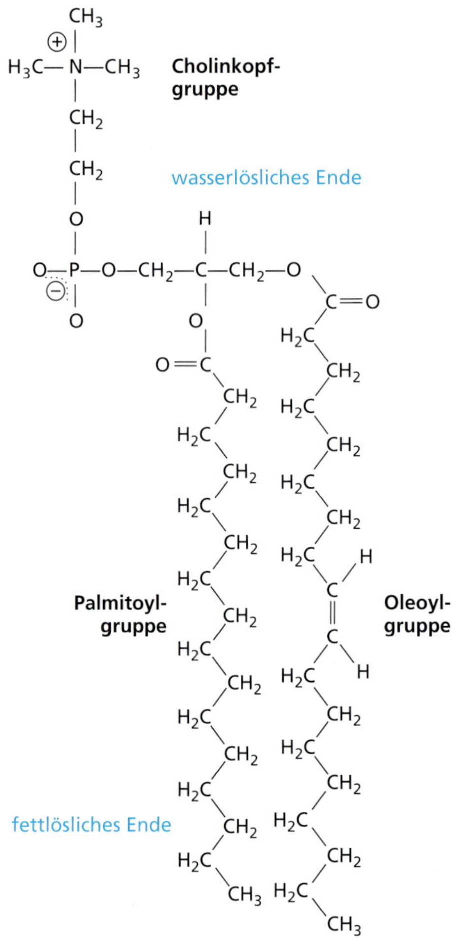

Abbildung 2.8: Phosphatidylcholin, ein Lecithin. Die Lecithine sind wichtige Phospholipide von Nervenzellmembranen.

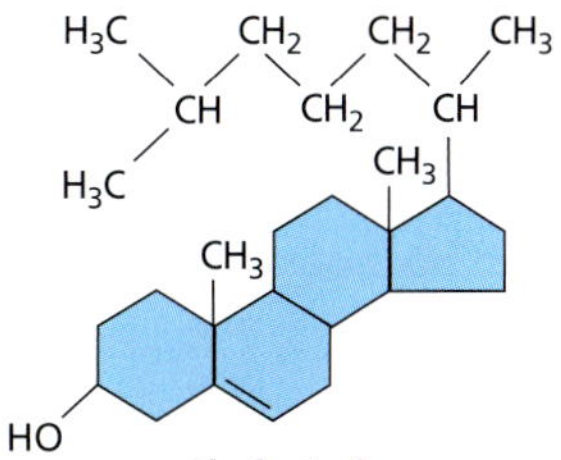

2.1 Der chemische Aufbau lebender Systeme

Abbildung 2.9: Cholesterin, ein Steroid. Alle Steroide weisen ein Grundgerüst aus vier Molekülringen auf (drei Sechserringe und einen Fünferring). Diese Ringstruktur wird aus Kohlenstoffatomen gebildet. An dieses Grundgerüst sind verschiedene Seitengruppen angebracht, die die chemische Natur des Steroids definieren.

ein Fettsäurerest durch einen Phosphorsäurerest ersetzt wird. Die Phosphorsäure ist eine mehrbasige Säure und trägt einen weiteren organischen Rest. Ein Beispiel für ein Phospholipid sind die Lecithine, die wichtige Bestandteile der Membran von Nervenfasern sind (▶ Abbildung 2.8). Da der Phosphorsäurerest eines Phospholipids elektrisch geladen und polar ist, ist dieser Bereich des Moleküls gut wasserlöslich. Der Rest des Moleküls ist unpolar. Aufgrund dieses amphiphilen, also hydrophilen und hydrophoben (gr. *amphi*, beide + *philos*, Liebe) Charakters sind Phospholipide geeignet, zwei physikochemisch gegensätzliche Bereiche zu verbinden. Sie vermögen weiterhin wasserlösliche Moleküle (z.B. viele Proteine) an wasserunlösliche Strukturen zu binden (Membranproteine etc.).

Steroide

Steroide sind komplexe Alkohole. Obwohl sie sich strukturell von den Fetten unterscheiden, besitzen sie fettähnliche physikalische Eigenschaften. Die Steroide bilden eine große Gruppe biologisch wichtiger Moleküle. Zu ihnen gehören Cholesterin (▶ Abbildung 2.9), Vitamin D, viele Hormone der Nebennierenrinde sowie die Geschlechtshormone.

2.1.3 Aminosäuren und Proteine

Proteine (Eiweiße) sind große, komplex gebaute Moleküle, die sich aus Bausteinen von 20 unterschiedlichen Aminosäuren aufbauen (▶ Abbildung 2.10). Die Aminosäuren werden durch **Peptidbindungen** (Säureamidbindungen) zu langen, unverzweigten Polymeren verknüpft. Bei der Knüpfung einer Peptidbindung wird die Carboxylgruppe eines Aminosäuremoleküls mit der Aminogruppe eines anderen Aminosäuremoleküls kovalent verbunden. Dabei wird ein Wassermolekül abgespalten; es handelt sich also auch hier um eine Kondensationsreaktion:

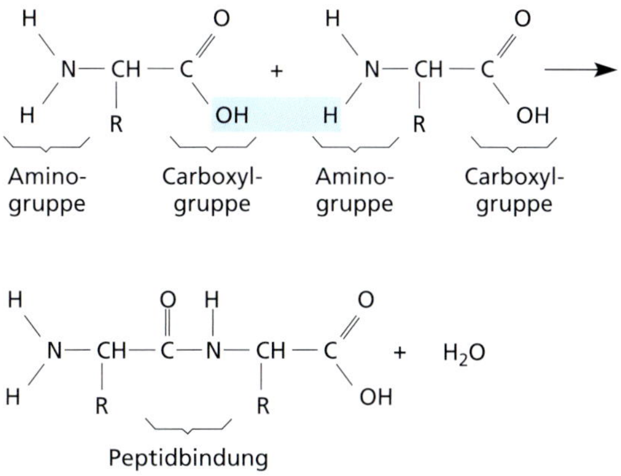

Die Verbindung von zwei Aminosäuren durch eine Peptidbindung führt zu einem Dipeptid mit einer freien Aminogruppe an einem und einer freien Carboxylgruppe am anderen Ende. Daher können weitere Aminosäuren hinzutreten und der Vorgang der Peptidbindungsbildung kann sich wiederholen, bis eine lange Kette entstanden ist. Die 20 unterschiedlichen, am Aufbau von Proteinen beteiligten Aminosäuren können in einer astronomischen Vielzahl von Abfolgen (Sequenzen) angeordnet werden. Die Proteine lebender Zellen enthalten bis zu mehreren hundert Aminosäuren. Durch die freie Kombinierbarkeit der 20 unterschiedlichen

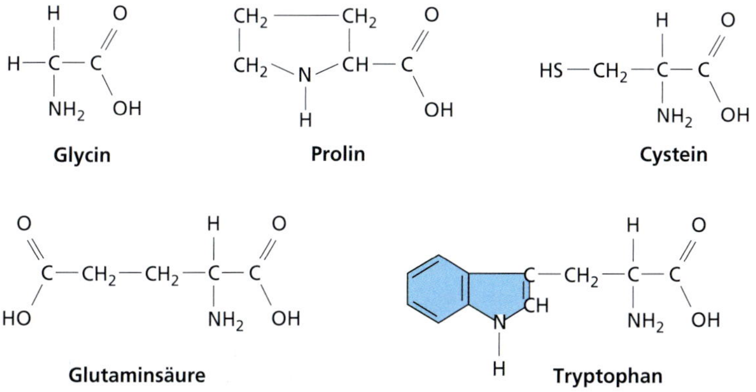

Abbildung 2.10: Aminosäuren. Fünf der zwanzig proteinogenen (= proteinbildenden) Aminosäuren.

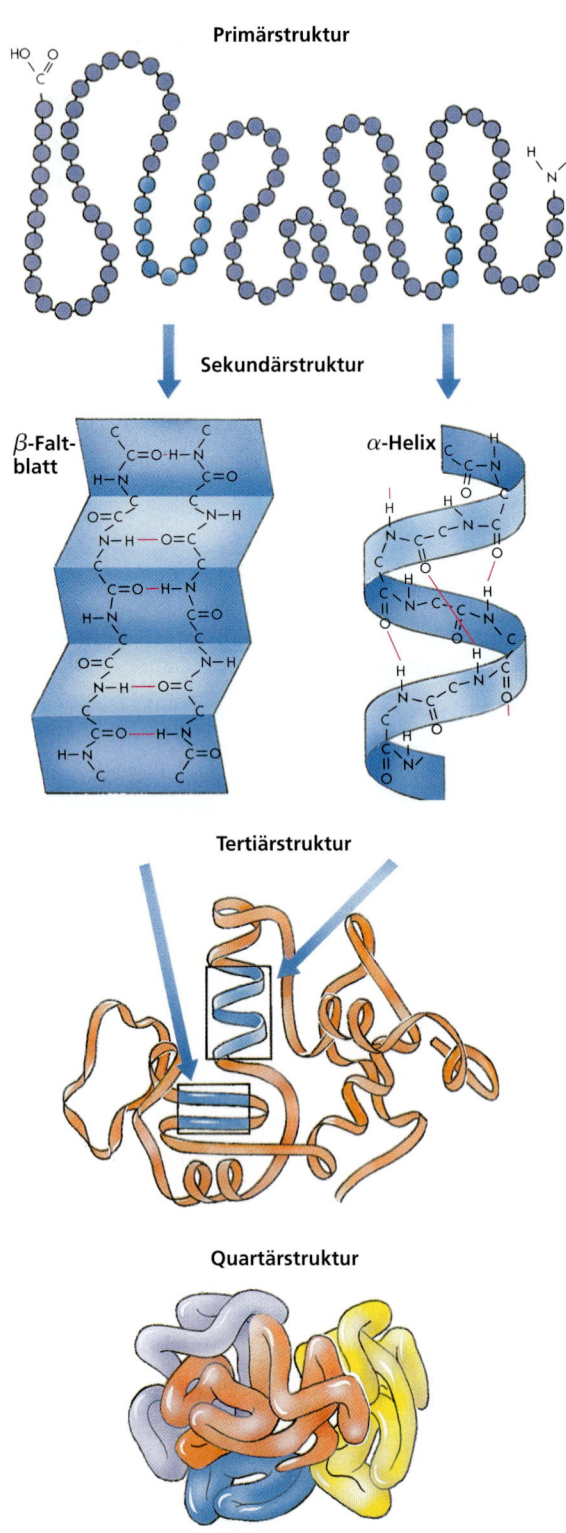

Abbildung 2.11: Die Struktur von Proteinen. Die Aminosäuresequenz eines Proteins (Primärstruktur) fördert die Ausbildung von Wasserstoffbrückenbindungen zwischen nahe beieinander befindlichen Aminosäureresten. Dabei werden verdrillte Strukturen und in sich verdrehte Faltungen ausgebildet (Sekundärstruktur). Verbiegungen und Helices in der Kette führen dazu, dass die Polypeptidkette sich in einer verwickelten Art und Weise in sich faltet (Tertiärstruktur). Individuelle Polypeptidketten aggregieren bei einigen Proteinen unter Ausbildung funktioneller Proteine aus mehreren – identischen oder unterschiedlichen – Untereinheiten (Quartärstruktur).

monomeren Bausteine ergibt sich die riesige Vielfalt an Proteinen, die sich bei Lebewesen findet.

Ein Protein ist jedoch nicht bloß ein langer Faden aus Aminosäuren. Proteine sind hochorganisierte Moleküle. Man unterscheidet bei Proteinen vier Ebenen der strukturellen Organisation: die Primär-, die Sekundär-, die Tertiär- und die Quartärstruktur.

Die **Primärstruktur** eines Proteins ist die Abfolge der Aminosäuren in der Polypeptidkette. Da die Bindungen zwischen den Aminosäuren sich aus energetischen Gründen bevorzugt in bestimmten Bindungswinkeln zueinander anordnen, nimmt die Kette vielfach bestimmte erkennbare und wiederkehrende Faltungsmuster ein. Die Bindungswinkel erzeugen die zweite Ordnungsebene, die **Sekundärstruktur**. Häufig anzutreffende Sekundärstrukturelemente sind Alphahelices (Sing. **Alphahelix**); dabei ordnet sich die Polypeptidkette über eine gewisse Länge im Uhrzeigersinn zu einer Wendel oder Schraube an (▶ Abbildung 2.11). Diese spiraligen Ketten werden durch Wasserstoffbrückenbindungen (H-Brücke) zusammengehalten. Für gewöhnlich bildet sich eine solche H-Brücke zwischen einem H-Atom (Wasserstoffatom) eines Aminosäurerestes und einem Sauerstoffatom (O-Atom) eines benachbarten Aminosäurerestes in der Helix aus. Die helikale und die anderen durch Polypeptidbindungen ausgebildeten Konformationen können sich verbiegen und falten. Dies verleiht dem Proteinmolekül seine komplexe dreidimensionale Gestalt, die als **Tertiärstruktur** bezeichnet wird (Abbildung 2.11). Die gefalteten Peptidketten werden durch verschiedenartige chemische Bindungen zwischen Aminosäureresten aus verschiedenen Teilen des Moleküls zusammengehalten. Diese stabilisierenden Bindungen bilden sich zumeist zwischen den für die verschiedenen Aminosäuren typischen Seitengruppen aus, die nicht an der Bildung der Peptidbindung beteiligt sind. Ein Beispiel ist die **Disulfidbrücke** – eine kovalente Bindung zwischen Schwefelatomen von Cysteinresten in Aminosäuren, die durch die räumliche Auffaltung der Polypeptidkette nahe zueinander kommen. Weitere, die Tertitärstruktur eines Proteins stabilisierende Wechselwirkungen sind Wasserstoffbrücken, ionische Bindungen und hydrophobe Wechselwirkungen.

Der Begriff **Quartärstruktur** bezieht sich auf Proteine, die mehr als eine Polypeptidkette enthalten. Das bestuntersuchte Beispiel für ein Protein mit Quartärstruktur ist das Hämoglobin, der den Sauerstoff transportierende rote Blutfarbstoff höherer Wirbeltiere. Hämoglobin besteht aus vier Polypeptiduntereinheiten, die in geordneter Weise zu einem einzigen Proteinmolekül zusammentreten (Abbildung 2.11).

Proteine erfüllen in lebenden Organismen eine Vielzahl von Aufgaben. Sie bilden das formgebende Grundgerüst des Cytoplasmas und vieler zellulärer Organellen und anderer Substrukturen. Proteine wirken auch als **Enzyme**, biologische Katalysatoren, die für praktisch jede im Körper ablaufende chemische Reaktion vonnöten sind. Enzyme erniedrigen wie alle Katalysatoren die Aktivierungsenergie einer bestimmten Reaktion und ermöglichen die für das Leben notwendigen Umsetzungen bei moderaten bis niedrigen Temperaturen. Ohne Enzyme würden die biochemischen Reaktionen in lebenden Zellen viel zu langsam ablaufen. Enzyme steuern die Reaktionen, durch welche die Nahrung verdaut, absorbiert und verstoffwechselt wird. Sie fördern die Synthese strukturgebender Verbindungen, die für das Wachstum, die Vermehrung und den Ersatz verlorener oder verschlissener Teile notwendig sind. Sie bestimmen die Freisetzung von Energie bei der Atmung, bei Wachstumsvorgängen, der Muskelkontraktion, geistigen Aktivitäten des Gehirns sowie vieler anderer körperlicher Vorgänge. Die Enzymwirkung wird in Kapitel 4 eingehender erörtert.

2.1.4 Nucleinsäuren

Nucleinsäuren sind komplexe Polymermoleküle, deren Abfolge von stickstoffhaltigen Basen die genetische Information enthält, welche die Grundlage der biologischen Vererbung ist. In ihnen sind die Anweisungen zur Synthese von Enzymen und allen anderen Proteinen gespeichert, und sie sind die einzigen Moleküle, die sich (mit der Hilfe geeigneter Enzyme) selbst replizieren können. In lebenden Zellen finden sich zwei Grundtypen von Nucleinsäuren: **Desoxyribonucleinsäuren** (DNS, heute häufiger **DNA**: *deoxyribonucleic acid*) und **Ribonucleinsäure** (RNS, heute meist **RNA**: *ribonucleic acid*). Beide sind Polymere aus sich wiederholenden Baueinheiten, die **Nucleotide** heißen. Jedes Nucleotid enthält einen Zuckerrest, eine stickstoffhaltige heterozyklische Verbindung, Base genannt, und einen Phosphorsäurerest. Da die Struktur der Nucleinsäuren von entscheidender Bedeutung für den Vererbungsmechanismus und die Synthese von Proteinen in der Zelle ist, werden wir auf die Nucleinsäuren im Kapitel über die Vererbung im Detail eingehen (siehe Kapitel 5). Neben der Informationsspeicherung kommen insbesondere den verschiedenen Formen der RNA auch funktionelle Aufgaben im Zellgeschehen zu.

2.2 Chemische Evolution

Sowohl Haldane als auch Oparin gingen davon aus, dass die Uratmosphäre der Erde einfache chemische Verbindungen wie Wasser (H_2O), Kohlendioxid (CO_2), molekularen Wasserstoff (H_2), Methan (CH_4) und Ammoniak (NH_3) enthielt, elementarer Sauerstoff (O_2) jedoch fehlte. Die chemische Zusammensetzung der frühen Atmosphäre der Erde ist von hoher Bedeutung für die Modelle, welche versuchen, die Bedingungen zur Zeit der Lebensentstehung nachzuvollziehen. Die meisten organischen Verbindungen, die man in lebenden Organismen findet, werden weder außerhalb von Zellen gebildet, noch sind sie in Gegenwart elementaren Sauerstoffs, der sich heute zu rund 21 Prozent in der Atmosphäre findet, längere Zeit stabil. Die besten heute verfügbaren Befunde deuten jedoch darauf hin, dass die Uratmosphäre höchstens minimalste Spuren freien Sauerstoffs enthalten hat. Die Uratmosphäre hatte also reduzierende chemische Eigenschaften, da sie überwiegend aus Verbindungen bestand, die sehr viel Wasserstoff enthielten, zum Beispiel Methan (CH_4) und Ammoniak (NH_3), die beide vollständig reduzierte Verbindungen darstellen. Während dieser Zeit ihrer Entwicklung wurde die Erde von sehr großen Kometen und Meteoriten von vielleicht 100 oder noch mehr Kilometern Durchmesser bombardiert. Die mit solchen Einschlägen verbundene Hitzeentwicklung kann wiederholt die Ozeane zum Verdampfen gebracht haben.

Diese reduzierende Atmosphäre war der präbiotischen Synthese, die zur Entstehung des Lebens führen sollte, förderlich, obgleich sie für die heute lebenden Organismen (für Pflanzen ebenso wie für Tiere und Pilze und viele Bakterien) total ungeeignet wäre. Haldane und Oparin entwickelten die Hypothese, dass ultraviolette Strahlung von der Sonne, die in ein solches Gasgemisch einstrahlt, zur Bildung vieler organischer Substanzen wie Zucker und Aminosäuren geführt haben könnte. Haldane spekulierte weiter, dass diese ersten organischen Verbindungen sich dann in den Urozeanen niedergeschlagen hatten und sich so eine warme, dünne „Ursuppe" gebildet hätte. In dieser urzeitlichen Brühe haben sich nach diesem Modell dann die Kohlenhydrate, Proteine oder wahrscheinlicher kurze Peptide, Nucleinsäuren in Form kurzer Oligonucleotide und Lipide zu den frühesten zur Eigenreplikation befähigten Aggregaten zusammengefunden. Man beachte, dass es sich hierbei um bis heute experimentell unbelegte – also rein hypothetische – Modellvorstellungen handelt.

Falls die einfachen, gasförmigen Verbindungen, die in der Uratmosphäre vorhanden gewesen sein mögen, in einem geschlossenen Glaskolben mit Methan und Ammoniak vermischt und bei Zimmertemperatur stehengelassen werden, kommt es zu keiner sichtbaren chemischen Reaktion zwischen ihnen. Um eine chemische Reaktion auszulösen, muss eine kontinuierliche Energiequelle bereitstehen, welche die Energie beisteuert, die zur Überwindung der Aktivierungsenergie der möglichen Reaktionen notwendig ist. Vor der Ansammlung von Sauerstoff in hohen Atmosphärenschichten muss die von der Sonne stammende ultraviolette Strahlung auf der Erdoberfläche intensiv gewesen sein. Ozon (O_3), eine allotrope Modifikation des Sauerstoffs, absorbiert heute den größten Teil der solaren Ultraviolettstrahlung und verhindert so, dass sie die Erdoberfläche erreicht. Elektrische Entladungen (Blitze) in der Atmosphäre haben sehr wahrscheinlich weitere Energie für die chemische Evolution geliefert. Obwohl die in Gewitterblitzen freigesetzte Energiemenge im Vergleich zu der durch die Sonnenstrahlung gelieferten Menge gering ist, ist praktisch die gesamte Energieumsetzung, die mit einer Blitzentladung verbunden ist, für chemische Synthesen organischer Verbindungen durch die Atmosphärengase einer reduzierenden Atmosphäre nutzbar. Ein einziger Blitz, der durch eine reduzierende Atmosphäre geht, erzeugt eine große Menge organischer Stoffe. Gewitter könnten daher eine der wichtigsten Energiequellen für präbiotische organische Synthesen gewesen sein.

Verbreitete vulkanische Aktivität ist eine weitere denkbare Energiequelle. Eine aktuelle Hypothese geht davon aus, dass das Leben nicht an der Oberfläche der Erde, sondern tief im Meer in oder im Umkreis **hydrothermaler Quellen** („schwarze Raucher", siehe Kapitel 38) entstanden sein könnte. Hydrothermale Quellen sind untermeerische heiße Quellen. Meerwasser dringt in Spalten im Meeresboden ein und steigt immer tiefer hinab, bis es in Kontakt mit heißem Magma kommt. Das Wasser wird dann überhitzt und mit großer Wucht wieder nach oben gedrückt. Dabei führt es diverse gelöste oder/und suspendierte Stoffe aus dem heißen Gesteinsuntergrund mit. Im Wasser solcher hydrothermaler Quellen hat man Schwefelwasserstoff (H_2S), Methan, Eisenionen, Sulfidionen und natürlich ausgefälltes Eisensulfid (FeS) nachgewiesen. Hydrothermale Quellen sind an verschiedenen Orten in der Tiefsee gefunden worden, und sie könnten auf der Früherde noch viel verbreiteter gewesen sein. Interessanterweise wachsen noch heute viele thermophile Schwefelbakterien in heißen Quellen.

2.2.1 Die präbiotische Synthese niedermolekularer organischer Moleküle

Die Oparin/Haldane-Hypothese regte experimentelle Untersuchungen an, um zu überprüfen, ob organische Verbindungen, wie sie charakteristisch für Lebewesen sind, sich aus einfacheren Molekülen, die in der präbiotischen Umwelt vorhanden gewesen sein könnten, zu bilden vermögen. Im Jahr 1953 nahmen Stanley Miller und Harold Urey, der Millers Doktorvater war, diese Experimente in Angriff und konnten erfolgreich die Bedingungen simulieren, von denen man annahm, dass sie denen auf der Urerde nahekämen. Miller baute eine Apparatur, in der ein Gemisch aus Methan, Wasserstoff, Ammoniak und Wasserdampf in Abwesenheit von Sauerstoff über einem Reservoir aus flüssigem Wasser im Kreis geführt und elektrischen Entladungen ausgesetzt werden konnte (▶ Abbildung 2.12). Das Wasser im Kolben wurde zum Kochen gebracht, um Dampf zu erzeugen, der den Durchmischungsprozess unterhalten konnte. Die chemischen Produkte, gebildet durch die den Gewitterblitzen entsprechenden elektrischen Entladungen, wurden kondensiert und in einem U-Rohr und einem kleinen Kolben (der das Urmeer nachbildete) aufgefangen.

Nachdem das Experiment eine Woche lang unter fortwährender Blitzentladung gelaufen war, waren ungefähr 15 Prozent des Kohlenstoffs aus der reduzierenden, O_2-freien „Atmosphäre" in dem Gerät in organische Verbindungen übergegangen, die sich im „Ozean" niedergeschlagen hatten. Das ungeachtet der Ausgangshypothese verblüffendste Ergebnis des Versuchs war die Tatsache, dass sich nach so kurzer Zeit bereits etliche Verbindungen gebildet hatten, die Ähnlichkeit mit chemischen Verbindungen aus lebenden Zellen hatten. Zu diesen Reaktionsprodukten des Millerexperiments gehörten vier proteinogene Aminosäuren, Harnstoff, sowie mehrere einfache Fettsäuren. Man kann sich die Tragweite dieser erstaunlichen Syntheseversuche verdeutlichen, wenn man sich klarmacht, dass es Abertausende bekannter organisch-chemischer Verbindungen gibt, die in ihrem Aufbau nicht komplexer sind als die in Millers Apparat gebildeten Aminosäuren. Tatsächlich fand man bei der Analyse der Miller'schen Synthe-

2.2 Chemische Evolution

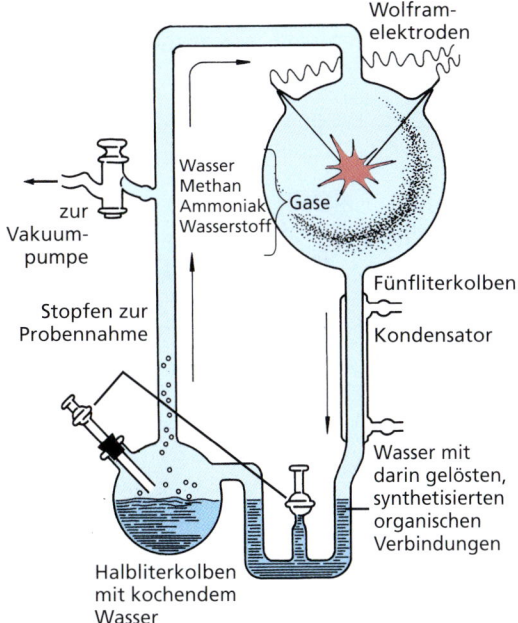

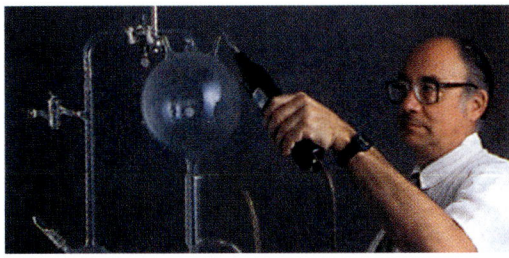

Abbildung 2.12: **Das Miller'sche Experiment.** Stanley Miller mit einem Nachbau des Apparates, den er im Jahr 1953 für sein berühmt gewordenes Experiment zur Synthese von Aminosäuren durch elektrische Entladungen in einer stark reduzierenden Atmosphäre benutzt hat.

sen, dass die meisten der Stoffe, die sich gebildet hatten, solche Verbindungen waren, die man auch in Lebewesen findet. Dieses Ergebnis war sicherlich kein zufälliges, und es führt zu der Schlussfolgerung, dass sich präbiotische Synthesen auf der Früherde unter Bedingungen ereignet haben könnten, die nicht wesentlich von denen des Miller'schen Versuchs abweichen.

Millers Experimente sind kritisiert worden, weil manche Geochemiker der Meinung sind, dass die Uratmosphäre in ihrer Zusammensetzung von der von Miller gewählten Experimentalanordnung abwich und nicht so stark reduzierend gewesen sein kann. Nichtsdestotrotz waren Millers Experimente wegweisend und regten viele Folgeuntersuchungen an, die Millers Experiment wiederholten und modifizierten. Dabei fand man heraus, dass sich Aminosäuren aus vielen unterschiedlichen Gasgemischen bilden, wenn diese erhitzt (Simulation vulkanischer Erdwärme), mit ultraviolettem Licht bestrahlt (Simulation der Sonnenstrahlung) oder elektrischen Entladungen (Simulation von Gewittern) ausgesetzt werden. Die einzigen Bedingungen, die erfüllt sein mussten, waren, dass die Gasmischung reduzierend (O_2-frei) war und mit großer Heftigkeit einer kraftvollen Energiequelle ausgesetzt wurde. Bei anderen Experimenten wurden elektrische Entladungen durch Mischungen aus Kohlenmonoxid, Stickstoff und Wasser geschickt; heraus kamen Aminosäuren und stickstoffhaltige organische Basen. Obwohl die Reaktionsgeschwindigkeiten und die Ausbeuten niedriger als bei den Experimenten mit Atmosphären aus Methan und Ammoniak waren, stützten all diese Versuche die wissenschaftliche Hypothese, dass sich die chemischen Ereignisse im Vorfeld der Lebensentstehung in einer Atmosphäre mit mild reduzierendem chemischen Charakter vollzogen haben könnten. Dass Methan und Ammoniak hierfür notwendig waren, hat zu der Spekulation Anlass gegeben, dass diese Stoffe durch Kometen auf die Erde gekommen sein oder aus hydrothermalen Quellen stammen könnten.

So konnten die Experimente vieler Wissenschaftler zeigen, dass sehr reaktive Moleküle wie Blausäure (HCN), Formaldehyd (HCHO) und Cyanethin gebildet werden, wenn ein Gasgemisch mit reduzierenden Eigenschaften einer starken Energiequelle ausgesetzt wird. Diese Moleküle reagieren mit Wasser und Ammoniak unter Bildung komplexerer organischer Molekülverbindungen, darunter Aminosäuren, Fettsäuren, Harnstoff, Aldehyde, Zucker und stickstoffhaltige basische Verbindungen wie Purine und Pyrimidine. Alle diese Stoffe sind Bausteine für die Synthese der hochkomplexen organischen Verbindungen von und in Lebewesen. Weitere Belege für die natürliche abiotische Synthese von Aminosäuren stammen aus der Analyse von auf die Erde niedergegangenen Meteoriten, wie dem 1969 in Australien aufgeschlagenen Murchison-Meteoriten, in dem Aminosäuren nachweisbar waren. Allerdings ist es höchst zweifelhaft, dass der Eintrag von Molekülen aus dem Weltall die irdische chemische Evolution nachhaltig beeinflusst hat.

2.2.2 Die Bildung von Polymeren

Die nächste Stufe der chemischen Evolution war die Verknüpfung von Aminosäuren, basischen Stickstoffheterozyklen und Zuckern zu größeren Molekülen wie Peptiden und Nucleinsäuren. Derartige Synthesen vollziehen sich in verdünnten Lösungen nur unter äußersten Schwierigkeiten, weil die Reaktionspartner sich nicht finden und der hohe Überschuss an Wasser das Gleich-

HINTERGRUND

Wasser und Leben

Der Ursprung und die Erhaltung des Lebens auf der Erde hängen wesentlich von Wasser ab. Wasser ist, bezogen auf die molare Menge, die häufigste aller chemischen Verbindungen in lebenden Zellen. Wasser macht zwischen 60 und 90 Prozent der meisten Lebewesen aus. Wasser weist mehrere außergewöhnliche Eigenschaften auf, die seine essenzielle Rolle in lebenden Systemen und bei ihrer Entstehung zu erklären vermögen. Diese Eigenschaften des Wassers resultieren zu großen Teilen aus den Wasserstoffbrückenbindungen zwischen den Wassermolekülen.

Wasser besitzt eine **hohe spezifische Wärmekapazität**: Die Wärmemenge von 1 Kalorie[*] ist notwendig, um die Temperatur von 1 g Wasser um 1 °C zu erhöhen. Das ist mit der Ausnahme von Ammoniak die höchste Wärmekapazität aller untersuchten Flüssigkeiten. Ein großer Teil dieser Energie wird benötigt, um einen Teil der Wasserstoffbrückenbindungen aufzulösen, um die kinetische Energie der Moleküle erhöhen zu können (die mittlere Translationsenergie der Moleküle in einem Stoff ist ein Maß für die Temperatur des Körpers). Die hohe Wärmekapazität von Wasser gleicht Schwankungen der Umgebungstemperatur effektiv aus und schützt Lebewesen so vor extremen thermischen Fluktuationen. Wasser besitzt außerdem eine **hohe Verdampfungswärme**. Es sind mehr als 500 Kalorien nötig, um 1 g flüssiges Wasser in Wasserdampf umzuwandeln. Alle Wasserstoffbrückenbindungen zwischen den Wassermolekülen müssen aufgebrochen werden, bevor sich die Moleküle vollständig voneinander lösen und in den gasförmigen Zustand übergehen können. Bei terrestrischen Tieren (und Pflanzen) ist die Kühlung, die mit der Verdunstung von Wasser einhergeht, ein wichtiger Mechanismus zur Abgabe überschüssiger Wärme.

Eine weitere, für das Leben bedeutsame Eigenschaft des Wassers ist dessen einzigartige Dichteänderung bei Temperaturänderungen. Die meisten Flüssigkeiten werden mit abnehmender Temperatur kontinuierlich dichter. Wasser zeigt jedoch bei 4 °C seine höchste Dichte – also während es noch im flüssigen Zustand ist – darunter nimmt bei weiterer Abkühlung die Dichte wieder ab. Bei 0 °C gefriert Wasser, und das sich bildende Eis ist weniger dicht als flüssiges Wasser. Eis schwimmt daher auf flüssigem Wasser statt abzusinken. Zufrierende Seen und Teiche sind daher von einer Eisdecke bedeckt statt einen Bodensatz aus Eis zu bilden. Falls Wassereis dichter als flüssiges Wasser wäre, würden Wasserkörper im Winter von unten nach oben zufrieren und im Sommer vielleicht nicht vollständig auftauen. Solche Bedingungen würden das aquatische Leben stark einschränken. Im Eiszustand bilden die Wassermoleküle ein ausgedehntes, offenes kristallines Netzwerk, das von den Wasserstoffbrückenbindungen zwischen den Molekülen getragen wird. Die Moleküle in diesem Kristallgitter sind weiter voneinander entfernt (und damit der Eiskristall weniger dicht) als flüssiges Wasser bei 4 °C.

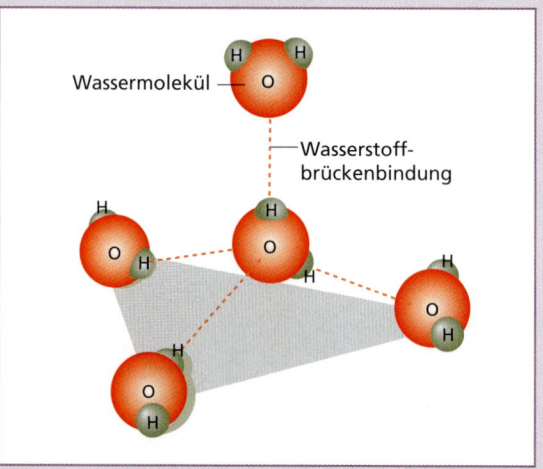

Die Geometrie von Wassermolekülen. Jedes Wassermolekül ist im zeitlichen Mittel mit vier weiteren Wassermolekülen durch Wasserstoffbrückenbindungen (gestrichelte Linien) in Kontakt. Wenn man sich die Sauerstoffatome durch Linien verbunden denkt, gelangt man zu der geometrischen Figur des Tetraeders.

Wasser besitzt eine hohe **Oberflächenspannung**. Sie ist höher als die jeder anderen Flüssigkeit mit der Ausnahme flüssigen Quecksilbers. Die Wasserstoffbrückenbindungen zwischen den Wassermolekülen erzeugen eine Kohäsion, die wichtig für die Aufrechterhaltung der Form und der Bewegungen des Cytoplasmas ist. Die Oberflächenspannung von Wasseroberflächen schafft eine ökologische Nische (Kapitel 38) für Insekten wie Wasserläufer (Gerridae) und Taumelkäfer (Gyrinidae), die auf Teichoberflächen „Schlittschuh" laufen. Ungeachtet seiner ho-

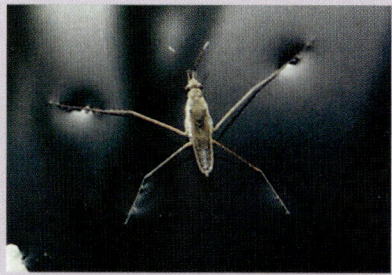

Die Wasserstoffbrückenbindungen halten die Wassermoleküle zusammen. Dieser Zusammenhalt der Moleküle bedingt die hohe Oberflächenspannung des Wassers. Einige Insekten wie dieser Wasserläufer können buchstäblich über Wasser laufen.

---

[*] Eine Kalorie (kal) ist als diejenige Energiemenge definiert, die erforderlich ist, um 1 g Wasser von 14,5 °C auf 15,5 °C aufzuheizen. Da sie eine althergebrachte und leicht einsichtige physikalische Einheit ist, wird die Kalorie noch immer (inoffiziell) verwendet und findet sich daher weiterhin in vielen Tabellen und Buchtexten. Das internationale Einheitensystem SI sieht als Einheit der Energie jedoch das Joule (J) vor, das sich unmittelbar aus anderen Basiseinheiten herleiten lässt (im Gegensatz zur Kalorie). Für die Umrechnung gilt: 1 kal = 4,184 J.

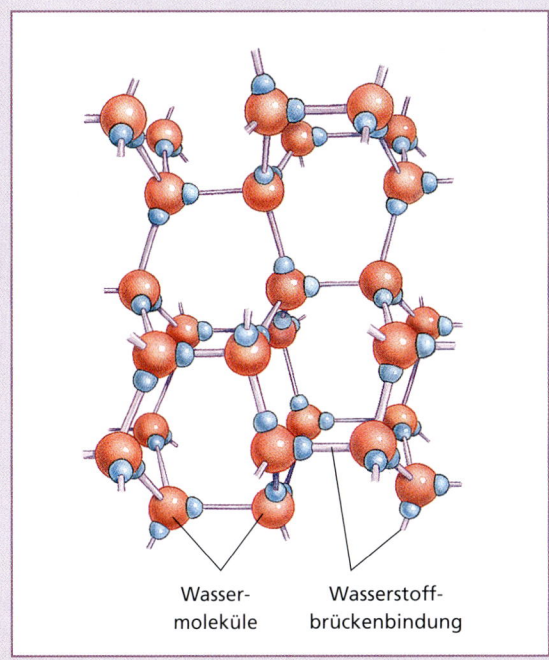

Wasser-moleküle — Wasserstoff-brückenbindung

Reines Wasser gefriert bei 0 °C. Bei der Eisbildung nehmen die Wassermoleküle im Kristall eine regelmäßige Anordnung ein, bei der die Abstände der Moleküle zueinander größer sind als im flüssigen Zustand. Dadurch hat ein Wassereiskristall eine geringere Dichte als flüssiges Wasser. Bei 4 °C ist die Dichte von Wasser am höchsten.

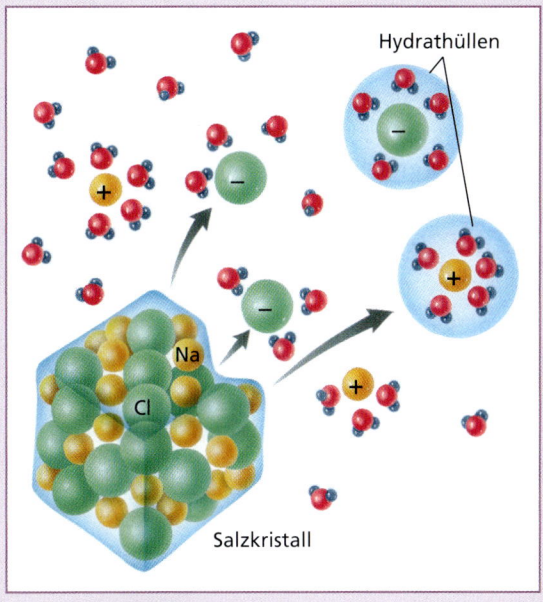

Hydrathüllen

Na, Cl, Salzkristall

Lösungen. Wenn sich eine lösliche kristalline Substanz wie Natriumchlorid (Kochsalz) in Wasser auflöst, lagern sich die negativ polarisierten Enden der dipolaren Wassermoleküle um die Na^+-Ionen herum an, während sich gleichzeitig die positiv polarisierten Enden der dipolaren Wassermoleküle um die Cl^--Ionen herum anordnen. Die Ionen werden so voneinander abgeschirmt und treten nicht wieder in das Kristallgitter ein.

hen Oberflächenspannung hat Wasser eine **niedrige Viskosität**, die den Blutstrom in winzigen Kapillaren und von Cytoplasma innerhalb von Zellen ermöglicht.

Wasser ist ein ausgezeichnetes **Lösungsmittel**. Salze lösen sich in Wasser in höherem Maße als in jedem anderen Lösungsmittel. Diese Eigenschaft geht auf das Dipolmoment der Wassermoleküle zurück. Die Dipolnatur des Wassers führt dazu, dass sich die Moleküle um gelöste geladene Teilchen anordnen und die Ladungen abschirmen. Wenn sich beispielsweise Kochsalzkristalle (NaCl) in Wasser lösen, trennen sich die Na^+- und die Cl^--Ionen. Die negativ polarisierten Sauerstoffatome der Wassermoleküle ziehen die Na^+-Ionen an, während die positiv polarisierten Wasserstoffatome die Cl^--Ionen anziehen. Die sich ausbildenden Hydrathüllen um die Ionen hält diese voneinander getrennt. Lösungsmittel ohne Dipolmoment ihrer Moleküle sind bei der Ladungstrennung von Ionen natürlich viel weniger effektiv. Die Bindung von Wassermolekülen an gelöste Proteinmoleküle ist wesentlich für die richtige Funktion vieler Proteine.

Das Wasser nimmt in lebenden Zellen auch an vielen der ablaufenden chemischen Reaktionen teil. Viele Verbindungen werden durch die Einlagerung von Wasser in kleinere Teile gespalten – eine Reaktion, die **Hydrolyse** heißt. In Umkehrung dieses Vorganges können größere Verbindungen aus kleineren chemischen Bausteinen synthetisiert werden, indem Wasser abgespalten wird; dieser Reaktionstyp wird als **Kondensation** bezeichnet.

$$R-R + H_2O \longrightarrow R-OH + H-R$$
Hydrolyse

$$R-OH + H-R \longrightarrow R-R + H_2O$$
Kondensation

Da das Wasser von entscheidender Bedeutung für den Erhalt des Lebens ist, konzentriert sich die spekulative Suche nach Leben jenseits der Erde für gewöhnlich zunächst auf die Suche nach Wasser. Gegenwärtig wird die Oberfläche des Planeten Mars mit Sonden immer wieder nach Spuren von Wasser abgesucht.

gewicht der Kondensationsreaktionen stark auf die Seite der Edukte (Ausgangsstoffe) verschiebt. Obgleich in der populärwissenschaftlichen Literatur der Urozean gern als „Ursuppe" bezeichnet wird, hat es sich dabei tatsächlich um ein sehr dünnes Süppchen gehandelt, dessen Konzentration an organischen Stoffen kaum den zehnten Teil einer Hühnerbrühe erreicht haben wird.

Die Notwendigkeit der Konzentrierung

Präbiotische Synthesen müssen in abgegrenzten Bereichen vonstatten gegangen sein, in denen die Konzentrationen der reagierenden Stoffe hoch genug gewesen sind. Die vermutlich extremen Wetterbedingungen auf der frühen Erde hätte beispielsweise große Staubstürme erzeugen können. Einschläge von Meteoriten konnten große Mengen Staub in die Atmosphäre befördern. Die Staubteilchen konnten dann Kondensationskeime für Wassertröpfchen sein. Die Salzkonzentration in aufgewirbelten Teilchen kann hoch gewesen sein. Auf diese Weise könnten konzentrierte Mikrobereiche für chemische Reaktionen entstanden sein. Vielleicht war die Oberfläche der Erde aber auch noch zu warm, um überhaupt Ozeane bilden zu können, so dass vielleicht ein heißer Dampf über ihr lag – eine Folge ständiger rascher Verdunstung und neuerlicher Niederschläge. Durch Auswaschung von in der Atmosphäre gebildeten organischen Verbindungen hat sich möglicherweise auf der Oberfläche ein Belag aus organischem Material abgelagert – ein urzeitlicher Schmierfilm. Präbiotische Moleküle können an der Erdoberfläche durch Adsorption an Tone und andere Minerale konzentriert worden sein. Tone haben aufgrund ihrer feinkörnigen Struktur eine sehr hohe innere Oberfläche und vermögen dadurch große Mengen anderer, auch organischer Substanzen zu binden und lokal zu konzentrieren. Die Oberflächen des Eisenminerals Pyrit (FeS_2) sind ebenfalls als Reaktionsflächen bei der Evolution biochemischer Reaktionsfolgen ins Gespräch gebracht worden. Positive elektrische Ladungen an der Oberfläche von Pyritteilchen können eine Vielzahl von negativ geladenen Anionen anziehen, die dann an der Oberfläche immobilisiert werden. Pyrit findet sich reichlich im Umfeld hydrothermaler Quellen, was im Einklang mit der Hydrothermalquellenhypothese steht.

Thermalkondensationen

Die meisten biochemischen Polymerisationsvorgänge sind Kondensationsreaktionen – Polymerbildungsvorgänge, die unter Wasserabspaltung vonstatten gehen. In lebenden Systemen laufen Kondensationen in einem wässrigen (zellulären) Millieu ab, in dem geeignete Enzyme vorliegen. Ohne die katalytische Hilfe von Enzymen und Energieeintrag in Form von ATP wäre die Bildung von Makromolekülen wie Proteinen und Nucleinsäuren nicht möglich. Makromoleküle sind thermodynamische, metastabile Gebilde, die nur deshalb existieren, weil ihr thermodynamisch begünstigter Zerfall kinetisch gehemmt ist.

Kondensierende Dehydratisierungsreaktionen könnten auf der Früherde ohne die Unterstützung durch Enzyme unter Bedingungen der thermischen Kondensation abgelaufen sein. Eine nichtkondensatorische Dehydratisierung ist zum Beispiel das Austreiben von Kristallwasser aus Feststoffen wie blauem Kupfersul-

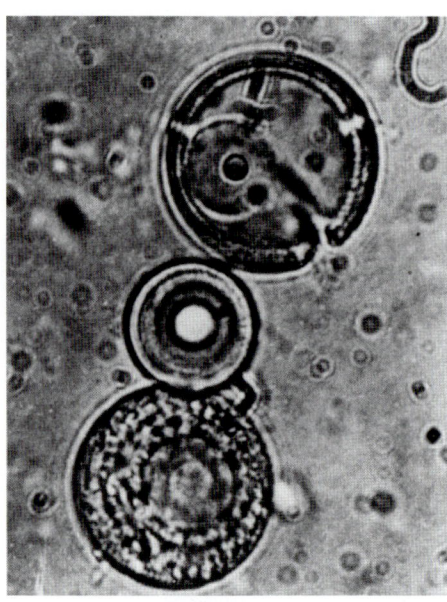

Abbildung 2.13: **Mikroskopische Aufnahme von Proteinoidmikrosphären.** Diese proteinartigen Körperchen lassen sich im Labor aus Polyaminosäuren (Polypeptiden) herstellen und könnten präzelluläre Zustände darstellen. Sie besitzen eine definierte innere Ultrastruktur. Vergrößerung: 1700-fach.

fat ($CuSO_4 \bullet 5H_2O$) durch Erhitzen. Dabei bildet sich weißes, wasserfreies Kupfersulfat ($CuSO_4$). Trockenes Erhitzen aller 20 proteinogenen Aminosäuren bei 180 °C führt durch kondensatorische Dehydratisierung reichlich zu vielen verschiedenen Polypeptiden.

Die Thermalsynthese von Polypeptiden unter Bildung von „Proteinoiden" ist von dem US-amerikanischen Wissenschaftler Sidney Fox intensiv untersucht worden. Er konnte zeigen, dass trockenes Erhitzen von Aminosäuregemischen und anschließender Vermischung der entstandenen Polymere mit Wasser zu winzigen kugeligen Körperchen führt. Diese Proteinoidmikrosphären (▶ Abbildung 2.13) weisen bestimmte Merkmale auf, die auch bei lebenden Systemen zu beobachten sind. Jedes Mikrokügelchen hat einen Durchmesser von nicht mehr als 2 µm und ist damit in Größe und Form mit einem typischen Bakterium vergleichbar. Die Außenwände der Mikrokügelchen scheinen eine doppellagige Struktur zu besitzen. Sie zeigen osmotische Eigenschaften und eine selektive Diffusion; so könnten sie durch Akkretion wachsen oder wie Bakterien knospend proliferieren. Wir wissen natürlich nicht, ob Proteinoidmikrosphären die Vorläufer der ersten primitiven Zellen auf der Erde gewesen sein könnten oder ob sie lediglich interessante Kreationen aus dem Labor moderner Chemiker sind. Ihre Bildung erfordert Bedingungen, wie sie wahrscheinlich nur in Vulkanen vorgekommen sind. Organische Polymere könnten sich also auf oder in Vulkanen gebildet und dann – durch Regen oder Tau befeuchtet – in Lösung zu höheren Aggregaten oder längeren Polymeren wie Polypeptiden oder Polynucleotiden weiterreagiert haben.

Der Ursprung lebender Systeme 2.3

Die Fossilgeschichte enthüllt, dass das Leben bereits vor etwa 3,8 Milliarden Jahren existiert hat; der Ursprung der frühesten Form von Leben kann daher extrapolativ vor ca. 4 Milliarden Jahren gesucht werden. Die ersten Lebewesen waren Protozellen – autonome, von einer Membran umgebene Einheiten mit einer komplexen funktionellen Organisation, welche die unabdingbare Fähigkeit der selbsttätigen Vermehrung erlaubte. Die primitiven chemischen Systeme, die wir bis hierher beschrieben haben, sind dazu nicht in der Lage. Das grundlegende Problem bei dem Versuch zu verstehen, wie das Leben entstanden ist, besteht darin zu erklären, wie primitive chemische Systeme sich zu lebenden, autonomen, selbstreproduzierenden Zellen organisiert haben.

Wie wir gesehen haben, hat eine lang andauernde chemische Evolution auf der frühen Erde diverse molekulare Komponenten lebensähnlicher Formen hervorgebracht. Zu einem späteren Zeitpunkt der Evolution begannen sich Nucleinsäuren (RNA und DNA) als einfache genetische Systeme zu verhalten, welche die Synthese von Proteinen – insbesondere von Enzymen – angeleitet haben. Diese Schlussfolgerung führt jedoch scheinbar zu einem Henne/Ei-Paradox: (1) Wie sind die Nucleinsäuren ohne die Hilfe von Enzymen entstanden? (2) Wie konnten sich Enzyme evolvieren ohne Nucleinsäuren, die ihren Bauplan enthielten? Diese Fragen erwuchsen aus der Vorstellung, dass nur Enzyme, die Proteine sind, biochemisch katalytisch aktiv sein können. In den 80er-Jahren gemachte Beobachtungen und Versuchsergebnisse erbrachten die Erkenntnis, dass auch Ribonucleinsäure (RNA) in manchen Fällen katalytisch als Enzym (= Ribozym) wirken kann.

Katalytische RNA-Moleküle werden in Anlehnung an die Enzyme Ribozyme genannt. Sie sind an molekulargenetischen Vorgängen wie der Prozessierung von Prä-mRNAs (der Entfernung von Introns durch Spleißen; siehe Kapitel 5) und der Bildung von Peptidbindungen bei der Proteinbiosynthese durch Ribosomen beteiligt. Es ist nunmehr unzweifelhaft, dass die Verknüpfung von Aminosäuren zu Polypeptiden im Rahmen der Translation (siehe Kapitel 5) von RNA-Anteilen des Ribosoms und nicht nur Proteinkomponenten des Organells katalysiert wird.

Es ist daher spekuliert worden, dass die frühesten biochemischen Katalysatoren möglicherweise RNA-Moleküle und auch die ursprünglichen selbstreplizierenden Moleküle RNA und nicht DNA gewesen sind. Dieses hypothetische, am Übergang der präbiotischen zur biotischen Evolution stehende Stadium wird plakativ als die „RNA-Welt" bezeichnet. Diese RNA-Welt war natürlich nur möglich in der reduzierenden, somit nahezu perfekt sterilen Umwelt, die vor 4 Milliarden Jahren herrschte. Ungeachtet dieser interessanten neuen Erkenntnisse haben Proteine als Katalysatoren gegenüber der RNA mehrere bedeutsame Vorteile, die schließlich ihre Selektion für diese Aufgaben erklären. Ebenso ist die DNA ein stabilerer Speicher für Erbinformationen als die RNA. Die ersten mit Enzymen und DNA ausgestatteten Protozellen dürften daher einen Selektionsvorteil gegenüber den nur auf RNA basierenden Systemen aufgewiesen haben.

Nachdem dieses Protozellstadium der Selbstorganisation erreicht worden war, hätte die natürliche Selektion (siehe Kapitel 6) weiter auf diese primitiven selbstreplizierenden Systeme eingewirkt. Dieser Punkt war von wichtiger Bedeutung. Vor diesem Stadium war die Biogenese von den begünstigenden Umweltbedingungen auf der Urerde und der Natur der reagierenden chemischen Elemente bestimmt worden. Als die sich selbst vervielfältigenden (replizierenden) Systeme untereinander in Konkurrenz traten und dadurch die natürliche Selektion wirksam wurde, begannen sie zu evolvieren. Die erfolgreicheren, sich schneller replizierenden Systeme waren begünstigt, so dass nach und nach effizientere Replikationen bevorteilt wurden (positive Selektion) und sich weiter evolvierten. Die Evolution des genetischen Codes und der gerichteten und regulierten Proteinsynthese folgten nach. Das System erfüllte nun die Voraussetzungen, um der gemeinsame Vorläufer aller Lebewesen werden zu können.

2.3.1 Der Ursprung des Stoffwechsels

Lebende Zellen sind heute organisierte Systeme mit verwickelten und hochgradig geordneten Abfolgen enzymvermittelter Reaktionen. Wie konnte sich ein so immens komplexes Stoffwechselsystem entwickeln? Der

Exkurs

Die traditionelle Sichtweise ist, dass die ersten Organismen primär heterotroph waren, das heißt, dass sie als Kohlenstoffquelle organische Moleküle nutzten. Der Mikrobiologe und Evolutionsbiologe Carl Woese findet es einfacher sich vorzustellen, dass membranassoziierte Molekülzusammenschlüsse Licht absorbiert und es mit einem zumindest bescheidenen Wirkungsgrad in chemische Energie umgewandelt haben. Danach wären die ersten Organismen autotroph gewesen. Woese verfolgt weiterhin den Gedanken, dass die frühesten Formen des Stoffwechsels aus zahlreichen Reaktionen bestanden haben könnten, die von nicht-proteinischen Cofaktoren (Substanzen, die heute noch für die Funktion vieler Enzyme in den lebenden Zellen notwendig sind) katalysiert worden sein könnten. Diese Cofaktoren sollen nach diesen Spekulationen mit Membranen assoziiert gewesen sein.

---

den **heterotroph** genannt (gr. *heteros*, verschieden + *trophein*, ich esse). Die frühesten postulierten Mikroorganismen werden manchmal als **primär heterotroph** bezeichnet, weil sie zu ihrer Ernährung auf Quellen in der Umwelt angewiesen waren und (mutmaßlich) vor der Evolution irgendeines autotrophen Wesens existiert haben. Es hat sich bei ihnen vermutlich um anaerobe Mikroorganismen gehandelt, die den heutigen Bakterien der Gattung *Clostridium* ähnlich gewesen sein könnten. Da die chemische Evolution die präbiotische Ursuppe großzügig mit Nährstoffen angereichert hatte, hatten es die frühesten, primitiven Lebensformen nicht nötig, ihre Nährstoffe selbst herzustellen.

Protozellen, die befähigt waren, anorganische Vorstufen in die notwendigen Baustoffe umzuwandeln, hätten gegenüber den primär Heterotrophen einen immensen Selektionsvorteil gehabt, besonders dort, wo Nährstoffe knapp wurden. Die Evolution autotropher Organismen ging sehr wahrscheinlich mit dem Erwerb enzymatischer Aktivitäten zur Katalyse der Umwandlung anorganischer in komplizierter gebaute organische wie Kohlenhydrate einher. Die zahlreichen Enzyme des Zellstoffwechsels erschienen, als die Zellen begannen, Proteine für katalytische Aufgaben einzusetzen.

genaue Ablauf dieser Phase in der Evolution des Lebens ist unbekannt. Wir präsentieren hier eine Modellvorstellung des einfachsten denkbaren Ablaufs der Ereignisse, die geeignet ist, den Ursprung der beobachtbaren metabolischen Eigenschaften lebender Systeme zu erklären.

Solche Organismen, die ihre Baustoffe mit Hilfe von Licht oder einer anderen Energiequelle aus anorganischer Nahrung zu synthetisieren vermögen, werden **autotroph** genannt (gr. *autos*, selbst + *trophein*, ich esse) (▶ Abbildung 2.14). Lebewesen, denen diese Fähigkeit fehlt, müssen ihren Nahrungsbedarf durch verwertbare, energiehaltige Stoffe aus der Umwelt decken; sie wer-

2.3.2 Photosynthese und oxidativer Stoffwechsel treten auf den Plan

Die Autotrophie evolvierte in Form der Photosynthese. Bei der Photosynthese reagieren Wasserstoffatome, die aus Wassermolekülen stammen, mit Kohlendioxid, das aus der Atmosphäre stammt, unter Bildung von Zuckern und molekularem Sauerstoff. Die Zuckermoleküle versorgten den Organismus mit Nahrung und speicherbarer Energie; der frei gewordene Sauerstoff wurde in die Atmosphäre entlassen.

$$6\ CO_2 + 6\ H_2O \xrightarrow{\text{Licht}} C_6H_{12}O_6 + 6\ O_2$$

Diese Summengleichung fasst die vielen Einzelreaktionen zusammen, die im Verlauf der Photosynthese in koordinierter Abfolge ablaufen. Ohne Zweifel sind diese vielen Reaktionen nicht gleichzeitig entwickelt worden, und andere Stoffe als Wasser – zum Beispiel der chemisch verwandte Schwefelwasserstoff (H_2S) waren vermutlich anfänglich die ersten Quellen für Wasserstoffatome.

Nach und nach sammelte sich der durch die Photosynthese freigesetzte Sauerstoff in der Atmosphäre an.

Abbildung 2.14: Ein Heterotropher (der Koala, *Phascolarctos cinereus*) ernährt sich von einem Autotrophen (dem Eukalyptusbaum). Alle Heterotrophen sind bezüglich ihrer Nährstoffe direkt oder indirekt von den Autotrophen, die die Energie des Sonnenlichts einfangen, abhängig, um ihre eigenen Baustoffe herstellen zu können.

Als die Menge des atmosphärischen Sauerstoffs ungefähr ein Prozent der heutigen Menge erreicht hatte, begann sich ein Teil davon in Ozon (O_3) zu verwandeln und die ultraviolette Strahlung zu absorbieren. Dadurch wurde die Menge der ultravioletten Sonneneinstrahlung, die die Erdoberfläche erreichte, langsam und sukzessiv herabgesetzt. Die Anreicherung der Atmosphäre mit Sauerstoff begann sicherlich, den anaeroben Zellstoffwechsel zu stören, der sich in der reduzierenden Uratmosphäre evolutiv herausgebildet hatte. Als sich die Atmosphäre langsam von einer etwas reduzierenden (O_2-freien) in eine schließlich stark oxidierende (O_2-haltige) verwandelte, erschien ein neuartiger und sehr effizienter Stoffwechseltypus, der **oxidative (aerobe) Stoffwechsel**. Durch die Nutzung des verfügbaren Sauerstoffs als terminalen Elektronenakzeptor (= Oxidationsmittel) (siehe Kapitel 4; Abbildungen 4.14 und 4.15) und die vollständige Oxidation von Glucose zu Kohlendioxid und Wasser konnte ein Löwenanteil der durch die Photosynthese gespeicherten Energie zurückgewonnen werden. Die meisten Lebensformen wurden schließlich vollständig abhängig vom oxidativen Stoffwechsel.

Die Atmosphäre der Erde wirkt heute stark oxidierend. Sie enthält 78 Volumenprozent Stickstoff (N_2), etwa 21 Volumenprozent Sauerstoff (O_2), 1 Volumenprozent Argon (Ar) und 0,033 Volumenprozent Kohlendioxid (CO_2). Obwohl der zeitliche Verlauf der Erzeugung des atmosphärischen Sauerstoffs unter Fachleuten immer noch vielfach diskutiert wird, ist die wichtigste Quelle für freien Sauerstoff die biogene Photosynthese. Praktisch der gesamte gegenwärtig produzierte Sauerstoff enstammt Cyanobakterien (früher: blaugrüne Algen), eukaryontischen Algen und Landpflanzen. Jeden Tag setzen diese Lebewesen ca. 400 Millionen Tonnen Kohlendioxid mit etwa 70 Millionen Tonnen Wasserstoff aus Wassermolekülen um und setzen dabei 1,1 Milliarden Tonnen Sauerstoff frei. Die Ozeane sind eine Hauptsauerstoffquelle. Praktisch der gesamte heute produzierte Sauerstoff wird von anderen Lebewesen für die Atmung wieder verbraucht. Wäre dies nicht so und dadurch die Bilanz von Freisetzung und Verbrauch nicht ausgeglichen, würde sich die Menge des atmosphärischen Sauerstoffs binnen 3000 Jahren verdoppeln. Da präkambrische Fossilien von Cyanobakterien den modernen Cyanobakterien gleichen, ist es sehr wahrscheinlich, dass der Sauerstoff, der in die bis dahin sauerstofflose Frühatmosphäre gelangte, auf ihre Tätigkeit zurückgeht.

Das Leben im Präkambrium 2.4

Wie aus der Abbildung im hinteren Buchdeckel zu entnehmen, erstreckt sich das Erdzeitalter des Präkambriums über den Zeitraum vor dem Beginn des Kambriums vor etwa 570 bis 600 Millionen Jahren. Die meisten der bekannten Tierstämme erscheinen innerhalb weniger Millionen Jahre in der fossilen Überlieferung zu Beginn des Kambriums. Dieser Umstand wird gern als die „kambrische Explosion" bezeichnet, da in tieferen (= älteren) Erdschichten kaum Organismen vorkommen, die höher entwickelt und komplexer gebaut sind als einzellige Bakterien. Vergleichende molekulare Untersuchungen deuten darauf hin, dass die Seltenheit präkambrischer Fossilien eher auf eine geringe Fossilierbarkeit der damaligen Lebensformen zurückgeht als auf ihre tatsächliche Abwesenheit in dieser weit zurückliegenden Epoche. Nichtsdestotrotz erscheinen die Tiere erst zu einem relativ späten Zeitpunkt auf der Bühne des Lebens. Welches waren die frühen Lebensformen, die sowohl die oxidierende Atmosphäre erzeugt haben, die von solcher Bedeutung für die Evolution der Tiere war, wie auch die evolutiven Abstammungslinien, aus denen die Tiere hervorgegangen sind?

2.4.1 Prokaryonten und das Zeitalter der Cyanobakterien

Die frühesten bakterienartigen Organsimen vermehrten sich und brachten eine große Vielfalt an Formen hervor, von denen einige zur Photosynthese befähigt waren. Aus diesen gingen vor ungefähr 3 Milliarden Jahren die sauerstoffproduzierenden **Cyanobakterien** hervor.

Für Bakterien ist auch der alternative Begriff **Prokaryonten** geläufig (gr. *pro*, vor + *karyon*, Kern). Sie enthalten ein einzelnes, großes DNA-Molekül als Chromosom, das nicht in einen Zellkern mit einer eigenen Membran eingeschlossen ist. Die DNA der Bakterien findet sich in einem Bereich der Zelle, der als **Nucleoid** bezeichnet wird. Die DNA von Prokaryonten ist nicht mit Histonen komplexiert, und es fehlen ganz allgemein von Membranen umgebene, räumlich abgesonderte Organellen wie Mitochondrien, Plastiden, der Golgiapparat, das endoplasmatische Retikulum u.a.m. (siehe Kapitel 3). Im Verlauf der Zellteilung teilt sich der Nucleoid und durch Replikation erzeugte Kopien der DNA werden auf die Folgezellen verteilt. Prokaryonten fehlt die chromosomale Organisationsstufe und die chromosomale (mitotische) Teilung, die man bei Tieren und anderen Eukaryonten (Pilzen, Pflanzen) beobachtet. Nichtsdestotrotz ist es in der Mikrobiologie allgemein üblich, von Bakterienchromosomen zu sprechen.

Bakterien und im Besonderen die Cyanobakterien haben in den Ozeanen der Erde unangefochten für 1 bis 2 Milliarden Jahre das Zepter geführt. Die Cyanobakterien durchlebten den Zenit ihres ökologischen Erfolges vor ungefähr einer Milliarde Jahren, als filamentöse Formen dazu übergegangen waren, große, an der Oberfläche des Meeres treibende Matten zu bilden. Diese lange Zeit der cyanobakteriellen Dominanz, die etwa zwei Drittel der Geschichte des Lebens umfasst, ist mit voller Berechtigung das „Zeitalter der Cyanobakterien" genannt worden. Bakterien und speziell die Cyanobakterien sind so vollständig verschieden von den Lebensformen, die sich später in der Evolution herausgebildet haben, dass ihnen in der biologischen Systematik ein eigenes Reich, das Regnum Monera, zugewiesen wurde.

Carl Woese und seine Kollegen und Mitarbeiter an der Universität von Illinois in den USA haben entdeckt, dass die Prokaryonten tatsächlich in wenigstens zwei getrennte Abstammungslinien zerfallen: in die Eubakterien (wörtlich: echte Bakterien) und die Archaebakterien, die auch kurz als Archaea bezeichnet werden (siehe Kapitel 10). Obwohl diese beiden Bakteriengruppen selbst im Elektronenmikroskop einander sehr ähnlich sehen, unterscheiden sie sich biochemisch deutlich voneinander. Die Archaebakterien weichen von den Eubakterien sehr stark in ihrem zellulären Stoffwechsel ab (obgleich die Vielfalt der Stoffwechseltypen unter den Bakterien ohnedies sehr viel größer ist als bei den wesentlich homogeneren Eukaryonten) und ihren Zellwänden fehlt die Muraminsäure, die man in den Zellwänden aller Eubakterien findet. Die deutlichsten Hinweise für die Unterscheidung dieser beiden Gruppen stammt aus der Anwendung einer der neueren und sehr aussagekräftigen Methoden, die dem Evolutionsbiologen zur Verfügung stehen: der Sequenzierung von Nucleinsäuren (siehe Kasten weiter unten). Woese und seine Kollegen finden, dass sich die Archaebakterien in der Basensequenz ihrer ribosomalen RNAs grundlegend von den Eubakterien unterscheiden (siehe Kapitel 5). Woese und andere Evolutionsbiologen erachten die Archaebakterien als so verschieden von den Eubakterien, dass ihnen der Rang eines eigenen Organismenreiches zukommen sollte – das Regnum Archaea. Die Monera würden dann nur noch die Eubakterien umfassen. Es darf allerdings nicht verschwiegen werden, dass das Woese'sche Modell der Einteilung der Lebe-

> **Exkurs**
>
> Das Wort „Alge" in dem veralteten Begriff „blaugrüne Algen" für die Cyanobakterien ist irreführend, weil es eine verwandtschaftliche Beziehung zu den eukaryontischen Algen nahelegt. Die Biologen ziehen daher heute einhellig die Bezeichnung Cyanobakterien vor, aus der unzweifelhaft hervorgeht, dass es sich dabei um Prokaryonten handelt. Diese mikroskopischen Organismen waren in erster Linie für die Erzeugung einer mit Sauerstoff angereicherten Atmosphäre verantwortlich, welche die reduzierende Uratmosphäre der Erde ersetzt hat. Untersuchungen der biochemischen Reaktionen heute lebender Cyanobakterien haben zu dem Schluss geführt, dass sie zu einer Zeit schwankender Sauerstoffmengen evolutiv entstanden sind. Obwohl sie die aktuelle atmosphärische Sauerstoffkonzentration von 21 Volumenprozent tolerieren, liegt das Optimum für viele ihrer Stoffwechselreaktionen im Bereich um lediglich 10 Volumenprozent O_2.

wesen in drei Grundkategorien mit der Aufspaltung der Prokaryonten in zwei gleichrangige Abteilungen, die neben die Eukaryonten gestellt werden, nicht unumstritten ist. So lehnt etwa der Evolutionsbiologe Ernst Mayr das Dreidomänenmodell rundweg ab. Der Spezialist für Proteinevolution und Prokaryontensystematik, Radhey Gupta, hat ebenfalls starke Zweifel an Woeses Modell; er sieht die Archaebakterien als eine stark spezialisierte Bakteriengruppe, deren abweichender Bau als Anpassung an extreme Lebensräume gedeutet wird. Das letzte Wort in Sachen Systematik der Prokaryonten scheint noch nicht gesprochen zu sein. In jüngster Zeit wird sogar die recht grobe Einteilung in Prokaryonten und Eukaryonten generell infrage gestellt.

Molekulare Sequenzierungsmethoden haben sich zu sehr erfolgreichen experimentellen Ansätzen zur Erhellung uralter Genealogien (= Verwandtschaftsbeziehungen) der Lebensformen entwickelt. Die Sequenzen der Nucleotide in der DNA eines Lebewesens sind eine Aufzeichnung seiner evolutiven Verwandtschaftsbeziehungen, da jedes Gen, das heute existiert, eine evolvierte Kopie eines Gens ist, das vor Millionen oder gar Milliarden von Jahren existiert hat. Gene – und Genome (= gesamtes Erbgut eines Organismus) als Ganzes – werden im Laufe der Zeit durch Mutationen verändert, doch bleiben für gewöhnlich Überbleibsel der ursprünglichen genetischen Information erhalten. Mit den modernen Techniken der Molekulargenetik lässt sich die Abfolge der Nucleotide ganzer DNA-Moleküle oder kurzer Bereiche dieser ermitteln. Wenn man entsprechende Gene bei zwei oder mehreren unterschiedlichen Organismen vergleicht, lässt sich das Ausmaß, in dem sich die

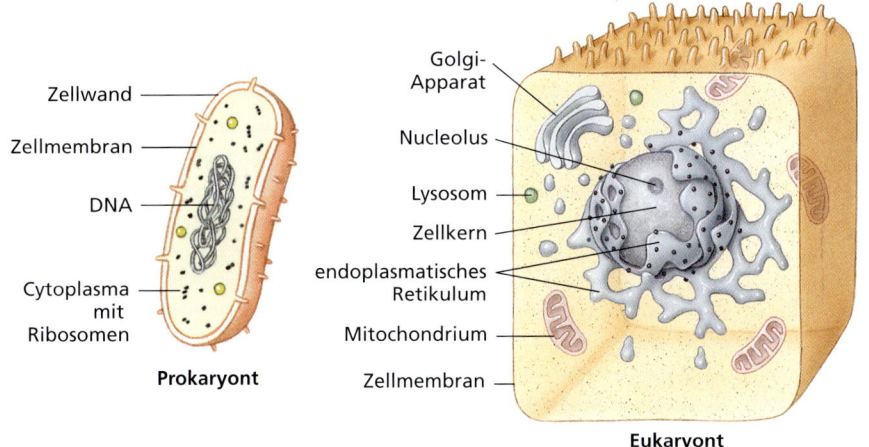

Abbildung 2.15: Ein Vergleich prokaryontischer und eukaryontischer Zellen. Prokaryontische besitzen ca. ein Zehntel der Größe eukaryontischer Zellen.

homologen (= evolutiv übereinstimmenden) Genorte unterscheiden, mit der Zeitspanne in Beziehung setzen, die verstrichen ist, seit sich die verglichenen Organismen, von einem gemeinsamen Vorfahren ausgehend, divergent (= auseinander) entwickelt haben. In ihrem Aussagewert entsprechende Vergleiche lassen sich an RNA- und Proteinsequenzen durchführen. Diese Methoden erlauben es den Wissenschaftlern auch, Versuche zu unternehmen, längst ausgestorbene Gene zu rekonstruieren, um die biochemischen Eigenschaften der hypothetischen ausgestorbenen Proteine zu messen.

2.4.2 Das Auftauchen der Eukaryonten

Die Eukaryonten (gr. *eu*, echt, wahr + *karyon*, Kern) (▶ Abbildung 2.15) besitzen Zellen, in denen aus Chromatin aufgebaute Chromosomen in einem Zellkern mit doppelter Membran eingeschlossen sind. Zusätzlich zur DNA sind spezielle Proteine, die Histone, sowie RNA Bestandteile des Chromatins. Sowohl bei den Pro- als auch den Eukaryonten ist die DNA der Chromosomen mit zahlreichen Nichthistonproteinen assoziiert. Eukaryonten sind im Allgemeinen deutlich größer als Prokaryonten und enthalten eine sehr viel größere Menge DNA. Die Zellteilung der Eukaryonten ist für gewöhnlich eine Art von Mitose. Innerhalb der Euzyte (= eukaryontische Zelle) finden sich regelmäßig zahlreiche, von Membranen umgebene Organellen einschließlich der schon erwähnten Mitochondrien, in denen die Enzyme und Hilfssubstrate des oxidativen Stoffwechsels konzentriert sind. Zu den Eukaryonten gehören alle Tiere, Pflanzen und Pilze, sowie weiterhin zahlreiche einzellige Formen, die früher als „Protozoen" oder „Protisten" bezeichnet worden sind (siehe Kapitel 11). Fossile Funde belegen, dass einzellige Eukaryonten schon vor mindestens 1,5 Milliarden Jahren auf der Erde gelebt haben (▶ Abbildung 2.16, S. 50).

Aufgrund des Komplexitätsgrades der eukaryontischen Organisation, der wesentlich höher ist als der der Prokaryonten, erweist es sich als schwierig sich auszumalen, wie ein Eukaryont sich evolutiv aus irgendeinem der bekannten Prokaryonten entwickelt haben könnte. Die US-amerikanische Biologin Lynn Margulis und weitere Forscher haben eine Modellvorstellung entwickelt, die besagt, dass sich der Organisationstyp der eukaryontischen Zelle nicht von einem einzelnen Prokaryonten herleitet, sondern das Ergebnis eines **symbiontischen Zusammenschlusses** von zwei oder mehr Bakteriensorten ist (gr. *sym*, zusammen (mit) + *biosis*, Leben). So enthalten Mitochondrien und Plastiden der Pflanzenzellen bis heute ein eigenes, wenn auch bescheidenes DNA-Genom, das neben dem Hauptgenom im Zellkern besteht. Diese kleinen Organellengenome weisen zahlreiche Merkmale auf, die an die Genome von Prokaryonten erinnern.

Zellkerne, Plastiden und Mitochondrien enthalten sämtlich Gene für ribosomale RNA-Moleküle (rRNA-Gene). Ein Vergleich der Basensequenzen dieser Gene zeigt, dass die nucleäre, die plastidiäre und die mitochondriale DNA verschiedenen evolutiven Abstammungslinien zugehörig sind. Die DNA von Mitochondrien und Plastiden ist evolutionsgeschichtlich bakterieller DNA näher als der DNA des eukaryontischen Zellkerns. Plastiden stehen evolutiv den Cyanobakterien am nächsten, und die Mitochondrien einer anderen Bakteriengruppe, den Purpurbakterien. Diese Befunde stützen die **Endosymbiontenhypothese** des Ursprungs der Eukaryonten. Die Mitochondrien enthalten die Enzyme des oxidativen Stoffwechsels, die Plastiden die Proteine der Photosynthese (ein chlorophyllhaltiges Plastid wird auf-

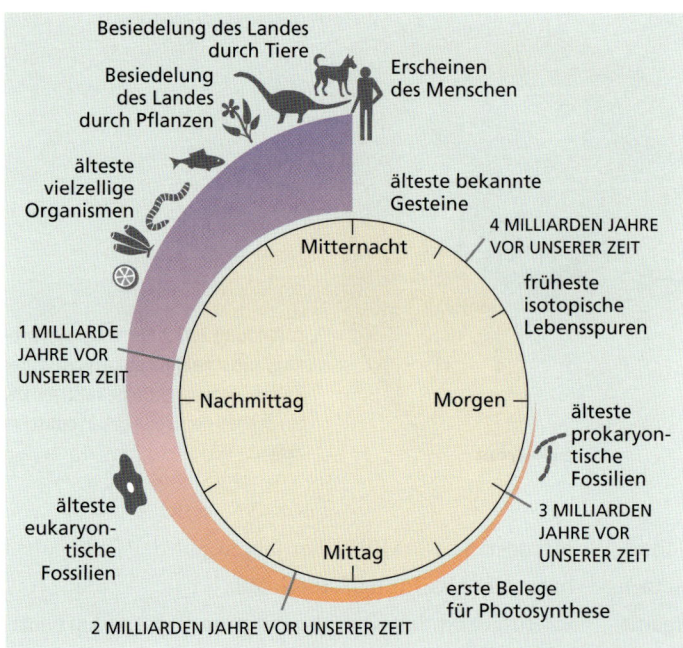

Abbildung 2.16: Die Uhr der „biologischen Zeit". Vor einer Milliarde Sekunden befanden wir uns im Jahr 1961.

grund seiner Farbe Chloroplast genannt, von gr. *chloros*, grün). Es ist leicht sich auszumalen, dass eine Wirtszelle, der es gelang, derartigen „Gästen" in ihrem Cytoplasma eine dauerhafte Heimstatt zu bieten, einen enormen evolutiven Vorteil davontragen sollte.

Exkurs

Über die mittlerweile gut untermauerte These hinaus, dass die Mitochondrien und die Plastiden ihren Ursprung in einstmaligen bakteriellen Symbionten hatten, vertritt Margulin weiterhin die Hypothese, dass auch die eukaryontischen Zellanhangsgebilde wie Flagellen und Cilien, die beide der Fortbewegung dienen, und sogar der Spindelapparat der Mitose von einem spirochätenartigen Bakterium herstammen sollen. Die Forscherin geht so weit zu behaupten, dass diese (hypothetische) „Assoziation (einer Spirochäte mit der prä- oder protoeukaryontischen Wirtszelle) die Evolution der Mitose erst ermöglicht habe". Die von Margulis und Kollegen vorgelegten Befunde, dass einige Organellen vormalige symbiontische Partnerorganismen einer Ureukaryontenzelle gewesen sind, werden heute von den meisten Biologen als überzeugend akzeptiert. Ein solcher Zusammenschluss verschiedenartiger Organismen unter Bildung evolutiv neuartiger Formen wird als Symbiogense (gr. *syn*, zusammen + *bios*, Leben + *genos*, Bildung) bezeichnet. Tatsächlich finden sich auch bei einigen heutigen Tieren *intrazelluläre* symbiontische Mikroorganismen (zum Beispiel Algen bei manchen Korallentypen). Es ist gut denkbar, dass sich in solchen Fällen ein evolutiver Prozess anbahnt oder dabei ist abzulaufen, der in der Zukunft zu einer vollständigen „Eingemeindung" dieser Symbionten als neue Organellen führen wird.

Die Eukaryonten könnten mehr als einmal entstanden sein. Die ersten Eukaryonten waren zweifellos einzellig, und viele wahrscheinlich photosynthetische Autotrophe. Einige dieser Frühformen haben dann die Fähigkeit zur Photosynthese verloren und wurden zu Heterotrophen, die sich von eukaryontischen Autotrophen und Prokaryonten ernährten. Als sich die Lebensbedingungen für die Cyanobakterien verschlechterten, begannen sich ihre filamentösen Matten auszudünnen, wodurch Raum für andere Organismen entstand. Carnivoren traten langsam auf den Plan und ernährten sich von den Herbivoren. Bald bildete sich ein gut reguliertes Ökosystem aus Carnivoren, Herbivoren und Primärproduzenten heraus. Durch die ausdünnende Wirkung der Herbivoren wurde eine höhere Diversifizierung der Produzenten angeregt, die daraufhin ihrerseits neue und höher spezialisierte „Graser" evolvierten. Es entwickelte sich eine ökologische Pyramide, an deren Spitze die Carnivoren standen (siehe Kapitel 38).

Die sprunghafte Zunahme evolutiver Aktivität, die dem Ende des Präkambriums folgte und den Beginn des Kambriums kennzeichnet, war beispiellos. Einige Forscher neigen zu der Hypothese, dass die Erklärung für die „kambrische Explosion" in der Anreicherung der Atmosphäre mit Sauerstoff zu suchen ist, die zu eben dieser Zeit einen kritischen Schwellenwert erreicht haben soll. Größere, vielzellige Tiere sind auf einen leistungsstärkeren oxidativen Stoffwechsel angewiesen; diese Stoffwechselwege hätten unter den Bedingungen einer beschränkten Sauerstoffkonzentration nicht entstehen können.

ZUSAMMENFASSUNG

Lebewesen zeigen in Bezug auf ihre chemischen Bestandteile und den Stoffwechsel eine bemerkenswerte Ähnlichkeit, die ihre gemeinsame Abstammung von einem unbekannten, hypothetischen Urahnen allen Lebens widerspiegelt.

Von Louis Pasteur um 1860 in Frankreich durchgeführte Experimente konnten die Wissenschaftler davon überzeugen, dass Lebewesen sich nicht spontan und wiederholt aus anorganischer Materie bilden. Etwa 60 Jahre später lieferten Alexander Oparin und John Haldane eine Erklärung dafür, wie ein allgemeiner Vorläufer aller Lebensformen sich vor ca. vier Milliarden Jahren aus unbelebter Materie erstmals gebildet haben könnte. Dem Ursprung des Lebens folgte auf der Erde eine lange Periode einer „abiogenen molekularen Evolution", während derer sich organisch-chemische Verbindungen langsam in und zu einer „Ursuppe" ansammelten. Die Atmosphäre der Urerde war reduzierender Natur und enthielt keinen oder nur sehr wenig elementaren Sauerstoff. Ultraviolette Strahlung, elektrische Entladungen in Blitzen und/oder Energie aus heißen Quellen kann die Energie für die Bildung organischer Verbindungen geliefert haben. Stanley Miller und Harold Urey konnten die Plausibilität des Oparin/Haldane-Modells in einfachen, aber sehr überzeugenden Experimenten untermauern. Eine Konzentrierung von reagierenden Stoffen, die für die Synthese gewisser organischer Moleküle notwendig gewesen sein wird, kann an feuchten Oberflächen, fein verteilten Teilchen von Tonmineralen, Eisenmineralen wie Pyrit oder auf noch anderen Wegen stattgefunden haben. Die Ribonucleinsäure (RNA) war vielleicht das Ur-Biomolekül, das sich als erstes funktionelles präbiologisches Makromolekül herausgebildet hat und sowohl die Aufgabe der stofflichen Codierung erblicher Information als auch die funktionelle Aufgabe der Katalyse von chemischen Reaktionen ausgeführt hat. Als sich selbstreplizierende Systeme etabliert hatten, konnte die Evolution durch natürliche Selektion deren Diversität und Komplexität gefördert und gesteigert haben.

Das Leben auf der Erde hätte ohne Wasser nicht entstehen können. Wasser ist bis heute die in molarer Menge überwiegende Komponente lebender Zellen. Die einzigartige physikochemische Struktur des Wassers und seine (nicht so einzigartige) Fähigkeit, Wasserstoffbrückenbindungen zwischen benachbarten Wassermolekülen und mit anderen Stoffen auszubilden, sind für seine speziellen Eigenschaften als gutes Lösungsmittel, seine hohe Wärmekapazität, die starke Oberflächenspannung sowie das anomale Dichteverhalten mit einer geringen Dichte im festen als im flüssigen Zustand verantwortlich.

Das irdische Leben ist außerdem unbedingt vom chemischen Verhalten des Elementes Kohlenstoff abhängig. Kohlenstoffatome sind besonders vielseitig in ihrer Fähigkeit, Bindungen zu anderen Kohlenstoffatomen wie zu Atomen anderer chemischer Elemente auszubilden, und es ist das einzige Element, das befähigt ist, die großen Moleküle zu bilden, die man in lebenden Organismen antrifft.

Kohlenhydrate bestehen aus Atomen des Kohlenstoffs, des Wasserstoffs und des Sauerstoffs, die hauptsächlich aus H—C—OH-Gruppen aufgebaut sind (neben mindestens einer weiteren charakteristischen funktionellen Gruppe). Die einfachsten Kohlenhydrate sind die Monosaccharide (Einfachzucker), die lebenden Systemen als unmittelbare Energiequelle dienen. Monosaccharide können sich zu Disacchariden (Zweifachzuckern) oder noch höheren Aggregaten bis hin zu Polysacchariden aus Tausenden von Monosaccharideinheiten zusammenschließen, die als Speicherstoffe fungieren oder strukturelle Aufgaben erfüllen. Die Lipide bilden eine weitere, sehr vielfältige Gruppe von Biomolekülen, die Ketten aus Kohlenstoffatomen enthalten. Wichtige Untergruppen der chemisch heterogenen Lipide sind die Neutralfette, die Phospholipide und die Steroide. Proteine sind große Moleküle, die aus Aminosäureresten zusammengesetzt sind, die durch Peptidbindungen untereinander verknüpft sind. Viele Proteine wirken als Enzyme, die biochemische Reaktionen katalysieren. Jede Proteinsorte besitzt eine charakteristische Primär-, Sekundär- und Tertiärstruktur; bei zusammengesetzten Proteinen aus mehr als einer Polypeptidkette kann die Ebene der Quartärstruktur hinzutreten. Die Ausbildung einer geordneten Raumstruktur ist von wesentlicher Bedeutung für die Funktionsfähigkeit von Proteinen. Nucleinsäuren sind Polymere aus Nucleotiden; jedes Nucleotid besteht aus einem Zuckerrest, einem Phosphorsäurerest und einer stickstoffhaltigen, basisch reagierenden heterozyklischen Komponente. Nucleinsäuren stellen das Erbmaterial aller Lebewesen dar und sind auf vielfältige Weise an der Synthese von Proteinen durch Zellen beteiligt.

Die ersten Lebewesen waren mutmaßlich primär heterotroph und bestritten ihre Existenz durch Nutzung der in der Ursuppe gelösten organischen Verbindungen. Später brachte die biologische Evolution autotrophe Organismen hervor, die ihre eigenen organischen Nährstoffe (Kohlenhydrate) aus anorganischen Vorstufen selbst herstellen konnten. Autotrophe Lebewesen sind gegen eine Verarmung ihrer Umwelt an organischen Stoffen besser gerüstet als heterotrophe. Als End- oder Abfallprodukt der Photosynthese begann sich elementarer Sauerstoff in der Atmosphäre anzureichern. Die Photosynthese ist ein autotropher Stoffwechselvorgang, bei dem aus einer komplizierten Reaktionsfolge aus Wasser und Kohlendioxid Kohlenhydrate gebildet werden; Sauerstoff wird als Nebenprodukt freigesetzt. In der frühen Geschichte des Lebens scheinen Cyanobakterien maßgeblich für die Erzeugung des atmosphärischen Sauerstoffs verantwortlich gewesen zu sein.

Bakterien oder Prokaryonten sind Mikroorganismen, denen ein echter Zellkern, der von einer Membran umgeben ist, fehlt. Andere, von Membranen begrenzte Organellen fehlen ebenfalls im Cytoplasma dieser Zellen. Die Prokaryonten werden nach einer heute gängigen Systematik in zwei nicht allgemein akzeptierte Großgruppen geschieden – die Eubakterien und die Archaebakterien.

Der Ursprung und die Chemie des Lebens

Der eukaryontische Zelltyp hatte seinen Ursprung offensichtlich in einem symbiontischen Zusammenschluss von zwei oder mehr Arten von Prokaryonten oder die Einverleibung von Prokaryonten durch einen unabhängig entstandenen Proto-Eukaryonten. Das Erbmaterial (DNA) der Eukaryonten ist in einen abgetrennten, von einer doppelten Membran umgebenen Zellkern eingeschlossen. Weiteres Erbgut findet sich in geringerer Menge in den Mitochondrien und Plastiden (so vorhanden). Mitochondrien und Plastiden sind in vieler Hinsicht Bakterien ähnlich. Unter anderem ist ihr winziges DNA-Genom denen von Prokaryonten ähnlicher als dem des Zellkerns.

ZUSAMMENFASSUNG

Übungsaufgaben

1. Erläutern Sie die nachfolgenden physikochemischen Eigenschaften des Wassers und geben Sie an, wie jede von ihnen von der polaren Natur der Wassermoleküle bedingt oder beeinflusst wird: hohe spezifische Wärmekapazität; hohe Verdampfungswärme; anomales Verhalten des Dichteverlaufs; hohe Oberflächenspannung; gutes Lösungsmittel für Ionen.
2. Wie sah die chemische Zusammensetzung der Erdatmosphäre zum Zeitpunkt der Entstehung des Lebens wahrscheinlich aus? Wie unterschied sich die damalige Atmosphäre von der heutigen?
3. Erläutern Sie folgende methodologischen Begrifflichkeiten anhand der in diesem Kapitel beschriebenen Experimente von Miller und Urey, indem Sie erklären, welchem Teil der Gesamtprozedur sie entsprechen: Beobachtung, Hypothese, Deduktion, Vorhersage, (Mess-)Daten, Kontrollen. (Die wissenschaftliche Methode wird weiter oben in diesem Kapitel beschrieben und erklärt.)
4. Erläutern Sie die Bedeutung der Miller/Urey-Experimente.
5. Benennen Sie drei verschiedene Energiequellen, die auf der Früherde chemische Reaktionen zur Bildung organischer Verbindungen angetrieben haben könnten.
6. Durch welche/n Mechanismen/Mechanismus könnten sich in einer präbiotischen Welt organische Verbindungen angereichert haben, so dass weitergehende Reaktionen möglich gewesen wären?
7. Nennen Sie zwei Einfachzucker (Monosaccharide), zwei Speicherkohlenhydrate sowie ein Kohlenhydrat mit struktureller Funktion.
8. Welche charakteristischen Unterschiede im molekularen Aufbau gibt es bei Lipiden und Kohlenhydraten?
9. Erläutern Sie die Ebenen der Primär-, Sekundär-, Tertiär- und Quartärstruktur eines Proteins.
10. Welches sind die (vier) wichtigsten Nucleinsäuretypen in einer lebenden Zelle und aus welchen Einheiten setzen sie sich zusammen?
11. Grenzen Sie die folgenden Begriffe voneinander ab: primär heterotroph, autotroph, sekundär heterotroph.
12. Welches ist die Quelle, aus dem sich der heutige Sauerstoffgehalt der Atmosphäre speist? Worin besteht seine metabolische Funktion für die meisten heute lebenden Organismen?
13. Beschreiben Sie das Margulis-Modell für den Ursprung der Eukaryonten aus Prokaryonten.
14. Was versteht man unter der „kambrischen Explosion" und wie lässt sich diese erklären?

Weiterführende Literatur

Fenchel, T. (2002): Origin and evolution of life. Oxford University Press; ISBN: 0-1985-2533-8. *Eine Übersicht über gegenwärtige Theorien zur Entstehung und Diversifizierung der Lebensformen.*

Gesteland, R. und J. Atkins (Hrsg.): The RNA world. Cold Spring Harbor Laboratory Press (1999); ISBN: 0-8796-9561-7. *Eine fortgeschrittene Monographie über die spekulative Phase in der Entstehung des Lebens, in der die RNA sowohl als Katalysator als auch zur Speicherung von Erbinformation gedient haben soll.*

Kasting, J. (1993): Earth's early atmosphere. Science, vol. 259: 920–926. *Die meisten Forscher stimmen darin überein, dass in der Atmosphäre der Früherde nur sehr wenig oder gar kein Sauerstoff vorhanden war und sich dessen Konzentration in signifikanter Weise vor ungefähr 2 Milliarden Jahren erhöht hat.*

Knoll, A. (1991): End of the proterozoic eon. Scientific American, vol. 265: 64–73. *Vielzellige Tiere haben vermutlich ihren Ursprung genommen, als sich die Sauerstoffmenge in der Atmosphäre bis zu einem kritischen Wert gesteigert hatte.*

Lodish, H. et al. (2003): Molecular Cell Biology, 5. Auflage. Freeman; ISBN: 0-7167-4366-3. *Gründliche Behandlung des Themas; beginnt mit grundlegenden Grenzgebieten wie Energie, chemische Reaktionen, chemische Bindungen, pH-Wert und Biomoleküle, und schreitet dann zu den eigentlichen Themen der Zellbiologie auf molekularer Grundlage fort.*

Margulis, L. (1998): Symbiotic planet: a new look at evolution. Basic Books; ISBN: 0-4650-7272-0. *Eine Diskussion der Rolle der Symbiogenese in der Evolution.*

Nelson, D. und M. Cox (2004): Lehninger Principles of Biochemistry, 4. Auflage. Freeman; ISBN: 0-7167-4339-6. *Klar geschriebenes Lehrbuch der Biochemie, das eine konkurrierende Alternative zum Stryer'schen darstellt.*

Orgel, L. (1994): The origin of life on earth. Scientific American, vol. 271: 77–83. *Es gibt wachsende Hinweise auf eine „RNA-Welt", doch sind noch viele wichtige Fragen unbeantwortet.*

Rand, R. (1992): Rasing water to new heigts. Science, vol. 256: 618. *Zählt einige Wege auf, durch die Wasser die Funktion von Proteinmolekülen beeinflussen kann.*

Rauchfuß, H. (2005): Chemische Evolution und der Ursprung des Lebens. Springer; ISBN: 3-540-23965-0 .

Stryer, L.; J. Berg; J. Tymoczko (2007): Biochemie. 6. Auflage. Spektrum; ISBN: 3-8274-1800-3. *Ein aktuelles und gründliches Lehrbuch der Biochemie.*

Wainright, P. et al. (1993): Monophyletic origin of the Metazoa: an evolutionary link with fungi. Science, vol. 260: 940–942. *Molekulare Befunde deuten darauf hin, dass die vielzelligen Tiere näher mit den Pilzen als mit den Pflanzen oder anderen Eukaryonten verwandt sind.*

Waldrop, M. (1992): Finding RNA makes proteines gives „RNA world" als big boost. Science, vol. 256: 1396–1397. *Begleitender Kommentar zu einem Artikel (Noller et al. (1992) in: Science, vol. 256: 1416 ff.), in dem berichtet wird, dass die ribosomale RNA katalytisch an der Ausbildung der Peptidbindung im Rahmen der Proteinbiosynthese beteiligt ist.*

Weitere Informationen zu diesem Buchkapitel finden Sie auf der Companion-Website unter
http://www.pearson-studium.de

Die Zelle als Grundeinheit des Lebens

3.1	Das Zellkonzept	57
3.2	Der Aufbau von Zellen	60
3.3	Mitose und Zellteilung	77
	Zusammenfassung	83
	Übungsaufgaben	84
	Weiterführende Literatur	85

3

ÜBERBLICK

Die Zelle als Grundeinheit des Lebens

*E*s ist eine bemerkenswerte Tatsache, dass alle Lebensformen – von den Amöben und den einzelligen Algen bis hin zu den Walen und den gigantischen Mammutbäumen – aus einer einzigen Art von Baustein zusammengesetzt sind: Zellen. Alle Tiere, Pflanzen, Pilze und Bakterien bestehen aus Zellen und von den Zellen hervorgebrachten Produkten. Die Zelltheorie ist ein weiteres allumspannendes vereinheitlichendes Konzept der Biologie.

Neue Zellen entstehen durch die Teilung schon bestehender Zellen, und die Gesamtaktivität eines vielzelligen Lebewesens ist die Summe der Aktivitäten und Wechselwirkungen jener Zellen, aus denen es besteht. Die Energie zum Unterhalt aller Lebensprozesse entstammt letztlich dem Sonnenlicht, das von den höheren Pflanzen und Algen eingefangen und durch die Photosynthese in chemische Bindungsenergie umgewandelt wird. Die Energie chemischer Bindungen ist eine Form der potenziellen Energie, die freigesetzt werden kann, wenn die Bindungen aufgelöst werden. Diese Energie kann genutzt werden, um elektrische, mechanische oder osmotische Vorgänge in der Zelle anzutreiben. Schließlich wird alle Energie – Schritt für Schritt – in Wärme umgewandelt. Dies geht aus dem 2. Hauptsatz der Thermodynamik hervor, der besagt, dass alle Vorgänge im Universum die Tendenz besitzen, von einem höheren zu einem weniger hoch geordneten Zustand voranzuschreiten; in der Sprache des Physikers heißt das: von einem Zustand geringerer Entropie zu einem Zustand höherer Entropie. Dieser hohe Grad an molekularer Organisation lebender Zellen kann nur dann aufgebaut und aufrechterhalten werden, wenn ein Zufluss an Energie erfolgt, der den organisierten Zustand vor einem Zerfall in einen weniger geordneten bewahrt.

Ein springender Buckelwal (*Megaptera novaeangliae*).

Das Zellkonzept 3.1

Vor mehr als 300 Jahren hat der englische Wissenschaftler und Erfinder Robert Hooke mit einem primitiven Mikroskop erstmals winzige, schachtelförmige Höhlungen in Schnitten durch Kork und Blätter beobachtet. Er nannte diese Kompartimente „kleine Kästchen oder Zellen". In den Jahren, die Hookes eindrucksvoller Demonstration der Leistungsfähigkeit des neuen Mikroskops vor der Royal Society in London im Jahr 1663 folgten, begannen Biologen und Mediziner nach und nach zu realisieren, dass die Zellen, die Hooke entdeckt hatte, wesentlich mehr waren als simple Behälter, die mit „Säften" angefüllt waren.

Zellen sind die Grundbausteine des Lebens (▶ Abbildung 3.1). Selbst die primitivsten Zellen sind ungeheuer komplexe Gebilde, die die grundlegenden Bauelemente aller Lebewesen sind. Alle Gewebe und Organe bestehen aus Zellen. Im Körper eines Menschen stehen schätzungsweise 60 Billionen (6×10^{12}) Zellen miteinander in Wechselwirkung. Dabei vollführt jede einzelne ihre spezielle Rolle in einem organisierten Partnerschaftsverhältnis. Bei einzelligen Organismen spielen sich alle Lebensäußerungen innerhalb der Grenzen eines einzigen, mikroskopischen Pakets ab. Es gibt kein Leben ohne Zellen. Die Idee, dass eine Zelle die grundlegende, basale strukturelle wie funktionelle Einheit des Lebens darstellt, ist ein wichtiges vereinheitlichendes Konzept der Biologie.

Im Gegensatz zu einigen Eizellen, die, auf ihr Volumen bezogen, die größten Zellen sind, die wir kennen (Durchmesser im Bereich von 1 mm und mehr!), sind „normale" Zellen winzig und für das bloße Auge zumeist unsichtbar. Verständlicherweise entwickelte sich unser Verständnis der lebenden Zelle parallel zur technischen Weiterentwicklung der Mikroskopie. Der holländische Naturforscher A. van Leeuwenhoek sandte zwischen 1673 und 1723 Berichte mit detaillierten Beschreibungen zahlreicher Lebewesen an die Royal Society in London, die er mit Hilfe von ihm selbst hergestellter, hochqualitativer einlinsiger Vergrößerungsapparate gemacht hatte. Im frühen 19. Jahrhundert erlaubten verbesserte Mikroskopiertechniken den Biologen, Objekte unterscheiden zu können, die nur einen Mikrometer (1 µm) voneinander entfernt lagen. Diesen Fortschritten folgten rasch neue Entdeckungen, die die Grundlage für die **Zelltheorie** bildeten, einer Theorie, die besagt, dass

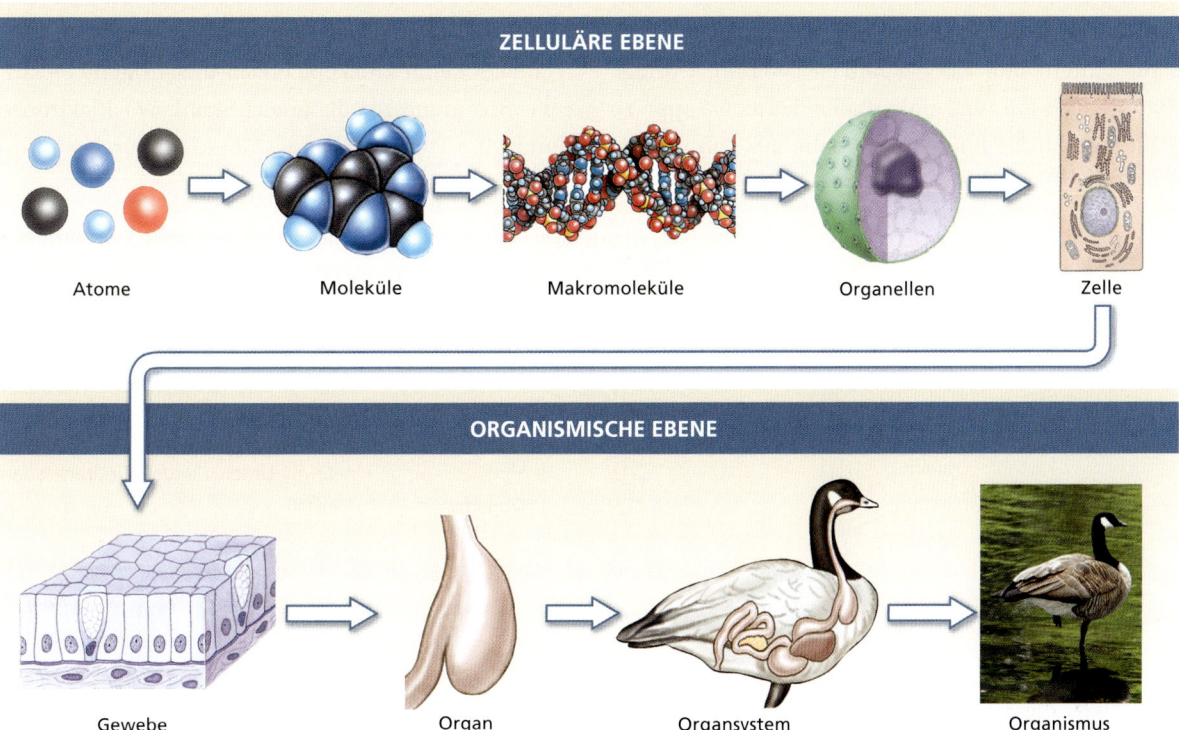

Abbildung 3.1: Die biologischen Organisationsstufen von einfachen Atomen bis hin zu komplexen Organismen. Atome bilden Moleküle und Makromoleküle lagern sich in einer jeden Zelle zu Organellen zusammen. Zellen gruppieren sich zu Gewebeverbänden, Gewebe zu Organen und Organsysteme zu kompliziert gebauten vielzelligen Lebewesen.

sich alle lebenden Organismen ausnahmslos aus Zellen zusammensetzen.

Im Jahr 1838 verkündete Matthias Schleiden, ein deutscher Botaniker, alle pflanzlichen Gewebe würden aus Zellen bestehen. Ein Jahr später beschrieb sein Landsmann Theodor Schwann die Ähnlichkeit zwischen tierischen und pflanzlichen Zellen, eine Einsicht, die lange hatte auf sich warten lassen, da Tierzellen nur von einer beinahe unsichtbaren Plasmamembran umgeben sind statt von einer klar erkennbaren und charakteristischen Zellwand, wie es bei den Zellen der Pflanzen der Fall ist. Schleiden und Schwann gelten daher als die Urheber der vereinheitlichten Zelltheorie, die eine neue Ära produktiver Forschungen in der Zellbiologie einläutete. Rudolf Virchow, ein weiterer deutscher Forscher, erkannte 1858, dass alle Zellen aus zuvor bestehenden Zellen hervorgehen.

Im Jahr 1840 hatte J. Purkinje den Begriff **Protoplasma** eingeführt, um den Inhalt von Zellen zu umschreiben (heutzutage wird stattdessen der exaktere Begriff ‚Cytoplasma' gebraucht). Das Cytoplasma stellte man sich zunächst als ein granuläres, gelartiges Gemisch mit speziellen und geheimnisvollen Eigenschaften vor. Zellen wurden als Tütchen betrachtet, die eine dickflüssige Suppe enthielten, in der ein Zellkern schwamm. Mit der stetigen Verbesserung der Mikroskope wurde das Zellinnere immer mehr sichtbar; neue und verbesserte Schnitt- und Färbetechniken taten ein Übriges. Statt einfach nur eine einheitliche, körnige Suppe zu sein, besteht das Innere einer Zelle aus zahlreichen **Zellorganellen**, von denen ein jedes eine spezifische Aufgabe im Leben der Zelle erfüllt. Heute wissen wir, dass die Komponenten, die eine Zelle ausmachen, sowohl strukturell als auch funktionell in so hohem Grade organisiert und reguliert sind, dass die Umschreibung mit dem globalen Begriff „Cytoplasma" der Zusammenfassung des komplizierten Antriebsaggregates eines hochmodernen Automobils mit dem Begriff „Motorplasma" gleichkommt.

3.1.1 Wie Zellen untersucht werden

Das Lichtmikroskop mit all seinen Varianten und Modifizierungen, die im Laufe der Zeit entwickelt worden sind und immer noch entwickelt werden, hat mehr zur biologischen Forschung beigetragen als jede andere Apparatur, die der Mensch erfunden hat. Es ist seit dreihundert Jahren ein nicht wegzudenkendes Werkzeug. Dies trifft auch heute noch zu – mehr als ein halbes Jahrhundert nach der Erfindung des Elektronenmikroskops. Das Elektronenmikroskop hat unsere Einsichten in den Feinbau des Zellinneren immens vergrößert, und in den vergangenen Jahrzehnten haben auch biochemische, immunologische, physikalische und molekulargenetische Techniken enorm zu unserem heutigen tiefen Verständnis des Aufbaus und der Funktion von Zellen beigetragen.

Elektronenmikroskope erzeugen sehr hohe elektrische Spannungen, um einen Strahl aus Elektronen durch ein zu untersuchendes Objekt hindurch oder auf

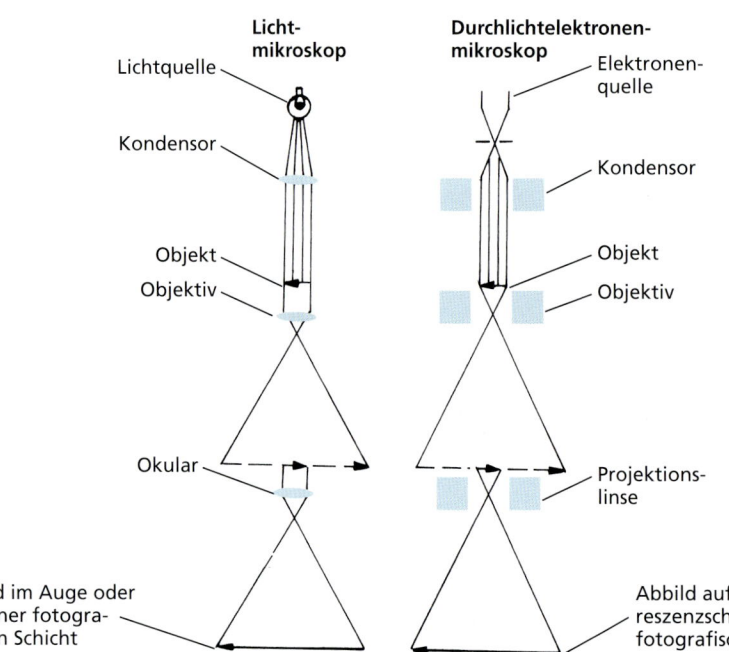

Abbildung 3.2: Vergleich des optischen Systems und des Strahlengangs in einem Licht- und einem Transmissionselektronenmikroskop. Um den Vergleich zu ermöglichen, wurde die Abfolge der Komponenten beim Lichtmikroskop umgekehrt (Lichteinfall von unten und Einblick von oben). Bei einem Elektronenmikroskop fungieren Magnete als Linsen, die den Elektronenstrahl bündeln.

seine Oberfläche zu schießen. Die Wellenlänge der Elektronen in dem Elektronenstrahl beträgt nur etwa ein Hunderttausendstel (0,00001) der mittleren Wellenlänge des sichtbaren Lichts; dies ermöglicht eine weit höhere Vergrößerung und Auflösung.

Bei der Probenvorbereitung für eine transmissionselektronenmikroskopische Untersuchung wird das Probenmaterial in extrem dünne Schichten von 10–100 nm Dicke geschnitten und zur Kontrastverbesserung mit „elektronendichten" Stoffen (Schwermetallionen wie die der Elemente Osmium, Blei und Uran) kontrastiert. Die beschleunigten Elektronen dringen durch das Probenobjekt und werden auf einem Fluoreszenzschirm oder auf fotografischem Film sichtbar gemacht (▶ Abbildung 3.2).

Im Gegensatz zur gerade beschriebenen Durchlichtelektronenmikroskopie werden bei der Rasterelektronenmikroskopie die zu untersuchenden Proben nicht geschnitten, und die Elektronen dringen nicht in das Material ein. Das gesamte Objekt wird mit einer elektronendichten Schicht überzogen (bedampft) und dann mit dem Elektronenstrahl bombardiert. Dabei wird ein Teil der Elektronen zurückgeworfen; außerdem werden durch Impulsübertragung Sekundärelektronen emittiert. Es wird ein scheinbar dreidimensionales Bild erzeugt und aufgezeichnet. Obwohl die erreichbare Vergrößerung des Rasterelektronenmikroskops nicht so hoch ist wie beim Transmissionselektronenmikroskop, hat man durch seinen Einsatz viel über die Oberflächeneigenschaften gelernt, ebenso wie auch über die inneren, von Membranen umgebenen Strukturen von Zellen und ganzen Lebewesen. Beispiele für rasterelektronenmikroskopische Aufnahmen zeigen die Abbildungen 7.7, 8.5 und das Foto zu Beginn von Kapitel 31.

Eine noch höhere Auflösung lässt sich durch die Verfahren der Röntgenbeugung an Kristallen (Röntgenkristallografie) und die Kernmagnetresonanz-Spektroskopie (NMR-Spektroskopie) erreichen. Diese Techniken verraten uns sehr viel über die Form von großen Biomolekülen bis hin zu den Lagebeziehungen der einzelnen Atome, die sie aufbauen. Beide Techniken sind arbeitsintensiv, doch erfordert die NMR-Spektroskopie keine Aufreinigung und Kristallisation des zu untersuchenden Stoffes, so dass Moleküle in Lösung untersucht werden können, was der natürlichen biologischen Situation in den meisten Fällen näher kommt als die geordnete Packung in einem Kristall.

Fortschritte in den Techniken zur Untersuchung von Zellen (cytologische Techniken) beschränken sich je-

doch keineswegs auf Verbesserungen der Mikroskoptechnik (obwohl auch hier immer wieder Durchbrüche erzielt werden), sondern sind ebenso auf den Feldern der Gewebepräparation, der Färbe- und Markierungstechniken, sowie den tiefgreifenden Beiträgen angrenzender Disziplinen wie der Biochemie und der Molekularbiologie zu verzeichnen. Die Grenzen zwischen diesen Disziplinen sind heute nicht mehr scharf zu ziehen. Beispielsweise sind die verschiedenen Organellen einer Zelle durch unterschiedliche, charakteristische Dichten gekennzeichnet. Zellen lassen sich ohne Zerstörung der Organellen aufbrechen, und der Zellinhalt kann in einem Dichtegradienten in einer Zentrifuge aufgetrennt werden (▶ Abbildung 3.3). Dabei erhält man dann mehr oder weniger gut aufgereinigte Fraktionen, in denen die verschiedenen Organellen zumindest stark angereichert

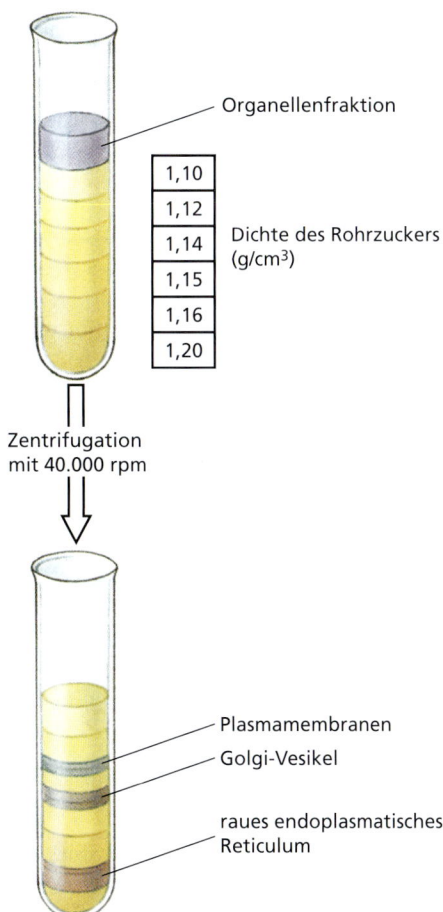

Abbildung 3.3: **Auftrennung von Zellorganellen durch Ultrazentrifugation in einem Dichtegradienten.** Der Gradient wird gebildet, indem verschieden konzentrierte Rohrzuckerlösungen in einem Zentrifugenröhrchen vorsichtig übereinandergeschichtet werden. Danach wird das Probenmaterial (Zellhomogenat) vorsichtig darübergeschichtet. Das Röhrchen wird bei etwa 40.000 Umdrehungen pro Minute für mehrere Stunden zentrifugiert. Dabei setzen sich die Organellen gemäß ihrer Dichte innerhalb oder zwischen den unterschiedlich dichten Schichten ab.

vorliegen. So lassen sich die biochemischen Funktionen der Zellorganellen getrennt voneinander untersuchen. DNA und die verschiedenen RNA-Sorten lassen sich ebenfalls extrahieren und gezielt untersuchen. Viele Enzyme lassen sich aufreinigen und in ihrer Wirkungsweise untersuchen. Radioaktive Isotope werden eingesetzt, um Stoffwechselreaktionen und -wege, die in den Zellen ablaufen, zu studieren. Moderne chromatografische Methoden erlauben die Trennung chemisch sehr ähnlicher Stoffwechselprodukte und Zwischenstufen. Eine bestimmte Proteinsorte lässt sich aus Zellen extrahieren und aufreinigen, und es lassen sich spezifische Antikörper gegen praktisch jedes beliebige Protein erzeugen (siehe Kapitel 35). Wenn ein gereinigter Antikörper mit einem Fluoreszenzfarbstoff markiert wird, kann er zur spezifischen Anfärbung von Zellen oder Zellbestandteilen verwendet werden. Der Antikörper/Farbstoff-Komplex bindet an sein korrespondierendes Antigen (z. B. ein Protein), wodurch die intrazelluläre Lokalisation des Antigens ermittelbar ist. Wir könnten noch viele weitere Beispiele aufzählen, wie solche Methoden zu unserem gegenwärtigen Verständnis des Aufbaus und der Funktion von Zellen beigetragen haben.

3.2 Der Aufbau von Zellen

Würden wir unsere Untersuchungen von Zellen auf fixierte Gewebeschnitte beschränken, würden wir zu dem Fehlschluss gelangen, dass Zellen statische, ruhig verharrende, ja starre Gebilde seien. Tatsächlich befindet sich das Innere einer lebenden Zelle in einem fortwährenden Zustand der Unruhe. Die meisten Zellen verändern kontinuierlich ihre Form; ihre Organellen bewegen sich und ordnen sich in einem Cytoplasma um, in dem es vor Stärkekörnern, Fett-Tröpfchen und Vesikeln der verschiedensten Art nur so wimmelt. Dieses Bild ergibt sich aus Untersuchungen an lebenden Zellen, deren Aktivitäten mit Hilfe von Bildserien und Zeitraffervideografie beobachtet und festgehalten wurden. Könnten wir das rasche Hin und Her des molekularen Verkehrs durch sich öffnende und schließende Tore in

Tabelle 3.1

Vergleich prokaryontischer mit eukaryontischen Zellen

Merkmal	Prokaryontische Zelle	Eukaryontische Zelle
Zellgröße	Zumeist klein (1–10 µm)	Zumeist groß (10–100 µm)
Genetisches System	DNA mit einigen DNA-bindenden Proteinen; einfaches, ringförmiges DNA-Molekül in Form eines Nucleoids; Nucleotid nicht von einer Membran umgeben	DNA mit DNA-bindenden Proteinen zu komplexen, linearen Chromosomen organisiert; eingeschlossen in einen Zellkern mit Membranhülle; ringförmige DNA in Mitochondrien und Plastiden
Zellteilung	Direkt durch Zweiteilung oder durch Knospung; keine Mitose	Verschiedene Formen der Mitose; bei vielen Zentriolen vorhanden; mitotische Spindel ausgebildet
Geschlechtliches System	Bei den meisten fehlend; falls vorkommend, hoch modifiziert	Bei den meisten vorhanden; männliche und weibliche Partner; Gameten, die zu einer Zygote verschmelzen
Ernährung	Bei den meisten durch Absorption; bei einigen Photosynthese	Absorption, Einverleibung von Nahrungspartikeln, bei einigen Photosynthese
Energiestoffwechsel	Keine Mitochondrien; oxidative Enzyme an die Zellmembran gebunden, nicht getrennt verpackt; große Vielfalt an Stoffwechseltypen	Mitochondrien vorhanden; oxidative Enzyme in diesen eingeschlossen; einheitlicheres Muster des oxidativen Stoffwechsels
Intrazelluläre Bewegungen	Keine	Cytoplasmaströmung; Phagocytose; Pinocytose, Motorproteine
Flagellen/Cilien	Falls vorhanden, ohne „9+2"-Muster der Mikrotubuli	Mit „9+2"-Muster der Mikrotubuli
Zellwand	Enthält Disaccharidketten, die durch Peptide quervernetzt sind	Falls vorhanden, ohne Saccharidketten vernetzende Peptidbrücken

den Membranen der Zellen und die metabolischen Energieumwandlungen in den Zellen direkt beobachten, würde uns dies einen noch stärkeren Eindruck des inneren Aufruhrs vermitteln. Zellen sind jedoch alles andere als Säcke voller ungeordneter, hektischer Aktivität. Unter den zellulären Funktionen herrscht eine harmonische Ordnung. Beim Studium dieser dynamischen Phänomene mit einem Mikroskop erkennen wir, dass wir ein immer tieferes Verständnis der Natur des belebten Zustands selbst erlangen, wenn wir nach und nach mehr und mehr über diese Einheiten des Lebendigen erfahren und verstehen.

3.2.1 Prokaryontische und eukaryontische Zellen

Wir haben den radikal unterschiedlichen Aufbau prokaryontischer und eukaryontischer Zellen bereits weiter oben erörtert (Kapitel 2, Abbildung 2.15). Ein fundamentaler Unterschied, der in der Namensgebung zum Ausdruck kommt, ist das Fehlen eines von einer Membran umgebenen Zellkerns bei den Prokaryonten, wie er in allen eukaryontischen Zellen zugegen ist. Des Weiteren unterscheiden sich diese grundlegenden Zellformen dadurch, dass sich bei den Eukaryonten zahlreiche, von Membranen umgrenzte Organellen finden (spezialisierte Teilbereiche der Zelle, die bestimmte Aufgaben wahrnehmen, ▶ Tabelle 3.1).

Ungeachtet dieser Differenzen, die beim Studium der Zellbiologie von überragender Bedeutung sind, haben die Pro- und die Eukaryonten auch viel gemeinsam. Beide verfügen über DNA als Erbmaterial, beide verwenden denselben genetischen Code und beide nutzen die Erbinformation zur Synthese von Proteinen. Viele spezialisierte Moleküle wie ATP spielen in beiden vergleichbare oder identische Rollen. Die fundamentalen Ähnlichkeiten deuten auf einen gemeinsamen Ursprung hin. Die nachfolgende Diskussion wird sich jedoch auf den eukaryontischen Zelltyp beschränken, da dieser in Tieren ausschließlich vorkommt.

3.2.2 Die Komponenten eukaryontischer Zellen und ihre Funktionen

Im Regelfall sind eukaryontische Zellen von einer dünnen, selektiv durchlässigen **Plasmamembran** umgeben (▶ Abbildung 3.4). Das auffälligste Organell ist vielfach ein rundlicher oder eiförmiger **Zellkern** (Nucleus), der von *zwei* Membranen umgeben ist, die eine doppellagige **Zellkernhülle** ausbilden (Abbildung 3.4). Die Zellbestandteile, die zwischen der Zellmembran (= Plasmamembran) und dem Zellkern liegen, werden zusammenfassend als **Cytoplasma** bezeichnet. Innerhalb des Cytoplasmas finden sich zahlreiche Organellen wie die Mitochondrien, der Golgi-Apparat (oder Golgi-Komplex), die Zentriolen, das endoplasmatische Reti-

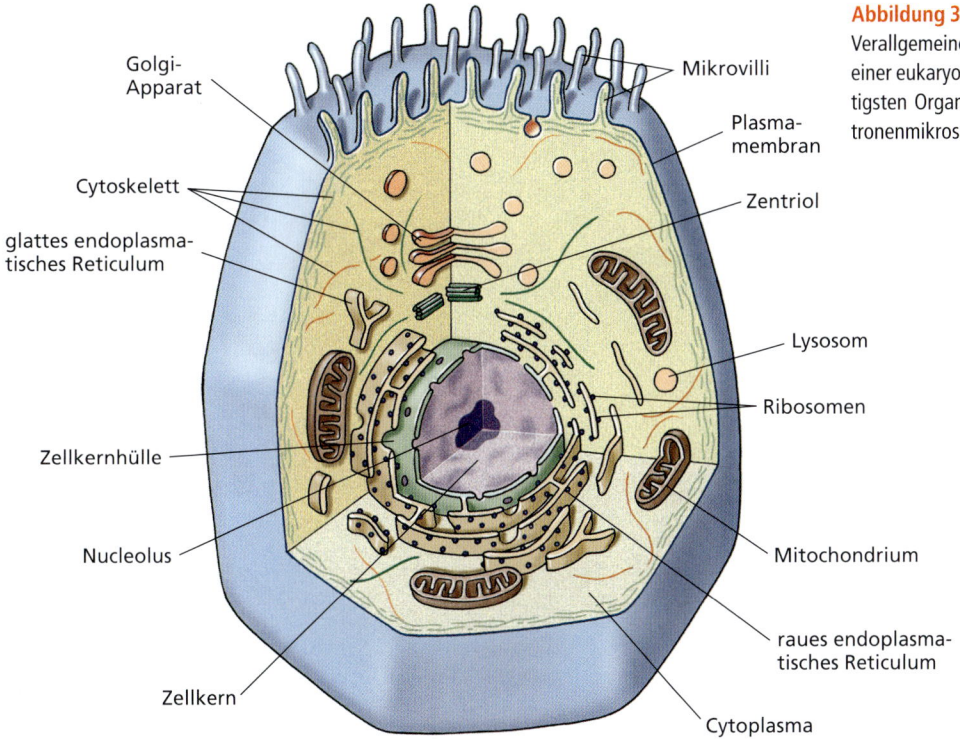

Abbildung 3.4: Eukaryontische Zelle. Verallgemeinertes Schema des Aufbaus einer eukaryontischen Zelle mit den wichtigsten Organellen, wie sie sich im Elektronenmikroskop darstellt.

3 Die Zelle als Grundeinheit des Lebens

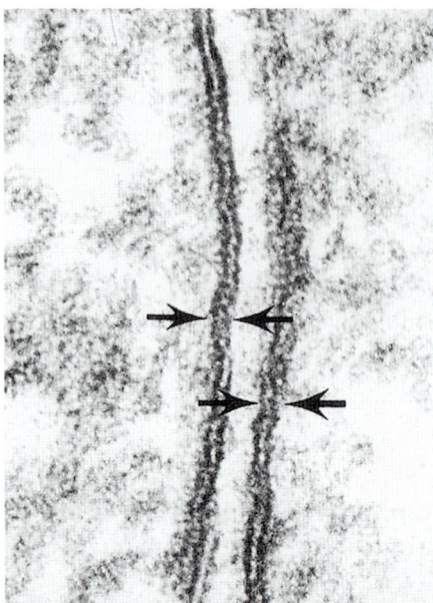

Abbildung 3.5: **Plasmamembranen zweier benachbarter Zellen.** Jede Membran (zwischen den Pfeilen) zeigt in dieser Kontrastierung ein typisches Dunkel-hell-dunkel-Muster. Vergrößerung: 325.000-fach.

Das von Singer und Nicolson 1972 publizierte **Modell des flüssigen Mosaiks (fluid mosaic model)** ist die bis heute akzeptierte Beschreibung des Aufbaus der Plasmamembran. Auf elektronenmikroskopischen Aufnahmen erscheint eine Plasmamembran als zwei dunkle Linien von je etwa 3 nm Dicke mit einer dazwischenliegenden hellen Zone (▶ Abbildung 3.5). Die Gesamtdicke der Membran beträgt 8–10 nm. Dieses Bild rührt von einer Phospholipiddoppelschicht her – zwei Lagen von Phospholipidmolekülen, die in der Membran mit ihren wasserlöslichen (hydrophilen) Enden nach außen und den fettlöslichen (hydrophoben) Teilen nach innen ausgerichtet sind; diese Merkmale machen die Phospholipiddoppelschicht zu amphipatischen Molekülen (▶ Abbildung 3.6). Ein wichtiges Merkmal der Phospholipiddoppelschicht ist ihre Fluidität, die der Membran als Ganzes Flexibilität verleiht und es den Phospholipidmolekülen erlaubt, sich in der Einzelschicht, in die sie eingebettet sind, in seitlicher Richtung (lateral) zur Membranfläche mehr oder weniger frei zu bewegen (durch Diffusion). Dieses vereinfachende Bild ist in jüngerer Zeit durch das Konzept der **Membranflöße** modifiziert worden („lipid rafts", Verbände aus Lipid- und Proteinmolekülen, die als Ganzes in der Membran wandern oder durch Kontakte ins Zellinnere am Ort gehalten werden). In die Lipidphase der Doppelschicht sind Cholesterinmoleküle eingelagert (Abbildung 3.6). Sie machen die Membran noch undurchlässiger für Wasser,

culum, Endosomen, Lysosomen und so weiter. In Pflanzenzellen finden sich regelmäßig **Plastiden**, von denen einige als photosynthetische Organellen ausgebildet sind (Chloroplasten). Auch besitzen die Zellen von Pflanzen und Pilzen Zellwände, die bei ersteren zum großen Teil aus Cellulose bestehen, die außerhalb der Zellmembran abgelagert wird.

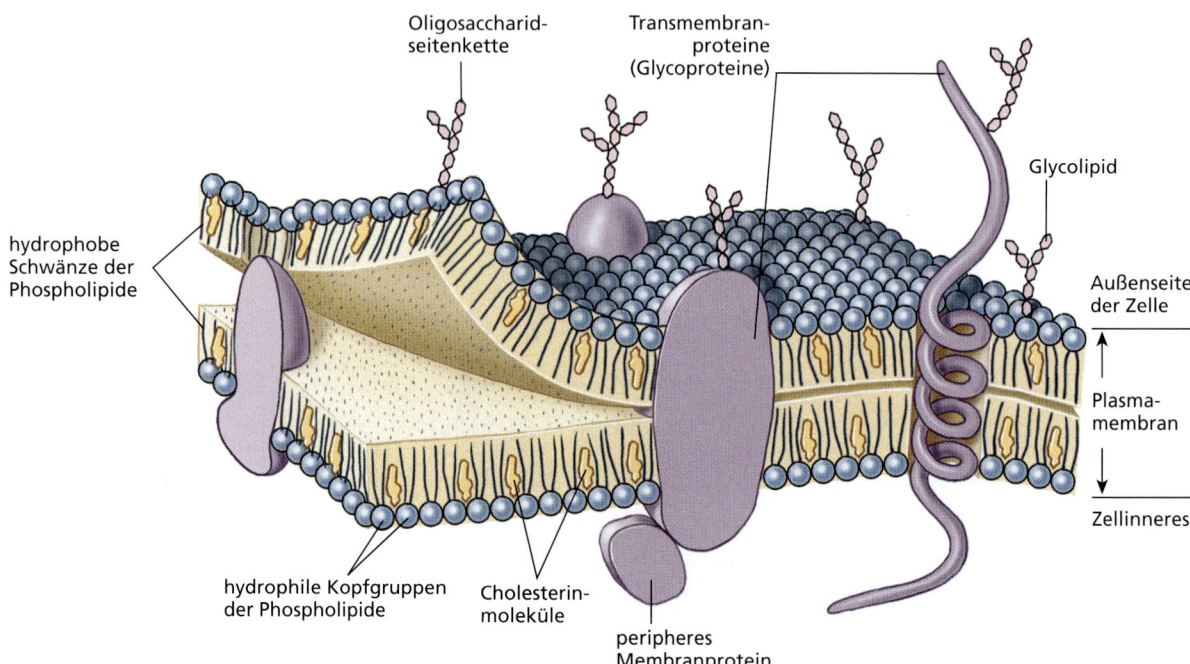

Abbildung 3.6: **Plasmamembran.** Schemazeichnung, die das Modell des flüssigen Mosaiks einer Plasmamembran illustriert.

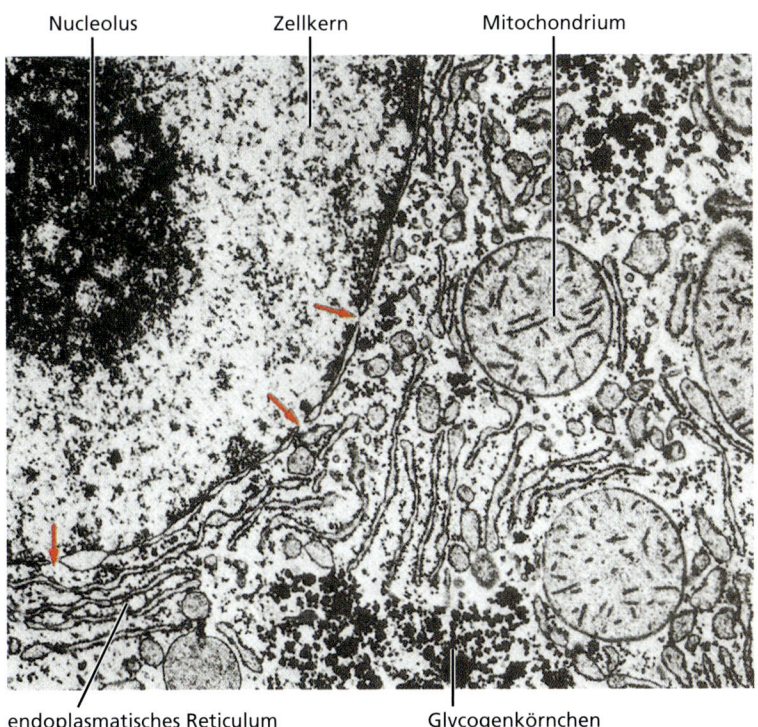

Abbildung 3.7: **Elektronenmikroskopische Aufnahme eines Ausschnitts einer Rattenleberzelle.** Auf der Zelle (links oben) ist ein Teil des Zellkerns sowie das ihn umgebende Cytoplasma zu erkennen. Das endoplasmatische Reticulum und einige Mitochondrien sind im Cytoplasma liegend erkennbar. In der Zellkernhülle sind Kernporen (Pfeile) erkennbar. Vergrößerung: 14.000-fach.

Ionen und größere polare Moleküle. Außerdem versteifen sie die Membran.

Glycoproteine (Proteine mit kovalent gebundenen Kohlenhydratresten) sind essenzielle Bestandteile der Plasmamembran (Abbildung 3.6). Einige dieser Proteine katalysieren den Transport von Stoffen wie Ionen oder Molekülen durch die Membran (siehe S. 70, „Die Funktionen der Zellmembranen"). Andere fungieren als spezifische Rezeptoren für verschiedenartige Moleküle (z. B. Hormone) oder als hoch spezifische Marker. Beispielsweise stützt sich die Selbst/Nichtselbsterkennung des Immunsystems, die es diesem erlaubt, Invasoren zu erkennen auf Proteine dieses Typs (siehe Kapitel 35). Einige Proteinaggregate bilden Poren, durch die kleine, polare Moleküle in die Zelle eintreten können (siehe Abbildung 3.15, S. 69). Wie die Phospholipidmoleküle können sich die integralen Membranproteine lateral in der Membran bewegen, auch wenn dies aufgrund der sehr viel höheren trägen Masse langsamer vonstatten geht. Als Bestandteile von Membranflößen (lipid rafts) kann die Diffusionsbewegung von Proteinen erheblich eingeschränkt sein.

Die Membranen der Zellkernhülle enthalten weniger Cholesterin als die Plasmamembran. Die Zellkernhülle enthält spezielle Poren (**Kernporenkomplexe**; ▶ Abbildung 3.7), durch die Moleküle selektiv in den Zellkern einwandern oder aus diesem heraus in das Cytoplasma verbracht werden können. Im Zellkern liegen die linearen **Chromosomen**; sie sind im **Kernplasma** suspendiert. Die Chromosomen sind normalerweise lose aufgewickelte **Chromatinstränge** – Komplexe aus DNA-Molekülen mit assoziierten DNA-bindenden Proteinen. Im Chromatin liegt die Erbinformation gespeichert, als die Anleitungen zum Bau der meisten Funktionsträger der Zelle durch die Vorgänge der Transkription und Translation (siehe Kapitel 5). Die linearen Chromosomen kondensieren sich nur während der Zellteilung; dann werden sie im Mikroskop sichtbar (die Mitose wird uns weiter unten in diesem, die Meiose im fünften Kapitel beschäftigen). **Nucleoli** sind spezialisierte Abschnitte bestimmter Chromosomen, die sich in charakteristischer Weise dunkel anfärben lassen. In ihnen finden sich multiple Kopien von ribosomalen RNA-Genen. Nach der Transkription der DNA-Vorlage assoziiert sich die ribosomale RNA mit Proteinen unter Ausbildung der beiden Untereinheiten des **Ribosoms**. Die ribosomalen Untereinheiten lösen sich vom Nucleolus ab und wandern durch die Kernporenkomplexe in der Kernhülle in das Cytoplasma.

Die äußere Membran der Zellkernhülle setzt sich im Membransystem des endoplasmatischen Reticulums (ER) fort (Abbildungen 3.7 und ▶ 3.8). Der Zwischenraum zwischen den Membranen der Zellkernhüllen kommuniziert mit dem Lumen (dem Innenraum) des endoplasmatischen Reticulums. Das ER ist ein Membrankomplex, dessen äußere (zum Cytoplasma gerichtete) Membranseite zum Teil mit Ribosomen besetzt ist.

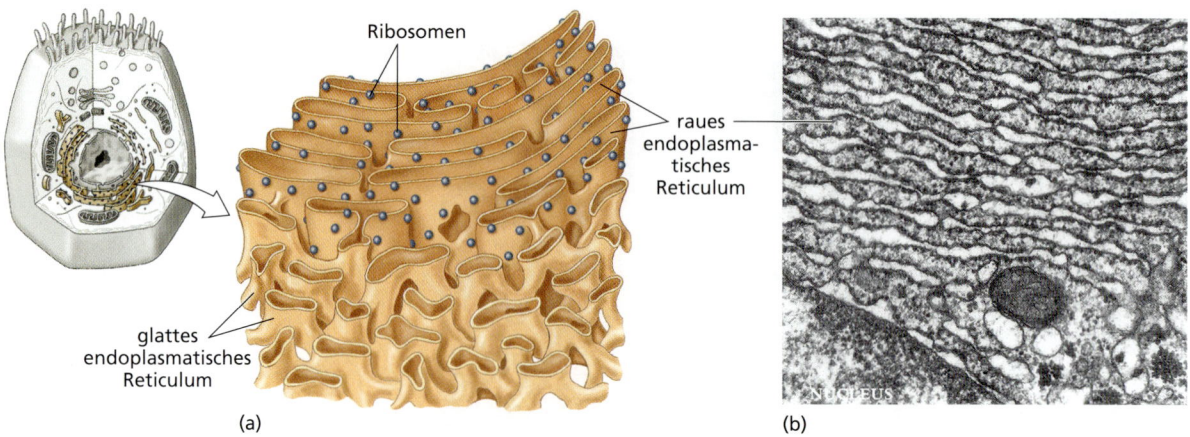

Abbildung 3.8: Das endoplasmatische Reticulum. (a) Das endoplasmatische Reticulum (ER) setzt sich in der äußeren Zellkernhülle fort. In bestimmten Bereichen sind Ribosomen an die ER-Membran angeheftet (raues endoplasmatisches Reticulum), in anderen Bereichen ist die ER-Membran frei von Ribosomen (glattes endoplasmatisches Reticulum). Das raue und das glatte ER unterscheiden sich funktionell. (b) Elektronenmikroskopische Aufnahme des rauen endoplasmatischen Reticulums (Vergrößerung: 28.000-fach).

Dieser mit Ribosomen besetzte Teil wird als **raues ER** bezeichnet. Ein anderer Teil, der funktionell verschieden vom rauen ER ist, wird aufgrund des fehlenden Ribosomenbesatzes als **glattes ER** bezeichnet. Die Ribosomen des rauen ERs synthetisieren Proteine und Peptide, die noch im Verlauf der Synthese durch die Membran in das Lumen des endoplasmatischen Reticulums geschleust werden. Aus den so in das Innere des ERs gelangten Proteinen wird die Proteinausstattung des ERs selbst, des Golgi-Apparates, der Endo- und Lysosomen sowie der Plasmamembran gespeist (▶ Abbildung 3.9). Auch Proteine, die schließlich aus der Zelle exportiert (= sekretiert) werden, durchlaufen das ER und den nachgeschalteten Golgi-Apparat. Die Membranbereiche des glatten ERs sind mit der Synthese von Lipiden einschließlich der Membranphospholipide und des Cholesterins befasst.

Der Golgi-Apparat oder Golgi-Komplex (Abbildungen 3.9 und ▶ 3.10) besteht aus einem Stapel von Membranzisternen und Vesikeln, die Proteine zwischenlagern, chemisch modifizieren, auf Qualität kontrollieren und für den Weitertransport sortieren. Der Golgi-Apparat synthetisiert selbst keine Proteine, doch sind die in ihm enthaltenen Enzyme an der Bildung der zum Teil komplexen Kohlenhydratstrukturen von Glycoproteinen beteiligt (die Grundglycosylierung erfolgt bereits im ER). Vom endoplasmatischen Reticulum schnüren sich kleine Transportvesikel ab, die auf der cis-Seite (= Bildungsseite) des Golgi-Apparates mit der Golgimembran verschmelzen. Auf der trans-Seite des Golgi-Apparates knospen nach der Modifizierung und Sortierung der durchgeschleusten Proteine wiederum Transportvesikel ab (Abbildungen 3.9 und 3.10). Der Inhalt einiger dieser Vesikel wird an der Plasmamembran nach außen beför-

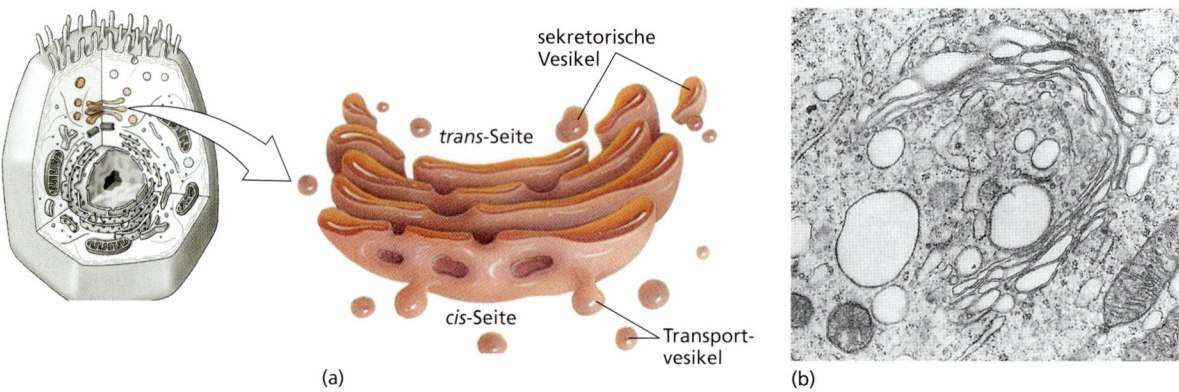

Abbildung 3.9: Der Golgi-Apparat. (a) Die glatten Zisternen des Golgi-Apparates enthalten Enzyme, welche die im ER synthetisierten und in den Golgi-Komplex verfrachteten Proteine chemisch modifizieren. (b) Elektronenmikroskopische Aufnahme eines Membranstapels des Golgi-Apparates (Vergrößerung: 46.000-fach).

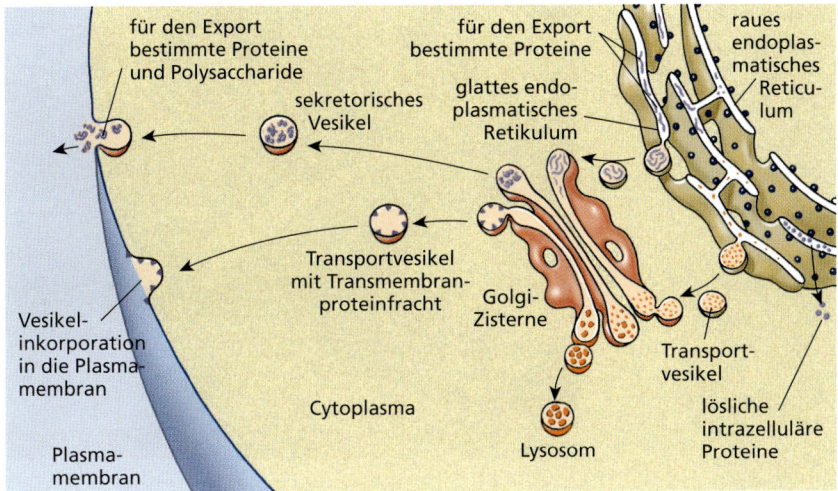

Abbildung 3.10: **Der sekretorische Weg einer eukaryontischen Zelle.** Dieser dient zur Synthese, Aufteilung und zum Transport von Proteinen zu verschiedenen Organellen einschließlich der Plasmamembran bzw. zum Export aus der Zelle. Über diesen Transportweg erreichen die Proteine der Endosomen, Lysosomen und der Plasmamembran ihre Zielorte.

dert und an die Umgebung der Zelle abgegeben – zum Beispiel die sekretorischen Produkte von Drüsenzellen. Andere Vesikel transportieren integrale Membranproteine für den Einbau in die Plasmamembran oder Organellenmembranen – zum Beispiel Rezeptor- und Transporterproteine, Ionenkanäle usw. Wieder andere Vesikel enthalten Enzyme, die innerhalb der Zelle verbleiben, aber in spezielle Organellen verbracht werden, wo sie ihre Aufgaben ausführen – zum Beispiel lysosomale oder endosomale Enzyme. Die **Lysosomen** (gr. *lysis*, Spaltung, Auflösung + *soma*, Körper) sind die Organellen des zellulären Verdauens (bei Pilzen und Pflanzen werden sie als Vakuolen bezeichnet). Die in ihnen enthaltenen Enzyme dienen der Zerlegung von Substanzen (zelleigenen wie fremden, zum Beispiel phagocytierte Bakterien in Fresszellen des Immunsystems). Lysosomen sind auch an der Rückgewinnung zelleigener Baustoffe beteiligt, indem sie funktionslos gewordene Makromoleküle in ihre monomeren Bausteine zerlegen. An der Selbstzerstörung von Zellen durch Apoptose sind sie ebenfalls beteiligt. Ihre Enzyme (in der Mehrzahl Hydrolasen) sind so wirkungsvoll, dass sie die sie beherbergende Zelle abtöten können, falls es zu einer Zerstörung der lysosomalen Membran kommt. Im Normalfall verbleiben die Enzyme im Inneren des Organells, sicher eingeschlossen durch die es umgebende Membran. Bevor sie dorthin gelangen, sind die Enzyme als Proenzyme inaktiv; sie werden erst durch eine chemische Umwandlung im Inneren dieser lytischen Kompartimente aktiviert. In bestimmten Zellen können Lysosomen und Endosomen mit **Nahrungsvakuolen**, die phagocytiertes Material enthalten, zum **Phagosom** oder **Phagolysosom** fusionieren (siehe Abbildung 3.21). Dieser Vorgang verläuft reguliert.

Mitochondrien (Sing. *Mitochondrium*) (▶ Abbildung 3.11) sind auf elektronenmikroskopischen Aufnahmen auffällige Organellen, die in praktisch allen eukaryontischen Zellen vorkommen. Sie fehlen aber beispielsweise in den roten Blutkörperchen. Größe, Anzahl und Form sind variabel; einige sind stäbchenförmig, andere mehr oder weniger kugelförmig. Sie können über das Cytoplasma der Zelle verteilt oder in der Nähe der Zelloberfläche oder in anderen Bereichen hoher Stoffwechselaktivität konzentriert sein. Ein Mitochondrium besitzt

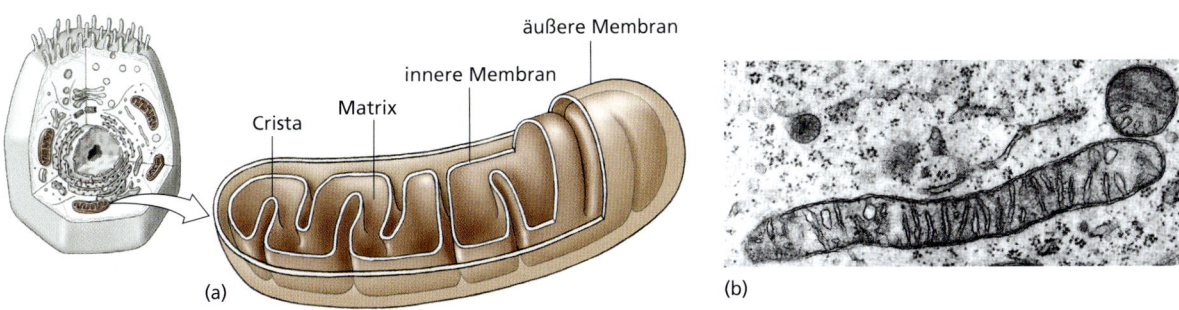

Abbildung 3.11: **Mitochondrien.** (a) Aufbau eines typischen Mitochondriums. (b) Elektronenmikroskopische Aufnahme von Mitochondrien – eines im Quer-, das andere im Längsschnitt (Vergrößerung: 30.000-fach).

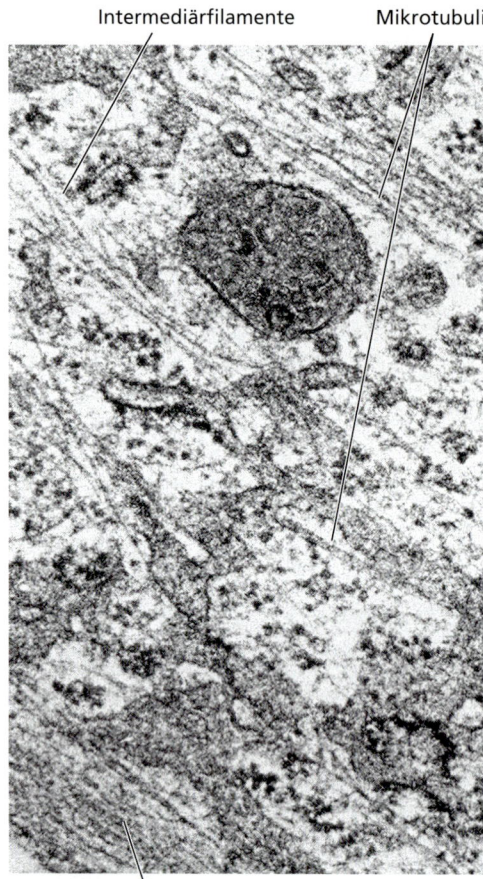
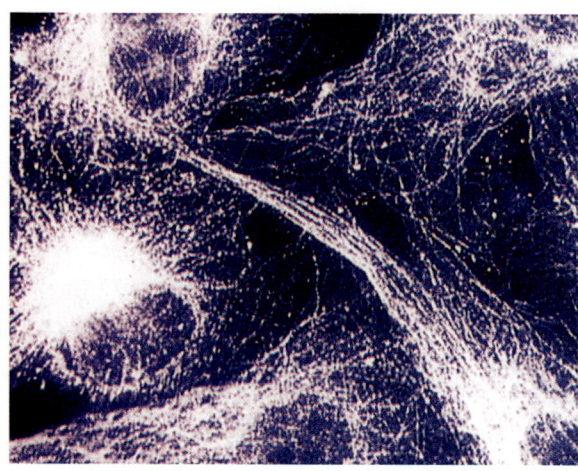
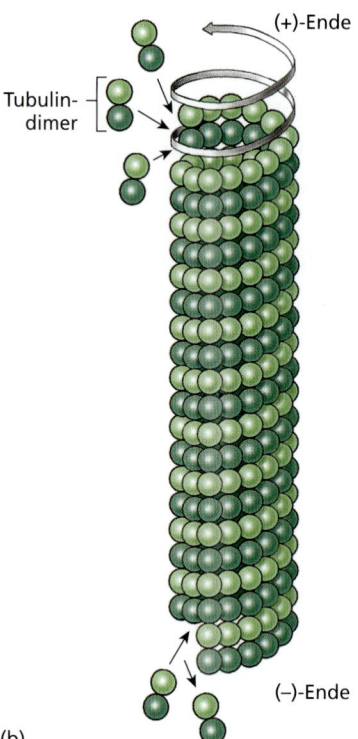

Abbildung 3.12: **Die komplexe Natur des Cytoskeletts einer Zelle.** Die drei hier sichtbaren Elemente des Cytoskeletts sind (in der Reihenfolge abnehmenden Durchmessers): Mikrofilamente (aus Aktin), Intermediärfilamente und Mikrotubuli (aus Tubulin; Vergrößerung: 66.000-fach).

Abbildung 3.13: **Die Mikrotubuli einer Nierenzelle eines Hamstersäuglings.** (a) Die Mikrotubuli sind sichtbar gemacht durch die Behandlung des Präparates mit einem fluoreszenzmarkierten Protein, das spezifisch an Tubulin bindet. (b) Ein Mikrotubulus besteht aus 13 Strängen Tubulinmolekülen; jedes Tubulinmolekül ist ein Proteindimer. Die Tubulindimere lagern sich am (+)-Ende des Mikrotubulus rascher an, als sie von dort abdissoziieren und werden vom (–)-Ende rascher entfernt, als sie sich an dieses anlagern.

eine doppelte Membran. Jede der Membranen besteht aus einer Lipiddoppelschicht mit eingelagerten Proteinen. Die äußere Membran ist glatt, die innere ist in Form zahlreicher blatt- oder fingerartiger Einstülpungen eingefaltet. Die Einstülpungen heißen **Cristae** (Sing. *Crista*; Abbildung 3.11). Durch sie wird die Oberfläche der inneren Mitochondrienmembran, an der wichtige chemische Reaktionen ablaufen, erheblich vergrößert. Diese charakteristischen Merkmale machen es leicht, die Mitochondrien unter den Organellen der eukaryontischen Zelle zu identifizieren. Die Mitochondrien werden oft als die „Kraftwerke der Zelle" bezeichnet, weil die in ihnen enthaltenen Enzyme der Cristae und des als Matrix bezeichneten Innenraums Energie liefernde Schritte des aeroben Stoffwechsels katalysieren (siehe Abbildung 4.14, S. 102). In diesem Organell wird in tierischen Zellen die Hauptmasse des ATPs (Adenosintriphosphat) erzeugt, das in allen Zellen das wichtigste Molekül zur Speicherung und Übertragung von Energie ist. Mitochondrien vermehren sich selbstständig durch Teilung. Sie besitzen ein sehr kleines eigenes Genom in Form eines ringförmig geschlossenen DNA-Moleküls, das an die Genome von Prokaryonten erinnert, allerdings viel kleiner ist als ein durchschnittliches Bakteriengenom. Das mitochondriale Genom codiert einige, aber bei weitem nicht alle Proteine des Organells.

Eukaryontische Zellen enthalten ein charakteristisches System von Röhren und Filamenten, das in seiner Gesamtheit als **Cytoskelett** bezeichnet wird (▶ Abbildung 3.12 und ▶ 3.13). Sie stützen die Zelle und halten die Form der Zelle aufrecht. In vielen Zellen ist das Cytoskelett auch maßgeblich an Transportvorgängen von Vesikeln und anderen Organellen sowie an der lokomotorischen Bewegung der ganzen Zelle beteiligt. Das Cytoskelett besteht aus Mikrofilamenten, Mikrotubuli und Intermediärfilamenten. **Mikrofilamente** sind dünne, lineare Gebilde, die erstmals deutlich in Muskelzellen beobachtet wurden, wo sie für die Kontraktionsfähigkeit der Zelle verantwortlich sind. Sie bestehen aus dem globulären Protein **Aktin**. Man kennt Dutzende weiterer Proteine, die in spezifischer Weise an Aktin binden und dessen Konfiguration und Verhalten in der Zelle regulierend beeinflussen. Eines dieser aktinbindenden Proteine ist das Myosin, dessen Wechselwirkung mit den Aktinfilamenten die Kontraktion der Muskelfasern bewirkt (siehe Kapitel 29). Die Aktinmikrofilamente stellen ein „Schienensystem" zur gerichteten Bewegung von großen Molekülen wie RNA und Organellen im und durch das Cytoplasma dar. Mit ihrer Hilfe wird beispielsweise Boten-RNA aus dem Zellkern zu den Zielorten im Cytoplasma transportiert (siehe Kapitel 5). **Mikrotubuli**, die etwas größer sind als die Mikrofilamente, sind röhrenförmige Gebilde, die aus dem Protein **Tubulin** aufgebaut sind (Abbildung 3.13). Jedes Tubulinmolekül ist ein Dimer aus zwei globulären Polypeptiduntereinheiten. Die Tubulinmoleküle sind „Kopf-an-Schwanz" zu einem Strang angeordnet, und 13 solcher Stränge lagern sich zu einem Mikrotubulus zusammen. Da die Tubulinuntereinheiten in einem Mikrotubulus immer kopf-schwanz-verknüpft sind, besitzen diese Gebilde eine Polarität – die Enden sind chemisch wie funktionell verschieden voneinander. Ein Ende wird als das Plusende (+-Ende) bezeichnet. An dieses Ende lagern sich Tubulinmoleküle schneller an und werden auch schneller wieder abgezogen als am entgegengesetzten Ende (dem Minusende). Die Mikrotubuli sind von entscheidender Bedeutung für die Verteilung der Chromosomen bei der Zellteilung (siehe weiter unten). Sie sind weiterhin für die intrazelluläre Architektur, Organisation und den Transport von Vesikeln wichtig. Darüber hinaus sind Mikrotubuli wesentliche Bestandteile von Cilien und Flagellen (siehe nachfolgenden Abschnitt). Von einem Organisationszentrum aus strahlen die Mikrotubuli in die Zelle aus. Dieser Ausgangspunkt des mikrotubulären Zellskeletts heißt **Zentrosom** (Zentralkörperchen) und befindet sich in der Nähe des Zellkerns. Zentrosomen sind nicht von einer Membran umgeben. Im Zentrosom findet sich ein **Zentriolenpaar** (Abbildungen 3.4 und ▶ 3.14), die selbst wieder aus Mikrotubuli zusammengesetzt sind. Jedes Zentriol eines Zentriolenpaares liegt orthogonal (im rechten Winkel) zu dem anderen Zentriol und ist ein kurzer Zylinder aus neun Mikrotubulustripletts ($9 \times 3 = 27$ Mikrotubuli). Vor einer Zellteilung werden sie vervielfältigt. Obwohl die Zellen höherer Pflanzen keine Zentriolen besitzen, verfügen auch sie über einen zentralen Ort, an dem das Mikrotubulusgerüst ausgerichtet und organisiert wird. **Intermediärfilamente** sind größer als Mikrofilamente, aber kleiner als Mikrotubuli, daher die Bezeichnung *Intermediär-* (= Zwischen)filamente. Man kennt fünf biochemisch unterscheidbare Typen von Intermediärfilamenten. Ihre Zusammensetzung und Anordnung ist abhängig vom Zelltyp. Bei Krebszellen wird oft der

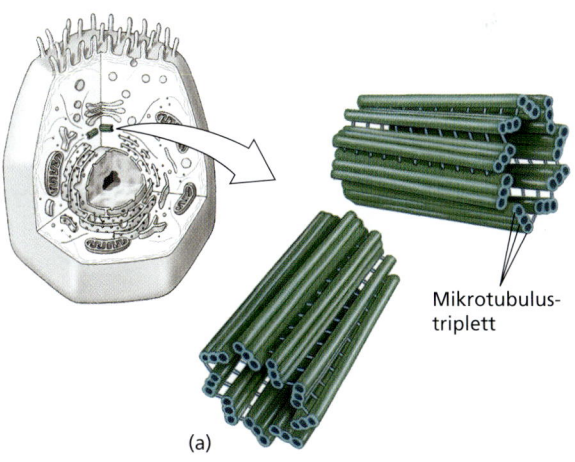

(a)

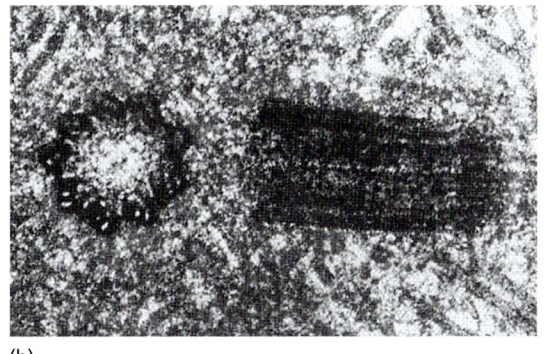

(b)

Abbildung 3.14: Das Zentrosom. (a) Jedes Zentrosom enthält ein Zentriolenpaar und jede Zentriole besteht aus neun Mikrotubulustripletts, die zu einem Zylinder angeordnet sind. (b) Elektronenmikroskopische Aufnahme eines Zentriolenpaares – eines im Längsschnitt (rechts), das andere im Querschnitt (links). Die normale Ausrichtung der Zentriolen eines Zentriolenpaares ist senkrecht zueinander.

Intermediärfilamenttyp ermittelt, um Aufschluss darüber zu gewinnen, von welchem ursprünglichen Zelltyp sie sich herleiten. Die Kenntnis der zugrunde liegenden Ursprungszellen kann Hinweise auf den Krankheitsverlauf und geeignete Behandlungsverfahren geben.

3.2.3 Die Oberflächen von Zellen und ihre Spezialisierungen

Die freiliegende Oberfläche von Epithelzellen (Zellen, die Höhlungen oder Gefäße im Körper auskleiden, oder welche, die äußerste, an die Umwelt grenzende Zellschichten bilden; siehe Kapitel 9) tragen manchmal **Cilien** (Sing. *Cilium* oder *Cilie*; **Zellwimpern**) oder **Flagellen** (Sing. *Flagellum*; **Zellgeißeln**). Diese Organellen sind bewegliche Ausstülpungen der Zelloberfläche, die Stoffe an der Zelle entlang oder vorbei bewegen. Bei vielen einzelligen und einige kleinen vielzelligen Formen treiben sie den gesamten Organismus durch das flüssige Medium, in dem er sich befindet (siehe Kapitel 11 und Kapitel 13). Flagellen liefern auch bei den meisten Tieren und vielen Pflanzen den Antrieb für männliche Keimzellen (Spermien, Spermatozoen, siehe Kapitel 7).

Cilien und Flagellen zeigen ein unterschiedliches Schlagverhalten (siehe Kapitel 29), ihr innerer Aufbau ist jedoch gleich. Mit wenigen Ausnahmen besteht der innere Bau lokomotorischer Cilien und Flagellen aus einem langen Zylinder aus neun Mikrotubuluspaaren, die ein zentrales Mikrotubuluspaar umgeben (siehe Abbildung 29.11). An der Basis eines jeden Ciliums oder Flagellums befindet sich ein **Basalkörperchen** (= **Kinetosom**), das in seinem Aufbau mit einem (einzelnen) Zentriol identisch ist.

Viele Zellen bewegen sich weder mithilfe von Cilien noch durch die von Flagellen, sondern durch **amöboide Bewegung** durch Hilfe von **Pseudopodien** (Scheinfüßchen). Einige Protozoengruppen (Kapitel 11), wandernde Zellen in den Embryonen vielzelliger Tiere, sowie einige Zellen adulter Vielzeller (z. B. weiße Blutkörperchen) zeigen eine amöboide Fortbewegungsweise. Die durch die Wirkung des Aktinmikrofilamentsystems hervorgerufene Cytoplasmaströmung führt zur Ausstreckung eines lappenartigen Zellareals (des Scheinfüßchens) von der Oberfläche der Zelle. Fortgesetztes Strömen des Cytoplasmas in Richtung des Pseudopodiums verfrachtet Organellen in den ausgebuchteten Zellteil und zieht schließlich die Bewegung der gesamten Zelle nach sich. Einige spezialisierte Pseudopodien besitzen mikrotubulöse Zentralteile (Kapitel 11: Form und Funktion) und die Bewegung wird durch den Auf- und Abbau von Tubulinsträngen bewerkstelligt.

Zellen, die den oberflächlichen Abschluss eines Gewebes oder Organs bilden (Epithelzellen) oder Zellen, die im Inneren eines Gewebeverbandes eingeschlossen sind, können spezialisierte Kontaktbereiche (engl. *junctions*) untereinander ausbilden. In unmittelbarer Nähe der nach außen gerichteten Oberfläche scheinen die Cytoplasmamembranen benachbarter Zellen miteinander zu verschmelzen. Eine solche, dicht abschließende Kontaktstelle wird als **tight junction** (engl. *tight*, dicht, *junction*, Verbindung) oder *Zonula occludens* bezeichnet; die deutsche Benennung ‚Schlussleiste' hat sich nicht durchgesetzt (▶ Abbildung 3.15). Tight junctions bestehen aus zwei Reihen von Transmembranproteinen, die als Dichtungsmasse dienen und den Durchtritt von Molekülen zwischen den Zellen von einer Seite des Epithels zur anderen verhindern (= parazellulärer Transport). Ohne diese dicht schließenden Kontaktbereiche, die den gesamten Zellkörper umlaufen, würde zwischen den Plasmamembranen benachbarter Zellen ein Spaltraum von ca. 20 nm Weite klaffen (zur Erinnerung: eine Plasmamembran hat eine ungefähre Dicke von 7 nm). Die Anzahl der Transmembranproteinreihen einer Zonula occuludens bestimmt, wie dicht die benachbarten Epithelzellen gegeneinander abgeschottet sind. Sehr dichte tight junctions zwischen Darmzellen zwingen beispielsweise Moleküle, die aus dem Darminhalt absorbiert werden sollen, durch die Epithelzellen (= transzellulärer Transport) statt durch ihre Zwischenräume zu diffundieren. **Adhäsionsbereiche** (Abbildung 3.15) treten kurz unterhalb der tight junctions auf. Diese verankernden Kontaktpunkte sind den tight junctions in der Hinsicht ähnlich, dass auch sie den Zellkörper umlaufen. Sie unterscheiden sich von den tight junctions darin, dass sie keinen dichten Abschluss zwischen den Zellen schaffen. Die Transmembranproteine dieser Bereiche sind vielmehr über einen kleinen Zwischenzellraum miteinander verknüpft. Im Inneren benachbarter Zellen sind die Transmembranproteine mit Aktinfilamenten assoziiert, wodurch die Cytoskelette benachbarter Zellen untereinander gekoppelt sind. An verschiedenen Punkten unterhalb der tight junctions und der Adhäsionsbereiche treten kleine, elliptische Scheibchen in den Plasmamembranen jeder der Epithelzellen auf. Ein solches Gebilde heißt **Desmosom** oder *Macula adhaerens* (Abbildung 3.15). Von jedem Desmosom aus erstreckt sich ein Schopf aus Intermediärfilamenten in

3.2 Der Aufbau von Zellen

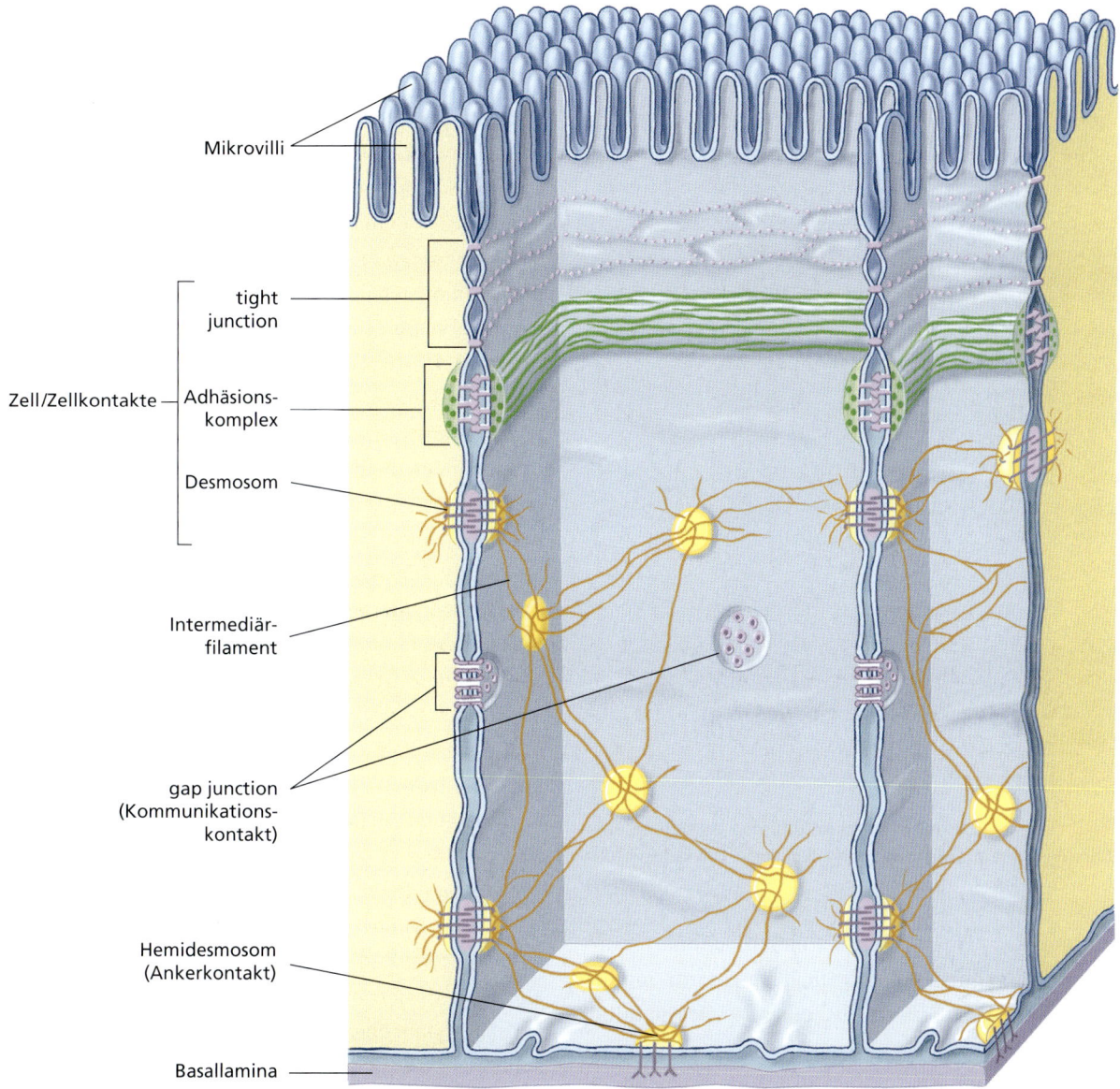

Abbildung 3.15: Typen von Zell/Zellkontakten und ihre Anordnung am Beispiel einer kolumnaren Epithelzelle (Säulenepithel). Mikrofilamente aus Aktin (grün dargestellt) und Intermediärfilamente (orange) stehen mit Adhäsionszonen bzw. Desmosomen in Kontakt und verbinden diese Kontaktstellen mit dem Cytoskelett.

das Zellplasma, und Transmembranproteine reichen durch die Plasmamembran in den Zwischenzellraum, um die desmosomalen Scheiben benachbarter Epithelzellen zu verbinden. Desmosomen sind keine Dichtungsstellen, sondern scheinen die mechanische Widerstandsfähigkeit eines Gewebes zu erhöhen. **Hemidesmosomen** (Abbildung 3.15) finden sich in den Basisbereichen von Epithelzellen und verankern diese mit den darunterliegenden Bindegewebsschichten. **Gap junctions** (engl. *gap*, Lücke, Spalt) dienen nicht als Anheftungspunkte, sondern stellen vielmehr Kanäle für die interzelluläre Kommunikation dar. Durch sie werden zwischen den Zellen winzige Kanäle geschaffen, die das Cytoplasma der Epithelzellen untereinander verbindet. Niedermolekulare Stoffe und Ionen können von einer Zelle in die nächste übertreten. Gap junctions werden von Epithel-, Muskel- und Nervenzellen untereinander ausgebildet.

Eine weitere Spezialisierung von Zelloberflächen findet sich in Form des „Zusammenschnürens" benachbarter Zelloberflächen, dort, wo die Plasmamembranen der Zellen sich einfalten und sich ähnlich wie ein Reißverschluss verzahnen. Solche Einfaltungen sind besonders bei den Epithelzellen der Nierentubuli verbreitet. Sie dienen der Vergrößerung der Zelloberfläche zum Zweck einer erhöhten Absorptions- oder Sekretionsleistung. Die distalen oder apikalen Grenzflächen einiger

3 Die Zelle als Grundeinheit des Lebens

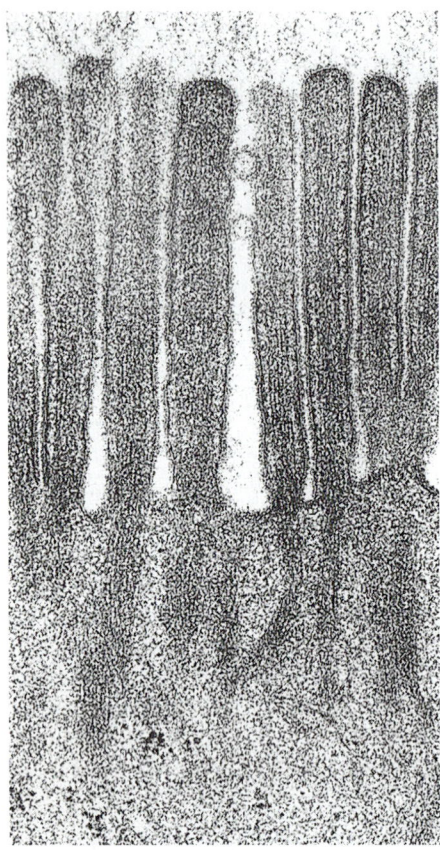

Abbildung 3.16: Elektronenmikroskopische Aufnahme eines Bürstensaums aus Mikrovilli. Vergrößerung: 59.000-fach.

epithelialer Zellen lassen auf elektronenmikroskopischen Aufnahmen eine regelmäßige Anordnung von **Mikrovilli** (Sing. *Mikrovillus*) erkennen (▶ Abbildung 3.16). Dabei handelt es sich um kleine, 1 bis 1,5 μm lange, fingerartige Ausstülpungen der Plasmamembran, die mit Cytoplasma gefüllt sind und durch die ein Mikrofilamentbündel verläuft (Abbildungen 3.15 und 3.16). Auf den Zellen, die den Darm auskleiden, sind diese Strukturen klar erkennbar. Sie dienen der enormen Vergrößerung der Oberfläche, die für die Absorption verdauter Nahrung zur Verfügung steht und sie reichen in das Lumen des Darms hinein. Oberflächenvergrößerung für den Zweck gesteigerter Transportraten ist ein wichtiges biologisches Prinzip in vielen Organen. Im Lichtmikroskop sind solche Strukturen als *Bürstensaum* erkennbar.

3.2.4 Die Funktionen der Zellmembranen

Die unglaublich dünne und doch robuste Plasmamembran, die jede Zelle umgibt, ist für die Zelle lebenswichtig, um den Erhalt ihrer Unversehrtheit zu gewährleisten. Früher für ziemlich statische Gebilde gehalten, welche die Grenze einer Zelle festlegen und verhindern, dass der Zellinhalt ausläuft, weiß man heute, dass die Plasmamembran einer Zelle eine hochdynamische Struktur darstellt, bemerkenswerte Aktivitäten und hohe Selektivität entwickelt. Die Plasmamembran einer Zelle wird auch als Cytoplasmamembran oder als Plasmalemma bezeichnet. Sie bildet eine Permeabilitätsbarriere, die das Zellinnere von der Außenwelt abtrennt. Die Plasmamembran reguliert den lebensnotwendigen Strom des molekularen Transports in die Zelle hinein und aus ihr heraus. Sie ist für viele der zahlreichen und einzigartigen funktionellen Eigenschaften spezialisierter Zelltypen verantwortlich.

Im Inneren der Zelle ist eine Vielzahl von Organellen von Membranen umgeben. Tatsächlich kann man sagen, dass eine (eukaryontische) Zelle ein System aus Membranen ist. Diese Membranen definieren einzelne, für unterschiedliche Aufgaben spezialisierte Kompartimente (Reaktionsräume). Es ist hochgerechnet worden, dass alle in einem Gramm Lebergewebe enthaltenen Zellmembranen ausgebreitet eine Fläche von 30 Quadratmetern bedecken würden. Die inneren Membranen einer Zelle haben viele strukturelle wie physiologische Eigenschaften mit der Plasmamembran gemeinsam, und sie sind allesamt Orte, an denen viele der zahllosen enzymatischen Reaktionen im Zellgeschehen ablaufen.

Die Plasmamembran fungiert für den Ein- und Austritt vieler am Zellstoffwechsel beteiligter Substanzen als selektive Barriere. Einige Stoffe können die Membran sehr leicht überwinden (z. B. Gase wie O_2 und CO_2), andere nur langsam und unter Schwierigkeiten; wieder anderen gelingt dies gar nicht. Die chemischen Bedingungen außerhalb einer Zelle sind anders und variabler als im Zellinneren, und somit ist es zwingend notwendig, den Durchtritt von Stoffen durch die Membran(en) einer rigorosen Kontrolle zu unterwerfen.

Man unterscheidet drei Hauptkategorien von Transporten, durch die Substanzen durch eine Membran gelangen können: (1) **Diffusion** entlang eines Konzentrationsgefälles, (2) durch **vermittelten Transport**, bei dem ein Stoffteilchen in spezifischer Weise an ein in der Membran befindliches Transmembranprotein bindet, das dann die Durchschleusung bewerkstelligt oder erleichtert, und (3) durch **Endocytose** – ein großräumigerer Aufnahmeprozess, bei dem ein Vesikel gebildet wird, in das die aufzunehmende Substanz eingeschlossen wird. Das endocytotische Vesikel wird durch Einstülpung der Plasmamembran gebildet und von dieser in das Zellinnere abgeschnürt.

Diffusion und Osmose

Unter Diffusion versteht man die Nettobewegung von Stoffen aus einem Bereich hoher Konzentration in einen mit niedrigerer Konzentration des jeweiligen Stoffes. Im Diffusionsgebiet kommt es daher nach einiger Zeit zum Ausgleich der Konzentrationen, also zur Einstellung einer gleichmäßigen Konzentration ohne Konzentrationsgefälle. Wird eine lebende, von einer Membran umgebene Zelle in eine Lösung verbracht, in der ein Stoff gelöst ist, dessen Konzentration dort höher ist als im Inneren der Zelle, so liegt vom Moment des Eintauchens der Zelle in die Lösung ein **Konzentrationsgefälle** (= *Konzentrationsgradient*) zwischen den beiden durch die Membran getrennten Flüssigkeitsräumen vor. Vorausgesetzt, die Membran ist permeabel, also durchlässig für den betrachteten gelösten Stoff, kommt es zu einem Einstrom des Stoffes in die Zelle, also zu einem Nettotransport mit einer Erhöhung der Zellinnenkonzentration bei gleichzeitiger Abnahme der Konzentration des Stoffes in der umgebenden Lösung. Der gelöste Stoff diffundiert den Gradienten hinab, bis die Konzentrationen sich ausgeglichen haben.

Die meisten Zellmembranen sind selektiv permeabel, dass heißt, sie sind für bestimmte Stoffe – zum Beispiel Wasser – durchlässig, aber von beschränkter Durchlässigkeit oder undurchlässig für andere Stoffe. Bei der freien Diffusion ist es diese Selektivität der Membranen, die den molekularen Fluss reguliert. Als Faustregel gilt, dass Gase (wie Sauerstoff oder Kohlendioxid), Harnstoff und lipophile gelöste Stoffe (wie Fette, fettartige Substanzen und Alkohole) die einzigen Stoffe sind, die relativ ungehindert biologische Membranen überwinden können (siehe Kapitel 2: Lipide). Da aber auch viele wasserlösliche Stoffe leicht durch Membranen hindurchtreten können, muss es hochspezialisierte Transportsysteme geben, da solche Bewegungsvorgänge durch einfache Diffusion nicht erklärbar sind. Zucker, Elektrolyte, geladene Ionen und erst recht Makromoleküle werden durch Trägervermittelte (= Carrier-vermittelte) Vorgänge durch Membranen geschleust; diese werden weiter unten erklärt.

Setzt man zwischen zwei Bereiche ungleicher Konzentrationen eines gelösten Stoffes eine Membran, die für den gelösten Stoff undurchlässig, für das Lösungsmittel aber durchlässig ist, so strömt das Lösungsmittel (in biologischen Systemen Wasser) aus dem Bereich der niedrigeren Konzentration durch die Membran in den Bereich der höheren Konzentration. Die Wassermoleküle wandern dem Konzentrationsgefälle entsprechend von dort, wo die Konzentration an Wassermolekülen höher ist, hin zu dem Bereich, wo ihre Konzentration niedriger ist. Diese Darstellung ist anschaulich aber ungenau. Physikalisch exakt muss man von den **chemischen Potenzialen** (μ_i) der beteiligten Stoffe sprechen; diese können in Mehrkomponenten auch dann verschieden sein, wenn die Konzentration einer Komponente (z. B. Wasser) gleich ist. Dieser Transportvorgang wird **Osmose** genannt.

Man kann den Effekt der Osmose durch ein einfaches Experiment demonstrieren, indem man eine selektiv durchlässige Membran dicht abschließend über einen Trichter stülpt. Der Trichter wird umgedreht, mit einer Salzlösung befüllt und dann in ein Glas mit reinem Wasser gehängt. Die Flüssigkeitsspiegel (= Meniskus) im Glas und im Trichter sollen am Anfang gleich hoch sein. Nach kurzer Zeit beginnt der Meniskus im Stiel des Trichters zu klettern, was auf einen Einstrom von Wasser durch die Membran in die Salzlösung hindeutet (▶ Abbildung 3.17).

Im Innern des Trichters befinden sich Wassermoleküle und die Ionen des gelösten Salzes. Im Glas außerhalb des Trichters befinden sich nur Wassermoleküle. Die Wasserkonzentration im Inneren des Trichters ist daher geringer als außen. Es liegen zwei Konzentrationsgradienten vor: für das Wasser und für das gelöste Salz. Da die Membran für die Salzionen undurchlässig ist, kann sich nur der Gradient des Wassers anpassen (angenähert durch dessen Konzentration). Wasser diffundiert deshalb von dem Bereich höherer Konzentration (im Glas) zu dem niedrigerer Konzentration (Salzlösung im Trichter).

Durch den Einstrom des Wassers in die Salzlösung, kommt es zum Ansteigen des Flüssigkeitsspiegels im Trichterstiel. Schließlich drückt das Gewicht der Flüssigkeit im Trichter das Wasser wieder so schnell hinaus, wie es nachströmt. Der Meniskus im Trichterstiel ändert sich nicht mehr, und man sagt, dass das System sich im Gleichgewicht befindet. Der **osmotische Druck** der Lösung ist dann gleich dem **hydrostatischen Druck**, der auf der Lösung lastet und einen weiteren Einstrom verhindert.

Das Konzept des osmotischen Drucks ist jedoch nicht problemfrei. Eine Lösung zeigt nur dann einen osmotischen „Druck", wenn sie durch eine selektiv permeable Membran von einem Lösungsmittel getrennt ist. Es kann für den physikalisch Ungeübten etwas verwirrend sein, sich vorzustellen, dass eine Salzlösung in einer Flasche für sich genommen einen „Druck" haben

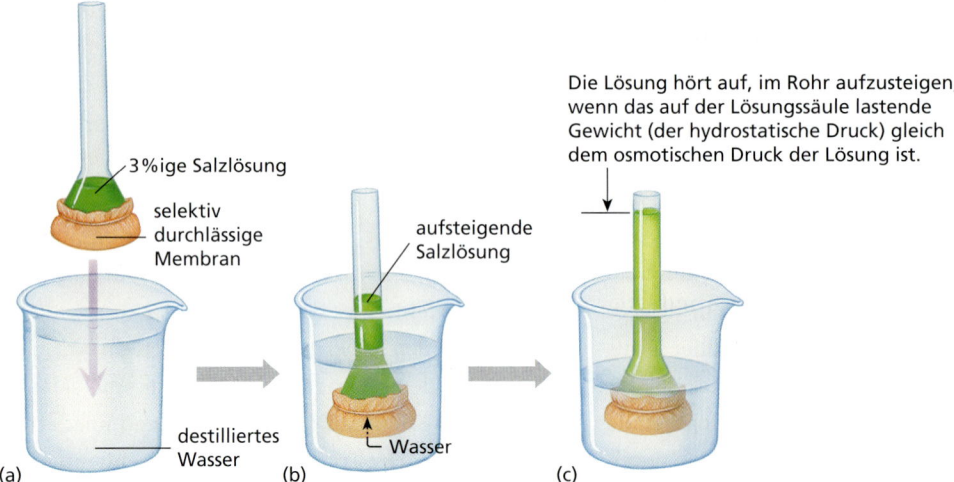

Abbildung 3.17: Einfaches Membranosmometer. (a) Das Endstück eines Rohres ist mit einer Salzlösung befüllt und das offene untere Ende mit einer selektiv permeablen Membran dicht verschlossen. Die Membran ist für Wasser durchlässig, jedoch nicht für im Wasser gelöste Salze (Ionen). (b) Wenn das so präparierte Messrohr in einen Behälter mit reinem Wasser getaucht wird, diffundieren Wassermoleküle durch die Membran in das Innere des Rohres. In dem umgebenden Reservoir (Becherglas) ist die Konzentration an Wassermolekülen höher als im Inneren des Röhrchens. In der Salzlösung im Röhrcheninneren werden die Wassermoleküle durch die anwesenden Ionen verdünnt. Da die Ionen des Salzes nicht durch die Membran diffundieren können und nur Wasser einströmt, nimmt das Flüssigkeitsvolumen im Röhrchen zu; der Meniskus der Flüssigkeit im Rohr steigt nach oben. (c) Das Gewicht des in dem Rohr aufsteigenden Wassers übt eine Kraft (hydrostatischer Druck) aus, der irgendwann dazu führt, dass genauso viele Wassermoleküle in die eine Richtung durch die Membran wandern wie in die andere Richtung (osmotischer Druck). Das Volumen in dem Röhrchen nimmt nicht weiter zu. An diesem Punkt entspricht der osmotische Druck dem hydrostatischen Druck; man sagt, das System befindet sich im osmotischen Gleichgewicht. Dieses osmotische Gleichgewicht ist ein thermodynamisches Gleichgewicht, das dem chemischen Gleichgewicht einer chemischen Reaktion homolog ist ($\Delta G = 0$). Überlegen Sie, wie sich dieses System im Weltraum im Zustand der Schwerelosigkeit entwickeln würde.

sollte ähnlich dem hydrostatischen Druck eines komprimierten Gases in einer Druckflasche. Darüber hinaus ist der osmotische Druck ja tatsächlich ein hydrostatischer Druck, der angelegt werden muss, um eine Lösung daran zu hindern, Wasser aufzunehmen, *falls* die Lösung durch eine selektiv durchlässige Membran mit einem Vorrat einer weiteren Flüssigkeit niedrigeren osmotischen Drucks in Verbindung stünde. Genauer als durch den osmotischen Druck wird die hier besprochene physikochemische Eigenschaft von Systemen durch das **osmotische Potenzial** beschrieben. Da aber der Ausdruck „osmotischer Druck" so fest in unserem Vokabular verankert ist, ist es unvermeidbar, seine Bedeutung und Verwendung ungeachtet möglicher Verwirrung zu verstehen.

Die in der Biologie osmotisches Potenzial genannte Größe ist nur eine Erscheinungsform der thermodynamischen Größe, die in der physikalischen Chemie das *chemische Potenzial* (μ) genannt wird. Dieses ist selbst ex definitione die partielle freie Enthalpie (ΔG_i) einer einzelnen Komponente eines zusammengesetzten Systems. Das osmotische Gleichgewicht wird durch dieselben physikalischen Gleichungssysteme beschrieben wie das chemische Gleichgewicht. Die so genannten Hauptsätze der Thermodynamik und ihre Bedeutung für lebende Systeme werden zu Beginn des vierten Kapitels kurz angerissen. Das osmotische Potenzial ist nichts anderes als das chemische Potenzial des Wassers in einem biologischen System (μ_{H_2O}). Die Zusammenhänge und die Natur des osmotischen Drucks bzw. Potenzials werden leicht(er) verständlich, wenn man sich mit den Grundlagen der physikalischen Chemie befasst und sich dem Problem von der thermodynamischen Seite her nähert.

Das Konzept der Osmose ist von großer Bedeutung, um zu verstehen, wie Tiere die Zusammensetzung ihrer Körperflüssigkeiten und die der darin gelösten Stoffe regulieren (siehe Kapitel 30). So halten etwa Meeresfische die Konzentration der gelösten Ionen in ihrem Blut bei ungefähr einem Drittel der Konzentration dieser Ionen im umgebenden Meerwasser; relativ zum Meerwasser sind sie **hypoosmotisch**. Falls ein solcher Fisch in eine Flussmündung hineinschwimmt, wie es der Lachs bei seiner Wanderung tut, passiert er dabei einen Bereich, in dem die Konzentration der gelösten Stoffe im Blut den Konzentrationsverhältnissen im Umgebungswasser entspricht; dann ist er **isoosmotisch** mit seiner Umgebung. Beim Übergang ins Süßwasser kehren sich die Verhältnisse um; hier ist das Blut des Fisches im Vergleich zum Flusswasser **hyperosmotisch**. Der Fisch muss über ausgefeilte physiologische Mechanismen verfügen, um im Meerwasser einen Nettoverlust an Wasser zu verhindern und im Süßwasser des Flusses einen Nettozugewinn zu vermeiden.

Diffusion durch Kanäle

Wasser und darin gelöste Ionen können aufgrund ihres polaren Charakters bzw. ihrer elektrischen Ladungen nicht durch den amphipatischen Bilayer der Phospholipide einer Plasmamembran diffundieren. Diese Teilchen durchqueren die Membran durch spezialisierte molekulare Poren oder Kanäle, die von Transmembranproteinen gebildet werden. Ionen und Wassermoleküle wandern entlang ihres Konzentrationsgefälles durch diese Membrankanäle. Ionenkanäle zeigen Selektivität – sie erlauben nur ganz bestimmten Ionen eines begrenzten Größenbereichs und bestimmter elektrischer Ladung den Durchtritt. Sie können entweder ein endogenes Schaltverhalten zeigen und Ionen den diffusiven Durchtritt ermöglichen, oder sie können **gesteuerte Kanäle** sein. Letztere benötigen ein Signal, das sie veranlasst, sich entweder zu öffnen oder zu schließen. Gesteuerte Ionenkanäle öffnen oder schließen sich (je nach Typ des Kanalproteins) entweder, wenn ein bestimmter Signalstoff (Ligand) an eine bestimmte Stelle des Transmembranproteins bindet (**ligandengesteuerte Kanäle**; ▶ Abbildung 3.18a), oder wenn das elektrische Potenzial (die Spannung) in der unmittelbaren Umgebung ihres Membranbereichs sich verändert (**spannungsgesteuerte Ionenkanäle**, Abbildung 3.18b). Die Diffusion von Ionen durch Kanalproteine ist die Grundlage der Reizfortleitung im Nervensystem (siehe Kapitel 33) und an den Muskeln (siehe Kapitel 29). Membrankanäle für Wassermoleküle heißen **Aquaporine**; mehrere unterschiedliche Typen sind bisher beschrieben worden. Sie sind von besonderer Bedeutung für die Absorption von Wasser aus der Nahrung im Verdauungssystem (siehe Kapitel 32), sowie für die Rückresorption von Wasser in der Niere im Verlauf der Harnbildung (siehe Kapitel 30).

Carriervermittelter Transport – Membran-Transportsysteme

Wir haben gelernt, dass eine Zellmembran eine wirkungsvolle Barriere für die freie Diffusion der meisten Molekülsorten mit biologischer Bedeutung darstellt. Und doch ist es unabdingbar, dass solche Stoffe in die Zelle und wieder aus ihr herausgelangen. Nährstoffe wie Zuckermoleküle und Baustoffe wie Aminosäuren müssen in die Zelle eintreten, Abfallstoffe des Stoffwechsels müssen sie verlassen können. Solche Stoffe werden durch spezielle Transmembranproteine, die man **Transporter** nennt, durch die Membran gebracht. Transporter versetzen gelöste Stoffe (Moleküle, Ionen) in die Lage, die Phospholipid-Doppelschicht der Membran zu durchqueren (▶ Abbildung 3.19a). Transportermoleküle besitzen in der Regel eine sehr hohe Spezifität. Sie erkennen und transportieren nur eine begrenzte Auswahl chemischer Substanzen, meistens nur eine einzige Substanz.

Ist die Konzentration eines gelösten Substrates hoch, so zeigen die Carrier (= Membrantransporter) des vermittelten Transports einen Sättigungseffekt. Das bedeutet, dass die Transportrate sich asymptotisch einem Maximalwert annähert, jenseits dessen eine weitere Erhöhung der Substratkonzentration keinen weiteren Effekt mehr auf die Geschwindigkeit hat, mit der die-

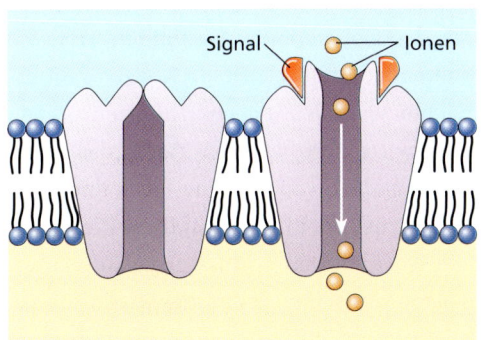

(a) Ligandengesteuerter Ionenkanal.

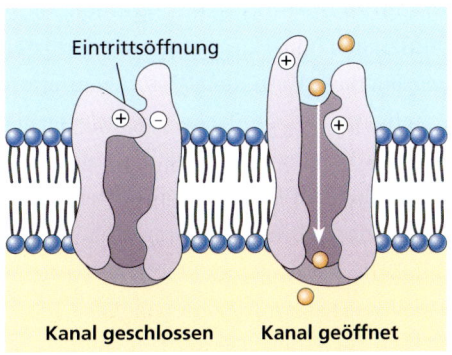

(b) Spannungsgesteuerter Ionenkanal.

Abbildung 3.18: **Gesteuerte Kanäle benötigen ein Signal, auf das hin sie sich öffnen oder schließen.** (a) Chemisch gesteuerte Ionenkanäle öffnen oder schließen sich, wenn ein Signalmolekül (Ligand) sich an einen speziellen Bindungsort (Ligandenbindungsort) des Transmembranproteins anlagert. (b) Spannungsgesteuerte Ionenkanäle öffnen oder schließen sich, wenn sich die Spannung über die Membran (= Membranpotenzial) ändert.

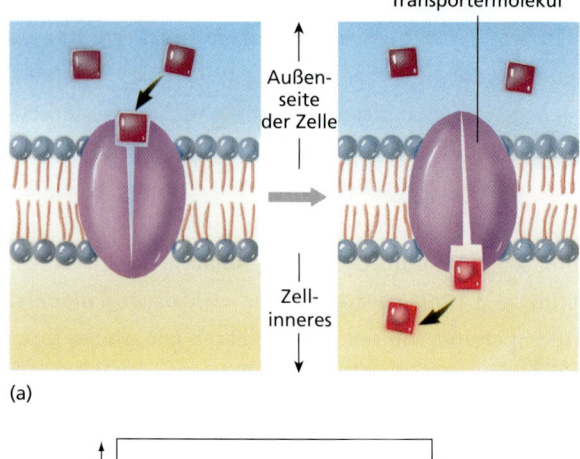

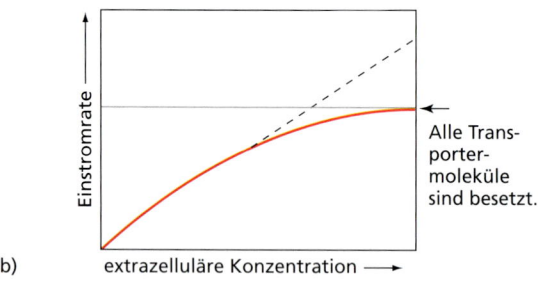

Abbildung 3.19: Vermittelter Transport. (a) Ein Molekül eines Transporterproteins bindet ein zu transportierendes Molekül (Substrat) auf einer Seite der Plasmamembran, ändert seine Konformation und setzt das Substratmolekül auf der anderen Seite der Membran frei. Der vermittelte Transport vollzieht sich immer in Richtung eines vorhandenen Konzentrationsgefälles. (b) Die Transportrate nimmt mit steigender Substratkonzentration zu, bis alle Transportermoleküle von Substratteilchen besetzt sind (Sättigung).

ses transportiert wird (Abbildung 3.19b). Dies ist ein Beleg dafür, dass die Zahl der zur Verfügung stehenden Transporter in einer Membran begrenzt ist. Wenn alle Transportermoleküle aktiv sind und Substratteilchen transportieren, erreicht die Transportrate ein Maximum und kann nicht weiter gesteigert werden. Die einfache, unvermittelte Diffusion zeigt keine solche Sättigung; je größer der Unterschied der Konzentrationen zu beiden Seiten der Membran ist, desto rascher erfolgt der Einstrom. Man sagt dann, der Vorgang sei diffusionskontrolliert.

Zwei deutlich unterschiedliche Arten des Carrier-vermittelten Transports müssen unterschieden werden: (1) **erleichterte Diffusion**, bei der ein Transporter einem Molekül oder Ion behilflich ist, durch eine Membran zu diffundieren, durch die das Teilchen sonst nicht hindurchtreten könnte (etwa aufgrund elektrischer Abstoßung), und (2) der **aktive Transport**, bei dem Energie vom Transportersystem aufgewendet wird, um das Frachtgut gegen ein Konzentrationsgefälle zu transportieren (▶ Abbildung 3.20). Die erleichterte Diffusion unterscheidet sich vom aktiven Transport insofern, indem sie eine Bergabbewegung unterstützt (in Richtung eines Konzentrationsgefälles). Da das Gefälle die Triebkraft für den Vorgang liefert, muss hier keine Stoffwechselenergie aufgewendet werden, um den Transportvorgang anzutreiben.

Bei vielen Tieren vermittelt die erleichterte Diffusion die Aufnahme von Glucose (Traubenzucker) in die Zellen, wo sie als primäre Energiequelle zur Erzeugung von ATP oxidiert wird. Die Glucosekonzentration ist im Blut höher als in den Zellen, die sie verbrauchen, so dass der diffusive Einstrom begünstigt ist. Glucose ist zwar gut wasserlöslich, kann aber nicht ohne Weiteres Zellmembranen durchdringen. Ohne Transportsysteme für Glucose in die Zelle, käme der für den Stoffwechsel notwendige Nachschub zum Erliegen. Carriervermittelte Transportsysteme erhöhen den Glucosetransport in die Zellen hinein.

Beim aktiven Transport werden die zu transportierenden Stoffe gegen die Triebkraft der passiven Diffusion „bergauf" transportiert. Der aktive Transport ist immer mit Verbrauch von Energie in Form von ATP oder anderen Energielieferanten verbunden, weil die zu transportierenden Stoffe gegen ein Konzentrationsgefälle verfrachtet werden. Zu den wichtigsten aktiven Transportsystemen gehört bei allen Tieren dasjenige, das die Ionengradienten von Natrium (Na^+) und Kalium (K^+) zwischen dem Zellinneren und der die Zellen umspülenden extrazellulären Flüssigkeit aufrechterhält. Die meisten tierischen Zellen benötigen für die Proteinbiosynthese am Ribosom und für bestimmte enzymatische Aktivitäten eine hohe interne K^+-Konzentration. Die intrazelluläre K^+-Konzentration kann zwanzig- bis fünfzigmal höher liegen als außerhalb der Zelle. Im Gegensatz dazu kann die Na^+-Konzentration außerhalb der Zelle um das zehnfache höher liegen als im Zellinneren. Die Konzentrationsgradienten beider Ionen werden durch aktiven Transport aufrechterhalten. K^+-Ionen werden in das Zellinnere gepumpt; Na^+-Ionen werden aus der Zelle herausgepumpt. Bei allen tierischen Zellen sind diese beiden Transportvorgänge durch die Na^+/K^+-ATPase gekoppelt: Dieses Transportersystem befördert K^+ in die Zelle, während es gleichzeitig Na^+ unter Verbrauch des Energielieferanten ATP hinausbefördert.

Zwischen 10 und 40 Prozent der gesamten, von einer Zelle in Form von ATP erzeugten Energie wird von dieser **Natrium/Kaliumpumpe (= Na^+/K^+-ATPase)** (Abbildung 3.20) verbraucht!

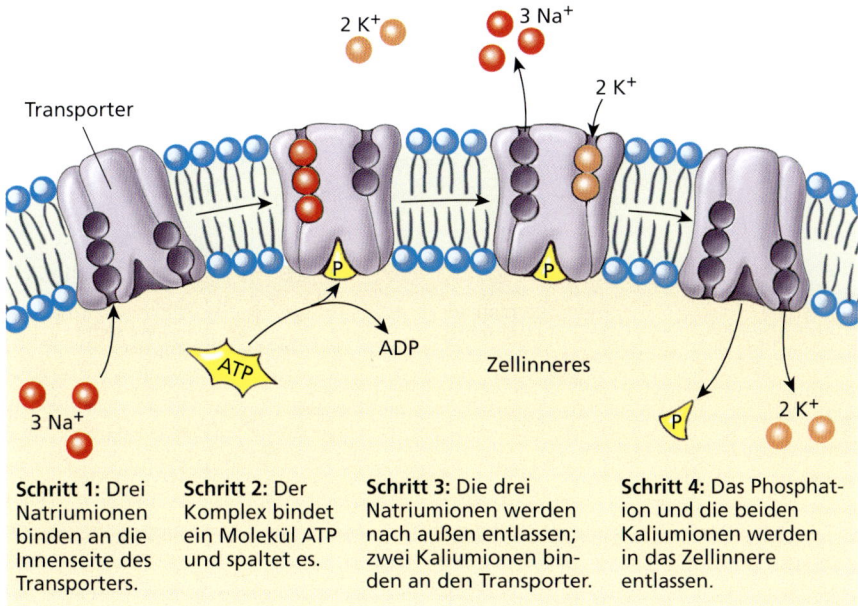

Abbildung 3.20: Die Na$^+$/K$^+$-ATPase. Die Transportleistung der Na$^+$/K$^+$-ATPase, angetrieben durch die Bindungsenergie von ATP-Molekülen, hält die physiologisch normalen Gradienten für Na$^+$ und K$^+$ an der Plasmamembran aufrecht. Das primär aktive Transportsystem verrichtet seine Arbeit durch eine Abfolge von Konformationsänderungen: *Schritt 1*. Drei Na$^+$ binden an den dem Zellinneren zugewandten Bereich des Transporters. Dies induziert eine Konformationsänderung des Proteinkomplexes (Protein aus mehreren Untereinheiten). *Schritt 2*. Der Proteinkomplex bindet ein ATP-Molekül und spaltet dieses hydrolytisch; dabei geht der endständige Phosphorsäurerest des ATPs auf das Protein über (die Ionenpumpe phosphoryliert sich selbsttätig). *Schritt 3*. Die kovalente Bindung des Phosphorsäurerestes induziert eine zweite Konformationsänderung des Proteins, durch welche die drei Na$^+$ durch die Membran transportiert werden. Sie liegen nun dem extrazellulären Raum zugewandt. Diese neue Konformation der Pumpe besitzt eine nur sehr niedrige Affinität für Na$^+$-Ionen, so dass diese abdissoziieren und fortdiffundieren. In dieser Form besitzt das Protein jedoch eine hohe Affinität für K$^+$. Es bindet zwei von ihnen, sobald es keine Na$^+$ mehr gebunden hat. *Schritt 4*. Die Bindung der K$^+$ führt zu einer neuerlichen Konformationsänderung, die jetzt die Abspaltung des Phosphorsäurerestes nach sich zieht (Dephosphorylierung). Vom Phosphorsäurerest befreit, kehrt der Proteinkomplex in seine Ausgangskonformation zurück. Dabei werden die gebundenen K$^+$ auf die Membraninnenseite verfrachtet. Diese Konformation, von welcher der hier beschriebene Zyklus ausgegangen ist, besitzt nur eine geringe Affinität für K$^+$, so dass diese nunmehr freigesetzt werden. Nach Abgabe der K$^+$ ist die Na$^+$/K$^+$-ATPase in die Konformation mit einer hohen Affinität für Na$^+$ zurückgekehrt.

Endocytose

Unter Endocytose versteht man die Aufnahme von Stoffen oder Teilchen durch Zellen. Endocytose ist hierbei ein Oberbegriff, der drei mechanistisch sehr ähnliche Vorgänge einschließt: die Phagocytose, die Pinocytose und die rezeptorvermittelte Endocytose (▶ Abbildung 3.21). Bei allen Varianten handelt es sich um Mechanismen für die gezielte Aufnahme von Substanzen aus dem Extrazellularraum. Bei der Phagocytose werden feste Teilchen wie z.B. ganze Zellen aufgenommen, bei der Pinocytose kleine Flüssigkeitsmengen und bei der rezeptorvermittelten Endocytose Moleküle, die in spezifischer Weise an Rezeptormoleküle in der Membran angedockt haben. Alle diese Vorgänge erfordern den Einsatz von chemischer Energie und können somit als Formen des aktiven Transports angesehen werden. Anders als bei den weiter oben besprochenen aktiven Transportvorgängen kommt es bei den hier aufgezeigten Ereignissen zu bleibenden Veränderungen an der beteiligten Membran.

Die **Phagocytose** (gr. *phagein*, ich esse + *cyto*, Zelle) ist eine verbreitete Methode der Nahrungsaufnahme bei Protozoen und niederen Metazoen. Sie ist ebenfalls derjenige Vorgang, durch den bestimmte weiße Blutkörperchen (Leukocyten) Zelltrümmer und eingedrungene Mikroben aus dem Blut entfernen. Während der Phagocytose wird ein Bereich der Plasmamembran, der nach außen hin mit mehr oder weniger spezifischen Rezeptoren besetzt und im Zellinneren über aktinbindende Proteine mit den Aktinfilamenten des Cytoskeletts verbunden ist, ein- und schließlich abgeschnürt. Der abgeschnürte Membranbereich umgibt das einverleibte Material schließlich gänzlich.

Auf diese Weise wird ein phagocytotisches Vesikel (lat. *vesicula*, Bläschen) gebildet, das von seinem Bildungsort an der Plasmamembran in das Zellinnere transportiert wird. Im Cytoplasma verschmilzt es mit einem oder mehreren Lysosomen unter Bildung eines Phagolysosoms, in dem die intrazelluläre Verdauung

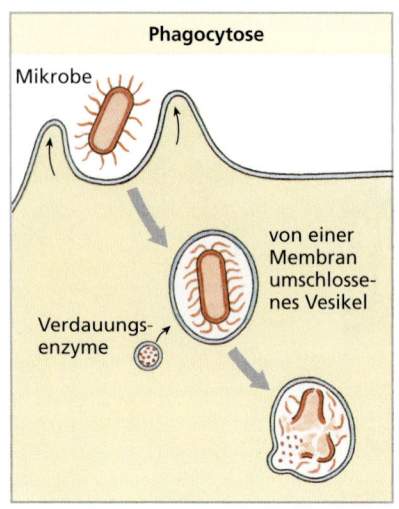 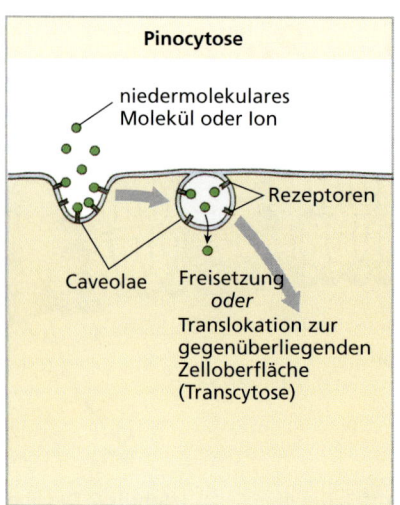 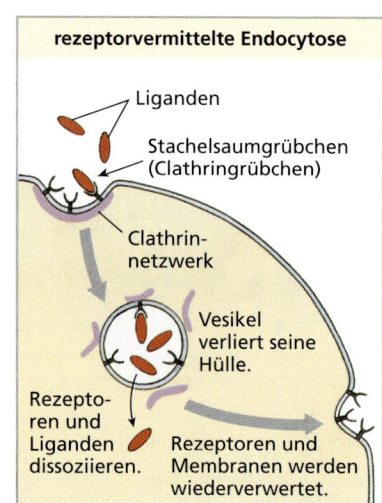

Abbildung 3.21: Drei Typen von Endocytose. Bei der Phagocytose reagiert die Zelle auf die Anwesenheit eines größeren Teilchens, das von einer Membranausstülpung umflossen und eingeschlossen wird. Bei der Pinocytose wird ein kleinerer Bereich der Cytoplasmamembran unter Ausbildung einer Caveole eingestülpt. Der Membranbereich der Caveole ist mit spezifischen Rezeptoren für niedermolekulare Substanzen besetzt. Bei der rezeptorvermittelten Endocytose werden selektiv große Moleküle, die an ihre spezifischen Rezeptoren gebunden sind, in Stachelsaumgruben eingesammelt und durch Vesikelbildung internalisiert. Die Bindung von Liganden an ihre Rezeptoren löst eine Signalfortleitung in das Zellinnere aus, die zu einer Ausbildung komplizierter Proteinverbände an der Innenseite der Plasmamembran führt; deren Form wird lokal verändert und löst so den Endocytosevorgang aus.

des Vesikelinhalts durch die lysosomalen Enzyme vollzogen wird.

Die **Pinocytose** ist der Phagocytose sehr ähnlich – auch bei der Pinocytose wird ein kleiner Membranbereich invaginiert und vesikulär abgeschnürt. Die invaginierten Gruben, die sich fingerartig in das Zellinnere strecken, werden als **Caveolen** (Sing. *Caveole*) (lat. *cava*, hohl bzw. *cavea*, Höhlung, Käfig) bezeichnet. Rezeptoren mit spezifischer Bindungsfähigkeit für bestimmte Moleküle oder Ionen werden in solchen caveolischen Membranbereichen konzentriert. Pinocytose ist offenbar bei der Aufnahme wenigstens einiger Vitamine beteiligt, und ähnliche Mechanismen sind beim Transport von Substanzen von einer Seite einer Zelle zur anderen sowie bei der Internalisierung von Signalmolekülen wie Hormonen und Wachstumsfaktoren beteiligt.

Die **rezeptorvermittelte Endocytose** ist ein Mechanismus für die Aufnahme großer Moleküle in die Zelle. Proteine in der Plasmamembran (Rezeptoren) binden in spezifischer Weise Moleküle (Liganden), die aus dem extrazellulären Millieu an diese herantreten. Die Einstülpung des Plasmamembranbereichs, der die Rezeptoren enthält, wird bei dieser Variante der Endocytose von einem Protein namens **Clathrin** vermittelt. Das Clathrin bildet an der Innenseite der Cytoplasmamembran Stachelsaumgrübchen (= Clathringrübchen), die sich als **Stachelsaumvesikel** (= Clathrinvesikel) von der Plasmamembran abschnüren. Nach der Abschnürung wird die Clathrinhülle von dem Vesikel abgeworfen. Das entmantelte Vesikel fusioniert mit einem Endosom. Dabei kommt es zu einer pH-Wertsenkung in dem so entstandenen Organell. Die Verminderung des pH-Wertes (Ansäuerung) führt dazu, dass sich die Liganden von den Rezeptoren ablösen. Die Rezeptoren werden zur Plasmamembran zurücktransportiert und abermals in diese eingebaut; sie vollführen also ein Recycling zwischen der Cytoplasmamembran und den endosomalen Kompartimenten im Zellinneren. Auf diese Weise werden zum Beispiel einige wichtige Proteine, Peptidhormone und das Lipid Cholesterin in die Zelle verbracht.

Bei der Phagocytose, der Pinocytose und der rezeptorvermittelten Endocytose wird notwendigerweise eine gewisse Menge extrazellulärer Flüssigkeit in den gebildeten Vesikeln eingeschlossen und in unspezifischer Weise in die Zelle eingeführt. Wir nennen dies **Massenstromendocytose**.

Exocytose

Genauso wie Material durch Einstülpung und Abschnürung zu einem Vesikel in die Zelle befördert werden kann, kann ein in der Zelle gebildetes Vesikel auch mit der Plasmamembran fusionieren und seinen Inhalt in das umgebende Medium freisetzen. Dies ist der Vorgang der **Exocytose**. Dieser Prozess tritt bei vielen verschieden Zellen auf und dient unter anderem zur Ausscheidung unverdaulichen Materials, zur Ausschüttung von Substanzen wie Hormonen oder Neurotransmittern (Abbildung 3.10), oder der Wiederfreisetzung von Substanzen bei der Durchschleusung durch eine Zelle (**Transcytose**). So kann etwa eine Substanz, auf einer Seite der Wand eines Blutgefäßes (Endothelgewebe) aufgenommen, durch die Endothelzellen geschleust und auf der Seite zum angrenzenden Gewebe hin durch Exocytose wieder in Freiheit gesetzt werden.

Mitose und Zellteilung 3.3

Alle Zellen entstehen durch die Teilung von bereits existierenden Zellen. So haben alle Zellen, die sich bei den vielzelligen Tieren finden, ihren Ursprung in einer einzigen Zelle, der **Zygote** (= befruchtete Eizelle), die das Produkt der Vereinigung einer Eizelle (**Oocyte**) mit einer Samenzelle (**Spermium**) ist. Die Zygote geht durch Fusion aus diesen beiden Keimzellen (**Gameten**) hervor; alle anderen Körperzellen sind direkte oder – in der großen Mehrzahl – indirekte Teilungsprodukte dieser Urzelle des Organismus. Die Zellteilung ist die Vorbedingung und die Grundlage für jedes Wachstum, die geschlechtliche wie die ungeschlechtliche Fortpflanzung, sowie für die Weitergabe erblicher Merkmale von einer Zellgeneration auf die nächste.

Bei der Bildung der **somatischen Zellen** (Körperzellen; gr. *soma*, Körper) erfolgt die Zellkernteilung durch eine **Mitose**. Bei einer Mitose wird sichergestellt, dass jede Folgezelle („Tochterzelle") einen vollständigen Satz der gesamten Erbinformation der Ausgangszelle erhält. Die Mitose ist ein Verteilungsverfahren für die Chromosomen und die in ihnen enthaltene DNA zur Fortsetzung der zellulären Generationenfolge. Eine einzelne Zygote teilt sich daher mitotisch und bringt durch die fortwährenden mitotischen Zellteilungen schließlich einen vielzelligen Organismus hervor. Geschädigte Zellen in diesem Organismus werden ebenfalls durch Mitosen ersetzt, zum Beispiel im Rahmen einer Wundheilung. Im Verlauf des Wachstums des Tieres differenzieren sich die somatischen Zellen und übernehmen verschiedenartige Aufgaben. Damit ist vielfach auch ein unterschiedliches Aussehen der Zellen verbunden. Obwohl die meisten Gene in spezialisierten Zellen stumm bleiben und während des gesamten Lebens dieser Zelle nicht zur Expression kommen, enthält jede Körperzelle einen vollständigen Satz aller Gene. Die Mitose stellt die genetische Gleichheit unter den Zellen sicher, und andere Prozesse steuern durch eine Auswahl der genetischen Anweisungen, die jede Zelle enthält, die geordnete Expression von Genen im Verlauf der Embryonalentwicklung. Diese grundlegenden Eigenschaften der Zellen vielzelliger Lebewesen werden in Kapitel 8 eingehender erörtert.

Bei Tieren, die sich ungeschlechtlich (asexuell) fortpflanzen, ist die Mitose der einzige Mechanismus zur Weitergabe genetischer Information von Eltern auf Nachkommen. Bei Tieren, die sich geschlechtlich (sexuell) fortpflanzen, müssen die Elterntiere **Keimzellen** (= Gameten oder Geschlechtszellen) bilden, die nur die halbe für die Art typische Anzahl Chromosomen enthalten, damit die aus der Vereinigung der Keimzellen hervorgehenden Nachkommen nicht die doppelte Chromosomenzahl ihrer Eltern aufweisen. Hierzu ist eine spezielle Art der Zellteilung notwendig, die als **Reduktionsteilung** oder **Meiose** bezeichnet wird. Dieser Vorgang wird ausführlich in Kapitel 5 beschrieben.

3.3.1 Der Aufbau der Chromosomen

Wie wir weiter oben angemerkt haben, liegt die DNA eukaryontischer Zellen im Zellkern als so genanntes Chromatin vor – ein Zusammenschluss aus einem DNA-Molekül mit zahlreichen anhaftenden Proteinen. Die gesamte Chromatinmenge in einem Zellkern ist in eine Anzahl diskreter, linearer Körperchen, die **Chromosomen** aufgeteilt (gr. *chroma*, Farbe + *soma*, Körper). Ihren Namen haben sie aufgrund der Eigenschaft erhalten, sich mit bestimmten Farbstoffen intensiv anfärben und so für das Lichtmikroskop sichtbar machen zu lassen. In Zellen, die sich nicht teilen, befindet sich das Chromatin in einem fein verteilten, aufgelockerten Zustand; einzelne Chromosomen lassen sich in diesem Zustand mikroskopisch nicht ausmachen (siehe Abbildung 3.24, Interphase). Im Vorfeld einer Zellteilung wird das Chromatin in eine kompaktere Form überführt, die einzelnen Chromosomen werden sichtbar und lassen sich sogar anhand ihrer individuellen morphologischen Merkmale identifizieren. Sie sind von verschiedener Länge und Gestalt; einige sind gebogen, andere mehr stäbchenförmig. Ihre Zahl ist innerhalb einer Art konstant, und jede somatische Zelle (nicht aber die Keimzellen) besitzt dieselbe Zahl von Chromosomen, ungeachtet der Funktion der betreffenden Zelle. So weisen die Körperzellen eines Menschen 46 Chromosomen auf. Abweichungen von dieser Anzahl können vorkommen; dann jedoch liegt eine Erbkrankheit vor, die im Regelfall schwerwiegend ist.

Während der Mitose (Zellkernteilung) verkürzen sich die Chromosomen noch weiter. Dabei werden sie zunehmend kondensiert und gegeneinander abgrenzbar, bis schließlich jedes Chromosom seine charakteristische Form angenommen hat, die teilweise durch die Lage eines eingeschnürten Bereichs, des **Zentromers**, gekennzeichnet ist (▶ Abbildung 3.22). Das Zentromer des Chromosoms ist der Sitz des **Kinetochors**, einer scheibenförmigen Anordnung von Proteinen, die einerseits mit der DNA des Chromosoms, andererseits mit den Mikrotubuli des mitotischen Spindelapparates verbunden sind (siehe weiter unten).

Wenn die DNA des Erbgutes in diesem „verpackten" Zustand vorliegt, ist sie für die molekulargenetische Maschinerie, die die genetischen Anweisungen ausführt (Transkription und Translation; siehe Kapitel 5) unzugänglich. Die Zelle kann in dieser Zeit keine neuen genetischen Instruktionen abrufen. Die Kompaktierung der DNA erlaubt es der Zelle jedoch, die im Verhältnis zur Größe eines Zellkerns sehr langen, fädigen DNA-Moleküle im Verlauf der Mitose sauber aufzuteilen und in die neu zu bildenden Zellkerne der Folgezellen zu verstauen.

3.3.2 Die Phasen der Mitose

Man kann zwei deutlich voneinander abgesetzte Phasen einer Zellteilung unterscheiden: die Teilung der nucleären Chromosomen (die **Mitose**) und die Teilung des Cytoplasmas (die **Cytokinese**). Die Mitose (das heißt, die Aufteilung der Chromosomen) ist sicherlich der auffälligste und komplizierteste Teil der Zellteilung, der für Zellbiologen hochinteressant ist. Die Cytokinese folgt normalerweise unmittelbar auf die Mitose, obwohl gelegentlich der Zellkern mehrere Teilungsrunden durchlaufen kann, ohne dass es zu einer korrespondierenden Teilung des Zellplasmas kommt. In solch einem Fall entsteht eine Cytoplasmamasse, die zahlreiche Zellkerne enthält, und die deshalb als **vielkernige Zelle** bezeichnet wird. Ein Beispiel hierfür sind die resorptiven Riesenzellen des Knochengewebes, die **Osteoklasten**, die 15 bis 20 Zellkerne enthalten können. Manchmal wird eine solche vielkernige Masse auch durch Zellfusion statt durch nucleäre Proliferation erzeugt. Ein solches Gebilde wird als **Syncytium** bezeichnet. Ein Beispiel hierfür ist der Skelettmuskel von Wirbeltieren, der aus vielkernigen Muskelfasern besteht, die aus der Fusion zahlreicher embryonaler Zellen hervorgehen. Vielfach wird der Begriff *Syncytium* allerdings auch umfassender gebraucht, so dass er die durch fortgesetzte Kernteilungen entstandenen vielkernigen Zellen mit einschließt.

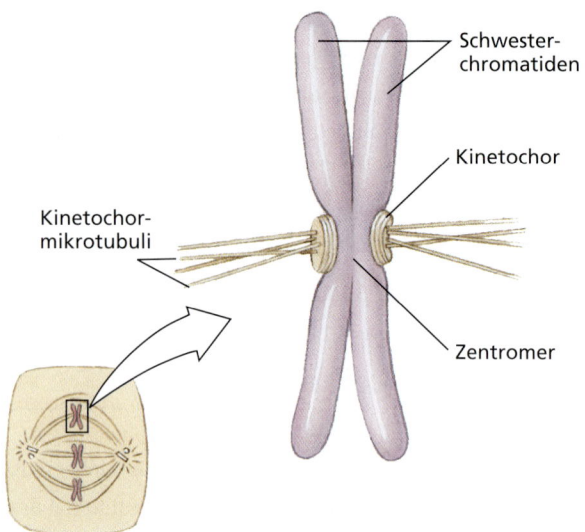

Abbildung 3.22: **Struktur eines Metaphasenchromosoms.** Die Schwesterchromatiden hängen im Bereich ihrer Zentromere noch zusammen. Jedes Chromatid besitzt ein Kinetochor, an dem die Kinetochorfasern ansetzen. Die Kinetochormikrotubuli, die zu einem Chromatid gehören, laufen im Zentrosombereich zusammen. Die gegenüberliegenden Enden dieser Kinetochormikrotubuli sind mit den Zentromeren an den gegenüberliegenden Polen der Zelle verbunden, zu denen die Chromosomen bei der Verteilung hinwandern.

Der Vorgang der Mitose untergliedert sich in vier aufeinanderfolgende Stadien oder Phasen, wobei allerdings diese Stadien ohne scharfe Trennlinien oder zeitliche Abgrenzung bei einer Zellteilung ineinander übergehen. Die Einteilung in die nachfolgend beschriebenen Phasen dient also nur dem besseren Verständnis. Für die Zelle handelt es sich um einen einzigen, fortlaufenden Prozess. Die Phasen der Mitose sind die Prophase, die Metaphase, die Anaphase und die Telophase (▶ Abbildungen 3.23 und ▶ 3.24). Wenn eine Zelle nicht im Begriff ist, sich zu teilen, befindet sie sich in der Interphase des Zellzyklus'; die Interphase wird weiter unten besprochen.

Die Prophase

Zu Beginn der Prophase replizieren sich die Zentrosomen (zusammen mit ihren Zentriolen), die Zellkernhülle zerfällt, und die beiden Zentrosomen wandern zu entgegengesetzten Polen der Zelle (Abbildung 3.23). Gleichzeitig treten die Mikrotubuli in Erscheinung und bilden zwischen den beiden Zentrosomen einen bikonvexen **Spindelapparat** aus; dieser hat seinen Namen nach dem beiderseits zugespitzten Spindel-Werkzeug

3.3 Mitose und Zellteilung

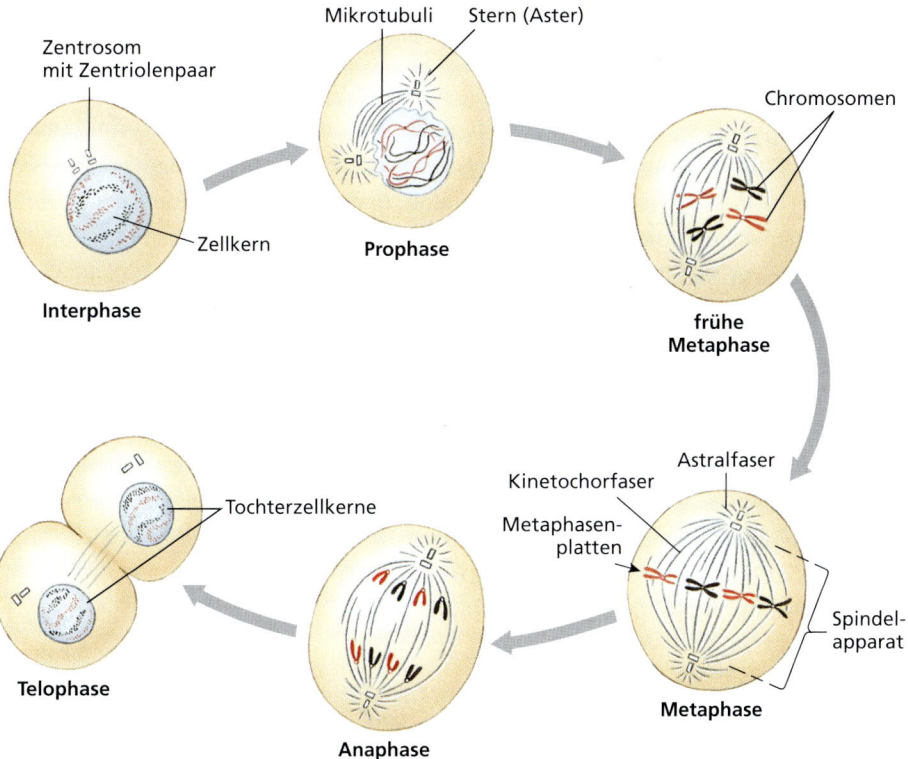

Abbildung 3.23: **Die Stadien der Mitose am Beispiel einer Zelle mit zwei Chromosomenpaaren.** Zur besseren Unterscheidung sind die Chromosomen farblich voneinander abgesetzt. Eines der Chromosomenpaare ist in rot wiedergegeben.

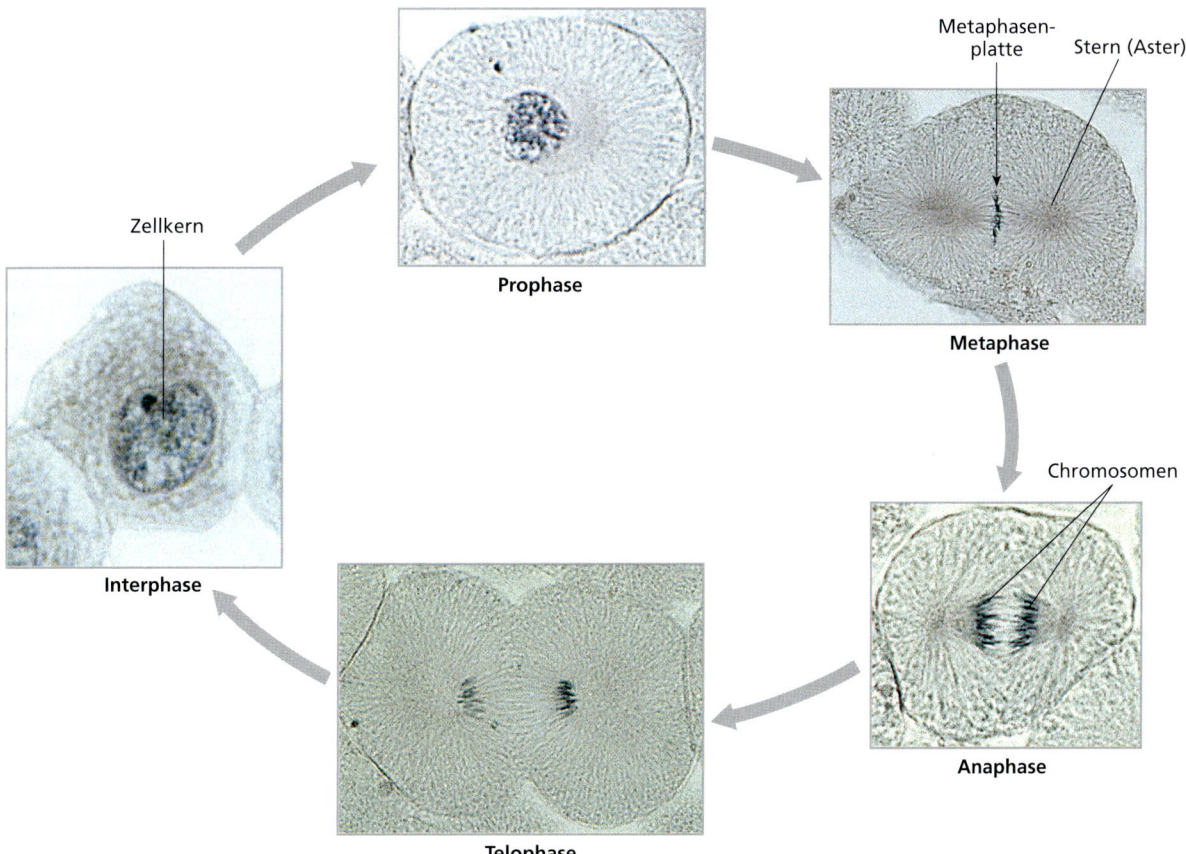

Abbildung 3.24: **Mitosestadien.** Die Mitosestadien in einer Zelle eines Blaufelchens *(Coregonus lavaretus)*.

des Spinnereihandwerks früherer Zeiten. Weitere Mikrotubuli strahlen von jedem der Zentrosomen sternförmig unter Bildung von **Astern** aus (lat. *astrum*, Stern, Gestirn). Diese Astern entwickeln sich in jeder der bei der Zellteilung gebildeten Folgezellen zum mikrotubulären Anteil des Cytoskeletts.

Wenn dieser Punkt erreicht ist, kondensiert das diffuse Chromatin des Interphasezellkerns zu sichtbaren Chromosomen. Diese bestehen zu diesem Zeitpunkt infolge der im Vorfeld erfolgten Replikation der DNA aus zwei **Schwesterchromatiden** (2 DNA-Molekülen mit ihren assoziierten Proteinen). Sie haben sich in der S-Phase des Zellzyklus' gebildet (siehe unten). Die Schwesterchromatiden hängen an ihren Zentromeren zusammen. Dynamische Spindelfasern strecken sich von jedem Zentrosom wiederholt aus und ziehen sich wieder zurück. Wenn eine solche Spindelfaser (ein Mikrotubulus) mit einem Kinetochor in Kontakt kommt, wird es durch eine Wechselwirkung mit Kinetochorproteinen festgehalten und hört auf, sich zu verlängern und wieder zu verkürzen. Von nun an wird diese Spindelfaser als **Kinetochorfaser** bezeichnet. Die Zentrosomen senden also gewissermaßen „Fühler" aus, um nach den Chromosomen zu tasten.

Die Metaphase

Jedes Zentro*mer* besitzt zwei Kinetochore, und jedes Kinetochor ist mit einem der Zentro*somen* durch eine Kinetochorfaser verbunden. Durch eine Art Tauziehen während der Metaphase werden die kondensierten Schwesterchromatiden in die Mitte der Zellkernregion manövriert. Dieser Bereich wird als **Metaphasenplatte** bezeichnet (Abbildungen 3.23 und 3.24). Die Zentromere richten sich im Bereich der Metaphasenplatte präzise aus. Dabei hängen die Arme der Chromatiden zufällig verteilt in verschiedene Richtungen.

Die Anaphase

Das einzelne Zentromer, das die beiden Schwesterchromatiden zusammengehalten hat, spaltet sich nun auf, so dass die beiden Schwesterchromatiden (das Zweichromatidchromosom) zu zwei unabhängigen Chromosomen (zwei Einchromatidchromosomen) werden. Jedes der neuen Einchromatidchromosomen besitzt nun ein eigenes Zentromer. Die Chromosomen bewegen sich zu ihren jeweiligen Polen hin – dabei werden sie von den Kinetochorfasern gezogen. Die Arme jedes der Chromosomen werden bei dieser Wanderung, bei der sich die Mikrotubuli zunehmend verkürzen, hinterhergeschleppt.

Ein vollständiger Chromosomensatz wird zu jedem der beiden Zellpole befördert. Unser heutiges Wissen deutet darauf hin, dass die Kraft für die Chromosomentrennung durch die Zerlegung der Mikrotubuli in Tubulinmonomere am Kinetochorende der Mikrotubuli erzeugt wird.

In dem Maß, in dem sich die Chromosomen ihrem jeweiligen Zentrosom nähern, wandern die Zentrosomen weiter voneinander weg. Dabei werden die Mikrotubuli nach und nach in ihre Tubulinbausteine zerlegt.

Die Telophase

Wenn die aufgeteilten Chromosomen ihre jeweiligen Pole erreicht haben, hat die Telophase eingesetzt. Die beiden Chromsomensätze knäulen sich zusammen und können durch histologische Färbungen intensiv angefärbt werden. Die Spindelfasern verschwinden, die Chromosomen verlieren ihre Identität und gehen in dem diffusen Chromatinmaschenwerk des Interphasekerns auf, das charakteristisch für dieses Stadium ist. Vor dem Erreichen dieses Zustands wird die Zellkernhülle durch das endoplasmatische Reticulum zurückgebildet.

Cytokinese: Die Cytoplasmatische Teilung

Im Verlauf der abschließenden Stadien der Zellkernteilung erscheint an der Oberfläche einer sich teilenden Zelle eine **Teilungsfurche**, die die gesamte Zelle im Bereich der Mittellinie der Mitosespindel umläuft (Abbildungen 3.23 und 3.24, Telophase). Die Teilungsfurche vertieft sich und durchtrennt die Plasmamembran, so als würde die ganze Zelle von einem unsichtbaren Bindfaden eingeschnürt. Unmittelbar unter der Oberfläche der Furche, die den Trennbereich der beiden Folgezellen markiert, finden sich Mikrofilamente aus Aktin. Durch die Wechselwirkung mit Myosin und anderen aktinbindenden Proteinen wird die kreisförmig um die Zelle laufende Furche nach innen gezogen und die dabei ablaufenden molekularen Vorgänge sind denen der Kontraktion einer Muskelzelle ähnlich; siehe Kapitel 29. Schließlich treffen die sich einfaltenden Kanten der Plasmamembran vormals gegenüberliegender Seiten der Zelle aufeinander und verschmelzen miteinander. Die Zellteilung ist abgeschlossen. Wie bei anderen Vorgängen, an denen das Cytoskelett beteiligt ist, wie zum Beispiel dem Spindelapparat, sind auch hierbei die Zentrosomen für die Ausrichtung und die Kontraktion der mittig zwischen ihnen und im rechten Winkel zur Spindel liegenden Mikrofilamente verantwortlich.

Der Zellzyklus

Zyklische Vorgänge sind ein häufig wiederkehrendes Merkmal des Lebens. Die Entstehung einer Art ist in einem sehr realen Sinne eine Folge von Lebenszyklen. In ähnlicher Weise durchlaufen Zellen Zyklen des Wachstums und der Replikation, die mit Teilungen enden und dann in eine neue Runde gehen. Als Zellzyklus bezeichnet man den Zeitraum und die während dieser Zeit ablaufenden Vorgänge zwischen einer Zellteilung und der nächsten (▶ Abbildung 3.25).

Die oben besprochene Mitose beansprucht nur etwa fünf bis zehn Prozent der Zeit des Zellzyklus', den Rest der Zeit verbringt die Zelle in der sogenannten **Interphase** – dem Zeitraum zwischen zwei mitotischen Kernteilungen. Lange Zeit dachte man, die Interphase sei eine Zeit relativer Ruhe, da der Zellkern inaktiv erscheint, wenn man ihn während dieser Zeit im Lichtmikroskop betrachtet. Als man in den frühen 50er-Jahren des 20. Jahrhunderts die volle Bedeutung der DNA als Erbmaterial erkannte, wurden bald Techniken entwickelt, um die Replikation der DNA zu verfolgen und zu messen. Damit entdeckte man, dass sich die DNA-Replikation in der Interphase abspielt. Nachfolgende Untersuchungen brachten an den Tag, dass während dieser vermeintlich ruhigen Zeitspanne der Interphase viele weitere Proteine und Nucleinsäurebestandteile, die für das normale Funktionieren, das Wachstum und die Teilung von Zellen notwendig sind, fortwährend synthetisiert werden.

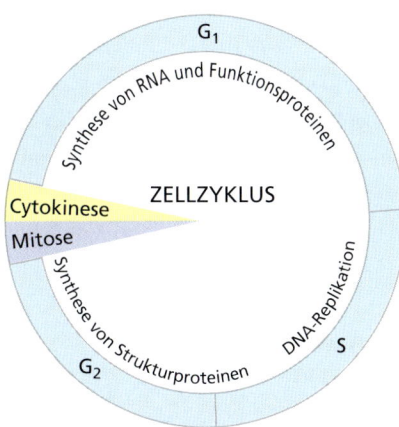

Abbildung 3.25: Der Zellzyklus. Abgebildet ist die relative Dauer der einzelnen Phasen. S, G_1 und G_2 sind Abschnitte der Interphase. S ist die Synthesephase, während derer die DNA repliziert wird. G_1 (Gap 1) ist die präsynthetische Phase. G_2 (Gap 2) ist die postsynthetische Phase. Nach der Mitose und der Cytokinese kann die Zelle in einen arretierten Ruhezustand übergehen, der G_0 genannt wird. Die tatsächliche Dauer der verschiedenen Phasen und des gesamten Zyklus' ist sehr stark vom jeweiligen Zelltyp abhängig.

Die Replikation der DNA vollzieht sich in einem Abschnitt, der als S-Phase (Synthesephase) bezeichnet wird. Bei Säugetierzellen in Kultur dauert die S-Phase ungefähr sechs Stunden, ein kompletter Zellzyklus dauert 18–24 Stunden. In der S-Phase müssen beide Stränge eines DNA-Moleküls neu synthetisiert werden; für jeden der Ausgangsstränge wird ein neuer, komplementärer Partnerstrang hergestellt (siehe Kapitel 5). Durch den Vorgang der Replikation wird aus einem Einchromatidchromosom ein Zweichromatidchromosom, dessen Schwesterchromatiden bei der nächsten Mitose getrennt werden.

Der S-Phase geht die G_1-Phase voraus, die G_2-Phase folgt ihr. Das Kürzel „G" steht für das englische Wort *gap* (Lücke). In diesen Phasen finden jeweils Vorbereitungen für die nachfolgenden Zyklusphasen statt. In der G_1-Phase wird also die Replikation der DNA vorbereitet, indem tRNAs, Ribosomen, mRNAs und eine Reihe von Enzymen wie DNA-Polymerasen gebildet werden. Im Verlauf der G_2-Phase werden die Proteine für den Spindelapparat und die Astern als Vorbereitung für die Chromosomenaufteilung in der Mitose hergestellt. G_1 dauert im Allgemeinen länger als G_2; allerdings gibt es ein hohes Maß an Variabilität zwischen den unterschiedlichen Zelltypen. Embryonale Zellen teilen sich sehr rasch, weil zwischen den Teilungen kein Zellwachstum, sondern nur eine Untergliederung der Zellmasse erfolgt. In embryonalen Zellen kann die DNA-Synthese hundertmal schneller ablaufen als in adulten Zellen; dabei ist die G_1-Phase stark verkürzt. In dem Maß, in dem sich ein Organismus entwickelt, nimmt die Zellzykluslänge der meisten seiner Zellarten zu, und viele Zellen können für lange Zeit im G_1-Zustand verharren oder in einem nichtproliferativen Ruhezustand arretiert sein, der als G_0 bezeichnet wird. Beispielsweise teilen sich Neuronen nicht mehr und befinden sich daher in einem permanenten G_0-Zustand.

Neuere Untersuchungen haben sehr viele neue Einsichten in die außerordentlich verwickelte Regulation der Ereignisse des Zellzyklus' erbracht. Die Übergänge während des Zellzyklus' werden von speziellen Enzymen, den **cyclinabhängigen Kinasen** (engl. *cdks; cell cycle dependent kinases*) sowie den sie regulierenden Proteinen – den **Cyclinen** – vermittelt. Kinasen sind Enzyme, die Phosphorsäurereste auf ihre Substrate übertragen. Proteinkinasen übertragen hoch spezifische Phosphorsäurereste auf andere Proteine. Durch die Phosphorylierung werden diese in ihrer Aktivität beeinflusst (manche aktiviert, andere inaktiviert). Die Kinasen unterliegen stetig selbst einer Regulation und müssen aktiviert werden, um ihre Aufgabe zu erfüllen. Die cdks werden nur dann aktiviert, wenn das entsprechende Cyclin an sie gebunden ist. Die Cycline werden im Verlauf des Zellzyklus' in koordinierter Weise synthetisiert und wieder abgebaut (▶ Abbildung 3.26). Es scheint daher sehr wahrscheinlich, dass Phosphorylierung und Desphosphorylierung bestimmter cyclinabhängiger Kinasen und ihre Wechselwirkungen mit phasenspezifischen Cyclinen den Übergang von einer Zyklusphase in die nächste einleiten.

3.3.3 Zellflux

Die Zellteilung ist wichtig für das Wachstum und für den Ersatz von Zellen, die überaltert sind oder durch Verletzung oder Infektion verlorengegangen sind. Während der Phasen der Frühentwicklung eines Organismus folgen die Zellteilungen besonders rasch aufeinander. Zum Zeitpunkt der Geburt besteht ein menschlicher Säugling aus etwa 2 Billionen (2×10^{12}) Zellen. Sie alle gehen durch fortschreitende Teilung aus einer einzigen Zelle, der befruchteten Eizelle (Zygote) hervor.

Diese immense Zahl kann durch nur 42 aufeinanderfolgende Teilungen erreicht werden, wenn man davon ausgeht, dass sich jedes Teilungsprodukt selbst wieder teilt. Dabei muss sich jede neue Zellgeneration lediglich alle sechs bis sieben Tage in zwei Zellpopulationen teilen. Mit nur fünf weiteren Teilungsrunden stiege die Zellzahl auf ungefähr 60 Billionen (6×10^{13} = 60.000 Milliarden!) – die Zahl der Zellen eines ca. 75 kg schweren erwachsenen Menschen. Kein Lebewesen entwickelt sich jedoch in einer solch gleichförmigen Art und Weise. Die Zellteilungen erfolgen während der frühen Embryonalentwicklung rasch und verlangsamen sich dann mit zunehmendem Alter. Darüber hinaus teilen sich unterschiedliche Zellpopulationen mit sehr unterschiedlichen Teilungsraten. Bei einigen liegt die durchschnittliche Zeitspanne zwischen zwei Teilungen im Bereich von Stunden, bei anderen in Tagen, Monaten oder sogar Jahren. Zellen im zentralen Nervensystem hören nach den ersten Monaten der fötalen Entwicklung sogar gänzlich auf, sich zu teilen. Sie existieren für gewöhnlich ohne sich zu teilen über die gesamte Lebensdauer eines Individuums. Muskelzellen hören ebenfalls im Verlauf des dritten Monats der Fötalentwicklung auf sich zu teilen, so dass der größte Teil des zukünftigen Muskelwachstums durch eine Vergrößerung der bereits vorhandenen Muskelfasern erfolgt.

In anderen Geweben, die einem hohen Verschleiß unterliegen, müssen eingebüßte Zellen fortwährend ersetzt werden. Es ist geschätzt worden, dass ein menschlicher Körper tagtäglich zwischen ein und zwei Prozent seiner Zellen (das sind rund einhundert Milliarden!) verliert und ersetzen muss. Man beachte, dass es sich hierbei um grobe Abschätzungen und nicht um Messergebnisse handelt. Mechanische Scherung trägt die äußeren Hautzellen ab, und Gleiches tun Nahrungsteilchen mit den Epithelzellen, die den Verdauungskanal auskleiden. Blutzellen – insbesondere die teilungsunfähigen roten Blutkörperchen – unterliegen ebenfalls einer hohen Umsatzrate. Alle diese verlorengegangenen Zellen werden durch Mitosen ersetzt, Blutzellen durch die Teilung von Stammzellen im Knochenmark.

Die normale Entwicklung umfasst jedoch auch das kontrollierte Absterben von Zellen, die nach dem Zelltod nicht ersetzt werden. Wenn Zellen altern, häufen sich in ihnen Schädigungen durch oxidativ wirkende Stoffe an. Dieser und andere Einflüsse sowie die vorgegebene begrenzte Teilungsfähigkeit jeder Zelle führen schließlich dazu, dass die Zelle irgendwann abstirbt. Ein besonderer Typus von Zelltod ist die **Apoptose** (programmierter Zelltod), der Zellen betrifft, die überaltert und dadurch funktionsuntüchtig werden (gr. *apo*, von – her

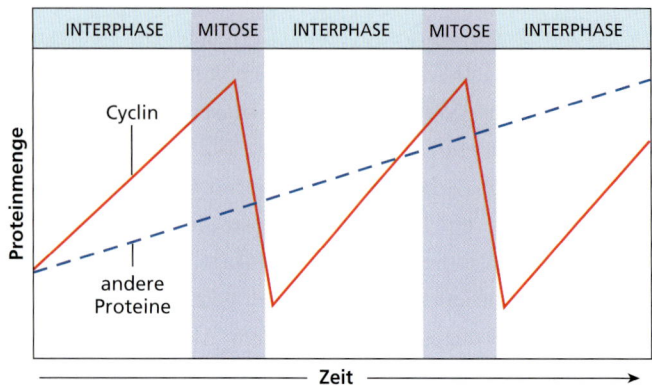

Abbildung 3.26: **Schwankungen der Cyclinmengen in sich teilenden Zellen eines Seeigelembryos.** Die Cycline binden an die zugehörigen cyclinabhängigen Kinasen, die nach der Aktivierung durch Cycline ihrerseits andere Enzyme in ihrer Aktivität regulieren.

seit von ab + *ptosis*, Niedergang). Dieses kontrollierte Absterben bestimmter Zellen ist in vielen Fällen für die andauernde Gesundheit und die ordnungsgemäße Entwicklung eines Lebewesens sogar notwendig. So entstehen beispielsweise während der Embryonalentwicklung bei allen Wirbeltieren zwischen den Fingern und Zehen Gewebeschichten, die bei manchen Formen (z. B. dem Menschen) wieder absterben, so dass unabhängig voneinander bewegliche Finger entstehen. Bei anderen Säugetieren bleiben sie erhalten, zum Beispiel bei den Fledermäusen in Form der Flughäute. Zellen der Immunabwehr, die im Überschuss produziert werden, werden nach ihrer Reaktivität selektiert. Abwehrzellen, die die Gewebe des eigenen Körpers angreifen, werden dazu veranlasst, „Selbstmord zu begehen", das heißt, den Prozess der Apoptose einzuleiten. Im Gehirn sterben Nervenzellen ab, um die Einfaltungen der Hirnrinde auszubilden. Die Apoptose stellt eine wohlkoordinierte

Exkurs

Das Phänomen der Apoptose erfreut sich gegenwärtig eines großen Interesses von Seiten der Zellbiologen. Eines der wertvollsten Modellsysteme, an dem die Apoptose im Labor erforscht wird, ist ein winziger, freilebender Fadenwurm namens *Caenorhabditis elegans* (Phylum Nematoda, siehe Kapitel 15). Die Effekte der Apoptose sind nicht immer von Vorteil für den Organismus. So scheint beispielsweise ein wichtiger Mechanismus bei der Entstehung der Immunkrankheit AIDS in der fälschlichen Auslösung des programmierten Zelltods bei einer wichtigen Population weißer Blutkörperchen zu sein, die einen regulierenden Einfluss auf weite Teile des Immunsystems haben.

und vorhersagbare Folge von Einzelschritten dar: Die betroffene Zelle schrumpft in sich zusammen und zerfällt in Fragmente, die von den umgebenden Zellen oder spezialisierten Fresszellen beseitigt werden.

ZUSAMMENFASSUNG

Zellen sind die grundlegenden strukturellen und funktionellen Einheiten aller Lebewesen. Eukaryontische Zellen unterscheiden sich von den prokaryontischen Zellen der Bakterien in mehrfacher Hinsicht. Der gravierendste Unterschied ist der Besitz eines von einem Membransystem umgebenen Zellkerns bei den Eukaryonten. Dieser Zellkern enthält das aus DNA bestehende Erbgut in Form fadenförmiger (linearer) Chromosomen aus DNA und assoziierten Proteinen. Die Chromosomen sind im transkriptionell aktiven Interphasekern lockere, teilkondensierte Gebilde, die sich vor einer anstehenden Zellteilung in geordneter Weise stärker kondensieren und als diskrete Einheiten sichtbar werden.

Alle lebenden Zellen sind von einer Plasmamembran (‚lipid bilayer') umgeben, die die molekularen Transportprozesse in die Zelle hinein und aus der Zelle heraus reguliert und die Grenze des eigentlichen Zellkörpers markiert. Der Zellkern ist von einer doppelten Membran (zwei Lipiddoppelschichten) umgeben; er enthält das Chromatin, weitere zellkerntypische Proteine, sowie einen oder mehrere Nucleoli. Außerhalb des Zellkerns und innerhalb der Plasmamembran befindet sich das Cytoplasma, das von einem Netzwerk innerer Membranen der Zelle durchzogen und in funktionell unterschiedliche Kompartimente aufgeteilt wird. Im Cytoplasma finden sich neben dem Zellkern zahlreiche weitere Organellen (von Membranen abgegrenzte Kompartimente) wie das endoplasmatische Reticulum, der Golgiapparat, die Mitochondrien, die Endosomen, die Lysosomen und eine Vielzahl von Vesikeln, die den Transport zwischen den Kompartimenten vermitteln. Das Cytoskelett besteht aus Mikrofilamenten (aus Aktin), Mikrotubuli (aus Tubulin) und Intermediärfilamenten (aus verschiedenen Strukturproteinen). Cilien und Flagellen sind haarartige, bewegliche Anhangsgebilde von Zellen, die Mikrotubuli enthalten und von einer Einheitsmembran überzogen sind. Amöboide Zellbewegungen durch Pseudopodien werden mit Hilfe der Aktinmikrofilamente zustande gebracht. Tight junctions, Adhäsionspunkte, Desmosomen und gap junctions sind strukturell wie funktionell unterscheidbare Direktverbindungen zwischen benachbarten Zellen.

Die Membranen einer Zelle bestehen aus einer Doppelschicht aus Phospholipiden und anderen Substanzen wie Cholesterin und Membranproteinen. Die hydrophilen Enden der Phospholipidmoleküle befinden sich auf den Außenflächen der Membran, die in das Zellinnere und nach außen weisen. Die Kohlenwasserstoffketten der Fettsäureanteile der Lipidmoleküle weisen in das Innere der Membrandoppelschicht. Die Kohlenwasserstoffketten der beiden Lipidschichten sind einander zugewandt und bilden den hydrophoben Kernbereich der Membran.

Substanzen können durch Diffusion, vermittelten Transport oder Endocytose in eine Zelle gelangen. Osmose ist die gerichtete Diffusion eines Lösungsmittels (Wasser im Fall von Zellen) durch Kanäle in einer selektiv permeablen Membran aufgrund von Unterschieden im chemischen Potenzial zu beiden Seiten der Membran. Die Triebkraft des Vorgangs wird als osmotischer Druck bezeichnet. Gelöste Substanzen, für die die Membran undurchlässig ist, erfordern spezielle Kanäle oder Transportsysteme, um durch die Membran transportiert zu werden. Wassermoleküle und Ionen wandern durch Diffusion (folgen einem Konzentrationsgefälle) durch offene Kanäle. Es existieren Transportsysteme für die erleichterte Diffusion (passiver Transport) und den aktiven Transport (gegen ein Konzentrationsgefälle unter Aufwendung von Energie). Durch Endocytose werden größere Stoffmengen in die Zelle aufgenommen: Flüssigkeitströpfchen durch Pinocytose, feste Teilchen durch Phagocytose. Die Exocytose ist die Umkehrung der Endocytose. Exo- und Endocytose sind mit Membranfusions- bzw. Vesikelbildungsvorgängen verbunden.

Der Zellzyklus eukaryontischer Zellen schließt die Mitose (Teilung der Chromosomen des Zellkerns) und die Cytokinese (Teilung des Cytoplasmas) sowie eine Interphase zwischen zwei Teilungen ein. Während der Interphase vollziehen sich die Phasen G_1, S und G_2; in der S-Phase wird die DNA der Chromosomen redupliziert).

Die Zellteilung ist notwendig für die Produktion neuer Zellen aus bereits existierenden Zellen. Sie ist die Grundlage für das Wachstum vielzelliger Organismen. Während dieses Vorgangs teilen sich die replizierten Chromosomen des Zellkerns durch Mitose, gefolgt von der Cytoplasmateilung durch Cytokinese.

Die vier Stadien der Mitose sind die Prophase, die Metaphase, die Anaphase und die Telophase. In der Prophase kondensieren die Zweichromatidchromosomen, die zwei – durch Replikation entstandene – Schwesterchromatiden enthalten, zu lichtmikroskopisch erkennbaren Körperchen – den Chromosomen der klassischen Cytologie. Zwischen den Zentrosomen bildet sich ein Spindelapparat aus, um die homologen Chromosomen zu entgegengesetzten Polen der Zelle hin zu ziehen. Am Ende der Prophase zerfällt die Zellkernhülle, und die Kinetochore aller Chromosomen werden durch Kinetochorfasern (Mikrotubuli des Spindelapparates) mit den Zentrosomen verbunden. In der Metaphase wandern die Zweichromatidchromosomen in die Zellmitte; dort werden sie durch die Kinetochorfasern der mitotischen Spindel in ihrer Position gehalten. In der Anaphase zerteilen sich die Zentromerbereiche der Zweichromatidchromosomen; es entstehen Einchromatidchromosomen, die die nunmehr getrennten Schwesterchromatiden der Zweichromatidchromosomen sind, die unter der Zugwirkung der anhaftenden Kinetochorfasern des mitotischen Spindelapparates auseinandergezogen werden. In der Telophase sammeln sich die Einchromatidchromosomen und nehmen langsam wieder das diffuse Erscheinungsbild des Chromatins in einem Interphasekern an. Die Zellkernhülle wird durch das endoplasmatische Reticulum zurückgebildet, und die Cytokinese setzt ein. Nach dem Ende von Mitose und Cytokinese haben sich zwei Folgezellen gebildet, die genetisch mit der Ausgangszelle identisch sind.

Während der Embryonalentwicklung teilen sich Zellen rasch, mit zunehmendem Alter dann langsamer. Einige Zellen fahren lebenslang fort, sich zu teilen, um Zellen zu ersetzen, die durch Verschleiß verloren gegangen sind, wohingegen andere – wie Nerven- oder Muskelzellen – ihre Teilungstätigkeit in der Phase der Frühentwicklung vollständig durchlaufen und sich danach nur noch selten teilen. Einige Zellen erleiden einen programmierten Zelltod, die Apoptose.

ZUSAMMENFASSUNG

Übungsaufgaben

1. Erläutern Sie den grundsätzlichen Unterschied zwischen einem Licht- und einem Durchlichtelektronenmikroskop.

2. Beschreiben Sie kurz Aufbau und Funktion der folgenden Gebilde: Plasmamembran, Chromatin, Zellkern, Nucleolus, raues endoplasmatisches Reticulum (raues ER), Golgiapparat, Lysosomen, Mitochondrien, Mikrofilamente, Mikrotubuli, Intermediärfilamente, Zentriolen, Basalkörperchen (Kinetosom), tight junctions, gap junctions, Desmosomen, Glycoproteine, Mikrovilli.

3. Nennen Sie jeweils zwei Funktionen des Aktins und des Tubulins.

4. Grenzen Sie Cilien, Flagellen und Pseudopodien gegeneinander ab.

5. Welches sind die Aufgaben jeder der drei Hauptbestandteile von Plasmamembranen?

6. Unser heutiges Konzept der Plasmamembran (von Zellmembranen allgemein) ist als das „fluid mosaic"-Modell bekannt. Warum?

7. Sie geben einige rote Blutkörperchen in eine Lösung und beobachten, dass die Zellen anschwellen und schließlich platzen. Sie geben einige weitere Blutkörperchen in eine andere Lösung, in der diese zusammenschrumpfen und faltig werden. Erklären Sie, was in den beiden Fällen passiert ist.

8. Erläutern Sie, warum ein Becherglas mit einer Salzlösung, das Sie auf ihren Labortisch stellen, einen hohen osmotischen Druck haben kann, obwohl nur ein hydrostatischer Druck von einer Atmosphäre auf ihm lastet.

9. Die Plasmamembran stellt eine wirkungsvolle Barriere gegen molekulare Bewegungen durch sie hindurch dar. Dennoch verlassen viele Stoffe eine lebende Zelle, viele andere gelangen hinein. Erläutern Sie die Mechanismen, durch welche dies

bewerkstelligt wird und machen Sie Aussagen zu den energetischen Erfordernissen für die verschiedenen Mechanismen.

10 Grenzen Sie die Vorgänge der Phagocytose, der Pinocytose, der rezeptorvermittelten Endocytose und der Exocytose gegeneinander ab.

11 Geben Sie Definitionen für die folgenden Begriffe: Chromosom, Zentromer, Zentrosom, Kinetochor, Mitose, Cytokinese, Syncytium.

12 Erläutern Sie die Phasen des Zellzyklus' und machen Sie Aussagen zu wichtigen zellulären Ereignissen, die während jeder der Phasen vonstatten gehen. Was versteht man unter G_0?

13 Nennen Sie die drei Stadien der Mitose in der Reihenfolge, in der sie aufeinanderfolgen und beschreiben Sie die Struktur und das Verhalten der Chromosomen in jedem der Stadien.

14 Umreißen Sie kurz die Möglichkeiten, durch die eine Zelle während des normalen Lebenslaufs eines vielzelligen Lebewesens absterben kann.

Weiterführende Literatur

Alberts, B. et al. (2003): Molekularbiologie der Zelle. 4. Auflage. Wiley-VCH; ISBN: 3-527-30492-4. *Ein sehr umfangreiches Lehrbuch der Zellbiologie, das vielfach über die Grenzen des Faches hinausreicht.*

Anderson, R. et al. (1992): Potocytosis: sequestration and transport of small molecules by caveolae. Science, vol. 255: 410–413. *Beschreibt den Mechanismus der zellulären Internalisierung niedermolekularer Substanzen.*

Barinaga, M. (1996): Forging a path to cell death. Science, vol. 273: 735–737. *Entdeckung eines Signalweges, der die Apoptose reguliert.*

Barocchi, M. et al. (2004): Cell entry machines: a common theme in nature? Nature Reviews Microbiology, vol. 3: 349–358.

Bayley, H. (1997): Building doors into cells. Scientific American, vol. 277: 62–67. *In Membranen lassen sich künstliche Poren einbauen, die ein Tor für die Einschleusung von Medikamentenwirkstoffen sein oder die als Biosensoren für giftige Stoffe dienen können.*

Bloom, J. und F. Cross (2007): Multiple levels of cyclin specificity in cell-cycle control. Nature Reviews Molecular Cell Biology, vol. 8: 149–160. *Eine aktuelle Bestandsaufnahme zur Rolle der Cycline und der mit ihnen wechselwirkenden Proteine bei der Ausübung der Kontrolle über den Ablauf des Zellzyklusses.*

H. Hug (2000): Apoptose: die Selbstvernichtung der Zelle als Überlebensschutz. Biologie in unserer Zeit, vol. 30, Nr. 3: 128–135. *Eine leichtverständliche Einführung in das Thema in deutscher Sprache.*

Hinchcliffe, E. und G. Sluder (2001): „It Takes Two to Tango": understanding how centrosome duplication is regulated throughout the cell cycle. Genes & Development, vol. 15: 1167–1181.

Karp, G. (2005): Molekulare Zellbiologie, 4. Auflage. Springer; ISBN: 3-540-23857-3. *Hochmodernes, hervorragendes Lehrbuch der Zellbiologie, das alle Themen des Faches abdeckt.*

Lodish, H. et al. (2007): Molecular Cell Biology, 6. Auflage. Macmillan; ISBN: 1-4292-0314-5. *Hervorragendes Lehrbuch der Zellbiologie, das alle Themen des Faches abdeckt.*

Miller, L. und J. Marx (1998): Apoptosis. Science, vol. 281: 1301. *Einführung zu einer Serie von Artikeln zur Apoptose in dieser Ausgabe der Zeitschrift.*

Morgan, D. (2006): The Cell Cycle – Principles of Control. Oxford University Press; ISBN: 0-19-920610-4. *Eine aktuelle Zusammenfassung unseres gegenwärtigen Verständnisses der Regulation des Zellzyklusses.*

Plattner, H. und J. Hentschel (2006): Zellbiologie. 3. Auflage. Thieme; ISBN: 9-7831-3106-5131. *Ein kurzgefasstes aktuelles Lehrbuch der Zellbiologie.*

Pollard, T. D. und W. Earnshaw (2007): Cell Biology, 1. Auflage. Springer, ISBN: 978-3-8274-1861-6. *Hochmodernes, hervorragendes Lehrbuch der Zellbiologie, das alle Themen des Faches abdeckt. Englisch mit deutschen Übersetzungshilfen.*

Tanaka, T. et al. (2005): Kinetochore capture and bi-orientation on the mitotic spindle. Nature Reviews Molecular Cell Biology, vol. 6: 929–942. *Aktuelle und ausführliche Übersicht zu Aufbau und Funktion des mitotischen Spindelapparates.*

Weitere Informationen zu diesem Buchkapitel finden Sie auf der Companion-Website unter
http://www.pearson-studium.de

Zellstoffwechsel

4.1	Energie und die Hauptsätze der Thermodynamik	89
4.2	Die freie Energie	90
4.3	Die Rolle der Enzyme	91
4.4	Übertragung chemischer Energie durch ATP	95
4.5	Zellatmung	96
4.6	Die Atmungskette	101
4.7	Lipid (Fett-)Stoffwechsel	105
4.8	Proteinstoffwechsel	106
4.9	Die Regulation des Stoffwechsels	108
Zusammenfassung		109
Übungsaufgaben		110
Weiterführende Literatur		111

4 Zellstoffwechsel

*L*ebende Systeme scheinen auf den ersten Blick dem 2. Hauptsatz der Thermodynamik zu widersprechen, der besagt, dass der allgemeine Energiefluss im Universum einer Richtung folgt, die zu immer größerer Unordnung (= Entropie) führt. Jede Energie, so eine alternative Darstellung, wird letztendlich in Wärmebewegung umgewandelt. Das Maß für die Zunahme des Grades an Ordnung bzw. Unordnung in einem geschlossenen System wird als Entropie des Systems bezeichnet. Lebende Systeme (Lebewesen) verringern jedoch ihre innere Entropie und erhöhen die molekulare Ordnung in ihrem Aufbau. Es ist offensichtlich, dass ein Organismus im Verlauf seiner Entwicklung vom befruchteten Ei zum Adultus ein sehr viel höheres Maß an Komplexität erlangt und somit anscheinend dem 2. Hauptsatz widerspricht. Der 2. Hauptsatz der Thermodynamik bezieht sich jedoch explizit auf geschlossene Systeme, und Lebewesen sind eben keine geschlossenen Systeme im Sinne der Thermodynamik. Tiere, ebenso wie alle anderen Lebensformen, wachsen und erhalten sich selbst, indem sie freie Energie aus der Umgebung aufnehmen und umwandeln. Wenn sich ein Hirsch im Verlauf des Sommers mit Eicheln und Bucheckern mästet, überführt er dadurch potenzielle Energie in Form der chemischen Bindungsenergie der Nährstoffe in der Nahrung in seinen Körper. Diese Energie wird dann in verzahnten Reaktionsfolgen, die als Stoffwechselwege bezeichnet werden, freigesetzt, um die vielfältigen Lebensfunktionen des Hirsches zu unterhalten. Unter dem Strich läuft es darauf hinaus, dass der

Ein Weißwedelhirsch *(Odocoileus virginianus)* beim Äsen an Eicheln.

Hirsch seine eigene Entropie auf Kosten der Nahrung, deren Entropie durch die Verdauung zunimmt, herabsetzt. Die geordnete Struktur des Hirschkörpers ist jedoch nicht von Dauer und wird unter Vergrößerung der Entropie freigesetzt, wenn das Tier verendet.

Die ultimative Quelle der Energie, die der Hirsch – und alles sonstige Leben auf der Erde – nutzt, ist die Sonne (▶ Abbildung 4.1). Das Sonnenlicht wird von den Pflanzen genutzt, um nicht nur sich selbst, sondern auch die Tiere, die sich von ihnen ernähren, am Leben zu erhalten. Das Leben steht also in keinem wie auch immer gearteten Widerspruch zum 2. Hauptsatz der Thermodynamik. Lebende Systeme befinden sich in einem als Fließgleichgewicht bezeichneten physikalischen Zustand, der weitab vom chemischen Gleichgewicht liegt, auf den der 2. Hauptsatz in seiner konventionellen Darstellung am Beispiel des Carnot'schen Kreisprozesses abhebt. Sie werden durch den permanenten Durchfluss von Energie, die letztlich auf die Sonnenenergie zurückgeht, in einem Ungleichgewichtszustand mit einem hohen inneren Ordnungsgrad gehalten, der so lange bestehen bleibt, wie der Energiefluss anhält oder sich das Leben auf der Erde halten kann.

Alle Zellen beziehen Energie von außen, synthetisieren ihre eigenen Bausteine und organisieren ihren eigenen Aufbau, üben eine Kontrolle über alle ihre Aktivitäten aus und überwachen ihre Grenzen. Der **Zellstoffwechsel** ist die Gesamtheit aller chemischen Reaktionen, die in einer lebenden Zelle ablaufen, um alle diese Aktivitäten zu gewährleisten. Obwohl die enorme Zahl von Reaktionen, die in einer Zelle ablaufen, sich in ihrer Gesamtheit höchst komplex darstellen, sind die einzelnen zentralen Stoffwechselwege, durch die Materie und Energie laufen, nicht allzu schwierig zu verstehen.

Energie und die Hauptsätze der Thermodynamik 4.1

Das physikalische Konzept der Energie ist grundlegend für alle Lebensvorgänge. Eine anschauliche Definition für Energie ist „die Fähigkeit, Arbeit zu verrichten". Doch ist Energie eine abstrakte Größe, die schwierig exakt zu definieren, und als absolute Größe kaum zu messen ist. Man kann Energie nicht sehen; sie lässt sich nur durch die Art und Weise, wie sie Materie beeinflusst, beschreiben, definieren und messen.

Man unterscheidet zwei Grundformen der Energie: kinetische und potenzielle. Kinetische Energie (Bewegungsenergie) ist die in Bewegungsvorgängen von materiellen Dingen enthaltene Energie. Potenzielle Energie (Lageenergie) ist materiellen Dingen innewohnende, gespeicherte Energie – also Energie, die im Augenblick der Betrachtung keine Arbeit verrichtet, aber die Möglichkeit (das Potenzial) besitzt, dies zu tun. Energie kann von einer Form in eine andere umgewandelt werden. Für Lebewesen von besonderer Bedeutung ist die chemische Energie, die eine spezielle Erscheinungsweise der potenziellen Energie ist, nämlich der Energie, die in chemischen Bindungen gespeichert ist. Chemische Energie lässt sich „anzapfen", wenn Bindungen zwischen Atomen gelöst oder umgeordnet werden und dabei ein Teil der Bindungsenergie in kinetische Energie übergeht. Ein großer Teil der Arbeit, die ein Lebewesen verrichtet, beinhaltet die Umwandlung potenzieller in kinetische Energie.

Die Umwandlung einer Energieform in eine andere wird von den Hauptsätzen der Thermodynamik beschrieben. Der **1. Hauptsatz der Thermodynamik** besagt, dass die Energie auf der Erde konstant ist, Energie also weder erschaffen noch zerstört werden kann. Energie kann von einer Zustandsform in eine andere wech-

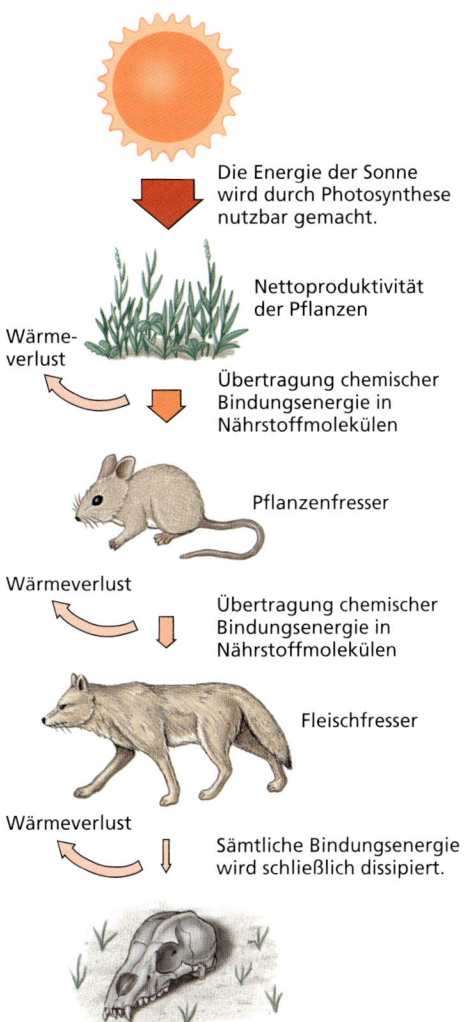

Abbildung 4.1: Sonnenenergie. Die Energie der Sonne erhält praktisch sämtliches Leben auf der Erde aufrecht (mit einigen wenigen, bemerkenswerten Ausnahmen). Bei jeder Energieübertragung gehen jedoch etwa 90 Prozent der Energiemenge als nicht nutzbare Wärme (-energie) verloren.

seln, die Gesamtenergie eines *abgeschlossenen* Systems ist jedoch konstant. Der 1. Hauptsatz der Thermodynamik wird auch als Energieerhaltungssatz bezeichnet. Wenn wir Benzin oder Diesel in einem Motor verbrennen, erzeugen wir keine neue Energie, sondern wandeln nur die chemische Energie des Brennstoffs in eine andere Form um – in diesem Beispiel in mechanische Energie und Wärme. Der **2. Hauptsatz der Thermodynamik,** der im einleitenden Text dieses Kapitels bereits angesprochen worden ist, befasst sich mit der Energieumwandlung und der Irreversibilität physikalischer Vorgänge. Dieser Fundamentalsatz besagt, dass in einem geschlossenen System die Entropie (ein quantitatives Maß für den im System herrschenden Ordnungsgrad) stets zu-, aber niemals abnimmt, wenn das System

4 Zellstoffwechsel

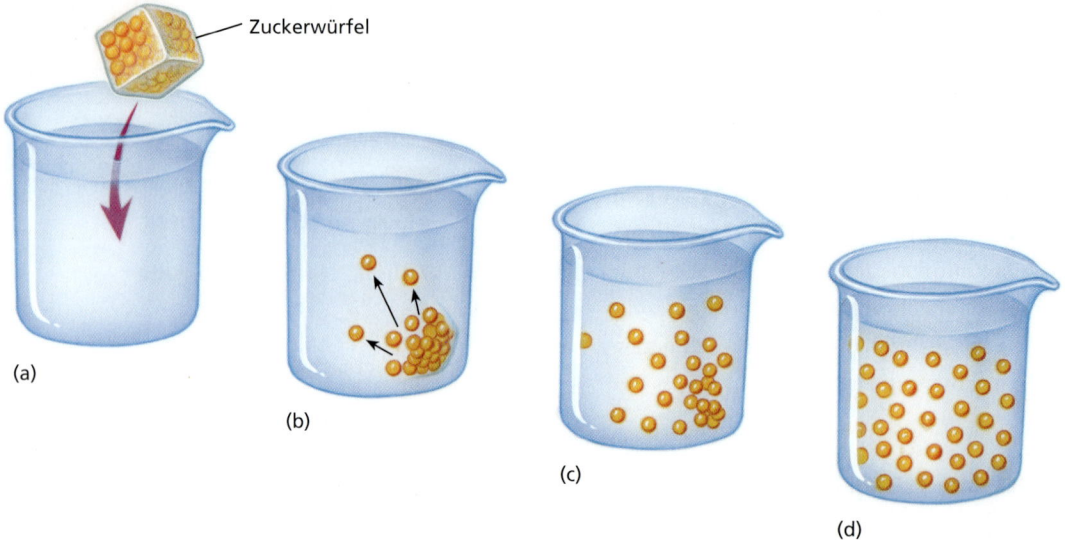

Abbildung 4.2: **Die Diffusion eines gelösten Stoffes in einer Lösung – ein Beispiel für eine Entropiezunahme.** Wenn der zu lösende Stoff (zum Beispiel Zucker) in das Lösungsmittel eingebracht wird, befindet sich das System in einem Ungleichgewichtszustand (b). Ohne eine Energiezufuhr, die diesen thermodynamisch instabilen Zustand stabilisiert, verteilen sich die Teilchen des in Lösung gehenden Stoffes solange im Lösungsmittel, bis der Gleichgewichtszustand erreicht ist. Dabei sind die gelösten Teilchen gleichmäßig im Lösungsmittel verteilt (d). Die Entropie des Systems hat sich in der Bildfolge von (a) nach (d) vergrößert.

Energie umsetzt – es sich mit anderen Worten nicht im thermodynamischen Gleichgewicht befindet –, weil dabei unweigerlich immer ein Teil der Energie irreversibel abgegeben (zerstreut) wird (▶ Abbildung 4.2). Lebende Systeme sind jedoch offene Systeme, und zwar Systeme, die sowohl Energie wie auch Materie mit der Umgebung austauschen, die ihren Ordnungszustand nicht nur aufrechterhalten, sondern sogar vergrößern (können), wie es etwa bei der Entwicklung eines befruchteten Eies zum ausgewachsenen Tier der Fall ist.

4.2 Die freie Energie

Um die energetischen Änderungen zu beschreiben, die mit einer chemischen Reaktion einhergehen, und um den Verlauf zu verstehen und vorherzusagen, den eine Reaktion nehmen wird, benutzen Chemiker thermodynamische Zustandsfunktionen; die wichtigste unter ihnen ist bei der Betrachtung chemischer Reaktionen die **freie Enthalpie (G)** der Reaktion. Sie wird auch als Gibbs'sche freie Energie bezeichnet, um sie von der freien Energie (F), die eine verwandte Größe ist, zu unterscheiden. Über die Einzelheiten geben die Lehrbücher der physikalischen Chemie Auskunft. Die freie Enthalpie ist das quantitative Maß für die dem System als Nutzarbeit zur Verfügung stehende Energiemenge. Die Mehrzahl der Reaktionen in einer Zelle verläuft von selbst,

also unter Freisetzung freier Enthalpie (mit negativem Vorzeichen der G-Wertänderung); man sagt, eine solche Reaktion ist exergonisch. Exergone Reaktionen sind spontan ablaufende Reaktionen. Das System rutscht bei einer exergonischen Reaktion einen Energiehügel hinab und befindet sich am Ende in einem energieärmeren Zustand ($\Delta G < 0$). Es gilt daher:

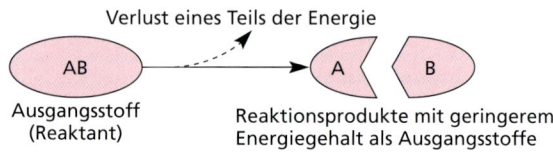

exergonische Reaktion

Viele wichtige Reaktionen in einer Zelle erfordern einen Eintrag an freier Enthalpie; diese Reaktionen, die nicht freiwillig ablaufen, weil sie in Bezug auf den Energieumsatz „bergauf" laufen, heißen **endergonische** Reaktionen. Die Endprodukte sind in diesem Fall energiereicher als die Ausgangsstoffe ($\Delta G > 0$):

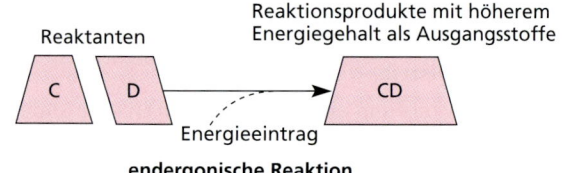

endergonische Reaktion

Wie wir weiter unten sehen werden, ist Adenosintriphosphat (ATP) eine allgemein verbreitete energiereiche Zwischenverbindung, die von allen Lebewesen verwendet wird, um „bergauf" verlaufende, Energie „verbrauchende" Prozesse anzutreiben. Dies gilt für chemische Reaktionen wie die Synthese von Molekülen ebenso wie für den aktiven Transport von Molekülen durch Zellmembranen (siehe Kapitel 3) oder die Kontraktion von Muskeln (siehe Kapitel 29).

Die Rolle der Enzyme 4.3

4.3.1 Enzyme und die Aktivierungsenergie

Damit irgendeine Reaktion ablaufen kann – selbst exergonische, die die Tendenz haben, spontan in Gang zu kommen – müssen zunächst chemische Bindungen destabilisiert werden. Eine gewisse Menge Energie – die Aktivierungsenergie – muss aufgebracht werden, um die Bindungen so weit vorzuspannen, dass sie sich auflösen. Nur dann wird es zu einem Fortschreiten der Reaktion unter Umsatz freier Energie/Enthalpie und der Bildung von Reaktionsprodukten kommen. Dieses Erfordernis einer aktivierenden „Vorschussenergie" kann mit einem Ball veranschaulicht werden, der über einen kleinen Hügel geschoben werden muss, bevor er dann spontan einen Abhang hinabrollt. Beim Herunterrollen wird dann die Lageenergie (potenzielle Energie), die der Ball in seiner Ausgangsposition hatte, freigesetzt. Die Menge der aufzuwendenden Aktivierungsenergie hängt von den an der Reaktion beteiligten Stoffen ab. Die Aktivierungsenergie ist aber nicht mit dem Gesamtenergieumsatz der Reaktion korreliert.

Ein Weg, um Stoffe zu einer Reaktion zu bewegen, ist die Erhöhung der Temperatur. Durch die Steigerung der Rate molekularer Zusammenstöße und einer Dehnung chemischer Bindungen durch innere Schwingungen vermag Wärme die für die Ingangsetzung einer Reaktion notwendige Aktivierungsenergie bereitzustellen. Stoffwechselreaktionen verlaufen jedoch bei vergleichsweise niedrigen und konstanten Temperaturen, die für gewöhnlich zu niedrig sind, um Reaktionen mit merklicher Geschwindigkeit ablaufen zu lassen. Lebewesen haben stattdessen eine andere Strategie evolviert: Sie nutzen **Katalysatoren**.

Katalysatoren sind Stoffe, die die Geschwindigkeit einer chemischen Reaktion erhöhen, ohne den (energetischen) Gesamtverlauf der Reaktion zu beeinflussen, die Produktmengen zu verändern, und ohne selbst chemisch verändert aus der Reaktion hervorzugehen. Ein Katalysator kann also eine aus energetischen Gründen unmögliche Reaktion möglich machen; er wirkt einfach als Beschleuniger einer Reaktion, die ohne ihn sehr viel langsamer oder gar nicht ablaufen würde.

Enzyme sind die Katalysatoren der belebten Welt. Das besondere katalytische „Talent" eines Enzyms besteht in seiner Fähigkeit, die für die betreffende Reaktion notwendige Aktivierungsenergie herabzusetzen. Unter dem Strich führt ein Enzym die Reaktion über einen oder mehrere zwischengelagerte (intermediäre) Schritte durch, die jeweils eine geringere Aktivierungsschwelle aufweisen als die unkatalysierte Reaktion (▶ Abbildung 4.3). Man beachte, dass das Enzym die Aktivierungsenergie nicht bereitstellt; es erniedrigt die energetische Barriere, die der Reaktion entgegensteht, indem es sie über einen „Umweg" führt. Übertragen auf unser anschauliches Modell des Balls am Hügel hieße das, dass das Enzym den Ball um den kleinen Hügel

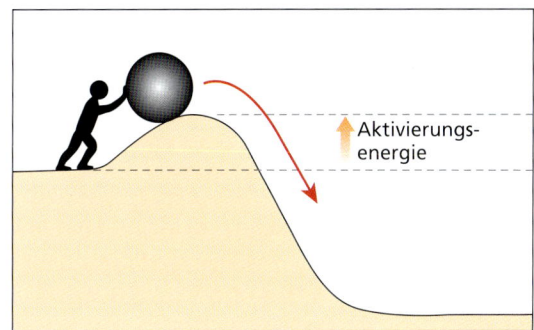

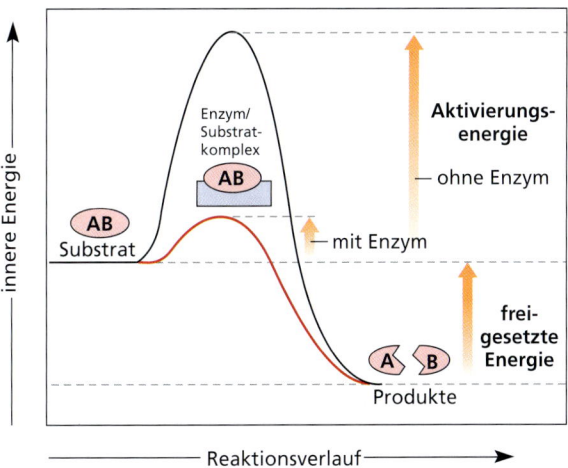

Abbildung 4.3: Energetischer Verlauf der Umsetzung eines Substrates durch die katalytische Wirkung eines Enzyms. Die Gesamtreaktion verläuft exergonisch, also mit einer Nettofreisetzung von Energie. Bei Abwesenheit eines Enzyms ist das Substrat kinetisch stabil, weil eine hohe Aktivierungsenergie das Einsetzen der Reaktion verhindert. Das Enzym verkleinert die Energiebarriere der Reaktion, indem es eine chemische Zwischenstufe (ein Zwischenprodukt, den Enzym/Substrat-Komplex) bildet, die kinetisch instabil ist und zu den Reaktionsprodukten zerfällt.

*herum*rollt, statt ihn über ihn hinwegzurollen. Durch die katalytische Wirkung des Enzyms ist der Eintritt der Reaktion wahrscheinlicher. Enzyme können die mit der Reaktion verbundene Energieumsetzung nicht beeinflussen, die Änderung der freien Enthalpie des Systems (ΔG) bleibt also von einer Katalyse gänzlich unberührt. Daher kommt es auch nicht zu einer Veränderung der Menge der Ausgangsstoffe im Verhältnis zu den Reaktionsprodukten im Gleichgewichtszustand der Reaktion. Ein Katalysator beeinflusst generell immer nur die Geschwindigkeit, nie aber die Gleichgewichtslage einer chemischen Reaktion.

4.3.2 Die chemische Natur der Enzyme

Enzyme sind sehr komplexe Moleküle, deren Größe vom „kleinen", aus einer Polypeptidkette bestehenden Protein von vielleicht 10.000 Dalton Molmasse bis zum heteromultimeren Enzymkomplex mit einer Molmasse von über 1.000.000 Dalton reicht. Viele Enzyme sind reine Polypeptide – reich gefaltete und innerlich strukturierte Ketten aus Aminosäuren. Viele Enzyme sind aber auch für ihre katalytische Wirkung auf die Hilfe kleiner Begleitmoleküle angewiesen, die Cofaktoren genannt werden. Die Cofaktoren bestehen nicht aus Aminosäuren oder Peptiden. In einigen Fällen sind Metallionen die Cofaktoren (zum Beispiel Eisen-, Kupfer-, Zink-, Magnesium-, Kalium- oder Calciumionen). Sie sind funktionelle Bestandteile des Enzyms. Die Metallionen können unmittelbar am katalytischen Vorgang beteiligt sein; sie können aber auch eine strukturgebende Rolle für das Protein spielen. Beispiele für Metalloenzyme sind die Carboanhydrase (siehe Kapitel 31), die Zink enthält; die Cytochrome, die Bestandteile von Elektronentransportketten sind und die Eisen enthalten (siehe weiter unten in diesem Kapitel); und das Troponin – ein an der Muskelkontraktion beteiligtes Enzym, welches Calcium enthält (siehe Kapitel 29). Eine weitere Klasse von Cofaktoren bilden die **Coenzyme**. Bei ihnen handelt es sich um organische, also kohlenstoffhaltige Verbindungen. Alle Coenzyme enthalten in ihren Molekülen Teile, die sich von Vitaminen herleiten, die zumeist mit der Nahrung zugeführt werden müssen. Alle B-Vitamine sind im Körper als Bestandteile von Coenzymen aktiv. Da Tiere die Fähigkeit zur Synthese der Vitaminanteile ihrer Coenzyme verloren haben, müssen sie diese Stoffe in fertiger Form von außen aufnehmen, und es ist verständlich, dass ein Vitaminmangel ernste Folgen für den Organismus haben kann. Anders als die Nährstoffe in der Nahrung, die als Brennstoff oder Baustoffe für den Körper dienen und die verstoffwechselt oder als strukturelle Komponente Verwendung finden, werden die Vitamine/Coenzyme nach ihrer Hilfestellung bei chemischen Reaktionen in ihrer Ausgangsform zurückgewonnen und wiederverwendet. Beispiele für vitaminhaltige Coenzyme sind das Nikotinamidadenindi-

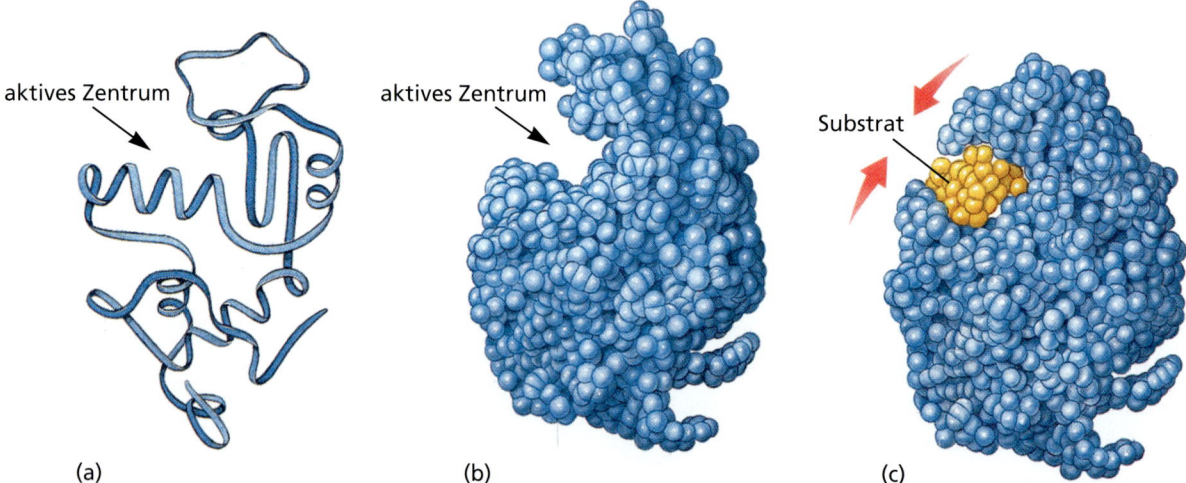

Abbildung 4.4: **Arbeitsweise eines Enzyms.** Das Bandmodell (a) und das raumfüllende Modell (b) des Enzyms Lysozym lassen erkennen, dass das Enzymmolekül eine als Tasche bezeichnete Vertiefung in sich trägt, die das aktive Zentrum beherbergt. Wenn ein Substratmolekül (beim Lysozym ein Mehrfachzucker) in das aktive Zentrum eintritt (c), ändert das Enzymmolekül geringfügig seine Form, so dass der der Tasche benachbarte Bereich das Substrat einfassen und sich an die Molekülform des Substrates „anschmiegen" kann. Dies bringt katalytisch aktive Aminosäurereste des aktiven Zentrums in unmittelbare Nachbarschaft zu definierten Bindungen im Substratmolekül. Durch die Wechselwirkung der katalytisch aktiven Aminosäurereste mit dem Zucker lösen sich gezielt bestimmte Bindungen im Substrat. Dies führt zu einer neuerlichen Konformationsänderung, welche die Freisetzung der Reaktionsprodukte nach sich zieht.

nucleotid (NAD$^+$), welches das Vitamin Nikotinsäure (Niacin) enthält; das Coenzym A (CoA) mit dem Vitamin Pantothensäure und das Flavinadenindinucleotid (FAD), das als Vitaminkomponente das Riboflavin (Vitamin B$_2$) enthält.

4.3.3 Die Wirkungsweise von Enzymen

Ein Enzym übt seine Wirkung aus, indem es sich in hoch spezifischer Weise mit einem **Substrat** verbindet, und zwar mit dem in der chemischen Reaktion umzusetzenden Substrat. Enzyme enthalten ein aktives Zentrum, das für gewöhnlich in einer Tasche oder Furche eingesenkt liegt, und das eine dem Enzym eigene molekulare Konformation einnimmt, die in ihrer Form an das Substrat angepasst ist. Das aktive Zentrum besitzt eine flexible Oberfläche, die in bestimmten Grenzen ihre Form ändern kann, um das Substrat zu binden und um als Teil des katalytischen Prozesses Bindungspartner miteinander in Kontakt zu bringen (▶ Abbildung 4.4). Durch die Bindung des Substrats an das Enzym entsteht ein Enzym/Substrat-Komplex (ES-Komplex), in dem das Substrat durch chemische Wechselwirkungen an verschiedenen Punkten in einer bestimmten Position und Orientierung gehalten wird. Da der ES-Komplex in den allermeisten Fällen durch schwache, nichtkovalente Wechselwirkungen zusammengehalten wird, zerfällt (dissoziiert) er leicht in seine Bestandteile.

Während des flüchtigen Kontaktes zwischen dem Enzym und dem Substrat stellt das Enzym eine chemische Umgebung hoher Spezifität dar, welche Bindungen im Substrat dehnt oder das Substrat in unmittelbare räumliche Nähe zu einem Reaktionspartner bringt, so dass für das Fortschreiten der Reaktion eine sehr viel geringere Aktivierungsenergie vonnöten ist.

Enzyme, die an lebensnotwendigen, energieliefernden Reaktionen in der Zelle beteiligt sind, die fortwährend ablaufen, operieren regelmäßig in Gruppen und nicht isoliert. So verläuft etwa die Umwandlung von Glucose (Traubenzucker) in Kohlendioxid und Wasser über 19 Stufen (Einzelreaktionen), die sämtlich ein für den betreffenden Reaktionsschritt spezifisches Enzym erfordern. Solche grundlegend wichtigen Enzyme finden sich in den Zellen in hoher Konzentration, und sie sind oft zu ziemlich komplexen und hochgradig integrierten enzymatischen Reaktionsfolgen zusammengeordnet. Ein Enzym vollführt die erste Reaktion und übergibt dann das Reaktionsprodukt an das nächste Enzym, das den nächsten Schritt katalysiert. Dieser Vorgang setzt sich fort, bis das Ende des enzymatischen Reaktionsweges erreicht ist. Man spricht hier von gekoppelten Reaktionen. Gekoppelte Reaktionen werden uns weiter unten im Abschnitt über die Energieübertragung durch ATP beschäftigen.

4.3.4 Die Spezifität von Enzymen

Eine der kennzeichnendsten Eigenschaften von Enzymen ist das hohe Maß an Spezifität ihrer katalytischen Wirkung. Die Spezifität ist die Folge einer sehr genauen molekularen Passung zwischen dem Enzym und dem von ihm umgesetzten Substrat. Darüber hinaus katalysiert ein Enzym nur eine festgelegte Reaktion. Anders als bei den meisten Reaktionen im Labor eines Chemikers entstehen keine unerwünschten Nebenprodukte. Die Spezifität hinsichtlich des umgesetzten Substrates wie der katalysierten Umsetzung bewahrt die Zelle davor, von nutzlosen Nebenprodukten der biochemischen Aktivitäten, die in ihr ablaufen, überschwemmt zu werden. In der Spezifität enzymatischer Reaktionen liegt daher ein hoher selektiver Wert für die Evolution solcher Systeme.

Es gibt jedoch eine gewisse Variationsbreite bezüglich des Grades der Spezifität. Einige Enzyme katalysieren Oxidationen (= Dehydrierungsreaktionen) nur eines Substrates. So katalysiert etwa die Succinatdehydrogenase ausschließlich die Oxidation der Succinylsäure; ihr Anion heißt Succinat; siehe den Abschnitt über den

> **Exkurs**
>
> Woher wissen wir, dass sich Enzym/Substrat-Komplexe bilden, wenn der Bildung eines Enzym/Substrat-Komplexes so rasch die Dissoziation des Komplexes folgt? Die ersten experimentellen Belege wurden um das Jahr 1913 von Leonor Michaelis (1875–1949) erbracht, er fand, dass die Reaktionsgeschwindigkeit einem Maximalwert zustrebt, wenn die Substratkonzentration bei konstanter Enzymkonzentration erhöht wird. Die Deutung dieses *Sättigungseffekts* ist, dass alle katalytisch wirksamen Bindungsstellen (die aktiven Zentren der Enzymmoleküle) bei hoher Substratkonzentration durch Bindungspartner abgesättigt sind. Bei unkatalysierten Reaktionen beobachtet man keinen solchen Sättigungseffekt. Weiterhin weisen Enzym/Substrat-Komplexe andere spektroskopische Eigenschaften auf, als das Enzym oder das Substrat allein. Darüber hinaus lassen sich manche ES-Komplexe in reiner Form isolieren und als Kristalle darstellen, die sich mit Röntgenstrahlung durchleuchten lassen. In einem Fall (Nucleinsäuren mit ihren Polymerasen) ist eine direkte Visualisierung mit Hilfe des Elektronenmikroskops gelungen.

Zitronensäurezyklus weiter unten). Andere Enzyme – zum Beispiel viele Proteasen wie Pepsin und Trypsin, die vom Verdauungstrakt gebildet werden und der Eiweißverdauung dienen (siehe Kapitel 32) – spalten beinahe jedes Protein. Allerdings besitzt jeder Proteasetyp seinen speziellen Angriffspunkt, an dem die Spaltung sich vollzieht (▶ Abbildung 4.5). Im Allgemeinen setzt ein Enzymmolekül immer nur ein Substratmolekül zur selben Zeit um und wiederholt dann den Vorgang mit einem neuen Substratmolekül, nachdem die Produkte der ersten Reaktion abdissoziiert sind. Das Enzymmolekül kann diesen Katalysezyklus Milliarden Mal wiederholen, nachdem es (nach Stunden bis Jahren) „verbraucht", das heißt, durch irreversible chemische Veränderungen, die die Funktion beeinträchtigen, unbrauchbar geworden ist. Funktionsuntüchtige Enzyme werden erkannt und durch die proteolytischen Systeme der Zelle abgebaut. Einige Enzyme vermögen den katalytischen Zyklus bis zu einer Million Mal pro Minute zu durchlaufen. Die Umsatzraten sind jedoch breit gestreut, und die meisten arbeiten langsamer. Allgemein gilt, dass die Umsatzrate eines Enzyms evolutiv an die Erfordernisse in der Zelle angepasst ist. Viele Enzyme unterliegen der wiederholten Aktivierung und Inaktivierung, um ihre Aktivität den aktuellen Erfordernissen entsprechend zu regulieren. Man kennt mehrere Mechanismen, derer sich die Zelle zur Steuerung der Enzymaktivitäten bedient (siehe Abbildung 4.19, S. 109).

4.3.5 Enzymkatalysierte Reaktionen

Enzymkatalysierte Reaktionen sind reversibel. Dieser Umstand wird durch einen Gleichgewichtsdoppelpfeil in der Reaktionsgleichung angedeutet. Beispiel:

$$\text{Fumarsäure} + H_2O \rightleftharpoons \text{Apfelsäure}$$

Aus verschiedenen Gründen neigen jedoch die meisten enzymkatalysierten Reaktionen dazu, vornehmlich in eine bestimmte Richtung zu laufen, ohne dass das chemische Gleichgewicht erreicht wird. So bewirkt etwa das proteolytische Enzym Pepsin, dass Proteine zu Aminosäuren abgebaut werden (eine katabole Reaktion), beschleunigt aber nicht die Rückbildung eines Proteins aus den Aminosäuren (eine anabole Reaktion). Das Gleiche gilt für die meisten Enzyme, die große Moleküle (Makromoleküle) wie Nucleinsäuren, Polysaccharide und Proteine spalten. Der Grund liegt in diesem Fall in der Gleichgewichtslage der Reaktion. Die Spaltung eines Makromoleküls ist infolge der großen Entropiezunahme thermodynamisch begünstigt. Es gibt in Zellen für gewöhnlich einen Satz von Enzymen und zugehörigen Reaktionen, die zum Abbau von Stoffen führen (Katabolismus; gr. *kata*, nieder + *bolos*, werfen). Dieselben Stoffe müssen aber von anderen Enzymen durch andere Reaktionen synthetisiert werden (Anabolismus; gr. *ana*, auf(wärts) + *bolos*, werfen).

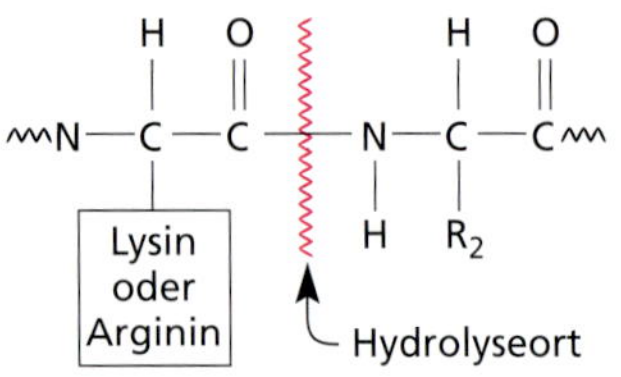

Die Richtung des Verlaufs einer chemischen Reaktion hängt von der Änderung der freien Enthalpie (ΔG) der Reaktion ab. Dieser Wert bestimmt die Lage des Gleichgewichtspunktes der Reaktion. Falls die Änderung der freien Enthalpie einen geringen absoluten Wert besitzt (ΔG klein ist), liegen Ausgangsstoffe und Reaktionsprodukte in ausreichenden Mengen nebeneinander vor, und die Reaktion lässt sich verhältnismäßig leicht in beide Richtungen verschieben. Falls die Reaktion mit einer großen Änderung der freien Enthalpie einhergeht, liegt das Gleichgewicht stark auf einer Seite, entweder der Ausgangsstoffe oder der Produkte. Dann muss zur Umkehrung der Reaktion eine entsprechend große Menge an Energie in das System eingeführt werden. Aus die-

Abbildung 4.5: **Die hohe Spezifität des Trypsins.** Trypsin ist ein eiweißspaltendes Verdauungsenzym. Es spaltet ausschließlich Peptidbindungen in der Nachbarschaft von Lysin- oder Argininresten.

> **Exkurs**
>
> Das Wort Hydrolyse bedeutet wörtlich „Wasserspaltung" und wird in der Chemie in der Bedeutung von „Spaltung mit oder durch Wasser" gebraucht. In einer hydrolytischen Reaktion wird Wasser summarisch in eine Verbindung eingelagert und diese dadurch aufgespalten. Man beachte, dass nicht jede Einlagerung von Wasser eine Hydrolyse darstellt. Ist ein Wassermolekül das die Bindung spaltende Reagens, so lagert sich ein Wasserstoffatom (H^+) an eine Stelle des Reaktionspartners, der Hydroxylrest (OH^-) an eine andere Stelle. Es werden neue kovalente Bindungen geknüpft und dafür andere aufgelöst. In der Summe kommt es durch den Zerfall des Reaktionspartners zu mindestens zwei Folgeverbindungen. Die der Hydrolyse entgegengesetzte Reaktion heißt Kondensation. Dabei treten zwei Reaktionspartner unter Abspaltung eines kleinen Moleküls (zum Beispiel Wasser) zusammen. Wasser ist hier eines der Reaktionsprodukte. Die meisten biogenen Makromoleküle entstehen zumindest formal durch Kondensationsreaktionen.

sem, aber auch aus noch anderen Gründen erweisen sich in der Praxis der lebenden Zelle viele enzymatische Reaktionen als in erster Näherung irreversibel. Ein Weg, dies zu umgehen, besteht darin, Reaktionen miteinander zu koppeln. In Zellen sind sowohl reversible sowie irreversible Reaktionen auf komplexe und vielfältige Weise miteinander gekoppelt, um gleichzeitig die Synthese und den Abbau von Stoffen zu ermöglichen.

4.4 Übertragung chemischer Energie durch ATP

Wir haben gelernt, dass endergonische Reaktionen nicht spontan vonstatten gehen, weil die Gleichgewichtslage auf Seiten der Produkte liegt und die Einbringung von Energie erforderlich ist, um die Reaktion zu erzwingen. Zellen erreichen dieses Ziel durch die simultane Kopplung einer Eenergiebenötigenden endergonischen mit einer Eenergieliefernden exergonischen Reaktion. Adenosintriphosphat (ATP) ist der gebräuchlichste energieliefernde Reaktionspartner bei solchen **gekoppelten Reaktionen**. Da es energetisch (thermodynamisch) ungünstige Reaktionen anzutreiben vermag, ist das ATP von zentraler Bedeutung bei Stoffwechselvorgängen.

Das ATP-Molekül besteht aus einem Adenosinanteil, der aus einem Purinderivat und dem Zucker Ribose (einer Pentose) besteht, und drei hintereinandergeschalteten Phosphorsäureresten (▶ Abbildungen 4.6 und ▶ 4.7). Die Anhydridbindungen zwischen den Phosphorsäureresten sind unter den in der Zelle herrschenden Bedingungen leicht hydrolytisch spaltbar. Da das Hydrolysegleichgewicht deutlich auf Seiten der Spaltprodukte liegt, werden sie als „energiereiche Bindungen" bezeichnet. In den meisten Fällen wird nur der endständige Phosphorsäurerest durch Hydrolyse abgespalten; diese Umsetzung ist mit einem deutlich negativen Betrag der Änderung der freien Enthalpie verbunden; die Reaktion verläuft also exergonisch unter Energiefreisetzung. ATP geht dabei in ADP (Adenosindiphosphat) + ein chemisch ungenau als „Phosphat" bezeichnetes Phosphorsäureanion (P_i) über:

$$ATP + H_2O \longrightarrow ADP + P_i$$

Die „energiereichen" Bindungen im ATP werden oft durch das Symbol (~) dargestellt (Abbildung 4.6). Eine „energiereiche" (leicht spaltbare) Bindung zu einem Phosphorsäurerest wird demnach durch ~P symbolisiert, eine stabilere, weniger leicht spaltbare Bindung wie die zwischen der ersten Phosphorsäuregruppe und dem Riboserest des Adenosinanteils (eine Esterbindung) wird durch –P symbolisiert. ATP lässt sich deshalb auch als A–P~P~P darstellen, das verwandte ADP als A–P~P.

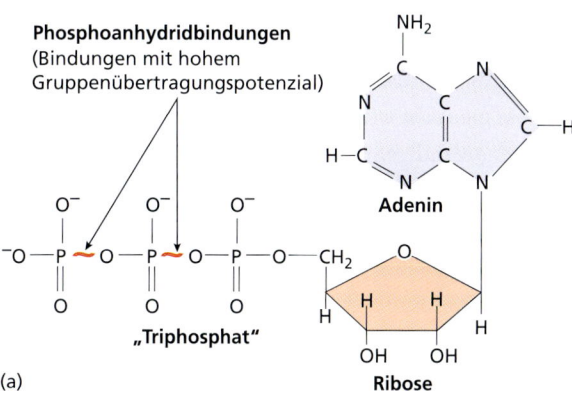

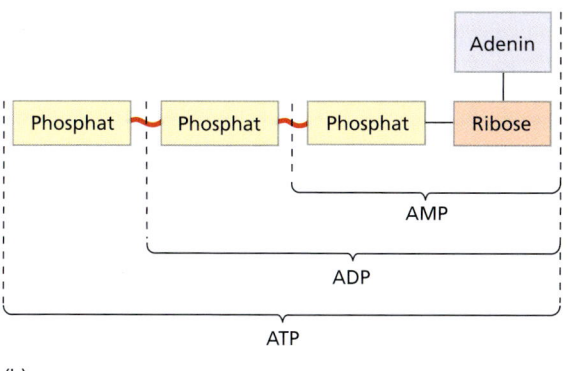

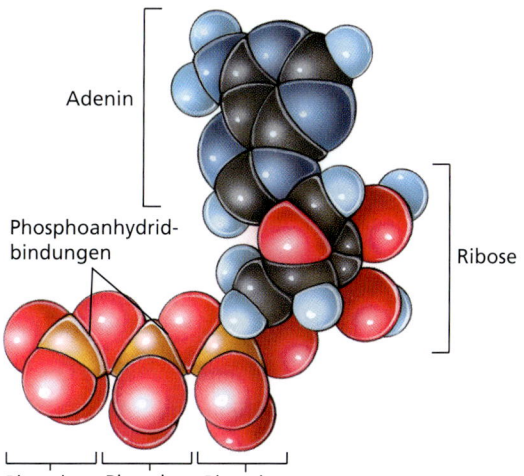

Abbildung 4.6: Energiereiche Bindungen im ATP. (a) Struktur des ATPs. (b) Die Bildung von ATP aus ADP und AMP. *ATP*: Adenosintriphosphat. *ADP*: Adenosindiphosphat. *AMP*: Adenosinmonophosphat.

Abbildung 4.7: Raummodell des ATPs. Kohlenstoffatome sind schwarz, Stickstoffatome blau, Sauerstoffatome rot und Phosphoratome gelb dargestellt.

4 Zellstoffwechsel

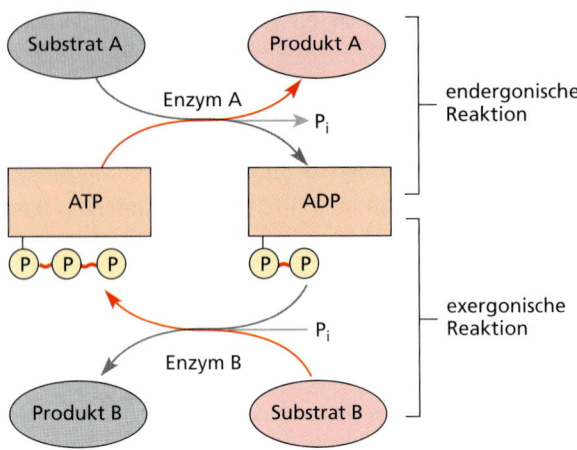

Abbildung 4.8: Gekoppelte Reaktionen. Die endergonische Umwandlung des Substrates (Ausgangsstoff) A in das Produkt A verläuft nicht spontan, sondern erfordert einen Aufwand an Energie aus einer anderen Reaktion, die eine ausreichende Menge Energie freisetzt. Das ATP ist das chemische Medium, durch welches die Energie übertragen wird.

Die Art und Weise, wie ATP gekoppelte Reaktionen vermitteln kann, ist in ▶ Abbildung 4.8 dargestellt. Gekoppelte Reaktionen sind ein System aus zwei Reaktionen, die durch eine ATP-Übergabe miteinander verbunden sind. Die Umwandlung des Substrates A in das Produkt A ist ein endergonischer Vorgang, weil der ΔG-Wert der Reaktion positiv (größer als 0) ist. Durch die Koppelung mit einer exergonischen Reaktion (negativer ΔG-Wert) – die Umwandlung von Substrat B in Produkt B – kann die für die Umwandlung A notwendige Energie aufgebracht werden. Das Substrat B in einer solchen Reaktionskette wird gemeinhin als „Brennstoff" bezeichnet; dies kann zum Beispiel Traubenzucker oder eine Fettsäure sein. Die Bindungsenergie, die im Verlauf der Reaktion B frei wird, wird genutzt, um ADP in ATP zu überführen. Im ATP ist ein Teil der freigewordenen Bindungsenergie in Form der energiereichen Anhydridbindungen gespeichert. Das ATP bringt nun diese (seine) Bindungsenergie in die Reaktion A ein. Dabei entsteht wieder ADP, das als Reaktionspartner für eine neue Runde der Reaktion B zur Verfügung steht. Man beachte, dass die Reaktionen A und B weder räumlich noch zeitlich aneinander gebunden sind. Das ATP kann zu einer anderen Zeit an einem anderen Ort gebildet werden (B) als es verbraucht wird (A).

Wie bereits erwähnt, sind die „energiereichen" Bindungen des ATPs relativ schwache und daher leicht auflösbare kovalente chemische Bindungen. Da sie leicht spaltbar sind, ist die in ihnen gespeicherte Energie durch Hydrolyse leicht für die Zelle nutzbar. Man beachte, dass

das ATP ein Energieüberträger und nicht im eigentlichen Sinn eine Energiequelle ist. Energie wird von Zellen nicht als langfristiger Energiespeicher eingelagert, sondern unterliegt einem fortdauernden Umsatz des Verbrauchs und der Neubildung. ATP wird in erster Linie durch oxidative Vorgänge in den Mitochondrien erzeugt. Im Stoffwechsel wird Sauerstoff erst nach der ATP-Bildung gebraucht und ist nur mittelbar daran beteiligt. ATP wird in dem Maß nachgebildet, wie es in Stoffwechselreaktionen durch Spaltung in ADP und seltener AMP verbraucht wird. Der Zellstoffwechsel ist ein sich durch vielfältige Rückkoppelungen selbst regulierender Gesamtprozess.

Zellatmung 4.5

4.5.1 Wie der Transport von Elektronen genutzt wird, um chemische Bindungsenergie nutzbar zu machen

Da wir erfahren haben, dass das ATP der gemeinsame energetische Nenner ist, auf den sich die meisten zellulären Vorgänge stützen, sind wir nunmehr in der Lage, die Frage zu stellen, wie die Energie aus den als Energiequellen dienenden Stoffen gewonnen und für die Zelle nutzbar gemacht wird. Diese Frage führt uns auf die bedeutsame Verallgemeinerung, dass *alle Zellen ihren Bedarf an chemischer Energie durch Redoxreaktionen decken*. Chemisch bedeutet dies für eine Zelle, dass im Verlauf des Abbaus von Stoffen, die als Energiequelle(n) dienen, *in der Summe* Wasserstoffatome, die jeweils aus einem Proton und einem Elektron bestehen, von den energieliefernden Molekülen abgezogen und auf Oxidationsmittel übertragen werden. In der Biologie ist es üblich, von Elektronendonatoren (Reduktionsmittel) und Elektronenakzeptoren (= Oxidationsmittel) zu sprechen. Die Energiestoffe werden im Verlauf der Verstoffwechselung oxidiert; zelluläre „Energiefänger" werden dabei reduziert. Ein Teil der bei diesen chemischen Reaktionen umgesetzten Energie wird eingefangen und zur Synthese von „energiereichen" Verbindungen wie ATP genutzt.

Da sie von solcher Bedeutung für die Zelle sind, wollen wir kurz die Grundlagen der Redoxreaktionen (= Reduktions-/Oxidationsreaktionen) rekapitulieren. Bei diesem Reaktionstyp findet eine Übertragung von Elektronen von einem Elektronendonator (dem Reduktionsmittel) auf einen Elektronenakzeptor (dem Oxidationsmittel) statt. Mit der Aufnahme eines Elektrons oder von Elektronen wird das Oxidationsmittel (der Elektronenakzeptor) reduziert (▶ Abbildung 4.9). Ein Reduktionsmittel wird also selbst oxidiert, wenn es einen Reaktionspartner reduziert; umgekehrt wird ein Oxidationsmittel, das an einem Reaktionspartner eine Elektronenabgabe herbeiführt, dabei selbst reduziert. Jeder Oxidationsvorgang ist daher mit einem gleichzeitig stattfindenden Reduktionsvorgang verbunden. Dieser Reaktionstyp wird deshalb zusammenfassend als Redoxreaktion bezeichnet.

Bei einer Redoxreaktion bilden der Elektronendonator und der Elektronenakzeptor ein Redoxpaar:

Elektronendonator $\rightleftharpoons$ e^- + Elektronenakzeptor

(Reduktionsmittel; wird oxidiert)   (Oxidationsmittel; wird reduziert)

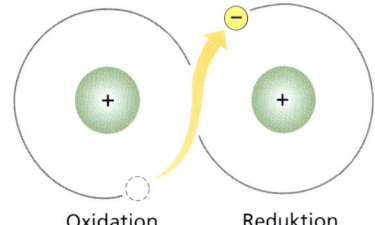

Abbildung 4.9: Ein Redoxpaar. Das Atom links wird durch den Verlust eines Elektrons oxidiert. Das Atom rechts wird durch die Aufnahme eines Elektrons reduziert.

Wenn Elektronen vom Oxidationsmittel aufgenommen werden, wird Energie frei (die freie Enthalpie der Reaktion ist kleiner als 0), weil die Elektronen in einen stabileren (= energieärmeren) Zustand überwechseln.

ATP kann von einer Zelle erzeugt werden, wenn Elektronen durch eine Reihe von Überträgersubstanzen geleitet werden. Jede Überträgersubstanz wird durch die Übernahme von Elektronen reduziert und dann durch die Weitergabe von Elektronen auf einen nachfolgenden Akzeptor wieder re-oxidiert. Durch die schrittweise Weitergabe von Elektronen wird die Reaktionsenergie in kleinen Mengen schrittweise freigesetzt. Auf diese Weise kann ein Maximum der Energie als ATP abgefangen werden. Letztendlich werden die Elektronen auf einen **terminalen Elektronenakzeptor** übertragen, der das letzte Oxidationsmittel in der Reaktionsfolge darstellt. Die chemische Natur des terminalen Oxidationsmittels bestimmt den Gesamtwirkungsgrad des Zellstoffwechsels.

4.5.2 Aerober versus anaerober Stoffwechsel

Heterotrophe, Lebewesen, die ihre Nahrung nicht selbst synthetisieren können, sondern ihre Nährstoffe aus der Umwelt beziehen (hierher gehören die Tiere, die Pilze und viele einzellige Lebensformen) lassen sich auf der Grundlage des Gesamtwirkungsgrades ihrer Energieerzeugung in zwei Gruppen einteilen: in Aerobier, die elementaren Sauerstoff als terminalen Elektronenakzeptor (terminales Oxidationsmittel) benutzen, und in Anaerobier, die andere – zumeist organische – Stoffe als terminalen Elektronenakzeptor einsetzen.

Wie wir in Kapitel 2 erörtert haben, vollzog sich der Ursprung des Lebens in Abwesenheit freien, elementaren Sauerstoffs. Der heutige reichliche Anteil an Sauerstoff in der Atmosphäre wurde erst durch photosynthesetreibende Organismen erzeugt, nachdem sich diese evolviert hatten. Einige streng anaerobe Lebewesen existieren noch heute und spielen in gewissen, spezialisierten Lebensräumen auch lokal eine wichtige Rolle. Die Evolution hat aber den aeroben Stoffwechsel begünstigt, und das nicht nur deshalb, weil durch die Photosynthese elementarer Sauerstoff verfügbar wurde, sondern auch, weil hinsichtlich der Energieausbeute der aerobe Stoffwechsel sehr viel ertragreicher ist als alle Formen des anaeroben Stoffwechsels. In Abwesenheit von Sauerstoff kann nur ein kleinerer Teil der in den Nahrungsmolekülen vorhandenen Bindungsenergie freigesetzt und für die Zelle nutzbar gemacht werden. Wenn beispielsweise ein anaerober Mikroorganismus Glucose abbaut, enthält der terminale Elektronenakzeptor (zum Beispiel Pyruvat) noch einen Großteil der chemischen Energie des ursprünglichen Glucosemoleküls. Ein aerober Organismus, der Sauerstoff (O_2) als terminalen Elektronenakzeptor benutzt, vermag dagegen das Glucosemolekül vollständig zu Kohlendioxid (CO_2) und Wasser (H_2O) zu oxidieren. Bei der vollständigen Oxidation der Glucose wird beinahe zwanzigmal mehr Energie gewonnen als beim anaeroben Abbau bis zur Stufe des Pyruvats (Anion der Brenztraubensäure). Ein offenkundiger Vorteil des aeroben Stoffwechsels besteht darin, dass eine viel kleinere Menge an Nahrung notwendig ist, um eine bestimmte Stoffwechselrate aufrechtzuerhalten.

4.5.3 Übersicht über die Zellatmung

Der aerobe Stoffwechsel einer Zelle ist allgemein auch als Zellatmung bekannt. Definiert ist der vielstufige und

4 Zellstoffwechsel

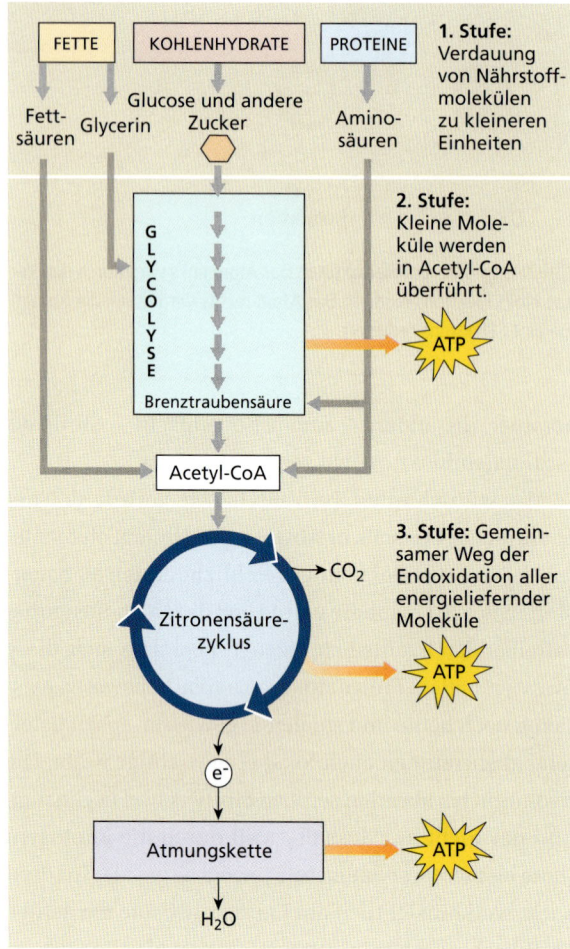

Abbildung 4.10: **Oxidation von Nährstoffmolekülen.** Schematische Übersicht über die Zellatmung mit Darstellung der drei Stufen der vollständigen Oxidation von Nährstoffmolekülen zu Kohlendioxid und Wasser.

chemisch verwickelte Prozess als Oxidation von energieliefernden Nahrungsmolekülen mit molekularem (elementarem) Sauerstoff als terminalen Elektronenakzeptor unter Freisetzung/Gewinnung von Energie. Wie zuvor beschrieben, drückt sich eine Oxidation durch die Abgabe von Elektronen aus und nicht unbedingt in einer direkten Reaktion eines Sauerstoffatoms oder -moleküls mit dem Nährstoffmolekül. Betrachten wir den Vorgang der Zellatmung zunächst in seinen Grundzügen, bevor wir uns den Einzelheiten zuwenden.

Hans Krebs, ein in Hildesheim geborener Biochemiker, der viel zu unserem Verständnis des zellulären Energiestoffwechsels beitrug, hat die vollständige Oxidation von Nährstoffmolekülen zu den Endprodukten Kohlendioxid und Wasser in drei Stufen oder Stadien unterteilt (▶ Abbildung 4.10). Auf der ersten Stufe passieren die Nahrungsbestandteile den Verdauungstrakt und werden dabei in kleinere Bestandteile zerlegt (verdaut), die in den Blutkreislauf übertreten können. In dieser Phase der Verdauung, die in Kapitel 32 eingehender erörtert wird, findet kein für den Körper nutzbarer Energiegewinn statt. Auf der zweiten Stufe, der **Glycolyse**, werden Kohlenhydrate zu C_3-Einheiten (dem Pyruvat) zerlegt. Die Glycolyse vollzieht sich im Cytoplasma. Das Pyruvat tritt dann in die Mitochondrien ein, wo eine Verkürzung zu einer C_2-Einheit und die Überführung in das Acetyl-Coenzym A durch Verbindung mit dem Coenzym A (CoA) stattfindet. An diesem Punkt treffen sich Kohlenhydrat- und Fettabbau. Bei der Glycolyse wird etwas ATP gebildet, doch ist die Ausbeute im Vergleich zu der dritten Stufe gering. Auf der dritten Stufe vollzieht sich die Endoxidation aller Nährstoffmoleküle; dabei wird eine große Menge ATP gebildet. Die Reaktionen dieser Stufe laufen vollständig in den Mitochondrien ab. Das Acetyl-CoA wird in den Zitronensäurezyklus eingeschleust, in dessen Verlauf die Acetylgruppe vollständig zu Kohlendioxid oxidiert wird. Die durch die Oxidation freiwerdenden Elektronen werden auf spezielle Übertragersubstanzen transferiert, die sie an Elektronenakzeptoren der so genannten Atmungskette weitergeben. Am Ende dieser Atmungskette (einer Abfolge von Redoxreaktionen) werden die Elektronen zusammen mit Wasserstoffionen (Protonen) unter Bildung von Wasser auf Sauerstoffatome von Sauerstoffmolekülen (O_2) übertragen.

4.5.4 Glycolyse

Bevor wir uns dem biochemischen Mechanismus der Atmung zuwenden, werden wir unsere Reise durch den Stoffwechsel mit einer Betrachtung der Glycolyse beginnen, einem unter Lebewesen beinahe universell verbreiteten Stoffwechselweg, durch den Glucose (Traubenzucker) in Pyruvat (Brenztraubensäure) überführt wird. In einer Abfolge von Reaktionen, die im Cytosol ablaufen, werden Glucose und andere Hexosen (Monosaccharide mit 6 C-Atomen) in die C_3-Verbindung Brenztraubensäure gespalten (ionisiert als Pyruvat bezeichnet, ▶ Abbildung 4.11). Im Verlauf der Glycolyse findet eine einzige Oxidation statt, und die Nettoausbeute beträgt 2 ATP pro Molekül Glucose. Im Verlauf des glycolytischen Prozesses wird jedes Glucosemolekül zweimal mit ATP phosphoryliert. Dabei wird zunächst Glucose-6-phosphat gebildet (in Abbildung 4.11 nicht dargestellt), später Fructose-1,6-bisphosphat. Das als Energielieferant dienende Zuckermolekül ist durch die Phosphorylierung „aktiviert" worden, um es in diesem frühen

4.5 Zellatmung

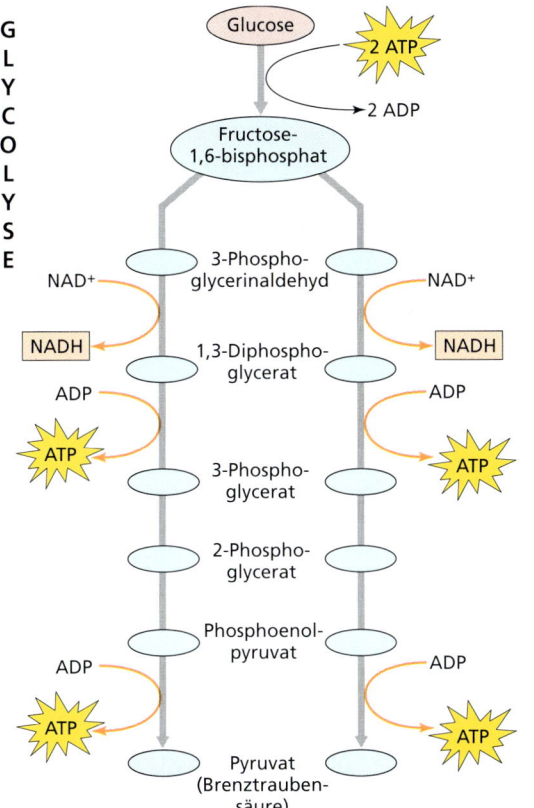

Abbildung 4.11: Glycolyse. Zunächst wird Glucose in zwei Schritten phosphoryliert und auf ein höheres Energieniveau gehoben. Hochenergetisches Fruktose-1,6-bisphosphat wird darauf in Triosephosphate aufgetrennt. Diese werden schließlich in exergonisch zu Pyruvat oxidiert; Endprodukte sind ATP und NADH.

Stadium der Glycolyse ausreichend reaktiv zu machen, um die nachfolgenden Reaktionen einzugehen. Dies ist eine Art Vorschussfinanzierung, die notwendig ist, um das Geschäft anzukurbeln; eine Investition, die sich für die Zelle durch die später gewonnene Energie auszahlt, die größer ist als der „vorgestreckte" Betrag.

In der nachfolgenden Gewinnphase der Glycolyse wird das Fructose-1,6-bisphosphat in zwei Spaltprodukte mit je drei Kohlenstoffatomen aufgetrennt. Diese erfahren dann eine Oxidation (Elektronenabgabe). Dabei wird formal ein Hydridion (ein Wasserstoffatomkern und zwei Elektronen) auf das Kation des **Nikotinsäureamidadenindinucleotids** (NAD^+) übertragen. NAD^+ ist ein Derivat des Vitamins Niacin. Die reduzierte Form ($NAD^+ + H^-$) wird durch die Abkürzung **NADH** symbolisiert. Das NADH dient als Überträgermolekül, das die „energiereichen" Elektronen für die Endoxidation an die Atmungskette übergibt (siehe weiter unten). Dabei wird ATP gebildet.

Die beiden C_3-Kohlenhydrate durchlaufen nachfolgend eine Reihe von Reaktionen, die mit der Bildung

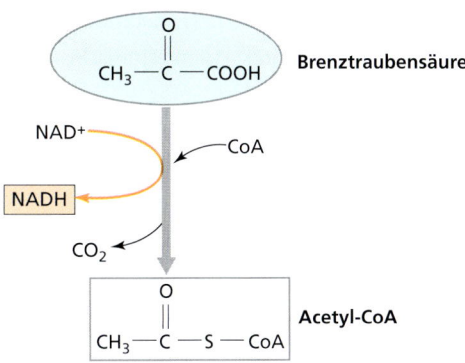

Abbildung 4.12: Acetyl-Coenzym A. Die Bildung von Acetyl-CoA aus Brenztraubensäure.

von Pyruvat endet (Abbildung 4.11). Während zweier dieser Reaktionen wird jeweils ein Molekül ATP gebildet. Jede C_3-Verbindung erzeugt mit anderen Worten zwei Moleküle ATP, und da zwei C_3-Bruchstücke entstehen, bilden sich insgesamt vier Moleküle ATP. Da zwei ATP-Moleküle als Vorschuss eingesetzt worden sind, um das Monosaccharid zu aktivieren, beträgt die Nettoausbeute an ATP für die Zelle an diesem Punkt zwei ATP. Die insgesamt zehn enzymatisch katalysierten Reaktionen der Glycolyse lassen sich in der folgenden Summengleichung zusammenfassen:

$$\text{Glucose} + 2\ ADP + 2\ P_i + 2\ NAD^+ \longrightarrow$$
$$2\ \text{Pyruvat} + 2\ NADH + 2\ ATP$$

4.5.5 Acetyl-Coenzym A: Strategisches Zwischenprodukt der Zellatmung

Im aeroben Stoffwechsel treten die beiden Pyruvationen, die im Verlauf der Glycolyse gebildet werden, in die Mitochondrien ein. Dort werden sie oxidiert. Dabei wird eines der Kohlenstoffatome der C_3-Verbindung als CO_2 freigesetzt (▶ Abbildung 4.12). Der verbleibende C_2-Rest tritt mit einem Molekül Coenzym A (CoA)

Exkurs

Brenztraubensäure hat den folgenden chemischen Aufbau: $H_3C(CO)COOH$. Unter physiologischen Bedingungen (in der Zelle) liegt diese Säure vorzugsweise ionisiert als Anion vor ($H_3C(CO)COO^-$), das als Pyruvat bezeichnet wird, und das durch Protolyse der Säure ($H_3C(CO)COOH \longrightarrow H_3C(CO)COO^- + H^+$) entsteht. Da beide Formen nebeneinander vorliegen und sehr leicht ineinander übergehen, können beide Begriffe verwendet werden. Dies trifft auch auf andere Carbonsäuren zu (zum Beispiel Milchsäure/Lactat oder Essigsäure/Acetat), die im Stoffwechsel eine Rolle spielen.

Zellstoffwechsel

zu Acetyl-Coenzym A (= Acetyl-CoA) zusammen. Dies ist eine Kondensationsreaktion. Als weiteres Produkt wird ein Molekül NADH gebildet.

Acetyl-CoA ist von zentraler Bedeutung im Stoffwechsel. Aufgrund des Acetylrestes und des „energiereichen" Thioesters, den der Essigsäurerest mit dem CoA ausbildet, wird das Acetyl-CoA auch als „aktivierte Essigsäure" bezeichnet. Die Oxidation des Acetyl-CoAs im Zitronensäurezyklus liefert energiereiche Elektronen für die Erzeugung von ATP. Die Verbindung ist außerdem ein entscheidend wichtiges Zwischenprodukt des Lipidstoffwechsels (siehe weiter unten).

4.5.6 Der Zitronensäurezyklus: Die Oxidation des Acetyl-Coenzyms A

Der oxidative Abbau der Acetylgruppe mit ihren zwei Kohlenstoffatomen vollzieht sich in der Matrix des Mitochondriums in einer zyklischen Reaktionsfolge, die nach einer ihrer Komponenten als Zitronensäurezyklus bezeichnet wird (verschiedentlich auch als Tricarbonsäurezyklus, Zitratzyklus oder Krebszyklus – nach dem oben erwähnten H. Krebs, ▶ Abbildung 4.13). Das Acetyl-CoA tritt in einer Kondensationsreaktion mit Oxalessigsäure (eine C_4-Verbindung) zu Zitronensäure zusammen. Das Coenzym A wird freigesetzt und kann erneut mit einem Pyruvation reagieren. Durch die zyklische, zur Oxalessigsäure zurückführende Reaktionsfolge werden die beiden Kohlenstoffatome des Acetylrestes als Kohlendioxid freigesetzt. Wasserstoffionen und Elektronen, die bei den Redoxreaktionen anfallen, werden auf NAD^+ oder FAD übertragen. FAD (Flavinadenindinucleotid) ist ein weiterer, dem NAD^+ ähnlicher Elektronenakzeptor. Ein Pyrophosphat wird als Guanosintriphosphat gespeichert (GTP; eine dem ATP analoge Verbindung). Der energiereiche Phosphorsäurerest wird ohne Energieverlust unter Bildung von ATP auf ADP übertragen. Die Nettoprodukte des Zitronensäurezyklus' sind CO_2, ATP, NADH und $FADH_2$.

$$H_3CCOO^- + 3\ NAD^+ + FAD + ADP + P_i \longrightarrow 2\ CO_2 + 3\ NADH + FADH_2 + ATP$$

Die NADH- und $FADH_2$-Moleküle, die hier gebildet worden sind, ergeben bei ihrer Oxidation in der At-

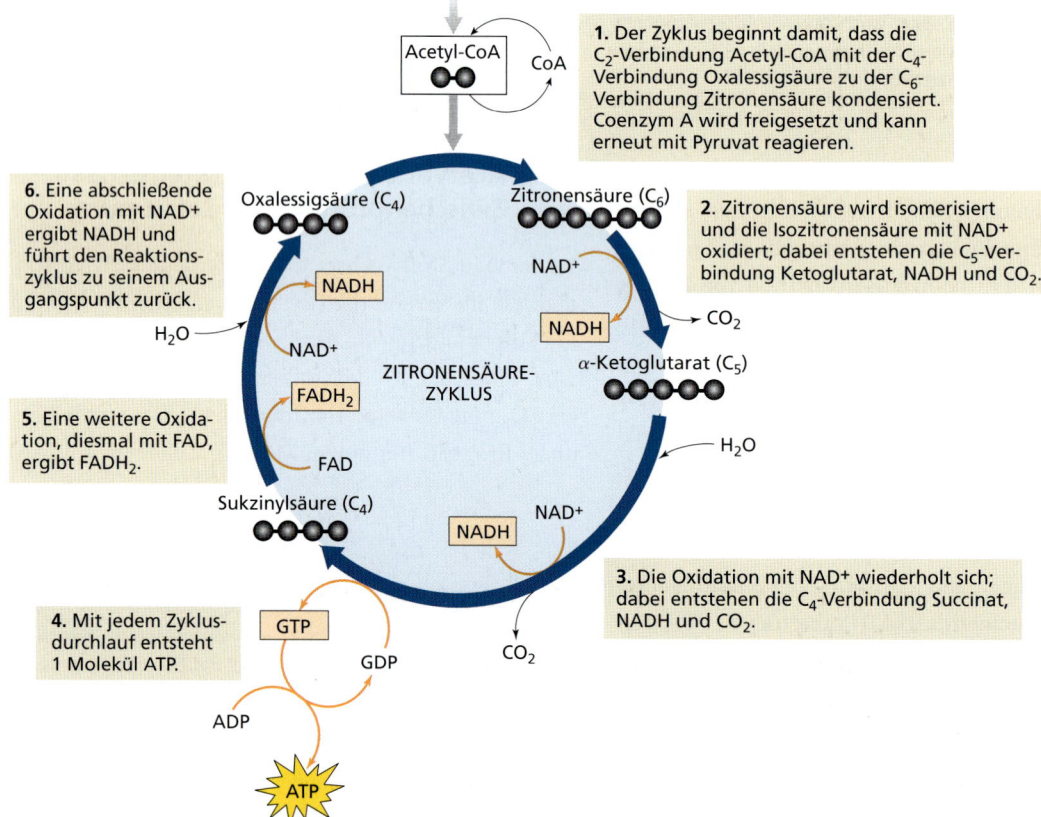

Abbildung 4.13: Der Zitronensäurezyklus in einer schematischen Darstellung. Gezeigt ist die Erzeugung von drei Molekülen NADH (reduziertes NAD^+), eines Moleküls $FADH_2$ (reduziertes FAD), eines Moleküls ATP und zwei Molekülen CO_2. Jedes Molekül NADH und $FADH_2$ liefert bei der Oxidation durch die Atmungskette 11 Moleküle ATP.

Exkurs

Die aerobe Zellatmung nutzt Sauerstoff (O_2) als terminalen Elektronenakzeptor (terminales Oxidationsmittel) und verläuft unter Bildung von Kohlendioxid und Wasser durch die vollständige Oxidation von Nahrungsmolekülen. Das Kohlendioxid, das wir und alle anderen aeroben Lebewesen durch die eben beschriebenen Vorgänge erzeugen, wird durch den Vorgang der Atmung (siehe Kapitel 31) aus dem Körper entfernt und in die Atmosphäre abgegeben. Zum Glück für uns und alle anderen Aerobier wird elementarer Sauerstoff unablässig durch die Photosynthese der Cyanobakterien und Pflanzen nachgebildet. In der Photosynthese reagieren (summarisch!) Wasserstoffatome aus Wassermolekülen mit Kohlendioxid aus der Atmosphäre unter Bildung von Zucker. Sauerstoff wird als Nebenprodukt freigesetzt. Eine in etwa ausgeglichene Bilanz zwischen dem verbrauchten und der erzeugten Menge an Sauerstoff sowie des freigesetzten und absorbierten Kohlendioxids existiert seit langer Zeit. Eine übermäßige Freisetzung von Kohlendioxid durch industrielle Prozesse und einer Verminderung der Sauerstoffproduktion infolge des großflächigen Abholzens von Waldgebieten drohen, das extrem empfindliche Fließgleichgewicht aus dem vormals ausbalancierten Zustand zu bringen. Die Kohlendioxidkonzentration in der Atmosphäre ist weiterhin stark am Ansteigen und führt zur weltweiten Erwärmung der Erdatmosphäre durch den „Treibhauseffekt" (siehe Kapitel 37). Allerdings haben die relativen sowie die absoluten Konzentrationen der Atmosphärengase im Verlauf der Erdgeschichte mit weitreichenden Folgen für die Biosphäre in weiten Grenzen geschwankt; nie aber ist in der Geschichte der Erde ein so schneller, steiler Anstieg der CO_2-Konzentration in der Atmosphäre beobachtet worden.

---

mungskette jeweils 11 Moleküle ATP. Die restlichen im Zitronensäurezyklus auftauchenden Moleküle sind Zwischenprodukte, die fortwährend nachgebildet werden, sobald sie verbraucht worden sind. Ihre Konzentrationen sind daher praktisch konstant.

Die Atmungskette 4.6

Die Übertragung von Wasserstoffionen (H^+) und Elektronen aus den Verbindungen NADH und $FADH_2$ auf den terminalen Elektronenakzeptor Sauerstoff (O_2) wird durch eine ausgefeilte Elektronentransportkette bewerkstelligt, deren Komponenten in die innere Mitochondrienmembran eingebettet sind (die Atmungskette; ▶ Abbildung 4.14, siehe auch Kapitel 3). Jeder Überträgerkomplex der Reihe (I–IV in Abbildung 4.14) ist ein großer Komplex aus Transmembranproteinen, die als Reaktionspartner in Redoxreaktionen fungieren. Jeder der Komplexe nimmt Elektronen von einem energetisch höherliegenden Partner auf und gibt sie an einen energetisch tiefergelegenen weiter. Dadurch ergibt sich eine „Kette" aus Komponenten laufend abnehmender potenzieller Energie. Wenn die Elektronen an die nächste, energetisch niedriger liegende Komponente weitergereicht werden, wird die Differenz der potenziellen Energie zwischen den Komplexen frei. Ein Teil der Energie wird genutzt, um einen H^+-Ionengradienten an der inneren Mitochondrienmembran zu erzeugen. Die potenzielle Energie des so entstehenden Konzentrationsgefälles der H^+-Ionen wird dann herangezogen, um die ATP-Synthese anzutreiben. Dieser Vorgang wird als chemoosmotische Koppelung bezeichnet (Abbildung 4.14).

Nach diesem Modell dient die Energie der aus dem NADH und dem $FADH_2$ stammenden Elektronen zum Betrieb von Ionenpumpen, das heißt Transmembranproteinen, die die H^+-Ionen gegen das Konzentrationsgefälle in den Zwischenmembranraum der Mitochondrien befördern (siehe Abbildung 3.11). Dadurch steigt die Wasserstoffionenkonzentration im Zwischenmembranraum an (= der pH-Wert in diesem Kompartiment sinkt). Am Ende besteht sowohl ein pH-Wertgefälle sowie ein elektrisches Potenzialgefälle (= elektrische Spannung) zwischen dem Zwischenmembranraum und dem Matrixraum des Mitochondriums. Durch spezialisierte Protonenkanäle fließen die H^+-Ionen dann in Richtung des Gradienten zurück. Die Protonenkanäle sind Teil des Enzyms ATP-Synthase, das die freigesetzte potenzielle Energie aus dem Abbau des vorher geschaffenen Gradienten zur Bildung von ATP-Molekülen nutzt. In welcher Weise genau der Wasserstoffionentransport mit der ATP-Bildung gekoppelt ist, ist noch immer Gegenstand der Forschung. Auf diesem Wege liefert die Oxidation eines NADH-Moleküls drei Moleküle ATP. Das $FADH_2$ aus dem Zitronensäurezyklus mündet an einem energetisch tiefergelegenen Punkt in die Atmungskette ein und führt dadurch nur zur Bildung von zwei Molekülen ATP. Diese Methode der Energiekonservierung wird **oxidative Phosphorylierung** genannt, weil die Ausbildung energiereicher Phosphatverbindungen (ATP) mit der Oxidation eines energieliefernden Substrates verbunden ist. Durch diese Reaktionen wird die Hauptmasse des ATPs, welches die Zelle benötigt, gebildet.

4 Zellstoffwechsel

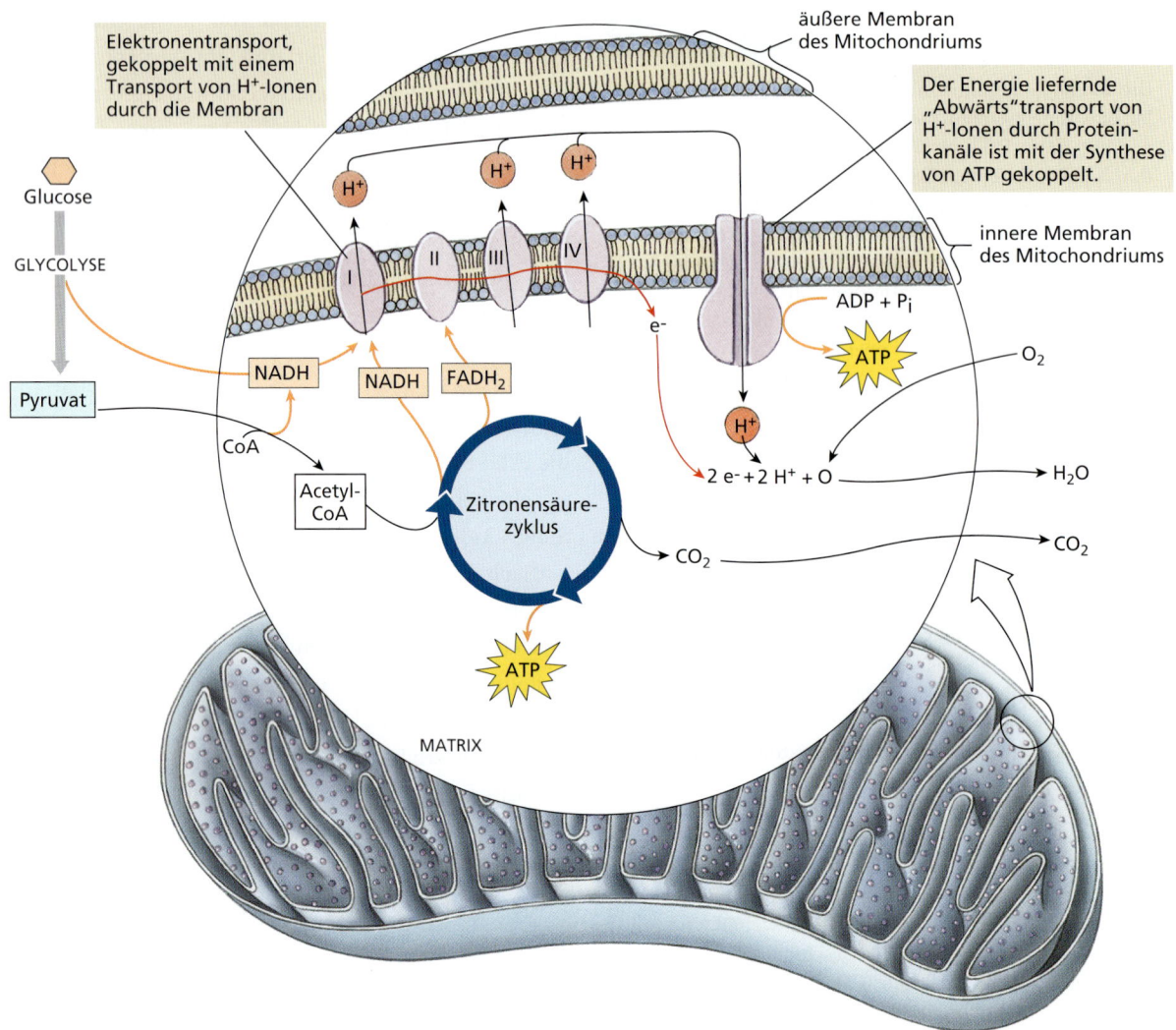

Abbildung 4.14: Die oxidative Phosphorylierung. Der größte Teil des ATPs in einem aeroben Organismus wird über die Atmungskette erzeugt. Bei zellulären Oxidationsvorgängen in der Glycolyse und dem Zitronensäurezyklus werden den Nahrungsmolekülen Elektronen entzogen und „fließen" durch die Atmungskette, deren Hauptbestandteile vier Komplexe aus Transmembranproteinen sind (I, II, III und IV). Die Energie der Elektronen wird von diesen Hauptkomplexen angezapft und dafür verwendet, H^+-Ionen durch die innere Mitochondrienmembran zu befördern. Der H^+-Ionengradient, der auf diese Weise erzeugt wird, treibt die ATP-Synthese mittels des Rückstroms der H^+-Ionen durch die Membran entlang des Konzentrationsgefälles.

4.6.1 Der Wirkungsgrad der oxidativen Phosphorylierung

Wir sind nunmehr in der Lage, die ATP-Ausbeute aus der vollständigen Oxidation der Glucose (▶ Abbildung 4.15) zu berechnen. Die Gesamtreaktion lässt sich wie folgt zusammenfassen:

Glucose ($C_6H_{12}O_6$) + 2 ATP + 36 ADP + 36 P_i + 6 $O_2 \longrightarrow$ 6 CO_2 + 2 ADP + 36 ATP + 6 H_2O

ATP ist an verschiedenen Punkten entlang des Weges gebildet worden (▶ Tabelle 4.1). Das cytoplasmatisch erzeugte NADH aus der Glycolyse erfordert den Einsatz eines Moleküls ATP, um es in das Mitochondrium zu transportieren (aktiver Transport; siehe Kapitel 3). Jedes in der Glycolyse entstandene NADH-Molekül führt daher unter dem Strich zu einem Nettogewinn von zwei ATP (vier aus der Glycolyse insgesamt), im Vergleich zu drei ATP pro NADH (Gesamtzahl sechs), die innerhalb des Mitochondriums gebildet werden. Ziehen wir davon die zwei ATP-Moleküle ab, die zu Beginn der Glycolyse zur Aktivierung vorgestreckt werden mussten, liegt die Nettoausbeute bei bis zu 36 Molekülen ATP pro Molekül Glucose. Die Ausbeute von 36 Molekülen ATP ist ein theoretischer Maximalwert, weil ein Teil des H^+-Ionengradienten, der durch den Elektronentransport an der inneren Mitochondrienmembran aufgebaut wird, zu anderen Zwecken als der ATP-Syn-

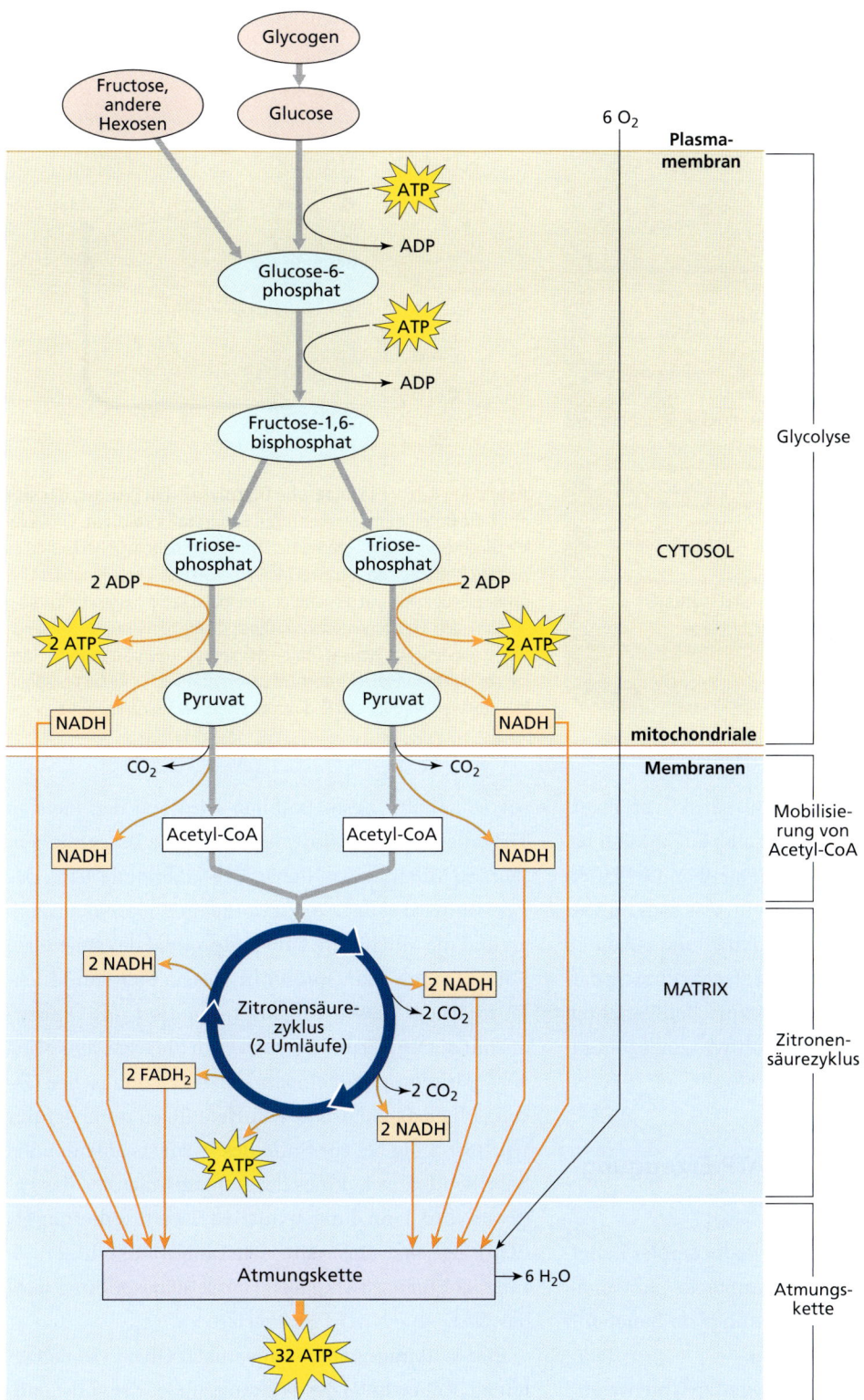

Abbildung 4.15: Die an der Oxidation der Glucose (Traubenzucker) und anderer Kohlenhydrate beteiligten Stoffwechselwege. Die Glucose wird durch cytoplasmatische Enzyme zu Pyruvat (Brenztraubensäure) abgebaut (Glycolyse). Aus dem Pyruvat wird Acetyl-Coenzym A (Ac-CoA) gebildet, das in den Zitronensäurezyklus einfließt. Der Acetylrest des Ac-CoA-Moleküls wird zu zwei Molekülen Kohlendioxid oxidiert. Dabei wird die Reaktionsfolge des Zitronensäurezyklus' einmal durchschritten. An mehreren Punkten entlang des Abbauweges werden dem metabolisierten Substrat durch Oxidationsmittel Elektronen entzogen und in Form der reduzierten Formen NADH und FADH$_2$ an die Atmungskette übergeben, wo aus ihrer Energie 32 Moleküle ATP erzeugt werden (oxidative Phosphorylierung). Vier Moleküle ATP werden im Verlauf der Glycolyse durch Substratphosphorylierung gebildet, zwei weitere entstehen (zunächst in Form des analogen GTPs) bei Durchlauf durch den Zitronensäurezyklus. Dies ergibt zusammen eine Gesamtausbeute von 38 (Nettoausbeute 36) Molekülen ATP pro Molekül Glucose. Elementarer Sauerstoff tritt nur ganz am Ende der Atmungskette als terminaler Elektronenakzeptor in Erscheinung. Durch die Reduktion des Sauerstoffs entsteht Wasser.

4 Zellstoffwechsel

Tabelle 4.1
Berechnung der Gesamt-ATP-Ausbeute bei der Atmung

Erzeugte ATP-Moleküle	Quelle
4	Durch Glycolyse
2	Als GTP (⟶ ATP) im Zitronensäurezyklus
4	NADH aus Glycolyse
6	NADH, das bei der Umwandlung von Pyruvat in Acetyl-CoA (oxidative Decarboxylierung) gebildet wurde
4	FADH$_2$ aus dem Zitronensäurezyklus
18	NADH aus dem Zitronensäurezyklus
38 insgesamt	
–2	„Vorschuss" der Aktivierungsreaktionen der Glycolyse
36 Nettoausbeute	

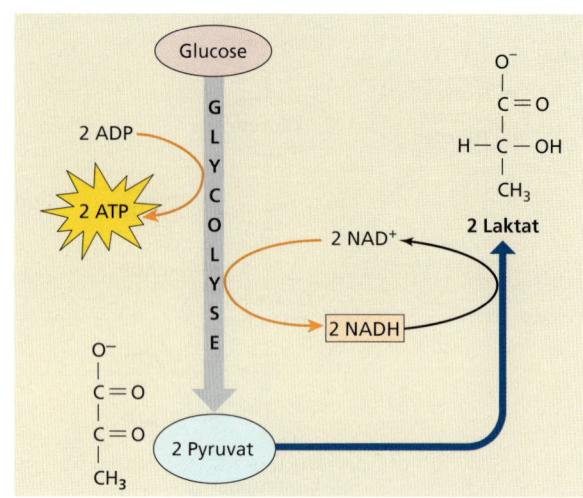

Abbildung 4.16: Die anaerobe Glycolyse – ein Prozess, der sich ohne die Beteiligung elementaren Sauerstoffs vollzieht. Ein Molekül Glucose wird in zwei Moleküle Pyruvat gespalten. Dabei kommt es zu einer Nettobildung von zwei Molekülen ATP. Das im Verlauf der Glycolyse erzeugte Pyruvat dient unter anaeroben Bedingungen gleichzeitig als terminaler Elektronenakzeptor. Durch diesen terminalen Reduktionsschritt entsteht aus Pyruvat (Anion der Brenztraubensäure) Lactat (Anion der Milchsäure). Elektronen/Wasserstoffatome (= Reduktionsäquivalente) werden über das Redoxcoenzym NAD$^+$ zurückgeführt.

these dienen kann, wie zum Beispiel den aktiven Transport in das Mitochondrium hinein oder aus diesem heraus. Der Gesamtwirkungsgrad der aeroben Oxidation der Glucose liegt bei zirka 38 Prozent, was sich im Vergleich mit vom Menschen entworfenen und gebauten Systemen zur Energieumwandlung als sehr günstig darstellt, weil die zuletzt genannten technischen Verfahren selten über fünfzehn Prozent Gesamtwirkungsgrad hinausreichen.

4.6.2 Anaerobe Glycolyse: ATP-Erzeugung ohne Sauerstoff

Bislang haben wir beschrieben, wie die aerobe Zellatmung vonstatten geht. Wir werden nunmehr betrachten, wie Tiere ATP ohne die Unterstützung von Sauerstoff erzeugen, also auf anaerobem Wege.

Unter anaeroben Bedingungen werden Glucose und andere Hexosen zunächst glycolytisch zu Pyruvat abgebaut (Abbildung 4.11). Diese Reaktionsfolge liefert zwei Moleküle ATP und Wasserstoffatome für zwei Moleküle NADH. In Abwesenheit von Sauerstoff können der Zitronensäurezyklus und die Atmungskette nicht durchlaufen werden und stellen deshalb unter diesen Bedingungen keinen geeigneten Mechanismus für die Rückoxidation des NADHs dar, das im Verlauf der Glycolyse anfällt. Dieses Problem wird von den meisten Tierzellen elegant gelöst, indem sie die Brenztraubensäure zu Milchsäure reduzieren (▶ Abbildung 4.16). Das Pyruvat wird selbst zum terminalen Elektronenakzeptor und die Milchsäure zum Endprodukt des anaeroben Katabolismus. Man spricht in diesem Fall von Milchsäuregärung. Dieser Vorgang regeneriert das Oxidationsmittel (NAD$^+$) und versetzt es in die Lage, neuerlich ein Hydridion aufzunehmen. Bei der **alkoholischen Gärung** (die beispielsweise von Hefepilzen durchgeführt wird) sind die bis zur Stufe des Pyruvats ablaufenden Schritte identisch. Eines der Kohlenstoffatome des Pyruvats wird dann durch oxidative Decarboxylierung als CO$_2$ freigesetzt. Das reduzierte Endprodukt dieser Gärung ist Ethanol (Alkohol). Durch seine Bildung wird das NAD$^+$ aus NADH regeneriert.

Der Wirkungsgrad der anaeroben Glycolyse beträgt nur ein Achtzehntel des Wirkungsgrades der vollständigen Oxidation von Glucose zu Kohlendioxid und Wasser, ihr energetischer Nutzwert besteht aber darin, dass sie wenigstens einige energiereiche Phosphatbindungen in Situationen zu erzeugen vermag, in denen gar kein oder keine ausreichenden Mengen Sauerstoff zur Verfügung stehen. Viele Mikroorganismen leben an Orten, an denen die Sauerstoffkonzentration nur gering bis verschwindend ist (zum Beispiel in überfluteten Böden, im Schlammgrund von Gewässern oder in verwesenden Kadavern. Während einer kurzzeitigen, massiven Beanspruchung greifen die Skelettmuskeln von Wirbeltieren auf die Glycolyse zurück, wenn die Kontraktionen so rasch und kraftvoll erfolgen, dass die Sauerstoffanlieferung durch das Blut nicht ausreicht, um den aktuellen Energiebedarf allein durch oxidative Phosphorylierung in der Atmungskette zu decken. Zu einem solchen Zeitpunkt hat ein Tier keine andere Wahl, als die gedrosselte oxidative Phosphorylierung durch die anaerobe Glycolyse zu unterstützen. Ein Typ von Muskelfasern, die weißen Muskeln, enthalten wenige Mitochondrien und stützen sich für die ATP-Produktion primär auf die Glycolyse (siehe Kapitel 29). In allen Muskeltypen folgt einer Phase intensiver oder anstrengender Aktivität eine Phase erhöhten Sauerstoffverbrauchs, wenn die Milchsäure, die als Endprodukt des anaeroben Muskelstoffwechsels durch Gärung entsteht, aus dem Muskelgewebe herausdiffundiert und in die Leber transportiert wird, wo sie verstoffwechselt wird. Da sich der Sauerstoffverbrauch nach einer anstrengenden Tätigkeit erhöht, spricht man von einer Sauerstoffschuld des Tieres im Verlauf der vorangegangenen Aktivität, die nach dem Abklingen der Anstrengung „zurückbezahlt" wird. Die Milchsäure/das Lactat, das sich angesammelt hat, wird dann abgebaut.

Einige Tiere stützen sich während ihrer normalen Aktivitäten in hohem Maße auf die anaerobe Glycolyse. So greifen etwa tauchende Vögel und Säugetiere auf die Glycolyse für die Bereitstellung der Energie zurück, die notwendig ist, um lange Tauchgänge ohne die Möglichkeit zu atmen (= Sauerstoff aufzunehmen) durchzustehen. Ein Lachs würde niemals bis zu seinem Laichgewässer vordringen, stünde ihm nicht die anaerobe Glycolyse zur Verfügung, um das ATP zu liefern, dass er für die muskulären Kraftanstrengungen zur Überwindung von Stromschnellen und Wasserfällen benötigt. Viele parasitär lebende Tiere haben die oxidative Phosphorylierung in manchen ihrer Lebensphasen völlig aufgegeben. Sie scheiden als Endprodukte ihres Energie-

stoffwechsels ziemlich stark reduzierte Verbindungen wie Succinylsäure, Essigsäure oder Propionsäure aus. Diese Verbindungen werden durch mitochondriale Reaktionen erzeugt, die gegenüber der Milchsäuregärung einige zusätzliche ATP-Moleküle erbringen. Aber auch diese Stoffwechselwege (Essigsäuregärung, Propionsäuregärung, usw.) sind weit weniger effizient als die klassische Atmungskette.

4.7 Lipid (Fett-)Stoffwechsel

Der erste Schritt beim Abbau eines Triglycerids (= Triacylglycerins, Fett) ist die Hydrolyse zu einem Molekül Glycerin und drei Molekülen Fettsäure (▶ Abbildung 4.17). Das Glycerin wird phosphoryliert und mündet in die Glycolyse ein (Abbildung 4.10).

Die verbleibenden Anteile des vorherigen Fettmoleküls sind drei Fettsäuremoleküle. Ein Beispiel für eine in der Natur häufig auftretende Fettsäure ist die **Stearinsäure**:

$$H_3C-CH_2-CH_2-CH_2-CH_2-CH_2-CH_2-CH_2-CH_2-CH_2-CH_2-CH_2-CH_2-CH_2-CH_2-CH_2-CH_2-C(=O)OH$$

Stearinsäure

Die langen Kohlenwasserstoffketten eines Fettsäuremoleküls werden oxidativ aufgebrochen. Dabei werden immer C_2-Einheiten abgespalten. Der Fettsäureabbau wird auch als β-Oxidation bezeichnet. Die C_2-Einheiten werden vom Ende des Moleküls abgespalten und zu Acetyl-CoA überführt. Obwohl die Energie aus der Spaltung zweier energiereicher Phosphatbindungen (ATP) notwendig ist, um eine C_2-Einheit für die Folgereaktion zu aktivieren, wird sowohl durch die Reduktion von NAD^+ und FAD sowie durch den Abbau des Acetylrestes im Zitratzyklus Energie gewonnen. Es lässt sich leicht berechnen, dass die vollständige Oxidation eines Moleküls der C_{18}-Carbonsäure Stearinsäure eine Nettoausbeute von 146 Molekülen ATP abwirft. Im Vergleich dazu liefern drei Moleküle Glucose bei der vollständigen Ver-

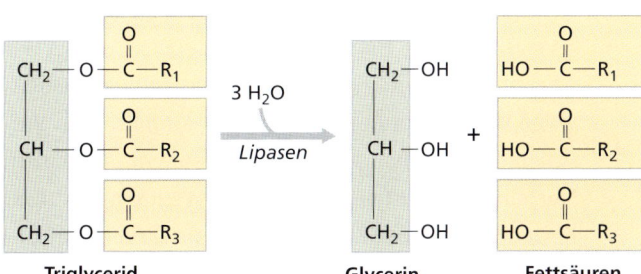

Abbildung 4.17: **Abbau eines Triglycerids.** Hydrolyse eines Triglycerids (= Neutralfett) durch intrazelluläre Lipasen (lipidspaltende Enzyme). Die mit R_x (x = 1, 2, 3) bezeichneten Gruppen sind die Kohlenwasserstoffanteile der Fettsäurereste des Fettmoleküls.

stoffwechselung nur 108 Moleküle ATP. Da jedes Fettmolekül drei Fettsäurereste enthält, liefert diese insgesamt 440 Moleküle ATP. Darüber hinaus entstehen beim Abbau des Glycerinrestes noch einmal 22 Moleküle ATP. Die Gesamt-ATP-Ausbeute aus dem Abbau eines Triglyceridmoleküls beträgt somit ca. 462 ATP (abhängig von der Länge der Fettsäureseitenketten). Es verwundert daher kaum, dass die Fette als die „Könige der tierischen Nährstoffe" bezeichnet werden. Fette stellen also höher konzentrierte energieliefernde Nahrungsstoffe dar als Kohlenhydrate oder Eiweiß, weil Fette zu großen Teilen aus reinen Kohlenwasserstoffabschnitten bestehen. Sie enthalten pro Kohlenstoffatom mehr Wasserstoffatome als Kohlenhydrate, und es sind ja die Bindungselektronen der Wasserstoffatome, deren Energie in energiereiches ATP überführt wird, wenn die Elektronen (Reduktionsäquivalente) durch die Atmungskette geschleust werden.

Fettspeicher werden in erster Linie aus überschüssigem Fett und aus Kohlenhydraten in der Nahrung angelegt. Das Acetyl-Coenzym A ist die Quelle für die Kohlenstoffatome in der Fettsäuresynthese. Da alle Hauptklassen organischer Nährstoffe (Kohlenhydrate, Fette und Proteine) zu Acetyl-CoA abgebaut werden, können auf diese Weise alle einen Eingang in Fettspeicher finden. Einzige notwendige Vorbedingung ist ein Überschuss an Stoffwechselenergie. Die Biosynthese der Fettsäuren ähnelt in ihren Grundzügen einer Umkehrung des beschriebenen Abbaus; allerdings ist eine ganz andere Gruppe von Enzymen mit diesem Vorgang befasst (der Fettsäuresynthasekomplex). Ausgehend vom Acetyl-CoA wird die Fettsäure aus C_2-Acetyleinheiten aufgebaut. Da beim oxidativen Abbau von Fettsäuren Energie freigesetzt wird, muss für ihre Neusynthese offenkundig Energie aufgewendet werden. Diese wird in erster Linie aus dem Abbau von Glucose gewonnen. Die dem Organismus aus der Oxidation eines Fettmoleküls unter dem Strich zur Verfügung stehende ATP-Menge ist daher nicht so hoch wie die theoretische Berechnung andeutet, weil variable Anteile der Energie für Synthese- und Speicherungsvorgänge aufgewendet werden müssen.

Speicherfette sind die besten Brennstoffreserven für den Körper. Der größte Anteil verwertbaren Fetts liegt in Form des weißen Fettgewebes (adipöses Gewebe) vor, das aus spezialisierten Zellen (Adipocyten) besteht, die mit Fetttröpfchen (Triglyceridtröpfchen) angefüllt sind. Das weiße Fettgewebe ist in der Abdominalhöhle weiträumig verteilt, ebenso im Muskel, um tiefliegende Blutgefäße und um große innere Organe herum (Herz, Niere, usw.), sowie insbesondere auch unter der Haut (Unterhautfettgewebe). Der weibliche menschliche Körper enthält (Normalgewichtigkeit vorausgesetzt) etwa 30 Prozent mehr Fett als der männliche, was maßgeblich für die unterschiedlichen Staturen von Männern und Frauen verantwortlich ist. Der Mensch vermag mit großer Leichtigkeit große Fettreserven anzulegen (eine evolutive Anpassung an Hungerzeiten), was in der heutigen Zeit des Nahrungsüberflusses vielfach gesundheitliche Beeinträchtigungen nach sich zieht.

Proteinstoffwechsel 4.8

Da Proteine aus 20 verschiedenen Aminosäuren bestehen (siehe Kapitel 2), ist der Aminosäurestoffwechsel der zentrale Gegenstand unserer jetzigen Betrachtung. Der Stoffwechsel der Aminosäuren ist verwickelt. So erfordert etwa die Synthese der 20 proteinogenen Aminosäuren getrennte Biosynthesewege; ebenso erfolgt der Abbau der Aminosäuren über im Detail verschiedenartige Wege. Zum Zweiten sind die Aminosäuren Vorstufen zum Aufbau von Gewebeproteinen, Enzymen, Nucleinsäurebausteinen und anderen stickstoffhaltigen Bestandteilen einer Zelle. Der zentrale Zweck der Kohlenhydrat- und der Fettoxidation besteht in der Gewin-

Exkurs

Die physiologischen wie auch die psychologischen Aspekte der **Fettleibigkeit** (Adipositas oder Obesitas) werden heute von zahlreichen Vertretern unterschiedlicher Disziplinen erforscht. Es häufen sich die Belege dafür, dass die Nahrungsaufnahme, und damit indirekt auch die Anlage von Fettspeichern, durch im Gehirn lokalisierte Zentren gesteuert werden (Hypothalamus und Hirnstamm). Die von diesen Bereichen vorgegebenen Stellgrößen bestimmen die normale Nahrungszufuhr und die Körpermasse eines Individuums, die auf einem als über oder unter dem für normal erachteten Durchschnittswert eines Menschen liegen kann. Obwohl es auch Hinweise dafür gibt, dass es eine Beteiligung genetischer Faktoren (eine genetische Prädisposition) zumindest bei einem Teil der Fälle pathologischer Fettleibigkeit gibt, sind die beinahe epidemischen Ausmaße der Fettleibigkeit in der Bevölkerung einiger Industrieländer wie den USA und in zunehmendem Maß auch in Deutschland durch erbliche Einflüsse nicht alleine erklärbar. Der rasche Anstieg des Anteils stark Übergewichtiger in diesen Bevölkerungen ist hingegen durch die Lebensweise und die Ernährungsgewohnheiten leicht und vollständig zu erklären. Weitere hochentwickelte Länder lassen einen ähnlichen, bislang weniger ausgeprägten Trend hin zu einer Zunahme der Anzahl von Fällen fettleibiger Menschen erkennen.

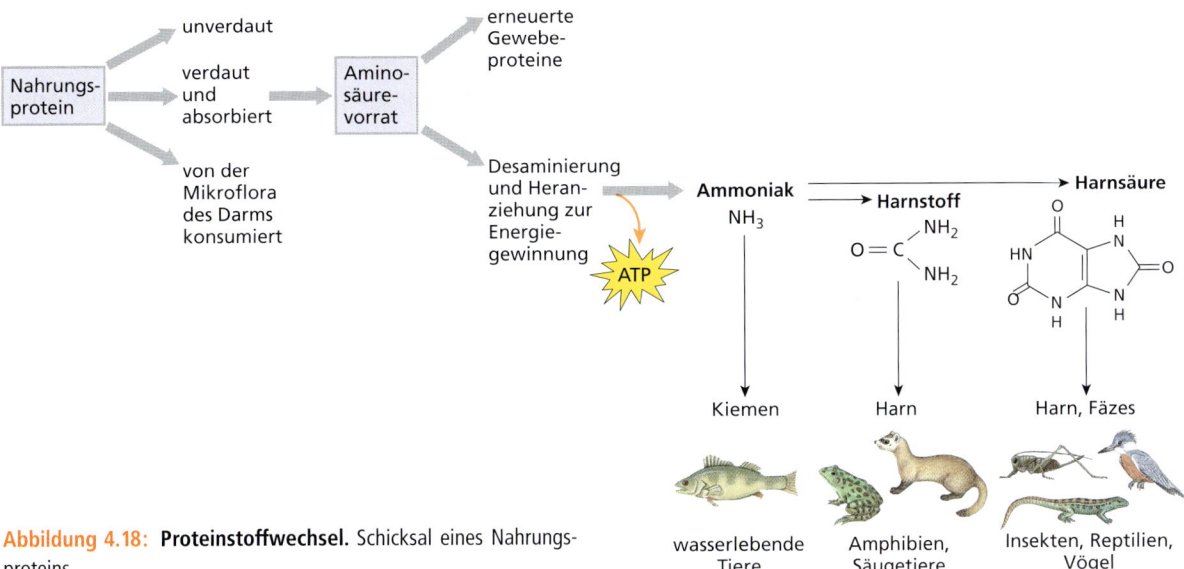

Abbildung 4.18: **Proteinstoffwechsel.** Schicksal eines Nahrungsproteins.

nung nutzbarer Energie, um diese lebensnotwendigen Makromoleküle – Proteine und Nucleinsäuren – aufzubauen und um die Struktur der Zelle aufrechtzuerhalten und das Abgleiten des Systems in das thermodynamische Gleichgewicht zu verhindern.

Wir wollen mit dem Aminosäurepool im Blut und den extrazellulären Flüssigkeiten, aus dem die Gewebe ihren Bedarf decken, beginnen. Wenn Tiere Proteine zu sich nehmen, wird das meiste davon im Darm verdaut. Dabei werden die Aminosäuren aus den Proteinen freigesetzt und absorbiert (▶ Abbildung 4.18). Während des normalen Gewebewachstums sowie während der Reparatur und des Umbaus von Körpergeweben werden ebenfalls Proteine hydrolysiert (abgebaut). Die dabei freiwerdenden Aminosäuren gelangen ebenso wie die aus der Nahrung stammenden in den allgemeinen Aminosäurepool. Ein Teil des Aminosäurepools wird genutzt, um Gewebeproteine neu zu bilden, doch nehmen die meisten Tiere einen Überschuss an Protein(en) zu sich. Da Aminosäuren nicht in signifikanten Mengen ausgeschieden werden, müssen sie auf andere Weise beseitigt werden. Tatsächlich können und werden Aminosäuren auf oxidativem Weg verstoffwechselt, wobei sie die Bildung energiereicher Phosphatverbindungen wie ATP ermöglichen. Kurz gesagt dienen überschüssiges Eiweiß (Protein) ebenso wie Kohlenhydrate und Fette als energieliefernde „Brennstoffe". Die Bedeutung des Eiweißes als Energielieferant hängt in offensichtlicher Weise von der Zusammensetzung der Nahrung ab. Bei Carnivoren (Fleischfressern), die eine Nahrung zu sich nehmen, die beinahe ausschließlich aus Protein und Fett besteht (z. B. Katzen), stammt fast die Hälfte der energiereichen Phosphatverbindungen aus der Oxidation von Aminosäuren.

Bevor eine Aminosäure in das Brennstoffdepot einmünden kann, muss der Stickstoff durch Desaminierung entfernt werden. Die Aminogruppe wird als Ammoniak (NH_3) abgespalten; dabei entsteht eine Ketosäure. Alternativ kann eine Transaminierung erfolgen; hierbei wird die Aminogruppe auf eine andere Ketosäure übertragen, die hierdurch in eine Aminosäure umgewandelt wird. Der Abbau der Aminosäuren liefert zwei Hauptprodukte – Kohlenstoffgerüste und Ammoniak, die unterschiedliche Schicksale erfahren. Nachdem die Stickstoffatome entfernt sind, kann das verbleibende Kohlenstoffgerüst der vormaligen Aminosäure vollständig oxidiert werden. Dabei wird für gewöhnlich die Stufe des Pyruvats oder des Acetats durchlaufen. Diese Stoffwechselzwischenprodukte münden dann in die regulären Wege ein, über die auch der Stoffwechsel der Kohlenhydrate und der Lipide abläuft (siehe Abbildung 4.10).

Das andere wesentliche Produkt des Aminosäureabbaus ist Ammoniak (NH_3). Ammoniak ist sehr giftig, weil es durch die Reaktion mit α-Ketoglutarat zu Glutaminsäure (eine proteinogene Aminosäure) die Zellatmung behindert. Durch diese Reaktion wird das α-Ketoglutarat dem Zitronensäurezyklus entzogen, dessen Zwischenprodukt es ist (siehe Abbildung 4.13). Wasserlebenden Tieren macht die Entfernung des Ammoniaks aus dem Körper kaum Probleme, weil es wasserlöslich ist und in das umliegende Medium (Wasser) diffundiert. Dies vollzieht sich oft über die respiratorischen Oberflächen des Tierkörpers. Terrestrische Tierformen können sich nicht auf so bequeme Weise des Ammoniaks entledigen und müssen es durch Überführung in verhältnismäßig ungiftige Verbindungen entgiften. Die beiden dabei gebildeten Hauptausscheidungsformen des Stickstoffs sind der Harnstoff und die Harnsäure, obwohl von verschiedenen Gruppen der Wirbellosen sowie der Wirbeltiere noch verschiedene andere mindergiftige Folgeprodukte des Ammoniakstoffwechsels ausgeschieden werden. Unter den Vertebraten erzeugen die Amphibien und besonders die Säugetiere Harnstoff. Reptilien und Vögel sowie viele terrestrische Invertebraten (Wirbellose) erzeugen Harnsäure (die Exkretion der Harnsäure durch Insekten und Vögel wird in den Kapiteln 20 bzw. 27 erörtert).

Die Entscheidung der Frage, in welcher Form überschüssiger Stickstoff an die Umwelt abgegeben wird, scheint in erster Linie von dem Vorhandensein von Wasser abzuhängen. Wenn reichlich Wasser verfügbar ist, ist das Hauptausscheidungsprodukt Ammoniak. Ist die Menge des vorhandenen Wassers beschränkt, wird Harnstoff abgegeben. Harnsäure ist nur sehr gering löslich und fällt leicht aus Lösungen aus, so dass ein Überschuss an Stickstoff hier in beinahe fester Form ausgeschieden werden kann. Die Embryonen von Vögeln und Reptilien profitieren in hohem Maß von der Ausscheidung von Stickstoff in Form von Harnsäure, weil die Abfallstoffe nicht durch die Eischalen gelangen. Während der Embryonalentwicklung wird harmlose, feste Harnsäure in einer der extraembryonalen Membranen zurückgehalten. Wenn ein schlüpfendes Tier in seine neue Welt eintritt, bleibt die angesammelte Harnsäure mit der Eischale und den überflüssig gewordenen Membranen zurück.

Die Regulation des Stoffwechsels 4.9

Das komplexe Geflecht der enzymatischen Reaktionen, die in ihrer Gesamtheit den Stoffwechsel ausmachen, stellt einen Zustand des Fließgleichgewichts weitab vom thermodynamischen (= chemischen) Gleichgewicht dar. Die physikochemischen Gesetzmäßigkeiten gelten, aber der durch Selbstorganisation entstandene Ordnungsgrad liegt signifikant höher als bei allen bekannten unbelebten Systemen. Die Vorgänge in Inneren eines Lebewesens unterliegen in den meisten Fällen einer strengen Kontrolle und folgen nicht einem zufälligen Geschehen. Obwohl einige Enzyme unreguliert arbeiten, wird die Aktivität der meisten in engen Grenzen kontrolliert. Stellen wir uns für den unregulierten Fall vor (konstitutive Aktivität des Enzyms), dass das betrachtete Enzym das Substrat A in B umwandelt. Falls B durch eine Folgereaktion in einen weiteren Stoff C umgewandelt wird, wird durch die fortlaufende Wirkung des Enzyms A das Mengenverhältnis B zu A weitgehend konstant gehalten (Fließgleichgewicht). Da die Wirkung vieler Enzyme reversibel ist, kann dies eine Synthese-, aber auch eine Abbaureaktion begünstigen. So könnte etwa ein Überschuss an einem Zwischenprodukt des Zitratzyklus' dazu führen, dass die Glycogensynthese angekurbelt wird; eine Verarmung an diesem Metaboliten würde den Abbau von Glycogen in Gang setzen. Solche Regulationsvorgänge laufen als Rückkopplungsschleifen ab. Die automatische Kompensation (Ausgleichsreaktion) vermag jedoch nicht all das zu erklären, was in einem Lebewesen vonstatten geht – zum Beispiel die Reaktionen, die an Verzweigungspunkten metabolischer Prozesse ablaufen.

Es existieren Mechanismen, die sowohl die Mengen als auch die Aktivitäten von Enzymen regulieren. Die Gene für die Synthese von Enzymen können nach Bedarf an- und abgeschaltet werden. Die Entscheidung darüber hängt letzten Endes vom Vorhandensein oder Fehlen einer bestimmten, als Regulator wirkenden Substanz ab. Die Regulatorwirkung ist indes indirekt und wird über regulatorische Proteine weitergeleitet. Auf diese Weise wird die vorliegende Menge eines bestimmten Enzyms reguliert. Es ist dies ein verhältnismäßig langsamer Vorgang.

Mechanismen, die die Aktivität bestehender Enzyme regulieren, wirken rasch und passen die Stoffwechselwege genau an die sich verändernden Bedingungen in der Zelle an. Das Vorhandensein oder die Erhöhung der Konzentration einer bestimmten Substanz kann eine Konformationsänderung (Änderung der Molekülgestalt) des beeinflussten Enzyms hervorrufen, welches durch die Formänderung aktiviert oder inaktiviert werden kann (▶ Abbildung 4.19). So wird etwa die Phosphofruktokinase (eines der frühen Enzyme der Glycolyse, das die Phosphorylierung und Isomerisierung des Glucose-6-phosphats zu Fruktose-1,6-bisphosphat katalysiert) durch hohe Konzentrationen an ATP oder Zitrat gehemmt. Eine hohe Konzentration dieser Stoffe bedeutet, dass ausreichende Mengen an chemischer Energie in der Zelle vorliegen oder sich große Mengen an Ausgangsstoffen für den Zitronensäurezyklus angesammelt haben, so dass die Bereitstellung weiterer Vorläuferstoffe durch glycolytischen Nachschub aktuell nicht erwünscht ist. In manchen Fällen hemmt das Endprodukt eines Stoffwechselweges das erste Enzym des betreffenden Weges (Produkthemmung). Diese Rückwirkungen von weiter stromabwärts liegenden Stoffwechselprodukten auf vorgeschaltete Vorgänge werden als **Rückkopplungshemmung** bezeichnet.

Durch die Änderung der Molekülform können viele (die meisten?) Enzyme in einer aktiven und einer inaktiven Form vorliegen. Darüber hinaus sind vielfach die Enzyme, die am Aufbau einer Substanz beteiligt sind, verschieden von den Enzymen, die den Abbau katalysieren. Aufbau (Synthese) und Abbau verlaufen in der Regel auf chemisch unterschiedlichen Wegen. Enzyme des Glycogenstoffwechsels sind dafür Beispiele: Der Abbau wird von der Phosphorylase eingeleitet, die Glycogensynthese wird von der Glycogensynthase bewerkstelligt. Reaktionen, welche die Aktivierung der Phosphorylase bewirken, haben in der Regel eine Inaktivierung der Glycogensynthase zur Folge und umgekehrt.

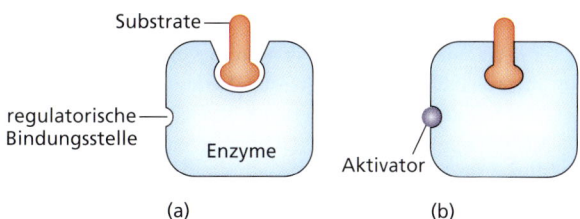

Abbildung 4:19: Enzymregulation. (a) Das aktive Zentrum eines Enzyms bindet bei Abwesenheit eines Aktivators das Substrat vielleicht nur locker. (b) Ist die regulatorische Bindungsstelle durch einen Aktivator besetzt, bindet das aktivierte Enzym das Substrat fester und kann seine katalytische Wirkung entfalten.

Man kennt viele Beispiele für Enzymregulationsprozesse, doch müssen die wenigen an dieser Stelle genannten Beispiele genügen, um die Bedeutung der Regulierung der enzymatischen Aktivität für die Zusammenführung der verwickelten, parallel ablaufenden Stoffwechselvorgänge in der Zelle und im Gesamtorganismus zu verdeutlichen und zu unterstreichen.

ZUSAMMENFASSUNG

Lebende Systeme unterliegen den allgemeingültigen Sätzen der Thermodynamik, denen auch alle nichtlebenden Systeme gehorchen. Der 1. Hauptsatz der Thermodynamik (Energieerhaltungssatz) besagt, dass Energie nicht erschaffen oder zerstört, wohl aber die Form ändern kann. Der 2. Hauptsatz der Thermodynamik besagt, dass der Zustand eines geschlossenen Systems einer maximalen Entropie zustrebt. Dieser Zustand ist im thermodynamischen Gleichgewicht erreicht. Sonnenenergie wird durch die Photosynthese der Pflanzen als chemische Bindungsenergie gespeichert und durch die Nahrungskette geleitet, wo sie für Biosynthesen, aktiven Transport und Bewegungen herangezogen wird, bevor sie letztendlich als Wärme abgegeben wird. Lebewesen sind Systeme, die sich in einem Zustand verminderter Entropie (hoher innerer Ordnung) weitab vom chemischen/thermodynamischen Gleichgewicht halten. Sie stellen offene Systeme im Sinne der Thermodynamik dar und erfordern zu ihrer Aufrechterhaltung einen konstanten Durchstrom von Materie (Nahrung) und Energie.

Enzyme sind Proteine, die oftmals mit Cofaktoren assoziiert sind. Enzyme beschleunigen chemische Reaktionen in lebenden Systemen immens (isoliert auch außerhalb davon); sie sind Katalysatoren. Ein Enzym übt seine katalytische Wirkung aus, indem es sich vorübergehend mit einem Reaktanden (dem Substrat) assoziiert. Das Substrat wird an das aktive Zentrum des Enzyms gebunden. Substrat und aktives Zentrum zeigen eine hohe Spezifität der räumlich-physikalischen Passung. Dieser Zusammenschluss vermindert die Energiebarriere (Aktivierungsenergie) der zu katalysierenden Reaktion in ausreichendem Maß, um eine Reaktion am Substrat einzuleiten. Das Enzym geht aus der Reaktion unverändert hervor.

Lebende Zellen nutzen die in chemischen Bindungen gespeicherte Energie, um durch den Abbau organischer Nährstoffe in einer Folge enzymatischer Reaktionen schrittweise die darin enthaltene Energie freizusetzen. Die freigewordene Bindungsenergie wird wiederum in chemischen Bindungen des ATPs festgelegt. ATP wird von der Zelle nach den aktuellen Erfordernissen erzeugt und zum Betrieb ihrer Tätigkeiten wie chemische Synthesen, Transportprozesse und mechanische Vorgänge eingesetzt.

Glucose (Traubenzucker) ist eine wichtige Energiequelle für alle lebenden Zellen. Im aeroben Stoffwechsel (Respiration) wird die Hexose Glucose in zwei Moleküle Pyruvat (eine Triose) gespalten. Das Pyruvat wird unter Bildung von Acetyl-Coenzym A decarboxyliert. Das Acetyl-CoA ist ein strategisches Zwischenprodukt des Stoffwechsels und geht in den Zitronensäurezyklus ein. Acetyl-CoA lässt sich von der Zelle auch aus dem Abbau von Fetten gewinnen. Im Zitronensäurezyklus wird das Acetyl-CoA in einer Abfolge von Reaktionen zu Kohlendioxid aufoxidiert. Im Verlauf dieser Reaktionen werden Reaktionsäquivalente gewonnen, die an die Übertragermoleküle NAD^+ und FAD gebunden in die Atmungskette eingeschleust werden. Im abschließenden Teil der zellulären Energiegewinnung durchlaufen die reduzierten Formen der genannten Coenzyme, NADH und $FADH_2$, die Atmungskette, die aus einer Serie von Redoxproteinen der inneren Mitochondrienmembran besteht. Bei der kaskadenförmigen Weiterreichung der Reduktionsäquivalente durch die Atmungskette wird von den beteiligten Proteinen ein Wasserstoffionengradient an der inneren Mitochondrienmembran aufgebaut (elektrochemischer pH-Gradient). Das terminale Oxidationsmittel in der Reaktionsfolge ist elementarer Sauerstoff. ATP wird erzeugt, wenn die H^+-Ionen entlang des Konzentrationsgefälles durch Kanalproteine (ATP-Synthase) in den mitochondrialen Innenraum zurückströmen. Aus einem Molekül Glucose lässt sich so eine maximale Nettoausbeute von 36 Molekülen ATP gewinnen.

In Abwesenheit von Sauerstoff (anaerober Stoffwechsel) wird Glucose durch die Glycolyse (die gemeinsame Anfangsstrecke des Kohlenhydratabbaus) in Pyruvat umgewandelt, das nachfolgend zu Lactat reduziert wird (Milchsäuregärung). Dieser Vorgang verläuft mit einer Nettoausbeute von zwei Molekülen ATP pro Molekül Glucose. Obwohl der anaerobe Stoffwechsel (Gärung) sehr viel weniger effizient verläuft als die Atmung, liefert er ein notwendiges Grundmaß an Energie für die Muskelkontraktion, wenn eine sehr hohe Muskelleistung das sauerstoffanliefernde System eines Tieres überfordert. Anaerobe Gärungen verschiedener Art sind die einzige Energiequelle für zahlreiche Mikroorganismen, die in sauerstofffreien Umgebungen leben.

Triglyceride (Neutralfette) sind besonders reiche Depots metabolischer Energie, weil die Fettsäuren, die wesentliche Teile eines Neutralfettmoleküls stellen, stark reduzierte Moleküle sind. Weiterhin sind Fette wasserfreie Nährstoffe mit einer damit einhergehenden hohen Energiedichte. Fettsäuren werden durch konsekutive Abspaltung von C_2-Einheiten abgebaut, die als Acetyl-CoA in den Zitronensäurezyklus eingehen.

Überschüssige Aminosäuren, die nicht für die Synthese von Proteinen verwendet werden oder in andere Biosynthesewege Eingang finden, werden als Energiequelle verwendet und abgebaut. Ausgangspunkt des Abbaus einer Aminosäure ist die Desaminierung oder die Transaminierung, um den Stickstoff aus dem Molekül zu entfernen. Das Kohlenstoffskelett findet Eingang in energieliefernde Stoffwechselwege, die als gemeinsame Endstrecke den Zitronensäurezyklus durchlaufen. Das bei der Stickstoffeliminierung entstehende Ammoniak (NH_3), das für die Zelle stark giftig ist, wird von Wassertieren als Stoffwechselendprodukt unverändert ausgeschieden. Dies geschieht oftmals über die respiratorischen Oberflächen des Körpers. Landtiere überführen das Ammoniak zunächst in ungiftige bzw. unlösliche Verbindungen wie Harnstoff oder Harnsäure. Diese stellen die Ausscheidungsformen des Stickstoffs bei diesen Tieren dar.

Die Integration der zahlreichen Stoffwechselwege wird durch Mechanismen reguliert, die sowohl die Menge als auch die Aktivitäten der beteiligten Enzyme fein ausbalancieren. Die Mengen, in denen gewisse Enzyme in der Zelle bzw. im Organismus vorliegen, werden durch bestimmte Moleküle, die die Synthese dieser Enzyme regulieren, beeinflusst. Die Aktivität eines bestehenden Enzyms kann durch die An- bzw. Abwesenheit von Metaboliten beeinflusst werden, die eine Konformationsänderung an dem betreffenden Enzym bewirken und auf diese Weise die katalytische Wirksamkeit des Enzyms verändern. Andere Enzyme werden durch kovalente chemische Modifikationen wie Phosphorylierung und Dephosphorylierung in ihrer Aktivität gesteuert.

ZUSAMMENFASSUNG

Übungsaufgaben

1 Formulieren Sie den 1. und den 2. Hauptsatz der Thermodynamik. Lebende Systeme scheinen auf den ersten Blick dem 2. Hauptsatz der Thermodynamik zu widersprechen, weil Lebewesen ungeachtet der allgemeinen Tendenz zu einer Zunahme der Unordnung einen hohen inneren Ordnungsgrad aufrechterhalten. Welches ist die einfache Erklärung für dieses *scheinbare* Paradox?

2 Erläutern Sie den Begriff der „freien Energie" eines Systems. Ist eine spontan ablaufende Reaktion mit einer positiven oder einer negativen Änderung der freien Energie verbunden?

3 Viele biochemische Reaktionen verlaufen sehr langsam, falls die Energiebarriere der Reaktion nicht herabgesetzt wird. Wie wird diese Verminderung in lebenden Systemen bewerkstelligt?

4 Was geschieht bei der Bildung eines Enzym-/Substratkomplexes? Wie begünstigt dieser Vorgang die Spaltung von chemischen Bindungen im Substrat?

5 Was versteht man unter einer „energiereichen Bindung", und warum ist die Bildung von Molekülen mit derartigen Bindungen nützlich für einen lebenden Organismus?

6 Warum wird ATP nicht als Brennstoff angesehen, obwohl es doch die notwendige Energie zur Erzwingung einer endergonischen Reaktion liefert?

7 Was ist eine Redoxreaktion, und warum sind derartige Reaktionen von so hoher Bedeutung für den Zellstoffwechsel?

8 Geben Sie ein Beispiel für einen terminalen Elektronenakzeptor: (a) bei aeroben und (b) bei anaeroben Lebewesen. Warum ist der aerobe Stoffwechsel effizienter als der anaerobe?

9. Warum ist es notwendig, ein Glucosemolekül zunächst mit einer energiereichen Bindung an einen Phosphorsäurerest zu „aktivieren", bevor es im glycolytischen Stoffwechselweg abgebaut werden kann?
10. Was passiert mit den Elektronen, die bei der Oxidation der Triosephosphate im Verlauf der Glycolyse von diesen abgezogen werden?
11. Warum wird das Acetyl-Coenzym A (Acetyl-CoA) als „strategisches Zwischenprodukt" der (Zell-)Atmung betrachtet?
12. Warum sind Sauerstoffatome bei der oxidativen Phosphorylierung von Bedeutung? Welches sind die Folgen, wenn sie für kurze Zeit in Geweben fehlen, die mit Hilfe der oxidativen Phosphorylierung nutzbare Energie gewinnen?
13. Erläutern Sie, wie Tiere *ohne* Sauerstoff ATP zu erzeugen vermögen. Warum ist – in Anbetracht der Tatsache, dass die (anaerobe) Glycolyse so viel weniger effizient ist als die oxidative Phosphorylierung – diese im Verlauf der Tierevolution nicht aufgegeben worden?
14. Warum werden tierische Fette manchmal als die „Könige unter den biologischen Brennstoffen" bezeichnet? Welches ist die Bedeutung von Acetyl-CoA für den Lipidstoffwechsel?
15. Der Abbau von Aminosäuren führt zu zwei Produkten: Ammoniak und Kohlenstoffbausteine. Was passiert mit diesen Produkten?
16. Erläutern Sie das Verhältnis zwischen der Wassermenge in der Umwelt eines Tieres und der Art des stickstoffhaltigen Abfallproduktes, die das Tier erzeugt und ausscheidet.
17. Erläutern Sie drei Wege, über die Enzyme in lebenden Zellen in ihrer Aktivität reguliert werden.

Weiterführende Literatur

Karp, G. (2005): Molekulare Zellbiologie, 4. Auflage. Springer; ISBN: 3-540-23857-3. *Hochmodernes, hervorragendes Lehrbuch der Zellbiologie, das alle Themen des Faches abdeckt.*

Lodish, H. et al. (2003): Molecular Cell Biology, 5. Auflage. Freeman; ISBN: 0-7167-4366-3. *Das 16. Kapitel des Buches ist eine umfassende, gut illustrierte Abhandlung des Energiestoffwechsels.*

Löffler, G. (2005): Basiswissen Biochemie mit Pathobiochemie. 6. Auflage. Springer; ISBN: 978-3-540-23885-0. *Eine kürzere Fassung des zuvor genannten Lehrbuchs, das nur die Grundlagen vermittelt und weniger in die Tiefe geht.*

Löffler, G. et al. (Hrsg.): Biochemie und Pathobiochemie. 8. Auflage. Springer (2007); ISBN: 978-3-540-32680-9. *Ausführliches Lehrbuch der Biochemie mit Betonung der Biochemie des Menschen. Sehr ausführliche Darstellung des menschlichen Stoffwechsels.*

Pollard, T. D. und W. Earnshaw (2007): Cell Biology, 1. Auflage. Springer; ISBN: 978-3-8274-1861-6. *Hochmodernes, hervorragendes Lehrbuch der Zellbiologie, das alle Themen des Faches abdeckt. Englisch mit deutschen Übersetzungshilfen.*

Stryer, L. et al. (2007): Biochemie. 6. Auflage. Spektrum; ISBN: 3-8274-1800-3. *Eines der besten großen Lehrbücher der Biochemie.*

Weitere Informationen zu diesem Buchkapitel finden Sie auf der Companion-Website unter
http://www.pearson-studium.de

TEIL II

Die Kontinuität und die Evolution der Tiere

5	**Genetik: Eine Übersicht**	115
6	**Organismische Evolution**	159
7	**Die Fortpflanzung**	203
8	**Grundprinzipien der Individualentwicklung**	235

Genetik: Eine Übersicht

5.1 **Mendels Untersuchungen** 117
5.2 **Die chromosomale Grundlage der Vererbung** 118
5.3 **Die Mendel'schen Vererbungsregeln** 123
5.4 **Die Gentheorie** 136
5.5 **Speicherung und Weitergabe der genetischen Information** 137
5.6 **Die Quellen phänotypischer Variation** 151
5.7 **Molekulare Krebsgenetik** 153
Zusammenfassung 154
Übungsaufgaben 156
Weiterführende Literatur 157

Genetik: Eine Übersicht

Das Prinzip der erblichen Weitergabe ist ein zentraler Punkt der Biologie aller Lebensformen auf der Erde: Jedes Lebewesen bekommt seine strukturelle wie funktionelle Organisation von seinen Vorfahren vererbt. Was ein Nachfahre vererbt bekommt, ist keine exakte Kopie der Eltern, sondern ein Satz codierter Instruktionen, die der sich entwickelnde Organismus dazu benutzt, einen Körper zu entwickeln, der dem der Eltern ähnelt. Diese Instruktionen erbt er in Form von Genen, den grundlegenden Einheiten der biologischen Vererbung. Einer der großen Triumphe der modernen Biologie war die Entschlüsselung der chemischen Natur im Jahr 1953 durch James Watson und Francis Crick. Sie entdeckten in Genen niedergelegte codierte Anweisungen. Das Erbmaterial (Desoxyribonucleinsäure; DNS oder DNA) besteht aus stickstoffhaltigen Basen, die entlang einer fortlaufenden Kette von sich abwechselnden Zucker- und Phosphorsäureresten aufgereiht sind. Die Erbinformation ist in der linearen Abfolge – der Sequenz – der Basen in den DNA-Strängen niedergelegt.

Da die DNA-Moleküle sich replizieren und von Generation zu Generation weitergegeben werden, können sich genetische Variationen in einer Population erhalten und verbreiten. Solche molekularen Änderungen, Mutationen genannt, sind letztlich die Quelle der biologischen Vielfalt und das Rohmaterial der Evolution.

Der Garten des Klosters im tschechischen Brünn, in dem Gregor Mendel seine Kreuzungsexperimente betrieb.

Ein grundlegendes Prinzip der modernen Evolutionstheorie besagt, dass Lebewesen ihre Vielfältigkeit durch die vererbliche Modifizierung von Populationen erlangen. Alle bekannten Abstammungslinien von Pflanzen und Tieren leiten sich durch Abstammung von gemeinsamen Vorläuferpopulationen her.

Die Vererbung legt die Grundlage für die Kontinuität aller Lebensformen. Obwohl die Nachkommen und die Eltern in einer speziellen Generation unterschiedlich aussehen mögen, existiert nichtsdestotrotz für jede Tier- oder Pflanzenart eine genetische Kontinuität, die sich von Generation zu Generation fortsetzt. Anders ausgedrückt: „Gleiches bringt Gleiches hervor." Und doch sind Kinder keine genauen Repliken ihrer Eltern. Einige ihrer Merkmale zeigen erkennbare Ähnlichkeit mit denen der Eltern, doch zeigen sie gleichzeitig auch viele Merkmale, die man bei keinem der Elterntiere entdeckt. Was ein Nachkomme tatsächlich von seinen Eltern vererbt bekommt, ist ein bestimmter Typus der germinalen (= den Keim betreffenden) Organisation (**Gene**), der unter dem Einfluss von Umweltfaktoren eine geordnete Abfolge von Differenzierungsschritten am befruchteten Ei ablaufen lässt, die zu einem vollentwickelten Organismus führen. Dieser trägt die einzigartigen physischen Merkmale, die wir beobachten. Jede Generation gibt an die nächste die Instruktionen weiter, die für die Aufrechterhaltung der Kontinuität des Lebens notwendig sind.

Das Gen ist die Einheit der Vererbung – der germinalen Grundlage aller Merkmale, die ein Lebewesen erkennen lässt. Die Erforschung der Frage, was Gene sind und wie sie funktionieren, definiert das Teilgebiet der Genetik (Vererbungslehre). Die Genetik ist das Arbeitsfeld der Biologie, das sich mit den Grundlagen befasst, die den *Ähnlichkeiten* unter den Lebewesen zugrunde liegen, wie sie sich in der bemerkenswerten Vermehrungsfähigkeit äußern, sowie der dabei auftretenden *Variation*, die das „Material" ist, an dem sich die organismische Evolution vollzieht.

Mendels Untersuchungen 5.1

Der erste Mensch, der die grundlegenden Prinzipien der biologischen Vererbung formuliert hat, war Gregor Johann Mendel (1822–1884; ▶ Abbildungen 5.1 und 1.16). Mendel war Mönch des Augustinerordens und lebte in einem Kloster in Brünn (Brno). Zu Lebzeiten Mendels gehörte Brünn zu Österreich, heute liegt es im östlichen Teil Tschechiens. Als er in den Jahren von 1856 bis 1864 in dem kleinen Garten des Klosters seine Kreuzungsexperimente an Erbsenpflanzen durchführte, untersuchte Mendel mit großer Sorgfalt die Nachkommenschaften tausender Pflanzen. Danach stellte er in eleganter Einfachheit die Ergebnisse seiner wissenschaftlichen Forschungen in Form von Regeln vor, welche die Weitergabe von Merkmalen von Elternorganismen auf Nachkommen beschreiben. Mendel veröffentlichte seine Entdeckungen, die von großer Tragweite sein sollten im Jahr 1866, kurz nachdem Charles Darwin 1859 sein Werk *Über den Ursprung der Arten durch natürliche Zuchtwahl* veröffentlicht hatte. Doch blieben Mendels Erkenntnisse bis in das Jahr 1900 weitgehend unbeachtet und wurden beinahe vergessen. Als sie wiederentdeckt wurden, waren 35 Jahre vergangen und Mendel selbst war bereits seit 16 Jahren tot.

Mendels heute klassische Beobachtungen wurden an der Gartenerbse *(Pisum sativum)* gemacht, weil schon damals Reinzuchtlinien dieser Pflanzenart zur Verfügung standen, die sich durch diskrete, klar unterscheidbare Merkmals voneinander unterschieden. So waren einige Sorten zwergwüchsig, andere hochwüchsig. Ein zweiter Grund, warum Mendel die Erbse für seine Experimente ausgewählt hatte, war die Tatsache, dass *Pisum* die Fähigkeit zur Selbstbefruchtung besitzt, aber auch durch experimentelle (artifizielle) Befruchtung gezielt gekreuzt werden kann. Mendel untersuchte einzelne Merkmale, die bei den einzelnen Sorten (Varietäten) scharf kontrastierende Merkmalsausprägungen zeigten. Dabei vermied er sorgfältig solche Merkmale, die lediglich quantitativer Natur oder intermediären Charakters waren. Mendel wählte kontrastierende Merkmalspaare aus, zum Beispiel hochwüchsige versus zwergwüchsige Pflanzen oder glatte Samen (Erbsen) versus runzelige (Abbildung 5.1).

Mendel kreuzte Pflanzen mit einem dieser Merkmale mit anderen Pflanzen, die das korrespondierende Kontrastmerkmal zeigten (hochwüchsig × zwergwüchsig; glatte Samen × runzelige Samen). Er entfernte die die Pollenkörner tragenden Staubblätter (männliche Fortpflanzungsorgane) aus den Blüten, um die Selbstbestäubung zu verhindern und trug dann auf den Stempel (weibliches Geschlechtsorgan von Blütenpflanzen) Pollenkörner von Vertretern einer Reinzuchtlinie des kontrastierenden Merkmals auf. Die Bestäubung durch andere Mechanismen wie Wind oder Insekten waren selten und beeinflussten die Ergebnisse nicht. Als die über Kreuz befruchteten Blüten Früchte hervorbrach-

5 Genetik: Eine Übersicht

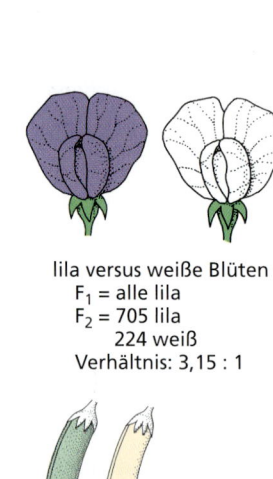

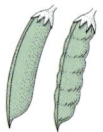

lila versus weiße Blüten
F_1 = alle lila
F_2 = 705 lila
     224 weiß
Verhältnis: 3,15 : 1

runde versus gerunzelte Samen
F_1 = alle rund
F_2 = 5474 rund
     1850 gerunzelt
Verhältnis: 2,96 : 1

gelbe versus grüne Samen
F_1 = alle gelb
F_2 = 6022 gelbe
     2001 grüne
Verhältnis: 3,01 : 1

grüne versus gelbe Schoten
F_1 = alle grün
F_2 = 428 grüne
     152 gelbe
Verhältnis: 2,82 : 1

aufgeblähte versus eingeschnürte Schoten
F_1 = alle aufgebläht
F_2 = 882 aufgebläht
     299 eingeschnürt
Verhältnis: 2,95 : 1

lange versus kurze Stengel
F_1 = alle lang
F_2 = 787 lange
     277 kurze
Verhältnis: 2,84 : 1

axiale versus terminale Blüten
F_1 = alle axial
F_2 = 651 axial
     207 terminal
Verhältnis: 3,14 : 1

Abbildung 5.1: **Sieben Experimente, aus denen Gregor Mendel seine Postulate abgeleitet hat.** Gezeigt sind die Resultate einer monohybriden Kreuzung für die erste und die zweite Folgegeneration (F_1, F_2).

ten, fiel dem akribischen Beobachter Mendel auf, dass die ausgesäten Samen Hybridpflanzen waren. Diese Hybride züchtete er durch Selbstbestäubung weiter.

Mendel und seine Zeitgenossen wussten nichts von den cytologischen Grundlagen der Vererbung, da Chromosomen und Gene noch unbekannt waren. Mendel wird bis heute für seine intellektuelle Stärke und Weitsicht bewundert, die zur Entdeckung der Prinzipien der biologischen Vererbung geführt haben, ohne dass er etwas von der Existenz von Chromosomen gewusst hätte. Mendels Erkenntnisse und die Prinzipien der biologischen Vererbung sind zweifellos leichter zu verstehen, wenn wir uns im Vorhinein mit dem Verhalten von Chromosomen – insbesondere bei der Reifeteilung, der Meiose – befassen.

Die chromosomale Grundlage der Vererbung 5.2

Bei sich geschlechtlich fortpflanzenden Lebewesen geben spezialisierte **Keimzellen** (**Gameten**) die Erbinformation an die Nachkommen weiter. Eine wissenschaftliche Erklärung für die Vererbungsvorgänge setzte daher ein Verständnis der Keimzellen und ihres Verhaltens voraus. Dies bedeutete, dass man von einem definierten, sichtbaren Ergebnis der Vererbung – einem Merkmal – quasi rückwärtsgehend zu den Mechanismen, die zu solchen Ergebnissen führen, „zurückforschen" musste. Früh hatte man die Zellkerne der Keimzellen, und im Besonderen die Chromosomen in den Zellkernen in Verdacht, die wirkliche Antwort auf die Frage nach den

5.2 Die chromosomale Grundlage der Vererbung

> **Exkurs**
>
> Die chromosomale Genetik wurde durch den US-amerikanischen Genetiker Thomas Hunt Morgan und seine Kollegen einen riesigen Schritt vorwärtsgebracht, als diese in den Jahren zwischen 1910 und 1920 ihre Forschungen an der Taufliege *Drosophila melanogaster* durchführten. Die kleinen Fliegen lassen sich leicht und kostengünstig in Flaschen oder ähnlichen Behältnissen im Labor halten und vermehren. Gefüttert werden sie mit einem einfachen Brei aus Bananen und Hefe oder Maisgrütze (Polenta). Am wichtigsten aber ist, dass die kleinen Insekten alle 10–14 Tage eine neue Generation von Nachkommen hervorbringen. Dies versetzte schon Morgan – aber auch die Genetiker des 21. Jahrhunderts – in die Lage, ungefähr 25-mal so schnell Ergebnisse zu erhalten, wie dies Mendel mit seinen Erbsen gelang. Durch die Arbeiten Morgans und seiner Mitarbeiter gelang zum ersten Mal die Kartierung von Genorten auf Chromosomen. Diese Forscher legten damit die Grundlagen der Cytogenetik.

stofflichen Grundlagen und den Mechanismen der biologischen Vererbung zu enthalten. Die Chromosomen waren scheinbar die einzigen Dinge, die in vergleichbarer Menge von beiden Elternteilen an die Nachkommen weitergegeben wurden.

Als man um 1900 die Mendel'schen Regeln wiederentdeckte, war die Parallele zum cytologischen Verhalten der Chromosomen schnell offensichtlich. Spätere Experimente ergaben dann, dass in der Tat die Chromosomen das Erbmaterial enthalten.

5.2.1 Meiose: Reduktionsteilung der Gameten

Obwohl sich die verschiedenen Tierarten stark hinsichtlich der kennzeichnenden Zahl, der Größe und der Form ihrer Chromosomen, die sich in ihren Körperzellen finden, unterscheiden, ist es ein gemeinsames Merkmal aller, dass Chromosomen in Paaren auftreten. Die beiden Komponenten eines solchen Chromosomenpaares enthalten ähnliche Gene, die den gleichen Satz von Merkmalen codifizieren, und sind für gewöhnlich – aber nicht immer – von gleicher Größe und Form. Ein solches Chromosomenpaar wird als **homologes Chromosomenpaar** oder Homologenpaar bezeichnet; jedes der beiden beteiligten Chromosomen wird als ein **Homolog** (oder Homologon) bezeichnet. Ein Homolog eines Paares stammt vom Muttertier, das andere vom Vatertier. Als **Meiose** (Reifeteilung, Reduktionsteilung) wird eine spezielle doppelte Zellteilung bezeichnet, bei der das Erbmaterial einmal redupliziert wird und dann in zwei aufeinanderfolgenden Teilungen auf Nachfolgezellen aufgeteilt wird (▶ Abbildung 5.2). Das Endergebnis ist ein Satz von vier Tochterzellen, von denen jede genau ein Homolog jedes Homologenpaares enthält. Die Chromosomen, die in einer der meiotischen Tochterzellen, den Keimzellen, vorliegen, werden als Ganzes als **haploider Chromosomensatz** (einfacher Chromosomensatz) bezeichnet. Die Zahl der in einem solchen einfachen Chromosomensatz vorhandenen Chromosomen wird als haploide Chromosomenzahl bezeichnet und mit dem Buchstaben n symbolisiert. Wenn sich ein Keimzellenpaar (Eizelle + Spermium) bei der Befruchtung vereinigen, steuert jede der Keimzellen seinen haploiden Chromosomensatz zu der neu gebildeten befruchteten Eizelle bei. Die befruchtete Eizelle wird nun **Zygote** genannt; sie besitzt einen doppelten Chromosomensatz ($2n$). Ein solcher doppelter Chromosomensatz wird als **diploider Chromosomensatz** bezeichnet. Die Zahl der Chromosomen in einem doppelten Chromosomensatz wird als die diploide Chromosomenzahl bezeichnet. Beim Menschen *(Homo sapiens)* enthalten die Zygote und alle von ihr abgeleiteten Körperzellen unter normalen Umständen einen diploiden Chromosomensatz aus 46 Chromosomen. Die Gameten des Menschen enthalten jeweils einen haploiden Satz aus 23 Chromosomen. Die Verminderung der Chromosomenzahl von 46 auf 23 geschieht durch die Meiose, daher der Begriff Reduktionsteilung.

Daher enthält jede Zelle im Normalfall zwei Kopien jedes Gens, das für ein gegebenes Merkmal verantwortlich ist – eines auf jedem der homologen Chromosomen eines Homologenpaares. Alternative Formen (Varianten)

> **Exkurs**
>
> Allele sind alternative Formen (Varianten) desselben Gens, die durch Mutation einer DNA-Sequenz entstanden sind. Wie eine Fußballmannschaft mit mehreren Torwarten, von denen jeweils nur einer bei jedem Spiel im Tor stehen kann, kann nur ein Allel einen chromosomalen Genort (einen Genlokus; lat. *locus*, Ort, Platz, Stelle) besetzen. Alternative Allele (alternative Genvarianten), die einen bestimmten Genort besetzen können, befinden sich an einander entsprechenden Stellen auf den homologen Chromosomen eines Individuums. Man sagt, das Individuum ist heterozygot (mischerbig) für das betreffende Gen oder Merkmal. In den Zellen der vielen, unterschiedlichen Mitglieder einer Population können sich viele verschiedene Allele eines bestimmten Gens finden. Ein einzelnes Gen kann also in einer Population in zahlreichen, leicht voneinander abweichenden Varianten vorkommen.

5 Genetik: Eine Übersicht

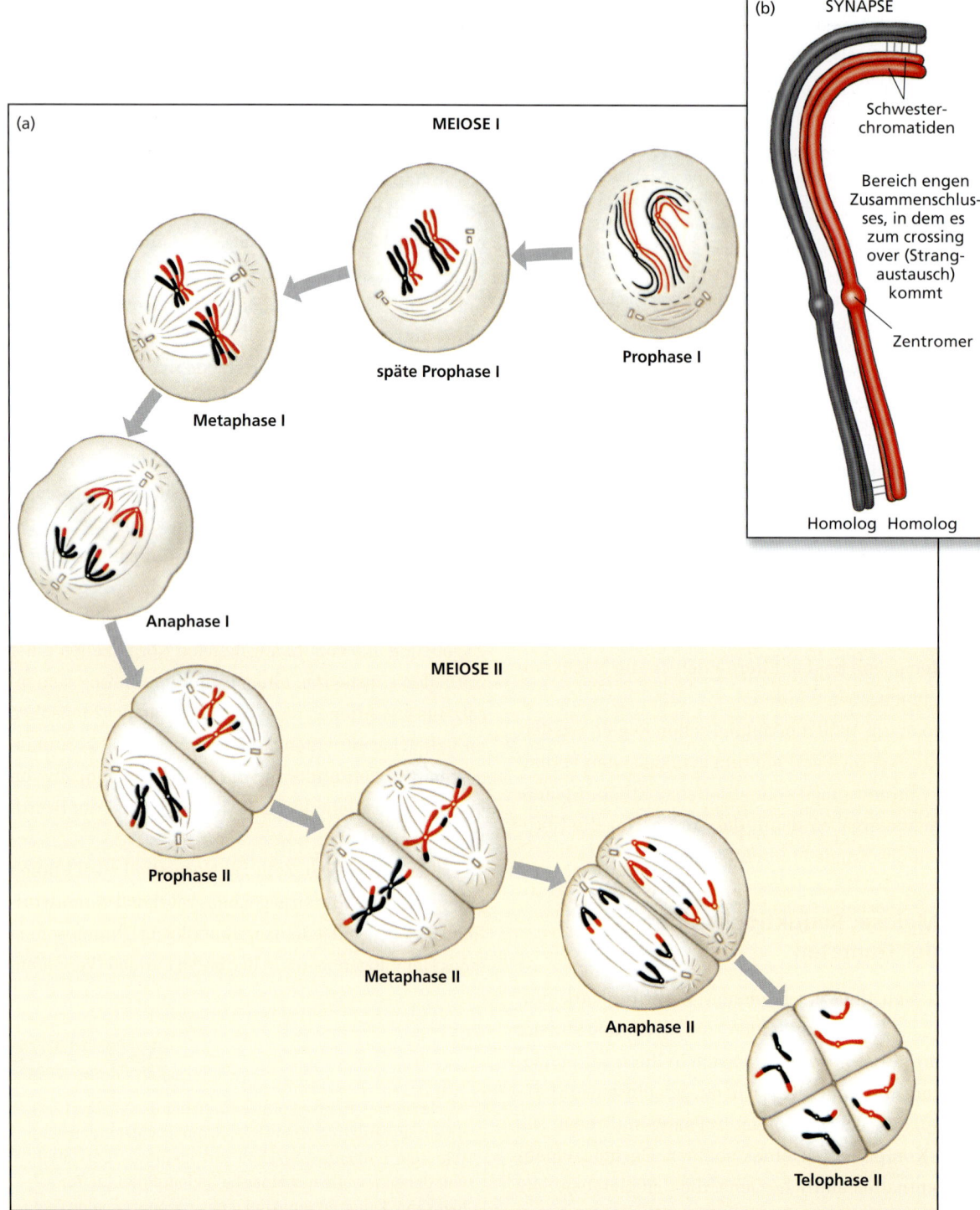

Abbildung 5.2: Doppelte Zellteilung (Meiose). (a) Die Meiose in einer Gametenvorläuferzelle mit zwei Chromosomenpaaren. Prophase I: Homologe Chromosomen legen sich seitlich aneinander und bilden Kontakte untereinander aus (Synapsis). Dabei entstehen Bivalente. In der späten Prophase I bestehen die Bivalente also aus zwei Chromatidpaaren (man spricht auch von Vierchromatidchromosomen). In der Metaphase I richten sich die Bivalente am Äquator des Spindelapparates aus. In der Anaphase I werden die Dyaden (Zweichromatidchromosomen) der vormaligen Bivalente zu den entgegengesetzten Polen der Spindel gezogen. In der Prophase II liegen Tochterzellen vor, die je ein Chromosom eines homologen Paares enthalten. Diese Chromosomen sind repliziert und daher Zweichromatidchromosomen (die beiden Chromatiden werden am Zentromer zusammengehalten). In der Metaphase II richten sich die Dyaden am Äquator der neuen Teilungsspindel aus. In der Anaphase II trennen sich die Dyaden (es bilden sich Einchromatidchromosomen). In der Telophase II bilden sich die vier haploiden Keimzellen (Gameten). Jede Keimzelle enthält einen einfachen Satz nichtreplizierter Chromosomen (Einchromatidchromosomen). (b) In der Prophase I kommt es zur Synapsenbildung, während derer homologe Chromosomen Stücke ablösen und äquivalente Teile untereinander austauschen können (Crossing over). Die gekennzeichneten Schwesterchromatiden und der Bereich enger Assoziation erstrecken sich über die volle Länge des Bivalents.

eines Gens für dasselbe Merkmal werden als **Allele** bezeichnet. In manchen Fällen zeigt nur eines der Allele eines Allelpaares (in einer Zelle mit diploidem Chromosomensatz) eine sichtbare Wirkung auf den Organismus, obgleich beide Allele des Genpaares in der/den Zelle/n vorhanden sind und jedes der beiden als Folge der Meiose und nachfolgender Befruchtung an die Nachkommenschaft weitergegeben werden kann.

Während des normalen Wachstums eines Individuums enthalten alle sich teilenden Zellen den doppelten Chromosomensatz (siehe hierzu das in Kapitel 3 zur Mitose Ausgeführte). In den Fortpflanzungsorganen werden nach oder parallel zur Meiose, in der die Chromosomen homologer Chromosomenpaare getrennt werden, Keimzellen (Gameten) gebildet. Gäbe es diese Reduktionsteilung nicht, würde die Vereinigung von Eizelle und Samenzelle zu einem Individuum mit doppelt so hoher Chromosomenzahl wie die Eltern führen. Die Fortsetzung dieses Vorgangs über etliche Generationen hinweg würde durch exponentielles Anwachsen der Chromosomenmenge zu unmöglichen, astronomischen Chromosomenzahlen führen.

Die meisten nur für die Meiose spezifischen Merkmale des Vorgangs spielen sich in der Prophase der 1. meiotischen Teilung ab (Abbildung 5.2). Die beiden Mitglieder eines homologen Chromosomenpaares legen sich Seite an Seite und verbinden sich durch spezielle Proteine physisch miteinander (Synapsis). Es entsteht ein bivalentes Chromosom oder kurz ein Bivalent. Dieser Zustand erlaubt die homologe Rekombination zwischen den gepaarten homologen Chromosomen (siehe weiter unten). Jedes Chromosom des Bivalents hatte sich zuvor bereits zu einem Zweichromatidchromosom repliziert. Aus jedem der beteiligten Chromatide wird am Ende ein separates Einchromatidchromosom. Die beiden Chromatiden eines Zweichromatidchromosoms werden an einem bestimmten Abschnitt, dem Zentromer, zusammengehalten. Dieser Zusammenhalt wird wieder durch spezifische Proteine – Zentromerproteine – vermittelt. Jedes Bivalent besteht also aus zwei Chromatidpaaren. Jedes der Chromatidpaare wird als Dyade bezeichnet. Das Bivalent als Ganzes ist eine Tetrade aus vier Chromatiden (= 4 homologen DNA-Molekülen mit ihren assoziierten Proteinen). Die Stellung oder Lage eines Gens auf einem Chromosom wird als dessen **Genort** oder Lokus bezeichnet. Nach Ausbildung der Synapse liegen alle Genorte eines Chromosoms normalerweise den korrespondierenden homologen Genorten auf dem Schwesterchromatid gegenüber; beide zusammen liegen den homologen Genorten der beiden anderen am Bivalent beteiligten Chromatiden gegenüber. Gegen Ende der Prophase verkürzen und verdicken sich die Chromosomen und unterziehen sich der 1. meiotischen Teilung. Im Gegensatz zur Mitose (siehe Kapitel 3) teilen sich in diesem Fall die Zentromere, die die Chromatiden zusammenhalten, in der Anaphase nicht. Als Folge wird jede der Dyaden eines Bivalents zu einem der Spindelpole gezogen (Trennung der Bivalente in zwei Zweichromatidchromosomen = Dyaden). Am Ende der 1. meiotischen Teilung enthält deshalb jede der Folgezellen je ein Chromosom jedes homologen Chromosomenpaares der Ausgangszelle. Die Chromosomenzahl wurde vom diploiden auf den haploiden Satz reduziert. Jedes der Chromosomen besteht jedoch aus zwei Chromatiden, die an ihren Zentromeren zusammenhängen, so dass jede Zelle die DNA-Menge $2n$ aufweist.

Die 2. meiotische Teilung ähnelt stärker den Vorgängen, die sich bei einer Mitose abspielen. Die Dyaden werden zu Beginn der Anaphase durch Spaltung am Zentromer geteilt, und jedes Einchromatidchromosom wandert zu einem der Spindelpole. Am Ende der 2. meiotischen Teilung weisen die Folgezellen einen haploiden Chromosomensatz mit dem DNA-Gehalt $1n$ auf. Jedes Chromatid der ursprünglichen Tetrade befindet sich nunmehr in einem anderen Zellkern. Als Endergebnis verzeichnen wir die Bildung von vier meiotischen Produkten. Jedes enthält einen vollständigen haploiden Chromosomensatz mit je einem Allel jedes Gens. Im Verlauf der weiblichen Gametogenese wird nur aus einem der vier Meioseprodukte eine funktionelle Keimzelle (siehe Kapitel 7).

5.2.2 Geschlechtsfestlegung (Determination)

Bevor die Bedeutung der Chromosomen für die Vererbung im frühen 20. Jahrhunderts erkannt wurde, waren die Grundlagen der Festlegung (= Determination) des biologischen Geschlechts gänzlich unbekannt. Der erste wissenschaftliche Hinweis auf eine chromosomale Festlegung des Geschlechts stammt aus dem Jahr 1902, als C. McClung entdeckte, dass Wanzen *(Hemiptera, Insecta)* zwei Typen von Spermien erzeugen, die zu etwa gleichen Anteilen vorkommen. Ein Spermientyp enthält in seinem regulären Chromosomensatz ein so genanntes akzessorisches Chromosom, das in der anderen Spermiensorte nicht vorkam. Da alle Eier der weiblichen Tiere dieser Art die gleiche, haploide Anzahl von Chro-

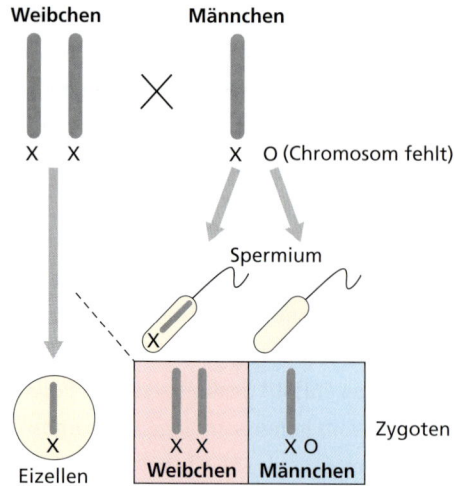

Abbildung 5.3: XX/X0-Geschlechtsfestlegung. Zeigt an, dass Weibchen zwei X-Chromosomen besitzen, Männchen nur eines.

mosomen enthielt, enthielten die Hälfte der Spermien dieselbe Anzahl Chromosomen wie die Eizellen, und die andere Hälfte der Spermien wies ein Chromosom weniger auf. Wenn eine Eizelle durch ein Spermatozoon befruchtet wurde, das ein akzessorisches (Geschlechts)chromosom enthielt, war das sich entwickelnde Tier ein Weibchen. Erfolgte die Befruchtung durch ein Spermatozoon (= Spermienzelle) ohne akzessorisches Chromosom, war das neue Tier ein Männchen. So kam es zur Unterscheidung von Geschlechtschromosomen (die das Geschlecht und geschlechtsgebundene Merkmale festlegen) und Autosomen. Diese sind alle verbleibenden Chromosomen mit Ausnahme der Geschlechtschromosomen. Sie beeinflussen das Geschlecht

Exkurs

Die Spekulationen darüber, wie die Geschlechter von Tieren festgelegt werden, hatten zu vielen unglaublichen Theorien geführt, zum Beispiel der, dass die beiden Hoden eines Männchens zwei verschiedene Sorten von Sperma hervorbringen, von denen die eine männliche, die andere weibliche Nachkommen erzeugen sollte. Es ist nicht schwierig sich vorzustellen, wie dies in dem Bestreben, das Geschlechterverhältnis von Nutztierherden zu beeinflussen, zur Verstümmelung von männlichen Zuchttieren geführt hat. (Allerdings konnte auf diese Weise zweifelsfrei experimentell die Unrichtigkeit der zugrunde liegenden Hypothese erwiesen werden.) Eine andere Spekulation ging davon aus, dass das Geschlecht der Nachkommen von dem Elternteil mit den ausgeprägteren Geschlechtsmerkmalen beeinflusst werden sollte. Ein besonders maskuliner Vater sollte (mehr) Söhne hervorbringen, ein femininerer Typ von Mann mehr Töchter. Derartige unwissenschaftliche Ideen kursieren leider noch bis in die heutige Zeit.

nicht oder zumindest nicht unmittelbar und ursächlich. Der spezielle, eben beschriebene Fall einer genetischen Geschlechtsfestlegung wird als XX/X0-Typ bezeichnet. Dies zeigt an, dass Weibchen zwei X-Chromosomen besitzen, Männchen nur eines; die 0 bezeichnet das Nichtvorhandensein eines Chromosoms. Die XX/X0-Methode der Geschlechtsfestlegung ist in ▶ Abbildung 5.3 schematisch dargestellt.

Später wurden dann noch weitere Wege der Geschlechtsdetermination entdeckt. Beim Menschen und vielen anderen Tieren besitzt jedes der Geschlechter die gleiche Anzahl Chromosomen, doch sind die Geschlechtschromosomen bei Weibchen gleich (XX), bei Männchen dagegen unterschiedlich (XY). Eine menschliche Eizelle enthält demnach 22 Autosomen + 1 X-Chromosom. Spermien kommen in zwei Varianten vor: Die eine Hälfte enthält 22 Autosomen + 1 X-Chromosom, die andere 22 Autosomen + 1 Y-Chromosom. Das Y-Chromosom ist viel kleiner als das X-Chromosom und enthält auch viel weniger genetische Informationen (eine kleinere Zahl von Genen). Kommen bei der Befruchtung 2 X-Chromosomen in der Zygote zusammen, ist der Embryo weiblich. Kommen ein X- und ein Y-Chromosom zusammen, ist er männlich. Der XX/XY-Modus der Geschlechtsfestlegung ist schematisch in ▶ Abbildung 5.4 dargestellt.

Ein dritter Modus der genetischen Geschlechtsfestlegung findet sich bei Vögeln, Schmetterlingen und Motten (Lepidopteren), sowie bei einigen Fischen. Bei diesen besitzen die Männchen zwei X-Chromosomen. Zur Unterscheidung vom X/Y-Typus werden sie häufig als Z-Chromosomen bezeichnet (Genotyp der Männchen: ZZ). Die Weibchen besitzen dagegen ein Z- und ein W-Chromosom (Genotyp: ZW; entspricht XY). Schließlich gibt es sowohl Wirbellose (Kapitel 21) wie Wirbeltiere (Kapitel 26), bei denen das Geschlecht von Umweltfaktoren oder vom Verhalten bestimmt wird und nicht durch Geschlechtschromosomen. Möglich ist auch eine Beeinflussung der Geschlechtsausbildung durch Genorte auf Chromosomen, die sich nicht in ihrer, im Mikroskop erkennbaren, Gestalt unterscheiden.

Im Fall der X- und Y-Chromosomen unterscheiden sich die homologen Chromosomen in der Gestalt und der Größe. Sie enthalten nicht die gleichen (homologen) Gene. Die Gene der X-Chromosomen besitzen oft keine allelischen Gegenstücke auf dem viel kleineren Y-Chromosom. Dieser Umstand ist von großer Bedeutung für die geschlechtsgebundene Vererbung (siehe weiter unten).

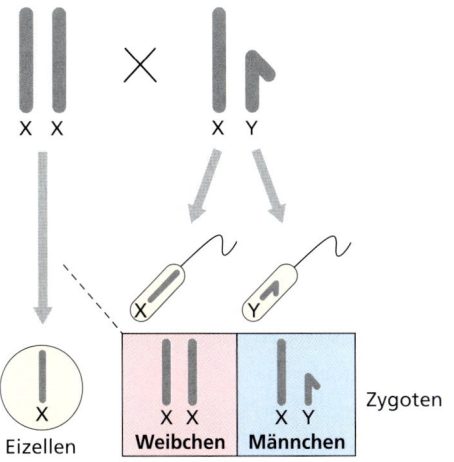

Abbildung 5.4: XX/XY-Geschlechtsfestlegung. Zeigt an, dass Weibchen zwei X-Chromosomen besitzen, Männchen ein x- und ein y-Chromosom.

Die Mendel'schen Vererbungsregeln 5.3

5.3.1 Die 1. Mendel'sche Regel

Mendels Verteilungsregel besagt, dass bei der Bildung der Gameten gepaarte Faktoren, die alternative Phänotypen spezifizieren, unabhängig voneinander weitergegeben werden. In einem seiner Experimente bestäubte Mendel reinerbig hochwüchsige Pflanzen mit Pollen von reinerbig zwergwüchsigen Pflanzen. Die Phänotypen (sichtbare Merkmalsausprägungen) der Elternpflanzen waren somit hochwüchsig und zwergwüchsig. Bei der Kreuzung fand Mendel, dass die Nachkommen der ersten Filialgeneration (F_1) sämtlich hochwüchsig waren, von gleicher Wuchshöhe wie die hochwüchsige Ausgangspflanze. Die reziproke Kreuzung (zwergwüchsige Pflanzen bestäubt mit Pollen einer hochwüchsigen Erbsenpflanze) ergab das gleiche Resultat. Der hochwüchsige Phänotyp trat bei den Nachkommen in Erscheinung, unabhängig davon, welcher Elternteil den Merkmalsträger beigesteuert hatte. Offensichtlich handelte es sich bei dieser Art der Vererbung nicht um die Verschmelzung von zwei Merkmalen, da keine der Nachkommenpflanzen eine intermediäre Größe aufwies.

Als Nächstes führte Mendel eine Selbstbefruchtung hochwüchsiger F_1-Pflanzen durch und zog mehrere hundert „Tochter"pflanzen der 2. Filialgeneration (F_2) auf. Dieses Mal tauchten sowohl hoch- als auch zwergwüchsige Pflanzen auf. Wieder aber gab es keine Pflanzen von einer mittleren Wuchshöhe; es war also auch dieses Mal keine Vermischung der Ausgangsmerkmale erfolgt, doch verblüffte Mendel das Auftauchen zwergwüchsiger Pflanzen als Nachfahren von Ausgangspflanzen, die sämtlich phänotypisch hochwüchsig waren. Das Zwergwuchsmerkmal, das in den „Großeltern", aber nicht bei den „Eltern" vorhanden gewesen war, war wieder zur Ausprägung gekommen. Als er die Anzahl der hoch- und der zwergwüchsigen Pflanzen in der F_2-Generation auszählte, entdeckte der akribisch vorgehende Mendel, dass es beinahe exakt dreimal so viele hoch- wie zwergwüchsige Erbsenpflanzen gab.

Mendel wiederholte dann diese Experimente mit sechs anderen kontrastierenden Merkmalspaaren bzw. Ausprägungsformen von Merkmalen. In jedem Fall gelangte er in der F_2-Generation zu einem Individuenverhältnis, das sehr nah bei 3:1 lag (siehe Abbildung 5.1). Zu diesem Zeitpunkt musste es Mendel klar geworden sein, dass er es mit vererblichen Determinanten zu tun hatte, die entgegengesetzte Merkmale festlegten, und die sich nicht miteinander vermischten, wenn sie zusammengebracht wurden. Obgleich das Merkmal der Zwergwüchsigkeit in der F_1-Generation verschwand, trat es – voll zum Ausdruck kommend – in der F_2-Generation abermals in Erscheinung. Mendel erkannte, dass die Pflanzen der F_1-Generation Bestimmungsgrößen der hoch- wie der zwergwüchsigen Elternpflanzen in sich trugen, ungeachtet der Tatsache, dass in der F_1-Generation nur das Merkmal der Hochwüchsigkeit zum Ausdruck kam. Mendel nannte diese Bestimmungsgrößen „Faktoren".

Weiter nannte Mendel den für die Hochwüchsigkeit verantwortlichen „Faktor" den **dominanten** und den für die Zwergwüchsigkeit verantwortlichen den **rezessiven**. Die anderen Merkmalspaarungen zeigten ebenfalls das Phänomen der Dominanz bzw. Rezessivität. Wann immer ein dominanter Faktor zugegen war, wurde der rezessive nicht sichtbar. Das rezessive Merkmal tritt nur dann in Erscheinung, wenn beide (Erb-)Faktoren rezessiver Natur sind – also im reinerbigen Zustand.

Zur Darstellung seiner Kreuzungen benutzte Mendel Buchstaben als Symbole, die Merkmale anzeigten. Ein Großbuchstabe bezeichnete dabei ein dominantes Merkmal, ein Kleinbuchstabe ein rezessives. Für ein korrespondierendes Merkmalspaar verwendete er denselben Buchstaben, einmal groß und einmal klein geschrieben. Die Genetik benutzt dieses Codifizierungssystem bis heute. Eine reinerbig hochwüchsige Pflanze lässt sich somit etwa durch die Symbolkombination T/T wiedergeben, der reinerbig rezessive Merkmalszustand durch t/t. Eine Hybridpflanze, die aus einer Kreuzung der beiden vorgenannten reinerbigen Pflanzen hervorgegangen ist, weist den Faktorenzustand T/t auf. Der Schrägstrich zeigt an, dass sich die Allele auf homologen Chromosomen befinden. Die Zygote (befruchtete Eizelle) trägt die vollständige genetische Information des Lebewesens in sich. Alle von einer T/T-Pflanze erzeugten Gameten müssen notwendigerweise T sein, wohingegen die von t/t erzeugten Gameten zwingend t sind. Eine durch die Vereinigung zweier solcher Gameten entstandene Zygote muss daher die chromosomale Anordnung T/t besitzen; man sagt, sie sei **heterozygot** (= *mischerbig*). Gleichzeitig sind die reinerbigen Pflanzen (reinerbig hochwüchsig, T/T und reinerbig zwergwüchsig, t/t) **homozygot** (= *reinerbig*). Homozygot bedeutet, dass die gepaarten Faktoren (die Allele) auf den homologen Chromosomen im diploiden Chromosomensatz des Lebewesens gleichartig sind. Eine Kreuzung von Organismen, die sich nur in einem Merkmalspaar unterscheiden, wird als **Einfaktorkreuzung** oder *Monohybridkreuzung* bezeichnet.

Bei der Kreuzung einer hochwüchsigen mit einer zwergwüchsigen Pflanze gibt es zwei mögliche Phänotypen: hochwüchsig und zwergwüchsig. Auf der Grundlage der genetischen Formelsprache lassen sich drei Vererbungszustände ableiten: T/T, T/t und t/t. Diese vererblichen Zustände werden Genotypen genannt. Ein Genotyp ist eine bestimmte Allelkombination (T/T, T/t oder t/t), der Phänotyp ist das zu dem betreffenden **Genotyp** gehörige Erscheinungsbild (die Ausprägungsform des vorliegenden Genotyps) eines Lebewesens (hier: hochwüchsig bzw. zwergwüchsig).

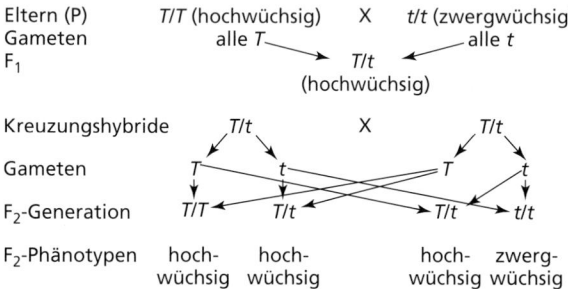

Alle möglichen Kombinationen von F_1-Gameten in den F_2-Zygoten führen zu einem 3:1-Verhältnis der Phänotypen und einem 1:2:1-Verhältnis der Genotypen. Es ist üblich und übersichtlich, zur Analyse solcher Kreuzungen das von Punnett entworfene Punnett-Quadrat zur Darstellung der verschiedenen Kombinationsmöglichkeiten heranzuziehen, die sich aus einer Kreuzung ergeben können. Für die F_2-Kreuzung würde die Anwendung dieser Methode Folgendes ergeben:

	Eizellen	
Spermazellen	$1/2$ T	$1/2$ t
$1/2$ T	$1/4$ T/T (homozygot hochwüchsig)	$1/4$ T/t (mischerbig hochwüchsig)
$1/2$ t	$1/4$ T/t (mischerbig hochwüchsig)	$1/4$ t/t (homozygot hochwüchsig)

Der nächste Schritt war ein bedeutsamer, weil er Mendel in die Lage versetzte, seine Hypothese zu überprüfen, dass jede Pflanze Faktoren in sich trug, die von beiden Elternpflanzen stammten und sich nicht miteinander vermischten. Er führte eine Selbstbefruchtung der F_2-Pflanzen durch: Der Pollen einer Pflanze wurde auf die Stempel der eigenen Blüten übertragen. Die Ergebnisse, die Mendel erhielt, zeigten, dass selbstbefruchtete zwergwüchsige F_2-Pflanzen nur zwergwüchsige Pflanzen hervorbrachten, wohingegen ein Drittel der hochwüchsigen F_2-Pflanzen wiederum hochwüchsige, die anderen Zweidrittel sowohl hoch- wie zwergwüchsige im Verhältnis 3:1 ergaben – genauso, wie es bei den Pflanzen der F_1-Generation der Fall gewesen war. Die Geno- und Phänotypen waren wie folgt:

F_2-Pflanzen:
- hochwüchsig
  - $1/4$ T/T — Selbstbefruchtung → alle T/T (homozygot hochwüchsig)
  - $1/2$ T/t — Selbstbefruchtung → 1 T/T : 2 T/t : 1 t/t (3 hochwüchsig : 1 zwergwüchsig)
- zwergwüchsig
  - $1/4$ t/t — Selbstbefruchtung → alle t/t (homozygot zwergwüchsig)

Dieses Experiment bewies, dass die zwergwüchsigen Pflanzen reinerbig waren, weil sie jedes Mal wieder kleine Pflänzchen hervorbrachten, wenn eine Selbstbefruchtung durchgeführt wurde; unter den hochwüchsigen Pflanzen waren dagegen reinerbig hochwüchsige und mischerbig-hochwüchsige Hybriden. Es zeigte ebenfalls, dass ungeachtet der Tatsache, dass in der F_1-Generation ausschließlich hochwüchsige Pflanzen auftraten, unter den F_2-Pflanzen die Zwergwüchsigkeit wieder auftrat.

Mendel folgerte, dass die Faktoren, die die Hoch- bzw. Zwergwüchsigkeit seiner Pflanzen festlegten, Einheiten waren, die sich nicht miteinander vermischten, wenn sie in einem mischerbigen Hybridwesen aufeinandertrafen. Die F_1-Generation enthielt beide Sorten von Faktoren, wenn aber diese Pflanzen ihre Keimzellen bildeten, wurden diese Faktoren voneinander getrennt, so dass schließlich jede Keimzelle nur einen der Faktoren in sich trug. Bei reinerbigen Pflanzen waren beide Faktoren gleich, bei mischerbigen waren sie unterschiedlich.

Mendel kam zu dem Schluss, dass die einzelnen Keimzellen stets reinerbig in Bezug auf ein kontrastierendes Merkmalspaar waren, selbst dann, wenn die Keimzellen von einem mischerbigen Individuum gebildet wurden, das beide kontrastierende Faktoren in sich trug.

Diese Vorstellung bildete die Grundlage für Mendels Aufteilungsregel, die besagt, dass zwei Faktoren – wann immer die beiden Faktoren in einem (mischerbigen) Hybridorganismus zusammenkommen – auf getrennte Gameten verteilt werden, die von dem Hybriden erzeugt werden. Ein jeder eines Faktor- oder Allelpaares des Elternwesens gelangt mit gleicher Wahrscheinlichkeit oder Häufigkeit in die Gameten. Wir wissen heute, dass die Faktoren sich aufteilen, weil es zwei verschiedene Allele (Genvarianten) für das betrachtete Merkmal gibt, die jeweils auf einem Chromosom eines homologen Chromosomenpaares liegen. Eine Keimzelle erhält im Verlauf der Reifeteilung (Meiose) aber nur jeweils eines der homologen Chromosomen und so nur eines der vorhandenen Allele. Somit bezieht sich die Aufteilungsregel (= Segregationsregel) auf die Paarung homologer Chromosomen während der Meiose.

Mendels großer, bleibender Beitrag zur Biologie war seine quantitative Vorgehensweise bei der Erforschung der Vererbung. Seine Forschungen markieren die Geburtsstunde der Genetik, da die Menschen vor Mendel annahmen, dass sich Merkmale durchmischten wie die Farben auf der Palette eines Malers – eine Vorstellung, die unglücklicherweise bis heute in den Köpfen vieler Menschen überdauert hat. Diese Fehleinschätzung erwies sich als Problem für Darwins Theorie der natürlichen Selektion, als er diese erstmals öffentlich vorstellte (siehe Kapitel 1). Falls sich Merkmale vermischten, würde bei der Hybridisierung (Mischlingsbildung) die Variationsfähigkeit verloren gehen. Bei der partikulären Vererbung bleiben die Allele im Verlauf des Vererbungsvorgangs intakt und können wie diskrete Teilchen umgeordnet werden.

Prüfkreuzungen

Wenn ein Allel dominant ist, sind heterozygote Individuen, die das betreffende Allel enthalten, phänotypisch identisch mit Individuen, die homozygot für das Allel sind. Man kann daher die Genotypen solcher Einzelwesen nicht durch die Betrachtung des Phänotyps ermitteln. So ist es beispielsweise unmöglich, aus den Mendel'schen Kreuzungen hoch- und zwergwüchsiger Pflanzen die genetische Konstitution (den Genotyp) der hochwüchsigen Pflanzen der F_2-Generation allein durch Inaugenscheinnahme der Pflanzen abzuleiten. Dreiviertel der Generation besteht aus hochwüchsigen Pflanzen, doch welche davon sind heterozygot?

Wie Mendel richtig folgerte, besteht ein geeigneter Test zur Beantwortung der Frage darin, die fraglichen Individuen mit reinerbig rezessiven Individuen zu kreuzen. Falls eine hochwüchsige Pflanze homozygot ist, sind alle Nachkommen einer solchen Testkreuzung wieder hochwüchsig:

Eltern   T/T (hochwüchsig) x t/t (zwergwüchsig)

	Eizellen T	T
Spermazellen t	T/t (mischerbig hochwüchsig)	T/t (mischerbig hochwüchsig)
t	T/t (mischerbig hochwüchsig)	T/t (mischerbig hochwüchsig)

Alle Nachkommen sind T/t (mischerbig hochwüchsig). Falls andererseits eine hochwüchsige Pflanze heterozygot ist, wird die Hälfte der Nachkommen hochwüchsig, die andere Hälfte zwergwüchsig sein:

Eltern   T/t (mischerbig hochwüchsig) x
          t/t (reinerbig zwergwüchsig)

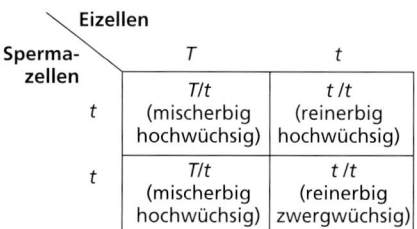

	Eizellen T	t
Spermazellen t	T/t (mischerbig hochwüchsig)	t/t (reinerbig hochwüchsig)
t	T/t (mischerbig hochwüchsig)	t/t (reinerbig zwergwüchsig)

Die **Prüfkreuzung** wird auch in der modernen Genetik noch häufig eingesetzt, um die genetische Konstitution von Nachkommen zu verifizieren und erwünschte Stämme homozygoter (reinerbiger) Pflanzen, Tiere und Pilze zu erzeugen (= Zucht).

Intermediäre Vererbung

In manchen Fällen ist keines der Allele vollständig dominant über das andere, und der heterozygote Phänotyp liegt entweder zwischen dem Erscheinungsbild der Elternorganismen (intermediär) oder unterscheidet sich deutlich von dem der Eltern. Dieser Erbgang wird als **intermediäre Vererbung** oder **unvollständige Dominanz** bezeichnet. Bei der Wunderblume (*Mirabilis* sp.) legen zwei Allele die Blütenfarbe fest (rot, rosa oder weiß). Homozygote Pflanzen sind rot oder weiß, heterozygote besitzen immer rosafarbene Blüten. Bei bestimmten Hühnerrassen führt eine Kreuzung eines schwarzen mit einem weißgesprenkelten Huhn zu Nachkommen, die einen eigentümlichen Blauton zeigen, der als Andalusisch-Blau bezeichnet wird (▶ Abbildung 5.5). In jedem Fall gilt, dass bei der Kreuzung von F_1-Individuen die Verteilung der Farben in der F_2-Generation 1:2:1 beträgt (1 rot : 2 rosa : 1 weiß bei der Wunderblume, bzw. 1 schwarz : 2 blau : 1 weiß bei den Hühnern). Dieses Phänomen lässt sich für die Hühner folgendermaßen schematisch darstellen:

Eltern	B/B (schwarze Federn)	X	B'/B' (weiße Federn)
Gameten	alle B		alle B'
F_1		B/B' (sämtlich blau)	
Hybridkreuzung	B/B'	X	B/B'
Gameten	B, B'		B, B'
F_2-Genotypen	B/B	B/B'	B/B'	B'/B'
F_2-Phänotypen	schwarz	blau	blau	weiß

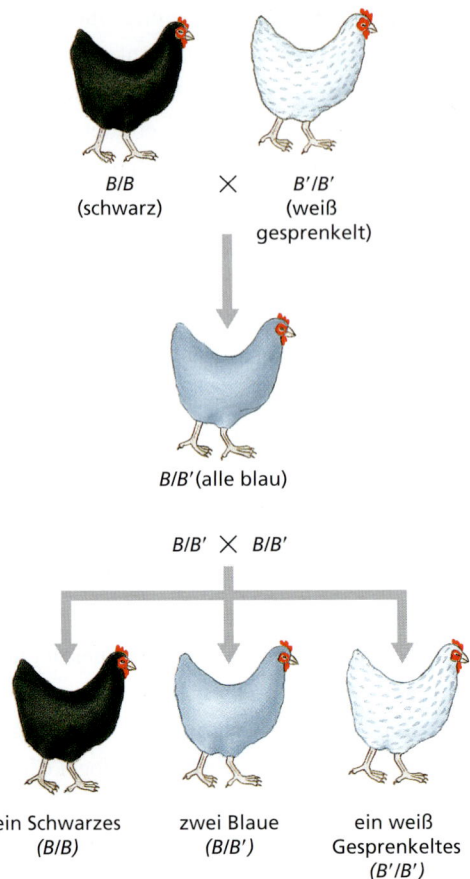

Abbildung 5.5: **Kreuzung bestimmter Hühnerrassen.** Kreuzung von Hühnern mit schwarzem und Hühnern mit weißgesprenkeltem Gefieder. Die schwarz und die weiß gefiederten Tiere sind homozygot, die andalusisch-blauen sind heterozygot.

Bei dieser Art von Kreuzung ist der heterozygote Phänotyp tatsächlich eine Art Vermischung beider elterlicher Phänotypen – daher die Bezeichnung „intermediär". Es ist leicht einzusehen, wie solche Beobachtungen zu der Vorstellung einer vermischenden Vererbung von Eigenschaften geführt haben können. Bei der Kreuzung schwarzer mit weißen Hühnern oder der von roten mit weißen Blumen erscheint jedoch nur der Mischling (Hybrid) als phänotypischer Mischtyp, seine eigenen homozygoten Nachkommen zeigen in den bekannten Mengenverhältnissen wieder die reinerbigen parentalen Phänotypen.

5.3.2 Die 2. Mendel'sche Regel

Gemäß Mendels **Regel der unabhängigen Aufteilung** werden *Gene, die auf verschiedenen Paaren homologer Chromosomen liegen, während der Meiose unabhängig voneinander verteilt.* Diese Regel bezieht sich also auf Gene für zwei oder mehr unterschiedliche, nicht voneinander abhängige Merkmale, die auf verschiedenen Chromosomen lokalisiert sind. Mendel führte Kreuzungsexperimente mit Erbsensorten durch, die in zwei oder mehr phänotypischen Eigenschaften differierten, welche durch Varianten unterschiedlicher Gene determiniert wurden.

Mendel hatte durch seine vorangegangenen Experimente bereits zeigen können, dass hochwüchsige Pflanzen dominant über zwergwüchsige waren. Er bemerkte außerdem, dass eine Kreuzung einer Sorte mit gelben Samen (Erbsen) und einer Sorte mit grünen Erbsen in der F_1-Generation ausschließlich Nachkommen mit gelben Erbsen hervorbrachte. Gelb war also dominant gegenüber grün. Der nächste Schritt bestand darin, eine Kreuzung von Pflanzen durchzuführen, die sich in beiden Merkmalen (Wuchshöhe und Farbe der Samenkörner) unterschieden. Wenn er eine hochwüchsige Erbsenpflanze mit gelben Samen (T/T Y/Y) mit einer zwergwüchsigen mit grünen Samen (t/t y/y) kreuzte, waren die F_1-Nachkommen erwartungsgemäß hochwüchsig mit gelben Samen (T/t Y/y).

> **Exkurs**
>
> Wenn keines der beiden Allele eines Allelpaares rezessiv ist, ist es üblich, beide Allele durch Großbuchstaben zu symbolisieren und unterschiedliche Allele durch Striche (', wie in B') oder hochgestellte Zusatzbuchstaben (wie B^s) zu kennzeichnen. In unserem Beispiel könnte B^s für das Allel des Gens B für schwarze Federn, B^w für das Allel des Gens B für weiße Federn stehen.

Die F$_1$-Hybride unterzog Mendel einer Selbstbefruchtung, was in der F$_2$-Generation zu den in ▶ Abbildung 5.6 dargestellten Resultaten führte.

Eltern	T/T Y/Y	x	t/t y/y
	(hochwüchsig, gelb)		(zwergwüchsig, grün)
Gameten	sämtlich TY		sämtlich ty
F$_1$		T/t Y/y	
		(hochwüchsig, gelb)	

> **Exkurs**
>
> Wenn eines der beteiligten Allele unbekannt ist, kann es durch einen Querstrich (–) symbolisiert werden (wie in T/–). Diese Codierung wird auch verwendet, wenn unbekannt ist, ob der Genotyp heterozygot oder homozygot ist – etwa, wenn man alle Vertreter eines bestimmten Phänotyps zusammenfasst. Der Querstrich kann hier entweder T oder t bedeuten.

Mendel wusste bereits, dass die Kreuzung zweier Pflanzen mit dem Genotyp T/t zu einem 3:1-Verhältnis der phänotypischen Merkmalsverteilung unter den Nachkommen führt. Eine Kreuzung mit heterozygoten Pflanzen des Genotyps Y/y führt zu derselben mengenmäßigen Verteilung der Phänotypen unter den Nachkommen. Wenn wir für den Augenblick nur das Merkmalspaar hochwüchsig/zwergwüchsig betrachten, so erwartet man als Ergebnis einer Zweifaktorkreuzung 12 hochwüchsige auf 4 zwergwüchsige Pflanzen, was dem Verhältnis 3:1 entspricht. In gleicher Weise kommen auf 12 Pflanzen mit gelben Erbsen vier Pflanzen mit grünen Erbsen in den Schoten – wieder das zu erwartende 3:1-Verhältnis. Das Zahlenverhältnis der Einfaktorkreuzung bleibt also für beide Merkmalspaare erhalten, wenn man die Merkmale getrennt voneinander betrachtet. Das 9:3:3:1-Verhältnis, das man bei der Zweifaktorkreuzung beobachtet, ergibt sich als Kombination der beiden 3:1-Verhältnisse.

$$3:1 \times 3:1 = 9:3:3:1$$

Die Genotypen und Phänotypen der F$_2$-Generation sind wie folgt:

1	T/T Y/Y			
2	T/t Y/Y	}	9 T/–Y/–	9 hochwüchsig gelb
2	T/T Y/y			
4	T/t Y/y			
1	T/T y/y	}	3 T/–y/y	3 hochwüchsig grün
2	T/t y/y			
1	t/t Y/Y	}	3 t/t–Y/–	3 zwergwüchsig gelb
2	t/t Y/y			
1	t/t y/y		1 t/t y/y	1 zwergwüchsig grün

Die Ergebnisse dieses Experiments zeigen, dass die Aufteilung der Allele für die Wuchshöhe der Pflanzen vollkommen unabhängig von der Aufteilung der Allele für die Farbe der Samenkörner (Erbsen) ist. Eine andere Formulierung der Mendel'schen Regel der unabhängigen Aufteilung besagt, dass *Allele unterschiedlicher Gene auf unterschiedlichen Chromosomen unabhängig voneinander aufgeteilt werden*. Die Erklärung dieser zu beobachtenden Regelmäßigkeit findet sich in der Tatsache, dass im Verlauf der Meiose die Mitglieder eines homologen Chromosomenpaares bei der Gametenbildung unabhängig von den anderen Chromosomenpaaren auf die Meioseprodukte verteilt werden. Falls sich Gene auf demselben Chromosom nahe beieinander befinden, werden sie gemeinschaftlich auf die Keimzellen verteilt (man sagt, diese Gene sind gekoppelt), sofern kein crossing over stattgefunden hat. Gekoppelte Gene und die genetische Rekombination werden weiter unten erläutert.

Eine Methode, um die Anzahl der Nachkommen, die einen bestimmten Geno- oder Phänotyp aufweisen werden, abzuschätzen, besteht darin, ein Punnett-Quadrat anzulegen. Im Fall einer Einfaktorkreuzung ist das eine einfache Aufgabe. Im Fall einer Zweifaktorkreuzung ist die Anlage des Punnett-Quadrats schon ein bisschen aufwendiger. Im Fall einer Dreifaktorkreuzung ist es dann schon sehr mühselig. Man kann derartige Abschätzungen einfacher durch Rückgriff auf einfache Wahrscheinlichkeitsberechnungen durchführen. Die grundlegende Annahme besteht darin, dass die Genotypen der Keimzellen des einen Geschlechts eine bestimmte Wahrscheinlichkeit besitzen, bei der Vereinigung mit einem Gameten des anderen Geschlechts auf einen bestimmten Genotyp zu treffen. Dies ist im Allgemeinen zutreffend, wenn die Stichproben ausreichend groß sind (die Stichprobenmenge eine genügend große Anzahl Elemente enthält). Die tatsächlich gefundenen Werte kommen den von den Gesetzen der Wahrscheinlichkeitsrechnung vorhergesagten sehr nah.

Die Wahrscheinlichkeit eines Ereignisses ist wie folgt definiert:

$$\text{Wahrscheinlichkeit (p)} = \frac{\text{Anzahl des Eintreffens eines bestimmten Ereignisses}}{\text{Gesamtzahl der Versuche oder Möglichkeiten für das Ereignis, einzutreffen}}$$

So beträgt etwa die Wahrscheinlichkeit (p) für „Kopf" wie für „Zahl" (die beiden möglichen Ereignisse) beim

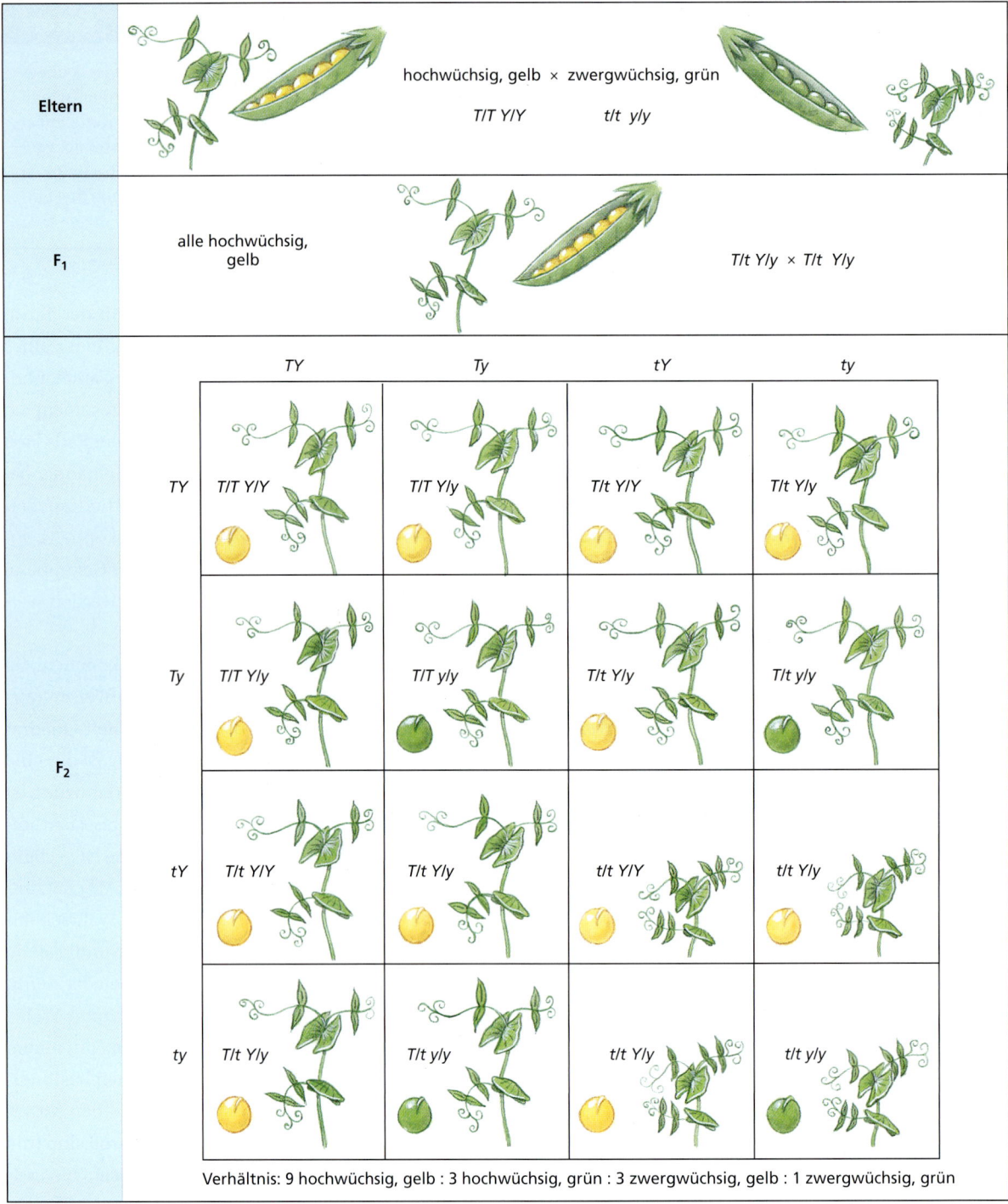

Abbildung 5.6: Selbstbefruchtung der F₁-Hybride. Ein Punnett-Quadrat zur Ermittlung der Genotyp-/Phänotyp-Beziehungen, die man bei einer Zweifaktorkreuzung für unabhängig voneinander verteilte Gene erwartet.

Hochwerfen einer Münze je $\frac{1}{2}$ (= 0,5 = 50 Prozent), weil die Münze zwei Seiten hat, auf die sie fallen kann. Die sehr seltene, aber durchaus nicht unmögliche Situation, dass die Münze auf dem Rand stehen bleibt, wird hier der Einfachheit halber außer Acht gelassen. Die Wahrscheinlichkeit, mit einem Würfel eine 3 zu würfeln, beträgt $\frac{1}{6}$, weil ein Würfel sechs Seiten hat.

Die Wahrscheinlichkeit, dass zwei unabhängige Ereignisse zusammen eintreten, ergibt sich durch die Multiplikation der Einzelwahrscheinlichkeiten beider Ereignisse (Produktregel). Wirft man zwei Münzen hoch, so beträgt die Wahrscheinlichkeit in beiden Fällen „Kopf" als Ergebnis zu bekommen, $\frac{1}{2} \times \frac{1}{2} = \frac{1}{4}$ (0,5 × 0,5 = 0,25), oder – anders ausgedrückt – eine Wahrscheinlichkeit von 1:4. Die Wahrscheinlichkeit, mit zwei Würfeln gleichzeitig eine 3 zu würfeln, ist:

Wahrscheinlichkeit für zwei Dreien: $\frac{1}{6} \times \frac{1}{6} = \frac{1}{36}$.

Man beachte jedoch stets, dass eine sehr kleine Stichprobe ein Ergebnis erbringen kann, dass sehr verschieden von dem theoretisch vorhergesagten ist. Würden wir also eine Münze dreimal werfen und jedes Mal „Kopf" bekommen, wären wir nicht sehr überrascht. Würden wir die Münze 1000-mal werfen und die Gesamtzahl des Ereignisses „Kopf" würde stark von 500 ($\frac{1}{2} \times 1000$) abweichen, läge der Verdacht sehr nahe, dass etwas mit der Münze „nicht stimmt". Zufällige Ereignisse besitzen jedoch kein Gedächtnis; die Wahrscheinlichkeit für eine bestimmte Seite beträgt bei jedem Münzwurf $\frac{1}{2}$, egal wie oft man die Münze bereits geworfen hat und unabhängig davon, wie die Ergebnisse dieser Würfe waren (aus diesem Grund sind zum Beispiel „computeroptimierte Lottoscheine" völliger Unsinn!).

Wir können die Produktregel einsetzen, um die Vererbungsverhältnisse bei Ein- oder Mehrfaktorkreuzungen vorherzusagen, falls die Gene unabhängig voneinander auf die Gameten verteilt werden (wie es in allen von Gregor Mendel durchgeführten Experimenten der Fall war) (▶ Tabelle 5.1).

5.3.3 Multiple Allele

Weiter oben haben wir Allele als Varianten bzw. alternative Formen ein und desselben Gens definiert. Während ein diploides Individuum nicht mehr als zwei Allele an einem gegebenen Genort (Lokus) – je eines an einer bestimmten Stelle auf jedem der beiden Chromosomen eines homologen Chromosomenpaares – können in einer Population noch viele weitere, unterschiedliche Allele (= allele Formen eines Gens) vorhanden sein. Ein Beispiel hierfür sind die multiplen Allele, welche die Fellfarbe von Kaninchen festlegen. Die unterschiedlichen Allele tragen die Bezeichnungen C (Wildtypfärbung), c^{ch} (Chinchillafärbung), c^b (Himalajafärbung) und c (Albinofärbung). Die vier Allele bilden eine Dominanzfolge, in der C an der Spitze steht, also dominant über alle übrigen ist. Das dominante Allel wird konventionsgemäß immer links, das rezessive stets auf die rechte Seite des Schrägstrichs geschrieben:

C/c^b = Wildtypfärbung
c^{ch}/c^b = Chinchillafärbung
c^b/c = Himalajafärbung
c/c = Albino

Allele entstehen durch Mutation eines Gens. Multiple Allele entstehen durch wiederholte Mutationen an ein und demselben Genort über genetisch lange Zeiträume (viele Generationen). Jedes Gen kann mutativen Änderungen unterliegen (siehe weiter unten). Falls genügend Zeit zur Verfügung steht, können sich an einem Genort viele, leicht unterschiedliche Allele herausbilden.

5.3.4 Genwechselwirkungen

Die Kreuzungstypen, die wir bislang beschrieben haben, waren einfach, weil die Merkmalsvariationen die Ergebnisse der Wirkung einzelner Gene waren. Man kennt jedoch viele Fälle, in denen die Veränderlichkeit eines Merkmals von mehreren Genen abhängt. Mendel war vermutlich die wahre Bedeutung des Genotyps im Gegensatz zur sichtbaren Merkmalsausprägung (dem Phänotyp) noch nicht klar. Heute, mehr als hundert Jahre nach Mendel, wissen wir, dass an der Herausbildung eines einzelnen Phänotyps viele verschiedene Genotypen beteiligt sein können (**polygene Vererbung**).

Weiterhin haben viele Gene mehr als nur eine Wirkung auf den Phänotyp eines Lebewesens – ein Phänomen, das **Pleiotropie** genannt wird. Ein Gen, dessen Veränderung die Augenfarbe beeinflusst, kann zum Beispiel gleichzeitig die Entwicklung anderer Merkmale (z.B. Hautfarbe oder Färbung der Zähne) ebenfalls beeinflussen. Ein Allel an einem Genort kann die Expression eines anderen Allels an einem anderen Genort, das auf dasselbe Merkmal einwirkt, überdecken oder seine Expression verhindern. Dieses Phänomen wird als **Epistasie** bezeichnet. Ein weiterer Fall von Genwechselwirkungen ist die kumulative Wirkung mehrerer Allele auf ein und dasselbe Merkmal.

Etliche Merkmale des Menschen sind polygener Natur. In diesen Fällen zeigt die Merkmalsausprägung einen kontinuierlichen Verlauf zwischen zwei Extremwerten statt diskreter, alternativer Phänotypen, wie wir sie bei den Mendel'schen Pflanzenkreuzungen kennen gelernt haben. Dieser kontinuierliche Merkmalsverlauf wird als **quantitative Vererbung** bezeichnet (die betroffenen Merkmale dementsprechend als **quantitative Merkmale**). Bei diesem Erbgang liegen die Nachkommen phänotypisch zwischen den Elternorganismen.

Zur Verdeutlichung eines solchen quantitativen Merkmals kann die Hautfarbe dienen. Die quantitative Ausprägung lässt sich anhand der Nachkommen von schwarzhäutigen mit weißhäutigen Menschen illustrieren. Die kumulative Wirkung der beteiligten Allele führt

Tabelle 5.1

Produktregel zur Bestimmung des Genotyp/Phänotyp-Verhältnisses bei Dihybridkreuzungen für den Fall unabhängig voneinander verteilter Gene

Elterlicher Genotyp	T/t Y/y		×	T/t Y/y
Äquivalente Einfaktorkreuzung	T/t × T/t		und	Y/y × Y/y
Genotypverhältnisse in der F₁-Generation einer Einfaktorkreuzung		1/4 T/T 2/4 T/t 1/4 t/t		1/4 Y/Y 2/4 Y/y 1/4 y/y
Kombination zweier Einfaktorverhältniszahlen zur Ermittlung der Zweifaktorgenotypverhältniszahlen	1/4 T/T	×		1/4 Y/Y = 1/16 T/T Y/Y 2/4 Y/y = 2/16 T/T Y/y 1/4 y/y = 1/16 T/T y/y
	2/4 T/t	×		1/4 Y/Y = 2/16 T/t Y/Y 2/4 Y/y = 4/16 T/t Y/y 1/4 y/y = 2/16 T/t y/y
	1/4 t/t	×		1/4 Y/Y = 1/16 t/t Y/Y 2/4 Y/y = 2/16 t/t Y/y 1/4 y/y = 1/16 t/t y/y
Phänotypverhältnisse in der F₁-Generation einer Einfaktorkreuzung				3/4 T/– (hochwüchsig), 1/4 t/t (zwergwüchsig) 3/4 Y/– (gelb), 1/4 y/y (grün)
Kombination zweier Einfaktorverhältniszahlen zur Ermittlung der Zweifaktorgenotypverhältniszahlen	3/4 T/–	×		3/4 Y/– = 9/16 T/– Y/– (hochwüchsig, gelb) 1/4 y/y = 3/16 T/– y/y (hochwüchsig, grün)
	1/4 t/t	×		3/4 Y/– = 3/16 t/t Y/– (zwergwüchsig, gelb) 1/4 y/y = 1/16 t/t y/y (zwergwüchsig, grün)

Daraus folgt das Phänotypverhältnis: 9 hochwüchsig, gelb : 3 hochwüchsig, grün : 3 zwergwüchsig, gelb : 1 zwergwüchsig, grün

---

zu einer quantitativen (genproduktmengenabhängigen) Expression. An der Pigmentierung der Haut sind vermutlich drei oder vier Gene beteiligt; wir wollen unser Beispiel jedoch auf zwei Paare unabhängig voneinander verteilter Gene beschränken. Eine Person mit sehr dunkler Haut (starker Pigmentierung) besitzt zwei Pigmentierungsgene auf verschiedenen Chromosomen (A/A B/B). Jedes dominante Allel trägt seinen Anteil zur Pigmentierung bei. Eine Person mit sehr schwacher Pigmentierung (sehr heller Hautfarbe) verfügt über Allele, die nichts oder nur wenig zur Pigmentierung beitragen (a/a b/b). Die bei sehr hellhäutigen Menschen häufig in Erscheinung tretenden Sommersprossen sind das Ergebnis einer Pigmentierung, die von völlig anderen Genen gesteuert wird. Die Nachkommen von Menschen, bei denen ein Elternteil sehr dunkelhäutig und das andere sehr hellhäutig ist, zeigen eine intermediäre Hautfärbung (A/a B/b) („Mulatten").

Kinder von Eltern mit intermediärer Hautfarbe zeigen ein Spektrum von Farbtypen, das abhängig von der Zahl der Pigmentierungsgene ist, die sie geerbt haben. Ihre Hautfarbe reicht von sehr dunkel (A/A B/B) über dunkel (A/A B/b oder A/a B/B) und intermediär (A/A b/b oder A/a B/b oder a/a B/B) bis hin zu hell (A/a b/b oder a/a B/b) und sehr hell (a/a b/b). Es ist daher möglich, dass Eltern, die heterozygot für ihre eigene Hautfarbe sind, Kinder bekommen, die eine hellere oder dunklere Hautfarbe aufweisen als sie selbst.

Exkurs

Die Vererbung der Augenfarbe ist ein weiteres Beispiel für Genwechselwirkungen. Ein Allel (B) legt fest, ob Pigmente in der vorderen Schicht der Regenbogenhaut (Iris) vorhanden sind oder nicht. Dieses Allel ist dominant über das Allel für das Fehlen von Pigmenten (b). Die Genotypen B/B und B/b ergeben im Allgemeinen braune Augen, der Genotyp b/b führt zu blauen Augen. Diese Phänotypen werden jedoch durch eine Vielzahl von Modulatorgenen beeinflusst, zum Beispiel durch solche, welche die Menge des eingelagerten Pigments, den Farbton des Pigments oder dessen Verteilung im Auge beeinflussen. Eine Person des Genotyps B/b kann daher sehr wohl blaue Augen haben, falls die Modifikatorgene zu einem Fehlen des Pigmentes führen. Dies erklärt die seltenen Fälle, in denen blauäugige Eltern ein braunäugiges Kind haben.

5.3.5 Geschlechtsgebundene Vererbung

Es ist bekannt, dass die Vererbung bestimmter Merkmale vom Geschlecht desjenigen Elternteils abhängen, welches Träger des betreffenden Gens ist sowie vom Geschlecht des Nachkommen. Eines der bestuntersuchten Beispiele für ein geschlechtsgebundenes Merkmal ist die Bluterkrankheit (Hämophilie) des Menschen (siehe hierzu auch Kapitel 31). Ein weiteres Beispiel ist die Rot/Grün-Blindheit, eine Form der Farbenblindheit (genauer genommen handelt es sich um eine Farbsehschwäche, die bei Männern wesentlich häufiger auftritt als bei Frauen), bei der die Betroffenen Probleme haben, die Farben grün und rot zu unterscheiden (der Defekt kann unterschiedlich schwer ausgeprägt sein). Wenn Farbenblindheit bei einer Frau auftritt, ist ihr Vater farbenblind. Wenn eine Frau mit normalem Sehvermögen, die aber die Anlage zur Farbenblindheit in sich trägt (ein Überträger ist heterozygot für ein Gen (ein dominant/rezessives Allelpaar), selbst aber phänotypisch normal („Wildtyp")), Söhne bekommt, ist durchschnittlich die Hälfte davon farbenblind, egal, ob der Vater dieser Söhne normalsichtig oder selbst farbenblind ist. Wie lassen sich diese Beobachtungen erklären?

Farbenblindheit und Hämophilie sind rezessive Merkmale, deren genetische Grundlagen auf dem X-Chromosom liegen. Sie kommen phänotypisch zum Ausdruck, wenn beide Allele des Gens bei einer Frau funktionsgestört sind, oder wenn ein Mann ein X-Chromosom mit einer defekten Kopie des Gens über die Eizelle der Mutter erbt. Das Vererbungsmuster solcher Defekte ist in ▶ Abbildung 5.7 schematisch dargelegt. Ist die Mutter eine Überträgerin, der Vater aber normal, ist die Hälfte der Söhne, aber keine der Töchter, farbenblind. Falls dagegen der Vater farbenblind ist und die Mutter Überträgerin, ist die Hälfte der Söhne und die Hälfte der Töchter farbenblind (durchschnittlich, bei einer ausreichend großen Bevölkerungsgruppe). Es ist leicht einzusehen, warum solche Defekte bei Männern viel häufiger vorkommen: Ein einzelnes, geschlechtsgebundenes, rezessives Gen führt bei einem Mann zu einer sichtbaren Merkmalsausprägung, weil der Mann nur ein X-Chro-

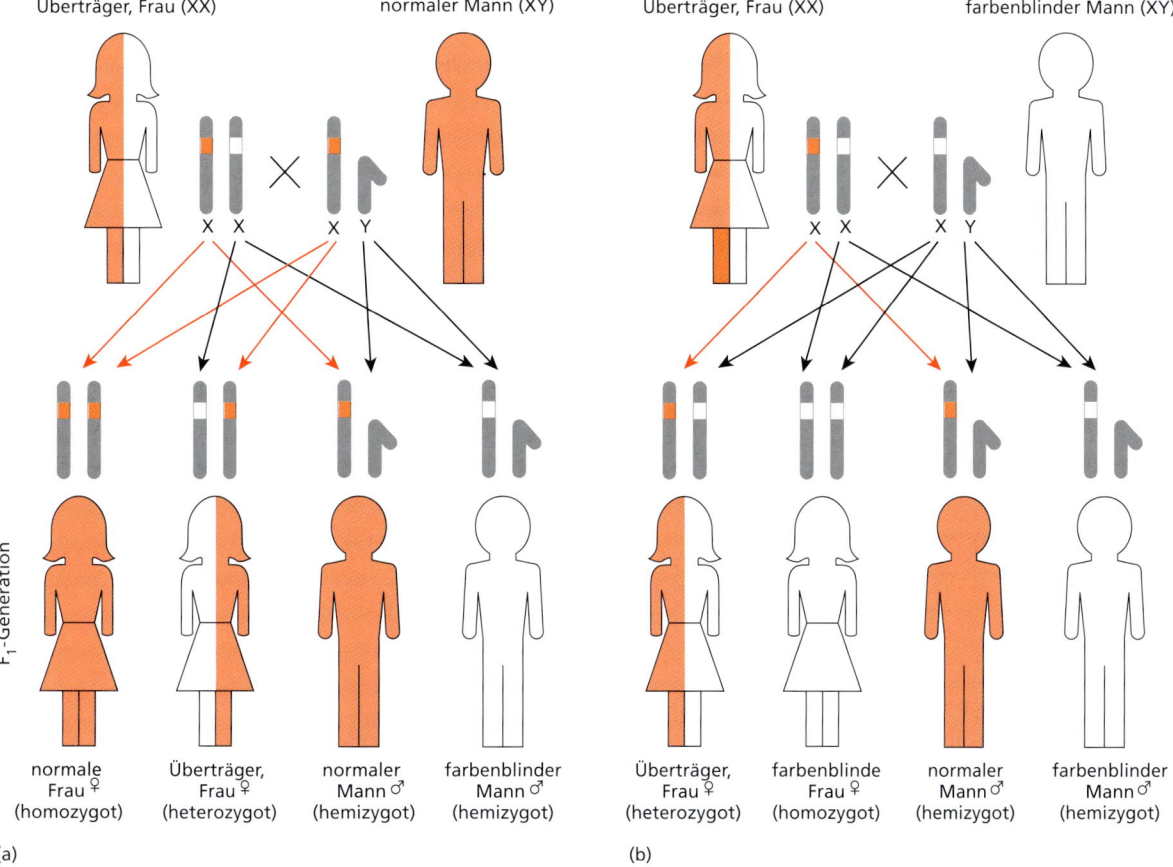

Abbildung 5.7: **Geschlechtsgebundene Vererbung der Rot/Grün-Blindheit beim Menschen.** (a) Überträgermutter und normalsichtiger Vater ergibt Farbenblindheit bei der Hälfte ihrer Söhne; die Töchter sind nicht betroffen. (b) Die Hälfte der Söhne und der Töchter einer Überträgermutter und eines farbenblinden Vaters sind ebenfalls farbenblind.

Genetik: Eine Übersicht

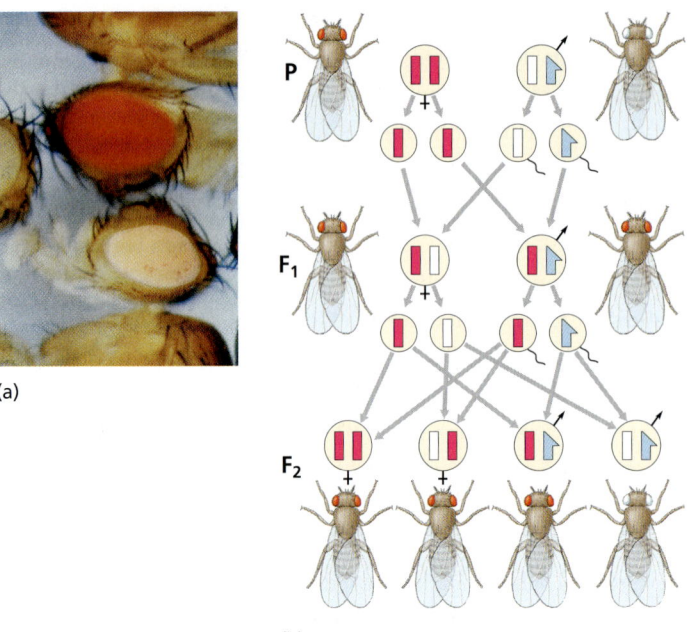

Abbildung 5.8: Geschlechtsgebundene Vererbung der Augenfarbe bei der Taufliege *Drosophila melanogaster*. (a) Weiß- und rotäugige *D. melanogaster*. (b) Die Gene für die Augenfarbe liegen auf dem X-Chromosom; das Y-Chromosom enthält keine Gene für die Augenfarbe. Das normale Rot ist dominant über Weiß. Homozygote, rotäugige Weibchen, die mit weißäugigen Männchen verpaart werden, ergeben in der F_1 ausschließlich rotäugige Nachkommen. Die F_2-Generation einer F_1/F_1-Kreuzung liefert ein homozygot-rotäugiges Weibchen und ein heterozygot-rotäugiges Weibchen auf ein rotäugiges und ein weißäugiges Männchen.

mosom besitzt. Wie sähe das Ergebnis bei der Fortpflanzung einer homozygot normalen Frau und einem farbenblinden Mann aus?

Ein weiteres Beispiel für ein geschlechtsgebundenes Merkmal wurde im Jahr 1910 von Thomas Morgan bei Fliegen der Gattung *Drosophila* entdeckt. Die normale Augenfarbe dieser kleinen Taufliegen ist rot, doch treten Mutanten mit weißen Augen auf (▶ Abbildung 5.8). Ein Gen für die rote Augenfarbe findet sich auf dem X-Chromosom. Falls reinerbig weißäugige Männchen mit rotäugigen Weibchen gekreuzt werden, haben die Nachkommen der F_1-Generation sämtlich rote Augen, weil dieses Merkmal dominant ist (Abbildung 5.8). Kreuzt man Individuen der F_1-Generation untereinander, besitzen alle Weibchen der F_2-Generation rote Augen, die Hälfte der Männchen zeigt rote, die andere Hälfte weiße Augen. In dieser Generation findet man keine weißäugigen Weibchen, nur die Männchen verfügen über das rezessive Merkmal (weiße Augen). Das Allel für die Weißäugigkeit ist rezessiv und sollte die Augenfarbe daher nur im homozygoten Zustand beeinflussen. Da die Männchen aber nur ein X-Chromosom besitzen (das Y-Chromosom enthält kein Gen für die Augenfarbe), treten weiße Augen auf, wann immer das X-Chromosom das für diesen Zustand codierende Allel aufweist. Man sagt, die Männchen sind **hemizygot** für Merkmale (nur eine Kopie eines Genortes ist vorhanden), deren Gene auf dem X-Chromosom liegen.

Falls die reziproke Kreuzung durchgeführt wird, bei der die Weibchen weiße und die Männchen rote Augen haben, sind alle Weibchen der F_1-Generation rotäugig und alle Männchen weißäugig (▶ Abbildung 5.9). Falls die F_1-Tiere dieser Kreuzung untereinander verpaart werden, tauchen in der F_2-Generation gleich viele Tiere mit roten und weißen Augen auf (sowohl Männchen wie Weibchen).

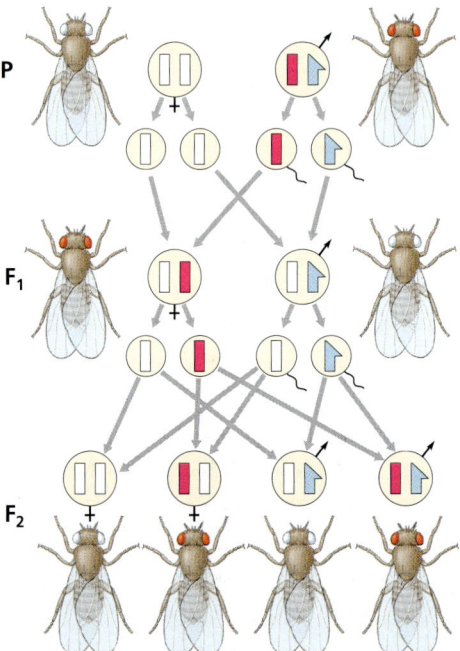

Abbildung 5.9: Reziproke Kreuzung zu Abbildung 5.8. Die Kreuzung homozygot-weißäugiger Weibchen mit rotäugigen Männchen ergibt in der F_1-Generation weißäugige Männchen und rotäugige Weibchen. Die F_2-Generation zeigt gleiche Anzahlen rot- und weißäugiger Weibchen sowie rot- und weißäugiger Männchen.

5.3.6 Autosomale Koppelung und Crossing over

Koppelung

Nachdem die von Mendel aufgestellten Vererbungsregeln um das Jahr 1900 wiederentdeckt wurden (maßgeblich von dem deutschen Genetiker Carl Correns), wurde es allmählich klar, dass die 2. Mendel'sche Regel Ausnahmen hat, also nicht alle Erbfaktoren unabhängig voneinander weitergegeben werden. Tatsächlich, so zeigten die neuen Versuche, gab es viele Merkmale, die gemeinschaftlich vererbt wurden. Da die Zahl der Chromosomen eines jeden Lebewesens im Vergleich zur Zahl der Merkmale ziemlich klein ist, musste jedes Chromosom viele Erbfaktoren (Gene) enthalten. Alle auf einem Chromosom vorhandenen Gene sind, so der Sprachgebrauch, gekoppelt. Sie bilden eine Koppelungsgruppe. Genetische Koppelung bedeutet also einfach, dass Gene auf demselben Chromosom liegen, und alle Gene homologer Chromosomen gehören zur selben Koppelungsgruppe. Es sollte daher in einem Organismus ebenso viele Koppelungsgruppen geben, wie es Chromosomen*paare* gibt.

Drosophila, das Versuchstier, an dem dieses Prinzip am intensivsten untersucht worden ist, besitzt vier Koppelungsgruppen, die den vier Chromosomenpaaren entsprechen, über die diese winzigen Taufliegen verfügen. Für gewöhnlich entsprechen kleine Chromosomen kleinen Koppelungsgruppen, große Chromosomen großen Koppelungsgruppen (man beachte, dass die Größe der Koppelungsgruppe vom Gengehalt = der Gendichte auf den betreffenden Chromosomen abhängt).

Crossing over

Die genetische Koppelung ist für gewöhnlich nicht vollständig. Hätten wir ein Experiment durchgeführt, in dem Tiere wie *Drosophila*-Fliegen miteinander gekreuzt werden, so fänden wir, dass sich Merkmale, die im Allgemeinen gekoppelt vererbt werden, in einem gewissen Prozentsatz der Nachkommen getrennt – also unabhängig voneinander – weitergegeben werden. Die Trennung von Allelen, die auf demselben Chromosom angesiedelt sind, geschieht durch das **crossing over** (Überkreuzen).

Im Verlauf der ausgedehnten Prophase der ersten meiotischen Teilung trennen sich die gepaarten homologen Chromosomen und tauschen äquivalente Teile wechselseitig aus. Gene treten von einem Chromosom auf das Homolog des Chromosoms über und umgekehrt (▶ Abbildung 5.10). Jedes Chromosom besteht in dieser Phase seines Daseins aus zwei Schwesterchromatiden (zwei DNA-Molekülen mit assoziierten Proteinen), die durch eine ebenfalls aus bestimmten Proteinen gebildeten Struktur (einem gestaltgebenden Verbund in Form einer Art Gerüst), dem **synaptonemalen Komplex**, miteinander verbunden sind. Strangbruch- und Strangaustausch erfolgen an einander entsprechenden Punkten an Nichtschwesterchromatiden. (Strangbrüche und Strangaustausch kommen auch unter Schwesterchromatiden vor, doch hat ein solcher Strangaustausch zumeist keine sichtbaren Folgen, da die Schwesterchromatiden identisch sind und der Zustand nach dem Strangaustausch sich nicht von dem vorher unterscheidet.) Das crossing over ist ein Mittel für den Austausch von Genen zwischen homologen Chromosomen und steigert somit die Rate der genetischen Rekombination erheblich. Die Häufigkeit, mit der crossing overs stattfinden, variiert mit der Art; für gewöhnlich kommt es mindestens einmal im Verlauf einer jeden Chromosomenpaarung zu diesem Vorgang, nicht selten auch mehrfach.

Da die Rekombinationsfrequenz proportional zur Entfernung zwischen den beteiligten Genorten ist, lässt sich durch die Analyse von Rekombinationshäufigkeiten der *relative* Abstand von Genorten zueinander bestimmen. Gene, die auf sehr großen Chromosomen weit entfernt voneinander liegen, können eine praktische unabhängige (ungekoppelte) Vererbung zeigen, weil die Wahrscheinlichkeit für ein crossing over irgendwo zwischen

---

Exkurs

Genetiker verwenden den Begriff „Koppelung" in zwei etwas voneinander unterschiedlichen Bedeutungen. Geschlechtskoppelung bedeutet, dass die Vererbung eines Merkmals durch die Geschlechtschromosomen erfolgt. Die phänotypische Expression hängt also vom Geschlecht des Nachkommen sowie den bereits erörterten Faktoren ab. Autosomale Koppelung bedeutet, dass die Vererbung durch die Autosomen (die Nichtgeschlechtschromosomen) erfolgt. Die Buchstaben, die für gewöhnlich verwendet werden, um solche Gene zu symbolisieren, werden mit einem Schrägstrich zwischen den Genbezeichnungen notiert, um anzuzeigen, dass sie sich auf demselben Chromosom befinden. So zeigt etwa AB/ab an, dass die Gene A und B sich auf demselben Chromosom befinden. Interessanterweise hat Mendel bei seinen Gartenerbsen sieben Merkmale experimentell untersucht, die unabhängig voneinander vererbt wurden, weil sich die Gene für diese Merkmale auf sieben verschiedenen Chromosomen befinden. Falls er ein achtes Merkmal untersucht hätte, hätte er die unabhängige Weitergabe von Merkmalen womöglich nicht entdeckt, da die Gartenerbse *(Pisum sativum)* lediglich sieben Paare homologer Chromosomen (N = 14) besitzt.

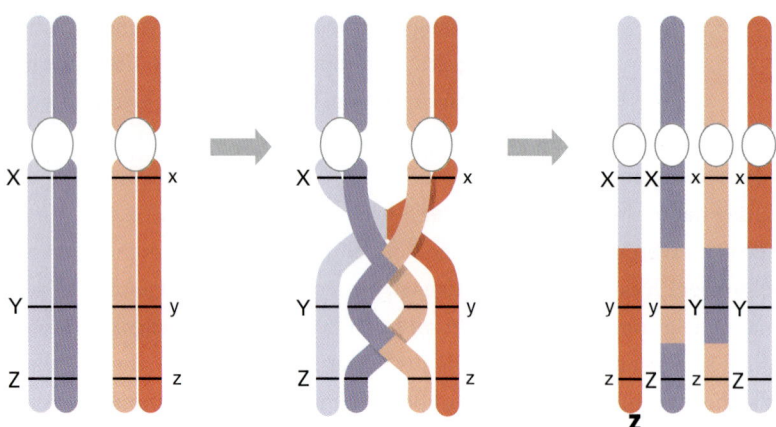

Abbildung 5.10: **Crossing over im Verlauf der Meiose.** Nichtschwesterchromatiden tauschen Stücke untereinander aus, mit dem Ergebnis, dass keine der gebildeten Keimzellen am Schluss identisch mit einer anderen ist. Gen X ist weiter von Gen Y entfernt als Y von Z entfernt ist. Gen X wird bei einem crossing over häufiger von Y getrennt als Y von Z.

diesen Genorten bei 100 Prozent liegt. Dass solche Gene auf demselben Chromosom liegen, erschließt sich nur dadurch, dass jedes von ihnen genetisch mit weiteren Genen gekoppelt ist, die auf dem Chromosom zwischen ihnen liegen. Beim Erstellen einer Koppelungskarte des betreffenden Chromosoms ergibt sich dann das vollständige Bild. Arbeitsintensive, sich über viele Jahre hinziehende, genetische Experimente, haben zu zahlreichen Genkarten von Chromosomen geführt, welche die Position von mehr als 500 Genen angeben, die über die vier Chromosomen von *Drosophila* verteilt liegen. Heute werden solche Gen- und Chromosomenkarten als „Abfallprodukte" von Genomsequenzierungsprojekten erhalten, die eine lückenlose Darstellung des gesamten Erbgutes von Organismen erlauben. So wurden kürzlich die vollständigen Sequenzen der Genome von 12 verschiedenen *Drosophila*-Arten veröffentlicht.

5.3.7 Chromosomenabberationen

Qualitative oder quantitative Abweichungen von der Norm, die zahlreiche Gene gleichzeitig betreffen, werden Chromosomenabberationen genannt. Bei einer Chromosomenabberation weicht die Zahl der Chromosomen in einer Zelle von der normalen Anzahl ab, oder eines oder mehrere der Chromosomen sind in ihrer Struktur gegenüber dem normalen Chromosom verändert, was häufig mit dem Verlust oder dem Zugewinn von Genen verbunden ist. Chromosomenabberationen werden manchmal auch als Chromosomenmutationen oder als chromosomale Mutationen bezeichnet, doch bevorzugen es die meisten Cytogenetiker, den Begriff „Mutation" für qualitative Veränderungen innerhalb eines Gens zu reservieren. Genmutationen werden uns weiter unten in diesem Kapitel beschäftigen.

Ungeachtet der ungeheuren Präzision, mit der die Meiose abläuft, treten mit einer gewissen, kleinen Wahrscheinlichkeit chromosomale Abberationen auf, und sie sind häufiger, als man gemeinhin annehmen mag. In der Landwirtschaft sind sie für große ökonomische Nutzeffekte verantwortlich. Unglücklicherweise sind sie es auch für viele genetische (erbliche) Fehlbildungen des Menschen. Es ist hochgerechnet worden, dass fünf von 1000 Menschen mit ernsthaften genetischen Defekten geboren werden, die auf Chromosomenanomalien zurückzuführen sind. Eine noch größere Zahl von Embryonen mit Chromosomendefekten bricht die Entwicklung spontan zu einem frühen Zeitpunkt ab und geht zugrunde – weit mehr, als schließlich geboren werden!

Veränderungen der Chromosomenanzahl werden als **Euploidie** bezeichnet, wenn komplette Chromosomensätze hinzukommen oder wegfallen. Man spricht von **Aneuploidie**, wenn einzelne Chromosomen hinzukommen oder wegfallen. Ein Chromosomensatz umfasst je ein Mitglied jedes homologen Chromosomenpaares (haploider Chromosomensatz, wie er im Zellkern einer Keimzelle vorliegt). Die häufigste Form der Euploidie ist die **Polyploidie**, das Hinzukommen eines oder mehrerer, vollständiger Chromosomensätze. Solche Abberationen (Polyploidisierungen) sind bei Pflanzen wesentlich häufiger als bei Tieren. Tiere sind viel weniger tolerant gegenüber chromosomalen Abberationen, besonders solche Tiere, bei denen die Geschlechtsfestlegung ein fein abgestimmtes Gleichgewicht zwischen der Anzahl der Geschlechtschromosomen (Gonosomen) und den Autosomen erfordert. Viele Nutz- und Zierpflanzen sind dagegen polyploid (Baumwolle, Weizen, Apfelbäume, Hafer, Tabak u. a. m.). Es wurde abgeschätzt, dass bis zu 40 Prozent aller Blütenpflanzen auf diese Weise ihren Ursprung genommen haben. Gartenbauer bevorzugen polyploide Sorten, weil diese in vielen Fällen intensiver gefärbte Blüten besitzen und ein kräftigeres vegetatives Wachstum zeigen.

Aneuploidie geht für gewöhnlich auf ein Versagen der Trennung der Chromosomen während der Meiose (**Nondisjunktion**) zurück. Falls ein Chromosomenpaar es nicht schafft, sich im Verlauf der ersten oder der zweiten meiotischen Teilung zu trennen, wandern beide Mitglieder des Chromosomenpaares gemeinsam zu einem Pol des Spindelapparates; der andere Pol geht leer aus. Dieser Fehler führt dazu, dass eine der Keimzellen $n-1$ Chromosomen aufweist, eine andere dafür $n+1$ Chromosomen. Falls die Keimzelle mit der Chromosomenunterzahl ($n-1$) von einer normalen Gamete befruchtet wird, ist das Ergebnis ein **monosomales Tier**. Ein Überleben solcher monosomaler Embryonen ist nicht wahrscheinlich, da der Ausfall eines ganzen Chromosoms zu einem unausgeglichenen Zustand an Erbinstruktionen führt. Die Fusion einer normalen (haploiden) Gamete mit einer Keimzelle, die eine Chromosomenüberzahl enthält ($n+1$), führt zur **Trisomie**. Trisomien kommen häufiger vor als Monosomien, so dass beim Menschen mehrere Trisomien bekannt sind. Die häufigste und bekannteste Form ist die **Trisomie 21** (= Down-Syndrom oder Mongolismus). Die Bezeichnung weist darauf hin, dass in diesem Fall das Chromosom Nr. 21 dreifach vorliegt (das normalerweise vorhandene Chromosomenpaar 21 also durch ein weiteres, überzähliges Chromosom 21 ergänzt wird). Der Zustand kommt durch eine Nichtdisjunktion des 21. Chromosomenpaars während der Meiose in einer der Gametenvorläuferzellen zustande. Dazu kommt es spontan, und nur selten gibt es eine Familiengeschichte dieser Anomalie. Das Risiko für das Auftreten einer Trisomie steigt jedoch dramatisch mit dem Alter der Mutter an. Bei Frauen über 40 ist das Risiko einer Trisomie über vierzigmal so hoch wie bei Frauen im Alter zwischen 20 und 30. In Fällen, in denen das Alter der Frau kein kritischer Faktor ist, gehen 20–25 Prozent der Fälle von Trisomie 21 auf ein Nichtdisjunktionsereignis während der Spermatogenese zurück. Hier liegt also eine paternale Ursache vor, bei der das Alter des Mannes keine Rolle zu spielen scheint.

Bei allen diploiden Arten ist für eine normale, ungestörte ontogenetische Entwicklung jeweils genau ein Paar jedes Autosoms notwendig (die Gonosomen sind hierbei unberücksichtigt). Eine Nichtdisjunktion kann auch bei anderen als dem Chromosom 21 eintreten, was ein Ungleichgewicht der betreffenden Genprodukte nach sich zieht. Trisomien anderer Autosomen sind fast immer lethal, oft schon vor, oder aber kurz nach der Geburt. Gleichzeitig benötigt jede (menschliche) Körperzelle aber immer nur ein X-Chromosom (das zweite, bei Frauen vorhandene X-Chromosom, wird in jeder einzelnen Zelle inaktiviert). Eine ausbleibende Trennung

> **Exkurs**
>
> Als Syndrom bezeichnet man eine Gruppe von Symptomen (Krankheitszeichen), die mit einem bestimmten Krankheitsbild oder einer bestimmten Anomalität einhergehen und für diesen, vom Normalzustand abweichenden Zustand kennzeichnend sind. Dabei ist nicht notwendigerweise jedes der zu einem Syndrom gehörenden Symptome bei jedem einzelnen Betroffenen ausgeprägt. Vielfach ist das verursachende Prinzip eines Syndroms nicht oder nicht genau bekannt. Syndrome werden nach dem verursachten Krankheitsbild oder dem Ersten, der sie beschreibt, benannt. Ein englischer Arzt, John Down (1828–1896) hat im Jahr 1866 erstmals das Syndrom beschrieben, das seinen Namen trägt, und von dem man heute weiß, dass die Trisomie des Chromosoms Nr. 21 die Ursache ist. Aufgrund von Downs Assoziation der eigentümlichen Gesichtszüge von Trisomie-21-Patienten mit der Gesichtsform mongoloider Menschen, wird das Syndrom auch als Mongolismus bezeichnet. Die Ähnlichkeiten sind jedoch oberflächlicher Natur, so dass in der Medizin die Begriffe Trisomie 21 oder Down-Syndrom favorisiert werden. Zu den zahlreichen Merkmalen, die zum Symptomkomplex dieses Syndroms gehören, ist das schwerwiegendste die geistige Zurückgebliebenheit (mentale Retardierung). Dieses, sowie andere Syndrome, die durch Chromosomenabberationen hervorgerufen werden, lassen sich heute durch eine vorgeburtliche (pränatale) Diagnose feststellen. Das Verfahren der Wahl ist eine Fruchtwasseruntersuchung (Amniozentese). Der Gynäkologe sticht dazu eine Hohlnadel durch die Bauchdecke der Mutter in den mit Flüssigkeit gefüllten Amnionsack, in dem sich der Fötus befindet und entnimmt eine kleine Menge Flüssigkeit (also kein Gewebe aus dem Fötus selbst). In der Flüssigkeit, dem Fruchtwasser, befinden sich immer auch Zellen des Embryos. Die Zellen werden im Labor *(in vitro)* vermehrt, um eine ausreichende Menge Untersuchungsmaterial zu erhalten, und dann lichtmikroskopisch untersucht. Dabei wird zur Untersuchung der Chromosomen ein Karyogramm erstellt sowie weitere Tests durchgeführt. Falls die Untersuchung einen schweren vorgeburtlichen Entwicklungsschaden offenbart, hat die Mutter die Möglichkeit zu einem Schwangerschaftsabbruch aufgrund von medizinischen Gründen. Als zusätzliches Nebenergebnis enthüllt die Amniozentese auch das Geschlecht des zukünftigen Kindes. Übungsfrage: Wie wird das Geschlecht anhand der Fruchtwasserzellen ermittelt? Alternativ zu diesem Verfahren können durch die Messung der Mengen bestimmter Stoffe im Blutserum der Mutter 60 Prozent aller vom Down-Syndrom betroffenen Föten erkannt werden (eine für die medizinische Praxis schlechte Erfolgsquote). Ultraschalluntersuchungen (Sonographie), die zur medizinischen Routine einer Schwangerschaftsbegleitung gehören, spüren mehr als 80 Prozent der Fälle von Down-Syndrom auf.

von Geschlechtschromosomen wird in der Regel besser toleriert, führt aber im Regelfall zur Sterilität und Missbildungen der Geschlechtsorgane. So ist etwa ein Mensch mit der gonosomalen Konstitution XXY (Klinefelter-Syndrom) phänotypisch männlich, zeigt aber regelmäßig einige weibliche Geschlechtsmerkmale und ist unfruchtbar. Das Vorhandensein eines einzelnen X-Chromosoms ohne begleitendes Y-Chromosom ist für gewöhnlich bereits im Embryonalstadium lethal. Gelegentlich erfolgende Lebendgeburten von X0-Genotypen sind phänotypisch weiblich, jedoch mit einer Reihe von Entwicklungsstörungen behaftet (Monosomie, z. B. Turner-Syndrom, siehe unten).

Strukturelle Abberationen der Chromosomen betreffen ganze Gensätze der beteiligten Chromosomen. So kann ein Teil eines Chromosoms invertiert sein, das heißt, die Reihenfolge der Gene relativ zu anderen Chromosomteilen ist umgekehrt (Inversion). Es kann zum Austausch von Stücken zwischen nicht homologen Chromosomen kommen (illegitime Rekombination, die zu einer Translokation führt). Ganze Gene oder Genblöcke (Chromosomenstücke) können verloren gehen (Verkürzung des Chromosoms durch Deletion). Oder es kann zu einer Verdoppelung eines Chromosomenstückes mit nachfolgendem Einbau kommen (Verlängerung des Chromosoms durch Duplikation). Solche strukturellen Veränderungen von Chromosomen ziehen oft phänotypische Veränderungen nach sich. Duplikationen sind – obgleich sie selten auftreten – von Bedeutung für die Evolution, weil sie zusätzliche genetische Information liefern, die durch mutative Evolution neue Funktionen annehmen kann.

Die Gentheorie 5.4

5.4.1 Das Genkonzept

Der Begriff „Gen" (gr. *genos*, Geschlecht) wurde im Jahr 1909 von W. Johannsen (dänischer Botaniker und Genetiker, 1857–1927) eingeführt. Von ihm stammen auch die Fachbegriffe Erbgut und Phänotyp. Mit dem Wort Gen umschrieb Johannsen die Erbfaktoren Mendels. Anfänglich hielt man sie für nicht weiter unterteilbare Baueinheiten der Chromosomen, auf oder an denen sie angeordnet sein sollten. Spätere Untersuchungen mit multiplen Mutantenallelen konnten nachweisen, dass Allele tatsächlich durch Rekombinationsvorgänge zerteilt werden können. Teile von Genen waren also separabel. Das Gen hatte eine innere Struktur. Darüber hinaus sind bei Eukaryonten die meisten Gene gestückelt, bestehen also aus mehreren funktionellen Abschnitten, die durch dazwischenliegende Teile, die keine im endgültigen Genprodukt erscheinenden Komponenten spezifizieren, unterbrochen sind. Diese nichtcodierenden Abschnitte wurden in den 70er-Jahren des 20. Jahrhunderts entdeckt und Introns genannt.

Als Haupteinheiten der Erbinformation codieren Gene für Produkte (Genprodukte), die unabdingbar für die Festlegung des grundlegenden Aufbaus einer jeden Zelle und der in ihr ablaufenden Prozesse sind, die in ihrer Summe das Phänomen des Lebens ausmachen. Gene steuern die Bildung sämtlicher Arten von Proteinen, die als Enzyme oder Baustoffe fungieren, die Vermehrung von Zellen koordinieren und direkt oder indirekt das gesamte Stoffwechselgeschehen der Zelle antreiben. Aufgrund ihrer Fähigkeit zur Mutation, aufgeteilt und in verschiedenen Kombinationen zusammengestellt zu werden, sind die Gene die Grundlage geworden für die moderne Interpretation des Evolutionsgeschehens. Gene sind molekulare Einheiten der biologischen Information, die ihre Identitäten über viele Generationen hinweg aufrechterhalten können. In jeder Generation kann eine Selbstverdoppelung stattfinden; dabei können die Gene den Prozess ihrer eigenen Vervielfältigung selbststeuernd beeinflussen.

Die 1 Gen-1 Enzyme-Hypothese

Da Gene bei der Hervorbringung unterschiedlicher Phänotypen wirken, können wir rückschließend folgern, dass die Entfaltung dieser Wirkung dem folgenden Schema folgt: Gen ⟶ Genprodukt ⟶ phänotypischer Ausdruck. Darüber hinaus können wir mutmaßen, dass das Genprodukt im Regelfall* ein Protein sein wird, das als Enzym, Antikörper, Hormon oder struktureller Baustein irgendwo im Körper fungiert.

Die erste klare, gut dokumentierte Untersuchung, die Gene und Enzyme in einen Zusammenhang brachte, wurde von den Forschern Beadle und Tatum in den frühen 40er-Jahren des 20. Jahrhunderts mit dem Brotschimmel *Neurospora* durchgeführt. Dieser Pilz war aus mehreren Gründen in idealer Weise geeignet, um Genfunktionen zu untersuchen. Der Schimmelpilz war einfacher zu halten und zu handhaben als die bis dahin üblichen Taufliegen, er war auf Medien genau definier-

---
* Ausnahmen von der Regel sind bestimmte Ribonucleinsäuren, die Endprodukte der Genexpression sein können (siehe weiter unten).

ter Zusammensetzung leicht zu vermehren, und – für genetische Studien ein unschätzbarer Vorzug – er besitzt eine stabile haploide Wuchsform, die frei von Dominanzbeziehungen unter Allelen ist. Auch Genwirkungen, die im diploiden Zustand rezessiv wären und deshalb leicht untergingen, können anhand von Pilzen (Schimmel- und auch Hefepilzen) leicht und schnell erforscht werden. Darüber hinaus lassen sich an Pilzen leicht Mutationen ansetzen, ungerichtete zum Beispiel durch Einwirkung ultravioletten Lichts. Heute stehen dem Genetiker auch Methoden zur gerichteten Mutagenese zur Verfügung, so dass sich gezielte und genau definierte Mutationen im haploiden Zustand unmittelbar phänotypisch zu erkennen geben. Durch UV-Bestrahlung erzeugte Mutanten, die in speziellen Selektivmedien herangezüchtet wurden, wiesen vererbliche Einzelgenmutationen auf. Jeder Mutantenstamm zeigte bei der Analyse einen Enzymdefekt, der dazu führte, dass der betreffende Stamm nicht mehr in der Lage war, ein oder mehrere Stoffwechselprodukte zu bilden. Die Fähigkeit zur Bildung einer bestimmten chemischen Verbindung wurde also von einem einzelnen Gen gesteuert.

Aus diesen Experimenten leiteten Beadle und Tatum eine weitreichende Verallgemeinerung ab: Ein Gen erzeugt ein Enzym. Für ihre Untersuchungen wurde den beiden Forschern im Jahr 1958 der Nobelpreis im Fach Physiologie/Medizin verliehen. Diese neue Hypothese wurde in der Folge durch Untersuchungen anderer Forscher an vielen anderen Stoffwechselwegen bestätigt. Hunderte von erblichen Defizienzen, darunter Dutzende von Erbkrankheiten des Menschen, werden durch Mutationen einzelner Gene hervorgerufen, die zum Verlust einer speziellen enzymatischen Funktion führen. Später fand man heraus, dass manche Enzyme aus mehreren Polypeptidketten bestehen, die jeweils von einem eigenen Gen spezifiziert werden. Und natürlich sind nicht alle Proteine, welche die Produkte von Genen sind, auch Enzyme (siehe Kapitel 3 und 4). Proteine ohne enzymatische Wirkung sind zum Beispiel Strukturproteine wie das Keratin der Haare, Antikörper, Transportproteine und diverse Hormone. Darüber hinaus fallen zahlreiche Gene, die verschiedenartige Ribonucleinsäuren (RNA) codieren, die nicht in Proteine übersetzt werden, nicht unter die Beadle/Tatum-Definition. Schließlich weiß man heute, dass es Gene gibt, die tatsächlich mehr als ein Proteinprodukt liefern. Von dem, diesem Phänomen zugrunde liegenden Mechanismus des alternativen Spleißens, konnten Beadle und Tatum zu ihrer Zeit noch nichts wissen. Ausgehend von den neueren Einsichten, können wir heute ein Gen umfassender als eine Nucleinsäuresequenz definieren (für gewöhnlich einer DNA), die ein funktionelles Polypeptid oder eine funktionelle RNA codiert und die Expression dieser funktionellen Einheiten steuert. Kurioserweise ist das Bild eines Gens, das wir heute, im Zeitalter der hochauflösenden Molekularbiologie haben, weniger scharf, als das zur Zeit Mendels. Eine allumfassende Definition des Begriffes „Gen" erscheint heute beinahe unmöglich.

Speicherung und Weitergabe der genetischen Information 5.5

5.5.1 Nucleinsäuren: Die molekulare Grundlage der Vererbung

Zellen enthalten zwei Sorten von Nucleinsäuren: Desoxyribonucleinsäure (DNS oder DNA), welche das Erbmaterial aller Lebewesen ist, sowie Ribonucleinsäure (RNS oder RNA), die in verschiedenen Ausprägungen vorkommt und zahlreiche steuernde Funktionen in der Zelle besitzt, so zum Beispiel in der Proteinbiosynthese und der Regulierung der Genexpression. Sowohl die DNA als auch die RNA setzen sich aus sich wiederholenden Baueinheiten, den **Nucleotiden**, zusammen. Jedes Nucleotid besteht seinerseits aus drei Komponenten: einem **Zuckerrest**, einer stickstoffhaltigen, heterozyklischen Verbindung, die als **Nucleobase** oder kurz Base bezeichnet wird, und einem **Phosphorsäurerest** (gemeinhin kurz, wenn auch chemisch ungenau, als „Phosphat" bezeichnet). Der in die Nucleotide eingehende Zucker ist eine Pentose (Monosaccharid mit fünf Kohlenstoffatomen); im Fall der DNA handelt es sich um Desoxyribose, im Fall der RNA um Ribose (▶ Abbildung 5.11). Von den Zuckern leiten sich die Namen der Verbindungen ab.

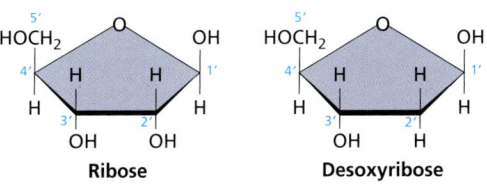

Abbildung 5.11: **Ribose und Desoxyribose, die Pentosen der Nucleinsäuren.** An jeder der vier unbezeichneten Ecken des Fünfecks liegt ein Kohlenstoffatom (1′–4′). Die Ribose trägt am C2′ eine OH-Funktion und ein Wasserstoffatom, während die Desoxyribose am C2′ zwei H-Atome aufweist; sie ist gegenüber der Ribose an dieser Stelle reduziert.

Tabelle 5.2

Chemische Bestandteile der DNA und der RNA

	DNA	RNA
Purinderivate	Adenin	Adenin
	Guanin	Guanin
Pyrimidinderivate	Cytosin	Cytosin
	Thymin	Uracil
	2-Desoxyribose	Ribose
Phosphorsäurederivat	Orthophosphorsäure	Orthophosphorsäure

Die stickstoffhaltigen Basen der Nucleotiden gehören zwei chemischen Kategorien an, das heißt, es finden sich zwei chemische Grundkörper, von denen sich die verschiedenen, in Nucleinsäuren vorkommenden Basen ableiten: Pyrimidinderivate, die aus einem einzelnen, sechsgliedrigen Ring bestehen, sowie Purinderivate, die sich von dem bizyklischen Heterozyklus Purin ableiten. Purin besteht aus einem Sechsring mit einem anfusionierten Fünfring. Beide Verbindungstypen enthalten neben Kohlenstoff- auch Stickstoffatome, gehören also zu den Stickstoffheterozyklen. Die in den Nucleinsäuren RNA und DNA vorkommenden Purinderivate sind das Adenin (A) und das Guanin (G) (▶ Tabelle 5.2). Die Pyrimidinderivate unterscheiden sich; in der DNA finden sich Thymin (T) und Cytosin (C), in den RNA-Molekülen Cytosin und Uracil (U). Die Bezifferung der Atome in den Verbindungen folgt der allgemeinen Konvention der organischen Chemie (▶ Abbildung 5.12). Die Kohlenstoffatome der Zuckerreste werden ebenfalls durchnummeriert; um Verwechslungen zu vermeiden, werden sie durch einen Strich (') gekennzeichnet (Abbildung 5.11).

Der Zuckerrest, die Phosphorsäuregruppe und die Stickstoffbase sind so miteinander verknüpft, wie es dem nachfolgenden, verallgemeinerten Schema zu entnehmen ist:

In einem DNA-Molekül besteht das „Rückgrat" des Moleküls aus sich abwechselnden Phosphorsäureresten und Desoxyriboseresten. An dieses Rückgrat sind an den Zuckerresten die stickstoffhaltigen Nucleobasen angeknüpft (▶ Abbildung 5.13). Das 5'-Ende des Moleküls trägt eine freie (nicht weiter verknüpfte) Phosphorsäuregruppe, das am 5'-Kohlenstoffatom des letzten Zuckerrestes kovalent angebunden ist. Am entgegengesetzten Ende, dem 3'-Ende des Kettenmoleküls, trägt der letzte Zuckerrest des abschließenden Nucleotids eine freie 3'-Hydroxylfunktion (OH-Gruppe) am 3'-C-Atom des Zuckerrestes. Eine der interessantesten und weitreichendsten Entdeckungen auf dem Gebiet der Nucleinsäurechemie ist die, dass die DNA nicht in Form einzelner Polynucleotidketten vorkommt, sondern vielmehr in Form von Doppelmolekülen aus zwei komplementären Kettenmolekülen, die in präziser Weise durch Wasserstoffbrückenbindungen miteinander verbunden und wendelförmig umeinandergewunden sind. Die Wasserstoffbrückenbindungen bilden sich in sehr spezifischer Weise jeweils zwischen einer Purin- und einer korrespondierenden Pyrimidinbase aus. Dabei ist die Anzahl der Adeninreste in einem Molekül immer gleich der der Thyminreste, und die Anzahl der Guaninreste ist gleich der der Cytosinreste (Chargaff-Regel). Dieser Umstand legte den Schluss nahe, dass die Basen in Form von Paaren vorliegen: Adenin mit Thymin (AT), und Guanin mit Cytosin (GC) (Abbildungen 1.6 und ▶ 5.14).

Das Ergebnis dieser Anordnung ist eine Leiterstruktur (▶ Abbildung 5.15). Der aufrecht verlaufende Anteil ist das Zucker/Phosphat-Rückgrat, die dazwischenlie-

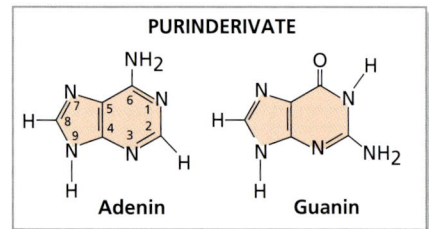

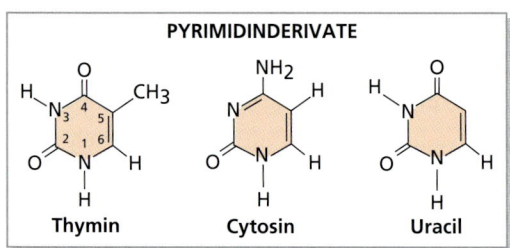

Abbildung 5.12: Purin- und Pyrimidinderivate. Aufbau der chemischen Bestandteile, die in der DNA und der RNA vorkommen.

5.5 Speicherung und Weitergabe der genetischen Information

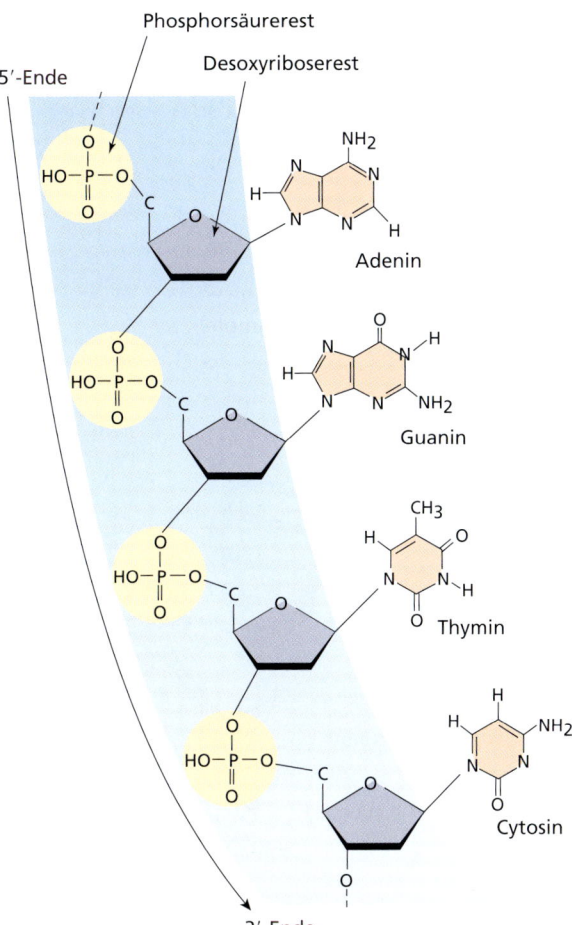

Abbildung 5.13: Ausschnitt aus einem DNA-Strang. Die Polynucleotidkette besteht aus einem „Rückgrat" aus kovalent miteinander verknüpften Phosphorsäure- und Desoxyriboseresten. Jeder Zuckerrest ist an einer anderen Stelle mit einer stickstoffhaltigen Base verbunden. Die vier in der DNA vorkommenden Basentypen sind am rechten Rand dargestellt.

Ganghöhe von ungefähr zehn Basenpaaren pro vollem Umlauf um die Wendel (▶ Abbildung 5.16). Die beiden an der Ausbildung der Doppelhelix beteiligten Molekülstränge verlaufen in entgegengesetzter Richtung (antiparallel zueinander). Das 5'-Ende des einen Stranges liegt also am 3'-Ende des anderen Stranges und umgekehrt (Abbildung 5.16). Da die Abfolge (die Sequenz) der Basen des einen Stranges, aufgrund der Spezifität der Basenpaarung, die Reihenfolge der Basen auf dem anderen Strang festlegt oder abzuleiten gestattet, sagt man, die Stränge seien komplementär zueinander (komplementäre Basenpaarung).

Die Aufklärung des molekularen Aufbaus der DNA wird von manchen für die wichtigste biologische Entdeckung des 20. Jahrhunderts gehalten. Auf der Grundlage von Röntgenstrukturuntersuchungen von DNA-Molekülen von Maurice Wilkins und Rosalind Franklin, konnten James Watson und Francis Crick ein akkurates Molekülmodell entwerfen, das sie im Jahr 1953 als Strukturvorschlag öffentlich vorstellten. Watson, Crick und Wilkins erhielten für ihre Entdeckung 1962 den Nobelpreis. Der frühe Tod Franklins hatte das Nobelkomitee vor einem Dilemma bewahrt, da Alfred Nobel verfügt hatte, dass pro Jahr in jeder Disziplin maximal drei Forscher sich einen Preis teilen dürfen.

Die RNA ist in ihrem Aufbau der DNA sehr ähnlich. Mit Ausnahme der Genome einiger Viren (Doppelstrang-RNA-Viren) sind RNA-Moleküle gemeinhin einzelsträngig. Die chemischen Unterschiede beschränken sich auf den Ersatz der Desoxyribose durch die Ribose und den Ersatz des Thymins durch das Uracil. Die mengenmäßig überwiegenden und bekanntesten Ribonucleinsäuretypen sind die ribosomalen RNAs (rRNAs), die Transfer-RNAs (tRNAs) und die Boten-RNAs (mRNAs). Die Funktionen dieser RNA-Sorten werden weiter unten ausgeführt. Es gibt jedoch darüber hinaus in jeder Zelle zahlreiche weitere, strukturelle und regulatorisch wir-

genden, verbindenden „Sprossen" sind die gepaarten Stickstoffbasen (AT oder GC = TA und CG). Diese „Leiter" erweist sich als eine „Strickleiter", die wendelförmig verdreht ist. Das Endergebnis ist die berühmt gewordene **Doppelhelix** (lat. *helica*, Schneckengewinde) mit einer

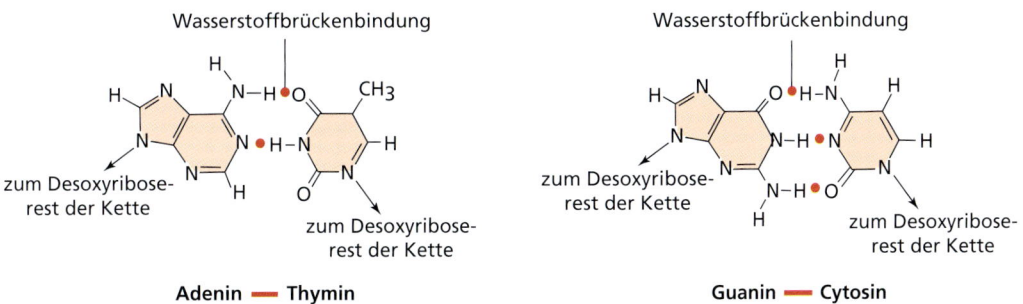

Abbildung 5.14: Positionen der Wasserstoffbrückenbindungen (H-Brücken). Zwischen den Basenpaaren Thymin/Adenin und Guanin/Cytosin sind die Wasserstoffbrückenbindungen angeordnet.

Genetik: Eine Übersicht

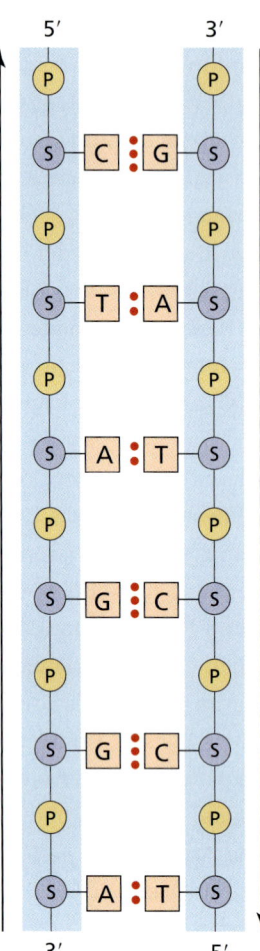

Abbildung 5.15: **Schematische Darstellung des Aufbaus eines DNA-Moleküls.** Die Abbildung zeigt die komplementäre Paarung von Basen und lässt erkennen, wie diese Basenpaarung zwischen den Strängen des Zucker/Phosphatrückgrats dem Molekül einen beinahe konstanten Durchmesser verleiht. Die Punkte symbolisieren die Wasserstoffbrückenbindungen zwischen den Basen (drei zwischen einem Guanin- und einem Cytosinrest, zwei zwischen einem Adenin- und einem Thyminrest).

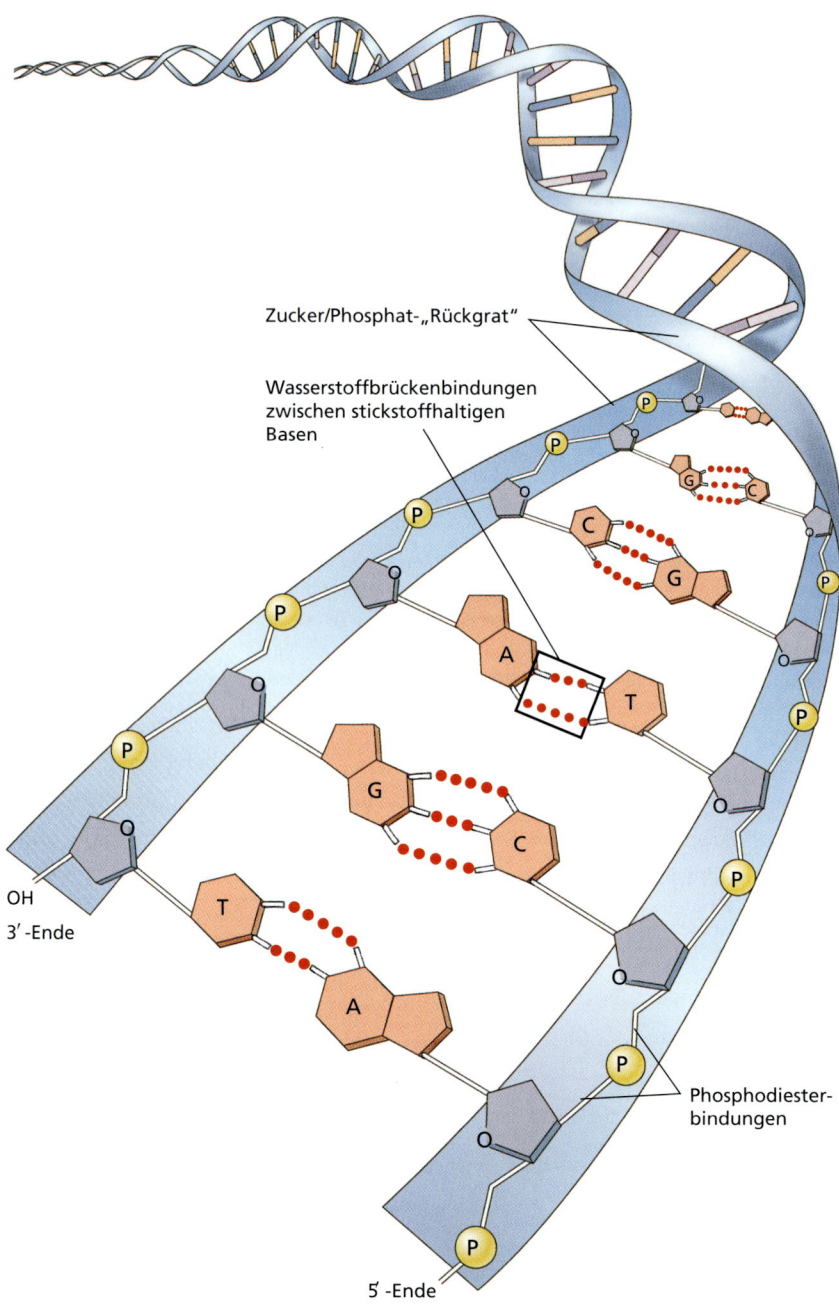

Abbildung 5.16: **Schematische Darstellung eines DNA-Moleküls.** Diese Abbildung zeigt die Doppelhelix als eine Art „Strickleiter", die wendelförmig verdreht ist. Sie hat eine Ganghöhe von ungefähr zehn Basenpaaren pro vollem Umlauf um die Wendel. Die beiden Molekülstränge laufen antiparallel zueinander.

5.5 Speicherung und Weitergabe der genetischen Information

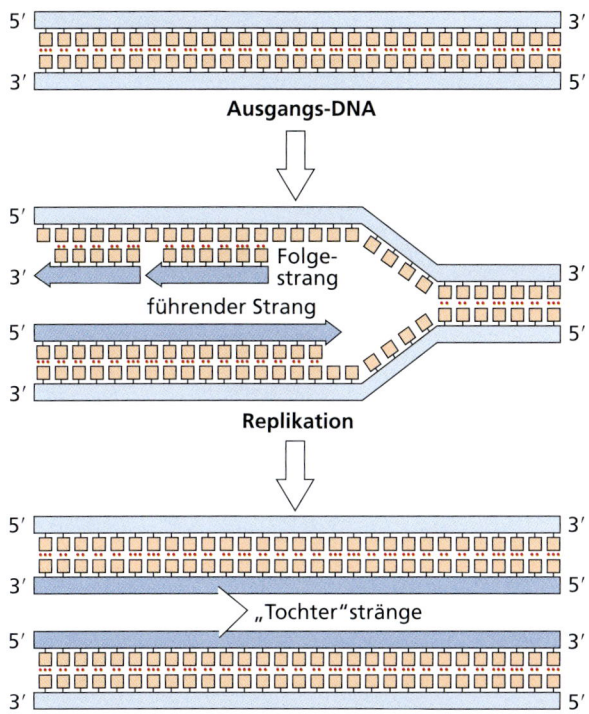

Abbildung 5.17: Die Replikation der DNA. Die Ausgangsstränge weichen auseinander und die DNA-Polymerase synthetisiert die neuen Stränge. Dabei dienen die Basensequenzen der Ausgangsstränge als Matrize. Da die Synthese immer in 5'⟶3'-Richtung fortschreitet, verläuft die Synthese eines Stranges kontinuierlich, die des anderen diskontinuierlich in Form einer Abfolge kürzerer Fragmente, die in der Folge kovalent verknüpft werden.

kende RNAs, die zum Teil erst seit sehr kurzer Zeit bekannt sind, und die intensiv erforscht werden (zum Beispiel kleine, interferierende RNAs – siRNAs, mikroRNAs, miRNAs).

Jedes Mal, wenn eine Zelle sich teilt, muss die Basenfolge der DNA ihrer Chromosomen präzise kopiert werden, damit die Erbinformation in identischer Weise in beiden Folgezellen vorliegt. Dieses Kopieren der Chromosomen wird Replikation oder Reduplikation genannt (▶ Abbildung 5.17). Im Verlauf der Replikation werden die beiden Stränge eines DNA-Moleküls entwunden. Danach dient jeder der getrennten Stränge als Matrize (Kopiervorlage) für die Neusynthese eines komplementären Gegenstranges. Ein Enzym, die DNA-Polymerase, katalysiert die kovalente Zusammenlagerung eines neuen Polynucleotidstranges. Dabei bewältigt das Enzym auch den korrekten Einbau der komplementären Basen (Adenin gegenüber Thymin, Guanin gegenüber von Cytosin). Die DNA-Polymerasemoleküle können neue Nucleinsäurestränge nur in 5'⟶3'-Richtung aufbauen. Da die Ausgangsstränge antiparallel zueinander angeordnet sind, läuft einer in 5'⟶3'-Richtung, der andere aber in 3'⟶5'-Richtung. Die Synthese des neuen Stranges verläuft an dem einen dieser Stränge kontinuierlich, an dem anderen aber diskontinuierlich in Form einer Reihe von kürzeren Oligonucleotiden, die jeweils in der einzig möglichen 5'⟶3'-Richtung aufgebaut und in einem separaten Schritt von einem anderen Enzym (DNA-Ligase) kovalent miteinander verknüpft werden (Abbildung 5.17).

Die Codierung der DNA durch Basenfolgen

Da die Desoxyribonucleinsäure (DNA) die Erbsubstanz ist und aus einer linearen Abfolge von in den Nucleotiden enthaltenen Basen(paaren) stammt, lag es nah, aus dem Watson/Crick-Modell der Struktur dieses Moleküls abzuleiten, dass die Abfolge (Sequenz) der Basen(paare) der DNA die ebenfalls lineare Abfolge der Aminosäuren eines Proteinmoleküls codiert. Die Codierungshypothese muss in der Lage sein zu erklären, wie eine Kette aus vier unterschiedlichen Basen (ein Alphabet mit vier Buchstaben) die Abfolge von zwanzig verschiedenen Aminosäureresten in der Polypeptidkette eines Proteins festlegen konnte.

Bei der Codierung – der Umwidmung der Basenfolge in eine Aminosäurefolge – kann es offenkundig keine 1:1-Entsprechung geben. Falls eine codierende Einheit aus zwei Basen bestünde, wären nur 16 verschiedene Möglichkeiten (4 × 4) gegeben; es ließen sich nur 16 „Wörter" bilden – zu wenig für die 20 proteinogenen Aminosäuren. Ein Codon, wie eine solche Codierungseinheit genannt wird, muss daher mindestens drei Nucleotide mit drei Basen umfassen. Mit einer Dreierfolge von Basen, für die es jeweils vier Besetzungsmöglichkeiten gibt, ergibt sich als Gesamtzahl ein Repertoire von 4 × 4 × 4 = 64 möglichen Codons oder Basentripletts. Basentripletts (= Codons) gibt es also mehr als proteinogene Aminosäuren, so dass eine Redundanz hinsichtlich der Zuweisung von Aminosäuren zu den möglichen Codons besteht. Nachfolgende Arbeiten, die zur Aufklärung des genetischen Codes geführt haben, haben gezeigt, dass es für fast alle der zwanzig in Proteinen vorkommenden Aminosäuren mehr als ein codierendes Basentriplett gibt (▶ Tabelle 5.3).

Die DNA zeichnet sich durch eine für ein Riesenmolekül erstaunliche Stabilität aus – in pro- wie in eukaryontischen Zellen und sogar außerhalb von Zellen. Gleichwohl ist die Desoxyribonucleinsäure aufgrund ihrer chemischen Konstitution empfindlich gegen schädigende Einwirkungen mancher Stoffe und gegen Strahlung. In der lebenden Zelle ist eine solche Schädigung für ge-

Tabelle 5.3

Der genetische Code: Spezifizierung von Aminosäuren durch die Codons einer Boten-RNA (mRNA)

		Zweiter Buchstabe				
Erster Buchstabe		U	C	A	G	**Dritter Buchstabe**
	U	UUU, UUC Phenylalanin; UUA, UUG Leucin	UCU, UCC, UCA, UCG Serin	UAU, UAC Tyrosin; UAA, UAG Stopcodon	UGU, UGC Cystein; UGA Stopcodon; UGG Tryptophan	U C A G
	C	CUU, CUC, CUA, CUG Leucin	CCU, CCC, CCA, CCG Prolin	CAU, CAC Histidin; CAA, CAG Glutamin	CGU, CGC, CGA, CGG Arginin	U C A G
	A	AUU, AUC, AUA Isoleucin; AUG Methionin	ACU, ACC, ACA, ACG Threonin	AAU, AAC Asparagin; AAA, AAG Lysin	AGU, AGC Serin; AGA, AGG Arginin	U C A G
	G	GUU, GUC, GUA, GUG Valin	GCU, GCC, GCA, GCG Alanin	GAU, GAC Asparaginsäure; GAA, GAG Glutaminsäure	GGU, GGC, GGA, GGG Glycin	U C A G

wöhnlich nicht von Dauer, da alle Zellen über wirkungsvolle Reparaturmechanismen verfügen, die allerdings nicht perfekt sind. Man kennt verschiedene Schädigungen, die an einem DNA-Molekül eintreten können. Zu deren Behebung existieren verschiedenartige Reparaturmechanismen. Einer davon ist die Exzisionsreparatur. Die schädigende Wirkung ultravioletter Strahlung auf die Erbsubstanz entsteht in vielen Fällen durch die kovalente Quervernetzung benachbart liegender Pyrimidinreste durch Dimerisierung. Eine solche irreversible Veränderung stört sowohl die Transkription (siehe unten) als auch die Replikation des betroffenen Bereichs. Eine Reihe von speziellen Reparaturenzymen erkennt den veränderten (geschädigten) Strang des Moleküls und schneidet das dimerisierte Basenpaar inklusive einiger flankierender Basen in Form der Nucleotide heraus (Exzision). Eine DNA-Polymerase synthetisiert dann das fehlende Stück nach; dabei dient der unbeschädigte, im Molekül verbliebene Strang als Vorlage. Der Einbau der neuen Nucleotide erfolgt nach den Regeln der Basenpaarung. Abschließend bildet die DNA-Ligase wiederum die kovalenten Bindungen zwischen dem neuen Stück und den angrenzenden alten aus.

5.5.2 Die Transkription und die Rolle der Boten-RNA

Vererbliche biologische Information ist in der DNA niedergelegt, doch nimmt die DNA selbst nicht unmittelbar an der Umsetzung dieser Information im Rahmen der Proteinbiosynthese teil. Zwischen der DNA als Speicherform und dem Protein als endgültigem Genprodukt ist eine Zwischenstufe eingeschaltet. Diese, die Information übertragenden Zwischenstufen, sind die **Botenribonucleinsäuren** (**mRNA**, nach der englischen Bezeichnung messenger-RNA). Der Dreibasencode der DNA wird in eine mRNA mit identischem Dreibasencode umgeschrieben (transkribiert); dabei ersetzt in der RNA lediglich Uracil das Thymin (= 5-Methyluracil) der DNA (Tabelle 5.3).

Die **Transkription** ist also die Herstellung eines RNA-Moleküls auf der Grundlage eines DNA-Moleküls als Synthesevorlage. Mit der DNA als Matrize werden so die ribosomalen RNAs, die Transfer-RNAs und die mRNAs der Zelle, erzeugt. Jeder RNA-Typ wird von unterschiedlichen Genen codiert. Die gebildete RNA ist komplementär zu dem als Synthesevorlage dienenden Strang der DNA. Die Enzyme, die die Synthese von Ribonucleinsäuren katalytisch vermitteln, heißen RNA-Polymerasen. In eukaryontischen Zellen gibt es für jeden der Hauptribonucleinsäuretypen (rRNA, tRNA, mRNA) eine eigene, spezifische RNA-Polymerase. Die RNA enthält eine Basenfolge, die komplementär zu einem der Stränge des DNA-Moleküls ist. Ein A-Rest auf dem Matrizenstrang der DNA legt also den Einbau eines U-Restes in die RNA fest, ein C ein G, ein G ein C, und ein T ein A. Es dient immer nur einer der Stränge einer DNA-Doppelhelix als Matrize für die RNA-Synthese (▶ Abbildung 5.18). Dabei müssen jedoch die abgelesenen Abschnitte nicht notwendigerweise alle auf demselben Strang einer DNA liegen. Verschiedene Gene können auf verschiedenen Strängen liegen. Die codierenden Basentripletts der codierenden Abschnitte eines DNA-Moleküls finden sich in den Basentripletts (Codons) einer mRNA wieder (Tabelle 5.3). Das Codon der mRNA ist dabei komplementär und antiparallel zu dem des spezifizierenden Basentripletts der DNA ausgerichtet. Der die RNA spezifizierende Strang der DNA wird oft der „Sinnstrang" (= Sense) genannt. Der nicht als Matrize dienende Strang der DNA wird Gegensinnstrang (Antisense) genannt.

Der codierende Bereich eines Bakteriengens ist ein durchgehender Abschnitt (Basenfolge) der DNA des Bakterienchromosoms. Er wird in einem Stück in eine mRNA transkribiert und in diese translatiert (übersetzt; siehe weiter unten). Man hatte angenommen, dass dies in eukaryotischen Zellen ebenso der Fall ist, bis die überraschende Entdeckung gemacht wurde, dass manche DNA-Abschnitte, die im Zellkern transkribiert werden (also in mRNA umgeschrieben werden), sich in mRNA-Molekülen, die zur Translation in das Cytoplasma verfrachtet worden sind, nicht mehr finden. Es wa-

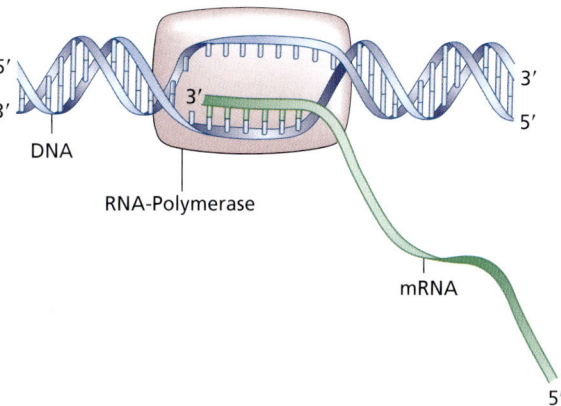

Abbildung 5.18: **Transkription einer DNA-Vorlage in eine mRNA.** Der Vorgang der Transkription ist für die verschiedenen RNA-Sorten (mRNA, rRNA und tRNA) sehr ähnlich, mit der Ausnahme, dass jeweils eine für die RNA-Sorte spezifische RNA-Polymerase die Bildung der RNA katalysiert. Diese schematische Darstellung zeigt den Transkriptionsvorgang etwa auf halbem Wege zur Vollendung. Die Transkription begann mit der Entwindung der DNA-Helix. Es folgte die Anlagerung eines kurzen RNA-Startermoleküls (RNA primer) an den Matrizenstrang der DNA. Dieser Primer wird an seinem 3'-Ende von der RNA-Polymerase durch das kovalente Anbinden von Nucleotiden verlängert. Die Reihenfolge der eingebauten Nucleotide wird durch den Matrizenstrang der DNA festgelegt und ist komplementär zu diesem. Der Primer bildet also das 5'-Ende der mRNA, die an ihrem 3'-Ende verlängert wird. Nach Beendigung der Transkription löst sich die mRNA von der DNA ab.

ren also offensichtlich Teile der nucleären mRNA entfernt worden, bevor die endgültige mRNA (die reife mRNA) aus dem Zellkern exportiert worden war (▶ Abbildung 5.19). In der Folge wurde entdeckt, dass dies keine Ausnahme, sondern die Regel ist und die codierenden Bereiche der allermeisten eukaryontischen Gene (zumindest bei Vielzellern) unterbrochen, also gestückelt

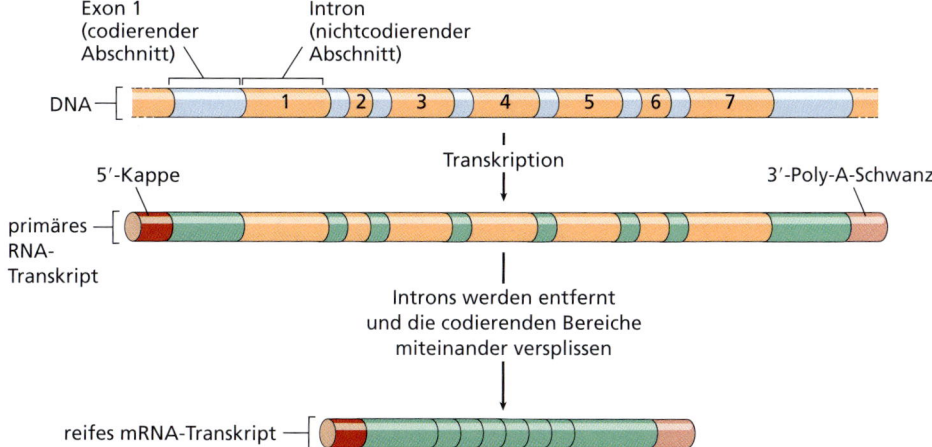

Abbildung 5.19: **Expression des Ovalbumin-Gens beim Huhn.** Der gesamte codierende Bereich des Gens von 7700 Basenpaaren wird in ein Primärtranskript (eine prä-mRNA) umgeschrieben. Dann wird das 5'-Ende mit einer Methylguaninkappe versehen und das 3'-Ende polyadenyliert. Nach dem Herauspleißen der Introns wird die reife mRNA zur Translation in das Cytoplasma exportiert.

sind. Zwischen den codierenden Abschnitten, deren Information sich im finalen Transkriptionsprodukt wiederfindet und übersetzt wird, liegen nichtcodierende Abschnitte, die vor dem Export der mRNA gezielt herausgetrennt werden müssen. Die Frühform der mRNA (prä-mRNA) wird zur reifen mRNA redigiert. Dieser Bearbeitungsprozess wird das Spleißen der prä-mRNA genannt. Die nichtcodierenden Bereiche des Primärtranskriptes (der prä-mRNA) heißen **Introns**, die codierenden Bereiche, die die Aminosäurefolgen von Proteinen festlegen und die sich in der gereiften mRNA finden, heißen **Exons**. Bevor die gespleißte mRNA den Zellkern verlässt, wird an ihrem 5′-Ende eine „Kappe" in Form eines methylierten Guaninrestes angesetzt. Am 3′-Ende wird von einem speziellen Enzym eine monotone Folge von Adenosinnucleotiden (5′-...AAAAAAAA....-3′), der so genannte Poly-A-Schwanz, angefügt (Abbildung 5.19). Die Kappe sowie der Poly-A-Schwanz unterscheiden reife mRNA-Moleküle von allen anderen RNA-Sorten.

Von der Regel, dass eukaryontische Gene Introns enthalten, gibt es Ausnahmen. In den für Histone (chromosomale Strukturproteine) und für Interferone (Signalmoleküle des Immunsystems) codierenden Genen von Säugetieren fehlen Introns. Die codierenden Abschnitte dieser Gene – der offene Leserahmen der Gene vom Start- zum Stopcodon – sind eine ununterbrochene Folge codierender Basentripletts. Noch stärkere Eingriffe auf der molekularen Ebene als beim Spleißen der Transkripte gibt es im Verlauf der Zelldifferenzierung von Lymphocyten. Bei der Reifung der antikörperproduzierenden Zellen des Immunsystems werden Teile der Gene der Immunglobulingene auf der Ebene des Chromosoms umgeordnet. Die DNA des Chromosoms wird also im Bereich dieser Gene zerschnitten und die Stücke in anderer Reihenfolge wieder zusammengefügt, so dass schließlich andersartige Transkripte und in der Folge andere Translationsprodukte (Proteine) gebildet werden. Diese Umlagerungen sind zum Teil für die enorme Vielfalt der Antikörper, die von den ausgereiften Lymphocyten hergestellt werden, verantwortlich (für weitere Einzelheiten siehe Kapitel 35).

Die Basenfolge eines Introns ist an einigen Stellen komplementär zu einer Basenfolge an einer anderen Stelle desselben Introns, was darauf hindeutet, dass eine Faltung des Bereichs mit Ausbildung neuer komplementärer Basenpaarungen erfolgen kann. Eine solche Faltung kann notwendig sein, um eine korrekte Ausrichtung des Introns vor dem Heraustrennen aus dem Primärtranskript zu gewährleisten. Am überraschendsten aber ist die Entdeckung, dass ein Intron – zumindest in manchen Fällen – das eigene Ausschneiden aus dem Primärtranskript ohne enzymatische Hilfe selbsttätig bewerkstelligen kann. Man nennt solche Introns autokatalytisch, der Vorgang ihres Herausschneidens aus der prä-mRNA heißt autokatalytische Exzision. Die Enden des Introns treten zusammen; es bildet sich ein kleiner RNA-Ring, das so genannte „Lasso", durch den die Exonabschnitte zueinander gebracht werden. Gleichzeitig mit dem Heraustrennen des Introns werden die Exons kovalent verknüpft (zusammengespleißt). An dieser Reaktion ist kein Enzym beteiligt, und auch die Definition für eine Katalyse ist nicht gegeben, weil es keinen Katalysator gibt, der (ex definitione) unverändert aus der Reaktion hervorgeht, so dass der Begriff der Autokatalyse mit Vorsicht zu gebrauchen ist.

5.5.3 Die Translation: Der letzte Schritt der Informationsweitergabe

Die **Translation** (Übersetzung) vollzieht sich an den **Ribosomen**, granulären Gebilden, die aus Proteinen und ribosomalen RNA-Molekülen (rRNA) bestehen. Ein Ribosom setzt sich aus zwei unabhängigen Untereinheiten zusammen, einer kleinen und einer großen. Die kleinere Untereinheit liegt bei der Zusammenlagerung des Translationskomplexes in einer Vertiefung der großen Untereinheit. Durch die Zusammenlagerung der Untereinheiten entsteht das funktionstüchtige Ribosom (▶ Abbildung 5.20). mRNA-Moleküle lagern sich an die größere ribosomale Untereinheit, und dieser Verbund zieht dann die kleinere ribosomale Untereinheit an. Ohne eine zu translatierende mRNA bildet sich also das Gesamtribosom nicht. Da immer nur ein kleiner Ab-

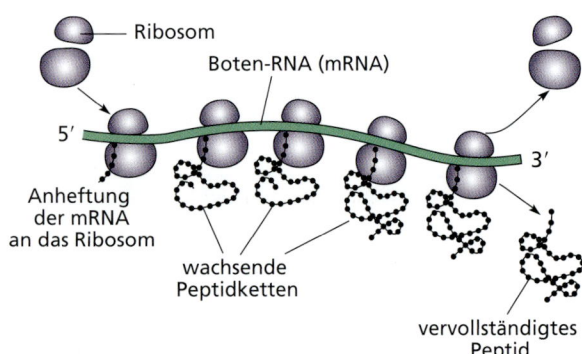

Abbildung 5.20: **Bildung einer Polypeptidkette.** Das Ribosom bewegt sich in 5′⟶3′-Richtung an der mRNA entlang (oder – je nach Blickwinkel – die mRNA wandert in 5′⟶3′-Richtung durch das Ribosom). Dabei werden schrittweise neue Aminosäuren in die Polypeptidkette eingebaut (vom Amino- zum Carboxyterminus des Peptids).

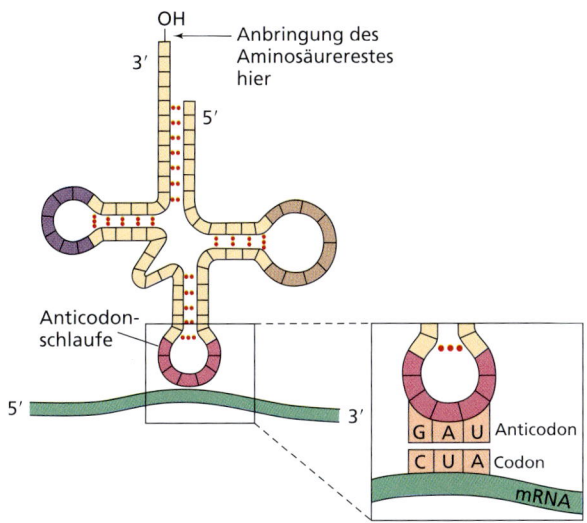

Abbildung 5.21: Schematische Darstellung eines tRNA-Moleküls. Die Anticodonschleife enthält Basen, die komplementär zu einem Codon der mRNA sind (Anticodon). Die beiden anderen Schlaufen des Moleküls dienen der Anbindung an das Ribosom während der Proteinbiosynthese. Die Aminosäure ist kovalent mit dem freien 3'-Ende der tRNA verknüpft.

nosäure an der von der mRNA vorgegebenen Stelle der wachsenden Polypeptidkette. Für jede proteinogene Aminosäure existiert in der Zelle eine eigene, spezifische tRNA-Sorte. Darüber hinaus existiert für die Verknüpfung einer tRNA mit ihrer zugehörigen Aminosäure eine ebenfalls monospezifische Aminoacyl-tRNA-Synthetase. Aminoacyl-tRNA-Synthetasen sind Enzyme, die den passenden Aminosäurerest an das 3'-Ende der korrespondierenden tRNA anknüpfen. Man sagt, die tRNA wird mit ihrer Aminosäure „beladen".

Die tRNA-Moleküle besitzen in ihrer Nucleotidsequenz eine spezifische Folge von drei Basen, die Anticodon genannt wird; sie ist komplementär zu dem die einzubauende Aminosäure spezifizierenden Codon der mRNA. Codon und Anticodon erkennen sich im Inneren des Ribosoms und bilden komplementäre Basenpaare aus. Die Codons der mRNA werden wie gewohnt in 5'⟶3'-Richtung abgelesen. Dabei wird die neue Polypeptidkette vom Amino- zum Carboxyterminus fortschreitend gebildet. Das Anticodon einer tRNA ist also der Schlüssel für den korrekten Einbau einer Aminosäure in das in der Synthese befindliche neue Protein.

So wird beispielsweise ein Alanyl in das Polypeptid eingebaut, wenn in der mRNA das Codon mit der Basenfolge GCG auftaucht. Die Alanyl-spezifische tRNA (Ala-tRNA), die mit dem Alanylrest beladen ist, enthält das Anticodon CGC. Zunächst wird die Alanyl-spezifische tRNA durch die zugehörige Alanyl-tRNA-Synthetase mit einem Alanylrest beladen. Das kovalent verknüpfte Alanyl-tRNA-Molekül tritt dann in das Ribosom ein, wo es in eine spezielle Bindungsstelle (die A-Stelle) eingepasst wird, so dass das Anticodon einem Codon der mRNA gegenüberliegt. An einer benachbarten Stelle (der P-Stelle) sitzt die zuletzt inkorporierte tRNA, die die gesamte bis dahin synthetisierte Peptidkette trägt. Nach der kovalenten Verknüpfung des neuen Aminosäurerestes mit dem wachsenden Polypeptid, geht die Polypeptidkette auf die neue, zuletzt hinzugekommene tRNA an der A-Stelle über; gleichzeitig wird die kovalente Verbindung der tRNA an der P-Stelle hydrolysiert, und die freie tRNA dissoziiert vom Ribosom ab. Die neue, jetzt mit der Polypeptidkette besetzte tRNA wandert von der A- zur P-Stelle. Die A-Stelle (Akzeptorstelle) ist frei für eine neue Aminoacyl-tRNA. Dieser verwickelte Vorgang wiederholt sich, bis das Ende der mRNA erreicht ist (▶ Abbildung 5.22). Auf diese Weise kann in weniger als 30 Sekunden ein Polypeptid von 500 Aminosäuren Länge synthetisiert werden.

schnitt der mRNA direkten Kontakt mit dem Ribosom hat, können sich mehrere Ribosomen an ein mRNA-Molekül anheften und es gleichzeitig translatieren. Dies kommt insbesondere bei Prokaryonten regelmäßig vor, da in diesen die Ribosomen frei im Zellplasma flottieren. In eukaryontischen Zellen gibt es freie, cytosolische Translationskomplexe und membrangebundene. Sind mehrere Ribosomen an eine mRNA gebunden, spricht man von einem Polyribosom oder kurz Polysom. Die Ribosomen eines Polysoms synthetisieren jeweils dieselbe Sorte von Protein. Jedes an dieselbe mRNA gebundene Ribosom erzeugt ein Polypeptid als Translationsprodukt (Abbildung 5.20).

Die Bildung von Polypeptiden im Rahmen der Proteinbiosynthese an Ribosomen erfordert neben den ribosomalen und den Boten-RNAs auch die Beteiligung des dritten wichtigen Ribonucleinsäuretyps, der Transfer-Ribonucleinsäuren (tRNAs). Transfer-RNAs besitzen eine komplizierte Sekundärstruktur aus gepaarten Bereichen und Schlaufen, die dadurch zustande kommt, dass die Polynucleotidkette sich in sich selbst zurückfaltet und komplementäre Basenpaare ausbildet. Das Gesamtgebilde hat in der zweidimensionalen, schematischen Darstellung Ähnlichkeit mit einem Kleeblatt (▶ Abbildung 5.21). Das reale, räumliche Gebilde ähnelt mehr dem Buchstaben L. tRNA-Moleküle werden enzymatisch mit Aminosäuren verbunden und dienen als Adapter für den spezifischen Einbau der richtigen Ami-

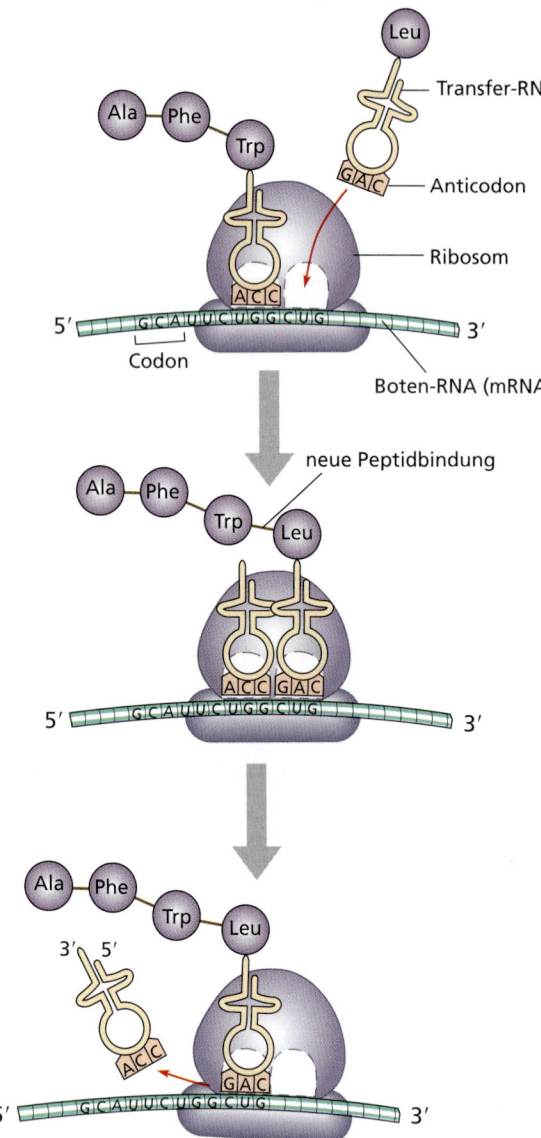

Abbildung 5.22: Die Bildung einer Polypeptidkette mit Hilfe einer mRNA. Während das Ribosom die mRNA abtastet, lagern sich mit Aminosäuren beladene tRNA-Moleküle an den Verband an (oben). Die Aminosäuren werden in die neu entstehende Polypeptidkette eingebaut (Mitte). Nachfolgend dissoziiert die „leere" tRNA vom Ribosom ab und die Peptidyl-tRNA wechselt den Platz (unten).

5.5.4 Regulation der Genexpression

In Kapitel 8 werden wir darlegen, wie eine geordnete Abfolge von Differenzierungsereignissen einen Organismus vom befruchteten Ei bis zum Adultus führt, und wie dafür in jedem Entwicklungsstadium die gezielte Expression eines bestimmten Teils der Erbinformation erforderlich ist. Die Entwicklungsbiologen haben schlüssige Beweise dafür, dass alle Zellen in einem sich entwickelnden Embryo genetisch äquivalent sind. Bei der Differenzierung der Gewebe – also ihrer ontogenetischen Herausbildung – benutzen die Zellen des betreffenden Gewebes jeweils nur einen gewissen Teil der in jeder Zelle vorhandenen Information. Manche Gene kommen nur zu gewissen Zeiten oder an gewissen Orten im Körper zur Expression, während andere zum gleichen Zeitpunkt oder am selben Ort „stumm" bleiben. Die Zahl der stummen im Vergleich zu den aktiven Genen ist vom Zelltyp, vom Zeitpunkt und vom Organismentyp abhängig. Das Problem der Entwicklungsbiologie besteht darin, zu erklären, wie – da doch jede Zelle über dieselbe Ausstattung an genetischer Information verfügt – bestimmte Gene rechtzeitig an- und abgeschaltet werden, um genau die Proteine zu bilden, die für einen bestimmten Zelltyp oder ein bestimmtes Entwicklungsstadium erforderlich sind, während andere, nichtbenötigte, gleichzeitig inaktiv bleiben.

Obgleich die Vorgänge im Verlauf der Individualentwicklung die Fragen um die Genaktivierung bzw. -regulierung in exemplarischer Weise in den Brennpunkt rücken, ist die Regulation der Genaktivitäten zu jedem Zeitpunkt der Existenz eines Lebewesens eine Notwendigkeit. Die zellulären Enzyme und Enzymsysteme, die alle Funktionen und Vorgänge steuern, machen offenkundig eine auch auf der genetischen Ebene erfolgende Regulation erforderlich, weil Enzyme selbst in kleinsten Mengen sehr starke Effekte bewirken können. Die Synthese von Enzymen muss daher auf die Einflussfaktoren von Bedarf und Angebot reagieren.

Genregulation bei Eukaryonten

Verschiedene Stoffwechselebenen können eukaryontischen Zellen als Kontrollpunkte für die Genexpression dienen. Regulatorische Eingriffe auf der Ebene der Transkription und der Translation sind die primären Ebenen der Beeinflussung der Genexpression bei Tieren; in einigen wenigen Fällen kommen Genumlagerungen als Mechanismus hinzu.

Transkriptionskontrolle. Die Überwachung der Transkription ist möglicherweise der wichtigste Mechanismus zur Regulation der Expression von Genen. Transkriptionsfaktoren sind Proteine, die einen positiven (verstärkenden) oder negativen (drosselnden) Effekt auf die Transkription von DNA in RNA haben. Die Substanzen, die die Transkription beeinflussen, können ihren Ursprung in der Zelle haben, die die Transkription durchführen. Die Transkriptionsfaktoren werden ihrerseits oft durch Regulatorsubstanzen in ihrer Aktivität beeinflusst, die von anderen Zellen erzeugt und ausgeschüttet werden. Beispiele für zelleigene Transkriptionsfaktoren sind etwa die Steroidrezeptoren, die Steroid-

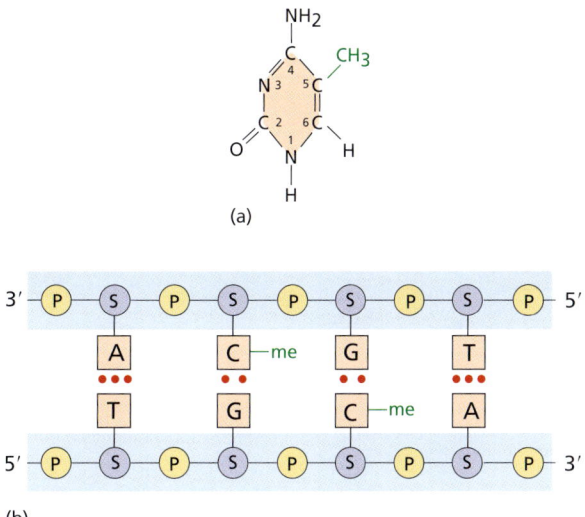

Abbildung 5.23: **Manche Gene werden in eukaryontischen Zellen durch Methylierung von Cytosinresten abgeschaltet.** (a) Struktur von 5-Methylcytosin. (b) Die neben Guaninresten liegenden Cytosinreste sind diejenigen, die auf einem der Stränge methyliert werden. Die palindromische Natur der Basenfolge GC in einem Doppelstrang der DNA-Doppelhelix erlaubt die gezielte und symmetrische Methylierung des Gegenstranges.

hormone erkennen und binden und im steroidgebundenen Zustand in den Zellkern wandern und genregulatorisch wirken. Steroidhormone, die Cofaktoren dieser Transkriptionsfaktoren sind, werden von endokrinen Drüsen gebildet und in den Blutstrom entlassen. Sie entfalten ihre Wirkungen an verschiedenen Orten des Körpers, wo Zielzellen sie mit Hilfe ihrer Rezeptoren auffangen und auf die Signale reagieren. Der Steroid/Rezeptorkomplex wandert in den Zellkern und bindet dort an die DNA der Chromosomen an bestimmten Erkennungs- und Bindungssequenzen für den betreffenden Transkriptionsfaktor (siehe Kapitel 34). Das Steroidhormon Progesteron bindet beispielsweise an einen Zellkernrezeptor im Eileiter des Huhns. Dort aktiviert der Hormon/Rezeptorkomplex die Transkription von Genen, die die Synthese von Ovalbumin und anderer Stoffe anregen.

Ein wichtiger Mechanismus für die Inaktivierung von Genen scheint die Methylierung von Cytosinresten der chromosomalen DNA zu sein. Dabei wird eine Methylgruppe ($-CH_3$) an das C-5 des Cytosinrings angefügt (siehe ▶ Abbildung 5.23a). Dazu kommt es für gewöhnlich, wenn sich der Cytosinrest in Nachbarschaft zu einem Guaninrest befindet (Basenfolge 5′...CG...3′); in diesem Fall ist die Basenfolge auf dem komplementären Strang ebenfalls 5′...CG...3′ (Abbildung 5.23b). Bei der Replikation der DNA erkennt ein Enzym (eine Methy-

lase) die Basenfolge und methyliert den neu gebildeten Strang. So wird der Aktivierungs- bzw. Inaktivierungszustand unmittelbar „weitervererbt". Bei solchen erebten Inaktivierungsmustern von Allelen spricht man von „genetischer Prägung".

Translationskontrolle. Gene können transkribiert und die mRNA unzugänglich gemacht werden, so dass die Translation verzögert wird. Die Entwicklung der Eier von vielen Tieren bedient sich dieses Mechanismus. Oocyten lagern im Verlauf ihrer Entwicklung große Mengen (maternaler) mRNA ein. Die Befruchtung setzt dann die schrittweise Aktivierung durch Anstoßen der Translation der mütterlichen mRNAs in Gang.

Genumlagerung. Wirbeltiere enthalten Zellen, genannt Lymphocyten, welche Proteine bilden, die Antikörper heißen (siehe Kapitel 35). Jede Antikörpersorte vermag in sehr spezifischer Weise eine oder wenige Fremdsubstanzen (Antigene) zu binden. Da die Zahl der möglichen Antigene enorm ist, muss die biochemische Vielfalt der Antikörper ebenso hoch sein. Dies erfordert eine entsprechende genetische Vielfalt der zugrunde liegenden Antikörpergene. Eine von mehreren Quellen dieser hohen Diversität ist die Umlagerung von DNA-Abschnitten der Chromosomen, die für die Antikörperteile codieren. Diese Umlagerungsvorgänge finden während der Lymphocytenentwicklung aus Vorläuferzellen statt.

5.5.5 Molekulargenetik

Die Fortschritte, die wir bei unserem Verständnis der molekularen Vorgänge der Vererbung und der Realisierung der Erbinformation gemacht haben, und die zu den Einsichten in diese Prozesse geführt und die wir auf den vorangegangenen Seiten erörtert haben, sind gewaltig. Der Großteil dieser Erkenntnisse stammt aus den letzten Jahrzehnten. Es dürfen viele weitere Entdeckungen für die Zukunft erwartet werden. Diese Fortschritte stützen sich auf die Anwendung zahlreicher biochemischer Techniken, die heute das Methodenarsenal der Molekularbiologie bilden. Wir wollen einige wenige der wichtigsten Arbeitstechniken kurz vorstellen.

Rekombinante DNA

Wichtige Werkzeuge dieser Technologie, der Gentechnik, sind Enzyme, die **Restriktionsendonucleasen** heißen. Diese Enzyme, die in der großen Mehrzahl aus Bakterien stammen, zerschneiden doppelsträngige DNA-Moleküle an ganz bestimmten, für das jeweilige Enzym typischen, Basenfolgen. Viele dieser Endonucleasen schneiden die DNA-Moleküle so, dass sich an einem der Stränge ein Überhang von einigen Basen ergibt (▶ Abbildung 5.24); man spricht hier von „klebrigen Enden". (Gibt es keine überhängenden Einzelstrangbereiche, spricht man von „stumpfen Enden".) Vermischt man auf diese Art erzeugte DNA-Fragmente mit anderen, die durch Behandlung mit der gleichen Restriktionsendonuclease erzeugt worden sind, so lagern sich die einzelsträngigen Endbereiche unter geeigneten Bedingungen nach den Regeln der Paarung komplementärer Basenpaare zusammen. Es bilden sich also neue doppelsträngige DNA-Moleküle, deren Stränge allerdings nur durch Wasserstoffbrückenbindungen zusammengehalten werden. Die Fragmente werden durch das Enzym **DNA-Ligase**, das uns aus der Replikation bekannt ist, kovalent miteinander verbunden (**Ligation**, von lat. *ligare*, verbinden, zusammenbinden).

Falls DNA aus einer Fremdquelle (zum Beispiel einem Säugetier) in ein Plasmid eingebaut wird, so entsteht eine **rekombinante DNA**. Um diese rekombinante DNA nutzbar machen zu können, wird sie zunächst in Bakterien vervielfältigt (Klonierung). Die Bakterienzellen werden für die Aufnahme der DNA vorbereitet und die Plasmid-DNA nachfolgend in sie eingeschleust (Transformation). Dieser Vorgang gelingt nur bei einer Minderzahl der Zellen. Bakterienzellen, die das Plasmid aufgenommen haben (transformierte Zellen), lassen sich

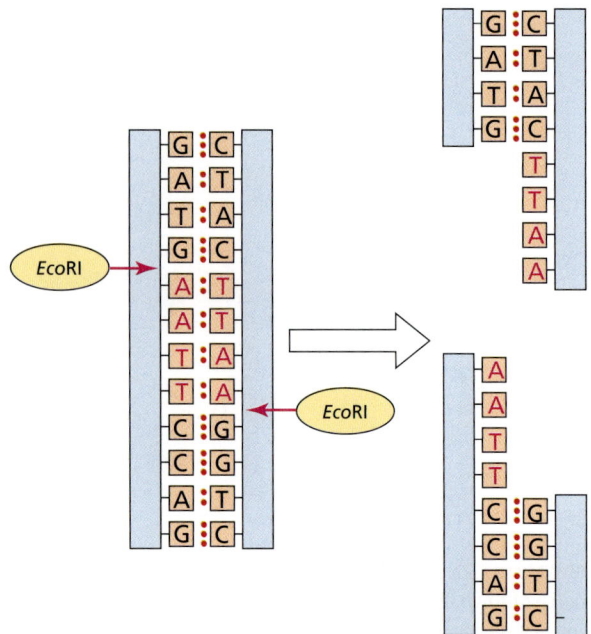

Abbildung 5.24: Die Wirkung der Restriktionsendonuclease EcoRI. Dieses Enzym erkennt die in rot hervorgehobene Basenfolge. Die Basenfolge 5'-GAATTC-3' bildet als Doppelstrang (aber nur dann!) ein Palindrom, also eine Symbolfolge, die in beiden Richtungen gelesen identisch ist. EcoRI schneidet die DNA hydrolytisch in der angegebenen Weise und erzeugt dabei Einzelstrangüberhänge („klebrige Enden"). Diese lagern sich sequenzspezifisch mit DNA-Fragmenten zusammen, die durch das gleiche Enzym gebildet wurden. (Darüber hinaus besteht Kompatibilität zu Überhängen, die durch einige andere Restriktionsenzyme gebildet werden.) Die Fragmente können nach der Zusammenlagerung durch DNA-Ligase kovalent miteinander verknüpft werden.

anhand eines „Markergens" identifizieren. Gebräuchlich als Markergene sind Resistenzgene, welche die Zellen unempfindlich gegen ein bestimmtes Antibiotikum machen. Setzt man die Zellen des Transformationsansatzes dem Antibiotikum aus, sterben die untransformierten ab. Nur die transformierten Zellen mit den inkorporierten Plasmiden überleben und können sich fortpflanzen. Neben Plasmiden werden auch gewisse Bakterienviren (Bakteriophagen, kurz „Phagen") als Klonierungsvehikel für rekombinante DNA verwendet. Plasmide, Viren und sonstige genetische Konstrukte, die rekombinante DNA beherbergen, werden global als **Vektoren** bezeichnet. Der Vektor muss die Fähigkeit besitzen, sich in der Wirtszelle (Bakterie, Pilzzelle, Tierzelle, Pflanzenzelle) zu replizieren. Zur Klonierung benutzt man bevorzugt Bakterien, da diese leicht zu vermehren sind und sich große Mengen des rekombinanten (gentechnischen) Konstruktes rasch gewinnen lassen. Die Klonierung von Molekülen wird auch als Amplifikation (lat. *amplificare*, vermehren) bezeichnet.

> **Exkurs**
>
> Neben ihren regulären Chromosomen enthält die Mehrzahl aller untersuchten Prokaryonten zusätzliche, kleine, ringförmige, doppelsträngige DNA-Moleküle, die Plasmide genannt werden und ihren Eigenschaften nach Minichromosomen darstellen. Einige Eukaryonten wie etwa die bekannte Back- oder Brauhefe können ebenfalls Plasmide neben ihren normalen Chromosomen beherbergen. Obwohl sie gemeinhin nur ein bis drei Prozent des bakteriellen Genoms ausmachen, können solche Plasmide für die Zelle wichtige genetische Informationen tragen – zum Beispiel solche, die Resistenz gegen Giftstoffe wie Antibiotika verleihen. Die Plastiden von Pflanzenzellen (zum Beispiel die Chloroplasten) und die in fast allen Eukaryonten vorliegenden Mitochondrien sind selbstreplizierende Organellen, die eine eigene DNA-Ausstattung in Form kleiner, ringförmig geschlossener DNA in sich tragen, die an Plasmide oder verkümmerte Bakterienchromosomen erinnert. Die verbliebene DNA von Mitochondrien oder Plastiden kodiert für einige der organelleneigenen Proteine, die meisten der Proteine dieser Organellen werden jedoch durch Gene gebildet, die sich im Zellkern der Zelle auf den Chromosomen befinden.

Exkurs

Als **Klon** bezeichnet man eine Gruppe von Individuen, Zellen oder (in der Molekularbiologie) informationstragenden Molekülen, die durch ungeschlechtliche Vermehrung aus einem einzelnen Ausgangsindividuum (einer Ausgangszelle, einem Ausgangsmolekül) erzeugt worden sind. Wenn wir von der Klonierung (nicht (!) dem „Klonen", was etwas komplett anderes bedeutet) eines Plasmids in Bakterien sprechen, so bedeutet dies die replikative Vermehrung der Menge des Plasmids. Zur Gewinnung eines definierten Klons gewinnt man durch Vereinzelung eine einzige, klonale, das heißt, auf eine einzige Ausgangszelle zurückgehende, Bakterienkolonie. Das Verfahren der Klonierung wird vielfältig eingesetzt, um größere Mengen eines Gens oder anderen genetischen Konstruktes oder eines Genprodukts zu erzeugen und zu gewinnen. Die Auswahl des geeigneten Klonierungsvektors und des Klonierungssystems erfordert viel Erfahrung.

jeweils am 3'-Ende des Primers ein und schreitet wie gewohnt in 5'⟶3'-Richtung fort. Die Primer liegen auf verschiedenen Strängen, und ihre 3'-Enden weisen aufeinander zu. Die Länge der gebildeten Stränge hängt von der gewählten Polymerisationszeit und der Effektivität des Enzyms ab. Mit dem Fortschreiten der Reaktion kommt es zu einer exponentiellen Mengenzunahme der PCR-Produkte, die ihrerseits als Matrizen für weitere Polymerisationsrunden dienen. Dadurch kommt es zu einer Angleichung der Produktlängen, so dass schließlich praktisch nur eine Polynucleotidsorte als endgültiges Produkt vorliegt. Das Erhitzen zur Auftrennung der DNA-Stränge, das Abkühlen zur Anlagerung der Primer und das mäßige Erhitzen zur Aktivierung der Polymerase setzt sich zyklisch fort; üblich sind Gesamtreaktionen von 20–30 Zyklen. Mit jedem durchlaufenen Reaktionszyklus kommt es zu einer Verdoppelung der Produkt-

Die Polymerasekettenreaktion

Ein methodischer Durchbruch um die Mitte der 80er-Jahre erlaubt die molekulare Klonierung von Nucleinsäuren aus praktisch beliebigen Quellen (Lebewesen, Fossilien, Tatortspuren usw.). Bekannt sein muss lediglich ein kleiner Teil der gesuchten oder mutmaßlichen genetischen Information. Diese revolutionäre Technik heißt **Polymerasekettenreaktion**, abgekürzt **PCR** (engl. *polymerase chain reaction*). Um die Reaktion durchführen zu können, werden zwei Oligonucleotide, die als Startermoleküle (Primer) dienen und die Ränder der PCR-Produkte festlegen, synthetisiert (▶ Abbildung 5.25). Solche Primer werden durch chemische Synthese ohne Matrize hergestellt. Die Primer sind in ihren Basenfolgen komplementär zu den Endbereichen des DNA-Abschnitts, den man zu amplifizieren wünscht. Je ein Primer ist komplementär zu einer Sequenz auf einem der beiden Stränge der DNA. Zu einer DNA-haltigen Probe wird ein großer molarer Überschuss an Primern gegeben und die Mischung erhitzt, um die Doppelhelix der DNA in Einzelstränge aufzutrennen. Beim langsamen Abkühlen ist es sehr viel wahrscheinlicher, dass sich einer der kurzen Primer (für gewöhnlich Oligonucleotide von ca. 20 Nucleotiden Länge) an eine der komplementären Zielsequenzen anlagert, als dass es zur passgenauen Zusammenlagerung der DNA-Stränge kommt. Zu dem Reaktionsansatz werden dann eine hitzestabile DNA-Polymerase und Desoxyribonucleosidtriphosphate gegeben, die die Vorstufen der Nucleotide sind. Die Mischung wird erneut erhitzt, bis auf die optimale Funktionstemperatur des verwendeten Enzyms. Die Synthese setzt

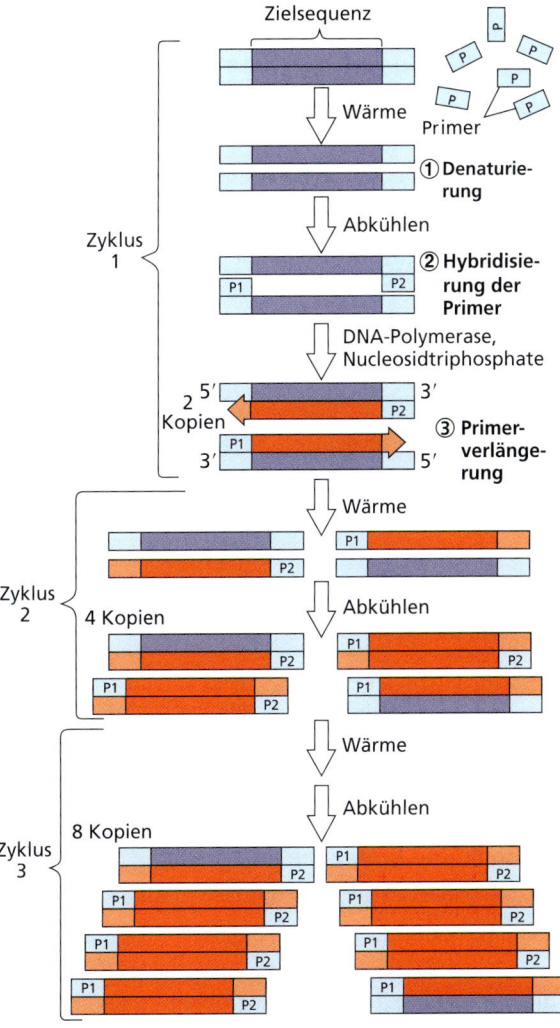

Abbildung 5.25: Die Schritte der Polymerasekettenreaktion (**PCR**). Beachten Sie, dass zwei unterschiedliche Primer erforderlich sind, jeweils einer für jedes Ende der Zielsequenz.

Exkurs

Die Arbeitstechniken der Molekularbiologie haben es den Biologen erlaubt, Kunststücke zu vollbringen, von denen sie vor Erfindung dieser Techniken nur träumen konnten. Diese Errungenschaften bringen enorme Möglichkeiten für die Menschheit mit sich, zum Beispiel in Form gesteigerter Nahrungsproduktion und verbesserter Behandlungsmöglichkeiten für Krankheiten. Die Fortschritte auf dem Gebiet der Nutzpflanzen waren so schnell, dass in Ländern wie den USA, die dieser Züchtungsmethode unkritisch gegenüberstehen, schon heute gentechnisch gezüchtete Sojabohnen, Baumwolle, Reis, Mais, Zuckerrüben, Tomaten und Alfalfa auf dem Markt sind. In Europa gibt es Widerstand gegen die Produktion und den Verkauf gentechnisch gezüchteter Nutzpflanzen und Nutztiere. Diese Ablehnung geht offensichtlich auf die Befürchtung zurück, dass derart gezüchtete Lebewesen dem Verbraucher in irgendeiner Weise schaden könnten. Hier bedarf es noch intensiver Forschung, um negative Einflüsse auf intakte Ökosysteme auszuschließen.

---

menge (exponentielle Vermehrung). Da jeder Zyklus in der Regel kaum mehr als fünf Minuten in Anspruch nimmt und von speziellen Geräten (= Cycler) automatisch durchgeführt wird, erhält man nach einer Gesamtreaktionsdauer von etwa zwei Stunden eine Amplifikationsrate von über einer Million (ausgehend von einem Matrizenmolekül wurden mehr als eine Million PCR-Produkte gebildet, von mehreren Matrizenmolekülen entsprechend mehr!). Die Polymerasekettenreaktion erlaubt die rasche Klonierung von Genen, anderen chromosomalen und nichtchromosomalen DNA-Abschnitten bekannter oder unbekannter Natur (solange flankierende Bereiche für den Entwurf von Primern bekannt sind). Mit Hilfe dieser Methode können Spuren genetischen Materials aus getrockneten Blutstropfen oder aus fossilierten, 40.000 Jahre alten Mammutknochen zu analysierbaren Mengen vervielfältigt werden.

Die Technik der rekombinanten DNA und die PCR werden heute in vielen Bereichen der Biologie, Rechtsmedizin und der Medizin genutzt. Es gibt viele praktische Nutzanwendungen.

Genomik und Proteomik

Das Teilgebiet der Genetik, das sich mit der Kartierung, Sequenzierung und Analyse ganzer Genome befasst, wird Genomik genannt. Manchmal wird dieses Teilgebiet weiter in die Strukturgenomik (Kartieren und Sequenzieren) und die Funktionsgenomik (genomumspannende Ansätze zur Aufklärung von Genfunktionen) unterteilt.

In der Mitte der 70er-Jahre haben die Forschungsgruppen um Frederick Sanger in England und die um Walter Gilbert und Allan Maxam in den USA unabhängig voneinander Methoden zur Ermittlung der Basenfolge von Nucleinsäuren – insbesondere der DNA – entwickelt. Dabei hat sich die Sanger'sche Methode als die praktikablere allgemein durchgesetzt. Ein Jahrzehnt später, um das Jahr 1985, wurde die Idee aufgebracht, das Genom des Menschen vollständig zu kartieren und schließlich zu sequenzieren, also die genaue Basenfolge aller Chromosomen zu ermitteln. Der Plan ist als das Humangenomprojekt bekannt geworden. Es handelte sich um ein sehr ehrgeiziges Unterfangen: Man hatte den Gengehalt des menschlichen Erbgutes anfänglich auf fünfzig- bis einhunderttausend Gene geschätzt. Der Gesamtumfang des Genoms beläuft sich auf ca. drei (haploid) beziehungsweise sechs (diploid) Milliarden Basenpaare. Mit automatisierten Sequenzierungsmethoden, die Ende der 80er-Jahre zur Verfügung standen, hätte es sehr lange – vermutlich Jahrzehnte – gedauert, das Genom vollständig zu sequenzieren. Die Biologen setzten auf den raschen technischen Fortschritt. Dieser hat – in Verbindung mit einer starken Konkurrenzsituation zwischen staatlich geförderten Humangenomprogrammen und einer US-amerikanischen Privatfirma, die dasselbe Ziel verfolgt hat – zur beinahe vollständigen Aufklärung des Humangenoms bis zum Jahr 2001 geführt.

Ob die Ermittlung der Basenfolge aller menschlichen Chromosomen nun die „größte wissenschaftliche Einsicht aller Zeiten" ist, wie manche Autoren überschwänglich behauptet haben, mag dahingestellt sein. Jedenfalls war es ein sehr aufregendes Projekt, das viele Überraschungen für die Genetiker bereitgehalten hat. So ist beispielsweise die Zahl der Gene im menschlichen Genom viel kleiner als man allgemein angenommen hatte: Neueste Abschätzungen, die mithilfe von Computerprogrammen gemacht wurden, sagen rund 30.000 proteincodierende Gene voraus. Hinzu kommen ca. 740 Gene für RNAs. Etwa 90 Prozent liegt als Euchromatin (aufgelockertes Chromatin mit hoher Aktivität) vor, die verbleibenden 10 Prozent als Heterochromatin (verdichtetes Chromatin mit geringer bis gar keiner Aktivität). Nur fünf der 28 Prozent des Genoms, das tatsächlich in RNA transkribiert wird, codiert für Proteine. Mehr als die Hälfte der vorhandenen DNA der Chromosomen besteht aus verschiedenartigen repetitiven Sequenzen, also mehr oder weniger komplexen Wiederholungen von Basenfolgen. DNA-Abschnitte der Chromosomen, de-

Exkurs

Eine Anekdote, die dem Schriftsteller George Bernard Shaw zugeschrieben wird (aber auch anderen Prominenten wie Albert Einstein), besagt, dass er einst einen Brief einer bekannten Schauspielerin erhalten habe, in der diese vorgeschlagen habe, ein gemeinsames Kind zu bekommen, dass dann „einfach perfekt" sein müsse, weil sich in ihm Shaws Verstand und ihre Schönheit finden würden. Shaw lehnte das Ansinnen höflich ab, indem er darauf verwies, dass es sehr wohl möglich sei, dass das Kind stattdessen seine Schönheit und den Verstand der Dame erben würde! Shaw hatte Recht – die Fusion der elterlichen Gameten erfolgt, was den genetischen Gehalt der Keimzellen angeht, zufällig und ist daher in ihrem Ergebnis weitgehend unvorhersehbar.

ren Bedeutung den Forschern bis heute vollständig rätselhaft geblieben ist, und die aufgrund ihrer scheinbaren Funktionslosigkeit als „parasitäre" DNA, „Schrott-DNA" (engl. *junk DNA*) oder noch anders bezeichnet wird, macht ebenfalls einen erheblichen Teil der chromosomalen DNA aus. Ob diese DNA-Abschnitte irgendeinen Nutzen für den Organismus haben, der sie beherbergt, ist völlig unklar und muss durch zukünftige Forschungen ergründet werden.

Rund eintausend Krankheiten des Menschen wie die Mukoviszidose (= zystische Fibrose; häufigste, noch immer unheilbare Erbkrankheit weißer Menschen), die Chorea Huntingdon und andere mehr, rühren von Defekten einzelner Gene her (monogenetische Erbkrankheiten). Fast 300 mit Krankheiten assoziierte Gene sind bis heute bekannt. Informationen, die aus Gensequenzen gewonnen wurden, können zur Entwicklung neuer diagnostischer Verfahren herangezogen und zukünftig vielleicht auch zu Behandlungen und Vorbeugungsstrategien eingesetzt werden. Aus ihrer Kenntnis leiten sich tiefere Einsichten der molekularen Grundlagen von Krankheiten ab. Um zu solchem Nutzen zu gelangen, reicht es jedoch nicht aus, nur die Aminosäureabfolge des Genproduktes, die in einer Nucleotidfolge codiert ist, zu kennen. Das Humangenom umfasst etwa 30.000 Gene, aus denen vermutlich hunderttausend oder mehr unterschiedliche Proteine gebildet werden. Die Gesamtheit der Proteine eines Lebewesens wird in Analogie zum Genom als sein **Proteom** bezeichnet. Das Polypeptid, das nach einem Gen gebildet wird, kann zum Beispiel in mehrere, funktionell unterschiedliche Teile aufgespalten werden wie im Fall einiger Hormone. Ein Polypeptid kann sich mit anderen, die von anderen Genen codiert wurden, zu Proteinkomplexen assoziieren.

Viele molekular ausgerichtete Wissenschaftler sind gegenwärtig mit der Analyse des menschlichen Proteoms befasst. Sie versuchen, alle Proteine eines Zelltyps, eines Gewebes oder eines Gesamtlebewesens zu erfassen und zu analysieren: Wann werden welche Proteine in welcher Menge gebildet, welche Funktionen üben sie aus, wie wechselwirken sie mit anderen und so weiter. Auch die schwierige Ermittlung von Proteinstrukturen gehört in das Feld der Proteomik.

5.6 Die Quellen phänotypischer Variation

Die kreative Kraft der Evolution ist die natürliche Selektion, die auf biologische Varianten einwirkt. Ohne die Variabilität von Individuen wäre eine fortgesetzte Anpassung an sich verändernde Umweltbedingungen nicht möglich, und damit auch keine biologische Evolution (siehe Kapitel 6).

Es gibt verschiedene Quellen der biologischen Variabilität, von denen wir einige bereits weiter oben erörtert haben. Die unabhängige Weitergabe von Chromosomen während der Meiose ist ein Zufallsprozess, der zu neuartigen Chromosomenanordnungen in den Keimzellen führt. Darüber hinaus führt das crossing over der Chromosomen in der Meiose zur Rekombination gekoppelter Gene zwischen homologen Chromosomen, was den Variantenreichtum weiter erhöht. Schließlich erzeugt die zufällig erfolgende Verschmelzung von Gameten beider Eltern bei der Befruchtung wiederum weiteren Variantenreichtum.

Die geschlechtliche Fortpflanzung führt daher zu einer Vervielfachung des Variantenreichtums und stellt die Diversität und Plastizität zur Verfügung, die für eine Art notwendig ist, um Umweltveränderungen zu überleben. Die geschlechtliche Vermehrung mit ihrer Abfolge von Gentrennungen und -rekombinationen ist – Generation für Generation – die „Hauptadaption, die alle anderen evolutiven Anpassungen leichter zugänglich macht", so der berühmte Genetiker Theodosius Dobzhansky.

Obwohl die geschlechtliche Fortpflanzung alles durchmischt und amplifiziert, was an genetischer Vielfalt in einer Population vorhanden ist, kommen immer wieder neue genetische Varianten durch Genmutationen, chromosomale Abberationen und möglicherweise durch Wirkungen der rätselhaften „Schrott-DNA" zustande.

5.6.1 Genmutationen

Genmutationen sind chemische Veränderungen an einem DNA-Molekül, die zu einer dauerhaften Abänderung der Basenfolge des betreffenden Moleküls führen. Solche Mutationen lassen sich durch die Ermittlung der Basensequenz der DNA unmittelbar ermitteln; indirekt durch die Effekte der Mutation auf den Phänotyp – falls sie einen solchen bewirkt. Eine Mutation im codierenden Bereich eines Gens kann beispielsweise zur Umwidmung eines Codons führen, so dass das betreffende Basentriplett eine andere Aminosäure spezifiziert. Das Genprodukt (Protein) enthält dann an der betreffenden Stelle einen anderen als den normalen Aminosäurerest. Dies ist beispielsweise bei der Erbkrankheit *Sichelzellenanämie* der Fall. Menschen, die homozygot für das Sichelzellenallel sind, sterben oft, bevor sie das Alter von 30 Jahren erreichen, weil die Fähigkeit ihres Blutes, Sauerstoff zu transportieren, aufgrund der Veränderung des Blutfarbstoffs Hämoglobin stark eingeschränkt ist. Diese funktionelle Beeinträchtigung des Hämoglobins ist die Folge des Austausches eines einzelnen Aminosäurerestes in einer der Untereinheiten des Hämoglobins. Hier ist die Ursache ein Basenaustausch (eine Substitution). Andere Ursachen für Mutationen können der Wegfall (Deletion) von Nucleotiden oder das Hinzutreten überzähliger Nucleotide (Insertion) sein. Wird eine mRNA, die auf der Grundlage einer solchen mutierten DNA-Sequenz gebildet worden ist, translatiert, spezifizieren die Codons der mRNA eine teilweise oder gänzlich falsche Abfolge von Aminosäuren im Translationsprodukt, dem Protein. Derart veränderte Proteine sind in der Mehrzahl der Fälle dysfunktional oder nonfunktional (in ihrer Funktion eingeschränkt oder ohne biologische Funktion).

Ist ein Gen einmal mutiert, wird die mutierte Form (die ein neuartiges Allel des Gens darstellt) im Rahmen der Replikation kopiert und weitervererbt, sofern es sich nicht um eine lethale oder die Fortpflanzung beeinträchtigende Mutation handelt. Viele Mutationen erweisen sich als phänotypisch schädlich beziehungsweise nachteilig. Viele sind weder nützlich (positiv) noch schädlich (negativ); man spricht hier von neutralen Mutationen. In manchen Fällen erweisen sich Mutationen als vorteilhaft. Vorteilhafte Mutationen sind natürlich von großer Signifikanz für die Evolution, weil sie neue „Möglichkeiten" ins Leben rufen, auf welche die natürliche (und auch die geschlechtliche) Selektion einwirken kann, und die bei Eerfolg neue Anpassungen darstellen.

Die natürliche Selektion legt fest, welche neuen Allele überdauern (sofern sie sich phänotypisch ausprägen). Die Umwelt übt also eine Auswahlwirkung aus, die auf lange Sicht zur Ansammlung vorteilhafter und zur Ausmerzung nachteiliger Allele führt.

Wenn ein Allel zu einem neuen Allel mutiert, neigt das neue dazu, phänotypisch rezessiv zu sein; seine Wirkung wird normalerweise durch das andere Allel (das so genannte Wildtypallel) maskiert. Nur im homozygoten Zustand vermögen solche Mutantenallele den Phänotyp des Lebewesens zu beeinflussen. Eine Population enthält daher ein Reservoir rezessiver Mutantenallele, von denen einige sogar homozygot-lethal sein könnten, aber aufgrund dieser Eigenschaft nie im homozygoten Zustand in einem lebenden Vertreter der Population vorkommen. Inzucht begünstigt die Ausbildung homozygoter Erbzustände und erhöht dadurch die Wahrscheinlichkeit, dass rezessive Mutationen phänotypisch zum Ausdruck kommen.

Die meisten Mutationen haben allerdings nur eine kurze Existenz. Es gibt jedoch Fälle, in denen sie unter gewissen Umweltbedingungen nachteilig oder zumindest neutral sind, unter veränderten Umweltbedingungen aber vorteilhaft. Verändert sich die Umwelt, könnte eine neue Anpassung vorliegen, die günstig für die Art ist. Die sich verändernde Umwelt der Erde hat zahlreiche Gelegenheiten für neue Genkombinationen und Mutationen bereitgestellt, wie die gewaltige Vielfalt der belebten Welt überzeugend vor Augen führt.

Mutationshäufigkeiten

Obwohl Mutationen zufälliger Natur sind, mutieren verschiedene Loki mit unterschiedlichen Raten. Einige Arten von Mutationen treten mit höherer Wahrscheinlichkeit auf als andere. Einzelne Gene unterscheiden sich in ihren Längen. Ein langes Gen mit vielen Basenpaaren ist natürlich mit einer höheren Mutationswahrscheinlichkeit behaftet als ein kurzes, weil jede einzelne Nucleotidposition eine eigene Mutationswahrscheinlichkeit besitzt. Nichtsdestotrotz ist es möglich, eine durchschnittliche Rate für Spontanmutationen für unterschiedliche Organismen und sogar Merkmale anzugeben.

Bei einer solchen relativen Betrachtung liegt die Mutationshäufigkeit bei den extrem stabilen Genen der Taufliege *Drosophila melanogaster* bei ungefähr einer nachweisbaren Mutation auf 10.000 Loki (Genorte; eine Häufigkeit von 0,01 Prozent pro Lokus pro Generation). Die Häufigkeit liegt für den Menschen (*Homo sapiens*) bei 1 pro 10.000 bis 1 pro 100.000 Loki. Wenn wir von dem letztgenannten, zurückhaltenderen Wert ausgehen, durchläuft ein einzelnes, durchschnittliches Allel hunderttausend Generationen, bevor es an diesem Genort zu einer Mutation kommt. Da die Chromosomen eines Menschen aber ca. 30.000 Gene enthalten, ist durchschnittlich jeder dritte Mensch mit einer neuen (von der Person erworbenen) Mutation am Genort des betreffenden Allels behaftet. In gleicher Weise weist jede Ei- und jede Samenzelle im Durchschnitt ein frisch mutiertes Allel irgendeines Gens auf.

Da die meisten Mutationen nachteilig sind, ist diese statistische Hochrechnung alles andere als eine erfreuliche Aussicht. Glücklicherweise sind aber die meisten Mutantenallele rezessiv, was bedeutet, dass sie bei Heterozygoten nicht exprimiert werden. Nur einige wenige werden durch Zufall ihre Häufigkeit in der Population so weit steigern können, dass Homozygote zustande kommen, welche die Mutation phänotypisch zeigen.

Molekulare Krebsgenetik 5.7

Der entscheidende Defekt von Krebszellen liegt in ihrer ungebremsten Vermehrung (Proliferation) – ein Zustand, der pathologisch als **neoplastisches Wachstum** bezeichnet wird. Der Mechanismus, der die Vermehrungsrate normaler Zellen steuert, ist bei Krebszellen irgendwie gestört oder ganz zum Erliegen gekommen, so dass sich die Krebszelle rascher und unkontrolliert teilt. Eine maligne (krebsartige) Entartung liegt dann vor, wenn die Zellwucherung in umliegendes Gewebe eindringt (invasives Wachstum) und schließlich einzelne Zellen des Primärtumors sich aus dem Gewebeverband ablösen und in andere Bereiche des Körpers auswandern, wo sie Tochtergeschwülste (Metastasen) bilden. Krebszellen gehen aus normalen Körperzellen hervor, die ihre Teilungshemmung verlieren und sich bis zu einem gewissen Grad auch entdifferenzieren (ihre Spezialisierung einbüßen). Der Onkologe (Krebsmediziner) unterscheidet in Abhängigkeit von der Ursprungszelle, von der der Tumor seinen Ausgang nimmt, viele Krebsarten. Die Veränderungen der meisten, wahrscheinlich aller Krebszellen haben eine genetische (in der DNA der Chromosomen liegende) Grundlage. Eine Untersuchung der zugrunde liegenden Schäden an der Erbsubstanz, die zum Krebs führen, bildet heute einen Schwerpunkt der Krebsforschung.

5.7.1 Onkogene und Tumorsuppressorgene

Wir wissen heute, dass Krebs das Ergebnis bestimmter, definierter genetischer Veränderungen ist, die sich in einem Zellklon manifestieren und proliferieren. Bei den von diesen genetischen Veränderungen betroffenen Genorten lassen sich zwei Haupttypen von „Krebsgenen" unterscheiden: Onkogene und Tumorsuppres-

> **Exkurs**
>
> Von den vielen Wegen, auf denen die DNA einer Zelle geschädigt werden kann, sind die drei wichtigsten (a) ionisierende Strahlung, (b) Ultraviolettstrahlung und (c) chemische Mutagene. Die hohe Energie ionisierender Strahlung (Röntgenstrahlung, Gammastrahlung, α-Strahlung, β-Strahlung) führt dazu, dass Elektronen aus getroffenen Atomen herausgeschleudert werden. Die Atome werden durch die Einwirkung der Strahlung ionisiert. Da die entstehenden Ionen vielfach sehr reaktiv sind und rasch und ungerichtet chemische Reaktionen eingehen, kann es zu unkontrollierten Reaktionen an der DNA kommen. Ein Teil der so geschädigten DNA kann von der Zelle repariert werden, doch sind manche Reparaturmechanismen nicht sehr genau. Einige DNA-Schädigungen können auch vom Reparatursystem unerkannt bleiben und es bleibt eine Mutation am Erbgut zurück. Ultraviolette Strahlung besitzt eine viel geringere Energie als die vorgenannten Strahlungsarten und führt nicht zur Erzeugung ionischer Teilchen und freier Radikale. UV-Strahlung wird von Pyrimidinbasen der DNA absorbiert. Dies kann bei benachbart liegenden Pyrimidinbasen zur Dimerisierung führen. Der Reparaturmechanismus für solche UV-Schäden (Exzisionsreparatur, siehe weiter oben) ist ebenfalls nicht perfekt. Die Quanten der UV-Strahlung erhöhen die Energie von Bindungselektronen und erzeugen innere (nichtfreie) Radikale, die sehr reaktionsfreudig sind. Chemische Mutagene sind reaktive Verbindungen, die mit den Basen der DNA reagieren und diese verändern (in Derivate überführen), die bei der nächsten Replikation falsch abgelesen und zu mutierten neuen DNA-Strängen führen, wenn die chemische Veränderung an der DNA nicht vorher erkannt und beseitigt wird.
>
> Die Genprodukte von Tumorsuppressorgenen wirken in ihrer unmutierten Form einer Zellvermehrung entgegen. Eines dieser Tumorsuppressorgenprodukte ist das Protein *p53* („Protein von 53 Kilodalton Molmasse"). Mutationen des *p53*-Gens sind für etwa die Hälfte der in jedem Jahr diagnostizierten Fälle von Krebs beim Menschen mitverantwortlich. Das normale *p53* übt eine Reihe von Funktionen aus, die vom jeweiligen Zustand abhängen, in dem sich die Zelle befindet. Es vermag eine Apoptose auszulösen (Kapitel 3), es kann als Aktivator oder Repressor von Genen wirken, es ist an der Kontrolle des Übergangs von G1 zu S im Zellzyklus (Kapitel 3) beteiligt und es fördert die Reparatur beschädigter DNA. *p53* besitzt also pleiotrope Wirkungen. Viele der bekannten Mutationen des Proteins *p53* stören seine DNA-Bindung und dadurch dessen Funktion(en).

sorgene. Aus jeder Gruppe kennt man heute zahlreiche Vertreter.

Onkogene (gr. *onkos*, Masse, Schwellung, Wucherung + *genos*, Bildung) finden sich in unmutierter Form als **Protoonkogene** in allen Zellen. Eines dieser (Proto-)Onkogene ist das Gen *ras*, das für das Protein **Ras** codiert. Ras-Proteine sind kleine, monomere GTPasen (Guanosintriphosphat spaltende Enzyme). Es handelt sich um Lipidproteine, deren Wirkungsort die Innenseite der Plasmamembran der Zellen ist. Wenn ein Rezeptor auf der Außenseite der Plasmamembran einen Wachstumsfaktor bindet, führt dies auf der Innenseite zur Aktivierung des Ras-Proteins, das Teil einer Signaltransduktionskaskade ist. Das von Ras weitergeleitete Signal löst schließlich die Zellteilung aus. Die onkogen entartete Mutantenform des Proteins aktiviert den Signalweg ohne externe Stimulation (konstitutive Aktivierung). Die Zelle erhält einen Teilungsbefehl, obwohl keine Wachstumsfaktoren an der Oberfläche die Notwendigkeit dafür signalisieren. Solche, die Protoonkogene aktivierenden Mutationen sind dominant. *ras*-Mutationen finden sich bei rund einem Drittel aller untersuchten Tumoren.

ZUSAMMENFASSUNG

Bei sich geschlechtlich fortpflanzenden Tieren wird das Erbgut über die Keimzellen (= Gameten; Eizellen und Samenzellen), die durch Meiose (Reifeteilung) erzeugt werden, an die Folgegeneration weitergegeben. Jede einzelne somatische Zelle in einem Organismus besitzt zwei Ausgaben jedes Chromosoms (homologe Chromosomen), mit Ausnahme der Geschlechtschromosomen. Ihr genetischer Zustand ist also im Unterschied zu dem der haploiden Gameten diploid.

In der Meiose kommt es zur Trennung der homologen Chromosomenpaare, so dass schließlich jedes der gebildeten Meioseprodukte (Keimzellen) den halben somatischen Chromosomensatz aufweist (haploider Chromosomensatz). Während der ersten meiotischen Teilung werden die Zentromeren nicht geteilt, so dass jede Tochterzelle ein repliziertes Zweichromatidchromosom jedes homologen Chromosomenpaares erhält. Die Schwesterchromosomen der Zweichromatidchromosomen sind am Zentromer miteinander verbunden. Zu Beginn der ersten meiotischen Teilung richten sich die replizierten homologen Chromosomen parallel zueinander aus und treten in Kontakt (Synapsis); es bildet sich ein Bivalent aus zwei Zweichromatidchromosomen, das insgesamt vier DNA-Moleküle enthält. Die Genorte des einen Chromatids liegen den korrespondierenden Genorten der homologen Chromatiden gegenüber. Teile benachbarter Chromatiden können wechselseitig ausgetauscht werden (crossing over). Dies führt zu neuen Genkombinationen. In der zweiten meiotischen Teilung werden die Zentromeren geteilt; die Reduktion der Chromosomenzahl und der DNA-Menge ist damit abgeschlossen. Die diploide Chromosomenzahl wird wieder hergestellt, wenn sich ein männlicher und ein weiblicher Gamet bei der Befruchtung zu einer Zygote verbinden.

Das Geschlecht wird bei den meisten Tieren durch Geschlechtschromosomen (Gonosomen) festgelegt. Beim Menschen, den Taufliegen und vielen anderen Tieren weisen die Weibchen zwei X-Chromosomen, die Männchen ein X- und ein Y-Chromosom auf.

Gene sind die genetischen Funktionseinheiten, welche die meisten Merkmale eines Lebewesens festlegen oder beeinflussen und auf dem Weg der Vererbung von Eltern auf ihre Nachkommen übergehen. Allelische Varianten eines Gens können dominant, rezessiv oder intermediär sein. Ein rezessives Allel kommt im heterozygoten Zustand nicht zur Expression, sondern nur im homozygoten Zustand. Bei einer Einfaktorkreuzung eines dominanten mit einem rezessiven Allel (beide Elternorganismen sollen homozygot für ihr Allel sein), ist die F_1-Generation gänzlich heterozygot. In der F_2-Generation beträgt das Genotypenverhältnis 1:2:1, die Phänotypenverteilung 3:1. Dieses Ergebnis veranlasste Gregor Mendel zur Ableitung seiner ersten Vererbungsregel, der Uniformitätsregel. Heterozygote zeigen bei einem intermediären Erbgang einen Phänotyp, der zwischen den homozygoten Phänotypen liegt, oder in manchen Fällen einen vollständig abweichenden Phänotyp mit einhergehender Veränderung in den Phänotypmengenanteilen.

Zweifaktorkreuzungen (bei denen Gene für zwei verschiedene Merkmale betrachtet werden, die auf unterschiedlichen Paaren homologer Chromosomen liegen), bildeten die Grundlage für die Ableitung der zweiten Mendel'schen Regel, der Regel von der unabhängigen Verteilung von Merkmalen. Das Phänotypverhältnis beträgt bei einem dominant-rezessiven Erbgang 9:3:3:1. Die Phänotypverteilungen bei Ein- und Zweifaktorkreuzungen lassen sich mithilfe von Punnett-Quadraten herleiten und übersichtlich darstellen. Die vorhergesagten Ergebnisse von Mehrfaktorkreuzungen höherer Ordnungen lassen sich durch Rückgriff auf Formeln der Wahrscheinlichkeitsrechung leichter vorhersagen als durch Interpolation mittels Punnett-Quadraten.

Gene können in einer Population in Form von mehr als zwei Allelen vorkommen. Die unterschiedlichen Allelkombinationen, die möglich sind, können auch vollkommen verschiedenartige Phänotypen hervorbringen. Die Allele unterschiedlicher Gene können zu Wechselwirkungen bei der Ausbildung des Phänotyps eines Lebewesens (zum Beispiel bei polygener Vererbung und Epistasie) führen. Hierbei beeinflussen Gene die Expression anderer Gene.

Gene, die auf dem X- oder dem Y-Chromosom liegen, zeigen einen geschlechtsgebundenen Erbgang. Ein rezessives Allel, das auf dem X-Chromosom liegt, führt nur beim Mann zu einer phänotypisch greifbaren Auswirkung, da das Y-Chromosom kein korrespondierendes, homologes Allel aufweist. Alle Gene auf einem gegebenen Autosom sind gekoppelt und werden nicht unabhängig voneinander vererbt, sofern der Abstand der Genorte nicht sehr groß ist, so dass die Wahrscheinlichkeit einer Trennung durch crossing over im Verlauf der Meiose beträchtlich ist. Das crossing over ist ein Mechanismus der Rekombination und erhöht die Durchmischung des Genpools einer Population.

Gelegentlich kommt es vor, dass sich ein homologes Chromosomenpaar während der Meiose nicht erfolgreich trennt, so dass eine der als Endprodukte der Meiose gebildeten Keimzellen ein überschüssiges Chromosom aufweist (n + 1), während eine zweite, aus derselben Meiose hervorgehende Keimzelle, einen Unterschuss an Chromosomen aufweist (n − 1). Die aus einer Befruchtung resultierenden Zygoten sind meist nicht lebensfähig. Menschen mit 2n + 1 Chromosomen sind in manchen Fällen lebensfähig, kommen aber mit schweren, angeborenen Erbkrankheiten wie dem Down-Syndrom zur Welt.

In lebenden Zellen kommen regelmäßig die Nucleinsäuretypen Desoxyribonucleinsäure (DNA, DNS) und Ribonucleinsäure (RNA, RNS) vor. Nucleinsäuren sind für gewöhnlich hochmolekulare Polymere aus Nucleotiden genannten Baueinheiten. Nucleotide bestehen aus einer stickstoffhaltigen Base, einem Pentoserest und einem Orthophosphorsäurerest. Die Stickstoffbasen der DNA sind Adenin (A), Guanin (G), Cytosin (C) und Thymin (T). In der RNA kommen A, G und C vor, das Uracil (U) ersetzt das Thymin. Die DNA von Zellen ist ein doppelsträngiges, helikal verwundenes Molekül, in der sich die Basen paarweise entlang eines aus den Zucker- und den Phosphorsäureresten gebildeten „Rückgrats" im Inneren des Moleküls gegenüberstehen. Die Paarung der Basen erfolgt immer gleich: Adenin paart sich mit Thymin, Cytosin mit Guanin. Die Stränge eines DNA-Moleküls verlaufen antiparallel zueinander; die Basenfolgen sind komplementär. Die Basenpaare werden durch Wasserstoffbrückenbindungen zusammengehalten. Während der Replikation (= Reduplikation) der DNA trennen sich die Stränge und das Enzym DNA-Polymerase synthetisiert neue Stränge. Die bestehenden Stränge dienen dabei als Matrizen für die Erstellung eines jeweils komplementären Gegenstranges.

Das primäre Genprodukt kann eine mRNA (Boten-RNA), eine rRNA (ribosomale RNA) oder eine tRNA (Transfer-RNA) sein. Ist das Transkriptionsprodukt eine mRNA, so handelt es sich um ein proteincodierendes Gen, dessen finales Genprodukt ein Polypeptid ist. Im Allgemeinen gilt die Regel „1 mRNA = 1 Polypeptid". Jedes Triplett aus drei Basen (Codon) spezifiziert bei der Proteinbiosynthese einen bestimmten Aminosäurerest.

Proteine werden in der Zelle in einem zweischrittigen Prozess gebildet. Der erste Schritt der Proteinbiosynthese im Zellkern besteht in der Umschreibung (Transkription) des codierenden Bereichs eines Gens in eine mRNA samt nachfolgender Prozessierung der Prä-mRNA und deren Export in das Cytoplasma. Dort wird die in der mRNA niedergelegte Syntheseinformation von Ribosomen – supramolekularen Zusammenschlüssen aus speziellen Ribonucleinsäuren und einer Vielzahl von Proteinen – zur Synthese von Polypeptidketten benutzt. Untereinheiten eines Ribosoms lagern sich an das mRNA-Molekül an und bilden ein funktionstüchtiges Ribosom. Die mRNA bewegt sich durch das Ribosom beziehungsweise das Ribosom an der mRNA entlang; dabei wird die Basenfolge der mRNA codonweise in die Aminosäuresequenz einer wachsenden Peptidkette übersetzt (translatiert). Die Aminosäurereste werden von den Transferribonucleinsäuren (tRNAs) überbracht. Jeder Aminosäuretyp verfügt über eine spezifische tRNA. Die tRNA enthält eine zu ihrem Aminosäurerest in Korrespondenz stehende Basenfolge, das Anticodon, das komplementär zu einem Basentriplett (Codon) der mRNA ist. In der Zellkern-DNA eukaryontischer Zellen sind die codierenden Abschnitte der Gene (die offenen Leserahmen) in der Regel unterbrochen. Aminosäurefolgen spezifizierende Exons werden durch nicht translatierte Introns unterbrochen. Die Introns werden aus dem Primärtranskript entfernt (Spleißen der prä-mRNA), bevor das finale Transkript (reife mRNA) aus dem Zellkern exportiert wird.

Die Aktivität von Genen und die Synthese der Genprodukte unterliegen einer strengen Regulation. Gene werden als Reaktion auf die herrschenden Umgebungsbedingungen oder den Differenzierungszustand der Zelle in geordneter Weise an- und abgeschaltet. Die Genregulation in eukaryontischen Zellen ist komplex; es existieren mehrere Mechanismen der Regulation. Die Transkriptionskontrolle ist eine besonders wichtige Ebene der Regulation.

Die Methoden der modernen Molekularbiologie und Molekulargenetik haben spektakuläre Fortschritte in der Forschung möglich gemacht. Mit Restriktionsendonucleasen lassen sich DNA-Moleküle an spezifischen, vorhersagbaren Stellen gezielt zerschneiden, und DNA aus unterschiedlichen Quellen lässt sich präzise zu definierten neuen, rekombinanten DNA-Molekülen zusammenfügen (Gentechnik). Durch den Einbau einer Fremd-DNA (Tier-, Pflanzen- .... DNA) in ein Plasmid, ein Virus oder ein künstliches Chromosom lassen sich Nucleinsäureabschnitte in Vektorzellen wie Bakterien oder Hefen einschleusen und dort gezielt vermehren, Gene zur Expression bringen usw. Mit der Polymerasekettenreaktion (PCR) steht eine zellfreie Invitromethode zur Vervielfältigung (Klonierung) von Nucleinsäuren (vorrangig DNA) zur Verfügung. Hierzu genügt es, kurze Abschnitte des zu amplifizierenden Zielbereichs zu kennen, um Startermoleküle (Primer) zu entwerfen, die für die Reaktion notwendig sind. Anstrengungen öffentlich geförderter molekulargenetischer Forschung in Konkurrenz zu einem privatwirtschaftlichen Unternehmen haben zur Aufklärung fast des gesamten Genoms des Menschen geführt. Zu den vielen aufregenden Einsichten in das Erbgut des Menschen, das dieses Mammutprojekt geliefert hat, gehört die Erkenntnis, dass sich die Zahl der proteincodierenden Gene beim Menschen auf rund 30.000 beläuft – eine deutlich kleinere Zahl als die vor Beginn des Projektes geschätzten 100.000. Diese Gene der 46 Chromosomen eines Menschen sind für die zahlreichen (Hunderte bis Tausende) Proteine verantwortlich, die sich in jeder Zelle unseres Körpers finden.

5 Genetik: Eine Übersicht

ZUSAMMENFASSUNG

Eine Mutation ist eine Änderung der Basenfolge eines DNA-Moleküls. Die Mutationsursache kann physikalischer oder chemischer Natur sein (Strahlung, mutagene Stoffe, Replikationsfehler). Durch eine Mutation kann es zu einer Veränderung des Phänotyps kommen. Obwohl sie verhältnismäßig selten und im Allgemeinen nachteilig für den Organismus sind und das Überleben oder die Fortpflanzung beeinträchtigen, erweisen sich manche Mutationen gelegentlich als vorteilhaft und gelangen zur Weitergabe an Folgegenerationen. Durch natürliche, geschlechtliche oder artifizielle Selektion können sie sich in einer Population ausbreiten.

Krebs (neoplastisches Wachstum entarteter Zellen) rührt von genetischen Veränderungen in einer Zelle her. Die mutierte Zelle bildet einen wuchernden Zellklon, dessen Mitglieder sich unkontrolliert weitervermehren. Onkogene (wie etwa die *ras*-Gene) und eine homozygote Inaktivierung von Tumorsupressorgenen (wie etwa das *p53*-Gen) sind in die Entstehung vieler, vielleicht gar aller bösartiger Tumoren verwickelt.

Übungsaufgaben

1 Was ist die Beziehung zwischen homologen Chromosomen und Allelen?

2 Beschreiben Sie oder verdeutlichen Sie durch eine Schemazeichnung die Abfolge der Ereignisse bei der Meiose (beide Teilungen).

3 Wie lauten die Bezeichnungen der männlichen Geschlechtschromosomen bei Wanzen, beim Menschen und bei Schmetterlingen?

4 Wie unterscheiden sich die chromosomalen Geschlechtsdeterminationsmechanismen der drei unter Frage 3 aufgeführten Taxa?

5 Zeichnen Sie mit Hilfe eines Punnettquadrates ein Schema für eine Kreuzung zwischen Individuen folgender Genotypen: $A/a \times A/a$; $A/a\, B/b \times A/a\, B/b$.

6 Geben Sie kurz und präzise Mendels Spaltungsregel und seine Regel der unabhängigen Verteilung wieder.

7 Bestimmen Sie unter der Annahme, dass braune Augen (B) dominant über blaue Augen (b) sind, die Genotypen folgender Individuen: Der blauäugige Sohn zweier braunäugiger Eltern verpaart sich mit einer braunäugigen Frau, deren Mutter braun- und deren Vater blauäugig gewesen sind. Ihr Kind ist blauäugig.

8 Rufen Sie sich ins Gedächtnis, dass die rote Farbe (R) der Wunderblume (*Mirabilis jalapa*) unvollständig dominant über weiß (R') ist. Geben Sie für die folgende Kreuzung die Genotypen der Gameten an, die von jeder Elternpflanze erzeugt werden, sowie die Blütenfarbe der Nachkommen: $R/R' \times R/R'$; $R'/R' \times R/R'$; $R/R \times R/R'$; $R/R \times R'/R'$.

9 Eine braune männliche Maus wird mit zwei weiblichen schwarzen Mäusen verpaart. Nachdem jedes Weibchen mehrere Würfe Junge zur Welt gebracht hat, ergeben sich für das erste Weibchen 48 schwarze Junge, für das zweite Weibchen 14 schwarze und 11 braune Junge. Können Sie das Vererbungsmuster der Fellfarbe und die Genotypen der Elterntiere herleiten?

10 Ein lockiges Fell (R) ist bei Meerschweinchen dominant über ein glattes Fell (r), und schwarzes Fell (B) ist dominant über weißes (b). Geben Sie das Erscheinungsbild der folgenden Nachfahren an, für den Fall, dass ein homozygotes schwarzes Meerschweinchen mit lockigem Fell mit einem homozygot glatthaarigen weißen gekreuzt wird: F_1; F_2; Nachkommen von F_1 gekreuzt mit glatthaarigem weißen Elterntier; Nachkommen von F_1 gekreuzt mit lockigem schwarzen Elterntier.

11 Nehmen Sie an, dass Rechtshändigkeit (R) beim Menschen genetisch dominant über Linkshändigkeit (r), und dass braune Augen (B) genetisch dominant über blaue (b) sind. Ein rechtshändiger, blauäugiger Mann hat Kinder mit einer rechtshändigen, braunäugigen Frau. Ihre beiden Kinder sind (1) rechtshändig mit blauen Augen und (2) linkshändig mit braunen Augen. Der Mann hat Kinder mit einer weiteren Frau, diese ist wieder rechtshändig mit braunen Augen. Sie haben zehn Kinder, alle sind rechtshändig und braunäugig. Welches sind die wahrscheinlichen Genotypen des Mannes und der beiden Frauen?

12 Bei *Drosophila melanogaster* sind rote Augen dominant gegenüber weißen, und die Grundlage für dieses Merkmal ist auf dem X-Chromosom lokalisiert. Verkümmerte Flügel (v) sind rezessiv gegenüber normalen Flügeln (V); das Merkmal wird autosomal vererbt. Wie werden die Nachkommen der folgenden Kreuzungen aussehen: $X^W/X^W\ V/v \times X^W/Y\ v/v$, $X^W/X^W\ V/v \times X^W/Y\ V/v$.

13 Nehmen Sie an, dass Farbenblindheit ein rezessives Merkmal des X-Chromosoms ist. Ein Mann und eine Frau mit normalem Sehvermögen haben die folgenden Kinder: eine Tochter mit normalem Farbsehvermögen, die einen farbenblinden und einen normalen Sohn hat; eine Tochter mit normalem Farbsehvermögen, die sechs normale Söhne hat; einen farbenblinden Sohn, der eine Tochter mit normaler Farbwahrnehmung hat. Wie lauten die wahrscheinlichen Genotypen all dieser Individuen?

14 Grenzen Sie die folgenden Begriffe gegeneinander ab: Euploidie, Aneuploidie und Polyploidie; Monosomie und Trisomie.

15 Nennen Sie die Purin- und Pyrimidinbausteine der DNA und geben Sie an, welcher Baustein sich mit welchem anderen in einer Doppelhelix paart. Welches sind die Purin- und die Pyrimidinbausteine einer RNA, und zu welchen Bausteinen der DNA sind sie jeweils komplementär?

16 Erläutern Sie, wie die DNA repliziert wird.

17 Warum ist es nicht möglich, dass ein Codon aus lediglich zwei Nucleotiden besteht?

18 Erläutern Sie die Vorgänge der Transkription und der Prozessierung der Prä-mRNA im Zellkern.

19 Erläutern Sie die Rolle der mRNA, der tRNAs und der rRNAs bei der Polypeptidsynthese.

20 Nennen Sie die vier Wege der Genregulation bei Eukaryonten.

21 Was versteht man in der Molekulargenetik unter rekombinanter DNA und wie wird sie hergestellt?

22 Nennen Sie drei Quellen phänotypischer Variation.

23 Grenzen Sie Protoonkogene von Onkogenen ab. Benennen Sie zwei Mechanismen, durch die Krebs durch genetische Veränderungen ausgelöst werden kann.

24 Was sind die Proteine Ras und p53? Wie können Mutationen in den Genen für diese beiden Proteine zur Entstehung von Krebs beitragen?

25 Geben Sie einen Abriss der wesentlichen Schritte der Polymerasekettenreaktion.

26 Vorläufige Sequenzen menschlicher Chromosomen, die beinahe das ganze Genom umfassen, sind veröffentlicht worden. Können Sie einige interessante Erkenntnisse nennen, die sich aus der Analyse ergeben haben, nennen? Welche möglichen Nutzanwendungen könnten sich ergeben? Was versteht man unter dem Proteom?

Weiterführende Literatur

Conery, J. und M. Lynch (2000): The evolutionary fate and consequences of duplicate genes. Science, vol. 290: 1151–1155. *Genduplikationen sind eine wichtige Quelle genetischer Variation.*

Coop, G. und M. Przeworski (2006): An evolutionary view of human recombination. Nature Reviews Genetics, vol. 8: 23–34.

Davies, K. (2001): Cracking the genome: inside the race to unlock human DNA. Johns Hopkins University Press; ISBN: 0-8018-7140-9. *Die faszinierende Geschichte der Konkurrenz zwischen dem staatlichen Humangenomsequenzierungsprojekt und der Firma Celera Genomics, bei der es in der Endphase zu einer zeitweiligen Kooperation der konkurrierenden Unternehmungen kam. Natürlich ist das Genom erst dann wirklich „entschlüsselt", wenn die Bedeutung aller darin enthaltenen genetischen Elemente aufgeklärt ist – und bis dahin ist es noch ein langer Weg.*

Dhand, R. (2000): Functional genomics. Nature, vol. 405: 819. *Einführung zu einer Reihe von Artikeln zur funktionalen Genomik.*

Ezzell, C. (2002): Proteins rule. Scientific American, vol. 286, no. 4: 40–47. *Eine ausgezeichnete Erläuterung des damaligen Stands und der Probleme der Proteomik.*

Futreal, P. et al. (2001): Cancer and genomics. Nature, vol. 409: 850–852. *Eine gute Auflistung von Krebsgenen.*

Grewal, S. und S. Jia (2007): Heterochromatin revisited. Nature Reviews Genetics, vol. 8: 35–46.

Griffiths, A. et al. (2002): Modern Genetic Analysis. 2. Auflage. Freeman; ISBN: 0-7167-4714-6. *Ein gutes und aktuelles Lehrbuch der Genetik. Didaktisch sehr gut, da es zuerst die molekulare und erst danach die klassische Genetik behandelt, was das Verständnis der Kreuzungsgenetik sehr erleichtert.*

Hartwell, L. et al. (2007): Genetics: from genes to genomes. 3. Auflage. McGraw-Hill; ISBN: 0-0711-0215-9. *Gutes und aktuelles Lehrbuch der Genetik einschließlich der Genomik.*

Inglis, J., J. Sambrook und J. Witkowski (Hrsg.): Inspiring Science: Jim Watson and the Age of DNA. Cold Spring Harbor Laboratory Press (2003); ISBN: 0-

87969-698-2. *Eine Anthologie anlässlich des fünfzigjährigen Jubiläums der Aufklärung der Struktur der DNS im Jahr 1953.*

Jimenez-Sanchez, G. et al. (2001): Human disease genes. Nature, vol. 409: 853–855. *Sie fanden eine „auffällige Korrelation zwischen der Funktion des Genproduktes und den Krankheitszeichen ..."*

Lewin, B. (2007): Genes IX. Jones & Bartlett; ISBN: 0-7637-5222-3. *Umfassende, aktuelle Abhandlung zur Molekularbiologie von Genen.*

Mange, E. und A. (1999): Basic human genetics. 2. Auflage. Sinauer; ISBN: 0-8789-3497-9. *Ein gut lesbares, einführendes Lehrbuch der Humangenetik, das sich auf die Tierart konzentriert, die für viele von uns am wichtigsten ist.*

Marston, A. und A. Amon (2004): Meiosis: Cell-cycle controls shuffle and deal. Nature Reviews Molecular Cell Biology, vol. 5: 983–997.

Mullis, K. (1990): The unusual origin of the polymerase chain reaction. Scientific American, vol. 262, no. 4: 56–65. *In diesem Aufsatz berichtet der Erfinder dieser bahnbrechenden Technik, wie ihm die Idee zu der epochemachenden neuen Methode gekommen ist, als er mit dem Auto auf einer Fahrt durch Kalifornien war.*

Pennisi, E. (2000): Genomics comes of age. Science, vol. 290: 2220–2221. *Die Sequenzierung der Genome einer ganzen Anzahl von Organismen wird als „Durchbruch des Jahres" gefeiert.*

Roberts, L. (2001): A history of the Human Genome Project. Science, vol. 291: eingelegte Wandkarte (Faltblatt). *Alle wichtigen Entdeckungen von der Doppelhelix bis zum vollständigen Humanenom (1953–2201). Mit einem Glossar.*

Roy, S. und W. Gilbert (2006): The evolution of spliceosomal introns: patterns, puzzles and progress. Nature Reviews Genetics, vol. 7: 211–221.

Sumner, A. (2003): Chromosomes – Organization and Function. 1. Auflage. Blackwell; ISBN: 0-632-05407-7. *Eine gut lesbare Monographie über Chromosomen, die kompliziert gebauten Gebilde, in die das Erbgut tierischer Zellen unterteilt ist.*

Sung, P. und H. Klein (2006): Mechanism of homologous recombination: mediators and helicases take on regulatory functions. Nature Reviews Molecular Cell Biology, vol. 7: 739–750.

The International Human Genome Mapping Consortium (2001): A physical map of the human genome. Nature, vol. 409: 934–941. *Die vorläufige Sequenz des menschlichen Genoms wird hier von dem öffentlich finanzierten Konsortium aus zahlreichen Laboratorien in verschiedenen Ländern qualitativ vorgestellt.*

Venter, J. et al. (2001): The sequence of the human genome. Science, vol. 291: 1304–1351. *Die vorläufige Sequenz des menschlichen Genoms wird hier von dem Gründer der Firma Celera und seinen Kollegen vorgestellt.*

Watson, J. et al. (2004): Molecular Biology of the Gene, 5. Auflage. Benjamin Cummings; ISBN: 0-321-22368-3. *Ausgezeichnetes Lehrbuch der molekularen Genetik. Ein Klassiker der biologischen Lehrbuchliteratur in einer aktuellen Ausgabe.*

Watson, J. und A. Berry (2003): DNA: the secret of life. Arrow Books; ISBN: 0-0994-5184-0. *Ein spannender Bericht über die Geschichte und die Anwendungen der Genetik.*

Weitere Informationen zu diesem Buchkapitel finden Sie auf der Companion-Website unter http://www.pearson-studium.de

Organismische Evolution

6.1 Der Ursprung der Darwin'schen Evolutionstheorie ... 161
6.2 Die Darwin'sche Evolutionstheorie: Die Beweise 166
6.3 Erweiterung der Darwin'schen Theorie 186
6.4 Mikroevolution: Genetische Variation und Veränderung innerhalb einer Art 187
6.5 Makroevolution: Wesentliche evolutive Ereignisse ... 194
Zusammenfassung 199
Übungsaufgaben 200
Weiterführende Literatur 201

Organismische Evolution

Die Geschichte des Lebens ist ein Vermächtnis fortwährender Veränderung. Ungeachtet der scheinbaren Dauerhaftigkeit der Natur, ist die Veränderung ein Kennzeichen aller Dinge auf der Erde und im gesamten Weltall. Die Gesteinsschichten der Erde haben die unumkehrbaren historischen Veränderungen, die wir als Evolution bezeichnen, festgehalten. Ungezählte Tier- und Pflanzenarten hatten ihre Blüte und sind wieder verschwunden. Manche haben Spuren ihrer einstmaligen Existenz in der Fossilgeschichte hinterlassen. Viele, aber nicht alle, hatten Nachfahren, die bis heute überlebt haben, und die einige Ähnlichkeit mit ihren Urahnen besitzen.

Die evolutiven Veränderungen des Lebens werden auf vielerlei Weise sichtbar und können auf beinahe ebenso viele Arten vermessen und aufgezeichnet werden. Über kurze evolutive Zeiträume können wir Änderungen in der Häufigkeit verschiedenartiger erblicher Merkmale in Populationen beobachten. Evolutive Veränderungen der relativen Häufigkeiten hell bzw. dunkel gefärbter Motten konnten in englischen Industriegebieten innerhalb eines einzigen Menschenlebens beobachtet und unmittelbar mitverfolgt werden. Die Bildung neuer Arten und dramatischer Veränderungen der Körperform, wie sie uns in Form der evolutiven Diversifizierung der hawaiianischen Vögel entgegentreten, erfordern wesentlich längere Zeitläufe von Hunderttausenden bis Millionen von Jahren. Wesentliche evolutive Ereignisse und episodisch auftretendes Massenaussterben ereignen sich in einem noch größeren Zeitrahmen. Die fossil überlieferte Geschichte der Pferde über die letzten 50 Millionen Jahre lässt eine Abfolge unterschiedlicher Arten erkennen, welche die vorangegangenen mit der Zeit ersetzt haben, und die mit den heute lebenden Pferden endet. Die fossile Überlieferung mariner Invertebraten zeigt eine ganze Serie von Massenaussterbeereignissen, die durch Intervalle von durchschnittlich etwa 26 Millionen Jahren voneinander getrennt sind.

Da jedes Merkmal des Lebens, wie wir es heute kennen, ein Produkt der Evolution ist, betrachtet der Biologe die Evolution als eine tragende Säule der biologischen Gedankenwelt.

Ein fossilierter Trilobit in einem paläozoischen Sedimentgestein.

(a) (b)

Abbildung 6.1: **Gründerväter der Theorie der Evolution durch natürliche Selektion.** (a) Charles Darwin (1809–1882) im Jahr 1881. (b) Alfred Wallace (1823–1913) im Jahr 1895. Darwin und Wallace entwickelten unabhängig voneinander die gleiche Theorie. Ein Brief und ein Aufsatz, den Wallace 1858 schrieb und an Darwin sandte, veranlasste diesen die Publikation seines Buches „Über den Ursprung der Arten" („On the Origin of Species") voranzutreiben. Es erschien 1859 in erster Auflage.

Der Ursprung der Darwin'schen Evolutionstheorie 6.1

6.1.1 Vordarwin'sche Vorstellung von der Evolution

In der Zeit vor dem 18. Jahrhundert beruhten die Spekulationen über den Ursprung der Arten auf Mythologie und Aberglauben, nicht aber auf überprüfbaren wissenschaftlichen Fakten. Schöpfungsmythen sehen die Welt nach einer kurzen Periode der Erschaffung regelmäßig als unveränderlich an. Nichtsdestotrotz wandten sich einige Denker der Vorstellung zu, dass die Natur eine lange Geschichte des fortwährenden und unumkehrbaren Wandels besitzt.

Antike griechische Naturphilosophen, namentlich Xenophanes, Empedokles und Aristoteles, entwickelten frühe Vorstellungen evolutiver Veränderungen. Sie erkannten Fossilien als Dokumente früher Lebensformen, von denen sie annahmen, dass sie durch Naturkatastrophen zugrundegegangen seien. Ungeachtet ihrer intellektuellen Vorgehensweise, gelangten die alten Griechen nicht zu einem wirklichen evolutionären Konzept, sodass die Idee noch vor Beginn der modernen Zeitrechnung wieder in Vergessenheit geriet. Jeder Ansatz zu einem evolutionären Denken wurde durch die Ausbreitung des alttestamentlichen Schöpfungsmythos von der Erschaffung der Erde als unerschütterlichem Glaubenssatz für sehr lange Zeit im Keim erstickt. Evolutionäre Ansichten wurden durch die katholische Kirche als umstürzlerisch und gotteslästerlich erachtet und massiv unterdrückt. Dennoch kamen immer wieder Spekulationen auf. Der französische Naturforscher Georges Buffon (1707–1788) stellt den Einfluss der Umwelt bei der Abänderung der Erscheinungsform von Tieren heraus. Er schätzte das Alter der Erde auf 70.000 Jahre.

Im ersten Kapitel haben wir Darwins Evolutionstheorie als einen der Tragpfeiler der Biologie vorgestellt. Charles Darwin und sein Zeitgenosse Alfred Wallace (▶ Abbildung 6.1) waren die Ersten, die Evolution als aussagefähige wissenschaftliche Theorie etablierten und zur Blüte trieben. Heute kann die unbestreitbare Realität der biologischen Evolution nur durch die Aufgabe jeglicher Vernunft infrage gestellt oder gar verleugnet werden. Wie der englische Biologe Julian Huxley feststellte: „Charles Darwin hat durch die Etablierung der Tatsachen und der Einsicht in die Mechanismen der biologischen Evolution die radikalste aller Revolutionen des menschlichen Denkens ausgelöst, größer noch als die von Einstein oder Newton ausgegangenen Umbrüche." Die Darwin'sche Theorie hilft uns nicht nur die Genetik ganzer Populationen zu verstehen, sie erklärt ebenso die in der Fossilgeschichte dokumentierten langfristigen Tendenzen und Entwicklungslinien. Darwin und Wallace waren jedoch nicht die Ersten, welche die Idee einer biologischen Evolution in Betracht gezogen haben. Diese Vorstellung blickt vielmehr auf eine lange Geschichte zurück. Wir wollen daher einen Abriss der Geschichte des evolutionären Denkens, das Darwin zur Formulierung seiner Theorie führte, geben. Dabei werden wir die stützenden Beweise ebenso berücksichtigen wie die Veränderungen, welche die Theorie seit ihrer ursprünglichen Konzeption erfahren hat, und die zur heute gültigen „synthetischen Theorie der Evolution" geführt haben.

Der Lamarckismus: Der erste wissenschaftliche Erklärungsversuch der Evolution

Der französische Biologe Jean de Lamarck (1744–1829, ▶ Abbildung 6.2) ist der Autor der ersten vollständigen Erklärung für die Evolution, die er 1809 – Darwins Geburtsjahr – vorlegte. Er konnte überzeugend darlegen, dass Fossilien die Überreste ausgestorbener Lebewesen sind. Der von Lamarck vorgeschlagene Evolutionsmechanismus, die **Vererbung gerichteter, erworbener Merkmale**, war von verführerischer Einfachheit: Organismen erwerben als Folge ihres Bemühens, den Anfor-

6 Organismische Evolution

Abbildung 6.2: Jean de Lamarck (1744–1829), der französische Naturforscher, der den ersten wissenschaftlichen Erklärungsversuch für die Evolution vorstellte. Lamarcks Hypothese, dass Evolution sich auf Vererbung erworbener Eigenschaften gründe, wurde in der Folge widerlegt und durch erfolgreichere neodarwinistische Theorien ersetzt.

derungen der Umwelt gerecht zu werden, Anpassungen, die sich auf dem Weg der Vererbung an ihre Nachkommen weitergeben. Nach dem Lamarck'schen Modell evolvierte die Giraffe ihren langen Hals, weil ihre Vorfahren ihre Hälse nach hoch hängender Nahrung ausstreckten und den so mit der Zeit verlängerten Hals an ihre Nachfahren weitervererbten. Über viele Generationen hinweg hätten sich diese Veränderungen akkumuliert und so schließlich zu den langen Hälsen moderner Giraffen geführt.

Lamarcks Konzept der Evolution wird als **transformatorisch** bezeichnet, weil Lamarck behauptete, dass einzelne Organismen ihre Merkmale gerichtet (also quasi mit Vorsatz) verändern, um eine evolutive Änderung herbeizuführen. Heute werden transformatorische Theorien abgelehnt, weil genetische Untersuchungen gezeigt haben, dass Eigenschaften, die ein Lebewesen im Laufe seines Lebens erworben hat (etwa starke, gut trainierte Muskeln) nicht an die Nachfahren vererbt werden. Man beachte, dass dies tatsächlich nur eingeschränkt richtig ist. Im Laufe eines Lebens erworbene Mutationen, die beispielsweise die Krebsentstehung stark fördern, können, so sie in die Keimbahn Eingang finden, sehr wohl an die Nachfahren übergehen. So können dann sowohl Eltern wie Nachkommen an einer gegebenen erworbenen Krankheit leiden. Ein weiteres Beispiel sind sich in das Genom integrierende Retroviren wie das AIDS-Virus HIV, das ebenfalls als erworbene Mutation vererbt werden kann. Darwins Konzept der Evolution unterscheidet sich von Lamarcks darin, dass es sich um eine **variatorische Theorie** handelt, die sich wesentlich auf die Verteilung genetischer Vielfalt in Populationen stützt. Evolutive Veränderungen werden durch das differenzielle Überleben und die Vermehrung von Organismen bewirkt, die sich in ihren erblichen Merkmalen unterscheiden, nicht durch die Vererbung erworbener Eigenschaften.

Charles Lyell und der Uniformitarismus

Der Geologe Charles Lyell (1797–1875, ▶ Abbildung 6.3) etablierte in seinem Werk *Principles of Geology* aus dem Jahr 1833 die Prinzipien des Uniformitarismus. Dem Uniformitarismus liegen zwei wichtige Prinzipien zugrunde: (1) die Annahme, dass die Gesetze der Physik und der Chemie zeitlich unveränderlich sind, also während der gesamten Erdgeschichte dieselben waren, und (2) dass die in der Vergangenheit abgelaufenen Naturvorgänge durch die gleichen Naturprozesse geprägt worden sind wie die heute stattfindenden. Lyell konnte aufzeigen, dass die Kräfte der Natur, wenn sie über lange Zeiträume einwirken, die Bildung von Gesteinen, in denen Fossilien vorkommen, erklären kann. Lyells geologische Studien führten ihn zu dem Schluss, dass das Alter der Erde in Jahrmillionen gemessen werden muss. Die von ihm aufgestellten Prinzipien und Erkenntnisse waren von Bedeutung für die Diskreditierung und Widerlegung wunder- und abergläubischer Pseudoerklärungen der Naturgeschichte, sowie deren Verdrängung durch solide wissenschaftliche Erklärungen. Lyell

Abbildung 6.3: Charles Lyell (1797–1875), englischer Geologe und Freund Darwins. Sein Buch „Principles of Geology" beeinflusste Darwin während seiner prägenden Jahre als Naturforscher stark. Die hier abgedruckte Fotografie stammt aus dem Jahr 1856.

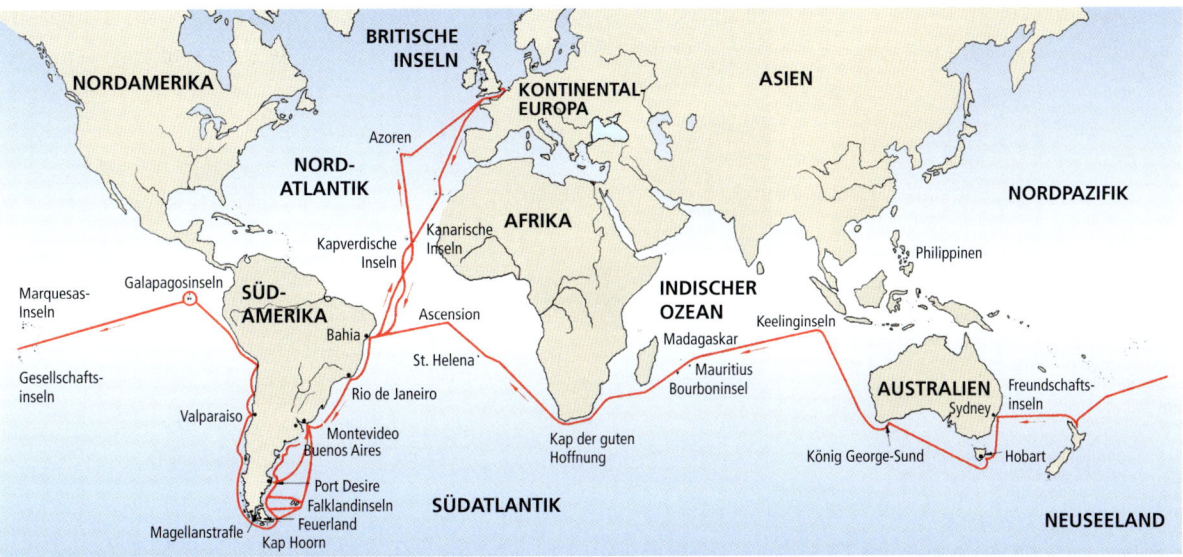

Abbildung 6.4: Charles Darwins Entdeckungsreise. Verlauf der fünfjährigen Forschungs- und Vermessungsreise der HMS Beagle.

betont außerdem die graduelle Natur geologischer Veränderungen über die Zeit, und er vertrat die Ansicht, dass es keine immanente Tendenz dafür gäbe, dass sich solche Veränderungen in irgendeiner besonderen Reihenfolge oder Richtung vollziehen. Beide Hypothesen Lyells hinterließen tiefe Eindrücke in Darwins Denken und der später von ihm formulierten Theorie der Evolution.

6.1.2 Darwins große Entdeckungsreise

„Nachdem sie zweimalig durch schwere, südwestliche Sturmböen zurückgetrieben worden war, segelte Ihrer Majestät Schiff Beagle – eine mit zehn Kanonen bestückte Brigg unter dem Kommando von Kapitän Robert Fitzroy von der königlichen Marine – am 27. Dezember 1831 von Devonport aus ab." Mit diesen Worten beginnt Darwins eigener, in Buchform erschienener, Bericht seiner historischen, fünf Jahre dauernden Reise auf der Beagle, die ihn um die ganze Welt führte (▶ Abbildung 6.4). Darwin, noch nicht 23 Jahre alt, war ausgewählt worden, die Mannschaft der Beagle – eines kleinen Schiffes von nur 30 Metern Länge – als Naturforscher zu vervollständigen (▶ Abbildung 6.5). Unter dem Kommando des Marineoffiziers Fitzroy sollte das Schiff die südamerikanische Küste vermessen und dann in den Pazifik segeln. Es sollte eine der bedeutendsten – vielleicht die bedeutendste von allen – Entdeckungsreisen des 19. Jahrhunderts werden.

Während der von 1831 bis 1836 dauernden Reise hielt Darwin eine nie ganz zum Erliegen kommende Seekrankheit und das unbeherrschte Temperament des autoritären Kapitäns Fitzroy aus. Darwins starke, von seiner relativen Jugend geprägte, körperliche Konstitution und das frühere Training als Naturkundler wappneten ihn für die bevorstehenden Aufgaben. Die Beagle lief während ihrer Vermessungsfahrt an der südamerikanischen Küste entlang zahlreiche Häfen an. Darwin führte ausgedehnte Exkursionen durch, um Proben zu sammeln und Beobachtungen der Flora und Fauna dieser Gebiete zu machen. Auf See sammelte er Proben aus dem Meer. An Land grub er zahlreiche Fossilien von lange ausgestorbenen Tieren aus. Dabei fiel ihm die Ähnlichkeit von Fossilien der südamerikanischen Pampa mit solchen aus Nordamerika auf. In den Anden fand er im Gestein eingebettete Muschelschalen in mehr als 4000 m Höhe. Er wurde Zeuge eines schweren Erdbebens und sah mit eigenen Augen Bergstürze, die unablässig die Erde abtrugen. Diese selbstgemachten Beobachtungen bestärkten seine Überzeugung, dass die Kräfte der Natur für das geologische Erscheinungsbild der Erde verantwortlich sind.

Mitte September 1835 erreichte die Beagle die Galapagosinseln – ein Inselarchipel vulkanischen Ursprungs, das rund 1000 km vor der Küste von Ecuador auf Höhe des Äquators liegt (Abbildungen 6.4 und ▶ 6.6). Der Bekanntheitsgrad, den die Inselgruppe erlangt hat, beruht auf ihrer Fremdartigkeit. Die Inseln unterscheiden sich von allen anderen Inseln der Erde. Manche Besucher werden von einem Gefühl der Ehrfurcht und des Staunens übermannt, andere von einem der Niedergeschlagenheit und des Verlassenseins. Von wechselhaften Strömungen umspült, von Küsten zerklüfteter Lava, auf der gerippeartiges Buschwerk von der sengenden Äquator-

6 Organismische Evolution

(a) (b)

Abbildung 6.5: **Charles Darwin und das Forschungsschiff Beagle.** (a) Darwin im Jahr 1840, vier Jahre nach seiner Rückkehr von seiner fünf Jahre währenden Weltumsegelung. Als das Bild entstand war Darwin 31 Jahre alt. Im Jahr zuvor hatte Darwin seine Cousine Emma Wedgwood (Mitglied einer reichen Dynastie von Porzellanfabrikanten) geheiratet. (b) Das Vermessungs- und Forschungsschiff Beagle bei der Durchsegelung des nach dem Schiff benannten Beaglekanals vor der feuerländischen Küste an der Südspitze Südamerikas im Jahr 1833. Das Aquarell wurde von Conrad Martens gemalt, einem der beiden offiziellen Illustratoren während der Reise der Beagle.

sonne dörrt, umsäumt, von seltsamen Reptilien und von der ecuadorianischen Regierung Verurteilten bewohnt, hatten die Inseln unter den Seefahrern nur wenige Bewunderer. Um die Mitte des 17. Jahrhunderts war die Inselgruppe den spanischen Weltumseglern bereits als Las Islas Galapagos (die Schildkröteninseln) bekannt. Die Riesenschildkröten, die zuerst von ausgesetzten Meuterern, später von den Besatzungen britischer und amerikanischer Walfang- und Kriegsschiffe als Nahrung genutzt wurden, waren der Hauptanziehungspunkt der Inseln. Zur Zeit von Darwins Besuch auf den Inseln waren die Bestände der Riesenschildkröten schon stark dezimiert.

Während des fünfwöchigen Aufenthaltes der Beagle, begann Darwin – nach viereinhalb Jahren auf dem Schiff – auf den Galapagosinseln seine ganz eigene Vorstellung von der Evolution des Lebens auf der Erde zu entwickeln. Seine Beobachtungen der Riesenschildkröten, der Meereseidechsen, der Spottdrosseln und der nach ihm benannten Darwinfinken aus erster Hand trugen ausnahmslos zu diesem Wendepunkt in Darwins Gedankenwelt bei.

Darwin fiel der Umstand ins Auge, dass die Galapagosinseln und die Kapverdischen Inseln, die er zu einem früheren Zeitpunkt seiner Seereise mit der Beagle besucht hatte, klimatisch und topografisch ähnlich waren, sich aber in der Flora und Fauna total unterschieden. Er erkannte, dass die Pflanzen und Tiere der Galapagosinselgruppe denen Südamerikas ähnlich sind, sich aber nichtsdestotrotz ökologisch und in Bezug auf adaptive Merkmale von diesen unterschieden. Die einzelnen Inseln beherbergten oftmals eigenständige, endemische Arten, die auf anderen Inseln vorkommenden Formen ähnlich, aber von diesen unterscheidbar waren. Kurz gesagt, mussten die Lebensformen der Galapagosinseln in Südamerika entstanden sein und danach unter dem Einfluss der verschiedenen Umweltbedingungen auf den diversen Inseln Modifikationen erfahren haben. Darwin kam zu dem Schluss, dass die Lebensformen weder durch einen übernatürlichen Schöpfungsakt entstanden, noch unveränderlich sind. Sie waren tatsächlich vielmehr Produkte einer Evolution. Obwohl Darwin in seinem monumentalen Buch über den Ursprung der Arten *(On the origin of species)*, das er mehr als 20 Jahre später

Abbildung 6.6: **Die Galapagosinseln.** Blick vom Rand eines Vulkans.

nach einer gründlichen Auswertung des Probenmaterials veröffentlichte, den Galapagosinseln nur wenige Seiten widmet, waren die dort gemachten Beobachtungen des einzigartigen Charakters der Tiere und Pflanzen der Schildkröteninseln nach eigenen Worten „der Ursprung aller meiner Ansichten".

Am 2. Oktober 1836 erreichte die Beagle wieder englischen Boden. Darwin blieb in England und verwendete den Rest seines wissenschaftlichen Lebens auf die Auswertung der Fahrt und der Entwicklung seiner Theorien (▶ Abbildung 6.7). Der größte Teil von Darwins umfangreichen Sammlungen war ihm vorausgeeilt (er hatte in diversen Häfen Teile davon nach England vorgeschickt, da auf dem Schiff nicht genug Stauraum zur Verfügung stand). Dasselbe gilt für die zahlreichen Notiz- und Tagebücher. Darwins Reisebericht wurde drei Jahre nach der Rückkehr der Beagle nach England veröffentlicht. Es wurde zu einem unmittelbaren Erfolg und erlebte noch im Jahr der Erstveröffentlichung zwei weitere Auflagen. In späteren Auflagen hat Darwin umfangreiche Änderungen eingearbeitet und gab dem Werk den Titel „Die Reise der Beagle" *(The Voyage of the Beagle)*. Der faszinierende Bericht seiner Reiseerlebnisse und Beobachtungen ist in einem klaren, fesselnden Stil verfasst, der das Werk zu einem populären Dauerbrenner der Reiseliteratur hat werden lassen.

Seltsamerweise ist das Hauptprodukt von Darwins epischer Reise, die Theorie der Evolution, erst über 20 Jahre nach seiner Rückkehr in gedruckter Form erschienen. 1838 hatte Darwin zufällig und „zum Vergnügen" einen Aufsatz über Populationen von T. Malthus (1766–1834, britischer Ökonom und Philosoph) gelesen, in dem dieser festgestellt hat, dass Pflanzen- wie Tierpopulationen einschließlich der des Menschen die Tendenz haben, bis zu einem Punkt anzuwachsen, an dem die Kapazität der Umwelt, die Population zu ernähren, völlig erschöpft ist. Darwin hatte bereits Informationen über die künstliche Zuchtwahl von domestizierten Tieren in der Obhut des Menschen zusammengetragen. Nachdem er Malthus' Artikel gelesen hatte, wurde Darwin bewusst, dass ein Vorgang in der Natur, ein „Kampf ums Überleben", aufgrund der herrschenden Überbevölkerung eine treibende Kraft bei der Evolution wild lebender Arten sein könnte.

Er erlaubte dieser Idee, in seinen Gedanken Gestalt anzunehmen, bis er sie 1844 in einem unveröffentlichten Aufsatz niederlegte. Im Jahr 1856 begann Darwin schließlich, seine umfangreichen Daten in einem umfassenden Werk über den Ursprung von Arten zusammenzufassen. Er ging von der Erwartung aus, vier Bände zu verfassen – also ein sehr umfangreiches Werk – das „so perfekt, wie ich es nur machen kann" werden sollte. Seine Pläne sollten jedoch durch eine unerwartete Wende in eine andere Bahn gelenkt werden.

1858 erreichte ihn ein Manuskript, das ihm von Alfred Wallace (1823–1913) – einem in Malaysia tätigen englischen Naturforscher – mit dem er in brieflichem Kontakt stand, zugeschickt worden war. Darwin war starr vor Erschütterung, als er in diesem Manuskript auf wenigen Seiten zusammengefasst die Hauptpunkte der Theorie der natürlichen Selektion niedergelegt fand, an der er selbst seit zwei Jahrzehnten arbeitete. Statt seine eigene Darstellung zugunsten Wallace's zurückzuhalten, wurde er von Freunden – dem Botaniker Joseph Hooker und dem Geologen Lyell – dazu überredet, seine eigenen An- und Einsichten in einer kurzen Bekanntmachung der Öffentlichkeit vorzustellen, die zusammen mit Wallace's Aufsatz in derselben Ausgabe des Journal of the Linnean Society erscheinen sollte. Teile beider Abhandlungen wurden am 1. Juli 1858 einem unbeeindruckten Publikum vorgelesen.

Für ein weiteres Jahr arbeitete Darwin mit Hochdruck an der Vorbereitung einer „einleitenden Zusammenfassung" des geplanten vierbändigen Werkes. Dieses Buch wurde im November 1859 unter dem Titel *On the Origin of Species by Means of Natural Selection, or the Preservation of Favoured Races in the Struggle for Life* („Über die Entstehung der Arten durch natürliche Zuchtwahl oder Die Erhaltung der begünstigten Rassen im Kampf ums Dasein"). Die 1250 Exemplare des Erst-

Abbildung 6.7: **Darwins Arbeitszimmer in seinem Anwesen Down House in Kent (England).** Es ist bis heute so erhalten, wie zu der Zeit, als Darwin an seinem Buch *On the Origin of Species* schrieb.

6 Organismische Evolution

> **Exkurs**
>
> „Wann immer mir auffiel, dass mir ein Fehler unterlaufen war, oder dass es meiner Arbeit an Perfektion fehlte, und wenn ich von Kritikern verächtlich niedergemacht wurde, und sogar wenn ich übermäßig gelobt worden bin, fühlte ich mich beschämt. Dann war es mein größter Trost, mir selbst hunderte Male zu sagen: ‚Ich habe so hart und so gut gearbeitet, wie ich konnte, und niemand kann mehr tun als das!'" Charles Darwin, in seiner Autobiografie des Jahres 1876.

drucks waren noch am Tage der Veröffentlichung ausverkauft! Das Werk trat augenblicklich eine Lawine los, die niemand erwartet hatte und die immer noch nicht wirklich zur Ruhe gekommen ist. Darwins Ansichten sollten außerordentliche Konsequenzen für das wissenschaftliche Denken und religiöse Glaubensvorstellungen haben und sich einen sicheren Platz unter den größten intellektuellen Errungenschaften aller Zeiten erobern.

Nachdem Darwins charakterlich bedingte Vorsicht durch die Veröffentlichung des „Ursprungs der Arten" überwunden worden war, trat er in eine unglaublich produktive Phase evolutionären Denkens und Schaffens ein, welche die nächsten 23 Jahre anhalten sollte. Dabei brachte er Buch über Buch hervor und erwies sich überdies als außerordentlich geschickter Schriftsteller. Darwins Leben endete am 19. April 1882. Er wurde in der Westminsterabtei neben Isaac Newton beigesetzt. Das kleine Forschungsschiff Beagle war bereits 1870 außer Dienst gestellt und zum Schrottwert verkauft worden. Wäre sie erhalten geblieben, wäre sie heute zweifellos ein Museum und ein anerkanntes Kulturerbe.

Die Darwin'sche Evolutionstheorie: Die Beweise

6.2.1 Beständiger Wandel

Die Hauptprämisse, die der Darwin'schen Evolution zugrunde liegt, besagt, dass der belebte Teil der Welt weder beständig noch einem immerwährenden, gleichbleibenden Zyklus unterworfen ist, sondern sich fortwährend verändert. Der unablässige Wandel der Form und der Vielfalt des tierischen Lebens im Verlauf ihrer sechs- bis siebenhundert Millionen Jahre währenden Geschichte lässt sich am unmittelbarsten an der fossilen Überlieferung ablesen. Ein **Fossil** (= eine *Versteinerung*) ist ein Überbleibsel vergangenen Lebens aus den Sedimentschichten der Erdkruste (▶ Abbildung 6.8). Einige Fossilien bestehen aus kompletten Tieren (in Bernstein eingeschlossene Insekten oder tiefgefrorene Mammuts und Ähnliches), andere sind nicht verrottbare Hartgebilde wie Zähne und Knochen oder versteinerte Skelettstücke, die durch Einlagerung von Kieselsäure oder anderer Mineralien petrifiziert (= versteinert) wurden (gr. *petros*, Stein). Weitere Mineralien sind die Schalen oder Panzer von Tieren (Muschelschalen, Ostracodermen, Tritonshörner usw.). Eine weitere Klasse von Fossilien bilden Abdrücke, die Tiere hinterlassen haben. Dies können Abdrücke des toten Körpers (wie beim Urvogel Archaeopteryx; siehe Kapitel 27), Fußabdrücke oder ähnliches in weichem Untergrund sein. Schließlich gibt es fossilierte Exkremente (Koprolithe; gr. *kopros*, Kot, Exkrement + *lithos*, Stein). Über die Dokumentierung der organismischen Evolution hinaus, lassen sich an Fossilien weiterhin auch tiefgreifende Veränderungen in der irdischen Umwelt ablesen, einschließlich weitreichender Umverteilungen von Land und Meer. Da viele Lebewesen keine fossilen Überreste hinterlassen haben, ist eine vollständige Erfassung und Rekonstruktion der Entstehung des Lebens vergangener Erdepochen jenseits unserer Möglichkeiten. Nichtsdestotrotz erweitern die Entdeckung neuer Fossilien und die Neuinterpretation schon bekannter auf der Grundlage neuer Erkenntnisse unser Wissen darum, wie die Form und Vielfalt von Tieren, Pflanzen und ganzen Ökosystemen sich über die unfassbar langen Zeiten erdgeschichtlicher Epochen entwickelt und verändert haben.

> **Exkurs**
>
> Fossile Überreste können in seltenen, glücklichen Fällen auch von Weichgeweben existieren, die so gut erhalten sein können, dass selbst Zellorganellen noch im Mikroskop identifizierbar sind! So findet man häufig in Bernstein – fossiliertem Baumharz – eingebettete Insekten. Rund um die Ostseeküste ist Bernstein häufig und wird an manchen Stellen halbindustriell gefördert. Bei einer Untersuchung einer 40 Millionen Jahre alten Fliege, die in einem Stück Bernstein eingeschlossen war, erbrachte die mikroskopische Untersuchung anatomische Strukturen, die sich als Muskelfasern, Zellkerne, Ribosomen, Lipidtröpfchen, endoplasmatisches Reticulum und Mitochondrien identifizieren ließen (Abbildung 6.8 d). Dieser extreme Fall einer perfekten Mumifizierung gelang vermutlich deshalb, weil Stoffe mit konservierender Wirkung, die im Harz der Pflanze enthalten waren, über die Tracheen in den Körper des Insekts eindrangen und sich in den Geweben verteilten – eine Art natürliche „Einbalsamierung" der Fliege.

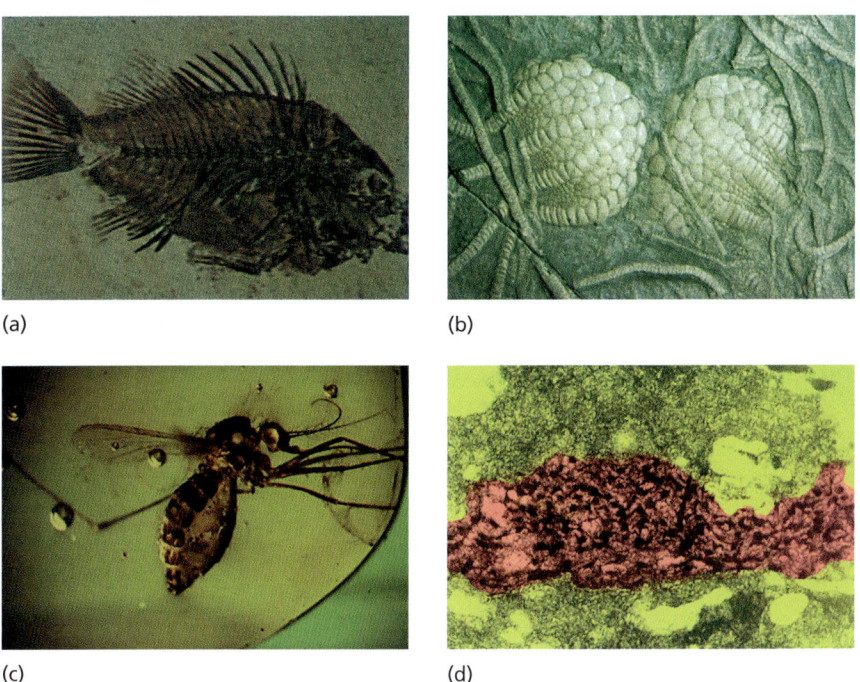

Abbildung 6.8: Vier Beispiele für Fossilfunde. (a) Fossilierter Fisch aus der Green River-Formation Wyomings (USA). Fische dieser Art schwammen dort in der erdgeschichtlichen Epoche des Eozäns (vor 55 bis 33,5 Millionen Jahren; Teil des Alttertiärs). (b) Bestielte Crinoideen (Klasse der Haarsterne (Classis Crinoidea); siehe Kapitel 22: Stachelhäuter) in 85 Millionen Jahre altem Gestein der Kreidezeit (vor 142 bis 65 Millionen Jahren). Aus der Fossilgeschichte dieser Echinodermen ist abzulesen, dass sie ihre Blütezeit Jahrmillionen zuvor erlebt hatten und bis zur Gegenwart einen langsamen Niedergang erleben. (c) Ein versteinertes Insekt, das sich vor 40 Millionen Jahren – zur Zeit des Eozäns – in Baumharz verfangen hat, der sich in der Folge zu Bernstein verhärtet (fossiliert) hat. (d) Elektronenmikroskopische Aufnahme eines Gewebeschnittes einer Fliege, die unter Bedingungen wie in (c) gezeigt, fossiliert (versteinert) worden ist. Der Zellkern ist zur besseren Erkennbarkeit rot unterlegt.

Die Interpretation der Fossilgeschichte

Die Fossilgeschichte ist lückenhaft, da die Erhaltung der verschiedenen Lebensformen selektiv und ungleichmäßig geschieht. Skelettteile von Wirbeltieren, Schalen und andere Hartgebilde von Wirbellosen haben sich am besten erhalten (Abbildung 6.8). Tiere mit vollständig weichen Körpern wie Quallen und die meisten Würmer wurden nur unter besonderen ungewöhnlichen Umständen versteinert. Ein Beispiel für das Zusammentreffen solcher, für den Paläontologen höchst glücklicher Umstände ist der Burgess-Ölschiefer in der kanadischen Provinz British Columbia (▶ Abbildung 6.9). Außerordentlich günstige Faktoren für eine Fossilierung sind auch für die Entstehung der präkambrischen Fossillagerstätten Südaustraliens, die Teergruben von Rancho La Brea (Hancock Park, Los Angeles, USA), die großen Dinosaurierfundstätten in Alberta (Kanada) und Jensen (Utah, USA; ▶ Abbildung 6.10), die Olduvai-Schlucht in Tansania in Ostafrika und die Ausgrabungsstätten von Yunnan und Lianoning in China verantwortlich.

Fossilien finden sich im Sedimentgestein, schichtweisen Ablagerungen, bei denen jüngere Schichten älteren aufliegen. Falls die Lagerstätte geologisch ungestört ist, was selten der Fall ist, und die Abfolge der Sedimentschichten in der Reihenfolge der Ablagerung erhalten geblieben ist, ist das Alter eines Fossils direkt proportional zur Tiefe, in der die Schicht liegt, die das Fossil beherbergt. Bestimmte, weitverbreitete Wirbellose des Meeres einschließlich verschiedener Foraminiferen (Kapitel 11) und Echinodermen (Kapitel 22) sind so gute und verlässliche Indikatoren bestimmter erdgeschichtlicher Perioden, so dass sie als **Leitfossilien** bezeichnet und zur Datierung von Sedimenten herangezogen werden. Unglücklicherweise sind die Gesteinsschichten für gewöhnlich geneigt oder gar gefaltet, oder sie zeigen Verwerfungen. Alte Ablagerungen, die durch Erosion freigelegt wurden, können in der Folge durch neue Ablagerungen aus einer ganz anderen geologischen Epoche wieder verschüttet worden sein. Wenn Sedimentgesteine tief in das Erdinnere gelangen, können sie durch die Einwirkung großen Drucks und hoher Temperaturen umgewandelt werden. Man spricht dann von metamorphen Gesteinen. Auf diese Weise entstehen etwa Marmor oder Schiefer. Bei dieser Gesteinsumwandlung werden eingebettete Fossilien zerstört.

6 Organismische Evolution

Abbildung 6.9: Der Burgess-Ölschiefer in der kanadischen Provinz British Columbia. (a) Fossile Trilobiten in einer freigelegten Schicht der Burgess-Ölschieferformation (Britisch-Kolumbien, Kanada). (b) Tiere des Kambriums (vor 545 bis vor 495 Millionen Jahren) aus der Zeit von vor 580 Millionen Jahren (nach der neuesten geologischen Zeiteinteilung dem Neoproterozoikum III zugerechnet). Rekonstruktion nach Fossilien der Burgess-Ölschieferformation. (c) Schlüssel zur Zeichnung der Burgess-Ölschieferformation. *Amiskwia* (1), aus einem ausgestorbenen Stamm; *Odontogriphus* (2), aus einem ausgestorbenen Stamm; *Eldonia* (3), möglicherweise ein Echinoderme; *Halichondrites* (4), ein Schwamm; *Anomalocaris canadensis* (5), aus einem ausgestorbenen Stamm; *Pikaia* (6), ein frühes Chordatier; *Canadia* (7), ein Polychaet; *Marrella splendens* (8), ein einmaliger Arthropode; *Opabinia* (9), aus einem ausgestorbenen Stamm; *Ottoia* (10), ein Priapulide; *Wiwaxia* (11), aus einem ausgestorbenen Stamm, *Yohoia* (12), ein einmaliger Arthropode; *Xianguangia* (13), ein anemonenähnliches Lebewesen; *Aysheaia* (14), ein Onychophore oder aus einem ausgestorbenen Stamm; *Sidneyia* (15), ein einmaliger Arthropode; *Dinomischus* (16), aus einem ausgestorbenen Stamm; *Hallucigenia* (17), aus einem ausgestorbenen Stamm.

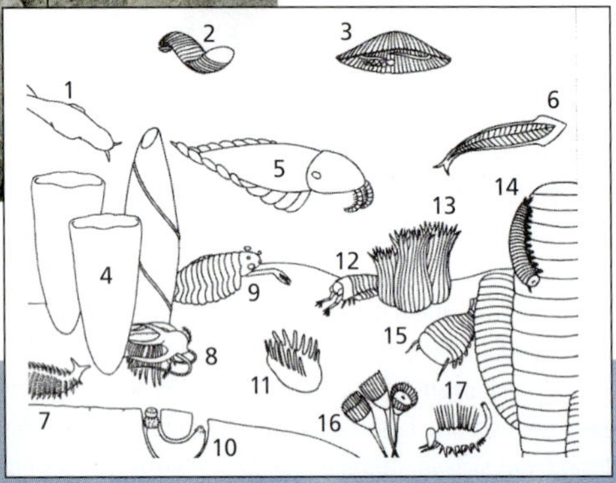

Die geologische Zeit

Lange, bevor man das tatsächliche Alter der Erde kannte, erstellten die Geologen eine Tafel ihrer Geschichte mit einer Tabelle aufeinanderfolgender Ereignisse. Die Zuordnung und Festlegung der Reihenfolge basiert auf der Anordnung von geordneten Sedimentschichten. Das „stratigrafische Gesetz" führte zur Schaffung einer relativen Datierung mit den ältesten Schichten zuunterst und den erdgeschichtlich jüngsten zuoberst in der Schichtenfolge. Die erdgeschichtliche Zeit wurde in erdgeschichtliche Zeiteinheiten (Äonen, Ären, Perioden und Epochen) untergliedert, die eine geologische Zeitskala ergeben. Beispielsweise wird die Jetztzeit in dieser geologisch-paläontologischen Hierarchie durch die Zeitalter des Phanerozoikums, des Känozoikums (Erdneuzeit), des Quartärs (Eiszeitalter) und Holozäns (gr. *holos*, ganz, total + *kainos*, neu) gekennzeichnet.

In den späten 40er-Jahren des letzten Jahrhunderts wurden radiometrische Datierungsmethoden entwickelt, mit denen sich durch Ermittlung der relativen Gehalte radioaktiver Isotope das absolute Alter von Gesteinen feststellen ließ. Heute werden mehrere Methoden unabhängig voneinander eingesetzt, die sich alle auf den radioaktiven Zerfall von natürlich vorkommenden Atomkernen in andere stützen. Diese „radioaktive Uhr" ist unabhängig von der Temperatur, dem Druck oder sonstigen geophysikalisch bedeutsamen Parametern und daher von den oftmals katastrophalen Aktivitäten unserer Erde, die den Planeten umgestalten, unbeeinflusst.

Eine dieser methodischen Varianten, die Kalium/Argon-Datierung misst den Zerfall von ^{40}K (Kalium–40) zu ^{40}Ar (Argon–40), das 12 Prozent der Zerfallsprodukte ausmacht, und ^{40}Ca (Calcium 40), das 88 Prozent der Zerfallsprodukte des radioaktiven Kaliums ausmacht. Die Halbwertszeit von ^{40}K beträgt 1,3 Milliarden Jahre; die Menge an ^{40}K in einem Gestein verringert sich also alle 1,3 Milliarden Jahre auf die Hälfte. Der Zerfall setzt sich fort, bis sämtliches ^{40}K zu Argon oder Calcium zerfallen ist. Um das Alter einer Gesteinsprobe zu ermitteln, berechnet man das Verhältnis von Atomen des Isotops ^{40}K zu der Menge an ^{40}Ar und ^{40}Ca. Zusammengenommen ergibt dies die ursprünglich vorhandene ^{40}K–Menge.

Für Datierungszwecke stehen mehrere solche Isotopen zur Verfügung, von denen einige zur Bestimmung des Alters der Erde selbst herangezogen worden sind. Eine der nützlichsten radioaktiven Uhren (man kann sich die verschiedenen radioaktiven Zerfallsreihen wie eine Reihe von Uhren mit verschieden schnellen Takten

Abbildung 6.10: Ein teilweise ausgegrabenes Dinosaurierskelett aus der Fossilfundstätte Dinosaur Provincial Park in Alberta (Kanada).

vorstellen) ist die Zerfallsreihe des Urans, die zum (stabilen) Blei führt. Mit dieser Methode lassen sich Gesteine von über zwei Milliarden Jahren Alter mit einem Fehler von weniger als ein Prozent datieren.

Die Fossilgeschichte makroskopischer Lebewesen setzt kurz vor dem Kambrium im Erdaltertum (Paläozoikum) ein, vor ungefähr 600 Millionen Jahren. Die Zeit vor dem Kambrium wird als Proterozoikum oder Präkambrium (ein in der Geologie heute zugunsten des erstgenannten zunehmend aufgegebener Begriff) bezeichnet. Obgleich das Präkambrium 85 Prozent der erdgeschichtlichen Vergangenheit umfasst, ist dieser gewaltigen Zeitspanne viel weniger Aufmerksamkeit zuteil geworden als jüngeren Erdzeitaltern. Dies geht zum Teil darauf zurück, dass Erdöl und andere Bodenschätze wie Kohle, die einen kommerziellen Antrieb für einen erheblichen Teil geologischer Arbeiten darstellen, in präkambrischen Formationen nur selten vorkommen. Präkambrische Ablagerungen enthalten gut erhaltene Fossilien von Bakterien (Prokaryonten) und Algen, sowie Abdrücke von Quallen, Schwammkalknadeln, Weichkorallen, segmentierten Plattwürmern und Bohrgängen von Würmern. Die meisten, aber nicht alle, sind mikroskopische Fossilien.

Evolutive Tendenzen

Die Fossilgeschichte erlaubt es uns, evolutive Veränderungen auf der größtmöglichen Zeitskala zu betrachten. Lebensformen tauchen im der durch die fossile Überlieferung festgehaltenen Erdgeschichte wiederholte Male auf und sterben wieder aus. Die durchschnittliche Lebenserwartung einer Tier*art* beträgt zwischen einer und zehn Millionen Jahren (mit einer erheblichen Schwankungsbreite der Werte im Einzelfall). Untersucht man

6 Organismische Evolution

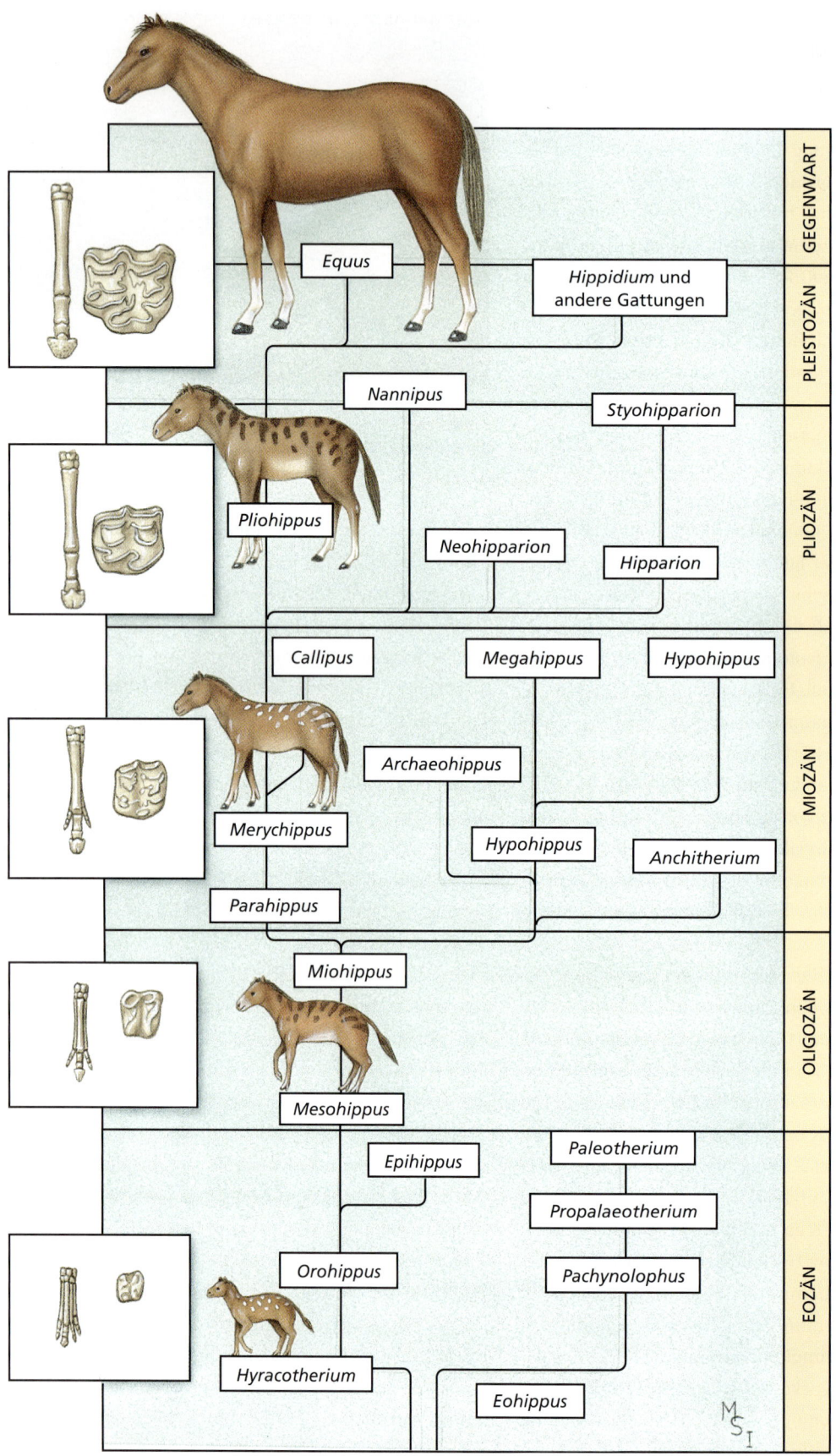

Abbildung 6.11: Eine Rekonstruktion der Gattungen der Pferde vom Eozän bis heute. Die evolutiven Tendenzen zu einer Vergrößerung des Körpers, einer Verfeinerung der Backenzähne und einem Verlust von Zehen werden im Zusammenhang mit einer hypothetischen Genealogie der rezenten und fossil überlieferten Gattungen dargestellt.

das zeitliche Muster des Art- oder Taxonaustausches, so kristallisieren sich erkennbare Tendenzen heraus. Tendenzen sind gerichtete Änderungen der charakteristischen Merkmale oder Diversitätsmuster in einer Gruppe von Organismen. Fossile Tendenzen demonstrieren in klar ersichtlicher Weise Darwins Prinzip des beständigen Wandels.

Ein gut untersuchter und dokumentierter Evolutionstrend ist die Evolution der Pferde vom Eozän (Beginn: vor 55 Millionen Jahren) bis zur Gegenwart. Blicken wir zurück ins Eozän, so stoßen wir auf viele unterschiedliche Gattungen und Arten von Pferden, die im Laufe der Zeit durch andere ersetzt oder verdrängt wurden (▶ Abbildung 6.11). George Simpson (am. Paläozoologe, 1902–1984; Abbildung 10.7) konnte zeigen, dass diese Entwicklungstendenz im Einklang mit der Darwin'schen Evolutionstheorie steht. Die drei Merkmale, die am klarsten den Trend in der Pferdeevolution erkennen lassen sind die Körpergröße, der anatomische Bau des Fußes und die Bezahnung. Im Vergleich zu den heutigen Pferden waren die Vertreter der ausgestorbenen Gattungen kleine Tiere, ihre Zähne hatten verhältnismäßig kleine Kauflächen, und ihre Füße wiesen eine relativ große Zahl von Zehen auf (vier Stück). Im Verlauf der nachfolgenden Erdepochen des Oligozäns (vor 33,5 bis 23,8 Millionen Jahren), des Pliozäns (vor 23,8 bis 5,4 Millionen Jahren) und des Pleistozäns (vor 5,4 bis 1,8 Millionen Jahren) entstanden fortlaufend neue Gattungen, während gleichzeitig vorher bestehende ausstarben. In jedem Fall ging dies mit einer Zunahme der Körpergröße, einer Vergrößerung der Kauflächen der Zähne und einer Verminderung der Zehenzahl einher. In dem Maß, in dem die Zahl der Zehen reduziert wurde, trat der mittlere Zeh immer mehr hervor und blieb als einziger übrig.

Die Fossilgeschichte zeigt nicht nur eine Änderung der körperlichen Merkmale von Pferden, sondern ebenso eine Schwankung in der Zahl der Pferdegattungen und -arten im Verlauf der Zeit. Die zahlreichen Pferdegattungen vergangener Erdepochen sind ausgestorben, nur die Gattung *Equus* hat überdauert. Evolutive Tendenzen in der Vielfalt lassen sich an den Fossilien vieler verschiedener Tiergruppen ablesen (▶ Abbildung 6.12).

An Fossilien ablesbare Tendenzen der Änderung der Artenvielfalt im Laufe der Zeit gehen auf unterschiedliche Artentstehungs- und Aussterberaten zu verschiedenen Zeiten zurück. Warum bringen manche Abstammungslinien eine große Zahl neuer Arten hervor, während gleichzeitig andere nur wenige neue Arten zuwege bringen? Warum erleiden verschiedene Abstammungslinien über evolutive Zeiträume höhere oder niedrigere Aussterberaten (auf der Art-, der Gattungs- oder Familienebene)? Um diese Fragen beantworten zu können, müssen wir uns Darwins anderen vier Theorien zur Evolution zuwenden. Unabhängig davon, welche Antworten wir auf diese Fragen finden werden, belegen die beobachteten Tendenzen der Entwicklung der tierischen Vielfalt klar ersichtlich Darwins Prinzip des beständigen Wandels. Da sich die vier folgenden Darwin'schen Theorien auf die des beständigen Wandels stützen, untermauern und stärken die Beweise für diese nun vorzustellenden Theorien auch Darwins Dogma vom beständigen Wandel.

6.2.2 Gemeinsame Abstammung

Darwin entwickelte die These, dass alle Pflanzen und Tiere von einer Urform abstammen, die als erste den Zustand des Lebendigen erreicht hatte. Die Geschichte des Lebens wird oft in Form eines sich verzweigenden Baumes, eines **Stammbaumes**, dargestellt. Man spricht in diesem Zusammenhang deshalb auch von der Stammesgeschichte der Organismen. Vordarwinsche Evolutionstheoretiker wie Lamarck sprachen sich für eine mehrfache, unabhängig voneinander erfolgte Lebensentstehung aus. Jedes dieser Ereignisse soll nach diesem Modell Abstammungslinien hervorgebracht haben, die sich im Laufe der Zeit verändert hätten, allerdings ohne ausgedehnte Verzweigung. Wie alle erfolgreichen wissenschaftlichen Theorien macht auch die von der gemeinsamen Abstammung mehrere wichtige Vorhersagen, die überprüft werden und so potenziell zur Widerlegung der Theorie führen können. Nach dieser Theorie sollte es prinzipiell möglich sein, die Abstammung aller heutigen Lebensformen zurückzuverfolgen bis auf die Linien mit urtümlichen Abstammungslinien anderer Arten – sowohl rezenten (= lebenden) wie ausgestorbenen – zusammenlaufen.

Wir sollten in der Lage sein, diesen Vorgang weiterzutreiben und in der Zeit weiter zurückzugehen, bis wir auf den gemeinsamen, universellen Urahn allen Lebens auf der Erde treffen. Alle Lebensformen einschließlich vieler ausgestorbener, die tote Zweige des Stammbaumes repräsentieren, setzen irgendwo an diesem Stammbaum an. Obwohl die Rekonstruktion der Geschichte des Lebens auf diese Weise beinahe aussichtslos erscheinen muss, hat sich die Phylogeneseforschung als außerordentlich erfolgreich erwiesen. Wie ist diese schwierige Aufgabe bewältigt worden?

6 Organismische Evolution

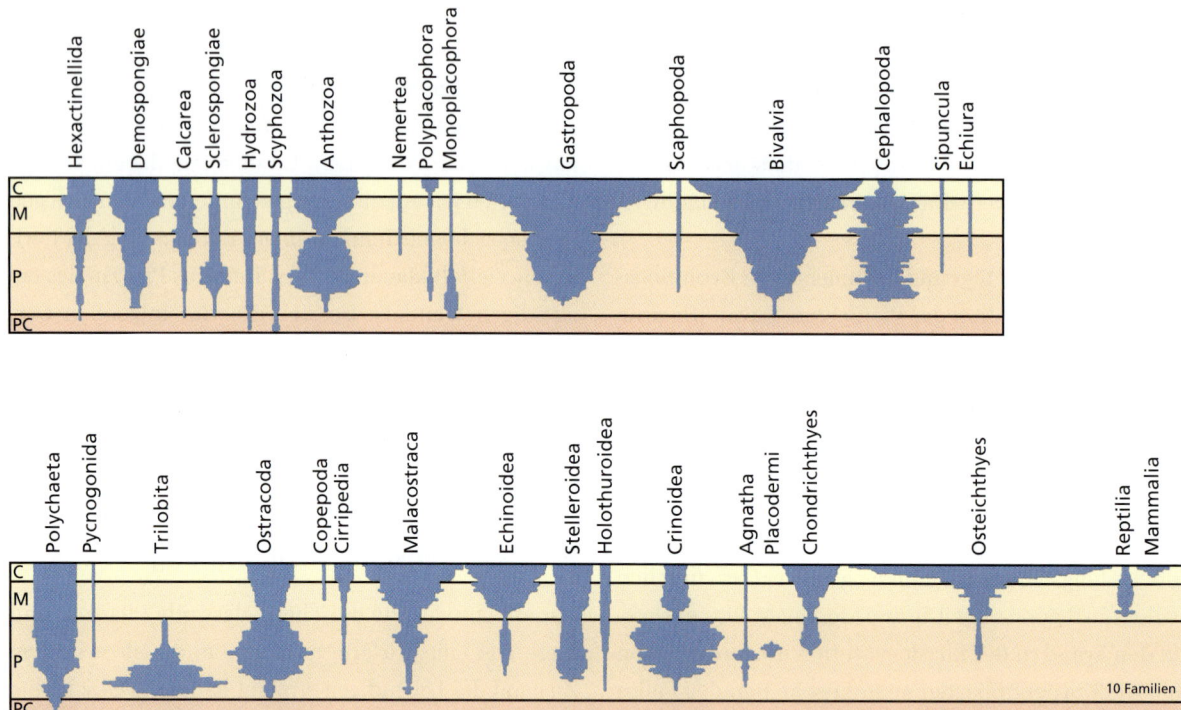

Abbildung 6.12: **Diversitätsprofile taxonomischer Familien verschiedener Tiergruppen in der fossilen Überlieferung.** PC: Präkambrium, P: Paläozoikum, M: Mesozoikum, C: Känozoikum. Die relativen Familienzahlen werden durch die Linienbreite der Profile im zeitlichen Verlauf angezeigt.

Homologie und die phylogenetische Rekonstruktion

Darwin erkannte im Konzept der **Homologien** eine wesentliche Quelle der Erkenntnis für seine Theorie der gemeinsamen Abstammung. Darwins Zeitgenosse Richard Owen (1804–1892) verwendete diesen Begriff, um „das gleiche Organ in unterschiedlichen Organismen in jeder Abwandlung der Form und/oder Funktion" zu bezeichnen. Ein klassisches Beispiel für eine Homologie ist das Gliedmaßenskelett der Wirbeltiere. Die Knochen der Vertebratengliedmaße behalten charakteristische Bau- und Verbindungsmuster bei, ungeachtet vielfältiger Modifizierungen für unterschiedlichste Aufgaben (▶ Abbildung 6.13). Nach Darwins Theorie von der gemeinsamen Abstammung stellen die Bildungen, die man als homolog (zueinander) bezeichnet, Merkmale dar, die mit einem gewissen Maß an Modifikation von einem entsprechenden Merkmal eines gemeinsamen Vorläufers ererbt worden sind. *Homologe Strukturen* besitzen also ungeachtet möglicher funktioneller und baulicher Abweichungen eine gemeinsame Herkunft. *Analoge Strukturen* besitzen ungeachtet einer anderen Herkunft eine Entsprechung in Bau und/oder Funktion.

Darwin widmete ein ganzes Buch – „Die Abstammung des Menschen und die geschlechtliche Zuchtwahl" *(The Descent of Man and Selection in Relation to Sex)* – der damals neuen Idee, dass der Mensch zusammen mit den Menschenaffen und anderen Tieren auf eine gemeinsame Abstammung zurückblickt. Für viele seiner Zeitgenossen im viktorianischen Britannien des 19. Jahrhunderts war diese Vorstellung geradezu abstoßend, und man begegnete ihrem Urheber mit entsprechender Empörung (▶ Abbildung 6.14). Darwin stützte

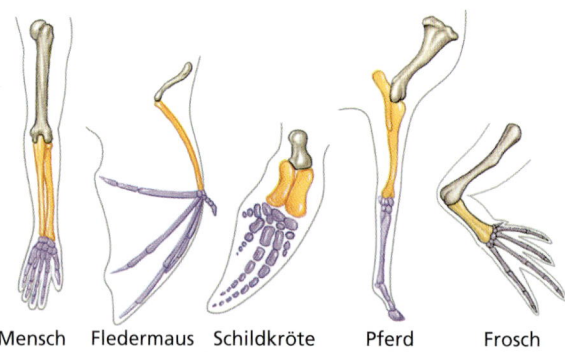

Abbildung 6.13: **Die Vordergliedmaßen von fünf unterschiedlichen Wirbeltieren zeigen Homologien des Skeletts.** Braun: Humerus (Oberarmknochen), orange: Radius und Ulna (Elle und Speiche), lila: Handknochen (Karpale, Metakarpale und Phalangen). Klar erkennbare Homologien der Knochen und ihrer Stellung zueinander sind ungeachtet der evolutiven Modifikation als Anpassung für verschiedene Aufgaben evident.

seine Beweisführung großenteils auf anatomische Vergleiche, die Homologien zwischen dem Menschen und den Menschenaffen offenlegten. Für Darwin gab es für die große Ähnlichkeit zwischen Menschenaffen und Menschen nur eine Erklärung, eine gemeinsame Abstammung.

Durch die gesamte Geschichte aller Lebensformen hindurch haben evolutive Prozesse neue Merkmale erzeugt, die dann an nachfolgende Generationen weitervererbt wurden und werden. Jedesmal, wenn ein neues Merkmal in einer Evolutionslinie in Erscheinung tritt, haben wir den Beginn einer neuen Homologie vor Augen. Die Homologie wird an alle Nachfahren der Abstammungslinie weitergegeben, außer wenn sie in der Folge durch Regression verlorengeht. Das beobachtete Muster gemeinsamer Homologien zwischen Arten liefert die Belege für eine gemeinsame Abstammung und erlaubt uns die Nachbildung der Verzweigungen im Verlauf der evolutiven Geschichte des Lebens zu beschreiben. Wir können eine solche Beweiskette am Beispiel des Stammbaumes einer Gruppe großer, bodenlebender Vögel illustrieren (▶ Abbildung 6.15). In jeder der ab-

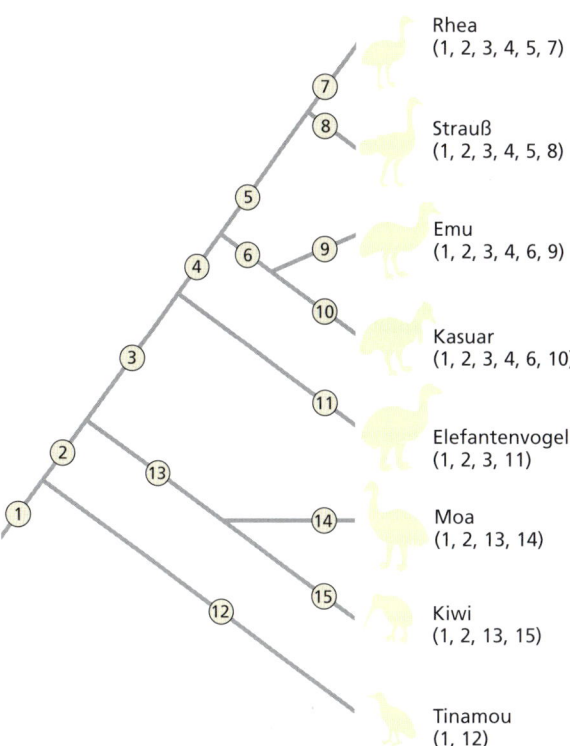

Abbildung 6.14: Ein Werbeplakat für Merchants „Gurgelöl" aus dem Jahr 1873. Es macht sich über Darwins Theorie von der gemeinsamen Abstammung des Menschen und der Affen lustig. Die Theorie konnte sich zu Darwins Lebzeiten in der breiten Öffentlichkeit nur in sehr begrenztem Maß durchsetzen.

Abbildung 6.15: **Beispiel eines phylogenetischen Musters,** spezifiziert durch 15 homologe Bildungen an den Skeletten einer Gruppe flugunfähiger Vögel. Die homologen Merkmale sind von 1 bis 15 nummeriert und sowohl an den Zweigen des Stammbaumes, an denen sie ihren Ursprung haben, wie bei Vögeln, die diese homologen Merkmale zeigen, angegeben. Würde man den Stammbaum ausradieren, könnte man ihn fehlerfrei anhand des Verteilungsmusters der homologen Merkmale, die bei den Vögeln an den Endpunkten der Endverzweigungen angegeben sind, wiederherstellen. Diese Merkmalskombinationen sind ja die Grundlage, auf der der Stammbaum ursprünglich überhaupt erstellt worden ist.

gebildeten Abstammungslinien tritt eine neue skelettale Homologie auf (Beschreibungen der spezifischen Homologien sind nicht aufgeführt, weil sie sehr „technisch" wären und dem Leser an dieser Stelle keinen Gewinn brächten). Die verschiedenen Artengruppen an den Spitzen der Abzweigungen enthalten unterschiedliche Kombinationen dieser Homologien, die Ursprünglichkeit wiederspiegeln. So zeigen beispielsweise die Strauße die Homologien 1–5 + 8, wohingegen die Kiwis die Homologien 1, 2, 13 und 15 zeigen. Die Zweige des Stammbaumes fassen diese Arten in einer **verschachtelten Hierarchie** von Gruppen innerhalb anderer Gruppen zusammen (siehe Kapitel 10). Kleinere Gruppierungen (Arten, die in der Nähe terminaler Verzweigungen zusammengefasst sind) sind in größeren Gruppierungen (Arten, die durch basalere Verzweigungen einschließlich des Stammes des Stammbaumes zusammengefasst sind) als Untergruppen enthalten. Falls wir das Verzweigungsmuster des Stammbaumes ausradieren, das Muster der Homologien, das wir bei rezenten Arten beobachten, aber beibehalten, sind wir in der Lage, das Verzweigungsmuster des gesamten Stammbaumes zu rekonstruieren. Die Evolutionsbiologen stellen die Theorie von der gemeinsamen Abstammung auf die Probe, indem sie die Homologieverteilungen in allen Organismengruppen untersuchen und aufzeichnen. Zusammengenommen ergibt das Gesamtmuster sämtlicher Homologien einen einzelnen, sich verzweigenden Stammbaum, der die evolutive Abstammung aller Lebensformen (rezent wie ausgestorben) ohne Lücken darstellt.

Die verschachtelt-hierarchische Struktur der Homologien ist in der belebten Welt so allgegenwärtig, dass sie die Grundlage unserer systematischen Klassifizierung aller Lebensformen (Arten, die zu Gattungen, Gattungen, die zu Familien, Familien, die zu Ordnungen usw., zusammengefasst werden) bildet. Die hierarchische Klassifizierung ging in der Tat der Darwin'schen Theorie zeitlich sogar voraus, weil die Verhältnisse so augenfällig sind. Nachdem die Vorstellung einer gemeinsamen Abstammung einmal akzeptiert war, begannen die Biologen damit, die anatomischen, ontogenetischen, molekularen und chromosomalen Homologien der verschiedenen Tiergruppen zu erforschen. In der Summe haben die Ergebnisse dieser zahllosen Untersuchungen zu einem verschachtelt-hierarchischen Muster geführt, das die Nachbildung evolutiver Stammbäume vieler Gruppen ermöglicht hat und die Grundlage für die weitere Erforschung anderer liefert. Die Anwendung der Darwin'schen Theorie der gemeinsamen Abstammung zur Rekonstruktion der Evolutionsgeschichte des Lebens und zur Klassifizierung der Tierwelt sind das Thema von Kapitel 10.

Man beachte, dass die frühere evolutionsbiologische Hypothese, dass das Leben mehrfach entstanden sei und dabei unverzweigte Abstammungslinien hervorgebracht habe, lineare Abfolgen evolutiver Veränderungen ohne verschachtelte Hierarchien von Homologien unter den Arten vorhersagt. Da man aber gerade solche verschachtelte Hierarchien von Homologien beobachtet, wurde diese Hypothese mittlerweile zugunsten der Darwin'schen verworfen. Man beachte weiterhin, dass das kreationistische Argument keine wissenschaftliche Hypothese darstellt, da es keine überprüfbaren Vorhersagen über irgendein Muster von Homologien zu machen imstande ist. Eine solche Argumentationslinie ist also weder verifizierbar noch falsifizierbar, nicht entwicklungsfähig und kann somit zu keinem Fortschritt der Erkenntnis führen.

Ontogenese, Phylogenese und Rekapitulation

Unter der Ontogenese versteht man die Individualentwicklung eines Lebewesens über den Verlauf seines gesamten Lebens hinweg. Frühe embryonale Entwicklungsmerkmale tragen in großem Maße zu unserem Wissen um Homologien und die gemeinsame Abstammung der Lebewesen bei. Vergleichende ontogenetische Untersuchungen zeigen, wie die evolutive Alteration des zeitlichen Verlaufs der Entwicklung neue Merkmale hervorbringt und dadurch evolutive Divergenz (= Auseinanderentwicklung von Arten) innerhalb und zwischen Abstammungslinien erzeugt.

Der deutsche Zoologe Ernst Haeckel (1834–1919), der ein Zeitgenosse Darwins gewesen ist, entwickelte die Hypothese, dass jedes sukzessive Stadium in der Entwicklung eines Individuums einer in der Evolutionsgeschichte vorausgegangenen Adultform entspricht. Der menschliche Embryo mit seinen Kiemeneindrücken im Nackenbereich, so die Annahme, ähnelt in seinem Erscheinungsbild einem fischartigen Vorfahren. Auf dieser Grundlage formulierte Haeckel seine Verallgemeinerung: *Die Ontogenese (die Individualentwicklung) rekapituliert die Phylogenese (die Stammesentwicklung).* Dieser Leitsatz wurde als das **biogenetische Grundgesetz** oder als das **Haeckel'sche Gesetz** bekannt. Haeckel stützte sein biogenetisches Gesetz auf die nicht ganz richtigen Annahme, dass evolutive Veränderungen sich durch sukzessive Hinzufügung neuer Merkmale an das Ende einer unveränderten ursprünglichen Individualentwicklung vollziehen, wohingegen die Ontogenie der Vorfahren in frühe Stadien der Entwicklung komprimiert sei. Diese Vorstellung gründet sich auf Lamarcks Konzept von der Vererbung erworbener Eigenschaften (siehe weiter oben).

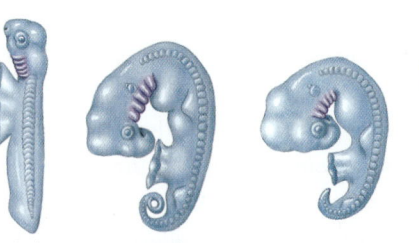

Abbildung 6.16: Vergleich der Kiemenbögen unterschiedlicher **Embryonen.** Alle Embryonen sind ohne den Dottersack dargestellt. Man beachte die bemerkenswerte Ähnlichkeit der vier Embryonen zu diesem frühen Entwicklungszeitpunkt.

Der Embryologe Karl von Baer (1792–1876) fand eine befriedigendere Erklärung für die Wechselbeziehung zwischen Individual- und Stammesentwicklung. Er vertrat die Ansicht, dass die Merkmale der Frühentwicklung einfach unter den verschiedenen Tiergruppen weiter verbreitet seien als unter solchen, die sich später evolviert hätten. Die (▶ Abbildung 6.16) zeigt als Beispiel frühembryonale Ähnlichkeiten von Tieren, deren Adultformen sehr verschieden voneinander sind (siehe Abbildung 8.21). Die Adulti von Tieren mit einer relativ kurzen und einfachen Ontogenese ähneln oftmals präadulten Entwicklungsstadien anderer Tiere, deren Ontogenese komplizierter ist, doch ähneln die Embryonen von Abkömmlingen nicht notwendigerweise den Adulti ihrer Ahnen. Selbst die Frühentwicklung unterliegt zwischen den diversen Abstammungslinien der evolutiven Divergenz und ist nicht so stabil, wie Baer dachte.

Wir wissen heute, dass es viele Parallelen zwischen der Ontogenese und der Phylogenese gibt, aber die Merkmale einer ursprünglichen, anzestralen (= die Vorfahren betreffend) Ontogenese können in der Entwicklungssequenz evolutiver Nachfahren sowohl zu früheren wie zu späteren Entwicklungsstadien hin verschoben sein. Evolutive Änderungen des zeitlichen Verlaufs der Entwicklung werden als **Heterochronizität** bezeichnet. Der Begriff geht ursprünglich auf Haeckel zurück, der ihn einführte, um Abweichungen von seiner Rekapitulationsregel kenntlich zu machen. Falls die Ontogenese eines stammesgeschichtlichen Nachfahren sich über die des Vorfahren hinaus erstreckt, können neue Merkmale später in der Entwicklung hinzutreten, jenseits des Punktes, an dem die Individualentwicklung bei der Ahnform zum Stillstand gekommen wäre. Merkmale der Vorläuferformen verschieben sich bei diesem Vorgang oft in frühere Entwicklungsstadien, so dass der ontogenetische Verlauf bis zu einem gewissen Grad den phylogenetischen nachzeichnet. Die Ontogenese kann sich im Verlauf der Evolution jedoch auch verkürzen. Terminalstadien der ursprünglichen ontogenetischen Entwicklung der Ahnen können wegfallen, was dazu führt, dass die Adulti der Nachfahren präadulten Stadien der Vorformen ähnlich sehen (▶ Abbildung 6.17). Dieser Ausgang der Ereignisse stellt die Parallelen zwischen Onto- und Phylogenese auf den Kopf (invertierte Rekapitulation) und führt zum Phänomen der **Pädomorphose** (die Beibehaltung anzestraler Juvenilmerkmale bei adulten Nachfahren). Da die Verlängerung oder Verkürzung der Ontogenese verschiedene Teile des Körpers unabhängig voneinander betreffen kann, begegnet man bei der Untersuchung häufig innerhalb einer Abstammungslinie Mosaiken unterschiedlicher Arten entwicklungsevolutiver Änderungen. Daher sind Fälle, in denen eine vollständige ontogenetische Sequenz die Phylogenese der betreffenden Gruppe rekapituliert, selten.

6.2.3 Vermehrung der Artenzahl

Die Zunahme der Artenzahl im Verlauf der Zeit ist eine logische Konsequenz des Darwin'schen Theorems der gemeinsamen Abstammung. Ein Verzweigungspunkt am Evolutionsstammbaum bedeutet, dass sich eine ursprüngliche Art in zwei unterschiedliche Arten aufgespalten hat. Darwins Theorie postuliert, dass die innerhalb einer Art vorhandene genetische Vielfalt – insbesondere die Vielfalt zwischen geografisch separierten Populationen – das Ausgangsmaterial liefert, aus dem heraus sich neue Arten bilden. Da die Evolution ein sich verzweigender Prozess ist, nimmt die durch die Evolution hervorgebrachte Anzahl an Arten mit der Zeit zu, auch wenn die meisten entstandenen Arten schließlich wieder aussterben. Eine der Hauptherausforderungen, denen sich die Evolutionsbiologen gegenübersehen, ist die Frage nach dem Vorgang, durch welchen sich eine Art unter Bildung von zwei oder mehr Arten aufzweigt (= Artenbildung, Speziation).

Bevor wir der Frage nach der Artbildung weiter nachspüren, müssen wir eine Definition dafür finden, was wir unter einer „Art" verstehen wollen. Wie in Ka-

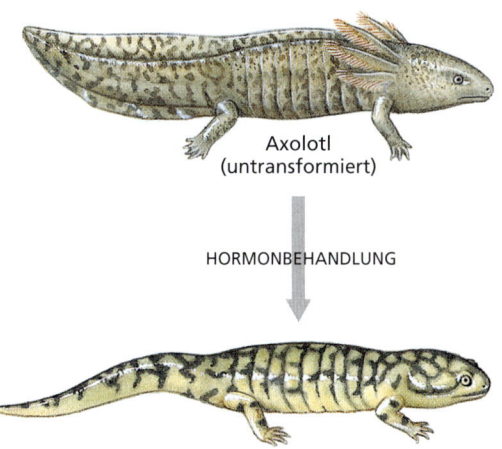

Abbildung 6.17: **Die aquatische und die terrestrische Form des Axolotls.** Axolotl (eine Salamanderart; siehe Kapitel 25) behalten die juvenile, aquatische Morphe (oben) lebenslang bei, solange sie nicht zur Metamorphose in die Adultform (unten) gezwungen sind (zum Beispiel durch eine Hormonbehandlung). Der Axolotl hat sich evolutiv aus einer metamorphierenden Vorform herausgebildet – ein Beispiel für Pädomorphose.

pitel 10 ausführlich ausgeführt wird, gibt es keinen allgemeinen Konsens darüber, welches die beste Definition einer biologischen Art ist. Mehrere Artkonzepte existieren nebeneinander. Die meisten Biologen stimmen jedoch darin überein, dass folgende Kriterien für die Identifizierung und Abgrenzung einer Art von Bedeutung sind: (1) Abstammung aller Mitglieder von einer gemeinsamen Urpopulation, (2) reproduktive Kompatibilität (Fähigkeit zur Fortpflanzung durch Kreuzung), (3) innerartlicher Erhalt der genotypischen und phänotypischen Kohäsion (das Fehlen abrupter Unterschiede unter den eine Art bildenden Populationen hinsichtlich der Allelfrequenzen und organismischer (phänotypischer) Merkmale). Das Kriterium der reproduktiven Kompatibilität hat bei Untersuchungen zur Artbildung (**Speziation**) die größte Aufmerksamkeit erfahren.

Biologische Merkmale, die die Mitglieder unterschiedlicher Arten daran hindern, sich miteinander fortzupflanzen, werden **Fortpflanzungsbarrieren** genannt. Das primäre Problem der Speziationsforschung besteht darin, herauszufinden, wie zwei anfänglich kompatible Populationen Fortpflanzungsbarrieren evolvieren, die dazu führen, dass sie schließlich unterscheidbare, getrennt voneinander evolvierende Linien werden. Wie divergieren Populationen in ihren Fortpflanzungseigenschaften unter gleichzeitiger Beibehaltung der kompletten reproduktiven Kompatibilität innerhalb jeder der beteiligten Populationen?

Abbildung 6.18: Ernst Mayr (1904–2005). Er war einer der Forscher, die unser Verständnis von der Artbildung und der Evolution im Allgemeinen im Verlauf des 20. Jahrhunderts am maßgeblichsten vorangetrieben haben.

Fortpflanzungsbarrieren zwischen Populationen bilden sich für gewöhnlich allmählich aus. Die Evolution von Fortpflanzungsbarrieren erfordert, dass die auseinanderdriftenden Populationen für lange Zeit räumlich voneinander getrennt bleiben. Falls die sich divergent entwickelnden Populationen vor der Ausbildung der Fortpflanzungsbarriere wieder in Kontakt kommen, kommt es wahrscheinlich zur Kreuzung zwischen Mitgliedern der Populationen, vielleicht sogar zur neuerlichen Vereinigung zu einer Population. Speziation durch graduelle Divergenz kann bei Tieren außerordentlich lange Zeiträume beanspruchen, vielleicht 10.000 oder 100.000 Jahre oder noch mehr. Die geografische Isolation, gefolgt von einer graduellen Divergenz ist der effektivste Weg für die Evolution einer Fortpflanzungsbarriere. Viele Evolutionsbiologen betrachten die geografische Trennung als Vorbedingung für eine sich verzweigende Speziation.

Allopatrische Speziation

Allopatrische (gr. *allo*, getrennt + *patros*, Vaterland) Populationen einer Art sind solche, die voneinander getrennte, nichtüberlappende geografische Gebiete besiedeln. Aufgrund ihrer geografisch-räumlichen Trennung können sich die Mitglieder der Populationen nicht wechselseitig untereinander, sondern nur innerhalb der eigenen Gruppe fortpflanzen. Man würde jedoch erwarten, dass sie dies täten, falls die geografische Barriere zwischen den Populationen verschwinden würde. Artbildung als Folge der Entstehung von Fortpflanzungsbarrieren zwischen geografisch getrennten Populationen wird als **allopatrische Speziation** bezeichnet. Die getrennten Populationen evolvieren unabhängig voneinander und passen sich jeweils an ihre unterschiedlichen Umwelten an. Als Ergebnis ihrer getrennten evolutiven Wege entsteht schließlich eine Fortpflanzungsbarriere. Ernst Mayr (▶ Abbildung 6.18) hat durch seine Untersuchungen der Artbildung bei Vögeln sehr viel zu unserem heutigen Verständnis der allopatrischen Speziation beigetragen.

Die allopatrische Speziation setzt ein, wenn eine Ausgangspopulation derselben Art sich in zwei oder mehr geografisch dauerhaft voneinander abgesonderte Populationen aufteilt. Diese Aufspaltung kann auf zweierlei Weise vonstatten gehen: durch **Vikarianz** oder durch ein **Gründungsereignis** (oder kurz eine Gründung). Eine vikariante Speziation wird eingeleitet, wenn klimatische oder geologische Änderungen zur Fragmentierung des Verbreitungsgebietes einer Art führen und dabei unüberwindliche Hindernisse entstehen, welche die verschiedenen Populationen dauerhaft voneinander trennen. So könnte beispielsweise eine ein Tieflandwaldgebiet bewohnende Säugetierart durch eine Gebirgsbildung (Orogenese), durch das Absinken und die anschließende Überflutung eines geologischen Grabenbruches oder klimatische Veränderungen in verschiedene, voneinander getrennte Populationen aufgespalten werden.

Die Artbildung durch ein vikariantes Ereignis hat zwei wichtige Folgen. Obwohl die ursprüngliche Population fragmentiert wurde, bleiben die entstandenen Teilpopulationen für gewöhnlich intakt. Die Vikarianz als solche induziert selbst keine genetischen Veränderungen durch die Reduzierung der Populationsgröße auf einen geringen Wert oder durch die Überführung in eine ungewohnte Umgebung mit Anpassungsdruck. Eine weitere wichtige Konsequenz besteht darin, dass dasselbe vikariante Ereignis mehrere bis viele Arten gleichzeitig zu fragmentieren vermag. In unserem gewählten Beispiel des Waldgebietes, das durch Gebirgsbildung zerteilt wird, würde dieses Ereignis das gesamte Ökosystem betreffen, mit allen Salamandern, Fröschen, Schnecken und vielen weiteren Waldbewohnern einschließlich der Pflanzen. Tatsächlich beobachtet man die gleichen geografischen Verteilungsmuster unter eng verwandten Arten in verschiedenen Organismengruppen, deren Lebensräume ähnlich sind. Solche Befunde sind ein starker Hinweis auf das Vorliegen einer vikarianten Speziation.

Das alternative Verfahren für eine allopatrische Speziation ist die Versprengung einer kleinen Zahl von Individuen aus einer Ursprungspopulation an einen entfernten Ort, an dem es keine weiteren Mitglieder der betreffenden Art gibt. Die versprengten Individuen können unter geeigneten Umständen eine neue Population gründen; dies ist das Gründungsereignis, das diesem Modus der Artbildung seinen Namen gegeben hat. Allopatrische Speziation durch Gründungsereignisse ist beispielsweise bei auf den Hawaii-Inseln heimischen Fruchtfliegen beobachtet worden. Auf Hawaii gibt es zahlreiche verstreut liegende Waldgebiete, die durch dazwischenliegende Lavafelder voneinander getrennt sind. Ab und zu können starke Winde einige Fliegen von ihrem angestammten Waldgebiet in einen anderen, geografisch isolierten Wald verdriften, wo die Fliegen dann unter Umständen eine neue Population begründen. Manchmal kann ein einzelnes befruchtetes Weibchen eine neue Population begründen. Anders als bei der vikarianten Speziation hat die neue Population hier anfänglich eine kleine bis sehr kleine Größe, was zur Folge haben kann, dass sich ihre genetische Konstitution nach kurzer Zeit sehr deutlich von der der Ursprungspopulation unterscheiden kann (siehe weiter unten zum „genetischen Gleichgewicht"). Wenn dies eintritt, zeigen phänotypische Merkmale, die in der Ausgangspopulation stabil waren, in der neuen Population oft einen nie da gewesenen Variantenreichtum. Bei der Auslese der so entstandenen Varianten durch die natürliche Selektion kann es zu großräumigen Änderungen im Phänotyp und in den Fortpflanzungseigenschaften kommen, was die Ausbildung von Fortpflanzungsbarrieren zwischen der ursprünglichen und der neugegründeten Population stark beschleunigt.

Interessanterweise lernt man oft dort am meisten über die genetischen Grundlagen der allopatrischen Speziation, wo vormals getrennte Populationen nach der evolutiven Herausbildung erster Ansätze einer Fortpflanzungsbarriere, die aber noch nicht voll wirksam ist, wieder in Kontakt kommen. Das Zustandekommen von Kreuzungen zwischen divergenten Populationen wird **Hybridisierung** genannt, die Nachkommen solcher Kreuzungen heißen **Hybride** (▶ Abbildung 6.19). Durch die Untersuchung der genetischen Verhältnisse von Hybridpopulationen lassen sich unter Umständen die genetischen Grundlagen von Fortpflanzungsbarrieren ermitteln.

Der Biologe unterscheidet oft zwischen Fortpflanzungsbarrieren, die eine Paarung verhindern (Vorpaarungshindernis, präzygotische Barriere) und solchen,

Abbildung 6.19: Reinerbige und Hybridsalamander. Die Hybride liegen in ihrer Erscheinungsform zwischen den Tieren der Elternpopulationen. (a) Reinerbiger Weißfleckensalamander *(Plethodon teyahalee)*. (b) Ein Hybride aus einem Weißfleckensalamander und einem Rotbeinsalamander *(P. shermani)*, dessen Erscheinungsbild sowohl hinsichtlich der Fleckenzeichnung wie der Beinfärbung intermediär ist. (c) Reinerbiger Rotbeinsalamander *(Plethodon shermani)*.

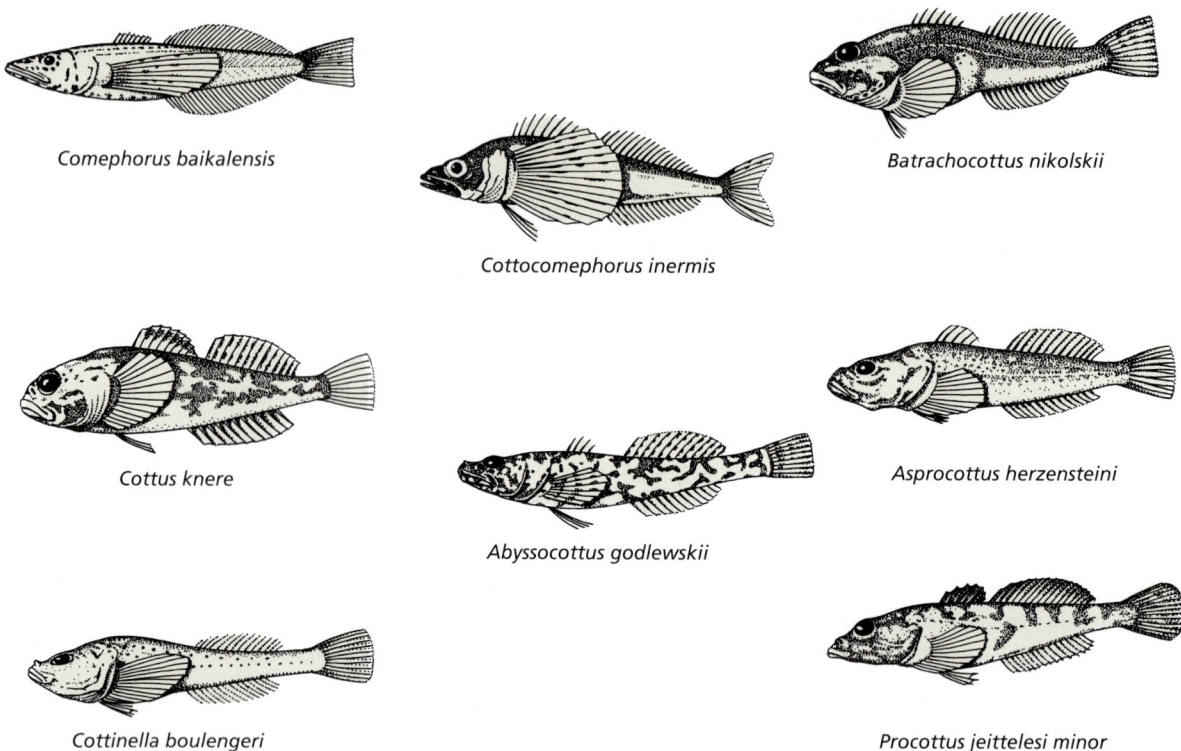

Abbildung 6.20: **Groppen** *(Cottidae)* **aus dem sibirischen Baikalsee.** Sie sind die Ergebnisse von Artbildungen, die innerhalb dieses einen Sees vonstatten gegangen sind.

die die Befruchtung, Entwicklung, das Überleben oder die Weitervermehrung von Hybriden verhindern (Nachpaarungshindernisse, postzygotische Barrieren). Vorpaarungshindernisse können dazu führen, dass sich die Mitglieder divergenter Populationen nicht als mögliche Paarungspartner erkennen oder das Werbungs- und Paarungsritual nicht erfolgreich durchlaufen wird. In einigen Fällen können die Genitalien der männlichen und der weiblichen Tiere verschiedener Populationen inkompatibel geworden sein. Kommt es zur Paarung, können sich auf der nächsten Stufe die Keimzellen (Gameten) als nichtkompatibel – also unfähig zur Fusion zur Zygote – erweisen. In anderen Fällen kann die Vorpaarungsbarriere rein verhaltensbedingt sein, wobei die Mitglieder der beteiligten Arten phänotypisch beinahe identisch sein können. Unterschiedliche Arten, die im Gesamterscheinungsbild kaum bis gar nicht unterscheidbar sind, werden als **Zwillingsarten** bezeichnet. Zwillingsarten entstehen, wenn allopatrische Populationen sich etwa in der jährlichen Paarungszeit oder in der zur Paarung notwendigen Kommunikation (akustische, chemische oder Verhaltenssignale) unterscheiden. Evolutive Divergenz in Bezug auf diese Merkmale kann eine wirkungsvolle Fortpflanzungsbarriere erschaffen, ohne dass dies mit offensichtlichen Veränderungen des Erscheinungsbildes der Organismen einhergeht. Zwillingsarten hat man bei so verschiedenen Tiergruppen wie Ciliaten (Wimperntierchen), Fliegen und Salamandern gefunden.

Sympatrische Speziation

Kann es ohne eine geografische Trennung von Populationen zu einer Artneubildung kommen? Die allopatrische Speziation mag in Situationen, in denen man eng verwandte Arten in begrenzten Gebieten dicht beieinander vorfindet, die keine Spur einer physikalischen Barriere gegen die Verbreitung der Tiere aufweisen, als unwahrscheinliche Erklärung erscheinen. So enthalten mehrere große Seen überall in der Welt sehr große Anzahlen eng miteinander verwandter Arten von Fischen. Die großen Seen Zentralafrikas (der Malawisee, der Tanganyikasee und der Viktoriasee). Jeder der Seen beherbergt viele Arten von Buntbarschen (Cichliden), die sich sonst nirgends finden. Viele davon sind als Aquarienfische beliebt und bekannt. In gleicher Weise ist der Baikalsee in Sibirien die Heimat vieler unterschiedlicher Groppenarten, die sonst nirgendwo auf der Welt zu finden sind (▶ Abbildung 6.20). Es ist schwierig, zu dem Schluss zu kommen, dass diese Arten irgendwo anders als in den Seen, in denen sie leben, entstanden sein könnten. Dennoch zeigt die geologische Untersuchung, dass diese großen Seen auf einer evolutiven Zeitskala junge Lebensräume sind und keine offensichtlichen Umweltbarrieren aufweisen, die geeignet wären, eine Fischpopulation zu fragmentieren.

Um die Artbildungen von Fischen in Süßwasserseen und anderen, ähnlich gelagerten Fällen erklären zu können, ist der Modus der **sympatrischen Speziation** (gr. *sym/syn*, zusammen + *patros*, Vaterland) vorgeschlagen worden. Nach dieser Hypothese haben sich verschiedene Individuen innerhalb einer gegebenen Art darauf spezialisiert, unterschiedliche Teile der Umwelt zu besetzen. Durch das Aufsuchen und die Nutzung sehr spezifischer Habitate innerhalb eines einzigen geografischen Verbreitungsgebietes, haben die verschiedenen (Teil-)Populationen ein ausreichendes Maß an physischer und adaptiver Trennung erreicht, um als Fortpflanzungsbarriere zu wirken. So unterscheiden sich etwa die Buntbarscharten in den afrikanischen Seen sehr deutlich in ihren Ernährungsgewohnheiten. Da es in diesen Seen offensichtlich für diese Fische bei der Besiedelung wenig bis keine Konkurrenz durch andere Arten gab, konnte sich die Ursprungspopulation diversifizieren, um alle möglichen Habitat- und Nahrungsquellen auszuschöpfen. Eine sympatrische Speziation scheint also unter Bedingungen fehlenden Konkurrenzdruckes anderer Arten begünstigt zu sein. Bei vielen parasitären Organismen – insbesondere parasitären Insekten – können unterschiedliche Populationen unter Umständen unterschiedliche Wirte heimsuchen. Hierdurch kann eine räumliche Trennung zustande kommen, die notwendig ist, damit sich in der Folge eine Fortpflanzungsbarriere evolutiv etablieren kann. Fälle von sympatrischer Speziation in statu nascendi sind jedoch in die Kritik geraten, weil die reproduktive Abgegrenztheit der verschiedenen Populationen oftmals nicht hinreichend gut demonstriert werden konnte, so dass man nicht sicher sein kann, die Ausbildung distinkter evolutiver Abstammungslinien zu beobachten, die schließlich zu unterschiedlichen Arten werden.

Das Auftreten einer plötzlichen, sympatrischen Speziation ist vielleicht unter den höheren Pflanzen wahrscheinlicher. Zwischen einem Drittel und der Hälfte aller Blütenpflanzen (Angiophyten) könnten sich auf dem Weg der Polyploidisierung evolviert haben, ohne dass es zu einer vorhergehenden geografischen Isolation von Populationen gekommen wäre. Unter Tieren ist die Artbildung durch Polyploidisierung jedoch die Ausnahme.

Adaptive Radiation

Die Hervorbringung ökologisch diversifizierter Arten aus einer gemeinsamen Quellart wird als adaptive Radiation bezeichnet. Einige der besten Beispiele für adaptive Radiationen (lat. *adaptare*, anpassen; *radiatus*, strahlend) sind mit Seen und geologisch jungen Inseln verbunden. Diese Lebensräume bieten aquatischen bzw. terrestrischen Organismen neue evolutive Gelegenheiten. Meeresinseln vulkanischen Ursprungs sind anfänglich frei von jeglichem Leben. Sie werden nach und nach von Pflanzen und Tieren besiedelt, die von einem hinreichend nahegelegenen Kontinent oder anderen, älteren Inseln aus einwandern und separate Gründungsereignisse auslösen. Diese Neusiedler finden ideale Bedingungen für eine evolutive Expansion und Diversifizierung vor, weil Umweltressourcen, die auf dem Festland durch andere, konkurrierende Arten ausgebeutet wurden, in der neuen Umgebung einer spärlich bevölkerten Insel frei für Eroberer sind. Inselgruppen wie die Galapagosinseln vergrößern die Gelegenheiten für Gründungen und ökologische Diversifizierungen erheblich. Der gesamte Archipel ist vom südamerikanischen Kontinent durch rund 1000 km offenen Ozeans isoliert, und jede Insel ist durch kürzere Distanzen von den anderen Inseln der Gruppe isoliert. Darüber hinaus unterscheidet sich jede Galapagosinsel von allen anderen der Gruppe in Bezug auf die physischen, klimatischen und biotischen Merkmale.

Die Galapagosfinken (= Darwinfinken; der Name wurde um 1900 von dem britischen Ornithologen David Lack geprägt) sind geeignet, die adaptive Radiation auf einer auf dem offenen Meer gelegenen Inselgruppe zu illustrieren (▶ Abbildungen 6.21 und ▶ 6.22). Die Galapagosfinken sind nah miteinander verwandt, und doch unterscheidet sich jede Art von den anderen in Bezug auf die Größe und die Form des Schnabels und der Ernährungsgewohnheiten. Falls diese Singvögel speziell erschaffen worden wären, wäre dazu die seltsamste Art eines mehr als unwahrscheinlichen Zusammentreffens notwendig gewesen, um 13 ähnliche Finkenarten auf den Galapagosinseln entstehen zu lassen und nirgendwo sonst. Darwins Finken leiten sich von einer einzelnen Urpopulation ab, die vom südamerikanischen Festland aus eingewandert ist und in der Folge die verschiedenen Inseln des Galapagosarchipels kolonisiert hat. Die Urfinken durchliefen eine adaptive Radiation und besetzten dabei Habitate, die ihren Vorfahren auf dem Festland versagt geblieben waren, weil andere – besser an die Ausnutzung dieser Lebensräume angepasste Arten – sie

6 Organismische Evolution

Abbildung 6.21: **Ein Modell für die Evolution der 13 Darwinfinkenarten der Galapagosinseln.** Dieses Modell postuliert einen Verlauf in drei Schritten: (1) Vom südamerikanischen Festland her eingewanderte Finken erreichten Galapagos und besiedelten eine der Inseln. (2) Nachdem sich die örtliche Population fest etabliert hatte, zerstreuten sich die Finken auf benachbarte Inseln, wo sie sich an die lokalen Bedingungen anpassten und sich genetisch veränderten. (3) Nach einer Zeit der Isolation kommt es zu sekundären Kontakten zwischen unterschiedlichen Populationen. Die beiden Populationen werden als eigenständige Arten anerkannt, falls sie sich nicht erfolgreich über Kreuz fortpflanzen können.

bereits erobert hatten. Die Galapagosfinken entwickelten so evolutiv Merkmale von Vogelfamilien des Festlandes, die so „Finken-unähnlich" sind wie Laubsänger oder Spechte. Eine vierzehnte Darwinfinkenart, die man auf der abseits liegenden Kokosinsel des Pazifiks weit nördlich von Galapagos gefunden hat, ist in ihrem Erscheinungsbild den Galapagosfinken ähnlich und stammt fast mit Sicherheit von derselben Urpopulation ab.

6.2.4 Gradualismus

Darwins Theorie vom Gradualismus, der allmählichen evolutiven Veränderung, steht der Vorstellung eines plötzlichen Erscheinens von Arten entgegen. Kleine Unterschiede, die denen ähnlich sind, welche wir unter den Mitgliedern einer Population auch heute beobachten können, sind das Rohmaterial, aus dem sich die verschiedenen Lebensformen evolviert haben. Diese Theorie hat mit Lyells Uniformitarismus die Vorstellung gemeinsam, dass wir Veränderungen, die in der Vergangenheit stattgefunden haben, nicht durch ungewöhnliche, katastrophale Ereignisse zu erklären versuchen müssen, die heute nicht mehr passieren. Falls neue Arten durch katastrophale Einzelereignisse entstünden, sollte man solche Artbildungen auch heute noch beobachten; und eben das tut man nicht. Was man stattdessen in natürlichen Populationen beobachtet, sind für gewöhnlich kleine, kontinuierlich stattfindende Änderungen von Phänotypen. Solche fortwährenden Änderungen können nur dann zu wesentlichen Differenzen zwischen Arten führen, wenn sie sich über einen Verlauf von vielen Tausenden bis Millionen Jahren anhäufen. Eine einfache Formulierung der Darwin'schen Theorie vom Gradualismus besagt, dass die Akkumulation quantitativer Änderungen zu qualitativen Veränderungen führt.

Ernst Mayr (Abbildung 6.18) hat eine wichtige Unterscheidung zwischen Populationsgradualismus und phänotypischem Gradualismus gezogen. Der Begriff **Populationsgradualismus** beschreibt den Umstand, dass sich neue Merkmale in einer Population etablieren, indem sie ihre Häufigkeit innerhalb der Population, ausgehend von einer zu Anfang kleinen Minderheit, auf die Mehrheit der Mitglieder ausweiten. Der Populationsgradualismus ist wohlbelegt und als Konzept nicht umstritten. Der Begriff **phänotypischer Gradualismus** meint, dass neue Merkmale – selbst solche, die in auffälliger Weise vom ursprünglichen Zustand der Merkmalsausprägung unterscheiden – durch eine Abfolge, kleiner Zuwächse erzeugt werden.

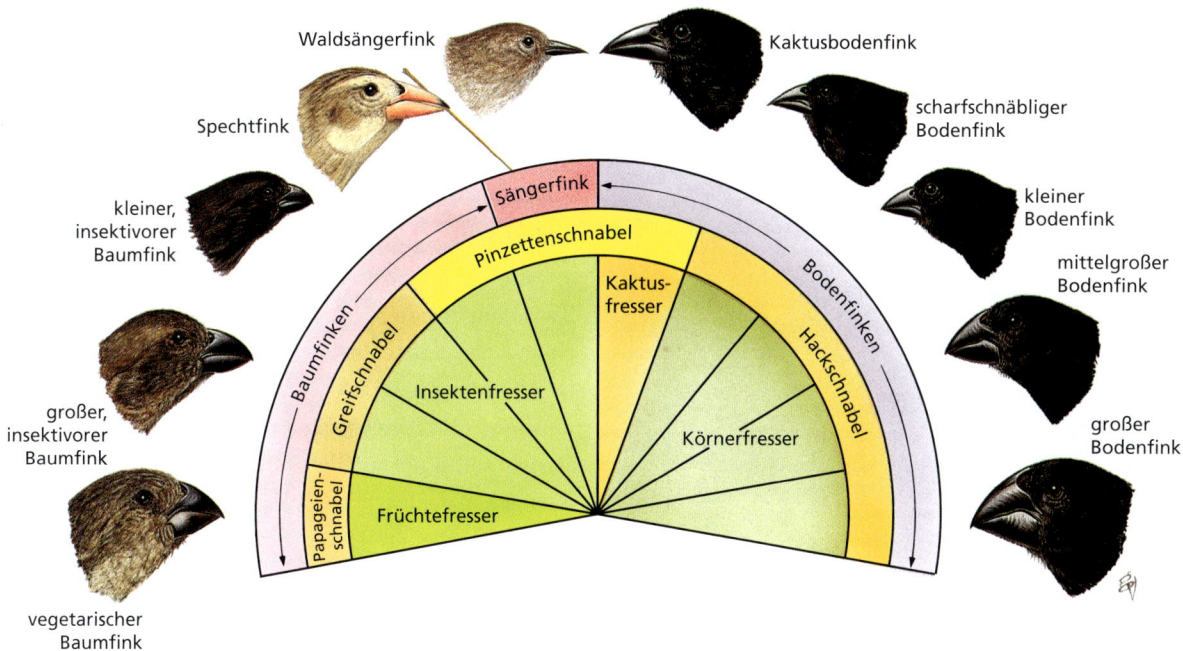

Abbildung 6.22: Die Galapagosfinken, auch Darwinfinken genannt. (a) Adaptive Radiation von zehn Darwinfinkenarten auf Santa Cruz, einer der Galapagosinseln. Dargestellt sind Unterschiede in der Schnabelform und den Ernährungsgewohnheiten. Alle Arten leiten sich augenscheinlich von einer einzelnen, gemeinsamen anzestralen Finkenart des südamerikanischen Kontinents ab. (b) Der Spechtfink *(Camarhynchus pallidus)*, eine der 13 Galapagosfinkenarten. Die Vögel benutzen einen dünnen Zweig als Werkzeug für die Nahrungssuche. Dieser Fink mühte sich eine Viertelstunde lang ab, bevor es ihm gelang, eine im Holz verborgene Schabe aufzuspießen und aus einer Spalte im Holz herauszuziehen.

Phänotypischer Gradualismus

Der phänotypische Gradualismus war zu der Zeit, als Darwin die Idee aufbrachte, umstritten, und er ist es bis heute. Nicht alle phänotypischen Veränderungen sind klein und unauffällig. Einige Mutationen, die insbesondere bei Züchtungen auftreten, verändern durch einen einzigen Mutationsschritt den Phänotyp des Lebewesens substanziell. Solche Mutationen werden als Großmutationen bezeichnet. Großmutationen, die zu Zwergwüchsigkeit führen, sind bei vielen Arten wie Hunden, Schafen und Menschen bekannt. Von Tierzüchtern sind sie eingesetzt worden, um ein gewünschtes Zuchtziel zu erreichen. Eine zur Deformation der Gliedmaßen führende Großmutation hat zur Züchtung des Ankonschafes geführt (▶ Abbildung 6.23). Aufgrund seiner verkürzten Beine kann diese Schafsrasse nicht über Hecken und Zäune springen und lässt sich daher leicht unter Kontrolle halten. Viele Kollegen Darwins, die seine anderen Theorien akzeptierten, fanden die Idee vom phänotypischen Gradualismus zu extrem. Warum sollte man Großmutationen (= Mutationssprünge) aus der Evolutionstheorie ausschließen, wenn sie gleichzeitig in der Tierzucht praktisch genutzt werden können? Zugunsten des gradualistischen Modells verwiesen Darwin und andere darauf, dass Großmutationen (praktisch) immer negative Nebenwirkungen mit sich bringen, die dazu führten, dass die Selektion sie aus natürlichen Populationen verschwinden lässt, bevor sie sich etablieren und weitervererben können. Darwin und andere Evolutionsforscher bestritten also nicht die Existenz solcher Mutationssprünge, sondern verneinten mit diesem Argument nur deren Rolle im natürlichen Evolutionsprozess. Tatsächlich ist es fraglich, ob das Ankonschaf ungeachtet seiner Attraktivität für Bauern, sich in Gegenwart von Artgenossen mit normallangen Beinen ohne menschlichen Eingriff lange

6 Organismische Evolution

Abbildung 6.23: **Das Ankonschaf entstand durch einen Mutationssprung, der zu einer starken Verkürzung der Beine führte.** Viele seiner Zeitgenossen kritisierten Darwin wegen seiner Behauptung, dass solche Mutationen für die *Evolution durch natürliche Selektion* ohne Bedeutung seien.

halten, geschweige denn durchsetzen könnte. Eine Mutation mit einer großen Wirkung scheint hingegen für den adaptiven Schnabelgrößenpolymorphismus bei einer afrikanischen Finkenart (*Pyrenestes ostrinus*, Purpurastrild) verantwortlich zu sein, bei der Exemplare mit größerem Schnabel harte Samenkörner und solche mit kleinerem Schnabel weichere Samenkörner fressen. Neuere Arbeiten auf dem Gebiet der evolutiven Entwicklungsbiologie (siehe Kapitel 8) verdeutlichen die anhaltende Kontroverse um den phänotypischen Gradualismus. Da Schnabelgröße, -länge und -form aber über nur die Expression ganz weniger Proteine gesteuert wird (*bone morphogenic proteins*, BMPs), erscheint schneller Gradualismus gar nicht so unwahrscheinlich.

Der Punktualismus

Wenn wir den Gradualismus Darwins über geologisch relevante Zeiträume hinweg betrachten, so würden wir erwarten, in der Fossilgeschichte eine lange Abfolge von Zwischenformen zu finden, die ursprüngliche und neuere, abgeleitete Phänotypen miteinander verbinden (▶ Abbildung 6.24). Dieses vorhergesagte Verteilungsmuster wird als **phyletischer Gradualismus** bezeichnet. Darwin selbst fiel auf, dass ein phyletischer Gradualismus sich in der fossilen Überlieferung nur selten finden lässt. Viele weitere Untersuchungen, die seit der Zeit Darwins durchgeführt wurden, haben die vom phyletischen Gradualismus erwarteten, fortlaufenden Fossilserien in der Regel nicht nachweisen können. Ist die gradualistische Theorie also von der Paläontologie widerlegt worden? Darwin und andere Forscher behaupten, dass dem nicht so ist, weil die fossile Überlieferung so unvollständig und unperfekt ist, dass dies die umfassende Erhaltung von Durchgangsstadien der Evolution verhindert. Obwohl der evolutive Prozess nach menschlichen Maßstäben ein sehr langsamer ist, ist er im Vergleich zur Bildungsgeschwindigkeit fossiler Lagerstätten ein rascher. Andere Forscher sind daher zu dem Schluss gelangt, dass das abrupte Auftauchen und wieder Verschwinden von Arten oder Typen von Organismen in der Fossilgeschichte unausweichlich zu dem Schluss führen, dass Fälle phyletischen Gradualismus selten sind.

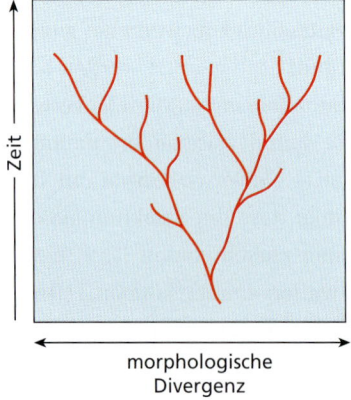

Abbildung 6.24: **Das gradualistische Modell der evolutiven morphologischen Veränderung.** Es wird als über geologische Zeiträume von Jahrmillionen mehr oder weniger stetig verlaufendes Geschehen gesehen. Verzweigungen in zwei Äste, denen graduelle Divergenz folgt, führen nach diesem Modell zur Speziation.

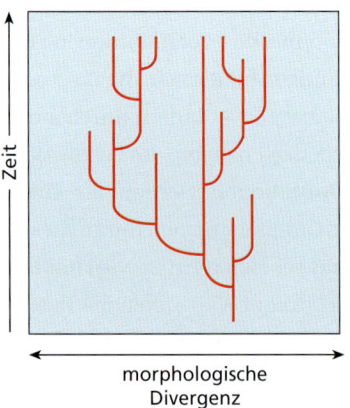

Abbildung 6.25: **Das Modell des Punktualismus.** Es sieht den Prozess der evolutiven Veränderung in relativ kurzen, dafür heftigeren Ausbrüchen von sich verzweigender Speziation (abzweigende Äste) konzentriert, denen längere Phasen von Jahrmillionen ohne sichtbare Veränderungen (evolutive Ruhephasen) folgen.

Die US-amerikanischen Paläontologen Niles Eldredge (*1943) und Stephen Gould (1941–2002) haben als Alternative das Konzept des Punktualismus (oder durchlöcherten Gleichgewichts) vorgeschlagen, um die scheinbar diskontinuierlichen evolutiven Änderungen zu erklären, die man bei der Auswertung erdgeschichtlicher Zeiträume sieht. Das Konzept des Punktualismus besagt, dass die phänotypische Evolution sich in verhältnismäßig kurzen Episoden der verzweigenden Speziation konzentriert, zwischen denen jeweils viel längere Zeitspannen der evolutiven Stasis (gr. *stasis*, Stau, Stockung, Stagnation) liegen (▶ Abbildung 6.25). Artbildungen sind nach diesem Modell episodische Ereignisse, die sich über Zeiträume von 10.000–100.000 Jahren vollziehen. Da Arten durchschnittlich für 5–10 Millionen Jahre überleben, ist die Artbildung auf der geologischen Zeitskala ein momentanes Ereignis, das nur ein Prozent oder weniger der zu erwartenden Lebensdauer der Art in Anspruch nimmt. 10.000 Jahre sind dennoch viel Zeit für die graduelle Evolution Darwins, die über einen solchen Zeitraum dramatische Änderungen zustande zu bringen in der Lage wäre. Vermutlich nur ein kleiner Teil der Gesamtevolutionsgeschichte einer Organismengruppe zeichnet für die beobachtbaren morphologischen Veränderungen verantwortlich.

Der oben diskutierte Prozess der allopatrischen Speziation durch Gründungsereignisse liefert eine mögliche, plausible Erklärung für Punktualismus. Wir erinnern uns, dass für eine gründerinduzierte Artbildung ein Aufweichen oder Verlassen des genetischen Gleichgewichtes innerhalb einer kleinen, geografisch isolierten Population notwendig ist. Solche kleinen (Gründer-) Populationen haben aber geringe Aussicht, in der Fossilgeschichte Spuren zu hinterlassen. Nachdem sich ein neues genetisches Gleichgewicht ausgebildet und eingependelt hat, kann die neue Population ihre Mitgliederzahl vergrößern, wodurch die Wahrscheinlichkeit ansteigt, dass einige Vertreter als Fossilien konserviert werden. Gründerinduzierte Artbildungen können aber nicht die einzige Ursache für Punktualismus sein, weil das Phänomen des Punktualismus auch in Gruppen beobachtet werden kann, in denen Speziation durch Gründungsereignisse unwahrscheinlich sind.

Die Evolutionsbiologen und Paläontologen haben den fragmentarischen Charakter der fossilen Überlieferung immer beklagt. Im Jahr 1981 wurde ihnen jedoch in Afrika Einblick in ein ungekürztes Kapitel der Fossilgeschichte gewährt. Peter Williamson, ein britischer Paläontologe, der in 400 m Tiefe in einer Fossilfundstätte in der Nähe des Turkanasees gearbeitet hatte, stieß bei seinen Forschungen auf eine bemerkenswert klar überlieferte Dokumentation einer Artbildung von Süßwasserschnecken. Die Geologie des Turkanabeckens zeigt eine Geschichte der Instabilität. Erdbeben, Vulkanausbrüche und Klimaänderungen führten dazu, dass der Wasserspiegel wiederholt anstieg und sich absenkte – manchmal Dutzende von Metern. Dreizehn Abstammungslinien von Schnecken lassen lange Phasen der Stabilität erkennen, die von relativ kurzen Phasen rascher Veränderungen der Schalenform unterbrochen sind, die eintraten, als die Schneckenpopulationen durch zurückgehenden Wasserspiegel getrennt wurden. Diese Populationen spalteten sich zu neuen Arten auf, die dann für lange Zeiten unverändert blieben und in dicken Sedimentschichten zu finden sind, bevor sie ausstarben und durch Nachfolgearten abgelöst wurden. Die Übergänge vollzogen sich in Zeiträumen zwischen 5000 und 50.000 Jahren. In Sedimentschichten von wenigen Metern Dicke, in deren geologischer Ablagerungszeit sich die Speziation vollzog, findet man Übergangsformen. Williams Untersuchungen bestätigen gut das Modell des Punktualismus von Eldredge und Gould.

6.2.5 Natürliche Selektion

Die natürliche Selektion (Auslese durch die Umwelt) ist der Hauptprozess, durch den Evolution in Darwins Theorie vonstatten geht. Sie liefert uns eine natürliche Erklärung für die Ursprünge von Anpassungen (= Adaptionen), einschließlich aller entwicklungsbiologischen, verhaltensbiologischen, anatomischen und physiologischen Attribute, welche die Fähigkeiten eines Lebewesens verbessern, die Ressourcen der Umwelt optimal zu nutzen, zu überleben und sich fortzupflanzen. Die Evolution von Farbmustern, die Motten vor Fressfeinden verbergen (Abbildung 1.11) oder von Schnäbeln, die Finkenvögel an verschiedene Nahrungsquellen anpassen (Abbildung 6.22), illustrieren, wie die natürliche Selektion zu Anpassungen geführt hat. Darwin hat seine Theorie der natürlichen Selektion auf einer Serie von fünf empirischen Beobachtungen und drei daraus abgeleiteten Folgerungen aufgebaut:

Beobachtung Nr. 1: Lebewesen besitzen eine große potenzielle Fertilität.

Alle Populationen erzeugen in jeder Generation große Mengen von Gameten und somit potenziellen Nachkommen. Falls alle so entstehenden Nachfahren überlebten und sich gleichfalls fortpflanzten, würden Populationen exponentiell – oder, wie im Fall des Menschen, sogar überexponentiell – anwachsen. Darwin berechnete, dass dies selbst bei sich langsam vermehrenden Arten wie Elefanten dazu führen würde, dass ein einzelnes Elternpaar, dass sich im Alter von 30 bis 90 Jahren fortpflanzte und dabei nur sechs Junge hervorbrächte, es in 750 Jahren auf eine Gesamtnachkommenschaft von 19.000.000 ($1,9 \times 10^7$) Elefanten brächte.

Beobachtung Nr. 2: Natürliche Populationen sind normalerweise, abgesehen von geringfügigen Fluktuationen, von recht konstanter Größe.

Natürliche Populationen zeigen über Generationen hinweg Schwankungen in der Größe (= Individuenzahl), jedoch zeigt keine natürliche Population über lange Zeit hinweg das exponentielle Wachstum, dass ihr Fortpflanzungsvermögen theoretisch erlaubte (eine Ausnahme ist der Mensch, dessen Weltpopulation gegenwärtig dramatisch ansteigt – mit den überall beobachtbaren negativen Folgen für das Ökosystem Erde).

Beobachtung Nr. 3: Natürlichen Ressourcen sind begrenzt.

Ein fortgesetztes exponentielles Wachstum natürlicher Populationen würde unbegrenzte Ressourcen und unbegrenzten Lebensraum erfordern. Alle Ressourcen sind jedoch begrenzt. Engpässe in einer der Ressourcen, die als limitierender Faktor wirkt, begrenzen schließlich die Expansion jeder Population.

Folgerung Nr. 1: Unter den Mitgliedern einer Population herrscht in unablässiger Kampf ums Dasein.

Die Überlebenden stellen immer nur einen Teil, und für gewöhnlich einen sehr kleinen Teil, der in jeder Generation hervorgebrachten Individuen dar. Darwin schrieb in seinem Buch „Über den Ursprung der Arten", dass dies „die Doktrin von Malthus sei, die mit vielfach gesteigerter Kraft auf das gesamte Reich der Tiere und der Pflanzen" einwirke. Der Kampf um Nahrung, Obdach, Lebensraum und Paarungspartner wird umso heftiger, je höher der Grad der Überbevölkerung einer Population wird (wieder ist die gegenwärtige Menschheit ein ausgezeichnetes Beispiel, das diese Einsichten belegt).

Beobachtung Nr. 4: Unter den Organismen einer Population herrscht Vielfalt.

Keine zwei Individuen sind genau gleich. Sie unterscheiden sich in der Größe, der Farbe, der Physiologie, dem Verhalten und auf vielerlei andere Weise.

Beobachtung Nr. 5: Ein Teil der Vielfalt ist erblich.

Darwin – und vor ihm schon anderen – fiel auf, dass Nachkommen ihren Eltern ähnlich sehen. Er kannte jedoch die Ursachen hierfür noch nicht. Die von Gregor Mendel entdeckten Vererbungsgesetze (siehe Kapitel 5) wurden erst viel später auf Darwins Theorien angewendet und konnten erfolgreich mit diesen in Einklang gebracht werden.

Folgerung Nr. 2: Unterschiedliche Organismen zeigen *differenzielles Überleben und Fortpflanzung*, die vorteilhafte Merkmalskombinationen begünstigen.

Das Überleben im Kampf ums Dasein ist in nichtzufälliger Weise mit der in einer Population vorliegenden, vererblichen Variationsbreite korreliert. Einige Merkmale verleihen ihren Besitzern durch die effektivere Ausnutzung der Umwelt für das eigene Überleben und die Fortpflanzung einen Vorteil. Die Überlebenden haben Gelegenheit, ihre Eigenschaften an ihre Nachkommen weiterzugeben. Erweisen sich diese Merkmale in der Folge weiterhin als nützlich, besteht die Möglichkeit, dass sie sich in der Population ausbreiten und allgemein durchsetzen.

Folgerung Nr. 3: Über viele Generationen hinweg, führen das *differenzielle Überleben und die Fortpflanzung* zu neuen Anpassungen und neuen Arten.

Die differenzielle Fortpflanzung sich voneinander unterscheidender Organismen verändert Arten nach und nach und führt langfristig zu ihrer „Verbesserung" (einem Besser-angepasst-Sein an die herrschenden Verhältnisse). Darwin war bekannt, dass der Mensch häufig erbliche Veränderungen nutzt, um für ihn nützliche Rassen von Nutztieren und Nutzpflanzen züchterisch zu erzeugen. Diesen Evolutionsmodus nennt man artifizielle Selektion (= künstliche Zuchtwahl), weil die selektierende Instanz hier der Mensch und nicht die Umwelt ist. Die natürliche Selektion, die auf geografisch getrennte Populationen einwirkt, führt dazu, dass diese – sofern die Umweltbedingungen in den getrennten Lebensräumen hinreichend verschieden sind – mit der Zeit divergieren, sich also auseinanderentwickeln, bis Fortpflanzungsbarrieren entstanden sind, die schließlich zur Artaufspaltung mit möglicher nachfolgender Bildung neuer Arten führen.

Die natürliche Selektion kann man sich als einen zweistufigen Prozess mit einer zufälligen und einer nichtzufälligen Komponente vorstellen. Die Hervorbringung von Vielfalt unter den Organismen ist dabei die zufällige Komponente. Der Mutationsprozess erzeugt nicht präferenziell Merkmale, die vorteilhaft für den Organismus (die Mutante) sind. Durch ein Verständnis der genetischen Prozesse, die zu Mutationen führen, das

6.2 Die Darwin'sche Evolutionstheorie: Die Beweise

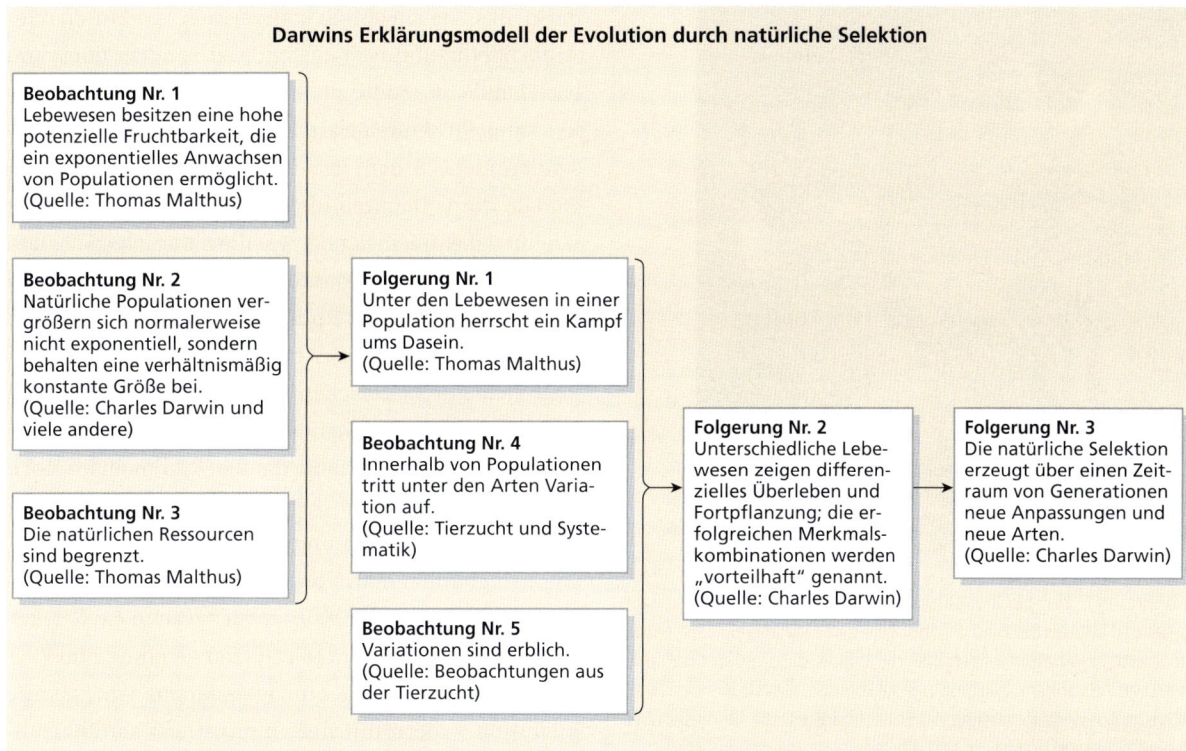

Darwin noch nicht haben konnte, wissen wir heute, dass Mutationen ungerichtet entstehen (siehe Kapitel 5). Mutativ entstehende Varianten besitzen eine größere Wahrscheinlichkeit, nachteilig zu sein, wenn sie sich phänotypisch ausprägen (also keine stummen Mutationen sind). Die nichtzufällige Komponente ist das Überleben der unterschiedlichen Merkmale (oder im gegebenen Phänotyp vereinigten Merkmalskombinationen). Dieses differenzielle Überleben wird von der Effektivität der verschiedenen Merkmale (oder der in einem Individuum verwirklichten Merkmalskombination) bei der Vermittlung der Ausnutzung von Ressourcen durch seinen Besitzer für das eigene Überleben und die Fortpflanzung bestimmt.

Das Phänomen des *differenziellen Überlebens und Fortpflanzens* (unterschiedlicher Fortpflanzungserfolg) wird als **Auslese** bezeichnet, sollte aber nicht mit natürlicher Selektion gleichgesetzt werden. Wir wissen heute, dass selbst zufällige Prozesse wie die genetische Drift (siehe weiter unten) zu einer Auslese unter voneinander abweichenden Organismen führen können. Selektion meint, dass die Auslese aufgrund *bestimmter Merkmale, die ihren Besitzern Vorteile für das Überleben oder die Fortpflanzung vermitteln* passiert, und dies relativ zu anderen Organismen, die diese Merkmale nicht besitzen (oder nicht in dieser Kombination). Selektion ist daher eine spezielle Ausleseursache.

Darwins Theorie der natürlichen Selektion ist wiederholt angegriffen und auf die Probe gestellt worden. Eine dieser Attacken (ein legitimes Mittel des wissenschaftlichen Erkenntnisgewinnungsprozesses) bestand in der Behauptung, dass gerichtete, also nichtzufällige Variation die evolutive Änderung beherrscht. In den Jahrzehnten um das Jahr 1900 gingen verschiedene Evolutionshypothesen, die zusammenfassend als **orthogenetische Hypothesen** bezeichnet werden, davon aus, dass die Vielfalt einen Impuls besitzt, der die Evolution

Exkurs

Der in den allgemeinen Sprachgebrauch eingewanderte Begriff vom „Überleben der Bestangepassten" (survival of the fittest) stammt entgegen landläufiger Meinung nicht von Darwin selbst, sondern wurde einige Jahre zuvor von Darwins Zeitgenossen, dem britischen Philosophen Herbert Spencer (1820–1903) eingeführt, der einige von Darwins Evolutionsprinzipien vorweggenommen hatte. Unseligerweise wurde das Konzept in der Folge mit ungezügelter Aggression und Gewalt in einer blutigen, konkurrenzbehafteten Welt assoziiert. Tatsächlich vollzieht sich die natürliche Selektion durch Einwirkung auf viele andere Merkmale eines Lebewesens. Das bestangepasste Tier kann unter Umständen eines sein, dass die Lebensbedingungen seiner Population irgendwie verbessert. Das Vermögen zur körperlichen Auseinandersetzung im physischen Kampf ist nur einer von zahlreichen Wegen, sich einen Fortpflanzungsvorteil zu verschaffen.

6 Organismische Evolution

Abbildung 6.26: **Ein Riesenhirsch** *(Megaloceros).* Diese ausgestorbene Art diente als Beleg für die orthogenetische Vorstellung, dass ein der genetischen Variation innewohnender Impuls dazu geführt hat, dass die Geweihe so übermäßig groß werden konnten, dass sie die Art schließlich zum Aussterben brachten. Als Entstehungsursache für dieses überschießende Merkmal ist die sexuelle Selektion wahrscheinlicher.

einer Abstammungslinie in eine bestimme Richtung lenkt, die nicht immer adaptiv ist. Der ausgestorbene Riesenhirsch (*Megaloceros*, ▶ Abbildung 6.26) diente als Beispiel für eine Orthogenese. Neu entstehende Varianten wurden von dieser Denkrichtung als in Richtung auf immer größere Geweihe hin prädestiniert empfunden. Durch diese Vorbestimmtheit wurde nach diesem Modell ein evolutiver Impuls generiert, der zur Entstehung immer größerer Geweihe geführt habe. Man betrachtete die natürliche Selektion als ungeeignet, der Geweihevolution Einhalt zu gebieten, so dass das Gehörn der Hirsche schließlich so groß und so hinderlich für seinen Besitzer wurde, dass der Riesenhirsch schlussendlich zum Aussterben verdammt war. Das Konzept der Orthogenese war geeignet, offensichtlich nichtadaptive Tendenzen in der Evolution zu erklären, die eine Art mutmaßlich zum Niedergang verurteilen konnten. Da das Aussterben das zu erwartende Schicksal der meisten Arten ist, ist das Verschwinden des Riesenhirsches nicht tatsächlich verwunderlich und wahrscheinlich nicht ursächlich auf das riesige Geweih zurückzuführen. Genetische Forschungen haben in der Folgezeit nachgewiesen, dass die Natur der genetischen Variation nichts mit dem orthogenetischen Modell zu tun hat. Daher wurde das Konzept der Orthogenese wieder aufgegeben.

Ein weiterer, immer wieder auftauchender Kritikpunkt an der Theorie der natürlichen Selektion besteht darin, dass sie angeblich keine neuen Strukturen oder Arten hervorzubringen imstande ist, sondern nur schon bestehende zu modifizieren vermag. Die meisten biologischen Strukturen waren in ihren frühen Evolutionsstadien nicht in der Lage, die Funktionen vollführen, welche die vollausgebildeten Strukturen erfüllen. Es scheint daher uneinsichtig, wie die natürliche Selektion sie begünstigt haben könnte. Welchen Nutzen kann ein halber Flügel oder das Rudiment einer Feder für einen Vogel haben? Um dieser Kritik entgegenzutreten, muss man sich nur klarmachen, dass die meisten biologischen Gebilde ursprünglich nicht zu dem Zweck entstanden sind, dem sie heute dienen. Rudimentäre, noch nicht voll ausgeformte Federn wären beispielsweise für die Wärmeregulierung des Körpers von Nutzen, wenn auch nicht zum Fliegen geeignet. Die Verhinderung des Verlustes von Körperwärme kann ein Selektionsvorteil gewesen sein. Die Nutzanwendung zum Fliegen kann dann später hinzugekommen sein, als die Evolution Federn mit diesen günstigen aerodynamischen Eigenschaften ausgestattet hatte. Die natürliche Selektion ist dann eine geeignete Erklärung, um zu verstehen, wie die Nützlichkeit beim Fliegen dann später verbessert werden konnte. Da die strukturellen Unterschiede, die man unter den verschiedenen Mitgliedern einer Art sieht, den Variationen zwischen den Arten ähnlich sind, ist es vernünftig anzunehmen, dass die natürliche Selektion auch gänzlich neue Arten hervorzubringen vermag.

6.3 Erweiterungen der Darwin'schen Theorie

6.3.1 Der Neodarwinismus

Die größte Schwäche in Darwins Theorie war das Unvermögen, den Mechanismus der biologischen Vererbung korrekt zu benennen. Darwin betrachtete die Vererbung als einen Vermischungsprozess, in dem die erblichen Faktoren der Elternorganismen in ihren Nachkommen miteinander verschmolzen. Darwin nahm weiterhin Zuflucht in Lamarcks Hypothese, dass ein Lebewesen seine Erbmasse durch die Verwendung bzw. Nichtverwendung von Körperteilen oder durch direkte Einwirkung der Umwelt verändern könnte (Letzteres ist, wie wir heute wissen, zumindest in ungerichteter Form durch Mutagene sehr wohl möglich). Der deutsche Biologe und Evolutionstheoretiker August Weismann

(1834–1914) verwarf das Lamarck'sche Vererbungskonzept durch den experimentellen Nachweis, dass phänotpyische Veränderungen an einem Organismus während dessen Lebenszeit seine erblichen Eigenschaften nicht ändern (siehe Kapitel 5). Dadurch kam es zu einer Wiederbelebung von Darwins Theorien. Heute wird für die durch Weismann erweiterte Darwin'sche Theorie der Begriff **Neodarwinismus** verwendet.

Die von Mendel gefundenen Vererbungsregeln konnten schließlich die Natur des Vererbungsvorgangs erklären, und die von Mendel nachgewiesene diskontinuierliche Vererbung von Merkmalen war das, was Darwins Theorie der natürlichen Selektion noch fehlte (siehe Kapitel 5). Es ist eine Ironie der Geschichte, dass man die Mendel'schen Arbeiten nach ihrer Wiederentdeckung um 1900 für der Darwin'schen Theorie zuwiderlaufend hielt. Als man in den frühen Jahren des 20. Jahrhunderts Mutationen untersuchte, waren die meisten Genetiker der Zeit der Ansicht, dass durch sie neue Arten in einem einzigen großen Schritt entstehen würden. In der Sichtweise der damaligen Genetiker war die natürliche Selektion eine Exekutivinstanz, der lediglich die Rolle zufiel, die offenkundig Unangepassten auszulesen.

6.3.2 Die Entstehung des modernen Darwinismus: Die synthetische Theorie

In den 30er-Jahren des letzten Jahrhunderts begann eine neue Generation Genetiker, Darwins Theorie unter einem anderen Blickwinkel erneut in Augenschein zu nehmen. Es waren Populationsgenetiker, die erbliche Variationen in Populationen (natürlichen wie experimentellen im Labor) mit mathematischen Methoden untersuchten. Aus diesen statistischen Analysen erwuchs mit der Zeit eine neue, umfassende Theorie, welche die Ergebnisse der Populationsgenetik, der Paläontologie, der Biogeografie, der Embryologie, der Systematik und der Verhaltensforschung unter einem Dach – dem Darwin'schen – vereinte.

Populationsgenetiker untersuchen die Evolution als Veränderung der genetischen Zusammensetzung von Populationen. Mit dem Aufkommen der Populationsgenetik, begannen sich unter den Biologen zwei neue Denkrichtungen zu etablieren. Die Anhänger der **Mikroevolution** sehen evolutive Änderungen als Änderungen der Häufigkeiten, mit denen verschiedene Allele von Genen innerhalb von Populationen vertreten sind. Die Anhänger der **Makroevolution** betrachten das Evolutionsgeschehen in einem größeren Rahmen und beziehen in ihre Sichtweise die Ursachen neuer organismischer Entwürfe und Bildungen, evolutive Tendenzen, adaptive Radiationen, die phylogenetischen Verwandtschaftsbeziehungen der Arten und Ereignisse des Massenaussterbens mit ein. Die makroevolutive Forschung hat ihre Wurzeln in der Systematik und des vergleichenden Forschungsansatzes (siehe Kapitel 10: Quellen phylogenetischer Information). Im Gefolge der evolutionären Synthese haben sich sowohl der mikro- wie der makroevolutionäre Ansatz streng in der neodarwinistischen Tradition entwickelt, und beide Denkansätze haben die Darwin'sche Theorie in bedeutender Weise bereichert und erweitert.

Mikroevolution: Genetische Variation und Veränderung innerhalb einer Art 6.4

Der mikroevolutionäre Ansatz untersucht genetische Veränderungen innerhalb natürlicher oder experimenteller Populationen. Das Auftreten verschiedener Allele eines Gens in einer Population wird als (genetischer) **Polymorphismus** bezeichnet. Alle Allele eines Gens, die unter den Mitgliedern einer Population auftreten, werden als der **Genpool** (Genvorrat) der betreffenden Population bezeichnet. Das Ausmaß an Polymorphismus, das in großen Populationen vorhanden ist, ist potenziell von enormer Größe, weil bei den gemessenen Mutationsraten viele verschiedene Allele aller vorkommenden Gene denkbar und zu erwarten sind.

Populationsgenetiker untersuchen Polymorphismen, indem sie stichprobenartig genetisches Material aus einer Population sammeln und dieses auf die vorhandenen Allele ausgesuchter Gene hin untersuchen. Bei Laborpopulationen, etwa von Taufliegen oder mikroskopisch kleinen Organismen, kann die Population sogar komplett ausgewertet werden. Durch solche Erhebungen gelangt man zu den relativen Häufigkeiten (in Prozent), mit denen die unterschiedlichen Allele in der untersuchten Population vertreten sind. Die relative Häufigkeit eines bestimmten Allels in der Population wird als dessen **Allelhäufigkeit** oder Allelfrequenz bezeichnet. So kommen beispielsweise in der menschlichen Population drei Allele des für die Blutgruppen A, B und 0 verantwortlichen Gens vor (siehe Kapitel 35). Unter Verwendung des Symbols I für das zugrundeliegende Gen bezeichnen I^A und I^B codominante Allele, die für die

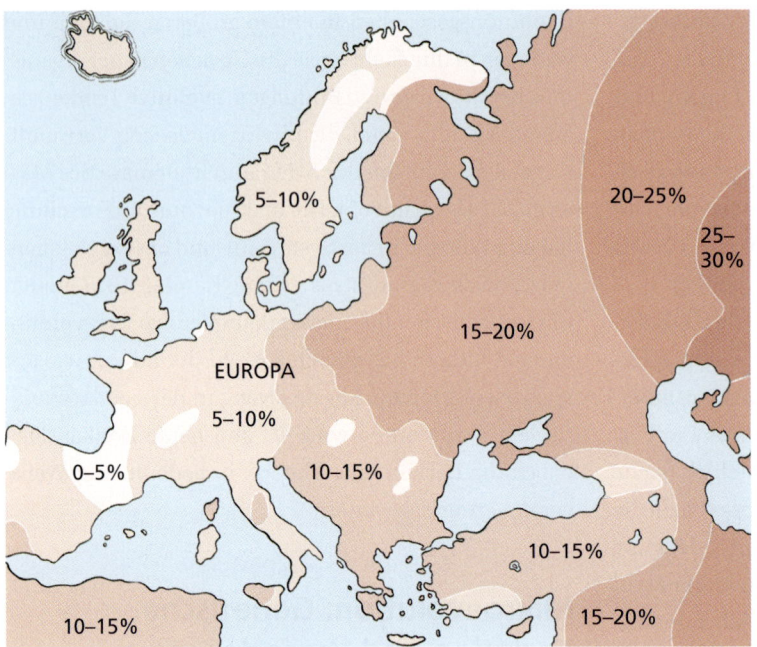

Abbildung 6.27: **Häufigkeit des Blutgruppe B-Allels in Europa.** Das Allel ist im Osten Europas häufiger als im Westen. Das Allel könnte also im Osten entstanden und dann langsam durch das Kontinuum der Bevölkerungen westwärts „diffundiert" sein. Dieses Allel hat keinerlei bekannten Selektionsvorteil (die dem Allel zugrundeliegende Mutation ist also eine neutrale Mutation). Seine sich geografisch ändernde Häufigkeit spiegelt also vermutlich die Effekte einer zufallsbedingten genetischen Drift.

Ausprägung der Phänotypen Blutgruppe A bzw. Blutgruppe B verantwortlich sind. Das Allel i ist rezessiv und macht sich im homozygoten Fall durch das phänotypische Merkmal Blutgruppe 0 bemerkbar. Die diploiden Genotypen $I^A I^A$ und $I^A i$ ergeben somit im Phänotyp die Blutgruppe A, die Genotypen $I^B I^B$ und $I^B i$ die Blutgruppe B, und der Genotyp $I^A I^B$ die Blutgruppe AB; der Genotyp ii führt schließlich zum Merkmal Blutgruppe 0. Da jedes Individuum zwei Ausgaben dieses autosomalen Gens trägt, ist die Gesamtzahl der Allelkopien in einer Population zwei mal die Anzahl der das betreffende Allel tragenden Personen. Welcher Anteil dieser Gesamtzahl fällt jedem der drei allelischen Formen des Gens zu? In Frankreich findet man folgende Allelverteilung: I^A = 46 Prozent, I^B = 14 Prozent, i = 40 Prozent. Für Russland findet man eine abweichende Allelhäufigkeit: I^A = 38 Prozent, I^B = 28 Prozent, i = 34 Prozent. Dies zeigt eine mikroevolutive Divergenz dieser beiden Populationen (= Landesbevölkerungen) (▶ Abbildung 6.27). Obgleich die Allele I^A und I^B dominant über i sind, ist i beinahe so häufig wie I^A und übersteigt die Häufigkeit von I^B in beiden untersuchten Populationen. Dominanz (siehe Kapitel 5) bezieht sich auf die phänotypische Ausprägung eines Allels in einem heterozygoten Individuum und nicht auf die relative Häufigkeit des Allels in einer Population. Dominanz und Rezessivität sind also qualitative und relative Größen, keine quantitativen und absoluten. Wir werden aufzeigen, dass die Mendel'sche Vererbung und das Phänomen der (phänotypischen) Dominanz Allelhäufigkeiten nicht unmittelbar verändern oder zu einer evolutiven Veränderung in einer Population führen.

6.4.1 Das genetische Gleichgewicht

In vielen menschlichen Populationen sind viele rezessive Merkmale wie Blutgruppe 0, blonde Haare und blaue Augen sehr verbreitet. Warum haben die dominanten Allele die rezessiven Allele nicht langsam, aber sicher völlig verdrängt? Es ist ein verbreitetes Missverständnis, dass ein Merkmal, dass mit einem dominanten Allel assoziiert ist, an Häufigkeit in einer Population steigern muss, weil es phänotypisch dominant ist. Dieses Missverständnis wird durch das **Hardy/Weinberg-Gesetz** (siehe Kasten weiter unten) ausgeräumt. Diese quantitative Beziehung bildet eine der theoretischen Grundlagen der Populationsgenetik. Nach diesem Theorem führt der Vererbungsprozess als solcher nicht zu evolutiven Veränderungen. In großen, biparentalen Populationen sich geschlechtlich fortpflanzender Organismen erreichen die Allelhäufigkeiten und Genotypverhältnisse nach einer Generation einen Gleichgewichtszustand ihrer Verteilung, die in der Folge unverändert bleiben, wenn der Zustand nicht durch Mutationen, natürliche Selektion, Migration, nichtzufällige Paarung (sexuelle Selektion) oder genetische Drift (Zufallsauslese) gestört wird. Solche Störungen sind die Ursache für mikroevolutive Veränderungen.

Ein seltenes Allel verschwindet demnach nicht einfach aus der Population, weil es selten ist. Bestimmte seltene Merkmale wie Albinismus oder Mukoviszidose persistieren für unzählige Generationen. Der Albinismus wird beispielsweise beim Menschen von einem seltenen rezessiven Allel a verursacht. Nur eine von 20.000 Personen ist ein Albino, und diese Person muss natürlich homozygot für dieses Allel sein, also den Genotyp a/a aufweisen. Offenkundig enthält die Population viele Träger des Allels, also Personen mit normaler Pigmentierung, die heterozygot für das Allel sind (Genotyp A/a). Wie häufig sind sie? Ein geeigneter Weg, die Häufigkeit von Genotypen in einer Population zu berechnen, ist der binomische Ausdruck $(p + q)^2$ (siehe Kasten weiter unten). Für unser Beispiel soll p die Häufigkeit des Allels A und q die Allelhäufigkeit von a bezeichnen.

Unter der Annahme, dass die Verpaarung zufällig erfolgt (eine fragwürdige Voraussetzung, aber eine, die wir für unser Lehrbeispiel als gegeben annehmen wollen), ist die Genotypverteilung wie folgt: p^2 = A/A, 2 pq = A/a und q^2 = a/a. Wir kennen nur die Häufigkeit des Genotyps a/a (rezessiver Albinismus), sie beträgt 1:20000. draus folgt:

$$q^2 = 1/20000$$
$$q = (1/20000)^{1/2} = 1/141$$
$$p = 1-q = 140/141$$

Die Häufigkeit der Träger beträgt somit:

$$A/a = 1 \; pq = 2 \times 140/141 \times 1/141 = 1/70$$

Eine von 70 Personen ist Träger des rezessiven Allels a! Obwohl ein rezessives phänotypisches Merkmal selten sein kann, erstaunt es, wie verbreitet ein dazu gehöriges rezessives Allel in der Bevölkerung sein kann. Die Lehre, die jemanden, der ein „schlechtes" rezessives Allel (zum Beispiel eines für eine Erbkrankheit) aus einer Population durch Steuerung der Fortpflanzung eliminieren möchte, aus diesem Beispiel ziehen kann, lautet: Es ist praktisch unmöglich. Da nur die homozygot-rezessiven Individuen das Merkmal ausprägen, gegen die sich die künstliche Selektion richten würde, würde das Allel in den heterozygoten Trägern persistieren. (Theoretisch wäre heute mit molekulargenetischen Methoden natürlich auch eine Erfassung der phänotypisch unauffälligen Allelträger leicht möglich; eine praktische Umsetzung einer solchen Idee ist glücklicherweise aus vielen Gründen zurzeit unmöglich.) Für ein rezessives Allel, das bei 2 von 100 Personen vorkommt (homozygot aber nur bei 1 von 10.000), würden bei klassischer Züchtung 50 Generationen erforderlich sein, um die Häufigkeit des Allels auf einen Wert von 1 von 100 (gegenüber 2 von 100 zu Beginn) zu drücken.

6.4.2 Störungen des genetischen Gleichgewichtes

Das genetische Gleichgewicht einer Population kann durch (1) zufallsbedingte genetische Drift, (2) nichtzufällige Paarung (geschlechtliche Selektion), (3) wiederholte Mutationen, (4) Migration von Populationsangehörigen, (5) natürliche Selektion, oder eine Kombination vorgenannter Faktoren gestört werden. Wiederholte Mutationen sind die ultimative Quelle der Variabilität aller Populationen, doch ist für gewöhnlich eine Wechselwirkung mit einem oder mehreren der anderen genannten Faktoren erforderlich, um das genetische Gleichgewicht merklich zu stören. Wir wollen diese Faktoren der Reihe nach in Augenschein nehmen.

Genetische Drift

Einige Arten, wie etwa der Gepard (▶ Abbildung 6.28) zeigen nur ein geringes Maß an genetischer Vielfalt. Vermutlich ist die Stammpopulation der heutigen Bestände in einer früheren Zeit einmal durch einen „Flaschenhals" gegangen, also eine Periode, in der die Gesamtzahl der Individuen sehr klein war. Eine kleine Population kann natürlich kein sehr großes Maß an genetischer Vielfalt in Form vieler unterschiedlicher Genvarianten beherbergen. Jedes Individuum trägt bestenfalls zwei unterschiedliche Allele eines gegebenen Genortes (sofern nicht zufällig durch Duplikation des betreffenden Gens zusätzliche Kopien im Genom vor-

Abbildung 6.28: Tierarten mit geringem Maß an genetischer Vielfalt. Geparden sind eine Tierart, deren genetische Vielfalt auf ein sehr geringes Maß vermindert ist, weil die Populationsgröße irgendwann in der Vergangenheit einmal sehr klein war.

HINTERGRUND

Das Hardy/Weinberg-Gleichgewicht

Das Hardy/Weinberg-Gesetz ist eine logische Konsequenz des 1. Mendel'schen Gesetzes und drückt eine der Mendel'schen Vererbung innewohnende Tendenz zum Erreichen eines metastabilen Gleichgewichtszustandes aus.

Wir wollen für unser Beispiel eine Population heranziehen, die einen einzelnen Genort mit den beiden einzigen Allelen T und t aufweist. Die phänotypische Ausprägung der Expression dieses Gens könnte etwa die Fähigkeit der geschmacklichen oder geruchlichen Wahrnehmung des Stoffes Phenylthiocarbamid sein. Die Individuen in unserer Modellpopulation werden einen von drei möglichen Genotypen aufweisen (T/T, T/t (beide nehmen den Stoff wahr) und tt („Nichtschmecker")). Bei einer Stichprobengröße von 100 Individuen soll die Genotypverteilung wie folgt sein: 20 TT, 40 Tt und 40 tt. Wir können dann eine Tabelle anlegen, aus der die Allelhäufigkeiten hervorgehen (Wir erinnern uns, dass jedes Einzelwesen je zwei homologe Kopien in seinen Chromosomen beherbergt):

Genotyp	Anzahl der Individuen	Kopienzahl des T-Allels	Kopienzahl des t-Allels
T/T	20	40	–
T/t	40	40	40
t/t	40	–	80
gesamt	100	80	120

Von den 200 Gesamtkopien entfällt auf das Allel T ein Anteil von 80 : 200 = 0,4 (= 40 Prozent). Der Anteil des Allels t beträgt 120 : 200 = 0,6 (= 60 Prozent). Es ist allgemein üblich, bei der Heranziehung der Hardy/Weinberg-Beziehung für das Gleichgewicht die Symbole p und q zu verwenden, um die Allelhäufigkeiten anzugeben. Das genetisch dominante Allel wird hierbei per Definition durch p repräsentiert, das rezessive durch q. Darauf folgt für unseren Fall:

$$p = \text{Häufigkeit von T} = 0{,}4$$
$$q = \text{Häufigkeit von t} = 0{,}6$$

Es ergibt sich die triviale Feststellung $p + q = 1$.

Wir wollen, da wir nunmehr die Allelhäufigkeiten in der Stichprobe ermittelt haben, untersuchen, ob diese Häufigkeitswerte sich in einer Folgegeneration der Population spontan ändern. Unter der Annahme, dass die Paarung zufällig erfolgt (dies ist eine wichtige Voraussetzung, denn alle Paarungskombinationen der möglichen Genotypen müssen dieselbe Ausgangswahrscheinlichkeit besitzen), steuert jedes Individuum eine gleichgroße Anzahl von Gameten zu einem gemeinsamen Vorrat bei, aus dem die nächste Generation entsteht. Die Häufigkeiten der unterschiedlichen Gameten in diesem Vorrat ist dann proportional zu den Allelhäufigkeiten in der obigen Stichprobe: 40 Prozent der Gameten enthalten T, die verbleibenden 60 Prozent das Allel t (Verhältnis 0,4 : 0,6). Sowohl Ei- wie Samenzellen werden identische Mengenverteilungen zeigen (unter der Voraussetzung, dass es sich um ein autosomales Gen handelt). Die nächste Generation ist dann wie folgt:

Samenzellen \ Eizellen	T = 0,4	t = 0,6
T = 0,4	T/T = 0,16	T/t = 0,24
t = 0,6	T/t = 0,24	t/t = 0,36

Fassen wir die Genotypen zusammen, gelangen wir zu:

$$\text{Häufigkeit von T/T} = 0{,}16$$
$$\text{Häufigkeit von T/t} = 0{,}48$$
$$\text{Häufigkeit von t/t} = 0{,}36$$

Als Nächstes wollen wir die p- und q-Werte einer Population mit zufälliger Paarung ermitteln. Aus der obigen Tabelle entnehmen wir, dass die Häufigkeit von T die Summe des Genotyps T/T ist (0,16), plus die Hälfte des Gentyps T/t, dessen Anteil 0,24 beträgt:

$$T(p) = 0{,}16 + 0{,}5 \times 0{,}48 = 0{,}4$$

In gleicher Weise lässt sich die Häufigkeit von t als Summe des Genotyps t/t (0,36) plus die Hälfte des Genotyps T/t (0,24) errechnen:

$$t(p) = 0{,}36 + 0{,}5 \times 0{,}48 = 0{,}6$$

Die neue Generation weist demnach genau dieselben Allelhäufigkeiten wie die Elterngeneration auf! Man beachte, dass kein Anstieg der Häufigkeit des dominanten Allels T stattgefunden hat. Es gilt daher: *In einer sich frei kreuzenden, sich geschlechtlich fortpflanzenden Population bleibt die Häufigkeit eines beliebigen Allels über die Generationen konstant, wenn eine Einflussnahme durch natürliche Selektion, Migration, wiederkehrende Mutationen und genetischem Drift ausgeschlossen werden können.* Leser mit einer höheren mathematischen Neigung werden erkannt haben, dass die Häufigkeiten der Genotypkompositionen T/T, T/t und t/t dem binomischen Ausdruck $(p + q)^2$ entsprechen:

$$(p + q)^2 = p^2 + 2pq + q^2 = 1$$

handen sind, die aber dann möglicherweise nicht funktionell sind). Ein einzelnes sich fortpflanzendes Paar kann so eine maximale Zahl von vier unterschiedlichen Allelen eines Gens aufweisen. Nehmen wir an, wir hätten es mit einem solchen Paar zu tun. Die Mendel'schen Regeln sagen uns, dass der Zufall darüber entscheidet, welches der vorhandenen Allele über die Keimzellen an den Nachwuchs weitergegeben wird. Es ist daher allein aufgrund des Zufalls möglich, dass eines oder zwei der parental zur Verfügung stehenden Allele nicht an die Nachkommenschaft weitergegeben werden (die Wahrscheinlichkeit geht bei genügend großer Nachkommenschaft natürlich gegen null). Es ist höchst unwahrscheinlich, dass die verschiedenen Allele, die in einer kleinen Ausgangspopulation vorhanden sind, ohne Änderung der Allelhäufigkeiten an die Nachfahren weitervererbt werden. Diese zufälligen Fluktuationen der Allelhäufigkeiten von einer Generation zur nächsten – einschließlich des vollständigen Verschwindens von Allelen aus dem Genpool der Population – werden als **genetische Drift** bezeichnet.

Genetische Drift tritt in gewissem Umfang in allen Populationen endlicher Größe auf. Eine perfekte Konstanz der Allelhäufigkeiten, wie sie vom Hardy/Weinberg-Gesetz vorhergesagt wird, würde nur in einer hypothetischen, unendlich großen Population tatsächlich existieren. Alle Populationen von Tieren oder anderen Lebewesen sind von endlicher Größe und zeigen daher gewisse Effekte der genetischen Drift. Diese nehmen zu, wenn die Populationsgröße abnimmt. Die genetische Drift ist eine Quelle genetischer Vielfalt in einer Population. Falls die Populationsgröße über viele Generationen hinweg klein bleibt, kann die genetische Vielfalt stark abnehmen. Ein solcher Verlust kann sich nachteilig auf den evolutiven Erfolg einer Art auswirken, weil er die möglichen genetischen Erwiderungen auf Änderungen in der Umwelt einschränkt. Tatsächlich bezweifeln manche Biologen, dass die existierenden Gepardenpopulationen eine noch ausreichende genetische Vielfalt aufweisen, um langfristig überleben zu können.

Eine starke Verminderung der Populationsgröße, die evolutive Veränderung durch Gendrift innerhalb der Population begünstigt, wird umgangssprachlich als „Flaschenhals" bezeichnet. Ein Flaschenhals (= Engpass), der mit der Gründung einer neuen, geografisch abgegrenzten Population einhergeht, ist als „Gründereffekt" bekannt und kann der Anfangspunkt der Bildung einer neuen Art sein (siehe weiter oben).

Nichtzufällige Paarung

Falls die Paarung in nichtzufälliger Weise erfolgt, weichen die genotypischen Allelfrequenzen von der durch das Hardy/Weinberg-Gesetz gegebenen Verteilung ab. Falls beispielsweise zwei Allele eines Gens gleich häufig sind ($p = q = 0{,}5 = 50$ Prozent), so kann man erwarten, dass die Hälfte der Mitglieder der Population genotypisch heterozygot sind ($2pq = 2 \times 0{,}5 \times 0{,}5 = 0{,}5$), und je ein Viertel homozygot für jedes der beiden Allele ($p^2 = q^2 = (0{,}5)^2 = 0{,}25 = 25$ Prozent). Falls die Verpaarung positiv assortativ erfolgt (eine gezielte Partnerauswahl getroffen wird), paaren sich vorzugsweise Individuen mit demselben oder einem ähnlichen Genotyp, zum Beispiel Albinos mit Albinos. Die Paarung von Individuen, die beide homozygot für ein bestimmtes Allel sind, führt zu Nachkommen, die selbst homozygot für das betreffende Merkmal sind. Eine Paarung von Individuen, die heterozygot für ein bestimmtes Allelpaar sind, ergibt Nachkommen, die im Durschnitt zu 50 Prozent heterozygot und zu 50 Prozent homozygot (je 25 Prozent homozygot für die beiden beteiligten Allele) sind. Dies ist eine direkte Folge der Mendel'schen Regeln (siehe Kapitel 5). Paarung mit gezielter Partnerwahl führt zu einer Steigerung der Häufigkeit homozygoter Genotypen und, natürlich, zu einer Verminderung des Anteils heterozygoter Genotypen in der Population, nicht aber zu einer Veränderung der absoluten Allelhäufigkeiten.

Präferenzielle Paarung unter engen Verwandten steigert ebenfalls den Homozygotiegrad und wird als **Inzucht** bezeichnet. Während die gezielte Partnerwahl für gewöhnlich nur eines oder wenige Merkmale betrifft, beeinflusst die Inzucht gleichzeitig alle variablen Eigenschaften. Starke Inzucht führt zu einer starken Erhöhung der Wahrscheinlichkeit, dass seltene rezessive Allele den homozygoten Zustand erreichen (sich in einem Individuum zusammenfinden) und phänotypisch zur Expression gelangen.

Da Inzucht und genetische Drift beide durch geringe Populationsgrößen begünstigt werden, werden sie nicht selten miteinander verwechselt. Ihre Wirkungen sind jedoch sehr verschieden. Inzucht an sich kann keine Veränderung der Allelhäufigkeiten in der Population bewirken, nur die Art und Weise, wie Allele zu Genotypen zusammengefügt werden. Die genetische Drift führt zur Änderung von Allelfrequenzen und folglich auch zur Veränderung von Genotyphäufigkeiten. Selbst bei sehr großen Populationen besteht die Möglichkeit, dass sie unter einem hohen Maß an Inzucht leiden, falls es eine verhaltensbedingte Bevorzugung der Verpaarung mit engen Verwandten gibt – obgleich diese Situation bei Tieren nur selten eintritt. Die genetische Drift hingegen ist in sehr großen Populationen von vergleichsweise schwacher Wirkung.

Migration

Die Migration, also Wanderung, verhindert, dass unterschiedliche Populationen einer Art divergieren. Falls die Gesamtpopulation einer Art in viele kleine (Teil)Populationen unterteilt ist, können genetische Drift und Selektion, die getrennt voneinander auf verschiedene

Populationen einwirken, evolutive Divergenzen unter diesen erzeugen. Geringe Migration in jeder Generation verhindert, dass die verschiedenen Populationen sich genetisch zu weit voneinander entfernen. Die weiter oben beschriebenen ABO-Blutgruppenallelhäufigkeiten in Frankreich und Russland lassen ein gewisses Maß an genetischer Divergenz erkennen, doch die genetische Verbindung zwischen diesen Populationen durch Wanderbewegungen der Menschen in andere Länder reicht aus, um zu verhindern, dass sie sich vollständig unterschiedlich entwickeln.

Natürliche Selektion

Die natürliche Selektion kann sowohl die Allelhäufigkeiten wie die Genotyphäufigkeiten in einer Population ändern. Obwohl die Effekte der Selektion oftmals für besonders polymorphe Gene berichtet werden, müssen wir an dieser Stelle betonen, dass die natürliche Selektion auf den ganzen Organismus (das Tier, die Pflanze usw.) wirkt und nicht auf isolierte Merkmale. Ein Lebewesen, das eine überlegene Kombination von Merkmalen besitzt, ist begünstigt. Ein Organismus kann Eigenschaften besitzen, die keinen Vorteil vermitteln oder sogar nachteilig sind, aber trotzdem durch eine erfolgreiche Gesamtmerkmalskombination ausgezeichnet sein. Wenn wir behaupten, dass ein Genotyp an einem bestimmten Genort eine höhere **relative Fitness** besitzt als andere Genotypen desselben Genortes, so sagen wir damit aus, dass der betreffende Genotyp im Durchschnitt einen Vorteil bezüglich des Überlebens und des Fortpflanzungserfolges in der Population aufweist. Falls alternative Genotypen verschiedene Wahrscheinlichkeit des Überlebens und der reproduktiven Weitergabe aufweisen, liegt eine Störung des Hardy/Weinberg-Gleichgewichtes vor.

Einige Merkmale und Merkmalskombinationen sind von Vorteil für bestimmte Aspekte des Überlebens oder den Fortpflanzungserfolg eines Lebewesens und gleichzeitig nachteilig für andere. Darwin hat den Begriff geschlechtliche Auslese (sexuelle Selektion) eingeführt, um die Selektion von Merkmalen zu beschreiben, die von Vorteil für die Erlangung von Paarungspartnern, aber gleichzeitig von Nachteil für die allgemeine Überlebenswahrscheinlichkeit sind. Leuchtende Farben und ein prächtiges Federkleid (wie etwa die langen, auffälligen Schwanzfedern von Fasanen) sind vielleicht geeignet, die Konkurrenzfähigkeit bei der Eroberung von Paarungspartnern zu erhöhen, erhöhen aber gleichzeitig auch die Sichtbarkeit für Fressfeinde (▶ Abbildung 6.29). Veränderungen in der Umwelt können den Selektionswert verschiedener Merkmale oder Ausprägungen ein und desselben Merkmals ändern. Die Wirkung der Selektion auf Merkmalsvarianten ist daher eine sehr komplexe.

Wechselwirkung von Selektion, Drift und Migration

Die Untergliederung einer Art in kleine Populationen, zwischen denen migrierende Individuen hin- und herwechseln, ist eine optimale Situation zur Förderung der raschen, adaptiven Evolution der Art. Die Wechselwirkung von genetischer Drift und Selektion in unterschiedlichen Populationen erlaubt die Erprobung vieler unterschiedlicher genetischer Kombinationen vieler polymorpher Gene durch die natürliche Selektion. Die Migration zwischen Populationen erlaubt es besonders vorteilhaften genetischen Kombinationen, sich durch die Gesamtpopulation der Art auszubreiten. Die Wechselwirkung von Selektion, genetischer Drift und Migration in diesem Beispiel erzeugen evolutive Veränderungen, die qualitativ verschieden von den Ergebnissen sind, die durch jeden der drei Faktoren allein zustande kämen. Natürliche Selektion, genetische Drift, Mutation, nichtzufällige Paarung und Migration wechselwirken in natürlichen Populationen unter Erzeugung enormer

Abbildung 6.29: **Ein Paar Brautenten** *(Aix sponsa)*. Das leuchtende Federkleid des Männchens bietet vermutlich keinen Überlebensvorteil und könnte sogar nachteilig sein, weil es geeignet ist, die Aufmerksamkeit von Fressfeinden auf das Tier zu lenken. Solche auffälligen Farben sind nichtsdestotrotz ein Vorteil beim Anlocken von Paarungspartnern. Dies überwiegt insgesamt die negativen Konsequenzen dieser auffälligen Färbung für die Überlebenswahrscheinlichkeit. Darwin hat den Begriff der sexuellen Selektion (geschlechtliche Selektion) eingeführt, um die Evolution von Merkmalen zu beschreiben, die einen Fortpflanzungsvorteil vermitteln, selbst dann, wenn die betreffenden Merkmale für das Überleben ohne Einfluss (neutral) oder sogar von Nachteil sind.

6.4 Mikroevolution: Genetische Variation und Veränderung innerhalb einer Art

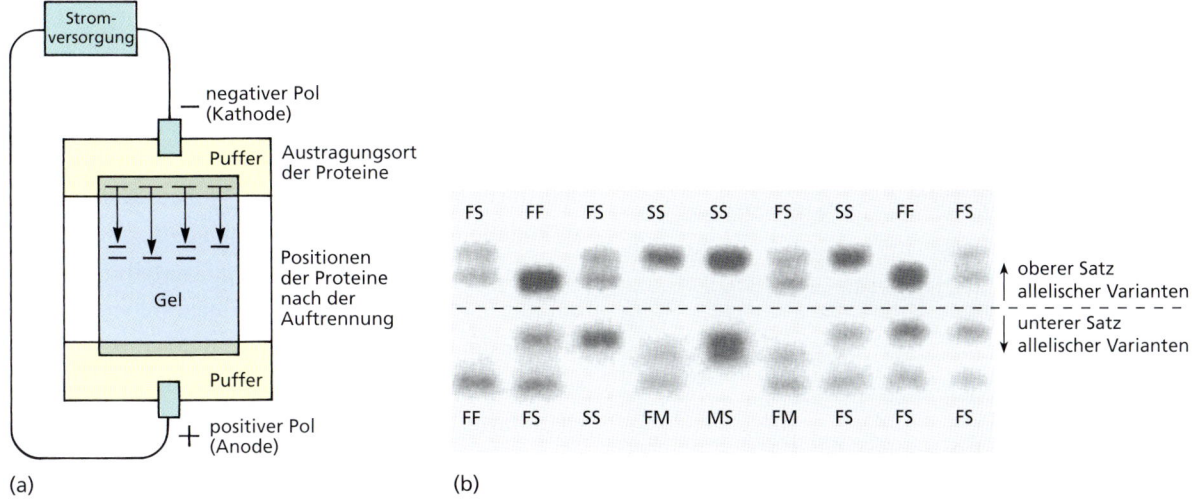

Abbildung 6.30: **Untersuchung genetischer Vielfalt durch Gelelektrophorese von Proteinen.** (a) Schemazeichnung einer Elektrophoreseapparatur. Mit ihrer Hilfe werden Proteinvarianten, welche die Produkte verschiedener Allele eines Gens sind, auf der Grundlage physikalischer Parameter (zum Beispiel unterschiedlichen elektrischen Gesamtladungen) aufgetrennt. (b) Genetisch bedingte Vielfalt des Proteins Leucinaminopeptidase unter neun Gefleckten Weinbergschnecken *(Helix aspersa)*. Die Analyse enthüllt zwei verschiedene Sätze allelischer Varianten. Der obere Satz umfasst zwei Allele (F und S genannt), die im elektrischen Feld unterschiedlich schnell wandern. Individuen, die homozygot für das F-Allel sind, lassen nur eine einzelne breite Bande erkennen (Bahnen mit der Bezeichnung FF); solche, die homozygot für das S-Allel sind, zeigen ebenfalls nur eine Bande (Bezeichnung SS); heterozygote Tiere zeigen beide Banden (Bahnen mit der Bezeichnung FS). Der Satz in der unteren Hälfte umfasst drei verschiedene Allele, die mit F, M und S bezeichnet werden. Man beachte, dass keines der hier untersuchten Individuen homozygot für das M-Allel ist.

Möglichkeiten und Gelegenheiten der evolutiven Veränderung und Entwicklung; dauerhafte Stabilität, wie sie die Abstraktion des Hardy/Weinberg-Gleichgewichts vorhersagt, tritt im Verlauf irgendeiner evolutiv signifikanten Zeitspanne praktisch nie auf.

6.4.3 Die Messung genetischer Vielfalt in Populationen

Wie misst man die genetische Vielfalt, die in Populationen auftritt? Genetische Dominanz, die Wechselwirkung zwischen den allelischen Formen eines Gens und die Wirkungen, welche die Umwelt auf den Phänotyp hat, machen die mengenmäßige Erfassung genetischer Varianten durch Untersuchung des organismischen Phänotyps sehr schwierig. Vielfalt kann jedoch auf der molekularen Ebene verhältnismäßig leicht quantitativ erfasst werden.

Proteinpolymorphismus

Die allelen Formen funktioneller Gene codieren für Proteine, die sich geringfügig in der Aminosäuresequenz unterscheiden. Dieses Phänomen wird als **Proteinpolymorphismus** bezeichnet. Falls diese Unterschiede in der Aminosäurezusammensetzung die elektrische Gesamtladung des Proteins verändern, können die polymorphen Formen des betreffenden Proteins durch das Verfahren der Elektrophorese aufgetrennt werden (▶ Abbildung 6.30). Wir können die Genotypen von Individuen bezüglich proteincodierender Gene identifizieren und Allelhäufigkeiten in der Population messen.

Im Verlauf der vergangenen 35 Jahre haben Molekularbiologen mit diesem und anderen methodischen Ansätzen ein viel höheres Maß an Vielfalt offengelegt als zuvor erwartet worden war. Ungeachtet des hohen Grades an Polymorphismus, der durch Proteinelektrophorese und Nucleinsäureanalysen aufgedeckt worden ist, ist der mit Hilfe dieser Methoden gefundene Polymorphismuswert kleiner als der tatsächlich vorhandene (▶ Tabelle 6.1). So lassen sich Proteinpolymorphismen, die sich nicht in einer Änderung der elektrischen Nettoladung äußern, mit dem in Abbildung 6.30 beschriebenen Verfahren nicht nachweisen. Da der genetische Code darüber hinaus redundant ist (mehr als ein Basentriplett codiert für eine Art von Aminosäure; siehe auch Tabelle 5.3), spiegelt der Proteinpolymorphismus nicht das zugrundeliegende Maß an Sequenzpolymorphismus der zugehörigen Gene wider. Genetische Veränderungen, die die Struktur von Proteinen unberührt lassen, weil sie außerhalb der codierenden Abschnitte eines Gens liegen, können aber das Muster (Ort, Zeit, Menge) der Proteinexpression abändern und so zum Beispiel Einfluss auf

Tabelle 6.1

Polymorphismus- (P) und Heterozygotiewerte (H) unterschiedlicher Tiere und Pflanzen, ermittelt durch Proteinelektrophorese

(a) Art	Zahl der Proteine	P*	H*
Mensch	71	0,28	0,067
Nördlicher Seeelefant	24	0,00	0,000
Pfeilschwanzkrebs	25	0,25	0,057
Elefant	32	0,29	0,089
Taufliege (Drosophila pseudoobscura)	24	0,42	0,120
Gerste	28	0,30	0,003
Laubfrosch	7	0,41	0,074

(b) Taxa	Zahl der Arten	P*	H*
Pflanzen	–	0,31	0,100
Insekten (ohne *Drosophila*)	23	0,33	0,074
Drosophila	43	0,43	0,140
Amphibien	13	0,27	0,079
Reptilien	17	0,22	0,047
Vögel	7	0,15	0,047
Säugetiere	46	0,15	0,036
Durchschnitt		0,27	0,078

Nach: P. Hedrick (1984): Population Biology. Jones & Barlett; ISBN: 0-8672-0043-X. P* = Durchschnittliche Anzahl der Allele pro Gen pro Art; H* = Anteil heterozygoter Gene pro Individuum.

den Entwicklungsverlauf eines Lebewesens nehmen. Wenn alle Arten der Variation in Betracht gezogen werden, wird offenkundig, dass den meisten Arten ein enormes Potenzial für zukünftige evolutive Entwicklungen innewohnt.

6.4.4 Quantitative Variation

Quantitative Merkmale sind solche, die ein kontinuierliches Spektrum an Varianten ohne ein erkennbares Muster Mendel'scher Segregation (= Entmischung) bei der Vererbung zeigen. Die Ausprägungswerte solcher Merkmale bei Nachfahren liegen oft zwischen den Werten für die Elternorganismen. Diese Merkmale werden durch Varianten an mehreren bis vielen Genorten beeinflusst, von denen jedes einzelne den Mendel'schen Regeln gehorcht und einen winzigen Beitrag zum Phänotyp leistet. Beispiele für quantitative Merkmale sind etwa die Schwanzlänge von Mäusen, die Länge der Beinsegmente einer Heuschrecke, die Anzahl der Erbsen in einer Erbsenschote und die Körpergröße bei Männern. Trägt man die nummerischen Werte der Merkmalsausprägung als Funktion der Häufigkeitsverteilung auf, so erhält man oftmals eine glockenförmige Normalverteilung (▶ Abbildung 6.31a). Die größte Individuenzahl verzeichnet man in der Nähe des Durchschnittswertes; eine geringere Anzahl liegt oberhalb und unterhalb des Durchschnittswertes. Extreme Formen bilden die Randausläufer der Verteilungskurve mit stark nachlassender Häufigkeit bzw. ansteigender Seltenheit. Für gewöhnlich gilt, dass die Häufigkeitsverteilung sich der theoretischen Normalverteilung umso mehr annähert, je größer die Stichprobe ist.

Die Selektion kann mit dreierlei unterschiedlichen evolutiven Ergebnissen auf quantitative Merkmale einwirken (siehe Abbildungen 6.31 b–d). Ein mögliches Ergebnis besteht darin, dass Merkmalswerte begünstigt werden, die in der Nähe des Durchschnitts liegen und Extremwerte benachteiligt werden; dieser Verlauf wird als **stabilisierende Selektion** bezeichnet (Abbildung 6.31b). Die **direktionale Selektion** begünstigt einen Extremwert des Phänotyps und führt dazu, dass sich der Durchschnittswert mit der Zeit allmählich verschiebt (Abbildung 6.31c). Wenn wir uns vorstellen, wie die natürliche Selektion evolutive Veränderungen hervorbringt, geht uns für gewöhnlich ein direktionaler Selektionsverlauf durch den Kopf. Wir müssen jedoch im Hinterkopf behalten, dass dies nicht der einzige mögliche Verlauf ist. Eine dritte Möglichkeit ist die **disruptive Selektion**, bei der zwei verschiedene extreme Phänotypen gleichzeitig begünstigt werden, der (bisherige) Durchschnitt aber benachteiligt ist (Abbildung 6.31d). Die Population wird als Folge davon bimodal, was bedeutet, dass zwei sehr verschiedene Phänotypen vorherrschend sind.

6.5 Makroevolution: Wesentliche evolutive Ereignisse

Der Begriff Makroevolution bezieht sich auf großmaßstäbliche Ereignisse der organismischen Evolution. Die Artbildung verknüpft die Ebenen der Makro- und der Mikroevolution. Großräumige Tendenzen in der fossilen Überlieferung (siehe Abbildungen 6.11 und 6.12) fallen

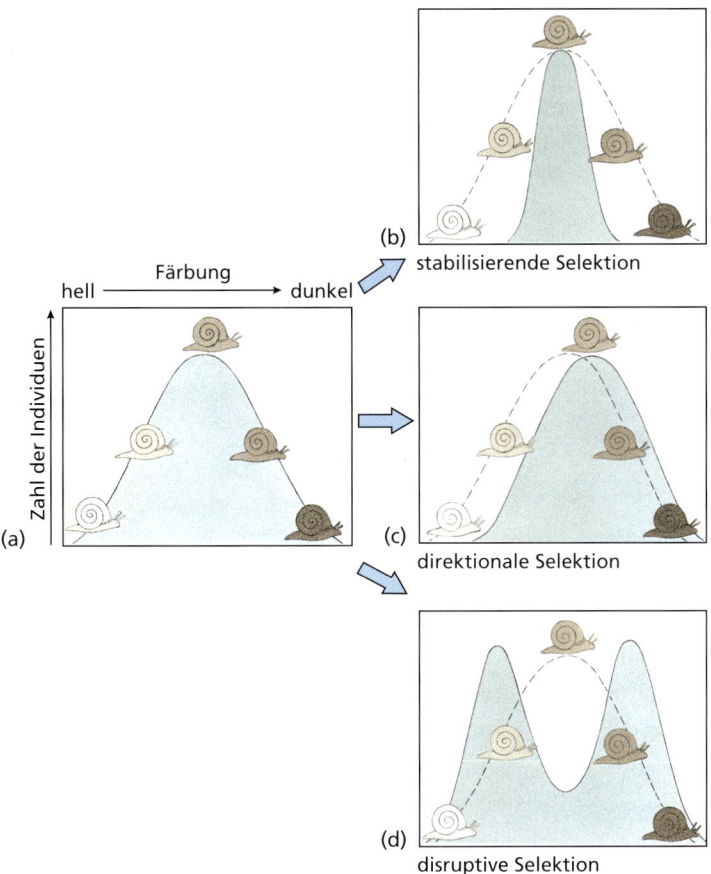

Abbildung 6.31: Ergebnisse der Selektion eines polygenen Merkmals mit kontinuierlichem Phänotypspektrum (Färbung einer Schnecke). (a) Die Häufigkeitsverteilung der Farbgebung vor der Selektion. (b) Eine stabilisierende Selektion beschneidet extreme Varianten in ihrer Ausbreitung in der Population. In diesem Fall werden Individuen ausgelesen, die ungewöhnlich hell oder dunkel sind. Der Mittelwert der Merkmalsausprägung erfährt so eine Stabilisierung. (c) Die direktionale Selektion führt zu einer Verschiebung der Mittelwertslage der Population. In diesem Beispiel sind die dunkler gefärbten Varianten begünstigt. (d) Die disruptive Selektion begünstigt beide Extreme, nicht aber den Durchschnittsphänotyp. Die Lage des Mittels bleibt unverändert, aber die Häufigkeitsverteilung der Phänotypen hat nicht mehr die frühere Glockenform.

unzweifelhaft in den Bereich der Makroevolution. Die Verlaufsmuster und die Prozesse der Makroevolution ergeben sich aus denen der Mikroevolution, erlangen dabei aber ein gewisses Maß an Autonomie. Das Auftreten neuer Anpassungen und Arten, sowie die schwankenden Raten der Artbildung und des Aussterbens, die sich in der Fossilgeschichte offenbaren, gehen über die Wirkungen von Fluktuationen von Allelhäufigkeiten in Populationen hinaus.

Der US-amerikanische Paläontologe S. Gould unterschied drei Zeitstränge, auf denen wir unterschiedliche Evolutionsprozesse wahrnehmen. Der erste Strang überstreicht die Zeiträume populationsgenetischer Vorgänge im Bereich von Dekaden bis Jahrtausenden. Der zweite Strang liegt im Maßstab von Jahrmillionen – einem Zeitfenster, in dem sich Artbildungs- und Aussterberaten messen und unter verschiedenen Organismengruppen vergleichen lassen. Der dritte Strang überdeckt Dutzende bis Hunderte von Millionen Jahren und ist durch das Auftreten episodischer Massenaussterbeereignisse gekennzeichnet. In der Fossilgeschichte der Meereslebewesen lassen sich Massensterben in zeitlichen Abständen von ca. 26 Millionen Jahren mit einiger Regelmäßigkeit nachweisen. Fünf dieser Massenextinktionen waren besonders desaströs (▶ Abbildung 6.32). Die Untersuchung langfristiger Veränderungen in der Artenvielfalt von Tieren und Pflanzen konzentriert sich auf den dritten Strang der Zeitskala der Evolution (siehe Abbildungen 6.12 und 6.32).

6.5.1 Artbildung und Aussterben über geologische Zeiträume

Evolutive Veränderungen auf der Ebene des zweiten Zeitstranges liefern der Darwin'schen Theorie der natürlichen Selektion eine neue Perspektive. Eine Art besitzt zwei mögliche evolutive Schicksale: sie kann neue Arten hervorbringen oder ohne irgendwelche Abkömmlinge aussterben. Die Raten der Artbildung und des Aussterbens schwanken zwischen den verschiedenen Abstammungslinien, und Abstammungslinien mit den höchsten Artbildungsraten und den niedrigsten Aussterberaten erzeugen die größte Zahl rezenter Formen. Die Merkmale einer Art können es mehr oder weniger wahrscheinlich machen, dass sie eine Speziation oder die Extinktion (Aussterben) durchläuft. Da viele Merkmale von einer anzestralen Art (Ahnenart) auf die sich von ihr ableitenden Folgearten übergehen (analog

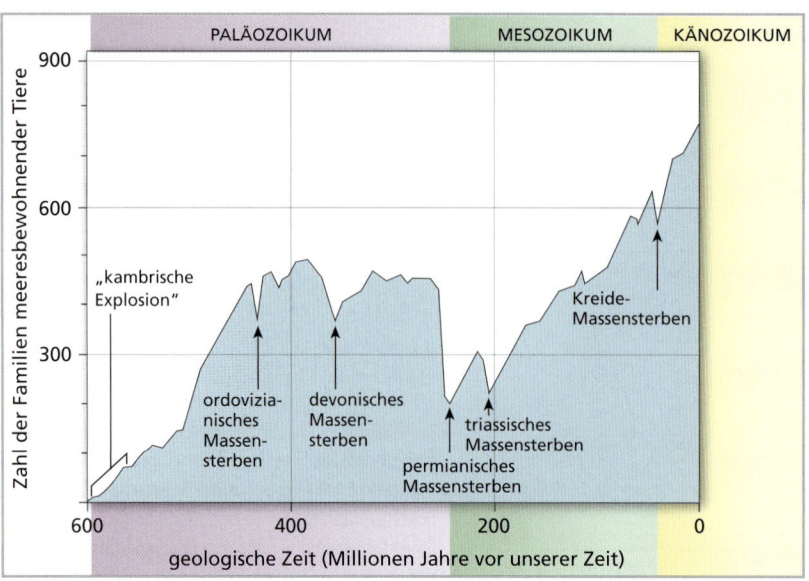

Abbildung 6.32: **Veränderungen der Zahl der Familien mariner Tiere im Verlauf der Erdgeschichte vom Kambrium bis zur Gegenwart.** Die mit Pfeilen gekennzeichneten, scharfen Einbrüche repräsentieren fünf große Aussterbephasen skeletttragender Meerestiere. Man beachte, dass die Gesamtzahl im Meer lebender Tierfamilien ungeachtet der Aussterbeereignisse bis zur Gegenwart hin zugenommen hat.

zur Vererbung auf der Ebene des Einzelwesens), sollten Abstammungslinien, deren Merkmale die Wahrscheinlichkeit der Artbildung erhöhen und eine gewisse Resistenz gegen das Aussterben vermitteln, die belebte Welt dominieren. Dieser, auf der Artebene angreifende Prozess, der die differenziellen Raten der Speziation und der Extinktion hervorbringt, ist auf vielfältige Weise der natürlichen Selektion ähnlich und stellt somit eine Erweiterung der Darwin'schen Theorie der natürlichen Selektion dar.

Unter **Artselektion** versteht man das differenzielle Überleben und die Vermehrung einer Art über geologische Zeiträume hinweg – auf der Grundlage einer variierenden Vielgestaltigkeit von Abstammungslinien, besonders im Hinblick auf emergente, auf der Artebene zu verzeichnende, Eigenschaften. Zu diesen Eigenschaften auf der Ebene der Art gehören Paarungsrituale, soziale Strukturen, Migrationsmuster, die geografische Verteilung, sowie alle anderen Eigenschaften, die auf der Artebene erstmals in Erscheinung treten (siehe Kapitel 1). Nachkommenarten ähneln für gewöhnlich ihren Vorfahren in Bezug auf diese Eigenschaften. Ein Haremssystem, bei dem sich ein einzelnes Männchen mit mehreren Weibchen verpaart, die eine Fortpflanzungseinheit bilden, ist beispielsweise kennzeichnend für einige Linien der Säugetiere, nicht aber für andere. Man würde erwarten, dass Artbildungsraten durch soziale Systeme, welche die Gründung einer neuen Population durch eine kleine Zahl von Individuen begünstigen, gesteigert werden. Bestimmte Sozialsysteme können geeignet sein, die Wahrscheinlichkeit dafür zu erhöhen, dass eine Art Umweltveränderungen durch kooperative Wechselwir-

kungen besser zu meistern vermag. Solche Eigenschaften würde die Artselektion über geologische Zeitläufe begünstigen.

Die differenzielle Artbildung und das differenzielle Aussterben verschiedener Abstammungslinien kann auch durch Variationen auf der Ebene von Eigenschaften des einzelnen Lebewesens verursacht sein (zum Beispiel durch höher spezialisierte im Vergleich zu allgemeineren Ernährungsgewohnheiten) statt durch Eigenschaften, die auf der Artebene ihre Wirkung entfalten. So können etwa Organismen, die sich auf ein enges Nahrungsangebot spezialisiert haben, eher einer geografischen Isolation anheimfallen als solche, deren Nahrungsspektrum breiter ist, da Bereiche, in denen ihre bevorzugte oder einzige Nahrung knapp ist oder ganz fehlt, als effektive geografische Barrieren der Ausbrei-

Exkurs

Die Paläontologin Elisabeth Vrba, die an einer US-amerikanischen Universität lehrt, und deren Forschungsergebnisse die Grundlage für Abbildung 6.33 bildeten, verwendet den Ausdruck Wirkungsmakroevolution, um differenzielle Artbildungs- und Aussterberaten zwischen Abstammungslinien zu beschreiben, die auf Eigenschaften in der Ebene des Einzeltiers beruhen. Sie behält sich den Begriff der Artselektion für solche Fälle vor, in denen emergente Eigenschaften auf der Ebene der Art die primäre Ursache sind. Einige andere Evolutionspaläontologen betrachten die Wirkungsmakroevolution als eine Unterkategorie der Artselektion, weil Fitnessunterschiede unter verschiedenen Artabstammungslinien auftreten und nicht unter sich unterscheidenden Vertretern innerhalb einer Art. Unsere Darstellung verwendet den Begriff der Artselektion in diesem umfassenderen Sinn.

6.5 Makroevolution: Wesentliche evolutive Ereignisse

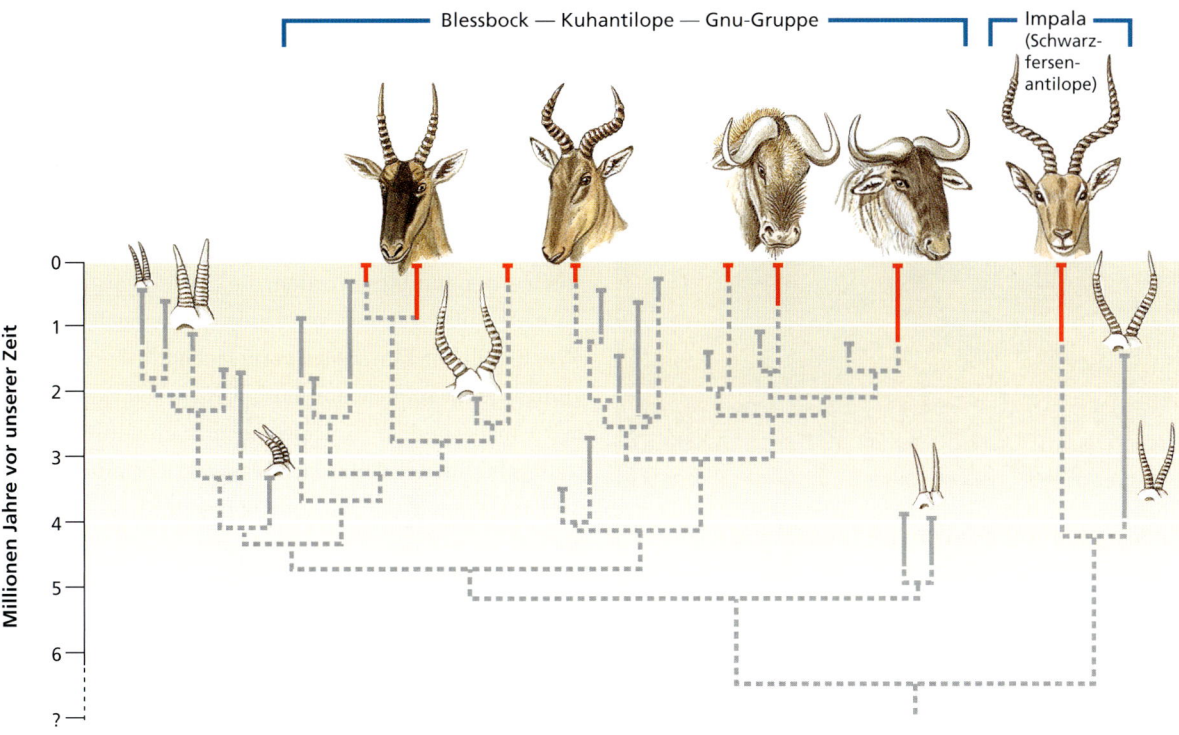

Abbildung 6.33: **Gegenüberstellung der Artenvielfalt zweier Hauptgruppen afrikanischer Antilopen.** Höhere Artbildungs- und Aussterberaten in den Gruppen von Leierantilope, Kuhantilope und Gnu werden auf eine im Vergleich zu den Impalas höhere Spezialisierung bei der Ernährung bei den Vertretern dieser Gruppe zurückgeführt. Dies ist ein Beispiel für Wirkungsmakroevolution, eine spezielle Form der Artselektion.

tung wirken. Eine derart verursachte geografische Isolation könnte sich also über lange Zeiträume hinweg dahingehend auswirken, dass sie eine größere Zahl an Gelegenheiten für eine Speziation mit sich bringen könnte. Die fossile Überlieferung zweier Hauptgruppen afrikanischer Antilopen legt dies nahe (▶ Abbildung 6.33). Eine Abstammungslinie höher spezialisierter Graser, zu der die Leierantilope *(Damaliscus albifrons)*, die Kuhantilope *(Alcelaphus buselaphus)* und die Gnus *(Connochaetes sp.)* gehören, zeigen hohe Artbildungs- und Aussterberaten. Ab der Zeit des späten Miozäns (vor ca. 23,8 bis 5,4 Millionen Jahren) finden sich 33 ausgestorbene und sieben rezente Arten, die mindestens 18 Ereignisse sich verzweigender Speziation und zwölf terminale Extinktionen repräsentieren. Im Gegensatz dazu zeigt eine zweite Abstammungslinie weniger spezialisierte Graser und Äser, zu der die Impalas *(Aepyceros melampus)* gehören, im gleichen Zeitraum weder Fälle von verzweigender (aufspaltender) Artbildung noch Fälle von terminalem Aussterben. Interessanterweise zeigen die beiden Abstammungslinien, die in Bezug auf Artbildungs- und Aussterberaten sowie die Artenvielfalt sehr verschieden voneinander sind, keinen signifikanten Unterschied in der Anzahl der heute lebenden Tiere.

6.5.2 Massensterben

Wenn wir evolutive Änderungen in einem noch größeren Maßstab und noch längere Zeiträume erforschen, so fallen episodische Ereignisse auf, bei denen große Anzahlen von Organismengruppen (Taxa) gleichzeitig ausgestorben sind. Derartige Ereignisse werden als **Massensterben** bezeichnet (Abbildung 6.32). Die einschneidendste dieser Phasen raschen, großflächigen Aussterbens ereignete sich vor etwa 225 Millionen Jahren, als wenigstens die Hälfte aller bekannten Familien mariner Wirbelloser der Flachwasserzone und ganze 90 Prozent aller Wirbellosen des Meeres innerhalb weniger Millionen Jahre verschwanden. Diese evolutiv bedeutsamen Ereignisse werden als das **Massensterben des Perms** bezeichnet. Das **Massensterben am Ende der Kreidezeit** vor ca. 65 Millionen Jahren markiert das Ende der Dinosaurier und vieler weiterer, kleiner Reptilientaxa, sowie das zahlreicher Wirbelloser des Meeres.

Die Ursachen dieser Massensterben und das wiederholte Eintreten solcher Ereignisse in Zeitabständen von ungefähr 26 Millionen sind schwierig zu erklären. Einige Forscher haben biologische Ursachen für diese in der Fossilgeschichte nachweisbaren Massensterben ins Feld geführt; andere machen physikalische Ursachen (Um-

Organismische Evolution

Abbildung 6.34: Das Kraterpaar der Clearwater Lakes in Kanada belegt, das Mehrfacheinschläge auf der Erde (vermutlich durch Fragmente eines einzigen, beim Anflug zerborstenen Kometen oder Meteoriten) vorgekommen sind. Die gegenwärtig verfügbare Befundlage scheint darauf hinzudeuten, dass mindestens zwei Einschläge innerhalb kurzer Zeit für das Massensterben am Ende der Kreidezeit vor 65 Millionen Jahren verantwortlich gewesen sein könnten.

weltursachen) verantwortlich. Eine dritte Fraktion schließlich verneint sie und deutet die paläontologischen Befunde als Artefakte statistischer und taxonomischer Analysen. Der Geologe Walter Alvarez ist einer der Urheber der Impakttheorie (Einschlagstheorie). Er und andere gehen davon aus, dass die Erde hin und wieder von großen Asteroiden und Kometen getroffen wurde, und dass die verheerende Wirkung solcher Einschläge von Himmelskörpern Massensterben hervorrief (▶ Abbildung 6.34). Die drastischen Wirkungen, die ein solches Bombardement auf einen Planeten haben kann, konnte im Juli 1994 unmittelbar beobachtet werden, als Bruchstücke des Kometen Shoemaker/Levy-9 den Jupiter trafen. Das erste Fragment soll nach Berechnungen die Wucht von sagenhaften Zehnmillionen Wasserstoffbomben gehabt haben. Zwanzig weitere Fragmente gingen im Verlauf der darauffolgenden Wochen auf Jupiter nieder, eines davon war fünfundzwanzigmal mächtiger als das erste Fragment. Dieser Kometenabsturz war das gewaltigste Ereignis in der Geschichte des Sonnensystems, seit wir über astronomische Aufzeichnungen verfügen. Ein ähnlicher Einschlag auf der Erde würde große Mengen Schutt und Staub in die Atmosphäre katapultieren, die Sonnenstrahlung abschirmen und aufgrund dieser und anderer Wirkungen auf die Lufthülle eine augenblickliche, drastische Veränderung des Erdklimas bewirken. Die eintretenden Temperaturänderungen würden die ökologischen Toleranzen vieler Arten übersteigen. Die Einschlagshypothese von Alvarez et al. erfreut sich gegenwärtiger großer Beliebtheit in Kreisen der Forscher und wird auf vielfältige Weise untersucht: So suchen Geologen nach Einschlagskratern und sind auch schon fündig geworden, die von Meteoriten- oder Kometenniedergängen herrühren, sowie nach von der Wucht solcher Einschläge verursachen Mineralumbildungen (Mineralmetamorphosen). Nach solchen Spuren wird insbesondere in geologischen Schichtungen gezielt gefahndet, in denen sich Massenartensterben nachweisen lassen. Atypisch hohe Konzentrationen des seltenen Edelmetalls Iridium im Ablagerungshorizont der Kreide/Tertiärgrenze, die weltweit zu finden sind, implizieren, dass dieses hochschmelzende Schwermetall zu dieser Zeit weiträumig in der Atmosphäre verteilt gewesen sein muss. Dieser Befund wird durch einen gewaltigen Asteroideneinschlag erklärt.

Manchmal erweisen sich Abstammungslinien, die von der Artselektion begünstigt wurden, bei Massenaussterbeereignissen als ungewöhnlich empfindlich. Klimaänderungen, die durch den Asteroiden-/Kometenabsturz ausgelöst worden wären, könnten Selektionsdrücke erzeugt haben, die sehr verschieden von den zu anderen Zeiten der Erdentwicklung herrschenden gewesen sein mögen. Die selektive Diskriminierung spezieller biologischer Merkmale durch einschneidende Vorkommnisse wie Massensterben wird mit dem Begriff **katastrophische Artselektion** belegt. So überlebten etwa die Säugetiere als Gruppe das Massensterben am Ende der Kreidezeit, dem die Dinosaurier sowie weitere prominente Wirbeltier- und Wirbellosengruppierungen zum Opfer fielen. In der Folgezeit gelang es den Säugetieren, ihnen zuvor verwehrte Umweltbereiche und deren Ressourcen für sich nutzbar zu machen, was zu einer adaptiven Radiation dieser Klasse von Tieren beigetragen hat. Die natürliche Selektion, die Artselektion und die katastrophische Selektion wechselwirken bei der Hervorbringung makroevolutiver Tendenzen, die wir rückschauend in der Fossilgeschichte wiederfinden. Die Erforschung dieser wechselwirkenden Kausalfaktoren hat die moderne, evolutionär orientierte Paläontologie zu einem sehr aktiven und aufregenden Wissenschaftszweig werden lassen.

ZUSAMMENFASSUNG

Die Theorie der organismischen Evolution erklärt die Vielfalt der Lebewesen als historisches Ergebnis schrittweiser Veränderungen vorher existenter Lebensformen. Der Evolutionsgedanke und die von ihm ausgehende Theorie der Evolution stehen direkt mit dem englischen Naturforscher Charles Darwin in Verbindung, der die ersten überzeugenden Erklärungen und umfangreiches Beweismaterial für evolutive Veränderungen erbringen konnte. Darwin verdankt einen großen Teil des ihm zur Verfügung stehenden Probenmaterials und die Einsichten durch eigene Anschauung einer fünfjährigen Forschungsreise auf dem Vermessungs- und Forschungsschiff Beagle.

Darwins Evolutionstheorie umfasst fünf wesentliche grundlegende Elemente. Die wichtigste Annahme ist die des beständigen Wandels der belebten Welt. Die Theorie geht davon aus, dass die Welt weder unveränderlich noch einem immerwährenden Kreislauf unterliegt, sondern unablässig unumkehrbare Veränderungen durchmacht. Die Fossilgeschichte hält in den kontinuierlichen fluktuativen Veränderungen der Formen und der Vielfalt von Tieren und Pflanzen seit der Zeit der kambrischen Explosion vor 600 Millionen Jahren Beispiele in Hülle und Fülle bereit. Darwins Theorie der gemeinsamen Abstammung besagt, dass alle Lebewesen sich von einer einzigen Urform ableiten, aus der sie sich in Form sich verzweigender Abstammungslinien (Ahnenreihen) evolutiv entwickelt haben. Diese Theorie ist geeignet, morphologische Homologien unter den Organismen als in modifizierter Form von einer evolutiven Vorgängerform ererbte Merkmale zu erklären. Homologiemuster, die aus gemeinsamer Abstammung mit nachfolgender Modifikation herrühren, erlauben es uns, Lebewesen aufgrund ihrer evolutiven Verwandtschaft zu klassifizieren.

Aus der gemeinsamen Abstammung ergibt sich zwangsläufig die Vermehrung der Arten im Verlauf der biologischen Evolution. Zur allopatrischen Speziation kommt es, wenn zwischen geografisch isolierten Populationen Fortpflanzungsbarrieren entstehen, so dass die getrennten Populationen unterschiedliche Evolutionsverläufe unter Hervorbringung neuer Arten nehmen können. Bei einigen Tieren – insbesondere parasitären Insekten, die sich auf unterschiedliche Wirtsarten spezialisiert haben – kann eine Artbildung ohne geografische Isolation erfolgen (eine isolierende Habitatabgrenzung liegt ja auch hier vor). In solchen Fällen spricht man von sympatrischer Speziation. Unter einer adaptiven Radiation versteht man die Evolution mehrerer, an spezielle Verhältnisse angepasste Arten aus einer einzelnen Abstammungslinie. Küstenferne Inselgruppen wie die Galapagosinseln des Pazifiks sind für adaptive Radiationen terrestrischer Lebewesen besonders günstige Umgebungen.

Darwins Theorie vom Gradualismus besagt, dass große phänotypische Unterschiede zwischen Arten durch die Akkumulation vieler kleiner, individueller Veränderungen über lange („evolutive") Zeiträume zustande kommen. Der Gradualismus ist als Konzept bis heute umstritten. Mutationen mit großen sichtbaren Wirkungen haben sich bei der Tier- und Pflanzenzucht als nützlich erwiesen, was zu abweichenden Meinungen hinsichtlich der Bedeutung solcher Mutationssprünge für die natürliche Evolution ohne den Menschen als Selektionsfaktor unter den Fachleuten geführt hat. Aus einem makroevolutionären Blickwinkel betrachtet, besagt die Hypothese des Punktualismus, dass die meisten evolutiven Veränderungen sich in verhältnismäßig kurzen Phasen sich aufgabelnder Artbildungen vollziehen, die durch lange Intervalle voneinander getrennt sind, in denen es nur zu geringfügigen phänotypischen Änderungen kommt, die akkumulativ sind.

Darwins fünfte Hauptaussage ist, dass die natürliche Selektion die Haupttriebkraft der Evolution sei. Dieses Prinzip gründet sich auf die Beobachtung, dass alle Arten Nachkommen im Überschuss erzeugen, unter denen es zu einem Kampf um die begrenzten Ressourcen (Nahrung, Lebensraum, Paarungspartner usw.) kommt. Da keine zwei Lebewesen exakt gleich sind, und weil variable Merkmale zumindest teilweise vererblich sind, tragen diejenigen Individuen, deren genetische Ausstattung ihre Nutzung der verfügbaren Ressourcen zum Zweck des eigenen Überlebens und der erfolgreichen Fortpflanzung verbessert, überproportional zum Populationsbestand der nächsten Generation bei. Über viele Generationen hinweg führt die Auslese der entstandenen Varianten zu neuen Arten und neuen Anpassungen.

Mutationen sind die letztendliche Ursache aller neuen Varianten, auf die selektierenden Faktoren einwirken. Darwins Theorie betont, dass Vielfalt (neue Varianten) zufällig entstehen, und dass das differenzielle Überleben und der differenzielle Fortpflanzungserfolg die Richtung der evolutiven Veränderung bestimmen. Darwins Theorie der natürlichen Selektion wurde im 20. Jahrhundert durch neu gewonnene Erkenntnisse und Einsichten, insbesondere auf dem Gebiet der Genetik, erweitert und modifiziert. Diese modifizierte Form wird zur Abgrenzung der Urtheorie als neodarwinistischer Ansatz bezeichnet.

Genetiker, die ganze Populationen untersucht haben, sind dabei auf die Prinzipien gestoßen, durch die die genetischen Eigenschaften und die genetische Zusammensetzung einer Population von Organismen sich mit der Zeit verändern. Eine besonders wichtige dabei gefundene Beziehung ist das Hardy/Weinberg-Gesetz. Mit seiner Hilfe konnte aufgezeigt werden, dass der Vererbungsprozess als solcher die genetische Zusammensetzung einer Population nicht verändert. Die wichtigsten Quellen, aus denen sich evolutive Veränderungen speisen, sind Mutationen, genetische Drift, nichtzufällige Paarung, Migration von Organismen, die natürliche Selektion, sowie ein welchselwirkendes Zusammenspiel mehrerer der vorgenannten Faktoren.

Der Neodarwinismus, wie er von den Populationsgenetikern formuliert wurde, bildete die Grundlage für die evolutionäre Synthese in den 30er und 40er Jahren des letzten Jahrhunderts. Genetik, Naturgeschichte, Paläobiologie und Systematik wurden durch das gemeinsame Bestreben der Erweiterung unseres Wissens der Darwin'schen Evolution vereint. Unter dem Begriff Mikroevolution versteht man genetische Veränderungen innerhalb gegenwärtiger Populationen. Mikroevolutionäre Untersuchungen haben gezeigt, dass die meisten natürlichen Populationen eine enorme Menge an genetischer Vielfalt enthalten. Unter dem Begriff Makroevolution versteht man evolutive Veränderungen über geologische Zeiträume hinweg. Makroevolutionäre Untersuchungen dienen der Messung von Artbildungs- und Aussterberaten, sowie der Erfassung von Änderungen der Artenvielfalt im Verlaufe der Zeit. Diese Art von Untersuchung haben die Darwin'sche Evolutionstheorie um Prozesse höherer Ordnung, welche die Aussterbe- und Artbildungsraten in Abstammungslinien regulieren, erweitert; dies schließt die (einfache) und die katastrophische Artselektion mit ein. Heute können wir davon ausgehen, dass die Evolutionstheorie bewiesen und alle anderen Hypothesen widerlegt sind.

ZUSAMMENFASSUNG

Übungsaufgaben

1. Fassen Sie kurz Lamarcks Konzept des Evolutionsvorgangs zusammen. Was ist falsch an diesem Konzept?
2. Was versteht man unter „Uniformitarismus"? Wie hat dieser Darwins Evolutionstheorie beeinflusst?
3. Warum war die Reise auf der *Beagle* von so großer Bedeutung für das Denken Darwins?
4. Welches ist die Schlüsselidee in Malthus' Aufsatz über Populationen, die Darwin half, seine Theorie der natürlichen Selektion zu formulieren?
5. Erläutern Sie, wie die folgenden Faktoren zu Darwins Evolutionstheorie beitragen: Fossilien; die geografische Verbreitung eng verwandter Tiere; Homologie; die Klassifikation der Tierwelt.
6. Wie sehen moderne Evolutionsbiologen das Verhältnis von Ontogenese zu Phylogenese? Erläutern Sie, warum das Phänomen der Pädomorphose im Konflikt mit dem biogenetischen Grundgesetz Haeckels steht.
7. Nennen Sie bedeutsame Unterschiede zwischen dem Vikarianzmodus und dem Gründereffektmodus der allopatrischen Speziation.
8. Was sind Fortpflanzungsbarrieren? Wie unterscheiden sich Vorpaarungshindernisse von Nachpaarungshindernissen?
9. Unter welchen Bedingungen soll eine sympatrische Artbildung stattfinden?
10. Worin besteht die evolutionsbiologische Erkenntnis, die aus den Darwinfinken der Galapagosinseln gezogen werden kann?
11. In welcher Weise dient die Beobachtung Großmutationen in der Tierzucht zur Infragestellung der Darwin'schen Theorie des Gradualismus? Warum sehen Darwin und heutige Evolutionsbiologen solche Mutationen als für die Evolution kaum bedeutend an?
12. Was sagt die Theorie des Punktualismus über das Auftreten von Artbildungsereignissen im Verlauf geologischer Zeiträume? Welche Beobachtung hat zur Formulierung dieser Theorie geführt?
13. Beschreiben Sie die Beobachtungen und Folgerungen, die Darwins Theorie der natürlichen Selektion ausmachen.
14. Benennen Sie die zufälligen und die nichtzufälligen Komponenten der Darwin'schen Theorie von der natürlichen Selektion.
15. Beschreiben Sie einige der wiederholt vorgebrachten Kritikpunkte an Darwins Theorie der natürlichen Selektion. Wie können diese Einwände entkräftet werden?
16. Es ist ein verbreiter Irrtum, dass aufgrund der Tatsache, dass einige Allele dominant und andere rezessiv sind, die dominanten in einer Population die rezessiven schließlich verdrängen müssen. Wie widerlegt das Hardy/Weinberg-Gesetz diese falsche Annahme?
17. Nehmen Sie an, dass Sie die Ausprägung eines Merkmals an zwei Tierpopulationen untersuchen. Das betreffende Merkmal wird durch ein einzelnes Allelpaar, *A* und *a*, festgelegt, und Sie können alle drei phänotypischen Ausprägungen des Merkmals – *AA*, *Aa* und *aa* – unterscheiden (intermediäre Vererbung). Ihre Untersuchung ergab:

Population	Aa	Aa	aa	Gesamt
I	300	500	200	1000
II	400	400	200	1000

Berechnen Sie die nach dem Hardy/Weinberg-Gesetz zu erwartende Phänotypenverteilung für jede der Populationen. Befindet sich Population I im

Gleichgewicht? Befindet sich Population II im Gleichgewicht?

18 Welche denkbaren Erklärungen für das Vorliegen eines Nichtgleichgewichtes gibt es, falls Sie nach der Untersuchung einer Population feststellen, dass diese sich bezüglich eines durch ein einzelnes Allelpaar festgelegten Merkmals nicht im Gleichgewicht befindet?

19 Erklären Sie, warum die genetische Drift in kleinen Populationen stärker wirksam ist.

20 Erläutern Sie, wie die Effekte der genetischen Drift und der natürlichen Selektion in einer untergliederten Art zusammenwirken können?

21 Ist es für die Selektion einfacher, ein nachteiliges rezessives Allel aus einer sich ungerichtet fortpflanzenden Population zu eliminieren, oder aus einer durch hochgradige Inzucht gekennzeichneten Population?

22 Grenzen Sie die Mikroevolution von der Makroevolution ab.

Weiterführende Literatur

Avise, J. (2004): Molecular markers, natural history, and evolution. 2. Auflage. Sinauer; ISBN: 0-87893-041-8. *Eine mitreißende und gute Darstellung darüber, wie molekularbiologische Untersuchungen uns bei unserem Verständnis der Evolution helfen.*

Barton, N. et al. (2007): Evolution, 1. Auflage. Cold Spring Harbor Laboratory Press; ISBN: 978-087969684-9.

Coyne, J. und H. Orr (2004): Speciation. Sinauer; ISBN: 978-0-87893-089-0. *Eine detaillierte Abhandlung über die Artbildung mit einer Betonung der Kontroversen, die dieses Forschungsfeld umgeben.*

Darwin, C. (1986): Die Entstehung der Arten durch natürliche Zuchtwahl. Reclam; ISBN: 3-1500-3071-4. *Andere Ausgabe:* Wissenschaftliche Buchgesellschaft (1992); ISBN: 3-5340-1375-1. *Originalausgabe*: The Origin of Species. Wordsworth (1998); ISBN: 1-8532-6780-5.

Darwin, C. (2006): Die Fahrt der Beagle. 3. Auflage. Marebuchverlag; ISBN: 3-9363-8495-9. *Originalausgabe*: The Voyage of the Beagle. Wordsworth (1997); ISBN: 1-8532-6476-8. *Darwins berühmter Reisebericht seiner fünfjährigen Weltumsegelung. Neben seiner großen wissenschaftlichen Begabung zeigt Darwin in seinen Werken auch schriftstellerisches Können.*

Desmond, A. und J. Moore (1991): Darwin. Warner; ISBN: 0-7181-3430-3. Deutsche Ausgabe: List (1995); ISBN: 3-4717-7338-X. *Eine interpretierende Biografie des berühmten englischen Biologen.*

Fox, C. und J. Wolf (Hrsg.): Evolutionary Genetics – Concepts and Case Studies. Oxford University Press (2006); ISBN: 0-19-516818-6.

Freeman, S. und J. Herron (2004): Evolutionary analysis. 3. Auflage. Addison-Wesley; ISBN: 978-0-1323-9789-6. *Einführendes Lehrbuch der Evolutionsbiologie für Studenten mit Hauptfach Biologie.*

Futuyma, D. (2005): Evolution. Sinauer; ISBN: 0-87893-187-2. *Ein sehr gründliches einführendes Lehrbuch der Evolutionskunde.*

Glen, W. (1994): The mass extinction debates: how science works in a crisis. Stanford University Press; ISBN: 0-8047-2286-2. *Eine Erörterung des Phänomens der Massensterben in Form einer Debatte und einer Podiumsdiskussion unter Fachleuten.*

Gould, S. (2002): The structure of evolutionary theory. Harvard University Press; ISBN: 0-6740-0613-5. *Eine provokante Diskussion der Frage, was Fossilien uns über die Evolutionsgeschichte des Lebens mitzuteilen imstande sind.*

Graur, D. und W. Li (2000): Fundamentals of molecular evolution. Sinauer; ISBN: 0-87893-266-6. *Ein Lehrbuch über das sich schnell entwickelnde Feld der molekularen Evolution.*

Hall, B. (1998): Evolutionary developmental biology. 2. Auflage. Springer; ISBN: 978-0-412-78590-0. *Ausgezeichnetes Lehrbuch über das neue Gebiet der evolutionären Entwicklungsbiologie.*

Hartl, D. und A. Clark (2007): Principles of Population Genetics. 4. Auflage. Sinauer; ISBN: 978-0-87893-308-2. *Ein aktuelles Lehrbuch der Populationsgenetik.*

Levinton, J. (2001): Genetics, paleontology and macroevolution. 2. Auflage. Cambridge University Press; ISBN: 0-5210-0550-7. *Eine provokante Erörterung der darwinistischen Grundlagen der Theorie der Makroevolution.*

Mayr, E. (1999): Systematics and the Origin of Species from the Viewpoint of a Zoologist. Harvard University Press; ISBN: 0-6748-6250-3.

Mayr, E. (2002): What Evolution is. Basic Books; ISBN: 0-4650-4426-3. *Eine allgemeine Übersicht über die Evolution von einem führenden Evolutionsbiologen des 20. Jahrhunderts.*

Mousseau, T. et al. (Hrsg.): Adaptive genetic variation in the wild. Oxford University Press (2000); ISBN:

0-1951-2183-X. *Detailierte Beispiele adaptiv bedeutsamer genetischer Varianten in natürlichen Populationen.*

Rose, M. und L. Mueller (2005): Evolution and Ecology of the Organism. Prentice Hall; ISBN-10: 0-1301-0404-3.

Ruse, M. (1998): Philosophy of biology. Prometheus; ISBN: 1-5910-2527-3. *Eine Sammlung von Aufsätzen zur Evolutionsbiologie.*

Stockstad, E. (2001): Exquisite chinese fossils add new pages to the book of life. Science, vol. 291: 232–236. *Aufregende neue Fossilfunde helfen uns, unser Verständnis der evolutiven Geschichte des Lebens auf der Erde zu vervollständigen. Dieser Abhandlung folgen in derselben Ausgabe noch eine Reihe artverwandter.*

Wink, M. (2006): Molekulare Evolutionsforschung. Schriftzeichen im Logbuch des Lebens. Biologie in unserer Zeit, vol. 36, Nr. 1: 26–37.

Weitere Informationen zu diesem Buchkapitel finden Sie auf der Companion-Website unter
http://www.pearson-studium.de

Die Fortpflanzung

7.1 Die Natur der Fortpflanzungsprozesse 205

7.2 Der Ursprung und die Reifung von Keimzellen 211

7.3 Fortpflanzungsstrategien 217

7.4 Baupläne von Fortpflanzungssystemen 219

7.5 Endokrine Ereignisse bei der Fortpflanzung 222

Zusammenfassung 230

Übungsaufgaben 231

Weiterführende Literatur 232

7 Die Fortpflanzung

*I*m Jahr 1651 – zu einem späten Zeitpunkt in einem langen Leben – veröffentlichte der englische Physiologe William Harvey, der zuvor durch die Entdeckung und Erklärung des Blutkreislaufs das Feld der experimentellen Physiologie begründet hatte, eine Abhandlung über die Fortpflanzung. In dieser Abhandlung formulierte er den Grundsatz, dass alles Leben sich aus dem Ei entwickle (omne vivum ex ovo). Diese Verallgemeinerung war von bemerkenswerter Intuition, da Harvey nicht die technischen Mittel hatte, die Eier vieler Tiere sichtbar zu machen; das gilt insbesondere für die mikroskopisch kleinen Eizellen der Säugetiere, die für das bloße Auge kaum die Größe eines Staubkorns haben. Darüber hinaus, so Harvey, würden die Eizellen durch irgendeinen Einfluss des (männlichen) Samens auf ihren Entwicklungsweg gebracht – eine weitere Folgerung, die entweder ein erstaunliches Gespür für biologische Vorgänge verrät oder schlicht gut geraten war, da Spermien (Samenzellen) für Harvey ebenfalls unsichtbar blieben. Solche Ideen unterschieden sich scharf von den damals vorherrschenden Vorstellungen der Biogenese, die das Leben aus vielen Quellen entspringen sahen, von denen Eier nur eine waren. Harvey beschrieb dagegen die Merkmale der geschlechtlichen Fortpflanzung, bei der zwei Elterntiere – Männchen und Weibchen – sich zusammenfinden müssen, um die Fusion der Geschlechtszellen (Gameten) beider sicherzustellen.

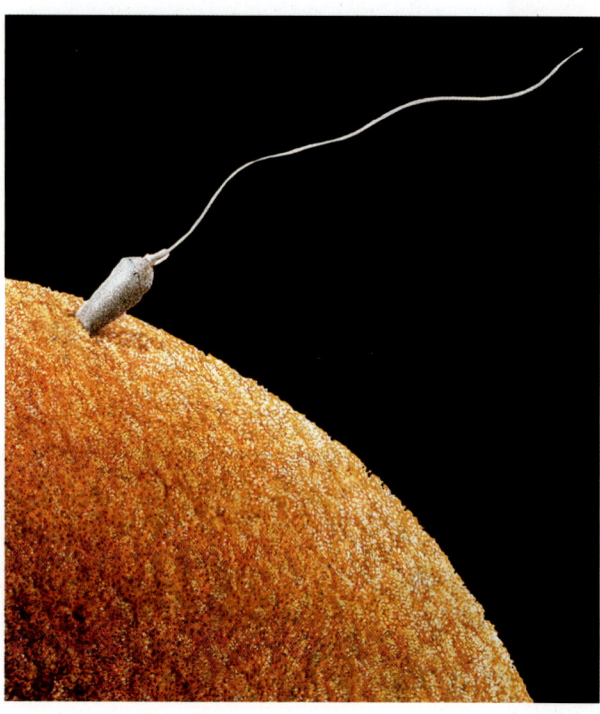

Eine menschliche Eizelle und eine menschliche Samenzelle im Moment der Befruchtung.

Ungeachtet der Bedeutung von Harvey's Aphorismus, dass alles Leben aus dem Ei entspringt, ist er letztendlich doch mit einem zu groben Pinsel gemalt, um die Wirklichkeit gänzlich korrekt wiederzugeben. Neues Leben entspringt der Fortpflanzung bereits existierenden Lebens, und die Fortpflanzung ist nicht zwingend an Ei- und Samenzellen gebunden. Die nichtgeschlechtliche Vermehrung – die Erzeugung neuer, genetisch identischer Individuen durch Knospung, Fragmentierung oder Teilung eines einzelnen „Elterntiers" ist weit verbreitet und sogar für einige Stämme charakteristisch. Dennoch verlassen sich viele Tiere auf Sex als siegreiche Strategie, wahrscheinlich deshalb, weil die geschlechtliche Fortpflanzung die Vielfalt fördert und dadurch in einer Welt des beständigen Wandels auf lange Sicht die Aussicht auf das Überleben der Abstammungslinie verbessert.

Die Fortpflanzung ist eines der interessantesten Phänomene des Lebens. Die Evolution ist untrennbar mit der Fortpflanzung verknüpft, weil der unablässige Austausch alternder Vorfahren gegen neues Leben den Tieren die Mittel und die Möglichkeiten verleiht, auf eine sich verändernde Umwelt zu reagieren und zu evolvieren, während die Erde sich selbst über die Zeitalter verändert. In diesem Kapitel wollen wir dem Unterschied zwischen ungeschlechtlicher und geschlechtlicher Vermehrung nachspüren und die Gründe untersuchen, warum zumindest bei den vielzelligen Tieren die geschlechtliche Fortpflanzung so bedeutsame Vorteile gegenüber der ungeschlechtlichen zu bieten scheint. Wir gehen dann der Herkunft und der Reifung der Keimzellen nach, lernen die Baupläne von Fortpflanzungssystemen kennen, betrachten die Fortpflanzungsstrategien von Tieren, und wenden uns schließlich den endokrinen Vorgängen der Fortpflanzung zu.

Die Natur des Fortpflanzungsprozesses 7.1

Man unterscheidet zwei grundsätzliche Fortpflanzungsweisen: die ungeschlechtliche (asexuelle) und die geschlechtliche (sexuelle). Bei der **ungeschlechtlichen** oder **asexuellen** Fortpflanzung (▶ Abbildung 7.1a + b) gibt es nur ein Elterntier und keine speziellen Fortpflanzungsorgane oder -zellen. Jeder Organismus ist befähigt zur Produktion genetisch identischer Kopien, sobald er das Adultstadium erreicht hat. Die Produktion von Kopien ist relativ einfach, direkt und im Regelfall sehr schnell. Bei der geschlechtlichen oder sexuellen Vermehrung (Abbildung 7.1c + d) gilt als Regel, dass zwei Elterntiere beteiligt sind, von denen ein jedes spezialisierte **Keimzellen (Gameten)** beisteuert, die sich bei der Befruchtung vereinigen. Aus der Vereinigung der Keimzellen geht durch die ontogenetische Entwicklung ein neues Individuum hervor. Die bei der **Befruchtung (Fertilisation)** gebildete **Zygote** (= befruchtete Eizelle) enthält das Erbgut beider Elterntiere, und die Vereinigung der elterlichen Gene (siehe Kapitel 5: „Das Genkonzept") erzeugt ein von den Eltern genetisch verschiedenes und im Regelfall einzigartiges Individuum, das noch immer die Merkmale der Art, zu der es gehört, trägt, sowie Merkmale bzw. Merkmalsausprägungen, durch die es sich von seinen Eltern unterscheidet. Durch die Rekombination elterlicher Merkmale tendiert die sexuelle Vermehrung zur Vervielfältigung von Variationen und ermöglicht einen reichhaltigeren und diversifizierteren Evolutionsverlauf.

Die Mechanismen für den Austausch von Genen zwischen Einzelwesen sind bei Organismen mit ausschließlich ungeschlechtlicher Vermehrung stärker limitiert. Natürlich werden bei ungeschlechtlichen Organismen mit haploidem Genom (siehe Kapitel 5: Die chromosomale Grundlage der Vererbung) Mutationen unmittelbar wirksam und zur Expression gebracht, sodass die Evolution rasch voranschreiten kann. Bei sich geschlechtlich vermehrenden Tieren kommt andererseits eine Genmutation oftmals nicht sofort zur Expression, da sie durch ein anderes Allel des betreffenden Gens auf dem homologen Chromosom kompensiert werden kann (rezessive Mutation; homologe Chromosomen werden zu Beginn des Kapitels 5 diskutiert; es sind diejenigen Chromosomen, die sich im Verlauf der Meiose paarweise zusammenlegen und die Gene tragen, die für dieselben Merkmale verantwortlich sind.). Es gibt nur eine sehr geringe Wahrscheinlichkeit, dass beide Versionen eines (diploiden) Genpaares zur selben Zeit am selben Punkt in identischer Weise mutieren.

7.1.1 Ungeschlechtliche Vermehrung: Fortpflanzung ohne Gameten

Die ungeschlechtliche (asexuelle) Fortpflanzung (Abbildung 7.1a + b) ist die Hervorbringung von neuen Individuen ohne die Beteiligung von Gameten (Eizellen + Spermien). Darunter fallen eine Reihe verschiedenartiger Vorgänge, die alle ohne Geschlechtskontakte oder ein zweites Elterntier vonstatten gehen. Die Nachkommen, die auf dem Weg der ungeschlechtlichen Vermehrung erzeugt werden, weisen sämtlich dasselbe Genom auf (außer, wenn es zu spontanen Mutationen kommt) und werden als **Klon** bezeichnet.

Die ungeschlechtliche Vermehrung tritt regelmäßig bei den Bakterien (Prokaryonten) und den einzelligen Eukaryonten, sowie bei vielen Stämmen der Wirbellosen auf, zum Beispiel bei den Cnidariern (Nesseltiere), den Bryozoen (Moostierchen), den Anneliden (Ringelwürmer), den Echinodermen (Stachelhäuter) und den Hemichordaten (Kiemenlochtiere). In denjenigen Tierstämmen, bei denen ungeschlechtliche Vermehrung auftritt, betreiben die meisten Mitglieder daneben auch eine geschlechtliche Fortpflanzung. Bei diesen Gruppen dient die ungeschlechtliche Vermehrung der raschen Erhöhung der Individuenzahl, wenn die Entwicklung

7 Die Fortpflanzung

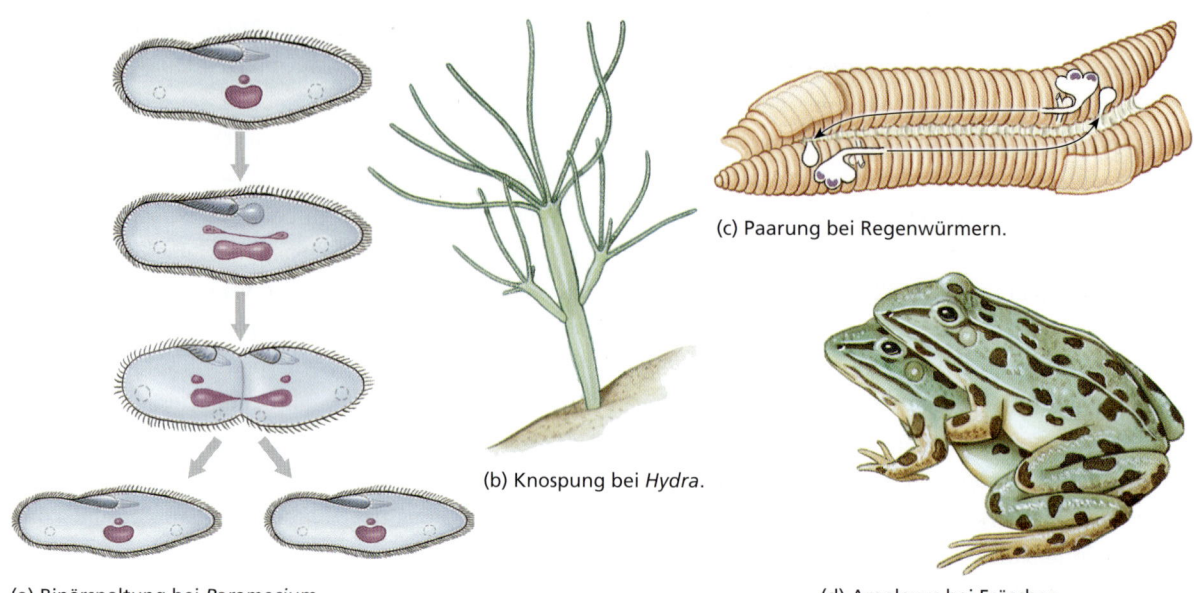

(a) Binärspaltung bei *Paramecium*.
(b) Knospung bei *Hydra*.
(c) Paarung bei Regenwürmern.
(d) Amplexus bei Fröschen.

Abbildung 7.1: **Beispiele für geschlechtliche und ungeschlechtliche Vermehrung bei Tieren.** (a) Zweiteilung führt beim Pantoffeltierchen, Paramecium, einem einzelligen Eukaryonten, zu zwei Individuen. (b) Knospung, eine simple Form der ungeschlechtlichen Fortpflanzung am Beispiel von Hydra, einem radiärsymmetrischen Nesseltier. Die Knospen lösen sich schließlich selbstständig ab und wachsen zu voll ausgebildeten Individuen heran. (c) Regenwürmer pflanzen sich geschlechtlich fort, sind aber zwittrig – jedes Individuum trägt sowohl männliche wie weibliche Geschlechtsorgane. Jeder Regenwurm übergibt Sperma aus in Rinnen angeordneten Genitalporen an Samentaschen seines Paarungspartners. (d) Frösche (hier in Paarungshaltung = Amplexus) als Beispiel für zweigeschlechtliche Fortpflanzung – der häufigsten Form der geschlechtlichen Vermehrung mit getrenntgeschlechtlichen männlichen und weiblichen Individuen.

und Differenzierung des Organismus den Punkt der Gametenbildung noch nicht erreicht hat. Die ungeschlechtliche Vermehrung fehlt bei den Wirbeltieren (obgleich einige Formen der Parthenogenese von einigen Autoren als ungeschlechtlich interpretiert worden ist; siehe Abschnitt zur Parthogenogenese weiter unten in diesem Kapitel).

Die grundlegenden Formen der ungeschlechtlichen Vermehrung sind die Teilung (zwei- oder mehrfach), die Knospung, die Gemmulation und die Fragmentierung.

Die **Zweiteilung** ist bei den Bakterien und den Protozoen (Abbildung 7.1a) verbreitet. Bei der Zweiteilung teilt sich der Körper des Elterntiers durch Mitose (siehe Kapitel 3: Mitose und Zellteilung) in zwei ungefähr gleiche Teile, die beide zu einem dem Ausgangsorganismus ähnlichen Individuum auswachsen. Die Zweiteilung kann in Längsrichtung erfolgen (longitudinal) wie bei den Flagellaten oder transversal wie bei den Ciliaten (siehe Kapitel 11: Protozoen). Bei der **Mehrfachteilung** teilt sich der Zellkern wiederholt, bevor es zur Teilung des Cytoplasmas kommt; dabei werden gleichzeitig viele Tochterzellen gebildet. Die Sporenbildung (Sporogonie) ist eine Form der Mehrfachteilung, die bei einigen parasitischen Protozoen verbreitet ist, zum Beispiel bei den Malariaparasiten.

Die **Knospung** kann als inäquale Teilung eines Lebewesens angesehen werden. Das neue Individuum entsteht als Auswachsung (= Knospe) des Elterntiers, entwickelt Organe wie die des Elterntiers und löst sich dann von diesem ab. Unter den einzelligen Eukaryonten zeigen die Hefen regelmäßig Vermehrung durch Knospung. Bei den Tieren wird die Knospung bei mehreren Stämmen beobachtet; besonders augenfällig ist sie bei den Nesseltieren (Phylum Cnidaria) (Abbildung 7.1b).

Exkurs

Es wäre falsch, zu denken, dass die ungeschlechtliche Vermehrung in irgendeiner Weise eine „mangelhafte" oder unvollkommene Art der Fortpflanzung ist, die auf winzigste Lebensformen beschränkt ist, die den Spaß am Sex noch nicht entdeckt haben. In Anbetracht ihrer Verbreitung, der Tatsache, dass sie 3,5 Milliarden Jahre auf der Erde überdauert haben, und des Umstandes, dass sie die Basis der Nahrungsketten bilden, von denen alle höheren Lebensformen abhängen, sind einzellige, ungeschlechtliche Organismen sowohl von erstaunlicher Allgegenwärtigkeit wie überragender Wichtigkeit. Für diese Lebensformen liegen die Vorteile der asexuellen Vermehrung in ihrer Schnelligkeit (viele Bakterien vermögen sich jede halbe Stunde zu teilen) und Einfachheit (es sind keine Keimzellen zu bilden und keine Zeit und keine Energie aufzuwenden, um einen Paarungspartner zu finden).

Gemmulation ist die Bildung eines neuen Individuums durch die Aggregation von Zellen, die von einer widerstandsfähigen Kapsel umgeben sind. Diese schützende Kapsel wird als Gemme oder Gemmula (lat. *gemma*, Knospe + *ula*, Verkleinerungsform anzeigende Endung) bezeichnet. Bei vielen Süßwasserschwämmen entwickeln sich im Herbst Gemmen. Diese überleben den Winter im gefrorenen oder ausgetrockneten Körper des Elterntiers. Im Frühling werden die eingeschlossenen Zellen aktiv, brechen aus der Kapsel hervor und wachsen zu einem neuen Schwamm aus.

Bei der **Fragmentierung** (lat. *fragmentum*, Bruchstück) zerbricht ein vielzelliges Tier in zwei oder mehr Teile. Jedes der Bruchstücke ist befähigt, ein vollständiges neues Einzelwesen auszubilden. Viele Invertebraten vermögen sich ungeschlechtlich zu vermehren, indem sie sich einfach in zwei Teile trennen und die entstandenen Fragmente dann die fehlenden Teile regenerieren. Dazu kommt es beispielsweise bei den meisten Seeanemonen und viele Hydroideen – zwei unterschiedlichen Gruppen sessiler Nesseltiere. Viele Stachelhäuter (Echinodermata) können verlorengegangene Körperteile neu bilden, doch ist dies nicht das Gleiche wie die Vermehrung durch Fragmentation.

7.1.2 Geschlechtliche Vermehrung: Fortpflanzung mit Gameten

Geschlechtliche Fortpflanzung ist die Erzeugung von Nachkommen durch, mit und aus Gameten. Darunter fällt als häufigste Form die **bisexuelle** (oder **biparentale**) Fortpflanzung, an der zwei getrennte Einzelwesen beteiligt sind. Der **Hermaphroditismus** (Zwittrigkeit) und die **Parthenogenese** (Jungfernzeugung) sind weniger verbreitete Formen der geschlechtlichen Vermehrung, die wir aber ebenfalls erörtern werden.

Bisexuelle Fortpflanzung

Unter bisexueller (zweigeschlechtlicher) Fortpflanzung versteht man die *Erzeugung von Nachkommenschaft durch die Vereinigung von Gameten zweier genetisch unterschiedlicher Eltern* (Abbildungen 7.1c, 7.1d und ▶ 7.2). Die Nachkommen werden daher einen neuen Genotyp besitzen, der von dem jedes Elterntieres

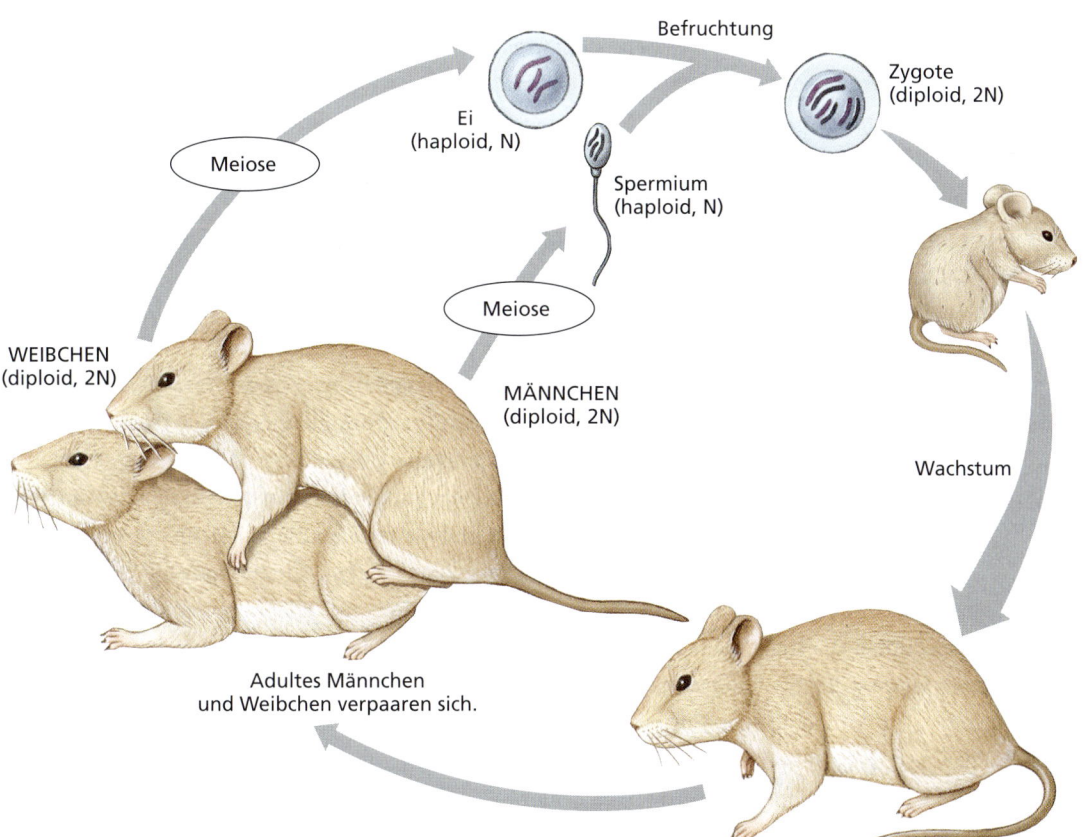

Abbildung 7.2: Ein geschlechtlicher Vermehrungszyklus. Der Generationswechsel beginnt mit den haploiden Keimzellen, die durch Meiose gebildet werden. Sie verbinden sich zu einer Zygote, die sich durch mitotische Teilungen schließlich zu einem Adulttier entwickelt. Der größte Teil des Vermehrungszyklus verbringt das Tier als diploider Organismus.

verschieden ist. Die Elterntiere sind charakteristischerweise verschiedenen Geschlechts, also männlich und weiblich (es gibt Ausnahmen unter den sich geschlechtlich fortpflanzenden Organismen, wie etwa Bakterien und einige Protozoen, bei denen Geschlechter fehlen). Jedes Geschlecht verfügt über sein eigenes Fortpflanzungssystem und erzeugt nur einen Typ von Keimzelle – Spermatozoon oder Ovum (= Spermienzellen und Eizellen) – und niemals beide gleichzeitig. Praktisch alle Wirbeltiere und viele Wirbellose weisen getrennte Geschlechter auf, ein Zustand, der als **Zweihäusigkeit** oder **Diözie** (gr. *di*, zwei + *oikos*, Haus) bezeichnet wird. Ausnahmen hiervon sind die Tiere, bei denen ein und dasselbe Individuum sowohl männliche wie weibliche Geschlechtsorgane besitzt, ein Zustand der als **Einhäusigkeit** oder **Monözie** (gr. *monos*, ein, einzeln + *oikos*, Haus) bezeichnet wird. Diese Tiere werden Zwitter oder **Hermaphroditen** (eine Zusammenfügung aus den Namen zweier Gestalten der altgriechischen Mythologie, des Gottes Hermes und der Göttin Aphrodite) genannt. Diese Form der Fortpflanzung wird weiter unten eingehender besprochen.

Die grundlegende biologische Unterscheidung zwischen Männchen und Weibchen gründen sich nicht auf irgendwelche Unterschiede in der Größe oder dem Erscheinungsbild der Elterntiere, sondern auf die Größe und die Beweglichkeit der Keimzellen, die diese hervorbringen. Das vom Weibchen produzierte **Ei** (**Ovum**) ist infolge des in ihm zur Versorgung der frühesten Entwicklungsstadien deponierten Dotters groß, unbeweglich und wird im Regelfall in relativ geringer Anzahl hergestellt. Die vom Männchen produzierten **Samenzellen** (**Spermatozoen**) sind klein, beweglich und werden in enormen Mengen hergestellt. Jedes Spermatozoon ist – grob vereinfacht – ein mit einem Antrieb versehenes Paket hoch kondensierten Erbmaterials, das für seine Bestimmung, das Erreichen und die Befruchtung einer Eizelle (Oocyte), optimiert worden ist.

Es gibt noch ein weiteres entscheidendes Ereignis, durch das sich die geschlechtliche von der ungeschlechtlichen Fortpflanzung unterscheidet: die **Meiose** (Reifeteilung) – ein spezieller Typ von Zellkernteilung im Rahmen der Gametogenese (= Bildung der Gameten; die Einzelheiten des Vorganges werden zu Beginn von Kapitel 5 dargelegt). Die Meiose unterscheidet sich von der gewöhnlichen Zellteilung (Mitose) dadurch, dass es sich um eine zweifache Teilung handelt. Die Chromosomen teilen sich einmal, aber die Zelle teilt sich zweimal. Es entstehen aus einer Ausgangszelle vier Folgezellen („Enkelzellen"), die im Gegensatz zum diploiden Ausgangszustand jeweils nur einen haploiden (einfachen) Chromosomensatz aufweisen. Die ausgereiften Meioseprodukte (Keimzellen) sind zur Befruchtung (Fertilisation) befähigt. Dabei treten zwei haploide Gameten unter Rückbildung des diploiden Chromosomensatzes der Art zusammen.

Die bei der Befruchtung entstehende neue Zelle, die Zygote, beginnt daraufhin, sich mitotisch zu teilen (siehe Kapitel 3). Sie enthält eine gleiche Zahl von Chromosomen von beiden Elterntieren und stellt ein einzigartiges Individuum mit einer Kombination elterlicher Merkmale dar. Die genetische Rekombination ist die große Stärke der geschlechtlichen Fortpflanzung; durch sie entstehen innerhalb einer Population immer neue Kombinationen erblicher Merkmale.

Viele einzellige Lebewesen vermehren sich sowohl geschlechtlich wie ungeschlechtlich. Bei der geschlechtlichen Fortpflanzung können männliche und weibliche Gameten beteiligt sein, doch ist dies keine notwendige Bedingung. In manchen Fällen treten einfach zwei geschlechtsreife Elternorganismen zusammen und tauschen Zellkernmaterial aus oder verschmelzen ihre Cytoplasmen (**Konjugation**; siehe Kapitel 11: Reproduktion). In diesem Fall beobachtet man keine unterscheidbaren Geschlechter.

Die Unterscheidung männlich/weiblich ist bei den meisten Tieren aber klar ersichtlich. Die Organe, die die Keimzellen bilden, sind die **Gonaden** (primäre Geschlechtsorgane). Die Gonaden, die die Samenzellen hervorbringen, heißen **Hoden** (**Testes**; Abbildung 7.12). Diejenigen, die die Eizellen produzieren, sind die **Eierstöcke** (**Ovarien**; Abbildung 7.13). Die primären Geschlechtsorgane sind bei manchen Tiergruppen die einzigen Fortpflanzungsorgane. Die meisten Metazoen verfügen jedoch über verschiedenartige **akzessorische Geschlechtsorgane** (sekundäre Geschlechtsorgane) wie einen Penis, eine Vagina, Eileiter und eine Gebärmutter, die der Übertragung und/oder der Aufnahme von Keimzellen dienen. In den primären Geschlechtsorganen machen die Keimzellen während ihrer Entwicklung viele, komplizierte Veränderungen durch. Wir beschreiben die dabei ablaufenden Vorgänge weiter unten.

Hermaphroditismus (Zwittrigkeit)

Tiere, die sowohl männliche wie weibliche Organe im selben Individuum vereinigen, werden Hermaphroditen oder Zwitter genannt, der betreffende Zustand als

Hermaphroditismus oder **Zwittrigkeit** (bzw. Zwittertum). Im Gegensatz zum zweihäusigen (diözischen) Zustand mit getrennten Geschlechtern sind Hermaphroditen einhäusig (monözisch), was bedeutet, dass derselbe Organismus mit männlichen und weiblichen Geschlechtsorganen ausgestattet ist. Viele sessile, grabende oder endoparasitische Wirbellose (zum Beispiel die meisten Plattwürmer, einige Hydroiden und Anneliden und alle Entenmuscheln sowie die Lungenschnecken) sowie einige wenige Wirbeltiere (einige Fischarten) sind Zwitter. Einige Hermaphroditen befruchten sich selbst, die meisten vermeiden jedoch die Selbstbefruchtung, indem sie Keimzellen mit anderen Angehörigen derselben Art austauschen (Abbildungen 7.1c und ▶ Abbildung 7.3). Ein Vorteil dieser Vermehrungsweise besteht darin, dass bei einer Art, bei der jedes Individuum Eier hervorbringt, die Art theoretisch doppelt so viele Nachkommen hat als eine zweihäusige Art, bei der die Hälfte der Individuen Männchen sind (gleiche Körpergröße, Anzahl Eier und ökologische Verhältnisse vorausgesetzt). Einige Fische sind **sequenzielle Hermaphroditen**, in deren Leben eine genetisch festgelegte Geschlechtsumwandlung auftritt. Bei vielen Arten Riffe bewohnender Fische (zum Beispiel Lippfische (Labridae)) beginnt ein Tier sein Leben (abhängig von der Art) als Männchen oder als Weibchen und ändert zu einem späteren Zeitpunkt aber sein Geschlecht.

Parthenogenese (Jungfernzeugung)

Parthenogenese ist die Entwicklung eines Embryos aus einem unbefruchteten Ei, oder eine Entwicklung, ohne dass es nach der Befruchtung zur Verschmelzung des männlichen und des weiblichen Zellkerns kommt. Es gibt zahlreiche Parthenogeneseverläufe. Bei der **ameiotischen Parthenogenese** bleibt die Meiose aus; das Ei bildet sich durch mitotische Teilung. Diese „ungeschlechtliche" Form der Parthenogenese tritt bei einigen Plattwürmern, Rotatorien, Crustaceen, Insekten und wahrscheinlich noch anderen Gruppen auf. In diesen Fällen sind die Nachfahren Klone des Elterntiers, weil ohne Meiose das Erbgut des Elterntiers ohne Änderung auf die Nachkommen übergeht.

Bei der **meiotischen Parthenogenese** wird ein haploides Ovum gebildet. Dieses kann, muss aber nicht, durch die Einflussnahme eines Männchens aktiviert werden. Bei einigen Fischarten beispielsweise kann ein Weibchen durch ein Männchen der eigenen oder nah verwandten Arten besamt werden, doch dient das Sperma nur zur Aktivierung der Eizellen; das männliche Erbgut wird abgestoßen, bevor es in die Eizelle eindringen kann. Bei diversen Plattwurm-, Rotatorien-, Anneliden-, Milben- und Insektenarten beginnen sich die haploiden Eizellen spontan zu entwickeln. Zur Aktivierung der Eier ist kein Männchen notwendig. Der diploide Zustand kann durch Reduplikation der Chromosomen oder durch Autogamie (Wiedervereinigung haploider Zellkerne) wiederhergestellt werden. Eine Variante dieses Parthenogenesetyps tritt bei vielen Bienen, Wespen und Ameisen auf. So kann beispielsweise bei der Honigbiene (*Apis mellifera*) die Königin die Eizellen befruchten oder sie unbefruchtet ablegen. Befruchtete Eier werden zu diploiden Weibchen (Königinnen oder Arbeiterinnen), unbefruchtete entwickeln sich parthenogenetisch zu haploiden Männchen (Drohnen). Diese Art der Geschlechtsdetermination wird **Haplodiploidie** genannt. Bei einigen Tieren ist der Vorgang der Meiose so stark modifiziert, dass die Nachkommen Klone der Eltern darstellen. Dies passiert bei bestimmten Populationen von Peitschenschwanzeidechsen (Familie der Schienenechsen, Familia Teiidae) im Südwesten Nordamerikas, die dann ausschließlich aus weiblichen Tieren bestehende Klone ausbilden.

Die Jungfernzeugung ist unter den Tieren überraschend weit verbreitet. Sie stellt eine Abkürzung der normalerweise für eine zweigeschlechtliche Fortpflanzung notwendigen Ereignisfolge dar. Sie könnte sich evolviert haben, um das (für manche Arten vielleicht große) Problem zu umgehen, zum Zweck der Fortpflanzung männliche und weibliche Tiere der Art zum rich-

Abbildung 7.3: **Zwittrige Regenwürmer bei der Paarung.** Regenwürmer sind simultane Hermaphroditen; während der Paarung übergeben beide Partner Sperma aus in Rinnen liegenden Genitalöffnungen an das Receptaculum seminis des Paarungspartners. Während dieses Vorganges werden die Tiere durch ausgeschiedenen Schleim zusammengehalten.

Exkurs

Von Zeit zu Zeit kursieren Gerüchte über angebliche spontane parthenogenetische Entwicklungen beim Menschen. Eine britische Studie hat etwa einhundert solcher Fälle untersucht, in denen die Mütter jeglichen Geschlechtsverkehr in Abrede gestellt hatten, und gefunden, dass in praktisch allen Fällen die Kinder genetische Merkmale besaßen, die bei den Müttern nicht vorhanden waren. Folglich haben die Kinder also auch einen Vater haben müssen! Dennoch können auch die Eier von Säugetieren in *sehr seltenen* Fällen spontan eine Embryonalentwicklung einleiten, ohne dass eine Befruchtung stattgefunden hat. Bei bestimmten Mäuserassen entwickeln sich solche Embryonen bis ins Fötalstadium und sterben dann ab. Das bemerkenswerteste Beispiel für eine parthenogenetische Entwicklung bei Wirbeltieren hat man bei Truthühnern gefunden, bei denen sich die Eier bestimmter Rassen – die auf ihre Fähigkeit, sich ohne die Hilfe von Spermien zu entwickeln, selektiert und weitergezüchtet worden sind – bis zu fortpflanzungsfähigen Adulttieren weiterentwickeln.

tigen Zeitpunkt zusammenzubringen. Der Nachteil der parthenogenetischen Fortpflanzung liegt darin, dass eine sich parthenogenetisch fortpflanzende Art eine im Vergleich zur geschlechtlichen Vermehrung eingeschränkte Kapazität zur Hervorbringung neuer Allelkombinationen besitzt, um sich an eine neue Umwelt anzupassen, sollte sich diese rasch, gravierend und dauerhaft ändern. Sich bisexuell fortpflanzende Arten haben durch die Rekombination elterlicher Merkmale eine bessere Aussicht darauf, Nachkommen zu hinterlassen, die mit geänderten Umweltbedingungen zurechtkommen.

7.1.3 Warum pflanzen sich so viele Tiere geschlechtlich statt ungeschlechtlich fort?

Da die geschlechtliche Fortpflanzung fast universell unter den Tieren verbreitet ist, liegt die Schlussfolgerung nahe, dass sie im höchsten Maße vorteilhaft sein muss. Und doch erweist es sich als leichter, die Nachteile der sexuellen Vermehrung aufzulisten als ihre Vorteile. Die geschlechtliche Fortpflanzung ist komplizierter und erfordert etwas mehr Zeit und mehr Energie als die ungeschlechtliche Vermehrung. Paarungspartner müssen zueinander finden und ihre Aktivitäten zur Hervorbringung von Jungen abstimmen. Viele Biologen sind der Meinung, dass ein noch größeres Problem die „Kosten der Meiose" sind. Ein Weibchen, das sich ungeschlechtlich fortpflanzt, gibt alle seine Gene an seine Nachkommen weiter. Wenn sich das Weibchen geschlechtlich fortpflanzt, wird das Genom bei der Meiose zerteilt, und nur die Hälfte ihrer Gene gehen in die nächste Generation ein. Ein weiterer „Kostenfaktor" besteht in der Hervorbringung männlicher Tiere, von denen viele gar nicht zur Fortpflanzung kommen und somit lediglich Ressourcen verbrauchen, die für die Produktion weiblicher Tiere verwendet werden könnten. Die Peitschenschwanzeidechsen der Wüsten im Südwesten der USA liefern ein faszinierendes Beispiel für die möglichen Vorteile der Parthenogenese: Wenn eingeschlechtliche und zweigeschlechtliche Arten derselben Gattung im Laboratorium unter ähnlichen Bedingungen aufgezogen werden, wächst die Population der eingeschlechtlichen Art rascher an, weil alle Eidechsen der eingeschlechtlichen Population (sämtlich Weibchen) Eier legen, während nur die Hälfte der Tiere der zweigeschlechtlichen Population dies tun (▶ Abbildung 7.4).

Offensichtlich sind die „Kosten" der geschlechtlichen Vermehrung bedeutend. Wie werden sie aufgewogen? Die Biologen haben diese Frage über Jahre hinweg diskutiert, ohne zu einer Antwort zu gelangen, die alle zufriedenstellt. Viele Biologen sind der Meinung, dass die geschlechtliche Fortpflanzung durch die Aufteilung und Rekombination des Erbgutes neuartige Genotypen hervorbringt, die für Zeiten der Änderung der Umweltbedingungen eine verbesserte Überlebenswahrschein-

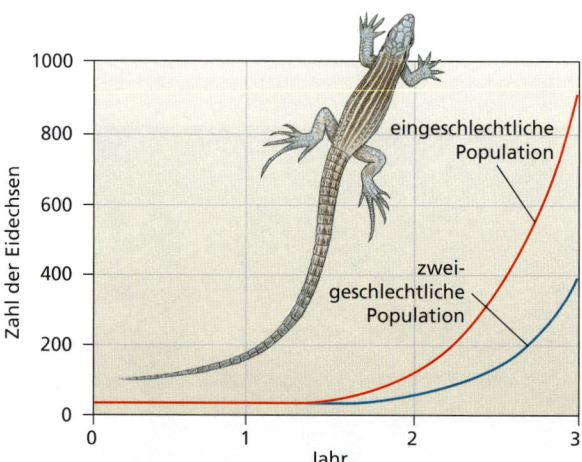

Abbildung 7.4: Vergleich des Populationswachstums eingeschlechtlicher Populationen von Peitschenschwanzeidechsen mit dem zweigeschlechtlicher. Da alle Mitglieder der eingeschlechtlichen Population Weibchen sind, bringen alle Eier hervor, wohingegen nur die Hälfte der Tiere der zweigeschlechtlichen Population eierproduzierende Weibchen sind. Am Ende des dritten Jahres war die Individuenzahl der eingeschlechtlichen Population mehr als doppelt so hoch wie die Individuenzahl der zweigeschlechtlichen Population.

lichkeit der Art garantieren. Die genetische Variabilität ist nach den Verfechtern dieses Standpunktes die Trumpfkarte der geschlechtlichen Fortpflanzung.

Ist die genetische Variabilität die biologischen Kosten der sexuellen Fortpflanzung wert? Das zugrunde liegende Problem bleibt bestehen: Die ungeschlechtliche Vermehrung scheint nach der Darwin'schen Sichtweise begünstigt zu sein, da sie in einem gegebenen Zeitraum mehr Nachfahren hervorzubringen vermag. Dennoch ist die große Mehrzahl der metazoischen Tiere klar und unabänderlich der Sexualität zugetan. Ein beträchtliches Maß an Beobachtungs- und Experimentalbefunden belegt, dass die ungeschlechtliche Fortpflanzung bei der Kolonisierung neuer Lebensräume die erfolgreichste Strategie ist. Wenn ein Habitat unbesetzt ist, kommt es auf rasche Vermehrung an, um den Raum zu besetzen, bevor Konkurrenten auf den Plan treten. Variabilität hat jetzt nur geringe Bedeutung. In dem Maß, in dem die allgemeine Bevölkerungsdichte in einem Lebensraum zunimmt, nimmt auch die Konkurrenz um die verfügbaren Ressourcen unter den Arten zu. Die Selektion wird härter, und die genetische Variabilität – durch Rekombination bei der geschlechtlichen Vermehrung hervorgebrachte neue Genotypen – liefert die Diversität, die es einer Population erlaubt, dem Aussterben zu entgehen. Über geologische Zeiträume hinweg könnten so ungeschlechtliche Abstammungslinien anfälliger für das Aussterben sein als eine sich geschlechtlich fortpflanzende, weil ihr die genetische Flexibilität fehlt. Die geschlechtliche Fortpflanzung wird daher von der Artselektion begünstigt (das Konzept der Artselektion wurde in Kapitel 6 erörtert). Es gibt zahlreiche Invertebraten, die sich sowohl geschlechtlich wie ungeschlechtlich vermehren und sich so die Vorteile beider Strategien zunutze zu machen verstehen.

Als weitere Gegenargumente gegen die vermeintlichen Vorteile der ungeschlechtlichen Vermehrung lassen sich anbringen, dass erstens das Geschlechterverhältnis für die Nutzung der genetischen Vorteile der geschlechtlichen Vermehrung nicht notwendigerweise 50:50 sein muss; wenige Männchen reichen im Prinzip aus, um eine große Population von Weibchen zu befruchten. Zweitens kann die innerartliche Konkurrenz unter den Männchen die Fitness der schließlich zur Fortpflanzung kommenden Männchen und damit indirekt die der Nachkommen erhöhen. Drittens erfordert die Aufzucht bei vielen Tierarten eine intensive Brutpflege, die vom Weibchen allein nur schwer oder

Exkurs

Vielfalt macht die geschlechtliche Vermehrung vielleicht zu einer siegreichen Strategie in instabilen Umwelten, doch sind einige Biologen der Ansicht, dass bei vielen Wirbeltieren die geschlechtliche Fortpflanzung unnötig wäre und sogar antiadaptiv (= Anpassung verhindernd) sein könnte. Bei Tieren, bei denen die meisten Jungtiere das fortpflanzungsfähige Alter erreichen, gibt es keinen großen Bedarf für neuartige Merkmalskombinationen, um sich ändernden Habitatbedingungen anzupassen. Ein Nachfahre scheint in einem Habitat so erfolgreich zu sein wie ein anderer. Bedeutungsvoll für diese Argumentationslinie scheint die Evolution der Parthogenese bei diversen Fischarten sowie einigen Amphibien und Reptilien zu sein. Solche Arten sind exklusiv parthenogenetisch, was darauf hindeutet, dass dort, wo es möglich war, die zahlreichen Hürden, die einem solchen Übergang von der geschlechtlichen zur ungeschlechtlichen Vermehrung, zu überwinden, die zweigeschlechtliche Vermehrung auf verlorenem Posten ist.

gar nicht zu bewältigen ist. Hier wäre die Parthenogenese keine Alternative. Schließlich ist das Argument des schnelleren Anwachsens einer Population ein Scheinargument, das nur unter den Sättigungsbedingungen eines Laborexperimentes zum Tragen kommt. In der Natur wirken auf jede Population zahlreiche biotische wie abiotische Selektionsdrücke ein, die das tatsächliche Vermehrungspotenzial einschränken und einer parthenogenetischen Population zum Nachteil gereichen können, und die im Experiment nur ungenügend nachgezeichnet werden können.

7.2 Der Ursprung und die Reifung von Keimzellen

Die meisten sich geschlechtlich fortpflanzenden Lebewesen bestehen aus nichtreproduktiven **somatischen Zellen**, die für bestimmte Aufgabenstellungen im Rahmen des Funktionierens des Organismus spezialisiert sind, und die mit dem Individuum untergehen, sowie **Keimzellen**, aus denen sich die Gameten – Eizellen und Spermien – bilden. Keimzellen stellen die Kontinuität des Lebens über die Generationen hinweg sicher und garantieren so das Überleben der Art. Keimzellen und ihre Vorläufer, die **primordialen Keimzellen**, werden bereits zu Beginn der Embryonalentwicklung (für gewöhnlich aus dem Entoderm) ausgesondert. Nach der Organogenese wandern die primordialen Keimzellen in die Gonaden ein. Dort entwickeln sie sich ausschließlich zu Ei- bzw. Samenzellen (Oocyten bzw. Spermatocyten) weiter. Sie bringen keine anderen differenzierten Zelltypen hervor. Die Kontinuität der Keimzellen von einer Generation zur nächsten wird als die **Keimbahn** bezeichnet. Die anderen Zellen der Gonaden sind somatische Zellen. Sie können keine Ei- oder Samenzellen hervorbringen, sind aber notwendig für deren Ernährung, Schutz und andere Aspekte ihrer Entwicklung, die als **Gametogenese** (Gametenbildung) bezeichnet wird.

Eine nachverfolgbare Keimbahn, wie sie bei den Wirbeltieren vorliegt, ist auch bei einigen Gruppen der Wirbellosen vorhanden, zum Beispiel bei Nematoden (Fadenwürmer) und bei den Arthropoden (Gliederfüßler). Bei vielen Invertebraten entwickeln sich die Keimzellen jedoch irgendwann im Laufe des Lebens eines Individuums direkt aus somatischen Zellen.

7.2.1 Die Keimzellwanderung

Bei den Wirbeltieren tritt das eigentliche Gewebe, aus dem die Gonaden hervorgehen, in der frühen Embryonalentwicklung in der Form eines Paares von **Genitalwülsten** auf, die von der dorsalen Coelomauskleidung zu beiden Seiten des Enddarms in der Nähe des anterioren Endes der Nieren (Mesonephros) in das Coelom hineinwachsen.

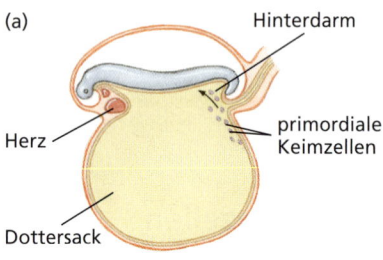

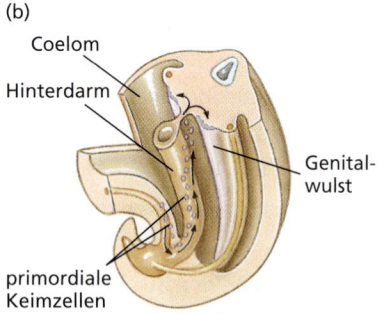

Abbildung 7.5: Wanderung primordialer Keimzellen eines Säugetiers. (a) Die primordialen Keimzellen wandern aus dem Dottersack durch den Bereich des Enddarms in die Genitalwülste ein (b). Beim menschlichen Embryo ist die Wanderung am Ende der fünften Schwangerschaftswoche abgeschlossen.

Es mag überraschen, dass die primordialen Keimzellen nicht in den sich entwickelnden Gonaden ihren Ursprung haben, sondern im Entoderm des Dottersacks (siehe Kapitel 8). Durch Untersuchungen an Fröschen und Kröten war es möglich, die Keimbahn bis in die befruchtete Eizelle zurückzuverfolgen: dort nimmt sie im Bereich des germinalen Cytoplasmas (**Keimplasma**) ihren Anfang und ist am vegetalen Pol der ungefurchten Eimasse lokalisierbar. Dieses Material lässt sich durch die nachfolgenden Zellteilungen des Embryos bis in die primordialen Keimzellen des Darmentoderms verfolgen. Von dort aus wandern die Zellen durch amöboide Bewegungen in die Genitalwülste, die zu beiden Seiten des Enddarms liegen. Eine ähnliche Wanderung primordialer Keimzellen findet bei den Säugetieren statt (▶ Abbildung 7.5). Die primordialen Keimzellen sind der Bildungs- und Nachschubort für die zukünftigen Gameten eines Tieres. Einmal in die Genitalwülste eingedrungen beginnen die Keimzellen sich im Verlauf der nachfolgenden Gonadenentwicklung mitotisch zu teilen; dabei erhöht sich ihre Zahl von einigen Dutzend auf mehrere Tausend.

7.2.2 Die Festlegung des Geschlechtes

Zu Beginn sind die Gonaden (Keimdrüsen) sexuell indeterminiert. Beim normalen männlichen Menschen steuert ein Hauptmännlichkeitsgen namens **SRY** (*sex-determining region on the Y chromosome*) die embryonale Entwicklung in Richtung Hoden statt in Richtung Eierstöcke. Nach erfolgter Bildung schütten die Hoden (Testes) das Steroidhormon **Testosteron** aus. Dieses Hormon und sein Derivat **Dihydrotestosteron** (**DHT**) maskulinisieren (= vermännlichen) den Fötus und lösen die Organogenese von Penis, Skrotum (Hodensack) und der männlichen Geschlechtsgänge und -drüsen aus. Unter der Wirkung dieser Hormone gehen auch die Primordien der Brust-/Milchdrüsen zugrunde, doch bleiben die Brustwarzen erhalten als Remineszenz an den undeterminierten Grundbauplan, aus dem sich beide Geschlechter entwickeln. Das Testosteron ist auch für die Maskulinisierung des Gehirns verantwortlich, doch tut es dies auf indirekte Weise. Überraschenderweise wird das Testosteron im Gehirn enzymatisch in Östrogen (= eines der wichtigsten Sexualhormone des weiblichen Organismus) umgewandelt, und das Östrogen löst schließlich die Umorganisation des Gehirns in einer für männliche Säugetiere typischen Weise aus.

Es ist von Seiten der Biologen mehrfach darauf hingewiesen worden, dass die undeterminierten Gonaden eine inhärente Tendenz besitzen, sich zu Ovarien zu entwickeln. Klassische Experimente mit Kaninchen haben zu der Einsicht geführt, dass die Entwicklung in Richtung eines weiblichen Phänotyps der Ausweichweg der Geschlechtsentwicklung ist. Eine Entnahme der fötalen Gonaden vor ihrer Differenzierung führt unweigerlich zu einem Tier mit einem weiblichen Phänotyp mit Uterustuben, Uterus und Vagina, selbst wenn das betreffende Tier genotypisch männlich ist. Im Jahr 1994 konnte auf dem X-Chromosom der Säugetiere ein Bereich kartiert werden, der die Bezeichnung DDS (dosage-dependent sex reversal) oder SRVS (sex-reversing X) bekam. Die Erbfaktoren in diesem Gebiet fördern die Ausbildung von Ovarien. Diese Erkenntnisse haben die vormalige Ansicht der weiblichen Entwicklung als Normalfall infrage gestellt. Darüber hinaus ist das Vorhandensein einer solchen chromosomalen Region eine Erklärung für die bei einigen XY-Männchen beobachtbare Feminisierung (= Verweiblichung). Es ist jedoch ebenso klar, dass das Fehlen von Testosteron bei einem genetisch weiblichen Embryo die Entwicklung weiblicher Geschlechtsorgane (Vagina, Clitoris und Uterus) begünstigt. Das sich entwickelnde weibliche Gehirn benötigt eine besondere Schutzwirkung gegen die Einflüsse des Östrogens, weil dieses Hormon – wie weiter oben ausgeführt wurde – zu einer Maskulinisierung des Gehirns führt. In der Ratte bindet ein Protein im Blut (α-Fetoprotein) das Östrogen und hindert es so daran, in das sich entwickelnde Gehirn zu gelangen. Dieser Mechanismus scheint jedoch im Fall des Menschen nicht ausgeprägt zu sein, und obwohl die fötalen Blutöstrogenwerte ziemlich hoch sein können, maskulinisiert das in der Entwicklung befindliche weibliche Gehirn nicht. Eine mögliche Erklärung dafür wäre, dass die Mengen an Östrogenrezeptoren im sich entwickelnden weiblichen Gehirn sehr niedrig sind und die hohen Blutkonzentrationen des Hormons somit keine Wirkung auf das Gehirn ausüben können.

Die Genetik der Geschlechtsdetermination wurde in Kapitel 5 erörtert. Die Geschlechtsfestlegung erfolgt bei den Säugetieren, den Vögeln, den Amphibien, den meisten Reptilien und wahrscheinlich auch den meisten Fischen streng chromosomal. Einigen Fischen und Reptilien fehlen Geschlechtschromosomen allerdings völlig; bei den Vertretern dieser Gruppen wird das Geschlecht durch nichterbliche Faktoren wie die Umgebungstemperatur oder das Verhalten festgelegt. Bei Krokodilen, vielen Schildkröten und einigen Eidechsenarten bestimmt die Bebrütungstemperatur des Nestes das Geschlechterverhältnis der Nachkommen durch einen bislang unbekannten geschlechtsdeterminierenden Mechanismus. Bei niedriger Temperatur bebrütete Alligatoreier entwickeln sich sämtlich zu weiblichen Tieren; bei höheren Temperaturen ausgebrütete entwickeln sich zu männlichen Tieren (▶ Abbildung 7.6). Die Geschlechtsfestlegung vieler Fische ist verhaltensabhängig. Die meisten dieser Arten sind zwittrig, besitzen also männliche wie weibliche Gonaden. Sensorische Stimuli aus der sozialen Umgebung der Tiere beeinflussen den Entwicklungsgang in Richtung männlich oder weiblich.

7.2.3 Die Gametogenese

Reife Gameten werden durch einen als Gametogenese (Keimzellbildung) bezeichneten Vorgang gebildet. Obwohl bei den Vertebraten bei der Reifung von Spermien wie Eizellen im wesentlichen die gleichen Vorgänge zu beobachten sind, gibt es zwischen den Bildungsvorgängen bei den Geschlechtern auch bedeutsame Unterschiede. Die Gametogenese in den Hoden wird als **Spermatogenese** bezeichnet, die Bildung der Eizellen in den Ovarien (Eierstöcken) als **Oogenese**.

Spermatogenese

Die Wände der Samenkanälchen enthalten sich differenzierende Keimzellen, die in einer stratifizierten Gewebeschicht von fünf bis acht Zelllagen Dicke angeordnet

---

Exkurs

Für jede anatomische Bildung im Fortpflanzungssystem eines männlichen oder weiblichen Tieres gibt es eine homologe Bildung im anderen Geschlecht. Dies ist deshalb der Fall, weil sich im Verlauf der Frühentwicklung die männlichen und die weiblichen Merkmale aus dem embryonalen Genitalwulst zu differenzieren beginnen, und sich zwei Gangsysteme entwickeln, die bei beiden Geschlechtern identisch sind. Unter dem Einfluss der Geschlechtshormone entwickelt sich der Genitalwulst bei Männchen zu den Testes und bei den Weibchen zu den Ovarien. Eines der Gangsysteme (der mesonephrische oder Wolff'sche Gang) wird bei männlichen Tieren zu Hodengängen, bei weiblichen Tieren bildet er sich zurück. Der andere Gang (der paramesonephrische oder Müller'sche Gang) entwickelt sich bei weiblichen Tieren zu den Uterustuben, dem Uterus und der Vagina; dieser Gang regrediert bei den männlichen Tieren. Clitoris und Labien (Schamlippen) der Weibchen sind gleichfalls homolog zu Penis und Skrotum der Männchen, da sich diese anatomischen Strukturen aus denselben embryonalen Anlagen entwickeln.

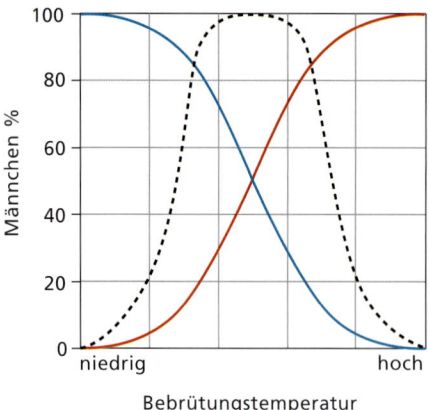

viele Eidechsen, Alligatoren
viele Schildkröten
Leopardgeckos, Schnappschildkröten, Krokodile

Abbildung 7.6: Temperaturabhängige Geschlechtsfestlegung. Bei vielen Reptilien, denen Geschlechtschromosomen fehlen, bestimmt die Bebrütungstemperatur des Nestes die Geschlechtsausprägung. Der Graph zeigt an, dass die Embryonen vieler Schildkröten sich bei niedrigen Temperaturen zu Männchen entwickeln, während sich die Embryonen vieler Eidechsen und Alligatoren bei hohen Temperaturen männlich entwickeln. Die Embryonen von Krokodilen, Leopardengeckos und Schnappschildkröten entwickeln sich bei mittleren Temperaturen zu Männchen und werden bei höheren und tieferen Temperaturen zu weiblichen Tieren. *Nach: D. Crews (1994): Animal sexuality. Scientific American, vol. 270, no. 1: 108–114.*

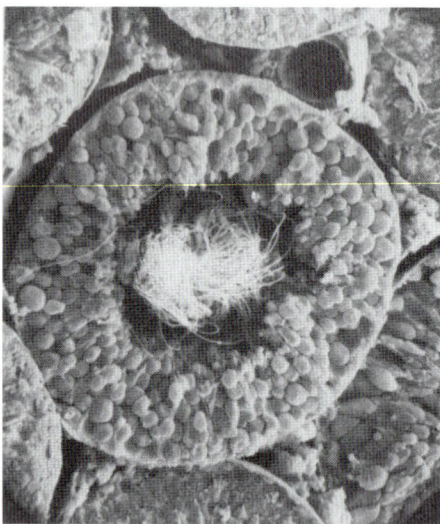

Abbildung 7.7: Schnitt durch ein Samenkanälchen mit darin enthaltenen männlichen Keimzellen. Mehr als 200 lange, stark gewundene Samenkanälchen sind in jedem Hoden eines Menschen zusammengepfercht. Diese rasterelektronenmikroskopische Aufnahme zeigt im zentralen Hohlraum des Kanals zahlreiche Flagellenschwänze reifer Spermatozoen, die sich in der Peripherie des Kanals aus Vorläuferstadien ausdifferenziert haben. Vergrößerung: 525-fach. *Aus: R. Kessel und R. Kardon (1979): Tissues and Organs: A Text-Atlas of Scanning Electron Microscopy. Freeman; ISBN: 0-7167-0090-5.*

sind (▶ Abbildung 7.7). Die Keimzellen entwickeln sich in engem Kontakt mit den großen **Sertolizellen**, die sich von der Peripherie der Samenkanäle in deren Lumen erstrecken und während der Keimzellentwicklung und -differenzierung die Rolle von Nährzellen spielen (▶ Abbildung 7.8). Die am weitesten außen liegenden Schichten enthalten **Spermatogonien** (Ursamenzellen). Die Spermatogonien sind diploide Zellen, die ihre Zahl durch mitotische Teilungen erhöht haben. Jede Spermatogonie wächst und wird zu einer **primären Spermatocyte** (= Spermatocyte 1. Ordnung). Jede primäre Spermatocyte durchläuft dann die erste meiotische Teilung (siehe Kapitel 5) und wird dadurch zu einer **sekundären Spermatocyte** (= Spermatocyte 2. Ordnung).

Die sekundären Spermatocyten treten in die zweite meiotische Teilung ein, ohne eine Ruhephase zu durchlaufen. Durch die beiden Schritte der Reifeteilung bringt jede Spermatocyte 1. Ordnung vier haploide **Spermatiden** (beim Menschen mit je 23 Chromosomen) hervor. Eine Spermatid (= ein Spermatidium) enthält für gewöhnlich eine Mischung elterlicher Chromosomen, von denen einige vom Vater und andere von der Mutter herstammen. Theoretisch ist auch der Fall möglich, dass Spermatide alle 23 vom Vater oder alle 23 von der Mutter ererbten Chromosomen enthalten, doch ist dieser Fall aufgrund der zufälligen Anordnung der homologen Chromosomen bei der Teilung höchst unwahrscheinlich. Außerdem hat bei der Meiose eine ausgiebige Rekombination durch Stückaustausch („crossing over") stattgefunden, sodass die Chromsomen bei der Reduktionsteilung größtenteils nicht mehr homolog sind! Ohne weitere Zellteilung transformiert sich das Spermatid zum **Spermatozoon** (= Spermium, Samenzelle) (Abbildung 7.8). Zu den hierbei eintretenden Modifizierungen der Zelle gehören eine umfängliche Reduktion des Cytoplasmaanteils, eine starke Kondensation des Zellkerns zum Kopf der Samenzelle, sowie die Ausbildung eines Mittelstücks mit vielen Mitochondrien und eines langen Flagellenschwanzes zur Fortbewegung (Abbildungen 7.8 und ▶ 7.9). Der Spermienkopf besteht aus dem Zellkern, der das männliche Erbgut in Form der Chromosomen enthält, sowie einem **Akrosom** (gr. *akron*, Scheitel + *soma*, Körper). Dieser Scheitelkörper ist ein kennzeichnendes Merkmal fast aller Metazoenspermien (Ausnahmen sind Teleostier und bestimmte Invertebraten). Bei vielen Arten – Wirbellosen wie Wirbeltieren – enthält das Akrosom Lysine, die beim Durchdringen der die Ei-

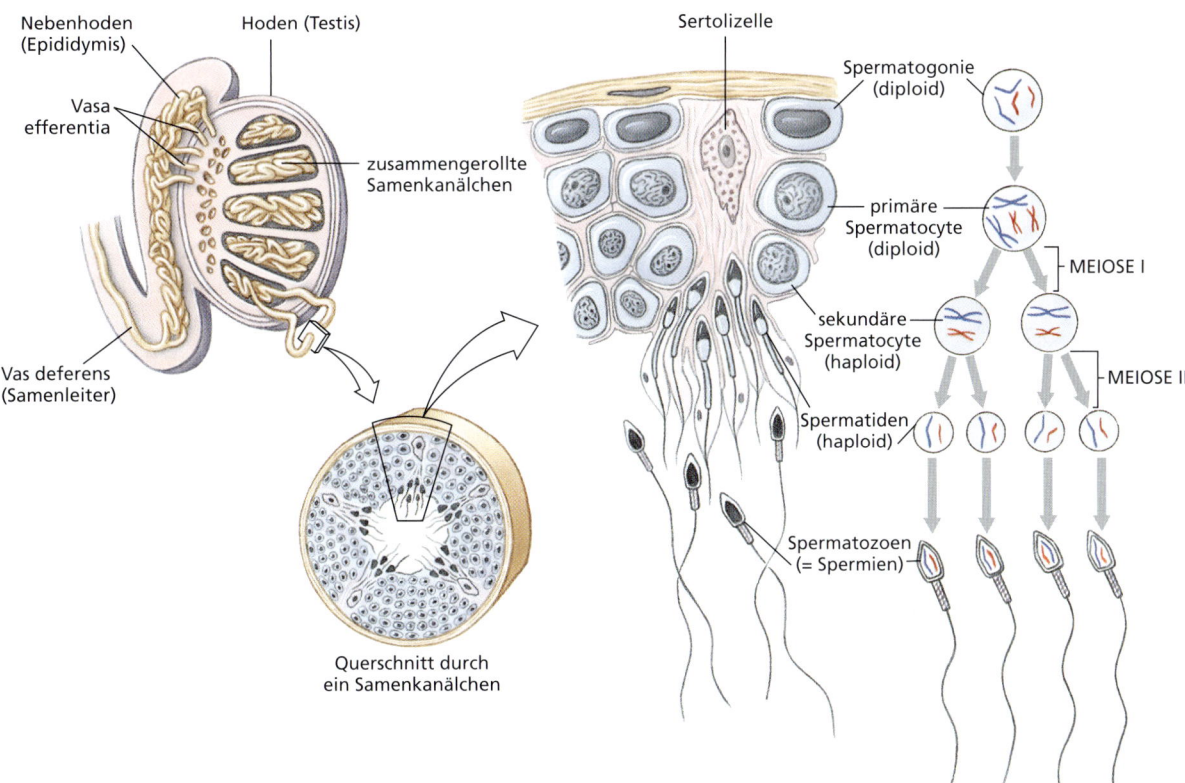

Abbildung 7.8: Die Spermatogenese. Schnitt durch einen Samenkanal mit Darstellung der Reifungsstadien von Spermien. Keimzellen entwickeln sich in den Zwischenräumen großer Sertolizellen, die sich von der Peripherie der Samenkanälchen aus in deren Inneres hinein erstrecken, und die als Nährzellen für die Keimzellen dienen. Die Stammzellen der Keimzelllinie, aus der sich die Spermien bilden, sind die Spermatogonien – diploide Zellen, die peripher in dem Kanal liegen. Spermatogonien teilen sich mitotisch. Dabei bringen sie neue Spermatogonien und primäre Spermatocyten hervor. Die Meiose setzt ein, wenn sich ein primärer Spermatocyt unter Bildung haploider sekundärer Spermatocyten mit Zweichromatidchromosomen zu teilen beginnt. Die zweite meiotische Teilung führt zu vier haploiden Spermatiden mit Einchromatidchromosomen. In dem Maß, in dem sich die Samenzellen ausdifferenzieren, werden sie nach und nach zum Lumen des Samenkanälchens hin verfrachtet.

zelle umgebenden Hüllen behilflich sind (diese Lysine des Akrosoms sind *Proteine*, die man nicht mit der namensgleichen *Aminosäure* Lysin verwechseln darf!). Eines dieser Lysine (gr. *lysis*, Auflösung) ist – zumindest bei den Säugetieren – das Enzym Hyaluronidase. Es spaltet hydrolytisch Hyaluronsäure und Chondroitinsulfat und hilft so dem Spermium, die extrazellulären Schichten der Eizelle zu durchdringen und in sie hineinzugelangen. Ein auffälliges Merkmal vieler Spermatozoen von Wirbellosen ist das Akrosomenfilament – eine Ausstülpung, die bei verschiedenen Arten von unterschiedlicher Länge ist, und die beim ersten Kontakt mit der Oberfläche der Eizelle plötzlich ausgestoßen wird. Die Fusion der Plasmamembranen von Ei- und Samenzelle ist das Initialereignis der Befruchtung (siehe Kapitel 8).

Die Gesamtlänge eines menschlichen Spermiums beträgt 50–70 µm. Einige Kröten besitzen Spermien, deren Länge 2 mm (= 2000 µm) übersteigt (Abbildung 7.9). Diese sind selbst für das bloße Auge leicht zu erkennen. Die meisten Spermien sind jedoch von mikroskopischer Größe (zu Beginn des 8. Kapitels findet sich eine Zeichnung aus dem 17. Jahrhundert, welche die Biologen der damaligen Zeit veranlasste, die gerade entdeckten Samenzellen als parasitische Würmer in der Samenflüssigkeit fehl zu deuten). Bei allen sich geschlechtlich fortpflanzenden Tieren ist die Zahl der Spermatozoen der Männchen um ein Vielfaches größer als die Zahl der Eizellen bei den Weibchen. Die Zahl der produzierten Eizellen ist mit der Wahrscheinlichkeit, dass die Jungen zum Schlupf kommen und die Geschlechtsreife erreichen, korreliert (allerdings in keiner einfachen Proportionalität).

Oogenese

Frühe Keimzellstadien in den Ovarien (Eierstöcken) sind die **Oogonien**. Sie teilen sich mitotisch. Jedes Oogonium enthält einen diploiden Chromosomensatz. Nachdem die Oogonien damit aufgehört haben, ihre Zahl weiter zu vergrößern, wachsen sie und gehen in den Zustand **primärer Oocyten** über (▶ Abbildung 7.10).

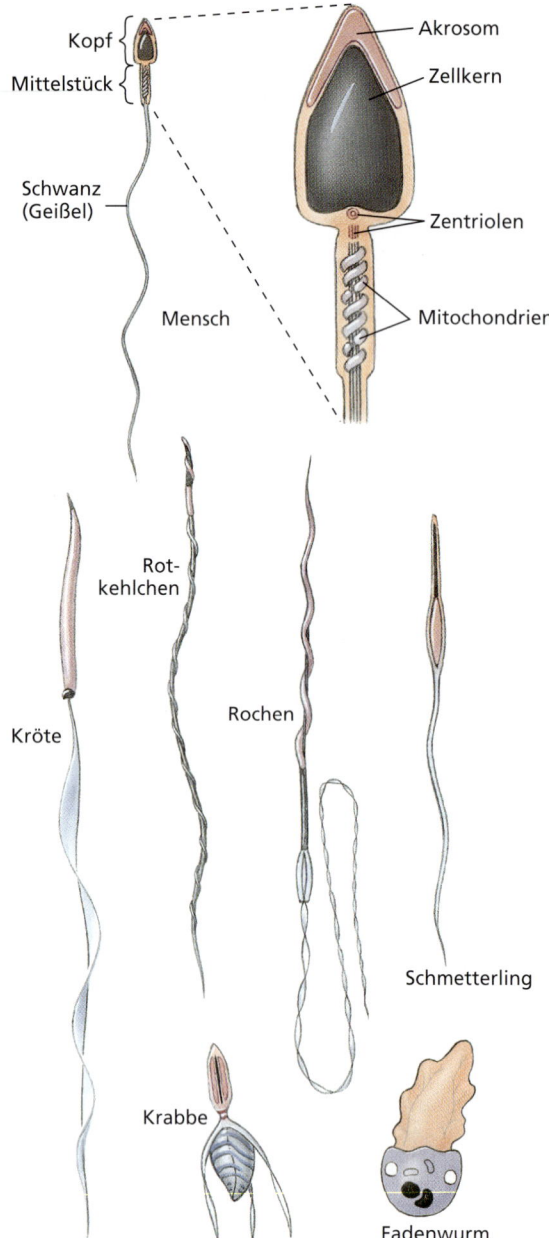

Abbildung 7.9: Eine Auswahl von Spermien von Wirbeltieren und Wirbellosen. Die Gesamtlänge eines menschlichen Spermiums beträgt 50–70 μm.

In der zweiten meiotischen Teilung (2. Reduktions- oder Reifeteilung) teilt sich die sekundäre Oocyte wiederum asymmetrisch in eine große **Ootide** und ein weiteres kleines Polkörperchen. Falls das erste Polkörperchen an dieser Teilungsrunde teilnimmt, was manchmal vorkommen kann, erhält man als Produkte drei Polkörperchen zuzüglich der großen Ootide (Abbildung 7.10). Die Ootide entwickelt sich zu einem funktionstüchtigen **Ovum** weiter. Die Polkörperchen sind funktionslos und zerfallen schließlich. Die Bildung der nichtfunktionellen Polkörperchen dient dazu, das sich bildende Ei von überschüssigen Chromosomen zu befreien. Die ungleichmäßige Aufteilung des Zellplasmas führt zur raschen Bildung einer großen Zelle mit ausreichendem Dottergehalt, um eine rasche Frühentwicklung zu erlauben. Die reife Eizelle besitzt also die gleiche haploide Chromosomenausstattung wie ein Spermium. Jede primäre Oocyte bringt aber anders als bei der Spermienbildung nur einen funktionellen Gameten hervor (statt vier wie bei der Spermienbildung).

Bei den meisten Wirbeltieren und vielen Wirbellosen vollenden die Eizellen die meiotischen Teilungen erst kurz vor einer möglichen Befruchtung. Die allgemeine Regel ist, dass die Entwicklung der Eizellen (= Oocyten) auf der Ebene der Prophase I der ersten meiotischen Teilung angehalten (arretiert) wird – also noch im Zustand der Primäroocyte. Die Meiose wird dann entweder zum Zeitpunkt der Ovulation (Eisprung) fortgesetzt (bei den Vögeln und den meisten Säugetieren) oder kurz *nach* der Befruchtung (bei vielen Wirbellosen, den Teleostiern, den Amphibien und den Reptilien). Beim Menschen beginnen die Eier etwa in der 13. Woche der Fötalentwicklung mit der ersten meiotischen Teilung. Ihre Entwicklung wird dann normalerweise in der Prophase I angehalten und die primären Oocyten überdauern bis zur Pubertät. Vom Zeitpunkt der Geschlechtsreife an wird monatlich mit dem Menstruationszyklus eine dieser Primäroocyten zur Weiterentwicklung gebracht. Beim Menschen wird die 2. meiotische Teilung erst dann abgeschlossen, wenn in die sekundäre Oocyte ein Spermatozoon eingedrungen ist.

Das augenfälligste Merkmal der Eireifung ist die Einlagerung von Dotter in die Eizelle. Der Dotter wird für gewöhnlich in Form von Granula oder stärker organisierten Plättchen eingelagert. Dotter ist kein chemisch einheitlicher Stoff, sondern ein Stoffgemisch aus Lipiden oder Proteinen oder beiden Stoffklassen. Bei den Insekten und den Vertebraten weisen alle Arten mehr oder wenig dotterhaltige Eier auf. Der Dotter kann im Ei

Vor der ersten meiotischen Teilung lagern sich die homologen väterlichen und mütterlichen Chromosomen paarweise zusammen (genauso, wie es bei der Spermatogenese der Fall ist). Bei der ersten Reifungsteilung (= Reduktionsteilung; = meiotische Teilung) wird das Cytoplasma ungleichmäßig aufgeteilt. Eine der beiden Folgezellen, die **sekundäre Oocyte**, ist groß und enthält den größten Teil des Cytoplasmas; die andere Folgezelle ist sehr klein und wird als **erstes Polkörperchen** bezeichnet. Jede dieser Folgezellen enthält die Hälfte der Chromosomen (je einen vollständigen haploiden Satz).

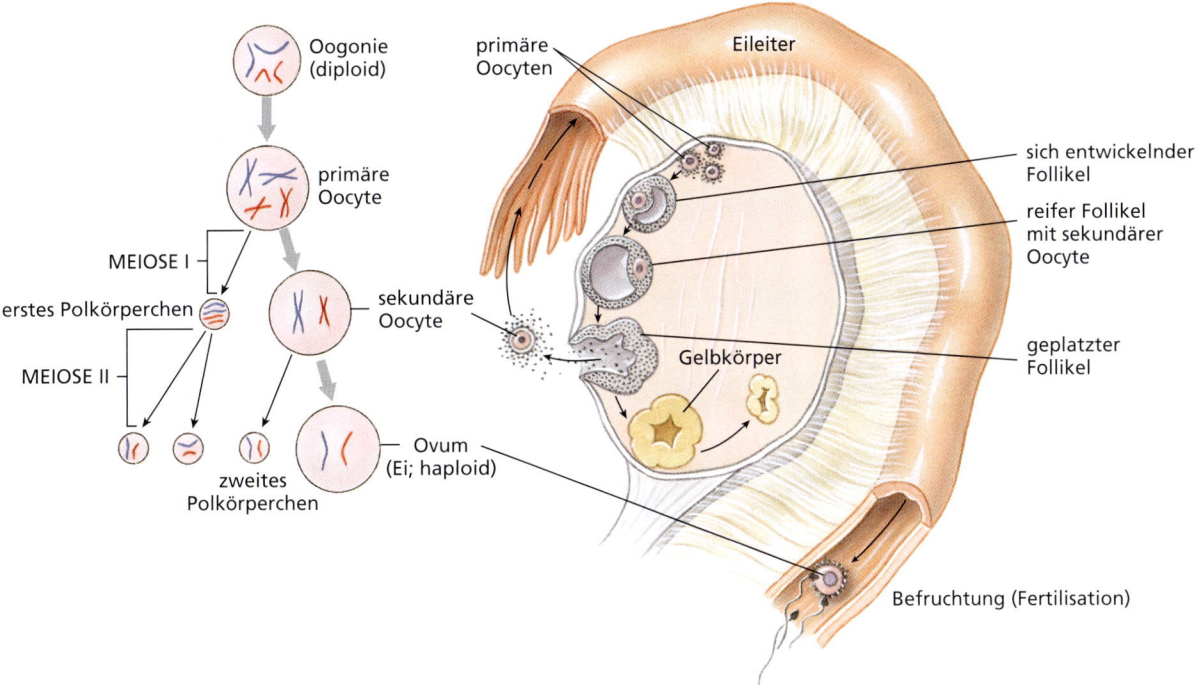

Abbildung 7.10: Oogenese beim Menschen. Frühe Vorläuferstadien (Oogonien) vergrößern im Verlauf der Embryonalentwicklung ihre Zahl durch mitotische Teilungen. Dabei werden diploide Primäroocyten gebildet. Nach Einsetzen der Pubertät wird monatlich mit jedem Menstruationszyklus eine diploide Primäroocyte zur Weiterentwicklung gebracht. Sie mündet in die erste meiotische Teilung ein; dabei entstehen eine haploide Sekundäroocyte und ein haploides Polkörperchen. Falls die Sekundäroocyte befruchtet wird, kommt es zur zweiten meiotischen Teilung. Die Zweichromatidchromosomen teilen sich, und es kommt zur Bildung einer großen Ootide und eines zweiten Polkörperchens. Sowohl die Ootide wie der zweite Polkörper enthalten n Chromosomen (einen haploiden Satz). Die Fusion eines haploiden Eizellkerns mit einem ebenfalls haploiden Samenzellkern führt zu einer diploiden ($2n$) Zygote, der befruchteten Eizelle, die der Ausgangspunkt der weiteren Entwicklung ist.

selbst aus Rohmaterialien, die von umgebenden Follikelzellen gebildet und in das Ei transportiert werden, hergestellt werden. Er kann aber auch als vorgefertigter Lipid- oder Proteindotter aus den Follikelzellen durch Pinocytose in die Oocyten verfrachtet werden.

Die enorme Anhäufung von Dottergranula und anderen Nährstoffen wie Glycogen oder Lipidtröpfchen führt dazu, dass Eizellen weit über die Grenzen hinaus anwachsen, die normale Körperzellen (somatische Zellen) dazu veranlassen würden, sich zu teilen. Eine junge Froschoocyte von 50 µm Durchmesser wächst im Verlauf ihrer dreijährigen Entwicklung im Ovar des Weibchens bis auf einen Durchmesser von 1500 µm (1,5 mm) heran; ihr Volumen nimmt dabei um das 27.000-Fache zu. Vogeleier erreichen eine noch gewaltigere Absolutgröße: Ein Hühnerei vergrößert sein Volumen in den letzten sechs bis vierzehn Tagen des raschen Wachstums vor der Ovulation um das 200-Fache.

Eizellen sind daher die bemerkenswerten Ausnahmen von der sonst universellen Regel, dass Lebewesen sich aus relativ winzigen zellulären Einheiten aufbauen. Die Größe einer Eizelle führt zu einem problematischen Oberflächen/Volumen-Verhältnis, da alles, was in das Ei hinein oder heraus transportiert wird (Nährstoffe, Atemgase, Abfallstoffe usw.), durch die Cytoplasmamembran geschleust werden muss. In dem Maß, in dem die Größe des Eies zunimmt, nimmt die anteilige Oberfläche (pro Volumeneinheit) ab (das Volumen wächst kubisch an, die Oberfläche nur quadratisch). Wie zu erwarten, sinkt die Stoffwechselrate in der Eizelle langsam ab, bis die sekundäre Oocyte oder das Ovum (das ist artabhängig) in einem „scheintoten" Zustand die Zeit bis zur Befruchtung überdauert.

Fortpflanzungsstrategien 7.3

Die große Mehrheit aller Wirbellosen sowie viele Wirbeltiere legen ihre Eier zur weiteren Entwicklung in der Umwelt ab. Man bezeichnet diese Tiere als **ovipar** (lat. *ovum*, Ei + *partus*, Geburt) – „aus dem Ei geboren". Die Befruchtung kann intern (die Eier werden im Körper des Weibchen befruchtet, bevor sie abgelegt werden)

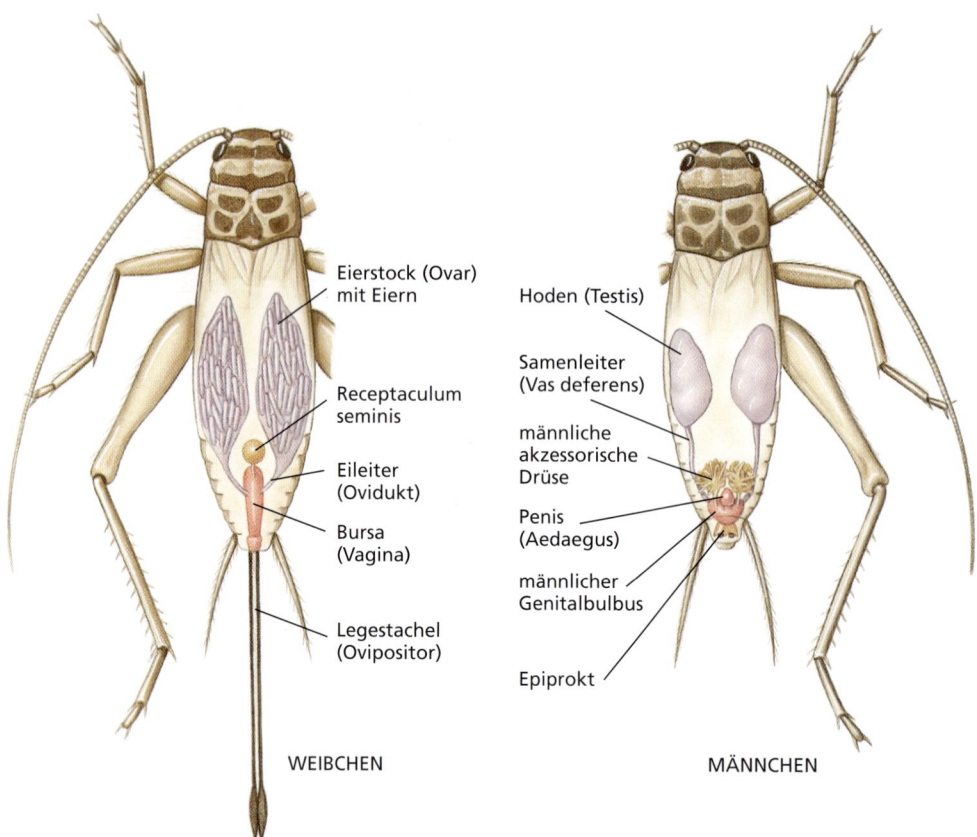

Abbildung 7.11: Fortpflanzungssystem einer Grille. Spermien aus den paarigen Testes des Männchens passieren die Samenleiter (Vas deferens) hin zu einem Ejakulationsgang, der sich im Penis des Männchens befindet. Beim weiblichen Tier wandern die Eier aus den Ovarien durch die Eileiter (Ovidukte) zur Bursa genitalis. Bei der Paarung wird Sperma, das in einen membranösen Sack (die Spermatophore) eingeschlossen ist, der von den Sekreten der akzessorischen Drüse des Männchens gebildet wird, in die Bursa genitalis des Weibchens überführt. Von dort aus wandern die Spermien in das Receptaculum seminis, wo sie zwischengelagert werden. Das Weibchen kann die Freisetzung einer kleinen Anzahl Spermien zur Befruchtung ihrer Eier zum Zeitpunkt der Eiablage kontrollieren. Zur Ablage der Eier im Erdboden benutzt sie ihren nadelartigen Legestachel (Ovipositor).

oder extern (die Eier werden vom Männchen befruchtet, nachdem das Weibchen sie abgelegt hat) erfolgen. Viele ovipare Tiere überlassen ihre Eier nach der Ablage sich selbst und schenken dem Ablageplatz keine gesteigerte Aufmerksamkeit; andere zeigen höchste Sorgfalt beim Finden und der Auswahl von Eiablagestellen, die gute und leicht zugängliche Nahrung für die Versorgung der Jungen unmittelbar nach dem Schlupf gewährleisten.

Einige Tiere behalten ihre Eier während deren Entwicklung im Körper (normalerweise im Eileiter). Die Embryonen beziehen ihre Nährstoffe ausschließlich aus dem Dottervorrat des Eies. Solche Tiere heißen **ovovivipar** (lat. *ovum*, Ei + *vivus*, lebend + *partus*, Geburt). Die Ovoviviparie tritt bei diversen Invertebratengruppen auf (zum Beispiel verschiedenen Anneliden, Brachiopden, Insekten und Gastropoden). Sie ist ebenso unter bestimmten Fischen und Reptilien verbreitet. Die als Aquarienfische beliebten lebendgebärenden Zahnkarpfen (Poeciliidae) sind ein Beispiel für ovovivipare Entwicklung. Der bekannteste Vertreter der Gruppe ist der Guppy (*Poecilia reticulata*).

Bei der dritten Strategie, der **Viviparie** (lat. *vivus*, lebend + *partus*, Geburt) entwickeln sich die Eier im Eileiter (Oviduct) oder der Gebärmutter (Uterus). Dabei beziehen die Embryonen ihre Nährstoffe direkt vom mütterlichen Organismus. Im Allgemeinen wird eine enge anatomische Verbindung zwischen dem sich entwickelnden Embryo und dem mütterlichen Organismus hergestellt. Sowohl bei der Ovoviviparie wie bei der Viviparie muss die Befruchtung intern (intrakorporal) erfolgen, und das Muttertier bringt Junge eines fortgeschrittenen Entwicklungszustandes zur Welt. Die Viviparie ist im Wesentlichen auf die Säugetiere und die Elasmobranchier (= Haie) beschränkt, obwohl vivipare Invertebraten (zum Beispiel Skorpione), sowie vivipare Amphibien und Reptilien bekannt sind. Die Entwicklung eines Embryos im Körper des Muttertiers – gleich ob sie ovovivipar oder vivipar erfolgt – verleiht offensichtlich ein höheres Maß an Schutz als eine Ablage der Eier (obwohl auch hier Brutpflege verbreitet ist).

7.4 Baupläne von Fortpflanzungssystemen

Die grundlegenden Komponenten sind bei den sich geschlechtlich fortpflanzenden Tieren ähnlich, obgleich Unterschiede in den Fortpflanzungsgewohnheiten und den Methoden der Befruchtung zu zahlreichen Abwandlungen geführt haben. Geschlechtssysteme bestehen aus zwei Organgruppen: (1) **primäre Geschlechtsorgane** – hierzu gehören die Gonaden, die die Spermien und die Eizellen sowie Geschlechtshormone herstellen – (2) **sekundäre** oder **akzessorische Geschlechtsorgane** – dies sind Organe, welche die Gonaden bei der Bildung oder der Übergabe der Gameten unterstützen, und die weiterhin auch der Versorgung eines Embryos dienen können. Sie sind sehr vielgestaltig und schließen die Gonodukte (Geschlechtsgänge; Ei- und Samenleiter), Anhangsorgane für die Übertragung von Spermatozoen auf das Weibchen, Speicherorgane für Spermatozoen oder Dotter, Packsysteme für Eier sowie Nährorgane wie Dotterdrüsen oder Plazenten ein.

7.4.1 Fortpflanzungssysteme bei Invertebraten

Invertebraten, die Sperma für eine intrakorporale Befruchtung vom Männchen auf das Weibchen übertragen, müssen zur Bewältigung dieser Aufgabe über Organe und zuleitende Wege verfügen, die in der Komplexität ihres Baus denen der Wirbeltiere nicht nachstehen. Im Gegensatz dazu sind die Fortpflanzungssysteme von Wirbellosen, die ihre Gameten einfach in das Wasser entlassen, wo eine externe Befruchtung erfolgt, oft kaum mehr als Zentren der Gametogenese. Die polychaeten Anneliden zum Beispiel verfügen über keine permanent vorhandenen Fortpflanzungsorgane. Die Gameten entstehen durch Proliferation von Zellen, welche die Körperhöhle auskleiden. Nach der Ausreifung werden die Gameten durch Coelom- oder Nephridialgänge freigesetzt. Bei einigen Arten ergießen sie sich durch eine Ruptur der Körperwandung nach außen.

Insekten sind getrenntgeschlechtlich (zweihäusig = diözisch), praktizieren die intrakorporale Befruchtung durch Kopulation und Insemination und verfügen folglich über komplex gebaute Fortpflanzungssysteme (▶ Abbildung 7.11). Die Spermien aus den Testes durchwandern einen Spermienkanal hin zu einem Samenbläschen (wo die Spermien zwischengelagert werden) und gelangen schließlich durch einen singulären Ejakulationskanal in den Penis. Samenflüssigkeit aus einer oder mehreren akzessorischen Drüsen wird den Samenzellen im Ejakulationskanal zugesetzt. Die Weibchen besitzen ein Ovarienpaar, das aus einer Abfolge von Ovariolen (Eiröhren) besteht. Reife Eier passieren die Eileiter, die in eine gemeinsame Genitalkammer münden. Von dort aus gelangen sie in eine kurze Bursa vaginalis. Bei den meisten Insekten übertragen die männlichen Tiere Sperma, indem sie den Penis direkt in das weibliche Organsystem einführen, wo das Sperma in einem Receptaculum seminis zwischengelagert wird. In vielen Fällen genügt eine einzige Paarung, um das Weibchen für den Rest seiner reproduktiven Lebensphase mit Samenzellen zu versorgen.

7.4.2 Fortpflanzungssysteme bei Vertebraten

Bei den Wirbeltieren werden die Organsysteme der Fortpflanzung und der Ausscheidung – genauer der Harnbildung – aufgrund ihrer engen anatomischen Verbindung besonders bei männlichen Tieren in ihrer Gesamtheit als **urogenitales System** bezeichnet. Diese Assoziation ist insbesondere während der Embryonalentwicklung sehr augenfällig. Bei männlichen Fischen und Amphibien dient der ableitende Gang der Nieren (**mesonephrischer** oder **Wolff'scher Gang**) auch als Samenleiter. Bei männlichen Reptilien, Vögeln und Säugetieren, bei denen die Niere ihren eigenen, unabhängigen ableitenden Gang ausbildet (den **Harnleiter = Ureter**), der die flüssigen Abfallstoffe ausleitet, wird der alte mesonephrische Gang zu einem exklusiven **Samenleiter** (Vas deferens) umgebildet. Mit Ausnahme der meisten Säugetiere münden bei den meisten Formen die Gänge in eine **Kloake** (lat. *cloaca*, Abwasserkanal, Entwässerungsgraben). Die Kloake ist eine gemeinsame Kammer, in welche die Ausführgänge? des Darms, der Fortpflanzungsorgane und der harnbildenden Organe einmünden. Praktisch sämtliche plazentalen Säugetiere besitzen keine Kloake mehr; das Urogenitalsystem weist bei ihnen einen von der Analöffnung unabhängigen eigenen Ausgang. Der **Eileiter** (**Ovidukt**; lat. *ovum*, Ei + *ductus*, Gang, Leitung, Kanal) der Weibchen ist ein unabhängiger Gang, der jedoch bei Tieren, die eine Kloake besitzen, in diese einmündet.

7 Die Fortpflanzung

Das männliche Fortpflanzungssystem

Das männliche Fortpflanzungssystem der Wirbeltiere (▶ Abbildung 7.12 zeigt stellvertretend die anatomischen Verhältnisse beim männlichen *Homo sapiens*) umfasst die Hoden (Testes), Vasa efferentia (aufsteigende Gefäße; lat. *vasa*, Gefäße), den Vas deferens (absteigendes Gefäß; lat. *vas*, Gefäß), akzessorische Drüsen, sowie (bei einigen Vögeln und Reptilien und allen Säugetieren) einen Penis.

Die paarigen **Hoden** (Testes) sind der Ort der Spermienbildung. Jeder Hoden (Testis) setzt sich aus zahlreichen Samenkanälchen zusammen, in denen sich die Samenzellen entwickeln (Abbildung 7.8). Die Samenzellen sind von **Sertolizellen** umgeben (nach Enrico Sertoli, italienischer Physiologe, 1842–1910), die der Ernährung der sich entwickelnden Spermien dienen („Ammenzellen"). Zwischen den Kanälchen sind Interstitialzellen, die **Leydigzellen** (auch: *Leydig'sche Zwischenzellen*; nach Franz von Leydig, deutscher Anatom, 1821–1908) eingestreut. Die Leydigzellen stellen das maskulinisierende Steroidhormon **Testosteron** her. Bei den meisten Säugetieren sind die beiden Hoden permanent in einem sackartigen Skrotum (Hodensack) außerhalb der Abdominalhöhle untergebracht, oder sie werden während der Fortpflanzungssaison in das Skrotum abgesenkt. Lange Zeit hielt sich das Gerücht, dass diese etwas seltsam anmutende und scheinbar unsichere Anordnung etwas mit den Temperaturerfordernissen der Spermatogenese zu tun habe, doch hat sich diese Hypothese als nicht haltbar erwiesen. Die vergleichende Anatomie zeigt vielmehr, dass die Frage, ob die Hoden innerhalb des Abdomens oder außerhalb im Skrotum liegen, mit der bevorzugten Fortbewegungsweise eines Säugetiers zusammenhängen. Arten, die bei ihrer Lokomotion oft springen oder schnell laufen, also abrupte und/oder hektische Bewegungen ausführen, tragen die Hoden in einem abgesetzten Skrotum. Arten, deren Vertreter sich nur gemächlich bewegen und deren Testes daher einem geringen Risiko durch Erschütterungen oder Quetschungen ausgesetzt sind, besitzen oft Hoden, die im Körperinneren liegen. Bei marinen Säugetieren und allen anderen Vertebraten sind die Hoden permanent im Körperinneren untergebracht.

Die Spermien wandern von den Samenkanälchen in die **Vasa efferentia** ein. Diese sind kleine Gänge, die in die aufgerollten **Nebenhoden** münden. Jeder Hoden verfügt über einen eigenen Nebenhoden (**Epididymis**). In den Nebenhoden finden die abschließenden Stadien der Samenzellreifung statt. Von dort aus gelangen die Spermien in den **Samenleiter** (Vas deferens) (Abbildungen 7.8 und 7.12). Bei den Säugetieren vereinigt sich der Samenleiter mit der **Harnröhre** (Urethra). Das Endstück der Harnröhre dient der Ausleitung sowohl des Ejakulates als auch des Harns durch den **Penis**.

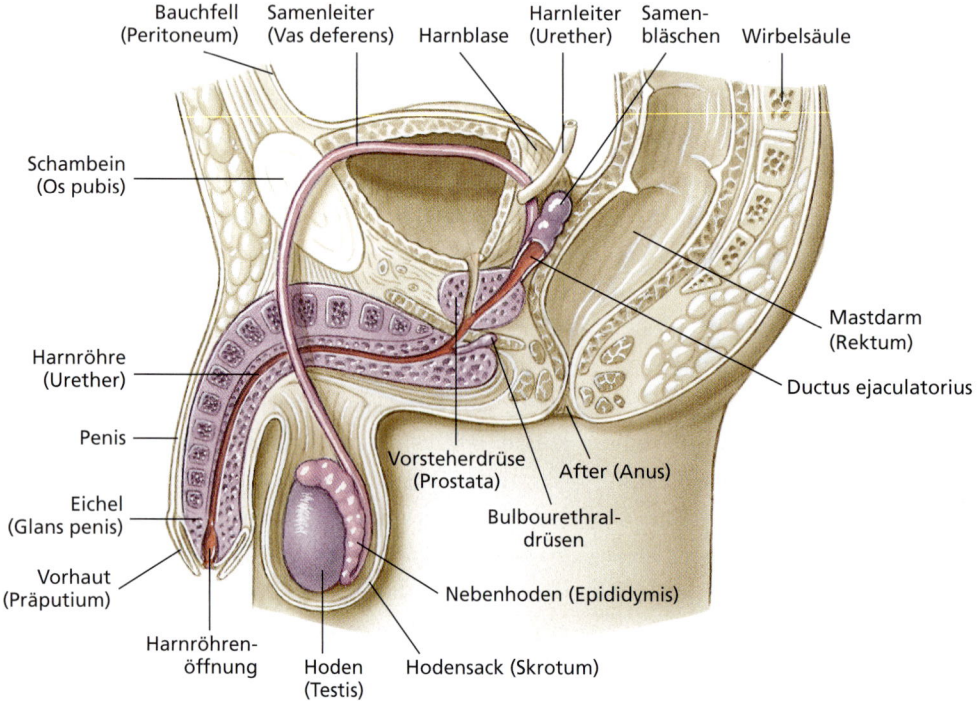

Abbildung 7.12: **Das Fortpflanzungssystem des menschlichen Mannes.** Gezeigt an einem Sagittalschnitt durch den Beckenbereich.

> **Exkurs**
>
> Die meisten aquatisch lebenden Wirbeltiere haben keinen Bedarf für einen Penis, da Spermien und Eier in nächster Nähe zueinander in das Wasser entlassen werden. Bei den terrestrischen (und einigen aquatischen) Vertebraten, die lebende Junge zur Welt bringen oder schalentragende Eier legen, muss Sperma auf das Weibchen übertragen werden. Nur wenige Vögel verfügen über einen echten Penis (Bespiele für derartige Ausnahmen sind der Strauß (*Struthio camelus*) und die Argentinische Ruderente (*Oxyura vittata*)); und der Paarungsvorgang besteht einfach in einem Aneinanderlegen der Kloaken der beteiligten Tiere. Reptilien und Säugetiere besitzen einen echten Penis. Bei den Säugetieren erigiert das normalerweise schlaffe Organ, wenn es mit Blut gefüllt wird. Klappen in den Penisvenen verhindern ein Zurückströmen des Blutes. Einige Säugetiere (die Primaten mit Ausnahme des Menschen, die Raubtiere (Carnivora), Meerschweinchenverwandte (Caviomorpha), Insektenfresser (Insectivora) und Fledertiere (Chiroptera)) besitzen einen Penisknochen (Os penis oder Baculum), der hilft, die für die Kopulation notwendige Steifigkeit zu erbringen.

Bei den meisten Säugetieren (Mammalia) leiten drei Sätze akzessorischer Drüsen in die Kanäle des Fortpflanzungssystems ein: ein Paar **Samenbläschen** (Vesiculae seminalis oder Glandulae vesiculosae), eine singuläre **Vorsteherdrüse** (Prostata) und paarige **Bulbourethraldrüsen** (Abbildung 7.12). Die von diesen Drüsen abgesonderten Sekrete werden als Teil der Samenflüssigkeit den Spermien beigemischt und versorgen diese unter anderem mit Nährstoffen (Fructose), schmieren die Durchgangswege der Samenzellen und erleichtern so ihren Transport, und wirken dem sauren pH-Wert des Vaginalmilieus entgegen, damit die Spermatozoen keinen unnötigen Schaden nehmen, bis sie in den Uterus hinauf gewandert sind. Ein Großteil der Spermien im Ejakulat wird dennoch durch den niedrigen vaginalen pH-Wert innerhalb von Minuten paralysiert.

Das weibliche Fortpflanzungssystem

Die Ovarien (Eierstöcke) der weiblichen Wirbeltiere produzieren sowohl die Eizellen als auch die femininisierenden Geschlechtshormone (Östrogene und Progesteron). Bei allen kiefertragenden Wirbeltieren treten die reifen Eizellen von den Ovarien in die trichterförmige Öffnung eines **Eileiters** (Ovidukt) oder eines **Uterinrohres** (Uterintubus) über. Diese Gebilde weisen für gewöhnlich einen fransigen Rand (Fimbrien) auf, der das Ovar zum Zeitpunkt der Ovulation (Eisprung) einhüllt. Das terminale (distale) Ende des Uterinrohres ist bei den meisten Fischen und Amphibien unspezialisert, bei den Knorpelfischen, den Reptilien und den Vögeln, die große, schalentragende Eier herstellen, haben sich spezialisierte Bereiche für die Bildung von Albumin und die Eischale entwickelt. Bei den Amnioten (Reptilien, Vögel und Säugetiere; siehe das zum Amnioteneiei in Kapitel 8 Ausgeführte) erweitert sich der terminale Anteil des Uterinrohres zu einem muskulären **Uterus** (Gebärmutter), in dem die beschalten Eier vor der Ablage zurückgehalten werden oder in dem die Embryonen ihre Entwicklung abschließen. Bei den plazentalen Säugetieren baut die Uteruswand in Form der **Plazenta** (Mutterkuchen) eine enge vaskuläre Verbindung mit den den Embryo umgebenden Gewebsmembranen auf (siehe Kapitel 8).

Die paarigen Ovarien der Frau (▶ Abbildung 7.13) sind etwas kleiner als die Testes des Mannes. Sie enthalten viele tausend Oocyten. Jede Oocyte entwickelt sich in einem **Follikel** (Ovarialfollikel; Eibläschen), der sich vergrößert und schließlich aufplatzt. Dabei wird eine sekundäre Oocyte freigesetzt (Abbildung 7.10). Während der fertilen Jahre einer Frau kommen pro Jahr (mit Ausnahme während Schwangerschaften) durchschnittlich 13 Oocyten zur Reifung. Für gewöhnlich wechseln sich die beiden Eierstöcke bei der Freisetzung der Oocyten ab. Da der fertige Lebensabschnitt einer Frau ca. 30 Jahre umfasst, kommen von den etwa 400.000 Primäroocyten, die zum Zeitpunkt der Geburt in den Ovarien vorliegen, lediglich 300 bis 400 zur Ausreifung; der große Rest degeneriert und wird schließlich resorbiert.

Die **Uterintuben** oder **Ovidukte** sind oberflächlich mit Cilien besetzt, die das Ei auf seinem Weg weiterbefördern. Die beiden Gänge öffnen sich in den oberen Ecken der **Gebärmutter** (Uterus). Die Gebärmutter ist darauf spezialisiert, den Embryo während der neun Monate seiner intrauterinen Existenz zu beherbergen. Sie besteht aus einer dicken, muskulären Wand, vielen Blutgefäßen und einer speziellen Auskleidung, dem **Endometrium** (Gebärmutterschleimhaut). Der Uterus unterscheidet sich bei den verschiedenen Säugetieren, und bei vielen Arten ist er dafür ausgelegt, mehr als einen sich entwickelnden Embryo zu versorgen. Ursprünglich war auch die Gebärmutter paarig, doch ist sie bei vielen Placentatieren zu einer einzigen fusioniert.

Die **Vagina** (Scheide) ist ein muskulöses Rohr, das an die Aufnahme des männlichen Penisses angepasst ist. Darüber hinaus dient sie als Geburtskanal während der Austreibung des geburtsreifen Fötus aus dem Uterus. An der Stelle, an der Vagina und Uterus aufeinan-

7 Die Fortpflanzung

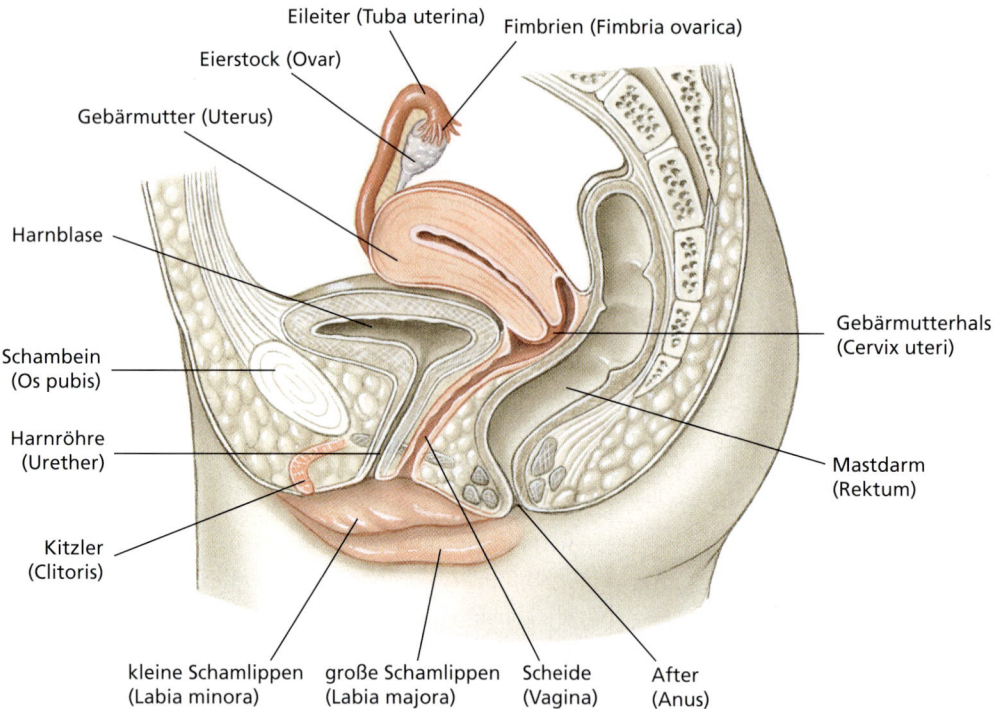

Abbildung 7.13: Das Fortpflanzungssystem der menschlichen Frau. Gezeigt an einem Sagittalschnitt durch den Beckenbereich.

dertreffen, erstreckt sich der Uterus in Form des **Gebärmutterhalses** (**Cervix**) abwärts in die Vagina hinein.

Die äußeren Genitalien einer Frau (die **Vulva**) umfassen Hautfalten, die Schamlippen (**große Schamlippen,** Labia majora und **kleine Schamlippen,** Labia minora), sowie ein kleines, erektiles Organ, die **Clitoris** (Kitzler; das weibliche Homologon zur Glans penis des Mannes). Die Öffnung der Vagina ist im jungfräulichen Zustand vor dem ersten Sexualakt oft durch eine Membran, das **Hymen** (Jungfernhäutchen) teilweise verschlossen. Durch nichtsexuelle körperliche Aktivität kann dieses Häutchen jedoch in vielen Fällen durch Einreißen oder Zerreißen reduziert sein.

Endokrine Ereignisse bei der Fortpflanzung — 7.5

7.5.1 Die hormonelle Steuerung des zeitlichen Verlaufs von Fortpflanzungszyklen

Von den Fischen bis zu den Säugetieren unterliegt die Vermehrung der Wirbeltiere für gewöhnlich einem jahreszeitlichen Rhythmus oder einer andersartigen zyklischen Aktivierung. Die Zeitplanung ist von hoher Bedeutung, da Nachkommen zur Welt kommen sollten, wenn Nahrung reichlich verfügbar ist und auch andere Umweltbedingungen zum Überleben günstig sind. Die geschlechtlichen Fortpflanzungsvorgänge werden durch Hormone gesteuert, deren Produktion durch Reize aus der Umwelt reguliert wird, zum Beispiel Nahrungsaufnahme, jahreszeitliche Änderungen der Fotoperiode, Regenfall, Temperatur oder soziale Wechselwirkungen. Ein Hypothalamus genannter Teil des Vorderhirns (siehe Kapitel 34) reguliert die Freisetzung der Hormone aus dem Vorderlappen der Hirnanhangsdrüse (die Neurosekretion und die Hirnanhangsdrüse werden in Kapitel 34 eingehender besprochen). Dieses fein ausbalancierte hormonelle System steuert die Entwicklung der Gonaden, der akzessorischen Geschlechtsbildungen sowie der sekundären Geschlechtsmerkmale, und auch den Zeitablauf der Fortpflanzung.

Die zyklischen Fortpflanzungsaktivitäten der weiblichen Säugetiere folgen einem von zwei Grundmustern: dem **östralen Zyklus**, der für die meisten Säugetiere kennzeichnend ist, oder dem **menstruellen Zyklus**, der nur für die anthropoiden Primaten (Affen, Menschenaffen und Menschen) charakteristisch ist. Diese beiden Zyklen unterscheiden sich auf zweierlei bedeutsame Weise. Zunächst sind die weiblichen Tiere, die dem östralen Zyklus unterliegen, nur für eine kurze Zeitspanne, den **Östrus** (Brunft), für Annäherungen durch die Männchen zugänglich. Beim menstruellen Zyklus

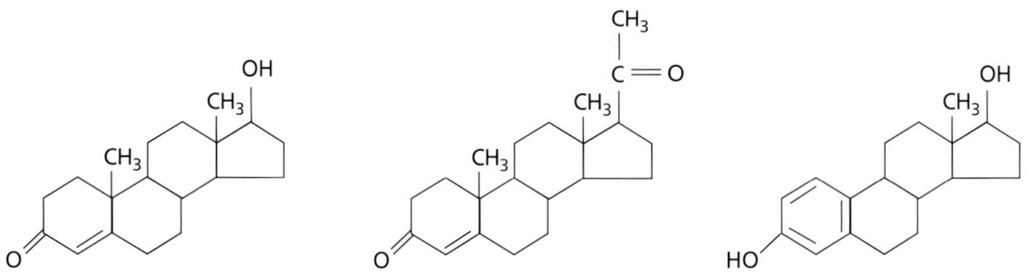

Testosteron   **Progesteron**   **Östradiol-17β**

Abbildung 7.14: Geschlechtshormone. Die drei abgebildeten Geschlechtshormone lassen den grundlegenden Bau aller Steroide aus vier zusammenhängenden Molekülringen erkennen. Das wichtigste Geschlechtshormon weiblicher Tiere ist das Östradiol (ein Östrogen). Es ist eine C_{18}-Verbindung (ein Molekül mit 18 Kohlenstoffatomen) mit einem aromatischen A-Ring (dem Ring links unten in dieser Darstellungsweise). Das wichtigste Geschlechtshormon männlicher Tiere ist das Testosteron (ein Androgen). Es ist ein C_{19}-Steroid mit einer Carbonylgruppe (–C=O) am A-Ring, dort wo das Östradiol eine Hydroxylfunktion aufweist (–OH). Das weibliche Sexualhormon Progesteron ist ein C_{21}-Steroid, das am A-Ring ebenfalls eine Carbonylgruppe aufweist. Mehr zu den Steroidhormonen findet sich in Kapitel 34.

kann die Zugänglichkeit über den gesamten Zyklus hinweg vorhanden sein. Zweitens endet der menstruelle Zyklus, nicht aber der östrale Zyklus, mit der Abstoßung des Endometriums, das die innere Schleimhautauskleidung der Gebärmutter darstellt. Beim östralen Zyklus kehrt die Gebärmutterschleimhaut einfach in ihren ursprünglichen Zustand zurück, ohne eine Abstoßungsreaktion zu zeigen, wie sie für den Menstruationszyklus typisch ist.

7.5.2 Gonadensteroide und ihre Kontrolle

Die Ovarien der weiblichen Wirbeltiere produzieren zwei Typen von Steroidhormonen – **Östrogene** und das **Progesteron** (▶ Abbildung 7.14). Es gibt drei Sorten von Östrogenen: das Östradiol, das Östron und das Östriol. Das Östradiol ist dasjenige, welches während der Fortpflanzungszyklen in den größten Mengen gebildet und ausgeschüttet wird. Die Östrogene sind für die Entwicklung der weiblichen akzessorischen Geschlechtsorgane (Eileiter, Gebärmutter, Vagina) verantwortlich, sowie für die Anstoßung der weiblichen Fortpflanzungsaktivität. Sekundäre Geschlechtsmerkmale (solche Merkmale, die nicht primär an der Bildung und Übertragung der Gameten beteiligt, sondern für das Verhalten und den funktionellen Erfolg der Fortpflanzung wichtig sind) werden ebenfalls durch die Östrogene gesteuert oder aufrechterhalten. Dazu gehören solche Merkmale wie eine bestimmte Farbgebung der Haut oder des Gefieders (Balzgefieder), Knochenentwicklung, die Körpergröße und – bei Säugetieren – die anfängliche Entwicklung der Milchdrüsen. Bei weiblichen Säugetieren sind sowohl die Östrogene wie das Progesteron für die Vorbereitung der Gebärmutter für die Einnistung eines Embryos zuständig. Die Steroidhormone unterliegen der Steuerung durch die **Gonadotropine der Hirnanhangsdrüse** (Hypophyse): dem **follikelstimulierenden Hormon** (**FSH**) und dem **luteinisierenden Hormon** (**LH**) (▶ Abbildung 7.15). Die Ausschüttung dieser beiden Kontrollhormone unterliegt ihrerseits der Kontrolle durch das **Gonadotropin-Freisetzungshormon** (**GnRH**, gonadotropin releasing hormon), das von neurosekretorischen Zellen des **Hypothalamus** gebildet wird (siehe Tabelle 34.1 und Text von Kapitel 34). Über dieses verwickelte Steuerungssystem können Umweltreize wie Licht, Nahrung und Stress Einfluss auf die Fortpflanzungszyklen nehmen.

Das wichtigste männliche Sexualsteroid (von dem auch Weibchen kleinere Mengen produzieren) ist das **Testosteron** (Abbildung 7.14). Es wird von den **Leydigzellen** (interstitielle Zellen) des Hodengewebes gebildet. Testosteron und sein Reduktionsprodukt, das Dihydrotestosteron (DHT) sind notwendig für die Entwicklung und das Wachstum der sekundären Geschlechtsorgane von Männchen (wie Knochen- und Muskelwachstum, männliche Körperbehaarung, Färbung des männlichen Gefieders, Geweihbildung bei Hirschen, der Stimmlage beim Menschen usw.) sowie für das männliche Sexualverhalten. Die Entwicklung der Hoden und die Ausschüttung des Testosterons werden durch das FSH und das LH reguliert – dieselben Hypophysenhormone, die auch den Fortpflanzungszyklus weiblicher Tiere steuern. Auch bei männlichen Tieren ist diesen das GnRH aus dem Hypothalamus übergeordnet. Eine vom Testosteron und vom DHT ausgehende Rückkopplung auf den Hypothalamus und die Hypophyse dämmen die Ausschüttung von GnRH, FSH und LH ein (für eine eingehendere Diskussion der rückgekoppelten Regelkreise des Hormonhaushaltes, siehe Kapitel 34).

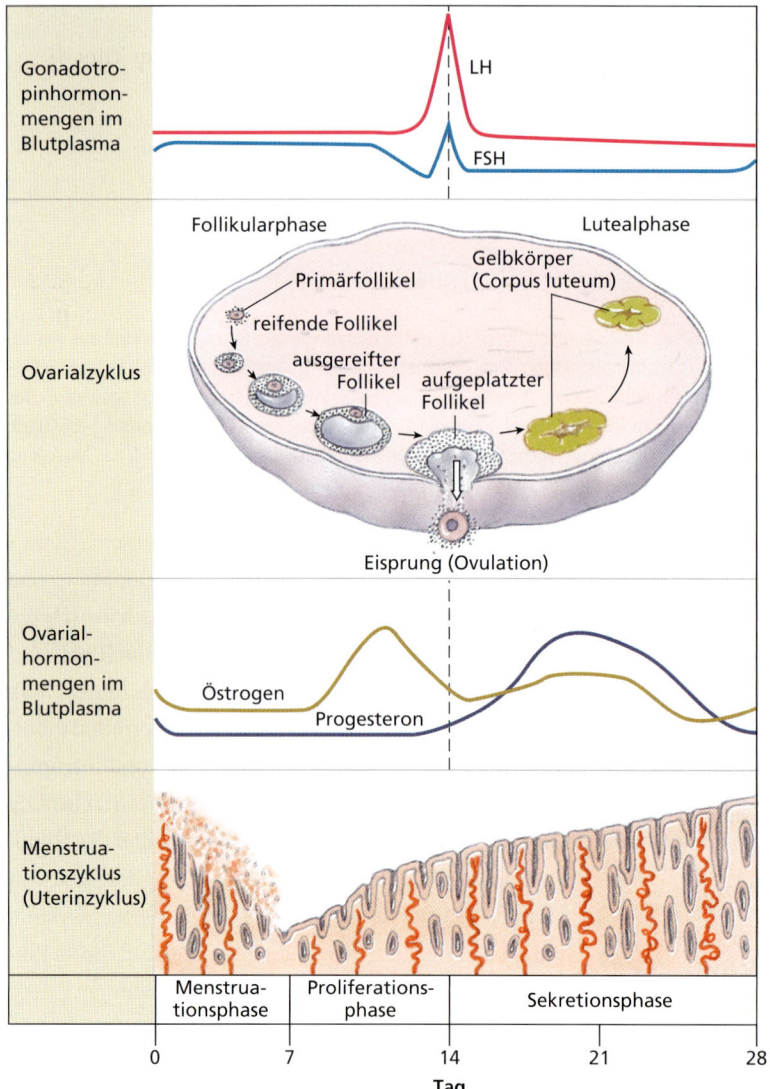

Abbildung 7.15: **Der Menstruationszyklus der menschlichen Frau.** Dargestellt sind die Änderungen der Hormonkonzentrationen im Blut während des 28-tätigen Zyklus. Das FSH fördert die Reifung des ovarialen Eifollikels. Dieses sezerniert Östrogene. Die Östrogene bereiten das Endometrium der Gebärmutter vor und führen zu einem starken Anstieg der LH-Ausschüttung, die ihrerseits den Gelbkörper (Corpus luteum) dazu veranlasst, Progesteron und Östrogen freizusetzen. Die Progesteron- und die Östrogenproduktion werden nur dann dauerhaft fortgesetzt, falls die Eizelle befruchtet wird. Geschieht dies nicht, nehmen die Titer der Östrogene und der Gestagene ab, und es folgt eine Menstruation.

Sowohl die Ovarien wie die Testes setzen ein Peptidhormon, das **Inhibin** (lat. *inhibitio*, Hemmung) frei, das im weiblichen Körper von den sich entwickelnden Eifollikeln und im männlichen Körper von den **Sertolizellen** gebildet wird. Dieses Hormon ist ein zusätzlicher Regulator der FSH-Ausschüttung aus dem Hypophysenvorderlappen, das eine negative Rückkopplung ausübt.

7.5.3 Der Menstruationszyklus

Der Menstruationszyklus des Menschen (lat. *mensis*, Monat) besteht aus zwei unterscheidbaren Phasen innerhalb des Ovariums – die Follikularphase und die Lutealphase – sowie drei weiteren Phasen, die sich im Uterus abspielen: die Menstrualphase, die Proliferationsphase und die Sekretionsphase (Abbildung 7.15). Die Menstruation („Periode", Monatsblutung, Regelblutung) zeigt die **Menstrualphase** an, zu der ein Teil des Endometriums (Gebärmutterschleimhaut) abstirbt und abschilfert. Dies ist das Material, das mit der Regelblutung abgegeben wird. Inzwischen vollzieht sich im Eierstock die **Follikularphase**, und am 3. Zyklustag beginnen die Titer der Hormone FSH und LH langsam anzusteigen, was einige der Ovarialfollikel dazu veranlasst, mit dem Wachstum zu beginnen und Östrogen auszuschütten. In dem Maß, in dem die Östrogenmenge im Blut ansteigt, heilt das uterine Endometrium ab und beginnt, sich zu verdicken; die Uterindrüsen innerhalb des Endometriums vergrößern sich (**Proliferationsphase**). Bis zum 10. Tag sind die meisten der Follikel, die am 3. Tag ihre Entwicklung begonnen haben, wieder zugrunde gegangen (sie wurden atretisch). Nur eines (manchmal zwei oder auch drei) fahren mit dem Reifungsvorgang fort, bis es/sie an der Oberfläche des Ovars erscheint/en. Der reife Eifollikel wird in diesem Zustand als **Graaf'scher Follikel** bezeichnet. In späten Teilen der Follikularphase schüttet der Follikel mehr Östrogen und auch Inhibin aus. In dem Maß, in dem der Inhibin-Titer ansteigt, fällt die FSH-Menge ab.

Am 13. oder 14. Zyklustag stimuliert die nunmehr hohe, aus dem Graaf'schen Follikel stammende Östrogenkonzentration eine starke und rasche Ausschüttung von GnRH aus dem Hypothalamus, das eine ebenfalls schnelle und starke Freisetzung von LH (und in geringerem Ausmaß auch FSH) aus dem Hypophysenvorderlappen nach sich zieht. Der steile Anstieg der LH-Menge führt dazu, dass der größte Follikel aufreißt (**Ovulation, Eisprung**). Dabei wird eine Oocyte (Eizelle) aus dem Ovar freigesetzt. Nun folgt eine kritische Zeitspanne, denn wenn die Eizelle nicht befruchtet wird, stirbt sie ab. Während der ovarialen **Lutealphase** bildet sich aus den Überresten des aufgeplatzten Follikels, das beim Eisprung die Eizelle freigegeben hat, ein **Gelbkörper** (**Corpus luteum**) (Abbildungen 7.10 und 7.15). Der Gelbkörper reagiert auf die fortgesetzte Stimulation durch das LH und wird zu einer transitorischen endokrinen Drüse, die Progesteron (bei den Primaten zusätzlich auch Östrogen) ausschüttet. Das Progesteron (Gelbkörperhormon; der wichtigste Vertreter aus der Gruppe der Gestagene; gr. *pro*, für, vor + lat. *gestatio*, das Tragen) regt, wie sein Name andeutet, die Gebärmutter dazu an, die abschließenden Reifungsprozesse zu durchlaufen, um für eine Einnistung eines befruchteten Eies – das „Austragen" des Embryos – bereit zu sein (**Sekretionsphase**). Der Uterus ist nun vollständig dafür vorbereitet, einen Embryo aufzunehmen und zu ernähren. Falls es nicht zur Befruchtung kommt, degeneriert der Gelbkörper und sezerniert nicht länger Hormone. Da das Endometrium für sein Weiterbestehen vom Progesteron und den Östrogenen abhängig ist, führt die Abnahme der Titer dieser Hormone zu einem Niedergang der Uterusauskleidung, die dann mit der nächsten Regelblutung (Menstruation) aus dem Körper abgegeben wird.

Das GnRH aus dem Hypothalamus und das LH und FSH aus der Hypophyse werden durch die Steroide aus den Ovarien (und das Inhibin) durch eine **negative (abschwächende) Rückkopplung** regulierend beeinflusst. Diese negative Rückkopplung findet während des gesamten Menstruationszyklus statt, mit Ausnahme einiger weniger Tage vor dem Eisprung. Wie zuvor ausgeführt, ist die Ovulation eine Reaktion auf einen hohen Östrogen-Titer, der zu einer lawinenartigen Ausschüttung von GnRH, LH (und FSH) führt. Solche **positiven (verstärkenden) Rückkopplungen** sind im Körper selten, da sie die physiologischen Verhältnisse von einem stabilen Referenzzustand wegführen. (Physiologische Rückkopplungsmechanismen werden in Kapitel 34 eingehender behandelt.) Diese Vorgänge werden durch die Ovulation beendet, da durch das Absterben der Follikelzellen nach der Freisetzung der Oocyte die Östrogenkonzentration abfällt.

7.5.4 Menschliche Schwangerschaftshormone und die Geburt

Falls es zu einer Befruchtung kommt, findet diese normalerweise im ersten Drittel der Gebärmuttertube (der **Ampulle**) statt. Die **Zygote** wandert von dort aus in den Uterus und teilt sich mitotisch unter Ausbildung der **Blastozyste** (siehe Kapitel 8). In diesem Zustand erreicht sie den Uterus und nistet sich nach zirka sechs Entwicklungstagen in die Gebärmutterwand (das Endometrium) ein. Dieser Vorgang wird als **Einnistung** oder **Implantation** bezeichnet. Das Wachstum des Embryos setzt sich fort; dabei entsteht ein kugelförmiger **Trophoblast**. Dieses Embryonalstadium umfasst drei verschiedene charakteristische Gewebelagen – das Amnion, das Chorion und den **Embryoblasten**, der den eigentlichen Embryo darstellt (siehe Abbildung 8.25). Das **Chorion** ist die Quelle für das Hormon **hCG** (**humanes Choriongonadotropin**), das bald nach der Implantation im Blut nachweisbar ist (Schwangerschaftstest!). Das hCG regt den Gelbkörper dazu an, mit der Synthese und der Freisetzung von Östrogenen wie Östradiol und Gestagenen wie Progesteron fortzufahren (▶ Abbildung 7.16).

Die Plazenta (der Mutterkuchen) bildet die Kontaktfläche zwischen dem Trophoblasten und dem Uterus

> **Exkurs**
>
> Oral verabreichte Verhütungsmittel (Kontrazeptiva, die „Pille") sind meistens Kombinationspräparate, die ein Östrogen und ein Gestagen enthalten. Durch die Hormongabe von außen wird die Ausschüttung der körpereigenen Gonadotropine FSH und LH aus der Hypophyse gedrosselt (negative Rückkopplung). Dies verhindert die Ausreifung des Ovarialfollikels und damit den Eisprung. Die oralen Kontrazeptiva (lat. *contra*, gegen + *conceptio*, Empfängnis) sind hochwirksame Medikamente; ihre Versagensrate liegt bei ordnungsgemäßer Einnahme bei weniger als ein Prozent. Kontrazeptiva, die nur Gelbkörperhormone enthalten („Minipille") blockieren nicht die Entwicklung des Follikels oder die Ovulation. Sie wirken vielmehr auf den Fortpflanzungstrakt als Ganzes, indem sie die Verhältnisse dort sowohl für Spermazellen wie für Oocyten „ungastlich" gestalten.

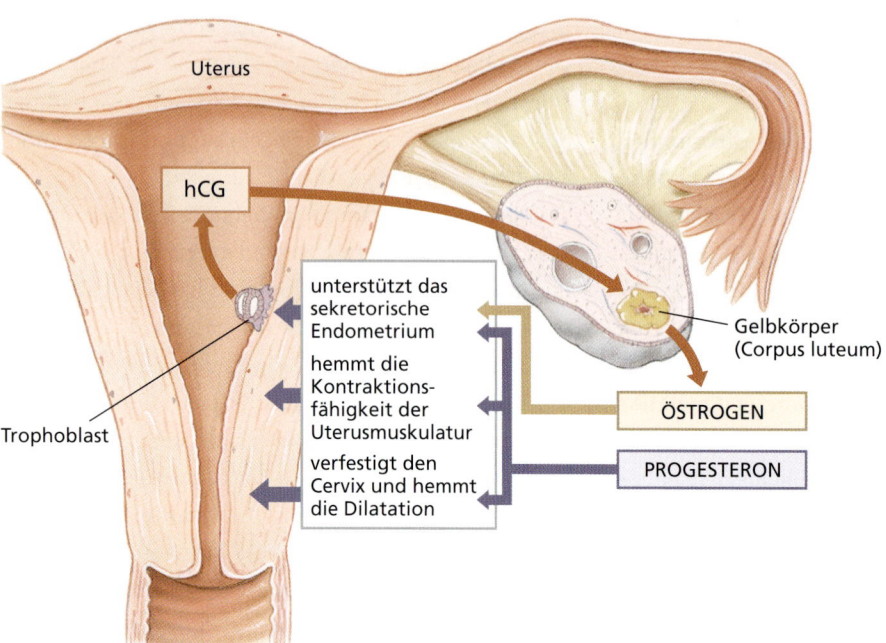

Abbildung 7.16: **Die multiplen Rollen des Progesterons und der Östrogene während einer normal verlaufenden menschlichen Schwangerschaft.** Nach der Implantation des Embryos in den Uterus, schüttet der Trophoblast (der zukünftige Embryo und die Plazenta) Humanchoriongonadotropin (hCG) aus, das den Corpus luteum am Leben erhält, bis die Plazenta – um die siebte Schwangerschaftswoche – damit beginnt, die Produktion der Geschlechtshormone Progesteron und Östrogen zu übernehmen.

(die Evolution und die Entwicklung der Plazenta werden in Kapitel 8 beschrieben). Neben ihrer Funktion als Medium zur Übertragung von Stoffen vom mütterlichen auf den fötalen Blutkreislauf und umgekehrt, ist die Plazenta auch eine endokrine Drüse. Die Plazenta fährt fort, hCG auszuschütten, und sie stellt auch Östrogene (in der Hauptsache Östriol) und das Gestagen Progesteron her. Etwa zu Ende des dritten Schwangerschaftsmonats geht der Gelbkörper zugrunde, aber zu diesem Zeitpunkt hat die Plazenta selbst die Aufgabe der Hauptquelle für Gestagene und Östrogene übernommen.

Die Vorbereitung der Milchdrüsen (Mammae) für die Milchausschüttung erfordert die Wirkung zweier weiterer Hormone, des **Prolaktins** (**PRL**) und des humanen **Plazentalaktogens** (**hPL**) (= **humanes Chorionsomatomammotropin** (**hCS**) = laktogenes Hormon der Plazenta). Das PRL wird vom Hypophysenvorderlappen hergestellt, seine Sekretion bei Nichtschwangeren unterdrückt. Während einer Schwangerschaft führen die erhöhten Östrogen- und Gestagenmengen zu einer Derepression, also einer Unterdrückung der Hemmung, die effektiv eine Aktivierung darstellt, woraufhin das PRL im Blutstrom erscheint. Während der Schwangerschaft wird Prolaktin auch von der Plazenta gebildet. In Verbindung mit dem hPL bereitet das Prolaktin die Milchdrüsen für ihre sekretorische Aufgabe vor. Zusammen mit dem **humanen Plazentawachstumshormon** (**hPGH**) und dem maternalen Wachstumshormon (GH) stimuliert das humane Plazentalaktogen eine Steigerung der Menge der im Körper der Mutter verfügbaren Nährstoffe, so dass diese für den in der Entwicklung befindlichen Embryo zugänglich werden. Die Plazenta schüttet außerdem β-Endorphin und andere endogene Opioide aus (siehe Kapitel 33). Diese Stoffe regulieren den Appetit und die Stimmungslage während der Schwangerschaft. Sie können außerdem zu einem Gefühl des Wohlbefindens beitragen und einige der Beschwernisse lindern, die mit den fortgeschrittenen Monaten der Schwangerschaft verbunden sind. Später beginnt die Plazenta mit der Herstellung des Peptidhormons **Relaxin** (lat. *relaxatio*, Erleichterung). Dieses Hormon bewirkt ein gewisses Maß der Ausdehnung des Beckens durch eine Erhöhung der Nachgiebigkeit der Schambeinfuge (Symphysis pubica), dem Kontaktbereich, in dem die Schambeine (Ossi pubsici) des Beckens knorpelig miteinander verbunden sind. Das Relaxin führt außerdem bei der Einleitung des Geburtsvorganges zu einer Erweiterung des Gebärmutterhalses (Cervixdilatation).

Die **Geburt** beginnt mit einer Abfolge starker, rhythmischer Kontraktionen der Gebärmuttermuskulatur – den **Wehen**. Die genaue Natur des physiologischen Signals, das den Geburtsvorgang auslöst, ist beim Menschen

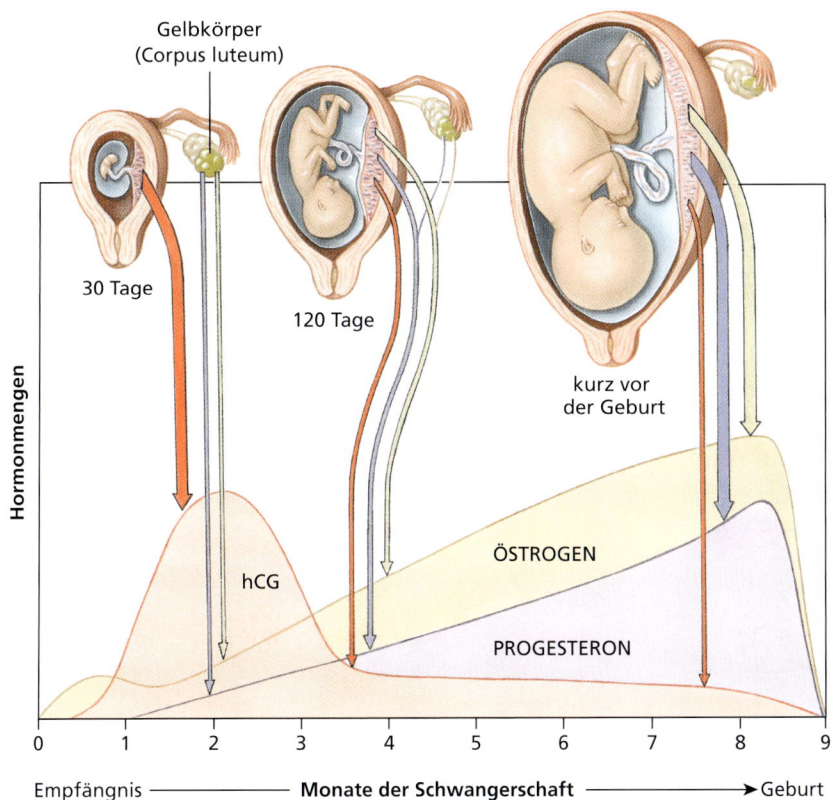

Abbildung 7.17: **Verlauf der Hormonfreisetzung aus dem Corpus luteum und der Plazenta im Verlauf der Schwangerschaft.** Die Dicke der abwärtsgerichteten Pfeile gibt die relativen Mengen freigesetzten Hormons wieder. Das hCG (humanes Choriongonadotropin) wird ausschließlich von der Plazenta gebildet. Die Synthese von Progesteron (dem Hauptgestagen) und den Östrogenen verlagert sich im Verlauf der Schwangerschaft vom Gelbkörper zur Plazenta.

noch immer nicht bekannt, doch scheint das **plazentale Corticotropinfreisetzungshormon** (CRH, corticotropin releasing hormone) an der Auslösung des Vorganges beteiligt zu sein. (Das CRH ist ein Peptidhormon, das normalerweise im Hypothalamus gebildet wird und ein Teil der sogenannten HPA- oder Stressachse des Körpers ist.) Kurz vor der Geburt kommt es zu einem steilen Anstieg des Östrogen-Titers, der die Kontraktionen der Gebärmutter stimuliert, während gleichzeitig die Konzentration des Progesterons, das hemmend auf die Kontraktionsfähigkeit der Gebärmuttermuskulatur wirkt, zurückgeht (▶ Abbildung 7.17). Dies hebt die „Progesteronblockade" auf, welche die Gebärmutter im Verlauf der Schwangerschaft in einem Zustand der Ruhe hält. Die Konzentration der **Prostaglandine** (eine umfangreiche Gruppe von Gewebshormonen, die Derivate von Fettsäuren sind) nimmt zu dieser Zeit ebenfalls zu. Dies führt zu einer verstärkten Irritabilität der Gebärmutter (weitere Informationen zu den physiologischen Wirkungen gibt Kapitel 34). Schließlich löst eine Streckung des Uterus einen nervösen Reflex aus, der die Ausschüttung von **Oxytocin** aus dem Hypophysenhinterlappen bewirkt. Das Oxytocin wirkt stimulierend auf die glatte Uterusmuskulatur und führt so zu einer Verstärkung und Frequenzerhöhung der Wehentätigkeit. Die Oxytocinsekretion während des Geburtsvorganges ist ein weiteres Beispiel für eine positive Rückkopplung. Die Rückkopplungsschleife wird durch die Geburt des Säuglings beendet.

Die Geburt vollzieht sich in drei Stadien. Im ersten Stadium wird der Gebärmutterhals (Cervix), der den Übergang des Uterus zur Vagina hin darstellt, durch den auf ihm lastenden Druck des Fötus in seiner Fruchtblase erweitert. Die Fruchtblase kann zu diesem Zeitpunkt bereits aufgeplatzt sein (▶ Abbildung 7.18b). Im zweiten Stadium wird der Säugling durch die Scheide aus dem Uterus herausgepresst (Abbildung 7.18c). Im dritten Stadium wird die Plazenta als **Nachgeburt** aus dem mütterlichen Körper ausgestoßen. Dies geschieht für gewöhnlich innerhalb von 10 Minuten, nachdem der, nun Säugling genannte, Fötus den Körper verlassen hat (Abbildung 7.18d).

Nach der Geburt wird die Milchausschüttung durch den Saugreflex des Säuglings an den mütterlichen Brustwarzen (Mamillen; Papillae mammariae) ausgelöst. Der Saugvorgang löst eine reflektorische Freisetzung von Oxytocin aus der Hirnanhangsdrüse aus. Wenn das Oxytocin die Milchdrüsen (Mammae) erreicht, bewirkt es eine Kontraktion der glatten Muskulatur, welche die Gänge und Sini der Milchdrüsen auskleidet. Die Muskelkontraktion bewirkt das Ausströmen der Milch. Der Saugvorgang stimuliert außerdem die Freisetzung von

7 Fortpflanzung

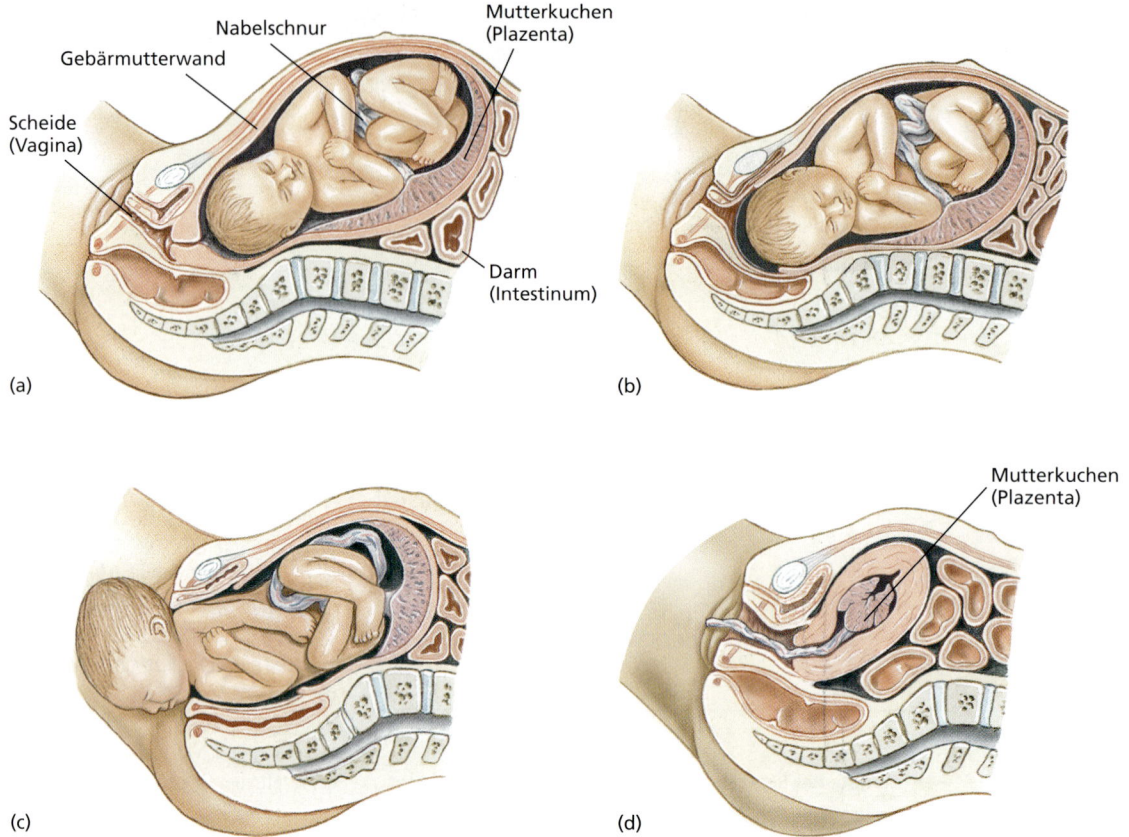

Abbildung 7.18: Der Geburtsvorgang beim Menschen. (a) Menschlicher Fötus unmittelbar vor der Geburt. (b) Erstes Geburtsstadium: Dilatation. (c) Zweites Geburtsstadium: Austrieb. (d) Drittes Geburtsstadium: Abstoßen der Plazenta.

Prolaktin aus dem Hypophysenvorderlappen, welches die Fortsetzung der Milchproduktion in den Milchdrüsen veranlasst.

Exkurs

Angesichts der verwickelten Vorgänge im Verlauf einer Schwangerschaft mag es verwunderlich erscheinen, dass überhaupt gesunde Säuglinge zur Welt kommen. Tatsächlich sind wir alle die glücklichen Überlebenden einer Schwangerschaft, da Fehlgeburten recht häufig sind und als Mechanismus zur Abstoßung pränataler Anomalitäten dienen, wie Chromosomenschäden oder andere genetische Fehler, Kontakt mit allerlei Giftstoffen (Medikamenteninhaltsstoffe, Drogen, Teratogene usw.), immunologischen Unregelmäßigkeiten oder einer falschen hormonellen Koordination der Vorgänge im Uterus. Moderne hormonelle Testverfahren haben gezeigt, dass zirka 30 Prozent aller fertilen Zygoten spontan noch vor oder unmittelbar nach der Implantation abgestoßen und abortiert werden. Abbrüche zu einem so frühen Zeitpunkt bleiben entweder völlig unbemerkt oder äußern sich in einer etwas verspäteten Menstruation. Weitere 20 Prozent bereits etablierter Schwangerschaften enden mit einer (der Mutter zu Bewusstsein kommenden) Fehlgeburt. Damit liegt die Gesamthäufigkeit spontaner Schwangerschaftsabbrüche bei rund 50 Prozent.

7.5.5 Mehrlingsgeburten

Viele Säugetiere bringen gleichzeitig oder kurz nacheinander mehrere Junge zu Welt – sie sind **multipar**. Jedes Mitglied eines solchen Mehrlingswurfes entstammt einem separaten Ei. Es gibt jedoch auch Säugetiere, die jeweils nur ein Junges zur Welt bringen – sie sind **unipar**. Gelegentlich kann es aber auch bei für gewöhnlich uniparen Arten zu Mehrlingsgeburten kommen. Langnasengürteltiere (*Dasypus* sp.) nehmen unter den Säugetieren eine fast einmalige Sonderstellung ein, weil sie mit jedem Wurf vier Junge zur Welt bringen, die alle dasselbe Geschlecht aufweisen, weil sie sämtlich aus derselben Zygote hervorgegangen sind (eineiige Vierlinge).

Menschliche Zwillinge können ebenfalls aus einer Zygote hervorgegangen sein (**eineiige** oder **monozygotische Zwillinge**; (▶ Abbildung 7.19a) oder aus zwei durch zwei unabhängige Befruchtungsvorgänge entstandene Zygoten (**zweieiige** oder **dizygotische** (= fraternale) **Zwillinge**; (Abbildung 7.19b). Zweieiige Zwillinge stellen normale Geschwister dar, und sie ähneln sich daher nur in dem Grad, in dem sich auch unabhängig voneinander geborene Geschwister verschiedenen Al-

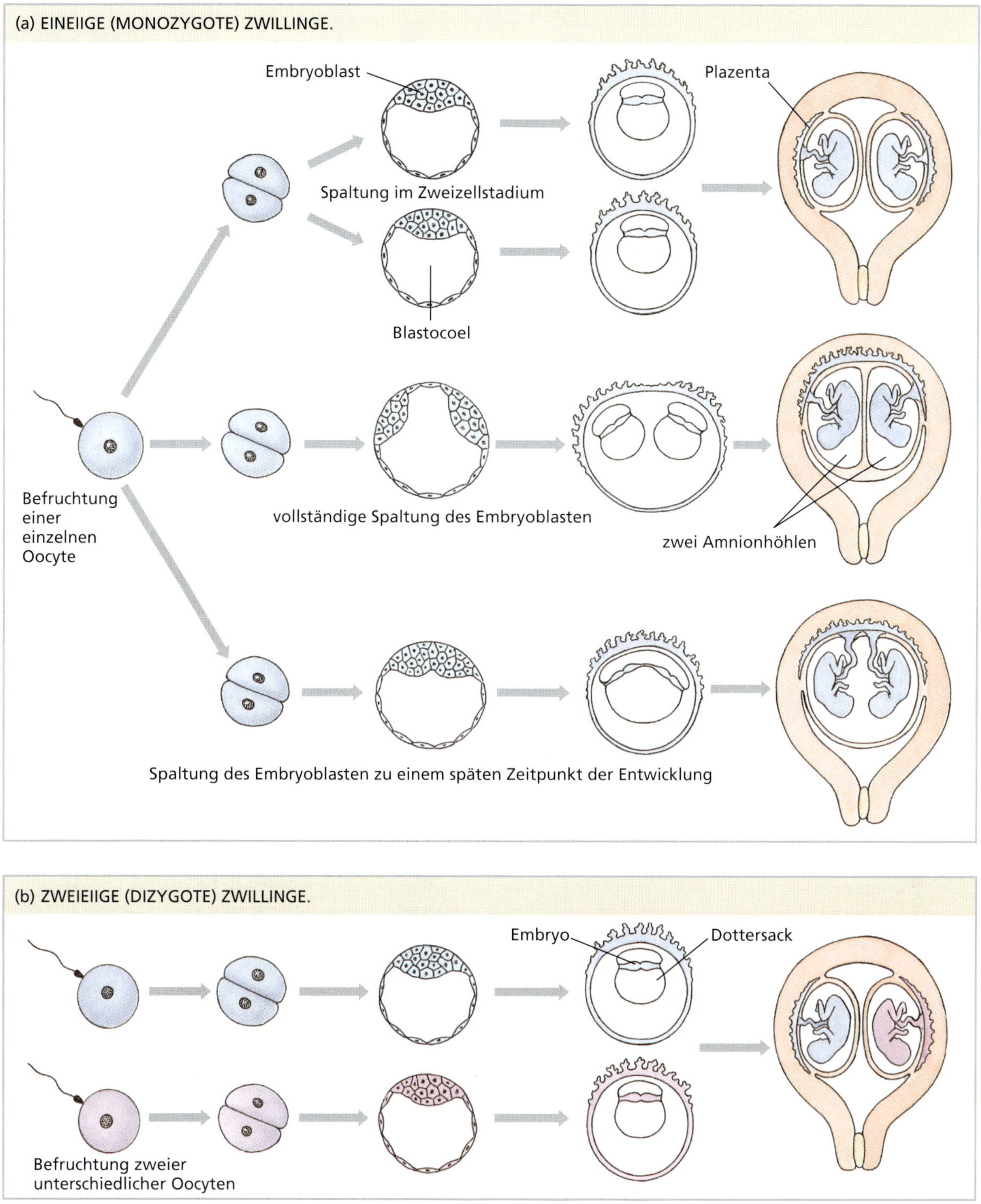

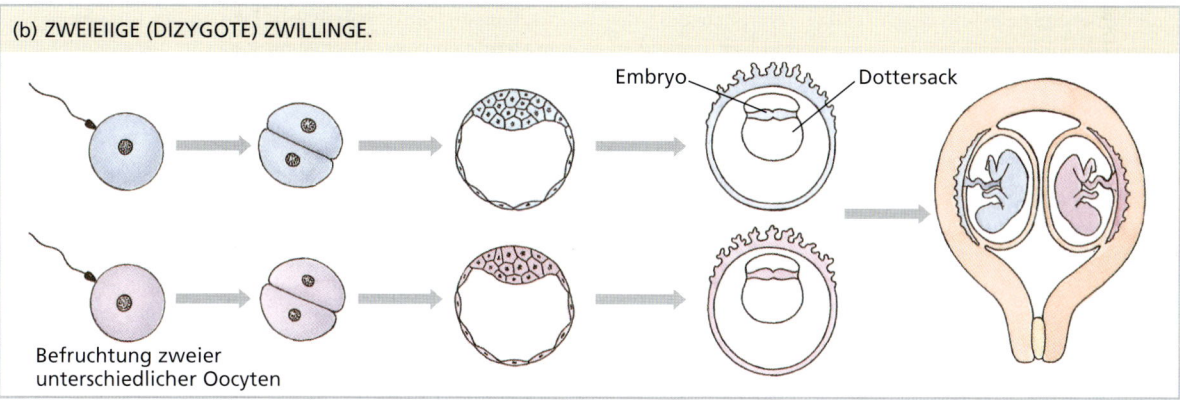

Abbildung 7.19: **Bildung menschlicher Zwillinge.** (a) Die Bildung eineiiger Zwillinge. (b) Die Bildung zweieiiger Zwillinge. Weitere Erklärungen im Haupttext.

ters ähneln. Eineiige Zwillinge zeichnen sich im Gegensatz dazu immer durch eine frappierende Ähnlichkeit aus, und sie sind immer gleichen Geschlechts. Drillings-, Vierlings- und Fünflingsgeburten können auch ein Paar eineiiger Zwillinge einschließen. Die anderen Säuglinge einer solchen Mehrlingsgeburt entstammen für gewöhnlich separaten Zygoten. Etwa ein Drittel aller eineiigen Zwillinge entwickeln sich auf getrennten Plazenten, was auf eine frühe Trennung der Blastomeren hindeutet, möglicherweise bereits im Zweizellstadium (Abbildung 7.19a oben). Die verbleibenden Zweidrittel der eineiigen Zwillinge teilen sich eine gemeinsame Plazenta, was auf eine Trennung erst nach der Ausbildung des Embryoblasten hindeutet (siehe Abbildung 8.25). Falls die Aufspaltung des Embryos nach der Plazentabildung, aber vor der Ausbildung des Amnions erfolgt, besitzen die Zwillinge jeweils eine eigene Amnionhülle (Abbildung 7.19a Mitte). Dies wird bei der großen Mehrzahl eineiiger Zwillinge beobachtet. Schließlich teil sich ein sehr kleiner Prozentsatz der eineiigen Zwillinge sowohl die Amnionhöhle (Fruchtblase) wie die Plazenta (Abbildung 7.19a unten). Dieser Zustand deutet daraufhin, dass die Trennung nach dem 9. Schwangerschaftstag stattgefunden hat, da sich zu diesem Zeitpunkt das Amnion ausgebildet hat. In diesem Fall besteht die Gefahr, dass die Embryonen miteinander verwachsen – dann entstehen „siamesische Zwillinge". Bei zweieiigen Zwillingen besitzt jeder Embryo seine eigenen Plazenta und seine eigene Fruchtblase (Abbildung 7.19b).

Exkurs

Die Häufigkeit von Zwillingsgeburten liegt im Verhältnis zu Einzelgeburten bei ungefähr 1:86, die von Drillingsgeburten bei $1:86^2$ (≈ 1:7400), und die von Vierlingsgeburten bei etwa $1:86^3$ (≈ 1:636.000). Die Häufigkeit von Geburten eineiiger Zwillinge ist überall auf der Welt etwa gleich hoch. Die Häufigkeit des Auftretens zweieiiger Zwillinge ist aber überraschenderweise sowohl rassen- wie länderabhängig. In den USA sind Dreiviertel aller Zwillingsgeburten dizygotisch (zweieiig). In Japan dagegen sind nur etwas mehr als ein Viertel der Zwillinge zweieiig. Die Tendenz für die Entwicklung zweieiiger Zwillinge (scheinbar aber nicht die für die Entwicklung eineiiger) scheint familiär zu sein. Die Zahl zweieiiger (nicht aber eineiiger) Zwillinge steigt außerdem mit dem Alter der Mütter an. Außerdem steigern die neuartigen Methoden der extrakorporalen (= in vitro Fertilisation) Befruchtung die Anzahl der Zwillingsgeburten.

ZUSAMMENFASSUNG

Fortpflanzung ist die Hervorbringung neuer Lebewesen und stellt eine Gelegenheit für evolutive Entwicklungen dar. Die ungeschlechtliche Fortpflanzung ist ein schneller und direkter Vorgang, durch den ein einzelnes Lebewesen genetisch identische Kopien von sich selbst erzeugt. Dies kann durch Teilung, Knospung, den Austrieb von Ablegern oder Fragmentierung erfolgen. Die geschlechtliche Fortpflanzung beinhaltet die Produktion von Keimzellen (Geschlechtszellen oder Gameten), für gewöhnlich durch zwei Elternorganismen (zweigeschlechtliche Fortpflanzung), deren Keimzellen sich bei der Befruchtung (Fertilisation) zu einer Zygote vereinigen, die sich zu einem neuen Individuum der Art entwickelt. Keimzellen werden durch Meiose (Reifeteilung) gebildet. Dabei wird die Chromosomenzahl auf den haploiden Zustand reduziert; der diploide Zustand wird bei der Fusion der Gameten wiederhergestellt. Die geschlechtliche Fortpflanzung führt zu einer Vermischung elterlicher Merkmale und dadurch zu einer Umordnung und Verstärkung der genetischen Vielfalt. Die genetische Rekombination ist für die Evolution von Bedeutung. Zwei alternative Mechanismen der geschlechtlichen Fortpflanzung sind der Hermaphroditismus (Zwittrigkeit) – das Vorhandensein von männlichen und weiblichen Geschlechtsorganen im selben Individuum – und die Parthenogenese (Jungfernzeugung) – der Entwicklung einer unbefruchteten Eizelle.

Die geschlechtliche Fortpflanzung ist mit einem erhöhten Aufwand an Zeit und Energie verbunden, erfordert eine Kooperation bei der Paarung und zieht einen 50-prozentigen Verlust elterlicher genetischer Präsenz in den Nachkommen nach sich. Die klassische Sichtweise, warum Geschlechter und die geschlechtliche Fortpflanzung sich evolutiv etabliert haben, geht davon aus, dass dies die genetische Vielfalt in einer Population erhöht und aufrecht- erhält, was bei der Anpassung an veränderte Bedingungen für das Überleben der Art von Vorteil ist.

Bei den Wirbeltieren entstehen die primordialen Keimzellen aus dem Dottersackentoderm. Von dort aus wandern sie nach deren Bildung in die Gonaden ein. Bei Säugetieren entwickelt sich die anfangs undifferenzierte Urgonade unter der Einwirkung virilisierender (= maskulinisierender) Signale, die in Genen des Y-Chromosoms ihren Ursprung haben, zu Hoden (Testes). Der restliche Fortpflanzungstrakt entwickelt sich unter Einwirkung von steroidalen Geschlechtshormonen in die männliche Richtung. Die weiblichen Fortpflanzungsorgane (Ovarien, Uterintuben, Uterus und Vagina) kommen zur Ausbildung, wenn Einflüsse des Y-Chromosoms, welche die Entwicklung in die männliche Richtung lenken würden, wegfallen. Neuere Befunde scheinen darauf hinzudeuten, dass ein Bereich des X-Chromosoms aktiv an der Determinierung des weiblichen Geschlechts beteiligt ist.

Die Keimzellen reifen in den Gonaden (Keimdrüsen) durch einen als Gametogenese (Gametenbildung) bezeichneten Prozess (Spermatogenese bei männlichen, Oogenese bei weiblichen Tieren). In die Gametenbildung sind sowohl die Mitose wie die Meiose involviert. Bei der Spermatogenese bringt jede primäre Spermatocyte durch Meiose und Weiterentwicklung vier motile Spermien (= Spermatozoen) mit haploidem Chromosomensatz hervor. Bei der Oogense führt jede primäre Oocyte nur zu einem reifen, nichtmotilen, haploiden Ei (Ovum). Das überschüssige Erbgut aus den meiotischen Teilungen wird in Form der Polkörperchen verworfen. Im Verlauf der Oogenese akkumuliert das Ei große Nahrungsreserven in seinem Cytoplasma.

Die sexuellen Fortpflanzungssysteme unterscheiden sich in enormer Weise hinsichtlich der Komplexität ihres

Aufbaus. Die Spannbreite reicht dabei von Wirbellosen wie den polychaeten Ringelwürmern, denen jegliches permanente Fortpflanzungsorgan fehlt, bis hin zu den verwickelten Multiorgansystemen der Wirbeltiere und zahlreicher Invertebraten, die aus dauerhaft vorhandenen Gonaden und verschiedenen akzessorischen Organen für die Übertragung, Verpackung und Ernährung von Gameten und Embryonen bestehen.

Das männliche Fortpflanzungssystem des Menschen besteht aus den Hoden (Testes), die sich aus Samenkanälchen aufbauen, in denen sich ununterbrochen Abermillionen von Spermien entwickeln, und einem Gangsystem (Vasa efferentia und Vas deferens), das sich mit der Harnröhre (Urethra) vereinigt, sowie Drüsen (Samenbläschen, Prostata, Bulbourethraldrüsen) und dem Penis. Das weibliche Fortpflanzungssystem des Menschen umfasst die Ovarien (Eierstöcke), in denen Tausende von Oocyten in Follikeln vorliegen, die eileitenden Uterintuben, die Gebärmutter (Uterus), sowie die Scheide (Vagina).

Die jahreszeitliche oder kürzer-zyklische Natur der Fortpflanzung bei den Wirbeltieren stützt sich auf die Evolution präziser hormoneller Mechanismen, die die Produktion von Keimzellen regulieren, Signale für die Paarungsbereitschaft stellen, und die Gänge und Drüsen des Systems für eine erfolgreiche Befruchtung des Eies und dessen Entwicklung bereitmachen. Neurosekretorische Zentren des Gehirns schütten das gonadotropinfreisetzende Hormon (GnRH) aus, das die endokrinen Zellen des Hypophysenvorderlappens dazu anregt, das follikelstimulierende Hormon (FSH) und das Luteinisierungshormon (LH) freizusetzen. Diese Hormone wirken stimulierend auf die Gonaden ein. Östrogene und Gestagene (Progesteron) beim Weibchen, sowie Testosteron und Dihydrotestosteron (DHT) beim Männchen steuern das Wachstum der sekundären Geschlechtsorgane und anderer sekundärer Geschlechtsmerkmale.

Während des menschlichen Menstruationszyklus induzieren die Östrogene die initiale Proliferation des uterinen Endometriums. Eine Welle von GnRH und LH um die Mitte des Zyklus lösen die Ovulation (den Eisprung) aus und regen den Gelbkörper (Corpus luteum) dazu an, Progesteron (beim Menschen auch Östrogen) auszuschütten. Dies schließt die Vorbereitung der Gebärmutter für eine etwaige Implantation eines Frühembryos ab. Falls die Eizelle befruchtet wird, wird die Schwangerschaft (Trächtigkeit) durch Hormone, die von der Plazenta und vom mütterlichen Organismus erzeugt werden, aufrechterhalten. Das humane Choriongonadotropin (hCG) sorgt für die Aufrechterhaltung der Progesteron- und Östrogenproduktion durch das Corpus luteum während sich die Plazenta entwickelt und schließlich die Hormonproduktion (Östrogen, Progesteron, hCG, humanes Plazentalaktogen (hPL), humanes Plazentawachstumshormon (hPGH), Prolaktin (PRL), endogene Opioide, plazentales Corticotropinfreisetzungshormon (CRH) und Relaxin) übernimmt. Östrogen, Progesteron, PRL und hPL sowie das maternale Prolaktin induzieren die Vorbereitung der Milchdrüsen für die Laktation. Das hPL, das hPGH und das maternale Wachstumshormon (GH) bewirken eine Steigerung der Nährstoffversorgung des sich entwickelnden Embryos.

Die Geburt scheint (zumindest bei den Säugetieren) durch die Freisetzung plazentalen CRHs eingeleitet zu werden. Dem folgt eine Absenkung der Progesteronmenge und eine Zunahme der Östrogenkonzentration, woraufhin sich die Uterusmuskulatur zu kontrahieren beginnt. Oxytocin aus dem Hypophysenhinterlappen und uterine Prostaglandine setzen diesen Vorgang fort, bis der Fötus als Säugling ausgetrieben wird. Anschließend folgt die Austreibung der überflüssig gewordenen Plazenta. Plazentales Relaxin erleichtert den Geburtsvorgang, indem es die Aufweitung des Beckens und eine Dehnung des Gebärmutterhalses (Cervix) vermittelt.

Mehrfachgeburten können bei Säugetieren aus der Teilung einer Zygote (dann entstehen eineiige = monozygotische Zwillinge) oder durch die unabhängige Befruchtung mehrerer Eizellen (dann entstehen zweieiige = dizygotische Zwillinge) erwachsen. Eineiige Zwillinge des Menschen können zwei getrennte Plazenten oder (am häufigsten) eine gemeinsame Plazenta, aber getrennte Fruchtblasen (Amnien) besitzen.

ZUSAMMENFASSUNG

Übungsaufgaben

1. Geben Sie eine Definition für ungeschlechtliche Fortpflanzung und beschreiben Sie vier Arten ungeschlechtlicher Fortpflanzung bei Wirbellosen.

2. Geben Sie eine Definition für geschlechtliche Fortpflanzung und erläutern Sie, warum in der Meiose eine ihrer großen Stärken zu suchen ist.

3. Erklären Sie, warum Mutationen bei sich ungeschlechtlich fortpflanzenden Organismen zu einer sehr viel schnelleren evolutiven Veränderung führen als dies Mutationen bei sich geschlechtlich fortpflanzenden Formen tun.

4. Geben Sie Definitionen für zwei Alternativen der bisexuellen Fortpflanzung – Hermaphroditismus und Parthenogenese – und geben Sie für jede der Strategien ein Beispiel aus dem Tierreich. Worin besteht der Unterschied zwischen ameiotischer und meiotischer Parthenogenese?

5. Definieren Sie die Begriffe diözisch/zweihäusig und monözisch/einhäusig. Ist einer dieser Begriffe

geeignet, einen hermaphroditischen Organismus zu beschreiben?

6 Obwohl die geschlechtliche Vermehrung in der Natur bei den eukaryontischen Lebensformen sehr weit verbreitet ist, ist die Frage, warum es sie überhaupt gibt, bis heute nicht zur Zufriedenheit aller Biologen geklärt. Können Sie Nachteile der sexuellen Vermehrung benennen? Können Sie Konsequenzen der sexuellen Fortpflanzung benennen, die diese so bedeutungsvoll für die Lebewesen machen?

7 Was ist eine Keimbahn? Wie werden Keimzellen bzw. das Keimplasma von einer Generation an die nächste weitergegeben?

8 Erklären Sie, wie ein Spermatogonium mit einer diploiden Chromosomenzahl sich zu vier funktionellen Spermien (= Spermatozoen) weiterentwickelt, die jeweils nur einen haploiden Chromosomensatz aufweisen. Auf welche bedeutungsvolle Weise/n unterscheidet sich die Oogenese von der Spermatogenese?

9 Definieren Sie folgende Begriffe und grenzen Sie sie gegeneinander ab: ovipar, ovovivipar, vivipar.

10 Benennen Sie den allgemeinen anatomischen Ort und die Funktion der folgenden, an der Fortpflanzung beteiligten Organe und Organteile: Samenkanälchen, Vas deferens, Harnleiter, Samenbläschen, Vorsteherdrüse, Bulbourethraldrüsen, reifer Follikel, Eileiter, Gebärmutter, Vagina, Endometrium.

11 Wie unterscheiden sich die beiden Fortpflanzungszyklen der Säugetiere – der östrale und der menstruale – voneinander?

12 Welches sind die männlichen Geschlechtshormone und welches sind ihre Funktionen?

13 Erläutern Sie, wie die weiblichen Hormone GnRH, FSH, LH und Östrogen im Menstruationszyklus bei der Einleitung der Ovulation und nachfolgend bei der Bildung des Gelbkörpers zusammenwirken.

14 Erklären Sie die Funktion des Gelbkörpers im Menstruationszyklus. Welche endokrinen Ereignisse bewirken die Aufrechterhaltung der Schwangerschaft, falls es zur Fertilisation des gesprungenen Eies kommt?

15 Beschreiben Sie die Rolle der Schwangerschaftshormone während der Schwangerschaft des Menschen. Welche Hormone bereiten die Milch-/Brustdrüsen für die Laktation vor, und welche Hormone sind in der Folge für diesen Vorgang weiterhin von Wichtigkeit?

16 Wann muss die Zerteilung des Embryos erfolgt sein, falls sich eineiige Zwillinge auf getrennten Plazenten entwickeln? Wann muss die Zerteilung stattgefunden haben, falls sich die Embryonen eine Plazenta teilen, sich aber in getrennten Amnionhüllen aufhalten?

Weiterführende Literatur

Cole, C. (1984): Unisexual lizards. Scientific American, vol. 250: 94–100. *Einige Peitschenschwanzeidechsenpopulationen im Südwesten der USA bestehen ausschließlich aus Weibchen, die sich parthenogenetisch vermehren.*

Crews, D. (1994): Animal sexuality. Scientific American, vol. 270: 108–114. *Die Geschlechter werden bei den Säugetieren und vielen anderen Wirbeltieren genetisch festgelegt, nicht aber bei vielen Reptilien und Fischen, denen Geschlechtschromosomen fehlen. Der Autor beschreibt die nichtgenetische Geschlechtsdetermination und schlägt ein neues Rahmenwerk für ein Verständnis der Ursprünge der Sexualität vor.*

Eisenbach, M. und L. Giojalas (2006): Sperm guidance in mammals – an unpaved road to the egg. Nature Reviews Molecular Cell Biology, vol. 7: 276–285.

Forsyth, A. (1986): A natural history of sex: the ecology and evolution of sexual behaviour. Norton; ISBN: 0-9631-5918-6. *Mitreißend geschriebener, faktisch akkurater Bericht über das Sexualleben von Tieren von Einzellern bis zum Menschen mit großer Bildhaftigkeit und vielen Analogien. Sehr empfehlenswert.*

Gilbert, S. (2006): Developmental Biology. 8. Auflage. Sinauer Associates; ISBN: 0-87893-250-X.

Halliday, T. (1982): Sexual strategy. Survival in the wild. Chicago University Press; ISBN: 0-2263-1387-5. *Populärwissenschaftliche Darstellung von sexuellen Strategien – insbesondere von Paarungssystemen der Wirbeltiere – eingebettet in den Rahmen der natürlichen Selektion. Gute Bebilderung.*

Jameson, E. (1988): Vertebrate Reproduction. Wiley; ISBN: 0-4716-2635-X. *Vergleichende Behandlung der Vielfalt der Fortpflanzungsstrategien bei Wirbeltieren; schließt Diskussionen elterlicher Investitionen und Reaktionen der Umwelt ein.*

Johnson, M. und B. Everitt (2000): Essential reproduction. Blackwell; ISBN: 0-6320-4287-7. *Ausgezeichnete Behandlung der Fortpflanzungsphysiologie mit einem Schwerpunkt auf dem Menschen.*

Jones, R. (2006): Human reproductive biology. 3. Auflage. Academic Press; ISBN: 0-1208-8465-8. *Solide, umfassende Abhandlung zur Fortpflanzungsphysiologie des Menschen.*

LeVay, S. und S. Valente (2005): Human Sexuality, 2. Auflage. Sinauer; ISBN: 0-87893-465-0.

Lombardi, J. (1998): Comparative vertebrate reproduction. Kluwer; ISBN: 0-7923-8336-2. *Umfassende Behandlung der Fortpflanzungsphysiologie der Wirbeltiere.*

Maxwell, K. (1994): The sex imperative: an evolutionary tale of sexual survival. Plenum Press; ISBN: 0-3064-4649-9. *Witzige Übersicht über Sex in der Tierwelt.*

Michod, R. (1995): Eros and evolution: a natural philosophy of sex. Perseus; ISBN: 0-2014-4232-9. *In diesem mitreißenden Buch argumentiert der Autor, dass sich die sexuelle Fortpflanzung als ein Weg herausgebildet hat, um mit genetischen Fehlern fertig zu werden und um die Homozygotie zu vermeiden.*

Müller, W. und M. Hassel (2006): Entwicklungsbiologie und Reproduktionsbiologie von Mensch und Tieren. 4. Auflage. Springer; ISBN: 3-540-24057-0. *Hervorragendes, überaus aktuelles Lehrbuch zu allen Fragen der Fortpflanzung und aller damit verbundenen Aspekten!*

Nilsson, L. (2003): Ein Kind entsteht. Mosaik/Goldmann. ISBN: 3-4423-9055-9. *Ein fantastisches „Bilderbuch" über die Embryonalentwicklung des Menschen von einem der besten Fotografen der Welt.*

Pinon, R. (2002): Biology of human reproduction. University Science Books; ISBN: 1-8913-8912-2. *Eine aktualisierte Untersuchung der menschlichen Fortpflanzungsphysiologie.*

Pollard, I. (1994): A guide to the reproduction: social issues and human concerns. Cambridge University Press; ISBN: 0-5214-2925-0. *Diese umfassende Abhandlung der menschlichen Fortpflanzung geht über die Biologie hinaus und bezieht soziale und ökologische Konsequenzen der menschlichen Vermehrungsfähigkeit mit ein.*

Ulfig, N. (2005): Kurzlehrbuch Embryologie. Thieme; ISBN: 9-7831-3139-581-8.

Weitere Informationen zu diesem Buchkapitel finden Sie auf der Companion-Website unter
http://www.pearson-studium.de

Grundprinzipien der Individualentwicklung

8

8.1	Frühe Konzepte: Präformation vs. Epigenese	237
8.2	Fertilisation	238
8.3	Furchung und Frühentwicklung	242
8.4	Übersicht über die auf die Furchung folgenden Entwicklungsgänge	244
8.5	Merkmalsausstattungen	247
8.6	Entwicklungsmechanismen	254
8.7	Genexpression im Verlauf der Entwicklung	256
8.8	Wirbeltierentwicklung	262
8.9	Die Entwicklung von Organsystemen	266
	Zusammenfassung	270
	Übungsaufgaben	272
	Weiterführende Literatur	272

ÜBERBLICK

Während der ersten Hälfte des 20. Jahrhunderts läuteten Experimente des deutschen Embryologen Hans Spemann (1869–1941) und seiner Schülerin Hilde Mangold (1898–1924) das erste „goldene Zeitalter" der Embryologie ein. Bei ihrer Arbeit mit Amphibien beobachteten die Forscher, dass Gewebe, welches von einem Embryo in einen anderen verpflanzt wurde, dort die Entwicklung eines vollständigen Organs am Einpflanzungsort induzieren konnte (zum Beispiel die Entwicklung eines Augapfels). Dieses Phänomen wurde von ihnen als embryonale Induktion bezeichnet. Mangold fand später heraus, dass ein besonderer Gewebebereich, die dorsale Urmundlippe aus dem als Gastrula bezeichneten Embryonalstadium, die Entwicklung eines vollständigen neuen Tieres induzieren konnte, das an der Transplantationsstelle mit dem Empfängertier verwachsen war. (Für diese Entdeckung wurde Hans Spemann 1935 ein Nobelpreis im Fach Physiologie/Medizin verliehen; Hilde Mangold war kurz nach der Veröffentlichung ihrer Forschungsergebnisse bei einem Unfall im Haushalt ums Leben gekommen.) Spemann gab dem induktiven Gewebe der dorsalen Urmundlippe den Namen primärer Organisator, der ihm zu Ehren heute allgemein als Spemann'scher Organisator bekannt ist. Neuere molekularbiologische Befunde haben das heutige „goldene Zeitalter" der Embryologie ausgelöst. Im Verlauf dieser andauernden „goldenen Epoche" hat sich die Erkenntnis aufgetan, dass die Induktionswirkung von der Sekretion bestimmter Moleküle ausgeht, welche die Aktivität von Genen oder Gengruppen in nahegelegenen Zellen beeinflussen, indem sie diese aktivieren oder hemmen. So wandern etwa Zellen des Spemann'schen Organisators über die dorsale Mittellinie; dabei schütten sie Proteine aus, die Noggin, Chordin und Follistatin heißen. Diese Proteine versetzen in der Nähe liegende Zellen in die Lage, sich in das Nervensystem und andere Gewebe entlang der Rückenmitte zu entwickeln. Diese aus dieser Wirkung sich entwickelnden Gewebe schütten ihrerseits andere Proteine aus, welche die Entwicklung anderer Teile des Körpers induzieren. Solche Organisatorproteine gibt es nicht nur bei den Amphibien. Bemerkenswert ähnliche Proteine, die sich aufgrund ihrer Ähnlichkeit leicht identifizieren lassen, sind auch bei anderen Wirbeltieren und sogar Wirbellosen an der Individualentwicklung beteiligt. Da alle Tiere ähnliche molekulare Mechanismen für die in ihnen ablaufenden Entwicklungsprozesse einzusetzen scheinen, erscheint es heute möglich, zu erfassen, wie Veränderungen auf der Kontrollebene der Entwicklungsvorgänge zur Evolution der großen Vielfalt unter den Tieren geführt haben. Die Forschungen auf diesem Feld haben ein aufregendes neues Teilgebiet hervorgebracht, das als evolutionäre Entwicklungsbiologie bezeichnet wird.

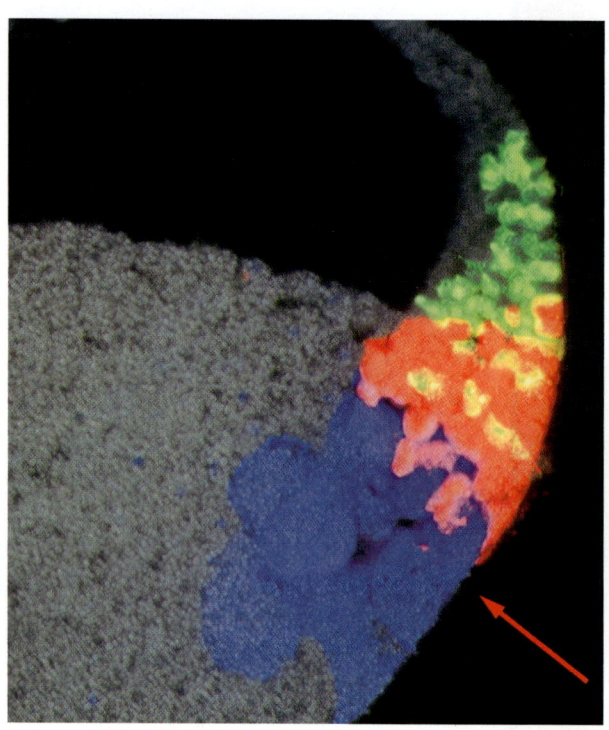

Zellen des Spemann'schen Organisators (in Farbe), die von der dorsalen Urmundlippe (Pfeil) einer Gastrula fortwandern.

Wie ist es möglich, dass eine winzige, befruchtete Eizelle eines Menschen, die für das bloße Auge kaum erkennbar ist, sich zu einem voll ausgebildeten, einzigartigen Lebewesen entwickeln kann, das aus Tausenden von Milliarden von Zellen besteht, von denen jede einzelne eine vorherbestimmte funktionelle oder strukturgebende Rolle spielt? Wie wird dieses wundervolle Uhrwerk gesteuert? Natürlich muss die gesamte Information, die benötigt wird, aus dem Zellkern und dem ihn umgebenden Cytoplasma stammen. Zu wissen, wo das Kontrollzentrum zu finden ist, ist etwas völlig anderes, als zu verstehen, wie es die Umwandlung der befruchteten Eizelle in ein voll differenziertes Tier organisiert und leitet. Ungeachtet der Arbeiten von tausenden von Wissenschaftlern über einen Zeitraum von Jahrzehnten schien es bis vor kurzer Zeit so, als ob die Entwicklungsbiologie – die damit unter den biologischen Fächern beinahe allein stand – einer befriedigenden konzeptuellen Grundlage und Kohärenz entbehrte. Diese Situation stellt sich heute anders dar. Im Verlauf der letzten beiden Dekaden ist durch die Anwendung genetischer sowie zell- und molekularbiologischer Techniken eine Lawine neuer Informationen losgetreten worden, die zur Beantwortung vieler Fragen geführt hat. Entscheidende Wechselbeziehungen zwischen ontogenetischen und evolutiven Entwicklungsprozessen sind in den Fokus der Forschung gerückt. Es scheint so, als ob wir nun einen konzeptuellen Rahmen für ein Verständnis der tierischen Entwicklung in der Hand hätten.

Frühe Konzepte: Präformation vs. Epigenese 8.1

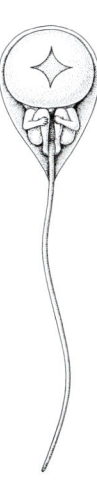

Abbildung 8.1: Präformierter menschlicher Säugling, wie ihn sich der holländische Histologe Niklaas Hartsoeker, der einer der Ersten war, die Spermien beobachteten, im 17. Jahrhundert vorgestellt hat. Bei seinen Beobachtungen von Zellen benutzte er ein von ihm selbst konstruiertes und gebautes Mikroskop. Andere, höchst bemerkenswerte Darstellungen aus dieser Zeit zeigen ähnliche „Wesen" – manchmal sogar mit einer Art Nachtmütze!

Wissenschaftler und auch Laien früherer Zeiten haben in aller Ausführlichkeit über das „Mysterium" der biologischen Entwicklung spekuliert, lange bevor die Vorgänge durch die modernen Methoden der Biochemie, der Molekularbiologie, der Gewebekultur und der Elektronenmikroskopie ans Licht gebracht wurden. Eine früh aufgekommene und sich lang gehaltene Vorstellung war, dass das junge Tier im Ei vorgeformt (= präformiert) – in winziger Größe, aber voll ausgebildet – vorliege, und dass die Entwicklung nur in der Vergrößerung dessen bestehe, was schon fertig da sei. Einige behaupteten sogar, eine Miniaturausgabe eines adulten Tiers in einer Ei- oder einer Samenzelle gesehen zu haben (▶ Abbildung 8.1). Selbst die Vorsichtigeren glaubten, dass alle Teile des Embryos im Ei vorhanden seien und sich nur entfalten müssten, jedoch so klein und durchscheinend seien, dass man sie nicht erkennen konnte. Das Konzept der **Präformation** wurde von den meisten Naturphilosophen des 17. und 18. Jahrhunderts vehement unterstützt und vertreten.

Schon 1759 konnte der deutsche Embryologe Kaspar Friedrich Wolff überzeugend nachweisen, dass es bei den frühesten Entwicklungsstadien des Huhns kein präformiertes Individuum gibt, sondern nur undifferenziertes, granuläres Material, das sich schichtweise anordnete. Diese Schichten verdickten sich in der Folge in manchen Bereichen, wurden andernorts dünner, falteten sich auf, bildeten Segmente – bis schließlich der Körper des Embryos erkennbar wurde. Wolff nannte diesen Vorgang **Epigenese** (gr. *epi*, Vorsilbe auf, an, bei, bis, zu, gegen + *genos*, Bildung, Entstehung, Geburt) – eine Vorstellung, die besagt, das ein Ei nur Baustoffe enthält, die durch eine richtungsgebende Kraft irgendwie zusammengesetzt werden. Die heutigen, modernen Vorstellungen über die Individualentwicklung sind im Wesentlichen konzeptuell epigenetisch, obgleich wir inzwischen weit mehr darüber wissen, welche Faktoren Wachstum und Differenzierung steuern.

Die Individualentwicklung (Ontogenese) beschreibt die fortschreitenden Änderungen an einem Einzelorganismus von seinem Anfang bis hin zum Erreichen des Reifezustands (▶ Abbildung 8.2). Bei sich geschlechtlich fortpflanzenden Tieren beginnt die Individualentwicklung im Regelfall mit einer befruchteten Eizelle, die sich mitotisch teilt, um einen vielzelligen Embryo hervorzubringen. Diese Zellen vollziehen dann ausgedehnte Umlagerungen und wechselwirken miteinander, um den Bauplan des Tieres und die vielen Sorten spezialisierter Zellen, die sich in seinem Körper finden, auszubilden. Diese Erzeugung zellulärer Vielfalt wird nicht

8 Grundprinzipien der Individualentwicklung

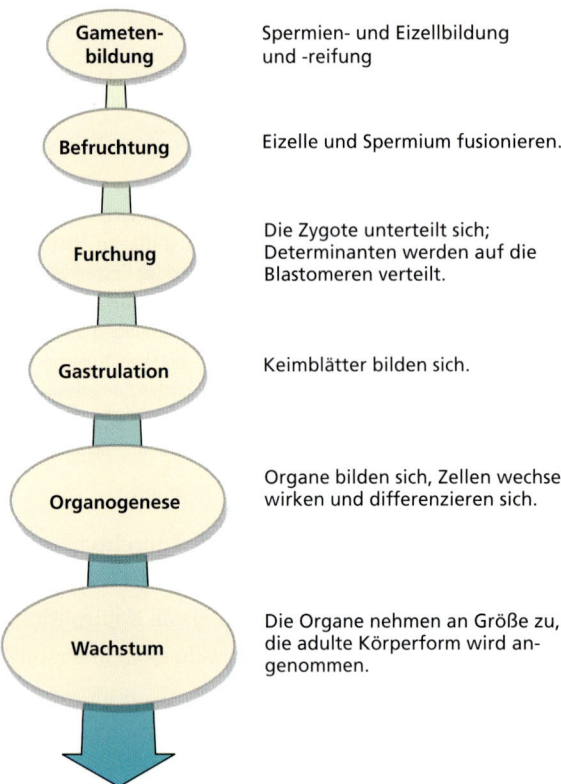

Abbildung 8.2: Ontogenese. Schlüsselereignisse im Verlauf einer Tierentwicklung.

auf einen Schlag festgelegt, sondern bildet sich als Ergebnis einer *Folge hierarchischer ontogenetischer Entscheidungen* heraus. Die vielen, uns vertrauten Zellsorten, die einen Körper ausmachen, „entfalten" sich nicht einfach an irgendeinem Punkt, sondern erwachsen aus Bedingungen, die in einem vorausgegangenen Stadium geherrscht haben. In jedem Stadium der Entwicklung entstehen neue Strukturen aus der Wechselwirkung weniger festgelegter Ansätze. Jede neue Wechselwirkung ist restriktiver als die vorhergehende, und die Entscheidungen, die auf jeder Stufe der Hierarchie gefällt werden, schränken die weiteren Entwicklungsmöglichkeiten weiter ein. Wenn Zellen einmal einen Differenzierungsweg eingeschlagen haben, befinden sie sich unwiderruflich auf diesem Weg. Sie hängen nicht länger von dem Stadium, aus dem sie hervorgegangen sind, ab, noch haben sie fortan die Möglichkeit, etwas anderes zu werden. Nachdem eine Bildung auf diese Weise auf den Weg gebracht worden ist, sagt man, sie sei **determiniert** (lat. *determinare* – bestimmen, festlegen). Die Hierarchie der Wegentscheidungen ist somit fortschreitend und für gewöhnlich unumkehrbar. Die beiden grundlegenden Vorgänge, die für diese fortschreitende Untergliederung verantwortlich sind, sind die **cytoplasmatische Lokali-** **sation** und die **Induktion**. Wir werden beide Prozesse im weiteren Verlauf des Kapitels eingehender erörtern.

Fertilisation 8.2

Das auslösende Ereignis der Entwicklung bei der geschlechtlichen Vermehrung ist die Befruchtung (Fertilisation), also die Vereinigung eines männlichen und eines weiblichen Gameten zu einer Zygote (= befruchtete Eizelle). Die Befruchtung bringt zwei Dinge zuwege: einerseits die Rekombination männlicher und weiblicher Erbanlagen, wodurch die ursprüngliche diploide Chromosomenzahl, die kennzeichnend für eine Art ist, wiederhergestellt wird; und andererseits aktiviert das Ereignis im Ei den Beginn der Entwicklungsprozesse. Die Eizellen einiger Arten können künstlich zur Initiation der Entwicklung angeregt werden, ohne das vorher eine Befruchtung durch ein Spermium stattgefunden haben muss (artifizielle Parthenogenese), doch ist in der großen Mehrzahl der Fälle der sich bildende Embryo nicht in der Lage, den Entwicklungsweg eine weite Strecke zurückzulegen, bevor es zu letalen Abweichungen von der normalen Entwicklung kommt. Bei einigen Arten wird jedoch eine natürliche Parthenogenese beobachtet (siehe Kapitel 7: Parthenogenese). Diese Arten besitzen einige Eizellen, die sich auch in Abwesenheit von Spermien normal entwickeln. Bei anderen Arten (einigen Fischen und Amphibien), wird ein Spermium für die Aktivierung der Eizelle benötigt, doch steuert die Samenzelle kein genetisches Material bei. Für die Aktivierung einer Eizelle ist daher nicht in jedem Fall der Kontakt mit einem Spermium oder das paternale Genom unabdingbare Voraussetzung.

8.2.1 Eizellreifung

Im Verlauf der Oogenese, die wir im vorangegangenen Kapitel beschrieben haben, bereitet sich eine Eizelle für die Befruchtung und für das Einsetzen der Entwicklungsvorgänge vor. Während eine Samenzelle ihr gesamtes Cytoplasma eliminiert und ihren Zellkern auf den kleinstmöglichen Raumbedarf kondensiert, wächst eine Eizelle durch die Einlagerung von Dotter als Speicherstoff für zukünftige Wachstumsvorgänge. Das Cytoplasma einer Eizelle enthält außerdem gewaltige Mengen an mRNAs, Ribosomen, tRNAs und anderen Faktoren, die bei der Proteinbiosynthese benötigt werden. Darüber hinaus finden sich in den Eizellen der meisten Arten

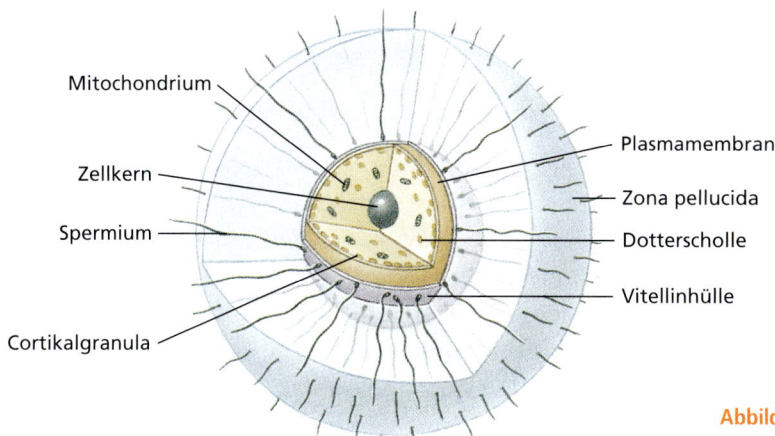

Abbildung 8.3: **Befruchtung.** Aufbau eines Seeigeleies während der Befruchtung.

morphogenetische Determinanten, welche die Aktivierung bzw. die Repression spezifischer Gene zu späteren Zeitpunkten Postfertilisationsentwicklung veranlassen. Der Zellkern nimmt im Verlauf der Eizellreifung ebenfalls rasch an Größe zu. Dabei bläht er sich durch die sich anstauende RNA so sehr auf und verändert so nachdrücklich sein Erscheinungsbild, das er in diesem Zustand einen speziellen Namen trägt und als **Germinalvesikel** (Keimbläschen) bezeichnet wird.

Der Großteil dieser intensiven Vorbereitungen vollzieht sich während eines arretierten Abschnitts der Meiose. Bei den Säugetieren findet dies beispielsweise während der verlängerten Prophase der ersten meiotischen Teilung statt. Die Oocyte ist nunmehr bereit, die meiotischen Teilungen fortzusetzen, die von entscheidender Bedeutung für die Bildung eines haploiden weiblichen Vorkerns sind, der sich bei der Befruchtung mit einem männlichen haploiden Vorkern vereinigt. Nach der Wiederaufnahme der Meiose entledigt sich die Eizelle des überschüssigen Chromosomenmaterials in Form von Polkörperchen (siehe Kapitel 7: Oogenese). Eine gewaltige synthetische Aktivität geht diesem Stadium voraus. Die Oocyte ist nunmehr ein hochstrukturiertes System, versorgt mit einer Aussteuer, die nach der Befruchtung den Nährstoffbedarf des Embryos für einige Zeit decken und ihn durch das Furchungsstadium der Frühentwicklung bringen wird.

8.2.2 Befruchtung und Aktivierung

Unser gegenwärtiges Verständnis der Ereignisse der Befruchtung und der Aktivierung leiten sich zu einem großen Teil von mehr als einem Jahrhundert der Forschung an wirbellosen Meerestieren, insbesondere Seeigel, ab. Seeigel produzieren große Massen von Eiern und Spermien, die zu Untersuchungszwecken im Labor zusammengeführt werden können. Die Befruchtung ist auch bei vielen Wirbeltieren untersucht worden, in jüngerer Zeit durch die Benutzung von Spermien und Eizellen von Mäusen, Hamstern und Kaninchen auch verstärkt bei Säugetieren.

Kontakt und wechselseitige Erkennung von Ei- und Samenzelle

Die meisten Wirbellosen des Meeres und viele Meeresfische entlassen ihre Gameten einfach in den Ozean. Obwohl eine Eizelle für ein Spermium ein großes Ziel ist, haben sich der enorme Verdünnungseffekt des Meerwassers und die begrenzte Entfernung, die ein Spermatozoon schwimmend zurücklegen kann, gegen ein zufälliges Zusammentreffen von Ei- und Samenzelle verschworen. Um die Wahrscheinlichkeit des Kontaktes zu erhöhen, setzten die Eizellen zahlreicher Meerestiere chemotaktische Stoffe in das Wasser frei, um den Spermien den Weg zu weisen und sie anzulocken. Die chemotaktisch wirksamen Stoffe sind artspezifisch, locken also nur die zur Art gehörenden Spermien eben zu den Eizellen, die den Lockstoff aussenden.

Bei den Eiern des Seeigels durchdringt das Spermium als erstes eine gelartige Schicht, welche die Eizelle umgibt. Dann erfolgt der Kontakt mit der Vitellinhülle des Eies, einer dünnen Membran, die gerade über der Plasmamembran der Eizelle liegt (▶ Abbildung 8.3). An diesem Punkt des Geschehens binden Eierkennungsproteine am Akrosom des Spermiums (▶ Abbildung 8.4) an artspezifische Spermienrezeptoren der Vitellinschicht. Dieser Mechanismus stellt sicher, dass eine Eizelle nur Spermien derselben Art erkennt; alle anderen werden ausgesondert. Dies ist in der Meeresumgebung von Bedeutung, wo viele, unter Umständen eng verwandte,

8 Grundprinzipien der Individualentwicklung

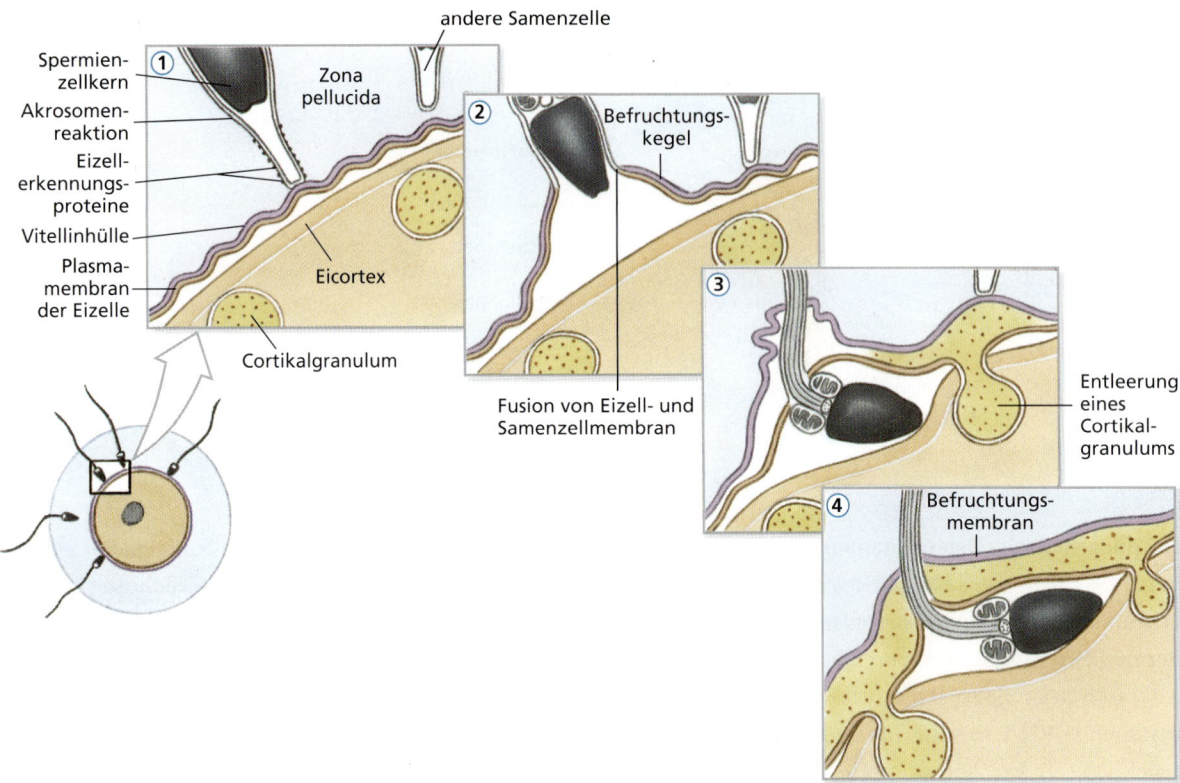

Abbildung 8.4: Abfolge der Befruchtung. Ereignisse während des Spermienkontaktes und der -penetration an einem Seeigelei.

Arten gleichzeitig am Ablaichen sind. Ähnliche Erkennungsproteine sind auch auf den Oberflächen der Spermien von Wirbeltieren einschließlich der Säugetiere gefunden worden. Sie stellen also vermutlich ein universelles Merkmal tierischer Ei- und Samenzellen dar.

Verhinderung der Polyspermie

An dem Punkt, an dem das Spermium in Kontakt mit der Vitellinhülle der Eizelle getreten ist, erscheint ein **Befruchtungskegel**, in den der Kopf des Spermiums später hineingezogen wird (Abbildung 8.4). Auf dieses Ereignis folgen unmittelbar Veränderungen an der Oberfläche der Eizelle, die das Eindringen weiterer Spermien verhindern, die insbesondere bei frei im Meer liegenden Eiern die Eizelle rasch in Schwarmstärke umzingeln (▶ Abbildung 8.5). Das Eindringen mehr als einer Samenzelle wird **Polyspermie** genannt. Dies muss verhindert werden, da die Vereinigung von mehr als zwei haploiden Zellkernen die normale Entwicklung verhindern würde. Beim Seeigelei führt der Kontakt mit der ersten Samenzelle zu einer unverzüglichen, praktisch gleichzeitig ablaufenden Änderung des elektrischen Potenzials der Eizellmembran, die verhindert, dass weitere Spermien mit der Membran fusionieren können. Diese Reaktion wird als **schnelle Blockade** bezeichnet; ihr folgt die **corticale Reaktion** nach, an der tausende von enzymbeladenen Granula (Vesikel) beteiligt sind, die unmittelbar unter der Eizellmembran in Wartestellung liegen. Die Spannungsänderung (elektrische Potenzialänderung) der Membran ist das Signal, auf das hin die Vesikel mit der Plasmamembran verschmelzen. Dabei werden die

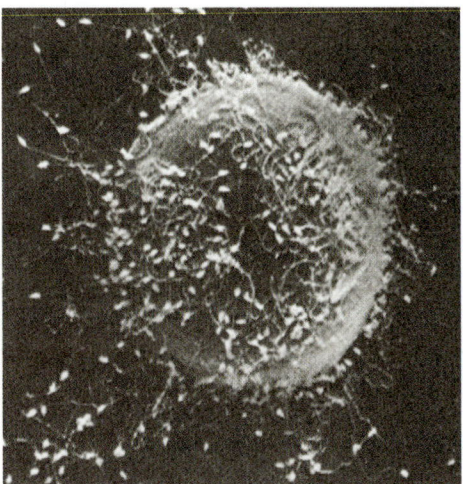

Abbildung 8.5: Spermienanbindung an die Oberfläche eines Seeigeleies. Nur ein Spermium durchdringt die Eizelloberfläche, die anderen werden durch rasche Veränderungen in der Eizellmembran am Eindringen gehindert. Erfolglose Spermien werden bald durch die sich neu bildende Befruchtungsmembran von der Eioberfläche abgehoben.

Vesikelinhalte in den Spaltraum zwischen der Plasmamembran der Eizelle und ihrer Vitellinhülle entlassen (Abbildung 8.4). Die cortikale Reaktion erzeugt einen osmotischen Gradienten, der zum Wassereinstrom in den Spaltraum führt, so dass sich die Hülle abhebt. Alle an ihr haftenden Spermien mit Ausnahme des ersten, das erfolgreich mit der Plasmamembran fusionieren konnte, werden so hoch- und weggehoben. Eines der freigesetzten Enzyme aus den Cortikalgranulen führt zur Verhärtung der Vitellinschicht, die von nun ab als **Befruchtungsmembran** bezeichnet wird. Die Blockade einer Polyspermie ist damit komplettiert. Die zeitliche Abfolge dieser frühen Ereignisse ist in ▶ Abbildung 8.6 zusammengefasst. Säugetiere verfügen über ein ähnliches Sicherheitssystem, das innerhalb von Sekunden, nachdem das erste Spermium mit der Eizellmembran fusioniert hat, eingeschaltet wird.

Fusion der Vorkerne und Aktivierung des Eies

Nachdem Ei- und Samenzelle fusioniert sind, wirft das Spermium sein Flagellum ab, welches nachfolgend zerfällt. Die Hülle seines Zellkerns fällt dann auseinander, wodurch es dem Chromatin des Spermiums möglich wird, seinen extrem kondensierten Zustand zu entspannen und sich auszudehnen. Der vergrößerte Spermienkern, der nunmehr als **Vorkern** (Pronukleus) bezeichnet wird, wandert tiefer in die Eizelle, um Kontakt mit dem weiblichen Vorkern aufzunehmen. Die Fusion der beiden Vorkerne führt zur Bildung des **Zygotenkerns**. Die Fusion der Zellkerne dauert beim Seeigelei nur etwa zwölf Minuten (Abbildung 8.6), benötigt bei Säugetieren aber ca. zwölf Stunden.

Die Befruchtung setzt einige bedeutsame Änderungen im Cytoplasma des Eies – das nun korrekt als **Zygote** (befruchtete Eizelle) bezeichnet wird – in Gang, was sie

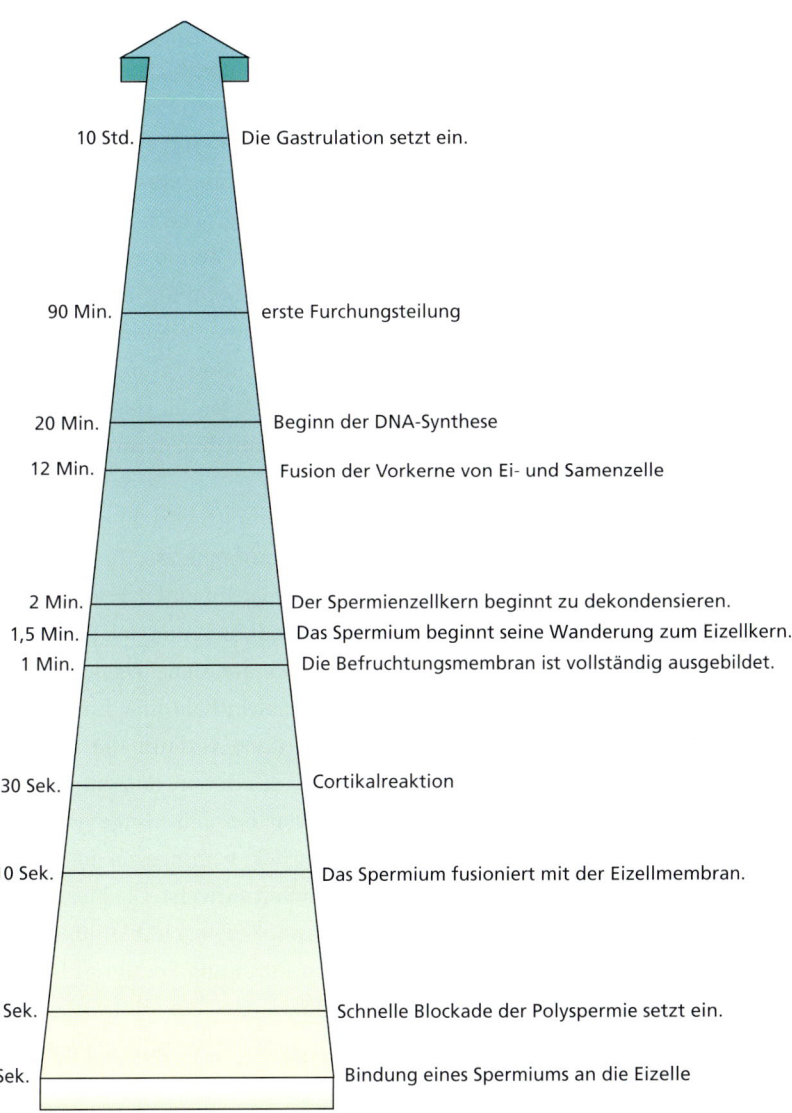

Abbildung 8.6: **Zeitlicher Ablauf der Befruchtung.** Ereignisse im Verlauf der Befruchtung und Frühentwicklung bei einem Seeigel.

für die folgenden Furchungsteilungen bereit macht. Sie dienen zur Entfernung eines oder mehrerer Hemmstoffe (Inhibitoren), die den Metabolismus lahmgelegen und die Eizelle so in einem Ruhezustand gehalten hatten. Der Fertilisation folgt unmittelbar ein Ausbruch an DNA- und Proteinsyntheseaktivität. Für Letzteres steht ein üppiger Vorrat an zuvor im Cytoplasma der Eizelle eingelagerter mRNA bereit. Die Befruchtung initiiert außerdem eine fast vollständige Umorganisation des Cytoplasmas, in welchem sich morphogenetische Determinanten befinden, die, in dem Maß, in dem die Entwicklung fortschreitet, bestimmte Gene aktivieren oder reprimieren. Die Cytoplasmabewegungen gruppieren diese Determinanten in der korrekten Anordnung neu, die für eine geordnete Entwicklung notwendig ist. Die Zygote beginnt nun mit den Furchungsteilungen.

Furchung und Frühentwicklung 8.3

Während der Furchungsteilungen – kurz Furchung – teilt sich der Frühembryo wiederholt, um die große, sperrige Cytoplasmamasse in eine größere Traube kleiner, manövrierbarer Zellen aufzuteilen, die **Blastomeren** (gr. *blasto-*, bilden, hervorbringen + *meros*, Teil) genannt werden, aufzuteilen. Während dieser Phase findet kein Wachstum statt, nur eine Aufgliederung der Masse, die sich fortsetzt, bis die Größe normaler, **somatischer** Zellen erreicht ist. Am Ende des Furchungsvorgangs hat sich die Zygote in viele hundert oder tausende von Zellen aufgeteilt, und der Embryo hat das Blastulastadium erreicht.

Bevor die Furchung einsetzt, ist die animal-vegetative Achse des Embryos erkennbar. Diese Achse ist bereits ausgebildet, weil der Dotter für die Ernährung des sich entwickelnden Embryos an einem Ende (Pol) der Eizelle versammelt ist, wodurch dem Embryo eine **Polarität** verliehen wird. Das dotterreiche Ende wird der **vegetative Pol**, und das andere Ende der **animale Pol** genannt (▶ Abbildung 8.7b). Der animale Pol enthält größtenteils Cytoplasma und nur sehr wenig Dotter. Die animal-vegetative Achse stattet den Embryo mit einem „Bezugspunkt" aus. Die Furchung ist im Allgemeinen eine geordnete Abfolge von Zellteilungen, bei der sich eine Zelle in zwei teilt, die zwei in vier, die vier in acht, und so weiter. Während jeder Teilung wird eine Teilungsfurche in der betreffenden Zelle sichtbar, die dem Vorgang den Namen gegeben hat. Diese **Teilungsfurche** kann parallel oder rechtwinklig zur animal-vegetativen Achse verlaufen.

Wie die Menge und die Verteilung des Dotters die Furchung beeinflusst

Die Dottermenge am vegetativen Pol variiert von Taxon zu Taxon. Eier mit sehr wenig Dotter, der gleichmäßig über das Ei verteilt ist (Abbildung 8.7a, c und e) werden **isolecithal** (gr. *isos*, gleich(mäßig) + *lekithos*, Dotter) genannt. **Mesolecithale** (gr. *mesos*, Mittel + *lekithos*, Dotter) weisen eine moderate Dottermenge auf, die am vegetativen Pol konzentriert ist (Abbildung 8.7b). Telolecithale Eier (gr. *telos*, Ende + *lekithos*, Dotter) enthalten eine große Menge Dotter, die am vegetativen Pol des Eis dicht konzentriert ist (Abbildung 8.7d). **Zentrolecithale** Eier sind durch eine große, mittig angeordnete, Dottermenge gekennzeichnet.

Die Anwesenheit des Dotters stört die Furchung in unterschiedlichem Ausmaß. Wenn wenig Dotter vorhanden ist, ziehen sich die Teilungsfurchen vollständig durch das Ei. Man spricht in diesem Fall von **holoblastischer** (gr. *holo*, ganz + *blastos*, Keim) Furchung (Abbildung 8.7a, b, c und e). Ist viel Dotter vorhanden, verläuft die Furchung **meroblastisch** (gr. *meros*, Teil + *blastos*, Keim), so dass die gefurchten Zellen auf einer Masse ungefurchten Dotters sitzen (Abbildung 8.7d). Die meroblastische Furchung verläuft unvollständig, weil die Teilungsfurche die starke Dotteransammlung nicht durchschneiden kann und stattdessen an der Grenzfläche zwischen dem Cytoplasma und dem darunterliegenden Dotter zum Halten kommt.

Die holoblastische Furchung beobachtet man in isolecithalen Eiern der Echinodermen, der Tunikaten, der Cephalochordaten, der Nemertini und der meisten Mollusken, sowie bei den Beuteltieren und den placentalen Säugetieren, zu denen auch der Mensch gehört (Abbildung 8.7a, c und e). Mesolecithale Eier furchen sich ebenfalls holoblastisch, doch verläuft die Furchung durch das Vorhandensein des Dotters langsamer, und es verbleiben im vegetativen Bereich einige große, mit Dotter gefüllte Zellen zurück, wohingegen der animale Bereich viele kleinere Zellen aufweist. Die Eier der Amphibien illustrieren diesen Vorgang (Abbildung 8.7b).

Zur meroblastischen Furchung kommt es bei telo- und zentrolecithalen Eiern. Bei den telolecithalen Eiern der Vögel, Reptilien, der meisten Fische, einigen Amphibien, den cephalopoden Mollusken und den monotremen Säugetieren (Kloakentiere) beschränkt sich die Furchung auf eine dünne Cytoplasmascheibe, die

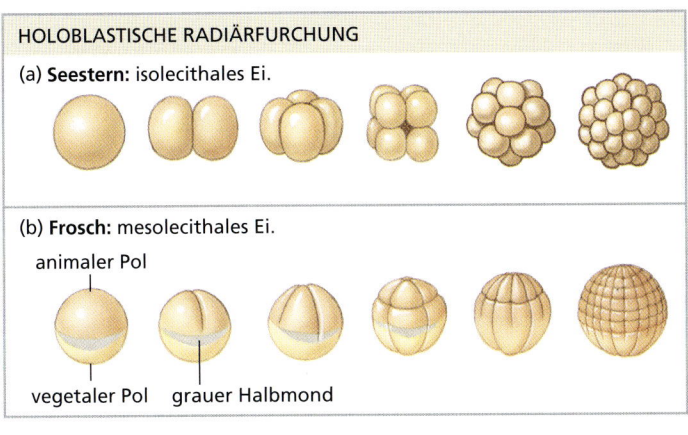

HOLOBLASTISCHE RADIÄRFURCHUNG
(a) **Seestern:** isolecithales Ei.
(b) **Frosch:** mesolecithales Ei.
animaler Pol — vegetaler Pol — grauer Halbmond

HOLOBLASTISCHE SPIRALFURCHUNG
(c) **Schnurwurm:** isolecithales Ei.

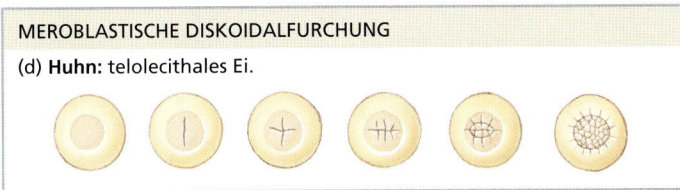

MEROBLASTISCHE DISKOIDALFURCHUNG
(d) **Huhn:** telolecithales Ei.

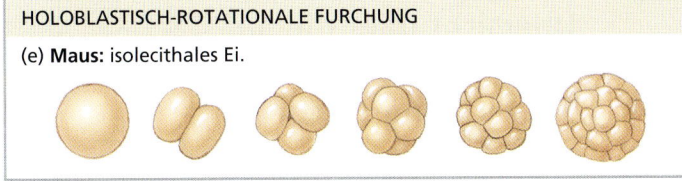

HOLOBLASTISCH-ROTATIONALE FURCHUNG
(e) **Maus:** isolecithales Ei.

Abbildung 8.7: Furchungsteilung beim Frühembryo. Dies sind Furchungsstadien (a) beim Seestern, (b) beim Frosch, (c) beim Schnurwurm, (d) beim Huhn und (e) bei der Maus. Die gelb unterlegten Bereiche stellen in allen Schemazeichnungen den Dotter dar.

dem Dotter aufliegt. Man spricht hier deshalb auch von diskoidaler (gr. *discos*, Scheibe) Furchung (siehe die Entwicklung des Huhns in Abbildung 8.7 d). Bei den zentrolecithalen Eiern der Insekten und vielen anderen Arthropoden ist die Furchung auf eine oberflächliche Schicht dotterfreien Cytoplasmas beschränkt, während gleichzeitig das dotterreiche innere Cytoplasma ungefurcht bleibt (superfizielle Furchung; siehe Abbildung 8.15).

Die Aufgabe des Dotters besteht in der Ernährung des Embryos. Wenn viel Dotter vorhanden ist, wie es bei den telolecithalen Eiern der Fall ist, zeigen die Jungen eine direkte Entwicklung, die vom Embryo zu einem miniaturisierten Adultus führt. Wenn, wie bei den iso- und mesolecithalen Eiern, wenig Dotter vorhanden ist, entwickeln sich die Jungen zu verschiedengestaltigen Larvenstadien, die zu eigenständiger Nahrungsaufnahme befähigt sind. Bei dieser **indirekten Entwicklung** unterscheiden sich die Larven von den Adulten und müssen durch Metamorphose in den Adultkörper übergehen (▶ Abbildung 8.8). Es gibt noch einen weiteren Weg, um das Fehlen von Dotter auszugleichen: Bei den meisten Säugetieren ernährt der Mutterorganismus die Embryonen vermittels einer Plazenta.

8.3.1 Was können wir aus der Entwicklung lernen?

Biologen untersuchen Entwicklungsvorgänge aus drei Gründen. Einige Untersuchungen konzentrieren sich darauf, wie die Zygote, eine große Einzelzelle, die Vielzahl von Körperteilen eines Lebewesens hervorzubringen vermag. Um verstehen zu können, nach welchen Mechanismen sich die Entwicklung vollzieht, ist es notwendig, zu wissen, wie die Furchung das Cytoplasma unterteilt, wie verschiedenartige Zellen miteinander wechselwirken, und wie die differenzielle Genexpression voranschreitet. Diese Vorgänge werden uns im Weiteren

8 Grundprinzipien der Individualentwicklung

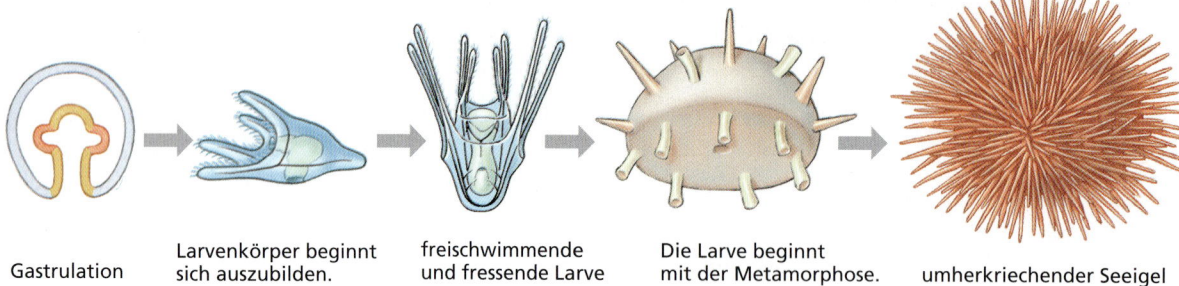

Gastrulation | Larvenkörper beginnt sich auszubilden. | freischwimmende und fressende Larve | Die Larve beginnt mit der Metamorphose. | umherkriechender Seeigel

Abbildung 8.8: Indirekte Entwicklung beim Seeigel. Nach der Gastrulation entwickelt sich eine freischwimmende Larve. Sie frisst und wächst in oberflächennahen Meeresschichten. Die Larve durchläuft eine Metamorphose zu einem winzigen, bodenbewohnenden Seeigel. Der Seeigel frisst und wächst und erreicht die Geschlechtsreife in dieser Körperform.

Verlauf des Kapitels beschäftigen (Abschnitt „Entwicklungsmechanismen").

Ein weiterer Grund, warum man Entwicklungsvorgänge erforscht, ist die Suche nach Gemeinsamkeiten unter den verschiedenen Tiergruppen. Diese Gemeinsamkeiten werden weiter unten, im Abschnitt „Evolutionäre Entwicklungsbiologie", erörtert. Es gibt aber auch Gemeinsamkeiten unter den Lebewesen in der zeitlichen Abfolge von Entwicklungsschritten. Alle vielzelligen Tiere nehmen als Zygote ihren Anfang und durchlaufen das Furchungs- und einige nachfolgende Entwicklungsstadien. Die Embryonen von Schwämmen, Schnecken und Fröschen zweigen an irgendeinem Punkt ab, um verschiedene Adultformen hervorzubringen. Wann kommt es zu dieser Divergenz? Nicht alle Zygoten furchen sich auf die gleiche Weise; kennzeichnen bestimmte Furchungsverläufe bestimmte Tiergruppen? Der Furchungstyp charakterisiert in der Tat bestimmte Gruppen von Tieren, doch ist der Furchungstyp mit anderen Merkmalen der Entwicklung verkoppelt, die eine Merkmalssammlung hervorbringen. Es ist daher eine Übersicht über eine Entwicklungssequenz notwendig, um andere Merkmale der Merkmalsausstattung des Tieres erklären zu können.

Auf der Grundlage dieser Merkmalsausstattungen zerfallen die 32 anerkannten Stämme der vielzelligen Tiere in mehrere, unterscheidbare Gruppen. Statt zu versuchen, die Einzelheiten für alle 32 Stämme zu erfassen, können wir diese Stämme als Variationen über eine viel kleinere Zahl von Entwicklungsthemen verstehen. Diese Merkmalsausstattungen werden in Kürze in diesem Kapitel, sowie vertiefend in Kapitel 9 zur Diskussion stehen.

Übersicht über die auf die Furchung folgenden Entwicklungsgänge 8.4

8.4.1 Die Blastulabildung

Die Furchung unterteilt die Masse der Zygote, bis ein Zellhaufen entstanden ist, der als **Blastula** (gr. *blastos*, Keim + *ule*, Verkleinerungsform anzeigende Endung) bezeichnet wird (▶ Abbildung 8.9). Bei den Säugetieren wird dieser Zellhaufen als *Blastozyste* bezeichnet (siehe Abbildung 8.13e). Bei den meisten Tieren sind diese Zellen um eine flüssigkeitsgefüllte Höhlung angeordnet

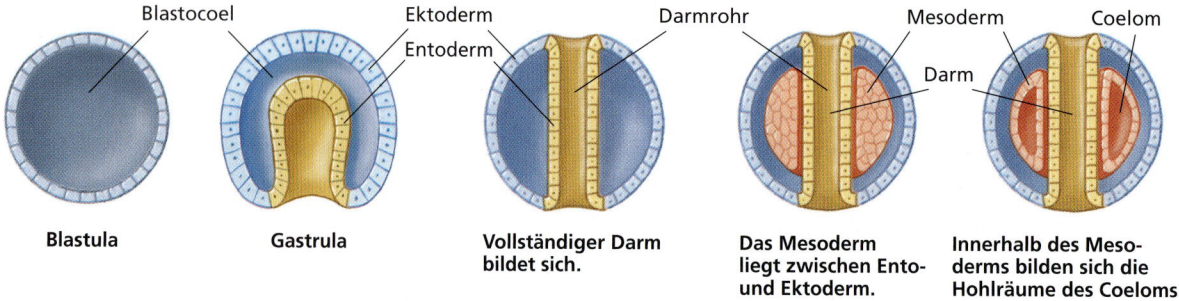

Blastula | Gastrula | Vollständiger Darm bildet sich. | Das Mesoderm liegt zwischen Ento- und Ektoderm. | Innerhalb des Mesoderms bilden sich die Hohlräume des Coeloms.

Abbildung 8.9: Zellen, angeordnet um das Blastocoel. Eine verallgemeinerte Entwicklungssequenz, welche die Bildung von drei Keimblättern und drei Körperhöhlen zeigt, die bis in das Adultstadium bestehen bleiben.

(Abbildung 8.9), die als **Blastocoel** (gr. *blastos*, Keim + *koilos*, Höhle) bezeichnet wird. (Eine hohle Blastula kann Coeloblastula genannt werden, um sie von einer festen Stereoblastula ohne Hohlraum zu unterscheiden; die allgemeine Darstellung hier setzt voraus, dass die Blastula hohl ist.) Im Blastulastadium besteht der Embryo aus einigen hundert bis einigen tausend Zellen, die auf die weitere Entwicklung ausgerichtet sind. Es hat eine starke Vermehrung der Gesamt-DNA-Menge stattgefunden, da jeder Zellkern der vielen Tochterzellen, die durch mitotische Replikation der Chromosomen entstanden sind, ebensoviel DNA enthält wie die ursprüngliche Zygote. Der ganze Embryo ist jedoch zu diesem Zeitpunkt nicht größer als die Zygote. Die Ausbildung des Blastulastadiums mit seiner einzelnen Schicht von Bildungszellen vollzieht sich bei allen vielzelligen Tieren. Bei allen Tieren mit Ausnahme der Schwämme setzt sich die Entwicklung unter Bildung einer oder zwei weiterer Keimblätter jenseits der Blastula fort. Die Keimblätter bringen letztlich alle Bildungen des adulten Körpers hervor; die Keimblattderivate der Vertebraten sind in (Abbildung 8.26) dargelegt.

8.4.2 Die Gastrulation und die Bildung zweier Keimblätter

Die Gastrulation überführt die kugelförmige Blastula in eine komplexere Konfiguration und führt zur Bildung eines zweiten Keimblattes (Abbildung 8.9). Der Prozess verläuft unterschiedlich (siehe Folgeseiten zum Entwicklungsgang bei Deutero- und Protostomiern), doch stülpt sich allgemein eine Seite der Blastula in einem als Invagination (Einstülpung) genannten Vorgang ein. Die Einbuchtung setzt sich fort, bis die Oberfläche der sich einstülpenden Region sich etwa ein Drittel des Durchmessers weit in das Blastocoel erstreckt; dabei wird eine neue, interne Höhlung ausgebildet (Abbildung 8.9). Stellen Sie sich eine Kugel vor, die auf einer Seite eingedrückt wird – der eingedellte Bereich bildet eine Tasche. Die innere Tasche ist die Darmhöhlung, die als **Archenteron** (gr. *archae*, alt + *enteron*, Darm; Dt. **Urdarm**) oder **Gastrocoel** (gr. *gaster*, Magen + *koilos*, Höhle) bezeichnet wird. Der Urdarm sitzt innerhalb des nunmehr verkleinerten Blastocoels. Die Öffnung des Darms – die Stelle, an der der Einbuchtungsvorgang seinen Ausgang nahm – ist der **Blastoporus** (gr. *blastos*, Keim + *poros*, Loch), zu Deutsch **Urmund**.

Die **Gastrula** (gr. *gaster*, Magen + *-ule*, Verkleinerungsform anzeigende Endung) besitzt zwei Schichten: eine äußere Schicht von Zellen, die das Blastocoel umgeben, und eine innere Zellschicht, die den Darm auskleidet. Die äußere Schicht wird als **Ektoderm** (gr. *ekto*, außen + *deros*, Haut) bezeichnet, die innere als **Entoderm** (gr. *enteron*, Darm; etymologisch: das Innenliegende + *deros*, Haut). Bedenken Sie, wenn Sie sich ein geistiges Bild dieses Entwicklungsvorgangs machen, dass Höhlungen oder Hohlräume immer nur durch ihre Begrenzungen definiert werden können. Die Darmhöhle ist also der Raum, der durch den ihn umgebenden Darm festgelegt wird (Abbildung 8.9).

Dieser Darm besitzt als einzige Öffnung den Blastoporus und wird daher als blinder oder **unvollständiger Darm** bezeichnet. Alles, was von einem Tier mit einem blind endenden Darm konsumiert wird, muss entweder vollständig verdaut werden, oder die unverdaulichen Reste des Futters müssen über die Mundöffnung ausgeschieden werden. Bestimmte Tiere, wie etwa Seeanemonen und Plattwürmer, haben einen blind endenden Darm. Die meisten Tiere verfügen jedoch über einen **vollständigen Darm** mit einer zweiten Öffnung, dem Anus (Abbildung 8.9). Der Urmund (Blastoporus) wird bei Tieren mit einem Merkmalssatz zur Mundöffnung, bei anderen Tieren mit einem anderen Merkmalssatz aber zum Anus (siehe ▶ Abbildung 8.10).

8.4.3 Bildung eines vollständigen Darms

Wenn sich ein vollständiger Darm ausbildet, setzt sich die nach innen gerichtete Bewegung des Archenterons fort, bis das Ende des Archenterons auf die ektodermale Wand der Gastrula trifft. Die Archenteronhöhle durchzieht das Tier, und die Zellschichten des Ekto- und des Entoderms vereinen sich. Dies führt zur Ausbildung einer entodermalen Röhre – dem Darm, der vom Blastocoel umgeben ist – innerhalb einer ektodermalen Röhre, die die Körperwandung bildet (Abbildung 8.9). Die entodermale Röhre besitzt nun zwei Öffnungen, den Blastoporus (Urmund) und eine zweite, namenlose Öffnung, die sich bildet, wenn die Röhre des Archenterons mit dem Ektoderm verschmilzt (Abbildung 8.9).

8.4.4 Die Bildung des Mesoderms – eines dritten Keimblattes

Alle vielzelligen Tiere mit Ausnahme der Schwämme (Porifera) entwickeln sich unter Hervorbringung von zwei Keimblättern vom Blastula- zum Gastrulastadium fort. Eine der vielen Kuriositäten der biologischen Fach-

8 Grundprinzipien der Individualentwicklung

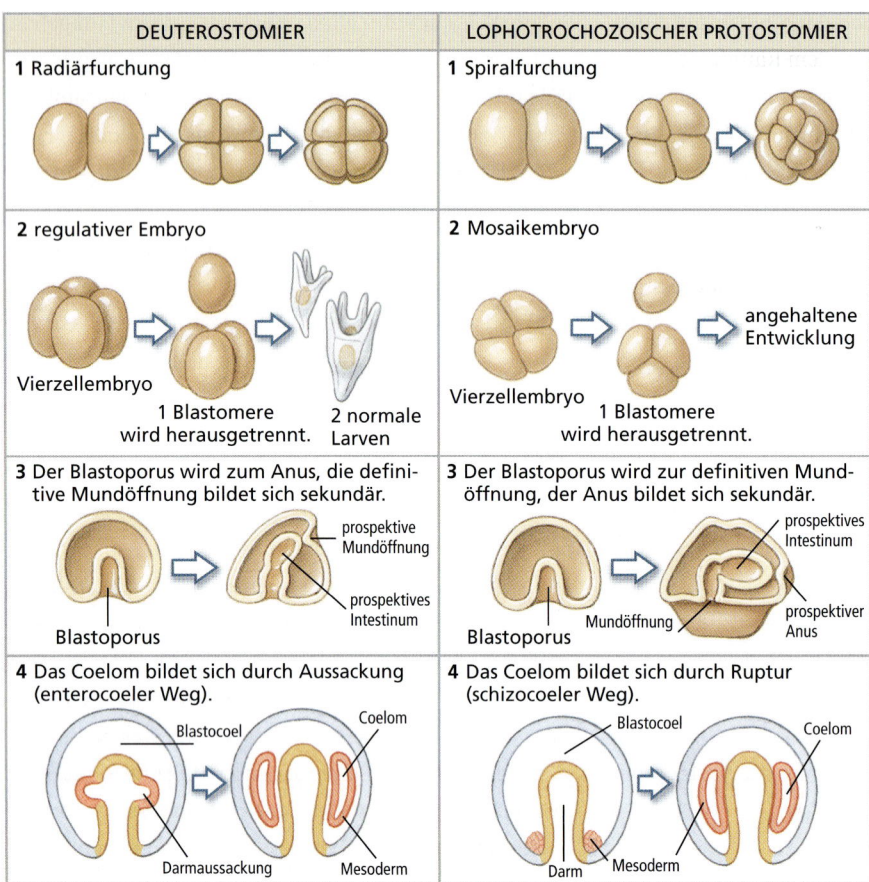

Abbildung 8.10: Entwicklungstendenzen lophotrochozoischer Protostomier (Plattwürmer, Ringelwürmer, Weichtiere usw.) und von Deuterostomiern. Diese Tendenzen sind bei einigen Gruppen – zum Beispiel den Wirbeltieren – stark modifiziert. Die Furchung verläuft bei den Säugetieren rotierend statt radial; bei den Reptilien, den Vögeln und vielen Fischen verläuft sie diskoidal. Die Vertebraten haben außerdem eine abgeleitete Form der Coelombildung evolviert, die auf dem schizocoelen Verlauf fußt.

terminologie besteht darin, dass es keinen separaten Begriff für Organismen mit nur einem Keimblatt gibt (man müsste sich konsequenterweise als **monoblastisch** bezeichnen), doch werden Tiere mit zwei Keimblättern als diploblastisch oder diblastisch bezeichnet (gr. *diploos*, zweifach + *blastos*, Keim). Zu den diploblastischen Tieren gehören als Beispiele die Seeanemonen und die Rippenquallen (Ctenophora). Bei den meisten Tieren kommt ein drittes Keimblatt hinzu, so dass diese als triploblastisch oder triblastisch bezeichnet werden (gr. *tres*, drei + *blastos*, Keim).

Das dritte Keimblatt, das **Mesoderm** (gr. *mesos*, mittig, Mitte + *deros*, Haut), kommt schließlich zwischen Ekto- und Mesoderm zu liegen (Abbildung 8.9). Das Mesoderm kann sich auf zweierlei Weise bilden: entweder brechen Zellen aus einem ventralen Bereich in der Nähe des Urmundes und der Körperaußenwand hervor (siehe Abbildung 8.13c), oder der zentrale Abschnitt des Archenterons schiebt sich nach außen, in den Raum zwischen dem Archenteron und der äußeren Körperwand (siehe Abbildung 8.13a). Ungeachtet des Bildungsweges entstammen die Ursprungszellen des Mesoderms aus dem Entoderm. (Bei einigen wenigen Gruppen wie den Amphibien entstammt ein Teil der Zellen des dritten Keimblattes dem Ektoderm; dieser Teil wird als **Ektomesoderm** (gr. *ekto*, außen + *mesos*, Mitte + *deros*, Haut), um ihn vom echten, entodermal abgeleiteten Mesoderm (Entomesoderm) abzugrenzen.

Am Ende der Gastrulation überzieht das Ektoderm den Embryo, das Meso- und das Entoderm sind nach innen verfrachtet worden (Abbildung 8.9). Als Ergebnis dieser Vorgänge besitzen Zellen neue Positionen und neue Nachbarn, so dass sich in der Folge aus den Wechselwirkungen zwischen den Zellen und Keimblättern weitere Teile des Bauplans ergeben.

8.4.5 Coelombildung

Ein **Coelom** (gr. *koilos*, Höhle, Höhlung) ist eine Körperhöhle, die vollständig von Mesoderm umschlossen ist;

das mesodermale Band mit seinem inneren Coelom (der sekundären Leibeshöhle) liegt in dem Raum, der zuvor durch das Blastocoel eingenommen worden war (Abbildung 8.9). Wie ist es dazu gekommen? Während der Gastrulation ist das Blastocoel ganz oder teilweise mit Mesoderm angefüllt. Die Coelomhöhle erscheint innerhalb des Mesoderms auf eine von zwei Weisen: durch **Schizocoelie** oder durch **Enterocoelie**. Diese beiden Bildungswege werden weiter unten im Zusammenhang mit der Coelombildung bei den beiden Großgruppen des Tierreichs eingehender erörtert. Ein durch Schizocoelie entstandenes Coelom ist funktionell einem durch Enterocoelie gebildeten gleichwertig. Die Bildungsweise des Coeloms ist ein vererbliches Merkmal, das nützlich für die Eingruppierung von Tieren in die weiter oben erwähnten Merkmalssätze ist.

Wenn die Coelombildung abgeschlossen ist, weist der Körper drei Gewebeschichten und zwei Leibeshöhlen auf (Abbildung 8.9). Die eine dieser Leibeshöhlen ist die Darmhöhle, die andere ist die flüssigkeitsgefüllte Coelomhöhle. Das von seinen mesodermalen Wandungen umgebene Coelom füllt das vormalige Blastocoel vollständig aus. Das Mesoderm, welches das Coelom umgibt, bringt schließlich neben anderen Strukturen Muskelschichten hervor. Coelom und Muskeln bilden zusammen unter Umständen ein hydrostatisches Skelett, wie es etwa beim Regenwurm der Fall ist.

Merkmalsausstattungen 8.5

Man unterscheidet bei den triblastischen Tieren zwei Hauptgruppen: die Protostomier und die Deuterostomier. Die Gruppen lassen sich anhand von vier Entwicklungsmerkmalen zuordnen: (1) radiale oder spiralige Anordnung der Zellen bei der Furchung, (2) regulativer oder mosaikartiger Furchung des Cytoplasmas, (3) das Schicksal des Urmundes, der zur Mundöffnung oder zum Anus wird und (4) der Coelombildung durch Schizo- oder durch Enterocoelie. Neben anderen gehören die Schnecken und die Regenwürmer zu den protostomen Tieren. Seesterne, Fisch und Frösche gehören neben vielen weiteren Gruppen zu den deuterostomen Tieren.

8.5.1 Die deuterostome Entwicklung

Furchungsmuster
Die **Radialfurchung** (Abbildung 8.10) hat ihren Namen von der radialsymmetrischen Anordnung der embryonalen Zellen um die animal-vegetative Achse. Bei der Radialfurchung der Seesterne verläuft die erste Furchungsebene genau im rechten Winkel zur animal-vegetativen Achse; dabei werden zwei identische Tochterzellen (die Blastomeren) gebildet. Bei der zweiten Furchungsteilung bilden sich gleichzeitig Teilungsfurchen in beiden Blastomeren; diese sind parallel zur animal-vegetativen Achse angeordnet (aber senkrecht zur ersten Teilungsfurche). Als nächstes bilden sich simultan Teilungsfurchen in allen vier Tochterblastomeren, dieses Mal senkrecht zur animal-vegetativen Achse. Dabei ergeben sich zwei Stränge von je vier Zellen. Die obere Zellgruppe sitzt der darunterliegenden direkt auf (Abbildung 8.10). Nachfolgende Furchungsteilungen ergeben einen Embryo, der aus mehreren Zellsträngen zusammengesetzt ist.

Ein zweites Furchungsmerkmal betrifft das Schicksal isolierter Blastomeren und des Cytoplasmas, das sie enthalten. Dieser Umstand trat erst zutage, als die Biologen Entwicklungsexperimente mit Embryonen in frühen Furchungsstadien anstellten. Stellen Sie sich einen Vierzellembryo vor (Abbildung 8.10). Alle Zellen des fertigen Lebewesens leiten sich schlussendlich von diesen vier Zellen ab, doch wann wird über die Produkte jeder der Zellen entschieden? Können sich die verbleibenden Zellen zu einem normalen Organismus entwickeln, wenn eine Zelle dieses kleinen Zellhaufens entfernt wird?

Die meisten Deuterostomier durchlaufen eine **regulative Entwicklung**, in der das Schicksal einer Zelle von den Wechselwirkungen mit benachbarten Zellen abhängt und nicht davon, welcher Cytoplasmateil der Zelle bei der Furchung zugeteilt wurde. Bei diesen Embryonen ist zumindest in den Frühstadien der Entwicklung jede Zelle befähigt, einen vollständigen Embryo hervorzubringen, falls sie von den anderen Zellen abgetrennt wird (▶ Abbildung 8.11). Eine frühe Blastomere hat mit anderen Worten ursprünglich die Fähigkeit, mehr als nur einem Differenzierungsverlauf zu folgen, doch schränkt die Wechselwirkung mit anderen Zellen ihr Schicksal und ihre Entwicklungsmöglichkeiten ein. Falls eine Blastomere aus einem Frühembryo entnommen wird, können die verbliebenen Blastomeren ihren normalen Entwicklungsgang so abändern, dass der Verlust der einen Blastomere kompensiert wird und trotzdem ein kompletter Organismus gebildet werden kann. Diese Anpassungsfähigkeit wird als regulative Entwicklung bezeichnet.

Schicksal des Blastoporus
Ein **Deuterostomier** (gr. *deuteros*, zweit + *stoma*, Mund) entwickelt sich als Embryo von einer Blastula zu einer

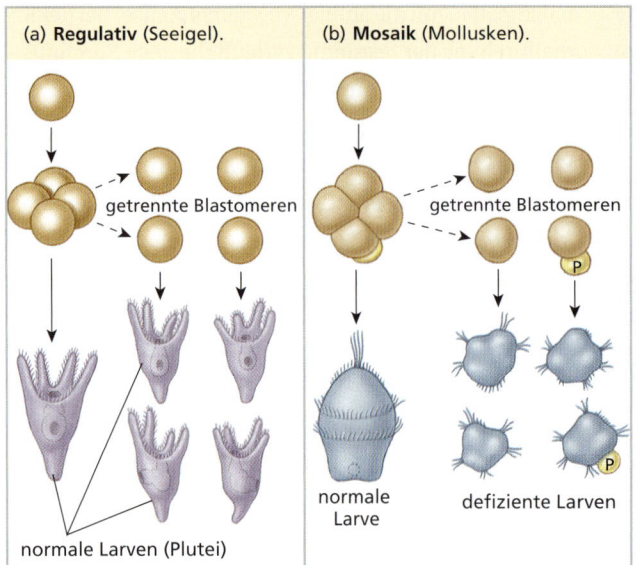

Abbildung 8.11: Regulative und Mosaikfurchung. (a) Regulative Furchung. Jede der frühen Blastomeren (wie die eines Seeigels) entwickelt sich zu einer kleinen Pluteuslarve, wenn sie von den anderen Blastomeren abgetrennt wird. (b) Mosaikfurchung. Wenn die Blastomeren eines Weichtiers (Mollusk) voneinander getrennt werden, bringt jede nur einen Teil eines Embryos hervor. Eine der defekten Larven ist größer als die übrigen, ein Ergebnis der Bildung eines aus klarem Cytoplasma bestehenden Polarlappens (P) am vegetativen Pol, der nur in der Blastomere vorhanden ist, aus dem diese Defektlarve entsteht.

Gastrula und bildet einen vollständigen Darm aus. Der Blastoporus wird zum Anus, und eine zweite, namenlose Sekundäröffnung wird schließlich zum Mund, wie es der namensgebende Fachbegriff dieser Gruppe andeutet.

Coelombildung

Das finale Deuterostomiermerkmal betrifft die Herkunft des Coeloms. Beim enterocoelen Entwicklungsgang entstehen Mesoderm und Coelom gleichzeitig. Im Verlauf der **enterocoelen** (gr. *enteron*, Darm + *koilos*, Höhle) Entwicklung beginnt die Gastrulation damit, dass sich eine Seite der Blastula zum Archenteron (Urdarm) invaginiert. Im Verlauf der weiteren Einstülpung des Urdarms mit Elongation (= Verlängerung) des sich bildenden Darmrohrs schieben sich die Seiten des Archenterons nach außen und erweitern sich zu einem taschenartigen Coelomkompartiment (siehe Abbildung 8.10). Das Coelomkompartiment schnürt sich unter Bildung eines von Mesoderm umschlossenen Raumes, der den Darm umgibt, ab (Abbildung 8.10). In dem entstandenen Hohlraum (dem Coelom) sammelt sich Flüssigkeit. Beachten Sie, dass die Zellen, die im Verlauf der Enterocoelie das Coelom bilden, aus einem anderen Bereich des Entoderms kommen als diejenigen Zellen, aus denen ein schizocoeles Coelom entsteht (siehe Abbildung 8.10).

Beispiele für deuterostome Entwicklung

Das soeben dargelegte allgemeine Schema des deuterostomen Entwicklungsganges variiert in einigen seiner Details in Abhängigkeit von der stellvertretend untersuchten Modelltierart. Das Vorhandensein großer Dottermengen verkompliziert die Entwicklungssequenzen bei einigen Embryonen noch weiter. Einige wenige Beispiele spezifischer Entwicklungsgänge sollen diese Variationsbreite verdeutlichen.

Variationen der Furchung bei den Deuterostomiern. Das typische Furchungsmuster der Deuterostomier ist die Radialfurchung, die Chordaten aus der Gruppe der Ascidien (= Tunikaten) zeigen jedoch **Bilateralfurchung**. Im Ascidienei wird die anterioposteriore Achse schon vor der Befruchtung durch eine asymmetrische Verteilung mehrerer Cytoplasmabestandteile festgelegt (▶ Abbildung 8.12). Die erste Teilungsfurche verläuft durch die animal-vegetative Achse; dabei wird das asymmetrisch angeordnete Cytoplasma gleichmäßig unter den beiden ersten Blastomeren aufgeteilt. Diese erste

Abbildung 8.12: Bilateralfurchung bei einem Tunikatenembryo. Die erste Furchungsteilung teilt das asymmetrisch verteilte Cytoplasma gleichmäßig unter den beiden ersten Blastomeren auf. Dabei wird die zukünftige rechte und linke Körperhälfte des adulten Tieres festgelegt. Die Bilateralsymmetrie des Embryos wird während aller nachfolgenden Furchungsteilungen aufrechterhalten.

Furchungsteilung spaltet den Embryo in seine zukünftige rechte und linke Körperhälfte auf und etabliert damit die Bilateralsymmetrie (daher die Bezeichnung bilateral-holoblastische Furchung). Jede nachfolgende Teilung richtet sich an dieser Symmetrieebene aus, und der Halbembryo, der sich zu einer Seite der ersten Furche bildet, ist ein Spiegelbild des anderen Halbembryos.

Die meisten Säugetiere (Mammalia) besitzen isolecithale Eier und zeigen ein einzigartiges Furchungsmuster, das aufgrund der Ausrichtung der Blastomeren zueinander während der 2. Furchungsteilung als **Rotationsfurchung** bezeichnet wird (siehe Mausentwicklung in Abbildung 8.7e). Die Furchung verläuft bei den Säugetieren langsamer als bei jeder anderen Tiergruppe. Beim Menschen ist die erste Teilung 36 Stunden nach der Befruchtung abgeschlossen (beim Seeigel dauert sie im Vergleich dazu nur etwa eineinhalb Stunden); die nächsten Teilungen folgen in Intervallen von 12 bis 24 Stunden. Wie bei den meisten anderen Tieren verläuft die erste Furchungsebene durch die animal-vegetative Achse und bringt einen Zweizellembryo hervor. Im Verlauf der zweiten Furchungsteilung teilt sich jedoch eine dieser Blastomeren meridional (durch die animal-vegetative Achse), wohingegen sich die andere Blastomere äquatorial teilt (senkrecht zur animal-vegetativen Achse). Die Teilungsebene der einen Blastomere ist um 90 Grad gegen die Teilungsebene der anderen verdreht (daher die Bezeichnung Rotationsfurchung). Darüber hinaus verlaufen schon die frühen Teilungen asynchron – nicht alle Blastomeren teilen sich zur selben Zeit. Säugetierembryonen verdoppeln die Zahl ihrer Blastomeren nicht in regelmäßiger Weise von zwei zu vier zu acht, sondern enthalten oftmals eine ungerade Zahl von Zellen. Nach der dritten Teilung nehmen die Zellen plötzlich eine dicht gepackte Konfiguration ein, die durch tight junctions, die sich zwischen den am weitesten außen liegenden Zellen ausbilden, stabilisiert wird. Diese äußeren Zellen bilden den **Trophoblasten**. Der Trophoblast ist nicht Teil des eigentlichen Embryos, sondern stellt den embryonalen Anteil an der Plazenta, wenn sich der Embryo in der Gebärmutterwand einnistet. Die Zellen, die den eigentlichen Embryo hervorbringen, bilden im Inneren einen Zellhaufen, der als **Embryoblast** bezeichnet wird (in der angelsächsischen Literatur ist häufig auch der Terminus „innere Zellmasse" zu finden; siehe das Blastulastadium in ▶ Abbildung 8.13e).

Die telolecithalen Eier der Reptilien, Vögel und meisten Fische zeigen eine **Diskoidalfurchung**. Infolge der großen Dottermenge in diesen Eiern ist die Furchung auf eine kleine Cytoplasmascheibe beschränkt, die der Dotterkugel aufliegt (siehe Entwicklung des Huhns in Abbildung 8.7d). Die frühen Teilungsfurchen zerschneiden diese Cytoplasmascheibe unter Produktion einer einlagigen Zellschicht, die Blastoderm (Keimhaut) genannt wird. Nachfolgende Furchungsstadien unterteilen das Blastoderm in fünf bis sechs Zelllagen (Abbildung 8.13d).

Variationen der Gastrulation bei den Deuterostomiern. Bei den Seesternen beginnt die Gastrulation, wenn sich der gesamte Vegetativbereich der Blastula zu einer **Vegetativplatte** abflacht. Diesem Ereignis folgt der Vorgang der **Invagination**, in dessen Verlauf sich die Vegetativplatte (eine Lage Epithelgewebe) einbuchtet und sich bis auf etwa ein Drittel des Durchmessers in das Blastocoel hinein ausdehnt. Dabei entsteht das Archenteron (Abbildung 8.13a). Die Coelombildung ist eine typische Enterocoelie. In dem Maß, in dem sich das Archenteron (Urdarm) gegen den animalen Pol hin weiter ausdehnt, erweitert sich sein anteriores Ende zu zwei taschenartigen **Coelombläschen**, die sich unter Bildung des rechten und des linken Coelomkompartiments abschnüren (Abbildung 8.13a).

Das **Ektoderm** bringt das Epithel der Körperoberfläche und das Nervensystem hervor. Aus dem **Entoderm** entsteht die epitheliale Auskleidung der Verdauungsröhre. Die taschenförmige Ausstülpung des Archenterons ist der Ursprung des **Mesoderms**. Dieses dritte Keimblatt lässt das muskuläre System, die Fortpflanzungsorgane, der Peritoneum (die Auskleidung der Coelomräume) und die Kalkplatten des Endoskeletts eines Seesterns entstehen.

Frösche sind Deuterostomier mit Radialfurchung, aber die morphogenetischen Bewegungen bei der Gastrulation werden stark von der Masse des inerten Dotters in der vegetativen Hälfte des Embryos beeinflusst. Die Furchungsteilungen in dieser Hälfte sind verlangsamt, so dass die sich ergebende Blastula in der animalen Hälfte aus vielen kleinen Zellen besteht, denen in der vegetativen Hälfte wenige große Zellen gegenüberstehen (Abbildungen 8.7b und 8.13b). Die Gastrulation beginnt bei den Amphibien, wenn sich Zellen, die an der prospektiven Dorsalseite des Embryos lokalisiert sind, zu einem schlitzartigen Blastoporus invaginieren. Wie bei den Seesternen initiiert auch hier die gastruläre Invagination die Bildung des Urdarms, doch setzt bei den Amphibien die Gastrulation in der Marginalzone der Blastula ein – dort, wo die animale und die vegetative Hemisphäre aufeinandertreffen, und wo die Dotterkon-

8 Grundprinzipien der Individualentwicklung

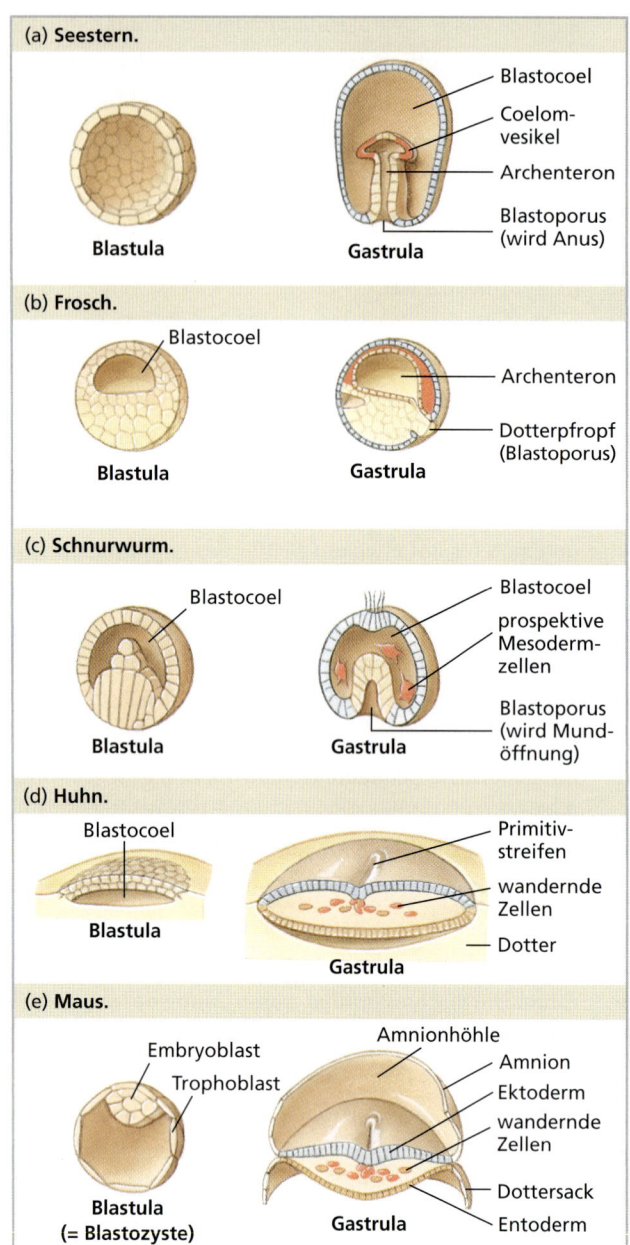

Abbildung 8.13: Blastula- und Gastrulastadien. Embryonen (a) eines Seesterns, (b) eines Frosches, (c) eines Schnurwurms, (d) eines Huhns und (e) einer Maus.

zentration geringer ist als im Vegetativbereich. Die Gastrulation schreitet fort, indem sich Zellschichten der Marginalzone über die Urmundlippe einwärts schieben und so in die Gastrula einwandern, wo sie das Meso- und das Entoderm bilden (siehe Foto am Kapitelanfang). Die drei Keimblätter, die sich nunmehr ausgeformt haben, sind die primären strukturgebenden Schichten, die bei der weiteren Entwicklung des Embryos entscheidende Rollen spielen.

Bei den Embryonen der Vögel und Reptilien (siehe Abbildung 8.13 d) beginnt die Gastrulation mit einer Verdickung des Blastoderms am caudalen Ende des Embryos. Diese Verdickung wandert unter Ausbildung des **Primitivstreifens** vorwärts (▶ Abbildung 8.14). Der Primitivstreifen wird zur anterioposterioren Achse des Embryos und zum Zentrum der frühen Wachstumsvorgänge. Der Primitivstreifen ist homolog zum Blastoporus des Froschembryos, öffnet sich beim Huhn jedoch nicht zur Darmhöhle hin, weil die dazwischenliegende Dottermasse den Weg versperrt. Das Blastoderm besteht aus zwei Lagen (Epiblast und Hypoblast) mit einem dazwischenliegenden Blastocoel. Zellen der Epiblastschicht wandern als zusammenhängende Zelllage gegen den Primitivstreifen, rollen dann über den Rand und wandern als Einzelzellen in das Blastocoel. Diese wandernden Zellen teilen sich in zwei Strömungen auf. Ein Zellstrom wandert tiefer ein, wobei er entlang der Mittellinie den Hypoblasten verdrängt und das Entoderm

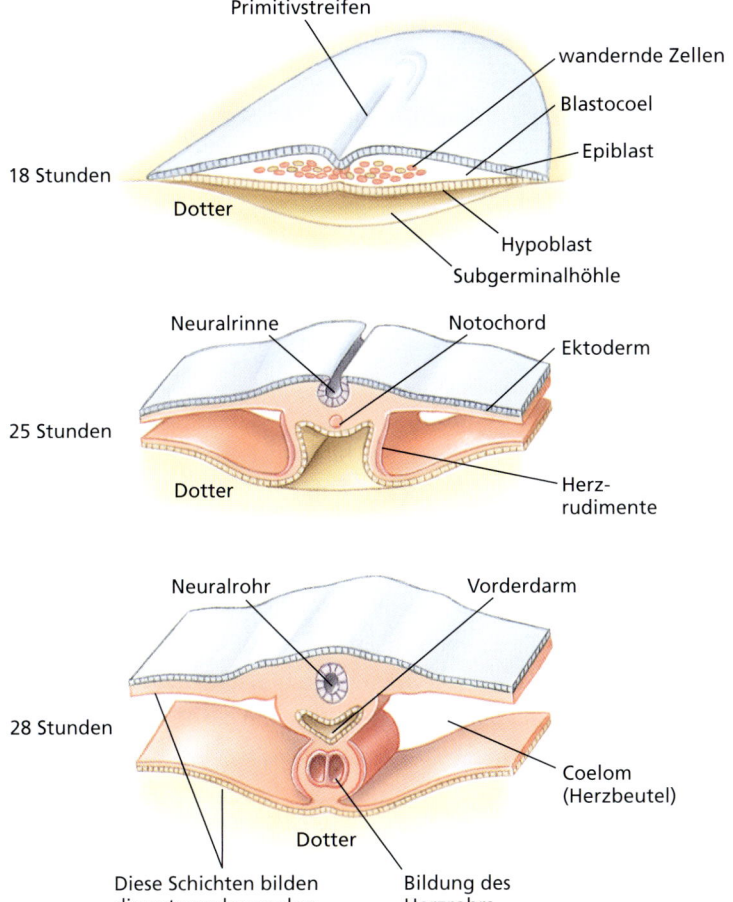

Abbildung 8.14: Gastrulation beim Huhn. Transversalschnitte durch die herzbildende Region von Hühnerembryonen 18, 25 und 28 Stunden nach Beginn der Bebrütung.

bildet. Der andere Strom wandert zwischen Epiblast und Hypoblast ein und bildet hier das Mesoderm. Zellen an der Oberfläche des Embryos bilden das Ektoderm. Der Embryo verfügt nun über drei Keimblätter, die zu diesem Zeitpunkt als flächige Zelllagen ausgebildet sind, mit dem Ektoderm zuoberst und dem Entoderm als Grundschicht (die dem Dotter aufliegt). Diese Anordnung ändert sich jedoch, wenn sich alle drei Keimblätter vom darunterliegenden Dotter abheben (Abbildung 8.14), sich dann zu einem dreilagigen Embryo falten, der sich mit Ausnahme eines „Stiels", der in der der Körpermitte mit dem Dottervorrat verbunden ist, von der Dotterkugel abschnürt (siehe Abbildung 8.22).

Die Gastrulation der Säugetiere ist der von Reptilien und Vögel erstaunlich ähnlich (siehe Abbildung 8.13e). Die Gastrulationsbewegungen des Embryoblasten erzeugen einen Primitivstreifen. Epiblastenzellen bewegen sich median durch den Primitivstreifen in das Blastocoel hinein und Einzelzellen wandern nachfolgend lateral unter Bildung von Meso- und Entoderm durch das Blastocoel. Entodermzellen, die sich vom Hypoblasten ableiten, bilden einen Dottersack ohne Dotter aus, da die Embryonen der Säugetiere ihre Nährstoffe über die Plazenta (Mutterkuchen) unmittelbar vom Mutterorganismus erhalten.

Amphibien, Reptilien und Vögel, die moderate bis große Dottermengen in den Eiern mitführen, die im Vegetativbereich der Eier konzentriert liegen, haben abgeleitete Gastrulationsmuster evolviert, bei denen der Dotter nicht an der Gastrulation teilnimmt. Der Dotter ist für die Gastrulation eine Erschwernis, so dass folglich der Gastrulationsvorgang den vegetativen Dottervorrat umgehend um ihn herum (bei den Amphibien) oder in einem begrenzten Bereich auf ihm aufsitzend (bei den Reptilien und Vögeln) abläuft. Die Eier der Säugetiere sind isolecithal; daher würde man erwarten, einen Gastrulationsverlauf zu beobachten, der dem der Seesterne ähnlich sein sollte. Stattdessen findet man ein Muster, das eher dem eines telolecithalen Eies entspricht. Die beste Erklärung für diesen Umstand ist die Annahme, dass die Eientwicklung der Säugetiere auf einen gemeinsamen Ursprung mit der der Vögel und Reptilien zurückgeht. Reptilien, Vögel und Säugetiere hatten gemeinsame Urahnen, deren Eier telolecithal waren. Alle drei Gruppen haben das Gastrulationsmuster dieser Vorfahren ererbt, und nur die Säugetiere haben in der Folge isolecithale Eier evolviert, dabei den Gastrulationsverlauf aber beibehalten.

Eine weitere ontogenetische Komplikation bei den Vertebraten besteht darin, dass die Coelombildung durch eine modifizierte Form der Schizocoelie erfolgt (siehe Abbildung 8.10), und nicht durch Enterocoelie. Die wirbellosen Chordaten bilden ihr Coelom durch Enterocoelie, wie es für Deuterostomier typisch ist.

8.5.2 Die protostome Entwicklung

Furchungsmuster

Bei den meisten Protostomiern tritt **Spiralfurchung** auf (siehe Abbildung 8.10). Sie unterscheidet sich von der radialen Furchung auf zweierlei bedeutsame Weise. Statt sich parallel oder orthogonal zur animal-vegetativen Achse zu teilen, furchen sich die Blastomeren schräg zu dieser Achse und erzeugen im Regelfall Quartette von Zellen, die nicht aufeinandergestapelt sind, sondern in den Furchen der darunterliegenden Zellgruppe liegen. Durch diese Anordnung erscheint die obere Lage von Zellen gegenüber der darunter liegenden spiralig verdreht (siehe Abbildung 8.10). Darüber hinaus packen sich die sich spiralig furchenden Blastomeren dicht zusammen – ähnlich wie eine Gruppe Seifenblasen – statt sich nur leicht zu berühren, wie es bei vielen sich radial furchenden Blastomeren der Fall ist (siehe Abbildung 8.10).

Die meisten Protostomier sind durch eine **Mosaikentwicklung** gekennzeichnet (Abbildung 8.10). Bei der Mosaikentwicklung wird das Schicksal der Zellen durch die Verteilung bestimmter Proteine und Boten-RNAs (mRNAs), die zusammenfassend als **morphogenetische Determinanten** (wörtlich: gestaltbildende Bestimmungsgrößen) bezeichnet werden, im Cytoplasma der Eizelle festgelegt. Bei der Furchung werden diese morphogenetischen Determinanten (gr. *morphos*, Gestalt + *genein*, ich bilde + lat. *determinare*, festlegen) ungleichmäßig auf die Folgezellen verteilt. Wenn eine bestimmte Blastomere vom Rest des Embryos abgesondert wird, bilden sich ungeachtet dessen trotzdem die charakteristischen Strukturen, die von den in ihr enthaltenen morphogenetischen Determinanten spezifiziert werden (siehe Abbildung 8.11). Fehlt dem Embryo eine bestimmte Blastomere, so fehlen dem entstehenden Tier diejenigen Bildungen, die normalerweise aus dieser Blastomere hervorgehen; eine normale Entwicklung ist also bei Ausfall einer oder mehrerer Blastomeren nicht möglich. Dieses Entwicklungsmuster wird Mosaikentwicklung genannt, weil der Embryo sich als Mosaik aus sich unabhängig differenzierenden Teilen darstellt.

Schicksal des Blastoporus

Die **Protostomier** (gr. *protos*, der Erste + *stoma*, Mund) haben ihren Namen danach erhalten, dass sich bei ihnen der Urmund (Blastoporus) zum definitiven Mund, und die namenlose zweite Öffnung sich zum Anus entwickelt.

Coelombildung

Bei den Protostomiern bildet sich ein mesodermales, den Darm umgebendes Gewebeband, bevor es zur Coelombildung kommt. Falls vorhanden, entsteht der innere Coelomraum durch **Schizocoelie**. Zur Bildung des Mesoderms steigen entodermale Zellen an der Urmundlippe von ventralwärts her auf (Abbildung 8.10) und wandern durch **Ingression** in den Raum zwischen der entodermalen Urdarmwand und der ektodermalen Außenwand des Körpers ein. Diese Zellen teilen sich und lagern neue Zellen, die als Mesodermvorläuferzellen bezeichnet werden, zwischen den beiden bereits existierenden Zelllagen des Ento- und des Ektoderms ab (Abbildung 8.13c). Die proliferierenden Zellen entwickeln sich zum Mesoderm. Embryologische Untersuchungen, die sehr sorgfältig die Abstammung und Entwicklung einzelner Zelllinien verfolgt haben, haben ergeben, dass bei vielen Organismen mit Spiralfurchung – zum Beispiel Plattwürmer, Schnecken und verwandte Organismengruppen – diese Mesodermvorläufer aus einer einzigen großen Blastomere hervorgehen, die als 4d-Zelle bezeichnet wird, und die in Embryonen vom 29- bis 64-Zellstadium vorhanden ist.

Einige Protostomier entwickeln kein Coelom. Plattwürmer wie die der Gattung *Planaria* entwickeln ein frühes Gastrulastadium und bilden dann eine mesodermale Gewebeschicht, wie zuvor beschrieben. Das Mesoderm füllt das Blastocoel vollständig aus, und es kommt nie zur Bildung eines Coeloms (siehe Abbildung 9.3). Tiere ohne Coelom werden als **Acoleomaten** bezeichnet. Bei anderen Protostomiern kleidet das Mesoderm nur eine Seite des Blastocoels aus; zurückbleibt ein flüssigkeitsgefülltes Blastocoel, das dem Darm anliegt (Abbildung 9.3). Die flüssigkeitsgefüllte Höhlung umschließt den Darm als **Pseudocoelom** (gr. *pseudos*, falsch, nachgeahmt + *koilos*, Höhle). Das Pseudocoelom wird auf einer Seite durch die entodermale Darmwand begrenzt, auf der anderen durch eine Mesodermschicht, die in direkter Nachbarschaft zum Ektoderm liegt. Ein Pseudocoelom ist also nur einseitig mesodermalen Ursprungs, wohingegen ein **echtes Coelom** eine flüssigkeitsgefüllte Höhle ist, die vollständig von Mesoderm umgeben ist (sekundäre Leibeshöhle; siehe Abbildung 9.3). Die Baupläne von Acoelomaten und Pseudocoelomaten werden eingehender in Kapitel 9 besprochen.

Bei den **coelomaten Protostomiern** wie Regenwürmern und Schnecken bildet sich das mesodermale Gewebe auf die soeben diskutierte Art und Weise, und ein Coelom entsteht durch **Schizocoelie** (gr. *schizein*, ich spalte/zerreiße + *koilos*, Höhle). Zur Coelombildung kommt es, wenn – wie der Begriff aussagt – das mesodermale Gewebeband, das den Darm umschließt, in der Mitte zerreißt (Abbildung 8.10) und sich der entstehende Spaltraum mit Flüssigkeit füllt.

Beispiele für protoostome Entwicklung

Die Protostomier zerfallen in zwei Zweige. Ein Zweig (= Kladus), die **lophotrochozoischen Protostomier,** umfasst die segmentierten Würmer, die Weichtiere (Mollusca; Schnecken, Tintenfische und Verwandte) sowie diverse weniger bekannte Taxa. Der Name dieses Kladus bezieht sich auf zwei Merkmale, die bei einigen Angehörigen dieser Gruppe vorhanden sind: ein hufeisenförmiger Tentakelkranz, der als **Lophophor** bezeichnet wird (Abbildung 21.8), beziehungsweise eine **Trochophoralarve** (Abbildung 16.6). Die Lophotrochozoen weisen die zuvor beschriebenen vier Protostomiermerkmale auf (siehe Abbildung 8.10). Bei ihnen bildet sich im Regelfall Mesoderm aus der embryonalen 4d-Zelle.

Der andere Kladus, die **ecdysozoischen Protostomier**, umfassen die Arthropoden (Insekten, Spinnentiere, Krabben und verwandte Organismen), die Rundwürmer und andere Taxa, die ein Exoskelett besitzen, das durch Häutung erneuert wird. Der Name dieses Kladus bezieht sich auf das Abwerfen der Kutikula, die **Ecdysis** (gr. *ekdyo*, abnehmen, abstreifen). Der Häutungsvorgang wird durch das Hormon Ecdyson gesteuert.

Variationen der Furchung bei den Protostomiern

Die Spiralfurchung ist typisch für Protostomier, doch zeigt eine hoch spezialisierte Klasse von Mollusken – die Cephalopoden (Kopffüßler) – eine bilaterale Furchung wie die Ascidien aus der Gruppe der Chordaten (siehe weiter oben + Abbildung 8.12). Kraken, Kalmare und andere Tintenfische sind Cephalopoden.

Viele Ecdysozoen zeigen keine Spiralfurchung; bei einigen verläuft die Furchung radial, bei anderen scheint es sich um eigentümliche, gruppenspezifische Verläufe zu handeln, wie zum Beispiel im Fall der superfiziellen Furchung, die charakteristisch für Insekten ist.

Die zentrolecithalen Eier der Insekten durchlaufen eine **superfizielle Furchung** (Oberflächenfurchung; ▶ Abbildung 8.15), bei der die mittig angeordnete Dottermasse die Furchung auf die cytoplasmatischen Randbereiche des Eies begrenzt. Dieses Furchungsmuster ist höchst ungewöhnlich, weil die cytoplasmatische Furchung (die Cytokinese) erst nach etlichen Runden von Zellkernteilungen einsetzt. Nach etwa acht Mitosedurchläufen ohne Cytoplasmateilung (wobei 256 Zellkerne entstehen), wandern die Zellkerne in die dotterfreie Peripherie des Eies. Eine kleine Zahl von Zellkernen am posterioren Ende des Eies werden von Cytoplasma eingeschlossen entwickeln sich so zu Polzellen, aus denen die Keimzellen des adulten Tieres hervorgehen (Urkeimzellen). Als nächstes faltet sich die gesamte Cytoplasmamembran des Eies einwärts. Dabei wird jedem der Zellkerne seine eigene Zelle zugewiesen. Am Rand des Eies hat sich eine Zelllage ausgebildet, die die Dottermasse

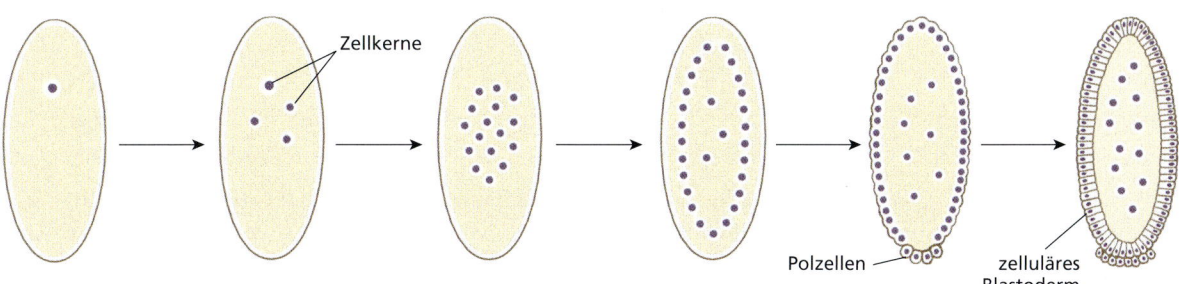

Abbildung 8.15: **Superfizielle Furchung beim *Drosophila*-Embryo.** Der Zygotenzellkern teilt sich zunächst wiederholte Male durch Mitose ohne nachfolgende Cytokinese im dotterreichen Endoplasma. Nach mehreren Mitoserunden wandern die meisten Zellkerne zur Oberfläche, wo sie durch synchrone Cytokinese in getrennte Zellen verteilt werden. Einige Zellkerne wandern zum posterioren Pol des Eies, wo sie die primordialen Protogameten (Urkeimzellen) bilden. Diverse Zellkerne verbleiben im Endoplasma, wo sie den Abbau der Dotterbestandteile steuern. Das Stadium des zellularisierten Blastoderms entspricht dem Blastulastadium anderer Embryonen.

vollständig umgibt (Abbildung 8.15). Da der Dotter der Furchung entgegensteht, wird bei diesem Verlauf die Durchfurchung des Dotters vermieden und der Furchungsvorgang auf die Unterteilung kleiner Bereiche dotterfreien Cytoplasmas beschränkt.

Variationen der Gastrulation bei den Protostomiern
Bei den meisten Protostomiern leiten sich sämtliche Mesodermzellen von der 4d-Zelle des frühen Embryos ab (siehe Text weiter oben). Bei einigen Würmern aus der Gruppe der Nermertini (Abbildung 8.13 c) leitet sich das Mesoderm jedoch von einer früheren Blastomere ab. Die Herkunft des Mesoderms ist bei vielen ecdysozoischen Protostomiern aufgrund des modifizierten Furchungsplanes schwierig zu ermitteln.

Entwicklungsmechanismen

8.6.1 Zellkernäquivalenz

Wie erzeugt ein sich entwickelnder Embryo die Vielzahl unterschiedlicher Zelltypen eines vollständigen vielzelligen Lebewesens, ausgehend vom Startpunkt des einzelnen, diploiden Zellkerns einer Zygote? Für viele Embryologen des 19. Jahrhunderts schien es nur eine akzeptable Antwort zu geben: Mit dem Einsetzen der Zellteilung musste das Erbgut in ungleichen Teilen auf die Folgezellen aufgeteilt werden. Nach diesem Bild hätte das Genom nach und nach in immer kleinere Bruchstücke zerteilt werden müssen, bis schließlich nur noch diejenige Information übrig geblieben wäre, welche einem bestimmten Zelltyp die für ihn kennzeichnenden Merkmale verliehen hätte. Dieses Modell wurde als die Roux/Weismann-Hypothese bekannt, benannt nach den beiden deutschen Embryologen, die das Konzept entwickelt hatten.

Im Jahr 1892 erkannte ihr Kollege Hans Driesch jedoch, dass sich beide Embryonenhälften eines Seeigels zu normalen Larven entwickelten, wenn er den Frühembryo im Zweizellstadium schüttelte und die beiden Embryonalzellen so mechanisch voneinander trennte. Driesch schloss daraus, dass beide Zellen die gesamte Erbinformation der ursprünglichen Zygote enthalten mussten. Dieses Experiment bedeutete jedoch für das obige Modell noch nicht das Aus, da viele Embryologen die Ansicht vertraten, dass – selbst wenn alle Zellen vollständige Genome enthielten – die Zellkerne einer fortschreitenden Modifizierung unterlägen, so dass sie auf irgendeine Art und Weise die Informationen verloren, die sie bei der Bildung differenzierter Zellen nicht benötigten.

Um die Wende zum 20. Jahrhundert unternahm Hans Spemann einen neuerlichen Anlauf, um die Roux/Weismann'sche Hypothese experimentell zu überprüfen. Spemann schlang winzige Ligaturen, die er aus menschlichen Haaren hergestellt hatte, um Molcheier, gerade als diese im Begriff waren, sich zu teilen, und schnürte sie ein, bis sie beinahe, aber nicht vollständig, in zwei Hälften getrennt waren. Der Zellkern lag nun in einer Hälfte der partiell geteilten Zygote; die andere Seite war kernlos und enthielt nur Cytoplasma. Die Zygote beendete dann die erste Furchungsteilung auf der den Zellkern enthaltenden Seite; die kernlose Hälfte blieb ungeteilt. Als sich schließlich die kernhaltige Seite in etwa 16 Zellen untergliedert hatte, wanderte einer der Furchungskerne durch die enge Cytoplasmabrücke in die kernlose Seite ein. Unverzüglich begann sich diese Seite zu teilen und normal zu entwickeln.

In einigen Fällen konnte Spemann jedoch beobachten, wie sie die kernhaltige Hälfte des Embryos nur zu einer abnormen Kugel aus „Bauchgewebe" entwickelte. Die Erklärung, so fand Spemann, lag in der Positionierung des grauen Halbmondes – einer pigmentfreien Zone, die in Abbildung 8.7 b zu sehen ist. Der graue Halbmond ist für die normale Entwicklung notwendig, weil er die Vorläuferstruktur des Spemann'schen Organisators ist, den wir im Eingangsessay zu diesem Kapitel erwähnt haben.

Spemanns Experimente führten den Biologen vor Augen, dass jede Blastomere genügend Erbinformation für die Entwicklung eines vollständigen Tieres enthielt. 1938 schlug Spemann ein weiteres Experiment vor, mit dem gezeigt werden sollte, ob sogar somatische Zellen eines adulten Tierkörpers ein vollständiges Genom enthalten. Dieses Experiment, das Spemann zu seiner Zeit selbst als „ein bisschen fantastisch" einstufte, würde darin bestehen, den Zellkern aus einer Eizelle zu entnehmen und ihn durch den Zellkern einer somatischen Zelle eines anderen Individuums zu ersetzen. Falls alle Zellen dieselbe genetische Information wie die Zygote enthielten, dann sollte sich der Embryo zu einem Individuum entwickeln, das mit dem Tier, aus dem der Zellkern entnommen wurde, genetisch identisch ist. Es vergingen mehrere Jahrzehnte, bis die technischen Hürden, die der Durchführung dieses „fantastischen" Experimentes entgegenstanden, ausgeräumt werden und das Experiment schließlich an Amphibien durchgeführt werden konnte. Bis zum heutigen Tage ist es auch an

> **Exkurs**
>
> Die Anstrengungen Hans Drieschs, die Eientwicklung zu stören, wurden durch Peattie poetisch umschrieben: „Betrachtet Driesch, wie er die Eier von Loebs Lieblingsseeigel zwischen Glasplatten zermalmt, sie quetschend und mörsernd und deformierend auf jede nur erdenkliche Weise. Und wenn er davon abließ, sie zu maltraitieren, fuhren sie mit ihrer geordneten und normalen Entwicklung fort. Ist irgendeine Maschine denkbar, so fragte sich Driesch, die auf diese Art zerlegt werden könnte ... alle ihre Teile durcheinandergebracht und verlegt, die noch immer normal arbeiten würde? Man kann es sich nicht vorstellen. Vom lebenden Ei – sei es befruchtet oder nicht – kann man allerdings sagen, dass in ihm schlummernd alle Möglichkeiten liegen, die Aristoteles postuliert hatte, und alle Träume eines Bildhauers von der Form – Jawohl! – wie auch die Kraft in des Bildhauers Arm." Aus: D. Peattie (1935): *An Almanac for Moderns*. Putnam's Son, New York.

etlichen Säugetierarten erfolgreich durchgeführt worden. Diese Prozedur ist heute als **Klonierung** bekannt und wird über Fachkreise hinaus diskutiert. Das vielleicht berühmteste klonierte Säugetier, ein Schaf namens „Dolly" enthielt in ihren Zellkernen Erbgut aus den Milchdrüsen eines sechs Jahre alten weiblichen Schafes. Dolly musste nach wenigen Jahren eingeschläfert werden, weil sich früh gravierende, chronische Krankheitsbilder manifestiert hatten.

Falls alle Zellkerne gleichwertig sind, was führt dann dazu, dass sich einige Zellen zu Neuronen entwickeln, während andere sich zu Skelettmuskeln weiterentwickeln? Bei den meisten Tieren (mit Ausnahme der Insekten) gibt es zwei Hauptwege, auf denen sich Zellen für einen besonderen Entwicklungsverlauf bereit machen: (1) die cytoplasmatische Segregation determinativer Moleküle im Verlauf der Furchung und (2) die Wechselwirkung mit benachbarten Zellen (induktive Wechselwirkungen). Alle Tiere bedienen sich bis zu einem gewissen Grad dieser beiden Mechanismen, um unterschiedliche Zelltypen zu spezifizieren. Bei einigen Tieren überwiegt jedoch die cytoplasmatische Spezifikation, andere stützen sich überwiegend auf induktive Wechselwirkungen.

8.6.2 Cytoplasmatische Spezifikation

Ein befruchtetes Ei enthält cytoplasmatische Bestandteile, die innerhalb des Eies ungleichmäßig verteilt sind. Diese verschiedenen cytoplasmatischen Komponenten enthalten, so nimmt man an, bestimmte morphogenetische Determinanten, die die Hinwendung von Zellen zur Differenzierung in spezielle und spezialisierte Zelltypen steuern. Diese morphogenetischen Determinanten werden unter den verschiedenen Blastomeren durch die Furchungsvorgänge aufgeteilt, und das ontogentische Entwicklungsschicksal jeder einzelnen Zelle wird durch den Typ des Cytoplasmas, das während der Entwicklungsvorgänge erhält, spezifiziert (siehe das zur Mosaikentwicklung weiter oben Ausgeführte).

Dieser Vorgang ist insbesondere bei einigen Manteltierarten (Tunikaten) augenfällig – und leicht zu beobachten – bei denen die befruchtete Eizelle bis zu fünf verschiedenartig gefärbte Cytoplasmabereiche aufweisen kann (Abbildung 8.12). Diese unterschiedlich pigmentierten Cytoplasmaareale werden auf verschiedene Blastomeren aufgeteilt, die dann fortfahren, sich zu bestimmten Geweben und Organen weiterzuentwickeln. So gehen beispielsweise aus dem gelben Cytoplasmaanteil Muskelzellen hervor, während der graue, äquatoriale Cytoplasmabereich die Chorda dorsalis und das Neuralrohr hervorbringt. Das klare, ungefärbte Cytoplasma erzeugt die larvale Epidermis, und das graue Vegetativcytoplasma ist der Ausgangspunkt für den Darm.

8.6.3 Embryonale Induktion

Induktion – die Einwirkung mancher Zellen auf andere, mit der Folge, dass in diesen eine bestimmte Antwort im Sinne eines spezifizierten Entwicklungsverlaufs angeregt wird – ist ein in der Ontogenese weit verbreitetes Phänomen. Das klassische Experiment hierzu, das wir im Vorspanntext zu diesem Kapitel beschrieben haben, wurde von Hans Spemann und Hilde Mangold 1924 veröffentlicht. Wird ein Stück der dorsalen Urmundlippe aus der Gastrula eines Molches ventral oder lateral in einen anderen Molchembryo eingepflanzt, invaginiert der Gewebebereich und bildet eine Chorda dorsalis sowie Somiten. Die transplantierte Urmundlippe induzierte weiterhin im Ektoderm der Empfängergastrula die Bildung eines Neuralrohrs. In der Folge entwickelte sich um den Ort der Einpflanzung ein ganzes Organsystem, das zu einem fast vollständigen Sekundärembryo heranwuchs (▶ Abbildung 8.16). Diese Kreatur bestand teilweise aus Gewebe, das aus den aufgepfropften Zellen hervorgegangen war, und teilweise aus Gewebe, das aus induktiv zur Entwicklung angeregten Wirtszellen hervorgegangen war.

Bald danach wurde entdeckt, dass ausschließlich Transplantate aus dem Bereich der dorsalen Urmundlippe die Fähigkeit zur Induktion der Bildung eines

8 Grundprinzipien der Individualentwicklung

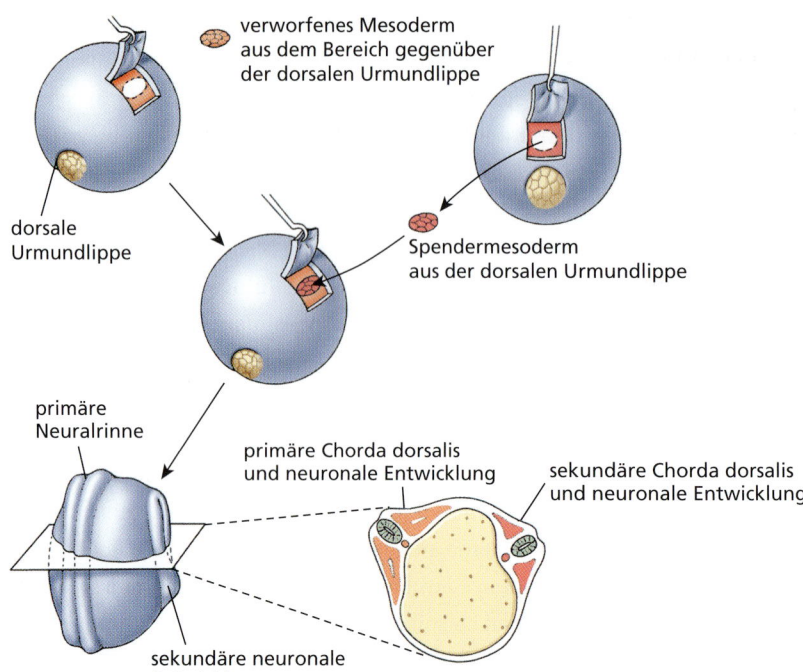

Abbildung 8.16: Nach der Einpflanzung der Urmundlippe entwickelt sich ein ganzes Organsystem. Das Experiment zum Nachweis des primären Organisators von Spemann und Mangold.

vollständigen oder beinahe vollständigen Sekundärembryos besaßen. Dieser Bereich entsprach der prospektiven (zukünftigen) Chorda dorsalis, den prospektiven Somiten und der prospektiven Prächordalplatte. Weiterhin wurde entdeckt, dass nur das Ektoderm des Transplantatempfängers in den aus dem Transplantat hervorgehenden Embryobereichen ein Nervensystem bilden würde, und dass die Reaktivität gegenüber der induktiven Wirkung eines Urmundlippentransplantates im frühen Gastrulastadium am höchsten war und mit zunehmendem Alter des Empfängerembryos abnahm.

Spemann bezeichnete aufgrund dieser Befunde den Bereich der Urmundlippe als **primären Organisator**, da nur er in der Lage war, im Transplantatempfänger die Entwicklung eines Sekundärembryos zu induzieren. Daneben hat sich für dieses Gewebeareal die Bezeichnung Spemann'scher Organisator eingebürgert. Spemann nannte dieses induktive Ereignis die **Primärinduktion**, da er der Meinung war, dass es sich hierbei um das erste Induktionsereignis im Laufe der Individualentwicklung handelte. Nachfolgende Untersuchungen in zahlreichen Laboratorien haben bewiesen, dass viele andere Zelltypen ihren Ursprung in induktiven Wechselwirkungen haben, die als **Sekundärinduktionen** bezeichnet werden.

Im Allgemeinen fungieren Zellen, die sich bereits differenziert haben, als Induktoren für benachbarte, noch undifferenzierte Zellen. Der zeitliche Verlauf ist von Bedeutung. Nachdem ein Primärinduktor einen bestimmten Entwicklungsprozess in einigen Zellen in Gang gesetzt hat, folgen zahlreiche sekundäre Induktionsereignisse nach. Was schließlich sichtbar wird, ist ein sequenzieller Entwicklungsverlauf, in den nicht nur induktive Wirkungen, sondern auch Zellbewegungen und -wanderungen, Änderungen der adhäsiven Eigenschaften von Zellen, sowie Zellproliferationen verwickelt sind. Es existiert kein starr vorgegebenes Hauptkontrollgremium, das die Entwicklung steuert. Vielmehr besteht die Entwicklung des Embryos aus einer Abfolge lokaler Ereignisse, bei denen ein Entwicklungsschritt einer Untereinheit eines anderen übergeordnet ist. Indem es gelang, aufzuzeigen, dass jeder Schritt in der Hierarchie der Entwicklungsvorgänge ein notwendiger Vorlauf für den bzw. die nächsten ist, wurden Spemanns Induktionsexperimente zu einem der bedeutendsten Meilensteine der experimentellen Embryologie.

8.7 Genexpression im Verlauf der Entwicklung

Damit, abgesehen von ganz wenigen Ausnahmen, jede Zelle eines Lebewesens dasselbe Erbgut enthält, müssen cytoplasmatische Spezifizierung und Induktion die selektive Aktivierung unterschiedlicher Gensätze in verschiedenen Zellen bedeuten. Ein Verständnis der Entwicklungsvorgänge stellt sich damit letztendlich als ein Problem des Verstehens der zugrundeliegenden genetischen Vorgänge dar. Es überrascht nicht, dass sich die Entwicklungsgenetik zunächst der Untersuchung des beliebtesten Modellsystems der Genetiker, den Taufliegen der Gattung *Drosophila*, zugewandt hat. Die an ihr gemachten Untersuchungen sind an verschiedenen anderen Modelltierarten wie dem Fadenwurm *Caenorhabditis elegans*, dem Zebrabärbling *Danio rerio*, dem Krallenfrosch *Xenopus laevis*, dem Haushuhn *Gallus gallus*, sowie der Maus *Mus musculus* wiederholt und weitergeführt worden. Diese Forschungen deuten darauf hin, dass die Epigenese sich in drei generalisierten Stadien vollzieht: der Musterbildung, der Determination der Position im Körper, sowie der Induktion von Gliedmaßen und anderen Organen, die an den dafür vorgesehenen Stellen entstehen sollen. Jedes der Stadien wird durch Gradienten von Genprodukten, welche als **Morphogene** wirken, gelenkt.

8.7.1 Musterbildung

Der erste Schritt bei der Organisation der embryonalen Entwicklung ist die Musterbildung – die Festlegung der anterioposterioren (vorne/hinten), der links/rechts- und der dorsoventalen (Rücken/Bauch-)Achse. Wie Spemann bei seinen Versuchen mit Molchen aufzeigen konnte, wird die anterioposteriore Achse durch den nach ihm benannten primären Organisator, der im grauen Halbmond der Zygote angesiedelt ist, bestimmt. Bei *Drosophila* wird die anterioposteriore Achse sogar schon vor der Befruchtung der Oocyte festgelegt. Die deutsche Entwicklungsbiologin Nüsslein-Volhard und ihre Mitarbeiter haben herausgefunden, dass diese Achsenfestlegung die Folge eines durch die Nährzellen des Muttertiers bei der Oogenese in der Eizelle erzeugten mRNA-Gradienten ist. Christiane Nüsslein-Volhard hat 1995 für ihre bahnbrechenden Erkenntnisse den Nobelpreis für Medizin und Physiologie erhalten. Dasjenige Ende der Eizelle, das die höchste Konzentration einer bestimmten mRNA erhält, ist dazu bestimmt, das anteriore Ende des Embryos und schließlich der adulten Fliege zu werden. Die diesen morphogentischen Einfluss ausübende mRNA wird durch Transkription des Gens *bicoid* in den Nährzellen, die die Oocyte im Eifollikel umgeben, erzeugt. Nach der Befruchtung wird die *bicoid*-mRNA in der Zygote translatiert. Das Bicoid-Protein ist das eigentliche Morphogen; es ist ein DNA-bindendes Protein, das sich an die regulatorischen Bereiche bestimmter Gene bindet. Die Produkte der auf diese Weise aktivierten Gene stimulieren wiederum kaskadenartig andere Gene, die letztendlich dazu führen, dass Körperstrukturen des anterioren Bereichs gebildet werden. *bicoid* ist eines von ca. 30 maternalen Genen, welche die Musterbildung im Embryo steuern. Einige dieser maternalen genetischen Faktoren legen die Dorsoventralachse fest. Das Gen *short gastrulation* löst die Bildung ventraler anatomischer Strukturen wie des Nervenstranges aus.

Eine der aufregendsten Entdeckungen der Entwicklungsgenetik war, dass die entwicklungssteuernden Gene von Vertebraten und vielen anderen Tiere denen von *Drosophila* sehr ähnlich sind. Ein Gen dem *bicoid*-Gen von Drosophila ähnliches Gen ist für die Musterbildung bei Wirbeltieren von Bedeutung. Bei den Vertebraten wird das entsprechende Gen *Pitx2* genannt; es legt die Positionierung bestimmter innerer Organe auf der rechten oder der linken Körperseite fest. Mutationen des *Pitx2*-Gens bei Fröschen, Hühnern und Mäusen führt dazu, dass Herz und Magen in der rechten statt in der linken Körperhälfte zu liegen kommen. Solche Mutationen könnten auch für die Umkehrung der Organlage verantwortlich sein, die in seltenen Fällen beim Menschen beobachtet wird („situs inversus"). Das *Pitx2*-Gen wird seinerseits durch das Proteinprodukt des Gens *sonic hedgehog (Shh)* aktiviert, welches dem *Drosophila*-Gen *hedgehog* (engl. *Igel*) ähnlich ist. Die Benennung *hedgehog* bezieht sich auf den borstigen Habitus der Mutantenfliegen, denen diese Genfunktion fehlt. Die Zusatzbezeichnung *„sonic"* für Homologe des Fliegengens bei Wirbeltieren ist einer Figur eines Videospiels entlehnt. Bei den Wirbeltieren ist *sonic hedgehog* auf der linken Körperseite nur am anterioren Ende des Primitivstreifens aktiviert (siehe Abbildung 8.13). Das Gen *short gastrulation* besitzt ebenfalls ein Gegenstück bei Wirbeltieren; es handelt sich dabei um das Gen *chordin*, welches ein Protein (das Chordin) hervorbringt, das eines der Proteine des Spemann'schen Organisators ist.

Bei *Drosophila* und anderen Arthropoden, sowie den Ringelwürmern (Anneliden), den Chrodaten und einigen anderen Tiergruppen ist ein wichtiger Aspekt der Musterbildung entlang der anterioposterioren Achse die **Segmentierung**, die auch als **Metamerie** bezeichnet wird. Unter Segmentierung versteht man eine Unterteilung des Körpers in abgegrenzte Abschnitte (Segmente oder Metamere, siehe Abbildung 9.7). Die Segmente sind zu frühen Zeitpunkten in der Entwicklung identisch; im späteren Verlauf führt die Aktivierung unterschiedlicher Genkombinationen dazu, dass jedes Segment unterschiedliche Strukturen ausbildet. So bildet etwa das anteriore Segment des Insektenkörpers Antennen, Augen und die Mundwerkzeuge, während weiter hinten liegende Segmente Beine hervorbringen. Bei den Insekten ist die Segmentierung des Körpers offensichtlich, bei den Chordaten tritt sie aber nur in Form der Somiten in Erscheinung, die solche Bildungen wie die Wirbelkörper (Vertebrae) und sich wiederholende Muskelbänder (Myomeren) der Fische erzeugen (siehe Abbildung 24.24). Bei *Drosophila* und anderen Insekten werden die Zahl und die Orientierung der Segmente durch so genannte **Segmentierungsgene** gesteuert. Man unterscheidet gemeinhin drei Klassen von Segmentierungsgenen: die Lückengene, die Paarregelgene und die Segmentpolaritätsgene. Die **Lückengene** werden zuerst aktiviert und untergliedern den Embryo in größere Bereiche wie den Kopf, den Thorax und das Abdomen. Die **Paarregelgene** untergliedern die von den Lückengenen definierten Bereiche in Segmente. Die **Segmentpolaritätsgene** wie *hedgehog* legen die anterior/posteriore Ausrichtung der Strukturen innerhalb der einzelnen Segmente fest.

8.7.2 Homöotische und *Hox*-Gene

Die Segmentierungsgene regulieren scheinbar die Expression anderer Gene und stellen dabei sicher, dass diese nur in den entsprechenden Segmenten aktiv werden. Solche segmentspezifischen Gene werden homöotische Gene genannt. Mutationen in homöotischen Genen, die als **homöotische Mutationen** bezeichnet werden, führen

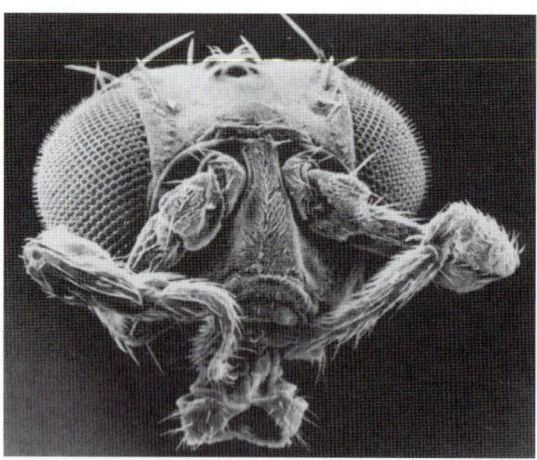

Abbildung 8.17: Kopf einer Fruchtfliege, der ein Paar Beine aus den Stellen am Kopf wachsen, aus denen normalerweise die Antennen herausragen. Das homöotische Gen Antennapedia spezifiziert normalerweise das zweite, Beine tragende, Thoraxsegment. Eine dominante Mutation dieses Gens führt zu diesem bizarren Phänotyp. Rasterelektronenmikroskopische Aufnahme.

zur Bildung von Anhangsgebilden oder anderen Strukturen in einem falschen Teil des Körpers bzw. an einem falschen Ort im Körper. So ist beispielsweise das homöotische Gen *Antennapedia* bei *Drosophila*, das die Bildung von Beinen auslöst, normalerweise nur im Thorax aktiv. Falls das *Antennapedia*-Gen durch eine homöotische Mutation im Kopf der Fliegenmade aktiviert wird, besitzt die adulte Fliege anstelle von Antennen am Kopf Beine (▶ Abbildung 8.17). *Antennapedia* und einige andere homöotische Gene, sowie viele weitere, an der Entwicklung beteiligte Gene, enthalten in ihren Sequenzen einen ca. 180 Basenpaare langen Abschnitt, der als **Homöobox** bezeichnet wird. Die Homöobox codiert für einen Teil des jeweiligen Genprodukts, mit dem sich das Protein an regulatorische Bereiche anderer Gene, die passende Erkennungssequenzen enthalten, bindet und diese dadurch entweder aktiviert oder reprimiert.

Bei *Drosophila* finden sich in der Nähe des *Antennapedia*-Gens auf demselben Chromosom mehrere andere homöotische und nichthomöotische Gene, die alle ebenfalls Homöoboxen enthalten. Die Gene in diesem Genverband werden als *Hom*-Gene zusammengefasst. Die *Hom*-Gene codieren nicht direkt bestimmte Gliedmaßen (= Extremitäten) oder innere Organe. Sie legen vielmehr bestimmte Orte entlang der anterioposterioren Achse fest. Interessanterweise entspricht die Reihenfolge der *Hom*-Gene in diesem Verband auf dem Chromosom der Reihenfolge, in der sie entlang der Körperhauptachse von vorne nach hinten zur Expression kommen (▶ Abbildung 8.18). Eine der spannendsten Entdeckungen des ausgehenden 20. Jahrhunderts war es, das Gene, die Ähnlichkeiten zu den *Hom*-Genen von *Drosophila* aufweisen, auch bei anderen Insekten und sogar den Chordaten und unsegmentierten Tieren wie *Hydra* und Fadenwürmern zu finden sind. Ja, man hat sie sogar bei Pflanzen und Hefepilzen gefunden – vielleicht kommen sie in allen Eukaryonten vor. In den anderen Organismen werden die entsprechenden Gene allgemein als *Hox*-Gene bezeichnet. Wie die *Hom*-Gene von *Drosophila*, sind die *Hox*-Gene immer auf einem Chromosom zu einer Gruppe zusammengefasst. Die Säugetiere besitzen sogar vier solcher *Hox*-Genverbände, von denen ein jedes auf einem anderen Chromosom angesiedelt ist. Jede *Hox*-Gengruppe umfasst neun bis elf *Hox*-Gene. Wie bei *Drosophila*, entspricht die Reihenfolge, in der die *Hox*-Gene eines Verbandes im Körper von vorne nach hinten (cephal nach caudal) exprimiert werden, ihrer Abfolge auf dem Chromosom.

8.7 Genexpression im Verlauf der Entwicklung

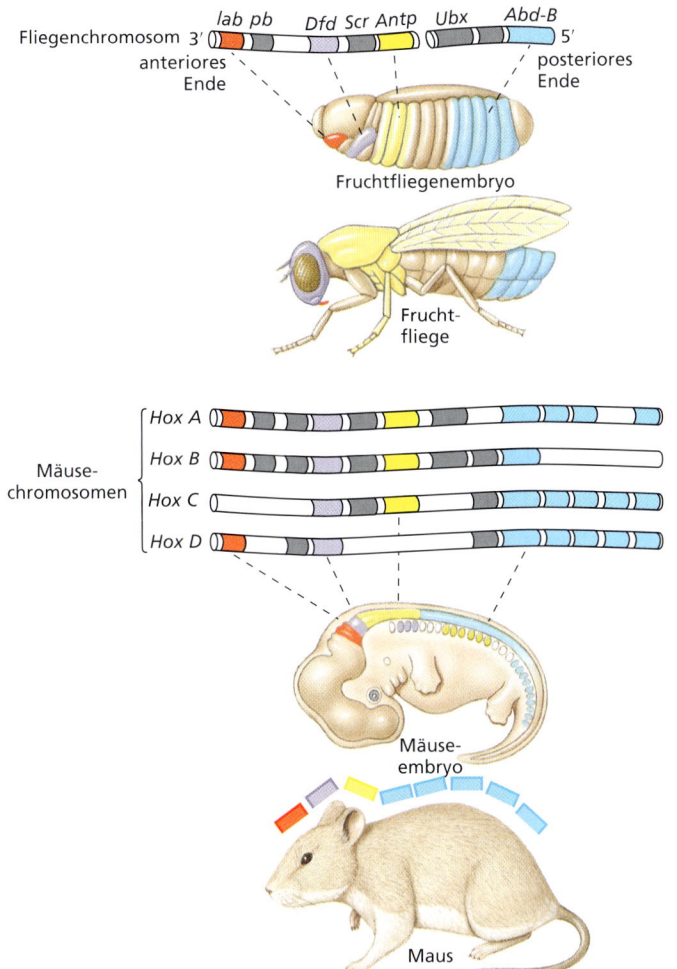

Abbildung 8.18: **Homologie der *Hox*-Gene bei Insekten und Säugetieren.** Diese Gene steuern sowohl bei Insekten (Fruchtfliege als Beispiel) und Säugetieren (Maus als Beispiel) die Untergliederung des Embryos entlang der anteroposterioren Achse in Abschnitte unterschiedlicher Entwicklungsverläufe. Die homöoboxhaltigen Gene liegen bei der Fruchtfliege auf einem einzigen, bei der Maus auf vier verschiedenen Chromosomen. Homologien unter den Gensätzen und den Körperregionen, in denen sie exprimiert werden, sind durch gleiche Farben deutlich gemacht. Weiße Abschnitte der Gengruppen sind solche, in denen es schwierig ist, spezifische Homologien zwischen den Chromosomenabschnitten auszumachen. Die hier dargestellten *Hox*-Gene sind nur eine kleine Untergruppe aller Homöoboxgene.

8.7.3 Morphogenese der Gliedmaßen und der inneren Organe

Die *Hox*- und andere Homöoboxgene spielen außerdem eine Rolle bei der Formgebung einzelner innerer Organe und Gliedmaßen. Wie in den Abbildungen 8.18 und ▶ 8.19 verdeutlicht ist, werden beispielsweise Bereiche des Gehirns und die Identität der Somiten durch spezielle *Hox*- und andere Homöoboxgene spezifiziert. Viele andere Entwicklungsgene sind ebenfalls an der Musterbildung des gesamten Körpers beteiligt und helfen bei der Ausgestaltung individueller Gliedmaßen und innerer Organe, indem sie Morphogengradienten erzeugen. Ein Beispiel, das von Cheryll Tickle und ihren Mitarbeitern am University College in London untersucht worden ist, ist die Bildung und Entwicklung der Gliedmaßenanlagen beim Huhn. Die Forscher haben herausgefunden, dass die Bildung einer neuen Extremität als Auswuchs an der Seite des Körpers induziert werden kann, wenn man Gewebestück implantiert, dass in einem Medium vorinkubiert worden ist, das den Fibroblastenwachstumsfaktor (FGF; Fibroblast Growth Factor) enthält. Dieses Versuchsergebnis führte zu dem Schluss, dass die Gliedmaßenbildung normalerweise durch die Aktivierung des Gens für den FGF an einer angemessenen, dafür vorgesehenen Stelle im Körper induziert wird. Ob sich die Gliedmaßenanlage zu einem Flügel oder einem Bein entwickelt, hängt davon ab, ob der FGF im Körper des Huhns von vorn oder von hinten her auf das Gewebe einwirkt.

Der FGF spielt außerdem eine Rolle bei der Formgebung der Gliedmaßen. Der Faktor – ein Protein – wird von Zellen im **apikalen Ektodermalwulst** am Ende der Gliedmaßenanlage ausgeschüttet. Der FGF wird als Morphogen (gr. *morphos*, Gestalt + *genein*, ich bilde) bezeichnet, das einen abfallenden Gradienten vom apikalen Ektodermalwulst zur Basis der Gliedmaßenanlage hin ausbildet. Dieser Konzentrationsgradient hilft bei der Etablierung der proximodistalen Achse des Organs. Sie ist eine der drei Achsen, die die Entwicklung einer Extremität steuern (▶ Abbildung 8.20). Finger oder Zehen bilden sich an den distalen Enden der proximodistalen

8 Grundprinzipien der Individualentwicklung

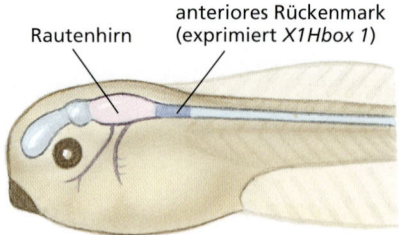

Kontrollkaulquappe

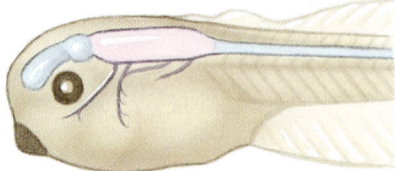

Kaulquappe, der Antikörper gegen das Protein X1Hbox 1 injiziert wurden

Abbildung 8.19: **Wie die Hemmung eines regulatorisch wirkenden Homöodomänproteins die normale Entwicklung des Zentralnervensystems einer Kaulquappe verändert.** Wenn das Protein (codiert von einem homöoboxhaltigen DNA-Abschnitt namens *X1Hbox1*) durch gegen das Protein gerichtete Antikörper inaktiviert wird, verwandelt sich der Bereich, der zum anterioren Rückenmark hätte werden sollen in eine Fortsetzung des Stammhirns.

Achse, dort, wo die FGF-Konzentration am höchsten ist. Eine zweite, die anteroposteriore Achse, wird durch einen entsprechenden Konzentrationsgradienten des Proteins Sonic hedgehog festgelegt. Dieser Gradient stellt sicher, dass Finger bzw. Zehen sich in der richtigen Reihenfolge entwickeln. Schließlich ist Wnt7a (ein Protein, das von einem Gen erzeugt wird, das dem Segmentpolaritätsgen *wingless* von *Drosophila* ähnlich ist) dabei behilflich, die Dorsoventralachse festzulegen. Wnt7a sorgt dafür, dass die Dorsalseite des Flügels oder des Beines sich von der Ventralseite unterscheidet.

8.7.4 Evolutionäre Entwicklungsbiologie

Die Zoologen haben sich immer schon der Embryologie zugewendet, um nach Hinweisen auf die Evolutions- oder Stammesgeschichte der Tiere zu suchen. Entwicklungsmerkmale wie die Zahl der Keimblätter und das Schicksal des Urmundes (Blastoporus) weisen auf evolutive Verwandtschaftsbeziehungen zwischen verschiedenen Tierstämmen hin. Fortschritte in der Entwicklungsgenetik wie die im vorhergehenden Abschnitt beschriebenen haben die Wechselbeziehung zwischen Ontogenese und Phylogenese noch klarer hervortreten lassen. Die Einsicht in die enge Verknüpfung von Individualentwicklung und Stammesentwicklung hat zur Entwicklung eines neuen, aufregenden Forschungszweiges – der evolutionären Entwicklungsbiologie – geführt. Nach den englischen Begriffen *evolutionary biology* und *developmental biology*, aus deren Verschmelzung

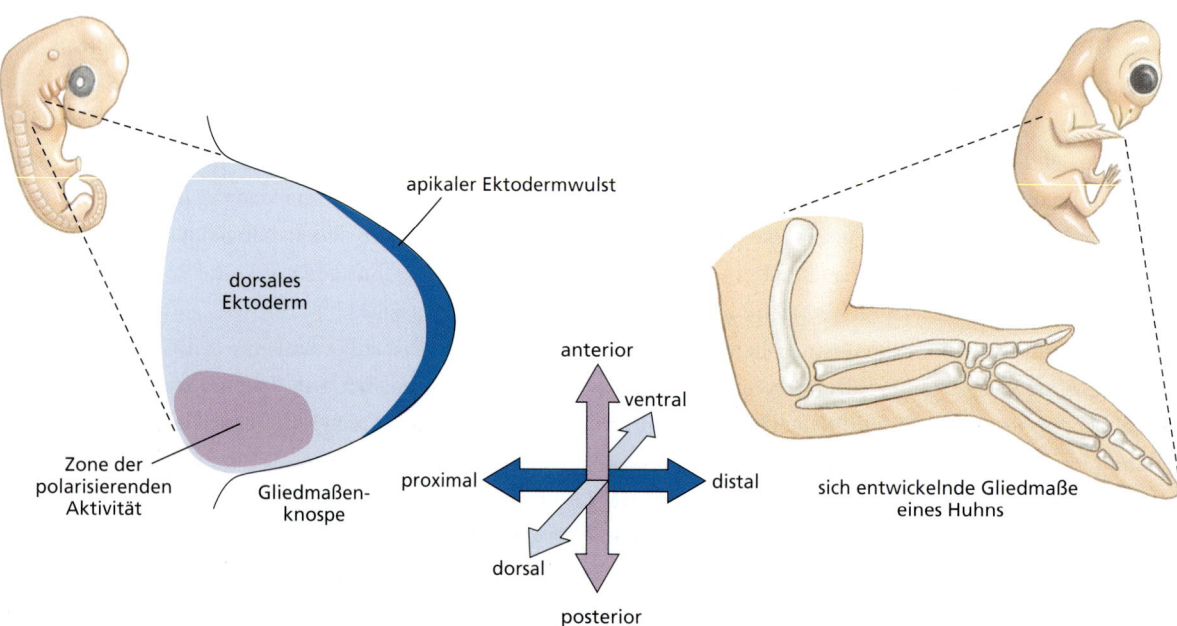

Abbildung 8.20: **Morphogenese der Gliedmaßenanlage eines Wirbeltiers.** Das Knochenskelett einer ausgereiften Vorderextremität eines Huhns ist zur Orientierung wiedergegeben. In der Gliedmaßenanlage werden drei Achsen festgelegt: die proximodistale durch den Fibroblastenwachstumsfaktor (FGF) aus dem apikalen Ektodermwulst, die anteroposteriore durch das Sonic-hedgehog-Protein aus der Zone der polarisierenden Aktivität und die dorsoventrale durch das Wnt7a-Protein aus dem dorsalen Ektoderm.

dieser Ansatz hervorgegangen ist, spricht man im Jargon der Wissenschaftler gern von „Evo-devo"-Biologie. Sie gründet sich auf die Erkenntnis, dass die Evolution im Wesentlichen ein Vorgang ist, in dessen Verlauf Organismen als Folge von Änderungen des genetischen Kontrollsystems der Individualentwicklung (Ontogenese) sich zu erblich unterschiedlichen Formen „entwickeln" (Phylogenese). Das Wort Evolution bedeutet bei strenger Übersetzung nichts anderes als eben „Entwicklung". Die Tatsache, dass die Gene, welche die Entwicklungsvorgänge steuern, bei so verschiedenen Tieren wie winzigen Taufliegen und Mäusen so ähnlich sind, lässt hoffen, dass es möglich sein wird, die Evolutionsgeschichte der Tiere besser verstehen und rekonstruieren zu können, wenn man herausfindet, wie die genaue Funktionsweise dieser Gene sich so verändert hat, dass Tiere sehr verschiedenen Baus daraus hervorgehen. Die evolutionäre Entwicklungsbiologie hat bereits mehrere Aufsehen erregende Konzepte zu unserer modernen Vorstellung von Evolution beigesteuert, doch ist dieses Forschungsgebiet noch so jung, dass es voreilig wäre, diese Konzepte als wohletabliert anzusehen. Es ist wohl am besten, sie als Richtschnur für zukünftige Forschungen anzusehen.

Sind die Baupläne aller bilateralsymmetrischen Tiere grundlegend ähnlich? Wie wir weiter oben angemerkt haben, zeigt das Gen *chordin,* das eines der Gene ist, die für die Entwicklung des Nervensystems in der Dorsalregion des Froschkörpers notwendig sind, Ähnlichkeit mit dem Gen *short gastrulation*, das für die Entwicklung des ventralen Nervenstranges bei der Fliege *Drosophila* notwendig ist. Außerdem hat man gefunden, dass das Gen *decapentaplegic* die dorsale Entwicklung bei *Drosophila* fördert, und dass ein ähnliches Gen namens *bone morphogenetic protein-4* (mit dem Genprodukt BMP-4) die ventrale Entwicklung beim Frosch fördert. Insekten und Amphibien – deren Baupläne so verschieden erscheinen – verfügen also über ein ganz ähnliches Kontrollsystem für die dorsoventrale Musterbildung, mit der Ausnahme, dass das eine relativ zum anderen auf dem Kopf steht. Diese Ergebnisse haben zu einer Neubewertung einer Idee geführt, die der französische Naturforscher Etienne Geoffroy St. Hilaire bereits 1822 vorgebracht hatte, nachdem er festgestellt hatte, dass bei einem Hummer, den er seziert hatte, der Nervenstrang über dem Darm lag und das Herz darunter, wenn er das Tier auf den Rücken kehrte. In dieser Stellung entsprach die Anordnung der Organe der bei einem Wirbeltier in normaler (aufrechter) Haltung. Die Vorstellung, dass ein Wirbeltier eine Art invertierter Wirbelloser ist, wurde rasch zurückgewiesen. Heute prüfen die Biologen zum wiederholten Male die Hypothese, dass der Grundbauplan der Protostomier einfach ein auf den Kopf gestellter Deuterostomiergrundbauplan ist.

Lässt sich der anatomische Bau ausgestorbener Vorläuferarten aus den Entwicklungsgenen ihrer rezenten Nachfahren rückschließen? Der Umstand, dass die Dorsoventralmusterung bei den Protostomiern und den Deuterostomiern ähnlich ist, legt den Schluss nahe, dass der jüngste gemeinsame Vorfahre beider Linien ein ähnliches dorsoventrales Grundmuster mit einem Herzen und einem Nervensystem besessen haben könnte, die durch einen dazwischenliegenden Darm voneinander getrennt waren. Man kann weiterhin aus der Ähnlichkeit der Gengruppen *Hom* und *Hox* bei den Insekten und den Chordaten schließen, dass der jüngste gemeinsame Vorläufer der Proto- und der Deuterostomier segmentiert gewesen sein sollte, und das die Differenzierung der Segmente von ähnlichen Genen gesteuert worden sein sollte. Diese unbekannte Vorläuferform könnte außerdem zumindest rudimentäre Augen besessen haben. Diese Folgerung ergibt sich aus der Tatsache, dass ähnliche Gene (*eyeless* und *Pax-6*) bei einem weiten Spektrum von protostomen und deuterostomen Arten an der Augenbildung maßgeblich beteiligt sind.

Könnte die Evolution durch eine relativ geringe Zahl von Mutationen einiger weniger Entwicklungsgene fortschreiten statt durch die allmähliche Akkumulation zahlreicher „kleiner" Mutationen? Die Tatsache, dass die Bildung von Beinen oder Augen durch eine Mutation eines Gens induzierbar ist, legt die Schlussfolgerung nahe, dass diese und andere Organe sich modular entwickeln. Falls dies so ist, dann könnten ganze Gliedmaßen ebenso wie andere Organe als Folge einer oder weniger Mutationen verloren gegangen oder in Erscheinung getreten sein. Dies würde Darwins gradualistische These des evolutiven Verlaufs (zumindest in Teilen) in Frage stellen (siehe Kapitel 6). Falls diese Annahme zuträfe, ließe sich die scheinbar sehr schnelle Evolution zahlreicher Tiergruppen während der wenigen Millionen Jahre der so genannten kambrischen Explosion sowie ähnliche Prozesse zu anderen Zeiten der Erdgeschichte leichter erklären. Anstatt auf die Mutationen zahlreicher Gene, welche jeweils nur einen kleinen Effekt gehabt hätten, angewiesen zu sein, könnte die Evolution verschiedenartiger Tiergruppen das Ergebnis von Änderungen des zeitlichen Verlaufs der Expression oder der Anzahl relativ weniger Entwicklungsregulationsgene gewesen sein.

Wirbeltierentwicklung 8.8

8.8.1 Das gemeinsame Erbe der Vertebraten

Eine hervorstechende Folge der gemeinsamen Herkunft der Wirbeltiere ist das ihnen gemeinsame Muster der Individualentwicklung. Dieses allgemeine Grundmuster wird am besten anhand der bemerkenswerten Ähnlichkeiten der postgastrulären Wirbeltierembryonen deutlich (▶ Abbildung 8.21). Die Ähnlichkeit wird in einem kurzen Zeitfenster augenfällig, wenn die allen gemeinsamen Schlüsselmerkmale der Chordaten (dorsales Neuralrohr, Chorda dorsalis, Kiementaschen mit Aortenbögen im Schlund, ein ventral gelegenes Herz und ein postanal positionierter Schwanz) hervortreten. Alle diese Merkmale werden in etwa dem gleichen Entwicklungsstadium bei den Vertretern aller Klassen sichtbar.

Diese kurze Zeit auffälliger Ähnlichkeit, wenn sich die verschiedenen Embryonen zum Verwechseln ähnlich sehen, ist umso bemerkenswerter, wenn man sich die große Vielfalt an Eier und stark differierenden Typen der Frühentwicklung vor Augen führt, die auf einen gemeinsamen zugrundeliegenden Entwurf konvergieren. In dem Maß, in dem die Entwicklung fortschreitet, divergieren die Embryonen hinsichtlich des zeitlichen Verlaufs und der Richtung, die die Entwicklung nimmt. Dabei werden sie als zunächst als Angehörige ihrer Klasse erkenntlich, dann als zu einer Ordnung gehörig, schließlich als Mitglieder einer Familie und abschließend als Vertreter einer Art. Die wichtigen Erkenntnisse, die das Studium der frühen Entwicklung von Wirbeltieren zum allgemeinen Verständnis der Homologie und der Evolution durch gemeinsame Abstammung werden in Kapitel 6 im Abschnitt über Ontogenese, Phylogenese und Rekapitulation eingehender dargelegt.

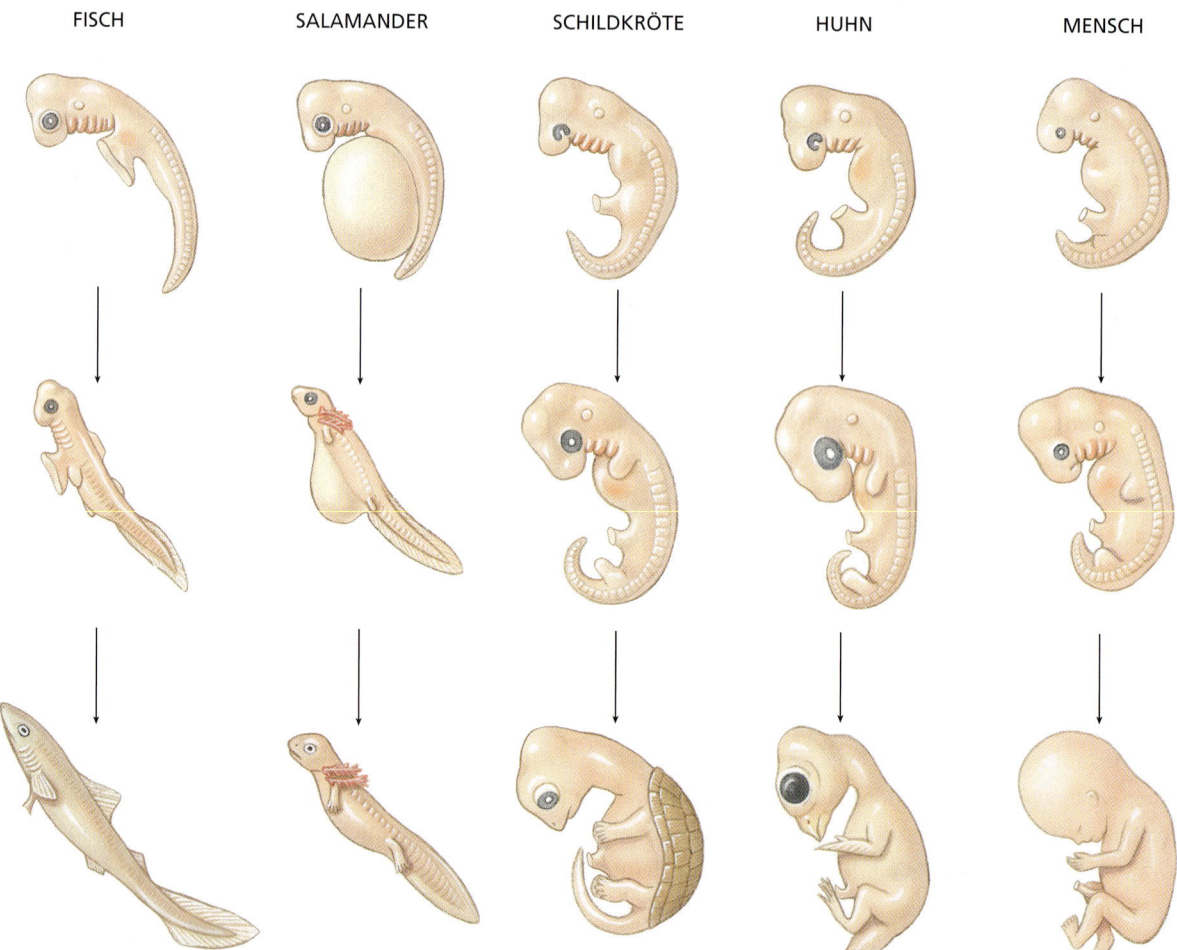

Abbildung 8.21: Frühe Wirbeltierembryonen (Zeichnungen nach fotografischen Vorlagen). So verschiedene Embryonen wie die eines Fisches, eines Salamanders, einer Schildkröte, eines Vogels und eines Menschen lassen nach der Gastrulation erstaunliche Ähnlichkeiten erkennen. Zu diesem Zeitpunkt (obere Reihe) zeigen sie Merkmale, die für das gesamte Subphylum Vertebrata typisch sind. Mit fortschreitender Entwicklung divergieren sie, und jede Form wird zunehmend als einer bestimmten Klasse, Ordnung, Familie und – letztendlich – Art erkennbar.

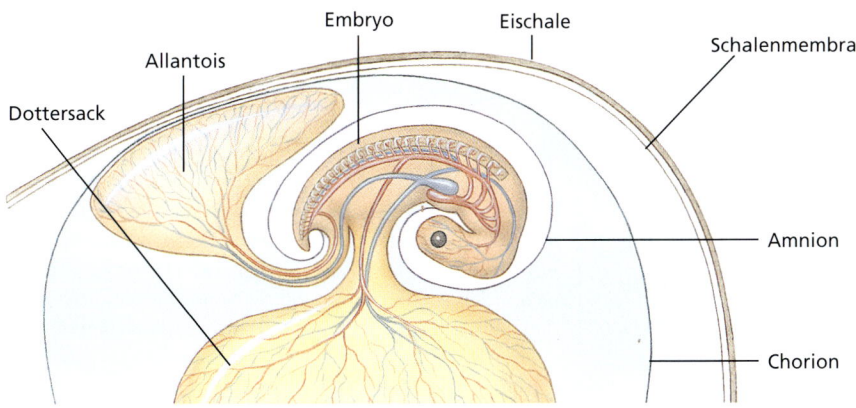

Abbildung 8.22: **Das Amnion ist ein ausgefeiltes Versorgungssystem für das Amniotenei.** Ein Amniotenei zu einem frühen Zeitpunkt in der Entwicklung am Beispiel eines Hühnerembryos und seiner extraembryonalen Membranen.

8.8.2 Amnioten und das Amniotenei

Kriechtiere (Reptilien), Vögel und Säugetiere bilden eine monophyletische Gruppierung der Wirbeltiere (Vertebraten), die als **Amnioten** bezeichnet wird. Die Namensgebung gründet sich auf die Entwicklung der Embryonen dieser Tiere in einem als **Amnion** (innere Eihaut; im strengen Sinn die die Fruchtblase umgebende Membran; im weiteren Sinn auch für die gesamte Fruchtblase verwendet) bezeichneten, membranösen Sack. Das Amnion ist eine von vier **extraembryonalen Membranen**, die ein ausgefeiltes Versorgungssystem für das **Amniotenei** darstellen (▶ Abbildung 8.22). Dieses System hat sich herausgebildet, als im späten Paläozoikum die ersten Amnioten auf den Plan traten.

Das Amnion ist eine flüssigkeitsgefüllte Blase, die Fruchtblase, die den Embryo umgibt und so eine aquatische Umgebung bereitstellt, in der der Embryo schwebt. Dadurch wird ein versehendliches Ankleben des Gewebes verhindert; außerdem wirkt die Flüssigkeit als hydraulischer Stoßdämpfer, der Erschütterungen und andere schädliche mechanische Einwirkungen abfängt. Das eine Hülle tragende Amniotenei konnte in Nestern auf dem Land abgelegt werden. Dies machte die frühen Amnioten von aquatischen Umgebungen vollständig frei und ermöglichte eine ungehinderte Eroberung des Festlandes durch die Wirbeltiere.

Die Evolution der zweiten extraembryonalen Membran, des **Dottersacks**, geht zeitlich dem Erscheinen der Amnioten um etliche Millionen Jahre voraus. Der Dottersack mit dem darin eingeschlossenen Dotter ist ein auffälliges Merkmal aller Fischembryonen. Nach dem Ausschlüpfen aus dem Ei, ist eine heranwachsende Fischlarve zunächst von den verbliebenen Dotterreserven abhängig, bis sie in der Lage ist, sich selbstständig zu ernähren (▶ Abbildung 8.23). Die Dottermasse ist eine extraembryonale Bildung, da sie kein Teil des eigentlichen Embryos ist, und der Dottersack ist eine extraembryonale Membran, weil sie ein akzessorisches Gebilde ist, die sich außerhalb des Embryos entwickelt und verworfen wird, sobald der Dottervorrat aufgebraucht ist.

Die **Allantois** (Harnhaut, embryonaler Harnsack) ist eine Blase, die aus dem Enddarm auswächst und während der Entwicklung als Auffangbehälter für Stoffwechselendprodukte dient. Sie dient weiterhin als respiratorische Oberfläche zum Austausch von Sauerstoff und Kohlendioxid.

Das **Chorion** (Zottenhaut) liegt dicht unterhalb der Eischale und umschließt den Rest des embryonalen Systems vollständig. Wenn der Embryo heranwächst und sich sein Sauerstoffbedarf vergrößert, verschmelzen Allantois und Chorion zur **Chorioallantois**. Diese Doppelmembran wird von einem dichten Netzwerk aus Blutgefäßen versorgt, das mit dem embryonalen Kreislauf verbunden ist. Dicht unterhalb der porösen Eischale gelegen, dient die vaskuläre Chorioallantois als „provisorische Lunge", durch die Sauerstoff und Koh-

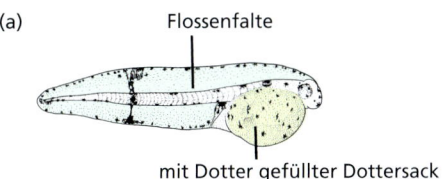

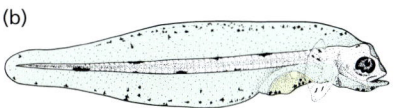

Abbildung 8.23: **Fischlarven mit Dottersäcken.** (a) Eintägige Larve einer Flunder mit einem großen Dottersack. (b) Nach zehn Tagen des Wachstums hat die Larve einen Mund, Sinnesorgane und einen primitiven Verdauungstrakt entwickelt. Da ihr Dottervorrat nun erschöpft ist, muss sie selbst Nahrung fangen, um weiterleben und wachsen zu können.

lendioxid relativ ungehindert ausgetauscht werden können. Ein Amniotenei stellt also ein komplettes Lebenserhaltungssystem für den Embryo dar, das in eine widerstandsfähige Außenschale eingehüllt ist. Das amniotische Ei ist eine der bedeutendsten Anpassungen, die sich in der Ahnenreihe der Wirbeltiere evolviert hat.

Die Evolution des schalentragenden Amnioteneies hat die intrakorporale Befruchtung zu einer notwendigen Bedingung für die Fortpflanzung werden lassen. Ein Männchen muss seine Spermien unmittelbar in die Fortpflanzungsgänge des Weibchens praktizieren, da die Samenzellen die Eizelle erreichen und befruchten müssen, bevor die harte Eischale ausgebildet wird.

8.8.3 Die Plazenta und die Frühentwicklung der Säugetiere

Statt sich eingeschlossen in eine Eischale zu entwickeln wie die anderen Amnioten, haben die Embryonen der meisten Säugetiere die für sie günstige Strategie evolviert, sich im Körper des Muttertiers zu entwickeln. Wir haben bereits gelernt, dass die Gastrulation des Säugetierembryos enge Parallelen zu der anderer Amnioteneier erkennen lässt. Die frühesten Säugetiere waren noch eierlegend, und selbst heute existieren noch einige wenige Säugetierarten, die diesen primitiven Zustand beibehalten haben. Die Kloakentiere (**Monotremata**) wie das Schnabeltier mit seiner an eine Ente erinnernden Schnauze und der Ameisenigel legen große, dotterreiche Eier, die Vogeleiern sehr ähnlich sind. Bei den Beuteltieren (**Marsupialia**) wie den Kängurus und den Opossums entwickelt sich der Embryo eine Zeit lang in der Gebärmutter des mütterlichen Körpers. Der Beuteltierembryo setzt sich jedoch in der Gebärmutterwand fest. Als Folge davon erhält er bis zu seiner Geburt nur wenige Nährstoffe vom Muttertier. Die Jungen der Beuteltiere werden daher in einem sehr unreifen Zustand geboren und verstecken sich in einer Hautfalte (dem Beutel) der mütterlichen Abdominalwand. Dort werden sie über Drüsen mit Milch versorgt (die Fortpflanzung der Säugetiere wird in Kapitel 28 (Säugetiere) eingehender besprochen).

Alle anderen Säugetiere, die 94 Prozent aller Arten der Classis Mammalia ausmachen, sind **Plazentalier** (Plazentatiere). Diese Säugetiere zeichnen sich durch den Besitz einer **Plazenta** (Mutterkuchen) aus, die eine bemerkenswerte fötale Bildung darstellt, durch die der Embryo ernährt wird. Die Evolution dieses Fötalorgans erforderte weitreichende Restrukturierungen, nicht nur solche der extraembryonalen Membranen, um die Pla-

> **Exkurs**
>
> Eines der verblüffendsten Probleme, die sich im Zusammenhang mit der Plazenta stellen, ist die Frage, warum dieses Organ nicht durch das Immunsystem des Muttertiers abgestoßen wird? Sowohl die Plazenta wie der Embryo sind genetisch teilweise verschieden vom Muttertier, weil sie Proteine aus der Gruppe der Haupthistokompatibilitätsantigene (für Einzelheiten hierzu, siehe Kapitel 35) aufweisen, die sich von denen des Muttertiers unterscheiden. Das Abwehrsystem des Muttertiers sollte daher Plazenta und Embryo als fremd, nicht zum Körper gehörig erkennen und angreifen. Man würde also erwarten, dass die Gebärmutter den Embryo in der gleichen Weise abstoßen sollte wie ein Organ, das vom Körper eines Kindes auf den der Mutter verpflanzt wird. Die Plazenta ist ein Fremdtransplantat (allogenes Transplantat) von einzigartigem Erfolg, weil es ihr gelingt, die Immunreaktion, die normalerweise vom mütterlichen Organismus gegen sie und den Embryo einsetzen würde, zu unterdrücken. Experimentelle Befunde deuten darauf hin, dass das Chorion Proteine ausschüttet und auch selbst weiße Blutkörperchen (Lymphocyten) erzeugt, welche die normale Immunreaktion des mütterlichen Immunsystems blockieren, indem sie die Bildung von Antikörpern unterbinden.

zenta zu bilden, sondern auch des maternalen Eileiters, von dem sich ein Teil als Langzeitbehausung für Embryonen zur Gebärmutter (Uterus) umbilden musste. Ungeachtet dieser Modifikationen ist die Entwicklung der extraembryonalen Membranen bei den plazentalen Säugetieren der bei den eierlegenden Amnioten bemerkenswert ähnlich (siehe Abbildungen 8.22 und ▶ 8.24).

Frühstadien der Säugetierentwicklung wie die in Abbildung 8.13e gezeigten, laufen ab, während die **Blastozyste** den Eileiter (Oviduct) in Richtung Gebärmutter (Uterus) hinab wandert. Dabei wird sie vom Cilienschlag und muskulärer Peristaltik vorangetrieben. Wenn die Blastozyste des Menschen etwa sechs Tage alt ist und aus ca. hundert Zellen besteht, nimmt sie Kontakt mit dem Endometrium (Uterusschleimhaut) der Gebärmutter auf (▶ Abbildung 8.25). Nach der Kontaktaufnahme proliferieren die Trophoblastenzellen rasch und erzeugen Enzyme, die das Epithel des Endometriums auflösen. Diese Veränderungen erlauben es der Blastozyste, sich in das Endometrium einzunisten (Implantation des Embryos). Am elften oder zwölften Tag ist die Blastozyste vollständig eingesunken und von einem See maternalen Blutes umgeben. Der Trophoblast verdickt sich und entsendet tausende winziger, fingerartiger Ausstülpungen aus, die **Chorionzotten** (= chorionische Villi). Diese Ausstülpungen senken sich wie Wurzeln in das Endometrium ein, nachdem sich der Embryo ein-

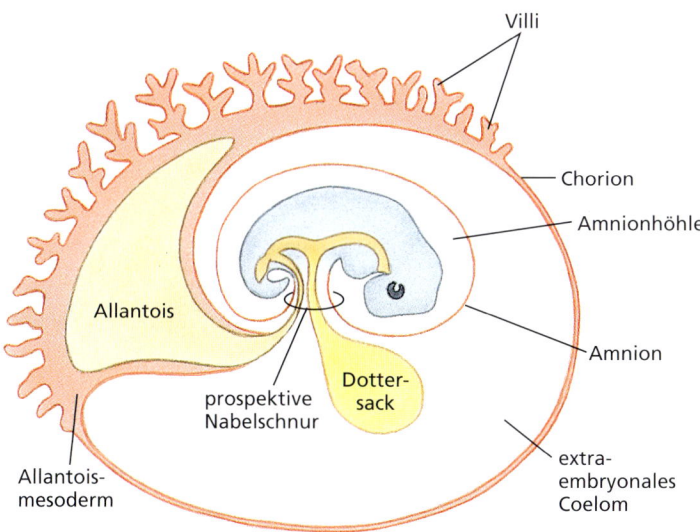

Abbildung 8.24: **Allgemeine Schemazeichnung der extraembryonalen Membranen eines Säugetiers.** Ersichtlich wird, wie stark die Entwicklung der beim Huhn gleicht (siehe Abbildung 8.22). Den meisten extraembryonalen Membranen sind beim Säugetier neue Aufgaben zugekommen.

genistet hat. In dem Maß, in dem die Entwicklung voranschreitet und sich die Bedürfnisse des Embryos nach Nährstoffen und dem Austausch von Atemgasen erhöhen, vergrößert die immense Proliferation der Chorionzotten die Gesamtoberfläche der Plazenta sehr stark. Obwohl eine menschliche Plazenta zum Zeitpunkt der Geburt einen Durchmesser von nur etwa 18 cm hat, liegt die absorbierende Gesamtoberfläche bei ca. 13 Quadratmetern, das ist fünfzigmal mehr als die Hautoberfläche eines neugeborenen Säuglings.

Da der Säugetierembryo geschützt liegt und über die Plazenta versorgt wird, statt sich allein auf den Dottervorrat eines Eies stützen zu müssen, erhebt sich die Frage, was aus den vier extraembryonalen Membranen geworden ist, die er von seinen frühamnioten Vorfahren ererbt hat? Das Amnion liegt unverändert vor – ein schützendes Wasserbett, auf oder besser in dem der Embryo schwebt. Ein flüssigkeitsgefüllter Dottersack ist ebenfalls erhalten geblieben, obwohl er keinen Dotter mehr enthält. Er hat eine neue Aufgabe übernommen: Während

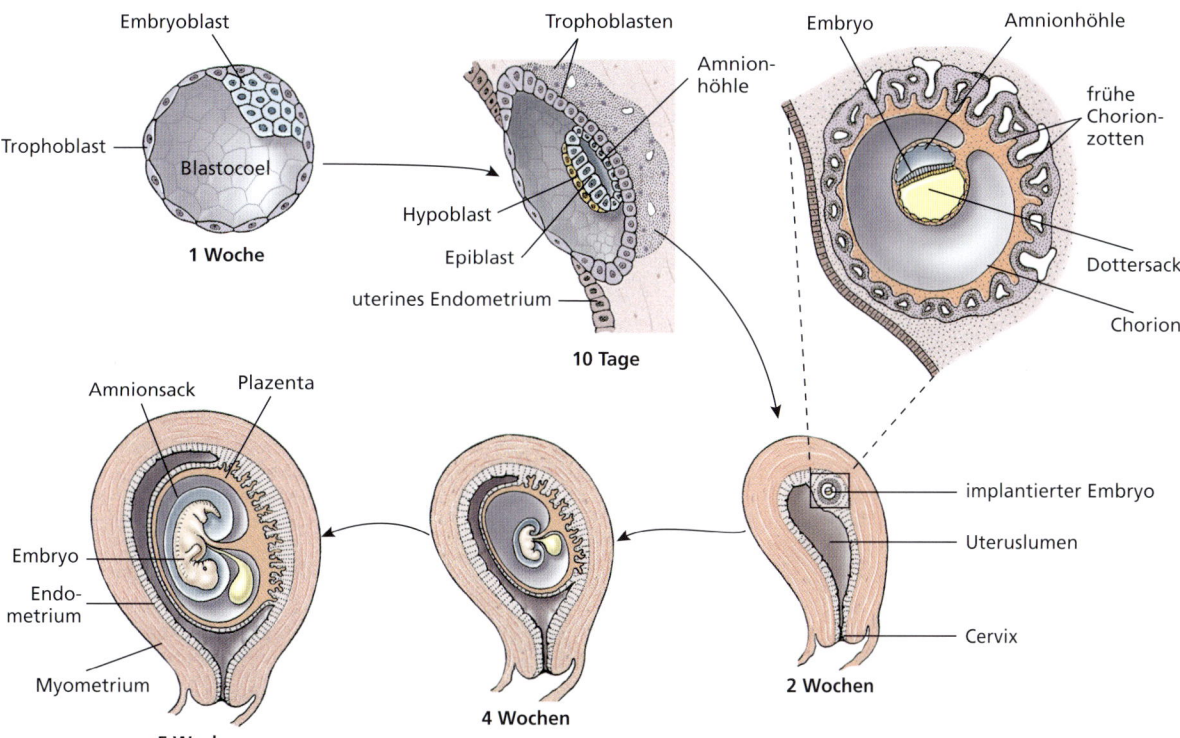

Abbildung 8.25: **Frühstadien der Entwicklung.** Entwicklung des menschlichen Embryos und seiner extraembryonalen Membran.

der frühen Entwicklung ist er eine Quelle für Stammzellen, aus denen Blut- und Lymphzellen hervorgehen. Diese Stammzellen (hämatopoietische Stammzellen) wandern später in den sich entwickelnden Embryo ein. Den beiden verbleibenden extraembryonalen Membranen – die Allantois und das Chorion – kommen ebenfalls neue Aufgaben zu. Die Allantois wird nicht länger als Abfallbehälter für Stoffwechselendprodukte benötigt. Stattdessen ist sie an der Bildung der Nabelschnur, die den Embryo anatomisch und funktionell mit der Plazenta verbindet, beteiligt. Das Chorion als die am weitesten außen liegende der Membranen bildet selbst den größten Teil der Plazenta. Der Rest der Plazenta wird vom benachbarten Endometrium der Gebärmutter gebildet.

Der Embryo wächst rasch heran; beim Menschen haben sich am Ende der vierten Woche alle wesentlichen Organe zu bilden begonnen. Der Embryo ist zu dem Zeitpunkt ungefähr 5 mm lang und wiegt etwa 0,02 g (= 20 Milligramm). Während der ersten beiden Wochen der Entwicklung (der Germinalphase = **Keimphase**) ist der Embryo gegen Einflüsse von außen ziemlich unempfindlich. Im Verlauf der darauffolgenden acht Wochen – der **Embryonalphase**, in der alle wesentlichen Organe und die Körperform herausgebildet werden (Organogenese + Morphogenese) – ist der Embryo empfindlicher gegen Störungen, die Missbildungen hervorrufen könnten (etwa die Aufnahme von Alkohol oder anderen Drogen oder bestimmten Medikamenten durch die Mutter), als zu jeder anderen Zeit während seiner Entwicklung. Etwa zwei Monate nach der Befruchtung geht der Embryo in einen Zustand über, der als **Fötus** (= Fetus) bezeichnet wird. Dadurch wird die **fötale Entwicklungsphase** eingeläutet, in der im wesentlichen Wachstum erfolgt, obgleich auch einige Organsysteme (insbesondere das Nervensystem und das endokrine System) fortfahren, sich zu entwickeln. Der Fötus wächst von ungefähr 29 mm und 2,7 g nach 60 Tagen auf etwa 350 mm und 3000 g zum Zeitpunkt der Geburt (270 Tage) heran.

8.9 Die Entwicklung von Organsystemen

Im Verlauf der Gastrulation der Wirbeltiere werden die drei Keimblätter ausgebildet. Diese differenzieren sich, wie wir gelernt haben, zunächst in primordiale Zellmassen und danach zu spezifischen Organen und Geweben. Während diese Vorgänge ablaufen, spezialisieren

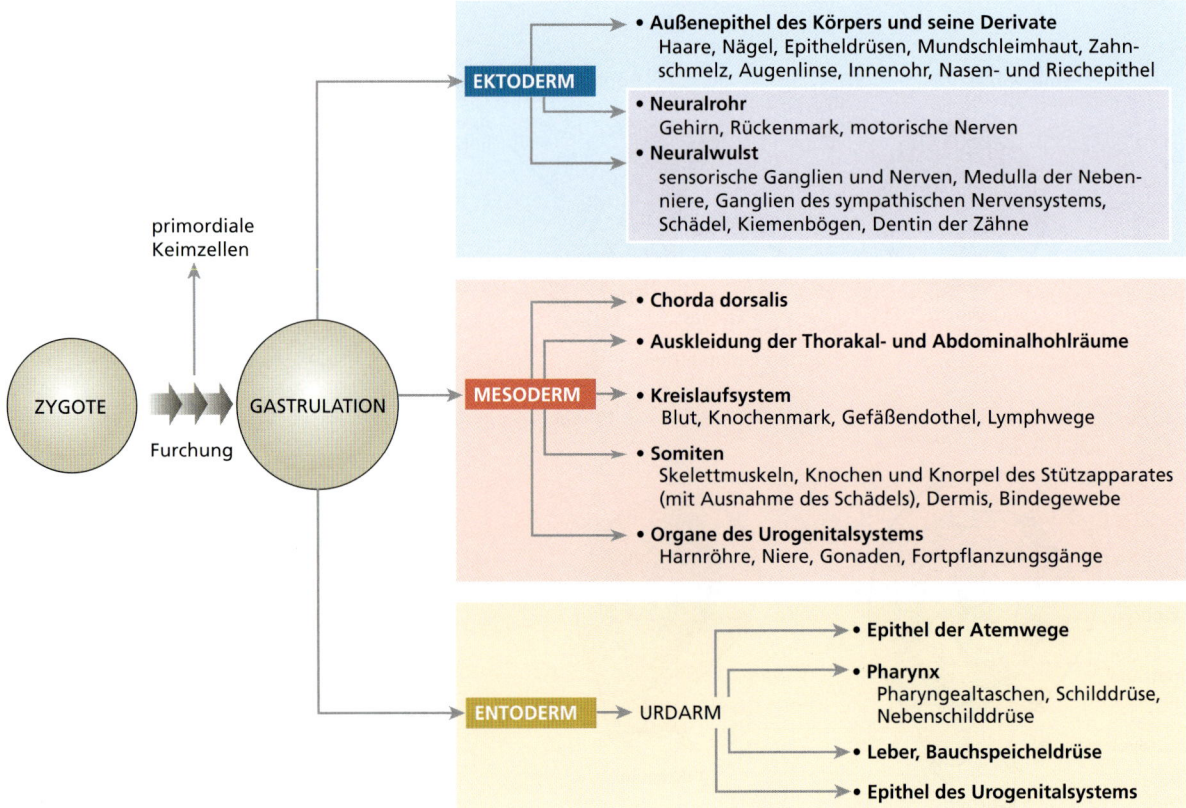

Abbildung 8.26: **Schematische Derivat-Darstellung.** Von den drei primären Keimblättern beim Säugetier abgeleitete Bildungen.

8.9 Die Entwicklung von Organsystemen

> **Exkurs**
>
> Die Zuweisung früher embryonaler Gewebeschichten zu bestimmten Keim*blättern* (die man nicht mit den Keim*zellen* – Eizellen und Spermien – verwechseln darf) geschieht in erster Linie, um dem Embryologen das Leben zu erleichtern und hat für den Embryo keine große Bedeutung. Obwohl sich die drei Keimblätter im Normalfall zu den hier beschriebenen Organen und Geweben differenzieren, sind es nicht die Keimblätter an sich, die den Differenzierungsverlauf festlegen, sondern vielmehr die Positionen, die embryonale Zellen relativ zu anderen Zellen des Gesamtverbandes einnehmen.

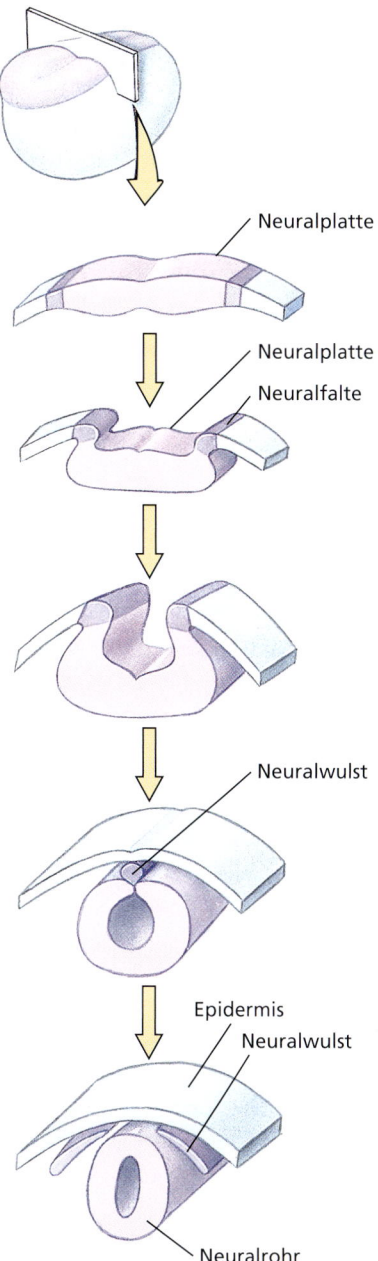

sich die Zellen zunehmend in bestimmte Richtungen der Differenzierung. Bildungen, die sich von den drei Keimblättern ableiten, sind in ▶ Abbildung 8.26 tabellarisch aufgeführt.

8.9.1 Derivate des Ektoderms: Nervensystem und Nervenwachstum

Das Gehirn, das Rückenmark und praktisch alle äußeren epithelialen Bildungen des Körpers entwickeln sich aus dem primitiven Ektoderm. Sie gehören zu den frühesten in Erscheinung tretenden Organen. Direkt über der Chorda dorsalis verdickt sich das Ektoderm zur **Neuralplatte**. Die Kanten dieser Platte erheben sich, falten sich nach innen und stoßen an der Spitze zusammen, wobei das langgestreckte, hohle **Neuralrohr** gebildet wird. Aus dem Neuralrohr gehen die meisten Teile des Nervensystems hervor: anterior vergrößert und differenziert es sich zum Gehirn und den Hirnnerven; posterior bildet sich aus ihm das Rückenmark und die motorischen Spinalnerven. Ein großer Teil des restlichen peripheren Nervensystems leitet sich von den Zellen des **Neuralwulstes** her, die sich vom Neuralrohr abschnüren, bevor sich dieses schließt (▶ Abbildung 8.27). Zu der Vielzahl unterschiedlicher Zelltypen und anatomischer Strukturen, die zusammen mit dem Neuralwulst ihren Ursprung nehmen, gehören Anteile der Hirnnerven, Pigmentzellen des Auges, Knorpel und Knochen des größten Teils des Schädels einschließlich der Kiefer, die Ganglien des autonomen Nervensystems, die Medulla der Nebenniere, sowie Beiträge zu diversen anderen endokrinen Drüsen. Das Neuralwulstgewebe kommt nur bei den Vertebraten vor und war vermutlich von erstrangiger Bedeutung für die Evolution des Kopfes und der Kiefer der Wirbeltiere.

Wie werden die Milliarden von Nervenzellfortsätzen (Axone) im Körper gebildet? Was bestimmt die Richtung

Abbildung 8.27: **Neuralrohr und Neuralwulst.** Entwicklung des Neuralrohrs und der Neuralwulstzellen aus dem Neuralplattenektoderm.

ihres Wachstums? Den Biologen machten diese verzwickten Fragen, auf die es keine einfachen Antworten zu geben schien, zu schaffen. Da ein einzelnes Axon über einen Meter lang werden kann (zum Beispiel die Axone der motorischen Nerven, die vom Rückenmark zu den Zehen laufen), schien es unmöglich zu sein, dass eine Einzelzelle über eine so weite Strecke „vorfühlen" kann. Die Antwort auf diese Frage musste warten, bis eine der leistungsfähigsten Methoden, die dem Biologen zur Verfügung stehen, entwickelt und perfektioniert worden war – die Zellkulturtechnik.

Im Jahr 1907 entdeckte der Embryologe Ross Harrison, dass er lebende Neuroblasten (embryonale Nerven(bildungs)zellen) über Wochen in Kulturen außerhalb des Körpers am Leben erhalten konnte, wenn er sie an der Unterseite eines Deckgläschens in einem Tropfen Lymphflüssigkeit eines Frosches unterbrachte und dafür sorgte, dass sie nicht austrockneten. Als er das Nervenwachstum über Tage hinweg verfolgte, fiel ihm auf, dass jedes Axon ein langgestreckter Fortsatz einer einzigen Zelle war. Beim Auswachsen der Axone flossen Stoffe, die für das Wachstum benötigt wurden, durch die Mitte des Axons hin zur Spitze des Zellfortsatzes, an dem das Wachstum sich vollzog, dem so genannten Wachstumskegel des Axons. Dort wird neues Protoplasma und eine neue Cytoplasmamembran gebaut (▶ Abbildung 8.28).

Die zweite Frage, die auf die Richtungsfindung des Nervenwachstums zielt, war schwieriger zu beantworten. Eine Vorstellung, die sich bis in die 40er Jahre des 20. Jahrhunderts hielt, ging davon aus, dass das Nervenwachstum ein zufälliger, diffuser Prozess ist. Eine vieldiskutierte Hypothese ging davon aus, dass sich das Nervensystem als ein Äquipotenzialnetzwerk entwickle; das bedeutet in etwa, dass es als „unbeschriebenes Blatt" entsteht und erst durch den Gebrauch „eingeschliffen", also in einen funktionstüchtigen Zustand überführt

Exkurs

Die Zellkulturtechnik, die Ross Harrison entwickelt hat, wird heute von Wissenschaftlern in allen Bereichen der biomedizinischen Forschung intensiv genutzt. Die wahre Bedeutung dieser Technik ist erst in den letzten zwei Jahrzehnten wirklich ersichtlich geworden. Harrison war zweimal für einen Nobelpreis vorgeschlagen worden (1917 und 1933), doch erhielten beide Male andere Forscher die Preise für andere Leistungen, da die seinerzeitige Einschätzung dahin ging, dass die Technik der Zellkultur von „begrenztem Wert" sei.

wird. Das Nervensystem schien in einer schier unvorstellbaren Weise viel zu komplex zu sein, als dass Nervenfasern ihre vorbestimmten Ziele in einer vorherbestimmten Weise zu finden in der Lage sein sollten. Und doch schien es so, dass dies genau das war, was passierte! Forschungen an Nervensystemen von Wirbellosen deuten darauf hin, dass jede der Milliarden von Nervenzellaxonen eine irgendwie unterschiedliche Identität annimmt, die es dann irgendwie auf einem vorgezeichneten Weg an sein Ziel führt. Viele Jahre zuvor hatte Harrison beobachtet, dass ein auswachsendes Nervenzellaxon in einem Wachstumskegel endete, aus dem sich zahlreiche, winzige, fädige, pseudopodiale Fortsätze ausstrecken, die Filopodien (lat. *fila*, Faden + gr. *podos*, Fuß) genannt werden (Abbildung 8.28). Neuere Forschungen haben dann erwiesen, dass der Wachstumskegel auf seinem Weg durch eine Fährte aus Spurmolekülen gelenkt wird, die von dem Ziel, das das Axon ansteuert, ausgeschüttet werden. Dieses chemische Locksystem, das natürlich genetisch gesteuert werden muss, ist nur ein Beispiel für die verblüffende Flexibilität, die den gesamten Prozess der Differenzierung kennzeichnet.

8.9.2 Derivate des Entoderms: Verdauungskanal und das Schicksal der Kiemenbögen

Beim Froschembryo tritt der primitive Darm während der Gastrulation in Form des **Archenterons** (Urdarm) in Erscheinung. Aus dieser simplen entodermalen Höhlung entwickelt sich die Auskleidung des Verdauungstraktes, die Innenauskleidung des Schlundes und der Lungen, der größere Teil der Leber und der Bauchspeicheldrüse, die Schilddrüse und die Nebenschilddrüsen, sowie der Thymus (siehe Abbildung 8.26).

Bei anderen Wirbeltieren entwickelt sich aus dem primitiven Darm der **Verdauungskanal** und faltet sich

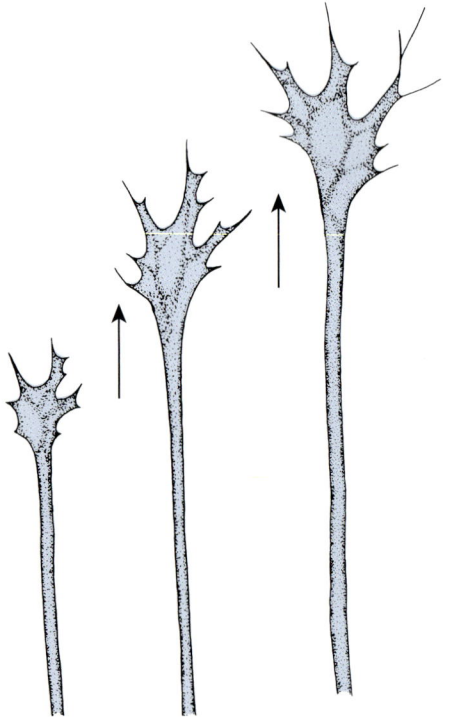

Abbildung 8.28: Wachstumskegel am auswachsenden Ende eines Nervenaxons. Bau von neuem Protoplasma und einer neuen Cytoplasmamembran.

durch Wachstum und Faltung der Körperwand vom Dottersack ab (▶ Abbildung 8.29). Die Enden des Rohres öffnen sich nach außen und sind mit Ektoderm ausgekleidet, wohingegen der Rest des Rohres mit Entoderm ausgekleidet ist. **Lungen**, **Leber** und **Bauchspeicheldrüse** (Pankreas) entstehen aus dem Vorderdarm.

Zu den merkwürdigsten Derivaten des Verdauungstraktes gehören die Schlundtaschen, die bei allen Wirbeltieren in den frühen Embryonalstadien in Erscheinung treten (siehe Abbildung 8.21). Während ihrer Entwicklung treten die mit Entoderm ausgekleideten Schlundtaschen mit dem darüber liegenden Ektoderm in Wechselwirkung und bilden gemeinsam die Kiemenbögen aus. Bei den Fischen entwickeln sich die Kiemenbögen zu Kiemen und deren Stützapparat und dienen als Atmungsorgane. Als die frühen Vertebraten begannen, das Land zu besiedeln, waren Kiemen für die Luftatmung ungeeignet. Die Aufgabe der Respiration ging auf die unabhängig evolvierten Lungen über.

Warum werden dann die Kiemenbögen auch bei den Embryonen der terrestrischen Vertebraten angelegt? Bestimmt nicht, um den Biologen, die diese und andere embryonale Bildungen heranziehen, um die Abstammungslinie der Wirbeltiere zu erforschen, das Leben zu erleichtern. Obwohl den Kiemenbögen weder bei den Embryonen noch den Adultformen der terrestrischen Wirbeltiere eine respiratorische Funktion zufällt, sind sie als notwendige Primordialanlagen für eine Reihe anderer Organbildungen unabdingbar. So bildet etwa der erste Kiemenbogen zusammen mit seiner entodermal ausgekleideten Tasche (dem Raum zwischen benachbarten Kiemenbögen) den Ober- und den Unterkiefer,

sowie das Innenohr von Vertebraten. Die zweite, die dritte und die vierte Kiementasche tragen zur Bildung der Mandeln, der Nebenschilddrüsen und des Thymus bei. Daran lässt sich leicht ablesen, warum Kiemenbögen und andere an Fische erinnernde Strukturen bei frühen Säugetierembryonen auftauchen. Die ursprüngliche Funktion wurde aufgegeben, aber die anatomischen Strukturen erfüllen ihre neuen Aufgaben. Der ausgeprägt konservative Charakter der frühen Embryonalentwicklung gewährt uns einen bequemen, gewissermaßen teleskopischen Blick auf die Evolutionsgeschichte.

8.9.3 Derivate des Mesoderms: Stützapparat, Bewegung und das schlagende Herz

Das Mesoderm (das mittlere Keimblatt) bildet den Großteil des Skeletts und des Muskelsystems, außerdem das Kreislaufsystem sowie die ableitenden Organe des Harnsystems und die Fortpflanzungsorgane (siehe Abbildung 8.26). In dem Maß, in dem die Wirbeltiere an Größe und Komplexität des Baus zugelegt haben, nahmen vom Mesoderm abgeleitete Stütz-, Bewegungs- und Transportstrukturen einen immer größeren Teil des Körpers ein.

Die meisten Muskeln entstehen aus dem Mesoderm zu beiden Seiten des Neuralrohrs (Seitenplattenmesoderm) (▶ Abbildung 8.30). Diese Anteile des Mesoderm gliedern sich in eine lineare Folge von blockartigen Somiten (beim Menschen 38 Stück), die durch Spaltung, Fusion und Wanderung zum Achsenskelett, der Dermis

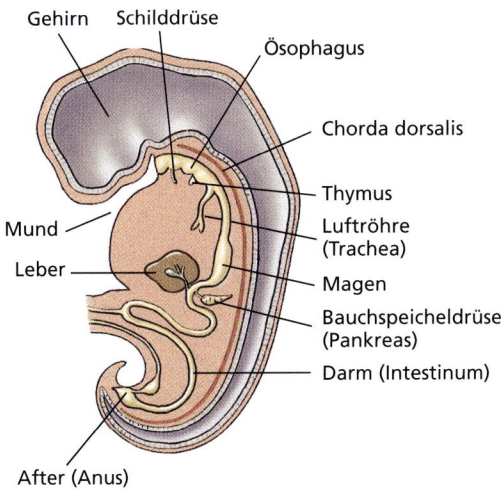

Abbildung 8.29: Verdauungskanal. Derivate des Verdauungskanals eines menschlichen Embryos.

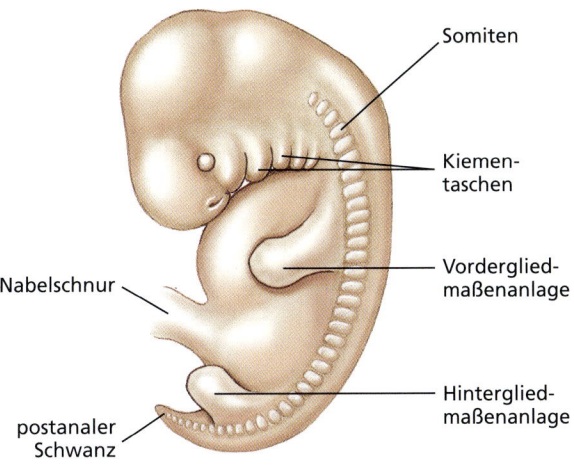

Abbildung 8.30: Menschlicher Embryo mit Somiten. Diese Somiten differenzieren sich nachfolgend in die Skelettmuskulatur und das Achsenskelett.

der dorsalen Haut und zu den Muskeln des Rückens, der Körperwand und der Gliedmaßen werden.

Das Mesoderm bringt das erste funktionsfähige Organ, das embryonale Herz, hervor. Vom darunterliegenden Entoderm geleitet, gehen zwei Gruppen präkardialer Mesodermzellen durch amöbenartige Bewegungen zu beiden Seiten des sich entwickelnden Darms in Stellung. Diese Zellgruppen differenzieren sich zu einem Paar doppelwandiger Röhren, die später zu einer einzigen, dünnen Röhre fusionieren (siehe Abbildung 8.14).

Schon zu dem Zeitpunkt, da die Zellen sich zusammenlagern sind die ersten Zuckbewegungen bereits erkennbar. Im Hühnerembryo, der eines der beliebtesten Modellsysteme der experimentellen Embryologie ist, beginnt das primitive Herz bereits am zweiten Tag der einundzwanzig tägigen Brutphase zu schlagen. Es setzt mit seiner Schlagtätigkeit schon ein, bevor sich die ersten echten Blutgefäße gebildet haben und bevor es überhaupt Blut zu pumpen gibt. Wenn sich das Ventrikelprimordium ausbildet, gehen die spontanen Zuckbewegungen der Zellen in ein koordiniertes Bewegungsmuster über und werden in ihrer Gesamtheit zu einem schwachen, aber rhythmischen Schlag. Danach entwickeln sich neue Herzkammern – eine jede mit einer gegenüber der vorhergehenden erhöhten Schlagzahl.

Schließlich entwickelt sich ein spezialisiertes Areal des Herzmuskels, der **Sinusknoten** (Nodus sinuatrialis). Er ist der zentrale Steuerbereich und legt den Herzschlag des fertigen Organs fest (eine genaue Beschreibung des Herzschlages und der Rolle des Sinusknotens findet sich in Kapitel 31). Der Sinusknoten wird so zum primären Schrittmacher der Herztätigkeit. In dem Maß, in dem das Herz einen starken und wirkungsvollen Schlag entwickelt, öffnen sich im Embryo vaskuläre Kanäle, die sich auch über den Dotter erstrecken. Innerhalb der Gefäße finden sich die ersten, in Blutplasma suspendierten, primitiven Blutzellen.

Die frühe Entwicklung des Herzens und des Kreislaufs ist von entscheidender Bedeutung für die fortgesetzte embryonale Entwicklung. Der Embryo hätte ohne ein Kreislaufsystem keine Möglichkeit, sich in ausreichendem Maße mit den für das Wachstum notwendigen Nährstoffen zu versorgen. Nahrung wird aus dem Dottervorrat absorbiert und in den Körper des Embryos transportiert. Sauerstoff wird zu allen Geweben verbracht, Kohlendioxid und andere Abfallstoffe werden abtransportiert. Ein Embryo ist vollständig auf diese Hilfssysteme angewiesen, und das Kreislaufsystem ist die lebensnotwendige Verbindung zwischen beiden.

ZUSAMMENFASSUNG

Die Entwicklungsbiologie befasst sich mit dem Erscheinen von Ordnung und Komplexität im Verlauf der Bildung eines neuen Individuums auf einer befruchteten Eizelle und den Vorgängen, die diese Abläufe kontrollieren und steuern. Das frühe Konzept der Präformation wurde im 18. Jahrhundert durch die Theorie der Epigenese verdrängt, welche besagt, dass die Ontogenese (Individualentwicklung) das fortschreitende Auftauchen neuer Bildungen ist, die aus den Produkten vorausgegangener Entwicklungsschritte hervorgehen. Die Befruchtung einer Eizelle durch ein Spermium stellt den diploiden Zustand des Chromosomensatzes wieder her und aktiviert dadurch das Ei für seine weitere Entwicklung. Sowohl Spermium wie Eizelle haben Mittel und Wege evolviert, um eine effiziente Befruchtung zu gewährleisten. Das Spermium trägt einen stark kondensierten Zellkern mit einem haploiden Chromosomensatz, der durch einen kraftvollen Flagellenmotor angetrieben wird. Viele Eizellen im Tierreich setzen chemische Lockstoffe frei, die den Spermien den Weg weisen, und die meisten tragen Oberflächenrezeptoren, die nur Spermien der eigenen Art erkennen und selektiv binden. Alle haben Mittel und Wege entwickelt, um eine Mehrfachbefruchtung (Polyspermie) zu verhindern.

Während der Furchungsphase teilt sich ein Embryo rasch und im Allgemeinen synchron. Dabei entsteht eine vielzellige Blastula. Der Verlauf der Furchung wird maßgeblich durch die Menge und die Verteilung des Dotters im Ei beeinflusst. Eier mit wenig Dotter wie die vieler mariner Evertebraten, furchen sich total (holoblastisch) und zeigen für gewöhnlich eine indirekte Entwicklung mit einem zwischen dem Embryonal- und dem Adultstadium liegenden Larvenstadium. Eier mit einem reichen Dottervorrat wie die der Vögel, der Reptilien und der meisten Arthropoden furchen sich nur partiell (meroblastisch). Vögel und Reptilien bilden keine Larvenstadien aus.

Auf der Grundlage mehrerer Entwicklungsmerkmale werden die bilateralen Metazoa in zwei Hauptgruppen eingeteilt. Die Protostomier sind durch eine Mosaikfurchung und den Umstand gekennzeichnet, dass sich der prospektive Mund im Bereich des Urmundes (Blastoporus) bildet. Kennzeichnend für die Deuterostomier sind hingegen eine regulative Furchung sowie die sekundäre Bildung des prospektiven Mundes an einem vom Blastoporus entfernt liegenden Punkt.

Während der Gastrulation wandern Zellen von der Oberfläche des Embryos in das Innere der Hohlkugel, die der Embryo zu diesem Zeitpunkt darstellt, und tragen zur Bildung dreier Keimblätter (Ektoderm, Mesoderm und Entoderm) bei. Der Grundbauplan des Embryos wird etabliert. Wie die Furchung, wird auch die Gastrulation von der Dottermenge stark beeinflusst.

Ungeachtet des unterschiedlichen Entwicklungsschicksals embryonaler Zellen enthält jede Zelle ein vollständiges Genom und damit identische genetische Information im Zellkern. Die Frühentwicklung wird von maternalen Faktoren bestimmt, die im Cortex des Eies als cytoplasmatische Determinanten abgelegt sind. Sie werden während der Oogenese gebildet und eingelagert und steuern die Entwicklung bis zum Abschluss der Furchung. Mit dem Einmünden in die Gastrulation verschiebt sich die Kontrolle zunehmend von maternalen hin zu embryonalen Faktoren, weil der Embryo damit beginnt, die eigene Erbinformation in den Zellkernen seiner Zellen zu transkribieren.

Die harmonische Differenzierung der Gewebe vollzieht sich in drei allgemeinen Stadien: Musterbildung, Festlegung der Lage im Körper und Induktion der Gliedmaßen und Organe, die jeder Position zukommen. Jedes der Stadien wird durch Morphogene ausgelöst und gesteuert. Die Musterbildung umfasst die Festlegung der Hauptachsen des Körpers, der anterioposterioren, der dorsoventralen und der Linksrechtsachse. Bei den Amphibien wird die anterioposteriore Achse (= cephalocaudale Achse) durch Morphogene wie das Chordin bestimmt, das vom Spemann'schen Organisator im grauen Halbmond der Zygote freigesetzt wird. Bei Fliegen wie Drosophila wird diese Körperachse durch das Protein Bicoid festgelegt; Bicoid ist ein maternaler Faktor, der durch die Transkription einer in der Eizelle abgelegten mütterlichen mRNA des bicoid-Gens erzeugt wird. Bei diesen und anderen segmentierten Tieren aktivieren solche Morphogene die Ablesung von Genen, die den Körper in Kopf, Thorax und Abdomen und nachfolgend in korrekt ausgerichtete Segmente unterteilen. Die jedem einzelnen Segment zukommenden Strukturbildungen werden dann von homöotischen Genen induziert, die durch eine bestimmte Sequenz innerhalb des codierenden Bereiches der Gene gekennzeichnet sind, die Homöobox genannt wird. Bestimmte Mutationen von Homöoboxgenen ziehen die Bildung fehlgeleiteter Strukturen an einem Segment nach sich, zum Beispiel die Bildung von Beinen am Kopf.

Die anterioposteriore Ausrichtung eines Embryos wird durch homöotische und weitere, eine Homöobox enthaltende Gene festgelegt, die sich auf bestimmten Chromosomen zu einer oder mehrerer geordneter Gengruppen zusammengefasst finden. Die als Hox-Gene bezeichneten Erbfaktoren treten nicht nur bei Insekten wie Drosophila und Amphibien auf, sondern offenbar bei allen Tieren. Jedes Hox-Gen ist nur in einem bestimmten Bereich des Körpers aktiv; dieser anatomische Bereich ist abhängig von der Position des betreffenden Gens in seiner Gengruppe auf dem Chromosom. Ein Hox-Gen, das an einem Ende der Gengruppe liegt, wird daher an anterioren Ende des Embryos seine Aktivität entfalten und die Bildung eines Morphogens veranlassen, das die Entwicklung von Strukturen des Kopfes in Gang setzt. Dasjenige Hox-Gen am anderen Ende der Gengruppe beeinflusst dann die Morphogenese am posterioren Ende des Körpers. Die Dorsoventral- und die Linksrechtsachse werden durch Morphogene festgelegt, die nur in den dafür geeigneten Regionen des Körpers gebildet werden. In ähnlicher Weise veranlassen andere Morphogene die Bildung von Gliedmaßen entlang der drei Körperhauptachsen. Es hat sich herausgestellt, dass die Morphogene, die man in so verschiedenen Tieren wie Taufliegen und Fröschen findet, sich in bemerkenswerter Weise ähneln. Diese Erkenntnis hat das Feld der evolutionären Entwicklungsbiologie entstehen lassen, das sich auf die Idee gründet, dass die Evolution der ungeheuren Vielfalt der Tiere das Ergebnis von Änderungen in der Position und des Zeitablaufs der Aktivierung einer relativ kleinen Zahl von Genen sein könnte, unter deren steuernder Kontrolle sich die Entwicklungsvorgänge abspielen.

Das Nachgastrulastadium der Wirbeltierentwicklung offenbart eine bemerkenswerte morphologische Konservativität unter den kiefertragenden Wirbeltieren, von den Fischen bis zu den heutigen Säugetieren einschließlich des Menschen. Bei sämtlichen Formen treten Durchgangszustände auf, die allen Gruppen gemeinsam sind. Mit dem Fortschreiten der Entwicklung werden artspezifische Merkmale ausgebildet, die immer mehr in den Vordergrund treten.

Amnioten sind terrestrische Vertebraten, die während ihrer embryonalen Lebensphase zusätzliche extraembryonale Membranen bilden. Die vier in die Gruppe gehörenden Membranen sind das Amnion, die Allantois, das Chorion und der Dottersack. Jede dient dem Embryo für eine spezielle, lebenserhaltende Funktion, während sich dieser in einem eigenständigen Ei (bei Vögeln und Reptilien) oder eingenistet im mütterlichen Uterus (bei den Säugetieren) entwickelt.

Die Embryonen der Säugetiere werden über eine Plazenta ernährt. Die Plazenta (Mutterkuchen) ist ein komplexes fötal-maternales Gebilde, das sich in der Gebärmutterwand ausbildet. Im Verlauf der Tragzeit wird die Plazenta zu einem unabhängigen Nähr- Regulations- und endokrinen Organ für den Embryo.

Keimblätter, die sich während der Gastrulation ausbilden, differenzieren sich zu Geweben und Organen. Das Ektoderm bringt die Haut und das Nervensystem hervor; das Entoderm bildet den Verdauungskanal, den Schlund, die Lungen und bestimmte Drüsen aus; das Mesoderm schließlich erzeugt Muskeln, das Skelett, das Kreislaufsystem, die Fortpflanzungs- und die Ausscheidungsorgane.

Übungsaufgaben

1. Was versteht man unter Epigenese? Wie unterscheidet sich Kaspar Wolffs Konzept der Epigenese von den frühen Vorstellungen der Präformation?
2. Wie wird eine Eizelle (Oocyte) im Verlauf der Oogenese für die Befruchtung (Fertilisation) vorbereitet? Warum ist diese Vorbereitung von essenzieller Bedeutung für die Entwicklung?
3. Beschreiben Sie die Ereignisse, die dem Kontakt eines Spermatozoons mit einer Eizelle folgen. Was versteht man unter Polypsermie, und wie wird sie verhindert?
4. Was versteht man in der Embryologie unter dem Begriff der „Aktivierung"?
5. Wie beeinflusst die Dottermenge die Furchung? Vergleichen Sie die Furchung eines Seesterneies mit der eines Vogeleies.
6. Worin besteht der Unterschied zwischen Radialfurchung und Spiralfurchung?
7. Welche anderen Hauptmerkmale der Entwicklung sind oft mit einer Spiral- bzw. einer Radialfurchung assoziiert?
8. Was versteht man unter indirekter Entwicklung?
9. Beschreiben Sie die Gastrulation am Beispiel eines Seesternembryos. Erläutern Sie, wie die Masse des untätigen Dotters die Gastrulation beim Frosch- bzw. beim Vogelembryo beeinflusst.
10. Welches ist der Unterschied zwischen einer schizocoelen und einer enterocoelen Coelombildung?
11. Beschreiben Sie zwei verschiedene experimentelle Ansätze, die als Beleg für die nucleäre Äquivalenz in einem Tierembryo dienen können.
12. Was versteht man in der Embryologie unter „Induktion"? Beschreiben Sie das berühmte Organisatorexperiment von Spemann und Mangold, und erläutern Sie, worin seine Bedeutung liegt.
13. Was versteht man unter homöotischen Genen, und was ist die „Homöobox", die solche Gene enthalten? Welches ist die Funktion der Homöobox? Was sind *Hox*-Gene? Worin liegt die Signifikanz ihres scheinbar universellen Auftauchens bei den Tieren?
14. Welches sind die embryologischen Belege für die Hypothese, dass die Vertebraten eine monophyletische Gruppe sind?
15. Nennen Sie die vier extraembryonalen Membranen der amniotischen Eier von Vögeln und Reptilien. Nennen Sie weiterhin die Funktionen jeder der Membranen.
16. Welches sind die Schicksale der vier extraembryonalen Membranen bei den Embryonen der Placentalier (placentale Säugetiere)?
17. Erläutern Sie, was der „Wachstumskegel", den Ross Harrison bei seinen Experimenten zu den Enden wachsender Nervenfasern beobachtete, tut, um die Richtung des Nervenwachstum zu dirigieren.
18. Nennen Sie zwei Organsystemderivate für jedes der drei Keimblätter.

Weiterführende Literatur

Cibelli, J.; P. Lanza und M. West (2002): The first human cloned embryo. Scientific American, vol. 286: 44–51. *Beschreibt die erste Klonierung eines menschlichen Embryos – der sich aber nur bis zum Sechszellstadium entwickelte. Viele Wissenschaftler sind bis heute skeptisch.*

DeRobertis, E.; O. Guillermo und C. Wright (1990): Homeobox genes and the vertebrate body plan. Scientific American, vol. 263: 46–52. *Wie eine Familie regulatorischer Gene, die zuerst bei der Taufliege entdeckt worden sind, die Form des Wirbeltierkörpers bestimmen.*

Gilbert, S. (2006): Developmental Biology. 8. Auflage. Sinauer; ISBN: 0-87893-250-X. *Verbindet deskriptive mit mechanistischen Aspekten; gute Auswahl von Beispielen aus vielen Tiergruppen. Eines der besten Lehrbücher der zoologischen Entwicklungsbiologie.*

Goodman, C. und M. Bastiani (1984): How embryonic nerver cells recognize one another. Scientific American, vol. 251: 58–66. *Forschung mit Insektenlarven hat gezeigt, dass sich entwickelnde Neuronen Entwicklungswegen mit spezifischen molekularen Etiketten folgen.*

McGinnis, W. und M. Kuziora (1994): The molecular architects of body design. Scientific American, vol. 270: 58–66. *Beschreibt die beinahe identischen molekularen Mechanismen, die bei allen Tieren die Körperform festlegen.*

Müller, W. und M. Hassel (2006): Entwicklungsbiologie und Reproduktionsbiologie von Mensch und Tieren. 4. Auflage. Springer; ISBN: 3-540-24057-8. *Hervorragendes, hochaktuelles Lehrbuch der Entwicklungsbiologie der Tiere und des Menschen; sehr gut als begleitende Lektüre geeignet.*

Nüsslein-Volhard, C. (1996): Gradients that organize embryo development. Scientific American, vol. 275: 54–61. *Beschreibung der Forschungsarbeiten, die zur Verleihung des Nobelpreises geführt haben.*

Papageorgiou, S. (Hrsg.): *Hox* Gene Expression. Springer (2007); ISBN: 978-0-387-68989-0. *Eine aktuelle Bestandsaufnahme über die entwicklungsbiologisch wichtigen Hox-Gene in Form einer Monografie mit zahlreichen Beiträgen von Fachleuten.*

Riddle, R. und C. Tabin (1999): How limbs develop. Scientific American, vol. 280: 74–79. *Über die Morphogene, die die Ausrichtung von Gliedmaßen festlegen.*

Rosenberg, K. und W. Trevathan (2001): The evolution of human birth. Scientific American, vol. 285: 72–77. *Untersucht die Gründe, warum der Mensch der einzige Primat ist, der bei der Geburt der Jungen Hilfe benötigt.*

Wolpert, L. (1991): The triumph of the embryo. Oxford University Press; ISBN: 0-1985-4243-7. *Populärwissenschaftliches Buch, das reich an Einzelheiten und Einsichten ist. Für alle Biologen, die ein Interesse an entwicklungsbiologischen Fragestellungen haben, ohne in diesem Bereich spezialisiert zu sein.*

Weitere Informationen zu diesem Buchkapitel finden Sie auf der Companion-Website unter
http://www.pearson-studium.de

TEIL III

Die Vielfalt tierischen Lebens

9	Der Bauplan eines Tieres	277
10	Klassifizierung und Stammesgeschichte der Tiere	299
11	Protozoen	327
12	Mesozoa und Parazoa	369
13	Radiärsymmetrische Tiere (Radiata)	391
14	Acoelomate Bilateralia	431
15	Pseudocoelomaten	463
16	Weichtiere	495
17	Segmentierte Würmer	539
18	Arthropoda (Gliederfüßler)	565
19	Aquatische Mandibulaten	587
20	Terrestrische Mandibulaten	617
21	Kleinere Protostomierstämme	663
22	Echinodermata und Hemichordata (Stachelhäuter und Kragenwürmer)	689
23	Chordata (Chordatiere) – Allgemeine Merkmale, Protochordaten und der Ursprung der frühen Vertebraten	727
24	Fische	755
25	Frühe Tetrapoden und die modernen Amphibien	797
26	Der Ursprung der Amnioten und die Reptilien	827
27	Vögel (Aves)	857
28	Säugetiere	895

Der Bauplan eines Tieres

9.1 Die hierarchische Organisation des Aufbaus
tierischer Körper ... 279
9.2 Tierische Baupläne ... 280
9.3 Entwicklungsgänge bestimmen Baupläne ... 285
9.4 Baupläne wesentlicher Tiertaxa ... 286
9.5 Komponenten des Metazoenkörpers ... 288
9.6 Komplexität und Körpergröße ... 293
Zusammenfassung ... 296
Übungsaufgaben ... 296
Weiterführende Literatur ... 297

9

ÜBERBLICK

Der Bauplan eines Tieres

Die Zoologen unterscheiden heute 32 Stämme vielzelliger Tiere. Jeder Stamm (Phylum) ist durch einen seinen Vertretern eigenen Bauplan und andere biologische Eigenschaften gekennzeichnet, durch die diese sich von den Angehörigen aller übrigen Stämme abgrenzen. Alle heutigen Stämme sind die Überlebenden von vielleicht einhundert Stämmen, die während der so genannten kambrischen Explosion – dem bedeutendsten Evolutionsereignis in der geologischen Überlieferung des Lebens – vor etwa 600 Millionen Jahren erschienen sind. Im Zeitraum von einigen wenigen Millionen Jahren wurden praktisch alle wesentlichen Baupläne, die wir heute beobachten können, zusammen mit anderen neuartigen Konstruktionen, die man nur aus der Fossilgeschichte kennt, etabliert. Nichts, das in der Evolution der Tiere seitdem geschehen ist, kommt dieser kambrischen Explosion gleich.

Diese neuartigen Lebensformen entstanden in einer bis dahin artenarmen Welt beinahe ohne Konkurrenz, konnten sich so diversifizieren und dabei neue Themen der animalischen Architektur ins Leben rufen. In geologisch späteren Epochen brachten hohe Artbildungsraten, die in der Folge großer Aussterbeereignisse auftraten, im Wesentlichen Variationen der bereits eingeführten Themen hervor. Die eingeführten Themen in Form der abgegrenzten und erkennbaren Baupläne werden in einer Abstammungslinie von einer Urpopulation an ihre Nachfahren weitervererbt: Einige Mollusken tragen eine harte Schale, die Vordergliedmaßen von Vögeln werden zu Flügeln. Diese überkommenen Merkmale beschränken die morphologischen Möglichkeiten der Nachfahren, wie auch immer ihre Lebensweise im Einzelnen beschaffen sein mag. Obwohl der Körper eines Pinguins an ein Leben im Wasser angepasst ist, passten sich die Flügel und die Federn seiner Urahnen vielleicht niemals so gut an dieses Medium an wie die Flossen und die Schuppen der Fische (allerdings haben zumindest die Federn noch andere, für die Phasen des Landlebens entscheidende Bedeutungen, die ihren Erhalt begünstigen). Ungeachtet struktureller wie funktioneller Evolution werden neue Formen durch die ererbte Architektur ihrer Vorfahren limitiert.

Die Polypen von Nesseltieren besitzen eine Radiärsymmetrie und erreichen die Zell-/Gewebestufe der biologischen Organisation; abgebildet sind Polypen der Art *Dendronephyta* sp.

Der englische Satiriker Samuel Butler beschrieb den menschlichen Körper als „kaum mehr als eine Kneifzange über einem Faltenbalg und einer Schmorpfanne, und das ganze auf Stelzen montiert". Obwohl das Verhältnis des Menschen zu seinem eigenen Körper durchaus ambivalent ist, würden wohl die meisten Menschen, die weniger zynisch als Butler sind, darin übereinstimmen, dass unser Körper ein triumphales Beispiel höchst komplizierter lebender Architektur darstellt. Weniger offensichtlich ist vielleicht der Umstand, dass die Architektur des Körpers des Menschen und der meisten anderen Tiere den gleichen Grundprinzipien gehorcht und dem gleichen oder doch einem ähnlichen grundlegenden Bauplan folgt. Die grundlegende Uniformität der biologischen Organisation der Materie leitet sich von einem gemeinsamen Ursprung der Tiere und ihrer grundsätzlich ähnlichen zellulären Konstruktionsweise her. Ungeachtet gewaltiger Unterschiede in der strukturellen Komplexität von Lebewesen, von einzelligen Formen bis hin zum Menschen, haben alle eine intrinsische Materialkonstruktion und einen fundamentalen funktionellen Bauplan gemeinsam. In dieser Einführung zu den Kapiteln zur Diversität der Tiere (Kapitel 11 bis 28) werfen wir einen Blick auf die begrenzte Anzahl von Bauplänen, die der scheinbaren Vielfalt der tierischen Lebensformen zugrunde liegt und nehmen einige der baulichen Grundthemen, die den Tieren gemeinsam sind, in Augenschein.

Die hierarchische Organisation des Aufbaus tierischer Körper 9.1

Bei den verschiedenen ein- und vielzelligen Gruppen lassen sich fünf Hauptebenen der Organisation feststellen (▶ Tabelle 9.1). Jede Ebene oder Stufe weist einen höheren Komplexitätsgrad als die vorangegangene auf und baut in hierarchischer Art und Weise auf dieser auf.

Die Gruppen der einzelligen Protozoen sind die einfachsten eukaryontischen Lebewesen in unserer Betrachtung. Sie stellen nichtsdestoweniger vollständige Organismen dar, die alle Grundfunktionen des Lebens erfüllen, die auch bei komplexer organisierten vielzelligen Tieren zu beobachten sind. In den Grenzen ihrer einzelnen Zelle lassen sie ein bemerkenswertes Ausmaß an innerer Organisation und Arbeitsteilung erkennen; sie besitzen spezialisierte Stützstrukturen, lokomotorische Einrichtungen, Fibrillen und sogar einfache Sinnesstrukturen (Rezeptoren). Die unter den Einzellern auffallende Diversität wird durch Abwandlung des Bauplans der subzellulären Strukturen – der Organellen – wie der Zelle als Ganzem erreicht (siehe Kapitel 11).

Die **Metazoen** (vielzellige Tiere) haben durch die Verbindung von Zellen zu größeren Baueinheiten evolutiv eine höhere bauliche Komplexität erlangt. Eine Metazoenzelle ist ein spezialisierter Teil des Gesamtlebewesens und – anders als eine Protozoenzelle – nicht fähig zu einer von den anderen Zellen unabhängigen Existenz. Die Zellen eines vielzelligen Lebewesens sind für die Bewältigung verschiedenartiger Aufgaben, die bei Einzellern subzelluläre Bildungen ausführen, spezialisiert. Die einfachsten Metazoen zeigen die Stufe oder Ebene der zellulären Organisation, bei der die Zellen schon Arbeitsteilung erkennen lassen, aber noch nicht in starkem Maße assoziiert sind, um eine spezifische kollektive Funktion zu erfüllen (Tabelle 9.1). Auf der komplexeren Organisationsstufe der Gewebe sind ähnliche Zellen als Gruppen zusammengefasst und vollführen ihre gemeinsamen Aufgaben als hochgradig koordinierte funktionelle Einheit. Bei Tieren dieser Organisationsstufe sind die Gewebe zu noch größeren funktionellen Einheiten, den Organen, zusammengefasst. Für gewöhnlich ist ein Gewebetyp mit der Aufgabe betraut, die Hauptfunktion des betreffenden Organs zu auszuüben, wie etwa das Muskelgewebe des Herzens; andere Gewebe, die im selben Organ vorkommen – zum Beispiel Epithel-, Binde- oder Nervengewebe – üben eine unterstützende Funktion aus. Die funktionellen Hauptzellen eines Organs werden als **Parenchym** bezeichnet (gr. *para*, entlang, während, gegen, im Vergleich mit + *enchym*, eingießen, vollgießen). Die Stütz- und Hilfsgewebe bilden das **Stroma** des Organs (gr. *stroma*, Einbettung). So sind etwa im Pankreas (Bauchspeicheldrüse) der Wirbeltiere die sezernierenden Zellen das Parenchym, das umgebende Kapsel- und Bindegewebe bildet das pankreatische Stroma.

Die meisten Metazoen (Nemertini und alle strukturell noch komplexeren Stämme) zeigen eine weitere Ebene der Organisation, auf der verschiedene Organe in Form von Organsystemen zusammenarbeiten. Bei den Metazoen beobachtet man elf verschiedene Organsysteme: das Skelett, die Muskulatur (das Muskelsystem), das Integument (Haut), den Verdauungsapparat, das Atmungssystem, das Kreislaufsystem, das Ausscheidungssystem, das Nervensystem, das endokrine System, das Immunsystem und das Fortpflanzungssystem. Die hohe evolutive Diversität dieser Organsysteme wird uns in den Kapiteln 14 bis 28 beschäftigen.

9 Der Bauplan eines Tieres

Tabelle 9.1

Organisationsebenen organismischer Komplexität

1. *Die protoplasmatische Organisationsstufe.* Die protoplasmatische Organisationsstufe findet man bei einzelligen Lebewesen. Alle Lebensfunktionen spielen sich in den Grenzen einer einzigen Zelle, der Grundeinheit des Lebens, ab. Innerhalb der Zelle ist das Cytoplasma teilweise zu Organellen und andere Strukturen differenziert, die spezielle Aufgaben erfüllen.

2. *Die zelluläre Organisationsstufe.* Die zelluläre Organisationsstufe bezeichnet einen Zusammenschluss von Zellen, die funktionell differenziert sind. Eine Arbeitsteilung ist offensichtlich, so dass einige der Zellen zum Beispiel mit der Fortpflanzung, andere mit der Ernährung des Organismus betraut sind. Solche Zellen haben nur eine geringe Neigung, sich zu Geweben zu organisieren (ein Gewebe ist eine Gruppierung von ähnlichen Zellen, die eine gemeinsame Funktion erfüllen). Einige Flagellaten wie *Volvox*, die unterscheidbare somatische und reproduktive Zellen besitzen, erreichen die Ebene der zellulären Organisation. Einige Fachleute weisen auch den Schwämmen (Kapitel 12) diese Evolutionsebene zu.

3. *Die Zell-/Gewebestufe der biologischen Organisation.* Eine über die Vorgenannten hinausgehende Stufe ist die Aggregation von ähnlichen Zellen zu festgelegten Mustern oder Schichten, die als Gewebe bezeichnet werden. Die Schwämme (= Porifera) werden von einigen Fachleuten dieser Stufe zugerechnet (neueste Daten der molekulare Stammbäume platzieren die Schwämme jedoch eindeutig in Stufe 2), doch lassen die Quallen und ihre Verwandten (Nesseltiere = Cnidarier; siehe Kapitel 13) diese Stufe klarer erkennen. Beide Tiergruppen befinden sich großenteils noch immer auf der Stufe der zellulären Organisation, weil die meisten Zellen verstreut liegen und nicht zu Gewebeverbänden organisiert sind. Ein ausgezeichnetes Beispiel für ein echtes Gewebe bei den Nesseltieren ist das Nervennetz, in dem Nervenzellen und ihre Fortsätze eine definierte Gewebestruktur ausbilden, die eine koordinierende Funktion erfüllt.

4. *Die Gewebe-/Organstufe der biologischen Organisation.* Die Aggregation von Geweben zu Organen ist ein weiterer Schritt in Richtung zunehmender Komplexität. Organe bestehen für gewöhnlich aus mehr als einer Art von Gewebe und üben eine stärker spezialisierte Funktion aus als es bei Geweben der Fall ist. Dies ist die Organisationshöhe der Plattwürmer (Plathelminthes, Kapitel 14), bei denen sich wohldefinierte Organe wie Augenflecken, eine Proboscis (= Saugrüssel) und Fortpflanzungsorgane finden. Tatsächlich sind schon bei diesen Tieren die Fortpflanzungsorgane zu einem wohlorganisierten Fortpflanzungssystem organisiert.

5. *Die Organsystemstufe der biologischen Organisation.* Wenn Organe zusammenarbeiten, um irgendeine Aufgabe zu erfüllen, ist die höchste Stufe der biologischen Organisation des Körpers erreicht – die der Organsysteme. Organsysteme sind mit grundlegenden Körperfunktionen wie dem Kreislauf, der Atmung oder der Verdauung befasst. Die einfachsten Tiere, die diese Organisationsstufe erreicht haben, sind die Schnurwürmer (Nemertini), die ein vollständiges Verdauungssystem besitzen, das vom Kreislaufsystem abgesetzt und unterscheidbar ist. Die meisten rezenten Tierstämme zeigen diesen Typus der Organisation des inneren Aufbaus.

Tierische Baupläne

Wie im Prolog zu diesem Kapitel beschrieben, schränkt der ursprüngliche Bauplan die Form der Folgegenerationen ein. Tierische Baupläne unterscheiden sich im Organisationsgrad, der Symmetrie des Körpers, der Zahl embryonaler Keimblätter, sowie in der Zahl der Leibeshöhlen. Auf die Symmetrie des Körpers kann im Allgemeinen aus dem äußeren Erscheinungsbildes eines Tieres geschlossen werden; andere Merkmale eines Bauplans erschließen sich im Regelfall nur durch eine genauere Untersuchung.

9.2.1 Tiersymmetrie

Der Begriff Symmetrie (gr. *syn-*, zusammen + *metron*, Maß) nimmt Bezug auf ausgeglichene Proportionen und lässt sich am ehesten mit Ebenmaß oder Gleichmäßigkeit übersetzen. Er findet Anwendung auf eine Entsprechung in Größe und/oder Form von Teilen zu beiden Seiten einer Mittellinie oder einer anderen Bezugsebene.

Sphärische Symmetrie (Kugelsymmetrie) bedeutet, dass jede Ebene, die durch den Mittelpunkt eines Gegenstandes (eines Körpers) läuft, den Körper in äquivalente, spiegelbildliche Hälften teilt (▶ Abbildung 9.1, links). Diese Symmetrieform findet sich hauptsächlich bei einigen einzelligen Formen, kommt bei Tieren aber selten vor. Kugelsymmetrische Körper sind am besten zum Schweben und/oder Rollen geeignet.

Radiärsymmetrie (Abbildung 9.1, Mitte) beschreibt Formen, die durch mehr als eine Schnittebene, die durch die Längsachse gehen, in zwei identische Hälften geteilt werden können. Solche Tiere sind röhren-, vasen- oder schüsselförmig; Beispiele sind einige Schwämme, Polypen, Quallen, Seegurken und verwandte Gruppen, bei denen für gewöhnlich an einem Ende der Längsachse die Mundöffnung liegt. Eine Variante hiervon ist die **Biradiärsymmetrie**, bei der aufgrund irgendeines Körperteiles, das singulär oder paarig vorliegt statt radiär nur zwei Schnittebenen durch die Längsachse geführt werden können, die spiegelbildliche Hälften erzeugen.

Die Rippenquallen (Phylum Ctenophora, Kapitel 13), die globulär sind, aber ein Paar Tentakeln besitzen, sind ein Beispiel für diese Symmetrieform. Radiär- und biradiärsymmetrische Tiere sind für gewöhnlich sessil (= festsitzend), freischwebend (im Wasser) oder langsam schwimmend beweglich. Radiärsymmetrische Tiere ohne Vorder- und Hinterende können in allen Richtungen mit ihrer Umgebung in Wechselwirkung treten – ein Vorteil für festsitzende oder frei umhertreibende Lebensformen mit Fressapparaten, die so angeordnet sind, dass sie Beute, die sich aus beliebigen Richtungen her nähert, ergreifen können.

Die Vertreter der beiden Tierstämme, die als Adulti primär radiärsymmetrisch sind, die Cnidarier und die Ctenophoren, werden zusammenfassend als **Radiata** bezeichnet. Die Radiata sind vielleicht keine monophyletische Gruppierung; die natürliche Selektion könnte eine Änderung der Körpersymmetrie begünstigen, wenn das Tier ein neues Habitat besiedelt oder seinen Lebensstil ändert. Die Echinodermen (Stachelhäuter; Seesterne und ihre Verwandten) sind primär bilaterale Tiere (ihre Larven sind bis heute bilateral), die als Adultformen sekundär radiärsymmetrisch geworden sind.

Der Begriff **bilateralsymmetrisch** bezeichnet Tiere, die entlang der Sagittalebene in zwei spiegelbildliche Hälften – linke und rechte Hälfte – zerteilt werden können (Abbildung 9.1, rechts). Das erstmalige Auftreten der Bilateralsymmetrie in der Evolution der Tiere war ein innovativer Meilenstein, da bilateralsymmetrische Tiere viel besser für eine gerichtete (Vorwärts-)Bewegung geeignet sind als radiärsymmetrische. Die bilateralsymmetrischen Tiere bilden eine monophyletische Gruppe von

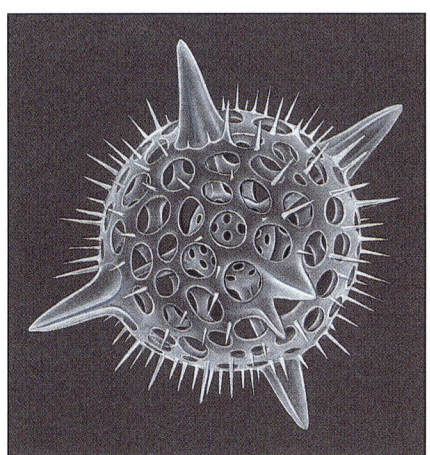 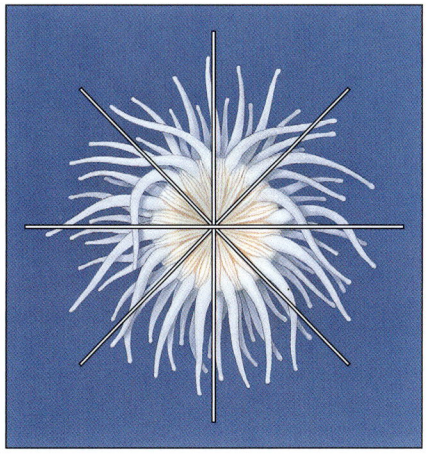 

Kugelsymmetrie   Radiärsymmetrie   Bilateralsymmetrie

Abbildung 9.1: Tierische Symmetrieformen. Als Beispiele sind ein Tier mit Kugelsymmetrie, eines mit Radiärsymmetrie und eines mit Bilateralsymmetrie dargestellt.

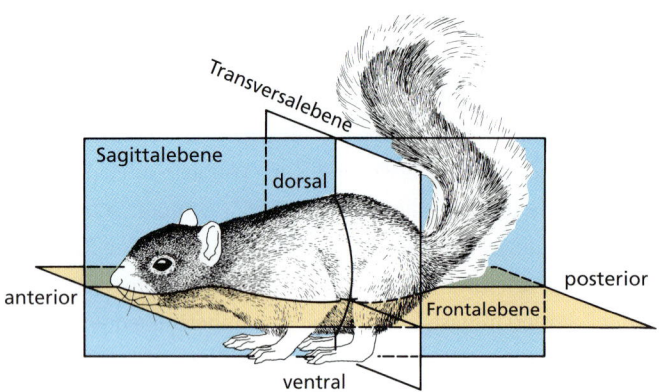

Abbildung 9.2: **Bilateralsymmetrie.** Symmetrieebenen am Beispiel eines bilateralsymmetrischen Tieres.

Tierstämmen, die kollektiv als **Bilateralia** bezeichnet werden.

Die Bilateralsymmetrie ist eng mit dem Phänomen der **Zephalisation** (gr. *enkephalon*, Gehirn), der Differenzierung eines Kopfes, vergesellschaftet. Die Konzentrierung von Nervengewebe und Sinnesorganen in einem Kopf bringt offenkundige Vorteile für ein Tier mit sich, das sich mit dem Kopf voran durch die Umwelt bewegt. Es ist dies die effizienteste Positionierung von Organen für die Wahrnehmung der Umwelt und die Reaktion auf das Wahrgenommene. Für gewöhnlich befindet sich die Mundöffnung des Tieres ebenfalls am Kopf, da ein wesentlicher Teil der Aktivitäten eines Tieres mit der Beschaffung von Nahrung zu tun hat. Die Zephalisation wird immer von einer Differenzierung entlang der anterioposterioren Achse begleitet, obgleich die Evolution dieser Körperachse der Zephalisation vorausgegangen sein kann.

Einige Begriffe, die für die Bezeichnung von Bereichen eines bilateralsymmetrischen Tieres häufig gebraucht werden, sind in ▶ Abbildung 9.2 anschaulich dargestellt. **Anterior** bedeutet „zum Kopfende hin", **posterior** „zum entgegengesetzten Ende oder zum Schwanzende hin", **dorsal** bezeichnet die Rück- oder die **Rückenseite**, ventral die Vorder- oder die Bauchseite; **medial** bezieht sich auf die Mittellinie des Körpers, **lateral** auf die Seiten des Körpers. **Distale** Anteile befinden sich weiter von der Mittellinie entfernt (relativ zu einem anderen betrachteten Körperteil), **proximale** Anteile relativ näher bei der Körpermitte. Die **Frontalebene** teilt den bilateralsymmetrischen Körper in eine dorsale und eine ventrale Hälfte und verläuft durch die anterioposteriore Achse und die Rechts/links-Achse. Die **Sagittalebene** liegt senkrecht zur Frontalebene und unterteilt das Tier in eine rechte und eine linke Hälfte. Eine **Transversalebene** (= Querschnitt) verläuft durch die Dorsoventral- und die Rechts-links-Achse und durchschneidet gleichzeitig im rechten Winkel sowohl die Sagittal- wie die Frontalebene; sie zerteilt den Körper in einen anterioren und einen posterioren Anteil (Abbildung 9.2). Es gibt beliebig viele Transversalebenen. Bei Wirbeltieren bezeichnet der Begriff **pektoral** den Brustraum oder Bereiche des Körpers (lat. *pectus*, Brustkorb), welche die Vorderextremitäten tragen; **pelvikal** bezieht sich auf den Beckenbereich oder den die Hinterextremitäten tragenden Körperabschnitt (lat. *pelvis*, Becken).

9.2.2 Leibeshöhlen und Keimblätter

Eine Leibeshöhle ist ein innerer Hohlraum. Das auffälligste Beispiel einer Leibeshöhle ist das Darmlumen. Die überwältigende Mehrheit aller Tiere besitzt aber noch eine zweite, weit weniger augenfällige Leibeshöhle neben dem Verdauungskanal. Wenn diese sekundäre Leibeshöhle (= Coelom) mit Flüssigkeit gefüllt ist, kann sie als Puffer oder Stoßfänger wirken, die den Darm vor äußeren Einwirkungen schützt. Bei einigen Tierformen wie dem Regenwurm bildet das Coelom einen Teil eines hydrostatischen Skeletts, das beim Ortswechsel als Stützapparat eingesetzt wird. Tiere unterscheiden sich hinsichtlich des Vorhandenseins/Fehlens und der Zahl der Leibeshöhlen.

Die auf der zellulären Organisationsstufe befindlichen Schwämme besitzen keine Leibeshöhlen, nicht einmal ein Darmlumen. Falls Schwämme die gleiche Entwicklungsfolge wie andere Metazoen durchlaufen, warum fehlt ihnen dann ein Darmlumen? An welcher Stelle in der Entwicklungssequenz bildet sich ein Darm? Schwämme entwickeln sich wie alle anderen Metazoen (vielzellige Tiere) aus einer Zygote zu einer Blastula. Eine typische, sphärische Blastula besteht aus einer Zellschicht, die eine flüssigkeitsgefüllte Höhle umgibt (siehe Abbildung 8.9). Diese Höhlung, das **Blastocoel**, hat keine Öffnung nach außen hin und konnte deshalb nicht

9.2 Tierische Baupläne

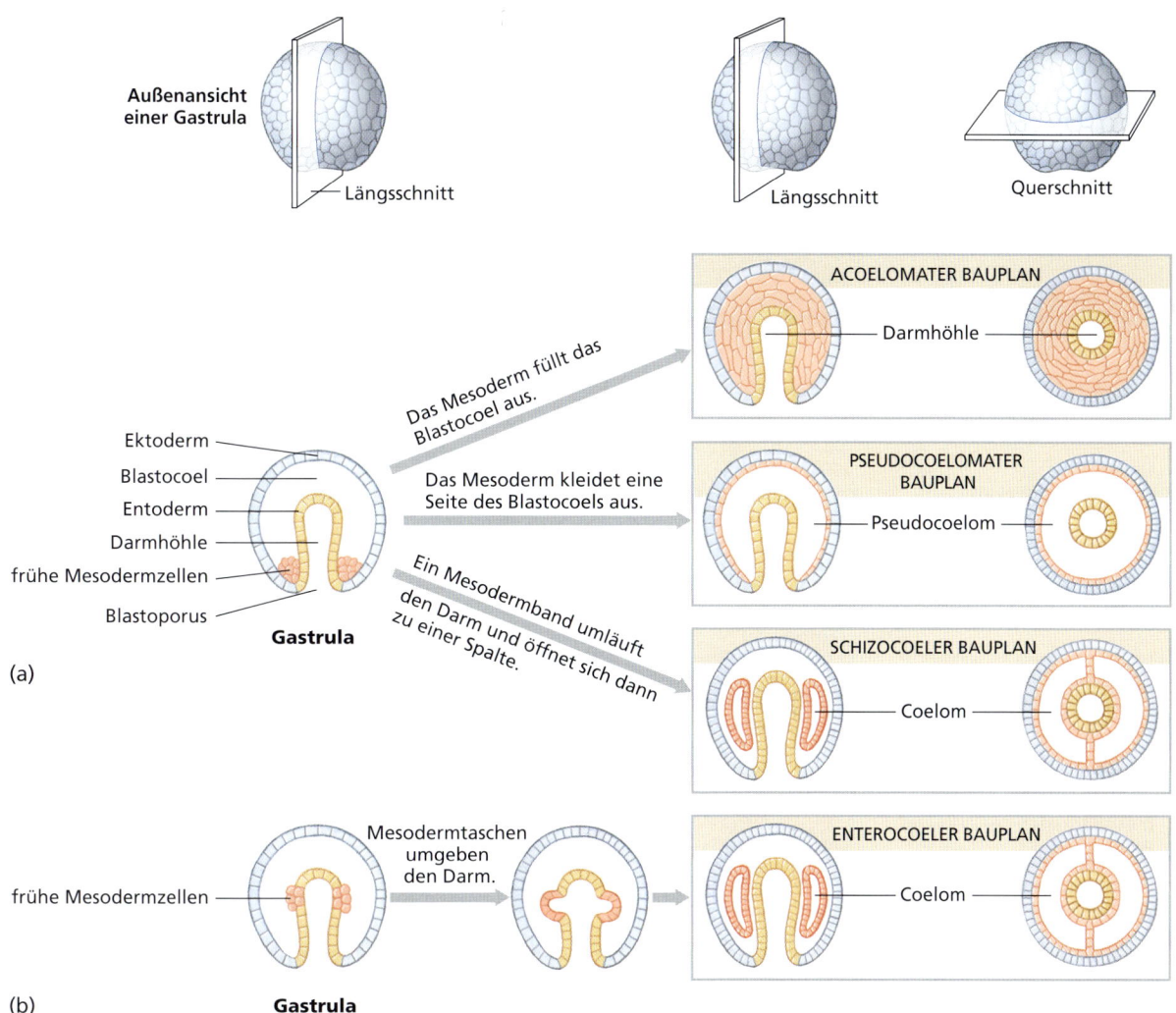

Abbildung 9.3: Entwicklung der Blastula zur Gastrula. (a) Bei der Ausbildung des acoelomaten, des pseudocoelomaten und des schizocoelem Bauplans residiert das Mesoderm in unterschiedlichen Bereichen der Gastrula. (b) Beim enterocoelen Bauplan bilden sich Mesoderm und Coelom zusammen.

als Darm fungieren. Nach dem Blastulastadium organisieren sich bei Schwämmen die Blastulazellen zum Adulttier um (siehe Kapitel 12).

Bei anderen Tieren schreitet die Entwicklung der Blastula zur Gastrula fort, indem sich eine Seite der Blastula einwärts schiebt, so dass eine Einbuchtung entsteht (▶ Abbildung 9.3). Diese Eindellung wird nachfolgend zum Darmlumen und wird als **Gastrocoel** (gr. *gaster*, Magen + *coel*, Höhle) oder **Archenteron** (**Urdarm**) bezeichnet. Die Öffnung dieser Einstülpung zur Außenwelt ist der **Urmund** (**Blastoporus**); er entwickelt sich im Regelfall zur Mundöffnung der Adultform. Die Auskleidung des Darmes ist das Entoderm, und die äußere Zellschicht der Gastrula, die das Blastocoel umgibt, ist das Ektoderm (Abbildung 9.3). Der Embryo besitzt in diesem Stadium zwei Leibeshöhlen, den Darm und das Blastocoel. Das flüssigkeitsgefüllte Blastocoel bleibt bei einigen Tieren bestehen, bei anderen füllt es sich mit einem dritten Keimblatt, dem **Mesoderm**, an. Die das Mesoderm bildenden Zellen leiten sich vom Entoderm ab, aber die Bildung des mittleren Keimblattes, des Mesoderms, kann auf zwei unterschiedlichen Wegen erfolgen.

Bildungsweisen des Mesoderms

Bei Protostomiern bildet sich das Mesoderm, wenn entodermale Zellen aus der Umgebung des Blastoporus in das Blastocoel einwandern (Abbildung 9.3 a). Nach diesem Ereignis sind drei unterschiedliche Baupläne – acoelomat, pseudocoelomat und coelomat – möglich (Abbildung 9.3 a).

Beim **acoelomaten Bauplan** füllen die Mesodermzellen das Blastocoel vollständig aus. Der Darm bleibt als einzige Leibeshöhle erhalten (Abbildung 9.3 a). Der Bereich zwischen der ektodermalen Epidermis und dem

9 Der Bauplan eines Tieres

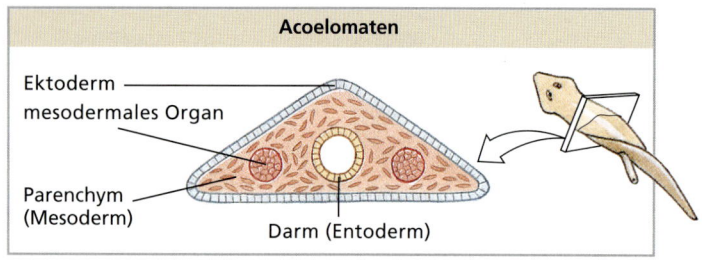

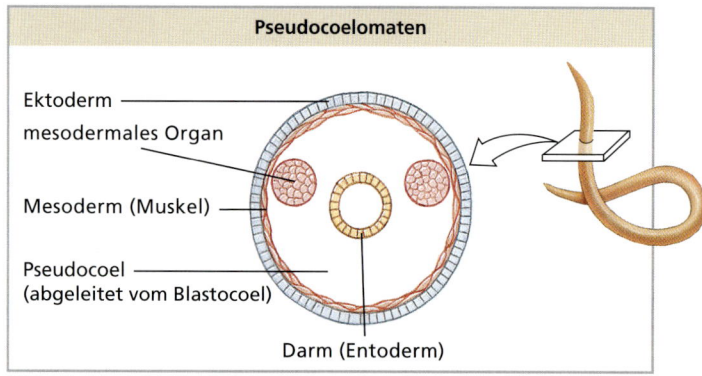

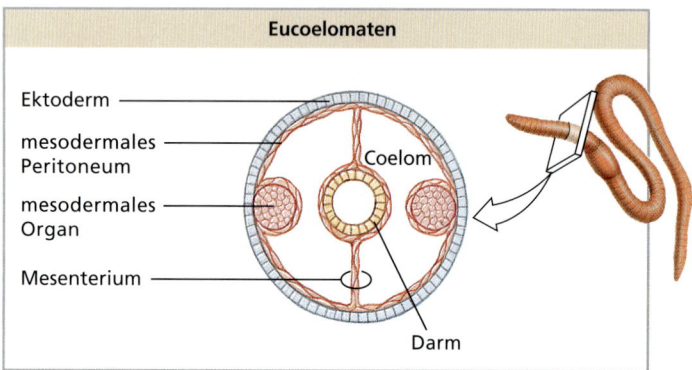

Abbildung 9.4: **Verdauungstrakt, ausgefüllt mit einer schwammigen Masse von Füllzellen (Parenchym).** Der schematische Aufbau des acoelomaten, des pseudocoelomaten und des eucoeolomaten Bauplans sind anhand repräsentativer Tiere im Querschnitt dargestellt. Man beachte die relativen Lagen des Parenchyms, des Peritoneums und der inneren Organe.

entodermalen Verdauungstrakt ist mit einer schwammigen Masse von Füllzellen, dem **Parenchym** ausgefüllt (▶ Abbildung 9.4). Das Parenchym leitet sich im embryonalen Bindegewebe ab und ist von Bedeutung für die Assimilation (= Aufnahme) und den Transport von Nahrungsstoffen und die Beseitigung von Abfallprodukten des Stoffwechsels.

Beim **pseudocoelomaten Bauplan** kleiden Mesodermzellen den äußeren Rand des Blastocoels aus. Es bleiben zwei Leibeshöhlen zurück: ein persistierendes Blastocoel und ein Darmlumen (Abbildung 9.3 a). Das Blastocoel wird nunmehr als **Pseudocoelom** bezeichnet (lat. *pseudo*, unecht). Die Begriffsbildung nimmt Bezug auf den Umstand, dass das Mesoderm die Höhlung nur teilweise umgibt statt vollständig wie bei einem echten **Coelom**.

Beim **schizocoelen Bauplan** füllen Mesodermzellen das Blastocoel aus und bilden ein solides Gewebeband um den Darm herum. Durch programmierten Zelltod (= Apoptose) öffnet sich dann innerhalb des Mesodermstreifens ein Hohlraum (Abbildung 9.3 a). Dieser neu entstandene Hohlraum ist das **Coelom** (sekundäre Leibeshöhle). Der Embryo verfügt nun über zwei Leibeshöhlen: einen Darm und ein Coelom.

Bei den Deuterostomiern folgt die Mesodermbildung auf enterocoelem Weg, wobei Zellen des mittleren Teils der Darmauskleidung beginnen, in Form von Taschen, die sich in das Blastocoel hinein ausdehnen, nach außen zu wachsen (Abbildung 9.3 b). Die sich ausdehnenden Taschenwände bilden einen mesodermalen Ring. Bei ihrem Ausdehnungswachstum schließen die Taschen einen Hohlraum ein. Dieser Hohlraum wird zur Coelomhöhle oder einfach zum Coelom. Am Ende schnüren sich die Taschen von der Darmauskleidung ab und umschließen ein Coelom, das allseitig von Mesoderm umgeben ist (echtes Coelom). Das Coelom füllt das Blastocoel vollständig aus. Der Embryo besitzt zwei Leibeshöhlen: einen Darm und ein Coelom.

9.3 Entwicklungsgänge bestimmen Baupläne

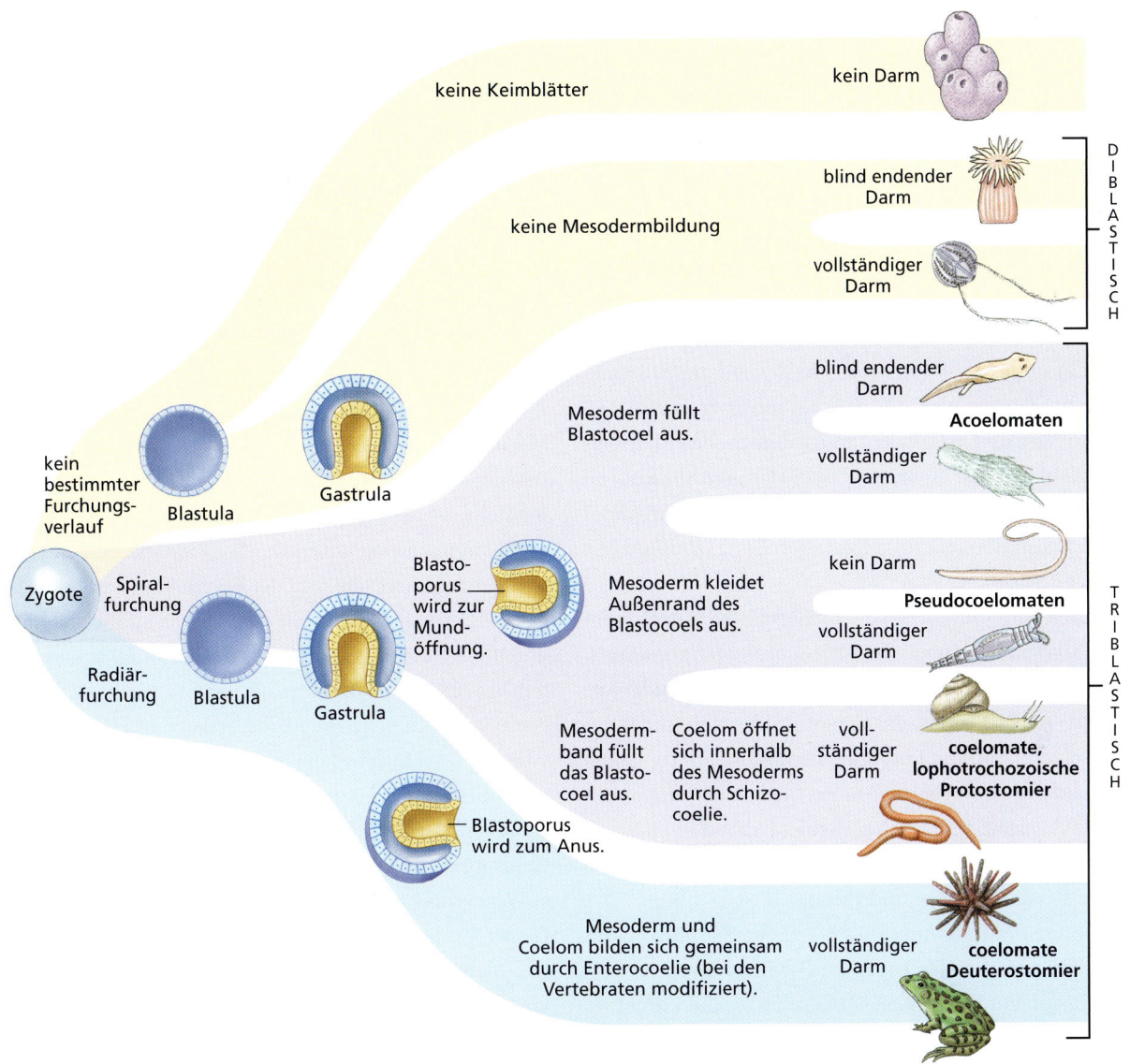

Abbildung 9.5: **Verschiedenartige Entwicklungsgänge führen zu diblastischen und triblastischen Tieren.** Von den beiden Hauptentwicklungswegen der triblastischen Formen führt einer zu den acoelomaten und pseudocoelomaten, sowie zu den lophotrochozoischen Protostomiern, die ein Coelom durch Schizocoelie bilden. Die ecdysozoischen Protostomier sind in dieser Darstellung nicht berücksichtigt. Der zweite Hauptentwicklungsweg der triblastischen Tiere führt zu den Deuterostomiern, die ihr Coelom durch Enterocoelie bilden. Bei den chordaten Deuterostomiern erfolgt die Coelombildung bei den invertebraten Taxa enterocoel, bei den Vertebraten schizocoel.

Ein durch **Enterocoelie** entstandenes Coelom ist einem durch **Schizocoelie** entstandenen funktionell äquivalent. Beide werden vom Mesoderm begrenzt und sind mit einem Peritoneum ausgekleidet. Ein **Peritoneum (Bauchfell)** ist eine dünne, zelluläre Membran, die sich vom Mesoderm herleitet (Abbildung 9.4). An mesodermalen **Mesenterien** sind in der Coelomhöhle liegende Organe aufgehängt (Abbildung 9.4). In einem Pseudocoelom gibt es keine Mesenterien.

Entwicklungsgänge bestimmen Baupläne 9.3

Ganze Sätze von Entwicklungsmerkmalen treten zusammen auf, um bestimmte Baupläne zu realisieren. Die Entwicklung der Schwämme verläuft, verglichen mit anderen Tieren, verhältnismäßig simpel. Es existiert kein bestimmtes, klar erkennbares Furchungsmuster, und die Embryonen entwickeln sich nur bis zum Blastulastadium (▶ Abbildung 9.5, oberer Weg). Eine Blastula besteht aus nur einem Keimblatt, das sich zur Entwicklung des adulten Schwammes umorganisiert.

Anders als die Schwämme schreiten die meisten Tiere über das zelluläre Organisationsniveau hinaus zur Ebene der Gewebe. Die Entwicklung dieser Tiere verläuft von der Blastula zum Stadium der Gastrula. Eine Gastrula besteht aus zwei Keimblättern – Ektoderm und Entoderm – die verschiedenartige Adultgewebe hervorbringen. Tiere wie Seeanemonen und Rippenquallen bilden zwei Keimblätter aus und werden **diblastisch** genannt (Abbildung 9.5, oberer Weg). Sie sind im Regelfall als Adulti radiärsymmetrisch.

Eine Mehrzahl von Tieren besitzt bilateralsymmetrische Körper und die drei Keimblätter Entoderm, Mesoderm und Ektoderm. Diese **triblastischen** Tiere entwickeln sich auf einem von zwei Hauptentwicklungswegen (Abbildung 9.5). Die Blastula entsteht entweder durch Spiral- oder durch Radialfurchung (siehe Abbildung 8.10).

Eine Radialfurchung geht im Regelfall mit drei anderen Merkmalen einher: Der Blastoporus wird zum Anus, und die definitive Mundöffnung entsteht sekundär aus einer neuen Öffnung, das Coelom bildet sich durch Enterocoelie, und die Furchung verläuft regulativ (siehe Abbildung 8.10). Tiere, die einen solchen Entwicklungsverlauf zeigen, sind Deuterostomier (Abbildung 9.5, unterer Weg). Zu dieser letztgenannten Gruppe gehören zum Beispiel Seeigel und Frösche.

Eine Spiralfurchung wird bei vielen Tieren von drei weiteren Merkmalen begleitet: Der Blastoporus entwickelt sich zur definitiven Mundöffnung, die Furchung geschieht nach dem Mosaiktyp (siehe Abbildung 8.10), und die Mesodermbildung erfolgt durch eine bestimmte, vorbestimmte Zelle des Frühembryos, die 4d-Zelle (siehe Kapitel 8: Coelombildung). Der Körper kann acoelomat, pseudocoelomat oder coelomat sein (Abbildung 9.5, mittlerer Weg). Falls ein Coelom vorhanden ist, entsteht es durch Schizocoelie. Tiere mit dieser Kombination von Entwicklungsmerkmalen sind die lophotrochozoischen Protostomier; zu dieser Gruppierung gehören unter anderem die Schnecken und die segmentierten Würmer (Abbildung 9.5).

Die Lophotrochozoen unterscheiden sich von den ecdysozoischen Protostomiern (in Abbildung 9.5 nicht berücksichtigt), bei denen die Spiralfurchung durch einen eigentümlichen Furchungsverlauf ersetzt ist (siehe Abbildung 8.15). Ecdysozoen können Coelomaten oder Pseudocoelomaten sein. Insekten, Krabben und Fadenwürmer sind Beispiele für Ecdysozoen.

9.4 Baupläne wesentlicher Tiertaxa

In den kommenden Kapiteln werden wir sowohl einzellige wie vielzellige Tiertaxa vorstellen und beschreiben. Die ersten einzelligen Tiere haben in ihren Nachfahren eine große Vielzahl von Formen hinterlassen, ihre Komplexität ist jedoch durch das Einzellerdasein in den Grenzen einer einzigen Zellmembran begrenzt. Nachdem sich evolutiv die Vielzelligkeit herausgebildet hatte, vergrößerte sich das Spektrum der Körperformen in dramatischer Weise (▶ Abbildung 9.6). Schwämme und Mesozoen sind Zellzusammenschlüsse, aber die diblastischen und die triblastischen Eumetazoen sind viel mehr als Ansammlungen von Zellen.

Die Eumetazoen unterscheiden sich in ihre Symmetrieeigenschaften, der Zahl der Keimblätter und im Aufbau des Darms (Abbildung 9.6). Einige wenige diblastische und triblastische Formen besitzen einen blind endenden oder unvollständigen Darm, bei dem die Nahrung durch dieselbe Öffnung in den Körper gelang und ihn wieder verlässt. Die Mehrheit der Tiere verfügt jedoch über einen vollständigen Darm (siehe weiter unten). Ein vollständiger Darm ermöglicht einen Einwegtransport der Nahrung von der Mundöffnung zum Anus. Ein auf diese Weise konstruierter Körper stellt im Wesentlichen ein Darmrohr dar, das in einer größeren Körperröhre liegt. Ein solcher Rohr-im-Rohr-Grundplan hat sich als äußerst vielseitig erwiesen; die Angehörigen der verbreitetsten Tierstämme – sowohl unter den Wirbellosen wie den Wirbeltieren – zeigen diesen Aufbau (Abbildung 9.6).

Segmentierung (= **Metamerie**) des Körpers ist ein weiteres, häufig auftretendes Merkmal der Metazoen. Die Segmentierung zeigt sich in einer seriellen Wiederholung ähnlicher Körperabschnitte entlang der Körperlängsachse. Wiederholt auftretende identische oder ähnliche Körperabschnitte werden Segmente, Metamere oder Somite genannt. Bei Tieren wie Regenwürmern und anderen Anneliden (Ringelwürmern), bei denen die Metamerie am augenfälligsten ausgebildet ist, findet sich der segmentale Aufbau sowohl im äußeren wie im inneren Bau mehrerer Körpersysteme wieder. Die Wiederholung von Baueinheiten betrifft die Muskulatur, die Blutgefäße, die Nerven, sowie die lokomotorischen Komponenten. Andere Organe, wie etwa die Geschlechtsorgane, werden nur in einigen speziellen Segmenten wiederholt. Evolutive Veränderungen haben bei vielen Tieren einschließlich des Menschen die ursprüngliche Segmentierung des Körpers verdeckt.

9.4 Baupläne wesentlicher Tiertaxa

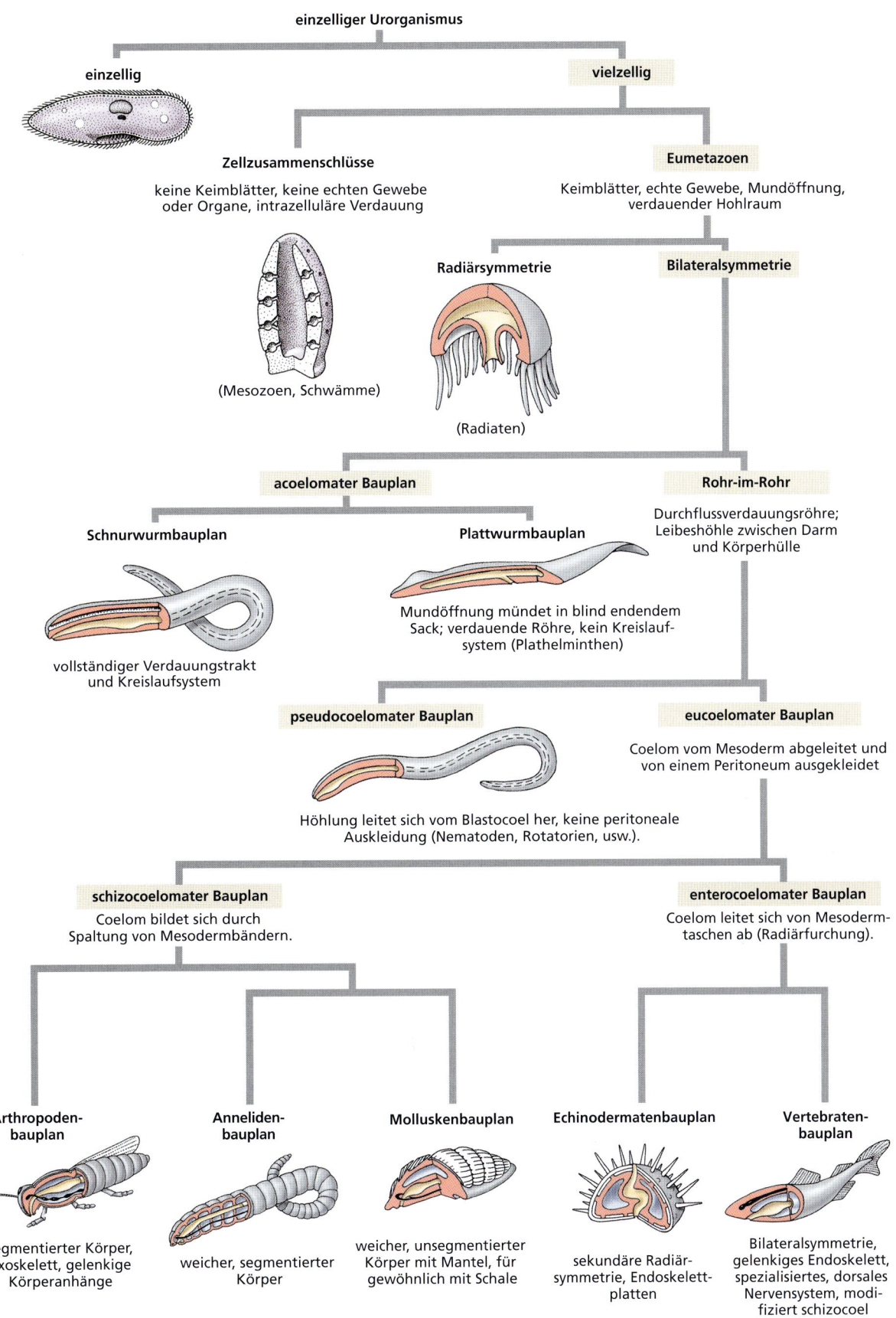

Abbildung 9.6: Architektonische Muster von Tieren. Diese grundlegenden Baupläne sind im Laufe der evolutiven Abstammungsgeschichte in vielfältiger Weise umgestaltet worden, um die Tiere an eine große Bandbreite von Lebensräumen anzupassen. Das Ektoderm ist in Grau, das Mesoderm in Rot und das Entoderm in Gelb dargestellt.

Das Auftreten der Segmentierung war für die Evolution von Bauplänen ein hochsignifikantes Ereignis. Die Segmentierung erlaubt eine höhere Mobilität des Körpers und eine größere Komplexität des Baues und der Funktion. Ihr Potenzial wird durch den Stamm der Gliederfüßler (Phylum Arthropoda) – der größten Tiergemeinschaft der Erde – beeindruckend demonstriert. Außer bei den Arthropoden findet man eine Segmentierung auch in den Stämmen Annelida (Ringelwürmer) und Chordata (Chordatiere, Wirbeltiere) (▶ Abbildung 9.7), obwohl eine oberflächliche Segmentierung des Ektoderms und der Körperwand bei verschiedenen Tiergruppen auftreten kann. Die Bedeutung und das Potenzial der Segmentierung werden in den Kapiteln 17 und 18 eingehender erörtert.

9.5 Komponenten des Metazoenkörpers

Die Körper von Metazoen bestehen aus zellulären Bausteinen, die sich von den drei Keimblättern ableiten, sowie aus zusätzlichen extrazellulären Anteilen.

9.5.1 Extrazelluläre Komponenten

Der Körper metazoischer Tiere enthält zwei wichtige nichtzelluläre Bestandteile: Körperflüssigkeiten und extrazelluläre Strukturelemente. Bei allen Eumetazoen teilen sich die Körperflüssigkeiten auf zwei Flüssigkeitskompartimente auf: die des intrazellulären Raumes und die des extrazellulären Raumes – also Flüssigkeiten, die in Zellen eingeschlossen sind und solche, die sich außerhalb der Begrenzung von Cytoplasmamembranen befinden. Bei Tieren mit einem geschlossenen Gefäßsystem (wie den segmentierten Würmern und den Wirbeltieren), sind die extrazellulären Flüssigkeiten noch einmal unterteilt, und zwar in das Blutplasma (dem flüssigen Teil des Blutes ohne die Blutzellen) und die Interstitialflüssigkeit. Die Interstitialflüssigkeit (auch interstitielle Flüssigkeit oder Gewebsflüssigkeit) füllt den die Zellen umgebenden Raum aus. Viele Wirbellose besitzen offene Blutsysteme ohne eine wirksame Tren-

Exkurs

Der Begriff „*inter*zellulär" (= zwischen den Zellen) darf nicht mit dem ähnlich klingenden Begriff „*intra*zellulär" (= innerhalb einer Zelle) verwechselt werden.

Ringelwurm (Annelide)

Gliederfüßler (Arthropode)

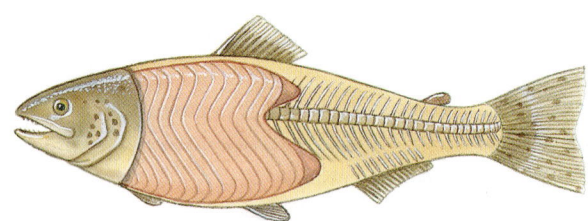
Chordat

Abbildung 9.7: Tierstämme mit segmentierten Körpern. Diese drei Stämme haben sich sämtlich ein wichtiges Prinzip der belebten Natur zunutze gemacht: die Segmentierung (auch als Metamerie bezeichnet), also die Wiederholung von Baueinheiten oder Baugruppen. Die Segmentierung der Anneliden und der Arthropoden könnten homolog zueinander sein; die Chordaten haben aber ihre Segmentierung offenbar unabhängig von den beiden anderen Gruppen entwickelt. Die Segmentierung erlaubt eine vielfältigere Spezialisierung, da die Segmente – insbesondere bei den Arthropoden – für die Übernahme verschiedener Funktionen modifiziert wurden.

nung von Blutplasma und Gewebsflüssigkeit. Wir werden diese Beziehungen in Kapitel 31 eingehender in Augenschein nehmen.

Wenn wir alle spezialisierten Zellen und die Körperflüssigkeiten aus einem Körper entfernen, bleibt die dritte Kategorie von Bauelementen des tierischen Körpers übrig: extrazelluläre strukturgebende Elemente. Dabei handelt es sich um Stützmaterialien des Organismus wie lockeres Bindegewebe (bei Vertebraten besonders gut entwickelt, aber bei allen Metazoen vorhanden), Knorpel (Mollusken und Chordaten), Knochen (Vertebraten) und Kutikula (Arthropoden, Nematoden, Anneliden und andere) Diese Bauelemente verleihen mechanische Stabilität und Schutz vor äußeren Einwirkungen (siehe Kapitel 29). In einigen Fällen dienen sie außerdem als Depot für Austauschmaterialien oder dienen als Medium für extrazelluläre Reaktionen. Wir werden die Vielfalt der extrazellulären Skelettelemente, die kenn-

9.5 Komponenten des Metazoenkörpers

zeichnend für die verschiedenen Tiergruppen sind, in den Kapiteln 15 und 28 behandeln.

9.5.2 Zelluläre Bestandteile: Gewebe

Ein **Gewebe** ist eine Gruppe ähnlicher Zellen (zusammen mit assoziierten Zellprodukten), die für die Ausführung einer gemeinsamen Aufgabe spezialisiert sind. Das sich mit dem Studium von Geweben befassende Teilgebiet der Biologie ist die **Histologie** (gr. *histos*, Gewebe + *logos*, Lehre). Alle Zellen metazoischer Tiere bilden Gewebe. Manchmal setzt sich ein Gewebe aus verschiedenen Zellsorten zusammen, und einige Gewebe enthalten viel interzelluläres Material. Die hier gegebene Definition eines Gewebes als Gruppe von ähnlichen oder gleichartigen Zellen, die für die gleiche Funktion spezialisiert sind, wird sogar von Blut erfüllt. Ein Gewebe kann nach dieser Definition also sogar flüssig sein, da das Kriterium einer festen Form nicht gefordert wurde.

Im Verlauf der Embryonalentwicklung differenzieren sich die drei Keimblätter zu vier Gewebegrundtypen. Dies sind Epithelien, Bindegewebe, Muskelgewebe und Nervengewebe (▶ Abbildung 9.8). Diese überraschend kurze Liste von nur vier grundlegenden Gewebetypen reicht aus, um die vielgestaltigen Anforderungen zu erfüllen, welche die Vielfalt des tierischen Lebens stellen. Man beachte jedoch, dass es innerhalb der vier Grundklassen zahllose spezialisierte bis hochspezialisierte Subtypen gibt.

9.5.3 Epithelgewebe

Ein **Epithel** (= Epithelium) ist eine Zellschicht, die eine äußere oder innere Oberfläche des Körpers bildet. Auf der Außenseite des Körpers bildet das Epithel eine schützende Bedeckung. Im Inneren kleiden Epithelien alle inneren Organe sowie die Gänge und Gefäße, durch welche die verschiedenartigen Stoffe und Absonderun-

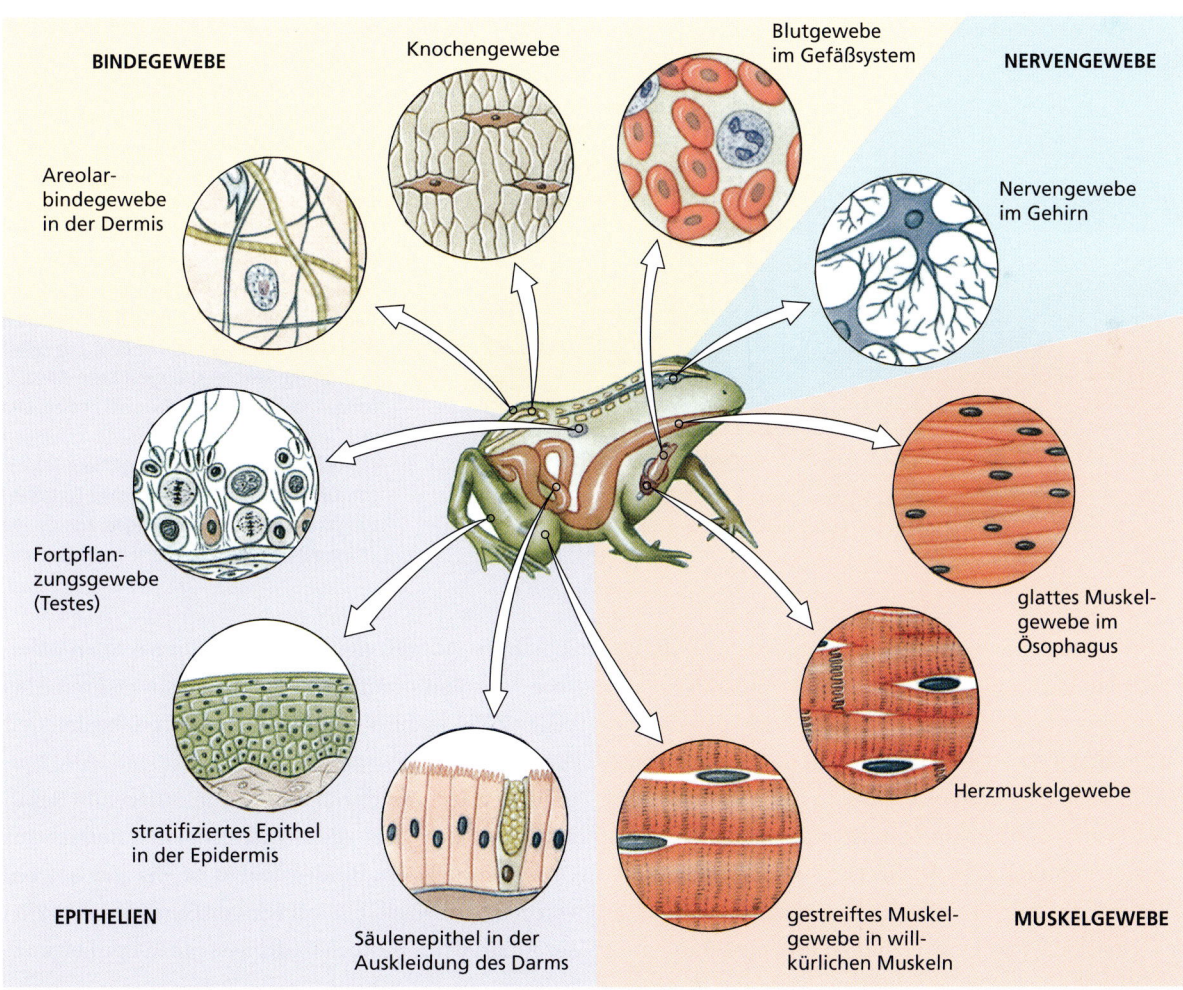

Abbildung 9.8: **Gewebetypen eines Wirbeltiers.** Dies sind Beispiele für die anatomische Lokalisation verschiedener Gewebe, dargestellt an einem Frosch.

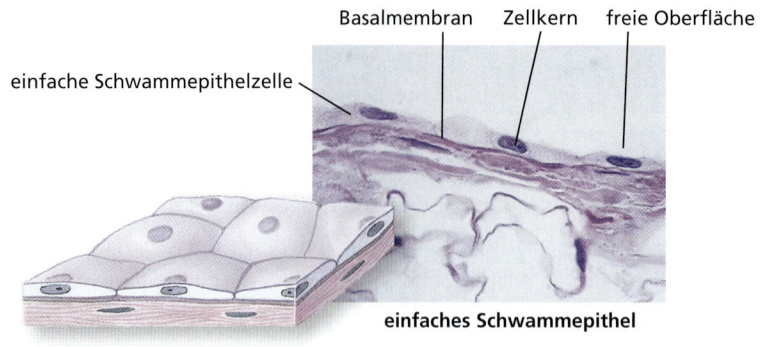

(a)

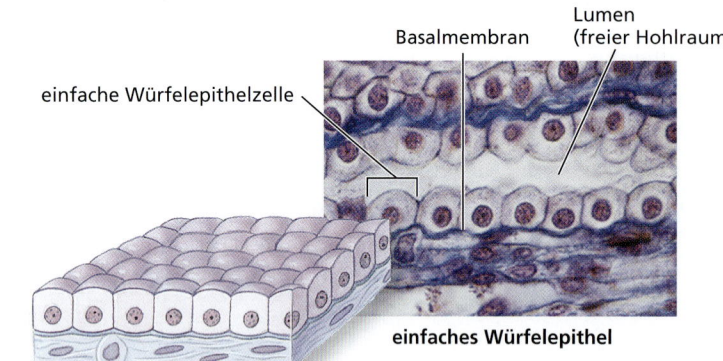

(b)

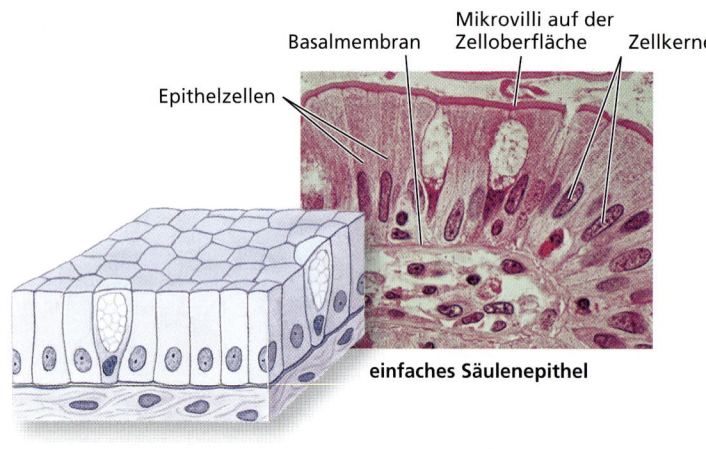

(c)

Abbildung 9.9: Ausprägungsformen einfacher Epithelien. (a) Einfaches Plattenepithel, bestehend aus abgeflachten Zellen, die eine zusammenhängende, zerbrechliche Auskleidung von Blutkapillaren, Lungen und anderen inneren Oberflächen bilden, welche die Diffusion von Gasen und Gewebsflüssigkeit in Körperinnenräume hinein und aus diesen heraus erlauben. (b) Einfaches kuboidales Epithel (Pflasterepithel). Dieses besteht aus gedrungenen, kastenartigen Zellen. Kuboidale Epithelien kleiden für gewöhnlich kleine Gänge und Tubuli (Singular Tubulus; = Röhren) aus, wie etwa die in den Nieren und den Speicheldrüsen. Sie können aktive sekretorische oder absorbierende Funktionen haben. (c) Einfaches Säulenepithel. Es ähnelt dem kuboidalen Typ, doch sind die Zellen von gestreckter(er) Form und weisen für gewöhnlich ebenfalls gestreckte Zellkerne auf. Dieser Epitheltyp findet sich in stark absorbierenden Oberflächen wie denen des Darmtraktes der meisten Tiere. Die Zellen sind oft mit winzigen, fingerartigen Ausstülpungen überzogen, die Mikrovilli heißen, und welche die für die Absorption zur Verfügung stehende Oberfläche stark vergrößern. In einigen Organen, wie dem weiblichen Fortpflanzungstrakt oder den Atemwegen, können die Zellen mit Cilien besetzt sein (Flimmerepithel).

gen fließen. Ionen und Moleküle müssen also durch Epithelzellen hindurchtreten (Transcytose), um zu den restlichen Körperzellen zu gelangen oder den Körper zu verlassen. Deshalb findet sich in den Cytoplasmamembranen aller Epithelzellen eine große Vielzahl von Transporter- und Kanalproteinen (siehe Kapitel 3). Zellen vieler epithelialer Oberflächen sind zu Drüsen modifiziert, die Schleim oder andere spezielle Produkte wie Hormone oder Enzyme bilden und ausschütten.

Epithelien werden auf der Grundlage der Zellform und der Anzahl der beteiligten Zellschichten klassifiziert. Einfache Epithelien aus einer einfachen Zellschicht (▶ Abbildung 9.9) finden sich bei allen Metazoen, während stratifizierte Epithelien aus mehreren bis vielen Zellschichten (▶ Abbildung 9.10) größtenteils auf die Gruppe der Vertebraten beschränkt sind. Alle Epitheltypen werden durch eine darunterliegende Basalmembran abgestützt, die ein kondensierter Bereich aus Grundsubstanz des Bindegewebes ist, die aber sowohl von den Epithelzellen selbst wie von Bindegewebszellen sezerniert wird. Blutgefäße dringen nie in Epithelgewebelagen ein; diese sind für die Versorgung mit Sauerstoff und Nährstoffen auf die Diffusion dieser Stoffe aus darunterliegenden Gewebebereichen angewiesen.

9.5 Komponenten des Metazoenkörpers

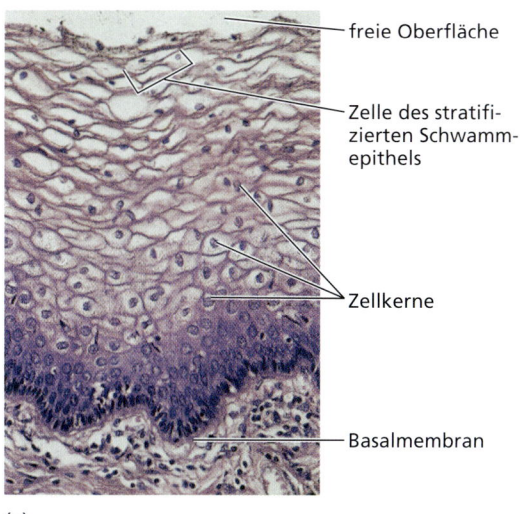
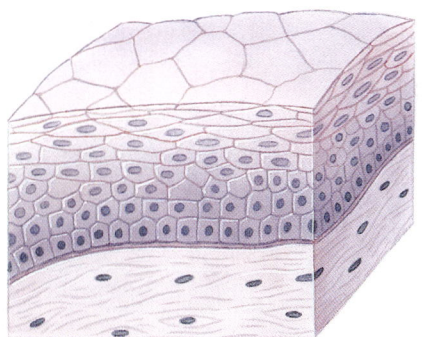

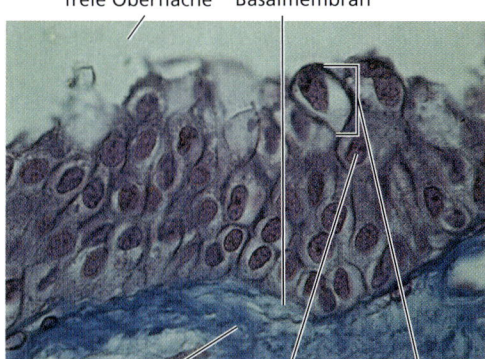
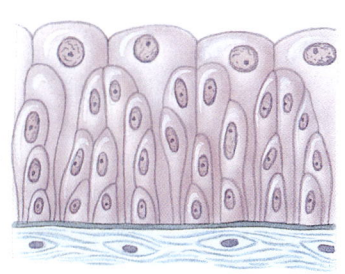
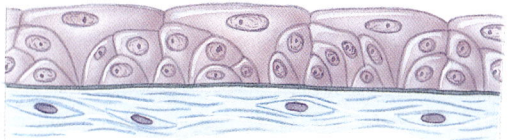

Abbildung 9.10: Ausprägungsformen stratifizierter Epithelien. (a) Das stratifizierte Schwammepithel besteht aus zwei bis vielen Zelllagen, die dafür adaptiert sind, mildem mechanischen Abrieb und geringer Distorsion zu widerstehen. Die basale Zellschicht durchläuft fortgesetzte mitotische Teilungen. Dabei werden Zellen produziert, die gegen die Oberfläche fortgedrückt werden, wo sie abgeschilfert und durch unterliegende neue Zellen ersetzt werden. Dieser Epitheltyp kleidet die Mundhöhle, die Speiseröhre und den Analkanal vieler Wirbeltiere und die Vagina der Säugetiere aus. (b) Das transitorische Epithel ist ein stratifizierter Epitheltypus, der so spezialisiert ist, dass er starke Streckungen ertragen kann. Dieser Epitheltyp findet sich im Harntrakt und der Blase der Wirbeltiere. Im entspannten Zustand erscheint das Gewebe so, als ob es aus vier oder fünf Zellschichten besteht; wird es gestreckt, sieht es so aus, als ob es aus nur zwei oder drei Schichten extrem abgeflachter Zellen bestünde.

9.5.4 Bindegewebe

Bindegewebe sind eine vielfältige Gewebegruppe, die verschiedenartige Stütz- und Verbindungsfunktionen erfüllen. Sie sind im Körper so verbreitet, dass nach der Entfernung anderer Gewebe nur durch das verbliebene Bindegewebe die vollständige Körperform noch klar ersichtlich wäre. Das Bindegewebe besteht aus relativ wenigen Zellen, einer großen Anzahl extrazellulärer Fasern (Bindegewebsfasern), sowie einer **Grundsubstanz** (der **Bindegewebsmatrix**), in welche die Bindegewebsfasern eingebettet sind. Der Histologe unterscheidet mehrere verschiedene Typen des Bindegewebes. Zwei Formen **echten Bindegewebes** treten bei Wirbeltieren auf. Das **lockere Bindegewebe** setzt sich aus Fasern und einer Mischung aus ortsfesten und wandernden Zellen zusammen, die in einer zähflüssigen (viskosen) Matrix suspendiert sind. Das **dichte Bindegewebe**, das uns in Form von Sehnen und Bändern entgegentritt, besteht großenteils aus dicht gepackten Fasern (▶ Abbildung 9.11). Der faserige Anteil des Bindegewebes besteht zum großen Teil aus **Kollagen** (gr. *kolla*, Leim + *genos*, Bildung), einem Faserprotein von hoher Zugfestigkeit. Kollagen ist das mengenmäßig häufigste Protein im

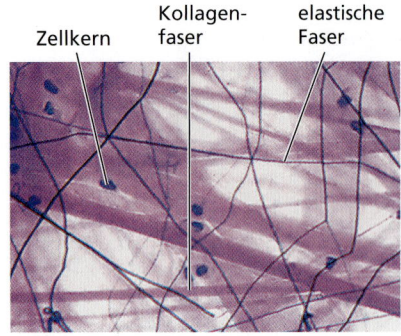

(a) Lockeres Bindegewebe.

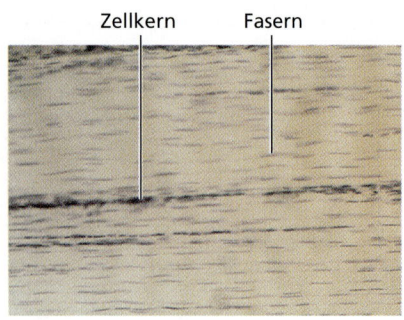

(b) Dichtes Bindegewebe.

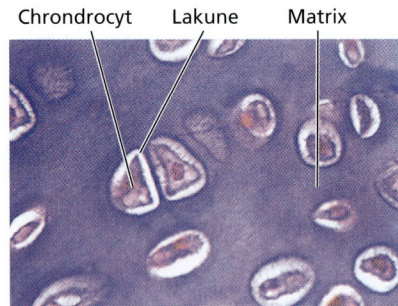

(c) Knorpel.

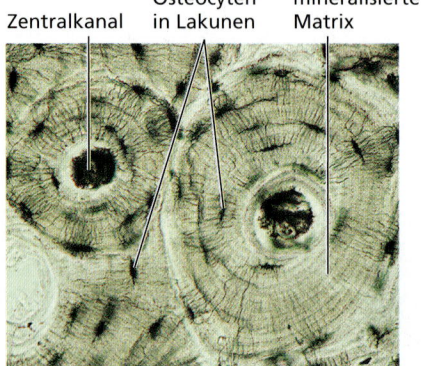

(d) Knochen.

Abbildung 9.11: Bindegewebstypen. (a) Lockeres Bindegewebe (areolares Bindegewebe) ist das „Füllmaterial" des Körpers, das die Blutgefäße, die Nerven und die inneren Organe an ihren Plätzen verankert. Es enthält Fibroblasten, welche die Bindegewebsfasern und die Bindegewebsmatrix erzeugen, sowie umherwandernde Makrophagen, die als Fresszellen eingedrungene Pathogene und geschädigte Körperzellen phagocytieren. Die unterschiedlichen Fasertypen umfassen dicke, steife Kollagenfasern (in der lichtmikroskopischen Aufnahme breit und rot) und dünne, elastische Fasern (in der lichtmikroskopischen Aufnahme dunkelblau und verzweigt), die aus dem Protein Elastin bestehen. (b) Das dichte Bindegewebe bildet Sehnen, Bänder (Ligamente) und Faszien (Muskelhäute) aus. Letztere sind zu Häuten oder Bändern angeordnet, welche die Skelettmuskeln umgeben. In einer Sehne (hier in einer lichtmikroskopischen Abbildung) sind die Kollagenfasern extrem lang und dicht zusammengepackt. (c) Knorpel ist ein Bindegewebe der Wirbeltiere, das aus einem festen Gel als Grundsubstanz (Matrix) besteht, die Zellen (Chondrocyten) enthält, die in kleinen Aussparungen (Lakunen) leben (lat. *lacuna*, Aussparung, Vertiefung, Loch). Außerdem finden sich in der Knorpelmatrix je nach Typ des Knorpels Kollagen- oder elastische Fasern. Im hyalinen Knorpel, der hier beispielhaft abgebildet ist, sind sowohl die Kollagenfasern wie die Knorpelmatrix einheitlich lila angefärbt, so dass sie nicht voneinander unterschieden werden können. Da dem Knorpelgewebe eine Blutversorgung fehlt, müssen sämtliche Nähr- und Abfallstoffe durch Diffusion aus dem umgebenden Gewebe in die Grundsubstanz bzw. aus ihr heraus gelangen. (d) Knochen. Knochen, die mineralisierte Kollagenfasern enthalten, sind das festeste aller Bindegewebe bei Wirbeltieren. Lakunen in der Knochenmatrix enthalten Knochenzellen (Osteocyten). Die Osteocyten stehen über ein Netzwerk aus winzigen Kanälchen (Canaliculi) miteinander in Verbindung. Blutgefäße, die im Knochen ausgedehnt vorliegen, finden sich in größeren Kanälen einschließlich des Zentralkanals. Anders als das Knorpelgewebe unterliegt das Knochengewebe einer lebenslangen Umstrukturierung und kann sich selbst nach weitreichenden Beschädigungen wieder selbst reparieren.

Tierreich. Es findet sich immer dort im tierischen Körper, wo es auf Flexibilität bei gleichzeitiger Zugfestigkeit ankommt. Das Bindegewebe von Wirbellosen besteht wie das der Wirbeltiere aus Zellen, Fasern und einer Grundsubstanz, doch ist es nicht so hoch entwickelt und von einfacherem Bau.

Andere Typen spezialisierter Bindegewebe sind das Blut, die Lymphe, die Gewebsflüssigkeit, das Fettgewebe (adipöses Gewebe), sowie Knorpel und Knochen. Die flüssigen Gewebe Blut und Lymphe bestehen aus charakteristischen Zellen in einer flüssigen Matrix, dem Plasma. Diesen flüssigen Geweben fehlen unter normalen Umständen die Fasern des festen Bindegewebes. Die Zusammensetzung des Blutes wird in Kapitel 31 im Einzelnen erörtert.

Knorpel ist ein halbfestes Bindegewebe mit dichtgepackten Fasern, die in einer gelartigen Grundsubstanz eingebettet sind. Knochen sind ein kalzifiziertes Bindegewebe, das um Kollagenfasern angeordnete kristalline Calciumverbindungen enthält (Abbildung 9.11). Der Aufbau des Knorpels und der Knochen wird im Abschnitt über das Skelett in Kapitel 29 beschrieben.

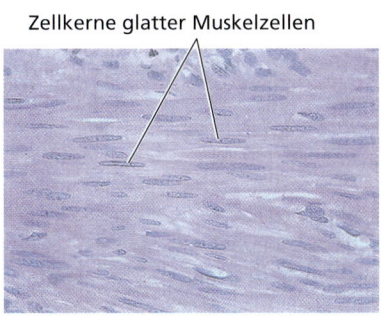
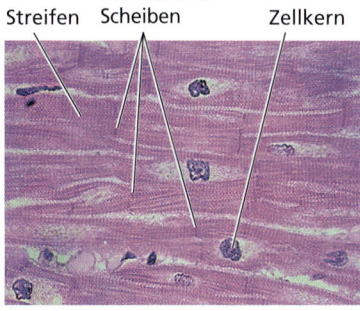

(a) Glatte Muskeln.   (b) Skelettmuskeln.   (c) Herzmuskeln.

Abbildung 9.12: Muskelgewebstypen. (a) Glatte Muskeln sind ungestreifte Muskeln, die sich sowohl bei Wirbellosen wie bei Wirbeltieren finden. Glatte Muskelzellen sind lange, spitz zulaufende Stränge, die je einen einzigen Zellkern aufweisen. Glatte Muskeln sind der häufigste Muskeltyp bei Wirbellosen, bei denen sie als Muskulatur der Körperhülle und zur Auskleidung von Gängen Sphinktern dienen. Bei Wirbeltieren kleidet die glatte Muskulatur die Wände von Blutgefäßen aus und umgibt innere Organe wie den Darm und den Uterus. Bei Vertebraten wird die glatte Muskulatur auch als unwillkürliche Muskulatur bezeichnet, weil ihre Kontraktionen für gewöhnlich nicht willentlich (willkürlich) gesteuert werden können. (b) Skelettmuskeln sind ein gestreifter Muskeltyp, der sich sowohl bei den Evertebraten wie den Vertebraten findet. Sie bestehen aus extrem langen, zylindrischen Fasern, die vielkernige Zellen sind, die von einem Ende eines Muskels zum anderen reichen können. Im Lichtmikroskop betrachtet, fallen die Zellen durch eine Reihe von quer verlaufenden Streifen auf. Die Skelettmuskulatur ist (bei den Wirbeltieren) eine willkürliche Muskulatur, weil ihre Kontraktionen durch Nerven stimuliert werden, deren Aktivität unter der bewussten Kontrolle des Zentralnervensystems steht. (c) Herzmuskeln sind ein weiterer Typ der gestreiften Muskulatur. Dieser Muskeltypus findet sich nur bei Wirbeltieren. Die Zellen sind viel kürzer als die der Skelettmuskulatur und weisen pro Zelle nur einen Zellkern auf. Das Herzmuskelgewebe bildet ein sich verzweigendes Netzwerk aus Fasern, in dem die einzelnen Zellen durch Kontaktbereiche untereinander verbunden sind, die interkalierende Scheiben genannt werden. Herzmuskeln gelten als unwillkürliche Muskeln, da keine Nervenaktivität notwendig ist, um Kontraktionen zu stimulieren. Das Herz wird stattdessen durch eigene, spezialisierte Taktgeberzellen gesteuert, die im Herzen selbst angesiedelt sind. Nerven des autonomen Nervensystems, die im Gehirn entspringen, können jedoch die Aktivität der taktgebenden Zellen beeinflussen.

9.5.5 Muskelgewebe

Muskeln sind bei einigen Tieren die in der Menge überwiegende Gewebeform. Sie haben (mit wenigen Ausnahmen) ihren Ursprung im Mesoderm, und die Baueinheit des Muskels ist die **Muskelfaser**, eine für die Kontraktion spezialisierte Zellform. Im Mikroskop erscheint die **gestreifte Muskulatur** durch sich abwechselnde dunkle und helle Bänder quergestreift (▶ Abbildung 9.12). Bei Vertebraten unterscheidet man zwei Arten gestreifter Muskeln: Skelettmuskeln und Herzmuskeln. Ein dritter Muskeltyp ist die glatte Muskulatur (= Viszeralmuskulatur oder Eingeweidemuskulatur), der die für die gestreifte Muskulatur charakteristische Bänderung fehlt (Abbildung 9.12). Das unspezialisierte Cytoplasma von Muskelzellen wird als **Sarcoplasma** bezeichnet (gr. *sarkos*, Fleisch, Muskel). Die kontraktilen Elemente in einer Muskelfaser werden **Myofibrillen** genannt. Die Arbeitsweise von Muskeln und Muskelfasern werden in Kapitel 29 im Detail besprochen.

9.5.6 Nervengewebe

Das Nervengewebe ist für die Wahrnehmung von Reizen und die Weiterleitung von Impulsen von einem Ort zu einem anderen spezialisiert. Zwei grundlegende Zelltypen des Nervengewebes sind **Neuronen** (Nervenzellen) (gr. *neuron*, Nerv), welche die grundlegenden funktionellen Einheiten des Nervensystems sind, und **Gliazellen** (gr. *glia*, Kitt, Leim). Gliazellen sind nicht unmittelbar an der Reizleitung beteiligte Bindegewebszellen des Nervensystems, welche die Neuronen elektrisch gegeneinander isolieren und diverse unterstützende Funktionen erfüllen. ▶ Abbildung 9.13 zeigt die funktionale Anatomie einer typischen Nervenzelle. Die funktionalen Aspekte nervöser Gewebe werden in Kapitel 33 behandelt.

9.6 Komplexität und Körpergröße

Die komplexesten Stufen der metazoischen Organisation erlauben und fördern bis zu einem gewissen Grad sogar die Evolution großer Körper (▶ Abbildung 9.14). Ein großer Körper ist mit mehreren bedeutungsvollen Konsequenzen für das Lebewesen verbunden: Wenn Tiere größer werden, vergrößert sich die Körperoberfläche viel weniger schnell als das Körpervolumen, da der Flächenzuwachs der äußeren Körperhülle quadratisch

9 Der Bauplan eines Tieres

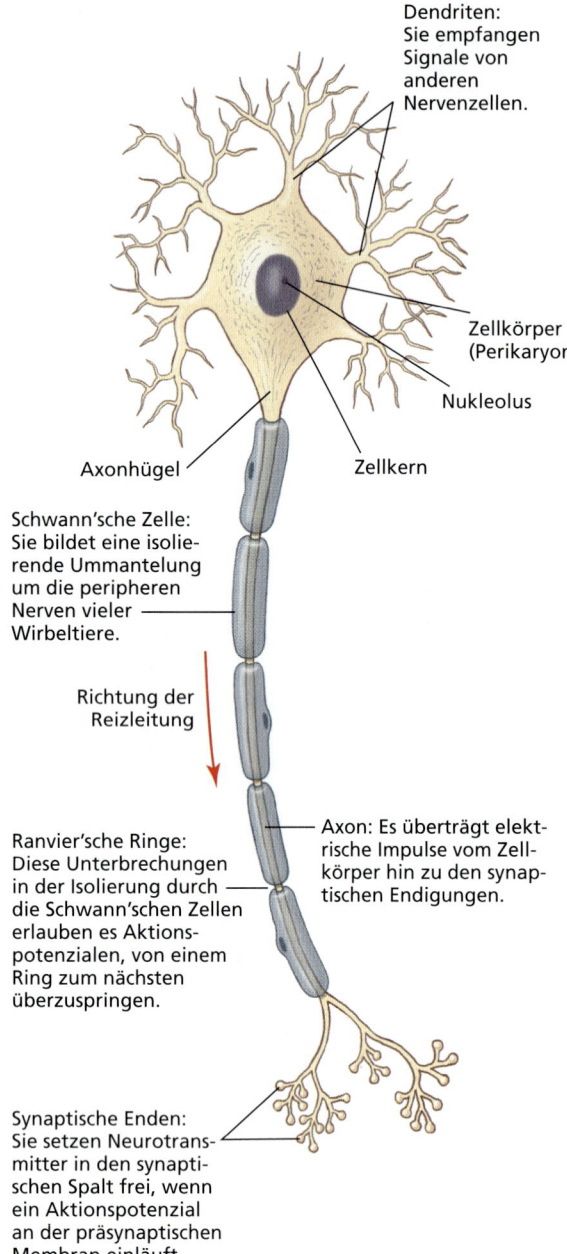

Abbildung 9.13: Die funktionelle Anatomie eines Neurons. Vom den Zellkern beherbergenden zentralen Zellkörper (**Perikaryon**) erstrecken sich ein oder mehrere **Dendriten** (gr. *dendron*, Baum), über welche die Nervenzelle mit Hilfe von Rezeptoren Impulse anderer Nervenzellen oder von Sinneszellen empfängt. Ein einzelnes **Axon** leitet von der Zelle generierte Nervenimpulse weiter an andere Nervenzellen oder ein Effektororgan. Das Axon wird auch als **Nervenfaser** bezeichnet. Nervenzellen stehen mit anderen Nervenzellen oder mit den Zellen von Sinnes- bzw. Effektororganen über spezielle Kontaktstellen, die **Synapsen** heißen, in Verbindung.

Exkurs

Die Tendenz zur Maximierung der Körpergröße innerhalb von Abstammungslinien ist als „Copes Regel des phyletischen Größenzuwachses" bekannt. Sie ist nach dem amerikanischen Paläontologen und Naturforscher des 19. Jahrhunderts, Edward Drinker Cope benannt. Cope bemerkte, dass Abstammungslinien von kleinen Organismen ausgehen, die immer größere Nachfahren hervorbringen, bis schließlich Riesenformen entstehen. Riesenorganismen sterben dann häufig aus, wodurch Gelegenheit der Entwicklung für neue Linien geschaffen wird, die dann ihrerseits evolutiv größere Formen erzeugen können. Copes Regel funktioniert gut bei nichtfliegenden Wirbeltieren und vielen Gruppen von Wirbellosen, obgleich sich Copes eigene, lamarckistische Erklärung für diese Tendenz – dass Lebewesen sich aus einem inneren Antrieb, eine höhere Daseinsebene (und einen größeren Körper) zu erlangen, weiterentwickeln – sich als unsinnig erwies. Ausnahmen von Copes Regel gibt es nur wenige (aber die Insekten stellen eine besonders hervorstechende dar).

anwächst (A^2), während gleichzeitig das Volumen kubisch (= in der dritten Potenz) zunimmt (V^3). Ein großes Tier besitzt daher im Verhältnis zu seinem Volumen eine geringere Oberfläche als ein kleines Tier mit vergleichbarer Körperform. Die äußere Oberfläche eines großen Tieres kann sich als nicht hinreichend für die Atmung und Nährstoffversorgung von Zellen tief im Inneren des Körpers erweisen. Für dieses Problem existieren zwei mögliche Lösungswege: Eine Lösung besteht in der Faltung (Invagination) der Körperoberfläche, um diese zu vergrößern bzw. in einer Abplattung des Körpers zu einem flachen Band oder einer Scheibe, so dass kein innerer Bereich weit von der Oberfläche entfernt liegt. Diese Strategie ist bei den Plattwürmern realisiert. Dieser Lösungsansatz erlaubt die Evolution großer Körper ohne eine gleichzeitige Vergrößerung der inneren Komplexität. Die meisten großen Tiere sind jedoch die Ergebnisse einer anderen Lösungsstrategie: sie haben evolutiv innere Transportsysteme zur Verteilung von Nährstoffen und Gasen und dem Abtransport von Abfallstoffen zwischen Zellen und der Außenwelt entwickelt.

Ein größerer Körper puffert das Tier besser gegen Schwankungen in den Umweltbedingungen ab, er verleiht ein höheres Maß an Schutz gegen Raubfeinde und verstärkt die eigenen Möglichkeiten, sich offensiv zu verhalten, und er erlaubt eine effizientere Verwertung der zur Verfügung stehenden Stoffwechselenergie. Ein großes Säugetier verbraucht absolut mehr Sauerstoff als ein kleines Säugetier, doch sind die Kosten für die Aufrechterhaltung der Körpertemperatur pro Gramm Körpermasse bei dem größeren Tier geringer als bei dem kleineren. Größere Tiere können sich auch mit einem geringeren Energieaufwand fortbewegen als kleinere. So

9.6 Komplexität und Körpergröße

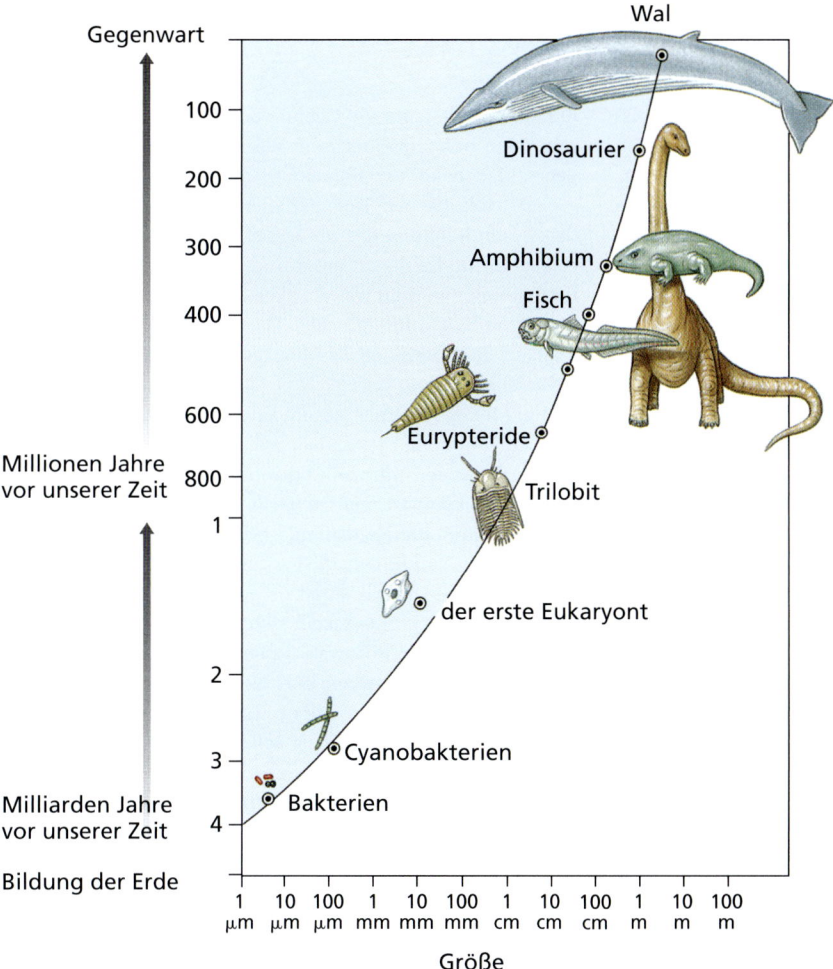

Abbildung 9.14: Metazoische Organisation. Graph zur Darstellung der Evolution der Größenzunahme (Längenzunahme) bei Organismen in verschiedenen Perioden der Entwicklung des Lebens auf der Erde. Man beachte, dass beide Achsen logarithmisch skaliert sind.

verbraucht ein großes Säugetier bei der schnellen Fortbewegung absolut mehr Sauerstoff als ein kleines, aber die aufzuwendende Energiemenge, um ein Gramm Körpermasse über eine gegebene Entfernung zu bewegen, sind für das große Tier deutlich geringer als für das kleine (▶ Abbildung 9.15). Aus allen diesen Gründen ergibt sich die Tatsache, dass die ökologischen Möglichkeiten und Grenzen für große Tiere sehr verschieden von denen für kleine Tiere sind. In den folgenden Kapiteln werden wir im Detail die ausgedehnten adaptiven Radiationen beschreiben, die man bei den Taxa großer Tiere beobachtet.

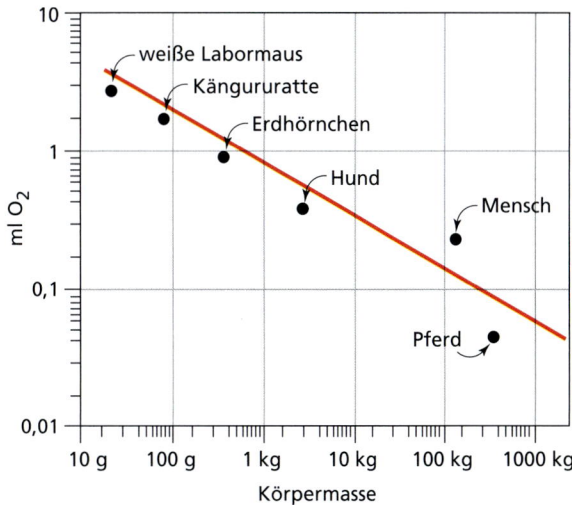

Abbildung 9.15: Nettokosten schneller lokomotorischer Bewegung (Rennen) bei Säugetieren verschiedener Körpergröße. Jeder der Punkte gibt die Kosten (in Form der aufzuwendenden Menge Sauerstoff) für die Lokomotion eines Gramms Körpermasse über eine Entfernung von einem Kilometer. Die metabolischen Kosten nehmen mit zunehmender Körpergröße ab.

Der Bauplan eines Tieres

ZUSAMMENFASSUNG

Ausgehend von den verhältnismäßig einfachen Organismen, welche die Anfänge des Lebens auf der Erde markieren, hat die tierische Evolution Formen mit weitaus verwickelterem Bau erzeugt. Organellen werden zu Zellen integriert, Zellen zu Geweben, Gewebe zu Organen, und Organe zu Organsystemen. Während ein einzelliges Lebewesen alle Lebensfunktionen in den Grenzen einer einzigen Zelle ausführt, ist ein vielzelliges Tier eine organisierte Ansammlung untergeordneter Einheiten, die in aufeinanderfolgenden Ebenen vereint sind.

Jedes Lebewesen besitzt einen erblichen Bauplan, der durch die Symmetrieeigenschaften des Körpers, die Zahl der embryonalen Keimblätter, die Organisationshöhe und die Zahl der Leibeshöhlen gekennzeichnet ist. Die Mehrheit der Tierarten zeigt eine Bilateralsymmetrie, doch treten bei einigen Gruppen sphärische oder radiäre Formen auf. Die meisten Tiere sind triblastisch, entwickeln sich also aus drei Keimblättern; die Cnidarier (Nesseltiere) und einige andere sind diblastisch. Ihnen fehlt das dritte (mittlere) Keimblatt. Den Schwämmen fehlen die Keimblätter; ihre Evolution ist auf dem Niveau der zellulären Organisation stehengeblieben. Die meisten Tiere haben die Gewebsebene der Organisation erreicht.

Alle Tiere außer den Schwämmen besitzen einen Darm, der die primäre Leibeshöhle darstellt. Bei der Mehrheit der Tierarten findet sich noch eine zweite, sekundäre Leibeshöhle, die den Darm umgibt. Die sekundäre Leibeshöhle kann ein Coelom oder ein Pseudocoelom sein. Man unterscheidet zwei Wege der Coelombildung, den schizocoelen und den enterocoelen.

Die triblastischen Tiere zerfallen in Abhängigkeit von den Besonderheiten des ontogenetischen Entwicklungsganges in die Deuterostomier und die Protostomier. Die Protostomier werden weiter in die Lophotrochozoen und die Ecdysozoen untergliedert. Diese Unterscheidung erfolgt auf der Grundlage detaillierterer Merkmale der Individualentwicklung.

Ein Metazoenkörper besteht aus Zellen, von denen die meisten funktionell spezialisiert sind; aus Körperflüssigkeiten, die in ein intrazelluläres und ein extrazelluläres Flüssigkeitskompartiment unterteilt werden; sowie aus extrazellulären Bauelementen, die faserige oder gestaltlose Elemente sein können, die verschiedenen strukturellen Aufgaben des extrazellulären Bereiches dienen. Die Zellen von Metazoen entwickeln sich zu verschiedenen Geweben. Grundlegende Gewebetypen sind Epithelien, Bindegewebe, Muskelgewebe und Nervengewebe. Gewebe sind zu größeren funktionellen Einheiten, den Organen, zusammengefasst. Die Organe selbst assoziieren sich zu Organsystemen.

Im Zusammenhang mit gesteigerter anatomischer Komplexität hat eine Zunahme der Körpergröße gewisse Vorteile wie effektiveren Nahrungserwerb, verminderter lokomotorischer Energieaufwand und verbesserte Homöostase.

Übungsaufgaben

1. Nennen Sie die fünf Ebenen der Organisation organismischer Komplexität, und erklären Sie, warum jede nachfolgende Ebene komplexer ist als die vorhergehende.

2. Können Sie sich denken, warum die Evolutionsgeschichte eine Tendenz zur Zunahme der maximalen Körpergröße zu beobachten ist? Sind Sie der Meinung, dass es unvermeidlich ist, dass der Komplexitätsgrad zusammen mit der Körpergröße vergrößert werden sollte/muss? Warum, oder warum nicht?

3. Was versteht man im Zusammenhang mit Organen des Tierkörpers unter den Begriffen Parenchym und Stroma?

4. Die Körperflüssigkeiten der eumetazoischen Tiere sind in „Flüssigkeitskompartimente" aufgeteilt. Nennen Sie diese Kompartimente und erklären Sie, wie sich diese Kompartimentierung bei Tieren mit einem offenen Kreislaufsystem von der bei Tieren mit einem geschlossen unterscheidet wird/könnte.

5. Welches sind die vier Hauptgewebetypen der Metazoen?

6. Wie würden Sie die Unterscheidung zwischen einem einfachen und einem stratifizierten Epithel treffen? Welche Merkmale des stratifizierten Epithels sind geeignet zu erklären, warum dieser Typ und nicht das einfache Epithel die Auskleidung der Mundhöhle, des Ösophagus und der Vagina bildet?

7. Welche drei Bauelemente lassen sich generell in allen Bindegeweben finden? Geben Sie einige typische Beispiele für verschiedene Bindegewebstypen.

8. Welches sind die drei Sorten von Muskeln, die man bei den Tieren findet? Erläutern Sie, wie jede für bestimmte Aufgaben spezialisiert ist.

9. Beschreiben Sie die wichtigsten strukturellen und funktionellen Merkmale eines Neurons.
10. Ordnen Sie jeweils eine Tiergruppe einem Grundbauplan zu:
    ___ einzellig   a. Nematode
    ___ Zellaggregat   b. Vertebrat
    ___ blind endender Sack, acoelomat   c. Protozoon
                                                 d. Plattwurm
    ___ Röhre-in-einer-Röhre, pseudocoelomat   e. Schwamm
                                                 f. Arthropode
    ___ Röhre-in-einer-Röhre, eucoelomat   g. Schnurwurm
11. Treffen Sie eine Unterscheidung zwischen sphärischer, radialer, biradialer und bilateraler Symmetrie.
12. Bezeichnen Sie unter Verwendung der folgenden Begriffe Teile Ihres eigenen Körpers sowie des Körpers eines Frosches: anterior, posterior, dorsal, ventral, lateral, distal, proximal.
13. Wie zerteilen die Frontal-, die Sagittal- und die Transversalebene den menschlichen Körper?
14. Was versteht man unter Segmentierung? Nennen Sie drei Tierstämme, die eine Segmentierung zeigen.

Weiterführende Literatur

Arthur, W. (1997): The origin of animal body plans. Cambridge University Press; ISBN: 0-5215-5014-9. *Untersucht die genetischen, entwicklungsbiologischen und populationsbiologischen Vorgänge, die an der Evolution der etwa drei Dutzend Grundbaupläne in der Erdgeschichte beteiligt waren.*

Bonner, J. (1988): The evolution of complexity by means of natural selection. Princeton University Press; ISBN: 0-6910-8494-7. *Über Ebenen der Komplexität bei Lebewesen und wie Größe die Komplexität beeinflusst.*

Grene, M. (1987): Hierarchies in biology. American Scientist, vol. 75: 504–510. *Der Begriff Hierarchie wird in der Biologie auf vielfältige Weise benutzt. Die moderne Evolutionstheorie erweitert das hierarchische Konzept über Darwins Ebenen des Gens und des Einzelwesens hinaus.*

Hansell, M. (2004): Animal Architecture and Construction. Oxford University Press; ISBN: 0-1985-0751-8.

Kessel, R. (1998): Basic medical histology: the biology of cells, tissues and organs. Oxford University Press; ISBN: 0-1950-9528-6. *Aktuelles Lehrbuch der Tierhistologie.*

McGowan, C. (1999): A practical guide to vertebrate mechanics. Cambridge University Press; ISBN: 0-5215-7673-3. *Unter Verwendung vieler Beispiele aus seinem früheren Buch „Diatoms and Dinosaurs" beschreibt der Autor die Prinzipien der Biomechanik, die der funktionellen Anatomie zugrunde liegen. Mit Anleitungen zu Experimenten und Laborübungen.*

McMahon, T. und J. Bonner (1983): On size and life. Scientific American Books; ISBN: 0-7167-5000-7. *Ein gut illustriertes Buch zu Größenverhältnissen und Skalierungen in der belebten Welt mit klaren Beispielen und Erklärungen.*

Streble, H. und A. Bäuerle (2007): Histologie der Tiere. Ein Farbatlas. Elsevier; ISBN: 978-3-8274-1668-1.

Welsch, U. und V. Storch (1976): Comparative animal cytology and histology. Sidgwick & Jackson; ISBN: 0-2839-8256-X. *Vergleichende Histologie mit guter Berücksichtigung der Invertebraten.*

Willmer, P. (1990): Invertebrate relationships: patterns in animal evolution. Cambridge University Press; ISBN: 0-5213-3712-7. *Kapitel 2 enthält eine ausgezeichnete Diskussion der Symmetrieeigenschaften von Tieren, ihrer Entwicklungsgänge, den Ursprung der Leibeshöhlen sowie der Segmentierung.*

Weitere Informationen zu diesem Buchkapitel finden Sie auf der Companion-Website unter
http://www.pearson-studium.de

Klassifizierung und Stammesgeschichte der Tiere

10

10.1	Linnaeus und Klassifikation	301
10.2	Arten	303
10.3	Taxonomische Merkmale und phylogenetische Rekonstruktion	308
10.4	Taxonomische Theorien	311
10.5	Die Hauptabteilungen des Lebens	319
10.6	Hauptabteilungen des Tierreichs	321
Zusammenfassung		323
Übungsaufgaben		324
Weiterführende Literatur		325

ÜBERBLICK

Klassifizierung und Stammesgeschichte der Tiere

Die Zoologen haben bis heute mehr als 1,5 Millionen Tierarten identifiziert, und Jahr für Jahr kommen Tausende weitere hinzu. Einige Zoologen haben spekuliert, dass die bislang beschriebenen Arten weniger als 20 Prozent der heute lebenden, rezenten Arten repräsentieren und weniger als ein Prozent aller Arten, die in der Vergangenheit gelebt haben mögen. Allerdings stützen sich solche Zahlenspiele und „Schätzungen" nicht auf greifbare Daten, da die Anzahl aller existierenden und ausgestorbenen Arten nicht bekannt ist – und wahrscheinlich auch nie erfasst werden kann.

Ungeachtet dieser Größenordnung ist die Vielfalt unter den Tieren nicht ohne Grenzen. Viele theoretisch vorstellbare Formen sind in der Natur nicht verwirklicht. Manche spiegeln sich in der Form mythischer Gestalten wie des Minotaurus oder des geflügelten Fabelpferdes Pegasus wider. Die charakteristischen Merkmale von Menschen und Rindern treten anders als in der Sagengestalt des Minotaurus in der Natur nie gemeinsam auf. Genauso verhält es sich mit den Flügeln eines Vogels und dem Körper eines Pferdes wie bei dem zum Sternbild avancierten Pegasus. Menschen, Rinder, Vögel und Pferde gehören verschiedenen Tiergruppen an, und doch haben sie einige bedeutsame Merkmale gemeinsam, zum Beispiel die Wirbel der Wirbelsäule, die gleichbleibende Körpertemperatur (Homoiothermie), und andere mehr, die sie von den noch stärker verschiedenen Formen unter den Tieren wie den Insekten und den Plattwürmern abgrenzen.

Muschelschalen aus der Sammlung von Jean Baptiste de Lamarck (1744–1829).

Alle menschlichen Kulturen haben die ihnen vertrauten Tiere nach wechselnden Mustern, die in der Vielfalt der Tierwelt erkennbar sind, klassifiziert. Diese Klassifizierungen dienten und dienen vielerlei Zwecken. Einige Gesellschaften teilen die Tiere nach ihrer Nützlichkeit oder dem Maß an Schaden ein, den sie auf den Menschen und seine Aktivitäten ausüben; dies spiegelt sich bis heute in den gängigen Begriffen „Nutztiere" und „Schädlinge" wider. Andere haben die Tiere vielleicht nach den ihnen zugewiesenen Rollen in der Mythologie ihrer Kultur eingruppiert. Biologen gruppieren Tiere dagegen gemäß deren evolutiven Verwandtschaftsgraden, die sich in den geordneten Mustern gemeinsamer homologer Merkmale zeigen. Diese Klassifizierung wird als ein „natürliches System" bezeichnet, weil es die Herkunfts- und Verwandtschaftsbeziehungen unter den Tieren in der Natur wiedergibt, außerhalb des Kontextes wandelbarer menschlicher Aktivitäten. Die Systematiker unter den Zoologen verfolgen drei Hauptziele: erstens die Entdeckung und Beschreibung aller Tierarten, zweitens die Rekonstruktion ihrer evolutiven (stammesgeschichtlichen) Verwandtschaft, und drittens die sich daraus ergebende „natürliche" klassifizierende Einordnung in das Reich der Tiere.

Darwins Theorie der gemeinsamen Abstammung (Kapitel 1 und 6) ist das grundlegende Prinzip, an dem sich unsere Suche nach Ordnung in der Vielfalt der Tierwelt ausrichtet. Die Disziplin der Taxonomie (gr. *taxis*, Ordnung + *nomia*, Verwaltung, Gesetz), die uns nun beschäftigen wird, erzeugt ein formales System für die Benennung und Einordnung von Arten in dieses System, um die herrschende Ordnung darzustellen und zu verbreiten. Tiere, die auf eine noch sehr junge gemeinsame Herkunft zurückblicken, haben viele Merkmale gemeinsam und werden daher in unserer taxonomischen Klassifikation einander sehr nahe gestellt. Die Taxonomie ist ein Teil der weiter umfassenden biologischen Disziplin der Systematik oder systematischen Biologie (= vergleichende Biologie), die sich dem Studium der Variation in und zwischen Tierpopulationen widmet, um ihre evolutive Verwandtschaft zu ergründen. Taxonomische Untersuchungen wurden schon vor dem Aufkommen der Evolutionslehre betrieben, und viele taxonomische Praktiken erinnern bis heute an diese präevolutionäre Weltsicht. Die Anpassung des taxonomischen Systems an die Erkenntnisse der Evolutionsforschung hat viele Probleme und Kontroversen mit sich gebracht. Die Taxonomie hat in ihrem Werdegang einen ungewöhnlich aktiven und kontroversen Punkt erreicht, an dem mehrere, alternative taxonomische Systeme miteinander im Wettstreit um die Akzeptanz bei den Biologen stehen. Um diese Kontroverse nachvollziehen zu können, müssen wir zunächst einen Blick auf die Geschichte der zoologischen Taxonomie werfen.

Linnaeus und Klassifikation 10.1

Der griechische Naturphilosoph Aristoteles war der erste, der nachweislich Lebewesen aufgrund ihrer baulichen Ähnlichkeiten klassifizierte. Die Blütezeit, welche die Systematik im 18. Jahrhundert erlebte, kulminierte in den Arbeiten Karl Linnés (▶ Abbildung 10.1), der das heute noch verwendete Klassifikationsschema entwarf.

Linné, der akademisch die latinisierte Schreibung seines Namens – Linnaeus – verwendete, war Botaniker an der nordschwedischen Universität von Uppsala. Er bewies großes Talent bei der Sammlung und Klassifizierung von Objekten, besonders von Blütenpflanzen. Linné erstellte ein ausgedehntes System für die Klassifizierung von Pflanzen und Tieren. Dieses Schema, das er in seinem großen Werk *Systema Naturae* vorstellte,

Abbildung 10.1: Carolus Linnaeus (Karl von Linné) (1707–1778). Dieses Porträt von Linné entstand drei Jahre vor seinem Tod im Alter von 68 Jahren.

stützte sich für die Eingruppierung der Fundstücke seiner Sammlung auf die Morphologie (die vergleichende Untersuchung der Gestalt von Lebewesen; Gestaltkunde). Er unterteilte das Tierreich in Arten und gab jeder einzelnen einen eigenen, unverkennbaren Namen. Er ordnete diese Arten zu Gattungen, Gattungen zu Ordnungen, und Ordnungen zu Klassen von Lebewesen. Da seine Fachkenntnisse über die Tiere als Botaniker beschränkt waren, waren die niederen Ränge seines Systems, wie die Gattungen, oft sehr breit gefasst und beinhalteten Tiere, die nur weitläufig miteinander verwandt sind. Ein Großteil seiner frühen Klassifizierungen ist heute in zum Teil drastischer Weise abgeändert, aber das grundlegende Prinzip seines Ordnungsschemas findet noch immer Anwendung.

Linnés Ordnungsschema der Anordnung der Lebewesen in einer aufsteigenden Abfolge von immer umfassenderen Gruppen ist ein **hierarchisches Klassifikationssystem**. Die **Haupttaxa** (Singular **Taxon**), in die er die Organismen eingruppierte, bekamen standardisierte **taxonomische Ebenen** zugewiesen, um den allgemeinen Verwandtschaftsgrad zu beschreiben, der die betreffende Gruppe repräsentiert. Die Hierarchie der taxonomischen Ebenen ist seit Linné beträchtlich erweitert worden (▶ Tabelle 10.1). Sie umfasst nunmehr für das Tierreich sieben verbindliche Ebenen; dies sind (in absteigender Reihenfolge): das Reich (Regnum), der Stamm (Phylum), die Klasse (Classis), die Ordnung (Order), die Familie (Familia), die Gattung (Genus) und die Art (Spezies). Alle (eukaryontischen) Organismen müssen in wenigstens sieben Taxa eingeordnet werden –

Klassifizierung und Stammesgeschichte der Tiere

Tabelle 10.1

Beispiele für taxonomische Kategorien mit der Einordnung repräsentativer Tierarten

Linné'scher Rang	Mensch	Gorilla	Südlicher Leopardfrosch	Gabelschwanzlaubheuschrecke
Organismenreich (Regnum)	Animalia	Animalia	Animalia	Animalia
Stamm (Phylum)	Chordata	Chordata	Chordata	Arthropoda
Unterstamm (Subphylum)	Vertebrata	Vertebrata	Vertebrata	Uniramia
Klasse (Classis)	Mammalia	Mammalia	Amphibia	Insecta (= Hexapoda)
Unterklasse (Subclassis)	Eutheria	Eutheria	–	Pterygota
Ordnung	Primates	Primates	Anura	Orthoptera
Unterordnung	Anthropoidea	Anthropoidea	–	Ensifera
Familie	Hominidae	Hominidae	Ranidae	Tettigoniidae
Unterfamilie	–	–	Raninae	Phaneropterinae
Gattung	*Homo*	*Gorilla*	*Rana*	*Scudderia*
Art	*Homo sapiens*	*Gorilla gorilla*	*Rana sphenocephala*	*Scudderia furcata*
Unterart				*Scudderia furcata furcata*

Das hierarchische System der biologischen Klassifizierung, angewendet auf vier Beispielarten (Mensch, Gorilla, Südlicher Leopardfrosch, Gabelschwanzlaubheuschrecke). Höhere Taxa sind generell umfassender als die Taxa niederen Niveaus, obwohl Taxa zweier unterschiedlicher Niveauebenen inhaltlich äquivalent sein können. Eng miteinander verwandte Arten sind bis zu einem weiter unten liegenden Punkt in der Hierarchie vereint als weiter entfernt verwandte Arten. So sind beispielsweise der Mensch und der Gorilla auf dem Niveau der Familie (Hominidae) noch gemeinsam gruppiert; auf der Ebene des Unterstammes der Wirbeltiere (Vertebrata) sind sie gemeinsam mit dem Südlichen Leopardfrosch gruppiert; und alle drei Wirbeltiere sind auf der Ebene des Reichs der Tiere (Animalia) mit der Laubheuschrecke vereinigt. Obligatorische Ebenen der Linné'schen Klassifikation sind im Fettdruck wiedergegeben.

einmal auf jeder verbindlichen Rangstufe. Die Taxonomen verfügen über die Option, diese sieben Rangstufen weiter zu untergliedern (Superklassen, Unterklassen, Infraklassen, Überordnungen, Unterordnungen, Unterfamilien, usw.). Dies kann mit jeder Gruppe von Lebewesen geschehen. Insgesamt sind heute mehr als 30 taxonomische Ebenen anerkannt und in Gebrauch. Bei sehr umfangreichen und/oder komplex zusammengesetzten Tiergruppen wie den Fischen oder den Insekten sind diese zusätzlichen Ebenen notwendig, um überhaupt eine sinnvolle Ordnung schaffen und die verschiedenen Grade evolutiver Divergenz anzeigen zu können. Unglücklicherweise verkompliziert sich dadurch das System auch.

Linnés System für die Benennung von Arten ist auch als das **binomische System** bekannt. Jeder Art wird ein latinisierter Name auf zwei Worten (daher binomisch) zugewiesen. Dieser Artname wird per Definition kursiv gesetzt (bzw. bei handschriftlichen Arbeiten unterstrichen). Das erste Wort des zweigliedrigen Artnamen bezeichnet die **Gattung** (das Genus) und wird mit einem Großbuchstaben begonnen. Das zweite Wort ist der **Artname**, der innerhalb einer Gattung nur für eine spezielle Art gilt; er wird kleingeschrieben (Tabelle 10.1). Der Gattungsname ist immer ein Substantiv, der Artname für gewöhnlich ein Adjektiv, dessen linguistisches Geschlecht mit dem Gattungsnamen kongruent sein muss. So ist etwa der wissenschaftliche Name der Wanderdrossel *Turdus migratorius* (lat. *turdus*, Drossel; *migratorius*, wandernd). Der Artname steht niemals allein! Zur Kennzeichnung einer Art muss immer der vollständige binomische Ausdruck angegeben werden. Gattungsnamen dürfen sich immer nur auf eine Organismengruppe beziehen; derselbe Gattungsname darf nicht zwei verschiedenen Tiergattungen zugewiesen werden. Derselbe Artname kann hingegen in verschiedenen Gattungen Verwendung für unterschiedliche Arten finden, da er nur in Verbindung mit der Gattungsbezeichnung einen wissenschaftlichen Sinn ergibt. So ist beispielsweise der wissenschaftliche Name des Carolinakleibers *Sitta caro-*

linensis. Die Artbezeichnung „*carolinensis*" wird auch in anderen Gattungen benutzt, zum Beispiel für *Poecile carolinensis* (Carolinameise) und *Anolis carolinensis* (Rotkehlgecko) und bedeutet „aus Carolina", bezieht sich also auf das Verbreitungsgebiet. Alle taxonomischen Ränge oberhalb des Artniveaus werden durch einzelne Substantive bezeichnet, die mit einem Großbuchstaben beginnen (wie bei Hauptwörtern im Deutschen üblich).

10.2 Arten

Bei einer Erörterung des 1859 von Charles Darwin vorgelegten Werkes „On the Origin of Species" (Über den Ursprung der Arten), warf sein Freund und Kollege Thomas Huxley die Frage auf: „Was ist denn überhaupt eine Art? Die Frage ist einfach, doch ist die richtige Antwort auf sie schwierig zu finden, selbst wenn wir uns an diejenigen wenden, die am meisten darüber wissen sollten." Wir haben den Begriff „Art" bislang so benutzt, als ob er eine einfache und unzweideutige Bedeutung hätte. Tatsächlich ist Huxleys Anmerkung auch heute immer noch genauso aktuell wie vor 140 Jahren! Unsere Artkonzepte sind heute ausgefeilter, doch die Vielfalt der unterschiedlichen Konzepte und die Unstimmigkeiten in Bezug auf ihre Verwendung sind heute so aktuell wie zu Darwins Zeit.

Ungeachtet der Uneinigkeit hinsichtlich der wahren Bedeutung des für die Biologie so wichtigen Begriffes der Art, haben die Biologen wiederholt bestimmte Kriterien für die Festlegung einer Art benutzt: Zunächst ist eine **gemeinsame Abstammung** von zentraler Bedeutung für beinahe alle modernen Artkonzepte. Die Angehörigen einer Art müssen in der Lage sein, ihre Ahnenreihe auf eine gemeinsame Ur- oder Stammpopulation zurückzuführen, die aber nicht notwendigerweise ein einzelnes Elternpaar sein muss. Arten sind daher historische Größen. Ein zweites Kriterium ist, dass eine Art die **kleinste abgrenzbare Gruppierung** von Organismen mit einem gemeinsamen Urahnen und einer gemeinsamen Abstammung sein muss. Sonst wäre es schwierig, eine Art von einem höher angeordneten Taxon abzugrenzen, dessen Mitglieder ebenfalls auf eine gemeinsame Abstammung zurückblicken. Morphologische Merkmale sind bei der Identifizierung solcher Gruppierungen seit alters her von großer Bedeutung, doch werden heutzutage auch chromosomale und molekulare Merkmale ausgiebig zu diesem Zweck herangezogen. Ein drittes wichtiges Kriterium ist das der **Fortpflanzungsgemeinschaft**. Die An-

> **Exkurs**
>
> Manchmal wird eine Art in eine Unterart unterteilt. Dann wird eine dreiteilige Nomenklatur verwendet (siehe die Beispiele der Laubheuschrecke in Tabelle 10.1 und der Salamander von ▶ Abbildung 10.2). Solche Arten werden als polytyp oder polytypisch bezeichnet. Der Gattungs-, der Art- und der Unterartname werden kursiv gesetzt (oder bei handschriftlichen Texten unterstrichen). Eine polytype Art enthält immer eine Unterart, deren Unterartname eine Wiederholung des Artnamens ist, sowie mindestens eine weitere Unterart, deren Unterartname anders lautet. Um die geografischen Varianten von *Ensatina eschscholtzii* zu unterscheiden, erhält daher eine Unterart die Bezeichnung *Ensatina eschscholtzii eschscholtzii*, und für alle weiteren der sechs anderen Unterarten wird ein neuer Unterartname kreiert (Abbildung 10.2). Sowohl der Gattungs- wie der Artname können – wie in Abbildung 10.2 exemplarisch demonstriert – einbuchstabig abgekürzt werden. Eine solche Abkürzung, die insbesondere bei Gattungsnamen häufig anzutreffen ist, ist aber nur innerhalb eines zusammenhängenden Textes statthaft, wenn einführend mindestens einmal die vollständige Artbezeichnung mit ausgeschriebenem Gattungs- und Artnamen genannt worden ist. Eine Verwechslung, die durch eine solche Abkürzung zustande kommen kann, ist in jedem Fall zu vermeiden. Die formale Anerkennung von Unterarten durch die Systematiker hat an Popularität eingebüßt, weil die Abgrenzung von Unterarten nur selten eindeutig und scharf gelingt. Die Festlegung einer Unterart kann aufgrund eines einzigen oder weniger oberflächlicher Merkmale erfolgen und muss nicht notwendigerweise eine evolutiv abgegrenzte Einheit anzeigen. Wenn weitergehende Folgeuntersuchungen erweisen, dass eine benannte Unterart in der Tat eine evolutiv abgrenzbare Abstammungslinie repräsentiert, wird die betreffende Unterart nicht selten in den Rang einer eigenen Art gehoben. Tatsächlich vertreten einige Spezialisten in ihren Veröffentlichungen die Ansicht, dass es sich bei den Unterarten von *Ensatina eschscholtzii* tatsächlich um getrennte Arten handelt. Unterartbezeichnungen sollten daher als vorläufige Angaben betrachtet werden, die darauf hinweisen, dass der Artenstatus der betreffenden Populationen einer eingehenderen Betrachtung und der Klärung bedarf.

gehörigen einer Art müssen eine Fortpflanzungsgemeinschaft bilden, welche die Mitglieder anderer Arten ausschließt. Bei sich geschlechtlich vermehrenden Populationen, ist die Kreuzung von kritischer Bedeutung für die Aufrechterhaltung der Fortpflanzungsgemeinschaft. Bei Lebewesen, deren Vermehrung streng ungeschlechtlich vonstatten geht, erfordert das Kriterium der Fortpflanzungsgemeinschaft, dass ein bestimmtes ökologisches Habitat an einem bestimmten Ort besetzt wird, so dass die sich fortpflanzende Population als Einheit auf einwirkende evolutive Kräfte wie die natürliche Selektion und die genetische Drift reagiert.

10 Klassifizierung und Stammesgeschichte der Tiere

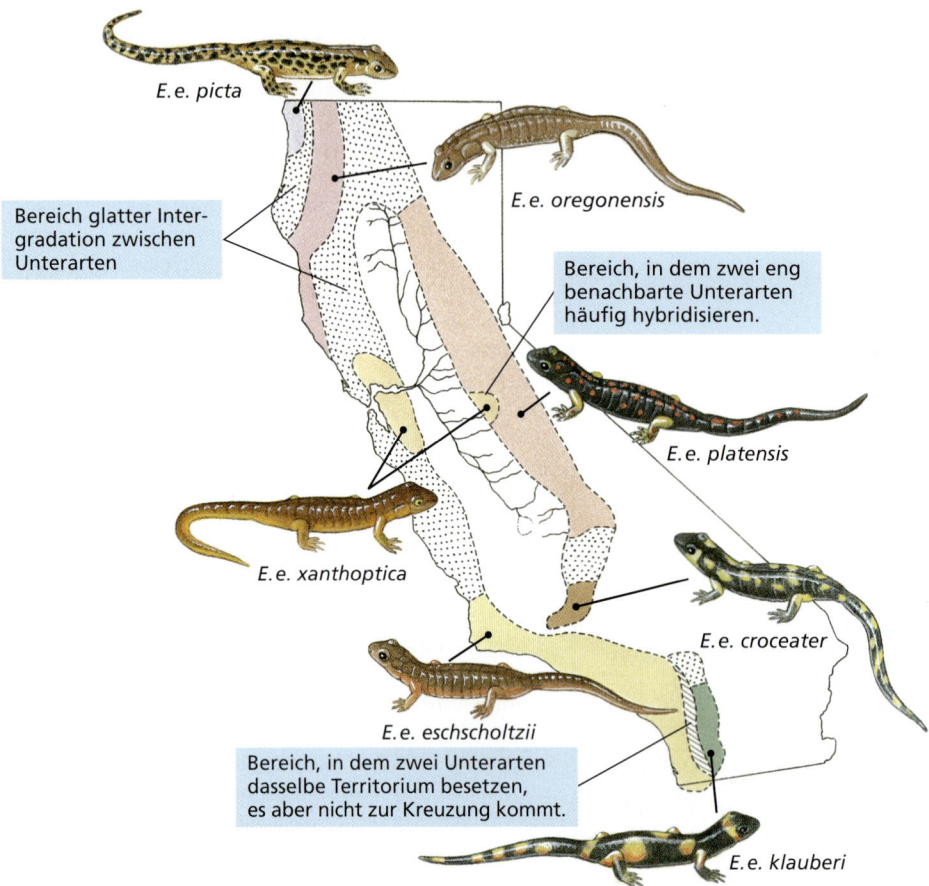

Abbildung 10.2: Geografische Variation der Farbzeichnung bei Salamandern der Gattung *Ensatina*. Der Artenstatus dieser Populationen hat den Taxonomen über Generationen hinweg Kopfzerbrechen bereitet und tut dies noch immer. Die heutigen Taxonomen erkennen nur eine einzige Art an *(Ensatina eschscholtzii)*, die in die dargestellten Unterarten zerfällt. Eine Hybridisierung ist zwischen unmittelbar benachbarten Populationen offensichtlich, doch zeigen Untersuchungen an Proteinen und der DNA ein hohes Maß an genetischer Divergenz unter den Populationen. Darüberhinaus können Populationen der Unterarten *E. e. eschscholtzii* und *E. e. klauberi* geografisch überlappen, ohne dass es zur Kreuzung kommt.

Jede Art verfügt über eine räumliche Verteilung – ihre **geografische Reichweite** – und eine ebensolche zeitliche, die **evolutive Dauer**. Arten unterscheiden sich hinsichtlich der Ausdehnung in beiden Dimensionen ganz beträchtlich. Arten mit einer sehr weiten geografischen Reichweite oder weltweitem Vorkommen werden **kosmopolitisch** genannt. Im Gegensatz dazu nennt man Arten mit einem geografisch eingeschränkten Verbreitungsgebiet **endemische** Arten. Falls eine Art auf einen einzigen Punkt in Raum und Zeit beschränkt wäre, hätten wir wenig Probleme, sie zu erkennen, und praktisch jedes Artkonzept würde uns zu derselben Schlussfolgerung führen. Wir haben wenige Schwierigkeiten, die verschiedenen Tierarten, die wir in einem Park oder Wald in der Nähe finden, zu erkennen und von anderen Arten zu unterscheiden. Wenn wir jedoch eine örtliche Population mit einer ähnlichen, aber nicht identischen Population vergleichen, die hunderte von Kilometern entfernt vorkommt, kann es schwierig sein, zu ermitteln, ob diese räumlich getrennten Populationen zu einer einzigen oder zu verschiedenen Arten gehören (Abbildung 10.2).

Über den Verlauf der evolutiven Dauer einer Art kann sich ihre geografische Reichweite viele Male ändern. Eine geografische Reichweite kann zusammenhängend oder unterbrochen (entkoppelt) sein; im letzteren Fall existieren Bereiche im Gesamtverbreitungsgebiet, in denen die Art nicht zu finden ist. Nehmen wir beispielhaft an, dass wir zwei ähnliche, aber nicht identische Populationen finden, die ca. 500 km voneinander entfernt vorkommen (zum Beispiel Nordseeküste und Voralpenraum), zwischen diesen beiden getrennten Verbreitungsgebieten aber keine verwandten Populationen vorkommen (zum Beispiel im deutschen Mittelgebirgsraum vom Sauerland bis zum Schwarzwald). Betrachten wir dann eine einzelne Art mit unterbrochenem Verbreitungsgebiet oder zwei verschiedene, eng verwandte Arten? Nehmen wir weiterhin an, dass sich diese Populationen vor etwa 50.000 Jahren voneinander getrennt hätten. Ist das ein ausreichend langer Zeitraum, um getrennte Fortpflanzungsgemeinschaften auszubilden, oder dürfen wir sie weiterhin als zur selben Fortpflanzungsgemeinschaft gehörig ansehen? Eindeutige Antworten auf solche Fragen sind sehr schwierig zu geben. Unterschiede zwischen den oben umrissenen Artkonzepten versuchen, diese und ähnliche Probleme lösen zu helfen.

10.2.1 Das typologische Artkonzept

Vor Darwin wurden Arten als klar abgegrenzte und unveränderliche Größen angesehen. Arten wurden durch feststehende wesentliche (gemeinhin morphologische) Merkmale definiert, die als von übernatürlichen Kräften erschaffener Archetypus galten. Diese Vorgehensweise stellt das **typologische** (oder **morphologische**) **Artkonzept** dar. Die Anerkennung einer Art durch die Fachwissenschaftler geschah anhand eines **Typenexemplars** (Typenmuster, Vergleichsmuster), das als arttypisch galt und als Vergleichsstandard herangezogen werden konnte. Ein solches Vergleichsmuster, das fortan als Idealform der Gestaltausprägung der betreffenden Art gilt, wird beschriftet und in einer anerkannten Sammlung – typischerweise in einem Naturkundemuseum – hinterlegt (▶ Abbildung 10.3). Wenn weitere Sammelstücke beigebracht und zugeordnet werden sollen, zieht man die Typenexemplare in Frage kommender Arten zu Rate.

Abbildung 10.3: Ausgestopfte Vögel aus der Sammlung der Smithsonian Institution in Washington, DC (USA). Darunter sind Exemplare, die von berühmten Persönlichkeiten wie John Audubon (Begründer der Naturschutzorganisation Audubon Society), Theodore Roosevelt (ehemaliger Präsident der USA), John Gould (englischer Ornithologe, 1804–1881, der durch die Erforschung der australischen Vogelwelt und die Artbestimmung der von Darwin auf seiner Weltumsegelung auf den Galapagosinseln gesammelten, endemischen Finken bekannt geworden ist) und von Charles Darwin gesammelt worden sind.

> **Exkurs**
>
> Die Person, die ein Typenexemplar einer (neuen) Art als erste beschreibt und den für sie gewählten Namen veröffentlicht, wird als die Autorität bezeichnet. Der Name des Erstbeschreibers und das Jahr der Veröffentlichung werden oft hinter dem wissenschaftlichen Namen der Art angegeben. Didelphis marsupialis Linnaeus, 1758 sagt uns also, dass Karl Linné der erste Mensch war, der den Artnamen des Opossums zusammen mit einer Beschreibung veröffentlicht hat. Manchmal wird der generische Status einer Art nach der Erstbeschreibung im Rahmen einer Neubewertung revidiert. In diesem Fall wird der Name der Autorität in Klammern gesetzt. Der Nilwaran wird als Varanus niloticus (Linnaeus, 1766) angegeben, weil die Art von Linné ursprünglich als Lacerta nilotica beschrieben worden war, in der Zwischenzeit aber einer anderen Gattung zugeordnet worden ist.

Falls die neuen Fundstücke dann die essenziellen Merkmale des Typenexemplars aufweisen, werden sie der zuvor beschriebenen Art des Vergleichsstandards zugeschlagen. Kleine Unterschiede zum Typenexemplar werden dabei als individuelle Abweichungen interpretiert. Größere Abweichungen vom existierenden Typenexemplar würden die Wissenschaftler dazu veranlassen, eine neue Art zu beschreiben und dafür ein eigenes Typenexemplar anzulegen. Auf diese Weise gelangt man zu einer Kategorisierung der belebten Welt in Arten.

Die Evolutionsbiologen haben das typologische Artkonzept verworfen, einige aus ihm erwachsene Traditionen haben jedoch überdauert. Die Wissenschaftler benennen Arten noch immer anhand von Typenexemplaren, die in zoologischen Sammlungen von Naturkundemuseen oder Universitätsinstituten hinterlegt werden, und das Typenexemplar ist der formale Träger des Namens der betreffenden Art. Die organismische Morphologie ist gleichfalls noch immer von großer Bedeutung für die Abgrenzung und Anerkennung einer Art. Arten werden jedoch nicht länger als durch den Besitz bestimmter morphologischer Merkmale definierte Gruppen angesehen. Die Grundlage für die evolutive Sichtweise der belebten Welt ist die Interpretation einer Art als historische Größe, deren Eigenschaften jeden Moment einer Änderung unterliegen können. Variation, die wir unter den einzelnen Lebewesen einer Art beobachten können, ist keine Manifestation eines etwaigen „Typs", dem lediglich die Perfektion abgeht; der Typus ist vielmehr selbst bloß eine Abstraktion aus der sehr realen und wichtigen Variationsbreite, die innerhalb der Art vorhanden ist. Ein Vergleichstyp ist im besten Fall eine Durchschnittsform (der „Normalfall"), die sich verändert, wenn die existierende organismische Variation im Verlauf der Zeit durch die natürliche Selektion aus- und neu sortiert wird. Ein Typenexemplar dient nur als Richtschnur für die allgemeinen morphologischen Merkmale, die man bei einer bestimmten Art erwarten darf, wenn man deren Vertreter zum heutigen Zeitpunkt untersucht.

10.2.2 Das biologische Artkonzept

Das einflussreichste Artkonzept, das durch die Darwin'sche Evolutionstheorie inspiriert worden ist, ist das **biologische Artkonzept**, das von Theodosius Dobzhansky und Ernst Mayr formuliert wurde. Dieses Konzept entstand während der Zeit der „evolutiven Synthese" in den 30er und 40er Jahren des letzten Jahrhunderts und ist aus früheren Ideen hervorgegangen. Seitdem ist es mehrfach verfeinert und im Wortlaut nachgebessert worden. Im Jahr 1982 hat Mayr (1904–2005), das biologische Artkonzept so definiert: „Eine Art ist eine Fortpflanzungsgemeinschaft von Populationen, die reproduktiv voneinander isoliert sind und eine spezifische Nische in der Natur besetzen." Man beachte, dass hier eine Art anhand der Fortpflanzungseigenschaften von Populationen definiert wird, nicht nach dem Besitz spezifischer körperlicher Merkmale. Eine Art ist eine sich untereinander kreuzende Population von Individuen mit gemeinsamer Abstammung und gemeinsamen, ineinander übergehenden Merkmalen. Untersuchungen des Ausmaßes der Variation in Populationen durch morphologische, chromosomale und molekulargenetische Analysen sind sehr nützlich für die Evaluierung der geografischen Grenzlinien sich untereinander kreuzender Populationen in der Natur. Das Kriterium der „Nische" (siehe Kapitel 38) geht von der Voraussetzung aus, dass die Angehörigen einer Fortpflanzungsgemeinschaft auch gleiche ökologische Eigenschaften besitzen.

Da eine Fortpflanzungsgemeinschaft eine genetische Kohärenz (= Zusammengehörigkeit) aufrechterhalten sollte, erwartet man, dass die organismische Variation innerhalb einer Art relativ glatt und kontinuierlich verläuft, zwischen Arten aber abrupter und diskontinuierlich. Obgleich die biologische Art sich auf die Fortpflanzungseigenschaften von Populationen stützt statt auf die Gestalt von einzelnen Organismen, kann die Morphologie trotzdem bei der Diagnose biologischer Arten hilfreich sein. Manchmal kann der Artstatus unmittelbar durch die Durchführung von Kreuzungsexperimenten untersucht und so be- oder widerlegt werden. Eine kontrollierte Kreuzung ist jedoch nur in einer sehr geringen Minderheit aller Fälle möglich, und die Entscheidungen hinsichtlich einer Artzugehörigkeit werden für gewöhnlich auf der Grundlage der Untersuchung von Merkmalsvariationen gefällt. Variationen molekularer Merkmale sind sehr nützlich bei der Identifizierung geografischer Grenzverläufe von Fortpflanzungsgemeinschaften. Molekulare Untersuchungen haben das Auftreten kryptischer Zwillingsarten aufgedeckt (siehe Kapitel 6, Abschnitte zur Speziation), die sich morphologisch zu sehr ähneln, um anhand morphologischer Merkmale allein als getrennte Arten diagnostizierbar zu sein.

Das biologische Artkonzept steht in der Kritik, da es sich als mit mehreren Problemen behaftet erwiesen hat. Zunächst fehlt dem Konzept eine explizite zeitliche Dimension. Es liefert ein Mittel für die Diagnose des Artstatus gegenwärtiger Populationen, liefert aber nur wenig Hilfestellung bei der Einschätzung des Artstatus ursprünglicher Populationen relativ zu deren evolutiven Abkömmlingen. Verfechter des biologischen Artkonzeptes sind oft verschiedener Meinung darüber, welcher Grad an reproduktiver Isolation notwendig ist, um zwei Populationen als getrennte Arten ansprechen zu können. Dies enthüllt ein gewisses Maß an Willkürlichkeit, die dem Konzept innewohnt. Sollte etwa das Auftreten einer begrenzten Hybridenbildung zwischen zwei Populationen in einem kleinen geografischen Bereich dazu führen, sie als eine einzige Art betrachten zu müssen, ungeachtet nachweisbarer evolutiver Unterschiede zwischen ihnen? Ein weiteres Problem besteht darin, dass das biologische Artkonzept die Kreuzung als Kriterium für eine Fortpflanzungsgemeinschaft festlegt; damit verneint es die Existenz von Arten bei Organismengruppen, die sich ausschließlich ungeschlechtlich vermehren (zum Beispiel Bakterien). Es ist jedoch althergebrachte und gängige Praxis in der Systematik, Arten in allen Organismengruppen gleich zu beschreiben und zu benennen, egal ob diese sich geschlechtlich oder ungeschlechtlich vermehren.

10.2.3 Das evolutive Artkonzept

Die Zeitdimension erzeugt offenkundige Probleme für das biologische Artkonzept. Wie lassen sich Fossilfunde biologischen Arten zuordnen, die (noch) heute anerkannt sind? Wie weit müssen, wir, wenn wir eine Abstammungslinie durch die Zeit zurückverfolgen, zurückgehen, bis wir dabei eine Artgrenze überschreiten? Falls wir der ununterbrochenen genealogischen Kette von Populationen durch die Zeit zurück folgen könnten, bis zu dem Punkt, an dem zwei Schwesterarten auf ihren gemeinsamen Vorläufer konvergieren, müssten wir notwendigerweise irgendwo mindestens eine Artgrenze überqueren. Es wäre jedoch sehr schwierig, zu entscheiden, wo man zwischen den beiden Ausgangsarten eine scharfe Trennlinie ziehen sollte.

Um diesem Problem zu begegnen, wurde in den 40er-Jahren des 20. Jahrhunderts von Simpson vorgeschlagen, dem biologischen Artkonzept eine zusätzliche evolutive Zeitdimension hinzuzufügen. Dieses Konzept besteht in modifizierter Form bis heute. Eine moderne Definition der evolutiven Art ist *eine einzelne Abstammungslinie von Ahnen/Abkömmlings-Populationen, die ihre Identität gegen andere solche Linien aufrecht erhält und die ihre eigenen evolutiven Tendenzen und ihr eigenes historisches Schicksal hat*. Man beachte, dass das Kriterium der gemeinsamen Abstammung erhalten geblieben ist, um der Notwendigkeit, dass eine Abstammungslinie eine abgrenzbare historische Identität benötigt, gerecht zu werden. Reproduktive Kohärenz ist das Mittel, durch das eine Art ihre Identität gegenüber anderen Abstammungslinien aufrecht und ihr evolutives Schicksal von dem anderer Arten getrennt hält. Die gleichen verschiedenen diagnostischen Merkmale, die wir im Rahmen des biologischen Artkonzeptes erörtert haben, greifen auch bei der Identifizierung evolutiver Arten, obwohl in den meisten Fällen für fossile Arten nur morphologische Merkmale zur Verfügung stehen. Anders als das biologische Artkonzept ist das evolutive Artkonzept aber sowohl auf sich geschlechtlich wie auf sich ungeschlechtlich fortpflanzende Lebensformen anwendbar. Solange die Kontinuität der diagnostischen Merkmale in der evolvierenden Abstammungslinie gewährleistet ist, wird diese Linie als Art anerkannt. Abrupte Änderungen der diagnostisch genutzten Merkmale markieren die Grenzlinien verschiedener Arten in der evolutiven Zeitdimension.

10.2.4 Das phylogenetische Artkonzept

Das letzte Konzept, das wir in diesem Rahmen vorstellen wollen, ist das **phylogenetische Artkonzept**. Die phylogenetische Art ist als eine *minimale (basale) Gruppierung von diagnostisch gegen andere solche Gruppierungen abgrenzbaren Organismen, innerhalb derer es ein elterliches Muster von Ahnen und Nachfahren gibt*, definiert. Dieses Konzept betont am stärksten das Kriterium der gemeinsamen Abstammung. Sowohl Arten, die sich geschlechtlich als auch ungeschlechtlich fortpflanzen, sind erfasst.

Eine phylogenetische Art ist eine einzelne Populationslinie ohne erkennbare Verzweigung. Der Hauptunterschied zwischen dem evolutiven und dem phylogenetischen Artkonzept besteht darin, dass letzteres die Anerkennung kleinster Organismengruppen betont, die eine unabhängige evolutive Veränderung durchlaufen haben. Das evolutive Artkonzept würde geografisch entkoppelte Populationen, die ein gewisses Maß an phylogenetischer Divergenz zeigen, aber aufgrund ähnlicher „evolutiver Tendenzen" als eine Art zusammenfassen, wohingegen das phylogenetische Artkonzept diese als separate Arten behandeln würde. Im Allgemeinen würde sich unter Zuhilfenahme des phylogenetischen Artkonzeptes eine größere Zahl von Arten ergeben als bei Anwendung jedes anderen Artkonzeptes. Viele Taxonomen betrachten es aus diesem Grund als unpraktisch bis unpraktikabel. Für eine strikte Anlehnung an die kladistische Systematik (siehe weiter unten in diesem Kapitel) ist das phylogenetische Artkonzept ideal, weil nur dieses Artkonzept auf der Ebene der Art streng monophyletische Einheiten garantiert.

Das phylogenetische Artkonzept lässt absichtlich Einzelheiten des Evolutionsprozesses außer Acht und gibt uns ein Kriterium an die Hand, dass es uns erlaubt, Arten zu beschreiben, ohne zuvor detaillierte Untersuchungen zu Evolutionsvorgängen durchführen zu müssen. Befürworter des phylogenetischen Artkonzeptes verneinen nicht notwendigerweise die Bedeutung des Studiums evolutiver Prozesse. Sie argumentieren jedoch, dass der erste Schritt bei der Untersuchung evolutiver Vorgänge darin bestehen müsse, ein klares Bild von der Geschichte des Lebens zu entwerfen. Um das zu bewerkstelligen, muss das Muster der gemeinsamen Abstammung/en so genau anhand der kleinsten taxonomischen Einheiten, die eine Geschichte gemeinsamer, von anderen solchen Gruppierungen getrennte Abstammung aufweisen, so genau wie möglich nachgebildet werden.

10.2.5 Der Dynamismus der Artkonzepte

Gegenwärtige Unstimmigkeiten was die Artkonzepte angeht sollten allerdings nicht zur Entmutigung führen. Wann immer ein aktuelles Feld der wissenschaftlichen Forschung in eine Phase lebhaften Wachstums einmündet, werden alte Konzepte auf den Prüfstand gestellt und entweder verfeinert oder durch neuere, modernere ersetzt. Die aktive Debatte, die innerhalb der Systematik stattfindet, zeigt, dass dieses Feld eine noch nie da gewesene Aktivität und Bedeutung in der Biologie erlangt hat. Genauso wie die Zeit Darwins und Huxleys einen enormen Fortschritt in der Biologie darstellte, trifft dies auf die Jetztzeit zu. Beide Epochen sind durch fundamentale Neubetrachtungen der Bedeutung des Begriffes der Art gekennzeichnet. Wir können nicht vorhersagen, welches Artenkonzept sich in zehn Jahren durchgesetzt haben wird. Forscher, deren Hauptinteresse der Verzweigung von Evolutionslinien, der Evolution von Fortpflanzungsbarrieren zwischen Populationen (Kapitel 6, Abschnitt: „Die Vermehrung von Arten") oder ökologischen Eigenschaften von Arten gilt, werden womöglich verschiedenen Artenkonzepten den Vorzug geben. Die Konflikte zwischen den gegenwärtigen Konzepten werden uns den Weg in die Zukunft weisen. In vielen Fällen könnten unterschiedliche Konzepte zu einer Einigung über die Errichtung von Artgrenzen gelangen, und neue oder verbleibende Unstimmigkeiten könnten besonders interessante Fälle von „Evolution in Aktion" offenlegen. Die im Wettstreit liegenden und sich zum Teil widersprechenden Perspektiven zu verstehen, ist daher von weitaus größerer Bedeutung für diejenigen, die sich heute dem Studium der Zoologie und der Biologie widmen, als das Lernen eines oder mehrerer Artkonzepte.

Taxonomische Merkmale und phylogenetische Rekonstruktion 10.3

Ein Hauptziel der biologischen Systematik besteht in der Erstellung von **Stammbäumen** oder Phylogenien, anhand derer die Verwandtschaftsbeziehungen aller rezenten und ausgestorbenen Arten ablesbar sind. Diese Aufgabe wird durch die Identifizierung körperlicher Merkmale, die von Art zu Art variieren, bewältigt. Ein Merkmal ist jedes Kennzeichen, das der Taxonom heranzieht, um die Variation innerhalb und zwischen Arten zu untersuchen und zu messen. Taxonomen spüren Merkmale auf, indem sie Lebewesen vergleichen und Ähnlichkeiten in morphologischer, chromosomaler und molekularer Hinsicht zwischen diesen feststellen und dokumentieren (▶ Abbildung 10.4); seltener werden ökologische und Verhaltenskriterien zu Rate gezogen. Stammbaumanalysen hängen davon ab, dass man gemeinsame Merkmale bei den untersuchten Lebewesen findet, die von einem gemeinsamen Vorfahren ererbt worden sind. Merkmalsähnlichkeiten, die sich aus einer solchen gemeinsamen Herkunft herleiten, werden **Homologien** genannt (siehe Kapitel 6). Eine Ähnlichkeit spiegelt jedoch nicht in jedem Fall eine gemeinsame Herkunft wider. Unabhängige evolutive Ursprünge ähnlicher Merkmale in verschiedenen Abstammungslinien erzeugen Muster von Ähnlichkeiten bei Lebewesen, die auf keine gemeinsame Abstammung zurückblicken. Das Auftreten solcher Ähnlichkeiten ohne Ahnenverwandtschaft verkompliziert die Arbeit der Taxonomen. Merkmalsähnlichkeiten, die einen gemeinsamen evolutiven Ursprung vorspiegeln, werden *nichthomologe Ähnlichkeiten* oder **Homoplasien** genannt.

10.3.1 Die Verwendung von Merkmalsvariationen zur Rekonstruktion der Phylogenese

Um die Stammesgeschichte einer Gruppe anhand von Merkmalen ableiten zu können, die unter den Gruppenmitgliedern Variation zeigen, besteht der erste Schritt der Analyse darin, zu ermitteln, welche Form das betrachtete Merkmal bei dem gemeinsamen Vorfahren der Gruppe hatte. Dieser Merkmalszustand wird als der **ursprüngliche** für die gesamte Gruppe angenommen und als solcher bezeichnet. Wir setzen dabei voraus, dass alle Merkmalsvarianten, die innerhalb der Gruppe beobachtet werden, durch Modifikation des ursprünglichen Merkmalszustandes entstanden sind. Diese späteren Merkmalsvarianten werden als evolutiv **abgeleitete Merkmalszustände** bezeichnet. Die Ermittlung der **Polarität** (Merkmal vorhanden oder nicht oder abgewandelt) eines Merkmals bezieht sich auf die Frage, welcher seiner kontrastierenden Zustände der ursprüngliche und welche/r abgeleitet sind/ist. Falls wir beispielsweise die Bezahnung der amniotischen Vertebraten (Reptilien, Vögel und Säugetiere) betrachten, zeigt das Vorhandensein bzw. das Fehlen bestimmter Zähne im Kiefer alternative Merkmalszustände. Zähne fehlen bei den modernen Vögeln, sind aber bei den anderen Amnioten vorhanden. Um die Polarität dieses Merkmals abzuschätzen, müssen wir ermitteln, welcher Merkmalszustand – bezahnt oder zahnlos – bei dem jüngsten gemeinsamen Vorfahren aller Amnioten vorlag und welcher Zustand nachfolgend innerhalb der Gruppe der Amnioten evolutiv abgeleitet worden ist.

Die Methode, die angewandt wird, um die Polarität eines variablen Merkmals zu untersuchen, wird **Ausglie-

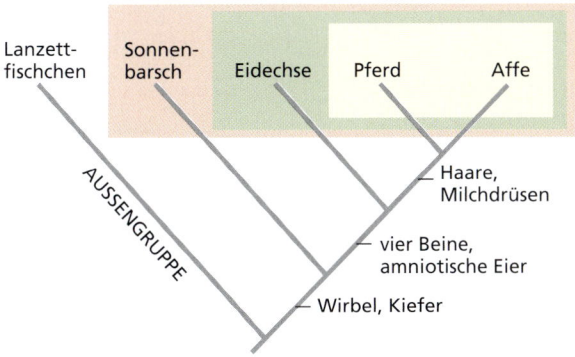

Abbildung 10.4: Ein Kladogramm als grafische Darstellung der verschachtelten Hierarchie von biologischen Taxa am Beispiel von fünf ausgewählten Chordaten (Lanzettfischchen, Brasse, Eidechse, Pferd, Affe). Die Lanzettfischchen bilden die Außengruppe, die vier verbleibenden Wirbeltiere bilden die Untersuchungsgruppe. Vier Merkmale, in denen sich die ausgewählten Vertreter der vier Gruppen unterscheiden, wurden zur Aufstellung des Kladogramms herangezogen: das Vorhandensein oder Fehlen von vier Beinen, amniotische Eier, Haare und Milchdrüsen. Bezüglich aller vier Merkmale, ist das Fehlen desselben für Wirbeltiere der ursprüngliche Zustand. Dieser Merkmalszustand (das Nichtvorhandensein) findet sich beim Vertreter der Außengruppe, dem Lanzettfischchen. Die Ausprägung des betreffenden Merkmals stellt also für die Vertebraten einen abgeleiteten Merkmalszustand dar. Da sie vier Beine und das amniotische Ei als Synapomorphien gemeinsam haben, bilden die Eidechse, das Pferd und der Affe relativ zur Brasse einen Kladus. Dieser Kladus wird durch zwei Synapomorphien (das Vorhandensein von Haaren und Milchdrüsen) abermals untergliedert. Pferd und Affe stehen gemeinsam der Eidechse gegenüber. Aus Vergleichen mit noch weitläufiger verwandten Tieren wissen wir, dass das Vorhandensein von Wirbeln und Kiefern Synapomorphien der Vertebraten (Wirbeltiere) darstellen und das Lanzettfischchen, dem diese Merkmale fehlen, daher aus dem Kladus der Vertebraten herausfällt.

derungsvergleich genannt. Dabei zieht man eine zusätzliche Gruppe von Organismen (Tieren) heran, die als **Außengruppe** bezeichnet wird und die der zu untersuchenden Gruppierung phylogenetisch nahesteht, aber in der betrachteten Gruppe nicht enthalten ist. Man geht davon aus, dass jegliches Merkmal beziehungsweise jeder Merkmalszustand (jede Ausprägungsform eines gegebenen Merkmals), das sich in beiden Gruppen – der zu analysierenden und der Vergleichsgruppe – findet, für die untersuchte Gruppe als ursprünglich zu betrachten ist. Die Amphibien und verschiedene Gruppen von Knochenfischen stellen geeignete Außengruppen dar für die Amnioten im Hinblick auf polarisierende Variationen der Bezahnung bei den Amnioten. Zähne sind bei den Amphibien und Knochenfischen für gewöhnlich vorhanden; daher kann davon ausgegangen werden, dass das Vorhandensein von Zähnen für die Amnioten ein ursprünglicher und das Fehlen von Zähnen ein abgeleiteter Zustand ist. Die Polarität dieses Merkmals deutet daraufhin, dass die Zähne in der Ursprungslinie aller

modernen Vögel zu irgendeinem Zeitpunkt verloren gegangen sind. Die Polarität (der evolutive Richtungssinn) von Merkmalen lässt sich am effektivsten evaluieren, wenn mehrere unterschiedliche Außengruppen in die Analyse einbezogen werden. Alle Merkmalszustände, die man in der Untersuchungsgruppe vorfindet, und die bei den herangezogenen, geeigneten Außengruppen fehlen, werden als abgeleitet erachtet.

Einzellebewesen oder Arten, die gemeinsame, abgeleitete Merkmalszustände zeigen, bilden innerhalb der untersuchten Gruppierung Untergruppen, die als Kladi bezeichnet werden. Eine solche Untergruppe ist also ein **Kladus** (gr. *klados*, Zweig). Ein abgeleitetes Merkmal, das den Mitgliedern eines Kladus gemeinsam ist, wird als **Synapomorphie** bezeichnet (gr. *syn*, zusammen, gemeinsam + *apo*, von … her, seit, von, ab + *morphos*, Gestalt, Form) (*Synapomorphie*, also etwa: „von gemeinsamer Gestalt"). Die Taxonomen verwenden Synapomorphien als Belege für das Vorliegen einer Homologie, um zu begründen, warum eine spezielle Gruppe von Lebewesen einen Kladus bildet. Unter den rezenten Amnioten (Amnionstiere, siehe Kapitel 25 ff.) sind das Fehlen von Zähnen und das Vorhandensein von Federn Synapomorphien, welche die Vögel als einen Kladus charakterisieren. Ein Kladus entspricht einer Einheit mit gemeinsamer (einheitlicher) evolutiver Abstammung (eine Abstammungslinie). Sie umfasst alle Nachfahren einer speziellen Ursprungslinie (einer ursprünglichen (= weiter unten im Stammbaum liegenden) Abstammungslinie). Das Muster, das von den abgeleiteten Zuständen aller Merkmale innerhalb der untersuchten Gruppierung gebildet wird, nimmt die Form von hierarchisch ineinander verschachtelten Kladi an. Das Ziel ist es, alle verschachtelten Kladi (Zweige des Stammbaumes) in der untersuchten Organismengruppe zu identifizieren und relativ zu einander anzuordnen. Dies würde im Ergebnis zu einer vollständigen grafischen Darstellung der Abstammung aller Arten in der Untersuchungsgruppe führen.

Merkmalszustände, die als ursprünglich für ein gegebenes Taxon gelten, werden als **plesiomorph** für das betreffende Taxon bezeichnet. Ursprüngliche Merkmalszustände, die unterschiedlichen Organismen gemeinsam sind, heißen **Symplesiomorphien** (gr. *syn*, zusammen, gemeinsam + *plesio*, fast, beinahe, nahezu + *morphos*, Gestalt, Form). Anders als die Synapomorphien, liefern die Symplesiomorphien keine nützlichen Informationen über die Verschachtelung von Kladi. In dem eben benutzten Beispiel ist das Vorhandensein

10 Klassifizierung und Stammesgeschichte der Tiere

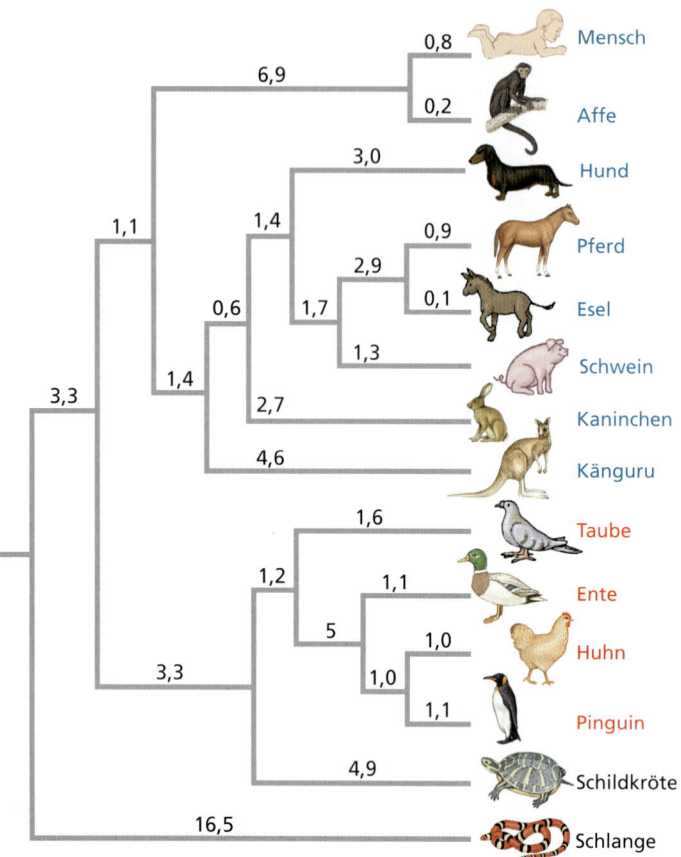

Abbildung 10.5: Ein früher Stammbaum repräsentativer Amnioten, auf der Grundlage von Basensubstitutionen des Gens für das Atmungsprotein Cytochrom c. Die Zahlenwerte an den einzelnen Zweigen sind die Erwartungswerte für die Anzahl der mutativen Veränderungen, denen das Cytochrom c-Gen während der evolutiven Herausbildung der jeweiligen Abstammungslinie unterlag. Die Veröffentlichung dieses Stammbaumes durch Fitch und Margoliash im Jahr 1967 hatte weitreichende Folgen, weil sie die Systematiker davon überzeugte, dass Sequenzen informationstragender Makromoleküle phylogenetische Informationen beinhalten. Nachfolgende Arbeiten haben einige der Hypothesen bestätigen können, so etwa die Monophylie der Säugetiere (blaue Artbezeichnungen) und der Vögel (rote Artbezeichnungen); andere wurden widerlegt. So sollten beispielsweise die Kängurus auf einem Zweig des Stammbaumes liegen, der von allen anderen Säugetieren abgesetzt ist.

von Zähnen am Kiefer ein plesiomorphes Merkmal der Amnioten. Falls wir die Säugetiere und die Reptiliengruppen, die über Zähne verfügen, zusammenbrächten und die Vögel, die keine Zähne besitzen, ausschlössen, würde uns das zu einem validen Kladus führen. Die Vögel stammen ebenfalls von allen Vorfahren ab, die den Reptilien und den Säugetieren gemeinsam sind und müssen daher in jedem Kladus auftauchen, der die Reptilien und Säugetiere einschließt. Fehler bei der Ermittlung der Polarität von Merkmalen können daher klar ersichtlich zu Fehlern bei der Ableitung der Phylogenese führen. Es ist wichtig, sich klarzumachen, dass Merkmalszustände, die auf einer gewissen taxonomischen Ebene plesiomorphen Charakter besitzen, auf einer anderen taxonomischen Ebene, die weiter ausgreift, synapomorphen Charakter besitzen können. So ist etwa der Besitz von mit Zähnen bewehrten Kiefern eine Synapomorphie der gnathostomen Vertebraten (siehe Kapitel 23) – eine Gruppierung, welche die Amnioten und die Amphibien, die Knochen- und die Knorpelfische einschließt, ungeachtet der Tatsache, dass die Vögel und einige andere Gnathostomier ihre Bezahnung sekundär verloren haben. Das Ziel der phylogenetischen Analysen kann daher als das Auffinden des geeigneten taxonomischen Niveaus, auf dem ein gegebener Merkmalszustand synapomorph ist, definiert werden. Der betreffende Merkmalszustand wird dann verwendet, um auf dieser Ebene einen Kladus festzulegen.

Die verschachtelte Hierarchie der Kladi wird in Form eines **Kladogramms** dargestellt, das ein Diagramm mit Verzweigungen ist (Abbildung 10.4, siehe auch Abbildung 6.15 und versuchen Sie, das dortige Kladogramm zu rekonstruieren, indem Sie nur die bezifferten Synapomorphien der dargestellten Vogelarten heranziehen). Die Taxonomen unterscheiden oft im technischen Sinn zwischen einem Kladogramm und einem Stammbaum. Die Zweige eines Kladogramms sind nur formale Hilfsmittel, um die verschachtelte Hierarchie der Kladi untereinander übersichtlich darzustellen. Ein Kladogramm ist im strengen Sinn nicht äquivalent zu einem Stammbaum, dessen Zweige die realen Abstammungslinien wiederspiegeln, die in der evolutiven Vergangenheit tatsächlich existiert haben. Um zu einem Stammbaum zu gelangen, müssen zu einem Kladogramm wichtige zusätzliche Informationen, wie die Vorfahren, die Zeitdauer evolutiver Verläufe oder das Ausmaß der evolutiven Veränderungen, die sich innerhalb einer Abstammungslinie vollzogen haben, hinzugefügt werden. Ein Kladogramm wird nichtsdestotrotz oft als erste Näherung des Verzweigungsmusters des entsprechenden Stammbaumes aufgestellt und verwendet.

10.3.2 Quellen phylogenetischer Information

Merkmale, die zur Erstellung eines Kladogramms geeignet sind, lassen sich durch die Methoden der vergleichenden Morphologie (einschließlich der Embryologie), der vergleichenden Cytologie und der vergleichenden Biochemie auffinden. Die Disziplin der vergleichenden Morphologie (Morphologie = Gestaltkunde) untersucht die verschiedenartigen Formen und Größen(verhältnisse) organismischer Strukturen, einschließlich ihres ontogenetischen Ursprungs. Dabei werden sowohl makroskopische (makroanatomische) wie mikroskopische (mikroanatomische, histologische) Merkmale herangezogen, einschließlich aller Details der Gewebe- und Zellstrukturen. Die vergleichende Cytologie kann daher als ein Teilgebiet der vergleichenden Morphologie angesehen werden. Wie wir in den Kapiteln 23 bis 28 sehen werden, ist der veränderliche Bau von Schädel- und Extremitätenknochen und des Integuments (Schuppen, Haare, Federn) von besonderer Bedeutung für die Rekonstruktion der Phylogenese der Wirbeltiere. Die vergleichende Morphologie nutzt für ihre Analysen sowohl Untersuchungsmaterial von rezenten wie von fossil überlieferten Lebewesen. Die vergleichende Biochemie stützt sich auf die Reihenfolge (Sequenz) von Aminosäuren in Proteinen oder von Nucleotidfolgen in DNA und RNA (siehe Kapitel 5), um variable Merkmale aufzufinden, mit deren Hilfe sich Kladogramme erstellen lassen („molekulare Systematik"; ▶ Abbildung 10.5). Das direkte Sequenzieren von DNA-Molekülen wird aufgrund der weitentwickelten Methodik und Automatisierung regelmäßig für phylogenetische Untersuchungen eingesetzt. Vergleiche von Proteinen erfolgen auf zweierlei Weise: experimentell durch immunchemische oder enzymatische Methoden (siehe Abbildung 6.30) oder durch den Vergleich von Aminosäuresequenzen mit Hilfe von Computern. Die Aminosäuresequenzen werden vollständig automatisiert aus Nucleotidsequenzen sequenzierter DNA-Moleküle abgeleitet. In jüngster Zeit sind die Methoden der vergleichenden Biochemie sogar auf einige Fossilien angewendet worden. Die vergleichende Cytogenetik untersucht Variationen in der Anzahl, der Form und der Größe von Chromosomen, um veränderliche Merkmalszustände zur Erstellung von Kladogrammen zu erhalten. Die vergleichende Cytogenetik kommt praktisch ausschließlich bei rezenten Organismen zum Einsatz.

Um die Dimension einer phylogenetischen Zeitskala hinzuzufügen, die notwendig zur Erstellung eines Stammbaumes ist, müssen wir die fossile Überlieferung zu Rate ziehen. Dort können wir nach den frühesten Spuren abgeleiteter morphologischer Merkmale Ausschau halten, um das evolutive (= geologische) Alter eines Kladus abzuschätzen, der durch das betreffende Merkmal oder den Merkmalszustand gekennzeichnet ist. Das Alter der Fossilien, welche den abgeleiteten Merkmalszustand eines gegebenen Kladus zeigen, wird durch stratigrafische und/oder Radiodatierung ermittelt (siehe Kapitel 6). Ein Beispiel für einen mit Hilfe dieser Methoden erstellten Stammbaum zeigt Abbildung 14.28. Dabei muss aber unter allen Umständen im Auge behalten werden, dass die Fossilgeschichte generell fragmentarischen Charakter hat und solche Rückschlüsse mit entsprechender Vorsicht zu behandeln sind, da nicht sichergestellt werden kann, dass man tatsächlich den absolut ältesten Beleg für das untersuchte Merkmal gefunden hat, sondern unter Umständen nur den relativ ältesten (derzeit verfügbaren).

Heute werden zunehmend auch biochemische und molekulargenetische Ansätze verwendet, um das Alter der unterschiedlichen Abstammungs- und Entwicklungslinien eines Stammbaumes zu ermitteln. Einige DNA- und Proteinsequenzen haben sich über evolutive Zeiträume hinweg offenbar mit nahezu unveränderten Raten mutativ verändert. Das Alter der jüngsten gemeinsamen Vorfahren zweier Arten ist in solchen Fällen proportional zu der Anzahl der Differenzen zwischen den betrachteten Protein- bzw. DNA-Sequenzen. Die evolutive Veränderung von Protein- und DNA-Sequenzen lässt sich anhand des Divergenzgrades der homologen Sequenzen zweier Arten bestimmen, deren gemeinsamer Vorfahr anhand von Fossilien ausreichend genau datiert werden konnte. Die molekularevolutive Kalibrierung kann dann herangezogen, um die ungefähren Zeitpunkte von Verzweigungen eines Stammbaumes rechnerisch zu bestimmen.

Taxonomische Theorien 10.4

Eine Theorie der Taxonomie legt die Prinzipien fest, nach denen wir taxonomische Gruppierungen und taxonomische Ränge festlegen. In der Taxonomie herrschen

10 Klassifizierung und Stammesgeschichte der Tiere

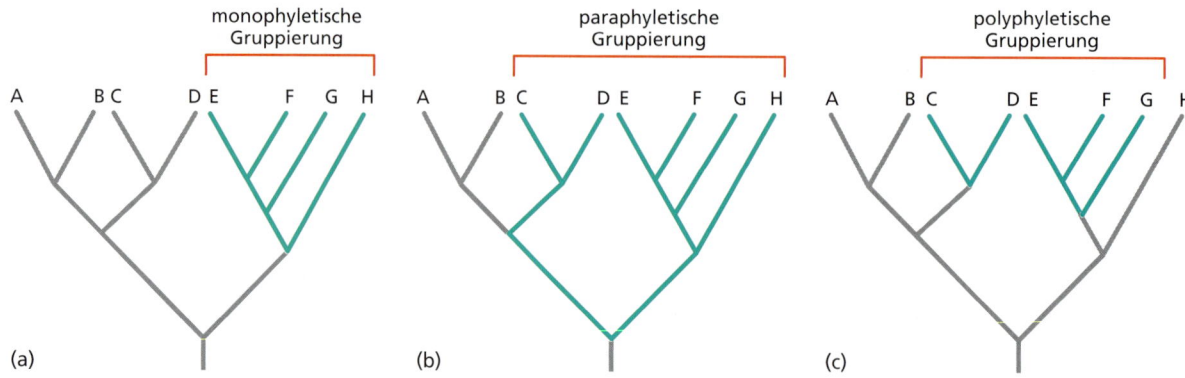

Abbildung 10.6: Beziehungen zwischen phylogenetischen und taxonomischen Gruppierungen, illustriert am Beispiel eines hypothetischen Stammbaumes von acht Arten (A – H). (a) *Monophylie* – eine monophyletische Gruppe umfasst den jüngsten gemeinsamen Vorfahren aller Mitglieder der betreffenden Gruppe sowie alle seine Abkömmlinge. (b) *Paraphylie* – eine paraphyletische Gruppe umfasst den jüngsten gemeinsamen Vorfahren aller Mitglieder der betreffenden Gruppe, aber nicht alle von abstammenden Nachfahren. (c) *Polyphylie* – eine polyphyletische Gruppe schließt den jüngsten gemeinsamen Vorfahren aller Mitglieder der betrachteten Gruppierung mit ein. Daraus ergibt sich die Forderung, dass die Gruppe mindestens zwei getrennte phylogenetische Ursprünge besitzt.

gegenwärtig zwei populäre theoretische Ansätze vor: (1) die traditionelle, evolutive Taxonomie und (2) die phylogenetische Systematik (= Kladistik). Beide gründen sich auf evolutionäre Prinzipien. Wir werden jedoch in der Folge sehen, dass sich diese beiden theoretischen Ansätze in der Frage unterscheiden, wie die evolutionsbiologischen Prinzipien jeweils zum Tragen kommen. Diese Unterschiede haben bedeutsame Konsequenzen dafür, wie wir ein taxonomisches System zur Untersuchung evolutiver Prozesse einsetzen.

Die Beziehung zwischen einer taxonomischen Gruppierung und einem Stammbaum oder einem Kladogramm sind für beide Ansätze von Bedeutung. Diese Beziehung kann eine von drei möglichen Formen annehmen: Monophylie, Paraphylie oder Polyphylie (▶ Abbildung 10.6). Ein Taxon ist dann monophyletisch (gr. *monos*, ein, einzeln + *phylos*, Stamm), wenn es den jüngsten gemeinsamen Vorfahren der Gruppenmitglieder und alle von diesem Vorfahren abstammenden Nachkommen einschließt (Abbildung 10.6 a). Ein Taxon ist paraphyletisch, wenn es den jüngsten gemeinsamen Vorfahren aller Mitglieder der Gruppe einschließt, aber nicht alle Nachfahren dieses Urahnen (Abbildung 10.6 b). Ein Taxon ist polyphyletisch, wenn es den jüngsten gemeinsamen Vorfahren aller Mitglieder der Gruppe nicht mit einschließt. Dies hat zur Folge, dass die Gruppe mindestens zwei separate evolutive Ursprünge aufweist, was für gewöhnlich auf den unabhängig voneinander erfolgten evolutiven Erwerb ähnlicher (analoger) Merkmale hindeutet (Abbildung 10.6 c). Sowohl die evolutionäre wie die kladistische Taxonomie akzeptieren monophyletische Gruppierungen und lehnen polyphyletische in ihren Klassifizierungssystemen ab. Sie unterscheiden sich in der Bewertung paraphyletischer Gruppierungen, und dieser Unterschied hat weitreichende Folgen für die Sichtweise evolutiver Vorgänge.

10.4.1 Die traditionelle evolutionäre Taxonomie

Die traditionelle evolutionäre Taxonomie schließt zwei verschiedene evolutionäre Prinzipien ein, auf die sich die Anerkennung und die Einstufung höherer Taxa durch das System gründet: (1) die gemeinsame Abstammung

Abbildung 10.7: **George Simpson (1902–1984).** Der US-amerikanische Paläozoologe formulierte die Prinzipien der evolutionären Taxonomie.

und (2) das Ausmaß des adaptiv-evolutiven Wandels, wie er sich in einem Stammbaum offenbart. Die evolutionären Taxa müssen einen einheitlichen evolutiven Ursprung besitzen und ihnen eigentümliche adaptive Merkmale erkennen lassen.

Der Paläontologe George Simpson (▶ Abbildung 10.7), ein Spezialist für Säugetiere, und der Zoologe Ernst Mayr (Abbildung 6.18) hatten großen Einfluss auf die Entwicklung und die Formulierung der Verfahrensweise der evolutionären Taxonomie. Nach Mayr und Simpson wird ein bestimmter Zweig an einem Evolutionsstammbaum dann als höheres Taxon angesehen, wenn er eine abgrenzbare **adaptive Zone** darstellt. Simpson beschrieb eine adaptive Zone als „eine charakteristische Reaktion und wechselseitige Beziehung zwischen der Umwelt und einem Lebewesen – ein Lebensstil und nicht der Ort, an dem man lebt!" Durch das Eindringen in eine neue adaptive Zone infolge eines grundlegenden Wandels im Aufbau und/oder Verhalten der sie konstituierenden Organismen kann eine evolvierende Population verfügbare Ressourcen auf völlig neue Weise für sich nutzen.

Ein Taxon, das eine bestimmte adaptive Zone bildet, wird als **Gradus** (lat. *gradus*, Grad, Stufe, Schritt, Rang) bezeichnet. Als Beispiel für eine bestimmte adaptive Zone innerhalb der Vögel nennt Simpson selbst die Pinguine. Die allen Pinguinen unmittelbar vorausgehende Abstammungslinie unterzog sich fundamentalen Veränderungen im Bau des Rumpfes und der Flügel, um einen Übergang von der luft- zur wassergestützten Lokomotion zu ermöglichen (▶ Abbildung 10.8). Wasservögel, die sowohl in der Luft wie unter Wasser zu „fliegen" vermögen, liegen in Bezug auf das Habitat, Morphologie und Verhalten etwa auf halbem Weg zwischen den adaptiven Zonen Luft und Wasser. Nichtsdestotrotz stellen die offenkundigen Modifizierungen der Flügel und des Rumpfes zur schwimmenden Fortbewegung bei den Pinguinen eine neue Organisationsstufe dar. Die Pinguine werden daher als ein eigenständiges Taxon (Familia Spheniscidae, Familie der Pinguine) innerhalb der Klasse der Vögel (Classis Aves) geführt. Je breiter eine adaptive Zone, die vollständig durch eine Gruppe von Organismen angefüllt ist, desto höher ist der Rang des zugehörigen Taxons im systematischen System.

Evolutionäre Taxa können entweder mono- oder paraphyletisch sein. Die Anerkennung paraphyletischer Taxa erfordert es jedoch, dass die Taxonomen Muster gemeinsamer Abstammung verzerren. Die Sichtweise der evolutionären Taxonomie auf die anthropoiden Primaten (menschenähnliche Affentiere; siehe Kapitel 28) liefert dafür ein gutes Beispiel (▶ Abbildung 10.9). Dieses taxonomische System stellt die Menschen (Gattung *Homo*) und ihre unmittelbaren, fossil überlieferten Vorfahren in die Familie Hominidae und die Schimpansen (Gattung *Pan*), Gorillas (Gattung *Gorilla*) und Orang-Utans (Gattung *Pongo*) in die Familie Pongidae. Die Pongidengattungen *Pan* und *Gorilla* haben jedoch einen jüngeren gemeinsamen Vorfahren mit den Hominiden als mit der übrigbleibenden Pongidengattung *Pongo*.

(a)

(b)

Abbildung 10.8: **Ein Pinguin (a), ein Sturmtaucher (b).** Pinguine (Familia Spheniscidae, Familie der Pinguine) wurden von G. Simpson wegen ihrer Anpassungen an ein „Fliegen unter Wasser" als eine eigenständige adaptive Gruppierung angesehen. Simpson war der Ansicht, dass die adaptive Zone, aus der die Pinguine hervorgegangen sind, die der Sturmtaucher (Familia Procellariidae, Familie der Sturmvögel) ist, deren Mitglieder Anpassungen an das Fliegen in der Luft wie im Wasser erkennen lassen. Die adaptiven Zonen der Pinguine und der Sturmvögel unterscheiden sich in genügendem Maße, um die Angehörigen der beiden Gruppen taxonomisch als verschiedene Familien innerhalb derselben Ordnung (Ciconiiformes, Ordnung der Schreitvögel) zu führen.

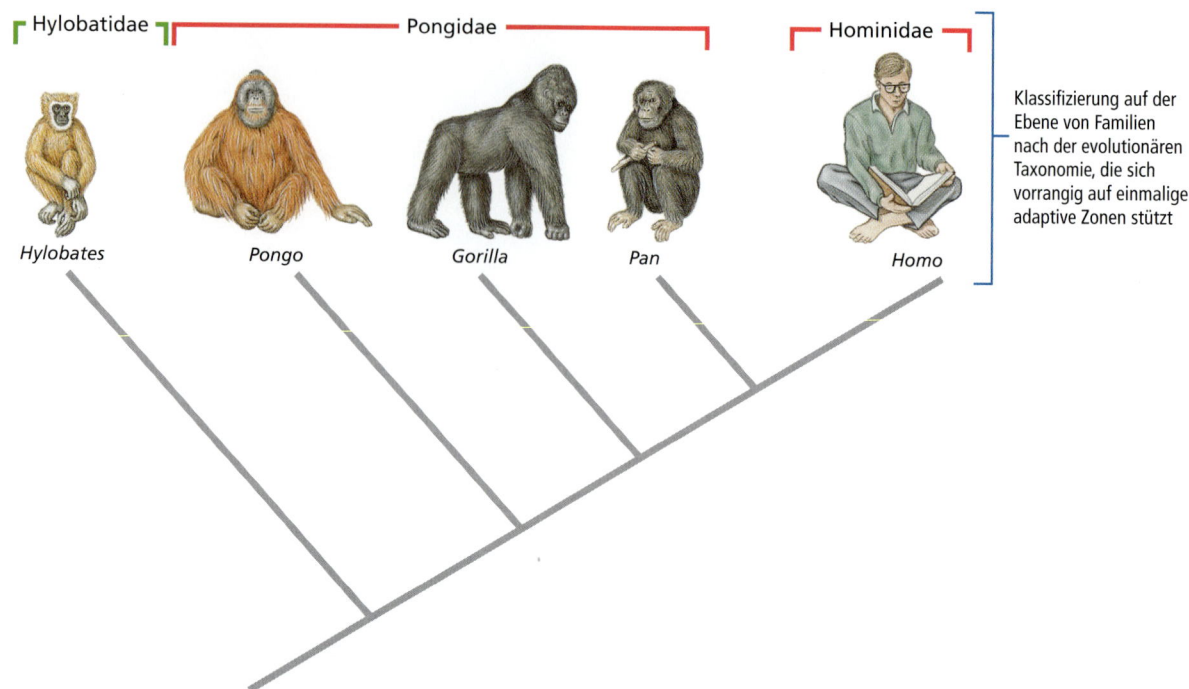

Abbildung 10.9: **Phylogenese und Klassifikation der anthropoiden Primaten auf dem Niveau der Familie.** Die evolutionär-taxonomische Gruppierung der Gattungen *Gorilla*, *Pan* und *Pongo* führt zu der paraphyletischen Familie Pongidae (Menschenaffen), weil sie dieselbe adaptive Zone oder die gleiche Organisationsstufe besitzen. Die Menschen (Gattung *Homo*) stehen phylogenetisch den Gattungen *Gorilla* und *Pan* näher als jede dieser drei Gattungen der Gattung *Pongo* steht, doch werden die Menschen (der moderne Mensch und seine unmittelbaren Vorfahren, die Frühmenschen) in eine eigene Familie (Hominidae) gestellt, weil sie eine neue Organisationsstufe repräsentieren (ein gewisses Maß an – möglicherweise unterschwelliger – menschlicher Überheblichkeit ist dabei ebenfalls nicht völlig auszuschließen). Die kladistische Taxonomie erkennt die paraphyletische Tierfamilie Pongidae nicht an und fasst die Gattungen *Pongo*, *Gorilla*, *Pan* und *Homo* in der Familie Hominidae (Menschen und Menschenaffen) zusammen.

Diese Anordnung der höheren Primaten lässt die Familie der Pongiden (Pongidae) zu einer paraphyletischen Gruppierung werden, weil sie die Menschen nicht miteinschließt, die ebenfalls vom jüngsten gemeinsamen Vorfahren aller Pongiden abstammen (Abbildung 10.9). Die evolutionäre Taxonomie erkennt die Pongidengattungen nichtsdestotrotz als einen singulären Gradus baumbewohnender, primär herbivorer Primaten mit begrenzter mentaler Kapazität im Rang einer Familie an. Anders ausgedrückt, zeigen sie die gleiche adaptive Zone auf dem Familienniveau dieses Systems. Menschen sind bodenbewohnende, omnivore Primaten mit stark erweiterten mentalen und kulturellen Fähigkeiten und stellen aufgrund dessen eine eigene, abgrenzbare adaptive Familie im taxonomischen Rang dar. Sollen die gewählten Taxa adaptive Zonen wiederspiegeln, so wird hierdurch jedoch in manchen Fällen die Fähigkeit zur Darstellung gemeinsamer Abstammung verschleiert.

Die traditionelle evolutionäre Taxonomie ist Angriffen aus zwei Richtungen ausgesetzt. Eine Kritik zielt darauf ab, dass es unpraktisch bis undurchführbar ist, ein taxonomisches System auf gemeinsame Abstammung und adaptive Zonen zu gründen, weil phylogenetisch abgesicherte Stammbäume nur unter großen Schwierigkeiten zu erstellen sind und in vielen Fällen nicht vorliegen. Es wurde eingewendet, dass sich ein taxonomisches System auf einfacher zu bestimmende Merkmale stützen sollte, aus denen sich insgesamt die Ähnlichkeit verglichener Lebewesen leichter erschließen sollte, und das ohne Rücksicht auf die Phylogenese. Das dieser Forderung zugrunde liegende Prinzip wird als **phänetische Taxonomie** bezeichnet. Die phänetische Taxonomie hat auf die Klassifikation der Tierwelt keinen großen Einfluss genommen, und das akademische Interesse an diesem Ansatz hat stark nachgelassen. Ungeachtet der Schwierigkeiten, mit denen die Rekonstruktion der Stammesgeschichten von Organismen behaftet sind, betrachten die Zoologen wie auch die Vertreter anderer biologischer Teildisziplinen dieses Unterfangen noch immer als zentrales Anliegen der Arbeit der Systematiker. Die Bereitschaft, hinsichtlich dieser Zielstellung Kompromisse einzugehen, die aus methodischen Überlegungen entspringen, ist unter vielen Biologen nach wie vor sehr gering.

HINTERGRUND

Stammbäume aus DNA-Sequenzen

Ein einfaches Beispiel verdeutlicht die kladistische Analyse von DNA-Sequenzdaten zur Erhellung stammesgeschichtlicher Beziehungen zwischen Arten. Die Untersuchungsgruppe umfasst in diesem Beispiel drei Chamäleonarten – zwei von der Insel Madagaskar *(Brookesia theili und B. brygooi)* und eine aus Äquatorialguinea *(Chamaeleo feae)*. Die Außengruppe bildet eine Eidechse der Gattung *Uromastyx*, die entfernt mit den Chamäleons verwandt ist. Bestätigen oder widerlegen molekulare Daten für dieses Beispiel frühere taxonomische Hypothesen, die besagen, dass die beiden madagassischen Chamäleons näher miteinander verwandt sind als jede der beiden mit der Vergleichseidechse?

Die molekulare Information für dieses Beispiel kommt von einem Abschnitt der mitochondrialen DNA der Tiere von 57 Basen Umfang. Die betreffende Basenfolge codiert die Aminosäuren Nr. 221–239 der zweiten Untereinheit des Enzyms NADH-Dehydrogenase. Die entsprechenden, zueinander homologen Basenfolgen sind relativ zueinander ausgerichtet (aufgereiht (= Alignment)) und nummeriert.

```
                  10        20        30        40        50
                  |         |         |         |         |
Uromastyx   AAACCTTAAAAGACACCACAACCATATGAACAACAACACCAACAATCAGCACACTAC
B. theili   AAACACTACAAAATATAACAACTGCATGAACAACATCAACCACAGCAAACATTTTAC
B. brygooi  AAACACTACAAGACATAACAACAGCATGAACTACTTCAACAACAGCAAATATTACAC
C. feae     AAACCCTACGAGACGCAACAACAATATGATCCACTTCCCCCACAACAAACACAATTT
```

Jede übereinanderliegende „Säule" aus in der Position einander entsprechenden Basen bildet gewissermaßen ein molekulares Merkmal mit den vier möglichen Merkmalszuständen A, C, G oder T (ein fünfter denkbarer Zustand – der Wegfall einer Base – wird in diesem Fall nicht beobachtet). Nur Merkmale (Basenpositionen), die unter den drei zu vergleichenden Chamäleonarten oder im Vergleich mit der Eidechsenreferenz variieren, enthalten möglicherweise Hinweise darauf, welche der Arten enger miteinander verwandt sind. Dreiundzwanzig der siebenundfünfzig ausgewählten Basen zeigen innerhalb der Gruppe der Chamäleons Abweichungen untereinander (in der Darstellung durch Fettdruck hervorgehoben):

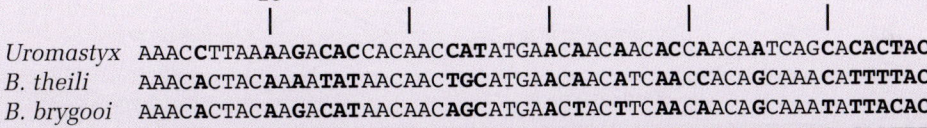

Um nützlich für die Erstellung eines Kladogramms zu sein, muss ein Merkmal synapomorphen Charakter haben (das heißt ein abgeleiteter Merkmalszustand muss bei mehr als einem Vertreter der Untersuchungsgruppe vorliegen). Welche der 23 möglichen „Merkmale" bilden hinsichtlich der Chamäleons Synapomorphien (= gemeinsame abgeleitete Merkmale)? Für jedes der 23 variierenden Merkmale muss die Frage gestellt werden, ob einer der Merkmalszustände auch im Vertreter der Außengruppe (hier die Eidechse *Uromastyx*) auftritt. Falls das der Fall ist, wird dieser Merkmalszustand als der ursprüngliche für die Chamäleons angenommen; die alternativen Merkmalszustände gelten dann automatisch als abgeleitete Zustände. Abgeleitete Merkmalszustände lassen sich in 21 der 23 zuvor identifizierten variablen Merkmale nachweisen. Die Fälle eines abgeleiteten Merkmalszustandes sind in Blau wiedergegeben:

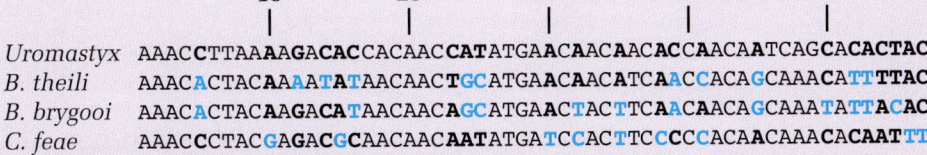

Man beachte, dass die Polarität im Fall zweier variabler Merkmale (an den Positionen 23 und 54), deren alternative Zustände bei den Chamäleons in der Außengruppe nicht beobachtet werden, deshalb zweideutig sind.

Von den Merkmalen, die abgeleitete Zustände erkennen lassen, zeigen zehn Synapomorphien unter den Chamäleons. Diese Merkmale sind im Folgenden mit den Ziffern 1, 2 oder 3 unterhalb der betreffenden Säule von Merkmalszuständen bezeichnet.

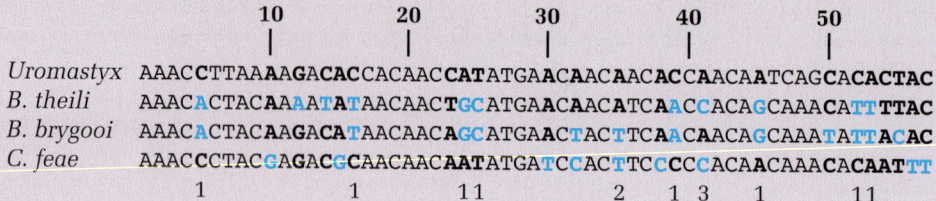

Die acht mit einer 1 bezifferten Merkmale (Basenpositionen) zeigen Synapomorphien, die ein Zusammengruppieren der beiden aus Madagaskar stammenden Chamäleonarten (*Brookesia theili* und *B. brygooi*) bei gleichzeitigem Ausschluss der Art aus Äquatorialguinea (*C. feae*) erlauben. Wir können die so aufgefundenen Beziehungen nun in einem Kladogramm darstellen:

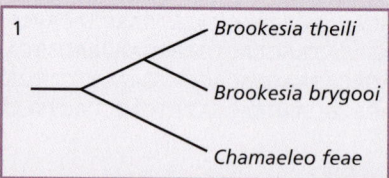

Wir können die Evolution aller Merkmale erklären, die dieses Kladogramm unterstützen, wenn wir eine einzelne Mutation in dem ursprünglichen, zu den beiden *Brookesia*-Arten führenden Zweig des Stammbaumes postulieren. Dies ist die einfachste Erklärung für die evolutive Veränderung dieser Merkmale.

Die mit den Ziffern 2 und 3 gekennzeichneten Merkmale widersprechen unserem ersten Kladogramm und legen die folgenden, alternativen Verwandtschaftsbeziehungen nahe:

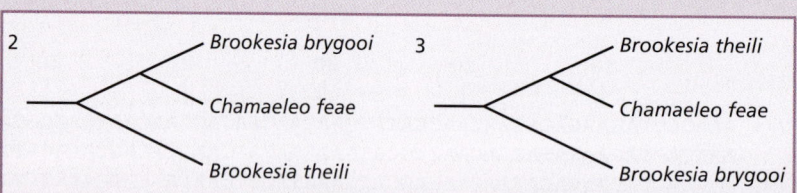

Um die evolutiven Änderungen zu erklären, die geeignet sind, den Kladogrammen Nr. 2 und Nr. 3 den Vorzug vor Kladogramm Nr. 1 zu geben, müssen wir mindestens zwei Änderungen pro Merkmal (Basenposition in der Gensequenz) postulieren. Wollen wir eine Evolution der Merkmale erklären, die das Kladogramm Nr. 1 gegenüber den Kladogrammen Nr. 2 und Nr. 3 begünstigt, müssen wir ebenfalls mindestens je zwei Änderungen für jedes der fraglichen Merkmale postulieren. Diese beiden Diagramme zeigen die minimale Anzahl von Veränderungen, die für Merkmal 5 (das für Kladogramm Nr. 1 spricht) und Merkmal 41 (das für Kladogramm Nr. 3 spricht) erforderlich sind. Der ursprüngliche Zustand jedes Merkmals ist an der Wurzel des Stammbaumes, die jeweils beobachteten, abgeleiteten Merkmalszustände an den Spitzen der Zweige angegeben:

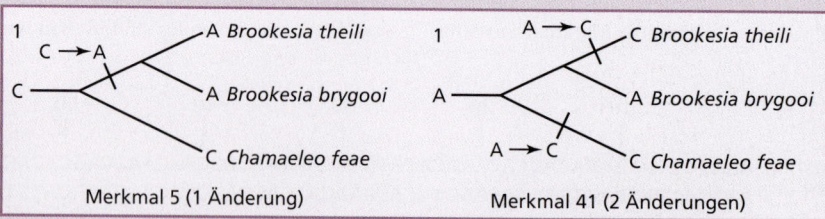

Systematiker greifen in solchen Fällen oft als Hilfsmittel auf ein Prinzip zurück, das als **Ockhams Rasiermesser** (englische Bezeichnung: *Occam's Razorblade*) oder das **Sparsamkeitsprinzip** (= Parsimonieprinzip; lat. *parsimonia*, Sparsamkeit) bekannt ist (von mehreren Theorien, die den gleichen Sachverhalt erklären, ist die einfachste zu bevorzugen), um Konflikte bei der Gewichtung taxonomischer Merkmale aufzulösen. Dabei wählt man als Arbeitsgrundlage dasjenige Kladogramm aus, das zur befriedigenden Darstellung die geringstmögliche Zahl von Merkmalsänderungen postuliert. In unserem Beispiel hieße das, Kladogramm Nr. 1 den Vorzug zu geben. Auf alle zehn phylogenetisch informativen Merkmale (Basenpositionen) bezogen, erfordert das Kladogramm Nr. 1 insgesamt zwölf Änderungen von Merkmalszuständen (eine für jedes der acht Merkmale, die für es sprechen, und zwei für jedes der beiden verbleibenden). Die Kladogramme Nr. 2 und Nr. 3 erfordern jeweils mindestens neunzehn Änderungen von Merkmalszuständen, sieben mehr als im Fall von Kladogramm Nr. 1. Wählt man Kladogramm Nr. 1 aus, so fordert man damit, dass die Merkmale, die für die Kladogramme Nr. 2 und Nr. 3 sprechen, in ihrer Evolution Homoplasie zeigen.

Die in diesem Beispiel verwendeten Molekülsequenzen bestätigen daher Vorhersagen früherer Hypothesen, die auf der Grundlage des Erscheinungsbildes und der geografischen Verbreitung der Chamäleons aufgestellt worden waren, und welche die *Brookesia*-Arten auf einen gemeinsamen Vorfahren zurückführen, der weniger alt ist als jeder der Vorfahren, welche die beiden Arten mit *Chamaeleo feae* verbinden.

Als vertiefende Übung sollten Sie sich davon überzeugen, dass die zwölf Merkmale, die bei den Chamäleons Variation zeigen, aber keine unzweideutigen Gemeinsamkeiten abgeleiteter Merkmalszustände aufzeigen, gleichfalls kompatibel mit jedem der drei möglichen Kladogramme sind. Versuchen Sie, für jedes der Merkmale die minimale Gesamtzahl an Änderungen herauszufinden, die eintreten müssen, um seine Evolution mit Hilfe jedes der Kladogramme zu erklären. Falls Sie diese Übung korrekt ausführen, so werden Sie erkennen, dass die drei Kladogramme sich hinsichtlich der minimalen Zahl von Änderungen, die für jedes der Merkmale zu fordern sind, nicht unterscheiden. Aus diesem Grund sind diese Merkmale nach den Kriterien des Sparsamkeitsprinzips phylogenetisch nicht informativ.

Daten nach: Townsend, T. und A. Larson (2002): Molecular phylogenetics and mitochondrial genomic evolution in the Chamaeleonidae (Reptilia, Squamata). Molecular Phylogenetics and Evolution, vol. 23: 22–36.

10.4.2 Die phylogenetische Systematik oder Kladistik

Ein zweiter und noch wirkungsvollerer Angriff auf die evolutionäre Taxonomie erfolgte durch eine Denkrichtung, die als **phylogenetische Systematik** oder **Kladistik** bekannt geworden ist. Wie der Begriff „phylogenetisch" andeutet, betont dieser Ansatz das Kriterium der gemeinsamen Abstammung. Der alternative Begriff „Kladistik" zeigt an, dass sich der Ansatz auf Kladogramme der zu klassifizierenden Gruppe stützt. Dieser methodische Ansatz wurde erstmals im Jahr 1950 von dem deutschen Entomologen Willi Hennig in seiner Abhandlung *Grundzüge einer Theorie der phylogenetischen Systematik* vorgestellt (▶ Abbildung 10.10) und wird deshalb manchmal auch als „Hennig'sche Systematik" bezeichnet. Alle Taxa, die das kladistische System anerkennt, müssen monophyletischer Natur sein. Wir haben in Abbildung 10.9 gesehen, wie die evolutionären Taxonomen die höheren Primaten in die Familien Pongidae und Homonidae aufteilen, und wie dies zu einer Verzerrung der genealogischen Verwandtschaftsbeziehungen bei gleichzeitiger Betonung der adaptiven Einzigartigkeit der Hominiden führt. Weil der jüngste gemeinsame Vorfahre der paraphyletischen Familie der Pongiden gleichzeitig auch ein Vorfahre der Homoniden ist, ist eine Anerkennung des Taxons Pongidae mit den Prinzipien der kladistischen Taxonomie nicht vereinbar. Um eine Paraphylie zu vermeiden, haben die Kladisten daher die Familie Pongidae aufgelöst und die Menschenaffen (Schimpansen, Gorillas und Orang-Utans) zu den Menschen in die Familie Hominidae gestellt. Wir folgen in diesem Buch der kladistischen Klassifizierung.

Die Unstimmigkeit hinsichtlich der Validität paraphyletischer Gruppierungen mag auf den ersten Blick trivial erscheinen, doch werden die bedeutsamen Konsequenzen ersichtlich, wenn wir die Evolution erörtern. Beispielsweise ist die Behauptung, dass sich die Amphibien aus Knochenfischen evolviert haben oder dass die Vögel aus den Reptilien hervorgegangen sind, oder dass der Mensch von Affen abstammt, für einen evolutionären Taxonomen sinnvoll, für einen Kladisten dagegen

Abbildung 10.10: **Willi Hennig (1913–1976).** Der deutsche Entomologe ersann und formulierte die Prinzipien der phylogenetischen Systematik (= Kladistik).

bedeutungslos. Die soeben gemachten Aussagen implizieren, dass eine Gruppe von Abkömmlingen (Amphibien, Vögel, Menschen) sich aus einem Teil einer Ahnengruppe (Knochenfische, Reptilien, Menschenaffen) evolviert haben, zu der die Nachfahren nicht mehr gehören. Diese Verwendung der Begriffe lässt die Ahnengruppe automatisch paraphyletisch werden, und so sind die tradierten Gruppierungen der Knochenfische, der Reptilien und der Menschenaffen tatsächlich paraphyletische Einheiten. Wie erkennt man den paraphyletischen Charakter einer taxonomischen Gruppierung? Besitzen die Mitglieder kennzeichnende Merkmale, die sich bei Gruppe der Nachfahren nicht (mehr) finden?

Paraphyletische Gruppierungen werden gemeinhin in negativer Weise definiert (also mit Hilfe von Ausschlusskriterien). Sie sind lediglich durch das Fehlen von Merkmalen in einer bestimmten Gruppe von Nachfahren gekennzeichnet, da jedes Merkmal, das sie mit ihren Vorfahren gemeinsam haben, eine Symplesiomorphie darstellt, die auch bei den ausgeschlossenen Nachfahren vorhanden ist (sofern es nicht sekundär verloren gegangen ist). So sind etwa die Menschenaffen diejenigen „höheren" Primaten, die keine Menschen sind. Für die Knochenfische gilt, dass sie Wirbeltiere sind, denen die kennzeichnenden Merkmale der Tetrapoden (= Amphibien und Amnioten) fehlen. Was bedeutet dann die Aussage, dass die Menschen evolutiv aus Menschenaffen hervorgegangen sind? Für einen evolutionären Taxonomen bedeutet es, dass die Menschenaffen und die Menschen unterschiedliche adaptive Zonen oder Organisationsstufen darstellen. Wenn man sagt, dass sich die Menschen aus Menschenaffen evolviert haben, so meint man damit, dass sich bipedale, schwanzlose Säugetiere mit großer Hirnleistung aus baumbewohnenden, schwanztragenden Säugetieren mit geringerer Hirnleistung entwickelt haben. Für einen Kladisten bedeutet die Aussage, dass sich die Menschen aus den Menschenaffen evolviert haben lediglich, dass sich die Gruppe der Menschen aus einer willkürlichen Zusammenfassung von Arten evolutiv entwickelt hat, der die kennzeichnenden Merkmale der Menschen fehlen – eine triviale Feststellung, die keine biologisch nützliche Information enthält.

Für einen Kladisten bedeutet jede Aussage, das sich eine bestimmte monophyletische Gruppe aus einer paraphyletischen herausgebildet habe, nicht mehr, als dass sich die Gruppierung der Nachfahren aus etwas evolviert hat, dass sie nicht (mehr) ist. Ausgestorbene anzestrale (= altertümliche) Gruppierungen sind immer paraphyletisch, weil sie Nachfahren ausschließen, die auf denselben gemeinsamen Urahnen zurückblicken. Obwohl viele derartige Gruppierungen von den evolutionären Taxonomen anerkannt werden, lehnen die Kladisten sie sämtlich ab.

Zoologen stellen oft paraphyletische Gruppen zusammen, weil sie an einer terminalen, monophyletischen Gruppe interessiert sind (wie etwa den Hominiden) und sie Antworten auf Fragen nach deren Ursprung finden möchten. Dabei ist es oftmals bequem, Organismen „zusammenzuwerfen", deren Merkmale als ungefähr gleich weit entfernt von denen der zu untersuchenden Zielgruppe erachtet werden, und ihre eigenen, eigentümlichen Merkmale zu ignorieren. Es ist dabei von Bedeutung, dass die Menschen nie in eine paraphyletische Gruppe eingeordnet worden sind, während dies für die meisten anderen Lebewesen zutrifft. Menschenaffen, Reptilien, Fische und Wirbellose sind sämtlich Begriffe, die traditionsgemäß paraphyletische Gruppen bezeichnen, die durch die Zusammenfassung verschiedener „Seitenzweige" gebildet werden, wenn man die evolutive Herkunft des Menschen am Stammbaum des Lebens zurückverfolgt. Ein solches taxonomisches System kann den fälschlichen Eindruck erwecken, dass die gesamte Evolution ein geordneter „Marsch" hin auf den Kulminationspunkt Mensch gewesen ist, oder – betrachtet man eine andere rezente Gruppierung – ein Entwicklungsgang auf irgendeine Art oder Gruppe von Arten, die der Biologe am „fortschrittlichsten" erachtet. Eine derartige Denkweise ist ein Relikt vordarwinscher Ansichten, die davon ausgingen, dass es in der belebten Natur einen linearen Maßstab gäbe, mit „primitiven" Kreaturen am unteren Ende und dem Menschen an der Spitze – nicht weit vom Himmel entfernt. Darwins Theorie der gemeinsamen Abstammung besagt jedoch, dass die Evolution ein sich verzweigender Prozess ohne einen linearen Maßstab zunehmender Perfektionierung entlang einzelner Entwicklungszweige ist. Fast jeder Zweig enthält seine eigene Kombination aus ursprünglichen und abgeleiteten Merkmalen. In der Kladistik wird diese Sichtweise betont, indem Taxa nur aufgrund der nur ihnen eigentümlichen Eigenschaften aufgestellt werden und Lebewesen nicht nur deshalb zu Gruppen zusammengefasst werden, weil ihnen die eigentümlichen Eigenschaften mit ihnen verwandter Gruppen fehlen.

Glücklicherweise gibt es einen geeigneten Weg, die gemeinsame Abstammung einer Gruppe darzustellen, ohne Bezug zu paraphyletischen Taxa nehmen zu müssen. Dies wird erreicht, indem man so genannte **Schwes-**

tergruppen des im Zentrum des Interesses stehenden Taxons auffindet und definiert. Zwei verschiedene monophyletische Taxa sind jeweils Schwestergruppen der anderen, falls sie einen weniger weit zurückliegenden gemeinsamen Ursprung haben als jede einzelne von ihnen mit irgendeinem anderen Taxon. Die Schwestergruppe des Menschen scheinen nach diesem System die Schimpansen zu sein; die Gorillas bilden die Schwestergruppe zu den Menschen plus den Schimpansen. Die Orang-Utans wiederum bilden sind die Schwestergruppe zu dem Kladus, der die Menschen, die Schimpansen und die Gorillas umfasst. Die Gibbons sind die Schwestergruppe zu dem nächsthöheren Kladus, in dem Orang-Utans, Schimpansen, Gorillas und Menschen zusammengefasst sind (Abbildung 10.9).

10.4.3 Die gegenwärtige Situation in der Taxonomie der Tiere

Das formale taxonomische System der Tiere, das wir heute verwenden, wurde unter Einsatz der Prinzipien der evolutionären Systematik aufgestellt und erst in jüngerer Zeit teilweise durch Anwendung der kladistischen Prinzipien revidiert. Die Anwendung der Prinzipien der Kladistik hat zu Anfang den Effekt, dass paraphyletische Gruppierungen durch monophyletische Untergruppen ersetzt werden bei gleichzeitigem weitgehendem Erhalt des restlichen taxonomischen Systems. Eine grundlegende Überarbeitung des taxonomischen Systems nach den Regeln der Kladistik würde jedoch tiefgreifende Veränderungen mit sich bringen, von denen einer mit hoher Wahrscheinlichkeit die Aufgabe des Linné'schen Systems der hierarchischen Ränge (Familien, Ordnungen, Klassen usw.) wäre. Ein neues taxonomisches System mit der vorläufigen Bezeichnung „PhyloCode" befindet sich als geplante Alternative zum Linné'schen System in der Entwicklung. Dieses System ersetzt die Linné'schen Ränge durch einen anderen Code, der die verschachtelte Hierarchie der monophyletischen Gruppen, wie sie sich in einem Kladogramm darstellen, angibt. Aus dieser Kodifizierung könnte man also jederzeit das Kladogramm der betrachteten Gruppe eindeutig ableiten. Bei unserer, in diesem Buch vorgelegten Abhandlung der Taxonomie der Tierwelt versuchen wir, Taxa zu verwenden, die monophyletisch sind und daher mit den Kriterien der evolutionären wie der kladistischen Taxonomie vereinbar sind. Wir fahren jedoch damit fort, die von Linné eingeführten systematischen Ebenen zu verwenden. In manchen Fällen sind als paraphyletisch erkannte Gruppierungen mit ihren althergebrachten, nichtkladistischen Benennungen und Stellungen so tief verwurzelt, dass wir diesen Umstand aufzeigen und alternative taxonomische Schemata vorschlagen, die ausschließlich monophyletische Taxa beinhalten.

Bei der Diskussion von Abstammungswegen vermeiden wir Aussagen wie „Säugetiere stammen von den Reptilien ab", die eine Paraphylie implizieren und geben stattdessen geeignete Schwestergruppenbeziehungen an. Wir vermeiden es weiterhin, Gruppen von Organismen als primitiv, fortgeschritten, spezialisiert oder generalisiert zu bezeichnen, da alle Tiergruppen primitive (= ursprüngliche), fortgeschrittene, spezialisierte und generalisierte Merkmale zeigen. Die Begriffe bleiben am besten der Beschreibung spezieller Merkmale vorbehalten und werden nicht auf ganze Gruppen angewendet.

Eine Revision des taxonomischen Systems nach den Regeln der Kladistik kann zu Verwirrungen führen. Über die Einführung neuer taxonomischer Kategorien und Begrifflichkeiten hinaus, erscheinen vertraute in unvertrauten Zusammenhängen. In der kladistischen Sichtweise umfasst dann nämlich der Begriff „Knochenfische" neben den flossentragenden Wassertieren auch die Amphibien und die Amnioten (Reptiliengruppen, Vögel, Säugetiere). Nach der Kladistik schließt der Begriff „Reptil" zwangsläufig auch die Vögel ein (zusätzlich zu den Schlangen, Eidechsen, Schildkröten und Krokodilen). Dagegen schließt die Kladistik einige ausgestorbene Gruppen wie die Synapsiden, die traditionell zu den Reptilien gestellt werden, aus (siehe Kapitel 26 bis 28). Die Taxonomen müssen also größte Vorsicht walten lassen, wenn sie altvertraute Begriffe verwenden, und genau spezifizieren, ob das tradierte, evolutionäre Taxon oder ein neueres, kladistisches Taxon gemeint ist.

10.5 Die Hauptabteilungen des Lebens

Von der Zeit des antiken Griechenland bis ins späte 19. Jahrhundert wurde jedes lebende Wesen einem von zwei „Reichen" zugeordnet: dem Reich der Tiere oder dem Reich der Pflanzen. Das Zwei-Reiche-System sah sich jedoch ernsten Problemen gegenüber. Obgleich es einfach war, bewurzelte, Photosynthese treibende Organismen wie Bäume und Kräuter als Pflanzen anzusprechen und bewegliche, sich Nahrung einverleibende Lebensformen wie Insekten, Fische und Säugetiere eindeutig ins Tierreich zu stellen, warfen die einzelligen Mi-

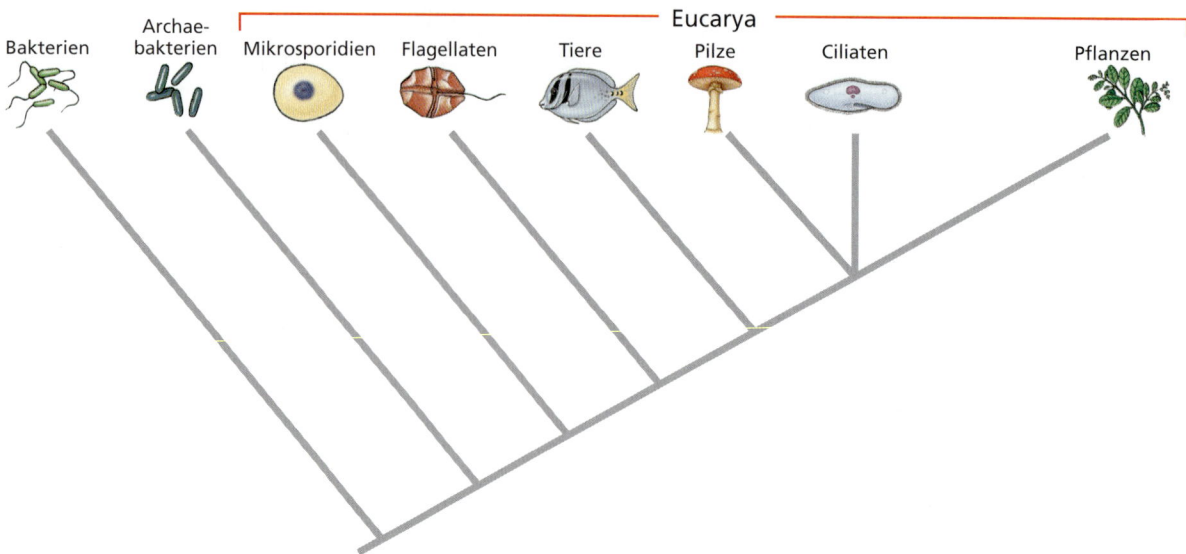

Abbildung 10.11: Systematische Darstellung von Lebensformen. Evolutive Verwandtschaftsbeziehungen zwischen einigen Hauptgruppierungen rezenter Lebensformen, wie sie sich aufgrund einer Sequenzanalyse ribosomaler Ribonukleinsäuren darstellen und von Woese et al. zur Errichtung der drei hypothetischen Domänen Eucarya, Bacteria und Archaea verwendet worden sind. Die genauen verwandtschaftlichen Beziehungen unter den Hauptabstammungslinien der Eukaryonten sind noch nicht restlos geklärt. Daten anderer Forscher führen zu einer Zusammenfassung der Tiere, Pilze und Mikrosporidien in einem Kladus Opisthokonta; die Pflanzen werden mit einigen Flagellaten zum Taxon Viridiplantae zusammengefasst (siehe Abbildung 11.1).

kroorganismen Schwierigkeiten auf (siehe Kapitel 11). Einige dieser mikroskopischen Lebewesen wurden von den Botanikern dem Pflanzenreich zugeordnet, gleichzeitig aber von den Zoologen dem Tierreich zugeschlagen. Ein Beispiel für einen solchen Streitfall ist *Euglena* (siehe Abbildung 11.17). Euglena ist beweglich wie ein Tier, besitzt aber Chloroplasten und ist daher wie eine typische Pflanze zur Photosynthese befähigt. Andere Gruppen, wie etwa die Bakterien, wurden ziemlich willkürlich dem Pflanzenreich zugeschlagen (genauer den ebenfalls unter die Pflanzen gruppierten Pilzen; Bakterien = „Spaltpilze").

Es sind mehrere alternative Systeme entwickelt und vorgestellt worden, um das Problem der Klassifikation einzelliger Lebensformen zu begegnen. Schon im Jahr 1866 schlug Ernst Haeckel ein neues Organismenreich, die Protisten (Regnum Protista) vor, das alle einzelligen Lebewesen umfassen sollte. Zunächst wurden die Bakterien und die damals noch als blaugrüne Algen eingestuften Cyanobakterien, denen ein echter Zellkern fehlt, mit den zellkernhaltigen Einzellern zusammengefasst. Im 20. Jahrhundert erkannte man dann die grundlegende Verschiedenartigkeit der zellkernlosen Bakterien und allen übrigen Organismen, deren Zellen einen Zellkern enthalten. Alle Bakterien wurden als Prokaryonten zusammengefasst und den Eukaryonten – sämtliche Lebewesen mit Zellen, die (zumindest primär) einen Zellkern enthalten – gegenübergestellt. 1969 schlug der Botaniker R. H. Whittacker (1920–1980) ein neues, fünf Reiche umfassendes System vor, das der grundlegenden Prokaryonten/Eukaryonten-Einteilung Rechnung trug. Das Reich der Moneren (Regnum Monera) umfasst die Prokaryonten. Das Regnum Protista umfasst die einzelligen, kernhaltigen Eukaryonten (Protozoen und einzellige Algen). Die vielzelligen Lebensformen zerfallen nach Whittaker in drei Reiche. Das Regnum Plantae (Reich der Pflanzen) enthält die vielzelligen, zur Photosynthese befähigten Organismen, also die höheren Pflanzen und die vielzelligen Algen. Das Regnum Mycota umfasst die Pilze (die landläufigen „Pilze" ebenso wie die Schimmelpilze, Hefen, usw.) – heterotrophe Eukaryonten, die ihre Nahrung absorbieren. Die Wirbellosen (Invertebraten, mit Ausnahme der Protozoen) und die Wirbeltiere (Vertebrata) bilden das fünfte Reich, das Regnum Animalia (Reich der Tiere). Die meisten Vertreter dieser letzten Kategorie nehmen Nahrung von außen auf und verdauen sie im Inneren, obgleich man auch einige parasitäre Formen kennt, die vorverdaute Nahrung absorptiv aufnehmen.

Die verschiedenen, bis hierher dargelegten Systeme der Ordnung wurden entwickelt, ohne im Detail Rücksicht auf die stammesgeschichtlichen Verhältnisse zu nehmen, die bei der Aufstellung evolutionärer oder kladistischer Systeme Berücksichtigung finden. Die frühesten phylogenetischen Ereignisse in der Geschichte des Lebens liegen im Dunkeln, weil sich heute nur noch wenige aussagekräftige Merkmale festmachen lassen, durch deren Vergleich bei den verschiedenen Lebewesen sich die ganz frühe Phylogenese rekonstruieren ließe. Jüngst ist jedoch ein kladistisches Klassifikationsschema vorgestellt worden, das sich zum Ziel gesetzt hat, auf der Grundlage phylogenetischer Information, die aus der molekularen Struktur von Makromolekülen gewonnen wird (Nucleotidfolgen von DNA-Molekülen oder Aminosäuresequenzen von Proteinen) eine systematische Darstellung aller Lebensformen zu konstruieren (▶ Abbildung 10.11). Nach einem auf Sequenzunterschieden in den Genen für ribosomale Ribonukleinsäuren gründenden hypothetischen Stammbaum unterscheiden Woese, Kandler und Wheelis drei Domänen, die noch oberhalb der Ebene der Organismenreiche von Whittaker et al. liegen sollen: Eukarya (= Eukaryonten), Bakteria („echte Bakterien") und Archaea (Archaebakterien = Prokaryonten, die sich von den restlichen Bakterien neben Unterschieden in den rRNA-Genen im Aufbau der Membranen und anderen biochemischen Details unterscheiden). Diese Forscher untergliedern die Eukaryonten nicht in Reiche. (Man muss an dieser Stelle jedoch erwähnen, dass dieses Modell umstritten ist und führende Evolutionsforscher wie E. Mayr und R. Gupta ihm widersprechen. Neuere molekulare Daten sprechen für mehr als drei oder fünf Reiche, außerdem wird das Reich Prokaryonta generell in Frage gestellt.) In diesem Werk werden wir jedoch Whittakers sinnvolle Unterscheidung von Pflanzen, Tieren und Pilzen als eigene Organismenreiche folgen. Das Reich der Protisten zerfällt in eine paraphyletische Gruppe von hohem Komplexitätsgrad (▶ Abbildung 10.12; siehe auch Kapitel 11). Um eine streng kladistische Klassifikation einzuhalten, müssen die Protisten aufgegeben und durch die getrennten Reiche Ciliata, Flagellata und Microsporidia ersetzt werden (Abbildung 10.11). Für andere Protistengruppen wie die Amöben müssen mehr phylogenetische Informationen gesammelt werden. Diese taxonomische Revision der Protozoen und angrenzender Gruppen steht noch aus. Falls der in Abbildung 10.11 dargestellte Stammbaum durch weitere Befunde bestätigt wird, ist eine weitergehende Überarbeitung der taxonomischen Organismenreiche dringend notwendig.

Bis vor Kurzem wurden die tierähnlichen Protisten traditionsgemäß in zoologischen Kursen als Tierstamm der Protozoen (Phylum Protozoa) behandelt und untersucht. Im Licht des gegenwärtigen Verständnisses und unter Anwendung der Prinzipien der phylogenetischen Systematik, ist diese taxonomische Einteilung mit zwei Fehlern behaftet: Die „Protozoen" sind genau genommen erstens keine Tiere, und zweitens stellen sie kein gültiges monophyletisches Taxon auf irgendeiner Stufe des taxonomischen Systems dar. Das Regnum Protista (Reich der Protisten) ist ebenfalls hinfällig, da es nicht monophyletisch ist. Die tierähnlichen Protisten, die gegenwärtig mindestens sieben verschiedenen Stämmen zugeordnet werden (weitere Umbrüche sind wahrscheinlich!), sind für Studierende der Zoologie nichtsdestotrotz aufgrund ihrer tierähnlichen Eigenschaften von Interesse und interessante Studienobjekte (und für Studierende der Biologie als Ganzes ohnehin).

Hauptabteilungen des Tierreichs 10.6

Das Phylum (der Stamm) ist die umfassendste formaltaxonomische Kategorie im Linné'schen System der Klassifizierung des Tierreichs. Die Metazoenstämme werden oft zusammengruppiert, um zusätzliche, informelle Taxa zu schaffen, die zwischen dem Rang des Phylums und dem des Regnums (des Reichs der Tiere) liegen. Die stammesgeschichtlichen Verwandtschafts-

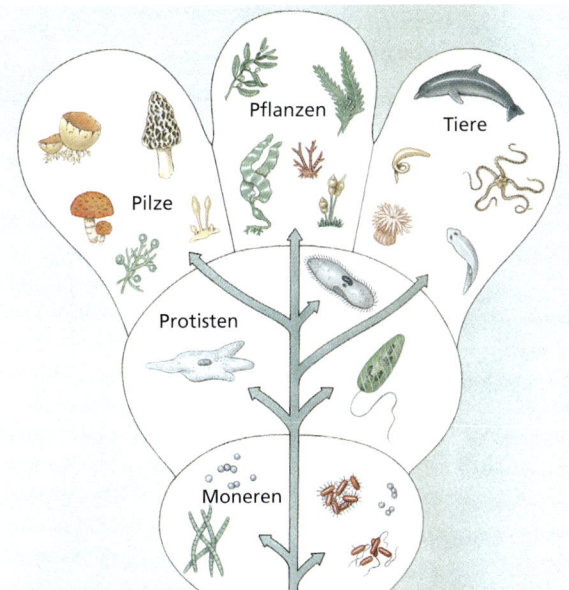

Abbildung 10.12: Die Whittaker'sche Fünf-Reiche-Klassifizierung in der Überlagerung mit einem Stammbaum, der rezente Repräsentanten dieser Organismenreiche abbildet. Man möge beachten, dass die Reiche Monera und Protista paraphyletische Gruppierungen darstellen und daher mit der kladistischen Systematik nicht vereinbar sind.

beziehungen unter den Metazoenstämmen haben sich als besonders schwierig aufzulösen erwiesen, und das sowohl auf der morphologischen wie auf der molekulare Ebene. Tradierte Gruppen, die sich auf embryologische und anatomische Merkmale stützen, die phylogenetische Affinitäten widerspiegeln, sind:

Zweig A (Mesozoa): Phylum Mesozoa, der Stamm der Mesozoen (= wurmförmige Parasiten in marinen Invertebraten).
Zweig B (Parazoa): Phylum Porifera, der Stamm der Schwämme und der Stamm der Placozoen (= flache Vielzeller, einzigste Art *Trichoplax adherens*).
Zweig C (Eumetazoa): alle übrigen Stämme.
   Gradus I (Radiata): Phyla Cnidaria, Ctenophora; der Stamm der Nesseltiere und der Stamm der Rippenquallen.

Gradus II (Bilateralia): alle übrigen Stämme.
   Abteilung A (Protostomia): Merkmale wie in ▶ Abbildung 10.13 dargestellt.
      Acoelomaten: Phyla Plathelminthes (Plattwürmer), Gnathostomulida, Nemertea (Schnurwürmer).
      Pseudocoelomaten: Phyla Rotifera (Rädertierchen), Gastrotricha, Kinorhyncha, Nematoda (Fadenwürmer), Nematomorpha, Acanthocephala, Entoprocta, Priapulida, Loricifera.
      Eucoleomaten: Phyla Mollusca (Weichtiere), Annelida (Ringelwürmer), Arthropoda (Gliederfüßler), Echiurida, Sipunculida, Tardigrada (Bärtierchen), Pentastomida, Onychophora, Pogonophora (Bartwürmer).
   Abteilung B (Deuterostomier): Merkmale wie in Abbildung 10.13 dargestellt.

PROTOSTOMIER		DEUTEROSTOMIER	
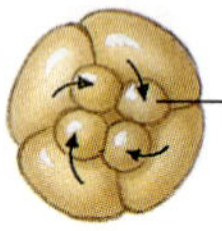 Spiralfurchung	Furchung, zumeist nach dem Spiraltyp	Furchung zumeist radiär	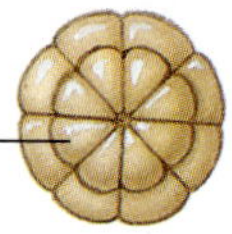 Radiärfurchung
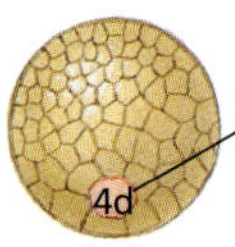 Zelle, von der sich das Mesoderm herleitet (4d)	Entomesoderm, für gewöhnlich von einer bestimmten, als 4d bezeichneten, Blastomere ausgehend	Entomesoderm aus enterocoelen Aussackungen (Ausnahme: Vertebraten)	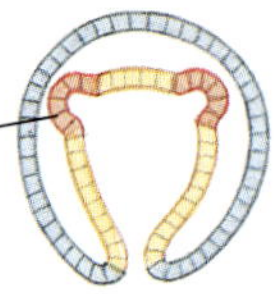 Entomesoderm bildet sich aus Aussackungen des Urdarms.
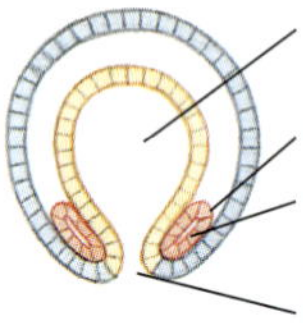 Urdarm, Mesoderm, Coelom, Urmund (Blastoporus)	Bei den coelomaten Protostomiern bildet sich das Coelom durch Aufreißen mesodermaler Gewebebänder (Schizocoelie).	Bei allen Coelomaten entsteht das Coelom durch Fusion enterocoeler Aussackungen (mit Ausnahme der Vertebraten, bei denen die Coelombildung schizocoel erfolgt).	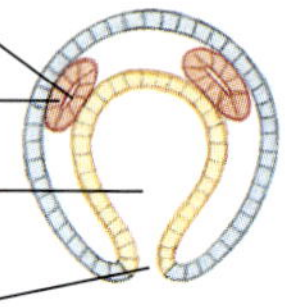 Coelom, Mesoderm, Urdarm (Archenteron), Urmund (Blastoporus)
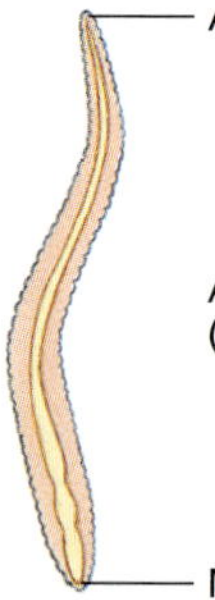 Anus, Annelide (Regenwurm), Mundöffnung	Die Mundöffnung bildet sich aus dem oder in der Nähe des Urmundes; der definitive Anus ist eine Neubildung. Embryogenese zumeist determiniert (Mosaikentwicklung). Hierher gehören Stämme wie die Plathelminthen, die Nemertea, die Anneliden, die Mollusken, die Arthropoden, die Chaetognathen, die Phoroniden, die Ektoprokten, die Brachiopoden, sowie kleinere Stämme.	Anus bildet sich aus dem oder in der Nähe des Urmundes; die definitive Mundöffnung ist eine Neubildung. Embryogenese für gewöhnlich undeterminiert (regulativ). Hierher gehören Stämme wie die Echinodermaten, die Hemichordaten und die Chordaten.	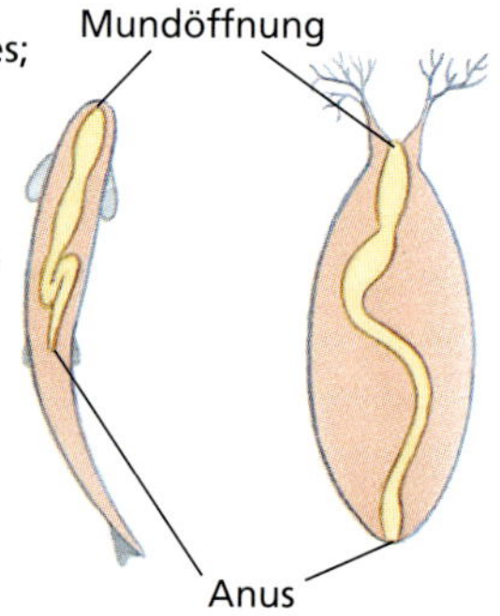 Mundöffnung, Anus

Abbildung 10.13: **Die Grundlagen für die Untergliederung der bilateralsymmetrischen Tiere.** Die traditionelle Systematik stellt die Stämme Brachiopoda, Chaetognatha, Ectoprocta und Phoronida zu den Deuterostomiern, neuere, molekulare, phylogenetische Analysen stellen diese Stämme jedoch – wie hier zu sehen – zu den Protostomiern.

Phyla Phoronida, Ectoprocta, Chaetognatha (Pfeilwürmer), Brachiopoda (Armfüßler), Echinodermata (Stachelhäuter), Hemichordata, Chordata (Chordatiere).

Wie in diesem Abriss dargelegt, werden die bilateralsymmetrischen Tiere (= Bilateralia) regelmäßig in die Protostomier und die Deuterostomier aufgeteilt; diese Unterscheidung nimmt Bezug auf die Embryonalentwicklung (Abbildung 10.13; siehe auch Kapitel 8). Einige der Stämme sind jedoch nicht eindeutig einer dieser beiden Abteilungen zuzuordnen, weil sie gewisse Merkmale beider Gruppierungen zeigen (siehe Kapitel 21).

Neuere molekularphylogenetische Untersuchungen haben die tradierte Klassifizierung der Bilateralia in Zweifel gezogen, doch sind die vorliegenden Ergebnisse noch nicht ausreichend, um die Formulierung einer neuen, präzisen Hypothese über die stammesgeschichtlichen Beziehungen unter den Metazoen-Stämmen zuzulassen. Die molekularphylogenetischen Resultate stellen vier der Stämme, die als Deuterostomier eingestuft worden sind (die Brachiopoden, die Chaetognathen, die Ektoprokten und die Phoroniden) zu den Protostomiern. Dies entspricht den in Abbildung 10.13 wiedergegebenen, hypothetischen Verhältnissen. Darüber hinaus scheinen die traditionellen Hauptgruppen der Protostomierstämme (Acoelomaten, Pseudocoelomaten und Eucoelomaten) nicht monophyletisch zu sein. Stattdessen zerfallen die Protostomier in zwei monophyletische Hauptgruppen, die Lophotrochozoen und die Ecdysozoen. Die Neuklassifizierung der Bilateralia stellt sich nach der gegenwärtigen Erkenntnislage folgendermaßen dar:

Gradus II: Bilateralia.
   Abteilung A (Protostomier):
      Lophotrochozoa: Phyla Plathelminthel, Nemertea, Rotifera, Gastrotricha, Acanthocephala, Mollusca, Annelida, Echiurida, Sipunculida, Pogonophora, Phoronida, Ectoprocta, Entoprocta, Gnathostomulida, Chaetognatha, Brahiopoda.
      Ecdysozoa: Phyla Kinorhyncha, Nematoda, Nematomorpha, Priapulida, Arthropoda, Tardigrada, Onychphora, Loricifera, Pentastomida.
   Abteilung B (Deuterostomier):
      Phyla Chordata, Hemichordata, Echinodermata.

Weitere Untersuchungen sind notwendig, um diese neuen Gruppierungen zu bestätigen oder zu widerlegen. Wir ordnen unsere Übersicht über die Vielfalt der Tierwelt nach dem Schema der traditionellen Klassifikation, erörtern bei den Beschreibungen aber Folgerungen, die sich aus dem neuen System ergeben oder ergeben könnten.

ZUSAMMENFASSUNG

Die Tiersystematik verfolgt drei Hauptziele: (1) alle existierenden Tierarten zu identifizieren und zu charakterisieren, (2) die evolutiven Verwandtschaftsbeziehungen unter den Tierarten aufzuklären, und (3), die Tierarten in einem hierarchischen System taxonomischer Einheiten (Taxa) nach ihrem evolutiven Verwandtschaftsgrad einzugruppieren. Die gebräuchlichen Taxa heißen, in der Reihenfolge zunehmenden Umfangs (= zunehmender Allgemeinheit): Art, Gattung, Familie, Ordnung, Klasse, Stamm und Reich. Alle diese Taxa lassen sich bei Bedarf weiter unterteilen, um taxonomische Ebenen zu benennen, die zwischen zwei der genannten Haupttaxa liegen. Üblich sind hierbei die Vorsilben „Sub-" und „Supra-" (= „Unter-" und „Über-"; zum Beispiel Unterart oder Überordnung). Artnamen bestehen aus zwei Teilen: Der erste Teil ist der Gattungsname. Er wird großgeschrieben und gibt die Gattung an, zu der die betreffende Art gehört. Der zweite Teil (der „Nachname") wird kleingeschrieben und bezeichnet die Art. Gattungs- wie Artname werden konventionsgemäß kursiv geschrieben (oder, in handschriftlichen Texten, unterstrichen). Die Taxa aller übrigen Ebenen werden normal, also nichtkursiv, geschrieben.

Der Anerkennung der meisten Tierarten liegt das so genannte biologische Artkonzept zugrunde. Eine biologische Art ist als eine sich fortpflanzende Gemeinschaft von Populationen definiert, die eine spezifische Nische in der Natur besetzt und die hinsichtlich ihrer Fortpflanzung von anderen solchen Gemeinschaften isoliert ist. Arten sind veränderlich und unterliegen über lange Zeiträume der Evolution. Das Ausmaß der mutativen Veränderung ist von Art zu Art verschieden. Da das biologische Artkonzept räumlich wie zeitlich an Grenzen stoßen kann, die dazu führen, dass es nur mit Schwierigkeiten oder gar nicht anwendbar ist, und weil es definitionsgemäß alle sich ungeschlechtlich fortpflanzenden Lebensformen ausschließt, sind alternative Artkonzepte ersonnen worden. Zu diesen alternativen Konzepten gehören das evolutionäre Artkonzept und das phylogenetische Artkonzept. Keines der heutigen Artkonzepte wird vorbehaltlos von allen Zoologen akzeptiert.

Gegenwärtig sind zwei Hauptdenkrichtungen („Schulen") der Taxonomie aktiv. Die traditionelle evolutionäre Taxonomie gruppiert Arten aufgrund der Kriterien der gemeinschaftlichen Abstammung und der adaptiven Evolution in das taxonomische System ein. Derartige Taxa haben einen einzigen evolutiven Ursprung und okkupieren eine bestimmte, für sie kennzeichnende adaptive Zone. Ein zweiter Ansatz, der als phylogenetische Systematik oder Kladistik bekannt ist, betont bei der Eingruppierung von Arten in höhere Taxa ausschließlich die gemeinsame Abstammung. Nur monophyletische Taxa (solche, die einen einzigen evolutiven Ursprung haben und die alle Nachfahren des jüngsten gemeinsamen Vorfahren aller Gruppenmitglieder einschließen) werden in der Kladistik berücksichtigt. Zusätzlich zu monophyletischen Taxa erkennen die evolutionären Taxonomen einige paraphyletische Taxa an (solche, die einen einzigen evolutiven Ursprung haben, aber einige der Nachfahren des jüngsten gemeinsamen Vorfahren der Mitglieder des Taxons außen vor lassen). Beide taxonomischen Schulen berücksichtigen in ihren Systematiken polyphyletische Gruppierungen nicht (solche, die mehr als einen evolutiven Ursprung haben).

Sowohl die evolutionäre Taxonomie wie die Kladistik fordern, dass die gemeinsame Abstammung von Arten untersucht und nachgewiesen wird, bevor eine Zuordnung höherer Taxa erfolgt. Die vergleichende Morphologie einschließlich der vergleichenden Entwicklungsbiologie, sowie die Biochemie werden herangezogen, um ineinander verschachtelte, hierarchische Verwandtschaftsbeziehungen unter den taxonomischen Gruppen nachzuweisen, welche die Verzweigungen der evolutiven Abstammungslinien über die geologischen Zeitläufe hinweg zu rekonstruieren erlauben. Die Fossilgeschichte erlaubt mehr oder minder genaue Abschätzungen des Alters von Evolutionslinien. Im Verbund erlauben vergleichende Untersuchungen und die fossile Überlieferung die rekonstruktive Ableitung eines Stammbaumes, der die Evolutionsgeschichte des Tierreichs und – noch allgemeiner – der gesamten belebten Welt ermöglicht.

In der Anfangszeit wurden alle Lebensformen einem von zwei Organismenreichen – entweder dem Pflanzen- oder dem Tierreich – zugeordnet. In jüngerer Zeit wurde ein detailiertes System mit fünf Organismen-Reichen vorgeschlagen, das Tiere, Pflanzen, Pilze, Protisten und Moneren unterscheidet. Keines dieser Systeme entspricht den Prinzipien der evolutionären oder der kladistischen Systematik, weil in diesen bis heute gebräuchlichen und intuitiv zugänglichen Systemen die Einzeller entweder in para- oder in polyphyletischen Gruppierungen zu liegen kommen. Gestützt auf unsere gegenwärtigen Kenntnisse des Stammbaums des Lebens, bilden die althergebrachten „Protozoen" keine monophyletische Gruppe, und sie gehören bei strenger Auslegung auch nicht in das Reich der Tiere.

Die phylogenetischen Verwandtschaftsbeziehungen der Tierstämme untereinander sind in der jüngsten Vergangenheit durch molekularbiologische Untersuchungen erweitert worden. Allerdings haben viele der dabei gefundenen Ein- und Umgruppierungen auf den höheren taxonomischen Ebenen vorläufigen Charakter. Besonders kontrovers ist auf dem Gebiet der Zoologie die Eingruppierung der bilateralsymmetrischen Tiere in die Kladi Deuterostomia, Protostomia, Ecdysozoa und Lophotrochozoa.

Z U S A M M E N F A S S U N G

Übungsaufgaben

1. Listen Sie in der Reihenfolge von der umfassendsten bis zur am wenigsten umfassenden die Hauptkategorien (Taxa) des Linné'schen Klassifizierungsschemas auf, wie es heute auf Tiere Anwendung findet.

2. Erklären Sie, warum das System für die Benennung von Arten, das auf Linné zurückgeht, „binominal" (= zweiteilig) ist.

3. Wie unterscheidet sich das biologische Artkonzept von den früheren typologischen Konzepten einer Art? Wieso bevorzugen Evolutionsbiologen es gegenüber typologischen Artkonzepten?

4. Welche Probleme sind mit dem biologischen Artkonzept verbunden? Auf welche Weise sind andere Artkonzepte bestrebt, diese Probleme zu umgehen?

5. Wie werden taxonomische Merkmale festgelegt? Wie werden die festgelegten Merkmale anschließend zur Erstellung eines Kladogramms benutzt?

6. Wie unterscheiden sich monophyletische, paraphyletische und polyphyletische Taxa voneinander? Wie beeinflussen diese Unterschiede die Validität solcher Taxa sowohl für die evolutive wie für die kladistische Taxonomie?

7. Wie viele Kladi mit zwei oder mehr Arten sind für die Arten A–H der Abbildung 10.6a möglich?

8. Worin besteht der Unterschied zwischen einem Kladogramm und einem Stammbaum? Welche zusätzlichen Informationen sind – von einem Kladogramm ausgehend – notwendig, um einen Stammbaum zu erstellen?

9. Wie würden Kladisten und evolutionäre Taxonomen sich hinsichtlich ihrer Interpretation der Aussage unterscheiden, dass sich der Mensch aus Menschenaffen evolviert hat, die sich ihrerseits aus Affen evolviert haben?

10. Welche taxonomischen, sich auf das typologische Artkonzept stützenden Praktiken haben sich in der Systematik bis auf den heutigen Tag erhalten?

Weiterführende Literatur

Aguinaldo, A. et al. (1997): Evidence for a clade of nematodes, arthropods and other molting animals. Nature, vol. 387: 489–493. *Diese molekularphylogenetische Untersuchung stellt die traditionelle Klassifizierung der Bilateralia in Frage.*

Coyne, J. und H. Orr (2004): Speciation. 1. Auflage. Sinauer; ISBN: 0-87893-089-2 (broschiert); 0-87893-091-4 (gebunden). *Das aktuellste Buch, das sich exklusiv dem Thema der „Art" widmet, das für die Biologie von so zentraler Bedeutung ist.*

Cracraft, J. et al. (2004): Assembling the tree of life. Oxford University Press; ISBN: 0-19-517234-5.

Ereshefsky, M. (2001): The poverty of the Linnean hierarchy. Cambridge University Press; ISBN: 0-5210-3883-9. *Eine philosophische „Kritik" der Linné'schen Systems der Taxonomie, die die Konflikte des Systems mit der kladistischen Taxonomie aufzeigt.*

Ereshefsky, M. et al. (1992): The units of evolution. MIT Press; ISBN: 0-2620-5044-7. *Eine gründliche Abhandlung zu den Artkonzepten, einschließlich einiger Nachdrucke bedeutender Originalarbeiten zu diesem Thema.*

Felsenstein, J. (2002): Inferring phylogenies. Sinauer; ISBN: 0-87893-177-5. *Eine umfassende Abhandlung über Methoden der Phylogeneseforschung.*

Hall, B. (1994): Homology: The hierarchical basis of comparative biology. Academic Press; ISBN: 0-1231-8920-9. *Eine Sammlung von Originalarbeiten, in denen viele Aspekte der Homologie – dem zentralen Thema der vergleichenden Biologie und der Systematik – thematisiert werden.*

Hull, D. (1988): Science as a process. University of Chicago Press; ISBN: 0-2263-6051-2. *Eine Untersuchung der Arbeitsmethoden und Wechselwirkungen in der Systematik, die eine gründliche Übersicht über die Prinzipien der evolutionären, der phänetischen und der kladistischen Taxonomie enthält.*

Kunz, W. (2002): Was ist eine Art? In der Praxis bewährt, aber unscharf definiert. Biologie in unserer Zeit, vol. 32, no. 1: 10–19.

Maddison, W. und D. (2003): MacClade, version 4.06. Sinauer, CD-ROM: 0-87893-470-7. *Ein Computerprogramm für das Macintosh-Betriebssystem, das automatisiert phylogenetische Analysen systematischer Merkmale durchführt. Das begleitende Handbuch kann ohne das Programm als sehr gute Einführung in phylogenetische Arbeitsmethoden dienen. Das Computerprogramm ist benutzerfreundlich und gut für den Unterricht geeignet (über die Funktion bei der Analyse tatsächlicher Forschungsdaten hinaus).*

Mayr, E. (1999): Systematics and the Origin of Species from the Viewpoint of a Zoologist. Harvard University Press; ISBN: 0-6748-6250-3.

Mayr, E. und P. Ashlock (1991): Principles of systematic zoology. McGraw-Hill; ISBN: 0-0704-1144-1. *Eine detaillierte Übersicht der Prinzipien der Systematik und ihre Anwendung auf Tiere. Deutsche Ausgabe: Grundlagen der zoologischen Systematik. Theoretische und praktische Voraussetzungen für Arbeiten auf systematischem Gebiet. ISBN: 3-4900-3918-1 (vergriffen).*

Panchen, A. (1992): Classification, evolution, and the nature of biology. Cambridge University Press; ISBN: 0-5213-1578-6. *Ausgezeichnete Erklärungen der Methoden und der philosophischen Grundlagen der biologischen Klassifikation.*

Swofford, D. (2002): PAUP: Phylogenetic Analysis Using Parsimony (and Other Methods) 4.0 Beta. Sinauer; CD-ROM: 0-87893-807-9 (Windows), 0-87893-806-0 (Macintosh), 0-87893-804-4 (Linux/UNIX). *Ein leistungsstarkes Programmpaket zur Erstellung von Stammbäumen aus erhobenen Daten. Für verschiedene Betriebssysteme erhältlich.*

Wagner, G. (2001): The character concept in evolutionary biology. Academic Press; ISBN: 0-1273-0055-4. *Eine umfassende Abhandlung über das evolutionäre Merkmalskonzept.*

Woese, C. et al. (1990): Towards a natural system of organism: proposal for the domains Archaea, Bacteria and Eucarya. Proceedings of the National Academy of the Sciences of the USA, vol. 87: 4576-4579. *Vorschlag einer kladistischen Klassifizierung der taxonomischen Hauptabteilungen des Lebens auf der Grundlage einer Sequenzanalyse eines einzigen rRNA-Gens.*

Weitere Informationen zu diesem Buchkapitel finden Sie auf der Companion-Website unter
http://www.pearson-studium.de

Protozoen

11.1	Wie legt man die Protozoengruppen fest?	330
11.2	Form und Funktion	334
11.3	Die wesentlichen Taxa der Protozoen	344
11.4	Phylogenese und adaptive Radiation	365
Zusammenfassung		366
Übungsaufgaben		367
Weiterführende Literatur		367

11

ÜBERBLICK

Protozoen

Die frühesten glaubwürdigen Befunde für Leben auf der Erde sind ungefähr 3,5 Milliarden Jahre alt. Die ersten Zellen waren prokaryontische, bakterienähnliche Lebewesen. Die frühen Prokaryonten haben sich über eine enorme Zeitspanne hinweg stark diversifiziert; ihre Nachfahren werden heute in zwei Gruppen eingeteilt, die Eubakterien und die Archaebakterien. Eine Abstammungslinie der Urprokaryonten hat zu den ersten eukaryontischen Formen geführt. Die wichtigsten Schritte während der Evolution hin zu den Eukaryonten aus einem prokaryonten Vorläufer waren Symbiogenesen – Vorgänge, bei denen ein Prokaryont der Zelle einverleibt, aber nicht verdaut wurde, sondern als Endosymbiont weiterexistierte (Endosymbiontentheorie). Die einverleibte Zelle wurde mit der Zeit zu einem Organell der Wirtszelle umfunktioniert. Durch Symbiogenesen erworbene Organellen eukaryontischer Organismen sind die Mitochondrien und die Plastiden.

Die Mitochondrien haben ihren Ursprung in einem aeroben Prokaryonten, der befähigt war, Energie aus dem in der Umwelt vorhandenen Sauerstoff zu gewinnen. Ein anaerober Einzeller (ein anderes Bakterium oder ein Protoeukaryont), dem es gelang, sich ein solches, mit einem aeroben Stoffwechsel ausgestattetes Bakterium einzuverleiben, hätte damit die Möglichkeit erlangt, in einer sauerstoffreichen Umgebung seinen Energiestoffwechsel zu betreiben. Im Verlauf evolutiver Zeiträume sind die meisten, aber nicht alle, Gene des Mitochondriums in den Zellkern der Wirtszelle übergewechselt. Fast alle heute lebenden Eukaryonten besitzen Mitochondrien und leben aerob.

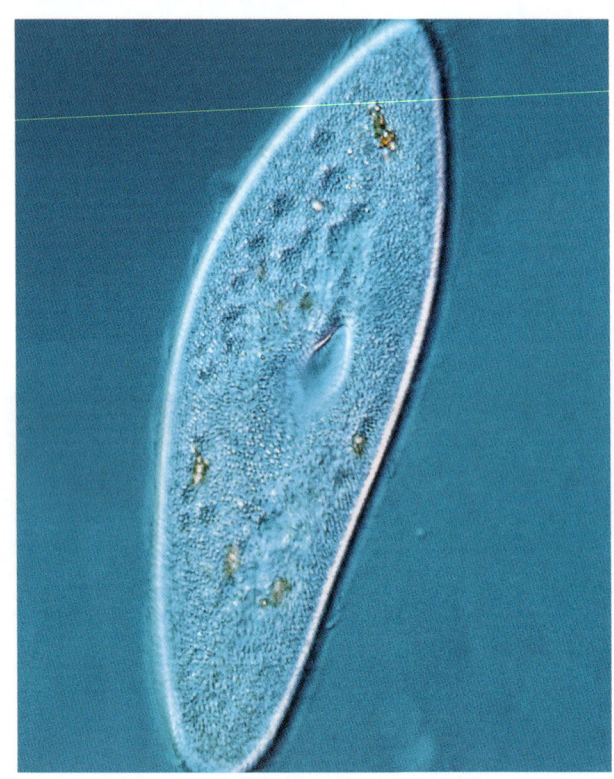

Ein Pantoffeltierchen (*Paramecium* sp.)

Die eukaryontischen Plastiden hatten ihren Ursprung in der Einverleibung eines photosynthesetreibenden Bakteriums durch einen Protoeukaryonten. Wenn ein Prokaryont in die Zelle aufgenommen und zu einem eukaryontischen Organell umfunktioniert wird, spricht man von primärer Endosymbiose. Die Chloroplasten der Rotalgen (Rhodophyceen), Grünalgen (Chlorophyceen) und vielzelligen, höheren Pflanzen sind auf diese Weise entstanden. In einigen Fällen könnte ein Eukaryont aber auch die bereits etablierten Plastiden eines anderen Eukaryonten übernommen haben. Das wäre ein Fall von sekundärer Endosymbiose (allerdings wäre dies mit der Komplikation behaftet, dass nicht nur das Organell selbst, sondern gleichzeitig auch die schon in den Zellkern abgewanderte genetische Information des Organells mit auf den neuen Wirt übergehen müsste). Zwei ähnliche Zellen könnten sich also eventuell auf unterschiedliche Art und Weise herausgebildet haben. Es ist daher nicht leicht, die evolutiven Verwandtschaftsbeziehungen unter den vielfältigen einzelligen Lebensformen, die wir heute beobachten, zu entwirren.

Die enorme Vielfalt der – bisher bekannten! – eukaryontischen Einzeller (sofern sie keine Chloroplasten enthalten) wird zusammenfassend als Protozoen bezeichnet. Die Wortendung „-zoen" deutet auf zwei tierähnlichen Merkmale hin: das Fehlen einer Zellwand, und das Auftreten wenigstens eines motilen Stadiums im Lebens-/Vermehrungszyklus. Die Unterscheidung Pflanze/Tier ist jedoch auf der Ebene der einzelligen Lebensformen nicht immer leicht zu treffen, weil viele motile Einzeller photosynthetische Plastiden in sich bergen. Die schier unglaubliche Vielfalt von Lebensweisen unter den einzelligen Protozoen ist faszinierend, leicht in die Irre führend und teilweise verwirrend.

Ein einzelliger Protozoe (Urtierchen) ist von einer Plasmamembran umgeben, innerhalb derer sich alle Lebensvorgänge abspielen. Protozoen finden sich beinahe überall, wo Leben gerade noch möglich ist. Sie sind sehr anpassungsfähig und werden leicht von Ort zu Ort verfrachtet. Sie sind auf Feuchtigkeit in der Umgebung angewiesen – gleichgültig, ob sie im Meer oder im Süßwasser, im Erdboden, sich zersetzenden organischen Materialien, auf Pflanzen oder auf oder in Tieren leben. Sie können sessil oder freischwimmend sein, und sie stellen einen großen Teil des umhertreibenden Planktons. Dieselbe Art findet sich oftmals sowohl zeitlich wie räumlich getrennt wieder. Einige Arten haben geologische Zeiträume überdauert, die hundert Millionen Jahre überschreiten.

Ungeachtet ihrer weiten Verbreitung leben viele Protozoen erfolgreich nur in einem eng begrenzten Umweltbereich. Artanpassungen sind sehr unterschiedlich, und man beobachtet regelmäßig Sukzessionen, wenn sich in einem gegebenen Lebensraum die Umweltbedingungen verändern. Diese Veränderungen können durch physikalische Faktoren wie das Austrocknen eines Teiches oder jahreszeitliche Temperaturschwankungen, oder durch biologische Änderungen wie ökologischer Druck durch Fressfeinde bedingt sein.

Die Protozoen spielen in der Ökonomie der Natur eine immense Rolle. Ihre fantastischen Individuenzahlen werden durch die gigantischen ozeanischen Ablagerungen belegt, die sich im Verlaufe von Jahrmillionen am

STELLUNG IM TIERREICH

■ **Protozoen**

Ein Protozoon (Urtierchen) ist ein vollständiges Lebewesen, dessen gesamte Lebensaktivitäten sich in den von einer einzigen Plasmamembran gezogenen Grenzen abspielen. Da ihr Cytoplasma nicht in (weitere) Zellen unterteilt ist, handelt es sich bei ihnen um einzellige Lebensformen. Diese Zellen sind denen vielzelliger Tiere sehr ähnlich.

Befunde aus elektronenmikroskopischen Untersuchungen, Studien der Vermehrungszyklen, der Genetik, der Biochemie und der Molekularbiologie der Einzeller haben gezeigt, dass der frühere Stamm Protozoa in mehrere Stämme mit unterschiedlichen evolutiven Verwandtschaftsgraden zerfällt. Die Zusammenfassung aller tierähnlichen einzelligen Eukaryonten mit den einzelligen Algen (pflanzenähnliche einzellige Eukaryonten) in das Reich der **Protisten** (Regnum Protista) hat zur Erschaffung eines weiteren, noch umfangreicheren paraphyletischen Taxons geführt. Wir werden aus praktischen Gründen weiter die Begriffe *Protozoon* und *Protozoen* in ihrer heute informellen Bedeutung verwenden und diese Organismen in einem einzigen Kapitel behandeln, was aber nicht bedeutet, dass es sich um eine monophyletische Gruppe handelt.

Biologische Beiträge

1. **Intrazelluläre Spezialisierung** (Arbeitsteilung innerhalb der Zelle) umfasst die funktionelle Organisation der verschiedenen Organellen in der Zelle.
2. Die einfachste Form der **Arbeitsteilung zwischen Zellen** (interzelluläre Spezialisierung) findet sich bei bestimmten kolonial lebenden Protozoen, die sowohl somatische wie reproduktive Zooide (Individuen) in der Kolonie beherbergen.
3. Die **ungeschlechtliche Vermehrung** tritt bei einzelligen Eukaryonten in Form der mitotischen Zellteilung in Erscheinung.
4. Bei einigen Protozoen beobachtet man **echte geschlechtliche Vermehrung** mit Zygotenbildung.
5. Die Reaktionen (Taxien) der Protozoen auf äußere Reize aus der Umwelt stellen die **einfachsten Reflexe und Instinkte** dar, wie man sie von den Metazoen her kennt.
6. Die einfachsten tierähnlichen Lebewesen, die ein **Exoskelett** besitzen, sind bestimmte, schalentragende Protozoen.
7. **Alle Ernährungsweisen** sind bei den Protozoen verwirklicht: autotroph (siehe weiter unten), saprozoisch (auf oder von verfaulter organischer Materie lebend) und holozoisch (Aufnahme von ganzen Nahrungspartikeln z. B. durch Phagocytose). **Grundlegende Enzymsysteme**, die diese Ernährungsweisen erlauben, werden entwickelt.
8. Mittel zur **Lokomotion** im aquatischen Milieu werden herausgebildet.

Grund niedergeschlagen haben. Ungefähr 10.000 Protozoenarten leben symbiontisch in oder auf Tieren bzw. Pflanzen und manchmal sogar auf anderen Protozoen. Das Verhältnis kann **mutualistischer** (zum Nutzen beider Parteien), **kommensalistischer** (zum Nutzen einer Seite ohne Schaden für die andere) oder **parasitärer** (zum Nutzen einer Partei auf Kosten der anderen) Natur sein. Dies hängt von den beteiligten Arten ab. Parasitäre Protozoen rufen einige der bedeutsamsten Infektionskrankheiten des Menschen, seiner Haus- und Nutztiere und seiner Nutzpflanzen hervor.

11.1 Wie legt man die Protozoengruppen fest?

Über viele Jahrzehnte hinweg wurden alle Protozoen in einen einzigen Organismen-Stamm einzelliger Eukaryonten eingruppiert. Phylogenetische Analysen haben jedoch gezeigt, dass diese Gruppe nicht monophyletisch war. Die heute vorliegenden Befunde deuten darauf hin, dass dem Ursprung der ersten Eukaryonten eine Phase großer Diversifizierung folgte. Diese Erkenntnis hat einige Biologen dazu veranlasst, vorherzusagen, dass schließlich mehr als 60 monophyletische eukaryontische Kladi in Erscheinung treten werden. Einige Kladi, wie das der Opisthokonta, sind bereits gut abgesichert (▶ Abbildung 11.1). Zu dieser sehr umfangreichen Gruppe gehören unter anderem die vielzelligen Tiere (die Metazoen), die einzelligen Choanoflagellaten und die Pilze (Mycota, Fungi). Wie die Opisthokonten sind im Kladus Viridiplantae sowohl einzellige wie vielzellige Mitglieder zusammengefasst; zu dieser letztgenannten Gruppe gehören die Grünalgen, die Moose (Bryophyten) und die Gefäßpflanzen (Tracheophyten). Die verbleibenden Eukaryontenkladi enthalten weniger bekannte Organismen, von denen viele zur vormaligen Gruppierung der Protozoen gehören.

Die Protozoen und ihre Verwandten haben diverse Namen getragen. Protozoen sind für gewöhnlich einzellig, deshalb wurde der Begriff Protoctista eingeführt, um darin einzellige und nah verwandte vielzellige Formen zusammenzufassen. Der Terminus Protoctist ist aber viel weniger geläufig als die Bezeichnungen Protist oder Protozoon. Protist ist eine allgemeine Bezeichnung, die nicht zwischen pflanzenartigen und tierartigen Einzellern unterscheidet. Protozoon (gr. *proto*, erst, erstmalig + *zoon*, Tier) bezieht sich auf die Untergruppe der tierähnlichen eukaryontischen Einzeller, daher der deutsche Begriff „Urtierchen".

Die beiden Konzepte – pflanzenartig und tierartig – beziehen sich zum Teil darauf, welche Art von Nahrung

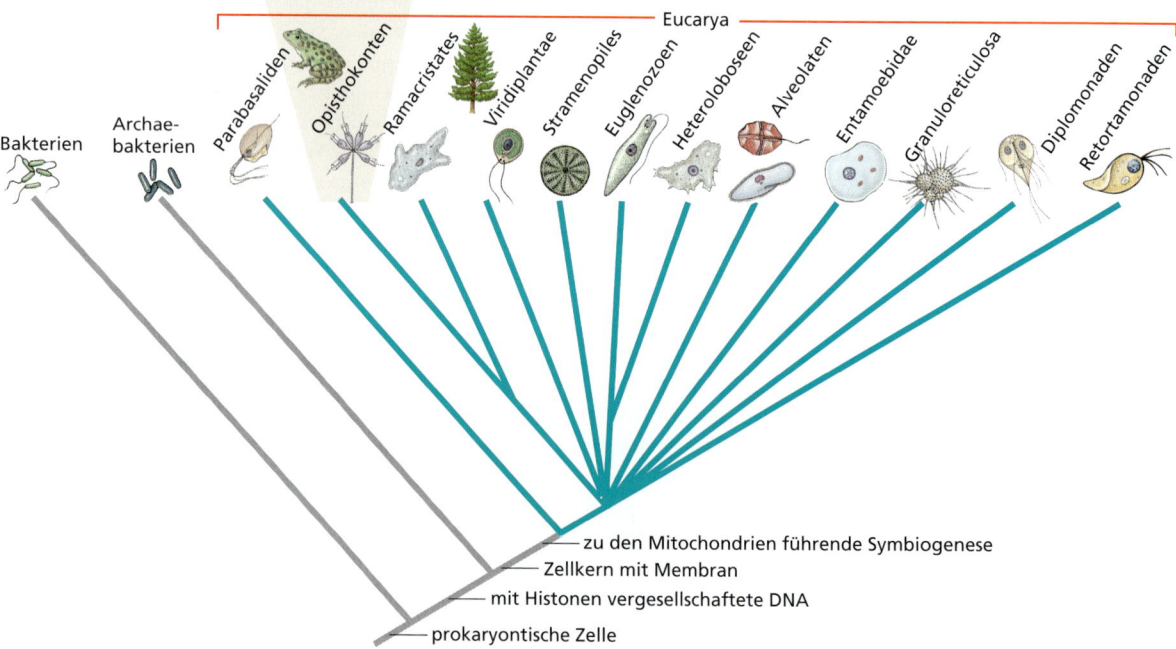

Abbildung 11.1: **Kladogramm, das zwei Hauptzweige der Prokaryonten und die Diversifizierung der Eukaryonten aufzeigt.** Die wichtigsten eukaryontischen Kladi, die Protisten umfassen, sind dargestellt. Einige Kladi mit Amöben und anderen Formen sind jedoch aus Gründen der Übersichtlichkeit ausgelassen. Die Folge der Verzweigungen muss für die meisten Kladi noch ermittelt werden. Der sehr umfangreiche Kladus der Opisthokonta umfasst die Choanoflagellaten, die Mikrosporidien, die Pilze, sowie alle vielzelligen Tiere.

11.1 Wie legt man die Protozoengruppen fest?

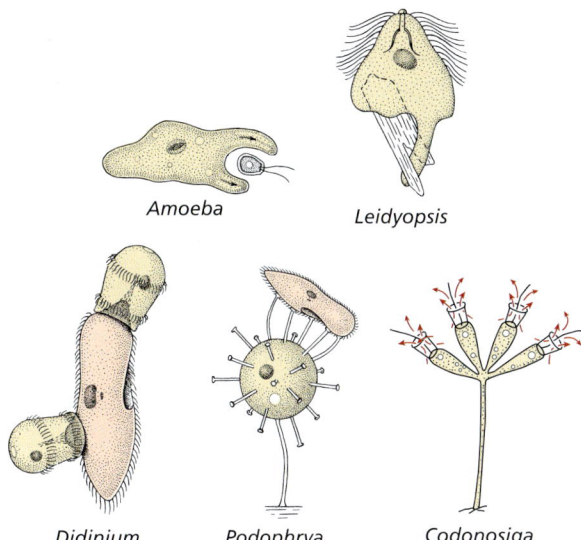

Abbildung 11.2: **Methoden des Nahrungserwerbs bei Protozoen.** *Amoeba* umfließt einen kleinen Flagellaten mit Pseudopodien. *Leidyopsis*, ein in den Eingeweiden von Termiten lebender Flagellat, bildet Pseudopodien aus und nimmt winzige Holzteilchen auf. *Didinium*, ein Ciliat, frisst ausschließlich *Paramecium* (ebenfalls ein Ciliat), die es über ein temporäres Cytostom in sein anteriores Ende hinein befördert. Manchmal frisst mehr als eine *Didinium*-Zelle an einem Pantoffeltierchen. *Podophrya* ist ein saugender Ciliophorer. Seine Tentakel halten sich an der Beute fest und saugen Cytoplasma der Beutezelle in sich auf, wo es unter Bildung von Nahrungsvakuolen portionsweise abgeschnürt wird. *Codonosiga*, ein sessiler Flagellat mit einem Saum aus Mikrovilli, ernährt sich von im Wasser suspendierten Partikeln, die durch den Flagellenschlag in den Bereich des Saumes gestrudelt werden. Technisch gesehen, handelt es sich in allen diesen Fällen um Varianten der Phagocytose.

verwertet wird. Pflanzen sind im Regelfall **autotroph**, was bedeutet, dass sie ihre organischen Bestandteile aus anorganischen Stoffen sämtlich selbst synthetisieren. Die Photosynthese ist eine Art der Autotrophie. Tiere sind typischerweise **heterotroph**, was bedeutet, dass sie von anderen Lebewesen gebildete organische Stoffe aufnehmen und als Nahrung verwerten. Heterotrophe Protozoen können ihre Nahrung in flüssiger Form (gelöst) oder als feste Teilchen zu sich nehmen. Feste Nahrungspartikel werden durch **Phagocytose** aufgenommen, indem ein Teil der Plasmamembran invaginiert und daraus ein Nahrungsvesikel gebildet wird. Der abgeschnürte Membranbereich umgibt das Nahrungsteilchen vollständig (▶ Abbildung 11.2). Heterotrophe Organismen, die sich von (zumindest lichtmikroskopisch) sichtbaren Nahrungsteilchen ernähren, werden als **phagotroph** oder **holozoisch** bezeichnet, wohingegen diejenigen, die nur gelöste Nahrung aufnahmen, **osmotroph** oder **saprozoisch** genannt werden.

Eine Abgrenzung von Pflanzen gegen Tiere auf der Grundlage der Ernährungsweise klappt gut bei vielzelligen Formen, unter den Einzellern ist die Pflanze/Tiergrenze nicht so klar zu ziehen. Autotrophe Protozoen (Phototrophe) nutzen die Energie des Lichtes, um ihre organischen Bestandteile aufzubauen, doch praktizieren sie oftmals gleichzeitig auch die Phagotrophie und/oder die Osmotrophie. Selbst unter den Heterotrophen sind nur wenige exklusiv phagotroph oder osmotroph. Die Klasse Euglenoidea (Phylum Euglenozoa) enthält einige Formen, die hauptsächlich phototroph sind, sowie andere, die überwiegend phagotroph sind. Die Arten der Gattung *Euglena* zeigen im Hinblick auf ihre Ernährungsweise eine beträchtliche Variabilität. Einige Arten benötigen organische Stoffe, obgleich sie autotroph sind, und einige verlieren ihre Chloroplasten, wenn sie längere Zeit im Dunkeln kultiviert werden. Sie werden dann permanent osmotroph. Die Ernährungsweise eines einzelligen Organismus ist opportunistisch und auch innerhalb einzelner Arten höchst variabel. Merkmale der Ernährung haben sich daher als höchst unzuverlässig für die Zuordnung oder Abgrenzung von Protozoen oder protozoischen Untergruppen erwiesen.

Ursprünglich war die Art der Fortbewegung herangezogen worden, um drei der vier Klassen in dem traditionellen Phylum Protozoa festzulegen. Den Angehörigen einer parasitären Klasse, die Sporozoa geheißen hat, fehlt eine erkennbare Struktur zur Lokomotion, doch ist ihnen ein Organ zum Eindringen in Wirtszellen gemeinsam. Die Angehörigen der übrigen drei traditionellen Protozoenklassen unterscheiden sich in ihrer Fortbewegungsweise: Flagellaten (▶ Abbildung 11.3) setzen **Flagellen** (Zellgei-

Abbildung 11.3: **Euglena-Zelle.** Links unten in dieser Aufnahme einer *Euglena*-Zelle ist ein Flagellum deutlich erkennbar.

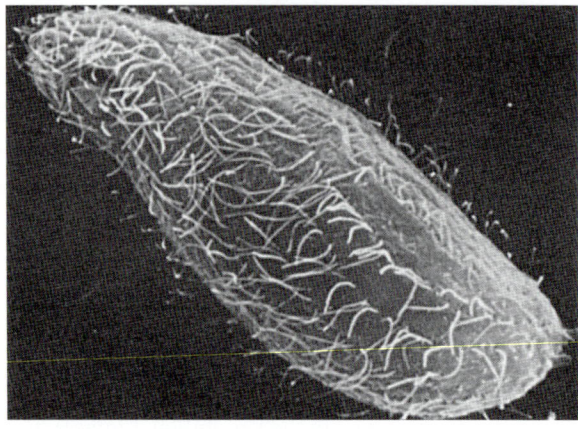

Abbildung 11.4: Rasterelektronenmikroskopische Aufnahme des freilebenden (nichtsessilen) Ciliaten Tetrahymena thermophila. Vergrößerung: 2000-fach. Auf der Zelle sind die in Reihen angeordneten Cilien erkennbar. Flagellenschlag schiebt oder zieht einen Organismus durch das Medium, in dem der sich bewegt; Cilien treiben einen Organismus dagegen durch eine Art „Rudermechanismus" vorwärts. Der Aufbau von Flagellen und Cilien stellt sich sowohl im Raster- wie im Transmissionselektronenmikroskop ähnlich dar.

ßeln) ein, Ciliaten (▶ Abbildung 11.4) bewegen sich mit Hilfe des Cilienbesatzes auf der Oberfläche des Zellkörpers, und Amöben strecken ihre **Pseudopodien** (Scheinfüßchen) aus, um sich fortzubewegen (Abbildung 11.4).

Im Regelfall besitzt ein Flagellat (Geißeltierchen) eine oder einige wenige, lange Flagellen, ein Ciliat (Wimperntierchen) hingegen viele kurze **Cilien**. Es existiert jedoch keine wirkliche, scharfe morphologische Abgrenzung zwischen Cilien (Zellwimpern, Flimmerhärchen) und Geißeln. Einige Forscher ziehen es daher vor, beide zusammenzufassen und als Undulipodien zu bezeichnen (lat. *unda*, Welle + gr. *podos*, Fuß). Ein Cilium (auch: eine Cilie) bewegt jedoch das Wasser parallel zu der Oberfläche, in die das Cilium eingesenkt ist, während ein Flagellum das Wasser parallel zur Hauptachse des Flagellums bewegt.

Amöben sind in der Lage, die Form des Zellkörpers durch Verlagerung des Cytoplasmas stark zu verändern (▶ Abbildung 11.5). Das Cytoplasma kann sich unter Ausbildung von Pseudopodien (Scheinfüßchen) in verschiedenartiger Form ausstrecken. Man unterscheidet **Lobopodien** (gr. *lobos*, Lappen + *podos*, Fuß), die stumpfendig sind, **Filopodien** (lat. *fila*, Faden + gr. *podos*, Fuß), die dünn und spitz sind, **Rhizopodien** (gr. *rhizo*, Wurzel + *podos*, Fuß), die verzweigt sind, und **Reticulopodien** (lat. *reticulum*, Netz + gr. *podos*, Fuß), die verzweigte Filamente sind, die sich zu einer netzartigen Struktur vereinigen (▶ Abbildung 11.6). **Axopodien** sind dünne, zugespitzte Pseudopodien, die ein zentrales, longitudinal (= axial) verlaufendes Filament aus Mikrotubuli enthalten (▶ Abbildung 11.7).

Amöben, deren Zellkörper von einer Schale umgeben ist, werden als **Testaten** bezeichnet (lat. *testa*, Schale) (Abbildung 11.6). Bei *Arcella* und *Difflugia* ist die zerbrechliche Plasmamembran von einer schützenden **Testa** (= Schale) überzogen. Die Testa besteht aus von der Zelle sezerniertem silikalischem oder chitinösem Material, das durch Sandkörner strukturell verstärkt sein kann. Sie bewegen sich mit Hilfe von Pseudopodien fort, die durch Öffnungen in der Schale herausragen (Abbildung 11.6). Sehr häufige und weit verbreitete schalentragende Amöben sind die Foraminiferen (lat. *foramen*, Loch, Öffnung) (*Globigerina*; Abbildung 11.6) und die Radiolarien (Strahlentierchen; ▶ Abbildung 11.8). Die Heliozoen (Sonnentierchen) sind mit Axopodien versehende Süßwasseramöben (Abbildung 11.7). Sie können eine Testa besitzen. Amöben ohne Schalen werden als nackte Amöben bezeichnet.

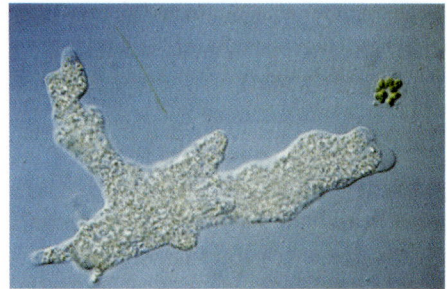
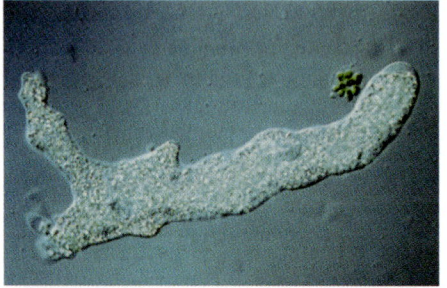

Abbildung 11.5: Amöboide Bewegung. Oben und in der Mitte streckt die Amöbe ein Pseudopodium in Richtung auf eine *Pandorina*-Kolonie aus. Im Bild unten umfließt die Amöbe die *Pandorina*-Kolonie, bevor sie sich die Zellen durch Phagocytose einverleibt.

11.1 Wie legt man die Protozoengruppen fest?

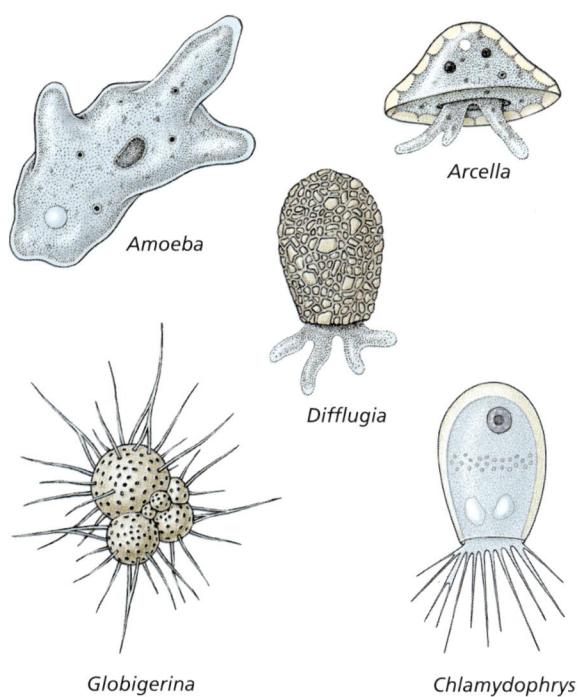

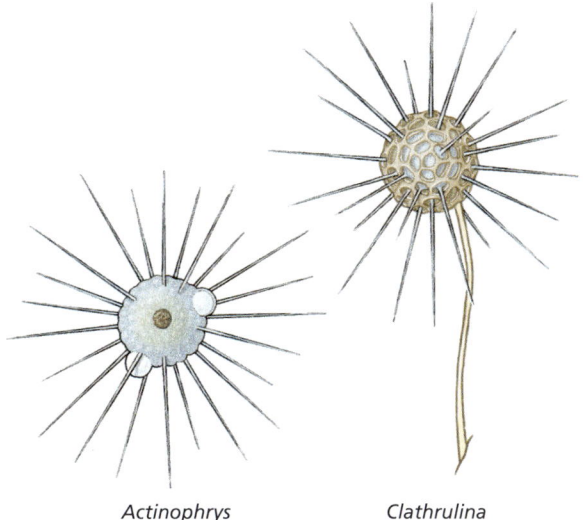

Abbildung 11.7: Actinophrys und Clathrulina. Es handelt sich hierbei um Amöben mit Axopodien (= Heliozoen, Sonnentierchen).

Abbildung 11.6: Beispiele für Amöben. *Amoeba*, *Difflugia* und *Arcella* besitzen Lobopodien; *Chlamydophrys* besitzt Filopodien; die Foraminifere *Globigerina* trägt Reticulopodien.

Um die Verwandtschaftsbeziehungen in dem weiten Spektrum einzelliger Formen zu ergründen, hat die Gesellschaft der Protozoologen (Society of Protozoologists) eine enorme Menge an Literatur über Forschungen zum Aufbau, den Lebensgewohnheiten, der Vermehrung und der Physiologie ausgewertet und – darauf aufbauend – im Jahr 1980 eine neue Klassifizierung der Protozoen vorgestellt, die sieben Stämme (Phylae) aufweist. Drei der sieben Stämme enthalten die bekanntesten Organismen: Die Apicomplexa umfassen die Sporozoen und verwandte Formen, die Ciliophora sind die früheren Ciliaten, und die Sarcomastigophora beinhalten die Amöben und die Flagellaten. Die Amöben wurden mit den Flagellaten zusammengefasst, weil einige Flagellaten Pseudopodien ausbilden können, einige Amöben begeißelte Stadien zeigen, und mindestens eine mutmaßliche Amöbe tatsächlich ein Flagellat ohne Flagellum war. Der Stamm Sarcomastigophora wurde in zwei Unterstämme untergliedert: die Sarcodineen (Subphylum Sarcodina) umfassen die Amöben, und die Mastigophoren (Subphylum Mastigophora) die Flagellaten. Die Mastigophoren werden ihrerseits in pflanzenähnliche (Phytomastigophora) und tierähnliche (Zoomastigophora) unterteilt. Unsere vorausgegangene Diskussion der Ernährungsweise als taxonomischem Merkmal sollte den Leser dazu veranlassen, zu mutmaßen, dass die Mastigophoren kein monophyletisches Kladus darstellen. Die Bezeichnungen sind jedoch eingängig, und ein Phytomastigophorer lässt sich leicht als Geißelträger mit Plastiden bestimmen.

Molekulare Analysen, welche die Basenfolgen von Genen als diagnostisches Kriterium heranziehen (insbesondere des Gens für die RNA der kleinen Untereinheit des Ribosoms (siehe Kapitel 5)), haben – zusammen mit den Analysen von proteincodierenden Genen – zu einer stark veränderten Vorstellung der phylogenetischen Verwandtschaftsbeziehungen unter den Protozoen, und darüber hinaus allen Eukaryonten, geführt. Die neuen Kladusbezeichnungen, die man den Zweigen des molekularen Stammbaums zugewiesen hat, machen es denjenigen schwer, die bereits vorher mit der Taxonomie der Protozoen vertraut gewesen waren, die (neuen) Gruppen

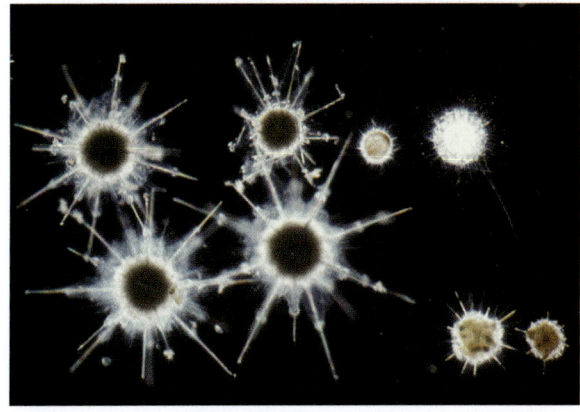

Abbildung 11.8: Schalentragende Amöben. Amöben wie die hier gezeigten werden als Radiolarien bezeichnet.

und ihre Mitglieder wiederzufinden; nur die althergebrachten Bezeichnungen beizubehalten würde allerdings das Verständnis der neueren Forschungsliteratur praktisch unmöglich machen. Im stammesgeschichtlichen Teil am Ende des Kapitels behalten wir das System der Stämme bei, das in den jüngsten umfassenden Monografien zum Thema (zum Beispiel Hausmann und Hülsmann, 1996) Verwendung fand, beziehen aber auch das neuerer Abhandlungen wie der von Roberts und Janovy aus dem Jahr 2005 mit ein. Es finden außerdem einige neu eingerichtete Kladusbenennungen bei der Erörterung spezieller Protozoengruppen Berücksichtigung.*

Einige tradierte Bezeichnungen repräsentieren nicht länger monophyletische Gruppierungen. Molekulare Analysen haben erwiesen, dass die amöboide Zellform sich mehrfach unabhängig voneinander herausgebildet hat – ebenso die Zellschalen (Testen). So werden die früheren Heliozoen von einigen Systematikern nun in fünf Kladi aufgeteilt, die vormaligen Radiolarien in drei. Unter den beschalten Amöben scheinen nur die Foraminiferen eine monophyletische Gruppierung zu sein; ihnen wurde ein eigenständiges Kladus namens Granuloreticulosa zugewiesen.

Ungeachtet der Vielfalt der Formen, zeigen die Protozoen einen grundlegenden Bauplan – den der eukaryontischen Einzelzelle – und demonstrieren in üppiger Weise das adaptive Potenzial dieser Organisationsstufe. Über 64.000 Arten sind bislang charakterisiert und benannt worden – über die Hälfte davon sind nur fossil erhalten. Einige Fachleute schätzen, dass es bis zu 250.000 Protozoenarten geben könnte. Obwohl einzellig, sind die Protozoen funktionell vollständige Lebewesen mit vielen komplizierten, mikroanatomischen Organellen und Spezialentwicklungen. Ihre zahlreichen und vielgestaltigen Organellen neigen zu einem höheren Grad der Spezialisierung als die der (hypothetischen) Durchschnittszelle eines vielzelligen Organismus (Pflanze oder Tier). Besondere Strukturen können als Skelett dienen, oder als „Sinnesorgan", Reizleitungssystem usw. Diese Organellen verdienen ob ihrer funktionellen Bedeutung eine eingehenderer Betrachtung, auch weil Unterschiede in ihrem Bau homologe Merkmale sein können, die für taxonomische Kategorien herangezogen werden könnten.

Form und Funktion 11.2

11.2.1 Lokomotion

Cilien und Flagellen

Cilien (Wimpern) und Flagellen (Geißeln) weisen eine komplexe innere Struktur auf. Jedes Cilium und Flagellum enthält neun Paare longitudinal verlaufender Mikrotubuli, die kreisförmig um ein weiteres, zentrales Mikrotubulipaar angeordnet sind (▶ Abbildung 11.9). Dies gilt mit einigen erwähnenswerten Ausnahmen für sämtliche beweglichen Flagellen und Cilien des Tierreiches. Die 9+2-Anordnung der Mikrotubulusröhren im Innern eines Flagellums oder Ciliums wird als sein **Axonem** (gr. *axis*, Achse + *nema*, Faden) bezeichnet. Ein Axonem (Achsenfaden) wird von einer Membran überzogen, die eine Fortsetzung der Cytoplasmamembran ist, die den ganzen Rest des Organismus (der Zelle) umschließt. An dem Punkt, an dem das Axonem in den Zellkörper einmündet, endet das zentrale Mikrotubulipaar in einer kleinen Platte, die innerhalb des Ringes aus den neun übrigen Paaren liegt (Abbildung 11.9a). Ungefähr an dem Punkt tritt zu jedem der neun Paare ein weiterer Mikrotubulus hinzu, so dass diese eine kurze Röhre bilden, die sich aus der Basis des Flagellums in den Zellkörper hinein erstreckt. Diese Röhre besteht aus neun Mikrotubulus*tripletts* und wird als **Kinetosom** (gr. *kine*, Bewegung + *soma*, Körper) oder **Basalkörper(chen)** bezeichnet. Kinetosomen gleichen in ihrem Aufbau völlig den **Zentriolen**, die während der Zellteilung den mitotischen Spindelapparat ausrichten (siehe Abbildung 3.14). Die Zentriolen einiger Flagellaten können zu Kinetosomen werden, umgekehrt können Kinetosomen als Zentriolen fungieren. Alle typischen Flagellen und Cilien weisen an ihren Basen ein Kinetosom auf, ungeachtet der Frage, ob sich das Organell in einer Protozoen- oder einer Metazoenzelle befindet. Viele kleine Metazoen setzen Cilien nicht nur zur Fortbewegung ein, sondern auch zur Erzeugung eines ständigen Was-

Exkurs

Die Beschreibung des Axonems mit dem numerischen Kürzel „9+2" ist tradiert, aber auch irreführend, da es im Zentrum nur *ein* Paar Mikrotubuli gibt. Einmal werden Paare gezählt, im Zentrum aber plötzlich einzelne Mikrotubuli. Bei konsistenter Zählung müsste man die Axonemstruktur als „9+1" bezeichnen. Eine noch genauere Beschreibung wäre die Formulierung als 9(2)+2(1); das Kinetosom hätte dann die „Formel" 9(3)+0.

---

* Patterson, D. (1999): American Naturalist, vol. 154 (Supplement): 96–124.
  Baldauf, S. et al. (2000): Science, vol. 290: 972–976.

11.2 Form und Funktion

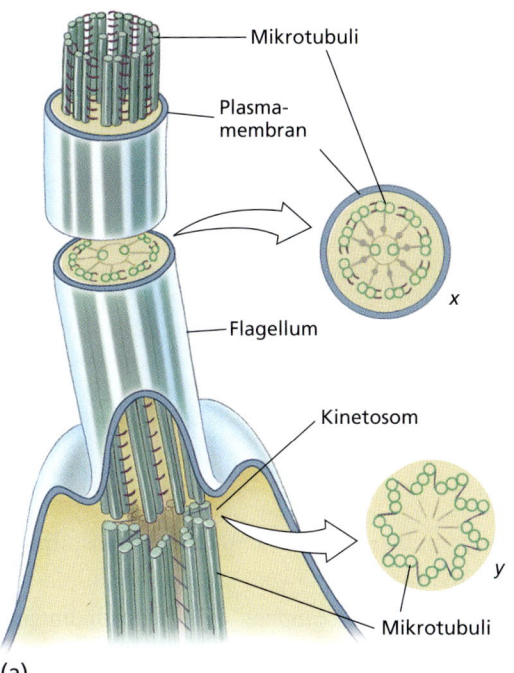

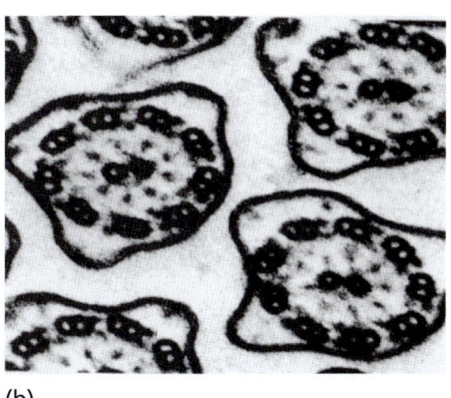

Abbildung 11.9: Ein Flagellum zur Verdeutlichung des Zentralaxonems. (a) Dieses besteht aus neun Mikrotubuluspaaren plus einem weiteren, zentral angeordneten Paar. Das Axonem wird von der Zellmembran eingehüllt. Das zentrale Mikrotubuluspaar endet nahe der Zelloberfläche in einer Basalplatte (= Axosom). Die peripheren Mikrotubuli setzen sich über eine kurze Strecke nach innen fort, um zwei von jeweils drei Tripletts des Kinetosoms (= Basalkörper) zu bilden (Ebene y in a). (b) Elektronenmikroskopische Aufnahme eines Schnittes durch mehrere Cilien in einem Bereich, der in etwa Ebene x in (a) entspricht. Vergrößerung: 133.000-fach.

serstroms, um Nahrung oder frisches Atemwasser herbeizustrudeln. Ciliäre Bewegungen sind für viele Arten von vitaler Bedeutung, etwa bei der Aufnahme von Nahrung, bei der Fortpflanzung, der Ausscheidung oder der Osmoregulation (siehe Kapitel 14: Ausscheidung und Osmoregulation).

Die gegenwärtig gültige Beschreibung der Cilien-/Flagellenbewegung wird als die **„Gleitmikrotubuli"-Hypothese** bezeichnet. Die Bewegung wird durch die Freisetzung von Bindungsenergie aus ATP-Molekülen angetrieben (siehe Kapitel 4: Übertragung chemischer Energie durch ATP). Zwei kleine Ärmchen, die aus dem Protein Dynein bestehen, sind auf elektronenmikroskopischen Aufnahmen von Axonemen an jedem der peripheren Tubuli sichtbar (Ebene X in Abbildung 11.9). Eine der Untereinheiten des Dyneins besitzt ATPase-Aktivität, spaltet also ATP. Wenn die Bindungsenergie der ATP-Spaltung frei wird, wandern die „Arme" des Moleküls an den Filamenten zum nächsten Paar weiter. Das führt dazu, dass sich das betreffende Filament relativ zu dem anderen Filament des Paares verschiebt. Ein Scherwiderstand, der dazu führt, dass sich das Axonem verbiegt, wenn die Filamente aneinander vorbeigleiten, wird durch „Speichen" geliefert, die von jeder Filamentdoublette zum zentralen Mikrotubuluspaar der Fibrille hinweisen. Diese Speichen sind auf elektronenmikroskopischen Aufnahmen sichtbar. Eine direkte Bestätigung für die Gleitmikrotubulihypothese hat man durch Experimente erhalten, bei denen winzige Goldkörnchen an axonemale Mikrotubuli angeheftet und ihre Bewegungen mikroskopisch verfolgt wurden.

Pseudopodien

Pseudopodien (Scheinfüßchen) (gr. *pseudo*, täuschen, lügen + *podos*, Fuß) sind Ausstülpungen des Cytoplasmas, welche der Fortbewegung dienen (▶ Abbildung 11.10). Das Zellplasma ist nicht homogen – manchmal lassen sich periphere von zentralen Anteilen als **Ektoplasma** und **Endoplasma** unterscheiden (siehe Abbildung 11.10). Das Endoplasma hat eine körnigere Erscheinung und enthält den Zellkern und die cytoplasmatischen Organellen. Das Ektoplasma erscheint

Exkurs

Kolloidale Systeme sind dauerhafte Suspensionen fein verteilter Partikel, die nicht ausfallen (keinen Niederschlag bilden). Beispiele für kolloidale Systeme sind Milch, Blutplasma, Stärkelösung, Seifenlaugen, Tinte und gequollene Gelatine. Die Kolloide lebender Systeme bestehen regelmäßig aus Proteinen, Lipiden und/oder Polysacchariden, die in der wässrigen Phase des Zellplasmas aufgelöst sind und diesem seinen kolloidalen Charakter verleihen. Solche Systeme können einen Sol/Gel-Phasenübergang durchlaufen, der abhängig davon ist, ob die fluiden oder die partikulären Bestandteile überwiegen. Befindet sich das Zellplasma im Solzustand, so sind die „festen" Teilchen in einer Flüssigkeit gelöst; der Gelzustand wird akkurater beschrieben, wenn man sich die Flüssigkeit in einem Gemisch aus festen Teilchen gelöst denkt.

11 Protozoen

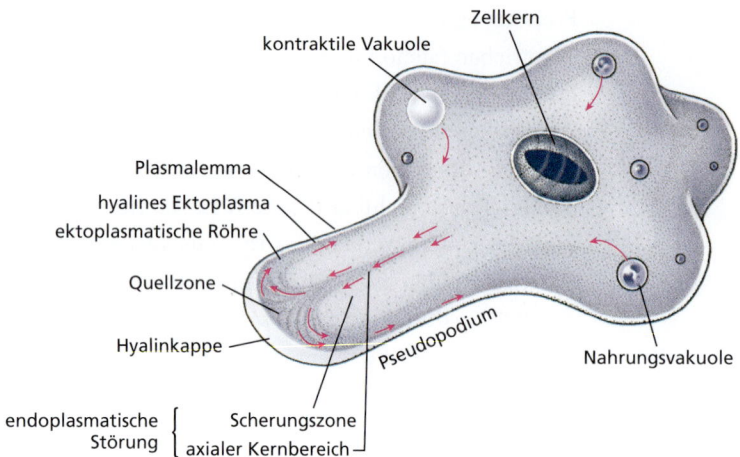

Abbildung 11.10: **Eine Amöbe im Zustand der aktiven Lokomotion.** Die Pfeile zeigen die Richtung der Endoplasmaströmung an. Das erste Anzeichen eines sich ausbildenden, neuen Pseudopodiums ist eine Verdickung des Ektoplasmas unter Bildung einer durchsichtigen Hyalinkappe, die das dünnflüssigere Endoplasma nachströmt. Wenn das Endoplasma die vorwärtsgerichtete Spitze erreicht hat, breitet es sich seitlich aus und wird zu Ektoplasma umgebildet. Dabei bildet sich eine versteifte äußere Röhre, die sich mit dem zentrifugalen Fluss verlängert. Posterior wird das Ektoplasma in fluideres Endoplasma überführt, um den Plasmastrom aufrechtzuerhalten. Für die amöboide Bewegung ist ein fester Untergrund vonnöten.

im Lichtmikroskop durchsichtiger (hyalin = glasig durchscheinend); in ihm sind die Ansatzstellen der Cilien und Flagellen zu finden. Das Ektoplasma besitzt oftmals eine höhere Festigkeit und stellt eine Gelphase dar, während das fluidere Endoplasma besser als ein Sol zu beschreiben ist (Gele und Sole sind zwei verschiedene Ausprägungsformen (thermodynamisch: *Phasen*) kolloidaler Lösungen.)

Die chemischen Verhältnisse in Pseudopodien sind variabel, und man unterscheidet mehrere Typen. Der verbreitetste ist das Lobopodium (lat. *lobos*, Lappen + gr. *podos*, Fuß) (Abbildungen 11.5 und 11.10). **Lobopodien** sind ziemlich große, stumpfendige Ausstülpungen des Zellkörpers, die sowohl Endo- wie Ektoplasma enthalten. Für manche Amöben ist es kennzeichnend, dass sie keine einzelnen Pseudopodien ausstrecken, sondern den gesamten Körper durch pseudopodiale Bewegungen verlagern. Dieser Typ der zellulären Fortbewegung wird als **Limaxform** bezeichnet (nach der Schneckengattung *Limax*). **Filopodien** (lat. *fila*, Faden + gr. *podos*, Fuß) sind dünne Ausstülpungen, die sich für gewöhnlich verzweigen und nur Ektoplasma enthalten. Sie finden sich bei manchen Amöben wie *Euglypha* (Abbildung 11.17). **Reticulopodien** (lat. *reticulum*, Netz

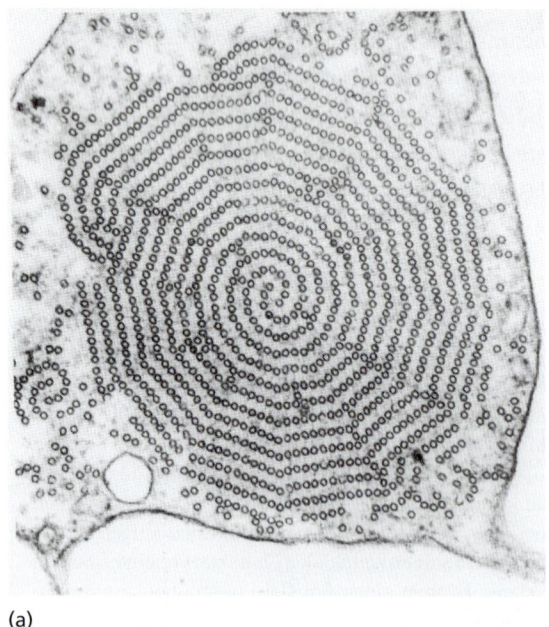
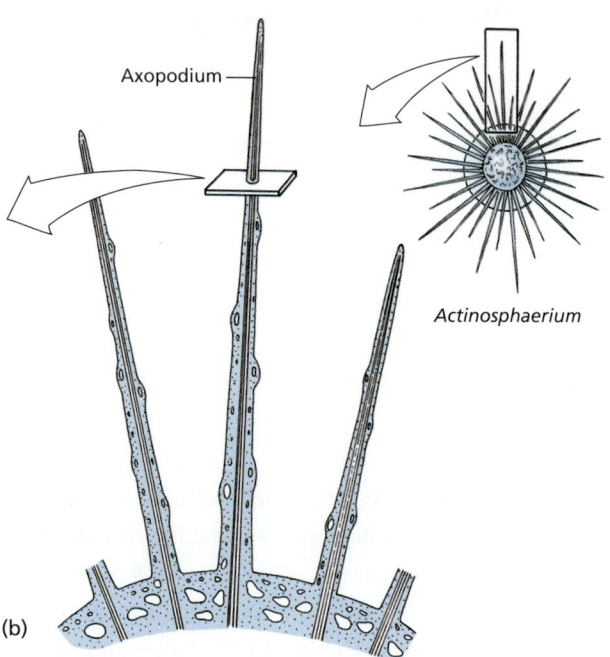

Abbildung 11.11: Angehörige der Actinopoda besitzen Axopodien. (a) Elektronenmikroskopische Aufnahme eines Axopodiums von Actinosphaerium nucleofilum im Querschnitt. (b) Schemazeichnung von Axopodien, aus denen die Schnittebene und -richtung der Abbildung unter (a) erkenntlich wird. Das Axonem eines Axopodiums besteht aus einer Anordnung von Mikrotubuli, die artabhängig in der Zahl von drei bis viele variieren können. Einige Arten vermögen ihre Axopodien ziemlich rasch auszustrecken oder zurückzuziehen. (Vergrößerung: 99.000-fach.)

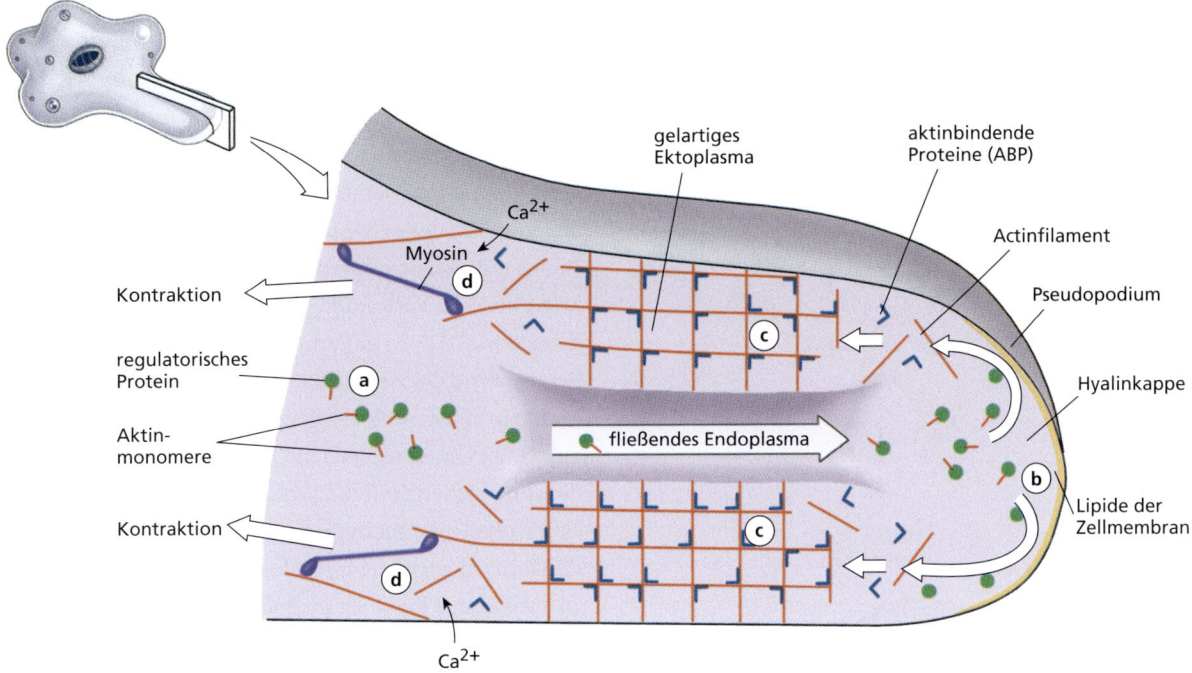

Abbildung 11.12: Mechanistisches Modell der pseudopodialen Bewegung. Im Endoplasma liegen die Aktinuntereinheiten an regulatorische Proteine gebunden vor, die verhindern, dass sich die Aktinmonomere zu Filamenten zusammenlagern (a). Auf einen Reiz hin werden die Untereinheiten durch hydrostatischen Druck durch ein geschwächtes Gel zur Hyalinkappe verfrachtet. Die Aktinuntereinheiten werden durch Wechselwirkung mit Lipiden in der Zellmembran von den regulatorischen Proteinen befreit (b). Die Untereinheiten lagern sich rasch zu Filamenten zusammen und bilden durch Wechselwirkung mit aktinbindenden Proteinen (ABP) das gelartige Ektoplasma (c). Am nachströmenden Ende werden durch Calciumionen aktinfilamenttrennende Proteine aktiviert, die das Maschenwerk weit genug lockern, so dass Myosinmoleküle einen wirkungsvollen Zug daran ausüben können (d). Die Untereinheiten fließen durch die Ektoplasmaröhre zurück, um wiederverwendet zu werden.

+ gr. *podos*, Fuß) unterscheiden sich von Filopodien dadurch, dass sie sich wiederholt zusammenfinden und stellenweise vereinigen, so dass ein Maschenwerk entsteht. Einige Protozoologen sind jedoch der Ansicht, dass die Unterscheidung zwischen Filo- und Reticulopodien artifiziell ist. Die Angehören der Überklasse Actinopoda besitzen **Axopodien** (▶ Abbildung 11.11). Axopodien sind lange, dünne Pseudopodien, die durch axiale Mikrotubulistäbe gestützt und in der Form gehalten werden (Abbildung 11.11). Die Mikrotubuli sind artabhängig in einem festgelegten spiraligen oder sonstwie regelmäßigem geometrischen Muster angeordnet und bestehen aus dem Axonem (Achsenfaden) und dem Axopodium. Axopodien können ausgestreckt und zurückgezogen werden; dies geschieht offenbar durch die Addition oder Abspaltung von Tubulinmonomeren an bzw. von den Tubulinfilamenten. Da sich die Spitzen der Axopodien am Substrat „festhalten" können, vermag sich der Organismus durch eine Rollbewegung fortbewegen. Dabei werden die Axoneme in der Bewegungsrichtung verkürzt, die am der Bewegungsrichtung entgegengesetzten Zellpol verlängert. Zellplasma kann die Axoneme entlangfließen – auf einer Seite zum Zellkörper hin, auf der anderen Seite in Gegenrichtung vom Zellkörper weg.

Obwohl Pseudopodien das Hauptmittel der Lokomotion bei Amöben sind, vermag auch eine Vielzahl von Flagellaten Pseudopodien auszubilden. Außerdem sind bei vielen vielzelligen Tieren manche Körperzellen zu amöboiden Bewegungen fähig. So beruht ein Gutteil der Abwehr des menschlichen Körpers auf der Tätigkeit amöboider weißer Blutkörperchen (Leukocyten). Viele andere Tiere (Vertebraten wie Invertebraten) verfügen ebenfalls über amöboide Zellen mit Abwehrfunktion.

Die Funktionsweise der Pseudopodien hat lange Zeit das Interesse der Zoologen und Zellbiologen auf sich gezogen und beansprucht. Tief reichende Einsichten in das Phänomen sind aber erst in jüngster Zeit erlangt worden. Wenn sich ein typisches Lobopodium auszubilden beginnt, erscheint eine als **Hyalinkappe** bezeichnete Ausbuchtung des Ektoplasmas, und das Endoplasma beginnt, in Richtung der Hylinkappe und in diese hineinzufließen (Abbildungen 11.10 und ▶ 11.12). Das fließende Endoplasma enthält Aktinuntereinheiten (monomeres G-Aktin), das an regulatorisch wirkende aktinbindende Proteine gebunden ist, die eine unkontrol-

11 Protozoen

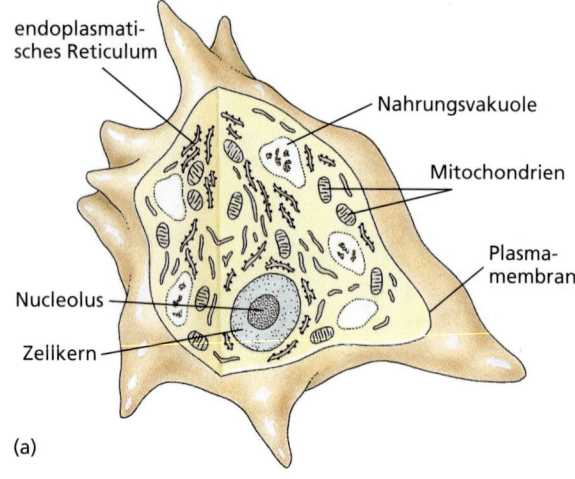

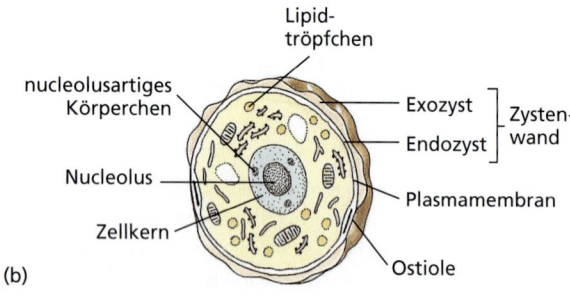

Abbildung 11.13: Innerer Bau von Acanthamoeba palestinensis. (a) Aktive, fressende Form. (b) Zyste.

11.2.2 Funktionelle Komponenten von Protozoenzellen

Zellkern

Wie bei anderen Eukaryonten ist der Zellkern ein von einer doppelten Membran umgebenes Gebilde, dessen Inneres mit dem Cytoplasma über zahlreiche kleine Poren mit sehr kompliziertem Aufbau (= Kernporenkomplexe) in Verbindung steht. Im Zellkern liegt das Erbmaterial (DNA) in Form von Chromosomen vor. Außer während der Zellteilung befinden sich die Chromosomen in einem nichtkondensierten Zustand, so dass die einzelnen Chromosomen nicht unterscheidbar sind. Bei der chemischen Fixierung von Zellen für die lichtmikroskopische Untersuchung verklumpt das Chromatin im Zellkern jedoch oft in unregelmäßiger Weise, mit der Folge, dass einige Bereiche im Zellkern relativ klar bleiben. Dieses Erscheinungsbild wird als **vesikulär** bezeichnet und ist charakteristisch für viele Protozoenzellkerne (▶ Abbildung 11.13). Die Kondensationsbereiche des Chromatins können in der Peripherie des Zellkerns oder in bestimmten Mustern weiter im Inneren auftreten. Bei den meisten Dinoflagellaten (Abbildung 11.29) sind die Chromosomen während der gesamten Interphase in einem Zustand erkennbar, wie sie sich für gewöhnlich während der mitotischen Prophase darstellen.

Im Zellkern liegen außerdem ein oder mehrere **Nucleoli** (Abbildungen 11.13 und 11.21). Merkmale wie die Persistenz (= Beschaffenheit) eines **Nucleolus** während der Mitose sind nützlich für die Identifizierung von Protozoenkladi.

Die **Makronuclei** der Ciliaten (Wimperntierchen) werden als kompakt oder kondensiert beschrieben, weil das Chromatin in ihnen feiner dispergiert ist und klare Bereiche im Lichtmikroskop nicht erkennbar sind (Abbildung 11.15). Die Ciliaten besitzen neben dem Makronucleus (Großkern) noch einen Mikronucleus (Kleinkern; siehe weiter unten).

Mitochondrien

Das Mitochondrium ist ein Organell der Energieumwandlung, in dem Sauerstoff als terminaler Elektronenakzeptor (Oxidationsmittel) dient (siehe Kapitel 4). Mitochondrien enthalten eine eigene DNA, ein Indiz für ihre Herkunft als früherer Endosymbiont. Einfaltungen der inneren Membranen von Mitochondrien (Cristae) sind von variabler Form – flach, tubulär, scheibenförmig oder verzweigt – und dienen der Oberflächenvergrößerung. Die Form der Cristae ist artabhängig, in den Zellen

lierte Filamentbildung (F-Aktin) verhindern. In dem Maß, in dem das Endoplasma in die Hyalinkappe fließt, quillt es an der Peripherie wieder heraus. Durch Wechselwirkungen mit Phospholipiden in der Zellmembran kommt es zur Freisetzung der G-Aktinmoleküle (Ablösung der regulatorischen Proteine), so dass diese mit anderen Aktinmolekülen zu Mikrofilamenten zusammentreten können. Die Mikrofilamente werden durch andere aktinbindende Proteine miteinander vernetzt; dabei bildet sich ein halbfestes Gel, das das Ektoplasma in eine Röhre verwandelt, durch die das Endoplasma in das sich ausdehnende Pseudopodium einfließt. Im Bereich des (in Flussrichtung) hinteren Endes des Gelbereichs aktivieren Calciumionen (Ca^{2+}) ein Aktintrennungsprotein, das Mikrofilamente aus der Gelmatrix befreit und es Myosinmolekülen erlaubt, eine Bindung mit den Aktinmikrofilamenten zu bilden und eine Zugkraft auf diese auszuüben. Eine von der Myosinwirkung herrührende Kontraktion am nachschiebenden Ende des flüssigen Endoplasmas führt so zu einem Druck auf das Endoplasma, der dieses zusammen mit den wieder freigesetzten G-Aktinmoleküle (den Monomeren der Aktinfilamente) in Richtung der Hyalinkappe befördert.

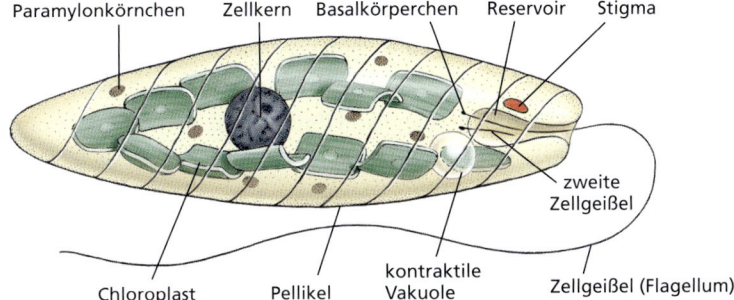

Abbildung 11.14: **Euglena viridis.** Die abgebildeten Merkmale sind eine Kombination solcher, die an lebenden und an angefärbten Zellen zu sehen sind.

eines Organismus aber immer gleich ausgebildet. Die Form der Cristae (Singular: Crista) wird als homologes Merkmal angesehen und zusammen mit anderen morphologischen Merkmalen zur Beschreibung der Protozoenkladi herangezogen. In Zellen ohne Mitochondrien können stattdessen **Hydrogenosomen** (Hydrogenium = Wasserstoff) vorhanden sein. Hydrogenosomen funktionieren unter anaeroben Bedingungen (bei Fehlen von elementarem Sauerstoff); man nimmt an, dass sie evolutiv aus Mitochondrien hervorgegangen sind. Die **Kinetoplasten** werden ebenfalls für evolutive Derivate von Mitochondrien gehalten. Sie sind mit Kinetosomen, den Organellen an der Basis der Flagellen, vergesellschaftet.

Golgiapparat

Der Golgiapparat ist ein Teil des biosynthetischen und sekretorischen Systems, das sich funktionell an das endoplasmatische Reticulum (ER) anschließt. Die Membranstapel des Golgiapparates werden auch als **Diktyosomen** oder Golgizisternen bezeichnet. Die **Parabasalkörperchen** an den Ansatzstellen von Zellgeißeln besitzen einen ähnlichen Aufbau und vermutlich eine ähnliche Funktion. Im Golgiapparat werden Lipide gebildet, aus dem ER stammende Proteine chemisch modifiziert und für diverse Zielorte vorsortiert und verteilt.

Plastiden

Plastiden sind Organellen, die eine Vielzahl photosynthetischer Pigmente enthalten. Die ursprüngliche Aufnahme eines Plastid(vorläufer)s in eine eukaryontische Zelle hat sich vollzogen, als sich die Eucyte ein Cyanobakterium einverleibt, aber nicht verdaut, sondern es als Endosymbionten konserviert hat. **Chloroplasten** sind eine Ausprägungsform der Plastiden (▶ Abbildung 11.14); sie enthalten verschiedene Chlorophyllderivate (a, b oder c). Andere Plastiden enthalten andersartige Pigmente, die nicht notwendigerweise der Photosynthese dienen. Rotalgen (Rhodophyceen) enthalten Plastiden, die photosynthetische Phycobiline enthalten. Bestimmte Pigmente, die sich bei verschiedenen protozoischen Abstammungslinien finden, können ein Hinweis auf eine gemeinsame stammesgeschichtliche Herkunft sein, doch können Plastiden durch sekundäre Endosymbiose statt durch direkte Vererbung durch einen gemeinsamen Vorfahren erworben sein.

Extrusomen

Dieser allgemeine Begriff bezieht sich auf von Membranen umgebene Organellen in Protozoen, die dazu dienen, etwas aus der Zelle herauszubefördern (lat. *extrudere*, herauspressen). Die große Vielfalt der ausgestoßenen Gebilde legt den Verdacht nahe, dass nicht alle Extrusomen homolog sind. Die **Trichozyste** der Ciliaten (siehe weiter unten) ist ein Bespiel für ein Extrusom.

11.2.3 Ernährung

Eine holozoische Ernährungsweise setzt Phagocytose voraus (Abbildung 11.2), bei der Nahrungsteilchen durch Einstülpung und Abschnürung der Plasmamembran als Vesikel in die Zelle aufgenommen werden. Hat die Invagination der Membran ein solches Ausmaß erreicht, dass das gesamte Teilchen umschlossen werden kann, wird dieser Membranbereich in sich geschlossen und von der Zelloberfläche abgeschnürt (siehe Abbildung 3.21). Das Nahrungsteilchen befindet sich nun in einem intrazellulären, von einer Membran umgebenen Vesikel, das in diesem Zustand als **Nahrungsvakuole** oder **Phagosom** bezeichnet wird. Lysosomen – Organellen, die Verdauungsenzyme enthalten – fusionieren mit dem Phagosom und entleeren ihren Inhalt in dieses, woraufhin die Verdauung der Nahrung einsetzt. Das Gebilde heißt nun **Phagolysosom**. Produkte des Verdauungsvorgangs werden mittels spezieller Transporter durch die Vakuolenmembran in das umgebende Zellplasma transportiert, wodurch das Phagolysosom sich langsam verkleinert. Unverdauliches Material wird durch Exocytose aus der Zelle befördert. Hierzu fusioniert das Phagolysosom mit der Cytoplasmamembran (gewissermaßen in Umkehrung des Abschnürungsprozesses bei der Einverleibung). Bei den meisten Ciliaten, vielen Flagellaten und vielen Apicomplexa ist der Ort der Phagocytose ein definierter Mundbereich der Zelle, das **Cytostom** (▶ Abbildung 11.15) (gr. *zytos*, Zelle + *stoma*, Mund). Bei den Amöben kann die Phagocytose praktisch an jedem Punkt der Plasmamembran durch das Umfließen mit Pseudopodien geschehen. Partikel müssen bei beschalten Amöben über die Öffnung der Testa (Zellschale) aufgenommen werden. Die Zellen von Flagellaten können einen temporären (= transienten) Zellmund ausbilden. Diese Cytostombildung vollzieht sich für gewöhnlich an einem für den Zelltyp charakteristischen speziellen Bereich. Flagellaten können aber auch über ein permanentes Cytostom mit spezialisierten Strukturen verfügen. Viele Ciliaten weisen charakteristische Strukturen für das Ausschleusen von Abbauprodukten auf – das **Cytopygium** (gr. *zyto*, Zelle + *pyge*, Steiß) (= Zellanus, Zellafter), das sich – wie der Zellmund – an einem charakteristischen Ort befindet. Bei einigen Formen dient das Cytopygium außerdem als Ort für die Ausschleusung des Inhalts der kontraktilen Vakuole.

Die saprozoische Ernährungsweise kann durch Pinocytose oder durch Transport von gelösten Stoffen unmittelbar durch die äußere Zellmembran erfolgen. Die Pinocytose und der Transport durch Membranen wurden in Kapitel 3 diskutiert. Der direkte Transport durch eine Zellmembran kann durch Diffusion, erleichterten Transport oder durch aktiven Transport erfolgen. Die Diffusion spielt wahrscheinlich nur eine geringe oder gar keine Rolle für die Ernährung der Protozoen (außer vielleicht bei einigen endosymbiontischen Arten). Wichtige Nährstoffmoleküle wie Glucose oder Aminosäuren werden durch erleichterte Diffusion oder aktiven Transport in die Zelle gebracht.

11.2.4 Exkretion und Osmoregulation

Vakuolen lassen sich lichtmikroskopisch im Cytoplasma vieler Protozoen entdecken. Einige dieser Vakuolen füllen sich periodisch mit Flüssigkeit, die dann wieder ausgestoßen wird. Es gibt viele Indizien, die dafür sprechen, dass diese **kontraktilen Vakuolen** (Abbildungen 11.10, 11.14 und 11.15) primär der Osmoregulation (= Kontrolle des Salz- und Wasserhaushalts) dienen. Sie sind bei Süßwasserprotozoen verbreiteter und füllen und entleeren sich häufiger als bei marin oder endosymbiontisch (im Körper anderer Tiere) lebender Arten, da das Umgebungsmedium letzterer mehr oder weniger isoos-

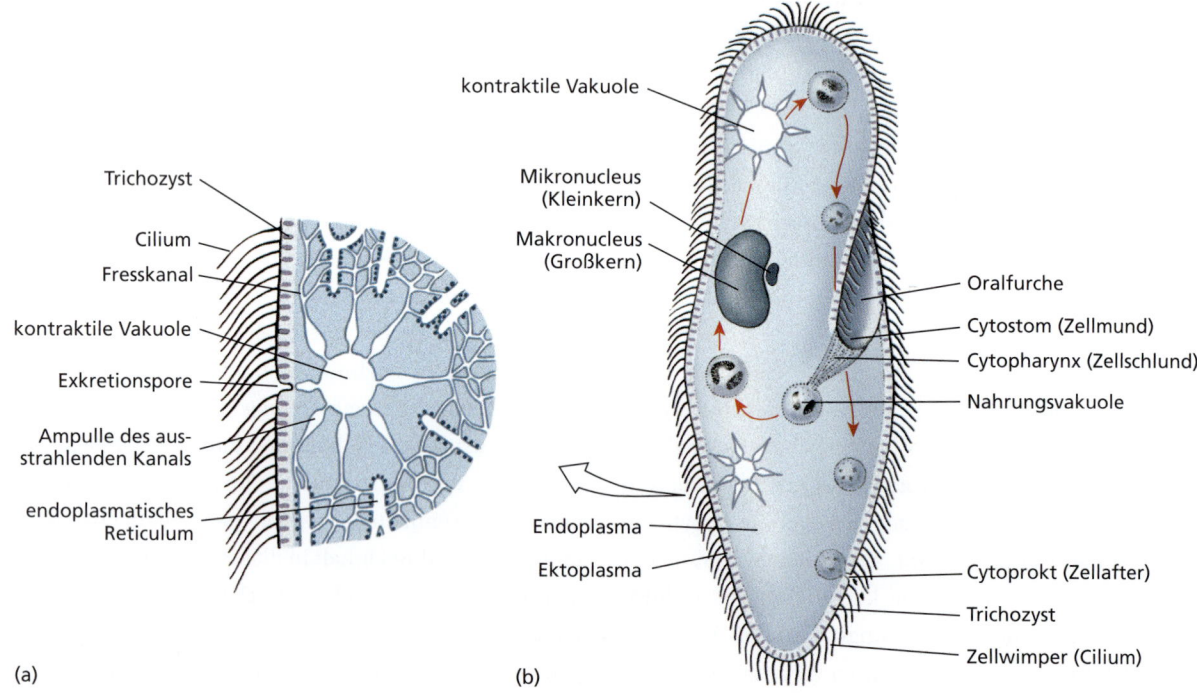

Abbildung 11.15: Paramecium. (a) Ausschnittvergrößerung mit einer kontraktilen Vakuole (Wasserexportvesikel) des Pantoffeltierchens *Paramecium*. Das Wasser wird scheinbar im endoplasmatischen Reticulum gesammelt, von dort aus in einen Zuleitungskanal abgegeben, und von diesem aus zur Vakuole geleitet. Die Vakuole kontrahiert sich, um ihren Inhalt nach außen abzugeben. Sie dient der Zelle als osmoregulatorisches Organell. (b) Eine *Paramecium*-Zelle mit dem Zellschlund (Cytopharynx), Nahrungsvakuolen und den Zellkernen (Makro- und Mikronucleus).

Exkurs

Es ist nachgewiesen, dass für die Einleitung eines Pinocytosevorgangs bei vielen Protozoen eine auslösende Substanz (ein Induktor) im Umgebungsmedium vorhanden sein muss. Diverse Proteine wirken als Induktoren, genauso wie einige Salze (Ionen) und andere Stoffe. Es scheint so zu sein, dass der Induktor ein positiv geladenes Ion (Kation) sein muss. Bei Protozoen, die einen Zellschlund (Cytopharynx) besitzen, findet die Pinocytose am inneren Ende dieses Gebildes statt.

---

motisch ist (Zellinneres und Umgebungsmedium besitzen vergleichbare osmotische Potenziale). Arten mit kleineren Zellen, deren Oberflächen/Volumen-Verhältnis größer ist, zeigen im Allgemeinen eine höhere Füllungs- und Entleerungsrate ihrer kontraktilen Vakuolen. Die Ausscheidung metabolischer Abfallstoffe geschieht dagegen fast vollständig durch Diffusionsprozesse. Das Hauptendprodukt des Stickstoffhaushaltes ist Ammoniak (NH_3), das leicht aus den kleinen Zellkörpern von Protozoen heraus diffundiert.

Obwohl es klar ersichtlich erscheint, dass die kontraktilen Vakuolen der Ausscheidung überschüssigen Wassers dienen, das durch Osmose in die Zelle eingedrungen ist, hat eine vernünftige Erklärung für den Vorgang lange auf sich warten lassen. Eine neuere Hypothese zur Funktionsweise der Organellen geht davon aus, dass Protonenpumpen (H^+-Ionen transportierende Proteine) in der Vakuolenmembran und in den Tubuli, welche die Vakuole kranzförmig umgeben, einen Cotransport von H^+ und Hydrogencarbonat-Ionen (HCO_3^-) bewerkstelligen (▶ Abbildung 11.16). Diese Ionen sind osmotisch aktive Stoffe. Wenn die Konzentration dieser Teilchen im Lumen der Vakuole zunimmt, strömt durch das osmotische Gefälle Wasser nach, da das Bestreben besteht, die Flüssigkeit in der Vakuole isoosmotisch zum Zellplasma zu halten. Schließlich fusioniert die Membran der Vakuole mit der Cytoplasmamembran. Durch den „Kurzschluss" der Membranen entleert sich die Vakuole in das extrazelluläre Milieu. Wasser und die darin befindlichen Ionen fließen aus der Zelle und verdünnen sich. Der Nachschub an den ionischen Zerfallsprodukten der Kohlensäure wird in der Zelle durch das Enzym Carboanhydrase sichergestellt, welches die Hydratisierung von Kohlendioxid (CO_2) sicherstellt ($CO_2 + H_2O \rightleftharpoons H_2CO_3 \rightleftharpoons H^+ + HCO_3^-$). Carboanhydrase findet sich im Cytoplasma von Amöben.

Einige Ciliaten wie *Blepharisma* besitzen kontraktile Vakuolen mit Bau und Füllmechanismen, die denen von Amöben ähnlich sind. Andere Ciliaten wie das Pantoffeltierchen *Paramecium* besitzen komplexer gebaute kontraktile Vakuolen. Solche Vakuolen finden sich an bestimmten Plätzen in der Zelle unterhalb der Plasmamembran. Eine exkretorische Pore führt nach außen. Die Vakuole ist von den Ampullen von etwa

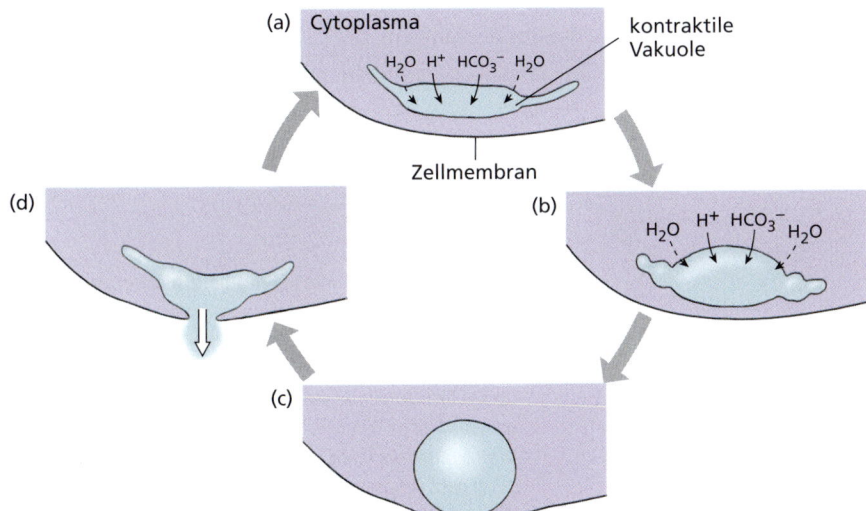

Abbildung 11.16: Mechanismus für die Arbeitsweise einer kontraktilen Vakuole. (a), (b) Vakuolen bestehen aus einem System von Zisternen und Tubuli. Protonenpumpen (H^+-Ionen transportierende Transmembranproteine) in den vakuolären Membranen bewerkstelligen einen Cotransport der Ionen H^+ (Wasserstoffionen) und HCO_3^- (Hydrogencarbonationen) in die Vakuolen hinein. Wasser diffundiert nach, um das osmotische Potenzial zu beiden Seiten der Membran auszugleichen. (c) Wenn die Vakuole ihren vollen Füllungsgrad erreicht hat, fusioniert ihre Membran mit der Plasmamembran der Zelle. Dabei entleert sich ihr Inhalt in den extrazellulären Raum. (d) Wasserstoff- und Hydrogencarbonationen werden durch die katalytische Wirkung des Enzyms Carboanhydrase durch Hydratisierung von Kohlendioxidmolekülen unter Bildung von Kohlensäure und deren protolytischem Zerfall in die Ionen H^+ und HCO_3^- zurückgebildet.

sechs Zuleitungskanälen umgeben (Abbildung 11.15). Die Zuleitungskanäle sind ihrerseits von feinen Tubuli umgeben, deren Durchmesser ungefähr 20 nm beträgt. Die Tubuli verbinden sich während des Füllvorgangs der Ampullen, und ihre „unteren" Enden stehen mit dem tubulären System des endoplasmatischen Reticulums in Verbindung. Die Ampullen und die kontraktilen Vakuolen sind von Fibrillenbündeln umgeben, die vermutlich an dem Kontraktionsvorgang beteiligt sind. Durch die Kontraktion der umgebenden Ampullen wird die Vakuole aufgefüllt. Wenn sich die Vakuole zusammenzieht, um ihren Inhalt in die Umgebung außerhalb der Zelle abzugeben, löst sich vorübergehend der Kontakt zwischen den Ampullen und der Vakuole, um einen Rückstrom zu verhindern. Die Tubuli, die Ampullen und die Vakuole könnten alle mit Protonenpumpen in ihren Membranen ausgestattet sein, um Wasser in ihr Inneres zu ziehen (vermutlich nach dem oben beschriebenen Mechanismus).

11.2.5 Fortpflanzung

Geschlechtliche Phänomene sind unter den Protozoen weit verbreitet, und sexuelle Vorgänge können bestimmten Phasen der ungeschlechtlichen Fortpflanzung vorausgehen. Eine Embryonalentwicklung findet jedoch nicht statt – Protozoen bilden keine Embryonen. Zu den wesentlichen Merkmalen ihrer sexuellen Prozesse gehören eine Reduktionsteilung mit Halbierung der Chromosomenzahl (diploid ⟶ haploid), die Bildung von Gameten oder zumindest Gametenkernen, sowie im Regelfall eine Fusion von Gametenzellkernen (siehe weiter unten).

Teilung

Der Zellvermehrungsvorgang, durch den mehr Individuen erzeugt werden, wird bei den Protozoen Teilung genannt. Der häufigste Teilungstyp ist die **Binärteilung** (Zweiteilung), bei der zwei praktisch identische Einzelebewesen entstehen (▶ Abbildung 11.17). Wenn eine der Folgezellen beträchtlich kleiner ist als die Ausgangszelle und dann zur Adultgröße heranwächst, wird der Vorgang als **Knospung** bezeichnet. Eine Knospung beobachtet man bei einigen Ciliaten. Bei der **Mehrfachteilung** gehen der Cytoplasmateilung (Cytokinese) mehrere Kernteilungen voraus, so dass schließlich praktisch gleichzeitig eine größere Anzahl von Individuen entsteht, wenn es zur Cytokinese kommt (Abbildung 11.31). Mehrfachteilung oder **Schizogonie** ist unter den Apicomplexa und bei einigen Amöben verbreitet. Falls der Mehrfachteilung eine Vereinigung von Gameten vorausgeht oder sie von einer Gametenvereinigung begleitet wird, spricht man von **Sporogonie**.

Die vorangegangenen Formen der Zellteilung werden von irgendeiner Form von Mitose begleitet (siehe Kapitel 3). Allerdings ist diese Mitose oftmals etwas verschieden von der Mitose bei Metazoen. So bleibt beispielsweise die Zellkernhülle während der Mitose oft erhalten (geschlossene Mitose), und der Spindelapparat aus Mikrotubuli bildet sich im Inneren des Zellkerns aus. Bei der Kernteilung der Ciliaten hat man keine Zentriolen beobachtet. Bei der mitotischen Teilung des Klein-

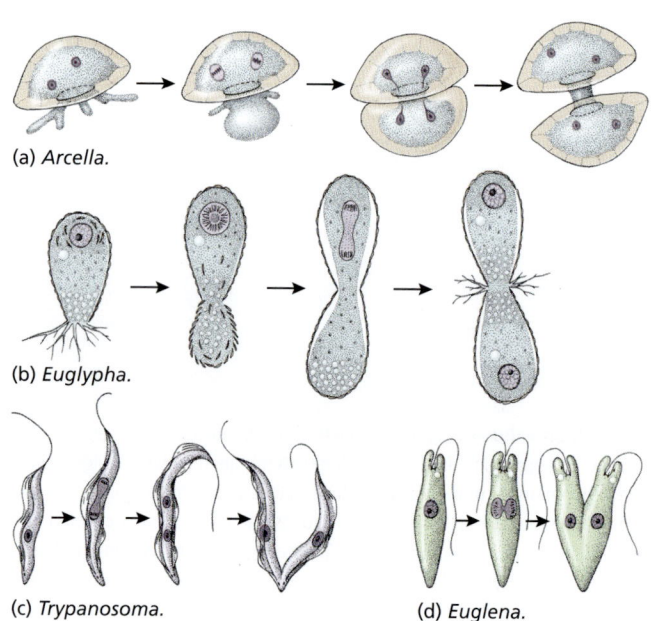

(a) *Arcella.*

(b) *Euglypha.*

(c) *Trypanosoma.*

(d) *Euglena.*

Abbildung 11.17: Binärteilung bei Amöben und Flagellaten. (a) Die beiden Zellkerne von *Arcella* teilen sich, wenn ein kleinerer Teil des Cytoplasmas von der Zelle herausgedrückt (extrudiert) wird und diese Ausstülpung eine neue Testa für die Tochterzelle zu sekretieren beginnt. (b) Die Testa einer anderen Amöbe *(Euglypha)* besteht aus sezernierten Plättchen. Die Sekretion der Plättchen für die Tochterzelle wird begonnen, bevor das Cytoplasma anfängt, aus der Öffnung herauszutreten. Während diese Plättchen benutzt werden, um die Testa der Tochterzelle auszubilden, teilt sich der Zellkern. (c) *Trypanosoma* besitzt einen Kinetoplasten (Teil des Mitochondriums) in der Nähe des Kinetosoms seines Flagellums; in dem hier dargestellten Stadium befindet es sich nahe dem posterioren Ende der Zelle. Alle diese Zellbestandteile müssen repliziert werden, bevor sich die Zelle teilt. (d) Teilung bei *Euglena.* Man vergleiche (c) und (d) mit der Abbildung 11.27, welche die Teilung bei einem Ciliophoren (Cilienträger) zeigt.

kerns (Mikronucleus) bleibt die Kernmembran erhalten. Der Großkern (Makronucleus) der Ciliaten scheint sich einfach zu strecken, zu verengen und dann ganz zu teilen, ohne das irgendein erkennbares mitotisches Phänomen erkennbar wäre (**Amitose**). Der Makronucleus der Ciliaten ist ein polyploider „Arbeitskern", bei dem es auf die Genauigkeit der Aufteilung des Erbmaterials nicht ankommt; er ist ein vegetativer Zellkern. Der Erhaltung der genetischen Konstitution und der geschlechtlichen Vermehrung dient allein der Mikronucleus.

Geschlechtliche Vorgänge

Obwohl sich alle Protozoen ungeschlechtlich fortpflanzen, und einige Arten sich scheinbar ausschließlich asexuell vermehren, unterstreicht das verbreitete Auftreten von sexueller Fortpflanzung unter den Protozoen die Bedeutung dieser Fortpflanzungsweise als Mittel zur genetischen Rekombination. Die Gametenzellkerne (Pronuclei) verschmelzen bei der Befruchtung unter Wiederherstellung der diploiden Chromosomenzahl; sie finden sich für gewöhnlich in speziellen gametischen Zellen. Wenn die Gameten gleichartig aussehen, werden sie als **Isogameten** bezeichnet (ihre Fusion als **Isogametogamie**). Die meisten Arten verfügen jedoch über zwei morphologisch unterscheidbare Typen von Gameten; sie sind **anisogametisch**, und ihre geschlechtliche Fortpflanzung geschieht durch **Anisogametogamie**.

Bei den (höheren) Tieren vollzieht sich die Meiose für gewöhnlich während oder erst kurz vor der Gametenbildung (gametäre Mitose; siehe Kapitel 7). Dieser Ablauf wird in der Tat bei den Ciliophoren sowie einigen Flagellaten- und Amöbengruppen beobachtet. Bei anderen Gruppen von Flagellaten und bei den Apicomplexa sind die ersten Teilungen *nach* der Fertilisation meiotisch (**zygotäre Meiose**), und alle Individuen, die im Generationswechsel bis zur nächsten Zygote ungeschlechtlich (mitotisch) entstehen, sind haploid. Die meisten Protozoen, die sich nicht sexuell fortpflanzen, sind wahrscheinlich haploid, obwohl der Nachweis des Ploidiegrades in Abwesenheit einer Meiose schwierig ist. Bei einigen Amöben (den Foraminiferen; siehe weiter unten) wechseln sich haploide und diploide Generationen ab (**intermediäre Meiose**) – ein Phänomen, das unter den Pflanzen verbreitet ist (haploider/diploider Generationswechsel).

Die Befruchtung eines einzelnen Gameten durch einen anderen Gameten heißt **Syngamie**, doch gibt es bei den Protozoen einige geschlechtliche Phänomene, die keine Syngamien sind. Ein Beispiel hierfür ist die **Autogamie**, bei der Gametenzellkerne sich durch Meiose bilden und in demselben Organismus, der sie hervorgebracht hat, zu einem Zygotenkern verschmelzen. Ein weiteres ist die **Konjugation** (lat. *conjugare*, paarweise zusammenbinden). Dabei kommt es zu einem kreuzweisen Austausch von Gametenzellkernen zwischen zwei gepaarten Organismen (den Konjuganten). Wir werden den Vorgang der Konjugation bei unserer Betrachtung des Pantoffeltierchens *Paramecium* eingehender erörtern.

11.2.6 Enzystierung und Exzystierung

Durch das Außenmilieu nur durch eine dünne und „zerbrechliche" Zellmembran getrennt, erscheint es erstaunlich, dass die Protozoen sich erfolgreich in Habitaten zu behaupten vermögen, wo die herrschenden Lebensbedingungen häufig wechseln und oftmals harsche Umweltbedingungen vorliegen. Das Überleben unter sehr widrigen Bedingungen ist sicherlich mit der Fähigkeit verbunden, **Zysten** bilden zu können. Zysten sind Ruhestadien, die sich durch den Besitz einer widerstandsfähigen Außenhülle und einem mehr oder weniger zum Erliegen gekommenen Stoffwechsel auszeichnen. Die Zystenbildung ist auch bei vielen parasitären Formen von Bedeutung, die den Milieuschwankungen bei einem Wirtswechsel oder einer zwischen verschiedenen Wirten liegenden Zeitdauer außerhalb des Körpers eines Wirtes überdauern müssen (Abbildung 11.13). Einige Parasiten bilden allerdings keine Zysten; sie sind offenbar von einer direkten Weitergabe von einem Wirt auf einen anderen abhängig. Reproduktive Phasen wie Teilung, Knospung oder Syngamie können sich bei einigen Arten innerhalb der Zystenform abspielen. En-

Exkurs

Die Zysten einiger den Erdboden oder das Süßwasser bewohnender Protozoen weisen eine erstaunliche Haltbarkeit auf. Die Zysten des Bodenciliaten *Colpoda* überleben zwölf Tage in flüssigem Stickstoff (ohne Zusatz besonderer, stabilisierender Stoffe) und drei Stunden bei 100 °C. Es ist nachgewiesen worden, dass *Colpoda*-Zysten im Erdboden bis zu 38 Jahre überleben können – die des kleinzelligen Flagellaten *Podo* sogar bis zu 49 Jahren. Aber nicht alle Zysten sind so robust. Die Zysten von *Entamoeba histolytica* (eine krankheitserregende Amöbenart) widerstehen der Magensäure, nicht aber Austrocknung, Temperaturen über 50 °C oder der Einwirkung von Sonnenlicht.

zystierung ist bei *Paramecium* unbekannt, und bei marinen Formen fehlt sie oder ist selten.

Die Bedingungen, die eine Enzystierung anregen, sind nur unvollständig verstanden, obgleich in einigen untersuchten Fällen die Zystenbildung zyklisch in bestimmten Stadien des Vermehrungszyklusses wiederkehrt. Bei den meisten freilebenden Formen begünstigen Änderungen der Umweltbedingungen die Enzystierung. Solche Umwelteinflüsse können Nahrungsmangel, Austrocknung, erhöhte osmotische Druckdifferenz, Absinken der Sauerstoffkonzentration oder Schwankungen im pH-Wert oder der Temperatur sein.

Im Verlauf der Enzystierung werden eine Reihe von Organellen wie Cilien oder Flagellen resorbiert, und der Golgiapparat sekretiert Wandmaterial für die Anlage der Zystenwand. Dieses wird in Vesikeln, die sich vom Golgiapparat abschnüren, zur Zelloberfläche gebracht und durch Fusion der Vesikel mit der Plasmamembran nach außen befördert.

Obwohl der/die genauen Stimulus/Stimuli für die Exzystierung (das Verlassen der Zyste) in den meisten Fällen nicht bekannt ist/sind, löst eine Rückkehr zu günstigeren Umweltbedingungen bei solchen Protozoen, bei denen die Zyste die widerstandsfähige Überdauerungsform ist, die Exzystierung aus. Bei parasitischen Formen kann das Signal für die Exzystierung ein spezifischeres sein. Umgebungsbedingungen, wie sie in einem geeigneten Wirt herrschen, können hierzu erforderlich sein.

Die wesentlichen Taxa der Protozoen 11.3

Der Evolution der eukaryontischen Zelle folgte eine Diversifizierung in viele Kladi nach (Abbildung 11.1). Einige von ihnen umfassen sowohl einzellige wie vielzellige Formen. Die Opisthokonta sind ein Kladus, der durch eine Kombination der Merkmale abgeflachte mitochondriale Cristae und ein posteriores Flagellum bei flagellentragenden Zellen (so diese vorhanden sind) gekennzeichnet ist. Der Kladus enthält sowohl Metazoen wie Pilze (Mycota), sowie einzellige Mikrosporidien und Choanoflagellaten. Die beiden letztgenannten Gruppen gehören traditionell zu den Protozoen. Die Mikrosporidien sind intrazelluläre Parasiten und werden hier nicht weiter erörtert. Wir werden jedoch die Choanoflagellaten (▶ Abbildung 11.18) zusammen mit den Schwämmen (Phylum Porifera) in Kapitel 12 behandeln. Einzellige neben vielzelligen Formen finden sich auch im Kladus der Rotalgen, die traditionell das Phylum Rhodophyta konstituieren. Die Rhodophyceen werden als Pflanzenkladus angesehen, weil sie Plastiden besitzen, sie nichtheterotroph sind, und flagellierte Stadien im Vermehrungszyklus fehlen (keine motilen Spermien). Die Kladi, die wir im Weiteren näher betrachten wollen sind solche mit Arten, die traditionell als Protozoen eingestuft werden. Daher sind die Viridiplantae einbezogen, die Rhodophyceen aber nicht.

11.3.1 Stramenopili

Die Angehörigen des Kladus Stramenopiles besitzen tubuläre mitochondriale Cristae. Wie die Opisthokonten können die Zellen Flagellen tragen, doch sind die Stramenopili heterokonte Flagellaten (gr. *heteros*, verschieden + *kontos*, Pol). Sie besitzen zwei unterschiedliche Flagellen, die beide am anterioen Zellpol inseriert sind (statt am posterioren wie bei den Opisthokonten (gr. *opistho*, rückwärts)). Bei den Heterokonten ist das vorwärts gerichtete Flagellum lang und „haarig", wohingegen das andere kurz und glatt ist und hinter der Zelle hergeschleppt wird. Die Gruppenbezeichnung Stramenopili (lat. *stramen*, Stroh + *pilus*, Haar) bezieht sich auf die dreiteiligen, tubulären Haare, die das Flagellum überziehen. Dieser Kladus umfasst die Braunalgen (Phaeophyta), die Goldalgen (Chrysophyta) und die Kieselalgen (Diatomeen) – alles pflanzliche Formen, die Energie mit Hilfe von Plastiden gewinnen, doch sind stets auch tierische Formen vorhanden. Die Opalinidien – eine Gruppe von Tierparasiten, von denen man früher angenommen hatte, dass es sich bei ihnen um abgewandelte Ciliaten handelt – und einige Heliozoen

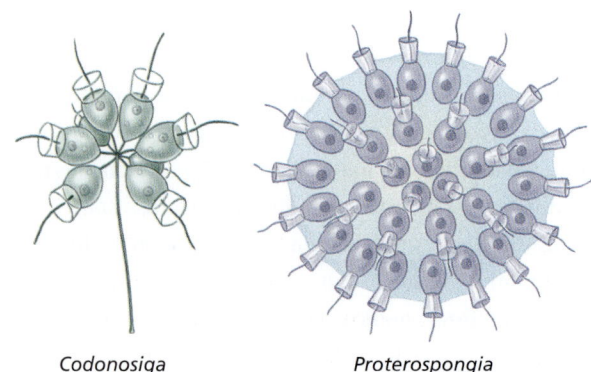

Codonosiga   *Proterospongia*

Abbildung 11.18: **Codonosiga.** Ein Choanoflagellat, dessen Zellen den Choanocyten von Schwämmen (Phylum Porifera, Kapitel 12) ähneln. Der gegenwärtige Wissensstand deutet darauf hin, dass die Choanoflagellaten eng mit den Schwämmen verwandt sind.

MERKMALE

■ Protozoenstämme

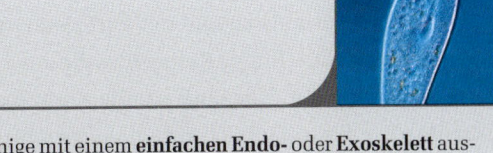

1. **Einzelligkeit**; einige koloniebildend, sowie einige mit vielzelligen Stadien in ihren Lebenszyklen.
2. **Zumeist mikroskopisch**, obwohl einige groß genug sind, um mit dem bloßen Auge erkennbar zu sein.
3. **Alle Symmetrieformen** sind in der Gruppe **verwirklicht**; Form kann veränderlich oder formstabil sein (oval, kugelig oder anders).
4. **Keine Keimblätter**.
5. Keine Organe oder Gewebe, aber **spezialisierte Organellen**; ein oder mehrere Zellkerne.
6. **Freilebend, mutualistisch, kommensalistisch, parasitisch** – alle Lebensweisen sind in der Gruppe vertreten.
7. Lokomotion durch **Pseudopodien, Flagellen, Cilien** und direkte Zellbewegungen; einige sessil.
8. Einige mit einem **einfachen Endo-** oder **Exoskelett** ausgestattet; die meisten sind aber nackt.
9. **Alle Formen der Ernährung**: autotroph (eigenständige Herstellung von Nährstoffen durch Photosynthese), heterotroph (abhängig von Pflanzen, anderen Tieren oder Bakterien als Nahrung), saprozoisch (Verwertung von im umgebenden Medium gelösten Nährstoffen).
10. **Habitate aquatisch** oder **terrestrisch**; freilebend oder symbiontisch.
11. **Vermehrung ungeschlechtlich** durch Teilung, Knospung oder Zystenbildung, sowie **geschlechtlich** durch Konjugation oder Syngamie (Vereinigung männlicher und weiblicher Gameten unter Bildung einer Zygote).

(siehe weiter unten) gehören zu den Lebewesen, die gegenwärtig zu den Stramenopilen gestellt werden.

11.3.2 Viridiplantae

Der Kladus Viridiplantae umfasst ein- und vielzellige Grünalgen (Chlorophyta), die Moose (Bryophyta) und die Gefäßpflanzen (Tracheophyten; Farne + Samenpflanzen). Die Chloroplasten enthalten Chlorophyll a und Chlorophyll b. Der flagellierte pflanzenartige Zweig dieser Abstammungslinie wurde einst von den Zoologen in die Klasse Phytomastigophorea gestellt. Andere Biologen stellen die einzelligen und die vielzelligen Grünalgen gemeinsam in das Phylum Chlorophyta.

Phylum Chlorophyta

Diese Gruppe umfasst autotrophe einzellige Algen wie *Chlamydomonas* (▶ Abbildung 11.19) sowie koloniale Formen wie Gonium (Abbildung 11.19) und *Volvox* (▶ Abbildung 11.20). *Volvox* wird in einführenden Biologiekursen regelmäßig untersucht, weil sein Entwicklungsgang in gewisser Weise an die Embryonalentwicklung bei einigen Metazoen erinnert. Die Grundform von *Volvox* – eine Hohlkugel aus Zellen – erinnert an das Blastulastadium von Metazoen. Dies hat zu der Vermutung geführt, dass die frühesten Metazoen nichtphotosynthetische Flagellaten gewesen sein könnten, deren Körperbau dem von *Volvox* ähnlich gewesen sein könnte.

Volvox (Abbildung 11.20) ist eine grüne Hohlkugel, deren Durchmesser 0,5 bis 1 mm erreichen kann. Ein einzelner Organismus enthält tausende von Zooiden (bis zu 50.000), die in die gelatinöse Oberfläche einer Gallertkugel eingebettet sind. Jede Einzelzelle ähnelt stark einem Euglenoiden (siehe weiter unten) und besitzt einen Zellkern, ein Flagellenpaar, einen großen Chloroplasten und ein rotes **Stigma**. Ein Stigma ist eine flache Pigmentgrube, die lichtempfindlich ist, und die aufgrund ihrer Geometrie die Richtung des Lichteinfalls zu bestimmen gestattet. Benachbarte Zellen sind über Cytoplasmastränge miteinander verbunden. An einem Pol (für gewöhnlich dem in Bewegungsrichtung zeigenden, wenn sich die Kolonie fortbewegt) sind die Stigmen (= Stigmata) ein bisschen größer. Koordinierter Geißelschlag treibt die Zellkolonie durch Rollbewegungen vorwärts.

Exkurs

Die ursprüngliche Polarität der Zooide in einer *Volvox*-Kolonie ist so, dass die Flagellen in das Innere der Höhlung einer sich entwickelnden Kolonie weisen. Um die Zellgeißeln auf die Außenseite zu bringen und eine lokomotorische Bewegung des Gesamtorganismus zu ermöglichen, muss sich das gesamte Sphäroid umstülpen. Dieser als Inversion bezeichnete Vorgang ist höchst ungewöhnlich. Von allen anderen Lebensformen zeigen nur die Schwämme (Phylum Porifera) einen vergleichbaren Entwicklungsgang.

Bei *Volvox* beobachtet man unter den Zellen eine Arbeitsteilung. Die meisten Zooide sind somatische Zellen, die mit der Ernährung und der Fortbewegung der Kolonie befasst sind. Einige Keimzellen finden sich in der posterioren Hälfte; sie sind für die Fortpflanzung zuständig. Die Fortpflanzung erfolgt ungeschlechtlich oder geschlechtlich. In beiden Fällen sind in die Prozesse nur bestimmte Zooide im Äquatorbereich oder in der posterioren Hälfte der Kolonie verwickelt.

Die **ungeschlechtliche Fortpflanzung** von *Volvox* vollzieht sich durch wiederholte mitotische Teilung einer der Keimzellen unter Ausbildung einer Hohlkugel aus Zellen. Dabei weisen die flagellentragenden Pole der Zellen in das Kugelinnere. Die Zellkugel stülpt sich dann zu einer Folgekolonie um, die der Ausgangskolonie ähnlich ist. Im Inneren der Kolonie bilden sich mehrere (kleinere) Tochterkolonien, die durch Ruptur der Ausgangskolonie freigesetzt werden.

Bei der **geschlechtlichen Fortpflanzung** differenzieren sich einige Zooide in **Makro-** oder **Mikrogameten** (Abbildung 11.20). Die Makrogameten sind von geringerer Anzahl und – wie der Name besagt – größer. Sie sind mit Nährstoffen für die Ernährung der Jungorganismen vollgepackt. Mikrogameten bilden durch wiederholte Teilungen Bündel oder Kugeln aus flagellentragenden Spermien, die den Vaterorganismus verlassen, wenn sie ausgereift sind, und dann umher schwimmen, um ein reifes Ovum zu finden. Nach der Fertilisation sekretiert die Zygote eine harte, dornige, schützende Schale. Wenn eine Zygote durch Ruptur des Elternwesens freigesetzt wird, bleibt sie den Winter über im Zustand der Ruhe. In der Schale durchläuft die Zygote wiederholte Teilungen. Dabei wird ein kleiner Organismus gebildet, der im Frühling aus der Schale hervorbricht. Es können während des Sommers mehrere ungeschlechtliche Generationen folgen, bevor es erneut zu einer geschlechtlichen Fortpflanzung kommt.

Die Organismenordnung, zu der *Volvox* gehört (Volvocida) umfasst viele Flagellaten des Süßwassers (zumeist grüne), die Zellwände aus Zellulose besitzen, durch die hindurch sich zwei kurze Flagellen erstrecken. Viele Formen sind kolonial (Abbildung 11.19: *Pandorina*, *Eudorina*, *Gonium*), bei denen das Einzelwesen aus mehr als einer Zelle besteht, aber getrennte somatische und reproduktive Zellen noch nicht existieren (echte Zellkolonien).

11.3.3 Phylum Euglenozoa

Die Euglenozoen (▶ Abbildung 11.21) werden allgemein als monophyletische Gruppierung angesehen. Diese Einschätzung stützt sich auf die während der Mitose nicht verschwindenden Nucleoli und die diskoiden Cristae der Mitochondrien. Die Angehörigen dieses Phylums weisen eine Reihe longitudinal verlaufender Mikrotubuli auf, die gerade unterhalb der Cytoplasmamembran liegen. Sie sind dabei behilflich, die Membran zu einem **Pellikel** (Häutchen; lat. *pellis*, Haut) zu versteifen. Der Stamm gliedert sich in zwei Unterstämme – die Euglenida und die Kinetoplasta. Die Kinetoplasten sind nach einem einzigartigen Organell – dem Kinetoplasten – benannt, das sich bei ihnen findet. Dieses modifizierte Mitochondrium, das mit einem Kinetosom assoziiert ist, trägt in sich eine große DNA-Scheibe. Die Kinetoplasten sind sämtlich Parasiten, die in Pflanzen und Tieren leben.

Subphylum Euglenida

Die Eugleniden (früher zu den Phytomastigophora gestellt) besitzen Chloroplasten mit Chlorophyll b. Diese Chloroplasten sind von einer doppelten Membran umgeben und wahrscheinlich durch sekundäre Endosymbiose entstanden.

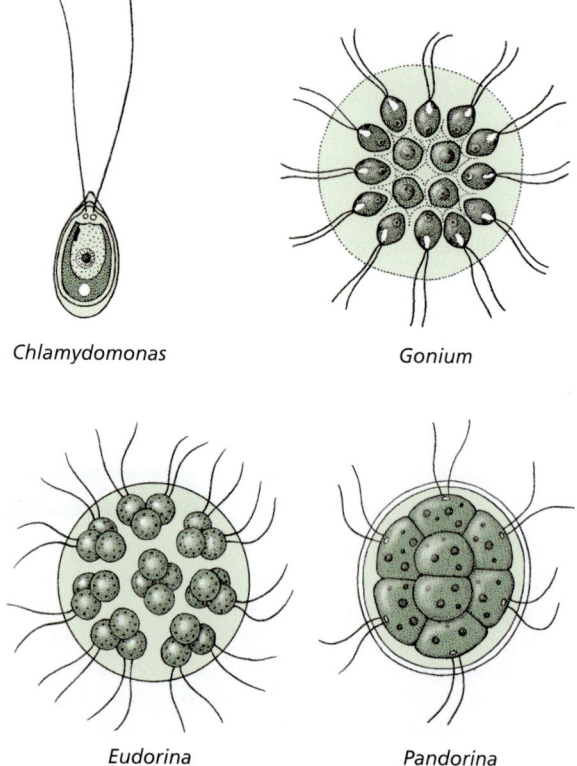

Chlamydomonas *Gonium*

Eudorina *Pandorina*

Abbildung 11.19: Beispiele für Vertreter des Phylums Chlorophyta. Alle sind photoautotroph.

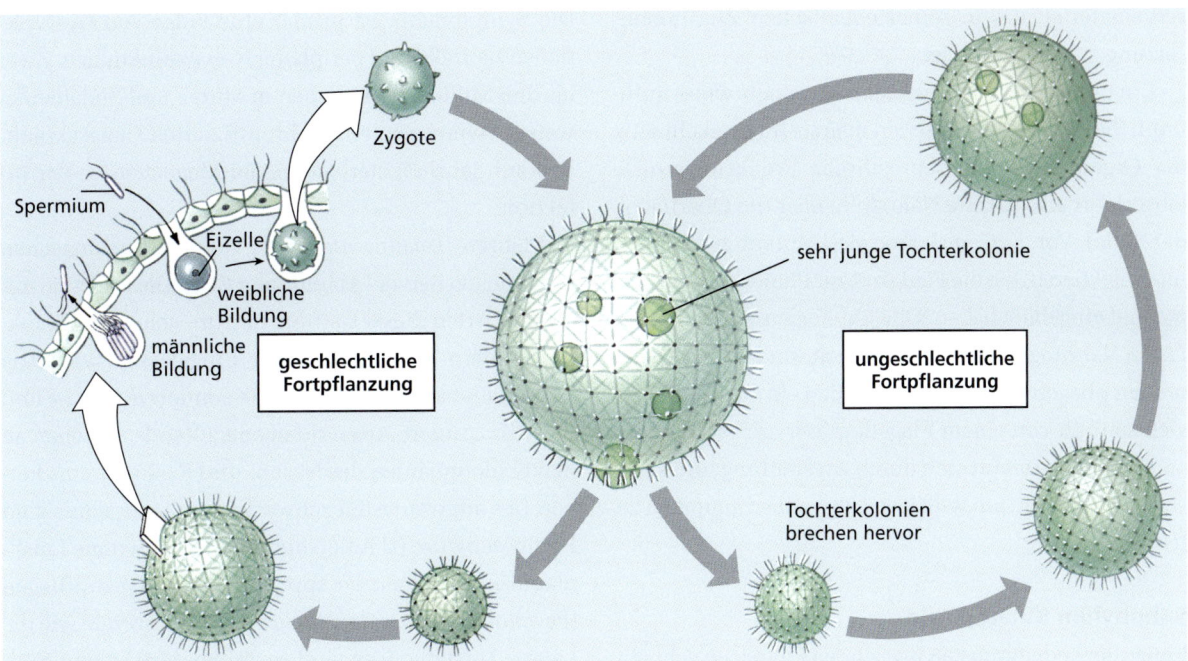

Abbildung 11.20: Vermehrungszyklus von Volvox. Die ungeschlechtliche Vermehrung vollzieht sich im Frühling und Sommer, wenn spezialisierte diploide Fortpflanzungszellen sich teilen und dadurch Nachwuchsorganismen hervorbringen, die im Elternorganismus verbleiben, bis sie groß genug sind, um auszubrechen. Die geschlechtliche Fortpflanzung findet größtenteils im Herbst statt, wenn sich haploide Geschlechtszellen bilden. Die befruchteten Eier können sich enzystieren und so den Winter überdauern, um sich im nächsten Frühjahr zu reifen ungeschlechtlichen Lebewesen zu entwickeln. Bei einigen Arten besitzen diese Organismen getrennte Geschlechter; bei anderen Arten produziert derselbe Organismus sowohl Ei- wie Samenzellen.

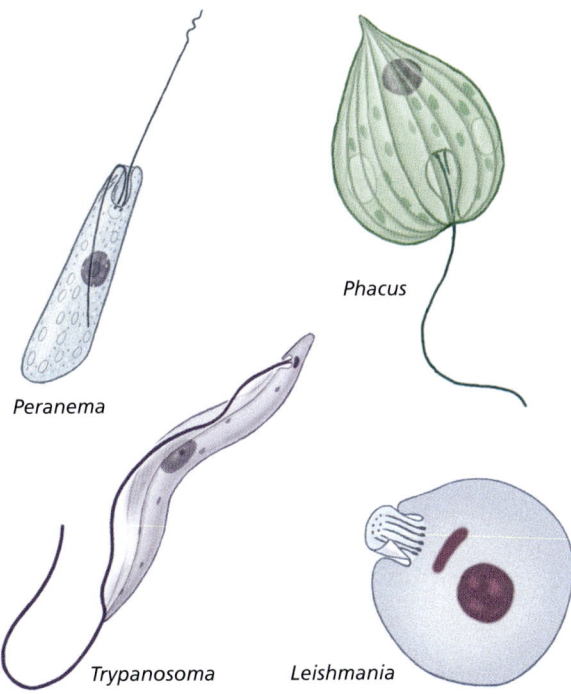

Abbildung 11.21: Beispiele für Euglenozoa. *Peranema* ist ein freilebender Phagotropher, *Phacus* ist ein freilebender, grüner Autotropher. *Trypanosoma* und *Leishmania* sind parasitär, und einige Arten rufen schwere Erkrankungen beim Menschen und seinen Haustieren hervor (siehe weiter unten). *Leishmania* ist in seiner intrazellulären Form ohne externes Flagellum abgebildet.

Euglena viridis (Abbildung 11.14) ist ein repräsentativer Flagellat, der häufig in einführenden Zoologiekursen bearbeitet wird. Sein natürliches Habitat sind fließende Süßgewässer und Teiche mit einem beträchtlichen Ausmaß an Vegetation. Der Organismus ist spindelförmig und ca. 60 μm lang. Einige *Euglena*-Arten sind jedoch kleiner, andere größer (*E. oxyuris* ist 500 m = 0,5 mm groß). Knapp unterhalb der äußeren Membran von *Euglena* finden sich proteinöse Streifen und Mikrotubuli, die ein Pellikel (sprich: Pell<u>i</u>kel) ausbilden. Bei *Euglena* ist das Pellikel flexibel genug, um sich verbiegen zu können; bei anderen Euglenoiden kann das Pellikel steifer ausgebildet sein. Eine Zellgeißel erstreckt sich von einem flaschenförmigen Reservoir am anterioren Ende der Zelle. Ein weiteres, kurzes Flagellum endet noch innerhalb des Reservoirs. An der Basis jedes Flagellums findet sich ein Kinetosom, und eine kontraktile Vakuole mündet und entleert sich in das Reservoir. Ein roter Augenpunkt (Stigma) dient offensichtlich der Orientierung zum Licht hin (positive Phototaxis). Innerhalb des Cytoplasmas liegen ovale Chloroplasten, die Chlorophyll enthalten, und die den Zellen ihr grünliches Aussehen verleihen. **Paramylongranula** verschiedener Gestalt bestehen aus eingelagertem Reservematerial, das in seiner chemischen Zusammensetzung stärkeähnlich ist.

Die Ernährung von *Euglena* ist normalerweise autotroph (holophytisch), kultiviert man sie im Dunkeln setzt der Organismus eine saprozoische Ernährungsweise (absorbiert also gelöste Nährstoffe über die Oberfläche der Zelle). Von *Euglena* lassen sich Mutanten erzeugen und selektieren, die die Fähigkeit zur Photosynthese permanent eingebüßt haben. Obwohl *Euglena*-Zellen keine festen Nahrungsteilchen aufnehmen, sind einige Euglenoiden phagotroph. *Peranema* besitzt ein Cytostom, das sich seitlich von einem Flagellenreservoir öffnet.

Euglena vermehrt sich durch Zweiteilung und kann sich enzystieren, um widrigen Umweltbedingungen zu trotzen.

Subphylum Kinetoplasta

Einige der bedeutsamsten parasitären Protozoen gehören zu den Kinetoplasten. Viele von ihnen gehören der Gattung *Trypanosoma* an (gr. *trypanon*, Bohrer + *soma*, Körper) (Abbildung 11.21). Sie leben im Blut von Fischen, Amphibien, Reptilien, Vögeln und Säugetieren. Einige sind nichtpathogen, andere rufen beim Menschen und bei Haustieren schwere Krankheiten hervor. *Trypanosoma brucei gambiense* und *T. brucei rhodesiense* sind Erreger der Schlafkrankheit des Menschen; *T. brucei brucei* ruft ein ähnliches Krankheitsbild bei Haustieren hervor. Die Trypanosomen werden von der Tsetsefliege (*Glossina* spp.) übertragen. *Trypanosoma brucei rhodesiense*, der virulente unter den Erregern der Schlafkrankheit, und sein weniger virulenter Verwandter, *T. brucei brucei* verfügen über natürliche Reservoire in Wildtieren (Antilopen und andere wild lebende Säugetiere), die von dem Befall mit diesen Parasiten offenbar nicht oder nur unwesentlich in Mitleidenschaft gezogen werden. Jedes Jahr werden beim Menschen ca. 10.000 neue Fälle von Schlafkrankheit diagnostiziert. Etwa die Hälfte davon verläuft tödlich; ein großer Anteil der Überlebenden trägt bleibende Schädigungen des Gehirns davon.

Trypanosoma cruzi ist eine in Süd- und Mittelamerika vorkommende, verwandte Art. Sie ist der Erreger der Chagaskrankheit. Überträger der Erreger sind blutsaugende Raubwanzen der Unterfamilie Triatominae. Die Wanzen beißen Schlafende bevorzugt in die Gesichtshaut. Akute Fälle von Chagaskrankheit sind bei Kleinkindern von unter fünf Jahren am häufigsten. Auch sind die Verläufe hier am schwersten. Bei Erwachsenen nimmt die Krankheit oft einen chronischen Verlauf.

Die Symptomatik ist primär eine Folge von Dysfunktionen zentraler und peripherer Nervenfunktionen. Zwei bis drei Millionen Menschen in Mittel- und Südamerika weisen Symptome einer chronifizierten Chagaskrankheit auf. Jährlich sterben 45.000 Menschen an der Infektion.

Mehrere *Leishmania*-Arten rufen beim Menschen Krankheiten hervor (Abbildung 11.21). Die Infektion mit einigen Arten dieser Gattung führt zu schweren Krankheitsbildern durch Befall der Eingeweide (viszerale Leishmaniose). Betroffen sind besonders die Leber und die Milz. Andere Arten rufen entstellende Läsionen an den Schleimhäuten des Nasen- und Rachenraums hervor. Das am wenigsten schwerwiegende Ergebnis sind Hautgeschwüre (Hautleishmaniose oder kutane Leishmaniose). *Leishmania* spp. werden von Sandfliegen (Psychodidae) übertragen. Sowohl die viszerale wie die kutane Leishmaniose sind in Teilen Afrikas und Südasiens verbreitet, die mukosale Verlaufsform in Mittel- und Südamerika. In Europa kommt die Leishmaniose (zumeist die nicht lebensbedrohliche Hautleishmaniose) rund um das Mittelmeer vor. Die Leishmaniose ist in 88 Ländern der Erde endemisch; die jährliche Fallhäufigkeit liegt bei 1 bis 1,5 Millionen Fälle von kutaner und 0,5 Millionen Fälle von viszeraler Leishmaniose. In der Umgebung des Menschen gelten Hunde als das hauptsächliche Reservoir für die Erreger.

11.3.4 Phylum Retortamonada und die Diplomonaden

Dieser Stamm ist in zwei Kladi untergliedert worden – die Retortamonaden und die Diplomonaden. Zu den Retortamonaden gehören kommensale und parasitäre Einzeller wie *Chilomastix* und *Retortamonas*. Ihnen fehlen Mitochondrien und der Golgiapparat. Unter den Biologen stellt man sich daher die Frage, ob es sich bei

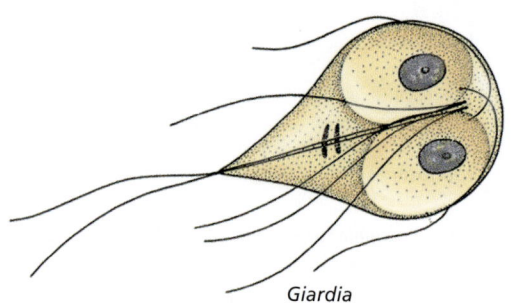

Abbildung 11.22: *Giardia*, ein Diplomonade. *Giardia lamblia* ruft oft Durchfallerkrankungen beim Menschen hervor.

Exkurs

Giardia lamblia wird häufig durch Wasserversorgungssysteme verbreitet, deren Wasser durch Abwässer verunreinigt sind. Dieselbe Art lebt jedoch außer im Menschen in einer Vielzahl anderer Säugetiere. Biber scheinen in den Gebirgsregionen der westlichen USA (Rocky Mountains) eine bedeutsame Infektionsquelle zu sein. Nach einer weiten Wanderung an einem heißen Tag kann es sehr verlockend sein, aus einem kristallklaren Biberteich zu trinken und dort die Wasserflaschen aufzufüllen. Viele Fälle von Giardiose sind auf diese Weise zustande gekommen. Wasser aus natürlichen Quellen sollte daher nach Möglichkeit *immer* abgekocht werden, bevor es getrunken wird.

---

diesen Lebewesen um Formen handelt, die sich vom Hauptstrom der Eukaryonten abgespalten haben, bevor es zur mitochondrialen Endosymbiose gekommen ist. Die Diplomonaden, die vormalig als Untergruppe der Retortamonaden geführt wurden, verfügen ebenfalls über keine Mitochondrien. Die Hypothese, dass es sich bei ihnen um eine früh in der Stammesgeschichte abzweigende Linie von primitiven Eukaryonten handelt, wird diskutiert. Neuere Untersuchungen haben jedoch ergeben, dass im Zellkern dieser Mikroben Gene für mitochondriale Proteine vorhanden sind. Dies lässt es wesentlich wahrscheinlicher erscheinen, dass die Mitochondrien vorhanden waren, aber sekundär verloren gegangen sind.

Giardia (sprich: „Dschiardia", wie in „Dschungel") – ein Diplomonade – ist ein gut untersuchter Parasit (▶ Abbildung 11.22). Einige Arten besiedeln den Verdauungstrakt des Menschen, andere treten bei Vögeln oder Amphibien auf. Die Infektion verläuft oft symptomlos, kann aber auch eine sehr unangenehme – wenn nicht gar tödliche – Durchfallerkrankung auslösen. Die Zysten werden mit den Fäzes ausgeschieden. Neue Wirte infizieren sich durch die Aufnahme von Zysten – oft durch kontaminiertes Wasser. Es wurde hochgerechnet, dass jährlich ~10^8 Neuinfektionen mit *Giardia intestinalis* vorkommen.

11.3.5 Alveolata

Die Alveolaten bilden einen Kladus (manchmal als Überstamm – Superphylum – geführt), der drei tradierte Stämme in sich vereinigt. Diese Zusammenfassung geschieht auf der Grundlage des allen Vertretern gemeinsame Besitz von **Alveolen** – von Membranen umgebenen Säckchen, die unterhalb der Zellmembran liegen. Bei den Ciliophoren (▶ Abbildung 11.23) bilden die Alveolen das Pellikel. Bei den Dinoflagellaten – einer Gruppe gepanzerter Geißeltierchen (Abbildung 11.29) – bilden die Alveolen die Thekalplatten. Bei den Apicomplexa – diese Gruppe umfasst intrazelluläre Parasiten, die vormals als Sporozoa bezeichnet wurden (Abbildung 11.30) – besitzen die Alveolen strukturgebende Funktion.

Phylum Ciliophora (Wimpernträger)

Die Ciliaten (Wimperntierchen) haben ihren Namen nach der Bedeckung des Zellkörpers mit Cilien (Zellwimpern), die koordiniert rhythmisch schlagen. Die Anordnung der Cilien auf der Zelloberfläche variiert innerhalb des Stammes, und einigen Ciliaten fehlen als

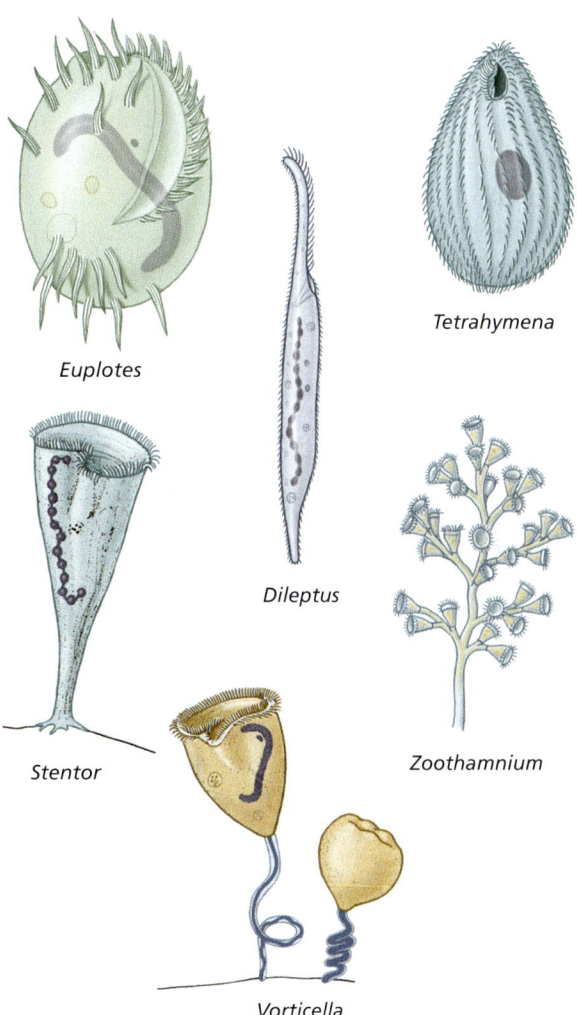

Abbildung 11.23: Einige repräsentative Ciliaten. *Euplotes* besitzt steife Zirren, die zum Umherkriechen eingesetzt werden. Kontraktile Fibrillen im Ektoplasma von *Stentor* und in den Stielen von *Vorticella* erlauben den Zellen eine großräumige Expansion und Kontraktion. Man beachte die Makronuclei (Großkerne), die bei *Euplotes* und *Vorticella* lang und gekrümmt sind, bei Stentor wie eine Perlenkette.

11 Protozoen

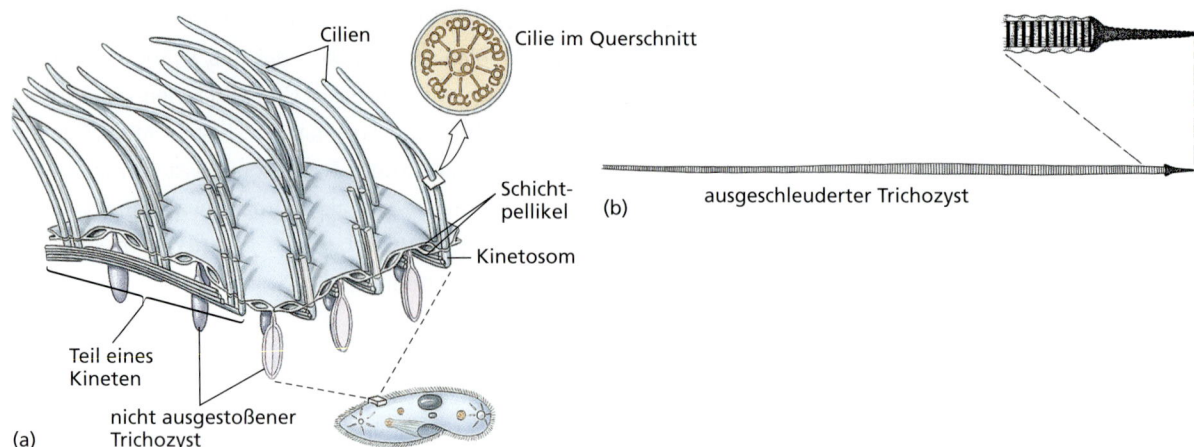

Abbildung 11.24: **Infraciliatur und assoziierte Strukturen bei Ciliaten.** (a) Aufbau des Pellikels und seine Beziehung zum Infraciliatursystem. (b) Ausgestoßene Trichozyste.

Adulti sekundär die Cilien, obgleich sie zu irgendeinem Zeitpunkt im Vermehrungszyklus vorhanden sind. Im Allgemeinen gilt, dass die Ciliaten größer als die meisten anderen Protozoen sind. Sie erreichen Größen von 10 µm bis zu 3 mm. Die meisten Ciliaten leben frei im Süß- oder im Meerwasser, doch gibt es auch kommensalistische und parasitäre Formen. Für gewöhnlich leben sie solitär und motil, doch kennt man einige sessile sowie koloniale Formen. Die Ciliaten sind die strukturell komplexesten unter den Protozoen und lassen ein weites Spektrum an Spezialisierungen erkennen.

Das Pellikel der Ciliaten kann lediglich aus einer Zellmembran bestehen, bei einigen Arten aber auch einen verdickten Panzer bilden. Die Cilien sind kurz und im Allgemeinen in längs oder schräg verlaufenden Reihen angeordnet. Der Cilienbesatz kann den gesamten Zellkörper bedecken oder auf den Oralbereich oder Bänder, die den Körper umlaufen, beschränkt sein. Bei einigen Formen sind Cilien miteinander zu einer **undulierenden Membran** oder zu mehreren, kleineren **Membranellen** fusioniert. Beide Strukturen werden benutzt, um Nahrung in den **Cytopharynx** (Zellschlund) zu befördern. Bei noch anderen Formen können Cilien zu versteiften Büscheln – **Zirren** – fusioniert sein. Zirren werden von sich kriechend fortbewegenden Ciliaten häufig zur Lokomotion benutzt (Abbildung 11.23).

Ein Fasersystem mit offenbar struktureller Bedeutung ist die **Infraciliatur**. Sie existiert zusätzlich zu den Kinetosomen. Die Infraciliatur liegt unmittelbar unterhalb des Pellikels (▶ Abbildung 11.24). Jedes Cilium endet unterhalb des Pellikels in einem Kinetosom, und von jedem Kinetosom geht eine Fibrille aus und zieht sich unterhalb einer Cilienreihe entlang. Dabei vereinigt sie sich mit anderen Fibrillen derselben Cilienreihe. Die Cilien, Kinetosomen und Fibrillen einer Cilienreihe bilden zusammen einen **Kineten** (Abbildung 11.24). Alle Ciliaten scheinen über ein Kinetensystem zu verfügen – selbst die, denen in bestimmten Lebensstadien die Cilien fehlen. Die Infraciliatur scheint nicht, wie früher gedacht, den Cilienschlag zu koordinieren. Die Koordination der Cilienbewegungen scheint durch Depolarisationswellen der Cytoplasmamembran, die über den Zellkörper hinweglaufen, gesteuert zu werden – also durch einen elektrischen Effekt, der einem Nervenimpuls ähnlich ist (stammesgeschichtlich akkurater wäre die Sichtweise, dass die Nervenimpulse in vielzelligen Tieren mit Nervensystem dem Depolarisationsimpuls der Ciliaten ähnlich ist und möglicherweise ein phylogenetischer Vorläufer der Depolarisation von Nervenfasern ist).

Ciliaten sind immer mehrkernig und besitzen mindestens einen Makronucleus (Großkern) und einen Mikronucleus (Kleinkern). Die Zahl beider Zellkerntypen ist variabel und reicht von einem bis viele pro Zelle. Die Großkerne sind die Arbeitskerne der Zellen und verantwortlich für die Steuerung des Stoffwechsels und der Entwicklung, sowie für die Aufrechterhaltung der sichtbaren Merkmale wie den Pellikularapparat. Die Makronuclei unterscheiden sich bei den verschiedenen Arten in der Form (Abbildungen 11.14 und 11.23). Die Mikronuclei dienen der geschlechtlichen Fortpflanzung. Nach dem Austausch genetischen Materials aus den Kleinkernen geht in der Zygote aus einem Kleinkern mit rekombinierten Chromosomen ein Großkern hervor (durch Mitose ohne Cytokinese). Der Großkern polyploidisiert nachfolgend. Der Kleinkern bleibt diploid.

11.3 Die wesentlichen Taxa der Protozoen

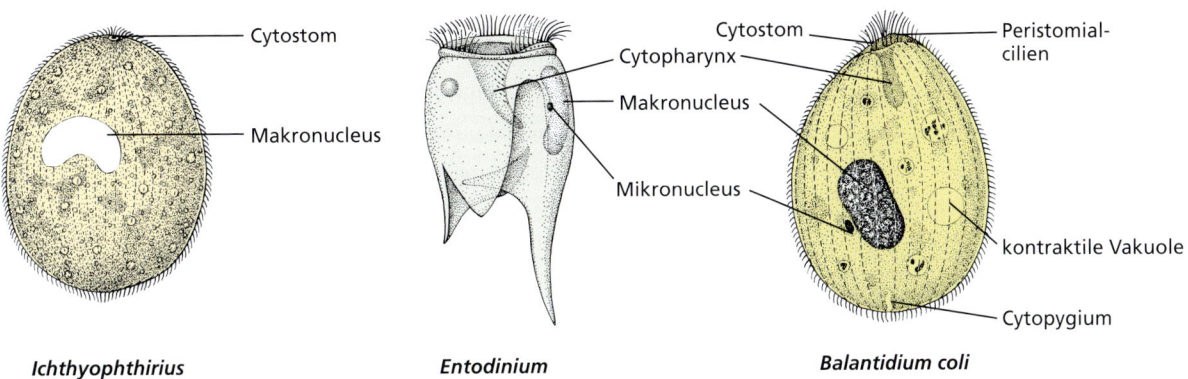

Abbildung 11.25: **Einige symbiontische Ciliaten.** *Balantidium coli* ist ein Parasit des Menschen und anderer Säugetiere. *Ichthyophthirius* führt zu einer bei Aquarien- wie Wildfischen häufigen Hautkrankheit. *Entodinium* findet sich im Pansen von Kühen und Schafen.

Mikronuclei teilen sich mitotisch, Makronuclei amitotisch (siehe weiter oben).

Einige Ciliaten enthalten in ihrem Ektoplasma zwischen den Ansatzstellen der Cilien seltsame kleine Körperchen. Beispiele hierfür sind die **Trichozysten** (Abbildungen 11.15 und 11.24) und die **Toxizysten**. Auf mechanische oder chemische Reizung hin, schleudern diese Körperchen mit explosiver Wucht ein langes, fadenartiges Gebilde. Der genaue Mechanismus dieses Vorganges ist noch nicht aufgeklärt. Man nimmt an, dass den Trichozysten eine Verteidigungsaufgabe zufällt. Wenn ein Pantoffeltierchen (*Paramecium*) von *Didinium* (einem anderen Ciliaten) angegriffen wird, schleudert die *Paramecium*-Zelle ihre Trichozysten aus – jedoch ohne Erfolg. Toxizysten hingegen setzen ein Gift frei, das die Beute carnivorer Ciliaten lähmt. Toxizysten unterscheiden sich in ihrem Aufbau deutlich von Trichozysten. Viele Dinoflagellaten besitzen Trichozysten.

Die meisten Ciliaten sind holozoisch. Die meisten besitzen ein Cytostom (Zellmund), das bei einigen Formen eine einfache Öffnung ist, bei anderen mit einem Schlund oder einer cilienbesetzten Rinne verbunden ist. Das Cytostom ist bei einigen Arten mit steifen, stabförmigen Trichiten verstärkt, um das Verschlucken größerer Beute zu ermöglichen. Bei noch anderen, wie Pantoffeltierchen, strudeln die Cilien mikroskopische Nahrungsteilchen zur Mundöffnung. *Didinium* besitzt eine Proboscis, um sich ganze Paramecien einverleiben zu können, von denen es sich ernährt (Abbildung 11.2). Suktorien paralysieren ihre Beute und einverleiben sich die Bestandteile durch röhrenartige Tentakel. Der komplexe Fressmechanismus besteht offenbar aus einer Kombination von Phagocytose mit einem Gleitfilamentmechanismus der Mikrotubuli in den Tentakeln (Abbildung 11.2).

Suktorien. Suktorien (Sauginfusorien) sind Ciliaten, bei denen die Jungen Cilien besitzen und freischwimmend sind, die Adulten einen Stiel auswachsen, mit dem sie sich an einem Gegenstand festheften. Sie werfen ihre Cilien ab und gehen zu einer sessilen Lebensweise über. Sie besitzen kein Cytostom und ernähren sich vermittels langer, schlanker, röhrenförmiger Tentakel. Die Suktorien fangen lebende Beute – für gewöhnlich Ciliaten – mit der Spitze eines Tentakels und lähmen die Zelle. Das Cytoplasma der Beutezelle fließt dann durch die Tentakel, die mit ihr in Kontakt stehen. Der komplexe Fressmechanismus besteht offenbar aus einer Kombination von Phagocytose mit einem Gleitfilamentmechanismus der Mikrotubuli in den Tentakeln (Abbildung 11.2). In den Suktorienzellen bilden sich dabei Nahrungsvakuolen aus.

Einer der geeignetsten Orte, um Süßwassersuktorien aufzuspüren, ist der Algenbewuchs auf den Rückenpanzern von Schildkröten. Häufige Suktoriengattungen, die man in diesem Lebensraum antrifft, sind *Anarma* (ohne Stiel oder Testa) und *Squalorophrya* (mit Stiel und Testa). Andere Vertreter dieser Gruppe im Süßwasser sind *Podophrya* (Abbildung 11.2) und *Dendrosoma*. *Acinetopsis* und *Ephelota* sind Formen des Meerwassers.

Parasitäre Suktorien sind *Trichophrya* – eine Art, die auf einer Vielzahl von Wirbellosen und Süßwasserfischen parasitiert; *Allantosoma* lebt im Darm bestimmter Säugetiere; und *Sphaerophrya*, die in dem Protozoon *Stentor* lebt.

Symbiontische Ciliaten. Viele symbiontische Ciliaten leben als Kommensalen, einige können sich aber auch als schädlich für den Wirt erweisen. *Balantidium coli* lebt im Dickdarm von Menschen, Schweinen, Ratten und anderen Säugetieren (▶ Abbildung 11.25). Es scheint wirtspezifische Stämme (= „Rassen") zu geben, so dass die Übertragung von einer Wirtstierart auf eine andere nicht so leicht geschieht. Die Weitergabe erfolgt über Fäkalkontamination von Nahrung oder Wasser. Normalerweise sind die Organismen nicht pathogen, doch dringen sie manchmal in die Darmwand ein und rufen eine Dysenterie (Darmruhr) ähnlich der von Entamoeba histolytica (siehe weiter unten) hervorgerufenen. Die Erkrankung kann einen ernsten Verlauf nehmen und sogar tödlich enden. Die Infektion ist in Teilen Europas, Asiens und Afrikas verbreitet, in Nordamerika aber selten.

Andere Ciliatenarten bevölkern andere Wirte. *Entodinium* (Abbildung 11.25) gehört einer Gruppe an, die einen sehr komplexen Bau aufweist und in den Verdauungssystemen von Wiederkäuern lebt, wo sie sehr hohe Zelldichten erreichen können. *Nytotherus* lebt im Colon (Dickdarm) von Fröschen und Kröten. *Ichthyophthirius* führt bei Fischen zu einer Hautinfektion (Weißpünktchenkrankheit), die bei wildlebenden wie bei Aquarienfischen häufig vorkommt. Unbehandelt kann sie bei auf engem Raum gehaltenen Zierfischen zu schweren Verlusten führen.

Freilebende Ciliaten. Zu den auffälligeren und vertrauten Ciliaten gehören *Stentor* (gr. Antike Gestalt aus der Erzählung des trojanischen Krieges mit einer extrem lauten Stimme) mit seiner trompetenförmigen Zellgestalt, dem perlenförmigen Makronucleus und der solitären Lebensweise (Abbildung 11.23); *Vorticella* (lat. *vortex*, Strudel + *-ella*, Verkleinerungsform) mit glockenförmiger Gestalt und einem kontraktilen Zellstiel (Abbildung 11.23); sowie *Euplotes* (gr. *eu*, echt, gut + *ploter*, Schwimmer) mit abgeflachtem Körper und Gruppen fusionierter Cilien (Zirren), die als „Beine" dienen. Pantoffeltierchen sind für gewöhnlich in Teichen oder langsam fließenden Gewässern mit reicher Vegetation und verrottender organischer Substanz häufig. Wir werden *Paramecium* als Repräsentanten der freilebenden Ciliaten eingehender behandeln.

Form und Funktion bei *Paramecium*. Die Pantoffeltierchen haben ihren deutschen Namen nach der an Hausschuhe erinnernden Zellgestalt. *Paramecium caudatum* hat eine Länge von 150–300 µm, ist am Vorderende abgestumpft, das Hinterende ist etwas zugespitzt (Abbildung 11.15). Der Organismus hat ein asymmetrisches Erscheinungsbild, weil die Zelle eine **Oralrinne** aufweist – eine Vertiefung, die an der Ventralseite schräg nach rückwärts läuft.

Das **Pellikel** ist eine durchsichtige, elastische Membran, die mit Graten oder papillenartigen Fortsätzen versehen sein kann (Abbildung 11.24). Die gesamte Oberfläche ist mit Cilien besetzt, die in Längsreihen angeordnet sind. Dicht unterhalb des Pellikels befindet sich einer dünner, durchsichtiger **Ektoplasma**bereich, der die größere Menge des granulären **Endoplasmas** umgibt. In das Ektoplasma eingebettet liegen unmittelbar unterhalb der Oberfläche die spindelförmigen **Trichozysten** (Abbildung 11.24), die abwechselnd mit den Cilienbasen angeordnet sind. Die Infraciliatur lässt sich nur durch spezielle Fixierungs- und Färbungsmethoden sichtbar machen.

Ein **Cytostom** am Ende der Oralrinne mündet in einen tubulären **Cytopharynx** (Zellschlund), dem die Nahrung durch eine undulierende Membran aus modifizierten Cilien zugestrudelt wird. Fäkalstoffe werden durch einen **Cytoprokt** (Zellafter), der posterior von der Oralrinne liegt, ausgeschieden (Abbildung 11.15). Innerhalb des Endoplasmas liegen Nahrungsvakuolen, die Nahrung in verschiedenen Stadien der Verdauung enthalten. Es gibt zwei **kontraktile Vakuolen**. Jede besteht aus einem zentralen Raum, der von mehreren **ausstrahlenden Kanälen** umgeben ist (Abbildung 11.15). In diesen Kanälen sammelt sich Flüssigkeit, die in die zentral gelegene Vakuole weitergeleitet wird. Wir haben den Exkretionsvorgang und die osmoregulatorische Funktion der kontraktilen Vakuolen weiter oben beschrieben.

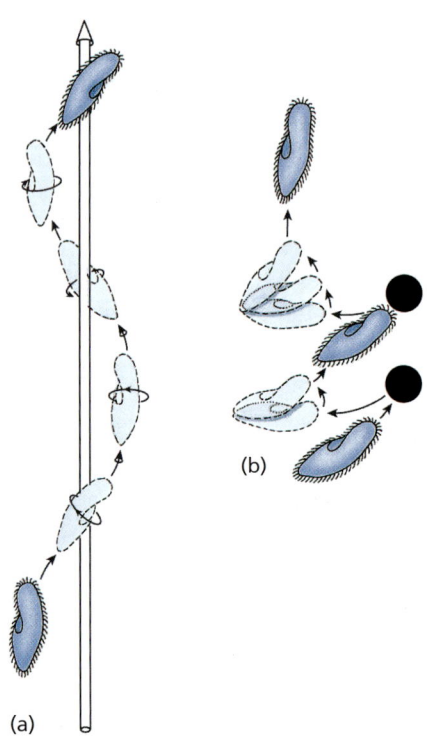

Abbildung 11.26: Trajektorie und Vermeidungsreaktion beim Pantoffeltierchen. (a) Spiralförmige Trajektorie eines schwimmenden Pantoffeltierchens (Paramecium). (b) Vermeidungsreaktion von Paramecium.

Paramecium caudatum besitzt zwei Zellkerne – einen nierenförmigen Großkern (**Makronucleus**) und einen Kleinkern (**Mikronucleus**), der in die Einbuchtung des Großkerns eingepasst ist. Die Zellkerne sind nur in angefärbten Präparaten oder speziellen Kontrastdarstellungen im Lichtmikroskop erkennbar. Die Zahl der Mikronuclei ist artabhängig. So besitzt beispielsweise *P. multimicronucleatum* bis zu sieben von ihnen.

Pantoffeltierchen sind holozoisch. Sie ernähren sich von Bakterien, Algen und anderen Kleinstlebewesen. Cilien in der Oralrinne strudeln im Wasser befindliche Nahrungsteilchen in das Cytostom; von dort aus werden sie mit Hilfe der undulierenden Membran in den Cytopharynx befördert. Vom Zellschlund aus gelangt die Nahrung in Nahrungsvakuolen (Phagosomen), die im Endoplasma abgeschnürt wird. Nahrungsvakuolen nehmen einen definierten Weg durch das Zellplasma, während die in ihnen enthaltene Nahrung durch Enzyme aus dem Endoplasma, die als inaktive Proenzyme gebildet und im Inneren der Vakuolen aktiviert werden, verdaut werden. Unverdauliche Anteile der Nahrung werden durch den Cytoprokt ausgeschieden.

Der Körper ist elastisch und dadurch fähig, sich zu verbiegen und durch enge Stellen hindurchzuzwängen. Die Cilien können sowohl vorwärts wie rückwärts schlagen; der Organismus kann also kontrolliert in beide Richtungen schwimmen. Die Welle des Cilienschlages verläuft schräg über den Zellkörper, so dass die Zelle beim Schwimmen um die Längsachse rotiert. In der Oralrinne sind die Cilien länger und schlagen heftiger als die anderen, so dass das anteriore Ende sich aboral dreht. Als Ergebnis dieser zusammenwirkenden Faktoren bewegt sich der Gesamtorganismus in einer Spirallinie vorwärts (▶ Abbildung 11.26 a).

Wenn ein Ciliat wie *Paramecium* auf ein Hindernis oder einen störenden chemischen Reiz stößt, kehrt er die Schlagrichtung der Cilien um, schwimmt ein kurzes Stück zurück, und wirft das anteriore Ende herum, während er sich um das ortsfeste posteriore Ende herumdreht (Abbildung 11.26 b). Dieses Verhalten wird als **Vermeidungsreaktion** bezeichnet (Abbildung 11.26 b). Ein Pantoffeltierchen kann fortwährend seine Bewegungsrichtung ändern, um einer gefährlichen Situation auszuweichen. Auf die gleiche Art kann es sich in einer attraktiven Zone halten. Ein Pantoffeltierchen vermag weiterhin seine Schwimmgeschwindigkeit zu verändern. Woher „weiß" ein Pantoffeltierchen, wann es Richtung oder Geschwindigkeit ändern muss? Interessanterweise hängen die Reaktionen der Zelle von der

> **Exkurs**
>
> Lokomotorische Reaktionen, durch die ein Organismus sich mehr oder weniger fortwährend relativ zu einem einwirkenden Reiz ausrichtet, werden als *Taxien* (Sing. Taxis) bezeichnet. Die Bewegung auf die Quelle eines Reizes zu ist eine positive Taxis, die Bewegung weg von einer Reizquelle eine negative Taxis. Reizspezifische Taxien sind die Thermotaxis (Reaktion auf Wärme), Phototaxis (Reaktion auf Lichteinfall), Thigmotaxis (Reaktion auf Berührung), Chemotaxis (Reaktion auf Stoffe), Rheotaxis (Reaktion auf eine Luft- oder Wasserströmung), Galvanotaxis (Reaktion auf einen elektrischen Gleichstrom) und Geotaxis (Reaktion auf die Schwerkraft). Einige Reize führen nicht zu einer Ausrichtung, sondern bloß zu einer Bewegungsänderung: schnellere Bewegung (ohne Richtungsänderung), häufigeres zufälliges Abbiegen, oder Verlangsamung der Geschwindigkeit oder komplettes Einstellen der Fortbewegung. Derartige Reaktionen werden Kinesen genannt. Ist die Vermeidungsreaktion eines Pantoffeltierchens eine Taxis oder eine Kinese?

Wirkung ab, die der einwirkende Reiz auf die elektrische Potenzialdifferenz (die elektrische Spannung) der Zellmembran hat. Die Membran der Pantoffeltierchen zeigt in Anwesenheit von Lockstoffen eine leichte Hyperpolarisation; abstoßende Stoffe (Repellantien), die eine Vermeidungsreaktion hervorrufen, führen zu einer Depolarisation. Eine Hyperpolarisation erhöht die Rate des Vorwärtsschlages der Cilien, eine Depolarisation führt zu einer Umkehr der Cilienschlagrichtung und damit zu einem Rückwärtsschwimmen.

Fortpflanzung bei *Paramecium*. Pantoffeltierchen vermehren sich nur durch Zweiteilung quer zu den Kineten (Cilienreihen), doch treten bestimmte Formen der Sexualität wie Konjugation und Autogamie auf.

Bei der **Zweiteilung** teilt sich der Mikronucleus mitotisch in zwei Mikronuclei, die zu entgegengesetzten Enden der Zelle wandern (▶ Abbildung 11.27). Der Makronucleus vollführt eine Längsstreckung und teilt sich amitotisch.

Zur **Konjugation** kommt es bei den Ciliaten in gewissen Zeitabständen. Die Konjugation besteht aus einer zeitweiligen Vereinigung zweier Individuen zum Austausch chromosomaler Erbmasse (▶ Abbildung 11.28). Während der konjugativen Vereinigung zerfallen die Großkerne, und die Kleinkerne der beteiligten Zellen durchlaufen eine Meiose. Dabei entstehen jeweils vier haploide Mikronuclei als Meioseprodukte, von denen drei zugrundegehen (Abbildung 11.28 a und c). Der verbleibende Mikronucleus teilt sich dann in zwei haploide Vorkerne (Pronuclei), von denen einer auf den zweiten

11 Protozoen

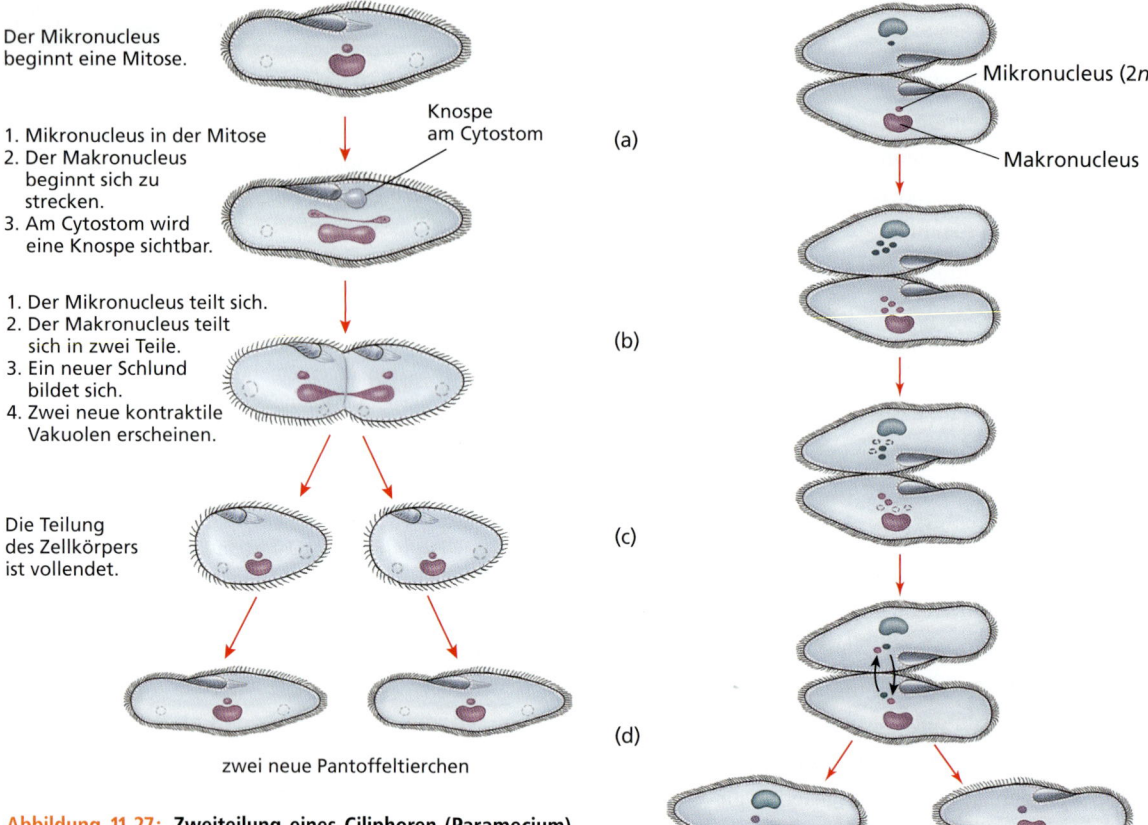

Abbildung 11.27: Zweiteilung eines Ciliphoren (Paramecium). Die Teilung verläuft quer zu den Cilienreihen.

Abbildung 11.28: Schematischer Ablauf der Konjugation bei Paramecium. (a) Zwei *Paramecium*-Zellen kommen mit ihren Oralseiten in Kontakt miteinander. (b) Die Kleinkerne teilen sich meiotisch unter Bildung von vier haploiden Kleinkernen. (c) Drei Kleinkerne gehen zugrunde; der verbleibende Mikronukleus teilt sich unter Bildung eines „männlichen" und eines „weiblichen" Vorkerns. (d) Die männlichen Vorkerne werden zwischen den Konjuganten ausgetauscht. (e) Männliche Vorkerne fusionieren mit weiblichen Vorkernen und die Individuen trennen sich. In der Folge werden die alten Großkerne absorbiert und durch neue Makronuclei ersetzt.

Konjuganten (den Sexualpartner) übergeht. Nach dem Kernaustausch verschmelzen die beiden Vorkerne zu einem neuen, diploiden Mikronucleus. Danach kommt es zu weiteren Vorgängen am Zellkern, die in Abbildung 11.28 schematisch dargestellt sind. Nach diesem verwickelten Vorgang können die beteiligten Organismen, die sich wieder getrennt haben, mit der Zweiteilung fortfahren, ohne dass eine erneute Notwendigkeit zur Konjugation besteht.

Das Ergebnis der Konjugation ist mit dem einer Zygotenbildung vergleichbar, da jeder Exkonjugant rekombinierte Erbsubstanz zweier unterschiedlicher Individuen in sich trägt. Der Vorteil der geschlechtlichen Fortpflanzung liegt in der Möglichkeit der Genrekombination, wodurch die genetische Vielfalt in der Population gesteigert und die Anhäufung nachteiliger Mutationen in einem einzelnen Organismus vermindert wird. Obschon sich Ciliaten in klonalen Kulturen ohne Konjugation offensichtlich wiederholt und vielleicht unbegrenzt vermehren können, scheint eine solche Linie mit der Zeit ihre Vitalität zu verlieren. Eine Konjugation stellt die Vitalität des Bestandes wieder her. Jahreszeitliche Änderungen oder eine sich verschlechternde Umwelt stimulieren in der Regel die geschlechtliche Fortpflanzung.

Die **Autogamie** ist ein Vorgang der Selbstbefruchtung, der der Konjugation ähnlich ist, mit der Ausnahme, dass kein Austausch von Zellkernen stattfindet. Nach dem Zerfall des Großkerns unter der meiotischen Teilung des Kleinkerns fusionieren zwei haploide Vorkerne zu einem Synkaryon, der vollständig homozygot ist (siehe Kapitel 5).

Phylum Dinoflagellata (Panzergeißler)

Die Dinoflagellaten sind eine weitere Gruppe, die von den Zoologen früher zu den Phytomastigophora gerechnet wurden. Etwa die Hälfte der Arten ist photoautotroph und besitzt Chromatophoren, die Chlorophyll enthalten. Die restlichen Arten sind farblos und heterotroph. Es wird angenommen, dass die Dinoflagellaten ursprünglich heterotroph waren und einige Chloroplasten durch

11.3 Die wesentlichen Taxa der Protozoen

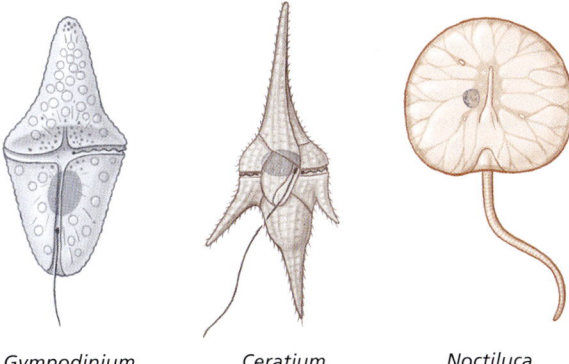

Gymnodinium   *Ceratium*   *Noctiluca*

Abbildung 11.29: Beispiele für Vertreter des Phylums Dinoflagellata (Panzergeißler). *Gymnodinium* besitzt keine Celluloseplatten. Einige Mitglieder dieser Familie sind autotroph, einige phagotroph. *Ceratium* trägt Platten und ist sowohl auto- wie phagotroph. *Noctiluca* ist vollständig phagotroph, kann sehr groß werden (mehr als 1 mm im Durchmesser) und besitzt große Tentakel, die zum Fressen eingesetzt werden.

Endosymbiose aus mehreren Algenquellen aufgenommen und behalten haben. Ökologisch gehören einige Dinoflagellatenarten zu den wichtigsten Primärproduzenten des Meeres. Sie besitzen zumeist zwei Flagellen – eine äquatoriale und eine longitudinale – die beide zumindest teilweise in einer Rinne des Körpers liegen (▶ Abbildung 11.29). Der Körper kann nackt oder mit Celluloseplatten oder Schindeln bedeckt sein. Viele Arten vermögen Beute über eine Mundregion zwischen den Platten in der Nähe des posterioren Körperendes aufzunehmen. *Ceratium* (Abbildung 11.29) beispielsweise besitzt einen dicken Überzug mit langen Dornen, in die hinein sich der Zellkörper erstreckt. *Ceratium*-Zellen vermögen mit Hilfe posteriorer Pseudopodien Nahrung einzufangen und sich zwischen den flexiblen Platten in der posterioren Rinne hindurch einzuverleiben. *Noctiluca* (Abbildung 11.29) – ein farbloser Dinoflagellat – ist ein gefräßiger Jäger und verfügt über eine lange, motile Tentakel nahe der Ansatzstelle seines einzelnen, kurzen Flagellums. *Noctiluca* ist eines der vielen Meereslebewesen, das Licht erzeugen kann (Biolumineszenz).

Verschiedene Gruppen autotropher Flagellaten sind planktonische Primärproduzenten des Süßwassers und der Meere (siehe Kapitel 38); die Dinoflagellaten sind jedoch die bedeutendsten, insbesondere im Meer. **Zooxanthellen** sind Dinoflagellaten, die in einer mutualistischen Gemeinschaft in den Geweben mancher Invertebraten einschließlich anderer Protozoen, aber auch in Seeanemonen, Horn- und Steinkorallen sowie Muscheln leben. Die Assoziation mit Steinkorallen ist von ökologischer wie ökonomischer Bedeutung, weil nur Korallen in einer solchen symbiontischen Verbindung mit Zooxanthellen in der Lage sind, Korallenriffe aufzubauen (siehe Kapitel 13).

Pfiesteria piscicida (lat. *piscis*, Fisch + *decido*, sterben) ist eine von mehreren, miteinander verwandten Dinoflagellatenarten, die Fischbestände in den Brackwassergebieten der atlantischen Küsten beeinträchtigen können.

Einen großen Teil der Zeit ernährt sich *Pfiesteria* von Algen und Bakterien, doch scheint irgendetwas in den Ausscheidungen großer Fischschwärme die Pfiesterien zu veranlassen, ein sehr wirkungsvolles, aber kurzlebiges Toxin abzusondern (vielleicht eine Abwehrmaßnahme gegen Fressfeinde). Das Gift kann Fische lähmen oder töten und ruft oft Läsionen der Haut hervor. *Pfiesteria* besitzt unter seinen mehr als 20 verschiedenen Körperformen auch flagellentragende und amöboide Formen. Einige Formen ernähren sich von Geweben und Blut von Fischen. Obwohl Pfiesterien keine eigenen Chloroplasten besitzen, können sie Chloroplasten aus Futteralgen herauslösen und für begrenzte Zeit Energie aus den so requirierten Organellen beziehen. Diese faszinierende Organismengruppe wurde erst 1988 entdeckt, nachdem es vor der Küste des US-Staates Carolina einer Massenvermehrung in Fischfarmen gekommen war.

Exkurs

Dinoflagellaten können andere Organismen schädigen, zum Beispiel wenn sie durch Massenvermehrung eine „Algenblüte" auslösen. Aufgrund der durch Pigmente verursachten rötlichen Färbung einiger Arten, die zu solchen explosionsartiger Vermehrung neigen, wird das Phänomen in angelsächsischen Ländern als „rote Flut" (red tide) bezeichnet. Das Wasser kann – je nach beteiligter Art – eine rötliche, bräunliche, gelbliche oder gar keine auffällige Färbung annehmen. Die Dinoflagellaten erzeugen Toxine, die sie ins Wasser entlassen. Die giftigen Stoffe sind für die Lebewesen, die sie erzeugen, offenkundig nicht schädlich, können aber stark giftig für andere Meeresbewohner wie Fische sein. Neben verschiedenen Dinoflagellaten kann auch mindestens eine Cyanobakterienart für toxische „Algenblüten" verantwortlich sein. Algenblüten giftproduzierender Dinoflagellaten haben zu beträchtlichen wirtschaftlichen Einbußen der Muschelzuchtindustrie geführt, da Muscheln als Filtrierer die giftigen Mikroorganismen aus dem Wasser aufnehmen und absterben. Ein anderer Flagellat erzeugt ein Gift, das sich in der Nahrungskette anreichert, insbesondere in großen, Korallenriffe bewohnenden Fischen. Dies kann beim Verzehr derart kontaminierter Fische beim Menschen zu Lebensmittelvergiftungen führen. Die Erkrankung wird nach dem verantwortlichen Gift Ciguatoxin (ein Neurotoxin) Ciguatera genannt.

Phylum Apicomplexa

Alle Apicomplexa (früher: Sporozoa, Sporentierchen) sind Endoparasiten, und ihre Wirte rekrutieren sich aus zahlreichen Tierstämmen. Kennzeichnend für diesen Stamm ist der Besitz einer Kombination bestimmter Organellen, die zusammen den **Apikalkomplex** bilden (lat. *apex*, Scheitel(punkt)) (▶ Abbildung 11.30). Der Apikalkomplex ist für gewöhnlich nur in gewissen Entwicklungsstadien ausgebildet (zum Beispiel **Merozoiten** und **Sporozoiten**; ▶ Abbildung 11.31), in anderen fehlt er. Einige Bildungen, insbesondere die **Rhoptrien** und die **Mikroneme**, helfen offenbar beim Eindringen in Gewebe und Zellen des Wirtes.

Der Lokomotion dienende Organellen sind bei dieser Gruppe weniger augenfällig als bei anderen Protozoen. Pseudopodien treten bei einigen intrazellulären Stadien auf, und die Gameten einiger Arten sind flagelliert. Winzige kontraktile Fibrillen können Kontraktionswellen auslösen, die über die Körperoberfläche hinweglaufen, um den Organismus in einem flüssigen Medium voranzutreiben.

Der Vermehrungszyklus umfasst gewöhnlich sowohl ungeschlechtliche wie geschlechtliche Fortpflanzungsschritte. Manchmal ist ein wirbelloser Zwischenwirt eingeschaltet. An einen gewissen Punkt im Vermehrungszyklus entwickelt der Organismus eine **Spore** (**Oozyste**), die für den nächsten Wirt infektiös und oft von einer schützenden Hülle umgeben ist. In dem tradierten, vormaligen Phylum Protozoa kam den Apicomplexa der Rang einer Klasse mit Namen Sporozoa (Sporentierchen) zu. Die Bezeichnung Sporozoen wird auch heute noch ohne taxonomischen Rang manchmal verwendet; sie kann aber auch für nicht mit den hier diskutierten Einzellern sporenbildende Taxa Verwendung finden.

Classis Coccidea (Klasse der Kokzidien). Die Kokzidien sind intrazelluläre Parasiten von Wirbellosen und Wirbeltieren. Die Gruppe enthält Arten von sehr großer human- und veterinärmedizinischer Bedeutung. Wir werden drei Beispiele erörtern: *Eimeria*, eine Art, die im Allgemeinen Vögel befällt; *Toxoplasma*, den Erreger der Toxoplasmose von Katzen und Menschen; und *Plasmodium*, den Erreger der Malaria.

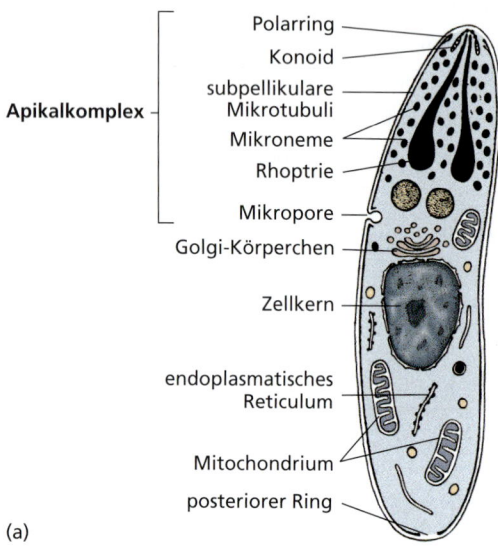

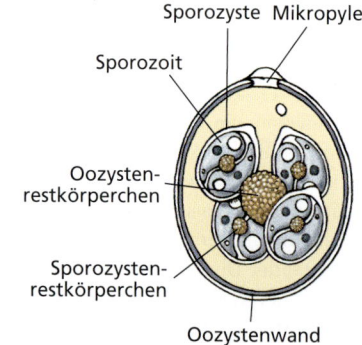

Abbildung 11.30: Apikalkomplex. (a), Schemazeichnung des Sporozoiten- oder Merozoitenstadiums eines Apikomplexes nach einem elektronenmikroskopischen Bild, an dem der Apikalkomplex erkennbar ist. Der Polring, der Konoid, die Mikroneme, die Rhoptrien, die subpellikularen Mikrotubuli und die Mikropore (= Cytostom) werden sämtlich als Komponenten des Apikalkomplexes angesehen. (b), Infektiöse Oozyste von *Eimeria*. Die Oozyste ist das resistente Stadium und hat nach der Zygotenbildung (Sporogonie) eine mehrfache Teilung durchlaufen.

Exkurs

Rund 20 Prozent oder mehr der erwachsenen US-Amerikaner sind mit *Toxoplasma gondii* infiziert. Die meisten verspüren keine Symptome, da das Immunsystem die Parasiten unbemerkt erfolgreich ausschaltet. *T. gondii* ist jedoch eine der wichtigsten opportunistischen Infektionen bei AIDS-Patienten. Die latente Infektion wird bei 5 bis 15 Prozent der AIDS-Patienten aktiviert (oftmals im Gehirn), und häufig mit schwerwiegenden Konsequenzen. Ein weiteres Kokzidium – *Cryptosporidium parvum* – wurde 1976 zum ersten Mal beim Menschen beschrieben. Es ist heute weltweit als eine Hauptursache für Durchfallerkrankungen erkannt, insbesondere bei Kindern in Tropenländern. Von kontaminiertem Wasser ausgehende Infektionen sind in den USA aufgetreten, und der von dem Erreger verursache Durchfall kann bei Patienten, deren Immunsystem geschwächt ist, lebensgefährlich sein (zum Beispiel für AIDS-Patienten). Das neueste auf den Plan getretene Pathogen aus der Gruppe der Kokzidien ist *Cyclospora cayetanensis*. In Nordamerika sind im Zeitraum Mai/Juni 1996 rund 850 Fälle von *Cyclospora*-Infektionen bekannt geworden. Bis heute ist nicht bekannt, wie der Parasit übertragen wird oder welches in der freien Natur sein normaler Wirt ist.

11.3 Die wesentlichen Taxa der Protozoen

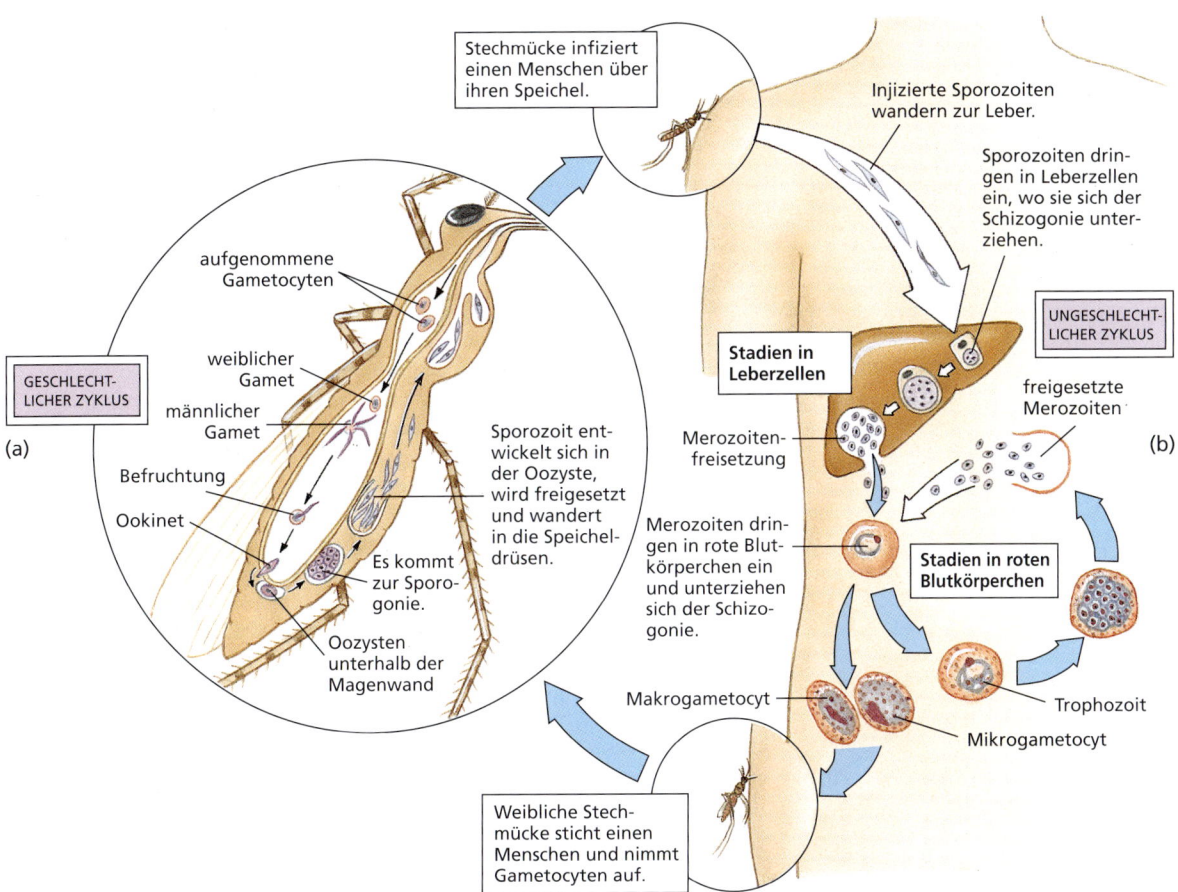

Abbildung 11.31: **Vermehrungszyklus von Plasmodium vivax.** Eine der Protozoenarten aus der Klasse der Kokzidien (Classis Coccidia), die beim Menschen Malaria hervorrufen. (a) Der geschlechtliche Zyklus erzeugt Sporozoiten im Körper einer Stechmücke. Die Meiose läuft kurz nach der Zygotenbildung ab (zygotäre Meiose). (b) Die Sporozoiten infizieren einen Menschen und vermehren sich ungeschlechtlich – zuerst in Leberzellen, dann in roten Blutkörperchen. Die Malaria wird durch weibliche Stechmücken der Gattung *Anopheles* verbreitet, die beim Saugen von Blut Gametocyten der Erreger aufnimmt. Sporozoiten werden bei einem neuerlichen Bissakt in die Wunde der Einstichstelle entlassen.

Eimeria-**Arten.** Der Begriff Kokzidiose wird im Allgemeinen nur auf Infektionen mit *Eimeria* oder *Isospora* angewendet. Der Mensch kann sich mit *Isospora*-Arten infizieren, doch verläuft die Infektion in aller Regel unauffällig. Bei AIDS-Patienten kann eine *Isospora*-Infektion (opportunistische Infektion) dagegen sehr schwer verlaufen. Einige *Eimeria*-Arten können bei bestimmten Haustieren schwere Erkrankungen hervorrufen. Dies äußert sich für gewöhnlich durch schwere Durchfälle oder eine Darmruhr.

Eimeria tenella ist für Junggeflügel häufig tödlich. Der Erreger ruft eine schweres pathogenetisches Schadbild am Darm hervor. Die Organismen vollziehen im Inneren der Darmzellen eine schizogone Entwicklung (siehe weiter oben). Dabei werden schließlich Gameten gebildet. Nach der Fertilisation bildet die Zygote eine Oozyste, die mit den Fäzes den Wirt verlässt (Abbildung 11.30b). Außerhalb des Wirtes kommt es innerhalb der Oozyste zur Sporogonie; jede Oozyste bringt dabei acht Sporozoiten hervor. Zur Infektion kommt es, wenn ein neuer Wirt versehentlich eine sporulierte Oozyste verschluckt und die Sporozoiten durch die Einwirkung von Verdauungsenzymen auf die Oozyste in Freiheit gesetzt werden.

Toxoplasma gondii. Ein ähnlicher Vermehrungszyklus vollzieht sich bei Toxoplasma gondii, einem Parasiten von Katzen, doch erzeugt diese Art auch extraintestinale Stadien. Wenn Nagetiere, Rinder, Schafe, Menschen und viele andere Säugetiere, ja sogar Vögel, die Sporozoiten von *Toxoplasma* aufnehmen, wandern die Sporozoiten aus dem Darm in andere Organe ein und beginnen in den lokalen Geweben mit einer raschen, ungeschlechtlichen Vermehrung. Mit dem Aufkommen einer Immunabwehr durch den Wirt verlangsamt sich die Vermehrung der Toxoplasmen, die sich schließlich in widerstandsfähige **Gewebezysten** einschließen. Die nun als **Bradyzoiten** bezeichneten Zoiten akkumulieren in großer Zahl in den Gewebezysten. Bradyzoiten sind für

KLASSIFIZIERUNG

Protozoenstämme

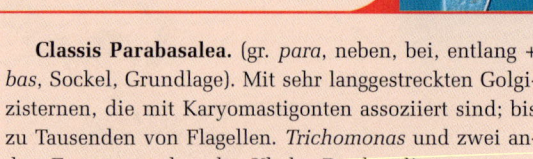

Die hier vorgestellte Klassifikation folgt im Wesentlichen der von Hausmann und Hülsmann aus dem Jahr 1996 und ist eine gekürzte Version der von Roberts und Janovy aus dem Jahr 2005. Die aktuelle Systematik der Protozoen stellt eine erhebliche Abkehr gegenüber älteren Auflagen dieses Lehrbuchs dar. Mit wenigen Ausnahmen haben wir nur Taxa aufgenommen, aus denen Beispiele in diesem Kapitel erwähnt werden. Für weitergehende Einzelheiten zu diesem in rascher Entwicklung befindlichen Gebiet sei der Leser auf die einschlägige Fachliteratur verwiesen; ausgewählte Arbeiten sind am Ende des Kapitels aufgelistet.

Umfangreiche und starke Befunde deuten darauf hin, dass das Phylum Sarcomastigophora und seine Unterstämme nicht länger haltbar sind. Neuere Monografien zerschlagen die Amöben und ordnen einzelne Gruppen verschiedenen Taxa mit diversen Affinitäten zu. Nicht alle sind bislang zugeordnet. Die Lebewesen, die vormals in das Phylum Sarcomastigophora, Subphylum Sarcodina gestellt worden waren, sollten nach heutiger Erkenntnis mindestens zwei (wenn nicht mehr) Stämmen zugeordnet werden. Nichtsdestotrotz fallen die Amöben in eine Anzahl recht gut erkennbarer morphologischer Gruppen, die wir zum besseren Verständnis hier verwenden wollen statt diese Gruppen spezifischen taxonomischen Ebenen zuzuordnen. Die Systematik der Einzeller ist ohnehin stark in Bewegung, und das gegenwärtige Bild dürfte nicht das endgültige sein.

Phylum Chlorophyta (gr. *chloros*, grün + *phyton*, Pflanze). Grünalgen. Einzellige und vielzellige Algen. Photosynthesepigmente (Chlorophyll a und b) vorhanden; Stärke als Speicherstoff (dies sind Merkmale, die die Grünalgen mit den höheren Pflanzen (Moose und Gefäßpflanzen) gemeinsam haben). Alle mit biflagellaten Stadien; Flagellen sind von gleicher Länge und glatt; zumeist freilebende Photoautotrophe. Beispiele: *Chlamydomonas, Volvox*. Die Angehörigen dieses Stammes werden dem Kladus Viridiplantae zugeordnet.

Phylum Retortamonada (lat. *retorqueo*, zurückschnellen + gr. *mon(o)*, einzig, allein). Mitochondrien und Golgiapparat fehlen. Drei anteriore und ein rückwärtsgewandtes (zum posterioren Ende laufendes) Flagellum in einer Furche. Intestinale Parasiten oder freilebend in anaeroben Umgebungen. Dieser Stamm wird in zwei Kladi untergliedert, mit zwei Gattungen im Kladus Retortamonadea.

Classis Diplomonadea (gr. *diplo*, doppel + *mon(o)*, einzig, allein). Ein oder zwei Karyomastigonten (Kinetosomengruppen mit einem Zellkern); einzelne Mastigonten mit ein bis vier Flagellen; mitotischer Spindelapparat innerhalb des Zellkerns (geschlossene Mitose); Zysten vorhanden; freilebend oder parasitär. Neun Gattungen von Diplomonaden bilden den Kladus Diplomonadea.

Ordo Diplomonadida. Zwei Karyomastigonten mit je vier Flagellen, davon eine rückwärtsgewandt; mit einer Vielzahl mikrotubulärer Bänder. Beispiel: *Giardia*.

Phylum Axostylata (gr. *axon, axis*, Achse + *stylos*, Stiel, Stift). Mit einem Axostyl aus Mikrotubuli.

Classis Parabasalea. (gr. *para*, neben, bei, entlang + *bas*, Sockel, Grundlage). Mit sehr langgestreckten Golgizisternen, die mit Karyomastigonten assoziiert sind; bis zu Tausenden von Flagellen. *Trichomonas* und zwei andere Formen machen den Kladus Parabasalia aus.

Ordo Trichomonadida (gr. *trichos*, Haar + *mon(o)*, einzig, allein). Typischerweise mindestens einige Kinetosomen mit den für Trichomonaden charakteristischen Wurzelfilamenten assoziiert; Parabasalkörper vorhanden; Teilungsspindel extranuclear; Hydrogenosomen vorhanden; keine geschlechtliche Fortpflanzung; echte Zysten selten; sämtlich parasitär. Beispiele: *Dientamoeba, Trichomonas*.

Phylum Euglenozoa (gr. *eu*, echt, gut, richtig + *glene*, Höhlung, Tasche + *zoon*, Tier). Mit cortikalen Mikrotubuli; Flagellen oft mit Paraxialstäben (stäbchenartige Gebilde, die die Axoneme in Flagellen begleiten); Mitochondrien mit diskoiden Cristae; Nucleoli bleiben während der Mitose erhalten. Dieser Stamm ist synonym mit dem Kladus Euglenozoa.

Subphylum Euglenida. Mit pellikularen Mikrotubuli, die das Pellikel versteifen.

Classis Euglenoidea. (gr. *oideos*, von der Form, von der Art). Zwei heterokonte Flagellen (Flagellen unterschiedlichen Baus), die beide dem Apikalreservoir entspringen; einige mit lichtempfindlichem Stigma (Augenfleck) und Chloroplasten. Beispiel: *Euglena*.

Subphylum Kinetoplasta. (gr. *kinetos*, Bewegung + *plastos*, Form). Mit einzigartigen Mitochondrien, die eine große DNA-Scheibe enthalten; Paraxialstäbe.

Classis Trypanosomatidea. (gr. *trypanon*, Bohrer + *soma*, Körper). Ein oder zwei Flagellen, die aus einer Tasche entspringen; Flagellen typischerweise mit Paraxialstab, der parallel zum Axonem läuft; einzelnes Mitochondrium (bei einigen Formen funktionsuntüchtig), das sich als Röhre, Reifen oder Netzwerk sich verzweigender Röhren durch die Länge der Zelle zieht; für gewöhnlich mit einem einzelnen, auffälligen, DNA-haltigen Kinetoplasten in der Nähe der Kinetosomen der Flagellen; Golgiapparat im Regelfall in der Region der Flagellentasche, aber nicht mit den Kinetosomen oder den Flagellen verbunden; sämtlich parasitär. Beispiele: *Leishmania, Trypanosoma*.

Phylum Apicomplexa (lat. *apex*, Scheitel + *complexus*, Umfassen). Charakteristische Organellenausstattung (Apikalkomplex), mit dem anterioren Zellpol assoziiert und zumindest in gewissen Entwicklungsstadien vorhanden; Cilien und Flagellen fehlen, außer bei den flagellierten Mikrogameten einiger Gruppen; Zysten oft vorhanden; sämtlich parasitär. Dieses Phylum ist im Kladus Alveolata enthalten.

Classis Gregarinea (lat. *gregarius*, zur Herde gehörig). Reife Gamonten (Individuen, die Gameten bilden) groß, extrazellulär; Gamten für gewöhnlich in Größe und Form gleich; Zygoten bilden innerhalb der Gametozysten Oozysten; Parasiten des Verdauungstraktes oder in Körperhöhlen von Wirbellosen. Generationswechsel für gewöhnlich in ein und demselben Wirt. Beispiele: *Monocystis, Gregarina*.

Classis Coccidea (gr. *kokkos*, Korn, Kügelchen). Reife Gamonten klein, typischerweise intrazellulär; Generationswechsel im Regelfall mit Merogonie, Gametogonie und Sporogonie; die meisten Arten leben in Wirbeltieren. Beispiele: *Cryptosporidium, Cyclospora, Eimeria, Toxoplasma, Plasmodium, Babesia*.

Phylum Ciliophora (lat. *cilium*, (Augen)wimper + gr. *phora*, tragen). Wimperntierchen. Cilien oder ciliäre Organellen in wenigstens einem Stadium des Vermehrungszyklus; zwei Typen von Zellkernen (mit seltenen Ausnahmen); Zweiteilung quer zu Cilienreihen; Knospung und Mehrfachteilung treten ebenfalls auf; geschlechtliche Prozesse in Form von Konjugation, Autogamie und Cytogamie; Ernährung heterotroph; kontraktile Vakuole im Regelfall vorhanden; die meisten Arten sind freilebend, viele auch kommensalistisch, einige parasitär. (Die Ciliaten sind eine sehr große Gruppe, die von den taxonomischen Beratungsgruppen der Gesellschaft für Protozoologie (Society of Protozoologists) gegenwärtig in drei Klassen mit zahlreichen Ordnungen und Unterordnungen untergliedert wird. Die Klassen werden auf der Grundlage technischer Merkmale des Cilienmusters der Zellen – insbesondere im Bereich des Cytostoms, der Entwicklung des Cytostoms, sowie weiterer Merkmale – eingeteilt). Beispiele: *Paramecium, Colpoda, Tetrahymena, Balantidium, Stentor, Bepharisma, Epidinium, Euplotes, Vorticella, Carchesiium, Trichodina, Podophrya, Ephelota*. Dieses Phylum ist im Kladus Alveolata enthalten.

Phylum Dinoflagellata (gr. *dino*, Panzer + lat. *flagellum*, Geißel, Peitsche). Panzergeißler. Im Regelfall zwei Flagellen – eine transversale, eine hinterhergeschleppte; Körper für gewöhnlich mit transversalen und longitudinalen Furchen; jede Furche beherbergt ein Flagellum; Chromoplasten für gewöhnlich gelb oder dunkelbraun, gelegentlich grün oder blaugrün, mit den Chlorophyllen a und c; Zellkern mit Chromosomen, die unter den Eukaryonten einzigartig sind, weil Histone fehlen oder nur in geringer Menge vorhanden sind; Mitose intranuclear; Körpergestalt manchmal kugelige Einzelzellen, Kolonien oder einfache Filamente; geschlechtliche Fortpflanzung vorhanden; Angehörige des Phylums freilebend, planktonisch, paratiär oder mutualistisch. Beispiele: *Zooxanthella, Ceratium, Noctiluca, Ptychodiscus*. Dieses Phylum ist im Kladus Alveolata enthalten.

Amöben (Wechseltierchen). Obgleich die Angehörigen des vormaligen Taxons *Sarcodina* keine monophyletische Gruppe darstellen, betrachten wir sie dennoch aus Gründen der Einfachheit unter dieser informellen Überschrift. Amöben bewegen sich mit Hilfe von Pseudopodien oder lokomotorischem Cytoplasmafluss ohne diskrete Pseudopodien; Flagellen – so vorhanden – sind für gewöhnlich auf Entwicklungs- oder sonstige Durchgangsstadien beschränkt; Körper nackt oder mit externer oder interner Testa oder externem oder internem Skelett; ungeschlechtliche Fortpflanzung durch Spaltung; Sexualität – falls vorhanden – mit flagellentragenden oder (seltener) amöboiden Gameten; zumeist freilebend.

Rhizopodien (Wurzelfüßler). Lokomotion durch Lobopodien, Filopodien (dünnen Pseudopodien, die sich oft verzweigen, aber nicht wiedervereinigen) oder durch Protoplasmastrom ohne Ausbildung diskreter Pseudopodien. Beispiele: *Amoeba, Entamoeba, Difflugia, Arcella, Chlamydophrys*. Diese Amöben zerfallen in mehrere getrennte Kladi.

Granuloreticulorien (lat. *granum*, Korn + *reticulum*, Netzwerk). Lokomotion durch Reticulopodien (dünne Pseudopodien, die sich verzweigen und oft wiedervereinigen (anastomosieren)); schließt die Foraminiferen ein. Beispiele: *Globigerina, Vertebralina*. Der Kladus Granuloreticulosa enthält diese Tiere.

Actinopoda („Strahlenfüßler"). Lokomotion durch Axopodien; umfasst die Radiolarien (Strahlentierchen) und die Heliozoen (Sonnentierchen). Beispiele: *Actinophrys, Clathrulina*. Diese Amöben zerfallen in mehrere getrennte Kladi.

---

andere Wirte (einschließlich anderer Katzen) infektiös. Bei Katzen, die infizierte Beutetiere fressen, können sie den intestinalen Vermehrungszyklus auslösen. Die Bradyzoiten verbleiben über Monate oder gar Jahre hinweg lebensfähig und infektiös. Es wurde geschätzt, dass ein Drittel der Weltbevölkerung Gewebezysten mit Bradyzoiten in sich trägt. Der normale Infektionsweg für den Menschen ist offenbar der Verzehr ungenügend erhitzten Fleisches.

Beim Menschen lösen die Toxoplasmen keine oder nur geringe Krankheitszeichen aus; Ausnahmen sind auch hier wieder AIDS-Patienten mit stark geschwächtem Immunsystem, sowie schwangere Frauen (insbesondere im ersten Drittel der Schwangerschaft). Eine Infektion des Embryos zu einem so frühen Zeitpunkt erhöht das Risiko für Missbildungen. Man nimmt an, dass zwei Prozent aller mental Retardierten (geistig Zurückgebliebenen) in den USA an einer kongenitalen (= vererbten) Toxoplasmose leiden. Eine Toxoplasmose kann außerdem bei Personen, die aus anderen Gründen immunsupprimiert (= das Immunsystem wird ist aus irgendwelchen Gründen gehemmt) sind, einen schweren Verlauf nehmen – zum Beispiel nach einer Organverpflanzung, wenn immunsupprimierende Medikamente verabreicht werden, um eine Abstoßung zu unterdrücken. Bei solchen Patienten kann das Aufbrechen einer Gewebezyste, die bei Personen mit einem normal funktionierenden Immunsystem leicht im Zaum gehalten werden kann, sich zu einer lebensbedrohlichen Infektion ausweiten.

***Plasmodium*: Der Malariaerreger.** Die am besten untersuchten Kokzidien sind die *Plasmodium*-Arten, welche die Erreger der chronischen Infektionskrankheit **Malaria** sind. Die Malaria ist eine sehr ernste Erkrankung, die weit verbreitet und nur schwierig einzudämmen ist – besonders in tropischen und subtropischen Regionen. Vier *Plasmodium*-Arten können den Menschen infizieren: *P. falciparum, P. vivax, P. malariae* und *P. ovale*. Obwohl jede der Erregerarten ihr eigenes klinisches Krankheitsbild hervorruft, durchlaufen alle bei ihrer Vermehrung in ihrem Wirt ähnliche Entwicklungszyklen (Abbildung 11.31).

Der Malariaparasit wird von weiblichen Stechmücken der Gattung *Anopheles* übertragen. Das Sporozoitenstadium wird mit dem Speichel des Insekts übertragen, wenn ein Mensch von einer infizierten Mücke gestochen wird. Die Sporozoiten gelangen mit dem Blutstrom zur Leber, wo sie in Leberzellen eindringen und eine schizogone Vermehrung einleiten. Die Produkte dieser Teilung wandern dann in andere Leberzellen ein und wiederholen den schizogonen Zyklus. Die Zellen von P. falciparum dringen nach nur einem Zyklus in der Leber in rote Blutkörperchen (Erythrocyten) ein. Der Zeitraum, den die Parasiten in der Leber verbringen, ist die **Inkubationszeit** (in der in der Regel keine Symptome verspürt werden – die Infektion also oftmals unentdeckt bleibt). Die Inkubationszeit kann 6 bis 15 Tage betragen, abhängig von der beteiligten *Plasmodium*-Art.

Die als Ergebnis der Schizogonie in der Leber freigesetzten **Merozoiten** dringen in Erythrocyten ein, wo sie eine Abfolge schizogoner Zyklen beginnen. Nach dem Eindringen in die roten Blutkörperchen wandeln sich die Erregerzellen in **Trophozoiten** um, die sich vom Hämoglobin der roten Blutkörperchen ernähren. Das Endprodukt des Hämoglobinverdauens durch die Malariaparasiten ist ein dunkler, unlöslicher Farbstoff, das **Hämozoin**. Das Hämozoin sammelt sich in der Wirtszelle an und wird freigesetzt, wenn die nächste Generation Merozoiten produziert wird. Schlussendlich reichert es sich in der Leber, der Milz und anderen inneren Organen an. Ein Trophozoit in einem Erythrocyten wächst heran und unterzieht sich der Schizogonie. Dabei produziert er 6 bis 36 Merozoiten, die – abhängig von der Art – hervorbrechen, um neue Erythrocyten zu infizieren. Wenn ein mit Merozoiten gefülltes rotes Blutkörperchen aufplatzt, werden die Stoffwechselprodukte der Parasiten freigesetzt, die sich in ihm angesammelt haben. Die Freisetzung dieser Substanzen ist der Auslöser für die Fieberschübe und Schüttelfrostanfälle, die ein Malariakranker erleidet.

Da die Population der in den Erythrocyten heranreifenden Schizonten bis zu einem gewissen Grad synchronisiert ist, weisen die Schüttelfrost- und Fieberepisoden einen für die betreffende *Plasmodium*-Art charakteristische Periodizität auf. Bei der *P. vivax*-Malaria (gutartige tertiäre Malaria) und bei der *P. ovale*-Malaria treten sie etwa alle 48 Stunden auf. Bei der *P. malariae*-Malaria (quartäre) alle 72 Stunden, und beim Befall mit *P. falciparum* (bösartige tertiäre Malaria) etwa alle 48 Stunden, obgleich die Synchronizität bei der letztgenannten Art nicht so hoch ausgeprägt ist. Betroffene erholen sich in der Regel von einer Infektion mit einer der drei erstgenannten Arten; bei unbehandelten Infektionen mit *P. falciparum* liegt die Sterblichkeit allerdings hoch. Manchmal kommt es zu schweren Komplikationen wie einer **zerebralen Malaria** (Hirnmalaria). Unglücklicherweise ist *P. falciparum* die häufigste Art. Auf ihr Konto geht rund die Hälfte aller Malariafälle. Bestimmte Allele, zum Beispiel das Sichelzellenallel des β-Globingens (siehe Kapitel 5: „Genmutationen" und Kapitel 31,

Exkurs

Eine Krankheit ist ein körperlicher Zustand beeinträchtigter Organfunktion(en) oder des Unwohlseins, der an bestimmten, charakteristischen Symptomen erkennbar ist. Als Seuche bezeichnet man eine Krankheit, die in einer Population zu einem bestimmten Zeitpunkt weit verbreitet ist und sich verhältnismäßig rasch ausbreitet; zumeist bezieht sich der Begriff auf Infektionskrankheiten und wird oft synonym mit Epidemie verwendet. Die Epidemiologie ist das Teilgebiet der Medizin, das sich mit der Ausbreitung, geografischen Verbreitung und Häufigkeit von Epidemien (Seuchen) und Krankheiten im Allgemeinen befasst. Die Epidemiologie ist eine phänomenologische Disziplin, die sich primär auf statistische Methoden stützt. Die seuchenartige Ausbreitung parasitärer Erkrankungen geht oft auf Faktoren wie mangelhafte hygienische Zustände zurück (nichtexistente oder marode Wasserversorgung, Kontamination von Wasser oder Nahrungsmitteln mit infektiösen Stadien der Erreger). Dies ist bei Krankheiten, die von Arthropoden verbreitet werden (wie zum Beispiel die Malaria oder die Lyme-Borreliose) nicht der Fall. Die Übertragung und Verbreitung der Malaria ist vom Auftreten geeigneter Stechmückenarten (*Anopheles* sp.) abhängig, sowie von deren Fress- und Aktivitätsgewohnheiten bzw. zusätzlichen ökologischen Faktoren wie Brutgebieten der Vektoren. Klimatische Einflüsse spielen eine Rolle (zum Beispiel die Frage, ob die Mücken ganzjährig oder nur zu gewissen Zeiten Nahrung finden und sich vermehren können). Ein weiterer Einflussfaktor ist die Zahl bereits Infizierter, die als Reservoire für die Krankheitserreger fungieren. Zoonosen dieser Art haben trotzdem viel mit mangelnden Hygienemöglichkeiten, unsachgerechter Müllentsorgung oder Armut der Menschen zu tun.

Text und Abbildung 31.26) verleihen den Trägern ein gewisses Maß an Resistenz gegen die Malaria.

Nach einigen Schizogoniezyklen in den roten Blutkörperchen führt die Infektion neuer Zellen durch einige der Merozoiten zur Bildung von **Mikrogametocyten** und **Makrogametocyten** anstelle einer neuen Merozoitengeneration. Wenn die Gametocyten von einer Stechmücke beim Saugen an einem Infizierten von dieser aufgenommen werden, reifen sie in dem Insekt zu **Gameten** heran und es kommt zur Fertilisation. Die entstehende Zygote wird zu einem motilen **Ookineten**, der die Magenwand der Stechmücke durchbricht und sich in eine **Oozyste** umwandelt. Innerhalb der Oozyste kommt es zur Sporogonie, bei der Tausende von **Sporozoiten** erzeugt werden. Die Oozyste platzt schließlich auf, und die Sporozoiten wandern zu den Speicheldrüsen, von wo aus sie bei einem neuerlichen Saugakt mit dem Speichel ausfließen und in einen neuen Wirt gelangen. Die Entwicklung in der Mücke dauert 7 bis 18 Tage, bei kühler Witterung auch länger.

Die Vernichtung der Stechmücken und ihrer Brutplätze durch Insektizide, Trockenlegung und andere Methoden hat sich in manchen Gegenden als wirkungsvoll erwiesen. Die Schwierigkeiten, die damit verbunden sind, solche Maßnahmen mit der gebotenen Gründlichkeit in abgelegenen oder Unruhegebieten durchzuführen, sowie die evolutive Ausbildung einer Insektizidresistenz in den Mückenpopulationen und Resistenzen gegen Antimalariamittel in den Plasmodien bedeutet, dass die Malaria für eine unabsehbar lange Zeit ein ernstes Gesundheitsproblem für den Menschen darstellen wird. Die Malaria ist heute eine typische Tropenkrankheit, war aber bis in das 18. Jahrhundert hinein auch in Mitteleuropa noch verbreitet. Die Ausrottung gelang vor allen durch die großflächige Trockenlegung von Sumpfgebieten. Heute droht durch die globale Erwärmung eine Rückkehr der Malaria nach Europa; erste Fälle wurden bereits aus Italien gemeldet.

Andere *Plasmodium*-Arten parasitieren in Vögeln, Reptilien und vielen Säugetieren, nicht aber im Menschen. Vögel befallende Plasmodien werden von hauptsächlich von Stechmücken der Gattung *Culex* übertragen.

11.3.6 Parabasalia

Der Kladus der Parabasalia enthält einige Angehörige des Phylums Axostyla. Die Mitglieder dieses Stammes weisen ein versteifendes Element aus Mikrotubuli, das **Axostyl**, auf, das sich über die Längsachse des Körpers

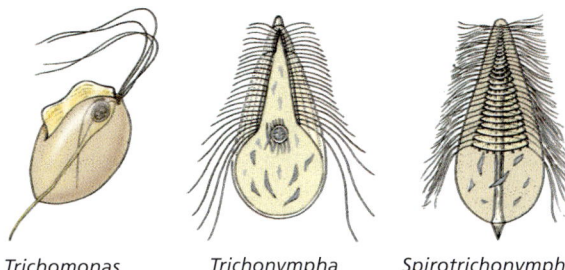

Trichomonas   *Trichonympha*   *Spirotrichonympha*

Abbildung 11.32: Diese drei Tiere gehören zum Kladus der Parabasalier. *Trichomonas vaginalis* wird sexuell übertragen und ist eine häufige Ursache für eine Vaginitis beim Menschen. *Trichonympha* und *Spirotrichonympha* sind mutualistische Symbionten von Termiten.

erstreckt. Die Parabasalier, die in der traditionellen Sichtweise ein Teil der Klasse der Parabasalea sind – besitzen einen modifizierten Bereich des Golgiapparates, der Parabasalkörper genannt wird.

Der Bau der Parabasalier könnte vielleicht einige Einsicht in die Form der frühesten Eukaryonten vermitteln, da den Mitgliedern dieser Gruppe in ihrem Enolasegen zwei Deletionen „fehlen", die bei allen anderen Eukaryonten vorkommen.[*] Das Fehlen dieser Deletionen könnte darauf hindeuten, dass sich die Parabasalier früher als alle anderen Kladi von der eukaryontischen Evolutionslinie abgespalten haben.

Ein Großteil der Forschung zum Zellaufbau der Parabasalier ist an *Trichomonas* durchgeführt worden. *Trichomonas* ist für den Menschen und andere Tierarten pathogen. Einige Trichomonaden (▶ Abbildung 11.32) sind von human- oder veterinärmedizinischer Bedeutung. *Trichomonas vaginalis* ist der Erreger einer Infektion des Urogenitaltraktes (der ableitenden Harnwege) des Menschen und wird beim Geschlechtsverkehr übertragen. Beim Mann ruft die Infektion kaum Symptome hervor; bei Frauen ist dieser Erreger aber die häufigste Ursache für eine Vaginitis. *Pentatrichomonas hominis* lebt im Cäkum und im Colon des Menschen, und *Trichomonas tenax* lebt in der Mundhöhle; diese Arten sind offenkundig nichtpathogen. Andere Trichomonadenarten sind in allen Wirbeltierklassen und vielen Wirbellosen weit verbreitet.

11.3.7 Amöben

Amöben finden sich sowohl im Süß- wie im Salzwasser sowie in feuchtem Erdboden. Einige sind planktonisch,

---

[*] Keeling, P. und J. Palmer (2002): Parabasalian flagellates are ancient eukaryotes. Nature, vol. 405: 635–637.

andere bevorzugen ein Substratum (feste Unterlage). Einige wenige sind parasitär. Die meisten Amöben vermehren sich durch Zweiteilung. Sporulation und Knospung kommt bei einigen vor.

Die Ernährung der Amöben ist holozoisch; das heißt, sie verleiben sich flüssige oder feste Nahrung ein und verdauen diese. Die meisten Amöben sind omnivor und verzehren Algen, Bakterien, Protozoen, Rotatorien und andere mikroskopische Lebewesen. Eine Amöbe kann Nahrung aufnehmen, indem sie mit irgendeinem Teil ihrer Körperoberfläche die Nahrung (zum Beispiel eine andere Zelle) pseudopodial umfließt. Dem pseudopodialen Einschluss folgt die Aufnahme in die Zelle durch Phagocytose. Das eingeschlossene Nahrungsteilchen wird zusammen mit etwas Umgebungswasser in eine Nahrungsvakuole überführt, die von der Cytoplasmaströmung in den Bereich des Endoplasmas verfrachtet wird. Die Nahrungsvakuole fusioniert mit Lysosomen zum Phagolysosom; Wasser und verdaute Nahrungsbestandteile gehen in das Cytoplasma über. Unverdauliche Partikel werden über die Zellmembran eliminiert (Exocytose).

Die Form der Pseudopodien (Scheinfüßchen), die eine Amöbe ausbildet, wurden als Bestimmungs- und Klassifizierungsmerkmal herangezogen. Insbesondere das Vorhandensein von Axopodien (siehe weiter oben), die von axialen Mikrotubulistäben gestützt werden, wurde herangezogen, um die Actinopoden von den nichtaktinopodischen Amöben abzugrenzen. Diese deskriptiven Begrifflichkeiten sind bis heute in Verwendung.

Nichtaktinopodische Amöben
Die nichtaktinopodischen Amöben können Lobopodien, Filopodien oder Rhizopodien ausbilden (siehe weiter oben). Es gibt viele Arten rhizopoder Amöben. Hierzu gehören etwa die große Art *Chaos carolinense* sowie die kleineren Arten *Amoeba verrucosa* (mit kurzen Pseudopodien) und *A. radiosa* mit vielen schlanken Pseudopodien. Rhizopodien bildet auch die Art *Amoeba proteus*, die die am häufigsten in zoologischen Kursen untersuchte Amöbenart ist.

Amoeba proteus lebt in langsam fließenden Gewässern und Teichen mit klarem Wasser, oft in flachen Bereichen auf Wasserpflanzen oder an Vorsprüngen. Man findet sie nur selten im freien Wasser, da sie eine Unterlage benötigen, auf der sie vorwärtskriechen können. Sie besitzen eine unregelmäßige Form, da Lobopodien an jedem Punkt des Körpers ausgebildet werden können. *Amoeba proteus* ist farblos; der größte Durchmesser der Zelle liegt zwischen 250 und 650 µm. Anders als *Euglena* besteht bei *Amoeba* das Pellikel nur aus einer Zellmembran. Ektoplasma und Endoplasma sind hervorstechend ausgebildet. Organellen wie der Zellkern, die kontraktile Vakuole, Nahrungsvakuolen (Phagolysosomen) und kleinere Vesikel lassen sich leicht im Lichtmikroskop beobachten. Amöben leben von Algen, Protozoen, Rotatorien, und selbst anderen Amöben, die sie durch Phagocytose in sich aufnehmen. Eine Amöbe kann für etliche Tage ohne Nahrung auskommen; während der Hungerperiode verkleinert sich allerdings das Zellvolumen. Die für die Verdauung benötigte Zeit ist abhängig von der Art der Nahrung, liegt für gewöhnlich aber in einem Zeitraum zwischen 15 und 30 Stunden. Wenn eine Amöbe ihre volle Größe erreicht hat, teilt sie sich durch Zweiteilung mit einer typischen Mitose.

Wie werden Amöben klassifiziert? Die Klassifikation der Amöben ist in starker Veränderung, da die Forschung morphologische Merkmale wie die Form der Pseudopodien oder der mitochondrialen Cristae mit molekularen Daten wie Proteinsequenzen kombiniert und daraus ein konsistentes Bild zu konstruieren versucht. Eine taxonomische Gruppierung, die auf der Grundlage eines Merkmals aufgestellt wird, ist unter Umständen nicht kongruent mit einer Gruppierung auf der Basis eines anderen Merkmals. Dennoch scheint sich aus den zusammengeführten Merkmalssätzen für die nichtaktinopodischen Amöben ein gewisses Muster herauszukristallisieren.

Die Lobopodien ausbildenden Amöben werden als Lobosa zusammengefasst, beispielhaft vertreten durch *Acanthamoebae* (Abbildung 11.13). Sie weisen verzweigte Cristae in ihren Mitochondrien auf – ein Merkmal, das sie mit den Schleimpilzen (Mycetozoa) gemeinsam haben. Auf der Grundlage sich verzweigender oder verästelnder mitochondrialer Cristae werden die Lobosa und die Mycetozoa (gr. *mykes*, Pilz + *zoon*, Tier) als Kladus der Ramicristaten zusammengefasst. Proteinsequenzvergleiche unterstützen die Zusammenführung der Mycetozoen und der Lobosa, doch haben die sich von dieser Seite nähernden Forscher die gemeinsame Gruppierung als Amoebozoa bezeichnet. Proteinsequenzvergleiche stellend die Amöbozoen/Ramicristaten als Schwestertaxon neben die Opisthokonten.

Eine weitere Amöbengruppe, die Amöboflagellaten (= Schizopyreniden, Heterolobosea) zeigen bei ihrem Generationswechsel sowohl amöboide wie flagellierte Stadien. Ein beispielhafter Vertreter der Gruppe ist *Naegleria fowleri* – ein freilebender Organismus aus heißen Quellen, der die Amöbenmeningitis (primäre Amöbenmeningoenzephalitis; durch Amöben hervorgerufene kombinierte Hirnhaut- und Gehirnentzündung) hervorruft, falls er in den menschlichen Körper einzudringen vermag. Lebewesen, die beim Menschen Krankheiten hervorrufen, werden häufig für phylogenetische Untersuchungen herangezogen, weil man ihrer leichter habhaft werden kann als vielen ihrer wild lebenden Verwandten. Eine weiter ausgedehnte Probenerfassung auf einer breiteren taxonomischen Grundlage ist zukünftig erforderlich, um das Bild der Protozoensystematik zu konsolidieren oder zu revidieren.

Die Mitglieder der Heterolobosa besitzen wie die Mitglieder der Euglenozoa diskoidale Mitochondriencristae. Daher wurde für eine Gruppierung, die diese beiden Taxa umfasst, der Begriff Discicristata vorgeschlagen. Eine enge Verwandtschaftsbeziehung dieser beiden Gruppen hat sich auch aus dem Vergleich von Proteinsequenzen ergeben. Ein neuer Gruppenname kann jedoch notwendig werden, da diskoidale Cristae auch in Mitochondrien von Organismen außerhalb dieser beiden Taxa gefunden worden sind.

Entamoebidae. Es wird nunmehr angenommen, dass die im Menschen oder anderen Tieren lebenden entozoischen Amöben einen abgegrenzten Kladus bilden. Sie besitzen verzweigte Pseudopodien, was sie zu rhizopodialen Amöben macht. Wie verschiedenen anderen Protozoentaxa fehlen ihnen Mitochondrien.

Es gibt zahlreiche entozoische Amöben, von denen die meisten im Darm des Menschen oder anderer Tieren leben. *Entamoeba histolytica* ist der bedeutendste rhizopodiale Parasit des Menschen. Die Art lebt im Dickdarm und kann hin und wieder durch Ausscheidung von Enzymen, welche die Darmschleimhaut angreifen und die Darmwand durchdringen. Falls es dazu kommt, kann sich daraus eine ernste und manchmal tödlich verlaufende Dysenterie (Darmruhr) entwickeln. Die Amöben können mit dem Blutstrom zur Leber und anderen inneren Organen gelangen und am Zielort Abszesse hervorrufen. Viele Infizierte zeigen keine oder nur schwache Symptome, sind aber Überträger, welche die Zysten mit den Fäzes ausscheiden. Die Diagnose wird durch die Existenz einer nichtpathogenen Art – *Entamoeba dispar* – erschwert, die morphologisch von *E. histolytica* nicht unterscheidbar ist. Die Infektion wird durch kontaminiertes Wasser oder mit Zysten verunreinigte Nahrungsmittel verbreitet. *Entamoeba histolytica* findet sich rund um die Welt, die klinische Amöbiose ist allerdings in tropischen und subtropischen Gebieten am häufigsten.

Andere *Entamoeba*-Arten, die sich beim Menschen finden, sind *Entamoeba coli* im Darm und *E. gingivalis* im Rachenraum. Keine der beiden Arten führt zu irgendeiner bekannten Erkrankung.

Eine weitere Gruppe entozoischer Amöben sind die Endamoebae. Beispiele sind *Entamoeba blattae* – ein Endokommensale im Darm von Schaben. Bei Termiten kommen verwandte Arten vor. Einige Befunde deuten darauf hin, dass diese Tiere zu einem Kladus gehören, der verschieden von dem der Entamoebae ist.

Granuloreticulosa. Bei diesem Amöbenkladus erstrecken sich schlanke Pseudopodien durch Öffnungen in der Testa, verzweigen sich und laufen dann wieder zu einem protoplasmatischen Netzwerk (**Reticulopodien**) zusammen, mit dem die Tiere ihre Beute einhüllen. Dort wird die gefangene Beute auch verdaut. Die Verdauungsprodukte werden durch Protoplasmaströmung in den Zellkörper innerhalb der Schale befördert.

Die meisten Reticulopodien sind Foraminiferen (lat. *foramen*, Loch, Öffnung + *minimus*, kleinste + *ferre*, tragen). Sie sind eine uralte Gruppe schalentragender Amöben, die sich in allen Meeren finden; wenige Formen leben im Süß- oder Brackwasser. Die meisten Foraminiferen leben in unvorstellbaren Zahlen auf dem Meeresgrund und stellen gemeinschaftlich möglicherweise die größte Biomasse aller Tiergruppen auf der Erde. Ihre Testen sind vielgestaltig und man unterscheidet viele Typen (Abbildung 11.6 und ▶ 11.33). Die meisten Tes-

 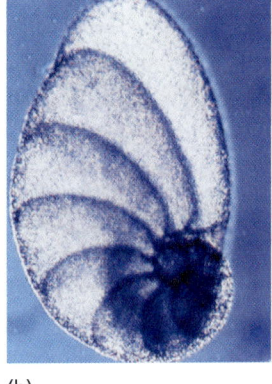

(a) (b)

Abbildung 11.33: **Foraminifere.** (a) Lebende Foraminifere. Auf dem Foto sind die dünnen Pseudopodien erkennbar, die sich durch die Schale nach außen erstrecken. (b) Schale (Testa) der Foraminifere *Vertebralina striata*. Die Foraminiferen sind amöboide Meeresprotozoen, die eine vielkammerige Kalkschale abscheiden, in der sie leben. Durch Poren in der Schale wird Protoplasma extrudiert, das auf der Außenseite der Schale eine Schicht bildet. Das Tier beginnt seine Existenz mit einer Kammer. Bei seinem Wachstum bildet es durch Kalkabscheidung immer weitere und größere Kammern. Der Wachstumsprozess hält lebenslang an. Viele Foraminiferen sind planktonisch; wenn sie absterben, sinken ihre Schalen auf den Meeresboden und tragen dort zu den wachsenden Sedimentschichten bei.

ten sind vielfach gekammert und bestehen aus Calciumcarbonat (Kalk, $CaCO_3$). Manchmal finden auch Silikat, feinster Sand und andere Fremdstoffe Verwendung. Der Generationswechsel der Foraminiferen ist komplexer Natur; sie zeigen Mehrfachteilung und einen Wechsel von haploiden und diploiden Generationen (intermediäre Meiose).

Die Foraminiferen gibt es bereits seit dem Präkambrium, und sie sind in der Fossilgeschichte ausgezeichnet erhalten. In vielen Fällen haben sich die harten Schalen unverändert erhalten. Viele ausgestorbene Arten lassen eine große Ähnlichkeit zu rezenten Arten erkennen. Während der Kreidezeit und des Tertiärs waren sie besonders häufig. Einige Foraminiferen gehören zu den größten Protozoen, die je gelebt haben; diese Formen haben Durchmesser von bis zu 100 mm (10 cm!) erreicht.

Seit Abermillionen von Jahren sinken die Testen toter Foraminiferen auf den Meeresgrund, wo sie einen charakteristischen weichen, kalk- und silikatreichen Belag bilden. Ungefähr ein Drittel des Meeresbodens ist mit einem Belag aus den Schalen von Foraminiferen der Gattung *Globigerina* bedeckt. Dieser Belag ist im Atlantischen Ozean besonders reichlich vorhanden.

Von gleich großem Interesse und noch größerer praktischer Bedeutung sind die Kalkstein- und Kreideablagerungen, die durch die Akkumulation von Foraminiferenschalen entstanden sind, und die durch geologische Prozesse heute über dem Meeresspiegel liegen. Durch Landhebungen und Absenkungen des Meeresspiegels sind vormalige Meeressedimente an vielen Stellen der Erde zum Vorschein gekommen. Die Kreidefelsen der westlichen Ostseeküste (Rügen, Møn) und der britischen Südküste (Kreidefelsen von Dover) bestehen zu wesentlichen Teilen aus Foraminiferenkalken. Sogar die großen altägyptischen Pyramiden sind aus Quadern zusammengesetzt, die aus sedimentären Kalksteinlagerstätten stammen, welche von sehr großen Foraminiferenpopulationen im frühen Tertiär gebildet worden sind.

Da fossile Foraminiferen auch in Bohrkernen gefunden werden, hat ihre Identifizierung eine hohe praktische Bedeutung für die Zuordnung von Erdschichten und wird etwa in der Erdölgeologie zur Lagerstättensuche genutzt.

Actinopodische Amöben

Diese polyphyletische Gruppierung umfasst Amöben, die axopodiale Pseudopodien (Axopodien) besitzen (Abbildungen 11.7 und 11.11). Die deskriptiven Begriffe (heute ohne taxonomischen Rang) Heliozoen (Sonnentierchen) und Radiolarien (Strahlentierchen) beziehen sich auf zwei Gruppen dieser Amöben. Die früher diesen Gruppen zugeordneten Taxa sind heute systematisch weit verstreut. Die Heliozoen wurden in fünf Kladi untergliedert, die Radiolarien in drei.

Die Bezeichnung Heliozoon beschreibt Süßwasseramöben mit oder ohne Testa (Abbildung 11.7). Beispiele sind *Actinosphaerium* mit einem Durchmesser von etwa 1 mm (die Zellen sind mit dem bloßen Auge erkennbar) und *Actinophrys* (Abbildung 11.7) mit einem Durchmesser von nur 50 µm. Keine der beiden Gattungen verfügt über eine Testa. *Clathrulina* (Abbildung 11.7) bildet eine gitterartige Testa.

Der Begriff Radiolarie bezieht sich auf testate Amöben des Meeres mit kompliziert gebauten Skeletten von großer Schönheit (▶ Abbildung 11.34). Die ältesten bekannten Protozoen finden sich unter den marinen Actinopodiern. Fast alle Radiolarien sind pelagisch (leben im freien Wasserkörper). Die meisten sind Bestandteile des Planktons flacher Bereiche des Meeres, obwohl auch einige in großen Tiefen vorkommen. Der Körper ist durch eine zentrale Kapsel, die eine innere und eine äußere Cytoplasmazone trennt, unterteilt. Die Zentralkapsel, die kugelförmig, eiförmig oder verzweigt sein kann, ist per-

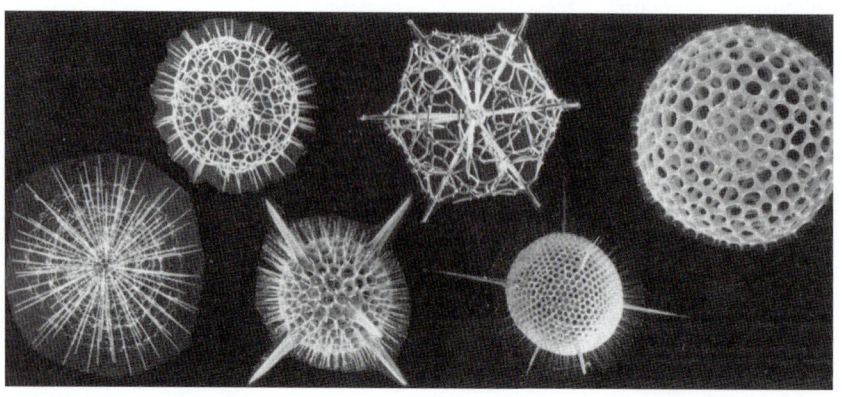

Abbildung 11.34: Eine Auswahl von Radiolarienschalen. Bei seiner Untersuchung dieser wunderschönen Formen, die er während der berühmten Challenger-Expedition zwischen 1872 und 1876 gesammelt hatte, entwickelte der deutsche Zoologe Ernst Haeckel viele unserer heutigen Konzepte der biologischen Symmetrie.

foriert, um die Kontinuität des Cytoplasmas zu gewährleisten. Das Skelett besteht aus Silikat, Strontiumsulfat ($SrSO_4$) oder einer Kombination aus Silikat und organischen Bestandteilen und weist im Allgemeinen eine radiale Anordnung von Stacheln auf, die sich – vom Zentrum des Körpers ausgehend – durch die Kapsel nach außen erstrecken. An der Oberfläche kann die Kapsel mit den Stacheln fusioniert sein. Um die Kapsel herum befindet sich ein schaumiger Cytoplasmabereich, aus dem die Axopodien hervortreten (siehe weiter oben). Die Axopodien besitzen eine klebrige Oberfläche zum Beutefang. Eingefangene Nahrungsteilchen (zum Beispiel Bakterien) werden durch die Cytoplasmaströmung zur Zentralkapsel verfrachtet, wo die Verdauung erfolgt. Das Ektoplasma auf einer Seite des Achsenstabes eines Axopodiums fließt auswärts (zentrifugal) zur Spitze hin, während es auf der gegenüberliegenden Seite zentripetal in Richtung der Testa strömt.

Radiolarien können einen oder mehrere Zellkerne enthalten. Ihre Generationszyklen sind nicht vollständig bekannt, doch hat man sowohl Zweiteilung wie Knospung und Sporulation bei ihnen beobachtet.

Die Radiolarien gehören deshalb zu den ältesten bekannten Protozoen, weil ihre chemisch widerstandsfähigen und im Meerwasser unlöslichen Silikatschalen gut fossilieren und geologische Zeiträume überdauern. Man findet sich für gewöhnlich in großen Tiefen (4600 bis 6100 m Meerestiefe) und hauptsächlich im pazifischen und indischen Ozean. Radiolarienablagerungen bedecken wahrscheinlich etwa 5 bis 8 Millionen Quadratkilometer Meeresboden in einer Dicke zwischen 700 und 4000 m („Radiolarienschlamm"). Unter bestimmten geologischen Bedingungen bildet der Niederschlag aus Radiolarienschalen ein Gestein (Radiolarit, Lydit, „Kieselschiefer"). Zahlreiche fossile Radiolarien finden sich beispielsweise in den Tertiärgesteinen Kaliforniens. Wie die Foraminiferen ist die Identifizierung bestimmter Radiolarienarten von Bedeutung für die geologische Prospektion bei der Zuordnung von Sedimentschichten. In Mitteleuropa finden sich Ablagerungen fossiler Radiolarien zum Beispiel in der Radiolaritzone des Oberostalpins der nördlichen Kalkalpen (Kleinwalsertal in Österreich). Schwarze Radiolarite bzw. Lydite finden sich in Deutschland zum Beispiel im Harz, dem Thüringer Wald, dem Erzgebirge und angrenzenden Gebieten.

11.4 Phylogenese und adaptive Radiation

11.4.1 Phylogenese

Jüngere molekularbiologische Untersuchungen haben unser Bild von der Stammesgeschichte der Protozoen fast vollständig umgeworfen. Es scheint so zu sein, dass der Ureukaryont sich relativ rasch in viele Kladi aufgespalten hat. Das Verzweigungsmuster dieser Diversifizierung ist jedoch noch weitgehend unbekannt. Viele für phylogenetische Analysen herangezogene Merkmale sind Strukturmerkmale von Organellen, die man in Protozoen vorfindet. Dabei muss man jedoch eine Reihe von Punkten beachten: Zunächst muss man in der Lage sein, ein ursprüngliches Organell zu identifizieren, das durch Symbiose mit einem Prokaryonten entstanden ist, und dieses von einem zu einem späteren Zeitpunkt durch sekundäre Symbiose von einem anderen Eukaryonten übernommenes zu unterscheiden. Das Fehlen bestimmter Organellen wie Mitochondrien kann informativ sein, aber nur, wenn wir in der Lage sind, beurteilen zu können, ob es von Anfang gefehlt hat, oder ob es einst vorhanden gewesen und später wieder verloren gegangen ist. Detaillierte Untersuchungen des Zellkerngenoms und von Genprodukten (zum Beispiel mitochondriale Enzyme, die von Genen des Zellkern codiert werden) können zwischen der primären Abwesenheit und einem sekundären Verlust einer Zellstruktur unterscheiden.

Wenn man als Biologe den historischen Ereignissen folgt, scheinen gewisse Ereignisfolgen der Evolution klar zu sein. Kurz nachdem sich eine frühe eukaryontische Zelle das Mitochondrium einverleibt hatte, haben sich die Evolutionslinien, die zu den Pilzen einerseits und zu den Metazoen andererseits geführt haben, von den restlichen Stämmen (oder Organismen-Reichen) abgesetzt. Einige Protozoen, wie die Choanoflagellaten (Abbildung 11.18) sind stammesgeschichtlich mit den Pilzen und den Tieren verwandt und besitzen wahrscheinlich einen gemeinsamen Vorfahren mit den Schwämmen (siehe Kapitel 12).

Der gemeinsame Vorläufer der Landpflanzen und Grünalgen hat die chlorophyllhaltigen Plastiden durch eine Symbiose mit einem Cyanobakterium erworben. Plastiden besitzen zwei Außenmembranen, von denen sich eine offenbar von der früheren Cytoplasmamembran des Cyanobakteriums ableitet, die andere von einer Nahrungsvakuole des Eukaryonten, der das zum

Organell mutierte Bakterium aufgenommen hat. Einige Forscher vertreten die Ansicht, dass der letzte gemeinsame Vorfahr der Alveolaten und der Euglenoiden (unter den Euglenozoen) Plastiden durch sekundäre Symbiogene aus einer einzelligen Alge erworben hat. Das Vorhandensein verschiedener Chlorophyllvarianten bei den Dinoflagellaten und den Euglenoiden spricht allerdings gegen eine gemeinsame Abstammung der Plastiden in diesen Gruppen. Bei den Euglenozoen ist es scheinbar erst nach der Abspaltung von den Kinetoplasten zum Erwerb von Plastiden gekommen. Unter den Alveolaten sind viele Dinoflagellaten photoautotroph, doch haben einige ihre Chloroplasten entweder wieder verloren oder nie welche besessen. Die Apicomplexa besitzen ein kleines, zirkuläres DNA-Molekül, das in einem von vier Membranen umgebenen Organell angesiedelt ist. Dieses Organell stellt offensichtlich ein Relikt eines ehemaligen Plastiden dar, das möglicherweise von einem gemeinsamen Vorfahren mit den Dinoflagellaten ererbt worden ist. Die Vorfahren der Ciliophoren haben ihre plastidären Symbionten entweder verloren oder sich von ihrem gemeinsamen Vorfahren mit den Dinoflagellaten abgespalten, bevor es zur sekundären Symbiogenese kam.

11.4.2 Adaptive Radiation

Wir haben einige aus dem breiten Spektrum der Anpassungen unter den Protozoengruppen in diesem Kapitel vorgestellt. Die Vielfalt der Amöben reicht von bodenbewohnenden nackten Arten bis zu planktonischen Formen wie den Foraminiferen und den Radiolarien mit ihren wunderschönen, komplizierten Testen. Unter den Amöben gibt es viele symbiontische Arten. Flagellentragende Formen zeigen gleichfalls Anpassungen an ein ähnlich weites Spektrum von Lebensräumen mit der zusätzlichen Fähigkeit zur Photosynthese bei vielen Gruppierungen.

Im Rahmen eines einzelligen Bauplans hat die Arbeitsteilung und Spezialisierung der Organellen bei den Ciliaten ihren Höhepunkt erreicht. Sie haben sich zu den komplexesten Protozoen evolviert. Die Apicomplexa haben zahlreiche Spezialisierungen für eine intrazellulär parasitische Lebensweise entwickelt.

ZUSAMMENFASSUNG

„Tierartige" einzellige Organismen wurden vormals dem Phylum Protozoa (Stamm der Urtierchen) zugerechnet. Man weiß heute, dass dieser „Stamm" sich aus Vertretern zahlreicher Stämme verschiedenen phylogenetischen Verwandtschaftsgrades zusammengesetzt hat. Wir verwenden die eingeführten Begriffe *Protozoen* und *Protozoon* informell zur Beschreibung dieser hochdiversifizierten Kleinstlebewesen. Sie demonstrieren das große adaptive Potenzial des grundlegenden Bauplans der eukaryontischen (Einzel)Zelle. Sie besetzen ein unglaublich breit gestreutes Feld von Nischen und Habitaten. Viele Arten besitzen komplexe und spezialisierte Organellen.

Alle Protozoen besitzen einen oder mehrere Zellkerne, die im Lichtmikroskop oft wie Vesikel erscheinen. Die Makronuclei der Cilien sind kompakt. In den Zellkernen sind oftmals Nucleoli erkennbar. Viele Protozoen besitzen Organellen, die denen in den Zellen von Metazoen gleichen oder sehr ähnlich sind.

Pseudopodien (amöboide Fortbewegung) ist bei Protozoen ein Mittel zum Ortswechsel wie zur Nahrungsaufnahme und spielt bei den Abwehrmechanismen der Metazoen eine vitale Rolle. Die amöboide Bewegung kommt durch die Anlage von Aktinfilamenten und die Wechselwirkung der Mikrofilamente mit aktinbindenden Proteinen wie Myosin zustande. Dies erfordert den Einsatz von Energie in Form von ATP. Ciliäre Bewegungen sind gleichfalls sowohl bei den Protozoen wie den Metazoen von Bedeutung. Der gegenwärtig generell akzeptierte Mechanismus der Cilienbewegung stützt sich auf die Gleitmikrotubulihypothese.

Die verschiedenen Protozoen ernähren sich holophytisch, holozoisch oder saprozoisch. Überschüssiges Wasser wird durch kontraktile Vakuolen aus dem Körper gepumpt. Atmung und Eliminierung von Abfallstoffen geschieht über die Körperoberfläche. Die Protozoen können sich ungeschlechtlich durch Zwei- oder Mehrfachteilung oder Knospung vermehren; geschlechtliche Prozesse sind verbreitet. Zystenbildung zur Überdauerung widriger Umweltbedingungen ist bei vielen Protozoen eine wichtige adaptive Strategie.

Der Evolution der eukaryontischen Zelle folgte eine Phase der Diversifizierung unter Aufspaltung in zahlreiche Kladi, von denen einige sowohl einzellige wie vielzellige Formen enthalten. Diese Kladi wurden teilweise auf der Grundlage molekularer Merkmale aufgestellt und können Untergruppen von Tieren enthalten, die vormals anderen, tradierten Stämmen zugeordnet waren. Diverse Stämme enthalten photoautotrophe Arten, zum Beispiel Chlorophyten, Euglenozoen und Dinoflagellaten. Einige von ihnen sind sehr bedeutsame Planktonorganismen. Zu den Euglenozoen gehören auch nichtphotosynthetische Arten, von denen einige ernsthafte Erkrankungen wie die Schlafkrankheit oder die Chagas-Krankheit hervorrufen. Die Apicomplexa sind sämtlich parasitisch. Hierher gehört die

> Gattung *Plasmodium* – die Erreger der Malaria. Die Ciliophoren bewegen sich mit Hilfe von Cilien oder Ciliarorganellen vorwärts. Sie sind eine umfangreiche und vielfältige Gruppierung, und viele sind sehr komplex gebaut. Amöben bewegen sich mit Hilfe von Pseudopodien und werden heute einer Reihe unterschiedlicher Stämme zugerechnet.

ZUSAMMENFASSUNG

Übungsaufgaben

1. Erläutern Sie, warum ein Protozoon von sehr komplexem Bau sein kann, obgleich es nur aus einer einzigen Zelle besteht.
2. Grenzen Sie folgende Protozoengruppen gegeneinander ab: Euglenozoa, Apicomplexa, Ciliophora, Dinoflagellata.
3. Nennen Sie Unterschiede zwischen vesikulären und kompakten Zellkernen.
4. Erklären Sie die Übergänge von Endo- und Ektoplasma bei der amöboiden Bewegung. Wie sieht eine aktuelle Hypothese hinsichtlich der Rolle des Aktins bei der amöboiden Zellbewegung aus?
5. Grenzen Sie Lobopodien, Filopodien, Reticulopodien und Axopodien voneinander ab.
6. Stellen Sie den Aufbau eines Axonems und eines Ciliums dem eines Kinetosoms gegenüber.
7. Was versteht man unter „gleitende Mikrotubuli"-Hypothese?
8. Erläutern Sie, wie Protozoen fressen, ihre Nahrung verdauen, ihren osmotischen Zustand regulieren, und wie sie atmen.
9. Grenzen Sie Zweiteilung, Knospung, Mehrfachspaltung, sowie geschlechtliche und ungeschlechtliche Vermehrung gegeneinander ab.
10. Worin besteht der Vorteil der Enzystierung für das Überleben?
11. Stellen Sie autotrophe und heterotrophe Protozoen gegenüber und geben Sie Beispiele für beide Typen.
12. Nennen Sie drei Arten von Amöben und geben Sie an, wo man sie findet (ihre Habitate).
13. Geben Sie einen Abriss des allgemeinen Vermehrungszyklus des Malariaparasiten. Wie erklären Sie das Wiederaufkeimen der Malaria in der jüngeren Vergangenheit?
14. Worin liegt die volksgesundheitliche Bedeutung von *Toxoplasma*, und wie infiziert sich der Mensch mit diesem Erreger? Worin liegt die volksgesundheitliche Bedeutung von *Cryptosporidium* und von *Cyclospora*?
15. Definieren Sie folgende Begriffe in Bezug auf die Ciliaten: Makronucleus, Mikronucleus, Pellikel, undulierende Membran, Zirren (Cirren), Infraciliatur, Trichozyste, Konjugation.
16. Geben Sie einen Abriss der Schritte bei der Konjugation der Ciliaten.
17. Welches sind die Hinweise, die dafür sprechen, dass sich die Apikomplexier von einem photoautotrophen Vorfahren herleiten?
18. Grenzen Sie die primäre Endosymbiogenese gegen die sekundäre Endosymbiogenese ab.

Weiterführende Literatur

Baldauf, S. et al. (2000): A kingdom-level phylogeny of eukaryotes based on combined protein data. Science, vol. 290: 972–976. *Die Autoren stellen die umstrittene und bislang kaum akzeptierte Behauptung auf, dass sich aufgrund von Protein- und Gensequenzen 15 verschiedene Organismenreiche begründen lassen.*

Burkholder, J. (2002): *Pfiesteria*: the toxic *Pfiesteria* complex. In: G. Bitton (Hrsg.): Encyclopedia of environmental microbiology; S. 2431 ff. Wiley; ISBN: 0-4713-5450-3. *Kapitel in einer Enzyklopädie, das eine nette Zusammenfassung neuerer Arbeiten über den Lebensraum und die Lebensweise von Pfiesteria enthält. Wirkungen auf Fische, Weichtiere und den Menschen werden berücksichtigt.*

Cavalier-Smith, T. (1999): Principles of protein and lipid targeting in secondary symbiogenesis: euglenoid, dinoflagellate, and sporozoan plastid origins and the eukaryote family tree. Journal of Eukaryotic Microbiology, vol. 46: 347–366. *Viele Organismen sind die Ergebnisse sekundärer Symbiogenesen (ein Eukaryont wird von einem anderen Eukaryonten einverleibt; beide Eukaryonten sind die Ergebnisse primärer Symbiogenesen; bei beiden Vorgängen wird jeweils ein Partner der Symbiose zu einem Organell des anderen), doch gab es auch Fälle tertiärer Biogenesen, bei denen ein Produkt einer sekundären Symbiogenese selbst wieder zu einem Symbiont und schließlich zu einem Organell wurde).*

Görtz, H. (Hrsg.): *Paramecium.* Springer (1988); ISBN: 3-5401-8476-7. *Monografie über das Pantoffeltierchen Paramecium, das ein bevorzugtes Modellsystem der Protozoologie ist.*

Hausmann, K. und N. Hülsmann (1996): Protozoology. Thieme; ISBN: 0-8657-7571-0 (vergriffen). *Vor dem Erscheinen des Buches von Lee et al. war dies die aktuellste und umfassendste Abhandlung zu diesem Fachgebiet.*

Keeling, P. und J. Palmer (2002): Parabasalian flagellates are ancient eukaryotes. Nature, vol. 405: 635–637. *Dieser Artikel umreißt die gegenwärtigen Vorstellungen über abgeleitete Merkmale einiger Flagellaten.*

Lee, J. et al. (Hrsg.): An illustrated guide to the protozoa. 2. Auflage. Allen Press (2005); ISBN: 1-8912-7623-9.

Margulis, L. und K. Schwartz (1998): Five kingdoms: an illustrated guide to life on earth. 3. Auflage. Freeman; ISBN: 0-7167-3027-8. *Obwohl die Klassifikation in diesem Werk nicht mehr aktuell ist, enthält es gute Beschreibungen vieler Taxa, klare Beschreibungen grundlegender morphologischer Gegebenheiten und nützliche Fotografien und Zeichnungen.*

McGrath, C. und L. Katz (2004): Genome diversity in microbial eukaryotes. Trends in Ecology and Evolution, vol. 19, no. 1: 32–38.

Murray, J. (2006): Ecology and Applications of Benthic Foraminifera. Cambridge University Press; ISBN: 0-5218-2839-2. *Eine aktuelle Monografie über die bodenlebenden Foraminiferen.*

Roberts, L. und J. Janovy (2005): Foundations of parasitology. 7. Auflage. McGraw-Hill; ISBN: 0-0711-1271-5. *Aktuelles und lesbares Lehrbuch mit Informationen über parasitäre Protozoen.*

Sleigh, M. (1991): Protozoa and other protists. Cambridge University Press; ISBN: 0-5214-2805-X. *Erweitere Ausgabe eines früheren Buches desselben Autors.*

Snell, W. et al. (2004): Cilia and Flagella Revealed: From Flagellar Assembly in *Chlamydomonas* to Human Obesity Disorders. Cell, vol. 117: 693–697. *Übersichtsartikel zu Vorkommen und Funktion von Zellwimpern und Zellgeißeln bei Ein- und Vielzellern mit einer Betonung funktioneller Aspekte.*

Sogin, M. und J. Silberman (1998): Evolution of the protists and protistan parasites from the perspective of molecular systematics. International Journal of Parasitology, vol. 28: 11–20. *Untersuchungen auf dem Gebiet der molekularen Systematik führen zu drastischen Änderungen früherer Vorstellungen der Verwandtschaftsbeziehungen unter den Protozoen.*

Stossel, T. (1994): The machinery of cell crawling. Scientific American, vol. 271: 54–63. *Die amöboide Bewegung (das Kriechen von Zellen) ist durch das gesamte Tierreich hindurch von Bedeutung, nicht nur bei Protozoen. Wir verstehen heute etwas von dem Mechanismus.*

Wainright, P. et al. (1993): Monophyletic origins of the Metazoa: an evolutionary linke with fungi. Science, vol. 260: 340–342. *Die Daten dieser Forscher legen den Schluss nahe, dass die Grünalgen und die Landpflanzen stammesgeschichtlich näher mit den Tieren und Pilzen verwandt sind als mit anderen Gruppen von Einzellern.*

Westheide, W. und R. Rieger (2006): Spezielle Zoologie. 2. Aufl. (2 Bde.). Spektrum Verlag; ISBN: 3-8274-1835-6.

Wever, P. de et al. (2003): Radiolarians in the Sedimentary Record. Harwood; ISBN: 9-0569-9336-4. *Eine Monografie über die Rolle der Radiolarien in Ablagerungsgesteinen.*

Weitere Informationen zu diesem Buchkapitel finden Sie auf der Companion-Website unter
http://www.pearson-studium.de

Mesozoa und Parazoa

Phylum Mesozoa, Phylum Placozoa, Phylum Porifera (Schwämme)

12.1	Ursprung der Metazoen	371
12.2	Phylum Mesozoa	372
12.3	Phylum Placozoa	374
12.4	Phylum Porifera: Die Schwämme	375
	Zusammenfassung	387
	Übungsaufgaben	387
	Weiterführende Literatur	388

Mesozoa und Parazoa

Schwämme sind die einfachsten vielzelligen Tiere. Zellen sind die elementaren Bausteine des Lebens und diejenigen Organismen, die über die einzellige Stufe hinausgewachsen sind, entstehen aus Zusammenschlüssen dieser Bausteine, den Zellen. Die Natur hat mit der Produktion größerer Lebewesen ohne Differenzierung der Zellen „experimentiert" – dies ist zum Beispiel bei großen einzelligen Meeresalgen realisiert – doch haben solche Beispiele Seltenheitswert. Die Vielzelligkeit besitzt gegenüber einer einfachen Vergrößerung des Volumens und der Masse einer Einzelzelle mehrere Vorteile. Da an der Zelloberfläche viele Austauschprozesse stattfinden, führt eine Unterteilung der Zellmasse in kleinere Einheiten zu einer Vergrößerung der Oberfläche, die für Stoffwechsel- und Transportvorgänge zur Verfügung steht. Es ist unmöglich, allein durch Vergrößerung eines einzelligen Lebewesens eine arbeitsfähige Einheit mit einem brauchbaren Oberflächen/Massenverhältnis zu erzeugen. Die Vielzelligkeit ist daher ein hoch adaptiver Weg zur Vergrößerung der Körpermasse und -größe.

Obgleich Schwämme vielzellige Tiere sind, unterscheidet sich ihr Bau recht deutlich von dem anderer Metazoen. Der Körper eines Schwammes ist ein Zusammenschluss von Zellen, der in eine extrazelluläre Matrix eingebettet und von einem Skelett winziger, nadelartiger Spikulae (= Kalknadeln) und Proteinen gestützt wird. Da Schwämme weder wie andere Tiere aussehen, noch sich wie solche verhalten, ist es verständlich, dass sie von den Zoologen bis spät in das 19. Jahrhundert hinein als Tiere nicht für voll genommen wurden. Nichtsdestotrotz weisen die molekularen Daten darauf hin, dass die Schwämme mit den anderen Metazoen auf einen gemeinsamen Vorläufer zurückblicken.

Aplysina fistularis, ein Schwamm aus der Gruppe der Demospongier im karibischen Meer.

12.1 Ursprung der Metazoen

Der Evolution der eukaryontischen Zelle folgte eine diversifizierende Aufspaltung in viele Abstammungslinien (siehe Abbildung 11.1). Zu den modernen Abkömmlingen dieser Linien gehören die einzelligen Protozoen (Kapitel 11) sowie die kolonialen und vielzelligen Pflanzen, Tiere und Pilze. Die vielzelligen Tiere werden zusammenfassend als **Metazoen** bezeichnet. Diese gehören zusammen mit den Pilzen, den Choanoflagellaten und den Mikrosporidien in die Abstammungslinie der Opisthokonten (siehe Abbildung 11.1). Die Mikrosporidien sind intrazelluläre, parasitäre Protozoen, die in einer Vielzahl von Tieren einschließlich des Menschen leben. Choanoflagellaten sind einzeln oder als Kolonie lebende Protozoen, bei denen jede einzelne Zelle ein Flagellum trägt, das von einem Saum aus Mikrovilli umgeben ist.

Die Zellen der Choanoflagellaten sind deshalb interessant, weil sie stark den Fresszellen von Schwämmen, den Choanocyten (Abbildungen 12.9 und 12.11), ähneln. Die Schwämme (Porifera) sind die einfachsten aller Metazoen. Sie sind im Grunde einfach Aggregate aus Zellen, die von einer gemeinsamen extrazellulären Matrix zusammengehalten werden. Ist die Choanocyte ein ursprüngliches Merkmal der Schwämme? Durch die Untersuchung der Koloniebildung und der Zell/Zell-Kommunikation bei Schwämmen[*] suchen Biologen auch nach Hinweisen auf die Evolution der Vielzelligkeit, und damit nach dem Ursprung der Metazoen.

Ein anderer Ansatz zur Ergründung des Metazoenursprungs besteht darin, hypothetische Übergangsformen zwischen mutmaßlichen protozoischen Vorfahren und einfachen Metazoen abzuleiten und zu suchen. Natürlich wird sowohl die Auswahl des speziellen Protozoons, von dem man ausgeht, wie das spezielle Metazoon, das als Endpunkt der evolutiven Entwicklung betrachtet wird, die dazwischenliegenden Evolutionsschritte beeinflussen. Von zwei bekannten Evolutionsszenarien geht eines von einem vielkernigen Ciliaten aus, das andere von einem *Volvox*-ähnlichen Flagellaten, dem allerdings die Fähigkeit zur Photosynthese fehlte oder abhanden gekommen war.

Befürworter der **Hypothese des syncytialen Ciliaten** sind der Meinung, dass die Metazoen aus einem gemeinsamen Vorläufer mit den einzelligen Ciliaten hervorgegangen sind. Der gemeinsame Vorfahr aller Metazoen sammelte mehrere Zellkerne in einer Zelle an und untergliederte sich später zu einem vielzelligen Gebilde. Man nimmt an, dass die Körperform dieses spekulativen Vorfahren den modernen Ciliaten geähnelt hat und aus diesem Grund eine immanente Tendenz zur Bilateralsymmetrie besessen haben könnte. Die frühesten Metazoen wären nach diesem Modell also bilateral und in gewissem Maß den Plattwürmern (Kapitel 14) ähnlich gewesen. Gegen diese Hypothese sind verschiedene Einwände erhoben worden. Sie vernachlässigt die Embryogenese der Plattwürmer, in deren Verlauf nichts vorkommt, was einer Zellularisierung ähnlich wäre; weiterhin erklärt sie nicht das Vorhandensein von flagellentragenden Spermien bei den Metazoen; und – vielleicht am wichtigsten – sie impliziert, dass die Radiärsymmetrie der Nesseltiere (Cnidarier; Kapitel 13) ein abgeleiteter Zustand ist, der sich aus der primären Bilateralsymmetrie herleiten würde.

Die **Hypothese der kolonialen Flagellaten**, die erstmals von Ernst Haeckel im Jahr 1874 vorgeschlagen worden ist, ist das klassische Szenario, das – nach diversen Abwandlungen – immer noch viele Anhänger hat. Diesem Modell zufolge stammen die Metazoen von einem Vorfahren ab, den man sich als eine hohle, kugelförmige Kolonie flagellentragender Zellen vorstellt. Einzelne Zellen innerhalb der Kolonie haben sich für spezielle Aufgaben differenziert (Fortpflanzungszellen, Nervenzellen usw.), unterwarfen also ihre zelluläre Unabhängigkeit dem Wohl der Kolonie als Ganzem. Die koloniale Urform war nach dieser Vorstellung anfänglich radiärsymmetrisch und erinnerte an eine embryonale Blastula. Diese hypothetische Vorform wird aufgrund dessen als Blastaea bezeichnet. Die Entwicklungsgänge rezenter Tiere als Modelle heranziehend, haben einige Biologen die Vorstellung entwickelt, dass Urformen existiert haben könnten, die Ähnlichkeit mit einer Gastrula gehabt haben. Diese hypothetischen Urformen werden deshalb als Gastraea bezeichnet, die Modellvorstellung als Gastraea-Hypothese. Die Cnidarier mit ihrer Radiärsymmetrie könnten sich aus dieser Gastraeaform evolviert haben.

Die meisten Hypothesen zum Ursprung der Metazoen gehen davon aus, dass die vielzelligen Tiere eine monophyletische Gruppe bilden. Meinungen, dass die Schwämme, die Nesseltiere und die Rippenquallen sich getrennt von den triblastischen Metazoenstämmen evolviert haben, werden durch molekularbiologische Un-

---

[*] King, N. et al. (2003): Science, vol. 301: 3561–363.

12 Mesozoa und Parazoa

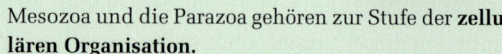

STELLUNG IM TIERREICH

■ Metazoen und Parazoen

Vielzellige tierische Organismen (Metazoen) werden im Regelfall in drei Organisationsstufen eingeteilt: (1) Mesozoen (ein singulärer Stamm), (2) Parazoen (Stämme Porifera – Schwämme – und Placozoa) und (3) Eumetazoen („echte Vielzeller"; alle übrigen Tierstämme).

Obwohl die Mesozoa und die Parazoa vielzellig sind, unterscheiden sich ihre Baupläne von dem der Eumetazoenstämme. Die Zelllagen, die sie besitzen, sind den Keimblättern der Eumetazoen nicht homolog, und keine der beiden Gruppen zeigt ein Entwicklungsmuster, das dem anderer Metazoen entspricht. Die Bezeichnung Parazoa bedeutet soviel wie „Nebentiere" (gr. *para* von ... her, bei, neben, (auf etwas) hin + *zoon*, Tier) oder „Gewebelose" und werden den „Gewebetieren" (Eumetazoa) gegenübergestellt.*

Biologische Merkmale

1. Obwohl von einfachstem Bau unter allen Metazoen, stellen diese Gruppen eine höhere Ebene der morphologischen und physiologischen Integration dar, als die, welche man bei kolonialen Protozoen findet. Die Mesozoa und die Parazoa gehören zur Stufe der **zellulären Organisation**.

2. Die Mesozoen besitzen – obgleich sie nur aus einer äußeren Schicht somatischer Zellen und einer inneren Schicht reproduktiver Zellen bestehen – nichtsdestotrotz einen sehr komplexen Vermehrungszyklus, der ein wenig an den der Trematoden (siehe Kapitel 14) erinnert. Die Mesozoen sind vollständig parasitisch.

3. Die Placozoen bestehen im Wesentlichen aus zwei Epithellagen, zwischen denen Flüssigkeit und einige Bindegewebszellen eingeschlossen sind.

4. Die Schwämme (Porifera) sind von komplexerem Bau, mit mehreren Zellsorten, die für verschiedenartige Aufgaben ausdifferenziert sind, und von denen einige zu **Protogeweben** organisiert sind, die ein geringes Maß an funktioneller und struktureller Integration erkennen lassen.

5. Die Entwicklungsgänge dieser drei Stämme unterscheiden sich von denen anderer Stämme, und ihre embryonalen Zellschichten sind den Keimblättern der Eumetazoen nicht homolog.

6. Die Schwämme haben zur Versorgung mit Nahrung und Sauerstoff ein einzigartiges System der Wasserströmung evolviert.

---
* Wainwright, P. et al. (1993): Science, vol. 260: 340–342.

---

tersuchungen nicht gestützt. Aus dem Vergleich von Sequenzen ribosomaler RNA-Moleküle und aus Analogien komplexer Stoffwechselwege ergeben sich Ähnlichkeiten über das Reich der Metazoen hinweg und deuten darauf hin, dass der Ursprung der Metazoen kein polyphyletischer war.

Die molekularen Befunde sind nicht geeignet, die Hypothese des syncytialen Ciliaten zu unterstützen, weil die Ciliaten heute in einem Kladus geführt werden, der von dem der Opisthokonten verschieden ist. Die Eingruppierung der Metazoen in die Opisthokonten, zusammen mit den Choanoflagellaten wie *Codonosiga* und *Proterospongia* (siehe Abbildung 11.18) unterstützt dagegen die Hypothese des kolonialen Flagellaten.

Wie bereits an früherer Stelle angemerkt, werden die Schwämme gemeinhin als die einfachsten vielzelligen Tiere angesehen, doch existieren noch zwei weitere Gruppen, deren Vertreter ebenfalls sehr einfache Baupläne aufweisen. Die Placozoen bestehen aus nur zwei Zelllagen und werden manchmal zusammen mit den Schwämmen zur Gruppe der Parazoa zusammengefasst. Die Mesozoen sind parasitäre Tiere, die oft als von den Parazoen abgesetzte Gruppe betrachtet werden, weil ihre Organisationsstufe einen etwas höheren Komplexitätsgrad erreicht. Die Parazoen und Mesozoen werden von den Eumetazoen (echte vielzellige Tiere) abgesetzt. Die verfügbaren molekularen Daten lassen kein klares Verzweigungsmuster für diese Taxa erkennen.

Phylum Mesozoa 12.2

Der Terminus Mesozoa (gr. *mesos*, mittig, in der Mitte + *zoon*, Tier) wurde von einem belgischen Forscher des 19. Jahrhunderts geprägt (Pierre-Joseph van Beneden, 1876), der der Meinung war, dass diese Gruppe das „fehlende Verbindungstück" zwischen den Protozoen und den Metazoen darstellt. Die winzigen, cilienbesetzten, wurmartigen Tiere repräsentieren eine extrem einfache Stufe der tierischen Organisation. Alle Mesozoen leben als Parasiten in den Körpern mariner Invertebraten, und die Mehrheit von ihnen hat eine Körperlänge zwischen 0,5 und 7 mm. Die meisten bestehen aus lediglich 20 bis 30 Zellen, die im Wesentlichen in zwei Schichten ange-

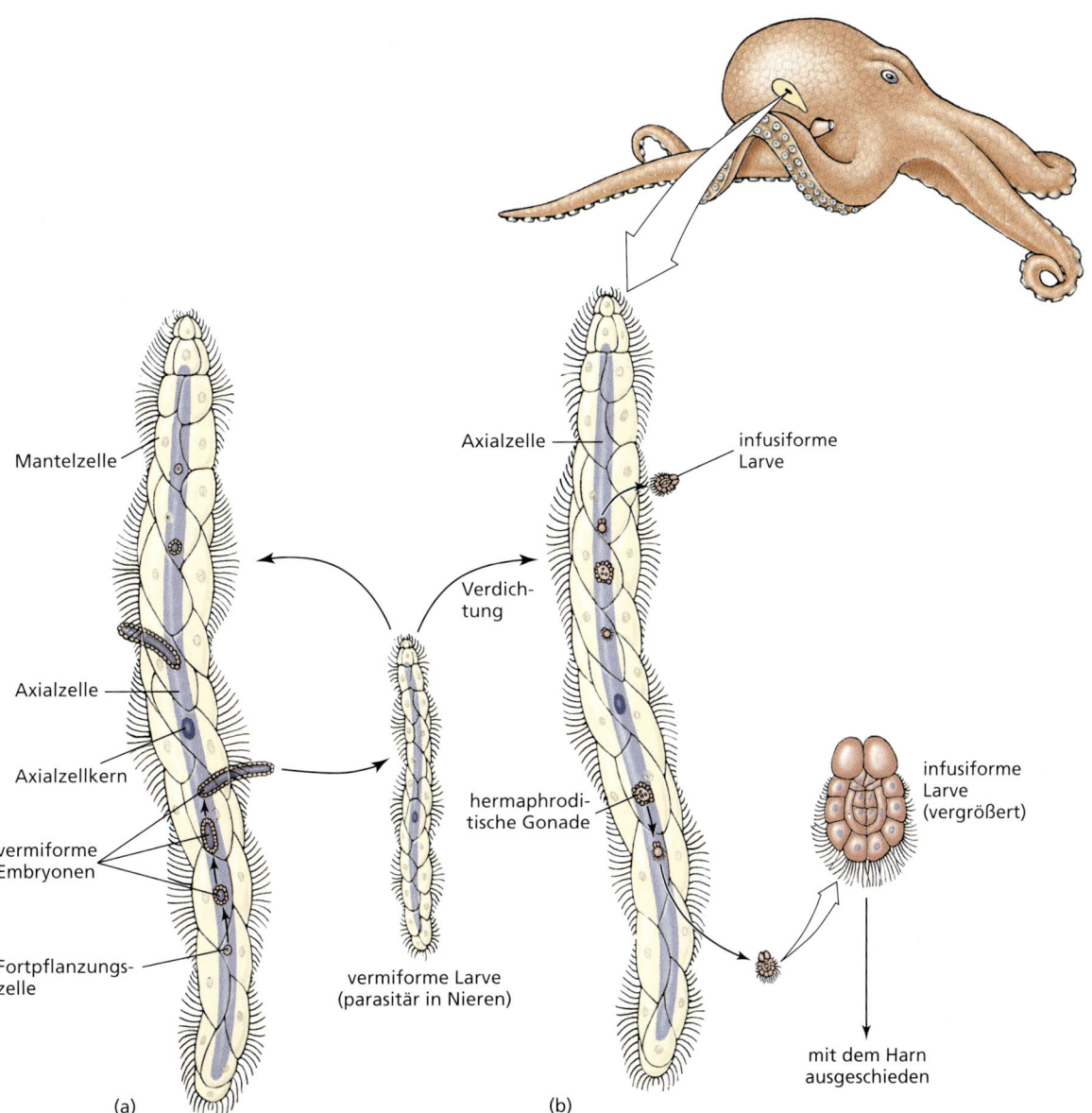

Abbildung 12.1: Zwei Methoden der Fortpflanzung bei Mesozoen. (a) Ungeschlechtliche Entwicklung einer vermiformen Larve aus Fortpflanzungszellen in der Axialzelle eines Alttieres. (b) Bei zu hoher Populationsdichte in der Niere des Wirtes entwickeln sich Fortpflanzungszellen zu Gonaden mit Gameten, die infusoriforme Verbreitungslarven hervorbringen, die mit dem Harn den Wirtskörper verlassen.

ordnet sind. Diese Zellschichten sind den Keimblättern der höheren Metazoen nicht homolog.

Die beiden Klassen der Mesozoen, die Rhombozoen und die Orthonektiden, unterscheiden sich so gravierend voneinander, dass einige Fachleute sie in verschiedene Stämme eingruppieren.

Die Rhombozoen (gr. *rhombos*, Raute, Kreisel + *zoon*, Tier) leben in den Nieren benthischer Cephalopoden (bodenbewohnende Tintenfische, Kraken und Kalmare). Adulti, die **Vermiformi** (oder Nematogene) genannt werden, sind von langer und schlanker Gestalt (▶ Abbildung 12.1). Aus ihren inneren Fortpflanzungszellen gehen die vermiformen Larven hervor, die heranwachsen und sich dann fortpflanzen. Wenn die Populationsdichte einen Schwellenwert erreicht, entwickeln sich die Fortpflanzungszellen einiger adulter Tiere zu gonadenartigen Gebilden, die männliche und weibliche Gameten erzeugen. Die Zygoten entwickeln sich zu winzigen, etwa 0,04 mm großen cilientragenden infusoriformen (= besitzen die Fähigkeit in andere Tiere einzuwandern) Larven (Abbildung 12.1b), die ihren Eltern gar nicht ähnlichsehen. Diese Larven werden vom Wirt mit dem Harn in das Meerwasser ausgeschieden. Die nächste Phase des Lebenszyklus ist noch unbekannt, weil die infusoriformen Larven für einen neuen Wirt nicht unmittelbar infektiös sind.

12 Mesozoa und Parazoa

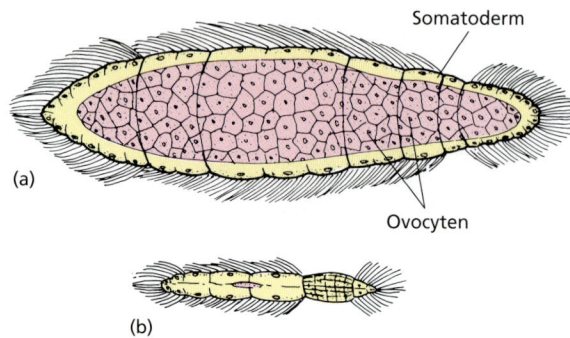

Abbildung 12.2: **Orthonektide parasitieren eine Vielzahl von Wirbellosen.** (a) Ein weiblicher und (b) ein männlicher Orthonektide (Rhopalura). Dieser mesozoische Parasit befällt Wirbellose wie Plattwürmer, Weichtiere, Ringelwürmer und Schlangensterne. Der anatomische Bau zeigt eine einzelne Schicht aus cilienbesetzten Epithelzellen, die eine innere Masse aus Geschlechtszellen umgeben.

Die Orthonektiden (gr. *orthos*, gerade + *nektos*, schwimmen) (▶ Abbildung 12.2) parasitieren eine Vielzahl von Wirbellosen wie Schlangensternen, Muscheln, Polychäten und Schnurwürmern. Ihre Vermehrungszyklen umfassen geschlechtliche und ungeschlechtliche Phasen, wobei das ungeschlechtliche Stadium ziemlich verschieden von denen der Rhombozoen ist. Es besteht aus einer vielkernigen Zellmasse, die als Plasmopodium bezeichnet wird, und die durch Teilungsvorgänge schließlich männliche und weibliche Tiere hervorbringt.

12.2.1 Phylogenese der Mesozoen

Über diese geheimnisvollen kleinen Parasiten gibt es noch viel zu lernen. Eine der die Forscher am meisten beschäftigenden Fragen ist die nach der Einordnung der Mesozoen in das evolutive Gesamtbild. Einige Forscher sind der Ansicht, dass sie primitive oder degenerierte Plattwürmer darstellen und stellen sie daher in das Phylum Plathelminthes (Kapitel 14). Die gegenwärtig verfügbaren molekularen Befunde sind geeignet, eine stammesgeschichtliche Verbindung zwischen den Mesozoen und den Plattwürmern mit einer Eingliederung der Mesozoen in das Superphylum Lophotrochozoa zu stützen. Ein molekularer Stammbaum, der einen Orthonektiden und zwei Arten aus einer Untergruppe der Rhombozoen, der Dicymiden, mit einbezog, fand keinen Hinweis darauf, dass die beiden Klassen Schwestertaxa sind; das Phylum Mesozoa ist also möglicherweise nicht monophyletisch.

12.3 Phylum Placozoa

Der Stamm der Placozoen (gr. *plax, plakos*, Teller, Platte + *zoon*, Tier) wurde 1971 von dem deutschen Zoologen Karl Grell erstmals beschrieben und umfasst nur eine einzige Art. *Trichoplax adhaerens* (▶ Abbildung 12.3 a) ist ein winziges, 2 bis 3 mm großes Meerestier, das zuvor verschiedentlich als Mesozoon oder als Cnidarierlarve beschrieben worden war. Der Körper ist tellerförmig und zeigt keinerlei Symmetrie und keine Organe, also keine Muskulatur oder ein Nervensystem. Er besteht aus einem dorsalen Epithel aus Deckzellen mit glänzenden Bereichen, einem dicken, ventralen Epithel, das monociliate Zylinderzellen und cilienlose Drüsenzellen enthält, sowie einem zwischen den Epithelien gelegenen Raum, der mit Flüssigkeit und fibrösen Zellen angefüllt ist (▶ Abbildung 12.3 b).

Trichoplax gleitet auf seine Nahrung entlang, schüttet Verdauungsenzyme aus und absorbiert dann die Verdau-

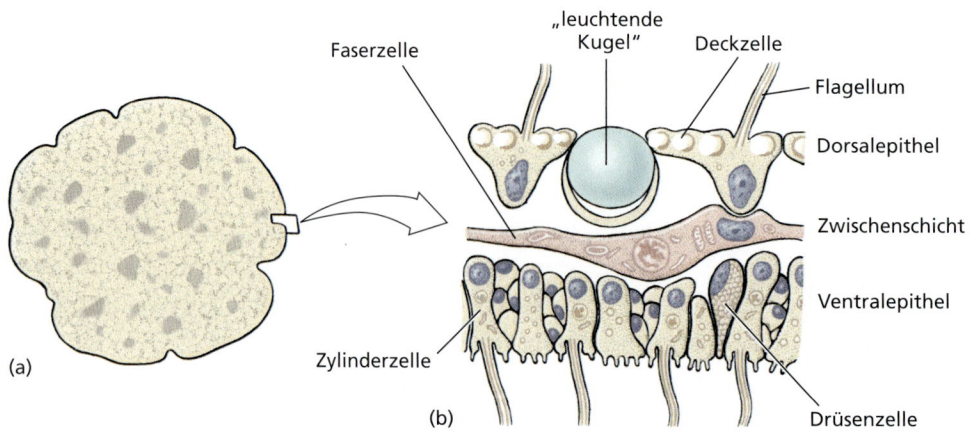

Abbildung 12.3: *Trichoplax adhaerens.* (a) Ein marines, tellerförmiges Tier von nur 2 bis 3 mm Durchmesser. Als einziges Mitglied des Phylums Placozoa besitzt es den primitivsten Bau aller bekannten Metazoen. (b) Schnitt durch *Trichoplax adhaerens,* der den histologischen Bau verdeutlicht.

ungsprodukte. Grell hat *Trichoplax* als diblastisch eingestuft; das dorsale Epithel soll dem Ekto- und das ventrale Epithel aufgrund seiner nutritiven (= Ernährungs-) Funktion dem Entoderm entsprechen. Die stammesgeschichtliche Stellung der Placozoen ist ungewiss; neuere molekularbiologische Befunde sehen sie jedoch als Schwestergruppe des Phylums Cnidarier (Kapitel 13).

12.4 Phylum Porifera: Die Schwämme

Die meisten Tiere bewegen sich umher, um Nahrung zu finden. Ein ortsfester Schwamm (▶ Abbildung 12.4) zieht stattdessen Nahrung und Wasser in seinen Körper hinein. Der Einstrom des Wassers durch unzählige winzige Poren findet seinen Niederschlag im Namen der Gruppe, Porifera (lat. *porus*, Pore, Loch, Öffnung + *ferre*, tragen; Porenträger). Der Schwamm benutzt flagellentragende „Kragenzellen" (Choanocyten), um den Wasserstrom zu erzeugen (▶ Abbildung 12.5). Der Schlag vieler winziger Zellgeißeln (Flagellen) – eine pro Choanocyt – strudelt Wasser, das Nahrung und Sauerstoff enthält, an einer Zelle vorbei. Gleichzeitig werden Abfallstoffe weggespült. Der Schwammkörper ist als hochleistungsfähiger Wasserfilter ausgelegt, um suspendierte Partikel aus dem Umgebungswasser zu filtrieren.

Die meisten der etwa 8300 Schwammarten leben im Meer, einige wenige im Brackwasser, und etwa 150 Arten finden sich im Süßwasser. Meeresschwämme sind in allen Meeren und in allen Wassertiefen häufig. Die Größe der Schwämme reicht von wenigen Millimetern bis zu den gigantischen Riesenformen von über zwei Metern Durchmesser. Viele Schwammarten sind aufgrund

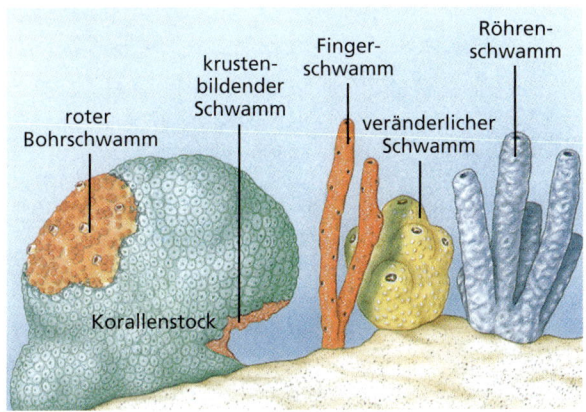

Abbildung 12.4: **Schwämme.** Einige Wachstums- und Wuchsformen von Schwämmen.

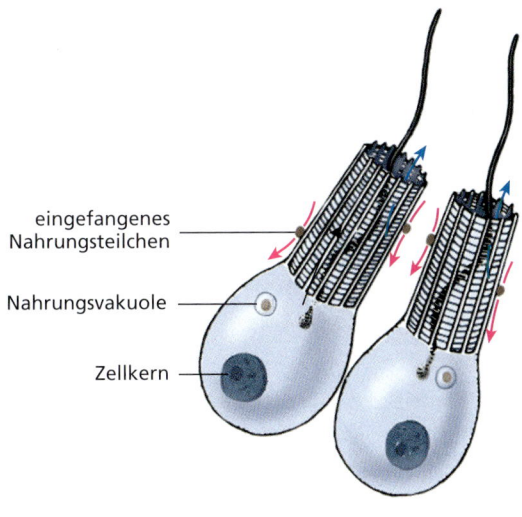

→ Strömungsrichtung des Wassers
→ Bewegungsrichtung der Nahrungsteilchen

Abbildung 12.5: **Schwammchoanocyten.** Sie weisen einen Kragen aus Mikrovilli auf, der ein Flagellum umgibt. Der Flagellenschlag saugt Wasser durch den Kragenbereich (blaue Pfeile), wo Nahrungsteilchen von den Mikrovilli aufgenommen werden (rote Pfeile).

von Pigmenteinlagerungen in ihren Dermalzellen leuchtend gefärbt. Rote, gelbe, orangefarbige, grüne und purpurne Schwämme sind keine Seltenheit.

Obgleich ihre Embryonen freischwimmend sind, leben adulte Schwämme immer sessil und am Untergrund – für gewöhnlich Felsen, Schalen, Korallen oder anderen submersen Gegenständen – verankert. Einige bohren Löcher in Schalen oder Gestein, andere wachsen sogar auf Sand oder Schlick. Einige Schwämme, darunter die einfachsten Formen, erscheinen radiärsymmetrisch, doch sind viele von ziemlich unregelmäßiger Form. Einige stehen aufrecht, andere sind verzweigt oder lappig, wieder andere sind von niedrigem Wuchs oder zeigen gar krustenartiges Wachstum, das an Flechten erinnert (Abbildung 12.4). Ihr Wachstumsverhalten hängt oftmals von der Beschaffenheit des Untergrundes, der Richtung und Geschwindigkeit von Wasserströmungen, sowie vom verfügbaren Raumangebot ab, so dass dieselbe Art unter verschiedenartigen Umweltbedingungen recht verschieden aussehen kann. Schwämme in ruhigem, wenig bewegtem Wasser wachsen zu größerer Höhe und geraderer Form auf als solche in schnell fließendem Wasser.

Viele Tiere wie Krabben, Nudibranchier, Milben, Moostierchen und Fische leben als Kommensalen oder Parasiten in oder auf Schwämmen. Besonders größere Schwämme neigen dazu, eine große Vielzahl von wirbellosen **Kommensalen** zu beherbergen. Schwämme wach-

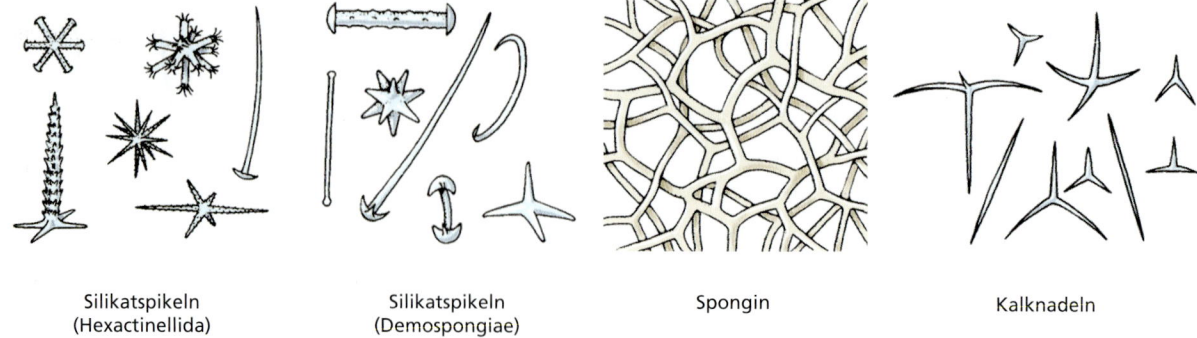

| Silikatspikeln (Hexactinellida) | Silikatspikeln (Demospongiae) | Spongin | Kalknadeln |

Abbildung 12.6: **Vielgestaltige Spikulaeformen stützen den Körper eines Schwammes.** Sponginfasern erfüllen bei einigen Schwämmen eine Stützfunktion.

sen auch auf den Oberflächen zahlreicher anderer lebender Tiere wie Mollusken, Entenmuscheln, Armfüßlern, Korallen oder Hydroiden. Einige Krabben befestigen Teile von Schwämmen auf ihrem Carapax (harte Bedeckung der Körperoberseite bei verschiedenen Tierarten), um sich als Schutz vor Raubfeinden zu tarnen. Obgleich einige Riff-Fische auf Schwämmen des Flachwassers grasen, finden die meisten potenziellen Fressfeinde das Knabbern an Schwämmen offensichtlich unangenehm und verzichten darauf. Dieser abschreckende Effekt auf Fressfeinde geht auf toxische Substanzen, die der Schwamm abgibt, und das ausgefeilte skelettale Gerüst der Schwämme zurück.

Das skelettale Gerüst eines Schwammes kann faserig und/oder starr sein. Falls vorhanden, besteht ein starres Skelett aus kalkigen oder silikatischen Stützstrukturen, die **Spikulae** (= Nadeln, Singular: Spicula) heißen (▶ Abbildung 12.6). Der faserige Anteil des Skeletts rührt von Kollagenfibrillen in der interzellulären Matrix zusammen, die bei allen Schwämmen vorhanden ist. Eine besondere Form des Kollagens, die aus historischen Gründen **Spongin** heißt (Abbildung 12.6), kommt in Form von mehreren Typen mit unterschiedlicher chemischer Zusammensetzung und Gestalt (zum Beispiel als Fasern, Filamente, oder Spikulae umgebende Masse) vor. Die chemische Zusammensetzung der Spikulae bildet zusammen mit ihrer Form Grundlage des gültigen Klassifizierungsschemas der Schwämme.

Die Schwämme sind eine uralte Gruppe mit einer umfangreichen Fossilgeschichte, die bis in das frühe Kambrium (Unterkambrium: −545 bis −518 Millionen Jahre) zurückreicht. Es gibt Hinweise darauf, dass die Ahnenreihe der Schwämme bis in das Präkambrium zurückgeht. Die rezenten Poriferen werden traditionell in

MERKMALE

■ **Phylum Porifera**

1. Vielzellig; der Körper ist ein loses Agglomerat aus Zellen mesenchymalen Ursprungs.
2. Körper mit Poren (Ostien), Kanälen und Kammern, die der Durchleitung von Wasser dienen.
3. Zumeist marin; sämtlich aquatisch.
4. Radiale Symmetrie oder ohne Symmetrie.
5. Epidermis aus flachen Pinakocyten (= Pinakoderm); die meisten inneren Oberflächen sind mit flagellentragenden Kragenzellen ausgekleidet (Choanocyten; Choanoderm), die eine Wasserströmung erzeugen; eine als Mesohyl (Mesogloea) bezeichnete gelatinöse Proteinmatrix enthält verschiedenartige Amöbocyten und Skelettelemente.
6. Skelettaufbau aus fibrillärem Kollagen und kalkigen oder silikatischen, kristallinen Spikulae, oft in Kombination mit verschiedenartig modifiziertem Kollagen (Spongin).
7. Keine Organe oder echte Gewebe; Verdauung intrazellulär; Ausscheidung und Atmung per Diffusion.
8. Reaktionen auf Reize offenbar lokal und unabhängig; Nervensystem fehlend.
9. Adulti sämtlich sessil und am Untergrund (Substratum) fixiert.
10. Asexuelle Fortpflanzung durch Knospen oder Gemmulae und geschlechtliche Fortpflanzung durch Eier und Spermien; freischwimmende, cilienbesetzte Larven.

12.4 Phylum Porifera: Die Schwämme

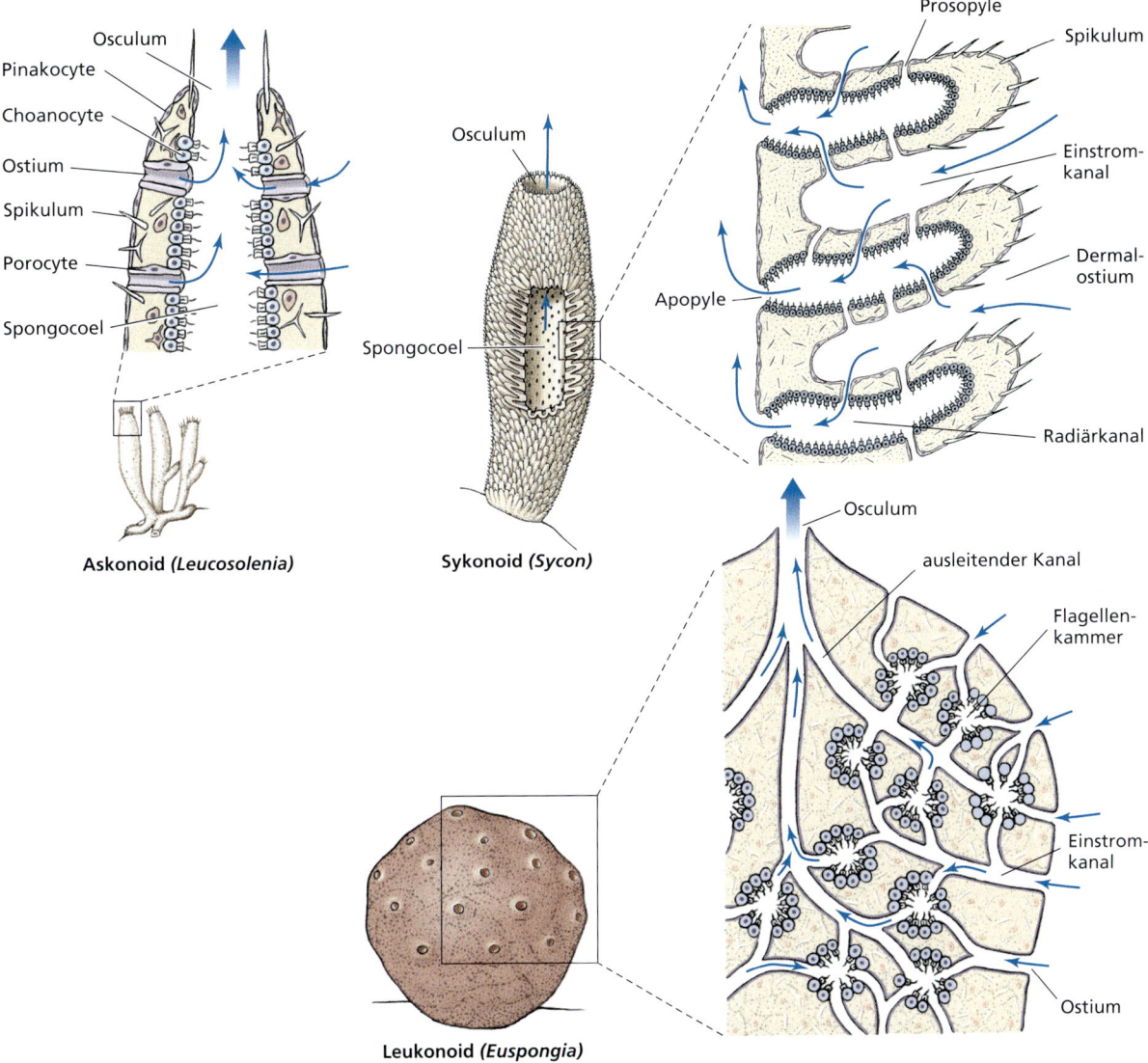

Abbildung 12.7: **Drei Bauformen von Schwämmen.** Der Komplexitätsgrad, ausgehend vom einfachen Askonoidtypus hin zum komplexeren Leukonoidtypus, hängt in erster Linie vom Wasserkanal- und vom Skelettsystem ab, daneben auch von Ausfaltungen und Verzweigungen der Kragenzellschicht. Der Leukon-Typ wird als Hauptbauplan der Schwämme angesehen, da er eine größere Körpergröße und eine effizientere Wasserdurchleitung ermöglicht.

drei Klassen eingeteilt: Calcarea (Kalkschwämme), Hexactinellida (Glasschwämme) und Demospongiae (Hornkieselschwämme). Die Angehörigen der Gruppe der Kalkschwämme besitzen typischerweise Spikulae aus kristallinem Calciumcarbonat ($CaCO_3$, Kalk) mit einem, drei oder vier Strahlen. Die Glasschwämme enthalten sechsstrahlige Silikatspikulae (SiO_2), bei denen die sechs Strahlen in drei Ebenen angeordnet sind, die rechtwinklig (orthogonal) aufeinander stehen. Die Demospongien besitzen ein Skelett aus Silikatspikulae oder Spongin oder beidem. Eine vierte Klasse, die Sclerospongiae (Kieselschwämme), wurde eingerichtet, um Schwämme mit einem massiven Kalkskelett und Silikatspikulae unterzubringen. Einige Zoologen sind weiterhin der Ansicht, dass die Sklerospongier in einer der tradierten Schwammklassen (Calcarea oder Demospongiae) eingeordnet werden sollten; eine neue Klasse sei nicht notwendig.

12.4.1 Form und Funktion

Schwämme ernähren sich in erster Linie durch das Filtrieren im Wasser schwebender (suspendierter) Teilchen. Diese entnehmen sie dem Wasser, das sie durch ein inneres Kanalsystem pumpen. Wasser gelangt durch eine Vielzahl winziger Porenzellen in der äußeren Zellschicht (**Pinakoderm**) in die Kanäle. Einströmporen, die **Dermalostien** (▶ Abbildung 12.7), weisen einen durch-

Abbildung 12.8: **Clathrina canariensis (Classis Calcarea).** Kommt in Höhlen und unter Felsvorsprüngen karibischer Riffe häufig vor.

schnittlichen Durchmesser von 50 μm auf. Innerhalb des Körpers wird das Wasser an Choanocyten vorbeigeleitet, wo Nahrungspartikel von den Choanocytenkragen abgefangen werden (Abbildung 12.5). Die Kragen bestehen aus vielen fingerartigen Fortsätzen (Mikrovilli), die etwa 0,1 μm voneinander entfernt sind. Der Einsatz dieser Kragen als Filter ist eine Form des **Strudelns**.

Schwämme nehmen unterschiedslos Nahrungsteilchen (Detritus, Planktonorganismen, Bakterien) der Größe zwischen 0,1 und 50 μm auf. Die kleinsten Teilchen, die ca. 80 Prozent des partikulären Kohlenstoffs ausmachen, werden von den Choanocyten durch **Phagocytose** aufgenommen. Proteinmoleküle können von den Choanocyten auch durch **Pinocytose** aufgenommen werden. Zwei weitere Zelltypen, **Pinakocyten** und **Archäocyten**, spielen ebenfalls eine Rolle bei der Ernährung von Schwämmen (siehe weiter unten). Schwämme vermögen außerdem, im Wasser gelöste Nährstoffe aufzunehmen.

Der Nahrungseinfang ist abhängig von der Wasserströmung durch den Schwammkörper. Man unterscheidet drei Hauptbaupläne für Schwammkörper, die sich in der Platzierung der Choanocyten unterscheiden. Im einfachsten Fall, dem **askonoiden** Kanalsystem (= Ascon-Typ), liegen die Choanocyten in einer großen, zentralen Kammer, dem **Spongocoel**. Im Fall des **sykonoiden** Systems (= Sykon-Typ) liegen die Choanocyten in Kanälen, und im Fall des **leukonoiden** Systems (= Leucon-Typ) liegen sie in abgegrenzten Kammern (Abbildung 12.7). Diese drei Entwürfe demonstrieren eine Zunahme an Komplexität im Bau und im Wirkungsgrad des wasserpumpenden Systems, spiegeln aber nicht notwendigerweise eine evolutive Sequenz wieder. Die leukonoide Baustufe ist von klar erkennbarem adaptiven Wert; sie besitzt den höchsten Anteil flagellenbesetzter Oberfläche pro Volumeneinheit Gewebe. Sie vermag den Nahrungsbedarf daher effizient sicherzustellen. Diese leukonoide Stufe wurde von den Schwämmen unabhängig voneinander viele Male evolutiv erreicht.

Kanalsystemtypen

Askonoide. Askonoide Schwämme zeigen den einfachsten Aufbau. Wasser wird durch die Tätigkeit einer großen Anzahl von Flagellen auf den Choanocyten durch mikroskopische Dermalporen in den Schwamm gestrudelt. Die Choanocyten kleiden die innere Höhlung, das Spongocoel, aus. Nachdem die Choanoyzten das Wasser gefiltert und Nahrungspartikel entnommen haben, strömt es durch ein einzelnes, großes Osculum wieder aus (Abbildung 12.7). Dieser Bauplan weist erkennbare Begrenzungen auf, weil die Choanocyten das Spongocoel auskleiden und nur aus solchem Wasser Nahrung abfangen können, dass in unmittelbarer Nähe der Spongocoelwandung vorbeiströmt. Bei diesem Schwammtyp ist das Verhältnis von Größe und Oberfläche des Spongocoel relativ ungünstig. Askonoide Schwämme sind daher klein und von röhrenförmiger Gestalt. Als Beispiel für diesen Typus sei auf *Leucosolenia* (gr. *leukos*, weiß + *solen*, Rohr) verwiesen. Die Tiere dieser Gattung bestehen aus schlanken, tubulären Individuen, die, an einem gemeinsamen Stolon (= Stamm, Stiel) verankert, gruppenweise wachsen. Die Anheftung erfolgt an Objekte in Flachwasserbereichen des Meeres (Abbildung 12.7). *Clathrina* (lat. *clatri*, Gitter(werk)), ein weiterer Askonoid, besitzt ein leuchtendgelbe, ineinander verschlungene Röhren (▶ Abbildung 12.8). Die Askonoiden entstammen sämtlich der Klasse der Kalkschwämme.

Sykonoide. Sykonoide Schwämme sehen äußerlich wie größere Ausgaben von Askonoiden aus. Sie besitzen röhrenförmige Gestalten und ein einzelnes Osculum, aber die Körperhülle – in Wirklichkeit die Spongocoelauskleidung – ist dicker und von komplexerem Bau als bei Askonoiden. Die Auskleidung ist nach außen gefaltet, um mit Choanoyzten ausgekleidete Kanäle zu schaffen (Abbildung 12.7). Die Auffaltung der Körperwandung zu Kanälen vergrößert die mit Choanocyten besetzte Oberfläche. Die Kanäle sind, verglichen mit dem Spongocoel der Askonoiden, von geringem Durchmesser. Hierdurch wird die mit den Choanocyten in Kontakt kommende Wassermenge deutlich erhöht.

Wasser dringt durch Dermalostien, die in einwärtsführende Kanäle münden, in den Körper der Sykonoiden. Es wird beim Durchtritt durch winzige Öffnungen (**Prosopylen**) gefiltert und gelangt dann in **Radiärka-**

12.4 Phylum Porifera: Die Schwämme

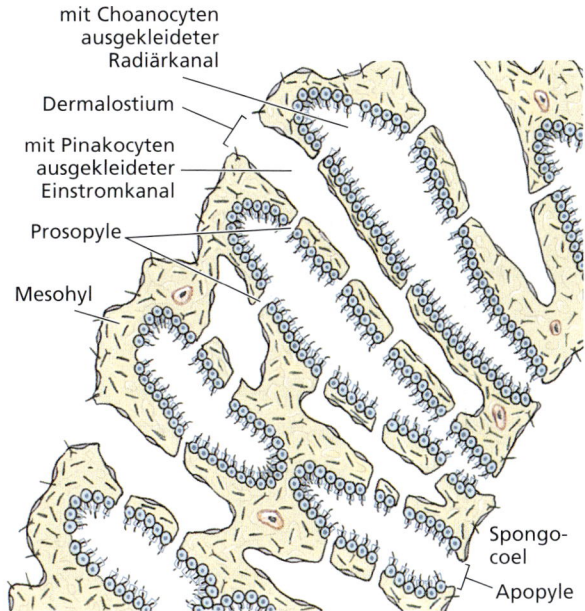

Abbildung 12.9: Querschnitt durch die Körperwand eines Schwammes der Gattung Sycon. Erkennbar sind die Choanocyten in den Wänden der Kanäle. Man beachte, dass die Choanocyten das Spongocoel nicht auskleiden.

näle (▶ Abbildung 12.9). Hier verleiben sich die Choanocyten Nahrung ein. Der Schlag der Choanocytenflagellen treibt das Wasser durch innere Poren (**Apopylen**) in das Spongocoel. Man beachte, dass die Filtration von Nahrungsteilchen nicht im sykonoiden Spongocoel stattfindet. Dieser Raum ist daher bei diesen Schwämmen mit epithelartigen Zellen und nicht mit flagellentragenden Zellen ausgekleidet. Nachdem das gefilterte Wasser das Spongocoel erreicht hat, verlässt es den Körper durch ein Osculum. Als Beispiel für diesen Typ ist in Abbildung 12.7 *Sycon* (gr. *sykon*, Feige) dargestellt.

Im Verlauf ihrer Entwicklung gehen sykonoide Schwämme durch ein askonoides Stadium. Nach dem Durchlaufen dieses Stadiums bilden sich durch Einfaltung der Körperwandung flagellenbesetzte Kanäle. Dieser Entwicklungsverlauf ist ein Hinweis darauf, dass sich die sykonoiden Schwämme von einer Vorläuferform mit askonoidem Bauplan ableiten. Der sykonoide Zustand ist jedoch nicht bei allen Schwämmen, die ihn zeigen, homolog. Die Sykonoiden fallen in die Klasse der Kalkschwämme (Classis Cacarea).

Leukonoide. Der leukonoide Organisationstypus ist der komplexeste Bautyp der Schwämme und erlaubt eine Vergrößerung der Wuchshöhe. Bei der leukonoiden Anlage ist die Oberfläche des nahrungssammelnden Bereiches der Choanocyten stark vergrößert. Hier kleiden die Choanocyten die Wandungen kleiner Kammern, so dass sie wirkungsvoll die ganze Menge des durchströmenden Wassers zu filtern vermögen (Abbildung 12.7). Der Schwammkörper besteht aus einer enormen Anzahl dieser winzigen Kammern. Gruppen flagellenbesetzter Kammern werden durch Einstromkanäle befüllt und entlassen das Wasser in ausleitende Kanäle, die ihrerseits zu einem Osculum führen (▶ Abbildung 12.10).

Ein Schwamm pumpt eine erstaunliche Menge Wasser durch seinen Körper. *Leuconia* beispielsweise ist ein ist ein kleiner leukonoider Schwamm von etwa 10 cm Höhe und 1 cm Durchmesser. Es ist berechnet worden, dass Wasser durch ca. 81.000 Einstromkanäle mit einer Geschwindigkeit von 1 mm / Sekunde in den Körper fließt. Da das Wasser danach in die flagellenbesetzten Kammern strömt, die einen größeren Durchmesser haben, verlangsamt sich die Fließgeschwindigkeit hier auf 0,01 mm / Sekunde. Eine so geringe Durchflussrate gibt den Choanocyten reichlich Zeit zur Nahrungsaufnahme. *Leuconia* besitzt mehr als 2 Millionen solcher Flagellenkammern, in denen Nahrung eingesammelt wird.

Nach der Aufnahme der Nahrung, wird das so gefilterte Wasser zu einem Ausgangsstrom zusammengeführt. Der Abgangsstrom, der das gesamte Wasservolumen enthält, das über die unzähligen Einstromkanäle hineingelangt ist, verlässt den Schwamm durch eine Austrittsöffnung, deren Querschnittsfläche um ein Viel-

Abbildung 12.10: Demospongier *(Mycale laevis)*. Dieser orangefarbige Demospongier wächst häufig unterhalb von plattenartigen Kolonien der Steinkoralle Montastrea annularis. Die großen Osculi des leukonoiden Kanalsystems sind am Rande der Platten sichtbar. Anders als einige andere Schwämme, gräbt sich *Mycale* nicht in das Korallenskelett hinein und kann die Korallen sogar vor der Invasion destruktiverer Arten bewahren. Rosafarbene Radiolen eines Weihnachtsbaumwurmes *(Spirobranchus giganteus)* (Phylum Annelida, Classis Polychaeta) ragen ebenfalls aus der Korallenkolonie hervor. Rechts des Weihnachtsbaumwurmes ist ein weiterer, bislang nicht identifizierter, rötlicher Schwamm erkennbar.

faches kleiner ist als die Gesamtquerschnittsfläche der Einstromkanälchen. Die im Verhältnis kleine lichte Weite der Austrittsöffnung führt in Verbindung mit den großen Volumen gefilterten Wassers zu einer sehr hohen Ausströmgeschwindigkeit. Bei *Leuconia* wird das Wasser mit einer Geschwindigkeit von 8,5 cm pro Sekunde durch ein einziges Osculum nach außen geleitet. Dieser Wasserstrahl ist kraftvoll genug, um das „verbrauchte" Wasser und darin enthaltenen Abfallstoffe weit genug vom Schwamm zu verdriften, um eine erneute Aufnahme dieses „verbrauchten" Wassers zu verhindern.

Einige große Schwämme können bis zu 1500 Liter Wasser pro Tag filtern. Anders als *Leuconia* bilden jedoch die meisten Leukonoiden große Massen mit zahlreichen Osculae (Abbildungen 12.7 und 12.10), so dass das Wasser an vielen Stellen den Schwamm verlässt. Die meisten Schwämme sind vom leukonoiden Typ. In der Klasse der Kalkschwämme (Calcarea) stellen sie die meisten Arten, in den anderen Klassen sind sie der ausschließliche Bautyp.

Zelltypen im Schwammkörper

Die Zellen eines Schwammes sind lose in einer gelatinösen Matrix, dem **Mesohyl** (manchmal auch als **Mesogloea** oder **Mesenchym** bezeichnet), angeordnet (▶ Abbildung 12.11). Das Mesohyl ist das Bindegewebe des Schwammes. In ihm finden sich verschiedenartige Fibrillen, Skelettelemente und amöboide Zellen. Das Fehlen zusammenhängender Gewebe und Organe bedeutet, dass alle grundlegenden Vorgänge sich auf der Ebene der Einzelzelle ereignen müssen. Atmung und Ausscheidung vollziehen sich bei jeder einzelnen Zelle durch Diffusion. Bei Süßwasserschwämmen wird überschüssiges intrazelluläres Wasser über kontraktile Vakuolen in den Archäocyten und Choanocyten ausgestoßen.

Die einzigen sichtbaren Aktivitäten und Reaktionen eines Schwammes, die über die aktive Ausströmung von Wasser hinausgehen, sind geringfügige Änderungen der Gestalt und das Öffnen und Schließen der ein- und ausleitenden Öffnungen. Die Einstromöffnungen können sich als Reaktion auf eine Wassertrübung durch aufgewirbelte Sedimente oder andere Bedingungen erfolgen, die den Wirkungsgrad der Nahrungsaufnahme vermindern könnten. Die häufigste Reaktion ist das Verschließen der Osculi. Diese Bewegungen erfolgen sehr langsam, aber der Umstand, dass diese Reaktionen bei einem Tier zustande kommen, dessen Körper eine innere Organisation oberhalb der zellulären Ebene fehlt, ist verblüffend. Augenscheinlich kann sich ein Signal oder eine Erregung von Zelle zu Zelle ausbreiten. Einige Zoologen haben auf die Möglichkeit hingewiesen, dass eine Koordination der zellulären Aktivitäten durch Substanzen erfolgen könnte, die vom Wasserstrom fortgeleitet werden. Andere Forscher haben – mit geringem Erfolg – versucht, Nervenzellen bei Schwämmen nachzuweisen. Obwohl keine Nervenzellen gefunden werden konnten, treten bei Schwämmen mehrere andere Zelltypen auf.

Choanocyten. Choanocyten (Kragenzellen) kleiden die Flagellenkammern und -kanäle aus. Es handelt sich bei ihnen um eiförmige Zellen, deren eines Ende im Mesohyl eingebettet liegt, während das andere Ende freiliegt. Das freiliegende Ende trägt ein Flagellum, das von einem Kragen umgeben ist (Abbildungen 12.11 und ▶ 12.12). Der Kragen besteht aus nebeneinanderliegenden Mikrovilli, die untereinander durch feine Mikrofibrillen verbunden sind. Sie bilden einen feingliedrigen Filterapparat, um Nahrungspartikel aus dem Wasser zu fischen (Abbildung 12.12 b). Der Flagellenschlag zieht Wasser durch den siebartigen Kragen und treibt es durch die offene Oberseite des Kragens nach außen. Partikel, die zu groß sind, um in den Kragenbereich zu gelangen, verfangen sich in sezerniertem Schleim und rutschen den Kragen herab, um an dessen Basis vom Zellkörper phagocytiert zu werden. Noch größere Teilchen sind bereits durch die lichte Weite der Dermalporen und der Prosopylen ausgesondert worden. Von den Zellen internalisierte Nahrung wird zur Verdauung an eine benachbarte Archäocyte übergeben. Die Verdauung

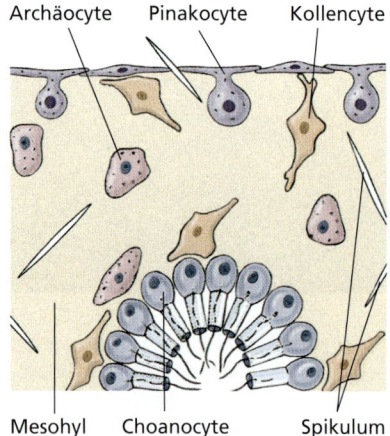

Abbildung 12.11: **Histologischer Schnitt durch die Wand eines Schwammes.** Alle vier Zelltypen eines Schwammes sind darstellt. Pinakocyten sind kontraktil und haben eine Schutzwirkung; Choanocyten erzeugen einen Wasserstrom und fangen Nahrungsteilchen ein; Archäocyten besitzen eine Reihe von Funktionen; Kollencyten sezernieren Kollagen.

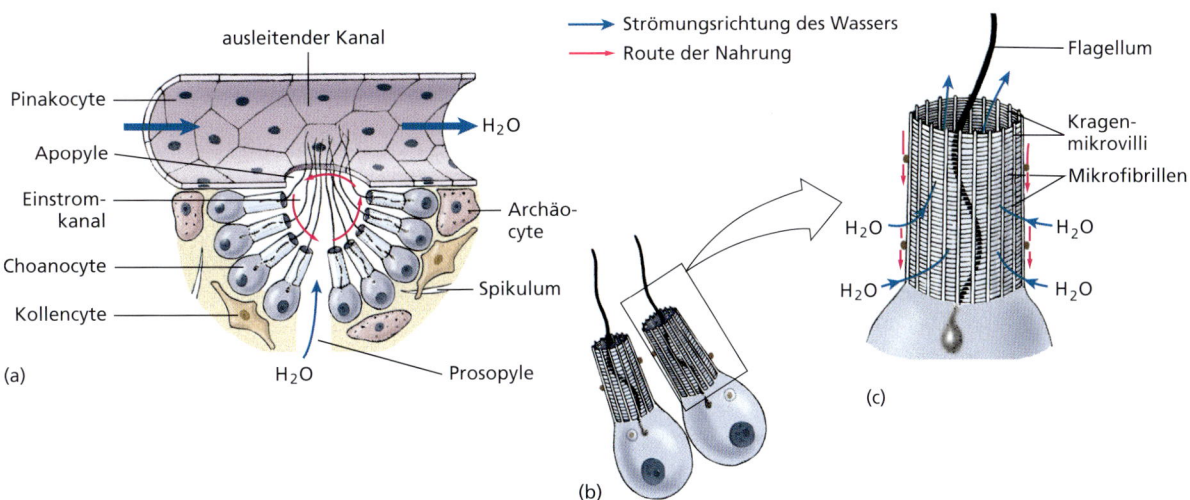

Abbildung 12.12: Einstrudeln der Nahrung durch Schwammzellen. (a) Schnittzeichnung eines Kanals mit Darstellung des zellulären Baus und der Flussrichtung des Wasserstroms. (b) Zwei Choanocyten. (c) Feinbau des Kragens eines Choanocyten. Die kleinen roten Pfeile geben die Transportrichtung der Nahrungspartikel an.

erfolgt somit ausschließlich intrazellulär. Schwämme haben demnach keine extrazelluläre Darmhöhle. Die Choanocyten spielen weiterhin eine Rolle bei der geschlechtlichen Vermehrung.

Archäocyten. Archäocyten sind amöboide Zellen, die sich im Mesohyl umherbewegen (Abbildungen 12.11 und 12.12). Sie erfüllen eine Reihe von Aufgaben. Sie vermögen Partikel im Pinakoderm zu phagocytieren und beziehen von den Kragenzellen Teilchen zur Verdauung. Die Archäocyten können sich offenbar in jeden beliebigen anderen, höher spezialisierten Zelltyp eines Schwammes differenzieren. Einige, die **Sklerocyten** genannt werden, sezernieren die Spikulae. Andere, die **Spongocyten** genannt werden, sezernieren die Sponginfasern des Skeletts. **Kollencyten** sezernieren fibrilläres Kollagen (siehe Kapitel 9). **Lophocyten** scheiden große Mengen Kollagen ab, sind morphologisch aber von Kollencyten nicht zu unterscheiden.

Pinakocyten. Die größte Annäherung an ein echtes Gewebe bei einem Schwamm zeigen die zu einem **Pinakoderm** angeordneten Pinakocyten (Abbildungen 12.11 und 12.12). **Pinakocyten** sind dünne, flache, epithelartige Zellen, welche die äußere und einige innere Oberflächen überziehen. Einige sind T-förmig; die Zellkörper erstrecken sich in das Mesohyl. Pinakocyten können Nahrungspartikel durch Phagocytose an der Oberfläche des Schwammes aufnehmen. Pinakocyten besitzen eine gewisse Kontraktionsfähigkeit und helfen dabei, die Oberfläche eines Schwammes zu regulieren. Einige Pinakocyten sind zu kontraktilen **Myocyten** modifiziert, die normalerweise zu ringförmigen Bändern angeordnet sind, welche die Osculae oder die Poren umlaufen, wo sie helfen, den Wasserfluss zu regulieren.

Zelluläre Unabhängigkeit: Regeneration und somatische Embryogenese

Schwämme besitzen eine immense Fähigkeit, Verletzungen selbst zu reparieren und verlorengegangene Teile neu zu bilden – Vorgänge, die als Regeneration (Wiederherstellung) bezeichnet werden. Bei der Regeneration kommt es nicht zur Umbildung des gesamten Tieres, sondern nur des verletzten Bereiches. Ein vollständiger Umbau von Struktur und Funktion der beteiligten Zellen und Gewebeteile findet im Rahmen der somatischen Embryogenese statt. Wird ein Schwamm in kleine Stücke zerschnitten oder die Zellen vollständig aus dem Verband herausgelöst (zum Beispiel wenn man einen Schwamm durch ein Sieb drückt), kann sich aus kleinen Zellgruppen (Zellaggregaten) ein vollständiger neuer Schwamm bilden. Dieser Vorgang der Bildung eines vollständigen Tieres aus getrennten Einzelzellen wird als **somatische Embryogenese** bezeichnet. Die somatische Embryogenese erfordert eine vollständige Umbildung der Strukturen und Aufgabenstellungen der beteiligten Zellen oder Gewebestücke. Ohne den Einfluss benachbarter Zellen können die Zellen ihr eigenes Potenzial entfalten und Aussehen und/oder Funktion verändern bei der Entwicklung eines neuen vielzelligen Schwammes.

In diesem Bereich sind viele experimentelle Untersuchungen durchgeführt worden. Der Vorgang der Reorganisation scheint innerhalb der verschiedenen Schwammgruppen unterschiedlicher Organisationshöhe verschieden zu sein. Es gibt noch immer Unstimmigkeiten hinsichtlich der mechanistischen Ursachen der geordneten Reorganisation der Zellen und des Anteils, den jede Einzelzelle an diesem Prozess hat.

Regeneration nach einer Fragmentierung ist ein Weg der ungeschlechtlichen Fortpflanzung – ein Prozess, bei dem der Genotyp des existierenden Schwammes unverändert („als Kopie") in die Körper physisch unabhängiger neuer Schwämme übergeht (klonale Vermehrung). Die ungeschlechtliche Vermehrung kann bei Schwämmen auch durch Knospenbildung erfolgen. **Externe Knospen** können sich, nachdem sie eine gewisse Größe erreicht haben, vom Elternkörper ablösen und sich mit der Strömung forttreiben lassen, um zu einem neuen Schwamm an anderer Stelle auszuwachsen oder am gleichen Ort eine Kolonie zu bilden. **Interne Knospen** (**Gemmulen**; ▶ Abbildung 12.13) werden von Süßwasserschwämmen und einigen Meeresschwämmen gebildet. Bei diesem Vorgang sammeln sich Archäocyten im Mesohyl und umgeben sich mit einer widerstandsfähigen Hülle aus Spongin, in die silikatische Spikulae eingelagert sind. Wenn das Elterntier abstirbt, überleben die Gemmulen und verharren zunächst im Zustand der Dormanz. So überlebt die Art längere Perioden des Einfrierens oder schwerer Trockenheit. Zu einem späteren Zeitpunkt entweichen die in den Gemmulen eingeschlossenen Zellen durch eine spezielle Öffnung, der **Mikropyle**, und entwickeln sich zu neuen Schwämmen. Die Gemmulation stellt bei den Süßwasserschwämmen der Familie Spongillidae somit eine Anpassung an schwankende Umweltbedingungen zu verschiedenen Jahreszeiten dar. Gemmulen sind weiterhin ein Mittel zur Besiedelung neuer Habitate, da sie sich durch Gewässerströmungen oder tierische Transporter verbreiten können. Was verhindert ein vorzeitiges Ausschlüpfen der Gemmulen im Verlauf der Saison ihrer Bildung und lässt sie im Zustand der Dormanz verharren? Einige Arten scheiden eine Substanz ab, die ein frühzeitiges Auskeimen der Gemmulen verhindert, und die Gemmulen keimen nicht aus, solange sie im Körper des Elterntiers eingeschlossen sind. Andere Arten durchlaufen die Reifungsphase bei niedrigen Temperaturen (etwa im Winter), bevor sie keimfähig sind. Die Gemmulen mariner Arten scheinen ebenfalls eine Anpassung zur Überdauerung der Winterkälte zu sein – sie sind die einzige Form, in der *Haliclona loosanoffi* in ihrem nördlichen Verbreitungsgebiet in der kälteren Zeit des Jahres anzutreffen ist.

Geschlechtliche Fortpflanzung

Bei der geschlechtlichen Fortpflanzung verhalten sich die meisten Schwämme monözisch (= einhäusig; dasselbe Individuum verfügt sowohl über weibliche wie männliche Fortpflanzungszellen; auch Zwitter genannt). Spermien bilden sich durch Transformation aus Choanocyten. Bei den Kalkschwämmen und zumindest einigen Demospongiern bilden sich die Eizellen ebenfalls aus Choanocyten. Bei anderen Demospongiern leiten sich die Oocyten offensichtlich von den Archäocyten ab. Die meisten Schwämme sind vivipar (lebendgebärend). Nach der Befruchtung verbleibt die Zygote im Elternkörper und wird von diesem mit Nährstoff versorgt. Eine mit Cilien besetzte Larve freigesetzt. Bei solchen Schwämmen werden die Spermien von einem Individuum ins Wasser entlassen und von einem anderen in sein Kanalsystem aufgenommen. Dort phagocytieren Choanocyten die Spermien; danach wandeln sich die Choanocyten in Trägerzellen um, welche die Spermien durch das Mesohyl zu den Oocyten verfrachten. Andere Schwämme sind ovipar (eierlegend). Sowohl Spermien wie Oocyten werden ins Wasser entlassen. Die freischwimmenden Larven der meisten Schwämme sind solide Körper, die **Parenchymulae** genannt werden (Singular: **Parenchymula**; ▶ Abbildung 12.14a). Die nach außen gewandten, flagellentragenden Zellen wandern, nachdem sich die Larve am Grund abgesetzt hat, nach innen und werden zu Choanocyten der Flagellenkammern des neuen Schwammes.

Die Calcareen und einige wenige Demospongier zeigen einen sehr merkwürdigen Entwicklungsverlauf. Eine hohle Blastula (**Amphiblastula** genannt; Abbildung

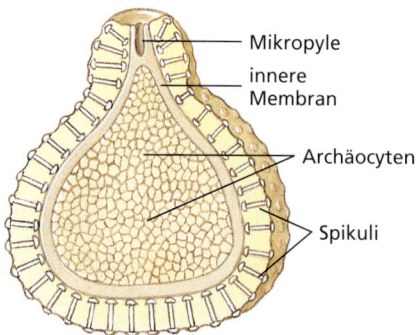

Abbildung 12.13: **Schnitt durch eine Gemmule eines Süßwasserschwammes aus der Familie der Spongilliden.** Gemmulen bilden einen Überlebensmechanismus zur Überdauerung der harschen winterlichen Umweltbedingungen. Werden die Umweltbedingungen besser, treten die Archäocyten durch die Mikropyle ins Freie, um einen neuen Schwamm zu begründen. Die Archäocyten der Gemmule bringen in der Folge alle Zelltypen des Schwammkörpers hervor.

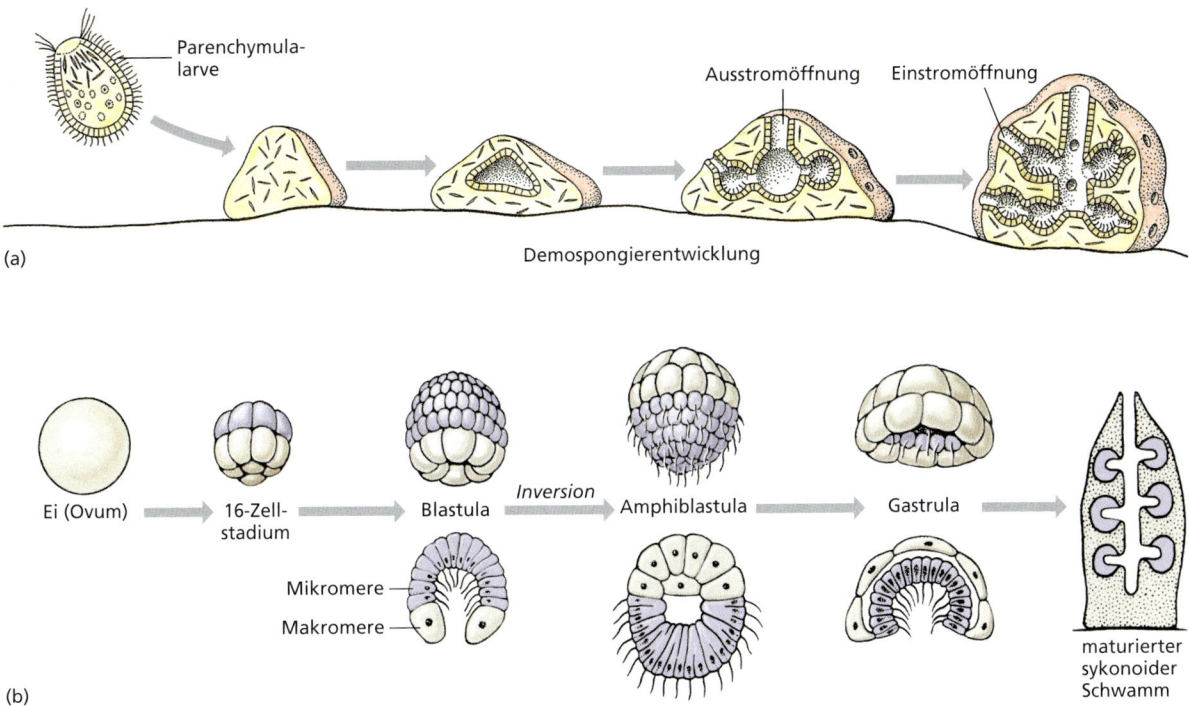

Abbildung 12.14: Parenchymula und Amphiblastula. (a) Entwicklung bei Demospongiern. (b) Entwicklung des sykonoiden Schwammes *Sycon*.

12.14 b) entwickelt sich mit zur Innenseite gerichteten flagellentragenden Zellen. Die Amphiblastula stülpt sich dann um (**Inversion**), so dass die mit Flagellen besetzten Zellen nach außen weisen. Die flagellierten Zellen der Larve (**Mikromeren**) befinden sich an einem Ende, nichtflagellierte Zellen (**Makromeren**) am anderen. Im Gegensatz zu den Verhältnissen bei den Embryonen anderer Metazoen, invaginieren die Mikromeren und werden von den Makromeren überwachsen. Die flagellentragenden Mikromeren werden zu Choanocyten, Archäocyten und Kollencyten des neuen Schwammes, die flagellenlosen Zellen bringen das Pinakoderm und die Sklerocyten hervor.

12.4.2 Classis Calcarea (Kalkschwämme)

Die Kalkschwämme (Calcareen; auch: Calcispongier) haben ihren Namen erhalten, weil ihre Spikulae aus Kalk (Calciumcarbonat, $CaCO_3$) bestehen. Die Spikulae sind von geradem (monaxonalem) Bau oder besitzen drei bzw. vier Strahlen. Die Schwämme dieser Gruppen sind im Regelfall klein (10 cm oder weniger in der Höhe) und von röhren- bis vasenförmiger Gestalt. Sie können von askonoidem, sykonoidem oder leukonoidem Bau sein. Obgleich viele eher wenig farbig sind, gibt es einige, die leuchtend gelb, rot, grün oder fliederfarben sind. *Leucosolenia* und *Sycon* (die verschiedentlich auch unter den Gattungsbezeichnungen *Scypha* oder *Grantia* geführt werden) sind Flachwasserformen des Meeres und werden häufig in biologischen Praktika untersucht (Abbildung 12.7). *Leucosolenia* ist ein kleiner, askonoider Schwamm, der in Form verzweigter Kolonien wächst, die für gewöhnlich aus einem Netzwerk horizontaler, stolonartiger Röhren hervorgehen. *Clathrina* ist ebenfalls klein, mit verschlungenen Röhren (Abbildung 12.8). *Sycon* ist ein solitärer Schwamm, der einzeln vorkommt oder durch Knospung traubenförmige Gruppen bildet. Das vasenförmige, typischerweise sykonoide Tier ist 1 bis 3 cm lang, mit einer Umsäumung gerader Spikulae um das Osculum, das kleine Tiere davon abhält, einzudringen.

12.4.3 Classis Hexactinellida (Hyalospongiae): Glasschwämme

Die Glasschwämme bilden die Klasse der Hexaktinelliden (= Hyalospongier). Fast alle Arten leben in der Tiefsee und werden mit Hilfe von Schleppnetzen geborgen. Die meisten sind radiärsymmetrisch, mit vasen- oder trichterförmigen Körpern, die im Regelfall durch Stiele aus Wurzelspikulae mit dem Untergrund verbunden sind (▶ Abbildung 12.15, *Euplectella*) (gr. *euplektos*, ordentlich geflochten). Ihre Größen reichen von 7,5 cm bis mehr als 1,3 m. Zu den kennzeichnenden Merkma-

12 Mesozoa und Parazoa

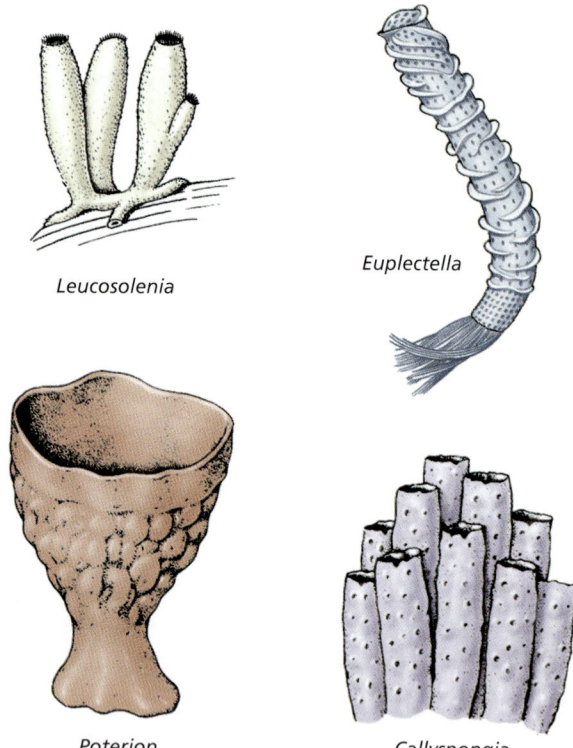

Abbildung 12.15: Eine Auswahl an Körperformen von Schwämmen. *Euplectella* ist ein Glasschwamm (Hexaktinellide), *Proterion* und *Callyspongia* sind Hornkieselschwämme (Demospongier), und *Leucosolenia* ist ein Kalkschwamm (Calcaree).

len der Gruppe gehört ein Skelett aus sechsstrahligen Silikatspikulae, die häufig zu einem Maschenwerk von glasartiger Beschaffenheit verbunden sind.

Ihre Gewebestruktur unterscheidet sich in so dramatischer Weise von den anderen Schwämmen, dass einige Wissenschaftler sich dafür aussprechen, die Hexaktinelliden in ein eigenes, von den anderen Schwämmen abgesetztes Subphylum einzugliedern. Der Körper eines Glasschwammes besteht aus einem einzigen, durchgehenden Syncytium (also einem nicht in Einzelzellen unterteilten Geweberverband), das als **trabekuläres Reticulum** bezeichnet wird. Das trabekuläre Reticulum der Glasschwämme ist das größte durchgehende Syncytialgewebe im Reich der Metazoen. Es ist zweilagig. Zwischen den Zellschichten ist ein dünnes, kollagenöses Mesohyl eingeschlossen, in dem sich auch zelluläre Elemente wie Archäocyten, Sklerocyten und **Choanoblasten** befinden. Die Choanoblasten sind mit Flagellenkammern assoziiert, in denen sich die Zellschichten des trabekulären Reticulums in ein **primäres Reticulum** (einströmende Seite) und ein **sekundäres Reticulum** (ausströmende = atriale Seite) auftrennen (▶ Abbildung 12.16). Die kugelförmigen Choanoblasten liegen im primären Reticulum, und jeder Choanoblast besitzt einen oder mehrere Fortsätze, die sich in **Kragenkörpern** fortsetzen, deren Ansatzstellen ebenfalls vom primären Reticulum gestützt werden. Jeder Kragenkörper mit seinem zugehörigen Flagellum erstreckt sich durch eine Öffnung im sekundären Reticulum in die Flagellenkammer hinein. Wasser wird durch Prosopylen in den Raum zwischen dem primären und dem sekundären Reticulum gesaugt. Durch den Kragenbereich strömt es dann in das Lumen der Flagellenkammer. Die Kragenkörper beteiligen sich nicht an der Phagocytose. Diese wird stattdessen vom primären und vom sekundären Reticulum vollzogen.

Das gitterartige Maschenwerk der Spikulae, das man in vielen Glasschwämmen vorfindet, ist von außergewöhnlicher Grazilität und Schönheit; siehe etwa jenes von *Euplectella*, dem Gießkannenschwamm (Abbildung 12.15) – einem klassischen Beispiel für einen hexaktinelliden Hyalospongier.

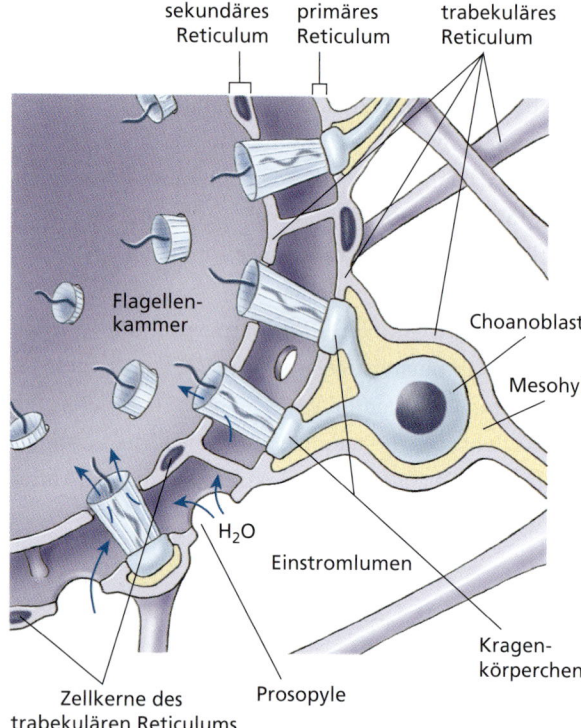

Abbildung 12.16: Schemazeichnung eines Ausschnitts einer Flagellenkammer eines Glasschwammes. Das primäre und das sekundäre Reticulum sind Verzweigungen des trabekulären Reticulums, welches syncytial aufgebaut ist. Die Zellkörper der Choanoblasten und ihre Fortsätze liegen in eine dünnes, kollagenöses Mesohyl eingebettet im primären Reticulum. Die Fortsätze der Choanoblasten enden in Kragenkörpern, deren Kragen sich durch das sekundäre Reticulum aufwärts erstrecken. Der Flagellenschlag erzeugt einen Wasserstrom (Pfeile), der durch das Maschenwerk der Mikrovillisäume gefiltert wird (siehe Abbildung 12.12).

(a) (b) (c)

Abbildung 12.17: Demospongier an einem karibischen Korallenriff. (a) *Pseudoceratina crassa*, ein farbenfroher Schwamm, der in mittleren Tiefen wächst. (b) *Aplysina fistularis* ist hoch aufschießend und röhrenförmig. (c) *Monanchora unguifera* mit einem kommensalen Schlangenstern (*Ophiothrix suensoni*; Classis Ophiuroidea, Phylum Echinodermata).*

12.4.4 Classis Demospongiae (Klasse der Hornkieselschwämme)

Die Gruppe umfasst etwa 95 Prozent aller rezenten Schwammarten, einschließlich der meisten großen Schwämme. Die Spikulae sind vom silikatischen Typ, aber nicht sechsstrahlig; sie können durch Spongin miteinander verbunden sein oder ganz fehlen. Die Badeschwämme der Gattungen *Spongia* und *Hippospongia* gehören zur Untergruppe der Hornschwämme (Badeschwämme sind heute kaum noch natürlich zu finden und gelten beinahe als ausgestorben). Sie besitzen ein flexibles Sponginskelett, doch fehlen die Silikatspikulae vollständig. Alle Angehörigen der Klasse sind von leukonoidem Bau und alle, mit Ausnahme der Vertreter der Familie Spongillidae, leben im Meer.

Die marinen Demospongier sind recht vielgestaltig und können von ziemlich auffallender Färbung und Gestalt sein (▶ Abbildung 12.17). Einige sind krustenbildend, andere hochgewachsen und fingerartig; noch andere sind von niedrigem, sich verzweigendem Wuchs, manche bohren sich durch Schalen, wieder andere haben die Form von Fächern, Vasen, Kissen oder Bällen (Abbildung 12.17). Riesenschwämme können Durchmesser von mehreren Metern erreichen.

Süßwasserschwämme sind in gut durchlüfteten Teichen und Fließgewässern weit verbreitet, wo sie Pflanzenstängel und Stücke älteren, untergetauchten Holzes überkrusten. Sie können Stücken aus runzeligem Schaum ähneln, oder von Poren durchlöchert sein, und von bräunlicher bis grünlicher Farbe. Verbreitete Gattungen sind *Spongilla* (gr. *spongos*, Schwamm) und *Myenia*. Süßwasserschwämme sind im Hochsommer am häufigsten, obgleich sich einige im Herbst leichter finden lassen. Sie vermehren sich geschlechtlich, aber bereits existente Genotypen können jährlich aus Gemmulen wiederaufkommen. Im Spätherbst stirbt der Schwammkörper ab und zerfällt. Dabei bleiben die ungeschlechtlich entstandenen Gemmulen übrig, die überwintern und die Population im nächsten Jahr erneut begründen.

12.4.5 Phylogenese und adaptive Radiation

Phylogenese

Die Schwämme haben ihren Ursprung in der Zeit vor dem Kambrium (≤ 545 Millionen Jahre). Zwei Gruppen kalkiger, schwammartiger Organismen nahmen frühe, paläozoische Riffe in Besitz. Das Zeitalter des Devons (vor 417,5 bis 358 Millionen Jahren) erlebte die rasche evolutive Herausbildung vieler Glasschwämme. Die Möglichkeit, dass die Schwämme aus den Choanoflagellaten (Protozoen mit Zellgeißeln und einem Kragen; siehe Kapitel 11) hervorgegangen sind, wurde für einige Zeit favorisiert. Viele Zoologen opponierten aber gegen diese Hypothese, weil Schwämme ihre Kragen erst zu einem späten Zeitpunkt in ihrer embryonalen Entwicklung ausbilden. Die äußeren Zellen von Schwammlarven besitzen Flagellen, aber keine Kragen, und sie wandeln sich erst zu Kragenzellen um, nachdem sie internalisiert

---
* Klasse der Schlangensterne, Stamm der Stachelhäuter.

KLASSIFIZIERUNG

■ **Phylum Porifera**

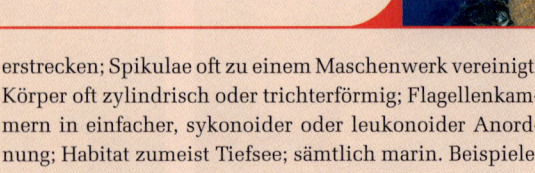

Classis Calcarea (lat. *calcis*, Kalk, Kreide) (= **Calcispongiae**). **Kalkschwämme**. Besitzen Spikulae aus Calciumcarbonat, die oft einen Rand um das Osculum (Hauptwasserauslass) bilden; Spikulae nadelartig oder drei- oder vierstrahlig; alle drei Typen von Kanalsystemen (askonoider, sykonoider, leukonoider Typ) vorhanden; sämtlich marin. Beispiele: *Sycon, Leucosolenia, Clathrina*.

Classis Hexactinellida (gr. *hexa*, sechs + *aktis*, Strahl + lat. -*ellus*, Verkleinerungsform) (= **Hylospongiae**). **Glasschwämme**. Besitzen sechsstrahlige, silikatische Spikulae, die sich rechtwinklig in drei Ebenen von einem Punkt aus erstrecken; Spikulae oft zu einem Maschenwerk vereinigt; Körper oft zylindrisch oder trichterförmig; Flagellenkammern in einfacher, sykonoider oder leukonoider Anordnung; Habitat zumeist Tiefsee; sämtlich marin. Beispiele: *Euplectella, Hyalonema*.

Classis Demospongiae (gr. *demos*, Volk + *spongos*, Schwamm). Hornkieselschwämme. Silikatspikulae, die nicht sechsstrahlig sind, oder Spongin, oder beides; Kanalsystem vom leukonoiden Typ; eine Familie im Süßwasser, alle anderen im Meer. Beispiele: *Thenea, Cliona, Spongilla, Myenia, Proterion, Callyspongia*, alle Badeschwämme.

worden sind. Kragenzellen finden sich außerdem in bestimmten Korallen und Stachelhäutern (Echinodermaten), sind also nicht einzigartig für die Schwämme.

Diese Einwände wurden durch die Analysen von Sequenzen ribosomaler RNA-Gene geschwächt. Diese stützen die Hypothese, dass die einzelligen Choanoflagellaten und die Metazoen Schwestergruppierungen sind. Die Ergebnisse lassen auch den Schluss zu, dass die Schwämme und die Eumetazoen Schwestergruppierungen sind, und dass sich die Poriferen von der Evolutionslinie abgespalten hatten, bevor die Radiaten und die Placozoen ihren Ursprung nahmen. Doch sollen diese Gruppen einen gemeinsamen Vorfahren haben.

Die einzelnen Klassen der Schwämme lassen sich auf der Grundlage der Form und der chemischen Zusammensetzung ihrer Spikulae unterscheiden. Phylogenetische Untersuchungen von Sequenzen von RNA-Genen der rRNA der großen ribosomalen Untereinheit und des Enzyms Proteinkinase C deuten darauf hin, dass die in der Klasse der Kalkschwämme zusammengefassten Calcareen einen Kladus bilden, der von dem separiert werden muss, in dem sich die beiden übrigen Klassen der Demospongier und der Hyalospongier befinden. Für die Einordnung der Kalkschwämme ergeben sich zwei grundsätzliche Möglichkeiten: Bei der einen bilden die Calcareen ein Schwestertaxon zum Kladus der Silikatschwämme; in dem anderen Szenario ist das Phylum Porifera paraphyletisch, weil die Kalkschwämme näher mit den anderen Metazoengruppen verwandt sind als mit den Silikatschwämmen. Zur Klärung dieser Fragen sind mehr Daten und somit weitere Untersuchungen notwendig.

Adaptive Radiation

Die Poriferen sind eine höchst erfolgreiche Gruppe, die mehrere Tausend Arten umfasst, und deren Vertreter eine Vielzahl von Habitaten im Meer- und im Süßwasser bewohnen. Ihre Diversifizierung konzentriert sich im Wesentlichen auf ihr einzigartiges Wasserleitungssystem und dessen unterschiedliche Komplexitätsstufen. Die Erörterung evolutiver Neuerungen bei den Schwämmen bleibt für gewöhnlich dem Spezialisten überlassen, doch ist ein Beispiel hierfür extrem interessant. Innerhalb der Gruppe der silikatischen Hornkieselschwämme hat sich bei einer Schwammfamilie, die nährstoffarme Höhlen in großen Wassertiefen bewohnt, eine neuartige Ernährungsweise evolviert. Diese Tiefwasserschwämme verfügen über einen feinen Überzug aus winzigen, haarartigen Spikulae auf ihren hochgradig verzweigten Körpern. In der Spikulaeschicht verfangen sich die Körperanhänge winziger Krustentiere, die in der Nähe der Schwammoberfläche schwimmen. In der Folge wachsen Filamente des Schwammes über das Beutetier hinweg, hüllen es ein und verdauen es. Diese Schwämme sind carnivor und keine Strudler, obwohl einige von ihnen ihren Speiseplan durch Nährstoffe symbiontischer, methanotropher Bakterien bereichern. Das Vorhandensein typischer Silikatspikulae identifiziert diese Tiere zweifelsfrei als Schwämme, doch fehlen Choanocyten und interne Kanäle.

Der Verlust der Choanocyten bei diesen Arten sorgt bei Studenten, die versuchen, Schwämme zu identifizieren, für Verwirrung, doch sollten Studenten der Evolutionsbiologie dem philosophische Gelassenheit entgegenbringen. Der verschlungene Weg, den ein Zweig der Abstammungslinie der Schwämme eingeschlagen hat, verdeutlicht sehr schön die ungerichtete Natur des Evolutionsverlaufs in der belebten Natur. Um ein so nährstoffarmes Habitat erstmals zu besiedeln, müssen die Vorfahren dieser Gruppe über mindestens eine alternative Nahrungsbeschaffungsmethode verfügt haben – entweder Carnivorie oder Chemoautotrophie – die bereits funktionstüchtig gewesen sein muss. Es kann angenommen werden, dass – nachdem die alternative Methode der Nahrungsbeschaffung in Gebrauch genommen worden war – Choanocyten und innere Kanäle nicht länger vonnöten waren und nicht länger ausgebildet wurden. Falls es in dieser Abstammungslinie noch weitere Modifizierungen des Schwammkörpers gegeben hat, so würden wir diese Nachfahren schließlich nicht mehr als Abkömmlinge der Schwämme erkennen. Stellen Sie sich vor, wie die Linie sich entwickelt hätte und wie ihre Vertreter aussähen, hätten sie ihre Spikulae zugunsten einer stärkeren Abhängigkeit von den symbiontischen Bakterien aufgegeben, und Sie werden beginnen zu verstehen, warum es manchmal schwierig ist, die morphologische Evolution zurückzuverfolgen oder die nächsten Verwandten bestimmter Tiere zu identifizieren.

ZUSAMMENFASSUNG

Die Angehörigen des Phylums Mesozoa sind sehr einfach organisierte Tiere, die parasitär in den Nieren von Cephalopoden (Kopffüßler) der Klasse Rhombozoa, sowie in mehreren anderen Wirbellosengruppen der Klasse Orthonectida leben. Sie besitzen nur zwei Zellschichten, doch sind diese nicht homolog zu den Keimblättern der höheren Metazoen. Sie weisen einen komplizierten Vermehrungszyklus auf, der bis heute nicht restlos erforscht ist. Ihr einfaches Organisationsniveau könnte sich von einem komplexer gebauten, plathelminthenartigen Vorläufer herleiten (regressive Evolution).

Das Phylum Placozoa enthält nur einen einzigen Vertreter, ein kleines, tellerförmiges Meerestier. Es besteht ebenfalls aus zwei Zellschichten. In diesem Fall sind einige Forscher der Meinung, dass diese Zelllagen homolog zum Ekto- und Entoderm höher organisierter Metazoen sind. Die engsten Verwandten der Placozoen scheinen die Cnidarier (Nesseltiere, siehe Kapitel 13) zu sein.

Die Schwämme (Phylum Porifera) sind eine häufig vorkommende Gruppe von Meerestieren mit einigen Vertretern, die das Süßwasser erobert haben. Sie besitzen verschiedene spezialisierte Zelltypen, doch sind diese nicht zu Geweben oder Organen zusammengefasst. Sie sind zur Aufrechterhaltung eines Wasserstroms durch ihren Körper vom Flagellenschlag ihrer Choanocyten abhängig. Aus dem durchströmenden Wasser ziehen sie ihre Nahrung und den Sauerstoff. Die meisten Arten werden von einem sezernierten Skelett aus fibrillärem Kollagen, Kollagen in Form großer Fasern oder Filamente (Spongin), Kalk- oder Silikatspikulae oder einer Kombination aus Spikulae und Spongin gestützt.

Schwämme pflanzen sich ungeschlechtlich durch Knospung, Fragmentierung und Gemmulen (innere Knospen) fort. Die meisten Schwämme sind einhäusig (= Zwitter), erzeugen aber Eizellen und Samenzellen zu verschiedenen Zeitpunkten (= Protandrie). Die Embryogenese verläuft ungewöhnlich, mit einer Wanderung von flagellierter Zellen von der Oberfläche in das Innere (Parenchymella) oder unter Erzeugung einer Amphiblastula, die sich invertiert und mit Makromeren, welche die Mikromeren überwuchern. Die Schwämme verfügen über eine große Befähigung zur Regeneration.

Die Schwämme sind eine evolutiv alte Gruppe, die stammesgeschichtlich weit von den übrigen Metazoen entfernt zu liegen scheint. Molekularbiologische Befunde deuten darauf hin, dass sie eine Schwestergruppe der Eumetazoen darstellen. Ihre adaptive Radiation konzentriert sich auf die Weiterentwicklung des Wasserkreislaufsystems und des Nahrungsfilterungsapparates, mit Ausnahme einer Familie von Schwämmen, bei denen der Nahrungserwerb durch Strudeln und Filtrieren der Carnivorie und der Nutzung symbiontischer Bakterien zu zusätzlicher Nährstoffversorgung Platz gemacht hat.

ZUSAMMENFASSUNG

Übungsaufgaben

1 Beschreiben Sie kurz die syncytiale Ciliatenhypothese, die koloniale Flagellatenhypothese und den polyphyletischen Ursprung der Metazoen, und stellen Sie die Hypothesen einander gegenüber. Welche der Hypothesen zeigt die größte Übereinstimmung mit dem verfügbaren Datenbestand?

2 Beschreiben Sie den Bauplan der Mesozoen und der Placozoen.

3 Geben Sie acht Merkmale der Schwämme an.

4 Beschreiben Sie kurz die askonoiden, sykonoiden und leukonoiden Körpertypen der Schwämme.

5 Welcher Körpertyp der Schwämme ist am effizientesten und erlaubt die größten Körper?

6 Geben Sie Definitionen für die folgenden Begriffe: Ostien, Osculum, Spongocoel, Apopylae, Prosopylae.

7 Geben Sie Definitionen der folgenden Begriffe: Pinakocyten, Choanocyten, Archaeocyten, Sklerocyten, Spongocyten, Kollencyten.

8 Welches Material findet sich in den Skeletten aller Schwämme?

9 Beschreiben Sie die Skelette aller Klassen der Schwämme.

10 Beschreiben Sie, wie Schwämme sich ernähren, wie sie atmen und wie sie exkretieren.

11 Was versteht man unter einer Gemmule?

12 Beschreiben Sie die Vorgänge der Gametenbildung und Befruchtung, wie sie bei den meisten Schwämmen ablaufen.

13 Stellen Sie die Embryogenese, wie sie bei den meisten Demospongien abläuft, der der Calcareen gegenüber.

14 Welches ist die größte Klasse der Schwämme und welchen Körpertyp weisen die Angehörigen dieser Klasse auf?

15 Beschreiben Sie mögliche stammesgeschichtliche Vorfahren der Schwämme. Rechtfertigen Sie Ihre Antwort

Weiterführende Literatur

Allen, C. Judge et al. (2005): Grzimek's Student Animal Life Resource: Corals, Jellyfish, Sponges and Other Simple Animals. Thomson Gale; ISBN: 0-7876-9412-6. *Ein Band eines umfangreichen, 20-bändigen Werkes über das gesamte Tierreich. Überarbeitete englische Fassung eines ursprünglich deutschsprachigen, sehr lesenswerten Referenzwerkes, das leider in der Originalsprache nicht mehr aufgelegt wird.*

Bergquist, P. (1978): Sponges. University of California Press; ISBN: 0-5200-3658-1. *Ausgezeichnete Monografie über Aufbau, Klassifizierung, Evolution und die allgemeine Biologie der Schwämme.*

Bond, C. (1997): Keeping up with the sponges. Natural History, vol. 106: 22–25. *Schwämme sind nicht immer an einen festen Ort gebunden. Zumindest einige vermögen über den Untergrund zu kriechen. Haliclona loosanoffi kann sich pro Tag über 4 mm weit fortbewegen.*

Borchiellini, C. et al. (2001): Sponge paraphyly and the origin of Metazoa. Journal of Evolutionary Biology, vol. 14: 171–179. *Die Ergebnisse dieser Untersuchung legen den Schluss nahe, dass Angehörige der Klasse der Kalkschwämme näher mit anderen Metazoen verwandt sind als mit den Kieselschwämmen.*

Brusca, R. und G. (2002): Invertebrates. 2. Auflage. Sinauer; ISBN: 0-87893-097-3. *Ausgezeichnetes, umfassendes Lehrbuch über wirbellose Tiere für das fortgeschrittene Studium.*

Grell, K. (1982): Placozoa. In: S. Parker (Hrsg.): Synopsis and classification of living organisms, vol. 1. McGraw-Hill; ISBN: 0-0707-9031-0. *Abriss der Placozoenmerkmale.*

Hanelt, B. et al. (1996): The phylogenetic position of Rhopalura ophiocomae (Orthonectida) based on 18S ribosomal DNA sequence analysis. Molecular Biology and Evolution, vol. 13: 1187–1191. *Die orthonektiden Metazoen gruppieren sich mit den triblastischen Tieren und bilden kein Schwestertaxon der Rhombozoen.*

King, N. et al. (2003): Evolution of key cell signaling and adhesion protein families predates the origin of animals. Science, vol. 301: 361–363. *Die Zellen vielzelliger Tiere müssen sich aggregieren und miteinander kommunizieren. Die in Metazoen für diese Aufgaben zuständigen Proteine sind zu solchen von Choanoflagellaten homolog.*

Kobayashi, M. et al. (1999): Dicyemids are higher animals. Nature, vol. 401: 762. *Eine Sequenzanalyse des Gens eines Hox-Proteins lieferte Hinweise dafür, dass die Mesozoen Mitglieder des Überstammes Lophotrochozoa sind und sich von einem komplexer gebauten Urahnen herleiten, der im Verlauf einer Evolution als Parasit eine Vereinfachung erlitten hat. Sie „... sind keine basalen und primitiven Tiere und sollten nicht aus den Metazoen ausgegliedert werden."*

Medina, M. et al. (2001): Evaluating hypotheses of basal animal kingdom phylogeny using complete sequences of large and small subunit rRNA. Proceedings of the National Academy of Sciences of the USA (PNAS), vol. 98: 9707–9712. *Molekulare Daten untermauern eine Eingruppierung der Kalkschwämme in einen Kladus, der verschieden von dem der Kieselschwämme ist.*

Miller, D. und E. Ball (2005): Animal Evolution: The Enigmatic Phylum Placozoa Revisited. Current Biology, vol. 15, No. 1: R26–R28. *Neuerer, kurzer Übersichtsartikel über die geheimnisvollen Placozoen.*

Müller, W. (Hrsg.): Sponges (Porifera). Marine Molecular Biotechnology, vol. 37. Springer (2003); ISBN: 978-3-540-00968-9. *Monografie mit Beiträgen zu Inhaltsstoffen und möglichen biotechnologischen Verwendungen von Schwämmen.*

Ruppert, E. et al. (2004): Invertebrate Zoology – A Functional Evolutionary Approach. 7. Auflage. Thomson/Brooks/Cole. ISBN: 0-0302-5982-7. *Ausgezeichnetes, umfassendes Lehrbuch über wirbellose Tiere für das fortgeschrittene Studium.*

Vacelet, J. und N. Boury-Esnault (1995): Carnivorous sponges. Nature, vol. 373: 333–335. *Ein faszinierender Artikel über das Fressverhalten dieser Schwämme. Spätere Forschungsarbeiten haben zeigen können, dass symbiontische methanotrophe Bakterien eine zweite Stickstoffquelle der Schwämme darstellen.*

Vogel, S. (1996): Life in moving fluids: the physical biology of flow. 2. Auflage. Princeton University Press; ISBN: 0-6910-2616-5. *Eine klare, allgemeine Diskussion, wie der Wasserfluss Tierentwürfe beeinflusst. Mit spezieller Bezugnahme auf die Wasserbewegungen in den Körpern von Schwämmen.*

Wainright, P. et al. (1993): Monophyletic origins of the Metazoa: an evolutionary link with Fungi. Science, vol. 260: 340–342. *Berichtet von molekularen Hinweisen dafür, dass die die Pilze eine Schwestergruppe der Tiere sind, und dass die vielzelligen Tiere einschließlich der Schwämme monophyletisch sind.*

Wood, R. (1990): Reef-building sponges. American Scientist, vol. 224–235. *Der Autor legt Beweise dafür vor, dass bekannte Sklerospongier entweder zu den Calcareen oder zu den Demospongiern gehören, und als eine separate Klasse der Gerüstschwämme (Sclerospongiae) nicht notwendig ist.*

Wyeth, R. (1999): Video and electron microscopy of particle feeding in sandwich cultures of the hexactinellid sponge, *Rhabdocalyptus dawsoni*. Invertebrate Biology, vol. 118: 236–242. *Die Phagocytose erfolgt nicht durch die Choanoblasten, sondern durch das trabekuläre Reticulum, insbesondere das primäre Reticulum. Der Autor stellt die Hexaktinelliden in das Subphylum Symplasma und den Rest der Poriferen in das Subphylum Cellularia.*

Weitere Informationen zu diesem Buchkapitel finden Sie auf der Companion-Website unter
http://www.pearson-studium.de

Radiärsymmetrische Tiere (Radiata)

Phylum Cnidaria, Phylum Ctenophora

13.1	Phylum Cnidaria	393
13.2	Phylum Ctenophora (Stamm der Rippenquallen)	421
13.3	Phylogenese und adaptive Radiation	425
	Zusammenfassung	427
	Übungsaufgaben	428
	Weiterführende Literatur	429

Radiärsymmetrische Tiere (Radiata)

Obgleich die Angehörigen des Phylums Cnidaria höher organisiert sind als die Schwämme, handelt es sich bei ihnen immer noch um vergleichsweise einfach gebaute Tiere. Die meisten sind sessil; diejenigen, die nicht an das Substrat angeheftet sind wie die Quallen, besitzen nur ein schwächlich entwickeltes Schwimmvermögen. Keine Art vermag ihre Beute bei der Jagd zu verfolgen. Tatsächlich kann man leicht den falschen Eindruck gewinnen, dass die Cnidaria (Nesseltiere) am Boden festsitzen und leichte Beute für andere Tiere darstellen. Tatsächlich sind die meisten Cnidarier jedoch sehr effektive Jäger, die in der Lage sind, ihre Jagdbeute zu töten, und Beutetiere zu vertilgen, die viel höher organisiert, rasch beweglich und intelligent sind. Sie vollbringen dieses Kunststück mit Hilfe ihrer Tentakel, die mit winzigen, bemerkenswert hochentwickelten und überaus effektiven Waffen übersät sind, die der Zoologe Nematozysten (Nesselkapseln) nennt.

Tentakel der Koralle *Tubastraea coccinea* (Karibisches Meer).

In der Zelle, in der sie versteckt ist, wird die Nematozyste mit potenzieller Energie aufgeladen, um sie bei Bedarf blitzschnell abzufeuern. Sie gleicht einer in einer Fabrik hergestellten Schusswaffe, die bereits mit Munition geladen und mit gespanntem Hahn vom Fließband läuft. Wie eine Schusswaffe, bei der der Hahn gespannt ist, braucht es nur eine kleine Bewegung, um sie abzufeuern. Anstelle einer Kugel fliegt aus der Nematozyste ein winziger Faden heraus. Mit einer Beschleunigung, die das 40.000-fache der Erdbeschleunigung erreicht und das winzige Geschoss auf eine Geschwindigkeit von 2 m/s bringt, durchschlägt die Nematozyste blitzschnell die Körperhülle des Opfers und injiziert ein lähmendes Gift. Ein kleines Tier, das unvorsichtig genug ist, einen Tentakel zu berühren, wird urplötzlich von hunderten oder gar tausenden winziger Nematozystenpfeile durchbohrt und sekundenschnell gelähmt. Einige Nematozystenfäden können die menschliche Haut durchdringen, was je nach Art des Nesseltiers von einer leichten Reizung bis hin zu starken Schmerzen und sogar zum Tod führen kann. Eine Nematozyste ist eine furchterregende, zugleich aber faszinierende, winzige und extrem wirksame Waffe.

Phylum Cnidaria 13.1

Der Stamm der Nesseltiere (Cnidaria; gr. *knide*, Nessel + lat. *aria* (Pluralendung), wie oder verbunden mit) ist eine interessante Tiergruppe mit mehr als 9000 Arten. Sie hat ihren Namen von den als Cnidocyten (= Knidocyten) genannten Zellen, welche die Nesselkapseln (Nematocyten) enthalten, die charakteristisch für das Phylum ist. Nur die Cnidarier bilden Nesselkapseln aus. Ein weiterer gebräuchlicher Name für diesen Tierstamm ist Coelenterata (gr. *koilos*, Höhle + *enteron*, Darm, innen liegend), wird heute aber weniger häufig als früher benutzt und manchmal sogar gemeinschaft-

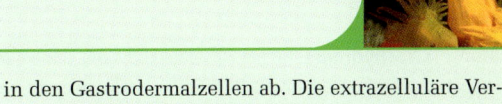

STELLUNG IM TIERREICH

■ Cnidaria und Ctenophora

Die Stämme Cnidaria (Nesseltiere) und Ctenophora (Rippenqualle) sind durch primäre **Radiär**- oder **Biradiärsymmetrie** gekennzeichnet, die man bei den Eumetazoen für ursprünglich hält. Eine Radialsymmetrie, bei der die Körperteile konzentrisch um die oral-aborale Achse angeordnet sind, ist besonders für sessile oder langsame, sowie für freischwebende Tiere geeignet, weil sich diese ihrer Umwelt von allen Seiten her annähern (oder sich die Umwelt aus allen Seiten gleichförmig an sie annähert). Die Bilateralsymmetrie ist an sich eine Art von Radiärsymmetrie, bei der zwei Ebenen, die durch die oral-aborale Achse verlaufen, das Tier in zwei spiegelbildliche Hälften teilen. Alle anderen Eumetazoen besitzen eine primäre Bilateralsymmetrie; sie sind zeitlebens bilateralsymmetrisch oder leiten sich von einem Vorfahren her, der eine bilaterale Körpersymmetrie besessen hat.

Keiner der beiden Stämme dieses Kapitels hat sich über das Organisationsniveau des Gewebes hinaus entwickelt – obgleich einige wenige Organe auftreten. Im Allgemeinen gilt, dass die Ctenophoren einen komplexeren Körperbau aufweisen als die Cnidarier.

Biologische Merkmale

1. Beide Stämme haben zwei wohldefinierte **Keimblätter** entwickelt – Ektoderm und Entoderm; ein drittes Keimblatt, das Mesoderm, das sich embryonal vom Ektoderm ableitet, ist bei einigen vorhanden. Der Körperbauplan ist sackförmig, und die Körperwandung besteht aus zwei unterscheidbaren Schichten – Epidermis und Gastrodermis – die sich vom Ekto- bzw. vom Entoderm ableiten. Eine gelatinöse Matrix, die Mesogloea, die zwischen den Gewebeschichten des Ekto- und des Entoderms liegt, kann strukturlos sein, einige wenigen Zellen und Fasern enthalten oder großenteils aus mesodermalem Bindegewebe und Muskelfasern bestehen.
2. Eine innere Körperhöhle, der **Gastrovaskularraum**, ist von der Gastrodermis ausgekleidet und besitzt eine einzelne Öffnung – den Mund – der gleichzeitig auch als Anus dient.
3. Die **extrazelluläre Verdauung** vollzieht sich im Gastrovaskularraum; die intrazelluläre Verdauung läuft in den Gastrodermalzellen ab. Die extrazelluläre Verdauung erlaubt die Aufnahme größerer Nahrungsteile.
4. Die meisten Radiaten verfügen über **Tentakel** oder ausstülpbare Gebilde um das orale Ende herum, die bei Fang und Aufnahme der Nahrung helfen.
5. Die Radiaten sind die einfachsten Tiere, die echte **Nervenzellen** (Protoneuronen) besitzen, doch sind die Nerven in Form eines Nervennetzes ohne zentrales Nervensystem angeordnet.
6. Die Radiaten sind die einfachsten Tiere, die **Sinnesorgane** besitzen; hierzu gehören wohlentwickelte Statozysten (Gleichgewichtsorgane) und Ocelli (lichtempfindliche Organe).
7. Die Lokomotion wird bei freilebenden Formen entweder durch **Muskelkontraktionen** (Cnidarier) oder **cilienbesetzte Rippenplatten** (Ctenophoren) bewerkstelligt. Beide Gruppen sind jedoch immer noch besser an eine schwebende Lebensweise und Verdriftung durch Strömungen angepasst als an aktives Schwimmen.
8. Der **Polymorphismus*** der Cnidarier hat ihre ökologischen Möglichkeiten erweitert. Bei vielen Arten erlaubt das Vorhandensein sowohl eines Polypenstadiums (sessil oder angeheftet) und eines Medusastadiums (freischwimmend) die Eroberung benthischer (am Grund) wie pelagischer (im offenen Wasser) Habitate durch dieselbe Art. Der Polymorphismus erweitert außerdem die Möglichkeiten struktureller Komplexität.
9. In diesen Stämmen finden sich einige einzigartige Merkmale, wie die **Nematozysten** (Nesselkapseln) bei den Cnidariern und die **Colloblasten** (Haftorgane) und die **cilientragenden Rippenplatten** bei den Ctenophoren.

---

* Man beachte, dass sich der Begriff Polymorphismus hier auf mehr als eine Bauform von Individuen innerhalb einer Art bezieht – im Gegensatz zur Verwendung desselben Begriffs in der Genetik (siehe Kapitel 6: Die Messung genetischer Variation innerhalb von Populationen), wo er sich auf unterschiedliche Allele eines Gens in einer Population bezieht.

13 Radiärsymmetrische Tiere (Radiata)

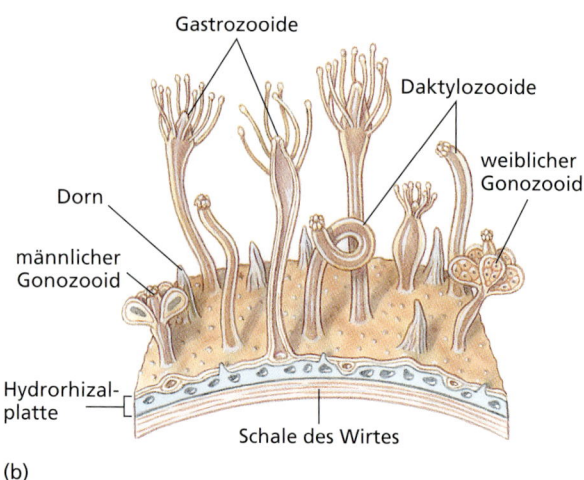

(a)   (b)

Abbildung 13.1: Hydroide. (a) Ein Einsiedlerkrebs mit seinem mutualistischen Cnidarier. Das von dem Krebs bewohnte Schneckengehäuse ist von Polypen des *Hydrozoons Hydractinia milleri* völlig bedeckt. Dem Krebs verleiht das Nesseltier einen gewissen Schutz vor Fressfeinden; umgekehrt bekommt das Nesseltier eine „Freifahrt" auf dem Schneckengehäuse und profitiert von Nahrungsteilchen, die beim Fressvorgang des Krustentiers hochgewirbelt werden. (b) Teil einer *Hydractinia*-Kolonie, welche die Zooidtypen und das Stolon (die Hydrorhiza) zeigt, aus dem sie herauswachsen.

lich auf beide hier diskutierten Stämme angewandt, da er für beide Gruppen zutrifft.

Der Ursprungsort der Cnidarier wird allgemein in der Nähe der Basislinie der Metazoen gesehen. Sie sind eine uralte Gruppe, mit der längsten Fossilgeschichte aller Metazoen, welche über 700 Millionen Jahre zurückreicht. Obwohl ihre Organisationshöhe eine strukturelle wie funktionelle Simplizität aufweist, die sich bei anderen Metazoen nicht findet, machen diese Tiere in einigen Umgebungen einen signifikanten Teil der Biomasse aus. In marinen Habitaten sind sie weit verbreitet; im Süßwasser gibt es nur wenige Formen. Obwohl die meisten sessil leben oder sich bestenfalls langsam schwimmend oder sonstwie langsam vorwärts bewegen, sind sie recht effiziente Beutegreifer von Organismen, die wesentlich schneller und komplexer gebaut sind als sie selbst. Zu dem Stamm gehören einige der seltsamsten und bezauberndsten Kreaturen in der Natur: sich verzweigende, pflanzengleiche Hydroide, blumenähnliche Anemonen, Quallen, und die Architekten des Meeresgrundes – die Hornkorallen (Alcyonacea, Gorgonacea) und die Steinkorallen, deren jahrtausendewährende Bautätigkeit weit ausgedehnte Riffe und Koralleninseln hervorgebracht hat (siehe weiter unten in diesem Kapitel: *Korallenriffe*).

Ihre größte Bestandsdichte erreichen die Cnidarier in seichten Meereshabitaten, insbesondere in warmen und tropischen Gebieten, terrestrische Arten gibt es nicht. Koloniale Hydroide finden sich für gewöhnlich an Muschelschalen, Steinen, Felsen, Kaianlagen, oder an andere Tiere angeheftet, die in flachen Küstenge-

wässern leben. Einige Arten finden sich jedoch auch in großen Tiefen. Umhertreibende und freischwimmende Medusen finden sich im offenen Meer und in Seen, oftmals weit von den Küsten entfernt. Treibende Kolonien wie die Portugiesische Galeere (*Physalia physalis*) und *Velella* (lat. *velum*, Schleier) besitzen Auftriebskörper oder Segel, mit deren Hilfe sie vom Wind verdriftet werden.

Einige Ctenophoren, Mollusken und Plattwürmer fressen mit Nematozysten bewaffnete Hydroide und verwenden diese „Stichwaffen" zu ihrer eigenen Verteidigung. Einige andere Tiere fressen Cnidarier; in der Ernährung des Menschen spielen die Nesseltiere nur selten eine Rolle.

Cnidarier leben manchmal symbiontisch mit anderen Tieren, oft als Kommensalen auf deren Schalen oder einer anderen Oberfläche ihres Wirtes. Bestimmte Hydroide (▶ Abbildung 13.1) und Seeanemonen leben vielfach auf den Schneckengehäusen, in denen sich Einsiedlerkrebse eingenistet haben. Dies stattet die Krebse mit einem gewissen Schutz vor Raubfeinden aus. In den Geweben der Cnidarier leben häufig Algenzellen als Mutualisten – insbesondere bei den Süßwasserhydren (Singular: Hydra) und den riffbauenden Korallen. Die Anwesenheit der Algen in den Körpern der riffbauenden Korallen schränkt das Vorkommen von Korallenriffen auf verhältnismäßig flache Meeresbereiche mit klarem Wasser ein, in das genügend Licht eindringen kann, um die Lichtbedürfnisse der Algen zum Unterhalt ihrer Photosynthese befriedigen zu können. Diese Korallentypen

MERKMALE

■ Phylum Cnidaria

1. Vollständig aquatisch; einige im Süßwasser, aber zumeist marin.
2. **Radiärsymmetrie** oder biradiale Symmetrie um eine longitudinale Achse mit einem **oralen** und einem **aboralen** Ende; kein definierter Kopf.
3. Zwei grundlegende Individuentypen: **Polypen** und **Medusen**.
4. Exoskelett oder Endoskelett aus chitinösen, kalkigen oder Proteinkomponenten bei einigen Formen.
5. Körper mit zwei Schichten – Epidermis und Gastrodermis – mit Mesogloea (diblastische Organisation); Mesogloea; bei einigen mit Zellen und Bindegewebe (Ektomesoderm).
6. Gastrovaskularraum (oft verzweigt oder durch Septen untergliedert) mit einer einzelnen Öffnung, die sowohl als Mund wie als Anus dient; ausfahrbare Tentakel, die für gewöhnlich den Mund oder den Oralbereich umsäumen.
7. Spezialisierte Nesselzellorganellen, die Nematozysten (gr. *nema*, Faden), entweder in der Epidermis oder der Gastrodermis oder in beiden angesiedelt; **Nematozysten** häufig an den Tentakeln, wo sie zu Batterien oder Ringen angeordnet sind.
8. **Nervennetz** mit symmetrischen und asymmetrischen Synapsen; mit einigen Sinnesorganen; diffuse Reizleitung.
9. Muskelsystem (epitheliomuskulärer Typus) aus einer äußeren Schicht longitudinaler Fasern an der Basis der Epidermis, und eine innere Schicht aus Zirkularfasern an der Basis der Gastrodermis; Modifikationen dieses Grundplans bei einigen komplexeren Cnidariern, zum Beispiel separate Bündel unabhängiger Fasern in der Mesogloea.
10. Ungeschlechtliche Vermehrung durch Knospung (bei Polypen) oder geschlechtliche Vermehrung über Gameten (bei allen Medusen und einigen Polypen); geschlechtliche Formen monözisch oder diözisch; **Planulalarve**; holoblastisch-indeterminierte Furchung.
11. Keine Exkretions- oder Respirationsorgane.
12. Kein Coelom.

sind ein essenzieller Bestandteil von Korallenriffen, und Riffe sind extrem bedeutungsvolle Habitate für viele andere Arten von Wirbellosen und Wirbeltieren tropischer Gewässer. Wir werden die Korallenriffe weiter unten in diesem Kapitel eingehender betrachten.

13.1.1 Form und Funktion

Dimorphismus und Polymorphismus bei Cnidariern

Einer der interessantesten – und manchmal verwirrendsten – Aspekte dieses Stammes ist der Dimorphismus oder – in zahlreichen Fällen – der Polymorphismus, der bei vielen seiner Arten ausgeprägt ist. Alle cnidarischen Formen lassen sich einem von zwei morphologischen Grundtypen zuordnen (Dimorphismus): einem **Polypen**- oder Hydroidtypus, der an ein gemächliches oder sessiles Leben adaptiert ist, oder einem **Medusen**- oder Quallentypus, der an eine umhertreibende oder freischwimmende Lebensweise angepasst ist (▶ Abbildung 13.2).

Oberflächlich betrachtet, scheinen Polyp und Meduse sehr verschieden zu sein. Tatsächlich aber weisen beide Formen den sackähnlichen Grundbauplan des Phylums auf (Abbildung 13.2). Eine Meduse ist im Wesentlichen ein nicht festsitzender Polyp, bei dem der tubuläre Teil zu einer Glockenform erweitert und abgeplattet ist.

Polypen. Die meisten Polypen besitzen röhrenförmige Körper. Ein von Tentakeln umgebener Mund legt das orale Ende des Körpers fest. Die Mundöffnung mündet in einen blind endenden Darm oder einen blind endenden **Gastrovaskularraum** (Abbildung 13.2). Das aborale Ende des Polypen ist für gewöhnlich durch eine Fußscheibe (Pedaldiskus) oder eine andere Vorrichtung an den Untergrund angeheftet.

Polypen können sich ungeschlechtlich durch Knospung, Zweiteilung oder pedale Lazeration (lat. *pedalis*, „zum Fuß gehörig" + lat. *laceratio*, Zerreißung) vermehren. Bei der **Knospung** bildet sich an der Seite eines vorhandenen Polypen ein Gewebeknopf, der einen funktionsfähigen Mund mit Tentakeln entwickelt (Abbildung 13.8). Falls sich eine solche Knospe von dem Polypen, der sie hervorgebracht hat, abschnürt, entsteht ein Klon. Bleibt die Knospe jedoch an dem Polypen, der sie hervorgebracht hat, bildet sich eine Kolonie, die durch einen gemeinsamen Gastrovaskularraum verbunden ist und sich die Nahrung teilt (Abbildungen 13.1 und 13.9). Polypen, die nicht knospen, heißen solitär; nichtsolitäre Polypen bilden Klone oder Kolonien. Die Unterschei-

13 Radiärsymmetrische Tiere (Radiata)

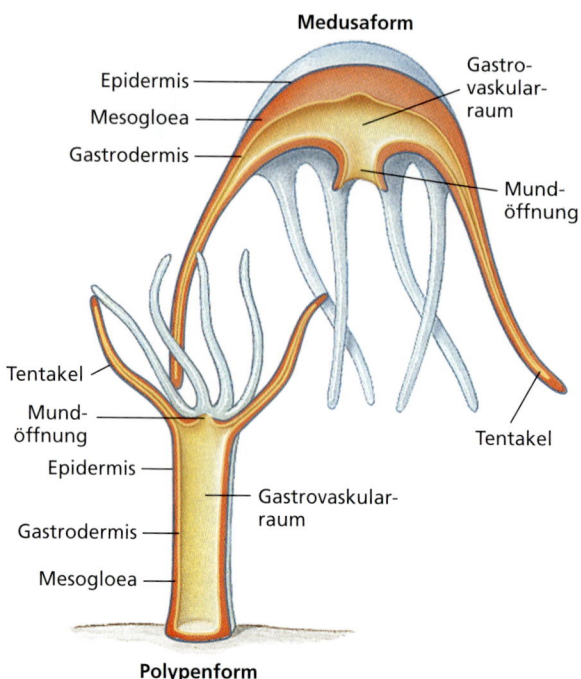

Abbildung 13.2: Polypen- und Medusentypus. Vergleich zwischen dem Polypen- und dem Medusenstadium eines Individuums.

dung zwischen Klonen und Kolonien verschwimmt manchmal, wenn eine Kolonie auseinanderbricht.

Ein gemeinsamer Gastrovaskularraum erlaubt die Polypenspezialisierung. In vielen Kolonien findet man morphologisch unterscheidbare Polypen, von denen jeder für eine bestimmte Aufgabe spezialisiert ist – zum Beispiel Nahrungsaufnahme, Fortpflanzung oder Verteidigung (Abbildung 13.1). Solche Kolonien zeigen **Polymorphismus** (man darf die Verwendung dieses Begriffes in diesem Zusammenhang nicht mit der Verwendung desselben Begriffes in der Populationsgenetik durcheinanderwerfen; siehe Kapitel 6). In der Klasse Hydrozoa lassen sich Fresspolypen (**Hydranthen**) leicht von den Fortpflanzungspolypen (**Gonangien**) unterscheiden, da bei den Gonangien (Singular: Gonangium) die Tentakel fehlen. Gonangien bringen im Regelfall Medusen hervor.

Andere Methoden der ungeschlechtlichen Fortpflanzung von Polypen sind die Spaltung, bei der ein Individuum sich dadurch in zwei Hälften teilt, dass eine Seite des Polypen sich von der andern Seite wegzieht, und die pedale Lazeration, bei der Gewebe, das sich von der Fußscheibe gelöst hat, sich zu einem kleinen neuen Polypen entwickelt. Die Pedallazeration und die Spaltung kommen bei den Seeanemonen der Klasse Anthozoa (Blumentiere) häufig vor.

Medusen. Die Medusenstadien sind für gewöhnlich freischwimmend und besitzen glocken- bis regenschirm-

förmige Gestalten (Abbildungen 13.2 und 13.11). Sie weisen oft eine tetramere Symmetrie der Körperteile auf. Die Mundöffnung findet sich mittig auf der Konkavseite (Subumbrellarseite); sie kann zu kräuseligen Lappen abwärts gezogen werden. Die Kragenlappen können sich dabei unter dem Schirm bzw. der Glocke weit nach unten erstrecken (Abbildung 13.16). Die Tentakel erstrecken sich vom Rande des Schirms nach auswärts. Die Medusen der Klasse Scyphozoa werden vielfach als Scyphomedusen bezeichnet, die der Klasse Hydrozoa als Hydromedusen.

Generationszyklen

Im Generationszyklus eines Nesseltiers spielen Polyp und Meduse unterschiedliche Rollen. Die spezielle Abfolge der Formen im Generationszyklus variiert zwischen den Klassen der Cnidarier; im Allgemeinen entwickelt sich jedoch eine Zygote zu einer motilen Planulalarve. Die Planula setzt sich schließlich auf einer harten Oberfläche ab und führt eine Metamorphose zum Polypenstadium durch. Ein Polyp kann ungeschlechtlich andere Polypen erzeugen, produziert aber auch gelegentlich durch ungeschlechtliche Vermehrung freischwimmende Medusen (Abbildungen 13.9 und 13.19). Der Polyp erzeugt die Medusen durch Knospung oder andere, spezialisierte Methoden wie die **Strobilation** (siehe Abbildung 13.18). Die Medusenstadien pflanzen sich geschlechtlich fort und sind diözisch.

Eine Art, die einen Generationswechsel mit einem festsitzenden Polypen und einer schwimmenden Meduse hervorbringt, kann auf diese Weise sowohl das Pelagium (den freien Wasserkörper) wie das Benthos (die Bodenregion eines Gewässers) als Lebensraum nutzen. Die echten Quallen der Klasse Scyphozoa besitzen große, auffällige Medusen und im Allgemeinen sehr kleine Polypen. Die meisten kolonialen Hydroide der Klasse Hydrozoa zeigen ebenfalls ein Polypen- und ein Medusenstadium. Bei einigen Hydrozoen driftet jedoch die gesamte Kolonie an ein kleines Segel oder einen Auftriebskörper angeheftet an der Meeresoberfläche statt an ein hartes Untergrundsubstrat fixiert zu sein. *Vellela* ist ein solcher Drifter, die Portugiesische Galeere *Physalia* ein anderer. *Physalia* benutzt einen aufgeblasenen Polypen als gasgefüllten Auftriebskörper (Abbildung 13.14); es existiert keine Medusenform. *Hydra* ist ein weiteres ungewöhnliches Hydrozoon, bei dem ein kleiner Süßwasserpolyp das einzige Stadium ist. Bei den Angehörigen der Klasse Anthozoa wie den Seeanemonen und den Korallen fehlen Medusenstadien eben-

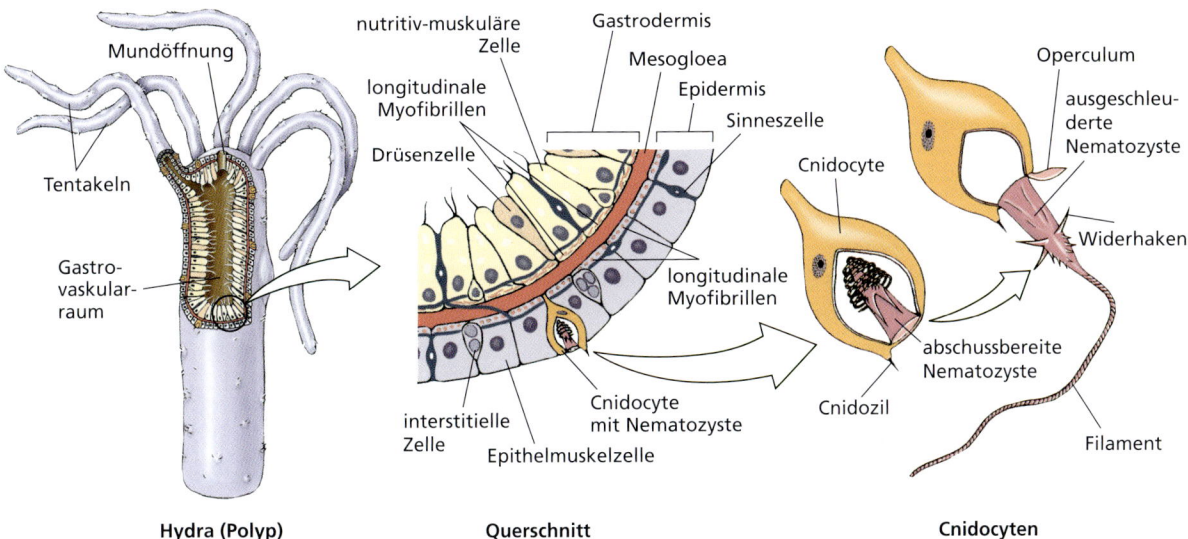

Abbildung 13.3: Nematozysten. Rechts ist der Aufbau einer Nesselzelle gezeigt. In der Mitte ein Ausschnitt aus der Körperwand einer Hydra. Cnidocyten, welche die Nematozysten enthalten, entstehen in der Epidermis aus interstitiellen Zellen.

falls vollkommen, so dass sich hier die Polypen auf geschlechtlichem Wege fortpflanzen.

Körperwandungen

Der Körper der Cnidarier besteht aus einer äußeren Epidermis, die ektodermalen Ursprungs ist, und einer inneren Gastrodermis, die sich vom Entoderm herleitet; dazwischen liegt die Mesogloea (Abbildung 13.2). Die Gastrodermis kleidet die Darmhöhle aus und hat ihre Hauptaufgabe in der Verdauung. Bei den Polypen des solitären Hydrozoons *Hydra* besteht die Epidermalschicht aus mehreren Zelltypen (▶ Abbildung 13.3), darunter epitheliomuskuläre, interstitielle, sekretorische, sensorische und reizleitenden Zellen (siehe weiter unten: *Hydra, ein Süßwasserpolyp*), sowie Cnidocyten (Nesselzellen; siehe folgenden Abschnitt). Die Körper der Nesseltiere strecken sich, ziehen sich zusammen, biegen sich und pulsieren – alles ohne echte, mesodermal abgeleitete Muskelzellen. Stattdessen machen die Epithelmuskelzellen (Hautmuskelzellen) den größten Teil der Epidermis aus und dienen sowohl als Epidermis als auch zur muskulären Kontraktion (▶ Abbildung 13.4). Die Basalseiten der meisten dieser Zellen sind parallel zur Tentakel- oder Körperachse erweitert und enthalten Myofibrillen. Sie stellen ein funktionelles Äquivalent zu einer Schicht longitudinaler Muskeln in unmittelbarer Nachbarschaft zur Mesogloea dar. Die Kontraktion dieser Fibrillen verkürzt den Körper oder die Tentakel.

Die Mesogloea liegt zwischen der Epidermis und der Gastrodermis und ist mit beiden Gewebeschichten verbunden (Abbildung 13.2). Sie besitzt eine gelartige Konsistenz (wovon sich die englische Bezeichnung *jellyfish* für Quallen herleitet). Sowohl die epidermalen wie die gastrodermalen Zellen senden Zellfortsätze in die Mesogloea aus. Bei den Polypen ist sie eine durchgehende Schicht, die sich durch den Körper und die Tentakel erstreckt. In den Tentakeln ist die Mesogloea am dünnsten, im Stielbereich am dicksten ausgebildet. Diese Anordnung erlaubt es dem Fußbereich an der Basis des Tiers großen mechanischen Beanspruchungen zu widerstehen und verleiht den Tentakeln ein höheres Maß an Flexibilität.

Die Mesogloea hilft, den Körper abzustützen und wirkt als eine Art elastisches Skelett. Bei der Klasse Anthozoa ist die Mesogloea stark entwickelt und weist amöboide Zellen auf. Bei den scyphozoischen Medusen ist die Mesogloea ebenfalls sehr dick und enthält ebenfalls amöboide Zellen sowie Fasern. Die Glocke besitzt

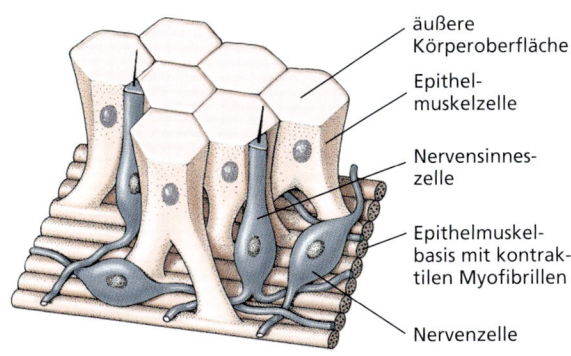

Abbildung 13.4: Hautmuskelzellen. Epithelmuskelzellen und Nervenzellen bei einer Hydra.

ungeachtet der Tatsache, dass die Mesogloea einen Wassergehalt von 95 bis 96 Prozent aufweist, eine recht feste Konsistenz. Die Mesogloea in den Glocken der Hydromedusen ist viel dünner, und es fehlen amöboide Zellen wie Fasern.

Cnidocyten (Nesselzellen)

Wie am Anfang des Kapitels bereits dargelegt, sind viele Cnidarier sehr effektive Räuber, die Beutetiere einfangen, die größer und intelligenter als sie selbst sind. Ein solch wirkungsvoller Nahrungserwerb durch Jagd wird durch die üppige Ausstattung der Tentakel mit einem einzigartigen Zelltyp ermöglicht – der Cnidocyte oder Nesselzelle (Abbildung 13.3). Die Nesselzellen sitzen in Einsenkungen der ektodermaler Zellen (Abbildung 13.3); bei einigen Formen auch in gastrodermalen Zellen. Jede Nesselzelle erzeugt 1 bis über 20 kennzeichnende Organellen, die **Cnidien** (Nesselkapseln) genannt werden (▶ Abbildung 13.5), und die aus der Zelle abgefeuert werden können. Während ihrer Entwicklung wird eine Cnidocyte korrekt als **Cnidoblast** bezeichnet. Nachdem ihre Nesselkapseln abgefeuert sind, wird eine Nesselzelle absorbiert und ersetzt.

Ein Typ von Nesselkapsel, die **Nematozyste** (Abbildung 13.3), wird eingesetzt, um ein Gift zu injizieren – entweder zur Verteidigung oder zum Beutefang. Nematozysten sind winzige Kapseln, die aus einem chitinähnlichen Material bestehen, und die einen aufgewickelten, tubulären „Faden" (nema) oder Filament enthalten, der eine Fortsetzung des verengten Endes der Kapsel darstellt. Dieses Ende der Kapsel ist von einem kleinen Deckel, dem **Operculum** verschlossen. Das Innere des noch nicht abgeschossenen Fadens trägt winzige Stacheln oder Widerhaken. Nicht alle Cnidien besitzen Stacheln oder injizieren Gift. Einige Sorten dringen beispielsweise nicht in das Beutetier ein, sondern wickeln sich nach dem Abschuss rasch wieder zu einer Spirale auf; dabei wird jedes Teil eines Beutetiers, das sich in dem sich aufspulenden Faden verfängt, gepackt und festgehalten (Abbildung 13.5). Adhäsive Cnidien entladen sich für gewöhnlich nicht während des Beutefangs (Abbildung 13.7 und weiter unten).

Außer bei den Anthozoen sind die Cnidocyten mit einem auslöserartigen Cnidocil (= Knidozil) ausgestattet, das ein modifiziertes Cilium ist. Die Cnidocyten der Anthozoen besitzen einen etwas abweichenden Mechanorezeptor. Bei einigen Seeanemonen – und vielleicht anderen Nesseltieren auch – stellen kleine organische

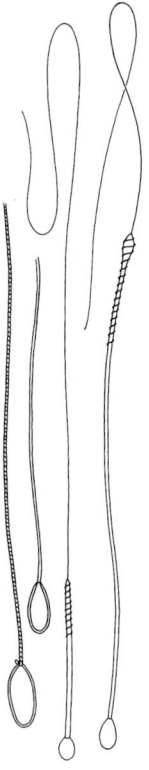

Abbildung 13.5: Unterschiedliche Cnidientypen nach der Entladung. Unten zwei Ansichten eines Cnidientyps, der Beutetiere nicht lähmt. Dieser Typ wickelt sich wie eine Uhrfeder auf; dabei wird jeder Teil eines Beutetiers gefangen, der auf dem Weg des sich aufrollenden Fadens liegt.

Moleküle der Beutetiere die Empfindlichkeit der Mechanorezeptoren ein. Dadurch erlangen diese eine höhere Sensibilität für die Schwingungsfrequenzen, die durch die vorbeischwimmenden Beutetiere erzeugt werden. Taktile Stimulation führt zur Entladung der Nematozysten.

Der Mechanismus der Nematozystenentladung ist bemerkenswert. Die experimentellen Befunde deuten darauf hin, dass der Abschuss durch eine Kombination von zwei Faktoren bewerkstelligt wird: Spannungs-

Exkurs

Beachten Sie ein weiteres Mal den Unterschied zwischen osmotischem und hydrostatischem Druck (siehe Abbildung 3.17). Die Nematozyste muss zu keinem Zeitpunkt tatsächlich einen Binnendruck von 140 bar hydrostatischem Druck aushalten. Ein derartig hoher hydrostatischer Druck würde die Zelle mit der Kapsel zur Explosion bringen. Wenn das Wasser während der Entladung in die Kapsel einschießt, fällt der osmotische Druck rasch ab, während sich der hydrostatische ebenso rasch aufbaut und unmittelbar durch den Abschuss des Cnidocils wieder in Arbeit umgewandelt wird.

energie, die bei der Nematozystenbildung in dieser gespeichert wird, unterstützt durch einen erstaunlich hohen osmotischen Druck von 140 bar (!) im Inneren der Nesselkapsel. Wenn die Entladung durch einen Reiz ausgelöst wird, führt der hohe osmotische Druck zu einem Einschießen von Wasser in die Kapsel. Das Operculum öffnet sich, und der sich sehr rasch erhöhende hydrostatische Druck treibt den Nesselfaden mit großer Kraft heraus. Dabei stülpt sich das Innere der Kapsel nach außen. Am herausschießenden Ende des Nesselfadens klappen die Stacheln wie die Klingen von Klappmessern nach außen. Diese winzige, aber furchteinflößende Waffe spritzt dann Gift in das Opfer, wenn das Geschoss in den Körper des Beutetiers eindringt.

Die Nematozysten der meisten Cnidarier sind für den Menschen nicht gefährlich, sondern bestenfalls unangenehm. Die Stiche der Portugiesischen Galeere (Abbildung 13.14) und bestimmter Quallen sind jedoch sehr schmerzhaft und in manchen Fällen sogar gefährlich (siehe Textkasten im Abschnitt „Classis Cubozoa" weiter unten).

Ernährung und Verdauung

Polypen sind im Regelfall carnivor. Sie fangen Beutetiere mit ihren Tentakeln und befördern sie zur Verdauung durch ihre Mundöffnung in den Gastrovaskularraum. Bei *Hydra* sind die Tentakel hohl, und das Tentakellumen steht mit dem Gastrovaskularraum in Verbindung. Im Inneren des Gastrovaskularraum setzen Drüsenzellen Enzyme frei, die damit beginnen, die Beute extrazellulär zu verdauen. Die intrazelluläre Verdauung findet dann in der Gastrodermis statt (siehe weiter unten; Abschnitt „Classis Hydrozoa").

Die Hydranthen einer Hydrozoenkolonie ähneln sehr stark Hydren. Sie fangen und verdauen Beutetiere extrazellulär, leiten dann die vorverdaute Brühe in einen gemeinsamen Gastrovaskularraum, in dem die intrazelluläre Verdauung stattfindet (siehe weiter unten). Bei den Hydromedusen sind sowohl die Art der Nahrung wie das Verdauungssystem dem der Polypen ähnlich. Der Körper ist jedoch so ausgerichtet, dass die Mundöffnung im Zentrum der Glocke nach unten zeigt; die Mundöffnung sitzt am Ende einer Röhre, die als **Manubrium** bezeichnet wird (Abbildung 13.12).

Die Scyphomedusen sind für gewöhnlich größer als die Hydromedusen, doch ist ihre Grundform ähnlich. Der Rand der Mundöffnung ist als Manubrium ausgebildet – oftmals mit vier gefalteten Oralarmen, die manchmal als Mundlappen bezeichnet werden, und die zu Fang und der Aufnahme von Beutetieren dienen (Abbildung 13.19).

Die Polypen der Anthozoen (z. B. der Seeanemonen) sind carnivor und ernähren sich von Fischen und praktisch jedem anderen Tier geeigneter Größe. Sie können ihre Tentakel verlängern und bei der Suche nach kleinen Wirbeltieren und Wirbellosen ausstrecken. Beutetiere werden mit den Tentakeln und Nesselkapseln gefangen und zur Mundöffnung transportiert. Einige wenige Arten ernähren sich von mikroskopischen Lebensformen, die durch Einstrudeln mit Hilfe von Cilienreihen gefangen werden. Korallen ergänzen ihr Nahrungsspektrum durch die Verwertung von Kohlenstoffverbindungen, die ihre symbiontischen Algenpartner erzeugen (siehe Abschnitt „Korallenriffe").

Das Nervennetz

Das Nervennetz der Cnidarier ist eines der besten Beispiele für ein diffuses Nervensystem, das sich im Tierreich finden lässt. Dieser Plexus aus Nervenzellen findet sich sowohl an der Basis der Epidermis als auch an der Basis der Gastrodermis, so dass zwei miteinander in Verbindung stehende Nervennetze gebildet werden. Nervenzellfortsätze (Axone) enden an anderen Nervenzellen in Form von Synapsen, an Berührungspunkten mit Sinneszellen oder an Effektororganen (Nematozysten oder Hautmuskelzellen). Nervenimpulse werden durch die Freisetzung von Neurotransmittern aus kleinen Vesikeln auf einer Seite der Synapse oder des Berührungspunktes von einer Zelle zur nächsten geleitet (siehe Kapitel 33: Synapsen). Der Richtungssinn der Übertragung zwischen Nervenzellen wird bei höheren Tieren dadurch sichergestellt, dass die Vesikel nur auf einer Seite der Synapse (an der präsynaptischen Membran) lokalisiert sind. Die Nervennetze der Cnidarier zeigen jedoch als Besonderheit mit Neurotransmittern gefüllte Vesikel auf beiden Seiten des synaptischen Spaltes. Dadurch ist die Reizleitung über die betreffende Synapse in beide Richtungen möglich. Eine weitere Besonderheit der cnidarischen Nerven besteht in dem Fehlen jedweden Isoliermaterials (Myelin) um die Axone.

> **Exkurs**
>
> Beachten Sie, dass sich für ein radiärsymmetrisches Tier nur ein geringer adaptiver Wert für den Besitz eines zentralen Nervensystems ergibt. Die Umwelt ist isotrop, und das Tier hat keine Kontrolle über die Richtung, aus der sich ein mögliches Beutetier nähern könnte.

13 Radiärsymmetrische Tiere (Radiata)

Es gibt keine Zentralisierung von Nervenzellen, die an ein „zentrales Nervensystem" erinnern. Nerven sind jedoch in den „Ringnerven" der Medusen der Hydrozoen zu Gruppen zusammengefasst, sowie in den randständigen Sinnesorganen der Medusen der Scyphozoen. Bei einigen Cnidariern sind die Nervennetze in Form von zwei oder mehr Systemen ausgebildet: bei den Scyphozoen gibt es ein schnell leitendes System zur Koordination der Schwimmbewegungen und ein langsamer leitendes zur Koordination von Tentakelbewegungen.

Die Nervenzellen des Netzes bilden Synapsen mit schlanken Sinneszellen, die Außenreize auffangen. Außerdem besitzen die Nervenzellen Berührungspunkte mit Hautmuskelzellen und Nesselkapseln. Zusammen mit den kontraktilen Fasern der Epithelmuskelzellen wird das sensorische Nervenzellnetz oft als **neuromuskuläres System** bezeichnet – ein wichtiger Meilenstein in der Evolution von Nervensystemen. Das Nervennetz hat sich in der Evolution der Metazoa früh herausgebildet, und es wurde phylogenetisch nie wieder völlig aufgegeben. Die Anneliden besitzen es in ihren Verdauungssystemen. Im Verdauungssystem des Menschen findet es sich in Form von Nervenplexi (Singular: Plexus, Knoten) in der Muskulatur. Die rhythmischen peristaltischen Bewegungen des Magens und des Darms werden von diesem Gegenstück zum Nervennetz der Nesseltiere gesteuert.

13.1.2 Classis Hydrozoa

Die Mehrheit der Hydrozoen ist marin und kolonial organisiert. Zu einem typischen Generationswechsel gehören ein ungeschlechtliches Polypen- und ein geschlechtliches Medusenstadium. Einige Formen, wie die Süßwasserhydren, besitzen jedoch kein Medusenstadium. Einige marine Hydroiden besitzen keine freien Medusen (▶ Abbildung 13.6), wohingegen andere Hydrozoen nur als Medusen existieren und kein Polypenstadium durchlaufen.

Die Hydren werden – obschon sie keine typischen Hydrozoen sind – in zoologischen Praktika vielfach eingesetzt, um eine Einführung in die Biologie der Cnidarier zu geben, da sie klein und leicht verfügbar sind. Mit der Kombination der Untersuchungen einer Hydra und einem repräsentativen Vertreter der koloniebildenden Meereshydroiden wie *Obelia* (gr. *obelias*, runder Kuchen) erhält man einen ausgezeichneten Überblick über die Klasse der Hydrozoen.

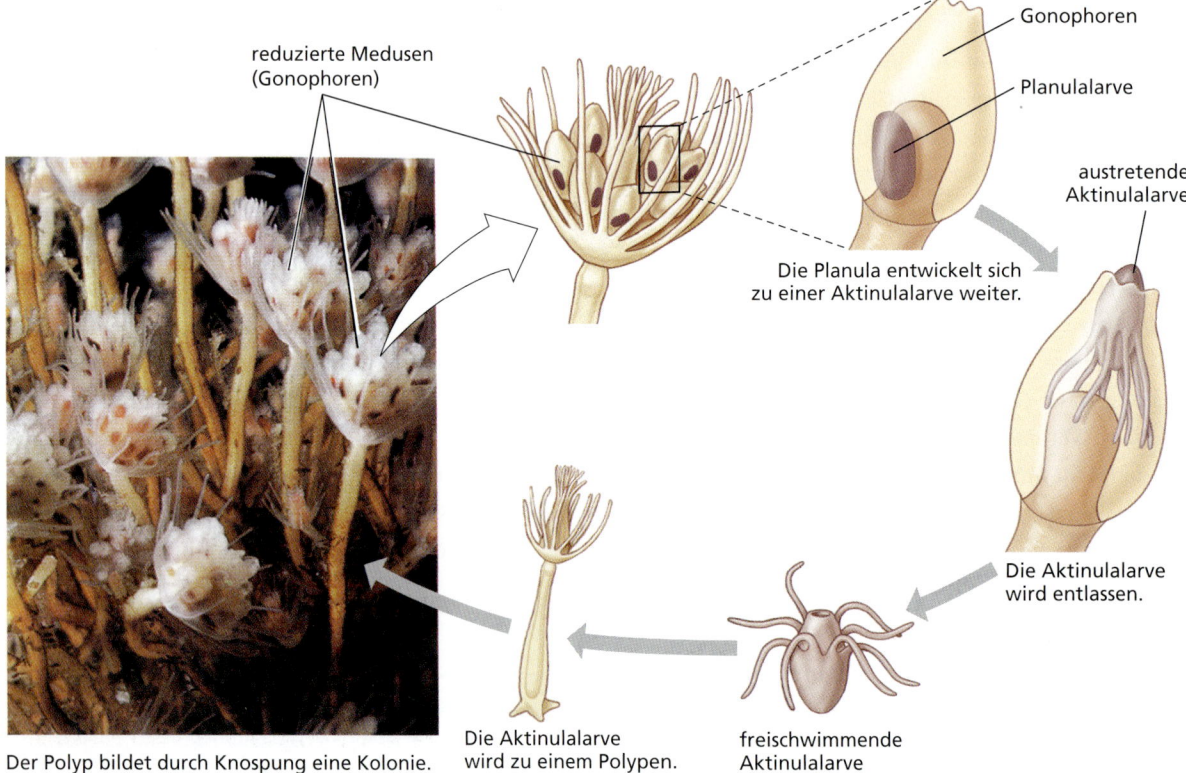

Abbildung 13.6: Medusen. Bei einigen Hydroiden, wie bei der hier abgebildeten Art *Tubularia crocea*, ist das Medusenstadium auf Gonadengewebe reduziert und löst sich nicht ab. Diese rückgebildeten Medusenstadien werden Gonophoren genannt.

Hydra: Ein Süßwasserpolyp

Die häufig vorkommenden Süßwasserhydren (▶ Abbildung 13.7) sind solitäre Polypen und einige der wenigen Cnidarier, die man im Süßwasser antrifft. Ihr normaler Lebensraum ist die Unterseite der Blätter von Wasser- und Schwimmpflanzen im kühlen, sauberen Wasser von Teichen und Fließgewässern. Die Familie der Hydren findet sich überall auf der Welt; in Nordamerika kommen 16 Arten vor.

Bauplan. Der Körper einer Hydra kann sich bis zu einer Länge von 25 bis 30 mm ausstrecken oder sich zu einer winzigen, gelatinösen Masse zusammenziehen. Es handelt sich um eine zylindrische Röhre, deren aborales Ende zu einem schlanken Stiel ausgezogen ist und der in einer Pedalscheibe (= Basalscheibe) endet, mit der sich das Tier am Untergrund verankert. Anders als koloniale Polypen, die dauerhaft festgeheftet sind, können sich Hydren durch Gleiten auf der Pedalscheibe, das durch Schleimabsonderungen unterstützt wird, frei bewegen. Durch Bewegungen, wie sie eine Spannerraupe (Larve der Schmetterlingsfamilie Geometridae) ausführt, können sich Hydren vornüber beugen und sich mit den Tentakeln am Untergrund festhalten. Sie vermögen sogar „Purzelbäume" zu schlagen und sich durch die Ausbildung von Gasblasen an der Pedalscheibe zur Oberfläche herauftreiben zu lassen. Die Pedalscheibe kann in ihrer Mitte eine Exkretionsöffnung aufweisen.

Epidermale Zelltypen. Die epidermale Zellschicht enthält epitheliomuskuläre, interstitielle, Drüsen-, Nessel-, Sinnes- und Nervenzellen.

Epithelmuskelzellen stellen den größten Teil der Epidermis und dienen sowohl zur Bedeckung des Körpers wie zur muskulären Kontraktion (Abbildung 13.4). Die Grundseiten der meisten dieser Zellen erstrecken sich parallel zur Tentakel- oder Körperachse und enthalten Myofibrillen, so dass eine Schicht längs verlaufender Muskeln in unmittelbarer Nachbarschaft zur Mesogloea entsteht. Die Kontraktion dieser Fibrillen führt zur Verkürzung des Körpers oder der Tentakel.

Interstitielle Zellen sind undifferenzierte Stammzellen, die sich im Umkreis der Basen der Epithelmuskelzellen finden. Die Differenzierung von interstitiellen Zellen bringt differenzierte Zelltypen wie Cnidoblasten, Geschlechtszellen, Knospen, Nervenzellen und anderes mehr hervor, im Allgemeinen aber keine Epithelmuskelzellen (die sich selbstständig vermehren).

Drüsenzellen sind hochgewachsene Zellen, die um die Pedalscheibe und die Mundöffnung herum zu finden sind. Sie sondern eine klebrige Substanz ab, die zur Anheftung des Tieres dient, sowie manchmal eine Gasblase, die Auftrieb verleiht (Abbildung 13.3).

Cnidocyten (Nesselzellen) treten überall in der Epidermis auf. Hydren verfügen über drei, funktionell unterscheidbare, Typen von Cniden: solche, die in die Beute eindringen und Gift injizieren (Penetranten, Abbildung 13.3), solche, die sich zusammenrollen und Beutetiere umgarnen (Volvanten), und schließlich solche, die ein klebriges Sekret erzeugen, und die zur

> **Exkurs**
>
> Vor über 230 Jahren war der schweizerische Naturforscher Abraham Trembley (1710–1784) erstaunt darüber, dass abgetrennte Teile des Stiels einer Hydra in der Lage sind, sich zu einem vollständigen Tier zu regenerieren. Seit damals sind über 2000 Publikationen über Hydren veröffentlicht worden, und diese Tierform ist zu einem klassischen Experimentalmodell für die morphologische Differenzierung geworden. Der die Morphogenese steuernde Mechanismus ist möglicherweise von großer praktischer Bedeutung, und die Einfachheit von Hydra bietet sich für derartige Untersuchungen an. Substanzen, die diese Entwicklungsvorgänge steuern (Morphogene), wie etwa diejenigen, die festlegen, welches Ende eines abgeschnittenen Stiels die Mundöffnung und die Tentakel hervorbringen soll, sind identifiziert und isoliert worden. Sie liegen in den Zellen in äußert niedriger Konzentration (10^{-10} M) vor.

Abbildung 13.7: Eine Hydra beim Einfangen eines unaufmerksamen Wasserflohs. Zum Beutefang werden die Nematozysten an den Tentakeln eingesetzt. Diese Hydra enthält in ihrem Inneren einen bereits früher gefangenen Wasserfloh.

Lokomotion und zur Anheftung eingesetzt werden (Glutinanten).

Sinneszellen sind unter den anderen Epithelzellen verstreut, besonders in der Nähe der Mundöffnung, der Tentakel und an der Pedalscheibe. Das freie Ende einer jeden Sinneszelle trägt eine Zellgeißel (Flagellum), die als Sinnesrezeptoren für chemische und taktile Reize dienen. Das andere Ende verzweigt sich zu feinen Fortsätzen, die Synapsen mit Nervenzellen ausbilden.

Die **Nervenzellen** der Epidermis sind im Allgemeinen multipolar (besitzen viele Fortsätze), obgleich die Zellen bei höher organisierten Nesseltieren bipolar (mit zwei Zellfortsätzen) sein können. Ihre Fortsätze (Axone) bilden Synapsen mit Sinneszellen und anderen Nervenzellen aus, sowie Kontaktstellen mit Epithelmuskelzellen und Nesselzellen. Zu anderen Nervenzellen gibt es morphologisch asymmetrische Einwegsynapsen (Reizleitung in eine Richtung) und morphologisch symmetrische Zweiwegsynapsen (Reizleitung in beide Richtungen).

Gastrodermale Zelltypen. Die Gastrodermis – eine Zellschicht, die den Gastrovaskularraum auskleidet – enthält in der Hauptsache große, cilienbesetzte, kolumnare Epithelzellen mit unregelmäßigen, flachen Unterseiten. Unter den Zellen der Gastrodermis finden sich nutritiv-muskuläre, interstitielle und sekretorische Zellen.

Nutritiv-muskuläre Zellen sind für gewöhnlich aufragende, kolumnare Zellen, die lateral erweiterte Unterseiten besitzen, welche Myofibrillen enthalten. Die Myofibrillen verlaufen rechtwinklig zu Körper- oder Tentakelachse und bilden so eine ringförmige Muskelschicht. Bei den Hydren ist diese Muskelschicht jedoch sehr schwach ausgebildet, und longitudinale Bewegungen des Körpers und der Tentakel kommen größtenteils durch Vergrößerung des Wasservolumens in der Gastrovaskularhöhle zustande. Wasser gelangt durch Cilienschlag der nutritiv-muskulären Zellen im Bereich der Mundöffnung in den Körper. Das Wasser im Gastrovaskularraum wirkt demnach als **hydrostatisches Skelett**. Die beiden Cilien am freien Ende jeder Zelle dienen außerdem der Bewegung von Nahrung und Flüssigkeiten im Verdauungsraum. Die Zellen enthalten oft große Mengen von Nahrungsvakuolen. Die Gastrodermalzellen in grünen Polypen (*Chlorohydra*) (gr. *chloros*, grün + *Hydra*, neunköpfiges Meerungeheuer der antiken griechischen Sagenwelt, dessen Köpfe nachwuchsen, wenn sie abgeschlagen wurden) enthalten Grünalgen (Zooxanthellen des Phylums Chlorophyta), die für die Färbung der Tiere verantwortlich sind. Diese Lebensform stellt wahrscheinlich einen Fall von symbiontischem Mutualismus dar, da die Algen das bei der Atmung entstehende Kohlendioxid des Polypen für ihre Photosynthese nutzen und daraus organische Verbindungen bilden, die auch für den Wirt nützlich sind. Die Algen profitieren ihrerseits von der geschützten und stabilen Umgebung und haben vermutlich noch andere physiologische Vorteile.

Interstitielle Zellen liegen um die basalen Anteile der nutritiven Zellen herum verstreut. Sie wandeln sich in andere Zelltypen um, sofern die Notwendigkeit dafür besteht.

Drüsenzellen im Hypostom und im Stiel sondern Verdauungsenzyme ab. Schleimdrüsen, die den Mundbereich umgeben, helfen bei der Verdauung.

Die Gastrodermis enthält keine Cnidocyten (Nesselzellen).

13.1.3 Nahrungsaufnahme und Verdauung

Polypen ernähren sich von einer Vielzahl kleiner Crustaceen, Insektenlarven und Anneliden. Ihre Mundöffnung, die in einer kegelförmigen Erhebung, dem **Hypostom**, liegt, ist kreisförmig von sechs bis zehn hohlen Tentakeln umgeben, die – wie der Körper – stark erweitert werden können, wenn das Tier hungrig ist.

Die Mundöffnung führt in den **Gastrovaskularraum** (= Coelenteron), der mit den Hohlräumen der Tentakel in Verbindung steht. Ein Polyp wartet mit ausgestreckten Tentakeln auf Beute (Abbildung 13.7). Nahrungsorganismen, welche die Tentakel berühren, werden mit Dutzenden von Nesselkapseln harpuniert, die sie lähmen, selbst wenn sie größer sind als der Polyp. Die Tentakel bewegen sich dann zur Mundöffnung hin, die sich langsam erweitert. Durch Schleimabsonderungen gut befeuchtet, schiebt sich der Mund über und um die Beute, bis sie völlig umschlossen ist.

Die Aktivatorsubstanz, welche die Munderweiterung auslöst, ist das Peptid Glutathion in der reduzierten Form, das sich in gewissen Mengen in allen lebenden Zellen findet. Glutathion tritt aus den durch die Nesselzellen geschlagenen Wunden aus dem Beutetier aus, aber nur Tiere, die eine ausreichende Menge des Stoffes freisetzen, aktivieren die Fressreaktion und werden vom Polypen verschlungen. Dieser Mechanismus erklärt, wie ein Polyp zwischen einem Wasserfloh (*Daphnia* sp.), den er als Nahrung schätzt, und anderen Formen, die er ablehnt, unterscheiden kann. Gibt man Glutathion in das

Wasser, in dem sich ein Polyp befindet, vollführt er eine Reihe von Fressbewegungen, selbst wenn keine Beutetiere anwesend sind.

Innerhalb des Coelenterons entlassen Drüsenzellen Enzyme, die auf die Nahrung einwirken. Die Verdauung beginnt im Coelenteron (extrazelluläre Verdauung), doch werden viele Nahrungspartikel durch Pseudopodien in die nutritiv-muskulären Zellen der Gastrodermis gezogen, wo die intrazelluläre Verdauung stattfindet. Amöboide Zellen können unverdauliche Teilchen in das Coelenteron befördern, von wo aus sie schließlich zusammen mit anderem unverdaulichen Material ausgestoßen werden.

Vermehrung. Polypen pflanzen sich geschlechtlich wie ungeschlechtlich fort. Bei der ungeschlechtlichen Vermehrung erscheinen Knospen als Ausstülpungen der Körperwand und entwickeln sich zu jungen Polypen, die sich schließlich vom Elterntier ablösen. Die meisten Arten sind zweihäusig (= getrenntgeschlechtlich). Temporäre Gonaden (▶ Abbildung 13.8) erscheinen für gewöhnlich im Herbst, angeregt durch die niedrigeren Temperaturen und vielleicht zusätzlich durch die verminderte Durchlüftung stehender Gewässer. Testes oder Ovarien treten – so vorhanden – als rundliche Ausstülpungen an der Oberfläche des Körpers auf (Abbildung 13.8). Die im Ovarium enthaltenen Eier reifen in der Regel eines nach dem anderen aus und werden durch Spermien befruchtet, die ins Wasser abgegeben werden.

Die Zygoten durchlaufen eine holoblastische Furchung unter Bildung einer Blastula. Der innere Teil der Blastula löst sich unter Ausbildung des Entoderms ab (= Gastrodermis); die Mesogloea wird zwischen dem Ekto- und dem Entoderm angelegt. Um den Embryo bildet sich eine Zyste, mit deren Hilfe er den Winter überstehen kann, bevor er sich vom Elterntier ablöst. Junge Polypen schlüpfen im Frühjahr, wenn die Wetterbedingungen günstig sind.

Hydroiden-Kolonien

Weitaus repräsentativer für die Klasse der Hydrozoen als die Polypen sind die hydroiden Formen, die ein Medusenstadium in ihrem Generationszyklus aufweisen. In Praktika wird oftmals *Obelia* als Untersuchungsobjekt zur Illustration des hydroiden Typs bearbeitet (▶ Abbildung 13.9).

Ein typischer Hydroid besteht aus einer Basis, einem Stiel und einem oder mehreren Terminalzooiden. Die Basis, durch die sich koloniale Hydroiden am Untergrund verankern, ist ein wurzelartiges Stolon (= **Hydrorhiza**), aus der ein oder mehrere Stiele (= **Hydrocauli**) entspringen. Der lebende, zelluläre Anteil eines Hydrocaulus ist ein tubuläres Coenosarkium, bestehend aus den drei typischen Cnidarierschichten, die das Coelenteron umgeben. Der Schutzüberzug des Coenosarkiums ist eine leblose, chitinöse Scheide, das **Perisark**. Am Hydrocaulus befestigt sind individuelle Polypentierchen, die Zooide. Die meisten Zooide sind Fresspolypen, die **Hydranthen** oder **Gastrozooide** heißen. Sie können tubulär, flaschen- oder vasenähnlich sein; alle aber besitzen eine terminale Mundöffnung und einen Tentakelkranz. Bei den thekaten Formen wie Obelia setzt sich das Perisarkium als Schutzkorb um den Polypen herum fort, in den er sich zurückziehen kann (Abbildung 13.9). Bei anderen Gattungen sind die Polypen hüllenlos (**athekat**; ▶ Abbildung 13.10). Bei einigen Formen ist das Perisarkium ein unauffälliger, dünner Film.

Hydranthen fangen und verleiben sich, wie Polypen, Beutetiere wie kleine Crustaceen, Würmer und Larven ein, die Nahrung für die gesamte Kolonie liefern. Nach einer partiellen extrazellulären Verdauung gelangt in einem Hydranthen der Verdauungsbrei in ein gemeinsames Coelenteron, wo die Nährstoffe von den Gastrodermalzellen aufgenommen werden. In diesen findet die abschließende, intrazelluläre Verdauung statt.

Der Kreislauf innerhalb des Coelenterons ist eine Funktion der cilienbesetzten Gastrodermis; er wird aber durch rhythmische Kontraktionen und Pulsatio-

Abbildung 13.8: Temporäre Gonade. Eine Hydra mit sich entwickelnden Knospen und einem Ovarium.

13 Radiärsymmetrische Tiere (Radiata)

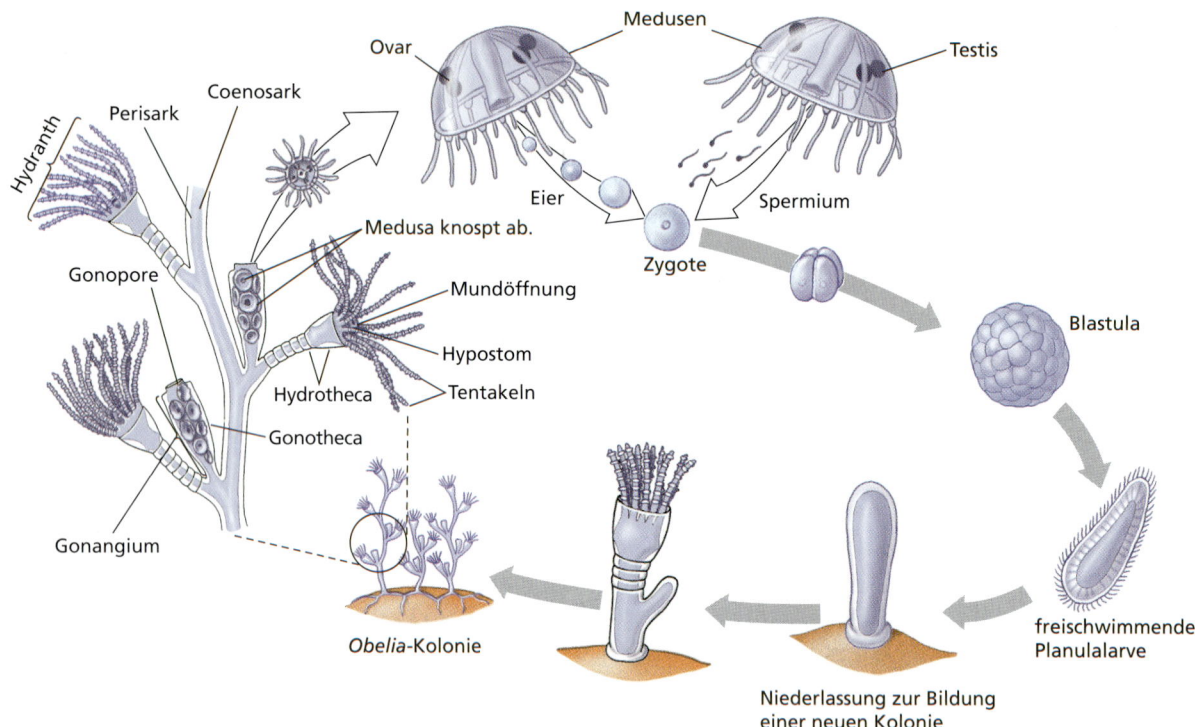

Abbildung 13.9: **Generationszyklus von *Obelia*.** Gezeigt wird der Generationswechsel zwischen dem (ungeschlechtlichen) Polypen- und dem (geschlechtlichen) Medusenstadium. *Obelia* ist ein thekater Hydroid – seine Polypen sind ebenso wie der Stiel durch Ausläufer des zellfreien Überzugs geschützt (lat. *theca*, Büchse, Dose, Kasten).

nen des Körpers unterstützt, die bei den Hydroiden auftreten.

Genauso wie sich die Polypen ungeschlechtlich durch Knospung vermehren, knospen auch die kolonialen Hydroiden neue Individuen ab, um den Umfang der Kolonie zu vergrößern. Neue Fresspolypen entstehen durch Knospung, und Medusenknospen entstehen ebenfalls an der Kolonie. Bei Obelia knospen die Medusen von einem Fortpflanzungspolypen ab, der als **Gonangium** bezeichnet wird. Junge Medusen verlassen die Kolonie als freischwimmende Individuen, die ausreifen und Gameten produzieren (Abbildung 13.9). Bei einigen Arten bleiben die Medusen mit der Kolonie verwachsen und entlassen ihre Keimzellen von dort aus. Bei anderen Arten kommt es nie zur Entwicklung von Medusen, und die Gameten werden von männlichen und weiblichen Gonophoren abgesetzt (Abbildung 13.10). Die Embryonalentwicklung der Zygoten führt zu einer cilienbesetzten Planulalarve, die für einige Zeit umher schwimmt. Sie setzt sich schließlich auf dem Untergrund ab, um sich zu einem winzigen Polypen zu entwickeln, aus dem durch ungeschlechtliche Knospung die Hydroidenkolonie hervorgeht. Damit ist der Generationszyklus abgeschlossen.

Die Medusen von Hydroiden sind für gewöhnlich kleiner als die Scyphozoen. Ihre Durchmesser reichen von 2 bis 3 mm bis zu mehreren Zentimetern (▶ Abbildung 13.11). Der Rand des Schirms stülpt sich als **Velum** (lat. *velum*, Schleier) nach innen, das die offene Seite des Schirms teilweise abschließt und zum Schwimmen eingesetzt wird (▶ Abbildung 13.12). Pulsierende Muskelbewegungen, die den Schirm abwechselnd füllen und entleeren, treiben das Tier in Form eines schwachen Rückstoßantriebes mit der Aboralseite voran vorwärts. Die am Schirmrand ansetzenden Tentakel sind reichlich mit Nesselzellen besetzt.

Die Mundöffnung am Ende des herunterhängenden **Manubriums** führt in einen Magen und vier Radiärkanäle, die mit einem Ringkanal, der den Randbereich umläuft, in Verbindung stehen. Dieser Ringkanal steht seinerseits mit den hohlen Tentakeln in Verbindung. Das Coelenteron setzt sich so von der Mundöffnung bis in die Tentakel hinein fort. Die Gastrodermis kleidet das gesamte System aus. Die Ernährung ist der der Hydranthen ähnlich.

Das Nervennetz ist für gewöhnlich in zwei Nervenringen an der Basis des Velums konzentriert. Im Schirmrand sind zahlreiche Sinneszellen eingelagert. Er trägt für gewöhnlich außerdem zwei Arten spezialisierter Sinnesorgane: **Statozysten**, die kleine Gleichgewichtsorgane sind (Abbildung 13.12b), sowie lichtempfindliche **Ocelli**.

13.1 Phylum Cnidaria

Abbildung 13.11: Eine Schirmmeduse (*Polyorchis penicillatus*). Das Medusenstadium eines noch unbekannten, festsitzenden Polypen.

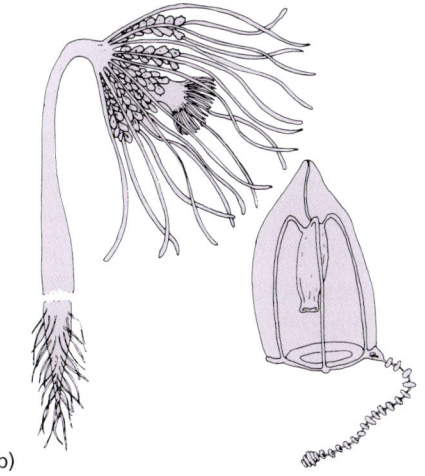

Abbildung 13.10: Athekate Hydroide. (a) *Ectopleura integra*, ein solitärer Polyp mit nackten Hydranthen und Gonophoren. (b) *Corymorpha* ist ein solitärer Hydroid, der freischwimmende Medusen hervorbringt, von denen jede eine einzige Schlepptentakel hinter sich herzieht.

Süßwassermedusen

Die Süßwassermeduse *Craspedacusta sowberii* (Order Hydroida; ▶ Abbildung 13.13) könnte sich aus einem im Meer lebenden Vorfahren im Yangtze-Fluss in China evolviert haben. Wahrscheinlich durch Import von Wasserpflanzen eingeschleppt, findet sich dieses interes-

> **Exkurs**
>
> Es existiert ein interessantes, mutualistisches Verhältnis zwischen *Physalia* und einem kleinen Fisch der Gattung *Nomeus* (gr. *nomeus*, Schäfer), der in völliger Sicherheit zwischen den Nesseltentakeln umher schwimmt. Warum der Fisch nicht von den Nesselkapseln attackiert und von dem Nesselgift getötet wird, ist bislang noch unklar, aber wie die Anemonenfische, die uns weiter unten beschäftigen werden, wird *Nomeus* vermutlich durch die Schleimschicht auf seiner Haut geschützt, welche die Nesselkapseln von einer Entladung abhält.

sante Tier heute in vielen Teilen Europas, überall in den USA, sowie in Teilen Kanadas. Die Medusen erreichen Durchmesser von 20 mm.

Die Polypenform dieses Tieres ist winzig (2 mm) und besitzt eine sehr einfache Körperform ohne Perisark und Tentakel. Sie tritt in Kolonien auf, die einige wenige Polypen umfassen. Lange Zeit hatte man die Beziehung zur Meduse nicht erkannt, so dass der Polyp einen eigenen Namen erhielt *(Microhydra ryderi)*. Auf der Grundlage seiner Verwandtschaft mit der Qualle und dem Prioritätsgesetz sollten aber sowohl der Polyp wie die Meduse *Craspedacusta* heißen.

Der Polyp verfügt über drei Wege der ungeschlechtlichen Fortpflanzung (Abbildung 13.13).

13 Radiärsymmetrische Tiere (Radiata)

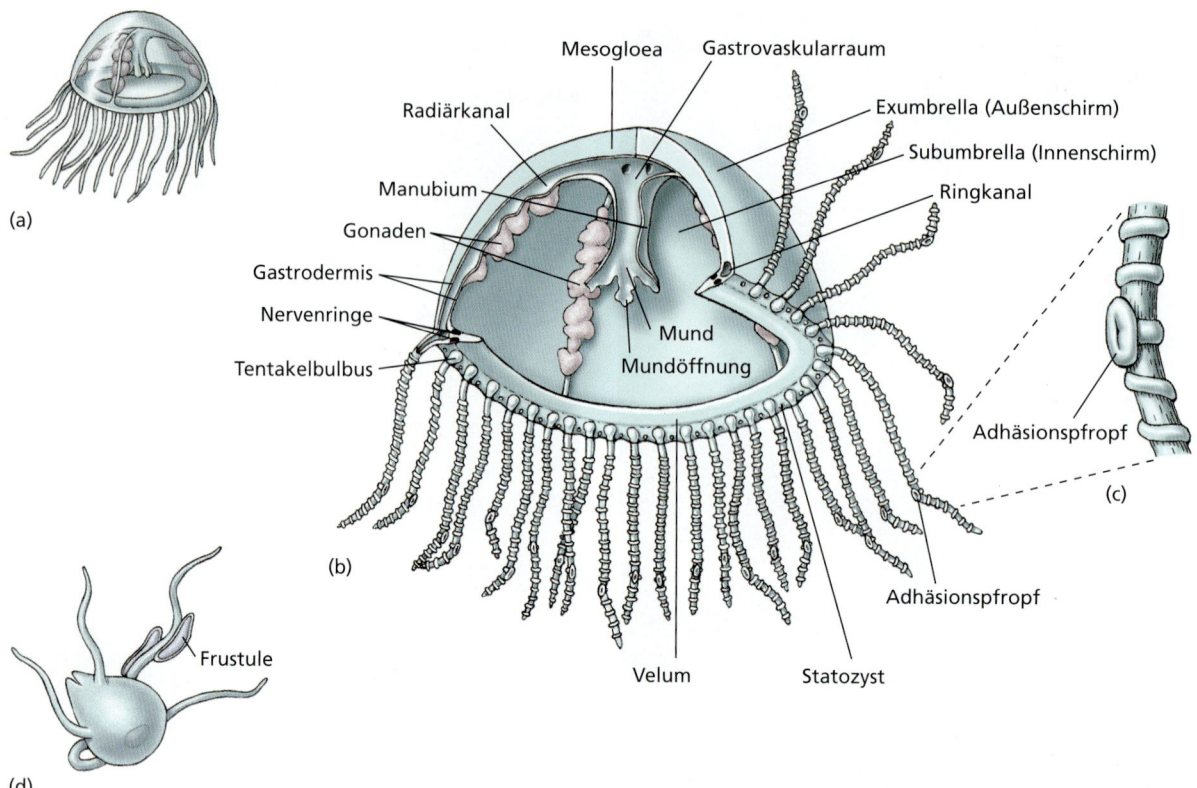

Abbildung 13.12: **Aufbau von *Gonionemus*.** (a) Meduse mit typischer, tetramerer Anordnung. (b) Schnittzeichnung zur Verdeutlichung der morphologischen Verhältnisse. (c) Teil eines Tentakels mit einem adhäsiven Polster und Nematozystenwülsten. (d) Das winzige Polypen- oder Hydroidenstadium, das sich aus der Planulalarve entwickelt. Es kann durch Knospung weitere Polypen (Frustulen) oder Medusen erzeugen.

Andere Hydrozoen

Die Angehörigen der Ordnungen Siphonophora und Chondrophora gehören zu den am weitesten spezialisierten Hydrozoen. Sie bilden polymorphe, schwimmende oder dahintreibende Kolonien aus, die modifizierte Medusen und Polypen enthalten.

Es gibt unterschiedliche Typen von Polypen. Die Gastrozooiden sind Fresspolypen mit einer einzelnen, langen Tentakel, die aus der Basis des Tiers entspringt. Einige dieser langen, nesselnden Tentakel lösen sich vom Fresspolypen ab und werden dann **Daktylozooiden** oder Angeltentakel genannt. Diese Tentakel nesseln Beutetiere und bringen zur Mundöffnung des Fresspolypen. Unter den modifizierten medusoiden Individuen finden sich die Gonophoren, die wenig mehr sind als Gewebesäcke, die entweder Ovarien oder Hoden enthalten.

Physalia (gr. *physallis*, Blase), die Portugiesische Galeere (▶ Abbildung 13.14), ist eine Kolonie mit einem regenbogenfarbigen Schwimmkörper aus Blau- und Rosatönen, mit dessen Hilfe sie an der Oberfläche tropischer Meere treibt. Viele werden an der Ostküste der südlichen USA an den Strand gespült. Die langen, zierlichen Tentakel sind tatsächlich Zooide, die mit Nematozysten übersät sind und extrem schmerzhafte Stiche verursachen. Der Schwimmkörper, auch Pneumatophore genannt, hat sich – so nimmt man an – aus der ursprünglichen Polypenlarve durch Ausdehnung gebildet. Die **Pneumatophore** enthält eine Aussackung der Körperhülle, die mit einem Gasgemisch gefüllt ist, das Luft ähnlich ist. Der Schwimmkörper fungiert als eine Art Kinderstube für zukünftige Generationen von Individuen, die von ihm abknospen und ins Wasser hineinhängen. Einige Siphonophoren wie *Stephalia* und *Nectalia* besitzen sowohl Schwimmglocken wie Auftriebskörper.

Andere Hydrozoen scheiden massive Kalkskelette ab, die echten Korallen ähneln (▶ Abbildung 13.15). Diese Hydrozoen werden manchmal als **Hydrokorallen** bezeichnet.

13.1.4 Classis Scyphozoa (Schirm- oder Scheibenquallen)

Die Klasse der Schirmquallen (Classis Scyphozoa; gr. *skyphos*, Becher) umfasst die meisten der größeren Quallen. Ihre Farbgebung reicht von farblos-durchsich-

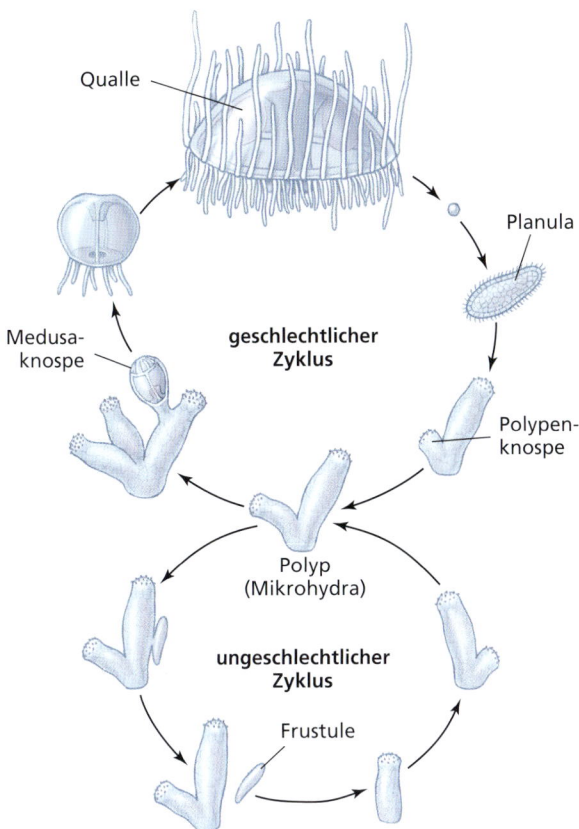

Abbildung 13.13: Generationswechsel bei *Craspedacusta* – einem Hydrozoon des Süßwassers. Der Polyp verfügt über drei Wege der ungeschlechtlichen Fortpflanzung: das Abknospen neuer Individuen, die jedoch auch mit dem Elternorganismus verbunden bleiben können (Kolonienbildung), das Abschnüren cilienloser, planulaartiger Larven (Frustulen), die umherwandern und neue Polypen hervorbringen können, sowie die Produktion von Medusenknospen, die sich zu geschlechtlichen Quallen entwickeln.

tig bis zu auffälligen Orange- und Rosatönen. Einige wenige Scyphozoen wie *Cyanea* (gr. *kyanos*, blaugrüne Farbe) erreichen Schirmdurchmesser von über 2 m und Tentakellängen von 60 bis 70 m (▶ Abbildung 13.16). Das Größenspektrum, in dem sich die meisten Arten bewegen, liegt jedoch bei Durchmessern zwischen 2 und 40 cm. Die meisten treiben oder schwimmen im offenen Meer, einige sogar bis in Tiefen von 3000 m. Die Bewegung erfolgt durch rhythmisches Pulsieren des Schirms.

Die Schirme (oder Glocken) der verschiedenen Arten unterscheiden sich in der Form, die von der einer flachen Schüssel bis zu einer eines hohen Helms oder Pokals reichen kann. Ein Velum findet sich jedoch nie. Die Tentakel, die den Schirm umgeben, können zahlreich oder einzeln vorkommen, und sie können kurz sein wie im Fall von *Aurelia* (lat. *aurum*, Gold; ▶ Abbildung 13.17) oder lang wie bei *Cyanea*. Der Rand des Schirms ist gezackt. Gewöhnlich trägt jede Einbuchtung ein Paar **Haut-**

lappen, zwischen denen ein als **Rhopalium** (= Tentakulozyste) bezeichnetes Sinnesorgan sitzt. *Aurelia* besitzt acht solcher Einkerbungen. Einige Scyphozoen besitzen vier, andere 16. Jedes Rhopalium ist keulenförmig und enthält eine hohle Statozyste als Gleichgewichtsorgan, sowie ein oder zwei mit einem Sinnesepithel ausgekleidete Gruben. Bei einigen Arten tragen die Rhopalien außerdem Ocelli. Jüngste Ergebnisse zeigen, dass jedes Rhopalium zwei Linsenaugen und vier Pigmentbecher-Augen besitzt[*]; es ist derzeit ziemlich unklar, warum Tiere ohne ein zentrales Organ zur Datenverarbeitung (Gehirn) dermaßen raffinierte Sinnesorgane ausbilden.

Das Nervensystem der Schirmquallen besteht aus einem Nervennetz mit einem Subumbrellarnetz, das die pulsatilen Bewegungen des Schirms koordiniert, sowie einem weiteren, diffuseren Netz, das lokale Reaktionen wie das Fressen steuert.

Die Tentakel, das Manubrium und in vielen Fällen der gesamte Körper sind gut mit Nesselkapseln besetzt, die schmerzhafte Stiche hervorrufen. Die primäre Aufgabe der Nematozysten (Nesselkapseln) der Scyphozoen besteht jedoch nicht darin, Menschen anzugreifen, sondern Beutetiere zu lähmen, die mit Hilfe der Tentakel oder durch ein Einrollen des Glockenrandes zu den Mundlappen befördert werden.

Abbildung 13.14: Eine Portugiesische Galeere (*Physalia physalis*; Order Siphonophora, Classis Hydrozoa).[**] Die Kolonien werden oft auf tropische Meeresstrände geschwemmt, wo sie eine Gefahr für Badetouristen darstellen. Jede Kolonie aus Medusen- und Polypentypen ist so miteinander verbunden, dass sie wie ein Individuum agiert. In einer Kolonie können sich bis zu 1000 Zooide finden. Die Nematozysten bilden ein sehr wirksames Nervengift.

---

[*] Nilsson, D.-E., Gislén, L., Cates, M.M., Skogh, C., Garm, A.; 2005, Nature 435, 201–205.
[**] Ordnung der Staatsquallen, Klasse der Hydrozoen.

13 Radiärsymmetrische Tiere (Radiata)

(a)

(b)

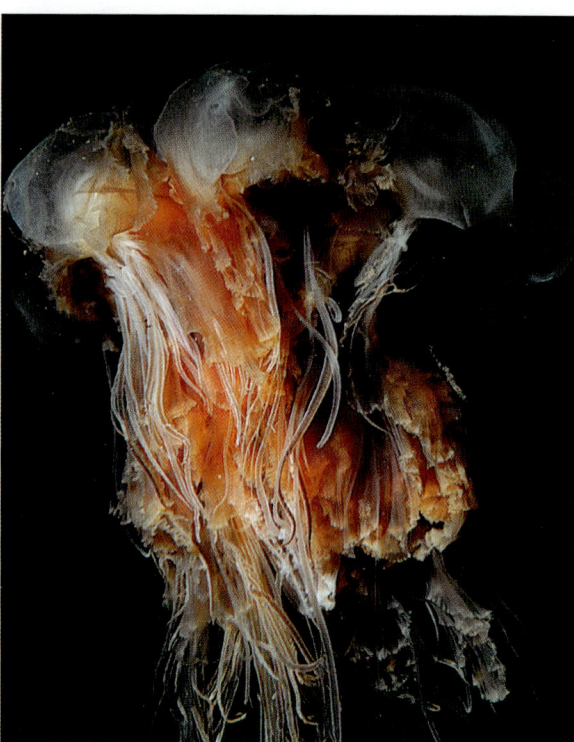

Abbildung 13.16: Die Feuerqualle *Cyanea capillata* (**Order Semaeostomae, Classis Scyphozoa**).* Eine *Cyanea*-Art des Nordatlantiks erreicht einen Schirmdurchmesser von über zwei Metern.

Abbildung 13.15: **Diese Hydrozoen bilden Kalkskelette, die echten Korallen ähneln.** (a) *Stylaster roseus* (Order Stylasterina) kommt häufig in Höhlen und Spalten von Korallenriffen vor. Diese fragilen Kolonien verzweigen sich in einer einzigen Ebene und können weiß, rosa, lila, rot oder rot mit weißen Spitzen sein. (b) *Millepora*-Arten (Order Milleporina) bilden sich verzweigende oder tellerartige Kolonien und wachsen oft über die hornigen Skelette von Gorgonien (siehe Abbildung 13.33), wie hier zu sehen. Sie verfügen über einen reichlichen Vorrat an Nesselkapseln, deren Entladung in der menschlichen Haut zu einem brennenden Gefühl führt, was ihnen den deutschen Namen Feuerkoralle eingetragen hat. Das kleine Bild zeigt eine Vergrößerung mit ausgestreckten Tentakeln.

Abbildung 13.17: Die Ohrenqualle *Aurelia aurita* (**Classis Scyphozoa**). Sie ist kosmopolitisch verbreitet und frisst Planktonorganismen, die sich in der Schleimschicht ihres Schirms verfangen.

Die Mundöffnung befindet sich mittig an der Schirmunterseite. Das Manubrium bildet für gewöhnlich vier fransige **Oralarme** aus, die zum Fangen und Einverleiben der Beute eingesetzt werden. Die Mundöffnung führt in einen Magen.

Im Inneren – ausgehend vom Magen der Schirmqualle – erstrecken sich vier Magentaschen, in denen sich die Gastrodermis in kleinen, tentakelartigen Aus-

---

* Ordnung der Fahnenquallen, Klasse der Schirmquallen.

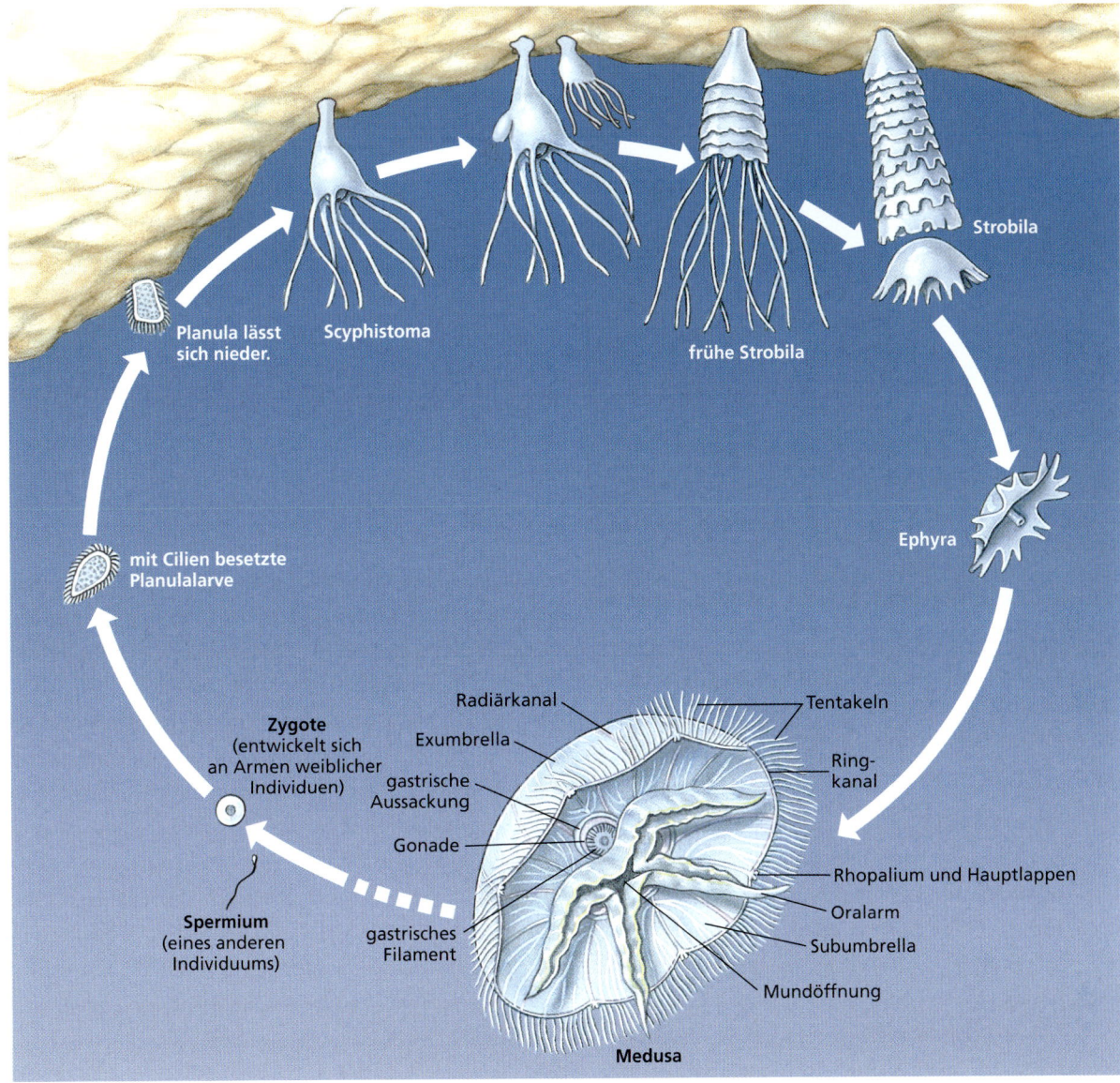

Abbildung 13.18: Generationswechsel bei *Aurelia.* Eine scyphozoische Medusenart des Meeres.

stülpungen, den gastrischen Filamenten, erweitert. Diese Magenfilamente sind mit Nesselkapseln besetzt, um Beute zu lähmen, die sich noch bewegt, nachdem sie in das Innere der Qualle gelangt ist. Die **gastrischen Filamente** fehlen bei den Hydromedusen. Ein komplexes System aus Radiärkanälen zweigt von den Taschen ab zu einem Ringkanal im Randbereich und bildet einen Teil des Gastrovaskularraums.

Aurelia, die bekannte Ohrenqualle (Abbildung 13.17), ernährt sich von kleinen Planktontieren. Ihre Medusen mit einem Durchmesser von 7 bis 10 cm finden sich verbreitet an den Küsten beiderseits des nordamerikanischen Kontinents. Der Schirm trägt verhältnismäßig kurze Tentakel, die nicht für den Beutefang eingesetzt werden. Nahrung fängt sich in der Schleimschicht der Schirmoberfläche und wird von Cilien zu „Nahrungstaschen" am Schirmrand befördert. Von dort aus befördern mit Cilien besetzte Orallappen die Nahrung in den Gastrovaskularraum. Die Cilien der Gastrodermis halten einen Wasserstrom in Gang, der Nahrung und Sauerstoff in den Magen spült und Abfallstoffe herausschwemmt.

Die Geschlechter sind getrennt; die Gonaden sind in den Gastraltaschen angeordnet. Die Befruchtung erfolgt intrakorporal; die Spermien werden durch den Cilienstrom in die Gastraltaschen der weiblichen Tiere gestrudelt. Die Zygoten entwickeln sich im Meerwasser oder werden in Falten an den Oralarmen ausgebrütet. Die cilienbesetzte Planulalarve verankert sich und entwickelt sich zu einer Scyphistoma – einer hydraartigen Form (▶ Abbildung 13.18), die zu einem neuen Polypenklon

Abbildung 13.19: *Thaumatoscyphus hexaradiatus* (Order Stauromedusae, Classis Scyphozoa).* Die Angehörigen dieser Ordnung sind unter den Schirmquallen ungewöhnlich, weil die Medusen sessil, an Tang oder andere untergetauchte Objekte festgeheftet, leben.

ausknospen kann. Durch einen als **Strobilation** bezeichneten Vorgang bildet die Scyphistoma von Aurelia eine Folge schüsselförmiger Knospen (**Ephyren**) und wird nunmehr als **Strobila** bezeichnet (Abbildung 13.18). Wenn die Ephyren sich ablösen, wachsen sie zu reifen Quallen aus.

Der eben beschriebene Generationswechsel ist typisch für Schirmquallen, doch gibt es innerhalb der Klasse Abweichungen von diesem Verlauf. Bei einigen Arten entwickelt sich die Larve unmittelbar in eine Meduse; das Polypenstadium fehlt. Weiterhin gibt es eine ungewöhnliche Gruppierung, die Stauromedusen (Stielquallen), bei denen sich ein solitärer, sessiler „Polyp" mit Hilfe eines Stiels an einem Seetang oder einem anderen Objekt am Meeresgrund verankert (▶ Abbildung 13.19). In diesem Fall ähnelt die Spitze des „Polypen" einer Meduse, und es wird nie ein echtes Medusenstadium ausgebildet (man könnte mit gleichem Recht sagen, dass das untere Stück der Meduse einem Polypen ähnelt). Einige molekularsystematische Analysen gliedern diese Tiere aus den Scyphozoen aus.

Die Scyphozoen *Cassiopeia* und *Rhizostoma* zeigen ebenfalls merkwürdige Körperformen. Besuchern Floridas fällt häufig die „umgedrehte Qualle" *Cassiopeia* auf (in der altgriechischen Mythologie eine Königin von Äthiopien), weil man sie im Regelfall – im Gegensatz zum gewöhnlichen Schwimmverhalten von Medusen – auf dem „Rücken" liegend in von Sonnenlicht durchfluteten flachen Lagunen antrifft. *Cassiopeia* besitzt außerdem eine ungewöhnliche, reich verzweigte Mundöffnung. Eine ähnliche Mundform zeigt *Rhizostoma* (gr. *rhiza*, Wurzel + *stoma*, Mund), die in kälteren Gewässern vorkommt. Beide Tiere gehören zu einer Gruppe von Schirmquallen ohne Tentakel am Schirmrand und mit einer charakteristischen Oralarmstruktur. Im Verlauf der Entwicklung falten sich die Ränder der Orallappen übereinander und verschmelzen. Dabei bilden sich Kanäle (Arme oder Brachialkanäle), die sich stark verzweigen. Diese Kanäle öffnen sich in kurzen Abständen in Form von Poren („Mündern") zur Oberfläche hin. Die ursprüngliche Mundöffnung geht bei der Fusion der Orallappen verloren. Planktonorganismen, die sich in der Schleimschicht der fransigen Oralarme verfangen, werden durch Cilien zu den Mündern befördert und gelangen von dort aus durch die Brachialkanäle in die Magenhöhle. *Cassiopeias* Schirmrand kontrahiert etwa zwanzig Mal pro Minute. Dadurch wird eine Wasserströmung erzeugt, die Plankton in Kontakt mit der Schleimschicht und den Nesselkapseln der Orallappen bringt. Die Gewebe dieser Qualle sind reich an symbiontischen Dinoflagellaten (**Zooxanthellen**; Kapitel 11). Beim Sonnenbaden im flachen Wasser ähnelt *Cassiopeia* auf mehr als eine Weise einer großen Blume.

13.1.5 Classis Cubozoa (Würfelquallen)

Die Cubozoen (Würfelquallen) wurden bis vor verhältnismäßig kurzer Zeit als Ordnung der Schirmquallen geführt (Order Cubomedusae). Der Medusoid ist die vorherrschende Form (▶ Abbildung 13.20). Der Polypoid ist unauffällig und in den meisten Fällen unbekannt. Einige Cubomedusen werden bis zu 25 cm hoch, die meisten messen 2 bis 3 cm. Im Querschnitt erscheint die Glocke beinahe quadratisch. Die Ansatzstelle jeder Tentakel ist zu einem abgeflachten, widerstandsfähigen Blatt differenziert, das Pedalium genannt wird (Abbildung 13.20). Rhopalien sind vorhanden. Der Schirmrand ist nicht eingekerbt, und die Subumbrellarkante stülpt sich unter Bildung eines Velariums nach innen. Das Velarium fungiert wie das Velum der hydrozoischen Medusen, indem es den Wirkungsgrad beim Schwimmen erhöht, doch unterscheidet es sich in seinem Bau

---

* Ordnung der Stielquallen, Klasse der Schirmquallen.

von diesem. Die Cubomedusen sind kraftvolle Schwimmer und gefräßige Räuber, die sich zumeist von Fisch ernähren. Die Stiche der Nesselkapseln einiger Arten können für Menschen tödlich sein.

Der vollständige Generationswechsel ist nur bei einer Art bekannt (*Tripedalia cystophora*) (lat. *tri*, drei + gr. *pedalion*, Ruder). Der Polyp ist winzig (1 mm hoch), solitär und sessil. Neue Polypen knospen lateral aus, lösen sich ab und kriechen davon. Die Polypen produzieren keine Ephyren, sondern metamorphieren unmittelbar zum Medusenstadium.

13.1.6 Classis Anthozoa (Blumentiere)

Die Anthozoen (gr. *anthos*, Blume + *zoon*, Tier) sind Polypen mit einer an eine Blütenpflanze erinnernden Körperform (▶ Abbildung 13.21). Das Medusenstadium fehlt. Die Anthozoen sind sämtlich marin und finden sich sowohl in tiefem wie in flachem Wasser, im polaren Eismeer ebenso wie in tropischen Warmmeeren. Ihre Größe schwankt beträchtlich, und sie können solitär oder kolonial auftreten. Viele Formen verfügen über ein stützendes Skelett.

Die Klasse der Blumentiere zerfällt in drei Unterklassen: a) Subclassis Hexacorallia (= Zoantharia); hierher gehören die Seeanemonen, die Hartkorallen und einige andere Formen. b) Ceriantipatharia (Zylinderrosen); hierher gehören die Röhrenanemonen und die dornigen Korallen. c) Octocorallia (= Alcyonaria); hierher gehören die Weichkorallen und die Hornkorallen, ebenso die Gorgonien und die Seefedern und andere mehr. Die Zoantharier und die Cerianipatharier weisen einen hexagonalen Bau (sechskantig oder ein Vielfaches davon) oder eine polygonale Symmetrie auf. Die Tiere besitzen einfache, röhrenförmige Tentakel, die in einem oder mehreren Kreisen an der Oralscheibe angeordnet sind. Die Oktokorallier weisen, wie der Name vermuten lässt, einen oktogonalen Bau auf und zeigen immer acht mehrfach gefiederte (federartige) Tentakel, die um den Rand der Oralscheibe herum angeordnet sind (▶ Abbildung 13.22).

Der Gastrovaskularraum ist groß und durch Septen oder Mesenterien untergliedert, die nach innen gerichtete Erweiterungen der Körperwandung sind. Wo sich ein Septum in die Gastrovaskularhöhle erstreckt, tut dies

> **Exkurs**
>
> *Chironex fleckeri* (gr. *cheir*, Hand + *nexis*, schwimmend), die Seewespe, ist eine große Cubomeduse. Ihre Stiche sind ziemlich gefährlich und manchmal tödlich. Die meisten tödlichen Unfälle sind aus den tropischen Gewässern Australiens berichtet worden. Zu einem tödlichen Ausgang kommt es für gewöhnlich nach massivem Kontakt mit den Nesselzellen. Augenzeugen haben ausgesagt, dass die Quallenopfer mit „Metern und Metern klebriger, feuchter Fäden" übersät gewesen seien. Die Stiche der Nesselkapseln sind sehr schmerzhaft und der Tod tritt gegebenenfalls innerhalb von Minuten ein. Falls es nicht innerhalb von etwa 20 Minuten nach einem Unfall mit einer Seewespe zum Tod kommt, ist eine vollständige Gesundung wahrscheinlich.

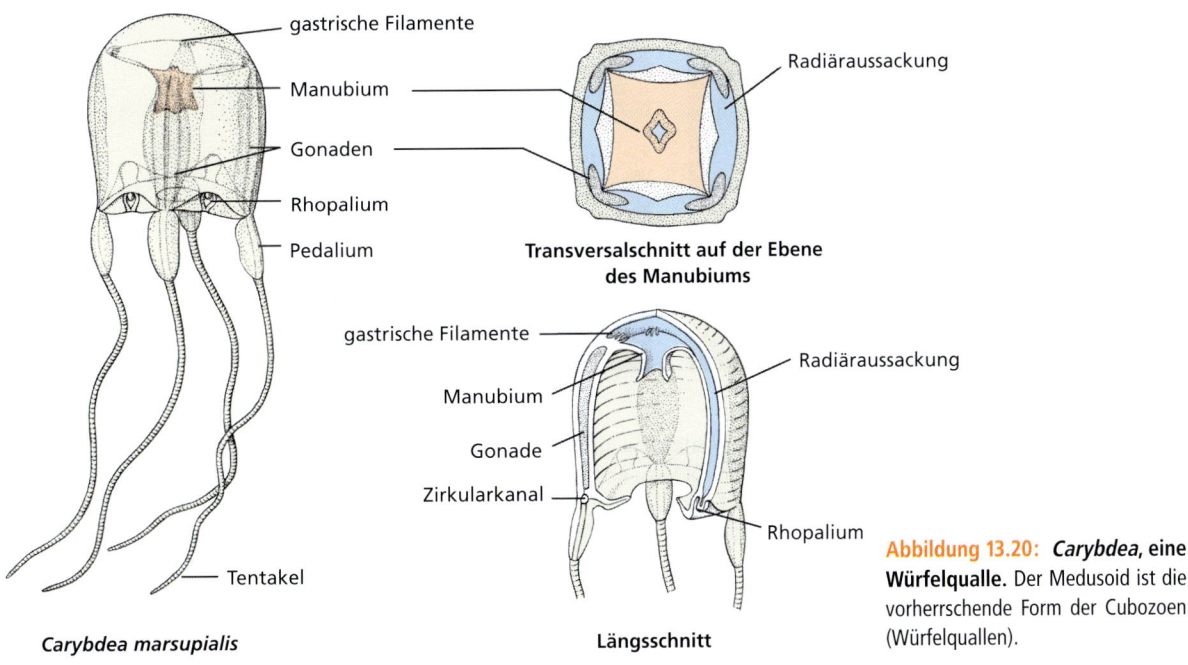

Abbildung 13.20: *Carybdea*, eine **Würfelqualle.** Der Medusoid ist die vorherrschende Form der Cubozoen (Würfelquallen).

13 Radiärsymmetrische Tiere (Radiata)

Abbildung 13.21: Seeanemonen. Seeanemonen sind die bekannten und farbenfrohen „Blumentiere" von Gezeitentümpeln, Felsen und Pfählen der Gezeitenzone. Die meisten leben jedoch in größerer Tiefe, so dass sich ihre Schönheit dem menschlichen Auge nur in Ausnahmefällen erschließt. In dieser Abbildung sind Rosenanenomen *(Tealia piscivora)* zu sehen (Subclassis Hexacorallia, Classis Anthozoa; Unterklasse der sechsstrahligen Korallen, Klasse der Blumentiere).

Die Mesogloea ist ein Mesenchym, das amöboide Zellen enthält. Eine allgemeine Tendenz hin zu einer biradialen Symmetrie in der Anordnung der Septen tritt uns in Form der Mundöffnung und des Schlundes entgegen. Es gibt keine speziellen Organe für die Atmung und die Ausscheidung.

Seeanemonen

Die Polypen der Seeanemonen (Order Actiniaria, Ordnung der Seeanemonen) sind größer und schwerer als die Polypen der Hydrozoen (Abbildung 13.21). Die Größe der meisten Arten liegt im Bereich von 5 bis 100 mm im Durchmesser und 5 bis 200 mm in der Höhe. Einige werden jedoch bedeutend größer, und manche sind recht farbenfroh. Anemonen finden sich in den Küstengebieten in aller Welt, insbesondere in wärmeren Gewässern. Sie verankern sich mit Hilfe ihrer Pedalscheiben an Schalen, Steinen, Treibholz oder jedem anderen geeigneten festen untergetauchten Substrat. Einige graben sich in den Sand oder Schlick ein.

Seeanemonen sind von zylindrischer Form, mit einem Tentakelkranz, der in Form eines oder mehrerer Kreise an der flachen **Oralscheibe** um die Mundöffnung herum angeordnet ist (Abbildung 13.23). Die spaltförmige Mundöffnung mündet in einen Schlund (**Pharynx**). An einem oder beiden Enden der Mundöffnung befindet sich eine cilienbesetzte Furche, der **Siphonoglyph**, der

eine korrespondierende von der genau gegenüberliegenden Stelle auf der anderen Seite. Man sagt, die Septen sind gekoppelt. Bei den Hexakoralliern sind die Septen nicht nur gekoppelt, sie sind außerdem paarig (▶ Abbildung 13.23). Die Anordnung der Muskeln variiert unter den verschiedenen Gruppierungen, doch finden sich für gewöhnlich Ringmuskeln in der Körperwand, sowie Längs- und Transversalmuskeln in den Septen.

(a)

(b)

Abbildung 13.22: Oktokorallier haben einen oktogonalen Bau mit acht mehrfach gefiederten (federartigen) Tentakeln. (a) Orangefarbige Seefeder (Ptilosarcus gurneyi) (Order Pennatulacea, Classis Anthozoa).* Seefedern sind koloniale Formen, die weichgründigen Meeresboden bevölkern. Die Basis des fleischigen Körpers des Primärpolypen ist im Boden vergraben. Er bringt zahlreiche, sich verzweigende Sekundärpolypen hervor. (b) Nahaufnahme einer Gorgonie. Die für die Unterklasse der achtstrahligen Korallen (Subclassis Octocorallia) charakteristischen pinnaten Tentakel sind gut erkennbar.

---

* Ordnung der Seefedern, Klasse der Blumentiere.

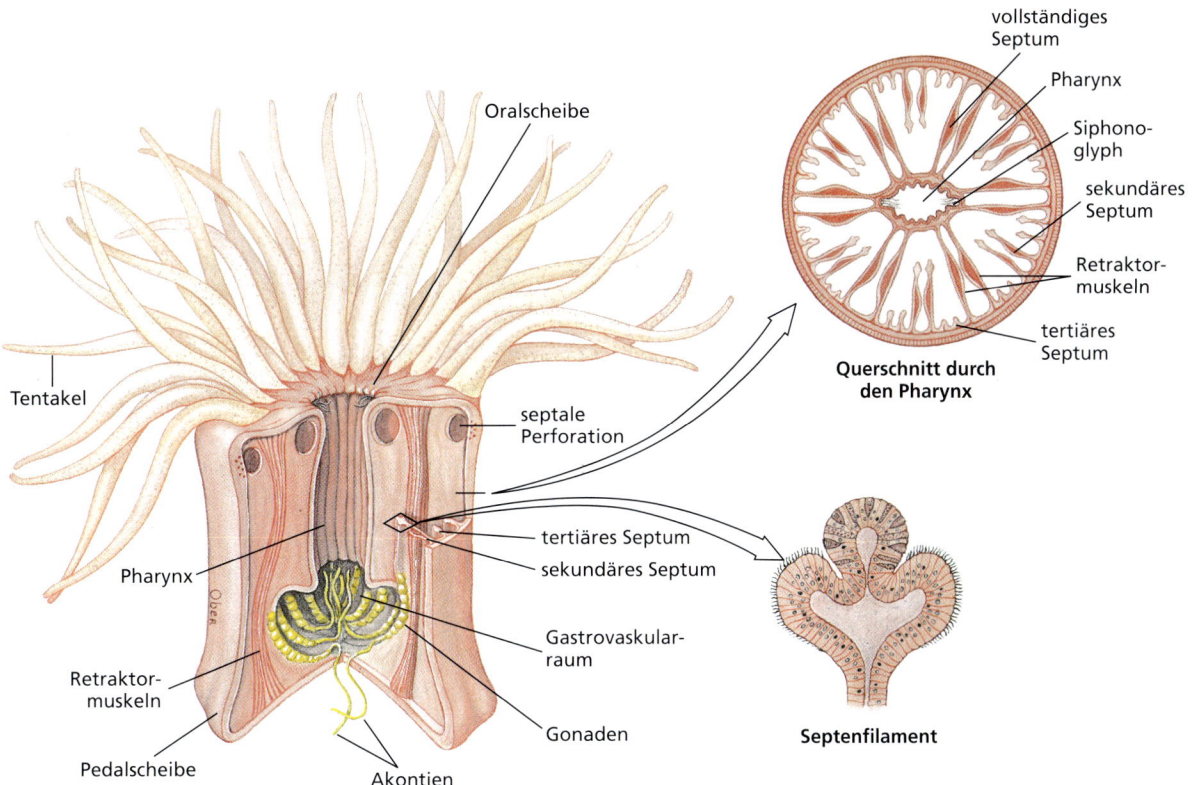

Abbildung 13.23: **Aufbau einer Seeanemone.** Die freiliegenden Kanten der Septen und Akontienfäden sind mit Nesselkapseln ausgestattet, um die an den Tentakeln begonnene Lähmung von Beutetieren fortzuführen.

sich in den Pharynx erstreckt. Der Siphonoglyph erzeugt eine in den Schlund gerichtete Wasserströmung. Anderswo im Pharynx sitzende Cilien leiten das Wasser wieder nach außen. Die so erzeugte Strömung bringt Sauerstoff heran und trägt Abfallstoffe fort. Sie ist außerdem dabei behilflich, einen inneren Flüssigkeitsdruck aufrecht zu erhalten, der als hydrostatisches Skelett dient, da ein echtes Skelett als Stützsystem für die sich gegenüberliegenden Muskeln fehlt.

Der Schlund führt in einen großen **Gastrovaskularraum**, der durch sechs **primäre (vollständige) Septenpaare** oder **Mesenterien** in sechs Radiärkammern untergliedert wird. Die Septen verlaufen vertikal von der Körperwand zum Pharynx (Abbildung 13.23). Öffnungen zwischen den Kammern (septale Perforationen) im oberen Teil der Schlundregion helfen bei der Wasserzirkulation im Körperinneren. Kleinere (**unvollständige**) Septen untergliedern die großen Kammern und vergrößern gleichzeitig die Oberfläche des Gastrovaskularraums. Die freiliegenden Kanten jedes unvollständigen Septums bildet eine Art gewundene Kordel (= **Septalfilament**), die Nematozysten und Drüsenzellen für die Verdauung enthält. Bei einigen Anemonen wie etwa *Metridium* sind die unteren Enden der Septalfilamente zu Akontienfäden verlängert, die ebenfalls mit Nesselkapseln und Drüsenzellen besetzt sind. Die **Akontienfäden** können durch die Mundöffnung oder durch spezielle Poren in der Körperwand herausgestreckt werden, um die Gegenwehr eines Beutetiers zu überwinden oder um sich gegen Feinde zu verteidigen. Die Wandporen unterstützen darüber hinaus den raschen Ausstoß von Wasser aus dem Körper, wenn sich das Tier bedroht fühlt und sich deshalb durch Zusammenziehen verkleinert.

Seeanemonen sind carnivor und ernähren sich von Fischen oder beinahe jedem sonstigen lebenden (und manchmal auch toten) Tier geeigneter Größe. Einige Arten ernähren sich von winzigen Lebewesen, die sie sich mit Hilfe durch ihre Cilien erzeugten Strömung einstrudeln.

Das Fressverhalten vieler Zoantharier steht unter chemischer Kontrolle. Einige reagieren auf reduziertes Glutathion (ein Tripeptid) alleine. Bei anderen Arten sind zwei Stoffe gleichzeitig beteiligt: die Aminosäure Asparagin, die als Fressaktivator fungiert und eine Biegung der Tentakel hin zur Mundöffnung auslöst, sowie wiederum Glutathion, das eine Art Schluckreflex auslöst.

Die Muskulatur ist bei den Seeanemonen gut entwickelt, doch unterscheidet sich die anatomische Anord-

Abbildung 13.24: Eine schwimmende Seeanemone. Wenn sie von einem räuberischen Seestern der Gattung *Dermasterias* angegriffen wird, löst sich die Seeanemone *Stomphia didemon* (Subclassis Hexacorallia, Classis Anthozoa)[*] vom Untergrund ab und rollt oder schwimmt mit schubweisen Bewegungen an einen sicheren Platz.

nung der Muskeln recht deutlich von der bei den Hydrozoen. Längs verlaufende Fasern in der Epidermis treten bei den meisten Arten nur in den Tentakeln und der Oralscheibe in Erscheinung. Die starken Längsmuskeln des Stiels sind gastrodermalen Ursprungs und in den Septen lokalisiert (Abbildung 13.23). Die gastrodermalen Ringmuskeln im Körperstiel sind gut entwickelt.

Die meisten Anemonen vermögen auf ihren Pedalscheiben langsam über den Untergrund zu gleiten. Sie können bei der Suche nach kleinen Vertebraten und Invertebraten ihre Tentakel erweitern und strecken. Beutetiere werden mit den Tentakeln und den Nesselkapseln überwältigt und zur Mundöffnung befördert. Wenn sie gestört werden, ziehen sich die Seeanemonen zusammen und ziehen ihre Tentakel und die Oralscheibe ein. Einige Anemonen sind außerdem in der Lage, in begrenztem Ausmaß durch rhythmisches Verbiegen des Körpers zu schwimmen, was vermutlich ein Fluchtmechanismus ist, um dem Zugriff von Fressfeinden wie Seesternen und Nudibranchiern zu entgehen. So löst beispielsweise *Stomphia* bei der Berührung durch einen räuberischen Seestern ihre Pedalscheibe vom Untergrund und vollführt kriechende oder schwimmende Bewegungen, um zu flüchten (▶ Abbildung 13.24). Diese Fluchtreaktion wird nicht nur durch eine Berührung durch den Seestern ausgelöst, sondern kann auch durch Absonderungen des Seesterns oder einen Rohextrakt aus Seesterngewebe hervorgerufen werden. Die Seesternabsonderungen enthalten Saponine (Steroidglykoside), die für die meisten anderen Wirbellosen giftig sind und eine Reizwirkung haben. Extrakte aus Nudibranchiern (Nacktkiemer; siehe Kapitel 16) vermögen ebenfalls bei einigen Seeanemonen diese Reaktion auszulösen.

Seeanemonen bilden einige interessante mutualistische Gemeinschaften mit anderen Organismen aus. Viele Arten beherbergen symbiontische Dinoflagellaten (Zooxanthellen) in ihren Geweben; diese Symbiose hat Ähnlichkeit mit der Korallen/Zooxanthellen-Assoziation (siehe weiter unten). Die Anemonen profitieren von den Produkten der Algenphotosynthese; die Algen profitieren von der Schutzwirkung der Nesseltiere. Einige Anemonenarten setzen sich gewohnheitsmäßig auf den Schalen bestimmter Einsiedlerkrebse fest. Der Einsiedlerkrebs fördert die Beziehung, indem er die Anemone „massiert", wenn er ein Exemplar seiner bevorzugten Art gefunden hat, bis sich das sessile Tier von seinem bisherigen Untergrund ablöst. Der Einsiedler-

Abbildung 13.25: Orangeflossen-Anemonenfisch *(Amphiprion chrysopterus)* im Tentakeldickicht seiner Wirtsanemone. Anemonenfische lösen selbst keine Stiche des Nesselapparates ihrer Wirte aus, vermögen aber arglose andere Fische anzulocken, die dann zur Beute der Seeanemone werden können.

---

[*] Unterklasse der sechsstrahligen Korallen, Klasse der Blumentiere.

(a) (b) (c)

Abbildung 13.26: **Steinkorallen sind wie Miniaturseeanemonen und leben in Kalkbechern.** (a) Becherkoralle (Tubastrea sp.). Ihre Polypen bilden Klumpen, die Gruppen von Seeanemonen ähnlich sehen. Obwohl man sie oft in Korallenriffen antrifft, ist Tubastrea keine riffbildende (ahermatypische) Koralle und trägt in ihren Geweben auch keine symbiontischen Zooxanthellen. (b) Polypen von *Montastrea cavernosa* (Subclassis Hexacorallia) sind während des Tages zurückgezogen und eng aneinandergeschmiegt, öffnen sich nachts aber zum Fressen, wie in Abbildung (c) zu sehen.

krebs hält die Anemone dann an seiner eigenen Wohnschale fest, bis sich die Anemone fest verankert hat. Die Krabbe profitiert von einer gewissen Schutzwirkung, welche die Anwesenheit der Seeanemone gegen viele Fressfeinde hat. Die Anemone erhält im Gegenzug eine kostenlose Transportmöglichkeit und partizipiert von Nahrungsteilen der Beutetiere des Krebses.

Vertreter der Gattung *Amphiprion* („Anemonenfische") aus der Familie der Riffbarsche (Familia Pomacentridae) bilden Lebensgemeinschaften mit großen Anemonen, insbesondere im tropischen Indopazifik (▶ Abbildung 13.25). Eine bislang nicht aufgeklärte Eigenschaft des Hautschleims dieser Fische führt dazu, dass sich die Nesselkapseln der Tentakel der Anemone nicht entladen. Jeder andere Fisch, der das Pech hat, mit den Tentakeln der Seeanemone in Berührung zu kommen, hat gute Aussichten, zur Nahrung des Nesseltiers zu werden. Die Anemone bietet offenkundig einen Schutzraum für die kleinen Riffbarsche. Der Fisch ist im Gegenzug durch seine Schwimmbewegungen über dem Tentakeltrichter bei der Ventilation seines Partners behilflich; er befreit ihn von sich absetzendem Sediment und vermag sogar ein unvorsichtiges Opfer dazu verleiten, ebenfalls im Tentakeldickicht Schutz zu suchen. Ein aktives Vertreiben bestimmter Rifffische, die an den Seeanemonen fressen, wird ebenfalls beobachtet.

Die Geschlechter sind bei einigen Anemonen getrennt, während andere hermaphroditisch (zwittrig) sind. Monözische (einhäusige) Arten sind **protandrisch** (gr. *protos*, der Erste + *andros*, Mann), erzeugen also zunächst Spermien, danach Eizellen. Die Gonaden sind an den Septenrändern angeordnet, und die Befruchtung erfolgt extrakorporal oder im Innern der Gastrovaskularhöhle. Die Zygoten entwickeln sich zu cilienbesetzten Larven. Ungeschlechtliche Vermehrung erfolgt vielfach durch Pedallazeration oder durch Längsspaltung, gelegentlich auch durch Transversalspaltung oder durch Knospung. Im Fall der Pedallazeration lösen sich kleine Stücke von der Pedalscheibe ab, wenn sich das Tier fortbewegt, und aus jedem der Bruchstücke regeneriert sich eine kleine Anemone.

Hexakorallier (sechsstrahlige Korallen)

Die Hexakorallier (die sechsstrahligen Korallen) gehören der Ordnung der Steinkorallen (Order Scleractinia) an, die verschiedentlich auch als echte Korallen bezeichnet werden. Die Steinkorallen lassen sich als Miniaturseeanemonen auffassen, die in Kalkbechern leben, die sie selbst durch Abscheidung (Sezernierung) gebildet haben (▶ Abbildungen 13.26 und ▶ 13.27). Der Gastrovaskularraum eines Korallenpolypen ist wie der einer Seeanemone durch Septen in sechs (oder ein Vielfaches von sechs) Kammern unterteilt. Diese hexagonale Symmetrie war namensgebend für die Gruppe. Die Mundöffnung ist von Hohltentakeln umgeben, doch fehlt ein Siphonoglyph.

Anstelle einer Pedalscheibe sondert die Epidermis an der Basis des Stiels (des „Rumpfes" des Tiers) einen kalkigen Skelettbecher ab, inklusive Sklerosepten (Scheidewänden aus Kalk), die sich zwischen den echten Septen nach oben in den Polypen erstrecken (Abbildung 13.27). Lebende Polypen können sich in die Sicherheit ihrer starren Becher zurückziehen, wenn sie nicht fressen. Da das Skelett unter das lebende Gewebe

13 Radiärsymmetrische Tiere (Radiata)

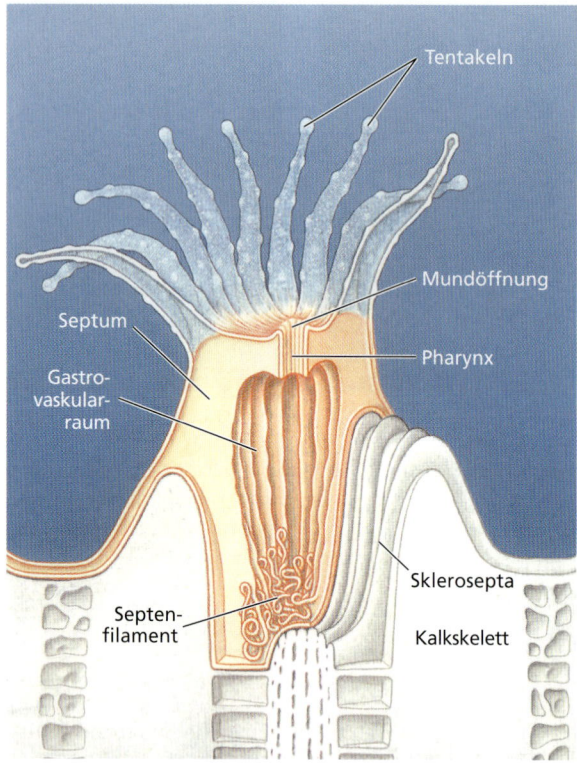

Abbildung 13.27: Polypen. Polyp einer sechsstrahligen Koralle (Order Scleractinia, Ordnung der Steinkorallen) mit ihrem Kalkbecher (= ihrem Exoskelett), dem Gastrovaskularraum, den Sklerosepten, den Septen und den Septalfilamenten.

Abbildung 13.28: Steinkoralle der Art *Montastrea annularis* (Subclassis Hexacorallia, Classis Anthozoa).[*] Die Kolonien dieser Art können eine Höhe von fast drei Metern erreichen.

sezerniert wird statt in dieses hinein, handelt es sich bei diesen biogenen Kalkablagerungen um ein Exoskelett. Bei vielen kolonialen Korallen kann das Skelett massig sein und über viele Jahre hinweg anwachsen. Die lebenden Korallen bilden eine Gewebeschicht auf der Oberfläche der Ablagerungen (▶ Abbildung 13.28). Die Gastrovaskularräume der Polypen sind innerhalb dieser Gewebsschicht alle untereinander verbunden.

Daneben kennt man noch drei weitere, kleine Ordnungen der Zoantharien.

Röhrenanemonen und Dornkorallen

Die Angehörigen der Unterklasse der Dornkorallen und Zylinderrosen (Subclassis Ceriantipatharia) weisen unpaarige Septen auf. Die Röhrenanemonen oder **Zylinderrosen** (Order Ceriantharia; ▶ Abbildung 13.29) leben solitär und bis zur Oralscheibe im weichen Untergrund eingegraben. Sie bewohnen Röhren, die aus abgesondertem Schleim und Fäden nematozystenähnlicher Organellen aufgebaut sind, in die sie sich zurückziehen können. Die Dornkorallen (= Schwarze Korallen) (Order Antipatharia; ▶ Abbildung 13.30) sind koloniale Tiere, die sich fest am Untergrund verankern. Ihre Skelette bestehen aus einer hornigen Substanz und weisen als Dornen bezeichnete Spitzen auf. Die beiden Ordnungen sind von geringer Artenzahl und in ihrer Verbreitung auf Warmwassergebiete der Ozeane beschränkt.

Oktokorallier (achtstrahlige Korallen)

Die Oktokorallier (= Alcyonarier) weisen eine strenge oktogonale Symmetrie auf, mit acht gefiederten Tentakeln und acht unpaarigen, vollständigen Septen (Abbildung 13.22). Alle sind kolonial, und die Gastrovaskularräume der Polypen stehen über ein System von Gastrodermalröhren (**Solenien**) miteinander in Verbindung (▶ Abbildung 13.31). Die Solenien verlaufen bei den meisten Oktokorallien durch eine ausgedehnte Mesogloea (= **Coenenchym**). Die Oberfläche der Kolonie ist von einer Epidermis überzogen. Das Skelett wird in das Coenenchym abgeschieden und besteht aus kalkigen

---

[*] Unterklasse der sechsstrahligen Korallen, Klasse der Blumentiere.

Abbildung 13.29: Röhrenanemone. Eine Röhrenanemone (Subclassis Ceriantipatharia, Order Ceriantharia) streckt sich in der Nacht aus ihrer Wohnröhre heraus. Ihre Oralscheibe trägt am Rand lange Tentakel, sowie kurze Tentakel unmittelbar im Umkreis der Mundöffnung.

Spikulae, fusionierten Spikulae oder einem hornigen Protein – oft auch aus Kombinationen daraus. Das Stützsystem der meisten Alcyonarien ist daher ein Endoskelett. Die Vielfalt an Mustern unter den Oktokoralliern führt zu einer großen Vielfalt an Formen der Kolonien: Sie reichen von weichen Korallen wie *Dendronephthya* (▶ Abbildung 13.32), deren Spikulae über das Coenenchym verstreut sind, bis zu den harten, axialen Stützbildungen der Seefedern und anderer gorgonischer Korallen (▶ Abbildung 13.33) und den fusionierten Spikulae der Orgelkorallen. *Renilla* (lat. *ren*, Niere) – das „Meeresstiefmütterchen" – bildet Kolonien, die an Stiefmütterchen erinnern. Ihre Polypen sind in die fleischige Oberseite eingebettet; ein kurzer Stiel, der die Kolonie trägt, ist im Meeresboden eingebettet. *Ptilosarcus* (gr. *ptilon*, Feder + *sarkos*, Fleisch, Muskel) gehört derselben Ordnung (Pennatulacea) an und erreicht eine Wuchshöhe von 50 cm (Abbildung 13.22).

Die zerbrechliche Schönheit der Oktokorallier – die herrliche Farben mit gelben, roten, orangefarbigen und purpurnen Tönen zeigen – ist ein wesentlicher Bestandteil der „unterseeischen Gärten" der Korallenriffe.

Korallenriffe

Die Mehrzahl der Leser hat vermutlich schon Bilder oder Filme gesehen, die einen Eindruck von der lebhaften Färbung und dem Leben von Korallenriffen vermitteln. Einige waren vielleicht schon in der glücklichen Lage, ein Riff selbst zu besuchen. Korallenriffe gehören zu den produktivsten unter allen Ökosystemen, und sie beherbergen eine Vielfalt von Lebensformen, die nur vom tropischen Regenwald in den Schatten gestellt wird. Riffe sind große Kalksteinbildungen (Calciumcarbonatablagerungen) in den Flachwasserbereichen tropischer Meere, die von lebenden Organismen über Zeiträume von Jahrtausenden langsam aufgebaut wurden. Lebende Pflanzen und Tiere sind auf die oberste Schicht eines Riffs beschränkt, wo sie weiteres Calciumcarbonat auf die schon von ihren Vorfahren gebildeten Ablagerungen bilden. Die bedeutendsten riffbauenden Meeres-

Abbildung 13.30: Dornkorallen. (a) Eine *Antipathes*-Kolonie (Dornkoralle; Order Antipatharia, Subclassis Ceriantipatharia, Classis Anthozoa). Am häufigsten in größeren Tiefen tropischer Gewässer vorkommend, scheiden die schwarzen Korallen ein zähes, proteinöses Skelett ab, das zu Schmuck verarbeitet werden kann. (b) Die Polypen der Dornkorallen besitzen sechs einfache, nicht zurückziehbare Tentakel. Auf die dornigen Fortsätze im Skelett geht die Bezeichnung Dornkorallen für die Mitglieder dieser Gruppe zurück.

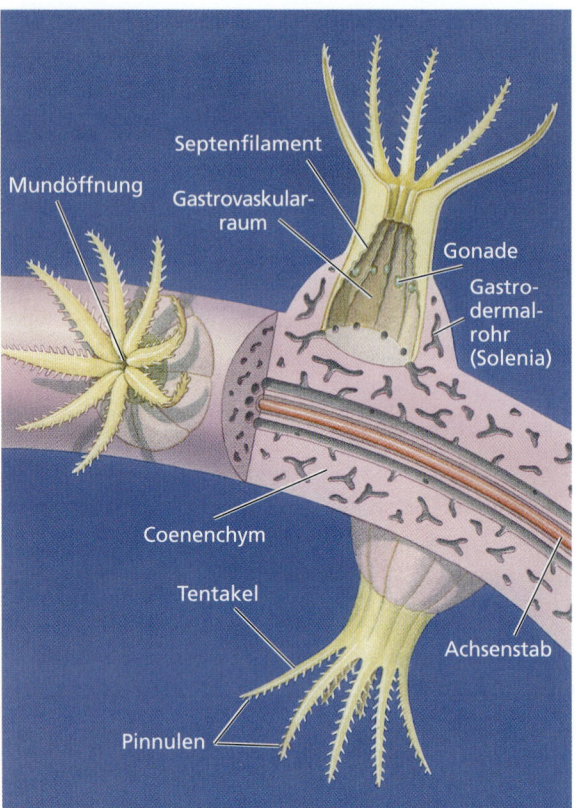

Abbildung 13.31: **Polypen einer achtstrahligen Korallenart.** Man beachte die acht gefiederten Tentakel, das Coenenchym und die Solenien. Die Tiere besitzen ein Endoskelett aus kalkigen Spikulae, oft ergänzt durch ein horniges Protein, das in Form eines Achsenstabes auftreten kann.

Exkurs

Da die Zooxanthellen lebenswichtig für die hermatypischen (= riffbildenden) Korallen sind und Wasser Licht absorbiert, findet man hermatypische Korallen nur selten in Tiefen von mehr als 30 m. Interessanterweise gibt es Ablagerungen von Korallenkalken – insbesondere im Umkreis von Inseln und Atollen im pazifischen Ozean – die Dicken von mehreren hundert Metern erreichen. Es ist klar, dass Korallen und andere riffbauende, sessile Organismen diese Gebilde nicht vom Grund der abyssalen (= Tiefseeregion unterhalb von 1000 m) Dunkelheit der Tiefsee her aufgebaut haben können, um schließlich die Flachwasserzone zu erreichen, in die das Sonnenlicht eindringen kann. Charles Darwin war der Erste, der erkannte, dass solche mächtigen Riffe ihren Ursprung ebenfalls im Flachwasser haben. Sie entstehen im Umkreis von Vulkaninseln. Als diese Inseln in der Folge langsam im Meer versanken, konnte das Wachstum der Korallenriffe mit der Rate des Absinkens der Insel Schritt und somit seine Position im Wasser halten: Die Riffe wuchsen also so schnell wie „ihre" Insel versank. Dies erklärt die Dicke der Kalksedimente.

---

organismen, die Kalk (Calciumcarbonat, $CaCO_3$) aus dem Meerwasser ausfällen (Präzipitation), sind die **skleraktinischen, hermatypischen** (riffbildenden) **Korallen** (Abbildung 13.28). Die mit ihnen vergesellschafteten Korallenalgen tragen nicht nur zur Gesamtmasse des ausgefällten Kalkes bei – ihre Präzipitate helfen auch, das Riff zusammenzuhalten. Einige Oktokorallier und Hydrozoen (insbesondere *Millepora*, Abbildung 13.15b) tragen einiges zu der abgeschiedenen Kalkmenge bei, und eine enorme Vielfalt weiterer Organismen steuert ebenfalls kleine Mengen bei. Hermatypische Korallen (gr. *herma*, Stütze, Ständer + *typos*, Typ, Art, Muster) scheinen jedoch unabdingbar für die Bildung großer Riffe zu sein, da solche Riffe nur dort auftreten, wo die Lebensbedingungen ein Überleben dieser Korallen erlauben.

Hermatypische Korallen benötigen Wärme, Licht und einen Salzgehalt, der dem von unverdünntem Meerwasser entspricht. Diese Anforderungen begrenzen Korallenriffe in ihrer Verbreitung auf flache Wasserzonen zwischen 30 Grad nördlicher und 30 Grad südlicher Breite (Tropengürtel) und schließt sie aus Bereichen aufsteigender Kaltwasserströmungen und Gebieten in der Nähe großer Flussmündungen mit ihrem geringen Salzgehalt und der hohen Wassertrübung aus. Diese Korallen benötigen Licht, weil sie mutualistische Dinoflagellaten beherbergen (Zooxanthellen), die endosymbiontisch in ihren Geweben leben. Die winzigen, einzel-

Abbildung 13.32: **Eine Weichkoralle (*Dendronephthya* sp.) (Order Alcyonacea, Subclassis Ocotocorallia, Classis Anthozoa*) auf einem Korallenriff im Pazifik.** Die ins Auge fallenden Farbtöne dieser Weichkoralle reichen von rosa und gelb zu leuchtend rot und tragen viel zur Farbe indopazifischer Riffe bei.

---

* Ordnung der Weichkorallen, Unterklasse der achtstrahligen Korallen, Klasse der Blumentiere.

(a) (b) (c)

Abbildung 13.33: Koloniale Gorgonien (Hornkorallen) (Order Gorgonacea, Subclassis Octocorallia, Classis Anthozoa).[*] Sie sind auffällige Bestandteile der Fauna eines Riffs. Die hier gezeigten Beispiele stammen aus dem Westpazifik. (a), Rote Gorgonie (*Melithaea* sp.). (b) Eine Seefeder *(Subergorgia mollis)*. (c) Rote Peitschenkoralle *(Ellisella* sp.).

ligen Zooxanthellen sind von großer Bedeutung für die Korallen. Durch ihre photosynthetische Tätigkeit und die damit verbundene Fixierung von Kohlendioxid liefern sie ihrem Wirt Nahrungsstoffe, und sie verwerten phosphor- und stickstoffhaltige Abfallstoffe der Koralle, die sonst ausgeschieden und so verloren gehen würden. Außerdem steigern sie die Fähigkeit der Korallen zur Abscheidung von Kalk.

Man unterscheidet für gewöhnlich mehrere Arten von Riffen. **Saumriffe** liegen in der Nähe von Landmassen, entweder ohne eine Lagune oder eine schmale Lagune zwischen Riff und Strand. Ein **Sperrriff** („Barriereriff"; ▶ Abbildung 13.34) verläuft in etwa parallel zur Küstenlinie und ist mit einer breiteren und tieferen Lagune assoziiert als ein Saumriff. **Atolle** sind Riffe, die eine Lagune mehr oder minder kreisförmig einfassen, jedoch keine Insel (die vormals vorhandene Insel ist versunken). Diese Rifftypen fallen in der Regel an ihrer dem offenen Meer zugewandten Seite ziemlich steil ins tiefe Wasser ab. **Riffbänke** treten in einiger Entfernung vom steilen, seewärts gelegenen Abhang in Lagunen oder Sperrriffen oder Atollen auf. Das so genannte „Große Sperrriff" (Great Barrier Reef), das sich über eine Länge von rund 2000 Kilometern und in bis zu 145 Kilometern Entfernung vom Land vor der Nordost-

küste Australiens erstreckt, ist tatsächlich ein Komplex aus verschiedenen Rifftypen.

Saum-, Sperr- und Atollriffe weisen jeweils unterscheidbare Zonen auf, die durch verschiedene Gruppen

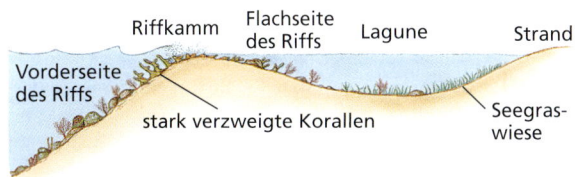

(a)

(b)

Abbildung 13.34: Ein Sperrriff („Barriereriff") verläuft fast parallel zur Küstenlinie. (a) Profil eines Sperrriffs. (b) Teil eines Atolls (Luftaufnahme). Die Abhänge des Riffs fallen auf der linken Seite in die Tiefen des Meeres ab (dunkelblau). Die Lagune liegt zur Rechten (mittelblau, elliptisch, rechts Mitte oben).

---

[*] Ordnung der Hornkorallen, Unterklasse der achtstrahligen Korallen, Klasse der Blumentiere.

von Korallen und anderen Tieren gekennzeichnet sind. Die zum offenen Meer weisende Seite eines Riffes wird Rifffront oder vorderer Riffabhang genannt (Abbildung 13.34). Die Rifffront verläuft mehr oder weniger parallel zur Küstenlinie und senkrecht zur vorherrschenden Richtung der Wellenausbreitung im betreffenden Meeresgebiet. Sie fällt in tieferes Wasser ab, in manchen Fällen zunächst sachte, dann immer steiler werdend. Am Riffabhang wachsen charakteristische Gemeinschaften skleraktinischer Korallen in die Tiefe; in der Nähe des Riffkammes (siehe unten) und im Zwischenbereich wachsen sie in die Höhe. Im Flachwasser oder knapp darüber erhebt sich an der Spitze des Riffs der Riffkamm analog zu einem terrestrischen Bergkamm. Der obere Frontbereich und der Riffkamm sind den größten einwirkenden Kräften durch den Wellenschlag ausgesetzt und müssen besonders bei Sturm hoher mechanischer Belastung standhalten. Stücke von Korallen oder anderen festsitzenden Lebewesen brechen dann leicht ab und werden strandwärts auf die flachere Riffrückseite, die langsam in die Lagune abfällt, verfrachtet. So gelangt nach und nach aus Kalk bestehendes Material auf die Riffrückseite und wird schließlich durch Erosion zu Korallensand. Der Sand wird durch Wasserpflanzen wie „Schildkrötengras" und Korallenalgen stabilisiert und schließlich durch weitere Kalkablagerungen in die Sedimentmasse des Riffes einzementiert. Ein Riff ist keine durchgehende Wand, die sich dem anbrandenden Meer entgegenstellt, sondern ein hochgradig unregelmäßiges Gebilde mit Furchen, Spalten, Höhlen und Kanälen, die es von der Lagunen- bis zur Seeseite durchziehen. Außerdem finden sich tiefe, becherförmige Löcher („blaue Löcher"). Oktokorallier neigen dazu, sich in diesen Bereichen sowie auf der zum Land gewandten Riffrückseite und in größeren Tiefen am vorderen Riffabhang anzusiedeln, die besser vor dem Angriff und der vollen Wucht der Wellen geschützt sind. Viele weitere Arten von Organismen leben an verborgenen Orten wie Höhlen und Spalten.

KLASSIFIZIERUNG

■ **Phylum Cnidaria (Stamm der Nesseltiere)**

Starke molekularbiologische und morphologische Befunde deuten nunmehr daraufhin, dass die Angehörigen des vormaligen Phylums Myxozoa, die verbreitet als Fischparasiten in Erscheinung treten, tatsächlich stark abgeleitete Nesseltiere sind.* Allerdings lassen sie sich noch nicht zufriedenstellend in das nachfolgende Klassifikationsschema einordnen; es ist möglich, dass sie sich als Hydrozoen oder einen eigene, neue Klasse erweisen werden.

Classis Hydrozoa (gr. *hydra*, Wasserschlange + *zoon*, Tier). Solitär oder kolonial; ungeschlechtliche Polypen und geschlechtliche Medusen; eine der beiden Erscheinungsformen kann reduziert sein; Hydranthen ohne Mesenterien; Medusen (wenn vorhanden) mit einem Velum; im Süß- wie im Meerwasser. Beispiele: *Hydra, Obelia, Physalia, Tubularia*.

Classis Scyphozoa (gr. *skyphos*, Becher + *zoon*, Tier). Solitär; Polypenstadium reduziert oder fehlend; glockenförmige Meduse ohne Velum; gelatinöse Mesogloea stark vergrößert; Schirmrand (= Glockenrand) im Regelfall mit acht Einkerbungen, die mit Sinnesorganen ausgestattet sind; sämtlich marin. Beispiele: *Aurelia, Cassiopeia, Rhizostoma*.

Classis Cubozoa (gr. *kybos*, Würfel + *zoon*, Tier): **Würfelquallen**. Solitär; Polypenstadium reduziert; glockenförmige Meduse mit quadratischem Querschnitt, mit Tentakeln oder Tentakelgruppen, die an jeder Ecke des Schirms von klingenartigen Pedalien herabhängen; ganzrandiger Schirm ohne Velum, aber mit Velarium; sämtlich marin. Beispiele: *Tripedalia, Carybdea, Chironex, Chiropsalmus*.

Classis Anthozoa (gr. *anthos*, Blume + *zoon*, Tier): **Blumentiere**. Sämtlich Polypen; keine Medusen; solitär oder kolonial; Gastrovaskularraum durch mindestens acht, mit Nematozysten besetzten Mesenterien oder Septen unterteilt; Gonaden entodermal; sämtlich marin.

Subclassis Hexacorallia (gr. *hexa*, sechs + *korallion*, Koralle) (= Zoantharia). Mit einfachen, unverzweigten Tentakeln; Mesenterien paarig; Seeanemonen, Hartkorallen und andere. Beispiele: *Metridium, Anthopleura, Tealia, Astrangia, Acropora*.

Subclassis Ceriantipatharia (zusammengesetzt aus Ceriantharia und Antipatharia). Mit einfachen, unverzweigten Tentakeln; Mesenterien unpaarig; Röhrenanemonen (Zylinderrosen) und Dornkorallen. Beispiele: *Cerianthus, Antipathes, Stichopathes*.

Subclassis Octocorallia (lat. *octo*, acht + gr. *korallion*, Koralle) (= Alcyonaria). Mit acht fiedrigen Tentakeln; acht vollständige, unpaarige Mesenterien; Weichkorallen und Hornkorallen. Beispiele: *Tubipora, Alcynium, Gorgonia, Plexaura, Renilla*.

---

*Sidall, M. et al. (1995): Journal of Parasitology, vol. 81: 961–967.

> **Exkurs**
>
> Ungeachtet ihres großen intrinsischen und ökonomischen Wertes, sind Korallenriffe in vielen Gegenden der Erde durch eine Reihe von Faktoren bedroht. Viele davon gehen vom Menschen aus. Dazu gehören die Nährstoffanreicherung durch Abwässer, die ins Meer gepumpt werden, und Auswaschungen aus der küstennahen Landwirtschaft. Ein weiterer Faktor ist eine Überfischung vor allem herbivorer Fischarten, die normalerweise die Algen beweiden. Ihr Rückgang führt zu einem zu starken Algenbewuchs am Riff. Pestizide aus der Landwirtschaft, Sedimenteinspülungen aus landwirtschaftlich genutzten Feldern und Ausbaggerungen, sowie Ölverschmutzungen aus Schiffen oder Rohrleitungen (Pipelines) tun ihr Übriges zum Niedergang der Riffe. Wenn solche Umweltbelastungen die Korallen nicht unmittelbar umbringen, so können sie doch die Empfindlichkeit der Tiere für verschiedene Krankheiten steigern, die man in der jüngeren Vergangenheit beobachtet hat.
>
> Die Korallenriffe leiden ebenfalls unter der fortschreitenden, globalen Erderwärmung. Wenn das Umgebungswasser zu warm wird, stoßen die Korallen ihre symbiontischen Zooxanthellen aus, was zu einer auffälligen Veränderung, die Korallenbleiche genannt wird (= *coral bleeching*). Die Gründe für das Beenden der Symbiose sind noch nicht verstanden. Fälle von Korallenbleiche sind überall auf der Welt im Zunehmen begriffen. Zusätzlich führt der Anstieg der Kohlendioxidkonzentration in der Atmosphäre zu einer leichten Ansäuerung des Meerwassers (das Kohlendioxid wird im Wasser gelöst – wie in einer Mineralwasserflasche – und geht zu einem kleinen Teil in Kohlensäure über, die augenblicklich zu Hydrogencarbonat und Hydroniumionen protolysiert; siehe Lehrbücher der allgemeinen Chemie). Das Absinken des pH-Wertes erschwert durch die Verschiebung des Hydrogencarbonat/Carbonat-Gleichgewichtes die Ausfällung von Calciumcarbonat (Kalk) durch die Korallen. Sie müssen zur Carbonatausfällung mehr Stoffwechselenergie aufwenden.

Eine gewaltige Anzahl von Arten und Individuen verschiedenster Gruppen von Wirbellosen und Fischen bewohnen das Ökosystem Riff. So kennt man etwa rund 300 Fischarten, die regelmäßig an Riffen in der Karibik zu finden sind. Am großen Sperrriff vor Australien hat man mehr als 1200 Arten von riffbewohnenden Fischen gezählt. Es ist erstaunlich, dass eine solche Vielfalt und Produktivität aufrecht erhalten werden kann, da Riffe vom nährstoffarmen Wasser des offenen Meeres umspült werden. Obwohl nur verhältnismäßig wenige Nährstoffe in das Ökosystem eingetragen werden, geht dann auch nur wenig verloren, weil die miteinander in Wechselwirkung stehenden Organismen ein hohes Maß an Effizienz bei der Rückgewinnung und Wiederverwertung der Nährstoffe entwickelt haben. So ernähren sich beispielsweise die Korallen sogar von den Exkrementen der Fische, die über ihnen umher schwimmen!

13.2 Phylum Ctenophora (Stamm der Rippenquallen)

Die Ctenophoren (gr. *ktenis*, *ktenos*, Kamm + *phora*, tragen, Träger) oder Rippenquallen sind ein Tierstamm, der weniger als einhundert Arten umfasst. Alle Arten leben im Meer. Man trifft sie in allen Meeren, besonders aber in warmen Gebieten. Die Bezeichnung Rippenquallen leitet sich von den acht Reihen rippenartiger Platten ab, welche die Tiere zur Lokomotion einsetzen. Rippenquallen und Cnidarier sind die beiden einzigen Tierstämme, die primär radiärsymmetrisch sind. Ihnen stehen alle anderen Vielzeller gegenüber, die sämtlich primär bilateralsymmetrisch sind.

Die Rippenquallen besitzen mit Ausnahme der nach Ernst Haeckel benannten Art *Haeckelia rubra* keine Nesselkapseln. *Haeckelia* trägt Nematozysten an bestimmten Abschnitten ihrer Tentakel, doch fehlen Colloblasten (gr. *kolla*, Leim + *blastos*, hervorbringen). Augenscheinlich stammen diese Nesselkapseln von den Cnidariern, von denen sich die Ctenophoren ernähren.

Wie die Nesseltiere, so haben sich auch die Ctenophoren nicht über das Organisationsniveau der Gewebe hinaus entwickelt. Es gibt keine fest umrissenen Organsysteme im strengen Sinne.

Mit Ausnahme einiger kriechender und sessiler Formen sind die Rippenquallen freischwimmend. Obgleich sie nur schwache Schwimmleistungen zeigen und in oberflächennahen Wasserschichten häufiger anzutreffen sind, kann man Ctenophoren manchmal auch in beachtlichen Tiefen begegnen. Sie sind oft dem Spiel der Gezeiten und starker Strömungen ausgesetzt, doch vermeiden sie Stürme, indem sie in tiefere Wasserschichten ausweichen. In ruhigem Wasser verharren sie in vertikaler Haltung ohne viel Bewegung. Wenn sie sich vorwärtsbewegen, bedienen sie sich dazu ihrer cilienbesetzten „Rippen", um sich mit dem die Mundöffnung tragenden Ende voran durch das Wasser zu bewegen. Stark modifizierte Vertreter wie Cestum (lat. *cestus*, Gürtel) bedienen sich neben dem Einsatz ihrer „Rippen" auch sinusförmiger Bewegungen des Körpers.

13 Radiärsymmetrische Tiere (Radiata)

(a) *Pleurobrachia*.

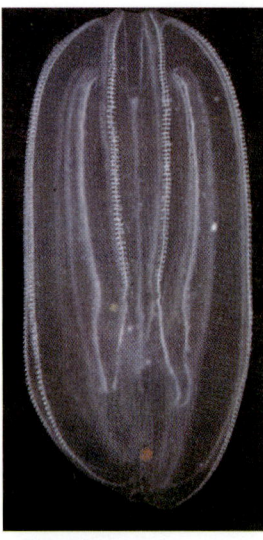
(b) *Mnemiopsis*.

Abbildung 13.35: Rippenquallen. (a) *Pleurobrachia*, eine Rippenqualle (Order Cydippida, Classis Tentaculata).[*] Die zerbrechliche Schönheit dieser Tiere erschließt sich besonders nachts, wenn von ihren Rippen eine biogene Lumineszenz ausgeht. (b) *Mnemiopsis* sp. (Order Lobata, Classis Tentaculata).[**]

13.2.1 Classis Tentaculata (Tentakeltragende Rippenquallen)

Repräsentativer Typus: Pleurobrachia

Pleurobrachia (gr. *Pleuron*, in der altgriechischen Sagenwelt der Sohn des Aetolos und der Pronoe, Ehemann der Xanthippe; auch Name einer antiken griechischen Stadt + lat. *brachium*, Arm), die Seestachelbeere, ist ein Vertreter dieser Gruppe. Ihr durchsichtiger Körper hat einen Durchmesser von 1,5 bis 2 cm (▶ Abbildung 13.35a). Der orale Pol trägt die Mundöffnung, der aborale Pol ein Gleichgewichtsorgan, die **Statozyste**.

Rippenplatten. Auf der Oberfläche des Körpers erkennt man acht, in gleichen Abständen zueinander angeordnete Rippen, die sich als Meridiane vom aboralen zum oralen Pol ziehen, aber enden, bevor sie den Bereich der Mundöffnung erreichen (▶ Abbildung 13.36). Jedes dieser Bänder besteht aus transversal verlaufenden Platten aus langen, miteinander fusionierten Cilien, die als Rippenplatten bezeichnet werden (Abbildung 13.36a). Die Ctenophoren bewegen sich durch den Cilienschlag ihrer Rippenplatten vorwärts. Der Cilienschlag beginnt am aboralen Ende und setzt sich entlang der Rippen zum oralen Pol hin fort. Normalerweise schlagen alle acht Reihen simultan. Das Tier vermag durch Umkehrung der Schlagrichtung rückwärts zu schwimmen. Ctenophoren sind die größten Tiere, die sich durch Cilien fortbewegen.

Tentakel. Die beiden Tentakel sind lang, fest und sehr dehnbar. Und sie können in ein Paar Tentakelscheiden zurückgezogen werden. Wenn sie vollständig gestreckt sind, können sie eine Länge von 15 cm erreichen. Die Oberfläche der Tentakel ist mit Colloblasten (Klebzellen) besetzt (Abbildung 13.36c), die eine klebrige Substanz abscheiden, welche zum Fangen und Festhalten kleiner Beutetiere dient.

Körperhülle. Die zellulären Schichten der Rippenquallen ähneln im Allgemeinen denen der Cnidarier. Zwischen der Epidermis und der Gastrodermis liegt ein gelatinöses Collenchym, das den größten Teil des Körpers ausfüllt und Muskelfasern sowie amöboide Zellen enthält. Obwohl sie sich von ektodermalen Zellen ableiten, sind die Muskelzellen distinkte Einheiten und (im Gegensatz zu den Verhältnissen bei den Cnidariern) nicht die kontraktilen Anteile von Epithelmuskelzellen.

Verdauungssystem und Fressverhalten. Das Gastrovaskularsystem besteht aus einem Mund, einem Schlund, einem Magen und einem System aus Gastrovaskularkanälen, die sich durch das Collenchym bis hin zu den Rippenplatten, die Tentakelscheiden und an andere Orte erstrecken (Abbildung 13.36). Es gibt zwei blind endende Kanäle, die in der Nähe der Mundöffnung enden, sowie einen Aboralkanal, der nahe an der Statozyste vorbeizieht und sich dann in zwei kleine Analkanäle aufteilt, durch die unverdauliches Material ausgeschieden wird.

Die Rippenquallen ernähren sich räuberisch von kleinen Planktonorganismen wie Copepoden. Die Klebzellen an den Tentakeln halten kleine Beutetiere fest und versetzen die Tentakel in die Lage, die Beute zur Mundöffnung zu befördern. Die Verdauung erfolgt sowohl extra- wie intrazellulär.

Atmung und Ausscheidung. Atmung und Ausscheidung erfolgen über die Körperoberfläche.

Nervensystem und Sinnesorgane. Die Ctenophoren besitzen ein Nervensystem, das dem der Cnidarier ähnlich ist. Es umfasst einen subepidermalen Plexus, der unter jeder der Rippen konzentriert ist, doch findet sich keine zentrale Steuerung, wie sie bei den höheren Tieren üblich ist.

---

[*] Ordnung der Cydippididen (Seestachelbeeren), Klasse der tentakeltragenden Rippenquallen.

[**] Ordnung der Lappenquallen, Klasse der tentakeltragenden Rippenquallen.

13.2 Phylum Ctenophora (Stamm der Rippenquallen)

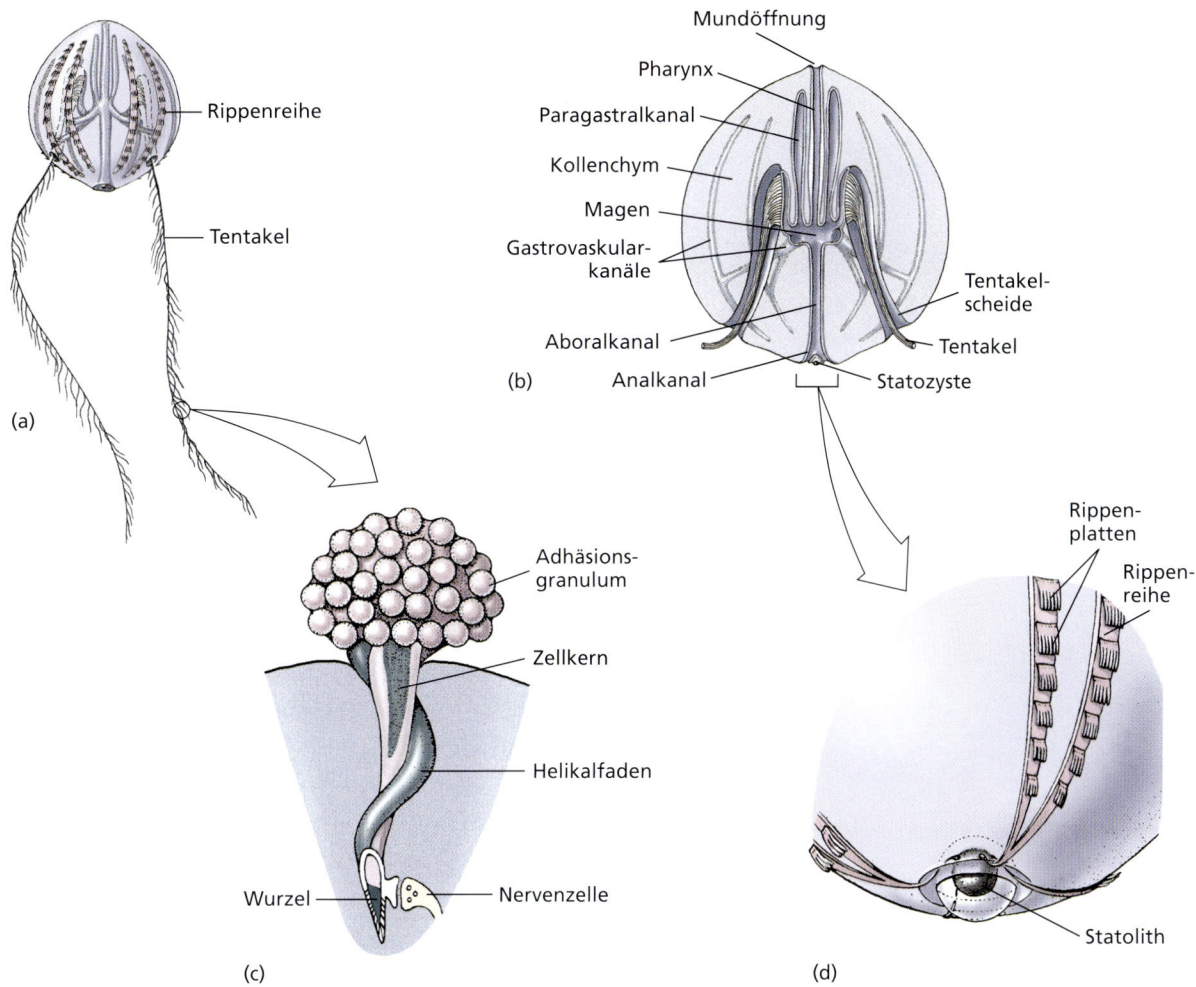

Abbildung 13.36: Rippenqualle der Gattung Pleurobrachia. (a) Außenansicht. (b) Teilanschnitt. (c) Ein Colloblast – ein für Rippenquallen charakteristischer Typ einer adhäsiven Zelle. (d) Teil einer Rippe mit Rippenplatten. Jede Rippenplatte besteht aus einer quer verlaufenden Reihe fusionierter Cilien.

Das Sinnesorgan am aboralen Pol ist eine Statozyste. Ein kalkiger Statolith liegt Cilienbüscheln auf, und die ganze Anordnung ist in einen glockenförmigen Behälter eingeschlossen. Änderungen in der Lage des Tieres im Wasser führen zu einer Verlagerung des Statolithen und einer Reizung anderer Cilien. Das Sinnesorgan ist außerdem an der Koordinierung des Cilienschlages der Cilienplatten der Rippen auf der Außenseite beteiligt, doch löst es den Cilienschlag nicht aus.

Die Epidermis der Ctenophoren ist reichlich mit Sinneszellen ausgestattet, die dem Tier die Wahrnehmung chemischer und anderer Reize gestatten. Wenn eine Rippenqualle einen ungünstigen Reiz wahrnimmt, kehrt sie oft die Schlagrichtung ihrer Cilien um und bewegt sich rückwärts (negative Taxis). Die Rippenplatten sind sehr empfindlich gegen Berührungen. Diese führen oft dazu, dass sie in die Gelschicht des Collenchyms zurückgezogen werden.

Fortpflanzung und Entwicklung. *Pleurobrachia* ist wie andere Rippenquallen einhäusig (monözisch, zwittrig). Die Gonaden sind an der Auskleidung der Gastrovaskularkanäle unterhalb der Rippenplatten lokalisiert. Befruchtete Eier werden durch die Epidermis in das Wasser entlassen.

Die Furchung verläuft bei den Ctenophoren determiniert (Mosaikfurchung), da die verschiedenen Teile des Tieres, die aus jeder der Blastomeren hervorgehen, zu einem frühen Zeitpunkt in der Embryogenese festgelegt werden. Falls eine der Blastomeren in einem frühen Stadium entfernt wird, ist der sich aus den restlichen Zellen entwickelnde Embryo nicht vollständig. Dieser Entwicklungsverlauf unterscheidet sich von dem der Nesseltiere (Cnidarier), der regulativ (= indeterminiert) ist. Die freischwimmenden **Cydippidenlarven** (▶ Abbildung 13.37) ähneln bei oberflächlicher Betrachtung der adulten Rippenqualle und entwickeln sich direkt (ohne Metamorphose) zum Adultus.

13 Radiärsymmetrische Tiere (Radiata)

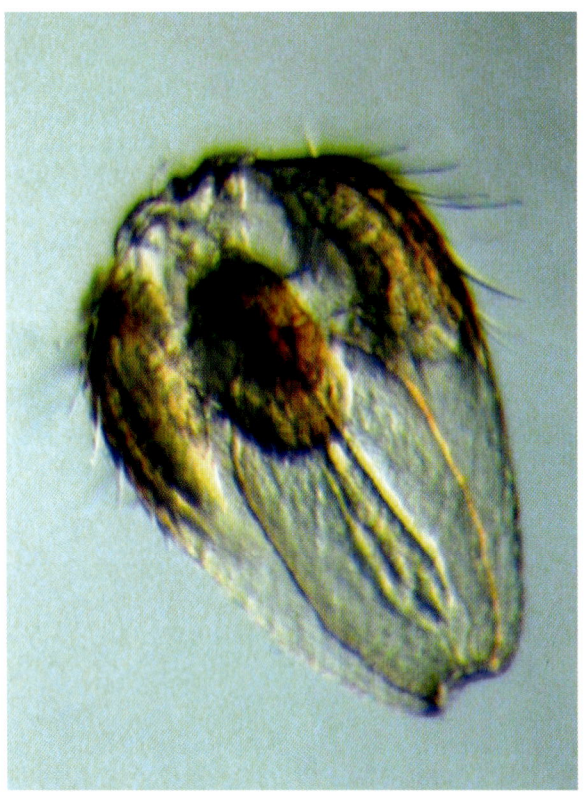

Abbildung 13.37: Eine Cydippidenlarve. Sie entwickelt sich ohne Metamorphose zum Adultus.

Manche Biologen sehen die Ctenophoren und einige komplexer strukturierte Cnidarier (zum Beispiel einige Anthozoen) als triblastische Tiere an (Tiere mit drei Keimblättern), weil die hochgradig zelluläre Natur ihrer Mesogloea nach Ansicht dieser Fachleute die Bezeichnung Mesoderm rechtfertigt. Andere Forscher definieren das Mesoderm jedoch streng als eine embryonal vom Entoderm abgeleitetes Gewebe; danach wären sowohl die Cnidarier wie die Ctenophoren weiterhin rein diblastisch (zweikeimblättrig).

13.2.2 Andere Ctenophoren

Rippenquallen sind fragile und hübsche Kreaturen. Ihre durchscheinenden Körper glitzern wie dünnes Glas und zeigen während des Tages eine strahlende Irideszenz (Schillern in Regenbogenfarben), in der Nacht eine biogene Eigenlumineszenz.

Eine der seltsamsten Rippenqualle ist *Beroe* sp. (lat. *Beroe*, eine Nymphe; Figur in Schillers Drama *Semele*), die Melonenqualle. Die Tiere können eine Länge von 10 cm und eine Breite von 5 cm erreichen (▶ Abbildung 13.38 a). Sie sind von kegel- oder fingerhutförmiger Gestalt und in der Tentakelebene abgeplattet. Die Tenta-

MERKMALE

■ Phylum Ctenophora

1. Symmetrie **biradiär**; Anordnung innerer Kanäle und Stellung der paarigen Tentakel ändern die Radiärsymmetrie zu einer Kombination aus zwei Symmetrieformen (radiär + bilateral).
2. Eiförmige bis rundliche Gestalt, mit radiär angeordneten Reihen („Rippen") aus cilienbesetzten Platten für die schwimmende Fortbewegung.
3. Ektoderm, Entoderm, und eine Mesogloea (Ektomesoderm) mit verstreut liegenden Zellen und Muskelfasern; kann als **triblastisch** angesehen werden.
4. Nematozysten fehlen, aber **Klebzellen (Colloblasten)** vorhanden.
5. Verdauungssystem aus Mund, Pharynx, Magen, einer Abfolge von Kanälen und Analporen.
6. Nervensystem aus einem subepidermalen Plexus, der um die Mundöffnung und unterhalb der „Rippen" konzentriert ist; **aborales Sinnesorgan** (Statozyste).
7. Kein Polymorphismus oder Dimorphismus.
8. Fortpflanzung monözisch; Gonaden entodermalen Ursprungs an den Wandungen des Verdauungskanals unterhalb der Rippen; Mosaikfurchung; Cydippidenlarve.
9. Fähigkeit zur Lumineszenz verbreitet.

Vergleich mit den Cnidariern

Sie ähneln den Cnidariern durch:
1. Form der Radiärsymmetrie.
2. Oral/aborale Achse, um die herum die Teile angeordnet sind.
3. Wohlentwickeltes, gelatinöses Ektomesoderm (Collenchym).
4. Kein Coelom.
5. Diffuser Nervenplexus.
6. Organsysteme fehlen.

Sie unterscheiden sich von den Cnidariern durch:
1. Keine Bildung von Nesselkapseln.
2. Entwicklung vom Mesenchym unabhängiger Muskelzellen.
3. Vorhandensein von Rippenplatten und Colloblasten.
4. Mosaikentwicklung (= determinierte Entwicklung).
5. Im Allgemeinen Vorhandensein eines Schlundes.
6. Kein Polymorphismus oder Dimorphismus.
7. Niemals kolonial.
8. Vorhandensein von Analöffnungen.

13.3 Phylogenese und adaptive Radiation

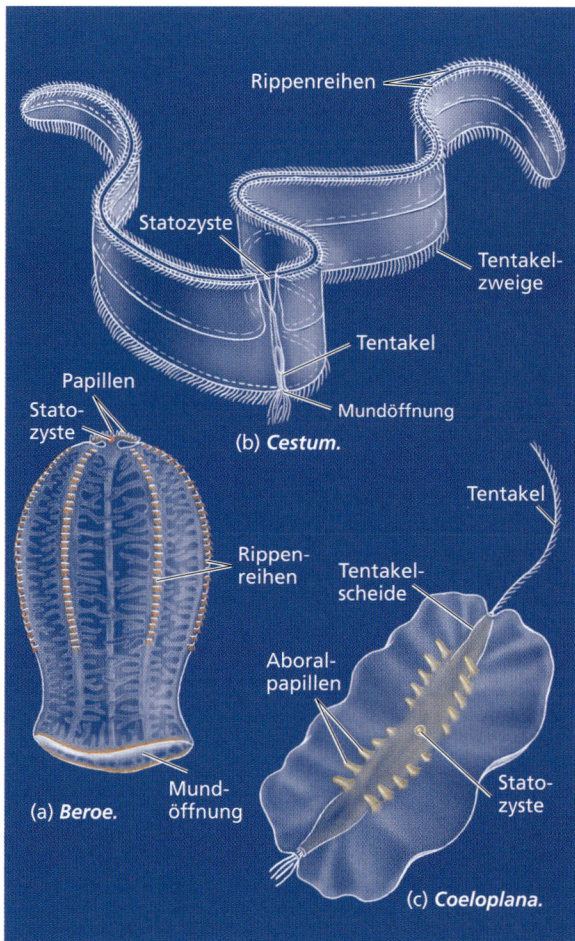

Abbildung 13.38: **Diversität unter Vertretern des Phylums Ctenophora.** (a) *Beroe* sp. (Order Beroida, Classis Nuda). (b) *Cestum* sp. (Order Cestida, Classis Tentaculata). (c) *Coeloplana* sp. (Order Platyctenea, Classis Tentaculata).

kelebene ist bei *Beroe* als diejenige definiert, in der die Tentakel angeordnet sein würden, da das Tier eine große Mundöffnung, aber keine Tentakel besitzt. Das Tier ist von rosa oder rostbrauner Farbe. Die Körperhülle ist mit einem ausgedehnten Netzwerk aus Kanälen überzogen, die durch die Vereinigung der paragastrischen mit den meridionalen Kanälen gebildet werden. Der Venusgürtel (*Cestum* sp.; Abbildung 13.38b) ist eine ungewöhnliche Rippenqualle mit einer in der Tentakelebene hochgradig zusammengedrückten Gestalt. Mit ihrer bandartigen Form und mehr als einem Meter Länge stellt sie eine grazile Erscheinung dar, wenn sie in Richtung ihres Oralpoles durch das Wasser schwimmt. Die ebenfalls hochgradig modifizierten Gattungen *Ctenoplana* (gr. *ktenos*, Kamm + lat. *planus*, eben, flach) und *Coeloplana* (gr. *koilos*, Höhle + lat. *planus*, eben, flach) sind selten, aber interessant (Abbildung 13.38c), weil sie oral/aboral scheibenförmig abgeflachte Körper besitzen,

Exkurs

Bevölkerungsexplosionen der *Mnemiopsis leidyi*-Populationen im Schwarzen und dem Asow'schen Meer haben seit den letzten beiden Jahrzehnten zu dramatischen Einbrüchen in der Fischerei in diesen Gewässern geführt. Unabsichtlich mit dem Ballastwasser großer Schiffe von der amerikanischen Küste in diese neuen Lebensräume verfrachtet, ernähren sich die Ctenophoren in den ihnen offensichtlich zusagenden Habitaten vom dortigen Zooplankton, darunter kleine Crustaceen und die Eier und Larven von Fischen. Die normalerweise nicht angriffslustige *M. leidyi* wird im Atlantik von verschiedenen spezialisierten Fressfeinden im Zaum gehalten, doch hat die Einführung solcher Räuber in das Schwarze Meer mit seinen eigenen Problemen viele Gefahren und Nebenwirkungen mit sich gebracht.

die an einen kriechende und nicht an eine schwimmende Fortbewegungsweise angepasst sind. Eine im Atlantik häufige Rippenquallenart ist *Mnemiopsis* sp. (gr. *mneme*, Gedächtnis + *opsis*, Erscheinung), die einen seitlich zusammengedrückten Körper mit zwei großen Orallappen und scheidenlosen Tentakeln besitzt (Abbildung 13.35b).

Beinahe alle Rippenquallen senden in der Nacht lumineszente Lichtblitze aus, besonders solche Formen wie *Mnemiopsis*. Die lebhafte, blitzlichtartige Leuchttätigkeit, die man nachts in der Südsee beobachten kann, wird in vielen Fällen von Vertretern dieses Phylums hervorgerufen.

13.3 Phylogenese und adaptive Radiation

13.3.1 Phylogenese

Obwohl der stammesgeschichtliche Ursprung der Cnidarier und Ctenophoren obskur ist, geht die am weitesten verbreitete Hypothese davon aus, dass die Stämme der radiärsymmetrischen Tiere sich aus einem radiärsymmetrischen, planulaartigen Vorfahren entwickelt haben. Solch ein Urahn könnte der gemeinsame Stammvater der Radiaten wie der Bilateralier sein. Letztere würden nach diesem Modell von einem Entwicklungszweig herleiten, dessen frühe Vertreter auf dem Meeresboden umhergekrochen sein sollen. Eine solche Lebensweise hätte einen Selektionsdruck in Richtung Bilateralsymmetrie erzeugt. Andere wurden sessil oder freischwebend – Lebensweisen, für die eine Radiärsymmetrie einen selektiven Vorteil darstellt. Eine Pla-

13 Radiärsymmetrische Tiere (Radiata)

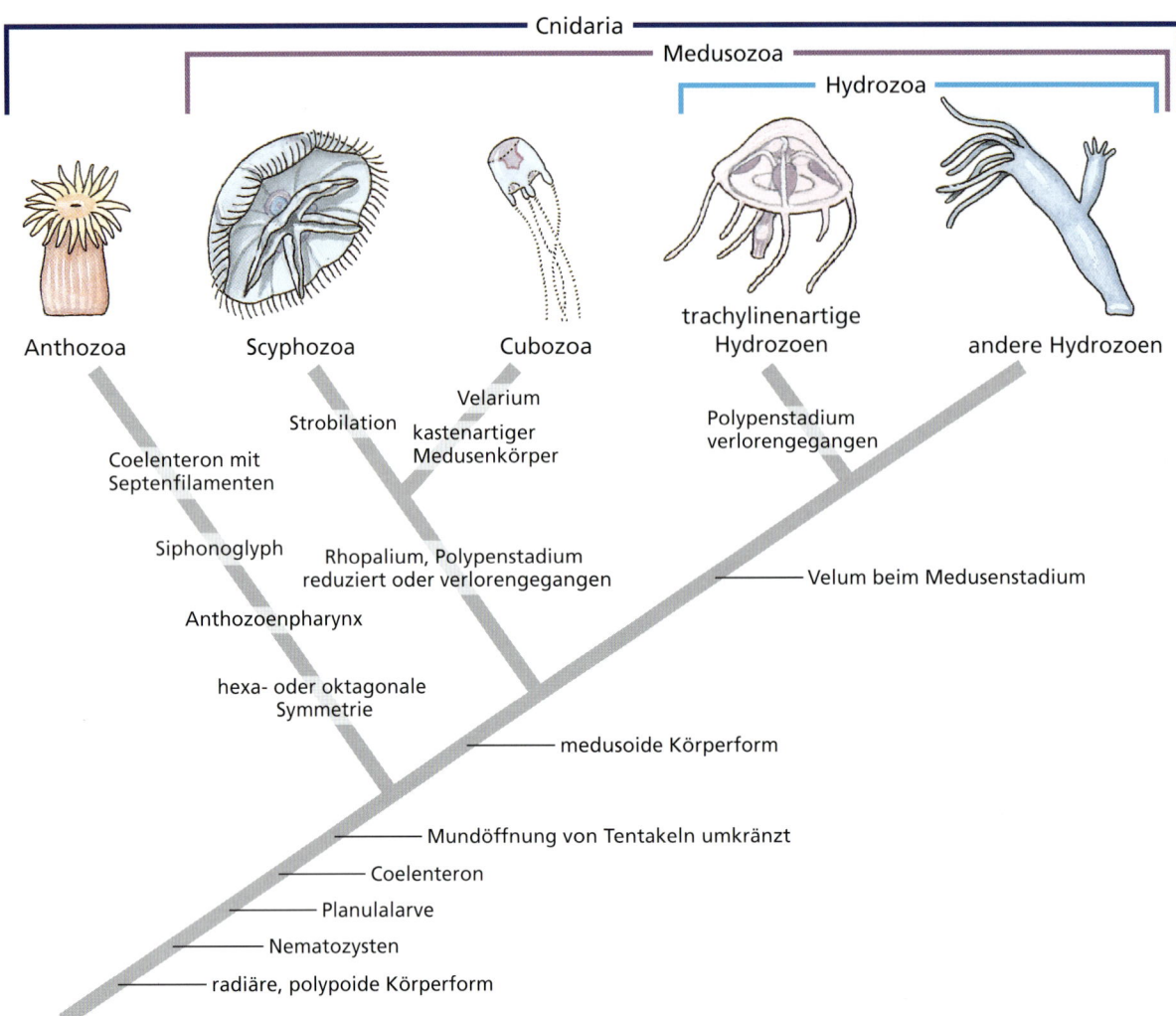

Abbildung 13.39: Kladogramm mit einer Darstellung der hypothetischen Verwandtschaftsbeziehungen der Cnidarierklassen. Einige gemeinsame abgeleitete Merkmale (Synapomorphien) sind angegeben. Die dargestellten Verwandtschaften folgen den von Bridge et al. (1995; Mol. Biol. Evol., vol. 12: 679–689) und Odorico & Miller (1997; Proc. R. Soc. London B, vol. 264: 77–82) vorgelegten Daten. Synapomorphien nach: Brusca & Brusca (1990): Invertebrates. 1. Auflage. Sinauer; ISBN: 0-8789-3098-1).

nulalarve, bei der sich eine Invagination gebildet hätte, aus der der Gastrovaskularraum entstanden wäre, würde in etwa einem Cnidarier mit seinem Ekto- und Entoderm entsprechen.

Eine Zunahme des Komplexitätsgrades der Gruppe der Hox-Gene (siehe Kapitel 8) könnte ein Teil der genetischen Grundlagen für einen solchen evolutiven Übergang gebildet haben. Die Hox-Gene sind innerhalb der Metazoen sehr stark konservativ vererbt worden und steuern bis heute praktisch überall die Expression anderer Gene, welche die Achsenfestlegung und die Morphogenese entlang dieser Hauptachsen bestimmen. Bei den Schwämmen (Porifera; Kapitel 12), die keine eigentliche Körperachse besitzen, scheinen auch die Hox-Gene vollständig zu fehlen. Die Cnidarier weisen eine definierte Körperachse (die oral/aborale Achse) auf und besitzen anteriore wie posteriore Hox-Gene. Ihnen fehlen jedoch die intermediären Hox-Gene (Hox-Gene der Gruppe 3), die bei den Bilateraliern vorhanden sind.

Mögliche Vorboten der für die Nesseltiere so kennzeichnenden Organellen, die Nematozysten, finden sich bei verschiedenen Gruppen von Einzellern, so etwa in Form der Trichozysten und Toxizysten der Ciliaten und den Trichozysten der Dinoflagellaten (Kapitel 11). Tatsächlich besitzen einige Dinoflagellaten Organellen, deren Aufbau den Nesselkapseln der Cnidarier verblüffend ähnlich ist.

Die Verwandtschaftsbeziehungen unter den Klassen der Cnidarier sind bis heute umstritten. Eine faszinierende, aber gänzlich im Reich der Spekulation liegende Frage betrifft den ursprünglichen Lebenszyklus der Nesseltiere: Ging der Polyp der Meduse voraus oder umgekehrt? Von zwei Hypothesen, die Bedeutung erlangt haben, geht die eine davon aus, dass der basale Cnidariertypus ein *Trachylina* ähnlicher Hydrozoe (*Trachylina* ist ein Nesseltier aus der Klasse der Hydrozoa) mit einem Medusastadium gewesen ist; die andere nimmt an, dass der Basalcnidarier ein anthozoischer Polyp ohne Medusenstadium gewesen ist. Dieses offenkundige Patt beweist, dass die Fachleute hilflos sind und sich im Bereich von Ratespielen bewegen.

Falls die Urnesseltiere Lebenszyklen hatten, die denen der *Trachylina*-artigen Hydrozoen ähnlich waren, hätte sich ein Larvenstadium ohne einen dazwischengeschalteten Polypen direkt in eine Meduse weiterentwickelt. Nach dieser Hypothese ist das Polypenstadium zu einem späteren Zeitpunkt in der Evolutionsgeschichte hinzugekommen. Dies erklärt, warum einige Biologen in Polypen ein zweites Larvenstadium sehen. Jüngere, molekulare Befunde deuten jedoch im Augenblick darauf hin, dass innerhalb des Phylums Cnidaria die Anthozoen eine basale Stellung einnehmen (▶ Abbildung 13.39). Die Entwicklung eines Medusenstadiums würde dadurch zu einer Synapomorphie der anderen Klassen, mit einem nachfolgenden Verlust des Polypenstadiums bei den Vorfahren von *Trachylina*. Eine Beobachtung, die gut mit dieser Hypothese in Einklang zu bringen ist, ist das Auftreten linearer im Gegensatz zu zirkulären mitochondrialen Genomen bei den Medusen (ein starkes Indiz für einen gemeinsamen Ursprung); die Anthozoen und alle übrigen Metazoen besitzen Mitochondrien mit zirkulär-geschlossenen Mitochondriengenomen. Da dieser Zustand auch regelmäßig bei Pflanzen, Pilzen und Protisten aller Art angetroffen wird, gilt er als der ursprüngliche Zustand.

In der Vergangenheit war angenommen worden, dass die Rippenquallen (Ctenophora) sich aus medusoiden Cnidariern entwickelt hätten, doch ist diese Ansicht in Zweifel gezogen worden. Die Ähnlichkeiten dieser Gruppierungen untereinander sind zumeist allgemeiner Natur und scheinen nicht auf ein enges verwandtschaftliches Verhältnis hinzudeuten. Einige molekulare Befunde legen den Schluss nahe, dass die Ctenophoren sich nach den Schwämmen (Porifera), aber vor den Nesseltieren (Cnidaria) vom Rest der Metazoen abgezweigt haben. Die Ctenophoren zeigen ein stärker abgeleitetes und stereotypisiertes Furchungsverhalten als die Cnidarier. Andere Analysen scheinen eher auf einen gemeinsamen nächstverwandten Ahnen für die Rippenquallen und die Nesseltiere hinzuweisen, die zusammen ein Schwestertaxon (Radiata) zu den bilateralsymmetrischen Metazoen bilden würden.

13.3.2 Adaptive Radiation

Keiner der in diesem Kapitel behandelten Tierstämme hat sich im Verlauf seiner Evolution strukturell weit von seinem Grundbauplan entfernt. Bei den Cnidariern sind sowohl der Polyp wie die Meduse nach demselben Schema konstruiert. In gleicher Weise haben die Ctenophoren die Anordnung ihrer „Rippen" und die biradiäre Symmetrie beibehalten.

Nichtsdestotrotz haben es gerade die Cnidarier zu einer großen Arten- und Individuenzahl gebracht und dabei ein überraschendes Maß an Diversität entwickelt (besonders, wenn man die Einfachheit des zugrunde liegenden Bauplanes in Betracht zieht). Sie sind effiziente Räuber, und viele ernähren sich von Beutetieren, die im Verhältnis zu ihnen selbst ziemlich groß sind. Einige sind an eine Ernährung mit kleinen Partikeln angepasst. Der koloniale Lebensstil ist gut entwickelt und oft zu finden. Einige koloniale Korallen erreichen eine beachtliche Größe; andere, wie die Siphonophoren, zeigen einen staunenswerten Polymorphismus mit einer Spezialisierung von Individuen innerhalb einer Kolonie.

ZUSAMMENFASSUNG

Die Stämme der Nesseltiere (Cnidaria) und der Rippenquallen (Ctenophora) lassen eine primäre Radiärsymmetrie erkennen; die Radiärsymmetrie ist ein Vorteil für sessile oder frei umhertreibende Organismen, weil die Umweltreize aus allen Richtungen mit gleicher Häufigkeit oder Wahrscheinlichkeit kommen, und die Ortsveränderung fehlt oder ungerichtet erfolgt. Die Cnidarier sind erstaunlich effiziente Raubtiere, weil sie mit ihren Nesselkapseln (Nematozysten) über wirkungsvolle Stech- und Giftapparate verfügen. Beide Stämme sind im Wesentlichen diblastisch (einige triblastisch – diese Zuordnung ist abhängig von der verwendeten Definition des Mesoderms). Die Körperhülle besteht aus einer Epidermis und einer Gastrodermis, die durch eine dazwischenliegende Mesogloea voneinander getrennt sind. Der Raum zur Nahrungsaufnahme und Gastaustausch (Gastrovaskularraum) besitzt eine Mundöffnung, aber keinen Anus. Die Cnidarier haben die Organisationshöhe des Gewebes erreicht. Sie kennen zwei grundlegende Körperformen (Meduse und Polyp), und bei vielen Hydro- und Scyphozoen beinhaltet der Generationswechsel einerseits einen sich ungeschlechtlich vermehrenden Polypen und auf der anderen Seite eine sich geschlechtlich fortpflanzende Meduse.

Das einzigartige Organell der Gruppe, die Cnidie (= Nesselapparat), wird von einem Cnidoblasten hervorgebracht, die sich zu einer Cnidocyte weiterentwickelt und in einer Kapsel aufrollt. Wenn sie abgeschossen werden, dringen als Nematozysten bezeichnete Cnidien in die Beute ein und injizieren dabei Gift. Die Entladung wird durch eine Veränderung der Permeabilität der Nesselkapsel und eine Erhöhung des hydrostatischen Drucks im Inneren der Kapsel herbeigeführt, der auf den hohen osmotischen Druck in diesem Gebilde zurückzuführen ist.

Die meisten Hydrozoen sind kolonial und marin. In Laborkursen werden aufgrund der leichteren Verfügbarkeit jedoch häufig Süßwasserhydren untersucht. Diese besitzen die typische Polypenform, sind jedoch nicht kolonial und zeigen auch kein Medusenstadium. Die meisten Meereshydrozoen besitzen die Form einer sich verzweigenden Kolonie aus vielen Polypen (Hydranthen). Die Medusen der Hydrozoen können freischwimmend sein oder mit ihrer Kolonie verwachsen bleiben.

Die Scyphozoen sind typische Quallen, bei denen die Meduse die dominierende Körperform ist, und viele zeigen nur ein unauffälliges Polypenstadium. Die Cubozoen (Würfelquallen) sind vorherrschend medusoid. Zu dieser Gruppe gehören die gefährlichen Seewespen.

Die Anthozoen (Blumentiere) sind ausnahmslos marin und polypoid; ein Medusenstadium fehlt. Die wichtigsten Unterklassen sind die Hexakorallier (mit einer hexagonalen oder polygonalen Symmetrie) und die Oktokorallier (mit einer oktogonalen Symmetrie). Die größten Hexakorallierordnungen sind die Seeanemonen, die solitär sind und kein Skelett besitzen, sowie die Steinkorallen, die zumeist kolonial sind und ein kalkiges Exoskelett abscheiden. Steinkorallen sind ein wichtiger Bestandteil von Korallenriffen, die Habitate von großer Schönheit, Produktivität und ökologischer wie ökonomischer Bedeutung darstellen. Zu den Oktokorallien gehören die Weich- und die Hornkorallen, von denen viele bedeutende und schöne Bausteine von Korallenriffen sind.

Die Ctenophoren (Rippenquallen) sind biradiär und schwimmen mit Hilfe von acht Reihen von Cilienapparaten, die als „Rippen" bezeichnet werden. Colloblasten, mit deren Hilfe diese Quallen ihre Beute fangen, sind kennzeichnend für dieses Phylum.

Die Cnidarier und die Ctenophoren leiten sich wahrscheinlich von einem Vorfahren her, der Ähnlichkeit mit der Planulalarve der Cnidarier hatte. Ungeachtet ihrer vergleichsweise simplen Organisationshöhe sind die Nesseltiere (Phylum Cnidaria) eine ökonomisch und biologisch bedeutsame Tiergruppe.

ZUSAMMENFASSUNG

Übungsaufgaben

1. Erläutern Sie die selektiven Vorteile der Radiärsymmetrie für sessile und frei dahintreibende Tiere.
2. Welche Merkmale des Phylums Cnidaria sind am wichtigsten für die Abgrenzung des Stammes von anderen Tierstämmen?
3. Nennen Sie die taxonomischen Klassen des Phylums Cnidarier und grenzen Sie sie gegeneinander ab.
4. Grenzen Sie die Polypen- und die Medusenform voneinander ab.
5. Erläutern Sie den Mechanismus der Nematozystenentladung. Wie kann ein hydrostatischer Druck von über hundert bar im Inneren der Nematozyste aufrechterhalten werden, bis sie einen Reiz zur Explosion erhält?
6. Welches ungewöhnliche Merkmal kennzeichnet das Nervensystem der Nesseltiere?
7. Erstellen Sie eine Schemazeichnung einer Hydra und benennen Sie die Körperteile.
8. Benennen Sie die wesentlichen Zelltypen in der Epidermis und der Gastrodermis von Hydren und geben Sie die Funktionen der Zelltypen an.
9. Was stimuliert das Fressverhalten bei Hydren?
10. Geben Sie Definitionen für folgende Begriffe in Bezug auf Hydroiden: Hydrorhiza, Hydrocaulus, Coenosarkium, Perisarkium, Hydranth, Gonangium, Manubrium, Statozyste, Ocellus.
11. Geben Sie jeweils ein Beispiel für ein hochpolymorphes, ein flotierendes und ein koloniales Hydrozoon.
12. Grenzen Sie die folgenden Bildungen voneinander ab: Statozyste und Rhopalium; Scyphomedusen und Hydromedusen; Scyphistom, Strobila und Ephyren; Velum, Velarium und Pedalium; Hexacorallia und Octocorallia.
13. Geben Sie Definitionen für folgende Begriffe in Bezug auf Seeanemonen: Siphonoglyph; Primärsepten oder Mesenterien; unvollständige Septen; Septalfilamente; Acontiafäden; Pedallazeration.

14 Beschreiben Sie drei spezifische Wechselwirkungen von Anemonen mit Nichtbeuteorganismen.

15 Stellen Sie die Skelette der Hexakorallier und der alcynorianischen Korallen einander gegenüber.

16 Korallenriffe sind im Allgemeinen in ihrer geografischen Ausdehnung auf flache Meeresgebiete beschränkt. Wie erklären Sie diesen Umstand?

17 Welche Typen von Organismen sind für die Ablagerung von Calziumkarbonat an Korallenriffen am bedeutsamsten?

18 Auf welche Weise tragen Zooxanthellen zum Wohlergehen hermatypischer Korallen bei?

19 Grenzen Sie folgende Begriffe gegeneinander ab: Saumriffe, Hindernisriffe, Atolle, Fleck- oder Uferriffe.

20 Welche Merkmale der Ctenophoren sind am wichtigsten für die Abgrenzung gegen andere Stämme?

21 Wie schwimmen Ctenophoren, und wie gelangen sie zu ihrer Nahrung?

22 Vergleichen Sie die Cnidarier mit den Ctenophoren. Geben Sie fünf Kriterien an, in denen sie einander ähneln und fünf weitere, durch die sie sich unterscheiden.

23 Wie lautet eine verbreitete Hypothese zum Ursprung der Radiatenstämme?

Weiterführende Literatur

Brusca, R. und G. Brusca (2002): Invertebrates. 2. Auflage. Sinauer; ISBN: 0-87893-097-3. *Ausgezeichnetes, umfassendes Lehrbuch über wirbellose Tiere für das fortgeschrittene Studium.*

Buddemeier, R. und S. Smith (1999): Coral adaptation and acclimatization: a most ingenious paradox. American Zoologist, vol. 39: 1–9. *Der erste einer Reihe von Artikeln in dieser Ausgabe der Zeitschrift, die sich mit den Auswirkungen von Klima- und Temperaturänderungen auf Korallenriffe befasst.*

Crossland, C. et al. (1991): Role of coral reefs in global ocean production. Coral Reefs, vol. 10: 55–64. *Infolge der ausgedehnten Rückführung von Nährstoffen innerhalb von Riffen, fällt die Nettoenergieerzeugung für den Export verhältnismäßig gering aus. Sie spielen jedoch eine wichtige Rolle für die Ausfällung von Kohlenstoff in Form anorganischer Sedimente (Kalk) durch biogene Prozesse.*

Finnerty, J. (2001): Cnidarians Reveal Intermediate Stages in the Evolution of Hox Clusters and Axial Complexity. American Zoologist, vol. 41: 608–620. *Den Schwämmen scheinen die Hox-Gene völlig zu fehlen. Die Cnidarier verfügen über den anterioren und den posterioren Hox-Genverband, doch fehlt ihnen die mittlere (intermediäre) Hox-Gengruppe, die bei allen Bilateraliern vorhanden ist.*

Kenchington, R. und G. Kelleher (1992): Crown-of-thorns starfish management conundrums. Coral Reefs, vol. 1: 53–56. *Der erste Artikel einer ganzen, ausschließlich der Art Acanthaster planci gewidmeten Ausgabe der Zeitschrift. Diese Seesternart lebt räuberisch auf Korallen.*

Lesser, M. (2007): Coral reef bleaching and global climate change: Can corals survive the next century? PNAS, vol. 104: 5259–5260.

Nielsen, C. (2001): Animal Evolution. Interrelationships of the Living Phyla. 2. Auflage. Oxford University Press; ISBN: 0-1985-0682-1. *Standardwerk zur Evolution der Tiere mit Behandlung aller anerkannten Tierstämme.*

Odorico, D. und D. Miller (1997): Internal and external relationships of the Cnidaria: implications of primary and predicted secondary structure of the 5'-end of the 23S-like rDNA. Proceedings of the Royal Society, London, B, vol. 264: 77–82. *Die Ergebnisse der hier vorgestellten Forschungen unterstützen ein Modell, in dem die Scyphozoen und die Cubozoen Schwestergruppierungen sind, und die Anthozoen eine basale Stellung unter den Cnidariern einnehmen. Eine enge Verwandtschaftsbeziehung zwischen den Placozoen und den Cnidariern finden diese Forscher nicht.*

Pennisi, E. (1998): New threat seen from carbon dioxide. Science, vol. 279: 989. *Eine Zunahme des Kohlendioxidanteils in der Atmosphäre führt zu einer leichten Ansäuerung des Meerwassers, was die Kalkabscheidung durch die Korallen erschwert. Falls sich die Kohlendioxidkonzentration der Atmosphäre im Verlauf der kommenden siebzig Jahre verdoppelt, wie angenommen wird, wird Hochrechnungen nach die Riffbildungsrate um 40 Prozent absinken – um 75 Prozent gegenüber heute, falls sich die Kohlendioxidmenge danach abermals verdoppeln sollte.*

Rosenberg, E. und L. Falkovitz (2004): *The Vibrio shiloid/Oculina patagonica* model system of coral bleaching. Annual Reviews in Microbiology, vol. 58: 143–159.

Ruppert, E. et al. (2004): Invertebrate Zoology – A Functional Evolutionary Approach. 7. Auflage. Thomson/Brooks/Cole; ISBN: 0-0302-5982-7. *Ausgezeichnetes, umfassendes Lehrbuch über wirbellose Tiere für das fortgeschrittene Studium.*

Winnepenninckx, B. et al. (1998): Metazoan relationships on the basis of 18S rRNA sequences: a few years later ... American Zoologist, vol. 38: 888–906. *Einige Analysen deuten darauf hin, dass die Schwämme und die Rippenquallen einen Cladus bilden, der sich von ihrem gemeinsamen Vorfahren mit den Cnidariern abgespalten hat, und dass diese Gruppen zusammen eine Schwestergruppierung zu den Eumetazoen bilden.*

Weitere Informationen zu diesem Buchkapitel finden Sie auf der Companion-Website unter http://www.pearson-studium.de

Acoelomate Bilateralia

Phylum Plathelminthes (Plattwürmer), Phylum Nemertea (Schnurwürmer), Phylum Gnathosotomulida (Kiefermünder)

14.1	Phylum Plathelminthes	434
14.2	Phylum Nemertea (Rhynchocoela; der Stamm der Saugwürmer)	453
14.3	Phylum Gnathostomulida	457
14.4	Phylogenie und adaptive Radiation	458
	Zusammenfassung	460
	Übungsaufgaben	460
	Weiterführende Literatur	461

Acoelomate Bilateralia

Bei den meisten Cnidariern und Ctenophoren ist eine Seite des Tieres beim Fang von Beute, die aus einer beliebigen Richtung kommen kann, genauso so wichtig wie die andere. Falls aber ein Tier aktiv nach Nahrung, Unterschlupf, einen Platz zur Ansiedelung oder nach Paarungspartnern sucht, benötigt es andere Strategien und einen neuen Körperbau. Aktive, gerichtete Bewegung ist am effizientesten, wenn der Körper eine gestreckte Form besitzt, mit einem Kopf- (anteriores) und einem Schwanz- (posteriores) Ende. Darüber hinaus ist eine Körperseite (die dorsale) nach oben gerichtet, die andere (die ventrale), die für die Fortbewegung spezialisiert ist, nach unten gerichtet. Das Ergebnis ist ein bilateralsymmetrisches Tier, bei dem der Körper entlang einer Symmetrieebene in zwei Hälften geteilt werden kann, die Spiegelbilder der anderen Hälfte sind. Da es besser ist, zu wissen, wohin man geht als zu wissen, woher man gekommen ist, haben sich darüber hinaus Sinnesorgane und Zentren der nervösen Kontrolle am Vorderende (Kopf) konzentriert. Dieser evolutive Prozess wird Cephalisierung genannt.

Thysanozoon nigropapillosum, ein mariner Strudelwurm (Ordnung Polycladida).

Die drei Acoelomatenstämme, die wir in diesem Kapitel in Augenschein nehmen wollen, sind, abgesehen von der Symmetrie der Körper, hinsichtlich ihrer Organisationshöhe nicht wesentlich komplexer als die Cnidarier und Ctenophoren. Doch hatte diese Änderung der Symmetrieverhältnisse profunde evolutive Konsequenzen, und alle Tierstämme, die wir in den verbleibenden Kapiteln dieses Buchteils behandeln werden, haben die bilaterale Symmetrie gemeinsam.

Die drei Tierstämme, die Gegenstand dieses Kapitels sind, weisen unter den Bilateraliern die einfachste Organisation auf (außer wenn man die Mesozoa (Kapitel 12) als Bilateralia ansieht). Die Gruppe der Bilateralia umfasst den gesamten Rest des Tierreichs. Die drei Stämme dieses Kapitels sind die Plathelminthes (Plattwürmer; gr. *platys*, flach/platt + *helmins*, Wurm), die Nemertea (Schnurwürmer; gr. *Nemertes*, eine der Neréiden – eine Gruppe von Meeresnymphen der antiken griechischen Mythologie; Töchter des *Nereus*), und die Gnathostomulida (Kiefermäuler; gr. *gnathos*, Kiefer (Singular) + *stoma*, Mund + lat. *ulus*, Verkleinerungsform). Sie besitzen als einzige Körperhöhle einen Verdauungsraum (Gastrovaskularraum). Der Bereich zwischen Ektoderm und Entoderm ist mit Mesoderm in Form von Muskelfasern und Mesenchym (Parenchym) angefüllt. Da ein Coelom oder ein Pseudocoelom fehlt, werden sie als **acoelomate Bilateralia** (coelomlose Tiere mit bilateraler Symmetrie) bezeichnet (▶ Abbildung 14.1). Weil sie drei wohldefinierte Keimblätter aufweisen, gehören sie zu den **tri-**

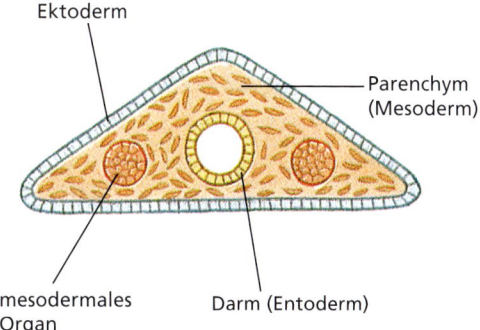

Abbildung 14.1: **Acoelomate Bilaterialia.** Diagramm des Acoelomatenbauplans (Querschnitt).

blastischen Tieren. Die Acoelomaten zeigen eine größere Spezialisierung und Arbeitsteilung ihrer Organe als die Cnidarier und die Ctenophoren. Daher sagt man, dass die Acoelomaten das Niveau der organischen Organisation (Niveau der Organausbildung) erreicht haben.

Diese Stämme gehören dem Superphylum Lophotrochozoa der Protostomier an und zeigen im Regelfall

---

STELLUNG IM TIERREICH

■ **Acoelomate Bilateralia**

1. Plathelminthen (Plattwürmer), Nemertea (Schnurwürmer) und Gnathostomulida (Kiefermäuler) sind die am einfachsten gebauten Tiere mit einer **primären Bilateralsymmetrie** des Körpers.
2. Diese Stämme besitzen nur eine Körperhöhle – einen Verdauungsraum. Der Bereich zwischen Ekto- und Entoderm ist mit Mesoderm in Form von Muskelfasern und Mesenchym (Parenchym) angefüllt. Da ein Coelom oder Pseudocoelom fehlt, werden sie als **Acoelomaten** bezeichnet. Da sie drei wohldefinierte Keimblätter aufweisen, werden sie als **triblastisch** bezeichnet.
3. Die Acoelomaten zeigen einen höheren Grad der Spezialisierung und Arbeitsteilung ihrer Organe als die Cnidarier und Ctenophoren. Man sagt daher, dass die Acoelomaten das **Organniveau** der körperlichen Organisation erreicht haben.
4. Sie gehören der Protostomierabteilung der Bilateralia an und weisen Spiralfurchung auf. Mindestens die Plathelminthen und die Nemertini zeigen Mosaikfurchung (determinierte Furchung).
5. Alle sind Angehörige des Superphylums Lophotrochozoa.

Biologische Merkmale

1. Die Acoelomaten haben den grundlegenden **bilateralen Bauplan** hervorgebracht, der im Tierreich weit verbreitet ist.
2. Das **Mesoderm** hat sich zu einem wohldefinierten embryonalen Keimblatt (drittes Keimblatt) evolviert. Dies eröffnet eine große Quelle für Gewebe, Organe und Organsysteme.
3. Zusammen mit der Bilateralsymmetrie wurde die **Cephalisierung** eingeführt. Ein gewisser Grad an Zentralisierung des Nervensystems ist im **Strickleiternervensystem** (**metameres Nervensystem**) der Plattwürmer offenkundig.
4. Zusammen mit der subepidermalen Muskulatur tritt ein mesenchymales Muskelfasersystem in Erscheinung.
5. Sie sind die am einfachsten gebauten Tiere mit einem **Ausscheidungssystem** (exkretorisches System).
6. Die Nemertea sind die einfachsten Tiere mit einem Blut enthaltenden **Kreislaufsystem** und einem **Einwegverdauungskanal**. Obgleich von Zoologen nicht bewiesen, ist das Rhynchocoel der Schnurwürmer technisch gesehen ein echtes Coelom, da es aber nur ein Teil des Proboscis-Mechanismus darstellt, ist es wahrscheinlich dem Coelom der Eucoelomaten nicht homolog.
7. Einzigartige und spezialisierte Bildungen finden sich in allen drei Stämmen. Die parasitische Lebensweise vieler Plattwürmer hat zu vielen Adaptationen hohen Spezialisierungsgrades gehört, wie zum Beispiel Haftorganen.

Spiralfurchung. Sie weisen ein gewisses Maß an Zentralisierung des Nervensystems mit einer anterioren Konzentration von Nerven und einer leiterartigen Anordnung von Rumpfteilen und Konnektiven entlang des Körpers auf. Sie besitzen ein exkretorisches (oder osmoregulatorisches) System, und die Nemertini besitzen außerdem ein Kreislaufsystem und ein Einwegverdauungssystem mit einem Mund und einem Anus.

Phylum Plathelminthes 14.1

Der Begriff „Wurm" wird wenig streng auf langgestreckte bilaterale Invertebraten ohne Körperanhänge angewendet. Er besitzt also keinen taxonomischen Rang. Zoologen früherer Jahrhunderte haben einst die Würmer (Vermes) als eigenständige Gruppe geführt. Diese Gruppe umfasste einen höchst diversifizierten Formenkreis. Diese unnatürliche Menagerie wurde jedoch neu klassifiziert und dabei in eine Reihe getrennter Stämme (Phylae) untergliedert. Das Konzept des „Wurms" findet sich jedoch bis heute in den (deutschen) Trivialnamen dieser taxonomisch definierten Stämme, zum Beispiel Plattwürmer, Schnurwürmer, Ringelwürmer, Borstenwürmer usw.

Da es kein kennzeichnendes singuläres Merkmal (keine Synapomorphie) für den Stamm als Ganzes gibt, sprechen einige Fachleute dem Phylum Plathelminthes den Status einer validen monophyletischen Gruppe ab. Darüber hinaus sind die Evolutionsgeschichte und die verwandtschaftlichen Beziehungen unter den Plattwürmern Gegenstand hitziger Debatten, und einige Experten vertreten die Hypothese, dass die Gruppe mit größter Wahrscheinlichkeit von einem kleinen Vorfahren abstammt, der einer Planulalarve ähnlich gewesen sein soll. Andere vertreten die Ansicht, dass die Plattwürmer von einer größeren Vorform mit Coelom (einem Coelomaten) abstammen. Die Validität dieses Phylums umgibt eine beträchtliche Kontroverse (besonders hinsichtlich der Einbeziehung der Acoela in die Plathelminthen). Gleiches gilt für die Frage nach der Monophylie einiger traditioneller Klassen innerhalb des Stammes (besonders die Stellung der Turbellaria ist strittig). Wir folgen an dieser Stelle der traditionellen Klassifizierung dieser Gruppe, da die Beilegung der andauernden Debatte noch aussteht und die Begrifflichkeiten, die wir verwenden wollen, in der zoologischen Literatur allgemein ver-

MERKMALE

■ Phylum Plathelminthes

1. Drei Keimblätter (**triblastische Organisation**).
2. **Bilateralsymmetrie**; festgefügte Polarität des Körpers mit anteriorem und posteriorem Ende.
3. **Körper dorsoventral abgeflacht**; Mund- und Genitalöffnungen zumeist an der Ventralseite.
4. Die Epidermis kann zellulär oder als Syncytium organisiert sein (bei einigen Arten cilientragend); **Rhabditen** in der Epidermis der meisten Turbellarien; bei den Monogenea, Trematoda, Cestoda und einigen Turbellaria ist die Epidermis ein syncytiales **Tegument**.
5. Das Muskelsystem ist mesodermalen Ursprungs. Lagen zirkulärer, longitudinaler und manchmal schräg verlaufender Fasern unterhalb der Epidermis.
6. Keine Körperhöhlen außer der Verdauungsröhre (acoelomate Organisation); Räume zwischen den Organen mit Parenchym angefüllt.
7. Unvollständiges Verdauungssystem (gastrovaskulärer Typ); bei einigen fehlend.
8. Das Nervensystem besteht aus einem **Paar anteriorer Ganglien** mit **longitudinalen Nervensträngen**, die durch transversal verlaufende Nerven miteinander verbunden sind. Bei den meisten Formen im Mesenchym angesiedelt; bei primitiven Formen dem der Cnidarier ähnelnd.
9. Einfache Sinnesorgane; bei einigen Formen Augenflecke.
10. Exkretorisches System in Form zweier Lateralkanäle mit Verzweigungen, die **Flammenzellen** (**Protonephridien**) tragen. Bei einigen Formen fehlend.
11. Atmungs- und Kreislaufsysteme sowie Skelette fehlen; Lymphkanäle mit freien Zellen bei einigen Trematoden.
12. Die meisten Formen sind monözisch; Fortpflanzungssystem komplex, für gewöhnlich mit gut ausgebildeten Gonaden, Gängen und akzessorischen Organen; intrakorporale Befruchtung; direkte Entwicklung in freischwimmende Formen und solche mit einfachen Wirten. Bei vielen endoparasitären komplizierte Vermehrungszyklus mit mehrfachem Wirtswechsel.
13. Strudelwürmer (Turbellarien) unter den Plattwürmern meist freilebend; die Klassen Monogenea, Trematoda und Cestoda sind ausnahmslos parasitisch.

breitet sind. Wie auch immer, die Anwesenheit eines zellulären, mesodermalen **Parenchyms** bei den Plathelminthen hat die Grundlage für eine komplexere Organisationsstufe gelegt, als die, die wir in Kapitel 13 kennen gelernt haben. Ein Parenchym ist eine Form von „Füllgewebe", das mehr Zellen und Fasern enthält als die Mesogloea der Cnidarier. Zumindest bei einigen Plathelminthen setzt sich das Parenchym aus nichtkontraktilen Zellkörpern von Muskelzellen zusammen. Die Zellkörper enthalten die Zellkerne und andere Organellen und sind mit verlängerten, kontraktilen Teilen verbunden, in etwa so, wie die Epitheliomuskularzellen der Cnidarier (siehe Abbildung 13.4).

Die Länge der Plattwürmer reicht von einem Millimeter oder weniger bis zu mehreren Metern im Fall einiger Bandwürmer. Die meisten Arten finden sich im Größenbereich zwischen 1 und 3 cm. Ihre abgeflachten Körper können schlank, im weiteren Sinn blattförmig oder lang und schnurartig sein.

Unter den Plattwürmern finden sich sowohl freilebende wie parasitische Formen, doch finden sich freilebende Vertreter ausschließlich in der Klasse Turbellaria (Strudelwürmer; die heute von den meisten Fachleuten als artifizielle Gruppierung angesehen werden, da sie keine monophyletische Klasse bilden). Einige wenige Turbellarien sind Symbionten oder Parasiten, doch ist die Mehrzahl an ein Leben als Bodenbewohner des Meeres, des Süßwassers oder feuchter Plätze an Land angepasst. Viele, insbesondere die größeren Arten, findet man an der Unterseite von Steinen und anderen Hartgebilden in fließenden Süßgewässern, außerdem in oder unterhalb der Gezeitenzone der Ozeane (Kapitel 37).

Die meisten Turbellarienarten leben im Meer, doch gibt es auch zahlreiche Süßwasserarten. Die Planarien

Exkurs

Viele Tiere, die in diesem sowie in den Kapiteln 11, 15, 18, 19 und 20 behandelt werden, sind Parasiten. Der Mensch und seine Haustiere haben über die Jahrhunderte stark unter solchen Parasiten zu leiden gehabt. Eine Koalition aus Flöhen und Bakterien hat im 17. Jahrhundert ein Drittel der Bevölkerung Europas dahingerafft. Malaria, Infektionen mit Pärchenegeln (Schistosomen) und Schlafkrankheit haben ungezählte Millionen als Opfer gefordert. Selbst heute – nach mehr oder wenig erfolgreichen Feldzügen gegen Gelbfieber, Malaria und Hakenwurmbefall in vielen Teilen der Welt – gehören parasitäre Erkrankungen in Verbindung mit Mangelernährung zu den erstrangigen Todesursachen beim Menschen. Bürgerkriege und vom Menschen herbeigeführte Umweltveränderungen haben zu Erstarken der Malaria, der Trypanosomenkrankheiten und der Leishmaniose geführt. Die globale Häufigkeit des Befalls mit Darmnematoden (Fadenwürmern) hat sich über die letzten 50 Jahre kaum verändert.

(▶ Abbildung 14.2) und einige andere suchen Fließ- und Quellgewässer auf; andere bevorzugen Gebirgsbäche. Einige Arten finden sich in verhältnismäßig warmen Quellen. Terrestrische Turbellarien finden sich an recht feuchten Stellen unter Steinen und umgestürzten Bäumen. Im Gebiet der USA existieren etwa ein halbes Dutzend Arten landlebender Turbellarien.

Alle Angehörigen der Klassen Monogenea, Trematoda (Saugwürmer) und Cestoda (Bandwürmer) leben parasitisch. Die meisten Monogeneen sind Ektoparasiten, aber alle Trematoden und Cestoden sind Endoparasiten. Viele Arten zeigen einen indirekten Vermehrungszyklus mit mehr als einem Wirt. Der erste Wirt ist oft ein Invertebrat, der finale Wirt ist für gewöhnlich ein Wirbeltier. Der Mensch ist Wirt einer Reihe von Arten. Bestimmte Larvenstadien können freilebend sein.

14.1.1 Form und Funktion

Tegument, Muskulatur

Die meisten Turbellarien besitzen eine zelluläre, cilientragende Epidermis. Süßwasserplanarien wie *Dugesia* gehören der Ordnung Tricladida an und werden ausgiebig in einführenden Praktika untersucht. Ihre mit Cilien besetzte Epidermis ruht auf einer Basalmembran. Sie enthält stäbchenförmige **Rhabditen**, die anschwellen und eine schützende Schleimhülle um den Körper erzeugen, wenn sie sich entleeren. Einzellige Schleimdrüsen öffnen sich zur Oberfläche der Epidermis hin (▶ Abbildung 14.3). Die meisten Ordnungen der Turbellarien besitzen **Doppeldrüsenhaftorgane** in der Epi-

Abbildung 14.2: Angefärbte Planarie. Diese Turbellarien gehören zu den Süßwasserarten.

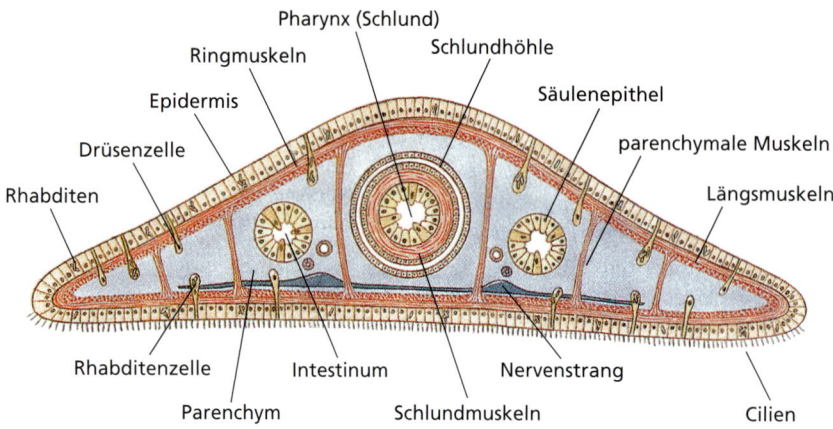

Abbildung 14.3: Querschnitt durch eine Planarie im Pharyngealbereich. Die Beziehungen der Körperstrukturen untereinander werden verdeutlicht.

dermis. Diese Organe bestehen aus drei Zelltypen: Klebdrüsenzellen, sezernierende Drüsenzellen und Ankerzellen (▶ Abbildung 14.4). Ausscheidungen der Klebdrüsenzellen befestigen die Mikrovilli der Ankerzellen am Substrat, und Ausscheidungen der sezernierenden Drüsenzellen steuern einen rasch wirkenden, chemischen Ablösemechanismus bei.

In der Körperwand von Plattwürmern findet sich unterhalb der Basalmembran eine Schicht von Muskelfasern, die zirkulär (den Körperquerschnitt umlaufend), longitudinal (in Richtung der Körperlängsachse) und diagonal verlaufen. Ein Maschenwerk aus Parenchymzellen, das sich aus dem Mesoderm entwickelt, füllt die Räume zwischen den Muskeln und den Viszeralorganen aus. Die Parenchymzellen einiger, vielleicht aller, Plattwürmer sind kein gesonderter Zelltyp, sondern die nichtkontraktilen Anteile von Muskelzellen.

Einige wenige Tubellarien besitzen eine syncytial organisierte Epidermis (ein vielkerniger Gewebezustand, bei dem die Zellkerne nicht durch abgrenzende Zellmembranen voneinander getrennt sind).

Alle Mitglieder der Gruppen Tremadoda, Monogenea und Cestoda leben parasitisch, und ihre Körperbedeckung im Adultstadium ist unter den Tieren ungewöhnlich. Darüber hinaus fehlen ihnen Cilien. Statt als „Epidermis" wird ihre Körperbedeckung mit dem allgemeineren Begriff **Tegument** bezeichnet (▶ Abbildung 14.5). Dieses Unterscheidungsmerkmal des Teguments ist die Grundlage für die Zusammenfassung der Trematoden, Monogeneen und Cestoden in einem Taxon namens **Neodermata** („Neuhäuter"; Abbildung 14.28). Es handelt sich um einen besonderen Epidermisaufbau und

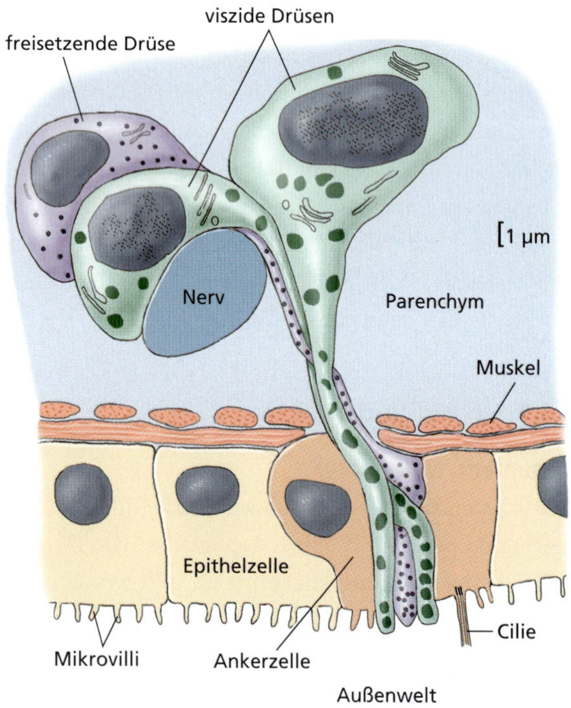

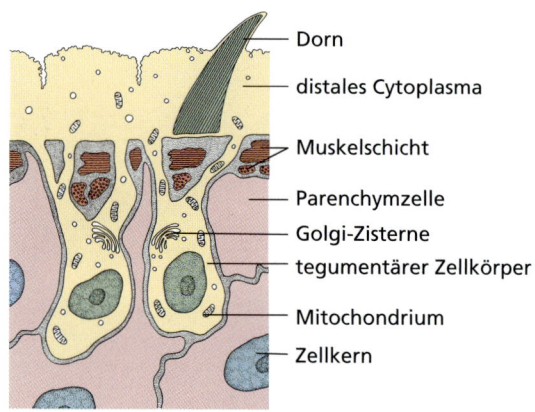

Abbildung 14.4: Rekonstruktion des Doppeldrüsenhaftorgans des Strudelwurms *Haplopharynx* sp. Man sieht zwei Klebdrüsen und eine Sezernierungs-Drüse, die unterhalb der Körperwandung liegen. Die Ankerzelle liegt in der Epidermis, und eine der Klebdrüsen und die Freisetzungsdrüse stehen mit einem Nerven in Verbindung.

Abbildung 14.5: Tegument. Schematische Zeichnung des Tegumentaufbaus des Trematoden *Fasciola hepatica* (Großer Leberegel).

14.1 Phylum Plathelminthes

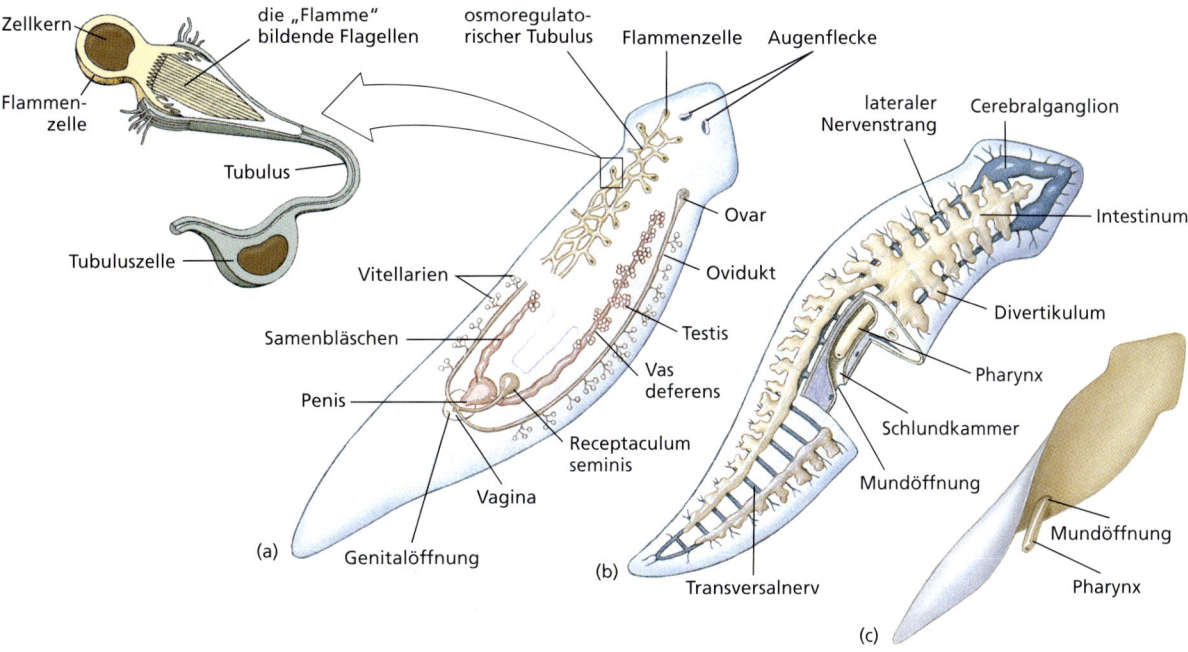

Abbildung 14.6: Bauplan einer Planarie. (a) Fortpflanzungs- und Osmoregulationssystem, teilweise dargestellt. Die Ausschnittvergrößerung links zeigt eine Flammenzelle. (b) Verdauungstrakt und Leiternervensystem. Der Pharynx ist in der Ruhestellung wiedergegeben. (c) Durch den ventral gelegenen Mund herausgestreckter Pharynx.

könnte eine Anpassung an die parasitische Lebensweise darstellen, die bislang noch nicht verstanden ist.

Ernährung und Verdauung

Außer bei den Cestoden (Bandwürmern), die kein Verdauungssystem besitzen, besteht das Verdauungssystem der Plathelminthen aus einem Mund, einem Schlund (Pharynx) und einem Darm (▶ Abbildung 14.6). Bei den Planarien ist der Schlund in eine Pharyngealtasche eingesenkt (Abbildung 14.6); er liegt eben noch im Mundbereich, durch den er sich ausstrecken kann, und öffnet sich nach posterior. Der Darm besitzt drei reich verzweigte Seitenarme, einen anterioren und zwei posteriore. Das Ganze bildet eine **gastrovaskuläre Höhlung**, die mit einem Säulenepithel ausgekleidet ist (Abbildung 14.6). Der Mund der Trematoden und Monogeneen öffnet sich für gewöhnlich am oder nahe des anterioren Körperendes in einen muskulären, nicht ausstreckbaren Pharynx hinein (▶ Abbildungen 14.7 und 14.16). Posterior öffnet sich der Ösophagus in einen blind endenden Darm, der häufig eine Y-förmige Gestalt hat, aber artabhängig auch stark verzweigt oder ganz unverzweigt sein kann.

Planarien sind hauptsächlich carnivor und ernähren sich großteils von kleinen Crustaceen, Nematoden, Rotifera (Rädertierchen) und Insekten. Sie vermögen Beute

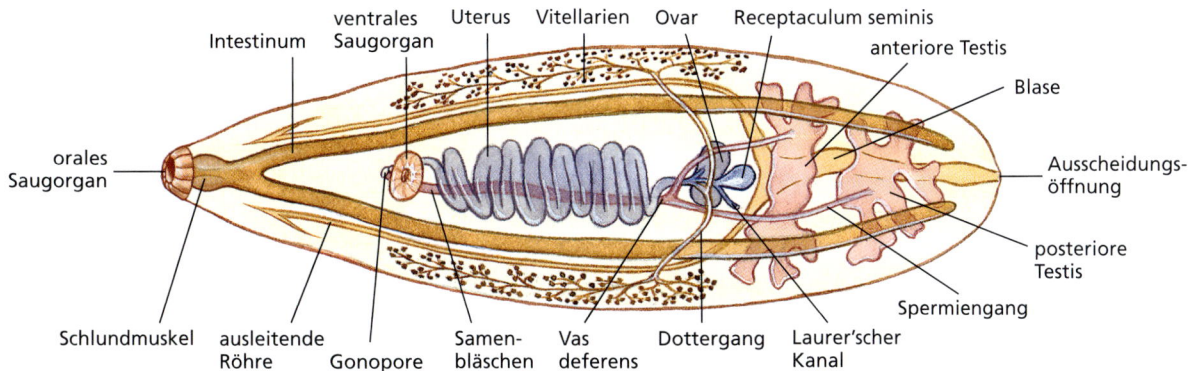

Abbildung 14.7: Bauplan des Chinesischen Leberegels *(Clonorchis sinensis)*. Der Chinesische Leberegel gehört zu den den Menschen befallenden Saugwürmern.

437

über einige Entfernung durch Chemorezeptoren wahrzunehmen. Sie fangen ihre Beute mit Schleimabsonderungen aus ihren Schleimdrüsen und Rhabditen. Eine Planarie ergreift Beutetiere mit ihrem anterioren Ende, wickelt ihren Körper um die Beute, stülpt die Proboscis aus und schlürft die Nahrung in kleinen Portionen ein. Monogeneen und Trematoden grasen auf den Zellen des parasitierten Wirtes und ernähren sich dabei von Zelltrümmern und Körperflüssigkeiten.

In den Ausscheidungen des Darms finden sich proteolytische Enzyme, die eine gewisse **extrazelluläre Verdauung** durchführen. Nahrungsstücke werden in den Darm gesaugt, wo phagocytierende Zellen der Gastrodermis die Verdauung intrazellulär vervollständigen. Unverdaute Nahrungsreste werden durch den Pharynx ausgestoßen. Da die Cestoden kein Verdauungssystem besitzen, sind sie von der Verdauung ihres Wirtes abhängig. Die Absorption von Nährstoffen ist auf niedermolekulare Stoffe aus dem Verdauungstrakt des Wirtes beschränkt.

Ausscheidung und Osmoregulation

Außer bei einigen Turbellarien besteht das osmoregulatorische System der Plattwürmer aus **Protonephridien** (exkretorische oder osmoregulatorische Organe, die am inneren Ende verschlossen sind) mit **Flammenzellen** (Abbildung 14.6). Eine Flammenzelle besitzt eine becherförmige Gestalt mit einem Flagellenschopf, der sich von der Innenseite des Bechers aus erstreckt. Bei einigen Turbellarien und allen Neodermata bilden die Protonephridien einen Reusenapparat. Der Becherrand ist zu fingerähnlichen Ausstülpungen verlängert, die sich zwischen ähnlichen Ausstülpungen einer Tubuluszelle erstrecken. Das von der Tubuluszelle eingeschlossene Lumen setzt sich in Sammelgängen fort, die sich schließlich in Poren nach außen hin öffnen. Schlagende Flagellen (die einer flackernden Flamme ähneln) treiben die Flüssigkeit die Sammelgänge entlang und erzeugen so einen Unterdruck in den feingliedrigen, verflochtenen Ausstülpungen des Reusenapparates. Die Wandung des Ganges jenseits der Flammenzelle trägt gemeinhin Fältelungen oder Mikrovilli, deren Aufgabe wahrscheinlich die Resorption bestimmter Ionen oder Moleküle ist. Obwohl eine kleine Menge Ammoniak über die Protonephridien ausgeschieden wird, werden die meisten Stoffwechselendprodukte scheinbar größtenteils durch Diffusion über die Körperoberfläche abgegeben.

Bei den Planarien laufen die Sammelgänge zusammen und vereinigen sich zu einem Netzwerk zu beiden Seiten des Tieres (Abbildung 14.6), das sich durch viele Nephridioporen entleeren kann. Dieses System ist hauptsächlich osmoregulatorischer Natur, da es bei Meeresturbellarien, die kein überschüssiges Wasser ausscheiden müssen, zurückgebildet ist oder fehlt. Die Monogeneen besitzen im Allgemeinen zwei exkretorische Poren, die sich lateral, in der Nähe des anterioren Pols öffnen. Die Sammelgänge der Trematoden entleeren sich in eine exkretorische Blase, die sich durch eine Terminalpore nach exterior öffnet (Abbildung 14.7). Bei den Cestoden finden sich zwei Hauptexkretionskanäle zu beiden Seiten, die sich über die gesamte Länge des Wurms erstrecken (Abbildung 14.20). Sie laufen im letzten Körpersegment (Proglottis; siehe weiter unten: „Classis Cestoda") unter Bildung einer exkretorischen Blase zusammen, die sich zu einer Terminalpore öffnet. Wenn die terminale Proglottis abgestoßen wird, öffnen sich die beiden Kanäle getrennt voneinander.

Nervensystem

Das primitivste Nervensystem unter den Plattwürmern findet sich bei einigen Turbellarien. Dabei handelt es sich um einen **subepidermalen Nervenplexus**, der dem Nervennetz der Cnidarier ähnelt. Andere Plattwürmer besitzen zusätzlich zum Nervenplexus ein bis fünf Paare **longitudinaler Nervenstränge**, die unter der Muskelschicht liegen. Süßwasserplanarien weisen ein Ventralpaar auf (Abbildung 14.6b). Verbindungsnerven bilden ein strickleiterartiges Muster aus. Das Gehirn ist eine zweilappige Masse aus Ganglienzellen, die anteriorwärts aus dem ventralen Nervenstrang auswachsen. Mit Ausnahme der acoelen Plattwürmer (die sich möglicherweise als gar nicht zum Phylum Plathelminthes gehörig erweisen könnten), die ein diffuses System besitzen, sind die Neuronen in sensorische, motorische und assoziative untergliedert – eine wichtige Errungenschaft in der Evolution der Nervensysteme.

Sinnesorgane

Die aktive Fortbewegung bei den Plattwürmern hat nicht nur die Cephalisierung des Nervensystems begünstigt, sondern auch die weitere Evolution von Sinnenorganen. **Ocelli** – lichtempfindliche Augenflecke – sind bei den Turbellarien (Abbildung 14.6a), Monogeneen und den Larvenstadien der Trematoden verbreitet.

Taktile und chemorezeptive Zellen sind in reicher Zahl über den Körper verstreut. Bei den Planarien bilden sie definierte Organe auf den Aurikeln (den ohrartigen Lappen an den Seiten des Kopfes). Einige Arten verfügen außerdem über Statocysten als Gleichgewichtsorgane und über Rheorezeptoren zur Wahrnehmung der Strömungsrichtung des Wassers. Sensorische Nervenenden finden sich in großer Zahl um den Saugmund der Trematoden und das Halteorgan (Scolex; siehe weiter unten) der Cestoden, sowie um die Genitalporen beider Gruppen verteilt.

Fortpflanzung und Regeneration

Viele Strudelwürmer vermehren sich sowohl ungeschlechtlich (durch Teilung) als auch geschlechtlich. Bei der ungeschlechtlichen Fortpflanzung schnüren sich Süßwasserplanarien hinter dem Pharynx ein und trennen sich in zwei Tiere. Ein jedes davon regeneriert die fehlenden Körperteile – eine Maßnahme zur raschen Vermehrung der Individuenzahl in einer Population. Experimentelle Befunde deuten darauf hin, dass eine verminderte Populationsdichte zu einem Ansteigen der Teilungsrate führt. Bei einigen sich teilenden Formen können die Individuen zeitweilig miteinander verbunden bleiben; dabei bilden sich Ketten aus Zooiden aus (▶ Abbildung 14.8).

Trematoden durchlaufen in ihren Zwischenwirten (Schnecken) eine ungeschlechtliche Vermehrung. Einzelheiten ihres erstaunlichen Vermehrungszyklus sind in Abbildung 14.12 dargestellt. Einige juvenile Cestoden zeigen ebenfalls ungeschlechtliche Vermehrung. Dabei knospen Hunderte, in manchen Fällen Millionen von Nachkommen vom Elterntier ab (Abbildungen 14.19 und 14.20).

Praktisch alle Plattwürmer sind Zwitter (Hermaphroditen), doch praktizieren sie die Überkreuzbefruchtung. Bei einigen Turbellarien ist der Dotter für die Ernährung des sich entwickelnden Embryos in der Eizelle selbst enthalten (endolecithale Eier), und die Embryogenese verläuft nach dem Muster der determinierten Spiralfurchung, die typisch für Protostomier ist (Abbildung 10.13). Der Besitz endolecithaler Eier wird bei den Plattwürmern als ursprünglich angesehen. Den Trematoden, Monogeneen, Cestoden und vielen Gruppen der Turbellarien ist ein abgeleiteter Zustand gemein, bei dem die weiblichen Gameten wenig oder keinen Dotter enthalten. Der Dotter wird hier von Zellen beigesteuert, die von getrennten Organen, den **Vitellarien**, freigesetzt werden. Die Dotterzellen werden einem Verzweigungspunkt zugeleitet, an dem der Eileiter (**Ovidukt**) und die Dottergänge zusammentreffen (Abbildungen 14.6 und 14.7). Im Regelfall ist die Zygote in der Eischale von einer Reihe von Dotterzellen umgeben; die Entwicklung ist also **ektolecithal**. Die Furchung ist derart beeinflusst, dass eine Spiralfurchung nicht erkennbar ist. Der gesamte Verband, bestehend aus Dotterzellen und Zygote und umgeben von der Eihülle, wandert in den **Uterus** und wird schließlich durch eine gemeinsame Genitalpore oder eine gesonderte Uteruspore entlassen (Abbildung 14.7).

Die männlichen Fortpflanzungsorgane umfassen ein, zwei oder mehr Hoden (**Testes**), die an **Vasa efferentia** (ableitende Gänge) angeschlossen sind und sich zu einem gemeinsamen **Vas deferens** vereinigen. Der Vas deferens führt gemeinhin in ein **Samenbläschen** und von dort aus zu einem papillenartigen **Penis** oder ein ausstülpbares Organ, das **Cirrus** genannt wird.

Während der Brutsaison entwickeln Strudelwürmer sowohl männliche wie weibliche Organe, die sich im Regelfall über eine gemeinsame Genitalpore öffnen (Abbildung 14.6a). Nach einer Kopulation werden ein oder mehrere befruchtete Eier und einige Dotterzellen in einen kleinen Kokon eingeschlossen. Die Kokons werden über kleine Stiele an die Unterseite von Steinen oder Pflanzen geheftet. Die Embryonen schlüpfen als Juvenile, die reifen Adulti ähneln. Bei einigen marinen Formen entwickeln sich die Embryonen zu cilienbesetzten, freischwimmenden Larven.

Monogeneen schlüpfen als freischwimmende Larven, die sich an den nächsten Wirt anheften und sich dort zu

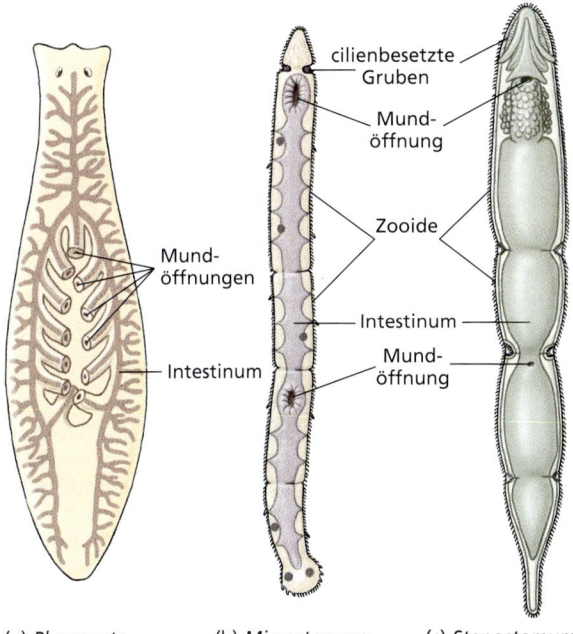

(a) *Phagocata*. (b) *Microstomum*. (c) *Stenostomum*.

Abbildung 14.8: Einige Süßwasserturbellarien. (a) *Phagocata* besitzt zahlreiche Pharyngen. (b) und (c) Unvollständige Teilung führt für eine Weile zu einer Serie miteinander verwachsener Zooide.

Juvenilformen entwickeln. Trematodenlarven schlüpfen als cilienbewehrte Larven aus den Eihüllen und dringen in eine Wirtsschnecke ein oder schlüpfen erst, nachdem sie von einer Schnecke beim Fressen einverleibt worden sind. Die meisten Cestoden schlüpfen erst, nachdem sie von einem Zwischenwirt aufgenommen worden sind. Viele unterschiedliche Tiere kommen als Zwischenwirte infrage. Abhängig von der Art des Bandwurms sind unter Umständen ein oder mehrere weitere, spezifische Zwischenwirte notwendig, um den Vermehrungszyklus zu vollenden.

14.1.2 Classis Turbellaria

Die heute vorliegenden Daten stützen eine monophyletische Verwandtschaftsbeziehung zwischen den Trematoden, Monogeneen und Cestoden. Einige Fachleute haben daher vorgeschlagen, dass diese drei Gruppen zu einem einzelnen Kladus mit Namen **Neodermata** zusammengefasst werden sollten (auf der Grundlage der Synapomorphie der Neodermis; siehe weiter oben). Eine beträchtliche Menge an molekularen und morphologischen Befunden lässt heute erkennen, dass die Turbellarien eine paraphyletische Gruppe sind; die Validität der Turbellarien im taxonomischen Rang einer Klasse ist daher umstritten. Die Turbellarien repräsentieren eine artifizielle Gruppe, doch stellen wir die Strudelwürmer an dieser Stelle weiterhin als Gruppe dar, weil dies in der zoologischen Literatur noch weit verbreitet ist, und – noch wichtiger – weil es zum gegenwärtigen Zeitpunkt noch keine Übereinstimmung hinsichtlich der Frage gibt, wie die Neufassung der Turbellarienklassifikation aussehen soll.

Turbellarien sind zumeist freilebende Würmer mit Längen von 5 mm oder weniger bis zu 50 cm. Es handelt sich im typischen Fall um kriechende Tiere, die muskuläre mit ciliären Bewegungen kombinieren, um eine Ortsveränderung zu bewerkstelligen. Ihre Mundöffnung befindet sich an der Ventralseite. Anders als bei den Trematoden und den Cestoden ist der Vermehrungszyklus der Turbellarien einfach.

Sehr kleine Planarien schwimmen vermittels ihrer Cilien. Andere bewegen sich gleitend über eine Schleimspur, die von randständigen Adhäsionsdrüsen sekretiert wird. Dabei ist der Kopf leicht angehoben. Der Schlag der epidermalen Cilien in der Schleimspur bewegt das Tier vorwärts, während rhythmische, wellenartige Muskelkontraktionen vom Kopf aus nach hinten laufen. Große Polycladen und terrestrische Turbellarien kriechen durch muskuläre Undulationen, ganz ähnlich wie Schnecken.

Die Turbellarien werden oft auf der Grundlage der Ausgestaltung des Darms (vorhanden/fehlend; einfach/verzweigt; Muster der Verzweigung) und des Pharynx (einfach; eingefaltet, ausgebuchtet) unterschieden. Mit Ausnahme der Ordnung Polycladida (Seeplanarien; gr. *poly*, viele + *klados*, Zweig) weisen Turbellarien mit endolecithalen Eiern einen einfach gebauten Darm oder keinen Darm und einen einfachen Schlund auf. Bei einigen Turbellarien fehlt ein erkennbarer Pharynx. Die Polycladen verfügen über einen eingefalteten Schlund und einen Darm mit vielen Zweigen (▶ Abbildung 14.9).

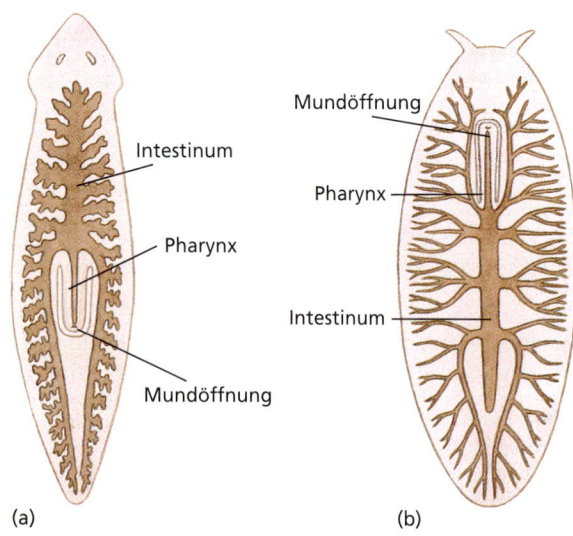

Abbildung 14.9: Typen des Intestinums bei zwei Ordnungen der Turbellarien. (a) *Tricladida*. (b) *Polycladida*.

Abbildung 14.10: **Pseudobiceros hancockanus, eine polyclade Meeresturbellarie.** Marine Polycladen sind oft groß und auffällig gefärbt. Die orangefarbigen Polypen von *Tubastrea aurea*, einer ahermatypischen Koralle, und *Aplidium cratiferum*, einem kolonialen Tunicaten (siehe Kapitel 23), der etwas nach Knorpel aussieht, sind ebenfalls auf der Fotografie zu sehen.

Abbildung 14.11: **Turbellarien.** Zahlreiche acoele Turbellarien (*Waminoa* sp.) bedecken eine Weichkoralle im Großen Barriereriff vor der australischen Küste.

Unter den Polycladen finden sich viele mittelgroße bis große (3 bis über 40 mm) marine Formen (▶ Abbildung 14.10). Eine stärkere Verzweigung des Intestinums (= Darmkanal) ist bei den Turbellarien mit einem Zuwachs an Körpergröße korreliert. Die Mitglieder der Ordnung Tricladida (gr. *treis*, drei + *klados*, Zweig), Süßwasserplanarien mit ektolecithalen Eiern, sind durch einen dreifach verzweigtes Intestinum gekennzeichnet (Abbildung 14.9).

Angehörige der Gruppe, die traditionell als Ordnung Acoela angesprochen wird (gr. *a*, ohne/kein + *koilos*, hohl), (▶ Abbildung 14.11) sind lange als diejenige Gruppe angesehen worden, die sich am wenigsten von der Urform entfernt hat. Die Befunde molekularer Analysen legen jedoch nahe, die Acoela gar nicht in den Stamm Plathelminthes einzugliedern. Sie könnten vielmehr die am frühesten abzweigenden Bilateralia sein. Ihre Körper sind klein, sie besitzen eine Mundöffnung, aber keinen Gastrovaskularraum oder exkretorisches System. Nahrung wird lediglich durch die Mundöffnung in temporäre Räume geleitet, die von Mesenchym umschlossen sind. Dort verdauen gastrodermale Phagocyten die Nahrung intrazellulär. Einige Autoren haben die Hypothese unterbreitet, dass dieser simple Bauplan dem Vorläufer aller Bilateralia ähnlich sein könnte. Andere Fachleute vertreten jedoch die Ansicht, dass die Acoela eine abgeleitete Gruppe sind, die sich aus einem großkörperigen coelomaten Vorfahren entwickelt haben soll. Die genauen Verwandtschaftsbeziehungen der Acoela zum Rest der Bilateralia bleiben bis auf Weiteres ein Thema der wissenschaftlichen Kontroverse.

Das beträchtliche Regenerationsvermögen der Planarien liefert ein interessantes Modellsystem für die experimentelle Untersuchung solcher Entwicklungsvorgänge. Ein aus der Mitte eines Planarienkörpers herausgetrenntes Stück vermag sowohl einen neuen Kopf wie einen neuen Schwanz auszubilden. Das Körperstück behält jedoch seine ursprüngliche Polarität bei: Der Kopf wächst am anterioren Ende aus, der Schwanz am posterioren. Ein aus Köpfen gewonnener Extrakt, der in das Kulturmedium mit kopflosen Würmern gegeben wird, verhindert die Regeneration neuer Köpfe. Daraus lässt sich der Schluss ziehen, dass in den Kopfbereichen Substanzen vorhanden sind, welche die Ausbildung eines gleichartigen Bereichs an einem anderen Ort unterdrücken.

14.1.3 Classis Trematoda

Alle Trematoden sind parasitisch lebende Plattwürmer. Als Adulti leben fast alle als Endoparasiten in Wirbeltieren. Es handelt sich vornehmlich um blattähnliche Formen mit einem oder mehreren Saugorganen, doch fehlt der Opisthaptor (= Haftorgan), der die Monogenea kennzeichnet (Abbildung 14.16).

Andere strukturelle Anpassungen an die parasitische Lebensweise fallen auf: Verschiedene Penetrationsdrüsen oder Drüsen, die Zystenmaterial erzeugen, Haftorgane wie Sauger oder Haken, sowie eine gesteigerte Vermehrungskapazität. Ansonsten haben die Trematoden diverse Merkmale mit den ektolecithalen Turbellarien gemeinsam, zum Beispiel den gutentwickelten Verdauungskanal (aber mit dem Mund am anterioren oder cephalen Ende) sowie ähnliche Nerven-, Exkretions- und Reproduktionssysteme. Außerdem eine Muskulatur und ein Parenchym, das gegenüber dem der Turbellaria nur wenig modifiziert ist. Sinnesorgane sind nur schwach entwickelt.

Von den Unterklassen der Trematoda ist die Unterklasse Digenea (gr. *dis*, doppelt + *genos*, Gattung) die umfangreichste und am besten bekannte, mit vielen Arten von medizinischer und wirtschaftlicher Bedeutung.

Subclassis Digenea

Mit sehr wenigen Ausnahmen ist der Vermehrungszyklus der Digeneen komplexer Natur. Der erste Wirt (**Zwischenwirt**) ist ein Mollusk, der **Endwirt** (der Wirt, in dem die geschlechtliche Fortpflanzung stattfindet) ist ein Wirbeltier. Bei einigen Arten ist ein weiterer, manchmal auch noch ein dritter, Zwischenwirt einge-

14 Acoelomate Bilateralia

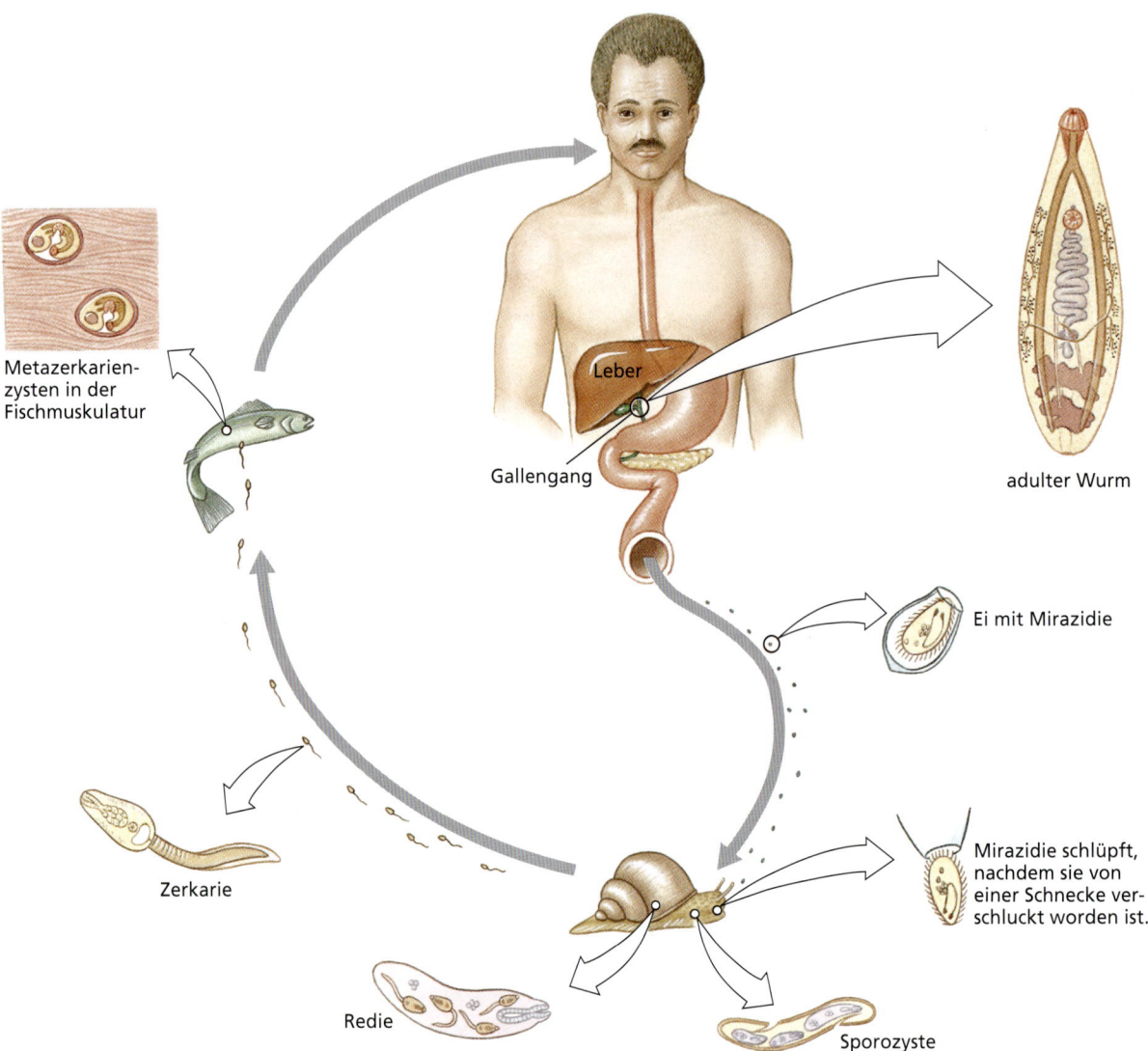

Abbildung 14.12: Vermehrungszyklen der Digeneen. Die verschiedenen Stadien im Vermehrungszyklus von *Clonorchis sinensis* (Chinesischer Leberegel).

schaltet. Die Gruppe hat eine starke Radiation durchgemacht, und ihre Mitglieder parasitieren auf praktisch allen Arten von Wirbeltierwirten. Die Digeneen bewohnen, je nach Art, eine große Vielzahl von Stellen im Körper ihrer Wirte: Man findet sie in allen Abschnitten des Verdauungstraktes, in den Atemwegen, im Kreislauf, in den Harnwegen sowie in den Fortpflanzungsgängen.

Die Vermehrungszyklen der Digeneen gehören zu den erstaunlichsten Phänomenen der belebten Welt. Obwohl sich die Einzelheiten der Zyklen bei den verschiedenen Arten stark unterscheiden können, umfasst ein typisches Beispiel ein Adult-, ein Ei- (umhülltes Embryo-), ein Mirazidium-, ein Sporozysten-, ein Redien-, ein Zerkarien- und ein Metazerkarienstadium (▶ Abbildung 14.12). Der umhüllte Embryo oder die Larve verlässt im Normalfall den Endwirt mit den Ex-

krementen und muss zur weiteren Entwicklung ins Wasser gelangen. Dort schlüpfen freischwimmende, cilientragende Larven, die **Miracidien**. Die Miracidie dringt in das Gewebe einer Schnecke ein, wo sie sich in eine **Sporozyste** umwandelt. Sporozysten vermehren sich ungeschlechtlich. Dabei bringen sie weitere Sporozysten oder eine Reihe von **Redien** hervor. Die Redien reproduzieren sich ihrerseits ungeschlechtlich unter Hervorbringung weiterer Redien oder von **Zerkarien**. Auf diese Weise kann ein einzelnes Ei eine enorme Nachkommenschaft erzeugen. Die Zerkarien wandern aus den Schnecken aus und können entweder unmittelbar in den Endwirt eindringen (zum Beispiel beim Pärchenegel *Schistosoma mansoni*, dem Erreger der Bilharziose), einen zweiten Zwischenwirt heimsuchen (zum Beispiel beim Lungenegel *Paragonimus westermani*) oder sich, an Wasserpflanzen geheftet, enzystieren (zum Beispiel beim Riesendarmegel *Fasciolopsis buski*). Die Zerkarien entwickeln sich zu Metazerkarien weiter. Bei diesen handelt es sich im Wesentlichen um juvenile Saugwürmer. Wenn die Metazerkarien vom Endwirt verschluckt werden, wandern die Juvenilstadien an den finalen Infektionsort und wachsen dort zu Adultstadien aus.

Einige der gefährlichsten Parasiten des Menschen und seiner Haustiere gehören zur Gruppe der Digenea (▶ Tabelle 14.1). Der erste Vermehrungszyklus einer Digeneenart, der aufgeklärt werden konnte, war der von *Fasciola hepatica*, dem Großen Leberegel (lat. *fasciola*, kleines Bündel). Die Art ruft bei Schafen und anderen Wiederkäuern eine als Fasziolose bezeichnete Schädigung der Leber hervor. Adulte Saugwürmer leben in den Gallengängen der Leber; die Eier werden mit dem Kot abgesetzt. Nach dem Schlupf dringt die Mirazidie in eine Schnecke ein und entwickelt sich zur Sporozyste. Es gibt zwei Generationen von Redien. Die Zerkarien enzystieren sich schließlich an der Vegetation. Wenn mit Zerkarien besetzte Pflanzen von einem Schaf oder einem anderen Wiederkäuer gefressen werden (oder manchmal von Menschen, die zum Beispiel selbstgepflückte Wildkräuter unabgekocht verzehren), kommt es zur Exzystierung der Metazerkarien, die im Körper des neuen Endwirtes zu jungen Saugwürmern auswachsen.

Clonorchis sinensis: Der Chinesische Leberegel und der Mensch

Clonorchis (gr. *klon*, Zweig + *orchis*, Hoden) ist der parasitologisch bedeutendste Leberegel des Menschen. Er ist in vielen Gegenden Ostasiens häufig anzutreffen, insbesondere in China, Südostasien und Japan. Katzen, Hunde und Schweine werden ebenfalls oft infiziert.

Struktur. Die Länge des Wurms variiert zwischen 10 und 20 mm (Abbildung 14.7). Der Aufbau des Körpers ist bezüglich der meisten Kriterien typisch für viele Trematoden. Der Chinesische Leberegel besitzt einen **oralen** und einen **ventralen Saugapparat**. Das **Verdauungssystem** besteht aus einem Pharynx, einem muskulären Ösophagus und zwei langen, unverzweigten Intestinalcaecen (sprich: „Zähken", Singular: *Caecum*, auch *Zäkum*, *Cecum*, dt. *Blinddarm*). Das **exkretorische System** besteht aus zwei protonephridialen Tubuli, deren Verzweigungen mit Flammenzellen ausgekleidet sind. Die beiden Tubuli vereinigen sich zu einer einzigen, median gelegenen Blase, die sich nach außen hin öffnet. Das Nervensystem besteht, wie das der anderen Plattwürmer, aus zwei Cerebralganglien, die mit longitudinal verlaufenden Strängen verbunden sind, welche ihrerseits über transversale Konnektive verfügen.

Das **Fortpflanzungssystem** ist hermaphroditisch und komplexer Natur. Die Egel haben zwei verzweigte Hoden (Testes), die in einen gemeinsamen Vas deferens

Tabelle 14.1

Beispiel für den Menschen infizierende Saugwürmer

Trivial- und wissenschaftliche Namen	Infektionsweg; Verbreitung und Häufigkeit beim Menschen
Pärchenegel (*Schistosoma* spp.); drei weitverbreitete Arten, weitere beschrieben	Im Wasser lebende Zerkarien dringen durch die Haut; 200 Millionen Menschen mit einer oder mehreren Arten infiziert
S. mansoni	Afrika, Süd- und Mittelamerika
S. haematobium	Afrika
S. japonicum	Ostasien
Chinesischer Leberegel (*Clonorchis sinensis*)	Aufnahme von Metazerkarien mit rohem Fisch; ca. 30 Millionen Fälle im östlichen Asien
Lungenegel (*Paragonimus* spp.); sieben Arten, am weitesten verbreitet: *P. westermani*	Aufnahme von Metazerkarien mit rohen Süßwasserkrebsen; Asien und Ozeanien; Afrika südlich der Sahara; Süd- und Mittelamerika; mehrere Millionen Fälle in Ostasien
Riesendarmegel (*Fasciolopsis buski*)	Aufnahme von Metazerkarien mit Wasserpflanzen (Reis); 10 Millionen Fälle in Ostasien
Leberegel des Schafes (*Fasciola hepatica*)	Aufnahme von Metazerkarien mit Wasserpflanzen; weite Verbreitung bei Schafen und Rindern, gelegentlich beim Menschen

Acoelomate Bilateralia

KLASSIFIZIERUNG
Phylum Plathelminthes

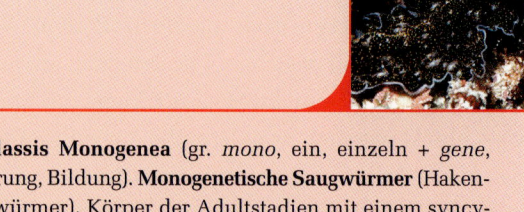

Classis Turbellaria (lat. *turbellae,* auf-/umrühren + *aria,* wie oder verbunden mit). **Strudelwürmer.** Im Allgemeinen freilebende Formen mit weichen, abgeplatteten Körpern; mit Cilien bedeckte Epidermis, die sekretorische Zellen und stäbchenförmige Körper (Rhabditen) enthält; Mundöffnung für gewöhnlich auf der Ventralseite, manchmal nahe der Körpermitte; keine Körperhöhlen mit Ausnahme intrazellulärer Lakunen im Parenchym; zumeist hermaphroditisch, einige zeigen ungeschlechtliche Teilung. Paraphyletisches Taxon, das der Neuordnung entgegensieht. Beispiele: *Dugesia* (Planarie), *Microstomum, Plancera.*

Classis Trematoda (Saugwürmer) (gr. *trematodes,* löcherig + *eidos,* Form). **Digenetische Saugwürmer.** Körper der Adultstadien ist mit einem syncytialen Tegument ohne Cilienbesatz überzogen; blattartige oder zylindrische Körperform; für gewöhnlich mit oralen oder ventralen Saugorganen; keine Haken; Verdauungskanal für gewöhnlich mit zwei Hauptzweigen; zumeist zwittrig; indirekte Entwicklung in einem Mollusken als erstem Wirt; Endwirt im Regelfall ein Vertebrat; parasitisch in allen Gruppen der Wirbeltiere. Beispiele: *Fasciola, Clonorchis, Schistosoma.*

Classis Monogenea (gr. *mono,* ein, einzeln + *gene,* Ursprung, Bildung). **Monogenetische Saugwürmer** (Hakensaugwürmer). Körper der Adultstadien mit einem syncytialen Tegument ohne Cilienbesatz überzogen; Körper für gewöhnlich von blattartiger oder zylindrischer Form; posteriores Haftorgan mit Haken, Saugorganen oder Klammern, regelmäßig Kombinationen davon; zwittrig; direkte Entwicklung mit singulärem Wirt und für gewöhnlich freischwimmenden, cilientragenden Larven; alle Arten parasitär, zumeist auf der Haut oder den Kiemen von Fischen. Beispiele: *Dactylogyrus, Polystoma, Gyrodactylus.*

Classis Cestoda (gr. *kestos,* Gürtel, Band + *eidos,* Form): **Bandwürmer.** Körper der Adultstadien mit cilienlosem, syncytialem Tegument überzogen; allgemeine Körperform bandartig; Scolex mit Saugorganen oder Haken, manchmal beidem, zur Festheftung am Wirt; Körper im Regelfall in eine Folge von Proglottiden untergliedert; keine Verdauungsorgane; für gewöhnlich zwittrig; Larven mit Haken; parasitär im Verdauungstrakt aller Klassen von Wirbeltieren; indirekte Entwicklung mit zwei oder mehr Wirten; erster Wirt kann ein Vertebrat oder Invertebrat sein. Beispiele: *Diphyllobothrium, Hyemenolepis, Taenia.*

(Samenleiter) münden, der sich zu einem Samenbläschen erweitert. Das Samenbläschen setzt sich in einen Ductus ejaculatorius (dt. *Spritzkanal*) fort, der an der Genitalöffnung endet. Das weibliche System besteht aus einem verzweigten **Ovar** mit einem kurzen **Ovidukt** (Eileiter), in den an einem **Ootypus** zwei Gänge einmünden, einer aus dem **Receptaculum seminis** und der andere von den **Vitellarien** kommend. Der Ootypus ist von einer glandulären Masse umgeben, der **Mehlis'schen Drüse**, deren Funktion noch nicht aufgeklärt ist. Von der Mehlis'schen Drüse aus erstreckt sich der stark verschlungene **Uterus** bis zur Genitalpore. Die wechselseitige Befruchtung zwischen Individuen ist die Regel, und übertragenes Sperma wird im Receptaculum seminis gelagert. Wird eine Oocyte aus dem Ovar freigesetzt, gesellen sich ein Spermium und eine Gruppe von Dotterzellen (vitelline Zellen) hinzu; es kommt zur Befruchtung der Eizelle. Die Dotterzellen entlassen ein proteinhaltiges Schalenmaterial, das nach der Freisetzung durch chemische Reaktionen stabilisiert wird (Eischalenbildung). Die Sekrete der Mehlis'schen Drüse treten hinzu, und das Ei wandert in den Uterus.

Vermehrungszyklus. Das normale Habitat der Adultformen sind die Gallengänge in der Leber des Menschen und anderer fischverzehrender Säugetiere (Abbildung 14.12). Die Eier, die eine vollständige Mirazidie enthalten, werden mit den Fäzes in das Wasser entlassen, aber es kommt erst zum Schlüpfen, wenn sie von Schnecken der Gattung *Parafossarulus* oder einer verwandten Gattung aufgenommen werden. Die Eier können jedoch einige Wochen im Wasser überdauern. Im Körper einer Schnecke wandert die Mirazidie ins Gewebe ein und wandelt sich dort in eine Sporozyste um, die eine Generation Redien produziert. Eine Redie besitzt eine gestreckte Gestalt, einen Verdauungskanal, ein Nervensystem, ein exkretorisches System und erzeugt während ihrer Entwicklung viele Keimzellen. Die Redien wandern in die Leber der Schnecke, wo die Keimzellen ihre Embryonalisierung fortsetzen und kaulquappenähnliche Zerkarien hervorbringen. Diese beiden ungeschlechtlichen Stadien im Zwischenwirt erlauben es einer einzelnen Mirazidie, bis zu 250.000 infektiöse Zerkarien hervorzubringen.

Die Zerkarien entweichen ins Wasser, schwimmen herum, bis sie auf einen Fisch aus der Familie *Cyprinidae* (Karpfenfische) treffen, bei dem sie sich unter den Schuppen in die Muskeln des Fisches bohren. Dort verlieren die Zerkarien ihre Schwänze und enzystieren sich als Metazerkarien. Falls ein Säugetier rohen oder nicht ausreichend gekochten Fisch verzehrt, der derart infiziert ist, lösen sich die Zysten der Metazerkarien im Darm auf. Die jungen Saugwürmer wandern von dort aus die Gallenwege hinauf, wo sie sich zu Adultstadien weiterentwickeln. Hier können die adulten Saugwürmer für 15 bis 30 Jahre leben.

Die Wirkungen, die diese Saugwürmer auf den betroffenen Menschen haben, hängen in erster Linie vom Ausmaß der Infektion ab, doch treten regelmäßig Unterleibsschmerzen und andere abdominale Symptome auf. Eine schwere Infektion kann zu einer ausgeprägten Zirrhose der Leber führen, die schließlich tödlich sein kann. Die Diagnose einer Trematodeninfektion erfolgt durch mikroskopische Beschau der Fäkalien. Die Vernichtung der Schnecken, die die Larvenstadien beherbergen, ist als Maßnahme zur Eindämmung angewandt worden. Die einfachste Methode, um eine Infektion zu vermeiden, besteht jedoch darin, sicherzustellen, dass jeglicher Fisch, den man isst, gut durch gekocht bzw. durchgebraten ist.

Schistosoma: Der im Blut lebende Pärchenegel

Die **Bilharziose**, eine Infektion mit Trematoden der Gattung *Schistosoma* (gr. *schistos*, Spaltung, Teilung + *soma*, Körper) gehört mit über 200 Millionen Infizierten zu den häufigsten Infektionskrankheiten der Welt. Die Krankheit besitzt eine weite Verbreitung in großen Teilen Afrikas sowie in Teilen Südamerikas, den westindischen Inseln, und dem Mittleren und Fernen Osten. Der alte Gattungsname der Würmer war *Bilharzia*, nach dem deutschen Parasitologen Theodor Bilharz, der Schistosoma haematobium (gr. *haema*, Blut) entdeckt hat. Die Krankheit wird in der deutschsprachigen Medizinliteratur als Bilharziose bezeichnet, in der angelsächsischen Literatur ist der Ausdruck „*schistosomiasis*" geläufig, der auch verschiedentlich zu Schistosomiasis eingedeutscht worden ist.

Die Bluttrematoden unterscheiden sich von den meisten anderen Saugwürmern durch ihre Getrenntgeschlechtlichkeit und den Besitz von zwei Verzweigungen des Verdauungskanals, die sich im posterioren Bereich des Körpers zu einem einzigen vereinigen. Die männlichen Tiere sind breiter, massiger und weisen eine große, ventrale Rinne auf, den **gynäkophoren Kanal**, der sich posterior vom ventralen Saugapparat erstreckt. Der gynäkophore Kanal umschließt das lange, schlanke Weibchen (▶ Abbildung 14.13).

Für die meisten Bilharziosefälle beim Menschen zeichnen drei Arten verantwortlich: *S. manosoni*, der hauptsächlich in den ableitenden Venen des Dickdarms lebt; *S. japonicum*, der sich im wesentlichen in den Venen des Dünndarms findet; und *S. haematobium*, der in den Venen der Harnblase lebt. *Schistosoma mansoni* kommt in Teilen Afrikas, Brasiliens und anderer Länder des nördlichen Südamerikas, sowie den westindischen Inseln sehr häufig vor. Schnecken der Gattung *Biomphalaria* sind die wichtigsten Zwischenwirte. *Schistosoma haematobium* ist in Afrika weit verbreitet; hier sind Schnecken der Gattungen *Bulinus* und *Physopsis* die Hauptzwischenwirte. *Schistosoma japonicum* ist auf den fernen Osten beschränkt, und seine Wirte sind verschiedene *Oncomelania*-Arten.

Der Vermehrungszyklus der Bluttrematoden ist bei allen Arten ähnlich. Die Eier werden mit den Fäzes oder dem Urin vom Menschen in die Umwelt entlassen. Sobald sie in Wasser gelangen, schlüpfen cilientragende Mirazidien, die innerhalb einiger Stunden eine geeignete Schneckenart finden müssen, sonst sterben sie ab. In der Schnecke erfolgt die Umwandlung zur Sporozyste, die eine weitere Sporozystengeneration hervorbringt. Die Tochtersporozysten bringen unmittelbar Zerkarien hervor, ohne eine dazwischenliegende Rediengeneration. Die Zerkarien entweichen aus der Schnecke und schwimmen umher, bis sie mit der nackten Haut eines Menschen in Kontakt kommen. Sie durchbohren die Haut, werfen während dieses Vorgangs ihren Ruderschwanz ab und treten nach Erreichen eines Blutgefäßes in den Blutkreislauf ein. Es findet sich kein Metazerkarienstadium. Die jungen Schistosomen bahnen sich ihren Weg in das Portadergefäßsystem der Leber und durchlaufen in der Leber eine Zeit der Entwicklung, be-

> ### Exkurs
>
> Unglücklicherweise haben einige Projekte zur Verbesserung des Lebensstandards in einigen tropischen Ländern – zum Beispiel der Assuan-Staudamm in Ägypten – die Fallhäufigkeit der Bilharziose durch die Schaffung neuer Lebensräume für die als Zwischenwirte dienenden Schnecken drastisch erhöht. Bevor der Staudamm gebaut wurde, traten auf den rund 800 Kilometern, die der Nil zwischen Assuan und Kairo zurücklegt, jährliche Überschwemmungen auf. Die sich an die Überflutungen anschließende Austrocknung führte zum Absterben vieler Schnecken. Vier Jahre nach der Fertigstellung des Staudammes hatten sich die Fallzahlen der Bilharziose entlang dieses Flussabschnittes versiebenfacht. Die Befallsrate bei Fischern im Umkreis des Stausees hat sich von einem sehr niedrigen Wert auf 76 Prozent erhöht.

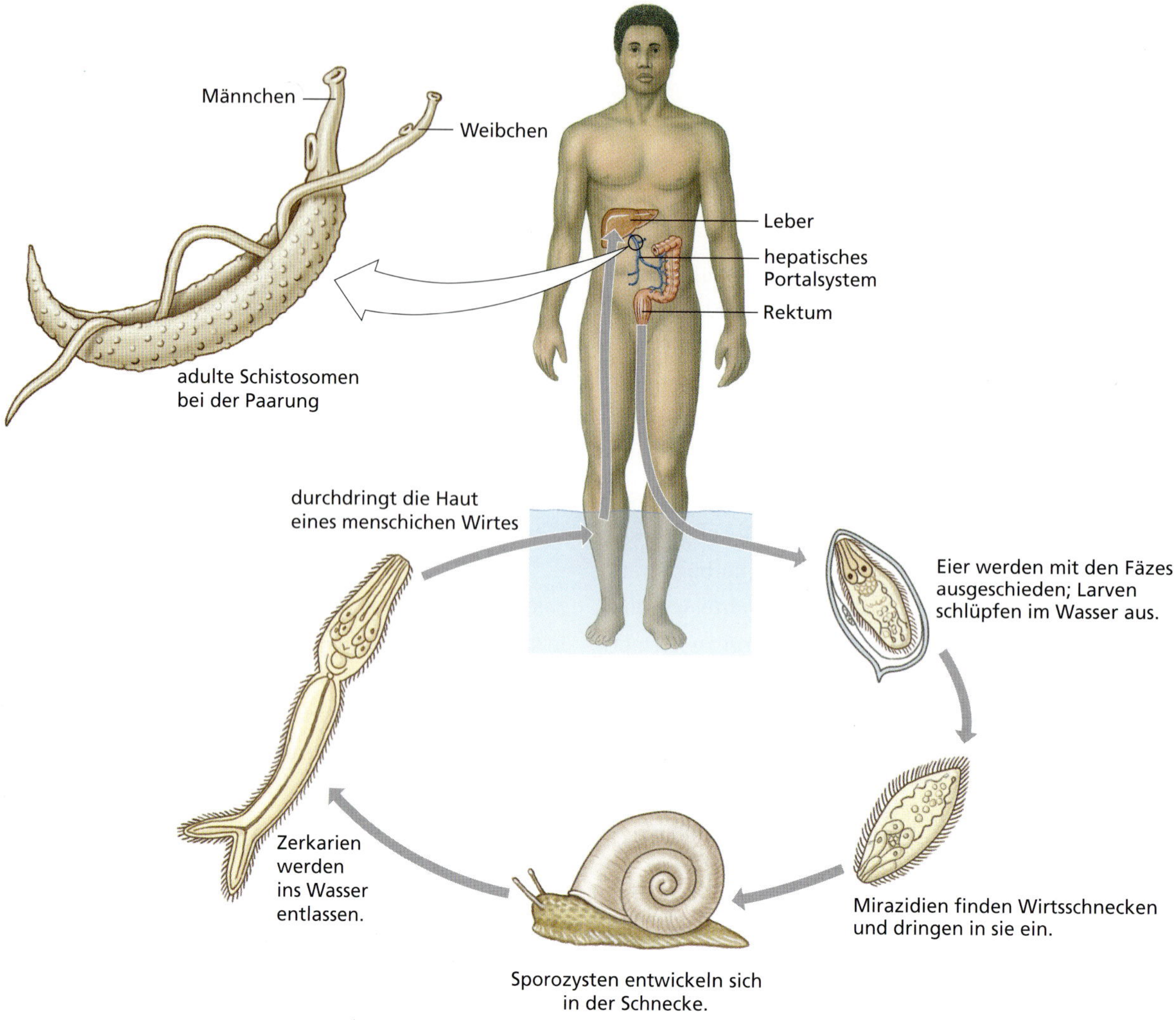

Abbildung 14.13: Bluttrematoden. (a) Adultes Männchen und Weibchen von *Schistosoma japonicum* bei der Kopulation. Das Männchen besitzt einen langen gynäkophoren Kanal, welcher das Weibchen festhält. Der Mensch ist für gewöhnlich Wirt für die adulten Parasiten, die sich vorwiegend in Afrika, aber auch in Südamerika und anderswo finden. Menschen infizieren sich beim Durchwaten von oder Baden in Gewässern, in denen Zerkarien leben. (b) Vermehrungszyklus von *Schistosoma mansoni*.

vor sie zu den charakteristischen Orten im Körper weiterwandern. Die adulten Weibchen geben Eier ab, die durch die Wandungen der Venen, die Auskleidung des Darms oder der Harnblase extrudiert werden (je nach Art), um mit den Fäzes oder dem Urin ins Freie zu gelangen. Viele Eier schaffen diesen schwierigen Durchgang nicht und werden mit dem Blutstrom zur Leber oder anderen Regionen des Körpers verfrachtet, wo sie Entzündungen und andere Reaktionen im Gewebe auslösen (siehe Abbildung 35.7).

Die Hauptkrankheitssymptome einer Bilharziose rühren von den Eiern der Würmer her. Eier von *S. mansoni* und *S. japonicum* in der Darmwand führen zu Geschwüren, Abszessen und blutigem Durchfall, begleitet von Unterleibsschmerzen. In vergleichbarer Weise führt *S. haematokum* zur Geschwürbildung der Blasenwand

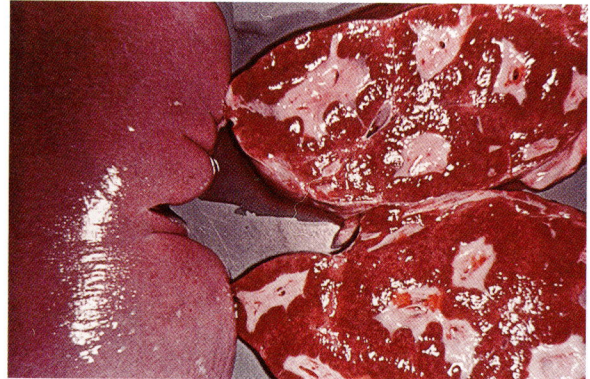

Abbildung 14.14: Schnittfläche einer Leber mit einer schweren Fibrose. Der Patient war ein 27-jähriger Mann, der an Hämatemesis (das Erbrechen von Blut) in Verbindung mit einer Vergrößerung von Milz und Leber verstarb. Bei der Autopsie wurden über 180 Paare adulter *Schistosoma mansoni* gezählt. Mit freundlicher Genehmigung von: A. Cheever; aus: H. Zaiman: A pictorial presentation of parasites.

mit blutigem Urin und Schmerzen beim Wasserlassen. Eier, die zur Leber oder anderen Organen gelangen, führen zu schweren Symptomen in diesen Organen. Wenn sie im Kapillarbett der Leber steckenbleiben, behindern sie dort den Blutdurchfluss und führen zur Zirrhose, einer fibrotischen Reaktion, die das Funktionieren der Leber beeinträchtigt (▶ Abbildung 14.14). Von den drei Arten führt *S. haematobium* zum am wenigsten gravierenden, *S. japonicum* zum schwersten Krankheitsbild. Ohne frühzeitige Behandlung hat eine schwere Infektion mit *S. japonicum* eine schlechte Prognose.

Eine Eindämmung der Infektionen lässt sich am besten erreichen, indem die Bevölkerung in Endemiegebieten darin unterrichtet wird, Körperausscheidungen in hygienischer Weise zu entsorgen und den Kontakt mit kontaminiertem Wasser möglichst zu meiden. Für Menschen, die von großer Armut betroffen sind und unter schlechten hygienischen Bedingungen bei hoher Bevölkerungsdichte leben, stellt dies aber ein unlösbares Problem dar.

Schistosomendermatitis. Verschiedene Schistosomenarten aus unterschiedlichen Gattungen rufen einen Hautausschlag (Dermatitis) hervor, wenn ihre Zerkarien in einen Wirt eindringen, der für ihre weitere Entwicklung ungeeignet ist. Die Zerkarien mehrerer Gattungen, deren normale Wirte nordamerikanische Vögel sind, führen bei Badenden in nordamerikanischen Seen zu einer solchen Dermatitis (*-itis*, Wortendung für entzündliche Erkrankungen). Der Schweregrad der Ausschläge nimmt mit der Zahl der Kontakte mit dem auslösenden Organismus zu: Je öfter man mit den Zerkarien in Kontakt kommt, desto stärker wird die entzündliche Reaktion. Man spricht hierbei von Sensibilisierung. Nach der Penetration der Haut werden die Zerkarien von den Abwehrmechanismen des Immunsystems des Wirtes attackiert. Dabei werden Substanzen freigesetzt, die eine allergische Überempfindlichkeitsreaktion auslösen. Serotonin aus Mastzellen ist hier maßgebend. Diese Reaktion ist mehr lästig als gefährlich, doch besteht die Gefahr wirtschaftlicher Einbußen für den Fremdenverkehr im Umkreis betroffener Seen.

Paragonimus: Der Lungenegel

Mehrere *Paragonimus*-Arten (gr. *para*, neben + *gonimos*, hervorbringen), Saugwürmer, die in den Lungen ihrer Wirte leben, sind für eine Anzahl Säugetiere bekannt. Paragonimus westermani (▶ Abbildung 14.15) – eine Art, die sich in Ostasien und im südwestlichen Pazifikraum findet – parasitiert in einer Reihe von wild lebenden Carnivoren, Menschen, Schweinen und Nagetieren. Ihre Eier werden mit Sputum (= Auswurf, Sekret der

> **Exkurs**
>
> Obwohl die ordnungsgemäße Entsorgung menschlicher Ausscheidungen der beste Weg zur Eindämmung der Bilharziose ist, werden andere Strategien mit wechselndem Erfolg ausprobiert: Chemotherapie, Kontrolle der Vektoren, sowie Impfung. Die Entwicklung eines Impfstoffes ist Gegenstand der Forschung, doch steht ein wirkungsvoller Impfstoff bisher nicht zur Verfügung. Die Kontrolle der Vektoren durch Umweltmanagement und biologische Maßnahmen erscheint vielversprechend. Zu den Maßnahmen der biologischen Kontrolle gehört die Einführung von Fressfeinden (Schnecken-, Krustentier- und Fischarten) der als Vektoren dienenden Schnecken. Bisherige Ansätze zur biologischen Kontrolle unerwünschter Arten haben jedoch meist unerwartete dramatische ökologische Folgen mit sich gebracht. In einigen Fällen hat es sich erwiesen, dass die biologischen Kontrollmaßnahmen auf lange Sicht mehr Probleme verursacht haben als die Schädlingsart, die unter Kontrolle gebracht werden sollte. Viele Biologen schätzen daher solche Einbringungen neuer Arten als ein hohes Risiko ein, das vermieden werden sollte. Ökologische Netzwerke sind weitaus komplizierter und verschachtelter, als dass der Mensch sie gegenwärtig erfassen oder sinnvoll manipulieren könnte.

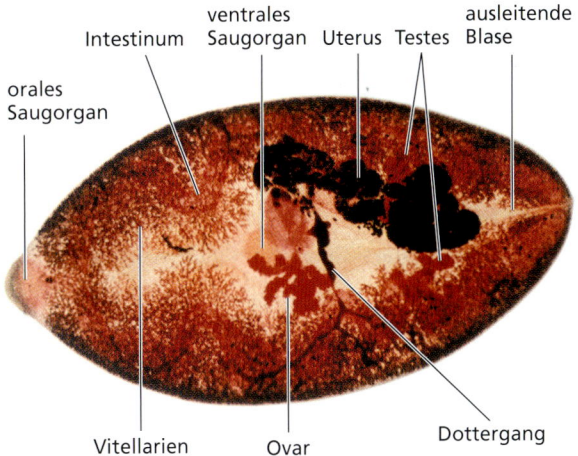

Abbildung 14.15: Lungenegel der Art Paragonimus westermani. Adulte Tiere sind bis zu 2 cm lang. Die Eier werden mit dem Sputum oder den Fäzes in Freiheit gesetzt. Aus ihnen schlüpfen freischwimmende Mirazidien, die in Schnecken einwandern. Zerkarien aus den Schnecken übersiedeln in Süßwassercrustaceen und enzystieren sich in Weichgeweben. Der Mensch infiziert sich durch den Verzehr nicht ausreichend gekochter oder gebratener Krustentiere oder durch das Trinken von Wasser, in dem sich Larven befinden, die aus toten Krebsen freigesetzt worden sind.

Lunge) hochgehustet, verschluckt und mit den Fäzes ausgeschieden. Die Zygoten entwickeln sich im Wasser, und die Mirazidie dringt in einen Schneckenwirt ein. In der Schnecke bringt die Mirazidie Sporozysten hervor, die sich zu Redien weiterentwickeln. Aus den Redien gehen dann Zerkarien hervor. Die Zerkarien werden ins Wasser entlassen oder direkt von Süßwasserkrebsen aufgenommen, die sich von infizierten Schnecken ernähren. In den Krebsen entwickeln sich Metazerkarien. Die Infektion findet dann durch den Verzehr unzureichend gekochten Krebsfleisches statt. Die Infektion führt zu Symptomen der Atemwege wie Schwierigkeiten beim Atmen und chronischem Husten. Tödliche Verläufe sind häufig. Eine eng verwandte Art, *P. kellicotti*, kommt beim Nerz und ähnlichen Tieren in Nordamerika vor, doch ist nur ein Fall beim Menschen dokumentiert. Ihre Metazerkarien finden sich in Flusskrebsen.

Einige weitere Trematoden

Fasciolopsis biski (lat. *faciola*, kleines Bündel + gr. *opsis*, Erscheinung) parasitiert im Darm von Menschen und Schweinen in Indien und China. Die Larvenstadien finden sich in verschiedenen Arten planorbider Gastropoden (= Tellerschnecken). Die Zerkarien enzystieren an Wasserkastanien (*Eleocharis dulcis*), einer Wasserpflanze, die roh sowohl von Menschen wie von Schweinen verzehrt wird.

Leucochloridium ist für seine bemerkenswerten Sporozysten bekannt. Schnecken der Gattung *Succinea* (Bernsteinschnecken) fressen Vegetation, die mit Wurmeiern befallen ist, die wiederum aus Vogelkot stammen. Die Sporozysten vergrößern und verzweigen sich stark, und die Zerkarien enzystieren sich innerhalb der Sporozysten. Die Sporozysten wandern in den Kopf der Schnecke und dort in die Fühler. Diese nehmen durch die in ihnen befindlichen Sporozysten ein auffälliges, helles Muster aus grünen und orangefarbigen Streifen an. Die Sporozysten pulsieren außerdem in kurzen Intervallen innerhalb den Fühlern. Von den vergrößerten und pulsierenden Fühlern der Schnecken werden Vögel angelockt. Diese fressen die Schnecken und schließen so den Vermehrungszyklus von *Leucochloridium*.

14.1.4 Classis Monogenea (Saugwürmer)

Saugwürmer der Klasse Monogenea wurden in der Vergangenheit als Ordnung der Trematoden geführt, doch haben morphologische wie molekulare Befunde bestä-

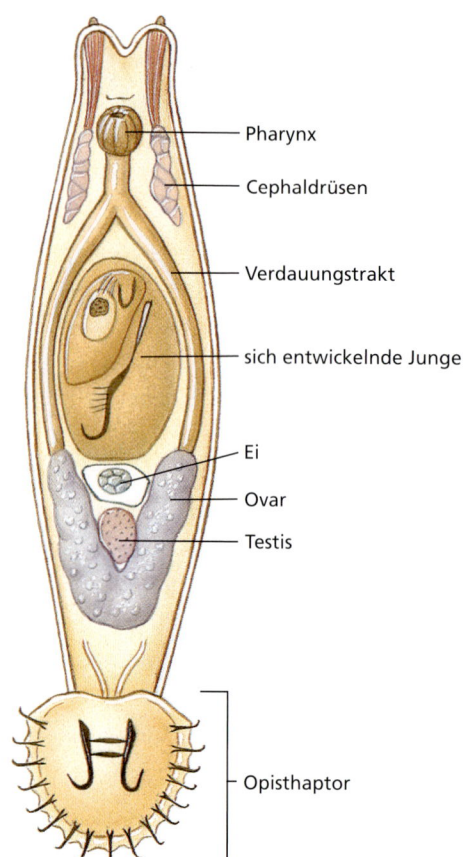

Abbildung 14.16: Ein Hakensaugwurm (Monogenea) der Art *Gyrodactylus cylindriformis*. Ventralansicht.

tigt, dass sie hinreichend verschieden von den Trematoden sind, um sie in den Rang einer Klasse zu erheben. Kladistische Analysen stellen sie näher zu den Cestoden. Einige Fachleute sprechen sich heute dafür aus, die Cestoda (Bandwürmer) und die Monogenea (Hakensaugwürmer) zu einem Taxon zusammenzufassen. Die Monogeneen sind ausnahmslos Parasiten. Sie befallen in erster Linie die Kiemen und äußeren Oberflächen von Fischen. Einige wenige finden sich in den Harnblasen von Fröschen und Schildkröten; eine Art parasitiert im Auge von Flusspferden. Obwohl sie weit verbreitet und häufig sind, scheinen die Monogeneen unter natürlichen Bedingungen ihren Wirten nur wenig zu schaden. Wie zahlreiche andere Fischpathogene auch, werden sie jedoch zu einem ernsthaften Problem, wenn ihre Wirte dicht gedrängt leben, wie es zum Beispiel in Fischmastbetrieben der Fall ist.

Die Vermehrungszyklen der Monogeneen verlaufen direkt, mit einem singulären Wirt. Aus dem Ei schlüpft eine cilientragende Larve, die als **Onkomirazidium** bezeichnet wird, und die sich an den Wirt anheftet. Die Onkomirazidie trägt an ihrem posterioren Ende Haken, aus denen bei vielen Arten die Haken des großen, posterioren Haftorgans (des **Opisthaptors**) der Adultformen werden (▶ Abbildung 14.16). Da sich die Monogeneen an ihrem Wirt festhalten müssen, um dem Sog des an den Kiemen oder über die Körperoberfläche vorbei strömenden Wassers zu widerstehen, hat die adaptive Radiation zur Evolution einer großen Vielfalt an Opisthaptoren (Haftorganen) bei den unterschiedlichen Arten geführt. Die Opisthaptoren können große oder kleine Haken, Saugorgane und Klammern tragen; oft findet man Kombinationen dieser Gebilde.

14.1.5 Classis Cestoda (Bandwürmer)

Die Cestoden oder Bandwürmer unterscheiden sich in vielfacher Hinsicht von den vorausgegangenen Klassen. Sie besitzen im Allgemeinen lange, abgeflachte Körper, in denen eine lineare Abfolge von Modulen von Fortpflanzungsorganen vorliegt. Jedes dieser Module wird als **Proglottis** (Mehrzahl Proglottiden) bezeichnet und weist an seinem anterioren wie posterioren Ende eine Zone schwach entwickelter Muskulatur auf, die als Einkerbungen erkennbar sind. Ein Verdauungssystem ist nicht ausgebildet. Wie bei den Monogeneen und Trematoden finden sich bei den Adultformen keine externen, beweglichen Cilien, und das Tegument besteht aus distalem Cytoplasma mit eingesunkenen Zellkörpern unter der oberflächlichen Muskelschicht (▶ Abbildung 14.17). Im Gegensatz zu den Monogeneen und Trematoden ist bei den Cestoden die gesamte Oberfläche mit winzigen Ausstülpungen überzogen, die den Mikrovilli des Wirbeltierdünndarms ähnlich sind (Abbildung 3.16). Diese **Mikrotrichen** (Singular: **Mikrothrix**; gr. *mikron*, winzig + *trichom*, Haar) vergrößern die Oberfläche des Teguments sehr stark. Dies ist für die Bandwürmer eine Adaptation von vitaler Bedeutung, da alle Nährstoffe über das Tegument absorbiert werden.

Die Bandwürmer sind überwiegend zwittrig. Sie besitzen eine gut entwickelte Muskulatur, und exkretorisches System und Nervensystem haben eine gewisse Ähnlichkeit mit dem anderer Plattwürmer. Sie besitzen keine spezialisierten Sinnesorgane, doch verfügen sie über sensorische Endigungen im Tegument, bei denen es sich um modifizierte Cilien handelt (Abbildung 14.17). Eine der am stärksten spezialisierten Strukturen des Cestodenkörpers ist der **Scolex**, das Halteorgan der Bandwürmer. Er ist für gewöhnlich mit Saugvorrichtungen oder ähnlichen Organen besetzt, oftmals auch mit Haken oder dornigen Tentakeln (▶ Abbildung 14.18).

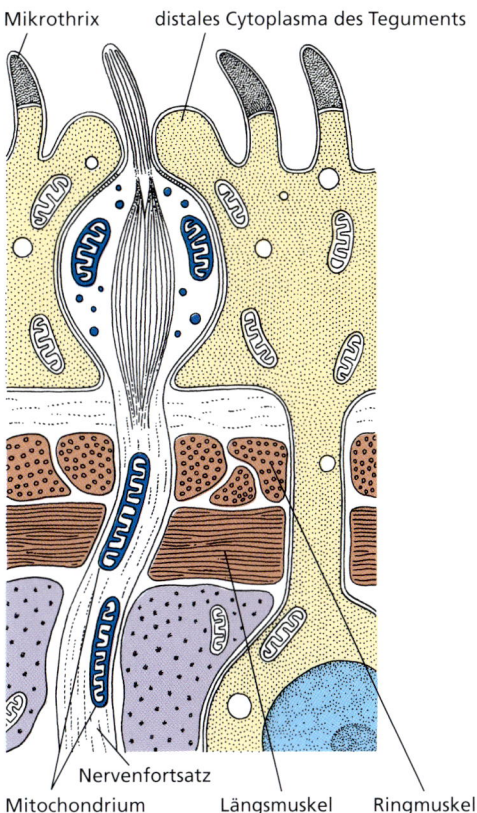

Abbildung 14.17: **Sensorische Nervenendigung im Tegument von *Echinococcus granulosus*.** Schemazeichnung eines Längsschnittes.

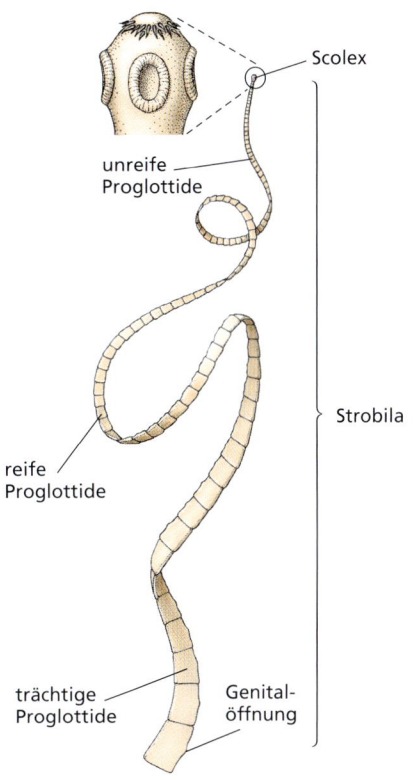

Abbildung 14.18: **Ein Bandwurm.** Erkennbar sind Strobila und Scolex. Der Scolex ist das Haftorgan der Cestoden.

Mit wenigen Ausnahmen benötigen die Cestoden mindestens zwei Wirte. Die Adultformen sind Parasiten in den Verdauungskanälen von Wirbeltieren. Oft ist der Zwischenwirt ein Invertebrat.

Die Unterklasse Eucestoda beinhaltet die große Mehrzahl der Cestodenarten. Bei den meisten Arten ist der Körper in eine Abfolge von Proglottiden untergliedert; diese Formen werden als **polyzoisch** bezeichnet. Die Larvenstadien der häufigsten Arten besitzen sechs Haken. Die Hauptmasse des Wurmkörpers, die Kette aus Proglottiden, wird **Strobila** (Gliederkette) genannt (Abbildung 14.18). Im Regelfall existiert eine **Germinalzone** unmittelbar hinter dem Scolex, in der neue Proglottiden gebildet werden. In dem Maß, in dem weiter vorne jüngere Proglottiden entstehen, schiebt sich jede einzelne Proglottis in der Strobila weiter Richtung Hinterende des Tieres. Dabei reifen die Gonaden. Anders als die meisten anderen Plattwürmer neigen viele Eucestoden zur Selbstbefruchtung, obgleich die wechselseitige Befruchtung der Normalfall ist, wenn Paarungspartner zugegen sind. Jede Proglottis enthält ein vollständiges männliches und weibliches Fortpflanzungssystem. Während der wechselseitigen Befruchtung werden Spermien von einer Strobila zur jeweils anderen übertragen. Man hat jedoch auch beobachtet, dass sich viele Bandwürmer so falten, dass sich zwei Proglottiden desselben Individuums gegenseitig befruchten können. Die Schalen tragenden Embryonen bilden sich im Uterus der Proglottis und werden durch eine Uteruspore der Proglottis ausgestoßen. Es ist auch möglich, dass die ganze Proglottis abgeschnürt wird, wenn diese das posteriore Ende des Wurms erreicht (terminale Proglottis).

Einige Zoologen vertreten die Ansicht, dass es sich bei der Proglottisbildung der Cestoden um eine echte Segmentierung (einen Fall von Metamerie) handelt, doch lehnen die Autoren dieses Buches diese Meinung ab. Die Segmentierung der Bandwürmer wird am besten als ein effektives Mittel zur Vervielfältigung der Geschlechtsorgane betrachtet, um die reproduktive Kapazität zu steigern. Sie ist der Metamerie der Anneliden, Arthropoden und Chordaten nicht homolog (siehe Kapitel 9 (Gewebe) und Kapitel 17 (Evolutive Bedeutung der Metamerie).

Den Parasitologen sind mehr als 1000 Bandwurmarten bekannt, die praktisch alle Wirbeltierarten infizieren können. Normalerweise fügen adulte Bandwürmer ihrem Wirt nur geringen Schaden zu. Die häufigsten Bandwürmer des Menschen sind in ▶ Tabelle 14.2 aufgeführt.

Taenia saginata: **Der Rinderbandwurm**
Anatomischer Bau. *Taenia saginata* (gr. *tainia*, Band, Schnur), der Rinderbandwurm, lebt als Adultus im Darm des Menschen. Die Juvenilformen finden sich primär in

Tabelle 14.2

Häufige Cestoden des Menschen

Trivial- und wissenschaftliche Namen	Infektionsweg; Fallhäufigkeit beim Menschen
Rinderbandwurm (*Taenia saginata*)	Verzehr rohen Rindfleisches; häufigster aller Bandwürmer, die den Menschen befallen
Schweinebandwurm (*Taenia solium*)	Verzehr rohen Schweinefleisches; weniger häufig als *T. saginata*
Fischbandwurm (*Diphyllobothrium latum*)	Verzehr rohen oder unzureichend gekochten Fisches; ziemlich häufig im Bereich der Großen Seen in Nordamerika und anderen Gegenden, in denen roher Fisch gegessen wird
Hundebandwurm (*Dipylidium caninum*)	Ungenügende Hygiene bei Kindern (Juvenilformen in Flöhen und Läusen); mittlere Häufigkeit
Zwergbandwurm (*Hymenolepis nana*)	Juvenilformen in Mehlkäfern; verbreitet
Dreigliedriger Hundebandwurm (*Echinococcus granulosus*)	Zysten der Juvenilformen im Menschen; Infektion durch Kontakt mit Hunden; überall dort verbreitet, wo Menschen in engem Kontakt mit Hunden und Wiederkäuern leben
Fuchsbandwurm (*Echinococcus multilocularis*)	Zysten der Juvenilformen im Menschen; Infektion durch Kontakt mit Füchsen; weniger verbreitet als unilokuläre Hydatiden[*]

[*] Durch Bandwurmlaven hervorgerufene, mit Flüssigkeit gefüllte Bläschen („Bandwurm-Finnen").

intermuskulären Gewebe von Rindern. Ein geschlechtsreifes Alttier kann eine Länge von 10 m oder mehr erreichen. Sein Scolex ist mit vier Saugorganen zur Verankerung an der Darmwand ausgestattet, besitzt aber keine Haken. Ein kurzer „Hals" verbindet den Scolex mit der Strobila, die bis zu 2000 Proglottiden umfassen kann. Trächtige Proglottiden enthalten beschalte, infektiöse Larven (▶ Abbildung 14.19), die sich ablösen und mit den Fäzes abgehen.

Obwohl den Bandwürmern eine echte Metamerie fehlt, kommt es zur Wiederholung der reproduktiven und exkretorischen Systeme in jeder Proglottis. Exkretorische Kanäle im Scolex setzen sich über die ganze Länge des Körpers in einem Paar dorsolateraler und einem Paar ventrolateraler Exkretionsgänge fort. Diese paarigen Kanäle sind durch Transversalkanäle in der Nähe des posterioren Endes einer jeden Proglottis miteinander verbunden. Zwei longitudinal verlaufende Nervenstränge bilden im Scolex einen Nervenring; sie laufen ebenfalls durch alle Proglottiden zurück (▶ Abbildung 14.20). Angeschlossen an die ausleitenden Gänge sind Flammenzellen. Jede reife Proglottis enthält außerdem Muskeln und Parenchym, sowie einen vollständigen Satz männlicher und weiblicher Geschlechtsorgane, die denen von Trematoden ähnlich sind.

In dieser Gruppe der Bandwürmer sind die Vitellarien im Regelfall einzelne, kompakte Dotterdrüsen, die sich unmittelbar posterior der Ovarien finden. Wenn

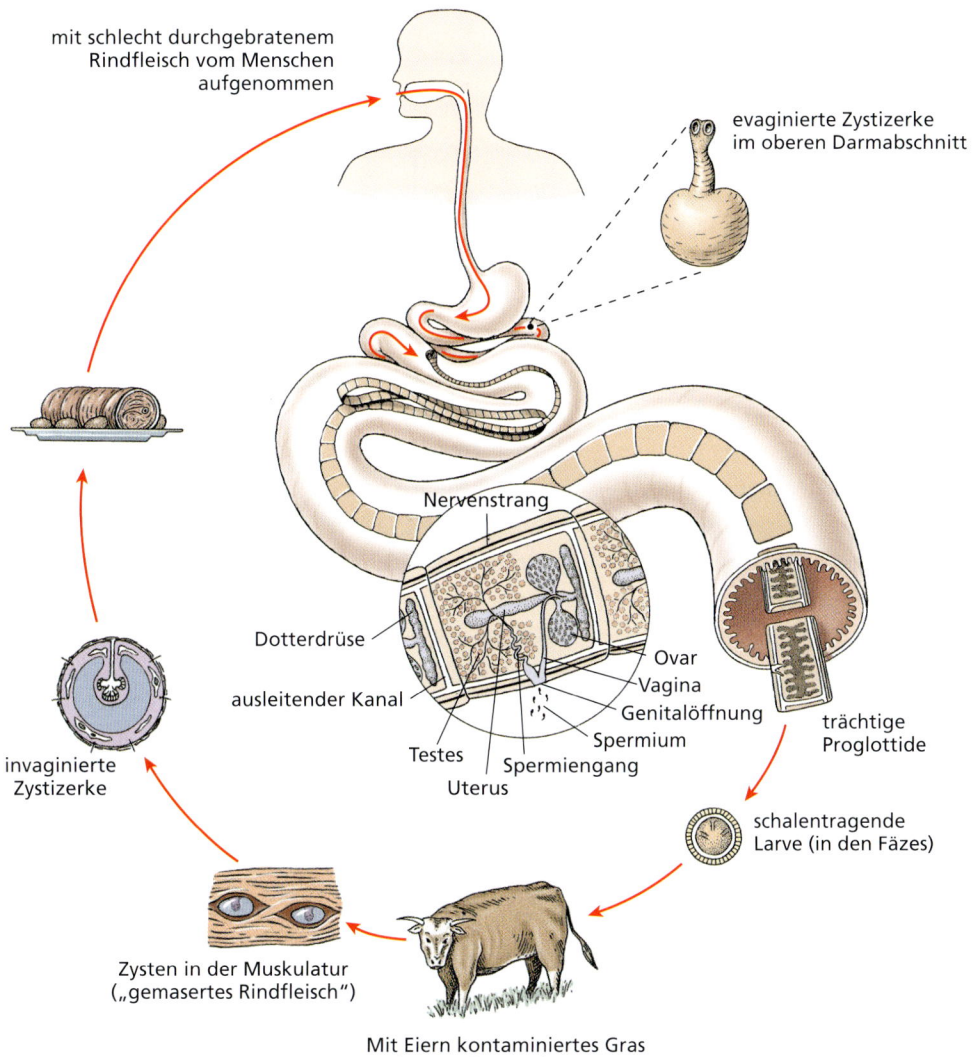

Abbildung 14.19: Vermehrungszyklus des Rinderbandwurms *(Taenia saginata)*. Reife Proglottiden schnüren sich im menschlichen Darm ab, verlassen den Körper mit den Fäzes, gelangen ins Gras und werden dort von Rindern aufgenommen. Aus den Eiern werden im Darm des Rindes Onkosphären freigesetzt, die in die Muskulatur eindringen und sich dort enzystieren (Entwicklung von „Blasenwürmern" = „Finnen"). Ein Mensch isst rohes Rindfleisch; im Darm wird der Cysticerkus (der Blasenwurm) freigesetzt, wo er sich an der Darmwand festsetzt. Dort bildet sich ein ausreifendes Strobila.

14 Acoelomate Bilateralia

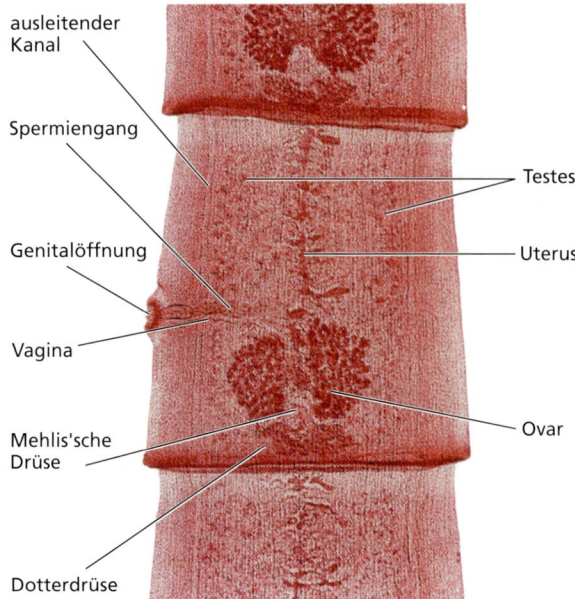

Abbildung 14.20: Reife Proglottis von *Taenia pisiformis*, einem **Hundebandwurm.** Teile zweier angrenzender Proglottiden sind ebenfalls sichtbar.

„schwangere" Proglottiden sich abschnüren und in den Fäzes ausgeschieden werden, kriechen sie in der Regel aus der Fäkalmasse auf in der Nähe befindliche Vegetation.

Dort können sie von grasenden Rindern aufgenommen werden. Eine Proglottis reißt auf, wenn sie austrocknet, so dass die Embryonen noch weiter auf dem Erdboden und im Gras verstreut werden. Bandwurmembryonen können im Gras bis zu fünf Monate überleben.
Vermehrungszyklus. Behüllte Larven (Onkosphären), die von Rindern verschluckt werden, schlüpfen aus und benutzen ihre Haken, um sich durch die Darmwand in Blut- oder Lymphgefäße hineinzubohren, um schließlich die Skelettmuskulatur zu erreichen, wo sie sich enzystieren (Umwandlung in „Blasenwürmer"; die Juvenilstadien werden als Cysticerkus bezeichnet). Dort entwickeln die Juvenilformen einen invaginierten Scolex, verharren jedoch in Ruhe. Wenn mit Bandwurmfinnen durchsetztes Fleisch von einem passenden Wirt roh oder in unzureichend erhitztem Zustand gegessen wird, lösen sich die Wände der Zysten auf, der Scolex stülpt sich aus und heftet sich an die Darmschleimhaut. Nachfolgend beginnen sich neue Proglottiden zu entwickeln. Der Wurm benötigt zwei bis drei Wochen, um zu reifen. Wenn sich ein Mensch mit einem dieser Bandwürmer infiziert, werden Tag für Tag mehrere „trächtige" Proglottiden ausgeschieden; manchmal kriechen diese selbstständig aus dem Anus heraus. Der Mensch infiziert sich durch den Verzehr rohen oder „blutig gebratenen" Grillfleisches (Roastbeef, Steaks und Ähnliches). Angesichts der Tatsache, dass ca. ein Prozent der amerikanischen Rinder infiziert sind, dass 20 Prozent aller geschlachteten Rinder nicht veterinärmedizinisch untersucht werden, und des Umstandes, dass selbst bei untersuchtem Fleisch rund ein Viertel aller Infektionen unentdeckt bleiben, überrascht es nicht, dass Bandwurminfektionen recht häufig sind. Eine Infektion lässt sich leicht vermeiden, wenn das Fleisch gut durchgebraten wird.

Einige weitere Bandwürmer
Taenia solium: **Der Schweinebandwurm.** Adulte *Taenia solium* (gr. *tainia*, Band, Schnur) leben im Dünndarm des Menschen, wohingegen juvenile im Muskelgewebe von Schweinen vorkommen. Der Scolex verfügt sowohl über Saugapparate wie Haken, die auf der Spitze – dem **Rostellum** – angeordnet sind (Abbildung 14.18). Der Generationswechsel dieses Wurms ist dem des Rinderbandwurms ähnlich, mit der Ausnahme, dass der Mensch sich durch den Verzehr ungenügend erhitzten Schweinefleisches infiziert.

Taenia solium ist wesentlich gefährlicher als T. saginata, weil die Cysticerken, wie auch die Adulti, sich im Menschen entwickeln können. Falls Eier oder Proglottiden versehentlich verschluckt werden, können die daraus entstehenden bzw. freigesetzten Embryonen in mehrere verschiedene Organe des menschlichen Körpers einwandern und dort Cysticerken bilden (▶ Abbildung 14.21). Dieser Krankheitszustand wird als **Cysticerkose** bezeichnet. Orte, an denen dies häufig stattfindet, sind die Augen und das Gehirn, und die Infektion kann zur Erblindung, schweren neurologischen Symptomen oder gar zum Tod führen.

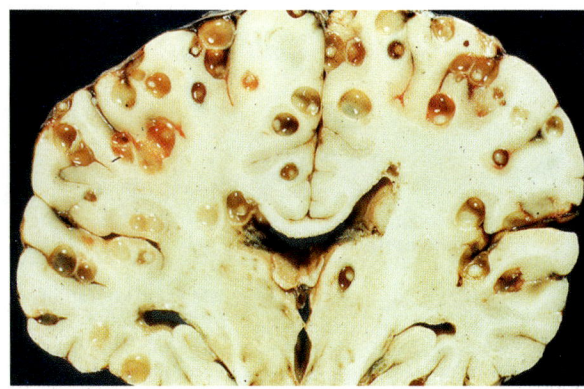

Abbildung 14.21: **Schnitt durch das Gehirn eines Menschen.** Dieser Mensch ist an cerebraler Cysticerkose verstorben, Folge einer Infektion mit Cysticerken von *Taenia solium*.

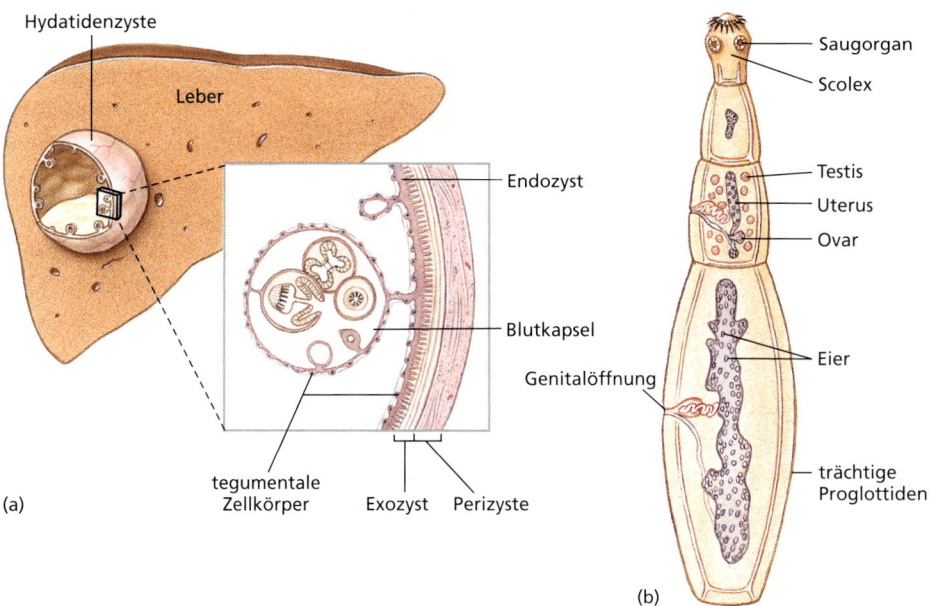

Abbildung 14.22: *Echinococcus granulosus*, ein Hundebandwurm, der für den Menschen gefährlich werden kann. (a) Frühe Hydatidenzyste oder Blasenwurmstadium, welches man in Rindern, Schafen, Ebern und manchmal auch in Menschen findet. Dieses Stadium führt zur Hydatidose. Menschen erwerben diese Krankheit durch sorglosen Umgang mit befallenen Hunden. Wenn Eier verschluckt werden, enzystieren sich freigesetzte Larven in der Leber, der Lunge oder anderen Organen. Von der inneren Schicht jeder Zyste werden Brutkapseln gebildet, die Scolices enthalten. Die Zyste vergrößert sich; dabei entwickeln sich weitere Zysten mit Bruttaschen. Sie kann über Jahre hinweg bis zur Größe eines Basketballs heranwachsen und eine chirurgische Entfernung notwendig machen. (b) Der adulte Bandwurm lebt im Darm eines Hundes oder anderen Carnivoren.

***Diphyllobothrium latum:* Der Fischbandwurm.** Adulte Tiere *Diphyllobothrium* (gr. *dis*, doppelt, zweifach + *phyllon*, Blatt + *bothrion*, Loch, Graben, Rinne) findet man im Darm von Menschen, Hunden, Katzen und anderen Säugetieren. Unreife Stadien entwickeln sich in Crustaceen und Fischen. Mit einer Länge von bis zu 20 m ist dies der längste Cestode, der den Menschen befällt. Fischbandwurminfektionen können überall auf der Welt auftreten, wo Menschen gewohnheitsmäßig rohen Fisch essen. In Finnland kann es durch diesen Wurm zu schweren Fällen von Anämie kommen, doch ist dieser Effekt in anderen Gegenden nicht aufgetreten.

***Echinococcus granulosus:* Der Hundebandwurm.** *Echinococcus granulosus* (gr. *echinos*, Igel + *kokkos*, Kern) (Abbildung 14.22b), ein Hundebandwurm, ruft beim Menschen die Hydatidose hervor, eine sehr schwer verlaufende Erkrankung, die in vielen Teilen der Welt auftritt. Adulte Würmer entwickeln sich in Caninae (= hundeartige), die Juvenilformen wachsen in mehr als 40 Säugetierarten, darunter Mensch, Affe, Schaf, Rentier und Rind. Der Mensch kann daher für diesen Bandwurm als „Sackgassenwirt" fungieren. Das Juvenilstadium ist eine spezielle Art von Cysticerke, die als **Hydatidenzyste** (gr. *hydatis*, wässriges Bläschen) bezeichnet wird. Sie wächst langsam, vermag dies aber für eine lang Zeit – bis zu 20 Jahren – zu tun. Dabei kann sie in einer Umgebung, in der ihre Ausdehnung nicht eingeschränkt ist (zum Beispiel in der Leber) die Größe eines Basketballs erreichen. Falls ein Hydatid an einem problematischen Ort wie dem Herzen oder dem zentralen Nervensystem wächst, kann es im Verlauf einer wesentlich kürzeren Zeitspanne zu gravierenden Symptomen kommen. Die Hauptzyste beinhaltet eine einzelne (unilokulare) Kammer, doch knospen sich innerhalb der Hauptzyste Tochterzysten ab, von denen eine jede Tausende von Scolices enthält. Jeder Scolex kann einen Wurm hervorbringen, wenn er von einem hundeartigen Säugetier gefressen wird. Die einzige Behandlung ist die chirurgische Entfernung der Hydatide.

Phylum Nemertea (Rhynchocoela; der Stamm der Schnurwürmer) 14.2

Die Nemertea (auch: Nemertini) heißen auf Deutsch Schnurwürmer. Ihr Name (gr. *Nemertes*, die „niemals Fehlende"; eine der Nereïden; Töchter des *Nereus* der griechischen Antike) bezieht sich auf die „nie das Ziel verfehlende" Proboscis, einen langen Muskelschlauch

14 Acoelomate Bilateralia

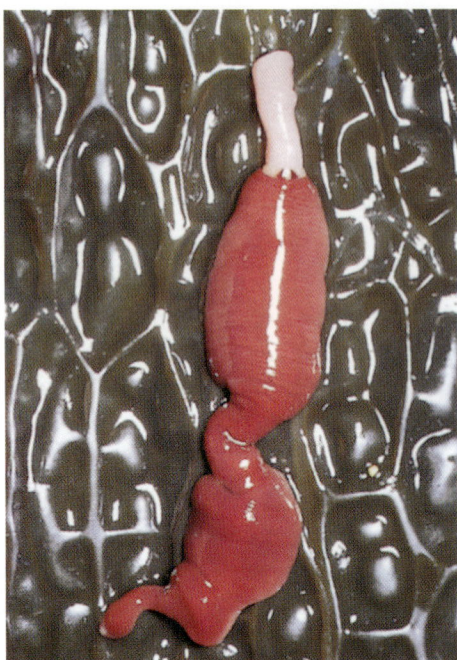

Abbildung 14.23: Schnurwurm der Art *Amphiporus bimaculatus* (Phylum Nemertea) von 6 bis 10 cm Länge. Andere Arten können bis zu mehreren Metern lang werden. Die Proboscis dieses Exemplars ist am Vorderende teilweise ausgestülpt. Der Kopf ist an zwei braunen Flecken kenntlich.

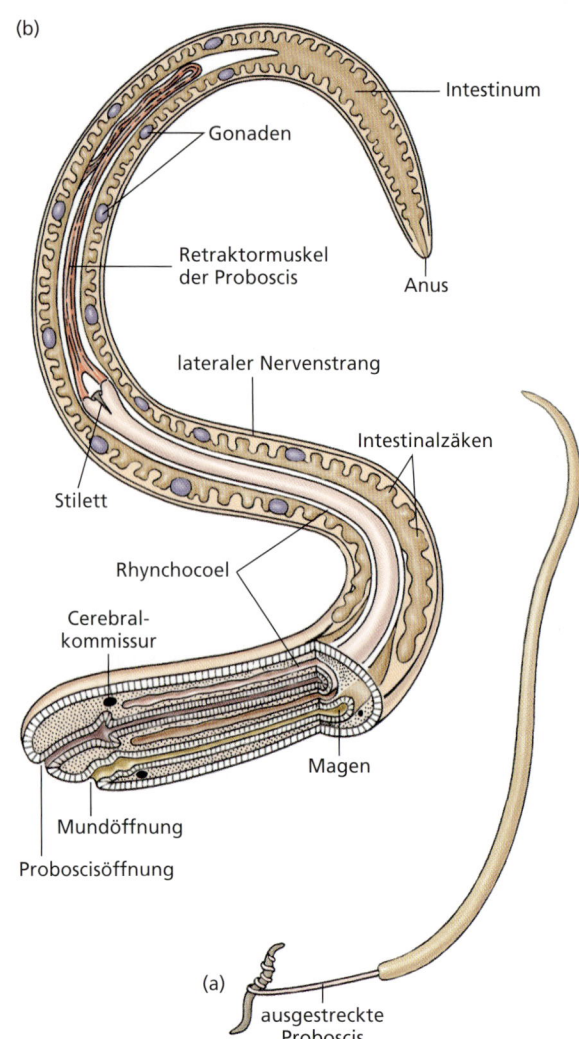

Abbildung 14.24: *Amphiporus*. (a) *Amphiporus*, mit zum Beutefang vorgestreckter Proboscis. (b) Bau eines weiblichen Schnürwurms der Gattung *Amphiporus* (schematisch). Dorsalansicht, um die Proboscis zu zeigen.

(▶ Abbildungen 14.23 und ▶ 14.24), der herausgeschleudert werden kann, um rasch Beute zu ergreifen. Der Stamm wird auch mit dem Namen Rhynchocoela (gr. *rhynchos*, Schnabel + *koilos*, hohl) angesprochen, der sich ebenfalls auf die Proboscis bezieht. Es handelt sich um faden- oder schnurförmige Würmer. Fast alle Formen leben im Meer. Einige leben in sekretierten, gelatinösen Röhren. In dieser Gruppe sind etwa 900 Arten bekannt.

Die Schnurwürmer sind im Allgemeinen weniger als 20 cm lang, obwohl es einige Arten von mehreren Metern Länge gibt (▶ Abbildung 14.25). *Lineus longissimus* (lat. *linea*, Strich, Linie) besitzt einigen Berichten zufolge die Fähigkeit, sich bis zu einer Länge von 60 m auszustrecken! Ihre Farbgebung kann auffällig sein, obwohl die meisten blass gefärbt sind oder die Farben nur stumpf sind. Bei der ungewöhnlichen Gattung *Gorgonorhynchos* (gr. *Gorgo*, Fabelgestalt der griechischen Antike mit einer Haartracht aus Schlangen; „Gorgonenhaupt" + *rhynchos*, Schnabel) ist die Proboscis in zahlreiche Proboscide untergliedert, die wie ein Gewimmel von Würmern aussieht, wenn sie hervor gestülpt werden.

Mit wenigen Ausnahmen ist der allgemeine Bauplan der Nemertini dem der Turbellarien ähnlich. Die Epi-

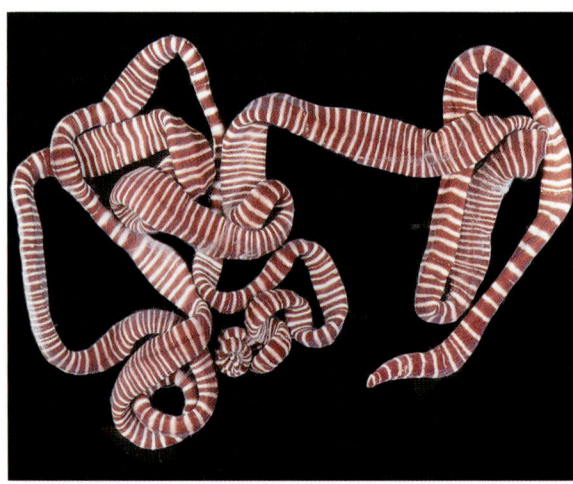

Abbildung 14.25: *Baseodiscus*. Dies ist eine Gattung der Nemertea, deren Mitglieder normalerweise mehrere Meter Länge aufweisen. Dieses Exemplar von *B. mexicanus* stammt von den Galapagosinseln.

dermis der Nemertea trägt Cilien und weist viele Drüsen auf. Eine weitere auffällige Ähnlichkeit ist das Vorhandensein von Flammenzellen in den Exkretionsorganen. Bei mehreren Nemertea einschließlich *Lineus* hat man Rhabditen gefunden. Die Schnurwürmer unterscheiden sich jedoch von den Plattwürmern sowohl durch den Besitz einer nur bei ihnen vorkommenden Proboscis als auch in ihren Fortpflanzungsorganen. Die Schnurwürmer sind zumeist getrenntgeschlechtlich. Bei den marinen Formen tritt eine cilientragende Larve auf, die einige Ähnlichkeit mit der Trochophoralarve der Anneliden und Mollusken hat. Andere, an die Plattwürmer erinnernde Merkmale sind die bilaterale Symmetrie, sowie ein Mesoderm ohne Coelom. Aktuelle Daten führen zu dem Schluss, dass die Nemertini und die Plathelminthes einen gemeinsamen Vorfahren haben.

Die Nemertea lassen einige abgeleitete Merkmale erkennen, die bei den Plattwürmern fehlen. Das auffälligste dieser Merkmale ist die vorstülpbare **Proboscis** und deren Scheide, für die es bei keinem anderen Stamm Gegenstücke gibt. Ein weiterer Unterschied ist das Vorhandensein eines **Anus** bei den Adultformen, wodurch ein **vollständiges Verdauungssystem** entsteht. Ein Verdauungssystem mit einem Anus ist leistungsfähiger, weil der Ausstoß der Abfallstoffe durch die Mundöffnung wegfällt. Die Nemertea sind außerdem die einfachsten Tiere mit einem **geschlossenen Blutkreislauf.**

Einige wenige Nemertea finden sich in feuchtem Erdreich und im Süßwasser, aber die überwiegende Mehrheit von ihnen lebt im Meer. Bei Ebbe findet man sie oft verknäuelt unter Steinen. Es erscheint wahrscheinlich, dass sie bei Flut aktiv sind und bei Ebbe ruhen. Einige Nemertea wie *Cerebratulus* (gr. *cerebrum*, Gehirn + *ulus*, Verkleinerungsform) leben häufig in leeren Schalen von Mollusken. Kleine Arten leben oft im Tang, oder man findet sie schwimmend in der Nähe der Wasseroberfläche. Nemertea sind oft „Beifang", wenn Schleppnetze in Tiefen von 5 bis 8 m oder tiefer eingesetzt werden.

Obwohl einige Arten als Kommensalen oder Aasfresser leben, sind die meisten Arten aktive Jäger, die kleinen Wirbellosen nachstellen. Einige wenige Arten haben sich als Eiräuber von *Brachyura* (echte Krabben) spezialisiert (und werden als Ektoparasiten eingestuft), die alle Embryonen eines Geleges vertilgen können, wenn sie zahlreich auftreten. *Prostoma rubrum* (gr. *pro*, vor, vorhergehend + *stoma*, Mund, Maul) ist eine bekannte Süßwasserart mit einer Körperlänge von nur 20 mm oder weniger.

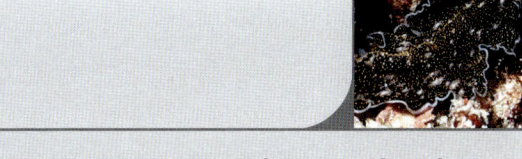

MERKMALE

■ Phylum Nemertea

1. Bilateralsymmetrie; hoch kontraktiler Körper, der anterior zylindrisch und posterior abgeflacht ist.
2. Drei Keimblätter.
3. Epidermis mit Cilien und Drüsenzellen; Rhabditen bei einigen Arten.
4. Körperinnenräume mit Parenchym, welches teilweise gelatinös ist.
5. Eine **vorstülpbare Proboscis** ist vorhanden. Diese liegt frei in einer Höhle (Rhynchocoel) über dem Verdauungskanal; nur bei den Nemertea vorkommend.
6. Vollständiges Verdauungssystem (Mund bis Anus).
7. Epidermismuskulatur aus äußerer zirkulärer und innerer longitudinaler Schicht mit Diagonalfasern zwischen beiden; manchmal eine weitere zirkuläre Schicht innerhalb der Longitudinalschicht.
8. Blutkreislaufsystem mit zwei oder drei longitudinalen Ästen.
9. Acoelomaten, obwohl das Rhynchocoel technisch als echtes Coelom angesehen werden kann.
10. Nervensystem mit meist vierlappigem Gehirn, das an paarige, longitudinal verlaufende Nervenstränge angeschlossen ist; bei einigen Formen ist es auch an einem mediodorsalen und einem medioventralen Strang angeschlossen.
11. Exkretorisches System aus zwei verschlungenen Kanälen, die verzweigt sind; mit Flammenzellen.
12. Getrennte Geschlechter mit einfachen Gonaden; ungeschlechtliche Vermehrung durch Fragmentierung; einige hermaphroditische Arten; **Pilidiumlarve** bei einigen Formen.
13. Kein respiratorisches System.
14. **Cilienbesetzte sensorische Gruben** oder **Kopfspalten** auf jeder Seite des Kopfes, welche die Kommunikation zwischen der Außenwelt und dem Gehirn vermitteln; taktile Organe und Ocelli (bei einigen Formen).
15. Im Gegensatz zu den Plathelminthen gibt es unter den Nemertea nur wenige parasitische Arten.

14.2.1 Form und Funktion

Viele Nemertea sind schwierig zu untersuchen, weil sie so lang und fragil sind. *Amphiporus* (gr. *amphi*, auf beiden Seiten + *poros*, Pore, Loch), eine Gattung kleinerer Formen von 2 bis 10 cm Länge, ist ein ziemlich typisches Beispiel für den Bau der Nemertini (Abbildung 14.24). Seine Körperhülle besteht aus einer cilientragenden Epidermis und Schichten zirkulär und longitudinal verlaufender Muskulatur (▶ Abbildung 14.26). Die Fortbewegung erfolgt größtenteils durch Gleiten über eine Schleimspur, obgleich größere Arten sich durch muskuläre Kontraktion fortbewegen. Einige größere Arten sind sogar zu undulatorischen Schwimmbewegungen fähig, wenn sie sich bedroht fühlen.

Die Mundöffnung liegt anterior und ventral; der Verdauungstrakt ist vollständig, durchzieht die volle Länge des Körpers und endet in einem Anus. Die evolutive Herausbildung eines Anus stellt gegenüber dem gastrovaskulären System der Plattwürmer, Ctenophoren und Cnidarier einen erheblichen Fortschritt dar. Das Herauswürgen von Abfällen war nicht länger notwendig; Nahrungsaufnahme und Defäkation konnte gleichzeitig stattfinden. Man findet im Darm meist selbst keine Muskeln; stattdessen treiben Cilien die Nahrung durch den Darm. Die Verdauung findet größtenteils extrazellulär im Darmlumen statt.

Die bevorzugte Beute der meisten Nemertea sind Anneliden und andere kleine Invertebraten. Die Nahrung kann, abhängig von der Art, stark spezialisiert oder sehr variabel sein. Einige Arten scheinen befähigt zu sein, Beute nur dann wahrzunehmen, wenn sie mit dieser zusammenstoßen, während andere in der Lage sind, Beute über große Entfernung zu verfolgen. Wenn es zu einer Begegnung mit einem Beutetier kommt, stoßen die Nemertea mit ihrer Proboscis zu, die in einer eigenen Körperhöhle, dem Rhynchocoel, über dem Verdauungstrakt liegt, aber mit diesem nicht in Verbindung steht. Die Proboscis selbst ist eine lange, blind endende Röhre, die sich an ihrem anterioren Ende über dem Mund in einer Proboscispore öffnet (Abbildung 14.24). Muskulärer Druck auf Flüssigkeit im Rhynchocoel führt dazu, dass die lange, tubuläre Proboscis rasch durch die Proboscispore ausgestülpt wird. Das Ausstülpen der Proboscis legt einen scharfen Stachel frei, der Stilett genannt wird, und der bei einigen Nemertini fehlt. Die klebrige, mit Schleim überzogene Proboscis wickelt sich um die Beute und sticht (oft mehrfach) mit dem Stilett auf diese ein. Dabei wird ein giftiges Sekret über die Beute ausgeschüttet (Abbildung 14.24). Durch Zurückziehen der Proboscis zieht ein Schnurwurm seine Beute an die Mundöffnung heran, wo die überwältigte Beute als Ganzes verschluckt wird.

Die Nemertea verfügen über einen echten Kreislauf. Der Blutfluss wird durch eine Kombination von Wand-

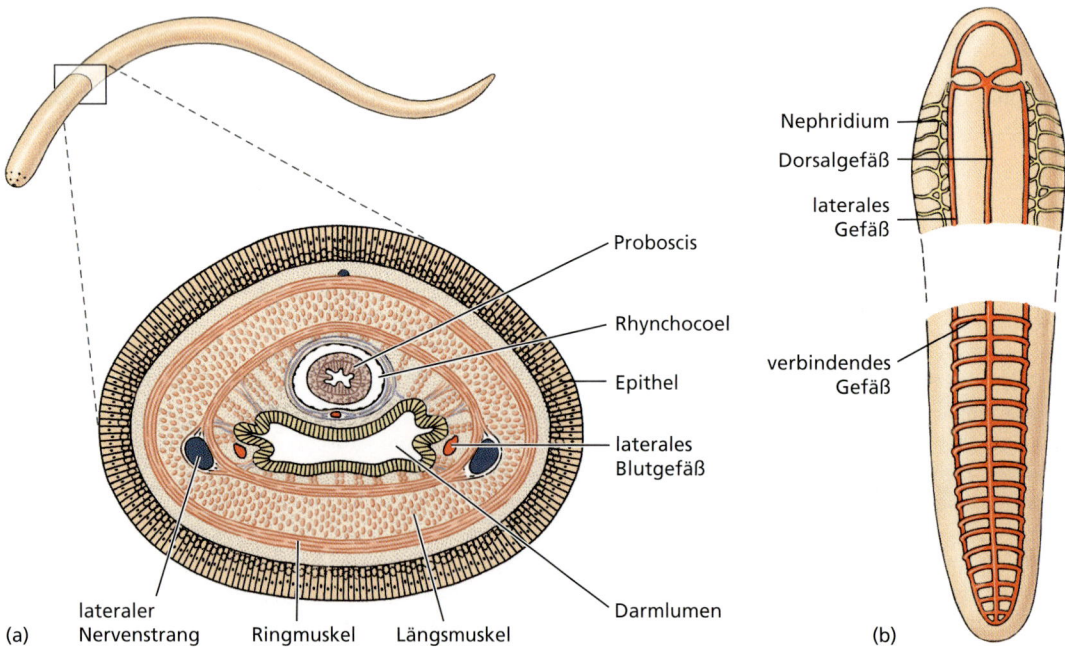

Abbildung 14.26: *Schnurwurm*. (a) Schematischer Querschnitt durch einen weiblichen Schnurwurm. (b) Exkretions- und Kreislaufsystem eines Schnurwurms. Flammenbulben (lat. *bulbus*, Zwiebel, Knolle; Anat. „kolben- oder knollenförmige Bildung") entlang des Nephridialkanals sind eng mit den lateralen Blutgefäßen assoziiert.

> **KLASSIFIZIERUNG**
>
> ■ **Phylum Nemertea**
>
> **Classis Enopla** (gr. enoplos, bewaffnet). Proboscis im Allgemeinen mit Stiletten bewehrt; Mund öffnet sich vor dem Gehirn. Beispiele: *Amphiporus, Prostoma*.
>
> **Classis Anopla** (gr. anoplos, unbewaffnet). Proboscis ohne Stilette; Mund öffnet sich unterhalb des Gehirns oder posterior vom Gehirn. Beispiele: *Cerebratulus, Tubulanus, Lineus*. Die Validität der Klasse Anopla ist unter Wissenschaftlern bis heute umstritten, weil einige Fachleute annehmen, dass es sich um eine paraphyletische Gruppe handelt.

kontraktionen der Gefäße und allgemeiner Körperbewegungen aufrechterhalten. Als Folge ist der Blutfluss unregelmäßig und kehrt oft die Fließrichtung in den Gefäßen um. Zwei bis viele Protonephridien vom Flammenbulbustyp sind eng mit dem Kreislaufsystem assoziiert, so dass ihre Funktion eine echte Exkretion (Abgabe von Stoffwechselabfallprodukten) zu sein scheint – im Gegensatz zu der anscheinend mehr osmoregulatorischen Rolle, die diese Organe bei den Plathelminthes spielen.

Die Nemertea besitzen ein Paar Nervenganglien, und ein oder mehrere Paare longitudinaler Nervenstränge, die über Transversalnerven untereinander verbunden sind.

Einige Arten vermehren sich ungeschlechtlich durch Fragmentierung und Regeneration. Ungeachtet der Tatsache, dass es sich um ein verhältnismäßig kleines Phylum handelt, zeigen die Nemertea ein erstaunlich breites Spektrum an Vermehrungsstrategien. Die meisten Arten sind getrenntgeschlechtlich, und die Befruchtung ist oft extrakorporal, obgleich viele Ausnahmen bekannt sind: Einige Arten sind zwittrig, einige vollziehen intrakorporale Befruchtung, und einige Formen zeigen sogar eine ovovivipare Entwicklung.

Phylum Gnathostomulida 14.3

Die erste bekannte Art der Gnathostomulida (Kiefermäuler) (gr. *gnathos*, Kiefer + *stoma*, Mund, Maul + lat. *ulus*, Verkleinerungsform) wurde 1928 im Baltikum gefunden, aber die Beschreibung wurde erst 1956 veröffentlicht. Seitdem hat man weitere Kiefermäuler in vielen Teilen der Welt gefunden, einschließlich der Atlantikküste Nordamerikas, und es sind über 80 Arten aus 18 Gattungen beschrieben worden.

Die Gnathostomulida sind zerbrechlich erscheinende, wurmartige Tiere von weniger als 2 mm Länge (▶ Abbildung 14.27). Sie leben in den Zwischenräumen sehr feinsandiger Küstensedimente (und gehören somit zur interstitiellen Sandlückenfauna) und im Silt (= Schluff, Feinböden mit sehr kleiner bis winziger Korngröße) der Gezeitenzone bis in Tiefen von mehreren hundert Metern. Sie vertragen sehr niedrige Sauerstoffkonzentrationen. Sie treten oft in großer Zahl und in Verbindung mit Gastrotrichen, Nematoden, Ciliaten, Tartigraden und anderen Kleinsttieren auf. Die Gnathostomulida können gleiten, in Bögen und Spiralen schwimmen sowie den Kopf von Seite zu Seite bewegen. Das Nervensystem ist nur teilweise beschrieben, doch scheint es in erster Linie mit einer Vielzahl sensorischer Cilien und Ciliengruben auf dem Kopf verbunden zu sein. Wie im Fall des Nervensystems sind das Fortpflanzungssystem und das Paarungsverhalten dieser Würmer bei weitem noch nicht umfassend dokumentiert. Die Gnathostomulida sind primär protandrisch oder simultan hermaphroditisch, und sie scheinen eine wechselseitige intrakoroporale Befruchtung zu vollziehen. Befruchtete Tiere scheinen jeweils eine einzelne Zygote hervorzubringen. Einzelheiten der Entwicklung sind noch unbekannt.

Da ein Pseudocoel, ein Kreislaufsystem und ein Anus fehlen, sind die Gnathostomulida wahrscheinlich bei

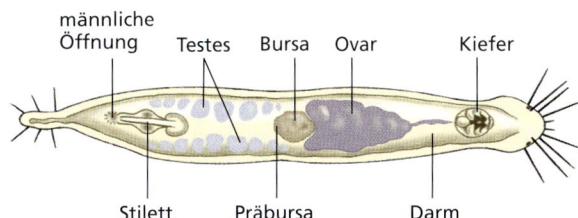

Abbildung 14.27: *Gnathostomula jenneri* **(Phylum Gnathostomulida).** Dies ist ein winziger Vertreter der interstitiellen Sandlückenfauna (= Kleinstfauna der Zwischenräume in Sand oder Schlamm). Die Arten dieser Familie sind die am häufigsten zu findenden Kiefermäuler; man begegnet ihnen im flachen Wasser sowie bis in Tiefen von mehreren hundert Metern.

Kreislauf, Exkretion und Gastausch in erster Linie auf Diffusion angewiesen. In dieser Hinsicht zeigen die Gnathostomulida einige Ähnlichkeiten zu den Turbellarien und wurden daher zunächst in diese Gruppe gestellt. Ihr Parenchym ist jedoch wenig entwickelt, und ihr Schlund erinnert an den Mastax der Rädertierchen (Rotatorien; Abbildung 15.18). Ihr Pharynx ist mit einem Paar lateraler Kiefer bewehrt, die dazu benutzt werden, Pilze und Bakterien vom Untergrund abzuweiden. Obwohl die Epidermis mit Cilien besetzt ist, hat jede Epidermiszelle nur ein Cilium – ein Zustand, der sich mit Ausnahme der Gastrotricha (Abbildung 15.21) nur bei wenig bilateralen Tieren findet.

14.4 Phylogenie und adaptive Radiation

14.4.1 Phylogenie

Einige Forscher sind der Ansicht, dass ein **planuloider Vorfahre** (vielleicht einer, der einer Planulalarve der Cnidarier sehr ähnlich gewesen ist) möglicherweise eine Linie von Nachfahren hervorgebracht hat, die sessil oder frei schwebend und radial gewesen sind, und aus der die Cnidarier (Nesseltiere) hervorgegangen sind, sowie eine weitere Linie, die einen kriechenden Habitus und die Bilateralsymmetrie angenommen hat. Die bilaterale Symmetrie ist für kriechende oder schwimmende Tiere ein Selektionsvorteil, weil die sensorischen Organe am anterioren Ende zusammengefasst sind (Cephalisation), da dieses Ende zuerst mit vielen Umweltreizen in Berührung kommt. Eine neuere Arbeit[*] legt Sequenzdaten von 18S rRNA, embryonale Furchungsverläufe und die Herkunft des Mesoderms sowie von Bildungen des Nervensystems als Beweise vor, dass die Acoela tatsächlich keine Mitglieder des Stammes Plathelminthes seien. Diese Forscher kommen zu dem Schluss, dass die Acoela ein Schwestertaxon aller anderen Bilateralia seien. Eine beträchtliche Menge an historischer Forschung und neuerer morphologischer Analysen widerspricht dieser Behauptung, und zum gegenwärtigen Zeitpunkt gibt es keinen klaren Konsens für die Beziehung zwischen den Acoela und dem Rest der Bilateralia. Falls diese Interpretation richtig ist, dann ist der Stamm Plathelminthes, wie er sich gegenwärtig darstellt, polyphyletisch. Andere Wissenschaftler, die Sequenzdaten der ribosomalen DNA für die große Untereinheit des Ribosoms ausgewertet haben, kamen zu dem Schluss, dass eine andere Ordnung der Turbellaria (nicht der Acoela) unter den Plathelminthen basalen Status genießt.[*] Keiner dieser Berichte stellt die Paraphylie der Turbellarien in Abrede.

Obschon die Turbellarien klar paraphyletisch sind, behalten wir dieses Taxon bis auf weiteres bei, weil eine Darstellung auf der Grundlage einer gründlichen kladistischen Analyse es erforderlich machen würde, viele neue Taxa und Merkmale einzuführen, die den Rahmen dieses Werkes sprengen würden, und die auch in der zoologischen Literatur noch keine Verbreitung gefunden haben. So sollen etwa die ektolecithalen Tubellarien mit den Trematoden, Monogeneen und Cestoden als Schwestertaxon neben die endolecithalen Turbellaria gestellt werden (▶ Abbildung 14.28). Diverse Synapomorphien einschließlich der einzigartigen Architektur des Teguments deutet darauf hin, dass die Neodermaten (Trematoden, Monogeneen und Cestoden) eine monophyletische Gruppe bilden. Dieser monophyletische Charakter der Neodermata wird durch Sequenzdaten mehrerer unterschiedlicher molekularer Marker gestützt.[**]

Die verwandtschaftlichen Beziehungen der Nemertea und Gnathostomulida zu den restlichen bilateralen Stämmen sind noch nicht geklärt, doch gehören sie offenbar in die Gruppe Lophotrochozoa (siehe Kapitel 15). Ultrastrukturelle Ähnlichkeiten der Kiefer der Gnathostomulida mit den Trophi (= Fresswerkzeugen) der Rotatorien (Abbildungen 15.17 und 15.18) legen den Schluss nahe, dass diese beiden Phylae Schwestertaxa sein könnten.

14.4.2 Adaptive Radiation

Ob die Plathelminthes eine valide monophyletische Gruppierung darstellen oder nicht, ist weiterhin ein Gegenstand der wissenschaftlichen Diskussion, obgleich es wenig Uneinigkeit darüber gibt, dass die Turbellaria eine paraphyletische Gruppe sind, die einer Revision unterzogen werden muss. Es kann nur wenig Zweifel daran geben, dass der Bauplan der Plattwürmer sich als erfolgreich erwiesen hat, und die Abkömmlinge der

---

[*] Ruiz-Trillo et al. (1999), Science, vol. 283: 1919–1923.

[*] Livaitis und Rohe (1999), Invertebrate Biology, vol. 118: 42–56.
[**] Telford et al. (2003), Proc. R. Soc. London B, vol. 270: 1077–1083.

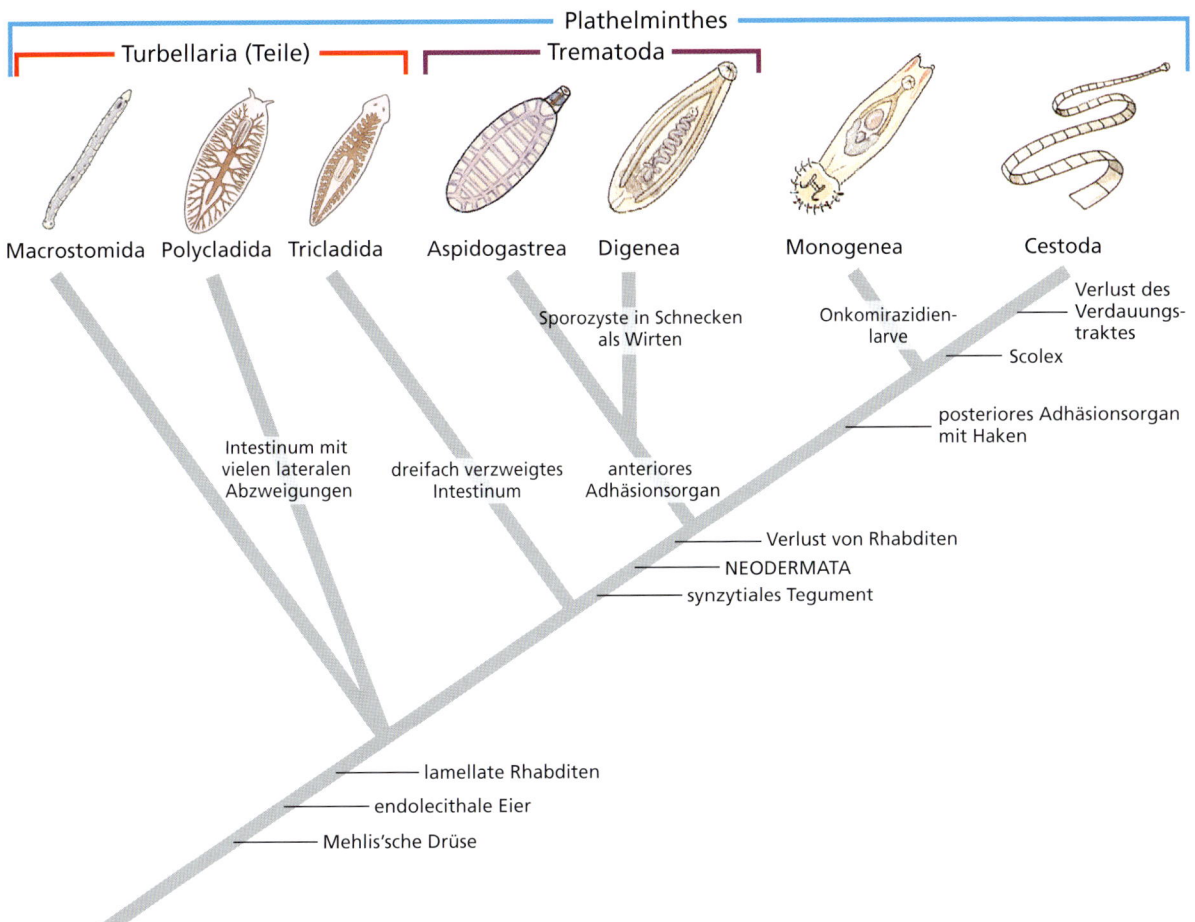

Abbildung 14.28: Hypothetische Verwandtschaftsbeziehungen unter den parasitischen Plathelminthes. Die traditionell anerkannte Klasse Turbellaria ist paraphyletisch. Einige Turbellarien zeigen eine ektolecithale Entwicklung und bilden, zusammen mit den Schwestergruppierungen der Trematoda, Monogenea und Cestoda einen Kladus und ein Schwestertaxon zu den endolecithalen Turbellarien. Aus Gründen der Übersichtlichkeit wurden die Synapomorphien dieser Turbellarien und der Aspidogastrea – sowie zahlreiche weitere, die Brooks (1989) aufführt – hier weggelassen. Alle diese Organismen bilden einen Kladus (der Cercomeria genannt wird) von Tieren mit einem posterioren Anheftungsorgan. (Nach: D. Brooks: The phylogeny of the Cercomeria (Plathelminthes: Rhabdocoela) and general evolutionary principles. *Journal of Parasitology* (1989), *vol.* 75: 606–616).

Urplattwürmer eine ausgedehnte Radiation erfahren haben. Die Abkömmlinge dieser Urplattwürmer sind insbesondere als Parasiten erfolgreich gewesen, und viele Gruppen der Plattwürmer haben sich in hohem Maße an eine parasitische Lebensweise angepasst.

Schnurwürmer haben bei ihrer evolutiven Diversifizierung den Proboscisapparat weiterentwickelt. Obgleich die Schnurwürmer eine größere Komplexität der Organisation aufweisen, sind sie zu keinem Zeitpunkt so häufig gewesen oder haben eine den Plathelminthen vergleichbare dramatische adaptive Radiation durchlaufen.

In gleicher Weise haben die Kiefermäuler keine Radiation erlebt oder eine solche Häufigkeit oder Diversität erreicht wie die Plattwürmer. Sie haben es jedoch verstanden, sich die interstitiellen Bereiche des Meeresbodens nutzbar zu machen, spezielle Zonen mit sehr niedriger Sauerstoffkonzentration.

Acoelomate Bilateralia

ZUSAMMENFASSUNG

Die Plathelminthes, die Nemertea und die Gnathostomulida gehören zu den einfachsten Tierformen mit bilateraler Körpersymmetrie, die eine Entwicklung mit adaptivem Wert für aktiv kriechende oder schwimmende Tiere darstellt. Sie besitzen weder ein Coelom noch ein Pseudocoelom (mit den Nemertea als mögliche Ausnahme), und sind somit Acoelomaten. Sie sind triblastisch und haben das Organniveau der inneren Organisation erreicht.

Die Körperoberfläche der Turbellarien ist für gewöhnlich ein zelluläres Epithel, das wenigstens teilweise cilientragend ist, zahlreiche Schleimzellen und stäbchenförmige Rhabditen enthält, die bei der Fortbewegung des Tieres zusammenwirken. Die Angehörigen der übrigen Plattwurmklassen sind von einem cilienlosen, syncytialen Tegument bedeckt, dessen Zellkörper unter oberflächlichen Muskelschichten liegen. Die Verdauung erfolgt bei den meisten extra- wie intrazellulär. Die parasitischen Cestoden müssen vorverdaute Nahrung über ihr Tegument absorbieren, weil sie keinen Verdauungstrakt besitzen. Die Osmoregulation erfolgt über Flammenzell-Protonephridien, und die Ausscheidung von Stoffwechsel- und Atmungsendprodukten erfolgt durch Diffusion über die Körperaußenwand. Mit Ausnahme der Acoela weisen die Plattwürmer ein Strickleiternervensystem mit motorischen, sensorischen und assoziativen Neuronen auf. Die meisten Plattwürmer sind Hermaphroditen; bei einigen Gruppen tritt ungeschlechtliche Fortpflanzung auf.

Die Klasse Turbellaria ist eine paraphyletische Gruppe, zu der zumeist freilebende und carnivore Arten gehören. Die Trematoden der Klasse Digenea haben Mollusken als Zwischenwirte; Endwirt ist fast immer ein Wirbeltier. Die ausgedehnte asexuelle Vermehrung, die im Zwischenwirt stattfindet, hilft, die Wahrscheinlichkeit zu erhöhen, dass zumindest ein Teil der Nachkommenschaft einen Endwirt finden wird. Abgesehen vom Tegument haben die Digeneen viele basale Baumerkmale mit den Turbellarien gemeinsam. Zu den Digeneen gehören eine Reihe bedeutsamer Parasiten des Menschen und seiner Haus- und Nutztiere. Die Digeneen stehen den Monogeneen gegenüber, die bedeutende Ektoparasiten von Fischen sind und einen direkten Generationswechsel ohne Zwischenwirt zeigen.

Die Cestoden (Bandwürmer) besitzen an ihrem anterioren Ende im Allgemeinen einen Scolex, gefolgt von einer langen Kette von Proglottiden, von denen eine jede einen vollständigen Satz Reproduktionsorgane beider Geschlechter enthält. Als Adulti leben die Cestoden in den Verdauungstrakten von Vertebraten. Auf ihrem Tegument besitzen sie mikrovilliartige Mikrotrichen, welche die wirksame Oberfläche für Absorptionsvorgänge stark vergrößern. Beschalte Larven werden mit den Fäzes in Freiheit gesetzt, und die Juvenilformen entwickeln sich in einem Zwischenwirt, der ein Vertebrat oder Invertebrat sein kann.

Die Angehörigen der Gruppe Nemertea verfügen über ein vollständiges Verdauungssystem mit einem Anus, sowie über ein echtes Kreislaufsystem. Sie sind freilebend, zumeist marin, und sie fangen Beute ein, die sie mit ihrer langen, ausstülpbaren Proboscis umschlingen.

Die Gnathostomulida sind ein merkwürdiger Stamm kleiner, wurmartiger Meerestiere, die zwischen Sandkörnern und im Schlamm leben. Sie besitzen keinen Anus, und sie haben bestimmte Merkmale mit so weit divergierenden Gruppen wie Turbellarien und Rotatorien gemeinsam. Als Folge davon ist ihre verwandtschaftliche Beziehung zu anderen Stämmen mit beträchtlicher Unsicherheit behaftet.

Die Plattwürmer und die Cnidarier haben sich vermutlich aus einem gemeinsamen Vorfahren (Planuloid) evolviert, dessen Nachkommen zum Teil sessile oder frei schwebende und radiale Formen entwickelt haben (Cnidaria, Nesseltiere), zum Teil kriechende bilaterale Formen (Plattwürmer).

Sequenzanalysen von rDNAs, sowie einige entwicklungsbiologische und morphologische Kriterien legen nahe, dass die Acoela, die bislang als eine Ordnung der Turbellarien zugeordnet wurden, von einem gemeinsamen Vorfahren abgezweigt sind, den sie mit anderen Bilateralia gemeinsam hatten und tatsächlich ein Schwestertaxon aller anderen Stämme bilateraler Tiere sind.

ZUSAMMENFASSUNG

Übungsaufgaben

1 Warum ist die Bilateralsymmetrie von adaptivem Wert für aktiv motile Tiere?

2 Ordnen Sie die Begriffe der rechten Spalte den Tierklassen in der linken Spalte zu:

___	Turbellaria	a.	endoparasitisch
___	Monogenea	b.	freilebend und kommensal
___	Trematoda	c.	ektoparasitisch
___	Cestoda		

3 Geben Sie einige Merkmale der Plathelminthes an, die diagnostischen Wert haben.

4 Nennen Sie zwei unterschiedliche Mechanismen, durch die Plattwürmer ihre Embryonen mit Dotter versorgen. Welches dieser Systeme ist für die Plattwürmer ursprünglich, und welches ist abgeleitet?

5 Beschreiben Sie kurz den Bauplan der meisten Turbellarien.

6 Was fressen Planarien (triclade Plattwürmer) und wie verdauen Sie die Nahrung?

7 Beschreiben Sie kurz das osmoregulatorische System, das Nervensystem und die Sinnesorgane der Turbellarien, der Trematoden und der Cestoden.

8 Stellen Sie die ungeschlechtliche Vermehrung der tricladen Turbellarien der der Trematoden und der Cestoden gegenüber.

9 Stellen Sie den typischen Generationswechsel eines Vertreters der Monogenea dem eines Trematoden der Klasse Digenea gegenüber.

10 Beschreiben Sie das Tegument der meisten Turbellarien und der anderen Klassen der Plathelminthen und stellen Sie die verschiedenen Tegumente einander gegenüber. Liefert das Tegument Hinweise darauf, dass die Trematoden, Monogeneen und Cestoden innerhalb der Plathelminthes einen Kladus bilden? Warum?

11 Beantworten Sie die folgenden Fragen im Hinblick auf *Clonorchis* und auf *Schistosoma*: (a) Wie infizieren sich Menschen mit diesen Arten? (b) Wie sieht die grobe geografische Verteilung aus? (c) Welches sind die hauptsächlichen Krankheitsbilder, die diese Würmer hervorrufen?

12 Warum ist eine Infektion mit *Taenia solium* gefährlicher als eine mit *Taenia saginata*?

13 Nennen Sie zwei Cestodenarten, für die der Mensch als Zwischenwirt fungieren kann.

14 Geben Sie eine Definition für folgende, sich auf die Cestoden beziehenden Fachbegriffe: Scolex, Mikrotrichen, Proglottiden, Strobila.

15 Nennen Sie drei Unterschiede zwischen den Nemertini und den Plathelminthen.

16 Wo leben die Gnathostomuliden?

17 Neuere Befunde deuten darauf hin, dass die Acoela nicht zu den Plathelminthen gehören, sondern ein Schwestertaxon aller anderen Bilateralia darstellen. Was bedeutet das für die phylogenetische Integrität der Plathelminthes, wenn die Acoela in diesem Stamm verbleiben, falls diese Erkenntnisse zutreffend sind? Welche Befunde deuten darauf hin, dass die traditionelle Klasse Turbellaria paraphyletischer Natur ist?

Weiterführende Literatur

Bagun, J. und M. Riutort (2004): The dawn of bilaterian animals: the case of acoelomorph flatworms. BioEssays, vol. 26: 1046–1057.

Brooks, D. (1989): The phylogeny of the Cercomeria (Plathelminthes: Rhabdocoela) and general evolutionary principles. Journal of Parasitology, vol. 75: 606-616. *Kladistische Analyse parasitischer Plattwürmer.*

Brusca, R. und G. Brusca (2002): Invertebrates. 2. Auflage. Sinauer; ISBN: 0-87893-097-3. *Ausgezeichnetes, umfassendes Lehrbuch über wirbellose Tiere für das fortgeschrittene Studium.*

Galaktionov, K. und A. Dobrovolskij (2004): The Biology and Evolution of Trematodes. An Essay on the Biology, Morphology, Life Cycles, Transmissions and Evolution of Digenetic Trematodes. Springer; ISBN: 978-1-4020-1634-9.

Kumar, V. (1999): Trematode Infections and Diseases of Man and Animals. Springer; ISBN: 978-0-7923-5509-0.

Livaitis, M. und K. Rohde (1999): A molecular test of plathelminth phylogeny: inferences from partial 28S rDNA sequences. Invert. Biol., vol. 118: 42–56. *Diese Abhandlung unterstützt eine basale Stellung der Acoela nicht und präsentiert Belege dafür, dass die Monogenea eine paraphyletische Gruppierung sind.*

Mehlhorn, H. und G. Piekarski (2002): Grundriß der Parasitenkunde. Parasiten des Menschen und der Nutztiere. 6. Auflage. Spektrum; ISBN: 3-8274-1158-0.

Nielsen, C. (2001): Animal Evolution. Interrelationships of the Living Phyla. 2. Auflage. Oxford University Press; ISBN: 0-1985-0682-1.

Rieger, R. und S. Tyler (1995): Sister-group relationship of Gnathostomulida und Rotifera-Acanthocephala. Invert. Biol., vol. 114: 186–188. *Belege dafür, dass die Gnathostomulida eine Schwestergruppierung eines Kladus sind, zu dem auch die Rotatorien und die Acanthocephalen gehören.*

Roberts, L. und J. Janovy Jr. (2004): Foundations of parasitology. 7th edition. McGraw-Hill; ISBN: 0-0711-1271-5. *Aktuelles Lehrbuch der Parasitologie mit einer gut lesbaren Erörterung der Plattwürmer.*

Ruiz-Trillo, I. et al. (1999): Acoel flatworms: earliest extant bilaterian metazoans, not members of Plathelminthes. Science (AAAS), vol. 283: 1919–1923. *Ergebnisse, die die Acoela als Schwestertaxon neben die übrigen Bilateralia stellen.*

Ruppert, E., R. Fox und R. Barnes (2004): Invertebrate Zoology – A Functional Evolutionary Approach. 7. Auflage. Thomson/Brooks/Cole; ISBN: 0-0302-

5982-7. *Ausgezeichnetes, umfassendes Lehrbuch über wirbellose Tiere für das fortgeschrittene Studium.*

Strickland, G. (2000): Hunter's tropical medicine and emerging infectious diseases. 8th edition. Saunders; ISBN: 0-7216-6223-4. *Wertvolle Informationsquelle über Parasiten mit medizinischer Bedeutung. Ein großvolumiges Lehrbuch.*

Telford, M. et al. (2003): Combined large and small subunit ribosomal RNA phylogenies support a basal position of the acoelomate flatworms. Proc. R. Soc. London B, vol. 270: 1077–1083. *Aktueller Übersichtsartikel über die molekularen Befunde, die die Abspaltung der Acoela von den Plathelminthes unterstützen.*

Wenk, P. und A. Renz (2003): Parasitologie. Biologie der Humanparasiten. 1. Auflage. Thieme; ISBN: 3-1313-5461-5.

Weitere Informationen zu diesem Buchkapitel finden Sie auf der Companion-Website unter
http://www.pearson-studium.de

Pseudocoelomaten

Ecdysozoische Phylae: Nematoda, Nematomorpha, Kinorhyncha, Loricifera, Priapulida
Lophotrochozoische Phylae: Rotifera, Acanthocephala, Gastrotricha, Entoprocta

15.1	Pseudocoelomaten	465
15.2	Ecdysozoische Stämme	467
15.3	Lophotrochozoische Stämme	480
15.4	Phylogenese und adaptive Radiation	489
	Zusammenfassung	491
	Übungsaufgaben	492
	Weiterführende Literatur	493

15 Pseudocoelomaten

Ohne jeden Zweifel sind die Nematoden – die Fadenwürmer – die bedeutendsten pseudocoelomaten Tiere, sowohl was ihre Zahl als auch was ihren Einfluss auf den Menschen angeht. Fast überall auf der ganzen Welt kommen Nematoden häufig vor, und doch kommen sie den meisten Menschen nur gelegentlich als Parasiten des Menschen selbst oder seiner Haustiere ins Bewusstsein. Wir sind uns der Abermillionen dieser Würmer im Erdboden, in den Meeren, auf Pflanzen, in allen Arten von Tieren und in Süßwasserhabitaten zumeist nicht bewusst. Ihre ans Unfassbare grenzende Häufigkeit veranlasste N. Cobb im Jahr 1914 zu den folgenden Zeilen:

„Falls alle Materie im Weltall mit Ausnahme der Nematoden hinweggefegt werden würde, so wäre unsere Welt noch immer verschwommen erkennbar, und falls – als körperlose Geistwesen – wir sie dann zu untersuchen vermöchten, so würden wir die ehemaligen Berge, Hügel, Flüsse, Seen und Ozeane als dünnen Film von Nematoden repräsentiert vorfinden. Einstige Standorte von Städten wären deutlich erkennbar, da alle menschlichen Ballungsgebiete mit einem entsprechenden massiven Auftreten bestimmter Nematoden einhergehen. Bäume würden noch immer in geisterhaften Reihen entlang unserer Straßen und Autobahnen stehen. Die Standorte der verschiedenartigen Pflanzen und Tiere wäre noch erkenntlich, und – verfügten wir über ausreichendes Wissen – in vielen Fällen ließe sich sogar ihre Art durch eine Untersuchung der einstmaligen Nematodenparasiten ermitteln". Aus: (N. Cobb (1914): Yearbook of the United States Department of Agriculture: 472.)

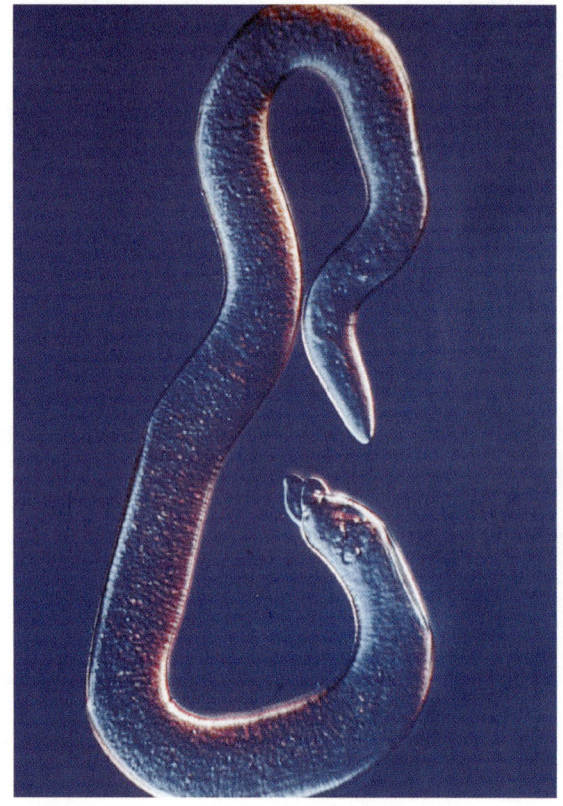

Männlicher *Trichinella spiralis* – ein Fadenwurm.

15.1 Pseudocoelomaten

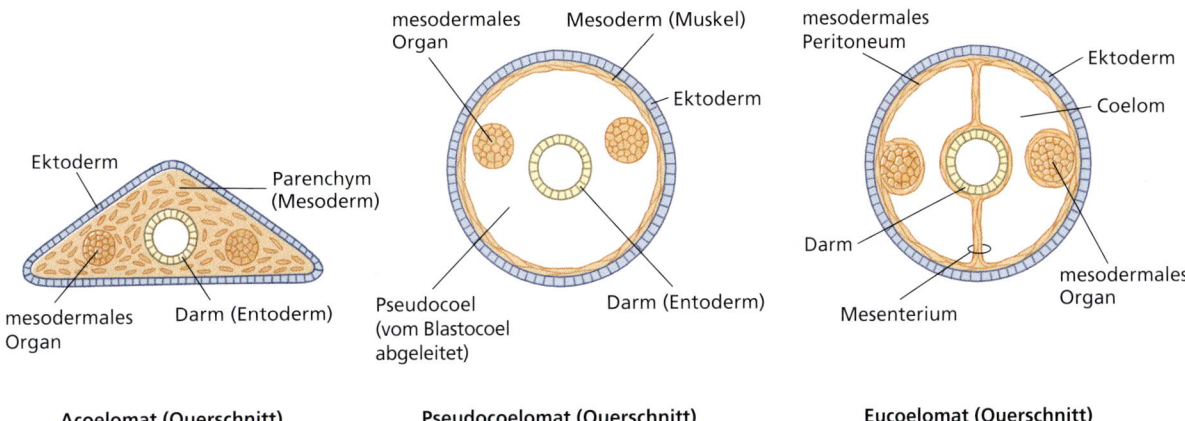

Abbildung 15.1: Schematische Baupläne im Querschnitt. Ein Acoelomat, ein Pseudocoelomat und ein Eucoelomat.

Pseudocoelomaten 15.1

Die Wirbeltiere und komplexer gebaute Wirbellose besitzen ein echtes **Coelom** (Peritonealhöhle), das sich im Verlauf der Embryonalentwicklung im Mesoderm bildet und daher von einer Schicht mesodermalen Epithels – dem **Peritoneum** – ausgekleidet ist (▶ Abbildung 15.1 und ▶ 15.2). Die pseudocoelomaten Stämme besitzen anstelle eines echten Coeloms ein Pseudocoel. Es leitet sich vom embryonalen Blastocoel her und nicht von einer sekundären Leibeshöhle innerhalb des Mesoderms.

Das Pseudocoel ist ein Hohlraum zwischen dem Darm und den mesodermalen und ektodermalen Anteilen der Körperwand, und es ist nicht mit einem Peritoneum ausgekleidet.

Stammesgeschichtliche Analysen auf der Grundlage von Sequenzvergleichen der rRNA-Gene der kleinen Untereinheit des Ribosoms ordnen die Gruppen Nematoda, Nematomorpha, Kinorhyncha und Priapulida in das Superphylum Ecdysozoa ein, die Gruppen Rotifera, Acantocephala, Gastrotricha und Entoprocta in das Superphylum Lophotrochozoa. Analysen morphologischer Merkmale kommen zu dem Schluss, dass eine Nähe der

STELLUNG IM TIERREICH

■ **Pseudocoelomaten**

Bei den Tieren der neun Stämme, die wir in diesem Kapitel behandeln, bleibt das ursprüngliche Blastocoel des Embryos als Leibeshöhle zwischen dem Enteron und der Körperwand erhalten. Da dieser Leibeshöhle die peritoneale Auskleidung fehlt, über welche die echten Coelomaten verfügen, wird sie als Pseudocoel bezeichnet, und die Tiere, die ein Pseudocoel besitzen als Pseudocoelomaten. Die Pseudocoelomaten gehören zur protostomen Abteilung der Bilateralia, doch werden einige Pseudocoelomaten-Stämme dem Superphylum Ecdysozoa zugeordnet, andere den Lophotrochozoen.

Biologische Merkmale

1. Das Pseudocoel ist eine deutliche abgesetzte Stufe der Bauplanevolution, insbesondere im Vergleich zu der kompakten, hohlraumfreien inneren Struktur der Acoelomaten. Das Pseudocoel kann mit Flüssigkeit oder einer gelatinösen Substanz gefüllt sein, in der einige Mesenchymzellen verstreut liegen. Mit einem echten Coelom hat es ein gewisses adaptives Potenzial gemeinsam, obgleich dieses bei weitem nicht bei allen Angehörigen dieser Gruppierung ausgenutzt wird: (1) größere Bewegungsfreiheit, (2) als Raum für die Entwicklung und Differenzierung von Verdauungs-, Ausscheidungs- und Fortpflanzungssystemen, (3) als einfaches Mittel zur Verteilung oder eines Kreislaufs von Stoffen im Körper, (4) als Speicherplatz für Abfallstoffe, die über ausleitende Gänge nach außen befördert werden, und (5) als hydrostatisches Organ. Da die meisten Pseudocoelomaten ziemlich klein sind, liegen die wichtigsten Funktionen des Pseudocoels vermutlich auf dem Gebiet des Kreislaufs und bei der Aufrechterhaltung eines hohen inneren hydrostatischen Druckes.

2. Bei diesen und allen noch komplexer gebauten Stämmen findet sich ein vollständiges Verdauungssystem mit einem durchgehenden Verdauungstrakt mit Mund und Anus.

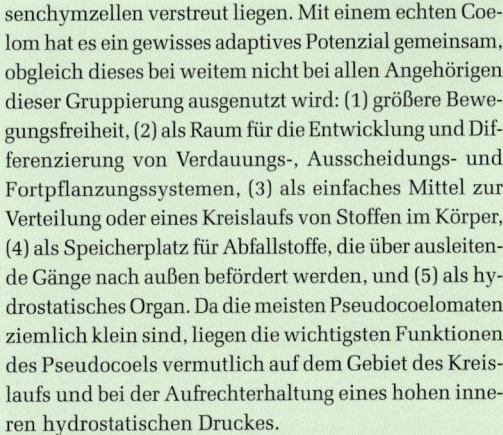

Pseudocoelomaten

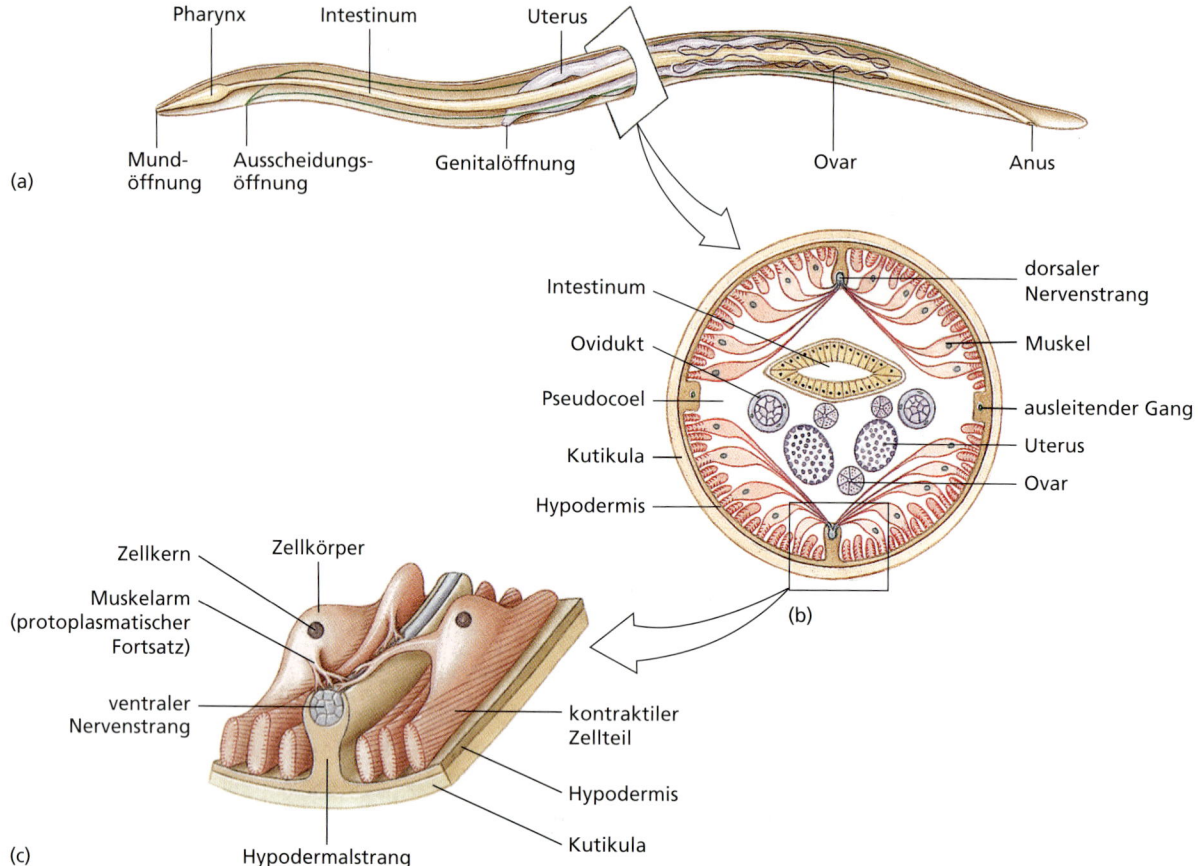

Abbildung 15.2: Der innere Bau von Nematoden. (a) Beispiel eines *Ascaris*-Weibchens. Ascaris besitzt zwei Ovarien und zwei Uteri, die über eine gemeinsame Genitalpore nach außen münden. (b) Querschnitt. (c) Einzelne Muskelzelle; die Spindel setzt an der Hypodermis an, der Muskelarm erstreckt sich bis zum Dorsal- oder zum Ventralnerv.

MERKMALE

■ Pseudocoelomate Stämme

1. Symmetrie bilateral; unsegmentiert; triblastisch (drei Keimblätter).
2. Leibeshöhle ist ein Pseudocoel.
3. Zumeist von geringer Größe; einige mikroskopisch; einige wenige einen Meter lang oder länger.
4. Körper wurmförmig; Körperwandung ist ein Syncytium oder eine zelluläre Epidermis mit verdickter Kutikula, die manchmal gehäutet wird; Muskelschichten zumeist aus longitudinalen Fasern; Cilien fehlen bei mehreren Stämmen.
5. Verdauungssystem (fehlt bei den Acanthocephalen) vollständig mit Mund, Enteron und Anus; Pharynx muskulär und gut entwickelt; Röhre-in-einer-Röhre-Architektur; Verdauungstrakt für gewöhnlich nur ein Epithelrohr ohne eindeutige Muskelschicht.
6. Organe des Kreislauf- und des Atemapparates fehlen.
7. Bei einigen ein exkretorisches System aus Kanälen und Protonephridien; eine Kloake, die Ausscheidungs-, Fortpflanzungs- und Verdauungsprodukte aufnimmt kann vorhanden sein.
8. Nervensystem aus Zerebralganglien oder einem zirkumenterischen Nervenring, der mit anterioren und posterioren Nerven verbunden ist; Sinnesorgane in Form cilienbesetzter Gruben, Papillen, Borsten sowie einigen Augenflecken.
9. Fortpflanzungssystem aus Gonaden und Gängen, die einzeln oder doppelt ausgebildet sein können; die Geschlechter sind fast immer getrennt, dabei sind die Männchen im Regelfall kleiner als die Weibchen; Eier mikroskopisch mit Schalen, die oft Chitin enthalten.
10. Die Entwicklung kann direkt sein oder sie ist Teil eines komplizierten Lebenszyklus; Furchung zumeist in Mosaikform, nicht unzweideutig spiralig oder radial; eine Konstanz der Zell- oder Zellkernzahl tritt häufig auf.

HINTERGRUND

■ Sydney Brenner

Sydney Brenner, ein südafrikanischer Biologe (*1927), begann mit der Untersuchung des freilebenden Fadenwurms *Caenorhabditis elegans* – ein Unterfangen, das sich als extrem fruchtbar für ihn und die Biologie als solche erweisen sollte. Heute ist dieser winzige Wurm zu einem der wichtigsten Modellsysteme der experimentellen Biologie avanciert. Der Ursprung und das entwicklungsbiologische Schicksal aller 959 Zellen des *Caenorhabditis*-Körpers sind von der Zygote bis zum Adulttier verfolgt und dokumentiert worden. Das vollständige „Verdrahtungsschema" seines Nervensystems ist kartiert worden – alle Nervenzellen mit allen zwischen ihnen existierenden Verbindungen. Das Genom des Fadenwurms ist ebenfalls vollständig kartiert und sequenziert worden. Viele grundlegende Entdeckungen wurden und werden mit Hilfe von *C. elegans* gemacht.

Loriciferen und anderer Pseudocoelomaten zu den Ecdysozoen besteht. Die Ecdysozoen- und die Lophotrochozoen-Hypothese sind jedoch nach wie vor umstritten; auch nachfolgende Forschungen haben bislang keinen Konsens erbracht, sondern sowohl starke Unterstützung wie heftige Kritik in den Reihen der Forschergemeinde erfahren. Weitere Forschung ist daher notwendig, um die evolutiven Verwandtschaftsbeziehungen unter diesen Stämmen zu klären. An dieser Stelle wollen wir eine vorsichtige, konservative Sicht auf diese Gruppen vorlegen.

Die Pseudocoelomaten sind eine heterogene Gruppe von Tieren, die in diesem Kapitel nur deshalb zusammenfassend behandelt werden, weil sie einen gemeinsamen Bauplan aufweisen. Diese enorm abwechslungsreiche Gruppe von Tierstämmen zeigt jedoch eine Reihe gemeinsamer Merkmale. Alle besitzen eine Körperwand, die aus einer Epidermis (die oftmals syncytial organisiert ist), einer Dermis und das Pseudocoel umgebende Muskeln besteht. Der Verdauungstrakt ist vollständig (mit Ausnahme der Acanthocephalen; siehe weiter unten) und liegt – zusammen mit den Gonaden und den Ausscheidungsorganen – innerhalb des Pseudocoels und wird von der Periviszeralflüssigkeit umspült. Die Epidermis vieler Arten scheidet eine zellfreie Kutikula ab, die einige Spezialisierungen wie Borsten oder Stacheln aufweisen kann.

Eine als **Eutelie** bezeichnete Konstanz der Anzahl von Zellen oder Zellkernen bei den Individuen einer Art, oder zumindest in Teilen ihrer Körper, ist ein häufig anzutreffendes Phänomen mehrerer dieser Tiergruppen.

15.2 Ecdysozoische Stämme

15.2.1 Phylum Nematoda (Stamm der Fadenwürmer)

Ungefähr 25.000 Nematodenarten sind klassifiziert und benannt worden (gr. *nematos*, Faden). Es wird geschätzt, dass sich die Gesamtzahl der Arten dieses Stammes auf bis zu 500.000 belaufen könnte, würde man alle Arten kennen (solche Hochrechnungen sind aber höchst spekulativ und sollten mit der entsprechenden Zurückhaltung gehandhabt werden). Nematoden leben im Meer, im Süßwasser, und im Erdboden von den Polgebieten bis in die Tropen und von Berggipfeln bis hinab in die Tiefsee. Nährstoffreicher Mutterboden kann Milliarden von Nematoden pro Hektar beherbergen. Nematoden leben außerdem parasitisch in praktisch jeder Art von Tier, und auch in vielen Pflanzen. Die vielfach katastrophalen Auswirkungen eines Nematodenbefalls von Nutzpflanzen, Haus- und Nutztieren sowie Menschen lassen diesen Stamm zu einer der bedeutendsten Parasitengruppen werden.

Freilebende Fadenwürmer ernähren sich von Bakterien, Hefen, Pilzhyphen und Algen. Sie können saprozoisch oder koprozoisch (kotbewohnend) sein. Räuberische Arten fressen Rotatorien, Tardigraden, kleine Anneliden sowie andere Nematoden. Viele Arten ernähren sich von den Säften höherer Pflanzen, in die sie über die Wurzeln oder verletzte Stellen eindringen. Dadurch kommt es manchmal zu landwirtschaftlichen Schäden in enormen Ausmaßen. Die Nematoden selbst stellen wieder Beutetiere für Milben, Insektenlarven und sogar einige nematodenfangende Pilze dar. *Caenorhabditis elegans,* eine freilebende Fadenwurmart, lässt sich leicht in Laborkulturen halten und ist zu einem unschätzbaren wichtigen Modellorganismus für die Entwicklungs- und Molekularbiologie geworden, da sein Genom inzwischen vollständig sequenziert ist.

Praktische alle Wirbeltier- und auch viele Wirbellosenarten dienen einer oder mehreren parasitären Fadenwurmarten als Wirt. Nematoden des Menschen können Unwohlsein, schwere Krankheiten und sogar den Tod bewirken; bei Nutztieren sind sie eine Quelle hoher wirtschaftlicher Verluste.

Form und Funktion

Die kennzeichnenden Merkmale dieser großen Tiergruppe sind ihre zylindrische Form, ihre flexible, zellfreie Kutikula, das Fehlen motiler Cilien oder Flagellen (mit Ausnahme einer einzigen Art), die Muskulatur ihrer Körperwandung, die mehrere ungewöhnliche Merkmale besitzt (etwa, dass sie nur in Längsrichtung verläuft), und die Eutelie. Mit dem Fehlen von Cilien einhergehend, verfügen die Nematoden auch nicht über Protonephridien; ihr exkretorisches System besteht aus einer oder mehreren großen Drüsenzellen, die eine exkretorische Pore als Öffnung besitzen, oder aus einen Kanalsystem ohne Drüsenzellen, oder aus einer Kombination aus Ausscheidungszellen und -kanälen. Ihr Pharynx ist in charakteristischer Weise muskulär ausgebildet, mit einem dreistrahligen Lumen. Er ähnelt dem Pharynx der Gastrotrichen und Kinorhynchier. Das Pseudocoel als hydrostatisches Organ ist bei den Fadenwürmern hoch entwickelt, und ein Großteil der funktionellen Morphologie der Nematoden lässt sich am besten im Zusammenhang mit dem hohen hydrostatischen Druck (**Turgor**) im Pseudocoel verstehen.

Die meisten Nematoden sind weniger als 5 cm lang. Viele sind von mikroskopischer Dimension, einige parasitäre Nematoden erreichen aber Längen von über einem Meter.

Das Körperäußere ist von einer relativ dicken, nichtzellulären **Kutikula** überzogen, die von der darunterliegenden Epidermis (**Hypodermis**) abgesondert wird. Diese Kutikula wird während der Entwicklung von den juvenilen Wachstumsstadien abgeworfen; dies ist eines der Merkmale, die zur Eingruppierung der Nematoden in den Stamm der Ecdysozoen geführt hat. Die Hypodermis ist syncytial organisiert, und die Zellkerne sind in vier hypodermalen Strängen untergebracht, die sich einwärts erstrecken (Abbildung 15.2). Der dorsale und der ventrale **Hypodermalstrang** tragen längs verlaufende Dorsal- und Ventralnerven; die Lateralstränge beherbergen exkretorische Kanäle. Die Kutikula ist von großer funktioneller Bedeutung für den Wurm. Sie wirkt dem hohen hydrostatischen Druck entgegen, der von der Flüssigkeit im Pseudocoel ausgeht, und sie schützt den Wurm vor widrigen Umweltbedingungen wie trockenen Böden oder dem Verdauungstrakt eines Wirtes. Die in Mehrzahl ausgebildeten Schichten der Kutikula bestehen in erster Linie aus dem celluloseähnlichen Polysaccharid **Chitin**, teilweise aber auch aus Kalk. Drei der kutikulären Schichten bestehen aus sich überkreuzenden Fasern, die dem Wurm ein gewisses Maß an longitudinaler Elastizität verleihen, andererseits aber sein Vermögen der lateralen Expansion gravierend einschränken.

Die Muskulatur der Körperwand der Nematoden ist sehr ungewöhnlich. Sie liegt unterhalb der Hypodermis (epidermales Syncytium) und kontraiert nur in Längsrichtung. Es gibt keine zirkulär verlaufenden Muskeln in der Körperwand. Die Muskeln sind in Form von vier Bändern oder Quadranten angeordnet, die durch die vier hypodermalen Stränge markiert werden (Abbildung 15.2). Jede Muskelzelle weist einen kontraktilen, fibrillären Anteil (**Spindel**) auf sowie einen nichtkontraktilen, sarcoplasmatischen Anteil (Zellkörper). Die Spindel liegt distal und grenzt an die Hypodermis, während der Zellkörper in das Pseudocoel hinein ausstrahlt. Die Spindel ist durch Lagen der Proteine Aktin und Myosin gebändert, ein bauliches Merkmal, das an die gestreifte Skelettmuskulatur der Wirbeltiere erinnert (siehe Abbildungen 9.7 sowie 29.13 und 29.14). Die Zellkörper enthalten die Zellkerne und stellen einen Hauptglycogenspeicher im Körper des Wurmes dar. Von jedem Zellkörper aus erstreckt sich ein Fortsatz oder **Muskelarm** entweder zum ventralen oder zum dorsalen Nerv hin. Obwohl diese Anordnung nicht ausschließlich bei den Fadenwürmern vorkommt, ist diese anatomische Situation höchst seltsam; bei den meisten Tieren erstrecken sich Nervenfortsätze (Axone) in das Muskelgewebe und nicht umgekehrt.

Das flüssigkeitsgefüllte Pseudocoel der Nematoden, in dem die inneren Organe liegen, bildet ein hydrostatisches Skelett. Hydrostatische Skelette, die sich bei vielen Wirbellosen finden, stützen den Körper, indem sie die von der Muskelkontraktion herrührende Kraft auf die eingeschlossene, nichtkomprimierbare Flüssigkeit übertragen. Normalerweise sind Muskeln antagonistisch angeordnet, so dass eine Bewegung in die eine Richtung durch die Kontraktion einer Muskelgruppe zustande kommt, die Gegenbewegung durch die Kontraktion einer anderen, der antagonistischen Muskelgruppe. Den Nematoden fehlen aber zirkulär verlaufende Körperwand-

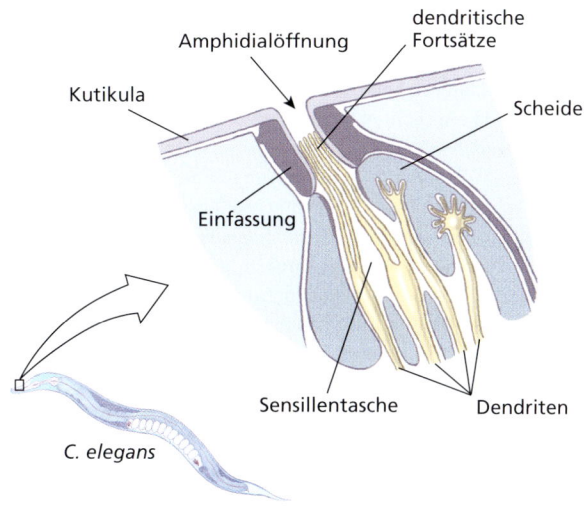

Abbildung 15.3: Schemazeichnung eines Amphiden von *Caenorhabditis elegans*. (Nach: K. Wright (1980): Nematode sense organs; in: B. Zuckerman (Hrsg.): Nematodes as biological models, vol. 2: Aging and other model systems. Academic Press; ISBN: 0-1278-2402-2).

muskeln, die der Wirkung der Längsmuskulatur antagonistisch entgegenwirken könnte. Daher muss die Kutikula diese Aufgabe übernehmen. Wenn sich die Muskeln auf einer Seite des Körpers zusammenziehen, komprimieren sie die Kutikula auf der betreffenden Körperseite. Die Kraft der Kontraktion wird über die Flüssigkeit des Pseudocoels auf die andere Körperseite des Wurms übertragen; auf dieser Seite des Körpers wird die Kutikula gedehnt. Kompression und Dehnung der Kutikula wirken der Muskelkraft entgegen und zwingen den Körper in die Ruhelage zurück, sobald die Muskulatur sich entspannt. Dieser Mechanismus ist die Ursache für die ruckartige Fortbewegungsweise, die man bei den Fadenwürmern beobachten kann. Eine Leistungssteigerung dieses Systems lässt sich nur durch eine Erhöhung des hydrostatischen Drucks im Inneren erreichen. Folgerichtig liegt der hydrostatische Druck im Pseudocoel von Nematoden viel höher als bei anderen Arten von Tieren, die ebenfalls hydrostatische Skelette besitzen, aber zusätzlich über antagonistische Muskelgruppen verfügen.

Der Verdauungskanal der Nematoden besteht aus einer Mundöffnung, einem muskulären Schlund (Pharynx), einem langen, nichtmuskulären Intestinum (= Darm), einem kurzen Rektum und einem terminalen Anus (Abbildung 15.2). Nahrung wird in den Pharynx gesaugt, wenn sich die Muskeln in seinem anterioren Abschnitt rasch kontrahieren und das Lumen erweitern. Die Entspannung der Muskeln, die vor der Nahrungsmasse liegen, schließt das Pharynxlumen und drückt die Nahrung posteriorwärts in das Intestinum. Die Wand des Intestinums besteht nur aus einer Zellschicht. Die Nahrung wird durch Körperbewegungen sowie weitere, aus dem Pharynx in den Darm gedrückte Nahrung weiter nach hinten in Richtung Anus befördert. Die Defäkation wird durch Muskeln bewerkstelligt, welche die Anusöffnung erweitern; die austreibende Kraft wird durch den hohen Druck im Pseudocoelom generiert, der rundum auf den Darm einwirkt.

Die Adultformen vieler parasitärer Fadenwürmer besitzen einen anaeroben Stoffwechsel; Zitronensäurezyklus und das Cytochromsystem, die charakteristisch für den aeroben Stoffwechsel sind, fehlen. Adulte Nematoden beziehen ihre Energie aus der Glycolyse und darüber hinaus wahrscheinlich aus einem unvollständig erforschten Elektronentransportsystem. Interessanterweise sind einige freilebende Nematoden sowie freilebende Stadien parasitärer Arten obligate Aerobier mit Zitronensäurezyklus und Cytochromsystem.

Von einem **Ring aus Nervengewebe**, das den Schlund umgibt, und **Ganglien** gehen kleine, zum anterioren Ende laufende Nerven sowie zwei **Nervenstränge** aus – ein dorsaler und ein ventraler. **Sensorische Papillen** konzentrieren sich im Bereich des Kopfes und des Schwanzes. Die **Amphiden** (▶ Abbildung 15.3) sind ein Paar etwas komplexerer Sinnesorgane, die sich zu beiden Seiten des Kopfes öffnen, etwa auf gleicher Höhe wie der cephalische Papillenkranz. Die Amphidenöffnungen führen in eine tiefe kutikuläre Grube mit Sinnesendigungen aus modifizierten Cilien. Die Amphiden sind für gewöhnlich bei den in Tieren lebenden parasitären Nematoden zurückgebildet, aber die meisten parasitären Fadenwürmer tragen ein bilaterales Paar von **Phasmiden** in der Nähe des posterioren Endes. Die Phasmiden sind in ihrem Bau den Amphiden recht ähnlich.

Die meisten Nematoden sind getrenntgeschlechtlich. Die Männchen sind kleiner als die Weibchen, und ihre posterioren Enden tragen für gewöhnlich ein Paar **kopulatorischer Spikulae** (▶ Abbildung 15.4). Die Befruchtung erfolgt intrakorporal, und die Eier werden für gewöhnlich bis zur Ablage im Uterus zwischengelagert. Die Entwicklung verläuft bei den freilebenden Formen im Regelfall direkt. Die vier Juvenilstadien sind voneinander durch Häutungen der Kutikula abgegrenzt. Viele parasitäre Nematoden besitzen freilebende Juvenilstadien. Andere sind für die Vervollständigung ihres Vermehrungszyklus auf einen Zwischenwirt angewiesen.

Beispiele parasitärer Fadenwürmer. Wie bereits erwähnt, werden fast alle Wirbeltiere und viele Wirbel-

15 Pseudocoelomaten

Abbildung 15.4: **Männlicher Fadenwurm.** (a) Querschnitt durch einen männlichen Fadenwurm. (b) Posteriores Ende eines männlichen Fadenwurms.

Exkurs

Die kopulatorischen Spikulae der männlichen Nematoden sind keine echten Samenübertragungs-Organe, da sie nicht der Übertragung des Spermas dienen, sondern eine weitere Anpassung darstellen, um mit dem hohen hydrostatischen Druck im Körperinneren fertig zu werden. Die Spikulae dienen dazu, die Vulva des Weibchens offenzuhalten, während die ejakulatorische Muskulatur des Männchens den hydrostatischen Druck im Körper des Weibchens zu überwinden und rasch Spermien in ihren Fortpflanzungstrakt zu injizieren sucht. Darüber hinaus sind die Spermien der Fadenwürmer unter allen bislang untersuchten Spermatozoen des Tierreichs einzigartig, weil ihnen sowohl ein Flagellum wie ein Akrosom (Scheitelkörperchen) fehlen. Im Fortpflanzungstrakt des Weibchens werden die Spermien amöboid und bewegen sich mit Hilfe von Pseudopodien vorwärts. Könnte dies eine weitere Anpassung an den hohen hydrostatischen Druck im Pseudocoel sein?

lose von Nematoden heimgesucht. Einige von ihnen sind sehr bedeutsame Pathogene des Menschen und seiner Haustiere (▶ Tabelle 15.1). Einige von ihnen treten auch in den Ländern der gemäßigten Breiten auf, doch sind die in der Tabelle genannten und zahlreiche weitere Arten vor allem in den Tropen häufig zu finden. Dort liegen auch die Befallsraten und die Anzahl der daraus resultierenden Erkrankungen sehr viel höher. Aus Platzgründen können nur wenige ausgewählte Beispiele in unserer Erörterung Berücksichtigung finden.

Ascaris lumbricoides: Der große Spulwurm des Menschen. Aufgrund seiner Größe und Verfügbarkeit wird *Ascaris* für gewöhnlich als Studienobjekt zoologischer Übungen und experimenteller Untersuchungen herangezogen. (gr. *askaris*, Eingeweidewurm). Es ist daher wahrscheinlich, dass die Parasitologen über den Bau, die Physiologie und die Biochemie von *Ascaris* mehr wissen als über jeden anderen Fadenwurm (mittlerweile dürfte allerdings *C. elegans* klarer Spitzenreiter

(a)

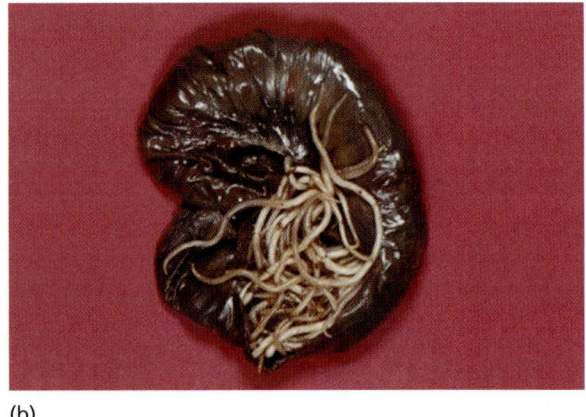

(b)

Abbildung 15.5: **Darmwürmer.** (a) Darmspulwurm *(Ascaris lumbricoides)*, Männchen und Weibchen. Das Männchen (oben) ist kleiner und weist am Schwanzende einen charakteristischen, scharfen Knick auf. Die Weibchen dieses großen Fadenwurms können über 30 cm lang werden. (b) Ein Schweinedarm, der von *Ascaris suum* beinahe vollständig verlegt ist. Solch schwere Infektionen sind auch bei dem für Menschen gefährlichen *A. lumbricoides* ziemlich häufig.

Tabelle 15.1

Häufig vorkommende parasitäre Nematoden des Menschen in Nordamerika

Trivialname und wissenschaftlicher Name	Infektionsmodus; Prävalenz
Hakenwürmer (*Ancyclostoma duodenale* („Grubenwurm") und *Necator americanus*)	Kontakt über Erdreich, das Juvenile enthält, die sich in die Haut bohren; in südlichen Gefilden verbreitet.
Madenwurm (*Enterobius vermicularis*)	Einatmen von Staub, der mit Wurmeiern kontaminiert ist, oder durch Kontamination der Finger; in den USA der am weitesten verbreitete parasitische Wurm.
Spulwurm (*Ascaris lumbricoides*)	Verschlucken embryo-enthaltender Eier mit kontaminierter Nahrung; in den ländlichen Gegenden der Appalachen und den südöstlichen Staaten der USA verbreitet.
Trichine (*Trichinella* spp.)	Verspeisen von infiziertem und ungenügend erhitzten Muskelfleisches. Infolge gesetzlich vorgeschriebener Fleischbeschau in Deutschland sehr selten.
Peitschenwurm (*Trichuris trichura*)	Verschlucken kontaminierter Nahrung oder durch mangelhafte Hygiene; für gewöhnlich dort häufig, wo auch *Ascaris* anzutreffen ist.

in allen den vorgenannten Disziplinen sein). Die Gattung umfasst mehrere Arten. Eine der verbreitetsten, *A. megalocephala*, findet sich im Darm von Pferden. *Ascaris lumbricoides* (▶ Abbildung 15.5) ist einer der häufigsten Fadenwurmparasiten des Menschen. Neuere Erhebungen haben eine Durchseuchungsrate von bis zu 64 Prozent in manchen Gegenden im Südosten der USA ergeben. Weltweit sind mehr als 1,2 Milliarden Menschen infiziert. Der große Schweinespulwurm, *A. suum*, ist morphologisch *A. lumbricoides* ähnlich, und es wurde lange angenommen, dass sie zur selben Art gehören.

Ein weiblicher *Ascaris*-Wurm kann bis zu 200.000 Eier pro Tag ablegen, die mit den Fäzes des Wirtes abgehen. Liegen im Erdreich geeignete Bedingungen vor, so entwickeln sich die Embryonen innerhalb von zwei Wochen zu infektiösen Juvenilformen. Direkte Sonnenstrahlung und hohe Temperaturen sind rasch lethal, doch besitzen die Eier ein erstaunliches Maß an Toleranz gegenüber sonstigen widrigen Bedingungen wie Austrocknung oder Sauerstoffmangel. Die von Schalen umgebenen Juvenilformen können über Monate oder gar Jahre hinweg im Erdboden lebensfähig bleiben. Zur Infektion kommt es für gewöhnlich, wenn die Eier mit ungekochtem Gemüse aufgenommen werden, oder wenn Kinder verschmutzte Finger oder Spielzeuge in den Mund stecken. Mangelhafte Defäkationshygiene oder das Fehlen eines Abwassersystems können das Erdreich oder das Trinkwasser mit Wurmeiern „beimpfen". Lebensfähige Eier können noch lange vorhanden sein, nachdem bereits alle sichtbaren Exkrementspuren verschwunden sind. Die Infektionsraten sind daher dort am höchsten, wo die Beseitigung von Fäkalien und Abwässern diese Faktoren nicht berücksichtigt.

Wenn ein potenzieller Wirt embryo-enthaltende Eier verschluckt, schlüpfen die winzigen Juvenilstadien aus. Sie bohren sich durch die Darmwand in Blut- oder Lymphgefäße hinein und erreichen über das Herz die Lungen. Dort durchbrechen sie die Alveolen und werden in die Luftröhre befördert. Handelt es sich um eine massive Infektion, kann es zu diesem Zeitpunkt zu einer schweren Lungenentzündung (Pneumonie) kommen. Mit dem Erreichen des Pharynx werden die Juvenilen verschluckt (Übertritt von der Luft- in die Speiseröhre), passieren den Magen und erreichen rund zwei Monate nach dem Verschlucken der Eier die Geschlechtsreife. Im Intestinum, wo sie sich vom Darminhalt ernähren, rufen die Würmer Unterleibsbeschwerden und allergische Reaktionen hervor. Treten sie in sehr großer Zahl auf, kann es durch den Befall zum Darmverschluss kommen. Der Befall mit *Ascaris* verläuft nur selten tödlich, doch kann der Tod eintreten, wenn der Darm durch einen schweren Befall vollständig verstopft wird. Ein Darmdurchbruch (intestinale Perforation) mit einer sich daraus ergebenden Peritonitis (Bauchfellentzündung) ist jedoch nicht ungewöhnlich, und herumwandernde Würmer können gelegentlich aus dem Anus oder dem Rachen austreten und in die Luftröhre oder die Eustachischen Röhren des Mittelohres eindringen. Die In-

Pseudocoelomaten

Exkurs

Andere Askariden sind bei Wild- und Haustieren verbreitet. Toxocara-Arten finden sich beispielsweise bei Katzen und Hunden. Ihr Vermehrungszyklus ähnelt in seinen allgemeinen Zügen dem von Ascaris, doch vollenden die Juvenilformen in adulten Hunden oftmals nicht ihre Gewebewanderung und verbleiben stattdessen in einem arretierten Entwicklungszustand im Körper des Wirtes. Eine Schwangerschaft regt jedoch bei einem weiblichen Hund die juvenilen Würmer dazu an, sich auf die Wanderschaft zu begeben, so dass sie schließlich die Hundeembryonen noch im Uterus infizieren. Die Hunde werden dann bereits verwurmt geboren (deshalb ist sehr wichtig, Welpen so schnell als möglich tierärztlich behandeln zu lassen). Diese Askariden vermögen auch im menschlichen Körper zu überleben, vollenden hier aber nicht ihre Entwicklung. Bei Kindern können die Larven des Hundespulwurms gelegentlich zu dem ernsten Krankheitsbild der viszeralen Larvenmigration führen. Dies ist ein warnendes Beispiel für alle Haustierbesitzer, es mit der Hygiene der Hinterlassenschaften ihrer Lieblinge ernst zu nehmen und Hunde und Katzen einer regelmäßigen Wurmkur zu unterziehen.

fektionshäufigkeit ist im Kindesalter am höchsten, und Männer tendieren zu einer höheren Infektionsrate als Frauen, mutmaßlich deshalb, weil Männer häufiger im Freien und/oder mit Tieren arbeiten und so eher in Kontakt mit kontaminiertem Material gelangen.

Hakenwürmer. Die Hakenwürmer haben ihren Namen nach einer dorsalen Verkrümmung ihres anterioren Endes, die an einen Haken erinnert. Die verbreitetste Art ist *Necator americanus* (lat. *necare*, töten), deren Weibchen bis zu 11 mm lang werden. Die Männchen können eine Länge von 9 mm erreichen. Große Platten im Mund der Würmer (▶ Abbildung 15.6) schneiden in die Darmschleimhaut des Wirtes, wo das Tier Blut saugt und durch seinen eigenen Darm pumpt, wobei das Blut teilweise verdaut und die Nährstoffe daraus aufgenommen werden. Die Hakenwürmer saugen viel mehr Blut als sie zu ihrer Ernährung benötigen, so dass eine schwere Infektion mit vielen Würmern bei dem Betroffenen zu einer Anämie (Blutarmut) führen kann. Ein Hakenwurmbefall im Kindesalter kann zu geistiger Retardierung (Zurückgebliebenheit) und verzögertem Wachstum sowie allgemeiner Schwäche führen.

Die Eier werden mit den Fäzes weitergegeben. Die Juvenilformen schlüpfen im Erdboden aus, wo sie von Bakterien leben (▶ Abbildung 15.7). Gelangt die menschliche Haut in Kontakt mit infiziertem Erdreich, bohren sich die juvenilen Hakenwürmer durch die Haut bis ins Blut, mit dem sie in die Lungen gelangen, und von dort aus schließlich in den Darm – in ähnlicher Weise, wie wir es für *Ascaris* beschrieben haben.

Trichinen. *Trichinella spiralis* (gr. *trichnos*, aus Haaren bestehend, haarig) ist eine von mehreren Arten winziger Nematoden, die für die potenziell tödlich verlaufende Krankheit Trichinose verantwortlich sind. Adulte Würmer bohren sich in die Schleimhaut des Dünndarms, wo die Weibchen lebende Junge zur Welt bringen. Die Juvenilen dringen in Blutgefäße ein und werden mit dem Blutstrom im Körper verteilt, in dem sie sich schließlich in fast jedem Gewebe und jeder Körperhöhle finden. Schließlich dringen sie in die Skelettmuskulatur ein, wo sie zu einem der größten bekannten intrazellulären Parasiten heranreifen. Die Juvenilformen bewirken eine erstaunliche Reprogrammierung der Genexpression in den befallenen Wirtszellen. Die infizierten Muskelzellen verlieren ihre charakteristische Streifung und wandeln sich zu **Nährzellen** für den Wurm um (▶ Abbildung 15.8). Wird rohes oder ungenügend erhitztes Fleisch gegessen, das enzystierte Juvenilformen von *Trichinella* enthält, werden die Würmer im Darm freigesetzt, wo sie heranreifen.

Trichinella spp. können ein breites Spektrum von Säugetieren infizieren. Neben dem Menschen können

(a)

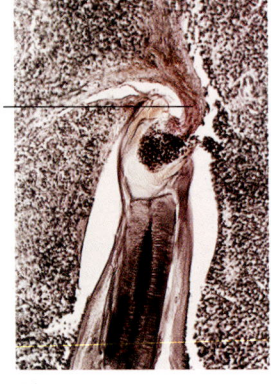
Schneidplatten
(b)

Abbildung 15.6: Hakenwürmer. (a) Mundöffnung eines Hakenwurms. Erkennbar sind die Schneidplatten. (b) Schnitt durch das anteriore Ende eines Hakenwurms, der sich an einem Hundedarm verankert hat. Man beachte die Schneidplatten, die gerade im Begriff sind, ein Stück Schleimhaut abzuzwacken, woraus der dicke, muskuläre Schlund des Wurms Blut saugt. Ösophagusdrüsen sezernieren eine antikoagulative (die Blutgerinnung hemmende) Substanz.

15.2 Ecdysozoische Stämme

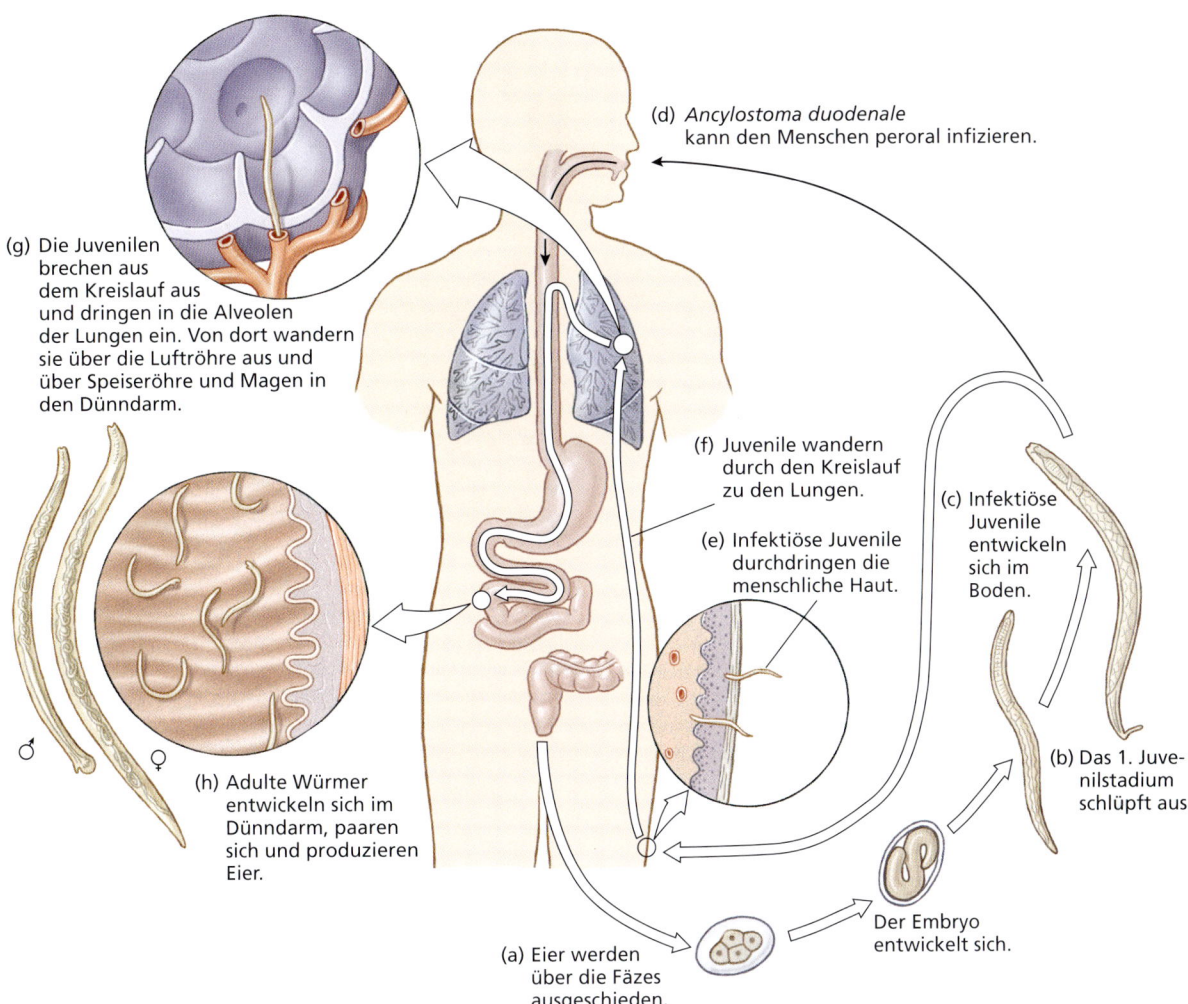

Abbildung 15.7: Vermehrungszyklus eines Hakenwurms. (a) Schalentragende Embryonen werden mit den Fäzes ausgeschieden. (b) Das 1. Juvenilstadium schlüpft aus. (c) Zwei Häutungen folgen, danach tritt das 3. Juvenilstadium in einen Ruhezustand ein, bis es in einen neuen Wirt gelangt. (d) *Ancylostoma duodenale* kann den Menschen auf oralem Wege infizieren. (e) Infektiöse Juvenilformen dringen durch die Haut des Menschen. (f) Juvenile Würmer wandern über das Kreislaufsystem in die Lungen. (g) Juvenilformen brechen aus dem Kreislauf aus und in die Alveolen der Lungen ein. Von dort aus wandern sie über die Luftröhre zum Dünndarm. (h) Adulte Würmer entwickeln sich im Dünndarm, paaren sich und produzieren Eier.

Schweine, Katzen, Ratten und Hunde infiziert werden. Schweine infizieren sich, wenn sie Abfälle mit Stücken von mit Juvenilformen infiziertem Schweinefleisch oder infizierte Ratten fressen. Neben *T. spiralis* sind vier weitere, eng verwandte Arten bekannt. Sie unterscheiden sich in ihrer geografischen Verbreitung, im Grad der Gefährlichkeit für verschiedene Wirte und ihrer Toleranz gegenüber Einfrieren.

Schwere Infektionen können zum Tod führen, doch sind leichtere Verläufe sehr viel häufiger. Es wurde hochgerechnet, dass etwa 2,4 Prozent der Population der USA mit Trichinen infiziert sind.

Madenwürmer. Madenwürmer der Art *Enterobius vermicularis* (gr. *enteron*, Darm + *bios*, Leben + lat. *vermis*, Wurm) ruft nur ein relativ geringfügiges Krankheitssymptome hervor. In den USA stellt die Art trotzdem die verbreitetste Form des parasitären Nematodenbefalls dar, von der etwa 30 Prozent aller Kinder und 16 Prozent der Erwachsenen betroffen sind. Die adulten Parasiten (► Abbildung 15.9) leben im Dickdarm und im Blinddarm. Die bis zu 12 mm großen Weibchen wandern nachts in den Analbereich, um Eier abzulegen (Abbildung 15.9). Durch Kratzen als Reaktion auf den dadurch ausgelösten Juckreiz werden Hände und Bettwäsche wirkungsvoll kontaminiert. Die Eier entwickeln sich rasch und werden bei Körpertemperatur innerhalb von sechs Stunden infektiös. Wenn sie verschluckt werden, schlüpfen sie im Duodenum (Zwölffingerdarm); die Würmer erreichen anschließend im Dickdarm die Geschlechtsreife.

15 Pseudocoelomaten

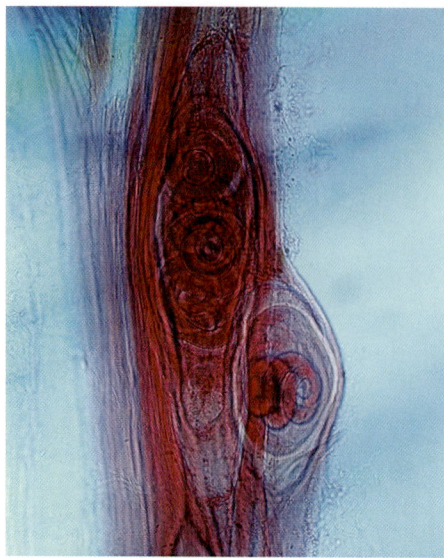

Abbildung 15.8: Ein mit *Trichinella spiralis* infizierter Muskel. Das Juvenilstadium des Wurms liegt innerhalb von Muskelzellen, welche die Würmer dazu veranlasst haben, sich zu Nährzellen (Wurmzysten) umzuwandeln. Im Umkreis der Zysten kommt es zu einer entzündlichen Reaktion des Körpers auf den Parasiten. Die Juvenilformen können 10 bis 20 Jahre überleben; die Nährzellen können mit der Zeit verkalken.

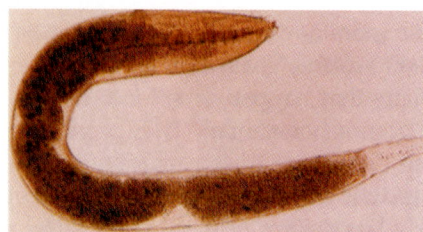

(a)

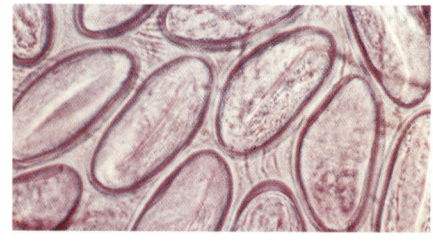

(b)

Abbildung 15.9: Der Madenwurm *Enterobius vermicularis*. (a) Weiblicher Wurm aus dem Dickdarm des Menschen (durch die Präparation leicht abgeplattet); Vergrößerung: ca. 20-fach. (b) Gruppe von Madenwurmeiern, die für gewöhnlich nachts im Bereich des Afters des Wirtes abgelegt werden, der durch nächtliches Kratzen während des Schlafes Fingernägel, Bettwäsche und Kleidung kontaminiert.

Filarien. Mindestens acht Arten filarischer Nematoden (lat. *filum*, Faden, Saite + gr. *nema*, Faden, Schnur; filarische Nematoden = fädige Fadenwürmer) infizieren den Menschen, und einige von ihnen sind die Ursachen schwerer Krankheiten. Ungefähr 250 Millionen Menschen tropischer Länder sind mit *Wuchereria bancrofti* (nach Otto Wucherer (1820 bis 1873), brasilianischer Tropenarzt) oder *Brugia malayi* (nach S. Brug) infiziert, was diese Arten unter die Geißeln der Menschheit einreiht. Die Würmer leben im lymphatischen System; die Weibchen können bis zu 10 cm lang werden. Zu den Krankheitssymptomen gehören Entzündungen und Blockierungen der lymphatischen Gänge. Die Weibchen entlassen ihre Jungen, winzige Mikrofilarien, in das Blut und die Gefäße des Lymphsystems (▶ Abbildung 15.10). Beim Fressakt saugen Stechmücken die Mikrofilarien

---

KLASSIFIZIERUNG

■ **Phylum Nematoda (Stamm der Fadenwürmer)**

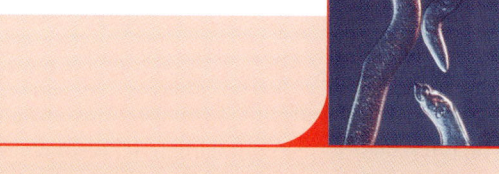

Die Klassifizierung der Fadenwürmer stellt sich auf der Ebene der Ordnungen und Überfamilien etwas befriedigender dar. Die Einteilung in Klassen geschieht auf der Grundlage unauffälliger Merkmale, die für den Laien schwierig zu unterscheiden sind. Streitigkeiten hinsichtlich der Monophylie der Nematoden sind existent (Adamson[*]), doch stützen neuere, molekulare Daten die tradierten Klassen (Kampfer[**]). Die hier vorgestellte Klassifizierung ist mehr oder weniger die traditionelle, die sich auf neuere Arbeiten von Kampfer et al. stützt.

Classis Secernentea (= Phasmida). Amphiden ventral zusammengerollt oder hiervon abgeleitet; drei Ösophagusdrüsen; einige mit Phasmiden; sowohl freilebende wie parasitäre Formen.
Beispiele: *Caenorhabditis, Ascaris, Enterobius, Necator, Wuchereria*.

Classis Adenophorea (= Aphasmida). Amphiden für gewöhnlich gut entwickelt, taschenartig; fünf oder mehr Ösophagusdrüsen; Phasmiden fehlend; exkretorisches System ohne Lateralkanäle, gebildet aus einzelnen, ventralen Drüsenzellen, oder gänzlich fehlend; zumeist freilebend, es existieren daneben aber auch einige parasitäre Arten.
Beispiele: *Dioctophyme, Trichinella, Trichuris*.

[*] Adamson, M. (1987): Canadian Journal of Zoology, vol. 65: 1478–1482.
[**] Kampfer, S. et al. (1998): Invertebrate Zoology, vol. 117: 29–36.

mit ein, die sich in der Mücke zu infektiösen Stadien weiterentwickeln. Sie gelangen aus der Stechmücke heraus, sobald diese einen weiteren Menschen sticht. Durch die von der Mücke verursachte Stichwunde gelangen die Mikrofilarien in den menschlichen Körper.

Die dramatischen Manifestationen der Elefantenfußkrankheit (Elephantiasis) werden gelegentlich nach langen und wiederholten Zyklen von Reinfektionen ausgelöst. Dieser Krankheitszustand ist durch ein exzessiv gesteigertes Wachstum des Bindegewebes und ein enormes Anschwellen der betroffenen Körperteile wie Skrotum (Hodensack), Arme, Beine oder – seltener – Vulva und Mammae gekennzeichnet (▶ Abbildung 15.11).

Eine andere Filarienart ist der Auslöser der Flussblindheit (Onchozerkose). Die Erreger werden von Kriebelmücken (Simuliidae) übertragen. Mehr als 30 Mil-

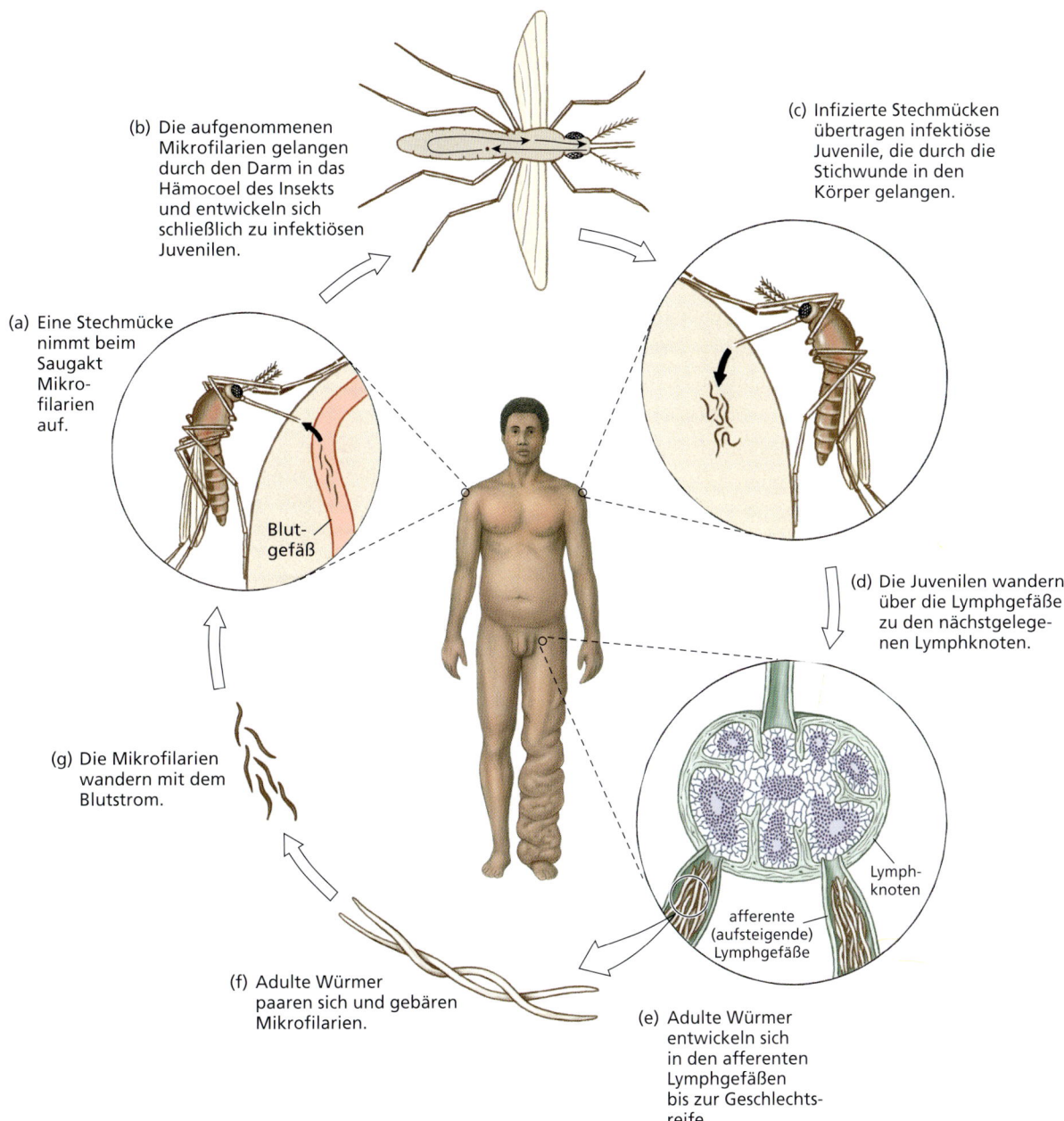

Abbildung 15.10: Vermehrungszyklus von *Wuchereria bancrofti*. (a) Eine Stechmücke nimmt Filarien auf, wenn sie einen Menschen beißt. (b) Mikrofilarien dringen durch die Darmwand vor und entwickeln sich zu infektiösen Juvenilen. (c) Infektiöse Juvenilstadien entschlüpfen durch die Proboscis des Insektes, wenn dieses frisst, und dringen in die von den Stechwerkzeugen der Mücke erzeugte Wunde ein. (d) Die juvenilen Würmer wandern über die Lymphwege zu einem regionalen Lymphknoten. (e) Die Würmer entwickeln sich in aufsteigenden Lymphgefäßen bis zur Geschlechtsreife. (f) Adulte Würmer paaren sich, und das Weibchen bringt neue Mikrofilarien hervor. (g) Die Mikrofilarien treten in den Blutstrom über.

15 Pseudocoelomaten

> **Exkurs**
>
> Die Diagnose von Darmwürmern geschieht im Regelfall durch die mikroskopische Untersuchung kleiner Kotproben. Finden sich darin charakteristische Wurmeier, kann sicher von einer Infektion ausgegangen werden. Die Eier der Madenwürmer finden sich häufig aber nicht in den Fäzes, weil das Weibchen sie um den Anus herum auf der Haut ablegt. Die Klebestreifenmethode ist hier effektiver. Die klebrige Seite eines durchsichtigen Klebebandes wird auf den Anus aufgelegt, um eventuell vorhandene Eier abzusammeln. Dann wird der Klebestreifen auf einen Objektträger geklebt und unter dem Mikroskop betrachtet. Gegen diese Parasiten stehen mehrere wirkungsvolle Medikamente zur Verfügung, doch sollten alle Mitglieder der Familie eines Patienten zur gleichen Zeit mitbehandelt werden, da die Würmer sich leicht über einen Haushalt ausbreiten können.

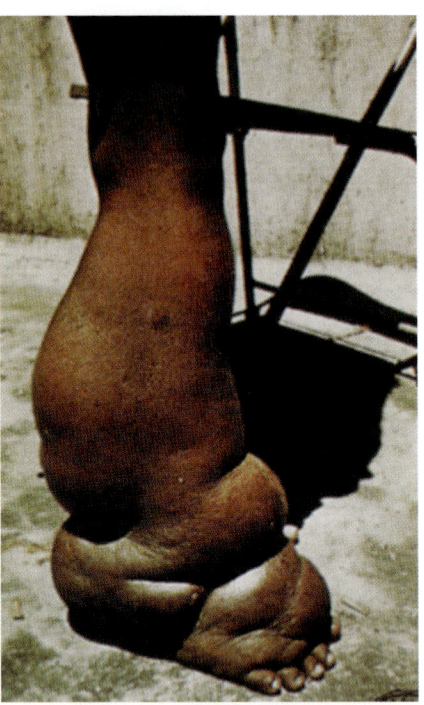

Abbildung 15.11: **Elefantenfußkrankheit.** Diese Krankheit wird durch adulte Filarienwürmer der Art *Wuchereria bancrofti* hervorgerufen, die in den Lymphgefäßen leben und den Durchfluss der Lymphflüssigkeit blockieren. Winzige Juvenilformen, die Mikrofilarien, werden von Stechmücken beim Saugen von Blut aufgenommen. In den Mücken entwickeln sie sich zu infektiösen Stadien weiter, die auf einen neuen Wirt übergehen, wenn die Mücke wieder Blut saugt.

lionen Menschen in Teilen Afrikas, der arabischen Halbinsel sowie Mittel- und Südamerikas sind betroffen.

Der in Nordamerika häufigste Filarienwurm ist wahrscheinlich der Hundeherzwurm *(Dirofilaria immitis)* (▶ Abbildung 15.12). Durch Stechmücken übertragen, kann die Art auch andere Hundeartige (Canidae), Katzen, Iltisse, Seelöwen sowie gelegentlich den Menschen befallen. Die Dirofilariose kommt in erster Linie in Nordamerika vor, mit einer Häufung entlang der Atlantikküste und des Golfs von Mexiko, von dort aus landeinwärts entlang des Flusses Mississippi bis in den Mittelwesten. Die Durchseuchung der Hundebestände kann 45 Prozent erreichen. In Europa ist Dirofilaria im Mittelmeerraum entlang der küstenreichen Länder Griechenland und Italien sowie im südlichen Frankreich und auf den kanarischen Inseln verbreitet. Einzelfälle sind auch weiter nördlich berichtet worden. Beim Hund verursacht diese Wurmart eine schwer verlaufende Erkrankung, die infolge einer nur schwierigen Behandlung oft tödlich verläuft. Eine vorbeugende Gabe von Entwurmungsmitteln ist daher angeraten.

15.2.2 Phylum Nematomorpha (Stamm der Saitenwürmer)

Der umgangssprachliche Name der Mitglieder des Phylums Nematomorpha ist Saitenwürmer, weil ihre extrem gestreckte Gestalt an Saiten von Instrumenten erinnert. Die angelsächsische Bezeichnung ist „Pferdehaarwurm" (horsehair worm); dort assoziiert man diese Würmer mit den Haaren des Pferdeschweifs. Die Nematomorphen (gr. *nema, nematos,* Faden + *morphos,* Gestalt) wurden lange zu den Nematoden gestellt, mit denen sie den Aufbau

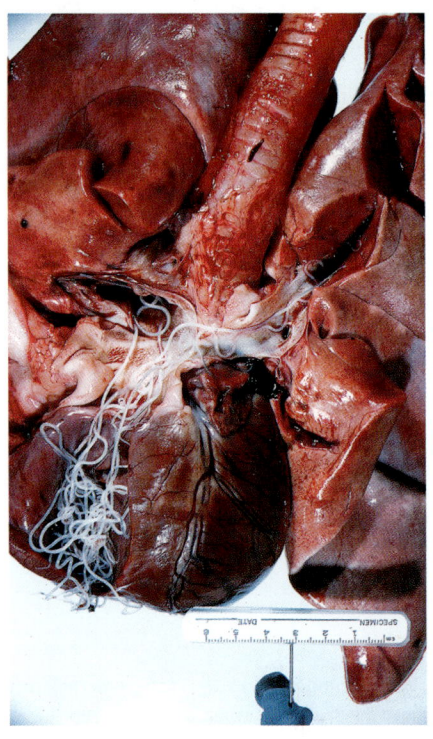

Abbildung 15.12: *Dirofilaria immitis* **im rechten Ventrikel eines acht Jahre alten Irischen Setters.** Befallen durch die Würmer sind Herzkammer, rechte und linke Lungenarterie.

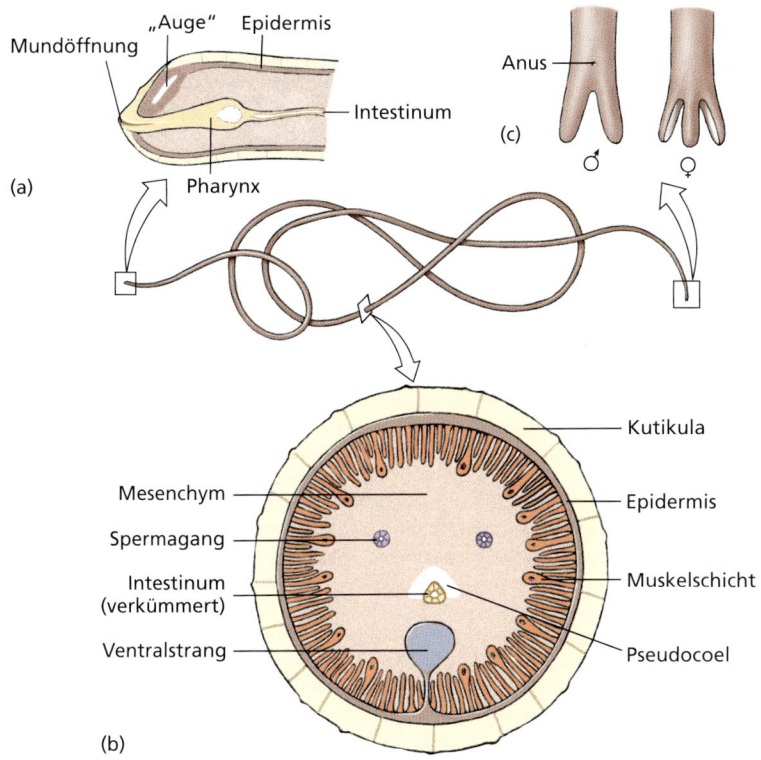

Abbildung 15.13: Anatomischer Bau von *Paragordius*, einem Nematomorphen. (a) Längsschnitt durch das anteriore Ende. (b) Querschnitt. (c) Die posterioren Enden eines männlichen und eines weiblichen Saitenwurms. Saitenwürmer (Nematomorphen) sind sehr lang und sehr dünn. Ihr Pharynx besteht für gewöhnlich aus einem soliden Strang von Zellen und scheint funktionslos zu sein. *Paragordius*, dessen Pharynx in das Intestinum mündet, ist in dieser Hinsicht ungewöhnlich. Dies gilt ebenfalls für den Besitz eines Lichtsinnesorgans („Auge").

der Kutikula, das Vorhandensein ausschließlich längs verlaufender Muskeln, den Besitz epidermaler Stränge sowie die Anlage des Nervensystems gemeinsam haben. Nach dem heutigen Wissensstand ist eine Aussage darüber, mit welcher anderen Gruppe die Nematomorphen am engsten verwandt sind, nicht eindeutig möglich.

Etwa 320 Saitenwurmarten sind beschrieben worden. Als Adulti sind sie freilebend, als Juvenile parasitieren sie in Arthropoden. Sie sind weltweit verbreitet. Die Adultformen leben praktisch überall, wo es feucht genug ist und eine ausreichende Sauerstoffversorgung gewährleistet ist. Einige Juvenile wie die von *Gordius* (nach *Gordios*, in der griechischen Antike ein König von Phrygien, dessen Streitwagen der Legende nach von den Göttern durch ein Seil mit einem unlösbaren Knoten mit dem Joch der Zugtiere verbunden gewesen ist), einer kosmopolitischen Gattung, enzystieren sich an Pflanzenteilen und dienen so später Heuschrecken oder anderen Gliederfüßlern als Nahrung. Bei der im Meer lebenden Gattung *Nectonema* (gr. *nektos*, schwimmen + *nema*, Faden) leben die Juvenilformen in Einsiedlerkrebsen und anderen Krabben.

Form und Funktion

Die Saitenwürmer sind, wie der Name andeutet, extrem langgestreckt und sehr dünn, mit einem zylindrischen Körper. Der Durchmesser beträgt im Allgemeinen etwa 0,5 bis 3 mm, die Länge der Würmer kann aber bis zu 1 m betragen. Das anteriore Ende ist für gewöhnlich abgerundet, und das posteriore Ende ist ebenfalls abgerundet oder endet in zwei oder drei Caudalloben (▶ Abbildung 15.13).

Die Körperwand ähnelt sehr der von Nematoden: Sie besteht aus einer sezernierten Kutikula, einer Hypodermis, sowie aus einer ausschließlich aus Längsmuskeln bestehenden Muskulatur.

Das Verdauungssystem ist verkümmert. Der Pharynx besteht aus einem soliden Zellstrang, und das Intestinum mündet nicht in eine Kloake. Die Larven absorbieren ihre Nahrung über die Körperwand ihrer jeweiligen Wirte. Bis vor kurzem dachte man, dass sich die adulten Saitenwürmer ausschließlich von eingelagerten Nährstoffen ernährten. Neuere Forschungen haben jedoch erbracht, dass die Adulti organische Verbindungen über die Überreste ihres rückgebildeten Darms und die Körperhülle absorbieren, sehr ähnlich, wie es die Juvenilformen tun.

Kreislauf-, Atmungs- und Ausscheidungssystem fehlen und treten wahrscheinlich nur auf einer primär zellulären Ebene in Erscheinung. Allerdings ist über die Physiologie dieser Würmer nur sehr wenig bekannt. Den Pharynx umgibt ein Nervenring und den Körper durchzieht ein mittig gelegener ventraler Nervenstrang.

Die Juvenilen verlassen erst dann aus ihren Arthropodenwirt, wenn Wasser in der Nähe verfügbar ist (wie sie dies wahrnehmen können, ist allerdings unklar). Die Adulti kann man oft beobachten, wie sie sich langsam am Grund von Teichen oder Fließgewässern entlang schlängeln. Dabei sind die Männchen im Regelfall aktiver als die Weibchen. Die Geschlechter sind getrennt, die Gonaden münden über Gonodukte in die Kloake. Die Weibchen entlassen die Eier in langen Schnüren ins Wasser. Die Jungen scheinen sich erst dann normal zu entwickeln, wenn sie in einen geeigneten Arthropodenwirt gelangt sind. Obwohl über den Vermehrungszyklus der nematomorphen Würmer nur wenig bekannt ist, infizieren die Larven ihre gliederfüßigen Wirte wahrscheinlich dadurch, dass sie von diesen gefressen werden. Nach mehreren Monaten im Hämocoel des Wirtes, bahnt sich der reife Wurm seinen Weg aus dem Wirtskörper in das Wasser. Ist der Wirt ein terrestrisches Insekt, veranlasst der Parasit durch einen unbekannten Mechanismus seinen Wirt, ein Gewässer aufzusuchen, bevor er ihn verlässt.

15.2.3 Phylum Kinorhyncha (Stamm der Hakenrüssler)

Die Kinorhyncha (gr. *kinein*, ich gehe + *rhynchos*, Schnabel) sind Meereswürmer, die etwas größer als Rotatorien und Gastrotrichen sind, für gewöhnlich aber nicht länger als 1 mm werden. Dieser Stamm wurde/wird auch als Echinodera geführt, was soviel wie Stachelkrägler bedeutet (gr. *echinos*, Stachel). Bis heute sind etwa 150 Arten beschrieben worden.

Die Kinorhyncha sind Kosmopoliten. Sie finden sich vom Nord- bis zum Südpol und vom Gezeitenbereich der Küsten bis in Tiefen von 8000 m. Die meisten leben im Schlick oder in sandigem Schlamm, einige Arten sind jedoch auch auf Algen, Schwämmen oder anderen Wirbellosen gefunden worden. Sie ernähren sich hauptsächlich von Diatomeen (Kieselalgen).

Form und Funktion
Der Körper der Kinorhynchier ist in 13 Segmente untergliedert, die mit Stacheln besetzt sind, aber keine Cilien tragen (▶ Abbildung 15.14). Der zurückziehbare Kopf besitzt einen Kranz aus Stacheln mit einer kleinen, ebenfalls einziehbaren Proboscis. Der Körper ist ventral abgeflacht und dorsal aufgewölbt. Die Körperhülle besteht aus einer Kutikula, einer syncytialen Epidermis und längs verlaufenden Epidermissträngen, ähnlich wie bei den Nematoden. Die Anordnung der Muskeln ist mit den Segmenten korreliert, und anders als bei den Faden-

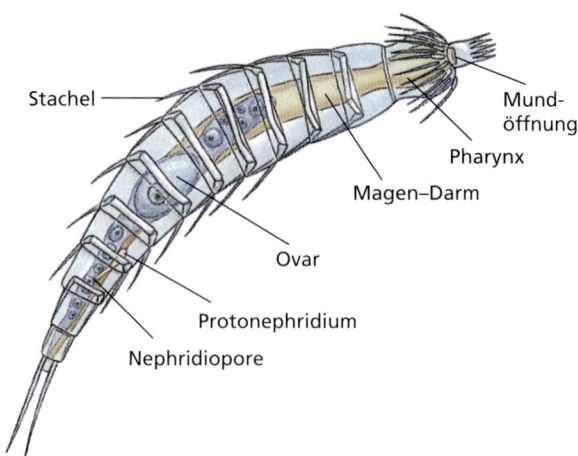

Abbildung 15.14: *Echinoderes*, ein Kinorhynchier, ist ein winziger Meereswurm. Die Segmentierung ist oberflächlich. Der Kopf mit seinem Stachelkranz kann eingezogen werden.

würmern sind Ring-, Längs- und Diagonalmuskeln vorhanden.

Kinorhyncha können nicht schwimmen. Im Sand oder Schlick, wo sie normalerweise leben, graben sie sich ein, indem sie ihren Kopf in den Schlamm bohren und ihn mit Hilfe ihrer Stacheln verankern. Dann wird der Körper nachgezogen, bis der Kopf in diesen eingezogen liegt. Bei Störungen zieht ein Kinorhynchier seinen Kopf ein und schützt ihn mit einem Verschlussapparat aus Kutikulaplatten.

Das Verdauungssystem ist vollständig ausgebildet, mit einer Mundöffnung an der Spitze der Proboscis, gefolgt von einem Schlund, einem Ösophagus, einem Magen/Darm und einem Anus. Kinorhynchier ernähren sich von Diatomeen oder durch die Verdauung organischen Materials von der Oberfläche der Schlickteilchen, durch die sie sich hindurch graben.

Das Pseudocoel ist mit Amöbocyten und Organen angefüllt, so dass nur ein geringes Flüssigkeitsvolumen verbleibt. Vielkernige Solenocyten-Protonephridien zu beiden Seiten des zehnten und elften Segmentes dienen als Ausscheidungsorgane. Dieser physiologische Aspekt wird im Kapitel über die Osmoregulation (Kapitel 30) eingehender behandelt.

Das Nervensystem steht in Kontakt mit der Epidermis, mit einem mehrlappigen Gehirn, das den Schlund umgibt, sowie mit einem ventralen, mit Ganglien versehenen Nervenstrang, der sich über die ganze Länge des Körpers zieht. Sinnesorgane finden sich in Form von Sinnesborsten und – bei einigen Augen – Augenflecken.

Die Geschlechter sind getrennt, mit paarigen Gonaden und Gonodukten. Die Tiere durchlaufen eine Folge von

15.2 Ecdysozoische Stämme

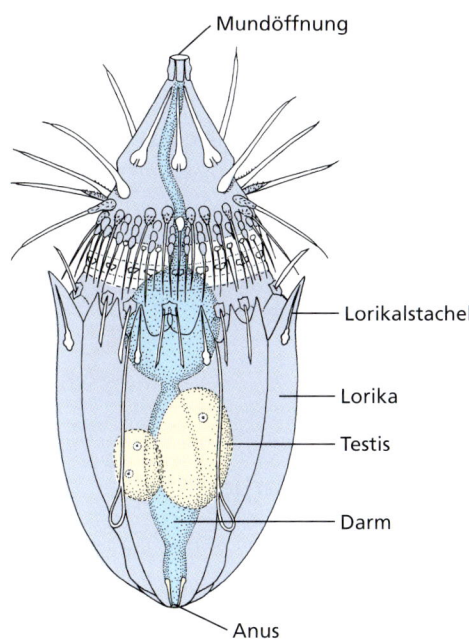

Abbildung 15.15: Ein adulter Harnischwurm der Art *Nanoloricus mysticus*. Dorsalansicht.

sechs Juvenilstadien, bis ein endgültiger, sich nicht mehr häutender Adultstatus erreicht wird.

15.2.4 Phylum Loricifera (Stamm der Harnischtierchen)

Die Loriciferen (lat. *lorica*, Brustpanzer, Harnisch + *fera*, Tier) sind ein erst in jüngerer Zeit (1983) beschriebener Tierstamm. Gegenwärtig kennt man nur zehn Arten. Die winzigen Tiere (ca. 0,25 mm) besitzen eine schützende äußere Umhüllung, die Lorica, und leben in Zwischenräumen von Sand- und Kiesbetten des Meeres, wobei sie sich an den Körnern und Steinchen festsetzen. Obgleich sie anhand von Probenmaterial beschrieben worden sind, das vor der französischen Küste gesammelt worden war, sind sie offenbar über die ganze Welt verbreitet. Die meisten Arten finden sich in grobkörnigen Meeressedimenten in Tiefen zwischen 300 und 450 m. Eine Art wurde jüngst in einer Tiefe von 8000 m entdeckt.

Form und Funktion

Die Loriciferen besitzen Oralstacheln, die denen der Kinorhynchier recht ähnlich sind. Der gesamte Vorderkörper kann in die zirkuläre Lorica zurückgezogen werden (▶ Abbildung 15.15). Wovon sie sich ernähren ist unbekannt, man geht aber davon aus, dass sie Bakterien fressen. Das Gehirn füllt den größten Teil des Kopfes aus, und die Oralstacheln werden durch vom Gehirn und anderen Ganglien ausgehende Nerven innerviert. Die Geschlechter sind getrennt, doch sind Informationen zur Fortpflanzung noch spärlich. Die Juvenilformen ähneln den Adulti stark, besitzen aber ein Paar sich verjüngender Zehen, von denen angenommen wird, dass sie der Fortbewegung dienen.

15.2.5 Phylum Priapulida (Stamm der Priapswürmer)

Die Priapuliden (*Priapos*, in der antiken griechischen Mythologie missgestalteter Sohn der Aphrodite und des Dionysos mit riesigen Geschlechtsteilen) sind eine kleine, nur 16 Arten umfassende Gruppe von Meereswürmern, die sich auf beiden Erdhalbkugeln hauptsächlich in kälteren Gewässern finden. In der Nähe des nordamerikanischen Kontinents kommen sie von Massachusetts bis Grönland sowie entlang der Pazifikküste von Kalifornien bis Alaska vor. In Europa trifft man sie in Nord- und Ostsee an. Sie leben im Schlick und Sand am Meeresboden von der Gezeitenzone bis in Tiefen von mehreren tausend Metern. *Tubiluchus* (lat. *tubulus*, Röhrchen) ist ein winziger Detritusfresser, der an ein interstitielles Leben in warmen Korallensedimenten angepasst ist. *Maccabeus* (jüdischer Freiheitskämpfer der Antike, gestorben im Jahr 160 v. u. Z.) ist ein sehr kleiner Röhrenbewohner, der in schlammigen Sedimenten des Mittelmeers entdeckt worden ist.

Form und Funktion

Die Priapswürmer haben eine zylindrische Körperform und sind zumeist weniger als 12 bis 15 cm lang. *Halicryptus higginsi* erreicht eine Länge von bis zu 39 cm. Die meisten sind räuberisch lebende, grabende Tiere, die sich von unbeschalten Invertebraten wie Polychäten ernähren. Sie graben sich für gewöhnlich aufrecht im Schlamm ein, mit der Mundöffnung an der Oberfläche. *Tubiluchus* ernährt sich jedoch von organischem Detritus aus den Sedimenten im Umkreis von Korallenriffen. Die Tiere können sich durch Kontraktionen ihres Körpers eingraben.

Der Körper umfasst eine Proboscis, einen Rumpf sowie einen oder zwei Caudalanhänge (▶ Abbildung 15.16). Die vorstülpbare Proboscis ist mit Papillen übersät und endet in einer Reihe gekrümmter Stacheln, welche die Mundöffnung umgeben. Die Proboscis wird eingesetzt, um die Umgebung zu untersuchen und um kleine Beutetiere mit weichen Körpern einzufangen. *Maccabeus* besitzt einen Kranz aus Brachialtentakeln um die Mundöffnung.

15 Pseudocoelomaten

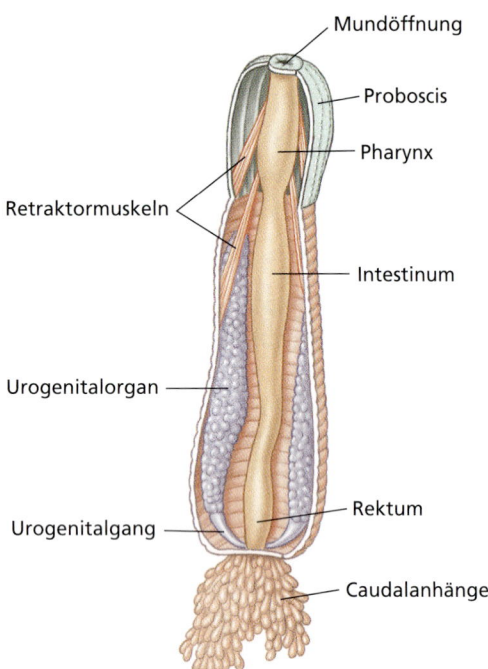

Abbildung 15.16: *Priapulus.* Wesentliche innere Organe.

Der Rumpf zeigt keine Metamerie, ist aber oberflächlich in 30 bis 100 Ringe untergliedert und mit Tuberkeln (lat. *tuberculum*, kleiner Höcker) und Stacheln bedeckt. Die Tuberkeln haben vermutlich sensorische Funktion. Der Anus und die Urogenitalöffnung sind am posterioren Ende des Rumpfes angesiedelt. Die Caudalanhänge sind hohle Gebilde, von denen angenommen wird, dass sie der Atmung dienen und wahrscheinlich auch der Geruchswahrnehmung. Eine chitinöse Kutikula, die das ganze Leben hindurch periodisch gehäutet wird, überzieht den Körper.

Das Verdauungssystem der Priapswürmer enthält einen muskulösen Schlund und ein langgestrecktes Intestinum mit Rektum (Abbildung 15.16). Um den Pharynx herum liegt ein Nervenring, entlang der Körpermitte verläuft ventral ein Nervenstrang. Im Hämocoel finden sich Amöbocyten und zumindest bei einigen Arten Korpuskeln, die das Atmungspigment Hämerythrin (gr. *haema*, Blut + *erythro*, rot) enthalten.

Die Geschlechter sind getrennt, obgleich noch nie Männchen der Gattung *Maccabeus* gefunden worden ist. Die paarige Urogenitalorgane bestehen jeweils aus einer Gonade und Trauben von Solenocyten, die beide mit einem protonephridialen Tubulus verbunden sind, der sowohl die Gameten wie die Ausscheidungsprodukte des Körpers nach außen leitet. Über die Embryogenese der Priapuliden ist wenig bekannt. Bei *Meiopriapulus* verläuft die Entwicklung direkt, und die Weibchen brüten ihre Embryonen während der frühen Entwicklungsstadien aus. Bei den meisten Arten scheint die Zygote eine Radialfurchung durchzumachen und sich dann zu einer lorikaten (= von einer Lorica umgeben) Larve zu entwickeln. *Priapulus*-Larven graben sich in den Schlick ein und werden zu Detritusfressern.

15.3 Lophotrochozoische Stämme

15.3.1 Phylum Rotifera (Stamm der Rädertierchen)

Die Rotifera (Rädertierchen oder Rotatorien) (lat. *rota*, Rad + *fera*, Tier) haben ihre Namen nach einen charakteristischen Cilienkranz, der **Corona**, die durch den koordinierten Schlag der Cilien oftmals den Eindruck eines sich drehenden Rades vermittelt. Das Größenspektrum der Rädertierchen reicht von 40 µm bis 3 mm, doch sind die meisten 100 bis 500 µm (0,1 bis 0,5 mm) groß. Einige Arten sind sehr schön gefärbt, die meisten sind jedoch

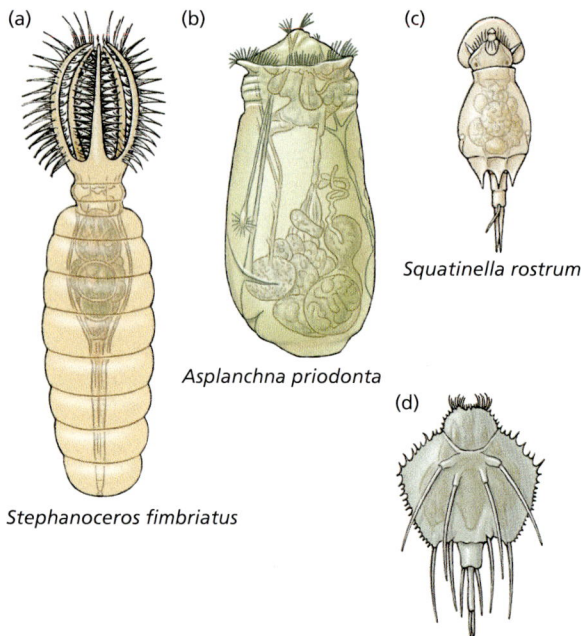

Abbildung 15.17: Eine Auswahl von Rotatorien. (a) *Stephanoceros* besitzt fünf lange, fingerartige Coronalloben mit Wirteln kurzer Borsten, die eine Art Trichter ausbilden. Er fängt seine Beute, indem er seinen Trichter zuzieht, wenn als Nahrung geeignete Organismen hinein schwimmen. Die borstenbesetzten Lappen verhindern, dass die Beute entkommt. (b) *Asplanchna* ist eine pelagische, räuberische Gattung ohne Fuß. (c) *Squatinella* besitzt eine halbkreisförmige, nicht einziehbare, transparente, haubenartige Ausstülpung, die den Kopf bedeckt. (d) *Machrochaetus* ist dorsoventral abgeflacht.

durchsichtig, und einige besitzen eine bizarre Gestalt (▶ Abbildung 15.17). Die Körperform ist oft mit der Lebensweise der Tiere korreliert. Im Wasser schwebende Tiere sind für gewöhnlich kugel- oder sackförmig; kriechende und schwimmende Arten sind etwas gestreckt und wurmförmig; sessile Typen sind gemeinhin vasenförmig mit einer verdickten äußeren Epidermis (Lorica). Einige sind kolonial. Eine der bestuntersuchten Gattungen ist *Philodina* (gr. *philos*, Liebe + *dinos*, herumwirbeln) (▶ Abbildung 15.18). Diese Art wird häufig für zoologische Studien während der Studentenausbildung herangezogen.

Die Rädertierchen sind eine kosmopolitische Gruppierung von etwa 1800 Arten, von denen einige weltweit verbreitet sind. Neuere, molekulare Untersuchungen jedoch stellen die taxonomischen Affinitäten einiger dieser Gruppen infrage, und die weltweite Verbreitung einiger Arten könnte sich als Artefakte aufgrund morphologischer Ähnlichkeiten anstelle von taxonomischer Verwandtschaft erweisen. Die meisten Arten bewohnen das Süßwasser, einige wenige leben im Meer, einige an Land, und einige sind Epizoen (leben auf den Körpern anderer Tiere; „Aufsitzertiere") oder Parasiten.

Die Rotatorien sind an viele ökologische Bedingungen angepasst. Die meisten Arten bewohnen das Benthos, leben also auf dem Grund von Teichen oder in der Vegetation von Teichen oder entlang der Uferzone von Seen, wo sie in der Vegetationszone umherkriechen oder -schwimmen. Ein großer Teil der Arten, die im Wasserfilm zwischen Sandkörnern am Strand leben (Meiofauna), sind Rotatorien. Pelagische Formen (Abbildung 15.17 b) sind in den Oberflächenschichten von Seen und Teichen verbreitet, und sie können das Phänomen der Zyklomorphose zeigen – Variation der Körpergestalt in Abhängigkeit von Veränderungen des verfügbaren Nahrungsangebotes oder der Jahreszeit.

Viele Rädertierarten können lange Phasen der Austrocknung überdauern. Während dieser Phasen ähneln sie Sandkörnern. Im ausgetrockneten Zustand sind Rotatorien sehr unempfindlich gegenüber Umweltextremen. So sind etwa einige Moose bewohnende Arten für Zeiträume von bis zu vier Jahren im Trockenzustand gelagert worden, bevor sie durch den Zusatz von Wasser wiederbelebt wurden. Andere Rädertierchen haben Temperaturen von −272 °C (flüssiges Helium) überlebt, bevor sie erfolgreich wiederbelebt wurden.

Rädertierchen sind im Süßwasser am verbreitetsten, viele Arten leben aber auch im Brackwasser, in feuchtem Erdreich oder auf Moosen. Im Gegensatz dazu sind obligat marine Arten ziemlich selten.

Form und Funktion

Äußere Merkmale. Der Körper eines Rädertierchens besteht aus einem Kopf mit einer cilienbesetzten Corona, einem Rumpf und einem posterioren Schwanz oder Fuß. Mit Ausnahme der Corona trägt der Körper keine Cilien und ist von einer Kutikula überzogen.

Die cilientragende Corona (Krone) umgibt einen cilienfreien Zentralbereich des Kopfes, der mit Sinnesborsten oder Papillen besetzt sein kann. Das Erscheinungsbild des Kopfendes hängt davon ab, welcher von mehreren möglichen Coronatypen das Tier besitzt – für gewöhnlich eine Art von Kränzchen oder ein Paar trochaler (coronaler, radförmiger) Scheiben (der Begriff *trochal* leitet sich vom griechischen Wort für Rad – *trochos* – ab). Die Cilien der Corona zeigen eine sukzessive Schlagfolge, was an ein sich drehendes Rad oder sich drehende Räder erinnert. Die Mundöffnung liegt mittventral innerhalb der Corona. Die coronalen Cilien werden sowohl für die Lokomotion als auch zum Fressen eingesetzt.

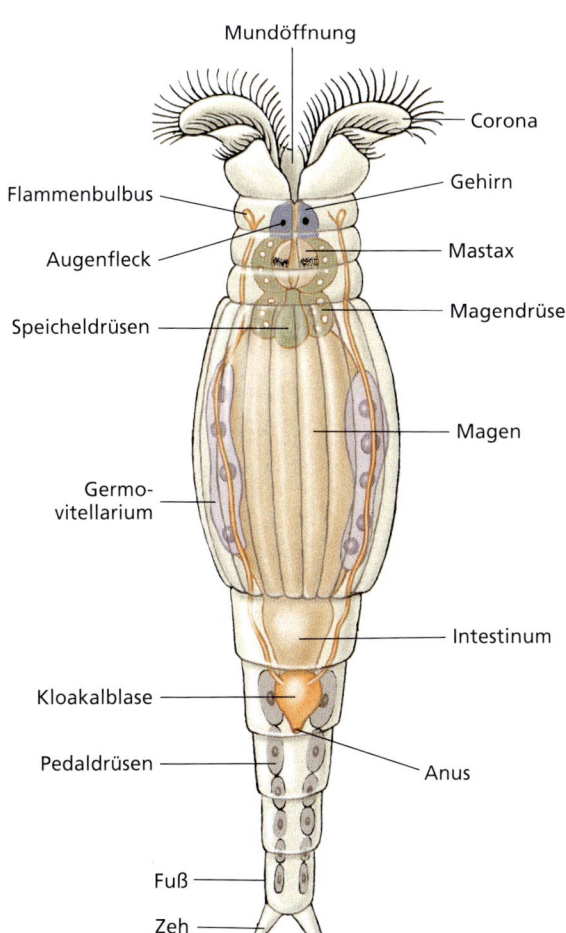

Abbildung 15.18: Das Rädertierchen *Philodina*. Körperbau.

Pseudocoelomaten

Der Rumpf kann gestreckt sein wie bei *Philodina* (Abbildung 15.18) oder sackförmig (Abbildung 15.17). Der Rumpf enthält die Viszeralorgane und trägt oft sensorische Antennen. Die Körperhülle vieler Arten weist oberflächliche Ringe auf, die eine Segmentierung simulieren. Obwohl einige Rotatorien eine echte, sezernierte Kutikula besitzen, weisen alle eine fibröse Schicht innerhalb der Epidermis auf. Die fibröse Schicht ist bei einigen ziemlich dick und bildet eine feste **Lorica**, die oft in Form von Platten oder Ringen angelegt ist.

Der **Fuß** ist dünner und trägt für gewöhnlich ein bis vier **Zehen**. Die Kutikula des Fußes kann geringelt sein, so dass er teleskopartig eingezogen werden kann. Der Fuß ist ein Verankerungsorgan und weist **Pedaldrüsen** auf, die ein klebriges Material absondern, das sowohl von sessilen wie von kriechenden Arten gebildet wird. Bei einigen Formen verjüngt er sich stufenförmig (Abbildung 15.18), bei anderen ist er scharf abgesetzt (Abbildung 15.17). Bei schwimmenden pelagischen Formen ist der Fuß für gewöhnlich zurückgebildet. Rädertierchen vermögen mit egelartigen Bewegungen zu kriechen (dabei wird der Körper vom Fuß unterstützt), mit Hilfe der Cilienkrone zu schwimmen, oder beides.

Innerliche Merkmale. Unterhalb der Kutikula liegt eine **syncytiale Epidermis**, welche die chitinöse Kutikula abscheidet, sowie Bänder **subepidermaler Muskeln** – einige ringförmig, andere longitudinal; einige durchziehen das Pseudocoel bis hin zu den Viszeralorganen. Das Pseudocoel ist groß und füllt den Raum zwischen der Körperwand und den Eingeweiden (Viszera) aus. Es ist mit Flüssigkeit, einigen Muskelbänder und einem Maschenwerk aus amöboiden Mesenchymzellen gefüllt.

Das Verdauungssystem ist vollständig angelegt. Einige Rotatorien fressen, indem sie winzige organische Partikel oder Algen durch den Schlag der Coronacilien zur Mundöffnung strudeln. Die Cilien können ganz selektiv größere, zur Nahrung ungeeignete Teilchen entsorgen. Der Pharnyx des Tieres (**Mastax**; „Kaumagen") ist mit einem muskulären Apparat verbunden, der mit harten Kiefern (**Trophi**) zum Einsaugen und Zermahlen von Nahrungspartikeln ausgestattet ist. Der Mastax kann bei Filtrierern die Nahrungspartikel zerkleinern und zermahlen, bei räuberischen Arten Beute packen und deren Schalen durchlöchern. Der dauernd kauende Mastax ist oft ein kennzeichnendes Unterscheidungsmerkmal dieser winzigen Tiere. Carnivore Arten stellen Protozoen und kleinen Metazoen nach, die sie durch Einfangen oder Ergreifen erbeuten. Fallenstellende Arten besitzen einen trichterförmigen Bereich um die Mundöffnung herum. Wenn kleine Beutetiere in den Trichter hineingelangen, falten sich die Lappen einwärts, um die Beute an der Flucht zu hindern und sie festzuhalten, bis sie in die Mundöffnung und den Pharynx gezogen wird. Jägerische Arten besitzen Trophi, die vorschnellen und wie Pinzetten zum Ergreifen der Beute eingesetzt werden können. Damit wird die Beute in den Pharynxbereich gezogen und dann durchstochen oder aufgebrochen, so dass die essbaren Anteile ausgesaugt und der Rest verworfen werden kann. **Speichel**- und **Magendrüsen**, so nimmt man an, sezernieren Enzyme für die extrazelluläre Verdauung. Die Absorption erfolgt im Magen.

Das Ausscheidungssystem besteht im Regelfall aus einem Paar **protonephridialer Tubuli**, die mit mehreren **Flammenzellen** besetzt sind, und die in eine gemeinsame Blase münden. Die Blase entleert sich pulsierend in eine **Kloake**, in die das Intestinum und die Ovidukte ebenfalls münden. Das recht schnelle Pulsieren der Protonephridien – ein- bis viermal pro Minute – deutet darauf hin, dass die Protonephridien wichtige osmoregulatorische Organe sind. Wasser gelangt offenbar über die Mundöffnung und nicht über die Epidermis in das Tier; selbst marine Arten entleeren ihre Blase in kurzen Intervallen.

Das Nervensystem besteht aus einem zweilappigen **Gehirn**, das dorsal von dem Mastax im „Nackenbereich" des Körpers liegt und paarige Nerven zu den Sinnesorganen, zum Mastax, den Muskeln und den Eingeweiden aussendet. Die Sinnesorgane der Rädertierchen umfassen paarige **Augenflecken** (bei einigen Arten wie Philodina), Sinnesborsten und Papillen, sowie Ciliengruben und Dorsalantennen.

Fortpflanzung. Rädertierchen sind getrenntgeschlechtig; die Männchen sind meist kleiner als die Weibchen. Ungeachtet der Getrenntgeschlechtlichkeit sind in der Klasse Bdelloidea männliche Tiere bislang gänzlich unbekannt, und bei den Monogononten scheinen sie jedes Jahr nur für jeweils wenige Wochen aufzutauchen.

Das weibliche Fortpflanzungssystem der Bdelloiden und Monogononten besteht aus zusammengefassten

Exkurs

Der Begriff „miktisch" (gr. *miktos*, ge-/vermischt) bezieht sich auf die Fähigkeit haploider Eizellen vom männlichen Spermienzellkern unter Bildung eines „gemischten" diploiden Embryos befruchtet zu werden. „Amiktische" (ohne Vermischung) Eier sind bereits zu Anfang diploid und können sich parthenogenetisch entwickeln.

Ovarien und Dotterdrüsen (**Germovitellarien**) sowie Ovidukten, die in die Kloake münden. Der Dotter wird über Cytoplasmabrücken der Dotterbildungszellen zu den Eizellen verfrachtet. Der Dotter fließt durch diese stehenden Cytoplasmabrücken in die Eizellen hinein statt in Form diskreter Dotterzellen wie im Fall der ektolezithalen Plathelminthen.

Bei den Bdelloiden wie zum Beispiel *Philodina* sind alle weiblichen Tiere parthenogenetisch und erzeugen diploide Eier, die sich wiederum zu diploiden Weibchen entwickeln. Diese Weibchen erreichen nach wenigen Tagen die Geschlechtsreife. In der Klasse der Seisonideen produzieren die Weibchen haploide Eier, die befruchtet werden müssen und die sich zu Männchen anstatt zu Weibchen entwickeln. Bei Tieren aus der Klasse der Seisonideen produzieren die Weibchen haploide Eier, die befruchtet werden müssen, und die sich entweder zu Männchen oder Weibchen entwickeln. Bei den Monogononten bringen die Weibchen zwei Sorten von Eiern hervor (▶ Abbildung 15.19). Während des größten Teils des Jahres erzeugen die Weibchen dünnschalige, **amiktisch-diploide Eier**. Die amiktischen Eier entwickeln sich parthenogenetisch zu diploiden (amiktischen) Weibchen. Solchermaßen entstandene Rotatorien leben oft in Teichen oder Fließgewässern, die zeitweilig trockenfallen und zeigen eine zyklische Fortpflanzungsstrategie. Verschiedene Umweltfaktoren – zum Beispiel hohe Bestandsdichte, Ernährung oder die Photoperiode (je nach Art) – können amiktische Eier dazu veranlassen, sich zu miktisch-diploiden Weibchen zu entwickeln, die dünnschalige, haploide Eier hervorbringen. Falls diese Eier nicht befruchtet werden, entwickeln sie sich zu haploiden Männchen. Falls sie jedoch befruchtet werden, entwickeln die Eier, die nun **miktische Eier** genannt werden, eine dicke, widerstandsfähige Schale und gehen in den Zustand der Dormanz über. Sie verharren den Winter über oder bis die Umweltbedingungen günstiger sind in diesem Zustand. Danach schlüpfen amiktische Weibchen. Eier im Zustand der Dormanz werden oftmals vom Wind oder von Vögeln verbreitet, was vielleicht die seltsamen Verbreitungsmuster der Rotatorien zu erklären kann.

Das männliche Fortpflanzungssystem der Rädertierchen besteht aus einem einzelnen Hoden und einem mit Cilien besetzten Ductus spermaticus, der zu einer Genitalöffnung führt (den Männchen fehlt regelmäßig die Kloake). Das Ende des Spermienganges ist als Kopulationsorgan ausgebildet. Die Kopulation erfolgt für gewöhnlich durch hypodermale Befruchtung: Der Penis

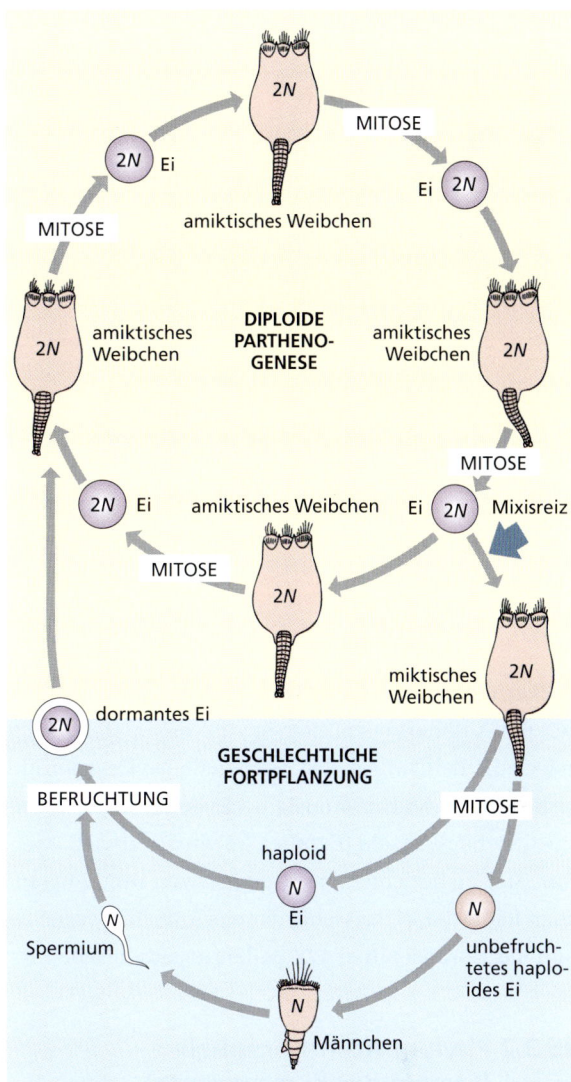

Abbildung 15.19: Fortpflanzung bei einigen Rotatorien (der Klasse Monogononta). Sie erfolgt während eines Teils des Jahres parthenogenetisch, wenn die Umweltbedingungen günstig sind. Als Reaktion auf bestimmte Reize beginnen die Weibchen, haploide Eier (N) zu erzeugen. Falls die haploiden Eier nicht befruchtet werden, entwickeln sie sich zu haploiden Männchen. Die Männchen produzieren Spermien zur Befruchtung weiterer haploider Eier, die sich dann zu diploiden (2N) Eiern entwickeln, deren weitere Entwicklung aber anhält, um den Winter in einem Ruhezustand (Dormanz) zu überdauern. Werden die Lebensbedingungen wieder günstiger, nehmen die dormanten Eier ihre Entwicklung wieder auf und entwickeln sich zu Weibchen, die schließlich ausschlüpfen.

kann jeden Teil der weiblichen Körperhülle durchstoßen und Sperma unmittelbar in das Pseudocoel des Weibchens injizieren.

Die Weibchen schlüpfen mit Adultmerkmalen versehen aus und benötigen nur wenige Tage, um zu wachsen und die Geschlechtsreife zu erreichen. Die männlichen Tiere wachsen oftmals gar nicht weiter und sind zum Zeitpunkt des Ausschlüpfens bereits geschlechtsreif.

15 Pseudocoelomaten

KLASSIFIZIERUNG

■ **Phylum Rotifera (Stamm der Rädertierchen)**

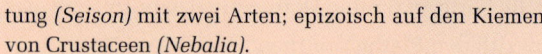

Die Klassifizierung der Rotatorien ist ein Gegenstand der wissenschaftlichen Auseinandersetzung. Einige Fachleute stufen die Gruppen Seisonidea und Bdelloidea zu Ordnungen innerhalb der Klasse Digonata herab. Andere degradieren den Stamm der Acanthocephalen und stellen ihn als Klasse in das Phylum Rotifera. Bis diese taxonomische Debatte ihr Ende findet, halten wir an der tradierten Klassifizierung fest, die wir im Folgenden darlegen.

Classis Seisonidea (gr. *seison*, irdenes Gefäß + *eidos*, Form; etwa: von der Form einer tönernen Amphore). Marin, gestreckte Körperform; Corona nicht voll ausgebildet; Geschlechter von ähnlicher Form und Größe; Weibchen mit paarigen Ovarien und ohne Vitellarien; eine einzige Gattung *(Seison)* mit zwei Arten; epizoisch auf den Kiemen von Crustaceen *(Nebalia)*.

Classis Bdelloidea (gr. *bdella*, Egel + *eidos*, Form). Schwimmend oder kriechend; anteriores Ende einziehbar; Corona für gewöhnlich mit einem Paar Trochalscheiben; männliche Tiere unbekannt; parthenogenetisch; zwei Germovitellarien. Beispiele: *Philodina* (Abbildung 15.18), *Rotaria*.

Classis Monogononta (gr. *monos*, ein / einzeln + *gonos*, primäres Geschlechtsorgan). Schwimmend oder sessil; einzelnes Germovitellarium; Männchen kleiner; drei Typen von Eiern (amiktisch, miktisch, dormant). Beispiele: *Asplanchna* (Abbildung 15.17b), *Epiphanes*.

Zellkernkonstanz. Die meisten anatomischen Bildungen eines Rädertiers sind syncytial organisiert, doch zeigen die Zellkerne in den verschiedenen Organen ein erstaunliches Maß an Konstanz hinsichtlich ihrer (artspezifischen) Anzahl (Eutelie). So wusste etwa E. Martini 1912 zu berichten, dass in einer von ihm untersuchen Rädertierart das Gehirn immer 183, der Magen 39 und das Coronaepithel 172 Zellkerne aufwiesen.

15.3.2 Phylum Acanthocephala (Stamm der Kratzwürmer)

Wie bereits bemerkt, deuten neuere molekularbiologische Arbeiten daraufhin, dass der Status als Phylum für diese Gruppe vielleicht aufgehoben wird, und dass die Acanthocephalen (Kratzwürmer oder „Kratzer"; auch: Fräskopfwürmer) sich vielleicht als eine Klasse hochabgeleiteter Rotatorien erweisen. Dieser Vorschlag hat zu einem erheblichen Disput unter den Spezialisten für wirbellose Tiere geführt, der noch nicht beendet ist. Daher wollen wir an dieser Stelle vorerst weiterhin der bisherigen Klassifizierung den Vorzug geben. Die Bezeichnung des Phylums Acanthocephala (gr. *akantha*, Dorn, Stachel + *kephale*, Kopf) leitet sich von dem klarsten Unterscheidungsmerkmal ab, einer zylindrischen, invaginierbaren Proboscis, die mit Reihen gekrümmter, hakenförmiger Stacheln bewehrt ist. Mit Hilfe dieser widerhakenbewehrten Proboscis verankert sich der Wurm in der Darmwand seines Wirts. Großenteils aufgrund der Form und Anordnung der Stacheln an der Proboscis werden die Acanthocephalen traditionell in drei Klassen unterteilt: die Archicanthocephala, die Eoacanthocephala und die Palaeoacanthocephala. Alle Kratzwürmer sind Endoparasiten, die als Adulti im Darm von Wirbeltieren leben. Am häufigsten sind Süßwasserfische von diesen Parasiten befallen.

Die Größe der verschiedenen Arten reicht von weniger als 2 mm bis zu mehr als 1 m. Die Weibchen einer Art sind meist größer als die Männchen. Der Körper ist normalerweise bilateral abgeflacht, mit zahlreichen transversal verlaufenden Falten. Die Würmer sind im Regelfall weißlich, können sich aber durch aus dem Darm absorbierte Pigmente gelblich bis braun verfärben.

Die Kratzwürmer durchdringen mit ihrer stacheligen Proboscis die Darmwand des Wirtes, um sich dadurch in ihr zu verankern. In vielen Fällen kommt es dadurch nur zu einer erstaunlich geringen Entzündungsreaktion. Bei einigen Kratzwurmarten ist die entzündliche Reaktion des befallenen Wirtes allerdings sehr ernst zu nehmen. Eine Infektion mit diesen Würmern kann mit starken Schmerzen und Entzündungen verbunden sein, besonders dann, wenn die Darmwand vollständig perforiert wird.

Das Phylum ist kosmopolitisch und man kennt mehr als 1000 Arten, von denen die meisten in Fischen, Vögeln und Säugetieren parasitieren. Allerdings ist keine einzige Art unter normalen Umständen ein Parasit des Menschen. Gleichwohl können Arten, die normalerweise in anderen Arten leben, gelegentlich auch den Menschen infizieren. *Macracanthorhynchus hirudinaceus* (gr. *makros*, groß + *akantha*, Dorn, Stachel + *rhynchos*, Schnabel) kommt überall auf der Welt im Dünndarm von Schweinen und gelegentlich von anderen Säugetieren vor.

Die Larven der Kratzwürmer entwickeln sich artabhängig in Arthropoden – entweder in Crustaceen oder in Insekten.

Form und Funktion

Im lebenden Zustand ist der Körper etwas abgeplattet. Vor der Fixierung werden gefangene Exemplare aber meist mit Leitungswasser abgespült, was zur Quellung führt. Daher erscheinen fixierte Dauerpräparate geschwollen und zylindrisch (▶ Abbildung 15.20 c).

Die Körperhülle ist ein Syncytium. Die Oberfläche ist durch winzige Krypten 4 bis 6 μm tief eingekerbt, um die Oberfläche des Teguments deutlich zu vergrößern. Etwa 80 Prozent der Dicke des Teguments gehen auf Kosten einer radiären Faserzone, die ein **Lakunensystem** aus sich verzweigenden, flüssigkeitsgefüllten Kanälen beherbergt (Abbildung 15.20 a + b). Der Austausch von Gasen, Nähr- und Abfallstoffen vollzieht sich in erster Linie durch Diffusion über die Körperhülle. Innerhalb des Körpers wird die Diffusion durch das Lakunensystem erleichtert. Seltsamerweise ist die Körperwandmuskulatur röhrenförmig und mit Flüssigkeit gefüllt. Die Röhren in der Muskulatur setzen sich nahtlos im Lakunensystem fort; daher kann angenommen werden, dass die Lakunenflüssigkeit Nährstoffe zu den Muskeln bringt und Stoffwechselendprodukte aus diesen ableitet. Es gibt kein Herz oder andere Komponenten eines Kreislaufsystems. Die Lakunenflüssigkeit wird durch Muskelkontraktionen durch die Kanäle und die Muskulatur befördert. Diese Flüssigkeit, die auch die meisten anderen Gewebe des Körpers durchtränkt, scheint in diesen Tieren wie ein ungewöhnliches Kreislaufsystem zu wirken. Sowohl Längs- wie Ringmuskeln sind in der Körperwand vorhanden.

Die Proboscis der Acanthocephalen, die Reihen rückwärts gebogener Haken trägt, ist mit der Nackenregion verbunden (Abbildung 15.20) und kann durch Retraktormuskeln in ein **Receptaculum proboscis** zurückgezogen werden. Ebenfalls am Nackenbereich ansetzend (jedoch lische Säcke (Lemnisken), die vielleicht als Reservoire für die Lakunenflüssigkeit aus der Proboscis dienen, wenn dieses Organ eingezogen ist, oder dem Gasaustausch zwischen der Proboscis und dem restlichen Körper dienen. Die genaue Funktion der Lemnisken ist bislang jedoch noch unklar.

Die Kratzwürmer besitzen kein Atmungssystem. Falls vorhanden, besteht das Ausscheidungssystem aus einem Paar **Protonephridien** mit Flammenzellen. Diese vereinigen sich zu einer gemeinsamen Röhre, die in den Ductus spermaticus oder den Uterus mündet.

Das Nervensystem der Acanthocephalen weist ein zentrales Ganglion auf, das im Receptaculum proboscis liegt. Von dort ausgehend strahlen Nerven in die Proboscis und den rückwärtigen Körper aus. In der Proboscis und in der genitalen Bursa (lat. *bursa*, Tasche) liegen sensorische Nervenenden. Wie bei vielen obligaten Para-

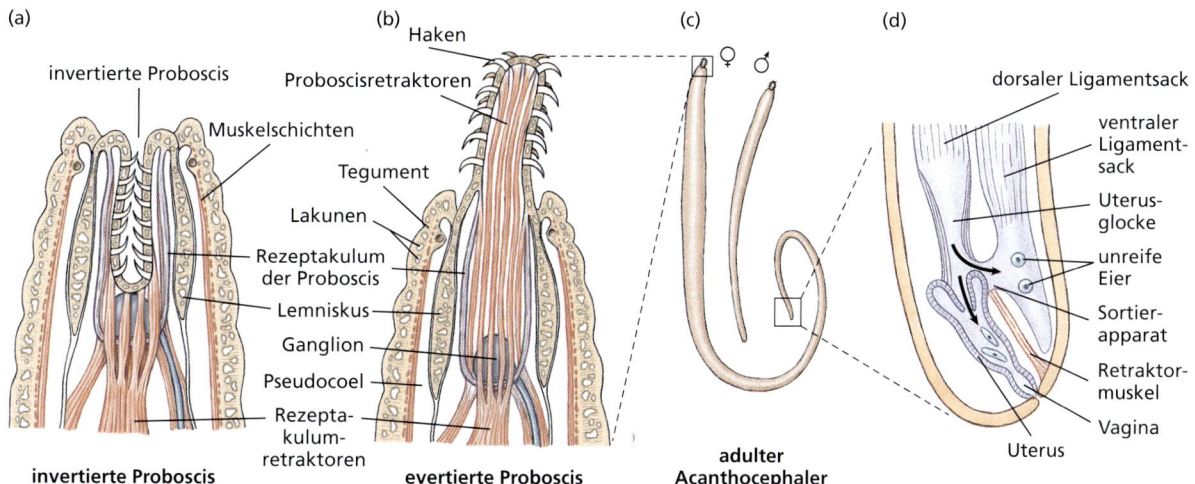

Abbildung 15.20: **Anatomischer Bau eines Kratzwurms (Phylum Acanthocephala).** (a), (b) Vorstülpbare, stachelige Proboscis, mit der sich der Parasit in der Darmwand des Wirtes festkrallt. Dabei entstehen oftmals größere Gewebsschäden. Weil ihnen ein Verdauungstrakt fehlt, absorbieren die Würmer Nahrung über das Tegument. (c) Das Männchen ist typischerweise kleiner als das Weibchen. (d) Schematischer Schnitt durch den genitoselektiven Apparat eines weiblichen Kratzwurms. Es handelt sich um eine im Tierreich einzigartige Einrichtung für die Trennung unreifer von reifen befruchteten Eiern. Eier, die Larven enthalten, gelangen in die Uterusglocke und von dort aus weiter in den Uterus und nach außen. Unreife Eier werden in den ventralen Ligamentsack oder in das Pseudocoel umgeleitet, wo die weitere Entwicklung stattfindet.

siten sind auch bei diesen Tieren Nervensystem und Sinnesorgane stark zurückgebildet.

Den Acanthocephalen fehlt ein Verdauungstrakt, so dass sie alle Nährstoffe über das Tegument absorbieren müssen. Sie können verschiedenartige Stoffe durch spezifische membranständige Transportmechanismen absorbieren. Andere Substanzen vermögen die tegumentale Membran durch Pinocytose (vermutlich Potocytose) zu überwinden. Das Tegument beherbergt einige Enzyme wie Peptidasen, die diverse Dipeptide spalten können (Dipeptidasen). Die freigesetzten Aminosäuren werden dann von dem Wurm absorbiert. Wie die Cestoden (Bandwürmer; Kapitel 14) sind die Acanthocephalen auf Kohlenhydrate aus der Nahrung ihres Wirtes angewiesen, doch ist der Absorptionsmechanismus für die Glucose ein anderer. Die Glucose (Traubenzucker) wird nach der Absorption rasch phosphoryliert und kompartimentalisiert, so dass eine „metabolische Senke" entsteht, in die Glucose aus der Umgebung ständig nachsickern kann: Die Glucosemoleküle diffundieren entlang eines Konzentrationsgefälles in den Wurm, weil sie ständig wieder entfernt (verstoffwechselt) werden, sobald sie in den Wurmkörper aufgenommen worden sind.

Die Acanthocephalen sind getrenntgeschlechtig. Die Männchen besitzen ein Hodenpaar. Beide Hoden verfügen über einen eigenen Vas deferens; ein gemeinsamer Ductus ejaculatorius endet in einem kleinen Penis. Während der Kopulation wird Sperma in die Vagina ejakuliert. Von dort aus steigt es durch den Geschlechtsgang des Weibchens aufwärts und verbreitet sich schließlich im Pseudocoel des Weibchens.

Bei den Weibchen zerfällt das Ovarialgewebe im Ligamentsack in **Ovarialkugeln**, die von den Genitalligamenten oder Ligamentsäcken abgegeben werden und frei im Pseudocoel umhertreiben. Einer der Ligamentsäcke führt zu einer trichterförmigen **Uterusglocke**, welche die sich entwickelten, schalentragenden Embryonen aufnimmt und sie zum Uterus leitet (Abbildung 15.20). Ein interessanter und einzigartiger selektiver Apparat ist hier am Werk. Voll entwickelte Embryonen sind etwas länger als unreife, sie werden aktiv aussortiert und in den Uterus weitergeleitet, während die unreifen Eier zurückgehalten und zur weiteren Reifung in die Ligamentsäcke oder in das Pseudocoel umgeleitet werden.

Die beschalten Embryonen, die von ihrem Wirbeltierwirt mit den Fäzes freigesetzt werden, schlüpfen nicht eher, als bis sie von einem Zwischenwirt gefressen werden. Im Fall von *M. hirudinaceus* ist dies irgendeine von diversen bodenbewohnenden Käferlarven, insbesondere Scarabëiden. Maden des Junikäfers (*Phyllophaga*) sind häufige Wirte dieser Entwicklungsstadien. In diesem Zwischenwirt bohrt sich die Wurmlarve (**Acanthor**) durch das Intestinum und entwickelt im Hämocoel des Insekts zum Juvenilus (**Cystacanth**). Schweine infizieren sich, wenn sie die Käferlarven beim Durchwühlen des Erdbodens fressen. Eine multiple Infektion kann zu einer erheblichen Beschädigung des Schweinedarms führen, so dass es schließlich zu einem Darmdurchbruch (intestinale Perforation) kommen kann. Durch den Austritt von Darminhalt in die Bauchhöhle kommt es dann schnell zu einer lebensbedrohlichen Bauchfellentzündung (Peritonitis).

15.3.3 Phylum Gastrotricha

Die Gastrotrichen (gr. *gaster,* Magen + *trichos,* Haar) – dt. **Bauchhaarlinge** – sind kleine, ventral abgeplattete Tiere von meist weniger als 1 mm Länge. Die größte bekannte Bauchhaarlingsart misst etwa 3 mm. Bei oberflächlicher Betrachtung ähneln die Gastrotrichen etwas den Rädertierchen, doch fehlt die Corona und der Mastax. Dafür besitzen sie einen charakteristischen borstigen oder schuppigen Körper. Man findet sie normalerweise auf dem Substrat, über das sie mit ihren ventralen Cilien gleiten, zum Beispiel auf der Oberfläche einer Pflanze, eines Tieres oder als Bestandteil der interstitiellen Sandlückenfauna (Meiofauna oder Mesofauna).

Gastrotrichen finden sich im Süß-, Brack- und Meerwasser. Die ungefähr 450 bekannten Arten verteilen sich gleichmäßig auf diese Lebensräume. Viele Arten sind kosmopolitisch, aber nur wenige kommen sowohl im Süß- und im Meerwasser vor. Über die Verbreitung und andere Aspekte der Biologie dieser Tiere ist noch vieles unbekannt.

Form und Funktion

Ein Bauchhaarling (▶ Abbildungen 15.21 und ▶ 15.22) ist für gewöhnlich gestreckt, mit einer konvexen Dorsalseite, die ein regelmäßiges Muster aus Borsten, Stacheln oder Schuppen aufweist, und einer abgeplatteten, cilienbesetzen Ventralseite. Die Zellen der Ventralseite können monociliat oder multiciliat sein. Der Kopf ist oft lappig und mit Cilien besetzt. Der Schwanz kann sehr lang gestreckt oder – bei einigen Arten – gegabelt sein.

Unterhalb der Kutikula liegt eine syncytiale Epidermis. Die Längsmuskulatur ist besser entwickelt als die Ringmuskulatur; in den meisten Fällen ist sie nicht gestreift. Adhäsive Röhren sezernieren eine klebrige Subs-

15.3 Lophotrochozoische Stämme

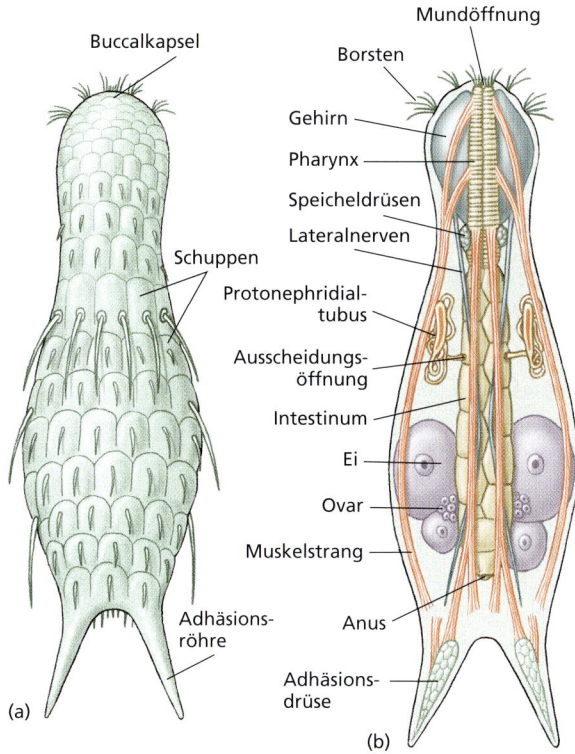

Das Nervensystem umfasst ein Gehirn, das in Nähe des Pharynx liegt, und ein Paar lateraler Nervenstränge. Die Sinneseinrichtungen ähneln denen der Rotatorien, mit der Ausnahme, dass Augenflecken im Allgemeinen fehlen. Allerdings besitzen einige Arten pigmentierte Augenflecke (Ocelli) im Gehirn. Sinnesborsten, die oft am Kopf konzentriert sind, sind modifizierte Cilien, die eine primär taktile Funktion haben.

Gastrotrichen sind typische Hermaphroditen, obgleich das männliche Geschlechtssystem bei einigen Arten so stark zurückgebildet ist, dass diese funktionell parthenogenetische Weibchen darstellen. Wie die Rädertierchen erzeugen manche Bauchhaarlinge dünnwandige, sich rasch entwickelnde Eier, die widrigen Umweltbedingungen trotzen und im Zustand der Dormanz für mehrere Jahre überdauern können. Die Entwicklung verläuft direkt, und die Jungtiere haben die gleiche Form wie die Alttiere. Wachstum und Reifung verlaufen oft schnell. Frischgeschlüpfte Junge erreichen die Geschlechtsreife innerhalb weniger Tage.

Abbildung 15.21: *Chaetonus*, ein Gastrotricher. (a) Dorsale Oberfläche. (b) Innerer Bau, Ventralansicht.

15.3.4 Phylum Entoprocta

Die Entoprokten (gr. *entos*, innen + *proktos*, After) (früher: Kamptozoen; dt. *Kelchwürmer*) sind ein kleiner Stamm von ungefähr 150 Arten winziger, sessiler Tiere, die oberflächlich hydroiden Nesseltieren ähneln, aber

tanz, mit der sich das Tier anheftet. Ein duales Drüsensystem für Anheftung und Ablösung ist vorhanden, ähnlich wie wir es für die Turbellarien beschrieben haben (Kapitel 14). Die Gastrotrichen besitzen keine Leibeshöhle; die inneren Organe sind in dem kompakten Körper dicht gepackt.

Es gibt keine spezialisierten Atmungs- oder Kreislauforgane bei den Gastrotrichen. Der Gasaustausch kommt bei diesen winzigen Tieren durch Diffusion zustande. Mindestens einige Arten scheinen zu anaerober Atmung fähig zu sein. Das Verdauungssystem ist vollständig angelegt und besteht aus einer Mundöffnung, einem muskulären Schlund, einem Magen/Darm und einem Anus (Abbildung 15.21 b). Die Nahrung besteht zum großen Teil aus Algen, Protozoen, Bakterien und Detritus, die durch den ciliären Kopfbesatz zur Mundöffnung gestrudelt werden. Die Verdauung scheint extrazellulär zu verlaufen, obwohl über den genauen mechanistischen Ablauf der Verdauung wie der Nährstoffabsorption nur wenig bekannt ist. Die Protonephridien sind mit Solenocyten anstelle von Flammenzellen ausgestattet. **Solenocyten** besitzen ein einzelnes Flagellum, das in einen Zylinder aus cytoplasmatischen Stäbchen eingeschlossen ist, im Gegensatz zu einer Vielzahl von Flagellen in den Flammenbulben.

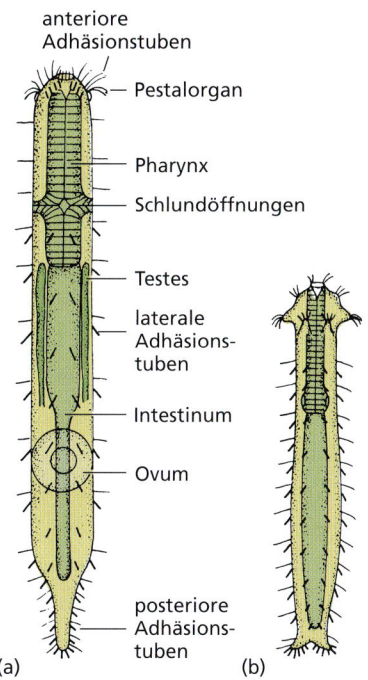

Abbildung 15.22: Gastrotrichen aus der Ordnung Macrodasyda. (a) *Macrodasys*. (b) *Turbanella*.

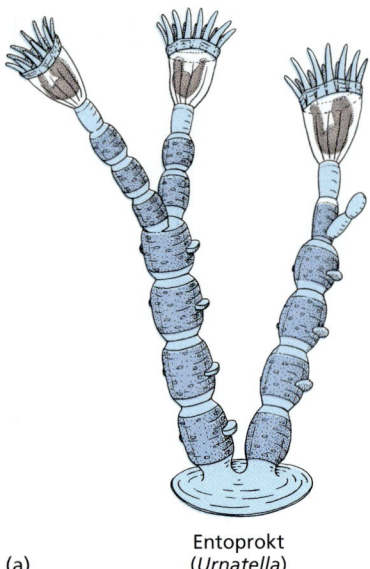

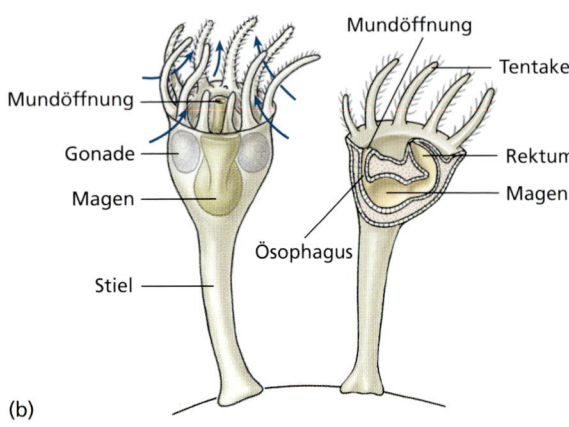

Abbildung 15.23: Entoprokten. (a) *Urnatella*, ein Süßwasserentoprokt, bildet kleine Kolonien von zwei oder drei Tieren mit Stielen auf einer Basalplatte aus. (b) *Loxosomella*, ein solitärer Entoprokt. Sowohl solitäre wie koloniale Entoprokten können sich ungeschlechtlich durch Knospung wie auch geschlechtlich fortpflanzen.

cilienbesetzte Tentakel besitzen, die sich gut einwärts rollen können. (▶ Abbildung 15.23). Die meisten Entoprokten sind mikroskopisch klein, und keine Art ist größer als 5 mm. Sie können solitär oder kolonial leben, aber alle sind sessil, bestielt und ernähren sich als Strudler, die dafür ihre tentakulären Cilien einsetzen.

Mit Ausnahme von *Urnatella* (gr. *urna*, Urne + *ellus*, Verkleinerungsform anzeigende Endung), die im Süßwasser vorkommt, sind alle Entoprokten Meerestiere mit einem weiten, von den Polarregionen bis in tropische Breiten reichenden Verbreitungsgebiet. Die meisten marinen Arten sind auf Küsten- und Brackwasserbereiche beschränkt und wachsen oft auf Schalen anderer Tiere oder auf Algen. Einige sind Kommensa-

len mariner Anneliden. Die Entoprokten treten vom Gezeitensaum bis in Tiefen von 500 m auf. Die Süßwasserentoprokten leben auf der Unterseite von Steinen in schnell fließenden Gewässern. *U. gracilis* ist die einzige in Nordamerika verbreitete Süßwasserart (Abbildung 15.23 a).

Form und Funktion

Der Körper (**Calyx**) (lat. *calyx*, Knospe) eines Entoprokten ist becherförmig, trägt einen Kranz cilienbesetzter Tentakel und kann über einen einzelnen Stiel und eine Anheftungsscheibe mit Adhäsionsdrüsen am Untergrund verankert sein. Dies ist bei den solitären Gattungen Loxosoma und *Loxosomella* (gr. *loxos*, + schief, verkrümmt + *soma*, Körper) der Fall. Bei kolonialen Formen beobachtet man zwei oder mehr Stiele. Sowohl die Tentakel wie der Stiel gehen ansatzlos in die Körperhülle über. Die 8 bis 30 Tentakel, die den Tentakelkranz bilden, sind auf der lateralen und der inneren Oberfläche mit Cilien besetzt. Jede Tentakel kann sich unabhängig von den übrigen bewegen. Die Tentakel können sich einrollen, um die Mundöffnung und den Anus zu bedecken und zu schützen, können aber nicht in die Calyx zurückgezogen werden.

Die Beweglichkeit der Entoprokten ist meist eingeschränkt. *Loxosoma*, die in den Wohnröhren mariner Anneliden leben, sind ziemlich aktiv und bewegen sich frei über den Ringelwurm hinweg und in seiner Wohnröhre umher.

Der Darm ist U-förmig und mit Cilien besetzt, und sowohl die Mundöffnung wie der Anus münden innerhalb des Tentakelkreises ins Freie. Die Entoprokten sind **ciliäre Strudler**. Lange Cilien an den Seiten der Tentakel erzeugen einen Wasserstrom, mit dem Protozoen, Kieselalgen und Detritusteilchen heran geschwemmt werden. Kurze Cilien auf den Tentakeln fangen Nahrungspartikel ein und leiten sie abwärts zur Mundöffnung weiter. Verdauung und Absorption finden im Magen und im Darm statt, bevor die Abfallstoffe über den Anus ausgeschieden werden.

Die Körperhülle besteht aus einer Kutikula, einer zellulären Epidermis und longitudinal verlaufenden Muskeln. Das Pseudocoel ist überwiegend mit einem gelatinösen Parenchym angefüllt, in das ein Paar Flammenbulbus-Protonephridien und ihre ausleitenden Gänge eingebettet sind. Die ableitenden Gänge der Protonephridien vereinigen sich und münden in der Nähe der Mundöffnung nach außen. Die Tiere verfügen über ein gut entwickeltes **Nervenganglion** auf der Ventralseite des Magens. Die Körperoberfläche trägt Sinnesborsten und -gruben. Kreislauf- und Atmungsorgane fehlen. Der Austausch von Atemgasen geschieht über die Körperoberfläche, wahrscheinlich zum großen Teil über die Tentakel.

Einige Arten sind einhäusig (monözisch), andere zweihäusig (diözisch). Viele sind hermaphroditisch – zumeist protandrisch: Die Gonade produziert zunächst Spermien, später dann Eizellen. Die kolonialen Formen haben hermaphroditische oder diözische Zooide, und die Kolonien können sogar Zooide beiderlei Geschlechts enthalten. Die Geschlechtsgänge münden innerhalb des Tentakelkranzes ins Freie.

Befruchtete Eier entwickeln sich in einer Vertiefung (Bruttasche) zwischen der Gonopore und dem Anus. Die Entoprokten zeigen eine modifizierte Spiralfurchung mit Mosaikblastomeren. Der Embryo gastruliert durch Invagination. Die trochophoraartige Larve (siehe Abbildung 16.6) trägt Cilien und ist freischwimmend. Sie besitzt ein apikales Cilienbüschel am anterioren (apikalen) Ende und einen Ciliengürtel, der den ventralen Rand des Körpers umläuft. Am Ende der Entwicklung setzt sich die Larve auf dem Untergrund ab und metamorphiert zum adulten Zooiden.

Phylogenese und adaptive Radiation 15.4

15.4.1 Phylogenese

Ergebnisse von Sequenzanalysen von 18S rRNA-Genen haben zu dem Schluss geführt, dass einige Zeit nachdem sich im Präkambrium die ursprünglichen Deuterostomier von den ursprünglichen Protostomiern getrennt hatten, sich die Protostomier (Urmünder) wiederum in zwei Hauptentwicklungslinien (Überstämme = Superphylae) aufgespalten haben: die Ecdysozoa (Häutungstiere; dieser Überstamm umfasst eine Reihe von Tierstämmen, deren Vertreter im Laufe ihrer Entwicklung eine Reihe von Häutungen durchlaufen) und die Lophotrochozoa (in diesem Überstamm sind die Tierstämme mit Lophophor (siehe Kapitel 21) sowie weitere Stämme, deren Larven vielfach trochophoraartig sind (siehe Kapitel 16) zusammengefasst).* Einige Pseudocoelomaten (Nematoden, Nematomorphen, Kinorhynchier und Pria-

---

* Aguinaldo, A. et al. (1997) und Balavoine & Adoutte (1998). Vollständige bibliografische Angaben am Ende des Kapitels.

> **Exkurs**
>
> Im Dezember 1995 haben P. Funch und R. Kristensen berichtet, dass sie einige höchst seltsame Kreaturen gefunden hätten, die sich an den Mundwerkzeugen norwegischer Hummer (*Nephrops norvegicus*; „Kaisergranat") festgeklammert hatten. Diese Tiere waren so merkwürdig, dass sie sich in keinen der bekannten Tierstämme einordnen ließen *(Cycliophora is a new phylum with affinities to Entoprocta and Ectoprocta. Nature, vol. 378: 711–714)*. Die Autoren kamen zu dem Schluss, dass die Organismen, die nur 0,35 mm groß waren, Angehörige eines neuen Phylums waren, das sie als Cycliophora bezeichneten. Die Namensgebung stützt sich auf einen Kranz aus zusammengesetzten Cilien, die an Rotatorien erinnern, und mit deren Hilfe sich die Tiere ernähren. Sie wurden als acoelomat beschrieben. Ob sie möglicherweise ein Pseudocoel besitzen, ist zurzeit noch unklar. Sie tragen jedenfalls eine Kutikula. Der Vermehrungszyklus scheint bizarr zu sein: Das sessile Fressstadium auf den Mundwerkzeugen der Hummer unterzieht sich einem inneren Knospungsprozess, aus dem motile Stadien hervorgehen. Dies sind (1) Larven, die neue Fressstadien enthalten, (2) zwerghafte Männchen, die sich an die Fressstadien anheften, die in der Entwicklung befindliche Weibchen enthalten, und (3) Weibchen, die sich ebenfalls an den Mundwerkzeugen von Hummern festheften. Diese Weibchen produzieren Larven, die der Verbreitung der Tiere dienen; danach sterben die Weibchen.
>
> Ob sich das vorgeschlagene neue Phylum bei nachfolgenden Untersuchungen als robust erweisen wird, ist offen. Die Verwandtschaftsbeziehungen zu anderen Stämmen sind umstritten. Funch und Kristensen sind der Meinung, dass die Tiere Protostomier mit einer Nähe zu den Ento- und den Ektoprokten sind. Nicht weniger erstaunlich ist ihr Vorkommen auf den Mundwerkzeugen eines so vertrauten Wirtes wie dem norwegischen Hummer. Wie konnte es sein, dass diese Tiere der Aufmerksamkeit der Biologen so lange entgangen waren? Zu einer Zeit, in der durch Habitatvernichtung jedes Jahr viele Arten aussterben, stellt sich die Frage, ob es ganzen Stämmen ähnlich ergeht. Der englische Paläontologe Conway-Morris spekuliert über die Möglichkeit weiterer, bislang unentdeckter Tierstämme *(A new phylum from the lobster's lips. Nature, vol. 378: 661–662)*. Er schlägt ironisch vor, dass man das nächste Mal, wenn man in sein Lieblingsrestaurant geht, um Hummer zu essen, ein Mikroskop und einige zoologische Lehrwerke mitnehmen solle: „Wer weiß, was unter dem Salat lauert?"

puliden) gehören den Ecdysozoen an; die molekularen Sequenzdaten stellen andere (Rotiferen, Acanthocephalen, Gastrotrichen und Entoprokten) zu den Lophophoraten. Wir werden die Ecdysozoen/Lophotrochozoen-Hypothese in den Kapiteln 16, 17, 18 und 21 erneut aufgreifen und erörtern.

Die Loriciferen zeigen einige Ähnlichkeit mit den Kinorhynchiern, Priapulidenlarven, Nematomorphen-

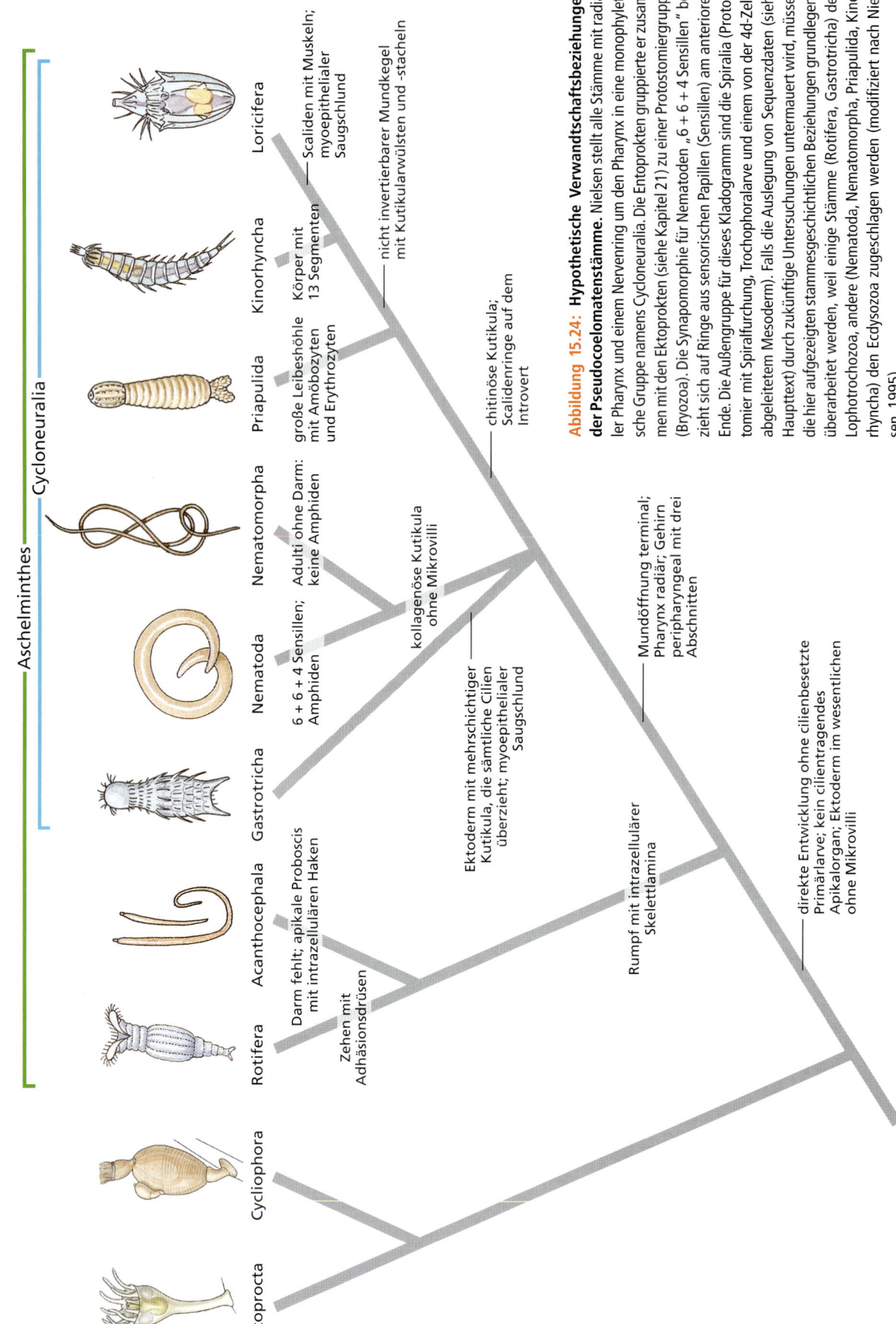

Abbildung 15.24: Hypothetische Verwandtschaftsbeziehungen der Pseudocoelomatenstämme. Nielsen stellt alle Stämme mit radialer Pharynx und einem Nervenring um den Pharynx in eine monophyletische Gruppe namens Cycloneuralia. Die Entoprokten gruppierte er zusammen mit den Ektoprokten (siehe Kapitel 21) zu einer Protostomiergruppe (Bryozoa). Die Synapomorphie für Nematoden „6 + 6 + 4 Sensillen" bezieht sich auf Ringe aus sensorischen Papillen (Sensillen) am anterioren Ende. Die Außengruppe für dieses Kladogramm sind die Spiralia (Protostomier mit Spiralfurchung, Trochophoralarve und einem von der 4d-Zelle abgeleitetem Mesoderm). Falls die Auslegung von Sequenzdaten (siehe Haupttext) durch zukünftige Untersuchungen untermauert wird, müssen die hier aufgezeigten stammesgeschichtlichen Beziehungen grundlegend überarbeitet werden, weil einige Stämme (Rotifera, Gastrotricha) den Lophotrochozoa, andere (Nematoda, Nematomorpha, Priapulida, Kinorhyncha) den Ecdysozoa zugeschlagen werden (modifiziert nach Nielsen, 1995).

larven, Rotatorien und Tardigraden (Kapitel 21). Obgleich die Loriciferen nur sehr wenig untersucht sind, deuten kladistische Analysen daraufhin, dass sie eine Schwestergruppe der Kinorhynchier darstellen, und dass diese beiden Stämme zusammen eine Schwestergruppe der Priapswürmer sind. Falls sich dies bewahrheiten sollte, würde man erwarten, dass weitergehende, genauere Sequenzanalysen zu dem Schluss kommen sollten, dass die Loriciferen zu den Ecdysozoen gehören.

Die Acanthocephalen sind hochspezialisierte Parasiten mit einer einzigartigen Morphologie, und sie sind dies zweifellos seit Millionen von Jahren. Jede ursprüngliche oder verwandte Gruppe, die Licht auf die Verwandtschaftsbeziehungen der Kratzwürmer werfen könnte, ist wahrscheinlich seit langer Zeit ausgestorben. Genetische Sequenzanalysen können hypothetische stammesgeschichtliche Verwandtschaften aufzeigen, wenn entwicklungsbiologische und/oder morphologische Ähnlichkeiten kaum vorhanden sind oder gänzlich fehlen. Solche Analysen haben zu der verblüffenden Schlussfolgerung geführt, dass die Acanthocephalen hoch abgeleitete Rädertierchen darstellen (▶ Abbildung 15.24).[*] Die molekulare Stammbaumanalyse ist jedoch nicht trivial und sollte daher mit gebührender Vorsicht betrachtet werden; althergebrachte organismische Datensätze sollten nicht vorschnell verworfen werden.[**]

---

[*] Welch, W. (2000). Vollständige bibliografische Angaben am Ende des Kapitels.
[**] M. Sanderson und H. Shaffer (2002): Troubleshooting molecular phylogenetics analyses. Annual Reviews in Ecology and Systematics, vol. 33: 49–72. R. Nichols (2001): Gene trees and species trees are not the same. Trends in Ecology & Evolution, vol. 16, no. 7: 358–364.

15.4.2 Adaptive Radiation

Die zweifelsfrei eindrucksvollste adaptive Radiation in dieser Gruppe von Tierstämmen zeigen die Fadenwürmer. Sie sind sowohl im Hinblick auf die Individuen- wie die Artenzahl die bei weitem zahlreichste Gruppierung. Den Fadenwürmern ist es gelungen sich beinahe an jedes Habitat anzupassen, das tierisches Leben überhaupt gestattet. Ihr grundlegend pseudocoelomater Bauplan mit der Kutikula, dem hydrostatischen Skelett und der Längsmuskulatur hat sich als allgemein und als flexibel genug erwiesen, um sich an eine enorme Vielfalt physikalischer Bedingungen anpassen zu können.

Freilebende Abstammungslinien haben parasitäre Formen hervorgebracht, und dies bei mehreren verschiedenen Gelegenheiten. Praktisch jeder mögliche Wirt ist von ihnen besiedelt worden. Alle Arten von Vermehrungszyklen kommen vor: von einfach und direkt bis zu verwickelt mit Zwischenwirten; von der normalen diözischen Fortpflanzung bis zu Parthenogenese, Hermaphroditismus und Generationswechsel zwischen freilebenden und parasitären Generationen. Ein Hauptfaktor, der zum evolutiven Opportunismus der Nematoden beigetragen hat, ist ihre außerordentliche Fähigkeit, ungünstige Bedingungen zu überleben. Dies kann sich zum Beispiel vollziehen in Form angehaltener Entwicklungsvorgänge bei freilebenden wie tierparasitären Arten, oder es zeigt sich die Fähigkeit zur Kryptobiose (Überleben widrigster Bedingungen durch Verfallen in einen Zustand mit sehr niedriger Stoffwechselrate) bei vielen freilebenden und pflanzenparasitären Arten.

ZUSAMMENFASSUNG

Die in diesem Kapitel behandelten Tierstämme weisen eine als Pseudocoel bezeichnete Leibeshöhle auf, die sich vom embryonalen Blastocoel ableitet statt von einer sekundären Leibeshöhle des Mesoderms (Coelom). Mehrere der Gruppen zeigen Eutelie – eine konstante Anzahl von Zellen oder Zellkernen in den adulten Individuen bestimmter Arten.

Analysen von Nucleotidsequenzähnlichkeiten des 18S rRNA-Gens lieferten Hinweise darauf, dass einige Pseudocoelomatenstämme (Nematoda, Nematomorpha, Kinorhyncha und Priapulida) dem Superphylum Ecdysozoa angehören, andere dem Superphylum Lophotrochozoa (Rotifera, Acanthocephala, Gastrotricha und Entoprocta). Kladistische Analysen machen eine Zugehörigkeit der Loriciferen zu den Ecdysozoen wahrscheinlich.

Die Nematoden (Fadenwürmer) sind der größte und bedeutendste unter diesen Stämmen. Obwohl bis heute etwa 25.000 Arten beschrieben worden sind, gehen Spekulationen über möglicherweise noch unentdeckte Arten in die Hunderttausende. Nematoden sind mehr oder weniger zylindrisch, sich an den Enden verjüngende Würmer, die mit einer zähen, sezernierten Kutikula überzogen sind. Die Muskulatur der Körperhülle besteht ausschließlich aus Längsmuskeln. Damit eine solche Anordnung der Muskulatur bei der Lokomotion gute Dienste leisten kann, muss das System über einen Flüssigkeitsraum mit hohem hydrostatischen Innendruck (das Pseudocoel) verfügen. Diese Konstruktion des Fadenwurmbauplans hat tiefgreifende Folgen für die meisten anderen physiologischen Funktionen, zum Beispiel die Nahrungsaufnahme, die

Defäkation, die Exkretion, die Kopulation, und weitere mehr. Die meisten Nematoden sind diözisch, und es gibt vier Juvenilstadien – jedes von dem nächsten durch eine Häutung der Kutikula getrennt. Fast alle Wirbellosen und Wirbeltiere sowie viele Pflanzen werden von parasitären Nematoden befallen. Viele weitere Nematodenarten leben frei im Erdreich und in aquatischen Lebensräumen. Einige parasitäre Nematoden zeigen komplizierte Vermehrungszyklen; einige verbringen Teile ihres Lebens freilebend, einige wandern zwischen den Organen und Geweben im Körper des Wirtes, und bei einigen ist ein Zwischenwirt in den Zyklus eingeschaltet. Einige parasitäre Nematoden rufen bei Menschen und anderen Tieren schwere Krankheitszustände hervor.

Die Nematomorpha (Saitenwürmer) ähneln bei oberflächlicher Betrachtung den Nematoden (Fadenwürmern). Sie besitzen parasitäre Juvenilstadien in Arthropoden, auf die anschließend eine freilebende, aquatische Adultphase folgt.

Die Kinorhynchier und die Loriciferen sind kleine Stämme winziger, aquatischer Pseudocoelomaten. Die Kinorhynchier verankern sich und ziehen sich dann mit Hilfe von Stacheln am Kopf vorwärts. Die Loriciferen können ihre Körper in ihren Panzer, die Lorica, zurückziehen. Die Priapuliden (Priapswürmer) sind grabende Meereswürmer mittlerer Größe.

Das Phylum Rotifera (Rädertierchen) besteht aus kleinen, zumeist im Süßwasser lebenden Arten mit einer Ciliencorona, die Wasserströmungen erzeugt, um planktonische Nahrungsteilchen herbei zu strudeln. Die Mundöffnungen dieser Tiere münden in einen muskulären Schlund (den Mastax), der mit Kiefern ausgestattet ist. Die Bdelloideen sind obligat parthenogenetisch, und Männchen scheint es in dieser Tiergruppe nicht zu geben.

Die Acanthocephalen (Kratzwürmer) sind ausnahmslos parasitär und leben als Adulti im Darm von Wirbeltieren; ihre Juvenilstadien entwickeln sich in Arthropoden. Sie besitzen eine anteriore, einziehbare Proboscis, die mit als Widerhaken ausgebildeten Stacheln versehen ist, die sie in der Darmwand ihrer Wirte verankern. Sie besitzen keinen Verdauungstrakt, müssen also alle Nährstoffe über ihr Tegument aufnehmen. Molekularbiologische Befunde legen eine phylogenetische Affinität der Acanthocephalen zu den Rotatorien nahe.

Die Gastrotrichen sind ebenfalls winzige, aquatische Pseudocoelomaten. Sie bewegen sich mit Hilfe von Cilien oder Adhäsionsdrüsen. Die Entoprokten sind kleine, sessile Wassertiere mit einem cilienbesetzten Tentakelkranz, der sowohl die Mundöffnung wie den Anus umgibt.

Von all diesen Tierstämmen haben die Nematoden eine weitaus umfangreichere adaptive Radiation durchlaufen als andere pseudocoelomate Stämme.

ZUSAMMENFASSUNG

Übungsaufgaben

1. Nennen Sie einige adaptive Vorteile des Besitzes eines Pseudocoels im Vergleich zum acoelomaten Zustand.
2. Erläutern Sie den Unterschied zwischen einem echten Coelom und einem Pseudocoelom.
3. Was versteht man unter einem hydrostatischen Skelett?
4. Grenzen Sie einen Selenocyten von einem Flammenzellprotonephridium ab.
5. Erläutern Sie zwei besondere Merkmale der Körperwandmuskulatur von Nematoden.
6. Welches Merkmal der Körperwandmuskulatur von Nematoden erfordert einen hohen hydrostatischen Druck der Pseudocoelomflüssigkeit, um seine Funktion mit einem hohen Wirkungsgrad ausführen zu können?
7. Erläutern Sie die Wechselwirkung der Kutikula mit der Körperwandmuskulatur und der Pseudocoelomflüssigkeit bei der Lokomotion der Nematoden.
8. Erläutern Sie, wie der hohe Pseudocoelomdruck die Aktivitäten des Fressens und der Defäkation bei Nematoden beeinflusst.
9. Geben Sie einen Abriss der Generationszyklen der folgenden Arten: *Ascaris lumbricoides*, einem Hakenwurm, *Enterobius vermicularis*, *Trichinella spiralis*, *Wuchereria bancrofti*.
10. Wo im menschlichen Körper findet man die Adultformen der unter Übungsaufgabe 9 aufgeführten Arten?
11. Beschreiben Sie den Generationszyklus eines typischen Nematomorphen.
12. In welcher Weise ähneln sich Nematoden und Nematomorphen, und in welcher Weise unterscheiden sie sich?
13. Welches ist die normale Größe einer Rotatorie? Wo findet man sie? Welches sind ihre wesentlichen Merkmale?
14. Erläutern Sie den Unterschied zwischen miktischen und amiktischen Eiern von Rotatorien. Worin besteht der adaptive Wert beider Formen?
15. Was versteht man unter Eutelie?

16. Beschreiben Sie die Hauptmerkmale des Bauplans der Acanthocephalen.
17. Wie gelangt ein Acanthocephaler zu seiner Nahrung?
18. Die evolutive Abstammung der Acanthocephalen ist besonders undurchsichtig. Beschreiben Sie einige Merkmale der Acanthocephalen, die zu dem überraschenden Schluss führen könnten, dass es sich bei ihnen um hochgradig abgeleitete Rotatorien handeln könnte.
19. Wie groß ungefähr sind Loriziferen, Priapuliden, Gastrotrichen und Kinorhynchier? Wo findet man die Vertreter jeder dieser Gruppen?
20. Welches sind die kennzeichnenden Merkmale der Entoprokten?
21. Welcher in diesem Kapitel behandelte Tierstamm hat durch Radiation die größte Artenvielfalt hervorgebracht? Welchen Einfluss haben die Angehörigen dieses Stammes auf den Menschen?

Weiterführende Literatur

Aguinaldo, A. et al. (1997): Evidence for a clade of nematodes, arthropods and other moulting animals. Nature, vol. 387: 489–493. *Eine Sequenzanalyse, die ein Superphylum Ecdysozoa unterstützt.*

Balavoine, G. und A. Adoutte (1998): One or three Camrian radiations? Science, vol. 280: 397–398. *Erörtert Radiationen in die Superstämme Ecdysozoa, Lophotrochozoa und Deuterostomia.*

Bird, A. und J. Bird (1991): The structure of nematodes. 2. Auflage. Academic Press; ISBN: 0-1209-9651-0. *Das fachkundigste Nachschlagewerk zur Morphologie der Nematoden. Sehr empfehlenswert.*

Brusca, R. und G. Brusca (2002): Invertebrates. 2. Auflage. Sinauer; ISBN: 0-87893-097-3. *Ausgezeichnetes, umfassendes Lehrbuch über wirbellose Tiere für das fortgeschrittene Studium.*

Chan, M. (1997): The global burden of intestinal nematode infections – 50 years on. Parasitology Today, vol. 13: 438–443. *Nach den Angaben dieses Autors gibt es beim Menschen fast 1,3 Milliarden Fälle (24 Prozent der Weltbevölkerung) von Infektionen mit Ascaris, 900 Millionen Fälle (17 Prozent) von Infektionen mit Trichuris und fast 1,3 Milliarden Fälle (24 Prozent) von Infektionen mit Hakenwürmern. Die weltweite Fallhäufigkeit parasitärer Erkrankungen durch diese Nematoden hat sich in den vergangenen 50 Jahren praktisch nicht verändert!*

Despommier, D. (1990): *Trichinella spiralis*: the worm that would be virus. Parasitology Today, vol. 6: 193–196. *Die Juvenilstadien von Trichinella gehören zu den größten aller intrazellulärer Parasiten.*

Duke, B. (1990): Onchocerciasis (river blindness) – can it be eradicated? Parasitology Today, vol. 6: 82–84. *Ungeachtet der Einführung eines sehr wirkungsvollen Medikamentes sagt der Autor vorher, dass dieser Parasit in der vorhersehbaren Zukunft nicht ausgerottet werden wird.*

Halanych, K. und Y. Passamaneck (2001): A brief review of metazoan phylogeny and future propects in Hox research. American Zoologist, vol. 41: 629–639. *Eine gute Übersicht der Argumente für und wieder die Lophotrochozoen-/Ecdysozoen-Hypothese.*

Hiepe, T. et al. (Hrsg.): Allgemeine Parasitologie mit den Grundzügen der Immunologie, Diagnostik und Bekämpfung. Parey (2005); ISBN: 9-7838-304-4101-4.

Lee, D. (2002): The Biology of Nematodes. CRC Press; ISBN: 0-4152-7211-4. *Eine moderne Monografie über alle biologischen Aspekte freilebender wie parasitärer Fadenwürmer.*

Mehlhorn, H. und G. Piekarski (2002): Grundriß der Parasitenkunde. Parasiten des Menschen und der Nutztiere. 6. Auflage. Spektrum; ISBN: 3-8274-1158-0.

Nielsen, C. (2001): Animal Evolution. Interrelationships of the Living Phyla. 2. Auflage. Oxford University Press; ISBN: 0-1985-0682-1.

Ogilvie, B. et al. (1990): The molecular revolution and nematode parasitology: yesterday, today, and tomorrow. Journal of Parasitology, vol. 76: 607–618. *Die moderne Molekularbiologie hat zu enormen Veränderungen bei der wissenschaftlichen Untersuchung der Fadenwürmer mit sich gebracht.*

Poinar, G. (1983): The natural history of nematodes. Prentice-Hall; ISBN: 0-1360-9925-4. *Enthält eine große Menge Informationen über diese faszinierenden Würmer.*

Rommel, M. et al. (2006): Veterinärmedizinische Parasitologie. Parey; ISBN: 3-8263-3178-8.

Ruppert, E. et al. (2004): Invertebrate Zoology – A Functional Evolutionary Approach. 7. Auflage. Thomson/Brooks/Cole; ISBN: 0-0302-5982-7. *Ausgezeichnetes, umfassendes Lehrbuch über wirbellose Tiere für das fortgeschrittene Studium.*

Schmidt-Rhaesa, A. und B. Rothe (2006): Postembryonic development of dorsoventral and longitudinal musculature in *Pycnophyes kielensis* (Kinorhyncha, Homalorhagida). Integrative and Comparative Biology, vol. 46, no. 2: 144–150

Taylor, M. und A. Hoerauf (1999): *Wolbachia* bacteria of filarial nematodes. Parasitology Today, vol. 15: 437–442. *Alle den Menschen befallenden parasitären Filarien weisen endosymbiontische Bakterien der Gattung Wolbachia auf, und die meisten Individuen allermöglichen filarialen Nematoden sind ebenfalls mit ihnen infiziert. Die Nematoden lassen sich mit dem Antibiotikum Tetrazyklin von dieser bakteriellen Infektion „heilen". Von den Bakterien „geheilt", vermögen sie sich allerdings nicht mehr fortzupflanzen. Die Bakterien werden offenbar vertikal vom Muttertier auf die Jungen übertragen (kongenitale Infektion).*

Wallace, R. (2002): Rotifers: Exquisite Metazoans. Integrative and Comparative Biology, vol. 42: 660–667. *Umfangreicher Übersichtsartikel über die Biologie der Rädertierchen.*

Welch, M. (2000): Evidence from a protein-coding gene that acanthocephalans are rotifers. Invertebrate Biology, vol. 119: 17–26. *Die Sequenzanalyse eines Gens für ein Hitzeschockprotein stützt die Auffassung, dass die Acanthocephalen eine Stellung innerhalb der Rädertiere einnehmen. Weitere molekulare und morphologische Befunden, die diese Ansicht untermauern, werden zitiert.*

Wenk, P. und A. Renz (2003): Parasitologie. Biologie der Humanparasiten. 1. Auflage. Thieme; ISBN: 3-1313-5461-5.

Westheide, W. und R. Rieger (2006): Spezielle Zoologie. 2. Aufl. (2 Bde.). Spektrum Verlag; ISBN: 3-8274-1835-6.

Weitere Informationen zu diesem Buchkapitel finden Sie auf der Companion-Website unter
http://www.pearson-studium.de

Weichtiere
Phylum Mollusca

16.1	**Mollusken**	497
16.2	**Form und Funktion**	499
16.3	**Klassen der Mollusken**	504
16.4	**Phylogenese und adaptive Radiation**	531
	Zusammenfassung	536
	Übungsaufgaben	537
	Weiterführende Literatur	537

16 Weichtiere

Vor langer Zeit, im Präkambrium, waren die am komplexesten gebauten Tiere, welche die Meere bevölkerten, Acoelomaten. Sie waren vermutlich wenig effiziente Wühler, die den unter der Sedimentoberfläche liegenden nährstoffhaltigen Schlamm nicht vollständig ausnutzen konnten. Diejenigen, die evolutiv flüssigkeitsgefüllte Hohlräume in ihren Körpern entwickelten, scheinen dadurch einen substanziellen Selektionsvorteil erlangt zu haben, da diese Hohlräume als hydrostatisches Skelett dienen und somit die Grabtätigkeit wirkungsvoll unterstützen konnten.

Der einfachste und wahrscheinlich als erstes beschrittene Weg, um einen flüssigkeitsgefüllten Hohlraum im Körper zu erzeugen, ist die Beibehaltung des embryonalen Blastocoels, wie es bei den Pseudocoelomaten der Fall ist. Dies war jedoch nicht die beste evolutive Lösung, da hier beispielsweise die inneren Organe lose in der Körperhöhle zu liegen kommen.

Einige Abkömmlinge der präkambrischen Acoelomaten evolvierten eine elegantere Anordnung: einen flüssigkeitsgefüllten Raum innerhalb des Mesoderms – das Coelom oder die sekundäre Leibeshöhle. Dieser Hohlraum ist mit Zellschichten aus mesomdermem Gewebe ausgekleidet und die inneren Organe sind von mesodermalen Membranen, den Mesenterien, umkleidet. Auf diese Weise konnte das Coelom nicht nur als wirkungsvolles hydrostatisches Skelett fungieren – wobei zirkulär und longitudinal verlaufende Muskeln der Körperwandung als Antagonisten wirken – es ergab sich auch eine stabilere Anordnung der inneren Organe. Die Mesenterien stellten weiterhin einen idealen Ort für die Ausbreitung von Blutgefäßnetzen dar, und der Verdauungskanal konnte sich muskulöser entwickeln, sich stärker spezialisieren und diversifizieren, ohne dabei mit anderen Organen zu interferieren.

Die evolutive Entwicklung einer sekundären Leibeshöhle (eines Coeloms) war ein wesentlicher Schritt in der Evolution hin zu größeren und komplexeren Bauplänen und Formen. Alle Großgruppen des Tierreichs, die in den nachfolgenden Kapiteln diskutiert werden, sind Coelomaten.

Grabende Riesenmuschel *(Tridacna maxima)*.

Mollusken 16.1

Die Mollusken oder Weichtiere (lat. *molluscus*, weich) bilden einen der nach den Arthropoden artenreichsten Tierstämme. Man kennt über 90.000 lebende und ungefähr 70.000 fossile Molluskenarten. Die Stammbezeichnung Mollusca deutet auf eines der den Stamm kennzeichnenden Merkmale hin, den weichen Körper. Diese diversifizierte Gruppe (▶ Abbildung 16.1) umfasst Käferschnecken (Polyplacophora), Kahnfüßler (Scaphopoda), Schnecken (Gastropoda, mit zahlreichen Untergruppen wie Kiemenschnecken und Lungenschnecken), Muscheln (Bivalvia), und Kopffüßler (Cephalopoda; Kalmare, Tintenfische, das Perlboot). Die Vielfalt dieser Tiergruppe reicht von ziemlich einfach gebauten Organismen bis hin zu einigen der komplexesten Wirbellosen. Das Größenspektrum reicht von beinahe mikroskopischen Formen bis zum Riesenkalmar *Arthitheurhis*. Diese gigantischen Weichtiere können – vom Ende eines Armes bis zum Ende eines anderen gemessen – voll ausgestreckt bis zu 20 m lang und bis zu 900 kg schwer werden. Die Schalen der Riesenmuschel *Tridacna gigas*, welche die Korallenriffe des Indopaziks bewohnt, können einen Durchmesser von 1,5 m und ein Gewicht von über 250 kg erreichen. Dies sind jedoch Extreme, und bei ca. 80 Prozent aller Mollusken misst die maximale Schalengröße weniger als 10 cm. Der Stamm der Weichtiere schließt einige der gemächlichsten sowie einige der flinksten und aktivsten Invertebraten ein. Unter den Weichtieren finden sich grasende Herbivoren, räuberische Carnivoren, Filtrierer, Detritusfresser und Parasiten.

Man findet Mollusken in einem breiten Spektrum von Habitaten, von den Tropen bis in die Polarmeere, in Höhen von über 7000 m, in Teichen, Seen und Fließgewässern, auf Schlickbänken, in der tosenden Brandung sowie im freien Wasser der Ozeane von der Oberfläche bis ins Abyssal (Tiefsee). Sie repräsentieren eine erstaunliche Lebensvielfalt einschließlich auf dem Bodengrund lebender, grabender, bohrender und pelagischer Formen. Nach den Fossilbefunden haben sich die Mollusken im Meer entwickelt, und die meisten sind diesem Lebensraum treu geblieben. Ein Großteil ihrer Evolution hat sich in den Küstenbereichen vollzogen, wo Nahrung reichlich ist und die Habitate vielgestaltig sind. Nur die Bivalvia (Muscheln) und die Gastropoden (Schnecken) haben Brack- und Süßgewässer erobert. Als Filtrierer waren die Bivalvia nicht in der Lage, das aquatische Milieu zu verlassen. Nur

Abbildung 16.1: **Mollusken: Eine Vielzahl von Lebensformen.** Der grundlegende Bauplan dieser stammesgeschichtlich alten Gruppe ist evolutiv vielfach an unterschiedliche Habitate adaptiert worden. (a) Eine Käferschnecke *(Tonicella lineata)*, Klasse Polyplacophora. (b) Eine Meeresschnecke *(Calliostoma annulata)*; Klasse Gastropoda. (c) Eine Nacktkiemenschnecke *(Chromodoris* sp.), Klasse Gastropoda. (d) Pazifische Riesenmuschel *(Panope abrupta)*, Klasse Bivalvia, mit links im Bild erkennbaren Siphons. (e) Ein achtarmiger Tintenfisch *(Octopus briareus)*, Klasse Cephalopoda, bei der nächtlichen Nahrungssuche an einem karibischen Korallenriff.

STELLUNG IM TIERREICH
■ Weichtiere

1. Die Mollusken sind eine der Hauptgruppen der echten **Coelomaten**.
2. Sie gehören zum **protostomen**, lophotrochozoischen Zweig der schizocoelen Coelomaten und zeigen Spiralfurchung sowie eine deterministische (Mosaik-)Entwicklung.
3. Viele Mollusken bilden eine **Trochophoralarve**, die den Trochophoralarven der marinen Anneliden und anderer mariner Protostomier ähnlich ist. Die entwicklungsbiologischen Befunde deuten daher darauf hin, dass die Mollusken (Weichtiere) und die Anneliden (Ringelwürmer) einen weniger weit zurückliegenden gemeinsamen Vorfahren besitzen als jeder der Stämme mit den Arthropoden oder Deuterostomiern aufweist.
4. Da Mollusken keine Metamerie zeigen, hat sich diese Linie mutmaßlich vor dem evolutiven Erscheinen der Metamerie von dem gemeinsamen Vorfahren mit den Anneliden abgezweigt.
5. Alle **Organsysteme** sind vorhanden und gut entwickelt.

Biologische Merkmale

1. Bei den Mollusken vollzieht sich der Gasaustausch nicht wie bei den zuvor beschriebenen Tierstämmen über die Körperoberfläche, sondern in spezialisierten **Atmungsorganen**, die als **Kiemen** oder als **Lungen** ausgebildet sein können.
2. Die meisten Klassen dieses Stammes besitzen ein **offenes Kreislaufsystem** mit einem **Pumpherzen**, Blutgefäßen und Blutsini (= blutgefüllte Kapseln). Bei den meisten Cephalopoden (Kopffüßlern) ist das Kreislaufsystem geschlossen.
3. Der erreichte Wirkungsgrad des Atmungs- und Kreislaufsystems bei den Cephalopoden hat eine größere Körpergröße ermöglicht.
4. Sie besitzen einen fleischigen **Mantel**, der in den meisten Fällen eine Schale absondert und in vielfältiger Weise für zahlreiche Funktionen abgewandelt ist.
5. Zu den für das Phylum einmaligen Merkmalen gehören die **Radula** und der muskulöse Fuß.
6. Die hoch entwickelten direkten **Augen** (lichtempfindliche Zellen in der Netzhaut sind der Lichtquelle zugewandt) der Cephalopoden sind den indirekten Augen (lichtempfindliche Zellen sind vom Lichteinfall abgewandt) der Wirbeltiere ähnlich, entwickeln sich ontogenetisch aber als ein Derivat der Haut, im Gegensatz zur Ableitung vom Gehirn bei den Wirbeltieren (beiden gemeinsam ist aber die ektodermale Herkunft).

den Schnecken gelangt die Besiedelung des Festlandes. Terrestrische Schnecken sind in ihrer Ausbreitung durch die Notwendigkeit ausreichender Feuchtigkeit, Versteckmöglichkeiten und der Verfügbarkeit von Calcium im Boden für die Schalenbildung eingeschränkt.

Der Mensch nutzt Mollusken auf vielfache Weise. Viele Molluskenarten werden verzehrt. Aus Muschelschalen werden Perlmuttknöpfe und andere Schmuckstücke gefertigt. Die Flusstäler der Ströme des Mississippi und des Missouri haben in den USA den größten Teil der Rohstoffe für diese Industrie geliefert. Der Nachschub aus natürlichen Quellen ist jedoch derart im Rückgang begriffen, dass Anstrengungen unternommen werden, geeignete Muschelarten in speziellen Kulturen nach zu züchten. Perlen – sowohl natürlich gewachsene als auch Zuchtperlen – werden im Schalenbereich bestimmter Muscheln erzeugt (Perlaustern und ähnliche). Die meisten entstammen Meeresaustern der Gattung *Meleagrina*, die in den Gewässern Ostasiens beheimatet ist.

Einige Mollusken werden aufgrund des von ihnen angerichteten Schadens als Schädlinge angesehen. Bohrende „Schiffswürmer", die tatsächlich Bivalvia verschiedener Artzugehörigkeit sind, führen an hölzernen Schiffsrümpfen und Kaianlagen zu großen Zerstörungen (Abbildung 16.27). Um das Wüten der „Schiffswürmer" zu verhindern, müssen Holzbauten im Seewasser entweder chemisch behandelt werden, oder man muss auf Betonkonstruktionen ausweichen. (Unglücklicherweise stören sich einige Muscheln nicht an Schutzanstrichen, und einige Arten bohren sich sogar in Beton.) Landschnecken schädigen häufig Gärten und landwirtschaftliche Nutzflächen, wenn es zu massenhafter Vermehrung kommt. Darüber hinaus sind Schnecken oft Zwischenwirte für gefährliche Parasiten des Menschen und seiner Nutztiere. Bohrende Schnecken der Gattung *Urosalpinx* machen Seesternen Konkurrenz bei der Zerstörung von Austernbänken.

In diesem Kapitel untersuchen wir die verschiedenen Hauptgruppen des Stammes der Mollusken, einschließlich solcher Gruppen, die nur eine begrenzte

Diversität zeigen (die Klassen Caudofoveata, Solenogastres, Monoplacophora und Scaphopoda). Angehörige der Klasse Polyplacophora (Käferschnecken) sind verbreitete bis häufige Meerestiere, besonders in der Gezeitenzone.

Die Muscheln (Klasse Bivalvia) haben in der Evolution viele Arten hervorgebracht, sowohl im Meer wie im Süßwasser. Die Klasse der Kopffüßler (Cephalopoda), zu der die Tintenfische, die Sepien und ihre Verwandten gehören, stellen die größten und die intelligentesten Tiere aller Wirbellosen. Am verbreitetsten und zahlmäßig häufigsten sind jedoch die Schnecken und ihre Verwandten (Klasse Gastropoda; „Magenfüßler"). Obwohl sie eine enorme Diversität aufweisen, ist allen Mollusken ein gemeinsamer, definierender Körperbauplan gemein (siehe Folgeseiten). Das Coelom der Mollusken beschränkt sich auf einen Hohlraum, der das Herz, und zum Teil die Gonaden und Teile der Niere umgibt. Obwohl es sich embryonal in einer Art und Weise herausbildet, die der des Coeloms der Anneliden ähnlich ist, ist die funktionelle Bedeutung dieser Leibeshöhle bei den Mollusken ziemlich verschieden davon.

Form und Funktion 16.2

Der enorme Formenreichtum, die große Schönheit und die leichte Auffindbarkeit von Weichtierschalen hat das Sammeln solcher Schalen zu einer beliebten Freizeitbeschäftigung werden lassen. Trotzdem wissen viele Hobbyschalensammler, obwohl sie vielleicht in der Lage sind, Hunderte von Schalen zu benennen, die unsere Strände zieren, sehr wenig über die Tiere, die diese Schalen hervorgebracht und einstmals in ihnen gelebt haben.

Stark vereinfacht könnte man sagen, dass der Bauplan eines Weichtieres aus einem **Kopf-Fuß** und dem **Eingeweidesack** besteht (▶ Abbildung 16.2). Der Kopf-Fuß-Bereich ist der aktivere Teil; er enthält die Fress- und Lokomotionsorgane sowie die des Cephalo-Sensoriums. Er stützt sich zur Ausübung seiner Funktionen primär auf Muskelbewegung. Der Eingeweidesack („Pallialkomplex") ist der Anteil des Körpers, der die Organe der Verdauung, des Kreislaufs, der Atmung und der Fortpflanzung enthält. Diese Organe sind bei ihren Funktionen auf das Vorhandensein von Ciliengängen angewiesen. Zwei Hautfalten, die Auswüchse der dorsalen Körperwandung sind, bilden einen schützenden **Mantel**, der zwischen Mantel und Körperwand einen Hohlraum einschließt, der als **Mantelhöhle** bezeichnet wird. Die Mantelhöhle beherbergt die **Kiemen** (**Ctenidien**) oder eine Lunge, und bei manchen Arten sekretiert der Mantel eine Schutz verleihende **Schale**, die über dem Eingeweidesack liegt. Modifizierungen der Körperbildungen, die den Kopf-Fuß-Bereich und den Eingeweidesack hervorbringen, erzeugen die große Diversität an Mustern und Formen, die man bei den Mollusken beobachtet. Bei den verschiedenen Klassen des Stammes Molluca lässt sich entweder eine größere

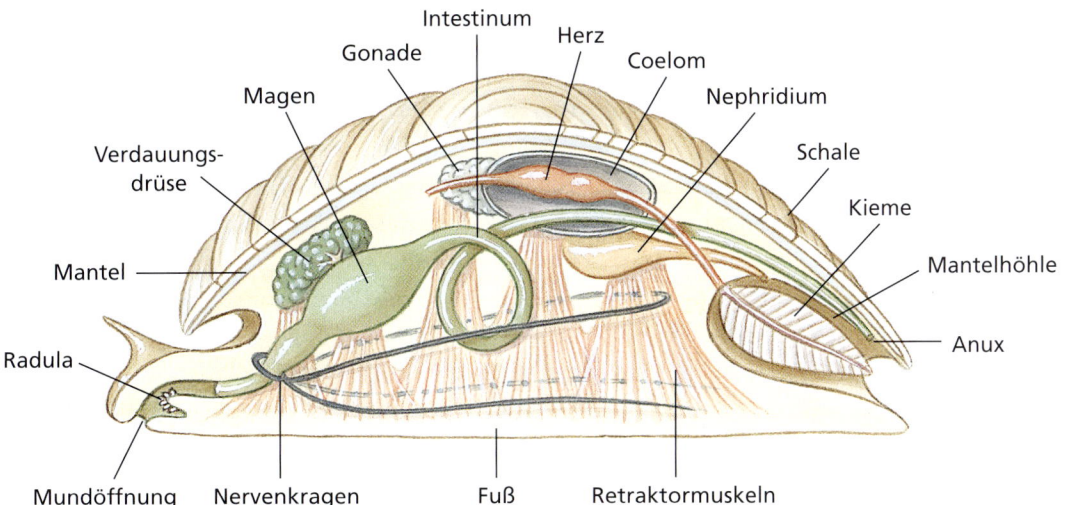

Abbildung 16.2: **Generalisierter Bauplan eines Weichtiers.** Obwohl dieses „Konstrukt" oft als „hypothetische Urmolluske (HUM)" dargestellt wird, lehnen die meisten Fachleute diese Interpretation heute ab. So war der Vorläufer der modernen Mollusken beispielsweise wahrscheinlich eher mit Kalkspikulae überzogen als mit einer durchgängigen Schale wie bei einer einschaligen Muschel. Solch eine Schemazeichnung ist nichtsdestotrotz nützlich, um sich den allgemeinen Bauplan der Mollusken vor Augen zu führen.

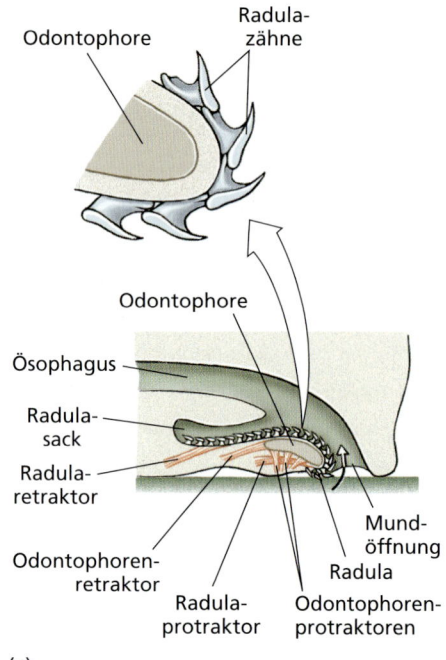 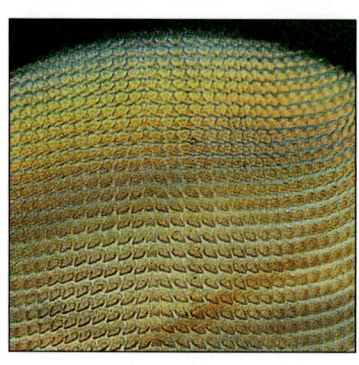

Abbildung 16.3: Radula von Mollusken. (a) Schematischer Längsschnitt durch den Kopf eines Gastropoden mit Darstellung der Radula und des Radulasackes. Die Radula bewegt sich über den Odontophorenknorpel vor und zurück. Wenn das Tier Nahrung abweidet, öffnet sich das Maul, die Odontophore wird nach vorn geschoben, die Radula vollführt eine kraftvolle, schabende Rückwärtsbewegung, wobei Nahrungspartikel zum Pharynx befördert werden, und das Maul schließt sich wieder. Diese Sequenz wird rhythmisch wiederholt. In dem Maß, in dem sich das Radulaband anterior abnutzt, wird es von posterior ersetzt. (b) Radula einer Schnecke nach der Vorbereitung für die mikroskopische Untersuchung.

Gewichtung des Kopf-Fuß-Anteils oder des Eingeweidesacks beobachtet.

16.2.1 Der Kopf-Fuß-Bereich

Die meisten Mollusken verfügen über einen gut entwickelten Kopf, der den Mund und einige spezialisierte Sinnenorgane enthält. Lichtsinnesorgane reichen von ziemlich einfachen Strukturen bis hin zu den komplexen Augen der Cephalopoden. Oft sind Tentakel vorhanden. Im Mund findet sich eine Entwicklung, die nur bei den Mollusken zu finden ist, die Radula. Posterior zum Mund angeordnet befindet sich das Hauptfortbewegungsorgan, der Fuß.

Die Radula

Die Radula ist ein vorstreckbares, zungenähnliches Raspelorgan, das sich bei allen Weichtieren mit Ausnahme der Muscheln (Bivalvia) und den Solenogastres findet. Es handelt sich um eine schnurförmige Membran, auf der Reihen winziger, nach hinten gerichteter Zähnchen angeordnet sind (▶ Abbildung 16.3). Eine komplexe Muskulatur bewegt die Radula und die sie stützenden Knorpel (**Odontophore**) vor zu und zurück, während die Membran gleichzeitig teilweise über die Knorpelspitzen rotiert. Es können nur einige wenige oder auch bis zu 250.000 Zähne vorhanden sein, die, wenn sie vorgestreckt werden, schaben, stechen, reißen oder schneiden können. Die Rudula hat normalerweise zwei verschiedene Funktionen: Einerseits dient sie dem Abraspeln feiner Nahrungsteilchen von harten Oberflächen und zum anderen als Förderband, um die gelockerten Teilchen in einem kontinuierlichen Strom zum Verdauungstrakt zu befördern. Da sich die Radula am anterioren Ende abnutzt, werden an ihrem posterioren Ende beständig neue Zahnreihen nachgebildet. Die Anordnung und die Zahl der Zähne in einer Reihe sind artspezifische Merkmale und werden bei der Klassifizierung der Mollusken als diagnostische Kriterien herangezogen. Bei einigen Formen finden sich sehr interessante raduläre Spezialisierungen, wie etwa solche zum Einbohren in harte Materialien.

Der Fuß

Der Fuß eines Weichtiers (Abbildung 16.2) kann in vielfältiger Weise für die Lokomotion, die Verankerung am Untergrund oder einer Kombination dieser Funktionen ausgestaltet sein. Es handelt sich meist um eine ventrale, sohlenartige Bildung, in der wellenartig ablaufende Muskelkontraktionen einen kriechenden Ortswechsel bewirken. Es gibt jedoch vielfältige Modifizierungen, wie etwa die Haftscheiben von Napfschnecken, die seitlich zusammengedrückten, beilförmigen Füße von Muscheln oder den für den Rückstoßantrieb eingesetzten Siphon der Kalmare und Kraken. Abgeschiedener Schleim wird oft zur Verbesserung der Haftkraft oder – von kleinen Mollusken, die auf Cilien dahingleiten – als Kriechspur benutzt.

MERKMALE

Merkmale des Phylums Mollusca (Stamm der Weichtiere)

1. Körper bilateralsymmetrisch (bei einigen bilateralasymmetrisch); unsegmentiert; oft mit abgegrenztem Kopf.
2. Ventrale Körperhülle als **Muskelfuß** spezialisiert, verschiedenartig modifiziert, aber hauptsächlich zur Lokomotion eingesetzt.
3. Dorsale Körperhülle bildet ein Paar als **Mantel** bezeichnete Falten, welche die **Mantelhöhle** einschließen, zu **Kiemen** oder **Lungen** modifiziert ist, und die Schale abscheidet (Schale fehlt bei einigen).
4. Oberflächenepithel für gewöhnlich cilientragend und mit Schleimdrüsen und sensorischen Nervenenden durchzogen.
5. **Coelom** in der Hauptsache auf den Bereich um das Herz limitiert (Perikardialhöhle sowie manchmal das Lumen der Gonaden, Teile der Nieren und gelegentlich einen Teil des Intestinums).
6. Komplexes Verdauungssystem; Raspelorgan (**Radula**) für meist vorhanden; Anus entleert sich für gewöhnlich in die Mantelhöhle.
7. **Offenes Kreislaufsystem** (bei den Cephalopoden sekundär geschlossen) aus Herz (für gewöhnlich dreikammerig), Blutgefäßen und Blutsini; Atmungspigmente im Blut.
8. Gasaustausch über Kiemen, Lungen, Mantel oder Körperoberfläche.
9. Eine oder zwei Nieren (**Metanephridien**), die in die Perikardialhöhle münden und sich für gewöhnlich in die Mantelhöhle entleeren.
10. Nervensystem aus paarigen Zerebral-, Pleural-, Pedal- und Viszeralganglien, mit Nervensträngen und subepidermalem Plexus; Ganglien sind bei Gastropoden und Cephalopoden stets in einem Nervenring zentralisiert.
11. Sinnesorgane für Berührung, Geruch, Geschmack, Gleichgewicht und Sehen (bei einigen); Augen bei den Cephalopoden hochentwickelt.
12. Innere und äußere **Ciliengänge**, die oft von großer funktioneller Bedeutung sind.
13. Sowohl **einhäusige** wie **zweihäusige** Formen; **Spiralfurchung**; Larven ursprünglich als **Trochophora**, viele mit einer **Veligerlarve**, einige mit direkter Entwicklung.

Bei Schnecken und Muscheln wird der Fuß hydraulisch aus dem Körper ausgestreckt, indem er mit Blut gefüllt wird. Grabende Formen können ihren Fuß in den Schlick oder Sand hineinschieben, ihn durch Erhöhung der Blutfüllung vergrößern, und diesen angeschwollenen Fuß als Anker verwenden, um den restlichen Körper vorwärts zu ziehen. Bei pelagischen Formen kann der Fuß zu flügelartigen Parapodien oder dünnen Flossen zum Schwimmen umgestaltet sein.

16.2.2 Der Eingeweidesack (Pallialkomplex)

Der Mantel und die Mantelhöhle

Der Mantel ist eine Hülle aus Haut, die sich von dem Eingeweidesack aus erstreckt und zu beiden Seiten des Körpers herabhängt. Sie schützt die weichen Anteile des Körpers. Zwischen dem Mantel und dem Eingeweidesack liegt ein Hohlraum, der Mantelhöhle genannt wird. Die äußere Manteloberfläche scheidet die Schale (= das Gehäuse) ab.

Die Mantelhöhle (Abbildung 16.2) spielt im Leben eines Molluske eine enorme Rolle. In ihr sind die Atmungsorgane angesiedelt (Kiemen oder eine Lunge), die sich aus dem Mantel entwickeln, und die außen liegende Oberfläche des Mantels dient ebenfalls dem Gasaustausch. Produkte der Verdauungsorgane, der Ausscheidungsorgane und des Fortpflanzungssystems werden in die Mantelhöhle abgegeben. Bei wasserlebenden Mollusken führt ein konstanter Wasserstrom, der von oberflächlichen Cilien oder einer muskulären Pumpe angetrieben wird, Sauerstoff – und bei manchen Formen auch Nahrung – heran. Derselbe Wasserstrom spült auch die Abfallstoffe fort und transportiert die Produkte der Fortpflanzungsorgane in die Umwelt. Bei aquatischen Formen ist der Mantel mit Sinnesrezeptoren zur Wahrnehmung von Wasserwerten (Temperatur, pH-Wert, Salzgehalt, O_2-Sättigung usw.) ausgestattet. Bei den Cephalopoden (Kopffüßlern) erzeugt der muskulär ausgebildete Mantel einen Strahlantrieb, der zur Fortbewegung eingesetzt wird. Viele Mollusken vermögen ihren Kopf oder ihren Fuß zum Schutz in die Mantelhöhle, die von der Gehäuseschale umgeben ist, zurückzuziehen.

In seiner einfachsten Form besteht das Ctenidium (= Kieme) eines Weichtiers aus einer langen, abgeplatteten Achse, die sich entlang der Wand der Mantelhöhle erstreckt (▶ Abbildung 16.4). Viele blattartige Kiemenfilamente zweigen von der zentralen Achse ab.

Wasser wird durch Cilienschlag zwischen den Kiemenfilamenten hindurchgeführt, und Blut fließt aus einem afferenten (zuleitenden) Blutgefäß in der Zentralachse durch das Filament, hin zu einem efferenten (ableitenden) Gefäß. Die Strömungsrichtung des Blutes ist der des Wasserstroms entgegengesetzt. Dadurch wird ein Gegenstromprinzip verwirklicht (siehe Kapitel 22: Fischkiemen). Die beiden Ctenidien befinden sich auf gegenüberliegenden Seiten der Mantelhöhle und sind so angeordnet, dass die Höhle funktionell in eine Einstromkammer und eine Ausstromkammer untergliedert wird. Die grundlegende Kiemenanordnung ist bei den vielgestaltigen Molluskengruppen in vielfältiger Weise modifiziert.

Die Schale

Die Schale eines Weichtiers – wenn vorhanden – wird vom Mantel abgeschieden und ist auf der Innenseite von diesem ausgekleidet. Im Regelfall finden sich drei Schichten (▶ Abbildung 16.5 a). Das **Periostrakum** ist die äußere, organische Schicht, die aus Conchiolin, einem chinonhaltigen Protein, besteht. Die Schicht schützt die darunterliegenden kalkigen Schichten vor einer Erosion durch bohrende Schadorganismen. Das Periostrakum wird von einer Falte am Mandelrand abgeschieden, und das Wachstum vollzieht sich nur am Schalenrand. An den älteren Schalenteilen ist das Periostrakum oft durch Abnutzung verloren gegangen. Die mittlere, **prismatische Schicht** besteht aus dicht gepackten, prismenförmigen Calciumcarbonatkristallen (Kalk; entweder in der kristallinen Modifikation des Aragonits ($CaCO_3$), Dichte: 2,95 g/cm^3, oder der des Calcits ($CaCO_3$), Dichte: 2,6 bis 2,8 g/cm^3; Aragonit und Calcit besitzen dieselbe chemische Zusammensetzung und unterscheiden sich lediglich in der geometrischen Anordnung der Ionen im Kristallgitter.). Die Kalkkristalle sind in eine Proteinmatrix eingebettet. Sie wird vom drüsenhaltigen Rand des Mantels abgeschieden, und eine Größenzunahme der Schale findet beim Wachstum des Tieres nur am Schalenrand statt. Die innere Schicht – die **Perlmuttschicht** – liegt dem Mantel an und wird kontinuierlich durch die Manteloberfläche nachgebildet, so dass ihre Dicke im Verlauf des Lebens fortwährend zunimmt. Die kalkige Perlmuttschicht wird in dünnen Schichten angelegt. Sehr dünne und wellige Schichten rufen die irisierenden optischen Eigenschaften der hübschen Perlmuttschichten von Weichtierschalen wie denen von *Haliotis* (Seeohren; Meeresschnecken der Familie Haliotidae), *Nautilus* (Perlboote; Cephalopoden der Familie Nautilidae) und vielen Muschelarten hervor. Berühmt für ihre Perlmuttabscheidungen sind besonders die Perlmuscheln der Gattung *Pinctada*. In solchen Schalen finden sich zwischen 450 und 5000 feine, parallel angeordnete Schichten kristallinen Calciumcarbonats pro Zentimeter Schalendicke.

Unter den Mollusken gibt es eine große Vielfalt im Schalenbau. Süßwassermollusken zeigen ein dickes Periostrakum, das einen gewissen Schutz gegen Säuren verleiht, die durch den Zerfall von herabgefallenem Laub im Wasser entstehen. Bei vielen im Meer lebenden Weichtieren ist das Periostrakum hingegen verhältnismäßig dünn, und bei manchen fehlt es ganz. Die für den Schalenbau notwendigen Calciumionen entstammen dem umgebenden Wasser, dem Erdreich oder der Nahrung. Die erste Schale erscheint während des Larvenstadiums; sie wächst lebenslang und kontinuierlich weiter.

Innerer Bau und Funktion

Der Gasaustausch vollzieht sich in spezialisierten Atmungsorganen wie den Ctenidien, sekundären Kiemen oder Lungen, sowie über die Körperoberfläche, insbesondere den Mantel. Es gibt ein **offenes Kreislaufsystem** mit einem Pumpherzen, Blutgefäßen und Blutsini. Die meisten Cephalopoden besitzen einen geschlossenen Blutkreislauf mit einem Herzen, Blutgefäßen und Kapillaren. Der Verdauungstrakt ist von komplexem Bau und je nach den Ernährungsgewohnheiten der be-

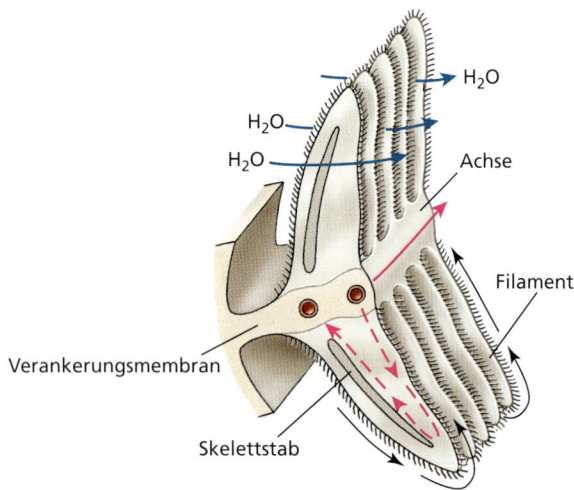

Abbildung 16.4: **Einfachste Form eines Molluskenctenidiums.** Der Wasserstrom durch die Kiemenfilamente wird von den Cilien erzeugt. Das Blut diffundiert vom afferenten Gefäß aus durch die Filamente, hin zum efferenten Gefäß. Die schwarzen Pfeile zeigen die Richtung des ciliären Reinigungsstromes an.

16.2 Form und Funktion

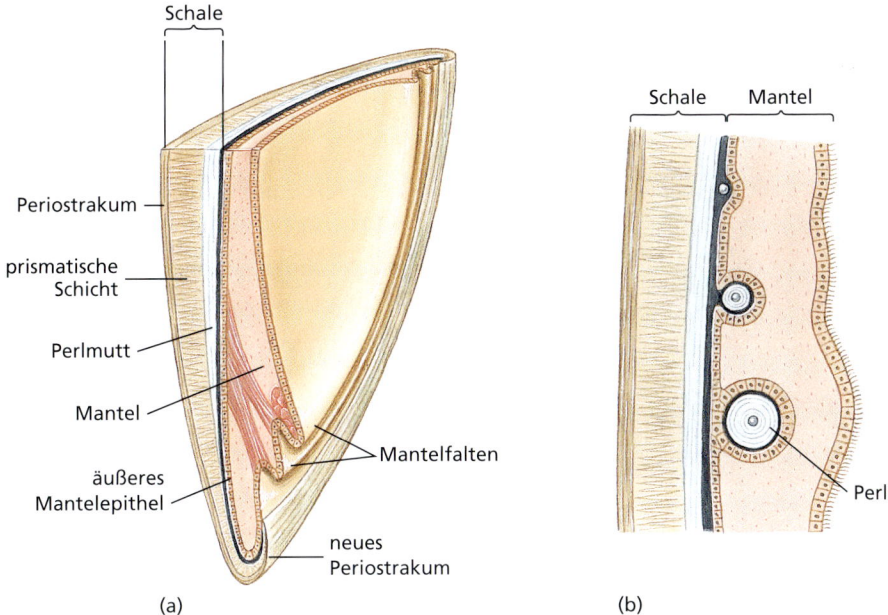

Abbildung 16.5: Die Schale von Weichtieren. (a) Schematischer Vertikalschnitt durch Schale und Mantel einer Muschel. Das äußere Mantelepithel sondert die Schale ab; das innere Epithel ist meist mit Cilien besetzt. (b) Bildung einer Perle zwischen Mantel und Schale. Die Perlenbildung kommt in Gang, wenn sich ein Parasit oder ein Sandkorn unter dem Mantel verfängt. Nach und nach wird der Fremdkörper mit Perlmutt überzogen.

trachteten Molluskengruppe hochgradig spezialisiert. Er ist sehr oft mit einem ausgedehnten Besatz an Cilien ausgestattet. Die meisten Mollusken besitzen ein Nierenpaar (**Metanephridien** – ein Nephridientyp, bei dem die innenliegenden Enden über **Nephrostome** in das Coelom münden). Nierengänge in vielerlei Formen dienen außerdem zur Freisetzung von Keimzellen (Eier und Spermien).

Das **Nervensystem** besteht aus mehreren Ganglienpaaren mit Konnektiven (die Ganglien untereinander verbindende Nervenstränge); es ist im Allgemeinen von simplerem Bau als bei den Anneliden (Kapitel 17) und den Arthropoden (Kapitel 18 bis 20). Das Nervensystem enthält neurosekretorische Zellen, die – zumindest bei bestimmten luftatmenden Schnecken – ein Wachstumshormon produzieren und osmoregulatorisch wirken. Es gibt verschiedene Typen hochspezialisierter Sinnesorgane.

16.2.3 Fortpflanzung und Lebenslauf

Die meisten Mollusken sind zweihäusig (diözisch); einige sind hermaphroditisch. Die freischwimmende **Trochophora** ist die Larvenform, die bei vielen Weichtieren aus dem Ei schlüpft (▶ Abbildung 16.6). Sie ist den Larven der Anneliden in bemerkenswerter Weise ähnlich. Die direkte Metamorphose einer Trochophora in eine kleine Juvenilform, wie im Fall der Käfer-

schnecken, wird für die Mollusken als ursprünglicher Entwicklungsgang angesehen. Bei vielen Molluskengruppen (insbesondere den Gastropoden und den Bivalviern) folgt auf das Trochophorastadium ein nur bei den Mollusken auftretendes Larvenstadium, das Veligerstadium. Die freischwimmende Veligerlarve (▶ Abbildung 16.7) zeigt die Grundlagen eines Fußes, einer Schale und eines Mantels. Bei vielen Mollusken wird das Trochophorastadium in der Eihülle durchlaufen, so dass beim Schlüpfen der Veligerlarve zutage tritt, die

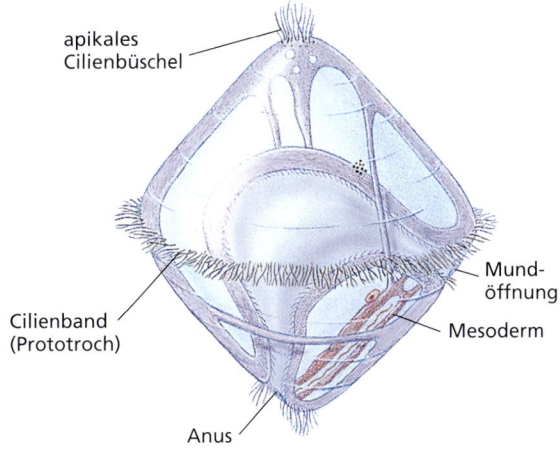

Abbildung 16.6: Schematische Darstellung einer Trochophoralarve. Mollusken und Anneliden mit einer primitiven Embryonalentwicklung besitzen eine Trochophoralarve; ebenso mehrere andere Stämme.

16 Weichtiere

Abbildung 16.7: Schwimmende Veligerlarve einer Schnecke der Gattung *Pedicularia*. Die adulten Tiere parasitieren auf Korallen. Der cilienbesetzte Fortsatz (das Velum) entwickelt sich aus dem Prototroch der Trochophora (Abbildung 16.6).

dann das einzige freischwimmende Stadium ist. Cephalopoden, einige Süßwassermuscheln sowie manche Schnecken des Süßwassers und des Meeres besitzen überhaupt keine freischwimmenden Larven. Bei ihnen schlüpft unmittelbar ein Juvenilstadium aus dem Ei.

16.3 Klassen der Mollusken

Über mehr als fünf Jahrzehnte hinweg waren fünf Klassen rezenter Mollusken anerkannt: Amphineura, Gastropoda (Schnecken), Scaphopoda, Bivalvia (= Pelecypoda; Muscheln) und Cephalopoda (Kopffüßler). Die Entdeckung von *Neopilina* in den 1950er-Jahren hat zur Etablierung einer neuen Klasse (Monoplacophora) Anlass gegeben. Hyman[*] hat in einer Monografie die Solenogastrier und die Käferschnecken unterschiedlichen Klassen (Polyplacophora und Aplacophora) zugeordnet und dafür den Begriff Amphineura fallenlassen. Die Anerkennung bedeutsamer Unterschiede zwischen Organismen wie Chaetoderma und anderen Solengastriern hat dazu geführt, dass die Aplacophoren in die beiden Schwestergruppen Caudofoveata und Solenogastres aufgespalten worden sind[**].

---

[*] Hyman, L. (1967): The Invertebrates (vol. VI). McGraw-Hill; ASIN: B-0000-CNOW-3.
[**] Boss, K.: Mollusca. In: Parker, S. et al. (1982): Synopsis and Classification of Living Organisms, vol. I. McGraw-Hill; ISBN: 0-0707-9031-0.

16.3.1 Classis Caudofoveata

Die Angehörigen der Klasse Caudofoveata sind wurmartige Meeresorganismen mit einer Länge zwischen 2 und 140 mm (Abbildung 16.41). Sie sind zumeist grabend und richten sich im Grund vertikal aus. Das Ende der Mantelhöhle und die Kiemen liegen zum Eingang der Grabröhre gewandt. Sie ernähren sich primär von Mikroorganismen und Detritus. Sie besitzen keine Schale, doch sind ihre Körper von kalkigen Schuppen überzogen. Es gibt keinerlei Spikulae oder Schuppen am oralen Pedalschild – ein Organ, das offensichtlich mit der Auswahl und der Aufnahme von Nahrung zu tun hat. Eine Radula ist vorhanden, obgleich sie bei einigen Formen zurückgebildet ist. Die Geschlechter sind getrennt. Diese kleine Gruppierung umfasst ungefähr 120 Arten. Ihre Merkmale deuten jedoch darauf hin, dass die Vertreter dieser Gruppe näher mit dem gemeinsamen Vorläufer aller Weichtiere verwandt sein könnten als die jeder anderen rezenten Gruppierung dieses Stammes.

16.3.2 Classis Solenogastres

Die Solenogastrier (Abbildung 16.41) waren vormals mit den Caudofoveaten Klasse der Aplacophoren vereinigt. Einige Zoologen betrachten die Caudofoveaten und die Solenogastrier auch heute noch als Unterklassen der Classis Aplacophora, oder sie verwenden die Bezeichnung Aplacophora exklusiv für die Solenogastrier unter Ausschluss der Caudofoveaten. Sowohl die Caudofoveaten wie die Solenogastrier sind wurm-

> **Exkurs**
>
> Trochophoralarven (Abbildung 16.6) sind winzige, durchscheinende, mehr oder minder birnenförmige Gebilde, die einen auffälligen Cilienkranz (den Prototroch) tragen, sowie in manchen Fällen ein oder zwei zusätzliche Cilienkränze. Sie finden sich bei Mollusken und Anneliden mit einer primitiven Embryonalentwicklung und werden bei diesen beiden Stämmen für gewöhnlich als homologe Bildungen erachtet. Trochophoraähnliche Larvenstadien finden sich weiterhin bei meeresbewohnenden Turbellarien, Nemertini, Brachiopoden, Phoroniden, Sipunkuliden und Echiuriden. Im Verbund mit neueren molekularen Befunden deutet diese Merkmalspaarung auf eine phylogenetische Zusammengruppierung dieser Stämme hin. Auf der Grundlage entwicklungsbiologischer und molekularbiologischer Befunde vereinigen viele Zoologen diese Tiergruppen in einem gemeinsamen Taxon namens Trochozoa (gr. *trochos*, Rad, Reifen, Kranz + *phorein*, ich trage), zu Deutsch „Kranzträger".

16.3 Klassen der Mollusken

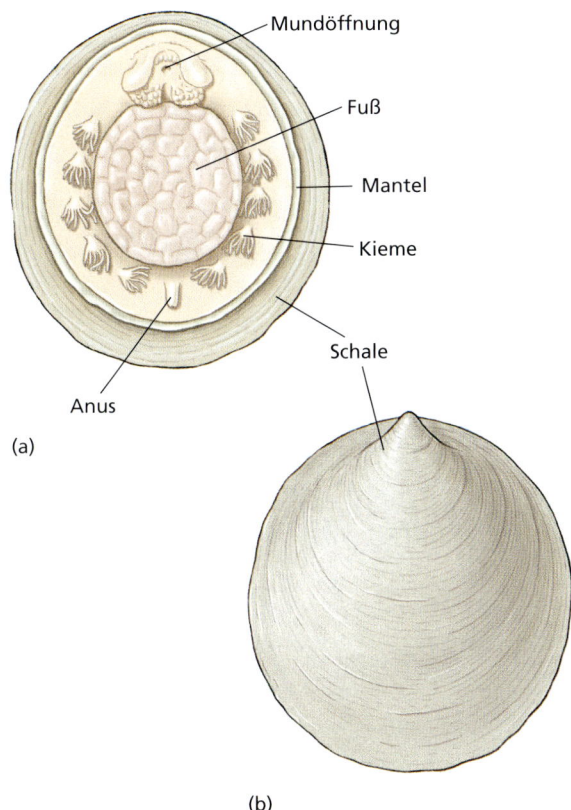

Abbildung 16.8: *Neopilina* (Classis Monoplacophora). Rezente Exemplare erreichen Größen zwischen 3 mm und 3 cm. (a) Ventralansicht. (b) Dorsalansicht.

Heute kennt man rund zwei Dutzend Monoplacophoren-Arten. Diese Mollusken sind klein und besitzen eine flache, rundliche Schale sowie einen Kriechfuß (▶ Abbildung 16.8). Sie zeigen eine oberflächliche Ähnlichkeit mit Napfschnecken, doch besitzen sie – anders als die meisten anderen Weichtiere – einige sich seriell wiederholende Organe. Derartige serielle Wiederholungen kommen in einem begrenzteren Rahmen auch bei den Käferschnecken vor. Die Monoplacophoren besitzen drei oder sechs Paar Kiemen, zwei Paar Aurikeln, drei bis sieben Paar Metanephridien, ein bis zwei Paar Gonaden sowie ein leiterartiges Nervensystem mit zehn Paar Pedalnerven. Die Mundöffnung trägt eine charakteristische Radula.

16.3.4 Classis Polyplacophora: Die Klasse der Käferschnecken

Die Käferschnecken (▶ Abbildungen 16.9 und 16.10) bilden mit ungefähr eintausend beschriebenen Arten eine etwas stärker diversifizierte Gruppe der Mollusken. Die Tiere sind dorsoventral ziemlich abgeflacht und besitzen eine konvexe dorsale Oberfläche, die acht bewegliche Kalkplatten oder Klappen trägt. Von diesem Merkmal leitet sich der Name der Gruppe ab (Polyplacophora: „viele Platten tragend"). Die Platten überlappen posterior und sind meist von matter Farbe, um farblich den Steinen zu ähneln, an denen sich die Käferschnecken festhalten. Kopf und cephalische Sinnesorgane sind zurückgebildet, doch ragen lichtempfindliche Strukturen (**Estheten**), die bei einigen Käferschnecken die Form von Augen besitzen, aus den Platten.

Die meisten Käferschnecken sind klein (2 bis 5 cm). Die größte Gattung, *Cryptochiton* (gr. *kryptos*, versteckt, verborgen + *chiaina*, das unmittelbar am Körper getragene Untergewand (= Unterwäsche der Antike)) überschreitet selten eine Größe von 30 cm. Die Tiere bevorzugen steinige Oberflächen in der Gezeitenzone, obschon einige auch in großen Tiefen leben. Manche Käferschnecken sind ortstreue Tiere, die nur zur Futtersuche kurze Strecken umherwandern. Die meisten Polyplacophoren fressen, indem sie ihre Radula nach außen stülpen, um Algen von harten Oberflächen abzuraspeln. Die Radula ist durch ein eingelagertes eisenhaltiges Mineral, das Magnetit (= Magneteisenstein, Eisen(II,III)oxid), strukturell verstärkt. Durch die Magnetiteinlagerungen erhöht sich die Abriebfestigkeit des Raspelorgans. Die Käferschnecke *Placipho-*

artige, schalenlose Meerestiere, die kalkige Schuppen oder Spikulae im Integument aufweisen. Der Kopf ist zurückgebildet, und sie besitzen keine Nephridien. Die Solenogastrier besitzen für gewöhnlich jedoch weder Radula noch Kiemen (obgleich sekundäre Atemeinrichtungen vorhanden sein können). Ihr Fuß ist durch eine midventral verlaufende, enge Spalte – die Pedalrinne – erhalten. Die Tiere sind Zwitter. Anstatt zu graben, leben die Solenogastrier frei auf dem Meeresgrund; oft leben sie auf Nesseltieren, von denen sie sich ernähren. Die Solenogastrier sind eine kleine Tiergruppe, die etwa 250 Arten umfasst.

16.3.3 Classis Monoplacophora

Lange hatte man gedacht, dass die Monoplacophoren ausgestorben seien. Man kannte sie nur in Form paläozoischer Schalen (Paläozoikum (= Erdaltertum: vor 545 bis 251 Millionen Jahren). Im Jahr 1952 wurde jedoch mit einem Grundschleppnetz ein lebendes Exemplar der Gattung Neopilina (gr. *neo*, neu + *pilos*, Filzhut; runde Kappe im antiken Griechenland) vom Meeresboden westlich von Costa Rica an das Tageslicht geholt.

16 Weichtiere

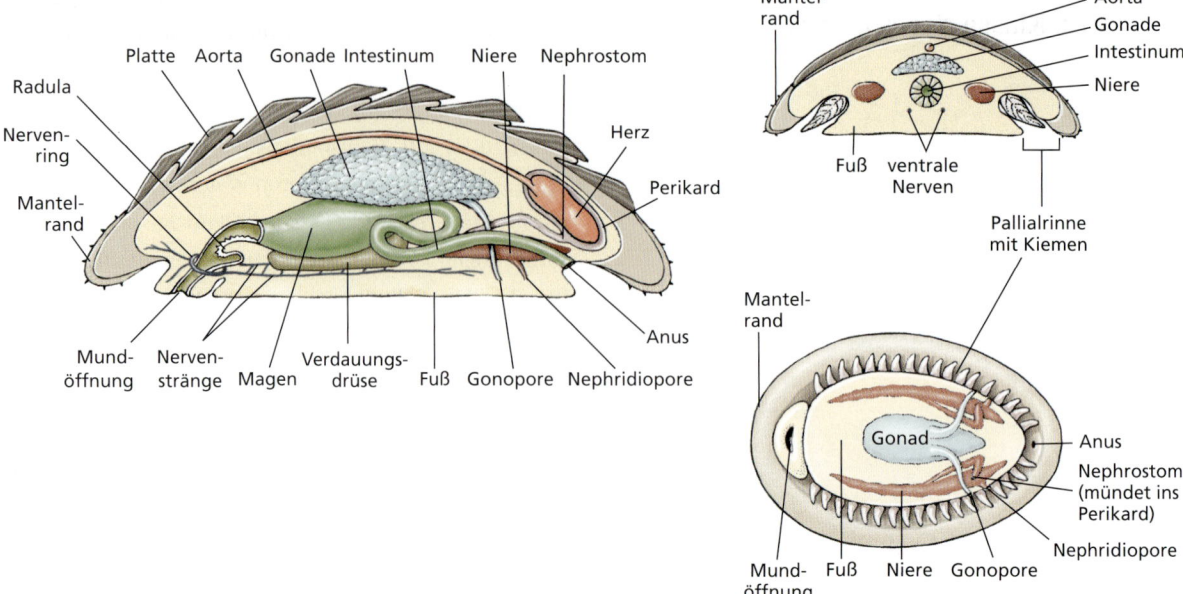

Abbildung 16.9: Anatomische Verhältnisse bei einer Käferschnecke (Classis Polyplacophora). (a) Längsschnitt. (b) Querschnitt. (c) Äußere Ansicht, Ventralseite.

Abbildung 16.10: Mooskäferschnecke (Mopalia muscosa). Die Manteloberfläche – der „Gürtel" – ist mit Haaren und Borsten besetzt – eine Anpassung für den Verteidigungsfall.

rella velata ist eine ungewöhnlich räuberische Art, die eine spezialisierte Kopfklappe einsetzt, um kleine wirbellose Beutetiere zu fangen. Eine Käferschnecke hält sich mit ihrem breiten, abgeplatteten Fuß zäh an ihrem Stein fest. Falls sie dennoch abgelöst wird, rollt sie sich zum Schutz wie ein Gürteltier oder ein Igel zusammen.

Der Mantel bildet einen Gürtel um den Rand der Platten, und bei einigen Arten faltet sich der Mantel über einen Teil oder die gesamten Platten. Im Vergleich zu anderen Molluskenklassen ist die Mantelhöhle entlang der Seite des Fußes verlängert, und die Zahl der Kiemen hat zugenommen. Die Kiemen hängen zu beiden Seiten des breiten, ventralen Fußes vom Dach der Mantelhöhle herab. An dem dicht am Untergrund anliegenden Fuß und Mantelrand werden diese Furchen zu geschlossenen Kammern, die nur an den Enden Öffnungen besitzen. Wasser strömt anterior in die Furchen ein, fließt über die Kiemen hinweg und verlässt den Körper posterior. Dies versorgt die Kiemen mit einem beständigen Nachschub an Sauerstoff. Bei Ebbe können die Ränder des Mantels dicht an den Untergrund gepresst werden, um Wasserverluste zu vermeiden; unter bestimmten Umständen können die Mantelränder für eine begrenzte Luftatmung offengehalten werden. Ein Paar Osphradien (chemorezeptive Sinnesorgane für die Wasseranalyse) liegen bei vielen Käferschnecken in Anusnähe innerhalb der Mantelfurchen.

Das von dem dreikammerigen Herzen durch den Körper gepumpte Blut erreicht die Kiemen über eine Aorta und Sini. Ein Paar Nieren (Metanephridien) sammeln Abfallstoffe aus der Perikardialhöhle und leiten sie nach außen. Zwei Paar längs verlaufender Nervenstränge sind im Schlundbereich miteinander verbunden.

Die Geschlechter sind bei den meisten Käferschnecken getrennt, und die Trochophoralarve entwickelt sich ohne zwischengeschaltetes Veligerstadium direkt in die Juvenilform.

16.3.5 Classis Scaphopoda: Die Klasse der Kahnfüßler

Die Scaphopoden sind benthische Mollusken des Meeres, die man von der Subtidalzone bis in Tiefen von über 6000 m findet. Sie besitzen einen schlanken, von einem Mantel überzogenen Körper, und eine röhrenförmige, an beiden Enden offene Schale. Bei den Scaphopoden hat der Bauplan der Weichtiere eine neue Richtung eingeschlagen. Der Mantel hüllt die Eingeweide ein und bildet eine Röhre. Man kennt ungefähr 900 rezente Scaphozoenarten, von denen die meisten zwischen 2,5 und 5 cm lang sind. Das Größenspektrum der Gruppe reicht von 4 mm bis 25 cm.

Der Fuß, der aus dem breiteren Ende der Schale herausragt, wird eingesetzt, um im Schlick oder Sand zu graben. Dabei bleibt das schmalere Ende der Schale immer mit dem Wasser darüber in Kontakt (▶ Abbildung 16.11). Atemwasser wird sowohl durch Bewegungen des Fußes wie durch Cilienstrom durch die Mantelhöhle befördert. Kiemen fehlen, und der Gasaustausch erfolgt daher im Mantel. Der Großteil der Nahrung besteht aus Detritus und Protozoen, die vom Untergrund aufgesammelt werden. Nahrungsteilchen verfangen sich in Cilien am Fuß oder auf mit Cilien besetzen und mit Schleim überzogenen, klebrigen Knöpfchen der langen Fangfäden (**Captaculae**), die sich vom Kopf aus erstrecken und werden zur nahegelegener Mundöffnung befördert. Eine Radula befördert die Nahrung weiter in einen mahlenden Muskelmagen. Die Captaculae könnten sensorische Funktion besitzen; Augen, Tentakeln und Ophridien, wie sie für die meisten anderen Mollusken typisch sind, fehlen jedoch.

Die Tiere sind getrenntgeschlechtlich. Die Larve ist eine Trochophora.

16.3.6 Classis Gastropoda: Die Klasse der Schnecken

Unter den Klassen der Weichtiere stellen die Schnecken die weitaus größte und diverseste Gruppierung, mit über 70.000 rezenten und mehr als 15.000 bekannten fossilen Arten. Die überwältigende Vielfalt der Gruppe reicht von Meeresweichtieren mit zahlreichen primitiven Merkmalen bis zu hochevolvierten, luftatmenden Landschnecken. Diese Tiere sind im Grunde bilateralsymmetrisch. Infolge der **Torsion** (lat. *torquere*, verdrehen) – einer Verdrehung des Körpers, die auf der Ebene der Veligerlarve erfolgt – ist der Eingeweidesack der Adulttiere jedoch asymmetrisch.

Die Schale – so vorhanden – besteht immer aus einem Stück (Univalvia) und kann aufgerollt oder gerade sein. Beginnend am Scheitelpunkt **(Apex)** des Gehäuses, der von der ontogenetisch ältesten und kleinsten Windung gebildet wird, werden die weiteren Windungen immer größer und winden sich um eine zentrale Achse, die **Columella** (▶ Abbildung 16.12). Die Schale kann in Abhängigkeit von der Umlaufrichtung der Windungen **rechtsgängig** (dextral) oder **linksgängig** (sinistral) sein. Der Richtungssinn der Windungen ist genetisch festgelegt. Rechtsgängige Gehäuse sind dabei weitaus häufiger.

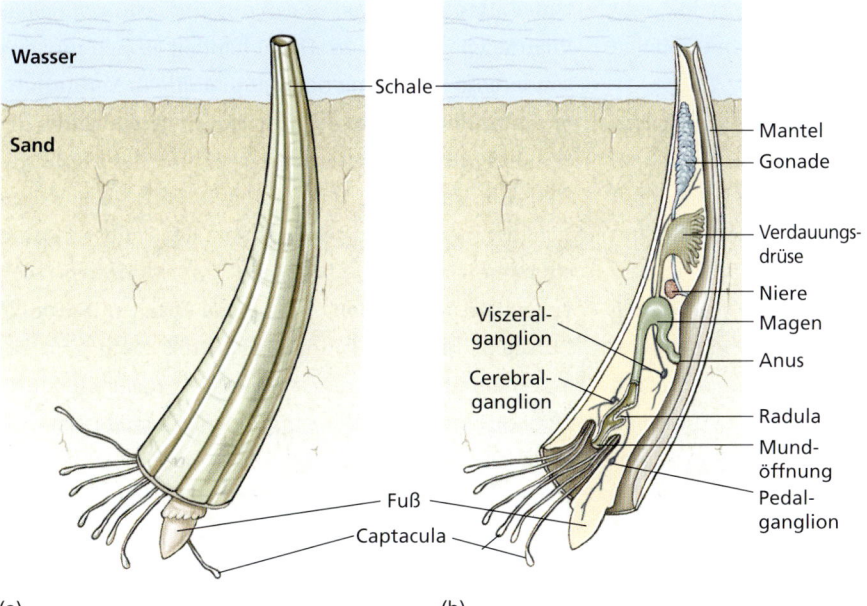

Abbildung 16.11: **Der Kahnfüßler *Dentalium* sp. (Classis Scaphopoda, Ordo Dentalida).** (a) Das Tier gräbt sich in den weichen Schlick oder Sand und ernährt sich mittels seiner ausstreckbaren Fangfäden (Captaculae). Ein Atemwasserstrom wird durch Cilienschlag durch die enge Schalenöffnung am sich verjüngenden Ende der Schale eingesaugt und danach durch muskulären Druck durch dieselbe Öffnung wieder nach außen gepresst. (b) Innerer Bau von *Dentalium* sp.

16 Weichtiere

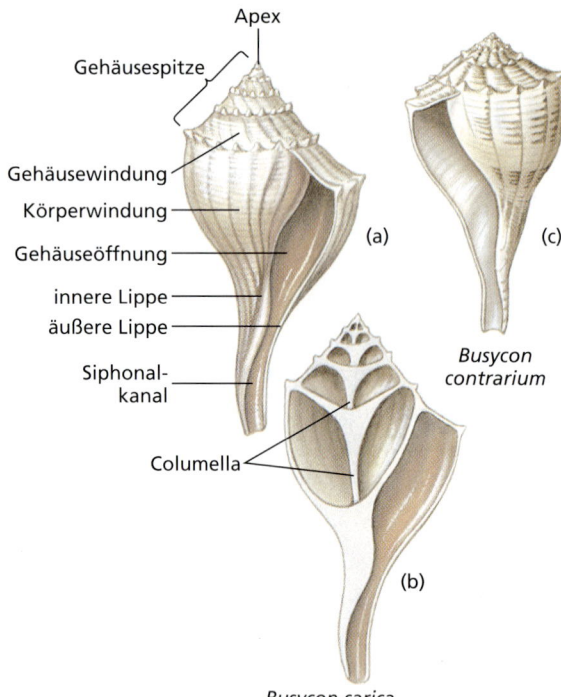

Abbildung 16.12: Schale einer Wellhornschnecke der Gattung *Busycon*. (a) und (b) *Busycon carica* – eine Schneckenart mit rechtsgängigen Gehäusewindungen. Bei einem rechtsgängigen Gehäuse befindet sich die Öffnung auf der rechten Seite, wenn man das Gehäuse so hält, dass der Apex nach oben zeigt und auf den Betrachter zuweist. (c) Schale von *B. contrarium*, ein Gehäuse mit linksgängigen Windungen.

Die Größe der Schnecken reicht von mikroskopischen Formen bis zur Riesenmeeresschnecken wie *Pleuroploca gigantea*, deren Schale bis zu 60 cm lang werden kann, und den Seehasen der Gattung *Aplysia* (Abbildung 16.21), von denen einige Arten eine Länge von 1 m erreichen können. Die Größe der meisten Gastropoden liegt jedoch im Bereich von ein bis acht Zentimetern. Einige fossil überlieferte Arten erreichen eine Länge von zwei Metern.

Das Spektrum der von Gastropoden besiedelten Habitate ist weit gefächert. Im Meer finden sich Schnecken sowohl in den Bereichen des Litorals als auch in großen Tiefen häufig; einige leben sogar pelagisch. Einige Arten sind an das Brackwasser angepasst, andere finden sich im Süßwasser. An Land ist ihre Verbreitung durch Umweltfaktoren wie den Mineralgehalt des Bodens, Temperaturextreme, Trockenheit und Säuregrad begrenzt. Trotzdem sind sie weit verbreitet, so dass man einige sogar in großen Höhen und Polargebieten antrifft. Schnecken bevölkern alle möglichen Habitate: In kleinen Teichen oder größeren Gewässern findet man sie ebenso wie in Wäldern, auf Wiesen und Weiden, unter Steinen, in Moospolstern, an Steilküsten, auf Bäumen, unter der Erde sowie auf den Körpern anderer Tiere. Sie haben sich erfolgreich an jede Lebensweise mit Ausnahme des Fliegens angepasst.

Gastropoden sind in aller Regel sehr träge, ortstreue Tiere, da die meisten von ihnen schwere Gehäuse tragen und nur zu langsamer Fortbewegung fähig sind. Einige sind auf Fortbewegungsweisen wie das Klettern, das Schwimmen oder das Graben spezialisiert. Die Gehäuse sind ihre Hauptverteidigungseinrichtung, obgleich sie auch durch übelschmeckende oder giftige Absonderungen oder eine gut getarnte Lebensweise geschützt sein können. Einige Arten sind sogar dazu befähigt, sich die Nesselzellen ihrer Beutetiere aus der Gruppe der Cnidarier (Kapitel 13) im intakten Zustand einzuverleiben und für die eigene Verteidigung einzusetzen. Viele Schnecken verfügen über ein **Operkulum** (Schalendeckel) – eine verhornte Platte, welche die Schalenöffnung abdichtet, wenn der Körper in das Gehäuse zurückgezogen wird. Anderen wiederum fehlt jegliche Schale (zum Beispiel den bei Gärtnern gefürchteten Wegschnecken der Gattung *Arion*). Einige wenige, wie die Vertreter der Gattung *Strombus*, können mit ihrem Fuß, der ein scharfkantiges Operkulum trägt, aktiv austreten. Nichtsdestotrotz werden Schnecken regelmäßig von Vögeln, Käfern, kleinen Säugetieren wie Igeln, Fischen und anderen räuberischen Tieren gefressen. Da sie als Zwischenwirte für vielerlei Parasiten (insbesondere Trematoden; siehe Kapitel 14) dienen, werden Schnecken oft die Opfer der Larvenstadien dieser Parasiten.

Torsion

Unter allen Mollusken zeigen nur die Gastropoden das Phänomen der Torsion. Dabei handelt es sich um eine sonderbare Bewegung der Mantelhöhle in Verbindung mit dem Eingeweidesack und der Gehäuseschale, die zu einer Verdrehung um 180 gegenüber der Kopf-Fuß-Achse führen kann. Die Torsion verläuft für gewöhnlich in zwei Schritten, die während des Veligerstadium ablaufen. Der erste Schritt geht für gewöhnlich rasch vonstatten und dauert bei einigen Arten nur wenige Minuten. Im Verlauf dieses Schrittes zieht sich ein asymmetrischer Fußretraktormuskel zusammen und zieht dadurch die Schale mit den darin eingeschlossenen Eingeweiden gegen den Uhrzeigersinn um 90 Grad in Richtung Kopf. Der zweite Schritt verläuft viel langsamer und zieht sich über die verbleibende Entwicklungszeit der Larve hin, weil es hierbei zu einem differenziellen Gewebewachstum kommt. Vor Eintritt der

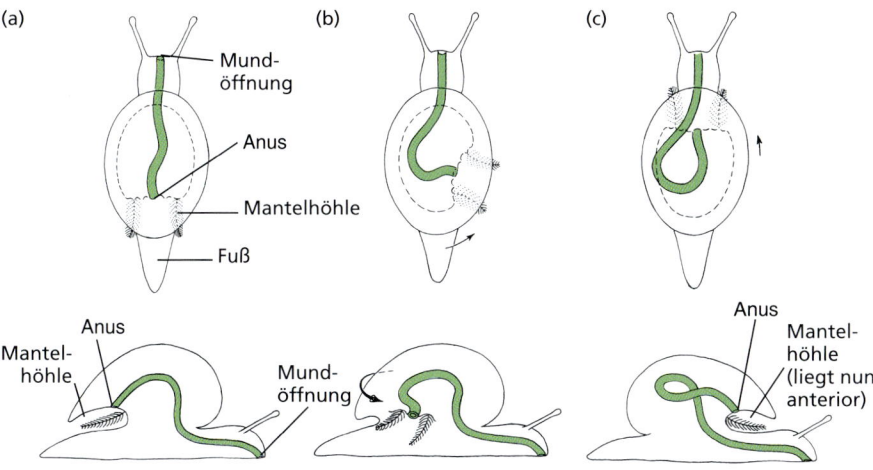

Abbildung 16.13: Torsion bei Gastropoden. (a) Ursprünglicher Zustand vor der Torsion. (b) Hypothetischer Zwischenzustand. (c) Früher Gastropode mit vollständiger Torsion. Die Kriechrichtung begünstigt nun einen Abfluss von Abfallstoffen in die Mantelhöhle mit dem Ergebnis einer Fäulnisbildung.

Torsion liegt die Mundöffnung des Embryos anterior; Anus und Mantelhöhle liegen posterior. Am Ende des zweiten Stadiums des Torsionsvorganges sind die Eingeweide um weitere 90 Grad gegen den Uhrzeigersinn weitergeschoben worden, was zu der an die Ziffer „8" erinnernden Anordnung der Viszeralnerven (= Eingeweidenerven) beim Adulttier führt (▶ Abbildung 16.13).

Nach Abschluss der Torsion liegen Anus und Mantelhöhle anterior und münden oberhalb des Kopfes und der Mundöffnung. Die linke Kieme, die linke Niere und das linke Herzaurikel liegen nun auf der rechten Körperseite, während die ursprüngliche rechte Kieme, die vormalige rechte Niere und das rechte Herzaurikel nunmehr auf der linken Seite liegen. Die Nervenstränge sind zu einer „8" verwunden. Aufgrund des in der Mantelhöhle verfügbaren Platzes kann der empfindliche Kopf von nun an in die schützende Schale zurückgezogen werden. Der widerstandsfähigere Fuß und – sofern vorhanden – das Operkulum bilden eine Barriere zur Außenwelt.

Bei den Opisthobranchiern und den Pulmonaten kann es in unterschiedlich hohem Maße zur **Detorsion** (Entwindung) kommen, so dass der Anus auf der rechten Körperseite oder sogar posterior mündet. Beide Gruppen leiten sich jedoch Vorfahren mit vollständiger Torsion ab.

Die seltsamen anatomischen Verhältnisse, die sich als Folge der Torsion ergeben, stellen ein ernsthaftes „sanitäres" Problem dar, weil die Möglichkeit besteht, dass die ausgeschiedenen Stoffwechselendprodukte (Exkremente) über die Kiemen zurückfluten. Man fragt sich daher unwillkürlich, welche starken Evolutionsdrücke als selektierende Kräfte gewirkt haben, um eine derart merkwürdige Anordnung der Körperteile entstehen zu lassen. Es sind mehrere Erklärungsversuche vorgebracht worden, von denen keiner wirklich zu überzeugen vermag. So wurde etwa damit argumentiert, dass die Sinnesorgane in der Mantelhöhle (die Osphradien) besser in der Lage seien, das Wasser zu analysieren, wenn sie in Kriechrichtung lägen. Ganz sicher waren die Konsequenzen der Torsion und die sich daraus ergebende Notwendigkeit zur Vermeidung eines Rückstaus von Stoffwechselabfällen von großer Bedeutung für die weitere Evolution der Gastropoden. Diese Konsequenzen können wir aber erst einschätzen, nachdem wir ein weiteres ungewöhnliches Merkmals der Schnecken in Augenschein genommen haben: die Gehäuseverwindung.

Gehäusewindung

Das spiralige Aufrollen des Gehäuses und des Eingeweidesackes ist nicht gleichbedeutend mit der Torsion. Die Spiralisierung (= Windung) der Schale kann zur selben Zeit wie die Torsion im Larvenstadium stattfinden; die Fossilgeschichte zeigt aber, dass das Aufrollen des Gehäuses ein evolutiv unabhängiger Vorgang war und der Torsion in der Evolution der Gastropoden vorangegangen ist. Alle rezenten Gastropoden stammen aber von Vorfahren mit gewundenen Schalen und Torsion der inneren Organe ab, gleichgültig, ob sie diese Merkmale heute erkennen lassen oder nicht.

Die frühen Gastropoden hatten bilateralsymmetrische, planospiralige Gehäuse, bei denen – wie der Begriff andeutet – die Umläufe der Schalenröhre alle in einer Ebene lagen (▶ Abbildung 16.14a). Eine solche Schale ist nicht sehr kompakt, da jede neue Windung vollständig außerhalb der vorangegangenen liegt. Kurioserweise sind einige moderne Schneckenarten sekundär zur planospiraligen Anordnung zurückgekehrt. Das Problem der Kompaktierung bei planospira-

Weichtiere

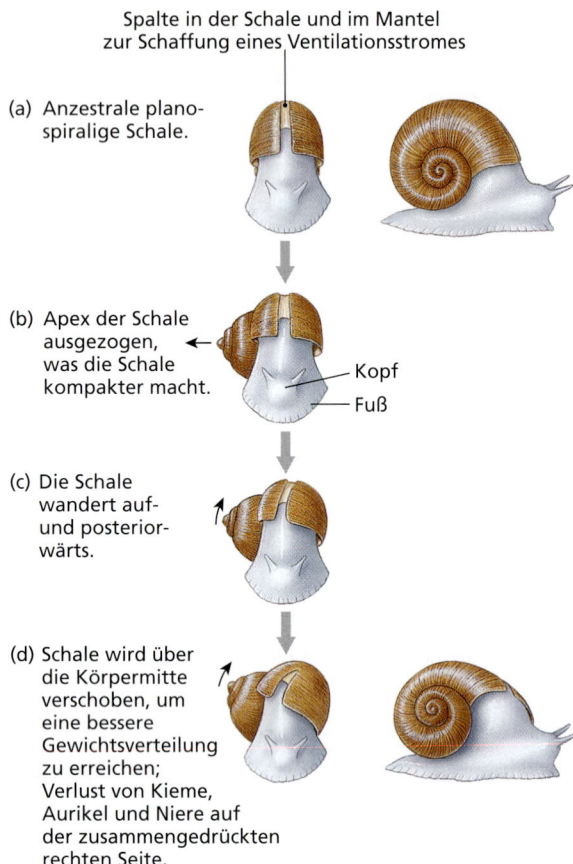

Abbildung 16.14: Schalenevolution bei Gastropoden. (a) Die frühesten gedrehten Gehäuseschalen waren planospiral. Jede neue Windung lag vollständig außerhalb der vorhergehenden. (b) Eine größere Kompaktheit wurde von solchen Schnecken erreicht, bei denen jede neue Windung teilweise seitlich zur vorhergehenden liegt. (c), (d) Durch die Verschiebung des Gehäuses nach oben und hinten wurde eine bessere Gewichtsverteilung erreicht.

ligen Anordnungen wurde durch die Evolution der konischen Spirale (= Kegelspirale) überwunden (Abbildung 16.14b). Bei dieser Anordnung liegt jede neue Windung mit größerem Radius seitlich zur vorhergehenden. Diese Gehäuseform ist jedoch nicht austariert und hängt mit einer ungleichmäßigen Gewichtsverteilung zu einer Seite herüber. Eine bessere Gewichtsverteilung wurde erreicht, indem die Schale nach oben und hinten verschoben wurde. Dabei liegt die schräg zur Längsachse des Fußes (Abbildung 16.14c). Das Gewicht der Hauptmasse der körpernächsten und damit größten Gehäusewindung drückte nun aber auf die rechte Seite der Mantelhöhle, und dies interferierte offensichtlich mit der Funktion der Organe auf dieser Körperseite. Dem folgetragend sind die Kieme, das Aurikel und die Niere der rechten Körperhälfte bei den meisten rezenten Gastropoden zurückgebildet. Dieser Zustand wird als bilaterale Asymmetrie bezeichnet.

Obgleich der Verlust der rechten Kieme vermutlich eine Anpassung an das Tragen eines gewundenen Gehäuses ist, hat diese, bei den meisten modernen Prosobranchiern vorliegende anatomische Situation einen Weg eröffnet, um das von der Torsion verursachte Problem der Selbstvergiftung mit Stoffwechselabfällen zu umgehen. Wasser, das in die linke Seite der Mantelhöhle ein- und durch die rechte wieder ausströmt, nimmt dabei die durch den Anus und die Nephridiopore ausgeschiedenen Abfälle mit. Alternative Methoden, durch welche die Ansammlung von Abfällen bei anderen Gastropoden vermieden wird, werden wir weiter unten kennenlernen.

Ernährungsgewohnheiten

Die Ernährungsgewohnheiten der Gastropoden sind so vielgestaltig wie ihre Formenfülle und die Habitate, die sie bewohnen. Immer ist jedoch irgendeine Form der Anpassung der Radula beteiligt. Die meisten Gastropoden sind herbivor. Sie raspeln Algen von harten Oberflächen ab. Einige Herbivoren sind Graser, einige Weidegänger, wieder andere sind Planktonfresser. Halitos-Arten (▶ Abbildung 16.15a) halten Seetangblätter mit ihrem Fuß fest und brechen Teile mit der Radula ab. Landschnecken ziehen nachts auf der Suche nach Nahrung umher, die sie dann abweiden.

Einige Schnecken, wie *Bullia* und *Buccinum*, sind Aasfresser, die sich von totem, faulendem Fleisch ernähren. Andere sind carnivor und zerteilen ihre Beute mit den Radulazähnen. *Melongena* fressen Muscheln – insbesondere *Tagelus*-Arten – indem sie ihre vorstreckbare Proboscis zwischen die offenstehenden Schalenhälften schieben. *Fasciolaria* und *Polinices* (Abbildung 16.15b) fressen verschiedene andere Weichtiere, vorzugsweise Muscheln. *Urosalpinx cinerea*, der Austernbohrer, bohrt – nomen est omen – Löcher in die Schalen von Austern, um diese zu fressen. Ihre Radula, die drei Reihen längs angeordneter Zähne trägt, wird zunächst eingesetzt, um den Bohrprozess zu beginnen. Dann gleitet die Schnecke vorwärts, steckt ein akzessorisches Bohrorgan im anterioren Teil ihres Fußes durch das entstandene Loch und presst es gegen die Austernschale. Die Schnecke sondert daraufhin eine Substanz ab, welche die Schale der Muschel aufweicht. Kurze Phasen des Raspelns wechseln sich mit längeren Phasen der chemischen Behandlung ab, bis ein schönes, rundes Loch entstanden ist. Mit ihrer, durch das gebohrte Loch eingeführten Proboscis kann die Schnecke über Stunden oder Tage hinweg fressen. Da-

(a) (b)

Abbildung 16.15: Ernährung bei Gastropoden. (a) *Haliotis rufescens* (Rotes Seeohr). Diese große Schneckenart wird als Delikatesse geschätzt und deshalb ausgiebig vermarktet. Seeohren sind strenge Vegetarier, die sich insbesondere von Meersalat (*Ulva latuca*, eine Grünalge) und Seetangen (Kelp) ernähren. (b) *Polinices lewisii* (Mondmeeresschnecke), die auf Sandbänken vor der nordamerikanischen Pazifikküste lebt. Die Mondschnecke lebt räuberisch und stellt Muscheln nach. Sie benutzt ihre Radula, um Löcher in die Schalen ihrer Beutetiere zu fräsen. Durch das Loch wird dann die herausstreckbare Proboscis geschoben, um das fleischige Innere zu verspeisen.

bei verwendet sie ihre Radula, um das weiche Innere der Muschel nach und nach abzuschaben. *Urosolpinx* wird über eine gewisse Entfernung hinweg von ihrer Beute angelockt, vermutlich durch einen Stoff, den die Austern ins Wasser abgeben. Dabei handelt es sich vermutlich um ein Stoffwechselendprodukt der Austern.

Cyphoma gibbosum (Abbildung 16.20b) und mit ihr verwandte Arten leben in Korallenriffen tropischer Flachmeere auf und ernähren sich von *Gorgonien* (Kapitel 13). Diese Schnecken sind unter dem Trivialnamen „Flamingozungen" bekannt. Während ihrer normalen Aktivitäten umhüllt ihr lebhaft gefärbter Mantel das Gehäuse vollständig. Er kann aber rasch in die Gehäuseöffnung zurückgezogen werden, wenn das Tier sich gestört fühlt.

Die Angehörigen der Gattung *Conus* (▶ Abbildung 16.16) ernähren sich von Fischen, Würmern und anderen Mollusken. Ihre Radula ist für den Beutefang stark modifiziert. Eine Drüse versorgt die Radulazähne mit einem sehr stark wirkenden Nervengift. Wenn Kegelschnecken der Gattung *Conus* die Anwesenheit eines potenziellen Beutetiers wahrnehmen, bringt sich ein einzelner Radulazahn an der Spitze der Proboscis in Stellung. Beim Zustoßen auf ein Beutetier, schießt die Proboscis diesen Zahn nach Art einer Harpune in Richtung auf das angepeilte Beutetier. Durch das Gift wird das Tier auf der Stelle paralysiert (das Nervengift legt die Reizübertragung der Nerven an die Muskeln fast augenblicklich still). Das ist eine wirkungsvolle Anpassung für einen Räuber, der nur zu langsamer Fort-

(a) (b)

Abbildung 16.16: *Conus* sp. streckt ihre lange, wurmförmige Proboscis aus. (a) Wenn sich ein Fisch annähert, um diesen Leckerbissen zu inspizieren oder zu fressen, sticht die *Conus*-Schnecke den Fisch in die Mundhöhle und tötet ihn mit ihrem starken Gift. Die Schnecke verleibt sich den gelähmten Fisch mit ihrem erweiter- und vorstreckbaren Magen ein (b). Schuppen und Knochen werden nach einigen Stunden ausgewürgt.

bewegung befähigt ist, und der sich anschickt, eine flinke Beute zu fangen. Einige *Conus*-Arten können einem Menschen sehr schmerzhafte Stiche zufügen; der Giftstich einige Arten ist sogar tödlich für Tiere von der Größe eines Menschen. Das Gift (Conotoxin) besteht aus einer Reihe von Peptiden mit Giftwirkung. Das Gift jeder *Conus*-Art ist auf die neuronalen Rezeptoren und Ionenkanäle der bevorzugten Beutearten abgestimmt. Conotoxine der verschiedenen *Conus*-Arten blockieren ganz spezifisch ubiquitär vorkommende Ca^{2+} Kanäle und werden in der Medizin mittlerweile zur Schmerzunterdrückung bei Fällen eingesetzt, bei denen Morphin nicht ausreichende Wirkungen zeigt.

Einige Schnecken, wie die Riesenfechterschnecke (*Strombus gigas*), fressen organische Ablagerungen vom Sand oder Schlick des Meeresbodens. Andere sammeln irgendwelche organischen Abfälle auf, können aber nur die darin enthaltenen Mikroorganismen verdauen. Einige sessile Gastropoden, wie manche Napfschnecken (Patellidae), sind Strudler, welche die Cilien ihrer Kiemen einsetzen, um feinverteilte Partikel heranzustrudeln. Diese werden zu einem muköse (= schleimigen) Ball zusammengerollt und zur Mundöffnung verfrachtet. Einige Flügelschnecken (Subordo Thecosomata) sondern ein Schleimnetz ab, mit dem sie kleine Planktonorganismen einfangen. Nach dem Fang einer ausreichenden Zahl von Beutetieren, wird das gesamte Netz „eingeholt" und verdaut.

Nach Zerkleinerung und Aufweichen durch die Radula oder eine andere Mahleinrichtung wie den Muskelmagen der Seehasen (*Aplysia* sp.), erfolgt die Verdauung für gewöhnlich extrazellulär im Lumen des Magens oder in Verdauungsdrüsen. Bei den strudelnden Arten dient der Magen als Sortierungsapparat; der Großteil der Verdauung vollzieht sich intrazellulär in speziellen Verdauungsdrüsen.

Innere Form und Funktion

Die Atmung erfolgt bei den meisten Gastropoden über das Ctenidium (zwei Ctenidien sind der ursprüngliche Zustand, der sich noch bei einigen Prosobranchiern findet). Das Ctenidium befindet sich in der Mantelhöhle. Einigen wasserlebenden Formen fehlen die Kiemen; bei ihnen stützt sich die Atmung auf Gasaustausch über die Haut und den Mantel. Nachdem die stärker abgeleiteten Prosobranchier eine Kieme verloren hatten, hat die Mehrzahl von ihnen auch noch die eine Hälfte der verbliebenen Kieme zurückgebildet. Die Zentralachse verwuchs mit der Mantelhöhlenwandung (▶ Abbildung 16.17). So hat sich die effizienteste Kiemenanordnung für den bestehenden Wasserstrom durch die Mantelhöhle entwickelt (auf der einen Seite herein, auf der anderen Seite hinaus).

Die Pulmonaten (Lungenschnecken) verfügen in ihrem Mantel über einen stark mit Gefäßen versorgten (= vaskularisierten) Bereich, der als **Lunge** dient (▶ Abbildung 16.18). Der größte Teil des Mantelrandes ist zum Ende des Tiers hin abgedichtet; die Lunge mündet über eine kleine Öffnung, das **Pneumostom**, nach außen. Viele wasserlebende Pulmonaten müssen zur Gewässeroberfläche aufsteigen, um kleine Gasbläschen aus ihrer Lunge auszustoßen. Um einzuatmen, rollen sie den Rand des Mantels um das Pneumostom, um auf diese Weise einen Siphon zu erzeugen.

Die meisten Gastropoden besitzen ein einzelnes Nephridium (= Niere). Kreislauf und Nervensystem sind gut entwickelt (Abbildung 16.18). Zu letzterem gehören drei Ganglienpaare, die durch Nerven miteinander verbunden sind. Sinnesorgane liegen in Form von Augen oder einfachen Photorezeptoren, Statozysten,

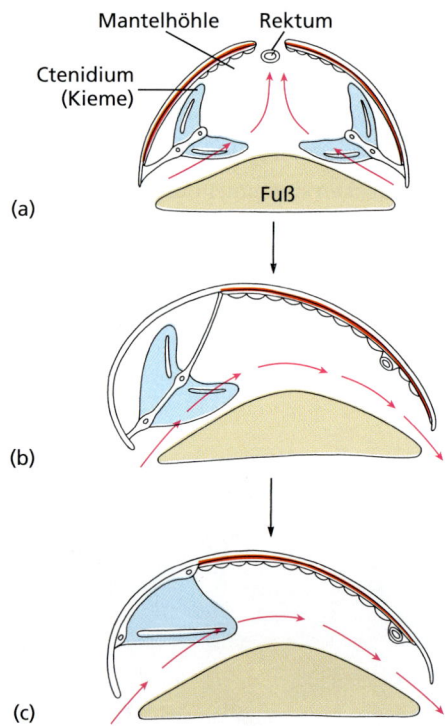

Abbildung 16.17: Evolution der Ctenidien bei Gastropoden. (a) Ursprünglicher Zustand mit zwei Ctenidien. Das ausströmende Wasser verlässt die Mantelhöhle durch einen dorsalen Spalt oder ein Loch. (b) Zustand nach dem Verlust eines Ctenidiums. (c) Abgeleiteter Zustand, wie er bei den meisten Gastropoden des Meeres angetroffen wird. Bei diesem Zustand sind die Filamente auf einer Seite der verbliebenen Kieme verlorengegangen, und die Achse ist mit der Mantelwand verwachsen.

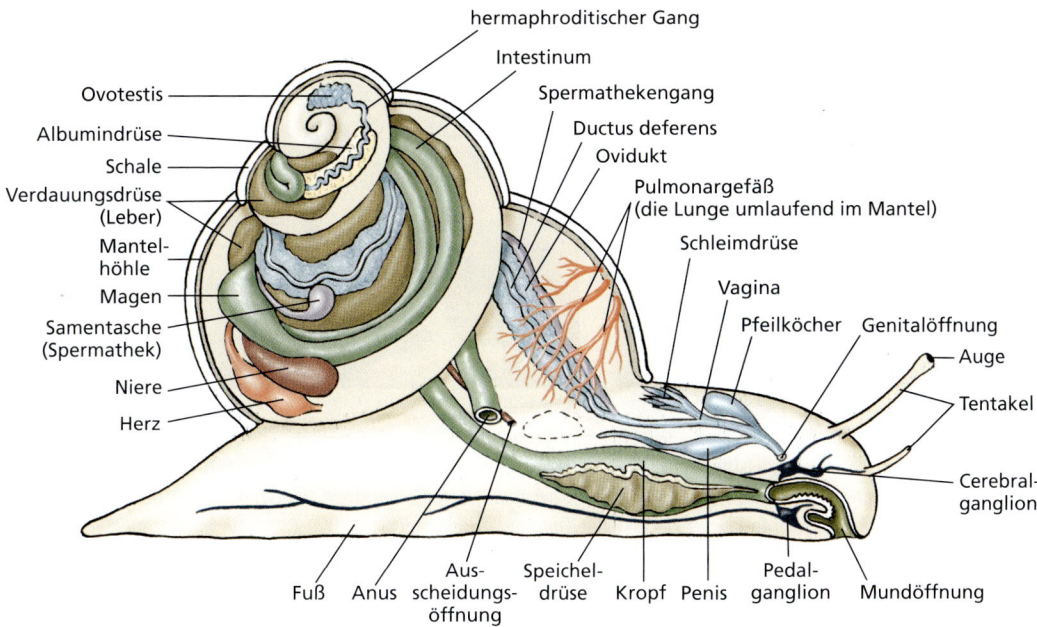

Abbildung 16.18: **Pulmonaten.** Anatomische Verhältnisse bei einer Lungenschnecke.

Taktilorganen und Chemorezeptoren vor. Die einfachste Form eines Gastropodenauges ist eine einfache, becherförmige Einsenkung in der Haut, die mit lichtempfindlichen Pigmentzellen ausgekleidet ist. Bei vielen Gastropoden enthält der Augenbecher eine Linse, die von einer Hornhaut überdeckt wird. Ein sensorischer Bereich, der **Osphradium** genannt wird, liegt bei den meisten Gastropoden an der Basis des Einstromsiphons. Es dient in irgendeiner Form als Chemosensorium, obgleich die Funktion bei einigen Arten mechanosensorisch sein kann; bei noch anderen Schneckenarten ist die genaue Funktion bislang nicht bekannt.

Es gibt sowohl monözische wie diözische Gastropoden. Viele Schnecken führen komplexe Zeremonien zur Partnerwerbung auf. Bei monözischen Arten kommt es im Verlauf der Kopulation zum Austausch von Spermatozoen oder Spermatophoren (Spermapaketen). Viele landlebende Lungenschnecken schießen aus einem Pfeilköcher einen „Liebespfeil" (Abbildung 16.18) in den Körper des Paarungspartners ab, um das Erregungsniveau vor der Kopulation zu erhöhen. Nach der Kopulation legt jeder der Paarungspartner seine Eier in flachen Höhlen im Erdboden ab. Die Schnecken mit den ursprünglichsten Fortpflanzungsmerkmalen entlassen ihre Eier und Spermien einfach ins Meerwasser, wo die Befruchtung nach zufälligem Kontakt erfolgt. Die Embryonen schlüpfen als freischwimmende Trochophoralarven aus. Bei den meisten Gastropoden erfolgt die Befruchtung intrakorporal.

Die in transparente Schalen eingeschlossenen Eier könnten einzeln abgegeben werden und schweben dann im Plankton, oder sie werden in gelatinösen Schichten auf dem Untergrund abgelegt. Einige Meeresschnecken schließen ihre Eier – entweder in kleinen Gruppen oder großen Gelegen – in widerstandsfähige Eikapseln oder vielfach gestaltete andere Eibehältnisse ein (▶ Abbildung 16.19). Die Embryonen können das Veligerstadium im Behältnis (Abbildung 16.7) oder der Kapsel durchmachen und als Jungschnecken ausschlüpfen. Einige Arten, einschließlich vieler Schnecken des Süßwassers, sind ovovivipar. Diese Arten brüten ihre Eier in ihren Eileitern (Ovidukten) aus und gebären lebende Junge.

Die wichtigsten Gastropodengruppen

Die traditionelle Klassifizierung der Classis Gastropoda unterscheidet drei Unterklassen: Subclassis Prosobranchia, die größte der Unterklassen, deren Arten fast ausschließlich im Meer leben; Subclassis Opisthobranchia – eine Gruppierung, zu der die Meeresnacktschnecken, die Seehasen, die Nudibranchier (Nacktkiemer) und die Familia Cylichnidae gehören; und die Unterklasse der Lungenschnecken (Subclassis Pulmonata), in der sich die meisten Süßwasser- und Landschnecken finden. Gegenwärtig befindet sich die Taxonomie der Gastropoden im Umbruch. Die Meinungen hinsichtlich einer möglichen Paraphylie der Opisthobranchier gehen auseinander. Es scheint allerdings so zu

(a) (b)

Abbildung 16.19: **Eier von Meeresschnecken.** (a) Die Runzelige Wellhornschnecke *Nucella lamellosa* legt Eipakete ab, die Ähnlichkeit mit Weizenkörnern haben. Jedes enthält Hunderte von Eiern. (b) Eine Eischnur eines doriden Nudibranchiers (eine Schnecke aus der Überfamilie der Sternschnecken (Suprafamilia Doridoidea), Unterordnung der Nacktkiemer (Infraordo Nudibranchia)).

sein, dass die Opisthobranchier und die Pulmonaten zusammen eine monophyletische Gruppe bilden. Die Anzahl der Unterklassen innerhalb der Gastropoden und die Verwandtschaftsverhältnisse unter ihnen bleiben bis auf weiteres Thema kontroverser Diskussionen unter den Fachleuten. Aus Gründen der Übersichtlichkeit werden wir in unserer Darstellung die Begriffe „Prosobranchier" und „Opisthobranchier" bis zur Klärung der Sachverhalte weiter verwenden, uns dabei aber daran erinnern, dass die Gruppierungen möglicherweise keine validen Taxa einer zukünftigen, allgemein akzeptierten Systematik der Weichtiere sein werden.

Prosobranchier. Die Gruppe der Vorderkiemer umfasst die meisten Meeresschnecken sowie einige Süßwasserschnecken und terrestrische Gastropoden. Die Mantelhöhle liegt als Folge der Torsion anterior; die Kieme oder die Kiemen liegen vor dem Herzen. Wasser strömt auf der linken Seite ein und tritt an der rechten aus. Der Rand des Mantels erstreckt sich oft in einen langen Siphon, um das einströmende Wasser vom ausströmenden getrennt zu halten. Bei den zweikiemigen Prosobranchiern (zum Beispiel den Gattungen *Haliotis* und *Diodora*, siehe Abbildungen 16.15a und ▶ 16.20a), wird ein Abfallstau und eine Selbstvergiftung vermieden, indem das ausströmende Wasser nach oben und durch ein oder mehrere Löcher in der Schale oberhalb der Mantelhöhle nach außen geleitet wird.

Die Prosobranchier besitzen ein Tentakelpaar. Die Geschlechter sind meist getrennt. Ein Operkulum ist vielfach vorhanden.

Die Größen reichen von kleinen Uferschnecken und kleinen Napfschnecken (*Patella* und *Diodora*; Abbildung 16.20a) bis zu den *Pleuroploca*-Arten die eine Schalengröße von 60 cm erreichen können. Damit sind die Vertreter dieser Gattung die größten Gastropoden im Atlantischen Ozean. Weitere bekannte Prosobranchier sind die Seeohren (*Haliotis*), die Wellhornschnecken (*Busycon*), die ihre Eier in zweispitzigen, scheibenförmigen Kapseln ablegen, die an Schnüren von bis zu 1 m Länge hängen, die Strandschnecken der Gattung *Littorina*, die „Mondschnecken" der Gattung *Polinices*, die Austernbohrer (*Urosalpinx*), die Austernschalen aufbohren und das lebende Innere der Muschel aussaugen, die Purpurschnecken (*Murex*), die schon in antiker Zeit wegen ihres begehrten Farbstoffs geerntet wurden, sowie die Süßwassergattungen *Goniobasis* und *Viviparus*.

Opisthobranchier. Die Opisthobranchier (Hinterkiemer) sind eine merkwürdige Molluskengruppe, zu der die Meeresnacktschnecken (Nudibranchia), die Seehasen, die Meeresschmetterlinge (Thecosomata) und die Vertreter der Überfamilie der Haminoeoideen gehören. Fast sämtliche Arten bewohnen das Meer, die meisten Flachwasserbereiche, wo sie sich unter Steinen oder im Tang versteckt halten. Einige wenige Arten leben pelagisch. Gegenwärtig werden neun oder mehr Ordnungen der Opisthobranchier unterschieden. Die Opisthobranchier zeigen eine partielle oder eine vollständige Detorsion (Entwindung der Eingeweide). Anus und Kieme (so vorhanden) sind zur rechten Seite oder zum Hinterende des Körpers hin verschoben. Die Probleme des Abfallstaus und der Selbstvergiftung werden offenkundig vermieden, wenn der Anus vom Kopf weg nach posterior verlagert wird. Für gewöhnlich finden sich zwei Tentakelpaare, von denen das zweite Paar vielfach weitergehend modifiziert ist (**Rhinophoren**; ▶ Abbil-

(a) (b)

Abbildung 16.20: Prosobranchier. (a) *Diodora aspera*, eine Schnecke mit einem Loch im Gehäusescheitel, durch welches das eingesaugte Wasser die Mantelhöhle wieder verlässt. (b) Flamingozungen *(Cyphoma gibbosum)* (Familie der Eischnecken, Familia Ovulidae) sind auffällige Bewohner karibischer Korallenriffe, wo sie mit Gorgonien vergesellschaftet sind. Diese Schnecken besitzen eine glatte, in orange bis rosafarbenen Pastelltönen gehaltene Schale, die normalerweise von dem mit leuchtenden Markierungen verzierten Mantel überdeckt ist.

dung 16.21). Es trägt dann plattenartige Falten, die offenbar die für die Chemorezeption zur Verfügung stehende Oberfläche vergrößern. Die Schale ist im Regelfall zurückgebildet oder fehlt ganz. Alle Arten sind monözisch.

Die Seehasen der Gattung *Aplysia* (Abbildung 16.21) besitzen große, ohrenartige, anteriore Tentakel und verkümmerte Schalen. Bei den Pteropoden (gr. *pteros*, Flügel + *podos*, Fuß) wie *Corolla* und *Clione* ist der Fuß flügelartig für eine schwimmende Fortbewegung erweitert. Diese Tiere leben pelagisch und bilden somit einen Teil der Planktonfauna.

Die Nudibranchier (Nacktkiemer) sind carnivor und oft sehr lebhaft gefärbt (▶ Abbildung 16.22). Fadenschnecken (auch: „Nesseldiebe"; Familia Aeolidae), die sich in erster Linie von Seeanemonen und Hydroiden ernähren, besitzen verlängerte Papillen (Cerata), die ihren Rücken bedecken. Sie verleiben sich die Nessel-

Rhinophoren   Oraltentakeln

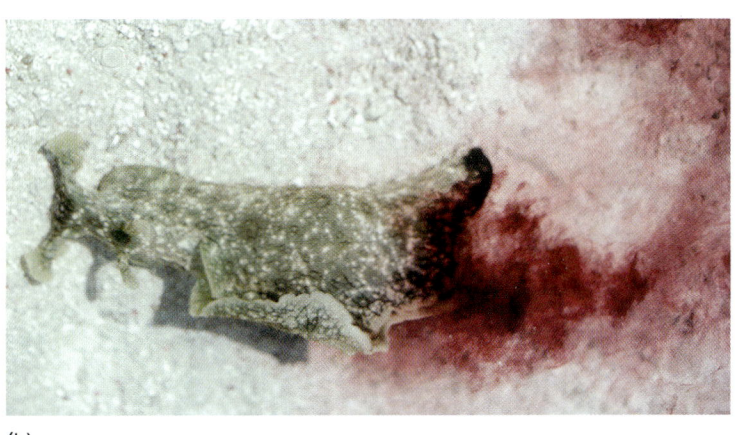

(a) (b)

Abbildung 16.21: Seehasen. (a) Seehasen der Art *Aplysia dactylomela* bewegen sich kriechend und schwimmend über tropische Seegrasbetten, getragen von ihren großen, flügelartigen Parapodien, die auf dieser Aufnahme über dem Körper zusammengerollt sind. (b) Wenn sie attackiert werden, sondern Seehasen ein auffälliges Schutzsekret aus ihren Purpurdrüsen in der Mantelhöhle ab.

Abbildung 16.22: *Phyllidia ocellata*, **ein Nacktkiemer.** Wie andere Phyllidia-Arten, besitzt auch diese einen festen Körper mit einem dichten Besatz aus Kalkspikulae und trägt seitliche Kiemen, die zwischen Mantel und Fuß angeordnet sind.

kapseln ihrer Beutetiere unverdaut ein und transportieren die Nematozysten in gespanntem Zustand zu den Spitzen ihrer Cerata. Dort werden die Nematozysten in nach außen mündende Nesselsäcke eingebaut. Die Fadenschnecke kann nunmehr die geraubten Nesselkapseln für die eigene Verteidigung einsetzen. *Hermissenda* ist an der nordamerikanischen Westküste relativ verbreitet.

Die Nacktschnecken der Gattungen *Saccoglossa* (Schlundsackschnecken) sind durch eine Radula gekennzeichnet, die nur einen einzigen Zahn pro Reihe trägt. Mit diesen Radulazähnen stechen die Schnecken Algenzellen an und saugen den Inhalt aus. Ähnlich wie ihre Vettern der Gattungen *Aeolidia*, vermögen einige Sacoglossiden funktionstüchtige Organellen von ihren Beutetieren zu übernehmen und zum eigenen Vorteil zu nutzen. Tatsächlich haben viele Arten spezielle Verzweigungen des Darms evolviert, die den ganzen Körper entlanglaufen. Chloroplasten aus der Algennahrung werden in diese Darmverzweigungen geschleust statt verdaut zu werden. Dort führen sie für einige Zeit weiter die Photosynthese aus. Einige carnivore Nudibranchier machen sich ebenfalls intakte Zooxanthellen ihrer Nesselbeutetiere zunutze (siehe Kapitel 13). Diese Fähigkeit, sich auf diese Weise des photosynthetischen Apparats ihrer Beuteorganismen zu bemächtigen, hat dazu geführt, dass einige Arten (nicht ganz ernsthaft gemeint) als „solargetriebene Meeresschnecken" bezeichnet werden (zum Beispiel die Art *Elysia crispata*).

Pulmonaten. Die Pulmonaten (Lungenschnecken) zeigen ein gewisses Maß an Detorsion. In diese Gruppe fallen die Land- und die meisten Süßwasserschnecken und -nacktschnecken (sowie einige Brack- und Meerwasserarten). Die Tiere dieser Gruppe haben ihre ursprünglichen Ctenidien verloren. Dafür ist die vaskularisierte Wandung des Mantels zur Lunge geworden, die sich durch Kontraktionen des Mantelbodens mit Luft füllt (einige wasserlebende Arten haben sekundäre Kiemen in der Mantelhöhle entwickelt). Der Anus und die Nephridiopore münden in der Nähe des Pneumostoms. Abfallstoffe werden mit Luft oder Wasser aus der Lunge kraftvoll nach außen getrieben. Die Pulmonaten sind monözisch. Die aquatischen Arten besitzen ein Paar nichteinziehbarer Tentakel, an deren Basis Augen liegen. Die landlebenden Formen besitzen zwei Tentakelpaare, von denen das posteriore Augen trägt (▶ Abbildung 16.23).

Abbildung 16.23: Pulmonaten. (a) *Helix pomatia*, die Weinbergschnecke, als Beispiel für eine pulmonate Landschnecke. Man beachte die beiden Tentakelpaare. Das zweite, größere Tentakelpaar trägt an den Enden die Augen. (b) Eine Bananennacktschnecke der Art *Ariolimax columbianus*. Man beachte das Pneumostom.

16.3 Klassen der Mollusken

(a)

(b)

Abbildung 16.24: **Muscheln.** (a) Miesmuscheln (*Mytilus edulis*; Familia Mytilidae) finden sich in den nördlichen Meeresgebieten rund um die Welt. Sie bilden im Gezeitensaum dichte Bestände (Muschelbänke). Unter den Muscheln versteckt leben zahlreiche andere Meereslebewesen. (b) Pilgermuscheln (*Chlamys opercularis*; Familia Pectinidae) schwimmen davon, um sich vor einem räuberischen Seestern *(Asterias rubens)* in Sicherheit zu bringen. Wenn sie aufgeschreckt werden, schwimmen diese Muscheln – die zu den agilsten Schwimmern unter allen Muscheln zählen – durch ruckartige Klappbewegungen der beiden Schalenhälften davon.

16.3.7 Classis Bivalvia (= Pelecypoda): Die Klasse der Muscheln

Die Bivalvia (lat. *bis*, zweimal + *valva*, Klappe, Tür) werden in der älteren zoologischen Literatur als Pelecypoda (gr. *pelekys*, Beil + *podos*, Fuß) geführt. Bei ihnen handelt es sich um Mollusken mit zweiklappigem Gehäuse – der typischen Muschelschale (▶ Abbildungen 16.24 bis 16.27). Das Größenspektrum reicht von winzigen Formen mit 1 bis 2 mm Schalengröße bis zu den südpazifischen *Tridacna*-Arten, die Längen von mehr als 1 m und Körpergewichte von bis zu 225 kg erreichen können (Abbildung 16.32). Die meisten Muscheln sind ortsfeste Strudler, die sich bei der Nahrungsbeschaffung auf eine vom Cilienbesatz ihrer Kiemen erzeugte Wasserströmung stützen. Im Unterschied zu den Schnecken besitzen die Bivalvia weder Kopf noch Radula, und man findet nur einen sehr geringen Cephalisationsgrad.

Die meisten Muschelarten sind marin; viele leben aber auch im Brackwasser und in fließenden und stehenden Süßgewässern.

Form und Funktion
Schale. Muscheln sind seitlich zusammengedrückt, und die beiden Schalenhälften werden dorsal von einem Scharnierligament zusammengehalten, dessen Spannung dafür sorgt, dass die Schalenhälften ventral auseinanderklaffen. Die Schalenhälften werden durch Adduktoren zueinander hingezogen. Die Kontraktion dieser Muskeln wirkt dem Kraftvektor des Ligaments entgegen (Abbildung 16.26c und d). Der **Umbo** ist der älteste Schalenteil, und das Wachstum erfolgt in konzentrischen „Ringen" um den Umbo herum (Abbildung 16.26a).

Die Erzeugung von Perlen ist ein Nebeneffekt einer Schutzeinrichtung, der von den Tieren dazu benutzt

Abbildung 16.25: *Aequipecten irradians.* Als Repräsentant einer Gruppe, die evolutiv aus grabenden Vorfahren hervorgegangen ist, hat die oberflächlich lebende Art *Aequipecten irradians* (Familia Pectinidae) Sinnesorgane (Tentakel und eine Reihe blauer Augen) entwickelt, die an den Mantelrändern aufgereiht sind.

16 Weichtiere

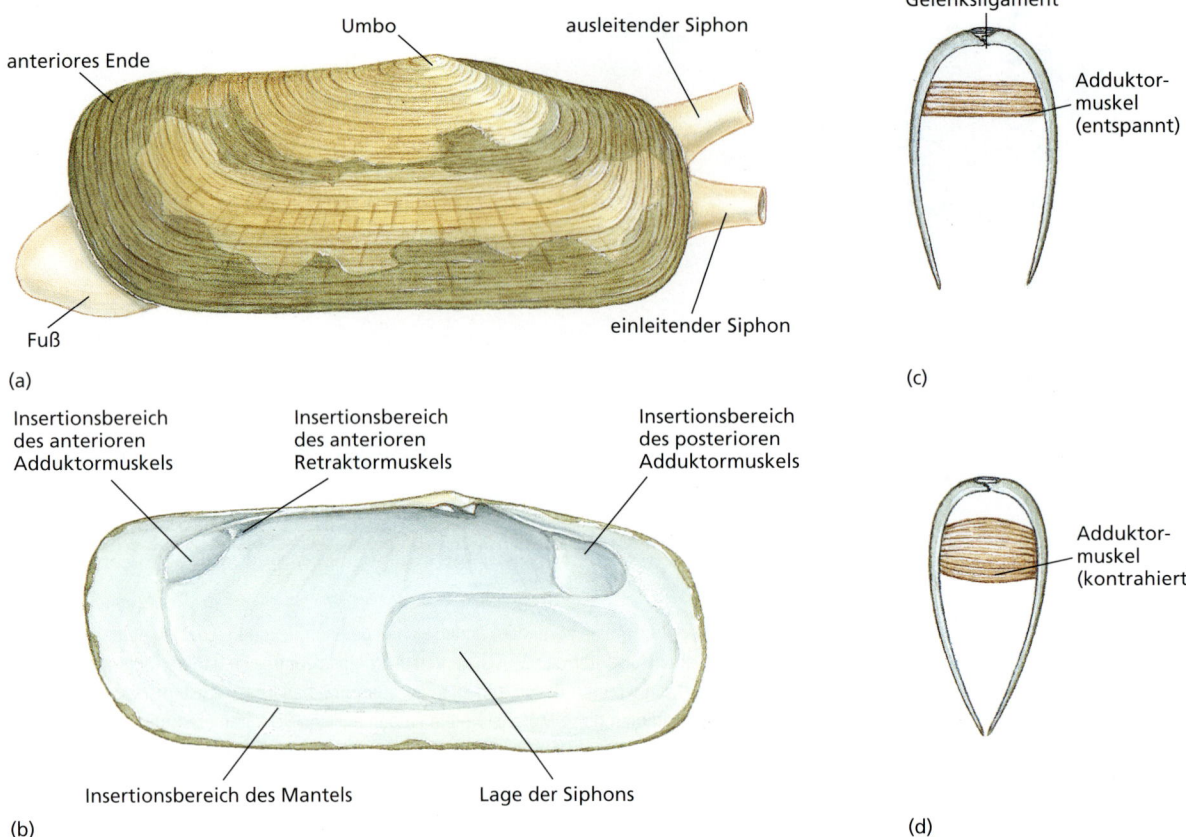

Abbildung 16.26: *Tagelus plebius.* (a) Außenansicht der linken Schalenhälfte. (b) Innenansicht der rechten Schalenhälfte mit Narben, welche die Ansatzstellen von Muskeln darstellen. An diesen Insertionsstellen war der Mantel an der Schale befestigt. (c), (d) Schnitte, die die Funktion der Adduktoren und der Scharnierligamente verdeutlichen. In der Teilabbildung (c) ist der Adduktormuskel entspannt. Dies erlaubt es den Scharnierligamenten, die Schalenhälften auseinanderzuziehen. In der Teilabbildung (d) ist der Adduktormuskel kontrahiert; die Schalenhälften sind zusammengezogen.

wird, eingedrungene Fremdkörper, die sich zwischen der Schale und dem Mantel festgesetzt haben (Sandkörner, Parasiten usw.) unschädlich zu machen (Abbildung 16.5). Der Mantel scheidet um das eingedrungene Objekt zahlreiche Perlmuttschichten ab. Die Bildung von Zuchtperlen wird induziert, indem man kleine Perlmuttstücke, die für gewöhnlich von Süßwassermuscheln stammen, zwischen die Schale und den Mantel bestimmter Austernarten praktiziert und die so geimpften Austern für mehrere Jahre kultiviert. *Melea-*

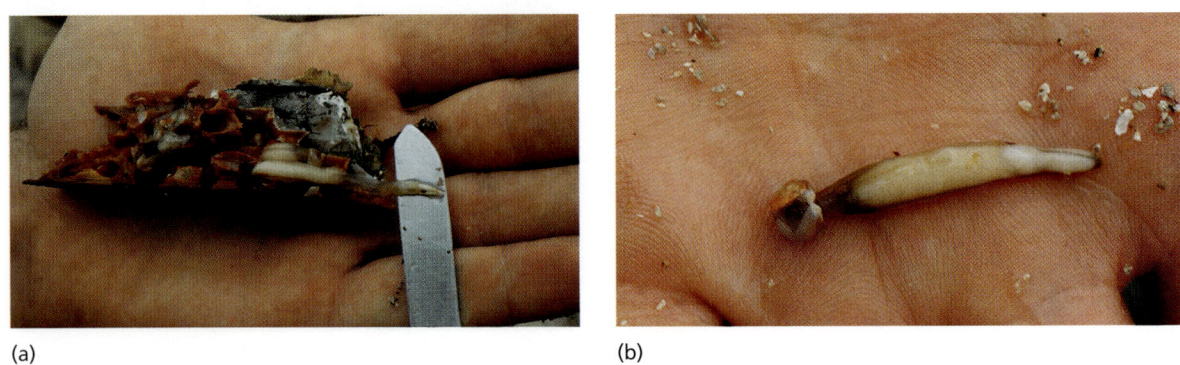

Abbildung 16.27: Schiffsbohrwürmer. (a) Schiffsbohrwürmer sind Muscheln, die sich in Holzplanken hineinbohren. Durch ihre Bohrtätigkeit verursachen sie große Schäden an hölzernen Schiffsrümpfen und Anlegestellen (Stege, Kaie usw.). Aufgrund ihrer holzzersetzenden Eigenschaften werden diese Muscheln umgangssprachlich als „Termiten des Meeres" bezeichnet. (b) Die beiden kleinen, anterior gelegenen Schalen, die links zu sehen sind, werden als Raspelorgane zur Erweiterung der Bohrgänge eingesetzt.

16.3 Klassen der Mollusken

Exkurs

Süßwassermuscheln waren einst in den Fließgewässern des östlichen Nordamerika häufig und artenreich vertreten. Heute gelten sie als die am meisten bedrohte Tiergruppe in den USA. Von mehr als 300 einst vorhandenen Arten sind beinahe zwei Dutzend bereits ausgestorben. Weitere 50 werden als vom Aussterben bedroht eingestuft. Bis zu hundert weitere Arten sind in ihrem Bestand gefährdet und könnten bald auf die Liste der vom Aussterben bedrohten Arten aufrücken. Für den Rückgang der Arten- wie der Individuenzahl werden mehrere Gründe verantwortlich gemacht, von denen wahrscheinlich der Dammbau und andere wasserbauliche Maßnahmen wie Flussbegradigungen und ähnliches die wichtigsten sind. Die Wasserverschmutzung und der Eintrag zusätzlicher Sedimente durch Industriezweige wie Bergbau, Landwirtschaft und andere sind weitere bedeutsame Verursacher. Wilderei zur Versorgung der heimischen Perlenindustrie ist ein weiterer Faktor. Zusätzlich zu allem übrigen, hat die Einschleppung exotischer Arten das Problem noch verschärft. So heftet sich beispielsweise die vermehrungsfreudige Zebramuschel (*Dreissena polymorpha*; siehe hierzu auch einen weiteren Kasten weiter unten sowie das Literaturverzeichnis) in großer Zahl an heimische Flussmuscheln an und verarmt das umgebende Wasser an Nahrung (= Phytoplankton).

grina-Arten werden von der japanischen Perlenindustrie im großen Maßstab für diesen Zweck eingesetzt.

Körper und Mantel. Der Eingeweidesack hängt von der dorsalen Mittellinie herab, und der muskuläre Fuß ist anterioventral mit dem Eingeweidesack verwachsen. Die Ctenidien hängen beiderseits herab; jedes Ctenidium wird von einer Mantelfalte bedeckt. Die posterioren Ränder der Mantelfalten sind derart modifiziert, dass sie eine dorsale Aus- und eine ventrale Einströmöffnung bilden (▶ Abbildung 16.28 a). Bei einigen Meeresmuscheln ist der Mantel zu langen, muskulären Siphonen ausgezogen, die es den Muscheln erlauben, sich im Meeresgrund einzugraben, so dass nur die Siphone in das Wasser ragen (Abbildung 16.28 b–d).

Fortbewegung. Muscheln beginnen Bewegungen durch das Ausstrecken eines schmalen muskulären Fußes zwischen den Schalenhälften (Abbildung 16.28 d). Sie pumpen Blut in den Fuß, wodurch dieser anschwillt und als Anker im Schlick oder Sand wirkt. Dann kontrahieren Längsmuskeln, um den Fuß wieder zu verkürzen; dabei wird das gesamte Tier vorwärts gezogen.

Kammmuscheln (Pectinidae) und Feilenmuscheln (Limidae) sind in der Lage, mit ruckartigen Bewegungen ihrer Schalenhälften sehr kurze Strecken zu schwimmen. Durch das ruckartige Zusammenpressen der Schalenhälften entsteht ein Rückstoßantrieb. Die Mantelränder vermögen die Richtung, in der das Wasser ausgestoßen wird, zu beeinflussen, so dass die Tiere in praktisch jede Richtung davon schwimmen oder hüpfen können (Abbildung 16.24).

Kiemen. Der Gasaustausch erfolgt über den Mantel und die Kiemen. Die Kiemen der meisten Muscheln sind für die strudelnde Ernährungsweise stark modifiziert. Sie leiten sich durch eine starke Verlängerung der Filamente zu beiden Seiten der Zentralachse von primitiven Ctenidien ab (▶ Abbildung 16.29). Mit der Rückfaltung der langen Filamente zur Zentralachse nahmen die Ctenidienfilamente die Form eines langen,

(a)

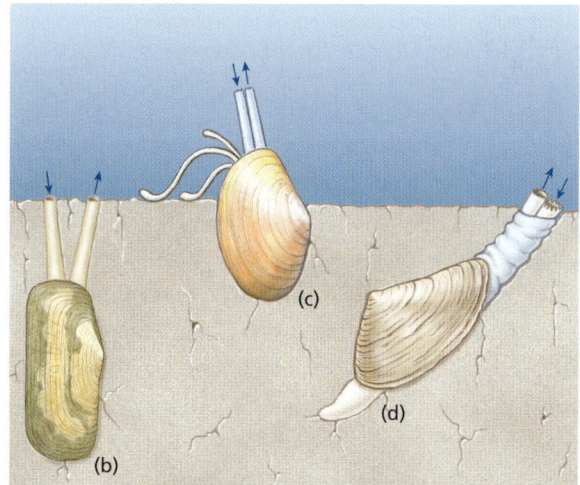

Abbildung 16.28: Anpassungen der Siphone von Muscheln. (a) Bei der Art *Entodesma saxicola* sind der Einstrom- und der Ausstromsiphon gut erkennbar. (a) bis (d) Bei vielen im Meer lebenden Arten ist der Mantel zu langen Siphonen ausgezogen. Bei den in (a), (b) und (d) gezeigten Formen bringt der Einstromsiphon sowohl Nahrung wie Sauerstoff in das Innere. Bei *Yoldia* (c) dienen die Siphone der Atmung. Lange, mit Cilien besetzte Palpen tasten auf dem Meeresgrund umher und bringen Nahrungsteilchen zur Mundöffnung.

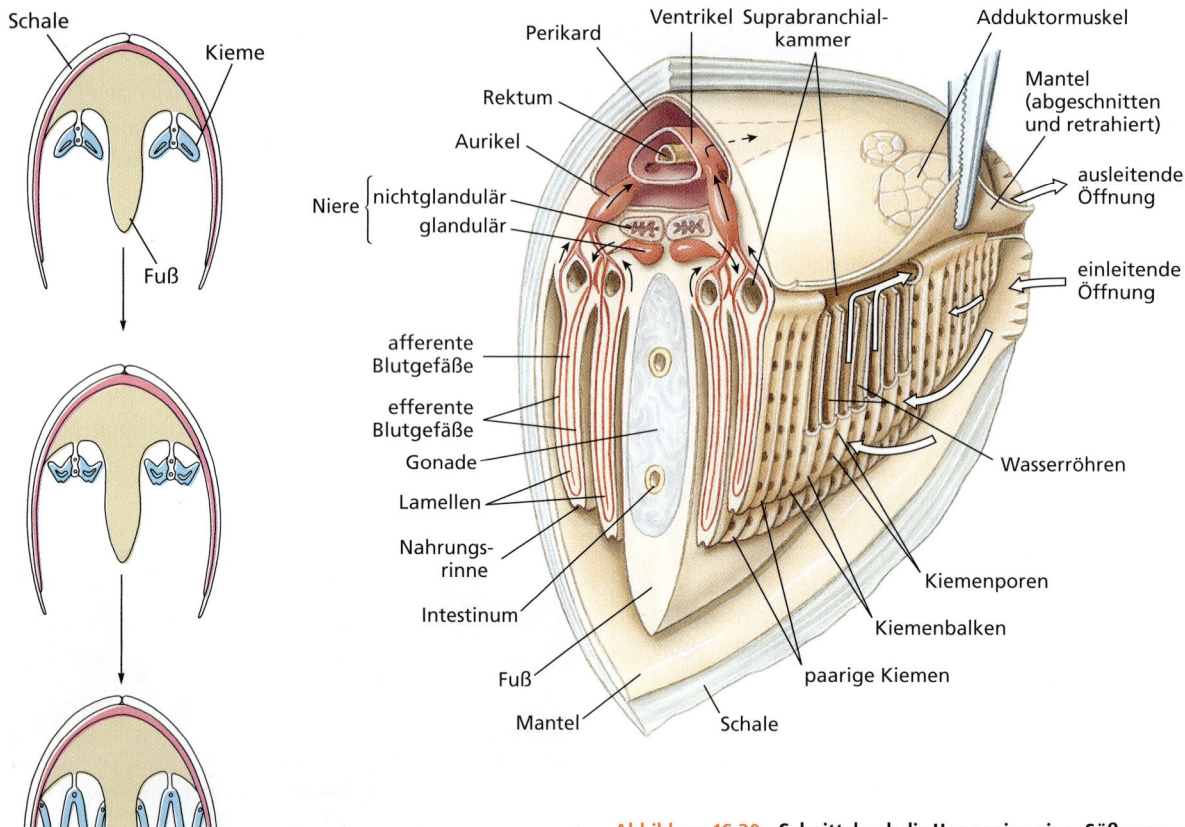

Abbildung 16.29: Evolution der Muschelctenidien. Durch eine starke Verlängerung der einzelnen Filamente wurden die Ctendien zu Filterapparaten umgebildet. Durch Entwicklung einer von der Ausstromkammer (Suprabranchialkammer) getrennten Einstromkammer wurden die beiden Ctenidien räumlich voneinander geschieden.

Abbildung 16.30: Schnitt durch die Herzregion einer Süßwassermuschel. Deutlich werden die Beziehungen zwischen Kreislauf und Atmungssystem. Respiratorische Wasserströmungen: Wasser wird über die Cilien eingestrudelt, tritt in die Kiemenlöcher ein und gelangt dann durch Wasserröhren zu den suprabranchialen Kammern zur ausleitenden Öffnung. Das Blut in den Kiemen tauscht Kohlendioxid gegen Sauerstoff aus. Blutkreislauf: Der Ventrikel pumpt das Blut nach vorn zum Sinus des Fußes und der Eingeweide sowie nach hinten zu den Mantelsini. Das Blut kehrt vom Mantel zum Aurikel zurück; von den Eingeweiden strömt es zur Niere, und von dort aus zu den Kiemen. Von den Kiemen gelangt es schließlich zum Aurikel zurück.

dünnen „W" an. Die nebeneinanderliegenden Filamente wurden durch ciliäre Kontakte oder Gewebefusionen miteinander verbunden. Es bildeten sich plattenförmige **Lamellen** mit vielen inneren, vertikal verlaufenden Wasserröhren. Wasser strömt durch den Einstromsiphon in den Körper, wird durch Cilienschlag vorangetrieben, gelangt dann durch zwischen den Filamenten liegende Poren in den Lamellen in die Wasserröhren und strömt in diesen dorsalwärts in eine allgemeine **Suprabranchialkammer** (▶ Abbildung 16.30), von wo aus es durch die Ausstromöffnung ins Freie gelangt.

Fressverhalten. Die meisten Muscheln sind Strudler. Der respiratorische Wasserstrom bringt Sauerstoff und organisches Material zu den Kiemen, wo Ciliensäume die Stoffe zu winzigen Poren in den Kiemen befördern. Drüsenzellen an den Kiemen und Labialpalpen scheiden große Mengen Schleim ab, in dem sich im Wasser schwebende Teilchen des durch die Kiemen strömenden Wassers verfangen. Diese Schleimmassen gleiten an der Außenseite der Kiemen herunter, hin zu Nahrungsfurchen am unteren Rand der Kiemen (▶ Abbildung 16.31). Schwerere Sedimentteilchen fallen aufgrund der einwirkenden Schwerkraft von den Kiemen ab; kleinere Teilchen wandern die Nahrungsfurchen entlang zu den Labialpalpen. Die Palpen, die ebenfalls gefurcht und mit Cilien besetzt sind, sortieren die herantransportierten Teilchen und leiten in Schleim eingebettete genießbare Partikel zur Mundöffnung.

Einige Muscheln wie *Nucula*- und *Yoldia*-Arten sammeln mit einer an den Labialpalpen ansetzenden, langen Proboscis Nahrungsteilchen in der unmittelbaren Umgebung vom Grund auf (Abbildung 16.28 c). Die Proboscis kann ausgestreckt werden, um zusätzlich zu den über die Kiemen aus dem Wasser gefilterten Parti-

16.3 Klassen der Mollusken

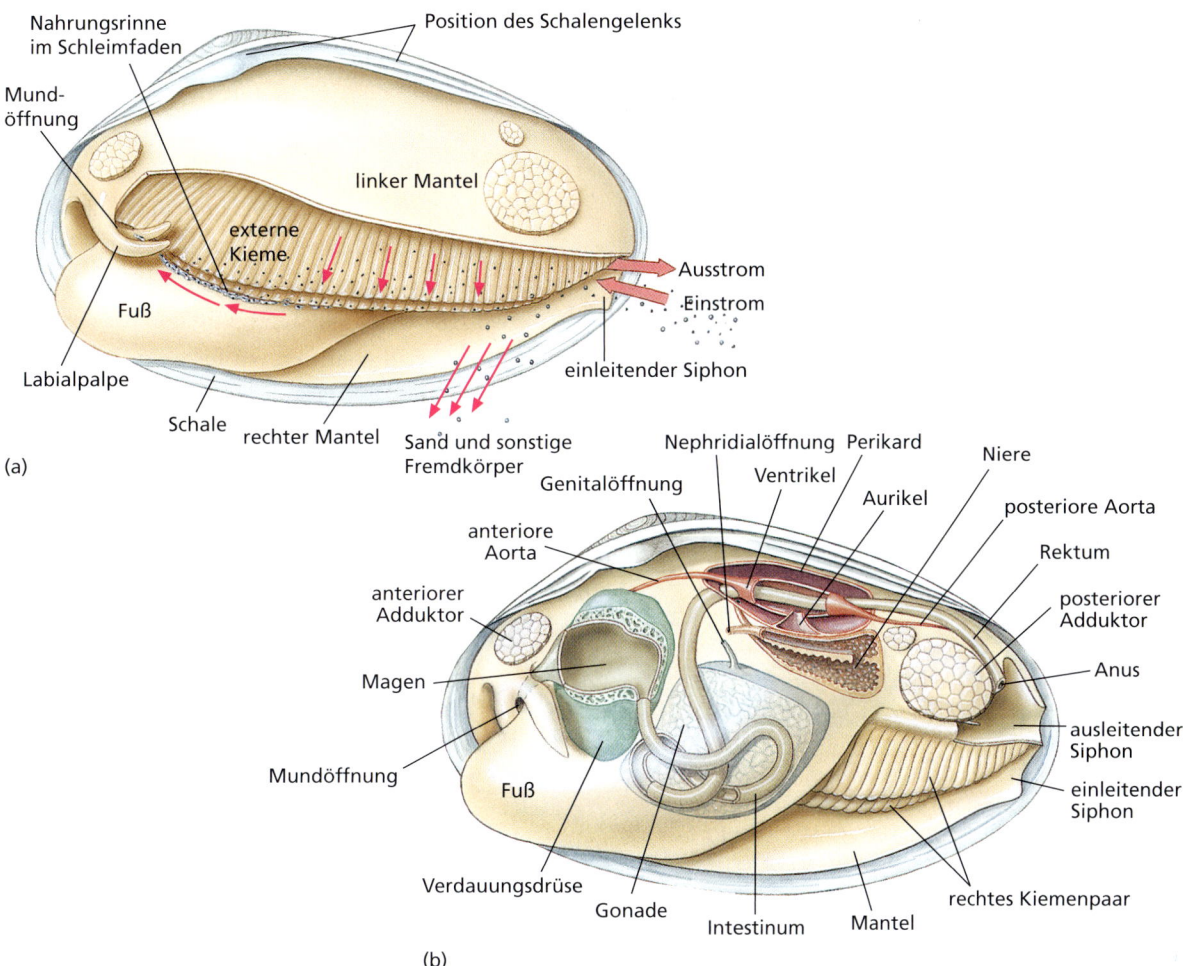

Abbildung 16.31: Ernährungsmechanismen bei Muscheln. (a) Fressvorgang bei einer Süßwassermuschel. Die linke Schale und der Mantel wurden entfernt. Wasser strömt posterior in die Mantelhöhle ein und wird mittels Cilienschlag zu den Kiemen und den Palpen befördert. Wenn das Wasser in die winzigen Kiemenöffnungen einströmt, werden Nahrungsteilchen herausgesiebt und fangen sich an Schleimfäden, die von den Cilien zu den Palpen befördert werden. Diese verfrachten die Nahrungspartikel zur Mundöffnung. Sand und Abraum fallen in die Mantelhöhle und werden durch den Cilienstrom nach außen befördert. (b) Innerer Bau einer Klaffmuschel.

keln den Bodengrund im Umkreis des Tieres nach Nahrungsteilchen abzusuchen.

Schiffsbohrwürmer (Abbildung 16.27) bohren sich in untergetauchtes Holz ein und ernähren sich von den Partikeln, die sie bei ihrer Bohrtätigkeit losschaben. Symbiontische Bakterien, die in einem spezialisierten Organ dieser Muscheln leben, erzeugen Cellulase. Mit ihrer Hilfe verdaut die Muschel das Holz. Andere Muscheln wie die Riesenmuscheln beziehen einen Großteil ihrer Nährstoffe aus den Photosyntheseprodukten symbiontischer Dinoflagellaten, die in ihrem Mantelgewebe leben (▶ Abbildung 16.32).

Die Septibranchier, eine weitere Gruppe der Bivalvier im taxonomischen Rang einer Ordnung, ziehen kleine Krustentiere oder Stücke zerfallender organischer Substanz durch einen plötzlich herbeigeführten Wassereinstrom in ihre Mantelhöhlen. Der plötzliche Sog kommt durch eine Pumpwirkung eines muskulären Septums in der Mantelhöhle zustande.

Innerer Bau und Funktion. Der Boden des Magens ist bei strudelnden Muscheln zu cilienbesetzten Trakten aufgefaltet, die als Sortiereinrichtung für den kontinuierlichen Partikelstrom dienen. Bei den meisten Bivalviern mündet ein zylinderförmiger Stylussack in den Magen. Dieser sondert einen gelatinösen Stab ab, der **kristalliner Stylus** genannt wird, und welcher bis in den Magen hineinragt. Durch Cilien im Stylussack wird dieser Stylus in Rotation gehalten (▶ Abbildung 16.33). Die Umlaufbewegungen des Stylus sind dabei behilflich, seine Oberfläche aufzulösen und dabei in ihm enthaltene Verdauungsenzyme (insbesondere die stärkeverdauende Amylase) freizusetzen, sowie die muköse Nahrungsmasse aufzurollen. Abgesprengte Partikel werden sortiert und geeignete zur Verdauungs-

Abbildung 16.32: Die große Riesenmuschel *(Tridacna gigas)** liegt in einen Korallenstock eingebettet.** Die stark vergrößerte Siphonalfläche ist gut sichtbar. Diese Gewebe sind lebhaft gefärbt und enthalten enorme Mengen symbiontischer, einzelliger Algen (Zooxanthellen), die einen großen Teil der Nährstoffversorgung der Riesenmuschel bewerkstelligen.

* Familia Tridacnidae, Familie der Riesenmuscheln.

drüse fortgeleitet oder von Amöbozyten aufgenommen. Die weitere Verdauung erfolgt intrazellulär.

Das dreikammerige Herz, das in der Perikardialhöhle liegt (Abbildung 16.31), besitzt zwei Vorhöfe (Atrien, Aurikel) und ein Ventrikel. Es schlägt langsam, mit einer Frequenz zwischen 0,2 und 30 Schlägen pro Minute. Ein Teil des Blutes wird im Mantel mit Sauerstoff beladen und kehrt durch die Aurikel zum Ventrikel zurück. Der Rest fließt durch Sini und passiert eine Vene hin zu den Nieren, von wo aus es zur Oxygenierung zu den Kiemen transportiert wird. Von dort aus fließt es zurück in die Aurikel.

Ein Paar U-förmiger Nieren (Nephridialtubuli) liegt unmittelbar ventral und posterior zum Herzen (Abbildung 16.31b). Der glanduläre Anteil jeder der Tubuli mündet in das Perikard; der urethrale Anteil der Tubuli entleert sich in die Suprabranchialkammer.

Das Nervensystem einer Muschel besteht aus drei Paaren weit verstreuter Ganglien, die durch Kommissuren untereinander verbunden sind. Dazu kommt ein System aus Nerven. Sinnesorgane sind nur schlecht entwickelt. Hierzu gehören ein Paar Statozysten im Fuß, ein Paar Osphradien unsicherer Funktion in der Mantelhöhle, taktile Zellen sowie manchmal Pigmentzellen im Mantel. Kammmuscheln wie die der Gattungen *Aequipecten* und *Chlamys* (beide Familia Pectinidae, Familie der Kammmuscheln) verfügen über eine

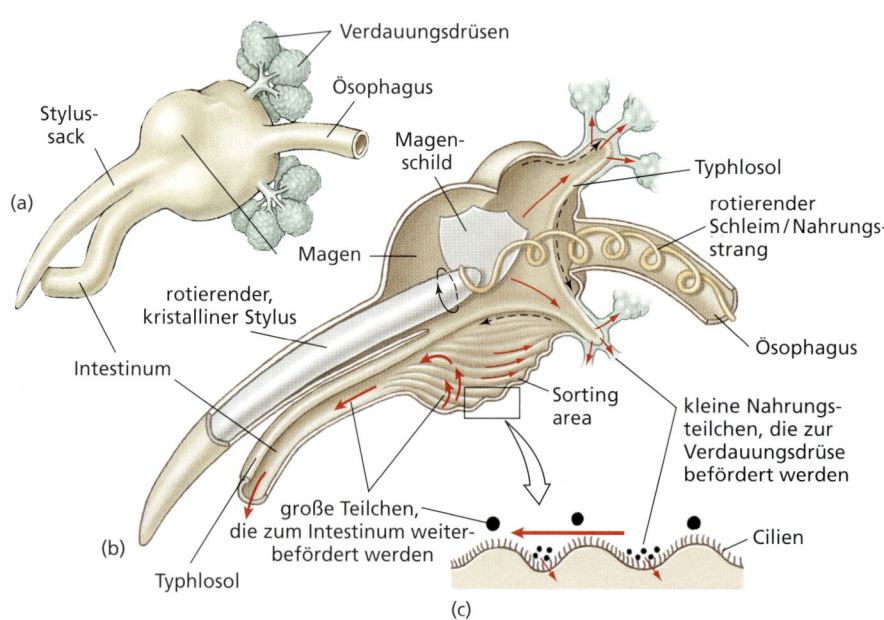

Abbildung 16.33: Magen und kristalliner Stylus einer strudelnden Muschel. (a) Außenansicht des Magens und des Stylussacks. (b) Querschnitt zur Verdeutlichung der Richtung des Nahrungsflusses. Nahrungspartikel im einströmenden Wasser verfangen sich in einem Strang aus Schleim, der vom kristallinen Stylus in Rotation gehalten wird. Mit Graten versehene Sortierbereiche lenken größere Partikel zum Intestinum. Kleinere Partikel werden zu den Verdauungsdrüsen weitertransportiert. (c) Wirkung der Cilien beim Sortiervorgang.

Exkurs

Die Zebramuschel *(Dreissena polymorpha)* ist ein Neozoon Nordamerikas – eine in jüngerer Zeit nach dort eingeführte Art. Die Einschleppung dieser Muschelart hatte desaströse Konsequenzen für heimische Ökosysteme. Offenbar sind Veligerlarven dieser Art um das Jahr 1986 im Ballastwasser von Schiffen aus nordeuropäischen Häfen in den Huronsee und den Eriesee im Grenzbereich zwischen Kanada und USA gelangt. Bis 1990 hatte sich diese bis 4 cm große Muschelart in den großen Seen ausgebreitet. Bis 1994 war sie den gesamten Verlauf des Mississippis bis ins Mündungsgebiet bei New Orleans vorgedrungen. Nördlich hatte sich das Verbreitungsgebiet bis Minnesota ausgedehnt, östlich bis in den Hudson im Staat New York. Die Tiere verankern sich an jeder festen Unterlage und filtern Phytoplankton aus dem Wasser. Die Tiere behaupten sich erfolgreich, und die Populationen wachsen demgemäß rasch heran. Sie verstopfen Wasserrohre kommunaler und industrieller Einrichtungen und verderben oft das Wasser. Darüber hinaus bestehen weiter reichende Wirkungen auf die von ihnen besiedelten Ökosysteme (siehe Kasten weiter oben und die sich auf diese Art beziehenden Literaturstellen am Ende des Kapitels). Die Bekämpfung der Zebramuscheln wird große Geldaufwendungen im Milliardeneurobereich erforderlich machen – falls eine Eindämmung der Bestände überhaupt möglich ist.

Eine andere Süßwassermuschel, *Corbicula fluminea*, wurde vor über 50 Jahren aus Asien nach Nordamerika eingeführt. Die Art und Weise, wie die Art auf den neuen Kontinent gekommen ist, liegt im Dunkel. Ungeachtet aller Anstrengungen, die *Corbicula*-Bestände einzudämmen, für die jährliche Ausgaben von über 750 Millionen Euro in den USA anfallen, stellt diese Art heute in den den USA eine „Seuche" dar, die viele Wassersysteme befallen hat und Rohrleitungen verstopft.

Reihe blauer Augen entlang der Mantelränder (Abbildung 16.25). Jedes Auge besitzt eine Hornhaut (Cornea), eine Linse, eine Netzhaut (Retina) und eine Pigmentschicht. Tentakeln an den Mantelrändern von *Aequipecten* und *Lima* (Familia Limidae, Familie der Feilenmuscheln) sind mit taktilen und chemorezeptiven Zellen besetzt.

Fortpflanzung und Entwicklung. Die Geschlechter sind für gewöhnlich getrennt. Die Gameten werden in die Suprabranchialkammer entlassen, von wo aus sie mit dem ausleitenden Wasserstrom ins Freie gelangen. Eine Auster kann in einer einzigen Fortpflanzungssaison bis zu 50 Millionen Eier produzieren. Bei den meisten Muscheln erfolgt die Befruchtung extrakorporal. Die Embryonen entwickeln sich zu Trochophoren, Veligern und danach zu am Boden lebenden Stadien (▶ Abbildung 16.34).

Bei den meisten Süßwassermuscheln erfolgt die Befruchtung intrakorporal. Die Eier gelangen in die Wasserröhren der Kiemen, wo sie von Spermien befruchtet werden, die mit dem einströmenden Wasser in die Kiemen gelangen (Abbildung 16.30). Dort entwickeln sie sich zu einer zweischaligen Larve, der **Glochidie**, die als spezialisiertes Veligerstadium angesehen wird (▶ Abbildung 16.35 a). Die Glochidien müssen sich an artspezifischen Wirtsfischen festsetzen, wo sie über mehrere Wochen parasitieren, um ihre Entwicklung zu vervollständigen. Die verschiedenen Muschelarten haben unterschiedliche Strategien evolviert, um ihre Larven in Kontakt mit einem geeigneten Wirtsfisch zu bringen. Einige entlassen ihre Glochidien einfach ins freie Wasser. Falls sie danach in Kontakt mit einem geeigneten Fisch oder einem Amphibium gelangen, verankern sie sich an den Kiemen oder an der Haut und setzen ihre Entwicklung fort. Bei anderen Arten nimmt die Mantelfalte, in der die Glochidien in einem gelatinösen Paket – einem **Konglutinat** – eingelagert sind, eine für die betreffende Muschelart charakteristische Form und Größe an. Diese Mantelfalte wird oft als Köder oder Lockmittel eingesetzt, um einen potenziellen Wirt anzulocken und so in die Nähe der Glochidien zu bringen. So ähnelt etwa das Konglutinat einer trächtigen *Lampsilis ovata* einem kleinen Fisch (Abbildung 16.35). Diese auffällige Mantelfalte wird dann nach Art eines Fisches hin und her bewegt, um einen Barsch anzulocken, der als Wirt für die Glochidien dienen soll. Wenn ein hungriger Barsch dann nach dem Mantel schnappt, bekommt er anstelle einer Portion Fisch eine Portion Glochidien in den Rachen, die sich prompt an seinen Kiemen festklammern.

Nach der Enzystierung an einem geeigneten Wirt und zur Komplettierung der Entwicklung lösen sich die juvenilen Muscheln von ihrem Wirt und sinken zu Boden, um eine unabhängige Existenz zu beginnen. Das Huckepackreisen der Larven hilft Tierarten bei der Verbreitung, deren eigene lokomotorische Fähigkeiten sehr begrenzt sind. Gleichzeitig wird dadurch verhindert, dass die Larven stromabwärts fortgeschwemmt werden.

Bohrtätigkeit. Viele Muscheln vermögen sich in weichen Bodengrund wie Schlick oder Sand einzugraben. Einige haben sogar Mechanismen evolviert, um sich in wesentlich härtere Substrate wie Holz oder Steine hineinzubohren.

Teredo, *Bankia* und einige andere Gattungen werden umgangssprachlich als Schiffsbohrwürmer bezeichnet. Sie können an Holzrümpfen und hölzernen Anlege-

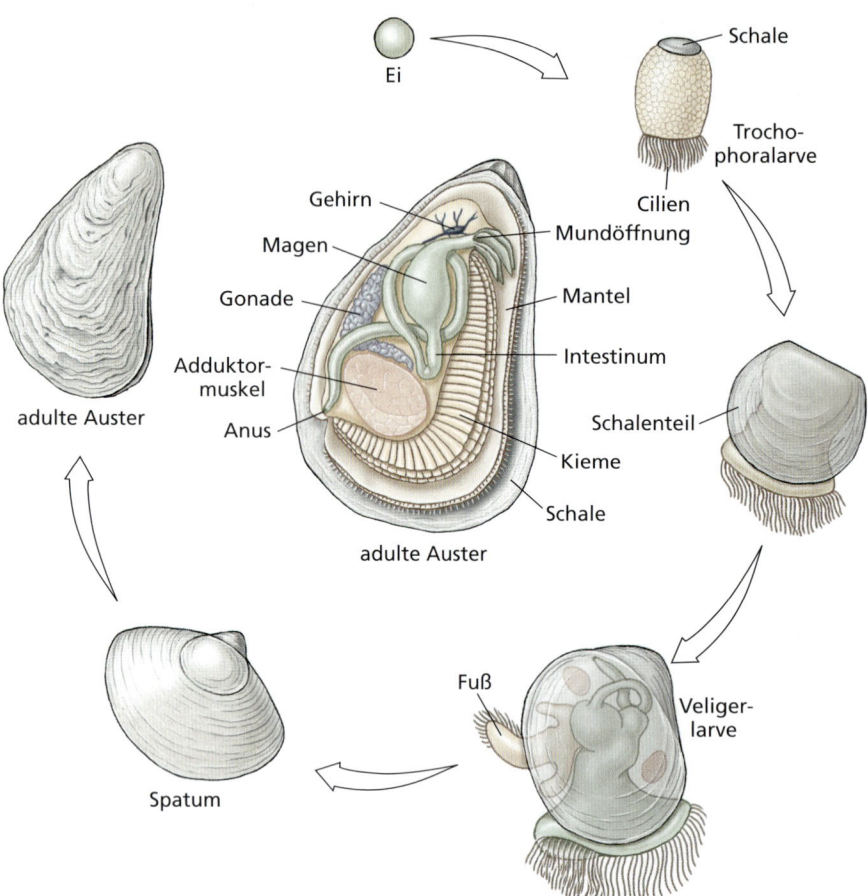

Abbildung 16.34: Vermehrungszyklus einer Auster. Austernlarven schwimmen ungefähr zwei Wochen umher, bevor sie sich auf dem Boden absetzen. Austern benötigen eine Wachstumszeit von etwa vier Jahren, um eine für die Vermarktung notwendige Größe zu erreichen.

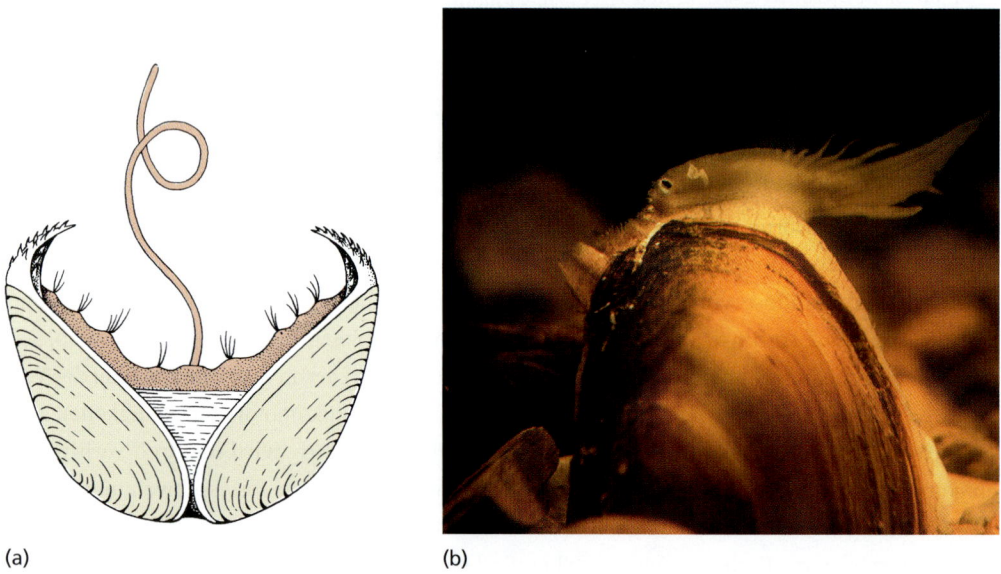

(a)   (b)

Abbildung 16.35: Entwicklung bei Muscheln. (a) Glochidium, eine Larvenform einiger Süßwassermuscheln der Familien der Flussmuscheln (Unionidae) und der Flussperlmuscheln (Margaritiferidae). Wenn die Larven aus der Bruttasche des Muttertiers in Freiheit gesetzt werden, verankern sie sich an den Kiemen eines Fisches, indem sie ihre Schalenhälften wie eine Klammer schließen. Sie verbleiben für mehrere Wochen als Parasiten an ihrem Wirtsfisch. Ihre Größe beträgt in diesem Stadium ungefähr 0,3 mm. (b) Einige Muscheln verfügen über Einrichtungen, die ihren Glochidien dabei helfen, einen passenden Wirt zu finden. Der Mantelrand dieser weiblichen *Lampsilis ovata* ahmt eine kleine Elritze nach, einschließlich der Augen des Fisches. Wenn sich ein Schwarzbarsch *(Micropterus dolomieu)* nähert, um die vermeintliche Elritze zu fressen, heftet sich die Larve mit ausgestoßenen Glochidien an dem Fisch an.

stellen eine außerordentlich destruktive Wirkung entfalten. Diese seltsamen kleinen Muscheln sind von einer langen, wurmartigen Erscheinung, mit einem Paar dünner, posterior gelegener Siphone, die den Wasserfluss durch die Kiemen gewährleisten, sowie einen Paar kleiner, globulärer Schalen am anterioren Ende des Körpers, mit dem sie ihre Bohrtätigkeit ausüben (Abbildung 16.27). Die Schalen sind mit mikroskopischen Zähnen besetzt, die als sehr wirkungsvolle Holzraspeln wirken. Die Tiere erweitern ihre Bohrröhren mit unaufhörlichen Raspelbewegungen ihrer Schalen. Diese Bewegungen schicken einen fortwährenden Strom feiner Holzteilchen in den Verdauungstrakt, wo das Material von Cellulase angegriffen wird, die von symbiontischen Bakterien hergestellt wird. Interessanterweise fixieren diese Bakterien auch Stickstoff (N_2) – eine wichtige Fähigkeit für einen Wirt, der sich von einer Nahrungsquelle ernährt, die wie Holz reich an Kohlenstoff, aber arm an Stickstoffverbindungen ist.

Einige Muscheln bohren sogar in Gesteinen. Bohrmuscheln der Gattung *Pholas* (Familia Pholadidae, Familie der Bohrmuscheln) bohren sich in Kalkstein, Ton und Sandstein, manchmal auch in Holz oder Torf. Die Tiere besitzen stark gebaute Schalen, die Dornen („Zähne") tragen, mit denen sie nach und nach das Gestein abtragen, während sie sich mit dem Fuß verankern. Pholas-Arten können bis zu 15 cm lang werden und legen Grabbauten von bis zu 30 cm Tiefe an. In der Ostsee finden sich die Krause Bohrmuschel *(Zirfaea crispata)* und die Weiße Bohrmuschel *(Barnea candida)*, beide Angehörige der Pholaliden. In der Nordsee kommt weiterhin die Amerikanische Bohrmuschel *(Petricola pholadiformis)* vor, die gegen Ende des 19. Jahrhunderts aus amerikanischen Küstengewässern nach Europa eingeschleppt wurde. Vermutlich von England ausgehend, nach wo sie zusammen mit Zuchtaustern importiert worden war, reicht ihr Verbreitungsgebiet heute nördlich von Norwegen bis südöstlich zum Schwarzen Meer.

16.3.8 Classis Cephalopoda: Die Klasse der Kopffüßler

Zur Gruppe der Kopffüßler (= Cephalopoden; gr. *kephale*, Kopf + *podos*, Fuß) gehören die Kalmare, die Kraken (= „Oktopusse"; lat. *octo*, acht + *pedis*, Fuß), die Perlboote (Nautiliden), die Tintenfische und die ausgestorbenen Ammoniten. Alle Cephalopoden sind Meeresbewohner und aktiv räuberisch.

Ihr modifizierter Molluskenfuß liegt im Kopfbereich konzentriert. Er hat die Form eines Trichters zum Ausstoß von Wasser aus der Mantelhöhle, und der anteriore Rand ist zu einem Kreis oder einem Kranz aus Tentakelarmen ausgezogen.

Die Größe ausgewachsener Kopffüßler beginnt im Bereich von 2 bis 3 cm. Die häufig auf Märkten gehandelten Kalmare der Gattung *Loligo* erreichen eine Länge von etwa 30 cm. Der selten gefangene Riesenkalmar der Tiefsee (*Architeuthis* sp.) erreicht bei voll ausgestreckten Tentakelarmen eine Spannweite von über 10 m. (Immer wieder zu lesende Größenangaben, die weit über diese Marke hinausgehen, gehören in das Reich der Fabel. Für einige tote Exemplare sind im unnatürlich überstreckten Zustand der sehr dehnfähigen Tentakelarme bis über 18 m als Gesamtlänge angegeben worden, doch stellt dies keinen natürlichen Zustand *lebender* Tiere dar.) Das Gewicht dieser Tiere liegt im Bereich einer Tonne. Es sind die größten bekannten wirbellosen Tiere.

Die fossile Überlieferung der Cephalopoden reicht bis in die Zeit des Kambriums (vor 545 bis 495 Millionen Jahren) zurück. Die stammesgeschichtlich frühesten Gehäuse waren gerade Kegel. Spätere waren gekrümmt oder spiralig aufgerollt. Kulminationspunkt dieser evolutiven Entwicklung sind die vollständig eingerollten Schalen der ausgestorbenen Ammoniten und der rezenten Perlboote (Nautilidae). Die Nautiliden sind die einzigen noch lebenden Vertreter der einst in voller Blüte stehenden Gruppe der Nautiloiden (▶ Abbildung 16.36). Cephalopoden ohne Gehäuse oder mit inneren Schalen (wie die achtarmigen Kraken und die Kalmare) haben sich offenbar aus einigen frühen Vorformen mit geraden Gehäusen evolviert. Viele Ammonoideen, die zu Ende der Kreidezeit sämtlich ausgestorben sind, besaßen recht ausgefeilte Gehäuseformen (Abbildung 16.36c).

Die Naturgeschichte mancher Cephalopoden ist heute recht gut bekannt. Es handelt sich um Meerestiere, die recht empfindlich auf den Salzgehalt des Wassers zu reagieren scheinen. In Brackwassermeeren wie der Ostsee finden sich nur wenige Formen. Cephalopoden finden sich in verschiedensten Wassertiefen. Kraken trifft man oft im Gezeitenbereich an, wo sie zwischen Steinen oder in Felsspalten sitzen; gelegentlich trifft man sie jedoch auch in großen Tiefen. Die aktiveren Kalmare finden sich nur selten in sehr flachem Wasser, und man hat Exemplare in Tiefen von 5000 m beobachten können. *Nautilus* findet man für gewöhnlich in

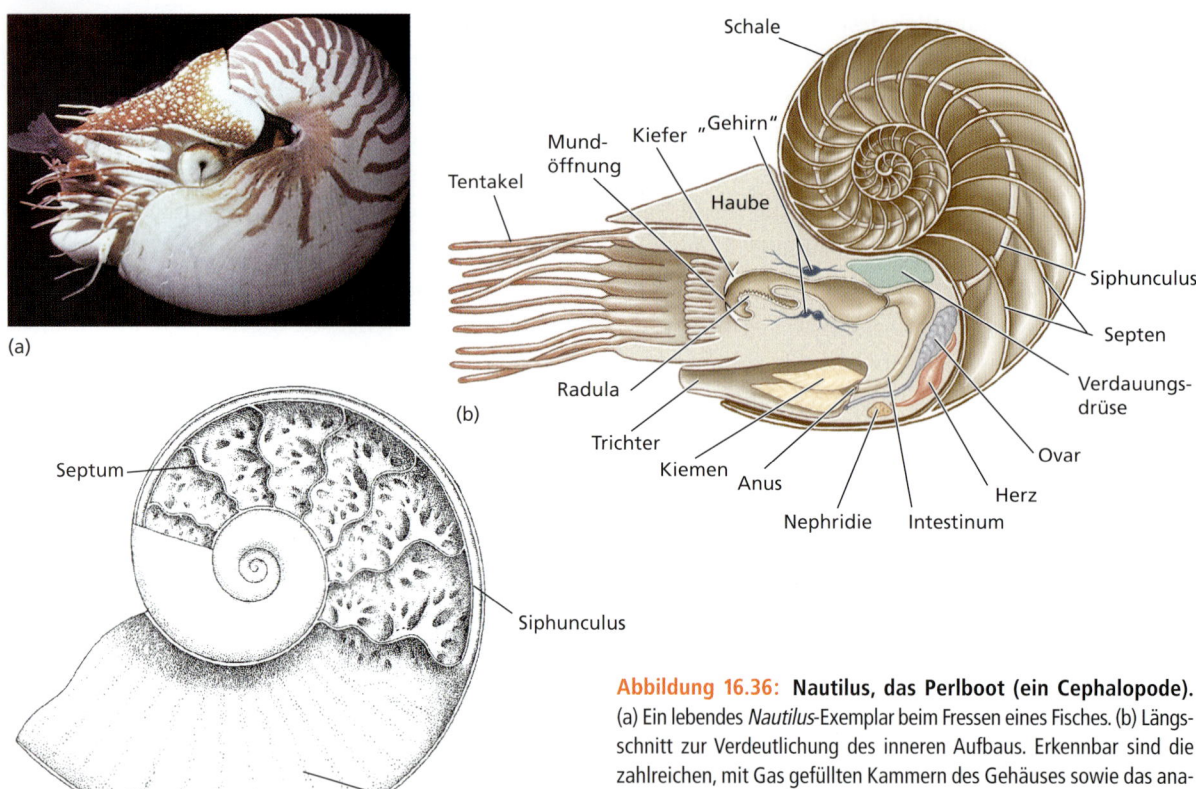

Abbildung 16.36: Nautilus, das Perlboot (ein Cephalopode).
(a) Ein lebendes *Nautilus*-Exemplar beim Fressen eines Fisches. (b) Längsschnitt zur Verdeutlichung des inneren Aufbaus. Erkennbar sind die zahlreichen, mit Gas gefüllten Kammern des Gehäuses sowie das anatomische Schema des Körpers. (c) Längsschnitt durch die Schale eines Ammoniten.

Nähe des Meeresgrundes in Wassertiefen zwischen 50 und 560 m, im Umkreis von Inseln des südwestlichen Pazifiks.

Form und Funktion

Schale. Obgleich die frühen Nautiloiden- und Ammonitenschalen schwer waren, erlangten sie durch eine Reihe von gasgefüllten Kammern Auftrieb. Dieses Bauprinzip lässt sich noch heute an den rezenten Vertretern der Gattung *Nautilus* beobachten (Abbildung 16.36b). Dadurch vermag sich das Tier im Wasser in einem Schwebezustand zu halten. Die Schale von *Nautilus* ist, obwohl auch sie eingerollt ist, ziemlich unterschiedlich zu einem Schneckengehäuse. Die *Nautilus*-Schale wird durch Querwände (transversale Sepeten) in Kammern unterteilt (Abbildung 16.35b). Nur die zuletzt entstandene, am weitesten vorn liegende wird vom Körper des Tieres ausgefüllt. Wächst der Nautiloide heran, bewegt er sich vorwärts und legt hinter sich eine neue Scheidewand (= Septum) ab. Die so entstehenden Kammern sind durch einen Strang lebenden Gewebes, dem **Siphunculus**, miteinander verbunden. Der Siphunculus nimmt seinen Ausgang im Eingeweidesack. Sepien (Ordo Sepiida, Ordnung der echten Tintenfische) (▶ Abbildung 16.37) besitzen ebenfalls eine kleine, gekrümmte Schale, doch ist diese vollständig vom Mantel umhüllt. Bei den Kalmaren ist der größte Teil des Gehäuses verschwunden. Übrig ist lediglich ein dünner, horniger Streifen, der vom Mantel umschlossen ist. Bei den Kraken der Gattung *Octopus* ist das Gehäuse schließlich gänzlich zurückgebildet.

Exkurs

Über die enormen Riesenkalmare der Gattung *Architeuthis* ist wenig bekannt, da nie ein lebendes Exemplar gefangen werden konnte. Den Körperbau hat man anhand gestrandeter oder in Fischernetzen verfangenen Tieren untersuchen können. Außerdem hat man Reste von Riesenkalmaren in den Mägen von Pottwalen gefunden. Die Mantellänge beträgt 5 bis 6 m, der Kopf misst bis zu 1 m. Riesenkalmare besitzen die größten Augen im Tierreich mit Durchmessern von bis zu 25 cm. Sie fressen offenbar Fische und andere Kalmare und stellen selbst eine wichtige Nahrung für Pottwale dar. Es wird angenommen, dass sie auf oder in der Nähe des Meeresgrundes in Tiefen von rund 1000 m leben. Im Jahr 2005 wurde der erste Bericht einer Lebendsichtung eines Riesenkalmars in einer zoologischen Fachzeitschrift veröffentlicht: T. Kubodera und K. Mori (2005): First-ever observations of a live giant squid in the wild. Proceedings of the Royal Society B: Biological Sciences, vol. 272, no. 1581: 2583–2586.

Abbildung 16.37: **Der Tintenfisch *Sepia latimanus*.** Er besitzt eine innenliegende Schale (= Schulp), die Vogelhaltern als „Nagestein" zur Mineralstoffversorgung von Käfigvögeln vertraut ist.

sensaum der Kalmare und Sepien dient der Stabilisierung und der Lagekontrolle. Beim raschen Schwimmen wird er eng an den Körper angelegt.

Nautilus ist nachtaktiv. Seine gasgefüllten Gehäusekammern halten das Gehäuse in einer aufrechten Stellung. Obwohl er nicht so schnell wie ein Kalmar ist, vermag er sich überraschend gut zu bewegen.

Octopus-Arten besitzen einen ziemlich kugelförmigen Körper ohne Flossen (Abbildung 16.1e). Ein Krake kann rückwärts schwimmen, indem er einen Wasserstrahl aus seinem Trichter austreibt, doch ist er besser an eine kriechende Fortbewegung über Steine und Korallenstöcke angepasst. Dabei setzt das Tier seine Saugnäpfe an den Armen ein, um sich über das feste Substrat zu ziehen oder sich an ihm zu verankern. Einige in großer Tiefe lebende Oktopoden besitzen Arme, zwischen denen sich Häute aufspannen, so dass die Gesamtanordnung an einen Schirm erinnert. Sie schwimmen nach Art einer Nesseltiermeduse (siehe Kapitel 13).

Lokomotion. Cephalopoden schwimmen, indem sie durch einen ventralen Trichter (= Siphon) Wasser mit großer Kraft aus ihrer Mantelhöhle austreiben – ein biologischer Rückstoßantrieb. Der Trichter ist beweglich und kann nach vorn oder nach hinten gerichtet werden, um die Schwimmrichtung zu steuern. Die Kraft, mit der Wasser ausgestoßen wird, bestimmt die Fortbewegungsgeschwindigkeit.

Kalmare und Sepien sind ausgezeichnete Schwimmer. Der Kalmarkörper ist stromlinienförmig und auf hohe Geschwindigkeit ausgelegt (▶ Abbildung 16.38). Sepien schwimmen gemächlicher. Der laterale Flos-

Innere Merkmale. Die aktive Lebensweise der Cephalopoden spiegelt sich in ihrem inneren Bau wieder, insbesondere ihrem Atmungs-, dem Kreislauf- und dem Nervensystem.

Atmung und Kreislauf. Mit Ausnahme der Nautiloiden besitzen die Kopffüßler ein Paar Kiemen. Da Cilienschlag keinen genügenden Wasserstrom zur Befriedigung des hohen Sauerstoffbedarfs dieser Tiere erzeugen könnte, fehlt auf den Kiemen jeglicher Cilien-

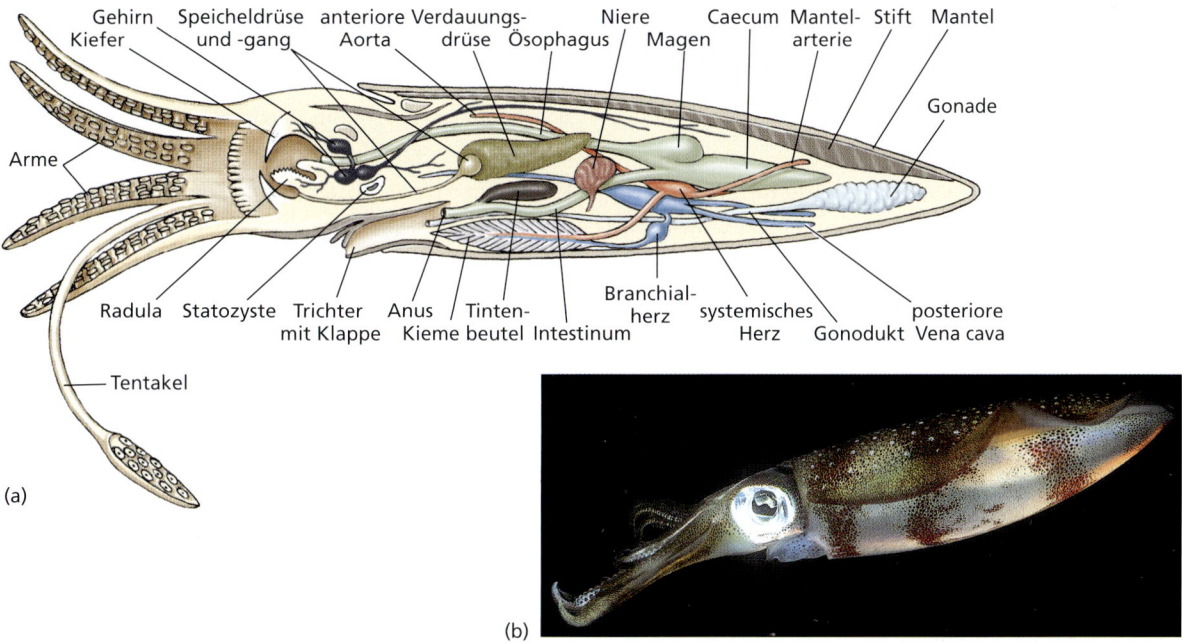

Abbildung 16.38: **Kalmare.** (a) Körperbau eines Kalmars in Seitenansicht. Die linke Mantelhälfte wurde entfernt. (b) *Sepioteuthis lessoniana* aus der Familie der Gemeinen Kalmare (Familia Loliginidae).

Exkurs

Nachdem ein Kopffüßler der Gattung *Nautilus* ein neues Septum angelegt hat, wird die neu entstandene Kammer mit einer Flüssigkeit gefüllt, deren chemische Zusammensetzung der des Nautilus-Blutes ähnlich ist (und damit der des Meerwassers). Zur Entfernung der Flüssigkeit ist es notwendig, in ihr enthaltene Ionen aktiv in winzige Interzellularräume des siphunkulären Epithels zu sezernieren, so dass ein sehr hoher lokaler osmotischer Druck entsteht. Wasser wird dann durch Osmose aus der Kammer gesaugt. Das sich dafür in der Kammer sammelnde Gas ist das Atemgas des Siphunkulusgewebes, das durch Diffusion in die Kammer einsickert, wenn die Flüssigkeitsmenge abnimmt. Der Gasdruck in der Gehäusekammer beträgt 1 Atmosphäre oder weniger, weil es im Gleichgewicht mit den im das Tier umgebenden Meerwasser gelösten Gase steht, die ihrerseits im Gleichgewicht mit der Luft an der Meeresoberfläche stehen, und dies ungeachtet der Tatsache, dass Nautiliden in Wassertiefen von bis zu 400 m schwimmen können. Dass die Schale des Gehäuses angesichts der auf es einwirkenden Gewichtskraft von 41 Atmosphären (42 kg/cm^2) widerstehen kann, ohne zu implodieren, und dass der Siphunkulus Wasser gegen diesen Druck auszutreiben versteht, sind Beispiele für fantastische Leistungen evolutiver Ingenieurskunst.

---

besatz. Stattdessen komprimieren in der Mantelwand liegende Radiärmuskeln die Wandung und vergrößern die Mantelhöhle. Durch den daraus entstehenden Unterdruck wird Wasser in die Mantelhöhle gesaugt. Starke Ringmuskeln kontrahieren anschließend und treiben das Wasser mit Kraft durch den Trichter. Ein System aus Klappen, die sich nur in einer Richtung öffnen (Rückschlagventile), verhindert, dass Wasser durch den Trichter angesaugt und entlang des Mantelrandes ausgestoßen wird.

Das offene Kreislaufsystem der Mollusken wäre für die Cephalopoden gleichfalls unzureichend. Ihr Kreislaufsystem hat sich zu einem geschlossenen Netzwerk aus Gefäßen evolviert; Kapillaren leiten das Blut durch die Kiemenfilamente. Darüber hinaus ist der Bauplan des Molluskenkreislaufs so organisiert, dass der gesamte systemische Kreislauf funktionell vor den Kiemen liegt (im Gegensatz zur Situation bei den Wirbeltieren, bei denen das Blut das Herz verlässt und direkt zu den Kiemen oder Lungen fließt). Dieses funktionelle Problem wurde durch die evolutive Entwicklung **akzessorischer Herzen** (= **Kiemenherzen**) gelöst, die an der Basis jeder Kieme liegen und den Blutdruck in den die Kiemen versorgenden Kapillaren erhöhen (Abbildung 16.38a).

Nervensystem und Sinnesorgane. Nervensystem und Sinnesorgane sind bei den Cephalopoden höher entwickelt als bei allen anderen Mollusken. Das Gehirn – das relativ größte unter allen Invertebraten – besteht aus mehreren Lappen mit Millionen von Nervenzellen. Kalmare besitzen riesige Nervenfasern (Axone), die zu den größten im ganzen Tierreich gehören, und die aktiviert werden, wenn das Tier in Aufregung versetzt wird. Die Riesenaxone initiieren dann maximale Kontraktionen der Mantelmuskeln, um eine rasche Flucht zu ermöglichen.

Die Sinnesorgane sind gut entwickelt. Mit Ausnahme von Nautilus, der verhältnismäßig einfache Augen besitzt, verfügen die Cephalopoden über hochentwickelte Augen von komplexem Bau, mit einer Cornea, einer Linse, Kammern und einer Netzhaut (▶ Abbildung 16.39). Die Orientierung der Augen wird mit Hilfe von Statozysten gesteuert, die größer und von komplexerem Bau sind als bei den anderen Weichtieren. Die Augen werden relativ zur Schwerkraft in einer konstanten Stellung gehalten, so dass die spaltförmige Pupille immer eine horizontale Lage einnimmt.

Die meisten Kopffüßler sind offenbar farbenblind, doch ist ihr sonstiges Sehvermögen ausgezeichnet. Unter Wasser ist ihre Sehschärfe weit besser als die unsrige, da der optische Apparat unsere Augen an das Medium Luft adaptiert ist. Man kann Cephalopden trainieren, geometrische Formen zu unterscheiden (zum Beispiel so ähnliche Gebilde wie Quadrate und Rechtecke) und solche Unterschiede für beträchtlich lange Zeit in Erinnerung zu behalten. Experimentatoren sind leicht in der Lage, die Verhaltensmuster der Tiere durch Belohnung und Bestrafung abzuändern. Oktopoden sind zum beobachtenden Lernen befähigt: Beobachtet ein Krake einen anderen, der für die korrekte Lösung einer Aufgabe eine Belohnung erhält, lernt das beobach-

Exkurs

Tintenfischnerven haben in der Frühzeit der Biophysik eine bedeutende Rolle als Modellsystem gespielt, an dem viele grundlegende Untersuchungen durchgeführt worden sind. Unser heutiges Verständnis der Weiterleitung von Aktionspotenzialen entlang von Nervenfasern und die Übertragung auf nachgeschaltete Fasern gründen sich in erster Linie auf Arbeiten, die an den Riesenaxonen von Kalmaren der Gattung *Loligo* durchgeführt worden sind. A. Hodgkin und A. Huxley haben sich im Jahr 1963 für diese bahnbrechenden Arbeiten den Nobelpreis im Fach Physiologie/Medizin geteilt.

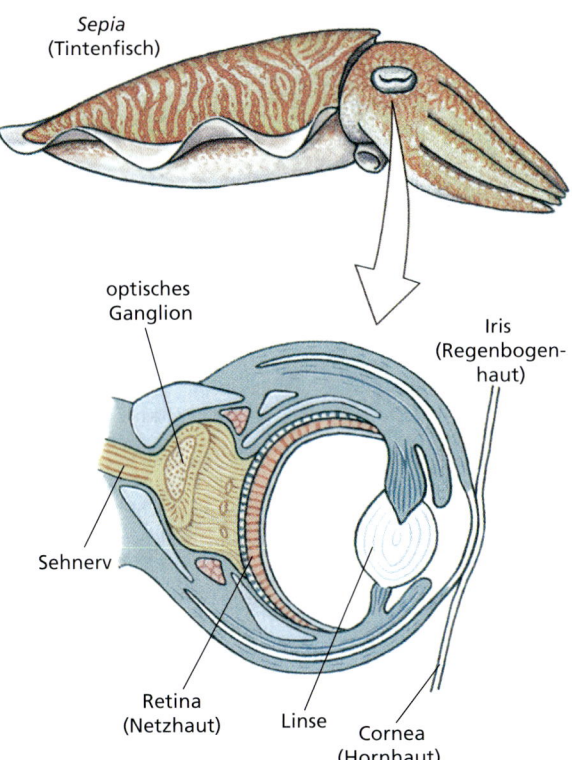

Abbildung 16.39: Auge eines Tintenfisches *(Sepia)*. Der Aufbau des Cephalopodenauges ist dem Wirbeltierauges sehr ähnlich (siehe Anmerkung im Haupttext).

oder Absenkung einiger oder aller Arme. Die Farbänderungen bringen die Tiere durch Chromatophoren (Pigmentzellen) in der Haut zustande, in denen Pigmentgranula liegen, die unterschiedliche Verteilungszustände annehmen können (Abbildung 29.4). Winzige Muskelzellen umgeben jede einzelne Chromatophore. Die Kontraktionen oder Relaxationen dieser Muskelzellen ziehen die Zellkörper der Chromatophore auseinander oder lassen ihn zusammenfallen. Wird die Zelle auseinandergezogen, verteilt sich das Pigment weiträumig. Je nach Verteilungszustand der Pigmentgranula in den Chromatophoren ändert sich der Farbeindruck für den Betrachter. Entspannen sich die Muskelzellen, schrumpft die Chromatophore auf ihre ursprüngliche Größe; die Pigmentgranula liegen wieder dichter zusammen und der Farbton vertieft sich. Vermittels der Chromatophoren, die unter nervöser und wahrscheinlich auch hormoneller Kontrolle stehen, ist ein verwickeltes System aus Änderungen des Musters und der Farbe möglich, einschließlich einer allgemeinen Verdunkelung oder Aufhellung. Farbumschläge nach rosa, gelb oder lavendelfarben sind möglich. Ebenso die Ausbildung von breiten oder dünneren Streifen, Punkten oder unregelmäßigen Flecken. Diese Färbungen

tende Tier allein durch das Zuschauen, welche Verhaltensweise belohnt wird und trifft dieselbe Auswahl, wenn es die Gelegenheit dazu erhält.

Oktopoden benutzen ihre Arme für die taktile Erforschung ihrer Umgebung und können unterschiedliche Oberflächenbeschaffenheiten durch Befühlen ertasten, doch vermögen sie offensichtlich keine Formen durch Berührung zu unterscheiden. Ihre Arme sind sowohl mit taktilen wie mit chemorezeptiven Sinneszellen gut ausgestattet. Cephalopoden scheint ein Hörsinn völlig zu fehlen.

Kommunikation. Über das Sozialverhalten der Nautiloiden und der Tiefwassercephalopoden weiß man nur wenig. Küstennah und am Litoral lebende Formen wie *Sepia*, *Sepioteuthis*, *Loligo* und *Octopus* sind jedoch intensiv untersucht worden. Obgleich ihr Tastsinn wohlentwickelt ist, und die Tiere auch über eine gewisse chemische Sensibilität verfügen, sind doch visuelle Signale das vorherrschende Kommunikationsmittel. Diese Signale bestehen aus einer Vielzahl von Bewegungen der Arme, Flossen und des Rumpfes sowie aus vielen Änderungen der Färbung. Die Bewegungen reichen von leichten Bewegungen des Körpers bis hin zu ausladender Ausbreitung, Aufrollung, Anhebung

Exkurs

Wenn ähnliche Bildungen, die nicht von einem gemeinsamen Vorfahren her ererbt sind, sich bei nicht miteinander verwandten Tieren evolutiv herausbilden, so spricht man von **Konvergenz** oder **konvergenter Evolution**. Über viele Jahre hinweg wurden die Augen der Cephalopoden und die Augen der Vertebraten als Musterbeispiel für eine konvergente Evolution beschrieben. Die Augen von Kopffüßlern und von Wirbeltieren sind sich in vielen Einzelheiten des Baues ähnlich, unterscheiden sich aber in der ontogenetischen Entwicklung. Die Facettenaugen der Arthropoden (Abbildung 19.8 und Abbildung 33.31), die sich sowohl im Bau wie im Entwicklungsgang unterscheiden, wurden als ein Beispiel für einen weiteren unabhängig entstandenen Augentyp angesehen. Heute weiß man, dass alle triblastischen Tiere mit Augen – selbst solche mit den allereinfachsten Augenflecken, wie die Plathelminthen (Kapitel 14) – mindestens zwei stark konservierte Gene gemeinsam haben: das Rhodopsingen für das Sehpigment und das Pax6-Gen, das als Hauptkontrollgen für die Morphogenese von Augen gilt. Erst nachdem diese beiden Gene ihren Ursprung genommen hatten, hat die natürliche Selektion die spezialisierten Sehorgane von Wirbeltieren, Weichtieren und Gliederfüßlern hervorgebracht. Die Augen aller Bilateralier können also von einem allen gemeinsamen Urtypus einer lichtempfindlichen Sinneszelle abstammen.

16 Weichtiere

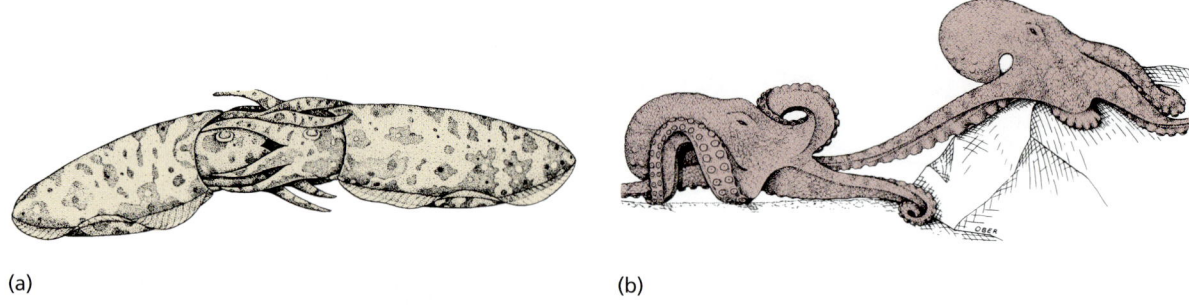

Abbildung 16.40: Kopulation bei Cephalopoden. (a) Sich paarende Tintenfische. (b) Ein männlicher Krake verwendet einen modifizierten Arm zur Ablage von Spermatophoren in der Mantelhöhle des Weibchens, um ihre Eier zu befruchten. Kraken betreiben während der Entwicklung ihrer Gelege oft Brutfürsorge, indem sie diese bewachen.

können Gefahr signalisieren, Schutz- oder Tarnwirkung haben, in Werbungsritualen und wahrscheinlich noch anderen Gelegenheiten eine Rolle spielen.

Durch das Annehmen unterschiedlicher Färbungen verschiedener Körperteile vermag ein Kalmar drei oder vier verschiedene Botschaften gleichzeitig an verschiedene andere Individuen und in unterschiedliche Richtungen auszusenden, und er ist in der Lage, irgendeine, eine beliebige Kombination oder alle von einem Augenblick auf den anderen zu verändern. Es existiert unter den wirbellosen Tieren wahrscheinlich kein anderes Kommunikationssystem, das so viel Information in so kurzer Zeit übermitteln kann.

Die Cephalopoden tiefer Wasserschichten müssen sich vielleicht in höherem Maße auf chemische oder taktile Kommunikationsmittel stützen als ihre am Litoral oder an der Oberfläche lebenden Vettern, doch erzeugen auch diese Tiere ihren eigenen Typus visueller Signale, da sie viele ausgefeilte Leuchtorgane evolviert haben, mit denen in der Dunkelheit der Tiefsee Signale übermittelt werden können.

Die meisten nichtnautiloiden Cephalopoden verfügen über noch eine andere Schutzeinrichtung. Ein **Tintenbeutel**, der in das Rektum mündet, enthält eine **Tintendrüse**, welche die **Sepia** – eine dunkle Flüssigkeit, in der das Pigment Melanin gelöst vorliegt – in den Tintenbeutel absondert. Wird das Tier aufgeschreckt, stößt es eine Tintenwolke aus, die als mehr oder weniger still verharrende Wolke im Wasser „hängen" kann oder von der Wasserströmung verzerrt und langsam verteilt werden kann. Der Kopffüßler entschwindet rasch von der Bildfläche. Raubfeinde, gegen die die Tinte vorzugsweise eingesetzt wird, verlieren in der Tintenwolke vorübergehend die Orientierung.

Fortpflanzung. Die Cephalopoden sind getrenntgeschlechtlich. Die Spermatozoen werden in Spermatophoren verpackt und in einem Sack gelagert, der in die Mantelhöhle mündet. Ein Arm eines adulten Männchens ist als Einführungsorgan (Hektokotylus) umgebildet. Er wird dafür benutzt, eine Spermatophore aus einer eigenen Mantelhöhle zu entnehmen und in die Mantelhöhle des Weibchens, und dort in die Nähe der Eileiteröffnung zu übertragen (▶ Abbildung 16.40). Vor einer Kopulation zeigen die männlichen Cephalopoden oft Farbwechsel, die offenbar gegen rivalisierende Männchen gerichtet sind. Die Eier werden befruchtet, wenn sie den Eileiter verlassen. Sie werden für gewöhnlich an Steine oder andere Gegenstände angeheftet. Einige Oktopoden umsorgen ihre Gelege. Die Weibchen von *Argonauta*, dem Papierboot, scheiden eine „Schale" oder Kapsel ab, in der sich die Eier entwickeln.

Die großen, dotterreichen Eier durchlaufen eine meroblastische Furchung. Im Verlauf der Embryonalentwicklung fusionieren Kopf und Fuß und sind später nicht mehr unterscheidbar. Der die Mundöffnung umlaufende Ring, der die Arme (= Tentakel) trägt, kann sich vom anterioren Teil des Fußes ableiten. Aus den Eiern schlüpfen Juvenile; freischwimmende Larven existieren bei den Cephalopoden nicht.

Die wichtigsten Cephalopodengruppen

Man unterscheidet drei Unterklassen der Cephalopoden: Nautiloidea, Ammonoidea und Cleoidea. Die Nutiloiden besitzen zwei Kiemenpaare. Die Ammonoiden (Ammoniten) sind gänzlich ausgestorben. Die Coleoiden besitzen ein Kiemenpaar. Die Nautiloiden haben die Meere des Paläozoikums und des Mesozoikums bevölkert. Heute existiert nur noch eine Gattung – *Nautilus* (Abbildung 16.36) – mit fünf Arten. Der Kopf von *Nautilus* mit seinen 60 bis 90 Tentakeln kann aus der Öffnung der Gehäusekammer, in der der

Körper sich befindet, herausgestreckt werden. Die Tentakel sind nicht mit Saugorganen besetzt. Durch abgesonderte Sekrete sind sie klebrig. Sie werden zur Suche nach und zum Ergreifen von Nahrung eingesetzt, außerdem besitzen sie sensorische Fähigkeiten. Unterhalb des Kopfes liegt der Trichter. Der Mantel, die Mantelhöhle und der Eingeweidesack liegen geschützt im Gehäuse verborgen.

Ammoniten waren im Mesozoikum (Erdmittelalter, vor 251 bis 65 Millionen Jahren) weit verbreitet und häufig. Am Ende der Kreidezeit vor 65 Millionen Jahren starb die Gruppe allerdings vollständig aus. Wie die Nautiloiden, besaßen die Ammoniten gekammerte Schalen, doch war der Bau der Septen von komplexerer Natur als bei den Perlbooten. Die Suturen der Septen (Nahtstellen der Scheidewände mit der Innenseite der Gehäuseschale) waren durchbrochen (man vergleiche die Schalen der Abbildungen 16.36b und 16.36c). Die Gründe für das Aussterben der Ammoniten liegen im Dunkeln. Der gegenwärtige Wissensstand spricht dafür, dass sie bereits ausgestorben waren, als es am Ende der Kreidezeit zu einem massiven Meteoriten- oder Kometeneinschlag kam (siehe Kapitel 6). Einige Nautiloiden, die manchen Ammoniten sehr ähnlich sind, haben bis auf den heutigen Tag überlebt.

Die Unterklasse der Tintenfische (Subclassis Coleoidea) umfasst alle rezenten Cephalopoden mit Ausnahme der *Nautilus*-Arten. Die Klassifizierung der rezenten Cephalopoden ist noch nicht beendet, doch stellen die meisten Fachleute die Kraken (= Oktopoden) zusammen mit den Vampirkalmaren in die Überordnung der Krakenartigen (Supraordo Octopodiformes). Die Kalmare, die Sepien (= echte Tintenfische) und ihre Verwandten werden in die Überordnung der Zehnarmer (Supraordo Decapodiformes = Decabranchiata) gestellt. Die Angehörigen der Ordnung der echten Tintenfische (Ordo Sepioidea) besitzen einen rundlichen oder zusammengedrückten, massigen Körper, der Flossen trägt (Abbildung 16.37). Sie besitzen acht Arme und zwei Tentakeln. Sowohl die Arme wie die Tentakeln sind mit Saugnäpfen besetzt. Die Tentakel tragen jedoch nur an ihren Enden Saugnäpfe. Die Mitglieder der Ordnungen Myosida und Degopsida (Kalmare; Abbildung 16.38) haben einen mehr zylindrischen Körper, aber ebenso acht Arme und zwei Tentakeln. Die Ordnung Vampyromorpha (Vampirkalmare) enthält nur eine einzige, in tiefen Wasserschichten vorkommende Art (Vampyroteuthis infernalis). Die Mitglieder der Ordnung der achtarmigen Tintenfische (= Oktopoden) haben, wie der Name sagt, acht Arme, aber keine Tentakel (Abbildung 16.1e). Ihre Körper sind gedrungen und sackartig; Flossen fehlen. Die Saugnäpfe der Kalmare sind gestielt. Die hornigen Ränder tragen Zähne. Bei den Oktopoden (= Kraken) sind die Saugnäpfe ungestielt und haben keine verhornten Ränder.

16.4 Phylogenese und adaptive Radiation

Die ersten Mollusken sind wahrscheinlich schon im Präkambrium vor mehr als 550 Millionen Jahren in Erscheinung getreten, da in Sedimenten des frühen Kambriums (Kambrium: −545 bis −495 Millionen Jahre) bereits Fossilien vorhanden sind, die als Mollusken angesprochen werden. Auf der Grundlage gemeinsamer Merkmale wie Spiralfurchung, Mesodermbildung aus der 4d-Blastomere und dem Besitz einer Trochophoralarve schließen viele Zoologen, dass Mollusken Protostomier sind und damit den Anneliden und den Arthropoden nahestehen. Die Meinungen hinsichtlich der genauen Verwandtschaftsverhältnisse unter diesen Gruppen gehen jedoch auseinander. Einige Merkmale deuten darauf hin, dass Mollusken (Weichtiere) und Anneliden (Ringelwürmer) Schwestertaxa sind. An-

Exkurs

Fossilien sind Überreste vergangener Lebensformen, die in der Erdkruste überdauert haben (siehe Kapitel 6). Es kann sich dabei um Teile oder um Produkte von Lebewesen handeln. Bei Tieren finden sich häufig Hartbildungen wie Zähne, Knochen, Schalen oder ähnliches sowie versteinerte Skelettanteile, abgeworfene Häute, Ab- und Eindrücke wie Fußabdrücke und anderes mehr. Weiche Körperteile wie innere Organe, Muskeln und so weiter, hinterlassen nur selten identifizierbare Fossilien. Es gibt daher keine verwertbaren Hinweise auf Mollusken, bevor diese ihre mineralischen Gehäuse evolviert hatten. Weiterhin bestehen Zweifel daran, dass manche frühen Schalenfossile tatsächlich Überbleibsel von Mollusken sind. Dies gilt insbesondere, wenn die infrage stehende Tiergruppe keine rezenten Vertreter hinterlassen hat, also vollständig ausgestorben ist (zum Beispiel die Hyolithiden). Die Probleme der definitorischen Fassung von Weichtieren allein mit Hilfe von Hartteilen wurden von Yochelson in seiner Abhandlung in der Fachzeitschrift *Malacologica*, vol. 17, Seite 165ff. aus dem Jahr 1978 herausgestellt, als er schrieb: „Wer würde die Scaphopoden für Mollusken halten, falls sie ausgestorben wären und keine weichen Körperteile fossil überliefert wären? Vermutlich niemand."

dere Befunde lassen dagegen den Schluss zu, dass die Anneliden die Schwestergruppe der Arthropoden (Gliederfüßler) sind. Eine gängige Hypothese besagt, dass sich die Mollusken von der Linie der Anneliden nach der Entstehung des Coeloms abgespalten haben aber vor der Evolution der Metamerie. Neuere molekularbiologische Untersuchungen kommen zu dem Schluss, dass die Anneliden und die Mollusken in die Gruppe der Lophotrochozoen fallen, die Arthropoden hingegen zu den Ecdysozoen gestellt werden müssen (siehe Kapitel 10). Die Lophotrochozoen/Ecdysozoen-Hypothese macht es jedoch erforderlich, dass die Metamerie bei den Protostomiern sich mindestens zweimal unabhängig voneinander herausgebildet haben müsste. Diese Frage ist Gegenstand erheblicher Dispute in der zoologischen Phylogeneseforschung.

Eine hypothetische „Urmolluske" (Abbildung 16.2) wurde lange Zeit als Abbild eines ursprünglichen Molluskenvorfahren angesehen, doch hält man heute weder eine feste Gehäuseschale noch einen Kriechfuß für universelle Merkmale der Mollusken (▶ Abbildung 16.41). Die primitive Urmolluske war vermutlich sehr klein (ungefähr 1 mm), von mehr oder weniger wurmförmiger Gestalt, und mit einer ventralen Gleitoberfläche und einem dorsalen Mantel ausgestattet. Vielleicht hat er eine chitinöse Kutikula und Kalkschuppen besessen. Vermutlich waren eine posteriore Mantelhöhle mit zwei Kiemen, eine Radula, ein Leiternervensystem und ein offener Kreislauf mit einem Herzen vorhanden. Es wird weiter darüber diskutiert, ob unter den rezenten Mollusken der hypothetische Urzustand am nächsten bei den Caudofoveaten oder bei den Solengastriern verwirklicht ist. Die fossile Überlieferung der Caudofoveaten reicht bis in die Zeit des Silurs (−443 bis −417,5 Millionen Jahre) zurück. Dagegen verfügen wir über keine wirkliche Fossilgeschichte der Solengastrier. Im Gegensatz dazu gibt es von einigen Monoplacophorengruppen (Heliconelloida) fossile Belege, die bis in das Mittelkambrium vor ungefähr 510 Millionen Jahre zurückreicht. Ungeachtet der spärlichen fossilen Überlieferung dieser schalenlosen Gruppierungen, haben sich beide Aplacophorenklassen wahrscheinlich vor der Evolution harter Schalen, eines abgegrenzten Kopfes mit Sinnesorganen und eines ventralen, muskularisierten Fußes von ihren primitiven Vorfahren abgezweigt. Die Polyplacophoren haben sich ebenfalls früh von der Hauptlinie der Molluskenevolution abgespalten, bevor die Veligerlarve als distinktes Larvenstadium herausgebildet wurde (▶ Abbildung 16.42).

Einige Forscher sind der Ansicht, dass die Schalen der Polyplacophoren nicht homolog zu den Schalen der anderen Mollusken sind, weil sie sich strukturell und in ihrer ontogenetischen Entwicklung von diesen unterscheiden.

Es sind weiterhin Diskussionen über die genauen Verwandtschaftsbeziehungen der Weichtierklassen untereinander im Gange, doch favorisieren die meisten Zoologen die Zusammenfassung der Gastropoden und der Cephalopoden als Schwestergruppen der Monoplacophoren (Abbildung 16.42). Sowohl die Gastro- wie die Cephalopoden besitzen stark erweiterte Eingeweidesäcke. Die Mantelhöhle wurde bei den Gastropoden durch die Torsion zum Kopf hin verlagert. Bei den Cephalopoden ist die Mantelhöhle hingegen ventral erweitert. Die Evolution eines gekammerten Gehäuses durch die Cephalopoden war ein höchst bedeutsamer Beitrag zu ihrer Emanzipation vom Untergrund und der Erlangung ihrer Schwimmfähigkeit. Die Entwicklung ihrer Organsysteme zu Atmung, Kreislauf und der nervösen Steuerung ist mit ihrem aktiv räuberischen Dasein und dem aktiven Umherschwimmen korreliert.

Scaphopoden (Kahnfüßler) und Muscheln besitzen eine erweiterte Mantelhöhle, die im Wesentlichen den restlichen Körper einhüllt. Anpassungen an eine grabende Lebensweise kennzeichnen diese Gruppen: ein spatenförmiger Fuß sowie eine Rückbildung des Kopfes und der Sinnesorgane. Es herrscht jedoch noch Uneinigkeit darüber, ob die morphologischen Ähnlichkeiten zwischen den Vertretern dieser Gruppen das Ergebnis einer gemeinsamen Abstammung oder einer konvergenten Evolution infolge gleichen Lebensstils und gleicher Habitatwahl sind. Die Klassifizierung der Muscheln ist Gegenstand besonders intensiver Fachdebatten, und nur wenige Fachleute stimmen hinsichtlich einer verbindlichen Nomenklatur oder der taxonomischen Beziehungen innerhalb dieser Gruppierung überein.

Der größte Teil der Diversität unter den Mollusken steht in Beziehung zu den Anpassungen an unterschiedliche Lebensräume und Lebensweisen sowie eines breiten Spektrums von Ernährungsweisen, die von ortsfesten Strudlern bis zu aktiv jagenden Räubern reichen. Es gibt viele Anpassungen beim Nahrungserwerb innerhalb dieses Stammes sowie eine enorme Vielfalt in Bau und Funktion der Radula – insbesondere bei den Gastropoden.

Der vielseitige glanduläre Mantel trägt wahrscheinlich eine höhere plastisch-adaptive Kapazität in sich

16.4 Phylogenese und adaptive Radiation

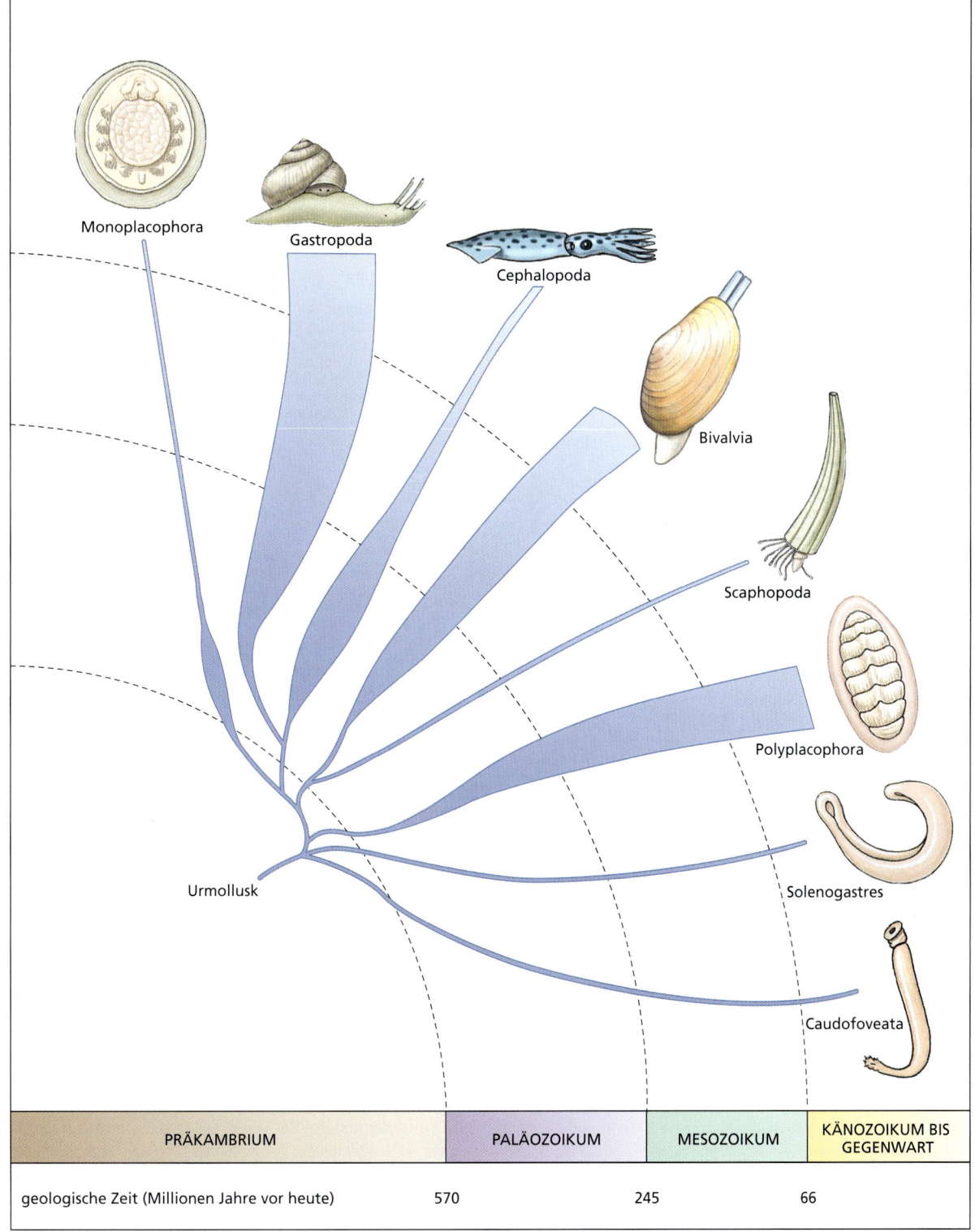

Abbildung 16.41: Klassen der Mollusken. Mit Darstellung ihrer Ableitung und relativen Häufigkeit ihrer Vertreter.

als jede andere Körperbildung der Weichtiere. Neben der Abscheidung der Gehäuseschalen und der Ausbildung der Mantelhöhle ist er in vielfältiger Weise zu Kiemen, Lungen, Siphonen und Öffnungen modifiziert. Manchmal dient er auch der Lokomotion, dem Fressvorgang oder sensorischen Aufgaben. Die Schale hat ebenfalls eine Vielzahl evolutiver Anpassungen durchgemacht. All das zusammen hat die Mollusken zu einer der erfolgreichsten Tiergruppen werden lassen, die unseren Planeten heute bevölkern.

16 Weichtiere

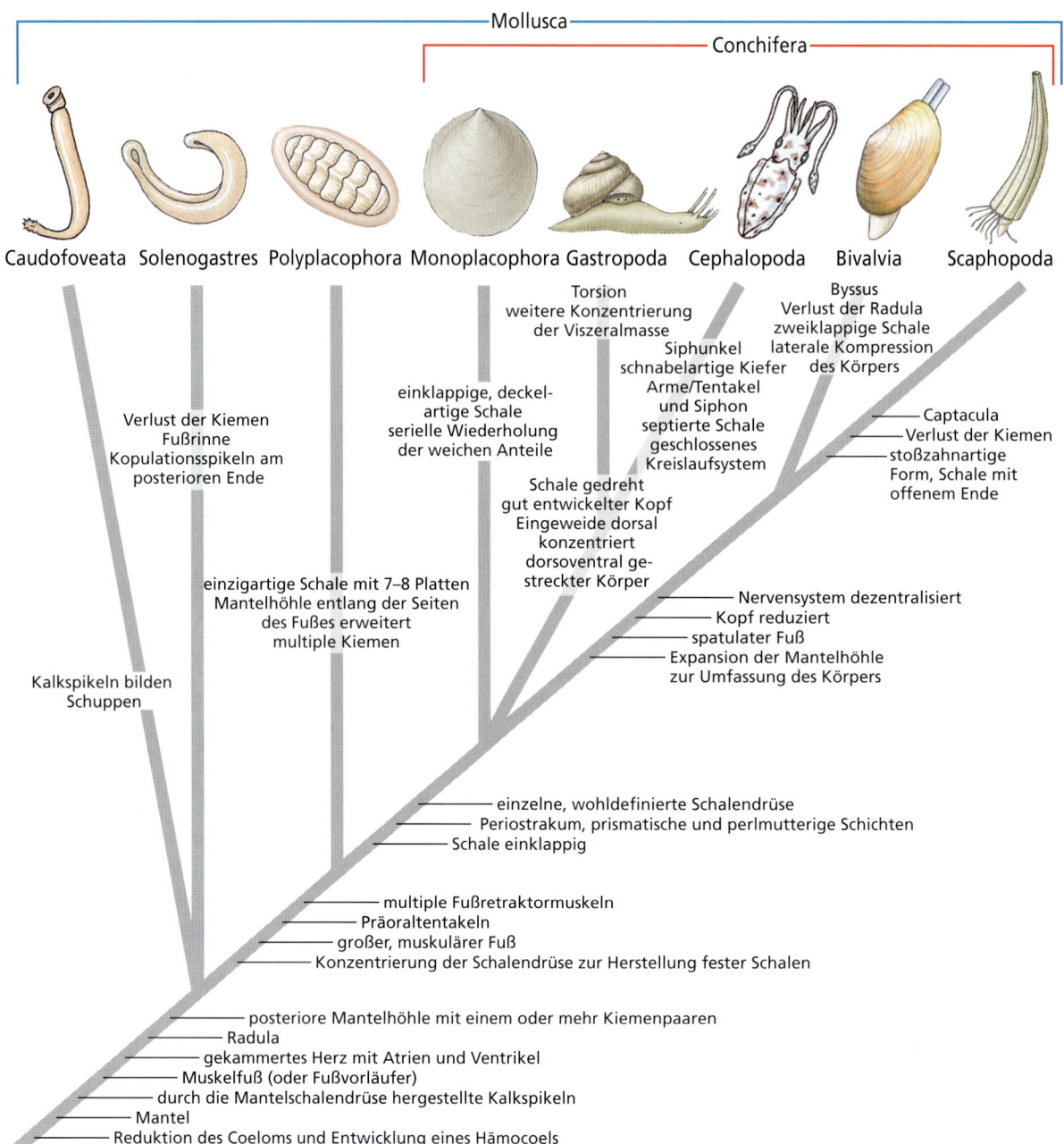

Abbildung 16.42: Kladogramm der hypothetischen Verwandtschaftsverhältnisse unter den Klassen der Mollusken. Die Synapomorphien, anhand derer die verschiedenen Kladi identifiziert werden, sind angegeben, obgleich eine Reihe von ihnen bei einigen der Nachfahren modifiziert oder eingebüßt sein können. So ist etwa die einteilige Schale (sowie das Aufrollen der Schale) bei vielen Gastropoden zurückgebildet oder ganz verschwunden. Weiterhin haben sich viele Gastropoden einer mehr oder minder ausgedehnten Detorsion unterzogen. Die zweiteilige Schale der Muscheln (Bivalvia) leitet sich von einer ursprünglichen einteiligen Schale her. Der Buyssus fehlt bei den meisten adulten Bivalviern, dient jedoch bei vielen weiterhin der Verankerung der Larven. Der Byssus wird daher als Synapomorphie der Bivalvier angesehen. (Nach: Brusca und Brusca (1990): Invertebrates. Sinauer; ISBN: 0-8789-3098-1.)

16.4 Phylogenese und adaptive Radiation

KLASSIFIZIERUNG

■ **Klassifizierung des Phylums Mollusca**

Classis Caudofoveata (lat. *cauda*, Schwanz + *fovea*, Grübchen): Klasse der **Schildfüßler**. Wurmförmig; Schale, Kopf und Ausscheidungsorgane fehlen; Radula für gewöhnlich vorhanden; Mantel mit chitinöser Kutikula und Kalkschuppen; oraler Pedalschild nahe der anterioren Mundöffnung; Mantelhöhle am posterioren Ende mit einem Paar Kiemen; Geschlechter getrennt; früher mit den Solenogastriern in der Classis Aplacophoren zusammengefasst. Beispiele: *Chaetoderma, Limifossor*.

Classis Solenogastres (gr. *solen*, Pfeife, Rohr + *gaster*, Magen): Klasse der **Furchenfüßler**. Wurmförmig; Schale, Kopf und Ausscheidungsorgane fehlen; Radula vorhanden oder fehlend; Mantel für gewöhnlich von Kalkschuppen oder -spikulae bedeckt; rudimentäre, posteriore Mantelhöhle ohne echte Kiemen, manchmal aber mit sekundären Strukturen für die Atmung; Fuß in Form einer langen, schmalen, ventralen Pedalfurche; hermaphroditisch. Beispiele: *Neomenia*.

Classis Monoplacophora (gr. *monos*, ein, einzeln + *plax*, Platte + *phora*, Träger): Klasse der **Einschaler**. Körper bilateralsymmetrisch mit einem breiten, abgeplatteten Fuß; eine einzelne, an eine Napfschnecke erinnernde Schale; Mantelhöhle mit drei bis sechs Kiemenpaaren; große Coelomhöhlen; Radula vorhanden; drei bis sieben Nephridienpaare, von denen zwei zu Gonodukten umgebildet sind; getrenntgeschlechtlich. Beispiele: *Neopilina* (Abbildung 16.8).

Classis Polyplacophora (gr. *polys*, viele + *plax*, Platte + *phora*, Träger): Klasse der **Käferschnecken**. Gestreckter, dorsoventral abgeflachter Körper mit zurückgebildetem Kopf; bilateralsymmetrisch; Radula vorhanden; Gehäuse aus acht Dorsalplatten; Fuß breit und flach; multiple Kiemen entlang der Körperseiten zwischen Fuß und Mantelrand; meist getrenntgeschlechtlich; Trochophora, aber kein Veligerstadium. Beispiele: *Mopalia* (Abbildung 16.10), *Tonicella* (Abbildung 16.1a).

Classis Scaphopoda (gr. *skaphe*, Trog, Boot + *podos*, Fuß): Klasse der **Kahnfüßler**. Körper in eine einteilige, röhrenförmige, an beiden Enden offene Schale eingeschlossen; konischer Fuß; Mundöffnung mit Radula und kontraktilen Tentakeln (Captacula); Kopf fehlend; Mantel zur Atmung; Geschlechter getrennt; Trochophoralarve. Beispiele: *Dentalium* (Abbildung 16.11).

Classis Gastropoda (gr. *gaster*, Magen + *podos*, Fuß): Klasse der **Schnecken** („Magenfüßler"). Körper asymmetrisch, lässt Wirkungen der Torsion erkennen; Körper für gewöhnlich in einer aufgerollten Gehäuseschale (Schale bei einigen nicht eingerollt oder ganz fehlend); Kopf wohlentwickelt, mit Radula; Fuß groß und flach; ein oder zwei Kiemen, oder mit einem zu sekundären Kiemen oder einer Lunge umgebildeten Mantel; die meisten mit einem einzelnen Aurikel und einem einzelnen Nephridium; Nervensystem mit Zerebral- (= Bukkal-), Pleural-, Pedal- und Viszeralganglien; diözisch oder monözisch, einige mit Trochophora, im Regelfall mit Veliger, einige ohne pelagische Larve. Beispiele: *Busycon, Polinices* (Abbildung 16.15b), *Physa, Helix, Aplysia* (Abbildung 16.21).

Classis Bivalvia (lat. *bis*, zwei + *valva*, Klappe, Tür) (= **Pelecypoda**): Klasse der **Muscheln**. Körper in einen zweilappigen Mantel eingehüllt; Gehäuse aus zwei lateralen Schalen variabler Größe und Form, mit einem dorsalen Scharnier; Kopf stark zurückgebildet, aber Mundöffnung mit Labialpalpen; keine Radula; keine cephalischen Augen, einige wenige mit Augen am Mantelrand; Fuß für gewöhnlich keilförmig; Kiemen plattenförmig; Geschlechter für gewöhnlich getrennt, typischerweise mit Trochophora und Veliger als Larvenstadien. Beispiele: *Anodonta, Venus, Tagelus* Abbildung 16.26), *Teredo* (Abbildung 16.27).

Classis Cephalopoda (gr. *kephalon*, Kopf + *podos*, Fuß): Klasse der **Kopffüßler** (Kalmare, Tintenfische, Sepien, Perlboote, Kraken). Schalen oft zurückgebildet oder fehlend. Kopf wohlentwickelt mit Augen und einer Radula; Kopf mit Armen oder Tentakeln; Fuß zu einem Siphon umgebildet; Nervensystem aus wohlentwickelten Ganglien, zentralisiert zu einem Gehirn; getrenntgeschlechtlich, mit direkter Entwicklung. Beispiele: *Sepioteuthis* (Abbildung 16.38), *Octopus* (Abbildung 16.1e), *Sepia* (Abbildung 16.37).

ZUSAMMENFASSUNG

Die Mollusken (Weichtiere) sind der größte Lophotrochozoenstamm, und einer der artenreichsten und vielgestaltigsten aller Tierstämme, dessen Mitglieder von sehr kleinen Formen bis zu den größten Wirbellosen reichen. Ihre grundlegenden Körperteile sind Kopf-Fuß und Eingeweidesack, der meist von einer Schale überdeckt ist. Die Mehrzahl der Arten lebt im Meer, doch finden sich auch einige im Süßwasser und auf dem festen Land. Sie besetzen ein weites Spektrum an Nischen. Eine Reihe von Weichtieren hat wirtschaftliche Bedeutung. Einige wenige Arten haben als Zwischenwirte von Parasiten medizinische Bedeutung.

Mollusken sind Coelomaten, obgleich sich ihr Coelom auf einen Bereich um das Herz, die Gonaden und gelegentlich Teile des Intestinums beschränkt. Die evolutive Entwicklung eines Coeloms war deshalb von Bedeutung, weil sie eine bessere Organisation der Viszeralorgane ermöglichte und bei vielen Tieren, die über ein Coelom verfügen, dieses als effizientes hydrostatisches Skelett fungiert.

Der Mantel und die Mantelhöhle sind wichtige Merkmale der Mollusken. Der Mantel sezerniert die Schale (= das Gehäuse) und überdeckt einen Teil des Eingeweidesackes unter gleichzeitiger Bildung einer Schutzbehausung für die Kiemen. Die Mantelhöhle ist bei manchen Mollusken zu einer Lunge umgebildet. Der Fuß ist für gewöhnlich ein ventrales, sohlenartiges Lokomotionsorgan, kann aber – wie bei den Cephalopoden, bei denen er zu den Armen und einem Trichter geworden ist – in vielfältiger Weise umgestaltet sein. Die Radula findet man bei allen Mollusken mit Ausnahme der Muscheln (Bivalvia) und vielen Solenogastriern. Sie ist ein vorstreckbares, zungenartiges Organ mit Zähnen, das zum Fressen eingesetzt wird. Mit Ausnahme der Cephalopoden, die sekundär ein geschlossenes Kreislaufsystem evolviert haben, sind die Kreisläufe bei Weichtieren offene Systeme mit einem Herzen und Blutsini. Mollusken verfügen für gewöhnlich über ein Paar Nephridien, die in Verbindung mit dem Coelom stehen, sowie über ein komplexes Nervensystem mit einer Vielzahl von Sinnesorganen. Die ursprüngliche Larve der Weichtiere ist die Trochophora; die meisten meeresbewohnenden Mollusken besitzen außerdem ein weiter fortgeschrittenes Larvenstadium, die Veligerlarve.

Die Klassen Caudofoveata und Solengastres sind kleine Gruppierungen wurmartiger Weichtiere ohne Schalen. Die Scaphopoden (Kahnfüßler) bilden eine etwas größere Klasse mit röhrenförmigen Schalen, die an beiden Enden offen sind. Der Mantel ist um den Rest des Körpers gewunden.

Die Klasse der Monoplacophoren ist eine winzige Gruppe einschaliger Meeresweichtiere, die eine Pseudometamerie zeigen. Die Polyplacophoren (Käferschnecken) sind weiter verbreitete Meereslebewesen mit Schalen in Form einer Abfolge von acht Platten. Es handelt sich um ziemlich ortstreue Tiere mit einer Reihe Kiemen an jeder Seite des Fußes.

Die Gastropoden (Schnecken) sind die erfolgreichste und artenreichste Klasse der Weichtiere. Ihre interessante Evolutionsgeschichte umfasst das einzigartige Merkmal der Torsion – eine Verdrehung des posterioren Körperendes zum anterioren Pol – so dass Anus und Kopf am selben Körperende liegen. Weiterhin beobachtet man eine Aufrollung, eine Streckung und eine Spiralisierung des Eingeweidesackes. Die Torsion hat zum Problem der Abfallansammlung mit der Gefahr der Selbstvergiftung geführt, die dadurch zustande kommt, dass die Exkremente bei der Darmentleerung über den Kopf und vorn an den Kiemen vorbeilaufen. Diese Problematik ist bei den verschiedenen Gruppen von Gastropoden auf unterschiedliche Weise gelöst worden. Zu den beobachtbaren Lösungen gehört ein gerichteter Wasserstrom, bei dem das Wasser auf einer Seite in die Mantelhöhle einfließt und auf der anderen Seite wieder aus ihr heraus (bei vielen Schneckenarten), ein gewisser Grad an Detorsion (Entwindung), zum Beispiel bei den Opisthobranchiern, sowie eine Umwandlung der Mantelhöhle in eine Lunge (Pulmonaten = Lungenschnecken).

Die Angehörigen der Klasse der Zweischaler (Bivalvia = Muscheln) leben sämtlich aquatisch, sowohl im Meer wie im Süßwasser. Ihr Gehäuse besteht aus einer zweiklappigen Schale, deren Hälften durch ein dorsales Ligament miteinander verbunden sind und von Adduktormuskeln zusammengezogen werden. Die meisten Muscheln sind Filtrierer, die durch Cilienschlag einen Wasserstrom durch ihre Kiemen treiben.

Die Mitglieder der Klasse der Kopffüßler (Cephalopoda) sind sämtlich räuberisch, und viele sind zu schnellem Schwimmen befähigt. Ihre Tentakel ergreifen Beutetiere mittels adhäsiver Sekrete oder mit Hilfe von Saugnäpfen. Cephalopoden schwimmen, indem sie kraftvoll einen Wasserstrahl aus ihrer Mantelhöhle durch einen Trichter, der sich vom Fuß herleitet, treiben.

Es gibt sowohl embryologische wie molekularbiologische Belege dafür, dass die Weichtiere und die Ringelwürmer (Annelida) einen gemeinsamen stammesgeschichtlichen Vorfahren haben, der jünger ist als der gemeinsame Ahnherr beider Gruppen und der Arthropoden oder der Deuterostomier. Es herrscht jedoch immer noch ein beträchtliches Maß an Unsicherheit hinsichtlich der Frage, ob die Mollusken sich innerhalb der Lophotrochozoen herausgebildet haben und welches ihre genauen verwandtschaftlichen Beziehungen zu den übrigen protostomen Tierstämmen sind.

Übungsaufgaben

1. Die Angehörigen eines so großen und vielfältigen Stammes wie dem der Mollusken haben auf vielfache Weise Einfluss auf den Menschen. Erörtern Sie diese Aussage.
2. Wie entsteht im Verlauf der Embryonalentwicklung das Coelom eines Weichtieres?
3. Durch welche Merkmale unterscheiden sich die Mollusken von anderen Tierstämmen?
4. Beschreiben Sie in aller Kürze die Merkmale der hypothetischen Urmolluske und geben Sie an, auf welche Weise sich die einzelnen Klassen der Weichtiere (Caudofoveata, Solenogastres, Monoplacophora, Polyplacophora, Scaphopoda, Gastropoda, Bivalvia, Cephalopoda) von diesem Urzustand im Hinblick auf die folgenden Bildungen unterscheiden: Schale, Radula, Fuß, Mantelhöhle und Kiemen, Kreislaufsystem, Kopf.
5. Geben Sie Definitionen folgender Begriffe: Ctenidien, Odontophore, Periostrakum, prismatische Schicht, nakröse Schicht, Metanephridium, Nephrostom, Trochophor, Veliger, Glochidium, Osphradium.
6. Beschreiben Sie kurz das Habitat und die Lebensgewohnheiten eines typischen Tritonshorns.
7. Geben Sie Definitionen folgender Begriffe in Bezug auf die Gastropoden: Operkulum, Columella, Torsion, Verfaulung, bilaterale Asymmetrie, Rhinophor, Pneumostom.
8. Welches Problem für das Überleben brachte die Torsion mit sich? Wie haben sich die Gastropoden evolviert, um das Problem zu umgehen?
9. Die Gastropoden haben eine enorme Radiation erfahren. Belegen Sie diese Aussage, indem Sie die bei den Gastropoden anzutreffenden Varianten der Nahrungsaufnahme beschreiben.
10. Grenzen Sie die Opisthobranchier von den Pulmonaten ab.
11. Beschreiben Sie in aller Kürze, wie sich eine Muschel ernährt und wie sie sich eingräbt.
12. Auf welche Weise ist das Ctenidium einer typischen Muschel gegenüber der Urform modifiziert?
13. Welches ist die Funktion des Siphunkulus bei den Cephalopoden?
14. Beschreiben Sie, wie ein Cephalopode schwimmt und wie er frisst.
15. Beschreiben Sie die Anpassungen des Kreislaufsystems und des neurosensorischen Systems der Cephalopoden, die für ein aktiv schwimmendes, räuberisches Tier von besonderem Wert sind.
16. Grenzen Sie Ammonoiden und Nautiloiden gegeneinander ab.
17. Welche andere(n) Gruppe(n) von Wirbellosen sind vermutlich die engsten Verwandten der Weichtiere? Welche Befunde stützen diese Annahme, und welche stehen im Widerspruch zu dieser mutmaßlichen Verwandtschaftsbeziehung?

Weiterführende Literatur

Barringa, M. (1990): Science digests the secrets of voracious killer snails. Science, vol. 249: 250–251. *Beschreibt Forschungen über die Toxine von Kegelschnecken.*

Bergström, J. (1989): The origin of animal phyla and the new phylum Procoelomata. Lethaia, vol. 22: 259–269. *Der Autor spricht sich für die Ansicht aus, dass die Caudofoveaten die einzigen überlebenden Mitglieder der Gruppe der Procoelomaten – mutmaßlich anzestralen, skleritbewehrten frühkambrischen Metazoen – sind.*

Gosline, J. und M. DeMont (1985): Jet-propelled swimming in squids. Scientific American, vol. 252, no. 1: 96–103. *Der Schwimmmechanismus der Kalmare wird analysiert. Die elastischen Eigenschaften des Kollagens im Mantel erhöhen den Wirkungsgrad beim Schwimmen.*

Gould, S. (1994): Common pathway of illumination. Natural History, vol. 103: 10–20. *Das Pax6-Gen steuert die Morphogenese der Augen bei Insekten und Wirbeltieren.*

Haszprunar, G. (2000): Is the Aplacophora monophyletic? A cladistic point of view. American Malacological Bulletin, vol. 15: 115–130. *Der Autor vertritt die Ansicht, dass die Solenogastrier die Schwestergruppe einer ausgestorbenen Molluskengruppe sind, zu der auch die Caudofoveaten gehören.*

Holloway, M. (2000): Cuttlefish say it with skin. Natural History, vol. 109, no. 3: 70–76. *Sepien und andere Cephalopoden können das Aussehen und die Farbe ihrer Haut mit erstaunlicher Geschwindigkeit verändern. Vierundfünfzig „Vokabeln" der Tintenfischsprache werden beschrieben, die sich auf Hautfarbensignale, die Hauttextur sowie eine Reihe von Arm- und Flossenbewegungen stützen.*

Ihering, H. (2007): Phylogenie und System der Mollusken. 1. Auflage. Vdm; ISBN: 3836421046.

J. Ram und R. McMahon (1996): Introduction: The Biology, Ecology, and Physiology of Zebra Mussels. American Zoologist, vol. 36: 239–243. *Auftakt zu einer Artikelreihe zu einer einzigen Muschelart, die eine komplette Ausgabe der Zeitschrift ausfüllt. Die zehn Artikel der Reihe geben einen vertieften Einblick in unterschiedlichste Aspekte des Lebens der Muschelart Dreissena polymorpha. Gut geeignet zum Beispiel für eine Vortragsreihe eines Fortgeschrittenenseminars.*

Jaeckel, S. (2003): Die Muscheln und Schnecken der deutschen Meeresküsten. 4. Auflage. Westarp; ISBN: 3-8943-2557-7.

Jaeckel, S. (2006): Bau und Lebensweise der Tiefseemollusken. 2. Auflage. Westarp; ISBN: 3894326085.

Jaeckel, S. (2006): Kopffüßer. Tintenfische. 2. Auflage. Westarp; ISBN: 3894326387.

Kubodera, T. und K. Mori (2005): First-ever observations of a live giant squid in the wild. Proceedings of the Royal Society B: Biological Sciences, vol. 272, no. 1581: 2583-2586. *Über die erste Freilandbeobachtung eines lebenden Riesenkalmars.*

Landman, N. et al. (2007): Cephalopods Present and Past. Springer; ISBN: 978-1-4020-6461-6.

R. Hanlon und J. Messenger (1996): Cephalopod Behavior. Cambridge University Press; ISBN: 0-5214-2083-0. *Für Spezialisten wie Nichtspezialisten gleichermaßen geeignet.*

Rodhouse, P. und P. Boyle (2005): Cephalopods: Ecology and Fisheries. Blackwell; ISBN: 0-6320-6048-4.

Roper, C. und K. Booss (1982): The giant squid. Scientific American, vol. 246, no. 4: 96–105. *Viele Geheimnisse umgeben das Leben der großen Tiefseekalmare der Gattung Architeuthis, da sie noch nie lebend untersucht werden konnten. Sie sollen Körpermassen von fast 500 kg erreichen können und Längen von über 10 m. Die Augen dieser Tiere sind so groß wie Autoscheinwerfer.*

Ross, J. (1994): An aquatic invader is running amok in US waterways. Smithsonian, vol. 24, no. 11: 40–50. *Die Zebramuschel, eine kleine Muschelart, die offensichtlich im Ballastwasser von Schiffen in die großen Seen an der Südgrenze Kanadas gelangt ist, verstopft Rohrleitungen der kommunalen Wasserversorgungssysteme. Es wird Milliarden Euros kosten, die Art zurückzudrängen.*

Ward, P. (1998): Coils of time. Discover, vol. 19, no. 3: 100–106. *Die heute noch vorkommende Gattung Nautilus hat offensichtlich ohne ersichtliche Veränderungen mehr als 100 Millionen Jahre Erdgeschichte überdauert. Die nah verwandte Gattung Allonautilus hat sich erst in jüngerer erdgeschichtlicher Zeit von dieser abgespalten.*

Ward, P. et al. (1980): The buoyancy of the chambered nautilus. Scientific American, vol. 243, no. 10: 190–203. *Gibt eine Übersicht über die Mechanismen, vermittels derer die Perlboote das Wasser aus den Gehäusekammern vertreiben, nachdem sie eine neue Scheidewand errichtet haben.*

Woodruff, D. und M. Mulvey (1997): Neotropical schistosomiasis: African affinities of the host snail *Biomphalaria glabrata* (Gastropoda: Planorbidae). Biological Journal of the Linnean Society, vol. 60: 505–516. *Die Lungenschnecke Biomphalaria glabrata ist in der „neuen Welt" Zwischenwirt für Schistosoma mansoni, einem parasitären Trematoden, der auch Menschen befällt (siehe Kapitel 14). Eine Alloenzymanalyse hat gezeigt, dass B. glabrata systematisch eher mit einigen afrikanischen Schneckenarten zusammenfällt als mit anderen neotropischen Arten. Als der Parasit S. mansoni mit afrikanischen Sklaven nach Amerika gelangte, fand er hier einen kompatiblen Zwischenwirt für die eigene Ausbreitung.*

Zorpette, G. (1995): Mussel mayhem, continued. Scientific American, vol. 275, no. 8: 22–23. *Es sind einige, wenn auch zweifelhafte, Nutzeffekte der Zebramuschelinvasion beschrieben worden, die jedoch von den durch die Tiere verursachten Problemen überschattet werden.*

Weitere Informationen zu diesem Buchkapitel finden Sie auf der Companion-Website unter
http://www.pearson-studium.de

Segmentierte Würmer
Phylum Annelida

17.1 **Bauplan** 542

17.2 **Classis Polychaeta** 543

17.3 **Classis Oligochaeta** 550

17.4 **Classis Hirudinea: Egel** 557

17.5 **Die evolutive Bedeutung der Metamerie** 559

17.6 **Phylogenese und adaptive Radiation** 561

Zusammenfassung 563

Übungsaufgaben 563

Weiterführende Literatur 564

Segmentierte Würmer

*O*bwohl ein flüssigkeitsgefülltes Coelom ein effizientes hydrostatisches Skelett zum Graben lieferte, war eine genaue Steuerung der Körperbewegungen für die frühesten Coelomaten vermutlich eine schwierige Aufgabe. Die durch die Muskelkontraktion bewirkte Kraft in einem Bereich des Körpers wurde durch die Flüssigkeit im nicht untergliederten Coelom durch den gesamten Körper fortgeleitet. Diese Einschränkung verschwand, als sich bei den Vorfahren der Anneliden und Arthropoden eine Serie von Septen (Scheidewände) evolviert hatte. Als Septen (Singular: Spetum) das Coelom in eine Reihe von Kompartimenten unterteilten, brachte dies eine Wiederholung der Komponenten des Kreislauf-, des Nerven- und des exkretorischen Systems in jedem der Körpersegmente mit sich. Diese Repitition von Körpersegmenten wird Metamerie oder Segmentierung genannt.

Chloeia sp. – ein Polychaet.

Das evolutive Auftreten der Metamerie war deshalb bedeutungsvoll, weil sie die Evolution weitaus komplexerer Körperstrukturen und -funktionen ermöglichte. Die Segmentierung führte nicht nur zu einer Steigerung der Leistungsfähigkeit beim Graben, sondern ermöglichte außerdem die unabhängige Bewegung einzelner Segmente. Die so gewonnene Feinkontrolle von Bewegungsvorgängen erlaubte nun ihrerseits die Evolution eines höherentwickelten Nervensystems. Darüber hinaus verlieh die segmentale Wiederholung von Körperteilen dem Organismus eine eingebaute Redundanz, die einen Sicherheitsfaktor darstellt: Falls eines der Segmente versagt, können andere trotzdem weiterhin ihre Aufgabe(n) erfüllen. Die Verletzung oder der Verlust eines Teils oder Abschnitts musste nicht zwangsläufig tödlich enden.

Das evolutive Potenzial des metameren Bauplans wird durch die großen und vielgestaltigen Stämme Annelida, Arthropoda und Chordata, die drei separate evolutive Ursprünge der Metamerie darstellen, mehr als reichlich belegt.

STELLUNG IM TIERREICH

Phylum Annelida

1. Die Anneliden gehören zum lophotrochozoisch-**protostomen** Zweig des Tierreichs und zeigen **Spiralfurchung** sowie eine **determinierte (Mosaik-)Entwicklung** – Merkmale, die sie mit den Mollusken gemeinsam haben und die auf ihre verwandtschaftliche Beziehung zu diesen hinweisen.
2. Als Gruppe zeigen die Anneliden eine primitive Metamerie mit vergleichsweise wenigen Unterschieden unter den diversen Segmenten.
3. Zu den Merkmalen, die sie mit den Arthropoden gemeinsam haben, gehören eine sezernierte äußere Kutikula und ein ähnlich strukturiertes Nervensystem.

Biologische Merkmale

1. Die **Metamerie** stellt die bedeutendste Innovation dar, die man in diesem Stamm vorfindet. Eine noch höher spezialisierte Form der Metamerie liegt jedoch bei den Arthropoden vor.
2. Ein echtes Coelom erreicht in dieser Gruppe ein hohes Entwicklungsstadium.
3. Spezialisierung des Kopfbereichs zu differenzierten Organen wie Tentakeln, Palpen und Augenflecken bei den Polychaeten, ist bei einigen Anneliden ausgeprägter als bei den übrigen, bisher betrachteten Wirbellosen.
4. Es finden sich Modifikationen des **Nervensystems** mit Zerebralganglien (Gehirn), zwei dicht fusionierten ventralen Nervensträngen mit Riesenfasern, welche die Länge des Körpers durchziehen, sowie diversen Ganglien mit ihren Lateralverzweigungen.
5. Das Kreislaufsystem ist viel komplexer als alles, was wir bisher kennen gelernt haben. Es handelt sich um ein geschlossenes System mit muskulären Blutgefäßen und Aortenbögen („Herzen") zum Pumpen des Blutes.
6. Das Auftauchen fleischiger **Parapodien** mit ihren respiratorischen und lokomotorischen Funktionen ist vermutlich ein Beispiel für evolutive Konvergenz zu den Anhangsbildungen und spezialisierten Kiemen, die man bei Arthropoden vorfindet.
7. Gut entwickelte **Nephridien** in der Mehrzahl der Segmente haben ein Differenzierungsniveau erreicht, das die Entfernung von Abfallstoffen sowohl aus dem Blut als auch dem Coelom umfasst.
8. Die Anneliden sind die am höchsten organisierten Tiere, die zu einer vollständigen Regeneration befähigt sind. Das Ausmaß dieser Fähigkeit schwankt jedoch innerhalb der Gruppe beträchtlich.

Der Stamm der Ringelwürmer (Phylum Annelida) umfasst die segmentierten Würmer (lat. *anulus,* Ring + *ida*, Suffix pluralis). Es handelt sich um ein diversifiziertes Phylum mit ungefähr 15.000 Arten, von denen die bekanntesten die Regenwürmer (Classis Oligochaeta) und die Egel (Classis Hirudinea) sind. Etwa zwei Drittel der Arten dieses Stammes sind jedoch im Meer lebende Ringelwürmer (Classis Polychaeta), die den meisten Menschen weniger vertraut sind; ein bekannter Vertreter der Polychaeten ist der in der Nordsee häufig vorkommende Wattwurm (*Arenicola marina*). Unter den Polychaeten finden sich viele sonderbare Arten; einige erscheinen seltsam, ja grotesk, während andere graziös und voller Schönheit sind. Zu dieser Gruppe gehören die Nereiden, Alvinelliden, Sabelliden, die Arenicoliden sowie viele weitere. Die Anneliden sind echte protostome Coelomaten, die zum Superphylum Lophotrochozoa gehören. Sie zeigen Spiralfurchung, die nachfolgende Entwicklung verläuft nach dem Mosaiktyp. Es handelt sich bei den Ringelwürmern um eine hochentwickelte Gruppe, in der das Nervensystem stärker zentralisiert und das Kreislaufsystem komplexer entwickelt ist als bei den Tierstämmen, die wir bisher kennen gelernt haben.

Ringelwürmer sind Würmer, deren Körper in eine Folge ähnlicher **Segmente** (Ringel) untergliedert sind. Statt von Segmenten spricht man äquivalent auch von Metameren oder Somiten. Diese sind entlang des Wurmkörpers linear angeordnet und äußerlich durch kleine Einschnürringe (Ringel oder **Annuli**) sichtbar. Von diesem anatomischen Merkmal leiten sich der wissenschaftliche sowie der deutsche Name der Tiergruppe ab. Die Segmentierung (= Metamerie) stellt eine Unterteilung des Körpers in einer Abfolge von mehr oder weniger gleichen Baueinheiten, den Segmenten, dar, die ähnliche Komponenten aller wesentlichen Organsysteme enthalten. Bei den Anneliden sind die Segmente im Inneren durch Septen (Scheidewände) gegeneinander abgegrenzt. Die Segmentierung des Körpers hat sich bei den Anneliden (Ringelwürmern), Arthropoden (Gliederfüßlern) und den Vertebraten (Wirbeltieren) unabhängig voneinander evolviert.

Die Anneliden werden manchmal auch als Borstenwürmer bezeichnet, weil mit Ausnahme der Egel die meisten Anneliden winzige, chitinöse Borsten tragen, die **Seten** heißen (lat. *saeta*, Borste, Haar). Kurze, nadelartige Seten helfen dabei, die Segmente während lokomotorischer Bewegungen zeitweilig zu verankern, um ein Zurückgleiten zu verhindern; lange, haarartige Seten unterstützen und stabilisieren bei aquatisch lebenden Arten das Schwimmen. Da viele Anneliden einer grabenden Lebensweise nachgehen oder in selbst sezernierten Röhren leben, helfen steife Seten dabei zu verhindern, dass der Wurm aus seiner Behausung herausgezogen oder herausgespült wird. Manche Vögel, wie zum Beispiel Rotkehlchen und Schwarzdrosseln, wissen aus Erfahrung, wie wirkungsvoll die Seten eines Regenwurms sein können.

Ringelwürmer sind weltweit verbreitet und einige Arten sind kosmopolitisch. Die Polychaeten sind in der Hauptsache Meeresbewohner. Die meisten leben benthisch, einige aber auch pelagisch in der offenen See. Die Oligochaeten und die Egel finden sich hauptsächlich im Süßwasser und in terrestrischen Böden. Einige Arten des Süßwassers graben im Schlick und Sand, andere im Umkreis submerser Vegetation. Viele Egel leben räuberisch und haben sich darauf spezialisiert, ihre Opfer anzufallen, um Blut und/oder weiche Gewebe aufzusaugen. Einige wenige Egelarten leben im Meer, die meisten aber im Süßwasser oder in feuchten Regionen. Im Regelfall besitzen die Tiere an beiden Körperenden Saugorgane für die Verankerung am Untergrund und/oder an ihren Beutetieren.

Bauplan 17.1

Der Annelidenkörper besitzt normalerweise ein anteriores **Prostomium** (gr. *pro*, vor, für + *stoma*, Mund), dem der segmentierte Körper folgt, sowie einen terminalen Anteil, der als **Pygidium** bezeichnet wird. Das Prostomium und das Pygidium werden nicht als Segmente angesehen, aber anteriore Segmente fusionieren oft mit dem Prostomium zu einem Kopf. Neue Segmente differenzieren sich im Lauf der Entwicklung unmittelbar vor dem Pygidium; die ältesten Segmente sind also die am anterioren, die jüngsten die am posterioren Ende.

Die Körperwand ist mit kräftigen Rund- und Längsmuskeln ausgestattet, die für schwimmende, kriechende und grabende Fortbewegung adaptiert sind, und mit einer Epidermis und einer dünnen, außen liegenden, nicht chitinösen Kutikula überzogen (▶ Abbildung 17.1).

Bei den meisten Anneliden entwickelt sich das Coe-

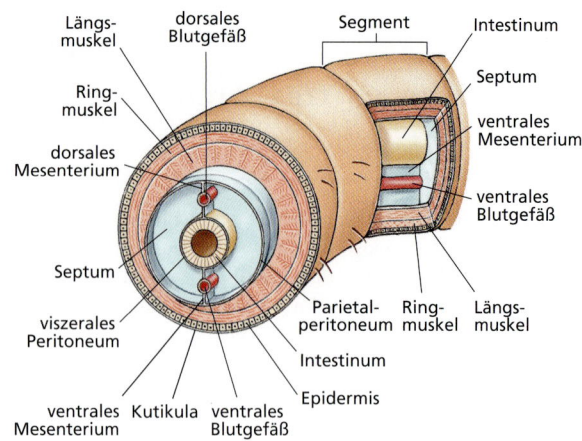

Abbildung 17.1: Der Annelidenkörper. Bauplan eines Anneliden.

lom embryonal als Spalt im Mesoderm zu beiden Seiten des Darms (**Schizocoelie**). Auf diese Weise entsteht in jedem Segment ein Paar Coelomkompartimente. Ein **Peritoneum** (eine Schicht mesodermalen Epithels) kleidet die Körperwand jedes Kompartiments aus und bildet dorsale und ventrale **Mesenterien**, die alle Organe überziehen (Abbildung 17.1). Die Peritoneen benachbarter Segmente fließen zu **Septen** zusammen, die vom Darmrohr und den in Längsrichtung verlaufenden Blutgefäßen durchbrochen werden. Praktisch jedes funktionelle System des Annelidenkörpers wird auf irgendeine Weise von dieser segmentalen Anordnung beeinflusst.

Mit Ausnahme der Egel ist das Coelom der meisten Anneliden mit Flüssigkeit gefüllt und dient als hydrostatisches Skelett. Da das Volumen der Coelomflüssigkeit praktisch konstant ist, führt eine Kontraktion der Längsmuskulatur in der Körperwand dazu, dass der Körper sich verkürzt und gleichzeitig verdickt. Eine Kontraktion der Ringmuskulatur hat den gegenteiligen Effekt – sie führt zur Streckung des Körpers bei gleichzeitiger Verringerung des Durchmessers. Die Unterteilung des hydrostatischen Skeletts in eine Folge von Coelomkompartimenten steigert seinen Wirkungsgrad beträchtlich, weil die Kraftentfaltung durch die lokale Muskelkontraktion in einem Segment nicht auf andere Bereiche des Körpers übertragen und dadurch diffus abgeschwächt wird. Aus diesem Grund können die Erweiterung und die Elongation sich in begrenzten Bereichen vollziehen. Eine Kriechbewegung kommt dadurch zustande, dass alternierende Kontraktionswellen von vorn nach hinten durch den Körper laufen. Segmente, in denen sich die Längsmuskulatur zusammenzieht, weiten sich und verankern sich am Substrat, während sich gleichzeitig andernorts Segmente in die Länge strecken,

Abbildung 17.2: In Röhren lebende, sesshafte Polychaeten. (a) Ein Fächerwurm der Art *Spirobranchus giganteus* („Weihnachtsbaum-Röhrenwurm"). Er besitzt einen doppelten Radiolenkranz und lebt in kalkigen Röhren. (b) Ein Polychaet (Familie Sabellidae) der Art *Bispira brunnea*. Diese Art lebt in lederartigen Röhren.

hervorgerufen durch die Kontraktion der Ringmuskulatur. Auf diese Weise kann der Wurm ausreichend starke Kräfte erzeugen, um sich rasch in das Erdreich hineinzugraben oder einen Ortswechsel vorzunehmen.

Classis Polychaeta 17.2

Die größte Klasse des Stammes der Anneliden bilden mit mehr als 10.000 Arten die Polychaeten, die überwiegend im Meer leben. Obwohl die meisten Polychaeten Körperlängen zwischen 5 und 10 cm aufweisen, sind einige weniger als 1 mm lang; andere können eine Länge von 3 m erreichen. Sie können lebhaft rot und grün, irisierend oder matt gefärbt sein. Wieder andere, wie die Fächerwürmer, sehen einfach malerisch aus (▶ Abbildung 17.2).

Die Polychaeten unterscheiden sich von den übrigen Anneliden durch den Besitz eines wohldifferenzierten Kopfes mit spezialisierten Sinnesorganen, paarigen Anhangsgebilden (Parapodien) an den meisten Segmenten, sowie das Fehlen des Clitellums (siehe weiter unten, ▶ Abbildung 17.3). Wie der Name Vielborster andeutet, verfügen sie über zahlreiche Seten (Borsten), die für gewöhnlich in bündelartigen Gruppen an den Parapodien angeordnet sind. Von allen Anneliden zeigen sie die am meisten ausgeprägte Differenzierung der Körpersegmente und das höchste Maß an Spezialisierung der Sinnesorgane (siehe weiter unten).

Viele Polychaeten sind euryhalin; sie tolerieren also einen weiten Bereich von Salzkonzentrationen im Umgebungswasser. Die Fauna der Süßwasserpolychaeten ist in wärmeren Regionen stärker diversifiziert als in gemäßigten Breiten.

Die meisten Polychaeten leben unter Steinen, in Spalten von Korallenstöcken oder in verlassenen Schalen anderer Tiere. Eine Anzahl von Arten gräbt sich in Schlick oder Sand ein und baut eigene Wohnröhren auf untergetauchten Objekten oder im Sediment des Gewässergrundes. Manche übernehmen die Röhren oder Behausungen anderer Tiere und einige leben planktonisch. In diversen Habitaten kommen polychaete Anneliden extrem zahlreich vor. So kann ein Quadratmeter Wattboden tausende von Polychaeten beherbergen. Sie spielen in der Nahrungskette des Meeres eine bedeutende Rolle, weil sie von Fischen, Krustentieren, Hydroiden und vielen anderen Räubern gefressen werden.

Die Polychaeten werden nach dem Ausmaß ihrer Aktivität vielfach in zwei Untergruppen untergliedert: sesshafte Polychaeten und wandernde Polychaeten. Die sesshaften Polychaeten verbringen einen großen Teil oder die ganze Zeit in ihren Röhren oder dauerhaften Bauten. Viele von ihnen, insbesondere jene, die in Röhren leben, besitzen ausgefeilte Fress- und Atemapparate. Zu den wandernden Polychaeten gehören freischwimmende, pelagische Formen, aktiv grabende und kriechende Arten, sowie Röhrenwürmer, die ihre Wohnröhren nur zum Zweck der Nahrungsaufnahme oder

17 Segmentierte Würmer

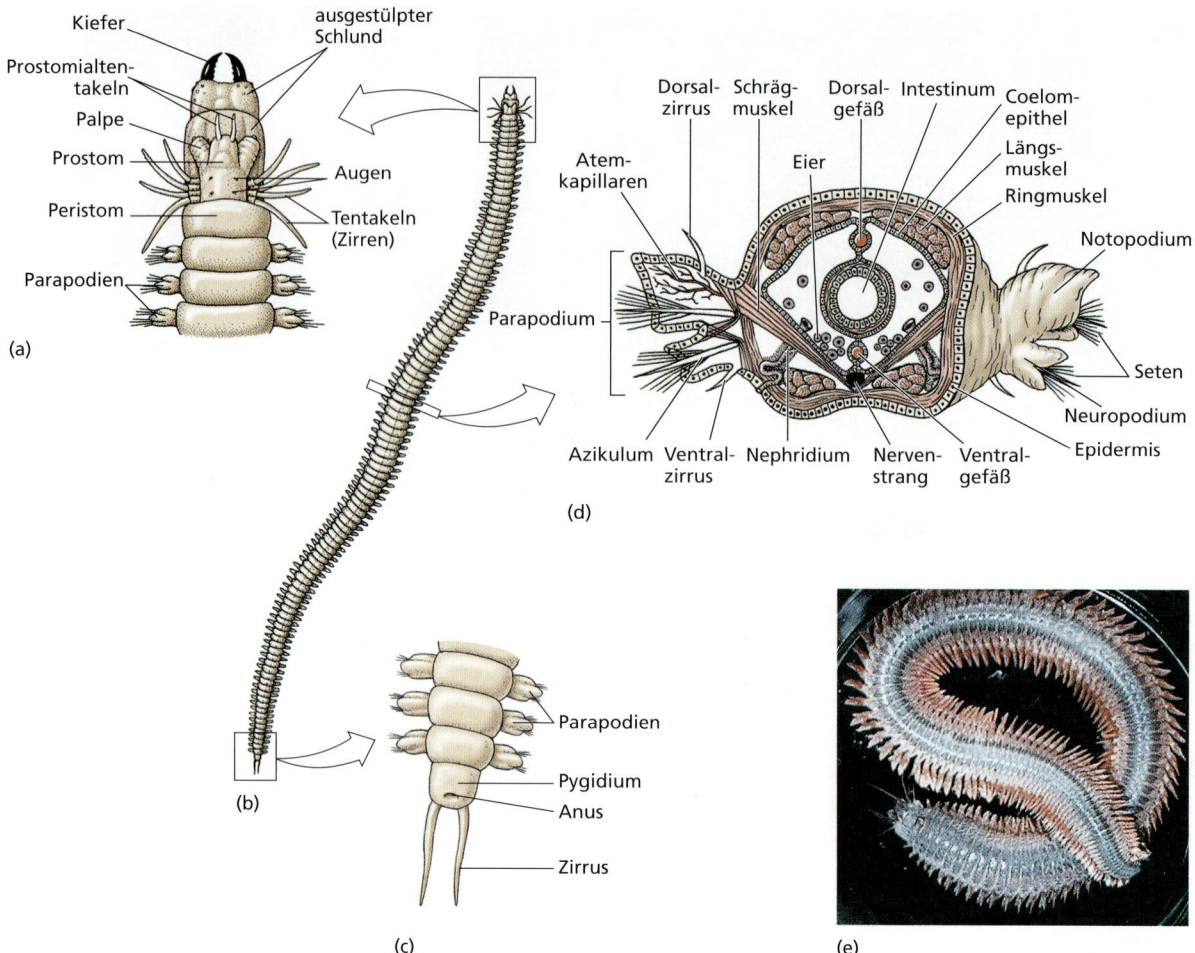

Abbildung 17.3: *Nereis. Nereis virens* (Schillernder Meeresringelwurm) (a) bis (d) und *Nereis diversicolor* (Meeresringelwurm) (e) sind umherwandernde Polychaeten (Vielborster). (a) Anteriores Körperende, mit vorgestrecktem Pharynx. (b) Äußeres Erscheinungsbild. (c) Posteriores Ende. (d) Allgemeiner Querschnitt durch den Bereich des Intestinums. (e) Auf diesem Foto eines lebenden *N. diversicolor* sind die klar definierten Segmente, die lappigen Parapodien und das Prostomium mit seinen Tentakeln zu erkennen.

der Fortpflanzung verlassen. Die meisten von ihnen leben räuberisch und sind mit Kiefern oder Zähnen ausgestattet, so wie die Nereiden (Meeresborstenwürmer) der Gattung *Nereis* (in der antiken griechischen Mythologie die Töchter des Nereus und der Doris; weibliche Naturgeister, Abbildung 17.3). Sie können einen vorstreckbaren, muskulösen Pharynx besitzen, der mit Zähnen bewaffnet ist, die mit überraschend hoher Geschwindigkeit herauskatapultiert werden können, um Beutetiere zu ergreifen.

17.2.1 Form und Funktion

Ein Polychaet besitzt im Regelfall einen „Kopf" oder Prostomium. Das Prostomium kann einziehbar sein und ist oft mit Augen, Tentakeln und Sinnespalpen besetzt (Abbildung 17.3). Das erste Segment (Peristomium) umgibt die Mundöffnung und kann mit Seten, Palpen

oder – bei räuberischen Formen – mit chitinösen Kiefern ausgestattet sein. Strudler können über einen Tentakelkranz verfügen, der sich fächerförmig öffnen und in die Wohnröhre zurückgezogen werden kann.

Der Polychaetenrumpf ist segmentiert, und die meisten Segmente tragen Parapodien, die mit Lappen, Zirren, Seten oder anderen Anhängen versehen sein können (Abbildung 17.3). Die Parapodien werden zum Kriechen, Schwimmen und zur Verankerung des Tieres in seiner Röhre eingesetzt. Sie dienen darüber hinaus als Hauptatmungsorgane, obwohl einige Polychaeten auch über Kiemen verfügen. *Amphitrite* (gr.: eine der Nereiden der antiken griechischen Mythologie; Beherrscherin der Meere) besitzt beispielsweise drei Paare verzweigter Kiemen sowie lange, ausstreckbare Tentakeln (▶ Abbildung 17.4). *Arenicola* (lat. *arena*, Sand, Kampfplatz + *accolo*, wohnen, oder *incolo* bzw. *colere*, bewohnen), der bekannte Wattwurm, besitzt paarige Kie-

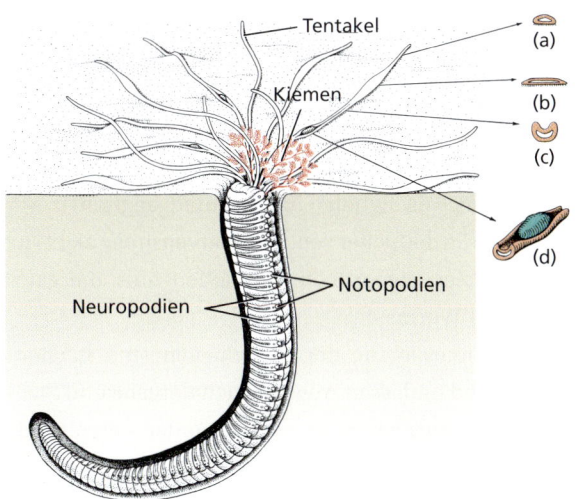

Abbildung 17.4: *Amphitrite*. *Amphitrite*, der seine Röhren im Schlick oder Sand baut, streckt lange, mit Furchen versehene Tentakeln auf der Schlickoberfläche aus, um organisches Material aufzusammeln. Kleinere Teilchen werden durch Cilienschlag die Tentakelfurchen entlangbewegt, größere Teilchen werden durch peristaltische Bewegungen weiterbefördert. Seine federartigen Kiemen sind blutrot gefärbt. (a) Schnitt durch das erkundende Ende eines Tentakels. (b) Schnitt durch einen Bereich einer Tentakel, die fest am Untergrund anliegt. (c) Schnitt durch den Bereich der cilienbesetzten Furche. (d) Teilchen, welches zur Mundöffnung befördert wird.

men an bestimmten Segmenten seines Körpers (▶ Abbildung 17.5).

Ernährung

Das Verdauungssystem eines Polychaeten besteht aus einem Vorder-, einem Mittel- und einem Enddarm. Der Vorderdarm umfasst das Stomodeum, den Pharynx und den anterioren Ösophagus. Er ist mit einer Kutikula ausgekleidet, und die Kiefer (sofern vorhanden) bestehen aus kutikulärem Protein. Die weiter anterior gelegenen Anteile des Mitteldarms sezernieren Verdauungsenzyme, aber die Absorption erfolgt gegen das posteriore Ende hin. Ein kurzer Enddarm verbindet den Mitteldarm über den Anus mit der Außenwelt. Der Anus liegt im Pygidium.

Umherwandernde Polychaeten leben typischerweise räuberisch und als Aasfresser. Sesshafte Polychaeten ernähren sich von Schwebeteilchen oder suchen das Sediment nach Nahrungsteilchen ab.

Kreislauf und Atmung

Die Polychaeten zeigen im Hinblick auf Kreislauf- sowie Atmungsorgane ein beträchtliches Maß an Diversität. Wie bereits erwähnt, dienen Parapodien und Kiemen bei diversen Arten dem Gasaustausch. Es gibt jedoch

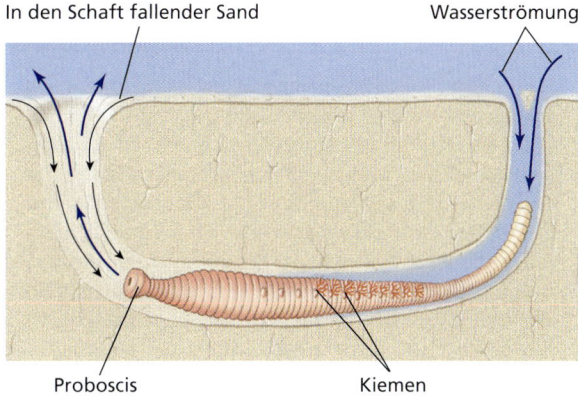

Abbildung 17.5: *Arenicola*, **der Wattwurm.** Er lebt in einer U-förmigen Röhre in den Schlickbänken des Gezeitenbereiches. Der Wurm gräbt sich durch wiederholtes Vorstrecken und Zurückziehen seiner Proboscis ein. Durch peristaltische Bewegungen treibt er einen Wasserstrom durch den Sand. Der Wurm nimmt dann den mitgeschwemmten Sand auf und filtert aus diesem verwertbare Nahrung heraus.

auch Polychaeten ohne spezielle Atmungsorgane. Bei diesen vollzieht sich der Gasaustausch über die Oberfläche des Körpers.

Die Ausgestaltung des Kreislaufs variiert in weiten Grenzen. Bei *Nereis* befördert ein dorsales Longitudinalgefäß das Blut anteriorwärts, ein ventrales Longitudinalgefäß leitet es posteriorwärts (Abbildung 17.3 d). Zwischen diesen beiden Gefäßen fließt das Blut durch ein segmentiertes Netzwerk in die Parapodien, die Septen und um das Intestinum herum. Bei *Glycera* (gr. *Glykera*, eine berühmte, aus Athen stammende Hetäre der zweiten Hälfte des vierten Jahrhunderts vor unserer Zeitrechnung) ist das Kreislaufsystem zurückgebildet und vereint sich unmittelbar mit dem Coelom. Die Septen sind unvollständig, und die so freibewegliche Coelomflüssigkeit übernimmt die Aufgabe des Transportmediums im Kreislaufsystem.

Viele Polychaeten verfügen über Atmungspigmente wie Hämoglobin, Chlorokruorin oder Hämerythrin (siehe Kapitel 31).

Ausscheidung

Die Ausscheidungsorgane bestehen aus Protonephridien und – bei einigen Arten – gemischten Proto-/Metanephridien (Abbildung 17.3). Es gibt ein Paar Nephridien pro Segment; das innere Ende jedes Nephridiums, das Nephrostom, mündet in ein Coelomkompartiment. Die Coelomflüssigkeit fließt in das Nephrostom hinein; entlang des Nephridialkanals erfolgt die selektive Resorption von Ionen und organischen Molekülen (Abbildung 17.14).

Exkurs

Einige Polychaeten leben den größten Teil des Jahres als geschlechtsunreife Tiere, die Atoken genannt werden. Während der Fortpflanzungszeit reift ein Teil des Körpers sexuell aus und schwillt durch die sich ansammelnden Gameten an (▶ Abbildung 17.6). Ein Beispiel hierfür ist der Palolowurm *(Eunice viridis)*, der in Höhlen in Korallenriffen lebt. Während der Schwarmperiode brechen die geschlechtsreifen Anteile, Epitoken genannt, ab und schwimmen zur Oberfläche. Kurz vor Sonnenaufgang ist das Meer buchstäblich mit ihnen bedeckt, und bei Sonnenaufgang platzen sie auf und setzen Eizellen und Spermien zur Befruchtung frei. Die anterioren Teile des Wurms regenerieren neue posteriore Abschnitte. Das Schwärmen ist von hohem, adaptivem Wert, weil die zeitgleiche Ausreifung aller Epitoken für eine maximale Anzahl befruchteter Eier sorgt. Diese Fortpflanzungsstrategie ist jedoch auch sehr gefährlich; viele räuberische Arten versammeln sich zu einem Festgelage an den ausschwärmenden Würmern. In der Zwischenzeit verbleiben die Atoken in der Sicherheit ihrer Höhlen, wo sie eine neue Generation Epitoken für den nächsten Vermehrungszyklus erzeugen. Bei einigen Polychaeten entstehen die Epitoken durch ungeschlechtliche Knospung aus den Atoken (▶ Abbildung 17.7) und werden zu vollständigen Würmern.

Nervensystem und Sinnesorgane

Die Organisation des zentralen Nervensystems folgt bei den Polychaeten dem grundlegenden Annelidenbauplan (Abbildung 17.15). Dorsale Zerebralganglien stehen über ein zirkum-pharyngeales Konnektiv mit einem Subpharyngealganglion (Unterschlundganglion) in Verbindung. Ein doppelter ventraler Nervenstrang zieht sich mit metamer angeordneten Ganglien über die ganze Länge des Wurms.

Die Sinnesorgane der Polychaeten sind hochentwickelt und umfassen Augen, Nuchalorgane und Statozysten. Die Augen können – so vorhanden – als einfache Augenflecke bis hin zu wohlentwickelten Organen ausgebildet sein. Die Augen sind bei den freibeweglichen Würmern am augenfälligsten. Meist sind die Augen Retinalbecher mit stabförmigen Photorezeptorzellen, welche die Becherwand auskleiden und zum Lumen des Augenbechers hin ausgerichtet sind. Den höchsten Grad der Augenentwicklung finden wir in der Familie Alciopidae, deren Vertreter große, bildgebende Augen besitzen, die in ihrem Bau denen einiger cephalopoder Mollusken ähneln (siehe Abbildung 16.39) und mit einer Cornea (Hornhaut), einer Linse, einer Netzhaut (Retina) und Sehpigmenten ausgestattet sind. Die Augen der Alciopiden besitzen außerdem akzessorische Netzhäute – ein Charakteristikum, das unabhängig voneinan-

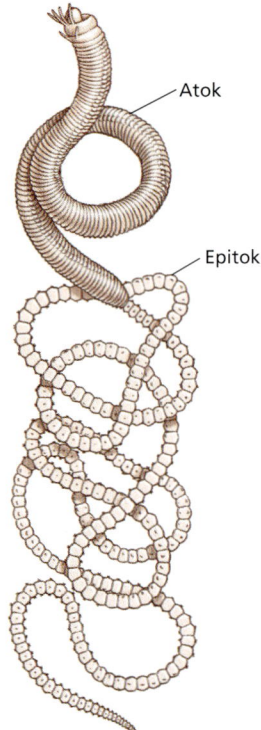

Abbildung 17.6: *Eunice viridis* **(Samoanischer Paolowurm).** Die posterioren Segmente bilden den Epitokalbereich, der aus mit Gameten angefüllten Segmenten besteht. Jedes Segment besitzt an der Ventralseite einen Augenfleck. Einmal in jedem Jahr schwärmen die Würmer aus, die Epitoken lösen sich ab, steigen zur Oberfläche auf und entlassen die ausgereiften Gameten, die in der Masse das Meerwasser milchig eintrüben. Bis zum Einsetzen der nächsten Fortpflanzungszeit werden die Epitoken regeneriert.

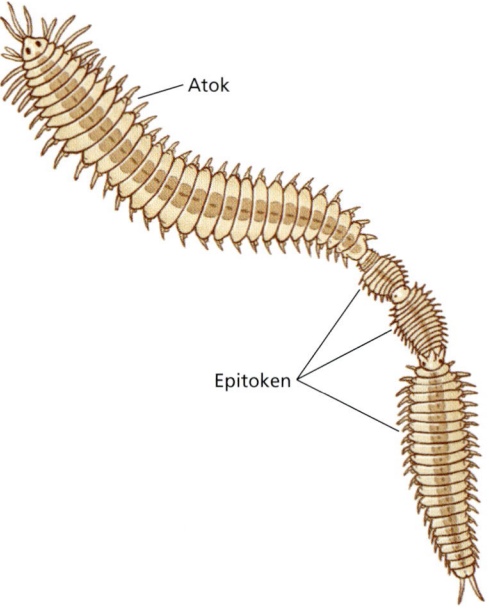

Abbildung 17.7: *Autolytus prolifer.* Statt einen Teil seines Körpers in ein Epitok umzuwandeln, vermehrt sich *Autolytus prolifer* (gr. *auto*, selbst + *lysis*, Auflösung, Spaltung + lat. *proles*, Nachkommen(schaft)) durch ungeschlechtliche Abknospung kompletter Würmer vom posterioren Ende, die sich dann zu geschlechtlichen Epitoken weiterentwickeln.

der auch von einigen Tiefseefischen und Tiefseecephalopoden evolviert wurde. Die akzessorischen Netzhäute der Alciopiden sind für verschiedene Wellenlängen empfindlich. Die Augen dieser pelagischen Tiere können funktionell gut adaptiert sein, weil die Eindringtiefe des Lichtes von der Wellenlänge abhängig ist (kurzwelliges Licht dringt tiefer in das Wasser ein als langwelliges). Elektroenzephalogramme (EEGs) haben gezeigt, dass die Tiere empfindlich für das schwache Licht in der Tiefsee sind. Nuchalorgane sind cilienbesetzte Sinnesgruben oder -spalten, denen eine chemorezeptive Funktion zuzufallen scheint – eine wichtige Eigenschaft beim Auffinden von Nahrung. Einige grabende und in Röhren lebende Polychaeten verfügen über Statozysten, die einen Schweresinn vermitteln und bei der Orientierung des Körpers helfen.

Fortpflanzung und Entwicklung

Polychaeten besitzen keine dauerhaft vorhandenen Geschlechtsorgane und die Geschlechter sind für gewöhnlich getrennt. Die Fortpflanzungssysteme sind einfach gebaut: Gonaden erscheinen als temporäre Schwellungen des Peritoneums und schütten ihre Gametenprodukte in das Coelom aus. Die Gameten werden dann durch Gonodukte (Geschlechtsgänge) durch die Metanephridien oder durch Ruptur der Körperwandung nach außen befördert. Die Befruchtung erfolgt extrakorporal, und die frühe Larve ist eine Trochophora (siehe Abbildung 16.6).

17.2.2 Die Meeresringelwürmer: Gattung *Nereis*

Meeresringelwürmer (Abbildung 17.3) sind freilebende Polychaeten, die in mit Schleim ausgekleideten Röhren an oder in der Nähe der Niedrigwasserlinie leben. Manchmal findet man sie in zeitweiligen Verstecken, zum Beispiel unter Steinen, wo sie mit hervorgestrecktem Kopf und verdecktem Körper liegen. Sie sind nachts am aktivsten, wenn sie sich aus ihren Schlupflöchern hervorwinden und auf der Suche nach Nahrung über den sandigen Meeresgrund kriechen oder schwimmen.

Der Körper, der ungefähr 200 Segmente umfasst, kann eine Länge von 30 oder 40 cm erreichen. Der Kopf besteht aus einem Prostomium und einem Peristomium. Das Prostomium trägt ein Paar stummelförmiger Palpen, die berührungs- und geschmacksempfindlich sind, ein Paar kurzer, sensorischer Tentakel und zwei Paare kleiner, dorsal liegender Augen. Das Peristomium beherbergt die ventral liegende Mundöffnung, ein Paar chitinöser Kiefer und vier Paare sensorischer Tentakeln (Abbildung 17.3 a).

Jedes Parapodium weist zwei Loben auf: ein dorsales **Notopodium** und ein ventrales **Neuropodium** (Abbil-

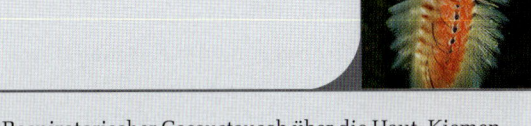

MERKMALE

■ **Phylum Annelida**

1. Körper segmentiert; bilateralsymmetrisch.
2. Körperwand mit äußerer Kutikula und innerer longitudinaler Muskelschicht; äußere, transparente, feuchte Kutikula, die vom Epithel abgeschieden wird.
3. Chitinöse Seten oft vorhanden; Seten fehlen bei den Egeln.
4. Coelom (Schizocoel) gut entwickelt und durch Septen unterteilt (mit Ausnahme der Egel); Coelomflüssigkeit fungiert als hydrostatisches Skelett.
5. Kreislaufsystem geschlossen und segmental angeordnet; Atmungspigmente (Hämoglobin, Hämerythrin oder Chlorokruorin) oft vorhanden; Amöbocyten im Blutplasma.
6. Verdauungssystem vollständig und nicht segmental untergliedert.
7. Respiratorischer Gasaustausch über die Haut, Kiemen oder die Parapodien.
8. Exkretorisches System im Regelfall aus paarigen Nephridien in jedem Segment.
9. Nervensystem mit einem doppelten ventralen Nervenstrang und einem Paar Ganglien mit Lateralnerven in jedem Segment; Gehirn in Form eines Paars dorsaler Zerebralganglien mit Konnektiven zum ventralen Nervenstrang.
10. Sensorische Systeme aus Tastorganen, Geschmacksknospen, Statozysten (bei einigen), Photorezeptorzellen und Augen mit Linsen (bei einigen).
11. Hermaphroditisch oder getrenntgeschlechtlich; Larven, falls vorhanden, vom Trochophoratypus; ungeschlechtliche Vermehrung durch Knospung bei einigen Arten; Spiralfurchung und Mosaikentwicklung.

Abbildung 17.8: *Hesperonoe adventor*, ein **Schuppenwurm**. Er lebt normalerweise als Kommensale in den Röhren von *Urechis* (Phylum Echiura; siehe Kapitel 21).

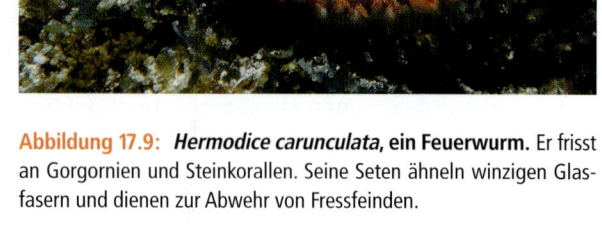

Abbildung 17.9: *Hermodice carunculata*, ein **Feuerwurm**. Er frisst an Gorgonien und Steinkorallen. Seine Seten ähneln winzigen Glasfasern und dienen zur Abwehr von Fressfeinden.

dung 17.3 d), die mit Seten besetzt sind, die viele Blutgefäße enthalten. Die Parapodien werden sowohl zum Herumkriechen als auch zum Schwimmen eingesetzt und werden von schräg verlaufenden Muskeln gesteuert, die sich in jedem der Segmente von der ventralen Mittellinie in die Parapodien ziehen. Der Wurm schwimmt durch laterale Undulationsbewegungen des Körpers. Er vermag mit beachtlicher Geschwindigkeit durch das Wasser zu schießen. Die wellenförmigen Bewegungen können weiterhin eingesetzt werden, um Wasser in den Körper einzusaugen oder es aus dem Bau herauszubefördern.

Neréiden ernähren sich von kleinen Tieren wie anderen Würmern und einer Vielzahl von Larven. Sie greifen potenzielle Nahrung mit ihren chitinhaltigen Kiefern, die sich aus der Mundöffnung hervorstrecken, wenn sie den Pharynx vorstülpen. Die Nahrung wird verschluckt, wenn der Wurm seinen Schlund zurückzieht. Die Vorwärtsbewegung der Nahrung durch den Verdauungskanal erfolgt durch Peristaltik.

17.2.3 Weitere interessante Polychaeten

Die Angehörigen der Familie Polynoidea (gr. *Polynoe*, altgriechische Sagengestalt, Tochter des Nereus und der Doris; ▶ Abbildung 17.8) werden als Schuppenwürmer bezeichnet. Sie bilden eine der vielfältigsten, häufigsten und am weitesten verbreiteten Familien der polychaeten Ringelwürmer. Ihre abgeflachten Körper sind mit breiten Schuppen – modifizierten dorsalen Anteilen der Parapodien – bedeckt. Die meisten Arten sind relativ klein, einige jedoch auch von enormer Größe (bis zu 19 cm lang und 10 cm breit). Die Tiere sind carnivor und ernähren sich von einer Vielzahl anderer Tiere. Viele sind Kommensalen, die in den Verstecken anderer Polychaeten oder in Assoziation mit Nesseltieren (Cnidariern), Weichtieren (Mollusken) oder Stachelhäutern (Echinodermaten) leben.

Hermodice carunculata (gr. *herma*, Riff + *dex*, Holzwurm; ▶ Abbildung 17.9) und verwandte Arten werden aufgrund ihrer hohlen, brüchigen Seten, die giftige Sekrete enthalten, als Feuerwürmer bezeichnet. Bei Berührung brechen die Seten in der Wunde ab, in die sie sich gebohrt haben, und lösen Hautreizungen aus. Feuerwürmer ernähren sich von Korallen, Gorgonien und anderen Nesseltieren.

Röhrenbewohner unter den Polychaeten sezernieren eine Vielzahl von Röhrentypen. Einige sind pergament- oder lederartig (Abbildung 17.2 b), andere sind kalkige Gebilde mit einer festen Form, die an Steinen oder anderen Oberflächen verankert sind (Abbildung 17.2 a), wieder andere bestehen einfach aus Sandkörnern oder Bruchstücken von Schalen oder Seetang, die durch sezernierten Schleim miteinander verklebt sind. Viele Arten graben sich in Sand oder Schlick ein und kleiden ihre Baue mit einer Schleimschicht aus (Abbildung 17.5).

Die meisten ortstreuen Bewohner von Röhren oder anderen Bauen sind Feinpartikelfresser, die Cilien oder Schleim einsetzen, um Nahrung einzufangen – im Regelfall Plankton oder Detritus. Einige, wie *Amphitrite* (Abbildung 17.4), lassen ihren Kopf aus dem Schlick hervorschauen und schicken lange, ausstreckbare Tentakel über die Schlickoberfläche aus, um auf den Grund abgesunkene Nahrungsteilchen einzusammeln. Cilien und ein Schleimbelag auf den Tentakeln halten Teilchen fest, die sie auf dem Meeresgrund finden und befördern sie zur Mundöffnung. Wattwürmer (*Arenicola*

17.2 Classis Polychaeta

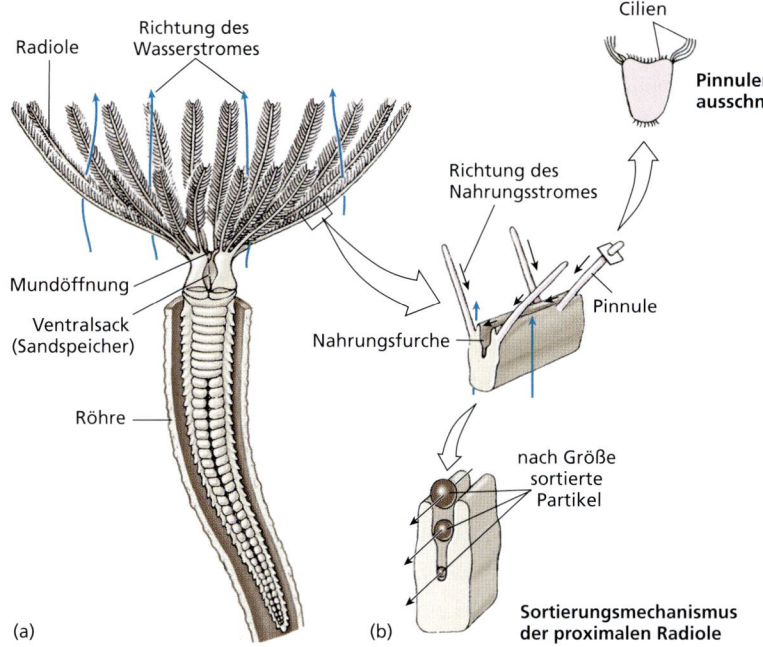

Abbildung 17.10: **Sabella**. Dieser Polychaet, der sich Nahrung über die Cilien herbeistrudelt, streckt seinen Kranz aus Fressradiolen aus seiner ledrigen, sezernierten Röhre heraus, die mit Sand und Schuttteilchen verstärkt ist. (a) Anteriore Ansicht des Kranzes. Die Cilien strudeln Nahrungspartikel die gefurchten Radiolen entlang zur Mundöffnung und beseitigen größere Teilchen. Sandkörner werden zu Speichersäcken geleitet und später zum Röhrenbau verwendet. (b) Distaler Anteil einer Radiole, die den ciliären Pinnulentrakt und die Nahrungsleitungsfurchen erkennen lässt.

sp.) nutzen eine interessante Verbindung aus Strudeln und Aufsammeln vom Boden zur Nahrungsaufnahme. Sie leben in U-förmigen Bauen, durch die sie mit Hilfe peristaltischer Bewegungen des Körpers Wasser pumpen. Nahrungsteilchen werden vor der Öffnung des Baues aus dem Sand gefiltert, und *Arenicola* verleibt sich den mit Nahrung durchsetzten Sand ein (Abbildung 17.5).

Fächerwürmer sind hübsche Röhrenwürmer, die faszinierend anzuschauen sind, wenn sie aus ihren sezernierten Wohnröhren hervorkommen und ihre fragile Tentakelkrone zum Nahrungseinfang ausbreiten (Abbildung 17.2). Leichteste Störungen – manchmal reicht ein vorüberziehender Schatten aus – führen dazu, dass sich die Tiere blitzschnell in die Sicherheit ihrer Behausungen zurückziehen. Nahrung, die durch Cilienschlag in die Fächerarme (**Radiolen**) gezogen wird, wird in einer Schleimschicht festgehalten und dann die cilienbesetzten Furchen entlang zur Mundöffnung befördert (▶ Abbildung 17.10). Partikel, die zu groß für die Nahrungsfurchen sind, laufen am Rand der Furchen entlang und fallen herunter. Nur kleine Teilchen gelangen in die Mundöffnung; Sandkörner werden in einem Sack eingelagert und später zur Vergrößerung der Wohnröhre verwendet.

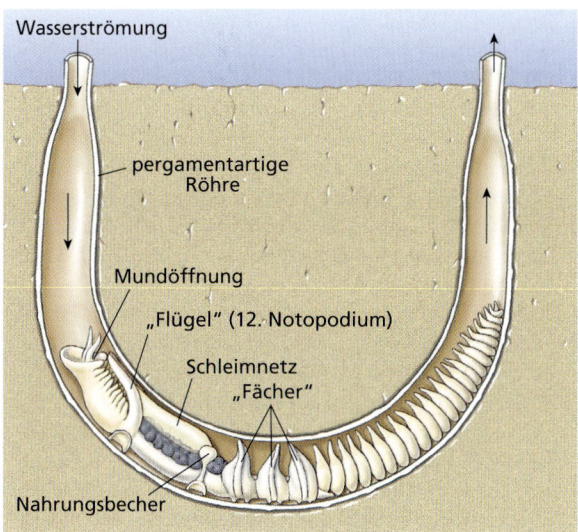

Abbildung 17.11: ***Chaetopterus***, ein sesshafter Polychaet. Er lebt in U-förmigen Röhren auf dem Meeresgrund. Mit seinen drei kolbenartigen Fächern pumpt er Wasser durch eine pergamentartige Röhre (hier im Längsschnitt dargestellt). Die Fächer bewegen sich ca. sechzigmal pro Minute, um den Wasserstrom in Gang zu halten. Die flügelartigen Notopodien am zwölften Segment scheiden fortwährend Schleim ab, der Nahrungsteilchen aus dem Wasserstrom herauskämmt. Wenn sich das Schleimnetz mit Nahrung gefüllt hat, rollt sich der Nahrungsbecher zu einer Kugel. Wenn diese groß genug ist (etwa 3 mm), biegt sich der Nahrungsbecher nach vorn und legt die Kugel in einer cilienbesetzten Furche ab. Von dort aus wird sie zur Mundöffnung weitertransportiert und verschluckt.

Der Pergamentwurm *Cheatopterus* (gr. *chaite*, langes Haar + *pteron*, Flügel) ernährt sich von im Wasser suspendierten Teilchen, benutzt aber einen ganz anderen Mechanismus zur Nahrungsaufnahme (▶ Abbildung 17.11). Er lebt mit Ausnahme der sich verjüngenden Körperenden vergraben in einer U-förmigen, pergamentartigen Röhre im Sand oder Schlick der Küstenbereiche. Der Wurm verankert sich mithilfe von ventralen Saugorganen an einer Seite der Röhre. Fächer (modifizierte Parapodien an den Segmenten 14–16) pumpen durch rhythmische Bewegungen Wasser durch die Röhre. Ein Paar vergrößerter Parapodien am Segment Nr. 12 scheidet eine lange, muköse Tasche ab, die bis zu einem kleinen Nahrungsbecher vor den Fächern zurückreicht. Die gesamte Menge des Wassers, welches durch die Röhre strömt, wird von dieser Schleimtasche gefiltert, deren Ende von den Cilien im Nahrungsbecher zu einer Kugel gerollt wird. Wenn diese Kugel einen Durchmesser von etwa 3 mm erreicht hat, hören die Fächer auf zu schlagen und die Kugel aus Schleim und Nahrungsteilchen wird durch den Cilienschlag zur Mundöffnung befördert und verschluckt.

17.3 Classis Oligochaeta

In sehr vielen verschiedenen Habitaten finden sich über 3000 Arten von Oligochaeten (Wenigborster) unterschiedlichster Größen. Zu diesen Gruppen gehören die allgemein vertrauten Regenwürmer sowie viele Arten, die im Süßwasser leben. Viele leben terrestrisch oder im Süßwasser, doch sind auch einige parasitär, und einige wenige leben im Brack- und im Meerwasser.

Mit wenigen Ausnahmen tragen die Oligochaeten Seten, die lang oder kurz, gerade oder gekrümmt, stumpf oder nadelartig, einzeln oder in Büscheln stehen können. Wie auch immer der genaue Typ aussieht, sind sie bei den Oligochaeten weniger zahlreich vorhanden als bei den Polychaeten, wie der Gruppenname (gr. *oligo*, einige) andeutet. Aquatisch lebende Formen besitzen meist längere Seten als Regenwürmer.

17.3.1 Regenwürmer

Die bekanntesten Vertreter aus der Gruppe der Oligochaeten sind die Regenwürmer, die unterirdisch in feuchtem, nährstoffreichem Erdreich leben, indem sie sich durch die Erde graben. Nachts erscheinen sie an der Oberfläche, um ihr Umfeld zu erkunden. Bei regnerischem Wetter (durchtränktem Erdboden) bleiben sie in der Nähe der Oberfläche; dabei schaut der Mund- oder der Analbereich oft aus dem Boden hervor. Bei trockenem Wetter hingegen buddeln sie sich oft mehr als einen halben Meter tief ins Erdreich, rollen sich in einer Schleimkammer zusammen und gehen in einen dormanten Zustand über. *Lumbricus terrestris* (lat. *lumbricum*, Regenwurm) ist der allgemein bekannte Regenwurm in unseren Gärten. Die Art wird regelmäßig für biologische Laborkurse als Studienobjekt eingesetzt, allerdings ist es aus Artenschutzgründen mittlerweile in Deutschland verboten, Regenwürmer in großem Stil einzusammeln. Die Tiere werden 12–30 cm lang (▶ Abbildung 17.12). Riesenregenwürmer der Tropen können aus zwischen 150 und 250 oder noch mehr Segmenten bestehen und eine Länge von 4 m erreichen. Sie leben für gewöhnlich in verzweigten, untereinander verbundenen Tunneln.

Form und Funktion

Die Mundöffnung eines Regenwurms wird von einem fleischigen Prostomium am anterioren Ende überragt. Der Anus befindet sich am posterioren Ende (Abbildung 17.12b). Bei den meisten Regenwürmern trägt jedes Segment vier Paare chitinöser Seten (Abbildung 17.12c). Bei einigen Oligochaeten kann aber jedes einzelne Segment bis zu hundert Seten, gelegentlich noch mehr, tragen. Jede Sete (borstenförmiger Stab, der in einer sackartigen Vertiefung der Körperwand sitzt) wird von winzigen Muskeln bewegt (▶ Abbildung 17.13). Die

> **Exkurs**
>
> Aristoteles (384 bis 322 v. Chr.) nannte die Regenwürmer den „Darm des Erdbodens". Rund 2200 Jahre später veröffentliche Charles Darwin seine eigenen Beobachtungen, die er an diesen unscheinbaren Tieren gemacht hatte, in seinem klassischen Werk „Die Bildung von pflanzlichem Humus durch die Tätigkeit von Würmern" *(The Formation of Vegetable Mould through the Action of Worms)*. Darin legte er dar, wie Würmer den Boden anreichern, indem sie tiefliegende Bodenschichten nach oben befördern und das Material mit dem der oberen Bodenschichten durchmischen. Ein Regenwurm kann im Verlauf von 24 Stunden sein eigenes Körpergewicht an Nahrung aufnehmen. Darwin hat abgeschätzt, dass jedes Jahr 10–18 Tonnen Trockenmasse an Erdreich pro Hektar durch die Verdauungskanäle von Regenwürmern wandern. Dadurch kommt Kalium und Phosphor (Nährelemente für Pflanzen) aus dem Unterboden, wobei sie dem Boden außerdem noch Stickstoff aus ihrem eigenen Stoffwechsel zusetzen. Sie ziehen überdies Blätter, kleine Zweige und andere organische Substanzen in ihre Röhren und bringen dieses Material somit näher zu den Pflanzenwurzeln. Ihre Aktivität ist von vitaler Bedeutung für die Durchlüftung des Bodens. Darwins Meinung, die sich als richtig erwiesen hat, stand im Widerspruch zur Meinung vieler seiner Zeitgenossen, welche die Ansicht vertraten, dass Regenwürmer schädlich für den Boden seien. Alle Forschungen, die seitdem durchgeführt worden sind, haben Darwins Erkenntnisse bestätigt; heute gibt es sogar in vielen Ländern eine aktive Bodenbewirtschaftung mit Regenwürmern, die speziell für diesen Zweck gezüchtet werden.

17.3 Classis Olygochaeta

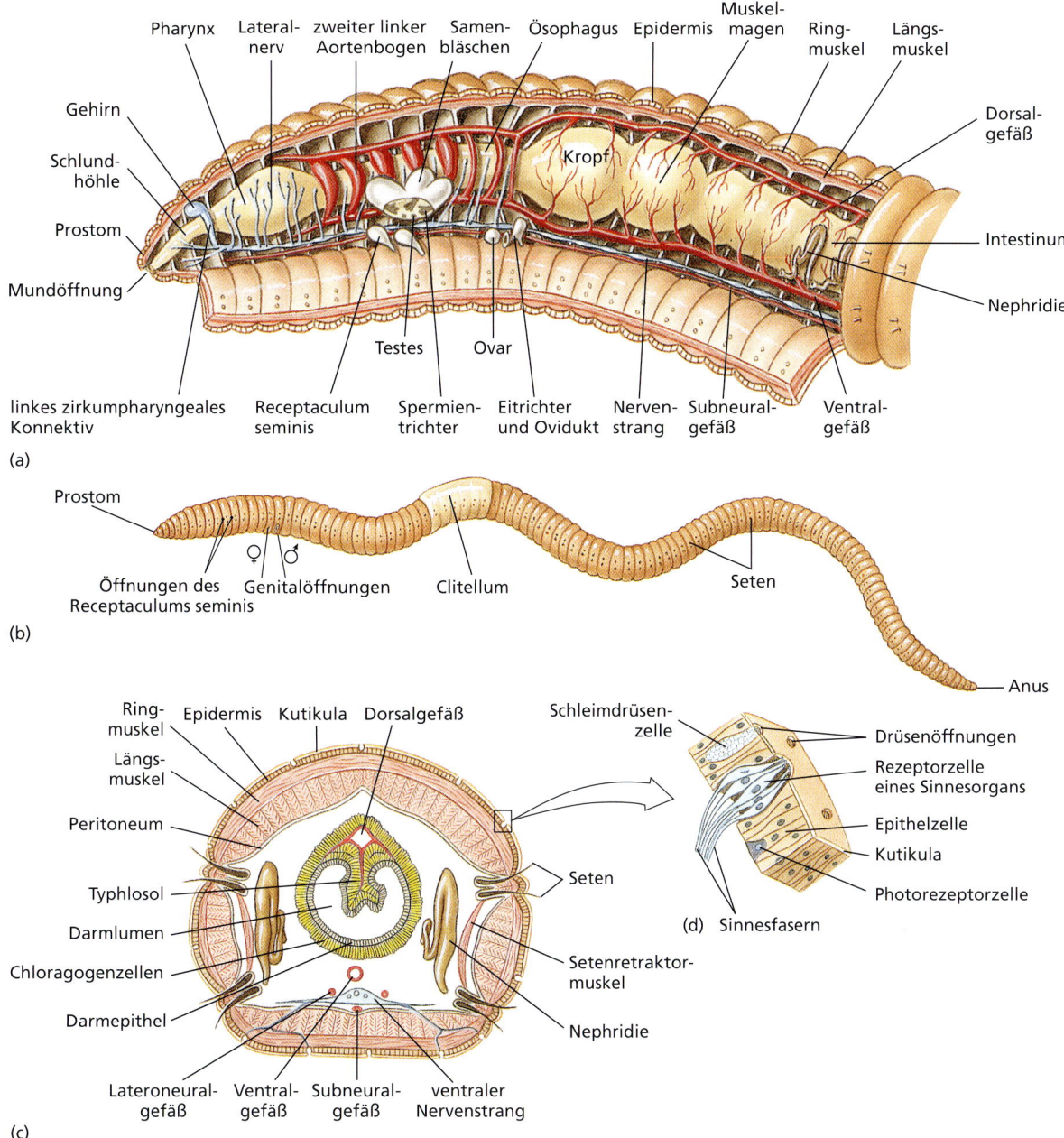

Abbildung 17.12: **Anatomischer Bau eines Regenwurms.** (a) Innerer Bau des anterioren Teils des Wurmes. (b) Äußere Merkmale, Lateralansicht. (c) Schematischer Querschnitt durch den posterioren Bereich vom Clitellum. (d) Ausschnitt aus der Epidermis mit Sinnes-, Drüsen- und Epithelzellen.

Seten erstrecken sich durch kleine Öffnungen in der Kutikula nach außen. Während der Lokomotion und während des Grabens verankern einige der Seten Teile des Körpers, um ein Aus- oder Weggleiten zu verhindern. Regenwürmer bewegen sich durch peristaltische Bewegungen vorwärts. Kontraktionen der Ringmuskulatur am anterioren Ende strecken den Körper. Dabei wird das anteriore Ende vorwärtsgeschoben und mit Hilfe der Seten verankert. Kontraktionen der Längsmuskulatur verkürzen dann den Körper. Dabei wird das posteriore Ende nachgezogen. In dem Maß, in dem diese Kontraktionswellen den Körper entlanglaufen, bewegt sich dieser nach und nach vorwärts.

Ernährung. Die meisten Oligochaeten sind Aasfresser. Regenwürmer ernähren sich zumeist von zerfallendem, organischem Material, Blattteilen, Abfall und tierischem Material. Nachdem sie durch Sekrete des Mundraumes angefeuchtet wurde, wird die Nahrung durch Saugen des muskulösen Schlundes nach innen gezogen. Das lippenartige Prostomium hilft, die Nahrung in die richtige Position zu bringen. Mit der Nahrung aus dem Boden aufgenommenes Calcium führt zu einer

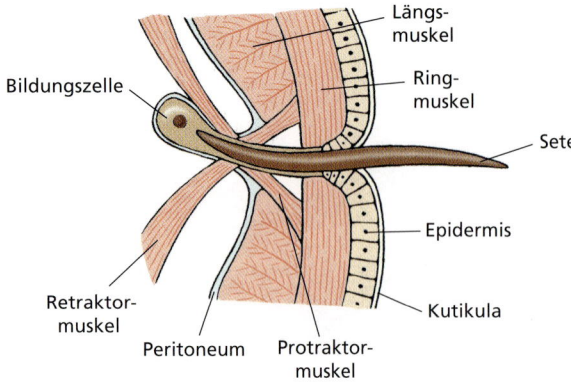

Abbildung 17.13: Seten mit ihren Muskelansätzen in Relation zu benachbarten anatomischen Strukturen. Abgenutzte Seten werden durch neue ersetzt, die sich aus speziellen Bildungszellen entwickeln.

hohen Blutcalciumkonzentration. **Kalkdrüsen** entlang der Speiseröhre scheiden Calciumionen in den Darm ab und vermindern so die Calciumkonzentration im Blut. Die Kalkdrüsen wirken auch bei der Regulierung des Säure/Basengleichgewichts der Körperflüssigkeiten mit.

Nach dem Verlassen der Speiseröhre, wird die Nahrung zeitweise in einem dünnwandigen **Kropf** zwischengelagert, bevor sie in den **Kaumagen** weitertransportiert wird. Dort wird die Nahrung in kleine Stücke zermahlt. Verdauung und Absorption erfolgen im Dünndarm (Intestinum). Die Wand des Intestinums ist dorsal zu einem **Typhlosol** eingefaltet, das die Absorptions- und Verdauungsoberfläche stark vergrößert (Abbildung 17.12 c).

Um den Darm und das Dorsalgefäß herum liegt eine Schicht gelblichen **Chloragog-Gewebes** (gr. *chloros*, grün + *agoge*, Aufzucht), das auch einen großen Teil des Typhlosols ausfüllt. Dieses Gewebe dient als Zentrum für die Synthese von Glycogen und Fett – eine Funktion, die grob mit einer Leber vergleichbar ist. Wenn sie voller Fett sind, werden die Chloragogzellen in das Coelom freigesetzt, wo sie als **Eleocyten** frei herumschweben (gr. *elaio*, Öl + *kytos*, Hohlgefäß, Zelle) und zum Transport von Substanzen in verschiedene Gewebe dienen. Eleocyten können von Segment zu Segment wandern und sich im Bereich von Wunden und sich regenerierendem Gewebe ansammeln, wo sie zerfallen und ihre Inhaltsstoffe in das Coelom ergießen. Chloragogzellen wirken weiterhin bei der Ausscheidung (Exkretion) mit.

Kreislauf und Atmung. Die Anneliden besitzen ein doppeltes Transportsystem: die Coelomflüssigkeit und ein geschlossenes Kreislaufsystem. Nahrung, Abfallstoffe und Atemgase werden, in unterschiedlichem Maß sowohl von der Coelomflüssigkeit als auch vom Blut transportiert. Das Blut kreist in einem geschlossenen Gefäßsystem, zu dem ein Kapillarsystem im Gewebe gehört. Fünf Hauptblutgefäße verlaufen der Länge nach durch den Körper.

Ein einzelnes **Dorsalgefäß** verläuft oberhalb des Verdauungskanals von der Höhe des Pharynx bis zum Anus. Es handelt sich um ein Pumporgan, das mit Klappen ausgestattet ist und somit als echtes Herz fungiert. Dieses Gefäß erhält Blut aus Gefäßen in der Körperwand und dem Verdauungstrakt und pumpt es anteriorwärts in fünf Paare **Aortenbögen** hinein. Die Aufgabe der Aortenbögen besteht darin, einen gleichmäßigen Blutdruck im Ventralgefäß aufrechtzuerhalten.

Ein einzelnes **Ventralgefäß** dient als Aorta. Es bezieht Blut aus den Aortenbögen und liefert es zum Gehirn und dem Rest des Körpers, versorgt segmental angeordnete Gefäße der Körperhülle, der Nephridien und des Verdauungstraktes.

Das Blut des Regenwurms enthält farblose, amöboide Zellen und ein nicht in Zellen eingeschlossenes Atmungspigment, das Hämoglobin (siehe Kapitel 31). Das Blut einiger Anneliden enthält andere Atmungspigmente als Hämoglobin (siehe weiter oben).

Regenwürmer besitzen keine speziellen Atmungsorgane; der Gasaustausch verläuft über die feuchte Haut.

Ausscheidung. Jedes Segment (mit Ausnahme der ersten drei und dem letzten) beherbergt ein Paar **Metanephridien**. Jedes Metanephridium erstreckt sich über Teile zweier aufeinanderfolgender Segmente (▶ Abbildung 17.14). Ein mit Cilien besetzter Trichter, das **Nephrostom** (gr. *nephron*, Niere + *stoma*, Mund, Öffnung), liegt unmittelbar anterior eines Intersegmentseptums (Zwischensegmentscheidewand) und führt in einen kleinen, cilienbesetzten Tubulus durch das Zwischensegmentseptum in das dahinterliegende Segment, wo er sich mit dem Hauptteil des Nephridiums verbindet. Mehrere komplexe Schlaufen zunehmender Größe bilden den Nephridialgang, der in einer blasenförmigen Struktur endet, diese wiederum mündet in eine Öffnung, der **Nephridiopore**. Die Nephridiopore tritt in der Nähe der ventralen Setenreihe ins Freie. Mithilfe der Cilien werden Abfallstoffe aus dem Coelom in das Nephrostom und den anschließenden Tubulus gestrudelt, wo sie sich mit Salzen und organischen Abfallstoffen vereinigen, die von Blutkapillaren im glandulären Teil des Nephridiums angeliefert worden sind. Die nicht mehr verwertbaren Abfälle werden über die Nephridioporen nach außen geleitet.

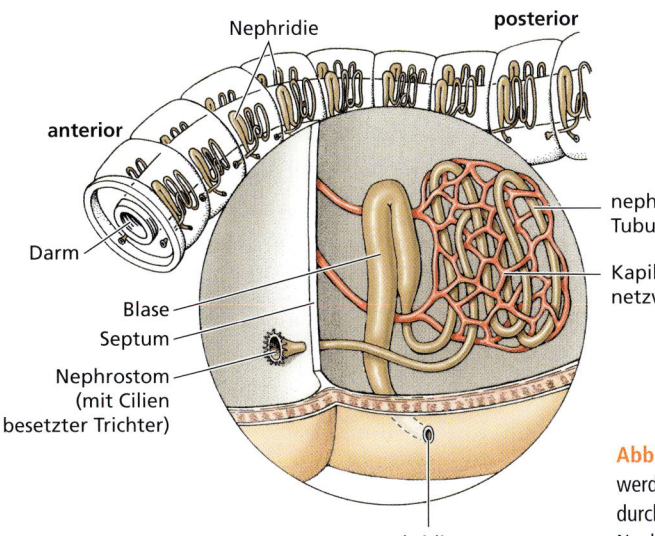

Abbildung 17.14: Nephridium eines Regenwurms. Abfallstoffe werden in einem Segment in das cilienbesetzte Nephrostom gespült, durchlaufen dann Schleifen des Nephridiums und werden durch die Nephridiopore des nachfolgenden Segments ausgeleitet.

Aquatische Oligochaeten scheiden Ammoniak aus (in wässriger Lösung zum guten Teil als Ammonium); die terrestrischen Oligochaeten exkretieren meist den für Zellen viel weniger giftigen Harnstoff. *Lumbricus* produziert beide Stoffe – die Menge an Harnstoff ist etwas von den herrschenden Umweltbedingungen abhängig. Sowohl Harnstoff wie auch Ammoniak werden von Chloragogzellen erzeugt, die sich aus dem Geweberverband lösen und unmittelbar in die Metanephridien gelangen können. Alternativ können ihre Produkte vom Blut fortgeleitet werden. Einige stickstoffhaltige Abfallstoffe werden über die Körperoberfläche eliminiert.

Oligochaeten sind zum großen Teil Tiere des Süßwassers, und selbst terrestrisch lebende Formen wie die Regenwürmer sind auf feuchte Umgebungen angewiesen. Die Osmoregulation ist Aufgabe der Körperoberfläche und der Nephridien, sowie des Darms und der Dorsalporen. *Lumbricus* nimmt zu (vergrößert seine Körpermasse), wenn er in Leitungswasser gelegt wird, und wieder ab, wenn er in den Erdboden zurückgesetzt wird. Salze, wie auch Wasser, können das Integument durchqueren. Dabei werden Ionen („Salze") offenbar durch aktiven Transport verfrachtet.

Nervensystem und Sinnesorgane. Das Nervensystem eines Regenwurms (▶ Abbildung 17.15) besteht aus einem zentralen System und peripheren Nerven. Das zentrale System spiegelt den typischen Annelidenbauplan wider: ein Paar **Zerebralganglien** („Gehirn") über dem Pharynx, ein Paar **Konnektive**, die um den Pharynx herumlaufen und die Verbindung des Gehirns mit dem ersten Ganglienpaar des ventralen Nervenstranges herstellen und ein wirklich doppelter **ventraler Ner-**

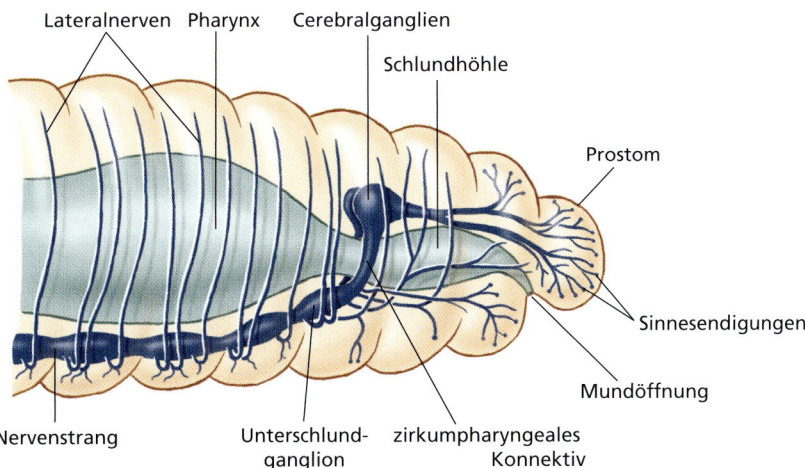

Abbildung 17.15: Das anteriore Ende eines Regenwurms mit Darstellung des Nervensystems. Man beachte die Konzentrierung von Sinnesendigungen in diesem Bereich.

17 Segmentierte Würmer

Exkurs

In der dorsalen, medianen Riesenfaser von *Lumbricus*, die einen Durchmesser von 90–160 μm aufweist, wurde die Reizleitungsgeschwindigkeit auf 20–45 m/s geschätzt. Dies ist mehrfach schneller als in den gewöhnlichen Neuronen dieser Gattung. Der Wert liegt ebenfalls bei einem Mehrfachen der Riesenfasern von Polychaeten. Der Grund hierfür ist vermutlich eine Myelin-Ummantelung der Riesenfasern, die bei Regenwürmern wie *Lumbricus* die reizleitenden Nervenfasern isolierend umgeben.

Zur Vermittlung rascher Fluchtbewegungen verfügen die meisten Anneliden über einen bis mehrere sehr große Axone (ableitende Nervenzellfortsätze), die als **Riesenaxone** (= Riesenfasern) bezeichnet werden und im ventralen Nervenstrang lokalisiert sind (▶ Abbildung 17.16). Ihr großer Durchmesser erhöht die Leitungsgeschwindigkeit, mit der Nervenimpulse fortgeleitet werden können (siehe Kapitel 33). Hierdurch werden simultane Kontraktionen von Muskeln in vielen Segmenten möglich.

venstrang, der am Boden des Coeloms bis in das letzte Segment verläuft sowie schließlich ein Paar fusionierter Ganglien in jedem Segment entlang des ventralen Nervenstranges. Jedes fusionierte Ganglienpaar sendet Nerven in gewissen Körperstrukturen aus. Die Nerven enthalten nicht nur sensorische, sondern auch motorische Fasern.

Neurosekretorische Zellen sind im Gehirn und den Ganglien von Oligochaeten wie Polychaeten gefunden worden. Sie besitzen endokrine Funktion und schütten Neurohormone aus, die mit der Regulation der Fortpflanzung, der Ausbildung sekundärer Geschlechtsmerkmale und der Regeneration des Körpers befasst sind.

Über den ganzen Körper sind einfache Sinnesorgane verteilt. Regenwürmer besitzen keine Augen, weisen aber in der Epidermis viele linsenförmige Photorezeptoren auf. Die meisten Oligochaeten sind negativ phototaktisch in Bezug auf hohe Lichtstärken, gleichzeitig aber positiv phototaktisch in Bezug auf schwaches Licht. Viele einzellige Sinnesrezeptoren sind überall in der Epidermis verstreut. Ein Typ, bei dem es sich mutmaßlich um Chemorezeptoren handelt, ist am Prostomium am zahlreichsten. Im Integument finden sich viele Nervenenden, die wahrscheinlich der taktilen Reizaufnahme dienen.

Allgemeines Verhalten. Regenwürmer gehören zu den wehrlosesten Kreaturen. Gleichzeitig sind ihre Häufigkeit und die weite Verbreitung ein Beleg dafür, dass sie

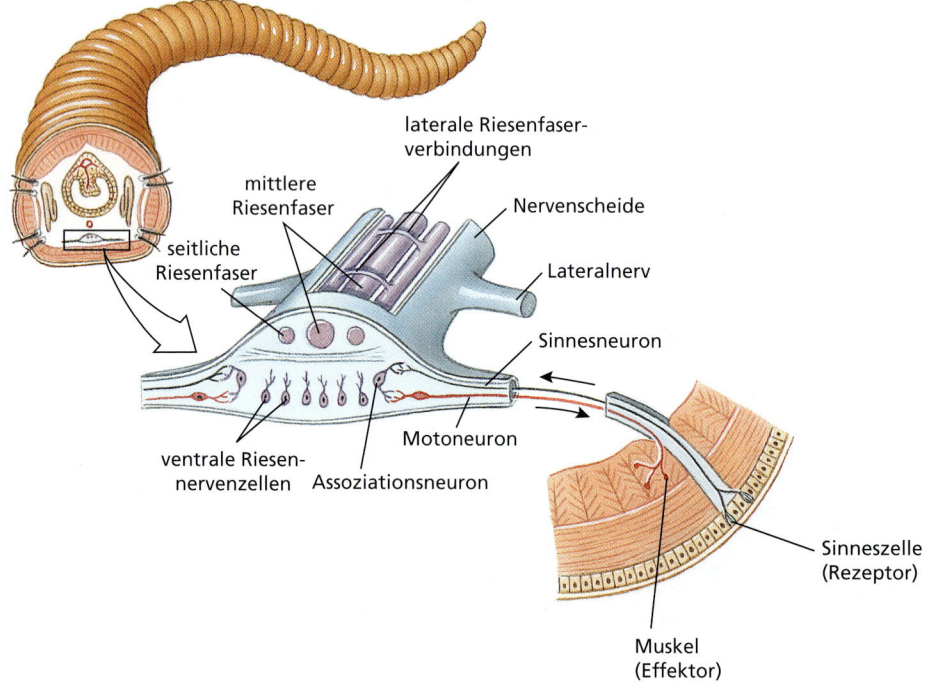

Abbildung 17.16: Teile des Nervenstranges eines Regenwurms. Aus der Darstellung wird die Anordnung der einfachen Reflexbahnen (Vordergrund) und der drei dorsalen Riesenfasern ersichtlich, die für schnelle Reflexreaktionen und Fluchtbewegungen adaptiert sind. Am gewöhnlichen Kriechen ist eine Folge von Reflexreaktionen beteiligt, wobei die Streckung eines Segments die Streckung des nächsten stimuliert. Nervenimpulse werden in Riesenfasern viel schneller fortgeleitet als in normalen Nervenfasern, so dass alle Segmente gleichzeitig kontrahieren können, wenn ein rascher Rückzug in das Erdloch des Wurms notwendig wird.

trotzdem in der Lage sind, sich zu behaupten, und dass sie gedeihen können. Obwohl sie keine spezialisierten Sinnesorgane besitzen, sind sie empfänglich für vielerlei Reize. Sie reagieren positiv auf mechanische Stimulation, wenn solche Reize eine moderate Stärke haben, und negativ, wenn diese stark ausfallen (zum Beispiel Schritte in ihrer Nähe). Letzteres führt dazu, dass sie sich schnell in ihre Erdlöcher zurückziehen. Sie reagieren auf Licht, das sie versuchen zu meiden, sofern es nicht sehr schwach ist. Reaktionen auf chemische Reize sind ihnen dabei behilflich, geeignete Nahrung zu finden.

Reaktionen auf chemische wie auf taktile Reize sind für die Regenwürmer von großer Bedeutung. Sie müssen nicht nur die organischen Bestandteile des Bodens auf das Vorhandensein von Nahrung untersuchen, sie müssen außerdem die Beschaffenheit, den Säuregrad und den Calciumgehalt erfassen, um die Aufnahme für sie ungeeigneter Nahrung zu vermeiden.

Experimente haben gezeigt, dass Regenwürmer ein gewisses Maß an Lernvermögen besitzen. Sie können lernen, elektrische Schläge zu vermeiden; sie sind also in der Lage, einen Assoziationsreflex zu entwickeln. Darwin gestand Regenwürmern ein hohes Maß an Intelligenz zu, weil sie Blätter mit der schmalsten Seite voran in ihren Bau ziehen – die einfachste Weise, ein blattartiges Objekt in ein kleines Loch hineinzuziehen. Darwin unterstellte, dass die Handhabung von Blättern durch die Würmer nicht das Ergebnis von Zufall sei, sondern mit Vorsatz geschähe. In der Folgezeit durchgeführte Untersuchungen haben erbracht, dass der Vorgang im Wesentlichen auf Versuch und Irrtum beruht, da ein Regenwurm ein Blatt in vielen Fällen mehrere Male in Angriff nimmt, bevor es schließlich klappt.

Fortpflanzung und Entwicklung. Regenwürmer sind einhäusig (monözisch), also Hermaphroditen. Sowohl männliche wie weibliche Organe finden sich in demselben Tier (Abbildung 17.12 a). Bei *Lumbricus* finden sich die Fortpflanzungsorgane in den Segmenten 9 bis 15. Zwei Paare kleiner Testes und zwei Paare Spermientrichter sind von drei Paaren großer Samenbläschen umgeben. Unreife Spermien aus den Testes reifen in den Samenbläschen aus, werden dann in die Spermientrichter überführt, und von dort aus in die Spermiengänge bis zur männlichen Genitalpore am 15. Segment. Von dort aus werden sie während der Kopulation freigesetzt. Eier werden von einem Paar kleiner Ovarien in die Coelomhöhle herausgelassen, wo cilienbesetzte Trichter der Eileiter (Ovidukte) sie über weibliche Genitalporen am 14. Segment nach außen leiten. Zwei Paare Receptaculi semini an den Segmenten 9 und 10 nehmen während der Kopulation Sperma auf und lagern es ein.

Die Fortpflanzung von Regenwürmern kann das ganze Jahr über erfolgen, sofern es nachts ausreichend warm und feucht ist (▶ Abbildung 17.17). Während der Paarung strecken die Würmer ihre anterioren Enden aus ihren Erdlöchern heraus und bringen ihre Ventralseiten in Kontakt (Abbildung 17.17). Die Körperoberflächen werden durch Schleim zusammengehalten, der von den **Clitelli** (Singular: Clitellum; lat. *clitellae*, Packsattel) abgesondert wird, sowie von speziellen Seten, die im Kontaktbereich der Körper jeweils in den Körper des anderen Tieres eindringen. Nach der Freisetzung der Keimzellen läuft das Sperma über Seminalfurchen in Spermienauffangbehälter (Receptaculi semini) des anderen Wurms. Nach der Kopulation scheidet jeder Wurm zunächst eine muköse Röhre und danach ein widerstandsfähiges, chitinartiges Band ab, das um das Clitellum herum einen *Kokon* bildet. In dem Maß, in dem sich der Kokon nach vorn bewegt, ergießen sich Eier aus den Ovidukten. Albumin strömt aus den Hautdrüsen und dem Sperma des Paarungspartners, das in den Receptaculi zwischengelagert war, in den Kokon. Die Befruchtung der Eier findet dann innerhalb des Kokons statt. Wenn der Kokon schließlich über das anteriore Ende des Wurms rutscht, verschließen sich seine Enden, wodurch ein versiegelter, zitronenförmiger Körper entsteht. Die Embryogenese vollzieht sich im Innern des Kokons. Aus diesem schlüpft eine Jugendform, die dem Adultus sehr ähnlich sieht. Die Entwicklung erfolgt also direkt, ohne Metamorphose. Die Juvenilformen bilden kein Clitellum aus, bevor die Geschlechtsreife erreicht ist.

17.3.2 Süßwasseroligochaeten

Die Oligochaeten des Süßwassers sind für gewöhnlich kleiner und besitzen auffälligere Seten als die Regenwürmer. Sie sind auch mobiler und zeigen eine Neigung zu besser entwickelten Sinnesorganen. Die meisten sind Bewohner des Benthos, die auf dem Untergrund herumkriechen oder sich in weichen Schlick eingraben. Aquatische Oligochaeten sind eine bedeutende Nahrungsquelle für Fische. Einige wenige sind Ektoparasiten.

Einige der häufigeren Süßwasseroligochaeten sind der 1 mm lange *Aesoloma* (gr. *aiolos*, Gott des Windes in der antiken Mythologie, geschwinde Bewegung + *soma*, Körper; ▶ Abbildung 17.18 b), der 10–25 mm lange *Stylaria* (gr. *stylos*, Säule, Abbildung 17.18 a), der 5–10 mm lange *Dero* (gr. *dere*, Hals oder Nacken, Ab-

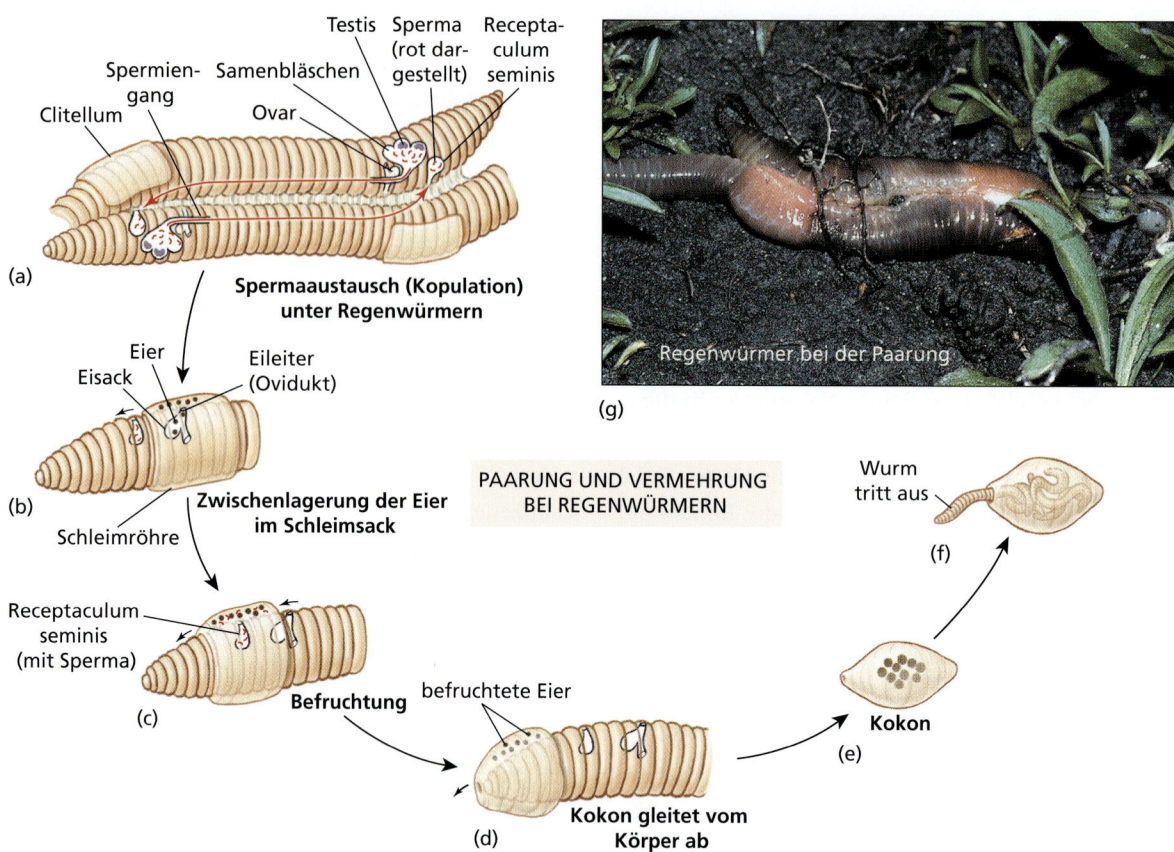

Abbildung 17.17: Kopulation und Bildung des Eikokons bei Regenwürmern. (a) Wechselseitige Besamung; Sperma aus der Genitalpore an Segment Nr. 15 fließt durch Seminalfurchen zu seminalen Auffangpunkten an den Segmenten 9 und 10 der Paarungspartner. (b), (c) Nachdem sich die Würmer getrennt haben, bewegt sich eine über dem Clitellum erzeugte Schleimröhre vorwärts, um die Eier aus den Ovidukten und Sperma aus den Receptaculi semini aufzunehmen. (d) Beim Abrutschen vom anterioren Ende des Wurms verschließen sich die Enden des Kokons dauerhaft. (e) Der Eikokon wird in der Nähe des Eingangs des Grabganges der Würmer abgelegt. (f) Die jungen Würmer schlüpfen nach 2–3 Wochen. (g) Zwei Regenwürmer bei der Kopulation. Die anterioren Enden weisen in entgegengesetzte Richtungen, während ihre ventralen Körperseiten durch Schleimbänder zusammengehalten werden, die von den Clitellen abgesondert werden.

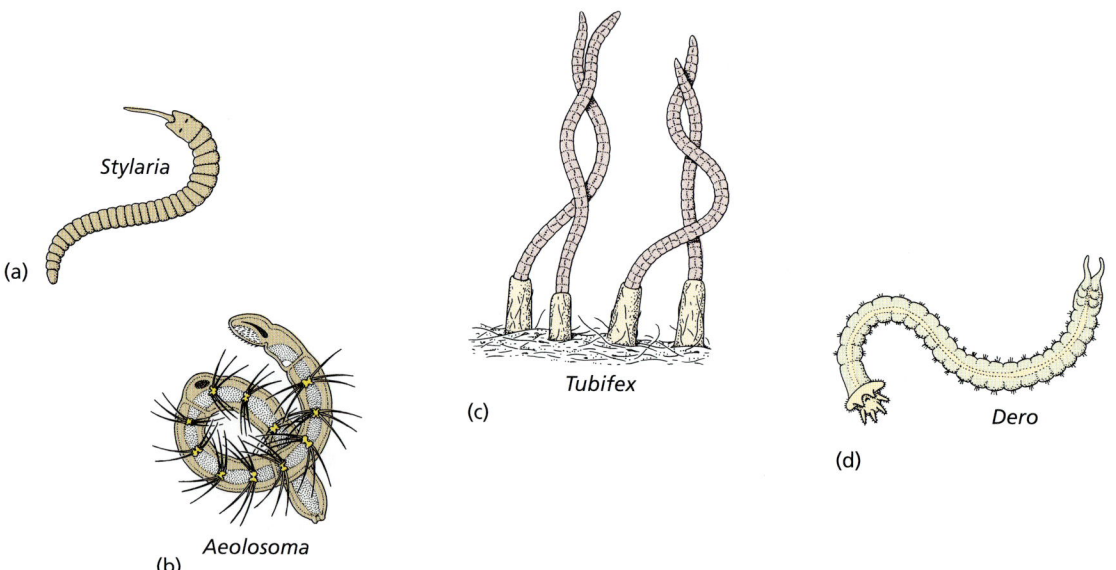

Abbildung 17.18: Einige Süßwasseroligochaeten. (a) Bei *Stylaria* ist das Prostomium zu einer langen „Schnauze" ausgezogen. (b) *Aeolosoma* setzt um die Mundöffnung stehende Cilien ein, um Nahrungspartikel zusammenzufegen und bringt neue Individuen durch ungeschlechtliche Knospung hervor. (c) *Tubifex* lebt kopfüber in langen Röhren. (d) *Dero* besitzt cilienbesetzte Analkiemen.

bildung 17.18d) und der häufige, bei Aquarianern als Zierfischfutter bekannte *Tubifex* von 30–40 mm Länge (lat. *tubus*, Röhre + *faciens*, machen, tun, Abbildung 17.18c). *Tubifex* hat eine rötliche Farbe und lebt, mit dem Kopf im Schlamm steckend, am Grund von Teichen. Der Schwanz wedelt im freien Wasser über dem Schlamm. Einige Oligochaeten wie *Aeolosoma* können durch transversale Spaltung ungeschlechtlich Ketten aus Zooiden ausbilden (Abbildung 17.18b). *Tubifex* ist ein Alternativwirt für *Myxobolus cerebralis* – einem Parasiten aus der Gruppe der Myxozoen, der bei Regenbogenforellen und anderen Salmoniden eine sehr schwer verlaufende Krankheit verursacht, die so genannte Drehkrankheit. Die befallenen Fische verenden für gewöhnlich früh.

17.4 Classis Hirudinea: Egel

Egel kommen vornehmlich in Süßwasserhabitaten vor; einige wenige sind Meeresbewohner, und manche haben sich an ein terrestrisches Dasein an warmen, feuchten Orten angepasst. In tropischen Ländern sind sie häufiger als in solchen mit gemäßigten Breiten. Einige Egelarten attackieren den Menschen und sind ein Ärgernis für Naturenthusiasten.

Die meisten Egel erreichen eine Länge zwischen 2 und 6 cm; einige – einschließlich der „medizinischen" Egel – erreichen Längen von 20 cm. Der Riese unter den Egeln ist die im Amazonasgebiet beheimatete Gattung *Haementeria* (gr. *haimateros*, blutig), die eine Körperlänge von 30 cm erreicht (▶ Abbildung 17.19).

Egel sind für gewöhnlich dorsoventral abgeplattet und zeigen eine Vielfalt von Farben und Mustern: schwarz, braun, rot oder olivgrün. Einige vermögen ihren Pharynx oder die Proboscis in Weichgewebe wie die Kiemen von Fischen hineinzudrücken. Die am weitesten spezialisierten Egel besitzen jedoch sägeartige, chitinöse Kiefer, mit denen sie auch zähe Haut zu durchbeißen vermögen. Viele Egel führen ein Dasein als Carnivoren von kleinen Wirbellosen, manche sind zeitweilige Parasiten, andere permanente, die ihren Wirt niemals verlassen.

Wie die Oligochaeten sind die Egel Hermaphroditen und besitzen ein Clitellum, das nur während der Fortpflanzungszeit in Erscheinung tritt. Das Clitellum sondert zur Aufnahme der Eier einen Kokon ab. Egel sind höher spezialisiert als Oligochaeten. Sie haben die Seten, welche die Oligochaeten zur Lokomotion einsetzen, verloren und stattdessen Saugorgane zur Verankerung

Abbildung 17.19: **Der größte Egel der Welt.** *Haementeria ghilianii* auf dem Arm von Dr. Ron Sawyer, der diese Art in Französisch Guayana gefunden hat.

am Wirt während ihrer blutsaugenden Tätigkeit entwickelt (ihre Därme sind auf die schnelle Aufnahme großer Mengen Blut spezialisiert).

17.4.1 Form und Funktion

Anders als andere Anneliden besitzen Egel eine festgelegte Zahl von Segmenten (für gewöhnlich 34, bei einigen Gruppen 15 oder 20). Sie scheinen jedoch eigentlich viel mehr zu besitzen, weil jedes Segment durch oberflächliche, ringförmig verlaufende Querrillen gezeichnet ist (▶ Abbildung 17.20).

Im Unterschied zu anderen Ringelwürmern fehlt den Egeln ein abgegrenztes Coelomkompartiment. Mit Ausnahme einer Art haben sich die Septen bei allen zurückgebildet, und die Coelomhöhle ist mit Bindegewebe und einem System von **Lakunen** ausgefüllt. Die coelomischen Lakunen bilden ein regelrechtes System aus Kanälen, die mit Coelomflüssigkeit gefüllt sind, das bei einigen Egeln als Hilfskreislaufsystem dient.

Die meisten Egel kriechen mit raupenartigen, aufgewölbten Bewegungen des Körpers vorwärts, indem sie zunächst ein Saugorgan festheften, dann das andere, und den Körper über die Oberfläche nachziehen. Aquatisch lebende Egel schwimmen mit grazilen Schlängelbewegungen.

17 Segmentierte Würmer

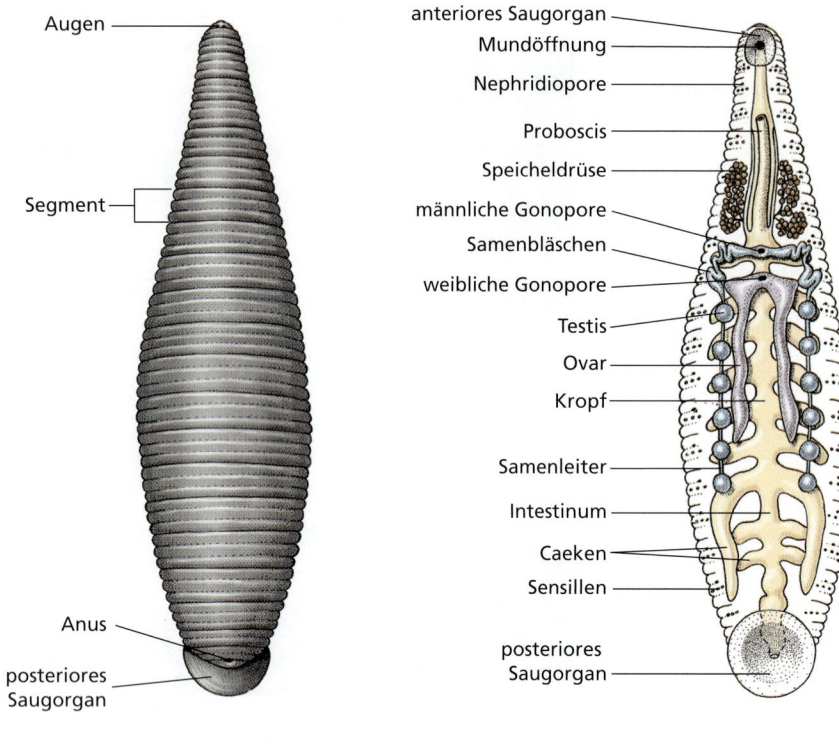

(a) (b)

Abbildung 17.20: **Aufbau eines Egels der Gattung *Placobdella*.** (a) Äußeres Erscheinungsbild, Dorsalansicht. (b) Innerer Bau, Ventralansicht.

Ernährung

Egel werden gemeinhin für Parasiten gehalten, doch sind viele tatsächlich räuberisch. Selbst die echten Blutsauger bleiben nur in seltenen Fällen lange an ihrem aktuellen Wirt. Die meisten Süßwasseregel sind aktive Jäger oder Aasfresser, die mit einer Proboscis ausgestattet sind, welche ausgestreckt werden kann, um kleine Wirbellose zu verschlucken oder um Blut aus kaltblütigen Wirbeltieren herauszusaugen. Einige Süßwasseregel sind echte Blutsauger, die Rinder, Pferde, den Menschen und andere Säugetiere befallen. Einige der terrestrisch lebenden Egel ernähren sich von Insektenlarven, Regenwürmern und Nacktschnecken, die sie mit einem oralen Saugorgan festhalten, während sie einen starken, saugenden Pharynx dazu benutzen, sich die Nahrung einzuverleiben. Andere terrestrische Formen erklettern Büsche oder Bäume, um warmblütige Wirbeltiere wie Vögel oder Säugetiere zu erreichen.

Die meisten Egel ernähren sich flüssig. Viele bevorzugen Gewebsflüssigkeit und Blut, die sie aus offenen Wunden herauspumpen. Echte Blutsauger, zu denen der so genannte medizinische Blutegel (*Hirudo medicinalis*; lat. *hirudo*, Egel) gehört (▶ Abbildung 17.21), besitzen Schneideplatten („Kiefer") zum Zerschneiden des Gewebes. Einige parasitäre Egel verlassen ihre Wirte nur zur Fortpflanzungszeit, und bestimmte Fischparasiten sind dauerhaft parasitär. Sie legen ihre Eikokons auf ihren Wirtsfischen ab.

Atmung und Ausscheidung

Der Gasaustausch vollzieht sich allein über die Haut. Ausnahme sind einige Fischegel, die Kiemen besitzen. Es gibt 10–17 Nephridienpaare, zusätzlich Coelomocyten und andere spezialisierte Zellen, die ebenfalls an der Exkretion beteiligt sein können.

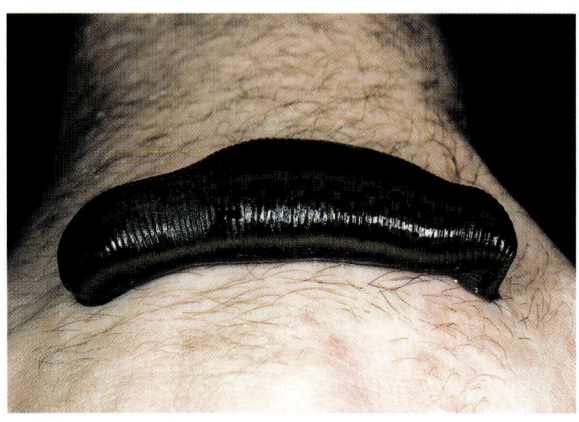

Abbildung 17.21: *Hirudo medicinalis.* Beim Blutsaugen an einem menschlichen Arm.

Exkurs

Über hunderte von Jahren hinweg wurden „medizinische Blutegel" *(Hirudo medicinalis)* für den „Aderlass" eingesetzt. Diese Praxis gründete sich auf den Aberglauben, dass eine ganze Sammlung von Beschwerden und Krankheiten einschließlich Fieber von einem Überschuss an Blut herrühren. Ein 10–12 cm langer Egel kann, wenn er mit Blut angefüllt ist, eine deutlich größere Länge erreichen. Die Blutmenge, die er durch Saugen aufnehmen kann, ist beträchtlich; ein Blutegel kann innerhalb weniger Minuten das 10-Fache seines Körpergewichts an Blut aufnehmen. Das Einsammeln von Egeln an Teichen und ihre Haltung wurden in Europa während des 19. Jahrhunderts kommerziell betrieben. William Wordsworth (engl. Dichter, 1770–1850) zog seine Inspiration zu dem Gedicht „Der Egelsammler" aus dieser Verwendung der Egel.

Egel werden heute wieder medizinisch eingesetzt! Wenn Finger, Zehen oder Ohren abgetrennt wurden, können Unfallchirurgen die Arterien wieder verbinden, jedoch nicht alle der feingliederigeren Venen. Dann werden Egel eingesetzt, um die sich durch den Anstau von Gewebsflüssigkeit bildenden Ödeme zu mildern, und zwar so lange, wie die Venen an Zeit benötigen, um an der Verbindungsstelle des Organs wieder neue Kontakte zu bilden, so dass der Rückfluss der Flüssigkeit möglich wird. Außerdem kann eine Behandlung mit Ansetzen der Blutegel hässliches Narbengewebe beseitigen.

Auch in der Grundlagenforschung werden Blutegel seit einiger Zeit genutzt, um Ionen-Transportmechanismen über deren Tegument zu beschreiben und mit ähnlichen Mechanismen bei Vertebraten zu vergleichen.[*]

---

[*] Weber et al. (1995), American Journal of Physiology, 268: R605–R613; Sobczak et al. (2007), American Journal of Physiology, 292: R2318–R2327

Exkurs

Egel reagieren sehr empfindlich auf Reize, die mit der Anwesenheit eines Beutetieres oder eines Wirtes in Zusammenhang stehen. Sie werden von Objekten, die mit geeigneten Stoffen eines Wirtes eingeschmiert sind, angezogen und heften sich an diesen fest (zum Beispiel an Fischschuppen, öligen Sekreten oder Schweiß). Arten, die sich vom Blut von Säugetieren ernähren, werden durch Wärme angelockt. Terrestrische Hämadipsiden der Tropen bewegen sich auf Personen zu, die an einem Ort verharren.

Nervensystem und Sinnesorgane

Egel besitzen zwei „Gehirne" – das eine ist anterior lokalisiert und besteht aus sechs Paaren fusionierter Ganglien, die einen Ring um den Pharynx bilden (zirkumpharyngeale Ganglien); das andere liegt posterior und besteht aus sieben Paaren fusionierter Ganglien. Weitere 21 Paare segmental angeordneter Ganglien liegen entlang des doppelten Nervenstranges. Zusätzlich zu freien sensorischen Nervenendigungen und Photorezeptorzellen in der Epidermis hat ein Egel eine Reihe von Sinnesorganen, **Sensillen** genannt, im zentralen Annulus jedes Segmentes. Pigmentbecherocelli finden sich ebenfalls bei vielen Arten.

Fortpflanzung

Egel sind Zwitter, befruchten sich aber wechselseitig im Rahmen einer Kopulation. Sperma wird durch einen Penis oder durch hypodermische Befruchtung übertragen (eine Spermatophore wird von einem Wurm ausgestoßen und dringt durch das Integument in den Körper des anderen ein). Nach der Kopulation sezerniert das Clitellum einen Kokon, der die Eier und die Spermien aufnimmt. Egel können ihre Kokons im Schlamm vergraben, sie an untergetauchte Objekte anheften, oder sie – an terrestrischen Orten – in feuchtem Erdreich ablegen. Die Entwicklung verläuft ähnlich wie bei den Oligochaeten.

Kreislauf

Das Coelom der Egel ist entweder durch invasives Wachstum von Bindegewebe zu einem System von coelomischen Sini und Kanälen verengt, oder aber bei einigen durch die Proliferation des Chloragogengewebes. Manche Ordnungen der Egel behalten das typische Kreislaufsystem der Oligochaeten bei; bei diesen wirken die coelomischen Sini als Hilfs-Blut-/Gefäßsystem. Bei anderen Ordnungen fehlen die traditionellen Blutgefäße, und das System der coelomischen Sini bildet das einzige Blut-/Gefäßsystem. Bei den Vertretern dieser Ordnungen vermitteln Kontraktionen gewisser longitudinal verlaufender Kanäle die Vortriebskraft für das Blut (dem Äquivalent für die Coelomflüssigkeit).

17.5 Die evolutive Bedeutung der Metamerie

Für die Ursprünge der Coelomsegmentierung gibt es bis heute keine wirklich befriedigende Erklärung. Das Problem hat jedoch zu vielen Spekulationen und Debatten unter den Fachleuten Anlass gegeben. Alle klassischen Erklärungsansätze für den Ursprung der Segmentierung und des Coeloms stießen auf schwerwiegende Gegenargumente. Möglicherweise ist mehr als ein Erklärungsansatz korrekt – vielleicht aber auch keiner der bishe-

17 Segmentierte Würmer

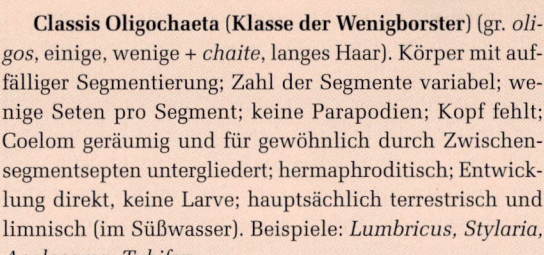

KLASSIFIZIERUNG

■ **Phylums Annelida (Stamm der Ringelwürmer)**

Die Klassifizierung der Anneliden gründet sich in erster Linie auf das Vorhandensein oder das Fehlen von Parapodien, Seten und anderen morphologischen Merkmalen. Da sowohl die Oligochaeten und die Hirudineen (Egel) über ein Clitellum verfügen, werden diese beiden Gruppen oft als Clitellaten (Taxon Clitellata) zusammengefasst.

Weil sowohl die Oligochaeten als auch die Polychaeten Seten besitzen, stellen einige Fachleute die beiden Gruppen im Taxon Chaetopoda nebeneinander (neulat. *chaeta*, Borste + gr. *podos*, Fuß).

Classis Polychaeta (Klasse der Vielborster) (gr. *polys*, viel(e) + *chaite*, langes Haar). Zumeist marin; Kopf abgesetzt mit Augen und Tentakeln; die meisten Segmente mit Parapodien (Lateralanhängen), die Büschel aus vielen Seten tragen; Clitellum fehlt; Geschlechter meist getrennt; Gonaden transitorisch; asexuelle Knospung bei einigen Arten; Trochophorenlarve für gewöhnlich vorhanden. Beispiele: *Nereis, Aphrodita, Glycera, Arenicola, Chaetopterus, Amphitrite*.

Classis Oligochaeta (Klasse der Wenigborster) (gr. *oligos*, einige, wenige + *chaite*, langes Haar). Körper mit auffälliger Segmentierung; Zahl der Segmente variabel; wenige Seten pro Segment; keine Parapodien; Kopf fehlt; Coelom geräumig und für gewöhnlich durch Zwischensegmentsepten untergliedert; hermaphroditisch; Entwicklung direkt, keine Larve; hauptsächlich terrestrisch und limnisch (im Süßwasser). Beispiele: *Lumbricus, Stylaria, Aeolosoma, Tubifex*.

Classis Hirudinea (Klasse der Egel) (lat. *hirudo*, Egel). Körper mit festgelegter Zahl von Segmenten (normal: 34; bei einigen Gruppen 15 bzw. 20) mit vielen Annuli; oral und posterior für gewöhnlich Saugorgane vorhanden; Clitellum vorhanden; keine Parapodien; Seten fehlen (außer bei *Acanthobdella*); Coelom dicht gepackt mit Binde- und Muskelgewebe; Entwicklung direkt; hermaphroditisch; terrestrisch, limnisch und marin. Beispiele: *Hirudo, Placobdella, Macrobdella*.

rigen, wie R. Clark vermutet.* Jüngere, vergleichende DNA-Analysen deuten darauf hin, dass sich die Segmentierung und das Coelom unabhängig voneinander in mehr als einer Tiergruppe evolutiv herausgebildet haben – einmal bei den Chordaten und zweimal bei den Protostomiern. Clark betonte die funktionelle und evolutive Signifikanz dieser Merkmale für die frühesten Tiere, die über sie verfügten. Er vertrat vehement die Ansicht, dass der adaptive Wert des Coeloms – zumindest bei den Protostomiern – in seiner Funktion als **hydrostatisches Skelett** bei grabenden Tieren liege. So konnten Kontraktionen von Muskeln in einem Teil eines Tierkörpers antagonistisch auf Muskeln in anderen Körperteilen wirken, indem die Kraftwirkung der Kontraktion über ein geschlossenes, konstantes Volumen an Coelomflüssigkeit fortgeleitet wird.

Obwohl die ursprüngliche Funktion des Coeloms darin bestanden haben mag, das Eingraben in den Untergrund zu vermitteln oder zu erleichtern, verlieh es den Tieren, die über eines verfügten, zusätzlich andere Vorzüge. So könnte die Coelomflüssigkeit als eine Kreislaufflüssigkeit für Nähr- und Abfallstoffe gedient haben, so dass große Zahlen von Flammenzellen, die überall im Gewebe verstreut lagen, überflüssig wurden. Gameten konnten im geräumigen Coelom für die spätere, simultan mit anderen Individuen der Art erfolgende Freisetzung zwischengelagert werden. Dadurch ließ sich die Aussicht auf eine erfolgreiche Befruchtung erhöhen; gleichzeitig hätte die Anforderung an eine gleichzeitige Freisetzung von Gameten einen Selektionsdruck in Richtung auf die Entwicklung verbesserter nervöser und endokriner Kontrolle nach sich gezogen. Schließlich hätte die Untergliederung des Coeloms in eine Abfolge von Kompartimenten durch die Einführung von

Exkurs

Die Branchiobdelliden, eine Gruppe kleiner Anneliden, die Parasiten oder Kommensalen von Garnelen sind, zeigen sowohl zu den Oligochaeten wie auch zu den Egeln Ähnlichkeiten. Wir stellen sie hier zu den Oligochaeten, doch werden sie von manchen Fachleuten als eigene Klasse (Classis Branchiobdellida) geführt. Sie besitzen 15 Segmente und verfügen über ein kopfständiges Saugorgan.

Eine Egelgattung, *Acanthobdella*, besitzt einige Merkmale eines Egels und einige eines Oligochaeten. Die Gattung wird manchmal von den anderen Egeln abgegrenzt und in eine eigene Klasse (Classis Acanthobdellida) gestellt. Sie ist gekennzeichnet durch 30 Segmente, Seten an den ersten fünf Segmenten, und das Fehlen eines anterioren Saugers.

---

* Clark, R. (1964): Dynamics in metazoan evolution. The origin of the coelom and segmentation. Oxford University Press; ISBN: 0-1985-4353-0.

Septen (Scheidewänden) den Wirkungsgrad beim Graben erhöht und die unabhängige Bewegung unterschiedlicher Segmente ermöglicht, wie bereits in der Einleitung zu diesem Kapitel ausgeführt wurde. Eine unabhängige Bewegung von Segmenten in verschiedenen Teilen des Körpers hätte einen Selektionswert für höher entwickelte Nervensysteme zur Steuerung der Bewegungen gehabt. Mittelbar wäre so eine Verfeinerung des zentralen Nervensystems die Folge gewesen.

17.6 Phylogenese und adaptive Radiation

17.6.1 Phylogenese

Es gibt so viele Ähnlichkeiten in der Frühentwicklung der Mollusken, Anneliden und primitiven Arthropoden, dass nur wenige Biologen Zweifel an der engen Verwandtschaft dieser Gruppen haben. Diese drei Stämme werden als Schwestergruppe der Plattwürmer betrachtet. Viele der im Meer lebenden Anneliden und Mollusken zeigen eine für Protostomier typische frühe Embryogenese, die sie mit einigen Plattwürmern des Meeres gemeinsam haben. Dieser Entwicklungsverlauf ist vermutlich ein gemeinsames ursprüngliches Merkmal (siehe Kapitel 10). Die Anneliden und Arthropoden haben einen ähnlichen allgemeinen Körperbauplan sowie die gleiche Anlage des Nervensystems (ebenso bestehen Ähnlichkeiten in der ontogenetischen Entwicklung). Die wichtigste Übereinstimmung betrifft vermutlich den segmentierten Bauplan des Anneliden- und des Arthropodenkörpers. Diese, seit langer Zeit allgemein akzeptierten evolutiven Verwandtschaftsbeziehungen, werden von neueren Daten nicht bestätigt, die sich auf eine Analyse von Sequenzen ribosomaler RNAs gründen (siehe Kapitel 10). Jene Analysen stellen die Anneliden und die Mollusken in ein neues Superphylum Lophotrochozoa, die Arthropoden dagegen in ein zweites protostomes Superphylum, die Ecdysozoa.

Ungeachtet der Verwandtschaftsbeziehungen zu anderen Stämmen, bleiben die Anneliden unbestritten eine monophyletische Gruppierung. Was können wir über den gemeinsamen Urahn der Anneliden induktiv ableiten? Die meisten Hypothesen zum Ursprung der Anneliden sind davon ausgegangen, dass die Segmentierung im Zusammenhang mit der Entwicklung larvaler Anhangsbildungen (Parapodien) entstanden ist, die denen der Polychaeten geähnelt haben sollen. Der Oligochaetenkörper ist aber für ein unstetes, grabendes Dasein im Untergrund mittels peristaltischer Bewegungen angepasst, das einen hohen Nutzen aus dem segmentierten Coelom zieht. Andererseits sind Polychaeten mit wohlentwickelten Parapodien im Allgemeinen an schwimmende und kriechende Fortbewegung in einem Medium angepasst, dessen Fluidität einer wirkungsvollen peristaltischen Lokomotion entgegensteht. Obgleich Parapodien einen solchen Lokomotionsmodus nicht verhindern, sind sie wenig hilfreich, und sie scheinen sich als eine Anpassung an das Schwimmen evolviert zu haben.

Obwohl die Polychaeten das primitivste Fortpflanzungssystem aufweisen, sprechen sich einige Fachleute dafür aus, dass der Bauplan der Uranneliden übers Ganze gesehen eher dem der Oligochaeten geähnelt haben soll und die Baupläne der Polychaeten und der Hirudineen evolutiv stärker abgeleitet sein sollen. Die Egel sind näher mit den Oligochaeten verwandt, unterscheiden sich aber von diesen durch eine schwimmende Lebensweise und der Tätigkeit des Grabens. Diese Verwandtschaftsbeziehung ist aus dem Kladogramm der ▶ Abbildung 17.22 ersichtlich.

17.6.2 Adaptive Radiation

Die Anneliden sind eine alte Gruppe, die eine ausgedehnte adaptive Radiation durchgemacht hat. Der grundlegende Körperbauplan – insbesondere der der Polychaeten – bietet sich als Thema endloser Variationen und Modifikationen an. Als Meereswürmer besetzen die vielborstigen Ringelwürmer ein weites Spektrum an Lebensräumen in einer Umwelt, die physisch und physiologisch nicht allzu anspruchsvoll ist. Anders als die Regenwürmer, deren Umgebung hohe physische wie physiologische Anforderungen stellt, genossen die Polychaeten eine Freiheit zum evolutiven Experimentieren, die zu einem breiten Spektrum adaptiver Merkmale geführt hat.

Ein grundlegendes adaptives Merkmal in der Evolution der Anneliden ist die septale Untergliederung, die zu flüssigkeitsgefüllten Coelomkompartimenten geführt hat. Der Flüssigkeitsdruck in diesen Abteilen wird eingesetzt, um ein hydrostatisches Skelett aufzubauen, welches seinerseits präzise Bewegungen beim Graben und Schwimmen ermöglicht. Kraftvolle Ring- und Längsmuskeln können den Körper biegen, verkürzen und strecken.

Die Ernährungsanpassungen zeigen eine große Breite, vom saugenden Schlund der Oligochaeten zu den

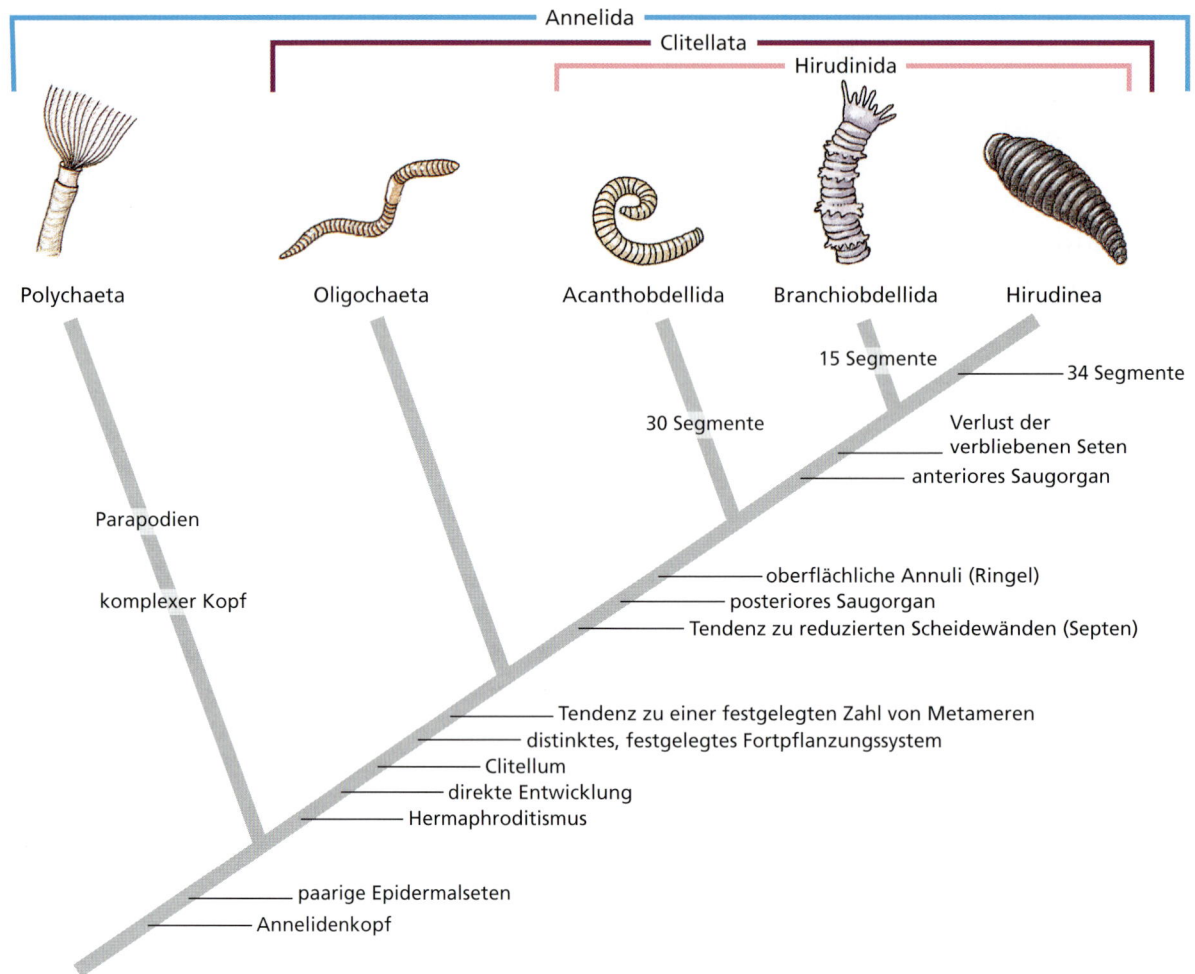

Abbildung 17.22: Kladogramm der Anneliden. Dargestellt sind die relativen Erscheinungsdaten gemeinsamer abgeleiteter Merkmale, welche die fünf monophyletischen Gruppierungen spezifizieren. Die Canthobdelliden und die Branchiobdelliden sind zwei kleine Gruppierungen, die im Abschnitt zur Klassifizierung des Phylums erörtert werden. Brusca und Brusca stellen beide Gruppen zusammen mit den Hirudineen (echte Egel) in ein einziges Taxon namens Hirudinida. Dieser Kladus besitzt mehrere Synapomorphien: eine Tendenz zur Reduzierung der septalen Wandungen, das Auftauchen eines posterioren Saugapparates, sowie die Untergliederung der Körpersegmente durch oberflächliche Annuli. Man beachte weiterhin, dass nach diesem Ablaufschema die Oligochaeten keine Synapomorphien mit Definitionskraft aufweisen. Das heißt, dass sie nur aufgrund der Beibehaltung von Plesiomorphien als Gruppierung definiert sind und somit möglicherweise eine paraphyletische Zusammenstellung sind. (Plesiomorphien: erhalten gebliebene primitive Merkmale; siehe Kapitel 10). *(Nach: R. Brusca und G. Brusca (1990): Invertebrates. Sinauer; ISBN: 0-8789-3098-1. Neue Auflage, siehe Literaturliste).*

chitinösen Kiefern der carnivoren Polychaeten bis zu den spezialisierten Tentakeln und Radiolen der Strudler.

Bei den Polychaeten sind die Parapodien auf vielfache Weise und für eine Vielzahl von Aufgaben adaptiert – hauptsächlich für die Fortbewegung und die Atmung.

Bei den Egeln steht die überwiegende Anzahl an Anpassungen (wie zum Beispiel Saugorgane, schneidende Kiefer, pumpender Schlund und dehnbarer Darm) in Beziehung zu ihren räuberischen und blutsaugerischen Gewohnheiten.

ZUSAMMENFASSUNG

Das Phylum Annelida (der Stamm der Ringelwürmer) ist eine große, kosmopolitisch vertretene Tiergruppe, welche die Polychaeten des Meeres, Regenwürmer und Oligochaeten des Süßwassers sowie die Egel umfasst. Die sicherlich bedeutsamste bauliche Innovation, die der Diversität dieser Gruppe zugrunde liegt, ist die Metamerie (Segmentierung) – eine Untergliederung des Körpers in eine Abfolge ähnlicher Baugruppen, der Segmente, von denen jedes einzelne eine sich wiederholende, mehr oder minder gleiche Ausstattung von Organen und Organsystemen enthält. Das Coelom ist bei den Anneliden ebenfalls hochentwickelt. Zusammen mit der septalen Anordnung der flüssigkeitsgefüllten Kompartimente bildet die wohlentwickelte Muskulatur der Körperhülle ein effektives hydrostatisches Skelett für präzise Grab- und Schwimmbewegungen. Weitere segmentale Spezialisierungen finden sich bei den Arthropoden, die Gegenstand der Kapitel 18–20 sind.

Die Polychaeten (Vielborster) stellen die größte Untergruppe der Anneliden und leben zumeist im Meer. An jedem Segment tragen sie zahlreiche Seten, die an paarigen Parapodien ansetzen. Die Parapodien zeigen bei den Polychaeten ein weites Spektrum von Anpassungen. Dies schließt Adaptionen für das Schwimmen, die Atmung, das Kriechen, die Stabilisierung der Lage im Erdloch, das Pumpen von Wasser durch den Bau sowie akzessorisches Fressen ein. Einige Polychaeten sind größtenteils räuberisch und besitzen einen vorstreckbaren Schlund mit Kiefern. Andere Polychaeten verlassen nur selten ihre Löcher oder Wohnröhren. Verschiedene Typen von Sammlern und Strudlern sind unter den Vertretern dieser Gruppe bekannt. Polychaeten sind getrenntgeschlechtlich, besitzen ein primitives Fortpflanzungssystem, kein Clitellum und eine Trochophoralarve. Die Befruchtung erfolgt extrakorporal.

Die Klasse der Wenigborster (Oligochaeta) umfasst die Regenwürmer und viele Formen des Süßwassers; sie tragen eine kleine Anzahl Seten pro Segment (verglichen mit den Polychaeten), aber keine Parapodien. Ihr Kreislaufsystem ist geschlossen, und das dorsale Blutgefäß ist das Hauptpumporgan. Paarige Nephridien finden sich in den meisten Segmenten. Die Regenwürmer weisen ein typisches Anneliden-Nervensystem auf: dorsale Zerebralganglien sind mit einem doppelten, ventralen Nervenstrang mit segmental angeordneten Ganglien verbunden, welche die ganze Länge des Wurms durchziehen. Die Oligochaeten sind zwittrig und praktizieren wechselseitige Befruchtung. Das Clitellum spielt eine wichtige Rolle bei der Fortpflanzung, einschließlich der Absonderung von Schleim, der die Würmer bei der Kopulation umgibt sowie die Abscheidung eines Kokons. Dieser nimmt die Eier und die Spermien auf und die Embryobildung und -entwicklung vollzieht sich darin. Aus dem Kokon schlüpfen kleine, juvenile Würmer.

Egel (Classis Hirudinea) leben zumeist im Süßwasser, einige wenige sind marin oder terrestrisch. Sie ernähren sich in den meisten Fällen von Flüssigkeiten. Viele sind räuberisch, einige temporäre, andere permanente Parasiten. Die hermaphroditischen Egel vermehren sich ähnlich wie die Oligochaeten, mit wechselseitiger Befruchtung und Kokonbildung durch das Clitellum.

Embryologische Erkenntnisse stellen die Anneliden zu den Mollusken und den Arthropoden in die Abteilung der Protostomier.

Neuere molekularbiologische Experimente legen den vorläufigen Schluss nahe, dass die Anneliden und die Mollusken näher miteinander verwandt sind (beide werden in den Überstamm der Lophotrochozoen eingeordnet) als jeder der beiden Stämme es mit den Arthropoden ist (die im Überstamm der Ecdysozoen eingruppiert sind).

Übungsaufgaben

1. Durch welche Merkmale unterscheidet sich das Phylum Annelida von anderen Tierstämmen?
2. Grenzen Sie die Klassen des Phylums Annelida gegeneinander ab.
3. Beschreiben Sie den Bauplan der Anneliden einschließlich der Körperwandung, der Segmente, des Coeloms und seiner Kompartimente sowie der Coelomauskleidung.
4. Erläutern Sie, wie das hydrostatische Skelett der Anneliden ihnen beim Graben hilft. Wie wird der Wirkungsgrad der Grabtätigkeit durch die Segmentierung gesteigert?
5. Beschreiben Sie drei Wege, auf denen verschiedenartige Polychaeten ihre Nahrung erwerben.
6. Geben Sie Definitionen für folgende Begriffe: Prostomium, Peristomium, Pygidium, Radiolen, Parapodium, Neuropodium, Notopodium.
7. Erläutern Sie die Funktionen folgender Organe am Beispiel der Regenwürmer: Pharynx, Kalkdrüsen, Kropf, Muskelmagen, Typhlosolis, Chloragog-Gewebe.
8. Vergleichen Sie die Hauptmerkmale jedes der folgenden Organsysteme unter allen Klassen der Anneliden: Kreislaufsystem, Nervensystem, Ausscheidungssystem.

9. Beschreiben Sie die Funktion des Clitellums und des Kokons.
10. Auf welche Weise unterscheiden sich die Süßwasseroligochaeten im Allgemeinen von den Regenwürmern?
11. Beschreiben Sie die Arten und Weisen, durch die sich Egel mit Nahrung versorgen.
12. Welches sind die wesentlichen Unterschiede in Bezug auf die Fortpflanzung und die ontogenetische Entwicklung unter den Klassen der Anneliden?
13. Worin besteht die evolutive Bedeutung der Segmentierung und des Coeloms für die frühesten Besitzer dieser Strukturen?
14. Welches sind die stammesgeschichtlichen Verwandtschaftsbeziehungen zwischen Mollusken, Anneliden und Arthropoden? Nennen Sie Belege für diese Verwandtschaftsbeziehungen.

Weiterführende Literatur

Bartolomaeus, T. und G. Purschke (Hrsg.): Morphology, Molecules, Evolution and Phylogeny in Polychaeta and Related Taxa. Springer (2005); ISBN: 978-1-4020-2951-6.

Brusca, R. und G. Brusca (2002): Invertebrates. 2. Auflage. Sinauer; ISBN: 0-87893-097-3. *Ausgezeichnetes, umfassendes Lehrbuch über wirbellose Tiere für das fortgeschrittene Studium.*

Fischer, A. und U. Fischer (1995): On the life-style and life-cycle of the luminescent polychaete Odontosyllis enopla (Annelida: Polychaeta). Invertebrate Biology, vol. 114: 236–247. *Falls die Epitoken dieser Art ihr Stadium des Laichschwarms überleben, kehren die Tiere zu einer benthischen Lebensweise zurück.*

G. Rouse und K. Fauchald (1998): Recent Views on the Status, Delineation and Classification of the Annelida. American Zoologist, vol. 38: 953–964. *Eine Diskussion von Analysen, die zu dem Schluss kommen, dass die Polychaeten polyphyletisch sind. Zur Sprache kommen weitere Gruppierungen, die nach Meinung der Autoren in das Phylum Annelida gestellt werden sollten. Diese Autoren kommen zu dem Schluss, dass Sequenzanalysen „klar ersichtlich kein Allheilmittel" sind!*

Lent, C. und H. Dickinson (1988): The neurobiology of feeding in leeches. Scientific American, vol. 258, no. 6: 98–103. *Das Fressverhalten von Egeln wird von einem einzelnen Neurotransmitter, dem Serotonin, gesteuert.*

Mirsky, S. (2000): When good hippos go bad. Scientific American, vol. 282, no. 1: 28. *Placobdelloides jaegerskioldi ist ein parasitischer Egel, der sich nur im Enddarm von Flusspferden vermehrt.*

Nielsen, C. (2001): Animal Evolution. Interrelationships of the Living Phyla. 2. Auflage. Oxford University Press; ISBN: 0-1985-0682-1.

Pernet, B. (2000): A scaleworm's setal snorkel. Invertebrate Biology, vol. 119: 147–151. *Sthenelais berkeleyi ist eine offensichtlich seltene, aber große (20 cm) Polychaetenart, die sich im Sediment eingräbt und nur mit dem anterioren Ende mit der darüber liegenden Wasserschicht in Verbindung steht. Cilienschlag an den Parapodien pumpt Wasser durch Durchflutung in den Bau. Der Wurm verharrt für lange Zeiträume unbeweglich und bewegt sich erst, wenn Beutetiere in seine Nähe kommen.*

Ruppert, E. et al. (2004): Invertebrate Zoology – A Functional Evolutionary Approach. 7. Auflage. Thomson/Brooks/Cole; ISBN: 0-0302-5982-7. *Ausgezeichnetes, umfassendes Lehrbuch über wirbellose Tiere für das fortgeschrittene Studium.*

Winnepennickx, B. et al. (1998): Metazoan relationships on the basis of 18S rRNA sequences: a few years later… American Zoologist, vol. 38: 888–906. *Die Berechnungen dieser Autoren stützen die Monophylie der Clitellaten, bezweifeln aber den monophyletischen Status der Polychaeten.*

Weitere Informationen zu diesem Buchkapitel finden Sie auf der Companion-Website unter
http://www.pearson-studium.de

Arthropoda (Gliederfüßler)

Phylum Arthropoda, Subphylum Trilobita, Subphylum Chelicerata

18.1	**Phylum Arthropoda**	567
18.2	**Subphylum Trilobita**	570
18.3	**Subphylum Chelicerata**	571
18.4	**Phylogenese und adaptive Radiation**	581
Zusammenfassung		584
Übungsaufgaben		585
Weiterführende Literatur		585

Arthropoda (Gliederfüßler)

*I*rgendwo und irgendwann in der erdgeschichtlichen Epoche des Präkambriums ist in der Evolution des Lebens auf der Erde ein Meilenstein gesetzt worden. Die weiche Kutikula der segmentierten Vorfahren der Tiere, die wir heute als Arthropoden (Gliederfüßler) bezeichnen, wurde durch die Einlagerung zusätzlicher Proteine und eines inerten Polysaccharids namens Chitin verhärtet. Das kutikuläre Exoskelett bot hervorragend Schutz gegen Fressfeinde und andere Umweltgefahren und brachte seinen Besitzern eine ganze Reihe anderer selektiver Vorteile ein. So bietet eine verhärtete Kutikula beispielsweise stabilere Ansatzpunkte für Muskeln, wodurch es möglich wurde, benachbarte Segmente und Gelenke als Hebelarme einzusetzen, sowie ein immens vergrößertes Potenzial für eine rasche Fortbewegung einschließlich des Fliegens. Natürlich konnte eine solche Rüstung nicht von durchgängig gleichmäßiger Härte sein; das Tier wäre sonst so unbeweglich wie der rostige Zinnmann in dem Kinderbuch *Der Zauberer von Oz* (ungeachtet der Tatsache, dass Zinn natürlich nicht rostet). Versteifte Abschnitte der Kutikula wurden durch dünnere, flexible Bereiche voneinander getrennt. Diese dünneren Abschnitte bildeten Suturen (Nahtstellen) und Gelenke. Das kutikuläre Exoskelett hatte ein enormes evolutives Potenzial. Gelenkige Auswüchse an den Segmenten wurden zu Körperanhängen.

Ein Skorpion.

Als sich die verhärtete Kutikula evolviert hatte – oder vielleicht gleichzeitig mit ihrer Entwicklung – kam es zu weiteren Veränderungen an den Körpern und den Lebens- und Vermehrungszyklen der Protoarthropoden. Das Wachstum des Körpers machte eine Folge von kutikulären Häutungen notwendig, die hormonell kontrolliert wurden. Die coelomischen Kompartimente bildeten ihre Funktion als hydrostatisches Skelett zurück, was vielleicht zu einer Rückbildung des Coeloms an sich und seiner Umbildung zu einem offenen System von Sini, dem Hämocoel, führte. Motile Cilien gingen verloren. Diese und andere Änderungen werden in der Summe als „Arthropodisierung" bezeichnet. Einige Zoologen vertreten die Meinung, dass alle mit der Arthropodisierung einhergegangenen Änderungen eine Folge der Entwicklung eines kutikulären Exoskeletts gewesen seien. Falls mehrere verschiedene Vorfahren unabhängig voneinander ein kutikuläres Exoskelett evolviert hätten, dann hätten sie auch unabhängig voneinander eine identische Merkmalsausstattung evolviert, die wir heute mit der Arthropodisierung assoziieren. Falls dies der Fall wäre, wäre der riesige Tierstamm, den wir Arthropoda nennen, in Wirklichkeit polyphyletisch. Wir stimmen mit anderen Fachzoologen überein und glauben, dass die Masse der vorliegenden Befunde noch immer den Status eines einzelnen Phylums rechtfertigt.

Phylum Arthropoda 18.1

Der Stamm der Arthropoden (gr. *arthron*, Gelenk + *podos*, Fuß) – die Gliederfüßler – stellt heute das artenreichste Phylum des Tierreichs, in dem mehr als Dreiviertel aller bekannten Arten zusammengefasst sind. Ungefähr 1.100.000 Arthropoden sind beschrieben und katalogisiert worden, und es ist wahrscheinlich, dass noch viele weitere der Klassifizierung harren. (Tatsächlich erwarten viele Entomologen auf der Grundlage der Auswertung der Insektenfauna in den Laubdächern tropischer Wälder, dass die Zahl der bisher unbeschriebenen Arten höher liegt als die der bislang erfassten.) Zu den Arthropoden gehören die Spinnen, die Skorpione, die Zecken, die Milben, die Krustentiere, die Tausend- und die Hundertfüßler, die Insekten sowie andere, weniger bekannte Gruppen. Darüber hinaus ist der Stamm durch eine sich seit dem späten Präkambrium erstreckende, reiche Fossilgeschichte auch prähistorisch gut dokumentiert.

Die Arthropoden sind eucoelomate Protostomier mit gut entwickelten Organsystemen. Mit den Anneliden haben sie das Merkmal einer auffälligen Segmentierung gemeinsam. Die jüngsten vergleichenden molekularen Analysen deuten jedoch darauf hin, dass sich die Anneliden und die Arthropoden aus verschiedenen Vorläuferformen evolviert haben.

Alle Arthropoden besitzen ein chitinhaltiges Exoskelett, und ihr ursprünglicher Bauplan bestand vermutlich aus einer linearen Abfolge ähnlicher Segmente, von denen jedes ein Paar gelenkige Anhangsgebilde trug. Die rezenten Gruppen zeigen jedoch ein breites Spektrum an Segmentierungen und Ausprägungen der Körperanhänge. Es gab eine Tendenz zur Zusammenfassung oder Fusion von Segmenten zu funktionellen Einheiten,

STELLUNG IM TIERREICH

Phylum Arthropoda

1. Die Anneliden und die Arthropoden haben sich aus unterschiedlichen protostomen, coelomaten Vorfahren mit Spiralfurchung und Mosaikentwicklung evolviert.
2. Der Evolution eines harten kutikulären Außenskeletts folgte die Arthropodisierung, oder sie wurde von dieser begleitet. Im Rahmen der Arthropodisierung kam es zum Verlust der intersegmentalen Septen, der Entwicklung eines Hämocoels und dem Verlust des geschlossenen Kreislaufsystems, der Herausbildung gelenkiger Anhangsgebilde sowie zur Umwandlung der Körperwandmuskulatur zu einer, die an der Kutikula inseriert.
3. Wie die Anneliden lassen die Arthropoden eine auffällige Segmentierung erkennen, doch sind ihre Segmente von größerer Variabilität und öfter für spezielle Aufgaben zusammengefasst. Eine Spezialisierung der Anhangsgebilde mit einer auffälligen Arbeitsteilung, die zu größerer Variationsbreite der Funktion führt, wird beobachtet.

Biologische Merkmale

1. Die Cephalisierung schreitet mit einer Zentralisierung fusionierter Ganglien und sensorischer Organe im Kopf fort.
2. Im Vergleich zu den Anneliden weisen die **Segmente** eine stärkere **Spezialisierung** für ein Spektrum von Aufgaben auf; dabei werden funktionelle Gruppen (**Tagmata**) ausgebildet.
3. Das Vorhandensein paariger, **gelenkiger Anhangsgebilde**, für zahlreiche Einsatzgebiete modifiziert, führt zu vergrößerter Adaptionsfähigkeit.
4. Die Lokomotion erfolgt über eine äußerliche Gliedmaßenmuskulatur – im Gegensatz zur Körpermuskulatur der Anneliden. Gestreifte Muskeln erlauben rasche Bewegungen.
5. Obwohl sich **Chitin** auch bei einigen anderen Gruppen als den Arthropoden findet, ist seine Verwendung bei den Arthropoden weiter entwickelt. Das **kutikuläre Exoskelett**, welches das Chitin enthält, stellt eine große Innovation dar, die ein weites Feld von Anpassungen möglich macht.
6. Die **Tracheen** (die man nur bei den Arthropoden findet) bilden einen Atmungsmechanismus, der effizienter ist als der der meisten anderen Invertebraten.
7. Der Verdauungskanal zeigt ein höheres Maß der Spezialisierung durch den Besitz von Chitinzähnen, Kompartimenten und gastrischen Ossikeln (bei den verschiedenen Arthropodengruppen unterschiedlich ausgeprägt).
8. Die Verhaltensweisen sind viel komplexer ausgebildet als bei den meisten anderen Wirbellosen, mit einem verbreiteteren Auftreten **sozialer Organisation** (Staatenbildung).
9. Viele Arthropoden besitzen wohlentwickelte Schutzfärbungen und Schutz vermittelnde Ähnlichkeiten zu anderen Tieren oder Gebilden oder Tarnmechanismen.

den **Tagmata** (Singular: Tagma), die spezialisierte Aufgaben erfüllen. Die Anhangsgebilde sind häufig differenziert und spezialisiert, so dass eine ausgeprägte Arbeitsteilung beobachtet wird.

Nur wenige Arthropoden überschreiten eine Gesamtkörperlänge von 60 cm, die überwiegende Mehrheit ist viel kleiner. Die paläozoischen Eurypteriden (= ausgestorbene Gruppe der Kieferklauenträger) haben jedoch eine Länge von 3 m erreicht, und einige ausgestorbene libellenähnliche Insekten (die Protodonata) hatten Flügelspannweiten von fast einem Meter. Der größte heute lebende Arthropode, eine japanische Riesenkrabbe der Gattung *Macrocheira* (gr. *makros*, groß, riesig + *cheir*, Hand) besitzt eine Spannbreite von fast 4 m; die kleinste, bekannte Art ist eine parasitische Haarbalgmilbe der Gattung *Demodex* (gr. *demos*, Volk + *dex*, ein Holzwurm) von weniger als 0,1 mm.

Arthropoden sind für gewöhnlich aktive, dynamische Tiere. Sie nutzen alle Arten der Ernährung – Carnivorie, Herbivorie und Omnivorie – obgleich die meisten Arten herbivor sind. Viele aquatisch lebende Arthropoden sind omnivor oder sind für ihre Ernährung auf Algen angewiesen. Die Mehrheit der terrestrischen Formen lebt in der Hauptsache von Pflanzen. Hinsichtlich der Diversität ihrer ökologischen Verbreitung sind die Arthropoden konkurrenzlos.

Obwohl viele terrestrische Arthropoden mit dem Menschen um Nahrung konkurrieren und ernste Krankheiten unter Wirbeltieren verbreiten, sind sie unersetzlich bei der Bestäubung vieler Nutzpflanzen. Außerdem

MERKMALE

■ **Phylum Arthropoda**

1. Bilateralsymmetrie; **segmentierter Körper**, der in **Tagmata** (Kopf + Rumpf; Kopf, Thorax + Abdomen, oder Cephalothorax + Abdomen) untergliedert ist.
2. **Gelenkige Anhangsgebilde**; ursprünglich ein Paar an jedem Segment, Anzahl jedoch oft reduziert; Köperanhänge oft für spezialisierte Aufgaben modifiziert.
3. **Kutikuläres Exoskelett**; enthält Proteine, Lipide, Chitin und oft Calciumcarbonat; von der darunterliegenden Epidermis abgesondert; in Intervallen abgeworfen (Häutung).
4. **Komplexes Muskelsystem**; am Exoskelett befestigt; **quergestreifte Muskeln** für schnelle Aktionen, glatte Muskeln für die Viszeralorgane (Eingeweide); keine Cilien.
5. **Reduziertes Coelom** bei den Adulti; der größte Teil der Körperhöhle besteht aus dem Hämocoel (Sini – Hohlräume – im Gewebe), angefüllt mit Blut.
6. **Vollständiges Verdauungssystem**; Mundwerkzeuge hervorgegangen aus ursprünglichen Anhangsgebilden und für unterschiedliche Ernährungsweisen adaptiert.
7. **Offenes Kreislaufsystem** mit dorsalem, **kontraktilen Herzen**, Arterien und Hämocoel (Blutsini).
8. Atmung über die **Körperoberfläche, Kiemen, Tracheen** (Luftröhren) oder **Buchlungen**.
9. Paarige Exkretionsdrüsen (**coxale, antennale** oder **maxillare Drüsen**) bei einigen; andere mit Exkretionsorganen, die als **Malpighi'sche Röhren** bezeichnet werden.
10. **Nervensystem** dem der Anneliden ähnlich, mit dorsalem Gehirn, das über einen den Schlund umlaufenden Ring mit einem doppelten Nervenstrang ventraler Ganglien verbunden ist; Ganglienfusion bei einigen Arten; gut entwickelte Sinnesorgane.
11. **Geschlechter im Allgemeinen getrennt**, mit paarigen Fortpflanzungsorganen und -gängen; für gewöhnlich intrakorporale Befruchtung; ovipar, ovovivipar oder vivipar; oft mit **Metamorphose**; bei einigen Parthenogenese.

Vergleich der Arthropoden mit den Anneliden

Folgende Ähnlichkeiten zwischen Arthropoden und Anneliden gibt es:

1. Externe Segmentierung markant.
2. Segmentale Anordnung der Muskeln.
3. Ventraler Nervenstrang mit segmental angeordneten Ganglien und dorsalen Cerebralganglien.
4. Spiralfurchung (bei einigen Arthropoden).

Folgende Unterschiede zwischen Arthropoden und Anneliden gibt es:

1. Intersegmentale Septen fehlen meist.
2. Ausgeprägte Tagmatisierung (im Vergleich zur sehr begrenzten Tagmatisierung der Anneliden).
3. Coelomhöhle reduziert; Hauptkörperhöhle ist ein Hämocoel.
4. Offenes (lakunäres) Kreislaufsystem.
5. Chitinhaltiges Exoskelett.
6. Anhangsgebilde mit Gelenken.
7. Zusammengesetzte Augen (auch bei einigen wenigen Anneliden vorhanden) und andere wohlentwickelte Sinnesorgane.
8. Fehlen von Cilien.

stellen sie eine wichtige Nahrungsgrundlage ganzer Ökosysteme dar, liefern pharmazeutische Wirkstoffe und bringen Produkte wie Seide, Honig, Bienenwachs und Farbstoffe hervor.

Die Arthropoden sind in allen Gebieten der irdischen Biosphäre weiter verbreitet als die Angehörigen jedes anderen Stammes der Eukaryonten. Man findet sie in allen Habitaten von den tiefsten Gründen des Meeres bis in große Höhen, und von den Tropen bis weit in die nördlichen und südlichen Polargebiete. Verschiedene Arten sind an ein Leben in der Luft, auf dem Land, im Süß-, Brack- oder Meerwasser, oder auf oder in den Körpern von Pflanzen und anderen Tieren angepasst. Einige Arten leben an Orten, an denen kein anderes Tier überleben könnte – Protozoen ausgenommen.

In diesem Kapitel werden wir die Unterstämme Trilobita (sämtliche Arten ausgestorben) und Chelicerata behandeln, die beiden nachfolgenden Kapitel sind den Unterstämmen Crustacea (siehe Kapitel 19) sowie Gruppen, die gegenwärtig nicht ganz korrekt als Uniramia zusammengefasst werden, gewidmet (siehe Kapitel 20) (zur Klassifikation der Arthropoden, siehe Kasten im Abschnitt „Phylogenese und adaptive Radiation" weiter unten in diesem Kapitel).

18.1.1 Warum haben die Arthropoden eine so gewaltige Diversität und Häufigkeit erreichen können?

Die Arthropoden zeigen eine sehr hohe Diversität (Artenzahl), weite Verbreitung, und Vielfalt an Lebensräumen und Ernährungsweisen. Außerdem besitzen sie eine beinahe unheimlich wirkende genetische Prädisposition zur Anpassung an sich verändernde Bedingungen. Für unsere weitere Diskussion wollen wir in aller Kürze einige strukturelle und physiologische Grundmuster zusammenfassen, die zum Aufstieg dieser Gruppe in ihre dominierende Position beigetragen haben.

1 **Ein vielseitiges Exoskelett.** Die Arthropoden besitzen ein Exoskelett, das eine hohe Schutzwirkung besitzt, ohne die Vorteile der Flexibilität oder der Mobilität aufzugeben. Dieses Skelett ist die **Kutikula**, ein äußerer Überzug, der von der darunterliegenden Epidermis abgeschieden wird. Die Kutikula besteht aus einer dickeren, inneren **Prokutikula** und einer äußeren, relativ dünnen **Epikutikula**. Die Prokutikula gliedert sich in eine **Exokutikula**, die vor einer Häutung sezerniert wird, und eine **Endokutikula**, die nach der Häutung sezerniert wird. Beide Schichten der Prokutikula enthalten an Proteine gebundenes **Chitin**. Chitin ist ein zähes, widerstandsfähiges, stickstoffhaltiges Polysaccharid, das in Wasser, Laugen und schwachen Säuren unlöslich ist. Die Prokutikula ist daher nicht nur flexibel und leicht, sondern vermittelt gleichzeitig auch Schutz, insbesondere gegen Austrocknung. Bei einigen Crustaceen macht das Chitin 60 bis 80 Prozent der Prokutikula aus, bei den Insekten ist es wahrscheinlich nicht mehr als 50 Prozent (der Rest ist Protein). Bei den meisten Crustaceen ist die Prokutikula durch eingelagerte **Calciumsalze**, die die Biegsamkeit herabsetzen, verstärkt. Im Fall der harten Schalen von Hummern und Krabben ist diese Kalkeinlagerung in extremer Weise ausgeprägt. Die äußere Epikutikula besteht aus Protein und Lipiden. Der Proteinanteil ist durch chemische Quervernetzung (**Sklerotisierung**) stabilisiert und verhärtet, was eine noch höhere Schutzwirkung verleiht. Sowohl die Prokutikula als auch die Epikutikula weisen eine laminierte Struktur auf – also einen Aufbau aus übereinandergelagerten Schichten (siehe Abbildung 29.1). Bei vielen Insekten besteht die am weitesten außen liegende Schicht der Epikutikula aus Wachsen, die Wasserverluste eindämmen.

Die Kutikula kann weich und durchlässig sein oder als wehrhafte Panzerung des Körpers ausgebildet sein. Zwischen den Körpersegmenten und zwischen den Segmenten der Anhangsgebilde ist die Kutikula dünn und biegsam, wodurch bewegliche Gelenke entstehen, die freie Bewegungen zulassen. Bei den Crustaceen und den Insekten bildet die Kutikula Einstülpungen (**Apodeme**), die als Ansatzstellen für Muskeln dienen. Die Kutikula kann außerdem den Vorder- und den Hinterdarm auskleiden, die Tracheen auskleiden und abstützen, sowie für beißende Mundwerkzeuge, Sinnes- und Kopulationsorgane und schließlich für dekorative Zwecke adaptiert sein. Sie ist in der Tat ein sehr vielseitiges Material. Dieses kutikuläre Exoskelett ist allerdings nicht dehnungsfähig und das bringt jedoch unübersehbare Einschränkungen für das Wachstum mit sich. Um wachsen zu können, muss ein Arthropode seine äußere Hülle von Zeit zu Zeit abwerfen und eine größere anlegen – ein Vorgang, der als **Häutung** bezeichnet wird. Der Häutungsvorgang mündet in das Abwerfen der Haut, die **Ecdysis**. Viele Gliederfüßler häuten sich wiederholte Male, bevor sie das Adultstadium erreichen, und einige setzen sogar danach die Häutungen fort. Ein Exoskelett ist außerdem relativ schwer und wird mit Zunahme der Körpergröße proportional schwerer. Die terrestrischen Arthropoden sind vermutlich (unter anderem) infolge dieser Wechselbeziehung in der für sie erreichbaren Endgröße beschränkt.

2 **Die Segmentierung und die Anhangsbildungen erlauben eine effizientere Lokomotion.** Im Regelfall trägt jedes Segment ein Paar gelenkiger Anhänge, doch ist dieses Grundmuster oftmals modifiziert, und sowohl die Segmente wie die Anhangsgebilde sind für adaptive Aufgaben spezialisiert. Die Gliedmaßensegmente sind im wesentliche hohle Hebelarme, die durch innen liegende, zumeist quergestreifte Muskeln bewegt werden, so dass schnelle Bewegungen möglich sind. Die Anhangsbildungen sind mit Sinneshaaren ausgestattet (sowie mit Borsten und Dornen) und können für sensorische Aufgaben, die Handhabung von Nahrung, rasches und effizientes Laufen und für das Schwimmen modifiziert und adaptiert sein.

3 **Luft wird unmittelbar zu den Zellen geleitet.** Die meisten terrestrischen Arthropoden besitzen ein hoch effizientes tracheales System von Luftröhren, das Sauerstoff unmittelbar zu den Geweben und Zellen bringt und so in Phasen hoher Aktivität eine hohe Stoffwechselrate ermöglicht. Dieses System trägt auch zur Begrenzung der möglichen Körpergröße bei. Aquatische Arthropoden atmen in der Hauptsache durch verschiedene Formen innerer oder äußerer Kiemen.

4 **Hoch entwickelte Sinnesorgane.** Man findet eine große Vielfalt von Sinnesorganen, von Facettenaugen bis zu Organen für die Wahrnehmung von Berührungs-, Schall-, Gleichgewichts(lage-) sowie Geruchs- und anderen chemischen Reizen. Arthropoden nehmen mit großer Aufmerksamkeit wahr, was in ihrer Umgebung vor sich geht.

5 **Komplexe Verhaltensmuster.** Die Arthropoden lassen die meisten anderen Wirbellosen in Bezug auf den Komplexitätsgrad und die Organisationshöhe ihrer Aktivitäten hinter sich. Angeborenes (nicht gelerntes) Verhalten kontrolliert zweifellos einen großen Teil der Aktivitäten, doch spielen Lernvorgänge im Leben vieler Arten ebenfalls eine bedeutende Rolle.

6 **Die Begrenzung intraspezifischer Konkurrenz durch Metamorphose.** Viele Arthropoden durchlaufen metamorphische Umwandlungen. Dabei tritt eine Larvenform auf, die sich im Aufbau ganz wesentlich von der Adultform unterscheidet.

Subphylum Trilobita 18.2

Die Trilobiten hatten ihren Ursprung vermutlich im Erdzeitalter des Kambriums, in der auch ihre Blütezeit lag. Die Gruppe ist seit 200 Millionen ausgestorben; während des Kambriums und des Ordoviziums waren sie häufig und artenreich. Der Name bezieht sich auf die im Querschnitt dreilappige Form des Körpers, die durch zwei längs verlaufende Rinnen hervorgerufen wird. Die Trilobiten („Dreilapper") waren bodenbewohnende, dorsoventral abgeflachte Tiere, die wahrscheinlich den Meeresgrund nach Nahrung abgesucht haben (▶ Abbildung 18.1a). Die meisten konnten sich wie Pillendreherkäfer zusammenrollen, und ihre Körperlängen reichten von 2 cm bis 70 cm. Ungeachtet ihres stammesgeschichtlichen Alters handelte es sich bei ihnen um hoch spezialisierte Gliederfüßler.

Ihr Exoskelett enthielt Chitin und war an einigen Stellen durch Calciumcarbonat verstärkt. Der Körper war in drei Tagmata untergliedert: einen Kopf (der auch als Cephalon bezeichnet wird), einen Rumpf und ein Pygidium. Das Cephalon bestand aus einem Teil, lässt aber Anzeichen für eine frühere Segmentierung erkennen. Der Rumpf bestand aus einer variablen Anzahl von

 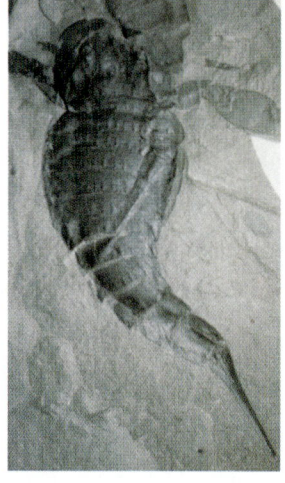

(a)　　　　　　　　　　(b)

Abbildung 18.1: **Fossilien früher Arthropoden.** (a) Fossile Trilobiten, Dorsalansicht. Diese Tiere waren während des mittleren Kambriums häufig. (b) Ein fossiler Euryptid (deutsch: „Breitflosser"). Die Euryptiden hatten ihre Blütezeit im Gebiet des heutigen Europa und Nordamerika vom Ordovizium bis in das Perm.

Segmenten. Die Segmente des Pygidiums am posterioren Ende waren zu einer Platte fusioniert. Das Cephalon trug ein Paar Antennen, zusammengesetzte Augen, eine Mundöffnung sowie vier Paare beinähnlicher Anhänge. Es gab keine echten Mundwerkzeuge (die sich ihrem Ursprung nach von gelenkigen Anhängen ableiten), doch verfügten sie über ein Hypostom (siehe Abschnitt „Ordo Acari: Zecken und Milben", weiter unten), das vermutlich zum Fressen diente. Jedes Körpersegment mit Ausnahme des letzten trug außerdem ein Paar zweifach verzweigter Anhänge. Eine der Verzweigungen hatte einen Saum aus Filamenten, die möglicherweise die Funktion von Kiemen hatten.

18.3 Subphylum Chelicerata

Die cheliceraten Arthropoden sind eine alte Gruppe, zu der die Eurypteriden (ausgestorbene Kieferklauenträger), die Pfeilschwänze, die Spinnen, die Zecken, die Milben, die Skorpione, die Asselspinnen und einige andere, weniger bekannte Gruppen wie die Walzenspinnen (Solifugae; Solpugidae) und die Geißelskorpione (Uropygi) gehören. Sie sind durch sechs Paare cephalothorakaler Anhangsgebilde gekennzeichnet, zu denen ein Paar Cheliceren (Mundwerkzeuge), ein Paar Pedipalpen sowie vier Paare Schreitbeine gehören (ein Paar Cheliceren und fünf Beinpaare bei den Pfeilschwänzen). Sie besitzen keine Antennen. Die meisten Cheliceraten ernähren sich, indem sie Flüssigkeiten oder das enzymatisch verflüssigte Innere von Beutetieren aussaugen.

18.3.1 Classis Merostomata

Die Klasse Merostomata umfasst die Eurypteriden, die heute sämtlich ausgestorben sind, und die Xiphosuriden – die Pfeilschwänze –, eine sehr alte Gruppe, der manchmal das Attribut „lebende Fossile" zugewiesen wird.

Subclassis Eurypterida

Die Eurypteriden (deutsch: Riesen- oder Seeskorpione, Kieferklauenträger; Abbildung 18.1b) sind die größten unter den fossilen Arthropoden; manche Formen erreichten eine Länge von 3 m. Ihre Fossilien findet man in Sedimenten vom Kambrium bis zum Perm. Sie weisen viele Merkmale auf, die denen der marinen Pfeilschwänze (▶ Abbildung 18.2) sowie denen von Skorpionen ähneln. Ihre Köpfe bestehen aus sechs fusionierten Segmenten und tragen sowohl einfache wie zusammengesetzte Augen, außerdem Cheliceren und Pedipalpen. Darüber hinaus hatten die Tiere vier Paare Schreitbeine, und ihr Abdomen bestand aus zwölf Segmenten und einem dornartigen Telson (= letztes Segment am Hinterleib, auch Pygidium genannt).

Die Eurypteriden waren die dominanten Jäger ihrer Epoche. Einige Formen besaßen anteriore Körperanhänge, die zu großen Brechscheren modifiziert waren. Es ist möglich, dass die Entwicklung der Dermalpanzerung

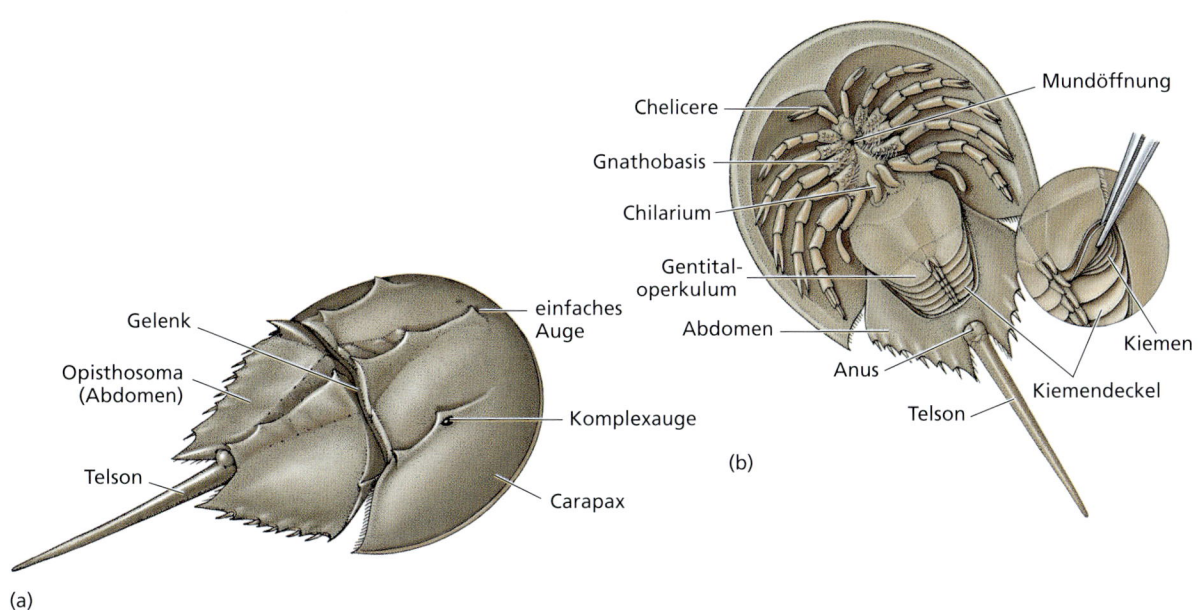

Abbildung 18.2: Xiphosuriden. (a) Dorsalansicht eines Pfeilschwanzes, Gattung *Limulus* (Klasse Merostomata). Sie erreichen eine Größe von bis zu 0,5 m. (b) Ventralansicht.

18 Arthropoda (Gliederfüßler)

der frühen Fische (Abbildungen 23.14 und 23.17) auf einem Selektionsdruck durch die Nachstellung durch Eurypteriden fußt.

Subclassis Xiphosurida: Die Pfeilschwänze

Die Pfeilschwänze sind eine alte marine Gruppierung, die bis in das Kambrium zurückreicht. Die heute lebenden Pfeilschwänze der Gattung *Limulus* (Abbildung 18.2) (lat. *limus*, seitwärts, schief, verschoben) hat sich morphologisch praktisch unverändert seit der Trias (etwa 250 bis 200 Millionen Jahre vor unserer Zeit) erhalten. Nur drei Gattungen mit vier Arten haben bis heute überlebt: *Limulus*, der in flachen Küstengewässern entlang der nordamerikanischen Atlantikküste bis an die Küsten Mexikos im Golf von Mexiko lebt; *Carcinoscorpius* (gr. *karkinos*, Krebs + *skorpion*, Skorpion), entlang der Südküste Japans; und *Tachypleus* (gr. *tachys*, schnell + *pleutes*, Seefahrer) an den Küsten Südostasiens. Sie leben für gewöhnlich im flachen Wasser.

Die Xiphosuriden (gr. *xiphos*, Schwert + *ura*, Schwanz) besitzen einen unsegmentierten, hufeisenförmigen **Carapax** (harter Dorsalschild) und ein breites Abdomen mit einem langen **Telson** (Schwanzstück). Ihr Cephalothorax trägt ein Paar Cheliceren, ein Paar Pedipalpen sowie vier Paare Schreitbeine, wohingegen das Abdomen Paare breiter, dünner Anhangsgebilde trägt, die in der Medianlinie fusioniert sind (Abbildung 18.2). An fünf Abdominalanhängen finden sich **Buchkiemen** (flache, blattartige Kiemen), die unter Kiemendeckeln liegen. Es gibt zwei laterale, rudimentäre Augen und zwei einfache Augen auf dem Carapax. Die Pfeilschwänze schwimmen mit Hilfe ihrer Abdominalplatten und können mit Hilfe ihrer Beine auf dem Grund laufen. Sie ernähren sich nachts von Würmern und kleinen Weichtieren, die sie mit ihren Cheliceren und Laufbeinen ergreifen.

Während der Fortpflanzungszeit kommen die Pfeilschwänze zu Tausenden bei Flut an die Strände, um sich zu paaren. Das Weibchen hebt eine Grube im Sandboden aus, wo sie ihre Eier ablegt. Ein oder mehrere der kleineren Männchen folgen ihr rasch nach, um Sperma in das Nest abzugeben, bevor das Weibchen es mit Sand zuschüttet. Die amerikanischen Limulus-Pfeilschwänze vollziehen die Paarung und die Eiablage während des Hochwassers bei Voll- und Neumond während des Frühlings und Sommers. Die Eier werden von der Sonne erwärmt und bleiben vor den Wellen geschützt, bis die jungen Larven schlüpfen, sich ausgraben und mit der nächsten folgenden Flut ins offene Meer gespült werden. Die Larven sind segmentiert und werden oft als „Trilobitenlarven" bezeichnet, weil sie Trilobiten ähneln, mit denen die Xiphosuriden vermutlich verwandt sind.

18.3.2 Classis Pycnogonida: Die Asselspinnen

Ungefähr eintausend Arten von Asselspinnen bewohnen marine Lebensräume, die sich von flachen, küstennahen Gewässern bis in die tiefen Ozeanbecken erstrecken. Einige Vertreter der Asselspinnen sind nur wenige Millimeter lang, andere sind viel größer, mit einer Beinspannweite von ca. 75 cm. Sie besitzen kleine, dünne Körper und meist vier Paare langer, dünner Schreitbeine. Darüber hinaus besitzen sie ein unter den Arthropoden einmaliges Merkmal: Bei einigen Gruppen sind Segmente dupliziert, so dass sie fünf oder sechs Beinpaare haben anstelle der normalerweise für Arachniden typischen vier. Die Männchen vieler Arten tragen ein zusätzliches Beinpaar (**Ovigeren**, wörtlich: Eiträger) (▶ Abbildung 18.3), an denen sie die sich entwickelnden

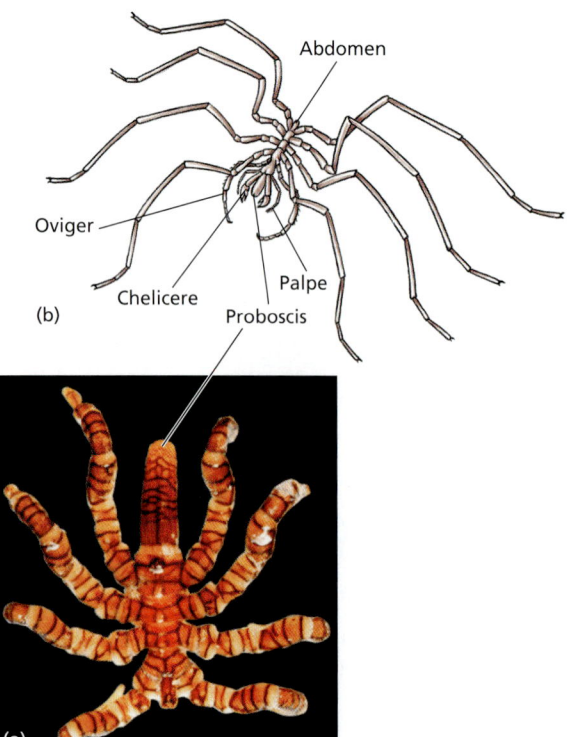

Abbildung 18.3: Asselspinnen. (a) Eine Asselspinne der Gattung *Nymphon*. Bei dieser Gattung sind alle Anhänge (Cheliceren, Palpen und Ovigere) bei beiden Geschlechtern vorhanden, obgleich die Ovigeren bei den Weibchen anderer Gattungen häufig fehlen. (b) *Pycnogorum hancockii*, ein Pycnogonide mit verhältnismäßig kurzen Beinen. Die Weibchen der Tiere dieser Gattung besitzen weder Cheliceren noch Ovigeren; nur die Männchen besitzen Ovigeren.

Eier mitführen; bei den Weibchen fehlen die Ovigeren oft. Viele Arten sind außerdem mit Cheliceren und Palpen ausgerüstet.

Der kleine Kopf (das Cephalon) besitzt eine erhöhte Vorstülpung mit zwei Augenpaaren. Die Mundöffnung befindet sich an der Spitze einer langen **Proboscis**, die Körperflüssigkeiten aus Nesseltieren (Cnidariern) und anderen weichkörperigen Tieren saugt. Ihr Kreislaufsystem ist auf ein einfaches Dorsalherz beschränkt; ein exkretorisches und ein respiratorisches System fehlen. Der lange, dünne Körper und die langen, dünnen Beine erzeugen eine große Körperoberfläche relativ zum Körpervolumen, die offensichtlich für den Austausch von Gasen und Stoffwechselendprodukten durch Diffusion ausreicht. Aufgrund der kleinen Körper weisen Verdauungssystem und Gonaden Verzweigungen auf, die in die Beine hineinreichen.

Asselspinnen finden sich in allen Meeren, am häufigsten sind sie jedoch in polaren Gewässern. *Pycnogonum* (Abbildung 18.3b) ist eine häufige Gattung der Gezeitenzone der atlantischen wie der pazifischen Küste Nordamerikas. Die Tiere dieser Gattung haben verhältnismäßig kurze, gedrungene Beine. *Nymphon* (Abbildung 18.3a) ist mit über 200 Arten die größte Gattung der Pycnogoniden. Sie tritt von der Gezeitenzone bis in Tiefen von 6800 m in allen Meeren mit Ausnahme des Schwarzen Meeres und der Ostsee auf.

Einige Fachleute haben die Ansicht vertreten, dass die Pycnogoniden näher mit den Crustaceen verwandt sind als mit den anderen Arthropoden, doch stützen sowohl morphologische wie molekulare Befunde die Eingruppierung der Pycnogoniden in die Cheliceraten.

18.3.3 Classis Arachnida: Die Spinnentiere

Die Arachniden (gr. *arachne*, Spinne; die Weberin) zeigen ein enormes Maß an anatomischer Variation. Über die Spinnen hinaus gehören zu dieser Gruppierung die Skorpione, die Pseudoskorpione, die Geißelskorpione, die Zecken, die Milben, die Weberknechte, und andere mehr Zwischen diesen Gruppen existieren zahlreiche Unterschiede hinsichtlich der äußeren Form und der Körperanhänge. Sie sind zumeist freilebend und in warmen, trockenen Gegenden am häufigsten.

Alle Arachniden weisen zwei Tagmata auf: einen Cephalothorax (Kopf + Thorax), der im Regelfall über ein enges Pedizilium mit dem Abdomen verbunden ist. Das Abdomen beherbergt die Fortpflanzungs. und die Atmungsorgane wie Tracheen oder Buchlungen. Der Cephalothorax trägt für gewöhnlich ein Paar Cheliceren, ein Paar Pedipalpen sowie vier Schreitbeinpaare (▶ Abbildung 18.4). Die meisten Arachniden sind räuberisch und verfügen über Klauen, Fänge (Klauen und Fänge sind modifizierte Pedipalpen und Cheliceren), Giftdrüsen oder Stacheln. Für gewöhnlich besitzen sie einen starken, saugenden Pharynx, mit dem sie die Flüssigkeiten und weichen Gewebe aus den Körpern ihrer Beute heraussaugen. Zu den interessantesten Adaptionen gehören die Spinndrüsen der Spinnen.

Die Arachniden haben sich in extremer Weise diversifiziert: Mehr als 80.000 Arten sind bis heute beschrieben worden. Sie gehörten zu den ersten Arthropoden, die terrestrische Habitate eroberten. In den Fossilien des Silurs (433 bis 417 Millionen Jahren vor unserer Zeit) finden sich solche von Skorpionen, und bis zum Ende des Paläozoikums vor 250 Millionen Jahren waren die Milben und Spinnen auf der Bühne des Lebens erschienen.

Die meisten Arachniden leben räuberisch, sind aber für den Menschen nicht nur harmlos sondern durch das Vertilgen schädlicher oder gefährlicher Insekten sogar sehr nützlich. Zur Nahrungsaufnahme setzen die Arachniden im typischen Fall zunächst Verdauungsenzyme frei, die sie auf verschiedenen Wegen in ihre Beute hinein praktizieren oder über sie ausschütten; nachfolgend die so vorverdaute flüssige Nahrung eingesaugt. Einige wenige Arten wie die Schwarze Witwe (*Latrodectus* sp.)

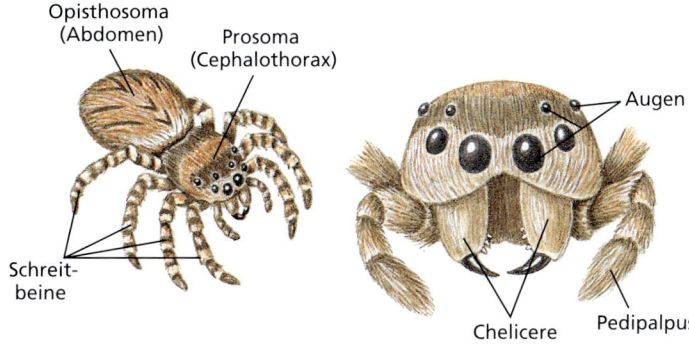

Abbildung 18.4: **Äußere Anatomie einer Springspinne.** Rechts die anteriore Ansicht des Kopfes.

Arthropoda (Gliederfüßler)

oder die Braune Einsiedlerspinne *(Loxosceles reclusa)* können dem Menschen schmerzhafte oder sogar gefährliche Bisse beibringen. Die Stiche von Skorpionen können ziemlich schmerzhaft sein, und die einiger Arten können sogar tödlich sein. Einige Zecken und Milben übertragen gefährliche Infektionskrankheiten; außerdem kann es zu schmerzhaften, langanhaltenden Reizungen an den Biss-Stellen kommen. Bestimmte Milben schädigen eine Reihe wichtiger Nutz- und Zierpflanzen, indem sie deren Phloemsaft aussaugen.

Mehrere kleinere Ordnungen finden in der nachfolgenden Beschreibung keine Berücksichtigung.

Ordo Araneae: Spinnen

Spinnen sind eine große Gruppe innerhalb der Arachniden mit ungefähr 40.000 Arten, die über die ganze Welt verteilt vorkommen. Der Spinnenkörper ist kompakt: Ein **Cephalothorax** (das **Prosoma**) und ein **Abdomen** (das **Opisthosoma**), die beide unsegmentiert sind, werden durch ein dünnes Verbindungsstück, das Pedicel miteinander verbunden. Einige wenige Spinnenarten weisen ein segmentiertes Abdomen auf; dieser Zustand wird als ursprünglich angesehen.

Als anteriore Körperanhänge finden sich ein Paar **Cheliceren** (Abbildung 18.4), die terminale **Giftklauen** mit ableitenden Gängen der Giftdrüsen aufweisen. Zusätzlich verfügen sie über ein Paar beinartiger **Pedipalpen**, die sensorische Funktion besitzen, und die von den Männchen zur Übergabe von Samenpaketen benutzt werden. Die basalen Anteile der Pedipalpen können zur Handhabung von Beutetieren eingesetzt werden (Abbildung 18.4). Die vier **Laufbeinpaare** enden in Klauen.

Alle Spinnen leben räuberisch und ernähren sich überwiegend von Insekten, die sehr wirkungsvoll mit Gift aus den Giftklauen gelähmt oder getötet werden. Einige Spinnen verfolgen ihre Beute (Jagdspinnen), andere liegen versteckt auf der Lauer, und viele fangen sie in einem Netz aus Spinnenseide. Nachdem eine Spinne ihr Beutetier mit den Cheliceren gepackt und Gift injiziert hat, verflüssigen sich die inneren Gewebe des Beutetiers durch die Wirkung der im Gift enthaltenen Enzyme; der entstehende Nahrungsbrei wird von der Spinne in den Magen gesaugt. Spinnen mit Zähnen an der Cheliceren-basis zermalmen oder zerkauen die Beute, um die verdauende Wirkung der Enzyme zu unterstützen.

Spinnen atmen mit der Hilfe von Buchlungen oder Tracheen oder beiden. Buchlungen bestehen aus vielen parallel angeordneten Lufttaschen, die sich in eine blutgefüllte Kammer hinein erstrecken (▶ Abbildung 18.5). Luft tritt über eine spaltförmige Öffnung der Körperwandung in die Kammer ein. Tracheen bilden ein System von Luftröhren, die Luft direkt von einer Spirakel genannten Öffnung zum Blut leiten. Die Tracheen der Spinnen sind denen der Insekten ähnlich (siehe Kapitel 20: Gasaustausch); sie sind jedoch bei den Spinnen weniger ausgedehnt und haben sich bei den beiden Arthropoden-Abstammungslinien unabhängig voneinander evolviert. Das Tracheensystem der Arthropoden stellt also einen Fall von massiver evolutiver Konvergenz dar.

Spinnen und Insekten haben ebenfalls unabhängig voneinander ein einzigartiges **exkretorisches System** in Form der **Malpighi'schen Gefäße** (Abbildung 18.5) evolviert, das im Zusammenspiel mit spezialisierten Resorptionszellen des intestinalen Epitheliums arbeitet. Kalium und andere gelöste Stoffe sowie Abfallstoffe

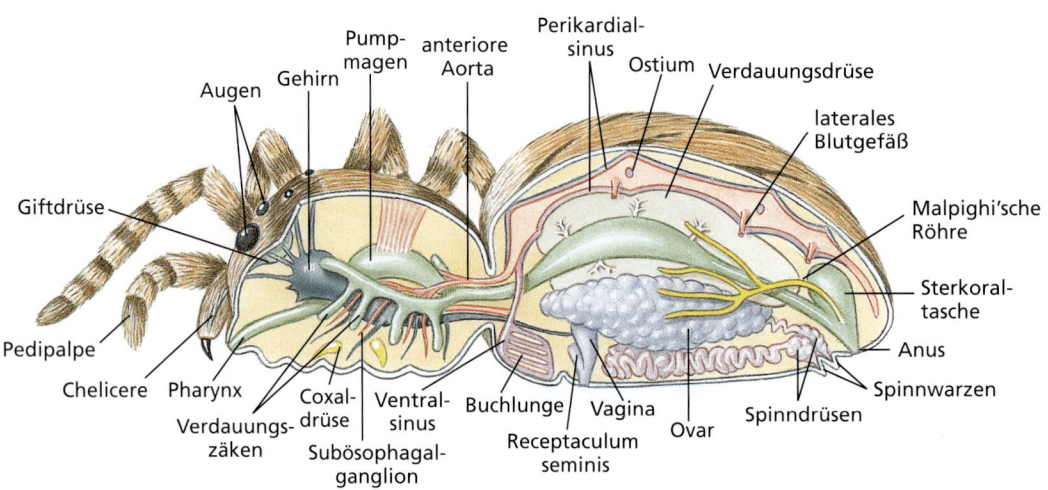

Abbildung 18.5: Spinne. Innere Anatomie.

Abbildung 18.6: Ein Grashüpfer im Netz der Schwarzgelben Gartenspinne *(Argiope aurantia)*. Er wird von der Spinne in Seide eingewickelt, während er noch lebt. Falls die Spinne im Augenblick des Fanges nicht hungrig ist, wird die Beute zum späteren Verzehr eingelagert.

werden in die Gefäße sezerniert, aus denen dann die Flüssigkeit – der „Urin" – in den Darm geleitet wird. Resorptionszellen gewinnen dann den größten Teil des Kaliums und des Wassers zurück; zurück bleiben Abfallstoffe wie Harnsäure. Diese Rückführung von Wasser und Kalium erlaubt es Arten, die in trockenen Umwelten leben, den Flüssigkeitsverlust zu minimieren, indem sie eine fast vollständig eingetrocknete Mischung aus Urin und Fäzes abgeben. Viele Spinnen besitzen darüber hinaus **Coxaldrüsen**, die modifizierte Nephridien darstellen, die an der Coxa des ersten und dritten Laufbeinpaares Öffnungen nach außen besitzen.

Spinnen haben für gewöhnlich acht **einfache Augen**. Jedes ist mit einer Linse, optischen Stäbchen und einer Retina versehen (Abbildung 18.4). Sie werden in der Hauptsache zur Wahrnehmung sich bewegender Objekte verwendet. Es ist jedoch möglich, dass einige, wie etwa die Jagd- und Springspinnen, auch befähigt sind, Abbildungen zu erstellen und wahrzunehmen. Da das Sehvermögen einer Spinne oft nur schlecht entwickelt ist, hängt ihre Umweltwahrnehmung zu einem großen Teil von Mechanorezeptoren wie den **sensorische Seten** (Sensillen, **Sinnesborsten**) ab. Sinnesborsten, welche die Beine bedecken, nehmen Erschütterungen des Netzes, zappelnde Beutetiere oder sogar leichte Luftbewegungen wahr.

Netzbau. Die Fähigkeit, Seidenfäden zu spinnen, ist von zentraler Bedeutung für das Leben einer Spinne. Dies gilt ebenso für andere Arachniden wie zum Beispiel die Spinnmilben (Tetranychidae). Zwei oder drei Paare Spinnwarzen, die hunderte mikroskopischer Röhren enthalten, sind mit spezialisierten, abdominalen **Spinndrüsen** verbunden (Abbildung 18.5). Ein Skleroprotein, das in flüssiger Form aus den Spinnwarzen freigesetzt wird, härtet unmittelbar zu einem Seidenfaden aus. Fäden aus Spinnenseide sind reißfester als Stahlfäden gleichen Durchmessers und werden in dieser Hinsicht nur von verschmolzenen Quarzfasern übertroffen.

Viele Spinnenarten weben Spinnennetze. Die Art des Netzes ist variabel und artabhängig. Einige Netze sind einfach und bestehen lediglich aus einigen Seidenfäden, die vom Bau oder Versteck der Spinne aus radial ausstrahlen. Andere weben schön anzusehende Radnetze von sehr regelmäßiger Geometrie. Außer zum Netzbau nutzen Spinnen ihre Spinnenseide für zahlreiche andere Zwecke. Sie verwenden die Seide, um ihre Nester auszukleiden; bilden daraus Eisäcke oder Spermanetze; für Fangleinen, Sicherungsleinen, Alarm-/Signaldrähte, Häutungsfäden, Anheftungsscheiben und Brutnetze; oder zur sicheren Verpackung von Beutetieren (▶ Abbildung 18.6). Nicht alle Spinnen weben Netze, die sie als Fallen verwenden. Einige Spinnen werfen eine klebrige Fangleine aus, um Beutetiere im Flug zu fangen. Andere, wie die Wolfsspinnen, die Springspinnen (Abbildung 18.4) und die Wasserspinnen (▶ Abbildung 18.7) verfolgen und überwältigen ihre Beutetiere. Diese Spinnen haben wahrscheinlich die Fähigkeit der Seidenherstellung zum Beutefang verloren.

Fortpflanzung. Ein Werbungsritual geht der Paarung sichtbar voran. Vor der Paarung spinnt ein Männchen ein kleines Netz, deponiert darauf einen Tropfen Sperma und nimmt diesen dann mit den Pedipalpen auf, um ihn in speziellen Hohlräumen an diesen Tastern

Abbildung 18.7: Eine Jagdspinne der Art *Dolomedes triton* mit einer gefangenen Elritze *(Phoxinus phoxinus)*. Die stattliche Spinne ernährt sich vorwiegend von aquatischen und terrestrischen Insekten, fängt gelegentlich aber auch kleine Fische und Kaulquappen. Sie zieht ihr paralysiertes Opfer aus dem Wasser, pumpt Verdauungsenzyme in es hinein und saugt dann den vorverdauten Inhalt heraus.

Arthropoda (Gliederfüßler)

Abbildung 18.8: **Vogelspinne.** Eine Vogelspinne der Art *Brachypelma vagans* (Schwarzrote Vogelspinne).

aufzubewahren. Bei der Paarung werden die mit Sperma beladenen Pedipalpen in die Genitalöffnung des Weibchens eingeführt, um das Sperma direkt in die Samentaschen (= Receptaculi semini, Spermatheken oder Spermathecae) zu platzieren. Das Weibchen legt seine Eier nach der Befruchtung in ein spezielles Netz aus Spinnenseide, das sie mit sich herumträgt oder an einem Fangnetz oder einer Pflanze befestigt. Ein Kokon kann hunderte von Eiern enthalten, aus denen innerhalb von etwa zwei Wochen die Jungen schlüpfen. Die Jungen verbleiben für gewöhnlich für einige Wochen im Eisack und häuten sich erstmals, bevor sie ihn verlassen. Die Zahl der Häutungen variiert, liegt aber im Allgemeinen im Bereich zwischen vier und zwölf, bevor das Adultstadium erreicht wird.

Über die Gefährlichkeit von Spinnen. Es ist wahrhaft erstaunlich, dass so kleine und unscheinbare Kreaturen ein solches Maß an unbegründeter Furcht in der Vorstellung der Menschen hervorgerufen haben. Spinnen sind im Allgemeinen ruhige und zurückhaltende Wesen. Anstatt gefährliche Feinde des Menschen zu sein, sind sie vielmehr Verbündete im fortwährenden Kampf mit Insekten und anderen Arthropodenschädlingen. Das zum Töten der Beute hergestellte Gift ist für Menschen überwiegend harmlos. Die giftigsten Spinnen beißen nur zu, wenn sie bedroht oder gereizt werden, oder wenn sie ihr Gelege oder ihre Jungen verteidigen. Selbst die Vogelspinnen (▶ Abbildung 18.8) sind ungeachtet ihrer furchteinflößenden Größe nicht gefährlich. Sie beißen nur selten Menschen, und ihr Biss ist etwa so stark wie der Stich einer Biene.

Es gibt jedoch in tropischen bis subtropischen Regionen der Erde einige Arten, die auch für den Menschen gefährlich werden können, indem sie beim Biss Giftmengen übertragen, die schwere Symptome und in manchen Fällen sogar den Tod herbeiführen können. Im Süden der USA sind dies die Gattungen *Latrodectus* (lat. *latro*, Räuber + *dectes*, beißen), die **Schwarzen Witwen** mit fünf Arten, und *Loxosceles* (gr. *loxos*, + *skelos*, Bein), die **Braunen Einsiedlerspinnen** – mit 13 Arten. Schwarze Witwen sind mittelgroße bis kleine Tiere von glänzend schwarzer Farbe. Üblich ist ein leuchtend rot bis orangefarbiges Mal an der Ventralseite des Abdomens, das in der Form oft an eine Sanduhr erinnert (▶ Abbildung 18.9a). Das Gift der Schwarzen Witwen ist neurotoxisch, wirkt also auf das Nervensystem. Vier bis fünf von tausend berichteten Bissfällen beim Menschen enden tödlich. In Südeuropa kommt im gesamten Umkreis des Mittelmeers die Art *Latrodectus tredecimguttatus* (lat. *tri*, drei + *decimus*, zehn + *guttatus* gefleckt, gesprenkelt) vor. Diese Schwarze Witwenart soll nach Norden bis ins südliche Österreich vorgedrungen sein. Auf Korsika und Sardinien ist sie häufig. Die Giftwirkung soll mit einem Wespenstich vergleichbar sein. Tödliche Verläufe werden ihr zugeschrieben, sind aber umstritten. Die nach dem Biss einer Schwarzen Witwe eintretenden Vergiftungssymptome werden als „Latrodektismus" bezeichnet und sollen

(a)

(b)

Abbildung 18.9: **Schwarze Witwe und Braune Einsiedlerspinne.** (a) Eine Schwarze Witwe der Art *Latrodectus mactans*, in ihrem Netz hängend. Man beachte die rote, uhrglasähnliche Zeichnung an der Ventralseite des Abdomens. (b) Exemplar der Braunen Einsiedlerspinne *Loxosceles reclusa* – eine kleine, sehr giftige Spinne. Man beachte die kleine, an eine Violine erinnernde Zeichnung auf der Dorsalseite des Cephalothorax. Das Gift dieser Spinne, die in Brasilien häufig ist, wirkt hämolytisch und ist für den Menschen gefährlich.

schon in antiker Zeit von Sokrates beschrieben worden sein.

Die Braunen Einsiedlerspinnen sind, wie der Name andeutet, von brauner Farbe und tragen auf ihrem Cephalothorax einen geigenförmigen Dorsalstreifen (Abbildung 18.9b). Ihr Gift wirkt hämolytisch (durch die Zerstörung roter Blutkörperchen) und nicht neurotoxisch. Im Umkreis von etlichen Zentimetern um die Bissstelle kommt es zu einer tiefen Gewebsnekrose (= Absterben des Gewebes), vornehmlich durch die Wirkung von Phospholipasen, welche die Zellmembranen zersetzen. Die Bissfolgen können mild bis schwer sein und gelegentlich zum Tod führen, wenn kleinere Kinder oder sehr alte Menschen betroffen sind. Im südlichen Europa kommt *Loxosceles rufescens* in den Mittelmeerländern vor.

In anderen Teilen der Welt gibt es ebenfalls gefährliche Spinnenarten, zum Beispiel die australischen Trichterspinnen der Gattung *Atrax*. Die gefährlichsten aller Spinnenarten sind die in Süd- und Mittelamerika verbreiteten Vertreter der Gattung *Phoneutria*. Die Tiere sind groß (10 bis 12 cm Beinspannweite) und ziemlich aggressiv. Ihr Gift gehört zu den Spinnengiften mit der stärksten physiologischen Wirkung. Die Bisse dieser Kammspinnen („Bananenspinnen"), die keine Netze bauen, sondern zum Beutefang umherwandern, rufen extrem starke Schmerzen, neurotoxische Wirkungen wie Sehstörungen, starkes Schwitzen, Übelkeit, Speichelfluss, erhöhter Blutdruck, Schüttelfrost, akut-allergische Reaktionen (durch Serotonin und Histamin im Gift) und eine nicht auf sexuelle Erregung beruhende Penisschwellung hervor. Tod durch Atemlähmung ist möglich. Fühlen sie sich bedroht, flüchten *Phoneutria*-Arten nicht, sondern stellen die vorderen Beinpaare auf und springen unter Umständen dem Angreifer sogar entgegen. Als Folge der Giftwirkung werden im Nervensystem die Botenstoffe Acetylcholin und Noradrenalin freigesetzt; auf deren systemische Wirkungen sind die im Folgenden einsetzenden vegetativen Symptome zurückzuführen. Die Empfindlichkeit für das Gift ist beim Menschen vier- bis fünfmal höher als bei der Maus.

Ordo Scorpiones: Skorpione

Die Skorpione sind möglicherweise die erdgeschichtlich älteste Gruppe terrestrischer Arthropoden und umfassen weltweit etwa 1400 Arten. Obwohl Skorpione in tropischen und subtropischen Breiten am häufigsten sind, leben einige auch in gemäßigten Klimazonen. Skorpione sind allgemein versteckt lebende Tiere, die den Tag in Höhlen oder unter Gegenständen verbringen und nachts auf Nahrungssuche gehen. Sie ernähren sich größtenteils von Insekten und Spinnen, die sie mit ihren Pedipalpen ergreifen und mit ihren Cheliceren zerteilen.

Sandbewohnende Skorpione lokalisieren Beutetiere durch Wahrnehmung von Oberflächenvibrationen, die durch die Bewegungen der Insekten auf oder im Sand hervorgerufen werden. Diese Erschütterungen werden durch zusammengesetzte Spaltsensillen aufgefangen, die an den letzten Beinsegmenten angeordnet sind. Ein Skorpion kann eine grabende Schabe aus 50 cm Entfernung wahrnehmen und sie mit drei oder vier raschen Bewegungen erreichen.

Die Tagmata des Skorpionkörpers sind ein vergleichsweise kurzer **Cephalothorax**, der Cheliceren, Pedipalpen, Beine, ein Paar großer, medianer Augen und im Regelfall zwei bis fünf Paare kleiner Lateralaugen trägt, ein **Präabdomen** (= **Mesosoma**) aus sieben Segmenten sowie ein langes, schlankes **Postabdomen** (= **Metasoma**) aus fünf Segmenten, das in einem Stachelapparat endet (▶ Abbildung 18.10a). Ihre Cheliceren sind klein; ihre Pedipalpen sind groß und chelat (pinzettenartig). Die vier Laufbeinpaare sind lang und haben acht Gelenke.

Auf der Ventralseite des Abdomens liegen seltsame, kammartige **Pektine** (Kammorgane), die als Tastorgane für die Erforschung des Untergrundes und für die Erkennung des Geschlechtes anderer Tiere dient. Der Stachel am letzten Segment besteht aus einer blasig aufge-

> **Exkurs**
>
> W. Bristow (1971) hat abgeschätzt, dass zu bestimmten Jahreszeiten ein für mehrere Jahre brachliegendes Feld in Sussex (England) auf jedem Hektar eine Gesamtspinnenpopulation von ca. zwei Millionen Individuen beherbergt hat. Er kam zu der Schlussfolgerung, dass so viele Spinnen nicht erfolgreich miteinander konkurrieren könnten, wenn die verschiedenen Arten nicht zahlreiche Anpassungen evolviert hätten. Dazu gehören Adaptionen an Kälte oder Hitze, Feuchtigkeit oder Trockenheit, oder helles Licht und Dunkelheit.
>
> Einige Spinnen fangen große Insekten, andere nur kleine. Netzbauende Arten fangen in der Hauptsache Fluginsekten, wohingegen die mobil jagenden Arten solche Insekten jagen, die auf dem Erdboden leben. Einige legen ihre Eier im Frühjahr ab, andere im Spätsommer. Einige gehen tagsüber auf Nahrungssuche, andere nachts, und einige Arten haben Geschmacksnoten evolviert, die auf Vögel oder bestimmte räuberische Insekten abstoßend wirken. Wie es bei den Spinnen der Fall ist, so ist es auch bei anderen Arthropoden. Deren Adaptionen sind zahlreich und vielgestaltig und tragen nicht unwesentlich zu ihrem langfristigen Erfolg bei.

(a) (b)

Abbildung 18.10: **Skorpione und Weberknechte.** (a) Ein Kaiserskorpion (*Paninus imperator*, Ordo Scorpiones) mit Jungen, die bis zur ersten Häutung beim Muttertier bleiben. (b) Weberknechte der Gattung *Mitopus* (Ordo Opiliones). Weberknechte bewegen sich flink auf ihren stelzenartigen Beinen.

triebenen Basis, dem Bulbus, und einem gekrümmten Dorn, der zur Giftinjektion dient. Das Gift der meisten Arten ist für den Menschen nicht gefährlich, kann aber eine schmerzhafte Schwellung um die Stichstelle hervorrufen. Der Stich bestimmter afrikanischer *Androctonus*- und mexikanischer *Centruruoides*-Arten (gr. *kenteo*, zwicken + *oura*, Schwanz + *oides*, Form) kann tödlich verlaufen, wenn kein Gegengift verabreicht wird. Im Allgemeinen sind größere Arten weniger stark giftig als kleinere und stützen sich bei der Überwältigung der Beutetiere mehr auf ihre größere Körperkraft als auf die Wirkung ihres Giftes.

Die Skorpione vollführen einen verwickelten Paarungstanz. Dabei hält das Männchen die Chelen des Weibchens, während beide vor- und zurücktrippeln. Das Männchen verknotet seine Chelicieren mit den ihren. Bei einigen Arten sticht das Männchen in die Pedipalpen oder den Cephalothorax des Weibchens. Die Ausführung des Stiches geschieht langsam und mit Bedacht; der Stachel verbleibt für mehrere Minuten im Körper des Weibchens. Beide Individuen verharren während dieser Zeit regungslos. Schließlich legt das Männchen eine Spermatophore ab und zieht das Weibchen dann über diese, bis das Spermapaket in die weibliche Körperöffnung aufgenommen worden ist. Skorpione zeigen echte Viviparie; die Weibchen brüten die Jungen in ihrem Fortpflanzungstrakt aus. Nach mehreren Monaten bis einem Jahr Entwicklungszeit bringt das Weibchen zwischen ein und über 100 Junge hervor. Die Zahl der Nachkommen ist artabhängig. Die Jungen, die nur wenige Millimeter lang sind, krabbeln auf den Rücken der Mutter und verbleiben dort bis nach ihrer ersten Häutung (Abbildung 18.10 a). Die erreichen die Geschlechtsreife nach ein bis acht Jahren und können dann bis zu fünfzehn Jahre leben.

Ordo Opiliones: Weberknechte

Weberknechte (Abbildung 18.10b) sind mit ca. 5000 Arten über die ganze Welt verbreitet. Diese seltsamen Kreaturen lassen sich leicht von Spinnen unterscheiden: Ihr Abdomen und der Cephalothorax sind abgerundet und auf breiter Basis ohne die Verengung eines Pedicels verbunden. Das Abdomen zeigt eine äußerliche Segmentierung, und sie besitzen nur zwei Augen, die auf ein Tuberculum am Cephalothorax aufgesetzt sind. Die Tiere haben vier Paare langer, spindeldürrer Beine, an deren Enden sich winzige Klauen befinden. Sie können eines oder mehrere dieser Beine abwerfen, ohne einen erkennbaren Schaden zu erleiden, falls sie von einem Fressfeind gepackt oder durch eine menschliche Hand ergriffen werden. Die Enden ihrer Cheliceren sind greiferartig ausgeformt, und obwohl sie räuberisch leben betätigen sie sich oft als Aasfresser.

Weberknechte sind nicht giftig und somit sind sie für den Menschen vollkommen harmlos. Duftdrüsen mit Öffnungen am Cephalothorax schrecken mit ihren noxischen Ausscheidungen manche Fressfeinde ab. Mit Ausnahme einiger Milben sind die Weberknechte unter den Arachniden durch den Besitz eines Penis zur direkten Spermaübertragung ausgezeichnet. Alle Arten sind ovipar.

Traditionell zu den Akariden gestellt, deuten neuere Untersuchungen daraufhin, dass die Opilioniden zusammen mit den Skorpionen und zwei kleineren Ordnungen einen gemeinsamen Kladus bilden. Sie sind ein Schwestertaxon der Skorpione. Deutsche Paläontologen haben im Jahr 2003 über die Entdeckung 400 Millionen Jahre alter, ausgezeichnet erhaltener Weberknechtfossilien berichtet. Damit sind die Opilioniden gegenwärtig die älteste bekannte vollständig terrestrische Tiergruppe.

 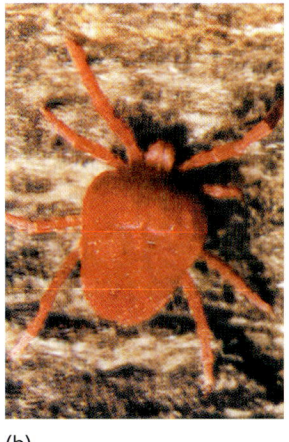

(a) (b)

Abbildung 18.11: **Zecken und Milben.** (a) Ein Amerikanischer Holzbock (*Dermacentor variabilis*, eine Zeckenart). Larven, Nymphen und Adulti sind sämtlich Ektoparasiten oder Mikroräuber, die sich von ihrem Wirt herunterfallen lassen, um durch Häutung in das nächste Stadium überzugehen. (b) Rote Samtmilbe (*Thrombidium* sp.). Wie bei den Erntemilben der Gattung *Trombicula* sind nur die Larven der *Thrombidium*-Milben Ektoparasiten. Die Nymphen und die Adulti sind freilebende Formen und ernähren sich von Insekteneiern und kleinen Invertebraten.

Ordo Acari: Zecken und Milben

Die Angehörigen der Ordnung Acari sind ohne Zweifel die medizinisch wie ökonomisch wichtigste Gruppe der Arachniden. Sie übertreffen die anderen Ordnungen in der Zahl der Individuen wie der Arten bei weitem. Obwohl rund 40.000 Arten beschrieben worden sind, haben einige Fachleute die Gesamtzahl der Arten auf 500.000 bis 1.000.000 geschätzt; dies ist jedoch sehr spekulativ. In einem kleinen Haufen verschimmelnder Blätter in einem Wald können sich hunderte Einzeltiere mehrerer Milbenarten befinden. Sie sind weltweit sowohl in terrestrischen wie in aquatischen Lebensräumen vertreten; dabei haben sie sich sogar in so unwirtliche Gegenden wie Wüsten, Polargebiete und heiße Quellen ausgebreitet. Viele Acarinen sind während eines oder mehrerer Stadien ihres Lebens parasitisch.

Die meisten Milben messen in der Länge 1 mm oder weniger. Die Zecken, die nur eine Unterordnung der Acari darstellen, reichen von wenigen Millimetern bis gelegentlich 3 cm. Eine Zecke kann sich bei einem Saugakt an einem Wirt, an dem sie sich mit Blut vollsaugt, enorm ausdehnen.

Die Acarinen unterscheiden sich von allen anderen Arachniden durch eine vollständige Fusion von Cephalothorax und Abdomen ohne ein Zeichen äußerlicher Unterteilung oder Segmentierung (▶ Abbildung 18.11). Sie tragen ihre Mundwerkzeuge auf einer kleinen anterioren Ausstülpung, dem **Capitulum**. Das Capitulum besteht in der Hauptsache aus den Fresswerkzeugen, welche die Mundöffnung umgeben. Auf jeder Seite der Mundöffnung steht eine Chelicere, die zum Einstechen in die Beute, zum Zerkleinern oder dem Festhalten der Nahrung dient. Die Form der Cheliceren variiert zwischen den verschiedenen Familien der Ordnung sehr stark. Seitlich von den Cheliceren befinden sich paarige, segmentierte Pedipalpen, die – je nach Ernährungsweise – ebenfalls in Form und Funktion sehr variabel sind. Ventral sind die Basen der Pedipalpen zu einem **Hypostom** fusioniert; dorsal streckt sich ein **Rostrum** oder **Tectum** über die Mundöffnung hinaus aus. Adulte Milben und Zecken verfügen meist über vier Beinpaare; bei einigen spezialisierten Formen kann die Zahl auf ein bis drei Paare reduziert sein.

Die meisten Acarinen übertragen das Sperma direkt; viele Arten bedienen sich aber auch einer Spermatophore. Aus dem Ei schlüpft eine Larve mit sechs Beinen. Es folgen ein oder mehrere achtbeinige Nymphenstadien, bevor der Adultzustand erreicht wird.

Viele Milbenarten sind vollständig freilebend. *Dermatophagoides farinae* (gr. *dermatos*, Haut + *phago*, essen + *eidos*, von ähnlicher Form; lat. *farina*, Mehl) (▶ Abbildung 18.12) und verwandte Arten sind kosmopolitische, ubiquitäre Bewohner des Hausstaubes. Bei empfindlichen Menschen können sie Allergien und Dermatosen (= Hautkrankheiten) auslösen. Es gibt

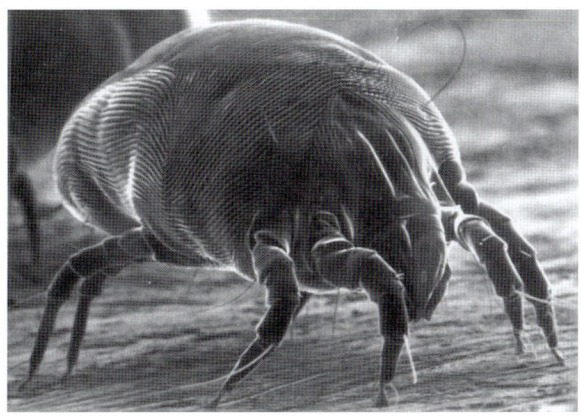

Abbildung 18.12: **Die Hausstaubmilbe *Dermatophagoides farinae.*** Rasterelektronenmikroskopische Aufnahme.

Arthropoda (Gliederfüßler)

Abbildung 18.13: Schäden an einer *Chamaedorea*-Palme, hervorgerufen durch Milben aus der Familie Tetranychidae (Ordnung Acari). In Nordamerika treten über 130 Arten dieser Milbenfamilie auf, einige davon sind ernste Schädlinge in der Landwirtschaft. Die Milben stechen mit ihren Mundwerkzeugen in die Pflanzenzellen und saugen den Zellsaft aus, was zu dem hier zu sehenden, fleckigen Erscheinungsbild führt.

> **Exkurs**
>
> Die entzündeten Beulen und der intensive Juckreiz nach einem Grasmilbenbiss sind nicht die Folge des Eingrabens der Milben in die Haut, wie vielfach geglaubt wird. Vielmehr sticht die Grasmilbe mit ihren Cheliceren durch die Haut und injiziert Speichel, der stark wirksame Enzyme enthält, welche die Hautzellen verflüssigen. Die menschliche Haut reagiert auf diese Schädigung mit der Ausbildung einer verhärteten Röhre, die von der Larve nachfolgend als Strohhalm benutzt wird und durch die sie sich ausgiebig mit Zellen und Gewebsflüssigkeit des Wirtes versorgt. Kratzen entfernt im Allgemeinen die Milbenlarve, lässt aber die Röhre zurück, die für mehrere Tage juckt und schmerzt, bis sie abheilt.

einige im Meer lebende Milben, aber die meisten aquatischen Arten leben im Süßwasser. Sie besitzen lange, haarartige Seten an den Beinen, die als Schwimmhilfen dienen, und ihre Larven können an anderen aquatischen Invertebraten parasitieren. Zahlenmäßig derartig häufige Organismen müssen ökologisch von Bedeutung sein, doch haben viele Acarinen direktere Wirkungen auf Nahrung und Gesundheit des Menschen. Spinnmilben (Familie Tetranychidae) sind ernste landwirtschaftliche Schädlinge, die Obstbäume, Baumwolle, Klee und viele andere Pflanzen (auch Zimmerpflanzen) befallen. Sie saugen Pflanzensäfte aus den Zellen, was befallenen Blättern ein fleckiges Aussehen verleiht (▶ Abbildung 18.13). Sie bauen ein schützendes Gespinst mit Hilfe von Seidendrüsen, deren Öffnungen nahe der Chelicerenbasis liegen. Die Larven der Gattung *Trombicula* werden volkstümlich als „Herbstgrasmilben" bezeichnet. Sie ernähren sich von Dermalgeweben terrestrischer Vertebraten einschließlich des Menschen und können eine juckende Dermatitis hervorrufen, doch graben sie sich nicht in den Wirt ein oder halten sich an ihm fest. Einige Herbstgrasmilbenarten übertragen eine Infektionskrankheit. Haarfollikelmilben der Gattung *Demodex* (▶ Abbildung 18.14) sind für den Menschen offensichtlich apathogen (rufen keine Krankheit hervor); sie infizieren die meisten von uns, ohne dass uns dies bewusst wird. In manchen Fällen kann es zu einer mild verlaufenden Dermatitis kommen. Andere *Demodex*-Arten und andere Milbengattungen rufen bei Haustieren die Räude hervor. Die Krätzmilbe des Menschen (*Sarcoptes scabei*) (▶ Abbildung 18.15) ruft einen heftigen Juckreiz hervor, wenn sie in die Unterhaut eindringt und dort

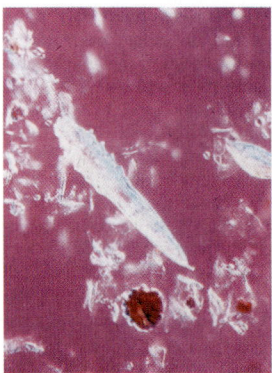

Abbildung 18.14: *Demodex folliculorum*. Die Haarfollikelmilbe des Menschen.

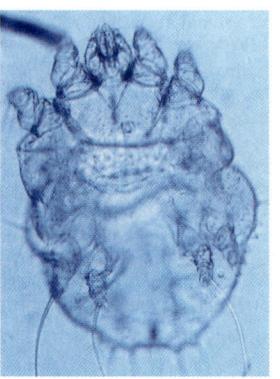

Abbildung 18.15: *Sarcoptes scabei*. Die Krätzmilbe des Menschen.

Gänge gräbt, die als rote Linien sichtbar werden. Die Krätze durch Befall mit diesen Milben war aufgrund der beengten Verhältnisse mit schlechten hygienischen Zuständen, unter denen viele Menschen während des 2. Weltkrieges zu leben gezwungen waren, sehr verbreitet.

Exkurs

In der US-amerikanischen Kleinstadt Lyme im nordöstlichen Bundesstaat Connecticut kam es in den 70er Jahren des 20. Jahrhunderts zu einer Arthritisepidemie (entzündliche Gelenkerkrankung). Die durch Bakterien hervorgerufene Erkrankung ist heute als Lyme-Borreliose bekannt. Die Erreger werden von Zecken der Gattung *Ixodes* übertragen. Der gemeine Holzbock *(Ixodes ricinus)* ist die in Mitteleuropa bei weitem häufigste Zeckenart. Einige Jahre später wurde die Krankheit nach Europa eingeschleppt. Ein erstes Aufflammen erlebte die Infektion in Süddeutschland im Heidelberger Raum. Seitdem hat sie sich kontinuierlich ausgebreitet. Jährlich werden tausende Borreliosefälle in Europa und Nordamerika diagnostiziert. Auch aus Japan, Australien und Südafrika sind Fälle bekannt geworden. Viele von infizierten Zecken gebissene Personen erholen sich spontan, weil sich die Bakterien im Körper nicht halten können; die Infektion verläuft symptom- und folgenlos. Weniger glückliche Opfer entwickeln – falls nicht zügig mit geeigneten Antibiotika therapiert wird – eine chronische Infektion mit sich verselbstständigenden Spätfolgen. Nach dem Biss einer mit *Borrelia*-Bakterien befallenen Zecke bildet sich im Umkreis der Bissstelle eine mehrere Zentimeter große, kreisrunde Rötung, die nachfolgend zu wandern beginnt („Wanderröte", Erythema migrans). Nach zwei bis vier Wochen können erkältungsartige Beschwerden und Gelenkschmerzen auftreten, die eine aufkommende Arthritis andeuten. Spätestens jetzt muss ein Arzt aufgesucht werden. Zu diesem frühen Zeitpunkt sind die Erreger, die nicht von Mensch zu Mensch weitergegeben werden, gut abzutöten, ohne dass Schäden zurückbleiben. Unbehandelt kann es in der Folge zu Hirnhautreizungen und Lähmungen kommen, wenn es den Erregern gelingt, in das zentrale Nervensystem einzudringen. Das Robert-Koch-Institut (RKI) in Berlin hat 2001 Befunde veröffentlicht, die besagen, dass 5 bis 35 Prozent aller Zecken mit Borrelien infiziert sind. Adulte Zecken sind durchschnittlich zu 20 Prozent, Nymphen zu 10 Prozent, und Larven nur zu etwa ein Prozent infiziert. Die Übertragung der *Borrelia*-Bakterien erfolgt etwa 12 bis 24 Stunden nach einem Zeckenbiss. Das Risiko der Übertragung ist aber im Zeitraum von 48 bis 72 Stunden nach Beginn des Saugaktes am höchsten. Nach Angaben des RKI beläuft sich die Zahl der Neuerkrankungen in Deutschland auf über 60.000 pro Jahr. Es wird davon ausgegangen, dass etwa 3 bis 6 Prozent aller von Zecken gebissenen Menschen mit einer Infektion zu rechnen haben. Allerdings kommt es nur bei 0,5 bis 1,5 Prozent (also einem Viertel der Gebissenen, bei denen es zu einer Übertragung von Bakterien gekommen ist) zu einer manifesten Borreliose.

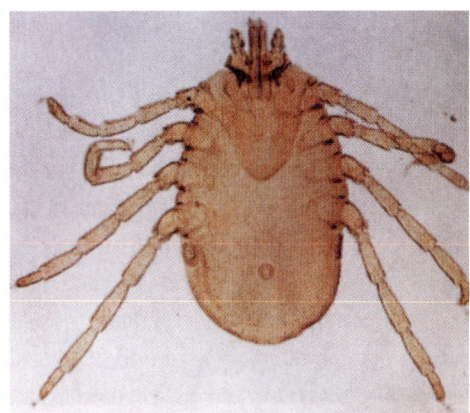

Abbildung 18.16: *Boophilus annulatus.* Eine Zeckenart, die das texanische Rinderfieber verbreitet.

Zusätzlich zu den Krankheitszuständen, die sie selbst auslösen, gehören Zecken zu den wichtigsten Krankheitsüberträgern überhaupt; sie werden hierin nur von den Stechmücken übertroffen. Sie übertreffen andere Arthropoden darin, dass sie eine breite Vielfalt von Infektionserregern weitergeben, von apikomplexen Protozoen (Sporozoen) über Rickettsien und andere Bakterien bis zu Pilzen und Viren. *Ixodes*-Arten übertragen in den USA, und mittlerweile auch in Mitteleuropa, die Lyme-Borreliose, die am häufigsten von Arthropoden verbreitete Infektionskrankheit (siehe nachfolgende Sonderinformation). *Dermacentor*-Arten (Abbildung 18.11a) und andere Zecken übertragen das von Rickettsien verursachte Rocky-Mountain-Fleckfieber (= „Zeckentyphus", „Zeckenfleckfieber"). *Dermacentor*-Arten verbreiten außerdem die Turalämie (= Hasenpest) sowie die Erreger diverser anderer Krankheiten. Das texanische Rinderfieber wird von parasitischen Protozoen verursacht, die von Rinderzecken *(Boophilus annulatus)* übertragen werden (▶ Abbildung 18.16). Es ließen sich viele weitere Beispiele anführen.

Phylogenese und adaptive Radiation 18.4

18.4.1 Phylogenese

Abgeleitete Merkmale, die man sowohl bei den Anneliden wie den Arthropoden findet, unterstützten die Hypothese, dass beide Stämme sich aus einer Gruppe coelomatischer, segmentierter Protostomier evolviert haben, die sich schließlich in die Protoannelidenlinie mit lateral angeordneten Parapodien und eine oder mehrere Protoarthropodenlinien mit stärker ventral angeordneten Körperanhängen aufgespalten hat.

Die neuesten verfügbaren molekularen Befunde, die eine Eingruppierung der Anneliden und der Arthropoden in getrennte Überstämme (Superphylae) nahelegen, sind eine dramatische Abkehr von der langgehegten Ansicht, dass die beiden Tierstämme eng miteinander verwandt sind. Die Aufspaltung in getrennte Überstämme impliziert, dass die Segmentierung bei beiden Gruppen unabhängig voneinander entstanden ist und somit ein konvergentes Merkmal darstellt. Wir wissen heute, dass die Anneliden und die Arthropoden die abschließenden Spitzengruppen zweier großer Protostomierkladi, der Lophotrochozoen bzw. der Ecdysozoen, sind. Die Arthropoden sind jedoch nicht die Abkömmlinge der Anneliden. Einige Forscher haben den Überstamm Panarthropoda errichtet, um dem evolutiven Ursprung der als Arthropoda bezeichneten Gruppe Rechnung zu tragen.

Ob der Stamm der Arthropoden selbst monophyletisch ist, wird ebenfalls kontrovers betrachtet. Manche Wissenschaftler vertreten die Ansicht, dass die Arthropoden polyphyletisch sind, und dass sich einige der heutigen Unterstämme von unterschiedlichen annelidenartigen Vorfahren ableiten, die eine „Arthropodisierung" durchlaufen haben sollen. Der entscheidende Evolutionsschritt war die Verhärtung der Kutikula unter Ausbildung des arthropodentypischen Exoskeletts. Die meisten Merkmale, die Arthropoden und Anneliden unterscheiden (siehe Kasten „Merkmale des Phylums Arthropoda" weiter oben), ergeben sich aus dem versteiften Exoskelett (siehe hierzu den Prolog des Kapitels).

Nachdem erst einmal die vitale Rolle der Coelomkompartimente als hydrostatisches Skelett verloren gegangen war, wurden beispielsweise die intersegmentalen Septen überflüssig, genauso wie ein geschlossener Blutkreislauf. Nachdem die äußere Oberfläche verhärtet war, konnten sich natürliche gelenkige Anhangsgebilde evolvieren. Die Körperwandmuskulatur der Anneliden konnte umgewandelt und in die zur Verfügung stehenden beträchtlichen inneren Oberflächen der Kutikula inseriert

KLASSIFIZIERUNG

■ Phylum Arthropoda

Subphylum Trilobita (gr. *tri*, drei + *lobos*, Lappen): **Trilobiten** (Dreilapper). Alle Formen ausgestorben; Kambrium bis Karbon; Körper durch zwei longitudinal verlaufende Furchen in drei „Lappen" unterteilt; abgegrenzter Kopf, Rumpf und Abdomen, verzweigte Körperanhänge.

Subphylum Chelicerata (gr. *chele*, Klaue + *keras*, Horn + *ata*, Gruppenendung): **Eurypteriden, Pfeilschwänze, Spinnen, Zecken**. Erstes Anhangspaar zu Cheliceren modifiziert; paarige Pedipalpen und vier Beinpaare; keine Antennen, keine Mandibeln; Cephalothorax und Abdomen für gewöhnlich unsegmentiert.

Subphylum Crustacea (lat. *crusta*, Schale, Kruste + *acea*, die zoologische Gruppe bezeichnende Endung): Krustentiere. Zumeist aquatisch, mit Kiemen; Cephalothorax meist mit dorsalem Carapax; verzweigte Anhänge, für verschiedenartige Aufgaben modifiziert. Kopfanhänge bestehend aus zwei Antennenpaaren, einem Paar Mandibeln und zwei Maxillenpaaren. Entwicklung primitiv mit Naupliusstadium (siehe Klassifizierung der Crustaceen, Kapitel 19).

Subphylum Uniramia (lat. *unus*, ein(s) + *ramus*, Zweig): **Insekten (Kerbtiere) und Myriapoden (Vielfüßler)**. Alle Anhangsbildungen gegenwärtig als unverzweigt erachtet; Kopfanhänge bestehend aus einem Paar Antennen, einem Paar Mandibeln und ein oder zwei Paaren Maxillen (siehe Klassifizierung der Uniramier, Kapitel 20).

Subphylum Chelicerata

Classis Merostomata (gr. *meros*, Teil + *stoma*, Mund + *ata*, die zoologische Gruppe bezeichnende Endung): **Aquatische Chelicerate**. Cephalothorax und Abdomen; zusammengesetzte Lateralaugen; Anhangsgebilde mit Kiemen; scharfes Telson; Unterklassen Eurypterida (sämtlich ausgestorben) und Xiphosurida (gr. *xiphos*, Schwert + *oura*, Schwanz; Pfeilschwanzkrebse). Beispiel: *Limulus*.

Classis Pycnogonida (gr. *pyknos*, dicht, gedrängt + *gony*, Knie, Winkel): **Asselspinnen**. Klein (3 bis 4 mm), einige erreichen 500 mm; Körper hauptsächlich Cephalothorax; winziges Abdomen; für gewöhnlich vier Paare langer Schreitbeine (einige mit fünf oder sechs Paaren); Mundöffnung an langer Proboscis; vier einfache Augen; kein respiratorisches oder exkretorisches System. Beispiel: *Pycnogonum*.

Classis Arachnida (gr. *arachne*, Spinne): **Skorpione, Spinnen, Zecken, Milben, Weberknechte**. Vier Beinpaare; segmentiertes oder unsegmentiertes Abdomen mit oder ohne Anhänge und im Allgemeinen vom Cephalothorax abgegrenzt; Atmung über Kiemen, Tracheen oder Buchlungen; Exkretion durch Malpighi'sche Gefäße und/oder Coxaldrüsen; dorsales, bilobales Gehirn, das an eine ventrale Ganglionmasse angeschlossen ist; ventrale Ganglionmasse mit Nerven, einfache Augen; in der Hauptsache ovipar; keine echte Metamorphose. Beispiele: *Argiope, Centruroides*.

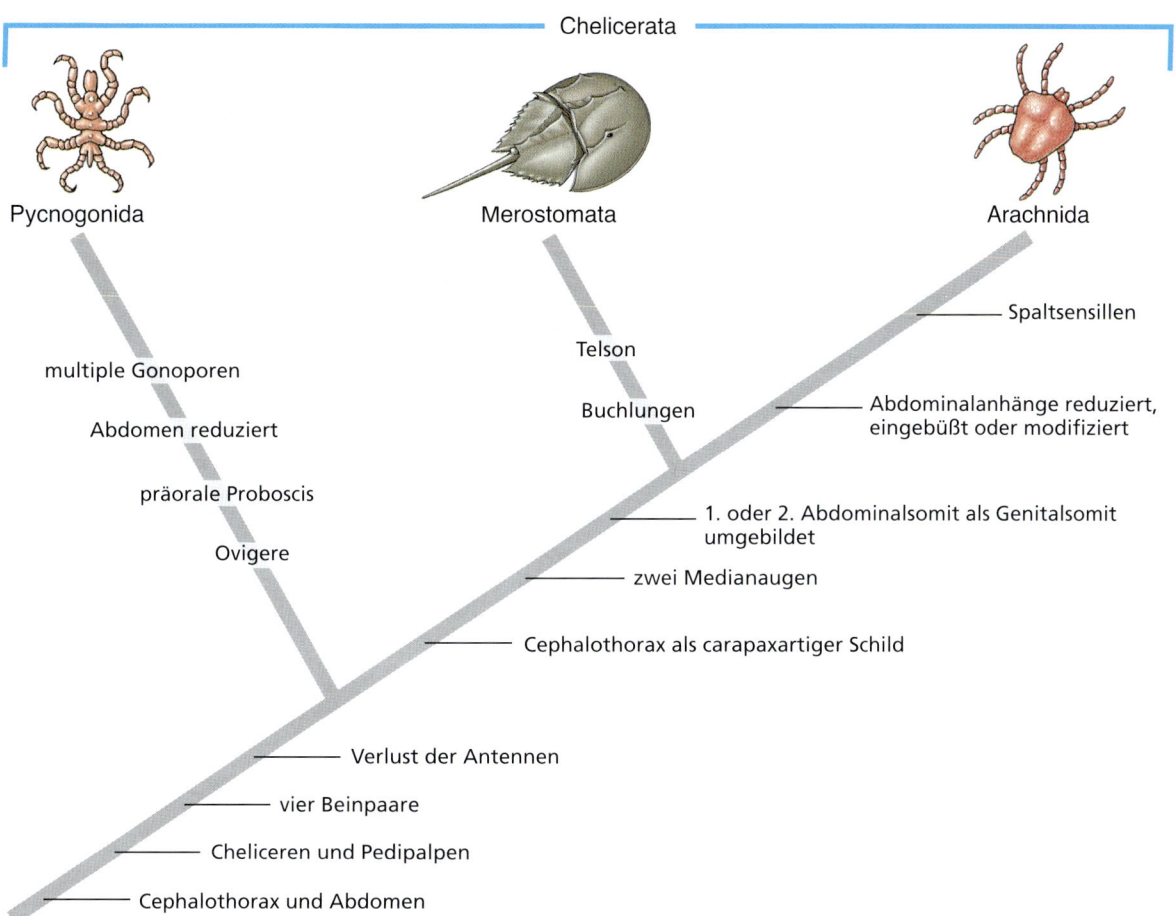

Abbildung 18.17: Kladogramm der Cheliceraten. Dies ist eines der vorgeschlagenen Modelle der verwandtschaftlichen Beziehungen im Kladus der Cheliceraten. Gemeinsame abgeleitete Merkmale, die zur Konstruktion des Kladogramms herangezogen wurden, sind an den abzweigenden Linien aufgeführt.

werden, um eine effiziente Bewegung der Körperteile zu ermöglichen. Die meisten Zoologen vertreten jedoch die Ansicht, dass die abgeleiteten Ähnlichkeiten der Arthropodenunterstämme stark auf die Monophylie des Stammes hindeuten. Das Phylum Tardigrada (Bärtierchen) könnte das Schwestertaxon der Arthropoden sein, das Phylum Onychophora schließlich ein gemeinsames Schwestertaxon der vereinigten Arthropoden und Tardigraden (siehe hierzu Kapitel 21). Ein Kladogramm, das die möglichen Verwandtschaftsbeziehungen darstellt, findet sich in Kapitel 21 (siehe Abbildung 21.25).

Einige, sich auf die Analyse von Sequenzen ribosomaler RNAs stützende Befunde stützen die monophyletische Stellung der Arthropoden und die Einbeziehung der Onychophora in dieses Phylum.[*] Diese Daten scheinen weiterhin darauf zu deuten, dass die Myriapoden (Tausendfüßler und Hundertfüßler) eine Schwestergruppe aller anderen Arthropoden sind, und das die Crustaceen und die Insekten eine monophyletische Gruppierung bilden! Falls diese Schlüsse durch weitere Untersuchungen bestätigt werden können, stehen uns bezüglich der Stammesgeschichte und der Klassifizierung der Gliederfüßler weitgehende Revisionen ins Haus.

Im Hinblick auf die Phylogenese der Cheliceraten besteht ebenfalls eine Kontroverse, insbesondere, was die Stellung der Pycnogoniden angeht (▶ Abbildung 18.17). Einige Systematiker stellen die Pycnogoniden als Schwestertaxon neben die Cheliceraten und gruppieren beide in ein übergreifendes Taxon ein, das als Cheliceriformes bezeichnet wird.

18.4.2 Adaptive Radiation

Die Anneliden weisen eine begrenzte Tagmatisierung des Körpers und nur eine geringe Differenzierung der Anhangsbildungen auf. Bei den Arthropoden ist hin-

---

[*] Ballard, J. et al. (1992): Science, vol. 258: 1345–1348.

gegen ein adaptiver Trend hin zu einer ausgeprägten Tagmatisierung durch Differenzierung oder Fusion von Segmenten erkennbar, was bei stärker abgeleiteten Gruppen zur Herausbildung von Tagmata wie Kopf und Rumpf; Kopf, Thorax und Abdomen; oder Cephalothorax (Fusion aus Kopf und Thorax) und Abdomen geführt hat. Der ursprüngliche Arthropodenzustand besteht im Besitz ähnlicher Anhangsgebilde an jedem Segment. Stärker abgeleitete Formen besitzen Anhangsbildungen, die für bestimmte Aufgaben höher spezialisiert sind, oder einige Segmente, denen Anhänge gänzlich fehlen.

Ein Großteil der verblüffenden Diversität unter den Arthropoden scheint sich durch Modifikation und Spezialisierung ihres kutikulären Exoskeletts und ihrer gelenkigen Körperanhänge entwickelt zu haben, was zu einer breiten Vielfalt von Anpassungen in den Bereichen der Lokomotion und der Ernährung geführt hat.

Während Anpassungen und Spezialisierungen, die durch das kutikuläre Außenskelett und andere morphologische und Verhaltensmerkmale der Arthropoden ermöglicht wurden, sicherlich zu dem hohen Grad der Diversität beigetragen haben, war ein weiterer bedeutsamer Faktor, der den ungeheuren evolutiven Erfolg der Gliederfüßler mit bedingt hat, zweifellos ihre geringe Körpergröße, die es ihnen erlaubt hat, eine viel größere Zahl unterschiedlicher Nischen zu besetzen, als dies größeren Tieren möglich gewesen wäre. Geringe Körpergröße, wie man sie bei praktisch allen anderen terrestrischen wie aquatischen Organismen (Tieren) antrifft, ist ganz universell mit einer hohen Artenvielfalt verbunden.

ZUSAMMENFASSUNG

Die Arthropoden (Gliederfüßler) sind das größte, nach Arten- und Individuenzahl häufigste Phylum der Tierwelt. Arthropoden sind segmentierte, coelomate, ecdysozoische Protostomier mit wohlentwickelten Organsystemen. Die meisten lassen eine ausgeprägte Tagmatisierung des Körpers erkennen. Sie sind extrem vielgestaltig und sind in praktisch allen Habitaten, die Leben zulassen, vertreten. Der große evolutionäre Erfolg der Arthropoden wird durch ihr Kutikulaaußenskelett und ihre geringe Körpergröße ermöglicht. Andere wichtige Elemente sind die gelenkigen Körperanhänge, die tracheale Atmung, die leistungsfähigen Sinnesorgane, das komplexe Verhalten und die Metamorphose.

Die Trilobiten waren während des Paläozoikums ein dominierendes Subphylum, das seit langem vollständig ausgestorben ist. Die Angehörigen des Unterstammes der Cheliceraten besitzen keine Antennen, und ihre Hauptfressapparate sind die Cheliceren. Darüber hinaus verfügen sie über ein Paar Pedipalpen (die den Laufbeinen ähnlich sein können) sowie vier Paare Lauf-/Schreitbeine. Die Klasse Merostomata umfasst die ausgestorbenen Eurypteriden und die stammesgeschichtlich alte, aber noch existente Linie der Pfeilschwanzkrebse. In der Klasse Pycnogonida sind die Asselspinnen untergebracht, die seltsame kleine Tiere mit einer großen, saugenden Proboscis und einem verkümmerten Abdomen sind. Die große Mehrzahl der rezenten Cheliceraten fallen in die Klasse der Arachniden: Spinnen (Ordnung Araneae), Skorpione (Ordnung Scorpiones), Weberknechte (Ordnung Opiliones), Zecken und Milben (Ordnung Acari), und andere mehr.

Die Tagmata (Cephalothorax und Abdomen) der meisten Spinnen zeigen keinerlei externe Segmentierung und werden durch ein tailliertes Pedicel miteinander verbunden. Spinnen leben räuberisch, und ihre Cheliceren sind an Giftdrüsen angeschlossen, um Beutetiere lähmen oder töten zu können. Sie atmen mit Hilfe von Buchlungen, Tracheen oder beiden. Spinnen vermögen Seide zu spinnen, die sie für eine Vielzahl von Aufgaben einsetzen, unter anderem bei vielen Arten zum Bau von Netzen, die dem Beutefang dienen.

Kennzeichnende Merkmale der Skorpione sind ihre großen, klauenartigen Pedipalpen und ihr deutlich segmentiertes Abdomen, das mit einem terminalen Stachelapparat versehen ist. Weberknechte haben kleine, eiförmige Körper mit sehr langen, dünnen Beinen (englischer Trivialname der Tiere: „daddy-longlegs"). Ihre Abdomen sind segmentiert und auf breiter Basis mit dem Cephalothorax verbunden.

Der Cephalothorax und das Abdomen von Zecken und Milben sind vollständig miteinander fusioniert; die Mundwerkzeuge stehen an einem anterioren Capitulum. Wie die Spinnen vermögen einige Milben Seide zu spinnen (Spinnmilben). Sie sind die zahlreichsten unter den Arachniden; einige sind bedeutende Überträger von Infektionskrankheiten, andere sind ernste und ökonomisch relevante Pflanzenschädlinge.

ZUSAMMENFASSUNG

Übungsaufgaben

1. Welches sind die wichtigen Unterscheidungsmerkmale der Arthropoden?
2. Nennen Sie die Unterstämme der Arthropoden, und geben Sie für jeden Unterstamm einige Beispiele.
3. Wie unterscheiden sich die Arthropoden von den Anneliden, und auf welche Weise gleichen sie diesen?
4. Erörtern Sie in knapper Form den Beitrag, den die Kutikula zum Erfolg der Arthropoden geleistet hat, und benennen Sie einige andere Faktoren, die ebenfalls zu diesem Erfolg beigetragen haben.
5. Was ist ein Trilobit? Stellen Sie Spekulationen über die Gründe für deren Aussterben an.
6. Welche Körperanhänge sind charakteristisch für die Cheliceraten?
7. Beschreiben Sie kurz die morphologischen Unterscheidungsmerkmale jeder der folgenden Gruppen: Eurypteriden, Pfeilschwanzkrebse, Pycnogoniden.
8. Welches sind die Tagmata der Arachniden, und welche/s der Tagmata trägt Anhangsbildungen?
9. Beschreiben Sie für Spinnen (Araneae) die Mechanismen der folgenden physiologischen Vorgänge: Fressen/Nahrungsaufnahme, Ausscheidung, Sinneswahrnehmung, Netzbau, Fortpflanzung.
10. Welches sind die in Europa für den Menschen gefährlichen Spinnenarten? Wie wirken ihre Gifte?
11. Grenzen Sie die folgenden Ordnungen voneinander ab: Araneae, Scorpiones, Opiliones, Acari.
12. Diskutieren Sie die wirtschaftliche und die medizinische Bedeutung der Angehörigen der Ordnung Acari für das menschliche Wohlergehen.
13. Erörtern Sie die jüngsten Molekularbefunde, die darauf hindeuten, dass die Arthropoden eine monophyletische Gruppe sind.

Weiterführende Literatur

Bowman, A., J. Dillwith und J. Sauer (1996): Tick salivary prostaglandins: presence, origin and significance. Parasitology Today, vol. 12: 388–396. *Die Prostaglandine der Zecken wirken als Immunsuppressoren, Antikoagulantien und als Analgetika. Sie erlauben es den Zecken, über einen längeren Zeitraum Blut zu saugen, ohne das dieses gerinnt, eine entzündliche Reaktion ausgelöst wird oder der Wirt sie abschüttelt.*

Brusca, R. und G. Brusca (2002): Invertebrates, 2. Auflage. Sinauer; ISBN: 0-87893-097-3. *Ausgezeichnetes, umfassendes Lehrbuch über wirbellose Tiere für das fortgeschrittene Studium.*

Foelix, R. (2006): Biology of Spiders. 2. Auflage. Oxford University Press; ISBN: 0-1950-9594-4. *Aktuelle Auflage eines führenden Lehrbuchs zur Zoologie der Spinnen. Attraktives, umfassendes Buch mit sehr vielen Literaturzitaten; für Amateure wie für Berufsbiologen interessant.*

Hubbell, S. (1997): Trouble with honeybees. Natural History, vol. 106: 32–43. *Parasitierende Milben (Varroa jacobsoni an Bienenlarven und Acaapis woodi in den Tracheen der adulten Insekten) verursachen schwere Verluste in Honigbienenvölkern.*

Kaston, B. (1978): How to know the spiders. 3. Auflage. Brown Publishers; ISBN: 0-6970-4898-5. *Bestimmungsbuch mit Spiralbindung.*

Lane, R. und R. Crosskey (Hrsg.): Medical insects and arachnids. Chapman and Hall/Kluwer (1993); ISBN: 0-4124-0000-6. *Das beste zurzeit verfügbare Buch über medizinische Entomologie und angrenzende Gebiete. Sehr teures Bibliothekswerk!*

Luoma, J. (2001): The removable feast. Audubon, vol. 103, no. 3: 48–54. *In den Monaten Mai und Juni kommen große Mengen Pfeilschwanzkrebse an die nördliche Atlantikküste Nordamerikas, um sich zu paaren und abzulaichen. Seit den 80er Jahren des 20. Jahrhunderts werden sie in großem Maße gefangen und zu Angelködern verarbeitet. Diese Praxis hat zu einer starken Abnahme der Limulus-Bestände geführt. Als Folge des Rückgangs der Pfeilschwanzkrebspopulation ist auch die Zahl der Küstenvögel, die sich vielfach von den Eiern der Arthropoden ernähren, rückläufig.*

McDaniel, B. (1979): How to know ticks and mites. Brown Publishers; ISBN: 0-6970-4756-3. *Nützliches, gut illustriertes Bestimmungsbuch der Gattungen und höheren Taxa der Zecken und Milben in den USA.*

Nielsen, C. (2001): Animal Evolution. Interrelationships of the Living Phyla. 2. Auflage. Oxford University Press; ISBN: 0-1985-0682-1.

Ostfeld, R. (1997): The ecology of Lyme-disease risk. American Scientist, vol. 85: 338–346. *Die Lyme-Krankheit, die von einem durch Zecken übertragenen Bakterium hervorgerufen wird, ist in 48 der*

50 Bundesstaaten der USA aufgetreten. Sie scheint in ihrer Fallhäufigkeit zuzunehmen und sich auch geografisch weiter auszubreiten.

Polis, G. (Hrsg.): The biology of scorpions. Stanford University Press (1990); ISBN: 0-8047-1249-2. *Der Herausgeber hat eine gut lesbare Sammlung von Beiträgen über das aktuelle Wissen über Skorpione zusammengetragen.*

Rosa, P., K. Tilly und P. Stewart (2005): The burgeoning molecular genetics of the Lyme disease spirochaete. Nature Reviews Microbiology, vol. 3: 129–143. *Ein umfassender, detaillierter Übersichtsartikel über die Lyme-Krankheit (= Zecken-Borreliose), die auch die Krankheitssymptome, den Krankheitsverlauf und die Behandlung ausführlich beschreibt. Die beste und aktuellste zusammenfassende Abhandlung zu dieser Infektionskrankheit.*

Ruppert, E. et al. (2004): Invertebrate Zoology – A Functional Evolutionary Approach. 7. Auflage. Thomson/Brooks/Cole; ISBN: 0-0302-5982-7. *Ausgezeichnetes, umfassendes Lehrbuch über wirbellose Tiere für das fortgeschrittene Studium.*

Schultz, J. (1990): Evolutionary morphology and phylogeny of Arachnida. Cladistics, vol. 6: 1–38. *Großer Übersichtsartikel mit einer kladistischen Analyse der Arachnidenordnungen auf der Grundlage morphologischer Daten; diese Auswertung hat die tradierte Ansicht, dass die Skorpione ein Schwestertaxon der Arachniden sind bzw. ein Schwestertaxon der Euryptiden waren, untergraben.*

Shear, W. (1994): Untangling the evolution of the web. American Scientist, vol. 82: 256–266. *Fossilierte Spinnennetze existieren nicht. Die Evolution der Spinnennetze muss durch die vergleichende Untersuchung heutiger Netzbauten rezenter Spinnen ergründet werden, indem man ihre Anlage bei verschiedenen Arten gegenüberstellt und in Beziehung zur Anatomie der Tiere setzt.*

Suter, R. (1999): Walking on water. American Scientist, vol. 87: 154–159. *Listspinnen (Dolomedes sp.) nutzen die Oberflächenspannung des Wassers, um auf ihr zu laufen.*

Weaver, D. (1999): Mysterious fevers. Discover, vol. 20: 37–40. *Die Ehrlichose wird von Bakterien verursacht, die von Zecken übertragen werden und sich in weißen Blutkörperchen einnisten.*

Wheeler, W. und C. Hayashi (1998): The phylogeny of extant chelicerate orders. Cladistics, vol. 14: 173–192. *Kladistische Analyse der Cheliceraten auf der Grundlage morphologischer und molekularer Merkmale.*

Weitere Informationen zu diesem Buchkapitel finden Sie auf der Companion-Website unter
http://www.pearson-studium.de

Aquatische Mandibulaten
Phylum Arthropoda, Subphylum Crustacea

19

19.1	**Subphylum Crustacea**	589
19.2	**Eine kurze Übersicht über die Crustaceen**	600
19.3	**Phylogenese und adaptive Radiation**	609
	Zusammenfassung	613
	Übungsaufgaben	613
	Weiterführende Literatur	614

ÜBERBLICK

Aquatische Mandibulaten

Die Krustentiere oder Crustaceen (lat. crusta, Schale, Kruste) sind nach der harten Außenhülle benannt, welche die meisten Angehörigen dieser Gruppe tragen. Mehr als 67.000 Arten sind bislang beschrieben worden, und es wird geschätzt, dass ein Mehrfaches dieser Zahl an Arten existiert. Den meisten Menschen sind die essbaren Formen am vertrautesten – die Hummer, Garnelen, Krabben und Krebse. Über diese hartschaligen Krustentiere hinaus gibt es ein verblüffendes Spektrum an weniger bekannten Vertretern wie die Copepoden, die Ostrakoden, die Wasserflöhe, die Walläuse, die Triopsiden und den Krill. Sie spielen eine Vielzahl ökologischer Rollen und zeigen eine enorme Variabilität der morphologischen Merkmale, was eine befriedigende Beschreibung der Gruppe als Ganzes schwierig macht.

Ungeachtet unseres anthropozentrischen Festhaltens an der Tradition, die erdgeschichtliche Epoche, in der wir leben, als das Zeitalter der Säugetiere zu bezeichnen, leben wir tatsächlich im Zeitalter der Arthropoden. Die Insekten und Crustaceen machen zusammen mehr als 80 Prozent aller bekannten Tierarten aus. Genauso wie die Insekten alle terrestrischen Lebensräume besiedeln (mit mehr als einer Million bekannter Arten und ungezählten Trillionen von Einzeltieren), wimmelt es in den Meeren, Seen und Flüssen von Crustaceen. Manche laufen oder kriechen über den Boden, einige graben sich ein, und andere (wie die Rankenfüßler) sind sessil. Einige schwimmen mit dem Kopf nach oben, andere mit

Ein weiblicher Copepode mit Eisäcken.

dem Kopf nach unten, und viele sind zierliche, mikroskopisch kleine Formen, die als Teil des Planktons im Meer oder in Seen schweben. Tatsächlich ist es wahrscheinlich, dass die weltweit am häufigsten vorkommenden Tiere winzige Mitglieder der Copepodengattung Calanus sind. Die Krustentiere werden daher auch als „Insekten des Meeres" bezeichnet, um ihrer enormen Artenvielfalt und der immensen Anzahl gerecht zu werden.

Arthropoden, die Mandibeln (kieferartige Anhangsgebilde) besitzen, werden Mandibulaten genannt und traditionell im Unterstamm der **Mandibulata** zusammengefasst. Darüber hinaus sind viele Forscher der Meinung, dass genügend Unterschiede zwischen den Crustaceen und den Uniramiern (Insekten, Tausendfüßler, Hundertfüßler, Pauropoden und Symphylier) bestehen, um eine Trennung der Gruppen auf der Ebene des Subphylums zu rechtfertigen. Neuere molekulare Befunde stellen jedoch die Insekten als Schwestergruppe neben die Crustaceen und lassen Zweifel daran aufkommen, ob die Gruppierung „Uniramia" überhaupt die Wirklichkeit widerspiegelt. Sowohl die Crustaceen wie die Uniramia besitzen am Kopf paarige **Antennen**, **Mandibeln** und **Maxillen**. Diese Körperanhänge vollführen Aufgaben bei der Sinneswahrnehmung sowie der Manipulation und dem Zerkauen der Nahrung. Der Körper kann in Kopf und Rumpf unterteilt sein, bei den höher abgeleiteten Formen tritt ein höherer Grad der Tagmatisierung (siehe Kapitel 18, Einleitung) auf, so dass wohldefinierte Köpfe, Thoraxabschnitte und Abdominalbereiche vorliegen. Bei den meisten Crustaceen sind ein oder mehrere Thoraxsegmente mit dem Kopf unter Bildung eines Cephalothorax fusioniert. Thorakale und abdominale Anhänge dienen hauptsächlich dem Laufen oder Schwimmen, bei einigen Gruppen sind sie jedoch in ihrer Funktion stark spezialisiert. Die Krustentiere sind überwiegend marin; es gibt jedoch auch zahlreiche Süßwasser- und auch einige terrestrische Arten, während im Gegensatz dazu die Uniramier ganz überwiegend terrestrisch leben. In Süßwasserhabitaten gibt es zahlreiche Insektenarten; einige leben auch in Gezeitenzonen und in Brackwasserbereichen, aber keine Art ist wahrhaft marin. Die einzige Gattung von „Meeresinsekten" – *Halobates* – umfasst 42 Arten, von denen fünf rund um die Welt verbreitet sind. Diese Meereswasserläufer leben jedoch auf der Wasseroberfläche der Meere, nicht in ihnen.

19.1 Subphylum Crustacea

19.1.1 Die allgemeine Natur eines Krustentieres

Die Krustentiere unterscheiden sich auf mehrfache Weise von anderen Gliederfüßlern, das einzige wirkliche Unterscheidungsmerkmal jedoch, das Crustaceen kennzeichnet, ist der Umstand, dass sie die einzigen Arthropoden mit **zwei Antennenpaaren** sind. Zusätzlich zu den beiden Antennenpaaren und einem Paar Mandibeln besitzen die Crustaceen am Kopf zwei Maxillenpaare, gefolgt von je einem Paar von Anhangsgebilden an jedem Körpersegment. Bei einigen Crustaceen tragen nicht alle Segmente Anhänge. Alle Anhänge (mit der möglichen Ausnahme des ersten Antennenpaares) sind ursprünglich **verzweigt** (zwei Hauptzweige), und zumindest einige der Anhangsbildungen rezenter Adulti lassen diesen Zustand erkennen. Spezialisierte Atmungsorgane sind – sofern vorhanden – als Kiemen ausgebildet.

Die meisten Crustaceen haben 16 bis 20 Segmente, doch gibt es einige Formen, die 60 Segmente oder mehr aufweisen. Eine große Anzahl Segmente ist ein ursprüngliches Merkmal. Der stärker abgeleitete Zustand ist der mit weniger Segmenten und stärkerer Tagmatisierung (siehe Kapitel 18, Anfang). Die Haupttagmata sind der Kopf, der Thorax und das Abdomen, doch sind diese innerhalb einer Klasse (und selbst innerhalb einige Unterklassen) nicht durchgängig homolog, weil in unterschiedlichen Gruppen verschiedene Segmente zu der Struktur fusioniert sein können, die wir nunmehr zum Beispiel als Kopf oder Cephalothorax ansprechen.

Die bei weitem größte Gruppe der Crustaceen ist die Klasse Malacostraca, zu der die Hummer, die Krabben, die Garnelen, die Sandkrabben, die Landasseln sowie viele andere Gattungen gehören. Diese Gruppe zeigt ein erstaunlich hohes Maß der Konstanz in Bezug auf die Anordnung der Körpersegmente und Tagmata, der als ursprünglicher Bauplan der Klasse angesehen wird (▶ Abbildung 19.1). Der typische Bauplan besteht aus

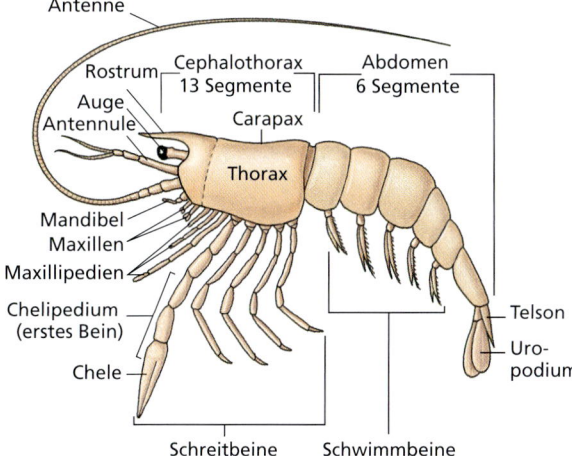

Abbildung 19.1: **Archetypischer Bauplan der Malacostraca.** Die beiden Maxillen und die drei Maxillipedien sind in schematischer Weise getrennt worden, um den allgemeinen Bauplan erkennbar werden zu lassen.

einem Kopf aus fünf (embryonal sechs) fusionierten Segmenten, einem Thorax aus acht Segmenten und einem Abdomen aus sechs (bei manchen Arten sieben) Segmenten. Am anterioren Ende befindet sich ein nichtsegmentiertes **Rostrum**, am posterioren Ende ein ebenfalls nichtsegmentiertes **Telson**, das bei vielen Formen mit dem letzten Abdominalsegmente und dessen **Uropodien** (gr. *ura*, Schwanz + *podos*, Fuß) einen Schwanzfächer bildet.

Bei vielen Crustaceen ist die dorsale Kutikula am Kopf posterior und an den Seiten verlängert, um das Tier zu bedecken oder um mit einigen oder allen Thorax- und Abdominalsegmenten zu fusionieren. Diese Körperbedeckung wird **Carapax** genannt. Bei einigen Gruppen bildet der Carapax muschelschalenartige Hüllen, die den größten Teil des Körpers bedecken. Bei den Dekapoden (dazu gehören die Hummer, die Garnelen, Krabben und andere mehr) überdeckt der Carapax den gesamten Cephalothorax, nicht aber das Abdomen.

19.1.2 Form und Funktion

Aufgrund ihrer Größe und leichten Verfügbarkeit sind große Krustentiere wie Langusten intensiver untersucht worden als andere Gruppen. Sie werden vielfach auch in Laborpraktika als Versuchsobjekte untersucht. Aus diesen Gründen beziehen sich viele der an dieser Stelle wiedergegebenen Aussagen speziell auf Langusten und ihre Verwandten.

Äußerliche Merkmale

Die Körper der Crustaceen sind von einer sekretierten Kutikula aus Chitin, Protein und kalzifizierenden Stoffen überzogen. Die harten und schweren Platten der größeren Crustaceen sind besonders reich an kalkigen Einlagerungen. Die harte, schützende Körperbedeckung ist an den Gelenken zwischen den Segmenten dünn und weich, um die für Bewegungen notwendige Biegsamkeit zu gewährleisten. Der Carapax überdeckt – so vorhanden – einen Großteil oder den gesamten Cephalothorax; bei Dekapoden wie den Langusten sind alle Kopf- und Thoraxsegmente dorsal vom Carapax eingeschlossen. Jedes Segment, das nicht vom Carapax bedeckt wird, ist mit einer dorsalen Kutikulaplatte, einem **Tergum** bedeckt (▶ Abbildung 19.2 a). Ein ventraler Querbalken oder **Sternum** liegt zwischen den segmentalen Anhangsgebilden (▶ Abbildung 19.2 b). Das Abdomen endet in einem Telson, das den Anus trägt.

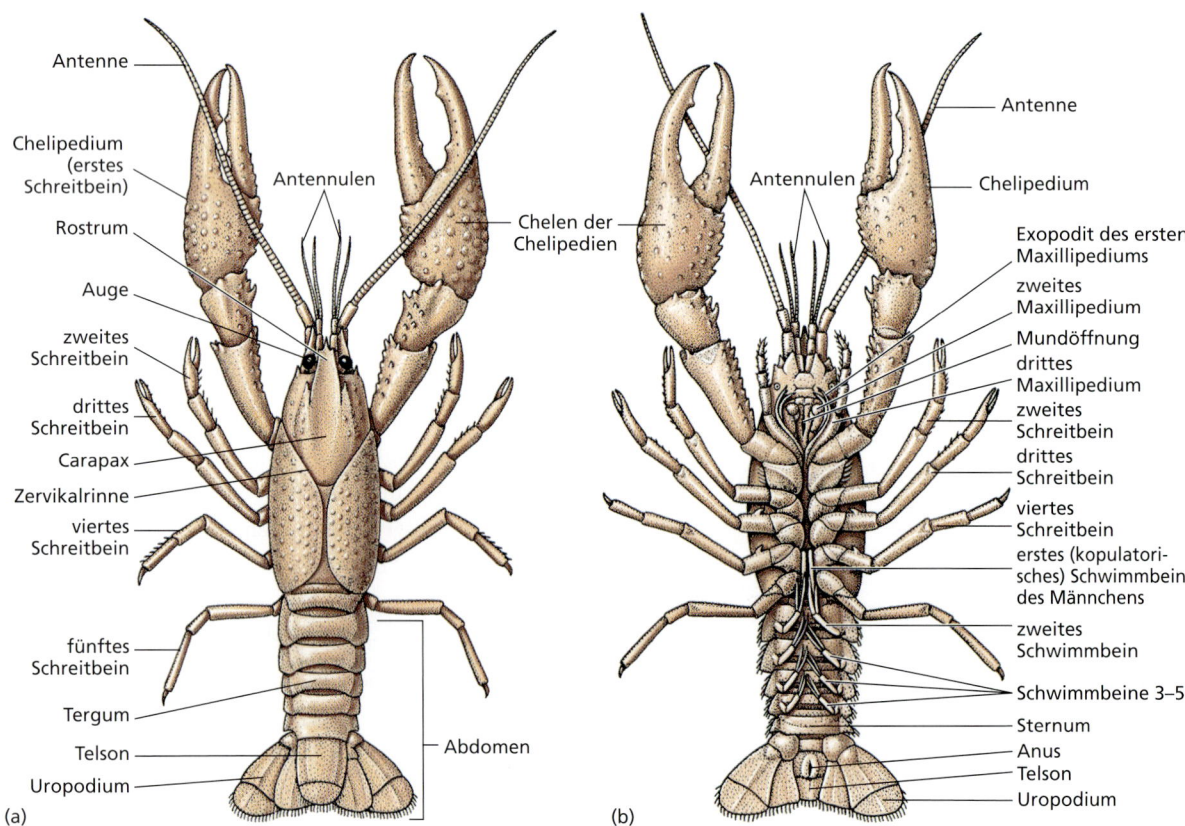

Abbildung 19.2: Äußerer Bau einer Languste. (a) Dorsalansicht. (b) Ventralansicht.

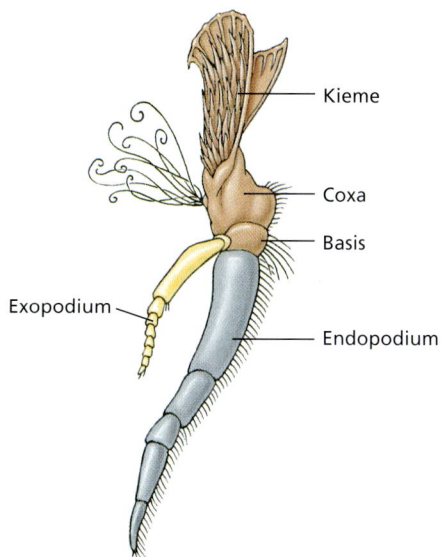

Abbildung 19.3: Teile einer verzweigten Crustaceen-Extremität. Drittes Maxillipedium einer Languste.

paares, die Öffnungen der Ovidukte befinden sich an der Basis des dritten Paares. Bei den Weibchen befindet sich die Öffnung des Receptaculum seminis für gewöhnlich auf der Midventrallinie auf der Höhe zwischen dem vierten und fünften Laufbeinpaar.

Anhangsgebilde. Die Angehörigen der Klassen Malacostraca (zum Beispiel Langusten) und Remipedia besitzen im Regelfall ein Paar gelenkiger Anhangsbildungen an jedem Segment (Abbildungen 19.2 und ▶ 19.3), obwohl die Abdominalsegmente bei anderen Klassen keine Körperanhänge tragen. Bei den Anhangsgebilden abgeleiteter Crustaceen wie den Langusten ist eine beträchtliche Spezialisierung erkennbar. Alle Variationen sind jedoch solche des grundlegenden, verzweigten Bauplans, der an einem Körperanhang einer Languste wie einem Maxillipedium (einer als Fressanhangsgebilde modifizierten Thorakalextremität) ablesbar ist (Abbildungen 19.3 und ▶ 19.4). Der basale Anteil (**Protopodium**) trägt ein laterales **Exopodium** und ein mediales **Endopodium**. Das Protopodium besteht aus zwei Teilen (Basis und Coxa). Exopodium und Endopodium bestehen jeweils aus einem bis mehreren Teilen. Einige Körperanhänge wie die Laufbeine der Langusten, werden sekundär unverzweigt. Manchmal treten an den Gliedmaßen von Crustaceen mediale oder laterale Auswüchse auf, die Enditen bzw. Exite heißen. Ein Exit an einem

Die Lage der **Gonoporen** variiert mit dem Geschlecht und der Gruppe, zu der das betreffende Krustentier gehört. Diese können sich auf oder an der Basis eines Paars der Anhänge befinden, am Hinterende des Körpers oder an beinlosen Segmenten. Bei den Langusten befinden sich die Ausgänge der Vasa differentia beispielsweise auf der Medianseite an der Basis des fünften Laufbein-

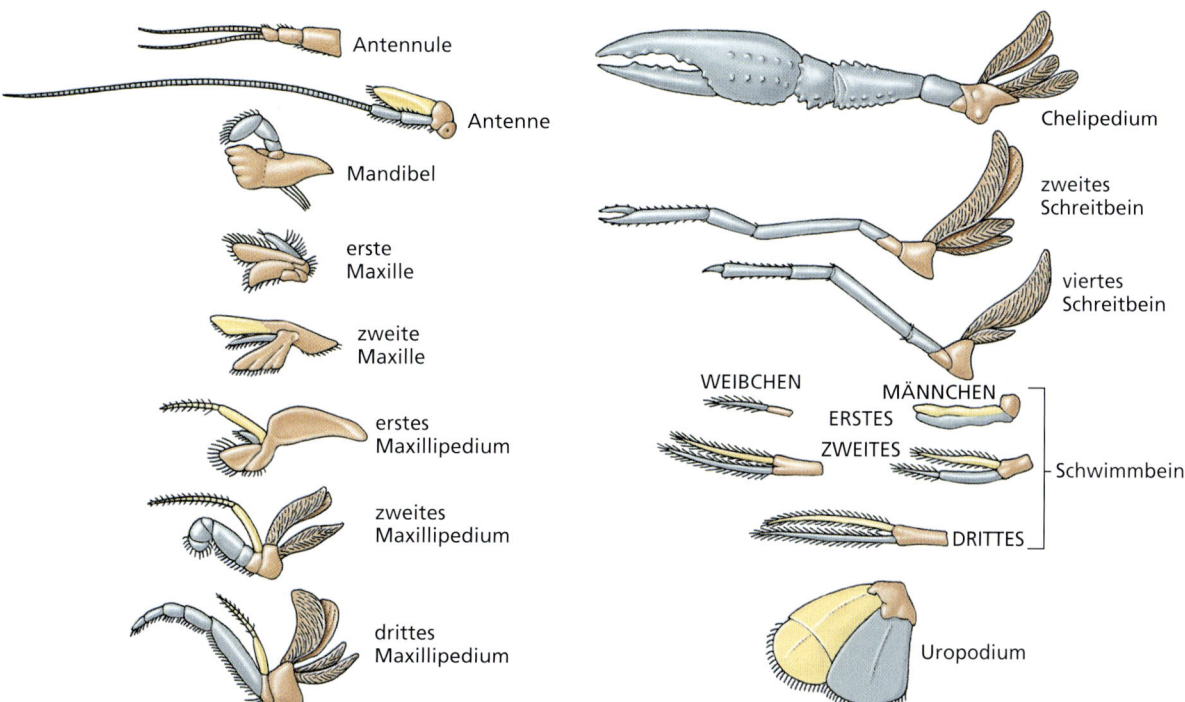

Abbildung 19.4: Gliederextremitäten einer Languste. Erkennbar ist, wie sich diese durch Modifikation des grundlegenden, verzweigten Bauplans (Spaltfuß), wie er bei den Pleopodien verwirklicht ist, evolutiv herausgebildet haben. Protopodium: braun; Endopodium: blau; Expodium: gelb.

19 Aquatische Mandibulaten

Tabelle 19.1

Körperanhänge einer Languste

Anhangsgebilde	Protopodium	Endopodiu	Exopodium	Funktion
Erste Antenne (Antennule)	3 Segmente, Statozyste an der Basis	Vielgliedriger Fühler	Vielgliedriger Fühler	Tastsinn, Geschmackssinn, Gleichgewichtssinn
Zweite Antenne (Antenne)	2 Segmente, exkretorische Öffnung an der Basis	Langer, vielgliedriger Fühler	Dünnes, zugespitztes Blatt	Tast- und Geschmackssinn
Mandibel	2 Segmente, kräftiger Kiefer und Basis der Palpen	2 Distalsegmente der Palpen	Fehlt	Zerkleinern der Nahrung
Erste Maxille (Maxillule)	2 Segmente mit 2 dünnen Enditen	Kleine, gelenklose Lamellen	Fehlt	Greifen und Bewegen der Nahrung
Zweite Maxille (Maxille)	2 Segmente, mit 2 Enditen und 1 Scaphognathiten (Epipodium)	1 kleines, zugespitztes Segmente	Teil des Scaphognathiten	Wasserstrom zu den Kiemen leiten
Erstes Maxillipedium	2 Medialplatten und Epipodium	2 kleine Segment	1 Basalsegment plus vielgliedriges Filament	Tast- und Geschmackssinn, Greifen und Bewegen der Nahrung
Zweites Maxillipedium	2 Segmente + Kieme (Epipodium)	5 kurze Segmente	2 schlanke Segmente	Tast- und Geschmackssinn, Greifen und Bewegen der Nahrung
Drittes Maxillipedium	2 Segmente + Kieme (Epipodium)	5 größere Segmente	2 schlanke Segmente	Tast- und Geschmackssinn, Greifen und Bewegen der Nahrung
Erstes Laufbein (Chelipedium)	2 Segmente + Kieme (Epipodium)	5 Segmente mit schwerem Greifer (Chela)	Fehlt	Angriff und Verteidigung
Zweites Laufbein	2 Segmente + Kieme (Epipodium)	5 Segmente plus kleiner Greifer	Fehlt	Laufen und Greifen
Drittes Laufbein	2 Segmente + Kieme (Epipodium); beim Weibchen Genitalöffnung	5 Segmente plus kleiner Greifer	Fehlt	Laufen und Greifen
Viertes Laufbein	2 Segmente + Kieme (Epipodium)	5 Segmente, kein Greifer	Fehlt	Laufen
Fünftes Laufbein	2 Segmente; beim Männchen Genitalöffnung; keine Kiemen	5 Segmente, kein Greifer	Fehlt	Laufen
Erstes Pleopodium	Fehlt beim Weibchen oder ist zurückgebildet; beim Männchen mit den Endopodium zu einer Röhre verschmolzen	–	–	Beim Männchen: Übergabe des Spermas an das Weibchen
Zweites Pleopodium				
Männchen	Modifiziert zur Übergabe von Sperma an das Weibchen	Modifiziert zur Übergabe von Sperma	–	–
		An das Weibchen		
Weibchen	2 Segmente	Gelenkiges Filament	Gelenkiges Filament	Erzeugung einer Wasserströmung; Herumtragen der Eier und der Jungen

Körperanhänge einer Languste (Fortsetzung)

Anhangsgebilde	Protopodium	Endopodiu	Exopodium	Funktion
Drittes, viertes und fünftes Pleopodium	2 kurze Segmente	Gelenkiges Filament	Gelenkiges Filament	Erzeugung einer Wasserströmung; Herumtragen der Eier und der Jungen
Uropodium	1 kurzes, breites Segment	Flache, ovale Platte	Flache, ovale Platte; durch Scharniergelenk in 2 Teile untergliedert	Schwimmen; beim Weibchen Schutz des mitgeführten Eigeleges

Protopodium wird als **Epipodium** bezeichnet und ist oftmals zu einer Kieme umgebildet. In ▶ Tabelle 19.1 ist zusammengefasst, wie die verschiedenartigen Anhangsbildungen – ausgehend vom ursprünglichen verzweigten Bauplan – modifiziert wurden, und welche verschiedenartigen Aufgaben sie erfüllen.

Evolutive Bildungen, die einen ähnlichen Grundbauplan aufweisen und sich von einer gemeinsamen Urform herleiten, werden homolog (zueinander) genannt, gleichgültig, ob sie noch die gleiche Funktion erfüllen oder nicht. Da spezialisierte Laufbeine, Mundwerkzeuge, Chelipedien und Pleopodien (eines der paarigen Abdominalsegmente mancher aquatischer Crustaceen, das in erster Linie bei den Weibchen zur Anheftung und dem Herumtragen der Eier dient) sich alle von einem zugrundeliegenden Anhangsgebilde herleiten, das sich zur Erfüllung unterschiedlicher Aufgaben evolutiv modifiziert hat, sind sie alle homolog zueinander – ein Zustand, der als **serielle Homologie** bezeichnet wird. Die Gliedmaßen waren ursprünglich alle einander sehr ähnlich, im Verlauf der strukturellen Evolution wurden aber einige Zweige verkürzt, einige gingen verloren, andere stark verändert, und es wurden einige neue Teile hinzugefügt. Die Langusten und ihre Artgenossen weisen mit 17 unterscheidbaren, aber seriell homologen Typen von Gliederextremitäten die am höchsten entwickelte Form der seriellen Homologie im gesamten Tierreich auf (Tabelle 19.1). Man vergleiche beispielsweise in Abbildung 19.4 die Größe der Chela des Chelipediums mit der der winzigen Klaue (Chela) des zweiten Schreitbeins.

Innere Merkmale

Das Muskel- und das Nervensystem im Thorax und im Abdomen lassen klar eine Segmentierung erkennen, in den anderen Organsystemen liegen jedoch markante Modifizierungen vor. Die meisten Veränderungen betreffen Kombinationen von Teilen in einem bestimmten Bereich oder die Rückbildung oder den kompletten Verlust von Teilen.

Hämocoel. Die Hauptkörperhöhle ist bei den Arthropoden kein Coelom, sondern ein bleibendes Blastocoel, das zu einem blutgefüllten **Hämocoel** (gr. *haema*, Blut + *koilos*, Höhle) wird. Im Verlauf der Embryonalentwicklung öffnen sich bei den meisten Gliederfüßlern Überbleibsel der Coelomhöhlen im Mesoderm zumindest einiger Segmente – ein Vorgang, der **Schizocoelie** genannt wird (zur Coelombildung siehe Kapitel 8). Diese Coelomräume werden vollständig zurückgebildet oder verschmelzen mit dem Raum zwischen sich entwickelnden meso- und ektodermalen Strukturen und dem Dotter. Dieser so entstandene Raum wird zum Hämocoel und ist daher nicht mit einem mesodermalen Peritoneum ausgekleidet. Die einzigen, bei den Crustaceen bestehenbleibenden coelomischen Kompartimente sind die Endsäcke der Exkretionsorgane und der Raum um die Gonaden. Wie die Mollusken besitzen die Arthropoden also ein extrem reduziertes Coelom.

Muskelsystem. Quergestreifte Muskulatur macht bei den meisten Crustaceen einen beträchtlichen Teil des

Exkurs

Die von verschiedenen Forschern bei der Beschreibung der Körperanhänge von Crustaceen eingesetzte Terminologie erfreut sich nicht eben der begrüßenswerten Eigenschaft der Einheitlichkeit. Wenigstens zwei Systeme sind heute noch verbreitet in Gebrauch. Alternative Begriffe zu den von uns verwendeten sind beispielsweise Protopodit, Exopodit, Endopodit, Basipodit, Coxopodit und Epipodit. Das erste und das zweite Antennenpaar können als Antennulen und Antennen bezeichnet sein; die ersten und zweiten Maxillen werden oft als Maxillulen und Maxillen bezeichnet.

19 Aquatische Mandibulaten

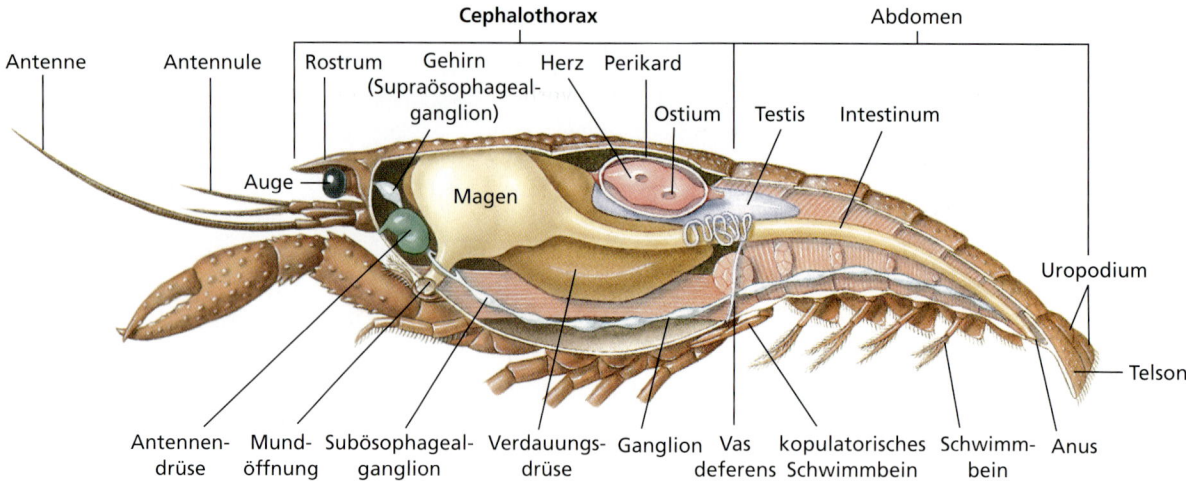

Abbildung 19.5: Innerer Bau einer Languste. Dargestellt ist eine männliche Languste.

Körpers aus. Die Muskeln sind meist zu antagonistischen Gruppen angeordnet: **Flexoren** (Beuger), die eine Extremität zum Körper hinziehen, und **Extensoren** (Strecker), welche die Extremität nach außen strecken. Das Abdomen einer Languste verfügt über kräftige Flexoren (▶ Abbildung 19.5), die das Tier einsetzt, wenn es plötzlich mit hoher Geschwindigkeit nach rückwärts davon schießt; dies ist der beste Weg, einem Fressfeind zu entkommen.

Atmungssystem. Der Gasaustausch vollzieht sich bei den kleineren Crustaceen über dünnwandige Kutikulabereiche (zum Beispiel in den Beinen) oder die ganze Körperoberfläche, so dass spezialisierte Organbildungen für den Gasaustausch fehlen können. Die größeren Crustaceen besitzen Kiemen, die feingliedrige, federartige Ausstülpungen mit einer sehr dünnen Kutikula darstellen. Bei den Dekapoden umschließen die Seiten des Carapaxes die Kiemenhöhle, die anterior- und ventralwärts geöffnet ist (▶ Abbildung 19.6). Die Kiemen können aus der Pleuralwand in die Kiemenhöhle hinausragen, vom Ansatzpunkt der Thoraxbeine mit dem Körper, oder von thorakalen Coxae aus. Die beiden zuletzt genannten Ausprägungsformen sind typisch für Langusten. Der Scaphognathit – ein Teil der zweiten Maxille – zieht Wasser über die Kiemenfilamente in die Kiemenhöhle an den Basen der Beine, und anteriorwärts aus der Kiemenhöhle heraus.

Kreislaufsystem. Die Crustaceen und andere Arthropoden haben ein „offenes" oder Lakunen-Blutkreislaufsystem. Das bedeutet, dass sie keine Venen besitzen, und dass keine Trennung des Blutes von der Interstitialflüssigkeit erfolgt, wie es bei Tieren mit einem geschlossenen

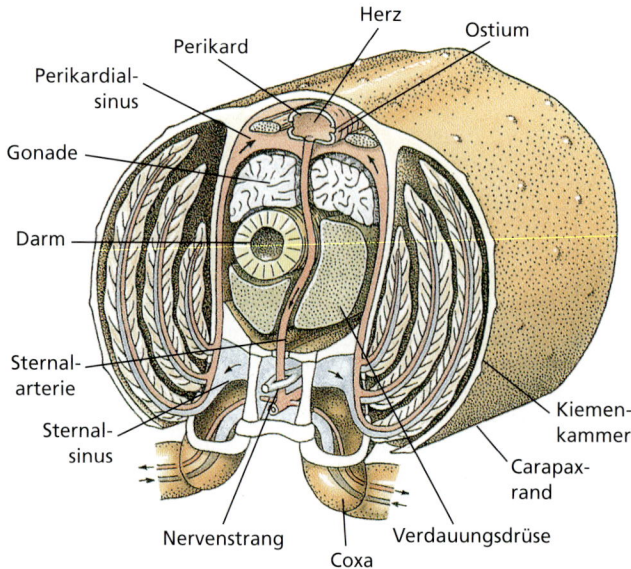

Abbildung 19.6: Schematischer Querschnitt durch die Herzregion einer Languste. Eingezeichnet ist die Richtung des Blutflusses in diesem „offenen" Blutkreislauf. Das Herz pumpt Blut durch Arterien, die in Gewebesini münden, in die umliegenden Gewebe. Zurückströmendes Blut tritt in den Sternalsinus ein, durchläuft dann zum Zweck des Gasaustausches die Kiemen und gelangt schließlich durch efferente Kanäle zum Perikardialsinus. Man beachte das Fehlen von Venen.

Blutkreislauf der Fall ist (siehe Kapitel 31: Offene und geschlossene Kreislaufsysteme). Die Hämolymphe (das „Blut") verlässt das Herz durch zwei Arterien, kreist durch das Hämocoel und gelangt zu venösen **Sini** oder Zwischenräume statt in Venen, bevor es wieder in das Herz eintritt. Das Kreislaufsystem der Crustaceen unterscheidet sich somit in markanter Weise von dem der Anneliden und Vertebraten, die einen geschlossenen Kreislauf besitzen.

Ein dorsales Herz ist das Hauptantriebsorgan des Kreislaufs. Es handelt sich um einen einkammerigen Sack aus quergestreifter Muskulatur. Die Hämolymphe gelangt vom umgebenden **Perikardialsinus** durch paarige Ostien in das Herz; als Ventile fungierende Segelklappen verhindern ein Zurückströmen in den Sinus (Abbildung 19.6). Vom Herzen aus gelangt die Hämolymphe in eine oder mehrere Arterien. Klappen in den Arterien verhindern einen Rückstrom der Hämolymphe. Kleine Arterien entleeren sich in Gewebesini, die sich ihrerseits oftmals in einen großen **Sternalsinus** ergießen (Abbildung 19.6).

Von dort aus befördern afferente Sinuskanäle die Hämolymphe für den Austausch von Sauerstoff und Kohlendioxid zu den Kiemen (falls vorhanden). Die Hämolymphe kehrt dann durch efferente Kanäle zum Perikardialsinus zurück (Abbildung 19.6).

Die Hämolymphe der Arthropoden kann farblos, rötlich oder bläulich aussehen. Bei vielen Crustaceen ist sie bläulich gefärbt. In der Hämolymphe kann Hämocyanin (ein blaues, kupferhaltiges Atmungspigment) oder Hämoglobin (ein rotes, eisenhaltiges Pigment) gelöst vorliegen. Die Hämolymphe besitzt die Fähigkeit zur Gerinnung (Koagulationsfähigkeit), die bei kleineren Verletzungen verhindert, dass die Tiere Hämolymphe verlieren. Einige amöboide Zellen setzen einen thrombinartigen Gerinnungsfaktor frei, der die Gerinnungskaskade in Gang setzt.

Exkretionssystem. Ein Paar Drüsen tubulärer Strukturen, die im ventralen Teil des Kopfes anterior vom Ösophagus angesiedelt sind, bilden bei adulten Crustaceen die Ausscheidungsorgane (Abbildung 19.5). Sie heißen – je nachdem, ob ihre Austrittsöffnungen an der Basis der Antennen oder an der Basis der zweiten Maxillen liegen – **Antennendrüsen** oder **Maxillardrüsen**. Einige wenige adulte Crustaceen besitzen beide. Die exkretorischen Organe der Dekapoden sind Antennendrüsen, die bei dieser Tiergruppe auch als **grüne Drüsen** bezeichnet werden (▶ Abbildung 19.7). Crustaceen besitzen keine Malpighi'schen Röhren, die bei den Spinnen und den Insekten die Ausscheidungsorgane darstellen.

Nervensystem und Sinnesorgane. Die Nervensysteme von Crustaceen und Anneliden haben vieles gemeinsam. Das der Crustaceen weist jedoch ein höheres Maß an Fusion unter den Ganglien auf (Abbildung 19.5). Das Gehirn besteht aus einem Paar **supraösophagischer Ganglien**, die Nerven in die Augen und in die beiden Antennenpaare aussenden. Es ist über Konnektive mit dem subösophagischen Ganglion verbunden. Das **Subösophagalganglion** ist aus der Fusion von wenigstens fünf Ganglienpaaren hervorgegangen und versorgt den Mundbereich, die Körperanhänge, den Ösophagus und die Antennendrüsen mit Nerven. Der doppelte ventrale Nervenstrang besitzt für jedes Segment ein eigenes Ganglienpaar sowie Nerven für die Extremitäten, die Muskeln und für andere Gewebe. Zusätzlich zu diesem zentralen System könnte ein sympathisches Nervensystem existieren, das mit dem Verdauungstrakt assoziiert ist.

Die Krustentiere verfügen über besser entwickelte Sinnesorgane als die Anneliden. Die größten Sinnesorgane der Langusten sind die Augen und die Statozysten. Weiträumig über den Körper verteilt finden sich **taktile** (berührungsempfindliche) **Haare**, die feingliedrige Ausstülpungen der Kutikula darstellen, die auf den Chelen, den Mundwerkzeugen und am Telson besonders häufig sind. Chemische Sensoren für Geschmacks- und Geruchswahrnehmungen finden sich in Form von Rezeptoren auf den Antennen, den Mundwerkzeugen und an anderen Stellen des Körpers.

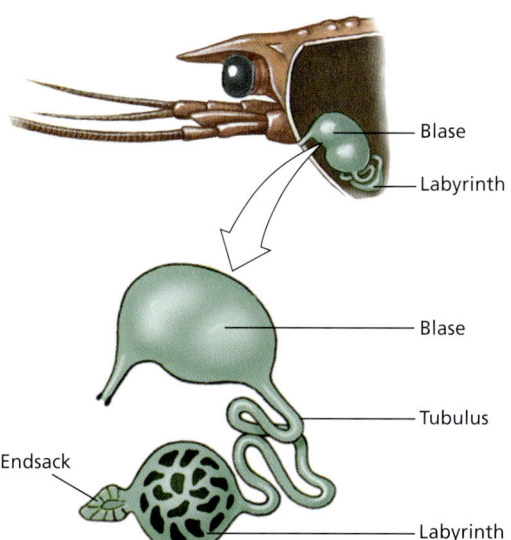

Abbildung 19.7: Schemazeichnung der Antennendrüse (grüne Drüse) einer Languste. (In seiner natürlichen Lage ist das Organ vielfach eingefaltet.) Einigen Crustaceen fehlt ein Labyrinth, und die ausleitende Röhre (der Nephridialkanal) ist ein stark gewundenes Rohr.

Eine sackartige **Statozyste**, die sich durch eine Dorsalpore an der Körperoberfläche öffnet, findet sich an den Basalsegmenten des ersten Antennenpaares von Langusten. Statozysten enthalten eine Aufwölbung, die mit sensorischen Seten besetzt ist. Diese bilden sich aus der chitinösen Auskleidung und Sandkörnern, die als **Statolithen** dienen. Wann immer das Tier seine Lage verändert, wird eine entsprechende Lageänderung der Statolithen an den sensorischen Seten als Stimulus an das Gehirn weitergeleitet, so dass das Tier sich entsprechend verhalten und neu ausrichten kann. Jede Häutung (Ecdysis) der Kutikula führt zum Verlust der kutikulären Auskleidung der Statozysten einschließlich der Sandkörner, die sich in ihnen befinden. Nach Abschluss der Ecdysis werden über die Dorsalpore neue Sandkörner aufgenommen.

Die Augen vieler Crustaceen sind zusammengesetzt (Facettenaugen), die aus vielen Photorezeptoreinheiten aufgebaut sind, die **Ommatidien** heißen (▶ Abbildung 19.8). Die gesamte abgerundete Oberfläche des Auges ist von einem transparenten Bereich der Kutikula, der **Cornea** (Hornhaut), überzogen. Die Cornea ist in viele kleine Quadrate oder Sechsecke, die Facetten, unterteilt. Diese Facetten bilden die Außenfläche der Ommatidien. Jedes Ommatidium verhält sich wie ein winziges Auge und enthält mehrere Zellarten, die säulenförmig (kolumnar) angeordnet sind (Abbildung 19.8). Zwischen benachbarten Ommatidien befinden sich schwarze Pigmentzellen, und Einlagerung von Pigmenten im Verbundauge eines Arthropoden erlaubt die Anpassung an unterschiedliche Lichtintensitäten.

In jedem Ommatidium gibt es drei Sätze von Pigmentzellen: distale Retinalzellen, proximale Retinalzellen und reflektierende Pigmentzellen. Diese sind so angeordnet, dass sie einen mehr oder weniger vollständigen Kragen oder Ärmel um jedes Ommatidium bilden können. Bei starkem Lichteinfall (Tagesadaption) bewegt sich das distale Retinalpigment nach innen und trifft dabei auf die nach außen wandernden proximalen Retinalpigmente, so dass sich ein vollständiger Pigmentsaum um das Ommatidium herum ausbildet (Abbildung 19.8). Unter diesen Bedingungen erreichen nur solche Lichtstrahlen die Photorezeptorzellen (die Retinuli), die direkt auf die Cornea fallen, da jedes Ommatidium von den anderen abgeschirmt ist. Jedes Ommatidium kann daher nur einen begrenzten Bereich des Sehfeldes wahrnehmen (Mosaikbild oder Appositionsbild). Bei schwachem Licht entfernen sich die distalen und proximalen Pigmente voneinander. Dann haben Lichtstrahlen mit Hilfe der reflektierenden Pigmentzellen eine Chance, sich in benachbarte Ommatidien fortzupflanzen, so dass ein durchgehendes oder **überlagerndes** (superponierendes) **Bild** entsteht. Dieser zweite Typus des Sehens ist weniger präzise, nutzt aber das wenige noch auftreffende Licht bestmöglich aus.

Fortpflanzung, Vermehrungszyklen und endokrine Funktionen

Die meisten Crustaceen sind getrenntgeschlechtlich, und es gibt bei den unterschiedlichen Gruppen verschiedenartige Spezialisierungen für die Kopulation. Seepocken (Balanidae) sind einhäusig, praktizieren im Allgemeinen aber wechselseitige Befruchtung. Bei einigen Ostrakoden und Copepoden (Harpacticoida) sind Männchen selten, und die Fortpflanzung erfolgt für gewöhnlich auf dem Weg der Parthenogenese. Die meisten Crustaceen bebrüten ihre Gelege in irgendeiner Weise: Branchiopoden und Rankenfüßer besitzen spezielle Brutkammern, Copepoden besitzen spezielle Bruttaschen, die seitlich am Abdomen angebracht sind (Abbildung 19.16); viele Malakostraken tragen die Eier und die Jungen angeheftet an ihre Abdominalappendices mit sich herum.

Langusten zeigen eine direkte Entwicklung ohne Larvalstadien. Ein winziger Juvenilus, der in der Form dem Adultus gleicht, schlüpft mit einem vollständigen

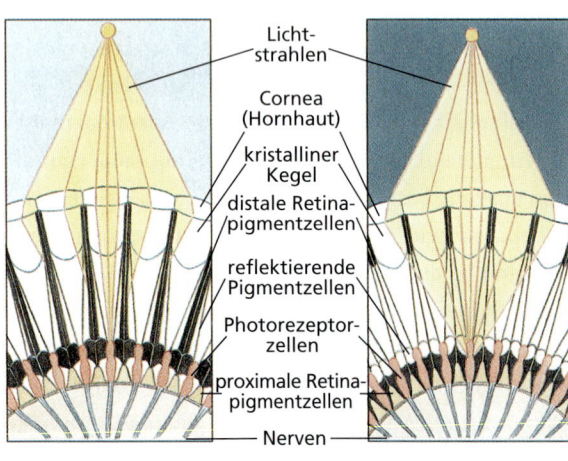

Abbildung 19.8: Teil eines Facettenauges eines Arthropoden. Dargestellt ist die Pigmentmigration in den Ommatidien als Anpassung an das Tag- und das Nachtsehen. In jeder der Schemazeichnungen sind fünf Ommatidien dargestellt. Beim Einfall von Tageslicht ist jedes Ommatidium von einem dunklen Pigmentband umgeben, so dass jedes einzelne Ommatidium nur durch Lichtstrahlen angeregt wird, die durch seine eigene Cornea einfallen (Mosaiksehen); in der Nacht bilden die Pigmente kein durchgehendes Band und Lichtstrahlen können sich auch in benachbarte Ommatidien ausbreiten (Überlagerungssehen).

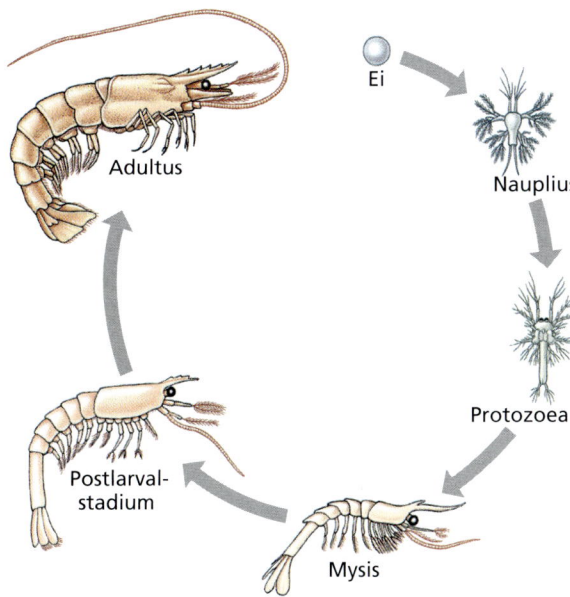

Abbildung 19.9: **Entwicklungszyklus einer Garnelenart (*Farfantepenaeus* sp.).** Die Penaeidea (Unterordnung der Garnelen) laichen in Tiefen zwischen 40 und 90 m ab. Die jungen Larvalformen sind planktonisch und bewegen sich in Richtung auf die Küsten zu, um in Gewässern geringerer Salinität ihre Juvenilentwicklung zu durchlaufen. Ältere Garnelen kehren in tiefere, küstenfernere Wasserbereiche zurück.

Satz von Gliederextremitäten und Segmenten aus dem Ei. Bei den meisten Crustaceen verläuft die Entwicklung allerdings indirekt. Bei ihnen schlüpfen Larven aus den Eiern, die in ihrem Aussehen und anatomischen Bau den Adultformen wenig ähnlich sehen. Der Übergang von der Larven- zur Adultform wird, wie in solchen Fällen üblich, als **Metamorphose** bezeichnet. Die ursprünglichste und am weitesten verbreitete Larvenform bei Crustaceen ist die **Naupliuslarve** (▶ Abbildungen 19.9 und 19.20). Die Nauplien tragen nur drei Paare von Extremitäten: unverzweigte Antennulen, verzweigte Antennen und Mandibeln. Sie fungieren in diesem Stadium ausschließlich als Schwimmorgane. Die nachfolgende Entwicklung kann einen allmählichen Übergang zur Adultform beinhalten: Gliederextremitäten und neue Segmente werden durch eine Folge von Häutungen angelegt. Die Transformation zum Adultus kann aber auch abruptere Veränderungen beinhalten. So schreitet etwa die Metamorphose der Seepocken von der freischwimmenden Naupliuslarve zu einer sekundären Larve mit einem zweiklappigen Carapax, der Cypridenlarve, und schließlich zum sessilen Adultus mit Kalkplatten fort.

Häutung und Ecdysis. Die Häutung – der physiologische Prozess der Bildung einer größeren Kutikula – und die Ecdysis (gr. *ekdyein*, abstreifen) – das Abwerfen der alten Kutikula – sind notwendig für ein Größenwachstum des Körpers, weil das Exoskelett eine starre anatomische Struktur ist, die mit dem übrigen Tier nicht mitwächst. Ein großer Teil der physiologischen Vorgänge in einem Krustentier – Fortpflanzung, Verhalten und viele Stoffwechselvorgänge – werden direkt von der Physiologie des Häutungsvorgangs beeinflusst.

Die **Kutikula**, die von der darunterliegenden Epidermis sezerniert wird, besteht aus mehreren Schichten (▶ Abbildung 19.10). Die ganz außen liegende Schicht ist die **Epikutikula**. Sie ist eine sehr dünne Schicht aus mit Lipiden durchsetztem Protein. Die Hauptmasse der Kutikula wird von mehreren Schichten gebildet, die in ihrer Gesamtheit die **Prokutikula** bilden: (1) die **Exokutikula**, die direkt unter der Epikutikula liegt und Proteine, Calciumsalze und Chitin enthält, und (2) die **Endokutikula**. Diese wiederum wird gebildet aus einer (3) **Hauptschicht**, die einen höheren Chitinanteil und einen geringen Proteinanteil enthält, und die stark kalzifiziert ist, und einer nichtkalzifizierten (4) **Membranschicht**,

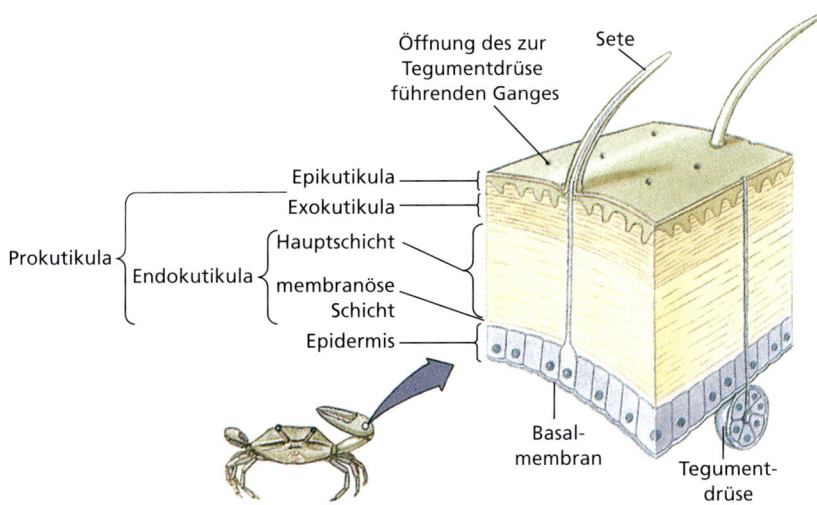

Abbildung 19.10: **Kutikula.** Bau der Crustaceenkutikula.

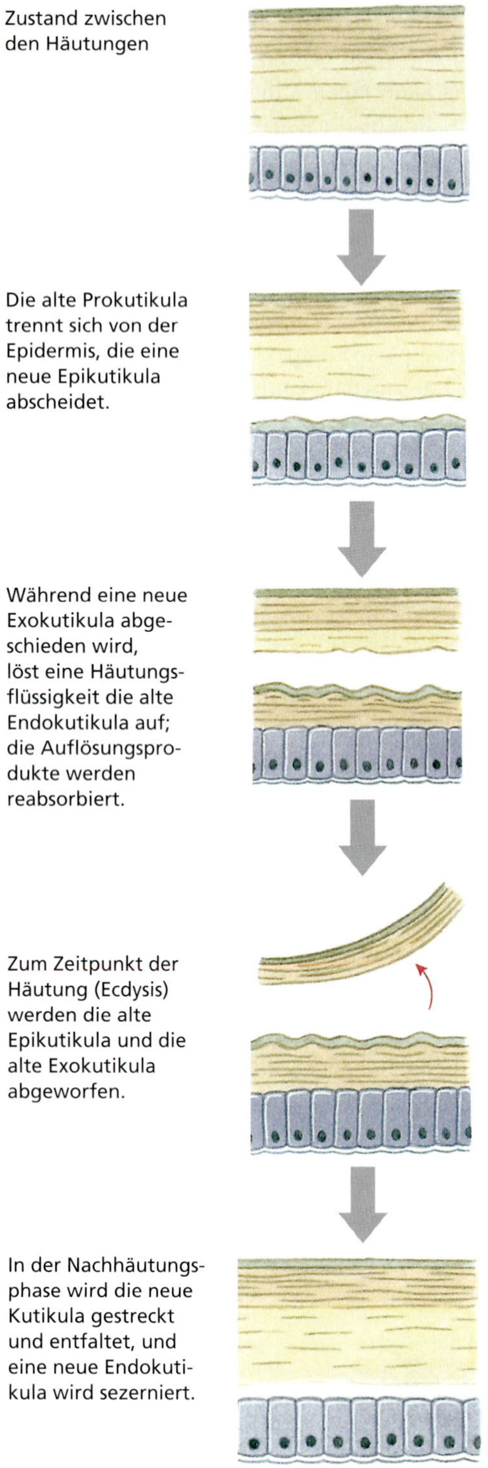

19 Aquatische Mandibulaten

Zustand zwischen den Häutungen

Die alte Prokutikula trennt sich von der Epidermis, die eine neue Epikutikula abscheidet.

Während eine neue Exokutikula abgeschieden wird, löst eine Häutungsflüssigkeit die alte Endokutikula auf; die Auflösungsprodukte werden reabsorbiert.

Zum Zeitpunkt der Häutung (Ecdysis) werden die alte Epikutikula und die alte Exokutikula abgeworfen.

In der Nachhäutungsphase wird die neue Kutikula gestreckt und entfaltet, und eine neue Endokutikula wird sezerniert.

Abbildung 19.11: **Verlauf des Häutungsvorgangs.** Kutikula-Sekretion und -Resorption während der Ecdysis.

welche eine relativ dünne Schicht aus Chitin und Protein darstellt.

Im Verlauf des Häutungsvorgangs sowie einige Zeit vor der eigentlichen Ecdysis, vergrößern sich die Epidermiszellen beträchtlich. Sie trennen sich von der Membranschicht ab, sezernieren eine neue Epikutikula und fahren mit der Absonderung einer neuen Exokutikula fort (▶ Abbildung 19.11). In den Bereich über der neuen Epikutikula werden Enzyme sezerniert. Diese Enzyme beginnen damit, die alte Epikutikula abzubauen. Die löslichen Abbauprodukte werden resorbiert und im Körper des Krustentiers eingelagert. Ein Teil der Calciumverbindungen werden in Form von **Gastrolithen** (gr. *gaster*, Magen + *lithos*, Stein; mineralische Ablagerungen) in der Magenwand eingelagert. Schließlich bleiben nur die Exo- und die Epikutikula der alten Kutikula übrig. Darunter liegen die neue Epi- und Exokutikula. Das Tier verschluckt daraufhin Wasser, das es über seinen Darm absorbiert, was das Blutvolumen stark vergrößert. Der erhöhte Innendruck führt dazu, dass die alte Kutikula entlang präformierter Sollbruchlinien aufspringt. Das Tier zieht sich dann selbstständig aus seinem alten, nunmehr nutzlosen Exoskelett (▶ Abbildung 19.12). Diesem „Ausschlüpfen" folgt eine Streckung der neuen, noch weichen Kutikula, die Ablagerung der neuen Endokutikula, die Wiedereinlagerung der zwischengespeicherten anorganischen Mineralstoffe und anderer Bestandteile, und schließlich das Aushärten der neuen Kutikula. Während der Phase der Häutung ist das Tier weitgehend verteidigungsunfähig und verharrt daher im Zustand der Ruhe an einem sicheren Ort.

Wenn ein Krustentier noch jung ist, muss die Ecdysis oft durchlaufen werden, um Wachstum zu möglich zu machen und mit diesem Schritt zu halten. Der Häutungszyklus ist daher relativ kurz. Nähert sich das Tier der Geschlechtsreife, werden die zwischen den Häutungen liegenden Zeiträume immer länger, und bei manchen Arten finden dann keine Häutungen mehr statt. Während der Zwischenhäutungsphasen vollzieht sich eine Zunahme der Gewebsmasse durch Verdrängung von Körperwasser durch sich neubildendes Gewebe.

Hormonelle Steuerung des Ecdysiszyklus. Obwohl hormonell gesteuert, wird der Ecdysiszyklus vielfach durch Umweltreize in Gang gesetzt, die über die Sinnesorgane eingehen und durch das Zentralnervensystem verarbeitet werden. Derartige Reize können Temperatur, Tageslichtlänge oder (im Fall von Landkrabben) die Luftfeuchtigkeit sein. Kombinationen solcher Außenreize sind möglich. Das vom Zentralnervensystem daraufhin ausgehende Signal führt zur Verminderung der Produktion eines **Häutungshemmungshormons** durch eine als **X-Organ** bezeichnete Drüse. Dieses X-Organ besteht aus einer Gruppe neurosekretorischer Zellen in der Medulla terminalis („Endmark") des Gehirns. Bei Langusten und anderen Dekapoden liegt die Medulla terminalis im

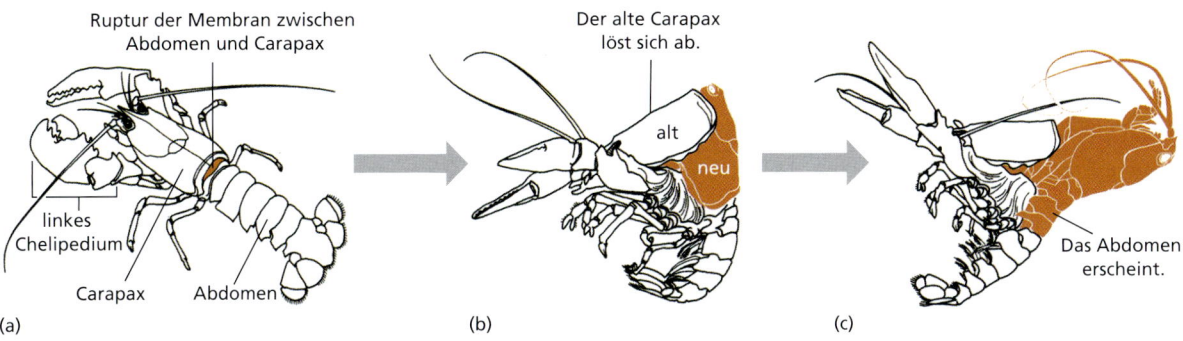

Abbildung 19.12: **Häutungsverlauf beim Amerikanischen Hummer** *(Homarus americanus)*. (a) Die Membran zwischen dem Carapax und dem Abdomen reißt ein; der Carapax beginnt mit einer langsamen Anhebung. Dieser Schritt kann bis zu zwei Stunden dauern. (b), (c) Kopf, Thorax und schließlich das Abdomen ziehen sich heraus. Dieser Vorgang dauert normalerweise nicht länger als fünfzehn Minuten. Unmittelbar nach der Ecdysis sind die Chelipedien ausgetrocknet (wasserfrei), und der Körper ist sehr weich. Der Hummer absorbiert Wasser mit einer so hohen Rate, dass sein Körper innerhalb von zwölf Stunden 20 Prozent in der Länge und 50 Prozent an Masse zunimmt. Das Gewebswasser wird in den folgenden Wochen nach und nach durch Proteine ersetzt.

Augenstiel. Das die Häutung hemmende Hormon wird über die Axone der Zellen des X-Organs zur **Sinusdrüse** (die wahrscheinlich selbst gar keinen echte Drüsenfunktion besitzt) transportiert – ebenso in den Augenstiel – von wo aus es in die Hämolymphe entlassen wird.

Ein Abfallen der Konzentration des Häutungs*hemmungs*hormons löst die Freisetzung des **Häutungshormons** (Ecdyson) aus den Y-Organen aus. Die **Y-Organe** liegen in der Epidermis, in der Nähe der mandibulären Adduktoren. Sie sind homolog zu den Prothoraxdrüsen der Insekten, die das Hormon Ecdyson produzieren (siehe Kapitel 34). Die Wirkung des Häutungshormons besteht in der Initiierung der Vorgänge, die zur Ecdysis führen. Ist der Häutungszyklus erst einmal aktiviert, läuft er automatisch weiter, ohne dass weitere Hormonwirkungen aus den X- oder Y-Organen notwendig sind.

Weitere endokrine Funktionen. Die Entfernung der Augenstiele beschleunigt den Häutungsvorgang. Darüber hinaus vermögen Crustaceen, denen die Augenstiele entfernt worden sind, ihre Körperfärbung nicht mehr an den Hintergrund anzupassen. Vor über fünfzig Jahren hat man entdeckt, dass dieser Defekt nicht auf den Verlust der Sehfähigkeit zurückzuführen ist, sondern auf die Einbuße der von den Augenstielen ausgesandten Hormone. Die Körperfärbung der Crustaceen geht zum großen Teil auf Pigmente zurück, die von speziellen, verzweigten Zellen in der Epidermis, den Chromatophoren, hergestellt werden (siehe Kapitel 29). Eine Konzentrierung der Pigmentgranula in der Mitte der Zelle führt zu einer Aufhellung des Farbtons, die Verteilung des Pigmentes über die ganze Zelle zu einer Farbvertiefung. Das Verhalten der Pigmentzellen wird hormonell gesteuert. Die dazu notwendigen Hormone werden von neurosekretorischen Zellen in den Augenstielen freigesetzt. Dies gilt ebenso für die Verschiebung der Netzhautpigmente (Retinalpigmente) zur Hell/Dunkelanpassung der Augen (Abbildung 19.8).

Die Freisetzung neurosekretorischer Stoffe aus dem Perikardialorgan in der Wandung des Perikards führt zu einer Beschleunigung und zu einer Verstärkung des Herzschlages.

Die **androgenen Drüsen**, die zuerst bei einem Amphipoden (*Orchestia*, eine Strandflohgattung) entdeckt worden sind, finden sich bei männlichen Malakostraken. Im Unterschied zu den meisten anderen endokrinen Organen von Krustentieren, handelt es sich dabei nicht um neurosekretorische Organe. Ihre Sekrete regen die Expression männlicher Geschlechtsmerkmale an (androgene Wirkung). Junge Malakostraken besitzen rudimentäre androgene Drüsen, bei Weibchen entwickeln sich diese Drüsen nicht. Werden sie experimentell in ein weibliches Tier implantiert, wandeln sich die Ovarien dieses Weibchens in Testes (Hoden) um und beginnen, Spermien zu bilden. Die Körperanhänge beginnen nach der nächsten Häutung ebenfalls, männliche Ausprägungsformen anzunehmen. Bei Isopoden liegen die androgenen Drüsen in den Hoden, bei allen anderen

> **Exkurs**
>
> Neurosekretorische Zellen sind Nervenzellen, die für die Ausschüttung von Hormonen modifiziert sind. Sie kommen weitverbreitet bei Wirbellosen, aber auch bei Wirbeltieren vor. Die Zellen im Hypothalamus und im Hypophysenhinterlappen der Vertebraten sind gute Beispiele für diesen Zelltyp (für Einzelheiten siehe Kapitel 34).

Malakostraken liegen sie zwischen den Muskeln der Coxopoden des Thoraxbeinpaares und sind partiell mit dem nähergelegenen Ende der Vasa deferentia verbunden. Obwohl die Weibchen keine Organe besitzen, die Ähnlichkeit mit den androgenen Drüsen aufweisen, erzeugen ihre Ovarien ein oder zwei Hormone, die ihre sekundären Geschlechtsmerkmale beeinflussen.

Hormone, die bei Crustaceen andere Vorgänge im Körper beeinflussen, können vorhanden sein, und es gibt Hinweise, dass eine neurosekretorische Substanz, die von den Augenstielen ausgeht, die Blutzuckerkonzentration reguliert.

Fressverhalten

Ernährungsgewohnheiten und diesbezügliche Anpassungen variieren unter den Crustaceen in weiten Grenzen. Viele Arten können sich in Abhängigkeit von der Umgebung und der verfügbaren Nahrung von einem Ernährungstypus auf einen anderen umstellen, doch setzen alle Arten und Gruppen den gleichen grundlegenden Satz von Mundwerkzeugen zur Nahrungsbeschaffung und -verarbeitung ein. Mandibeln und Maxillen dienen der Einverleibung der Nahrung, die Maxillipedien halten und zerkleinern die Nahrung. Laufbeine, insbesondere die Chelipedien, dienen bei räuberischen Formen dem Einfangen von Beutetieren.

Viele Crustaceen – sowohl große wie kleine – sind räuberisch, und manche verfügen über interessante Methoden zum Fangen und Töten ihrer Beute. So besitzen Fangschreckenkrebse (Ordo Stomatopoda) an ihren Laufbeinen einen spezialisierten Digitus, der in eine Furche zurückgezogen und in dieser Position arretiert werden kann. Bei Bedarf kann er plötzlich mit großer Wucht vorgeschnellt und auf vorbeikommende Beutetiere „abgefeuert" werden. Der Schlag mit den umgebildeten Maxillipedien kann Beutetiere oder Angreifer betäuben aber auch harte Schalen durchschlagen. Pistolenkrebs (*Alpheus* spp.) verfügen über enorm vergrößerte Chelen, die sich wie der Hammer eines Pistolenabzugs spannen lassen. Bei dem mit hoher Beschleunigung und Geschwindigkeit ablaufenden Abschuss bilden sich hinter den durch das Wasser schießenden Chelen Kavitationsblasen (Kavitation = Hohlraumbildung in schnell strömenden Flüssigkeiten), die mit solcher Wucht implodieren, dass viele Beutetiere davon betäubt werden.

Die Nahrungsquellen der **Strudler** reichen von Plankton über Detritus bis hin zu Bakterien. **Räuberische Arten** verzehren Larven, Würmer, andere Krustentiere, Schnecken und Fische. **Aasfresser** vertilgen tote Tiere

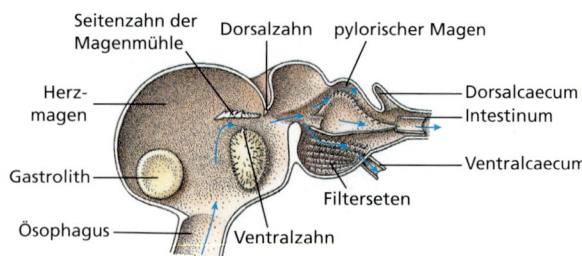

Abbildung 19.13: **Der Magen eines Malakostraken mit der „Magenmühle".** Die Richtung des Nahrungsflusses ist durch Pfeile kenntlich gemacht. Die Mühle besitzt chitinöse Ränder oder Zähne zum Zerkauen der Nahrung und Seten für die Reusenfilterung, bevor der Nahrungsbrei in den pylorischen Teil des Magen weiterwandert.

(und Pflanzen). Strudler wie Kiemenfüßler (Anostraca), Wasserflöhe und Seepocken (Balanidae) setzen ihre Beine ein, die einen dicken Setensaum tragen, um Wasserströmungen zu erzeugen, die Nahrungsteilchen zu den Seten treiben. Schlammkrebse (*Upogebia* spp.) setzen die langen Seten an den ersten beiden Paaren ihrer Thoraxanhänge ein, um Nahrung aus dem Wasserstrom zu filtern, der durch ihre Höhlen geht, und den sie mithife ihrer Schwimmbeine erzeugen.

Langusten besitzen einen zweiteiligen Magen (▶ Abbildung 19.13). Der erste Teil des Magens enthält eine Magenmühle, in der Nahrung, die bereits von den Mandibeln grob zerkleinert wurde, durch drei Kalkzähne weiter zerkleinert werden kann, bis die Nahrungsteilchen klein genug sind, um durch einen aus Seten bestehenden Filter in den zweiten Teil des Magens übertreten zu können. Die Nahrungspartikel wandern zur chemischen Verdauung weiter in den Darm.

19.2 Eine kurze Übersicht über die Crustaceen

Die Crustaceen sind eine umfangreiche Gruppe mit über 67.000 Arten in aller Welt, die in zahlreiche Untergruppen zerfallen. Sie zeigen eine Vielfalt im Bau, in der Habitatwahl und in der Lebensweise. Einige sind deutlich größer als Langusten, andere viel kleiner, bis hin zu mikroskopisch kleinen Formen. Einige sind hochentwickelt und spezialisiert; andere sind relativ einfach gebaut.

Die nachfolgende Zusammenfassung der Systematik der Crustaceen und die weiter unten folgende Klassifizierung erheben keinerlei Anspruch auf Vollständigkeit; für genauere Informationen sollten spezielle Lehrbücher konsultiert werden (siehe Literaturliste am Ende des

19.2 Eine kurze Übersicht über die Crustaceen

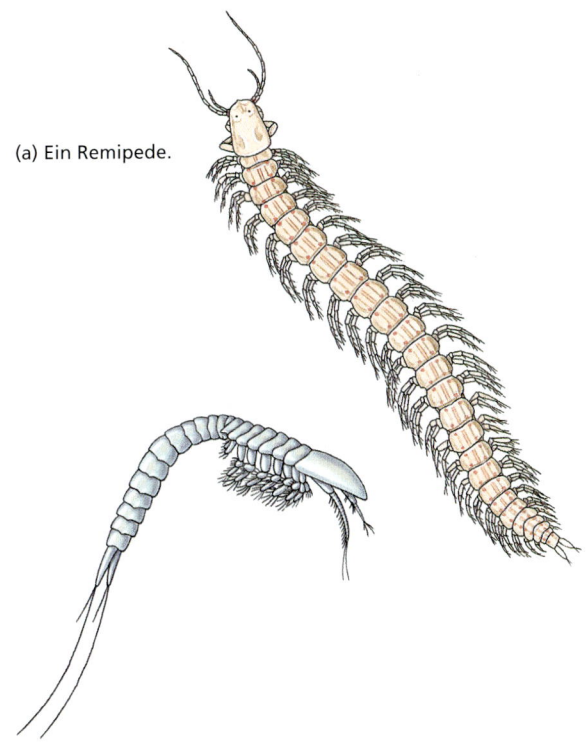

(a) Ein Remipede.

(b) Ein Cephalocaride.

Abbildung 19.14: **Remipedien und Cephalocariden.** (a) Ein Crustacee aus der Klasse der Remipedia. (b) Ein Crustacee aus der Klasse der Cephalocarida.

19.2.2 Classis Cephalocarida

Die Cephalocariden sind ebenfalls eine kleine Gruppierung, mit nur neun bekannten Arten (Abbildung 19.14 b). Cephalocariden treten an den Küsten Nordamerikas, im Bereich der westindischen Inseln und Japans auf. Sie sind nur 2 bis 3 mm lang und finden sich im Bodensediment, von der Gezeitenzone bis in Tiefen von 300 m. Einige ihrer Merkmale sind recht ursprünglich: Die Thoraxgliedmaßen sind einander sehr ähnlich, und die zweiten Maxillen ähneln den Thoraxgliedmaßen. Cephalocariden besitzen keine Augen, keinen Carapax und keine Abdominalgliedmaßen. Sie sind echte Zwitter. Unter den Arthropoden sind sie einzigartig durch die Ausschüttung der Eier und Spermien durch denselben ableitenden Gang.

19.2.3 Classis Branchiopoda (Klasse der Blattfußkrebse = Kiemenfußkrebse)

Man kennt mehr als 10.000 Arten von Branchiopoden. Sie stellen einen Crustaceentypus dar, der einige sehr ursprüngliche Merkmale erkennen lässt. Es werden drei Ordnungen unterschieden: **Anostraca** (Salinenkrebse (Artemien, Daphnien) und ähnliche; ▶ Abbildung 19.15 b) ohne Carapax, **Notostraca** (Kieferfüßler; Abbildung 19.15 c), deren Carapax einen breiten dorsalen Schild bildet, und **Diplostraca** (Wasserflöhe; Abbildung 19.15 c), die im Regelfall einen Carapax besitzen, der den größten Teil des Körpers mit Ausnahme des Kopfes einschließt. Hier gibt es aber auch Arten mit einem Carapax, der den gesamten Körper einhüllt. Die Branchiopoden besitzen abgeplattete, blattartige Phyllopodien – Beine, die als Hauptatmungsorgane dienen (wovon sich der Gruppenname Branchiopoda (gr. *branchios*, Kieme + *podos*, Fuß) ableitet). Die meisten Branchiopoden setzen ihre Beine außerdem zum Strudeln ein, und mit Ausnahme der Cladocerien auch zur Fortbewegung.

Die meisten Branchiopodenarten bewohnen das Süßwasser. Am wichtigsten und häufigsten sind die Wasserflöhe (Cladocerien), die oft einen großen Teil des Süßwasserzooplanktons stellen. Ihre interessante Vermehrungsweise erinnert an die einiger Rotatorien (siehe Kapitel 15). Während des Sommers bringen die Wasserflöhe oft nur weiblichen Nachwuchs durch Parthenogenese hervor, was zu einem raschen Populationswachstum führt. Setzen ungünstige Umweltbedingungen ein, werden einige Männchen erzeugt. Gleichzeitig werden meiotisch haploide Eier erzeugt, die befruchtet werden

Kapitels). Obgleich alle Klassen erwähnt werden, würde eine vollständige Darstellung aller hierarchischen Taxa unterhalb des Niveaus der Klasse einen Aufwand erfordern, der weit über den in diesem Buch zur Verfügung Raum hinausgehen würde.

19.2.1 Classis Remipedia

Die Remipedien sind eine sehr kleine, erst in jüngerer Zeit beschriebene Klasse der Krustentiere (▶ Abbildung 19.14 a). Die zehn bislang beschriebenen Arten sind aus Höhlen im Meer geborgen worden. Die Remipedien zeigen einige sehr urtümliche Merkmale. Sie besitzen 25 bis 38 Rumpfsegmente (Thorakal- und Abdominalsegmente), die alle paarige, verzweigte Schwimmappendices tragen, die im Wesentlichen gleich aussehen. Die Antennulen sind verzweigt. Beide Maxillenpaare und eines der Maxillipedienpaare sind jedoch vorstreckbar und offenbar an eine Funktion beim Fressvorgang adaptiert. Die Form der Schwimmappendices ist derjenigen ähnlich, die man bei den Copepoden vorfindet (siehe weiter unten). Im Unterschied zur Situation bei den Copepoden und Cephalopoden sind die Schwimmbeine allerdings lateral und nicht ventral angeordnet.

19 Aquatische Mandibulaten

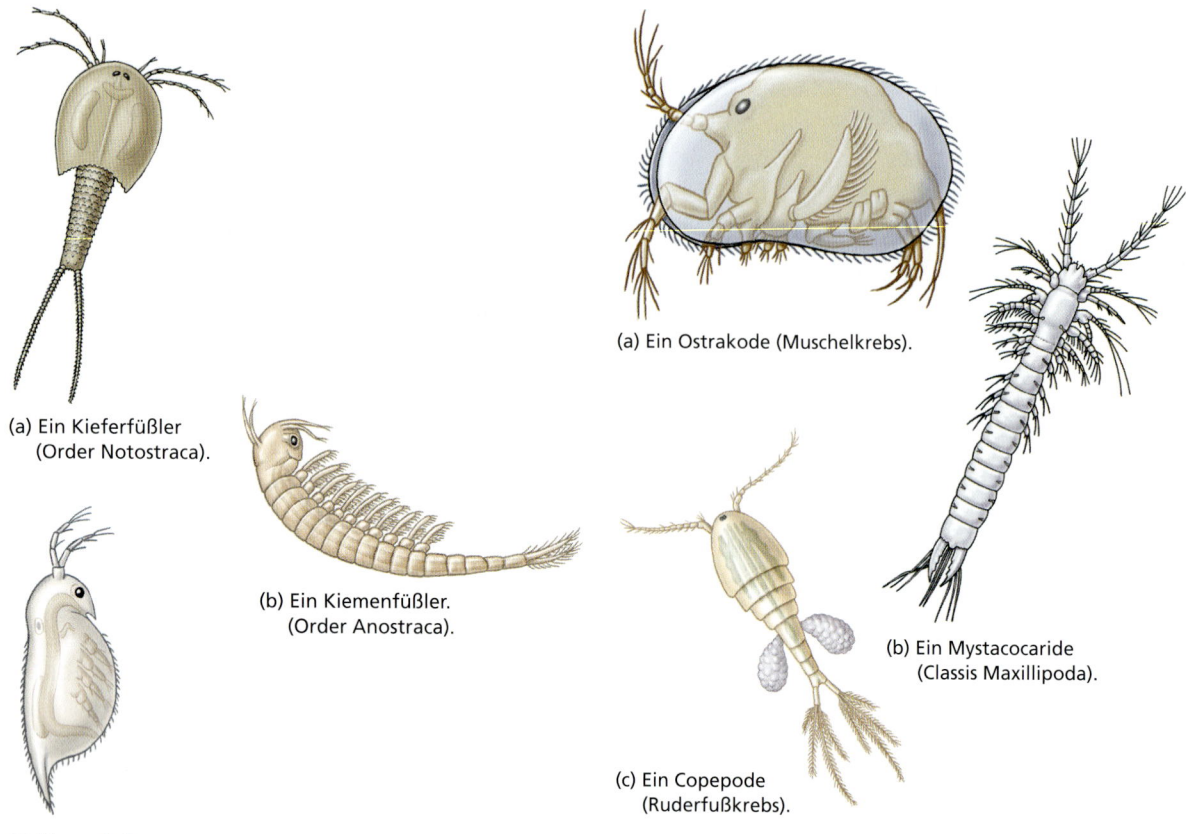

(a) Ein Kieferfüßler (Order Notostraca).

(b) Ein Kiemenfüßler. (Order Anostraca).

(c) Wasserfloh (*Daphnia*, Order Diplostraca, Suborder Cladocera).

Abbildung 19.15: **Branchiopoden.** Beispiele für Vertreter der Klasse der Branchiopoden.

(a) Ein Ostrakode (Muschelkrebs).

(b) Ein Mystacocaride (Classis Maxillipoda).

(c) Ein Copepode (Ruderfußkrebs).

Abbildung 19.16: **Ostrakoden, Mystacocariden und Copepoden.** (a) Ein Muschelkrebs (Classis Ostracoda, Klasse der Ostrakoden). (b) Ein Krustentier der Unterklasse der Mystacocariden (Subclassis Mystacocarida, Classis Maxillopoda). (c) Ein Copepode mit anhaftenden Eisäcken (Subclassis Copepoda, Classis Maxillopoda).

müssen (Die Produktion überwinternder, befruchteter Eier wird als Ephipie bezeichnet.). Die befruchteten Eier sind hochgradig resistent gegen Kälte und Austrocknung, und sie sind von sehr großer Bedeutung für das Überleben der überwinternden Population sowie für den passiven Transfer in neue Habitate. Die meisten Cladocerien zeigen eine direkte Entwicklung, wohingegen die anderen Branchiopoden eine graduelle Metamorphose zeigen.

19.2.4 Classis Ostracoda (Klasse der Muschelkrebse)

Die Ostrakoden sind, ebenso wie die Diplostraken, in einen zweiteiligen Carapax eingehüllt und ähneln winzigen Muscheln von 0,25 bis 10 Millimetern Länge (▶ Abbildung 19.16a). Davon leitet sich die Trivialbezeichnung Muschelkrebs ab. Sie sind weltweit verbreitet und in den aquatischen Nahrungsketten von hoher Bedeutung. Die Ostrakoden lassen ein beträchtliches Maß an Fusion von Rumpfsegmenten erkennen. Die Zahl der Thorakalanhänge ist auf zwei reduziert, oder sie fehlen gänzlich. Fressen und Fortbewegung sind Aufgaben, die in erster Linie durch den Einsatz der kopfständigen Gliedmaßen zustande gebracht werden. Die meisten Ostrakoden leben auf dem Grund oder klettern auf Pflanzen, einige sind jedoch planktonisch oder graben sich durch den Untergrund. Einige wenige sind Parasiten. Darüber hinaus sind die Ernährungsweisen sehr vielfältig. Es gibt Partikel-, Pflanzen- und Aasfresser sowie räuberische Arten. Sie sind weit verbreitet sowohl im Süß- als auch im Meerwasser. Die meisten der 6000 bekannten Arten sind getrenntgeschlechtlich, einige aber auch parthenogenetisch. Die Männchen einiger bizarrer Muschelkrebsarten emittieren Licht und vermögen ihre Lichtsignale zu synchronisieren, mit denen sie Weibchen anlocken. Die Entwicklung erfolgt durch eine graduelle Metamorphose. Man kennt heute Tausende ausgestorbener Arten. Über 10.000 fossile Arten sind beschrieben worden, deren Vorhandensein in Gesteinsschichten vielfach als wichtiger Indikator für Öllagerstätten ausgenutzt wird.

19.2.5 Classis Maxillopoda

Die Klasse der Maxillopoden mit 10.000 Arten in aller Welt umfasst eine Anzahl von Crustaceengruppen, die in der Vergangenheit selbst in der Systematik im Rang von Klassen geführt worden sind. Systematiker deuten vorliegende Befunde so, dass diese Gruppen auf einen gemeinsamen Urahn zurückgehen und somit innerhalb der Crustaceen eine monophyletische Gruppe bilden. Der Grundbauplan umfasst fünf Cephal-, sechs Thorakal- und für gewöhnlich vier Abdominalsegmente plus ein Telson, doch sind Reduktionen von dieser Basisformel nicht selten. Am Abdomen finden sich keine typischen Gliedmaßen. Das Auge der Nauplien (sofern vorhanden) besitzt einen eigentümlichen Bau und wird als **Maxillopodenauge** bezeichnet.

Subclassis Mystacocarida

Die Mystacocariden sind eine Klasse winzige Krustentiere von weniger als einem halben Millimeter Länge, die in Spalten zwischen den Sandkörnern im Strandbereich von Meeresküsten zu finden sind (Abbildung 19.16b). Bis heute sind nur zehn Arten beschrieben worden, doch sind die Mystacocariden über viele Teile der Welt verbreitet.

Subclassis Copepoda
(Unterklasse der Ruderfußkrebse)

Diese Gruppe steht bezüglich der Artenzahl hinter den Malakostraken. Ihre Gesamtmasse in den Weltmeeren und Süßgewässern beläuft sich auf Milliarden von Tonnen. Copepoden sind kleine Tiere, die für gewöhnlich nur wenige Millimeter oder darunter messen. Ihre Körper sind von ziemlich gestreckter Gestalt und laufen am posterioren Ende spitz zu. Ein Carapax fehlt. Der Adultus behält ein einfaches, median sitzendes Naupliusauge (Maxillopodenauge) bei (Abbildung 19.16c). Sie besitzen ein einzelnes Paar unverzweigter Maxillipedien und vier Paare ziemlich abgeplatteter, verzweigter, thorakaler Schwimmappendices. Das fünfte Beinpaar ist zurückgebildet. Das posteriore Anteil des Körpers ist meist vom anterioren durch ein Hauptgelenk (Articulatio major) getrennt; der anteriore Teil trägt die Gliedmaßen. Die Antennulen sind vielfach länger als die anderen Anhänge und werden zum Schwimmen eingesetzt. Die Copepoden haben sich sehr stark diversifiziert und gelten als evolutionsfreudig. Es gibt eine große Anzahl symbiontischer wie freilebender Arten. Viele parasitäre Arten sind stark modifiziert. Die Adultformen können so sehr umgebildet sein, und von der eben gegebenen, allgemeinen Beschreibung abweichen, dass sie kaum mehr als Arthropoden erkennbar sind, geschweige denn als Crustaceen.

Ökologisch sind die freilebenden Copepoden von extremer Bedeutung und dominieren in aquatischen Gemeinschaften oft das Niveau der Primärkonsumenten (siehe Kapitel 38). In vielen marinen Bereichen ist die Copepodengattung *Calanus* die häufigste Lebensform des Zooplanktons und stellt den größten Teil der Gesamtbiomasse (siehe Kapitel 38). An anderen Orten wird der Biomassenanteil nur von den Euphausiden übertroffen (siehe weiter unten). *Calanus* ist ein wichtiger Nahrungsbestandteil von ökonomisch und ökologisch bedeutsamen Fischen wie Heringen, Sprotten und Sardinen. Die Gattung steht auch auf dem Speiseplan der Larven größerer Fische und bildet – zusammen mit den Euphausiden – einen wichtigen Bestandteil der Nahrung von Wal- und Haiarten, die Planktonfresser sind (Bartenwale, Walhai, Riesenhai). Andere Gattungen kommen verbreitet im Zooplankton der Meere vor, und manche, wie *Cyclops* und *Diaptomus*, können bedeutende Komponenten des Süßwasserplanktons sein. Viele Copepodenarten sind Parasiten auf einer Vielzahl anderer Wirbelloser des Meeres und auf Meeres- wie Süßwasserfischen. Diese parasitären Ruderfußkrebse können wirtschaftliche Bedeutung in der Fischerei- und Fischzuchtindustrie erlangen. Einige Arten freilebender Copepoden dienen als Zwischenwirte für Humanparasiten, etwa für die Bandwurmgattung *Diphyllobothrium* und die Fadenwurmgattung *Dranunculus*. Auch Parasiten anderer Tierarten dienen Copepoden als Zwischenwirte.

Die Entwicklung der Copepoden verläuft indirekt, und einige hochgradig modifizierte, parasitäre Formen zeigen einen verblüffenden Verlauf der Metamorphose.

Subclassis Tantulocarida

Die Tantulocariden sind die jüngste beschriebene Klasse (in unserer Systematik als Unterklasse geführt) der Crustaceen (▶ Abbildung 19.17). Ihre Erstbeschreibung geht auf das Jahr 1983 zurück. Bis heute sind nur zwölf Arten bekannt. Es handelt sich um winzige, 0,15 bis 2 mm große Ektoparasiten, die auf anderen benthischen Krustentieren der Tiefsee leben. Sie zeigen keine erkennbaren Kopfanhänge, mit Ausnahme eines Antennenpaares bei geschlechtsreifen Weibchen. Ihr Lebenszyklus ist nicht zweifelsfrei belegt, doch deuten die verfügbaren Erkenntnisse darauf hin, dass es einen Generationswechsel mit einem parthenogenetischen Zyklus und

19 Aquatische Mandibulaten

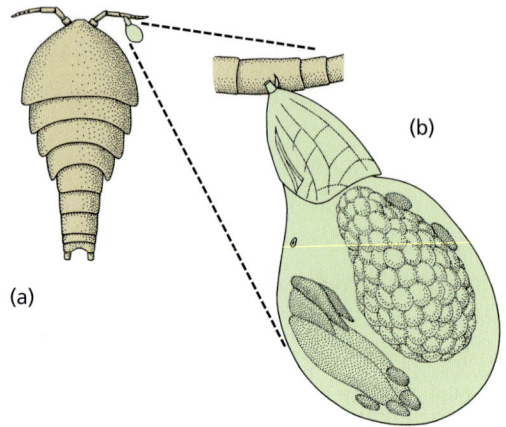

Abbildung 19.17: **Ein Tantulocaride.** Subclassis Tantulocarida, Classis Maxillopoda, Subphylum Crustacea. (a) Dieser seltsame kleine Parasit ist angeheftet an die erste Antenne seines Copepodenwirtes dargestellt. (b) Ausschnittvergrößerung.

einen zweigeschlechtlichen Zyklus mit Befruchtung gibt. Die **Tantaluslarven** dringen mit Hilfe einer Mundröhre in die Kutikula ihrer Wirte ein. Im Verlauf der Metamorphose zum Adultus gehen das Abdomen und sämtliche Thoraxgliedmaßen verloren. Als einzige unter den Maxillopoden tragen die Larven der Tantulocariden sechs bis sieben Abdominalsegmente. Andere Befunde stützen jedoch die Eingruppierung in die Klasse der Maxillopoden.

Subclassis Branchiura (Unterklasse der Fischläuse)

Die Branchiurier (deutsch: Fisch- oder Karpfenläuse) sind eine kleine Gruppe primär Fische befallender Parasiten, deren Mundwerkzeuge für das Saugen adaptiert sind (▶ Abbildung 19.18). Die Angehörigen dieser Gruppe sind meist zwischen fünf und zehn Millimeter lang und kommen auf Meeres- wie auf Süßwasserfischen vor. Sie besitzen im Regelfall einen breiten, schildartigen Carapax, Facettenaugen, vier verzweigte Thorakalanhänge zum Schwimmen sowie ein kurzes, unsegmentiertes Abdomen. Sie zweiten Maxillen sind zu Saugbechern umgebildet, mit denen der Parasit auf seinem Wirt umherkriechen oder unter Umständen sogar von einem Fisch auf einen anderen überwechseln kann. Stark befallene Fische können sekundäre Pilzinfektionen erleiden und daran sterben. Eine Naupliuslarve fehlt, und die Jungtiere ähneln den Adulten, außer in Größe und Entwicklungszustand der Extremitäten.

Subclassis Cirripedia (Unterklasse der Rankenfüßler)

Zur Gruppe der Cirripedien (auch: Zirripedien) gehören die Seepocken und die Entenmuscheln (Ordo Thoracica), die meist in ein Gehäuse aus Kalkplatten eingeschlossen sind, sowie drei weitere, kleinere Ordnungen grabender oder parasitärer Formen. Die Seepocken sind als Adulte sessil und können über einen Stiel (Entenmuscheln; ▶ Abbildung 19.19b) oder direkt (Seepocken; Abbildung 19.19a) am Untergrund verankert sein. Im Regelfall umgibt der Carapax den Körper und sezerniert ein Gehäuse aus Kalkplatten. Der Kopf ist zurückgebildet, sie besitzen kein Abdomen, die Thoraxbeine sind lange, vielgliedrige Zirren mit haarförmigen Seten. Die Zirren erstrecken sich durch eine Öffnung zwischen den Kalkplatten des Gehäuses nach außen und filtern Partikel aus dem Wasser, von denen sich die Tiere ernähren (Abbildung 19.19). Obgleich alle Seepocken Meerestiere sind, findet man sie oft in der Gezeitenzone. Dort fallen sie regelmäßig trocken und kommen manchmal für längere Zeit mit Süßwasser in Kontakt. So vermag etwa *Semibalanus balanoides* Temperaturen unter dem Gefrierpunkt von Wasser in arktischen Gezeitenzonen zu tolerieren. Diese Tiere überleben während der Sommermonate ein Trockenfallen auf ihrer steinigen Unterlage für bis zu neun Stunden. Während dieser Phasen ist die Gehäuseöffnung (Apertur) zwischen den Schalenplatten bis auf einen sehr engen Spalt geschlossen.

Zirripedien sind Zwitter und durchlaufen während ihrer Entwicklung eine verblüffende Metamorphose. Die

Abbildung 19.18: **Eine Karpfenlaus.** Subclassis Branchiura, Classis Maxillopoda, Subphylum Crustacea.

Exkurs

Seepocken setzen sich gern und leicht an Schiffsrümpfen fest und bilden dort unter Umständen großflächige Beläge. Der Bewuchs kann solche Ausmaße annehmen, dass sich die Geschwindigkeit eines Schiffes um bis zu 30 oder gar 40 Prozent vermindern kann. Dann ist die Entfernung des Bewuchses im Dock erforderlich. Eine früher übliche Bekämpfung mit giftigen Stoffen (Schutzanstriche der Schiffsrümpfe mit für Wirbellose giftigen Farben) hat zu Schäden in marinen Ökosystemen geführt und wird heute nicht mehr empfohlen.

(a) (b)

Abbildung 19.19: Zirripedien (Ordo Thoracica, Subclassis Cirripedia, Classis Maxillopoda). (a) Seepocken der Art *Balanus balanoides* (Gemeine Seepocke) auf einem Stein in der Gezeitenzone. Die Tiere verharren in der hier abgebildeten Stellung auf die Rückkehr der Flut. (b) Gemeine Entenmuschel *(Lepas anatifera)*. Man beachte die Fressbeine (= Zirren) an den *Lepas*-Individuen. Seepocken setzen sich an einer Vielzahl von Unterlagen wie Steinen, Hafenmolen, Kaimauern, Bootsstegen und Schiffsrümpfen fest.

meisten schlüpfen als Nauplien, die bald zu Cypridenlarven werden; sie haben ihren Namen nach ihrer Ähnlichkeit mit den Vertretern der Ostrakodengattung *Cypris* erhalten. Cypriden besitzen einen zweischaligen Carapax und Facettenaugen. Sie heften sich mittels ihrer ersten Antennen, die Adhäsionsdrüsen enthalten, an das Substrat an, und beginnen danach mit der Metamorphose. Diese ist mit mehreren einschneidenden Veränderungen verbunden, einschließlich der Abscheidung der Kalkplatten, dem Verlust der Augen und der Transformation der Schwimmappendices zu Zirren.

Die Angehörigen der Ordnung der Rhizocephalen (Ordo Rhizocephala; gr. *rhizo*, Wurzel + *kephale*, Kopf, Schädel), wie die der Gattung *Sacculina*, sind hochgradig modifizierte Parasiten oder Krabben. Sie beginnen ihre Existenz als Nauplien und werden dann – ganz genauso wie andere Zirripedien – zu Cypridenlarven. Wenn sie aber auf einen potenziellen Wirt treffen, metamorphieren die Tiere der meisten Arten zu einem **Kentrogon** (gr. *kentron*, Spitze, Stachel, Dorn + *gonos*, Nachkomme), der Zellen in das Hämocoel seiner Wirtskrabbe injiziert (▶ Abbildung 19.20). Schließlich wachsen aus diesen Zellen absorptive Fortsätze durch den ganzen Körper des befallenen Wirtes. Der Parasit bringt dann seine Fortpflanzungsorgane nach außen in den Bereich zwischen dem Cephalothorax und dem zurückgebogenen Abdomen der Krabbe.

19.2.6 Classis Malacostraca (Klasse der höheren Krebse)

Mit über 20.000 Arten weltweit stellt die Klasse der Malakostraken die größte Gruppe der Crustaceen, und die mit der größten Vielfalt dar. Die Diversität dieser

Exkurs

Die genaue Stelle, an der die reproduktiven Organe aus dem Körper der Krabbe nach außen treten, ist für die rhizocephalischen Parasiten von hohem adaptivem Wert. Da die Krabbe ihr Gelege (falls sie eines hat) an dieser Stelle mit sich herumträgt, behandelt die Krabbe den Parasiten wie ein eigenes Gelege aus Eiern. Sie beschützt, ventiliert und „krault" den Parasiten und ist seiner Fortpflanzung sogar behilflich, indem sie zur gegebenen Zeit ein Eiablageverhalten zeigt. Das Zurechtlegen und Versorgen ist notwendig für das Überleben des Parasiten. Was aber, wenn die Rhizocephalierlarve das Pech hat, eine männliche Krabbe zu infizieren? Kein Problem: Im Verlauf des Wachstums im Innern des Wirtes kastriert sie ihren Wirt. Die Krabbe entwickelt sich danach anatomisch wie verhaltensbiologisch weiblich!

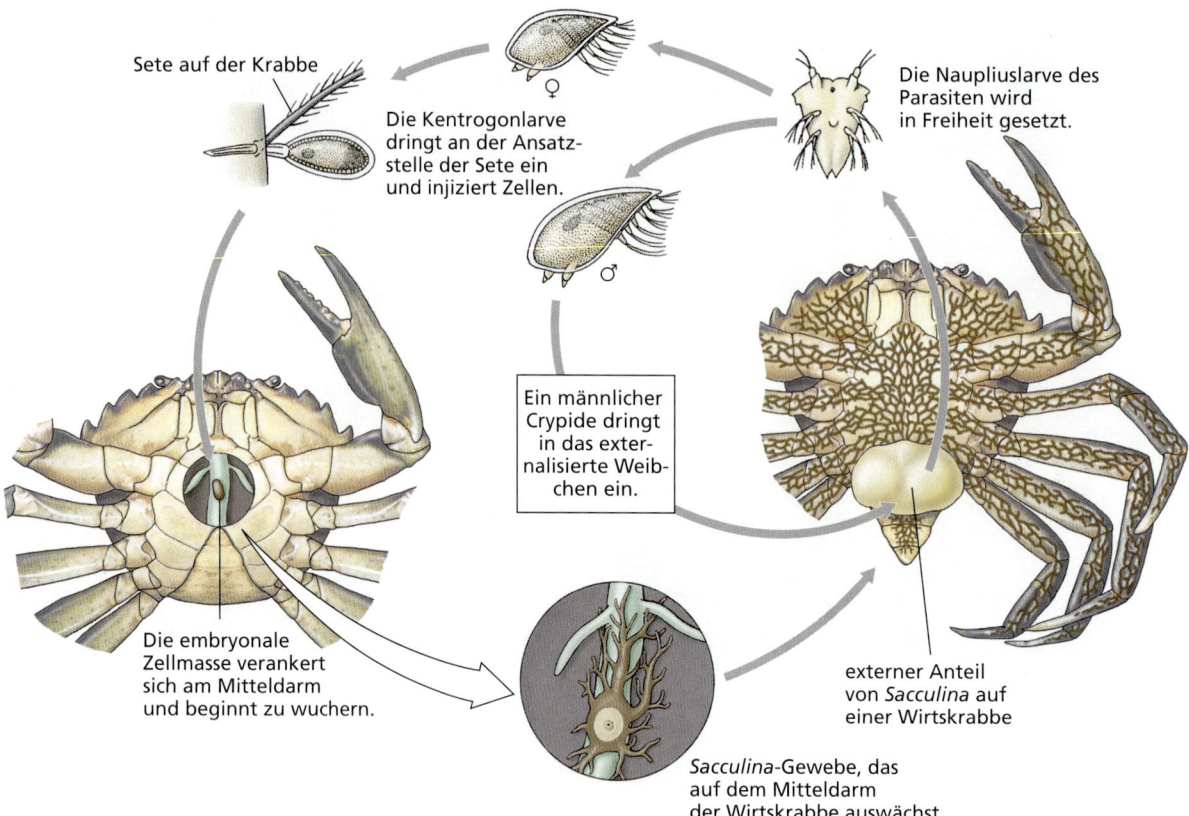

Abbildung 19.20: **Vermehrungszyklus von *Sacculina* (Ordo Rhizocephala, Subclassis Cirripedia, Classis Maxillopoda).** Es handelt sich um eine Gattung, die als Endoparasit in Krabben der Gattung *Carcinus* lebt.

Klasse spiegelt sich in der Klassifizierung der höheren Taxa wieder, die drei Unterklassen, vierzehn Ordnungen mit vielen Unterordnungen, Infraordnungen und Überfamilien umfasst. Wir beschränken unsere Darstellung auf ein einige der wichtigsten Ordnungen. Den charakteristischen Bauplan der Malakostraken haben wir weiter oben am Beispiel der Languste aufgezeigt (Abbildung 19.1 ff.).

Ordo Isopoda (Ordnung der Asseln)

Die Asseln sind eine von wenigen Crustaceengruppen, die neben dem Süß- und dem Meerwasser auch erfolgreich terrestrische Lebensräume besiedelt haben. Sie sind die einzige Krustentiergruppe, die vollständig terrestrische Vertreter hervorgebracht hat.

Sie sind im Regelfall dorsoventral abgeflacht, ein Carapax fehlt, und sie besitzen sitzende Facettenaugen. Die Maxillipedien sind das erste Paar Thoraxgliedmaßen; den anderen, sich ähnelnden Thoraxgliedmaßen fehlen die Exopodien. Die Abdominalanhänge tragen Kiemen oder lungenartige, als Pseudotracheen bezeichnete Organe, die (außer bei den Uropoden) einander ebenfalls ähnlich sehen. Hiervon leitet sich der Gruppenname Isopoda (gr. *iso*, gleich + *podos*, Fuß) ab. Viele Arten besitzen die Fähigkeit, sich zum Schutz zu einem „Ball" eng zusammenzurollen.

Verbreitete landlebende Formen sind die Kellerasseln der Gattung *Porcellio* (Familia Porcellionidae, Familie der Kellerasseln) und die Rollasseln der Gattung *Armadillidium* (▶ Abbildung 19.21a), die unter Steinen und an feuchten Stellen leben. Obwohl es sich um Landtiere handelt, fehlen eine wirkungsvolle kutikuläre Bedeckung und andere Anpassungen zur Einsparung von Wasser, wie man sie bei den Insekten findet. Asseln müssen daher in einer feuchten Umgebung leben (zum Beispiel unter feuchtem Totholz oder unter Steinen. *Caecidotea* (Abbildung 19.21b) eine häufig vorkommende Gattung des Süßwassers, wo die Tiere unter Steinen und zwischen Wasserpflanzen leben. *Ligia* ist eine verbreitet im Meer vorkommende Gattung, deren Vertreter an Stränden und Felsküsten zu finden sind. Einige Isopoden sind Parasiten auf Fischen oder Krustentieren (▶ Abbildung 19.22).

Die Entwicklung ist im Wesentlichen direkt, kann aber bei spezialisierten parasitären Formen hochgradig metamorph verlaufen.

19.2 Eine kurze Übersicht über die Crustaceen

Abbildung 19.22: **Eine parasitäre Assel *(Anilocra sp.).*** * Sie befindet sich auf einem Fisch (der Art *Cephalopholis fulvus*), der Korallenriffe in der Karibik bewohnt.

Abbildung 19.21: Asseln. (a) Vier Rollasseln (*Armadillidium vulgare*; Ordo Isopoda, Classis Malacostraca), die verbreitet auf dem Land vorkommen. (b) Eine Süßwasserassel (*Caecidotea* sp.), ein aquatisch lebender Isopode.

Ordo Amphipoda (Ordnung der Flohkrebse)

Die Amphipoden ähneln den Isopoden darin, dass ihnen ein Carapax fehlt und sie sitzende Facettenaugen und nur ein Paar Maxillipedien haben (▶ Abbildung 19.23). Sie sind jedoch meist seitlich zusammengedrückt, und ihre Kiemen befinden sich in der typischen Position am Thorax. Darüber hinaus sind ihre Thorakal- und Abdominalgliedmaßen jeweils in zwei oder drei Gruppen angeordnet, die unterschiedliche Form und Funktion haben. So kann etwa eine Gruppe Abdominalbeine für das Schwimmen und eine andere für das Springen zuständig sein. Es gibt viele Beispiele für im Meer lebende Flohkrebse, einschließlich einiger strandbewohnender Formen, wie etwa *Orchestia*, eine Strandflohgattung. Daneben gibt es zahlreiche Süßwassergattungen wie Hyalella und Gammarus sowie einige parasitäre (▶ Abbildung 19.24). Die Entwicklung verläuft direkt und ohne eine echte Metamorphose. In mitteleuropäischen Gewässern lebt der 1,5 bis 2,5 cm große Bachflohkrebs (*Gammarus pulex*, auch: *Rivulogammarus pulex*). In jüngerer Zeit ist aus dem Donaudelta der Große Höckerflohkrebs (*Dikerogammarus villosus*) nach Norden und Westen vorgedrungen. Heute findet sich diese bis zu 3 cm groß werden Art in praktisch allen Stromsystemen nördlich der Alpen.

(a)

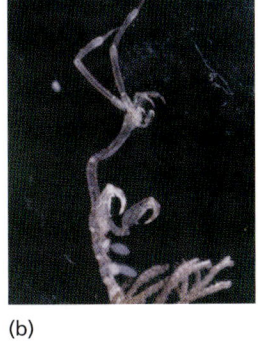
(b)

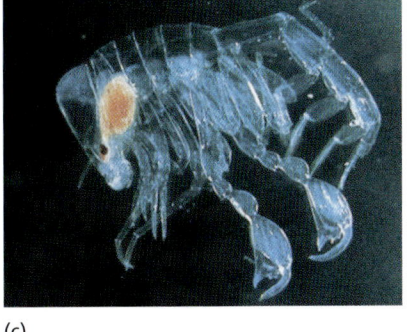
(c)

Abbildung 19.23: Amphipoden ** **des Meeres.** (a) Die freischwimmende Flohkrebsart *Ansiogammarus* sp. (b) Ein Gespensterkrebs (*Caprella* sp.) auf einer Bryozoenkolonie. Die Tiere ähneln im Habitus Mantiden (siehe Kapitel 20). (c) *Phronima* ist eine pelagische Amphipodenart, die die Tunika einer Salpe (Subphylum Urochordata; Kapitel 23) als Wohnung übernimmt. Die Tiere schwimmen mittels ihrer abdominalen Schwimmbeine, die aus der Öffnung der fassförmigen Tunika herausragen. Damit manövriert der Flohkrebs beim Beutefang. Die Tunika ist hier nicht sichtbar.

---

* Ordo Isopoda, Classis Malacostraca (Ordnung der Asseln, Klasse der höheren Krebse).
** Ordo Amphipoda, Classis Malacostraca; Ordnung der Flohkrebse, Klasse der höheren Krebse.

Aquatische Mandibulaten

(a)

(b)

Abbildung 19.24: Flohkrebse. (a) Kopf mit dem Maul eines gesunden Grauwals *(Eschrichtius robustus)*, der einen charakteristischen Besatz aus Seepocken (Ordo Thoracica, Subclassis Cirripedia, Classis Maxillopoda) und cyamiden Parasiten (Ordo Amphipoda, Classis Malacostraca) trägt. Man beachte die gelblichen Barten im Maul des Wals. (b) Parasitäre Cyamiden von einem Grauwal. Anders als die meisten Flohkrebse, sind diese Tiere dorsoventral abgeflacht. An ihren Beinen tragen sie scharfe, schabende Klauen.

Ordo Euphausiacea (Ordnung der Leuchtgarnelen)

Die Euphausiaceen sind eine nur etwa 90 Arten umfassende Gruppierung, zur der jedoch sehr bedeutsame Vertreter des Meeresplanktons gehören, die als „Krill" bekannt sind (▶ Abbildung 19.25). Die Tiere sind 3 bis 6 cm lang, besitzen einen Carapax, der mit allen Thoraxsegmenten fusioniert ist, die Kiemen aber nicht völlig umschließt. Sie besitzen keine Maxillipedien, aber Thoraxgliedmaßen mit Exopodien. Die meisten sind biolumineszent. Das Licht erzeugen sie mit Hilfe eines als **Photophor** bezeichneten Organs. Einige Arten können in gewaltigen Schwärmen mit mehreren Quadratkilometern Durchmesser in Erscheinung treten. Sie stellen einen wesentlichen Anteil der Nahrung von Bartenwalen und vielen Fischen (die Biomasse des Krills wird auf 100–800 Millionen Tonnen geschätzt). Aus den Eiern schlüpfen Nauplien, die Entwicklung ist indirekt und metamorph.

Ordo Decapoda (Ordnung der Zehnfußkrebse)

Dekapoden besitzen drei Maxillipedienpaare und fünf Laufbeinpaare, von denen das erste bei vielen Arten zu Greifern (**Chelen**; gr. *chelos*, Zange, Schere) modifiziert ist. Das Größenspektrum der Dekapoden reicht von Arten, die nur wenige Millimeter messen bis zu den größten rezenten Arthropoden. Die japanische Riesenkrabbe (*Macrocheira kaempferi*; gr. *makros*, groß, riesig + *cheir*, Hand) ist der größte heute lebende Gliederfüßler; die Spannweite der Beine kann bis zu 4 m erreichen. Langusten, Hummer, Krabben und die echten Garnelen gehören in diese Gruppe (▶ Abbildungen 19.26 und ▶ 19.27). Es gibt ungefähr 18.000 Dekapodenarten, und die Ordnung zeichnet sich durch extreme Vielgestaltigkeit aus. Die Zehnfußkrebse sind ökologisch wie ökonomisch von Bedeutung. Zahlreiche Arten werden vom Menschen als Köstlichkeiten geschätzt und teuer gehandelt.

Insbesondere die Krebse existieren in einer großen Vielzahl von Formen. Obgleich sie den Langusten ähneln, unterscheiden sie sich von diesen durch ihren breiteren Cephalothorax und das zurückgebildete Abdomen. Vertraute Beispiele der Meereskste sind die Einsiedlerkrebse (Abbildung 19.26b), die in verlassenen Schneckenhäusern leben (da ihr Abdomen nicht, wie die anterioren Anteile des Körpers, von einem schweren Exoskelett geschützt wird), die Winkerkrabben (*Uca* sp.;

Abbildung 19.25: *Meganyctiphanes norvegica*, der nördliche **Krill.*** Im Südpolarmeer spielt der südliche oder antarktische Krill *(Euphausia superba)* eine vergleichbare ökologische Rolle in den dortigen Nahrungsketten.

---

* Ordo Euphausiacea, Classis Malacostraca; Ordnung der Leuchtgarnelen, Klasse der höheren Krebse.

19.3 Phylogenese und adaptive Radiation

Abbildung 19.26: Dekapode Crustaceen. (a) Eine leuchtend orangefarbige tropische Felsenkrabbe der Art *Grapsus grapsus*. Sie ist eine auffällige Ausnahme der Regel, dass die meisten Zehnfußkrebse eine Tarnfärbung aufweisen. (b) Ein Einsiedlerkrebs *(Elassochirus gilli)*, der ein weiches Abdominalexoskelett besitzt und deshalb in einem verlassenen Schneckenhaus lebt, das er mit sich herumträgt und in das er sich bei Gefahr zurückziehen kann. (c) Eine männliche Winkerkrabbe *(Uca sp.)*. Das Tier setzt sein stark vergrößertes Chelipedium ein, um seine Revieransprüche sichtbar darzustellen, und gegebenenfalls zur Verteidigung oder bei Rangkämpfen. (d) Eine rote Nachtgarnele *(Rhychocenetes rigens)* streift des Nachts auf Korallenriffen umher und untersucht Höhlen und Überhänge. (e) Eine Karibik-Languste *(Panulirus argus)*. Die Art wird, ebenso wie Hummer, von Feinschmeckern mit Genuss verspeist. Alle: Ordo Decapoda, Classis Malacostraca; Ordnung der Zehnfußkrebse, Klasse der höheren Krebse.

Abbildung 19.26 c), die im Sand vergraben unmittelbar unterhalb der Hochwassermarke leben und bei Niedrigwasser auf den freiliegenden Sandböden umherlaufen, sowie die Seespinnen (Familia Majidae; Beispiel: *Libinia*), *Dromidia*-Arten und andere, die ihre Carapaces mit Schwämmen und Seeanemonen als „Tarnüberzüge" bedecken (Abbildung 19.27).

Phylogenese und adaptive Radiation 19.3

19.3.1 Phylogenese

Die Beziehung der Crustaceen zu den anderen Arthropoden war lange Zeit rätselhaft. Die Kontroverse über die Frage, ob die Arthropoden polyphyletisch sind, hat uns bereits in Kapitel 18 beschäftigt. Die Crustaceen werden traditionell mit den Uniramiern (Insekten und Myriapoden; Kapitel 20) in der Gruppe der Mandibu-

Abbildung 19.27: Eine Schwammkrabbe *(Dromidia antillensis)*. Diese Krabbenart ist eine von mehreren, die sich gerne mit Material aus ihrer unmittelbaren Umgebung tarnen. Ordo Decapoda, Classis Malacostraca; Ordnung der Zehnfußkrebse, Klasse der höheren Krebse.

KLASSIFIZIERUNG

■ **Phylum Nematoda (Stamm der Fadenwürmer)**

Die Klassifikation der Crustaceen ist kompliziert und unterliegt andauerndem Wandel durch neue Erkenntnisse. Die folgende Auflistung stützt sich auf mehrere Quellen. Viele kleinere Taxa werden aus Gründen der Übersichtlichkeit ausgelassen.

Classis Remipedia (lat. *remigo*, rudern + *pedis*, Fuß). Kein Carapax; Protopodien aus einem Segment; verzweigte Antennulen und Antennen; alle Rumpfanhänge ähnlich; Cephalanhänge groß und dienen dem Greifen; Maxillipediensegment mit dem Kopf fusioniert; Rumpf nicht untergliedert. Beispiel: *Speleonectes*.

Classis Cephalocarida (gr. *kephale*, Kopf + *karis*, Garnele). Kein Carapax; Phyllopodien, Protopodien aus einem Segment; unverzweigte Antennulen und verzweigte Antennen; Facettenaugen fehlen; keine Abdominalanhänge; Maxillipedien ähneln Thoraxbeinen. Beispiel: *Hutchinsoniella*.

Classis Branchiopoda (gr. *branchia*, Kieme + *podos*, Fuß): Ordnung der **Kiemenfüßler**. Phyllopodien; Carapax vorhanden oder fehlend; keine Maxillipedien; Antennulen verkümmert; Facettenaugen vorhanden; keine Abdominalanhänge; Maxillen zurückgebildet.

Ordo Anostraca (gr. *an*, ohne + *ostrakon*, Schale): **Gespenstergarnelen + Salinenkrebse**. Kein Carapax; keine Abdominalanhänge; unverzweigte Antennen. Beispiele: *Artemia, Branchinecta*.

Ordo Notostraca (gr. *notos*, Rücken + *ostrakon*, Schale): Ordnung der **Rückenschaler**. Carapax bildet großen Dorsalschild; Abdominalanhänge vorhanden, posterior zurückgebildet; Antennen verkümmert. Beispiele: *Triops, Lepidurus*.

Ordo Diplostraca (gr. *diploos*, doppel(t) + *ostrakon*, Schale): Ordnung der **Doppelschaler** (Wasserflöhe, Cladocerier, und Muschelschaler, Conchostraken. Carapax gefaltet, umschließt für gewöhnlich den Rumpf, aber nicht den Kopf (bei den Cladoceriern), oder den gesamten Körper (bei den Conchostraken); verzweigte Antennen. Beispiele: *Daphnia, Leptodora, Lynceus*.

Classis Ostracoda (gr. *ostrakodes*, beschalt): Ordnung der **Muschelkrebse**. Zweiteiliger Carapax, der den Körper vollständig einhüllt; Körper unsegmentiert oder Segmentierung undeutlich; nicht mehr als zwei Paare Rumpfanhänge. Beispiele: *Cypris, Cypridina, Gigantocypris*.

Classis Maxillopoda (lat. *maxilla*, Kiefer + gr. *podos*, Fuß): Klasse der **Kieferfüßler**. Für gewöhnlich fünf Kopf-, sechs Thorax- und vier Abdominalsegmente plus Telson; Abweichungen im Sinne von Reduktionen verbreitet; keine typischen Anhangsbildungen am Abdomen; Naupliusaugen mit eigentümlichem Bau (Maxillopodenauge); Carapax vorhanden oder fehlend.

Subclassis Mystacocarida (gr. *mystax*, Schnauzbart + *karis*, Garnele). Kein Carapax; Körper aus Kopf plus Rumpf aus zehn Segmenten; Telson mit klauenartigen Caudalrami; Cephalanhänge beinahe identisch, Antennen und Mandibeln aber verzweigt, restliche Kopfanhänge unverzweigt; zweites bis fünftes Rumpfsegment mit kurzen, einsegmentigen Anhängen. Beispiel: *Derocheilocaris*.

Subclassis Copepoda (gr. *kope*, Ruder + *podos*, Fuß): Unterklasse der **Ruderfußkrebse**. Kein Carapax; Thorax im Regelfall aus sieben Segmenten, von denen das erste und manchmal auch das zweite mit dem Kopf zum Cephalothorax fusioniert sind; Antennulen uniram; Antennen verzweigt oder unverzweigt; vier bis fünf Schwimmbeinpaare; parasitäre Formen oft stark modifiziert. Beispiele: *Cyclops, Diaptomus, Calanus, Ergasilus, Lernaea, Slmincola, Caligus*.

Subclassis Tantulocarida (lat. *tantulus*, so klein! + *caris*, Garnele). Keine erkennbaren Kopfanhänge mit Ausnahme von Antennen bei geschlechtsreifen Weibchen; solides, medianes Cephalstilett; sechs freie Thoraxsegmente, jedes mit einem Paar Anhangsgebilden, die vorderen fünf verzweigt; sechs Abdominalsegmente; winzige, copepodenartige Ektoparasiten. Beispiele: *Basipodella, Deoterthron*.

Subclassis Branchiura (gr. *branchia*, Kieme + *ura*, Schwanz): Unterklasse der **Karpfenläuse**. Körper oval, Kopf und größter Teil des Rumpfes vom abgeplatteten Carapax bedeckt, der unvollständig mit dem ersten Thoraxsegment fusioniert ist; Thorax mit vier Paaren von verzweigten Anhängen; Abdomen unsegmentiert, zweilappig; Facettenaugen; Antenne und Antennulen zurückgebildet; Maxillulen bilden oft Saugscheiben. Beispiele: *Argulus, Chonopeltis*.

Subclassis Cirripedia (lat. *cirrus*, Haarlocke + *pedis*, Fuß): Unterklasse der **Rankenfüßler** (Entenmuscheln + Seepocken). Als Adulti sessil oder parasitär; Kopf zurückgebildet, Abdomen rudimentär; paarige Facettenaugen fehlend; Körpersegmentierung undeutlich; für gewöhnlich zwittrig; bei freilebenden Formen wird der Carapax zum Mantel; Antennulen werden Anheftungsorgane und bilden sich dann zurück. Beispiele: *Balanus, Policipes, Sacculina*.

Classis Malacostraca (gr. *malakos*, weich + *ostrakon*, Schale): Klasse der **höheren Krebstiere**. Für gewöhnlich acht Thoraxsegmente und sechs Abdominalsegmente plus Telson; alle Segmente mit Anhangsbildungen; Antennulen oft verzweigt; die ersten ein bis drei Thoraxanhänge vielfach Maxillipedien; Carapax überdeckt den Kopf und Teile des oder den ganzen Thorax, manchmal fehlend; Kiemen für gewöhnlich Thoraxepipoden.

Ordo Isopoda (gr. *isos*, gleich + *podos*, Fuß): Ordnung der **Asseln**. Kein Carapax; Antennulen für gewöhnlich unverzweigt, manchmal verkümmert; Augen sitzend (ungestielt); Kiemen an den Hinterleibsegmenten; Körper häufig dorsoventral abgeflacht; zweite Thoraxanhänge für gewöhnlich nicht als Greifer. Beispiele: *Armadillidium, Caecidotea, Ligia, Porcellio*.

Ordo Amphipoda (gr. *amphis*, beidseitig + *podos*, Fuß): Ordnung der **Flohkrebse**. Kein Carapax; Antennulen oftmals verzweigt; Augen für gewöhnlich sitzend; Kiemen an den Thorakalcoxen; zweites und drittes Thoraxgliedmaßenpaar für gewöhnlich als Greifer; im Regelfall bilateral komprimierte Körperform. Beispiele: *Orchestia*, *Hyalella*, *Gammarus*.

Ordo Euphausiacea (gr. *eu*, gut, echt + *phausi*, leuchtend): Ordnung der **Leuchtgarnelen** („Krill"). Carapax mit allen Thoraxsegmenten fusioniert, aber die Kiemen nicht vollständig umschließend, keine Maxillipedien; alle Thoraxgliedmaßen mit Exopodien. Beispiele: *Meganyctiphanes*.

Ordo Decapoda (gr. *deka*, zehn + *podos*, Fuß): Ordnung der **Zehnfußkrebse** (Garnelen, Krebse, Krabben, Hummer). Alle Thoraxsegmente mit dem Carapax fusioniert und von diesem überdeckt; Augen auf Stielen; erste drei Thoraxanhänge zu Maxillipedien umgebildet. Beispiele: *Farfantepenaeus* (= *Penaeus*), *Cancer*, *Pagurus*, *Grapsus*, *Homarus*, *Panulirus*.

laten vereinigt, da die Vertreter beider Gruppen mit Mandibeln ausgestattet sind. Diese werden den Cheliceraten gegenübergestellt. Kritiker dieser überkommenen Einteilung wenden ein, dass die Mandibeln bei diesen Gruppen so unterschiedlich sind, dass sie keine homologen Bildungen sein können. Zusätzlich zu gewissen Unterschieden in den Muskeln, sind die Mandibeln der Krustentiere mit mehreren Gelenken versehen, und die Kau- und Beißflächen befinden sind an den Basen (gnathobasische Mandibeln). Die Mandibeln der Uniramier weisen demgegenüber nur ein Gelenk auf, und die Beißfläche befindet sich am distalen Teil (Gesamtgliedmaßenmandibel). Die Befürworter der Mandibelhypothese halten dem entgegen, dass diese Unterschiede nicht so grundlegend seien, dass sie nicht im Verlauf der 550 Millionen Jahre währenden Evolutionsgeschichte der Mandibulatentaxa hätten entstehen können. Sie betonen außerdem die zahlreichen weiteren Ähnlichkeiten zwischen den Crustaceen und den Uniramiern, wie etwa der Grundbauplan der Ommatidien, das dreiteilige Gehirn und den ursprünglichen Kopfbauplan aus fünf Segmenten, jedes mit einem Paar von Anhangsgebilden versehen. Die molekularen Befunde stützen die Monophylie der Mandibulaten. Diese gegenwärtig haltbare Mandibulatenhypothese kann in Form des Kladogramm der ▶ Abbildung 19.28 dargestellt werden.

Unter den Crustaceen scheinen die Remipedien die ursprünglichsten Merkmale zu zeigen (Abbildung 19.28). Sie besitzen einen langgestreckten Körper ohne Tagmatisierung jenseits des Kopfes, einen doppelten ventralen Nervenstrang, und seriell angeordnete Verdauungscaecen. Fossilien eines Rätsel aufgebenden Gliederfüßlers aus dem Unterkarbon (358 bis 320 Millionen Jahre vor unserer Zeit) scheinen von einem Vertreter der Schwestergruppe der Remipedien zu stammen. Diese könnten möglicherweise Licht auf den Ursprung der verzweigten Anhangsbildungen werfen. Die fossil überlieferten Tiere besaßen zwei Paare unverzweigter Gliedmaßen an jedem Segment. Daraus wurde abgeleitet, dass das moderne Crustaceensegment zwei fusionierte anzestrale Segmente repräsentiert (also einen diplopoden Zustand; siehe hierzu das zu den Diplopoden in Kapitel 20 Ausgeführte). Die verzweigten Anhangsgebilde sollen sich nach diesem Modell von einer Fusion der beiden Gliedmaßen an dem anzestralen diplopodischen Segment herleiten. Man weiß jedoch heute, dass eine Modulation der Expression des Gens Distal-less (Dll) die Lokalisation des distalen Endes der Arthropodengliedmaßen festlegt. Bei jedem primordialen (embryonalen) verzweigten Körperanhang lässt sich das Dll-Genprodukt in zwei Gruppen von Zellen nachweisen, aus denen jeweils ein Ast der Gliedmaße hervorgeht. Bei einem unverzweigten Gliedmaßenprimordium gibt es nur eine solche Zellgruppe, und in den Primordien (den embryonalen Anlagen) phyllopodaler Gliedmaßen, wie sie bei den Vertretern der Klasse der Branchiopoden auftreten, gibt es so viele Gruppen Dll-exprimierender Zellen wie es Gliedmaßenverzweigungen gibt.

19.3.2 Adaptive Radiation

Das von den Crustaceen an den Tag gelegte Niveau adaptiver Radiation ist groß und umfasst die Ausnutzung praktisch jeglicher aquatischen Nische. Sie sind fraglos die dominierende Arthropodengruppe der Meere und teilen sich im Süßwasser die Vormachtstellung mit den Insekten. Die Besiedelung des Landes ist dagegen sehr viel begrenzter; die Isopoden (Asseln) bilden hier den einzigen erwähnenswerten Erfolgsfall. Es gibt einige wenige weitere Beispiele für eine Besiedelung des Landes, etwa die Landkrabben. Die vielgestaltigste Klasse sind die Malakostraken (höhere Krebstiere), die Gruppen mit den höchsten Individuenzahlen sind die Copepoden und die Ostrakoden. Die Angehörigen beider Taxa sind planktonische Strudler; man findet aber auch zahlreiche aasfressende Arten. Die Copopoden haben sich als Parasiten auf Wirbeltieren und Wirbellosen als besonders erfolgreich gezeigt, und es scheint klar, dass die heutigen parasitären Copopoden die Produkte zahlreicher unabhängiger Invasionen derartiger ökologischer Nischen darstellen.

19 Aquatische Mandibulaten

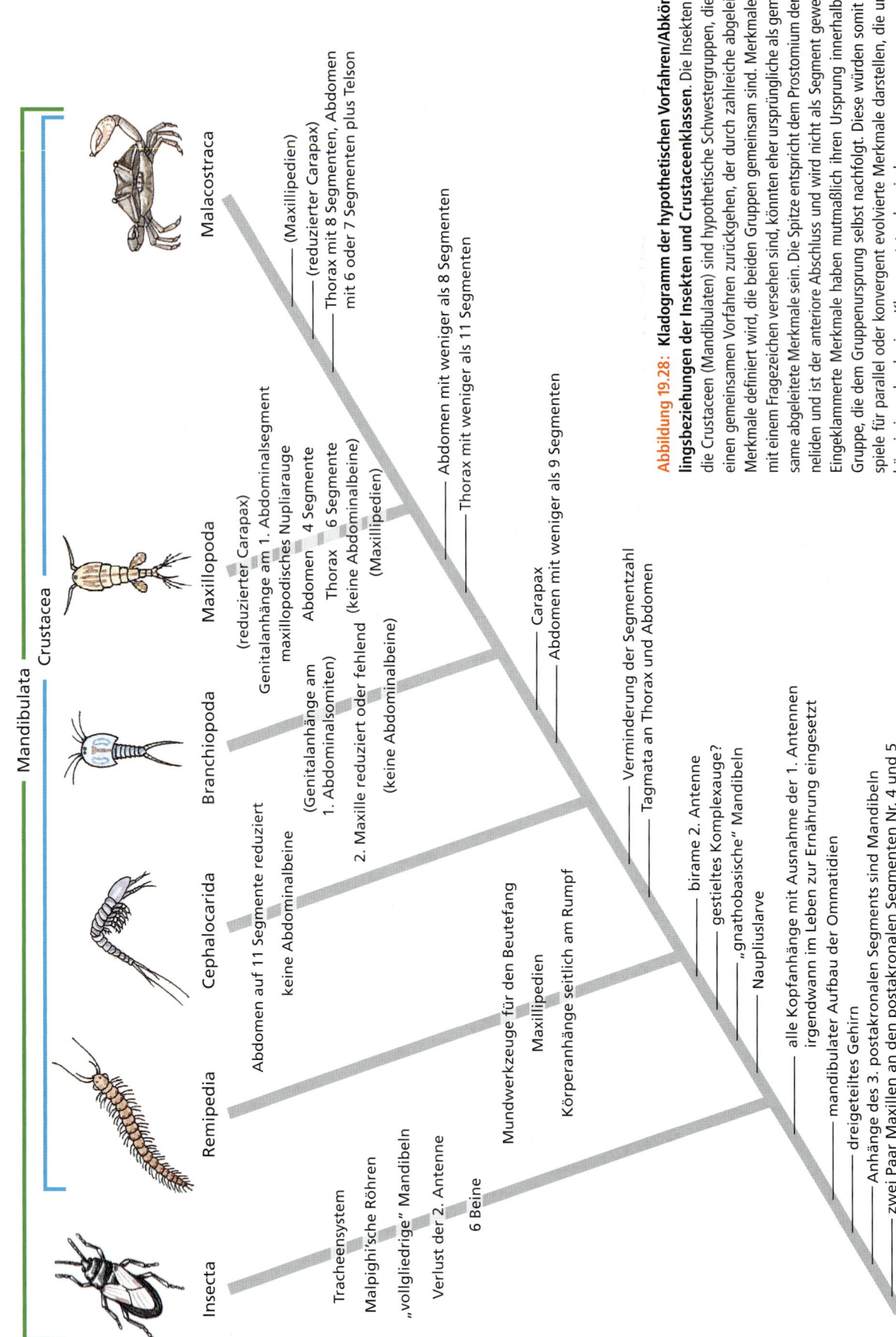

Abbildung 19.28: Kladogramm der hypothetischen Vorfahren/Abkömmlingsbeziehungen der Insekten und Crustaceenklassen. Die Insekten und die Crustaceen (Mandibulaten) sind hypothetische Schwestergruppen, die auf einen gemeinsamen Vorfahren zurückgehen, der durch zahlreiche abgeleitete Merkmale definiert wird, die beiden Gruppen gemeinsam sind. Merkmale, die mit einem Fragezeichen versehen sind, könnten eher ursprüngliche als gemeinsame abgeleitete Merkmale sein. Die Spitze entspricht dem Prostomium der Anneliden und ist der anteriore Abschluss und wird nicht als Segment gewertet. Eingeklammerte Merkmale haben mutmaßlich ihren Ursprung innerhalb der Gruppe, die dem Gruppenursprung selbst nachfolgt. Diese würden somit Beispiele für parallel oder konvergent evolvierte Merkmale darstellen, die unabhängig in mehr als einer Klasse entstanden sind.

ZUSAMMENFASSUNG

Zusätzlich zu einem Mandibelpaar haben die Crustaceen und die Uniramier wenigstens ein Antennenpaar und ein Maxillenpaar gemeinsam. Ihre Tagmata sind Kopf und Rumpf, oder Kopf, Rumpf und Abdomen.

Die Crustaceen sind ein großer, primär aquatischer Unterstamm. Krustentiere besitzen zwei Antennenpaare, ihre Körperanhänge sind ursprünglich unverzweigt, und viele Formen tragen einen Carapax (Rückenschild).

Alle Arthropoden müssen in gewissen Zeitabständen ihre alte Kutikula abwerfen (Ecdysis). Die Zeit bis zur Aushärtung der neuen Kutikula nutzen sie zum Größenwachstum. Die Vor- und die Nachhäutungsphasen stehen unter hormoneller Kontrolle. Dies gilt ebenso für diverse andere körperliche Vorgänge, wie die Veränderung der Färbung des Körpers und die Expression von Geschlechtsmerkmalen.

Die Ernährungsgewohnheiten variieren unter den Krustentieren beträchtlich, so dass es viele Arten von Räubern, Aasfressern, Strudlern und Parasiten gibt. Die Atmung erfolgt über die Körperoberfläche oder durch Kiemen. Die Ausscheidungsorgane haben die Form von Maxillar- oder Antennendrüsen. Der Kreislauf der Körperflüssigkeiten erfolgt, wie bei den anderen Arthropoden, über ein offenes System von Sini (Hämocoel); ein dorsales, tubuläres Herz ist das Hauptpumporgan. Die meisten Crustaceen besitzen Facettenaugen, die als Baueinheiten zusammengesetzt sind, die Ommatidien genannt werden. Krustentiere sind in der Regel getrenntgeschlechtlich.

Die Klasse der Branchiopoden ist durch Phyllopodien gekennzeichnet und umfasst unter anderem die Ordnung der Diplostraken, die als Bestandteile des Zooplanktons enorme ökologische Bedeutung besitzen. Innerhalb der Klasse der Maxillopoden fehlen der Unterklasse der Copepoden der Carapax und die Abdominalanhänge. Die Gruppe ist durch eine große Individuenzahl gekennzeichnet und besitzt Bedeutung als wichtigste Primärkonsumenten in vielen Süßwasser- und Meeresökosystemen. Viele sind Parasiten. Die meisten Mitglieder der Unterklasse der Cirripeden (Entenmuscheln) sind als Adulti sessil, scheiden eines Schale aus Kalkplatten ab und filtern ihre Nahrung mit Hilfe ihrer Thoraxanhänge aus dem Wasser.

Die Malakostraken sind die größte und vielfältigste Crustaceenklasse; die wichtigsten Ordnungen sind die Isopoden (Asseln), die Amphipoden (Flohkrebse), die Euphausiaceen und die Dekapoden (Zehnfußkrebse). Alle besitzen Abdominal- und Thorakalanhänge. Den Isopoden fehlt der Carapax, und sie sind meist dorsoventral abgeplattet. Den Amphipoden fehlt ebenfalls der Carapax, doch sind diese Tiere für gewöhnlich seitlich abgeflacht. Die Euphausiaceen (Leuchtgarnelen) bilden ein wichtiges Meeresplankton, den Krill. Zu den Dekapoden gehören die Krebse, die Garnelen, die Hummer, die Langusten und andere. Sie besitzen fünf Paare Schreitbeine, einschließlich der Chelipedien, die für die Gruppe namensgebend waren und am Thorax ansetzen.

Übungsaufgaben

1. Nennen Sie die Tagmata und die Anhangsgebilde am Kopf von Crustaceen. Welche anderen wichtigen Merkmale unterscheiden die Crustaceen von anderen Arthropoden?
2. Geben Sie Definitionen folgender Begriffe: Tergum, Sternum, Telson, Protopodium, Exopodium, Endopodium, Epipodium, Endit, Exit.
3. Was versteht man unter homologen Bildungen? Was versteht man unter serieller Homologie, und auf welche Weise lassen die Crustaceen eine serielle Homologie erkennen?
4. Grenzen Sie ein Hämocoel von einem Coelom ab.
5. Beschreiben Sie in aller Kürze die Atmung und den Kreislauf von Langusten.
6. Beschreiben Sie in aller Kürze die Funktion der Antennen- und der Maxillardrüsen der Crustaceen.
7. Wie nimmt eine Languste Lageänderungen wahr?
8. Welches ist die Photorezeptoreinheit eines Kompositauges? Wie passt sich diese Baueinheit an unterschiedliche Lichtintensitäten an?
9. Was ist ein Nauplius? Worin besteht bei den Crustaceen der Unterschied zwischen einer direkten und einer indirekten Entwicklung?
10. Beschreiben Sie den Häutungsvorgang der Crustaceen; schließen sie die Wirkung der beteiligten Hormone in Ihre Diskussion der Ecdysis mit ein.
11. Welche Klassen bzw. Unterklassen der Crustacea (Branchiopoda, Ostracoda, Copepoda, Cirripedia, Malacostraca) sind die mit der höchsten Artenvielfalt? Welche sind am zahlreichsten? Grenzen Sie sie gegeneinander ab.
12. Vergleichen Sie die Isopoden, Amphipoden, Euphausiaceen und Dekapoden und stellen sie sie einander gegenüber.

13 Worauf gründet sich die Bedeutung der Remipedien in Bezug auf Hypothesen über den Ursprung der Crustaceen?

14 Wir wissen heute, dass die Zweige der Arthropodengliedmaße genetisch determiniert sind. Erläutern Sie kurz, wie.

Weiterführende Literatur

Bliss, D. et al. (1982 ff.): The biology of Crustacea. 10 Bände. Academic Press; ISBN: (diverse). *Diese Buchreihe ist ein Standardwerk, das alle Aspekte der Krustentierbiologie erschöpfend behandelt.*

Boyd, C. und J. Clay (1998): Shrimp aquaculture and the environment. Scientific American, vol. 278, no. 6: 58–65. *Die Aquakultur von Garnelen kann nachteilige Folgen für die Umwelt haben (Umweltverschmutzung).*

Brusca, R. und G. (2002): Invertebrates, 2. Auflage. Sinauer; ISBN: 0-87893-097-3. *Ausgezeichnetes, umfassendes Lehrbuch über wirbellose Tiere für das fortgeschrittene Studium.*

Cronin, T. et al. (1994): The unique visual system of the mantis shrimp. American Scientist, vol. 41: 1090–1097. *Die Vorfahren der Fangschreckenkrebse haben sich vor ungefähr 400 Millionen Jahren von den anderen Crustaceen abgesetzt. Die Genauigkeit der Angriffe dieser aggressiven Räuber setzt ein hochentwickeltes Sehsystem voraus.*

Deutsch, J. et al. (2003): Hox genes and the crustacean body plan. BioEssay, vol. 25: 878–887.

Frenzel, P. et al. (2006): Muschelkrebse als Zeugen der Vergangenheit. Biologie in unserer Zeit, vol. 36, no. 2: 102–108. *Leicht lesbarer Übersichtsartikel in deutscher Sprache über die Ostrakoden.*

Galant, R. und S. Carroll (2002): Evolution of a transcriptional repression domain in an insect Hox protein. Nature, vol. 415: 910–913. *Das Protein Ultrabithorax (Ubx), das zur Gruppe der Hox-Proteine gehört, reprimiert die Expression des Distal-less-Gens (Dll), das für die Gliedmaßenbildung notwendig ist. Die Abdomen der Crustaceen und der Onychophoren enthalten hohe Ubx-Titer, vermögen aber abdominale Gliedmaßen zu bilden, was zeigt, dass Ubx bei diesen Organismengruppen ein konditionaler Repressor ist.*

Giribet, G. et al. (2001): Arthropod phylogeny basend on eight molecular loci and morphology. Nature, vol. 413: 157–161. *Unterstützung für die These, dass Crustaceen und Insekten im Kladus der Mandibulaten Schwestergruppen sind.*

Gould, S. (1996): Triumph of the root-heads. Natural History, vol. 105: 10–17. *Ein informativer Aufsatz über die Parasiten/Wirtscoevolution am Beispiel von Sacculina.*

Holden, C. (1997): Green crabs advance north. Science, vol. 276: 203. *Ein Bericht über den Vormarsch der aus Europa stammenden Gemeinen Strandkrabbe (Carcinus maenas) entlang der Westküste Nordamerikas.*

Huys, R. et al. (1993): The tantulocaridan life cycle: the circle closed? Journal of Crustacean Biology, vol. 13: 432–442. *Die gegenwärtige Hypothese einer parthenogenetischen, sich sexuell abwechselnden Vermehrung bei diesen bizarren kleinen Kreaturen.*

Laufer, H. und W. Biggers (2001): Unifying concepts learned from methyl farneasoate for invertebrate reproduction and postembryonic development. American Zoologist, vol. 41: 442–457. *Farnesylsäuremethylester hat bei Crustaceen ähnliche Wirkung wie das Juvenilhormon bei den Insekten. Beide Substanzen gehören zur Gruppe der Sesquiterpene (Isoprenoide mit 15 Kohlenstoffatomen).*

Martin, J. und G. Davis (2001): An updated classification of the recent Crustacea. Natural History Museum of Los Angeles County Science Series, vol. 39.

Nielsen, C. (2001): Animal Evolution. Interrelationships of the Living Phyla. 2nd edition. Oxford University Press; ISBN: 0-1985-0682-1.

Panganiban, G. et al. (1995): The development of crustacean limbs and the evolution of arthropods. Science, vol. 270: 1363–1366. *Die Suche nach bestimmten homöotischen Genprodukten hat zu dem Schluss geführt, dass alle Arthropoden sich von einem gemeinsamen Vorfahren herleiten und dass sich die verzweigten und unverzweigten Gliedmaßen einer Modulation der Expression des Gens distal-less (Dll) erklären lassen.*

Scholtz, G. et al. (2003): Evolutionary Developmental Biology of Crustacea. CRC Press; ISBN: 9-0580-9637-8.

Scholtz, G. und G. Edgecombe (2006): The evolution of arthropod heads: reconciling morphological, developmental and palaeontological evidence. Dev Genes Evolution, vol. 216: 395–415.

Thessalou-Legaki, M. et al. (2006): Issues of Decapod Crustacean Biology. Springer; ISBN: 1-4020-4599-9.

Versluis, M. et al. (2000): How snapping shrimps snap: through captivating bubbles. Science, vol. 289: 2114–2117. *Das Zuschnappen der Chelen dieser Tiere ist so stark, dass sich Kavitationsblasen im Wasser ausbilden. Die Implosion dieser Vakuumblasen betäubt Beutetiere.*

Zill, S. und E. Seyfarth (1996): Exoskeletal sensors for walking. Scientific American, vol. 275, no. 7: 86–90. *Schaben, Krabben und Spinnen tragen auf dem Exoskelett ihrer Beine Sensoren, die als biologische Spannungsmesser fungieren.*

Weitere Informationen zu diesem Buchkapitel finden Sie auf der Companion-Website unter
http://www.pearson-studium.de

Terrestrische Mandibulaten

Phylum Arthropoda, Subphylum Uniramia, Classis Chilopoda, Classis Diplopoda, Classis Pauropoda, Classis Symphyla, Classis Insecta

20.1	Classis Chilopoda	619
20.2	Classis Diplopoda	620
20.3	Classis Pauropoda	621
20.4	Classis Symphyla	621
20.5	Classis Insecta (Kerbtiere)	622
20.6	Insekten und menschliches Wohlergehen	647
20.7	Phylogenese und adaptive Radiation	655
Zusammenfassung		659
Übungsaufgaben		660
Weiterführende Literatur		661

20 Terrestrische Mandibulaten

Die Menschheit erleidet durch Insekten schwindelerregende wirtschaftliche und gesundheitliche Verluste. Die Massenvermehrungen von Heuschrecken (Schistocera gregaria) *in Afrika, die zu Milliarden von Tieren führen, sind nur ein Beispiel. Im Westen Nordamerikas führten Ausbrüche des Bergkiefernkäfers (Dendroctonus ponderosae), einer amerikanischen Borkenkäferart, in den 80er- und 90er-Jahren zum großflächigen Absterben von Kiefernbeständen; in den Jahren 1973 und 1985 hatten Ausbrüche von Lärchenwicklern in Fichten- und Lärchenwäldern das Absterben von Millionen von Koniferen zur Folge. Seit seiner Einschleppung in den 20er-Jahren des 20. Jahrhunderts hat der das Ulmensterben verursachende Pilz* Ophiostoma ulmi, *der von Ulmensplintkäfern (Scolytus sp.) verbreitet wird, die Weißulme (Ulmus americana) in Nordamerika praktisch zum Verschwinden gebracht.*

Insekten stellen die große Mehrheit aller Tierarten.

Im Jahr 2004 drohte ein weiterer Einwanderer, ein Prachtkäfer aus der Gattung Agrilus, *die Eschenbestände Nordamerikas zu dezimieren. Diese wenigen Beispiele mögen als Erinnerung an unseren nie nachlassenden Kampf gegen die heute die Erde dominierende Tiergruppe – die Insekten – dienen. Die Zahl der heute lebenden Insektenarten stellt leicht die Zahl aller übrigen Tierarten in den Schatten, und die Individuenzahlen sind genauso enorm. Wissenschaftler haben abgeschätzt, dass auf jeden heute lebenden Menschen ca. 200 Millionen Insekten kommen! Die Insekten besitzen eine unerreichte Fähigkeit zur Anpassung an alle terrestrischen Habitate und praktisch alle Klimazonen.*

Insekten haben vor 250 Millionen Jahren Flügel evolviert und so den Luftraum erobert, bevor die Reptilien, die Vögel oder die Säugetiere dies taten. Viele waren in der Lage, das Süßwasser und küstennahe Meerwasserbereiche zu erobern, wo sie heute verbreitet anzutreffen sind. Nur im offenen Meer haben die Insekten keinen Fuß fassen können – mit Ausnahme solcher pelagischer Arten, die auf *der Meeresoberfläche existieren.*

Wie lässt sich die enorme Anzahl dieser Tiere erklären? Insekten haben mit anderen Arthropoden eine Vielzahl wertvoller struktureller und physiologischer Anpassungen gemein, zu denen ein vielseitiges Exoskelett, die Segmentierung, ein effizientes Respirationssystem und hoch entwickelte Sinnesorgane gehören. Darüber hinaus verfügen Insekten über eine wasserdichte Kutikula, und viele haben außergewöhnliche Fähigkeiten des Überlebens unter ungünstigen Umweltbedingungen evolviert.

In diesem Kapitel stellen wir Tiere vor, die gemeinhin in den Unterstamm Uniramia (Insekten und Myriapoden) eingruppiert werden. Einige Systematiker stellen heute die Validität des Taxons „Uniramia" infrage und gründen diese Zweifel auf molekularbiologische Untersuchungen. Bis auf Weiteres wollen wir jedoch diese Gliederung beibehalten. Wir werden die Kontroverse im Abschnitt „Phylogenese und adaptive Radiation" weiter unten in diesem Kapitel wieder aufgreifen. Die Uniramier sind in erster Linie terrestrische Arthropoden. Nur einige wenige Arten sind zu einem aquatischen Leben zurückgekehrt, und dies meist im Süßwasser.

Die Bezeichnung Myriapoda (Vielfüßler) wird regelmäßig für eine Gruppe benutzt, in der vier Klassen der Uniramia zusammengefasst sind, die einen Bauplan aus zwei Tagmata – Kopf und Rumpf – mit paarigen Körperanhängen an den meisten oder allen Rumpfsegmenten evolviert haben. Zu den Myriapoden gehören die Chilopoda (Hundertfüßler), die Diplopoda (Tausendfüßler), die Pauropoda (Pauropoden) und die Symphyla (Symphilier).

Die Insekten haben einen Bauplan aus drei Tagmata evolviert – Kopf, Thorax und Abdomen –, mit Anhangsgebilden an Kopf und Thorax. Am Abdomen sind die Anhänge stark zurückgebildet oder fehlen gänzlich. Der weit zurückliegende gemeinsame Vorfahre der Insekten könnte einem rezenten Myriapoden im generellen Bauplan ähnlich gesehen haben.

Die Uniramia verfügen nur über ein Paar Antennen, und ihre Anhangsbildungen sind bei den Adulti immer unverzweigt, niemals verzweigt wie die der Crustaceen, obwohl es heute Hinweise darauf gibt, dass auch die Entwicklung der Insekten embryonal mit verzweigten Appendices beginnt. Einige juvenile Insekten leben aquatisch und besitzen Kiemen; ihre Kiemen sind jedoch denen der Krustentiere nicht homolog.

Insekten und Myriapoden benutzen Tracheen zur Fortleitung der respiratorischen Gase unmittelbar zu und von den Körperzellen; hierin ähneln sie den Onychophoren (siehe Abschnitt „Phylogenese und adaptive Radiation") und einigen Arachniden, doch haben sich die Tracheensysteme wahrscheinlich bei jeder der Gruppen unabhängig voneinander evolviert.

Die Exkretion erfolgt für gewöhnlich über die Malpighi'schen Röhren, doch auch diese haben sich unabhängig von denen der Cheliceraten evolviert.

Classis Chilopoda 20.1

Die Chilopoden (gr. *cheilos*, Rand, Lippe + *podos*, Fuß) sind Landtiere mit einem abgeflachten Körper, der einerseits aus einigen wenigen, andererseits auch aus bis zu 177 Segmenten bestehen kann (▶ Abbildung 20.1). Jedes Segment trägt ein Paar gelenkiger Beine, mit Ausnahme des unmittelbar hinter dem Kopf folgenden und der letzten beiden Körpersegmente. Davon leitet sich die deutsche Bezeichnung Hundertfüßler ab; gebräuchlich ist auch die dem Lateinischen entlehnte Bezeichnung Zentipeden (lat. *centi*, hundert). Die Anhänge des ersten Körpersegments sind zu Giftklauen modifiziert. Das letzte Beinpaar ist länger als die übrigen und besitzt sensorische Funktion.

Die Kopfanhänge sind denen eines Insektes ähnlich (Abbildung 20.1b). Es gibt ein Paar Antennen, ein Paar Mandibeln, sowie ein oder zwei Paare Maxillen. Ein Augenpaar auf der Dorsalseite des Kopfes besteht aus Gruppen von Ocelli.

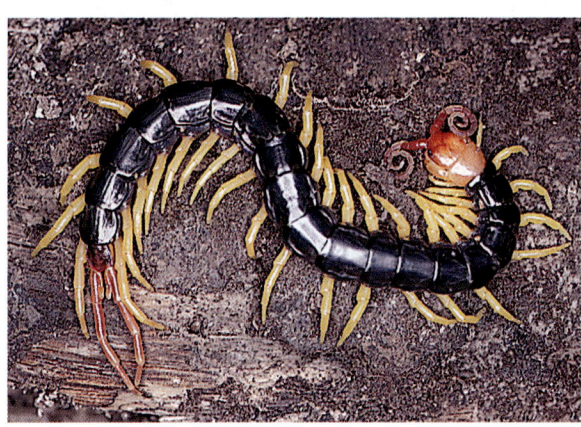

(a)

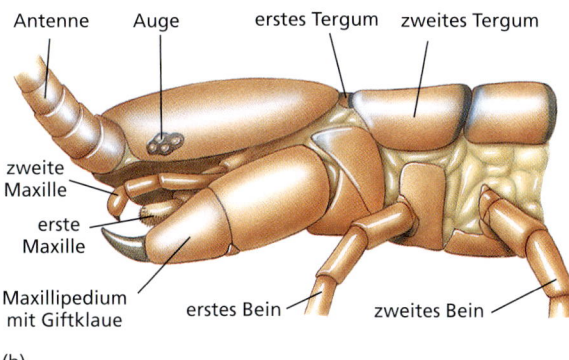

(b)

Abbildung 20.1: **Chilopoden sind Landtiere mit einem flachen Körper.** (a) Ein Hundertfüßler (*Scolopendra* sp.; Klasse Chilopoda) aus dem Amazonasbecken in Peru. Die meisten Segmente tragen ein Paar Anhangsgebilde. Das erste Segment trägt ein Paar Giftklauen, mit denen einige Arten ernsthafte Wunden verursachen können. Hundertfüßler sind carnivor. (b) Kopf eines Hundertfüßlers.

20 Terrestrische Mandibulaten

Das Verdauungssystem ist ein gerades Rohr, in das am anterioren Ende Speicheldrüsen münden. Zwei Paare Malpighi'scher Röhren münden in den hinteren Teil des Intestinums. Es gibt ein langgestrecktes Herz mit einem Arterienpaar für jedes Segment. Das Herz besitzt eine Reihe von Ostien für die Rückführung des Blutes aus dem Hämocoel in das Herz. Die Atmung erfolgt über ein tracheales System verzweigter Luftgänge, die aus einem Paar von Spirakeln (Atemöffnungen) in jedem Segment erwachsen. Das Nervensystem besitzt den für Arthropoden typischen Aufbau, und es gibt außerdem ein Viszeralnervensystem (Eingeweidenervensystem).

Die Geschlechter sind getrennt, mit unpaarigen Gonaden und paarigen Gängen. Einige Zentipeden legen Eier, andere sind vivipar. Die Jungen sind in der Gestalt den Adulten ähnlich und durchlaufen keine Metamorphose.

Die Hundertfüßler bevorzugen feuchte Plätze, zum Beispiel unter Totholz, unter der Borke von Bäumen oder unter Steinen. Es handelt sich bei ihnen um sehr agile Carnivoren, die von Schaben und anderen Insekten, sowie Regenwürmern leben. Sie töten ihre Beute mit ihren Giftklauen und zerkauen sie dann mit ihren Mandibeln. *Scolopendra gigantea*, der größte Hundertfüßler der Welt, ist fast 30 cm lang. Die in der Umgebung menschlicher Behausungen lebenden Hundertfüßler der Gattung *Scutigera* (lat. *scutum*, Schild + *gera*, tragend), die 15 Beinpaare besitzen, sind bedeutend kleiner und häufig in feuchten Kellern anzutreffen, wo sie Insekten jagen. Die meisten Hundertfüßlerarten sind für den Menschen völlig harmlos, einige tropische Arten, die eine Länge von 30 cm erreichen, können jedoch aufgrund ihrer Giftwirkung gefährlich werden. Man kennt weltweit ungefähr 3000 Arten.

Classis Diplopoda 20.2

Die Diplopoden (gr. *diploo*, doppelt, zwei + *podos*, Fuß) sind allgemein als Tausendfüßler bekannt. Die Bezeichnung ist eine direkte Übersetzung des ebenfalls im Gebrauch befindlichen Begriffs Millipedier (▶ Abbildung 20.2). Obwohl sie nicht über eine so große, in die Tausende gehende Zahl von Beinen verfügen, weisen sie eine große Anzahl von Extremitäten auf, da jedes Abdominalsegment zwei Paare enthält – ein Zustand, der durch die Fusion benachbarter Segmentpaare entstanden sein kann, und auf den sich die aus dem Griechischen abgeleitete Gruppenbezeichnung bezieht. Dieser „doppelfüßige Zustand" könnte durch Veränderungen im Expressionsverhalten des Gens *Distal-less* zustande gekommen sein, wie bei den verzweigten Gliedmaßen der Crustacea (siehe Kapitel 19: „Phylogenese und adaptive Radiation"). Ihre zylindrischen Körper bestehen aus zwei Dutzend bis über hundert Segmenten. Der kurze Thorax setzt sich aus vier Segmenten zusammen, von denen ein jeder *ein* Beinpaar trägt. Das Exoskelett der Diplopoden ist durch Calciumcarbonat (Kalk) verstärkt.

Ihre Köpfe tragen zwei Agglomerationen einfacher Augen und je ein Paar Antennen, Mandibeln und Maxillen (Abbildung 20.2 b). Der allgemeine Körperbau entspricht dem der Hundertfüßler, mit einigen wenigen Variationen hier und da. Zwei Spirakelpaare öffnen sich an jedem Abdominalsegment zu Luftkammern, die an tracheale Luftröhren angeschlossen sind. Es gibt zwei Genitalöffnungen am anterioren Ende.

(a)

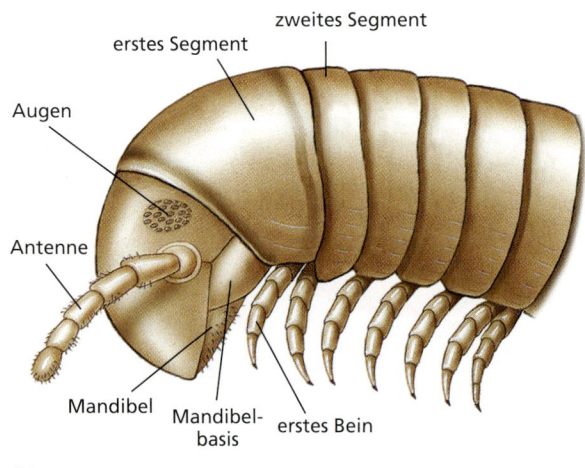

(b)

Abbildung 20.2: Tausendfüßler. (a) Ein tropischer Tausendfüßler mit Warnfärbung. Man beachte die typische Verdoppelung der Anhangsgebilde an den meisten Segmenten – daher die Bezeichnung Diplosegmente. (b) Kopf eines Tausendfüßlers.

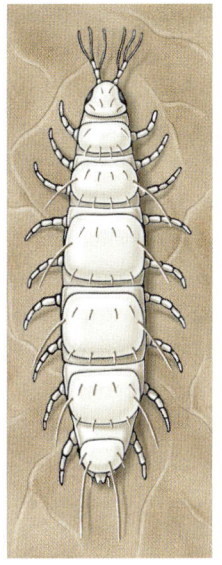

(a)

(b)

Abbildung 20.3: Pauropoden und Symphylier. (a) Ein Pauropode (Schemazeichnung). Pauropoden sind winzige, weißliche Myriapoden mit dreifach verzweigten Antennen und neun Beinpaaren. Sie leben in herabgefallenem Laub und unter Steinen. Sie sind augenlos, besitzen aber Sinnesorgane, die Augen ähneln. (b) *Scutigrella*, ein Symphylier, ist ein winziger, weißlicher Myriapode, der manchmal in Gewächshäusern als Schädling auftritt.

Plätze unter Totholz oder Steinen. Die meisten Millipeden sind herbivor und ernähren sich von zersetzendem Pflanzenmaterial, obwohl sie manchmal auch lebende Pflanzen vertilgen. Die Tausendfüßler können sich zu einer Spirale zusammenrollen, wenn sie sich gestört fühlen. Viele Tausendfüßler schützen sich vor Fressfeinden auch durch die Absonderung giftiger oder abstoßender Flüssigkeiten aus dafür spezialisierten Drüsen, die an den Körperseiten angeordnet sind. Zumindest einige Formen sondern die sehr giftige Blausäure (HCN) ab. Verbreitete Vertreter dieser Klasse sind *Spirobolus* und *Julus*, die beide ein großes Verbreitungsgebiet besitzen. Man kennt weltweit mehr als 10.000 Tausendfüßlerarten.

20.3 Classis Pauropoda

Die Pauropoden (gr. *pauros*, klein, armselig + *podos*, Fuß) sind eine Gruppe winziger (2 mm oder weniger), Myriapoden mit einem weichen Körper, die es auf fast 500 Arten bringt. Sie besitzen einen kleinen Kopf mit verzweigten Antennen und ohne echte Augen, aber sie verfügen über ein Paar Sinnesorgane, die Ähnlichkeit mit Augen besitzen (▶ Abbildung 20.3 a). Ihre zwölf Rumpfsegmente tragen für gewöhnlich neun Beinpaare (keines am ersten und den beiden letzten Segmenten). Sie haben nur ein Tergit (Dorsalplatte) pro zwei Segmente, das beide überdeckt.

Tracheen, Spirakeln und Kreislaufsystem fehlen. Die nächsten Verwandten der Pauropoden sind vermutlich die Diplopoden.

Obwohl weit verbreitet, sind die Pauropoden die am wenigsten bekannten Myriapoden. Sie leben in feuchtem Erdreich, zerfallendem Laub oder sonstiger sich zersetzender Vegetation, sowie unter der Borke und im Detritus. Repräsentative Gattungen sind *Pauropus* und *Allopauropus*.

20.4 Classis Symphyla

Die Symphylier (gr. *sym*, zusammen + *phylon*, Stamm) sind klein (2–10 mm) und besitzen hundertfüßlerartige Körper (Abbildung 20.3 b). Sie leben im Humus, verrottenden Blättern und im Detritus. Scutigrella (lat. Verkleinerungsform von Scutigera, siehe oben) werden oft zu Plagen auf Gemüsepflanzen und Blumen, insbesondere auch in Gewächshäusern. Sie haben weiche Körper mit 14 Segmenten, von denen zwölf Beine tragen; eines

Bei den meisten Tausendfüßlern sind die Anhänge am siebten Segment zu Kopulationsorganen umgebildet. Nach der Kopulation legt das Weibchen der Tausendfüßler die Eier in ein Nest und bewacht sie sorgsam. Interessanterweise tragen die Larvalformen nur je ein Paar Beine an jedem Segment.

Die Tausendfüßler sind nicht so aktiv wie die Hundertfüßler. So schreiten sie mit langsamen, eleganten Bewegungen voran und winden sich dabei nicht, wie es die Hundertfüßler tun. Sie bevorzugen dunkle, feuchte

20 Terrestrische Mandibulaten

Exkurs

Das Paarungsverhalten von *Scutigrella* ist ungewöhnlich. Die Männchen platzieren eine Spermatophore auf das Ende eines Stiels. Wenn ein Weibchen dieses findet, nimmt es die Spermatophore in ihren Mund und lagert das Sperma in speziellen Buccaltaschen. Danach entnimmt sie mit dem Mund Eier aus ihrer Gonopore und heftet sie an Moospflanzen, Flechten oder Wände von engen Spalten an. Während dieses Vorgangs werden die Eier mit etwas Samen beschmiert, wodurch es zur Befruchtung kommt. Die Jungen besitzen am Anfang nur sechs oder sieben Beinpaare. Die Entwicklung ist direkt.

ist mit Spinndrüsen besetzt. Die Antennen sind lang und unverzweigt.

Die Symphylier sind augenlos, besitzen aber sensorische Gruben an den Antennenbasen. Ihr Tracheensystem beschränkt sich auf ein Paar Spirakeln am Kopf und Tracheenröhren ausschließlich an den anterioren Segmenten. Nur 160 Arten sind beschrieben worden.

Classis Insecta (Kerbtiere) 20.5

Die Insekten (lat. *insectus*, eingeschnitten, eingekerbt) sind die vielfältigste und häufigste aller Arthropodengruppen. Ein äquivalenter, häufig gebrauchter taxonomischer Begriff für diese Gruppe ist *Hexapoda* (gr. *hexa*, sechs + *podos*, Fuß). Es gibt weit mehr Insektenarten als Arten aller übrigen Tierklassen zusammen. Die Zahl der beschriebenen Insektenarten beläuft sich gegenwärtig auf rund 1,1 Millionen. Fachentomologen gehen bei ihren Schätzungen zuweilen von bis zu 30 Millionen rezenten Arten aus. Es gibt darüber hinaus verblüffende Belege für die andauernde und manchmal unmittelbar beobachtbar rasch ablaufende Evolution unter den Insekten, die heute leben.

Es ist schwierig, das ganze Ausmaß der ökologischen, medizinischen und wirtschaftlichen Bedeutung dieser riesigen Tiergruppe zu erfassen. Das Studium der Insekten (die **Entomologie**) beansprucht die Zeit und die Ressourcen vieler talentierter Wissenschaftler und Wissenschaftlerinnen in aller Welt. Der Wettlauf zwischen dem Menschen und seinen sechsbeinigen Konkurrenten scheint endlos zu sein; paradoxerweise haben sich die Insekten derart eng mit der Ökonomie der belebten Natur verflochten und erfüllen so viele nützliche Rollen im Geschehen der Natur, dass die meisten terrestrischen Ökosysteme ohne sie buchstäblich zusammenbrechen würden.

Die Insekten unterscheiden sich von den anderen Gliederfüßlern durch den Besitz von drei Beinpaaren (sechs Beine, daher Hexapoda) und für gewöhnlich zwei Flügelpaaren im Thoraxbereich des Körpers, obwohl einige Gruppen nur ein Paar Flügel aufweisen und andere ganz ohne Flügel sind. Das Größenspektrum der Insekten reicht von weniger als 1 mm bis zu 20 cm Körperlänge; die Mehrzahl der Arten ist jedoch weniger als 2,5 cm lang. Einige der größten Insekten leben in tropischen Gebieten.

20.5.1 Verteilung

Die Insekten gehören zu den häufigsten und am weitesten verbreiteten aller Landtiere. Sie haben, mit Ausnahme des Meeres, praktisch alle Lebensräume besiedelt, die Leben gestatten. Nur wenige Arten sind wirklich marin. Meereswasserläufer (*Halobates*), die auf der Oberfläche der Meere leben, sind die einzigen marinen Invertebraten, die an der Grenzfläche zwischen Meer und Atmosphäre leben. Insekten sind im Brackwasser, in Salzmarschen und an sandigen Meeresstränden häufig anzutreffen. Man findet sie reichlich im Süßwasser, im Erdboden, in Wäldern (besonders in dem Laubdach tropischer Wälder), und sogar in Wüsten und Ödländern, auf Berggipfeln sowie als Parasiten in und auf Pflanzen und Tieren.

Ihre weiträumige Verteilung wird durch ihre Flugfähigkeit und ihre hochgradig anpassungsfähige allgemeine Natur ermöglicht. In den meisten Fällen vermögen sie ohne Schwierigkeiten Barrieren zu überwinden, die für viele andere Tiere praktisch unüberwindlich sind. Ihre geringe Größe erlaubt es ihnen, sowohl von Luft- als auch von Wasserströmungen in entfernte Regionen verfrachtet zu werden. Ihre gut geschützten Eier können sehr widrigen Bedingungen widerstehen und von Vögeln oder anderen Tieren über lange Distanzen mitgeführt werden. Ihre Agilität und ökologische Aggressivität versetzt sie in die Lage, jede mögliche Nische in einem Habitat zu besetzen. Es gibt kein generelles Muster biologischer Anpassung, das auf alle Insekten passen würde.

20.5.2 Anpassungsfähigkeit

Die Insekten haben im Verlauf ihrer Evolution ein erstaunliches Maß an Anpassungsfähigkeit an den Tag gelegt, wie sich aus ihrer weiten Verbreitung und enormen

20.5 Classis Insecta (Kerbtiere)

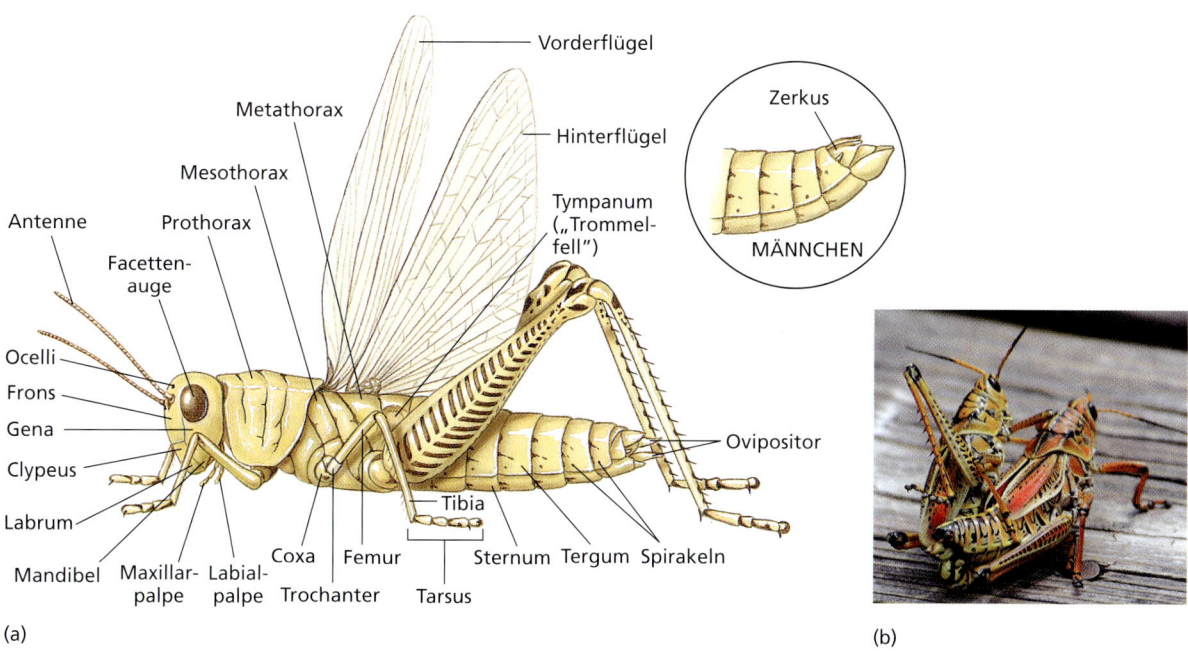

Abbildung 20.4: Heuschrecken. (a) Äußere Merkmale einer weiblichen Heuschrecke. Das terminale Segment eines männlichen Tieres mit den äußeren Genitalien ist als Ausschnittvergrößerung dargestellt. (b) Ein Paar Kurzfühlerschrecken der Art *Romalea guttata* (Ordnung Orthoptera) bei der Kopulation.

Artenvielfalt ablesen lässt. Die meisten strukturellen Modifikationen haben sich an den Flügeln, Beinen, Antennen, Mundwerkzeugen und Verdauungstrakten vollzogen. Ein so hohes Maß an Diversität erlaubt es dieser vitalen Gruppe, jede verfügbare Nahrung und alle Versteckmöglichkeiten auszunutzen. Einige sind Parasiten, andere saugen den Saft von Pflanzen, manche zerkauen das Laub von Pflanzen, andere leben räuberisch, und einige ernähren sich vom Blut anderer Tiere. Innerhalb dieser verschiedenen Gruppen ist es zu Spezialisierungen gekommen, so dass eine bestimmte Insektenart beispielsweise nur eine Pflanzenart als Nahrung akzeptiert. Diese Spezialisierung hinsichtlich der Nahrung vermindert die Konkurrenz zwischen den Arten und ist für einen großen Teil ihrer biologischen Vielfalt verantwortlich.

Insekten sind gut an Trockengebiete und Wüsten adaptiert. Ihr hartes und schützendes Exoskelett hilft der Verdunstung vorzubeugen. Einige Insekten entnehmen weiterhin einen Großteil des benötigten Wassers ihrer Nahrung, extrahieren es aus ihren Fäzes oder nutzen das beim Zellstoffwechsel als Nebenprodukt anfallende Wasser.

Wie bei den anderen Arthropoden besteht das Exoskelett aus einem komplexen System von Platten, die als **Sklerite** bezeichnet werden, und die durch verdeckte, flexible Scharniergelenke verbunden sind. Muskeln zwischen den Skleriten erlauben es den Insekten, präzise Bewegungen auszuführen. Die Steifigkeit ihres Exoskeletts ist nur auf einzigartige Skleroproteine und nicht auf den Chitingehalt zurückzuführen. Seine Leichtigkeit ermöglicht die Flugfähigkeit. Im Gegensatz hierzu ist die Kutikula der Crustaceen zumeist durch Mineralien strukturell versteift.

20.5.3 Äußere Form und Funktion

Die Insekten zeigen eine bemerkenswerte Vielfalt morphologischer Merkmale; diese sind aber in einem viel höheren Maß homogen als die Tagmatisierung der Crustacea. Einige Insekten sind im Körperaufbau ziemlich generalisiert, andere sind hoch spezialisiert. Die Heuschrecken repräsentieren einen generalisierten Typus, der in Laborkursen sehr oft eingesetzt wird, um die allgemeinen Merkmale von Insekten den Praktikanten zu demonstrieren (▶ Abbildung 20.4).

Die Tagmata der Insekten umfassen einen Kopf, einen Thorax und ein Abdomen. Die Kutikula jedes Körpersegments besteht in der Regel aus vier Skleriten: einem dorsalen Notum (Tergum), einem ventralen Sternum, sowie einem Paar lateraler Pleuren. Die Pleuren der Abdominalsegmente sind oftmals partiell membranös ausgebildet und nicht vollständig sklerotisiert.

Der Kopf beherbergt für gewöhnlich ein Paar relativ große Verbundaugen, ein Paar Antennen, sowie norma-

20 Terrestrische Mandibulaten

Abbildung 20.5: **Antennen.** Eine Auswahl von Ausformungen der Antennen von Insekten.

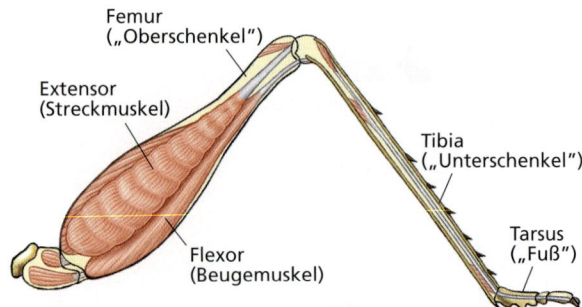

Abbildung 20.6: **Hinterextremität eines Grashüpfers.** Die Muskeln, die das Bein bewegen, liegen in einem Hohlzylinder des Exoskeletts. Sie sind an der inneren Wand des Exoskeletts befestigt, von wo aus sie Teile der Extremität nach dem Prinzip des Hebelarms in Bewegung versetzen. Man beachte das Drehgelenk und die Anheftungspunkte der Sehnen des Extensor- und des Flexormuskels, die beim Strecken und Beugen des Beins antagonistische (= entgegengesetzte) Wirkungen haben.

lerweise drei Ocelli (Abbildung 20.19a). Die Antennen, die in Form und Größe beträchtliche Unterschiede aufweisen (▶ Abbildung 20.5), dienen als Tastorgane, als Riechorgane, oder in einigen Fällen auch als Hörorgane. Die Mundwerkzeuge, die aus besonders verhärteter Kutikula bestehen, umfassen im typischen Fall ein Labrum, je ein Paar Mandibeln und Maxillen, ein Labium, sowie einen zungenartigen Hypopharynx. Die Art der Mundwerkzeuge, über die ein Insekt verfügt, bestimmt seine Ernährungsweise. Wir werden an späterer Stelle einige dieser Modifikationen erörtern.

Der Thorax besteht aus drei Segmenten: dem Prothorax, dem Mesothorax und dem Metathorax. Jedes der drei Segmente trägt ein Beinpaar (Abbildung 20.4). Bei den meisten Insekten tragen der Meso- und der Metathorax zusätzlich je ein Paar Flügel. Die Flügel sind kutikulare Ausstülpungen, die von der Epidermis gebildet werden. Sie bestehen aus einer Doppelmembran, die von einem Geäder aus verdickter Kutikula durchzogen ist, welches dazu dient, die Flügel nach dem Ausschlüpfen aus der Puppe zu entfalten. Darüber hinaus haben sie den Zweck, die Flügel aerodynamisch zu verstärken. Obwohl das Muster dieses Geäders bei den unterschiedlichen Taxa variiert, ist es innerhalb einer Familie, Gattung oder Art von ziemlicher Beständigkeit und dient als Mittel der Klassifizierung und Identifizierung.

Die Beine der Insekten sind für spezialisierte Aufgaben modifiziert. Viele terrestrische Formen besitzen Schreitbeine mit terminalen Polstern und Klauen. Diese Polster können Hafteigenschaften für das Überkopflaufen haben, wie es bei der wohlvertrauten Stubenfliege der Fall ist. Die Hinterbeine der Heuschrecken und Grillen sind für sprunghafte (saltatorische) Fortbewegung adaptiert (▶ Abbildung 20.6). Bei den Maulwurfsgrillen *(Gryllotalpidae)* ist das erste Beinpaar zu Grabwerkzeugen umgebildet. Wasserwanzen und viele Käfer besitzen paddelartige, an das Schwimmen angepasste, Körperanhänge. Zum Ergreifen von Beute sind die Vorderbeine der Fangschrecken *(Mantodea)* lang und kräftig ausgebildet (▶ Abbildung 20.7). Die Beine der Honigbienen zeigen komplexe Anpassungen für das Sammeln von Blütenpollen (▶ Abbildung 20.8).

Das Abdomen der Insekten besteht aus neun bis elf Segmenten. Das elfte trägt, sofern es vorhanden ist, ein Paar *Cerci* (Singular: Cercus; Anhangsgebilde am posterioren Ende des Körpers). Larven und Nymphen können eine Vielfalt von Abdominalanhängen tragen, doch fehlen diese Anhänge regelmäßig bei den daraus entstehenden Adultformen. Am Ende des Abdomens tragen die Insekten externe Genitalien (Abbildung 20.4a), die oftmals nützlich für die Identifizierung und Klassifikation sind.

Bei den Insekten finden sich unzählige Variationen in der Körperform. Käfer (Coleoptera) sind im Allgemeinen dick und plump (▶ Abbildung 20.9a). Kleinlibellen (Zygoptera), Ameisenlöwen (die Larven der Ameisenjungfern (Myrmeleontidae)) und Stabschrecken (Ordnung Phasmatodea) sind lang und schlank (Abbildung 20.9b); viele Wasserkäfer sind stromlinienförmig; Schmetterlinge besitzen die ausladendsten aller

20.5 Classis Insecta (Kerbtiere)

(a)

(b)

Abbildung 20.7: Fangschrecken. (a) Fangschrecke (Ordnung Orthoptera) beim Verzehr eines anderen Insekts. (b) Fangschrecke bei der Eiablage.

Insektenflügel und Schaben (Blattodea) sind abgeplattet – eine Anpassung an das Leben in Ritzen und Spalten. Der Ovipositor (Eilegestachel) der Schlupfwespen (Ichneumonidae) ist extrem lang (▶ Abbildung 20.10), während die Analcerci bei den Ohrwürmern (Dermaptera) eine Art hornige Pinzette bilden, und bei den Steinfliegen (Plecoptera) und den Eintagsfliegen (Ephemeroptera) lang und vielgelenkig sind. Die Antennen sind bei den Schaben und den Laubheuschrecken (Tettigoniidae) lang, bei den Libellen (Odonata) und den Käfern kurz, knotig bei den Schmetterlingen (Leipidoptera) und bei einigen Nachtfaltern (Motten) fächer- bis federartig. Es existieren viele weitere beeindruckende Variationen (Abbildungen 20.5).

Fortbewegung

Laufen. Beim Laufen stützen sich die meisten Insekten auf ein Dreieck aus Beinen, das sich aus dem vorderen und dem hinteren Bein der einen Körperseite und dem mittleren Bein der gegenüberliegenden Seite ergibt. Auf diese Weise befinden sich zu jedem Zeitpunkt mindestens drei der sechs Beine in Kontakt mit dem Untergrund – die Dreipunktanordnung verleiht den Tieren gute Stabilität (ein dreibeiniger Hocker wird nie wackeln, egal wie ungleich lang seine Beine sind). Einige Insekten, wie die Wasserläufer der Gattung *Gerris* (lat.

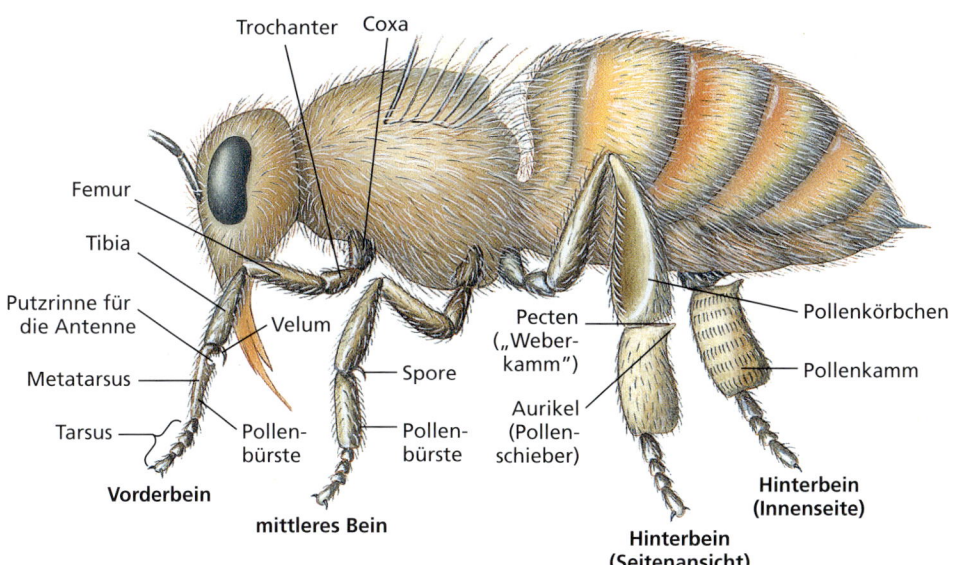

Abbildung 20.8: Adaptive Beine bei einer Arbeiterhonigbiene. Die mit dem Velum überzogene gezähnte Einbuchtung der Vorderbeine kämmt die Antennen aus. Die Sporen an den mittleren Beinen dienen der Entnahme von Wachs aus den abdominalen Wachsdrüsen. Pollenbürsten an den Vorder- und den Mittelbeinen kämmen Pollenkörner aus, die sich an der Körperbehaarung festgesetzt haben und übertragen sie auf die Pollenbürsten der Hinterbeine. Lange Haare an den Pecten der Hinterbeine nehmen Pollen von den Kämmen des gegenüberliegenden Beines ab; danach presst der Aurikel (Fersensporn) den Pollen in ein Pollenkörbchen („Pollenhöschen"), wenn das Beingelenk nach hinten gestreckt wird. Eine Biene trägt ihre Fracht in beiden Körbchen zum Bienenstock und schiebt die Pollenkörner in eine Wabenzelle, wo sich andere Arbeitsbienen um die abgelieferte Fracht kümmern.

20 Terrestrische Mandibulaten

(a)

(b)

Abbildung 20.9: Körperformen. (a) Nashornkäfer *(Diloborus abderus)* (Ordo Coleoptera, Ordnung der Käfer) aus Uruguay. Obwohl die gefährlich aussehenden Fortsätze an Kopf und Thorax aussehen, als ob sie dazu dienen, einen Gegner zu durchbohren oder aufzuspießen, werden sie tatsächlich dazu eingesetzt, einen Rivalen hochzuheben oder umzuwerfen, um ihn so von Nahrungsquellen fernzuhalten. (b) Stabheuschrecken der Art *Diapheromera femorata* (Ordo Orthoptera, Ordnung der Springschrecken) bei der Paarung. Die Art ist in Nordamerika weit verbreitet. Sie ist flügellos und wird ungeachtet ihrer Tarnung als Zweig von zahlreichen räuberischen Arten gefressen.

gero, tragen), sind befähigt, auf Wasseroberflächen zu laufen und zu stehen. Ein Wasserläufer weist an den Unterseiten der Endglieder seiner Beine wasserabweisende, nicht benetzbare Haare auf, die die Oberfläche des Wassers nur eindellen, sie aber nicht durchstoßen. Wenn das Tierchen auf seinen beiden hinteren Beinpaaren dahingleitet, nutzt *Gerris* sein rückgebildetes und bezahntes prothorakales Beinpaar, um Beute zu fangen und festzuhalten. Wasserläufer zeigen bei der Körperreinigung ein ungewöhnliches Verhalten; sie können dabei auf der Wasseroberfläche komplette Überschläge (Purzelbäume) vollführen, um anhaftenden Dreck von ihren thorakalen Tergen (Plural von Tergum) abzuschütteln (▶ Abbildung 20.11). Die Körper von Meereswasserläufern der Gattung *Halobates* (gr. *halos*, das Meer + *bates*, etwas, das Fäden zieht), die ausgezeich-

nete Wellenreiter selbst bei rauer See sind, sind durch einen wasserabstoßenden Besatz aus dichtstehenden Haaren von der Form dicker Haken noch weitergehend geschützt.

Flugfähigkeit. Insekten sind die einzigen Wirbellosen, die flugfähig sind. Sie teilen sich diese Eigenschaft mit den Vögeln und den wenigen flugfähigen Säugetieren. Die Evolution der Insektenflügel erfolgte jedoch auf einem anderen Weg als die Evolution der Flügel der Vögel und Säugetiere; sie stellen deshalb keine homologen Bildungen dar. Die Flügel der Insekten entstehen als Auswüchse der Körperwand der meso- und der metathorakalen Segmente und bestehen aus Kutikula. Neuere Fossilfunde belegen, dass die Insekten anscheinend bereits vor über 400 Millionen Jahren funktionstüchtige Flügel entwickelt hatten.

Die meisten Insekten besitzen zwei Flügelpaare, aber die Diptera („Zweiflügler"; echte Fliegen + Mücken) zeichnen sich durch nur ein Flügelpaar aus (▶ Abbildung 20.12). Das hintere Flügelpaar der Zweiflügler ist zu einem Paar winziger **Halteren** (**Schwingkölbchen**) verkümmert. Die Halteren dienen als Lagestabilisatoren; sie schwingen während des Fluges und sind für die Erhaltung des Gleichgewichts verantwortlich. Die Männ-

Abbildung 20.10: Schlupfwespen. Eine Schlupfwespe hat ihren Hinterleib angehoben, um ihren langen Legestachel (Ovipositor) in ein Stück Totholz zu bohren. Auf diese Weise spürt sie einen Tunnel auf, in dem sich eine Larve einer Holzwespe oder eines Holzbohrerkäfers befindet. Die Schlupfwespe kann 13 mm oder tiefer in das Holz hineinbohren, um ihre Eier auf den Körper einer Käferlarve abzulegen. Die Käferlarve wird dann zum Wirt und zur Nahrung für die Schlupfwespenlarve. Andere Schlupfwespenlarven greifen Spinnen, Motten, Fliegen, Grillen, Raupen oder andere Insekten an.

20.5 Classis Insecta (Kerbtiere)

Abbildung 20.11: **Ein Wasserläufer (*Gerris* sp.) (Ordo Hemiptera, Ordnung der Schnabelkerfe).** Das Tier wird auf seinen langen, dünnen Beinen von der Oberflächenspannung des Wassers getragen.

Abbildung 20.12: **Eine Stubenfliege *(Musca domestica)* (Ordo Diptera, Ordnung der Zweiflügler).** Stubenfliegen können sich mit über einhundert verschiedenen Pathogenen kontaminieren, die durch direkten Kontakt, wieder ausgewürgte Nahrung oder die Fäzes der Fliege auf die Nahrung des Menschen oder anderer Tiere übergehen können.

chen der Ordnung der Fächerflügler (Strepsiptera) besitzen nur ein hinteres Flügelpaar und ein anteriores Halterenpaar. Die Männchen der Schildläuse (Coccoidea) besitzen ebenfalls nur ein Flügelpaar, aber keine Halteren. Einige Insekten sind primär (ursprünglich) flügellos (zum Beispiel die Silberfischchen), andere sekundär (wieder) flügellos (zum Beispiel die Flöhe). Vermehrungsfähige weibliche Ameisen werfen ihre Flügel nach ihrem Jungfernflug ab (die Männchen sterben), und vermehrungsbereite Termiten (Männchen und Weibchen) sind flügeltragend, die Arbeitertiere beider Klassen (Ameisen und Termiten) sind flügellos. Läuse und Flöhe sind immer flügellos.

Insektenflügel können dünn und membranös sein, wie es bei den Fliegen und anderen Gruppen der Fall ist (Abbildung 20.10), aber auch dick und verhornt wie im Fall der Vorderflügel von Käfern (Abbildung 20.9a) oder pergamentartig wie die Vorderflügel der Heuschrecken. Andere sind mit feinen Schuppen überzogen wie die der Schmetterlinge und Motten (Lepidoptera) oder mit Haaren bedeckt wie die Flügel der Köcherfliegen (Trichoptera).

Die aktiven Bewegungen der Flügel werden durch einen Komplex aus Muskeln im Thorax gesteuert. **Direkte Flugmuskeln** setzen unmittelbar am Flügel selbst an. **Indirekte Flugmuskeln** sind nicht mit dem Flügel verbunden, sondern führen zu einer Formänderung des Thorax. Die Flügel sind gelenkig am thorakalen Tergum verankert, sowie zusätzlich leicht seitlich an Pleuralfortsätzen, die als Dreh-/Angelpunkte dienen (▶ Abbildung 20.13). Bei den meisten Insekten wird der Aufschwung eines Flügels durch eine Kontraktion indirekter Muskeln bewirkt, die das Tergum gegen das Sternum nach unten ziehen (Abbildung 20.13a). Libellen und Schaben vollführen den Abschlag durch die Kontraktion direkter Muskeln, die lateral der pleuralen Drehpunkte an den Flügeln ansetzen. Bei den Hymenopteren (Hautflügler) und den Dipteren (siehe Kasten zur „Klassifizierung" weiter unten in diesem Kapitel) sind alle Hauptflugmuskeln indirekte Muskeln. Der Abschwung erfolgt, wenn die sternotergalen Muskeln (Muskeln, die in das Sternum und das Tergum inseriert sind) erschlaffen und longitudinale Thoraxmuskeln sich zusammenziehen und das Tergum durchbiegen (Abbildung 20.13b). Dabei werden die tergalen Gelenkverbindungen relativ zur Pleura hochgezogen. Bei Käfern und Heuschrecken sind am Abschwung sowohl direkte als auch indirekte Muskeln beteiligt.

Die neuronale Kontrolle der Kontraktion der Flugmuskulatur von Insekten kann auf zwei Arten erfolgen – synchron oder asynchron. Größere Insekten wie Libellen und Schmetterlinge haben Flügel mit synchroner Muskulatur. Dabei stimuliert ein einzelner Nervenimpuls eine Muskelkontraktion und damit einen Flügelschlag. Flügel mit asynchroner Muskulatur findet sich bei den höher entwickelten Insekten wie den Hymenopteren, den Dipteren, den Coleopteren und einigen Hemipteren; zur Systematik siehe weiter unten. Der asynchrone Me-

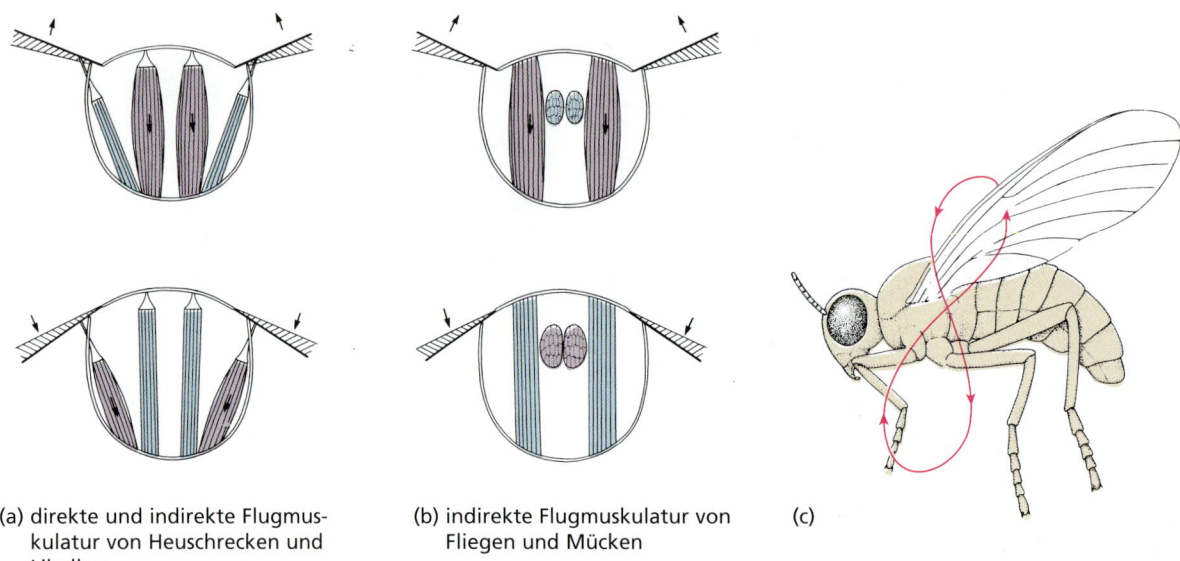

(a) direkte und indirekte Flugmuskulatur von Heuschrecken und Libellen

(b) indirekte Flugmuskulatur von Fliegen und Mücken

(c)

Abbildung 20.13: **Flugmuskulatur.** (a) Flugmuskeln von Insekten wie Schaben, bei denen der Aufschwung durch indirekte und der Abschwung durch direkte Muskeln erfolgen. (b) Bei Insekten wie Fliegen und Bienen erfolgen sowohl der Auf- als auch der Abschwung durch indirekte Muskeln. (c) Der an die Ziffer 8 erinnernde Verlauf der Flügelbewegung eines fliegenden Insekts bei einem vollständigen Zyklus aus Auf- und Abschwung.

chanismus ist von komplexer Natur und von der Speicherung potenzieller Energie in elastischen Teilen der Thoraxkutikula abhängig. Wenn sich ein Muskel zusammenzieht (und dabei den Flügel in die eine Richtung bewegt), unterstützt dies gleichzeitig die Streckung des antagonistischen Muskelsystems; die entgegengesetzt wirkenden Muskeln werden so mit potenzieller Energie beladen, was ihre nachfolgende Kontraktion erleichtert (die dann den Flügel in die andere Richtung beschleunigt). Da die Muskelkontraktionen nicht phasengleich mit der nervösen Stimulation erfolgen, sind nur gelegentliche Nervenimpulse notwendig, um den Zyklus aus Kontraktion und Relaxation in Gang zu halten. Dadurch werden extrem hohe Schlagzahlen der Flügel möglich. Schmetterlinge mit ihrer synchronen Flugmuskulatur schlagen unter Umständen nur etwa viermal pro Sekunde. Insekten mit asynchroner Flugmuskulatur wie Fliegen und Bienen können hundert Schläge pro Sekunde oder mehr erreichen. Die Taufliegen der Gattung *Drosophila* (gr. *drosos*, Tau + *philos*, Liebe) vermögen mit 300 Schlägen pro Sekunde zu fliegen; Steckmücken bringen es auf mehr als 1000 Schläge pro Sekunde.

Das Fliegen erfordert aber mehr als ein einfaches Schlagen der Flügel. Zur Vorwärtsbewegung muss ein Vortrieb erzeugt werden. Wenn die indirekte Flugmuskulatur die Flügel in einem gleichmäßigen Rhythmus auf- und abschlagen lässt, verändert die direkte Flugmuskulatur gleichzeitig den Anstellwinkel der Flügel, so dass sie sowohl beim Auf- als auch beim Abschlag wie auftrieberzeugende Tragflächen wirken. Beim Abschlag wird die Vorderkante der Flügel abwärts geneigt, während des Aufschlags wird sie aufwärts geneigt. Die Gesamtbewegung erinnert an die Ziffer „8" (Abbildung 20.13 c). Im Endeffekt wird bei dem Bewegungsablauf Luft nach unten und hinten „geschaufelt", ganz ähnlich wie ein Schwimmer das Wasser seitlich nach unten wegdrückt, um nach dem Newton'schen Prinzip von Aktion und Reaktion den Körper vorwärts zu schieben. Der erreichte Vortrieb hängt dabei von mehreren Faktoren ab, so wie von der (den) Variation(en) der Flügeladerung, der Last pro Flächeneinheit des Flügels (Gramm Körpermasse pro Quadratzentimeter Flügelfläche), dem Anstellwinkel, um den der Flügel geneigt wird, beziehungsweise werden kann, und der Länge und der Form der Flügel.

Die Fluggeschwindigkeiten variieren in ganz enormem Ausmaß. Die schnellsten Flieger besitzen in der Regel schmale, sich rasch bewegende Flügel mit großem Anstellwinkel und einer ausgeprägten „Achterbewegung". Schwärmer (eine Untergruppe der Nachtfalter) und Bremsen (Tabanidae) erreichen Geschwindigkeiten von ungefähr 49 km/h (Stundenkilometern), Libellen etwa 40 km/h. Einige Insekten sind zu Langstreckenflügen befähigt. Die Monarchfalter Nordamerikas (*Danaus plexippus*) (gr.: *Danaos*, König von Argos, Stammvater der Danaer, Abbildung 20.29 a) wandern bei ihren jähr-

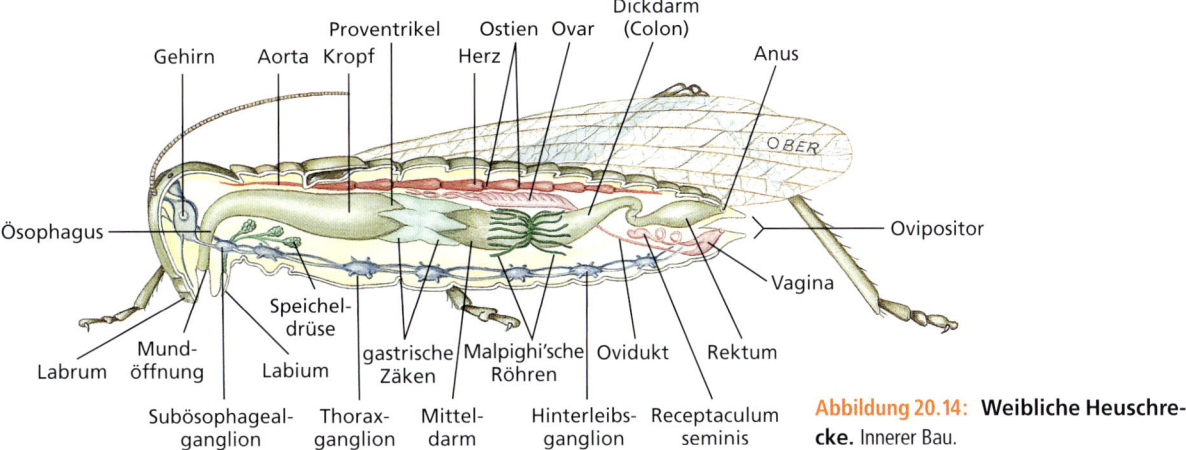

Abbildung 20.14: **Weibliche Heuschrecke.** Innerer Bau.

lichen herbstlichen Zügen in ihre Überwinterungsgebiete in Mexiko und Kalifornien hunderte oder sogar tausende von Kilometern, wobei sie eine Reisegeschwindigkeit von etwa 10 km/h erreichen.

20.5.4 Innere Form und Funktion

Ernährung

Das Verdauungssystem (▶ Abbildung 20.14, siehe auch Abbildung 32.9) besteht aus einem Vorderdarm (Rachenraum mit Speicheldrüsen, Ösophagus, Kropf zur Zwischenspeicherung, und Muskelmagen zum Zermahlen der Nahrung (bei einigen Formen)), einem Mitteldarm (Magen und gastrisches Zäkum (= Caecum, Cecum)), sowie einem Enddarm (Intestinum, Rektum und Anus). Ein Teil des Verdauungsvorganges der mit dem enzymhaltigen Speichel vermischten Nahrung kann schon im Kropf ablaufen, doch findet hier keine Absorption von Nährstoffen statt. Hauptort der Verdauung und der Absorption ist der Mitteldarm, und der Blinddarm (Caecum) kann die für Verdauung und Absorption zur Verfügung stehende innere Oberfläche vergrößern. Im Enddarm findet Nährstoffabsorption nur in geringem Ausmaß statt (mit erwähnenswerten Ausnahmen wie etwa den holzfressenden Termiten), doch ist der Enddarm allgemein die Hauptresorptionsfläche für Wasser und einige Ionenarten (siehe weiter unten in diesem Kapitelteil).

Die meisten Insekten ernähren sich von Pflanzensäften und Pflanzengeweben (**Phytophagie** oder **Herbivorie**) (gr. *phyton*, Pflanze + *phagein*, ich esse; lat. *herba*, Kraut, Gras, Gewächs + *vorax*, gefräßig bzw. *vorare*, verschlingen). Einige Insekten sind auf bestimmte Nahrungspflanzen spezialisiert; andere – wie die Heuschrecken – fressen beinahe jede Pflanze. Die Raupen vieler Motten und Schmetterlinge fressen nur das Laub bestimmter Pflanzenarten. Bestimmte Ameisen- und Termitenarten legen gartenartige Pilzkulturen als Nahrungsquelle an.

Viele Käfer und die Larven vieler Insekten ernähren sich von toten Tieren (**Saprophagie**). Einige Insekten leben räuberisch; sie fangen und fressen andere Insekten und/oder andere Arten von Tieren (Abbildung 20.7). Der Wasserkäfer *Cybister fimbriolatus* (Familie Dytiscidae) (gr. *kybister*, Taucher) ist nicht so räuberisch wie einst geglaubt wurde, sondern ernährt sich großenteils von Aas. In Mitteleuropa ist der ebenfalls aus der Familie Dytiscidae stammende Gelbrandkäfer *(Dytiscus marginalis)* verbreitet. Sowohl die Larve wie auch der adulte Käfer leben unter Wasser und lauern dort auf andere Wasserinsekten und deren Larven, auf Würmer, Kaulquappen und Molche. Selbst Fische und Frösche, die größer sind als er selbst, gehören zur Beute.

Viele Insekten sind als Adulti oder als Larven parasitisch; in einigen Fällen sind sowohl die Juvenil- als auch die Adultformen Parasiten. So ernähren sich etwa die Flöhe (Ordnung Siphonaptera; ▶ Abbildung 20.15) als Adulti vom Blut von Säugetieren, die Larven hingegen sind freilebende Aasfresser. Läuse (▶ Abbildungen 20.16 und ▶ 20.17) sind während ihres gesamten Lebenszyklus parasitisch. Viele parasitäre Insekten werden selbst wieder von anderen Insekten parasitiert – ein Phänomen, das als **Hyperparasitismus** bezeichnet wird. Die Larven zahlreicher Wespenarten leben in den Körpern anderer Insekten oder denen von Spinnen und vollenden darin einen Großteil ihrer Metamorphose (▶ Abbildung 20.18); der Wirt wird von den sich entwickelnden Larven verzehrt und stirbt schließlich. Da sie ihren Wirt immer abtöten, werden sie als **Parasitoide** (lethale Parasiten) bezeichnet. Parasitoide Insekten sind

Terrestrische Mandibulaten

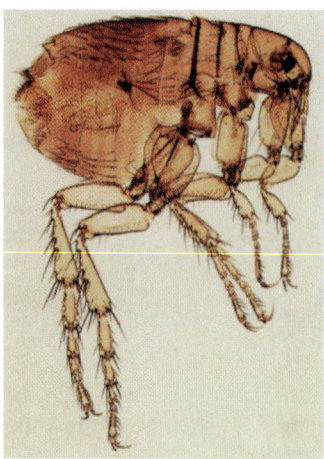

Abbildung 20.15: **Weiblicher Menschenfloh** *(Pulex irritans)*. Ordo Siphonaptera, Ordnung der Flöhe; gr. *siphon*, Rohr, Leitung + *a*, ohne + *pteros*, Flügel.

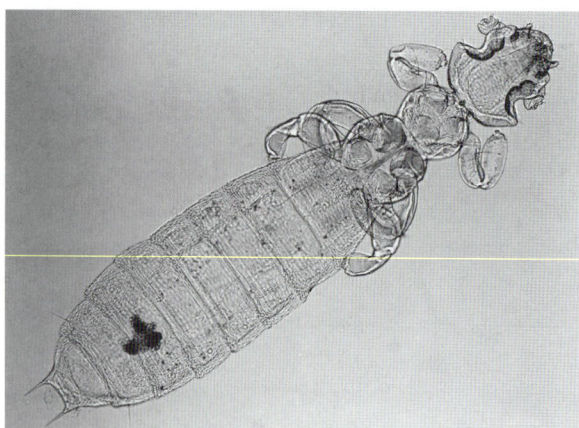

Abbildung 20.16: ***Gliricola porcelli*** **(Ordo Mallophaga, Ordnung der Haarlinge)**. Dies ist eine Haarlingsart, die Meerschweinchen befällt. Die Antennen liegen normalerweise in tiefen Furchen an den Seiten des Kopfes verborgen.

für die Eindämmung der Populationen anderer Insekten von enormer ökologischer wie landwirtschaftlicher Bedeutung.

Für jede Ernährungsweise haben die Insekten spezielle Mundwerkzeuge evolviert. **Saugende Mundwerkzeuge** bilden für gewöhnlich eine Röhre aus und vermögen leicht in die Gewebe von Pflanzen oder Tieren einzudringen. Stechmücken (Ordo Diptera) zeigen diesen Typus exemplarisch. Ihre Mandibeln, Maxillen, der Hypopharynx, und das Labrum-Epipharynx sind zu nadelartigen Stiletten verlängert. Zusammen bilden sie ein **Faszikel** (lat. *fasciculus*, Bündelchen) (▶ Abbildung 20.19 c). Mit ihm durchstoßen sie die Haut ihrer Opfer, um Zugang zu deren Blutgefäßen zu erlangen. Der Hypopharynx trägt einen Speichelgang (Ductus salivarius), und das Labrum-Epipharynx bildet einen Nahrungskanal. Das Labrum bildet eine Scheide für das Faszikel, das sich während des Saugens nach rückwärts wegbiegt

(a)

(b)

Abbildung 20.18: **Insektenlarven.** (a) Larvenstadium des Tabakschwärmers *(Manduca sexta*; Ordo Lepidoptera, Ordnung der Schmetterlinge). Die über hundert Arten nordamerikanischer Schwärmer sind gute Flieger und zumeist nachts auf Futtersuche. Ihre Larven weisen einen großen, fleischigen Dorn (Analhorn) am posterioren Ende des Körpers auf, das als Bestimmungsmerkmal dieser Gruppe dient. (b) Schwärmerraupe, die von einer winzigen parasitischen Schlupfwespe der Gattung *Apanteles* heimgesucht wurde. Diese hat ihre Eier in das Körperinnere der Raupe abgelegt. Die Wespenlarven sind hervorgebrochen und haben sich auf der Raupenoberfläche verpuppt. Die jungen Wespen schlüpfen nach 5 bis 10 Tagen, die Schmetterlingsraupe geht zugrunde.

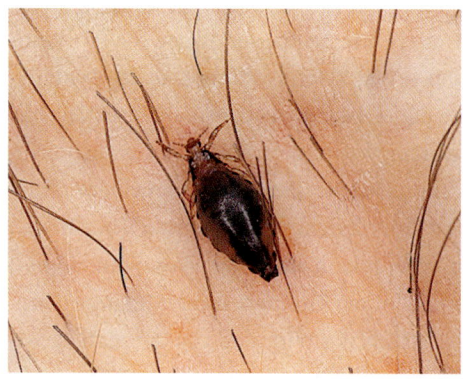

Abbildung 20.17: **Kopflaus des Menschen** *(Pediculus humans)*. Ordo Anoplura, Ordnung der Echten Läuse beim Fressvorgang.

(Abbildung 20.19c). Bei den Honigbienen bildet das Labrum eine flexible und kontraktile „Zunge", die von zahlreichen Haaren bedeckt ist. Wenn eine Biene ihre Proboscis in den Nektar taucht, biegt sich die Spitze der „Zunge" aufwärts und bewegt sich rasch vor und zurück. Flüssigkeit strömt durch die Kapillarwirkung in die Röhre ein und wird kontinuierlich durch Pumpbewegungen des Pharynx nach innen gesogen. Bei den adulten Schmetterlingen und Motten fehlen für gewöhnlich die Mandibeln (bei den Larven sind sie immer vorhanden), und die Maxillen bilden eine lange, saugende Proboscis zum Einsaugen von Nektar aus Blütenkelchen (Abbildung 20.19d). Im Ruhezustand rollt sich die Proboscis zu einer flachen Spirale zusammen. Während des Fressvorgangs streckt sich die Proboscis aus, und der Falter pumpt die Nahrungsflüssigkeit durch Tätigkeit der Pharynx-Muskulatur ein.

Stubenfliegen, Schmeißfliegen und adulte Tau-/Fruchtfliegen besitzen **schwammartige** und **lappige Mundwerkzeuge** (Abbildung 20.19e). Am Apex des Labiums befindet sich ein Paar großer, weicher Lappen mit Rinnen an der Unterseite, die als Nahrungskanäle dienen. Diese Fliegen lecken flüssige Nahrung auf oder verflüssigen ihre Nahrung zunächst durch die Sekretion

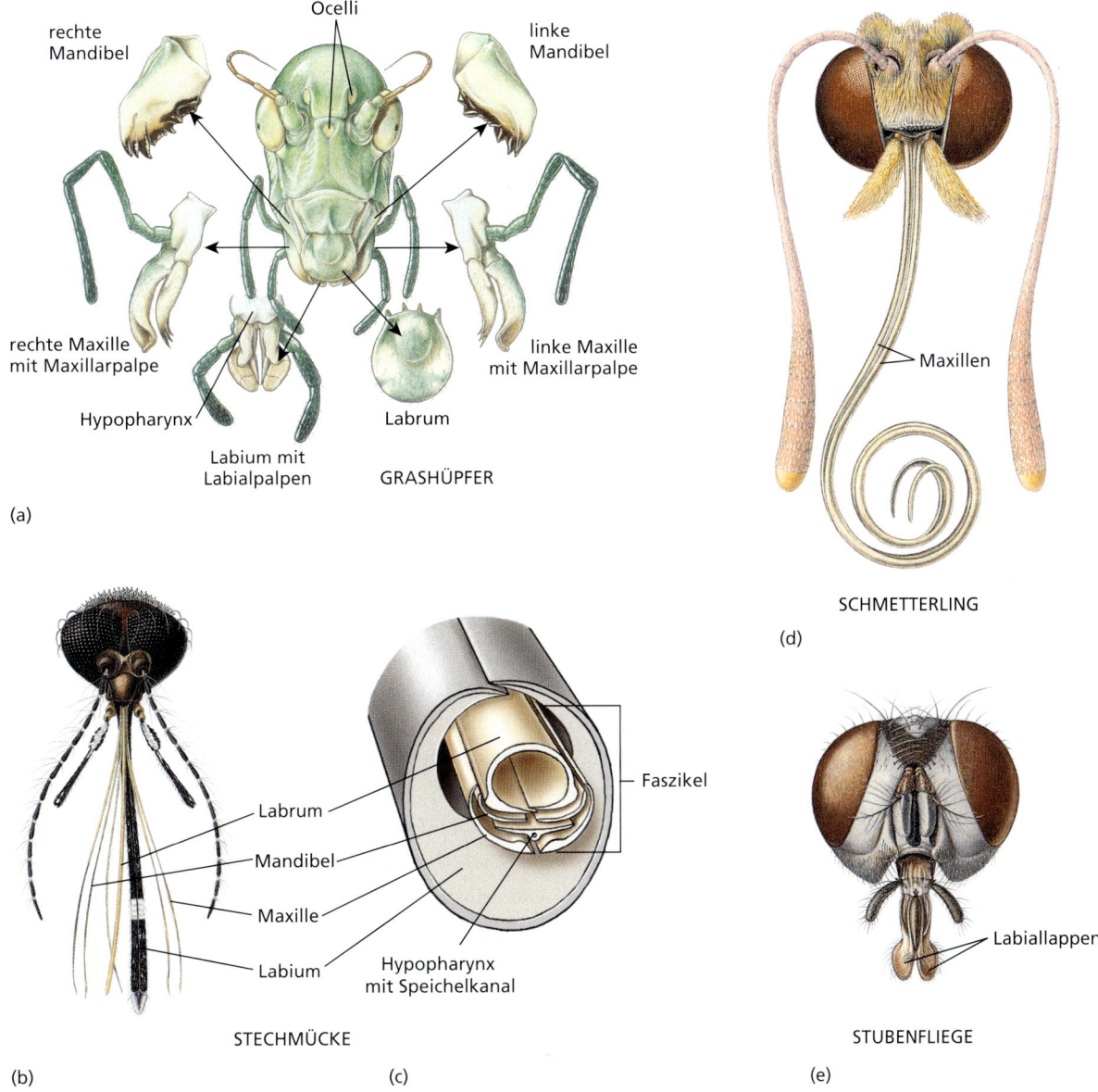

Abbildung 20.19: Vier Typen von Mundwerkzeugen bei Insekten. (a) Kauende Mundwerkzeuge einer Heuschrecke. (b), (c) Saugende Mundwerkzeuge einer Stechmücke. (c) Teile des in die Haut einstechenden Faszikels sind im Querschnitt dargestellt. (d) Saugende Mundwerkzeuge eines Schmetterlings. Mandibeln fehlen, die Maxillen bilden eine lange Proboscis. (e) Schwammförmige Mundwerkzeuge einer Stubenfliege. Ein Paar großer Lappen mit Rinnen an der Unterseite befinden sich am Ende des Labiums.

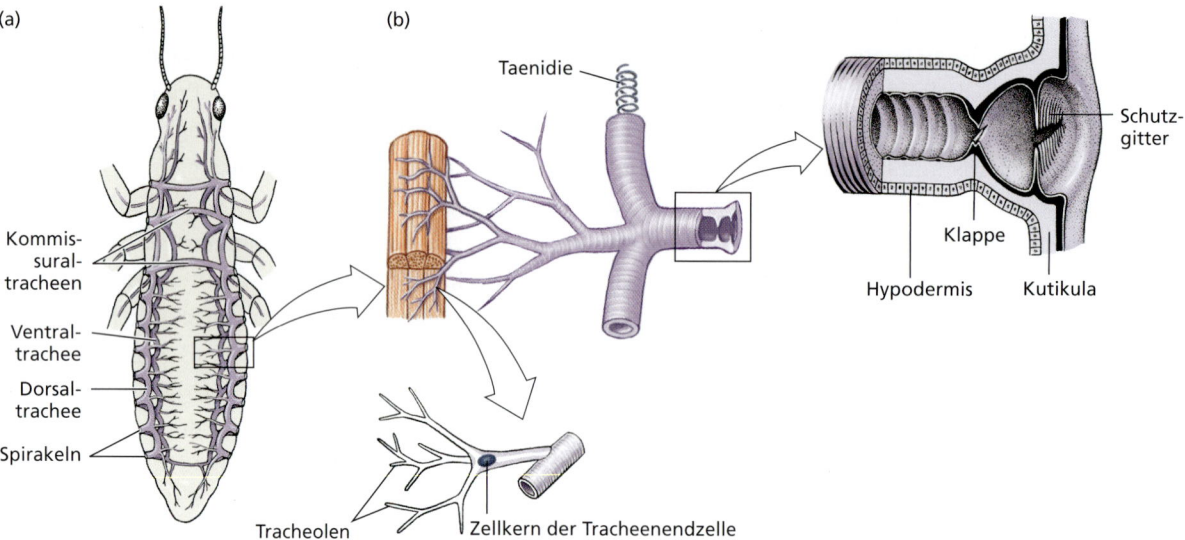

Abbildung 20.20: Das Tracheensystem. (a) Allgemeine Anordnung des Tracheensystems bei Insekten (schematisch). Luftsäcke und Tracheolen sind nicht dargestellt. (b) Anatomische Verhältnisse von Spirakeln, Tracheen, Taenidien (chitinöse Bänder, welche die Tracheen verstärken) und Tracheolen (schematisch).

von enzymhaltigem Speichel. Bremsen (Stechfliegen) lecken nicht nur oberflächliche Flüssigkeiten auf, sondern stechen außerdem mit dünnen, zugespitzten Mandibeln in die Haut und wischen dann mit den schwammartigen Mundwerkzeugen das austretende Blut auf.

Kauende Mundwerkzeuge wie diejenigen der Heuschrecken und vieler anderer herbivorer Insekten sind für das Erfassen und Zerquetschen von Nahrung adaptiert (Abbildung 20.19a). Solche Mundwerkzeuge carnivorer Insekten sind scharf und zugespitzt, um die Nahrung zu durchstoßen. Die Mandibeln kauender Insekten sind stark ausgebildete, bezahnte Platten, deren Kanten Stücke abbeißen oder abreißen können, während die Maxillen die Nahrung festhalten und zum Mund befördern. Von den Speicheldrüsen abgesonderte Enzyme unterstützen den Kauvorgang durch ihre chemische Wirkung.

Kreislaufsystem

Ein tubuläres Herz erzeugt eine peristaltische Welle (Abbildung 20.14), welche die Hämolymphe (das „Blut" der Insekten) durch das einzige Blutgefäß, eine dorsale Aorta, vorwärtstreibt. Akzessorische pulsatile Organe helfen, die Hämolymphe in die Beine und in die Adern der Flügel zu pumpen. Der Fluss der Hämolymphe wird außerdem durch Bewegungen des gesamten Körpers unterstützt. Die Hämolymphe besteht aus Plasma und Amöbocyten und hat bei den meisten Insekten offenkundig wenig mit dem Sauerstofftransport zu tun. Dennoch findet sich in der Hämolymphe einiger Arten (besonders bei noch nicht ausgereiften, aquatisch lebenden Formen in Umgebungen mit niedriger Sauerstoffspannung) Hämoglobin; hier wirkt die Hämolymphe am Sauerstofftransport mit.

Gasaustausch

Terrestrisch lebende Tiere sind auf ein wirkungsvolles Atmungssystem angewiesen, das einen raschen Austausch von Sauerstoff und Kohlendioxid ermöglicht und dabei gleichzeitig die Wasserverluste niedrig hält. Bei den Insekten kommt diese Aufgabe dem **Tracheensystem** zu – einem ausgedehnten Netzwerk dünnwandiger Röhren, das verzweigend in jeden Bereich des Körpers ausstrahlt (▶ Abbildung 20.20). Das Tracheensystem der Insekten hat sich unabhängig von denen anderer Arthropodengruppen wie zum Beispiel den Spinnen evolviert. Die Tracheenäste öffnen sich über **Spirakeln** (= Stigmata, Atmungsöffnungen) nach außen. Für gewöhnlich finden sich zwei Paare am Thorax plus sieben oder acht Paare am Abdomen. Ein Spirakel (= Stigma) kann einfach ein Loch im Integument sein, wie es bei den primitiven, primär flügellosen Insekten der Fall ist, doch ist für gewöhnlich eine Klappe oder ein anderer Verschlussmechanismus vorhanden, der den Wasserverlust reduziert. Die Evolution eines Tracheensystems mit Klappen muss bei der Eroberung trockenerer Lebensräume für die Insekten von außerordentlicher Bedeutung gewesen sein. Die Spirakeln können außerdem Filtereinrichtungen wie Siebplatten oder einen Satz sich verschränkender Borsten aufweisen, die das Eindringen von

Wasser, Parasiten oder Staubteilchen in die Tracheen verhindern.

Tracheen bestehen aus einer einzelnen Zellschicht und sind mit Kutikula ausgekleidet, die zusammen mit der äußeren Kutikula bei der Häutung abgestoßen wird. Spiralige Verdickungen der Kutikula (**Taenidien**) dienen als Stützelemente der Tracheen und verhindern, dass sie in sich zusammenfallen. Tracheen verzweigen sich zu kleineren Röhren, die in sehr feinen, flüssigkeitsgefüllten Röhrchen enden, den **Tracheolen**, die ebenfalls mit Kutikula ausgekleidet sind, bei der Ecdysis aber nicht abgestoßen und ersetzt werden. Die Tracheolen verzweigen sich in einem feingliedrigen Netzwerk über die Zellen des Insektenkörpers. Große Insekten können Tracheen aufweisen, die Durchmesser von mehreren Millimetern besitzen, und die sich in das Körperinnere bis auf 1–2 µm hineinbohren. Die sich anschließenden Tracheolen verjüngen sich bis auf 0,5–0,1 µm Durchmesser. Die Zahl der Tracheolen im Körper einer Seidenspinnerraupe ist für bestimmte Entwicklungsstadien auf 1,5 Millionen hochgerechnet worden. Einige Larven von Lepidopteren (Schmetterlinge und Motten) besitzen eine abdominale Tracheolenansammlung, die sowohl strukturell wie funktionell ein Gegenstück zur Lunge der Wirbeltiere darstellt. Kaum eine Zelle im Insektenkörper ist mehr als einige Mikrometer von der nächsten Tracheole entfernt. Tatsächlich drücken die Endigungen einiger Tracheolen sogar die Membranen der Zellen ein, die sie versorgen, so dass sie in unmittelbarer Nähe zu den Mitochondrien liegen. Das Tracheensystem bringt es auf einen hohen Transportwirkungsgrad, ohne sich im Allgemeinen auf sauerstofftransportierende Pigmente in der Hämolymphe zu stützen, obwohl Hämoglobin bei einigen Arten vorhanden sein kann.

In das Tracheensystem können **Luftsäcke** eingebunden sein, die offensichtlich dilatierte Tracheen ohne Taenidien sind (Abbildung 20.20a). Sie sind dünnwandig und flexibel und in der Körperhöhle am verbreitetsten, obwohl man sie manchmal auch in den Körperanhängen findet. Bei manchen Insekten vergrößern die Luftsäcke das Volumen der inhalierten sowie der exhalierten Luft. Muskelbewegungen im Abdomen ziehen die Luft in die Tracheen und dehnen die Säcke aus, die beim Ausatmen in sich zusammenfallen. Bei einigen Insekten – zum Beispiel bei den Heuschrecken – wird durch ein teleskopartiges Ausfahren und Wiedereinziehen des Abdomens, eine Pumpbewegung des Prothorax, oder durch Vor- und Zurückwerfen des Kopfes eine zusätzliche Pumpleistung erzeugt. Bei einigen Insekten erfüllen die Luftsäcke andere als respiratorische Aufgaben. So können sie etwa den inneren Organen erlauben, ihr Volumen während des Wachstums zu verändern, ohne dass hierzu eine Formänderung des äußeren Körpers des Insektes vonnöten wäre. Und sie vermindern das spezifische Gewicht großer Insekten.

Bei einigen sehr kleinen Insekten vollzieht sich der Gasaustausch vollständig durch Diffusion entlang eines Konzentrationsgradienten. Der Verbrauch des Sauerstoffs im Gewebe zieht einen verminderten Sauerstoffpartialdruck in den Tracheen nach sich, der zu einem Nettoeinstrom durch die Stigmen führt.

Das Tracheensystem ist eine Anpassung an die Luftatmung, aber viele Insekten (Nymphen, Larven und Adulti) leben im Wasser. Bei kleinen aquatischen Nymphen mit einem weichen Körper kann der Gasaustausch durch Diffusion über die Körperwand erfolgen – für gewöhnlich in das gerade unterhalb des Integuments gelegene tracheale Netzwerk und aus diesem heraus. Die aquatisch lebenden Nymphen von Steinfliegen (Plecoptera), Eintagsfliegen (Ephemeroptera) und von Kleinlibellen (Zygoptera) besitzen in der Regel Tracheenkiemen – dünne Ausstülpungen der Körperwand mit einer reichen Tracheenversorgung. Die Kiemen der Libellennymphen bestehen aus Graten am Rektum (Rektalkiemen), an denen sich der Gasaustausch vollzieht, wenn Wasser ein- und wieder ausströmt.

Obwohl Schwimmkäfer der Gattung *Dytiscus* (gr. *dytikos*, schwimmfähig), wie zum Beispiel der Gelbrandkäfer (*Dytiscus marginalis*), fliegen können, verbringen sie den größten Teil ihres Lebens im Wasser. Sie sind ausgezeichnete Schwimmer. Sie bedienen sich einer „künstlichen Kieme" in Form einer Luftblase (ein Plastron), die unter dem ersten (vorderen) Flügelpaar eingelagert wird. Die Luftblase wird durch eine abdominale Haarschicht stabilisiert und steht mit Stigmen am Abdomen in Kontakt. Sauerstoff aus der Blase diffundiert in die Tracheen. Der so entnommene Sauerstoff der mitgeführten Luftblase wird durch gelösten Sauerstoff aus dem Umgebungswasser ebenfalls durch Diffusion ersetzt. Der Stickstoff der Luftblase diffundiert langsam ebenfalls in das Umgebungswasser ab, wodurch das Volumen der Blase sich verkleinert. Schwimmkäfer müssen deshalb alle paar Stunden zur Oberfläche aufsteigen und die Luftblase erneuern. Mückenlarven sind keine guten Schwimmer; sie leben unmittelbar unter der Oberfläche von Gewässern und strecken kurze Röhren wie Schnorchel durch die Wasseroberfläche in den Luftraum (siehe Abbildung 20.25b). Das Ausbringen eines Ölfilms –

eine bevorzugte Methode zur Bekämpfung von Mückenplagen – verstopft die Tracheen mit Öl; die Larven ersticken. Die „rattenschwänzigen Maden" bestimmter Schwebfliegen (Syrphidae) besitzen einen ausfahrbaren Schwanz, der sich bis zu 15 cm über die Wasseroberfläche hinaus ausstrecken kann.

Ausscheidung und Wasserhaushalt

Insekten und Spinnen haben unabhängig voneinander ein eigentümliches exkretorisches System aus Malpighi'schen Gefäßen evolviert, das in Zusammenarbeit mit spezialisierten Drüsen in der Wand des Rektums seine Aufgabe erfüllt. Die **Malpighi'schen Gefäße**, deren Zahl variabel ist, sind dünne, elastische, blind endende Röhrengänge, die an den Verbindungspunkt zwischen Mittel- und Enddarm angeheftet sind (Abbildungen 20.14 und ▶ 20.21 a). Die freien Enden der Gefäße münden in das Hämocoel und werden von der Hämolymphe umspült.

Der Mechanismus der Harnbildung in den Malpighi'schen Gefäßen herbivorer Insekten scheint von der aktiven Sezernierung von Kaliumionen in das tubuläre Lumen abhängig zu sein (Abbildung 20.21b). Diese primäre Ausscheidung von Ionen zieht durch die osmotische Wirkung der kaliumreichen Tubulusflüssigkeit den Ausstrom von Wasser nach sich. Das vorherrschende Abfallprodukt des Stickstoffstoffwechsels ist bei den meisten Insekten Harnsäure, die praktisch wasserunlöslich ist (siehe Kapitel 30). Die Harnsäure tritt an den oberen Enden der Malpighi'schen Röhren in Form ihres Salzes Kaliumharnsäure in diese ein (in Abbildung 20.21, mit KHUr abgekürzt). Dort ist der pH-Wert leicht alkalisch. In dem Maß, in dem der sich bildende Harn in das untere Ende der Gefäße gelangt, werden die Kaliumionen durch Cotransport mit Hydrogencarbonat in der Summe als $KHCO_3$ rückresorbiert. Eine Folge davon ist, dass der pH-Wert der Flüssigkeit in den leicht sauren Bereich absinkt (pH = 6,6). Unter diesen Bedingungen verwandelt sich das Ureat (Anion der Harnsäure) wieder in Harnsäure und fällt aufgrund ihrer geringen Löslichkeit aus. Bei der Einleitung des Harns in das Intestinum und seinem Durchgang durch den Enddarm absorbieren spezialisierte Rektaldrüsen Chloridionen sowie Natriumionen, und in manchen Fällen auch Kaliumionen und Wasser.

Da das Wasserbedürfnis bei den verschiedenen Insektengruppen unterschiedlich ist, sind diese Mechanismen zur effektiven Resorption von Wasser und Salzen von hoher Bedeutung. Insekten, die in trockenen Lebensräumen leben, vermögen praktisch das gesamte Wasser aus dem Rektum wieder zu resorbieren; sie minimieren auf diese Weise ihren Wasserverlust. Dabei bildet sich ein fast völlig trockenes Gemisch aus Urin und Fäzes. Im Süßwasser lebende Larven müssen aber sowohl Wasser ausscheiden als auch Salze (Ionen) zurückhalten. Insekten, die sich von trockenen Getreidekörnern und Ähnlichem ernähren, müssen Wasser konservieren und Salz ausscheiden. Blattfressende Insekten hingegen nehmen regelmäßig große Mengen Flüssigkeit auf, die sie wieder ausscheiden müssen. Blattläuse und andere Homopeteren (zur Systematik siehe weiter unten) scheiden die überschüssige Flüssigkeit in Form einer klebrig-süßen Substanz namens **Honigtau** aus. Der Honigtau wird von anderen Insekten – besonders Ameisen – geschätzt (siehe Abbildung 20.35 a). Honigtau fördert das Wachstum des Rußschimmels auf den Blättern von Läusen befallener Pflanzen und regnet von diesen herab, zum Beispiel aus dem Laub befallener Bäume auf geparkte Automobile.

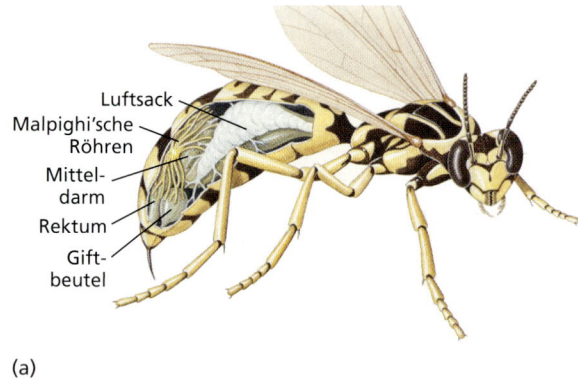

(a)

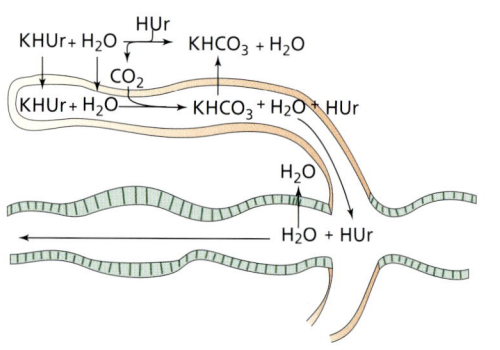

(b)

Abbildung 20.21: Die Malpighi'schen Gefäße von Insekten. (a) Die Malpighi'schen Gefäße sind am Knotenpunkt von Mitteldarm und Enddarm (Rektum) angesiedelt, wie auf dieser Schnittzeichnung durch das Abdomen einer Wespe ersichtlich wird. (b) Die Funktion der Malpighi'schen Gefäße. Gelöste Stoffe – besonders Kaliumionen – werden aktiv in den oberen Tubulusabschnitt sezerniert. Wasser und Kaliumharnsäure (KHUr) folgen nach. Kalium wird im unteren Tubulusabschnitt rückresorbiert, Wasser und andere gelöste Stoffe im Rektum.

Nervensystem

Das Nervensystem der Insekten ähnelt im Allgemeinen dem größerer Crustaceen, mit einer vergleichbaren Tendenz zur Fusion von Ganglien (Abbildung 20.14). Eine Reihe von Insekten besitzt ein Riesenfasersystem. Es gibt außerdem ein stomodeales Nervensystem (Stomodeum: der anteriore oder orale Anteil des Verdauungstraktes eines Embryos; Ektodermausfaltung, aus der sich die Mundhöhle entwickelt), das funktionell dem autonomen Nervensystem der Wirbeltiere entspricht, diesem also funktionell *analog* ist. Neurosekretorische Zellen, die in verschiedenen Teilen des Gehirns angesiedelt sind, besitzen endokrine Funktionen. Mit Ausnahme ihrer Rolle bei der Häutung und der Metamorphose (siehe Kapitel 34) ist bislang wenig über ihre physiologischen Aktivitäten bekannt.

Sinnesorgane

Neben ihrer neuromuskulären Koordination besitzen Insekten eine außergewöhnlich scharfe Sinneswahrnehmung. Ihre Sinnesorgane sind zumeist mikroskopisch und hauptsächlich in der Körperwand lokalisiert. Jeder Typ reagiert für gewöhnlich auf einen spezifischen Reiz (mechanisch, auditorisch, chemisch, visuell, usw.).

Mechanorezeption. Mechanische Reize (Berührung, Druck, Schwingungen) werden von **Sensillen** aufgefangen. Eine Sensille kann einfach ein **Setum** (haarähnliche Sinnesborste) sein, die mit einer Nervenzelle verbunden ist, oder eine Nervenendigung, die unmittelbar unter der Kutikula liegt und der ein Setum fehlt oder ein komplexer gebautes Organ (skolophores Organ), das aus Sinneszellen besteht, die mit ihren Enden mit der Körperwand verbunden sind. Solche Organe sind auf den Antennen, den Beinen und dem Körper weit verbreitet.

Auditorische Rezeption. Sehr empfindliche Sensillen (Haarsensillen) oder Tympanalorgane (lat. *tympanum*, Handpauke oder Tamburin; anatomisch: Trommelfell) können spezifische Frequenzen luftgetragener Geräusche auffangen. In den Tympanalorganen erstrecken sich eine Reihe (einige bis einige hundert) von Sinneszellen hin zu einem sehr dünnen Trommelfell, das einen luftgefüllten Raum abschließt, in dem Vibrationen detektiert werden können. Tympanalorgane finden sich bei bestimmten Orthopteren (= Saltatoria, Springschrecken; Abbildung 20.4), Homopteren (Gleichflügler; hierzu gehören unter anderem die Zikaden und die Blattläuse) und Lepidopteren (Schmetterlinge). Die meisten Insekten sind gegenüber durch die Luft übertragenen Geräuschen ziemlich unsensibel, vermögen aber Schwingungen wahrzunehmen, die durch Erschütterungen des Untergrundes zu ihnen gelangen. Organe an den Beinen nehmen in der Regel Erschütterungen des Substrates wahr. Einige nachtaktive Lepidopteren (zum Beispiel die Motten der Familie Noctuidae (Eulenfalter)) können Ultraschallpulse wahrnehmen, die von Fledermäusen zum Zweck der Echoortung (siehe Abbildung 28.20) ausgesandt werden. Wenn sie die Gegenwart von Fledermäusen wahrnehmen, lassen sich die Nachtfalter zu Boden fallen.

Chemorezeption. Chemorezeptoren für Geschmack oder Geruch bestehen meist aus Bündeln von Sinneszellfortsätzen, die oft in Sinnesgruppen lokalisiert sind. Diese liegen häufig auf den Mundwerkzeugen, bei vielen Insekten aber auch an den Antennen; Schmetterlinge (Tag- wie Nachtfalter) und Fliegen besitzen diese auch an den Tarsen der Beine. Der chemische Sinn ist im Allgemeinen sehr leistungsfähig, und einige Insekten vermögen bestimmte Gerüche aus mehreren Kilometern Entfernung wahrzunehmen. Viele Verhaltensweisen von Insekten wie das Fressverhalten, das Paarungsverhalten, die Habitatauswahl und die Wirt/Parasitbeziehungen werden durch chemische Signale vermittelt und durch den chemischen Sinn wahrgenommen. Dieser Sinn spielt auch eine entscheidende Rolle bei der Reaktion von Insekten auf Repellantien (abschreckende Stoffe) und Lockstoffe. Eine erhöhte lokale Kohlendioxidkonzentration, wie sie etwa die Anwesenheit eines potenziellen Wirtes signalisieren könnte, veranlasst eine sitzende Stechmücke dazu, aufzufliegen. Im Flug folgt sie dann Gradienten von Wärme, Feuchtigkeit und anderen Hinweisen, die helfen, einen Wirt aufzuspüren. Diethyltoluamid (DEET) – ein Repellans – blockiert offenbar die Fähigkeit der Stechmücken, Wasserdampf wahrzunehmen und stört so die Lokalisierung eines Wirtes.

Visuelle Rezeption. Insektenaugen gibt es in zwei Ausprägungen: einfache und zusammengesetzte (Verbundaugen). **Einfache Augen** finden sich bei einigen Nymphen und Larven sowie vielen Adulti. Die meisten Insekten besitzen an ihren Köpfen drei Ocelli. Honigbienen benutzen ihre Ocelli wahrscheinlich zum Verfolgen der Lichtintensität und der Länge der hellen Tagesstunden (Photoperiode), jedoch nicht zur Abbildung der Umwelt.

Die meisten adulten Insekten besitzen **Verbundaugen**, die einen Großteil des Kopfes bedecken können. Sie bestehen aus Tausenden von Ommatidien – 6300 im Fall des Auges einer Honigbiene, um ein Beispiel zu nennen. Der Aufbau des Verbundauges ist dem der Crustaceen ähnlich (▶ Abbildung 20.22). Ein Insekt wie eine Honigbiene kann zur selben Zeit in praktisch alle Richtungen um ihren Körper herum sehen, doch ist sie kurzsichtiger als ein Mensch, und die Bilder – selbst die nahegelegener Objekte – sind vermutlich verschwommen. Die meisten flugfähigen Insekten schneiden jedoch beim Einzelbildverschmelzungstest weitaus besser ab als der Mensch. Flackerndes Licht (wie die Einzelbilder eines Kinofilms) verschmelzen für das menschliche Auge bei einer Frequenz von 45 bis 55 Bildern pro Sekunde; Bienen und Schmeißfliegen können zwischen 200 und 300 Lichtblitze pro Sekunde noch zeitlich auflösen. Dies ist zweifellos während des Fluges bei der Analyse einer sich schnell verändernden Landschaft von Vorteil.

Eine Biene vermag Farben zu unterscheiden. Die Farbempfindlichkeit beginnt im ultravioletten Spektralbereich, den menschliche Augen nicht wahrnehmen können. Obwohl viele Blüten für uns in der Farbe gleich erscheinen, besitzen von Bienen bestäubte Pflanzen oft Blütenblätter, die sich im ultravioletten Bereich durch Linien und winkelige Muster auszeichnen, weil sie UV-Strahlung entweder absorbieren oder reflektieren. Diese für die Bienen wahrnehmbaren Linien und andere Muster dienen als „Fahrbahnmarkierungen" (oder besser Flugbahnmarkierungen), welche die Bienen zur Nektarquelle in der Blüte leiten. Viele Insekten wie die Schmetterlinge können auch im roten Spektralbereich sehen, Honigbienen allerdings sind rotblind.

Andere Sinne. Insekten besitzen außerdem gut entwickelte Sinnesorgane für Temperatur (besonders auf den Antennen und den Beinen), Luftfeuchtigkeit sowie für Propriozeption (= „Selbstwahrnehmung", Wahrnehmung des Spannungszustandes von Muskeln und der Lage des Körpers im Raum), Schwerkraft und noch andere physikalische Parameter.

Neuromuskuläre Koordination

Insekten sind aktive Wesen mit einer ausgezeichneten neuromuskulären Koordination. Die Muskeln von Arthropoden sind im Regelfall quergestreift, genauso wie die Skelettmuskulatur der Vertebraten. Ein Floh kann im Sprung die hundertfache Weite seiner eigenen Körperlänge überwinden, und eine Ameise vermag mit ihren Kiefern eine Last zu tragen, die ihr eigenes Körpergewicht bei Weitem übertrifft. Dies hört sich so an, als ob die Insektenmuskeln stärker wären als die anderer Tiere. Tatsächlich ist aber die Kraft, die ein bestimmter Muskel auszuüben vermag, direkt proportional zu seinem Querschnitt, nicht aber seiner Länge. Normalisiert auf die maximale Last pro Quadratzentimeter Querschnittsfläche ist die Stärke eines Insektenmuskels der Stärke eines Wirbeltiermuskels gleich; dies ist einfach zu verstehen, denn beide Muskulaturtypen sind auf molekularer Ebene gleich gebaut und nutzen den gleichen molekularen Kontraktionsmechanismus. Die Illusion der größeren Körperstärke der Insekten (und anderer Kleintiere) ist einfach eine Folge ihrer geringen Körpergröße.

Bezogen auf die Körpergröße entspricht die Sprungleistung eines Flohs einem rund 200 m weiten Sprung (aus dem Stand) eines etwa 1,80 m großen Menschen. Tatsächlich geht das Sprungvermögen des Flohs aber nicht allein auf das Konto seiner Muskeln. Diese können sich nicht rasch genug kontrahieren, um die erforderliche Beschleunigung zustande zu bringen. Die Flöhe stützen sich auf Kissen aus *Resilin*, einem Protein mit ungewöhnlichen elastischen Eigenschaften, das sich

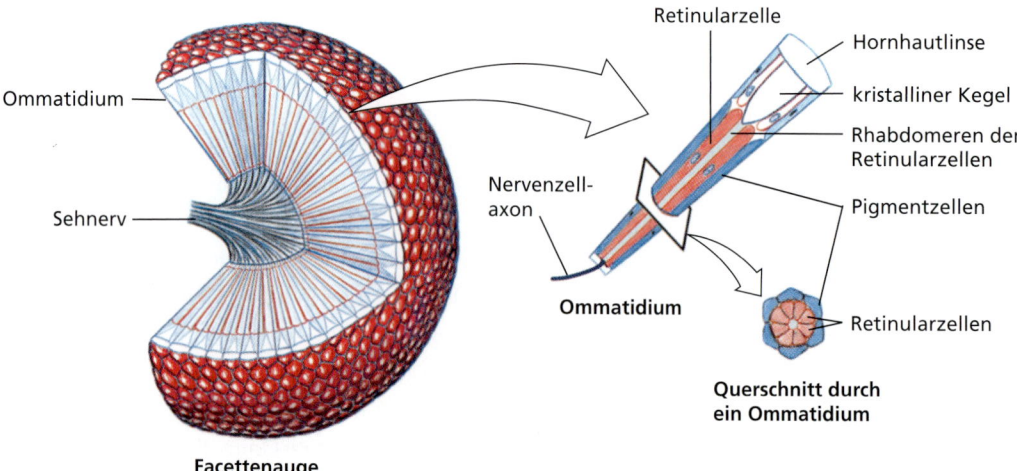

Abbildung 20.22: Facettenauge eines Insekts. Auf der rechten Seite ist ein einzelnes Ommatidium vergrößert dargestellt.

auch in den Flügelscharnierligamenten vieler anderer Insekten findet. Das Resilin setzt blitzschnell 97 Prozent der in ihm gespeicherten potenziellen Energie frei, wenn es aus einer gestreckten Form in eine entspannte zurückschnellt (zum Vergleich: Die meisten handelsüblichen Gummisorten erreichen einen Wert von 85 Prozent). Wenn der Floh zum Sprung ansetzt, dreht er die Femuren (Oberschenkel) seiner Hinterbeine und drückt die Resilinkissen zusammen. Dann springt ein Hakenmechanismus ein, der das Bein in dieser, einer gespannten Feder gleichenden Position arretiert. Der Floh hat sich selbst „gespannt". Um loszuschnellen benötigt der Floh dann einen relativ kleinen muskulären Kraftaufwand, um die Befestigungen „der gespannten Feder" zu lösen. Nach dem Lösen der Halterungen kann sich das Resilin entspannen; die in dem Protein gespeicherte potenzielle Energie wird in kinetische Energie der Sprungbewegung übertragen.

Fortpflanzung

Die Insekten sind getrenntgeschlechtlich, und die Befruchtung erfolgt für gewöhnlich innerlich. Parthogenese tritt in auffälliger Weise bei den Homopteren und den Hymenopteren auf (zur Systematik der Insektenordnungen siehe weiter unten). Insekten verfügen über verschiedenartige Mittel, um Paarungspartner anzulocken. Eine weibliche Motte setzt ein stark wirkendes Pheromon (= Sexual-Lockstoff) frei, das Männchen über große Entfernungen von mehreren Kilometern wahrnehmen können. Glühwürmchen (Leuchtkäfer der Familie Lampyridae) setzen Lichtblitze ein; einige Insekten finden einander durch Geräusche oder Farbsignale sowie verschiedene Arten von Werbungsverhalten.

Die Männchen deponieren während der Kopulation Sperma in der Vagina des Weibchens (Abbildung 20.14 und ▶ 20.23). Bei einigen Ordnungen ist das Sperma in Spermatophoren eingeschlossen, die während der Kopulation übergeben oder auf dem Untergrund abgelegt und dann vom Weibchen aufgenommen werden. In vielen Fällen – insbesondere bei den Schmetterlingen – werden mit der Spermatophore auch Nährstoffe an das Weibchen übergeben. Ein männliches Silberfischchen deponiert eine Spermatophore auf dem Boden und spinnt dann Signalfäden, die dem Weibchen den Weg weisen. Im Verlauf des evolutiven Übergangs der urtümlichen Insekten vom marinen zum terrestrischen Leben wurden Spermatophoren ausgiebig genutzt; die Kopulation evolvierte sich erst viel später.

Für gewöhnlich wird das Sperma im Receptaculum seminis des Weibchens in so großer Menge abgelegt, dass mehr als ein Eigelege damit befruchtet werden kann. Viele Insekten verpaaren sich während ihrer Lebenszeit nur ein einziges Mal; männliche Kleinlibellen (Zygoptera) kopulieren im Gegensatz dazu mehrmals täglich.

Insekten legen für gewöhnlich eine sehr große Zahl von Eiern. Eine Bienenkönigin eines Staates von Honigbienen kann im Verlauf ihres Lebens mehr als eine Million Eier ablegen. Im Gegensatz dazu sind einige Fliegen vivipar und bringen jedes Mal nur einen einzigen Nachkommen zur Welt. Insekten, die sich nach der Eiablage

(a)

(b)

Abbildung 20.23: Kopulation bei Insekten. (a) *Omura congrua* (Ordo Orthoptera), eine brasilianische Heuschreckenart. (b) Schlanklibellen der Gattung *Enallagma* (Ordo Odonata) sind über ganz Nordamerika verbreitet. Auf diesem Foto ist ein Libellenpaar zu sehen, bei dem das Männchen nach vollzogener Kopulation das Weibchen noch weiterhin festhält. Das an dem weißlichen Abdomen erkennbare Weibchen legt seine Eier später im Wasser ab (siehe hierzu auch die Abbildungen 20.4b und 20.9b).

nicht weiter um ihre Nachkommen bemühen, legen viel mehr Eier ab als solche Insektenarten, die eine Brutfürsorge betreiben oder solche, deren Lebensspanne sehr kurz ist.

Die meisten Arten legen ihre Eier in bestimmten Habitaten ab, zu denen sie durch visuelle, chemische oder andere Signale hingeführt werden. Schmetterlinge (Tagfalter) und Motten (Nachtfalter) legen ihre Eier auf solchen Pflanzen ab, von denen sich die Raupenstadien ernähren. So legen der Trauermantel *(Nymphalis antiopa)* und der Große Fuchs *(Nymphalis polychloros)* ihre Eier an Weiden ab *(Salix* sp.); das Tagpfauenauge *(Inachis io)*, der Kleine Fuchs *(Aglais urticae)* und der Admiral *(Vanessa atalanta)* legen ihre an Brennnesseln *(Urtica* sp.), der Schwalbenschwanz *(Papilio machaon)* die seinen an Doldenblütler (Umbelliferae) wie Fenchel, Dill und Wilde Möhre.

Insekten, deren unreife Stadien aquatisch leben, legen charakteristischerweise ihre Eier im Wasser ab (▶ Abbildung 20.25). Eine winzige Brackwespenart (Familie Braconidae) legt ihre Eier auf Raupen von Schwärmerarten ab (Familie Sphingidae). Die Wespenlarven fressen sich durch die Kutikula der Schmetterlingsraupen und höhlen diese von innen her aus. Nachdem sie in der Schmetterlingsraupe herangewachsen ist, bricht die Wespenlarve aus der Hülle ihres Wirtes hervor und verpuppt sich außerhalb der Raupe in einem winzigen Kokon (Abbildung 20.25). Eine Schlupfwespe (Unterfamilie Ichneumonoidea) sucht sich mit unfehlbarer Genauigkeit eine bestimmte Larvenart heraus, in der ihre eigenen Larven als Parasitoide leben und heranwachsen werden. Ihr langer Legestachel muss unter Umständen zur Erreichung dieses Ziels 1 bis 2 cm Holz durchbohren, um eine im Holz verborgene Larve oder einen Holzbohrkäfer zu erreichen, auf der oder dem sie dann ihre Eier ablegt (Abbildung 20.10).

20.5.5 Metamorphose und Wachstum

Die Frühentwicklung spielt sich im Ei ab, und die ausschlüpfenden Jungen verlassen die Eischalen auf unterschiedliche Weise. Im Verlauf der postembryonalen Entwicklung ändern die meisten Insekten ihre Form, durchlaufen also eine **Metamorphose** (▶ Abbildung 20.24). Bis dahin müssen sie eine Reihe von Häutungen absolvieren, um heranwachsen zu können.

Obwohl Metamorphosen bei vielen Tieren auftreten, ist diese bei den Insekten augenfälliger und dramatischer als bei jeder anderen Gruppe. Die Umwandlung einer unscheinbaren, oft getarnten Raupe in einen auffällig gefärbten Schmetterling stellt eine erstaunliche morphologische Veränderung dar. Bei den Insekten ist die Metamorphose mit der Ausbildung von Flügeln verbunden, die nur bei den sich fortpflanzenden Adultstadien vorkommen. Die Adulti sind letzten Endes bei den flugfähigen Formen zu Paarungs- und Verbreitungsstadien geworden.

Holometabole (vollständige) Metamorphose

Rund 885 aller bekannten Insektenarten durchlaufen eine vollständige (= holometabole) Entwicklung (gr. *holo*, ganz, vollständig + *metabole*, (Ver-)Änderung) mit

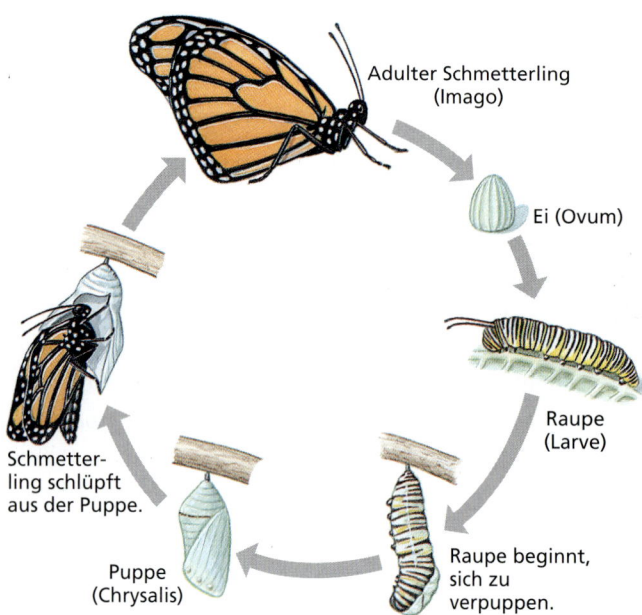

Abbildung 20.24: Vollständige (holometabole) Metamorphose bei einem Schmetterling (*Danaus plexippus*, Monarchfalter). Aus den Eiern schlüpft das erste von mehreren Larvenstadien. Die Larven des letzten Stadiums verpuppen sich. Aus den Puppen schlüpfen schließlich die Adultformen (Schmetterlinge).

20.5 Classis Insecta (Kerbtiere)

Abbildung 20.25: Eiablage bei aquatisch lebenden Insekten. (a) *Culex* sp. (Stechmücken; Ordo Diptera, Ordnung der Zweiflügler) legen ihre Eier in kleinen Paketen oder Flößen an der Oberfläche stehender oder langsam fließender Gewässer ab. (b) Mückenlarven sind vertraute Bewohner von Teichen, Gräben und Pfützen. Um atmen zu können, hängen sich die Larven kopfabwärts ins Wasser und strecken ihre Atemröhren am Hinterleib durch die Wasseroberfläche in den Luftraum. Die Larven sind Filtrierer, die sich mittels eines vibrierenden Schopfes aus feinen Härchen am Kopf einen konstanten Nachschub an Nahrung heranstrudeln.

Metamorphose, welche die physiologischen Vorgänge des Wachstums (im Larvenstadium) von denen der Differenzierung (im Puppenstadium) und der Fortpflanzung (im Adultstadium) trennt (Abbildung 20.24). Letztendlich operiert jedes der Stadien, ohne mit den anderen Stadien in Konkurrenz zu treten, da die Larven in vollständig anderen Umgebungen leben und sich von gänzlich anderem Futter ernähren als die Adulti. Die wurmartigen Larven, die für gewöhnlich kauende Mundwerkzeuge besitzen, werden – je nach Insektengruppe – als Raupe, Made, Engerling, usw. bezeichnet. Nach dem Durchlaufen einer Reihe von Larvenstadien häutet sich die Larve letztmalig und geht in das Puppenstadium über. Puppen sind für gewöhnlich inaktiv und von einer Hülle umgeben, die verschiedenartig ausgestaltet sein kann. Die Puppe nimmt keine Nahrung auf, und viele Insekten überwintern in diesem Zustand. Das adulte Insekt (die Imago) schlüpft dann im Frühjahr aus der Puppenhülle als fertiges Insekt mit schrumpeligen, zusammengefalteten Flügeln. Nach kurzer Zeit entfalten sich die Flügel und härten aus – das Insekt macht sich auf den Weg in seine Welt. Die Entwicklungsstadien eines holometabolen Insekts sind demnach das Ei, die Larve (mehrere Larvenstadien), die Puppe und die Imago (adultes Insekt, Abbildung 20.24). Die Adultformen unterziehen sich keiner weiteren Häutung.

Hemimetabole (unvollständige) Metamorphose

Eine Minderheit der Insekten durchläuft eine hemimetabole oder unvollständige Metamorphose (gr. *hemi*, halb + *metabole*, (Ver-)Änderung). Gruppen mit hemimetaboler Entwicklung sind die Heuschrecken, die Zikaden, die Mantiden, sowie die terrestrisch lebenden Wanzen mit landlebenden Jungen, außerdem die Eintagsfliegen, die Köcherfliegen, die Libellen und Wasserwanzen, die ihre Eier im Wasser ablegen und aquatische Junge haben. Die Jungen werden Nymphen genannt. Ihre Flügel entwickeln sich extern als knospenartige Auswüchse während der frühen Larvenstadien und nehmen an Größe zu, wenn das Tier durch sukzessive Häutungen heranwächst und schließlich zum beflügelten Adultus wird (Abbildungen 20.26 und ▶ 20.27). Die aquatisch lebenden Nymphen einiger Ordnungen ver-

Abbildung 20.26: Durch ständige Häutungen wächst ein Insekt heran und wird zum Adultus mit Flügeln. (a) Ecdysis bei einer Zikade (*Tibicen davisi*; Ordo Homoptera, Ordnung der Gleichflügler). Die alte Kutikula reißt infolge des erhöhten Innendrucks und durch Kontraktionen der Thoraxmuskulatur in den Körper gepumpter Luft entlang der dorsalen Mittellinie auf. Das ausschlüpfende Insekt ist zunächst blass gefärbt und die neue Kutikula ist anfangs weich. Die Flügel entfalten sich durch in die Flügeladern gepumptes Blut. Der Insektenkörper bläht sich durch die Aufnahme von Luft auf. (b) Eine adulte *Tibicen davis*-Zikade.

20 Terrestrische Mandibulaten

Ei — Nymphen — adulte Wanze (*Blissus leucoperus*)

Abbildung 20.27: Hemimetabole Morphose. Entwicklungsgang eines hemimetabolen Insekts.

fügen über Tracheenkiemen und andere modifikatorische Anpassungen an das Wasserleben (▶ Abbildung 20.28). Die Entwicklungsstadien eines hemimetabolen Insekts sind das Ei, die Nymphe (mehrere Larvenstadien) und der Adultus (= Imago) (Abbildung 20.27).

Ametabole (direkte) Entwicklung

Einige wenige Insekten, wie etwa Silberfischchen (Ordo Zygentoma, Ordnung der Fischchen) und Springschwänze (Classis oder Ordo Collembola, Klasse oder Ordnung der Springschwänze)*, durchlaufen eine direkte Entwicklung. Juvenile ähneln den Adultformen, mit Ausnahme der Größe und des sexuellen Reifegrades. Die Entwicklungsstadien sind das Ei, die Juvenilform und die Adultform. Zu dieser Insektengruppe gehören die primitiven, primär flügellosen Insekten wie die genannten Silberfischchen.

Physiologie der Metamorphose

Die Metamorphose der Insekten wird von Hormonen gesteuert. Die wesentlichen endokrinen Organe, die an Entwicklungsvorgängen beteiligt sind, sind das **Gehirn**, die **Prothoraxdrüsen**, **Corpora cardiaca** und die **Corpora allata** (siehe auch Abbildung 34.4).

Der interzerebrale Anteil des Gehirns und die Ganglien des ventralen Nervenstranges enthalten mehrere Gruppen neurosekretorischer Zellen, die ein Neurohormon namens prothoracikotropes Hormon (PTTH) produzieren. Diese neurosekretorischen Zellen senden Axone aus, die zu den hinter dem Gehirn liegenden, paarigen Corpora cardiaca führen. Die Corpora cardiaca dienen als Speicher- und Freisetzungsorgan für das PTTH. Daneben erzeugen sie selbst weitere Hormone. Das PTTH gelangt über die Hämolymphe zur Prothoraxdrüse. Diese Drüse liegt, wie der Name sagt, im Prothorax, kann aber auch im Kopf angesiedelt sein. Die Prothoraxdrüse erzeugt auf das PTTH-Signal hin das **Ecdyson** (= **Häutungshormon**), das zu den Steroidhormonen gehört (siehe Kapitel 34). Das Ecdyson setzt verschiedene Abläufe in Gang, die schließlich zur Häutung mit dem Abwurf (Ecdysis) der alten Kutikula führen.

Die larvalen Häutungen setzen sich fort, solange von den Copora allata ausreichende Mengen des Juvenilhormons freigesetzt werden; dieses Hormon wirkt zusammen mit dem hämolymphatischen Ecdyson. Unter diesen hormonellen Bedingungen führt jede Häutung zu einer größeren Larve (Abbildung 34.4).

Bei den späteren Larvenstadien setzen die Corpora allata zunehmend weniger Juvenilhormon frei. Hat der Titer des Juvenilhormons einen sehr niedrigen Wert erreicht, entsteht aus der letzten Häutung schließlich eine Puppe (anstelle einer noch größeren Larve). Kommt die Produktion des Juvenilhormons in der Puppe schließlich ganz zum Erliegen, entsteht bei der nächsten Häutung (der Metamorphose) die Adultform. Die Steuerung der Entwicklung erfolgt bei den hemimetabolen Insekten auf die gleiche Weise, nur dass in diesem Fall keine Puppenbildung erfolgt und die Juvenilhormonbildung im finalen Nymphenstadium zum Erliegen kommt. Die Corpora allata nehmen bei den adulten Insekten ihre Tätigkeit wieder auf, weil bei den Adulti das Juvenilhormon

---

* Je nach systematischem System werden die Springschwänze im taxonomischen Rang einer Ordnung oder einer eigenen, von den Insekten abgesetzten Klasse geführt (Classis Hexapoda).

(a) (b) (c)

Abbildung 20.28: Anpassungen an aquatische Habitate. (a) Steinfliege (*Perla* sp.; Ordo Plecoptera, Ordnung der Steinfliegen). (b) Zehnpunktlibelle (*Libellula pulchella*; Ordo Odonata, Ordnung der Libellen). (c) Nyphme einer Libelle. Sowohl die Steinfliegen als auch die Libellen besitzen wasserlebende Larven (Nymphen), die eine graduelle Metamorphose durchmachen.

eine Rolle bei der Gametenbildung im Rahmen der geschlechtlichen Fortpflanzung spielt. Die Prothoraxdrüsen sind bei den Adulti der meisten Insekten verkümmert; die Drüsen sind entbehrlich, weil sich die Adultformen nicht mehr häuten.

Die Hormone der Insekten sind Gegenstand faszinierender Experimente der Physiologie und der Entwicklungsbiologie gewesen. Entfernt man etwa die Corpora allata operativ (und somit das Juvenilhormon) aus einer Larve, führt die nächstfolgende Häutung zur Metamorphose (Verpuppung). Transplantiert man umgekehrt die aus einem jungen Tier entfernten Corpora allata in eine Larve des letzten Stadiums, so entwickelt sich diese zu einer Riesenlarve weiter, weil eine Metamorphose zum Puppenstadium unterdrückt wird.

20.5.6 Diapause

Viele Tiere – einschließlich vieler Typen von Insekten – machen eine Ruhephase (Dormanz) in ihrem normalen Jahreszyklus durch. In den gemäßigten Breiten kann dies eine Periode der Winterruhe (Winterschlaf = Hibernation) oder der Sommerruhe (Estivation) oder beides sein. Im Lebenslauf vieler Insekten gibt es Phasen, während derer Eier, Larven, Puppen oder sogar Adultformen für längere Zeit dormant sind (in Ruhe verharren), weil die äußeren Bedingungen zu ungünstig sind oder ein Überleben bei Aufrechterhaltung des normalen Aktivitätszustandes infrage gestellt ist. Der Lebenszyklus der Tiere ist daher mit Zeitabschnitten günstiger Umweltbedingungen und ausreichend verfügbarer Nahrung synchronisiert. Die meisten Insekten verfallen in einen dormanten Zustand, wenn ein Umweltfaktor wie zum Beispiel die Temperatur einen kritischen Wert über- oder unterschreitet. Der Zustand der Dormanz hält an, bis die Bedingungen wieder günstiger werden. Auch im dormanten Zustand kommt also die Wahrnehmung nicht gänzlich zum Erliegen, so dass eine Veränderung der Umweltbedingungen registriert werden kann.

Einige Arten machen jedoch eine längere Phase des Wachstumsstillstandes durch, gleichgültig, welche Umweltbedingungen vorherrschen und egal, ob diese ungünstig sind oder nicht. Diese, von äußeren Faktoren unabhängige Form der Dormanz wird als **Diapause** bezeichnet (gr. *dia*, (hin)durch + *pausis*, Anhalten). Dabei handelt es sich um eine wichtige Anpassung an das Überdauern beschwerlicher Umweltbedingungen. Die Diapause ist bei den Arten genetisch festgelegt (angeboren). Manchmal werden Unterschiede zwischen Unterarten einer Art beobachtet, doch wird die Diapause meist durch ein spezielles Signal eingeleitet. In der Umwelt eines Insekts ist das betreffende Signal (zum Beispiel die Zu- oder Abnahme der hellen Tagesstunden) ein Vorbote für das baldige Eintreten widriger Umstände. Die Photoperiode (die hellen Tagesstunden) ist oft das Signal, das eine Diapause einläutet. Nach der Initiation der Diapause ist normalerweise ein weiteres Umweltsignal vonnöten, um diese zu beenden. Ein solches Signal kann etwa das Wiedereintreten einer günstigen Umgebungstemperatur nach einer längeren Kältephase sein, oder Regenfälle nach langandauernder Trockenheit.

Die Diapause vollzieht sich immer am Ende einer aktiven Wachstumsphase des Häutungszyklus', so dass das Insekt nach dem Ende einer Diapause für eine weitere Häutung bereit ist. Eine Art der Ameisengattung, die *Myrmica*, erreicht im Spätsommer das dritte Larvenstadium. Viele Larven entwickeln sich nicht vor dem nächsten Frühjahr über dieses Stadium hinaus, selbst wenn milde Temperaturen vorherrschen oder die Larven in einem geheizten Laboratorium gehältert werden. Je nach Art, können Insekten in jedem Stadium ihres Lebens in den Zustand der Diapause verfallen.

(a) (b)

Abbildung 20.29: Mimikri bei Schmetterlingen. (a) Der Monarchfalter *(Danaus plexippus)* ist ungenießbar und wird von manchen Vögeln gemieden, weil die Raupen des Schmetterlings sich von giftigen Pflanzen ernähren. (b) Die Flügelmusterung des Monarchfalters wird von dem etwas kleineren Vizekönigsfalter *(Limenitis archippus)* nachgeahmt, der sich von Weiden *(Salix* sp.) ernährt und für Vögel schmackhaft ist, von diesen aber gemieden wird, weil er dem Monarchfalter in Färbung und Musterung sehr ähnlich sieht. Diese Art der Mimikri wird auch genauer als Bates'sche Mimikri bezeichnet, obwohl neuere Befunde dafür sprechen, dass hier ein Fall von Müller'scher Mimikri vorliegt (zu den verschiedenen Typen von Mimikri siehe Kapitel 38).

20.5.7 Verteidigung

Als Gruppe zeigen die Insekten ein breites Spektrum an Farben. Dies ist besonders bei den Schmetterlingen (Tag- und Nachtfaltern) und Käfern, aber auch bei den Wanzen der Fall. Selbst innerhalb einer Art kann die Färbung einem jahreszeitlichen Wechsel unterliegen, und es können Farbunterschiede zwischen Männchen und Weibchen vorhanden sein, wie bei den mitteleuropäischen Arten Zitronenfalter *(Gonepteryx rhamni)* und Aurorafalter *(Anthocharis cardamines)*, die einen solchen Geschlechtsdimorphismus zeigen. Einige Färbungen und Körperformen von Insekten sind hochgradig adaptiv bei der Vermeidung von Fressfeinden, wie etwa die **Mimikri** (Nachahmung einer giftigen Art durch eine fressbare; ▶ Abbildung 20.29), die **aposematische Färbung** (= **Warnfärbung**, um Giftigkeit oder anderweitige Abwehrmaßnahmen gut sichtbar zur Schau zu stellen) und die **Krypsis** (Tarnung in Form und/oder Färbung, um der Aufmerksamkeit von Räubern zu entgehen; ▶ Abbildung 20.30).

Neben ihrer Färbung verfügen die Insekten über viele zusätzliche Mittel, um sich zu schützen. Das kutikulare Exoskelett bietet vielen einen guten Schutz. Einige, wie die Baumwanzen (Pentatomidae), produzieren übelriechende Abwehrstoffe oder schmecken abscheulich. Andere verteidigen sich offensiv. Viele Arten sind sehr aggressiv und lassen sich bereitwillig auf Kämpfe ein (Biene, Wespen, Ameisen). Wieder andere vermögen sich sehr schnell zu bewegen und verstecken sich rasch, wenn ihnen Gefahr droht.

Viele Insekten praktizieren eine Art chemischer Kriegsführung und bedienen sich dabei ausgefeilter

(a) (b) (c)

Abbildung 20.30: Krypsis (Tarnung) bei Insekten. (a) *Estigena pardalis* (Ordo Lepidoptera, Ordnung der Schmetterlinge) aus Java ähnelt einem toten Blatt. (b) Bizarre Fortsätze am Thorax von *Sphongophorus* sp. (Ordo Homoptera, Ordnung der Gleichflügler) aus Mexiko ahmen Teile eines Zweiges der Baumart nach, von dem das Insekt sich ernährt. (c) Unterbrochene Ränder, die zur Auflösung des Umrisses führen, und die Färbung von *Dysonia* sp. (Ordo Orthoptera, Ordnung der Geradflügler) aus Costa Rica verleihen dem Tier das Aussehen eines Blattes der Pflanze, an der diese Art frisst.

Strategien. Einige wehren Angriffe mit ihrem üblen Geschmack, Geruch oder ihrer Giftwirkung ab; andere verwenden Ausscheidungen, um die Angreifer mechanisch an einer Attacke zu hindern (zum Beispiel adhäsive Ausscheidungen, die die Mundwerkzeuge verkleben). Die Raupen einiger Monarchfalter assimilieren herzwirksame Glycoside aus bestimmten Asklepiadaceenarten (nach *Asklepios = lat. Äskulap*; in der altgriechischen Mythologie der Gott der Heilkunst), von denen sie sich ernähren; in Europa ist diese Pflanzenfamilie durch die Schwalbenwurz (*Vincetoxicum hirundinaria*) vertreten. Die sekundären Inhaltsstoffe machen die Schmetterlingsraupen und die Adulti ungenießbar und rufen bei manchen Vögeln (aber nicht allen), die diese Insekten fressen, Erbrechen hervor. Bombardierkäfer (Brachininae, eine Unterfamilie der Laufkäfer (Familia Carabidae)) stellen ätzende und übelriechende Substanzen her, die bei Bedrohung durch eine explosive Reaktion der Stoffe Hydrochinon und Wasserstoffperoxid aus einer Hinterleibsdrüse mit großer Wucht und fein verteilt ausgestoßen und dem Angreifer als Wolke entgegengespritzt werden. Die Käfer setzen diese hochentwickelte chemische Waffe gezielt gegen Ameisen und andere Angreifer ein.

Abbildung 20.31: Pillendreher (Canthon pilularis; Ordo Coleoptera, Ordnung der Käfer; Familia Geotrupidae, Familie der Mistkäfer) beißen ein Stück von einem Kothaufen ab. Daraus bilden sie eine Kugel und rollen diese zu einem Ort, an dem sie diese vergraben. Ein Käfer schiebt, während ein anderer zieht. Die Eier werden in die Kotkugel hineingelegt; die ausschlüpfenden Larven ernähren sich von dem Dung. Pillendreher sind schwarz, ca. zweieinhalb Zentimeter groß und kommen auf Weideflächen häufig vor. In Mitteleuropa kommen mehrere Arten wie etwa der Gemeine Mistkäfer (*Geotrupes stercorarius*), der Waldmistkäfer (*Anoplotrupes stercorosus*) und der Frühlingsmistkäfer (*Geotrupes vernalis*) häufig vor.

20.5.8 Verhalten und Kommunikation

Die scharfen sinnlichen Wahrnehmungen der Insekten lassen sie für viele Reize extrem empfänglich und reaktiv werden. Diese Reize können innere (physiologische) oder äußere (Umweltreize) darstellen, und die Reaktionen werden sowohl vom physiologischen Zustand des Tieres, als auch von den nervösen Reizleitungswegen bestimmt, welche die ausgelösten Impulse nehmen. Viele Reaktionen sind einfacher Natur – etwa die Ausrichtung auf die Reizquelle hin oder von ihr weg, wie im Fall der Lichtvermeidung durch Schaben oder die Lockwirkung von faulendem Fleisch auf Schmeißfliegen.

Ein Großteil des Verhaltens von Insekten ist jedoch nicht einfach eine Frage der Ausrichtung des Körpers oder der gerichteten Bewegung auf eine Reizquelle hin oder von dieser fort, sondern umfasst eine verwickelte Folge von Reaktionen und Verhaltensweisen. Ein Pillendreherpaar beißt ein Stück von einem Exkrementhaufen ab, rollt den Dung zu einer Kugel und diese dann unter Mühen zu dem gewählten Eiablageort. Daraufhin wird die Dungkugel dort mit den zuvor in ihr abgelegten Eiern vergraben (▶ Abbildung 20.31). Zikaden ritzen die Rinde eines Zweiges an und legen anschließend jeweils ein Ei in jede der von ihnen geschaffenen Kerben. Weibliche Töpferwespen (*Eumenes* sp.) aus der Familie der Faltenwespen (Vespidae) häufen Lehm zu Kügelchen auf und tragen diese eine nach der anderen zu einem Bauplatz, wo sie die Kügelchen zu hübschen, kleinen Tontöpfen mit engen Hälsen modellieren. In jedes dieser getöpferten Gefäße legt die Wespe ein Ei. Danach erjagt das Muttertier eine Anzahl Raupen und lähmt diese durch einen Giftstich. Die gelähmten Schmetterlingslarven werden durch die verengte Öffnung in die Eibehälter gestopft und diese werden abschließend mit einem Lehmstopfen zugedeckelt. Jedes Ei entwickelt sich dann in einem eigenen Schutzgefäß, versehen mit reichlichem Futtervorrat.

Viele dieser Verhaltensweisen sind angeboren. Heute wissen wir jedoch, dass sehr viel mehr Lernvorgänge an der Ausbildung dieser Verhaltensweisen beteiligt sind, als man anfangs gedacht hatte. So muss etwa die Töpferwespe lernen (sich merken), wo ihre getöpferten Gefäße stehen, wenn sie diese nach und nach jeweils mit einer Raupe befüllen will. Soziale Insekten wie Bienen, Termiten und Ameisen, die ausgiebig untersucht wurden, sind zu den meisten grundlegenden Formen des Lernens be-

> **Exkurs**
>
> Einige Insekten können sich an Aufgaben erinnern und der Reihe nach ausführen, an denen mehrere Signale aus verschiedenen Sinnesbereichen beteiligt sind. Arbeitsbienen sind experimentell darauf trainiert worden, durch ein Labyrinth zu laufen, in dem sie fünfmal nacheinander abbiegen mussten, wobei sie sich auf Orientierungssignale wie Farben, den Abstand zwischen zwei Punkten oder dem Winkel einer Biegung stützen mussten. Das Gleiche gelang mit Ameisen. Arbeiterameisen einer *Formica*-Art haben den Weg durch ein sechsstufiges Labyrinth gelernt, und das mit einer Geschwindigkeit, die nur zwei- bis dreimal niedriger lag als bei Laborratten. Das Umherstreifen auf der Suche nach Nahrung verläuft bei Ameisen und Bienen, die ja als staatenbildende Insekten über stationäre Bauten verfügen, in die sie zurückkehren müssen, oft in Windungen und Schleifen entlang eines Rundkurses. Hat ein ausgeschwärmter Nahrungssucher eine Nahrungsquelle entdeckt, verläuft der Weg zurück zum Nest oft erstaunlich direkt, also ohne Umwege. Man ist zu dem Schluss gekommen, dass zur Berechnung der Winkel, Richtungen und Entfernungen des Rückweges eine Stoppuhr, ein Kompass und das mathematische Verfahren der Integralrechnung, wenn auch intuitiv, notwendig sind. Wie ein Insekt diese Leistung genau vollbringt, ist noch nicht geklärt.

fähigt, wie sie auch bei den Säugetieren vorkommen. Eine Ausnahme ist das Lernen durch Einsicht. Offensichtlich können Insekten, wenn sie sich einem neuen Problem gegenübersehen, ihre Gedächtnisinhalte nicht umorganisieren, um mit einer neuen Reaktion zu antworten.

Insekten kommunizieren miteinander durch chemische, visuelle, taktile und auditorische Signale, also Geruchs-, Seh-, Berührungs- und Hörreize. Die chemische Signalgebung erfolgt durch Pheromone, das sind Stoffe, die von einem Individuum freigesetzt werden, und die das Verhalten oder physiologische Vorgänge in einem anderen Individuum derselben Art beeinflussen. Die chemische Natur vieler Pheromone ist heute bekannt. Wie Hormone wirken auch Pheromone in winzigsten Mengen. Zu den bekannten und experimentell nachgewiesenen Wirkungen von Pheromonen gehören das Anlocken von Vertretern des anderen Geschlechts, das Auslösen gewisser Verhaltensweisen, wie zum Beispiel das Zusammenströmen großer Individuenzahlen bei Borkenkäfern auf einem Baum oder zur gemeinsamen Überwinterung bei Marienkäfern. Dies soll aggressives Verhalten abmildern oder unterdrücken, um Wanderwege (Spurpheromone; „Ameisenstraßen") und Territorien zu markieren, sowie um Alarm auszulösen (Alarmpheromone). Soziale Insekten wie Bienen, Hummeln, Wespen, Ameisen und Termiten können Nestgenossen, oder einen Fremdling, der sich dem Bau nähert, durch Identifikationspheromone wahrnehmen und erkennen. Sozialparasiten entgehen der Entdeckung – und damit der sicheren Vernichtung – durch die Nachahmung oder die Erzeugung identischer Pheromone, wie sie von den Mitgliedern der Wirtskolonie benutzt werden. Bei den Termiten legen Pheromone die Kastenzugehörigkeit der Tiere fest; bis zu einem gewissen Grad trifft dies auch für Ameisen und Bienen zu. Pheromone sind in den Populationen staatenbildender Insekten eine erstrangige Integrationskraft.

Bis heute sind zahlreiche Insektenpheromone isoliert und charakterisiert worden. Pheromonfallen werden seit vielen Jahren eingesetzt, um ökonomisch bedeutsame Insekten nachzuweisen und in ihrem Bestand und Verhalten zu verfolgen. Moderne „Fliegenfänger" für den Hausgebrauch bedienen sich ebenfalls art- oder gruppentypischer Lockstoffe. In ökologischen Feldstudien können Pheromonfallen eingesetzt werden, um Neuankömmlinge aus anderen Gebieten aufzuspüren, oder um Veränderungen in der Zusammensetzung einer Population zu erfassen. Der Einsatz von Pheromonfallen ist ein wichtiges Hilfsmittel beim Nachweis potenzieller Massenvermehrungen geworden, was in vielen Fällen ausreichend Zeit lässt, um Gegenmaßnahmen zu planen und einzuleiten.

Die Geräuscherzeugung und -wahrnehmung von Insekten ist intensiv untersucht worden. Obwohl nicht alle Insekten mit einem Hörsinn ausgestattet sind, ist dieser Sinnesmodus für die Insekten, die über ihn verfügen, für die innerartliche Kommunikation von großer Bedeutung. Laute dienen als Warnsignale, zur Wahrung von Gebietsansprüchen durch Revierbesitzer, oder als Werbungslaute zum Anlocken von Paarungspartnern. Die Geräusche von Grillen und anderen Heuschrecken scheinen im Zusammenhang mit der Partnerwerbung und dem Aggressionsverhalten zu stehen. Männliche Grillen reiben die modifizierten Kanten ihrer Vorderflügel aneinander (**Stridulation**), um das charakteristische Zirpen zu erzeugen. Die langgezogenen Laute männlicher Zikaden, mit denen diese die Weibchen anlocken, werden durch schwingende Membranen eines Organpaars auf der Ventralseite des basalen Abdominalsegments erzeugt.

Man kennt viele Formen der **taktilen** oder **Berührungskommunikation** bei Insekten, etwa Betrippeln, Streicheln, Ergreifen und gegenseitiges Berühren der

Abbildung 20.32: Eine „femme fatale" der Insektenwelt. Eine weibliche *Photuris versicolor* beim Fressen eines männlichen „Glühwürmchens" der Art *Photinus tanytoxus*, das sie durch nachgeahmte Paarungsleuchtsignale seiner Art ins Verderben gelockt hat.

Antennen. Diese Verhaltensweisen rufen Reaktionen hervor, die vom Erkennen über Werbungsverhalten bis zur Alarmierung reichen. Bestimmte Arten von Fliegen, Springschwänzen und Käfern („Glühwürmchen") erzeugen eigene **visuelle Signale** durch **Biolumineszenz** (biologisches Leuchten). Am bekanntesten unter den biolumineszenten Insekten sind die als „Glühwürmchen" bekannten Leuchtkäfer (Lampyridae). Diese nachtaktiven Tiere benutzen die blitzartigen Lichtsignale, um potenzielle Paarungspartner zu finden. Jede Art verfügt über ihren eigenen, charakteristischen Leuchtrhythmus, der von einem Leuchtorgan auf der Ventralseite des letzten Abdominalsegments ausgeht. Die Weibchen „morsen" eine Antwort auf die artspezifischen Signalfolgen, um die Männchen anzulocken. Dieser interessante stumme „Liebesruf" ist von *Photuris*-Arten (gr. *photon*, Licht + *ura*, Schwanz) übernommen worden. Mit ihren Leuchtsignalen locken sie männliche Glühwürmchen und Vertreter anderer Arten an, von denen sie sich ernähren. (▶ Abbildung 20.32). Manche *Photuris*-Arten beherrschen sogar verschiedene Leuchtsignale und können ihren „Sirenenruf" an die in ihrer Umgebung aktive *Photinus*-Art anpassen. In Mitteleuropa kommen der Kleine Leuchtkäfer (= Gemeines Glühwürmchen) *(Lamprohiza splendidula)*, der Große Leuchtkäfer (= Großes Glühwürmchen, *Lampyris noctiluca*) und der Kurzflügel-Leuchtkäfer *(Phosphaenus hemipterus)* vor. Die weiblichen Tiere aller drei Arten sind flugunfähig und locken die flugfähigen Männchen an.

Sozialverhalten

Im Hinblick auf den Organisationsgrad ihrer sozialen Verbände nehmen die Insekten im Tierreich einen sehr hohen Rang ein. Die Kooperation in komplexeren Verbänden hängt stark von chemischen und taktilen Kommunikationssignalen ab. Die sozialen Gemeinschaften sind jedoch nicht immer komplexer Natur. Einige Gemeinschaftsverbände sind zeitlich begrenzt und unkoordiniert, so etwa die Überwinterungsverbände von Holzbienen (Xylocopinae) oder die Versammlungen von Läusen beim gemeinsamen Fressen. Einige Verbände sind für kurze Zeitspannen koordiniert, einige kooperieren in weitergehender Weise, wie etwa die Raupen der Ringelspinner (*Malacosoma* sp.), die sich zusammentun, um gemeinschaftlich Wohn- und Fressnetze zu spinnen. Allerdings sind diese Verbände Beispiele für offene Gemeinschaften mit beschränktem Sozialverhalten.

Bei den echten Insektenstaaten der Hautflügler (Hymenopteren; Honigbienen, Ameisen, Hummeln, usw.) und der Termiten (Isopteren) ist ein komplexes soziales Staatenleben für die Erhaltung der Art notwendig. Dies betrifft alle Stadien des Lebenszyklus; soziale Gemeinschaften sind meist permanent, alle Aktivitäten erfolgen kollektiv, und es findet eine wechselseitige Kommunikation und Arbeitsteilung statt. Der Staat zeigt für gewöhnlich Polymorphismus mit einer Differenzierung der Tiere zu **Kasten**.

Honigbienen gehören zu den Insekten mit dem höchstentwickelten sozialen Organisationsgrad. Ihre Lebensgemeinschaften im Staatenverbund sind dauerhaft, statt nur für eine Saison zu bestehen. In einem einzelnen Bienenstock können sechzig- bis siebzigtausend Bienen leben. Die Mitglieder eines Bienenvolkes zerfallen in drei Kasten: ein einzelnes geschlechtsreifes Weibchen, die **Königin**, einige hundert **Drohnen** (geschlechtsreife Männchen), und eine Heerschar von **Arbeiterbienen**, bei denen es sich um geschlechtlich inaktive Weibchen handelt (▶ Abbildung 20.33).

Abbildung 20.33: Eine Bienenkönigin, umgeben von ihrem „Hofstaat". Die Königin ist das einzige eierlegende Tier dieses Insektenstaates. Die um sie herum gruppierten Helferbienen werden durch die von der Königin ausgeschütteten Pheromone angelockt. Die Helferbienen belecken unablässig den Körper der Königin. Durch die Weitergabe von Nahrung und den Pheromonen der Königin wird ihre Anwesenheit von dieser Gruppe „engster Mitarbeiter" über den ganzen Bienenstock weitergemeldet.

Die Arbeiterinnen versorgen den Nachwuchs, sekretieren Wachs, mit dem sie die bekannten, sechseckigen Waben aufbauen, sammeln an Blüten Nektar und Pollen, produzieren Honig, und belüften und verteidigen den Bienenstock. Während ihres Jungfernfluges begatten mehrere Drohnen eine Königin. Dabei lagert sie genügend Sperma in ihrem Receptaculum seminis, um einen lebenslangen Vorrat zu haben. Die Drohnen sterben nach der Paarung, und die im Stock verbliebenen werden am Ende des Sommers von den Arbeiterbienen aus dem Stock verjagt und verhungern.

Die Zuordnung zu einer Kaste erfolgt teilweise bei der Befruchtung, zum anderen durch die Ernährung der heranwachsenden Larven. Drohnen (Bienenmännchen) entwickeln sich parthenogenetisch aus unbefruchteten Eiern und sind folglich haploid. Arbeiterbienen und Königinnen entwickeln sich aus befruchteten Eiern und sind daher diploid (zur Haplodiploidie siehe Kapitel 8).

Die weiblichen Larven, die sich zu Königinnen entwickeln sollen, werden mit einem Speicheldrüsensekret der als Ammen fungierenden Arbeiterinnen ernährt, welcher mehr als 35 Prozent Hexosezucker enthält. Das Sekret für Larven, die sich zu Arbeiterinnen entwickeln sollen, enthält dagegen weniger als 10 Prozent Hexosezucker. Die Nahrung der prospektiven Arbeiterlarven wird ab dem dritten Tag durch Honig und Pollen ergänzt. Die „Königinnensubstanz", mit der Wirkung von Pheromonen, die in den Mandibulardrüsen einer Königin produziert wird, setzt die Arbeiterinnen darüber in Kenntnis, dass die Königin noch am Leben ist und hindert sie daran, neue Königinnen nachzuziehen. Arbeiterinnen erzeugen das Sekret mit der hohen Konzentration an Hexosezucker nur dann, wenn die Menge der „Königinnensubstanz" im Bienenstock abfällt. Dazu kommt es, wenn die Königin zu alt wird, stirbt oder aus dem Stock entfernt wird. Dann entwickeln sich bei den Arbeiterbienen Ovarien und sie beginnen, eine Larvenkammer (Wabenzelle) zu vergrößern. Die darin befindliche Larve wird nachfolgend mit Sekret der hohen Zuckerkonzentration gefüttert, um die Entwicklung einer Königin anzuregen.

Honigbienen haben ein effizientes Kommunikationssystem entwickelt, mit dem ausschwärmende Sucherbienen durch ein festgelegtes Repertoire von Bewegungen den Ort von Nahrungsquellen sowie die zu erwartende Futtermenge anzeigen (siehe Abbildung 36.23).

Die Kolonien von Termiten enthalten ebenfalls verschiedene Kasten, die sich aus fertilen – sowohl männlichen wie weiblichen – und infertilen Individuen zusammensetzen (▶ Abbildung 20.34). Einige fruchtbare Tiere können Flügel besitzen und die Kolonie verlassen. Sie paaren sich, werfen die Flügel ab und begründen als **König** und **Königin** einen neuen Termitenstaat. Die unbeflügelten fertilen Tiere können unter bestimmten Bedingungen den König und die Königin ersetzen. Die sterilen Staatsangehörigen sind flügellos und werden zu Arbeitern und Soldaten. Die Nymphen fungieren ebenfalls als Arbeiter. Die Soldatentermiten besitzen große Köpfe mit großen Mandibeln, mit deren Hilfe sie die Kolonie verteidigen. Wie bei den Bienen und den Ameisen führen extrinsische Faktoren zur Differenzierung der Kasten. Sich fortpflanzende Individuen und Soldaten schütten Pheromone mit hemmender Wirkung aus, die sich durch gegenseitiges Füttern (Trophallaxis) durch die Kolonie bis zu den Nymphen verbreiten. Durch die Wirkung dieser Stoffe werden die Nymphen zu steri-

Abbildung 20.34: Termiten. (a) Arbeitertermite der Art *Reticulitermes flavipes* (Ordo Isoptera, Ordnung der Termiten) beim Fressen des Holzes einer Gelbkiefer *(Pinus ponderosa)*. Die Arbeiter sind bei den Termiten flügellose (apterygote), sterile Adulti und Nymphen, die den Bau in Ordnung halten. (b) Die Königin eines Termitenvolkes ist zu einer riesigen Eilegemaschine aufgebläht. Hier ist die Königin zusammen mit einigen Arbeiter- und Soldatentermiten zu sehen.

len Arbeitern. Diese produzieren ihrerseits Pheromone. Falls die Konzentration der „Arbeitersubstanz" oder des „Soldatenpheromons" unter einen Schwellenwert fällt, wie es nach einem Überfall auf den Stock durch marodierende Räuber der Fall sein kann, erzeugt die Folgegeneration eine kompensatorische Anzahl entsprechender Kastenmitglieder, bis der Sollwert wieder hergestellt ist.

Ameisen besitzen ebenfalls hochorganisierte Gesellschaften (Ameisenstaaten). Oberflächlich ähneln sie den Termiten, doch sind sie näher mit den Bienen und Wespen verwandt, mit denen sie sich in der Ordnung der Hautflügler (Hymenoptera) treffen. Bei näherer Betrachtung sind sie leicht von Termiten zu unterscheiden. Im Gegensatz zu den regelmäßig weißlich-blassen Termiten sind Ameisen in den meisten Fällen dunkel gefärbt (rot, braun oder schwarz sowie Zwischenstufen und Mischungen dieser Farben), ihre Körper sind hart und weisen hinter dem ersten Abdominalsomiten eine Konstriktion (Einschnürung) auf. Die Antennen der Ameisen sind abgewinkelt (mit einem „Ellenbogen"), die der Termiten sind fadenförmig oder ähneln einer Perlenkette (moniliforme Antennen).

In einem Ameisenstaat sterben die Männchen bald nach der Paarung, und die Königin begründet entweder ihre eigene Kolonie oder schließt sich einer bestehenden an und übernimmt das Eierlegen. Sterile weibliche Tiere sind unbeflügelte Arbeiter- und Soldatenameisen, die für die Kolonie tätig sind: Sie sammeln Nahrung, versorgen den Nachwuchs und verteidigen die Kolonie. Bei vielen größeren Staaten enthält jede einzelne Kaste zwei oder drei unterscheidbare Typen von Individuen.

Die Ameisen haben einige verblüffende Beispiele für „wirtschaftliches" Verhalten entwickelt, zum Beispiel den Einfang von „Sklaven", die Anlage von Pilzkulturen, die Haltung von „Nutzvieh" wie Läusen und anderen Homopteren (▶ Abbildung 20.35a), das Zusammen „nähen" ihrer Nester mit Seide (Abbildung 20.35b) sowie die Verwendung von Werkzeugen.

Die sozialen Lebensformen der Insekten sind sehr erfolgreich; das zeigt sich unter anderem darin, dass die Artenzahl der sozialen Insekten von derzeit 14.600 bekannten Formen diejenigen aller Vogel- und Säugetierarten zusammen bei Weitem übertrifft.

Insekten und menschliches Wohlergehen 20.6

20.6.1 Nützliche Insekten

Obwohl die meisten Menschen Insekten in erster Linie als Schädlinge wahrnehmen, würde sich alles terrestrische Leben einschließlich dem des Menschen großen, existenziellen Schwierigkeiten gegenübersehen, würden alle Insekten plötzlich verschwinden. Einige von ihnen erzeugen nützliche Stoffe: der Honig und das Wachs der Bienen, die Seide der Seidenraupen und der Schellack (einem harzartigen Sekret der Lackschildlaus (*Kerria laccifera*; Familia Coccidae, Familie der Pflanzenläuse). Von existenzieller Bedeutung ist die Tätigkeit der Insekten bei der Bestäubung vieler Nutzpflanzen. Bienen bestäuben in jedem Jahr Nutzpflanzen mit einem Handels-

Abbildung 20.35: Ameisen. (a) Eine Ameise (Ordo Hymenoptera, Ordnung der Hautflügler) bei der „Betreuung" einer Gruppe von Läusen (Oder Homoptera, Ordnung der Gleichflügler). Die Läuse saugen große Mengen Pflanzensaft und scheiden Überschüsse als klares Exkret aus. Diese als Honigtau bezeichnete Ausscheidung der Läuse ist reich an Kohlenhydraten und wird von den Ameisen als energiereiche Nahrung geschätzt. (b) Das Nest einer Weberameisenkolonie in Australien.

wert von vielen Milliarden Euro. Zu solchen Pflanzen, die dem Menschen unmittelbar als Nahrung dienen, gehören auch Futterpflanzen für Nutz- und Wildtiere.

Früh in ihren Evolutionsgängen sind Insekten und Blütenpflanzen eine Beziehung mit wechselseitigen Anpassungen eingegangen, die zum beiderseitigen Nutzen war. Insekten und Blütenpflanzen sind also ein Beispiel für Coevolution. Die Insekten nutzen die Blüten als Nahrungsquelle aus, und die Blütenpflanzen bedienen sich der Insekten als Pollenüberbringer. Jede Anordnung von Blütenblättern ist mit den Sinnesorganen bestimmter Insektenarten korreliert, die auf die spezielle Anordnung von Blütenelementen ihrer assoziierten Pflanzen reagieren. Zu diesen wechselseitigen Anpassungen gehört eine erstaunliche Vielfalt von Lockmitteln, Fallen, spezialisierten Strukturen, die zum Nektar führen und viele andere mehr. Außerdem entstand eine präzise zeitliche Koordination der wechselseitigen Abhängigkeitsverhältnisse.

Viele räuberische Insekten wie Ameisenlöwen, Raubwanzen, Gottesanbeterinnen und Marienkäfer vernichten Schadinsekten (▶ Abbildung 20.36). Parasitoide Insekten sind von großer Bedeutung für die Eindämmung von Populationen vieler schädlicher Insekten. Tote Tiere werden rasch von Maden verzehrt, die sich aus Eiern entwickeln, die zuvor auf den Kadavern abgelegt worden waren. Im Gegenzug dienen Insekten vielen anderen Tieren als wichtige Nahrungsquelle. In manchen Gegenden der Erde gehört auch der Mensch zu den Arten, die Insekten verzehren.

20.6.2 Schadinsekten

Zu den Schadinsekten gehören solche, die Pflanzen und deren Früchte fressen und dadurch vernichten (Heuschrecken, Getreidekäfer, Borkenkäfer, Zünsler und viele andere; ▶ Abbildung 20.37). Beinahe jede vom Menschen kultivierte Pflanze wird von mehreren Schadinsekten heimgesucht. Der Mensch wendet gewaltige Ressourcen (Geld, Arbeitskraft) in der Land- und der Forstwirtschaft sowie der Lebensmittelindustrie auf, um gegen Schadinsekten und den von ihnen verursachten Schaden vorzugehen. Massenvermehrungen von Borkenkäfern oder laubfressenden Insekten wie Heuschrecken haben zu immensen wirtschaftlichen Einbußen geführt. Ökologisch haben sich manche dieser Pflanzenschädlinge zu bestimmenden Faktoren der Waldzusammensetzung in den vom Menschen bewirtschafteten

20.6 Insekten und menschliches Wohlergehen

(a) (b) (c)

Abbildung 20.36: Eine Auswahl nützlicher Insekten. (a) Eine räuberische Stinkwanze (Ordo Hemiptera, Ordnung der Wanzen) beim Verzehr einer Raupe. Man beachte die saugende Proboscis der Wanze. (b) Ein Marienkäfer (Ordo Coleoptera, Ordnung der Käfer). Die adulten Käfer (und bei den meisten Arten auch die Larven) fressen gierig Pflanzenschädlinge wie Milben, Läuse, Schildläuse und Gewitterwürmchen (Thripse; Ordo Thysanoptera, Ordnung der Fransenflügler). (c) Eine parasitäre Wespenart *(Larra bicolor)* beim Angriff auf eine Maulwurfsgrille (Familia Gryllotalpidae). Die Wespe treibt die Grille aus ihrem Bau heraus, sticht dann zu und lähmt das Opfer mit ihrem Gift. Nachdem die Wespe ihre Eier auf dem paralysierten Beutetier abgelegt hat, erholt sich die Grille von der Giftwirkung und nimmt ihr normales Leben wieder auf – bis sie von den sich entwickelnden Wespenlarven getötet und gefressen wird.

Nutzwäldern entwickelt, die den größten Teil der Waldfläche in Deutschland ausmachen. In den USA wurde im Jahr 1869 in einem fehlgeleiteten Bestreben, bessere Seidenraupen zu züchten, der Schwarmspinner *(Lymantria dispar)* eingeführt. Diese Art hat sich im ganzen Nordosten Nordamerikas bis nach Virginia und nach Minnesota ausgebreitet. Die herbivoren Schmetterlinge können im Verlauf von Jahren ganze Wälder entlauben, wenn es zu periodisch auftretenden Massenvermehrungen kommt. Im Jahr 1981 haben die unscheinbaren Tiere eine Fläche von rund 10 Millionen Hektar in 17 der nordöstlichen Staaten der USA kahlgefressen.

Zehn Prozent aller Arthropodenarten sind parasitäre Insekten oder „Mikroraubtiere", die ihre Wirte angreifen, aber nicht auf ihnen oder in ihnen leben. Läuse, blutsaugende Fliegen wie der Wadenstecher *Stomoxys calcitrans*, Flöhe und Stechmücken greifen den Menschen, Haustiere oder beide an. Die von Stechmücken der Gattung Anopheles (▶ Abbildung 20.38) übertragene Malaria ist noch immer eine der häufigsten Infektionskrankheiten der Welt. Jedes Jahr infizieren sich hunderte von Millionen Menschen, und mehrere Millionen sterben an der Malaria. Stechmücken verbreiten außerdem Gelbfieber (eine Virusinfektion) und die lymphatische Filariose (eine Fadenwurminfektion, siehe Kapitel 14). Flöhe beherbergen den bakteriellen Erreger der Pest, der mehrfach in der Menschheitsgeschichte signifikante Anteile einiger Populationen ausgerottet hat; Stuben-

(a) (b) (c)

Abbildung 20.37: Eine Auswahl schädlicher Insekten. (a) Der Japankäfer *(Popillia japonica*; Ordo Coleoptera, Ordnung der Käfer) ist ein gefährlicher Schädling von Obstbäumen und Ziergehölzen. Er wurde im Jahr 1917 aus Japan nach Nordamerika eingeschleppt. (b) Langschwänzige Schmierläuse *(Pseudococcus longispinus*; Ordo Homoptera). Viele Schmierläuse (= Wollläuse) sind Schädlinge an kommerziell wertvollen Pflanzen. (c) Der Baumwollkapselwurm *(Heliothis zea*; Ordo Lepidoptera, Ordnung der Schmetterlinge), eine Nachtfalterart. Ein noch gefährlicherer Schädling an Maispflanzen ist der aus Europa stammende Maiszünsler *(Ostrinia nubialis)*, der zu Beginn des 20. Jahrhunderts nach Nordamerika einschleppt worden ist.

> **KLASSIFIZIERUNG**
>
> ■ Subphylum Uniramia (= Tracheata; Unterstamm der Tracheentiere)
>
> **Classis Diplopoda** (gr. *diploos*, doppelt + *podos*, Fuß): **Tausendfüßler**. Körper fast zylindrisch; Kopf mit kurzen Antennen und einfachen Augen; Körper aus einer variablen Anzahl von Segmenten; kurze Beine, für gewöhnlich zwei Beinpaare an einem Segment (Name!); ovipar. Beispiele: *Julus*, *Spirobolus*.
>
> **Classis Chilopoda** (r. *cheilos*, Lippe + *podos*, Fuß): **Hundertfüßler**. Dorsoventral abgeplatteter Körper; variable Zahl von Segmenten mit jeweils einem Beinpaar; ein Paar langer Antennen; ovipar. Beispiele: *Cermatia*, *Lithobius*, *Geophilus*.
>
> **Classis Pauropoda** (gr. *pauros*, klein (oder: lat *pauci*, wenig/e) + podos, Fuß): **Pauropoden** (Wenigfüßler). Winzige (1–1,5 mm groß); zylindrischer Körper bestehend aus Doppelsegmenten und mit 9–10 Beinpaaren; keine Augen. Beispiel: *Pauropus*.
>
> **Classis Symphyla** (gr. *syn*, zusammen + *phyle*, Stamm): **Zwergfüßler**. Schlank, 1–8 mm lang, mit langen, fadenförmigen Antennen; Körper aus 15–22 Segmenten mit 10–12 Beinpaaren; keine Augen. Beispiel: *Scutigerella*.
>
> **Classis Insecta** (= **Hexapoda**) (lat. *insectus*, eingeschnitten, eingekerbt) (gr. *hexa*, sechs + *podos*, Fuß): Insekten (= **Kerbtiere**). Körper in Kopf, Thorax und Abdomen untergliedert; ein Antennenpaar; Mundwerkzeuge für unterschiedliche Ernährungsgewohnheiten modifiziert; Kopf aus sechs miteinander fusionierten Segmenten; Thorax aus drei Segmenten; Abdomen mit variabler Segmentanzahl (für gewöhnlich 11); Thorax mit zwei Flügelpaaren (manchmal einem Paar oder ohne Flügel) und drei Paaren gelenkiger Beine (Name „Hexapoda"); für gewöhnlich ovipar; Ametabolismus, Hemimetabolismus oder Holometabolismus.

fliegen sind Vektoren für Typhus. Diese Krankheit wird auch von Läusen übertragen. Die afrikanische Tsetsefliege verbreitet die Schlafkrankheit (eine Protozoeninfektion), und blutsaugende Wanzen der Gattung *Rhodnius* und verwandte Gattungen übertragen die Chagas-Krankheit. Eine der erst jüngst aufgekommenen, „neuen" Infektionskrankheiten, die insbesondere in Nordamerika im Vormarsch ist, ist das virale Westnilfieber, das von über vierzig Stechmückenarten der auch in Mitteleuropa heimischen Gattung *Culex* verbreitet wird. Der Mensch und einige Säugetiere sind gefährdet. Gleiches ist von 75 Vogelarten bekannt, von denen einige als Reservoir für die Viren dienen.

Durch Getreidekäfer, Schaben, Ameisen, Kleidermotten, Termiten, Kartoffel- und Teppichkäfer kommt es zu einer Vernichtung von Nahrungsmitteln, Kleidung und anderen Wertgegenständen in immensem Ausmaß. Nicht zuletzt gehören zu den Schadinsekten die Bettwanzen der Gattung *Cimex* – blutsaugende Hemipteren, die in einer frühen Epoche der menschlichen Evolution, als der Mensch noch in Höhlen gewohnt hat, von ihrem ursprünglichen Wirt, der Fledermaus, auf den Menschen übergegangen ist.

20.6.3 Insektenbekämpfung

Da alle Insekten ein notwendiger integraler Bestandteil der ökologischen Gemeinschaften sind, würde ihre völlige Vernichtung offenkundig mehr Schaden als Nutzen nach sich ziehen. Alle terrestrischen Nahrungsketten und Nahrungsnetzwerke würden dadurch ernsthaft in Mitleidenschaft gezogen oder gänzlich zerstört. Die nützlichen Rollen, die Insekten in unserer Umwelt spielen, werden häufig übersehen, und unser Bestreben, Schädlingen Einhalt zu gebieten, treibt uns dazu, ganze Landstriche ohne Unterschied mit extrem wirksamen Breitbandinsektiziden zu besprühen. Dadurch werden nützliche und neutrale Insekten ebenso getötet wie die Schädlinge, gegen die sich diese Maßnahmen eigentlich richten. Beim Einsatz solcher Substanzen hat man leider feststellen müssen, dass viele Insektizide sehr stabil sind und sich in der Umwelt anreichern. Als Folge

Abbildung 20.38: Stechmücken. Eine Stechmücke der Art *Anopheles quadrimaculatus* (Ordo Diptera, Ordnung der Zweiflügler). *Anopheles*-Arten sind die Überträger der Malariaerreger.

20.6 Insekten und menschliches Wohlergehen

KLASSIFIZIERUNG

■ **Nichtinsektische Hexapoden und die Klasse der Krebstiere (Classis Insecta)**

Die Entomologen sind sich bezüglich der Namensgebung der Ordnungen und der Abgrenzungen der einzelnen Ordnungen untereinander nicht einig. Manche vereinigen Gruppen, andere unterteilen bestehende Gruppierungen. Die im Folgenden wiedergegebene Zusammenstellung von Ordnungen findet in weiten Kreisen der Wissenschaftler Akzeptanz. Der/die Leser/in mag jedoch in anderen Werken eine abweichende Klassifizierung dieser Tiergruppe vorfinden.

I. Nichtinsektine Hexapoden

Ordo Protura (gr. *protos,* erst, Erster, zuerst + *oura,* Schwanz): Ordnung der **Beintastler** Winzige Tiere (1–1,5 mm); keine Augen oder Antennen; Körperanhänge am Abdomen sowie am Thorax; leben im Erdboden und an dunklen, feuchten Plätzen; direkte Entwicklung.

Ordo Diplura (gr. *diploos,* doppelt + *oura,* Schwanz): Ordnung der **Doppelschwänze**. Meist kleiner als 10 mm; von blasser Färbung; augenlos; ein Paar langer, terminaler Filamente oder ein Paar Caudalgreifer; leben in feuchtem Humus oder verrottendem Holz; direkte Entwicklung.

Ordo Collembola (gr. *kolla,* Leim + *embolon,* Keil, Stopfen, Verschluss): Ordnung der **Springschwänze**. Klein (5 mm oder weniger); Facettenaugen fehlen, Augenflecken aus einem bis mehreren Lateral-Ocellen; Atmung über Tracheen oder die Körperoberfläche; unter das Abdomen eingeklapptes Sprungorgan zur hüpfenden Fortbewegung; im Erdreich häufig; schwärmen im Frühjahr manchmal auf der Oberfläche von Teichen oder Schneeflächen; direkte Entwicklung.

II. Classis Insecta (Klasse der Kerbtiere)

A. Subclassis Apterygota (Unterklasse der Flügellosen)

Ordo Thysanura (gr. *thysanons,* Quaste, Bommel + *oura,* Schwanz): Ordnung der **Silberfische** und **Borstenschwänze** (▶ Abbildung 20.39). Klein bis mittelgroß; große Augen; lange Antennen; drei lange Terminalcerci; leben unter Steinen und Blättern und im Umfeld menschlicher Behausungen; direkte Entwicklung.

B. Subclassis Pterygota (Unterklasse der Flügeltragenden)

1. Infraclassis Paleoptera (Altflügler)

Ordo Ephemeroptera (gr. *epheremeros,* eintägig, vergänglich + *pteron,* Flügel): Ordnung der **Eintagsfliegen** (▶ Abbildung 20.40). Flügel membranös; Vorderflügel größer als Hinterflügel; adulte Mundwerkzeuge verkümmert; Nymphen aquatisch, mit seitlichen Tracheenkiemen.

Ordo Odonata (gr. *odontos,* Zahn + *-ata,* gekennzeichnet durch): Ordnung der **Libellen** (Abbildungen 20.23 b und 20.28 b). Groß; Flügel membranös, lang, schmal, netzförmig geadert und von ähnlicher Größe; langer und schlanker Körper; aquatische Nymphen mit Kiemen und vorstreckbarem Labium zum Beutefang.

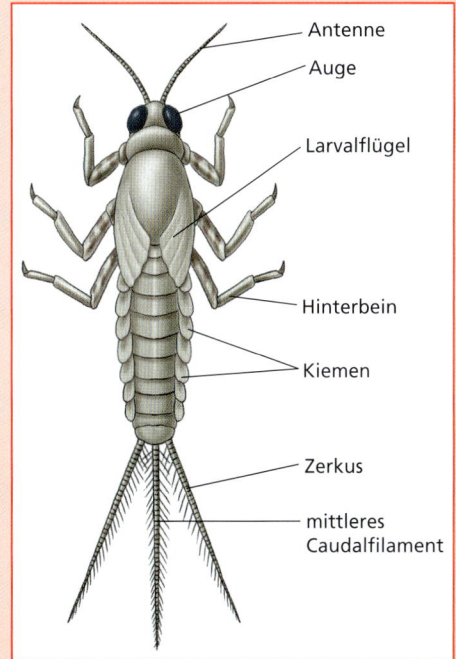

(a)

Abbildung 20.39: Silberfischchen (*Lepisma* sp.; Ordo Thysanura). Sie finden sich oft in menschlichen Behausungen.

(b)

Abbildung 20.40: Eintagsfliegen (Ordo Ephemeroptera, Ordnung der Eintagsfliegen). (a) Nymphe. (b) Adultus.

2. Infraclassis Neoptera (Neuflügler)

Ordo Orthoptera (gr. *orthos*, gerade + *pteron*, Flügel): Ordnung der **Springschrecken (Heuschrecken, Grillen, Schaben, Gespensterschrecken, Gottesanbeterinnen**; Abbildungen 20.4, 20.7 und 20.9b). Vorderflügel – wenn Flügel vorhanden sind – verdickt, Hinterflügel im Ruhezustand fächerartig unter den Vorderflügeln zusammengelegt; kauende Mundwerkzeuge. Viele Entomologen spalten die hier favorisierte Ordnung der Orthopteren in mehrere Ordnungen auf, zum Beispiel: Orthoptera (beschränkt auf die Heuschrecken, Grillen und verwandte Formen), Blattaria (Schaben), Mantodea (Gottesanbeterinnen), Phasmida (Gespensterschrecken) und Grylloblattaria (Grillenschaben).

Ordo Mantophasmatodea (zusammengesetzt aus Mantodea und Phasmatodea): Ordnung der **Gladiatorschrecken**. Sekundär flügellos, kauende Mundwerkzeuge. Ähneln einer Kreuzung zwischen einer Gottesanbeterin (Mantodea) und einer Gespensterschrecke (Phasmatodea). Nächtliche Räuber, die Spinnen und andere Insekten jagen. Erst im Jahr 2002 gefunden und als Taxon beschrieben. Selten; 6–8 Arten in Afrika.

Ordo Dermaptera (gr. *derma*, Haut + *pteron*, Flügel): Ordnung der **Hautflügler** (= **Ohrwürmer**). Sehr kurze Vorderflügel; große, membranöse Hinterflügel, die im Ruhezustand unter den Vorderflügeln zusammengelegt sind; kauende Mundwerkzeuge; pinzettenartige Cerci am Hinterleib.

Ordo Plecoptera (gr. *plekein*, verdrehen + *pteron*, Flügel): Ordnung der **Steinfliegen** (Abbildung 20.28a). Membranöse Flügel; größere, fächerartige Hinterflügel; aquatische Nymphen mit büscheligen Tracheenkiemen.

Ordo Isoptera (gr. *iso*, gleich + *pteron*, Flügel): Ordnung der **Termiten** (Abbildung 20.34). Klein; membranöse, schmale Flügelpaare ähnlicher Größe mit wenigen Adern; Flügel werden bei Erreichen der Geschlechtsreife abgeworfen; von den Ameisen durch breite Übergangsstelle zwischen Thorax und Abdomen zu unterscheiden; komplexe soziale Organisation (staatenbildend).

Ordo Embioptera (gr. *embios*, lebhaft, belebt + *pteron*, Flügel): Ordnung der **Tarsenspinner**. Klein; Flügel der Männchen membranös, schmal und von ähnlicher Größe; Weibchen ungeflügelt; kauende Mundwerkzeuge; kolonial; erzeugen im Erdboden tropischer Breiten mit Seide ausgekleidete Kanäle.

Ordo Psocoptera (gr. *psoco*, wegwischen + *pteron*, Flügel) (= **Corrodentia**): Ordnung der **Staubläuse**. Körper für gewöhnlich klein, bis 10 mm groß; membranöse, schmale Flügel mit wenigen Adern, die im Ruhezustand für gewöhnlich dachförmig über dem Abdomen zusammengelegt werden; einige flügellose Formen; finden sich auf Büchern, der Borke von Bäumen, in Vogelnestern und auf Blattwerk.

Ordo Zoraptera (gr. *zoros*, rein + *apterygos*, ungeflügelt): Ordnung der **Bodenläuse**. Bis 2,5 mm groß; membranöse, schmale Flügel, die im Regelfall bei Erreichen der Geschlechtsreife abgeworfen werden; kolonial, termitenartig.

Ordo Mallophaga (gr. *mallos*, Wolle + *phagein*, ich esse): Ordnung der **Kieferläuse** (Abbildung 20.16). Bis 6 mm groß; ungeflügelt; kauende Mundwerkzeuge; Beine für das Klettern auf dem Wirt modifiziert; als Ektoparasiten auf Vögeln und Säugetieren.

Ordo Anoplura (gr. *anoplos*, unbewaffnet + *oura*, Schwanz): Ordnung der **Echten Läuse** (Abbildung 20.17). Zusammengedrückter Körper; bis 6 mm lang; ungeflügelt; Mundwerkzeuge zum Stechen und Saugen; angepasst für das Festhalten an warmblütigen Wirten; hierher gehören die Kleiderlaus *(Pediculus humanus)*, die Kopflaus *(Pediculus humanus capitis)* und die Filzlaus *(Phtirus pubis)* des Menschen.

Ordo Thyasnoptera (gr. *thysanos*, Quaste, Bommel + *pteron*, Flügel): Ordnung der **Fransenflügler (Thripse, Gewitterwürmchen)**. Länge 0,5–5 mm (einige wenige mehr); Flügel, falls vorhanden, lang und sehr schmal, mit wenigen Adern und mit langen Haaren befranst; saugende Mundwerkzeuge; destruktive Pflanzenfresser, einige Arten ernähren sich von anderen Insekten.

Ordo Hemiptera (gr. *hemi*, halb + *pteron*, Flügel): (= **Heteroptera**): Ordnung der **Echten Wanzen**. Größe 2–100 mm; Flügel vorhanden oder fehlend; Vorderflügel mit verdicktem Basalanteil, teilweise sklerotisiert; Apikalanteil der vorderen Flügel membranös; Hinterflügel membranös; im Ruhezustand sind die Flügel flach auf das Abdomen aufgelegt; stechend-saugende Mundwerkzeuge; viele mit Drüsen, aus denen Geruchsstoffe abgesondert werden; in die Ordnung fallen die Wasserskorpione, die Wasserläufer (Abbildung 20.11), die Bettwanzen, die Raubwanzen, die Stinkwanzen, die Baumwanzen, die Feuerwanzen und viele andere mehr. Einige übertragen Krankheiten.

Ordo Homoptera (gr. *homos*, gleich + *pteron*, Flügel: Ordnung der **Gleichflügler (Zikaden, Blattläuse, Schildläuse)**) oft als Unterordnung der Hemipteren geführt. Falls geflügelt, entweder mit membranösen oder verdickten Vorder- und membranösen Hinterflügeln; Flügel werden im Ruhezustand dachartig über dem Körper gehalten; stechend-saugende Mundwerkzeuge; ausnahmslos Pflanzenfresser; einige destruktiv; einige wenige Arten für die Gewinnung von Schellack, Farbstoffen und Ähnliches genutzt; manche mit kompliziertem Lebenslauf (Abbildungen 20.26, 20.30, 20.35a und ▶ 20.41).

Abbildung 20.41: Platycotis vittata. Ordo Homoptera, Ordnung der Gleichflügler.

20.6 Insekten und menschliches Wohlergehen

Abbildung 20.42: **Eine Ameisenjungfer (= adulter Ameisenlöwe).** Ordo Neuroptera; Ordnung der Netzflügler.

Ordo Neuroptera (gr. *neuron*, Nerv + *pteron*, Flügel): Ordnung der **Netzflügler** (**Ameisenjungfern, Florfliegen**; Abbildung ▶ 20.42). Mittelgroß bis groß; ähnlich gestaltete, membranöse Flügel mit vielen Queradern; kauende Mundwerkzeuge; Corydaliden mit bei den Männchen stark vergrößerten Mandibeln und aquatischen Larven; Ameisenlöwen (Larven der Ameisenjungfern) bauen im lockeren Sand Krater, in denen sie Ameisen fangen.

Ordo Coleoptera (gr. *koleos*, Scheide, Schutzhülle + *pteron*, Flügel): Ordnung der Käfer (Abbildungen 20.9a, 20.31, 20.37a, 20.32, ▶ 20.43d). Die größte Ordnung des Tierreichs mit mehr als 250.000 beschriebenen Arten; Vorderflügel (Elytren) dick, hart, opak; membranöse Hinterflügel im Ruhezustand unter den Vorderflügeln zusammengefaltet; Mundwerkzeuge beißend-kauend; Marienkäfer, Maikäfer, Kartoffelkäfer, Getreidekäfer, Glühwürmchen, Nashornkäfer, Hirschkäfer, Mistkäfer, Rosenkäfer, Taumelkäfer, Gelbrandkäfer und viele andere mehr.

Ordo Strepsiptera (gr. *strepsis*, Wende, Kehre + *pteron*, Flügel): Ordnung der **Fächerflügler**. Weibchen ungeflügelt, ohne Augen oder Antennen; Männchen mit verkümmerten Vorderflügeln und fächerartigen Hinterflügeln; Weibchen und Larven parasitieren auf Bienen, Wespen und anderen Insekten.

Ordo Mecoptera (gr. *mekos*, Länge + *pteron*, Flügel): **Schnabelfliegen** (= Schnabelhafte). Klein bis mittelgroß; Flügel lang, schlank, mit vielen Adern; Flügel im Ruhezustand dachartig über den Hinterleib zusammengelegt; die Männchen besitzen am Ende des Abdomens an Skorpione erinnernde Greiforgane; carnivor; in den meisten bewaldeten Gebieten anzutreffen.

Abbildung 20.43: Verschiedene Neuflügler. (a) *Papilio krishna* (Ordo Lepidoptera, Ordnung der Schmetterlinge) ist ein prachtvoller Schwalbenschwanzschmetterling aus Indien. Mitglieder der Familie Papilionidae zieren viele Gegenden der Erde sowohl in den tropischen wie auch in den gemäßigten Breiten. (b) *Rothschildia jacobaea* (Südamerikanischer Augenspinner), ein Saturnidennachtfalter aus Brasilien (Familia Saturniidae, Familie der Pfauenspinner). In Europa kommen acht Arten dieser Familie vor, die sich auf fünf Gattungen verteilen, zum Beispiel die Nachtpfauenaugen der Gattung Saturnia. (c) Papierwespen (Ordo Hymenoptera, Ordnung der Hautflügler) bei der Betreuung ihrer Puppen und Larven. (d) *Curculio proboscideus*, der Kastanienbohrer, ist ein Mitglied der größten Familie (Curculionidae, Rüsselkäfer) der größten Insektenordnung (Coleoptera, Käfer). In der Familie der Rüsselkäfer finden sich zahlreiche gefährliche Landwirtschaftsschädlinge, zum Beispiel die Blütenstecherarten der Gattung *Anthonomus*.

Ordo Lepidoptera (gr. *lepidos*, Schuppe + *pteron*, Flügel): Ordnung der **Schmetterlinge** (Tagfalter und Motten). Membranöse Flügel mit überlappenden Schuppen; Flügel miteinander gekoppelt oder überlappend; Mundwerkzeuge als Saugröhre ausgebildet, im Ruhezustand zu einer Spirale aufgerollt; Larven (Raupen) mit kauenden Mandibeln zum Fressen von Pflanzen; stummelige Protobeine sowie Spinndrüsen zur Erzeugung von Kokonseide am Abdomen; Antennen bei den Tagfaltern knotig, bei den Nachtfaltern (Motten) für gewöhnlich filamentös, manchmal federartig (Abbildung 20.43b).

Ordo Diptera (gr. *dis*, zwei + *pteron*, Flügel): Ordnung der **Zweiflügler** (**Echte Fliegen und Mücken**; Abbildung 20.12). Einzelnes Flügelpaar, membranös und schmal; Hinterflügel zu unauffälligen Flugstabilisatoren (Halteren) umgebildet; saugende oder schwammartige, leckende oder stechende Mundwerkzeuge; beinlose Larven (Maden); in diese Ordnung fallen die Stubenfliegen, Schmeißfliegen, Stechfliegen, Fruchtfliegen, Bremsen, Stechmücken, Gallmücken, Kriebelmücken, Schnaken, Dasselfliegen und viele andere mehr. Insgesamt ca. 120.000 Arten; in Mitteleuropa über 9000 Arten.

Ordo Trichoptera (gr. *trichos*, Haar + *pteron*, Flügel): Ordnung der **Köcherfliegen**. Klein, mit weichem Körper; Flügel gut geädert und teilweise beschuppt, behaart und dachartig über dem haarigen Körper zusammengelegt; kauende Mundwerkzeuge, Mandibeln stark zurückgebildet; die aquatischen Larven vieler Arten bauen sich Behausungen („Köcher") aus Blattstücken oder sonstigem Pflanzenmaterial sowie Sandkörnern und Schalenstückchen. Die Bestandteile des Köchers werden durch abgeschiedene Seide oder Zement zusammengehalten; einige Arten stellen zum Beutefang aus Seide Fangnetze her, die in Fließgewässern an Steinen befestigt sind.

Ordo Siphonaptera (gr. *siphon*, Siphon + *apteros*, ungeflügelt): Ordnung der **Flöhe** (Abbildung 20.15). Klein; ungeflügelt; Körper seitlich zusammengedrückt; Beine an springende Fortbewegung adaptiert; Ektoparasiten oder Mikroräuber auf Vögeln und Säugetieren; Larven beinlose, madenartige Aasfresser.

Ordo Hymenoptera (gr. *hymen*, Membran, Haut + *pteron*, Flügel): Ordnung der **Hautflügler** (**Ameisen, Bienen, Wespen, Hummeln**; Abbildung 20.43c). Sehr klein bis groß; häutige, schmale Flügel, die distal miteinander verbunden sind; Hinterflügel untergeordnet; Mundwerkzeuge zum Kauen und Aufwischen von Flüssigkeiten; Ovipositor (Legestachel) manchmal zu einem Stachel oder einem Bohr- oder Sägeorgan umgebildet (Abbildung 20.10); sowohl staatenbildende (soziale) wie einzeln lebende (solitäre) Arten; Larven zumeist beinlos, blind und madenartig.

gelangen sie durch die Nahrungskette in die Körper von Tieren, die weiter oben in dieser Nahrungskette stehen als die Insekten. Zu den Endgliedern gehört auch der Mensch. Darüber hinaus haben zahlreiche Insekten nach verhältnismäßig kurzer Zeit eine Resistenz gegen häufig verwendete Wirkstoffe evolviert – eine Folge ihrer ungeheuren Individuenzahl und hohen Vermehrungsfrequenz. Honigbienen haben sich als besonders empfindlich gegen Insektizide erwiesen, während sich Resistenzen vorwiegend ausgerechnet bei Schadinsekten entwickelt haben.

In der jüngeren Zeit sind andere Eindämmungsmethoden als die Ausbringung von Insektiziden in den Mittelpunkt des Interesses gerückt und diese werden experimentell auf ihre Wirksamkeit und Auswirkungen auf die Umwelt hin untersucht und weiterentwickelt. Wirtschaftliche Gründe, ein gestiegenes Umweltbewusstsein und die Wünsche der Verbraucher drängen die Produzenten (Land- und Forstwirte) dazu, nach Alternativen zum Sprühkanister zu suchen.

Viele Lebewesen, die für eine biologische Schädlingsbekämpfung nützlich sein könnten, werden gegenwärtig wissenschaftlich auf ihre Tauglichkeit für diese Zwecke untersucht, ebenso, wie auf mögliche Nebenwirkungen, zauch Mikroorganismen wie Bakterien, Pilze und Viren. So ist etwa das Bakterium *Bacillus thuringiensis* recht wirksam bei der Bekämpfung von schädlichen Lepidopteren wie dem schon erwähnten Maiszünsler. Bei der Wirkung von B. thuringiensis beobachtet man eine Stammspezifität des Erregers, deren Giftwirkung sich auf die Mitglieder bestimmter Insektenordnungen konzentriert. Man ist bestrebt, das Artenspektrum der Zielinsekten durch gentechnische Weiterentwicklung der Bakterien zu vergrößern. Das Gen, das für das Thuringiensistoxin codiert, ist außerdem in andere Bakteriensorten und in die zu schützenden Nutzpflanzen selbst eingebaut worden. Dies soll die transgenen Pflanzen gegen Insektenfraß schützen. Dem Landwirt stehen daher heute prinzipiell Nutzpflanzensorten zur Verfügung, die gentechnologisch so modifiziert sind, dass sie ihre eigenen Schutzproteine produzieren, die Schadinsekten wirkungsvoll fernhalten. Hierdurch kann der Einsatz von Pestiziden, namentlich Insektiziden, stark gesenkt werden. In den USA sind solche modernen Nutzpflanzen in der landwirtschaftlichen Praxis allgegenwärtig; in Mitteleuropa kommt diese Technik durch den Widerstand der Verbraucher kaum zum Einsatz. Da diese gentechnologisch modifizierten Nutzpflanzen aber auch auf ganz spezielle Düngemittel der gleichen Hersteller angewiesen sind, ist eine Abhängigkeit der

Landwirtschaft von den Agrarkonzernen nicht auszuschließen. Wegen der hohen Kosten sind diese Verfahren in Ländern der Dritten Welt, wo die größten Ernteausfälle durch Schadinsekten zu beobachten sind, nicht einsetzbar.

Eine Reihe von Viren und Pilzen besitzen ein Potenzial als Insektizide. Die Schwierigkeiten bei der Vermehrung und dem Einsatz einiger dieser experimentellen „Agenzien" wurden bereits bewältigt, so dass einige bereits kommerziell erhältlich sind.

Die Einführung von Raubfeinden oder Parasitoiden zur Bekämpfung von Schadinsekten hat ebenfalls einige Erfolge vorzuweisen. In den USA helfen aus Australien eingeführte Marienkäfer der Art *Rodolia cardinalis* bei der Bekämpfung von Wollschildläusen an Zitruspflanzen in Obstplantagen. Es gibt zahlreiche andere Beispiele für den Einsatz von Parasitoiden bei der Schädlingsbekämpfung.

Ein anderer Ansatz zur biologischen Schädlingsbekämpfung besteht darin, die Vermehrung oder das Verhalten von Schadinsekten zu stören, zum Beispiel durch den gezielten Einsatz steriler Männchen oder mit Substanzen, die Hormon- oder Pheromonwirkung auf die Tiere haben. Derartige Forschungen gehen, obwohl sie vielversprechend sind, langsam voran, weil wir bislang ein nur begrenztes Verständnis vom Verhalten der Insekten haben und die Probleme bei der Isolierung und chemischen Charakterisierung von Stoffen mit derartigen physiologischen Wirkungen, die nur in sehr kleinen Mengen von den Tieren gebildet werden, nicht unerheblich sind. Nichtsdestotrotz werden Pheromone wahrscheinlich in der Zukunft eine bedeutende Rolle bei der Schädlingsbekämpfung spielen.

Eine Vorgehensweise, die als **integrierte Schädlingsbekämpfung** bezeichnet wird, kommt heute bei vielen Nutzpflanzen zur Anwendung. Dieser methodische Ansatz umfasst den Einsatz aller verfügbaren und praktikablen Techniken zur Eindämmung eines Schädlingsbefalls auf einem tolerablen Niveau, wie zum Beispiel Kultivierungstechniken (resistente Pflanzensorten, Fruchtwechsel, Bodenbearbeitungstechniken, Optimieren der Aussäh- oder Erntezeit und andere mehr). Ebenso Verwendung finden biologische Bekämpfungsmittel, wie auch der sparsame Einsatz von Insektiziden.

Phylogenese und adaptive Radiation 20.7

Obgleich fossilierte Insekten nicht sehr zahlreich sind, hat man eine ausreichende Anzahl von ihnen gefunden, um eine grundlegende Vorstellung von der Evolutionsgeschichte dieser Tiergruppe zu erhalten. Obwohl mehrere Gruppen mariner Arthropoden wie Trilobiten, Crustaceen und Xiphosura schon während des Kambriums (vor 545 bis 495 Millionen Jahren) existierten, erscheinen die ersten terrestrischen Arthropoden – Skorpione und Tausendfüßler – jedoch erst im Silur (vor 443 bis 417,5 Millionen Jahren). Die frühesten Insekten, die noch unbeflügelt waren, finden sich in Ablagerungen des Devons (vor 417,5 bis 358 Millionen Jahren). Neuere Untersuchungen an Mandibeln fossiler Insekten haben zu dem Schluss geführt, dass beflügelte Insekten vor ungefähr 400 Millionen Jahren existiert haben. Bis zum Karbon (vor 358 bis 296 Millionen Jahren) hatten sich mehrere Ordnungen beflügelter Insekten (Paläopteren) herausgebildet, von denen die meisten wieder ausgestorben sind.

Die Meinungen der Arthropodenforscher hinsichtlich der Verwandtschaftsbeziehungen der Tiere, die das Taxon Uniramia ausmachen, gehen auseinander. Viele Systematiker weigern sich, diesen Begriff überhaupt zu verwenden, weil er ursprünglich auch die Onychophoren (siehe Kapitel 21) mit eingeschlossen hat. Wir benutzen den Begriff Uniramia, weil er eingeführt wurde, weisen aber darauf hin, dass er mit gebührender Vorsicht verwendet werden sollte. Das Kladogramm in ▶ Abbildung 20.44 stellt nur eine von mehreren möglichen Hypothesen dar. Einige Fachleute sind der Ansicht, dass die Myriapoden eine paraphyletische Gruppe sind und der Kladus Diplopoda/Pauropoda eine Schwestergruppierung zu den Insekten bildet. Eine Analyse, die sich auf mitochondriale Genomsequenzen stützt, scheint eine Schwestergruppenbeziehung zwischen den Myriapoden und den Chelicersten zu bestätigen; der Myriapoden/Cheliceraten-Kladus bildet in diesem Modell die Schwestergruppe zu den Mandibulaten (Insekten und

Exkurs

Es hat sich als wirksam erwiesen, sterile männliche Tiere bei der Ausrottung von Schmeißfliegen der Art *Cochliomyia hominivorax* einzusetzen, ein Nutztiere befallender Parasit. Eine große Anzahl männlicher Tiere, die im Puppenstadium durch Bestrahlung sterilisiert worden war, wurde in die Population in der freien Natur eingebracht. Weibliche Tiere, die sich mit diesen sterilen Männchen verpaaren, legen in der Folge natürlich unbefruchtete und daher nicht entwicklungsfähige Eier.

20 Terrestrische Mandibulaten

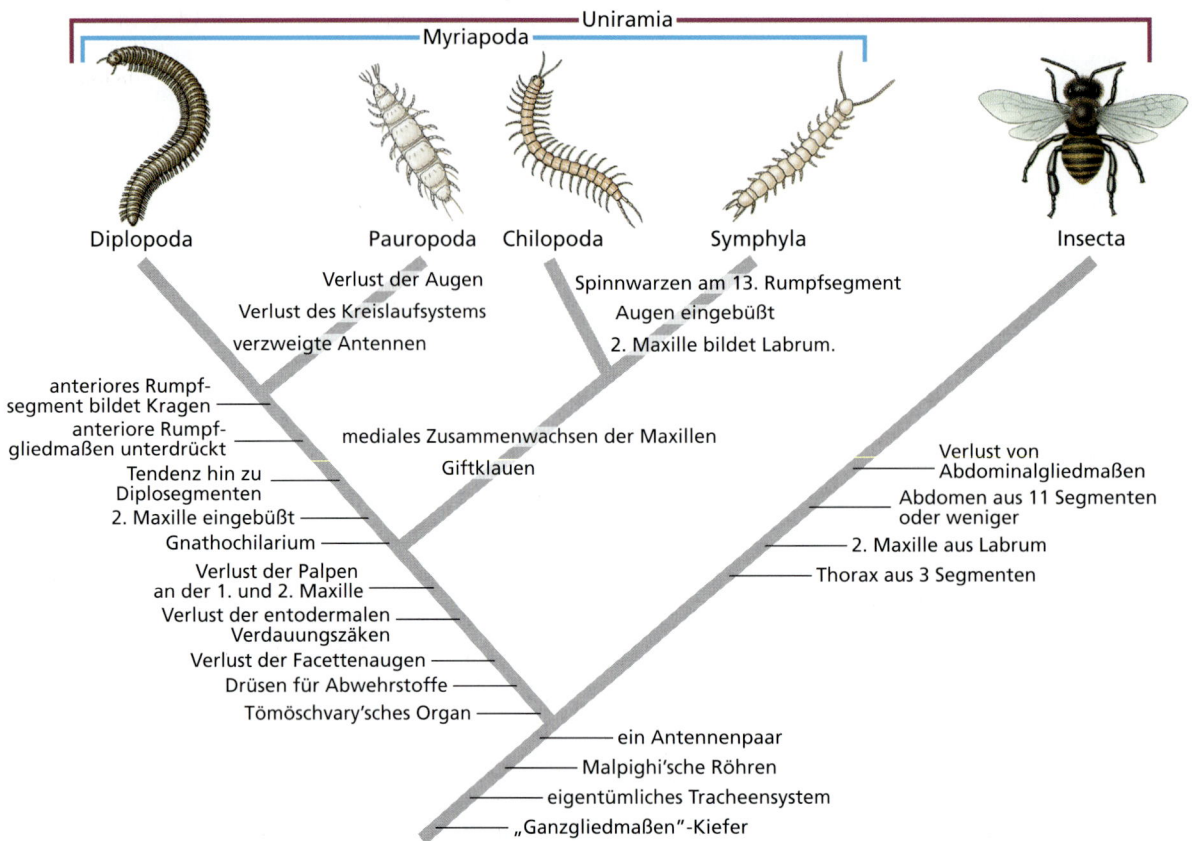

Abbildung 20.44: **Kladogramm der hypothetischen Verwandtschaftsbeziehungen der Uniramier.** In diesem Modell sind die Insekten und die Myriapoden Schwestergruppen; dies bedingt, dass die Diplopoden, die Pauropoden, die Chilopoden und die Symphylier Unterklassen innerhalb der Klasse der Myriapoden werden. Eine andere Arbeitshypothese stellt die Diplo- und die Pauropoden im Verbund als Schwestergruppe neben die Insekten. Die Tömösvari'schen Organe sind eigentümliche Sinnesorgane, die an den Antennenbasen angeordnet sind. Die Verteidigungsdrüsen sitzen an bestimmten Rumpfsegmenten oder Beinen und scheiden übelriechende oder -schmeckende Schreckstoffe ab, die zur Verteidigung dienen. Das Gnathochilarium entsteht bei den Diplo- und den Pauropoden durch Fusion der ersten Maxillen. Das Collum ist der kragenartige Tergit des ersten Rumpfsegments. Die Bildung eines Labrums aus der zweiten Maxille ist verschiedentlich als Beleg für die Schwestergruppenbeziehung der Symphylier mit den Insekten angesehen worden; wir betrachten es hier als eine Konvergenz. Außengruppen für dieses Kladogramm wären die Abstammungslinien der nichtuniramen Arthropoden.

Crustaceen).* Auf der anderen Seite kommen mehrere andere Analysen, die sich auf umfassende Datensätze stützen, welche Sequenzen mitochondrialer wie zellkernständiger Gene, morphologische, entwicklungsbiologische, ultrastrukturelle und genomische Merkmale mit einbeziehen, zu einem kladistischen System, das einen Kladus enthält. Dieser besteht aus den Mandibulaten (Myriapoden, Insekten und Crustaceen) mit den Cheliceraten als Schwestergruppe.** Jene Arbeiten legen weiterhin den Schluss nahe, dass die Pycnogoniden die Schwestergruppierung zu allen übrigen Arthropoden bilden.

Unabhängig davon, ob einige oder alle Myriapoden eng mit den Insekten verwandt sind oder nicht, ist es dennoch wahrscheinlich, dass die Urinsekten einen Kopf und einen Rumpf hatten, der jeweils aus zahlreichen, ähnlichen Segmenten bestand, von denen die meisten oder gar alle auch Gliedmaßen trugen. Frühe, fossil überlieferte Insekten weisen kleine Abdominalanhänge auf (sowie anscheinend einige vielfach verzweigte Gliedmaßen; ▶ Abbildung 20.45). Die Tiere einer Reihe von modernen apterygoten (primär flügellosen) Ordnungen besitzen Abdominalstylen, die als verkümmerte Beine angesehen werden. Wir wissen heute, dass das Fehlen von abdominalen Beinen bei den allermeisten Insekten von einer Änderung im Expressionsverhalten bestimmter Hox-Gene herrührt, das seinerseits die Expression des Gens Distal-less im Abdomen unterdrückt. Dies ist bei den Crustaceen und den

---

* Hwang, U. et al. (2001): Mitochondrial protein phylogeny joins myriapods with chelicerates. Nature, vol. 413: 154–157.
** Giribet, G. et al. (2001): Arthropod phylogeny based on eight molecular loci and morphology. Nature, vol. 413: 157–161.

20.7 Phylogenese und adaptive Radiation

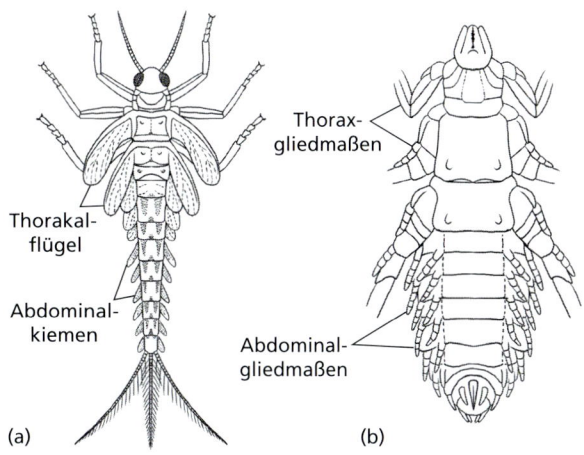

Abbildung 20.45: Frühe, fossil überlieferte Insekten weisen kleine Abdominalanhänge auf. (a) Eine paläozoische Eintagsfliegennymphe mit thorakalen Flügelchen und Abdominalkiemen. Die thorakalen Flügelchen sind evolutive Vorstufen zu echten Flügeln. (b) Ein paläozoisches Insekt mit vielfach verzweigten Thoraxbeinen und verkümmerten, vielfach verzweigten Abdominalgliedmaßen.

Onychophoren nicht der Fall (siehe Kapitel 19: Phylogenese).*

Die Apterygoten werden traditionell als diejenigen Insekten mit den primitivsten Merkmalsausprägungen angesehen, doch scheint die Unterklasse der Flügellosen (Subclassis Apterygota) offenbar paraphyletisch zu sein (▶ Abbildung 20.46). Drei Ordnungen der Apterygoten – Diplura, Collembola und Protura – weisen Mandibeln und erste Maxillen auf, die tief in taschenartige Vertiefungen am Kopf eingesenkt sind – ein Zustand, der als **Endognathie** bezeichnet wird. Sie haben weitere primitive oder abgeleitete Merkmale gemeinsam, und es bestehen zahlreiche Ähnlichkeiten der endognathen Insekten mit den Myriapoden. Alle übrigen Insekten sind **ektognath**, auch die Vertreter der primitiv-flügellosen Ordnung Thysanura (Abbildung 20.39). Die endo- und ektognathen Insekten sind Schwestergruppierungen.

Der evolutive Ursprung der Flügel der Insekten war lange Zeit rätselhaft. Der adaptive Wert von Flügeln für die Fortbewegung ist offenkundig, doch entstehen solche Organbildungen nicht sprunghaft in voll entwickeltem Zustand. Eine Hypothese besagte, dass sich die Flügel aus lateralen Thoraxerweiterungen gebildet hätten, die für einen Gleitflug eingesetzt worden seien. Diese Hypothese war jedoch nicht geeignet, den Ursprung und die Funktion der Gelenke und der neuromuskulären Ausstattung der Urflügel zu erklären, die das Rohmaterial für die Selektion und die nachfolgende Evolution von Flatterflügeln für den aktiven Flug dargestellt haben. Eine alternative Hypothese geht davon aus, dass die ursprünglichen flugfähigen Insekten sich von aquatischen Insekten oder von Insekten mit wasserlebenden Juvenilformen herleiten, die mit äußeren Kiemen am Thorax ausgestattet waren, aus denen sich die Flügel entwickelt haben sollen. Die Thorakal- und Abdominalkiemen paläozoischer Insekten waren offenbar gelenkig und beweglich und dadurch zu Ventilations- und Schwimmbewegungen befähigt. Sie könnten die morphologische „Grundsubstanz" dargestellt haben, aus denen sich die ersten „Vorflügel" evolviert haben. Die Evolution auf breiter Basis mit dem Rumpf verbundener, thorakaler Vorflügel (die das Tier noch nicht zum aktiven Fliegen befähigt haben) bei halbaquatischen Insekten hätte bei sonnenbadenden Insekten, die über solche Anhangsbildungen verfügt haben, im Vergleich zu „flügellosen" Formen zu einer Erhöhung der Körpertemperatur geführt. Die nachfolgende Ausweitung dieser thorakalen Vorflügel zur Temperaturregulierung durch Verhaltensveränderung (Sonnenbaden) könnte leicht zu einem morphologischen Zustand geführt haben, der für die Evolution wirklich funktionstüchtiger Flügel mit einer für den aktiven Flug ausreichenden Größe geführt haben (▶ Abbildung 20.47).

Die ursprünglichen beflügelten Insekten (Protopterygoten) haben drei Evolutionslinien hervorgebracht, die sich in ihrer Fähigkeit unterscheiden, die Flügel abwinkeln zu können. Bei zwei dieser Linien (den Odonaten – Libellen – und den Ephemeropteren – Eintagsfliegen) zeigen die Tiere im Ruhezustand vom Rumpf abgespreizte oder vertikal über dem Abdomen zusammengelegte Flügel. Die Vertreter der anderen Entwicklungslinie besitzen Flügel, die im Ruhezustand horizontal über dem Abdomen zusammengefaltet werden können. Diese Linie hat sich in drei Gruppen aufgespalten, die sämtlich schon im Zeitalter des Perms (vor 296 bis 251 Millionen Jahren) nachweisbar sind. Eine Gruppe mit hemimetaboler Metamorphose, kauenden Mundwerkzeugen und Cerci, umfasst die Orthopteren, die Dermapteren, die Isopteren und die Embiopteren. Die zweite Gruppe, mit ebenfalls hemimetaboler Metamorphose und einer Tendenz zu saugenden Mundwerkzeugen, umfasst die Thysanopteren, die Hemipteren und die Homopteren (vielleicht zusätzlich die Psocopteren, die Zorapteren, die Mallophagen und die Anoplura); unter den Fachleuten

---

* Galant, R. und S. Carroll (2002): Evolution of a transcriptional repression domain in an insect Hox protein. Nature, vol. 415: 910–913; Ronshagen, M. et al. (2002): Hox protein mutation and macroevolution of the insect body plan. Nature, vol. 415: 914–917.

Terrestrische Mandibulaten

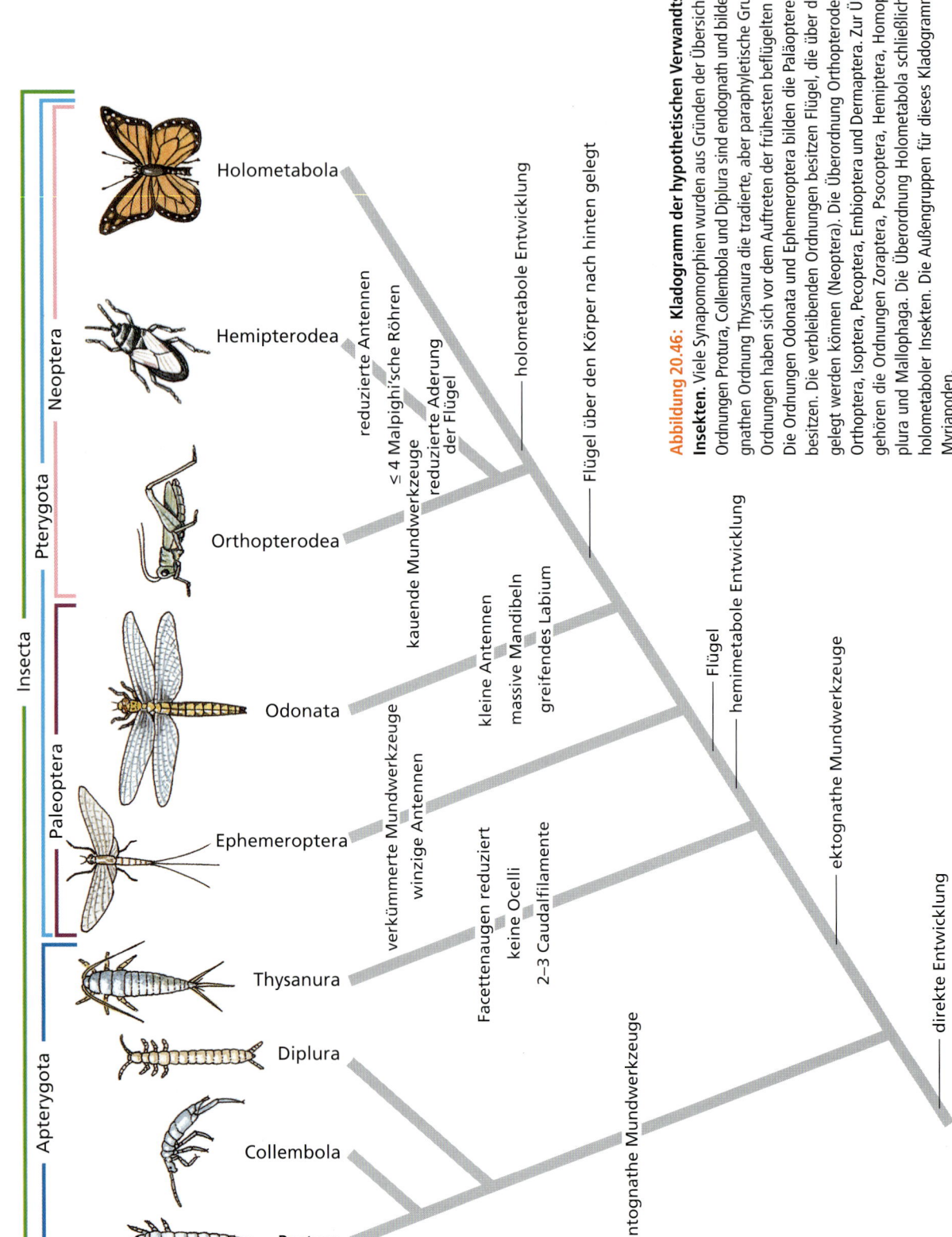

Abbildung 20.46: Kladogramm der hypothetischen Verwandtschaftsbeziehungen der Insekten. Viele Synapomorphien wurden aus Gründen der Übersichtlichkeit weggelassen. Die Ordnungen Protura, Collembola und Diplura sind endognath und bilden zusammen mit der ektognathen Ordnung Thysanura die tradierte, aber paraphyletische Gruppierung Apterygota. Die Ordnungen haben sich vor dem Auftreten der frühesten beflügelten Urformen herausgebildet. Die Ordnungen Odonata und Ephemeroptera bilden die Paläopteren, die abgespreizte Flügel besitzen. Die verbleibenden Ordnungen besitzen Flügel, die über dem Abdomen zusammengelegt werden können (Neoptera). Die Überordnung Orthopterodea umfasst die Ordnungen Orthoptera, Isoptera, Pecoptera, Embioptera und Dermaptera. Zur Überordnung Hempterodea gehören die Ordnungen Zoraptera, Psocoptera, Hemiptera, Homoptera, Thysanoptera, Anoplura und Mallophaga. Die Überordnung Holometabola schließlich umfasst alle Ordnungen holometaboler Insekten. Die Außengruppen für dieses Kladogramm wären die Gruppen der Myriapoden.

Zusammenfassung

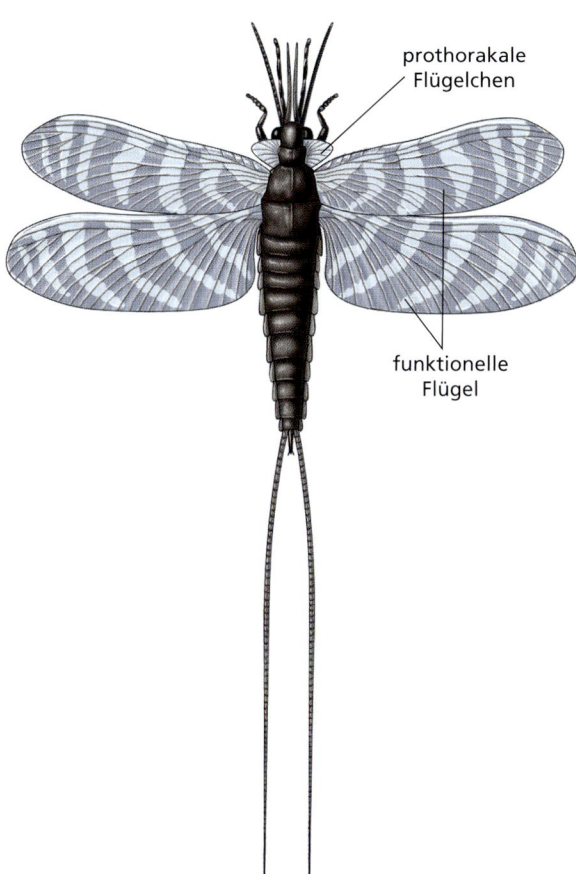

herrscht noch Uneineinigkeit bezüglich dieser Gruppe. Die Insekten mit holometaboler Metamorphose zeigen den am weitesten spezialisierten Lebenslauf und bilden offenbar einen Kladus, der die verbleibenden Ordnungen der Ineopteren umfasst (zum Beispiel die Lepidopteren, die Dipteren und die Hymenopteren).

Die adaptiven Eigenschaften der Insekten sind im gesamten Verlauf des Kapitels zur Sprache gekommen. Die Richtungen und die Reichweite ihrer adaptiven Radiation ist – sowohl strukturell wie physiologisch – von erstaunlicher Vielfalt. Ob man den Lebensraum, die Ernährungsweisen, die vielfältigen Möglichkeiten zur Fortbewegung, die Fortpflanzung oder den allgemeinen Lebensstil betrachtet – die adaptiven Errungenschaften der Insekten sind wahrlich bemerkenswert.

Abbildung 20.47: **Ein urtümliches, paläopteres Insekt (*Homolaneura joannae*) aus dem oberen Karbon.** Das Tier zeigt zwei funktionelle Flügelpaare und ein Paar prothorakaler Flügelchen. Die prothorakalen Flügelchen sind an ihrer Basis auf ganzer Länge mit dem Rumpf verbunden und besitzen wie die meso- und metathorakalen Flügel einiger rezenter Insekten Gelenke. Vor der Herausbildung voll funktionstüchtiger Flügel könnten mit Gelenken versehene, bewegliche Thorakalflügelchen an allen drei Thoraxsegmenten als eine Einrichtung für die Thermoregulation gedient haben. Diese haben in der Folge zur Evolution von Flügeln geführt, die groß genug waren, um damit fliegen zu können.

ZUSAMMENFASSUNG

Die Angehörigen des Unterstammes Uniramia besitzen unverzweigte Körperanhänge und tragen am Kopf ein Paar Antennen, ein Paar Mandibeln und zwei paar Maxillen (ein Maxillenpaar bei den Tausendfüßlern). Als Tagmata bezeichnet man bei den Myriapoden Kopf und Rumpf, bei den Insekten Kopf, Thorax und Rumpf.

Die Insekten sind die bei Weitem größte Klasse in diesem größten aller Tierstämme. Insekten lassen sich leicht anhand der Merkmalskombination der drei Tagmata und dem Besitz von drei Paaren gelenkiger Thoraxbeine identifizieren.

Der evolutive Erfolg der Insekten lässt sich zum großen Teil durch mehrere Merkmale erklären, die es ihnen erlauben, terrestrische Habitate zu nutzen. Diese sind zum Beispiel die bei den meisten Arten vorhandenen Flügel, die wasserundurchlässige Kutikula und andere Mechanismen zur Verminderung des Wasserverlustes sowie die Fähigkeit, anhaltend ungünstige Bedingungen in dem Zustand der Dormanz zu überdauern.

Die meisten Insekten tragen zwei Flügelpaare am Thorax; einige Gruppen besitzen nur ein Flügelpaar, und einige Formen sind primär oder sekundär flügellos. Die Flügelbewegungen einiger Insekten werden durch direkt wirkende Flugmuskeln gesteuert, die unmittelbar an der Flügelbasis im Thorax ansetzen. Andere besitzen indirekt wirkende Flugmuskeln, welche die Flügel in Bewegung setzen, indem sie die äußere Form des Thorax verändern. Jede Kontraktion der synchronen Flugmuskulatur erfordert einen separaten Nervenimpuls, während die asynchrone Flugmuskulatur auf einen einzelnen Nervenreiz hin mehrfach zu kontrahieren vermag.

Die Ernährungsgewohnheiten der Insekten weisen ein breites Spektrum auf, und es gibt eine enorme Vielfalt an Spezialisierungen der Mundwerkzeuge für die spezifischen Fressgewohnheiten. Die Atmung erfolgt über Tracheen, die ein System aus Röhren bilden, die in Spirakeln am Thorax und am Abdomen ins Freie münden. Ausscheidungsorgane sind die Malpighi'schen Röhren, die frei im Hämocoel schweben.

Die Insekten sind getrenntgeschlechtlich und die Befruchtung erfolgt im Regelfall intrakorporal. Praktisch alle Insekten unterziehen sich im Laufe ihrer Entwicklung einer Metamorphose. Bei den hemimetabolen Insekten mit ihrer unvollständigen Entwicklung werden die Larvenstadien als Nymphen bezeichnet; die Adulti erscheinen nach der Häutung des letzten Nymphenstadiums. Bei den holometabolen Insekten mit ihrer vollständigen Entwicklung führt die Häutung des letzten Larvenstadiums zur Puppe; sie ist ein reines Umwandlungsstadium ohne Nahrungsaufnahme. Aus der finalen Häutung des Puppenstadiums geht ein geflügeltes Adulttier hervor. Beide Typen der Metamorphose werden von speziellen Hormonen reguliert.

Insekten sind für das Wohlergehen des Menschen von Bedeutung, insbesondere deshalb, weil sie Nutzpflanzen bestäuben und die Populationen anderer, schädlicher Insekten durch Jagen und Parasitismus im Zaum halten. Insekten dienen vielen anderen Tieren als Nahrung. Viele Insektenarten schaden dem Menschen, indem sie Nutzpflanzen, Nutztiere, Nahrungsmittel, Wälder, Kleidung und sonstige Wertgegenstände befallen, in großem Umfang beschädigen oder gänzlich vernichten (zumeist durch physische Zerstörung). Viele weitere Arten sind Überträger von Infektionskrankheiten des Menschen und seiner Nutz- und Haustiere.

Obwohl einige Fachleute der Meinung sind, dass die Myriapoden zusammen mit den Cheliceraten einen Kladus bilden, unterstützt die Mehrheit der verfügbaren Daten die Ansicht, dass ein Kladus der Mandibulaten vorliegt, der die Myriapoden, die Insekten und die Crustaceen umfasst. Die Beine am Abdomen sind bei den Insekten verlorengegangen und beschränken sich bei dieser Gruppe auf die drei Thoraxsegmente. Die endognathen und die ektognathen Insekten sind Schwestergruppen. Die Flügel der geflügelten Urinsekten haben sich möglicherweise aus äußeren Kiemen aquatisch lebender Nymphen oder Adulti evolviert. Außerdem könnte es ein Evolutionsstadium gegeben haben, in dem tergidische Erweiterungen (oder Protoflügel) – ob diese gelenkig mit dem Rumpf verbunden waren oder nicht – dazu gedient haben könnten, den Wirkungsgrad der verhaltensgesteuerten Thermoregulierung zu erhöhen. Schließlich erreichten diese Körperanhänge solch eine Größe, dass sie als wirkungsvolle Tragflächen wirklich brauchbarer Flügel tauglich wurden.

Die adaptive Vielfalt, die Arten- und die Individuenzahlen der Insekten sind enorm.

ZUSAMMENFASSUNG

Übungsaufgaben

1. Grenzen Sie die folgenden Gruppen gegeneinander ab: Diplopoda, Chilopoda, Insecta.
2. Durch welche Merkmale unterscheiden sich die Insekten von *allen* anderen Arthropoden?
3. Erläutern Sie, warum indirekte Flugmuskeln viel schneller zu zucken vermögen als direkte Flugmuskeln.
4. Wie laufen Insekten?
5. Nennen Sie die Teile des Insektendarms sowie die Funktionen jedes dieser Teile.
6. Beschreiben Sie drei verschiedene Typen von Mundwerkzeugen von Insekten und geben Sie an, wie diese für die Aufnahme unterschiedlicher Nahrungsformen adaptiert sind.
7. Beschreiben Sie das Tracheensystem eines typischen Insekts, und erläutern Sie, warum es in der Lage ist, ohne sauerstofftransportierende Pigmente in der Hämolymphe mit hohem Wirkungsgrad zu arbeiten. Warum wäre ein Tracheensystem für den menschlichen Körper kein geeignetes System?
8. Beschreiben Sie das einzigartige Ausscheidungssystem der Insekten. Wie wird die Harnsäure gebildet?
9. Beschreiben Sie die Sinnesrezeptoren, die Insekten für die Perzeption unterschiedlicher Stimuli besitzen.
10. Erklären Sie den Unterschied zwischen holometaboler und hemimetaboler Metamorphose bei den Insekten unter Einbeziehung der jeweiligen durchlaufenen Stadien.
11. Beschreiben Sie die hormonelle Steuerung der Metamorphose von Insekten. Schließen Sie eine Erläuterung der Wirkungsweise aller Hormone sowie deren Bildungsorte mit ein.
12. Was versteht man unter der Diapause und worin besteht ihr adaptiver Wert?
13. Umreißen Sie kurz drei Merkmale, welche die Insekten evolviert haben, um Fressfeinden zu entgehen.
14. Beschreiben Sie jeden der vier Wege, auf denen Insekten untereinander kommunizieren. Nennen Sie jeweils wenigstens ein Beispiel.
15. Nennen Sie die Kasten, die in einem Bienen- oder Termitenstaat vorkommen. Welche Aufgaben erfüllen die einzelnen Kasten?
16. Durch welche/n Mechanismen/Mechanismus wird bei den Honigbienen, beziehungsweise den Termiten, die Kastenzugehörigkeit festgelegt?
17. Was versteht man unter Trophallaxie? Welche Funktion/en erfüllt sie bei den Termiten?
18. Nennen Sie mehrere verschiedene Arten und Weisen, auf die sich Insekten als nützlich für den Menschen erweisen, sowie andere, durch die sie schädlich wirken.

19 Auf welche Weise lassen sich schädliche Insekten unter Kontrolle bringen oder eindämmen? Was versteht man unter „integrierter Schädlingsbekämpfung"?

20 Welches sind die wahrscheinlichsten Merkmale des stammesgeschichtlich jüngsten gemeinsamen Vorfahren aller Insekten? Welche Hauptabstammungslinien haben sich aus diesem Vorläufer evolutiv entwickelt?

21 Entwerfen Sie ein plausibles Szenario für die Evolution von Flügeln und fliegenden Insekten.

Weiterführende Literatur

Beckage, N. (1997): The parasitic wasp's secret weapon. Scientific American, vol. 277, no. 11: 82–87. *Die in diesem Artikel beschriebene, parasitäre Wespenart überträgt ein Virus, das in den Wirt eindringt, wenn die Wespe ihre Eier ablegt, und den gestochenen Wirt paralysiert.*

Bennet-Clark, H. (1998): How cicadas make their noise. Scientific American, vol. 278, no. 5: 58–61. *Männliche Zikaden sind die lautesten bekannten Insekten.*

Berenbaum, M. (1995): Bugs in the system. Addison-Wesley; ISBN: 0-2014-0824-4. *Wie Insekten Einfluss auf menschliche Angelegenheiten nehmen. Gut geschrieben. Für einen breiten Leserkreis. Sehr empfehlenswert.*

Brohmer, P. und M. Schaefer (2006): Fauna von Deutschland. Ein Bestimmungsbuch unserer heimischen Tierwelt. 22. Auflage. Quelle & Meyer; ISBN: 3-4940-1409-4. *Das allgemeingültige Bestimmungsbuch für die gesamte Tierwelt Deutschlands und angrenzender Gebiete mit einem wissenschaftlichen Bestimmungsschlüssel aller heimischen Insekten. Standardwerk.*

Dettner, K. et al. (2003): Lehrbuch der Entomologie. 2. Auflage. Spektrum; ISBN: 3-8274-0801-6. *Wohl das einzige derzeit greifbare umfassende deutschsprachige Lehrbuch der Insektenkunde.*

Douglas, M. (1981): Thermoregulatory significance of thoracic lobes in the evolution of insect wings. Science, vol. 211: 84–86. *Diese Studie zeigt auf, dass die Evolution sich auf breiter Basis am Rumpf ansetzender Thoraxflügelchen gegenüber urtümlicheren, flügellosen Insekten um bis zu 55 Prozent gesteigert haben könnte. Die nachfolgende Erweiterung dieser Flügelchen zur Verhaltensthermoregulierung könnte ein notwendiges morphologisches Grundstadium geschaffen haben für die Evolution funktionstüchtiger Flugflügel.*

Downs, A. et al. (1999): Head lice: prevalence in schoolchildren and insecticide resistance. Parasitology Today, vol. 15, no. 1: 1–4. *Dieser Bericht betrifft in erster Linie die Situation in Großbritannien, aber Kopfläuse gehören in allen Industrieländern zu den häufigsten Parasiten bei Kindern.*

Elzinga, R. (2003): Fundamentals of Entomology, 6. Auflage. Prentice Hall; ISBN: 0-13-048030-4.

Grimaldi, D. und M. Engel (2005): Evolution of the Insects. Cambridge University Press; ISBN: 0-521-82149-5.

Hayashi, A. (1999): Attack of the fire ants. Scientific American, vol. 280, no. 2: 26. *Feuerameisen sind auf die Galapagosinseln, in Melanesien und in Westafrika eingewandert, wo sie bei Elefanten zu Erblindungen geführt und die lokalen Ökosysteme anderweitig gestört haben.*

Heinrich, B. und H. Esch (1994): Thermoregulation in bees. American Scientist, vol. 82: 164–170. *Faszinierende Anpassungen des Verhaltens und anderer physiologischer Reaktionen zur Erhöhung und Absenkung der Körpertemperatur erlauben es Bienen, über einen bemerkenswerten Bereich von Außentemperaturen funktionsfähig zu bleiben.*

Hölldobler, B. und E. Wilson (1990): The ants. Harvard University Press; ISBN: 0-6740-4075-9.

Hubbell, S. (1997): Trouble with honey bees. Natural History, vol. 106, no. 4: 32–43. *Die Infektion von Honigbienen mit Varroa-Milben ist ein großes Problem für Imker.*

Kingsolver, J. und M. Koehl (1985): Aerodynamics, thermoregulation, and the evolution of insect wings: differential scaling and evolutionary change. Evolution, vol. 39, no. 3: 488–504. *Diese Arbeit unterstützt die Hypothese von Douglas, indem sie aufzeigt, dass Flügelchen, die einen maximalen Nutzen für die Regulierung der Körpertemperatur bieten, gleichzeitig auch die minimal notwendige Größe für einen Gleit- oder Flatterflug aufweisen.*

Kukalova-Peck, J. (1978): Origin and evolution of insect wings and their relation to metamorphosis, as documented by the fossil record. Journal of Morphology, vol. 156: 53–126. *Eine gründliche Untersuchung der paläontologischen Befundlage auf dem Gebiet der paläopteren Insekten, und eine Neubewertung der Stadien, die möglicherweise zur Evolution der Insektenflügel und der Metamorphose geführt haben.*

Levine, M. (2002): How insects lose their limbs. Nature, vol. 415: 848–849. *Ein Hox-Genprodukt im Abdomen von Insekten hemmt die Wirkung eines anderen Genprodukts, das notwendig für die Bildung von Gliedmaßen ist.*

McMaters, J. (1989): The flight of the bumble bee and related myths of entomological engineering. American Scientist, vol. 77: 164–169. *Es kursiert ein verbreiteter, auf einen Aerodynamikingenieur zurückgehender Mythos, der besagt, dass dieser herausgefunden haben will, dass Hummeln gar nicht flugfähig sind. Die Annahmen, auf denen diese offenkundig unsinnige Folgerung beruht, sind in weitem Maße falsch! Und die Hummeln selbst wissen auch nichts davon.*

Mehlhorn, H. und B. (1996): Zecken, Milben, Fliegen, Schaben. Schach dem Ungeziefer. 3. Auflage. Springer; ISBN: 3-5406-0935-0. *Ein leicht lesbares, populärwissenschaftliches Buch über Schadinsekten und andere lästige Plagen, die den Menschen und seine Behausungen heimsuchen.*

O'Brochta, D. und P. Atkinson (1998): Building the better bug. Scientific American, vol. 279, no. 12: 90–95. *Die gezielte Einbringung bestimmter, neuer Gene in bestimmte Insektenarten könnte den Effekt haben, dass diese dadurch als Vektoren für Krankheitserreger untauglich werden, einen landwirtschaftlichen Nutzen entwickeln oder anderen Nutzanwendungen zugänglich werden.*

Raff, R. (1996): The shape of life: genes, development, and the evolution of animal form. University of Chicago Press; ISBN: 0-2267-0266-9. *Enthält eine gute Darstellung darüber, wie die Flügel der Insekten sich evolviert haben könnten.*

Stone, G. und V. French (2003): Evolution: Have Wings Come, Gone and Come Again? Current Biology, vol. 13: R436–R438.

Tallamy, D. (1999): Child care among the insects. Scientific American, vol. 280, no. 1: 72–77. *Die meisten Insekten lassen ihren Eiern oder Jungen keine Hilfe angedeihen. Die Weibchen und in einigen wenigen Fällen auch die Männchen einer Anzahl von Arten betreiben jedoch Brutfürsorge der Eier und des Nachwuchses.*

Topoff, H. (1990): Slave-making ants. American Scientist, vol. 78: 520–528.

Weitere Informationen zu diesem Buchkapitel finden Sie auf der Companion-Website unter
http://www.pearson-studium.de

Kleinere Protostomierstämme

Lophotrochozoische Stämme: Sipuncula, Echiura, Pogonophora, Ectoprocta, Brachiopoda
Ecdysozoische Stämme: Pentastomida, Onychophora, Tardigrada, Chaetognatha

21.1	Lophotrochozoenstämme	665
21.2	Ecdysozoische Stämme	676
21.3	Phylogenese	682
	Zusammenfassung	685
	Übungsaufgaben	686
	Weiterführende Literatur	686

21 Kleinere Protostomierstämme

Während des Kambriums (545 bis 495 Millionen Jahre vor unserer Zeit) vollzog sich vor etwa 535 bis 530 Millionen Jahren eine höchst fruchtbare Epoche der Evolutionsgeschichte. In den vorhergegangenen drei Milliarden Jahren hatte die Evolution des Lebens auf der Erde nicht viel mehr als die Prokaryonten und einzellige Eukaryonten hervorgebracht. Dann – in einem kurzen Zeitraum von einigen Millionen Jahren – erschienen alle wesentlichen Stämme der makroskopischen Invertebraten sowie vermutlich auch alle kleineren Stämme. Dies wird als die „kambrische Explosion" bezeichnet – der lauteste evolutive „Knall", der die Welt seit der Entstehung des Lebens erschüttert hat. Die Fossilgeschichte deutet darauf hin, dass im Paläozoikum mehr Tierstämme existiert haben als heute. Einige davon starben aber bei großen Massensterben, welche die Geschichte des Lebens seitdem immer wieder gravierend verändert haben, wieder aus. Das umfangreichste dieser Massensterben ereignete sich am Ende des Perms vor etwa 230 Millionen Jahren. Die Evolution hat immer wieder Anlauf genommen und neue „experimentelle Modelle" erzeugt. Einige dieser Modelle erwiesen sich als untauglich, weil sie unfähig waren, sich verändernden Bedingungen anzupassen. Andere waren Ausgangspunkte für häufige und dominante Arten und Individuen, die heute die Welt bevölkern. Wieder andere Modelle brachten nur eine kleine Anzahl bis heute überlebender Arten hervor, während andere Arten in früheren Zeiten weitaus häufiger und artenreicher waren, nach ihrer Blüte aber an Zahl wieder abnahmen.

Ektoprokten (Moostierchen) und andere Tiere auf einem sich zersetzenden Bootsrumpf.

Die große evolutive Flut, die mit dem Erscheinen eines Coeloms einsetzte und die drei großen Stämme der Mollusken, der Anneliden und der Arthropoden hervorbrachte, hat noch andere Entwicklungslinien produziert. Die meisten dieser Arten, die bis heute überlebt haben, sind klein mit wenigen Vertretern und ohne große wirtschaftliche und/oder ökologische Bedeutung. Die Verwandtschaftsbeziehungen dieser Gruppen waren und sind Gegenstand beträchtlicher akademischer Kontroversen unter den Fachleuten.

Dieses Kapitel liefert eine knappe Beschreibung von zehn coelomaten Stämmen, deren Stellung in der Stammesgeschichte des Tierreichs lange Zeit problematisch war. Die Sipunkuliden, die Echiuriden und die Pogonophoren weisen einige annelidenähnliche Merkmale auf, und molekulare Befunde stützen gegenwärtig ihre Eingruppierung in das Phylum Annelida oder zumindest zusammen mit den Anneliden in ein Superphylum Lophotrochozoa. Die Ektoprokten, die Phoroniden und die Brachiopoden werden aufgrund ihres Lophophors zusammengefasst (Abbildungen 21.9 und 21.10) und ebenfalls zu den Lophotrochozoen gestellt – ungeachtet der Tatsache, dass man sie lange aufgrund entwicklungsbiologischer und morphologischer Kriterien als Deuterostomier betrachtet hat. Viele ausgewiesene Fachleute streiten immer noch um die Frage der Reklassifizierung dieser Stämme als Protostomier. Die Pentastomiden, die Onychophoren und die Tardigraden zeigen einige arthropodenartige Merkmale; sie sind vielfach als Parathropoda zusammengefasst worden, weil sie ungelenkige Gliedmaßen mit Klauen (in irgendeinem Stadium) und eine Kutikula besitzen, die sich einer Häutung unterzieht. Molekulare und andere Befunde stützen nunmehr die Eingruppierung dieser Stämme innerhalb des übergeordneten Taxons der Ecdysozoen nahe bei den oder sogar in die Arthropoden. Die Chaetognathen sind ein weiterer Stamm, von dem lange angenommen worden war, dass es sich um Deuterostomier handelt, doch deuten neuere Analysen von DNA-Sequenzen daraufhin, dass es sich tatsächlich um Protostomier handelt, die innerhalb der Ecdysozoa eine hohe Affinität zu den Nematoden besitzen.

21.1 Lophotrochozoenstämme

21.1.1 Phylum Sipuncula

Der Stamm Sipuncula (**Spritzwürmer**) (lat. *sipunculus*, kleiner Siphon) besteht aus ca. 250 Arten benthischer Meereswürmer, die sich vom Gezeitensaum bis in Wassertiefen von 5000 m finden lassen. Sie leben ein gemächliches Leben in Grabbauten im Schlick oder Sand, okkupieren leere Schneckenhäuser, bewohnen Spalten in Korallenstöcken oder finden sich zwischen submerser Vegetation. Einige Arten schaffen sich mit chemischen und vielleicht auch mechanischen Hilfsmitteln ihre eigenen Felsbauten. Mehr als die Hälfte der Arten ist auf tropische Gebiete beschränkt. Einige sind winzige, schlanke Würmer, die Mehrzahl besitzt jedoch eine Körperlänge zwischen 3 und 10 cm. Einige werden umgangssprachlich als „Erdnusswürmer" bezeichnet, da sie sich zu einer erdnussähnlichen Form zusammenziehen, wenn sie gestört werden (▶ Abbildung 21.1).

Die Sipunkuliden weisen keine Segmentierung oder Seten auf. Sie sind am leichtesten an einer schlanken, retrahierbaren **Proboscis** zu erkennen, die fortwährend und rasch aus dem anterioren Ende vorgestreckt und wieder zurückgezogen wird. Die Wände des Rumpfes sind muskulär. Wenn die Proboscis vorgestülpt wird, kann man an ihrer Spitze die Mundöffnung erkennen, die von einer Krone aus cilienbesetzten Tentakeln umgeben ist. Über die Einzelheiten des Nahrungserwerbs der Sipunkuliden ist wenig bekannt. Einige scheinen Detritusfresser, andere Filtrierer zu sein. Einige Nährstoffe könnten aus gelösten organischen Verbindungen unmittelbar aus dem Wasserkörper stammen. Ungestörte Sipunkuliden strecken für gewöhnlich das anteriore Ende aus dem Bau oder dem Versteck heraus und

STELLUNG IM TIERREICH

■ **Kleinere Protostomierstämme**

Die Tiere der in diesem Kapitel vorgestellten Stämme sind sämtlich coelomate Protostomier, obgleich einige auch verschiedene Merkmale der Deuterostomier besitzen. Bis heute herrscht Uneinigkeit unter den Zoologen hinsichtlich der Eingruppierung einiger dieser Stämme in die Linien der Proto- bzw. der Deuterostomier. Ihre verwandtschaftlichen Beziehungen untereinander sowie mit den Hauptprotostomier-Stämmen sind kontrovers. Wir werden später in diesem Kapitel einige hypothetische stammesgeschichtliche Beziehungen aufzeigen.

21 Kleinere Protostomierstämme

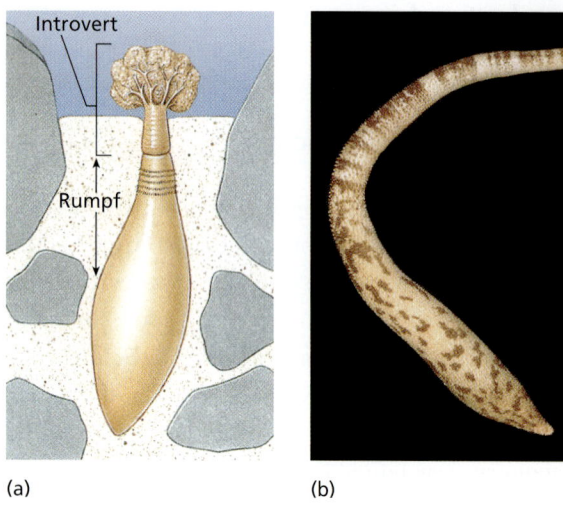

Abbildung 21.1: **Sipunkuliden (Spritzwürmer).** (a) *Themiste* und (b) *Phascolosoma* sind beides grabende Gattungen mit kosmopolitischer Verbreitung.

breiten ihre Tentakeln aus, um die Umgebung zu erkunden und Nahrung aufzunehmen. Organisches Material, das sich in der Schleimschicht der Tentakel fängt, wird durch Cilienschlag zur Mundöffnung befördert. Die Proboscis wird durch hydrostatischen Druck ausgedehnt; der Druck wird durch Kontraktion der Muskeln in der Körperwand erzeugt, die auf die Coelomflüssigkeit drücken. Das Lumen der hohlen Tentakel ist nicht mit dem Coelom verbunden, sondern steht vielmehr mit einem oder zwei blind endenden, tubulären Ausgleichssäcken in Verbindung, die längs des Ösophagus des Tieres liegen (▶ Abbildung 21.2). Diese Säcke nehmen Flüssigkeit aus den Tentakeln auf, wenn die Proboscis zurückgezogen wird. Das Zurückziehen wird über spezielle Retraktormuskeln bewerkstelligt. Die Proboscisoberfläche ist oftmals rau, weil sie Dornen, Haken oder Papillen trägt.

Es gibt ein großes, flüssigkeitsgefülltes Coelom, das von Muskeln und Bindegewebsfasern durchzogen wird. Der Verdauungstrakt der Tiere besteht aus einer langen Röhre, die sich umbiegt und U-förmig zurückläuft, und in der Nähe der Basis der Proboscis in einem Anus endet (Abbildung 21.2). Ein Paar großer Nephridien öffnet sich nach außen, um mit Abfallstoffen gefüllte Coelomamöbozyten zu entsorgen; die Nephridien dienen außerdem als Gonodukte. Ein Kreislauf- und ein Respirationssystem fehlen, doch enthält die Coelomflüssigkeit rote Korpuskeln mit dem Atmungspigment Hämerythrin (gr. *haema*, Blut + *erythro*, rot), das dem Sauerstofftransport dient. Der Gasaustausch scheint sich größtenteils über die Tentakeln und die Proboscis

zu vollziehen. Das Nervensystem der Sipunkuliden besitzt ein zweilappiges Cerebralganglion, das knapp hinter den Tentakeln liegt, sowie einen ventralen Nervenstrang, der sich über die ganze Länge des Körpers erstreckt. Mit nur wenigen Ausnahmen sind die Geschlechter getrennt. Permanente Gonaden fehlen, und die Ovarien und Testes entwickeln sich saisonal im Bindegewebe, das die Ansätze eines oder mehrerer der Retraktormuskeln bedeckt. Die Geschlechtszellen werden über die Nephridien freigesetzt. Die Larve hat die Form einer Trochophora. Ungeschlechtliche Vermehrung durch Querteilung kommt ebenfalls vor. Dabei schnürt sich bei manchen Arten das posteriore Fünftel eines Elterntiers ab und wird zu einem neuen Individuum.

21.1.2 Phylum Echiura

Der Stamm Echiura (**Igelwürmer**) (gr. *echinos*, Igel + *ura*, Schwanz + *ida*, Pluralendung) umfasst ca. 140 Arten mariner Würmer, die sich in Schlick oder Sand eingraben, in leeren Schneckenhäusern oder Spalten im Gestein leben. Man findet sie in allen Meeren – am häufigsten im Litoral warmer Meeresgebiete –, doch finden sich einige auch in polaren Gewässern. Auch hat man sie aus Tiefen von bis zu 10.000 m geborgen. Ihre Länge reicht von wenigen Millimetern bis zu 50 cm.

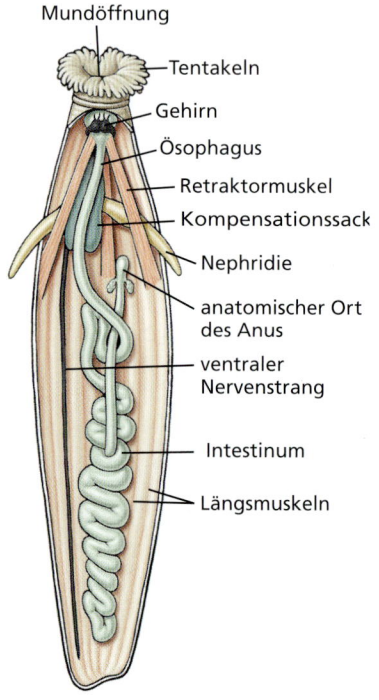

Abbildung 21.2: *Sipunculus.* Innerer Bauplan.

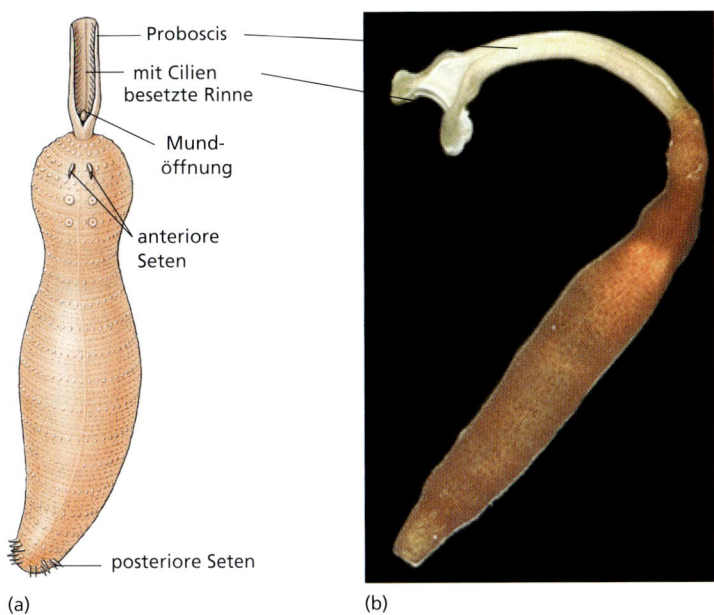

Abbildung 21.3: **Echiuriden.** (a) *Echiurus*, ein Igelwurm, der sowohl an der atlantischen wie der pazifischen Küste Nordamerikas beheimatet ist. (b) *Anelassorhynchus*, ein Echiuride des tropischen Pazifiks. Die Form ihrer Proboscien hat ihnen den alternativen Trivialnamen „Löffelwürmer" eingetragen.

Die Echiuriden sind von zylindrischer oder wurstförmiger Gestalt (▶ Abbildung 21.3). Auf der anterioren Seite der Mundöffnung befindet sich eine abgeflachte, ausstülpbare Proboscis, die – anders als bei den Sipunkuliden – nicht in den Rumpf zurückgezogen werden kann. Die Igelwürmer werden nach der Form der kontrahierten Proboscis mancher Arten gelegentlich auch als „Löffelwürmer" bezeichnet. Das Nervensystem der Echiuriden ist ziemlich einfach, mit einem ventralen Nervenstrang, der die Länge des Rumpfes durchzieht und sich dorsal in die Proboscis fortsetzt. Die Proboscis besitzt eine mit Cilien besetzte Rinne, die zur Mundöffnung führt. Während der Wurm vergraben im Substrat liegt, kann sich die Proboscis zur Erkundung und Nahrungsfilterung aus der Schlickschicht herausstrecken (▶ Abbildung 21.4). Die meisten Arten sammeln sehr kleine Detritusteilchen auf, die sie mit Hilfe der Cilien die Proboscis entlang transportieren. Größere Teilchen werden durch ein Zusammenspiel von Cilien- und Muskelbewegungen oder nur durch Muskelbewegungen transportiert. Unerwünschte Teilchen können entlang des Weges zur Mundöffnung wieder abgestoßen werden. Die Proboscis ist bei manchen Arten kurz, bei anderen lang ausgebildet. *Bonellia*, eine Art, deren Körper nur 8 cm lang ist, kann ihre Proboscis bis zu 2 m weit ausstrecken!

Eine verbreitete Form, *Urechis* (gr. *ura*, Schwanz + *echinos*, Igel), besitzt eine sehr kurze Proboscis und lebt in einem U-förmigen Bau, in den es ein trichterförmiges Schleimnetz sezerniert. Das Tier pumpt Wasser durch das Netz; dabei fangen sich Bakterien und feines, partikuläres Material in dem Schleimnetz. *Urechis* verschluckt in regelmäßigen Abständen das mit Nahrung beladene Netz. *Lissomyema* (gr. *lissos*, glatt + *mys*, Muskel) lebt in verlassenen Gastropodengehäusen, in denen es Räume errichtet, die durch rhythmisches Durchpumpen von Wasser „bewässert" werden, und ernährt sich vom Detritus und dem organischen Überzug von Sandkörnern sowie von Schlammpartikeln, die durch diesen Vorgang eingestrudelt werden.

Die Kutikula und das Epithel, die glatt oder mit Papillen überzogen sein können, bedecken die muskuläre Wandung des Körpers. Es kann ein anteriores Setenpaar oder ein Reihe Borsten am posterioren Ende

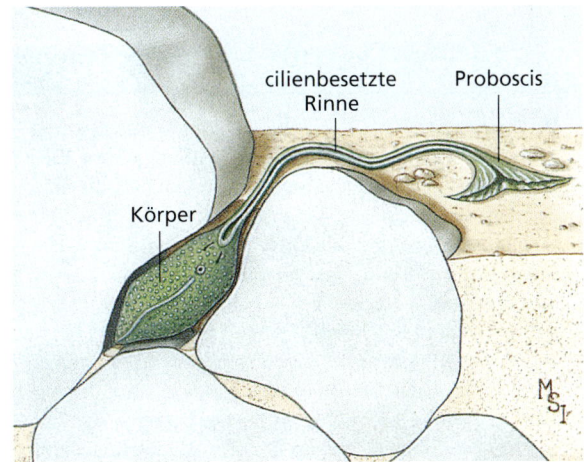

Abbildung 21.4: ***Bonellia*** **(Phylum Echiura), ein Detritusfresser.** In seinem Bau liegend, erkundet es mit seiner langen Proboscis die Umgebung und sammelt dabei organische Teilchen auf, die entlang einer cilienbesetzten Rinne zur Mundöffnung verfrachtet werden.

21 Kleinere Protostomierstämme

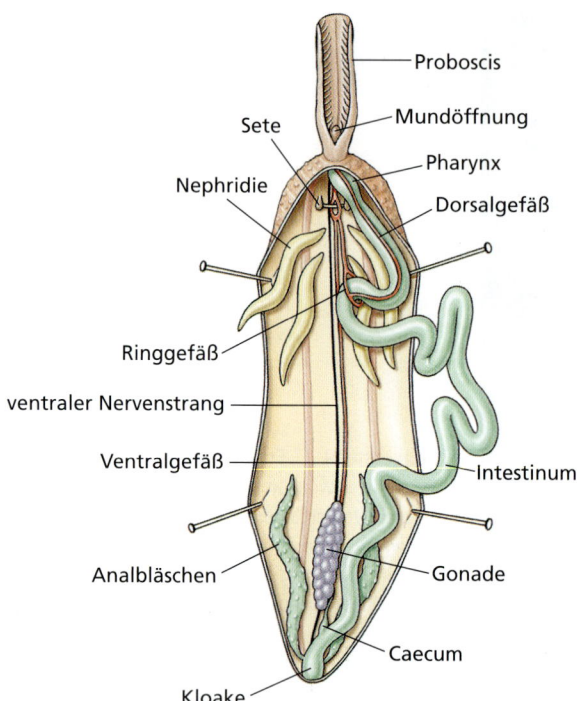

Abbildung 21.5: **Eine Echiuride.** Anatomie des Körperinneren.

vorhanden sein (Abbildung 21.3). Die Coelom ist groß. Der Verdauungstrakt ist lang und verschlungen und endet am posterioren Körperende (▶ Abbildung 21.5). Ein Paar Analsäcke haben möglicherweise exkretorische und osmoregulatorische Funktionen.

Die meisten Echiuriden besitzen ein geschlossenes Kreislaufsystem mit farblosem Blut, doch findet sich Hämoglobin in coelomischen Korpuskeln sowie in bestimmten Körperzellen. Es gibt ein bis viele Nephridienpaare, die bei einigen Arten in der Hauptsache als

Gonodukte dienen. Der Gasaustausch vollzieht sich wahrscheinlich primär im hinteren Darm, der durch Bewässerung der Kloake kontinuierlich gefüllt und wieder entleert wird.

Die Geschlechter sind getrennt; die Gonaden werden bei beiden Geschlechtern in spezialisierten Bereichen des Peritoneums gebildet. Ausgereifte Geschlechtszellen lösen sich aus diesen Gonadalbereichen und verlassen die Körperhöhle über die Nephridien. Die Befruchtung erfolgt regelmäßig extern.

Die frühen Furchungs- und Trochophorastadien sind denen der Anneliden und Sipunkuliden sehr ähnlich. Das Trochophorastadium, das von einigen Tagen bis zu drei Monaten dauern kann – je nach Art – wird von einer graduellen Metamorphose zum wurmartigen Adultus abgelöst.

21.1.3 Phylum Pogonophora

Das Phylum Pogonophora (**Bartwürmer**) (gr. *pogon*, Bart + *phora*, tragend) war vor dem 20. Jahrhundert gänzlich unbekannt und ist seit seiner Entdeckung Gegenstand intensiver taxonomischer und phylogenetischer Debatten. Für etwa ein Jahrzehnt hielt man die Vestimentifera (Riesenröhrenwürmer) zusammen mit den Pogonophoren für ein eigenes Phylum. In der Folge wurden die Vestimentiferen wie *Riftia* (▶ Abbildung 21.6) in den Stamm Pogonophora umklassifiziert. Viele taxonomische Autoritäten betrachten heute sowohl die Pogonophora wie die Vestimentifera als zur Annelidenfamilie der Siboglinidae gehörig. Da der Ausgang dieses fachlichen Disputs noch aussteht, werden wir an dieser Stelle die traditionelle Einteilung mit den Vestimentiferen als Angehörige des Phylums Pogonophora vorerst beibehalten. Die ersten beschriebenen Exemplare wurden 1900 bei der Bergung ausgebagger-

Exkurs

Bei einigen Arten ist der Geschlechtsdimorphismus ausgeprägt, wobei das Weibchen das deutlich größere Tier ist. *Bonellia* zeigt einen extremen Sexualdimorphismus, bei dem die winzigen Männchen auf dem Körper der Weibchen oder innerhalb ihrer Nephridien leben. Die Geschlechtsfestlegung bei *Bonellia* ist höchst interessant. Die freischwimmenden Larven sind geschlechtlich undifferenziert. Solche, die sich auf die Proboscis eines Weibchens niedersetzen, entwickeln sich zu Männchen (1 bis 3 mm lang). In einem einzigen Weibchen finden sich für gewöhnlich ca. 20 Männchen. Larven, die nicht mit einer weiblichen Proboscis in Kontakt kommen, entwickeln sich durch Metamorphose selbst zu Weibchen. Der Stimulus zur Entwicklung zu Männchen kommt scheinbar von einem Hormon, das von der weiblichen Proboscis gebildet oder zumindest freigesetzt wird.

Abbildung 21.6: **Eine Kolonie Riesenröhrenwürmer (Vestimentiferen, Phylum Pogonophora).** Die Tiere leben in großer Tiefe, in der Nähe einer heißen Quelle am Galapagosgraben des östlichen Pazifiks.

21.1 Lophotrochozoenstämme

> **Exkurs**
>
> Zu den erstaunlichsten Tieren der Tiefseegemeinschaften des pazifischen Grabens (siehe Kapitel 38, „Hintergrund: Leben ohne Sonne") gehören die Riesenröhrenwürmer der Art *Riftia pachyptila*, deren Vertreter viel größer werden als jeder andere bis heute gefundene Pogonophore. Das Trophosom (siehe weiter unten) der übrigen Pogonophoren ist auf den vorderen Rumpfbereich beschränkt, der im sulfidreichen Sediment verborgen ist; bei *Riftia* nimmt das Trophosom den größten Teil des großen Rumpfes ein. Durch die von der hydrothermalen Quelle ausströmenden Stoffe verfügt *Riftia* über eine sehr viel höhere Schwefelwasserstoffversorgung, die ausreichend ist, seinen großen Körper zu ernähren.

Diese verborgene Lebensweise erklärt ihre späte Entdeckung, da man die Tiere erst fand, als man anfing, Meeresboden aus verschiedenen Gründen auszubaggern. Es handelt sich um sessile Tiere, die sehr lange, chitinöse Röhren abscheiden, in denen sie leben. Wahrscheinlich schieben sie nur das anteriore Ende ihres Körpers hervor, um Nährstoffe zu absorbieren. Die Wohnröhren sind für gewöhnlich aufrecht im Bodensediment ausgerichtet. Eine solche Röhre kann die drei- bis vierfache Länge des Tieres erreichen, so dass sich dieses in seiner Röhre auf und ab bewegen, aber nicht umdrehen kann.

Die Bartwürmer weisen einen langen, zylindrischen Körper auf, der mit einer Kutikula überzogen ist. Der Körper gliedert sich in einen kurzen, anterioren **Vorderteil**; einen langen, sehr schlanken **Rumpf**; und ein kleines, segmentiertes **Opisthosoma** (▶ Abbildung 21.7). An seinem anterioren Pol trägt ein Cephalobus ein bis 260 lange Tentakel (der namensgebende „Bart" dieser Gruppe); die Zahl der Tentakel ist artabhängig. Die Tentakel sind hohle Erweiterungen des Coeloms und tragen winzige Pinnulen. Über einen Teil oder ihre ganze Länge liegen die Tentakel parallel zueinander und umschließen so einen zylinderförmigen Zwischententakelraum, in den hinein sich die Pinnulen erstrecken (▶ Abbildung 21.8).

Die Kutikula, die Epidermis sowie die umlaufenden und die longitudinalen Muskeln bilden die Körperwand. Ihre Kutikula ist in ihrem Aufbau der der Anneliden und Sipunkuliden ähnlich.

Die Pogonophoren sind auch deshalb bemerkenswert, weil sie weder eine Mundöffnung noch einen Verdauungstrakt besitzen, wodurch ihre Ernährungsweise

ten Tiefseebodens vor Indonesien entdeckt. Seitdem hat man weitere Exemplare in mehreren anderen Meeren einschließlich des nördlichen Westatlantiks gefunden. Um die hundert Arten sind bislang beschrieben worden. Die meisten Arten besitzen Durchmesser von weniger als 1 mm, erreichen dabei aber eine Länge von 10 bis 75 cm. Die Riesenröhrenwürmer leben im Umkreis hydrothermaler Tiefseequellen und werden mit einer Länge von bis zu 3 m und einem Durchmesser von bis zu 5 cm bedeutend größer (Abbildung 21.6).

Diese langgestreckten, röhrenbewohnenden Formen haben keine bekannten Fossilspuren hinterlassen. Sie scheinen ihre höchste phylogenetische Affinität bei den Anneliden zu finden, und tatsächlich deuten DNA-Sequenzdaten daraufhin, dass die Pogonophoren und Vestimentiferen in der Tat abgeleitete Anneliden sind.

Die meisten Bartwürmer leben in der Schlickschicht am Meeresgrund in Tiefen zwischen 100 und 10.000 m.

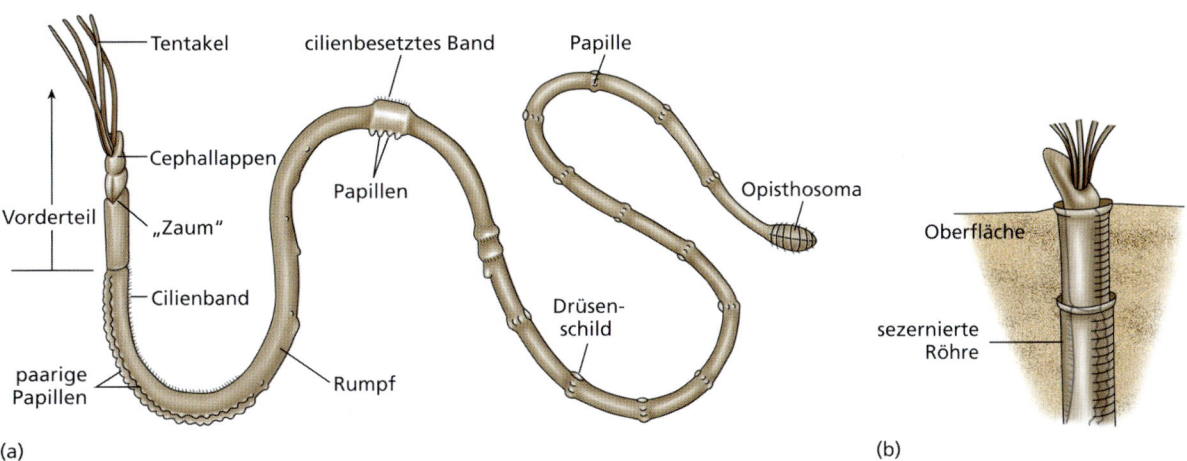

Abbildung 21.7: **Schemazeichnung eines typischen Bartwurms.** (a) Äußere Erscheinung. Beim lebenden Tier ist der Körper viel stärker gestreckt als in dieser Zeichnung. (b) Lage in der Wohnröhre.

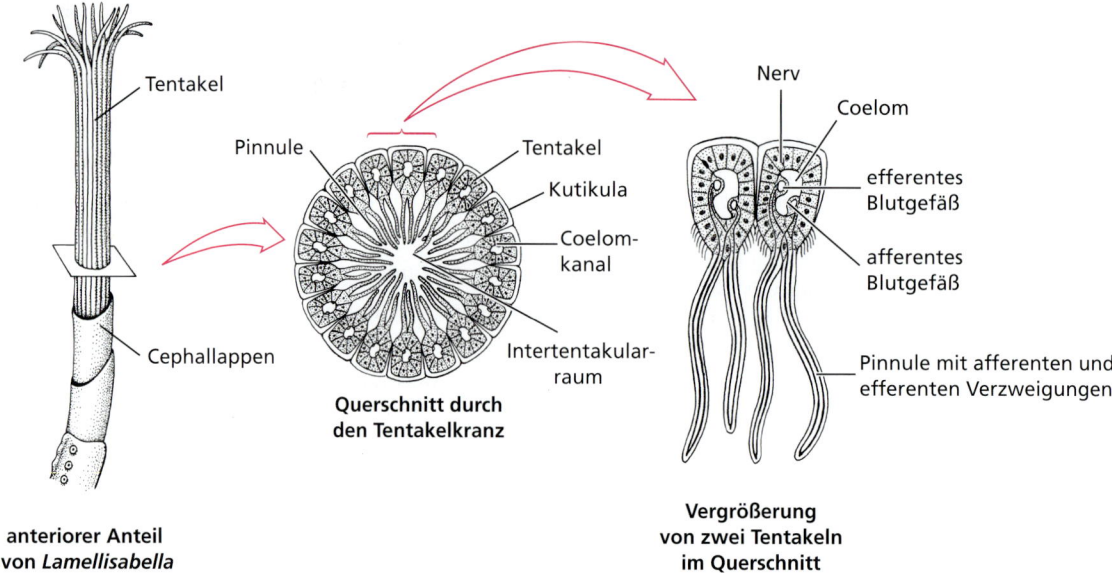

Abbildung 21.8: Querschnitt durch die Tentakelkrone des Bartwurms *Lamellisabella*. Die Tentakel erstrecken sich von der Ventralseite des Vorderteils an der Basis des Cephallappens aus. Die Tentakel (deren Zahl artabhängig ist) umschließen einen zylindrischen Raum, in welchem die Pinnulen eine Art Netzwerk zur Nährstoffaufnahme bilden. Nahrungsmoleküle können in das Blut absorbiert werden, das die Tentakel und die Pinnulen durchfließt.

rätselhaft erscheint. Sie absorbieren einige gelöste Nährstoffe aus dem Meerwasser, zum Beispiel Traubenzucker (Glukose), Amino- und Fettsäuren. Dies geschieht vermittels der Pinnulen und Mikrovilli auf den Tentakeln. Der größte Teil ihres Energiebedarfes scheinen sie aber durch eine mutualistische Assoziation mit chemoautotrophen Bakterien zu decken. Diese Bakterien oxidieren den Schwefelwasserstoff (H_2S), um die notwendige Energie zu gewinnen, die sie benötigen, um organische Verbindungen aus Kohlendioxid (CO_2) herstellen zu können. Die Pogonophoren enthalten solche Bakterien in einem Organ, das als **Trophosom** (gr. *trophein*, ich esse + *soma*, Körper) bezeichnet wird. Es leitet sich embryonal vom Mitteldarm ab (bei den Adulti fehlt jede Spur vom Vorder- wie vom Hinterdarm).

Die Geschlechter sind getrennt, mit einem Gonadenpaar sowie einem Paar Gonodukte in der Rumpfsektion. Es sind nur wenige entwicklungsbiologische Untersuchungen an diesen Würmern der Tiefsee durchgeführt worden, doch deuten die gemachten Forschungsarbeiten daraufhin, dass die Furchung inäqual und atypisch verläuft. Sie scheint dem spiraligen Modus näher zu stehen als dem radialen. Die Entwicklung des apparenten Coeloms erfolgt schizocoel, nicht enterocoel, wie ursprünglich behauptet worden war. Der wurmförmige Embryo ist mit Cilien besetzt, aber ein schlechter Schwimmer. Er wird wahrscheinlich von der Strömung verdriftet (ist also Teil des Planktons), bis er sich absetzt.

21.1.4 Die Lophophoraten

Die Phoroniden (**Hufeisenwürmer**) sind wurmartige Meerestiere, die in von ihnen selbst sekretierten Röhren im Sand oder Schlick oder angeheftet an Felsen oder Schalen leben. Die Ektoprokten (Moostierchen) sind winzige Formen, die zumeist kolonial vorkommen, und deren Schutzhüllen vielfach verkrustete Gebilde auf Gestein, Schalen oder Pflanzen bilden. Die Brachiopoden (Armfüßler; gr. *brachios*, Arm + *podos*, Fuß) sind bodenlebende Meeresbewohner, die aufgrund ihrer zweideckeligen Schalen bei oberflächlicher Betrachtung bivalven Mollusken ähneln.

Man mag sich fragen, warum diese drei scheinbar so verschiedenen Tiergruppen in der Gruppe der Lophophoraten zusammengefasst werden. Tatsächlich haben sich mehr gemeinsam, als sich auf den ersten Blick erschließt. Alle sind Coelomaten. Sie weisen einige deuterostome und einige protostome Merkmale auf. Und kein Vertreter verfügt über einen abgesetzten Kopf. Aber auch andere Stämme teilen diese Merkmale. Was diese Gruppe wirklich von anderen Tierstämmen absetzt, ist der gemeine Besitz eines cilienbesetzten Fressapparates, der **Lophophor** (gr. *lophos*, Helmbusch, Schopf + *phorein*, ich trage).

Ein Lophophor („Schopfträger") ist eine eigentümliche Anordnung cilienbesetzter Tentakel, die einer Ausstülpung der Körperwand sitzen, welche die Mundöffnung, aber nicht den Anus umgibt. Der Lophophor mit seinem Tentakelkranz enthält in seinem Inneren eine Fortsetzung des Coeloms, und die dünnen, mit Cilien besetzten Wände der Tentakel sind nicht nur ein effizienter Nahrungsfilterapparat, sondern dienen gleichzeitig auch als respiratorische Oberfläche für den Gasaustausch zwischen dem Umgebungswasser und der Coelomflüssigkeit. Ein Lophophor kann zum Nahrungseinfang ausgestülpt und zum Schutz der empfindlichen Strukturen zurückgezogen werden.

Darüber hinaus weisen alle drei Stämme einen U-förmigen Verdauungskanal auf, dessen Anus in der Nähe der Mundöffnung, aber außerhalb des Lophophors liegt. Ihr Coelom ist primitiv in drei Kompartimente – ein **Protocoel**, ein **Mesocoel** und ein **Metacoel** – untergliedert. Das Mesocoel erstreckt sich bis in die Hohlräume der Tentakel des Lophophors. Das Protocoel bildet, sofern es vorhanden ist, einen Hohlraum in einer Hautfalte über der Mundöffnung, der als **Epistom** (gr. *epi*, auf, an, bei, bis, zu, gegen + *stoma*, Mund) bezeichnet wird. Der Teil des Körpers, der das Mesocoel enthält, wird **Mesosom** genannt, der das Metacoel enthaltende **Metasom**. Dieser Satz gemeinsamer Merkmale, zusammen mit dem eigentümlichen Lophophor, wird von vielen Fachleuten als starker Hinweis auf eine gemeinsame Herkunft angesehen. Wie wir bereits weiter oben erwähnt haben, gehört diese Gruppe jedoch zu den umstrittensten unter den Invertebraten, und die Stellung dieser Stämme zu den Protostomiern oder den Deuterostomiern ist weiterhin umstritten. Wir präsentieren hier eine Klassifizierung, die sich auf die stärkste genetische Evidenz stützen kann, und welche die Lophophoraten als Protostomier zu den Lophotrochozoen stellt – im Gegensatz zu ihrer traditionellen Eingruppierung als Deuterostomier. Falls die verfügbaren molekularen Daten sich als akkurat erweisen, könnten die gemeinsamen morphologischen und entwicklungsbiologischen Merkmale, die diese Stämme mit den Deuterostomiern in Verbindung bringen, das Ergebnis von Konvergenz und nicht einer gemeinsamen stammesgeschichtlichen Herkunft sein. Es müssen jedoch noch beträchtliche Forschungsanstrengungen unternommen werden, bevor die verwandtschaftlichen Beziehungen der Lophophoraten mit anderen Gruppen des Tierreichs unzweifelhaft feststehen werden.

21.1.5 Phylum Phoronida

Der Stamm der Phoroniden (**Hufeisenwürmer**, lat. *Phoronis*, in der altrömischen Mythologie Beiname der (griechischen) Io, als Nachkomme oder Schwester des Phoroneus; von Juno (= Hera) in eine weiße Kuh verwandelt) umfasst ca. 20 Arten kleiner, wurmartiger Tiere. Die meisten leben am Grund flacher, küstennaher Gewässer, insbesondere in den gemäßigten Breiten. Sie reichen in der Länge von wenigen Millimetern bis zu 30 cm. Jeder Wurm scheidet eine lederige oder chitinöse Röhre ab, in der er frei liegt, die er jedoch niemals verlässt. Die Röhren können einzeln oder zu einer verflochtenen Masse verbunden auf Felsen, Schalen, an Kaianlagen oder im Sand vergraben liegen. Die Würmer strecken die Tentakel des Lophophors zum Fressen aus; fühlen die Tiere sich bedroht, können sie sich vollständig in ihre Röhre zurückziehen.

Ein Lophophor besitzt zwei parallele, gebogene Aufwölbungen in Form eines Hufeisens; die Biegung des „Hufeisens" liegt ventral, und die Mundöffnung liegt zwischen den beiden Aufwölbungen (▶ Abbildung 21.9). Hörner an den Aufwölbungen rollen sich oft zu Zwillingsspiralen zusammen. Jede Aufwölbung trägt hohle, cilienbesetzte Tentakel, die – wie die Aufwölbungen selbst – Erweiterungen der Körperwand sind.

Cilien auf den Tentakeln leiten den Wasserstrom zu einer zwischen den Aufwölbungen liegenden Rinne, die zur Mundöffnung hinführt. Plankton und Detritus,

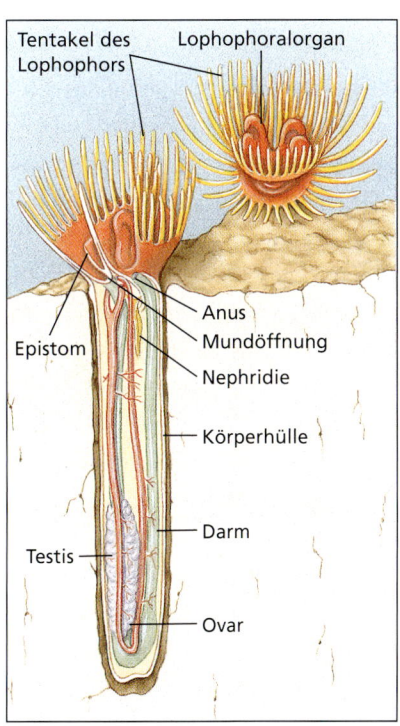

Abbildung 21.9: Innerer Bau von *Phoronis* (Phylum Phoronida). Schematischer Längsschnitt.

die von der Wasserströmung mitgerissen werden, fangen sich in einer Schleimschicht und werden durch Cilienschlag zur Mundöffnung befördert. Der Anus liegt dorsal zur Mundöffnung außerhalb des Lophophors und wird zu beiden Seiten von einer Nephridiopore flankiert. Wasser, das das Lophophor verlässt, strömt über den Anus und die Nephridioporen hinweg und schwemmt Abfallstoffe fort. Cilien im Magenbereich des U-förmigen Darms wirken bei der Weiterbewegung der Nahrung unterstützend mit.

Die Körperwandung besteht aus einer Kutikula, einer Epidermis, longitudinalen und zirkulären Muskeln. Das Protocoel ist als kleine Höhlung im Epistom ausgebildet; es ist über den Lateralaspekt des Epistoms mit dem Mesocoel verbunden (Abbildung 21.9). Ein Septum trennt das Metacoel vom Mesocoel. Die Phoroniden besitzen ein ausgedehntes System kontraktiler Blutgefäße in einem funktionell, nicht aber im technischen Sinn geschlossenen Kreislaufsystem. Sie besitzen kein Herz. Ihr Blut enthält Hämoglobin, das in zellkernhaltigen Zellen eingeschlossen ist. Es gibt ein Paar Metanephridien. Ein Nervenring sendet Nerven in die Tentakel und die Körperwand, doch ist das System diffus und es fehlt ein abgrenzbares Ganglion, das als Gehirn bezeichnet werden könnte. Eine einzelne motorische Riesenfaser liegt in der Epidermis, und ein epidermaler Nervenplexus versorgt die Körperwand und die Epidermis.

Man kennt sowohl monözische (mehrheitlich) und diözische Phoronidenarten, und mindestens zwei Arten vermehren sich ungeschlechtlich. Die Befruchtung kann sowohl innerlich als auch äußerlich stattfinden; im Gegensatz zu frühen Berichten verläuft die Furchung radial. Die Coelombildung erfolgt durch einen hochgradig modifizierten enterocoelen Weg, aber der Blastoporus wird zur Mundöffnung. Eine Aktinotroch genannte, freischwimmende, cilienbesetzte Larve, die auf den Gewässerboden absinkt und sich dort in einen Adultus metamorphiert, sezerniert eine Röhre und wird sessil.

21.1.6 Phylum Ectoprocta (= Bryozoa; Moostierchen)

Die Ektoprokten (gr. *ektos*, außen + *proktos*, After) sind lange Zeit als Bryozoen (Moostierchen; gr. *bryon*, Moos + *zoon*, Tier) bezeichnet worden – ein Begriff, der ursprünglich die Entoprokten mit einschloss. Da die Entoprokten jedoch Pseudocoelomaten sind und ihr After innerhalb der Tentakelkrone liegt, werden sie regelmäßig von den Ektoprokten unterschieden. Ektoprokten sind, wie andere Lophophoraten auch, Eucoelomaten, deren After außerhalb des Tentakelkranzes liegt. Viele Autoren verwenden weiterhin den Begriff „Bryozoen", schließen aber die Entoprokten aus dieser Gruppe aus.

Von den ca. 4500 Ektoproktenarten, die man kennt, sind nur wenige größer als 0,5 mm. Alle leben aquatisch, sowohl im Süß- wie im Salzwasser, finden sich aber zumeist im Flachwasser. Mit sehr wenigen Ausnahmen sind sie koloniebildend. Die Ektoprokten haben sich zu vielfältigen und häufigen Formen entwickelt. Seit der Zeit des Ordoviziums (495 bis 443 Millionen Jahre vor unserer Zeit) haben sie viele fossile Überreste hinterlassen. Heutige im Meer lebende Formen nutzen alle Arten fester Oberfläche als Siedlungsplatz (Schalen anderer Tiere, Steine, große Braunalgen, Mangrovenwurzeln, Schiffsrümpfe und sogar die Unterseiten von Eisbergen!).

Jedes Mitglied einer Kolonie lebt in einer winzigen Kammer, die als **Zoecium** bezeichnet wird, und die von der Epidermis des Tieres abgeschieden wird (▶ Abbildung 21.10). Jedes Individuum (**Zooid**) besteht aus einem Fresspolypiden und einem gehäusebildenden Zystiden. Ein **Polypid** besteht aus dem Lophophor, dem Verdauungstrakt, den Muskeln und den Nervenzentren. Ein **Zystid** besteht aus der Körperwand des Tieres plus seinem abgeschiedenen Exoskelett. Das Exoskelett oder Zoecium kann, je nach Art, gelatinös, chitinös oder durch Calciumverbindungen oder Einlagerung von Sand versteift sein. Die Formen des Zoeciums reichen von kastenförmig und vasenförmig bis hin zu oval oder tubulär.

Einige Kolonien bilden kalkige Verkrustungen auf Tangen, Muscheln und anderen Schalen sowie auf Steinen; andere bilden flaumige, unscharf begrenzte oder strauchartige Gewächse oder aufrechte, sich verzweigende Kolonien, die an Seetang erinnern (▶ Abbildung 21.11). Einige Ektoprokten können leicht mit Hydroiden verwechselt werden, lassen sich aber unter dem Mikroskop durch das Vorhandensein eines Afters (Anus) von diesen unterscheiden (Abbildung 21.10). Bei einigen Formen des Süßwassers sitzen die Individuen auf feingliedrigen, sich verzweigenden Stolonen (Sprossen), die auf den Unterseiten von Steinen und Blättern zierliche Muster hinterlassen. Andere Süßwasserektoprokten sind in größere Mengen gelatinösen Materials eingebettet. Obwohl die Zooide winzig sind, erreichen die Kolonien oft Durchmesser von mehreren Zentimetern; einige verkrustende Kolonien können

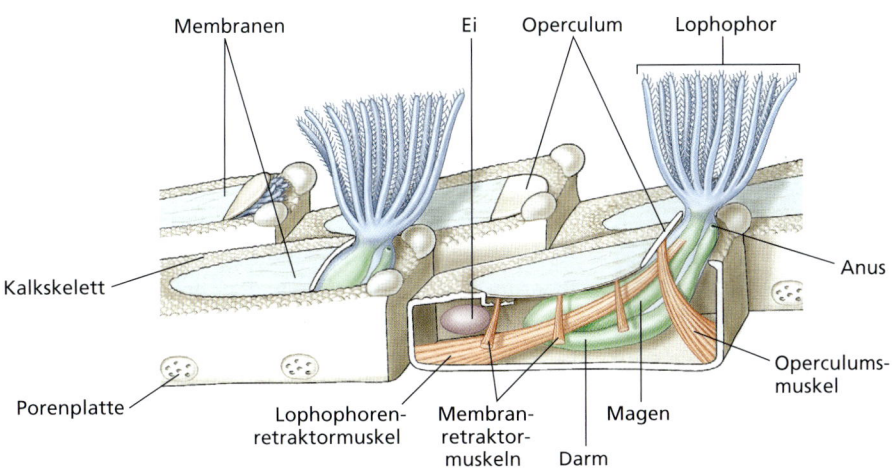

Abbildung 21.10: Teil einer Kolonie eines sich verkrustenden Moostierchens. Zwei Zooide sind in ausgestreckter Form, aus ihren Kammern – den Zoecien – hervorragend dargestellt. Die winzigen Zooide entfalten ihre Tentakelkronen, um damit Nahrung einzufangen. Sie ziehen sich bei der leisesten Störung schnell zurück.

mehr als einen Meter groß sein, und aufrechte Formen können eine Höhe von 30 cm oder mehr erreichen. Süßwasserektoprokten können moosartige Kolonien an den Stengeln von Pflanzen und auf Steinen ausbilden; dies geschieht für gewöhnlich in flachen Teichen oder Pfützen. Die meisten Arten sind sessil, einige Arten vermögen jedoch langsam über eine Oberfläche zu gleiten; andere kriechen aktiv auf dem Untergrund herum, auf dem sie sich niedergelassen haben.

Die Polypiden führen eine Art „Springteufeldasein". Sie schießen hervor, um Nahrung aufzunehmen, ziehen sich aber bei der leisesten Störung ebenso rasch in ihre kleinen Kammern zurück, die oftmals mit einer winzigen Falltür (Operkulum) ausgestattet sind, die zufällt, um den Bewohner zu verbergen (Abbildung 21.10). Um die Tentakelkrone auszustrecken, kontrahieren bestimmte Muskeln, was den hydrostatischen Druck in der Körperhöhle erhöht und das Lophophor durch einen hydraulischen Mechanismus nach außen schiebt. Andere Muskeln kontrahieren, um die Tentakelkrone blitzschnell zurückzuziehen und in Sicherheit zu bringen.

Bei marinen Formen ist der Lophophorenwulst eher kreisförmig (▶ Abbildung 21.12 a), bei Formen des Süßwassers eher U-förmig (Abbildung 21.12 b). Zur Nahrungsaufnahme streckt das Tier sein Lophophor hervor und breitet die Tentakel zu einem Trichter aus. Cilien auf den Tentakeln strudeln Wasser in den Trichter hinein und zwischen den Tentakeln hindurch wieder nach außen. Von den Cilien eingefangene Nahrungsteilchen werden zur Mundöffnung hin befördert, sowohl durch Pumpbewegungen des muskulären Schlun-

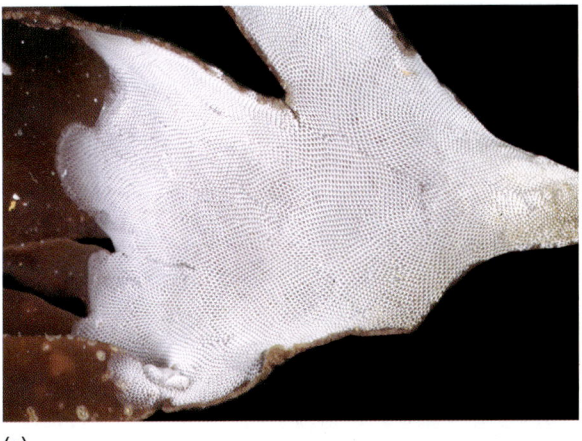
(a)

(b)

Abbildung 21.11: Kolonien mariner Ektoprokten. (a) Die Zooide dieser an ein Spitzendeckchen erinnernden Kolonie von *Triphyllozoon* sp. sind ausgestreckt. (b) *Reteporella graffei* besitzt aufrechte, sich verzweigende Kolonien.

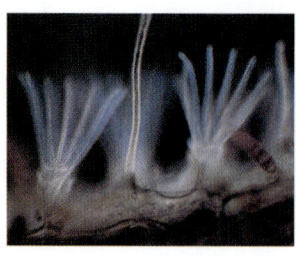

(a) (b)

Abbildung 21.12: **Lophophorenwulst.** (a) Cilienbesetztes Lophophor von *Electra pilosa*, einem im Meer lebenden Ektoprokten. (b) *Plumatella repens*, ein Süßwasserbryozoon (Phylum Ectoprocta). Es wächst auf der Unterseite von Steinen und Wasserpflanzen in Seen, Teichen und Fließgewässern.

des wie durch Cilienschlag entlang der gesamten Länge der Tentakel und im Schlund selbst. Unerwünschte Teilchen können durch Umkehrung des Cilienschlages, durch das enge Zusammenziehen der Tentakel oder durch das Zurückziehen des gesamten Lophophors in das Zoecium heraus befördert werden. Die Verdauung in dem cilienbesetzten, U-förmigen Verdauungstrakt beginnt extrazellulär im Magen und wird im Intestinum intrazellulär fortgeführt und vervollständigt.

Respiratorische, vakuoläre und exkretorische Organbildungen fehlen. Der Gasaustausch erfolgt über die Oberfläche, und da die Ektoprokten klein sind, reicht die Coelomflüssigkeit für den internen Transport aus. Coelomozyten umfließen und speichern Abfallstoffe. Eine ganglionäre Masse und ein Nervenring umgeben den Pharynx, es sind aber keine spezialisierten Sinnesorgane vorhanden. Ein Septum unterteilt das Mesocoel im Lophophor vom größeren, posterioren Metacoel.

Ein Protocoel und ein Epistom kommen nur bei Süßwasserektoprokten vor. Poren in den Wänden zwischen benachbarten Zooiden erlauben den Austausch von Stoffen über die Kolonie hinweg per Transport durch die Coelomflüssigkeit.

Die meisten Kolonien enthalten ausschließlich fressende Individuen, doch treten bei manchen Arten spezialisierte Zooide auf, die zur Nahrungsbeschaffung nicht befähigt sind (als Heterozooide bezeichnet). Ein solcher Typus eines modifizierten Zooids (als *Avicularium* bezeichnet) ähnelt einem Vogelschnabel, der nach kleinen Eindringlingen schnappt, die der Kolonie Schaden zufügen könnten. Ein weiterer Typ (als *Vibraculum* bezeichnet) besitzt eine lange Borste, die offenbar dabei hilft, Fremdpartikel hinwegzufegen (Abbildung 21.12).

Die meisten Ektoprokten sind hermaphroditisch. Einige Arten geben Eier ins Meerwasser ab, die meisten bebrüten jedoch ihre Eier – einige innerhalb des Coeloms, andere extrakorporal in einer speziellen Brutkammer, die Ovicell genannt wird, und die ein modifiziertes Zoecium darstellt, in dem sich die Embryonen entwickeln. In einigen Fällen proliferieren viele Embryonen ungeschlechtlich in einem als **Polyembryonie** bezeichnet Vorgang, ausgehend von einem initialen Ursprungsembryo. Die Furchung verläuft radial, aber scheinbar nach dem Mosaiktyp. Über die Mesodermbildung weiß man wenig. Die Larven nichtbrütender Arten besitzen einen funktionierenden Darm und schwimmen einige Monate umher, bevor sie sich niederlassen; die Larven brütender Arten fressen nicht und lassen sich nach einer kurzen Phase der freien Bewegung nieder. Sie heften sich am Untergrund durch Ausscheidungen aus einem **Adhäsionssack** fest und durchlaufen dann die Metamorphose zum Adultus.

Jede Kolonie nimmt mit diesem einzelnen, metamorphierten Primärzooiden, der **Ancestrula** genannt wird, ihren Anfang. Die Ancestrula führt dann viele ungeschlechtliche Knospungen durch, wodurch die zahlreichen Zooide einer Kolonie hervorgebracht werden. Süßwasserektoprokten zeigen einen anderen Knospungsverlauf, der zu **Statoblasten** führt (▶ Abbildung 21.13), die harte, widerstandsfähige Kapseln darstellen und eine große Anzahl an Keimzellen enthalten. Statoblasten werden während des Sommers und des Herbs-

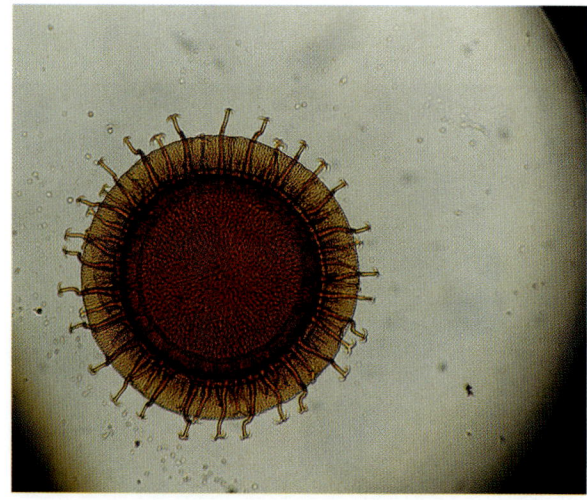

Abbildung 21.13: **Ein Statoblast des Süßwasserektoprokten *Cristatella*.** Dieser Statoblast hat einen Durchmesser von etwa 1 mm und trägt mit Haken versehene Stacheln.

tes gebildet. Nachdem die Kolonie im Spätherbst abstirbt, bleiben die Statoblasten zurück und bringen im folgenden Frühjahr neue Polypiden hervor, die schließlich zu neuen Kolonien auswachsen.

21.1.7 Phylum Brachiopoda (Armfüßler)

Die Brachiopoden (gr. *brachion*, Arm + *podos*, Fuß) („Lampenmuscheln") sind eine sehr alte Tiergruppe. Neben den etwa 325 heute lebenden Arten, sind weitere ca. 12.000 fossile Arten beschrieben worden, die ihre Blütezeit in den Meeren des Paläozoikums und des Mesozoikums erlebten. Moderne Formen unterscheiden sich von den frühen nur wenig. Die Gattung *Lingula* (lat. *lingula*, Landzunge bzw. *lingua*, Zunge) (▶ Abbildung 21.14 a) wird als „lebendes Fossil" angesehen. Tiere dieser Gattung existieren morphologisch praktisch unverändert seit der paläozoischen Epoche des Ordoviziums (495 bis 443 Millionen Jahre vor unserer Zeit). Die meisten modernen Brachiopodenschalen messen zwischen 5 und 80 mm in der Länge; einige fossile Formen erreichen bis zu 30 cm.

Die Brachiopoden sind festsitzende, bodenbewohnende Meereslebewesen, die zumeist Flachwasserbereiche bevorzugen, obwohl man sie prinzipiell aus fast allen Meerestiefen kennt. Äußerlich ähneln die Armfüßler den zweischaligen Muscheln (Bivalvia) aus der Gruppe der Mollusken, weil sie zwei kalzifizierte, vom Mantel sezernierte, Schalen besitzen. Bis in die Mitte des 19. Jahrhunderts wurden sie daher auch tatsächlich zu den Mollusken gestellt, und ihr Name nimmt Bezug auf die Arme des Lophophors, von denen man dachte, sie seinem dem Fuß der Mollusken homolog. Die Brachiopoden besitzen jedoch eine dorsale und eine ventrale Schalenhälfte anstelle einer rechtsseitigen und einer linksseitigen lateralen Schalenhälfte, wie es bei den Bivalvia der Fall ist. Anders als die Bivalvia sind die Brachiopoden in den meisten Fällen entweder direkt oder indirekt vermittels einen fleischen, als **Pedicel** (lat. *pedis*, Fuß) bezeichneten Stiels an das Substrat angeheftet. Einige, wie *Lingula*, leben in vertikalen Höhlen im Sand oder Schlamm. Muskeln öffnen oder schließen die Schalen und bewegen den Stiel und die Tentakel.

Bei den meisten Armfüßlern ist die ventrale (pedicele) Schalenhälfte etwas größer als die dorsale (brachiale) Schalenhälfte, und ein Ende steht in Form eines kurzen, zugespitzten Schnabels über. Dieser „Schnabel" ist an einer Stelle durchbrochen; dort tritt das Pedicel durch die Schale, um Kontakt mit dem Untergrund herzustellen (Abbildung 21.14 b). Bei vielen Arten ist die Pedicelschale wie eine antike griechische Öllampe geformt, woraus sich der Begriff „Lampenmuscheln" erklärt.

Auf der Grundlage des Schalenbaues unterscheidet man zwei Brachiopodenklassen. Die Schalenhälften der Articulata weisen ein verbindendes Gelenk mit einer ineinandergreifenden „Zahn/Zahnlücken"-Anordnung auf, wie es Terebratella exemplarisch zeigt (lat. *terebratus*, Bohrung + *-ella*, verkleinernde Wortendung). Die Schalen der Inarticulata besitzen ein solches Gelenk nicht und werden ausschließlich durch Muskeln zusammengehalten, wie es bei *Lingula* und *Glottida* (gr. *glottidos*, Mundstück einer Flöte).

Der Körper belegt nur den posterioren Anteil des Raumes zwischen den Schalenhälften (▶ Abbildung 21.15) und Verlängerungen der Körperwand bilden Mantellappen, welche die Schalen abscheiden und sie auskleiden. Ihr großes, hufeisenförmiges Lophophor in der anterioren Mantelhöhle trägt lange, cilienbesetzte Tentakel, die zur Atmung und zur Nahrungsaufnahme eingesetzt werden. Durch den Cilienschlag hervorgerufene Wasserströmungen spülen Nahrungsteilchen zwischen die klaffenden Schalenhälften und über das Lophophor. Tentakel fangen die Nahrungspartikel ein, und cilienbesetzte Rinnen transportieren die Teilchen am Arm des Lophophors entlang zur Mundöffnung. Über spezielle Auswurfwege wird nicht verwertbares Material zu den Mantellappen transportiert, wo sie durch den Cilienstrom nach außen befördert werden.

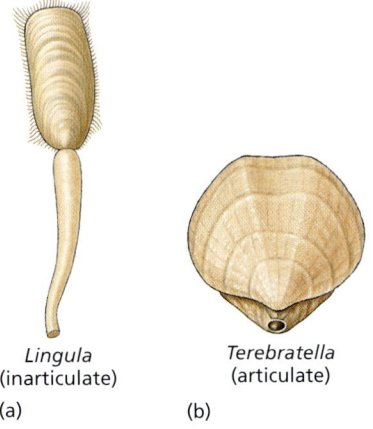

Abbildung 21.14: **Brachiopoden.** (a) *Lingula*, ein nichtartikulater Brachiopode, der normalerweise einen Bau bewohnt. Das kontraktile Pedicel kann den Körper in den Bau zurückziehen. (b) *Terebratella*, ein artikulater Brachiopode. Die Schalenhälften weisen ein Zahn/Zahnlücken-Gelenk auf. Ein kurzes Pedicel ragt durch die Pediceloffnung, um das Tier am Untergrund zu verankern.

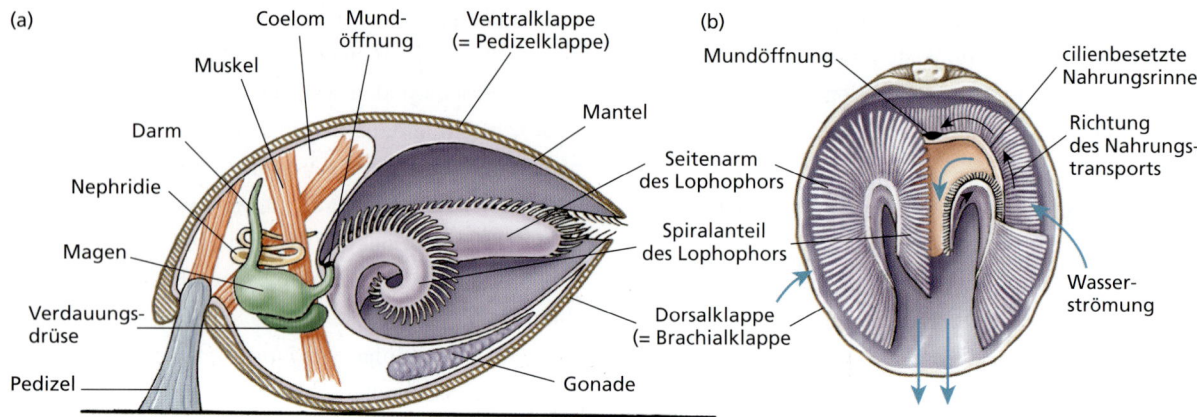

Abbildung 21.15: Phylum Brachiopoda. (a) Ein artikulater Brachiopode (Längsschnitt). (b) Fress- und Atemströmungen. Größere, blaue Pfeile zeigen die Richtung des Wasserstroms über das Lophophor an; dünnere, schwarze Pfeile geben die Richtung des Nahrungstransportes in den cilienbesetzten Nahrungsrinnen hin zur Mundöffnung an. Man beachte, dass das Pedicel aus der ventralen Schalenhälfte herausragt. Am Substrat verankert, liegt ein artikulater Brachiopode daher „auf dem Rücken", mit der ventralen Schale oben und der dorsalen Schale unten.

Organischer Detritus und einige Algen sind scheinbar die primären Nahrungsquellen. Das Lophophor eines Brachiopoden kann nicht nur einen Nahrungsstrom erzeugen, wie es auch bei den anderen Lophophoraten der Fall ist, sondern scheint außerdem in der Lage zu sein, gelöste Nährstoffe unmittelbar aus dem umgebenden Meerwasser zu absorbieren.

Wie bei den anderen Lophophoraten beherbergt das posteriore Metacoel die Eingeweide. Ein oder zwei Nephridienpaare münden in das Coelom und entleeren sich in die Mantelhöhle. Coelomozyten, die partikulare Abfälle einsammeln, werden über die Nephridien ausgestoßen. Das Kreislaufsystem ist offen und mit einem kontraktilen Herzen ausgestattet. Das Lophophor und der Mantel sind wahrscheinlich die Hauptbereiche für den Gasaustausch. Es gibt einen Nervenring mit einem kleineren dorsalen und einem größeren ventralen Ganglion.

Bei den meisten Arten sind die Geschlechter getrennt, und temporär angelegte Gonaden entlassen Gameten über die Nephridien. Die Befruchtung erfolgt zumeist extrakorporal; einige wenige Arten bebrüten ihre Eier und Jungen.

Die Furchung verläuft radial, und die Mesoderm- und Coelombildung erfolgt zumindest bei einigen Brachiopoden enterocoelisch. Der Blastoporus schließt sich; seine Beziehung zur ultimativen Mundöffnung ist nicht abgesichert. Bei den Artikulaten vollzieht sich die Metamorphose der Larven, nachdem diese sich durch ein Pedicel verankert haben. Bei den Inartikulaten ähneln die Juvenilformen einem winzigen Brachiopoden mit einem zusammengerollten Pedicel in der Mantelhöhle. Es findet keine Metamorphose statt. Wenn sich die Larve niederlässt, verankert sich das Pedicel am Untergrund und die Adultphase beginnt.

21.2 Ecdysozoische Stämme

21.2.1 Phylum Pentastomida

Die Pentastomida (gr. *penta*, fünf + *stoma*, Mund) oder Zungenwürmer sind ein Tierstamm, der ca. 130 Arten wurmähnlicher Parasiten des respiratorischen Systems von Wirbeltieren umfasst. Die Adulti leben zumeist in den Lungen von Reptilien wie Schlangen, Eidechsen und Krokodilen, eine Art – *Reighardia sternae* – lebt in den Luftsäcken (siehe Kapitel 27) von Seeschwalben und Möwen. Eine weitere – *Linguatula serrata* – (lat. *lingua*, Zunge) lebt im Nasopharynx von Hundeartigen (Canidae) und Katzenartigen (Felidae) sowie gelegentlich von Menschen. Obgleich sie in tropischen Breiten verbreiteter sind, kommen Pentastomiden auch in Europa, Nordamerika und Australien vor.

Das Größenspektrum der Adultformen reicht von 1 cm bis 13 cm. Transversale Ringe verleihen dem Körper eine segmentierte Erscheinung (▶ Abbildung 21.16). Die Körper sind mit einer nichtchitinösen und stark porösen Kutikula überzogen, die im Verlauf der Larvalentwicklung periodisch gehäutet wird. Das anteriore Ende kann mit fünf kurzen Protuberanzen (= Vorsprünge) versehen sein (wovon sich die Gruppenbezeichnung Pentastomida ableitet). Vier davon tragen chitinöse Klauen, die fünfte enthält die Mundöffnung (▶ Abbil-

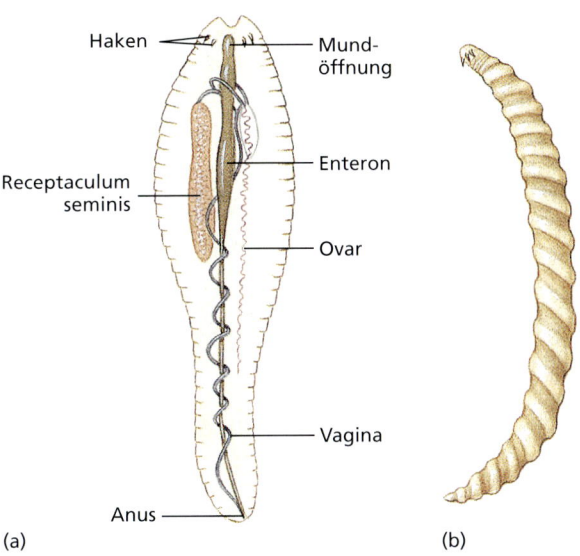

Abbildung 21.17: Anteriores Ende eines Pentastoms. Beachten Sie die Mundöffnung (Pfeil) zwischen den Mittelhaken und die apikalen Sinnespapillen.

Abbildung 21.16: Zwei Pentastomida. (a) *Linguatula*, die in den Nasengängen carnivorer Säugetiere lebt. Abgebildet ist ein Weibchen mit Darstellung eines Teils der inneren Organe. (b) Weibchen von *Armillifer*, einem Pentastomiden mit auffälligen Körperringen. In Teilen Afrikas und Asiens befallen unreife Stadien als Parasiten den Menschen; Adulti (Länge: 10 cm oder mehr) leben in den Lungen von Schlangen. Eine Infektion des Menschen kann durch den Verzehr von Schlangen oder durch kontaminierte sonstige Nahrung oder kontaminiertes Wasser erfolgen.

dung 21.17). Die Tiere besitzen ein einfaches, unverzweigtes Verdauungssystem, das an das Saugen von Blut aus dem Körper des Wirtes angepasst ist. Das Nervensystem, das dem der Anneliden und Arthropoden ähnlich ist, weist paarige Ganglien entlang eines ventralen Nervenstranges auf. Die einzigen Sinnesorgane scheinen Papillen zu sein. Kreislauf-, Ausscheidungs- und Atmungssystem fehlen.

Die Geschlechter sind getrennt; die Weibchen sind im Allgemeinen größer als die Männchen. Ein Weibchen kann mehrere Millionen Eier hervorbringen, welche die Luftröhre des Wirtes hinauf wandern, verschluckt werden und mit den Fäzes den Körper verlassen. Die Larven schlüpfen als ovale, schwanztragende Jungtiere mit vier stumpfartigen Beinen. Die meisten Vermehrungszyklen von Pentastomiden erfordern ein Wirbeltier (Fisch, Reptil, in seltenen Fällen ein Säugetier) als Zwischenwirt, der vom Vertebraten-Endwirt, verspeist wird. Nach dem Verschlucken dringen die Larven in den Darm des Zwischenwirtes ein, wandern ziellos im Körper umher und durchlaufen schließlich die Metamorphose zum Nymphenstadium. Nach Wachstum und mehreren Häutungen, verkapselt sich die Nymphe schließlich und geht in einen dormanten Zustand über. Wenn der Zwischenwirt von einem Endwirt gefressen wird, wird der juvenile Zungenwurm aktiviert und findet seinen Weg in die Lunge des Endwirtes, ernährt sich dort von Blut und Gewebe und reift aus.

Mehrere Pentastomidenarten sind in enzystiertem Zustand im Menschen gefunden worden; am häufigsten findet sich *Armillifer armillatus* (lat. *armilla*, Armband, Halsreif + *fero*, bei sich tragen), doch rufen sie für gewöhnlich nur schwache Symptome hervor. *Linguatula serrata* ist der Verursacher der nasopharyngealen Pentastomiose, einer im Nahen Osten und Indien verbreiteten Krankheit.

21.2.2 Phylum Onychophora

Die Mitglieder des Phylums Onychophora (gr. *onyx*, Klaue, Kralle + *pherein*, ich trage) tragen den deutschen Namen „Stummelfüßler". Es gibt ungefähr 110 Arten dieser raupenähnlichen Tiere, deren Länge von 0,5 bis 15 cm reicht. Sie leben in Regenwäldern und anderen feuchten, blättrigen Habitaten tropischer und subtropischer Breiten sowie in einigen gemäßigten Bereichen der Südhalbkugel.

Ihre Fossilgeschichte zeigt, dass sie sich im Verlauf ihrer 500 Millionen Jahre zurückreichenden Geschichte nur wenig verändert haben. Eine fossile Form, Aysheaia, die im Burgess-Ölschiefer Westkanadas entdeckt worden und auf die Zeit des mittleren Kambriums datiert worden ist, ist den modernen Onychophoren sehr ähnlich (siehe Abbildung 6.9). Die Onychophoren waren wahrscheinlich einstmals sehr viel häufiger als sie es heute sind. In der heutigen Zeit leben sie terrestrisch und extrem zurückgezogen und werden nur nachts oder wenn die Luft beinahe mit Feuchtigkeit gesättigt ist aktiv.

21 Kleinere Protostomierstämme

Abbildung 21.18: Peripatus, ein raupenähnlicher Onychophore. Er hat sowohl mit den Anneliden wie den Arthropoden gewisse Merkmale gemeinsam. (a) Ventralansicht des Kopfes. (b) *Peripatus* in seinem natürlichen Lebensraum.

Form und Funktion

Äußere Merkmale. Die Stummelfüßler sind mehr oder weniger zylinderförmig und lassen mit Ausnahme der paarigen Körperanhänge keine externe Segmentierung erkennen (▶ Abbildung 21.18). Die Haut ist weich, samtig und von einer dünnen, flexiblen Kutikula überzogen, die Proteine und Chitin enthält. In Aufbau und chemischer Zusammensetzung ähnelt sie der Kutikula von Arthropoden, verhärtet aber niemals, wie es die Kutikula der Arthropoden tut. Die Häutung erfolgt stückweise statt vollständig zur selben Zeit. Der Körper ist mit winzigen **Tuberkeln** besetzt, von denen einige Sinnesborsten tragen. Die Färbung kann grün, blau, orange, dunkelgrau oder schwarz sein, und winzige Schuppen auf den Tuberkeln verleihen dem Körper eine irisierende und samtige Erscheinung. Der Kopf trägt ein Paar großer **Antennen**, die jeweils an der Basis mit einem annelidenähnlichen Auge versehen sind. Die ventrale Mundöffnung weist ein Paar klauenartiger **Mandibeln** auf und wird von einem Paar **Oralpapillen** flankiert, die ein schleimiges Verteidigungssekret ausstoßen können (Abbildung 21.18).

Die **gelenklosen Beine** sind kurz, stummelförmig und mit Klauen besetzt. Die Onychophoren kriechen vorwärts, indem eine Welle von Kontraktionen vom anterioren zum posterioren Ende durch den Körper läuft. Wenn sich ein Bereich des Körpers streckt, heben sich die Beine vom Boden ab und bewegen sich vorwärts. Die Beine sind stärker ventralwärts positioniert als die Parapodien der Anneliden.

Innere Merkmale. Die Körperwand ist wie die der Anneliden muskulär ausgebildet. Die Leibeshöhle ist ein **Hämocoel**, das, ähnlich wie bei den Arthropoden, unvollständig in Kompartimente oder Sini untergliedert ist. **Schleimdrüsen** zu beiden Seiten der Leibeshöhle münden in die Oralpapillen. Wenn sie durch einen Fressfeind aufgeschreckt werden, können die Tiere zwei Bahnen einer klebrigen, schmierigen Absonderung von bis zu 30 cm Länge aus diesen Drüsen abgeben. Dieser rasch aushärtende Klebstoff kann einen potenziellen Angreifer vollständig immobilisieren, so dass schließlich der Stummelfüßler den Angreifer nach Belieben verspeisen kann.

Die von Hautlappen umgebene Mundöffnung enthält einen dorsalen Zahn und ein Paar lateraler Mandibeln zum Ergreifen und Zerschneiden von Beutetieren. Onychophoren besitzen einen muskulären Schlund und einen geraden Verdauungstrakt (▶ Abbildung 21.19). Die meisten Stummelfüßler leben räuberisch und ernähren sich von Raupen, adulten Insekten, Schnecken und Würmern. Einige Onychophoren leben in Termitenbauten und ernähren sich von Termiten.

Jedes Körpersegment mit Beinen enthält ein Paar Nephridien – jedes Nephridium besteht aus einem Vesikel, einem cilienbesetzten Trichter und einem ausleitenden Gang; die Nephridiopore mündet an der Basis des Beines ins Freie. Absorptionszellen im Mitteldarm

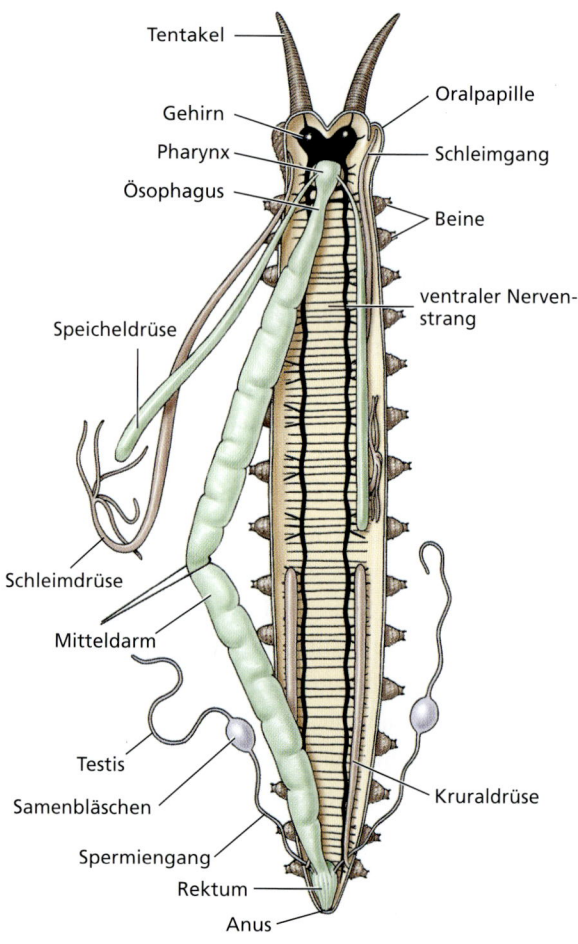

Abbildung 21.19: Onychophore. Ein innerer Bauplan.

scheiden kristalline Harnsäure aus, und bestimmte Perikaridalzellen fungieren als Nephrozyten, die aus dem Blut aufgenommene Abfallstoffe einlagern.

Für die Atmung verfügen die Tiere über ein Tracheensystem, das in Verbindung zu allen Teilen des Körpers steht und über viele Öffnungen (**Spirakeln**), die über den gesamten Körper verteilt sind, mit der Außenwelt kommuniziert. Die Stummelfüßler können die Spirakel nicht verschließen, um Wasserverluste zu verhindern, daher sind die Tiere, obgleich ihre Tracheen effizient arbeiten, auf feuchte Lebensräume beschränkt. Das Tracheensystem unterscheidet sich etwas von dem der Arthropoden und ist vermutlich unabhängig von diesem entstanden. Das offene Kreislaufsystem weist im Perikardialsinus ein dorsales, tubuläres Herz mit einem Paar Ostien in jedem Segment auf.

Das Nervensystem der Onychophoren ist leiterartig angelegt, mit paarigen, ventralen Nervensträngen, die nahe der Oberseite der Beinreihen verlaufen und durch Kommissuren untereinander verbunden sind, welche die gesamte Breite des Körpers überspannen. Zu den Antennen und in den Kopf laufende Nerven entspringen aus dem Gehirn, und ganglionäre Schwellungen an den Basen der Beine versorgen die Beine und die Körperwandung mit Nerven. Die Sinnesorgane der Stummelfüßler umfassen ein relativ gut entwickeltes Auge, Geschmacksdornen im Bereich der Mundöffnung, taktile Papillen auf dem Integument sowie hygroskopische Rezeptoren (Feuchterezeptoren), die dem Tier den Weg in Richtung hoher Luftfeuchtigkeit weisen.

Mit Ausnahme einer bekannten parthenogenetischen Art sind die Onychophoren zweihäusig mit paarigen Fortpflanzungsorganen. Über die Fortpflanzungsgewohnheiten dieser Tiere ist nur wenig bekannt, aber bei einigen Arten wird ein Teil des Uterus als Receptaculum seminis erweitert, mutmaßlich zum Zweck der Kopulation. Bei wenigstens einer Art deponiert das Männchen eine Spermatophore auf dem Rücken des Weibchens, und dies scheinbar regellos. Weiße Blutkörperchen lösen dann die Haut unterhalb des Spermapaketes auf. Die Spermien vermögen infolgedessen in die Leibeshöhle einzudringen und wandern im Blut zu den Ovarien, wo die Befruchtung der Eier stattfindet. Onychophoren können ovipar, ovovivipar oder vivipar sein. Nur zwei australische Gattungen sind ovipar und legen von Schalen umgebene Eier an feuchten Plätzen ab. Bei allen anderen Stummelfüßlern entwickeln sich die Eier im Uterus, und es werden lebende Junge geboren. Bei einigen Arten entwickelt sich ein plazentaler Kontakt zwischen dem Muttertier und den Jungen (Viviparie); bei den anderen entwickeln sich die Jungen im Uterus ohne funktionellen Kontakt mit dem Körper des Muttertieres (Ovoviviparie).

21.2.3 Phylum Tardigrada

Die Tardigraden (lat. *tardus*, langsam, träge + *gradus*, Schritt) oder Bärtierchen sind winzige Tiere von weniger als einem Millimeter Körperlänge. Die meisten der etwa 800 Arten leben terrestrisch in Wasserfilmen, die Moose und Flechten umgeben, oder in feuchtem Erdreich. Einige leben in Süßwasseralgen oder Moosen oder in feuchter Laubstreu. Manche sind marin und leben meist im Interstitium des Sandes zwischen den Sandkörnern, sowohl im tiefen wie im flachen Meerwasser. Sie haben viele Merkmale mit den Arthropoden gemeinsam.

Sie besitzen gestreckte, zylindrische oder länglich-ovale Körper, die unsegmentiert sind. Der Kopf ist lediglich der anteriore Teil des Rumpfes. Der Rumpf trägt vier Paare kurzer, stummelförmiger, gelenkloser Beine, die jeweils mit vier bis acht Klauen besetzt sind (▶ Abbildung 21.20). Sie sind von einer nichtchitinösen Kutikula überzogen, die zusammen mit den Klauen und dem Bukkalapparat im Verlauf des Lebens viermal oder häufiger gehäutet werden. Cilien fehlen.

Der Mundraum der Tardigraden mündet in ein Bukkalrohr, das in einen muskulären Pharynx mündet, der für das Saugen adaptiert ist (▶ Abbildung 21.21). Zwei nadelartige Stilette, die das Bukkalrohr flankieren, können durch die Mundöffnung vorgestreckt werden. Mit diesen Stiletten sticht das Tier Pflanzen- oder Tierzellen an, deren flüssige Bestandteile dann durch die Saugwirkung des Pharynx eingesaugt werden. Einige Bärtierchen saugen Körperflüssigkeiten von Nematoden, Rotatorien und anderen Kleinsttieren; andere parasitieren an größeren Tieren wie Seegurken oder Ruder-

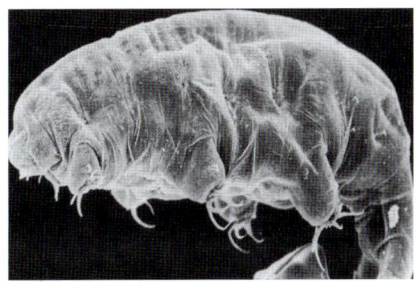

Abbildung 21.20: Ein aquatisches Bärtierchen (*Pseudobiotus* sp.). Rasterelektronenmikroskopische Aufnahme.

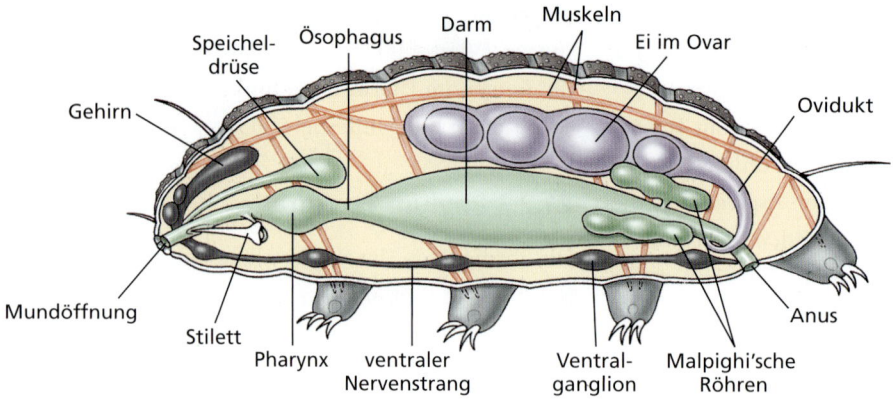

Abbildung 21.21: **Ein Tardigrade.** Anatomische Verhältnisse im Inneren eines Tardigradenkörpers.

fußkrebsen. Manche, wie *Echiniscus*, entledigen sich ihrer Fäzes im Rahmen der Häutung; die Fäzes bleiben in der abgeworfenen Kutikula zurück. Am Übergangspunkt vom Intestinum zum Rektum, münden drei Drüsen in den Verdauungstrakt, von denen angenommen wird, dass sie exkretorische Funktion besitzen und die oft als Malpighi'sche Gefäße bezeichnet werden.

Der größte Teil der Leibeshöhle ist ein Hämocoel, das echte Coelom ist auf die Gonadenhöhle beschränkt. Es gibt weder ein Kreislauf- noch ein Atmungssystem; der Gasaustausch erfolgt durch Diffusion über die Körperoberfläche.

Das Muskelsystem besteht aus einer Reihe langer Muskelbänder, die meist jeweils aus einer oder wenigen großen Muskelzellen bestehen. Zirkularmuskeln fehlen, aber der hydrostatische Druck der Körperflüssigkeiten kann als Stützapparat wirken. Da sie mit einer einzigen Ausnahme schwimmunfähig sind, kriechen die Bärtierchen scheinbar ziemlich ungeschickt, wobei sie sich mit ihren Klauen am Substrat festklammern.

Das Gehirn dieser Tierchen ist verhältnismäßig groß und nimmt den größten Teil der dorsalen Oberfläche des Pharynx ein. Zirkumpharyngeale Konnektive (= ringförmige Verbindungsnerven um den Pharynx) verbinden das Gehirn mit dem Unterschlundganglion (Subpharyngealganglion), von dem aus sich der doppelte ventrale Nervenstrang als Kette aus vier Ganglien, welche die vier Beinpaare zu steuern scheinen, posteriorwärts zieht.

Die Geschlechter sind bei den Tardigraden getrennt. Bei einigen Moose und das Süßwasser bewohnenden Arten sind Männchen unbekannt, und Parthenogenese scheint die Regel zu sein. Einige Arten weisen zwerghafte männliche Tiere auf, aber bei den meisten untersuchten Tardigradenarten treten Männchen und Weibchen etwa gleich häufig auf. Bei einigen Arten wird das männliche Sperma während der Kopulation direkt in das Receptaculum seminis des Weibchens abgelegt; bei anderen wird das Sperma in die Leibeshöhle injiziert, indem die Kutikula durchstochen wird. Die Eier einiger Arten zeigen auf ihren Oberflächen reiche strukturelle Verzierungen (▶ Abbildung 21.22). Die Ablage erfolgt, genau wie die Defäkation, offensichtlich in der Hauptsache im Rahmen der Häutung, wenn das Volumen der Coelomflüssigkeit vermindert wird. Die Weibchen mancher Arten zementieren ihre Eier an untergetauchten Gegenständen fest, während andere ihre Eier in der gehäuteten Kutikula zurücklassen (▶ Abbildung 21.23). In einigen dieser Fälle erfolgt die Befruchtung indirekt, indem sich Männchen um die abgeworfene Kutikula sammeln und Sperma in diese hinein abgegeben.

Detaillierte Untersuchungen zur Entwicklung der Tardigraden fehlen bislang, aber die Furchung scheint atypisch zu verlaufen. Es wird eine Stereogastrula gebildet. Fünf Paare Coelomtaschen erscheinen in einem Prozess, der an die enterocoele Entwicklung vieler Deuterostomier erinnert. Alle mit Ausnahme des letzten Paares, das mit dem Gonocoel fusioniert, bilden sich jedoch im Laufe der Entwicklung zurück, und das Gonocoel ist das einzige verbleibende echte Coelomkompartiment, das bei den Adulti noch vorhanden ist. Die Entwicklung verläuft direkt und schnell. Nach ca. 14 Tagen setzen die Juvenilformen ihre Klauen ein, um sich aus dem Ei zu befreien. Zu diesem Zeitpunkt ist die Zellzahl ziemlich festgelegt, und das Wachstum vollzieht sich in erster Linie durch eine Vergrößerung des Zellvolumens statt durch Vergrößerung der Zellzahl.

Eines der verblüffendsten Merkmale der terrestrischen Tardigraden ist ihre Fähigkeit, in eine Art

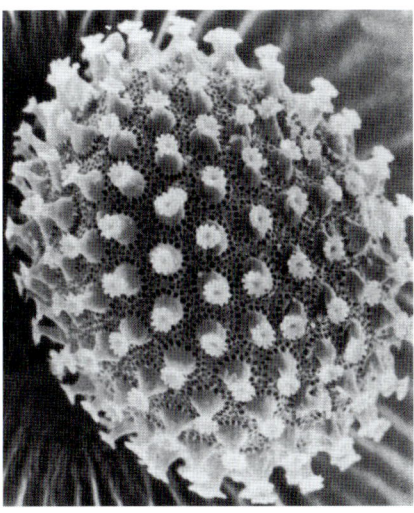

Abbildung 21.22: Ein Ei des Tardigraden *Macrobiotus hefelandii*. Rasterelektronenmikroskopische Aufnahme.

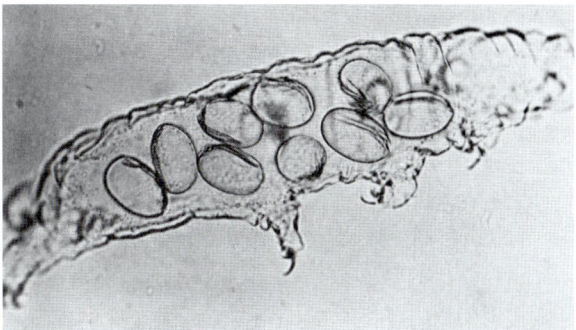

Abbildung 21.23: Gehäutete Kutikula eines Tardigraden. Sie enthält eine Anzahl befruchteter Eier.

scheintoten Zustand zu verfallen, der als Kryptobiose bezeichnet wird. Im kryptobiotischen Zustand ist Stoffwechsel praktisch nicht feststellbar; in diesem physiologischen Zustand kann der Organismus längere Phasen höchst widriger Umweltbedingungen überdauern. Bei langsamer, schrittweiser Austrocknung kann sich der Wassergehalt des Körpers von etwa 85 Prozent auf nur 3 Prozent vermindern; die Bewegungen hören auf, und der Körper nimmt eine tonnenförmige Gestalt an. Im Zustand der Kryptobiose widersteht ein Bärtierchen Temperaturextremen von +149 °C bis −272 °C, ionisierender Strahlung, Sauerstoffmangel, Konservierungsmitteln wie Ether oder absoluten Alkohol (Ethanol) sowie noch weiteren lebenswidrigen Bedingungen über einen Zeitraum von Jahren! Die Lebensaktivitäten treten wieder in Erscheinung, wenn ausreichend Feuchtigkeit zur Hydrierung des Körpers zur Verfügung steht. Einige Nematoden und Rotatorien können ebenfalls in einen Zustand der Kryptobiose verfallen.

21.2.4 Phylum Chaetognatha

Der Trivialname der Chaetognathen ist „Pfeilwürmer". Alle sind Bewohner der Meere und hochgradig für eine planktonische Lebensweise spezialisiert. Ihre Verwandtschaftsbeziehungen zu anderen Tiergruppen sind obskur und bis heute umstritten. Embryologische Merkmale deuten auf eine Nähe zu den Deuterostomiern, während Nucleotidsequenz-Vergleiche dafür sprechen, dass die Chaetognathen tatsächlich Protostomier sind. Sie werden traditionell zu den Deuterostomiern gestellt, doch wird diese Eingruppierung von einer stets wachsenden Menge molekularer Befunde nicht mehr unterstützt. Wir präsentieren daher die Chaetognathen als Angehörige des Taxons Ecdysozoa, mit dem Vorbehalt, dass die systematische Stellung dieser Tiergruppe bis auf weiteres umstritten ist und zukünftige Forschungen eine Neubewertung notwendig machen.

Die Bezeichnung Chaetognatha (gr. *chaite*, langes, fließendes Haar + *gnathos*, Kiefer) bezieht sich auf die sichelförmigen Borsten zu beiden Seiten der Mundöffnung. Die Gruppe ist mit etwa 100 bekannten Arten nicht groß. Ihre kleinen, geraden Körper ähneln miniaturisierten Torpedos oder Pfeilen. Ihre Körpergröße reicht von ein bis ca. zwölf Zentimeter.

Mit Ausnahme von *Spadella* (gr. *spadix*, Handteller + lat. *ella*, Wortendung der Verkleinerung), einer benthischen Gattung, sowie einiger weniger Arten, die in der Nähe des Tiefseebodens leben, sind die Pfeilwürmer sämtlich an eine planktonische Lebensweise angepasst. Sie schwimmen meist nachts an die Oberfläche und steigen während des Tages in tiefere Wasserschichten hinab. Einen großen Teil der Zeit driften sie passiv umher, aber sie können bei Bedarf in schnellem Spurt davon schießen, wobei sie ihre Schwanzflosse und die Längsmuskulatur einsetzen – ein Umstand, der ohne Frage zu ihrem Erfolg als planktonische Räuber beiträgt. Horizontal verlaufende Flossen, die am Rumpf entlanglaufen, dienen größtenteils als Stabilisatoren und werden mehr zum Schweben als zum aktiven Schwimmen eingesetzt.

Form und Funktion

Die Pfeilwürmer sind unsegmentiert, und der Körper umfasst einen Kopf, einen Rumpf und einen postanalen Schwanz (▶ Abbildung 21.24 a). Unterhalb des Kopfes befindet sich eine große Vertiefung, Vestibulum genannt, die zur Mundöffnung führt. Das Vestibulum (lat.

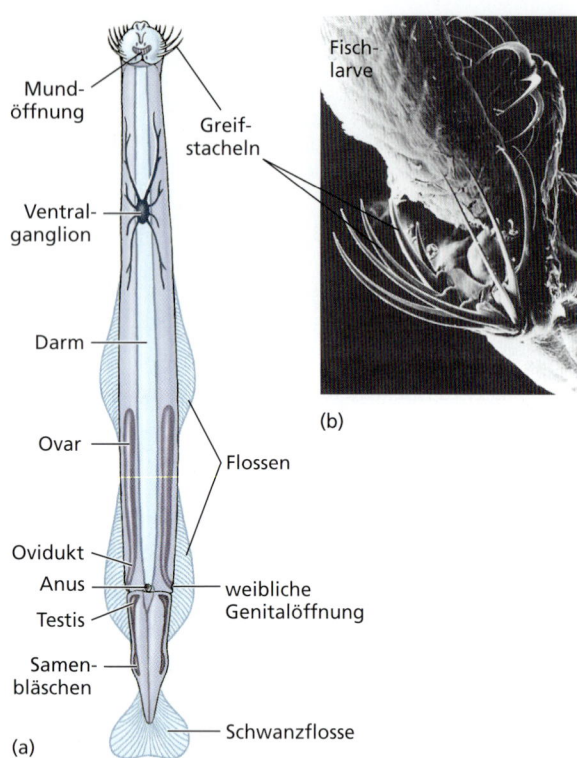

Abbildung 21.24: Pfeilwürmer. (a) Innerer Bau von *Sagitta*. (b) Rasterelektronenmikroskopische Aufnahme eines juvenilen Pfeilwurms (*Flaccisagitta hexaptera*, Länge: 35 mm) beim Fressen einer Fischlarve.

vestibulum, Flur, Vorplatz) enthält Zähne und wird zu beiden Seiten von gekrümmten, chitinösen Stacheln flankiert, die benutzt werden, um Beutetiere zu ergreifen. Ein Augenpaar ist dorsal angeordnet. Eine sonderbare, aus einer Nackenfalte gebildete Kappe kann nach vorn über den Kopf und die Stacheln gezogen werden. Wenn ein Chaetognath ein Beutetier ergreift, zieht er die Kappe zurück, Zähne und Greifstacheln breiten sich aus und schnappen mit erstaunlicher Geschwindigkeit zu. Pfeilwürmer sind gefräßige Räuber, die sich von planktonischem Getier, insbesondere Copepoden, ernähren. Sie vertilgen jedoch auch eine Anzahl anderer planktonischer Crustaceen, kleine Fische und selbst andere Chaetognathen (Abbildung 21.24b). Wenn sie in Massen auftreten, wie es oft der Fall ist, kann ihr ökologischer Einfluss beträchtlich sein. Die meisten Arten sind sehr mobil und beinahe durchsichtig – Merkmale von adaptivem Wert für ihre Rolle als planktonische Raubtiere.

Der Körper ist von einer dünnen Kutikula überzogen, und die Epidermis ist einschichtig mit Ausnahme der Körperseiten, wo sie vielschichtig, verdickt und stratifiziert ist. Es sind dies die einzigen Wirbellosen mit einer vielschichtigen Epidermis.

Pfeilwürmer besitzen ein vollständiges Verdauungssystem, ein wohlentwickeltes Coelom und ein Nervensystem mit einem Ringnerv, der das über dem Ösophagus liegende Zerebralganglion mit einer Anzahl Lateralganglien und einem großen Ventralganglion verbindet. Zu den Sinnesorganen eines Pfeilwurms gehören Augen, Sinnesborsten und möglicherweise eine einzigartige, U-förmiges Cilienschlaufe, die sich vom Hinterkopf aus über den Nacken erstreckt. Die genaue Funktion dieser Schlaufe ist unbekannt, aber sie könnte vielleicht Vibrationen oder Wasserströmungen wahrnehmen oder der Erfassung chemosensorischer Signale dienen. Organe der Respiration und Exkretion fehlen jedoch gänzlich; diese Vorgänge scheinen sich ausschließlich auf dem Weg der Diffusion zu vollziehen. In jüngster Zeit ist ein zuvor unbekanntes und locker organisiertes Hämalsystem bei den Chaetognathen beschrieben worden.

Pfeilwürmer sind Hermaphroditen mit entweder wechselseitiger oder Selbstbefruchtung. Die Eier von *Sagitta* (lat. *sagitta*, Pfeil) sind von einer Gallerte umgeben und planktonisch. Die Eier anderer Pfeilwürmer können nach der Freisetzung zu Boden sinken, an stationäre Objekte angeheftet werden, oder am Elterntier festkleben und für eine Weile mitgeführt werden. Die Juvenilformen entwickeln sich direkt, ohne Metamorphose. Die Embryogenese der Chaetognathen zeigt Bezüge zu den Deuterostomiern. Der genaue Verlauf der Coelombildung bleibt jedoch umstritten. Einige Fachleute behaupten, dass die Coelombildung unzweifelhaft enterocoel verläuft; andere wiederum bestreiten dies und gehen davon aus, dass die Coelombildung vom typisch deuterostomen Verlauf abweicht, weil das Coelom der Pfeilwürmer durch eine rückwärtige Ausdehnung des Archenterons gebildet wird und nicht durch abknospende Coelomsäcke. Es gibt kein echtes Peritoneum, welches das Coelom auskleidet. Die Furchung verläuft, radial, total und äqual.

21.3 Phylogenese

Die Beziehungen der in diesem Kapitel vorgestellten Tierstämme untereinander und im Verhältnis zu den übrigen Bilaterien gehören zu den umstrittensten aller taxonomischen Problemstellungen. Der Phylum-Status vieler dieser Gruppen ist infrage gestellt worden, aber es gibt widersprüchliche Ansichten darüber, welche der in diesem Kapitel vorgestellten Gruppe am engsten mit welcher anderen verwandt ist. Wir haben daher bis auf weiteres die tradierten Stämme beibehalten, bis eine gewisse Übereinstimmung hinsichtlich der Stellung und der Verwandtschaftsbeziehungen unter diesen Gruppen erreicht worden ist.

Die frühe Embryonalentwicklung der Sipunkuliden, der Echiuriden und Anneliden ist beinahe identisch, was auf eine sehr enge Verwandtschaft dieser drei Gruppen hindeutet. Sie ähnelt außerdem der Molluskenentwicklung. Einige Autoren gruppieren die vier Stämme zu einem superphyletischen Taxon namens Trochozoa, da allen eine Trochophoralarve gemeinsam ist. Weitere Ähnlichkeiten verweisen ebenfalls auf eine enge Verwandtschaft zwischen den Sipunkuliden und den Echiuriden und den Anneliden hin, etwa der Bau des Nervensystems und der Körperwandung. Molekulare, morphologische und entwicklungsbiologische Befunde stehen bezüglich der genauen Stellung der Echiuriden im Verhältnis zu den anderen Gruppen im Widerspruch zueinander. Viele Fachleute sind heute der Meinung, dass der Rang eines Phylums den Echiuriden nicht zukommt. Aus der Analyse von Nucleotidsequenz-Daten wurde gefolgert, dass die Echiuriden – wie die Pogonophoren – tatsächlich abgeleitete Anneliden sind. Die verwandtschaftliche Beziehung der Echiuriden zu den übrigen lophotrochozoischen Stämmen ist jedoch weiterhin ein Gegenstand der Forschung und des Disputes.

Molekulare (Hugh, 1997) sowie morphologisch/entwicklungsbiologische (Rouse und Fauchald, 1997) Daten sprechen nunmehr dafür, dass die Pogonophoren sich tatsächlich von den Anneliden ableiten. Viele Fachleute stellen die Pogonophoren daher heute zu den Vestimeniferen in der Annelidenfamilie Siboglinidae statt sie als eigenständiges Phylum zu führen. Diese Repositionierung über viele taxonomische Stufen hinweg lässt das Ausmaß der Unsicherheit und den mangelhaften Kenntnisstand bezüglich der in diesem Kapitel diskutierten Tiergruppen erkennen.

Die phylogenetische Stellung der Lophophoraten (Phoroniden, Ektoprokten und Brachiopoden) hat zu zahlreichen Kontroversen und Debatten Anlass gegeben. Manchmal sind sie als Protostomier mit einigen Deuterostomiermerkmalen gesehen worden, dann wieder als Deuterostomier mit einigen Protostomiermerkmalen. Der ihnen gemeinsame Besitz eines Lophophors ist eine einzigartige Synapomorphie. Andere Merkmale, wie der U-förmige Verdauungstrakt, die Metanephridien und eine Tendenz zur Abscheidung von Behausungen könnten innerhalb des Kladus homolog sein, sind aber zweifellos konvergent zu entsprechenden Merkmalen anderer Taxa. Die Sequenzanalysen von Genen für die 18S rRNA der kleinen ribosomalen Untereinheit deutet auf eine Zugehörigkeit zu den Protostomiern hin.

Die Untergliederung des Coeloms in drei Kompartimente (trimeres Coelom) ist ein Merkmal, das die hier vorgestellten Gruppen mit den Deuterostomiern gemeinsam haben, doch muss es sich dabei um ein konvergentes Merkmal handeln, falls die Lophophoraten Protostomier sind. Darüber hinaus zweifeln einige Fachleute die trimere Natur und die Homologie des Coeloms einiger Lophophoraten an (zum Beispiel, ob der Raum im Epistom der inartikulaten Brachiopoden ein Protocoel ist, ob das Mesocoel und das Metacoel der Brachiopoden homolog diesen Räumen anderer Lophophoraten sind, und ob das Körpercoelom der Ektoprokten homolog zu dem der Brachiopoden und der Phoroniden ist). Der Blastoporenursprung der Mundöffnung bei den Phoroniden und die Mosaikentwicklung bei den Ektoprokten sind typische Protostomiermerkmale. Ihre Larven sind in der Vergangenheit als Trochophora beschrieben worden, obgleich die Ähnlichkeit zur Trochophora der Anneliden und Mollusken nicht sehr groß ist. Aufgrund von Nucleotidsequenz-Ähnlichkeiten scheinen sie aber klar mit den Sipunkuliden, den Anneliden und den Mollusken im Superphylum Lophotrochozoa vergesellschaftet zu sein. Die zahlreichen, dazu im Widerspruch stehenden Befunde hinsichtlich der stammesgeschichtlichen Eingruppierung dieser Gruppen stellen für die Zoologie der Invertebraten zähe und langlebige Probleme dar. Jüngere molekulare Analysen versprechen, etwas Licht auf die evolutiven Verwandtschaftsbeziehungen dieser Stämme zu werfen, aber es erfordert noch viel weitergehende Forschung, bevor ein Konsens zu erwarten ist.

Die phylogenetischen Affinitäten der Pentastomiden sind ebenfalls umstritten. Ihre larvalen Anhangsbildungen und die sich häutende Kutikula erinnern jedoch an Arthropodenmerkmale. Ihre Larven ähneln den Larven der Tardigraden. Die meisten modernen Taxonomen stellen sie zu den Arthropoden, und neuere molekulare (Abele et al., 1989) und morphologische Befunde (Storch und Jamieson 1992) stützen stark eine Reklassifizierung der Pentastomiden mit einer Eingruppierung als Mitglieder der Crustaceen-Unterklasse Branchiura (Kapitel 19). Das genaue Verwandtschaftsverhältnis dieser Gruppen ist jedoch ebenfalls noch strittig. Wir behalten daher das tradierte Muster der Stammbezeichnun-

21 Kleinere Protostomierstämme

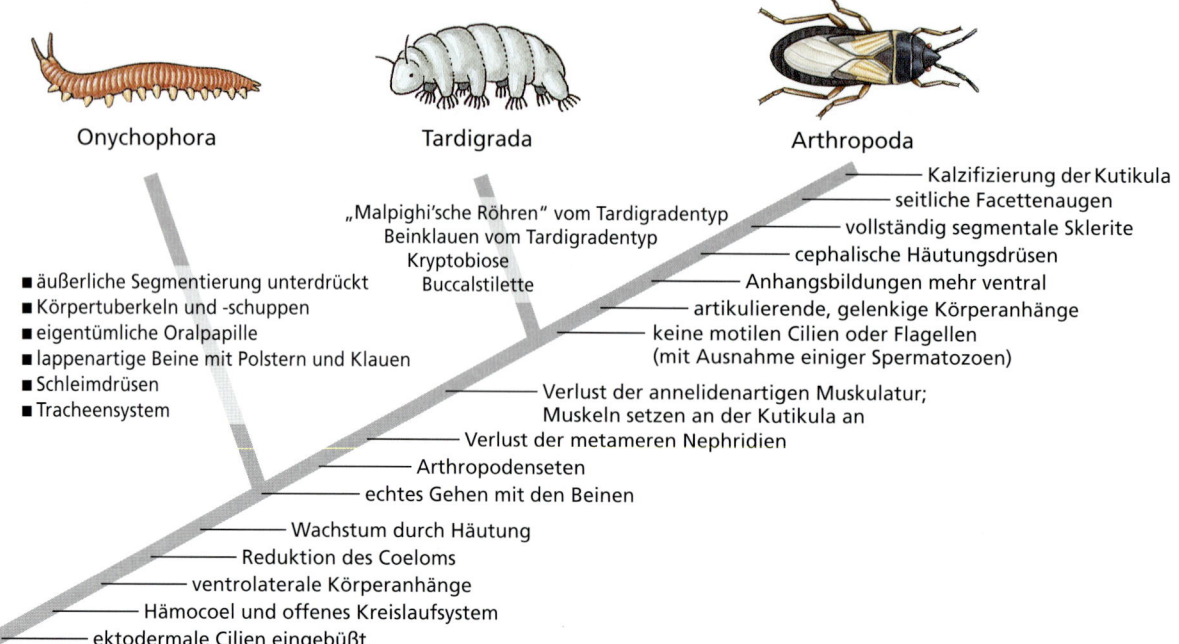

Abbildung 21.25: **Kladogramm der hypothetischen Verwandtschaftsbeziehungen zwischen Onychophoren und Tardigraden und Arthropoden.** Die Onychophoren haben sich von der Linie der Arthropoden abgesetzt, nachdem sie solche Synapomorphien wie Hämocoel und Wachstum durch Häutung entwickelt hatten. Sie teilen mehrere primitive Merkmale mit den Anneliden, wie die metamer angeordneten Nephridien, aber molekulare Befunde deuten auf eine Einordnung in die ecdysozoischen und nicht die lophotrochozoischen Stämme. Man beachte, dass das Tracheensystem der Onychophoren nicht homolog, sondern lediglich konvergent ist. Nach: Brusca & Brusca (1990): Invertebrates. 1. Auflage. Sinauer. ISBN: 0-8789-3098-1.

gen und -zuweisungen an dieser Stelle bei, bis ein Konsens hinsichtlich der Klassifizierung und Verwandtschaftsverhältnisse dieser Gruppen unter den Fachleuten erreicht ist.

Die Onychophoren haben eine Reihe von Merkmalen mit den Anneliden gemeinsam: metamer angeordnete Nephridien, eine muskuläre Körperwand, pigmentierte Becherocellen und mit Cilien besetzte Fortpflanzungsgänge. Mit den Arthropoden haben sie die Kutikula, das tubuläre Herz und das Hämocoel mit dem offenen Kreislauf, Tracheen (wahrscheinlich nicht homolog) und das große Gehirn gemeinsam. Zu den für die Gruppe einmaligen Merkmalen gehören die Oralpapillen, die Schleimdrüsen, die Körpertuberkeln und die Unterdrückung der äußerlichen Segmentierung.

Einige Autoren haben sich dafür ausgesprochen, die Onychophoren zusammen mit den Myriapoden und den Insekten in ein neues Phylum Uniramia einzugliedern. Die Mehrzahl der Fachautoren ist jedoch der Ansicht, dass die Verschiedenartigkeit der Gruppe die Belassung in einem eigenen Phylum rechtfertigt (▶ Abbildung 21.25). Sequenzanalysen unterstützen die Einordnung der Onychophoren in die Ecdysozoen, mit einer engen verwandtschaftlichen Beziehung sowohl zu den Arthropoden wie zu den Tardigraden.

Die Tardigraden zeigen einige Ähnlichkeiten mit den Rotatorien, insbesondere hinsichtlich ihrer Fortpflanzung und ihrer Fähigkeit zur Kryptobiose. Einige Autoren haben sie als Pseudocoelomaten bezeichnet. Ihre Embryogenese scheint sie jedoch unter die Coelomaten fallen zu lassen. Der enterocoele Ursprung des Mesoderms ist ein Deuterostomiermerkmal. Andere Autoren benennen mehrere bedeutungsvolle Synapomorphien, die eine Hinzugesellung zu den Arthropoden anzudeuten scheinen (Abbildung 21.25). DNA-Sequenzanalysen unterstützen eine Anlehnung an die Arthropoden im Taxon Ecdysozoa.

Die Chaetognathen weisen eine Reihe von Deuterostomiermerkmalen auf und werden aufgrund dessen seit langem dieser Abteilung des Tierreichs zugerechnet. Sequenzanalysen der 18S rRNA-Gene scheinen eine Eingruppierung der Chaetognathen bei den Protostomiern zu unterstützen und somit zu rechtfertigen. Diese sind scheinbar innerhalb des Superphylums Ecdysozoa eng mit den ebenfalls dort angesiedelten Nematoden vergesellschaftet.

Zusammenfassung

Die zehn kleinen Stämme, die in diesem Kapitel behandelt wurden, werden aus Gründen der Bequemlichkeit zusammengefasst. Molekulare Sequenzanalysen stellen einige der Gruppen in das Superphylum Lophotrochozoa (Sipuncula, Echiura, Pogonophora, Brachiopoda, Ectoprocta und Phoronida), andere in das Superphylum Ecdysozoa (Pentastomida, Onychophora, Tardigrada und Chaetognatha). Viele Fachleute streiten noch immer darüber, ob manche dieser Tierstämme aufgrund ihrer deuterostomierartigen Merkmale überhaupt als Protostomier anzusehen sind. Es muss noch viel Forschungsarbeit erbracht werden, bevor die verworrenen Verwandtschaftsverhältnisse dieser Taxa als unzweifelhaft geklärt angesehen werden dürfen.

Die Sipunkuliden sind kleine, grabende Meereswürmer mit einem vorstreckbaren Introvertum (eine Art Proboscis) am anterioren Körperende. Das Introvertum trägt Tentakel für die Aufnahme von Nahrung, die sich am Boden abgesetzt hat. Die Sipunkuliden sind nicht segmentiert.

Die Echiuriden sind stärker diversifiziert als die Sipunkuliden, doch gibt es weniger Arten. Es handelt sich bei ihnen ebenfalls um grabende Meereswürmer, und die meisten ernähren sich von zu Boden gesunkenem organischem Material. Sie besitzen eine anterior zur Mundöffnung gelegene Proboscis. Ihnen fehlt ebenfalls jede Segmentierung, doch ist die Validität des phylogenetischen Ranges eines Phylums für diese Tiergruppe umstritten.

Die Pogonophoren leben in Röhren im Meeresboden großer Tiefen. Der Körper zeigt Metamerie. Sie besitzen weder Mundöffnung noch Verdauungstrakt und absorbieren offenbar einige Nährstoffe mit Hilfe des Tentakelkranzes am anterioren Körperende. Einen Großteil ihrer Energie beziehen sich von endosymbiontischen, chemoautotrophen Bakterien, die in ihrem Trophosom leben. Viele Fachleute halten dieses Phylum für nicht mehr haltbar und stellen die Pogonophoren zusammen mit den Vestimentiferen in die Annelidenfamilie der Siboglinidae.

Die Phoroniden, die Ektoprokten und die Brachiopoden besitzen alle ein Lophophor. Das Lophophor ist ein Kranz aus cilienbesetzten Tentakeln, welche die Mundöffnung, nicht aber den Anus, umgeben, und die eine Erweiterung des Mesocoels enthalten. Als Adulti sind die Tiere dieser Gruppen sessil, besitzen einen U-förmigen Verdauungstrakt und freischwimmende Larven. Das Lophophor fungiert sowohl als Atem- wie als Fressorgan, seine Cilien erzeugen eine Wasserströmung, durch die Nahrungspartikel herbei gestrudelt werden, die aus dem Wasser gefiltert werden.

Die Phoroniden sind die am wenigsten verbreiteten Lophophoraten; sie leben in Röhren, vorzugsweise in flachen Küstengewässern. Um zu fressen, strecken sie das Lophophor aus der Wohnröhre heraus.

Ektoprokten sind in marinen Habitaten häufig. Sie leben auf einer Vielfalt submerser Substrate. Eine Anzahl von Arten bewohnt das Süßwasser. Ektoprokten sind kolonial, und obwohl die Einzelwesen ziemlich klein sind, erreichen die Kolonien oft einen Durchmesser oder eine Höhe von mehreren Zentimetern. Jedes Individuum lebt in einer Kammer (Zoecium), die ein vom Körper abgeschiedenes Exoskelett aus chitinösem, kalkhaltigem oder gelatinösem Material ist.

Brachiopoden waren während des Paläozoikums (Erdaltertum) sehr häufig; die Arten- und Individuenhäufigkeit ist seit dem frühen Mesozoikum (Erdmittelalter) rückläufig. Ihre Körper und Lophophoren sind von einem Mantel bedeckt, der durch Biomineralisation eine dorsale und eine ventrale Klappe (Schale) bildet. Sie sind für gewöhnlich am Untergrund verankert, entweder direkt oder mittels eines Pedicels.

Die Pentastomiden sind wurmartige Parasiten der Lungen und Nasengänge von Wirbeltieren. Es bestehen nur geringe Zweifel, dass die Pentastomiden eng mit den Arthropoden verwandt sind, und viele Fachleute glauben, dass das Phylum Pentastomida keine Validität besitzt und in den crustaceischen Arthropoden aufgehen sollte.

Onychophoren sind (insekten)raupenähnliche Tiere, die man in feuchten, zumeist tropischen Lebensräumen antrifft. Sie sind segmentiert und kriechen mittels einer Reihe gelenkloser, mit Krallen versehener Extremitäten.

Die Tardigraden sind winzige Tiere, die zumeist terrestrisch in den dünnen Wasserfilmen leben, die Moose und Flechten überziehen. Sie besitzen acht gelenklose Beine und eine nichtchitinöse Kutikula. Ihre Hauptleibeshöhle ist wie bei den Arthropoden ein Hämocoel. Sie können in eine Kryptobiose verfallen und so für lange Zeit sehr widrigen Umweltbedingungen trotzen.

Die Pfeilwürmer (Phylum Chaetognatha) bilden eine kleine Gruppe, die jedoch einen bedeutsamen Bestandteil des Meeresplanktons ausmacht. Sie verfügen über ein wohlentwickeltes Coelom und sind effektive Beutegreifer, die andere planktonische Lebewesen mit ihren Zähnen und chitinösen Stachel im Umkreis der Mundöffnung ergreifen.

Die Verwandtschaftsbeziehungen dieser Taxa untereinander und zu anderen protostomen wie deuterostomen Stämmen sind bis heute Gegenstand des wissenschaftlichen Interesses und der akademischen Kontoverse. In einigen Fällen (wie dem der Pogonophoren) stellen molekulare, morphologische und entwicklungsbiologische Merkmale den Phylumstatus dieser Taxa infrage. In anderen Fällen (wie dem der Echiuriden) widersprechen sich molekulare und morphologisch-entwicklungsbiologische Befunde; die taxonomische Validität der Gruppen und ihre evolutive Verwandtschaft untereinander und mit anderen Gruppen ist ungeklärt. Ein beträchtliches Maß an Forschungsleistung ist notwendig, bevor die innere Taxonomie wie die Einordnung der Gruppen in das Reich der Tiere unzweifelhaft feststehen werden.

Übungsaufgaben

1. Grenzen Sie die folgenden Stämme gegeneinander ab und beschreiben Sie die jeweiligen Habitate: Sipuncula, Echiura, Pogonophora, Ectoprocta, Phoronida, Brachiopoda, Pentastomida, Onychophora, Tardigrada und Chaetognatha.
2. Wovon ernähren sich Vertreter der unter Übungsaufgabe 1 genannten Tiergruppen?
3. Welche Befunde deuten darauf hin, dass sich die Sipunkuliden und die Echiuriden noch vor dem evolutiven Ursprung der Anneliden von der protostomen Entwicklungslinie abgesetzt haben? Welche Befunde sprechen gegen diese Hypothese?
4. Welches sind die größten bekannten Pogonophoren? Wo findet man sie? Wovon ernähren sie sich?
5. Welche Merkmale haben die lophophoraten Tierstämme gemeinsam? Durch welche Merkmale unterscheiden sie sich?
6. Geben Sie Definitionen für folgende Begriffe: Lophophor, Zoecium, Zooid, Polypid, Zystid, Statoblast.
7. Nennen Sie einige Protostomiermerkmale, die man bei den Lophophoraten antrifft. Welches sind ihre Deuterostomiermerkmale?
8. Welche Coelomkompartimente findet man bei den Lophophoraten?
9. Welcher Unterschied besteht hinsichtlich der Ausrichtung der Schalen der Brachiopoden im Vergleich zu den Bivalvia (Stamm Mollusca)?
10. Wie wird das Lophophor der Ektoprokten ausgestreckt?
11. Umreißen Sie kurz den Vermehrungszyklus eines typischen Pentastomiden.
12. Welchen Wert hat die Kryptobiose für das Überleben der Tardigraden?
13. Welche Befunde deuten darauf hin, dass die Chaetognathen Deuterostomier sind? Welche Befunde stehen im Konflikt mit dieser Hypothese?
14. Worin besteht die ökologische Bedeutung der Pfeilwürmer?

Weiterführende Literatur

Abele, L. et al. (1989): Molecular evidence for the inclusion of the phylum Pentastomida in the Crustacea. Molecular Biology and Evolution, vol. 6: 685–691. *Molekulare Befunde, die den Phylumstatus der Pentastomiden infrage stellen.*

Brusca, R. und G. Brusca (2002): Invertebrates. 2. Auflage. Sinauer; ISBN: 0-87893-097-3. *Ausgezeichnetes, umfassendes Lehrbuch über wirbellose Tiere für das fortgeschrittene Studium.*

Childress, J. et al. (1987): Symbiosis in the deep sea. Scientific American, vol. 256: 114–120. *Die verblüffende Geschichte, wie die Tiere im Umfeld heißer Tiefseequellen – einschließlich Riftia pachyptila – Schwefelwasserstoff absorbieren und zu den in ihnen lebenden, mutualistischen Bakterien transportieren. Für die meisten Tiere (diejenigen, die Sauerstoff atmen) ist Schwefelwasserstoff (H_2S) sehr giftig.*

Conway-Morris, S. et al. (1996): Lophophorate phylogeny. Science, vol. 272: 282–283. *Diese Autoren mahnen zur Vorsicht bei der Übernahme des von Halanych et al. (1995) vorgeschlagenen Taxons Lophotrochozoa.*

Cutler, E. (1995): The Sipuncula. Their systematics, biology and evolution. Cornell University Press; ISBN: 0-8014-2843-2. *Der Autor hat versucht, in dieser Monografie alles zusammenzutragen, was bis zum Erscheinungsdatum über Sipunkuliden bekannt war.*

Garey, J. (2002): The Lesser-Known Protostome Taxa: An Introduction and a Tribute to Robert P. Higgins. Integrative and Comparative Biology, vol. 42: 611–618. *Der wichtigste neuere Übersichtsartikel über die in diesem Kapitel vorgestellten „kleineren" Tierstämme.*

Garey, J. et al. (1996): Molecular analysis supports a tardigrade-arthopod association. Invertebrate Biology, vol. 115: 79–88. *Die auf der Grundlage molekularer Befunde mutmaßliche Verwandtschaftsbeziehung zwischen den Bärtierchen und den Gliederfüßlern wird durch die Sequenzanalyse des 18S rRNA-Gens gestützt.*

Gould, S. (1995): Of tongue worms, velvet worms, and water bears. Natural History, vol. 104, no. 1: 6–15. *Ein verblüffender Essay über die Affinitäten der Pentastomiden, Onychophoren und Tardigraden, und wie sie – zusammen mit größeren Stämmen – Ergebnisse der „kambrischen Explosion" waren. (Goulds Thesen sind unter Fachleuten ziemlich umstritten.)*

Halanych, K. (2002): Unsegmented Annelids? Possible Origins of Four Lophotrochozoan Worm Taxa. Integrative and Comparative Biology, vol. 42: 678–684.

Haugerud, R. (1989): Evolution in the pentastomids. Parasitology Today, vol. 5: 126–132. *Über diese rät-*

selhafte Gruppe ist noch vieles in Erfahrung zu bringen, doch gibt es starke Hinweise auf eine Nähe zu den Crustaceen.

Hoffman, P. und D. Schrag (2000): Snowball Earth. Scientific American, vol. 282, no. 1: 268–275. *Es scheint so, als ob sich auf der Erde vor ca. 600 Millionen Jahren eine extreme Eiszeit ereignet hat, der eine ebenso extreme Warmzeit folgte, die von einem brutalen Treibhauseffekt ausgelöst und angeheizt worden ist. Waren diese Ereignisse die Auslöser der „kambrischen Explosion"?*

McHugh, D. (1997): Molecular evidence that echiurans und pogonophorans are derived annelids. Proceedings of the National Academy of Sciences of the USA, vol. 94: 8006–8009. *Die molekularen Befunde, die den Phylumstatus der Echiura und der Pogonophora infrage stellen.*

Menon, J. und A. Arp (1998): Ultrastructural evidence of detoxification in the alimentary canal of *Urechis caupo*. Invertebrate Biology, vol. 117: 307–317. *Dieser merkwürdige Echiuride besitzt in seinen Darm- und Epithelzellen Entgiftungskörperchen, die es ihm erlauben, in einem ansonsten hochgiftigen sulfidischen Habitat zu überleben.*

Nielsen, C. (2001): Animal Evolution. Interrelationships of the Living Phyla. 2. Auflage. Oxford University Press; ISBN: 0-1985-0682-1.

Nielsen, C. (2002): The Phylogenetic Position of Entoprocta, Ectoprocta, Phoronida, and Brachiopoda. Integrative and Comparative Biology, vol. 42: 685–691. *Der wichtigste neuere Übersichtsartikel über diese „kleineren" Protostomierstämme.*

Rouse, G. und K. Fauchald (1997): Cladistics and polychaetes. Zoologica Scripta, vol. 26: 139–204. *Morphologische und entwicklungsbiologische Daten überstützen eine Einordung der Pogonophoren als abgeleitete Anneliden statt als eigenständigen Tierstamm.*

Ruppert, E. et al. (2004): Invertebrate Zoology – A Functional Evolutionary Approach. 7. Auflage. Thomson/Brooks/Cole; ISBN: 0-0302-5982-7. *Ausgezeichnetes, umfassendes Lehrbuch über wirbellose Tiere für das fortgeschrittene Studium.*

Storch, V. und B. Jamieson (1992): Further spermatological evidence for including the Pentastomida (tongue worms) in the Crustacea. International Journal of Parasitology, vol. 22: 95–108. *Morphologische und entwicklungsbiologische Daten überstützen eine Einordung der Pentastomiden als abgeleitete Crustaceen statt als eigenständigen Tierstamm.*

Telford, M. und P. Holland (1993): The phylogenetic affinities of the chaetognaths: a molecular analysis. Molecular Biology and Evolution, vol. 10: 660–676. *Dieser Arten, sowie der von Wada und Satoh (siehe unten) legen Belege dafür vor, dass die Chaetognathen Protostomier sind.*

Wada, H. und N. Satoh (1994): Details of the evolutionary history from invertebrates to vertebrates, as deduced from the sequence of 18S rDNA. Proceedings of the National Academy of Sciences of the USA, vol. 91: 1801–1804.

Weitere Informationen zu diesem Buchkapitel finden Sie auf der Companion-Website unter
http://www.pearson-studium.de

Echinodermata und Hermichordata (Stachelhäuter und Kragenwürmer)

Phylum Echinodermata, Phylum Hemichordata

22.1	**Phylum Echinodermata**	691
22.2	**Phylogenese und adaptive Radiation**	713
22.3	**Phylum Hermichordata**	716
22.4	**Phylogenese und adaptive Radiation**	721
	Zusammenfassung	722
	Übungsaufgaben	723
	Weiterführende Literatur	724

22

ÜBERBLICK

22 Echinodermata und Hemichordata (Stachelhäuter und Kragenwürmer)

Libbie Hyman, ein bekannter US-amerikanischer Zoologe, hat die Stachelhäuter einmal wie folgt beschrieben: „Eine großartige Gruppierung, die eigens dazu entworfen worden ist, um dem Zoologen Rätsel aufzugeben". Ungeachtet des adaptiven Wertes, den die Bilateralität für freischwimmende und die Radialsymmetrie für sessile Tiere hat, haben die Echinodermaten diese Regel auf den Kopf gestellt, indem sie sich zu frei beweglichen radialen Tieren entwickelt haben. Es besteht kein Zweifel daran, dass sie aus einem bilateralsymmetrischen Vorfahren hervorgegangen sind, da ihre Larven bilateral sind. Sie durchlaufen eine merkwürdige Metamorphose zu einem radialen Adultus, bei dem eine Verdrehung der Körperachse um 90° stattgefunden hat.

Ein Kompartiment des Coeloms hat sich bei den Echinodermaten in ein einzigartiges Wassergefäßsystem umgewandelt, das hydraulische Kraft einsetzt, um eine Vielzahl winziger Füßchen zu bewegen, welche die Tiere zum Ortswechsel und zum Ergreifen von Nahrung benutzen. Dermale Ossikeln (= Kalkplatten) können miteinander verschmelzen, um einen Echinodermaten in einen Panzer einzuhüllen; sie können aber auch zu mikroskopisch kleinen Körperchen zurückgebildet sein. Viele Echinodermaten verfügen über winzige, kieferartige Greifer (Pedicellarien), die über die Körperoberfläche verstreut liegen, und die oftmals gestielt und manchmal mit Giftdrüsen versehen sind.

Eine Ansammlung von Seesternen *(Pisaster ochraceus)* oberhalb der Wasserlinie bei Ebbe.

Diese Merkmalskonstellation ist einzigartig im Tierreich. Sie hat das evolutive Potenzial der Stachelhäuter sowohl festgelegt wie begrenzt. Ungeachtet der gewaltigen Menge an Forschungen, die an ihnen durchgeführt wurden, sind wir immer noch weit davon entfernt, viele Aspekte der Biologie der Stachelhäuter wirklich zu verstehen.

Phylum Echinodermata 22.1

Die Echinodermaten (gr. *echinos*, Igel + *derma*, Haut) – Stachelhäuter – sind Meerestiere, zu denen so unterschiedliche Tiere wie Seesterne, Schlangensterne, Seeigel, Seegurken und Seelilien gehören. Sie stellen eine seltsame Gruppierung dar, die sich scharf von allen anderen Tieren unterscheidet. Der Gruppenname leitet sich von ihren externen Stacheln (Protuberanzen) ab. Ein kalkiges Endoskelett findet sich bei allen Angehörigen dieses Stammes – entweder in Form von Platten oder in Form verstreut liegender winziger Ossikeln.

Die hervorstechendsten Merkmale der Stachelhäuter sind (1) das dornige aus Platten bestehende Endoskelett, (2) das Wassergefäßsystem, (3) Pedicellarien, (4) Dermalbranchien und (5) eine grundlegende pentaradiale Symmetrie bei den adulten Tieren. Keine andere Tiergruppe mit solch komplex gebauten Organsystemen zeigt Radiärsymmetrie.

Die Echinodermaten sind eine alte Tiergruppe, deren Geschichte mindestens bis in das Kambrium zurückreicht. *Arkarua* – ein rätselhaftes Fossil aus dem späten Neoproterozoikum vor 560 Millionen Jahren – ist als ältester bekannter Stachelhäuter identifiziert worden (Gehling, 1987), doch halten viele Fachleute diese Zuordnung für nicht schlüssig. Ungeachtet einer ausgezeichneten Fossilgeschichte liegen der Ursprung und die frühe Evolution der Echinodermaten noch im Dunkeln. Es scheint jedoch klar zu sein, dass sie sich von bilateralen Vorfahren herleiten, da ihre Larven bis auf den heutigen Tag bilateralsymmetrisch sind und erst später in ihrer ontogenetischen Entwicklung zur Radiärsymmetrie übergehen. Viele Zoologen vertreten die Ansicht, dass die frühen Echinodermaten sessile Tiere waren und die radiärsymmetrische Körperform als Anpassung an die sessile Lebensweise evolviert haben. Bilateralität besitzt einen adaptiven Wert für Tiere, die sich gerichtet durch ihre Umwelt bewegen, wohingegen Radialität von Wert für solche Tiere ist, deren Umwelt in allen Richtungen gleich ist. Der Bauplan der rezenten Echinodermaten scheint sich von einem am Boden festsitzender Ahnen abzuleiten, zeigt Radiärsymmetrie und ausstrahlende Furchen (Ambulakren) zum Einsammeln von Nahrung und eine nach oben weisende Oralseite. Festsitzende Formen waren vermutlich einstmals häufig, doch haben nur etwa 80 Arten, die alle zur Klasse der Seelilien und Haarsterne (Crinoidea) gehören, bis heute überlebt. Seltsamerweise haben die Bedingungen ihre freischwimmenden Abkömmlinge begünstigt, ob-

STELLUNG IM TIERREICH

■ **Phylum Echinodermata**

1. Das Phylum Echinodermata (Stamm der Stachelhäuter) (lat. *echinatus*, stachelig bzw. lat. echinos, Seeigel bzw. gr. *echnnos*, Igel + gr. *derma*, Haut + *ata*, (Nachsilbe) gekennzeichnet durch) gehört zum Deuterostomierzweig des Tierreiches. Die Deuterostomier sind enterocoele Coelomaten. Die anderen dieser Gruppe zugerechneten Stämme sind die Hemichordaten (Kragentiere) und die Chordaten (Chordatiere; siehe Kapitel 23).
2. Ursprünglich haben die Deuterostomier die folgenden embryonalen Merkmale gemeinsam: Der Anus entwickelt sich aus der Blastopore oder aus einem Bereich in der Nähe der Blastopore. Die Mundöffnung entwickelt sich an einem anderen Ort. Das Coelom knospt vom Archenteron (Enterocoel) ab. Radiale und regulative (indeterminierte) Furchung. Entomesoderm (das Mesoderm entwickelt sich aus oder mit dem Entoderm) aus Enterocoeltaschen.
3. Daher leiten sich die Echinodermaten, die Chordaten und die Hemichordaten vermutlich von einem gemeinsamen stammesgeschichtlichen Vorfahren her. Trotzdem hat ihre Evolutionsgeschichte die Echinodermaten an einen Punkt geführt, an dem sie sich sehr verschieden von allen anderen Tiergruppen darstellen.

Biologische Merkmale

Es gibt ein Wort, das am besten geeignet ist, um die Echinodermen kurz und knapp zu beschreiben: seltsam. Sie zeichnen sich durch eine einzigartige Merkmalskombination aus, die sich bei keinem anderen Tierstamm in ähnlicher Weise findet. Zu den auffälligeren und verblüffenderen dieser Merkmale bei den Stachelhäutern gehören die folgenden.

a. Ein System aus Kanälen bildet ein **Wassergefäßsystem**, das sich von einem Coelomkompartiment ableitet.
b. Ein **dermales Endoskelett** aus kalkigen Ossikeln.
c. Ein **Hämalsystem**, dessen Funktion bis heute mysteriös ist, und das ebenfalls in ein Coelomkompartiment eingeschlossen ist.
d. Ihre **Metamorphose**, die eine bilaterale Larve in ein grundlegend pentagonal-radiäres Adulttier verwandelt.

MERKMALE

Phylum Echinodermata

1. Körper unsegmentiert (keine Metamerie) mit radiärer, pentagonaler Symmetrie; Körper abgerundet, zylindrisch oder sternförmig, mit fünf oder mehr ausstrahlenden Bereichen (Ambulakren), die sich mit Interambulakral-Bereichen abwechseln.
2. Kein Kopf oder Gehirn; wenige spezialisierte Sinnesorgane; sensorisches System aus taktilen und chemorezeptiven Rezeptoren, Podien, Terminaltentakeln, Photorezeptoren und Statozysten.
3. Nervensystem mit zirkumoralen und radialen Nerven; für gewöhnlich zwei oder drei Netzwerksysteme auf verschiedenen Ebenen des Körpers, je nach Gruppe verschieden stark entwickelt.
4. Endoskelett aus dermalen, kalkigen Ossikeln mit Dornen oder kalkigen Spikulae in der Dermis; überzogen von einer Epidermis (bei den meisten cilientragend); Pedicellarien (bei einigen).
5. Skelettelemente durch Ligamente aus veränderlichem Kollagen-Gewebe, das unter nervöser Kontrolle steht, miteinander verbunden. Die Ligamente können in versteifter Haltung arretiert werden, oder entspannt sein, um willkürliche, freie Bewegungen zu ermöglichen.
6. Ein einzigartiges Wassergefäßsystem coelomischen Ursprungs, das sich von der Körperoberfläche aus als Folge tentakelartiger Ausstülpungen (Podien oder Röhrenfüßen) ausstreckt. Die Podien werden durch eine Erhöhung des hydrostatischen Drucks in ihrem Inneren vorgestreckt; eine nach außen führende Öffnung ist für gewöhnlich vorhanden (Madreporus oder Hydroporus).
7. Lokomotion durch Röhrenfüßchen, die sich aus den Ambulakralbereichen ausstrecken (Ambulakralfüßchen), durch Bewegung von Dornen, oder durch die Bewegung von Armen, die von der zentralen Körperscheibe ausgehen.
8. Verdauungssystem für gewöhnlich vollständig; axial oder zusammengerollt; Anus fehlt bei den Ophiuriden.
9. Ausgedehntes Coelom, das die Periviszeralhöhle und die Höhlung des Wassergefäßsystems bildet; Coelom vom enterocoelen Typus; Coelomflüssigkeit mit Amöbozyten.
10. Blut/Gefäßsystem (Hämalsystem) stark reduziert; spielt nur eine geringe Rolle (falls überhaupt) für den Kreislauf; von einem ausgedehnten Coelom (Perihämalsini) umgeben; hauptsächlicher Kreislauf der Körperflüssigkeiten durch Peritonealcilien.
11. Respiration durch Dermalbranchien, Röhrenfüßchen, einen respiratorischen Baum (bei Holothurien) und Bursen (bei Ophiuriden).
12. Ausscheidungsorgane fehlen.
13. Geschlechter getrennt (mit Ausnahme einiger weniger Zwitter), mit großen Gonaden (bei den Holothurien singulär, bei den meisten mehrfach ausgebildet); einfache Gänge, ohne ausgefeilten Kopulationsapparat oder sekundäre Geschlechtsbildungen; Befruchtung meist extern; Eier bei einigen bebrütet.
14. Entwicklung durch freischwimmende, bilaterale Larvenstadien (einige mit direkter Entwicklung); Metamorphose zum radiären Adultus oder zu einer Subadultform; Radialfurchung und eine regulative Entwicklung.
15. Auffällige Autotomie (Abwerfen von Körperteilen) und Regenerationsfähigkeit von Körperteilen.

---

gleich diese immer noch ziemlich radial daherkommen. Unter diesen finden sich einige der nach der Individuenzahl häufigsten Meerestiere. Als Ausnahmen, welche die Regel (dass Bilateralität für freibewegliche Tiere einen Anpassungswert hat) bestätigen, haben wenigstens drei Echinodermatengruppen (die Seegurken und zwei Gruppen von Seeigeln) sekundär einen bei oberflächlicher Betrachtung bilateralen Bau evolviert (obgleich weiterhin eine pentaradiale Organisation des Skeletts und der meisten Organsysteme vorliegt).

Den meisten Echinodermaten fehlt die Fähigkeit zur Osmoregulation, so dass sie nur selten ins Brackwasser einwandern. Sie treten in allen Meeren der Welt und in allen Tiefen auf – von der Gezeitenzone bis in das Abyssal. Oft sind in der Tiefsee Echinodermaten die häufigsten Tiere. Im Tiefseegraben vor den Philippinen war in einer Tiefe von 10.540 m die häufigste Tierart eine Seegurke. Die Echinodermaten sind praktisch sämtlich Bodenbewohner, obgleich es auch einige wenige pelagische Formen gibt.

Parasitische Stachelhäuter sind nicht bekannt, doch sind einige von ihnen sind Kommensalen. Auf der anderen Seite siedelt eine Vielzahl anderer Tiere in oder auf Echinodermaten, einschließlich parasitärer oder kommensaler Algen, Protozoen, Ctenophoren, Turbellarien, Zirripeden, Kopepoden, Dekapoden, Schnecken, Muscheln, Polychäten, Fische sowie andere Stachelhäuter.

Seesterne (▶ Abbildung 22.1) finden sich häufig auf hartem, felsigem Untergrund, doch sind auch zahlrei-

Abbildung 22.1: **Eine Auswahl von Seesternen (Classis Asteroidea) aus dem Pazifik.** (a) Nadelkissenseestern *(Culcita navaeguineae)*, der sich von Korallenpolypen und anderen Kleinlebewesen sowie Detritus ernährt. (b) *Choriaster granulatus* ernährt sich in flachen pazifischen Riffen vom Aas toter Tiere. (c) *Tosia queenslandensis* im dem Great Barrier Reef Australiens stellt hartschaligen Tieren nach. (d) Die Dornenkrone *(Acanthaster planci)* ist ein bedeutender Korallenräuber.

che Arten auf sandigem oder weichem Grund zuhause. Einige Arten sind Filtrierer, viele aber Jäger, die sich von langsamen oder sessilen Tieren ernähren, da die Seesterne selbst recht gemächlich in ihren Bewegungen sind.

Die Ophiuriden (Schlangensterne; siehe Abbildung 22.10 und 22.13) sind die bei weitem aktivsten Echinodermaten, die mit Hilfe ihrer Arme statt mit Röhrenfüßchen laufen. Von einigen wenigen Arten wird berichtet, dass sie die Fähigkeit zu schwimmen besitzen, andere graben sich in den Untergrund. Sie können umherwandernde Aasfresser, Detritusfresser, Filtrierer oder aktive Jäger sein. Einige leben kommensal in großen Schwämmen, in deren Wasserkanälen sie in großer Stückzahl vorkommen können.

Die Holothurien (Seegurken; siehe Abbildung 22.20) sind in allen Meeren weit verbreitet. Viele finden sich auf sandigem oder schlickigem Untergrund, wo sie versteckt liegen. Im Vergleich zu anderen Stachelhäutern sind die Seegurken entlang der oral-aboralen Achse stark gestreckt. Diese Körperachse erstreckt sich mehr oder weniger parallel zum Untergrund; dabei liegen sie auf der Seite. Die meisten filtrieren ihre Nahrung oder fressen Detritus.

Die Echinoiden (Seeigel; siehe Abbildung 22.15) sind an ein Leben auf dem Meeresgrund angepasst und halten mit ihrer Mundseite immer Kontakt zum Untergrund. „Reguläre" Seeigel (Regularia) bevorzugen harte Unterlagen, Sanddollars (Clypeasteroida) und Herzseeigel („Irreguläre" Seeigel, Irregularia) findet man im Allgemeinen auf sandigem Untergrund. Die regulären Seeigel, die radiärsymmetrisch sind, ernähren sich hauptsächlich von Algen oder Detritus, während sich die irregulären Seeigel – die sekundär bilateral sind – von kleinen Nahrungspartikeln ernähren.

Die Crinoiden (Seelilien = Haarsterne; siehe Abbildung 22.25) strecken ihre Arme aus- und aufwärts wie die Blütenblätter einer Blütenpflanze („Seelilien") und filtern Plankton und sonstige im Meerwasser suspendierte Teilchen aus diesem heraus. Die meisten rezenten Arten lösen sich als Adulti von ihren Stielen ab. Trotzdem verbringen sie den größten Teil ihrer Zeit auf dem Substrat, wobei sie sich mit der Hilfe von Aboralgliedmaßen (den Zirren) am Untergrund festhalten.

Ein Zoologe, der den faszinierenden Bau und die Funktion der Echinodermaten bewundert, kann diese Bewunderung der Schönheit ihrer Symmetrie und der oftmals grellen Farben mit dem Laien teilen. Viele Arten sind von recht trister Färbung, andere aber können orange, rot, purpurn, blau und vielfach sogar mehrfarbig sein.

Aufgrund des dornigen anatomischen Baues sind die Stachelhäuter nicht sehr oft selbst die Beute anderer Tiere – mit der Ausnahme einiger Echinodermaten (Seesterne). Manche Fische besitzen kräftige Zähne und andere Anpassungen, die es ihnen erlauben, sich von Stachelhäutern zu ernähren. Einige wenige Säugetiere wie Seeotter (*Enhydra lutris*) ernähren sich von Seeigeln. In verstreut liegenden Teilen der Welt schätzen die Einheimischen die Gonaden von Seeigeln, entweder roh oder in der aufgebrochenen Schale gebraten. Trepang, die gekochten, proteinreichen Körperwände bestimmter Seegurken, gilt in vielen Ländern Ostasiens als Delikatesse. Bedauerlicherweise hat die intensive und oft illegale Fischerei die Seegurkenbestände in vielen Teilen der Tropenmeere stark dezimiert.

Seesterne ernähren sich von einer Vielzahl von Weichtieren, Crustaceen und anderen Invertebraten. In einigen Bereichen spielen sie eine bedeutende ökologische Rolle als carnivore Spitzenjäger ihres Habitats. Ihren größten ökonomischen Einfluss haben sie auf die Bestände von Austern und anderen Muscheln, die sie massenhaft fressen. Ein einzelner Seestern kann pro Tag 12 oder mehr Muscheln oder Austern vertilgen. Um Muschelbänke/-farmen von diesen schädlichen Seesternen zu befreien, wird oft Ätzkalk (Calciumoxid, CaO) über die Bereiche verteilt, in denen sie sich häufig aufhalten. Der ungelöschte Kalk schädigt die feinen epidermalen Membranen der Seesterne, zerstört die dermalen Branchien und schließlich das Tier selbst. Unglücklicherweise werden andere weichkörperige Wirbellose von dieser Maßnahme ebenfalls betroffen. Die Muscheln überleben mit dicht geschlossenen Schalen, bis das Calciumoxid durch Reaktion mit dem Meerwasser umgewandelt worden ist. Auch in Korallenriffe treten Seesterne als Schädlinge zunehmend in Erscheinung, da sie sich durch die Erwärmung des Wassers besser vermehren können.

Echinodermaten – besonders Seeigel – sind in der Entwicklungsbiologie als Modelltiere ausgiebig untersucht worden. Ihre Keimzellen sind für gewöhnlich in sehr großer Zahl vorhanden und lassen sich leicht eisammeln. Ihre Hälterung und experimentelle Handhabung im Labor ist ebenfalls verhältnismäßig unkompliziert. Der Forscher kann der Embryonalentwicklung folgen und diese mit größter Genauigkeit dokumentieren. Wir wissen daher über die molekularen und zellulären Vorgänge der Seeigelentwicklung mehr als über die fast jeder anderen Tiergruppe. Viele biochemische und molekularbiologische Vorgänge bei der Reifung einer Eizelle aus einer Oocyte und bei der anschließenden Befruchtung sind mit anderen Tierarten inklusive der Wirbeltiere durchaus vergleichbar. Die artifizielle Parthenogenese wurde zuerst am Seeigelei beobachtet, als man fand, dass eine Behandlung der Eier mit hypertonem Meerwasser oder der Einfluss einer Reihe anderer Umweltreize eine Embryonalentwicklung auch ohne Spermien auslöst.

22.1.1 Classis Asteroidea (Klasse der Seesterne)

Die Seesterne lassen grundlegende Merkmale des Baus und der Funktionsweise von Stachelhäutern erkennen. Man kennt rund 1.500 rezente Arten, die sich für Untersuchungen leicht einsammeln lassen. Wir werden daher mit dieser Gruppe beginnen und uns dann nachfolgend auf die wesentlichen Unterschiede zu den anderen Gruppen konzentrieren.

Seesterne sind uns von den Küstenbereichen her vertraut, wo sie sich in großer Zahl auf Felsen finden lassen. Manchmal klammern sie sich so fest an die Unterlage, dass sie nur schwierig abzulösen sind, ohne dabei einige der Röhrenfüßchen abzureißen. Sie leben auch auf schlammigem oder sandigem Untergrund sowie in Korallenriffen. Oftmals zeigen sie eine lebhafte Färbung; die Größe reicht von einigen Zentimetern bis zu einem Meter im Durchmesser. *Asterias* (gr. *asteros*, Stern) ist

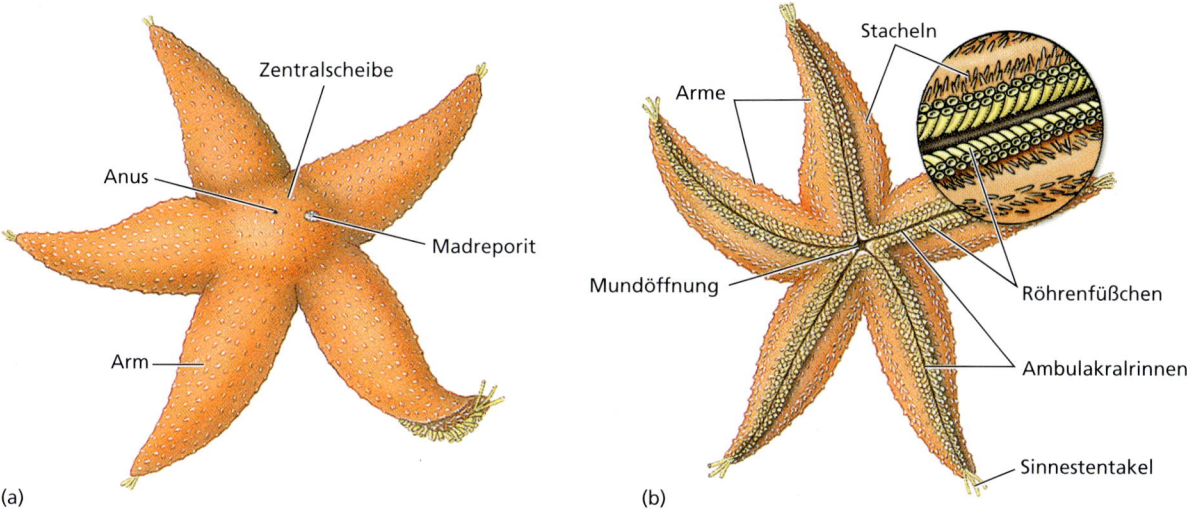

Abbildung 22.2: Außenanatomie eines Seesterns. (a) Aboralseitenansicht. (b) Oralseitenansicht.

eine an der nordamerikanischen Ostküste verbreitete Gattung. *Pisaster* (gr. *pisos*, Erbse + *asteros*, Stern) ist an der nordamerikanischen Westküste häufig, ebenso wie *Dermasterias* (gr. *derma*, Haut, Leder + *asteros*, Stern) („Lederseestern").

Form und Funktion

Äußere Erscheinung. Seesterne bestehen aus einer Zentralscheibe, die ansatzlos in die sich verjüngenden Arme übergeht. Der Körper ist etwas abgeflacht, biegsam und mit einer cilienbesetzten, pigmentierten Epidermis überzogen. Die Mundöffnung befindet sich mittig an der Unter- oder Oralseite. Sie ist von einer weichen Peristomialmembran (gr. *peri*, um … herum + *stoma*, Mund) umgeben. Ein **Ambulakrum** (Plural: Ambulakren; lat. *ambulacrum*, eine Allee, *ambulare*, spazieren gehen) oder ein **Ambulakralbereich** erstreckt sich von der Mundöffnung auf der Oralseite jedes Armes bis zur Spitze desselben. Seesterne haben im Regelfall fünf Arme, können aber auch weniger oder mehr besitzen (Abbildung 22.1 d). Es sind so viele Ambulakralbereiche vorhanden wie Arme. Entlang der Mitte jedes Ambulakralbereiches verläuft eine **Ambulakralrinne**, an deren Rändern sich Reihen von **Röhrenfüßchen** (**Podien**) entlang ziehen (▶ Abbildung 22.2). Diese werden für gewöhnlich ihrerseits durch bewegliche **Stacheln** geschützt. Ein großer **Radialnerv** ist im Zentrum jeder Ambulakralrinne zwischen den Reihen der Röhrenfüßchen erkennbar (▶ Abbildung 22.3). Der Nerv liegt ziemlich oberflächlich und wird nur von der dünnen Epidermis überdeckt. Unter dem Nerven verläuft eine Erweiterung des Coeloms und der Radialkanal des Wassergefäßsystems. Alle diese anatomischen Elemente liegen extern zu den darunterliegenden Ossikeln (Abbildung 22.3 c). In allen anderen Klassen der rezenten Echinodermaten mit Ausnahme der Crinoiden werden diese Strukturen von Ossikeln oder anderen Dermalbildungen bedeckt; man sagt daher, die Ambulakralrinnen der Asteroiden und der Crinoiden seien *offen*, die der anderen Gruppen werden als *geschlossen* bezeichnet.

Die aborale Körperoberfläche ist für gewöhnlich rau und dornig, obgleich die Dornen bei einigen Arten abgeflacht sein können, so dass die Oberfläche glatt erscheint (Abbildung 22.1 c). Um die Ansatzstellen der Dornen herum befinden sich Gruppen winziger, zangenartiger **Pedicellarien**, die winzige Kiefer tragen, die von Muskeln bewegt werden (▶ Abbildung 22.4). Diese Kiefer helfen dabei, den Körper frei von Schmutzteilchen zu halten, sie schützen die Papulae und dienen in manchen Fällen dem Einfangen von Nahrung. Die **Papulae** (= **Dermalbranchien** oder **Hautkiemen**) sind weiche, feingliedrige Vorstülpungen der Coelomhöhle, die nur von der Epidermis bedeckt sind und innerlich mit dem Peritoneum ausgekleidet sind; sie erstrecken sich durch Zwischenräume zwischen den Ossikeln auswärts und dienen dem Atemgasaustausch (Respiration, Abbildungen 22.3 c und 22.4 f). Ebenfalls auf der Aboralseite findet sich ein unauffälliger Anus und ein auffälliger, kreisförmiger **Madreporit** (Abbildung 22.2 a) – ein kalkiges Sieb, das zu dem Wassergefäßsystem hinführt.

Endoskelett. Unterhalb der Epidermis eines Seesterns befindet sich ein mesodermales Endoskelett aus kleinen kalkigen Platten, den **Ossikeln**, die durch Bindegewebe untereinander verbunden sind. Dieses Bindegewebe

22 Echinodermata und Hemichordata (Stachelhäuter und Kragenwürmer)

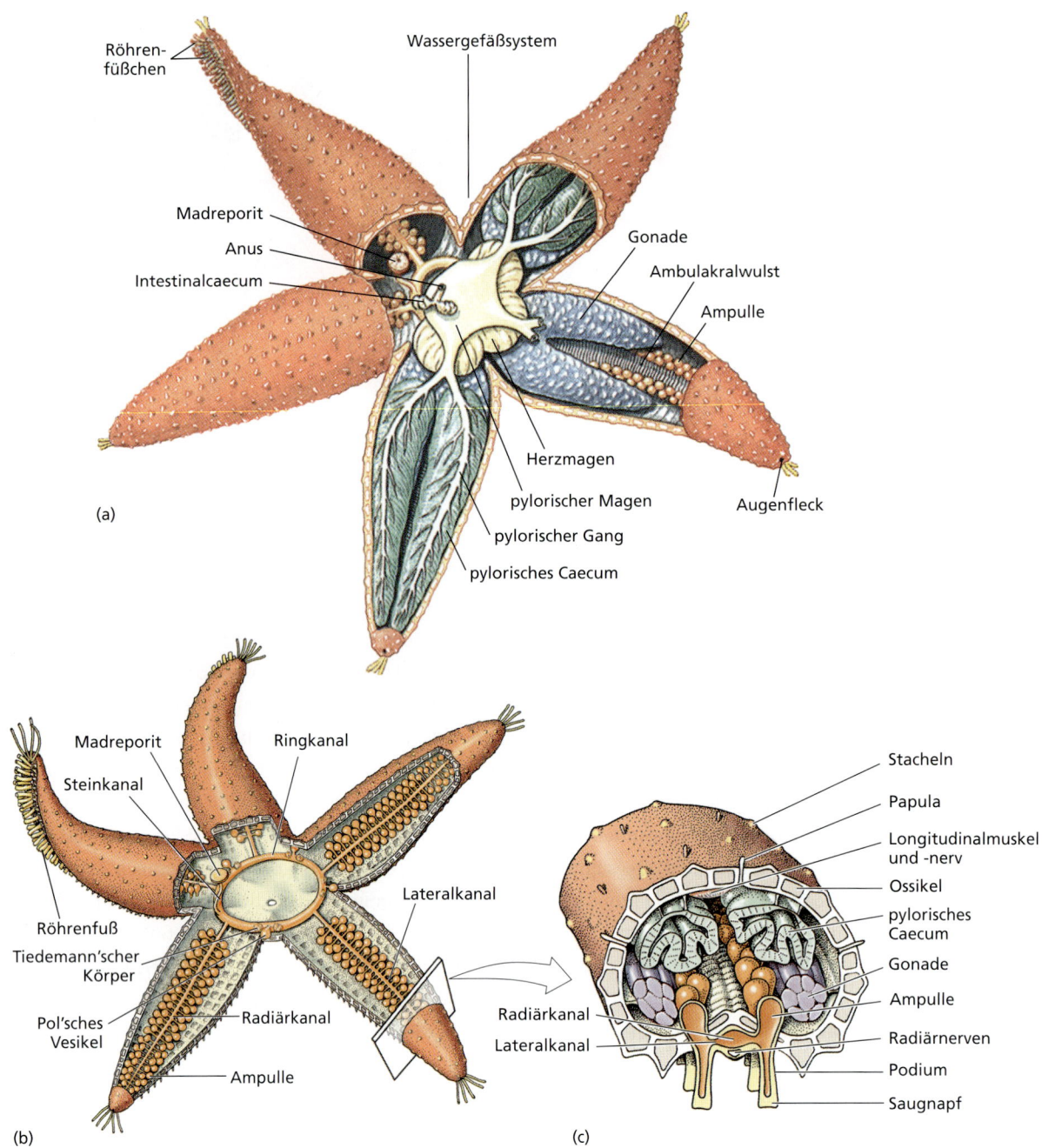

Abbildung 22.3: Innerer Bau. (a) Innerer Bau eines Seesterns. (b) Das Wassergefäßsystem. Podien dringen zwischen die Ossikeln ein. (Polianische Vesikel fehlen bei *Asterias*.) (c) Querschnitt durch einen Arm in Höhe der Gonaden mit Darstellung offener Ambulakralfurchen.

besteht aus einer ungewöhnlichen Art veränderlichen Kollagens, dem **Trick-Kollagen**, das unter nervöser Kontrolle steht. Das Trick-Kollagen kann einen Phasenwechsel von einem „flüssigen" in einen „festen" Zustand durchmachen, wenn es durch einen Impuls des Nervensystems dazu angeregt wird. Dieses Merkmal verleiht den Echinodermaten einige beispiellose mechanische Eigenschaften. Am wichtigsten ist vielleicht die Fähigkeit, in verschiedenen Stellungen zu verharren, ohne dabei auf Muskelanspannung angewiesen zu sein.

Aus den Ossikeln treten Dornen und Höcker hervor, welche die stachelige Oberfläche bilden. Die Ossikeln werden von einem Maschenwerk aus Hohlräumen durchzogen, die für gewöhnlich mit Fasern und Dermalzellen angefüllt sind. Dieses innere Maschenwerk wird als **Stereom** bezeichnet und findet sich einzig bei den Stachelhäutern. Muskeln in der Körperwandung bewegen die Arme der Seesterne und können die Ambulakralfurchen darin teilweise verschließen, indem sie deren Ränder zueinander ziehen.

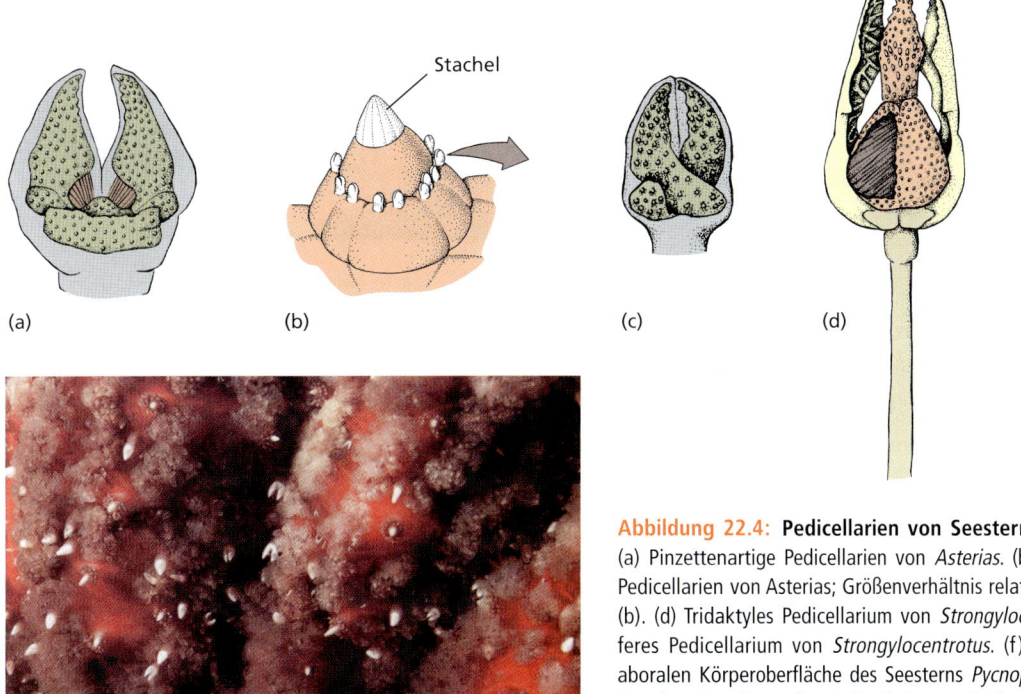

Abbildung 22.4: Pedicellarien von Seesternen und Seeigeln.
(a) Pinzettenartige Pedicellarien von *Asterias*. (b), (c) Scherenartige Pedicellarien von *Asterias*; Größenverhältnis relativ zu einem Dorn in (b). (d) Tridaktyles Pedicellarium von *Strongylocentrotus*. (e) Globiferes Pedicellarium von *Strongylocentrotus*. (f) Nahaufnahme der aboralen Körperoberfläche des Seesterns *Pycnopodia helianthoides*. Man beachte die großen Pedicellarien sowie die Gruppen von kleineren Pedicellarien im Umfeld der Dornen. Viele dünnwandige Papulae sind erkennbar.

Coelom, Ausscheidung und Atmung. Die Coelomkompartimente der Larvenstadien der Echinodermaten bringen mehrere Strukturen des Adultkörpers hervor. Eine von ihnen ist ein geräumiges, flüssigkeitsgefülltes Körpercoelom. Diese Coelomflüssigkeit enthält Amöbozyten (Coelomozyten), umspült die inneren Organe und strahlt in die Papulae aus. Die cilienbesetzte Peritonealauskleidung des Coeloms lässt die Coelomflüssigkeit durch die Körperhöhle und in die Papulae strömen. Der Austausch der Atemgase und die Ausscheidung stickstoffhaltiger Stoffwechselendprodukt – in erster Linie Ammoniak – vollzieht sich durch Diffusion durch die dünnen Wände der Papulae und der Röhrenfüßchen. Einige Abfallprodukte können von den Coelomozyten aufgesammelt werden. Die Coelomozyten wandern durch das Epithel der Papulae oder der Röhrenfüßchen nach außen, oder es spalten sich ganze Spitzen von Papulae ab, die mit Abfall beladene Coelomozyten enthalten.

Wassergefäßsystem. Das Wassergefäßsystem ist ein weiteres Coelomkompartiment, das sich ausschließlich bei Echinodermaten findet. Als Tiergruppe, die hydraulische Mechanismen in einem höheren Maß als jede andere Gruppe nutzt, zeichnen sich die Stachelhäuter durch ein System aus Kanälen und spezialisierter Röhrenfüßchen aus, die – zusammen mit den Dermalossikeln – das evolutive Vermögen und die evolutiven Schranken dieses Stammes bestimmt haben. Bei den Seesternen besteht die primäre Funktion des Wassergefäßsystems in der Fortbewegung und dem Ergreifen von Nahrung, hinzukommen Aufgaben bei der Atmung und der Ausscheidung.

Von der Konstruktion her öffnet sich das Wassergefäßsystem durch kleine Poren in Madreporenplatte zur Außenwelt hin. Der Madreporenplatte der Seesterne (Asteroiden) liegt auf der Aboraloberfläche (Abbildung 22.2a) und mündet in einen **Steinkanal**, der zu einem **Ringkanal** führt, der die Mundöffnung umgibt (Abbildung 22.2b). **Radiärkanäle** zweigen vom Ringkanal ab, je einer in jede der Ambulakralfurchen des jeweiligen Armes. Ebenfalls mit dem Ringkanal verbunden sind vier oder fünf Paare gefalteter, taschenartiger **Tiedemann'scher Körper** sowie ein bis fünf **Polianische Vesikel** (Polianische Vesikel fehlen bei einigen Seesternen wie *Asterias*). Die Tiedemann'schen Körper können Coelomozyten bilden; die Polianischen Vesikel dienen offensichtlich der Flüssigkeitsspeicherung und der Regulierung des Binnendrucks innerhalb des Wassergefäßsystems; sie stellen somit Ausgleichsgefäße dar.

Eine Abfolge kleiner **Lateralkanäle** – jeder mit einem Rückschlagventil – verbindet den Radialkanal mit den zylindrischen Podien oder Röhrenfüßchen, die in jedem der Arme längs der Seiten der Ambulakralfurchen verlaufen. Jedes Podium ist eine hohle, muskuläre Röhre, dessen inneres Ende von einem muskulösen Sack gebildet wird, der **Ampulle**, die im Körpercoelom liegt (Abbildung 22.3a und 22.3c). Das andere Ende trägt für gewöhnlich einen **Saugnapf**. Einigen Arten fehlen die Saugnäpfe. Die Podien treten in der Ambulakralfurche zwischen den Ossikeln hervor.

Das Wassergefäßsystem arbeitet hydraulisch und stellt einen wirkungsvollen Mechanismus zur Fortbewegung dar. Ventilklappen in den Lateralkanälen verhindern einen Rückfluss der Flüssigkeit in die Radialkanäle. Jedes Röhrenfüßchen verfügt in seinen Wänden über Bindegewebe, das die zylindrische Form mit einem verhältnismäßig konstanten Durchmesser aufrechterhält. Muskelkontraktionen in der Ampulle drücken Flüssigkeit in das Podium, wobei dieses ausgestreckt wird. Umgekehrt führt eine Kontraktion von Longitudinalmuskeln in den Röhrenfüßchen zum Zurückziehen des Podiums. Dabei wird die Flüssigkeit in die Ampulle zurückgetrieben. Kontraktionen von Muskeln auf einer Seite des Podiums führen zum Verbiegen des Füßchens zu der Seite hin, auf der die Kontraktion erfolgt. Kleine Muskeln an der Basis des Röhrenfüßchens können die Mitte der scheibenförmigen Basis anheben. Wenn die Basis des Füßchens auf einer festen Unterlage aufliegt, entsteht durch den bei dem Vorgang entstehenden Unterdruck eine Saugwirkung. Man hat abgeschätzt, dass durch die Kombination von muköser Adhäsion mit der Saugwirkung ein einzelnes Podium eine Zugkraft von 0,25 bis 0,3 N (Newton) auszuüben vermag. Die koordinierte Wirkung aller oder vieler der Röhrenfüßchen reicht aus, um das ganze Tier an einer vertikalen Oberfläche hoch oder über Steine hinweg zu ziehen. Seesterne können sich ohne Probleme „kopfunter" an einer Glasscheibe festhalten oder entlang bewegen. Die Fähigkeit, sich voran zubewegen, während man gleichzeitig fest mit am Substrat haftet, ist ein klarer Vorteil für ein Tier, das in einem von Wellen gepeitschten Habitat lebt.

Auf einem weichen Untergrund wie Schlick oder Sand sind die Saugnäpfe wirkungslos (zahlreiche sandbewohnende Arten haben daher keine Saugnäpfe); hier werden die Röhrenfüßchen als Beine eingesetzt. Die Fortbewegung wird im Wesentlichen zu einem Schreitvorgang. Viele Seesterne vermögen sich nur um einige Zentimeter pro Minute voran zu bewegen, einige sehr aktive Arten – *Pycnopodia* (gr. *pyknos*, kompakt, dicht + *podos*, Fuß) (▶ Abbildung 22.5b) beispielsweise – können Geschwindigkeiten von 75 bis 100 cm pro Minute erreichen. Wenn er umgedreht wird, verbiegt ein

(a)   (b)

Abbildung 22.5: **Ernährung bei Seesternen.** (a) *Orthasterias koehleri* beim Fressen einer Muschel. (b) Dieser *Pycnopodia helianthoides* hat sich umgedreht, während er einen großen Seeigel der Art *Strongylocentrotus franciscanus* verspeist. Dieser Seestern besitzt 20 bis 24 Arme und kann einen Durchmesser von 1 m erreichen (von der Spitze eines Arms zur Spitze des gegenüberliegen Arms).

Seestern seine Arme, bis einige Saugnäpfe den Untergrund erreichen und sich an diesem festsaugen können; dann rollt sich das Tier langsam herum.

Die Röhrenfüßchen werden vom zentralen Nervensystem innerviert (ektoneuronale und hyponeuronales System; siehe weiter unten). Die nervöse Koordination erlaubt es den Röhrenfüßchen, sich in einer Richtung zu bewegen, allerdings nicht in synchronisierter Form, so dass der Seestern als Ganzes vorankommt. Falls der Radialnerv in einem Arm durchtrennt wird, geht die Koordination der Podien in dem betreffenden Arm verloren, obgleich sie weiterhin ihre Funktion erfüllen können. Falls der zirkumorale Nervenring durchschnitten wird, verliert sich die Koordination sämtlicher Podien in allen Armen, und die Gesamtbewegung des Tieres kommt zum Erliegen.

Ernährung und Verdauungssystem. Die Mundöffnung auf der Oralseite führt durch einen kurzen Ösophagus in einen großen Magen in der Zentralscheibe. Der untere (kardiale) Teil des Magens kann während des Fressens durch die Mundöffnung nach außen gestülpt werden (▶ Abbildung 22.6). Ein zu weites Hervorstülpen wird durch gastrische Ligamente (Magenbänder) verhindert. Der obere (pylorische) Teil des Magens ist kleiner und steht über Gänge mit einem paar großer **pylorischer Caecen** (**Verdauungsdrüsen**) in jedem der Arme in Verbindung (Abbildung 22.3a). Die Verdauung verläuft größtenteils extrazellulär, obwohl ein gewisser Teil an intrazellulärer Verdauung im Caecum stattfinden kann. Ein kurzes Intestinum geht aboral vom pylorischen Magen aus, und für gewöhnlich gibt es einige kleine, sackartige **Intestinalcaecen** (Abbildung 22.3a). Der Anus ist unauffällig; bei einigen Seesternen fehlen Intestinum und Anus.

Viele Seesterne sind carnivor und ernähren sich von Mollusken, Crustaceen, Polychaeten, anderen Echinodermaten und anderen Wirbellosen sowie gelegentlich von Fischen. Seesterne verzehren ein breites Spektrum von Nahrung, doch zeigen viele Arten bestimmte Nahrungspräferenzen. Einige suchen gezielt Schlangensterne, Seeigel oder Sanddollars auf, verschlingen sie ganz und würgen später die unverdaulichen Ossikeln und Dornen aus (Abbildung 22.5 b). Einige attackieren andere Seesterne; falls der Angreifer im Vergleich zu seiner Beute klein ist, beginnt er den Angriff, indem er an einem der Arme des Beute-Seesternes zu fressen beginnt.

Einige Seesterne ernähren sich überwiegend von Weichtieren (Abbildung 22.5 a). *Asterias* ist ein Jäger von erheblicher Bedeutung in kommerziell bedeutsamen Muschelbeständen. Beim Fressen einer Muschel windet sich der Seestern um das Beutetier, heftet seine Podien an den Schalenhälften der Muschel fest und übt dann einen stetigen Zug aus, wobei er seine zahlreichen Füßchen reihenweise nacheinander zum Einsatz bringt. Auf diese Weise kommt eine Kraft von bis zu 12,75 N (Newton) zustande. Auf die Größe eines menschlichen Körpers hochgerechnet, entspricht diese Kraft einer Hebeleistung von einer halben Tonne mit einer Hand. Nach etwa einer halben Stunde ermüden die Adduktoren der Muschel und geben nach. Sobald sich eine kleine Lücke zwischen den Muschelschalenhälften ergibt, schiebt der

> **Exkurs**
>
> Seit 1963 gab es wiederholte Berichte steigender Zahlen von Dornenkronenseesternen (*Acanthaster planci*; gr. *acantha*, Dorne + *asteros*, Stern, Abbildung 22.1 d), die in großen Bereichen pazifischer Korallenriffe erheblichen Schaden angerichtet haben. Dornenkronenseesterne ernähren sich von Korallenpolypen. Sie treten manchmal in großen Verbänden – „Herden" – auf. Es gibt Hinweise darauf, dass solche „Ausbrüche" schon in der Vergangenheit stattgefunden haben, aber eine Zunahme der Häufigkeit in den letzten vierzig Jahren könnte möglicherweise darauf hindeuten, dass irgendwelche Aktivitäten des Menschen die Seesternpopulationen günstig beeinflussen. Von den im Rahmen einer Studie im Jahr 2002 untersuchten Riffe wiesen 12 Prozent „Ausbrüche" von Seesternen auf (in einer vergleichbaren Untersuchung aus dem Jahr 1988 waren 10 Prozent betroffen), die zu ausgedehnten Schäden führten. Anstrengungen, diese Organismen wiederum durch menschlichen Eingriff mit nicht absehbaren Folgen einzudämmen, wären sehr teuer und von fragwürdiger Wirksamkeit. Der Streit hält insbesondere in Australien an, wo er durch intensive Berichterstattung in den Massenmedien auch unter Laien angeheizt wird.

Seestern seinen weichen, vorstreckbaren Magen in den Spaltraum zwischen den Schalenhälften und schlingt ihn um die weichen Teile des Schalentiers, um mit der Verdauung zu beginnen. Nach dem Fressakt zieht der Seestern seinen Magen durch Kontraktion seiner Magenmuskulatur bei gleichzeitiger Relaxation der Körperwandmuskulatur in seinen Körper zurück.

Einige Seesterne ernähren sich von kleinen Partikeln, entweder ausschließlich oder in Ergänzung zu ihrer carnivoren Ernährungsweise. Plankton und andere organische Teilchen, die mit der Oberfläche des Tieres in Kontakt kommen, werden durch epidermale Cilien in die Ambulakralrinnen geleitet, und von dort aus zur Mundöffnung.

Hämalsystem. Das als Hämalsystem bezeichnete Organsystem ist bei den Seesternen nicht sehr gut entwickelt, und seine Funktion ist bei allen Echinodermen noch unklar. Das Hämalsystem hat mit dem Kreislauf von Körperflüssigkeiten nur wenig zu tun. Es handelt sich um ein System von Gewebesträngen, die unausgekleidete Sini einschließen und selbst von einem weiteren Coelomkompartiment, den **Perihämalkanälen** (Abbildung 22.6) eingehüllt werden. Forschungen an mindestens einer Seesternart haben gezeigt, dass die absorbierten Nährstoffe innerhalb weniger Stunden nach dem Fressakt im Hämalsystem erscheinen und sich schließlich in den Gonaden und den Podien konzen-

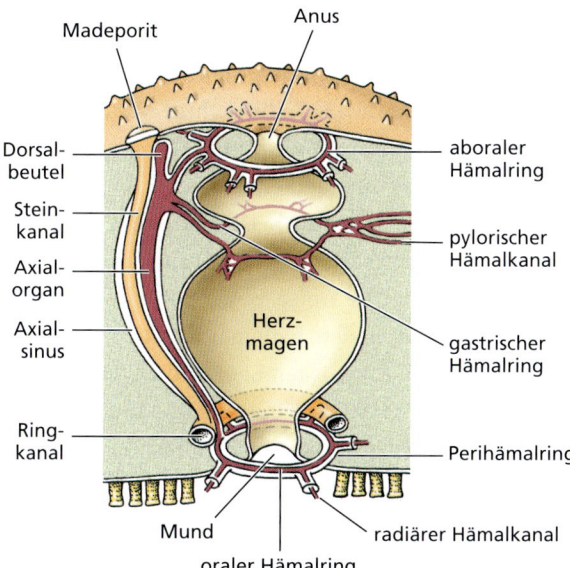

Abbildung 22.6: Das Hämalsystem der Asteroiden. Der Hauptperihämalkanal ist der dünnwandige Axialsinus, der sowohl das Axialorgan wie den Steinkanal umschließt. Weitere Merkmale des Hämalsystems sind dargestellt.

trieren. Das Hämalsystem scheint also die Rolle eines Verteilungssystems für verdaute Nahrungsbestandteile zu erfüllen, doch sind seine spezifischeren Aufgaben noch nicht wirklich bekannt.

Nervensystem. Das Nervensystem besteht aus drei Einheiten auf verschiedenen Ebenen in der Zentralscheibe und den Armen. Das Hauptsystem ist das Oralsystem (Ektoneuronalsystem), das aus einem die Mundöffnung umlaufenden Nervenring und einem Hauptradialnerven in jedem Arm besteht. Es scheint die Röhrenfüßchen zu steuern. Ein tiefes System (Hyoponeuronalsystem) liegt aboral vom Oralsystem, und ein Aboralsystem besteht aus einem den Anus umlaufenden Ring und Radialnerven entlang der Oberfläche jedes Armes. Ein epidermaler Nervenplexus oder ein Nervennetz verbindet diese Systeme mit der Körperwand und verwandten anatomischen Strukturen. Der epidermale Plexus koordiniert die Reaktionen der Dermalbranchien auf taktile Reize – der einzig bekannte Fall einer Koordination durch ein Nervennetz bei Echinodermen.

Die Sinnesorgane sind nicht gut entwickelt. Tastorgane und andere Sinneszellen sind über die Oberfläche verstreut. An der Spitze jedes Arms liegt ein Ocellus. Die Reaktionen dieser Organe werden durch Berührung, Temperaturänderung, chemische Substanzen und Änderungen der Lichtintensität ausgelöst. Seesterne sind im Allgemeinen nachts aktiver als am Tage.

Fortpflanzungssystem, Regeneration und Autotomie. Die meisten Seesterne sind getrenntgeschlechtlich. Ein Paar Gonaden liegt in jedem Interradialraum (Abbildung 22.3a). Die Befruchtung erfolgt extrakorporal und findet im Frühsommer durch Freisetzung der Eier und der Spermien ins Wasser statt. Ausschüttungen neurosekretorischer Zellen in den Radialnerven stimulieren die Ausreifung und Freisetzung der Seesterneier. Die Anzahl der freigesetzten Eier und Spermien ist enorm und wird teilweise zeitlich synchronisiert, so dass innerhalb weniger Tage gigantische Mengen von den Tieren ausgestoßen werden. Dieser massenhafte Ausstoß von Geschlechtsprodukten sieht dann aus, als würden die Seesterne rauchen.

Die Stachelhäuter können verlorengegangene Körperteile neu zu bilden. Die Arme von Seesternen regenerieren leicht, selbst dann, wenn alle verlorengegangen sind. Seesterne besitzen außerdem die Fähigkeit zur Autotomie (gr. *autos*, selbst + *tomos*, Schnitt), können also verletzte oder sonstwie beschädigte Arme nahe der Ansatzstelle an der Körperscheibe selbsttätig abtrennen. Die Neubildung eines Armes kann mehrere Monate dauern.

Abbildung 22.7: Der Pazifische Seestern *(Echinaster luzonicus)*. Er kann sich durch Spaltung im Bereich der zentralen Scheibe fortpflanzen. Fehlende Arme werden nachfolgend regeneriert. Das hier gezeigte Exemplar hat offenbar aus dem längeren und dickeren Arm oben links sechs neue Arme regeneriert.

Einige Arten können auf regenerativem Weg aus einem abgetrennten Arm einen vollständigen neuen Seestern erzeugen (= Fissiparie, ▶ Abbildung 22.7). Bei den meisten Seesternen muss ein abgetrennter Arm einen Teil (etwa ein Fünftel) der Zentralscheibe enthalten, um sich regenerieren zu können. Bei einigen Arten ist jedoch die ungeschlechtliche Fortpflanzung durch einzelne, abgelöste Arme ohne irgendwelche Spuren der Zentralscheibe ein verbreiteter Weg der Vermehrung, zum Beispiel bei der Gattung *Linckia*. In früheren Zeiten entledigten sich Fischer eingesammelter Seesterne, indem sie diese in zwei Hälften zerhackten – ein, wie wir heute wissen, ergebnisloses Unterfangen. Einige Seesterne vermehren sich unter normalen Umständen ungeschlechtlich durch Teilung ihrer Mittelscheibe; jedes Fragment regeneriert den fehlenden Rest der Scheibe und die fehlenden Arme.

Entwicklung (Ontogenese). Die Individualentwicklung erfolgt bei den verschiedenen Gruppen der Seesterne auf recht vielfältige Weise. Einige Arten produzieren große Eigelege am Boden, in denen sich die Jungen entwickeln. Andere Arten legen Eier ab, die bebrütet werden – entweder unter der Oralseite des Tieres oder in speziellen aboralen Strukturen. Die Entwicklung verläuft direkt. Einige Arten zeigen sogar vivipares Erbrüten der Jungen in den Gonaden der Adulttiere. Die meisten Seesterne bringen jedoch freischwimmende, planktonische Larven hervor. Hierbei gibt es verschiedene Varianten: Manche Arten versorgen ihre Jungen mit ausreichend Dotter, um eine Entwicklung zu ermöglichen, ohne dass die Larven weitere Nährstoffe aufnehmen

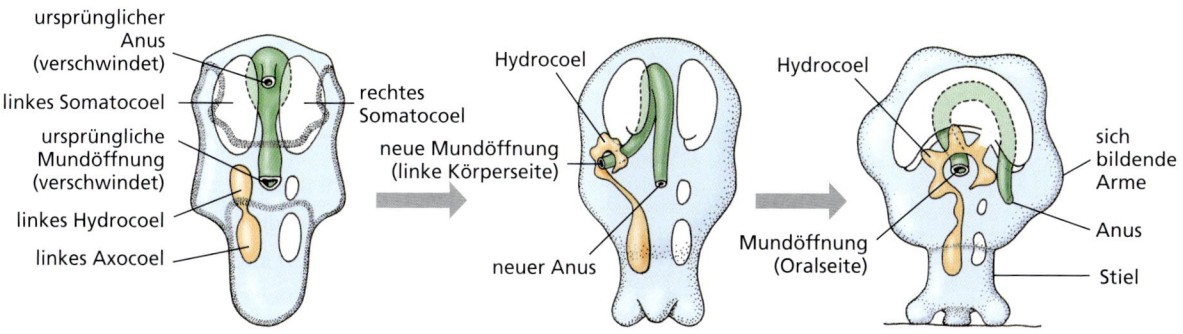

Abbildung 22.8: Seesternmetamorphose. Das linke Somatocoel wird zum Oralcoelom, das rechte Somatocoel wird zum Aboralcoelom. Das linke Hydrocoel wird zum Wassergefäßsystem, das linke Axocoel zum Steinkanal und den Perihämalkanälen. Das rechte Axocoel und das rechte Hydrocoel werden zurückgebildet und gehen verloren.

müssen; andere benötigen zur Energieaufnahme eine längere Fresspause, um die Metamorphose zur Adultform durchlaufen zu können.

Die frühe Embryogenese verläuft nach einem typischen primitiven Deuterostomiermuster (siehe Abbildungen 8.7a und 8.11a). Die Gastrulation erfolgt durch Invagination, und das anteriore Ende des Urdarms schnürt sich zum Coelom ab. Die sekundäre Leibeshöhle streckt sich U-förmig aus, um das Blastocoel auszufüllen. Jeder Schenkel des „U" verengt sich am posterioren Ende zu einem getrennten Vesikel. Diese Vesikel bringen schließlich die Hauptcoelom-Kompartimente des Körpers (Metacoele, die bei den Echinodermen als Somatocoele bezeichnet werden) hervor. Der anteriore Anteil des „U" durchläuft eine Untergliederung in Proto- und Mesocoele (die bei den Echinodermen **Axocoele** bzw. **Hydrocoele** genannt werden; ▶ Abbildung 22.8). Das linke Hydrocoel entwickelt sich schließlich zum Wassergefäßsystem, das linke Axocoel bringt den Steinkanal und die Perihämalkanäle hervor. Das rechte Axocoel und das rechte Hydrocoel bilden sich vollständig zurück. Die freischwimmende Larve besitzt zu Bändern angeordnete Cilien und wird als Bipinnaria bezeichnet (▶ Abbildung 22.9a). Die cilienbesetzten Teile strecken sich zu den Armen der Larve. Bald darauf wachsen aus dem Larvenkörper drei adhäsive Arme und ein Saugorgan am anterioren Ende. In diesem Stadium wird die Larve als Brachiolaria bezeichnet (Abbildung 22.9b). Zu diesem Zeitpunkt verankert sie sich am Untergrund, bildet einen temporären Anheftungsstiel aus und vollzieht die Metamorphose.

In der Metamorphose findet eine dramatische Umbildung der bilateralen Larve in die radiale Juvenilform statt. Die anterior-posteriore Achse der Larve geht verloren, und ihre linke Seite wird zur Oralseite, die rechte Seite des Larvenkörpers wird zur Aboralseite (Abbildung 22.8). Damit einhergehend verschwinden Mundöffnung und Anus der Larve. Eine neue Mundöffnung und ein neuer Anus bilden sich auf der ursprünglichen linken bzw. rechten Körperseite. Der Teil des anterioren Coelomkompartiments der linken Seite erweitert sich zum Ringkanal des Wasser/Gefäßsystems um die Mundöffnung, von dem aus Abzweigungen auswachsen, die zu den Radiärkanälen werden. Mit dem Erscheinen der kurzen, stummelförmigen Arme und der ersten Podien löst sich das Tier von seinem Stiel und nimmt das Leben als junger Seestern auf. Eine Anzahl regulatorischer Gene, die sich bei allen Bilateraliern finden, sind auch bei den Echinodermaten erhalten geblieben und besitzen

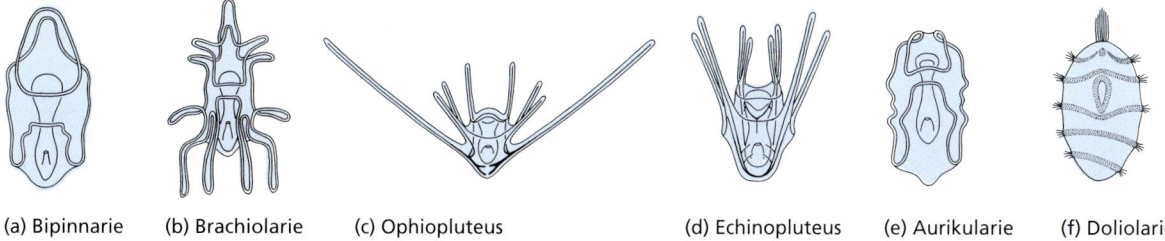

(a) Bipinnarie   (b) Brachiolarie   (c) Ophiopluteus   (d) Echinopluteus   (e) Aurikularie   (f) Doliolarie

Abbildung 22.9: Echinodermatenlarven. (a) Eine Bipinnaria eines Seesterns. (b) Eine Brachiolaria eines Seesterns. (c) Ein Ophiopluteus eines Schlangensterns. (d) Ein Echinopluteus eines Seeigels. (e) Eine Aurikularia einer Seegurke. (f) Eine Doliolaria einer Seelilie.

22 Echinodermata und Hemichordata (Stachelhäuter und Kragenwürmer)

22.1.2 Classis Ophiuroidea (Klasse der Schlangensterne)

Die Schlangensterne stellen mit über 2.000 rezenten Arten die größte Hauptgruppe der Stachelhäuter, und sie sind der Individuenzahl nach vermutlich ebenfalls die häufigsten. Sie besiedeln in großer Zahl alle Arten benthischer Habitate des Meeres und bedecken sogar in vielen Gegenden den Grund des Abyssals.

Form und Funktion

Abgesehen von dem regelmäßigen Besitz von fünf Armen sind die Schlangensterne überraschend verschieden von den Seesternen. Die Arme der Schlangensterne sind sehr schlank und scharf von der Zentralscheibe abgesetzt (▶ Abbildung 22.10). Sie besitzen keine Pedicellarien oder Papulae, und ihre Ambulakralrinnen sind geschlossen und von Arm-Ossikeln bedeckt. Ihre Röhrenfüßchen tragen keine Saugorgane; sie sind beim Fressen behilflich, für die Fortbewegung aber nicht sehr nützlich. Im Gegensatz zu den Seesternen, befindet sich die Madreporenplatte der Ophiuriden auf der Oralseite auf einem der Oralschild-Ossikeln (▶ Abbildung 22.11). Den Podien fehlen Ampullen, und die Kraft zur Ausstreckung eines Podiums wird durch den proximalen Muskelanteil des Podiums generiert.

Jeder der gelenkigen Arme besteht aus einer Säule miteinander verbundener Ossikeln (so genannte „Wirbel", Vertebrae), die durch Muskeln miteinander verbunden und von Platten bedeckt sind. Die Fortbewegung

Abbildung 22.10: **Äußere Anatomie der Schlangensterne.** (a) Ein Schlangenstern der Art *Ophiura lutkeni* (Classis Ophiuroidea, Klasse der Schlangensterne). Schlangensterne setzen ihre Röhrenfüßchen zur Fortbewegung ein, können sich aber mittels ihrer Arme für einen Stachelhäuter vergleichsweise flink fortbewegen. (b) Ein Gorgonenhaupt *(Astrophyton muricatum)* (Classis Ophiuroidea, Klasse der Schlangensterne). Gorgonenhäupter strecken ihre mehrfach verzweigten Arme aus, um Nahrung aus dem Wasser zu filtrieren. Für gewöhnlich tun sie dies nachts. Die Tiere zeigen eine starke negativ phototropische Reaktion.

ganz ähnliche Funktionen in der Morphogenese. So regulieren *Distal-less* und seine Homologen bei den Vertebraten das Auswachsen der Gliedmaßen; das Homologe dieses Gens ist bei Stachelhäutern bei der Entwicklung der Röhrenfüße aktiv.

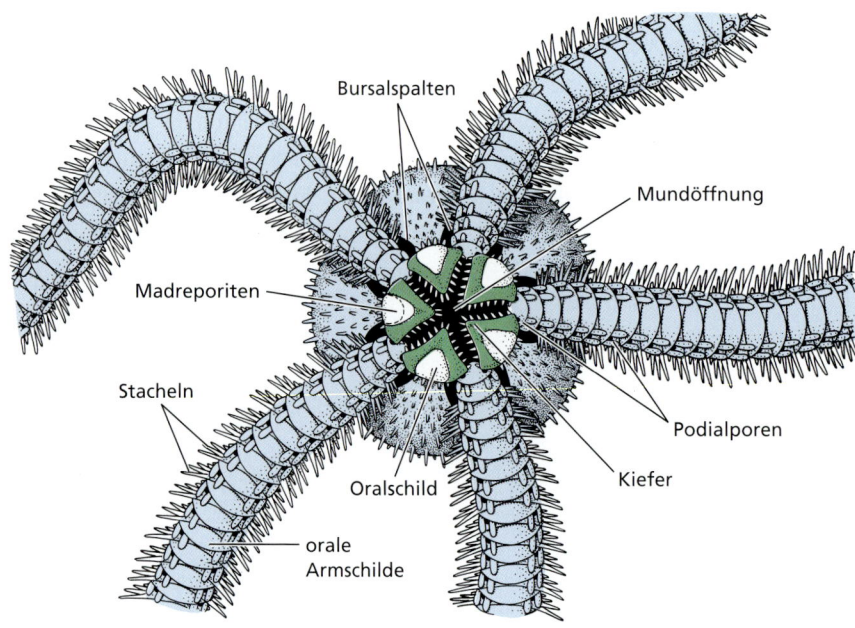

Abbildung 22.11: **Der Schlangenstern *Ophiothrix* sp.** Oralansicht.

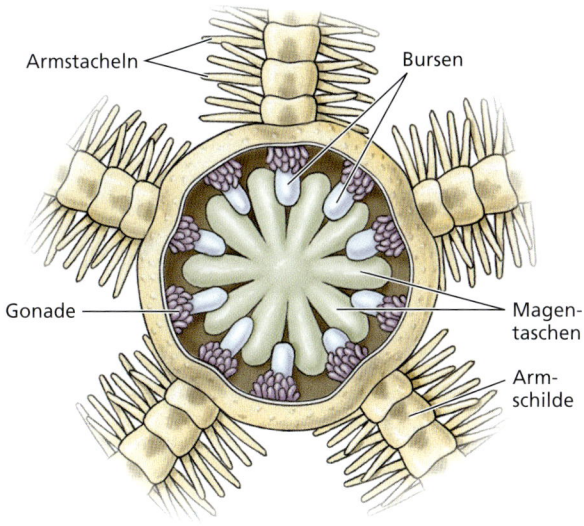

Abbildung 22.12: **Detailansicht eines Schlangensterns mit entfernter Aboralscheibenwandung.** Gezeigt werden die wichtigsten anatomischen Strukturen im Inneren. Die Bursen sind flüssigkeitsgefüllte Säcke, in denen beständig ein der Atmung dienender Wasserstrom zirkuliert. Sie dienen außerdem als Brutkammern. Nur die Ansätze der Arme sind hier dargestellt.

erfolgt durch Armbewegungen. Die Arme werden paarweise vorwärts bewegt und dann gegen den Untergrund gedrückt, während ein anderer Arm nach vorn ausgestreckt oder hinterher gezogen wird; dabei wird das Tier ruckartig vorwärts gezogen oder geschoben.

Fünf bewegliche Platten, die als Kiefer dienen, umgeben die Mundöffnung (Abbildung 22.11). Ein Anus fehlt. Die Haut ist von lederiger Beschaffenheit, mit Dermalplatten und Stacheln, die in charakteristischen Mustern angeordnet sind. Oberflächliche Cilien fehlen größtenteils.

Die Viszeralorgane (= Eingeweideorgane) sind auf den Bereich der Zentralscheibe beschränkt, da die Arme zu dünn sind, um überhaupt Organsystem aufzunehmen (▶ Abbildung 22.12). Der Magen ist sackförmig; ein Intestinum fehlt. Unverdauliches Material wird über die Mundöffnung ausgeworfen.

Fünf Paare von Einstülpungen, die **Bursen** (lat. *bursa*, Tasche), münden über Genitalspalten an der Oralfläche nahe der Ansatzstellen der Arme. Wasser strömt zum Zweck des Gasaustausches in diesen Bursen hin und her. An der coelomischen Wandung jeder Burse sitzen kleine Gonaden, die ihre ausgereiften Keimzellen in die Burse entlassen. Die Gameten gelangen durch die Genitalspalten ins umgebende Wasser, wo die Befruchtung stattfindet (▶ Abbildung 22.13a). Die Geschlechter sind meist getrennt; einige wenige Ophiuriden sind hermaphroditisch. Manche brüten ihre Jungen in den Bursen aus. Die Jungtiere gelangen durch die Genitalspalten oder durch einen Bruch der Aboralscheibe ins Freie. Die meisten Arten bringen freischwimmende Larven hervor, die als Ophiopluteen (Singular: Ophiopluteus) bezeichnet werden. Die cilienbesetzten Bänder dieser Formen strecken sich zu feingliedrigen Larvenarmen, die sehr schön anzusehen sind (Abbildung 22.9c). Während der Metamorphose zum Juvenilstadium gibt es keine Anheftungsphase wie bei den Seesternen.

Das Wasser/Gefäß-, das Nerven- und das Hämalsystem sind den entsprechenden Organsystemen der Seesterne ähnlich. Jeder Arm enthält ein kleines Coelom, einen Radiärnerv sowie einen Radiärkanal des Wasser/Gefäßsystems.

(a) (b)

Abbildung 22.13: **Schlangen- und Korbsterne.** (a) Ein Schlangenstern der Art *Ophipholis aculeata*. Die Bursen sind mit eingelagerten Eiern angeschwollen, die bereit für den Ausstoß sind. Die Arme sind abgebrochen und in Regeneration begriffen. (b) Oralansicht des Korbsterns *Gorgonocephalus eucnemis*, an dem die pentaradiäre (= fünfstrahlige) Symmetrie ersichtlich wird.

Biologie der Schlangensterne

Schlangensterne neigen zu einem versteckten Dasein auf hartem Untergrund an Orten mit wenig oder spärlichem Lichteinfall. Sie sind oftmals negativ phototrop und verkriechen sich in kleine Spalten zwischen Steinen. Nachts werden sie aktiver. In der permanenten Dunkelheit der Tiefsee sind sie häufig auf dem Meeresboden zu voller Größe ausgestreckt. Die Ossikeln in den Armen mindestens einiger lichtempfindlicher Ophiuriden zeigen eine bemerkenswerte Anpassung zur Lichtwahrnehmung. Winzige, rundliche Strukturen auf der aboralen Oberfläche dienen als Mikrolinsen, die Licht auf Nervenbündel fokussieren, die gerade unter den Linsen liegen. Verwandte Arten, die keine Reaktion auf Licht zeigen, besitzen keine derartigen Strukturen.

Die Ophiuriden ernähren sich von einer Vielzahl kleiner Nahrungspartikel, die sie entweder vom Meeresboden absammeln oder herbeistrudeln. Podien sind zur Überführung der Nahrung in Richtung Mundöffnung von großer Bedeutung. Einige Schlangensterne strecken ihre Arme in das Wasser aus und fangen Schwebeteilchen in Schleimfäden zwischen den Armen.

Einige Schlangensterne sind carnivor, und wenigstens eine Art ist ein Fischspezialist, der sich mit vom Untergrund abgehobener Zentralscheibe in einem Hinterhalt auf die Lauer legt. Wenn ein argloser Fisch unter der Zentralscheibe „Schutz" sucht, verwindet sich der Schlangenstern abrupt und fängt den Fisch in einem aus den dornigen Armen gebildeten Spiralzylinder.

Regenerationsfähigkeit und Autotomie von Körperteilen sind bei den Schlangensternen noch weiter ausgeprägt als bei den Seesternen. Viele scheinen sehr zerbrechlich zu sein und werfen bei der leisesten Irritation einen Arm oder gar Teile der Zentralscheiben ab. Manche können sich ungeschlechtlich fortpflanzen, indem sie die Scheibe teilen. Jeder der klonalen Nachkommen regeneriert die fehlenden Teile.

Einige verbreitete Ophiuriden der nordamerikanischen Küsten sind die Gattungen *Amphipolis* (gr. *amphis*, beid- + *pholis*, Hornschuppe; die Gattung ist vivipar und hermaphroditisch), *Ophioderma* (gr. *ophis*, Schlange + *dermatos*, Haut), *Ophiothrix* (gr. *ophis*, Schlange + *thrix*, Haar) und *Ophiura* (gr. *ophis*, Schlange + *oura*, Schwanz) (Abbildung 22.10). Die Korbsterne der Gattungen *Gorgonocephalus* (gr. *Gorgo*, Sagengestalten der griechischen Antike: Geflügelte Schreckgestalten mit Schlangenhaaren, die jeden, der eine von ihnen direkt anblickt, zu Stein erstarren lassen. + *kephale*, Kopf; Abbildung 22.13b) und *Astrophyton* (gr. *asteros*,

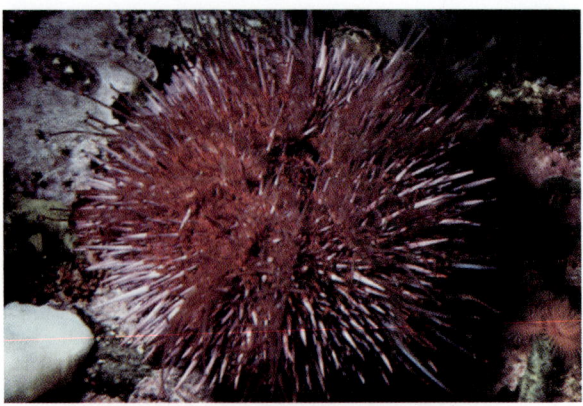

Abbildung 22.14: Purpurseeigel *(Strongylocentrotus purpuratus)*. Sie sind an der Pazifikküste Nordamerikas in Bereichen mit schwerem Wellengang häufig zu finden.

Stern + *phyton*, Tier, Geschöpf; Abbildung 22.10b) besitzen Arme, die sich mehrfach verzweigen. Die meisten Ophiuriden sind matt gefärbt, einige aber sehen sehr attraktiv aus mit leuchtenden Farbmustern (Abbildung 22.13a).

22.1.3 Classis Echinoidea (Klasse der Seeigel)

Es gibt rund 950 rezente Seeigelarten, die sich im Allgemeinen durch einen kompakten Körperbau auszeichnen. Der gedrungene Körper ist in eine Endoskelettschale (Testa) eingeschlossen. Die Testa besteht aus den Dermalossikeln, die zu eng aneinander liegenden Platten geworden sind. Den Seeigeln fehlen Arme, doch spiegelt sich in ihren Testen der typische pentamere Bauplan der Echinodermaten mit den fünf Ambulakralbereichen wieder. Die augenfälligste Modifikation des ursprünglichen Bauplans ist in der Erweiterung der Oralseite um die Aboralseite zu suchen, so dass sich die Ambulakralbereiche aufwärts erstrecken und einen gemeinsamen Bereich um den Anus herum (den **Periprokt**) bilden. Die Mehrzahl der rezenten Seeigelarten gehört zu den „regulären" Seeigel (Regularia): Sie besitzen eine Halbkugelform, Radiärsymmetrie und mittellange bis lange Stacheln (▶ Abbildungen 22.14 und ▶ 22.15). Sanddollars (▶ Abbildung 22.16) und Herzigel (▶ Abbildung 22.17) sind „irreguläre" Seeigel (Irregularia), weil die Angehörigen dieser Ordnungen sekundär bilateral sind; ihre Stacheln sind für gewöhnlich sehr kurz. Reguläre Seeigel bewegen sich mit Hilfe ihrer Röhrenfüßchen vorwärts. Dabei erfahren sie ein gewisses Maß an Unterstützung durch ihre Stacheln. Irreguläre Seeigel bewegen sich hauptsächlich mit Hilfe

22.1 Phylum Echinodermata

Abbildung 22.15: Vielfalt der Seeigel (Classis Echinoidea). (a) Stiftseeigel *(Eucidaris metularia)* des Roten Meeres. Die Angehörigen der Ordnung, zu der diese Art gehört, zeigen viele ursprüngliche Merkmale und sind seit dem Paläozoikum nachweisbar. Ihr Erscheinungsbild könnte dem des gemeinsamen Vorfahren aller rezenten Echinoiden am ähnlichsten sein. (b) Ein weiterer Griffelseeigel *(Heterocentrotus mammilatus)*. Die großen, dreieckigen Stacheln dieses Seeigels wurden früher zum Schreiben auf Schiefertafeln verwendet. (c) Die Aboralstacheln des im Gezeitensaums lebenden Schildseeigels *(Colobocentrotus atratus)* sind abgeflacht und von pilzförmiger Gestalt, während die randständigen Stacheln Keilform haben. Dies verleiht dem Tier Stromlinienform, die ihm hilft, der Brandung zu widerstehen. (d) *Diadema antillarum* ist eine in den Gewässern um die westindischen Inseln und Florida verbreitete Art. (e) *Astropyga magnifica* ist mit ihren leuchtend blauen, die Interambulakral-Bereiche durchziehenden Punkten eine der am spektakulärsten gefärbten Seeigelarten.

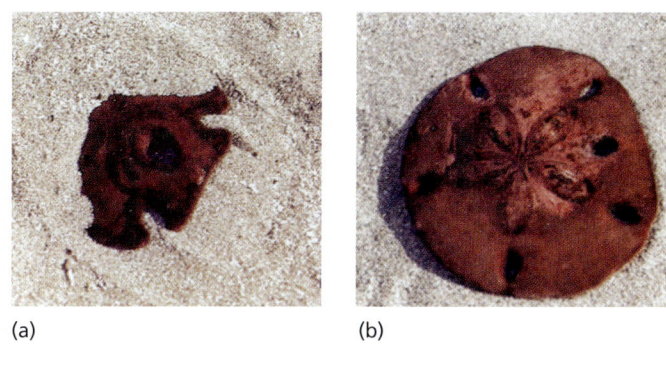

Abbildung 22.16: Zwei Sanddollararten. (a) *Encope grandis*, die man normalerweise in der Nähe der Wasseroberfläche grabend auf sandigem Untergrund antrifft. (b) Ein aus dem Sand gehobener Sanddollar. Die kurzen Stacheln und Petaloide auf der Aboralseite dieses Exemplars von *Encope micropora* sind leicht erkennbar.

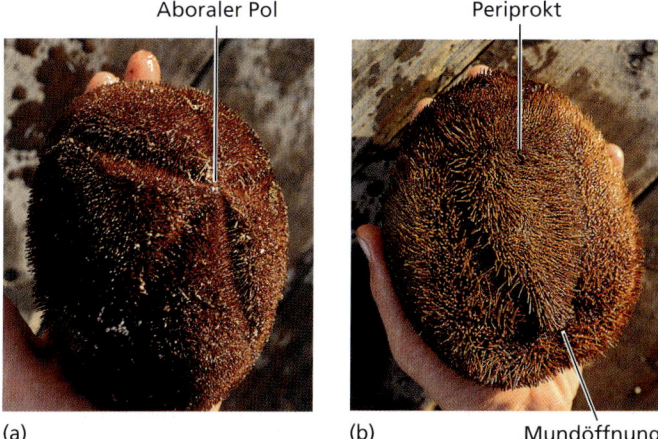

Abbildung 22.17: Ein irregulärer Seeigel der Gattung *Meoma*. Diese Tiere gehören zu den größten Herzigeln (Schalen bis zu 18 cm). *Meoma*-Arten kommen in der Karibik und im Pazifik vom Golf von Kalifornien bis zur Galapagos-Inselgruppe vor. (a) Aboralansicht. Der anteriore Ambulakralbereich ist bei den Herzigeln nicht als Petaloid modifiziert, obgleich dies bei den Sanddollars der Fall ist. (b) Oralansicht. Man beachte die gekrümmte Mundöffnung am anterioren Ende und den Periprokt am posterioren Ende.

Echinodermata und Hemichordata (Stachelhäuter und Kragenwürmer)

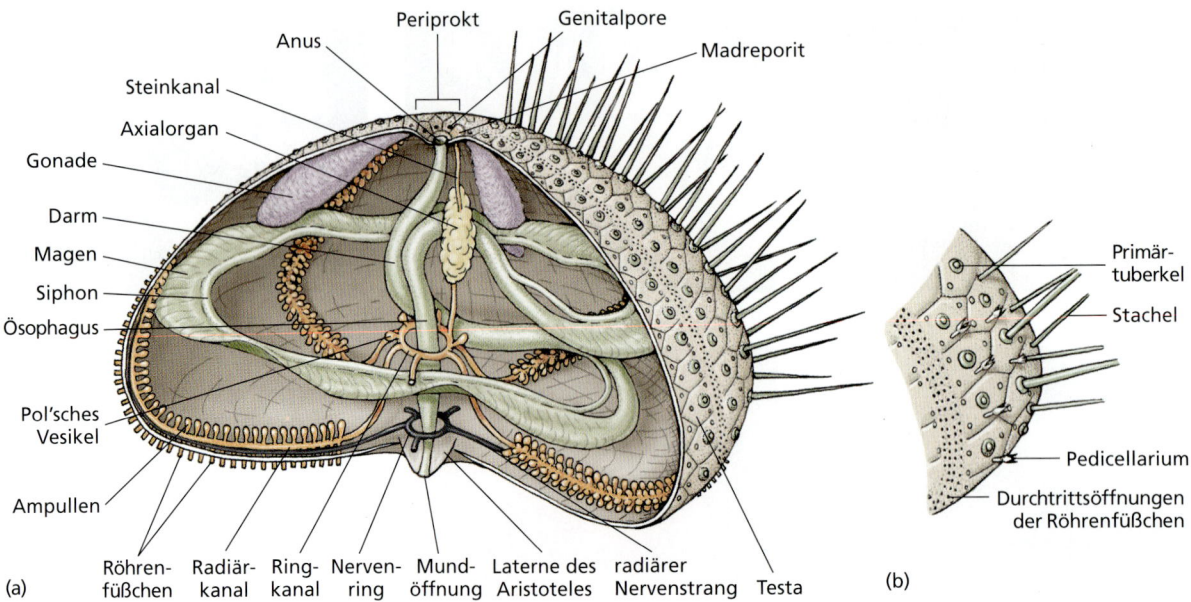

Abbildung 22.18: Innerer Bau. (a) Innerer Bau eines Seeigels. Das Wasser/Gefäßsystem ist schattiert. (b) Detailansicht eines Ausschnitts aus dem Endoskelett.

ihrer Stacheln vorwärts (Abbildung 22.16). Einige Echinoiden sind ziemlich bunt, und einige weisen stark zurück gebildete Testen auf. Diese „weichschaligen" Seeigel besitzen oft leuchtende Warnfarben und produzieren in ihren Pedicellarien schmerzhafte Gifte.

Seeigel sind in allen Meeren weit verbreitet, von der Gezeitenzone bis in die Tiefsee. Reguläre Seeigel bevorzugen oft felsigen oder sonstigen harten Untergrund, wohingegen die Sanddollars und Herzigel es mögen, sich im sandigen Untergrund zu vergraben. Entlang der nordamerikanischen Meeresküsten finden sich folgende regelmäßige Seeigelgattungen: *Arbacia* (gr. *Arbakes*, antiker assyrischer Statthalter, ca. 612 bis 585 v.u.Z.), *Strongylocentrotus* (gr. *strongylos*, rund, kompakt + *kentron*, Punkt, Dorn) (Abbildung 22.14) und *Lytechinus* (gr. *lytos*, löslich, zerbröselt + *echinos*, Seeigel). Daneben finden sich die Sanddollars *Dendraster* (gr. *dendron*, Baum + *asteros*, Stern) und *Echinarachnius* (gr. *echinos*, Seeigel + *arachne*, Spinne). Der Golf von Mexiko und die karibische See sind reich an Stachelhäutern, und damit auch an Seeigeln, unter denen *Diadema* (gr. *diadeo*, umkränzen) mit seinen langen, nadelscharfen Stacheln ein erwähnenswertes Beispiel ist (Abbildung 22.15 und Zusatzinformation weiter unten).

Form und Funktion

Im Allgemeinen ist eine Seeigelschale ein kompaktes Skelett aus zehn Doppelreihen von Platten, die steife, aber bewegliche Stacheln tragen (▶ Abbildung 22.18). Die Platten sind fest miteinander verbunden. Während Perioden raschen Wachstums vermögen die Platten oftmals nicht mit dem Weichgewebe Schritt halten, was zu einer Lockerung der Verbindungsstrukturen führt. Die fünf paarigen Ambulakralreihen sind den fünf Armen der Seesterne homolog und besitzen Poren, durch die sich lange Röhrenfüßchen nach außen strecken

Exkurs

Diadema antillarum ist heute nicht mehr annähernd so prominent vertreten, wie die Art es einst gewesen ist. Im Jahr 1983 fegte eine Epidemie durch die Karibik und den Bereich der Florida vorgelagerten Inselkette, den Florida Keys. Die Ursache konnte nie ermittelt werden, doch führte sie zu einer drastischen Dezimierung der *Diadema*-Population. Übrig blieben weniger als 5 Prozent der vormaligen Populationsstärke. Andere Seeigelarten waren nicht betroffen. Verschiedene Algenarten, die zuvor von den Diadema-Seeigeln stark abgeweidet worden waren, haben sich seitdem auf den Riffen stark ausgebreitet. Die *Diadema*-Population hat sich von dem Einbruch bis heute nicht erholt. Das häufige Auftreten der Algen hatte einen katastrophalen Effekt auf die Korallenriffe um Jamaika. Die herbivoren Fische im Umkreis dieser Karibikinsel waren chronisch überfischt worden, so dass nach der *Diadema*-Epidemie kein biologischer Faktor das Wuchern der Algen mehr zurückdrängen konnte. Als Folge beider Faktoren sind die Korallenriffe um die Insel Jamaika heute weitgehend zerstört. Zum Zeitpunkt der Drucklegung dieses Textes befindet sich die *Diadema*-Population immer noch auf einem Niveau, das einen Bruchteil ihrer einstmaligen Größe ausmacht.

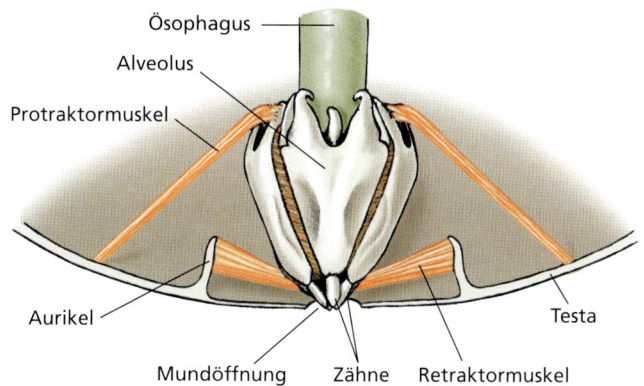

Abbildung 22.19: **Laterne des Aristoteles.** Ein komplizierter Mechanismus bei Seeigeln zur Mastikation (Zerkauen) ihrer Nahrung. Fünf Paar Retraktormuskeln ziehen die Laterne und die Zähne in die Testa; fünf Paar Protraktormuskeln schieben die Laterne nach unten und exponieren die Zähne. Andere Muskeln erzeugen eine Vielzahl von Bewegungen. In dieser Schemazeichnung sind nur die wichtigsten Skelettanteile und Muskeln berücksichtigt.

(Abbildung 22.18 b). Die Platten tragen kleine Tuberkel, an denen die abgerundeten Enden der Stacheln kugelgelenkig ansetzen. Die Stacheln werden durch kleine Muskeln an ihren Basen kontrolliert bewegt.

Es gibt mehrere Typen von Pedicellarien, von denen die dreikieferigen (tridactyläre) und auf langen Stielen aufgesetzten die häufigsten sind (Abbildung 22.4 d und 22.4 e). Die Pedicellarien helfen, den Seeigel-Körper sauber zu halten, insbesondere sorgen sie dafür, dass Larven anderer Meerestiere sich nicht auf ihnen festsetzen können. Die Pedicellarien vieler Arten tragen Giftdrüsen, deren Gift kleine Beutetiere paralysiert.

Fünf aufeinander zuweisende Zähne umgeben die Mundöffnung eines regulären Seeigels. Bei einigen Seeigelarten umgeben verzweigte Kiemen (modifizierte Podien) das Peristom. Anus, Genitalporen und Madreporenplatte sind aboral im Bereich des Periprokts angesiedelt (Abbildung 22.18). Ein Sanddollar besitzt ebenfalls Zähne, und seine Mundöffnung liegt etwa in der Mitte der Oralseite, doch ist der Anus zum posterioren Rand hin oder sogar auf die Oralseite der Scheibe verschoben, so dass eine anterior-posteriore Achse und eine Bilateralsymmetrie erkennbar werden. Die bilaterale Symmetrie ist bei den Herzigeln noch ausgeprägter, deren Anus am posterioren Ende der Oralseite liegt, während sich die Mundöffnung vom oralen Pol weg hin zum anterioren Ende verlagert hat (Abbildung 22.17).

Innerhalb der Testa (Abbildung 22.18) liegt das zusammengerollte Verdauungssystem und ein komplexer Kauapparat (bei den regulären Seeigeln und den Sanddollars), der als **Laterne des Aristoteles** bezeichnet wird, und an dem die Zähne befestigt sind (▶ Abbildung 22.19). Ein cilienbesetzter **Siphon** verbindet den Ösophagus mit dem Intestinum und erlaubt Wasser die Umgehung des Magens, in dem die Nahrung für die Überführung in den Darm konzentriert wird. Seeigel sind großenteils omnivor, doch besteht ihre Nahrung oft in erster Linie aus Algen und anderem organischen Material, das sie mit ihren Zähnen abweiden. Sanddollare besitzen kurze, keulenförmige Stacheln, die Sand und darin enthaltene organische Bestandteile über die Aboralseite und an den Seiten herab befördern. Feine Nahrungspartikel fallen zwischen die Stacheln und cilienbesetzte Gänge auf der Oralseite verfrachten diese zur Mundöffnung.

Hämal- und Nervensystem sind in ihrem grundlegenden Aufbau den entsprechenden Systemen der Seesterne ähnlich. Die Ambulakralfurchen sind geschlossen, und die Radiärkanäle des Wasser/Gefäßsystems verlaufen unmittelbar unterhalb der Testa – einer in jedem der Ambulakralradien (Abbildung 22.18). Die Ampullen für die Podien befinden sich innerhalb der Testa, und jede Ampulle steht für gewöhnlich durch Poren in der Ambulakralplatte mit zwei Kanälen mit ihrem Podium in Verbindung. Folgerichtig treten diese Poren in den Platten paarweise in Erscheinung. Die Peristomialkiemen sind – sofern sie vorhanden sind – von geringer Bedeutung für die Atmung; diese Aufgabe wird in erster Linie von anderen Podien erfüllt. Obwohl die Kiemen die mit der Laterne des Aristoteles assoziierten Muskeln mit einer gewissen Menge Sauerstoff versorgen, scheinen sie in erster Linie dem Ausgleich von Druckunterschieden im Schlundcoelom zu dienen, die während der Fressmotorik des Laternenkomplexes zustande kommen. Bei den irregulären Seeigeln sind die respiratorischen Podien dünnwandig, abgeflacht oder lappig und in Ambulakralfeldern angeordnet, die als **Petaloiden** bezeichnet werden und auf der Aboralseite liegen. Die irregulären Seeigel besitzen außerdem kurze, mit Saugnäpfen versehene, einporige Podien in den Ambulakral- und manchmal auch in den Interambulakralbereichen. Diese Podien dienen der Handhabung der Nahrung.

Die Geschlechter sind getrennt, und sowohl die Eier wie die Spermien werden für die extrakorporale Be-

(a)   (b)   (c)

Abbildung 22.20: **Seegurken (Classis Holothuroidea).** (a) *Parastichopus californicus* wird bis zu 50 cm lang und ist an der Pazifikküste Nordamerikas verbreitet. Die Röhrenfüßchen auf der Dorsalseite sind zu Papillen und Warzen zurückgebildet. (b) In scharfem Kontrast zu den meisten Seegurkenarten sind die oberflächlichen Ossikeln bei *Psolus chitonoides* zu einer plattenartigen Panzerung entwickelt. Die Ventralseite ist eine abgeflachte, weiche Kriechsohle; die von Tentakeln umsäumte Mundöffnung und der Anus sind dorsalwärts gedreht. (c) Röhrenfüßchen finden sich an allen Ambulakralbereichen von *Cucumaria miniata*, sind aber auf der Ventralseite, die hier zu sehen ist, besser entwickelt.

fruchtung in das Meerwasser entlassen. Einige, so etwa die Griffelseeigel, brüten ihre Jungen in zwischen den Stacheln liegenden Vertiefungen aus. Die Echinopluteuslarven der nichtbrütenden Seeigel können mehrere Monate planktonisch leben, bevor sie sich rasch in junge Seeigel umwandeln (Abbildung 22.9 d).

22.1.4 Classis Holothuroidea (Klasse der Seegurken)

In dem Stamm der Echinodermata, der durch merkwürdige Tiere geradezu gekennzeichnet ist, umfasst die Klasse der Seegurken Mitglieder, die sowohl anatomisch wie physiologisch zu den seltsamsten gehören. Diese Tiere weisen eine bemerkenswerte Ähnlichkeit zu dem Gemüse auf, dem sie ihren Trivialnamen verdanken (▶ Abbildung 22.20). Verglichen mit anderen Stachelhäutern sind die Holothurien in Richtung der oral-aboralen Achse stark gestreckt, und die Ossikeln sind bei den meisten Vertretern stark reduziert. Aufgrund dessen sind die Tiere weichkörperig. Manche Arten kriechen auf dem Meeresboden herum, andere findet man unter Steinen, und wieder andere graben sich durch den Untergrund des Meeresboden.

Es gibt ungefähr 1150 rezente Seegurkenarten. An der Ostküste Nordamerikas verbreitete Arten sind *Cucumaria frondosa* (lat. *cucumis*, Gurke), *Sclerodactyla briareus* (gr. *skleros*, hart + *daktylos*, Finger; Abbildung 22.22) sowie die durchscheinende, grabende Gattung *Leptosynapta* (gr. *leptos*, schlank, dünn, leicht + *synapsis*, Verbindung). Entlang der nordamerikanischen Pazifikküste finden sich mehrere *Cucumaria*-Arten (Abbildung 22.20 c) und die auffallend rotbraune Gattung *Parastichopus* (gr. *para*, neben, bei + *stichos*, Linie, Reihe + *podos*, Fuß; Abbildung 22.20 a) mit sehr großen Papillen.

Rhabdomolgus ist eine kleine, kaum 1 cm lange Gattung, die auf dem Grund der Nordsee vorkommt. Die bis zu 50 cm lang werdende Rote Seegurke *(Parastichopus tremulus)* kommt in der westlichen (salzreicheren) Ostsee, in der Nordsee und im übrigen Atlantik vor. Die ca. 20 cm lange Schuppen-Seegurke *(Psolus phantapus)* kommt ebenfalls im westlichen Teil der Ostsee, in der Nordsee einschließlich des Ärmelkanals sowie im Nordatlantik bis nach Spitzbergen vor. Im Mittelmeer lebt zum Beispiel die Röhrenseegurke *(Holothuria tubulosa)*.

Form und Funktion

Die Körperhüllen der Seegurken sind überwiegend von lederiger Konsistenz, mit winzigen, eingebetteten Ossikeln (▶ Abbildung 22.21), obgleich einige wenige Arten große Ossikeln besitzen, die eine dermale Panzerung bilden (Abbildung 22.20 b). Aufgrund der gestreckten Körperform der Holothurien liegen sie charakteristischerweise auf einer Seite. Bei einigen Arten sind die lokomotorischen Füßchen gleichmäßig auf die fünf Ambulakralbereiche oder über den gesamten Körper verteilt (Abbildung 22.20), die meisten weisen jedoch nur an den normalerweise auf dem Untergrund aufliegenden Ambulakren Röhrenfüßchen auf (Abbildung 22.20 a + b). Es ist daher eine sekundäre Bilateralität vorhanden, allerdings eine, die einen sehr unterschiedlichen Ursprung als die der irregulären Seeigel hat. Die dem Untergrund aufliegende Seite besitzt drei Ambulakren und wird als **Sohle** bezeichnet. Die Röhrenfüßchen des dorsalen Ambulakralbereiches – sofern vor-

22.1 Phylum Echinodermata

handen – besitzen für gewöhnlich keine Saugnäpfe und können zu sensorischen Papillen umgebildet sein. Bei grabenden Arten können sämtliche Röhrenfüßchen mit Ausnahme der Oraltentakel fehlen.

Die Oraltentakel sind 10 bis 30 einziehbare modifizierte Röhrenfüßchen, die um die Mundöffnung herum angeordnet sind. Die Körperhülle enthält Ring- und Längsmuskeln entlang der Ambulakren.

Das Coelom einer Seegurke ist geräumig und mit Flüssigkeit und vielen Coelomozyten angefüllt. Die Dermalossikeln fungieren aufgrund ihrer geringen Größe nicht länger als Endoskelett. Das flüssigkeitsgefüllte Coelom dient nunmehr als hydrostatisches Skelett.

Das Verdauungssystem entleert sich posterior über eine **Kloake** (▶ Abbildung 22.22). Ein **respiratorischer Baum**, bestehend aus zwei langen, vielfach verzweigten Röhren mündet ebenfalls in die Kloake, die Meerwasser herauspumpt. Der respiratorische Baum dient sowohl der Atmung wie der Ausscheidung und ist bei allen anderen Gruppen der rezenten Echinodermaten nicht vorhanden. Der Gasaustausch vollzieht sich außerdem auch über die Haut und die Röhrenfüßchen.

Das Hämalsystem ist bei den Holothurien besser ausgebildet als bei den übrigen Stachelhäutern. Ihr Wasser/Gefäßsystem ist insofern ungewöhnlich, als dass die Madreporenplatte frei im Coelom liegt.

Die Geschlechter sind meist getrennt, doch sind einige Seegurken hermaphroditisch. Unter den Echinoder-

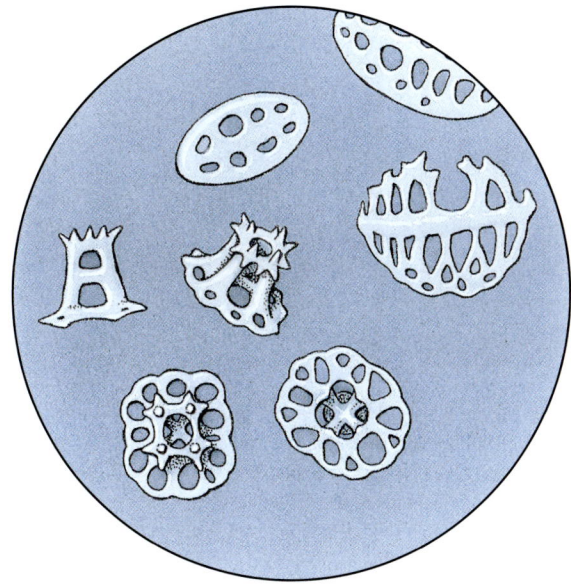

Abbildung 22.21: **Die Ossikel von Seegurken.** Dies sind mikroskopische kleine Körperchen, die in der ledernen Dermis verborgen liegen. Sie können mit handelsüblichen Bleichmitteln aus dem Gewebe isoliert werden und stellen wichtige taxonomische Bestimmungsgrößen dar. Die hier abgebildeten, aus der Art *Holothuria difficilis* stammenden, Ossikel werden zur Systematik als Tische, Knöpfe und Platten bezeichnet. Sie verdeutlichen das maschenartige Bauprinzip (Stereom), das sich bei den Ossikeln aller Echinodermaten in irgendeinem Stadium der Entwicklung beobachten lässt. Vergrößerung: 250-fach.

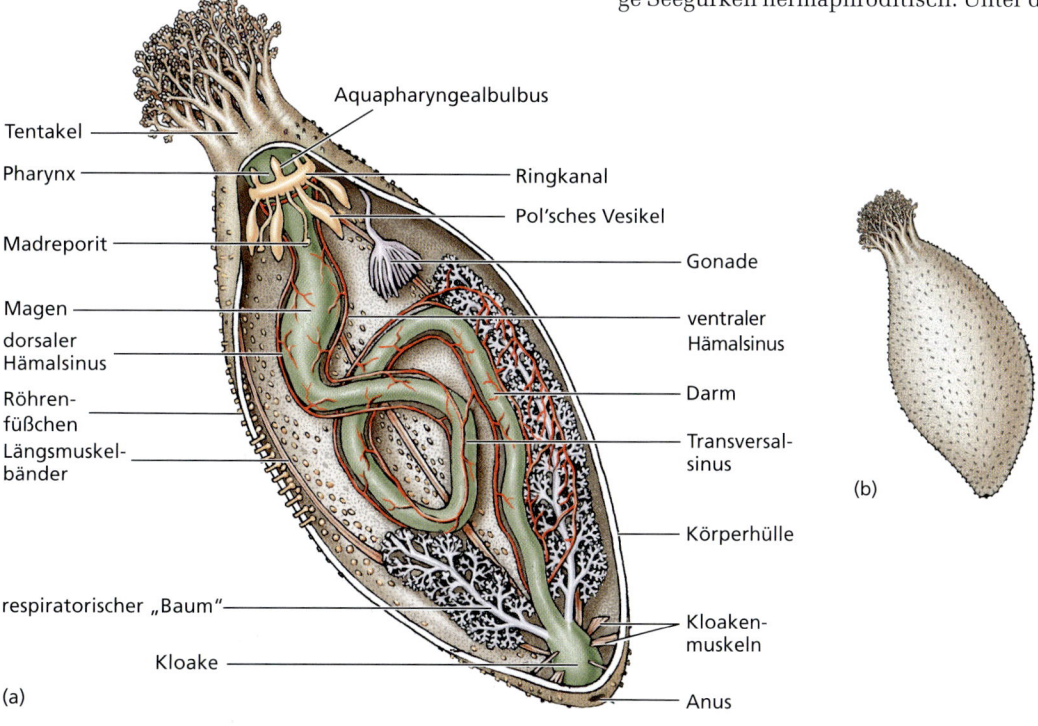

Abbildung 22.22: Anatomische Verhältnisse bei einer Seegurke der Gattung *Sclerodactyla*. (a) Innerer Bau. (b) Äußeres Erscheinungsbild. *Rot*: Hämalsystem.

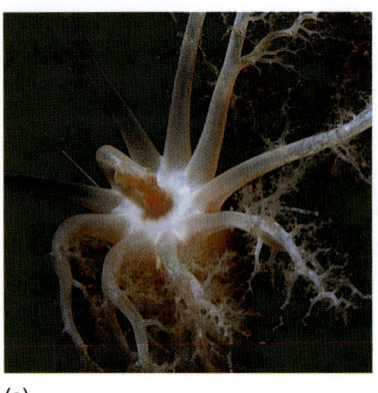  

(a) (b) (c)

Abbildung 22.23: **Ernährung bei Seegurken.** (a) *Eupentacta quinquesemita* streckt ihre Tentakel aus, um Schwebeteilchen aus dem Wasser zu fischen. Die Tentakel werden dann einzeln in den Mund gesteckt und von den anhaftenden Nahrungsteilchen gereinigt. (b) Die fächerartigen Tentakel von *Parastichopus californicus* werden von dem Tier zum Auflesen von Nahrung vom Meeresboden eingesetzt. (c) *Bohadschia argus* streckt, wenn es aufgeschreckt wird, seine Cuvier'schen Tubuli hervor. Dabei handelt es sich um modifizierte Teile des respiratorischen Baumes. Diese klebrigen Fäden, die ein Toxin enthalten, schrecken potenzielle Fressfeinde ab.

maten besitzen nur die Seegurken eine einzelne Gonade. Die Keimdrüse besteht normalerweise aus ein oder zwei Gruppen von Röhren, die sich am Gonodukt vereinigen. Die Befruchtung erfolgt extrakorporal; die freischwimmenden Larven heißen **Aurikularia** (Abbildung 22.9e). Einige Arten brüten ihre Jungen im Körperinneren oder irgendwo auf der Körperoberfläche aus.

Biologie der Seegurken

Seegurken sind gemächliche bis träge Tiere, die sich teils mithilfe ihrer ventralen Röhrenfüßchen, teils durch wellenförmige Kontraktionen der Muskulatur der Körperwandung vorwärtsbewegen. Die meisten sesshaften Arten fangen im Wasser schwebende Nahrung im Schleim ihrer ausgestreckten Oraltentakel ein oder sammeln Partikel vom umgebenden Grund auf. Danach schieben sie ihre Tentakel eine nach der anderen in den Pharynx und lutschen die Nahrungsteilchen ab (▶ Abbildung 22.23a). Andere kriechen herum und weiden den Meeresboden mit ihren Tentakeln ab (Abbildung 22.23b).

Seegurken scheinen eine besondere Befähigung zur Selbstverstümmelung zu besitzen, die aber in Wirklichkeit eine Verteidigungsstrategie ist. Wenn sie aufgeschreckt oder bedroht werden, können viele Arten einen Teil ihrer Eingeweide durch starke Muskelkontraktion, welche die Körperwandung aufreißt, auswerfen. Alternativ werden die Eingeweide durch die starke Muskelkontraktion über den Anus ausgestoßen. Diese Körperteile werden bald darauf regeneriert. Bestimmte Arten besitzen Cuvier'sche Organe (= Cuvier'sche Tubuli), die am posterioren Teil des respiratorischen Baumes ansetzen und in Richtung eines Angreifers ausgeschleudert werden können (Abbildung 22.23c). Diese Tubuli werden nach dem Ausstoßen lang und klebrig; manche enthalten ein Gift.

Es gibt eine interessante kommensalische Verbindung zwischen einigen Seegurken und einem kleinen Fisch (*Carapus* sp.), der die Kloake und den respiratorischen Baum der Seegurke als Versteck nutzt. Dieser Eingeweidefisch (*Carapus acer*; Ordnung der Eingeweidefischartigen, Ordo Ophidiiformes) ist zum Beispiel mit der im Mittelmeer vorkommenden Königsseegurke *(Stichopus regalis)* vergesellschaftet.

22.1.5 Classis Crinoidea (Klasse der Haarsterne)

Zur Gruppe der Crinoiden gehören etwa 625 Arten von Seelilien und Haarsternen. Die Fossilgeschichte belegt, dass die Crinoiden einst viel zahlreicher waren als sie es heute sind. Sie unterscheiden sich von den übrigen Echinodermaten dadurch, dass sie einen beträchtlichen Teil ihres Lebens fest am Substrat verankert verbringen. Die Seelilien besitzen einen blumenartigen Körper, der an der Spitze eines Stiels sitzt mit dem die Tiere sich auf dem Substrat verankern (▶ Abbildung 22.24). Die Haarsterne besitzen lange, vielfach verzweigte Arme. Die Adultformen sind frei beweglich, obgleich sie für lange Zeit am selben Fleck verharren können (▶ Abbildung 22.25). Im Verlauf ihrer Metamorphose werden die Haarsterne sessil und bestielt. Nach mehreren Monaten lösen sie sich aber wieder ab und werden wieder frei beweglich. Viele Crinoiden leben im tiefen Wasser, die

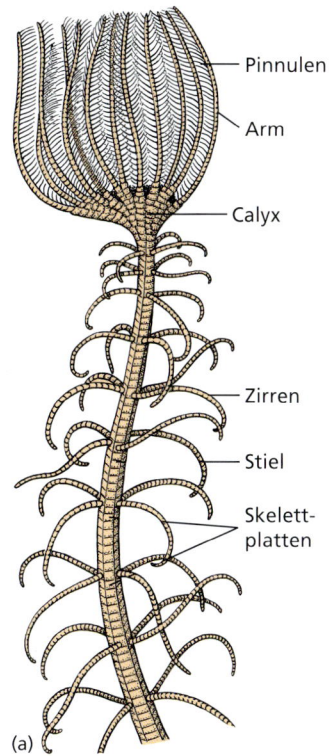
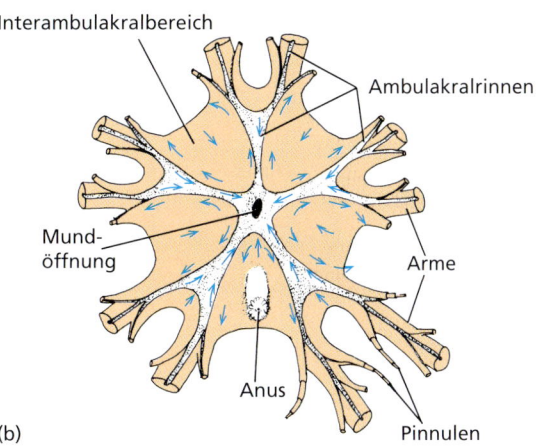

Abbildung 22.24: Der Bau der Crinoiden. (a) Eine Seelilie (gestielter Crinoid) mit einem Teil des Stiels. Die Stiele der modernen Crinoiden überschreiten selten eine Länge von 60 cm. Es sind jedoch fossile Formen bekannt, die bis zu 20 m (!) lang waren. (b) Oralseitenansicht der Calyx eines Crinoiden der Gattung *Antedon*. Die Richtung des ciliären Nahrungsflusses ist kenntlich gemacht. Die Ambulakralfurchen mit den Podien erstrecken sich von der Mundöffnung ausgehend entlang den Armen bis in die sich verzweigenden Pinnulen. Nahrungsteilchen, welche die Podien berühren, werden in die Ambulakralfurchen überführt und – mit Schleim versehen – durch einen kräftigen Cilienstrom zur Mundöffnung verfrachtet. Partikel, die in die Interambulakralbereiche gelangen, werden durch Cilien zunächst in Richtung der Mundöffnung, dann seitwärts von ihr Weg geführt. Schließlich fallen sie am Rand herab. Auf diese Weise wird die Oralseite sauber gehalten.

Haarsterne können jedoch auch im Flachwasser insbesondere des Indopazifiks und der karibischen See vorkommen, wo die größte Artenzahl zu finden ist.

22.1.6 Form und Funktion

Ihre Körperscheibe (**Calyx**) ist von einer ledrigen Haut (**Tegmen**) bedeckt, die Kalkplatten enthält. Die Epidermis ist schwach entwickelt. Fünf flexible Arme verzweigen sich unter Bildung vieler weiterer Arme, von denen jeder viele seitlich abzweigende Pinnulen trägt, die wie die Seitenstrahlen einer Vogelfeder angeordnet sind (Abbildung 22.24). Calyx und Arme werden zusammen als **Krone** bezeichnet. Sessile Formen besitzen einen langen, gelenkigen **Stiel**, der an der Aboralseite des Körpers ansetzt. Dieser Stiel besteht aus Platten, erscheint gelenkig und kann mit **Zirren** besetzt sein. Madreporenplatte, Stacheln und Pedicellarien fehlen.

Die Oberseite trägt die Mundöffnung, die in einen kurzen Ösophagus mündet, der sich in ein langes Intestinum mit Divertikel fortsetzt und dann eine vollständige Wendung hin zum Anus vollführt, der er auf einem erhobenen Konus liegen kann (Abbildung 22.24b). Mit Hilfe der Röhrenfüßchen und Schleimnetzen in den Ambulakralbereichen fangen Crinoiden kleine Organismen, von denen sie sich ernähren. Die **Ambulakralfurchen** sind offen und mit Cilien besetzt. Sie dienen der Fortleitung von Nahrung zur Mundöffnung (Abbildung 22.24b). In den Furchen liegen Röhrenfüßchen, die zu Tentakeln umgebildet sind.

Das Wasser/Gefäßsystem folgt dem grundlegenden Echinodermaten-Bauplan. Das System stützt sich bei seiner Funktion aber allein auf die vorliegende Coelomflüssigkeit. Es gibt keine Madreporenplatte, um Flüssigkeit mit der Umgebung auszutauschen. Das Nervensystem weist einen Oralnervenring und einen Radiärnerven auf, der in jeden der Arme ausstrahlt. Das aborale oder entoneuronale System ist bei den Crinoiden höher entwi-

Abbildung 22.25: *Comantheria briareus*, eine Crinoidenart pazifischer Korallenriffe. Die Tiere strecken ihre Arme in das Wasser aus, um Nahrung zu fangen. Diese Art ist sowohl tages- als auch nachtaktiv.

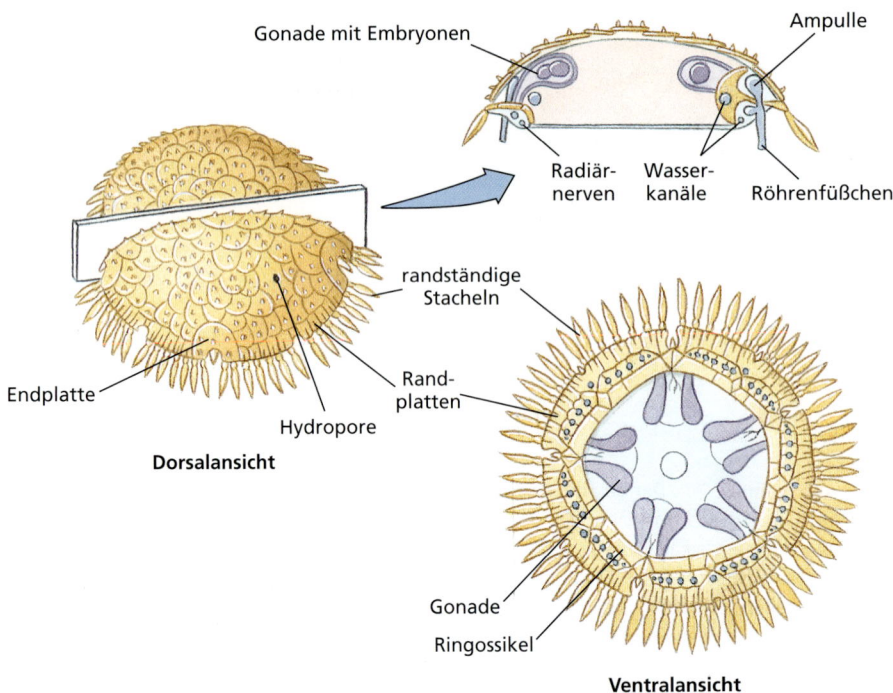

Abbildung 22.26: *Xyloplax* spp. (Classis Concentricycloidea), merkwürdige, kleine, scheibenförmige Echinodermaten. Mit ihren den Rand umlaufenden Podien sind sie die einzigen Stachelhäuter, die keine Podien entlang der Ambulakralbereiche besitzen.

ckelt als bei den meisten anderen Echinodermaten. Dieses System innerviert die saugnapffreien Podien, die entlang der Lateralpinnulen proliferieren und sowohl motorische wie sensorische Funktionen erfüllen. Zusätzliche Sinnesorgane sind spärlich gesät und von einfachem Bau.

Die Geschlechter sind getrennt. Die Gonaden sind einfache Zellhaufen in der Genitalhöhle der Arme und Pinnulen. Die Gameten treten ohne die Hilfe von Gängen durch Ruptur der Pinnulenwandung nach außen. Bei einigen Formen findet eine Bebrütung statt. Die **Doliolarialarven** sind, bevor sie sich verankern und metamorphieren, für einige Zeit freischwimmend.

22.1.7 Classis Concentricycloidea (Klasse der Seegänseblümchen)

Seltsame, kleine Tiere (Durchmesser weniger als 1 cm, ▶ Abbildung 22.26) mit scheibenförmiger Gestalt, die in über 1000 m Wassertiefe in den südpazifischen Gewässern um Neuseeland entdeckt worden sind. Die unter dem Trivialnamen Seegänseblümchen bekannten Tiere sind die jüngste Klasse im Stamm der Stachelhäuter. Die Erstbeschreibung datiert aus dem Jahr 1986. Bislang sind erst zwei Arten bekannt. Die meisten Zoologen stimmen heute darin überein, dass es sich bei der Gruppierung nicht um ein valides Taxon im Rang einer Klasse handelt, doch besteht noch wenig Einigkeit hinsichtlich der Verwandtschaftsbeziehungen zu den übrigen Klassen der Echinodermaten. Einige Fachleute sind der Meinung, dass es sich um sehr stark abgewandelte Seesterne handelt. Bis weitere Daten vorliegen, werden wir vorerst die überkommene Klassifizierung dieser Gruppe und des Stammes übernehmen. Die Seegänseblümchen zeigen pentaradiäre Symmetrie, es fehlen allerdings die Arme. Die Röhrenfüßchen sind entlang des Scheibenrandes lokalisiert statt entlang der Ambulakralbereiche, wie es bei anderen Stachelhäutern der Fall ist. Das Wasser/Gefäßsystem der Tiere umfasst zwei konzentrische Ringkanäle. Der äußere der Ringe könnte den Radiärkanälen entsprechen, da Podien von ihm ausgehen. Ein Hydroporus, welcher der Madreporenplatte homolog ist, verbindet den inneren Ringkanal mit der Aboralseite. Eine der beiden bekannten Arten besitzt keinen Verdauungstrakt. Ihre Oralseite wird von einem membranösen Velum überdeckt, über welches offenbar Nährstoffe absorbiert werden. Die andere Art besitzt einen flachen, sackförmigen Magen, aber weder Darm noch Anus.

Phylogenese und adaptive Radiation 22.2

22.2.1 Phylogenese

Die Stachelhäuter schauen auf eine reiche Dokumentation in der Fossilgeschichte zurück. Sie haben 25 anatomisch unterscheidbare Körperformen evolviert, die in 20 heute anerkannte Klassen des Stammes eingeteilt werden. Die meisten davon sind bis zum Ende des Paläozoikums (Ende des Perms vor 251 Millionen Jahren) ausgestorben, nur fünf (ausschließlich der Concentricycloidea) haben bis heute überlebt. Ungeachtet ihrer umfangreichen fossilen Überlieferung sind zahlreiche widersprüchliche Hypothesen bezüglich der Phylogenese dieser Tiergruppe in Umlauf. Mit Bezug auf die bilaterale Symmetrie ihrer Larven, sind viele Wirbeltierspezialisten der Ansicht, dass ihre Ahnen Bilateralier und ihr Coelom dreigliedrig (trimer) gewesen sein muss. Einige Forscher vertreten die Meinung, dass die Radiärsymmetrie sich bei einem freischwimmenden Echinodermatenvorläufer herausgebildet und sich festsitzende Gruppen mehrfach unabhängig voneinander von diesem abgeleitet haben. Diese Sichtweise berücksichtigt allerdings nicht den adaptiven Wert der Radiärsymmetrie für eine sessile Lebensweise. Eine mehr traditionelle Sichtweise geht davon aus, dass die ersten Echinodermaten sessil gewesen sind und als Anpassung an diese Lebensweise radiärsymmetrisch geworden sind. Aus diesen Formen sollen dann die frei beweglichen Gruppierungen hervorgegangen sein. Abbildung 22.28 steht im Einklang mit dieser Hypothese. Ihr liegt eine Betrachtung zugrunde, die in der Evolution der Endoskelettplatten mit Stereomstruktur und der externen, mit Cilien besetzten Fressfurchen frühe evolutive Entwicklungen der Echinodermaten oder der Präechinodermaten sieht. Die ausgestorbenen Carpoiden (▶ Abbildung 22.27 a und ▶ 22.28) besaßen Stereom-Ossikel, waren aber nicht radiärsymmetrisch. Der Status ihres Wasser/Gefäßsystems – falls eines vorhanden gewesen ist – bleibt nach wie vor unsicher. Manche Forscher stufen die Carpoiden als eigenständiges Subphylum innerhalb der Echinodermaten ein, das den Namen Homalozoa trägt, und sehen diese Tiere näher bei den Chordaten. Die fossilen Helicoplacoiden (Abbildung 22.27 b und 22.28) zeigen Hinweise auf drei echte Ambulakralfurchen; ihre Mundöffnung lag an der Seite des Körpers.

Die Verankerung am Untergrund über die Aboralseite hätte auf Radiärsymmetrie selektiert und ist geeignet, den Ursprung des Subphylums Pelmatozoa zu erklären, deren rezente Vertreter die Crinoiden sind. Sowohl die Cystoiden (ausgestorben) wie die Crinoiden waren ursprünglich über einen aboralen Stiel am Substrat verankert. Ein Vorfahr, der eine freischwimmende Existenz angenommen und seine Oralseite dem Untergrund zugewandt hatte, wäre dann der Ausgangspunkt für die Evolution des Subphylums Eleutherozoa gewesen. Die Phylogenese der Eleutherozoen ist umstritten. Die meisten Forscher stimmen darin überein, dass die Echiniden und die Holothurien verwandt sind und einen Kladus bilden. Die Meinungen hinsichtlich der Verwandtschaft zwischen den Ophiuriden und den Asteriden gehen auseinander. Abbildung 22.28 illustriert die Sichtweise, nach der die Ophiuriden entstanden sind, als sich die Ambulakralfurchen geschlossen hatten. Dieses Modell setzt allerdings voraus, dass die Anordnung mit fünf Ambulakralarmen sich bei den Ophiuriden

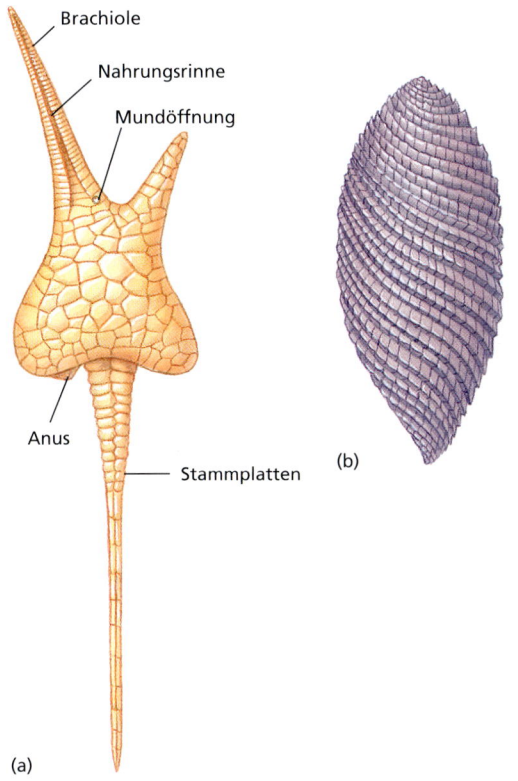

Abbildung 22.27: Carpoide und Helicoplacoide. (a) *Dendrocystites*, ein Carpoid (Subphylum Homalozoa) mit einer Brachiole. Die Brachiolen dieser nur fossil erhaltenen Tiere haben ihre Bezeichnung deshalb erhalten, um sie von den schweren Armen der Asteriden, Ophiuriden und Crinoiden zu unterscheiden. Diese Gruppe trug einige Merkmale, die als ihrer Natur nach „chordatisch" interpretiert werden. (b) *Helicoplacus*, ein Helicoplacoid, besaß drei Ambulakralbereiche und wohl auch ein Wasser/Gefäßsystem. Bei dieser Gruppierung handelt es sich um das Schwestertaxon der modernen Echinodermaten.

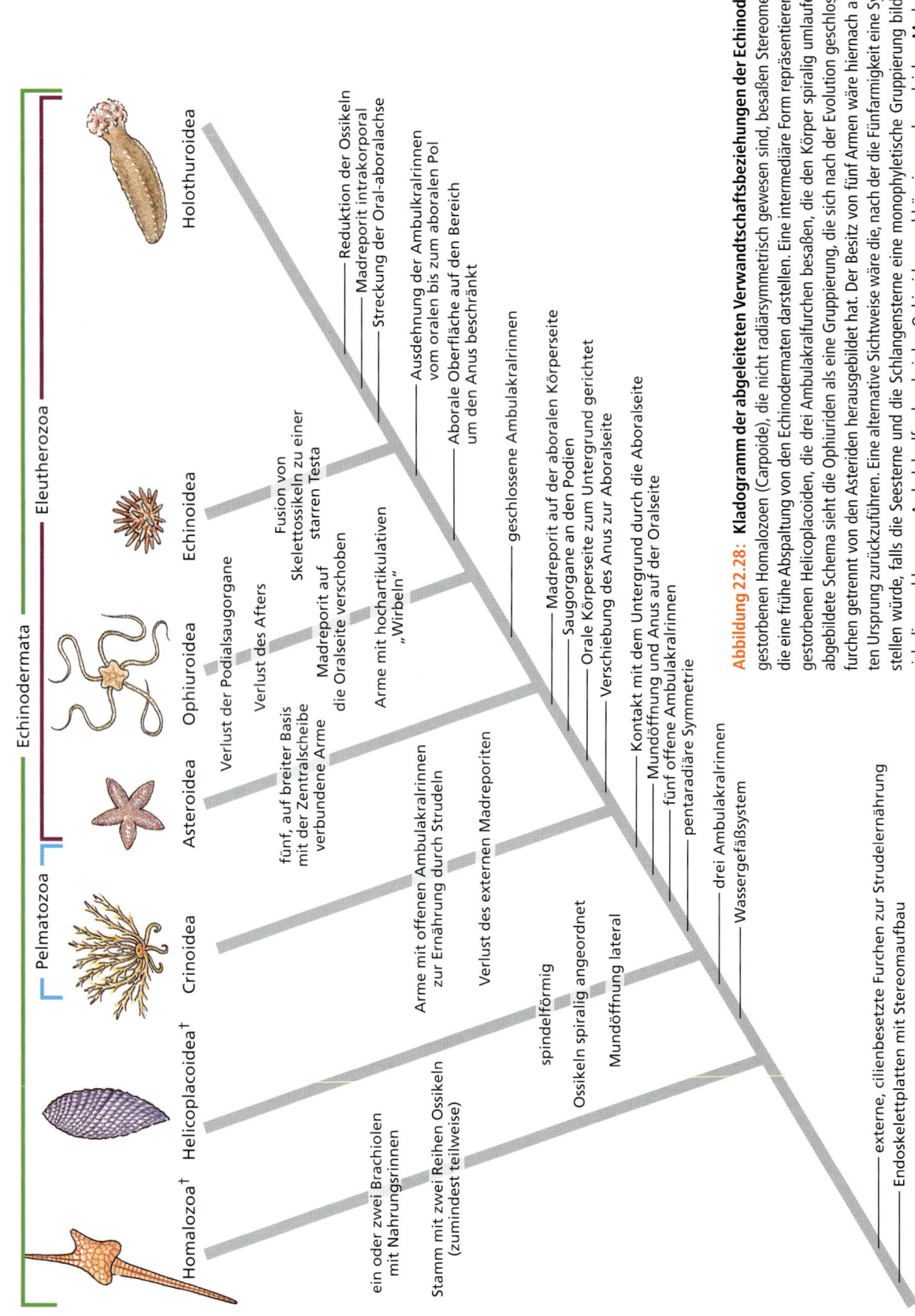

Abbildung 22.28: Kladogramm der abgeleiteten Verwandtschaftsbeziehungen der Echinodermaten. Die ausgestorbenen Homalozoen (Carpoide), die nicht radiärsymmetrisch gewesen sind, besaßen Stereomendoskelettplatten, die eine frühe Abspaltung von den Echinodermaten darstellen. Eine intermediäre Form repräsentieren die ebenfalls ausgestorbenen Helicoplacoiden, die drei Ambulakralfurchen besaßen, die den Körper spiralig umlaufen haben. Das hier abgebildete Schema sieht die Ophiuriden als eine Gruppierung, die sich nach der Evolution geschlossener Ambulakralfurchen getrennt von den Asteriden herausgebildet hat. Der Besitz von fünf Armen wäre hiernach auf einen gesonderten Ursprung zurückzuführen. Eine alternative Sichtweise wäre die, nach der die Fünfarmigkeit eine Synapomorphie darstellen würde, falls die Seesterne und die Schlangensterne eine monophyletische Gruppierung bildeten. Dann hätten sich die geschlossenen Ambulakralfurchen bei den Ophiuriden unabhängig von dem gleichen Merkmal bei den Echiniden und den Holothurien herausgebildet.

† ausgestorbene Gruppen

und den Asteriden unabhängig voneinander evolviert hat. Falls jedoch die Ophiuriden und die Asteriden einen einzigen, gemeinsamen Kladus bilden, dann müssen die geschlossenen Ambulakralfurchen bei den Seesternen verloren gegangen sein oder sich bei den Schlangensternen unabhängig vom gemeinsamen Ahnherrn der Seeigel und Seegurken evolviert haben.

Die verfügbaren Daten über die Concentricycloideen sind unzureichend, um diese Gruppierung in einem Kladogramm einzuordnen. Es ist jedoch, wie bereits erwähnt, unwahrscheinlich, dass die Gruppe eine valide Klasse im Sinne der kladistischen Taxonomie darstellt.

22.2.2 Adaptive Radiation

Die Radiation der Echinodermaten ist durch die Beschränkungen und die Möglichkeiten, die ihren wichtigsten Merkmalen – der Radiärsymmetrie, dem Wasser/Gefäßsystem und dem dermalen Endoskelett – innewohnen, bestimmt worden. Falls ihre Vorfahren ein Gehirn und spezialisierte Sinnesorgane besessen hätten, so sind diese beim Übergang zur Radiärsymmetrie verlorengegangen. Es ist daher nicht überraschend, dass es eine große Zahl kriechender, benthischer Formen mit einer strudelnden, sammelnden, aasfressenden oder herbivo-

KLASSIFIZIERUNG

■ **Phylum Echinodermata**

Man kennt etwa 7000 rezente und 20.000 in jüngerer Zeit ausgestorbene oder fossil überlieferte Arten von Echinodermaten. Die traditionelle Klassifizierung stellt alle freibeweglichen Formen, deren Oralseite nach unten (hin zum Untergrund) weist, in das Subphylum Eleutherozoa. Dieses enthält die meisten der rezenten Arten. Das andere Subphylum, Pelmatozoa, umfasst zumeist Formen mit Stielen und nach oben weisender Oralseite. Die meisten ausgestorbenen Klassen und die rezenten Crinoiden gehören in diese Gruppe. Obgleich alternative Klassifizierungsschemata ihre starken Verfechter besitzen, hat die kladistische Analyse Belege dafür erbracht, dass die beiden tradierten Unterstämme monophyletisch sind. Die folgende Auflistung berücksichtigt nur Gruppen mit rezenten Mitgliedern.

Subphylum Pelmatozoa (gr. *pelmatos*, Stiel + *zoon*, Tier). Körper in Form eines Bechers oder einer Calyx (lat. *calyx*, Knospe), der während eines Teils oder des ganzen Lebens von einem Stiel getragen wird; Oralseite nach oben gerichtet; offene Ambulakralfurchen; Madreporenplatte fehlt; sowohl Mundöffnung wie Anus auf der Oralseite; mehrere fossile Klassen plus rezente Crinoiden (Seelilien).

Classis Crinoidea (gr. *krinon*, Lilie + *eidos*, Form): Klasse der **Haarsterne** (**Seelilien und Haarsterne**). Fünf, sich an der Basis verzweigende, mit Pinnulen besetzte Arme; cilientragende Ambulakralfurchen auf der Oralseite, mit tentakelartigen Röhrenfüßchen zum Einsammeln von Nahrung; Stacheln, Madreporenplatte und Pedicellarien fehlen. Beispiele: *Antedon, Comantheria* (Abbildung 22.25).

Subphylum Eleutherozoa (gr. *eleutheros*, frei, ungebunden + *zoon*, Tier): Körper sternförmig, kugelig, scheibenförmig (diskoidal) oder gurkenförmig; Oralseite dem Untergrund zugewandt oder oral-aborale Achse parallel zum Untergrund; Körper mit oder ohne Arme; Ambulakralfurchen offen oder geschlossen.

Classis Concentricycloidea (lat. *cum*, zusammen + *centrum*, Mitte + gr. *kyklos*, Kreis + *eidos*, Form, Gestalt): Klasse der **Seegänseblümchen**. Unsichere Beziehungen zu den anderen Klassen; scheibenförmiger Körper, mit randständigen Stacheln, aber ohne Arme; konzentrisch angeordnete Skelettplatten; Ringe aus saugnapflosen Podien in der Nähe des Körperrandes; Hydroporus vorhanden; Darm vorhanden oder fehlend; kein Anus. Beispiel: *Xyloplax* (Abbildung 22.26).

Classis Asteroidea (gr. *aster*, Stern + *eidos*, Form, Gestalt): Klasse der **Seesterne**. Sternförmig, mit Armen, die nicht scharf gegen die Zentralscheibe abgesetzt sind; Ambulakralfurchen offen, mit Röhrenfüßchen auf der Oralseite; Röhrenfüßchen oft mit Saugorganen; Anus und Madreporenplatte aboral; Pedicellarien vorhanden. Beispiele: *Asterias, Pisaster* (Foto Kapitelanfang).

Classis Ophiurioidea (gr. *ophis*, Schlange + *oura*, Schwanz + *eidos*, Gestalt, Form): Klasse der **Schlangensterne**. Sternförmig, mit Armen, die scharf gegen die Zentralscheibe abgesetzt sind; Ambulakralfurchen geschlossen, von Ossikeln überdeckt; Röhrenfüßchen ohne Saugorgane und nicht zur Lokomotion eingesetzt; Pedicellarien fehlen; Anus fehlt. Beispiele: *Ophiura* (Abbildung 22.10a), *Gorgonocephalus* (Abbildung 22.13).

Classis Echinoidea (gr. *echinos*, Seeigel, Igel + *eidos*, Gestalt, Form): Klasse der **Seeigel** (Seeigel und Sanddollars). Mehr oder weniger kugel- oder scheibenförmig, ohne Arme; kompaktes Skelett oder Testa (Gehäuseschale) mit eng zusammenliegenden Platten; bewegliche Stacheln; Ambulakralfurchen geschlossen; Röhrenfüßchen mit Saugorganen; Pedicellarien vorhanden. Beispiele: *Arbacia, Strongylocentrotus* (Abbildung 22.14), *Lytechinus, Mellita*.

Classis Holothuroidea (gr. *holothourion*, Seegurke + *eidos*, Form, Gestalt): Klasse der **Seegurken**. Gurkenförmig, ohne Arme; Stacheln fehlend; mikroskopische Ossikeln, in dicker Wandmuskulatur eingebettet; Anus vorhanden; Ambulakralfurchen geschlossen; Röhrenfüßchen mit Saugorganen; zirkumorale Tentakel (modifizierte Röhrenfüßchen); Pedicellarien fehlen; Madreporenplatte innenliegend. Beispiele. *Sclerodactyla, Parastichopus, Cucumaria* (Abbildung 22.20c).

ren Lebensweise gibt, und nur sehr wenige pelagische Arten. Im Licht dieses allgemeines Bildes ist der relative Erfolg der Seesterne als Räuber beeindruckend und wahrscheinlich auf das Ausmaß, mit dem es ihnen gelungen ist, von dem hydraulischen Mechanismus ihrer Röhrenfüßchen Gebrauch zu machen, zurückzuführen.

Der grundlegende Bauplan der Echinodermaten scheint ihre evolutiven Möglichkeiten einer parasitären Lebensweise stark eingeschränkt zu haben. Tatsächlich sind die beweglichsten Echinodermaten, die Schlangensterne, die auch am besten dafür gerüstet sind, ihre Körper in enge Räume hineinzuzwängen, die einzige Gruppierung mit einer signifikanten Anzahl kommensalischer Arten.

22.3 Phylum Hermichordata

Die Hemichordaten (gr. *hemi*, halb, hälftig + *chorda*, Schnur, Strang) sind Meerestiere, die früher als Unterstamm der Chordaten (siehe Kapitel 23) geführt wurden. Diese Zuordnung erfolgte aufgrund des Besitzes von Kiemenspalten und einer rudimentären Chorda dorsalis. Von den Kiemenspalten leitet sich die veraltete, aber hin und wieder noch zu lesende, alternative Bezeichnung Branchiotremata (gr. *branchion*, Kieme + *trema*, Loch) und der deutsche Gruppenname Kiemenlochtiere ab. Die so genannte Chorda der Hemichordaten ist aber in Wahrheit ein Bukkaldivertikel (= Stomochord) und daher der Chorda dorsalis der Chordaten nicht homolog. Daher werden die Hemichordaten heute als eigenständiger Tierstamm geführt.

Die Hemichordaten sind wurmförmige Bodenbewohner, die meist im Flachwasser leben. Einige koloniale Arten leben in sekretierten Wohnröhren. Die meisten sind ortstreu oder sessil. Ihre Verbreitung ist beinahe kosmopolitisch, doch machen ihre verborgene Lebensweise und der fragile Körperbau ein Sammeln der Tiere für Forschungszwecke schwierig.

Die Angehörigen der Classis Enteropneusta (Klasse der Eichelwürmer; gr. *enteron*, Darm + *pneustikos*, zum Atmen) erreichen Längen zwischen 2 cm und 2,5 m. Die Angehörigen der Classis Pterobranchia (Klasse der Flügelkiemer; gr. *pteron*, Flügel + *branchia*, Kieme) sind kleiner. Sie erreichen Längen, die für gewöhnlich im Bereich zwischen 1 und 12 mm liegen (den Stiel nicht mitgerechnet). Es werden etwa 75 Eichelwurmarten und drei kleine Flügelkiemergattungen unterschieden.

Die Hemichordaten weisen den typischen tricoelomaten Bauplan der Deuterostomier auf (siehe Kapitel 9).

22.3.1 Classis Enteropneusta (Klasse der Eichelwürmer)

Die Enteropneusten oder Eichelwürmer sind gemächliche, wurmartige Tiere, die in Erdhöhlen oder unter Steinen im Bereich von Schlick- oder Sandflächen der Gezeitenzone leben. *Balanoglossus* (gr. *balanos*, Eichel + *glossa*, Zunge) und *Saccoglossus* (gr. *sakkos*, Sack, Beutel + *glossa*, Zunge) sind verbreitete Arten (▶ Abbildung 22.29).

Form und Funktion
Ihr von Schleim bedeckter Körper untergliedert sich in drei Abschnitte: eine zungenartige Proboscis, ein kurzer Kragen und ein langgestreckter Rumpf (= Protosom, Mesosom und Metasom).

Proboscis. Die Proboscis (= Protosom) der Eichelwürmer ist der aktive Teil der Tiere. Sie tastet den Schlick ab, untersucht die Umgebung und sammelt in Schleimfäden auf ihrer Oberfläche Nahrung. Cilien transportieren Partikel zu einer Rinne am Rand des Kragens, führen sie zur Mundöffnung auf der Unterseite, wo die Nahrungsteilchen verschluckt werden. Große Partikel können abgestoßen werden, indem die Mundöffnung mit dem Kragen verdeckt wird (▶ Abbildung 22.30).

Höhlen bewohnende Arten setzen ihre Proboscis zum Graben ein; hierbei drücken die Tiere ihre Proboscis in den Sand oder Schlick und befördern mit Hilfe der Cilien die sich im Schleim verfangenden Bodenpartikel nach hinten. Bei der Grabtätigkeit können sie auch Sand oder Schlick verschlucken und dabei die verwertbaren organischen Bestandteile verwerten. Sie bauen U-förmige, mit Schleim ausgekleidete Röhren. Die beiden Öffnungen im Meeresboden liegen für gewöhnlich 10 bis 30 cm weit auseinander, die Basis des U-förmigen Rohres befindet sich in 50 bis 75 cm Tiefe im Boden. Sie können ihre Proboscis zum Zweck der Nahrungsbeschaffung aus der Öffnung der Wohnröhre hervorstrecken. Durch Defäkation bilden sich an der rückwärtigen Röhrenöffnung charakteristische, spiralige Kothaufen, die einen verräterischen Hinweis auf die Lokalisation der Baue dieser Würmer geben.

Am posterioren Ende der Eichelwurmproboscis befindet sich ein kleiner Coelomsack (das Protocoel), in das hinein sich das Schlunddivertikel (= Bukkaldivertikel) erstreckt. Dabei handelt es sich um eine schmale,

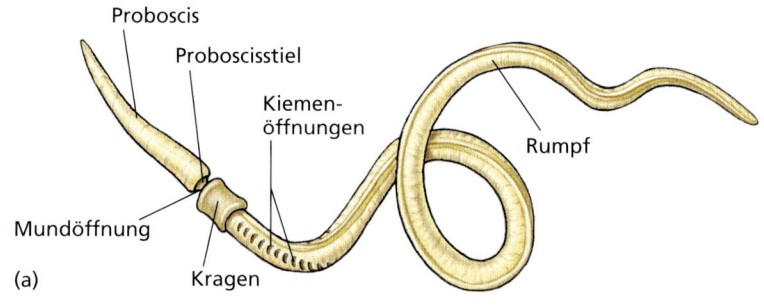

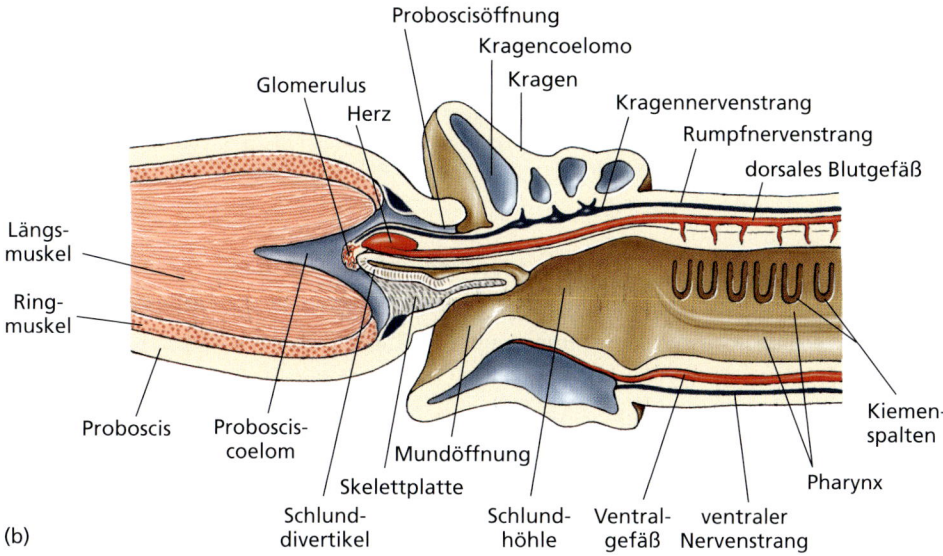

Abbildung 22.29: Eichelwurm der Gattung *Saccoglossus* (Hemichordata, Classis Enteropneusta). (a) Seitenansicht von außen. (b) Längsschnitt durch das anteriore Ende.

blind endende Aussackung des Darms („Blinddarm"), der nach vorn bis in die Bukkalregion reicht und früher fälschlich als eine Chorda dorsalis angesprochen worden ist. Ein enger Kanal verbindet das Protocoel mit einem nach außen mündenden **Proboscisporus** (Abbildung 22.29b). Paarige Coelomhöhlen im Kragen münden ebenfalls in Poren. Durch die Aufnahme von Wasser in die Coelomsäcke durch diese Öffnungen, können die Proboscis und der Kragen bei der Grabtätigkeit versteift werden. Kontraktionen der Körpermuskulatur drücken später das Wasser durch die Kiemenspalten wieder nach außen. Das vermindert den hydrostatischen Druck und erlaubt es dem Tier, sich vorwärtszubewegen.

Atmungssystem. Eine Reihe von **Kiemenlöchern** liegt dorsolateral auf beiden Seiten des Rumpfes unmittelbar hinter dem Kragen (Abbildung 22.30a). Die Löcher sind die Mündungen einer Abfolge von Kiemenkammern, die ihrerseits mit einer Reihe von **Kiemenspalten** in den Seitenwänden des Pharynx in Verbindung stehen. An den Kiemenspalten befinden sich keine Kiemen. Der respiratorische Gasaustausch vollzieht sich vielmehr

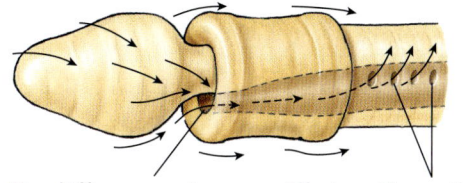

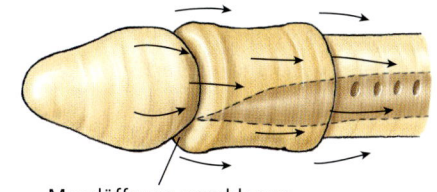

Abbildung 22.30: Nahrungsströme bei Hemichordaten der Klasse Enteropneusta. (a) Seitenansicht eines Eichelwurms mit geöffnetem Maul und Darstellung der von den Cilien auf der Proboscis und dem Kragen erzeugten Strömung. Nahrungspartikel werden zur Mundöffnung und in den Verdauungstrakt befördert. Ungenießbare Teilchen werden zur Außenseite des Kragens umgeleitet. Wasser verlässt den Körper durch die Kiemenöffnungen. (b) Wenn die Mundöffnung verschlossen wird, werden alle Partikel abgewiesen und wandern über die Außenseite des Kragenbereichs. Nichtgrabende sowie einige grabende Hemichordaten bedienen sich dieser Fressmethode.

22 Echinodermata und Hemichordata (Stachelhäuter und Kragenwürmer)

STELLUNG IM TIERREICH

Phylum Hermichordata

1. Die Hemichordaten gehören zum deuterostomen Zweig des Tierreichs und sind enterocoele Coelomaten mit Radiärfurchung.
2. Ein zugrundeliegender Chordatenbauplan wird von den Kiemenspalten und einem beschränkt ausgebildeten dorsalen, röhrenförmigen Nervenstrang (**Neurochord**) nahegelegt.
3. Die Ähnlichkeit zu den Echinodermaten zeigt sich in den Merkmalen der Larven.

Biologische Merkmale

1. Ein **tubulärer dorsaler Nervenstrang** im Kragenbereich scheint homolog zu entsprechender Struktur bei den Chordaten zu sein; ein diffuses Netz aus Nervenzellen ist dem nichtzentralisierten Subepithelialplexus der Echinodermaten ähnlich.
2. **Kiemenspalten** im Pharynx, die ebenfalls kennzeichnend für Chordaten sind, dienen in erster Linie der Nahrungsfilterung und nur in zweiter Linie der Atmung und sind daher denen der Protochordaten vergleichbar.

über das vakuläre Branchialepithel sowie über die Körperoberfläche. Eine durch Cilienschlag aufrecht gehaltene Strömung sorgt für die Zufuhr von Frischwasser, das durch die Mundöffnung einströmt und durch den Pharynx geleitet wird. Das Wasser tritt durch die Kiemenspalten und die Branchialkammern wieder nach außen.

Fress- und Verdauungssystem. Die Hemichordaten ernähren sich größtenteils mit Hilfe ihres Schleims und der oberflächlichen Cilien. Hinter der Bukkalhöhle liegt ein geräumiger Pharynx, der in seinem dorsalen Anteil die U-förmigen Kiemenspalten trägt (Abbildung 22.29b). Da es keine Kiemen gibt, liegt die primäre Funktion des pharyngealen Branchialsystems vermutlich in der Nahrungsbeschaffung. Nahrungsteilchen, die sich im Schleim verfangen haben und durch den Cilienschlag im Bereich der Proboscis und des Kragens zur Mundöffnung verfrachtet wurden, werden aus dem Branchialwasser herausgefiltert, das durch die Kiemenspalten austritt (Abbildung 22.30). Die Nahrung wird dann zum ventralen Anteil des Pharynx fortgeleitet, und von dort aus über den Ösophagus in das Intestinum, wo Verdauung und Absorption erfolgen.

Kreislauf- und Ausscheidungssystem. Ein mittig liegendes Dorsalgefäß oberhalb des Darmes leitet das Blut nach vorn. Im Kragen erweitert sich das Gefäß zu einem Sinus und einem Herzvesikel, das oberhalb des Bukkaldivertikels liegt. Das Blut tritt dann in ein Netzwerk aus Blutsini ein, das **Glomerulum**, das diese Strukturen teilweise umgibt (Abbildung 22.29b). Das Glomerulus soll anscheinend eine exkretorische Funktion erfüllen. Durch ein Ventralgefäß unterhalb des Darms fließt das Blut posteriorwärts. Dabei passiert es ausgedehnte Sini, die zum Darm und zur Körperhülle führen.

Nervensystem und Sinnesorgane. Das Nervensystem der Hemichordaten besteht zu wesentlichen Teilen aus einem subepithelialen Netzwerk (Plexus) von Nervenzellen und -fasern mit Kontakten zu Fortsätzen der Epithelzellen. Verdickungen dieses Netzwerks bilden einen dorsalen und einen ventralen Nervenstrang, die sich posterior vom Kragen zu einem Nervenkonnektiv vereinigen. Der dorsale Strang setzt sich im Kragen fort und streut viele Fasern in den Plexus der Proboscis aus. Der dorsale Nervenstrang (Neurochord) wird durch eine Invagination des Ektoderms (Neuroektoderm) gebildet und ist bei einigen Arten hohl. Diese auffallende Ähnlichkeit zum Baumuster des Nervensystems bei den Chordaten gilt als Beweis für die Homologie zum dorsalen Nervenstrang der Chordaten (siehe Kapitel 23). Das Neurochord enthält Riesenfasern mit Fortsätzen, die zu Nervenrümpfen hin verlaufen. Dieses nervöse Plexussystem erinnert ziemlich an das der Cnidarier (Kapitel 13) und der Echinodermen.

Sinneszellen liegen überall in der Epidermis verstreut (besonders in einem präoralen Ciliarorgan der Proboscis, das möglicherweise der Chemorezeption dient). Photorezeptoren sind ebenfalls vorhanden.

Fortpflanzungssystem und Entwicklung. Bei den Enteropneusten sind die Geschlechter getrennt. Obgleich sich die meisten Arten nur geschlechtlich fortpflanzen, beobachtet man bei mindestens einer Art ungeschlechtliche Vermehrung. Eine dorsolateral angeordnete Reihe von Gonaden verläuft entlang jeder Seite des anterioren Rumpfbereichs. Die Befruchtung erfolgt extrakorporal, und bei einigen Arten entwickelt sich eine cilienbewehrte **Tornarialarve**, die in manchen Phasen ihrer Entwicklung der Bipinnarialarve der Echinoder-

22.3 Phylum Hermichordata

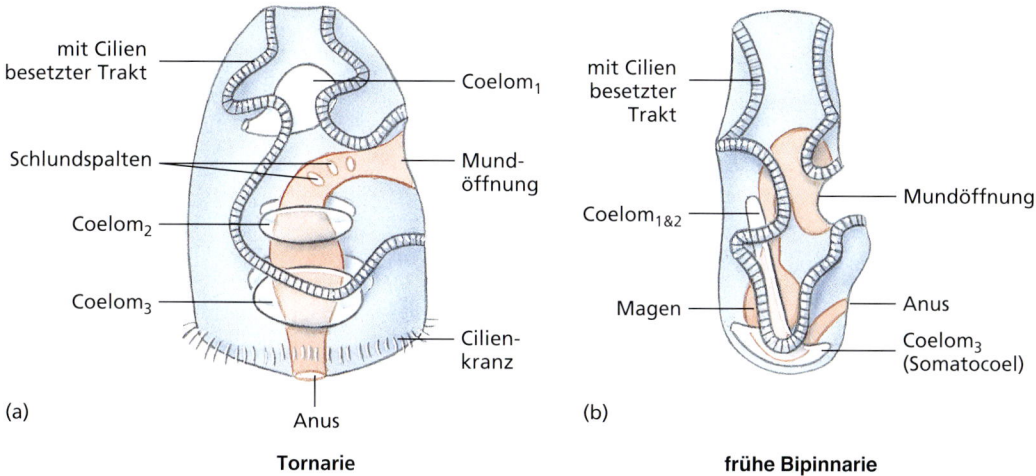

Abbildung 22.31: Larvenformen. Vergleich einer Tornarie ((a) Hemichordata) mit einer Bipinnarie ((b) Echinodermata).

maten so ähnlich ist, dass man einst gedacht hat, dass es sich in der Tat um eine Stachelhäuterlarve handele (▶ Abbildung 22.31). Die in amerikanischen Gewässern vorkommende Gattung *Saccoglossus* durchläuft eine direkte Entwicklung ohne Tornariastadium.

22.3.2 Classis Pterobranchia (Klasse der Flügelkiemer)

Der Grundbauplan der Pterobranchier ist dem der Enteropneusten ähnlich, doch sind bestimmte bauliche Differenzen mit der ortsfesten Lebensweise der Flügelkiemer korreliert. Der erste jemals erwähnte Pterobranchier wurde von der berühmten *Challenger*-Expedition[*], die in den Jahren zwischen 1872 und 1876 stattfand, entdeckt. Obwohl man sie zunächst zu den Polyzoen (Entoprokten und Ektoprokten) gestellt hatte, wurden die Beziehungen zu den Hemichordaten in der Folge erkannt und die Klasse umgruppiert. Es sind nur drei Gattungen (*Atubaria*, *Cephalodiscus* und *Rhabdopleura*) bekannt.

Die Pterobranchier sind kleine Tiere, deren Größe normalerweise im Bereich zwischen 1 und 7 mm liegen. Der Stiel kann allerdings länger sein. Viele *Cephalodiscus*-Individuen (gr. *kephale*, Kopf + *diskos*, Scheibe; ▶ Abbildung 22.32) leben in Röhren aus Kollagen zusammen, die oft ein miteinander verbundenes System

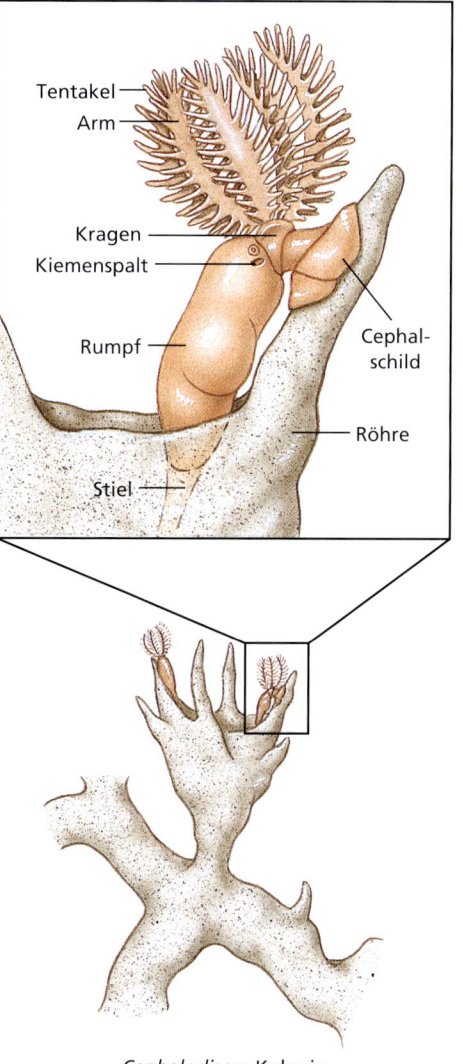

Abbildung 22.32: *Cephalodiscus*, ein pterobranchiater Hemichordat. Diese winzigen (5 bis 7 mm großen) Formen leben in Röhren, in denen sie sich frei bewegen können. Die cilienbesetzten Tentakel und Arme leiten Ströme von Wasser und Nahrung zur Mundöffnung.

---

[*] Reise des britischen Forschungsschiffs *Challenger* vom 21. Dezember 1872 bis zum 24. Mai 1876. Die Fahrt war der überdisziplinären Tiefseeforschung gewidmet und gilt als Geburtsstunde der wissenschaftlichen Ozeanografie. Während und nach der Expedition wurden über 4000 neue Arten von Meereslebewesen entdeckt. Die Gesamtreisestrecke belief sich auf 68.890 Seemeilen (= 127.500 km).

Echinodermata und Hemichordata (Stachelhäuter und Kragenwürmer)

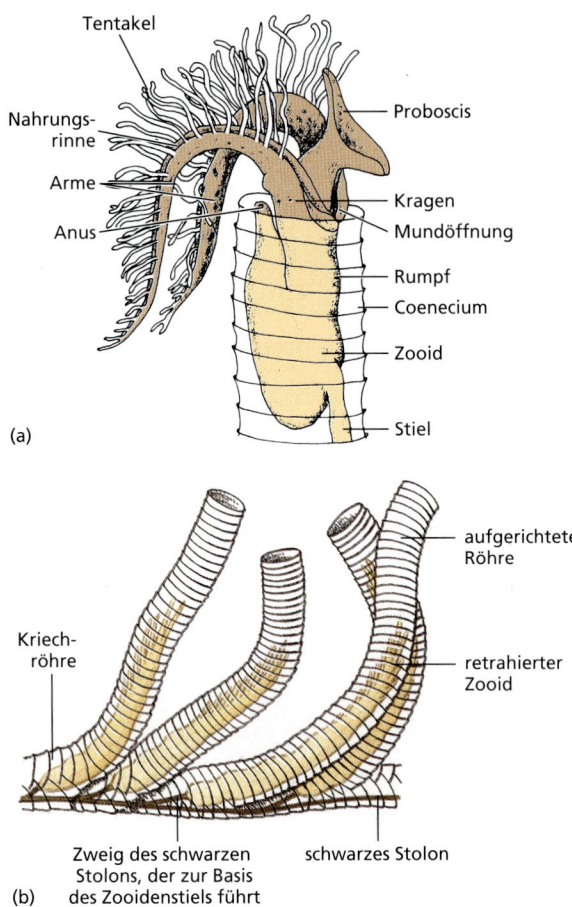

Abbildung 22.33: Rhabdopleura. (a) *Rhabdopleura*, ein pterobranchiater Hemichordat in seiner Röhre. Die Individuen leben in sich verzweigenden Röhren, die durch Stolonen untereinander verbunden sind und strecken cilienbewehrte Tentakel zum Partikelfang aus. (b) Teil einer Kolonie.

ausbilden. Die Zooide sind nicht miteinander verbunden und leben in den Röhren unabhängig voneinander. Durch Aperturen in den Röhren strecken sie ihre Tentakelkränze nach außen. Sie sind mittels ausstreckbarer Stiele, die ihre Besitzer rückartig in die Röhren zurückziehen können, falls dies notwendig sein sollte, an den Röhrenwänden verankert.

Der Körper von *Cephalodiscus* ist, wie für Hemichordaten üblich, in drei Abschnitte unterteilt: Proboscis, Kragen und Rumpf. Es gibt nur ein Paar Kiemenspalten, und der Verdauungskanal ist U-förmig; der Anus liegt in der Nähe der Mundöffnung. Die Proboscis ist schildförmig gestaltet. An der Ansatzstelle der Proboscis liegen fünf bis neun Paare, sich verzweigender Arme mit Tentakeln, die ein ausgedehntes Coelomkompartiment des Mesosoms enthalten (wie bei einem Lophophor). Cilienbesetzte Furchen an den Tentakeln und Armen sammeln Nahrung ein. Einige Arten sind zweihäusig, die anderen einhäusig. Ungeschlechtliche Fortpflanzung durch Knospung kann ebenfalls auftreten.

Bei *Rhabdopleura* (gr. *rhabdos*, Stab + *pleura*, Rippe, Körperseite) bleiben die Individuen zusammen und bilden eine Zooidkolonie, die durch ein Stolon verbunden und in sezernierte Röhren eingeschlossen ist (▶ Abbildung 22.33). Rhabdopleura-Arten sind kleiner als Cephalodiscus-Arten. Der Kragen dieser Arten trägt zwei sich verzweigende Arme. Kiemenspalten und Glomeruli fehlen. Neue Individuen werden durch Abknospen eines kriechfähigen, basalen Stolons hervor-

KLASSIFIZIERUNG

■ Phylum Hemichordata

1. Körper weich; wurmförmig oder kurz und kompakt mit Stielen zur Verankerung.
2. Körper in Proboscis, Kragen und Rumpf untergliedert; einzelne Coelomaussackung in der Proboscis, paarige Coelomaussackungen in den beiden anderen Körperabschnitten; Bukkaldivertikel im posterioren Teil der Proboscis.
3. Enteropneusten frei beweglich und grabend; Pterobranchier sessil, zumeist koloniebildend, in sekretierten Röhren lebend.
4. Kreislaufsystem mit dorsalen und ventralen Gefäßen und dorsalem Herzen.
5. Atmungssystem aus Kiemenspalten (wenige oder keine bei Pterobranchiern) als Verbindung zwischen Pharynx und Außenwelt, wie bei Chordaten.
6. Keine Nephridien; einzelner Glomerulus mit Verbindung zu Blutgefäßen, die vielleicht Ausscheidungsfunktion haben.
7. Subepidermaler Nervenplexus, zu einem dorsalen und einem ventralen Nervenstrang verdickt, mit einem Ringkonnektiv im Kragen; einige Arten mit hohlen dorsalen Nervenstrang mit möglicher Homologie zur Situation bei den Chordaten.
8. Geschlechter bei den Enteropneusten getrennt, mit Gonaden, die in die Leibeshöhle hineinragen; Fortpflanzung geschlechtlich oder ungeschlechtlich (bei einigen), bei den Pterobranchiern durch Knospung, Tornarialarven bei einigen Enteropneusten.

gebracht, das sich auf dem Untergrund verzweigt. Keiner der bekannten Pterobranchier besitzt einen tubulären Nervenstrang im Kragen. In sonstiger Hinsicht ist das Nervensystem der Tiere dieser Gruppe dem von Eichelwürmern ähnlich.

Fossile Graptolithen des mittleren Paläozoikums werden vielfach als ausgestorbene Klasse den Hemichordaten zugeordnet. Sie sind bedeutende Leitfossilien der Schichtungen des Ordoviziums (495 bis 443 Millionen Jahre vor unserer Zeit) und des Silurs (443 bis 417,5 Millionen Jahre vor unserer Zeit). Die Zuordnung der Graptolithen zu den Hemichordaten war umstritten, doch die Entdeckung einer Lebensform, die ein rezenter Graptolith zu sein scheint, stützt diese Hypothese. Sie ist als neue Pterobranchierart namens *Cephalodiscus graptolitoides* beschrieben worden.

Phylogenese und adaptive Radiation 22.4

22.4.1 Phylogenese

Die Phylogenese der Hemichordaten war lange Zeit rätselhaft. Die Hemichordaten haben einige Merkmale mit den Echinodermaten und andere mit den Chordaten gemeinsam. Mit den Chordaten haben sie die Kiemenspalten gemeinsam, die in erster Linie zum Filtrieren von Nahrung aus dem Wasser dienen und nur sekundär zur Atmung, ebenso wie es bei einigen Protochordaten der Fall ist. Darüber hinaus könnte ein kurzer, dorsaler, etwas hohler Nervenstrang in der Kragenzone homologe zum Nervenstrang der Chordaten sein (▶ Abbildung 22.34; siehe hierzu auch die Abbildungen des Folgekapitels).

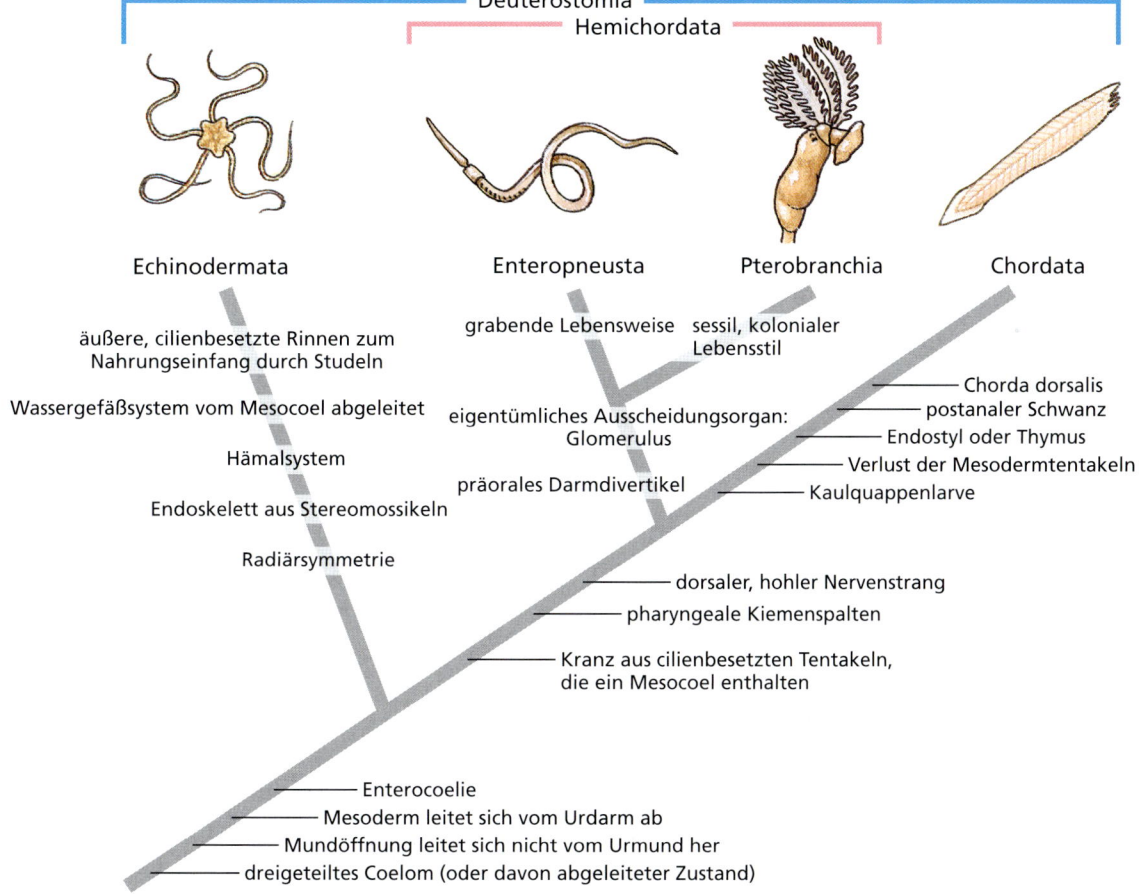

Abbildung 22.34: **Kladogramm der vermutlichen Verwandtschaftsbeziehungen der Deuterostomierstämme.** Brusca und Brusca betrachten den Kranz cilienbewehrter Tentakel (die Ausläufer des Mesocoels enthalten) als ein Merkmal, das bei den Vorfahren der Lophophoraten, Hemichordaten und Chordaten vorgelegen haben soll. Der Tentakelkranz wäre dann bei den Lophophoratenstämmen zum Lophophor geworden, und bei den Pterobranchiern als primitives Merkmal erhalten geblieben. Da die molekularbiologische Daten darauf hindeuten, dass die Lophophoraten Protostomier sind, haben wir sie in diesem Kladogramm weggelassen. Der cilienbesetzte Tentakelkranz bei den Pterobranchiern und den Lophophoraten kann als konvergentes Merkmal interpretiert werden. Falls die neueren molekularen Befunde sich als richtig erweisen, wird eine weitergehende Revision dieses Kladogramms notwendig sein, um die Hemichordaten als Schwestertaxon der Echinodermaten statt der Chordaten einzubeziehen (nach: Brusca, 1990).

Das Bukkaldivertikel in der Mundhöhle der Hemichordaten, von dem man lange angenommen hatte, dass es der Chorda dorsalis der Chordaten homolog sei, wird nunmehr als Synapomorphie der Hemichordaten selbst angesehen. Die frühe Embryogenese der Hemichordaten gleicht in bemerkenswerter Weise der Entwicklung bei den Echinodermaten. Die frühen Tornarialarven der Hemichordaten sind beinahe identisch mit den Bipinnarialarven der Asteriden, was darauf hindeutet, dass die Echinodermaten die Schwestergruppe der Hemichordaten und der Chordaten ist (Abbildung 22.34). Sequenzanalysen ribosomaler DNA (18S rDNA) legen den Schluss nahe, dass die Enteropneusten möglicherweise keine monophyletische Gruppierung sind, und dass die Hemichordaten eher die Schwestergruppe der Echinodermaten als der Chordaten sind (Cameron et al., 2000). Dieselbe Analyse stellt die Chordaten und die Urochordaten als Schwestertaxon zum Kladus der Echinodermaten und der Hemichordaten in die Abteilung der Deuterostomier (Abbildung 22.34). Eine wesentlich neuere Untersuchung, die das Expressionsverhalten von 38 verschiedenen Genen untersucht hat, sieht die Hemichordaten dagegen näher bei den Chordaten und am Ursprung der Linie der Deuterostomier. Manche Fachleute erkennen außerdem die monotypische Klasse der Planctosphaeroidea an. Die meisten Spezialisten für wirbellose Tiere stimmen jedoch überein, dass es sich hierbei um eine Larvenform handelt, obwohl sie bis heute noch keinen bestimmten Adultus zugeordnet werden konnte, und wahrscheinlich eine Hemichordatenlarve ist.

22.4.2 Adaptive Radiation

Man hat lange Zeit angenommen, dass die Pterobranchier aufgrund ihrer sessilen Lebensweise und ihrer Lebensweise in sekretierten Röhren im Meeresboden, wo die Umweltbedingungen ziemlich stabil sind, nur eine geringe adaptive Divergenz erfahren hätten. Sie haben einen tentakulären Typ der Ernährung durch ciliäres Strudeln beibehalten. Die Enteropneusten sind – obgleich sehr gemächliche Tiere – aktiver als die Pterobranchier. Da sie die tentakelbesetzten Arme eingebüßt haben, setzen sie ihre Proboscis ein, um Kleinstlebewesen in einer Schleimschicht zu fangen, oder sie fressen Sand, den sie beim Graben ihrer Baue ausheben und verdauen die organischen Sedimentanteile, die sich darin befinden. Neuere molekulare Daten deuten jedoch darauf hin, dass die Pterobranchier sich von der Enteropneustenlinie ableiten. Sollte dies zutreffen, würde das zuletzt beschriebene Szenario unwahrscheinlich erscheinen.

ZUSAMMENFASSUNG

Das Phylum Echinodermata – der Tierstamm der Stachelhäuter – zeigt Merkmale der Abteilung der Deuterostomier. Es handelt sich um eine bedeutsame Gruppe von Meerestieren, die sich scharf von anderen Stämmen des Tierreichs abgrenzen. Sie besitzen eine fünffache Radiärsymmetrie (pentaradiäre Symmetrie), leiten sich aber von bilateralen Vorfahren her.

Die Seesterne (Classis Asteroidea) sind geeignet, stellvertretend für die Echinodermaten zu stehen. Seesterne besitzen für gewöhnlich fünf Arme (es gibt aber auch andere Arten mit mehr oder weniger Armen), die allmählich in die Zentralscheibe des Körpers übergehen. Wie andere Stachelhäuter, besitzen sie keinen Kopf und wenige spezialisierte Sinnesorgane. Ihre Mundöffnung ist dem Untergrund zugewandt. Sie besitzen stereomische Dermalossikeln, respiratorische Papulae und offene Ambulakralfurchen. Viele Seesterne verfügen über Pedicellarien. Ihr Wasser/Gefäßsystem ist ein ausgefeiltes hydraulisches System, das sich embryonal von einem ihrer Coelomkompartimente ableitet. Entlang der Ambulakralbereiche befinden sich Zweige des Wasser/Gefäßsystems (Röhrenfüßchen), die von Bedeutung für die Lokomotion, den Nahrungserwerb, die Atmung und die Ausscheidung sind. Viele Seesterne sind räuberisch, wohingegen andere sich von Kleinstpartikeln ernähren. Seesterne sind getrenntgeschlechtlich, das Fortpflanzungssystem ist von einfachem Bau. Die bilateralen, freischwimmenden Larven setzen sich fest, wandeln sich zu einer radiären Juvenilform um, lösen sich dann ab und werden zu motilen Seesternen.

Die Arme der Schlangensterne (Classis Ophiuroidea) sind dünn und scharf gegen die Zentralscheibe abgesetzt. Die Ophiuriden besitzen keine Pedicellarien oder Ampullen, ihre Ambulakralfurchen sind geschlossen. Ihre Röhrenfüßchen haben keine Saugorgane, der Madreporit liegt auf der Oralseite. Sie kriechen mittels Bewegungen ihrer Arme; Röhrenfüßchen dienen der Nahrungsbeschaffung.

Die Dermalossikeln der meisten Seeigel (Classis Echinoidea) sind eng zusammenliegende Platten, der Körper ist von kompaktem Bau, und es fehlen jegliche Arme. Die Ambulakralbereiche sind geschlossen und erstrecken sich um den Körper herum hin zum aboralen Pol. Seeigel bewegen sich vermittels ihrer Röhrenfüßchen oder ihrer Stacheln. Einige Echiniden (Sanddollars und Herzigel) sind zur adulten Bilateralsymmetrie zurückgekehrt.

Die Dermalossikeln der Seegurken (Classis Holothuroidea) sind sehr klein. Die Körperhülle dieser Tiere ist daher weich. Die Ambulakralbereiche sind geschlossen und erstrecken sich in Richtung des aboralen Pols. Die Holothurien sind entlang der oral-aboralen Achse stark gestreckt und liegen auf der Seite. Da bestimmte Ambulakralbereiche charakteristischerweise dem Untergrund zugewandt sind, zeigen die Seegurken eine gewisse Rückwendung hin zur bilateralen Symmetrie. Die Röhrenfüßchen im Bereich der Mundöffnung sind zu Tentakeln umgebildet, mit deren Hilfe die Tiere Nahrung zu sich nehmen können. Sie verfügen über einen innenliegenden respiratorischen Baum, und ihre Madreporenplatte hängt frei im Coelom.

Die Seelilien und Haarsterne (Classis Crinoidea) sind – abgesehen von den Seesternen – die einzige Gruppe unter den rezenten Stachelhäutern mit offenen Ambulakralfurchen. Sie sind mukociliäre Partikelfresser und liegen mit der Oralseite nach oben.

Die Seegänseblümchen (Classis Concentricycloidea) sind eine geheimnisvolle Gruppierung mit unsicherer Beziehung zu den übrigen Klassen der Echinodermaten. Sie sind kreisförmig, besitzen randständige Röhrenfüßchen und in ihrem Wasser/Gefäßsystem zwei konzentrisch verlaufende Ringkanäle.

Die Vorfahren der Echinodermaten waren sehr wahrscheinlich bilateralsymmetrische Tiere, und die Evolution verlief vermutlich über ein sessiles Stadium, das die Radiärsymmetrie herausgebildet hat. Dieses war dann der Ursprung der heutigen, frei beweglichen Formen.

Die Angehörigen des Stammes der Hemichordaten sind Meereswürmer, die früher zu den Chordaten gezählt wurden, weil man das Bukkaldivertikel für eine zur Chorda dorsalis homologe Bildung gehalten hat. Wie die Chordaten, verfügen einige über Kiemenspalten und einen hohlen dorsalen Nervenstrang. Die Abschnitte ihrer Körper (Proboscis, Kragen und Rumpf = Protosom, Mesosom und Metasom) enthalten typische Coelomkompartimente der Deuterostomier (Protocoel, Mesocoel, Metacoel). Die Hemichordatenklasse der Enteropneusten (Eichelwürmer) umfasst grabende Würmer, die sich von Mikroteilchen ernähren, welche sie mit Hilfe ihrer Kiemenspalten aus dem Wasser filtern. Die Mitglieder der Klasse der Pterobranchier sind Röhrenbewohner, die ihre Tentakel zum Strudeln einsetzen.

Die Hemichordaten besitzen hohe phylogenetische Bedeutung, weil sie Affinitäten zu den Chordaten und zu den Echinodermaten zeigen. Zusammen mit den Echinodermaten bilden sie die wahrscheinliche Schwestergruppierung zu den Chordatieren.

ZUSAMMENFASSUNG

Übungsaufgaben

1 Welche Merkmalskonstellation der Echinodermaten findet sich bei keinem anderen Tierstamm?

2 Woher wissen wir, dass die Echinodermaten sich von einem Vorfahren mit Bilateralsymmetrie ableiten?

3 Grenzen Sie die folgenden Stachelhäutergruppen gegeneinander ab: Crinoidea, Asteroidea, Ophiuroidea, Echinoidea, Holothuroidea.

4 Was ist ein Ambulacrum, und worin besteht der Unterschied zwischen offenen und geschlossenen Ambulakralfurchen?

5 Machen Sie eine Kopie oder zeichnen Sie die Abbildung 22.3b ohne die Beschriftung nach. Benennen Sie dann nach einiger Zeit die Teile des Wasser/Gefäßsystems von Seesternen, indem Sie die Kopie/Zeichnung neu beschriften.

6 Geben Sie eine knappe Erläuterung des Mechanismus, nach dem die Röhrenfüßchen eines Seesterns arbeiten.

7 Organe und sonstigen Körperstrukturen sind beim Seestern an den folgenden Funktionen beteiligt (geben Sie jeweils eine kurze Beschreibung): Atmung, Fressen, Verdauen, Ausscheidung und Fortpflanzung?

8 Vergleichen Sie den Bau und die Funktion der unter Frage 7 erörterten Organe bei Schlangensternen, Seeigeln, Seegurken und Crinoiden.

9 Umreißen Sie die Entwicklung eines Seesterns, einschließlich der Metamorphose.

10 Ordnen Sie den Gruppierungen jeweils alle zutreffenden Antworten (a) bis (i) zu:

___ Crinoidea ___ Echinoidea

___ Asteroidea ___ Holothuroidea

___ Ophiuroidea ___ Concentricycloidea

(a) geschlossene Ambulakralfurchen, (b) Oralseite im Allgemeinen nach oben gerichtet, (c) mit Armen, (d) ohne Arme, (e) angenähert kugel- oder scheibenförmig, (f) oral-aboral gestreckter Körper, (g) mit Pedicellarien, (h) Madreporenplatte innerlich, (i) Madreporenplatte auf der Oralplatte

11 Geben Sie Definitionen folgender Begriffe: Pedicellarien, Madreporenplatte, respiratorischer Baum, Laterne des Aristoteles.

12 Welche Befunde deuten darauf hin, dass die Ur-Echinodermaten sessile Tiere waren?

13 Geben Sie vier Beispiele für die Bedeutung der Stachelhäuter für den Menschen an.

14 Worin besteht der funktionelle Hauptunterschied des Coeloms bei den Holothurien im Vergleich zu den restlichen Echinodermaten.

15 Geben Sie einen Grund an, der geeignet ist, die Hypothese, dass der Urahn der Eleutherozoengruppe ein radiärsymmetrisches, sessiles Lebewesen war, zu stützen.

16 Welche Merkmale haben die Hemichordaten mit den Chordaten gemeinsam, und in welcher Hinsicht unterscheiden sich die beiden Stämme?

17 Welche Befunde deuten darauf hin, dass die Hemichordaten mit den Echinodermaten verwandt sind? Welche weisen auf eine Verwandtschaft zu den Chordaten hin?

18 Grenzen Sie die Enteropneusten von den Pterobranchiern ab.

Weiterführende Literatur

Aizenberg, J. et al. (2001): Calcitic microlenses as part of the photoreceptor system in brittlestars. Nature, vol. 412: 819–822. *Winzige Erhebungen auf Stereom-Ossikeln der Arme dienen als Mikrolinsen zur Fokussierung des Lichts auf Nervenphotorezeptoren.*

Baker, A. et al. (1986): A new class of echinodermata from New Zealand. Nature, 321: 862–864. *Beschreibung der seltsamen Klasse Concentricycloidea.*

Birkeland, C. (1989): The Fuastian traits of the crown-of-thorns starfish. American Scientist, vol. 77: 154–163. *Das schnelle Wachstum von Acanthaster planci in den frühen Lebensjahren führt zum Verlust der körperlichen Integrität im späteren Leben.*

Brusca, R. und G. (2002): Invertebrates. 2. Auflage. Sinauer; ISBN: 0-87893-097-3. *Ausgezeichnetes, umfassendes Lehrbuch über wirbellose Tiere für das fortgeschrittene Studium.*

Cameron, C. et al. (2000): Evolution of the chordate body plan: new insights from phylogenetic analyses of deuterostome phyla. PNAS, vol. 97: 4469–4474. *Molekulare Sequenzdaten legen den Schluss nahe, dass die Enteropneusten eine paraphyletische Gruppierung sind und die Pterobranchier sich aus einem enteropneustenartigen Vorfahren evolviert haben.*

Dornbos, S. (2006): Evolutionary palaeoecology of early epifaunal echinoderms: Response to increasing bioturbation levels during the Cambrian radiation. Palaeogeography, Palaeoclimatology, Palaeoecology, vol. 237, nos. 2–4: 225–239.

Gehling, J. (1987): Earliest known echinoderm – a new ediacaran fossil from the Pound subgroup of South Australia. Alcheringa, vol. 11: 337–345. *Ein umstrittener Bericht über die ersten echten Echinodermatenfossilien.*

Gilbert, S. (2006): Developmental Biology. 8. Auflage. Sinauer; ISBN: 0-87893-250-X. *Alle modernen Lehrbücher der Entwicklungsbiologie bieten eine Menge Beispiele von Untersuchungen an Stachelhäutern (namentlich Seeigeln), die zu unserem Verständnis tierischer Entwicklungsvorgänge beigetragen haben und dies auch weiterhin tun. Gilberts Werk ist das beste Lehrbuch der Entwicklungsbiologie.*

Heinzeller, T. et al. (2004): Echinoderms: München. Taylor & Francis (CRC); ISBN: 0-4153-6481-7. *Sammelband der 11. internationalen Echinodermenkonferenz, die im Oktober 2003 in München stattgefunden hat.*

Hendler, G. et al. (1995): Sea stars, sea urchins, and allies: Echinoderms of Florida and the Caribbean. Smithsonian; ISBN: 1-5609-8450-3. *Ein Bestimmungsbuch zur Identifizierung von Stachelhäutern der karibischen See.*

Hickman, C. (1998): A field guide to sea stars and other echinoderms of Galapagos. Sugar Spring Press; ISBN: 0-9664-9320-6. *Beschreibungen und nette Fotos von Angehörigen der Klassen Asteroidea, Ophiuroidea, Echinoidea und Holothuroidea der Galapagos-Inselgruppe.*

Hughes, T. (1994): Catastrophes, phase shifts and large-scale degradation of a caribean coral reef. Science, vol. 265: 1547–1551. *Beschreibt den Ablauf der Ereignisse (einschließlich des Absterbens der Seeigel), die zur Vernichtung der Korallenriffe um die Insel Jamaika geführt haben.*

Lane, D. (1996): A crown-of-thorns outbreak in the eastern Indonesians archipelago, February 1996. Coral Reefs, vol. 15: 209–210. *Dies ist der erste Bericht über eine Massenvermehrung von Acanthaster planci in Indonesien. Enthält eine gute Fotografie einer Zusammenrottung von Seesternen dieser Art.*

Lawrence, J. (1989): Functional biology of echinoderms. Johns Hopkins Press; ISBN: 0-8018-3547-X. *Gut recherchiertes Buch über die Biologie der Stachelhäuter mit einer Betonung der Fressgewohnheiten, der Arterhaltung und der Fortpflanzung.*

Moran, P. (1990): Acanthaster planci (L.): biographical data. Coral Reefs, vol. 9: 95–96. *Eine Zusammenfassung wichtiger biologischer Daten der Art A. planci. Die gesamte Ausgabe von Coral Reefs ist diesem Seestern gewidmet.*

Nielsen, C. (2001): Animal Evolution. Interrelationships of the Living Phyla. 2. Auflage. Oxford University Press; ISBN: 0-1985-0682-1.

Ruppert, E. et al. (2004): Invertebrate Zoology – A Functional Evolutionary Approach. 7. Auflage. Thomson/Brooks/Cole; ISBN: 0-0302-5982-7. *Ausgezeichnetes, umfassendes Lehrbuch über wirbellose Tiere für das fortgeschrittene Studium.*

Sivitii, K. (1993): It's alive, and it's a graptolite. Discover, vol. 14, no. 7: 18–19. *Kurzer Abriss der Entdeckung eines „lebenden Fossils", des Cephalodiscus-Graptolitoiden.*

Woodley, J. et al. (1999): Sea-urchins exert top-down control of macroalgae on jamaican coral reefs (2). Coral Reefs, vol. 18: 193. *In Bereichen, in denen Tripneustes (eine Seeigelgattung) in Riffe eingewandert ist, gibt es heute weniger Makroalgen (Seetang). In diesen Bereichen können sich Korallen leichter wieder ansiedeln. Die Erholung von Diadema ist langsam vorangegangen.*

Wray, G. und R. Raff (1998): Body builders of the sea. Natural History, vol. 107: 38–47. *Regulatorische Gene bilateralsymmetrischer Tiere haben neue, aber analoge Aufgaben in den sekundär radiärsymmetrischen Echinodermaten übernommen.*

Weitere Informationen zu diesem Buchkapitel finden Sie auf der Companion-Website unter
http://www.pearson-studium.de

Chordata (Chordatiere)

Allgemeine Merkmale, Protochordaten und der Ursprung der frühen Vertebraten

23

23.1	Die Chordaten	729
23.2	Die fünf Hauptmerkmale der Chordaten	733
23.3	Ahnenreihe und Evolution	735
23.4	Subphylum Urochordata (Unterstamm der Tunikaten = Manteltiere)	736
23.5	Subphylum Cephalochordata (Unterstamm Schädellose)	739
23.6	Subphylum Vertebrata (= Craniata; Unterstamm Wirbeltiere = Schädeltiere)	741
Zusammenfassung		751
Übungsaufgaben		752
Weiterführende Literatur		752

ÜBERBLICK

Chordata (Chordatiere)

An den südlichen Küsten Nordamerikas lebt, halb im Sand vergraben, auf dem Meeresgrund ein kleines, durchscheinendes, fischähnliches Tier, das bedächtig organische Teilchen aus dem Meerwasser filtert. Unauffällig, ohne wirtschaftlichen Wert und allgemein größtenteils unbekannt, ist dieses Tier trotzdem eines der berühmten Tiere der klassischen Zoologie. Es handelt sich um das Lanzettfischchen, das auch als Amphioxus (gr. amphion, beiderseits; oxon, zugespitzt) bezeichnet wird. Lanzettfischchen sind einfache Tiere, die auf wundervolle Weise die fünf kennzeichnenden Hauptmerkmale des Stammes Chordata (Chordatiere) vereinen: (1) Ein dorsaler, tubulärer Nervenstrang, der über einer (2) stützenden Chorda dorsalis (= Notochord) liegt, (3) Kiementaschen, (4) ein Endostyl zur Filtrierung von Nahrung, und (5) ein postanal angeordneter Schwanz zur Fortbewegung – alle diese grundlegenden Chordaten-Merkmale sind in einem kleinen Tierchen in lehrbuchhafter Einfachheit zusammengefasst. Lanzettfischchen sind Tiere, die ein Zoologe für den zoologischen Unterricht erdacht haben könnte. Im Verlauf des 19. Jahrhunderts, als das Interesse an der Herkunft der Wirbeltiere hohe Wellen schlug, wurde vielfach angenommen, dass das Lanzettfischchen dem unmittelbaren Vorfahren aller Wirbeltiere sehr ähnlich sehen müsste. Das Lanzettfischchen sollte jedoch seinen Platz im Scheinwerferlicht nicht dauerhaft einnehmen. Zum einen fehlt Amphioxus eines der wichtigsten Wirbeltiermerkmale, ein abgesetzter Kopf mit spezialisierten Sinnesorganen und die Ausrüstung zum Übergang zu einer aktiven, räuberischen Lebensweise. Das Fehlen eines Kopfes, im Verbund mit mehreren spezialisierten Merkmalen, lassen die Zoologen heute annehmen, dass die Lanzettfischchen eine frühe Abzweigung von der zu den Vertebraten führenden Linie darstellen. Die Wirbeltiere bilden die Hauptabstammungslinie der Chordaten. Es scheint in der Tat ein weiter Weg von Amphioxus zu uns zu sein. Ungeachtet des Umstandes, dass Amphioxus heute der Ruhm des Urahns aller Wirbeltiere versagt wird, ähnelt es dem „chordatischen Zustand", der dem Ursprung der Wirbeltiere unmittelbar vorausgegangen sein muss, mehr als jedes andere rezente Tier, das wir kennen.

Zwei Lanzettfischchen in Lauerstellung.

Die Chordaten 23.1

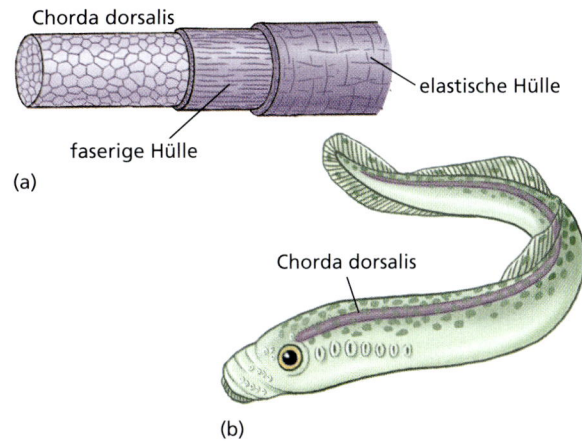

Die Tiere, die den meisten Menschen am vertrautesten sind, gehören dem Phylum Chordata (lat. *chorda*, Strang) an. Der Mensch ist ein Mitglied dieser Gruppe und hat mit den restlichen Chordaten das Merkmal gemeinsam, von dem der Stamm seinen Namen ableitet – die **Chorda dorsalis** (auch – vor allem in der angelsächsischen Literatur – als *Notochord* bezeichnet; gr. *noton*, Rücken + lat. *chorda*, Strang) (▶ Abbildung 23.1). Alle Angehörigen dieses Stammes weisen diese Bildung auf – entweder beschränkt auf ein frühes Embryonalstadium oder lebenslang. Die Chorda dorsalis ist ein stabförmiger, halbstarrer Verbund aus Zellen, die von einer fibrösen Scheide eingehüllt sind, und der sich in den meisten Fällen unmittelbar ventral vom zentralen Nervensystem durch die gesamte Länge des Körpers zieht. Ihre primäre Aufgabe ist es, den Körper zu stützen und zu versteifen, um einen mechanischen Widerstand für die Muskeln zu erzeugen.

Der Körperbauplan der Chordaten weist Merkmale vieler nicht chordatischer Invertebraten auf, zum Beispiel die Bilateralsymmetrie, die anterior-posteriore Achse, das Coelom, die Röhre-in-der-Röhre-Anordnung, die Metamerie und die Cephalisation. Die genaue phylogenetische Stellung der Chordaten im Reich der Tiere ist jedoch nach wie vor unklar.

Abbildung 23.1: Die Chorda dorsalis. (a) Aufbau der Chorda dorsalis und der umgebenden Scheiden. Die Zellen der eigentlichen Chorda dorsalis sind dickwandig, eng zusammengepresst und mit halbflüssigen Inhalt gefüllt. Die Steifigkeit des Gebildes wird in erster Linie durch die Turgeszenz der flüssigkeitsgefüllten Zellen und der sie umgebenden Bindegewebshüllen vermittelt. Diese primitive Form eines Endoskeletts ist charakteristisch für alle Chordaten, zumindest zu einem bestimmten Zeitpunkt ihres Lebens. Die Chorda dorsalis verleiht der Hauptkörperachse longitudinale Steifigkeit, eine Ansatzstelle für die Rumpfmuskulatur sowie eine Achse, um die herum sich die Wirbelsäule entwickelt. (b) Bei den Schleimaalen (Myxinoida) und den Neunaugen (Petromyzontiformes) bleibt sie lebenslang erhalten, bei den übrigen Wirbeltieren wird sie größtenteils durch die Wirbelsäule ersetzt. Bei den Säugetieren finden sich Überreste der Chorda dorsalis in Form der Nuclei pulposi der Bandscheiben. Die Art der Chordabildung ist bei den verschiedenen Tiergruppen unterschiedlich. Bei den Lanzettfischchen geht sie aus dem Entoderm hervor, bei den Vögeln und den Säugetieren entsteht sie als anteriore Auswachsung des embryonalen Primitivstreifens.

STELLUNG IM TIERREICH

■ Chordata (Chordatiere)

Der Stamm Chordata (lat. *chorda*, Strang) gehört zum deuterostomen Zweig des Tierreichs, der auch die Stämme Echinodermata (Stachelhäuter) und Hemichordata (Kiemenlochtiere oder Kragentiere) umfasst. Diese drei Stämme haben viele embryologische Merkmale gemeinsam und leiten sich wahrscheinlich von einem gemeinsamen Urvorfahren ab. Von den bescheidenen Anfängen ausgehend haben die Chordaten den Wirbeltierbauplan evolviert, der eine enorme Anpassungsfähigkeit zeigt, dabei aber stets erkennbar bleibt, während er gleichzeitig ein beinahe unbegrenztes Spektrum an Spezialisierungen in Bezug auf das Habitat, die Form und die Funktion erlaubt.

Biologische Merkmale

1. Das **Endoskelett** der Wirbeltiere erlaubt kontinuierliches Wachstum ohne Häutung und die Möglichkeit zu großen Körpern. Es stellt weiterhin einen effizienten Rahmen für die Anheftung von Muskeln dar.
2. Der **perforierte Pharynx** der Protochordaten, der seinen Ursprung als Einrichtung zur Suspensionsfilterung hatte, diente als Grundlage für die nachfolgende Evolution von Kiefern und echter innerer Kiemen mit einer pharyngealen Muskelpumpe.
3. Die Annahme eines **räuberischen Habitus** durch die frühen Vertebraten und die damit einhergehende Evolution eines **hoch differenzierten Gehirns** und **paariger, spezialisierter Sinnesorgane** trug in großem Maße zur erfolgreichen adaptiven Radiation der Wirbeltiere bei.
4. **Paarige Körperanhänge**, die zuerst bei den aquatischen Vertebraten in Erscheinung traten, wurden später erfolgreich als gelenkige Extremitäten zur effizienten Fortbewegung auf dem Land und als Flügel für den Flug adaptiert.

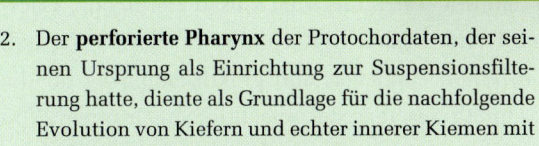

Zwei mögliche Abstammungslinien sind diskutiert worden. Frühere Spekulationen, die sich auf die Arthropoden/Anneliden/Mollusken-Gruppe (die Protostomier) konzentriert haben, haben sich als veraltet erwiesen. Man bevorzugt heute die Ansicht, dass nur die Angehörigen der Echinodermen/Hemichordaten-Gruppe (die Deuterostomier) ernsthafte Betrachtung als ein Schwestertaxon der Chordaten verdient. Die Chordaten haben mit anderen Deuterostomiern mehrere wichtige Merkmale gemeinsam: Die Radialfurchung (Kapitel 8), einen vom Blastoporus abgeleiteten Anus, eine Mundöffnung sekundären Ursprungs sowie ein Coelom, das sich ursprünglich durch die Fusion enterocoeler Taschen ausgebildet hat (außer bei den Vertebraten, bei denen das Coelom schizocoelen Ursprungs ist, doch ist dies eine unabhängige Genese als Anpassung an die große Dottermenge). Diese kennzeichnenden gemeinsamen Merkmale deuten auf eine natürliche Einheitlichkeit der Deuterostomier hin.

Als Ganzes betrachtet, ergibt sich über alle Organe und Systeme dieses Phylums eine grundlegendere Einheitlichkeit des Bauplans als dies bei vielen anderen Stämmen der Fall ist. Ökologisch gehören die Chordaten zu den anpassungsfähigsten Lebensformen; sie sind fähig, die meisten Habitat-Typen zu besiedeln. Sie vermögen vermutlich besser als jede andere Tiergruppe die grundlegenden evolutiven Prozesse der Entwicklung neuer Strukturen, adaptiver Strategien und adaptiver Radiationen zu illustrieren.

23.1.1 Traditionelle und kladistische Klassifizierung der Chordaten

Die traditionelle, Linné'sche Klassifizierung der Chordaten (siehe Kasten weiter unten in diesem Kapitel) liefert einen einfachen und praktischen Weg für die Zuordnung der Taxa der wesentlichen Gruppen. Von der modernen Kladistik werden jedoch einige der tradierten Taxa, etwa die Agnatha (Kieferlose) und die Reptilia (Kriechtiere) nicht länger anerkannt. Diese Taxa vermögen den Anspruch der Kladistik, dass nur nachweislich **monophyletische** Gruppen – also Gruppen, deren Mitglieder sich sämtlich von einem einzigen gemeinsamen Vorfahren ableiten lassen – als valide taxonomische Einheiten akzeptabel sind, nicht zu befriedigen. Die Reptilien beispielsweise werden nach diesem System als **paraphyletische** Gruppierung angesehen, weil in dieser Gruppe nicht alle Nachfahren ihres stammesgeschichtlich jüngsten gemeinsamen Vorfahren enthalten sind (Kapitel 26). Der gemeinsame Vorfahre der Reptilien, wie sie traditionell gesehen werden, ist auch der Ahnherr der Vögel (Aves). Wie das Kladogramm in Abbildung 23.3 aufzeigt, bilden die Reptilien, die Vögel und die Säugetiere eine monophyletische Gruppe, die als Amniota (Amniontiere) bezeichnet wird. Diese Benennung leitet sich von dem Umstand her, dass sie sich alle aus Eiern entwickeln, die spezialisierte extraembryonale Membranen hervorbringen, von denen eine das Amnion (die innere Eihaut) ist. Aus der Sichtweise der Kladistik kann der Begriff Reptil daher nur aus Gründen der Bequemlichkeit dazu verwendet werden, diejenigen Amnioten zu bezeichnen, die weder Vögel noch Säugetiere sind. Es gibt kein abgeleitetes Merkmal, dass die Reptilien unter Ausschluss der Vögel und der Säugetiere vereinigt. Die Gründe dafür, warum nichtmonophyletische Gruppen in der kladistischen Taxonomie nicht berücksichtigt werden, wurden in Kapitel 10 erläutert.

Der Stammbaum der Chordaten (▶ Abbildung 23.2) und das Kladogramm der Chordaten (▶ Abbildung 23.3) liefern unterschiedliche Informationen. Das Kladogramm zeigt eine ineinander verschachtelte Hierarchie von Taxa, die auf der Grundlage gemeinsamer, abgeleiteter Merkmale gruppiert werden. Diese Merkmale können morphologische, physiologische, embryologische, chromosomale, molekulare oder Merkmale des Verhaltens sein. Im Gegensatz dazu zielen die Zweige eines Stammbaumes darauf ab, reale Abstammungslinien darzustellen, welche die tatsächliche Evolutionsgeschichte nachzeichnen. Geologisch-paläontologische Informationen über das Alter von Abstammungslinien werden den Informationen des Kladogramms zugefügt, um einen Stammbaum für dieselben Taxa zu erstellen. Bei unserer Behandlung der Chordaten haben wir das traditionelle System der auf Linné zurückgehenden Klassifizierung beibehalten (siehe Kasten weiter unten). Dies geschah aufgrund seiner konzeptuellen Nützlichkeit und weil die Alternative – eine grundlegende Revision nach kladistischen Prinzipien – eine weitreichende Umgestaltung unter praktisch vollständiger Aufgabe der bekannten Einteilung erfordern würde. Wir haben uns jedoch bemüht, soweit wie möglich monophyletische Taxa zu berücksichtigen, weil ein solches Vorgehen notwendig ist, um die Evolution der morphologischen Merkmale der Chordaten zu rekonstruieren.

Mehrere traditionelle Unterteilungen des Phylums Chordata im Sinne einer Linné'schen Klassifizierung

23.1 Die Chordaten

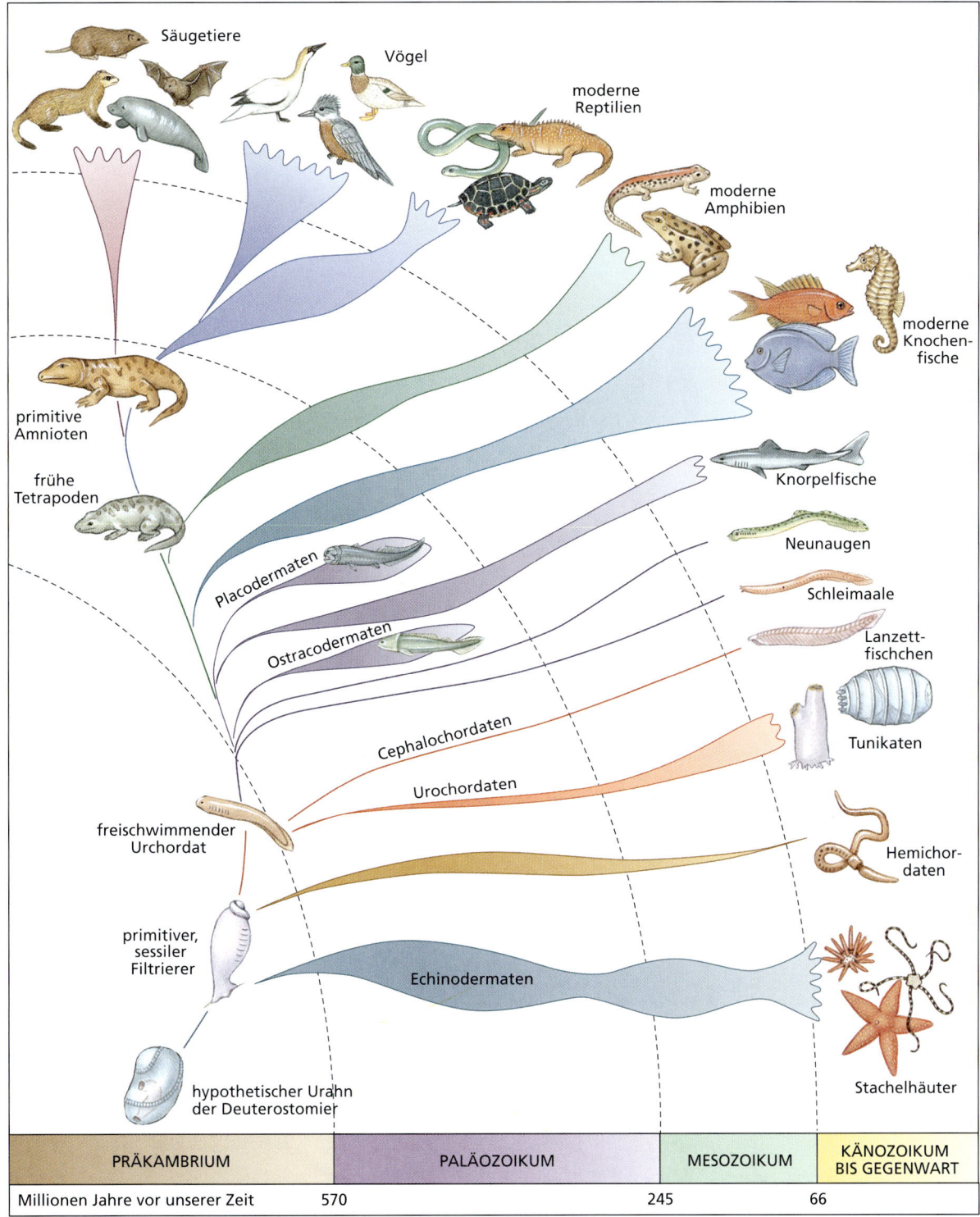

Abbildung 23.2: Phylogenetischer Stammbaum der Chordaten. Gezeigt werden wahrscheinliche Ursprünge und Verwandtschaftsbeziehungen der verschiedenen Linien. Andere Stammbäume sind vorgeschlagen worden und liegen im Bereich des Möglichen. Die relative Häufigkeit, ausgedrückt durch die bekannte Artenzahl über geologische Zeiträume, wird durch die Verdickung bzw. Verjüngung der zu der betreffenden Gruppe führenden „Abstammungslinie" angezeigt. Anhand dieser Verdickungen und Verjüngungen lassen sich die Radiation und das Aussterben von Arten in den einzelnen Gruppen im Verlauf ihrer jeweiligen Stammesgeschichte ablesen.

sind in ▶ Tabelle 23.1 dargestellt. Eine fundamentale Trennung ist die Absonderung der Protochordaten von den Vertebraten. Da ersteren ein wohlentwickelter Kopf fehlt, werden sie vielfach auch als Acraniata (Acranier, Schädellose) bezeichnet. Alle Vertebraten weisen einen wohlentwickelten Schädel (Cranium) auf, der das Ge-

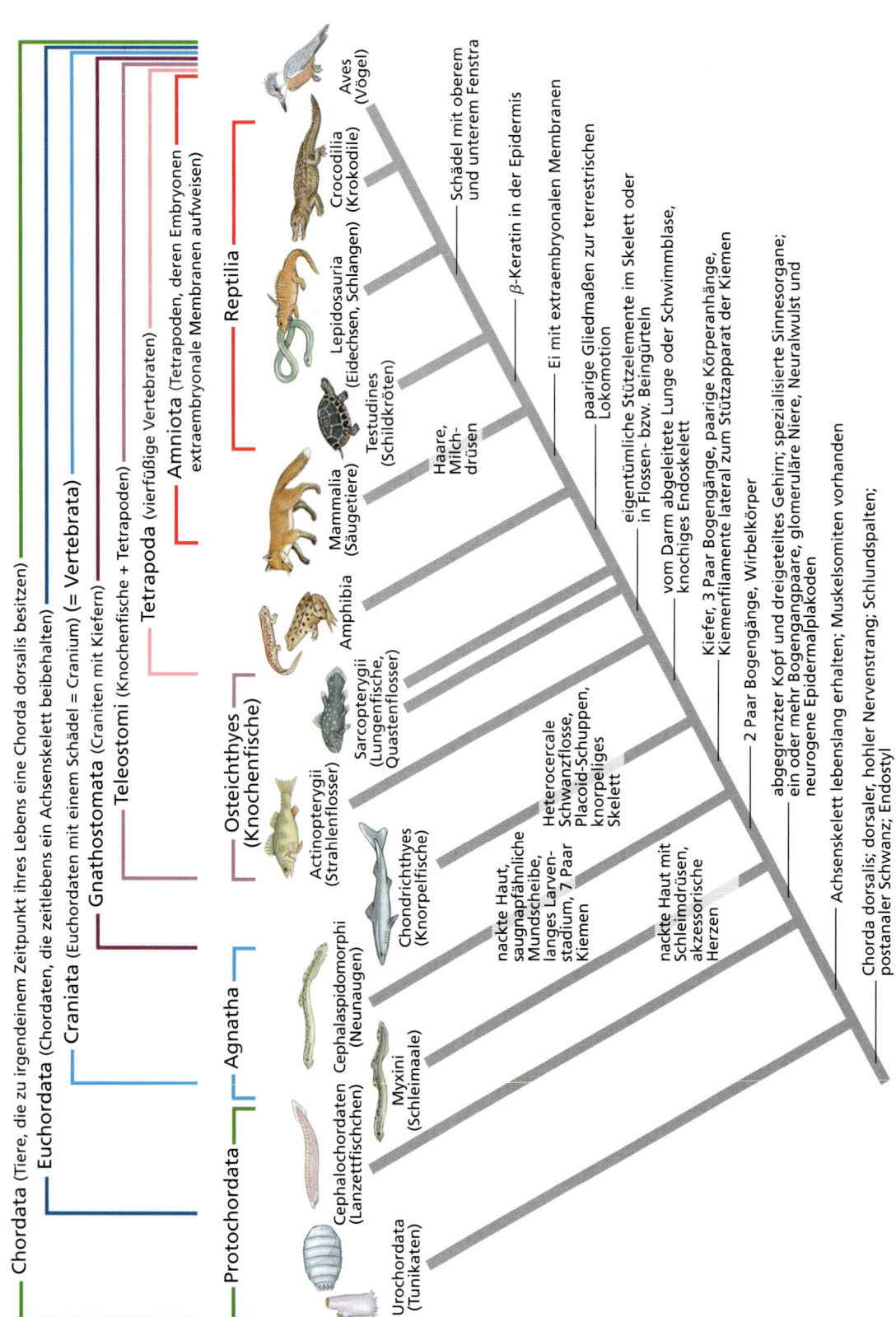

Abbildung 23.3: Kladogramm der rezenten Formen des Phylums Chordata. Darstellung der wahrscheinlichen Verwandtschaftsbeziehungen der monophyletischen Gruppierungen. Jeder Ast des Kladogramms repräsentiert eine monophyletische Gruppe. Einige abgeleitete Merkmalszustände sind rechts von den Verzweigungspunkten angegeben. Ineinander verschachtelte Klammern über dem Kladogramm zeigen monophyletische Gruppierungen innerhalb des Phylums an. Der untere Satz von Klammern zeigt die tradierten Gruppierungen der Protochordaten, der Agnathen, der Osteichthyes und der Reptilien an.

23.2 Die fünf Hauptmerkmale der Chordaten

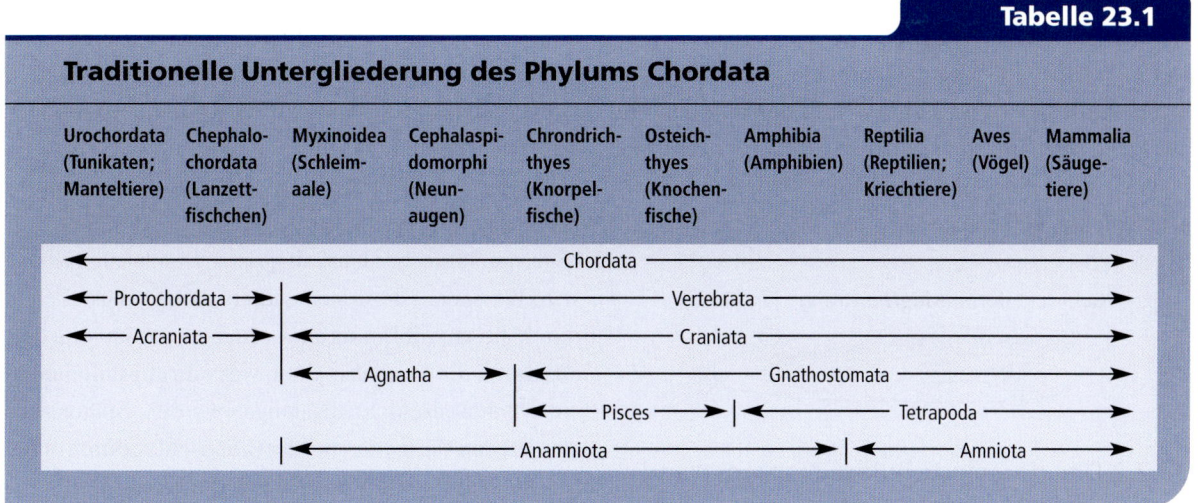

Tabelle 23.1

Traditionelle Untergliederung des Phylums Chordata

Urochordata (Tunikaten; Manteltiere) | Chephalo-chordata (Lanzett-fischchen) | Myxinoidea (Schleim-aale) | Cephalaspi-domorphi (Neun-augen) | Chrondrich-thyes (Knorpel-fische) | Osteich-thyes (Knochen-fische) | Amphibia (Amphibien) | Reptilia (Reptilien; Kriechtiere) | Aves (Vögel) | Mammalia (Säuge-tiere)

hirn umhüllt; sie werden daher auch als Craniata (Schädeltiere) bezeichnet. Es sollte angemerkt werden, dass einige kladistische Klassifizierungssysteme die Schleimaale (Myxinoidea) aus den Vertebraten herausnehmen, weil ihnen Wirbel (Vertebrae) fehlen. Gleichzeitig belässt man sie im Taxon Craniata, weil sie ein Cranium besitzen. Die Vertebraten (= Craniaten) können auf der Grundlage des gemeinsamen Besitzes von Merkmalen verschieden untergliedert werden. Zwei solcher Untergliederungssysteme (zusammengefasst in Tabelle 23.1) sind: (1) Agnatha (Kieferlose), also Wirbeltiere, denen Kiefer fehlen (Schleimaale und Neunaugen), und Gnathostomata (Kiefermünder), also Wirbeltiere, die Kiefer besitzen (alle übrigen Vertebraten), und (2) Amniota (Amnioten, Amniontiere), also Wirbeltiere, deren Embryonen sich innerhalb einer flüssigkeitsgefüllten Blase, dem Amnion, entwickeln (Reptilien, Fische und Säugetiere), und Anamniota (Anamnier), also Wirbeltiere, die diese Anpassung nicht zeigen (Fische und Amphibien). Die Gnathostomata können ihrerseits in die Pisces (Fische) – kiefertragende Vertebraten mit Körperanhängen (so vorhanden) in Form von Flossen – und die Tetrapoda (Vierfüßler; gr. *tetras*, vier + *podos*, Fuß) – kiefertragende Vertebraten mit Körperanhängen in Form von vier (= zwei paarigen) Gliedmaßen – unterteilt werden. Beachten Sie, dass mehrere dieser Gruppen paraphyletisch sind (die Protochordata, die Acraniata, die Agnatha, die Anamniota, die Pisces) und folglich von der kladistischen Systematik nicht als taxonomische Gruppen anerkannt werden. Akzeptierte monophyletische Taxa werden im Kladogramm der Abbildung 23.3 oben als ineinander geschachteltes hierarchisches System zunehmend umfangreicherer Gruppen dargestellt.

Die fünf Hauptmerkmale der Chordaten 23.2

Es sind fünf kennzeichnende Merkmale, die zusammengenommen die Chordaten von allen anderen Stämmen abgrenzen. Dies sind die Chorda dorsalis, der dorsale tubuläre Nervenstrang, die Kiementaschen, das Endostyl und der postanale Schwanz. Diese fünf Merkmale sind bei Embryonalstadien immer zu finden, obgleich sie in späteren Stadien abgewandelt oder rückgebildet sein können. Alle Merkmale, mit Ausnahme der Kiementaschen, sind nur bei den Chordaten zu finden; die Hemichordaten verfügen ebenfalls über Kiementaschen.

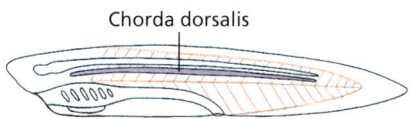

23.2.1 Die Chorda dorsalis

Die Chorda dorsalis ist ein biegsames, stabförmiges Gebilde, das sich durch den ganzen Körper zieht. Sie ist der erste Teil des Endoskeletts, der im Embryo erscheint. Die Chorda dorsalis ist eine Achse zur Anheftung von Muskeln, und weil sie sich verbiegen kann, ohne sich zu verkürzen, macht sie wellenförmige Bewegungen des Körpers möglich. Bei den meisten Protochordaten und den kieferlosen Vertebraten bleibt die Chorda dorsalis das ganze Leben lang erhalten (Abbildung 23.1). Bei allen Vertebraten mit Ausnahme der Schleimaale wird durch Mesenchymzellen des lateral zur Chorda liegenden Seitenplattenmesoderms (Somiten) eine Folge von knorpeligen oder knochigen Wirbeln (Vertebrae) ausgebildet. Bei den meisten Wirbeltieren wird die Chorda dorsalis durch die Wirbel(säule) ersetzt. Reste der Chorda dorsalis können zwischen oder im Inneren der Wirbelkörper erhalten bleiben, zum Beispiel in Form der Zwischenwirbelscheiben beim Menschen.

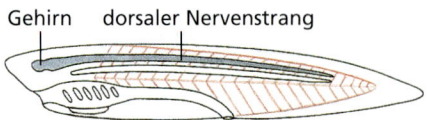

23.2.2 Der dorsale tubuläre Nervenstrang

Bei den meisten Stämmen der Wirbellosen, die einen Nervenstrang besitzen, liegt dieser ventral zum Verdauungskanal und ist massiv ohne zentrale Höhlung. Bei den Chordaten jedoch liegt der einzelne Strang dorsal zum Verdauungskanal und ist röhrenförmig (tubulär), obgleich das Lumen im Verlauf der Ontogenese beinahe völlig verschwinden kann. Das anteriore Ende vergrößert sich bei den Vertebraten zum Gehirn. Die Hohlröhre des Nervenstranges wird im Embryo durch Einfaltung ektodermalen Gewebes auf der Dorsalseite des Körpers unmittelbar über der Chorda dorsalis gebildet (Neuralrohrbildung). Bei den Vertebraten verläuft der Nervenstrang (das Rückenmark) durch die schützenden Neuralbögen der Wirbelkörper; das Gehirn ist von einer knöchigen oder knorpeligen Schädelkapsel, dem Cranium, umgeben.

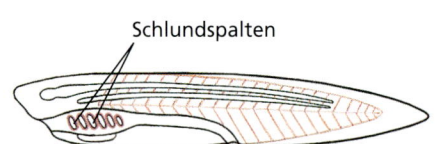

23.2.3 Kiementaschen und -spalten

Kiemenspalten sind Öffnungen, die von der Schlundhöhle nach außen führen. Sie bilden sich durch Einstülpung (Invagination) des äußeren Ektoderms (Kiemenfurchen) und Exvagination (Ausstülpung) der entodermalen Auskleidung des Schlundraumes (Kiementaschen). Bei den aquatischen Chordaten brechen die beiden Taschen durch die Schlundhöhle, wo sie sich unter Ausbildung der Kiemenspalten treffen. Bei den Amnioten brechen einige der Taschen nicht durch und anstelle der Spalten bilden sich nur Furchen (Kiemenfurchen). Bei den Tetrapoden (den primär vierfü-

ßigen Wirbeltieren) bringen die Kiementaschen mehrere unterschiedliche Organbildungen hervor, darunter die Eustachische Röhre, das Mittelohr, die Mandeln (Tonsillen) und die Nebenschilddrüsen (siehe Kapitel 8: Bildungen des Entoderms).

Der perforierte Pharynx hat sich evolutiv als Apparat zur Nahrungsfiltration herausgebildet. Als solcher wird er bei den Protochordaten eingesetzt. Durch Cilienschlag wird Wasser mit darin suspendierten Nahrungsteilchen durch die Mundöffnung eingesaugt und strömt von dort aus durch die Kiemenspalten, wo Nahrungsteilchen in einer Schleimschicht abgefangen werden. Später wurde – bei den Wirbeltieren – der Cilienschlag durch einen muskulären Pumpapparat ersetzt, der Wasser durch Expansion und Kontraktion der Schlundhöhle durch den Pharynx treibt. Ebenfalls modifiziert wurden die Aortenbögen, die das Blut durch die Schlundbalken transportieren. Bei den Protochordaten sind sie einfache Gefäße, die von Bindegewebe umgeben sind. Die frühen Fische fügten ein Kapillarnetz mit nur dünnen, gasdurchlässigen Wänden hinzu, wodurch der Wirkungsgrad des Gasaustausches zwischen dem Blut und dem vorbeiströmenden Wasser verbessert wurde. Diese Anpassungen führten zur Evolution **innerer Kiemen**. Dadurch wurde der Umwandlung des Pharynx von einem Filterapparat zur Nahrungsbeschaffung in ein Atmungsorgan bei den aquatischen Vertebraten vollzogen.

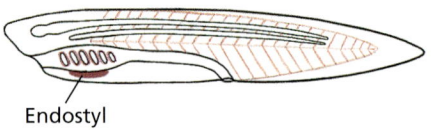

23.2.4 Endostyl oder Schilddrüse

Bis vor relativ kurzer Zeit war das Endostyl als Chordatenmerkmal nicht anerkannt. Endostyl oder sein Derivat, die Schilddrüse, findet sich jedoch bei allen Chordaten, nicht aber bei anderen Tieren. Das Endostyl, im Schlundboden lokalisiert, scheidet Schleim ab, in dem sich kleine Nahrungspartikel fangen, die in die Schlundhöhle gelangen. Ein Endostyl findet sich bei den Protochordaten (den Urchordatieren) und den Larven der Neunaugen. Einige Zellen des Endostyls sezernieren jodhaltige Proteine. Bei adulten Neunaugen und den übrigen Wirbeltieren sind diese Zellen homolog zu den Schilddrüsen, die jodhaltige Hormone ausschütten. Bei den primitiven Chordaten arbeiten das Endostyl und der durchbrochene Pharynx bei der Erzeugung eines effizienten Filterapparates zusammen.

MERKMALE

■ **Phylum Chordata**

1. Bilateralsymmetrie; segmentierter Körper; drei Keimblätter; gut entwickeltes Coelom.
2. **Chorda dorsalis** (ein Skelettstab), der zu einem bestimmten Lebensabschnitt immer vorhanden ist.
3. **Einzelner, dorsaler, röhrenförmiger Nervenstrang**; anteriores Ende des Stranges für gewöhnlich zu einem Gehirn erweitert.
4. **Kiementaschen** zu irgendeinem Zeitpunkt der Individualentwicklung ausgebildet; bei aquatisch lebenden Chordaten entwickeln sich diese zu Kiemenspalten.
5. **Endostyl** im Schlundboden oder eine **Schilddrüse**, die sich vom Endostyl ableitet.
6. Ein **postanaler Schwanz**, der sich von einer posterior vom Anus gelegenen Position aus erstreckt und ab einer bestimmten Stufe der Entwicklung vorhanden ist. Kann am Ende der Individualentwicklung aus- oder rückgebildet sein.
7. Vollständiges Verdauungssystem.
8. **Segmentierung** ist, falls vorhanden, auf die Körperaußenwandung, den Kopf und den Schwanz beschränkt und greift nicht auf das Coelom über.

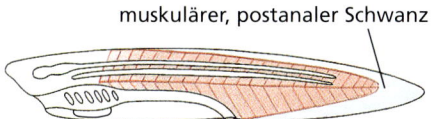

muskulärer, postanaler Schwanz

23.2.5 Der postanale Schwanz

Der postanal angeordnete Schwanz verleiht im Zusammenspiel mit der somatischen Muskulatur und der versteifenden Chorda dorsalis die Motilität, welche die Larven der Tunikaten und die Lanzettfische für ihre freischwimmende Lebensweise benötigen. Als eine Struktur, die dem Körper hinter dem Ende des Verdauungstraktes angefügt ist, hat er sich klar ersichtlich speziell zum Zweck der Fortbewegung im Wasser evolviert. Sein Wirkungsgrad wurde später bei den Fischen durch die Hinzufügung von Flossen verbessert. Beim Menschen tritt der Schwanz nur als ein kleines Überbleibsel (der Coccyx – eine Abfolge kleiner Wirbelkörper am Ende der Wirbelsäule) in Erscheinung; die meisten anderen Säugetiere verfügen auch als Adulti über einen aktiv beweglichen Schwanz.

Ahnenreihe und Evolution 23.3

Seit der Mitte des 19. Jahrhunderts, als die Theorie der organismischen Evolution zum Dreh- und Angelpunkt für die Ermittlung und Beschreibung der verwandtschaftlichen Verhältnisse unter den verschiedenen Gruppen lebender Organismen wurde, debattieren die Zoologen über die Frage, von wo aus die Chordaten ihren Ursprung genommen haben. Es hat sich als außerordentlich schwierig erwiesen, die Abstammungslinie zu rekonstruieren, weil die frühesten Protochordaten wahrscheinlich Tiere mit weichen Körpern gewesen sind, bei denen nur eine geringe Wahrscheinlichkeit dafür gegeben war, dass sie selbst unter bestmöglichen Bedingungen als Fossilien erhalten bleiben. Folglich entstammen solche Rekonstruktionsversuche regelmäßig dem Studium rezenter Organismen, insbesondere der Analyse der frühen Entwicklungsstadien, die evolutiv tendenziell stärker konserviert sind als die differenzierten Adultformen, die aus ihnen hervorgehen.

Die Zoologen hatten zunächst spekuliert, dass sich die Chordaten aus der Linie der Protostomier (Anneliden und Arthropoden) evolviert haben, doch wurden solche Ideen rasch verworfen, da die vordergründigen morphologischen Ähnlichkeiten keine entwicklungsbiologische Grundlage besaßen. Im frühen 20. Jahrhundert, als sich neuere Theorien mehr und mehr auf die ontogenetischen Entwicklungsgänge der Tiere zu stützen begannen, wurde es schnell offenkundig, dass die Chordaten ihren Ursprung in der Linie der Deuterostomier haben mussten. Wie wir in Kapitel 8 (Abbildung 8.10) gezeigt haben, weisen die Deuterostomier – eine Gruppierung, zu der die Stachelhäuter (Echinodermata), die Hemichordaten und die Chordaten gehören – mehrere bedeutungsvolle embryologische Merkmale auf, die sie klar von den Protostomiern unterscheiden und ihren monophyletischen Charakter beweisen. Daher sind die Deuterostomier mit an Sicherheit grenzender Wahrscheinlichkeit eine natürliche Gruppe verwandter Tiere, die auf einen gemeinsamen Ursprung in den Meeren des Präkambriums zurückblicken. Verschiedene Linien anatomischer, entwicklungsbiologischer und molekularbiologischer Hinweise führen zu dem Schluss, dass irgendwann danach – zu Beginn des Kambriums vor etwa 570 Millionen Jahren – die ersten „echten" Chordaten aus einer Abstammungslinie hervorgegangen sind, die mit den Echinodermen und den Hemichordaten verwandt waren (Abbildung 23.2; siehe außerdem Abbildung 22.34). Einige Forscher sind der Meinung, dass die Hemichordaten ein Schwestertaxon der Chordaten darstellen; dabei wird auf die Kiemenspalten als gemeinsames abgeleitetes Merkmal verwiesen. Andere suchen den Vorläufer der Chordaten in einer Linie ausgestorbener, freischwimmender Echinodermen. Ungeachtet der Unsicherheit hinsichtlich der Identität des langgesuchten Vorfahrens aller Chordaten, wissen wir, dass zwei rezente Gruppen der Protochordaten aus ihm hervorgegangen sind. Diese werden wir als Nächstes betrachten.

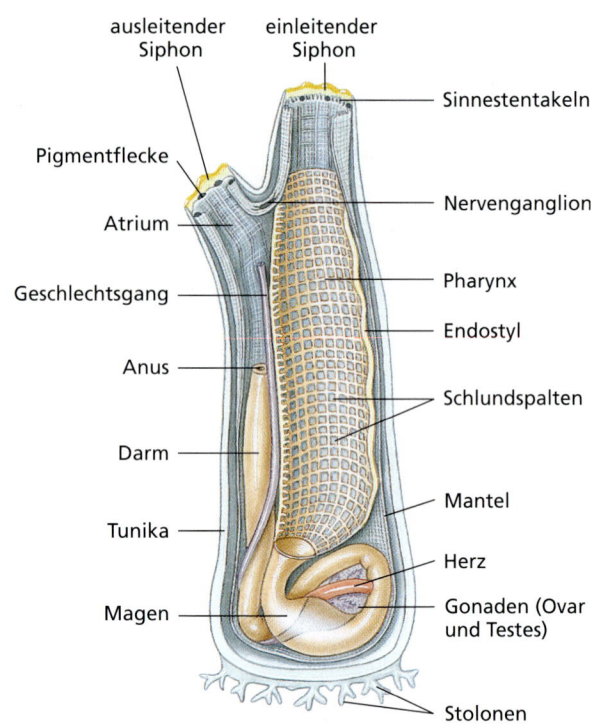

Abbildung 23.4: **Manteltier.** Aufbau eines gewöhnlichen Tunikaten (*Ciona* sp.).

Subphylum Urochordata (Unterstamm der Tunikaten = Manteltiere) 23.4

Die Urochordaten (wörtlich: Schwanzchordatiere), die als Tunikaten oder Manteltiere (lat. *tunica* = Umhang, Mantel) bekannt sind, umfassen etwa 2000 Arten. Man findet sie in allen Meeren vom Küstensaum bis in große Tiefen. Die meisten Formen sind als adulte Tiere sessil, obgleich einige freischwimmend sind. Die Bezeichnung „Tunikaten" leitet sich von einer für gewöhnlich widerstandsfähigen, unbelebten **Tunika** oder Testa (lat. *testa*, Topf) her, die das Tier umgibt und aus Cellulose besteht (▶ Abbildung 23.4). Als Adulti sind die Tunikaten hoch spezialisierte Chordaten, da bei den meisten Arten nur die Larve, die einer mikroskopischen Kaulquappe ähnelt, alle kennzeichnenden Merkmale eines Chordaten aufweist. Im Verlauf der Adultmetamorphose verschwinden die Chorda dorsalis (die bei der Larve auf den Schwanz beschränkt ist – daher die Bezeichnung Urochordata, Schwanzchordatiere) und der Schwanz; der dorsale Nervenstrang wird gleichzeitig zu einem einzelnen Ganglion reduziert.

Die Urochordaten werden in drei Klassen untergliedert: Die **Ascidiacea** (dt. *Seescheiden*; von gr. *askilion*, kleiner Sack + *acea*, eine zoologische Wortendung), die **Larvacea** (die „Appendikularien"; lat. *larva*, Geist + *acea*, eine zoologische Wortendung) und die **Thaliacea** (dt. **Salpen**; von gr. *Thalia*, die Blühende (eine der neun Musen) + *acea*, eine zoologische Wortendung). Von diesen sind die Angehören die Ascidien, die Seescheiden, die bei weitem häufigsten, diversifiziertesten und am besten untersuchten. Einige Formen sind befähigt, einen Wasserstrahl sehr kraftvoll aus einem ausleitenden Siphon auszustoßen, wenn sie gestört werden. Mit einigen wenigen Ausnahmen sind alle Ascidien sessile Tiere, die sich an Gestein oder andere harte Unterlagen wie Bohlen oder die Unterseiten von Schiffen anheften. In vielen Gebieten gehören sie zu den häufigsten Tieren der Gezeitenzone.

Ascidien können solitär, kolonial oder direkt verbunden leben. Jede der solitären und der kolonialen Formen besitzt ihre eigene Testa; bei den im Verbund lebenden Formen teilen sich viele Individuen dieselbe Testa (▶ Abbildung 23.5). Bei einigen Verbundascidien verfügt jedes Mitglied über seinen eigenen, zuleitenden Siphon, die ausleitende Öffnung wird jedoch von allen Mitgliedern der Gruppe geteilt.

Solitäre Ascidien (Abbildung 23.4) sind meist von kugelförmiger oder zylindrischer Form. Die Tunica ist von einer inneren Membran, dem **Mantel**, ausgekleidet. Auf der Außenseite finden sich zwei Ausstülpungen: ein **zuleitender Siphon** (Oralsiphon), der dem anterio-

23.4 Subphylum Urochordata (Unterstamm der Tunikaten = Manteltiere)

(a) (b)

Abbildung 23.5: Im Verbund lebende Tunikaten. (a) Eine Gruppe von Tunikaten der Art *Clavelina puertosecensis* an einem karibischen Riff. Man beachte die getrennten zuleitenden und ableitenden Siphons jedes einzelnen Tieres. (b) Sieben Kolonien des Verbundtunikaten *Atriolum robustum* an einem pazifischen Riff. Die Individuen einer Kolonie teilen sich eine gemeinsame Tunika (gelb), aber jedes Tier verfügt über einen eigenen zuleitenden Oralsiphon. Jede Kolonie besitzt einen einzelnen, großen ausleitenden Atrialsiphon auf der Oberseite.

ren Ende des Körpers entspricht, und ein **ausleitender Siphon** (Atrialsiphon), der das Dorsalende kennzeichnet. Wenn sich eine Seescheide ausstreckt, strömt Wasser durch den zuleitenden Siphon und fließt in einen geräumigen, mit Cilien besetzten **Pharynx**, der durch Kiemenspalten in ein fein untergliedertes Maschenwerk unterteilt wird. Das Wasser strömt durch die Kiemenspalten in eine **Atriumshöhle** und durch den ausleitenden Siphon wieder aus dem Tier hinaus.

Die Nahrungszufuhr ist abhängig von der Bildung einer Schleimschicht, die von einer drüsigen Furche, dem **Endostyl**, die medioventral den Pharynx entlangläuft, abgeschieden wird. Cilien auf den Kiemenbalken des Pharynx ziehen den Schleim zu einer Fläche aus, die sich dorsal über die Innenseite des Schlundes ausbreitet. Nahrungsteilchen, die durch die zuleitende Öffnung eingetragen werden, fangen sich in dem Schleimnetz, das dann zu einer Art Seil umgeformt und durch die Cilien nach posterior in den Ösophagus und den Magen transportiert wird. Nährstoffe werden im Mitteldarm absorbiert, unverdauliche Reste werden über den Anus ausgeschieden, der sich in der Nähe des ausleitenden Siphons befindet. Der terminale Teil des Darms, der als Intestinum bezeichnet wird, ist tatsächlich nicht zum Intestinum der anderen Chordaten homolog, sondern zum hepatischen Caecum (= Zäkum) von Amphioxus (Lanzettfischchen).

Das Kreislaufsystem besteht aus einem ventralen Herzen und zwei großen Gefäßen, eines auf jeder Seite des Herzens. Diese Blutgefäße sind an ein diffuses System kleinerer Gefäße und Hohlräume angeschlossen, das als Pharyngealkorb dient (hier findet der respiratorische Gasaustausch statt), sowie an die Verdauungsorgane, die Gonaden und andere Körperstrukturen. Ein ungewöhnliches Merkmal, das sich bei keiner anderen Chordatengruppe findet, ist der Umstand, dass das Herz den Blutstrom zunächst mit ein paar Schlägen in die eine Richtung treibt, dann pausiert, seine Arbeitsrichtung umkehrt und den Blutstrom für einige Schläge in Gegenrichtung treibt. Ein weiteres bemerkenswertes Merkmal ist das Vorhandensein auffällig hoher Konzentrationen seltener chemischer Elemente im Blut, zum Beispiel von Vanadium und Niobium. Die Vanadiumkonzentration in den Körpern von Seescheiden der Gattung *Ciona* kann zweimillionenfach höher liegen als im umgebenden Meerwasser. Die physiologische Funktion des seltenen Schwermetalls im Blut der Tiere ist bislang ungeklärt.

Das Nervensystem beschränkt sich auf ein **Nervenganglion** und einen Nervenplexus, die auf der Dorsalseite des Pharynx liegen. Unter dem Nervenganglion ist die **Subneuraldrüse** lokalisiert, welche durch einen Gang mit dem Pharynx verbunden ist.

Seescheiden sind Hermaphroditen, die für gewöhnlich ein einzelnes Ovar und einen einzelnen Hoden im

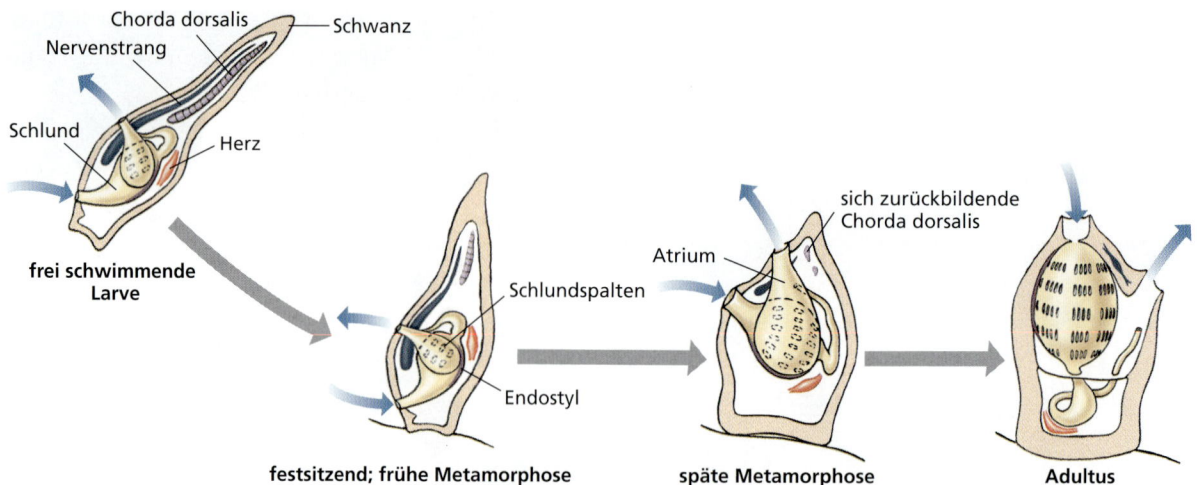

Abbildung 23.6: Kaulquappenlarve. Metamorphose einer solitären Ascidie aus einem freischwimmenden Kaulquappenstadium.

selben Tier verfügen. Keimzellen werden durch Gänge in die Atriumshöhle transportiert und dann in das umgebende Wasser entlassen, wo die Befruchtung stattfindet.

Von den fünf Hauptmerkmalen der Chordaten finden sich bei den adulten Seescheiden nur zwei: Kiemenspalten und das Endostyl. Die Larvenstadien enthüllen jedoch das Geheimnis ihrer wahren Verwandtschaft. Die Kaulquappenlarve (▶ Abbildung 23.6) ist ein gestrecktes, transparentes Tier mit allen fünf Chordatenmerkmalen: Chorda dorsalis, röhrenförmigem dorsalem Nervenstrang, der Fortbewegung dienendem postanalen Schwanz und großem Pharynx mit Endostyl und Kiemenspalten. Die Larve frisst nicht, sondern schwimmt einige Stunden umher, bevor sie sich durch adhäsive Papillen vertikal an einem festen Gegenstand anheftet. Sie durchläuft danach eine dramatische Metamorphose (Abbildung 23.6), aus der ein sessiler Adultus hervorgeht, der so stark modifiziert ist, dass er kaum als Chordat erkennbar ist.

Die Tunikaten der Klasse Thaliacea – die Salpen – sind tonnen- bis zitronenförmige pelagische Tiere mit transparenten, gelatinösen Körpern, die ungeachtet der beachtlichen Größe einiger Formen in den sonnendurchfluteten Oberflächenbereichen des Meeres praktisch unsichtbar sind. Sie treten einzeln oder in kettenförmigen Kolonien auf, die mehrere Meter Länge erreichen können (▶ Abbildung 23.7). Der zylindrische Salpenkörper ist im Regelfall von Bändern zirkulärer Muskeln umgeben; der zu- und der ausleitende Siphon befinden sich an entgegengesetzten Enden des Körpers. Wasser, das durch Muskelkontraktionen durch den Körper gepumpt wird (statt durch Cilienschlag wie bei den Ascidien), wird durch eine Art Rück-

stoßantrieb zur Fortbewegung, zur Respiration sowie als Quelle für Nahrungsteilchen, die von Schleimhautoberflächen herausgefiltert werden, genutzt. Viele sind mit Leuchtorganen ausgestattet, die nachts ein strahlendes Licht aussenden. Der größte Teil des Körpers ist hohl; die Eingeweide bilden auf der Ventralseite eine kompakte Masse.

Die Vermehrungszyklen der Thaliaceen sind oftmals komplex und an eine Reaktion auf plötzliche Zunahmen in der Verfügbarkeit von Nahrung adaptiert. Das Auftreten einer Phytoplanktonblüte wird beispielsweise von einer Bevölkerungsexplosion der Salpen begleitet, die dann eine extrem hohe Populationsdichte erreichen können. Zu den häufigen Formen gehören *Doliolum* und

Abbildung 23.7: Koloniale Thaliaceen. Die transparenten Individuen dieser zerbrechlichen, planktonischen Art sind zu Ketten aufgereiht. In jedem Einzeltier der Kolonie ist eine orangefarbige Gonade erkennbar, ebenso ein durchsichtiger Darm und ein langer, gezähnter Kiemenbalken.

Salpa, die sich beide durch eine alternierenden sexuell/asexuellen Generationswechsel fortpflanzen.

Die dritte Klasse der Tunikaten, die Larvacea (= Appendicularia) sind seltsame, larvenähnliche, pelagische Geschöpfe, die wie verbogene Kaulquappen aussehen. Tatsächlich hat ihre Ähnlichkeit mit den Larvenstadien anderer Tunikaten zur Namensgebung ihrer Klasse als Larvaceen Anlass gegeben. Die Tiere ernähren sich auf eine in der Tierwelt einzigartige Weise. Jedes Tier baut sich ein zerbrechliches Haus, eine transparente Hohlkugel aus Schleim, die durch Filter und Durchgänge durchbrochen ist, durch die Wasser eintreten kann (▶ Abbildung 23.8). Nahrungsteilchen werden an einem Fressfilter im Inneren des Gehäuses aufgefangen und durch eine strohhalmförmige Röhre in die Mundöffnung des Tieres eingesaugt. Wenn die Filter mit Abfallstoffen verstopft werden, was etwa alle vier Stunden der Fall ist, verlässt die Larvacee ihre Behausung und baut eine neue – ein Vorgang, der nur einige Minuten dauert. Wie die Thaliaceen können die Larvaceen rasch eine hohe Bestandsdichte erreichen, wenn reichlich Nahrung verfügbar ist. Im Falle einer solchen Massenvermehrung gleicht das Tauchen zwischen den Gehäusen, welche die Größe von Walnüssen haben, wie das Durchschwimmen eines Schneesturms. Die Larvaceen sind pädomorph (= Merkmale der Juvenilstadien eines Vorfahrens treten im Adultstadium eines Nachfahrens auf); sie sind geschlechtsreife Tiere, die den Larvenkörper ihrer evolutiven Vorfahren beibehalten haben (siehe hierzu den Kasten „Die Stellung von Amphioxus" weiter unten in diesem Kapitel).

Subphylum Cephalochordata (Unterstamm Schädellose) 23.5

Bei den Cephalochordaten handelt es sich um die Lanzettfischchen: schlanke, seitlich zusammengedrückte, durchscheinende Tiere von 5 bis 7 cm Länge (▶ Abbildung 23.9), die auf den sandigen Böden küstennaher Gewässer überall auf der Welt vorkommen. Die Lanzettfischchen trugen ursprünglich den wissenschaftlichen Namen *Amphioxus* (gr. *amphi*, beide (Enden) + *oxys*, spitz), der später durch den neuen Gattungsnamen *Branchiostoma* (gr. *branchia*, Kiemen (Singular: *branchion*, Kieme) + *stoma*, Mund, Maul) ersetzt wurde. *Branchiostoma* wurde Priorität zuerkannt, weil dieser Name schon vor der Bezeichnung „Amphioxus" in Gebrauch gewesen war. Die deutsche Bezeichnung

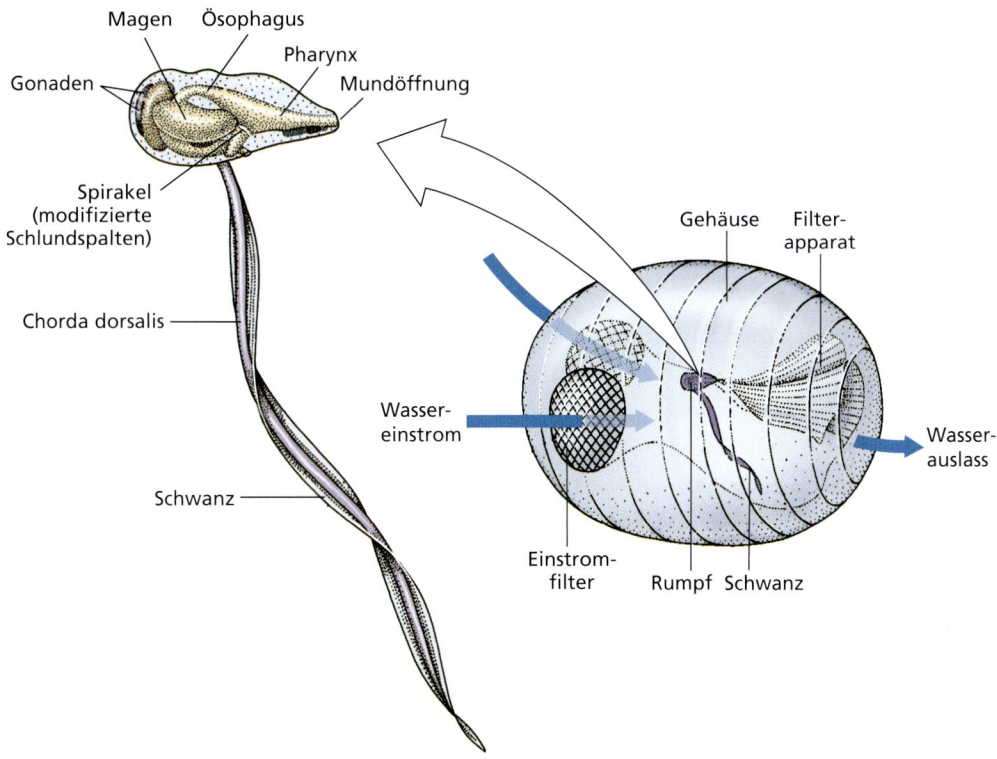

Abbildung 23.8: Larvaceenadultus (links) und wie er eingeschlossen in sein Gehäuse erscheint (rechts). Das Gehäuse hat etwa die Größe einer Walnuss. Wenn der Fressfilter durch Nahrung verstopft wird, verlässt der Tunikat das Gehäuse und baut ein neues.

23 Chordata (Chordatiere)

(a)

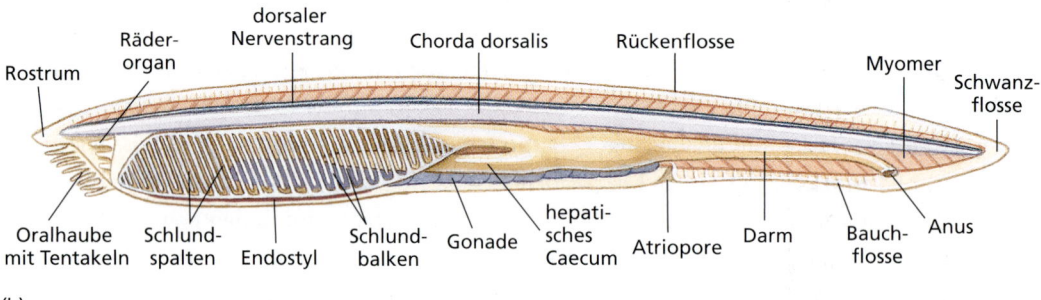

(b)

Abbildung 23.9: **Amphioxus, das Lanzettfischchen.** Dieser interessante, bodenbewohnende Cephalochordat verdeutlicht die fünf kennzeichnenden Chordatenmerkmale (Chorda dorsalis, dorsaler Nervenstrang, Kiemenspalten, Endostyl und postanaler Schwanz). Der Vorläufer der Vertebraten soll einen ähnlichen Bauplan besessen haben. (a) Lebendes Lanzettfischchen in typischer Haltung für die Nahrungsfiltration. Beachten Sie die orale, tentakelbesetzte Haube, welche die Mundöffnung umgibt. (b) Innerer Aufbau.

Lanzettfischchen wird als allgemeine Bezeichnung für die ganze Gruppe von ca. zwei Dutzend Arten benutzt, die in diesem kleinen Tierstamm versammelt sind. In den Küstengewässern Nordamerikas kommen vier Lanzettfischarten vor. In Europa ist die Art *Branchiostoma lanceolatum* verbreitet. Sie lebt im Schwarzen und im Mittelmeer, kommt aber auch an den westlichen und nördlichen Küsten Europas bis nach Skandinavien einschließlich Nord- und Ostsee vor.

Die Lanzettfischchen sind deshalb von besonderem Interesse, weil sie die fünf kennzeichnenden Merkmale der Chordaten in einer einfachen Lebensform vereinigen. Wasser gelangt, angetrieben durch den Cilienschlag in der Bukkalhöhle, durch die Mundöffnung in den Körper, wo es dann durch zahlreiche Kiemenspalten fließt, wo Nahrungsteilchen in einer Schleimschicht aufgehalten werden, die dann durch Cilien in den Darm befördert wird. Hier werden die kleinsten Nahrungspartikel vom Schleim abgesondert und in das **hepatische Caecum** verfrachtet, wo sie phagocytiert und intrazellulär verdaut werden. Wie bei den Tunikaten fließt das gefilterte Wasser zunächst in ein **Atrium** und verlässt dann den Körper durch eine **Atriopore** (die dem ausleitenden Siphon der Tunikaten entspricht).

Das geschlossene Kreislaufsystem ist für einen so simplen Chordaten von komplexer Natur. Die Strömungsmechanik gleicht erstaunlich dem von primitiven Fischen, obwohl Branchiostoma kein Herz besitzt. Das Blut wird in der **ventralen Aorta** durch peristaltische Kontraktionen der Gefäßwand vorwärtsgepumpt, steigt dann durch die Kiemenarterien (Aortenbögen) aufwärts in den Pharyngealbalken bis zu den paarigen **Dorsalaorten**, die sich zu einer singulären Dorsalaorta vereinigen. Von dort aus wird das Blut durch eine Mikrozirkulation in den Körpergeweben verteilt und anschließend in Venen gesammelt, die es zur ventralen Aorta zurückführen. Da sowohl Erythrocyten wie Hämoglobin fehlen, geht man davon aus, dass das Blut primär dem Nährstofftransport dient und für den Gasaustausch nur eine geringe Rolle spielt.

Das Nervensystem zentriert sich um einen hohlen Nervenstrang, der über der Chorda dorsalis liegt. Paare

spinaler Nervenwurzeln treten an jedem myomeren Rumpfsegment aus. Die Sinnesorgane sind einfache, unpaarige, bipolare Rezeptoren, die an verschiedenen Teilen des Körpers angeordnet sind. Das „Gehirn" ist ein einfacher Vesikel am anterioren Ende des Nervenstranges.

Die Geschlechter sind getrennt. Geschlechtszellen werden in die Atriumshöhle freigesetzt, gelangen dann durch die Atriopore nach außen, wo die Befruchtung stattfindet. Die Furchung verläuft total (holoblastisch), und die Gastrula entsteht durch Invagination. Die Larven schlüpfen bald nach der Eiablage und nehmen nach und nach die Form der Alttiere an.

Kein anderer Chordat zeigt die fünf grundlegenden Chordatenmerkmale so klar wie die Lanzettfischchen. Zusätzlich zu den fünf anatomischen Hauptmerkmalen der Chordaten, besitzen die Lanzettfischchen mehrere strukturelle Merkmale, die auf einen Vertebraten-Bauplan hindeuten. Zu diesen gehört ein hepatisches Caecum, ein Divertikulum, das dem Pankreas (der Bauchspeicheldrüse) der Wirbeltiere ähnlich ist, weil es Verdauungsenzyme bildet und ausschüttet, eine **segmentierte Rumpfmuskulatur** sowie der Grundbauplan des Kreislaufsystems höher evolvierter Chordaten. Wie wir weiter unten erörtern werden, erachten die meisten Zoologen die Lanzettfischchen als rezente Abkömmlinge eines Vorläufers, aus dem sowohl die Cephalochordaten wie die Vertebraten hervorgegangen sind. In der kladistischen Sichtweise sind daher die Cephalochordaten ein Schwestertaxon der Vertebraten (Abbildung 23.3).

Subphylum Vertebrata (= Craniata; Unterstamm Wirbeltiere = Schädeltiere) 23.6

Der dritte Unterstamm der Chordaten ist eine große und diversifizierte Gruppe – die Wirbeltiere. Diese monophyletische Gruppe hat mit den beiden anderen Unterstämmen die grundlegenden Chordatenmerkmale gemeinsam; zusätzlich lassen die Wirbeltiere eine Reihe neuartiger Merkmale erkennen, die alle anderen nicht besitzen. Der alternative Name für dieses Subphylum – Craniata – beschreibt die Gruppierung eigentlich auf akkuratere Weise, da alle Mitglieder über ein Cranium (einen knochigen oder knorpeligen Schädel, der das Gehirn umgibt) verfügen, einigen kieferlosen Fischen jedoch Wirbel (Vertebrae) fehlen.

23.6.1 Anpassungen, die für die frühe Evolution der Vertebraten maßgeblich waren

Die frühesten Vertebraten waren substanziell größer und in beträchtlichem Maße aktiver als die Protochordaten. Die gesteigerte Geschwindigkeit und Mobilität resultierte aus Modifikationen des Skeletts und der Muskulatur. Das höhere Aktivitätsniveau und die Größe der Wirbeltiere machen außerdem spezialisierte Strukturen für das Aufspüren, den Fang und die Verdauung von Nahrung sowie Anpassungen, die auf den Unterhalt einer hohen Stoffwechselrate ausgelegt sind, erforderlich.

Muskuloskelettale Modifizierungen

Die meisten Vertebraten besitzen sowohl ein Exo- wie ein Endoskelett aus Knorpel oder Knochen. Im Inneren des Körpers mit diesem wachsend, erlaubt das Endoskelett eine praktisch unbegrenzte Körpergröße mit viel größerer Wirtschaftlichkeit hinsichtlich der Baustoffe. Einige Wirbeltiere sind zu den massigsten Lebewesen auf der Erde geworden. Das Endoskelett bildet ein ausgezeichnetes, gelenkiges Gerüst mit Ansatzpunkten für die segmentierten Muskeln. Die segmentierte Körpermuskulatur (aus Myomeren) veränderte ihren anatomischen Aufbau weg von den V-förmigen Muskeln der Cephalochordaten hin zu den W-förmigen Muskeln der Vertebraten. Der gesteigerte Komplexitätsgrad in der Faltung der Myomeren verleiht eine wirkungsvolle Kontrolle über einen erweiterten Teil des Körpers. Ebenfalls nur bei den Vertebraten vorkommend sind die Flossenstrahlen dermalen Ursprungs in den Flossen, welche die Schwimmfähigkeit verbessern.

Das Endoskelett bestand vermutlich anfänglich aus Knorpel, der später in Knochen überging. Knorpel ist mit seinem raschen Wachstum und seiner Flexibilität ideal für die Konstruktion des ersten skelettalen Gerüstrahmens in allen Wirbeltierembryonen. Das Endoskelett aller rezenten Schleimaale, Neunaugen, Haie und ihrer Verwandten (Chondrichthyes), und sogar das einiger „Knochenfische" wie Stören besteht zum größten Teil aus Knorpel. Knochen mögen sich bei den frühen Vertebraten aus mehreren Gründen als adaptiv wertvoll erwiesen haben. Das Vorhandensein von Knochengewebe in der Haut der Ostracodermi und anderer urtümlicher Fische verlieh ohne Zweifel Schutz vor Räubern, obgleich es noch bedeutsamere Vorteile von Knochen gibt. Die strukturelle Festigkeit von Knochen ist der des Knorpels überlegen, was Knochen zu idealen Ansatzstellen für Muskeln macht, besonders in Bereichen hoher mechanischer Beanspruchung. Eine der interessantesten Ideen zum Ursprung von Knochen besagt, dass dieser im Zusammenhang mit der Funktion der Knochen bei der Regulation des Mineralhaushaltes und der Speicherung von Mineralien stehen soll. Die Elemente Phosphor und Calcium sind für viele physiologische Vorgänge nützlich oder unentbehrlich. Organismen mit hohen Stoffwechselraten haben einen besonders hohen Bedarf an diesen Stoffen. Die Speicherung und die Regulation der Mengen an Calcium- und Phosphorionen waren bei den frühesten Wirbeltieren vermutlich wichtige Funktionen des Knochengewebes.

Wir sollten festhalten, dass die meisten Vertebraten ein ausgedehntes Exoskelett aufweisen, obwohl dieses bei den stärker abgeleiteten Formen stark modifiziert ist. Einige der primitivsten Fische – dies umfasst die Ostracodermi und die Placodermi – waren teilweise von einem knochigen dermalen Panzer umhüllt. Diese Panzerung ist bei den späteren (stammesgeschichtlich jüngeren) Fischen zu Schuppen umgebildet. Viele der Knochen, die das Gehirn bei den höher evolvierten Vertebraten einschließen, entwickeln sich aus Gewebe, das seinen Ursprung in der Dermis hat! Die meisten Wirbeltiere sind durch keratinisierte Strukturen, die sich von der Epidermis ableiten, weiter geschützt (zum Beispiel die Schuppen der Reptilien, Haare, Federn, Klauen und Hörner).

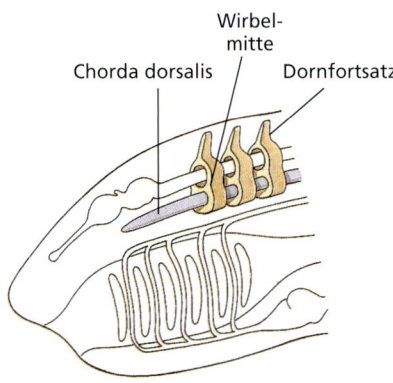

Physiologie

Die Wirbeltiere weisen Modifikationen des Verdauungs-, Atmungs- Kreislauf- und Exkretionsapparates auf, die durch den erhöhten metabolischen Aufwand erzwungen wurden. Der perforierte Pharynx hat sich bei den frühen Chordaten als Einrichtung zur Nahrungsbeschaffung durch Filtrierung evolviert. Wasser mit darin suspendierten Nahrungsteilchen wird durch Cilienschlag durch den Schlundraum gezogen. Nahrungspartikel werden von einer Schleimschicht, die vom Endostyl abgesondert wird, eingefangen. Bei größeren, räuberisch lebenden Vertebraten ist der Pharynx zu einem muskulären Apparat umgebildet worden, der Wasser hindurch pumpen konnte. Mit dem Aufkommen stark vaskularisierter Kiemen verlagerte sich die Funktion des Pharynx hin zu einer primär auf den Gasaustausch ausgerichteten. Veränderungen am Darm, einschließlich einer Abwendung vom Transport der Nahrung durch Cilienschlag hin zu Muskelbewegungen und die Entwicklung akzessorischer Verdauungsdrüsen wie Leber und Bauchspeicheldrüse, waren notwendig, um die erhöhte Menge an Nahrung, die aufgenommen wurde, zu bewältigen. Ein ventrales, dreikammeriges Herz bestehend aus einem Sinus venosus, einem Atrium und einem Ventrikel sowie hämoglobinhaltige Erythrocyten verbesserten den Transport von Nährstoffen, Gasen und anderen Stoffen. Die Protochordaten besitzen keine Nieren; die Wirbeltiere hingegen verfügen über paarige, glomeruläre Nieren, die Abfallprodukte des Stoffwechsels abscheiden und die Menge und die chemische Zusammensetzung der Körperflüssigkeiten regulieren (Homöostase).

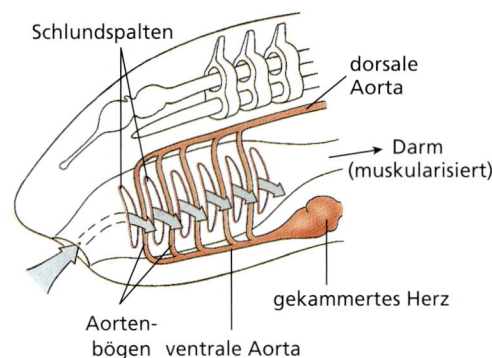

Ein neuer Kopf, ein neues Gehirn und neue sensorische Systeme

Als die Vorfahren der Vertebraten von der Nahrungsfiltrierung zu einer aktiv räuberischen Lebensweise übergingen, waren neue sensorische, motorische und integrative Kontrollmechanismen von essenzieller Bedeutung für die Lokalisation und den Fang größerer Beute. Das anteriore Ende des Nervenstranges vergrößerte sich und evolvierte zu einem dreigeteilten Gehirn aus Vorderhirn, Mittelhirn und Stammhirn, das durch ein knorpeliges oder knochiges Cranium geschützt wurde. Spezialisierte paarige Sinnesorgane, die für die Fernwahrnehmung ausgelegt sind, bildeten sich evolutiv heraus. Hierzu gehören Augen mit Linsen und invertierten Netzhäuten

(Retinae), Druckrezeptoren wie das paarige Innenohr für die Geräuschwahrnehmung und als Gleichgewichtsorgan, chemische Rezeptoren wie der Geschmacks- und der außerordentlich empfindliche Geruchssinn (**Olfaktion**), Seitenlinienrezeptoren für die Wahrnehmung von Wasserbewegungen sowie Elektrorezeptoren für die Detektion elektrischer Ströme und Spannungen, die Beute anzeigen.

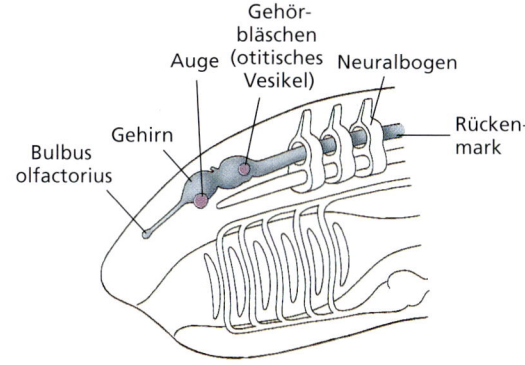

Neuralwulst, neuronale Plakoden und die *Hox*-Gene

Die evolutive Entwicklung des Vertebratenkopfes und der spezialisierten Sinnesorgane war großenteils das Ergebnis zweier embryonaler Innovationen, die es nur bei den Wirbeltieren gibt: Der **Neuralwulst** und die **epidermalen Plakoden**. Der Neuralwulst, eine Population ektodermaler Zellen, die sich auf der ganzen Länge des embryonalen Neuralrohrs finden, tragen zur Bildung vieler unterschiedlicher Strukturen bei, darunter die meisten des Craniums, des Pharyngealskeletts, des Dentins der Zähne (Zahnbein), einiger Cranialnerven, Ganglien, endokriner Drüsen und die Schwann'schen Zellen. Darüber hinaus können sie die Entwicklung angrenzender Gewebe wie des Zahnschmelzes und der Schlundmuskulatur (Branchiomeren) regulieren. Die epidermalen Plakoden (gr. *placo*, Platte) sind plattenförmige epidermale Verdickungen, die zu beiden Seiten des Neuralrohrs erscheinen. Sie bringen das olfaktorische Epithel, die Augenlinsen, das Innenohrepithel, einige Ganglien und Cranialnerven, die Mechanorezeptoren des Seitenliniensystems sowie Elektrorezeptoren hervor. Die Plakoden induzieren außerdem die Bildung der Geschmacksknospen. Der Kopf der Vertebraten mit seinen sensorischen Organen im Umfeld der Mundöffnung (die später in der Stammesgeschichte mit beutegreifenden Kiefern ausgerüstet wurde) entstammt der evolutiven Neubildung völlig neuer Zelltypen.

Neuere Untersuchungen zur Verteilung von Homöoboxgenen, die den Bauplan der Chordatenembryonen kontrollieren (die Homöoboxgene werden in Kapitel 8 beschrieben), legen den Schluss nahe, dass die Gruppe der Hox-Gene etwa zum Zeitpunkt der evolutiven Entstehung der Wirbeltiere dupliziert worden sind. Bei den Lanzettfischchen und anderen Evertebraten findet sich eine Hox-Gengruppe, wohingegen die rezenten Gnathostomen vier Kopien der Gengruppe in ihren Genomen tragen. Vielleicht haben diese zusätzlichen Kopien dieser Gene, die den Grundbauplan kontrollieren, freies genetisches Material bereitgestellt, um einen komplexeren Typ von Tier evolvieren zu können.

23.6.2 Die Suche nach dem Ursprung der Wirbeltiere

Fossile wirbellose Chordaten sind selten und in erster Linie aus zwei Fossilfundstätten bekannt: dem gut untersuchten, mittelkambrischen Burgess-Ölschiefer in Kanada sowie dem kürzlich entdeckten frühkambrischen Fossilienlager von Chengjiang und Haikou in China. Ein ascidiärer Tunikat und *Yunnanozoon* (*Yunnan*, südwestchinesische Provinz + *zoon*, gr. Tier) – vermutlich ein Cephalochordat – sind in der Fundstätte Chengjiang ausgegraben worden. Etwas besser untersucht ist *Pikaia*, ein bandförmiges, irgendwie fischähnliches Wesen von ca. 5 cm Länge, das im Burgess-Schiefer gefunden worden ist (▶ Abbildung 23.10). Das Vorhandensein von Myomeren und einer Chorda dorsalis identifizieren *Pikaia* eindeutig als Chordaten. Die oberflächliche Ähnlichkeit von *Pikaia* mit rezenten Lanzettfischchen führte zu dem Schluss, dass es sich möglicherweise um einen frühen Cephalochordaten handelt.

Näher am Ursprung der Vertebraten befindet sich *Haikouella*, ein Fossil, das jüngst in 530 Millionen Jahre alten Sedimenten in der Nähe von Haikou gefunden

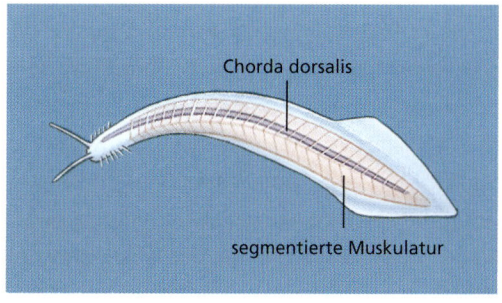

Abbildung 23.10: *Pikaia*. Ein früher Chordat aus dem Burgess-Ölschiefer British Columbias in Kanada (Schemazeichnung).

Chordata (Chordatiere)

MERKMALE

Subphylum Vertebrata

1. Die grundlegenden Hauptmerkmale der Chordaten – **Chorda dorsalis; dorsaler, tubulärer Nervenstrang; Schlundtaschen; Endostyl** oder **Schilddrüse**; und **postanaler Schwanz** – sind alle zu irgendeinem Zeitpunkt des Lebenslaufes vorhanden.
2. Das **Integument** ist im wesentlichen zweiteilig: Eine äußere Epidermis aus stratifiziertem Epithel ektodermalen Ursprungs und eine innere Dermis aus Bindegewebe mesodermalen Ursprungs; viele Modifizierungen der Haut in den verschiedenen Klassen, zum Beispiel in Form von Drüsen, Schuppen, Federn, Klauen, Hörnern und Haaren.
3. Kennzeichnendes knorpeliges oder knochiges **Endoskelett**, das aus einer Wirbelsäule (außer bei den Schleimaalen, denen die Wirbel fehlen) und einem Kopfskelett (Cranium und Pharyngealskelett) besteht, und das sich größtenteils von Zellen des Neuralwulstes ableitet.
4. Ein **muskulärer Pharynx**; bei den Fischen öffnen sich Schlundtaschen als Schlitze nach außen und tragen Kiemen; bei den Tetrapoden Schlundtaschen als Ursprung diverser Drüsen.
5. Komplexe, W-förmige Muskelsegmente (**Myomeren**) für die Fortbewegung.
6. Vollständiger, **muskularisierter Verdauungstrakt**, ventral von der Wirbelsäule gelegen; mit deutlich ausgebildeter Leber und Bauchspeicheldrüse.
7. Blutkreislaufsystem bestehend aus einem **ventralen Herzen** mit mehreren Kammern; geschlossenes Gefäßsystem aus Arterien, Venen und Kapillaren; das Blut enthält **hämoglobinhaltige Erythrocyten**; paarige Aortenbogen verbinden die ventralen und die dorsalen Aorten, von denen bei den primär aquatischen Vertebraten Abzweigungen zu den Kiemen führen, bei den primär terrestrischen Formen sind die Aortenbögen zu pulmonaren und systemischen Kreisläufen modifiziert.
8. Wohlentwickeltes **Coelom**, das sich in ein Perikardium und ein Pleuroperitoneum untergliedert.
9. Exkretorisches System bestehend aus **paarigen, glomerulären Nieren**, die von Gängen durchzogen sind, um Abfallstoffe in die Kloake abzuleiten.
10. Hoch differenziertes, **dreiteilig untergliedertes Gehirn**; zehn oder zwölf Hirnnervenpaare (Cranialnerven); ein Paar Spinalnerven für jedes ursprüngliche Myotom; **paarige, spezialisierte Sinnesorgane**, die sich von **epidermalen Plakoden** ableiten.
11. **Endokrines System** gangloser Drüsen, die über den Körper verstreut liegen.
12. Fast immer getrenntgeschlechtlich; jedes Geschlecht verfügt über Gonaden mit Gängen, die die Produkte der Keimdrüsen entweder in die Kloake oder in spezielle Öffnungen in der Nähe des Anus ausleiten.
13. Die meisten Vertebraten verfügen über zwei Paare von Körperanhängen (Extremitäten), die von Gliedmaßengürteln und einem Appendikularskelett unterstützt werden.

---

wurde. *Haikouella* (*Haikou*, Stadt in Nordchina + *ella*, lateinische Verkleinerungsform) ist in über 300 Exemplaren bekannt, darunter 32 fast vollständige Fundstücke. Diese verblüffende Menge an Material erbrachte ein beachtliches Maß an Einsichten in die Anatomie dieser Tiere. Sie besaßen mehrere Merkmale, die sich eindeutig als Chordaten ausweisen, darunter eine Chorda dorsalis, ein Pharynx und einen dorsalen Nervenstrang, doch darüber hinaus auch einige Merkmale, die typischer für Vertebraten sind (▶ Abbildung 23.11). *Haikouella* scheint über dorsale und ventrale Aorten, ein Herz, Kiemenfilamente und ein dreigeteiltes Gehirn verfügt zu haben, obgleich es keine Hinweise auf ein Cranium gibt. Der Mix aus Vertebraten- und Protochordatenmerkmalen legt die Folgerung nahe, dass die Evolution der „weichen Merkmale" der Wirbeltiere der Evolution des Endoskeletts vorausgegangen sein könnte. Ungeachtet der jüngsten Funde fossiler früher Chordaten haben sich die meisten Spekulationen zur Abstammung der Wirbeltiere auf rezente Protochordaten fokussiert, teilweise deshalb, weil sie viel besser untersucht sind als die fossilen Formen.

Garstangs Hypothese der chordatischen Larvenevolution

Die Chordaten haben während ihrer Evolution zwei Wege eingeschlagen: einer führt zu den sesshaften Urochordaten, der andere zu den aktiven, mobilen Cephalochordaten und den Vertebraten. Zu der Zeit, als dies entdeckt worden ist (es war das Jahr 1869), wurde die Kaulquappenlarve der Tunikaten als ein Abkömmling eines freischwimmenden Chordatenvorfahren angesehen. Eine alternative Hypothese wurde 1928 in England von Walter Garstang vorgeschlagen. Diese neue Hypothese ging davon aus, dass der Bestand der Vorfahren der Chordaten sich von Larvenstadien sessiler, tunikatenähnlicher Tiere herleitet, die ihre Larvenform ins Adultstadium „hinübergerettet" haben. Die Kaul-

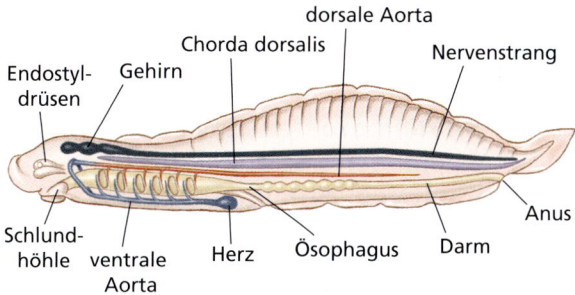

Abbildung 23.11: *Haikouella.* Ein Chordat mit mehreren Wirbeltiermerkmalen aus dem frühkambrischen Schiefer von Haikou in China.

quappenlarve der Tunikaten weist in der Tat alle Attribute auf, die sie als möglichen Vorläufer der Wirbeltiere qualifizieren würden: eine Chorda dorsalis, einen hohlen dorsalen Nervenstrang, Pharyngealspalten, ein Endostyl und einen postanalen Schwanz. Irgendwann, so Garstang, habe die Kaulquappenlarve aufgehört, sich zu einem adulten Manteltier zu metamorphisieren, stattdessen Gonaden entwickelt und sich auf dem Stufe des Larvenstadiums fortzupflanzen begonnen. Durch fortschreitende Evolution sei eine neue Gruppe freischwimmender Tiere entstanden, welche dann die Vorläufer der Cephalochordaten und der Vertebraten gewesen seien (▶ Abbildung 23.12).

Garstang bezeichnete diesen Prozess als **Pädomorphose** (gr. *pais*, Kind + *morphe*, Gestalt, Form), ein Begriff, der auf die evolutive Aufrechterhaltung juveniler oder larvaler Merkmale im Körper des Adultzustandes verweist. Garstang wandte sich damit von der vorausgegangenen Denkweise ab, indem er den neuen Gedanken vorbrachte, dass die Evolution am Larvenstadium angreifen sollte – was in diesem Fall zur Linie der Vertebraten geführt hätte. Die Pädomorphose ist ein wohlbekanntes Phänomen, das bei unterschiedlichen Tiergruppen beobachtet werden kann (die Pädomorphose der Amphibien wird in Kapitel 25 erörtert; siehe dort Abbildung 25.10 und entsprechende Textpassagen). Darüber hinaus befindet sich die Garstang'sche Hypothese mit den embryologischen Befunden im Einklang. Die Forscher der heutigen Zeit haben jüngst die Idee wiederbelebt, dass der Vorläufer der Chordaten freischwimmend war. Diese Entwicklung gründet sich auf Stammbäume, die auf der Grundlage molekularer Analysen erstellt worden sind. Sie weisen darauf hin, dass die sessilen Ascidien eine abgeleitete Körperform darstellen, und dass die freischwimmenden Larvaceen dem Vorläufer der Chordaten in der Körperform vielleicht am ähnlichsten kommen.

Die Stellung von Amphioxus

Die Zoologen sind der Überzeugung, dass die Cephalochordaten der Amphioxusgruppe (die Lanzettfischchen) die nächsten rezenten Verwandten der Vertebraten sind. Die Cephalochordaten haben mehrere Merkmale mit den Wirbeltieren gemeinsam, die den Tunikaten fehlen. Dazu gehören die segmentierten Myomeren, die Dorsal- und Ventralaorten, die Branchial- oder Aortenbögen sowie die Podocyten – spezialisierte exkretorische Zellen. Wie aber bereits in der Einleitung zu diesem Kapitel angemerkt wurde, unterscheiden sich die Lanzettfischchen vom jüngsten gemeinsamen Vorfahren der Wirbeltiere, weil ihnen das dreigeteilte Gehirn, das gekammerte Herz, spezialisierte Sinnesorgane, der muskuläre Darm

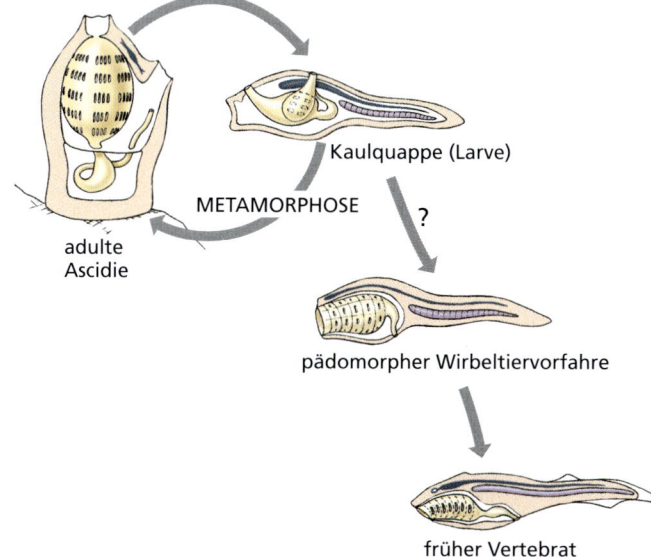

Abbildung 23.12: Garstangs Hypothese der Larvenevolution. Adulte Tunikaten leben auf dem Meeresboden, bringen jedoch freischwimmende Kaulquappenlarven hervor. Nach dieser Hypothese begannen vor mehr als 550 Millionen Jahren einige Larven, sich im Stadium der freischwimmenden Existenz fortzupflanzen. Diese sollen sich zu den ersten Vertebraten weiterevolviert haben.

Chordata (Chordatiere)

> **Exkurs**
>
> Eine Pädomorphose – die Übernahme vormaliger Larven- oder Juvenilmerkmale in die Adultform eines Nachfahren – kann durch drei verschiedene evolutiv-ontogenetische Prozesse zustande kommen: durch Neotenie, durch Progenese und durch nachträgliche Verdrängung. Bei der Neotenie ist die Entwicklungsgeschwindigkeit der Körper*form* herabgesetzt, so dass das Tier beim Erreichen der Geschlechtsreife (physiologischer Zustand) nicht den morphologischen Adultzustand einer Vorläuferform erreicht. Unter Progenese versteht man die vorzeitige Reifung der Gonaden in einem Lebewesen, das sich in einem Larven- oder Juvenilstadium befindet, dann aufhört sich weiterzuentwickeln und nie die Adultmorphe erreicht. Bei der nachträglichen Verdrängung ist das Einsetzen eines Entwicklungsprozesses relativ zum Erreichen der Geschlechtsreife verzögert, so dass zum Zeitpunkt des Erreichens der Fortpflanzungsfähigkeit der Adultzustand einer Vorläuferform noch nicht erreicht ist. Neotenie, Progenese und nachträgliche Verdrängung beschreiben also unterschiedliche Wege, auf denen es zu einer Pädomorphose kommen kann. Der Biologe verwendet den übergeordneten Begriff Pädomorphose, um die Ergebnisse dieser evolutiv-ontogenetischen Vorgänge zu beschreiben.

chordaten sind somit wahrscheinlich das Schwestertaxon der Vertebraten (Abbildung 23.3).

23.6.3 Die Ammocoeten-Larve der Neunaugen als Modell für den primitiven Wirbeltierbauplan

Die Neunaugen (auch *Lampretten* genannt; kieferlose Fische der Klasse Cephalaspidomorphi, die in Kapitel 24 eingehender behandelt werden) besitzen ein Larvenstadium im Süßwasser, das als **Ammocoete** bezeichnet wird (▶ Abbildung 23.13). In der Körperform, im Habitus, den Lebensgewohnheiten und vielen anatomischen Details ähnelt die Ammocoeten-Larve den Lanzettfischen. Tatsächlich haben die Larven der Neunaugen im 19. Jahrhundert den Gattungsnamen *Ammocoetes* (gr. *ammos*, sand + *koite*, Bett) mit Blick auf ihren bevorzugten Lebensraum erhalten, weil man fälschlicherweise annahm, dass es sich bei ihnen um adulte Cephalochordaten handele, die eng mit den Lanzettfischen verwandt seien. Die Ammocoeten-Larven unterscheiden sich so stark von adulten Neunaugen, dass dieser Irrtum verständlich ist. Die wirklichen Verwandtschaftsverhältnisse wurden erst bekannt, als man die Metamorphose zum adulten Neunauge erstmals beobachten konnte.

Die Ammocoeten-Larven weisen einen langen, schlanken Körperbau mit einer Oralhaube auf, die die Mundöffnung umgibt, ganz ähnlich, wie es bei den Lanzettfischen der Fall ist (Abbildung 23.13). Die Ammocoeten sind Filtrierer, aber anstatt Wasser durch Cilienschlag in den Pharynx zu ziehen, wie es die Lanzettfische tun, erzeugen die Ammocoeten eine Futterströmung, indem sie pumpende Muskelbewegungen

und der muskuläre Schlund sowie das Neuralgewebe fehlen, die in diesem Vorfahren vorhanden gewesen sein sollen. Darüber hinaus deuten die größeren Flossen einiger ausgestorbener Cephalochordaten darauf hin, dass diese eine im Vergleich zu den modernen Lanzettfischchen mehr freischwimmende Existenz geführt haben.

Ungeachtet dieser Spezialisierungen vertreten die meisten Zoologen die Meinung, dass die Lanzettfischchen im Großen und Ganzen den Körperbauplan des unmittelbar vor dem Erreichen des Wirbeltierniveaus liegenden Zustandes beibehalten haben. Die Cephalo-

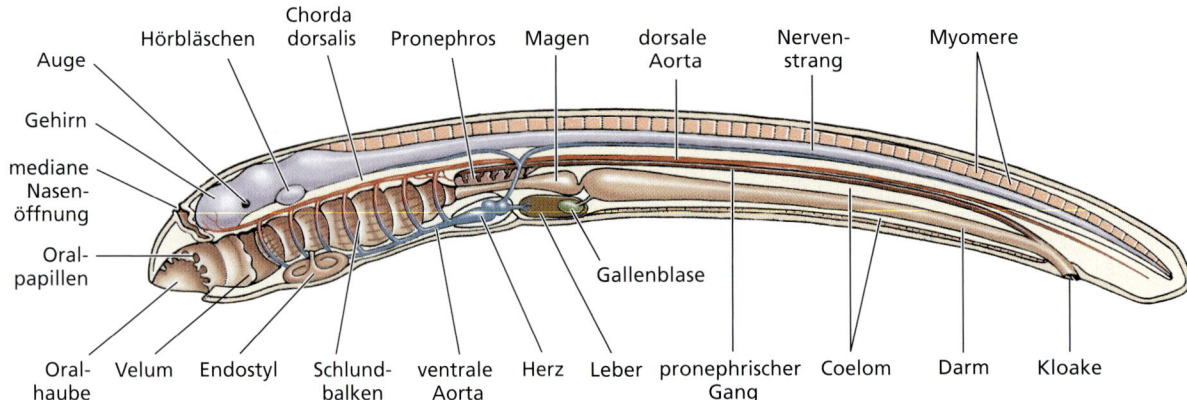

Abbildung 23.13: **Die Ammocoete, das Süßwasser Larvenstadium von Neunaugen.** Obwohl sie in vielerlei Hinsicht einem Lanzettfischchen ähnlich sind, verfügen die Ammocoeten über ein gut entwickeltes Gehirn, paarige Augen, eine pronephrische Niere, ein Herz sowie andere Merkmale, die bei Lanzettfischen fehlen, aber repräsentativ für den Bauplan der Wirbeltiere sind.

23.6 Subphylum Vertebrata (= Craniata; Unterstamm Wirbeltiere = Schädeltiere)

KLASSIFIZIERUNG

■ **Phylum Chordata**

Die tradierte Linné'sche Klassifizierung der rezenten Angehörigen des Phylums Chordata

Subphylum Urochordata (gr. *oura*, Schwanz + lat. *chorda*, Strang + *-ata*, gekennzeichnet durch) **(Tunicata): Tunikaten, Manteltiere**. Chorda dorsalis und Nervenstrang nur bei den freischwimmenden Larven; Adultformen der Ascidien sessil, eingehüllt in die Tunika. Ca. 2000 Arten.

Subphylum Cephalochordata (gr. *kephale*, Kopf + lat. *chorda*, Strang): **Lanzettfische**. Chorda dorsalis, Nervenstrang und postanaler Schwanz sind das ganze Leben hindurch vorhanden; in der Form fischähnlich. 22 Arten.

Subphylum Vertebrata (lat. *vertebratus*, mit Wirbeln) **(Craniata): Wirbeltiere**. Knochige oder knorpelige Wirbelkörper, die das Rückenmark umgeben; Chorda dorsalis bei den Embryonalstadien, bei einigen Fischen bleibend vorhanden; kann je nach An-/Abwesenheit von Kiefern in zwei Gruppen (Überklassen) untergliedert werden.

Superclassis Agnatha (gr. *a*, ohne, kein + *gnathos*, Kiefer): **Schleimaale, Neunaugen**. Ohne echte Kiefer oder paarige Körperanhänge. Eine paraphyletische Gruppe.

Classis Myxinoidea (gr. *myxa*, Schleim): **Schleimaale**. Terminale Mundöffnung mit vier Tentakelpaaren; Bukkaltrichter fehlt; Nasalsakkulus mit verbindendem Gang zum Pharynx; fünf bis 15 Paare Schlundtaschen. Ca. 65 Arten.

Classis Cephalaspidomorphi (gr. *kephale*, Kopf + *aspidos*, Schild + *morphe*, Form, Gestalt): **Neunaugen**. Suktorische Mundöffnung mit keratinisierten Zähnen; Nasalsakkulus nicht mit der Mundhöhle in Verbindung; sieben Paare Schlundtaschen. 41 Arten.

Superclassis Gnathostomata (gr. *gnathos*, Kiefer + *stoma*, Mund): **Kiefertragende Fische, alle Tetrapoden**. Mit Kiefern und (im Allgemeinen) paarigen Gliedmaßen.

Classis Chondrichthyes (gr. *chondros*, Knorpel + *ichthys*, Fisch): **Knorpelfischen (Haie, Rochen, Chimären)**. Knorpeliges Skelett; Intestinum mit spiraligen Segelklappen; Männchen mit Klaspern (= umgewandelte Bauchflosse, dient der Fortpflanzung); keine Schwimmblase. Ca. 850 Arten.

Classis Actinopterygii (gr. *aktis*, Strahl + *pteryx*, Flügel, Flosse): **Strahlenflosser**. Skelett verknöchert; singuläre Kiemenöffnung, von einem Operkulum verschlossen; paarige Flossen, die primär von dermalen Strahlen gestützt werden; Muskulatur der Körperanhänge im Körperinneren; Schwimmblase hauptsächlich als hydrostatisches Organ (falls vorhanden); Atrium und Ventrikel nicht voneinander abgetrennt. Ca. 23.700 Arten.

Classis Sarcopterygii (gr. *sarkos*, Fleisch, Muskel + *pteryx*, Flügel, Flosse): **Fleischflosser**. Skelett ossifiziert; singuläre Kiemenöffnung mit Operkulum; paarige Flossen mit widerstandsfähigem Innenskelett und Muskulatur in den Anhangsgebilden; diphyzerker Schwanz; Intestinum mit spiraligen Segelklappen; im Allgemeinen mit lungenartiger Schwimmblase; Atrium und Ventrikel wenigstens teilweise voneinander abgetrennt. Acht Arten. Paraphyletisch, wenn die Tetrapoden nicht mit eingeschlossen werden.

Classis Amphibia (gr. *amphi*, doppelt oder beiderseits + *bios*, Leben): **Amphibien, Lurche**. Ektotherme Tetrapoden; Atmung über Lungen, Kiemen oder die Haut; Entwicklung mit Larvenstadium; Haut feucht mit Schleimdrüsen und ohne Schuppen. Ca. 4900 Arten.

Classis Reptilia (lat. *repere*, kriechen): **Reptilien, Kriechtiere**. Ektotherme Tetrapoden mit Lungen; Embryonen entwickeln sich in beschalten Eiern; kein Larvenstadium; Haut trocken ohne Schleimdrüsen, von epidermalen Schuppen bedeckt. Eine paraphyletische Gruppe. Ca. 7100 Arten.

Classis Aves (lat. Plural von *avis*, Vogel): **Vögel**. Endotherme Vertebraten mit zum Fliegen modifizierten Vordergliedmaßen; Körper von Federn bedeckt; Schuppen an den Füßen. Ca. 9900 Arten.

Classis Mammalia (lat. *mamma*, Brust): **Säugetiere**. Endotherme Vertebraten mit Milchdrüsen; Körper mehr oder weniger von Haaren bedeckt; gut entwickeltes Neocerebrum; drei Mittelohrknochen. Ca. 4800 Arten.

---

vollführen, so wie es moderne Fische tun. Die Unterteilung der Körpermuskulatur in Myomere, das Vorhandensein einer Chorda dorsalis als Hauptskelettachse sowie der Bauplan des Blutkreislaufes ähneln in allen Fällen der Ausprägung dieser Merkmale bei den Lanzettfischchen.

Die Ammocoeten weisen mehrere Merkmale auf, die den Lanzettfischen fehlen, und die homolog zu Merkmalen der Wirbeltiere sind. Hierzu gehören ein gekammertes Herz, ein dreigeteiltes Gehirn, spezialisierte Sinnesorgane, die aus epidermalen Plakoden hervorgehen, sowie eine Hirnanhangsdrüse (Hypophyse). Die Niere ist pronephrisch (siehe Kapitel 30) und ist mit dem grundlegenden Wirbeltierbauplan konform. Anstelle der zahlreichen Kiemenspalten bei den Lanzettfischen, findet man bei den Ammocoeten nur sieben Paare Schlundtaschen und -schlitze. Von Schlundbalken, welche die Schlundschlitze voneinander trennen, erstrecken sich Kiemenfilamente, die sekundäre Lamellen tragen – ganz ähnlich wie die ausladenderen Kiemen der modernen Fische (Abbildung 24.29). Die Ammocoeten besitzen außerdem eine echte Leber, die das hepatische Caecum der Lanzettfische ersetzt, eine Gallenblase und Pankreasgewebe (aber keine gesonderte Bauchspeicheldrüse).

Chordata (Chordatiere)

Die Ammocoeten-Larven stellen bezüglich dieser Merkmale den primitivsten Zustand unter allen Vertebraten dar. Sie sind geeignet, in klarer Weise viele gemeinsame, abgeleitete Merkmale der Vertebraten zu demonstrieren, die im Entwicklungsgang anderer Wirbeltiere verdeckt sind. Sie nähern sich womöglich dem angenommenen Bauplan des Vorläufers aller Wirbeltiere am weitesten an.

23.6.4 Die frühesten Vertebraten

Die ältesten bekannten Fossilien von Wirbeltieren waren bis vor kurzem gepanzerte, kieferlose Fische, die **Ostracodermi** (gr. *ostrakon*, Schale + *derma*, Haut) genannt werden, und die in Ablagerungen aus dem Kambrium und dem Ordovizium stammen. Im Jahr 1999 beschrieben Paläontologen zwei fischähnliche, 530 Millionen Jahre alte Vertebraten, *Myllokunmingia* (gr. *myllo*, Meeresfisch + *Kunming*, Stadt in China) und *Haikouichthys* (*Haikou*, Stadt in China + gr. *ichthyo*, Fisch). Die Fossilien stammen aus den verblüffenden Chengjiang-Ablagerungen. Diese Fossilfunde rücken den Ursprung der Wirbeltiere mindestens bis in die Zeit des frühen Kambriums zurück. Obschon sie viele typische Wirbeltiermerkmale aufweisen – etwa W-förmige Myomeren, ein Herz, ein Cranium und strahlige Flossen – fehlen Hinweise auf mineralisierte Gewebe. Das Fehlen mineralisierten Gewebes könnte die extreme Seltenheit von Wirbeltierfossilien in Epochen vor dem späten Kambrium erklären.

> **Exkurs**
>
> Der Begriff „Ostracoderm" bezeichnet keine natürliche, evolutive Gruppierung, sondern ist vielmehr ein praktischer Terminus zur zusammenfassenden Beschreibung mehrerer Gruppen stark gepanzerter, ausgestorbener, kieferloser Fische.

Die frühesten Ostracodermen waren durch Knochen in der Dermis gepanzert, und es fehlten ihnen paarige Flossen, die bei den späteren Fischen von so hoher Bedeutung für die Stabilität im Wasser sind (▶ Abbildung 23.14). Die Schwimmbewegungen der Mitglieder einer der frühen Gruppen – der **Heterostraca** (gr. *heteros*, verschieden, unterschiedlich + *ostrakon*, Schale) – müssen unpräzise gewesen sein, obwohl sie wohl ausgereicht haben, das Tier entlang des Meeresbodens, wo es Futter gesucht hat, voranzutreiben. Mit unbeweglichen kreisförmigen oder schlitzartigen Mundöffnungen haben sie vermutlich kleine Nahrungsteilchen aus dem Wasser oder dem Meeresboden gefiltert. Anders als die mit Hilfe von Cilien filtrierenden Protochordaten haben die Ostracodermi jedoch das Wasser durch muskuläre Pumpbewegungen in den Schlundraum befördert – eine wichtige Neuerung, die für einige Fachleute darauf hindeutet, dass die Ostracodermi

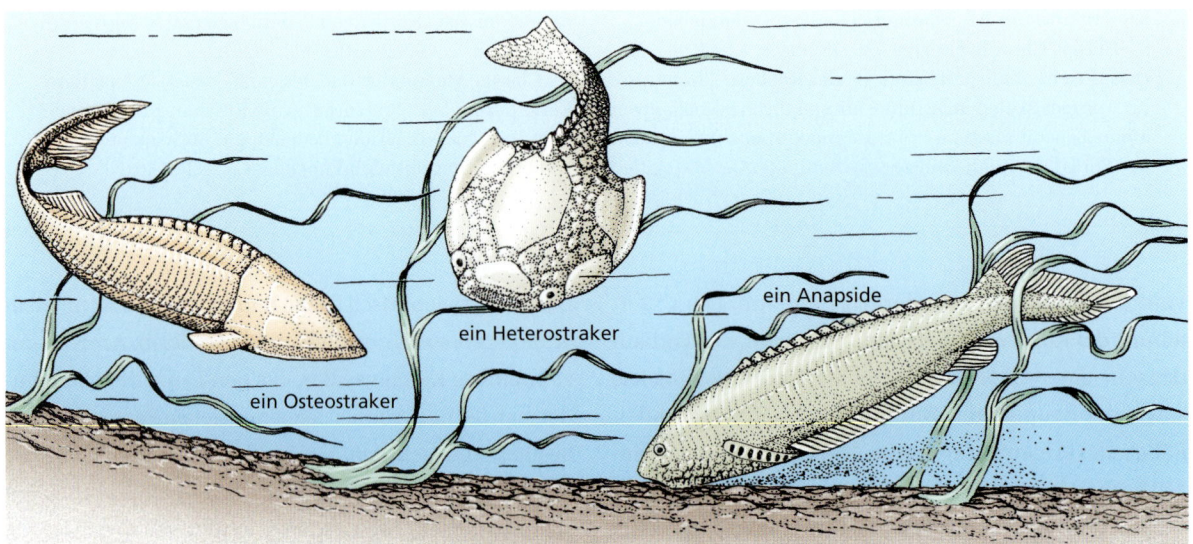

Abbildung 23.14: Drei Ostracodermen – kieferlose Fische des Silurs und des Devons. Sie sind so dargestellt, wie sie vielleicht ausgesehen haben, als sie auf dem Grund des devonischen Meeres nach Nahrung gesucht haben. Alle waren vermutlich Filtrierer, setzten dabei eine kräftige Pharyngealpumpe ein, um den Wasserstrom zu unterhalten, statt sich auf den viel begrenzteren Modus des Transportes durch Cilienschlag zu verlassen, wie er von ihren protovertebratischen Vorfahren eingesetzt worden war (und die in dieser Hinsicht vermutlich den Lanzettfischchen geähnelt haben).

> **Exkurs**
>
> Der schwedische Paläozoologe Erik Stensiö (1891–1984) war der erste, der sich der Anatomie von Fossilien mit der gleichen Aufmerksamkeit für kleine Details hingab, welche die Morphologen seit langer Zeit bei ihren anatomischen Studien rezenter Fische walten ließen. Er entwickelte neuartige und anspruchsvolle Methoden der schrittweisen Freilegung eines Fossils – bei jedem Schritt nur wenige Mikrometer – um die inneren Strukturen hervortreten zu lassen. Er war in der Lage, nicht nur die Anatomie der Knochen bei zahlreichen Gruppen paläozoischer und frühmesozoischer Fische zu rekonstruieren, sondern auch die Anatomie von Nerven, Blutgefäßen und Muskeln. Seine innovativen Methoden werden noch heute von Paläozoologen vielfach angewendet.

Abbildung 23.15: **Rekonstruktion eines lebenden Conodonten.** Conodonten ähneln bei oberflächlicher Betrachtung Lanzettfischen, wiesen aber einen viel höheren Cephalisationsgrad (paarige Augen, möglicherweise auditorische Kapseln sowie ein Cranium) und knochenähnliche mineralisierte Körperteile auf. All dies deutet darauf hin, dass die Conodonten Chordaten und wahrscheinlich sogar Vertebraten waren. Man nimmt an, dass die Conodontenelemente Teil des Apparats zur Nahrungsaufnahme bzw. -verarbeitung gewesen sind.

mobile Räuber gewesen sein könnten, die sich von weichkörperigen Tieren ernährt haben sollen.

Im Zeitalter des Devons erlebten die Heterostraca eine große Radiation, was zum Erscheinen zahlreicher seltsam aussehender Formen führte. Ohne jemals paarige Flossen oder Kiefer zu evolvieren, durchlebten diese frühesten Wirbeltiere eine 150 Millionen Jahre während Blütezeit, bis sie gegen Ende des Devons ausstarben.

Durch große Teile des Devons lebten die **Osteostraca** (gr. *osteon*, Knochen + *ostrakon*, Schale) in Coexistenz mit den Heterostraca. Die Osteostraca besaßen paarige Brustflossen, eine Innovation, die den Wirkungsgrad beim Schwimmen verbesserte, weil sie die Kontrolle über ungewollte Taumel-, Schwenk- und Rollbewegungen erlaubte. Ein typischer Osteostrak wie *Cephalaspis* (gr. *kephale*, Gehirn + *aspis*, Schild) (Abbildung 23.14) war ein kleines Tier von selten mehr als 30 cm Länge. Es war mit einem schweren Dermalpanzer aus zellulären Knochen, einschließlich eines einteiligen Kopfschildes überzogen. Die Untersuchung des inneren Aufbaus der Hirnschale lassen ein hochentwickeltes Nervensystem und Sinnesorgane erkennen, die denen der modernen Neunaugen ähnlich sind.

Eine weitere Gruppe der Ostracodermen, die **Anaspiden** (Schildlose; Abbildung 23.14) waren stromlinienförmiger und agiler als andere Ostracodermi. Diese und andere Ostracodermi erfreuten sich im Verlauf des Silurs und Devons einer eindrucksvollen Radiation. Bis zum Ende des Devons waren jedoch alle Ostracodermen ausgestorben.

Jahrzehntelang haben Geologen seltsame, mikroskopische, zahnähnliche Fossilien, die **Conodonten** (gr. *konos*, Konus, Kegel + *odontos*, Zahn) herangezogen, um paläozoische Meeressedimente zu datieren, ohne die geringste Vorstellung zu haben, welche Art von Lebewesen diese Körperteile ursprünglich getragen haben könnte. Die Entdeckung von Fossilien vollständiger Conodonten in den frühen 80er Jahren des 20. Jahrhunderts hat diese Situation geändert. Mit ihren phosphatisierten, zahnähnlichen Körperelementen, den Myomeren, der Chorda dorsalis und den extrinsischen Augenmuskeln gehören die Conodonten unzweifelhaft der Vertebratenlinie an (▶ Abbildung 23.15). Obwohl ihre genaue Stellung innerhalb der Wirbeltierlinie noch unklar ist, sind sie von Bedeutung für das Verständnis des Ursprungs der Vertebraten.

23.6.5 Frühe, kiefertragende Wirbeltiere

Alle kiefertragenden Vertebraten, gleich ob ausgestorben oder rezent, werden zusammenfassend als **Gnathostomata** (Kiefermäuler) bezeichnet, um sie von den kieferlosen Vertebraten, den **Agnatha** (Kieferlose) abzugrenzen. Die Gnathostomen sind eine monophyletische Gruppe, da der Besitz von Kiefern ein abgeleitetes Merkmal ist, das allen kiefertragenden Fischen und Tetrapoden gemeinsam ist. Die Agnatha hingegen werden prinzipiell durch das Fehlen von Kiefern definiert – ein Merkmal, das nicht nur den kieferlosen Fischen eigen ist, da auch den Vorläufern der Vertebraten die Kiefer fehlten. Die Agnatha sind somit paraphyletisch.

Die Evolution von Kiefern war eines der bedeutsamsten Ereignisse in der Evolution der Wirbeltiere. Die Nützlichkeit von Kiefern ist offenkundig: Sie erlauben die Jagd nach großen und aktiven „Nahrungsformen", die den kieferlosen Vertebraten nicht zugänglich waren, wie auch die Manipulation von Objekten. Zahl-

23 Chordata (Chordatiere)

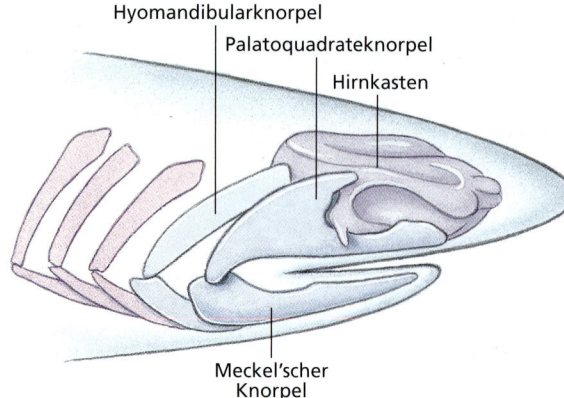

Abbildung 23.16: Wie die Wirbeltiere zu ihren Kiefern kamen. Die Ähnlichkeit zwischen den Kiefern und den Kiemengerüsten primitiver Fische wie diesem Hai des Karbons legen den Schluss nahe, dass der Oberkiefer (das Palatoquadratum) und der Unterkiefer (der Meckel'sche Knorpel) sich aus Strukturen evolviert haben, die ursprünglich als Stützgerüst für die Kiemen gedient haben. Die Stützelemente der Kiemen unmittelbar hinter den Kiefern sind wie die Kiefer selbst gelenkig und dienten dazu, die Kiefern mit dem Hirnschädel zu verbinden. Relikte dieser evolutiven Umwandlung finden sich noch heute im Entwicklungsgang moderner Haie.

reiche Befunde belegen, dass sich die Kiefer durch Modifikation(en) des ersten oder zweiten der hintereinandergeschalteten, knorpeligen Kiemenbögen entstanden sind. Der Mandibularbogen hat sich zunächst vielleicht vergrößert, um den Wasserdurchfluss in den Kiemen zu unterstützen, wahrscheinlich, um den sich steigernden Stoffwechselanforderungen der frühen Vertebraten gerecht zu werden. Später wurden die anterioren Kiemenbögen gelenkig und bogen sich in die charakteristische Stellung der Kiefer der Wirbeltiere. Die Belege für diese bemerkenswerte Transformation finden sich auf drei Ebenen. Erstens bilden sich sowohl die Kiemenbögen wie die Kiefer aus oberen und unteren Balken, die sich nach vorn biegen und in der Mitte zusammenstoßen (▶ Abbildung 23.16).

Zweitens leiten sich sowohl die Kiemenbögen wie auch die Kiefer von Neuralwulstzellen ab. Drittens ist die Kiefermuskulatur der ursprünglichen Muskulatur des Kiemenstützapparates homolog, wie das Innervationsmuster der Cranialnerven belegt. Fast so bemerkenswert wie diese drastische morphologische Umbildung war das nachfolgende evolutive Schicksal der Kieferknochenelemente – ihre Umwandlung in die Gehörknöchelchen des Mittelohrs der Säugetiere (siehe Kapitel 33, Abschnitt „Hören").

Ein weiteres Merkmal, das für alle Gnathostomier kennzeichnend ist, ist das Vorhandensein paariger Brust- und Beckenanhangsgebilde in Form von Flossen oder Gliedmaßen. Diese haben sich mutmaßlich als Stabilisatoren zur Lagekontrolle und Eindämmung ungewollter Neigungs- und Rollbewegungen während des Schwimmens herausgebildet. Um den Ursprung paariger Flossen zu erklären, ist die so genannte Flossenfaltenhypothese erstellt worden. Gemäß dieser Hypothese sind die paarigen Flossen aus paarigen, durchgehenden ventrolateralen Falten oder Flossenbildungszonen hervorgegangen. Der Einbau skelettaler Stützelemente in die Flossen

Abbildung 23.17: Frühe kiefertragende Fische des Devons vor ca. 400 Millionen Jahren. Zu sehen ist ein Placodermier (links) und ein Acanthodier (rechts). Kiefer und Kiemengerüst, aus dem die Kiefer evolutiv hervorgegangen sind, entwickeln sich aus Zellen des Neuralwulstes, einem Merkmal der Vertebraten mit diagnostischem Wert. Die meisten waren Bodenbewohner, die sich von benthischen Tieren ernährt haben, obwohl auch einige aktive Jäger waren. Die Acanthodier trugen eine weniger ausgeprägte Panzerung als die Placodermier und besaßen ein knochiges Endoskelett sowie hervortretende Dornen an paarigen Flossen. Die meisten Arten lebten marin, doch einigen Arten gelang auch die Besiedelung des Süßwassers.

diente dazu, ihre Eignung als stabilisierende Elemente während des Schwimmvorgangs zu verbessern. Evidenz für diese Hypothese findet sich in Form der paarigen Schwingen von *Myllokunmingia, Haikouichthys* und den Anaspiden sowie in Form der multiplen paarigen Flossen der Acanthodier, die wir in diesem Abschnitt vorgestellt haben. Brustflossen tauchen jedoch in der Fossilgeschichte vor den Bauchflossen auf, was auf ein komplizierteres evolutives Szenario hindeutet. In einer Abstammungslinie der Fische verstärkten sich die muskulären und skelettalen Stützelemente in den paarigen Flossen, wodurch diese Tiere in die Lage versetzt wurden, sich für eine Fortbewegung auf dem Land mit Hilfe von Gliedmaßen zu adaptieren. Der Ursprung von Kiefern und paarigen Körperanhängen könnte mit einer zweiten *Hox*-Duplikation in zeitlicher Nähe zur Entstehung der Gnathostomier in Zusammenhang stehen. Das Auftauchen von Kiefern wie von paarigen Flossen waren wesentliche Neuerungen in der Evolution der Vertebraten, die zu den wichtigsten Gründen für die nachfolgenden großen Radiationen der Wirbeltiere gehören, aus denen die modernen Fische und alle Tetrapoden – Sie, verehrter Leser dieses Buches eingeschlossen – hervorgegangen sind.

Zu den ersten mit Kiefern bewehrten Vertebraten gehörten die schwer gepanzerten **Placodermi** (gr. *plax*, Platte + *derma*, Haut). Sie tauchen in der Fossilgeschichte erstmals im frühen Silur auf (▶ Abbildung 23.17). Die Placodermier evolvierten ein breites Spektrum an Formen, von denen einige sehr groß (eine maß mehr als 10 m in der Länge!) und von grotesker Erscheinung waren. Es waren gepanzerte Fische, die von karoförmigen Schuppen oder großen Knochenplatten überzogen waren. Alle starben am Ende des Devons, und sie scheinen keinerlei Abkömmlinge hinterlassen zu haben. Gleichzeitig mit den Placodermiern lebten jedoch die **Acanthodier** (Abbildung 23.17), eine Gruppe früher kiefertragender Fische, die durch Flossen mit großen Dornen gekennzeichnet sind; sie sind vermutlich die Quelle, aus der sich die große Radiation gespeist hat, aus der die Knochenfische hervorgegangen sind, die heute die Gewässer der ganzen Welt dominieren.

ZUSAMMENFASSUNG

Das Phylum Chordata (Stamm der Chordatiere) ist nach der stabförmigen Chorda dorsalis benannt worden, die eine versteifende Körperachse zu einem bestimmten Zeitpunkt im Lebenszyklus jedes Chordaten bildet.

Allen Chordaten sind fünf kennzeichnende Hauptmerkmale gemeinsam, die sie von allen Stämmen des Tierreiches absetzen: die Chorda dorsalis, der dorsale tubuläre Nervenstrang, die Schlundtaschen, das Endostyl und ein postanaler Schwanz.

Die Chordaten haben sich offensichtlich aus den Hemichordaten oder echinodermenähnlichen Vorläufern entwickelt, vermutlich bereits im Präkambrium, doch ist der genaue Ursprung der Chordaten weder zeitlich noch phylogenetisch völlig klar. Insgesamt weisen die Chordaten ein höheres Maß an grundlegender Einheitlichkeit der Organsysteme und des Bauplans auf als viele andere Tierstämme.

Zwei der drei Unterstämme der Chordaten sind Invertebraten ohne einen deutlich entwickelten Kopf. Der eine sind die Urochordaten (= Tunikaten), die als adulte Tiere zumeist sessil leben, aber immer ein freischwimmendes Larvenstadium aufweisen.

Den anderen Unterstamm bilden die Cephalochordaten (= Lanzettfischchen) – fischähnliche Kreaturen, zu denen die berühmte Gattung *Branchiostoma* gehört.

Der Unterstamm der Wirbeltiere (Subphylum Vertebrata) umfasst Angehörige des Tierreiches, die ein Rückgrat besitzen (den Myxiniden (Schleimaalen) fehlen die Wirbel; sie werden aber traditionell zu den Vertebraten gestellt, weil sie zahlreiche homologe Bildungen mit diesen gemeinsam haben).

Als Gruppe sind die Vertebraten durch den Besitz eines wohlentwickelten Kopfes sowie durch ihre vergleichsweise große Körpergröße, ein hohes Maß an Motilität und einen gruppentypischen Grundbauplan gekennzeichnet, der diverse abgrenzende Merkmale einschließt, welche die außergewöhnliche adaptive Radiation der Gruppe ermöglicht haben. Am wichtigsten sind hierbei das Endoskelett, das mitwächst und so ununterbrochenes, kontinuierliches Wachstum möglich macht und ein widerstandsfähiges Gerüst für die effiziente Befestigung und Kontraktion von Muskeln bereitstellt; ein muskulärer Schlund mit Schlitzen (bei den höheren Vertebraten verlorengegangen oder stark umgebildet) mit sehr stark erhöhter respiratorischer Effizienz; ein Darm mit Muskulatur; ein gekammertes Herz; und glomeruläre Nieren, um den höheren Stoffwechselleistungen Rechnung zu tragen; sowie schließlich ein fortschrittliches Nervensystem mit einem abgesetzten Gehirn und paarigen Sinnesorganen. Die Evolution von Kiefern und paarigen Körperanhängen haben wahrscheinlich zu dem unglaublichen Erfolg einer Gruppe von Wirbeltieren, den Gnathostomiern (Kiefermäuler) beigetragen.

Chordata (Chordatiere)

Übungsaufgaben

1 Welche Merkmale, die auf eine monophyletische Gruppe miteinander verwandter Tiere hinweisen, sind den drei Stämmen der Deuterostomier gemeinsam?

2 Erläutern Sie, wie die Anwendung einer kladistischen Klassifizierung bei den Vertebraten zu bedeutsamen Umgruppierungen bei den traditionellen Wirbeltiertaxa führt (siehe ggf. Abbildung 23.3). Warum werden bestimmte traditionelle Gruppen wie die Reptilia oder die Agnatha von der kladistischen Methode der Systematik nicht anerkannt?

3 Nennen Sie die fünf Hauptmerkmale aller Chordaten, und erklären Sie die Funktion jedes dieser Merkmale.

4 Bei der Erörterung der Frage nach dem Ursprung der Chordaten kamen die Zoologen schließlich überein, dass die Chordaten sich innerhalb der Abstammungslinie der Deuterostomier herausgebildet haben müssen und nicht, wie früher angenommen worden war, eine Gruppe der Protostomier bilden. Welche embryologischen Befunde stützen diese Sichtweise?

5 Geben Sie eine Beschreibung eines adulten Tunikaten, der ihn als Chordaten erkennbar macht, ihn aber gleichzeitig von jeder anderen Chordatengruppe abgrenzt.

6 Amphioxus, das Lanzettfischchen, ist bei den Zoologen, die nach dem Urahn der Wirbeltiere suchen, seit langer Zeit auf Interesse gestoßen. Erläutern Sie, warum die Lanzettfischchen sowohl Aufmerksamkeit erregt haben und warum sie nicht länger als gemeinsamer Vorfahre aller Wirbeltiere ähnlich angesehen werden.

7 Sowohl die Seescheiden (zu den Urochordaten gehörig) wie auch die Lanzettfischchen (Cephalochordaten) sind Filtrierer. Beschreiben Sie den Filterapparat einer Seescheide und erklären Sie, in welcher Beziehung dieser dem der Lanzettfische ähnlich ist, und wie er sich von diesem unterscheidet.

8 Erläutern Sie, warum es notwendig ist, die Lebensgeschichte eines Tunikaten zu kennen, um verstehen zu können, warum die Tunikaten Chordaten sind.

9 Listen Sie drei Gruppen von Adaptionen, die für die Evolution der Vertebraten wesentlich waren, und erläutern Sie, wie jede zum Erfolg der Wirbeltiere beigetragen hat.

10 Im Jahr 1928 hat Walter Garstang die Hypothese aufgestellt, dass die Tunikaten der Vorläuferlinie der Vertebraten ähneln. Erläutern Sie die Garstang'sche Hypothese.

11 Grenzen Sie die Ostracodermier von den Placodermiern ab. Welche bedeutenden evolutiven Fortschritte hat jede dieser Gruppen zur Evolution der Vertebraten beigesteuert? Was sind Conodonten?

12 Erläutern Sie, wie sich die Zoologen die Evolution des Wirbeltierkiefers vorstellen.

Weiterführende Literatur

Ahlberg, P. (Hrsg.): Major events in early vertebrate evolution. Taylor & Francis (2001); ISBN: 0-4152-3370-4. *Die Evolution der Vertebraten bis zur Aufspaltung der wichtigsten kiefertragenden Fischgruppen, einschließlich molekularer, paläontologischer und embryologischer Daten. Viele bedeutende Beiträge, aber manche Schlussfolgerungen sind umstritten.*

Alldredge, A. (1976): Appendicularians. Scientific American, vol. 235 (Juliausgabe): 94–102. *Beschreibt die Biologie der Larvaceen, die fragile Gehäuse zum Beutefang bauen.*

Benton, M. (2004): Vertebrate Palaeontology. 3rd edition. Blackwell; ISBN: 0-6320-5637-1. *Ein Lehrbuch über ausgestorbene Wirbeltiere mit guten Illustrationen und einleitenden allgemeinen Kapiteln.*

Bone, Q. (1979): The origin of chordates. Oxford University Press; ISBN: 0-1991-4118-5. *Synthese von Hypothesen und ein weites Feld von Unstimmigkeiten in Bezug auf ein ungelöstes Problem.*

Bowler, P. (1996): Life's splendid drama: evolutionary biology and the reconstruction of life's ancestry 1860–1940. University of Chicago Press; ISBN: 0-2260-6921-4 (gebunden), 0-2260-6922-2 (broschiert). *Gründliche und gut geschriebene Abhandlung über die wissenschaftlichen Debatten über die Rekonstruktion der Geschichte des Lebens auf der Erde; Kapitel 4 behandelt Theorien zum Ursprung der Chordaten und der Vertebraten.*

Carroll, R. (1997): Patterns and processes of vertebrate evolution. Cambridge University Press; ISBN: 0-5214-7809-X. *Eine umfassende Analyse der evolutiven Vorgänge, die großräumige Änderungen in der Evolution der Vertebraten beeinflusst haben.*

Forey, P. und P. Janvier (1994): Evolution of the early vertebrates. American Scientist, vol. 82: 554–565. *Fasst die Biologie und Evolution vieler Gruppen der Ostracodermi und anderer primitiver Craniaten zusammen.*

Gans, C. (1989): Stages in the origin of vertebrates: analysis by means of scenarios. Biological Reviews, vol. 64: 221–268. *Fasst die diagnostischen Merkmale der Protochordaten und Urwirbeltiere zusammen und präsentiert ein Szenario für den Protochordaten/Vertebratenübergang.*

Gee, H. (1996): Before the backbone: views on the origin of the vertebrates. Springer; ISBN: 0-4124-8300-9. *Herausragende Übersicht über die vielen Hypothesen zum Ursprung der Wirbeltiere. Gee verknüpft in seiner Diskussion einen großen Teil der neueren genetischen, entwicklungsbiologischen und molekularbiologischen Befunde.*

Gould. S. (1989): Wonderful life: the Burgess Shale and the nature of history. Norton & Co.; ISBN: 0-0992-7345-4. *Eine weit ausgreifende, sehr hübsch illustrierte persönliche Sichtweise über (beinahe ausschließlich) das Leben der Wirbeltiere.*

Jeffries, R. (1986): The ancestry of vertebrates. Cambridge University Press; ISBN: N.N. *Dieses (vergriffene) Buch ist eine ausgezeichnete Zusammenfassung der Gruppen der Deuterostomier und der verschiedenen, konkurrierenden Hypothesen über die Abstammung der Vertebraten.*

Kardong, K. (2005): Vertebrates: Comparative Anatomy, Function, Evolution. 4th Edition. McGraw-Hill; ISBN: 0-0712-4457-3.

Long, J. (1995): The rise of fishes: 500 million years of evolution. Johns Hopkins University Press; ISBN: 0-8018-5438-5. *Eine fachkundige, großzügig illustrierte Evolutionsgeschichte der Fische.*

Maisey, J. (1996): Discovering fossil fishes. Holt & Co.; ISBN: 0-81333-807-7. *Hübsch bebilderte Chronologie zur Evolution der Fische mit einer kladistischen Analyse der evolutiven Verwandtschaftsbeziehungen.*

Meyer, A. und R. Zardoya (2003): Recent advances in the (molecular) phylogeny of vertebrates. Annual Reviews in Ecology, Evolution and Systematics, vol. 34: 311–338. *Umfassender Übersichtsartikel, der den Versuch unternimmt, eine aktuelle Stammbaumanalyse der Wirbeltiere auf der Grundlage molekularbiologischer Befunde zu präsentieren.*

Nielsen, C. (2001): Animal Evolution. Interrelationships of the Living Phyla. 2. Auflage. Oxford University Press; ISBN: 0-1985-0682-1. *Ein Standardwerk über die Evolution des gesamten Tierreichs, das die Evolution der Chordaten und Vertebraten im Kontext der Tierevolution an sich präsentiert.*

Pough, F./C. Janis/J. Heiser (2004): Vertebrate Life, 7th edition. Prentice Hall; ISBN: 0-13-145310-6.

Stokes, M. und N. Holland (1998): The lancelet. American Scientist, vol. 86, no. 6: 552–650. *Beschreibt die historische Rolle der Lanzettfische bei der Formulierung der frühen Hypothesen zur Abstammung der Wirbeltiere und fasst neuere Molekulardaten zusammen, die das Interesse an Amphioxus neu entfacht haben.*

Weitere Informationen zu diesem Buchkapitel finden Sie auf der Companion-Website unter
http://www.pearson-studium.de

Fische

Phylum Chordata, Classis Myxini, Classis Cephalaspidomorphi, Classis Chondrichthyes, Classis Actinopterygii, Classis Sarcopterygii

24.1 Ahnenreihe und Verwandtschaftsbeziehungen wesentlicher Fischgruppen 757

24.2 Rezente kieferlose Fische 759

24.3 Classis Chondrichthyes: Die Klasse der Knorpelfische 765

24.4 Osteichthyes: Die Knochenfische 771

24.5 Bauliche und funktionelle Anpassungen der Fische 778

Zusammenfassung 793

Übungsaufgaben 794

Weiterführende Literatur 795

Fische

Im alltäglichen Sprachgebrauch bezieht sich der Begriff „Fisch" auf eine sehr gemischte Kollektion wasserlebender Tiere. Man verwendet den Begriff in Zusammensetzungen wie Tintenfisch sogar für Tiere, von denen jedermann genau wissen sollte, dass es sich bei ihnen nicht um echte Fische handelt. In früheren Jahrhunderten machten nicht einmal „Biologen" diesen Unterschied. Noch die Naturgeschichtler des 16. Jahrhunderts klassifizierten Robben, Wale, Amphibien, Krokodile und sogar Flusspferde neben einer Vielzahl aquatischer Invertebraten als „Fische". Später wurden die Biologen pingeliger, eliminierten zuerst die Wirbellosen und danach die Amphibien, die Reptilien und die Säugetiere aus der sich verdichtenden Definition eines Fisches. Heute verstehen wir unter einem Fisch ein aquatisches Wirbeltier mit Kiemen, Körperanhängen in Form von Flossen (wenn vorhanden) sowie einer mit Schuppen dermaler Herkunft besetzten Haut. Selbst dieses moderne Konzept eines Fisches findet seine Berechtigung nur in seiner Nützlichkeit; eine taxonomische Einheit stellt es nicht dar. Die Fische bilden keine monophyletische Gruppe, da sich der Vorfahr der Landwirbeltiere (der Tetrapoden) innerhalb einer Fischgruppe findet (unter den Sarcopterygiern). Als Fische im evolutiven Sinne können daher alle Vertebraten definiert werden, die keine Tetrapoden sind. Da die Fische in einem für den Menschen schlecht zugänglichen Habitat leben, haben die Menschen

Hammerhai (*Sphyrna* sp.) im Pazifischen Ozean nahe der Galapagosinseln.

die bemerkenswerte Vielfalt dieser Wirbeltiere nur selten richtig zur Kenntnis genommen und zu würdigen gewusst. Ungeachtet der Frage, ob der Mensch sich den Umstand bewusst macht oder nicht, haben die Fische der Welt sich einer ausgiebigen Proliferation unterzogen, die nach heutigem Kenntnisstand etwa 24.600 rezente Arten umfasst. Das sind mehr Arten, als alle anderen Wirbeltiergruppen zusammen umfassen. Ihre Adaptionen haben sich in praktisch jede denkbare aquatische Umwelt eingepasst. Keine andere Tiergruppe bedroht ihre dominante Stellung in den Weltmeeren.

Das Leben eines Fisches ist an seine Körperform gebunden. Ihre Vormachtstellung in Fließgewässern, Seen und Ozeanen belegt die vielen Entwicklungen, mit denen Fische ihre Lebensweise mit den physikalischen Gegebenheiten ihrer aquatischen Umgebung in Einklang gebracht haben. In einem Medium, das rund achthundertmal dichter als Luft ist, können eine Forelle oder ein Hecht regungslos verharren, indem sie ihren Auftrieb durch die Regulierung der Luftmenge in der Schwimmblase an den Wasserdruck anpassen. Oder das Tier schießt vorwärts, nach oben, nach unten oder seitwärts, wobei es seine Flossen als Bremsen und Steuerruder einsetzt. Mit ausgezeichneten Organen für die Regulierung des Salz- und Wasserhaushaltes können Fische die Zusammensetzung ihrer Körperflüssigkeiten in dem von ihnen gewählten Süß- oder Meerwasserlebensraum fein an die herrschenden Verhältnisse anpassen und fein justieren. Ihre Kiemen sind die wirkungsvollsten Atmungsorgane im Tierreich, um Sauerstoff einem Medium zu entziehen, das weniger als ein Zwanzigstel des Sauerstoffgehaltes der Atmosphäre enthält. Fische besitzen ein exzellentes Riech- und Sehvermögen, dazu das einzigartige Seitenlinienorgan, das mit seiner enormen Empfindlichkeit für Strömungen und Erschütterungen im Wasser ein Sinnessystem für „Berührungen aus der Ferne" darstellt. Bei der Überwindung der physikalischen Probleme in ihrem Lebensraum unter Wasser haben die frühen Fische einen Bauplan und physiologische Strategien evolviert, welche die Evolution ihrer (landlebenden) Nachfahren sowohl vorgeprägt wie auch eingeschränkt haben.

Ahnenreihe und Verwandtschaftsbeziehungen wesentlicher Fischgruppen 24.1

Die Fische blicken auf eine lange Ahnenreihe zurück, die sich von einem unbekannten, freischwimmenden Protochordatenurahn herleitet (Hypothesen zur Abstammung der Chordaten und der Wirbeltiere werden in Kapitel 23 erörtert). Die frühesten Wirbeltiere waren eine lose, paraphyletische Gruppe kieferloser Fische (**Agnatha**), zu der die Ostracodermi gehörten (siehe Abbildung 23.14). Eine Ostracodermengruppe brachte die **Gnathostomier** (Kiefermäuler) hervor.

Die kieferlosen Agnatha umfassen neben den ausgestorbenen Ostracodermi die rezenten **Schleimaale** und **Neunaugen** – Fische, die parasitär oder als Aasfresser leben. Obwohl die Schleimaale keine Wirbel besitzen und die Neunaugen nur rudimentäre, werden sie nichtsdestotrotz in den Unterstamm Vertebrata gestellt, weil sie ein Cranium sowie viele weitere Wirbeltierhomologien aufweisen. Obgleich die Schleimaale und die stärker abgeleiteten Neunaugen sich oberflächlich sehr ähnlich sehen, sind sie tatsächlich so verschieden voneinander, dass sie von den Zoologen in getrennte Klassen eingeordnet werden.

Alle übrigen Fische besitzen paarige Körperanhänge und Kiefer und werden mit den Tetrapoden (den landlebenden Vertebraten) in die monophyletische Gruppe der Gnathostomier eingruppiert. Sie erscheinen in der Fossilgeschichte im späten Silur mit voll ausgebildeten Kiefern; zwischen den Agnathen und den Gnathostomiern ansiedelbare Zwischenformen sind nicht bekannt. Im Verlauf des Devons, das auch als das „Zeitalter der Fische" bezeichnet wird, waren mehrere unterscheidbare Gruppen kiefertragender Fische wohl repräsentiert. Eine dieser Gruppierungen, die Placodermi (Abbildung 23.27) starb im erdgeschichtlich nachfolgenden Zeitalter des Karbons wieder aus, ohne Nachfahren zu hinterlassen. Eine zweite Gruppe, die **Knorpelfische** der Klasse Chondrichthyes (Haie, Rochen und Chimären) verlor die schwere dermale Panzerung der frühen kiefertragenden Fische und begann, für ihre Skelette Knorpel anstelle von Knochen zu verwenden. Die meisten Vertreter dieser Gruppe sind aktive Jäger mit hai- oder rochenartiger Gestalt, die im Verlaufe der folgenden Erdepochen nur geringe Wandlungen durchmachten. Als Gruppe erlebten die Haie und ihre Verwandten eine Blütezeit im Paläozoikum während des Devons und des Karbons, waren aber am Ende des Paläozoikums (Oberes Perm, vor 250 Millionen Jahren) vom Aussterben bedroht. Im frühen Mesozoikum konnten sie sich erholen und durchliefen eine Radiation zu der bescheidenen, aber durch und durch erfolgreichen Gruppierung der modernen Haie und Rochen, die alle Meere bevölkern (▶ Abbildung 24.1).

Die beiden anderen Gruppen der gnathostomen Fische, die **Acanthodii** (Stachelhaie; siehe weiter oben) und die **Knochenfische**, waren während des Devons gut vertreten. Die Stachelhaie haben den Knochenfischen in gewisser Hinsicht geähnelt, unterschieden sich jedoch von diesen durch den Besitz starker Dornen an allen Flossen mit Ausnahme der Schwanzflosse. Sie starben im unteren Perm (296 bis 272,5 Millionen Jahre vor unserer Zeit) aus. Obwohl die Verwandtschaftsbeziehungen der Acanthodii weiterhin heftig debattiert werden,

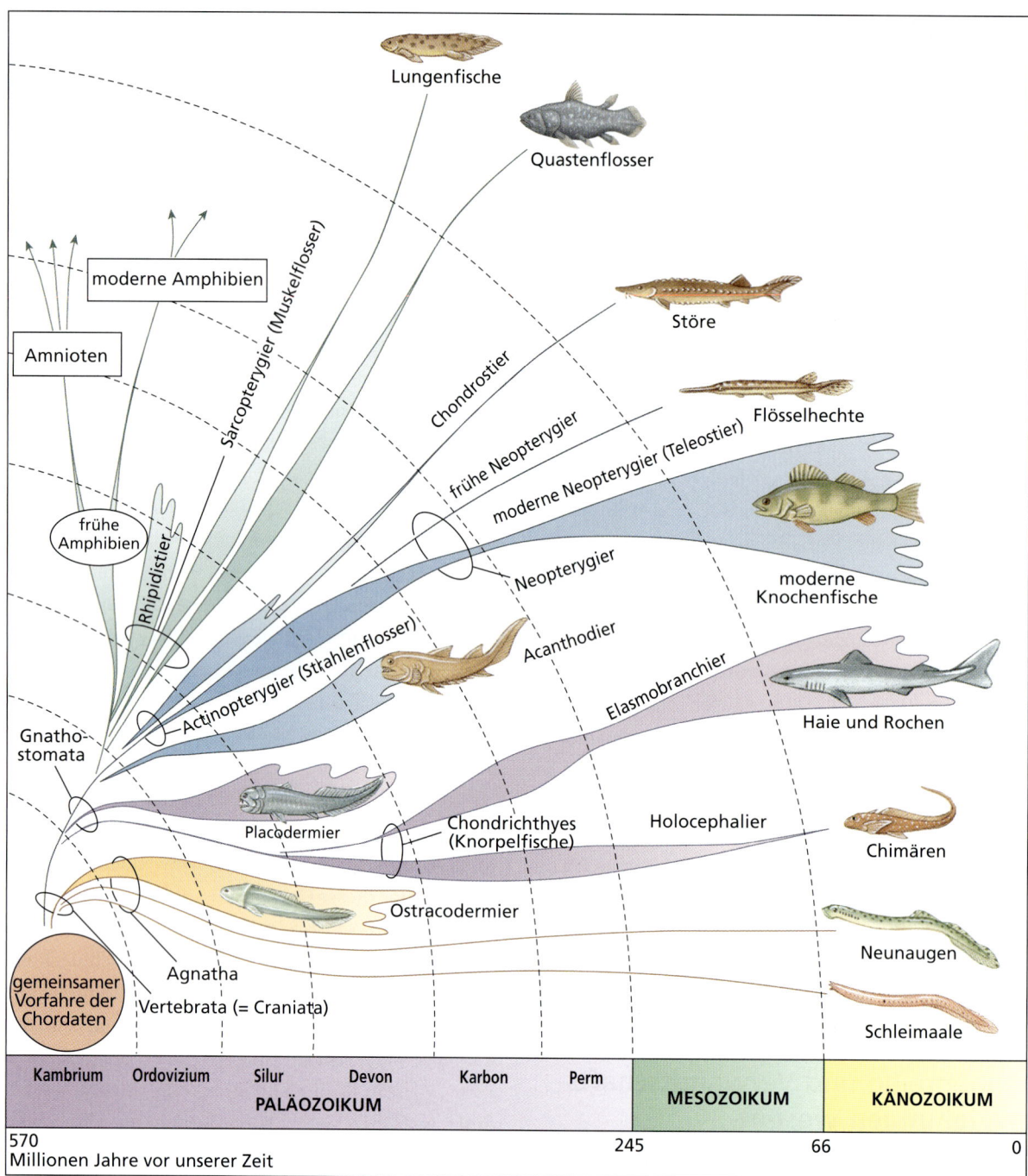

Abbildung 24.1: Grafische Darstellung des Stammbaums der Fische. Deutlich wird die Evolution der Hauptgruppen im Verlauf der geologischen Zeitalter. Zahlreiche Abstammungslinien ausgestorbener Fische sind aus Gründen der Übersichtlichkeit nicht berücksichtigt worden. Die verbreiterten Abschnitte der Evolutionslinien stellen Perioden adaptiver Radiation der betreffenden Gruppe und deren erreichte relative Artenzahl dar. Die Muskelflosser (Sarcopterygier) durchlebten beispielsweise im Devon eine Blüte; danach nahm die Artenvielfalt ab, und heute ist die Gruppe nur durch vier überlebende Gattungen repräsentiert (Lungenfische und Quastenflosser). Homologien, die sich bei den Sarcopterygiern und den Tetrapoden finden, führen auf die Schlussfolgerung, dass diese beiden Gruppen einen Kladus bilden. Die Haie und die Rochen radiierten während des Karbons und erlebten im Perm einen Niedergang, um sich dann im Mesozoikum erneut zu verbreiten. Nachzügler der Fischevolution sind die in ihrer Vielfalt spektakulären modernen Fische – die Teleostier – welche die meisten rezenten Fischarten stellen.

teilen viele Autoren die Ansicht, dass es sich bei ihnen um eine Schwestergruppe der Knochenfische handelt. Die **Knochenfische** (Osteichthyes; ▶ Abbildung 24.2) sind heute die dominierende Gruppe der Fische. Man unterscheidet innerhalb der Knochenfische zwei abgrenzbare Gruppen. Von diesen ist die Gruppe der **Strahlenflosser** (Classis Actinopterygii) die bei weitem vielfältigere; die Strahlenflosser haben sich unter Ent-

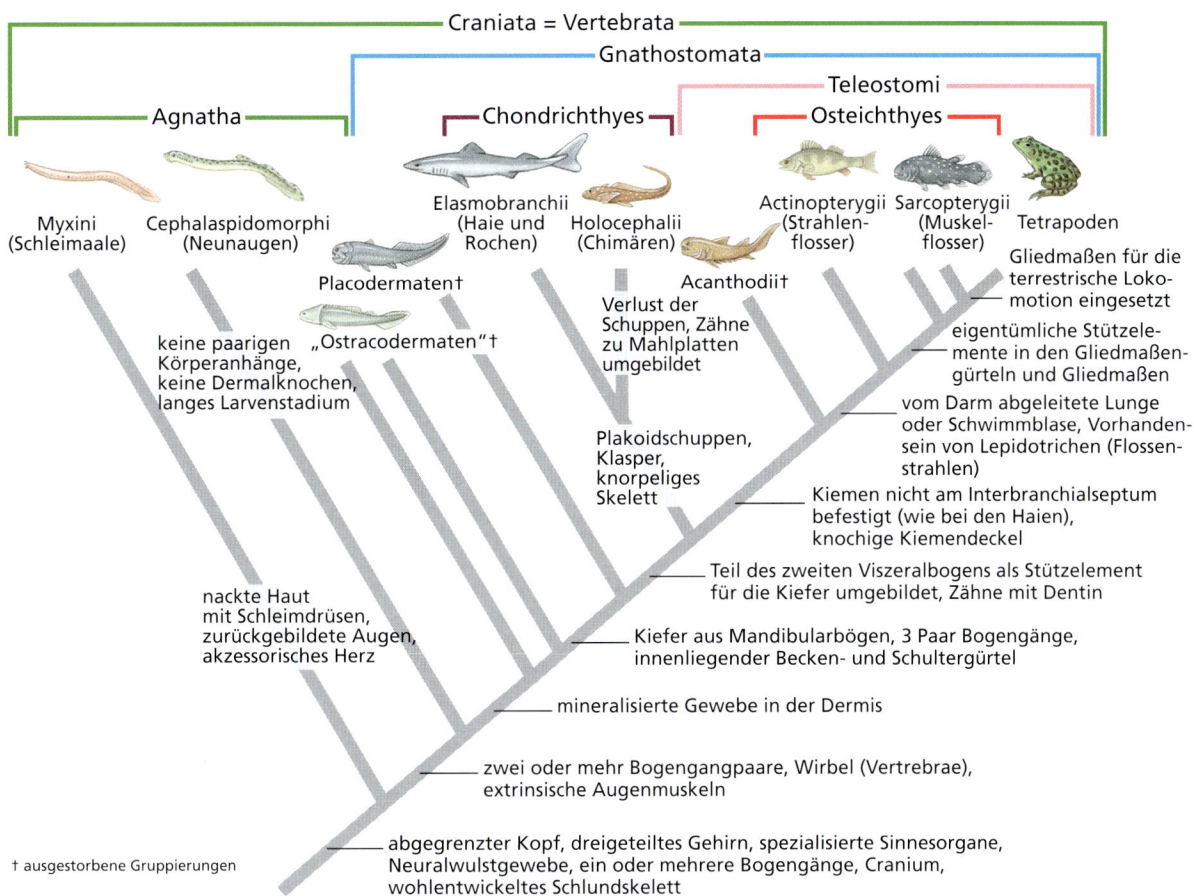

Abbildung 24.2: Kladogramm der Fische. Dargestellt werden die wahrscheinlichen Verwandtschaftsbeziehungen der wesentlichen monophyletischen Fischtaxa. Mehrere alternative solcher verwandtschaftlicher Beziehungsschemata sind vorgeschlagen worden. Ausgestorbene Gruppen sind durch ein Kreuz (†) gekennzeichnet. Einige der gemeinsamen abgeleiteten Merkmale, welche die Verzweigungspunkte definieren, sind rechts des jeweiligen Verzweigungspunktes angegeben. Die Gruppen der Agnatha und der Osteichthyes werden aus Gründen der Tradition und der Nützlichkeit in der Systematik weiterhin anerkannt und verwendet, weil den Mitgliedern ein breites Spektrum struktureller wie funktioneller Organisationsmuster gemeinsam ist, obgleich paraphyletische Baueinheiten in der kladistischen Klassifikation gemeinhin abgelehnt werden.

wicklung der meisten modernen Knochenfische verbreitet. Die andere Gruppe, die **Muskelflosser** (Classis Sarcopterygii) enthält nur wenige rezente Arten, schließt aber die Schwestergruppe der Tetrapoden ein. Die Muskelflosser sind heute durch die Lungenfische und die Quastenflosser vertreten – kümmerliche Überreste einst bedeutender Vorkommen, die im Devon ihre Blütezeit hatten (Abbildung 24.1). Eine Klassifizierung der wesentlichen Fischtaxa findet sich gegen Ende dieses Kapitels (Kasten „Klassifizierung der rezenten Fische").

Rezente kieferlose Fische 24.2

Die rezenten kieferlosen Fische werden durch näherungsweise 106 Arten repräsentiert, die in einer von zwei Klassen angeordnet werden: den Myxiniden (Schleimaale) mit ca. 65 Arten und die Cephalaspidomorphi (Neunaugen) mit 41 Arten (▶ Abbildungen 24.3 und ▶ 24.4). Den Angehörigen beider Gruppen fehlen die Kiefer, eine innere Ossifikation (= Knochenbildung), Schuppen sowie paarige Flossen. Beiden Gruppen gemeinsam sind runde, porenartige Kiemenöffnungen und ein gestreckter, aalförmiger Körper.

In anderer Hinsicht sind die beiden Gruppen jedoch sehr verschieden. Die Schleimaale sind zweifelsohne die weniger stark abgeleitete Gruppierung, während die Neunaugen viele abgeleitete morphologische Merkmale aufweisen, die sie phylogenetisch viel näher zu den Gnathostomiern als zu den Schleimaalen stellen. Aufgrund dieser Unterschiede sind die Schleimaale und die Neunaugen getrennten Wirbeltierklassen zugeordnet worden. Die Gruppierung Agnatha (Kieferlose) ist daher heute ein paraphyletischer Zusammenschluss ohne taxonomischen Rang.

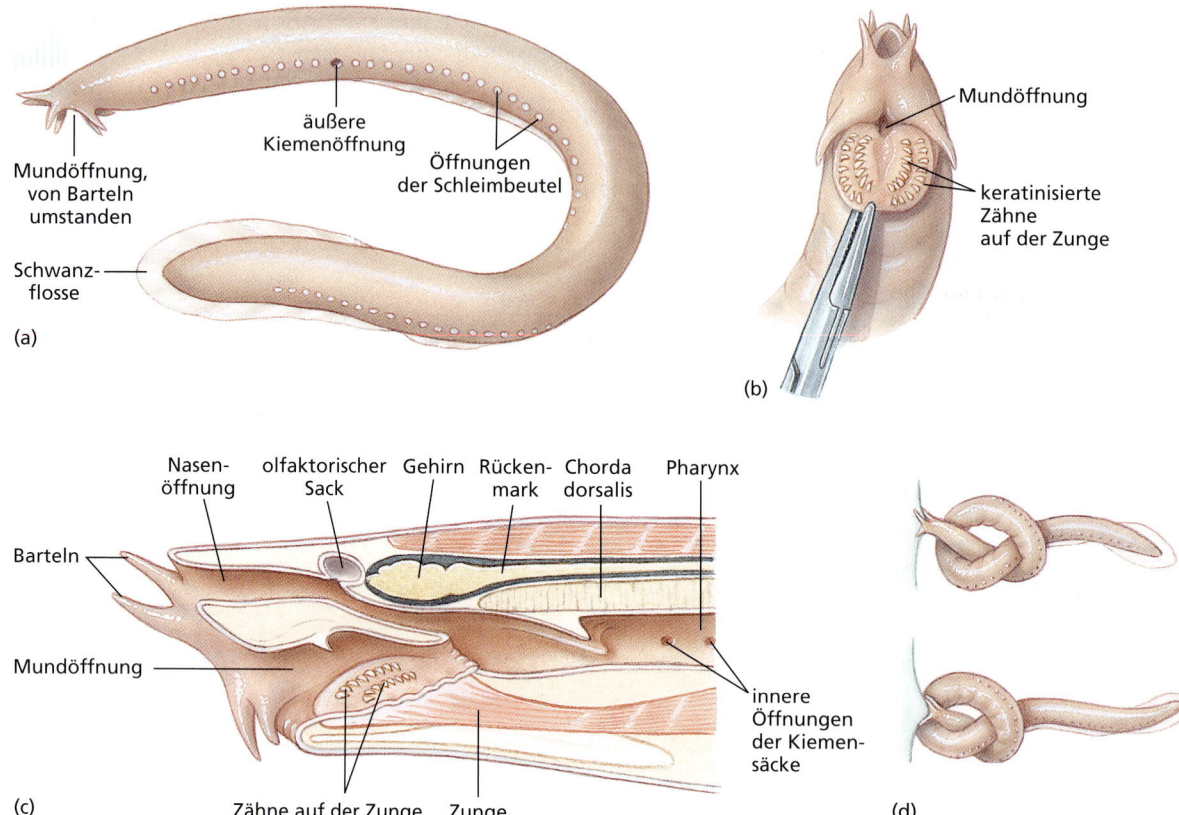

Abbildung 24.3: **Der Atlantische Schleimaal (*Myxine glutinosa*; Classis Myxini).** (a) Gestalt des Tieres; (b) Ventralansicht des Kopfes, auf der die keratinisierten Zähne erkennbar sind, die der Fisch verwendet, um während der Nahrungsaufnahme Teile von Beutetieren abzuraspeln; (c) Sagittalschnitt durch die Kopfregion (man beachte die zurückgezogene Lage der Raspelzunge und die inneren Öffnungen, die zu einer Reihe von Kiemensäcken führen); (d) Knotenbildung beim Schleimaal; man erkennt, wie sich der Fisch einen Widerstand mit Hebelwirkung verschafft, um Fleisch aus seinem Beutetier herausreißen zu können.

24.2.1 Classis Myxini: Schleimaale

Die Schleimaale sind eine vollständig marine Gruppe, die sich von Anneliden, Mollusken, Crustaceen sowie von toten oder sterbenden Fischen ernährt. Sie sind also nicht parasitisch wie die Neunaugen, sondern Aasfresser und Jäger. Man kennt etwa 65 Schleimaalarten. Zu den bekanntesten Arten gehören der Atlantische Schleimaal (*Myxine glutinosa*; gr. *myxa*, Schleim + lat. *glutinis*, Leim; Abbildung 24.3) und der Pazifische Schleimaal (*Eptatretus stouti*; gr. *hepta*, sieben + *tretos*, durchlöchert). Obwohl die meisten vollständig blind sind, werden Schleimaale von Nahrung – insbesondere toten oder sterbenden Fischen – schnell angelockt. Ein Schleimaal dringt in den Körper eines toten oder im Sterben begriffenen Tieres durch eine Körperöffnung ein, oder indem er sich hineinfrisst. Unter Verwendung zweier bezahnter, keratinisierter Platten auf seiner Zunge, die sich pinzettenartig zusammenlegen können, raspelt der Schleimaal Fleischstücke von seiner Beute ab. Um besseren Halt zu erlangen, verknoten Schleimaale oft ihren Schwanz und schieben diesen Knoten am Körper entlang, bis er fest an die Seite des Beutetiers gepresst liegt (Abbildung 24.3 d).

Schleimaale sind bekannt für ihre Fähigkeit, enorme Mengen an Schleim abzusondern. Wenn sie sich gestört fühlen, sondert ein Schleimaal eine milchige Flüs-

Abbildung 24.4: **Ein Meerneunauge (*Petromyzon marinus*).** Dieses Tier ernährt sich von den Körperflüssigkeiten eines sterbenden Fisches.

MERKMALE

■ Classis Myxini

1. Körper schlank, aalartig, abgerundet, mit **nackter Haut, die Schleimdrüsen enthält**.
2. **Keine paarigen Körperanhänge**, keine Rückenflosse (die Schwanzflosse erstreckt sich entlang der Dorsalseite nach anterior).
3. **Fibröses** und **knorpeliges Skelett**; Chorda dorsalis immer vorhanden.
4. Beißender Mund mit zwei Reihen vorstreckbarer Zähne, aber keine Kiefer.
5. Herz mit Sinus venosus, Atrium und Ventrikel; **akzessorische Herzen**, Aortenbögen im Kiemenbereich.
6. Fünf bis sechzehn Kiemenpaare mit einer variablen Anzahl von Kiemenöffnungen.
7. Segmentierte, mesonephrische Niere; marin, Körperflüssigkeiten isoosmotisch mit Meerwasser.
8. Verdauungssystem **ohne Magen**; keine Spiralklappen oder Cilien im Verdauungstrakt.
9. Dorsaler Nervenstrang mit differenziertem Gehirn; **kein Cerebellum**; zehn Paare Hirnnerven; dorsale und ventrale Nervenwurzeln vereinigt.
10. Sinnesorgane für Geschmack, Geruch und Hören; **Augen degeneriert; ein Paar Bogengänge**.
11. Geschlechter getrennt (Ovarien und Testes im selben Individuum, doch nur ein Organtyp funktionstüchtig); externe Befruchtung; große, dotterige Eier; **kein Larvenstadium**.

sigkeit aus speziellen Drüsen entlang des Körpers ab. Bei Kontakt mit Meerwasser bildet diese Flüssigkeit einen Schleim, der so schlüpfrig ist, das es beinahe unmöglich wird, das Tier zu ergreifen.

Anders als es bei allen übrigen Wirbeltieren der Fall ist, stehen die Körperflüssigkeiten bei den Schleimaalen im osmotischen Gleichgewicht mit dem Meerwasser – so, wie bei den meisten im Meer lebenden Wirbellosen. Die Schleimaale weisen noch weitere anatomische und physiologische Besonderheiten auf, darunter ein Niederdruckkreislaufsystem, das zusätzlich zum Hauptherzen von drei akzessorischen Herzen in Bewegung gehalten wird, die hinter den Kiemen liegen.

Um die Fortpflanzungsbiologie der Schleimaale hüllt sich immer noch ein weitgehendes Geheimnis, und das ungeachtet der Tatsache, dass die Kopenhagener Akademie der Wissenschaften vor mehr als 100 Jahren einen bis heute nicht ausgezahlten Preis für Informationen über die Fortpflanzungsgewohnheiten der Tiere ausgesetzt hat. Man weiß immerhin, dass die Weibchen bei einigen Arten die Männchen in der Individuenzahl um den Faktor 100 übertreffen, und dass sie eine kleine Anzahl überraschend großer, dotterreicher Eier von – je nach Art – 2 bis 7 cm (Zentimeter!) Durchmesser produzieren. Es existiert kein Larvenstadium.

24.2.2 Classis Cephalaspidomorphi (Petromyzontes): Neunaugen

Alle Neunaugen der nördlichen Halbkugel gehören der Familie Petromyzontidae (gr. *petros*, Stein + *myzon*, saugen) an. Der Gruppenname bezieht sich auf die Gewohnheit von Neunaugen, sich mit dem Mund an einem Stein festzusaugen und sich so der Strömung entgegenzustellen. Das marine Meerneunauge *(Petromyzon marinus)* findet sich im Atlantik und kann eine Länge von 1 m erreichen (Abbildung 24.4). Die Gattung *Lampetra* (lat. *lambo*, auflecken oder aufwischen) ist in Nordamerika und Eurasien ebenfalls weit verbreitet und erreicht eine Länge von 15 bis 60 cm. In Nordamerika sind 22 Neunaugenarten bekannt. Etwa die Hälfte davon gehört zum nichtparasitären „Bachtyp"; die übrigen leben parasitisch. Die Gattung Ichthyomyzon (gr. *ichthyo*, Fisch + *myzon*, saugen), zu der drei parasitische und drei nichtparasitische Arten gehören, ist auf das östliche Nordamerika beschränkt. An der nordamerikanischen West-

Exkurs

Während die einzigartigen anatomischen und physiologischen Merkmale der seltsamen Schleimaale für den Biologen interessant sind, haben die Myxiniden nie einen Platz in der Sport- oder der Berufsfischerei erlangt. In der Frühzeit des kommerziellen Fischfangs, in der man hauptsächlich mit Kiemennetzen und Senkleinen gefischt hat, haben sich oft Schleimaale in die Körper der gefangenen Fische verbissen und die Innereien gefressen, bis schließlich nur noch ein wertloser Sack Haut und Knochen übrig war. Als die großen und sehr effizienten Schleppnetze in Mode kamen, hörten die Schleimaale auf, als Schädlinge der Fischereiwirtschaft eine Rolle zu spielen.

STELLUNG IM TIERREICH

■ Fische

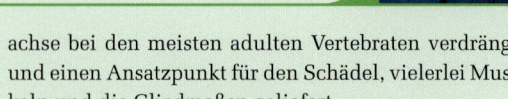

Die Fische sind eine weit gefächerte Gruppierung weitläufig miteinander verwandter, mit Hilfe von Kiemen atmender, aquatischer Wirbeltiere mit Flossen. Die Fische sind der älteste und diverseste der monophyletischen Zweige des Unterstammes Vertebrata innerhalb des Phylums Chordata. In ihm sind fünf der neun rezenten Wirbeltierklassen angesiedelt, die fast die Hälfte der angenähert 51.000 bekannten Wirbeltierarten stellen. Obwohl es sich um eine heterogene Ansammlung handelt, herrscht innerhalb der Gruppe sowie zu den tetrapoden Vertebraten phylogenetische Kontinuität. Die kieferlosen Fische – Schleimaale und Neunaugen – sind diejenigen rezenten Formen, die den im Kambrium (545 bis 495 Millionen Jahren vor unserer Zeit) erschienenen Ostracodermen am ähnlichsten sind. Die rezenten kiefertragenden Fische (Knorpelfische und Knochenfische) sind stammesgeschichtlich mit den Stachelhaien (Acanthodii) verwandt – einer Gruppe kieferbewehrter Fische, die Zeitgenossen der Placodermi im Silur (443 bis 417,5 Millionen Jahre vor unserer Zeit) und Devon (417,5 bis 358 Millionen Jahre vor unserer Zeit) waren. Die tetrapoden Vertebraten (Amphibien, Reptilien, Vögel und Säugetiere) sind die Nachfahren einer Abstammungslinie von Knochenfischen, den Sarcopterygiern (Muskelflosser). Die Evolution der Fische verlief parallel zum Auftauchen zahlreicher Fortschritte in der Geschichte der Wirbeltiere.

Biologische Merkmale

1. Der grundlegende Bauplan des Wirbeltierkörpers wurde vom gemeinsamen Vorfahren aller Vertebraten etabliert. Am wichtigsten war hierbei die Evolution **zellularisierter Knochen**. Die **Wirbelsäule** hat die Chorda dorsalis als wesentliches Stützelement der Körperlängsachse bei den meisten adulten Vertebraten verdrängt und einen Ansatzpunkt für den Schädel, vielerlei Muskeln und die Gliedmaßen geliefert.
2. Mit einem im **Cranium eingeschlossenen Gehirn** und einem **von der Wirbelsäule geschützten Rückenmark** waren die frühen Fische die ersten Tiere, die ein Zentralnervensystem besaßen, das zu guten Teilen getrennt vom restlichen Körper untergebracht war. **Spezialisierte Sinnesorgane** für den Geruch, das Sehen und das Hören evolvierten sich mit einem dreigeteilten Gehirn. Andere sensorische Neuerungen waren ein Innenohr mit halbkreisförmigen Kanälen, ein elektrosensorisches System und ein hochentwickeltes Seitenlinienorgan.
3. Die Entwicklung von **zahnbesetzten Kiefern** erlaubte das Erjagen größerer und aktiverer Beutetiere. Dies führte in der Folge zu einem Wettrüsten zwischen Jägern und Gejagten, das über die Zeiten zu einem wesentlichen richtungsgebenden Element der Wirbeltierevolution wurde.
4. Die Evolution **paariger Brust- und Bauchflossen**, die vom Schulter- bzw. Beckengürtel getragen werden, verlieh eine wesentlich verbesserte Manövrierbarkeit. Diese Flossen wurden zu den Ausgangspunkten für die Arm- und Beingliedmaßen der tetrapoden Vertebraten.
5. Die Fische entwickelten physiologische Anpassungen, die sie in die Lage versetzten, jeden denkbaren Typus aquatischer Habitate zu besiedeln. Der Ursprung der zueinander homologen Organe **Schwimmblase** und **Lunge** führte zu einer verfeinerten Auftriebs-/Schwebekontrolle und zur Verwertung atmosphärischen Sauerstoffs. Dies war eine Vorstufe für die Eroberung des festen Landes.

küste ist *Lampetra tridentatus* im Meer die Hauptform, die häufig fälschlicherweise als *P. marinus* in den Handel kommt. In Mitteleuropa kommen neben dem Meerneunauge nur noch das Flussneunauge (*Lampetra fluviatilis*) und das Bachneunauge (*Lampetra planeri*) vor.

Alle Neunaugen steigen zum Ablaichen Flüsse hinauf. Marine Arten sind anadrom (gr. *anadromus*, aufwärts wandernd) – sie verlassen also das Meer, in dem sie als Adulti leben, und schwimmen gegen die Strömung in Fließgewässern ein, um sich fortzupflanzen. In Nordamerika laichen alle Neunaugen im Winter oder Frühling. Die Männchen beginnen mit dem Nestbau, die Weibchen gesellen sich später dazu. Unter Zuhilfenahme ihrer Mundplatten heben sie Steine und Kiesel an und legen sie um; durch heftige Vibrationen des Körpers wird leichter Detritus fortgewedelt. Auf diese Weise heben sie eine ovale Mulde aus (▶ Abbildung 24.5). Zum Zeitpunkt des Ablaichens, bei dem das Weibchen sich an einem Stein festsaugt, um ihre Position über dem Nest zu halten, saugt sich das Männchen an der Dorsalseite des Kopfes des Weibchens fest. Wenn die Eier in das Nest abgelegt werden, werden sie vom Männchen befruchtet. Die klebrigen Eier bleiben an den Kieselsteinen im Nest hängen und werden rasch von Sand bedeckt. Bald nach dem Ablaichen sterben die erwachsenen Tiere.

Die Eier haben eine Brutzeit von etwa zwei Wochen, dann werden kleine Larven entlassen, die als **Ammocoeten** bezeichnet werden, weil sie sich so stark von den Elterntieren unterscheiden, dass die Biologen früherer Zeiten dachten, dass es sich um eine andere Art von Tier

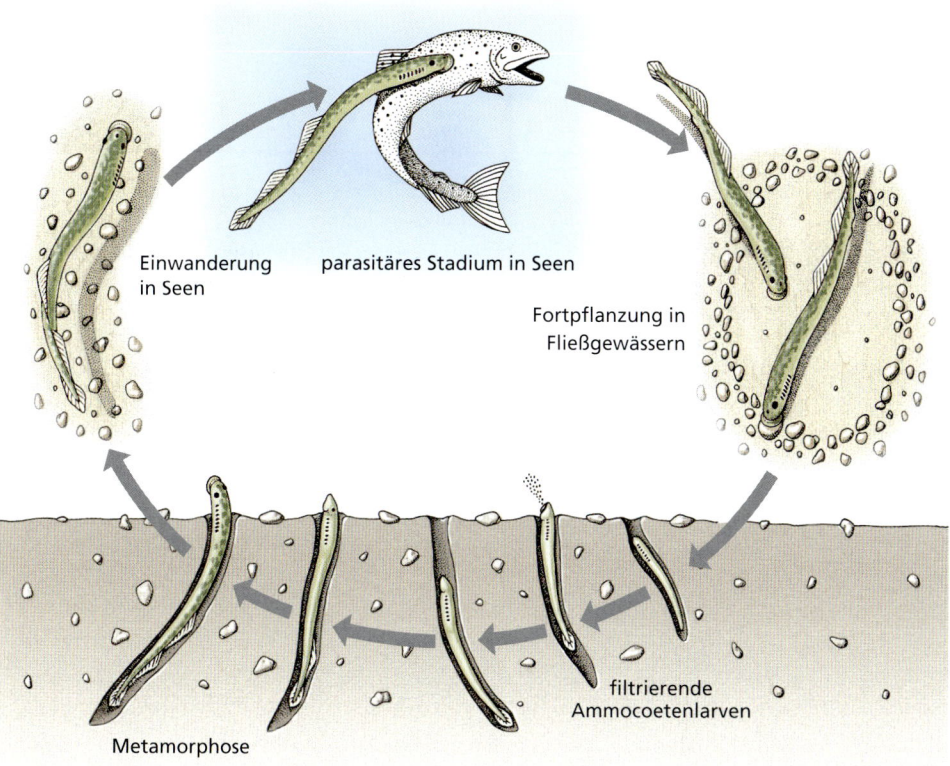

Abbildung 24.5: Meerneunauge *(Petromyzon marinus)*. Lebenslauf der permanenten Süßwasserform des Meerneunauges.

handelt. Die Larven besitzen eine erstaunliche Ähnlichkeit mit Lanzettfischchen und zeigen den grundlegenden Chordatenbauplan in so vereinfachter und leicht erfassbarer Form, dass man die Ammocoeten als chordatischen Archetypus betrachtet hat (siehe Kapitel 23). Nach der Absorption des restlichen Dotters verlassen die nun ca. 7 mm langen Ammocoeten das Nest und lassen sich mit der Wasserströmung stromabwärts treiben, bis sie sich an einem Ort mit sandigem Untergrund und geringer Strömung eingraben. Die Larven wachsen langsam über drei bis sieben oder mehr Jahre; während dieser Zeit leben sie als Filtrierer. Dann erfolgt eine schnelle Metamorphose in den Adultzustand. Mit dieser Veränderung sind das Hervorbrechen der Augen, der Ersatz der „Haube" durch die mit Keratinzähnen besetzte Oralscheibe, die Vergrößerung der Flossen, die Reifung der Gonaden sowie eine Modifikation der Kiemenöffnungen verbunden.

Parasitäre Neunaugen wandern entweder in das Meer (marine Arten) oder verbleiben im Süßwasser, wo sie sich mit ihren Saugmäulern an einen Fisch anheften, mit ihren scharfen Keratinzähnen die Haut abraspeln und Körperflüssigkeiten aus dem darunterliegenden Gewebe saugen (▶ Abbildung 24.6). Um den Blutfluss aufrecht

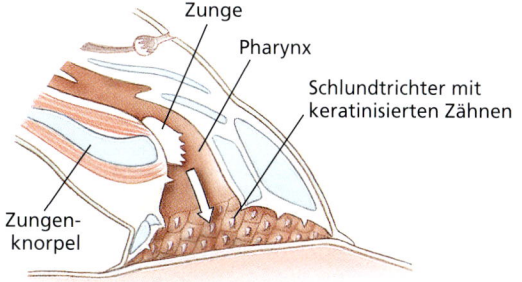

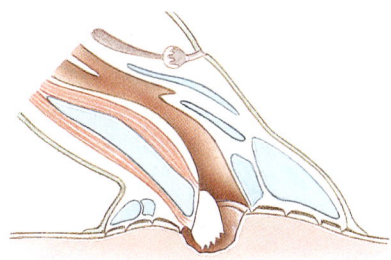

Abbildung 24.6: Darstellung der Art und Weise, wie ein Neunauge seine keratinisierte Zunge einsetzt, um zu fressen. Nachdem es sich mit Hilfe seines Saugapparates fest an einem Beutefisch verankert hat, raspelt die vorstreckbare Zunge schnell eine Öffnung in das Integument des Fisches. Körperflüssigkeiten, abgeschabte Haut und Muskeln werden verzehrt.

MERKMALE

Classis Cephalaspidomorphi (Klasse der Neunaugen)

1. Körper schlank, aalartig, abgerundet, mit nackter Haut.
2. Ein oder zwei Rückenflossen, keine paarigen Anhangsgebilde.
3. **Fibröses** und **knorpeliges Skelett**; Chorda dorsalis immer vorhanden.
4. Saugnapfartige Mundscheibe und Zunge mit gut entwickelten, keratinisierten Zähnen.
5. Herz mit Sinus venosus, Atrium und Ventrikel; Aortenbögen im Kiemenbereich.
6. Sieben Kiemenpaare; jede mit einer eigenen Kiemenöffnung nach außen.
7. Opisthonephrische Nieren (siehe Kapitel 30: „Die Wirbeltierniere"), anadrom und im Süßwasser; Körperflüssigkeiten osmotisch und in ihrer ionischen Zusammensetzung reguliert.
8. Dorsaler Nervenstrang mit differenziertem Gehirn, kleines **Cerebellum vorhanden**; zehn Paare Hirnnerven; dorsale und ventrale Nervenwurzeln sind getrennt.
9. Verdauungssystem ohne abgesetzten Magen; Intestinum mit **Spiralfalte**.
10. Sinnesorgane für Geschmack, Geruch und Hören; Augen bei den Adulti gut entwickelt; zwei Paare Halbbogengänge.
11. Geschlechter getrennt; einzelne Gonade ohne Gang; externe Befruchtung; **langes Larvenstadium** (Ammocoete).

zu erhalten, setzt das Neunauge mit dem Speichel einen gerinnungshemmenden Stoff (= Antikoagulans) in die Wunde frei. Wenn sie sich sattgefressen haben, lassen Neunaugen von ihrem Opfer ab, doch bleibt an dem betroffenen Fisch eine große, klaffende Wunde zurück, die manchmal tödlich ist. Parasitäre Adulti des Süßwassers sind ein bis zwei Jahre alt, bevor sie ablaichen; danach sterben die Tiere. Anadrome (vom Süß- ins Salzwasser oder umgekehrt wandernde) Formen leben zwei bis drei Jahre.

Nichtparasitäre Neunaugen fressen als Adulti nicht mehr; ihr Verdauungskanal verkümmert zu einem funktionslosen Gewebestrang. Innerhalb weniger Monate laichen auch sie ab und sterben danach.

Eine Besiedlung der großen Seen an der Grenze zwischen Kanada und den USA durch im Süßwasser gefangene Meerneunaugen *(Petromyzon marinus)* hat im 20. Jahrhundert eine verheerende Wirkung auf die dortige Fischereiindustrie entfaltet. Westlich der Niagara-Wasserfälle gab es bis zum Bau des Welland-Kanals im Jahr 1829 keine Neunaugen. Selbst nach der Öffnung des Kanals vergingen beinahe 100 Jahre, bevor Meerneunaugen im Eriesee entdeckt wurden. Danach breiteten sich die Meerneunaugen rasch aus. Bis zur Mitte der 40er-Jahre des 20. Jahrhunderts hatte ihre Einwanderung schon zu außerordentlich hohen Schäden in sämtlichen Gewässern der Seengruppe geführt. Keine ansässige Fischart war gegen die Angriffe der Neunaugen gefeit, doch zeigten die Neunaugen eine Vorliebe für die Seeforellen. Die umfangreiche Fischfang- und Angelindustrie mit Umsätzen von mehreren Millionen US-Dollar jährlich brach in den späten 50er-Jahren vollkommen zusammen. Die Neunaugen wandten sich danach den kommerziell wichtigen Regenbogenforellen, Weißfischen, Quappen, Flussbarschen, und Seeheringen zu. Die Bestände dieser Fische wurden in der Folge dezimiert. Dann begannen die Neunaugen, Döbeln und Gefleckten Saugern nachzustellen. Gleichzeitig mit den von ihnen attackierten Arten, begann auch der Bestand der Neunaugen selbst zurückzugehen, nachdem er 1951 im Huron- und im Michigansee, und 1961 im Oberen See Spitzenwerte erreicht hatte. Der Rückgang der Neunaugenhäufigkeit wird sowohl dem Rückgang verfügbarer Nahrung wie der Wirksamkeit von Methoden zur Eindämmung (hauptsächlich dem Einsatz von Larviziden in ausgewählten Laichgewässern) zugeschrieben. Die Seeforellen sind nunmehr – unterstützt durch ein Wiederansiedelungsprogramm – auf dem Wege der Bestandserholung. Die Verwundungsraten durch Neunaugenbefall sind im Michigansee niedrig, in einigen der anderen Seen aber immer noch hoch. Fischereiverbände experimentieren heute mit der Freisetzung steriler Neunaugenmännchen in Laichgewässer. Wenn sich fertile Weibchen mit den sterilen Männchen paaren, kommt es natürlich nicht zu einer erfolgreichen Eientwicklung.

Classis Chondrichthyes: Die Klasse der Knorpelfische 24.3

Man kennt etwa 850 rezente Knorpelfischarten. Die Chondrichthyes (gr. *chondr*, Knorpel + *ichthyo*, Fisch) sind eine alte, kompakte und hochentwickelte Gruppierung. Obwohl sie eine viel weniger umfangreiche und weniger stark diversifizierte Gruppierung sind als die Knochenfische, sichert ihnen ihre eindrucksvolle Kombination aus gut entwickelten Sinnesorganen, kraftvollen Kiefern und einer ebensolchen Schwimmmuskulatur in Verbindung mit ihrer räuberischen Lebensweise einen bleibenden Platz in der aquatischen Lebensgemeinschaft. Eines ihrer kennzeichnenden Merkmale ist das knorpelige Skelett. Obgleich der Grad der Calzifizierung in ihren Skeletten hoch sein kann, fehlen echte Knochen in dieser Klasse gänzlich – ein kurioses Evolutionsmerkmal, da die Knorpelfische sich von Vorfahren herleiten, die wohlentwickelte Knochen besessen haben. Obschon das Knochengewebe bei den Knorpelfischen verlorengegangen ist, was möglicherweise ein Ergebnis einer Neotenie ist, finden sich phosphatisierte Mineralgewebe in Form von Zähnen, Schuppen und Dornen. Fast alle Knorpelfische leben im Meer. Nur 28 Arten leben primär im Süßwasser. Mit der Ausnahme der Wale, gehören einige Haie zu den größten rezenten Wirbeltieren. Die größeren Haiarten können eine Länge von 12 m erreichen. Die vielfach in zoologischen Fortgeschrittenenkursen untersuchten Dornhaie erreichen nur selten eine Körperlänge von mehr als 1 m.

24.3.1 Subclassis Elasmobranchii: Die Unterklasse der Plattenkiemer (Haie und Rochen)

Die neun rezenten Ordnungen der Elasmobranchier kommen zusammen auf rund 815 Arten. In küstennahen Gewässern herrschen Grauhaie vor (Order Carcharhiniformes, Ordnung der Grundhaie). Zu dieser Gruppe mit typischer Haiform gehören Arten wie der Tigerhai und die Grundhaie sowie bizarrere Formen wie die Hammerhaie (▶ Abbildung 24.7). Die Ordnung der Makrelenhaie (Order Lamniformes) enthält mehrere große, pelagische Arten, die auch für den Menschen gefährlich sind, so etwa der Weiße Hai und die Makohaie. Dornhaie, mit denen Generationen von Studenten vertraut sind, die Fortgeschrittenenkurse in vergleichender Anatomie absolviert haben, gehören der Ordnung der Dornhaie (Order Squaliformes) an. Die Rochen (Glattrochen, Stechrochen, Geigenrochen, Sägerochen, Schneckenrochen,

Abbildung 24.7: Diversität bei Haien der Unterklasse der Plattenkiemer (Subclassis Elasmobranchii). (a) Hammerhai (*Sphyrna* sp.), (b) Engelhai (*Squatina* sp.), (c) Ammenhai *(Ginglymostoma cirratum)*, (d) Bullenhai (= Gemeiner Grundhai) *(Carcharhinus leucas)*, (e) Sägehai *(Pristiophorus)*, (f) Kurzflossen-Makohai *(Isurus oxyrinchus)*, (g) Weißer Hai *(Carcharodon carcharias)*, (h) Riesenhai *(Cetorhinus maximus)*, (i) Walhai *(Rhincodon typus)*, (j) Tigerhai *(Galeocerdo cuvier)*, (k) Gemeiner Fuchshai *(Alopias vulpinus)*, (l) Zwerghai *(Squaliolus laticaudus)*, (m) Riesenmaulhai *(Megachasma pelagios)*.

MERKMALE

■ **Classis Chondrichthyes (Klasse der Knorpelfische)**

1. Groß (Durchschnitt, ca. 2 m), **Körper fusiform (= spindelförmig)** oder dorsoventral plattgedrückt, mit einer **heterozerken Schwanzflosse** (bei den Chimären diphyzeral; siehe Abbildung 24.16); paarige Brust- und Bauchflossen, ein oder zwei dorsale Rückenflossen; Bauchflossen bei den Männchen zu „**Klaspern**" (äußeren Geschlechtsorganen) umgebildet.
2. **Mundöffnung ventral**; zwei olfaktorische Säcke, die sich bei den Elasmobranchiern nicht zur Mundhöhle hin öffnen; Nasenlöcher öffnen sich bei den Chimären in die Mundhöhle; Kiefer aus modifizierten Kiemenbögen.
3. Haut bei den Elasmobranchiern mit **Plakoidschuppen** oder nackt (siehe Abbildung 24.18); Haut bei den Chimären nackt; Zähne bei den Elasmobranchiern aus umgebildeten Plakoidschuppen und seriellem Ersatz; Zähne bei den Chimären zu mahlenden Platten umgestaltet.
4. **Vollständig knorpeliges Endoskelett**; Chorda dorsalis immer vorhanden, aber zurückgebildet; Wirbelkörper vollständig und getrennt (Wirbelkörper bei den Chimären vorhanden, aber Centra fehlend); Appendikular-, Gürtel- und Pharyngealskelett vorhanden.
5. Verdauungssystem mit J-förmigem Magen (Magen fehlt bei den Chimären); **Intestinum mit Spiralklappen**; oft mit großer, ölgefüllter Leber als Auftriebsorgan.
6. Kreislaufsystem aus mehreren Paaren von Aortenbögen, Dorsal- und Ventralaorta, hepatischem und renalem Portalsystem, Herz mit Sinus venosus, Atrium, Ventrikel und Conus arteriosus.
7. Atmung mit fünf bis sieben Kiemenpaaren, die bei den Elasmobranchiern in offenliegende Kiemenschlitze münden; vier, durch ein Operkulum verdeckte Kiemenpaare bei den Chimären.
8. Keine Schwimmblase oder Lunge.
9. Opisthonephrische Nieren und Rektaldrüse; Blut im Vergleich zu Meerwasser isoosmotisch oder leicht hyperosmotisch; **hohe Konzentrationen von Harnstoff und Trimethylaminoxid im Blut**.
10. Gehirn aus zwei olfaktorischen Loben, zwei Cerebralhemisphären, zwei optischen Loben, einem Cerebellum, und einer Medulla oblongata; zehn Hirnnervenpaare; **drei Paar Bogengänge**.
11. Sinne für Geruch, Schwingungen (Seitenlinie), Sehen und elektrische Felder sind äußerst gut entwickelt; Innenohr mündet über den Ductus endolymphaticus nach außen.
12. Getrenntgeschlechtlich; Gonaden paarig; Fortpflanzungsgänge münden in die Kloake (getrennte Urogenital- und Analöffnung bei den Chimären); ovipar, ovovivipar oder vivipar; direkte Entwicklung; **intrakorporale Befruchtung**.

Spiegelrochen. Stechrochen, Teufelsrochen, Zitterrochen, Mantarochen) gehören in die Ordnung der Rochenartigen (Order Rajiformes).

Über den vermeintlichen Hang von Haien, Menschen anzugreifen, ist viel geschrieben worden – sowohl von solchen Autoren, welche die gefräßige Natur dieser Fische übertreiben, wie auch von solchen, deren Absicht es offensichtlich ist, Haie als harmlos abzutun. Es ist in der Tat richtig – wie von der zweiten Gruppe betont – dass Haie von Natur aus scheu und vorsichtig sind. Es ist aber ebenso eine feststehende Tatsache, dass einige Arten dem Menschen gefährlich werden können. Die Wahrheit liegt also irgendwo in der Mitte. Es gibt zahlreiche nachgewiesene Fälle von Angriffen durch Weiße Haie der Gattung *Carcharodon* (gr. *karcharos*, scharf + *odontos*, Zahn). Ebenso sind Angriffe durch Makohaie (*Isurus* sp.; gr. *iso*, gleich + *ouros*, Schwanz), Tigerhaie (*Galeocerdo* sp.; gr. *galeos*, Hai + *kerdo*, Fuchs), Grundhaie (*Carcharhinus leucas*; gr. *karcharos*, scharf + *rhinos*, Nase + *leucos*, weiß) und Hammerhaie (*Sphyrna* sp.; gr. *sphyra*, Hammer) verbürgt. Aus den tropischen und gemäßigten Gewässern um Australien sind mehr Zwischenfälle mit Haien berichtet worden als aus jeder anderen geografischen Region. Während des 2. Weltkrieges sind mehrere Berichte über Massenangriffe von Haien auf im Meer treibende Schiffbrüchige nach Schiffsuntergängen in tropischen Gewässern bekannt geworden.

Form und Funktion

Obwohl Haie für viele Menschen von finsterer Erscheinung und furchteinflößendem Ruf sind, gehören sie doch gleichzeitig infolge ihrer Stromlinienförmigkeit zu den anmutigsten aller Fische, die sich scheinbar ohne jede Anstrengung durch das Wasser bewegen. Der Körper eines Dornhaies (▶ Abbildung 24.8) ist fusiform (spindelförmig). Vor dem ventral gelegenen Maul befindet sich das spitz zulaufende **Rostrum**. An ihrem posterioren Ende biegt sich die Wirbelsäule nach oben und endet im oberen Lappen der Schwanzflosse. Dieser Typus von Schwanzbeflossung wird **heterozerk** genannt.

24.3 Classis Chondrichthyes: Die Klasse der Knorpelfische

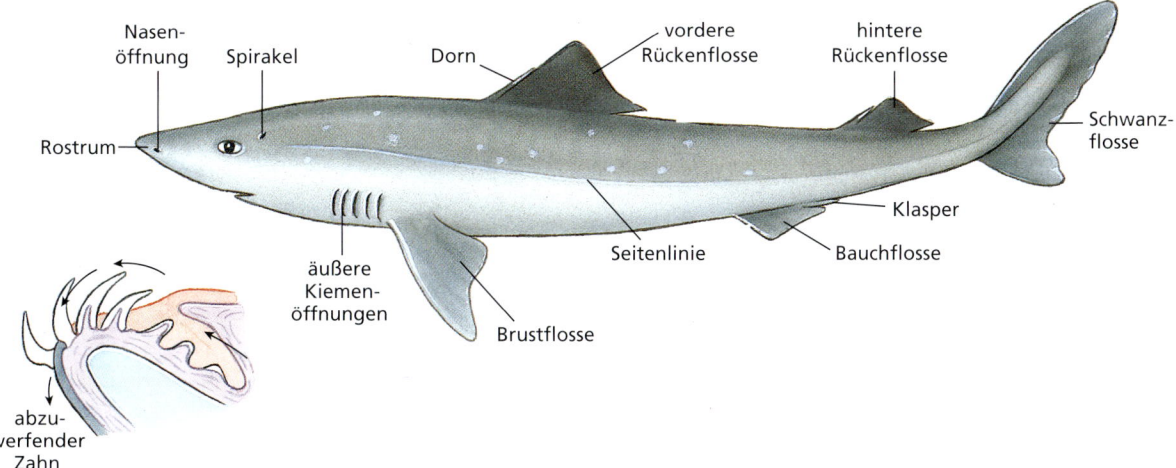

Abbildung 24.8: **Männlicher Dornhai** *(Squalus acanthias)*. Detailzeichnung: Schnitt durch den Unterkiefer. Aus der Schemazeichnung wird ersichtlich, wie sich innerhalb des Kiefers neue Zähne bilden. Diese bewegen sich nach vorn, um verloren gegangene Zähne zu ersetzen. Die Austauschrate der Zähne ist von Art zu Art unterschiedlich.

Das Tier besitzt **paarige Brust- und Bauchflossen**, die vom Appendikularskelett gestützt werden, ein oder zwei mediane **Rückenflossen** (bei *Squalus* jeweils mit einem (namensgebenden) Dorn (lat. *squalus*, größerer Meeresfisch) sowie eine mediane **Schwanzflosse** (= Kaudalflosse). Eine ebenfalls median angeordnete **Afterflosse** ist bei den meisten Haiarten, einschließlich der Glatthaie (*Mustelus*; lat. *mustela*, Wiesel), vorhanden. Bei den Männchen ist der mittlere Teil der Bauchflossen zu **Klaspern** umgebildet, die zur Kopulation eingesetzt werden. Paarige **Nasenlöcher** (blind endende Taschen) liegen ventral und anterior von der Mundöffnung (▶ Abbildung 24.9). Die lateralen Augen haben keine Lider, und hinter jedem Auge liegt für gewöhnlich ein Spirakulum (ein Überbleibsel der ersten Kiemenöffnung). Fünf Kiemenöffnungen liegen beiderseits anterior der Brustflossen. Die zähe, lederige Haut ist mit zahnartigen, dermalen **Plakoidschuppen** bedeckt, die so angeordnet sind, dass Turbulenzen des den Körper umströmenden Wassers während des beständigen Schwimmens vermindert werden.

Haie sind für ihr räuberisches Dasein gut ausgestattet. Sie verfolgen ihre Beute mit den hochempfindlichen

Exkurs

Die weltweite Haifischerei steht unter einem nie dagewesenen Druck, der von den hohen, für Haifischflossen gezahlten Preisen, erzeugt wird. Die Fänge werden zu Haifischflossensuppe verarbeitet, die in Ostasien als Delikatesse gilt (und die Preise von bis zu 40 € pro Teller erzielt). Die Populationen von in Küstennähe lebenden Haiarten sind in einem so raschen Schwinden begriffen, dass das „Flossenernten" in den USA gesetzlich verboten wurde. Diese Praxis umfasst oft ein tierquälerisches Vorgehen, bei dem den lebenden Tieren die Flossen abgetrennt werden und die noch lebenden Rümpfe wieder ins Meer geworfen werden, wo sie bewegungsunfähig zum Grund sinken und verenden. Andere Länder haben ebenfalls Fangquoten erlassen, um die bedrohten Haibestände zu schonen. Selbst im Schutzgebiet Marine Resources Reserve der Galapagosinseln – einem der als außergewöhnlich geltenden Wildtierlebensräume der Erde – sind Zehntausende von Haien illegal für den asiatischen Haifischflossenmarkt abgeschlachtet worden. Zu dem bedrohlichen Kollaps der Haifischerei in aller Welt tragen die niedrigere Vermehrungsrate der Haie und die langen Zeitspannen bis zum Erreichen der Geschlechtsreife von bis zu 35 Jahren bei.

Abbildung 24.9: **Kopf eines Sandtigerhaies** *(Carcharias* **sp.)**. Man beachte die Abfolge sukzessiver Zahngenerationen. Vorn unterhalb der Augen sind die Lorenzini'schen Ampullen zu erkennen.

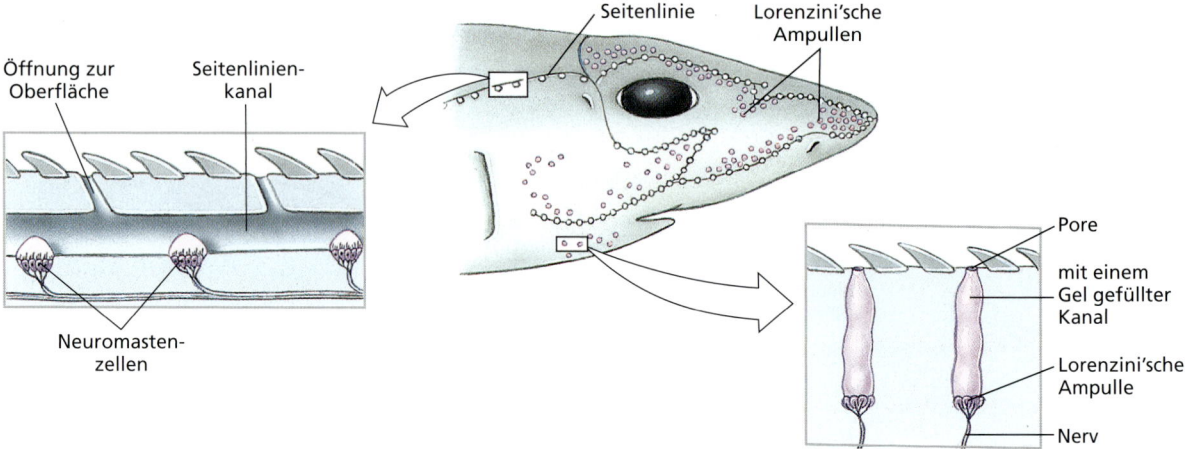

Abbildung 24.10: **Sinneskanäle und -rezeptoren beim Hai.** Die Lorenzini'schen Ampullen reagieren auf schwache elektrische Felder sowie möglicherweise auf Temperatur, Wasserdruck und Salzgehalt. Die Sensoren der Seitenlinie – Neuromasten genannt – sind empfindlich für Störungen im Wasser. Mit ihrer Hilfe ist es dem Hai möglich, in der Nähe befindliche Objekte durch reflektierte Wasserwellen wahrzunehmen.

Sinnen in mehreren Schritten. Haie können Beute mit Hilfe ihrer großen olfaktorischen Organe zu Beginn über eine Entfernung von einem Kilometer aufspüren. Dabei sind sie in der Lage, im Wasser gelöste Stoffe in einer Konzentration von 1:10 Milliarden ($1:10^{10}$) wahrzunehmen. Die seitlich angeordneten Nasenlöcher der Hammerhaie (Abbildung 24.7) können die örtliche Zuordnung von Gerüchen durch die Verbesserung der räumlichen Geruchswahrnehmung infolge des großen Abstandes zwischen den Nasenöffnungen noch verbessern. Beutetiere können weiterhin über große Entfernungen mittels niederfrequenter Schwingungen mit Hilfe von Mechanorezeptoren in der **Seitenlinie** wahrgenommen werden. Das System besteht aus spezialisierten Rezeptororganen (**Neuromasten**) in miteinander verbundenen Röhren und Poren, die sich über die Seiten und den Kopfbereich des Fisches erstrecken (▶ Abbildung 24.10). Auf kürzere Entfernungen schaltet ein Hai auf seine Augen als primäre Methode zur Verfolgung von Beutetieren um. Im Gegensatz zu einer weitverbreiteten Meinung verfügen Haie über ein ausgezeichnetes Sehvermögen, und dies selbst in spärlich von Licht durchflutetem Wasser. Im Endstadium eines Angriffes, werden Haie von den bioelektrischen Feldern geleitet, die alle Tiere umgeben. Als **Lorenzini'sche Ampullen** bezeichnete Elektrorezeptoren (Abbildung 24.9) sind in erster Linie am Kopf des Haies lokalisiert. Darüber hinaus setzen Haie ihre Elektrorezeptoren ein, um Beutetiere aufzuspüren, die im Sand des Meeresbodens vergraben liegen.

Sowohl der Ober- als auch der Unterkiefer eines Haies sind mit vielen scharfen Zähnen bewehrt. Die vordere Reihe funktioneller Zähne am Rand des Kiefers wird von Reihen in Entwicklung befindlicher Zähne gefolgt, welche die abgenutzten Zähne während des gesamten Lebens eines Haies ständig ersetzen (Abbildungen 24.8 und 24.9). Die Mundhöhle mündet in einen großen Pharynx (Schlund), der Öffnungen hin zu den einzelnen Kiemenöffnungen und Spirakeln aufweist. Ein kurzer Ösophagus mit großem Durchmesser führt zum J-förmigen Magen. Leber und Bauchspeicheldrüse (Pankreas) münden in einen kurzen, geraden Darm, der die Spiralklappe enthält, die den Nahrungsfluss verlangsamt und die Absorptionsoberfläche vergrößert (▶ Abbildung 24.11). An das kurze Rektum ist die Rektaldrüse angehängt, die nur bei den Knorpelfischen vorkommt, und die eine farblose Flüssigkeit absondert, die eine hohe Kochsalzkonzentration aufweist. Die Rektaldrüse unterstützt die opisthonephrischen Nieren bei der Regulierung des Salzgehaltes des Blutes. Die Herzkammern sind tandemartig angeordnet, und das Blut zirkuliert nach demselben Muster wie bei den anderen kiemenatmenden Vertebraten (Abbildung 24.11).

Bei allen Knorpelfischen erfolgt die Befruchtung intrakorporal. Die mütterliche Fürsorge für die Embryonen ist jedoch sehr variabel. Viele Elasmobranchier legen unmittelbar nach der Fertilisation große, dotterreiche Eier; diese Arten werden **ovipar (eierlegend)** genannt. Einige eierlegende Haie und alle Rochen legen ihre Eier in einer hornigen Schale ab, die umgangssprachlich als „Meerjungfrauentäschchen" bezeichnet wird. Diese Eihüllen sind oftmals mit Ranken versehen sind, die das erste Objekt, mit dem das Ei in Kontakt kommt, fest umschließen (etwa nach Art einer Weinranke). Die Embryonen werden für längere Zeit – bei einigen Arten für sechs

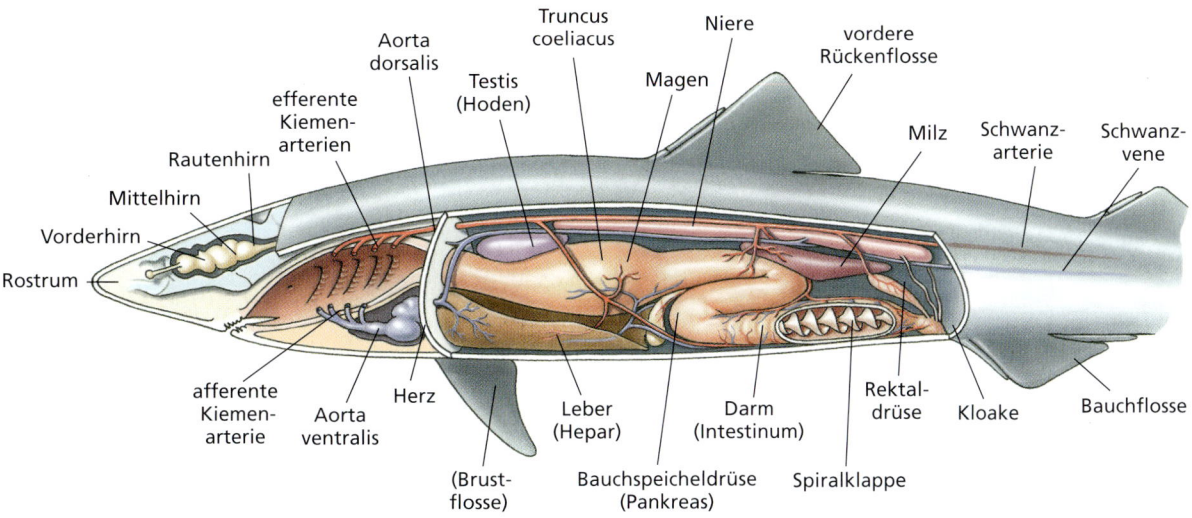

Abbildung 24.11: **Dornhai** *(Squalus acanthias).* Innerer Bau.

bis neun Monate, bei einer Art bis zu zwei Jahre – durch den im Ei enthaltenen Dottervorrat genährt, bevor die Junghaie als Miniaturausgaben der Altfische ausschlüpfen. Viele Haie halten jedoch die Embryonen für längere Zeit in ihren Fortpflanzungstrakten zurück. Einige Arten sind ovovivipar; bei ihnen verbleiben die sich entwickelnden Jungen im Uterus und ernähren sich von ihren Dottervorräten, bis sie geboren werden. Wieder andere Arten zeigen eine echt vivipare (lebendgebärende) Fortpflanzungsweise. Bei diesen Arten beziehen die Embryonen ihre Nahrung über den maternalen Blutstrom über eine Plazenta (Mutterkuchen) oder mittels nutritiver Sekrete („Uterusmilch"), die vom Muttertier erzeugt werden. Einige Haiarten (Sandtigerhaie) zeigen einen grausigen Fortpflanzungsmodus, bei dem sich die Embryonen zusätzliche Nahrung in Form ihrer Geschwister und noch nicht entwickelter Eier einverleiben. Die Evolution einer verlängerten Retention der Embryonen bei vielen Elasmobranchiern war eine bedeutsame Innovation, die zu ihrem Erfolg beigetragen hat. Ungeachtet der Form mütterlicher Unterstützung, endet alle elterliche Fürsorge bei diesen Fischen mit der Eiablage oder der Geburt der Jungen.

Marine Elasmobranchier haben eine interessante Lösung für das Problem der Existenz in einem salzigen Medium gefunden. Um zu verhindern, dass Wasser durch Osmose aus dem Körper gesaugt wird, speichern die Elasmobranchier stickstoffhaltige Verbindungen – insbesondere Harnstoff und Trimethylaminoxid – in ihrer extrazellulären Flüssigkeit. Diese gelösten Stoffe erhöhen in Verbindung mit im Blut enthaltenen Salzen (Ionen) die osmotisch wirksame Zahl gelöster Teilchen, so dass deren Gesamtkonzentration etwas über der des Meerwassers liegt, wodurch ein osmotisches Ungleichgewicht zwischen den Körpern dieser Fische und dem umgebenden Meerwasser aufgehoben wird.

Etwas mehr als die Hälfte aller Elasmobranchierarten sind Rochen – eine Gruppe, zu der Glattrochen, Stechrochen, Geigenrochen, Sägerochen, Schneckenrochen, Spiegelrochen, Stechrochen, Teufelsrochen, Zitterrochen und Mantarochen gehören. Die Meisten sind für ein Leben am Gewässergrund spezialisiert, mit einem dorsoventral abgeflachten Körper und stark vergrößerten Brustflossen, die mit dem Kopf verschmolzen sind und als Flügel zum Schwimmen eingesetzt werden (▶ Abbildung 24.12). Die Kiemenöffnungen liegen an der Kopfunterseite, die großen Spirakeln aber auf der Oberseite. Das Atemwasser wird über diese Spirakeln aufgenommen, um ein Verstopfen der Kiemen zu verhindern, da die Mundöffnung oft im Sand verborgen liegt. Ihre Zähne sind an das Zermalmen von Beutetieren wie Mollusken, Crustaceen und gelegentlich kleinen Fischen adaptiert.

Stachelrochen besitzen einen dünnen, peitschenartigen Schwanz, der mit einem oder mehreren Dornen mit gesägten Rändern besetzt ist. An der Stachelbasis befinden sich Giftdrüsen. Wunden, die von den Dornen der Rochen herrühren, sind außerordentlich schmerzhaft und verheilen oft nur langsam, wobei sich oft Komplikationen bei der Wundheilung ergeben. Zitterrochen sind geruhsame, träge Fische mit elektrischen Organen zu beiden Seiten des Kopfes (▶ Abbildung 24.13). Jedes Organ besteht aus zahlreichen, vertikalen Stapeln scheibenförmiger Zellen, die parallel angeordnet sind. Wer-

(a)

(b)

Abbildung 24.12: **Rochen sind an ein Leben auf dem Meeresboden angepasst.** Sowohl (a) dieser Rochen aus der Gruppe der echten Rochen *(Raja eglanteria)* wie (b) der amerikanische Stachelrochen *(Dasyatis americana)* sind dorsoventral abgeflacht und bewegen sich durch Wellenbewegungen der flügelartigen Brustflossen fort. (b) Dieser Rochen wird von einem Pilotfisch verfolgt.

den alle Zellen gleichzeitig entladen, entsteht ein starker elektrischer Strom (= Stromfluss mit hoher Stromstärke, I), der durch das umgebende Wasser fließt. Die erzeugte Spannung ist verhältnismäßig gering (ca. 60 bis 250 Volt), aber der Leistungsausstoß kann beinahe ein Kilowatt (1 kW) betragen. Diese Strommenge ist ausreichend, um Beutetiere zu lähmen oder Fressfeinde abzuschrecken. Zitterrochen wurden im antiken Ägypten als eine Art Elektrotherapie bei Krankheitszuständen wie Arthritis und Gicht eingesetzt.

24.3.2 Subclassis Holocephali: Die Unterklasse der Chimären

Die Angehörigen der kleinen Unterklasse der Holocephaliden, die als Chimären bezeichnet werden (▶ Abbildung 24.14) sind Überbleibsel einer Evolutionslinie,

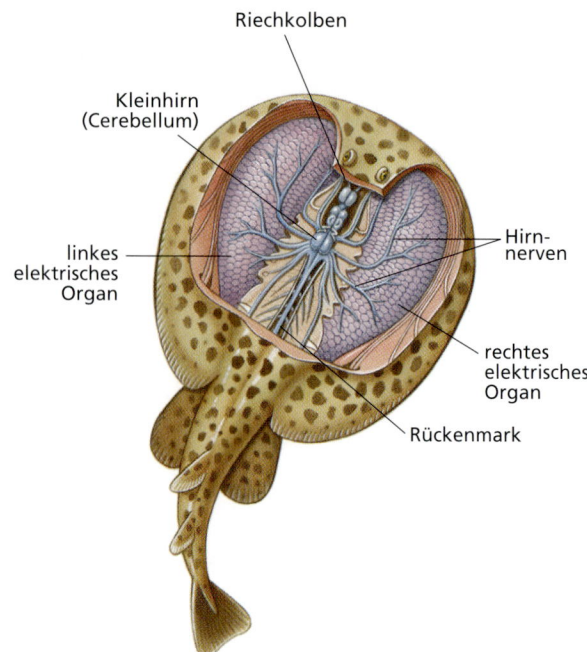

Abbildung 24.13: **Ein Zitterrochen der Gattung *Torpedo* mit freigelegten elektrischen Organen.** Die Organe bestehen aus scheibenförmigen, vielkernigen Zellen, die Elektrozyten genannt werden. Wenn alle Elektrozyten gleichzeitig entladen werden, fließt ein starker elektrischer Strom in das umgebende Wasser ab, der Beutetiere lähmt und Räuber abschreckt. Die Leistungsabgabe kann im Bereich von einem Kilowatt liegen.

die sich vor wenigstens 360 Millionen Jahren von den Haien abgesetzt hat. Mitglieder dieser Gruppierung sind unter Trivialnamen wie Seekatzen, Spöken, Seedrachen, Seeratten oder Geisterhaie geläufig. Fossile Chimären erscheinen zum ersten Mal in devonischen Ablagerungen (Devon, 417,5 bis 358 Millionen Jahre vor unserer Zeit). Ihren Zenit erreichte die Gruppe in der Kreide und im frühen Tertiär (120 bis 50 Millionen Jahre vor unserer Zeit). Seitdem ist die Artenzahl rückläufig. Heute gibt es nur 31 bekannte rezente Arten.

Abbildung 24.14: **Gefleckte Seeratte *(Hydrolagus collei)* der nordamerikanischen Westküste.** Diese Art ist eine der hübschesten Chimären. Die Fische dieser Gruppe neigen zu einem bizarren Aussehen.

Anatomisch weisen die Chimären diverse Merkmale auf, die sie mit den Elasmobranchiern in Verbindung bringen, doch verfügen sie auch über eine ganze Reihe einzigartiger Merkmale. Anstelle von Zähnen tragen ihre Kiefer große, flache Platten. Der Oberkiefer ist vollständig mit dem Cranium verwachsen – ein unter den Fischen höchst ungewöhnliches Merkmal. Ihre Nahrung besteht aus Tang, Weichtieren, Stachelhäutern, Krustentieren und Fischen – ein überraschend vielfältiger Speiseplan für Tiere mit einer derartig spezialisierten, mahlenden Bezahnung. Die Chimären besitzen keine fischereiökonomische Bedeutung und werden nur selten gefangen. Ungeachtet ihres grotesken Aussehens sind sie hübsch gefärbt, mit einem perlenartigen Schimmer.

24.4 Osteichthyes: Die Knochenfische

24.4.1 Ursprung, Evolution und Vielfalt

Im frühen bis mittleren Silur (443 bis 423 Millionen Jahren vor unserer Zeit) brachte eine Abstammungslinie der Fische mit knochigem Endoskelett einen Kladus der Vertebraten hervor, der 96 Prozent aller rezenten Fische sowie sämtliche rezenten Tetrapoden umfasst. Die Fische in diesem Kladus werden schon immer als „Knochenfische" (Osteichthyes) bezeichnet, weil man zu Anfang geglaubt hatte, dass sie die einzigen Fische mit einem knochigen Skelett seien. Obwohl man heute weiß, dass Knochen auch in zahlreichen weiteren Gruppen früher Fische auftauchen (Ostracodermi, Placodermi, Acanthodier), sind die Knochenfische und die Tetrapoden durch das Vorhandensein endochondraler Knochen (Knochen, der ontogenetisch Knorpelbildungen ersetzt; siehe Kapitel 29), sich vom Darm ableitender Lungen oder einer Schwimmblase sowie diversen cranialen und dentalen Merkmalen vereinigt.

Da die tradierte Verwendung des Begriffes Osteichthyes keine monophyletische Gruppierung beschreibt (Abbildung 24.2), erkennen die meisten neueren Klassifizierungen, einschließlich der weiter unten in diesem Kapitel gegebenen, diese Begrifflichkeit nicht als valides Taxon im Sinn der modernen Systematik an. Stattdessen wird der Begriff „Knochenfisch" verwendet, um auf bequeme Art und Weise Vertebraten mit endochondralen Knochen, die konventionsgemäß zu den Fischen zählen, zu beschreiben.

Fossilien der frühesten Knochenfische zeigen Ähnlichkeiten in Bezug auf mehrere craniopharyngeale Strukturen, einschließlich eines knochigen Operkulums und branchiostegaler Strahlen. Die Acanthodier (Abbildung 23.17) sind ein Hinweis darauf, dass diese Gruppen von einem gemeinsamen Vorfahren abstammen. Bis zur Mitte des Devons vor ungefähr 380 bis 390 Millionen Jahren hatten sich die Fische schon ausgiebig verzweigt und zwei Hauptgruppen herausgebildet. Durch die dabei entstandenen Anpassungen konnten die Fische praktisch jeden aquatischen Lebensraum (mit Ausnahme der unwirtlichsten) in Beschlag nehmen. Einer dieser Gruppen – den Strahlenflossern (Classis Actinopterygii) – gehören die modernen Knochenfische an (▶ Abbildung 24.15). Die Knochenfische bilden die artenreichste Gruppierung der rezenten Wirbeltiere. Eine zweite Gruppe – die Muskelflosser (Classis Sarcopterygii) – ist heute nur noch durch acht fischartige Vertebraten, die Lungenfische und die Quastenflosser, vertreten (Abbildungen 24.22 und 24.23). In diese Gruppierung fallen als Schwestergruppe allerdings auch alle Landwirbeltiere (= Tetrapoden).

Mehrere Hauptanpassungen haben zur Radiation der Knochenfische beigetragen. Sie besitzen einen **Kiemendeckel** (**Operkulum**) aus Knochenplatten, der die Kiemen bedeckt und mit Hilfe einer Reihe von Muskeln am Rumpf befestigt. Dieses Merkmal hat den Wirkungsgrad der Atmung erhöht, weil das regelmäßige Abspreizen der Kiemendeckel einen Unterdruck erzeugt, der das Wasser aus dem Kiemenraum heraussaugt, so dass neues Atemwasser aus dem Rachen nachströmt. Die Mundhöhle (= Rachenraum) ist bei der Erzeugung dieser Atemwasserströmung unterstützend tätig, indem er als Druckpumpe wirkt und Wasser aktiv in den Bereich der Kiemen hineindrückt. Ein mit Gas gefülltes Organderivat der Speiseröhre (die Schwimmblase) bildete ein zusätzliches Mittel zum Gasaustausch in sauerstoffarmem Wasser und erwies sich gleichzeitig als effizientes System für die Erzeugung von Auftrieb. Fortschreitende Spezialisierung der Kiefermuskulatur und der Skelettelemente des Fressapparates sind ein weiteres, die Evolution der Knochenfische kennzeichnendes Merkmal.

24.4.2 Classis Actinopterygii: Die Klasse der Strahlenflosser

Die strahlenflossigen Fische (Strahlenflosser) sind eine Gruppierung von Arten, zu der alle unsere vertrauten Knochenfische gehören – insgesamt mehr als 23.600

24 Fische

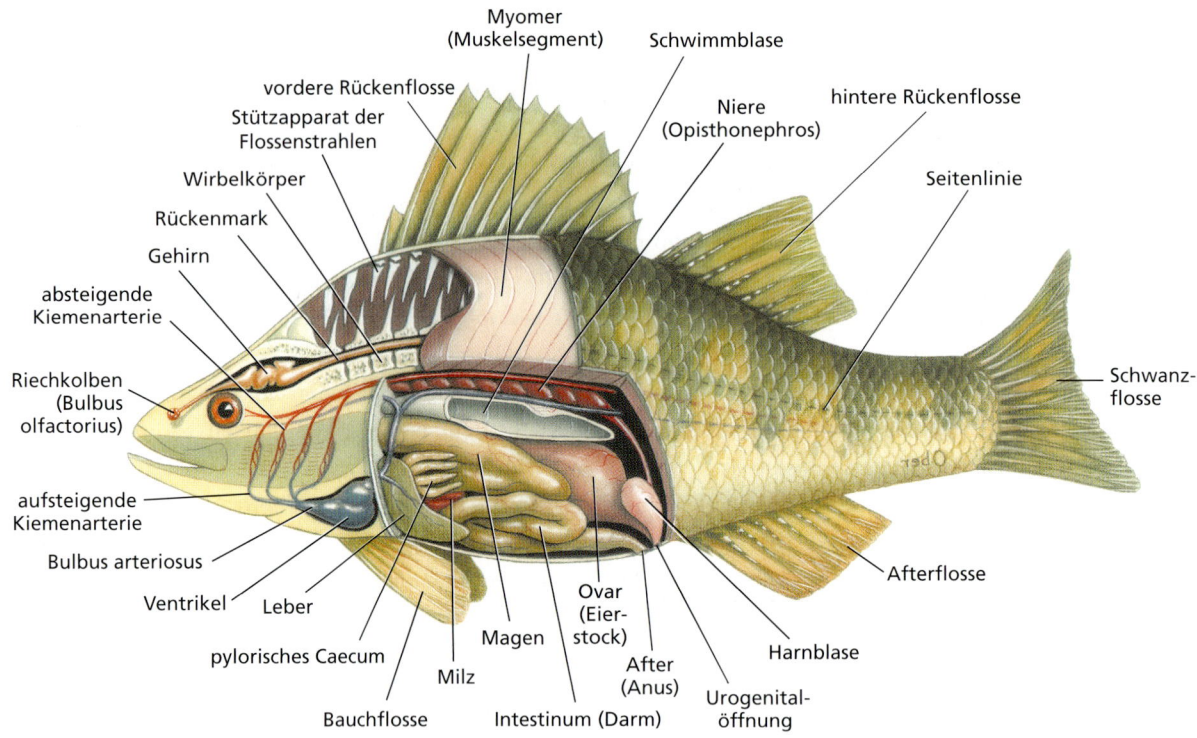

Abbildung 24.15: **Anatomie des amerikanischen Flussbarsches *(Perca flavescens)*.** Ein Teleostier des Süßwassers.

Arten. Die frühesten Actinopterygier, die **Paläonisziden** (Palaeoniscidae) waren kleine Fische mit großen Augen, einem heterozerken Schwanz (Abbildung 24.16) und dicken, verschränkten Schuppen mit einer Außenschicht aus **Ganoin** (Abbildung 24.18). Diese Fische besaßen eine einzelne Rückenflosse und zahlreiche Knochenstrahlen, die sich von Seite-an-Seite gestapelten Schuppen herleiten. Sie unterschieden sich in ihrem Erscheinungsbild deutlich von den Muskelflossern, mit denen sie sich die Gewässer des Devons teilten. Paläoniszide Fische finden sich als Fragmente in Fossilien des frühen Silurs (443 bis 428 Millionen Jahre vor unserer Zeit) und erlebten ihre Blütezeit im späten Paläozoikum (Karbon/Perm), während der gleichen Zeit, zu der die Ostracodermen, die Placodermen und die Acanthodier verschwanden und die Sarcopterygier an Häufigkeit abnahmen (Abbildung 24.1). Dies legt den Schluss nahe, dass die morphologischen Spezialisierungen, welche die Actinopterygier evolutiv herausgebildet hatten, ihnen eine ökologische Überlegenheit gegenüber den meisten anderen Fischen verliehen.

Aus diesen frühesten Strahlenflossern gingen in der Folge zwei Hauptgruppen hervor. Die mit den primitiveren Merkmalen sind die **Chondrostei** (gr. *chondros*,

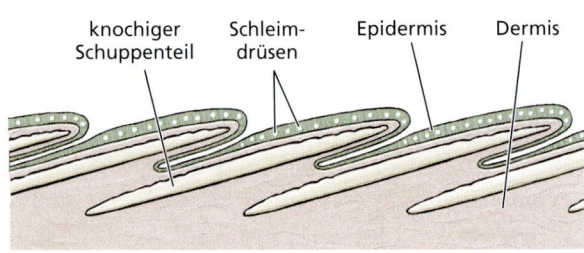

Abbildung 24.16: **Schwanzflossen.** Unterschiedliche Schwanzflossentypen von Fischen.

Abbildung 24.17: **Schematischer Schnitt durch die Haut eines Knochenfisches.** Deutlich wird die überlappende Anordnung der Schuppen (gelb). Die Schuppen liegen in der Dermis und sind von der Epidermis überzogen.

24.4 Osteichthyes: Die Knochenfische

MERKMALE

■ Classis Actinopterygii (Klasse der Strahlenflosser)

1. **Skelett mit Knochen endochondralen Ursprungs**; Schwanzflosse bei urtümlichen Formen heterozerk, bei stärker abgeleiteten Formen für gewöhnlich **homozerk** (▶ Abbildung 24.16); Haut mit Schleimdrüsen und eingebetteten Dermalschuppen (▶ Abbildung 24.17); Schuppen bei urtümlichen Formen **ganoid**, bei fortgeschritteneren Formen **zykloid, ctenoid** oder fehlend (▶ Abbildung 24.18).
2. Paarige und medianständige, durch **lange Dermalstrahlen** (**Lepidotrichien**) gestützte Flossen vorhanden; Flossenbewegungen steuernde Muskeln im Körperinneren.
3. Kiefer vorhanden; Zähne für gewöhnlich vorhanden und mit schmelzartigem Überzug; olfaktorische Säcke ohne Einmündung in die Mundhöhle; Spiralklappe bei urtümlichen Formen ausgebildet, bei fortgeschritteneren Formen fehlend.
4. Atmung primär über Kiemen, die von (Kiemen-)Bögen getragen werden und durch einen **Kiemendeckel** (Operculum) verdeckt sind.
5. **Schwimmblase** oft vorhanden, mit oder ohne einem Gang, der sie mit dem Ösophagus verbindet; fungiert für gewöhnlich als Auftriebskörper.
6. Kreislaufsystem aus einem Herzen mit einem Sinus venosus, einem ungeteilten Atrium und einem ebenfalls ungeteilten Ventrikel; singulärer Kreislauf; typischerweise vier Aortenbögen; kernhaltige Erythrozyten.
7. Ausscheidungssystem aus paarigen, opisthonephrischen Nieren; Geschlechter für gewöhnlich getrennt; Befruchtung für gewöhnlich extrakorporal; Larvalformen können sich stark von den Adultformen unterscheiden.
8. Nervensystem aus einem Gehirn mit kleinem Cerebrum, optischen Loben und Cerebellum; zehn Paar Hirnnerven; drei Paar Bogengänge.

Knorpel + *osteon*, Knochen), die heute durch die Störe, die Flösselhechte und die Löffelstöre vertreten werden (▶ Abbildung 24.19). Die Chondrostei zeigen viele Merkmale, die Ähnlichkeit mit denen ihrer paläonisziden Vorfahren haben. Hierzu gehören der heterozerke Schwanz und die Ganoidschuppen oder -schilde. Die afrikanischen Flösselhechte (*Polypterus;* gr. *poly*, viel/e + *pteros*, Flügel) sind ein interessantes Relikt mit Lungen und anderen primitiven Merkmalen, durch die es eher den Paläonisziden als irgendeinem rezenten Fisch ähnelt.

Die zweite Hauptgruppe der Strahlenflosser, die aus den Paläonisziden hervorgegangen ist, sind die **Neopterygier** (gr. *neos*, neu + *pteryx*, Flosse). Die Neuflosser traten im späten Perm (Ober-Perm, 260,5 bis 251 Millionen Jahre vor unserer Zeit) auf den Plan und durchlie-

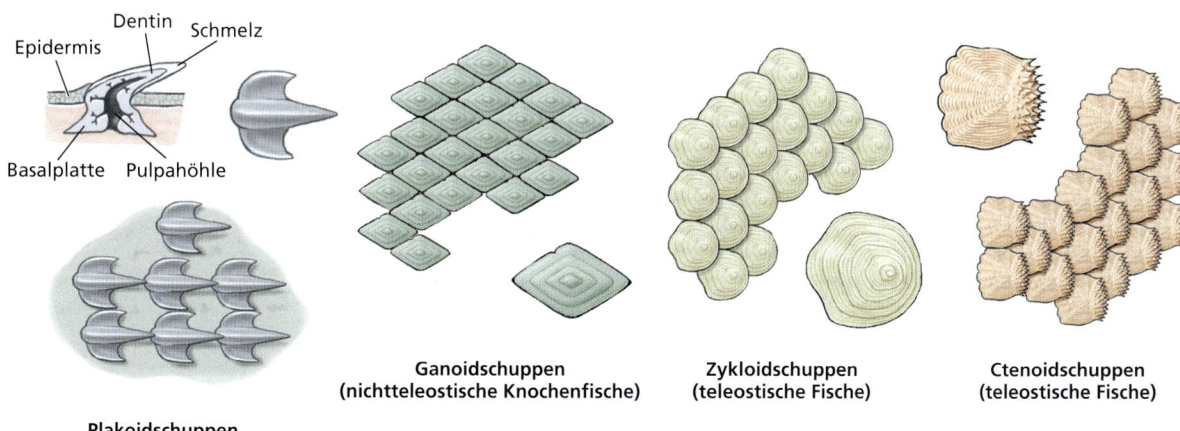

Abbildung 24.18: **Verschiedene Fischschuppen.** Plakoidschuppen sind kleine, konische, zahnartige Gebilde, die charakteristisch für Knorpelfische (Chondrichthyes) sind. Die rhombenförmigen Ganoidschuppen (Schmelzschuppen), die sich bei frühen Knochenfischen wie den Knochenhechten (Lepisosteidae) finden, bestehen auf der Oberseite aus silberigen Schmelzschichten (Ganoin) und auf der Unterseite aus Knochen. Teleostier besitzen entweder Zykloid- oder Ctenoidschuppen. Bei diesen handelt es sich um dünne und biegsame Gebilde, die in überlappenden Reihen angeordnet sind.

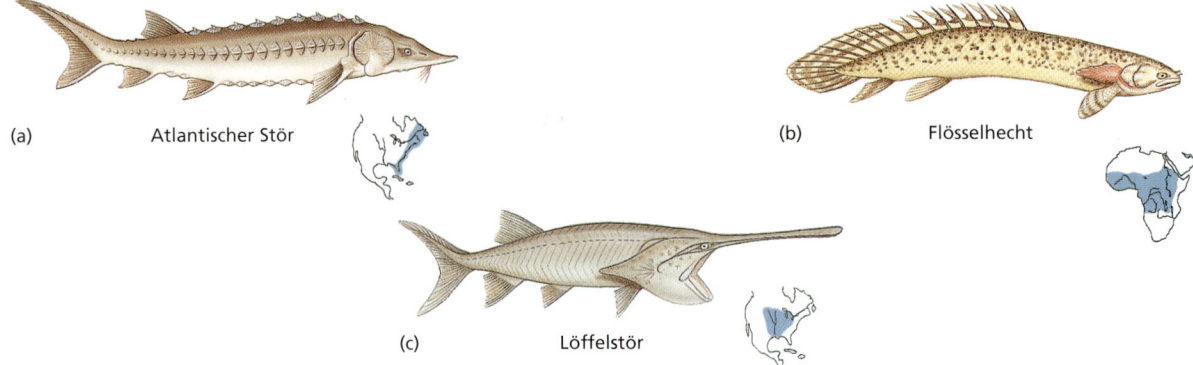

Abbildung 24.19: Chondrosteische Strahlenflosser (Classis Actinopterygii). (a) Der selten gewordene Atlantische Stör *(Acipenser oxyrhynchus)* bewohnt Flüsse entlang der Atlantikküste. (b) Ein westafrikanischer Flösselhecht *(Polypterus bichir)*. Diese Art ist ein nachtaktiver Räuber. (c) Der Löffelstör *(Polyodon spathula)* des Mississippi-Flusssystems erreicht eine Länge von 2 m und eine Körpermasse von 80 kg.

fen im Mesozoikum (Trias bis Kreide, 251 bis 65 Millionen Jahre vor unserer Zeit) eine ausgedehnte Radiation (Abbildung 24.1). Im Verlauf des Mesozoikums durchlief eine Entwicklungslinie eine sekundäre Radiation, die zu den modernen Knochenfischen, den Teleostiern, führte. Bis heute haben zwei Gattungen urtümlicher Neopterygier überlebt – die Kahlhechte (*Amia* sp.) der flachen, vegetationsreichen Gewässer der großen Seen an der kanadischen Grenze und des Mississippi-Flussgebietes in Nordamerika sowie die Knochenhechte (*Lepisosteus* sp.; gr. *lepidos*, Schuppe + *osteon*, Knochen) des östlichen und südlichen Nordamerika (▶ Abbildung 24.20). Die sieben Knochenhechtarten sind große, in der Deckung liegende Lauerräuber mit langgestreckten Körpern und Kiefern, die mit nadelartigen Zähnen übersät sind. Kahlhechte und Knochenhechte können zur Oberfläche aufsteigen und Luft schnappen. Dabei füllen sie ihre gut durchblutete Schwimmblase mit Frischluft, um zusätzlichen Sauerstoff (zu dem über die Kiemen aufgenommenen) zu erhalten.

Die Hauptevolutionslinie der Neopterygier sind die **Teleostier** (gr. *teleos*, vollkommen + *osteon*, Knochen) – die modernen Knochenfische (Abbildung 24.15). Die Artenvielfalt der Teleostier ist erstaunlich. Mit etwa 23.600 beschriebenen Arten stellen sie mehr als 95 Prozent aller rezenten Fischarten und etwa die Hälfte aller Wirbeltierarten (▶ Abbildung 24.21). Darüber hinaus belaufen sich Schätzungen auf weitere fünf- bis zehntausend noch unbeschriebene Arten (hauptsächlich Süßwasserfische der Tropen und Meeresfische der Tiefsee). Obwohl die meisten der etwa 200 pro Jahr neu beschriebenen Teleostierarten aus bislang unvollkommen untersuchten Gebieten wie Südamerika und den Tiefseegebieten der Meere stammen, werden regelmäßig jedes Jahr auch einige neue Arten aus wohlbekannten Verbreitungsgebieten wie den Süßgewässern der gemäßigten

Abbildung 24.20: Nichtteleostische Neopterygier. (a) Kahlhecht *(Amia calva)*. (b) Gemeiner Knochenhecht *(Lepisosteus osseus)*. Diese Fische bewohnen langsam strömende Fließgewässer und Sümpfe im Osten Nordamerikas, wo sie bewegungslos im Wasser verharren, um vorbeikommende Fische plötzlich zu schnappen.

24.4 Osteichthyes: Die Knochenfische

Abbildung 24.21: **Diversität unter Teleostiern.** (a) Blauer Marlin *(Makaira nigricans)*, einer der größten teleosten Fische. (b) Schlammspringer *(Periophthalmus* sp.) unternehmen ausgedehnte Ausflüge auf das Land, um Algen abzuweiden und Insekten zu fangen; sie bauen Nester, in denen die Jungen ausgebrütet und vom Muttertier bewacht werden. (c) Auffällige Schutzfärbung des Rotfeuerfisches *(Pterois* sp.), die sich nähernde Tiere zur Vorsicht mahnt. Die Rückenstacheln des Fisches sondern Gift ab. (d) Die Saugscheibe an der Kopfseite dieses Schiffshalters *(Echeneis naucrates)* ist eine umgebildete Rückenflosse.

Breiten Nordamerikas oder Europas gemeldet. Das Größenspektrum der Teleostier reicht von 10 mm (1 cm) für die Adultformen einiger Grundeln (Gobidae) bis zu 17 m langen Riemenfischen (Regalecidae). Die schwersten Teleostier sind Blaue Marline (*Makaira nigricans*) aus der Gruppe der Fächerfische mit 900 kg bei einer Länge von 4,5 m (Abbildung 24.21). Diese Fische besetzen praktisch jedes erreichbare Habitat, von Gewässern in Höhenlagen von mehr als 5200 m über dem Meer in Tibet bis in 8000 m Wassertiefe auf dem Grund der Meere. Einige Arten leben in heißen Quellen bei 44 °C, während andere unter dem antarktischen Eis bei −2 °C leben. Sie vermögen in Seen zu leben, deren Salzgehalt dreimal höher liegt als der von Meerwasser, in der totalen Dunkelheit von Höhlen, in Sümpfen, deren Wasser praktisch sauerstofffrei ist, und sie können sogar ausgedehnte Ausflüge auf das Land unternehmen, wie es die Schlammspringer (Oxudercinae, eine Unterfamilie der Grundeln) tun (Abbildung 24.21).

Mehrere morphologische Tendenzen in der Abstammungslinie der Teleostier haben es diesen erlaubt, diese wahrlich unglaubliche Vielfalt an Formen hervorzubringen und die ebenso überwältigende Vielfalt an Lebensräumen zu erobern. Die schwere dermale Panzerung der primitiven Strahlenflosser wurde durch leichte, dünne, flexible **Zykloid**- oder **Ctenoidschuppen** ersetzt (Abbildung 24.18). Einige Teleostier, wie die meisten Aale und Welse, sind vollkommen unbeschuppt. Die verbesserte Mobilität und die gesteigerte Geschwindigkeit, die sich aus dem Verlust der schweren Panzerung ergaben, führten zu verbesserten Möglichkeiten, um Fressfeinden zu entkommen und zu verbesserter Nahrungsverwertung. Änderungen an den Flossen der Teleostier führten zur Verbesserung des Manövriervermögens und zu einer Erhöhung der Schwimmgeschwindigkeit, und erlaubten es, die Flossen zu einer Vielzahl neuer Aufgaben einzusetzen. Der symmetrische Bau der homozerken Schwanzflosse der meisten Teleostier (Abbildung 24.16) führte zu einer Fokussierung von Muskelkontraktionen im Schwanzbereich, was eine höhere Schwimmgeschwindigkeit mit sich brachte. Die Rückenflosse änderte ihre Funktion von der eines feststehenden Kiels, dessen vorrangige Rolle darin bestand, seitliche Rollbewegungen zu verhindern, hin zu einer flexiblen und hochspezialisierten Organbildung bei den fortschrittlicheren Teleostiern (Abbildung 24.15).

Diese morphologischen Veränderungen der Beflossung erwiesen sich als nützlich für die Tarnung, das Abbremsen des Körpers und andere komplexe Bewegungen, der Verbesserung der aquadynamischen Eigen-

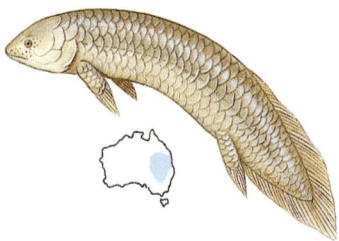  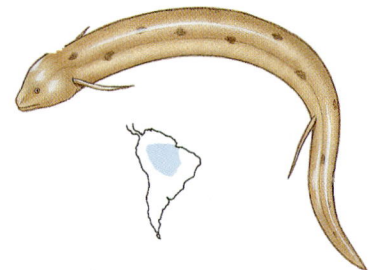

Australischer Lungenfisch Afrikanischer Lungenfisch Südamerikanischer Lungenfisch

Abbildung 24.22: Lungenfische sind Fische aus der Gruppe der Muskelflosser (Classis Sarcopterygii). Die australischen Lungenfische (*Neoceratodus forsteri*) sind die am wenigsten spezialisierten unter den drei Gattungen der Lungenfische. Der afrikanische Lungenfisch (*Protopterus* sp.) ist unter den drei Gattungen am besten an den Zustand der Dormanz in einem mit Schleim ausgekleideten Kokon angepasst, in dem der Fisch Luft atmend die langen Trockenperioden überdauert.

schaften des Körpers sowie für die soziale Kommunikation. Merkwürdige Modifikationen der Rückenflosse finden sich in Form des Lockorgans der Anglerfische, der Gift absondernden Stacheln der Skorpionfische und der Saugscheiben der Schiffshalter (Abbildung 24.21). Weiterhin verschob sich die Funktion der Schwimmblase von einem in erster Linie der Atmung dienenden Organ hin zu einem Auftriebskörper. Die Abstammungslinie der Teleostier zeigt eine zunehmende Feinkontrolle der Gasresorption und -sekretion aus der und in die Schwimmblase. Das Vermögen zur Steuerung des Auftriebs und damit der Lage in der Wassersäule erfolgte vermutlich coevolutiv mit der Modifikation der Flossen und trug gleichsam zur verbesserten lokomotorischen Effizienz bei. Mehrere anatomische Modifizierungen verbesserten die Effizienz der Nahrungsaufnahme. Veränderungen in der Kieferaufhängung erlaubten eine rasche Expansion der Orobranchialhöhle, wodurch ein hochentwickeltes Unterdrucksaugsystem entstand. Ein rasches Vorschnellen der Kiefer durch gleitende Vorwärtsbewegung des Oberkiefers erhöht die finale Zugriffsgeschwindigkeit um 40 bis 90 Prozent. Bei vielen Teleostiern sind Kiemenbögen zu kraftvollen Pharyngealkiefern zum Kauen, Zermahlen und Zermalmen diversifiziert. Mit einem so großen Repertoire an Innovationen sind die Teleostier zur vielgestaltigsten und artenreichsten Fischgruppe geworden.

24.4.3 Classis Sarcopterygii: Die Klasse der Muskelflosser

Die Vorfahren der Tetrapoden finden sich in einer Gruppe ausgestorbener sarcopterygischer Fische, die **Rhipidistinier** genannt werden. Zu dieser Gruppierung gehörten mehrere Linien von Bewohnern des Süßwassers und flacher Küstengebiete des späten Mesozoikums (Ober-Jura und Kreide, 160 bis 65 Millionen Jahre vor unserer Zeit). Die Rhipidistinier, wie Eusthenopteron (Abbildung 25.1) waren zylindrische Fische mit großem Kopf und fleischigen Flossen und vermutlich Lungen. Die Evolution der Tetrapoden aus den Rhipidistiniern wird in Kapitel 25 erörtert.

Die Muskelflosser sind heute durch nur acht rezente Arten vertreten: sechs Arten von Lungenfischen (in drei Gattungen) sowie zwei Quastenflosserarten – Überlebende einer einstmals häufigen Gruppe, die den Höhepunkt ihrer Verbreitung im Devon (417,5 bis 358 Millionen Jahren vor unserer Zeit) hatte (▶ Abbildungen 24.22 und ▶ 24.23).

Alle frühen Sarcopterygier besaßen sowohl Lungen wie Kiemen, dazu einen **heterozerken** Schwanz. Im Verlauf des Paläozoikums (Kambrium bis Perm, 545 bis 251 Millionen Jahre vor unserer Zeit) änderte sich jedoch die Ausrichtung der Wirbelsäule, so dass der Schwanz schließlich symmetrisch wurde. Die median angeordneten Rücken- und Bauchflossen wurden posteriorwärts verlagert und bildeten einen durchgehenden, flexiblen Flossensaum um den Schwanzbereich. Dieser Schwanztyp wird als **diphyzerk** bezeichnet (Abbildung 24.16). Die kräftigen, fleischigen, paarigen Muskelflossen der Sarcopterygier (Brust- und Afterflossen) sind von den Tieren vielleicht wie vier Beine eingesetzt worden, um am Gewässergrund entlang zu robben. Sie hatten kraftvolle Kiefer, und ihre Haut war mit schweren Schuppen bedeckt, die aus dem dentinartigen Material **Cosmin** bestanden, das von einer dünnen Schmelzschicht überzogen war.

Von den drei Gattungen der Lungenfische, die überlebt haben, ist die Gattung *Neoceratodus* (gr. *neos*, neu + *keratos*, Horn + *odes*, Form), zu welcher der eine Länge

24.4 Osteichthyes: Die Knochenfische

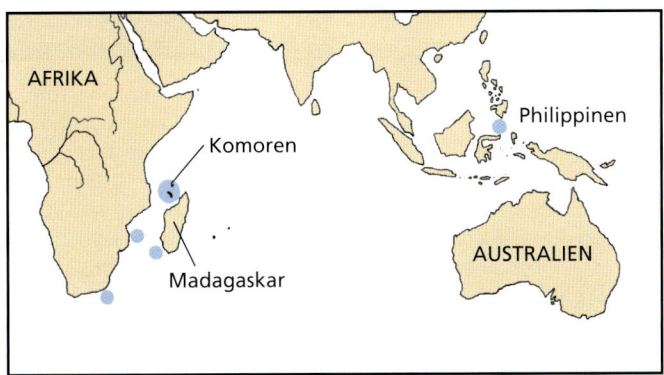

Abbildung 24.23: **Die Quastenflossergattung *Latimeria*.** Sie ist ein überlebendes Relikt des Meeres aus einer Gruppe von Muskelflossern, die vor ca. 350 Millionen Jahren ihre Blütezeit hatten.

von 1,5 m erreichende australische Lungenfisch gehört, den Frühformen am ähnlichsten (Abbildung 24.22). Dieser Lungenfisch stützt sich normalerweise – anders als seine Verwandten – zur Atmung auf seine Kiemen und vermag außerhalb des Wassers nicht lange zu überleben. Der südamerikanische Lungenfisch (*Lepidosiren* sp.; lat. *lepidus*, hübsch + *siren*, Sirene, mythologische Frauengestalt der griechischen Antike) und der afrikanische Lungenfisch (*Protopterus* sp.; gr. *protos*, erster + *pteron*, Flügel) können lange Zeit außerhalb des Wassers überleben. **Protopterus** lebt in Fließgewässern und Teichen in Afrika, die während der jährlichen Trockenzeit völlig austrocknen können, bis der Schlamm am ehemaligen Gewässergrund von der Tropensonne hartgebacken wird. Der Fisch gräbt sich zu Beginn der Trockenzeit ein und sondert reichlich Schleim ab, der mit Schlamm vermischt einen harten Kokon bildet, in dem das Tier überdauert, bis die Regenzeit beginnt und sich der See wieder zu füllen beginnt. Zu den Anpassungen für die Verwertung atmosphärischen Sauerstoffs gehören eine Lunge für den respiratorischen Gasaustausch sowie ein partiell vom Körperkreislauf getrennter Lungenkreislauf. Über die Ökologie des südamerikanischen Lungenfisches (*Lepidosiren* sp.) weiß man bis heute erstaunlich wenig.

Die **Quastenflosser** entstanden ebenfalls im Devon (417,5 bis 358 Millionen Jahre vor unserer Zeit). Sie erlebten eine gewisse Radiation und erreichten ihren evolutiven Höhepunkt im Mesozoikum (Trias bis Kreide, 251 bis 65 Millionen Jahre vor unserer Zeit). Am Ende

---

MERKMALE

■ **Classis Sarcopterygii (Klasse der Muskelflosser)**

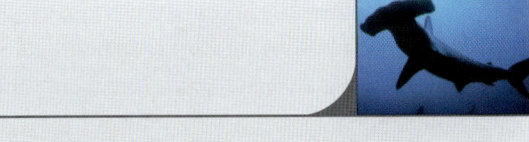

1. Skelett mit Knochen ist endochondralen Ursprungs; Schwanzflosse bei rezenten Vertretern diphyzerk, bei urtümlichen Formen heterozerk; Haut mit eingebetteten Dermalschuppen (Abbildung 24.17), bei urtümlichen Formen mit einer Schicht aus dentinartigem Material (Cosmin).
2. Paarige und median angeordnete Flossen vorhanden; paarige Flossen mit einem einzelnen, basalen Skelettelement und kurzen Dermalstrahlen; Muskeln, die paarige, an Gliedmaßen lokalisierte Flossen bewegen.
3. Kiefer vorhanden; die Zähne sind mit einem echten Schmelz überzogen und im Regelfall als Malmplatten ausgebildet, die auf den Gaumen beschränkt sind; olfaktorische Säcke paarig mit oder ohne Einmündung in die Mundhöhle; Intestinum mit Spiralklappe.
4. Von Kiemenbögen gestützte Kiemen, die von einem Kiemendeckel (Operkulum) überdeckt sind.
5. Schwimmblase vaskularisiert (= mit Gefäßen versehen) und für Atmung und Auftrieb verwendet (bei den Quastenflossern mit Fett ausgefüllt).
6. Kreislaufsystem aus einem Herzen mit Sinus venosus, zwei Atrien, einem partiell unterteilten Ventrikel und einem Conus venosus; doppelter Kreislauf mit pulmonarem und systemischem Zweig; charakteristischerweise fünf Aortenbögen.
7. Nervensystem mit einem Cerebrum, einem Cerebellum und optischen Loben; zehn Hirnnervenpaare; drei Bogengangpaare.
8. Geschlechter getrennt; Befruchtung extrakorporal oder intrakorporal.

des Mesozoikums verschwanden sie beinahe völlig, doch hinterließ die Gruppe eine höchst bemerkenswerte, bis heute existente Gattung, *Latimeria* (Abbildung 24.23). Da man allgemein angenommen hatte, dass der letzte Quastenflosser vor 70 Millionen Jahren ausgestorben war, lässt sich das Erstaunen, das durch die Welt der Wissenschaft ging, als man Überreste eines Quastenflossers im Jahr 1938 vor der südafrikanischen Küste in einem Schleppnetz fand, leicht ausmalen. Es begann eine intensive Suche nach weiteren Exemplaren, und man wurde schließlich im indischen Ozean in der Nähe der Komoreninselgruppe fündig. Dort fangen einheimische Fischer gelegentlich Quastenflosser (Komoren-Quastenflosser, *Latimeria chalumnae*) mit Handleinen in großen Tiefen, die Untersuchungsmaterial für Forscher hergeben. Bis 1998 dachte man, dass es sich dabei um den einzigen noch existenten Bestand an Quastenflossern handele, bis man zur abermaligen Überraschung der Fachwelt in den Gewässern um die indonesische Insel Sulawesi eine neue Quastenflosserart entdeckte *(Latimeria menadoensis)* – 10.000 km von den Komoren entfernt!

Die „modernen" Quastenflosser des Meeres sind Abkömmlinge devonischer Süßwasserformen. Der Schwanz ist diphyzerk (Abbildung 24.16), besitzt aber keinen kleinen Lobus zwischen dem oberen und dem unteren Kaudallappen, was zu einer dreizackigen Struktur führt (Abbildung 24.23).

Die Farbe eines Quastenflossers ist ein dunkles, metallisches Blau mit unregelmäßig verteilten weißen oder messingfarbenen Flecken, die vor dem Hintergrund der dunklen Lavahöhlenriffe, in denen die Fische leben, eine Tarnwirkung entfalten. Die Jungen werden voll ausgebildet geboren, nachdem sie im Körperinneren aus 9 cm großen Eiern – den größten unter den Knochenfischen – geschlüpft sind.

Bauliche und funktionelle Anpassungen der Fische 24.5

24.5.1 Lokomotion im Wasser

Für das menschliche Auge scheinen manche Fische in der Lage zu sein, mit sehr hoher Geschwindigkeit zu schwimmen. Doch ist unser Urteil unbewusst von unserer eigenen Erfahrung beeinflusst, dass Wasser ein Medium mit sehr hohem Widerstand ist, wenn man sich

> **Exkurs**
>
> Die Messung von Schwimmgeschwindigkeiten gelingt am genauesten in einem „Fischlaufrad" – einem großen, ringförmigen Kanal, in dem eine Strömungsgeschwindigkeit des Wassers eingestellt wird, die der Schwimmgeschwindigkeit des untersuchten Fisches entspricht und der Schwimmrichtung des Fisches entgegengesetzt ist. Der Fisch steht dann von außen betrachtet in der Strömung praktisch still. Viel schwieriger zu messen sind dagegen plötzliche „Ausbrüche", bei denen der Fisch unvorhersehbar davon schießt, zum Beispiel, um Beute zu fangen oder um selbst einem Angreifer zu entkommen. Ein an einer Angel hängender Blauflossenthunfisch (*Thunnus thynnus*, Abbildung 24.26) wurde einmal mit 66 km/h „gestoppt". Von Schwertfischen und Marlinen wird angenommen, dass sie zu unglaublichen Sprints von Geschwindigkeiten um 110 km/h befähigt sind. Derartig hohe Geschwindigkeiten können jedoch nur für kurze Zeiten von ein bis fünf Sekunden erreicht werden.

durch es hindurchbewegen will. Die meisten Fische, wie etwa eine Forelle oder eine Elritze, vermögen mit einer Geschwindigkeit von maximal zehn Körperlängen pro Sekunde zu schwimmen – nach menschlichem Maßstab offenkundig eine beeindruckende Leistung. Rechnet man diese Geschwindigkeiten in Stundenkilometer um, so ergibt sich, dass eine 30 cm lange Forelle nur etwas mehr als 10 km/h schnell ist. Allerdings muss man bei der Bewertung dieser Leistung in Rechnung stellen, dass Wasser eine vielhundertmal höhere Dichte als die Luft hat, durch die Säugetiere und Vögel sich bewegen. Als allgemeine Regel gilt: Je größer der Fisch, desto schneller vermag er zu schwimmen.

Der Vortriebsmechanismus eines Fisches besteht aus seiner Rumpf- und Schwanzmuskulatur. Die axiale, lokomotorische Muskulatur besteht aus **Myomeren** genannten muskulären Zickzackbändern. Die Muskelfasern in jedem Myomer sind verhältnismäßig kurz und setzen an den zähen Bindegewebslagen an, die jedes der Myomere von den danebenliegenden trennen. An ihren Oberflächen nehmen die Myomeren die Form eines auf der Seite liegenden „W" an (▶ Abbildung 24.24). Innerlich sind die Muskelbänder komplexer gefaltet und verschachtelt, so dass die Zugwirkung jedes Myomers sich auf mehrere Wirbelkörper erstreckt. Diese Anordnung erzeugt mehr Kraft und erlaubt eine genauere Steuerung der Bewegungen, da viele Myomere an der Verbiegung eines gegebenen Körpersegmentes beteiligt sind.

Um zu einem Verständnis dafür zu gelangen, wie sich Fische schwimmend fortbewegen, wollen wir zunächst die Bewegungen eines sehr flexiblen Fisches am Beispiel

24.5 Bauliche und funktionelle Anpassungen der Fische

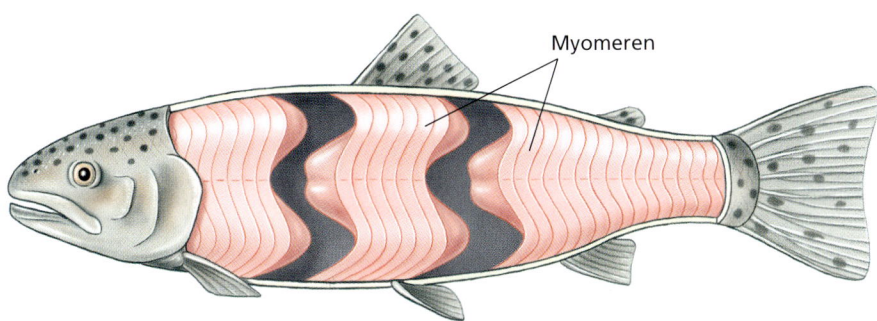

Abbildung 24.24: Rumpfmuskulatur eines Teleostiers. Die Muskulatur ist teilweise freigelegt, um die Anordnung der Muskelbänder (Myomeren) im Inneren des Körpers deutlich zu machen. Die Myomeren sind in komplex-verschachtelter Weise gruppiert. Diese Anordnung begünstigt kräftigere und kontrolliertere Schwimmbewegungen.

des Aals untersuchen (▶ Abbildung 24.25). Die Bewegungen sind schlangenartig, mit Kontraktionswellen, die am Körper entlang nach hinten laufen. Sie kommen durch alternierende Kontraktionen von Myomeren auf beiden Seiten des Körpers zustande. Das anteriore Körperende verbiegt sich weniger stark als das posteriore; die Amplitude der Schlängelbewegung nimmt also zu, wenn sie zum hinteren Körperende fortschreitet. Während die Undulation (= Schlängelbewegung) sich zum Schwanzende hin fortsetzt, drückt der gebogene Körper seitlich gegen das umgebende Wasser. Dabei entsteht eine **Rückstellkraft**, die in einem Winkel nach vorn zeigt. Der Summenvektor dieser Kraft setzt sich additiv aus zwei Komponenten zusammen: dem **Vortrieb**, der eingesetzt wird, um den Wasserwiderstand zu überwinden und der den Fisch vorwärts treibt; und einer **seitlichen Kraft**, die eine gierende (= vom Kurs abweichende Bewegung) „Wackelbewegung" des Kopfes bewirkt. Der Kopf weicht dabei zur selben Seite ab wie der Schwanz. Diese seitliche Kopfbewegung ist bei schwimmenden Aalen oder Haien sehr deutlich sichtbar. Viele Fische besitzen aber einen großen, starren Kopf mit ausreichendem Trägheitswiderstand, um die Kursabweichung zu minimieren.

Die Bewegungen eines Aals sind bei niedrigen Geschwindigkeiten von akzeptablem Wirkungsgrad, doch erzeugt die Körperform zu viel Gleitwiderstand (= Strömungswiderstand), um ein sehr schnelles Schwimmen zu erlauben (hoher Strömungswiderstandskoeffizient, c_W). Fische, die schnell schwimmen – wie etwa Forellen – haben weniger biegsame Körper und begrenzen die schlängelnden Bewegungen im wesentlichen auf den Kaudalbereich (= Schwanzbereich, Abbildung 24.25). Die Muskelkraft, die von der großen anterioren Muskelmasse erzeugt wird, wird über Sehnen an die verhältnismäßig wenig muskulöse Schwanzwurzel und den Schwanz weitergeleitet. In diesem, dem Kaudalbereich wird der Vortrieb erzeugt. Diese Form des Schwimmens ist bei den schnellen Thunfischen, deren Körper sich überhaupt nicht mehr verbiegen, am höchsten entwickelt. Praktisch die gesamte Vortriebskraft wird von den kraftvollen Schlägen der Schwanzflosse erzeugt (▶ Abbildung 24.26). Viele andere, ebenfalls sehr schnelle Meeresfische wie Marline, Schwertfische, Gabelschwanzmakrelen und Wahoos *(Acanthocybium solandri)* haben nach hinten ausgezogene Schwanzflossen von der Form einer Sichel. Derartige Flossen sind das aquatische Gegenstück zu den Hochgeschwindigkeitsflügeln der raschesten Vögel (siehe Abbildung 27.19).

Schwimmen ist die energetisch wirtschaftlichste Form der tierischen Lokomotion, größtenteils deshalb, weil wasserlebende Tiere von dem Medium, in dem sie

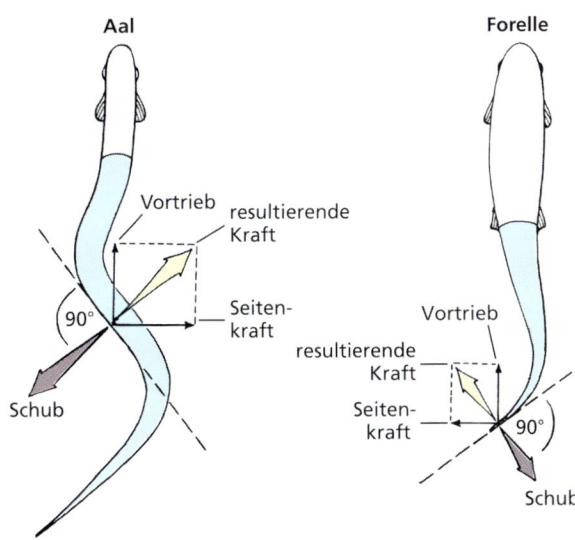

Abbildung 24.25: Bewegungen schwimmender Fische. Dargestellt sind die Kraftvektoren eines aalförmigen und eines spindelförmigen Fischkörpers (nach Pough et al., 1996).

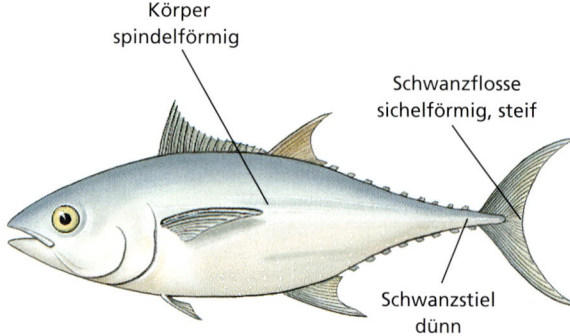

Abbildung 24.26: **Blauflossenthunfisch *(Thunnus thynnus)*.** Darstellung der Anpassungen für schnelles Schwimmen. Kraftvolle Rumpfmuskeln üben einen Zug auf die schlanke Schwanzwurzel aus. Da sich der Rumpf nicht verbiegt entstammt die gesamte Vortriebskraft den Schlägen der steifen, sichelförmigen Schwanzflosse.

sich bewegen, in beinahe perfekter Weise getragen werden und so nur wenig Kraft aufwenden müssen, um gegen die Schwerkraft zu arbeiten. Wenn wir die aufzuwendende Energiemenge betrachten, die notwendig ist, um 1 kg Körpermasse über eine Entfernung von 1 km zu befördern, so ergibt sich beim Vergleich der verschiedenen Lokomotionsformen für das Schwimmen 0,38 kcal (Lachs), für das Fliegen 1,45 kcal (Möwe) und für das Laufen 5,43 kcal (Erdhörnchen). Ein Punkt auf der noch abzuarbeitenden Liste von Forschungsthemen der Biologie ist es, herauszufinden, wie Fische und wasserlebende Säugetiere sich beinahe turbulenzfrei durch das Wasser zu bewegen vermögen. Das Geheimnis liegt in der Art und Weise, wie Wassertiere ihre Körper und/oder Flossen biegen bzw. anstellen, sowie in den reibungsoptimierten Eigenschaften ihrer Körperoberflächen.

24.5.2 Nullauftrieb und Schwimmblase

Alle Fische sind zumindest etwas schwerer als Wasser (ihr spezifisches Gewicht liegt höher als das des Wassers), weil ihre Skelette und andere Gewebe chemische Bestandteile enthalten, deren Dichte höher als die des Wassers ist). Um zu verhindern, dass sie absinken, müssen sich Haie unablässig im Wasser vorwärtsbewegen. Der asymmetrische (heterozerke) Schwanz eines Haies produziert die notwendige Hebekraft, wenn er durch das Wasser pflügt, und der breite Kopf und die flachen, abgespreizten Brustflossen wirken als angewinkelte Tragflächen, die ebenfalls Auftrieb erzeugen (Abbildung 24.8). Die im Verhältnis sehr große Leber eines Haies, die einen besonderen, fettartigen Kohlenwasserstoff (ein Lipid) namens **Squalen** (lat. *squalus*, Haifisch) enthält, der eine Dichte von nur 0,86 g/cm³ aufweist, verleiht ebenfalls zusätzlichen Auftrieb. Die Leber wirkt also wie eine ölgefüllte Boje, die den schweren Körper des Haies erleichtert und ihm Auftrieb verschafft.

Die bei weitem wirkungsvollste Schwebeeinrichtung ist ein gasgefüllter Hohlraum. Die **Schwimmblase** der Knochenfische dient eben diesem Zweck (▶ Abbildung 24.27). Sie ist aus ursprünglich paarigen Lungen primitiver Knochenfische des Devons entstanden. Lungen waren wahrscheinlich ein ubiquitäres Merkmal der devonischen Süßwasserfische, als – wie wir gelernt haben – warme, sumpfige Lebensräume den Besitz einer solchen, akzessorischen Atemvorrichtung begünstigt haben. Schwimmblasen finden sich bei den meisten pelagischen Knochenfischen, fehlen aber bei den Thunfischen, den meisten abyssal lebenden Fischen und den meisten bodenbewohnenden Fischen wie Flundern, Drachenköpfen und anderen.

Ohne eine Schwimmblase sinken Knochenfische zu Boden, weil ihre Körper eine höhere Dichte aufweisen

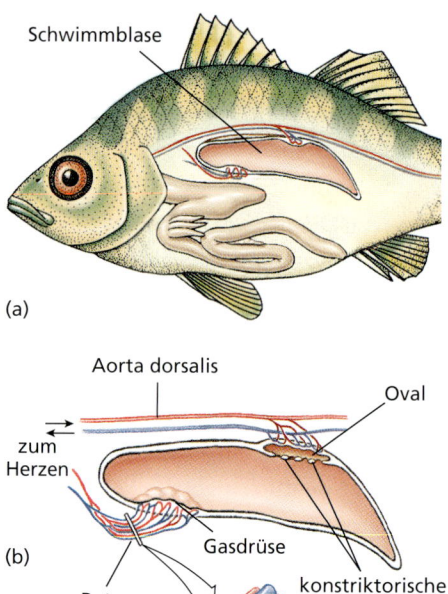

Abbildung 24.27: **Die Schwimmblase.** (a) Schwimmblase eines Teleostiers. Die Schwimmblase liegt innerhalb des Coeloms, unmittelbar unterhalb der Wirbelsäule. (b) Gas wird von der Gasdrüse in die Schwimmblase abgeschieden. Das Gas tritt über das Rete mirabile (Wundernetz) vom Blut in die Gasdrüse über. Das Rete mirabile ist eine komplexe Anordnung dichtgepackter Kapillaren, die als Gegenstromvervielfacher zur Erhöhung der Sauerstoffkonzentration dienen. Das Arrangement venöser und arterieller Kapillaren des Rete mirabile ist in (c) dargestellt. Um während eines Aufstieges Gas abzulassen, öffnet sich eine Muskelklappe, die es dem Gas erlaubt, in das Oval einzutreten, von dem aus das Gas durch Diffusion in das Blut übergeht.

als Wasser. Um dies zu kompensieren und einen Nullauftrieb zu erreichen, der ein Schweben im Wasser erlaubt, verdrängen sie zusätzliches Wasser durch ein Gasvolumen in der Schwimmblase. Dadurch passen sie ihre *mittlere* Dichte (ihr spezifisches Gewicht) dem des umgebenden Wassers an. Dies ermöglicht es Fischen mit Schwimmblase, sich ohne Muskelanstrengung in einer gegebenen Tiefe aufzuhalten (der realisierbare Tiefenbereich ist artabhängig). Anders als Knochen, Blut und andere Gewebe sind Gase komprimierbar und verändern ihr Volumen in Abhängigkeit von der Tiefe, in der sich der Fisch aufhält. Taucht ein Fisch in größere Tiefen hinab, drückt der höhere einwirkende Umgebungsdruck des Wassers das Gas in der Schwimmblase zusammen, so dass die Auftriebskraft des Fisches abnimmt und der Fisch langsam absinkt. Das Gasvolumen in der Schwimmblase muss erhöht werden, um ein neues Schwebegleichgewicht aufzubauen. Steigt der Fisch in niedrigere Wassertiefen auf, dehnt sich das Gas in der Schwimmblase infolge des nachlassenden Wasserdrucks aus und verleiht dem Fisch mehr Auftrieb. Wird kein Gas abgegeben, wird der Fisch mit zunehmender Geschwindigkeit nach oben getrieben, wobei sich die Schwimmblase immer weiter ausdehnt.

Gas kann auf zweierlei Weise aus der Schwimmblase entfernt werden. Die primitiveren **physostomen** Fische (gr. *phys*, Blase + *stoma*, Mund, Maul) wie etwa Forellen besitzen eine pneumatischen Gang (Ductus pneumaticus), der die Schwimmblase mit der Speiseröhre verbindet. Diese Fische können überschüssige Luft einfach über den Ductus pneumaticus ausstoßen. Höher entwickelte Teleostier zeigen den **physoklistösen** Zustand (gr. *phys*, Blase + *clistos*, geschlossen), bei dem bei den Adulten der pneumatische Gang verschlossen ist. Die physoklistösen Fische müssen das Gas zur Füllung ihrer Schwimmblase aus dem Blut absorbieren. Dies geschieht über das **Oval**, einem vaskularisiertem Bereich der Schwimmblase (Abbildung 24.27). Beide Fischtypen sind zur Gasabscheidung in die Schwimmblase auf gelöste Blutgase angewiesen. Einige, das Flachwasser bewohnende Physostomier können zur Oberfläche aufsteigen und Luft schnappen, um damit ihre Schwimmblasen zu befüllen.

Anfangs waren die Physiologen hinsichtlich des Sekretionsvorgangs verunsichert, doch weiß man heute, wie die Füllung der Schwimmblasen vor sich geht. Die Gasdrüse gibt Laktat (Milchsäure) ins Blut ab. Dies führt zu einer starken Ansäuerung im **Rete mirabile** (**Wundernetz**), welche dazu führt, dass das Hämoglobin des Blutes den gebundenen Sauerstoff freisetzt (Bohr-Effekt). Die Kapillaren des Wundernetzes sind so angeordnet, dass sich der freigesetzte Sauerstoff in diesem Gefäßnetz ansammelt. Überschreitet der Sauerstoffpartialdruck dort einen Grenzwert, diffundiert er in die Schwimmblase ein. Der finale Gasdruck in der Schwimmblase ist abhängig von der Länge der Kapillaren im Rete mirabilis. Bei Fischen, die oberflächennah leben, sind sie verhältnismäßig kurz, bei Tiefseefischen erwartungsgemäß extrem lang.

Die verblüffende Effektivität dieser Einrichtung wird am Beispiel eines in 2400 m Tiefe lebenden Fisches deutlich. Um die Schwimmblase in dieser Wassertiefe gasgefüllt und aufgebläht zu halten, muss das in ihr enthaltene Gas (zum größten Teil Sauerstoff, aber auch variable Anteile von Stickstoff, Kohlendioxid, Argon und sogar etwas Kohlenmonoxid) einen Druck aufweisen, der über 240 Atmosphären liegt. Dieser Wert liegt in der Größenordnung einer voll befüllten Gasflasche, wie sie in der Technik und im Labor üblich ist. Gleichzeitig kann der Sauerstoffpartialdruck im Blut des Fisches nicht über 0,2 Atmosphären liegen – dies ist der (maximale) Gleichgewichtsdruck von Sauerstoff in der Atmosphäre an der Meeresoberfläche.

24.5.3 Hören und Weber'scher Apparat

Fische nehmen, wie andere Wirbeltiere auch, Geräusche mit dem Innenohr wahr. Die Detektion dieser Schwingungen ist für wasserbewohnende Vertebraten schwierig, weil ihre Körper beinahe die gleiche mittlere Dichte aufweisen wie ihre Umgebung. Hierdurch können Schallwellen den Fischkörper fast ungehindert durchdringen, ohne wahrgenommen zu werden.

Eine besonders elegante Lösung für dieses Problem findet sich bei den Ostariophysiern (Superordo Ostariophysi) – einer Teleostiergruppe, zu der die Karpfenartigen (Cypriniformes), die Salmler (Characiformes) und die Welse (Siluriformes) gehören. Zur Gruppe der Ostariophysiern gehören über 6500 Arten. Im Süßwasser sind sie für gewöhnlich die dominierende Gruppe, sowohl hinsichtlich der Artenvielfalt wie der Individuenzahl. Ihr Erfolg könnte teilweise dem Besitz eines **Weber'schen Apparates** zuzuschreiben sein. Dieser besteht aus einer Gruppe kleiner Knöchelchen, die es den Besitzern dieses Organs erlauben, leise Geräusche über einen viel breiteren Frequenzbereich zu erfassen, als es anderen Teleostiern möglich ist. Die Rezeption von Geräuschen beginnt an der Schwimmblase, die

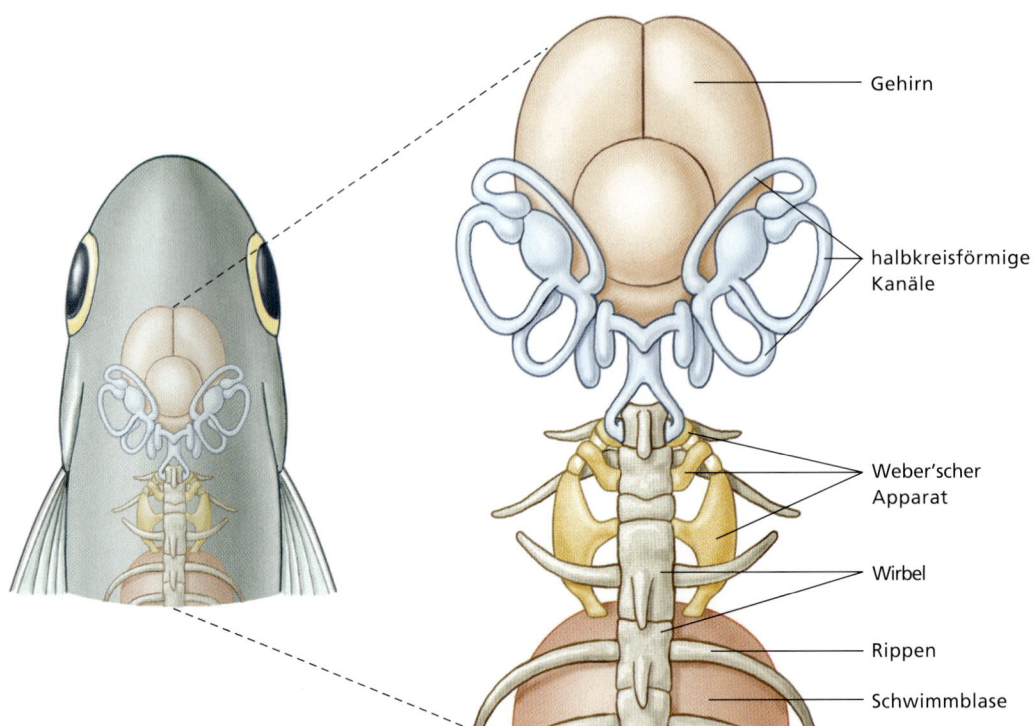

Abbildung 24.28: Der Weber'sche Apparat. Er besteht aus kleinen Knochen, die Schallschwingungen, welche von der Schwimmblase aufgefangen worden sind, an das Innenohr weiterleiten. Teleostier mit diesem Transmissionsapparat können leise Geräusche über einen viel weiteren Frequenzbereich wahrnehmen als andere Fische.

leicht in Schwingungen versetzt werden kann, weil sie mit Luft gefüllt ist. Schallschwingungen werden von der Schwimmblase über den Weber'schen Apparat an das Innenohr weitergeleitet (▶ Abbildung 24.28). Dieses System hat einige Ähnlichkeit mit dem System aus Trommelfell und Mittelohr bei den Säugetieren (siehe Abbildungen 33.25 und 33.26), das jedoch einen unabhängigen evolutiven Ursprung hat. Anpassungen zur Verbesserung des Hörsinns sind nicht auf die Ostariophysier beschränkt. So verfügen etwa Heringe und Sardellen über anteriore Erweiterungen der Schwimmblase, die direkt mit dem Schädel in Verbindung stehen. Die Bedeutung der Schwimmblase bei diesen Fischen lässt sich anhand von Experimenten aufzeigen, in denen die Schwimmblase durch experimentellen Eingriff zur Entleerung gebracht wird. Dies zieht eine verminderte Geräuschempfindlichkeit der Tiere nach sich.

24.5.4 Respiration

Die Kiemen eines Fisches bestehen aus dünnen Filamenten, von denen jedes einzelne von einer dünnen, epidermalen Membran überzogen ist, die mehrfach zu plattenförmigen **Lamellen** aufgefaltet ist (▶ Abbildung 24.29). Diese weisen eine reiche Blutversorgung auf. Die Kiemen liegen innerhalb der Schlundhöhle und sind von einem beweglichen Kiemendeckel (Operkulum) verdeckt. Diese anatomische Anordnung verleiht den feingliedrigen und empfindlichen Kiemenfilamenten ausgezeichneten Schutz, machen den Körper als Ganzes strömungsgünstiger und ermöglichen ein wirkungsvolles Pumpsystem, mit dessen Hilfe Wasser durch das Maul einströmt, an den Kiemen vorbei- und durch den Öffnung des Kiemendeckel wieder ausströmt. Anstelle eines Kiemendeckels, wie er bei den Knochenfischen üblich ist, besitzen Elasmobranchier eine Reihe von **Kiemenschlitzen** (Abbildung 24.8), durch die das Wasser ausströmt. Sowohl bei den Elasmobranchiern wie bei den Knochenfischen ist der Kiemenapparat dafür ausgelegt, dass Wasser kontinuierlich und gleichmäßig über die Kiemen strömt, obgleich es einem Betrachter von außen so erscheint, als ob die Fischatmung rhythmisch vonstatten geht. Der Wasserfluss ist der Strömungsrichtung des Blutes in den Gefäßen entgegengesetzt (Gegenstromprinzip); dies ist die beste Anordnung zur Aufnahme der größtmöglichen Menge Sauerstoff aus dem Wasser. Einige Knochenfische vermögen so bis zu 85 Prozent des gelösten Sauerstoffs aus dem Wasser zu extrahieren, das über ihre Kiemen fließt. Sehr bewegungsaktive Fische wie Heringe und Makrelen können nur dann eine ausreichende Menge

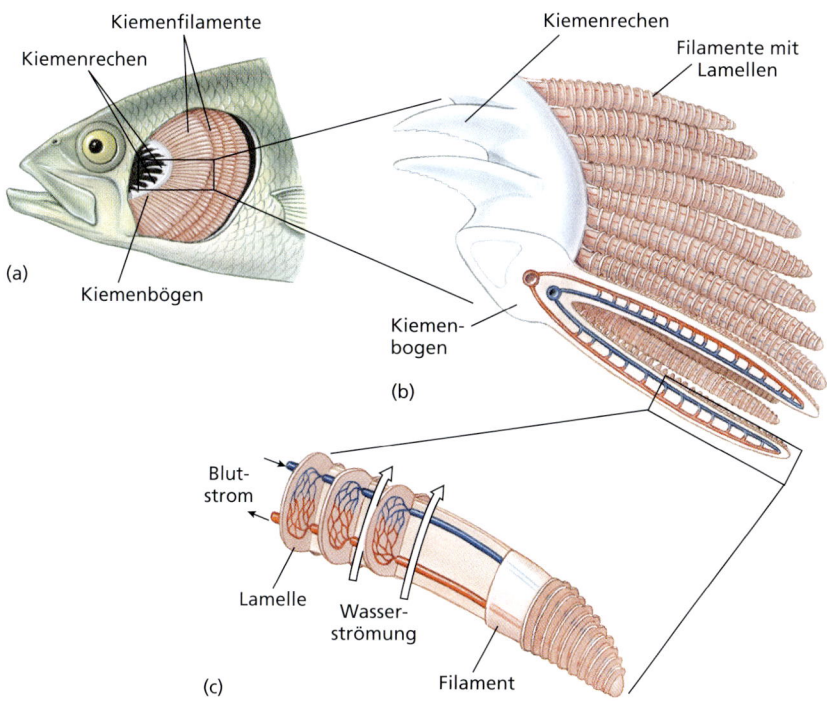

Abbildung 24.29: Fischkiemen. Der knochige, schützende Kiemendeckel (Operkulum) ist zur besseren Darstellung des Branchialraumes, der die Kiemen enthält, entfernt worden (a). Auf jeder Körperseite besitzt der Fisch vier Kiemenbögen, von denen jeder zahlreiche Filamente trägt. An der Ausschnittzeichnung eines Kiemenbogens (b) lassen sich an der Vorderseite Kiemenrechen erkennen, die Nahrungs- und Schmutzteilchen heraus kämmen. Die Kiemenfilamente erstrecken sich nach hinten. Abbildung (c) zeigt einen Anschnitt eines einzelnen Kiemenfilamentes, aus dem die Anordnung der Blutkapillaren und die Strömungsrichtung des Blutes in den plattenartigen Lamellen ersichtlich werden. Die Richtung der Wasserströmung (große Pfeile) ist der des Blutstromes entgegen gerichtet.

Wasser durch ihre Kiemen strömen lassen, wenn sie unablässig mit geöffnetem Maul vorwärtsschwimmen. Dieser Vorgang wird als Staudruckventilation bezeichnet. Solche Fische werden an Sauerstoffunterversorgung leiden, werden sie in ein Aquarium gesetzt, das dem freien Schwimmen im Wasserkörper Grenzen setzt, selbst dann, wenn das Wasser mit Sauerstoff gesättigt ist.

Eine erstaunlich große Zahl von Fischarten kann verschieden lange Zeiträume außerhalb des Wassers durch das Atmen von Luft überleben. Von den verschiedenen Fischarten werden unterschiedliche Einrichtungen zu diesem Zweck eingesetzt. Wir haben die Lungen der Lungenfische, der Knochenhechte und der ausgestorbenen Rhipidistier bereits weiter oben beschrieben. Süßwasseraale unternehmen vielfach Überlandausflüge, wenn regnerisches Wetter herrscht. Dabei dient ihnen ihre Haut als Hauptrespirationsoberfläche. Zitteraale (*Electrophorus* sp.; gr. *elektron*, Bernstein + *phoros*, tragen) besitzen verkümmerte Kiemen und müssen die Kiemenatmung durch das Schnappen von Luft unterstützen. Die eingeatmete Luft gelangt durch eine vaskularisierte Mundhöhle in den Körper. Einer der besten Luftatmer unter allen Fischen ist der indische Kletterbarsch (*Anabas* sp.; gr. *anabaino*, aufwärts gehen) aus der Familie der Kletterfische (Anabantidae), der den größten Teil der Zeit an Land am Rand von Gewässern verbringt. Dabei atmet der Fisch Luft mit Hilfe spezieller Luftkammern oberhalb der stark zurückgebildeten Kiemen.

24.5.5 Osmoregulation

Süßwasser ist ein sehr verdünntes Medium mit einer Salzkonzentration (Ionengehalt) im Bereich von 1 bis 5 mM (1 bis 5 Millimol pro Liter). Dies liegt deutlich unter dem Ionengehalt im Blut von Süßwasserfischen (0,2 bis 0,3 M = 200 bis 300 mM). Dadurch neigt Wasser dazu, durch Osmose in den Körper einzuströmen. Salz (Ionen) neigt im Gegenzug dazu, nach außen ins Umgebungswasser zu diffundieren. Obwohl die von Schuppen und einer Schleimschicht bedeckten Körper der Fische beinahe komplett wasserundurchlässig sind, finden kontinuierlich Wasserzugewinn und Ionenverlust über die dünnen Membranen der Kiemen statt. Süßwasserfische sind **hyperosmotische Regulatoren** mit mehreren Entwicklungen, um diese Probleme zu lösen (▶ Abbil-

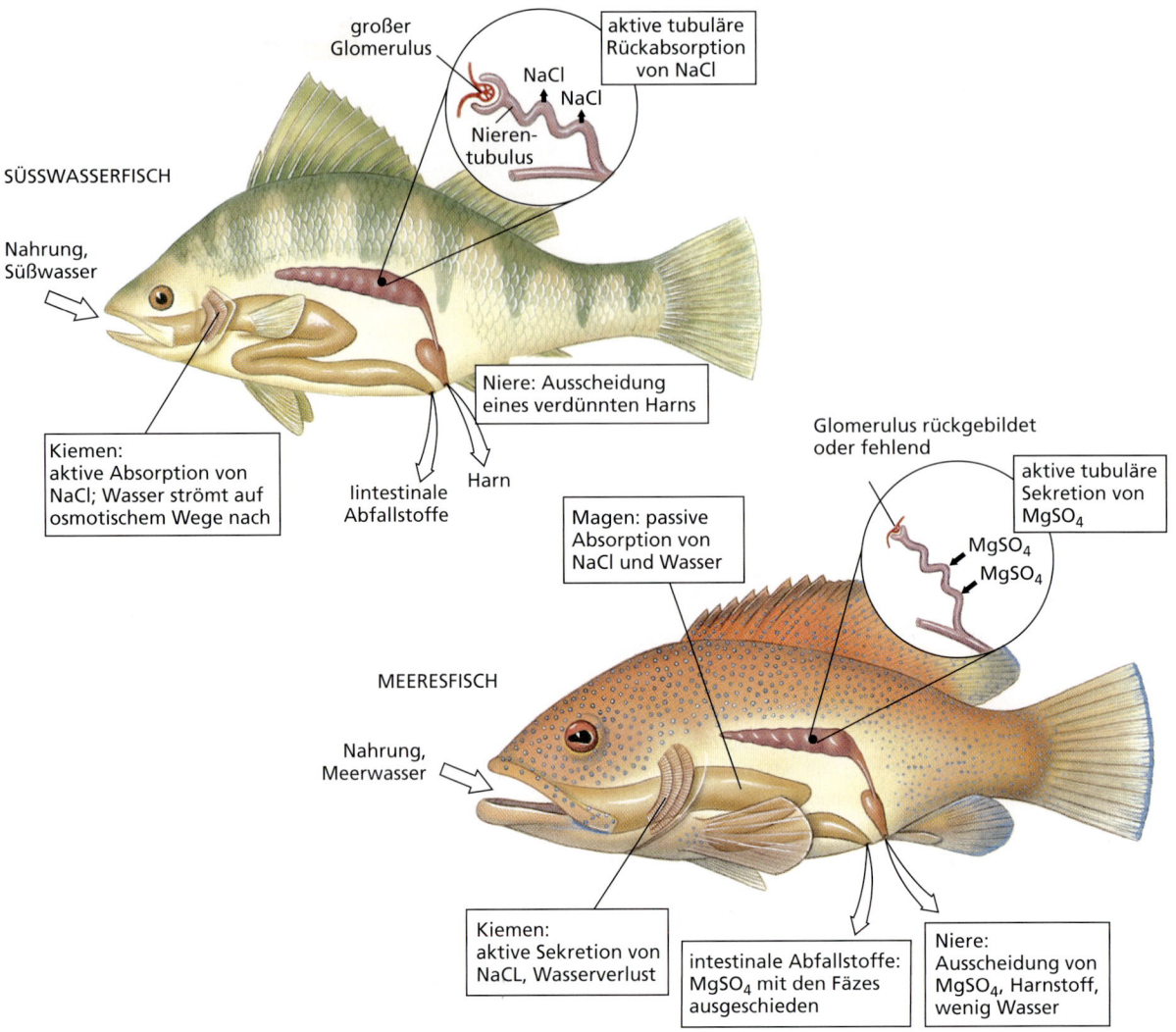

Abbildung 24.30: Osmoregulation bei Knochenfischen des Süßwassers und des Meeres. Ein Süßwasserfisch hält sein osmotisches und sein ionisches Gleichgewicht in seinem verdünnten Lebensraum aufrecht, indem er aktiv Natrium- und Chloridionen über die Kiemen absorbiert (zusätzliches Salz wird über die Nahrung gewonnen). Um überschüssiges Wasser, das permanent in den Körper gelangt, auszuspülen, erzeugt die glomeruläre Niere durch die Reabsorption von Natrium- und Chloridionen einen verdünnten Harn. Ein Meeresfisch muss Meerwasser trinken, um Wasser zu ersetzen, das er auf osmotischem Weg an die salzige Umgebung verloren hat. Kochsalz (NaCl) und Wasser werden über den Magen absorbiert. Überschüssiges Kochsalz wird über die Kiemen aktiv abgeführt. Divalente Ionen des Meerwassers, vor allem Magnesium (Mg^{2+}) und Sulfat (SO_4^{2-}) werden über die Fäzes eliminiert oder über die tubulären Nieren ausgeschieden.

dung 24.30). Zunächst wird überschüssiges Wasser über die opisthonephrischen Nieren ausgeschieden (siehe Abbildung 30.9), die befähigt sind, einen sehr verdünnten Harn zu produzieren. Zweitens sind spezielle **Salzabsorptionszellen** im Kiemenepithel damit beschäftigt, aktiv Ionen (in erster Linie Natrium- und Chloridionen) vom Wasser ins Blut zu pumpen. Zusammen mit den in der Nahrung des Fisches vorhandenen Ionen sorgt dieses für den Ersatz des durch Diffusion verlorenen Salzes. Diese Mechanismen sind so effizient, dass ein Süßwasserfisch nur einen kleinen Teil seiner Energie für die Aufrechterhaltung des inneren osmotischen Milieus aufwenden muss.

Meeresfische sind **hypoosmotische Regulatoren**, die vor einer komplett anderen Reihe von Problemen stehen. Mit einer Blutsalzkonzentration (0,3 bis 0,4 M = 300 bis 400 mM), die wesentlich geringer als die des Meerwassers ist (ca. 1 M = 1000 mM), haben sie das Problem, Wasser zu verlieren und Salze zu akkumulieren. Ein Teleostier des Meeres ist daher paradoxerweise der Gefahr des Austrocknens ausgesetzt, beinahe so wie ein Wüstensäugetier ohne Zugang zu einer Wasserquelle. Um den Wasserverlust auszugleichen, muss ein teleoster Meeresfisch Meerwasser trinken (Abbildung 24.30). Der Salzüberschuss, der mit dem Meerwasser aufgenommen wird, kann auf zweierlei Weise entfernt werden. Die im

24.5 Bauliche und funktionelle Anpassungen der Fische

Exkurs

Geschätzte 90 Prozent aller Knochenfischarten sind entweder an Süß- oder Salzwasser als Lebensraum angewiesen, weil sie nicht fähig sind, sich durch osmotische Regulation an die Verhältnisse im „falschen" Habitat anzupassen. Die meisten Süßwasserfische sterben schnell, wenn sie in Meerwasser gesetzt werden. Genauso ergeht es Meeresfischen im Süßwasser. Den restlichen etwa 10 Prozent aller Teleostierarten gelingt jedoch das Kunststück, zwischen den beiden Habitattypen wiederholt hin- und herzuwechseln. Diese euryhalinen Fische (gr. eurys, breit + hals, Salz) gehören zwei verschiedenen Typen an: solche wie die Flundern, Drachenköpfe und Killifische (afrikanische, eierlegende Zahnkarpfen), die in Mündungsgebieten oder bestimmten Gezeitengebieten leben, in denen der Salzgehalt im Tageslauf schwankt, und solche, die wie Lachse, Maifische und Aale einen Teil ihres Lebens im Süßwasser- und andere Zeiten wiederum im Salzwasser verbringen. Fische mit einer geringen Toleranz gegen Schwankungen im Salzgehalt heißen stenohalin (gr. stenos, eng + hals, Salz).

Abbildung 24.31: Ein Seewolf *(Anarrhichthys ocellatus).* Beim Verzehr einer Seegurke.

Meerwasser mengenmäßig überwiegenden Ionen (Natrium, Chlorid und Kalium) werden über das Blut zu den Kiemen verfrachtet, wo sie von speziellen **Salzausscheidungszellen** sezerniert werden. Die anderen Ionen des Meerwassers (in der Hauptsache Magnesium, Sulfat und Calcium) eliminiert der Fisch über die Fäzes, oder er scheidet sie über die Nieren aus. Anders als die Nieren eines Süßwasserfisches, die ihren Harn über den normalen Filtrations/Resorptions-Ablauf bilden, der typisch für die meisten Wirbeltiernieren ist (siehe Kapitel 30), scheidet die Niere eines Meeresfisches divalente (zweiwertige) Ionen mit Hilfe der tubulären Sekretion aus. Da nur wenig oder gar kein Filtrat gebildet wird, haben die Glomeruli ihre Funktion verloren und sind bei einigen im Meer lebenden Teleostiern ganz verschwunden. Seenadeln (Syngnathinae) und der in Abbildung 24.32 gezeigte Vielfleckanglerfisch *(Antennarius multiocellatus)* sind Beispiele für aglomeruläre Meeresfische.

24.5.6 Fressverhalten

Für jeden Fisch sind Nahrungsbeschaffung und Fressen die notwendigsten Tätigkeiten des täglichen Überlebenskampfes. Obwohl viele glücklose Angler dies bezweifeln würden, ist es eine Tatsache, dass ein Fisch mehr Zeit und Energie auf das Fressen oder die Suche nach Fressbarem verwendet als auf irgendeine andere Tätigkeit. Über die ganze, lange Evolutionsgeschichte der Fische hindurch hat es einen niemals nachlassenden Selektionsdruck gegeben, der darauf gerichtet war und ist, Fische mit Anpassungen zu versehen, die sie in die Lage versetzen, im Wettlauf um das Fressen oder Gefressenwerden den Sieg davonzutragen. Das dabei weitreichendste Einzelereignis war sicherlich die Evolution von Kiefern (siehe Abbildung 23.16). Die Kiefer haben die Fische von ihrer bis dahin größtenteils passiven Existenz als Filtrierer befreit und sie in die Lage versetzt, sich einem räuberischen Lebensstil zuzuwenden. Verbesserte Mittel zum Einfangen größerer Beute machte stärkere Muskeln, größere Beweglichkeit, ein besseres Gleichgewicht und spezialisierte Sinnesorgane mit gesteigerter Empfindlichkeit erforderlich. Mehr als jeder andere Aspekt seiner Lebensweise prägt das Fressverhalten einen Fisch.

Die meisten Fische sind **carnivor** und stellen einer Unzahl anderer Fische vom mikroskopischen kleinen Zooplankton und Insektenlarven bis hin zu großen Wirbeltieren nach. Einige Tiefseefische sind fähig, Opfer zu verschlingen, die fast doppelt so groß sind wie sie selbst – eine Anpassung an einen Lebensraum, indem Gelegenheiten zu fressen, selten sind. Die meisten fortschrittlichen Strahlenflosser können ihre Nahrung nicht zerkauen, wie wir es tun, weil dies den Wasserfluss durch die Kiemen behindern würde. Einige, wie der Seewolf (▶ Abbildung 24.31) verfügen jedoch über Zähne, die an Molaren erinnern und zum Zerdrücken von harten Beutetieren wie Crustaceen geeignet sind. Andere, die ihre Nahrung zermahlen, setzen dafür kraftvolle

Abbildung 24.32: Ein Vielfleckanglerfisch (Antennarius multiocellatus) wartet auf Beute. Über seinem Kopf schwingt ein umgebildeter Rückenflossenstachel, der in einem fleischigen Tentakel endet, hin und her. Dabei kontrahiert und expandiert der endständige Tentakel in der gut imitierten Art eines Wurmes. Wenn ein anderer Fisch sich der verlockenden vermeintlichen Beute nähert, öffnet sich urplötzlich das riesige Maul des Anglerfisches; dabei wird eine starke Sogwirkung durch das einschießende Wasser erzeugt, die den Beutefisch mitreißt. Im Bruchteil einer Sekunde ist alles vorbei und der Anglerfisch verharrt wieder regungslos.

Schlundzähne ein. Die meisten carnivoren Fische verschlucken ihre Beute im Ganzen. Die scharfen und spitzen Zähne an ihren Kiefern und am Gaumendach werden zum Packen und Festhalten der Beute benutzt. Die mangelnde Kompressibilität des Wassers hilft manchen großmäuligen Raubfischen beim Beutefang. Wird das Maul plötzlich aufgerissen, schießt Wasser in den Rachen und spült ahnungslose Opfer mit hinein (▶ Abbildung 24.32).

Eine zweite Gruppe von Fischen ist herbivor und ernährt sich von Wasserpflanzen wie submersen Blütenpflanzen und/oder Algen. Pflanzenfresser sind unter den Fischen relativ selten; in einigen Lebensräumen bilden sie aber unverzichtbare Zwischenglieder in der Nahrungskette. Pflanzenfressende Fische kommen am häufigsten in Korallenriffen (Papageifische, Riffbarsche und Doktorfische) und in tropischen Süßgewässern (einige Cypriniden, Salmler und Welse) vor.

Filtrierer, welche die häufigen Mikroorganismen des Meeres abernten, bilden eine dritte und vielfältige Gruppierung, deren Mitglieder von Fischlarven bis zu den Riesenhaien reichen. Die kennzeichnendste Gruppe der Planktonfresser sind aber die Heringsartigen (Clupeiformes; Hering, Sardelle, Sprotte, Sardine, Lodde, Stint) – zumeist pelagisch (im offenen Meer) lebende Fische, die in großen Schwärmen umherziehen. Mit Hilfe ihrer siebartigen Kiemenreusen entnehmen sie sowohl Phyto- als auch kleines Zooplankton aus dem Wasser (Abbildung 32.1). Da Planktonfresser die nach der Individuenzahl häufigsten Meeresfische sind, bilden sie eine wichtige Nahrungsgrundlage für viele größere, aber weniger häufige Carnivoren. Zahlreiche Süßwasserfische sind ebenfalls vom Plankton als Nahrung abhängig.

Weitere Fischgruppen sind **Aasfresser** wie Schleimaale, die tote oder im Sterben begriffene Tiere verzehren, **Detritusfresser** wie einige Welse und Karpfenartige, die feinverteiltes organisches Material vertilgen, das häufig als Schwebstoffe frei im Wasser oder als flockiger, leicht aufzuwirbelnder Belag (Mulm) auf dem Grund oder auf Wasserpflanzen vorliegt. **Parasiten** wie Neunaugen oder augenfressende Buntbarsche (Cichliden) fressen Teile anderer lebender Fische. Schließlich muss angemerkt werden, dass die meisten Fische – obgleich sie in der Regel auf ein enges Nahrungsangebot spezialisiert sind – andere Nahrung akzeptieren, wenn diese verfügbar und/oder die Hauptnahrung knapp ist.

Die Verdauung folgt bei den meisten Fischen dem für Vertebraten normalen Verlauf. Mit Ausnahme verschiedener Fische, denen ein regelrechter Magen fehlt, gelangt die Nahrung vom Magen in das tubuläre Intestinum, das bei carnivoren Arten tendenziell kurz ausgebildet ist (Abbildung 24.15), bei herbivoren Arten und Detritusfressern aber extrem lang und verschlungen sein kann. Bei herbivoren Graskarpfen (Ctenopharyngodon idella) etwa kann die Länge des Darms die neunfache Körperlänge erreichen. Dies stellt eine Anpassung an die lange Verdauungszeit dar, die für pflanzliche Kohlenhydrate erforderlich ist. Bei carnivoren Fischarten kann die Proteinverdauung bereits im sauren Milieu des Magens einsetzen, doch besteht die Hauptaufgabe des Magens in der Zwischenlagerung der oft umfangreichen und zeitlich unregelmäßig aufgenommenen Nahrung vor dem Weitertransport in den Darm.

Verdauung und Absorption erfolgen zeitgleich im Darm. Ein kurioses Merkmal der Strahlenflosser – insbesondere der Teleostier – ist das Vorhandensein zahlreicher **pylorischer Caecen** (Abbildung 24.15). Dieses anatomische Merkmal findet sich bei keiner anderen Wirbeltiergruppe. Die primäre Aufgabe dieser Blinddärme scheint in der Fettabsorption zu bestehen, obgleich alle Klassen von Verdauungsenzymen für alle Arten von Nahrungsbestandteilen (Proteasen, Lipasen, kohlenhydratspaltende Hydrolasen) in diesen Bereichen sezerniert werden.

24.5.7 Wanderungen

Süßwasseraale

Der Lebensweg der Aale (*Anguilla* sp.; lat. *anguilla*, Aal) hat das Interesse von Naturkundlern über Jahrhunderte hinweg beschäftigt. In den küstennahen Fließgewässern rund um den Nordatlantik sind Aale fischereiökonomisch wichtige Arten. Aale sind **katadrom** (gr. *kata*, abwärts + *dromos*, laufen, rennen); das bedeutet, dass sie den größten Teil ihres Lebens im Süßwasser verbringen, dann aber ins Meer abwandern, um dort zu laichen. Jedes Jahr im Herbst konnte man beobachten, wie große Mengen von Aalen die Flüsse hinab in Richtung Meer schwammen, doch niemals kehrten erwachsene Tiere zurück in die Flüsse. In jedem Frühjahr erschienen unzählige junge Aale („Glasaale") von der Größe von Streichhölzern in den küstennahen Flüssen und begannen, stromauf zu schwimmen (▶ Abbildung 24.33). Über die offenkundige Folgerung hinaus, dass die Aale irgendwo im Meer laichen, war über die Lage ihrer Fortpflanzungsgebiete rein gar nichts bekannt.

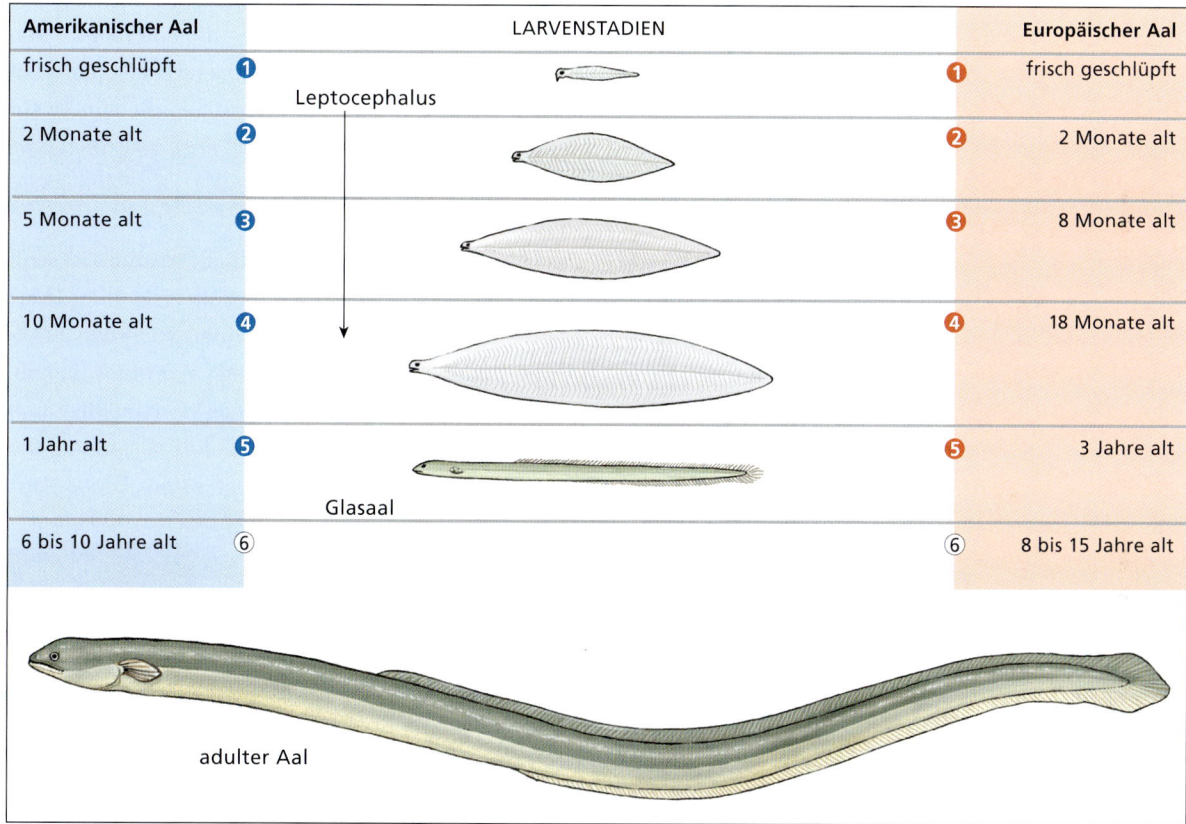

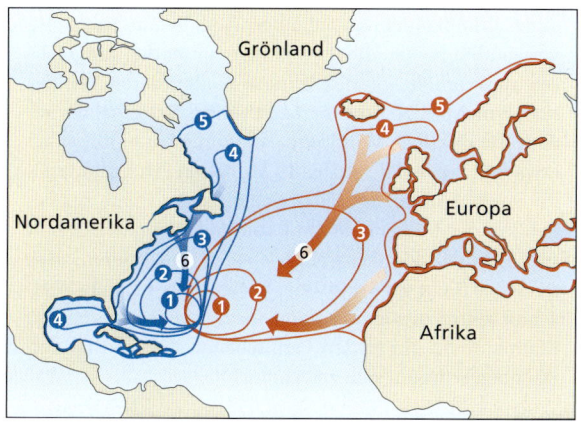

Abbildung 24.33: Der Lebensweg des europäischen *(Anguilla anguilla)* und des amerikanischen Aals *(Anguilla rostrata)*. Die Wanderwege der europäischen Art sind in Rot dargestellt, die der amerikanischen Aalart in Blau. Die unterlegten Ziffern bezeichnen Entwicklungsstadien. Man beachte, dass der amerikanische Aal seine larvale Metamorphose und die Meereswanderung innerhalb eines Jahres vollzieht. Es vergehen dagegen fast drei Jahre, bis der europäische Aal seine viel weitere Reise beendet hat.

> **Exkurs**
>
> Neuere enzymelektrophoretische Analysen (isoelektrische Fokussierung von Isoenzymen) an Aallarven haben nicht nur die Existenz getrennter europäischer und amerikanischer Arten bestätigt, sondern auch Schmidts Annahme, dass die europäischen und die amerikanischen Aale in teilweise überlappenden Gebieten der Sargassosee ablaichen.

Der erste Hinweis stammte von zwei italienischen Wissenschaftlern, Grassi und Calandruccio, die im Jahr 1896 berichteten, dass Glasaale keine Larven seien, sondern verhältnismäßig weit fortgeschrittene Juvenilformen. Echte Aallarven waren, wie die Forscher entdeckten, winzige, blattförmige, durchsichtige Gebilde, die absolut keine Ähnlichkeit mit einem Aal hatten. Von Naturforschern früherer Zeit waren sie als **Leptocephali** (gr. *leptos*, dünn, schlank + *kephale*, Kopf) bezeichnet worden. 1905 begann Johannes Schmidt, ein weitgehend in Vergessenheit geratener dänischer Zoologe, mit Unterstützung der dänischen Regierung mit einer systematischen Untersuchung der Aalbiologie, die er bis zu seinem Tod im Jahr 1933 fortsetzen sollte. In Zusammenarbeit mit Kapitänen von regelmäßig im Atlantik verkehrenden Schiffen wurden mit Hilfe von Planktonnetzen, die Schmidt besorgt hatte, in verschiedenen Bereichen des Atlantiks Tausende von Leptocephalen gefangen. Durch Aufzeichnung der Orte, an denen die Larven in ihren unterschiedlichen Entwicklungsstadien gefangen worden waren, konnten Schmidt und seine Mitarbeiter schließlich die Laichwanderungen der Aale rekonstruieren.

Wenn adulte Aale die Küstengewässer Europas und Nordamerikas verlassen, schwimmen sie ein bis zwei Monate stetig und offenbar in großen Tiefen, bis sie die Sargassosee erreichen – ein ausgedehntes und warmes Seegebiet südöstlich von Bermuda (Abbildung 24.33). Dort laichen die Aale in einer Tiefe von 300 m oder mehr ab und sterben danach. Die winzigen Larven beginnen dann mit der unvorstellbaren Reise quer durch den Atlantik zurück zu den europäischen Heimatflüssen ihrer Eltern. Mit dem Golfstrom treibend und unablässig den Angriffen zahloser Fressfeinde ausgesetzt, erreichen sie nach zwei Jahren die Mitte des atlantischen Ozeans. Am Ende des dritten Jahres erreichen sie die Küstengewässers Europas, wo die Metamorphose der Leptocephali in das Glasaalstadium mit der unverkennbaren aalartigen Körperform vonstatten geht (Abbildung 24.33). Männchen und Weibchen trennen sich auf dieser Stufe: Die Männchen verbleiben im Brackwasser der Küstengewässer und Flussmündungen, während die Weibchen weiter stromaufwärts wandern. Dabei wandern sie oft Hunderte von Kilometern die Flüsse hinauf. Nach 8 bis 15 Jahren kehren die nunmehr über 1 m langen weiblichen Tiere in das Meer zurück, um sich zu den kleineren Männchen zu gesellen. Beide kehren zu ihren angestammten, Tausende von Kilometern entfernt liegenden Fortpflanzungsgründen zurück, um ihren Lebensweg zu vollenden.

Schmidt fand heraus, dass sich amerikanische Aale (*Anguilla rostrata*) von europäischen (*Anguilla anguilla*) unterscheiden lassen, weil sie eine geringere Zahl von Wirbelkörpern aufweisen – durchschnittlich 107 beim amerikanischen Aal im Vergleich zu durchschnittlich 114 bei der europäischen Art. Da die amerikanischen Aale sehr viel näher bei ihrer nordamerikanischen Heimatküste zur Welt kommen, benötigen die Larven für die Reise nur etwa acht Monate.

Heimkehrende Lachse

Der Lebensweg der Lachse ist beinahe so eindrucksvoll wie der der Aale, allerdings ist ihm ein viel höheres Maß an öffentlicher Aufmerksamkeit zuteil geworden. Lachse sind **anadrom** (gr. *ana*, aufwärts + *dromos*, laufen, wandern). Sie leben als erwachsene Tiere im Meer und kehren ins Süßwasser zurück, um dort zu laichen. Der Atlantische Lachs (*Salmo salar*; lat. *salmo*, Lachs + *sal*,

> **Exkurs**
>
> Die Lachswanderungen im pazifischen Nordwesten sind durch eine tödliche Kombination aus einem Verschwinden der Laichgewässer durch Abholzung der Wälder, Umweltverschmutzung und in besonderem Maß durch mehr als 50 Wasserkraftwerke, die den stromauf wandernden Altfischen den Weg versperren und stromab wandernde Jungfische beim Durchtritt durch die elektrizitätserzeugenden Turbinen töten, verheert worden. Darüber hinaus haben die als Wasserspeicher angelegten Talsperren, die den Columbia und den Schlangenfluss in eine Seenkette verwandelt haben, die Sterblichkeit unter den Junglachsen stark erhöht, da durch diese Bauten deren Wanderung zum Meer zu sehr verzögert wurde. Das Ergebnis ist, dass die jährliche Wildlachswanderung heute nur noch etwa drei Prozent der 10 bis 16 Millionen Fische umfasst, die vor 150 Jahren die Flüsse hinaufzogen. Pläne zur Behebung der Missstände sind von der Energiewirtschaft verzögert worden. Umweltgruppen argumentieren, dass auf lange Sicht der Verlust der Lachse die regionale Wirtschaft teurer zu stehen kommt als die Durchführung von Maßnahmen, die es den verbliebenen Lachsbeständen erlauben würden, sich zu erholen.

Abbildung 24.34: **Pazifische Lachse.** Wandernde Rotlachse *(Oncorhynchus nerka)*.

Salz) und die Pazifischen Lachse (sechs Arten der Gattung *Oncorhynchus*; gr. *onkos*, Haken + *rhynchos*, Schnabel, Schnauze) praktizieren diese Lebensweise, doch existieren unter den sieben Arten bedeutende Differenzen. Atlantische Lachse können wiederholte, stromaufwärts gerichtete Laichwanderungen unternehmen. Sie sechs Lachsarten des Pazifiks unternehmen jeweils nur eine einzige Laichwanderung und beenden nach dem Ablaichen ihr Leben (▶ Abbildung 24.34).

Der praktisch nie versagende Heimfinde-Instinkt der pazifischen Arten ist legendär: Nachdem er als Junglachs stromabwärts gewandert ist, streift ein Rotlachs für vier Jahre über Hunderte von Kilometern durch den pazifischen Ozean, wobei er zu einer Körpermasse von 2 bis 5 kg heranwächst und kehrt dann unbeirrt und sicher in den Oberlauf seines elterlichen Laichgewässers zurück. Ein gewisses Maß an Irrung und Wirrung tritt trotzdem auf und stellt eine wichtige Quelle des Genflusses in der Population und der Besiedelung neuer Fließgewässer dar.

Von A. Hasler und anderen durchgeführte Experimente haben gezeigt, dass heimkehrende Lachse von dem charakteristischen Geruch bzw. Geschmack ihres Heimatgewässers geleitet werden. Wenn die Lachse schließlich an den Laichplätzen ihrer Eltern ankommen (wo sie selbst geschlüpft sind), laichen sie ebenfalls dort ab und sterben dann. Im kommenden Frühjahr schlüpft die Brut und wandelt sich vor und während der Wanderung stromabwärts in Junglachse um. Zu dieser Zeit erfolgt die Prägung (siehe Kapitel 36) durch den kennzeichnenden Geschmack/Geruch des Gewässers, der offensichtlich aus einem vielfältigen Gemisch von Stoffen besteht, das sich aus Komponenten der charakteristischen Vegetation und dem Erdboden, aus dem sich der Fluss speist, zusammensetzt. Bei ihrer Wanderung scheinen sich die Fische auch die Charakteristika anderer Gewässer, durch die sie ziehen, einzuprägen. Während ihrer stromaufwärts erfolgenden Wanderung als ausgewachsene Tiere verwenden die Lachse dann ihr Geruchs-/Geschmacksgedächtnis in der umgekehrten Reihenfolge der Prägungsereignisse, um ihren Weg zurück zu finden.

Wie aber finden die Lachse die Mündung des richtigen Flusses, nachdem sie ungezählte Kilometer im offenen Meer zurückgelegt haben? Lachse entfernen sich Hunderte von Kilometern von der Küste – eine viel zu weite Entfernung, um den Geruch oder Geschmack ihres Heimatgewässers wahrnehmen zu können. Experimentelle Befunde deuten darauf hin, dass einige wandernde Fische sich nach dem Sonnenstand zu orientieren vermögen, wie es auch Vögel tun. Wandernde Lachse vermögen aber auch an wolkigen Tagen oder des nachts zu navigieren, was darauf hindeutet, dass die Sonne – falls sie überhaupt eine Rolle spielt – nicht der einzige Wegweiser sein kann. Fische scheinen auch (ebenfalls wie manche Vögel) in der Lage zu sein, das Magnetfeld der Erde wahrzunehmen und zur Navigation zu nutzen. Schließlich räumen Fischereibiologen ein, dass Lachse vielleicht überhaupt keine genauen navigatorischen Fähigkeiten benötigen, sondern sich stattdessen vielleicht auf mehrere Informationsquellen wie Meeresströmungen, Temperaturunterschiede und verfügbare Nahrung stützen, um einen weiteren Küstenbereich anzusteuern, in dem „ihr" Fluss irgendwo liegt. Von dort aus könnte ihnen ihre eingeprägte Geruchskarte helfen und sie an jeder Flussmündung, die nicht die richtige ist, umkehren lässt, bis sie ihr Geburtsgewässer gefunden haben.

24.5.8 Fortpflanzung, Entwicklung und Wachstum

In einer Tiergruppe, die so vielgestaltig ist wie die Fische, überrascht es nicht, außergewöhnliche Variationen des Grundthemas der geschlechtlichen Fortpflanzung anzutreffen. Die meisten Fische favorisieren eine einfache Form des Themas: Sie sind **zweihäusig** (diözisch) – also getrenntgeschlechtlich – und praktizieren eine **extrakorporale Befruchtung**, der eine ebenfalls **extrakorporale Entwicklung** der Eier und der Embryonen folgt (Oviparie). Wie aber jeder Aquarianer weiß, bringen

Abbildung 24.35: Regenbogen-Meerbarsch *(Hypsurus caryi)* beim Absetzen von Jungen. Alle Mitglieder der Familie der Brandungsbarsche (Familia Embiotocidae) sind ovovivipar.

so beliebte Aquarienfische wie Guppies, Platys und Schwertträger lebende Junge zu Welt (lebendgebärende Zahnkarpfen), die sich in der Ovarialhöhle des Muttertiers entwickelt haben (▶ Abbildung 24.35). Wie weiter oben in diesem Kapitel ausgeführt wurde, entwickeln einige vivipare Haiarten eine Art plazentaler Verbindung, über welche die Jungen während ihrer Entwicklung ernährt werden.

Kehren wir zum viel weiter verbreiteten oviparen Fortpflanzungsmodus zurück. Viele Meeresfische sind außerordentlich verschwenderische Eiproduzenten. Männliche und weibliche Tiere sammeln sich in riesigen Schwärmen und entlassen gewaltige Mengen von Gameten in das Wasser, die von der Strömung fortgeschwemmt werden. Große Kabeljauweibchen können bei einem einzigen Laichakt vier bis sechs Millionen Eier ablegen. Weniger als eines aus einer Million befruchteter Eizellen überlebt die zahlreichen Gefahren des Ozeans und erreicht selbst die Fortpflanzungsreife.

Anders als die winzigen, schwebefähigen und durchsichtigen Eier der pelagischen Teleostier des Meeres, sind die vieler küstennah in Bodennähe lebender Benthosfische viel größer, für gewöhnlich dotterreich, nichtschwebend und klebrig. Einige Arten vergraben ihre Eier, viele heften sie an submerse Vegetation, einige legen sie in eigens angelegten Nestern ab, und wieder andere bebrüten sie in ihren Mäulern (**Maulbrüter**, ▶ Abbildung 24.36). Viele benthisch ablaichende Fische bewachen ihre Gelege. Eindringlinge, die eine leichte Beute aus nahrhaften Eiern erwarten, sehen sich einer lebhaften und oftmals kriegslüsternen Gegenwehr durch das wachhabende Tier – fast immer das Männchen – gegenüber.

Süßwasserfische produzieren fast in allen Fällen nicht schwebefähige Eier. Solche Arten, die – wie der Barsch – ihrem Nachwuchs keine elterliche Fürsorge zuteil werden lassen, verstreuen ihre unzähligen Eier in der Unterwasservegetation oder auf dem Gewässergrund. Süßwasserfische, die Brutpflege betreiben, wie etwa manche Welse und viele Buntbarscharten aus der Familie der Cichliden, produzieren Gelege aus einer kleineren Zahl, dafür aber größerer Eier, die eine bessere Aussicht haben, zu überleben.

Umfangreiche und oft ausgefeilte Vorspiele, die der Paarung vorausgehen, sind bei Süßwasserfischen die Regel. Ein weiblicher Pazifiklachs vollführt beispielsweise mit ihrem Paarungspartner einen rituellen „Paarungstanz", nachdem es den Laichplatz in einem schnellfließenden Gewässer mit kiesigem Grund erreicht hat (▶ Abbildung 24.37). Das Weibchen legt sich danach auf die Seite und räumt mit ihrer Schwanzflosse eine Nestgrube aus. Wenn die Eier vom Weibchen abgelegt werden, befruchtet das Männchen sie sogleich (Abbildung 24.37). Nachdem das Weibchen das Gelege mit Kies bedeckt hat, stirbt der völlig ausgelaugte Fisch und treibt stromabwärts davon.

Bald nachdem ein Ei einer oviparen Art abgelegt und befruchtet worden ist, schwillt es durch die Aufnahme von Wasser an und die äußeren Eischichten verhärten sich. Es folgen die Furchungsteilungen, denen die Blastodermbildung nachfolgt. Das Blastoderm liegt der verhältnismäßig umfangreichen Dotterkugel auf. Bald

Abbildung 24.36: Ein männlicher gebänderter Brunnenbauer *(Opistognathus macrognathus)*. Das Männchen dieser maulbrütenden Fischart sammelt das Gelege auf und bebrütet die Eier bis zum Schlupf der Jungen in seinem Maul. Während der kurzen Zeit, die der Brunnenbauer mit Fressen verbringt, lässt er das Gelege in seinem Bau zurück.

24.5 Bauliche und funktionelle Anpassungen der Fische

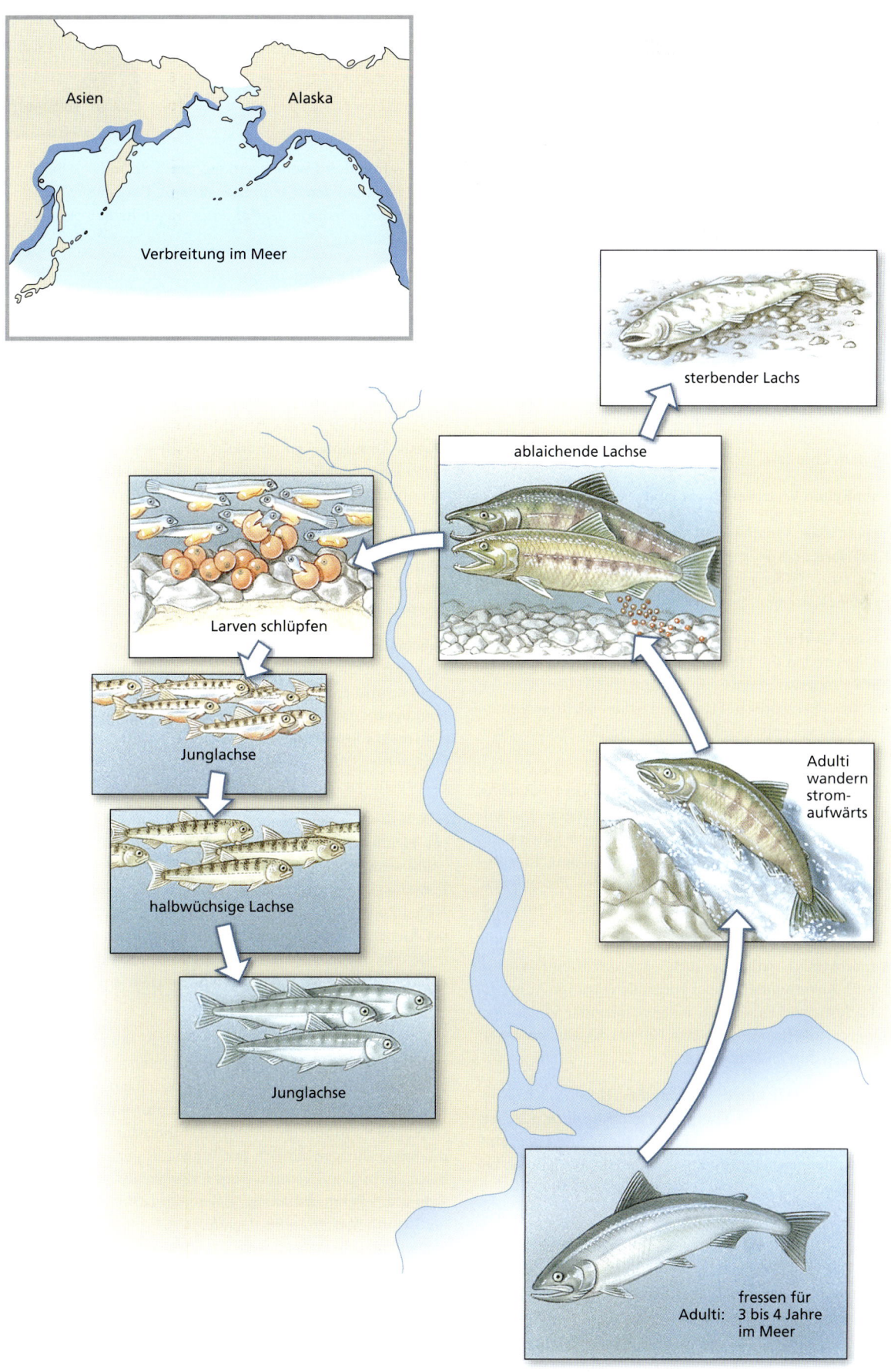

Abbildung 24.37: Laichende Pazifiklachse (*Oncorhynchus* sp.). Mit Entwicklung der Eier und der Jungen.

KLASSIFIZIERUNG

■ **Rezente Fische**

Die folgende, Linné'sche Klassifizierung der Hauptfischtaxa folgt der Darstellung von Nelson (2006). Die wahrscheinlichen verwandtschaftlichen Beziehungen dieser traditionellen Gruppierungen sind in dem Kladogramm von Abbildung 24.2 zusammen mit den wesentlichen ausgestorbenen Fischgruppen dargestellt. Andere Klassifikationsschemata sind vorgeschlagen worden. Aufgrund der Schwierigkeiten bei der Ermittlung der Verwandtschaftsbeziehungen von zahlreichen rezenten und fossilen Arten, lässt sich leicht nachvollziehen, warum die Klassifizierung der Fische fortlaufend revidiert wurde – und sich weiterhin im Umbruch befinden wird.

Phylum Chordata

Subphylum Vertebrata (Craniata)

Superclassis Agnatha (gr. *a*, nicht, kein + *gnathos*, Kiefer). **Kieferlose**; knorpeliges Skelett; paarige Flossen fehlen; ein oder zwei Halbbogengänge; Chorda dorsalis immer vorhanden. Kein monophyletisches Taxon.

Classis Myxini (gr. *myxa*, Schleim): **Schleimaale**. Vier Tentakelpaare um die Mundöffnung herum; Nasenhöhle mit Verbindungsgang zum Schlund; fünf bis 16 Paare Kiementaschen, akzessorisches Herz und Schleimdrüsen vorhanden; schwach entwickelte Augen. Beispiele: *Myxine, Bdellostoma*; ca. 65 Arten, marin.

Classis Cephalaspidomorphi (gr. *kephale*, Kopf + *aspidos*, Schild, Panzer + *morphe*, Form): **Neunaugen**. Bukkaltrichter mit keratinisierten Zähnen; Nasalsackulus nicht mit der Mundhöhle verbunden; sieben Paare Kiementaschen; gut entwickelte Augen. Beispiele: *Petromyzon, Ichthyomyzon, Lampetra*. 41 Arten, Süßwasser und anadrom.

Superclassis Gnathostomata (gr. *gnathos*, Kiefer + *stoma*, Maul): **Kiefermäuler**. Kiefer vorhanden; paarige Anhangsbildungen vorhanden (bei einigen sekundär verlorengegangen); drei Paar Bogengänge; Chorda dorsalis ganz oder teilweise durch Centra ersetzt.

Classis Chondrichthyes (gr. *chondros*, Knorpel + *ichthys*, Fisch): **Knorpelfische**. Knorpeliges Skelett; Zähne nicht mit den Kiefern fusioniert und für gewöhnlich ersetzt; keine Schwimmblase; Intestinum mit Spiralklappe; Klasper bei den Männchen.

Subclassis Elasmobranchii (gr. *elasmos*, gepanzert + *branchia*, Kiemen): **Haie + Rochen**. Plakoidschuppen oder Derivate (Skutae und Stacheln) für gewöhnlich vorhanden; fünf bis sieben Kiembögen und Kiemenschlitze in getrennten Spalten entlang des Schlundes; Oberkiefer nicht mit dem Cranium fusioniert. Beispiele: *Squalus, Raja, Charcarodon, Sphyrna*; ungefähr 815 Arten, zumeist marin.

Subclassis Holocephali (gr. *holos*, ganz, gesamt + *kephale*, Kopf): **Chimären, Seehasen**. Schuppen fehlen; vier, von einem Kiemendeckel bedeckte Kiemenspalten; Kiefer mit Zahnplatten; akzessorische Greiforgane (Tentaculum) bei den Männchen; Oberkiefer mit dem Cranium fusioniert. Beispiele: Chimaera, Hydrolagus; 31 Arten, marin.

Classis Actinopterygii (gr. *aktis*, Strahl + *pteryx*, Flügel, Flosse): **Strahlenflosser**. Skelett ossifiziert; einzelne Kiemenöffnung, überdeckt von einem Kiemendeckel; paarige Flossen mit Dermalstrahlen als primären Stützbildungen; Gliedmaßenmuskulatur im Körperinneren; Schwimmblase hauptsächlich als hydrostatisches Organ (falls vorhanden); Atrium und Ventrikel nicht unterteilt; Zähne mit Schmelzüberzug.

Subclassis Chondrostei (gr. *chondros*, Knorpel + *osteon*, Knochen): **Knorpelganoide** (Störe und Flösselhechte). Skelett primär knorpelig; Schwanzflosse heterozerk; Schuppen ganoid (falls vorhanden); Spiralklappe vorhanden; mehr Flossenstrahlen als Strahlenansätze; Beispiele: *Polypterus, Polyodon, Acipenser*; 34 Arten, Süßwasser und anadrom.

Subclassis Neopterygii (gr. *neo*, neu + *pteryx*, Flügel, Flosse): **Neuflosser** (Kahlhechte, Knochenechte, Echte Knochenfische (Teleostier). Skelett primär knochig; Schwanzflosse für gewöhnlich homozerk; Schuppen zykloid, ctenoid, fehlend oder – selten – ganoid. Zahl der Flossenstrahlen bei Rücken- und Afterflossen gleich der Ansatzstellen. Beispiele: *Amia, Lepisosteus, Anguilla, Oncorhynchus, Perca*; etwa 23.600 Arten in nahezu allen aquatischen Habitaten.

Classis Sarcopterygii (gr. *sarkos*, Fleisch, Muskel + *pteryx*, Flügel, Flosse): **Muskelflosser**. Skelett ossifiziert; einzelne Kiemenöffnung mit Kiemendeckel; paarige Flossen mit kräftigem Innenskelett und Muskulatur innerhalb der Gliedmaßen; diphyzerker Schwanz; Intestinum mit Spiralklappe; für gewöhnlich mit lungenartiger Schwimmblase; Atrium und Ventrikel zumindest partiell unterteilt; Zähne mit Schmelzüberzug. Beispiele: *Latimeria* (Quastenflosser), *Neoceratodus, Lepidosiren, Protopterus* (Lungenfische); acht Arten, marin + im Süßwasser. Nicht monophyletisch, wenn die Tetrapoden nicht mit einbezogen werden.

danach wird die Dottermasse von dem sich entwickelnden Blastoderm (der Keimhaut) umschlossen. Das Blastoderm beginnt darauf, eine fischartige Form anzunehmen. Viele Fische schlüpfen als Larven aus dem Ei. Die Larve trägt einen halbdurchsichtigen Dottersack mit sich herum, aus dem sie sich mit Nährstoffen versorgt, bis sich die Mundöffnung und ein funktionsfähiger Verdauungstrakt ausgebildet haben. Dann beginnt die Larve mit der eigenständigen Nahrungssuche. Nach einer Phase des Larvenwachstums unterzieht sich die Fischlarve einer Metamorphose, die bei vielen Meeresfischen wie den Aalen von besonderem Aufwand ist (Abbildung 24.33). Die Körperform wird umgestaltet, Flossen- und Farbmuster ändern sich – das Tier wandelt sich in die Juvenilform um, welche die unverkennbaren und definitiven Merkmale ihrer Art zeigt.

Das Fischwachstum ist temperaturabhängig. Als Folge davon wachsen Fische in gemäßigten Breiten im Sommer schnell, wenn die Temperatur hoch und Futter reichlich vorhanden ist, hören aber im Winter fast gänzlich auf zu wachsen. Jahresringe in den Schuppen, Otolithen und andere knochige Teile des Körpers spiegeln dieses jahreszeitliche Wachstumsverhalten wider (▶ Abbildung 24.38). Für Ichthyologen (= Fischsachverständige), die das Alter eines Fisches ermitteln wollen, ist dies ein bequemes Verzeichnis, das Auskunft über diese Daten gibt. Anders als Vögel und Säugetiere, die nach Erreichen des Adultzustandes aufhören zu

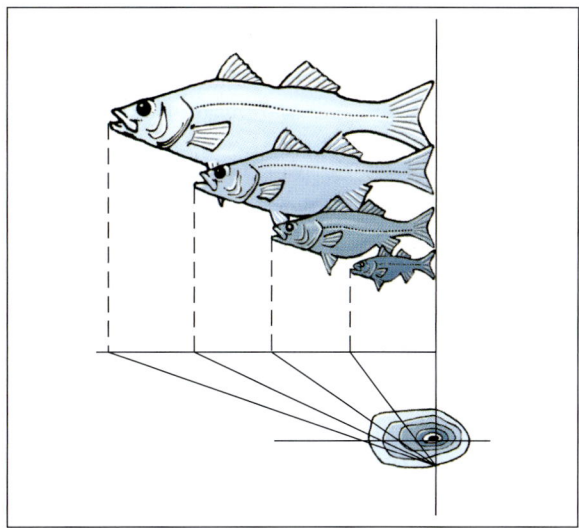

Abbildung 24.38: Schuppenwachstum. Fischschuppen enthüllen jahreszeitliche Änderungen der Wachstumsrate. Das Wachstum ist im Winter unterbrochen; dies führt zur Ausbildung von Jahresringen (Annuli). Jeder jährliche Zuwachs in der Schuppengröße steht im Verhältnis zur jährlichen Zunahme der Körperlänge. Otolithen (Ohrsteine) und bestimmte Knochen können bei einigen Arten ebenfalls herangezogen werden, um das Alter und die Wachstumsgeschwindigkeit zu ermitteln.

wachsen, fahren die meisten Fische auch nach Erreichen der Geschlechtsreife lebenslang mit dem Wachstum fort. Dies könnte ein Selektionsvorteil sein, da ein Fisch umso mehr Gameten erzeugt, je größer er ist. Je höher die Gametenzahl, desto größer ist der Beitrag, den er zu zukünftigen Generationen leistet.

ZUSAMMENFASSUNG

Fische sind poikilotherme, kiemenatmende, aquatische Vertebraten mit Flossen als Anhangsgebilden. Zu ihnen gehören die ältesten Gruppen der Wirbeltiere, die sich von einem unbekannten Chordatenvorfahren des Kambriums oder noch davor ableiten.

Fünf Klassen rezenter Fische werden unterschieden. Die kieferlosen Schleimaale (Classis Myxini) und die Neunaugen (Classis Cephalaspidomorphi) besitzen einen aalförmigen Körper ohne paarige Flossen. Sie sind mit einem knorpeligen Skelett ausgestattet und haben eine lebenslang vorhandene Chorda dorsalis sowie ein scheibenförmiges Maul, das zum Saugen oder Beißen adaptiert ist. Alle übrigen Vertebraten besitzen Kiefer – eine Hauptinnovation der Wirbeltierevolution.

Die Angehörigen der Klasse der Knorpelfische (Classis Chondrichthyes), zu der die Haie, die Rochen und die Chimären zählen, besitzen ein Knorpelskelett (ein degeneratives Merkmal), paarige Flossen, ausgezeichnete Sinnesorgane und eine aktive, charakteristischerweise räuberische Lebensweise. Die Knochenfische (Osteichthyes) werden in zwei Klassen untergliedert. Die Muskelflosser (Classis Sarcopterygii) sind heute durch die Lungenfische und die Quastenflosser vertreten; sie bilden ohne Einbeziehung der Tetrapoden (wie in der klassischen Klassifikation üblich) eine paraphyletische Gruppierung. Die terrestrischen Vertebraten sind als eine Abstammungslinie aus dieser Gruppe hervorgegangen. Die zweite Klasse ist die der Strahlenflosser (Classis Actinopterygii), eine sehr umfangreiche und vielfältige moderne Gruppierung, die beinahe alle vertrauten Süßwasser- und Meeresfische umfasst. Modifizierungen des Skelett- und des Muskelsystems in dieser Gruppe haben zu Verbesserungen des lokomotorischen Vermögens und zu einer Steigerung der Ernährungseffizienz geführt.

Die modernen Knochenfische (Teleostier) haben sich zu einer Gruppe von etwa 23.600 Arten radiiert, die ein enormes Maß an Anpassungen, Körperformen, Verhaltensweisen und Habitatpräferenzen zeigen. Fische schwimmen mittels undulatorischer Kontraktionen der Rumpfmuskulatur, die Vortrieb und laterale Kraftwirkungen erzeugen. Aalartige Fische schwingen mit dem gesamten Körper, bei den schnelleren Schwimmern beschränken sich die undulatorischen Bewegungen auf die Kaudalregion oder die Schwanzflosse.

Die meisten pelagischen Knochenfische erreichen im Wasser das Schwebegleichgewicht durch Verwendung einer gasgefüllten Schwimmblase – die wirkungsvollste Einrichtung zur Gasabscheidung, die im Tierreich bekannt ist. Die Schallempfindlichkeit kann durch Besitz eines Weber'schen Apparates verbessert sein, der Schall von der Schwimmblase zum Innenohr überträgt. Die Fischkiemen bringen es durch ein effizientes Gegenstromprinzip auf hohe Sauerstoffaustauschraten. Alle Fische zeigen eine hochentwickelte osmotische und ionische Regulation, die in erster Linie durch die Nieren und die Kiemen zustande kommt.

Mit Ausnahme der Kieferlosen (Agnatha) verfügen alle Fische über Kiefer, die verschiedenartig für eine carnivore, herbivore, planktonivore oder detritivore Ernährungsweise modifiziert sind.

Viele Fische unternehmen Wanderungen, und einige – wie die katadromen Aale und die anadromen Lachse – vollführen bemerkenswerte Langstreckenwanderungen von erstaunlicher navigatorischer Präzision. Fische zeigen ein außergewöhnliches Spektrum von Fortpflanzungsstrategien. Die meisten Fische sind ovipar, doch sind Ovoviviparie und Viviparie unter Fischen nicht ungewöhnlich. Die reproduktive Investition kann durch eine große Eizahl mit geringer Überlebensrate (bei vielen Meeresfischen) oder einer geringeren Eizahl mit größerer elterliche Fürsorge zur Steigerung der Überlebenswahrscheinlichkeit (bei vielen Süßwasserfischen) bestehen.

ZUSAMMENFASSUNG

Übungsaufgaben

1. Geben Sie eine kurze Beschreibung Fische; beziehen Sie sich dabei auf Merkmale, welche die Fische von allen anderen Tieren unterscheiden.

2. Durch welche Merkmale unterscheiden sich die Schleimaale und die Neunaugen von allen anderen Fischen?

3. Beschreiben Sie das Fressverhalten der Schleimaale und der Neunaugen. Wie unterscheiden sie sich?

4. Beschreiben Sie den Lebenszyklus des Meerneunauges *(Petromyzon marinus)*.

5. Auf welche Weise sind die Haie gut an eine räuberische Lebensweise angepasst?

6. Das Seitenliniensystem ist bei den Haien als ein Fernberührungssystem beschrieben worden. Welche Funktion erfüllt das Seitenliniensystem? Wo sind die Rezeptoren lokalisiert?

7. Erläutern Sie, wie sich Knochenfische von Haien und Rochen in Bezug auf folgende Systeme oder Merkmale unterscheiden: Skelett, Schuppen, Auftrieb, Atmung, Fortpflanzung.

8. Ordnen Sie die Strahlenflosser den Gruppen (a) bis (f) zu, zu denen sie gehören:

    ___ Chondrostier
    ___ Nonteleostische Neopterygier
    ___ Teleostier

    (a) Barsch, (b) Stör, (c) Knochenhecht, (d) Lachs, (e) Löffelstör, (f) Kahlhecht

9. Obwohl die Knorpelfische heute eine Reliktgruppe darstellen, waren sie eine der beiden Hauptgruppen, die aus den frühen strahlenflossigen Fischen des Devons hervorgegangen sind. Geben Sie Beispiele rezenter Knorpelfische. Was bedeutet der Begriff „Actinopterygii" – der Name der Klasse, zu der die Knorpelfische gehören – wörtlich übersetzt (Beziehen Sie sich gegebenenfalls auf die „Klassifizierung der rezenten Fische" weiter oben in diesem Kapitel)?

10. Listen Sie vier Merkmale der Teleostier auf, die zu deren unglaublicher Diversität und ihrem Erfolg beigetragen haben.

11. Nur acht rezente Arten der Lappenflosser existieren noch – ein Überbleibsel einer Gruppe, die ihre Blütezeit im Paläozoikum während des Devons erlebt hat. Welche morphologischen Merkmale kennzeichnen die Lappenflosser? Was bedeutet der Begriff „Sarcopterygii" – der Name der Klasse, zu der die Knorpelfische gehören – wörtlich übersetzt?

12. Geben Sie die geografischen Fundorte der drei überlebenden Gattungen der Lungenfische an, und erklären Sie, wie sich die Gattungen hinsichtlich ihrer Fähigkeit, außerhalb des Wassers zu überleben, unterscheiden. Welche der drei Gattungen ist am wenigsten spezialisiert?

13. Beschreiben Sie die Entdeckung des Quastenflossers. Worin liegt die evolutive Bedeutung der Gruppe, zu der er gehört?

14. Vergleichen Sie die Schwimmbewegungen eines Aales mit denen einer Forelle, und erläutern Sie,

warum letztere für eine rasche Lokomotion wirkungsvoller sind.

15 Haie und Knochenfische erreichen einen ganz oder näherungsweise neutralisierten Auftriebszustand auf unterschiedliche Weise. Beschreiben Sie die Mechanismen, die sich bei den beiden Gruppen evolutiv herausgebildet haben. Warum muss ein Teleostier das Gasvolumen in seiner Schwimmblase regulierend anpassen, wenn er aufwärts oder abwärts schwimmt? Wie wird das Gasvolumen adjustiert?

16 Was versteht man unter einem „Gegenstromfluss" in Bezug auf Fischkiemen?

17 Wie erhöhen die Weber'schen Ossikeln die Empfindlichkeit eines Fisches für Geräusche?

18 Vergleichen Sie „das osmotische Problem" und den Mechanismus der Osmoregulation bei Süßwasserfischen und bei Knochenfischen des Meeres.

19 Bezüglich der Ernährungsweise stellen die Carnivoren und die Filtrierer zwei Hauptgruppen unter den Fischen. Wie sind diese beiden Gruppen an ihre jeweilige Ernährungsweise angepasst?

20 Beschreiben Sie den Lebenszyklus eines Europäischen Aales (*Anguilla anguilla*). Wie unterscheidet sich der Lebenszyklus des Amerikanischen Aales (*Anguilla rostrata*) von dem des Europäischen?

21 Wie finden adulte Pazifiklachse (*Oncorhynchus* sp.) ihren Weg zurück in ihr Heimatgewässer, um dort abzulaichen?

22 Welche Fortpflanzungsweise bei Fischen beschreiben die folgenden Begriffe: ovipar, ovovivipar, vivipar?

23 Die Fortpflanzung ist bei pelagischen Meeresfischen grundlegend anders als bei Süßwasserfischen. Wie und warum unterscheidet sie sich?

Weiterführende Literatur

Bond, C. (1996): Biology of fishes. 2. Auflage. Harcourt; ISBN: 0-0307-0342-5. *Eine überragende Abhandlung zur Biologie der Fische mit Anatomie und Genetik.*

Bone, Q. et al. (1995): Biology of fishes. 2. Auflage. Chapman & Hall; ISBN: 0-7487-4498-3. *Knapp gefasste, gut geschriebene und illustrierte Einführung in die funktionellen Vorgänge von Fischen.*

Gebhardt, H. und A. Ness (2005): Fische. Die heimischen Süßwasserfische sowie Arten der Nord- und Ostsee. 7. Auflage BLV; ISBN: 3-4051-5106-6. *Übersichtliches, gut bebildertes Bestimmungsbuch mit Hinweisen zu Bestimmungsmerkmalen, Lebensraum, Lebensweise und Verbreitung der etwa 200 Arten des Süßwassers und häufiger Meeresarten der deutschen Küsten.*

Helfman, G. et al. (1997): The diversity of fishes. Blackwell, ISBN: 0-8654-2256-7. *Vergnügliches und mit Informationen vollgepacktes Lehrbuch, das sich auf Anpassungen und die Vielfalt konzentriert und besondere Stärken in den Bereichen Evolution, Systematik und Geschichte der Fische zeigt.*

Horn, M. und R. Gibson (1988): Intertidal fishes. Scientific American, vol. 258, no. 1: 64–70. *Beschreibt die speziellen Anpassungen von Fischen, die in dem anspruchsvollen Gebiet der Gezeitenzone leben.*

Kardong, K. (2005): Vertebrates: Comparative Anatomy, Function, Evolution. 4. Auflage. McGraw-Hill; ISBN: 0-0712-4457-3.

Long, J. (1995): The rise of fishes: 500 million years of evolution. Johns Hopkins University Press; ISBN: 0-8018-5438-5. *Ein verschwenderisch illustriertes Buch zur Evolutionsgeschichte der Fische.*

Louisy, P. (2002): Meeresfische Westeuropas und des Mittelmeeres. Ulmer; ISBN: 3-8001-3844-1.

Moyle, P. und J. Cech (2004): Fishes: An Introduction to Ichthyology. 5. Auflage. Prentice-Hall; ISBN: 0-1310-0847-1. *In einem lebendigen Stil geschriebenes Lehrbuch, dass die Betonung mehr auf die Ökologie als die Morphologie legt.*

Nelson, J. (2006): Fishes of the World. 4. Auflage. Wiley; ISBN: 0-471-25031-7. *Fachkundige Klassifizierung aller wesentlichen Fischgruppen.*

Paxton, J. und W. Eschmeyer (1998): Encyclopedia of fishes. 2. Auflage. Academic Press; ISBN: 0-7398-0683-1. *Ausgezeichnetes, fachkundiges Referenzwerk, das sich auf die Vielfalt der Fische konzentriert und in spektakulärer Weise bebildert ist.*

Pough, F. et al. (2004): Vertebrate Life. 7. Auflage. Prentice Hall; ISBN: 0-13-145310-6.

Pyrzakowski, T. und J. Stevens (1987): Sharks. Facts on File; ISBN: 0-8160-1800-6. *Evolution, Verhalten und andere Aspekte der Haibiologie. Hübsch bebildert.*

Thomson, K.: Der Quastenflosser – Die spannende Geschichte eines lebenden Fossils. Birkhäuser; ISBN: 3-7643-2793-6.

Webb, P. (1984): Form and function in fish swimming. Scientific American, vol. 251, no. 7: 72–82. *Schwimm-*

spezialisierungen von Fischen und die Analyse der Vortriebserzeugung.

Westheide, W. und R. Rieger (2004): Spezielle Zoologie, Teil 2: Wirbel- oder Schädeltiere. 1. Auflage. Elsevier; ISBN: 3-8274-0900-4. *Gut verständliches, umfassendes Lehrbuch zum vertiefenden Studium der Zoologie.*

Weitere Informationen zu diesem Buchkapitel finden Sie auf der Companion-Website unter
http://www.pearson-studium.de

Frühe Tetrapoden und die modernen Amphibien

Phylum Chordata, Classis Amphibia

25.1 Vom Wasser ans Land 799
25.2 Die frühe Evolution der terrestrischen Vertebraten ... 799
25.3 Moderne Amphibien 805
Zusammenfassung 823
Übungsaufgaben 824
Weiterführende Literatur 824

25

ÜBERBLICK

Frühe Tetrapoden und die modernen Amphibien

Der an einem Frühlingsabend an einem Teichufer vernehmbare Chor der Frösche kündigt eines der dramatischsten Ereignisse in der belebten Natur an. Sich paarende Frösche legen Unmassen von Eiern ab, die sich zu beinlosen, mit Kiemen atmenden, fischartigen Froschlarven – Kaulquappen – entwickeln, die fressen und wachsen. Dann kommt es zu einer bemerkenswerten Umwandlung. Hinterbeine erscheinen und wachsen langsam in die Länge. Der Schwanz verkürzt sich. Die Zähne der Larve bilden sich zurück, ebenso wie die Kiemen. Augenlider entwickeln sich. Vordergliedmaßen erscheinen. Im Verlauf einiger Wochen hat die aquatisch lebende Kaulquappe ihre Metamorphose zum adulten Frosch durchlaufen.

Der evolutive Übergang vom Leben im Wasser zum Leben an Land vollzog sich nicht in wenigen Wochen, sondern über Millionen von Jahren. Eine lange Reihe von Änderungen und Adaptationen passte den Wirbeltierkörper nach und nach an das Landleben an. Der Ursprung der Landwirbeltiere ist schon aus dem Grund ein bemerkenswertes Ereignis, weil dieser Evolutionsschritt heute nur eine äußerst geringe Erfolgsaussicht hätte, da etablierte und gut angepasste terrestrische Konkurrenz bereits existiert, die schlecht adaptierten Übergangsformen nur wenig Überlebenschancen lässt.

Amphibien sind die einzigen rezenten Vertebraten, die einen Übergang vom Wasser ans Land erkennen lassen, und zwar sowohl in ihrer Individual- wie in ihrer

Nordamerikanischer Sumpffrosch *(Rana palustris)* während der Metamorphose.

Stammesentwicklung. Selbst nach 350 Millionen Jahren der Evolution sind nur wenige Amphibien vollständig an das Land adaptiert. Die meisten sind quasi-terrestrisch, gewissermaßen in einem Zwischenzustand zwischen einer aquatischen und einer terrestrischen Existenz. Dieses Doppelleben spiegelt sich in ihrem Gruppennamen wider. Selbst die am besten an ein Landleben angepassten Amphibienarten können sich nicht weit von einer ausreichend humiden Umwelt entfernen. Viele haben jedoch Wege gefunden, ihre Eier und die sich daraus entwickelnden Larven vom offenen Wasser, wo sie von Fressfeinden bedroht werden, fernzuhalten.

Anpassung an das Leben an Land ist das gemeinsame Hauptthema für die verbleibenden Gruppen der Wirbeltiere. Diese Tiere bilden eine monophyletische Einheit, die als **Tetrapoden** – die *Vierfüßler* – bezeichnet wird. Die Amphibien und die Amnioten (Reptilien, Vögel und Säugetiere) repräsentieren die beiden rezenten Zweige der Tetrapodenlinie. In diesem Kapitel werden wir dem Ursprung der terrestrischen Wirbeltiere nachspüren und den amphibischen Zweig ausführlich erörtern. Die Hauptamniotengruppen folgen in den Kapiteln 26 bis 28.

25.1 Vom Wasser ans Land

Der Schritt vom Wasser ans Land ist vielleicht das dramatischste Ereignis in der Evolution der Tiere, weil dies die Eroberung eines physikalisch gefährlichen Lebensraumes bedeutete. Das Leben hatte seinen Ursprung im Wasser. Auch Tiere bestehen zum großen Teil aus Wasser, und alle zellulären Vorgänge spielen sich im wässrigen Milieu ab. Trotzdem haben die Lebewesen der Erde schließlich das feste Land erobert. Dabei haben sie das Wasser als wesentlichen Bestandteil mitgenommen. Gefäßpflanzen, Lungenschnecken und die Tracheaten unter den Gliederfüßlern haben diesen Übergang viel früher vollzogen als die Vertebraten, und geflügelte Insekten haben sich zu etwa derselben Zeit diversifiziert, zu der sich die frühesten terrestrischen Wirbeltiere herausgebildet haben. Obwohl die Besiedelung des Landes Modifikationen an praktisch jedem Organsystem des Wirbeltierkörpers erforderlich machte, weisen aquatische und terrestrische Vertebraten strukturell wie funktionell viele grundlegende Ähnlichkeiten auf. Einen Übergang zwischen aquatisch lebenden und terrestrisch lebenden Wirbeltieren sehen wir heute am klarsten bei den vielen lebenden Vertretern der Amphibien, die diesen Übergang in ihrer eigenen individuellen Lebenszeit immer wieder von neuem vollziehen.

Über die offenkundige Verschiedenheit im Wassergehalt hinaus müssen Tiere, die vom Wasser auf das Land überwechseln, vielen weiteren bedeutsamen physikalischen Änderungen Rechnung tragen. Zu diesen gehören: (1) der Sauerstoffgehalt, (2) die Dichte des umgebenden Mediums, (3) die Temperatur(regulation) und (4) die Habitatdiversität. Der Sauerstoffgehalt in der Luft ist wenigstens 20-mal höher als der im Wasser, und Sauerstoff diffundiert in Luft wesentlich rascher als in Wasser. Folglich können sich terrestrisch lebende Tiere sehr viel leichter mit Sauerstoff versorgen als wasserlebende, haben sie erst einmal adäquat adaptierte Lungen und/oder andere Atmungseinrichtungen evoluiert. Die Luft weist andererseits gegenüber dem Wasser eine etwa tausendfach geringere Dichte und eine etwa fünfzigfach niedrigere Viskosität auf. Sie verleiht daher eine relativ geringe Stützwirkung gegen die Schwerkraft, was für terrestrisch lebende Tiere die Entwicklung starker Gliedmaßen und den Umbau ihres Skeletts notwendig macht, um die notwendige Stützwirkung zu erreichen. Die Luft unterliegt stärkeren Temperaturschwankungen als Wasser; deshalb durchlaufen terrestrische Umwelten oft harsche und unvorhersehbare Zyklen des Einfrierens, Auftauens, Austrocknens und der Überflutung. Terrestrische Tiere müssen daher über physiologische und Verhaltensstrategien verfügen, um sich vor thermischen Extremen zu schützen. Eine solche Strategie ist die Homoiothermie (regulierte konstante Körpertemperatur) bei Vögeln und Säugetieren.

Ungeachtet der von ihr ausgehenden Gefahren eröffnet die terrestrische Umgebung eine breite Vielfalt von Lebensräumen wie boreale, gemäßigte und tropische Wälder, Graslander wie Steppen, Wüsten, Berge, Inseln und die Polargebiete (siehe Kapitel 37). In vielen dieser terrestrischen Habitate lassen sich leichter als in aquatischen geschützte Ablageflächen für Eier und Aufzuchtgebiete für den Nachwuchs finden.

25.2 Die frühe Evolution der terrestrischen Vertebraten

25.2.1 Der devonische Ursprung der Tetrapoden

Das Zeitalter des Devons hatte seinen Anfang vor ca. 400 Millionen Jahren. Es war eine erdgeschichtliche Epoche milder Temperaturen und abwechselnder Trockenperioden und Überflutungen. Im Verlaufe dieses Zeitalters bildeten einige primär aquatische Wirbeltiergruppen evolutiv zwei Merkmale heraus, die sich für die nachfolgende Evolution landlebender Formen als bedeutsam erweisen sollten: Lungen und Extremitäten.

Die Süßwasserumwelten des Devons waren instabil. In Trockenperioden verdunsteten viele Tümpel und Fließgewässer, andere Wasseransammlungen verschmutzten, und der gelöste Sauerstoff verflüchtigte sich. Nur solche Fische, die in der Lage waren, den

Sauerstoff der Luft zu nutzen, konnten solche Bedingungen überleben. Kiemen waren untauglich, weil ihre Filamente an der Luft zusammenfielen, austrockneten und dadurch rasch ihre Brauchbarkeit einbüßten. Praktisch alle Süßwasserfische, die diese Zeit überlebten – darunter die Lungenfische (Dipnoi) und die Muskelflosser (Sarcopterygii) – besaßen irgendeine Art von Lunge, die sich als Ausstülpung des Pharynx herausgebildet hatte. Der Effizienzgrad der luftgefüllten Höhlungen wurde durch eine Verbesserung der Gefäßversorgung mit einem dichten Kapillarnetzwerk noch gesteigert. Dazu kam die Versorgung mit arteriellem Blut über den letzten (den sechsten) Aortenbogen. Das mit Sauerstoff angereicherte Blut wurde durch eine Lungenvene (Pulmonarvene) direkt zum Herzen zurückgeführt. Damit war ein vollständiger Lungenkreislauf gegeben. Auf diese Weise entstand das doppelte Kreislaufsystem mit einem systemischen Kreislauf, der den Körper versorgt, und einem Lungenkreislauf, der die Lungen versorgt. Dieses doppelte Kreislaufsystem ist heute ein grundlegendes Merkmal aller Tetrapoden.

Während des Devons entstand auch die Vertebratenextremität. Obwohl die Flossen eines Fisches auf den ersten Blick von den mit Gelenken versehenen Gliedmaßen eines Tetrapoden sehr verschieden zu sein scheinen, zeigt eine Untersuchung der knochigen Elemente der paarigen Flossen der Sarcopterygier, dass diese grob homologen Strukturen einer Amphibiengliedmaße ähneln. Bei *Eusthenopteron*, einem Sarcopterygier des Devons, erkennt man einen Oberarmknochen (den Humerus) sowie zwei Unterarmknochen (Elle und Speiche), und daneben noch andere Elemente, die man mit den Handgelenksknochen der Tetrapoden homologisieren kann (▶ Abbildung 25.1).

Eusthenopteron konnte auf dem schlammigen Grund der Kleingewässer, in denen er lebte, auf seinen Flossen gehen, oder besser gesagt hoppeln, da der Aktionsradius seiner Flossen in Vorwärts-/Rückwärtsrichtung auf ca. 20 bis 25 Grad beschränkt war. *Acanthostega*, einer der frühesten bekannten Tetrapoden des Devons, hatte schon gut ausgebildete Tetrapodenbeine mit klar erkennbaren Fingern sowohl an den Vorder- als auch

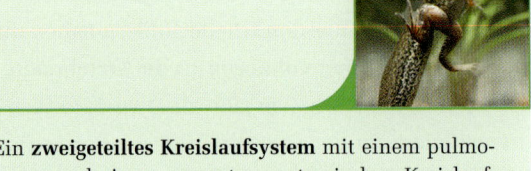

STELLUNG IM TIERREICH

■ **Phylum Chordata, Classis Amphibia**

Amphibien sind ektotherme, primitiv-quadrupedale (= vierfüßige) Wirbeltiere mit einer drüsigen Haut. Viele Arten sind für die Fortpflanzung vom Wasser abhängig. Die Amphibien stellen eine von zwei Hauptgruppen rezenter Abkömmlinge frühdevonischer Tetrapoden dar – der ersten Vertebraten, die evolutive Anpassungen an das Leben an Land, wie Lungenatmung, Stütz- und Bewegungsapparate und Sinnesorgane zur Detektion von Schall und Gerüchen sowie Wege zur Minimierung des Wasserverlustes hervorzubringen vermochten. Die zweite dieser Gruppen, die von frühdevonischen Tetrapoden abstammen, sind die Amnioten: Reptilien, Vögel und Säugetiere, deren evolutive Anpassungen sie bei der Fortpflanzung vollständig unabhängig vom Wasser machten.

Biologische Merkmale

1. Ein **starkes Knochengerüst** (**Skelett**), um das Gewicht des Körpers an Land zu tragen, sowie eine **Tetrapodenextremität** mit assoziiertem Schulter- und Beckengürtel für die vierfüßige Bewegung an Land.
2. Ein Atmungssystem mit **Lungen** (einige moderne Amphibien besitzen Kiemen, einigen fehlen sowohl Kiemen als auch Lungen!) und paarigen **inneren Nasenöffnungen** (Choanae), die das Atmen durch die Nase ermöglichen.
3. Ein **zweigeteiltes Kreislaufsystem** mit einem pulmonaren und einem separaten systemischen Kreislauf. **Pulmonararterien und -venen** versorgen die Lungen und führen mit Sauerstoff angereichertes Blut zum Herzen zurück. Die Herzkammern verfügen über einen Sinus venosus, **zwei Atrien, einen Ventrikel** und einen Conus arteriosus.
4. Evolutiv ältere aquatische Sinnesrezeptoren werden für das Leben an Land modifiziert. Das Ohr mit dem **Trommelfell** und dem **Steigbügel** (**Stapes**) zur Übertragung von Schallwellen an das Innenohr sind dafür ausgelegt, luftgetragene Geräusche aufzufangen. Für das Sehen im Medium Luft ist die Hornhaut (Cornea) die primäre lichtbrechende Oberfläche, nicht die Augenlinse. **Augenlider** und **Tränendrüsen** wurden als Organe zum Schutz und zur Spülung des Auges evolviert. Ein gut entwickeltes olfaktorisches Epithel (**Riechepithel**), das die Nasenhöhle auskleidet, entwickelte sich evolutiv für die Detektion durch die Luft verbreiteter Gerüche.
5. Das Integument weist Modifikationen für eine **kutane Respiration** sowie **granuläre Drüsen** auf, zur Sekretion von Abwehrstoffen.

25.2 Die frühe Evolution der terrestrischen Vertebraten

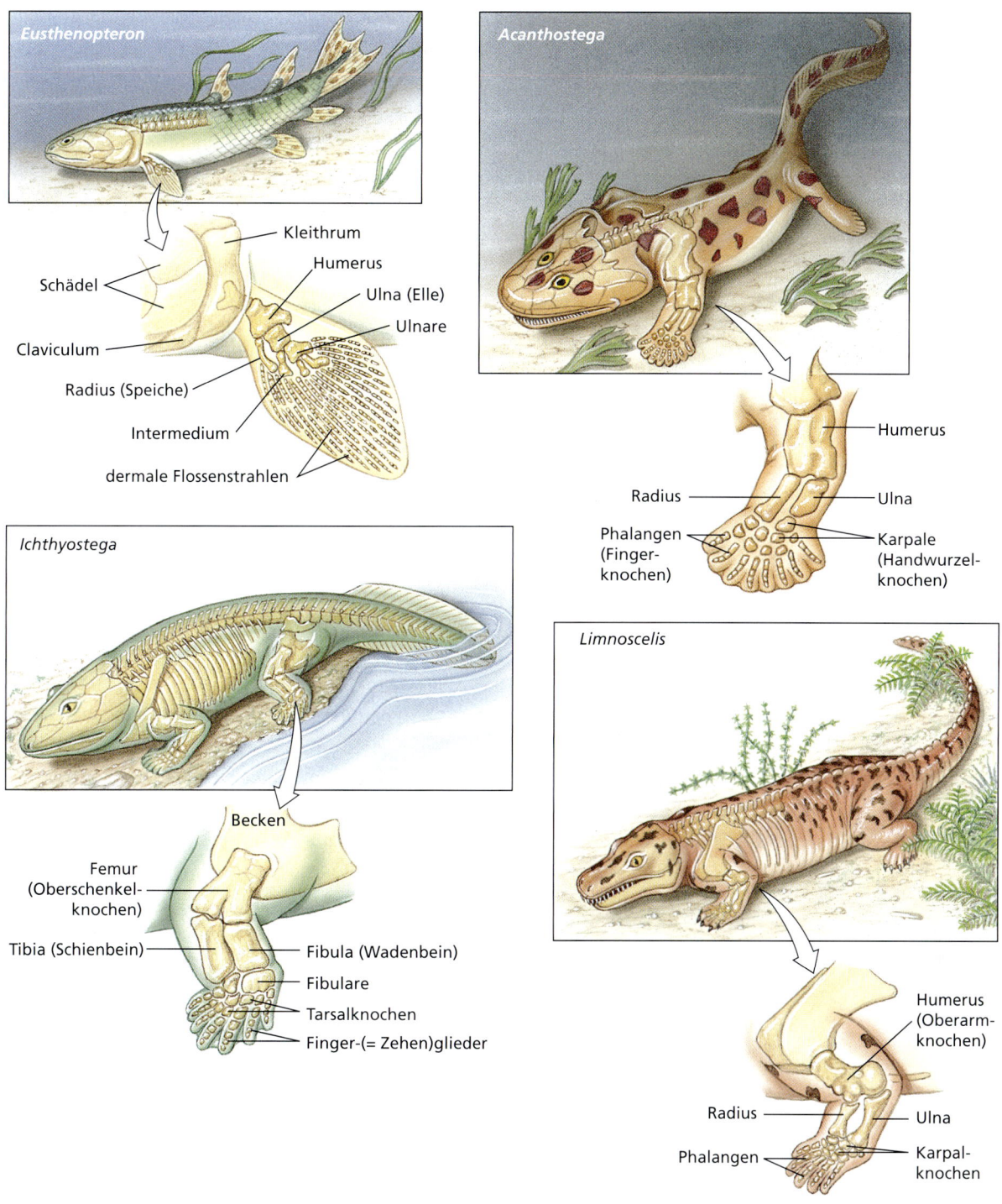

Abbildung 25.1: Die Evolution von Tetrapodengliedmaßen. Die Gliedmaßen der Tetrapoden entwickelten sich evolutiv aus den Flossen paläozoischer Fische. *Eusthenopteron*, ein spätdevonischer Lappenflosser (rhipiditianisch) besaß paarige, muskuläre Flossen mit knochigen Stützelementen, welche die Knochen der Tetrapodengliedmaßen vorausahnen lassen. Die Vorderflossen enthielten einen Oberarmknochen (Humerus), zwei Unterarmknochen (Radius und Ulna) sowie kleinere Elemente, die homolog zu den Handwurzelknochen der Tetrapoden sind. Wie bei Fischen üblich war der Pektoralgürtel (= Brustgürtel) aus Cleithrum (= paariger Deckknochen im oberen Schultergürtel-Bereich), Claviculum (= Schlüsselbein) und anderen Knochen fest mit dem Schädel verwachsen. Bei *Acanthostega* – einem der frühesten bekannten devonischen Tetrapoden, der vor etwa 360 Millionen Jahren in der fossilen Überlieferung auftaucht – sind die dermalen Flossenstrahlen der anterioren Anhangsbildungen durch acht vollständig evolvierte Finger ersetzt. *Acanthostega* lebte vermutlich ausschließlich aquatisch, weil seine Gliedmaßen zu schwach waren, um das Tier an Land tragen zu können. *Ichthyostega*, ein Zeitgenosse von *Acanthostega*, besaß voll ausgebildete Tetrapodengliedmaßen und war aller Wahrscheinlichkeit nach in der Lage, an Land zu laufen. Die Hintergliedmaßen hatten sieben Zehen (die Zahl der Finger an den Vordergliedmaßen ist nicht bekannt). *Limnoscelis*, ein Anthracosaurier des Karbons (vor etwa 300 Millionen Jahren) hatte sowohl an den Vorder- als auch an den Hintergliedmaßen fünf Finger – das grundlegende pentadaktyle (= fünffingrige) Modell, das zum Normalfall bei den Tetrapoden wurde.

an den Hinterbeinen, doch waren diese Gliedmaßen zu schwach ausgebildet, um das Tier für eine ordnungsgemäße Bewegung auf dem Land vom Untergrund hochzustemmen. *Ichthyostega* mit seinem voll entwickelten Schultergürtel, seinen stämmigen Beinknochen und gut entwickelten Muskeln sowie anderen Anpassungen an ein terrestrisches Leben muss andererseits bereits in der Lage gewesen sein, sich auf das Land hinauszuziehen, obgleich die Tiere vermutlich nicht sehr gut laufen konnten.

Bis vor kurzem waren die Zoologen der Meinung, dass die frühen Tetrapoden an ihren Händen und Füßen fünf Finger bzw. Zehen besessen haben, so wie es der Grundbauplan der meisten rezenten Tetrapoden vorsieht. Jüngst entdeckte Fossilien aus den Schichten des Devons zeigen jedoch Tetrapoden mit mehr als fünf Fingern, was darauf hindeutet, dass die Fünffingrigkeit sich erst zu einem späteren Zeitpunkt in der Tetrapodenevolution durchgesetzt hat.

Die Bewegung auf dem Land war ohne Zweifel eine Revolution in der Evolutionsgeschichte der Wirbeltiere. Wie kam es dazu? Ein seit langer Zeit akzeptiertes Szenario des US-amerikanischen Paläontologen Alfred Romer geht davon aus, dass aquatische Vertebraten des Devons gezwungen waren, ihre angestammten Gewässer zu verlassen, wenn diese während saisonaler Trockenzeiten austrockneten. Die fleischigen Flossen der devonischen Sarcopterygier (rezente Vertreter sind die Lungenfische des Süßwassers und die Quastenflosser des Meeres; siehe Abschnitt Classis Sarcopterygii; Kapitel 24) waren für Paddelbewegungen an Land bei der Suche nach neuen Gewässern adaptierbar. Individuen mit stark ausgebildeten Flossen überlebten und kamen zur Fortpflanzung. Dieser Hypothese zufolge hatten die Bewegung auf dem festen Land und die graduelle Herausbildung von Gliedmaßen den Selektionsdruck bei der aktiven Suche nach neuen Wasserlebensräumen zur Ursache.

Neuere Funde vollständigerer Fossilien der frühesten bekannten Tetrapoden lassen jedoch Zweifel an dieser Sichtweise aufkommen. Obgleich *Acanthostega* Tetrapodengliedmaßen besaß (Abbildung 25.1), war es in jeder anderen Beziehung ein völlig aquatisches Tier. Ein sich abzeichnender Konsens geht dahin, dass die Tetrapoden ihre Gliedmaßen im Wasser evolviert haben und erst später – aus unbekannten Gründen – das Wasser als Lebensraum verlassen haben und an Land gegangen sind.

Die heute vorliegenden Daten deuten darauf hin, dass die Sarcopterygier die nächsten Verwandten der Tetrapoden sind. Im Vokabular der Kladistik schließt diese Gruppe die Tetrapoden als Schwestergruppe ein (▶ Abbildungen 25.2 und ▶ 25.3). Sowohl die Sarcopterygier als auch die frühen Tetrapoden wie *Acanthostega* und *Ichthyostega* hatten mehrere Merkmale im Bereich ihrer Schädel, Zähne und Beckengürtel gemeinsam. *Ichthyostega* (gr. *ichthys*, Fisch; *stege*, „Dach" oder „Abdeckung" in Bezug auf das Schädeldach, das wie bei einem Fisch geformt war) ist ein Repräsentant einer frühen Abzweigung der Tetrapodenlinie, die neben gelenkigen Gliedmaßen mehrere weitere Adaptationen an das Landleben erkennen lässt. Zu diesen gehören stärker ausgebildete Wirbelkörper (Vertebrae) und mit diesen assoziierte Muskeln, um den Körper im Medium Luft abzustützen, neue Muskeln, um den Kopf anheben zu können, verstärkte Schulter- und Beckengürtel, ein schützender Brustkorb aus Rippen, modifizierte Ohrbildungen für die Wahrnehmung luftgetragenen Schalls und eine Verkürzung des Schädels bei gleichzeitiger Verlängerung des Schnauzenbereichs, die eine Verbesserung der Geruchsfähigkeit zur Detektion verdünnter Geruchssignale aus der Luft ermöglichte. Doch ähnelte *Ichthyostega* weiterhin aquatischen Formen durch die Beibehaltung von Kiemendeckelknochen (Os opercularis) und einem Schwanz mit Flossenstrahlen.

Exkurs

Die Knochen von *Ichthyostega* gehören zu dem am gründlichsten untersuchten unter allen frühen Tetrapoden. Fossilien dieses Tieres wurden zum ersten Mal von schwedischen Wissenschaftlern bei einer Expedition in ostgrönländische Gebirgsregionen im Jahr 1897 entdeckt, als man auf der Suche nach drei verschollenen Expeditionsteilnehmer war, die zwei Jahre zuvor erfolglos versucht hatten, den Nordpol mit einem Heißluftballon zu erreichen. Spätere Expeditionen unter der Leitung von Gunnar Säve-Söderberg förderten *Ichthyostega*-Schädel zutage, doch verstarb Säve-Söderberg im Alter von nur 38 Jahren, bevor er die Funde untersuchen konnte. Nachdem andere schwedische Paläontologen an die Fundstelle in Grönland zurückgekehrt waren, fanden sie den Rest des *Ichthyostega*-Skelettes. Erik Jarvik, einer der Assistenten Säve-Söderbergs, untersuchte das Skelett im Detail. Diese Forschungen wurden zu seinem Lebenswerk. Die dabei entstandene Beschreibung von *Ichthyostega* ist bis heute die ausführlichste aller paläozoischen Tetrapoden. Jarvik erlitt im Jahr 1994 einen schweren Schlaganfall, doch hatte er bis zu diesem Zeitpunkt eine ausgedehnte Monografie über *Ichthyostega* verfasst, die 1996 veröffentlicht wurde.

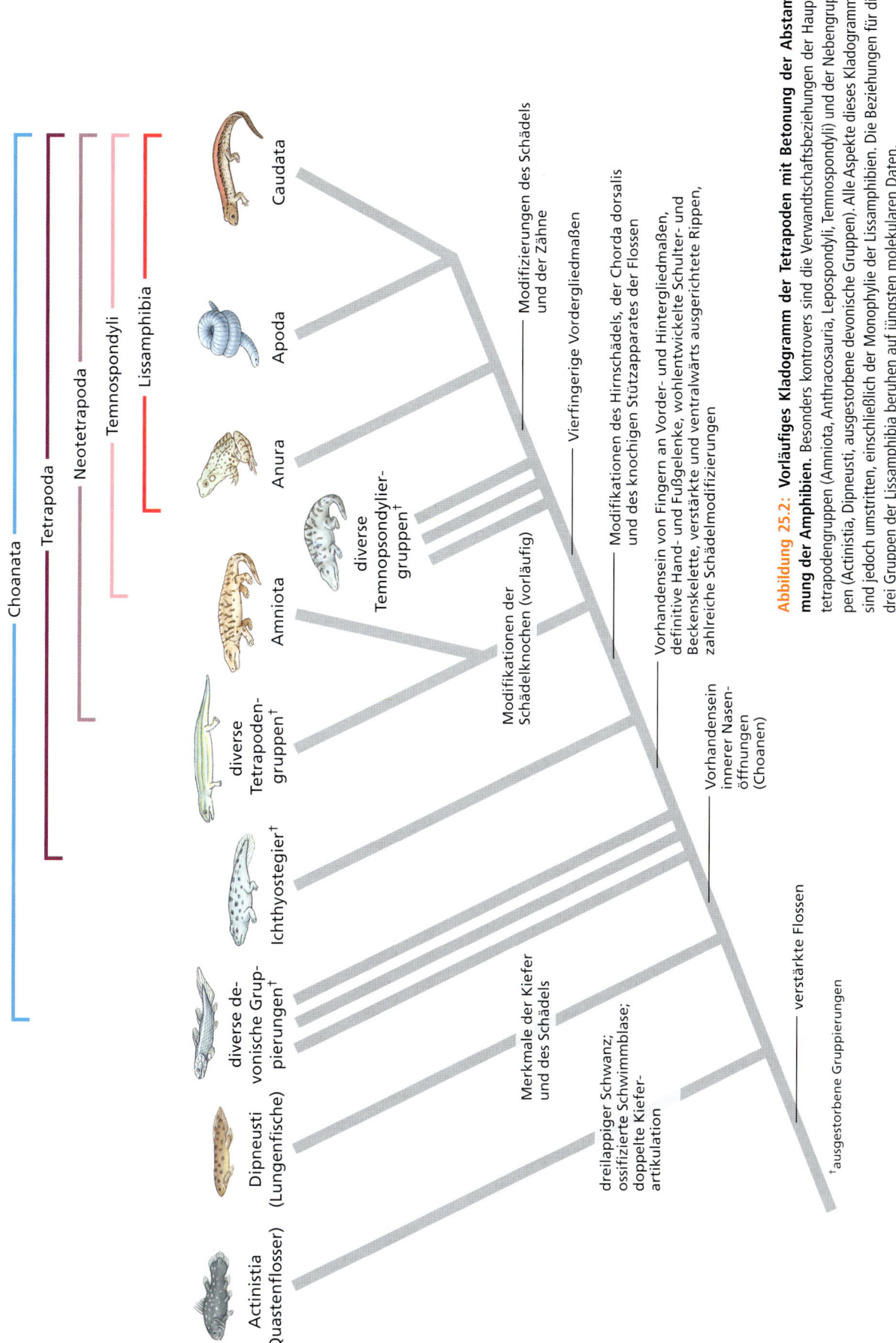

Abbildung 25.2: Vorläufiges Kladogramm der Tetrapoden mit Betonung der Abstammung der Amphibien. Besonders kontrovers sind die Verwandtschaftsbeziehungen der Hauptetrapodengruppen (Amniota, Anthracosauria, Lepospondyli, Temnospondyli) und der Nebengruppen (Actinistia, Dipneusti, ausgestorbene devonische Gruppen). Alle Aspekte dieses Kladogramms sind jedoch umstritten, einschließlich der Monophylie der Lissamphibien. Die Beziehungen für die drei Gruppen der Lissamphibia beruhen auf jüngsten molekularen Daten.

† ausgestorbene Gruppierungen

25 Frühe Tetrapoden und die modernen Amphibien

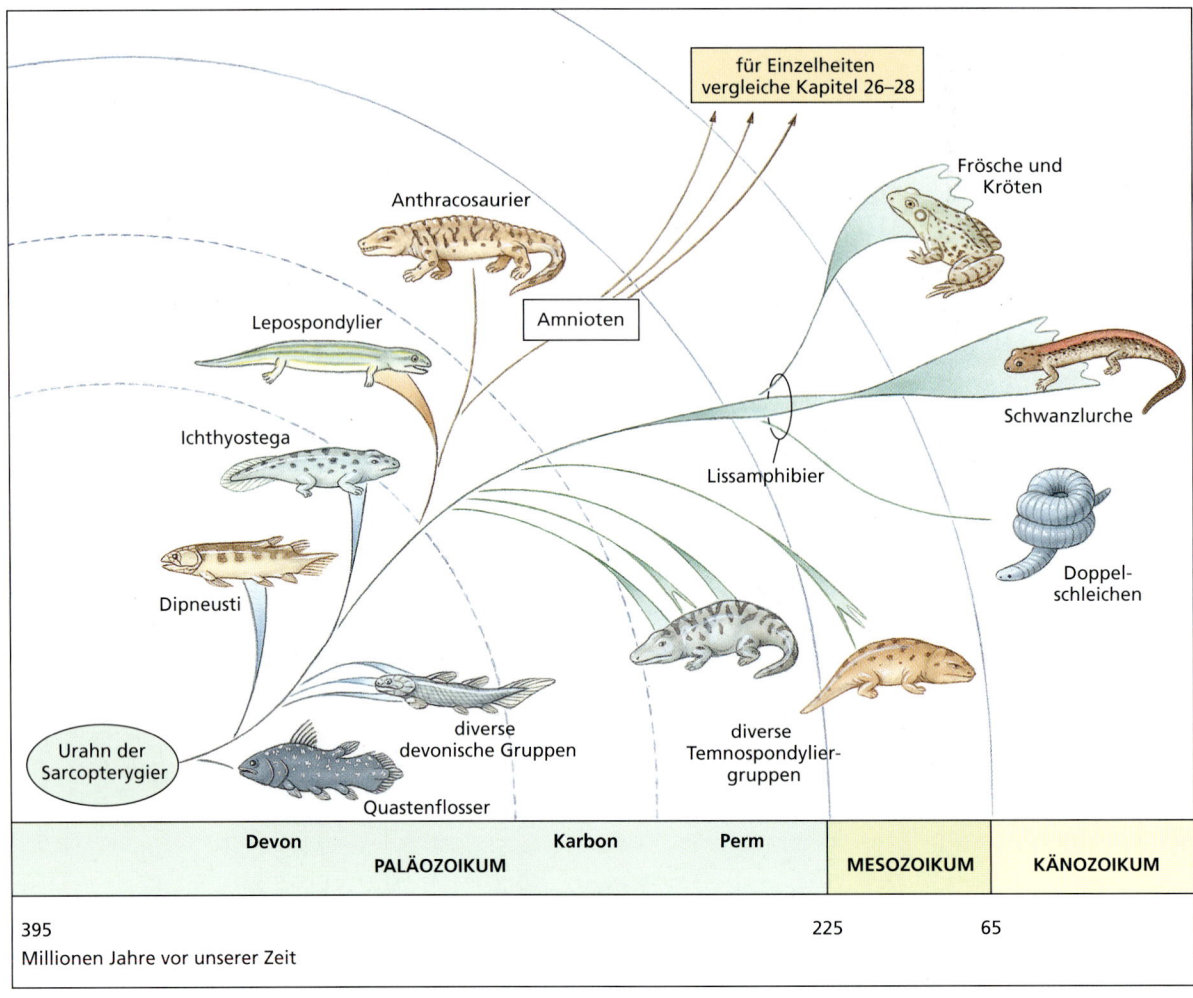

Abbildung 25.3: Frühe Tetrapodenevolution und die Abstammung der Amphibien. Die Tetrapoden haben jüngste gemeinsame Vorfahren mit diversen Gruppierungen des Devons. Die Amphibien haben jüngste gemeinsame Vorfahren mit diversen paläozoischen Temnospondyliern des Karbons und des Perms sowie mesozoischen Formen der Trias.

25.2.2 Die Radiation der Tetrapoden im Karbon

Die wechselhafte Erdepoche des Devons wurde vom Karbon abgelöst, dem Zeitalter der Kohle, das durch ein warmes, sehr feuchtes Klima gekennzeichnet ist. Das Karbon ermöglichte den Moosen und großen Farnpflanzen in ausgedehnten Sumpflandschaften in großer Zahl zu gedeihen. Die Tetrapoden erfuhren in dieser Umgebung eine rasche Radiation, die zu einer großen Vielfalt von Formen führte, die sich von den reichlich vorhandenen Insekten und ihren Larven sowie aquatischen Wirbellosen ernährten. Die evolutiven Verwandtschaftsbeziehungen unter den frühen Tetrapoden sind bis heute kontrovers. Wir stellen in Abbildung 25.2 ein vorläufiges Kladogramm vor, das mit an Sicherheit grenzender Wahrscheinlichkeit revidiert werden wird, wenn neue Erkenntnisse unser heutiges Bild ergänzen oder zumindest teilweise widerlegen. Mehrere ausgestorbene Linien plus die der **Lissamphibia**, zu der die modernen Amphibien gehören, werden in der Gruppe **Temnospondylia** zusammengefasst. Die Vertreter dieser Gruppe weisen in ihren Vordergliedmaßen im Allgemeinen nur vier Finger anstelle der für die meisten Tetrapoden charakteristischen fünf auf.

Die Lissamphibia haben sich im Verlauf des Karbons unter Ausbildung der Vorläufer der drei rezenten Hauptgruppen der Amphibien – **Froschlurche** (Anura oder Salentia), **Schwanzlurche** (Urodela oder Caudata) und **Blindwühlen** (Gymnophiona oder Apoda) – diversifiziert. Die Amphibien haben ihre Anpassungen an das Leben im Wasser während dieser Zeit ausgebaut. Ihre Körper flachten sich für die Bewegung in flachen Gewässerbereichen ab. Die frühen Schwanzlurche entwickelten schwache Gliedmaßen, und ihr Schwanz entwickelte sich zu einem besseren Schwimmorgan. Selbst die Anura (Frösche und Kröten), die als Adulti heute überwiegend terrestrisch leben, evolvierten spezialisierte Hintergliedmaßen mit Schwimmhäuten, die zum Schwimmen besser geeignet sind als für die Bewegung an Land. Alle Amphibien setzen ihre porige Haut als akzessorisches Atmungsorgan ein. Diese Spezialisierung wurde durch die sumpfige Umwelt des Karbons unterstützt, doch sahen sie sich für ein Leben an Land ernsten Austrocknungsproblemen gegenüber.

Zwei weitere, allgemein anerkannte, aber nichtsdestoweniger umstrittene Gruppierungen des karbonischer und permianischer Tetrapoden – die **Lepospondylier** und die **Anthracosaurier** – werden auf der Grundlage ihrer Schädelanatomie näher zu den Amnioten als zu den Temnospondyliern gestellt (siehe Abbildung 25.3). Zusammen bilden sie einen zweiten Hauptzweig der Tetrapodenphylogenese, die uns in den Kapiteln 26 bis 28 beschäftigen wird.

Moderne Amphibien 25.3

Die drei rezenten Ordnungen der Amphibien umfassen zusammen mehr als 5400 Arten. Die meisten besitzen allgemeine Anpassungen an das Landleben wie Skelettverstärkungen und eine Verschiebung spezialisierter Sinnesprioritäten weg vom ursprünglichen Seitenliniensystem hin zu den Sinnen des Riechens und Hörens. Das olfaktorische Epithel und das Ohr sind umgestaltet, um die Empfindlichkeit gegenüber von über die Luft übertragenen Gerüchen und Geräuschen zu steigern.

Trotzdem bewältigen die meisten Amphibien die Probleme eines unabhängigen Landlebens nur zur Hälfte. Bei der ursprünglichen Lebensweise der Amphibien sind die Eier aquatisch und aus ihnen schlüpfen aquatische Larven, die für die Atmung Kiemen benutzen. Es folgt eine Metamorphose, bei der die Kiemen (die während der Larvenzeit vorhanden sind) zurückgebildet und durch Lungen ersetzt werden, die für die Luftatmung aktiviert werden. Viele Amphibien haben dieses allgemeine Entwicklungsmuster beibehalten; zu den bedeutungsvollen Ausnahmen gehören einige Salamander, bei denen keine komplette Metamorphose stattfindet, und die eine komplett aquatische, larvale Morphologie ihr ganzes Leben hindurch beibehalten. Einige Blindwühlen (Gymnophiona) und andere Salamander leben vollständig auf dem Land und besitzen keine aquatische Larvenphase mehr. Beide Alternativen sind evolutionär abgeleitete Zustände. Einige Frösche behalten durch die Eliminierung eines aquatischen Larvenstadiums ebenfalls eine streng terrestrische Lebensweise bei. Andere Frösche, Salamander und Blindwühlen, die eine vollständige Metamorphose durchlaufen, verbleiben auch als Adulti im Wasser statt im Verlauf oder bald nach der Metamorphose auf das Land zu wandern.

Selbst die am stärksten terrestrisch orientierten Amphiben bleiben an sehr feuchte, wenn nicht gar aquatische Umgebungen gebunden. Ihre Haut ist dünn und erfordert an der Luft Feuchtigkeit als Schutz gegen Austrocknung. Ein intakter Frosch verliert Wasser beinahe so schnell wie ein hautloser. Amphibien sind außerdem auf eine mäßig kühle Umgebung angewiesen. Da sie ektotherm sind, wird ihre Körpertemperatur von der Umgebungstemperatur bestimmt und schwankt mit dieser, wodurch die Lebensräume der Tiere stark eingeengt werden. Eine kühle und nasse Umgebung ist für die Fortpflanzung besonders wichtig. Die Eier sind nicht gut gegen Austrocknung geschützt und müssen aus diesem Grund unmittelbar ins Wasser oder an dauerhaft feuchte terrestrische Oberflächen abgelegt werden. Vollständig terrestrische Amphibien können ihre Eier unter Steinen oder Holzstümpfen, in den feuchten Waldboden, in geflutete Löcher im Holz oder in Taschen auf dem Rücken bzw. Falten der Körperwandung der Weibchen ablegen (▶ Abbildung 25.4). Eine australische Froschart brütet ihre Jungen gar im Magen aus, während die Verdauung weiterläuft; und die Männchen einer südamerikanischen Art brüten die Jungen in ihren Schallblasen aus.

Im Folgenden werden wir besondere Merkmale der drei Hauptgruppen der Amphibien hervorheben. Wir erweitern dabei die Behandlung der allgemeinen Amphibienmerkmale, wenn wir diese bei derjenigen Gruppe erörtern, bei der die betreffenden Merkmale am intensivsten untersucht worden sind. Im Fall der meisten Merkmale sind dies die Frösche.

25.3.1 Blindwühlen: Die Ordnung Gymnophiona (Apoda)

Die Ordnung Gymnophiona (gr. *gymnos*, nackt + *opineos*, (nach Art einer) Schlange) umfasst ca. 160 Arten gestreckter, gliedmaßenloser, grabender Tiere, die als **Blindwühlen** bezeichnet werden (▶ Abbildung 25.5). Sie kommen in den Tropenwäldern Südamerikas (ihrem Hauptverbreitungsgebiet), Afrikas und Südostasiens vor. Die Blindwühlen besitzen einen langen, schlanken Körper, viele Wirbelkörper, lange Rippen, keine Gliedma-

25 Frühe Tetrapoden und die modernen Amphibien

(a)

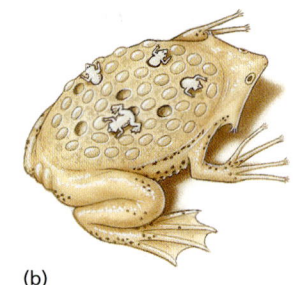
(b)

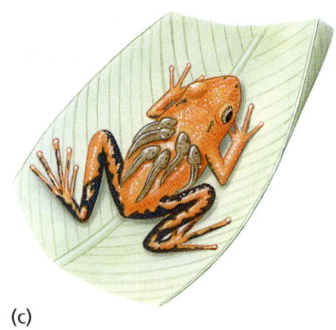
(c)

(d)

Abbildung 25.4: **Ungewöhnliche Fortpflanzungsstrategien bei Anuren (Froschlurchen).** (a) Weiblicher südamerikanischer Zwergbeutelfrosch *(Flectonotus pygmaeus)*. Das Tier trägt die sich entwickelnden Larven in einer Dorsaltasche. (b) Weibliche Surinamkröte. Sie trägt die Eier eingebettet in spezielle Bruttaschen auf dem Rücken; die Fröschchen kommen aus den Taschen hervor und schwimmen davon, wenn die Entwicklung abgeschlossen ist. (c) Männlicher Pfeilgiftfrosch *(Phyllobates bicolor)*, der Kaulquappen mitführt, die sich an seinen Rücken klammern. (d) Die Kaulquappen des männlichen Darwinfrosches *(Rhinoderma darwinii)* entwickeln sich in der Schallblase des Tieres zu Fröschchen. Wenn sie bereit sind, das Vatertier zu verlassen, kriechen die Jungfrösche in das elterliche Maul, woraufhin das Elterntier das Maul öffnet, so dass das Junge herausschlüpfen kann.

ßen, und einen terminalen Anus; einige Arten besitzen kleine Schuppen in der Haut. Die Augen sind klein, und die meisten Arten sind als Adulti völlig blind. An der Schnauze finden sich spezialisierte sensorische Tentakel. Da sie zumeist völlig versteckt im Boden oder im Wasser leben, bekommen Menschen Blindwühlen nur selten zu Gesicht. Ihre Nahrung besteht zum größten Teil aus Würmern und anderen kleinen Invertebraten, die sie im Untergrund finden. Die Befruchtung erfolgt intrakorporal. Zu diesem Zweck verfügen die Männchen über hervorstreckbare Kopulationsorgane. Die Eier werden meist im feuchten Erdboden in Wassernähe im Erdboden abgelegt. Die Larven können aquatisch sein oder eine vollständige Larvalentwicklung im Ei durchlaufen. Einige Arten bewachen ihre Gelege während ihrer Entwicklung in Körperfalten. Bei einigen Blindwühlen ist Viviparie verbreitet. Die Embryonen ernähren sich, indem sie die Wand des Eileiters verzehren.

25.3.2 Salamander: Die Ordnung Urodela (Caudata)

Die Ordnung Urodela (gr. *oura*, Schwanz + *delos*, sichtbar; lat. *cauda*, Schwanz), die **Schwanzlurche**, umfasst beschwänzte Amphibien. Dies sind ungefähr 500 Arten von Salamandern und Molche. Salamander kommen in fast allen gemäßigten Regionen der Nordhalbkugel vor. In Nordamerika sind sie häufig und diversifiziert (neun der zehn Familien der Ordnung sind hier anzutreffen). Schwanzlurche finden sich auch in den tropischen Bereichen Mittel- und Südamerikas. Sie sind im Regelfall klein; die meisten nördlichen Schwanzlurcharten sind weniger als 15 cm lang. Einige aquatisch lebende Formen sind beträchtlich größer; der japanische Riesensalamander kann eine Länge von über 1,5 m erreichen.

Die meisten Urodelen besitzen Gliedmaßen, die rechtwinklig vom Körper abstehen. Vorder- und Hintergliedmaßen sind von vergleichbarer Größe. Bei einigen aquatischen und grabenden Formen, sind die Gliedmaßen rudimentär; bei einigen können sie fehlen.

Schwanzlurche sind carnivore Tiere, die sowohl als Larven wie als Adulti Würmern, kleinen Arthropoden und kleinen Mollusken nachstellen. Die meisten fressen nur Tiere, die sich bewegen. Da ihre Nahrung proteinreich ist, speichern sie keine großen Mengen an Fett

Abbildung 25.5: **Weibliche Blindwühle.** Sie liegt in ihrem Bau um ihr Gelege herumgewickelt.

25.3 Moderne Amphibien

Abbildung 25.6: Werbungsverhalten und Spermientransfer beim Zwergsalamander *(Desmognathus wrighti)*. Das Männchen bemerkt die Paarungsbereitschaft des Weibchens, wenn dieses mit seiner Kinnpartie dessen Schwanzwurzel berührt. Das Männchen legt dann eine Spermatophore auf dem Boden ab und bewegt sich danach einige Schritte vorwärts. (a) Die weiße Masse des Spermas auf der Spitze einer gelatinösen Unterlage ist auf der Höhe der Vordergliedmaße des Weibchens erkennbar. Das Männchen bewegt sich nach vorn, das Weibchen folgt, bis die Spermatophore auf der Höhe ihrer Geschlechtsöffnung liegt. (b) Das Weibchen hat die Spermatophore in ihre Geschlechtsöffnung aufgenommen, während das Männchen seinen Schwanz durchbiegt und dabei das Weibchen anhebt, was vermutlich bei der Aufnahme des Spermapaketes behilflich ist. Das Weibchen benutzt später das in seinem Körper eingelagerte Sperma, um ihre Eier vor der Ablage intrakorporal zu befruchten.

oder Glycogen. Wie alle Amphibien sind sie ektotherm und weisen eine niedrige Stoffwechselrate auf.

Brutverhalten

Einige Schwanzlurche sind während ihres gesamten Lebens aquatisch oder terrestrisch, doch ist der ursprüngliche Zustand der metamorphe mit einer aquatischen Larve und einem terrestrischen Adultus, der an feuchten Orten unter Steinen oder verrottendem Holz lebt. Die Eier werden bei den meisten Urodelen intrakorporal befruchtet. Das Weibchen trägt in ihrer Kloake ein Spermapaket (eine **Spermatophore**), das das Männchen auf einem Blatt oder Zweig ablegt (▶ Abbildung 25.6). Aquatische Arten legen ihre Eier in Klumpen oder fädigen Massen ins Wasser ab. Aus den Eiern schlüpfen aquatische Larven mit äußeren Kiemen und einem flossenartigen Schwanz. Vollständig terrestrische Arten legen ihre Eier in kleinen, traubenartigen Gruppen unter Totholz oder in ausgehobenen Vertiefungen in weiches, feuchtes Erdreich. Bei vielen Arten bewachen die Alttiere die Gelege (▶ Abbildung 25.7). Terrestrische Arten zeigen eine **direkte Entwicklung** – sie umgehen das Larvenstadium und schlüpfen als Miniaturausgaben ihrer Eltern aus den Eiern. Die kompliziertesten Lebenszyklen unter den Schwanzlurchen beobachtet man bei einigen amerikanischen Molchen, deren aquatische Larven zu terrestrischen Juvenilen metamorphieren, die dann später durch eine weitere Metamorphose sekundär aquatische, sich fortpflanzende Adulti hervorbrin-

Abbildung 25.7: Weiblicher Bachsalamander *(Desmognathus* sp.) **beim Bewachen seines Geleges.** Einige Schwanzlurcharten üben eine elterliche Brutpflege der Eier aus, wozu das Umwenden der Eier und der Schutz vor Verpilzung und Fressfeinden wie diverse Arthropoden und andere Urodelen gehören.

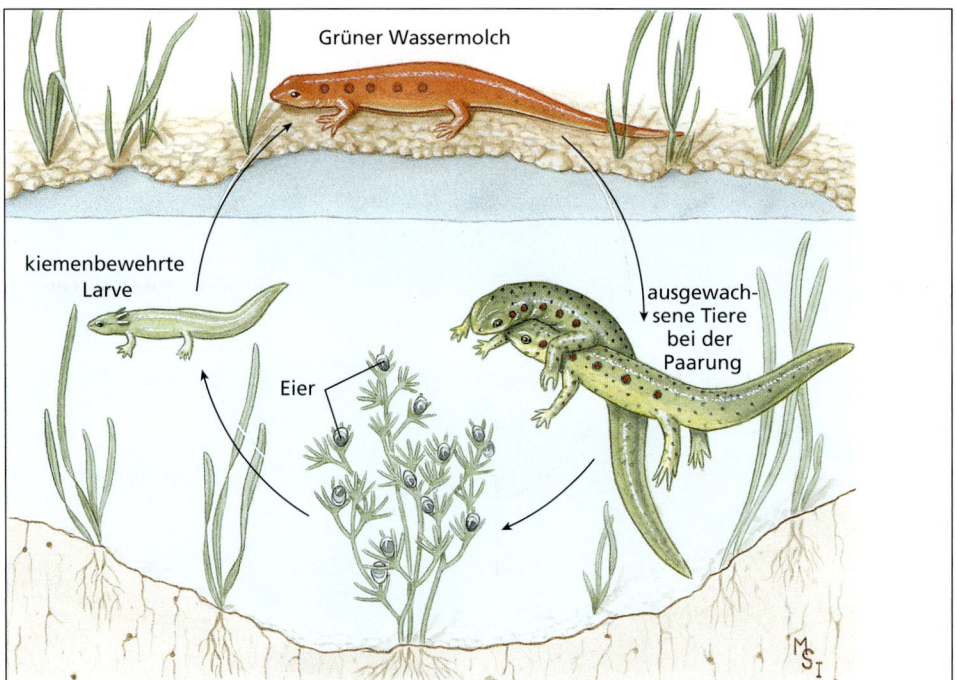

Abbildung 25.8: Lebenszyklus eines Grünen Wassermolches *(Notophthalmus viridescens)* aus der Familie Salamandridae. In vielen Habitaten durchlaufen die aquatischen Larven eine Metamorphose in ein lebhaft rotgefärbtes (Übergangs-)Stadium, das für ein bis drei Jahre auf dem Land verbleibt, bevor es sich sekundär in einen aquatischen Adultus umwandelt.

gen (▶ Abbildung 25.8). Viele Molchpopulationen überspringen das terrestrische Stadium und bleiben vollständig aquatisch.

Atmung

Die Urodelen zeigen ein ungewöhnlich breites Spektrum von Atmungsmechanismen. Entsprechend dem allgemeinen Amphibienmodell weist ihre Haut ein ausgedehntes Netzwerk aus Blutgefäßen auf, die dem respiratorischen Austausch von Sauerstoff und Kohlendioxid dienen. In verschiedenen Stadien ihres Lebens können Urodelen auch über äußere Kiemen, Lungen, beide oder keines dieser Organe verfügen. Schwanzlurche mit aquatischen Larvenstadien schlüpfen mit Kiemen ausgestattet aus dem Ei, verlieren diese aber später im Rahmen der Metamorphose, falls ein solcher Gestaltwandel stattfindet. Mehrere Abstammungslinien der Urodelen haben permanent aquatische Formen evolviert, bei denen die Metamorphose nicht vollständig abläuft, und die ihre Kiemen und die flossenförmige Schwanzflosse lebenslang beibehalten. Lungen – das am weitesten verbreitete Atmungsorgan der terrestrischen Vertebraten – sind bei Schwanzlurchen, die welche besitzen, von Geburt an vorhanden und werden nach der Metamorphose zu den primären Organen der Respiration.

Obwohl wir normalerweise Lungen mit landlebenden Organismen und Kiemen mit wasserlebenden in Verbindung bringen, hat die Evolution der Urodelen wasserlebende Formen, die primär lungenatmend sind und landlebende Formen, denen Lungen vollständig fehlen, hervorgebracht. Die Aalmolche (Amphiumidae) haben eine vollständig aquatische Lebensweise mit einer stark reduzierten Metamorphose evolviert. Aalmolche verlieren trotzdem ihre Kiemen, bevor sie das Erwachsenenstadium erreichen und atmen primär mit Hilfe von Lungen. Sie stecken regelmäßig ihre Nasenöffnungen durch die Wasseroberfläche, um Luft zu holen.

Die Aalmolche stellen einen bemerkenswerten Gegensatz zu vielen Arten der Familie Plethodontidae (Lungenlose Salamander) dar, deren Vertreter vollständig terrestrisch sind, aber dennoch keine Lungen besitzen. Diese große Familie umfasst mehr als 350 Arten, einschließlich vieler verbreiteter nordamerikanischer Arten (Abbildungen 25.6, 25.7 und ▶ 25.9). Außerhalb Amerikas kommen die plethodontiden Urodelen nur in Form der Gattung *Speleomantes* (Europäische Höhlensalamander) vor, die sieben Arten umfasst, und deren Verbreitungsraum in Sardinien, Südfrankreich und Italien konzentriert ist. Der Wirkungsgrad der Hautatmung (kutane Respiration) wird dadurch gesteigert, dass ein Kapillarnetzwerk bis in die Epidermis vordringt oder die Epidermis über oberflächlich liegenden Dermalka-

25.3 Moderne Amphibien

MERKMALE
Phylum Chordata, Classis Amphibia

1. Skelett größtenteils knochig, mit variabler Anzahl von Wirbeln; Rippen bei einigen vorhanden, bei anderen fehlend oder fusioniert; Chorda dorsalis nicht immer vorhanden; Exoskelett fehlt.
2. Körperformen stark variabel, von gestrecktem Rumpf mit abgesetztem Kopf, Hals und Schwanz bis zu kompakten, zusammengedrückten Körpers mit fusioniertem Kopf/Rumpf ohne dazwischenliegendem Hals.
3. **Meist vier Gliedmaßen (tetrapod)**, einige beinlos; Vordergliedmaßen einiger viel kleiner als die Hintergliedmaßen, bei anderen alle Gliedmaßen klein; Füße mit Zwischenzehenhäuten häufig; keine echten Nägel oder Klauen; **Vordergliedmaßen meist mit vier Fingern**, aber manchmal fünf und manchmal weniger als vier.
4. **Haut glatt und feucht mit vielen Drüsen**, von denen einige Giftdrüsen sein können; Pigmentzellen (Chromatophoren) häufig, von beträchtlichem Variantenreichtum; keine Schuppen, mit Ausnahme verdeckter Dermalschuppen bei einigen Arten.
5. Maul für gewöhnlich groß mit kleinen Zähnen im Ober- oder in beiden Kiefern; zwei Nasenöffnungen, die in den anterioren Anteil der Mundhöhle münden.
6. Atmung über Lungen (bei einigen Urodelen fehlend), Haut und Kiemen (bei einigen vorhanden), entweder getrennt oder in Kombination; äußere Kiemen bei Larvenformen, die bei einigen Arten lebenslang erhalten bleiben.
7. **Herz mit Sinus venosus**, zwei Atrien, einem Ventrikel, einem Conus arteriosus und einem **doppelten Kreislauf durch das Herz**; Haut reich von Blutgefäßen durchzogen.
8. Ektotherm.
9. Exkretorisches System aus paarigen mesonephrischen Nieren; Harnstoff als Hauptausscheidungsform des Stickstoffs.
10. Zehn Paare Hirnnerven (Cranialnerven).
11. Getrenntgeschlechtlich; Befruchtung bei den Schwanzlurchen zumeist intrakorporal mittels Spermatophoren; bei den Anuren (Frösche, Kröten) zumeist extrakorporal; vorherrschend ovipar, einige ovovivipar oder vivipar; Metamorphose für gewöhnlich vorhanden; **mäßig dotterreiche** (mesolecithale) **Eier mit gallertiger Membranhülle**.

pillaren verdünnt ist. Die Hautatmung wird dadurch unterstützt, dass die Tiere Luft durch die Mundhöhle pumpen, wo Atemgase über die vaskularisierten Membranen der Bukkalhöhle (Schlundhöhle) ausgetauscht werden (Bukkopharyngealatmung). Die lungenlosen Plethodontiden haben wahrscheinlich in rasch dahinströmenden Fließgewässern ihren Ursprung genommen, wo Lungen zu viel Auftrieb vermittelt hätten, und wo das Wasser so kühl und so gut mit Sauerstoff angereichert war, dass die Hautatmung allein ausgereicht hat, die Lebensvorgänge zu unterhalten. Einige Plethodontiden besitzen aquatische Larven, deren Kiemen während der Metamorphose verloren gehen. Andere behalten permanent eine Larvenform mit Kiemen bei. Viele andere sind vollständig terrestrisch und zeichnen sich dadurch aus, dass sie die einzigen Wirbeltiere sind, die in irgendeiner Phase ihres Lebens weder Lungen noch Kiemen besitzen. Es ist kurios, dass gerade die am vollständigsten landlebende Abstammungslinie der Schwanzlurche evolutiv eine Gruppe hervorgebracht hat, der Lungen gänzlich fehlen.

Pädomorphose

Ein anhaltender phylogenetischer Trend, der in der Evolution der Urodelen gut zu beobachten ist, besteht darin, dass die Abkömmlinge Merkmale, die bei ihren Vorfahren nur in präadulten Stadien vorhanden waren, bis in das Adultstadium beibehalten. Einige Merkmale der ursprünglichen Adultmorphologie werden dabei konsequenterweise verworfen. Dieser Zustand wird als pädomorph (Ergebnis einer Pädomorphose) bezeichnet (gr. *pädo*, Kind, Knabe + *morphos*, Gestalt, Form; siehe

Abbildung 25.9: **Langschwänziger Salamander** *(Eurycea longicauda)*. Ein verbreiteter plethodontider Salamander.

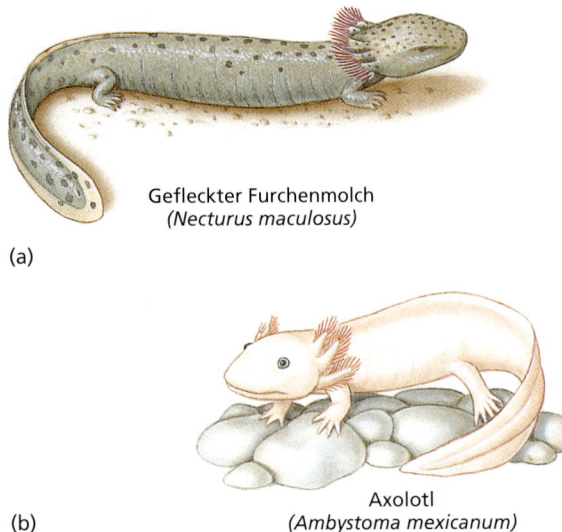

Abbildung 25.10: Pädomorphose bei Schwanzlurchen. (a) Ein Olm der Art *Necturus* sp. ist eine permanent kiementragende (perennibranchiate) aquatische Form. (b) Ein Axolotl (*Ambystoma mexicanum*) kann seine Kiemen dauerhaft beibehalten oder sie – sollte sein Teich austrocknen – im Rahmen einer Metamorphose zu einer terrestrischen Form zurückbilden und durch Lungen atmen. Der abgebildete Axolotl ist eine Albinoform, die verbreitet für Laborexperimente eingesetzt wird, in natürlichen Populationen jedoch selten ist.

Kapitel 6). Die dramatischste Form der Pädomorphose tritt bei Arten auf, die die Geschlechtsreife erreichen, während sie noch Kiemen und andere Larvenmerkmale besitzen und ihrer aquatischen Lebensweise nachgehen. Diese nichtmetamorphen Arten werden **perennibranchiat** (permanent kiementragend; lat. *perennis*, dauernd + biol. *branchi*, Kiemen) genannt. Olme der Gattung *Necturus* (▶ Abbildung 25.10), die auf dem Grund von Teichen und Seen leben, sind ein extremes Beispiel. Diese und viele andere Schwanzlurche sind obligat perennibranchiat. Man hat noch nie beobachtet, dass sie eine Metamorphose durchmachen – unter welchen Bedingungen auch immer.

Einige andere Arten der Urodelen erreichen die Geschlechtsreife, während sie noch das Stadium einer Larve aufweisen, können aber – anders als *Necturus* – unter bestimmten Umgebungsbedingungen zu landlebenden Formen metamorphieren. Gute Beispiele hierfür finden sich unter den *Ambystoma*-Arten Mexikos und der USA. Kiementragende Individuen werden als **Axolotl** bezeichnet (Abbildung 25.10). Ihr typischer Lebensraum sind kleine Teiche, die bei anhaltend trockener Witterung durch Verdunstung austrocknen können. Wenn das Teichwasser verdunstet, metamorphiert der Axolotl in eine landlebende Form; dabei verliert er seine Kiemen und nimmt die Lungenatmung auf. Er kann dann auf der Suche nach einem neuen Gewässer, in das er zur Fortpflanzung zurückkehren muss, über Land wandern. Axolotl lassen sich durch die Gabe des Schilddrüsenhormons Thyroxin (T_4) zur Metamorphose veranlassen. Die Schilddrüsenhormone (T_3 und T_4; siehe Kapitel 34) sind für die Metamorphose der Amphibien unabdingbar. Die Hirnanhangsdrüse (Hypophyse) scheint bei nichtmetamorphen Formen ihre volle Aktivität nicht zu erreichen. Dadurch wird die Freisetzung des Hormons Thyrotropin verhindert. Thyrotropin ist notwendig, um die Schilddrüse anzuregen, die Schilddrüsenhormone zu bilden und auszuschütten.

Die Pädomorphose nimmt bei den verschiedenen Schwanzlurchen viele unterschiedliche Erscheinungsformen an. Sie kann den gesamten Körper betreffen oder auf eine oder einige wenige Strukturen des Körpers beschränkt sein. Die Aalmolche verlieren ihre Kiemen und aktivieren ihre Lungen, bevor sie den Reifezustand erreichen, behalten aber viele allgemeine Merkmale der Körperform der Larve bei. Die Pädomorphose ist sogar bei den landlebenden Plethodontiden von Bedeutung, die nie ein aquatisches Larvenstadium durchlaufen. Wir können die Wirkungen der Pädomorphose beispielsweise an der Form der Hände und Füße der tropischen Plethodontidengattung *Bolitoglossa* (▶ Abbildung 25.11) feststellen. Zur ursprünglichen Morphologie von *Bolitoglossa* gehören wohlausgebildete Finger, die vom Teller der Hand oder des Fußes im Verlauf der ontogenetischen Entwicklung auswachsen. Einige Arten haben ihre Fähigkeiten, glatte Vegetation wie Bananenstauden zu erklimmen, dadurch verbessert, dass sie das Auswachsen der Fingerglieder anhalten und lebenslang eine verkürzte, gedrungene Fußform beibehalten. Die flächigen Füße vermögen eine Adhäsions- und/oder Saugwirkung zu erzeugen, die es dem Lurch gestattet, an glatten, vertikalen Oberflächen empor zu kriechen. Diese Anpassung erfüllt somit eine wichtige adaptive Funktion.

25.3.3 Frösche und Kröten: Die Ordnung Anura (Salientia)

Die mehr als 4840 in der Ordnung Anura (gr. *an*, ohne, kein + *oura*, Schwanz) zusammengefassten Frosch- und Krötenarten stellen für viele Menschen die vertrautesten Amphibien dar. Die Anuren (schwanzlose Lurche oder Froschlurche) sind eine alte Gruppierung, die seit dem Jura (vor 150 Millionen Jahren) bekannt ist. Frösche und Kröten besetzen ein weites Spektrum an Habitaten. Ihre aquatische Fortpflanzung und die wasserdurch-

25.3 Moderne Amphibien

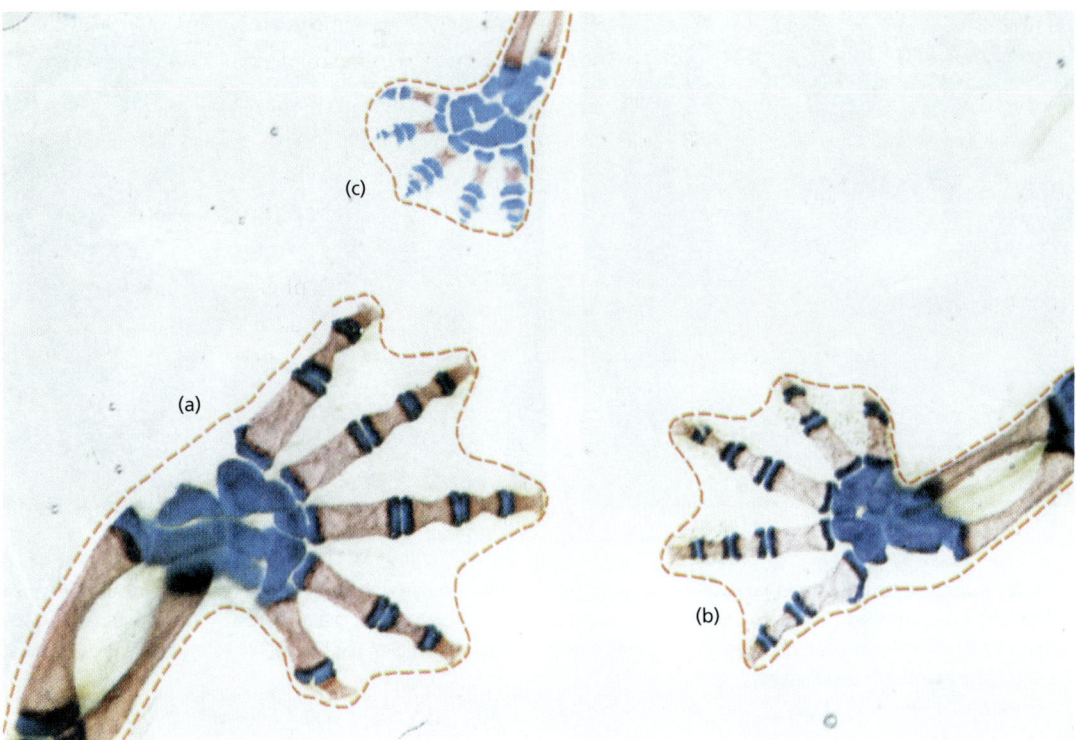

Abbildung 25.11: Anatomischer Bau des Fußes bei drei Arten tropischer plethodontider Salamander der Gattung *Bolitoglossa*. Diese Untersuchungsexemplare wurden histochemisch behandelt, um die Haut und die Muskulatur durchsichtig zu machen; Knochengewebe ist rot, Knorpelgewebe differenziell blau angefärbt. (a), (b) Die Arten, welche die am vollständigsten verknöcherten (ossifizierten) mit den am stärksten gegeneinander abgesetzten Finger aufweisen leben primär auf dem Waldboden. (c) Die Art mit den gedrungeneren Füßen die durch ein eingeschränktes Wachstum der Digitalglieder zustande kommen, erklettert glatte Blätter und Stängel. Dabei erzeugen die Tiere mit der Unterseite der kompakten Füße eine Saug- oder Klebewirkung (Adhäsion), um sich festzuhalten. Die gedrungene Fußform entstand evolutiv durch Pädomorphose; sie leitet sich evolutiv aus einem Abbruch der Entwicklung des Körpers ab, was eine vollständige Fingerentwicklung verhindert.

lässige Haut verhindern, dass die Tiere sehr weit von der nächsten Wasserquelle fortwandern, und die Ektothermie verschließt ihnen polare (arktische) und subarktische Lebensräume. Die Bezeichnung der Ordnung – Anura weist auf ein offenkundiges Merkmal der Gruppe hin – das Fehlen eines Schwanzes bei den Adultformen. Obwohl alle Arten im Verlauf ihrer Entwicklung ein beschwänztes Larvenstadium durchmachen, besitzen nur die Angehörigen der Gattung *Ascaphus* (Familie der Schwanzfrösche (Ascaphidae)) als Adulti ein schwanzähnliches Gebilde. Die Anuren – Frösche und Kröten – sind an eine springende Fortbewegungsweise adaptiert; auf diesen Umstand weist der alternative Gruppenname Salientia hin (sprich: „Sali-ënzia"; lat. *salientes*, Springbrunnen bzw. *salire*, springen).

Wir erkennen im Erscheinungsbild und in den Lebensgewohnheiten ihrer Larven einen weiteren Unterschied zwischen den Anuren und den Urodelen (= Caudaten). Die Eier der meisten Frösche schlüpfen als Kaulquappe mit einem langen, beflossten Schwanz, inneren wie äußeren Kiemen, ohne Beine, spezialisierten

Exkurs

Über ihre Bedeutung als Modelltiere für die biomedizinische Forschung und die biologische Ausbildung hinaus, sind Frösche seit langem wegen ihrer Schenkel auf dem Delikatessenmarkt gefragt. Einige Ochsenfroscharten sind in Europa (besonders Frankreich) und den USA bei den so genannten Feinschmeckern besonders beliebt. Die weltweite Produktion beläuft sich auf geschätzte 200 Millionen Ochsenfrösche (ungefähr 10.000 Tonnen) pro Jahr. Aufgrund übermäßiger Ausbeutung und durch die Trockenlegung und/oder Verschmutzung von Feuchtgebieten sind die Bestände drastisch zurückgegangen. Bedeutende Ochsenfroschlieferanten sind Bangladesch, China, Indonesien und Japan. Allein in Bangladesch werden jährlich etwa 80 Millionen Exemplare aus den Reisfeldern abgesammelt. Durch die Entnahme einer so gewaltigen Zahl insektenfressender Frösche aus dem Ökosystem wird die Reisproduktion durch unkontrollierte Vermehrungen von Insektenpopulationen gefährdet. In den USA waren Anstrengungen, Ochsenfrösche in Froschfarmen großzuziehen, erfolglos – in erster Linie deshalb, weil Ochsenfrösche hemmungslose Fressmaschinen sind, die normalerweise lebende Beute wie Insekten, Krebstiere und andere Frösche benötigen, um zu gedeihen.

(a) (b)

Abbildung 25.12: Zwei verbreitete nordamerikanische Frösche. (a) Der Ochsenfrosch *Rana catesbeiana* – der größte amerikanische Frosch und ein Hauptlieferant für Froschschenkel. (Familia Ranidae). (b) Grüner Laubfrosch *(Hyla cinerea)* – ein häufiger Bewohner von Sümpfen im Südosten der Vereinigten Staaten (Familia Hylidae). Man beachte die adhäsiven Kissen an den Fingern und Zehen. Die korrespondierende europäische Art ist der Europäische Laubfrosch *(Hyla arborea)*.

Mundwerkzeugen für eine herbivore Ernährungsweise (Urodelenlarven und einige Kaulquappen sind carnivor) sowie einer hochspezialisierten Innenanatomie. Sie sehen völlig verschieden aus und verhalten sich gänzlich anders als adulte Frösche. Die Metamorphose einer Froschkaulquappe in einen adulten Frosch ist daher eine verblüffende Verwandlung. Der perennibranchiate Zustand tritt anders als bei den Schwanzlurchen bei den Fröschen und Kröten niemals auf.

Die Anuren werden in 21 Familien untergliedert. Die am besten bekannten Familien unter den Froschlurchen sind die Echten Frösche (Ranidae), zu denen die meisten der uns vertrauten Froscharten gehören (▶ Abbildung 25.12a), und die Laubfrösche (Hylidae; Abbildung 25.12b). Die Echten Kröten der Familie Bufonidae haben kurze Beine, gedrungene Körper und eine dicke Haut, die meist hervorstehende Warzen aufweist (▶ Abbildung 25.13). Die Bezeichnung „Kröte" wird jedoch manchmal auch auf landlebende Mitglieder anderer Familien angewandt.

Der größte Froschlurch ist der westafrikanische Riesenfrosch (auch Goliathfrosch; *Conraua goliath*), der von der Nasenspitze bis zum Anus mehr als 30 cm misst (▶ Abbildung 25.14). Dieser Gigant frisst Tiere von der Größe einer Ratte oder Ente. Die kleinsten heute bekannten Froschlurche sind *Eleutherodactylus iberia* und *Psyllophryne didactyla*, deren Länge kaum 1 cm beträgt. Sie sind damit die kleinsten bekannten Tetrapoden. Diese winzigen Anuren, die auf einer Geldmünze Platz finden, finden sich auf Kuba bzw. im brasilianischen Regenwald. Der größte amerikanische Frosch ist der Ochsenfrosch *Rana catesbeiana* (Abbildung 25.12a), der eine Gesamtkörperlänge von 20 cm erreicht.

Habitate und Verbreitung

Abbildung 25.13: Die Amerikanische Kröte *(Bufo americanus, Familia Bufonidae)*. Dieses überwiegend nachtaktive, aber dennoch vertraute Amphib frisst große Mengen Schadinsekten sowie Schnecken und Regenwürmer. Die runzelige Haut enthält zahlreiche Drüsen, die eine erstaunlich giftige, milchige Flüssigkeit absondern, die einen ausgezeichneten Schutz gegen eine Vielzahl möglicher Fressfeinde bietet.

Die am häufigsten vorkommenden Frösche sind wahrscheinlich die etwa 260 Arten der Gattung *Rana* (gr. Frosch), deren Vertreter überall in den gemäßigten

Abbildung 25.14: Conraua (= *Gigantorana*) *goliath* (Familia Ranidae) aus Westafrika. Der größte Frosch der Welt – dieses Exemplar wiegt 3,3 kg.

Exkurs

In den meisten Gegenden der Welt sind die Amphibienpopulationen stark rückläufig. Keine einzelne Erklärung vermag alle beobachteten lokalen Rückgänge befriedigend zu erklären, obwohl der Habitatverlust vorherrschend ist (Habitatverlust durch Aktivitäten des Menschen betrifft 90 Prozent aller als gefährdet eingestuften Arten). Im Fall einiger Populationen handelt es sich lediglich um zufällige Fluktuationen, die durch wiederkehrende Trockenheit oder andere natürlich auftretende Phänomene verursacht sind. Frosch- und Kröteneier, die an der Oberfläche der Laichgewässer exponiert liegen, sind besonders durch schädigende Wirkungen ultravioletter Strahlen bedroht. Klimatische Veränderungen, die den Wasserspiegel am Eiablageort absenken, führen zu einer Erhöhung der Belastung der Embryonen durch UV-Strahlung und machen die Eier/Embryonen empfänglicher für Pilzinfektionen. Rückgänge der Individuenzahlen von Populationen können mit einem erhöhten prozentualen Anteil missgebildeter Tiere einhergehen, zum Beispiel Frösche mit überzähligen Gliedmaßen. Missbildungen der Gliedmaßen treten oft infolge einer Infektion mit Trematoden (siehe Kapitel 14) auf. Weitere Gefährdungsfaktoren sind Pilzerkrankungen. Seit den 1980er-Jahren besteht eine regelrechte Chytridpilz-Epidemie, durch die zahlreiche Amphibienarten, vorwiegend in Mittel- und Südamerika sowie Australien, stark in ihrem Bestand dezimiert oder sogar ausgerottet wurden. Das Phänomen wird unter dem Schlagwort „Global Amphibian Decline" (weltweiter Amphibienrückgang) diskutiert. Der genaue Auslöser dieser Epidemie ist noch ungeklärt, doch vermutet man, dass am plötzlichen Aussterben vieler Arten auch noch andere Faktoren beteiligt sind, etwa Umweltverschmutzung, Klimaerwärmung, Zerstörung der Ozonschicht oder Einsatz von Pestiziden.

---

und tropischen Breiten mit Ausnahme von Neuseeland, abgelegenen Inseln und dem südlichen Südamerika anzutreffen sind. Man findet sie meist in der Nähe von Gewässern, obgleich einige Arten wie der Waldfrosch (*R. sylvatica*) die meiste Zeit auf feuchten Waldböden verbringen. Die Waldfrösche kehren vermutlich nur im zeitigen Frühjahr zur Fortpflanzung ins Wasser zurück. Die größeren Ochsenfrösche (*R. catesbeiana*) und die Schreifrösche (*R. clamitans*) finden sich praktisch immer in oder in der Nähe von nie austrocknenden Gewässern oder Sumpfgebieten. Der Leopardfrosch (*R. pipiens*) und verwandte Arten besetzen ein breites Spektrum von Habitaten und gehören zu den geografisch am weitesten verbreiteten Fröschen Nordamerikas. Sie werden häufig für biologische/zoologische Kurse und für elektrophysiologische Untersuchungen herangezogen. Sie kommen in fast jedem Staat der USA vor, obgleich sie im äußersten Westen entlang der Pazifikküste nur sporadisch vorkommen. Ihr Verbreitungsgebiet erstreckt sich vom nördlichen Kanada bis nach Panama.

Die Vorkommen der Frösche sind oft nicht zusammenhängend, sondern zeigen lokale Konzentration. Dabei ist die Verbreitung oft auf bestimmte Gebiete (zum Beispiel bestimmte Fließgewässer oder Teiche) beschränkt, während sie in ähnlichen Habitaten an anderen Standorten selten sind oder völlig fehlen können. Der Sumpffrosch (*R. palustris*) ist in dieser Hinsicht besonders erwähnenswert, weil er nur in bestimmten, umgrenzten Gegenden häufig vorkommt. Neuere Untersuchungen haben gezeigt, dass viele Froschpopulationen in aller Welt dramatisch im Rückgang begriffen sind und sich die geografische Verbreitung dadurch noch ungleichmäßiger gestaltet.

Die meisten größeren Frösche leben mit Ausnahme der Paarungszeit als Einzelgänger. Während der Brutsaison machen sich die meisten – insbesondere die Männchen – durch weithin vernehmbare Lautäußerungen bemerkbar. Jedes Männchen nimmt dann einen bestimmten Platz in der Nähe des Wassers in Besitz, wo es über Stunden oder sogar Tage verharren kann; dabei versucht es, Weibchen zu seinem Standort zu locken. Zu bestimmten Zeiten verhalten sich Frösche vorwiegend ruhig, und ihre Anwesenheit bleibt verborgen, bis sie aufgeschreckt werden. Wenn sie ins Wasser eintauchen, schießen sie rasch zum Gewässergrund hinab, wo sie mit den Beinen den Grund aufwühlen, um sich in der Wolke aufgewirbelten schlammigen Wassers unsicht-

25 Frühe Tetrapoden und die modernen Amphibien

Abbildung 25.15: **Der afrikanische Krallenfrosch *(Xenopus laevis)*.** Die Krallen – ein ungewöhnliches Merkmal bei Fröschen – befinden sich an den Hinterextremitäten. Dieser Frosch ist ein bekanntes Modelltier der zoologischen Entwicklungsforschung. Er wurde nach Kalifornien eingeschleppt, wo er als ernstliche Plage angesehen wird.

Exkurs

Die Rückgänge einiger Amphibienpopulationen können durch andere Amphibien ausgelöst sein. Während einheimische nordamerikanische Amphibien weiterhin in dem Maß verschwinden, in dem Feuchtgebiete trockengelegt werden, befindet sich eine exotische, in Südkalifornien ausgesetzte Froschart auf dem Vormarsch, weil sie sehr gut an das dortige Klima angepasst ist. Der afrikanische Krallenfrosch (*Xenopus laevis*; ▶ Abbildung 25.15), der ein bekanntes Modelltier verschiedener biologischer Forschung darstellt, ist ein gefräßiger, aggressiver, primär aquatisch lebender Anure, der angestammte Frosch- und Fischarten aus ihren Heimatgewässern zu verdrängen vermag. Die Art wurde in den 40er Jahren des 20. Jahrhunderts nach Nordamerika eingeführt und ausgiebig für Schwangerschaftstests beim Menschen eingesetzt, bevor einfachere Verfahren verfügbar wurden. Als solche leistungsfähigeren Testverfahren in den 60er Jahren aufkamen, entledigten sich einige Krankenhäuser der überschüssigen Frösche, indem sie sie einfach in nahegelegene Gewässer entließen, wo sich diese vermehrungsfreudigen Tiere zu beinahe unausrottbaren Plagen entwickelt haben. Ähnliche Folgen zeitigte die Freisetzung der Riesenkröte (*Bufo marinus*; Länge bis 23 cm) in der australischen Provinz Queensland sowie im südlichen Florida mit dem Ziel, landwirtschaftliche Schädlinge „biologisch" zu bekämpfen. Die großen Kröten breiten sich rasch aus, wobei sie zahlreiche ökologische Probleme verursachen, einschließlich der Verdrängung einheimischer Anuren.

---

bar zu machen. Beim Schwimmen halten sie die Vorderextremitäten eng am Körper und stoßen mit den mit Schwimmhäuten bewehrten Hinterbeinen rückwärts (wie ein menschlicher Schwimmer beim Brustschwimmen). Durch den Schlag der Hinterbeine bewegen sie sich vorwärts. Wenn sie an die Oberfläche steigen, um zu atmen, werden nur der Kopf und die vordere Körperpartie aus dem Wasser gestreckt. Da sie die Schutzwirkung jeglicher über die Wasseroberfläche reichender Vegetation ausnutzen, sind sie schwierig zu entdecken.

Während der Wintermonate halten die meisten Frösche der gemäßigten Breiten Winterschlaf in weichem Schlamm in stehenden oder fließenden Gewässern. Während dieser Winterruhe sind die Lebensvorgänge bis auf ein sehr niedriges Niveau abgesenkt, und die Energie für die Aufrechterhaltung der basalen Restaktivität ziehen die Tiere aus Glycogen- und Fettspeichern, die sie im Verlauf des Frühjahrs und des Sommers angelegt haben. Stärker terrestrisch orientierte Frösche wie die Baumfrösche überwintern im Humus des Waldbodens. Sie tolerieren niedrige Temperaturen, und viele überleben gar das Gefrieren sämtlicher Extrazellularflüssigkeiten des Körpers, die rund 35 Prozent des Körperwassers ausmachen. Solche frosttoleranten Frösche bereiten sich auf die Winterkälte vor, indem sie Glucose und Glyzerin in den Körperflüssigkeiten akkumulieren. Diese Stoffe wirken als Frostschutzmittel und bewahren die Gewebe vor der normalerweise schädigenden Wirkung der Eiskristallbildung.

Adulte Frösche haben zahlreiche Fressfeinde wie Schlangen, Wasservögel, Schildkröten, Waschbären sowie den Menschen. Fische stellen den Kaulquappen nach, so dass nur wenige die Geschlechtsreife erreichen. Obwohl sie meist keine Verteidigungsmittel haben, sind viele Frösche und Kröten der Tropen und Subtropen aggressiv, springen auf Beutegreifer los und beißen diese. Einige versuchen sich zu verteidigen, indem sie sich totstellen. Die meisten Anuren vermögen ihre Lungen aufzublähen, so dass sie schwierig zu verschlucken sind. Wenn sie an einem Gewässerrand sitzend gestört werden, verharren Frösche oftmals in Ruhe; fühlen die Tiere sich entdeckt, springen sie davon. Dabei springt er keineswegs immer in das Wasser, wo (weitere) Feinde lauern könnten, sondern vielleicht eher ins Grasdickicht des Uferbereichs. Hält man einen Frosch in der Hand, hört dieser unter Umständen für einen Augenblick lang auf zu strampeln. Ist der Fänger einen Moment lang unaufmerksam, springt der Frosch heftig von dannen, wobei er seine Harnblase entleert. Der beste Schutz für den Frosch liegt in seiner Springfähigkeit sowie bei einigen Arten im Besitz von Giftdrüsen. Die Frösche der Familie Dendrobatidae (gr. *dendron*, Baum) setzen zur Verteidigung starke Toxine ein. Die drüsige Haut bildet aber auch antibakterielle und antivirale Substanzen zur Ab-

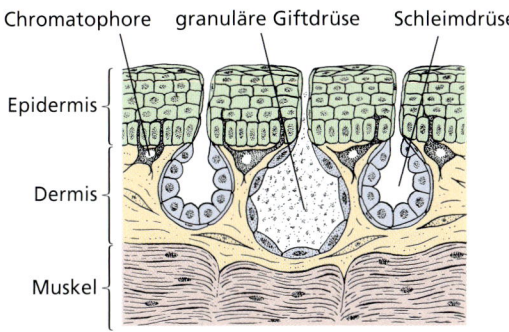

Abbildung 25.16: **Histologischer Aufbau der Haut.** Schnitt durch die Haut eines Frosches.

wehr von Infektionen; aus dem Körperschleim von *Xenopus laevis* konnte eine ganze Familie von hochwirksamen Peptid-Antibiotika isoliert werden. In Gefangenschaft gehaltene Ochsenfrösche zögern nicht, nach Angreifern zu schnappen; dabei können sie schmerzhafte Bisse austeilen.

Integument und Färbung

Die Haut eines Frosches ist dünn und feucht. Sie ist mit dem Froschkörper nur an bestimmten Stellen locker verbunden. Der histologische Aufbau der Haut zeigt zwei Schichten: eine äußere, stratifizierte **Epidermis**, und eine innere **Dermis** mit schwammiger Gewebestruktur (▶ Abbildung 25.16). Die äußere Lage epidermaler Zellen (die in regelmäßigen Abständen abgeworfen wird, wenn der Froschlurch sich „häutet") enthält **Keratineinlagerungen**. Keratin ist ein widerstandsfähiges Faserprotein, das Schutz gegen Abschürfungen und Wasserverlust über die Haut vermittelt. Stärker terrestrisch ausgerichtete Amphibien wie Kröten besitzen besonders dicke Keratineinlagerungen, obgleich das Amphibienkeratin weich ist – im Gegensatz zum harten Keratin der Schuppen, Krallen, Federn, Hörner und Haare der Amnioten.

Die innere Schicht der Epidermis ist der Ursprungsort von zwei Sorten integumentaler Drüsen, die in das darunterliegende, lockere Dermalgewebe hineinwuchern. Kleine **Schleimdrüsen** scheiden eine schützende Schleimschicht ab, die die Hautoberfläche relativ wasserundurchlässig macht. Größere, granuläre **Talgdrüsen** produzieren ein weißliches, wässriges Gift, das auf mögliche Angreifer stark reizend wirkt. Alle Amphibien stellen Hautgifte her, doch schwankt dessen Wirksamkeit von Art zu Art und mit wechselnden Fressfeinden. Die extrem giftigen Toxine der drei *Phyllobates*-Arten werden von Indianern im Westen Kolumbiens benutzt, um die Spitzen ihrer Blasrohrpfeile damit zu vergiften (*Phyllobates* ist eine Gattung kleiner südamerikanischer, dendrobatider Frösche). Die meisten Arten aus der Familie Dendrobatidae erzeugen giftige Hautsekrete, von denen einige zu den stärksten tierischen Ausscheidungen gehören, die man kennt. Ihre Wirkung ist noch stärker als das Gift von Seeschlangen oder irgendeines der giftigen Spinnentiere.

Die Färbung der Haut rührt bei den Fröschen wie bei den anderen Amphibien von besonderen Pigmentzellen – den **Chromatophoren** – her, die hauptsächlich in der Dermis lokalisiert sind. Die Chromatophoren der Amphibien sind – wie die Chromatophoren vieler anderer Vertebraten – verzweigte Zellen, die ein Pigment enthalten, das in einem kleinen Bereich der Zelle konzentriert oder über die sich verzweigenden Fortsätze der Zelle dispergiert vorliegen kann, um die Hautfarbe zu steuern (▶ Abbildung 25.17; siehe auch Abbildung 29.4). Die meisten Amphibien verfügen über drei Typen von Chromatophoren: Zuoberst in der Dermis liegen **Xanthophoren**, die ein gelbes, orangefarbiges oder rotes Pigment enthalten; darunter liegen die **Iridophoren**, die ein silbriges, lichtreflektierendes Pigment enthalten. Zuunterst liegen die **Melanophoren**, die schwarzes oder braunes Melanin enthalten. Die Iridophoren wirken wie winzige Spiegel, die einfallendes Licht durch die Xanthophoren zurückwerfen, wobei die auffällig leuchtenden Farben erzeugt werden, durch die sich viele tropische Froscharten auszeichnen. Es ist vielleicht überraschend, dass die grünen Farbtöne, die bei vielen Anuren der gemäßigten Breiten vorherrschen, nicht auf

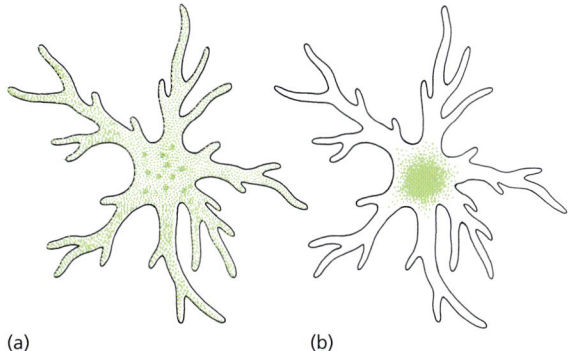

Abbildung 25.17: Pigmentzellen (Chromatophoren). (a) mit dispergiertem Pigment. (b) mit konzentriertem Pigment. Die Pigmentzelle kontrahiert oder expandiert nicht. Die Farbeffekte entstehen durch die Cytoplasmaströmung, die das in Granula eingeschlossene Pigment in die Ausläufer der Zelle verfrachtet, wenn eine maximale Farbtiefe gewünscht ist, oder diese im Zentrum der Zelle zusammenbringt, um die Farbwirkung zu minimieren. Die Steuerung der Verteilung (Zerstreuung oder Konzentrierung) der Pigmentgranula erfolgt größtenteils über Lichtreize, die über ein Hypophysenhormon in den Körper übermittelt werden.

Skelett und Muskelsystem

Wie bei den anderen Wirbeltieren auch, liefert ein gut entwickeltes Endoskelett aus Knochen und Knorpel den Rahmen für die sich bewegenden Muskeln sowie den Schutz der Eingeweide und des Nervensystems. Die Fortbewegung an Land und die Notwendigkeit, die paddelartigen Flossen zu Tetrapodengliedmaßen umzubilden, die fähig sind, das Gewicht des Körpers zu tragen, hat einen ganzen Satz von Spannungs- und Hebelproblemen nach sich gezogen. Die Metamorphose ist bei den Anuren, deren gesamter Muskel/Skelettapparat für das Springen und Schwimmen durch gleichzeitigen Einsatz der Extensoren der Hinterbeine spezialisiert ist, am augenfälligsten.

Die Wirbelsäule der Amphibien übernimmt eine neue Aufgabe als Stützapparat, von dem das Abdomen herabhängt und an welchen die Gliedmaßen befestigt sind. Da die Anuren sich mit Hilfe ihrer Extremitäten fortbewegen anstatt durch serielle Kontraktionen der Rumpfmuskulatur zu schwimmen, hat die Wirbelsäule einen großen Teil ihrer ursprünglichen, für Fische charakteristischen Flexibilität verloren. Sie ist zu einem starren Rahmen für die Transmission von Kräften von den Hinterbeinen auf den restlichen Körper geworden. Die Anuren zeigen als weitere Spezialisierung eine extreme Verkürzung des Körpers. Ein typischer Frosch besitzt nur neun Rumpfwirbel und ein stabförmiges **Urostyl**, das aus mehreren, miteinander fusionierten Caudalwirbelkörpern besteht (Coccyx (= Steißbein); ▶ Abbildung 25.19). Die beinlosen Blindwühlen, bei denen diese Spezialisierung für die tetrapodale Lokomotion offensicht-

Abbildung 25.18: Tarnfärbung des grauen Laubfrosches *(Hyla versicolor)*. Die Tarnwirkung ist so gut, dass die Anwesenheit dieses Frosches sich meist nur nachts durch die wiederhallenden, flötenartigen Rufe offenbart.

ein grünes Pigment zurückzuführen sind, sondern aus einem Wechselspiel von Xanthophoren mit einem gelben Pigment mit darunterliegenden Iridophoren hervorgehen. Reflexion und Streuung des Lichtes (Tyndall-Streuung) in den Iridophoren ruft einen Blauton hervor. Das zurückgeworfene blaue Licht wird durch die Schicht des darüber liegenden gelben Pigmentes gefiltert. Als Ergebnis der Interferenz entsteht der Farbeindruck Grün. Viele Frösche vermögen ihre Farbe zu verändern und an den jeweiligen Hintergrund anzupassen, woraus eine Tarnwirkung resultiert (▶ Abbildung 25.18).

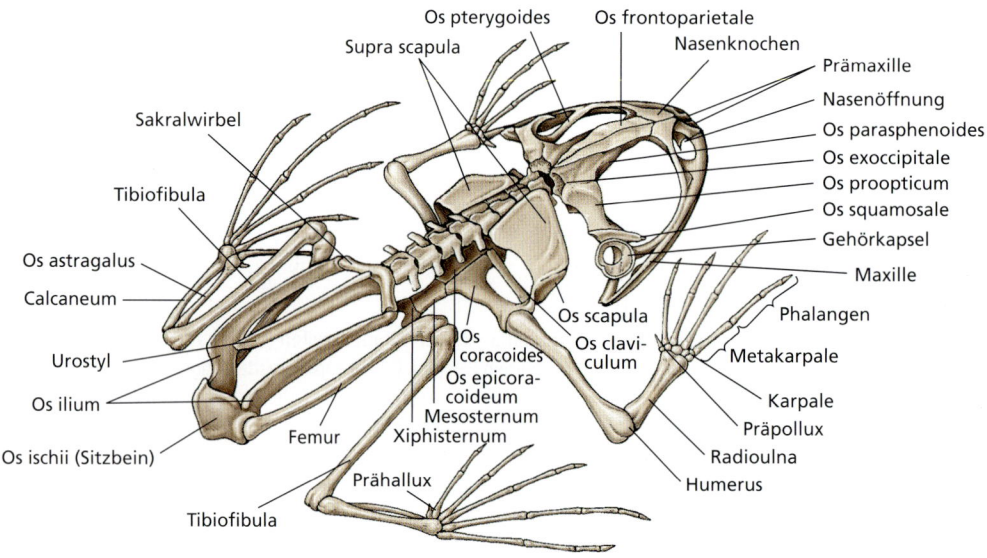

Abbildung 25.19: Skelett eines Ochsenfrosches *(Rana catesbeiana)*. Mit neun Rumpfwirbeln und dem stabförmigen Urostyl.

lich nicht entwickelt ist, können bis zu 285 Wirbelkörper (Vertebrae) aufweisen.

Der Schädel eines Frosches ist gegenüber dem seiner Wirbeltiervorfahren stark verändert. Er ist bedeutend leichter, im Profil abgeflacht, besteht aus weniger Knochen und ist weniger stark ossifiziert. Die Frontpartie des Schädels, welche die Nase, die Augen und das Gehirn enthält, ist besser entwickelt, wohingegen der rückwärtige Anteil des Schädels, der bei den Fischen den Kiemenapparat beherbergt, stark zurückgebildet ist (Abbildung 25.19).

Die Gliedmaßen entsprechen dem typischen Bau der Tetrapoden mit drei Gelenken (Hüftgelenk, Kniegelenk, Fußgelenk bzw. Schultergelenk, Ellenbogengelenk, Handgelenk). Der Fuß ist im Regelfall pentadaktyl (fünfstrahlig), die Hand vierstrahlig (tetradaktyl). Die Finger und Zehen der Hände wie der Füße weisen jeweils mehrere Gelenke auf (Abbildung 25.19). Es handelt sich um ein repetitives System, das dem Knochenbau der Muskelflosser ähnlich ist, deren Flossenanatomie entschieden an die Extremitäten der Amphibien erinnern (siehe Abbildung 25.1). Es fällt nicht schwer, sich vorzustellen, wie Selektionsdrücke über einen Zeitraum von Jahrmillionen die ursprünglichen Muskelflossen zu Gliedmaßen umgestaltet haben.

Die Muskeln der Gliedmaßen sind mutmaßlich den Radialmuskeln, die bei den Fischen die Flossen bewegen, homolog. Die Anordnung der Muskeln ist jedoch bei den Gliedmaßen der Tetrapoden von solcher Komplexität, dass die genauen Entsprechungen zur Muskulatur der Fischflossen noch unklar sind. Ungeachtet dieses Komplexitätsgrades können wir an jeder Gliedmaße zwei Muskelgruppen unterscheiden: eine anterior und ventral gelegene Gruppe, welche die Extremität nach vorn und zur Mittellinie hin zieht (Protraktion und Adduktion), sowie eine zweite, posterior und dorsal gelegener Muskeln, die die Extremität nach rückwärts und vom Körper weg bewegen (Retraktion und Abduktion).

Die Rumpfmuskulatur, die bei den Fischen segmental organisiert und zu kraftvollen Muskelbändern – den Myomeren (siehe Kapitel 24) – zur Lokomotion durch laterale Flexion zusammengefasst ist, ist im Verlauf der Amphibienevolution stark modifiziert worden. Die dorsalen (epaxialen) Muskeln sind so angeordnet, dass sie den Kopf stützen und die Wirbelsäule umfassen. Die ventralen (hypaxialen) Muskeln sind bei den Amphibien stärker entwickelt als bei den Fischen, da sie an der Luft die Eingeweide ohne die Unterstützung des im Wasser herrschenden Auftriebes tragen müssen.

Atmung und Lautäußerungen

Die Amphibien nutzen an der Luft drei respiratorische Oberflächen für den Gasaustausch: die Haut (kutane Atmung), den Schlund (Bukkalatmung) und die Lungen (Pulmonalatmung). Die Frösche und Kröten sind stärker von der Lungenatmung abhängig als die Schwanzlurche; trotzdem stellt die Haut für die Anuren einen bedeutsamen zusätzlichen Weg für den Gasaustausch dar, insbesondere während der Winterruhe. Selbst wenn die Lungenatmung vorherrschend ist, wird das Kohlendioxid vornehmlich über die Haut abgegeben, während der Sauerstoff in erster Linie über die Lungen absorbiert wird.

Die Lungen werden über Pulmonararterien, die sich vom sechsten Aortenbogen ableiten, versorgt. Das Blut wird aus den Lungen durch Pulmonarvenen direkt in das linke Atrium (Herzvorkammer) zurückgeführt. Die Lungen des Frosches sind eiförmige, elastische Säcke, deren innere Oberflächen in ein Netzwerk aus Septen untergliedert sind, die ihrerseits in kleine, terminale Luftkammern unterteilt sind, die Faveolen genannt werden. Die Faveolen der Froschlunge sind bedeutend größer als die Alveolen der amniotischen Wirbeltiere; folglich besitzt die Froschlunge eine kleinere relative Oberfläche, die für den Gasaustausch zur Verfügung steht. Die respiratorisch nutzbare Oberfläche beträgt bei *Rana pipiens* ca. 30 cm^2 pro Kubikzentimeter in der Lunge enthaltenes Luftvolumen. Beim Menschen beträgt sie im Vergleich hierzu 300 cm^2/cm^3 Luft. Die größte Herausforderung bei der Evolution der Lunge bestand nicht in der Entwicklung einer guten, inneren Gefäßoberfläche, sondern vielmehr in der Schaffung eines Mechanismus zur Bewegung der Atemluft. Ein Frosch ist ein Überdruckatmer, der seine Lungen füllt, indem er Luft in sie hineindrückt; dieses System steht dem Unterdrucksystem der Amnioten gegenüber. Die Schrittfolge beim Atmungsvorgang eines Frosches und die dazu notwendigen Erklärungen sind in ▶ Abbildung 25.20 gegeben. Man kann diese Ereignisfolge bei einem in Ruhe verharrenden Frosch leicht verfolgen: Rhythmische Schlundbewegungen der Maulatmung vollziehen sich fortlaufend, bevor Bewegungen der Flanken anzeigen, dass die Lungen entleert und wieder befüllt werden.

Sowohl männliche wie weibliche Frösche besitzen **Stimmbänder**, doch sind die der männlichen Tiere viel besser entwickelt. Sie sind im **Larynx** (Kehlkopf) lokalisiert. Ein Frosch bringt Töne hervor, indem er Luft zwischen den Lungen und einem Paar großer Luft-

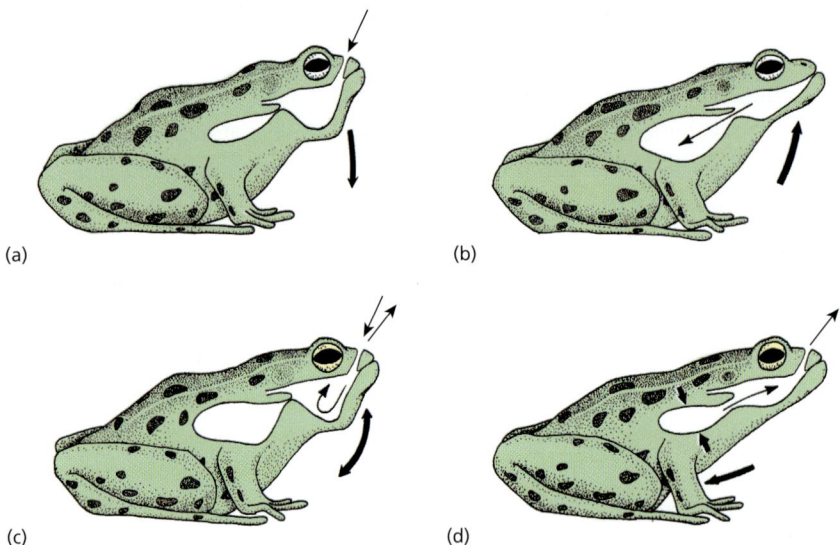

Abbildung 25.20: Atmung beim Frosch. Frösche sind Überdruckatmer, die ihre Lungen befüllen, indem sie Luft in diese hineindrücken. (a) Der Rachenboden wird abgesenkt; dabei wird Luft durch die Nasenlöcher eingesogen. (b) Mit geschlossenen Nasenlöchern und geöffneter Glottis drückt der Frosch Luft in seine Lungen, indem er den Rachenboden hochzieht. (c) Die Mundhöhle ventiliert für eine Weile in rhythmischer Weise. (d) Die Lungen werden durch Kontraktionen der Körperwandmuskulatur sowie eine elastische Rückstellkraft der Lungen selbst wieder entleert.

säcke (Schallblasen), die sich am Rachenboden befinden, hin und her strömen lässt. Letztere dienen bei den Männchen, die ihre Stimmen einsetzen, um Paarungspartner anzulocken, außerdem als wirkungsvolle Resonanzkörper. Die meisten Arten geben sich durch charakteristische Laute zu erkennen. Viele Menschen sind mit dem im Frühjahr zur Laichzeit zu vernehmenden Gequake von Fröschen vertraut.

Kreislauf

Wie bei den Fischen ist der Kreislauf der Amphibien ein geschlossenes System aus Arterien und Venen, die ein ausgedehntes peripheres Netzwerk aus Kapillaren versorgen, durch die das Blut durch eine einzelne Druckpumpe, das Herz, getrieben wird. Die hauptsächliche Veränderung des Kreislaufsystems betrifft die Verlagerung weg von der Kiemen-, hin zur Lungenatmung. Die Eliminierung der Kiemen enthebt den arteriellen Kreislauf eines wesentlichen Hindernisses, doch bringt die Lungenatmung zwei neue evolutive Problemstellungen mit sich. Das erste besteht darin, die Lungen mit einem Blutkreislauf auszustatten. Wie wir gesehen haben, wurde dieses Problem gelöst, indem der sechste Aortenbogen zu Lungenarterien umgewandelt wurde, welche die Lungen versorgen, sowie durch die Entwicklung von Lungenvenen, um das mit Sauerstoff angereicherte Blut zum Herzen zurückzuführen (siehe Kapitel 31). Das zweite und offensichtlich schwierigere evolutive Problem bestand in einer Trennung des Lungenkreislaufs vom restlichen Körperkreislauf, so dass das oxygenierte Blut aus den Lungen in den restlichen Körper und das an Sauerstoff verarmte venöse Blut, das aus dem Körper zurückströmt, in die Lungen geleitet werden konnte. Zur Überwindung dieses Problems war ein doppelter Kreislauf notwendig, der aus zwei voneinander getrennten Kreisläufen – dem Lungenkreislauf (Pulmonarkreislauf) und dem Körperkreislauf (systemischer Kreislauf) – besteht. Die Tetrapoden haben dieses Problem durch die Evolution einer Trennwand in der Mitte des Herzmuskels gelöst, die zur Erschaffung einer Doppelpumpe – eine eigene für jeden der Kreisläufe – geführt hat. Die Trennung ist jedoch bei den Amphibien und den meisten Reptilientaxa noch unvollständig. Die Vögel und die Säugetiere besitzen die am vollständigsten getrennten Herzen mit zwei Atrien (Vorkammern oder Vorhöfe) und zwei Ventrikeln (Hauptkammern).

Das Froschherz (▶ Abbildung 25.21) besitzt zwei getrennte Atrien und eine einzige, nichtunterteilte Hauptkammer (Ventrikel). Das Blut aus dem Körper (aus dem systemischen Kreislauf) gelangt zunächst in eine große Sammelkammer, den Sinus venosus, der das Blut in die rechte Vorkammer drückt. Das linke Atrium empfängt frisch oxygeniertes Blut von der Lunge und der Haut. Die rechte und die linke Vorkammer kontrahieren asynchron, so dass das Blut zum größten Teil unvermischt bleibt, wenn es in die Hauptkammer strömt, obwohl der Ventrikel nicht geteilt ist. Wenn der **Ven-**

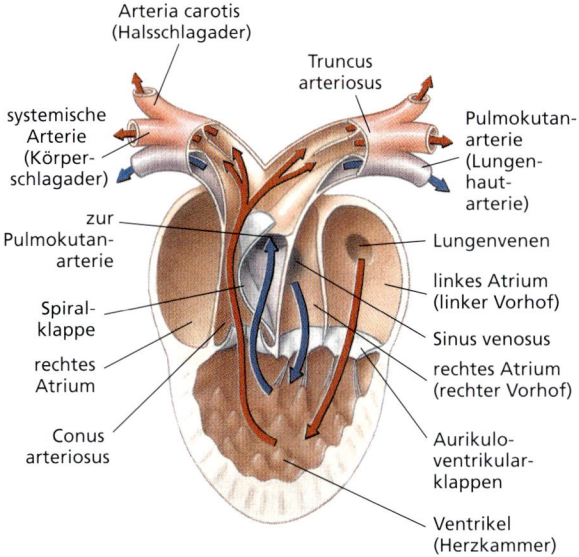

Abbildung 25.21: **Anatomischer Bau des Froschherzens.** *Rote Pfeile:* oxygeniertes Blut. *Blaue Pfeile:* desoxygeniertes Blut.

trikel sich zusammenzieht, gelangt das mit Sauerstoff angereicherte Pulmonarblut in den systemischen Kreislauf und das an Sauerstoff verarmte systemische Blut in den Lungenkreislauf. Diese Trennung wird von einer **Spiralklappe** unterstützt, die im **Conus arteriosus** (Übergang der rechten Herzkammer in die Lungenschlagader) den systemischen vom pulmonaren Fluss trennt (Abbildung 25.21). Dem gleichen Zweck dienen unterschiedliche Blutdrücke in den Gefäßen des Lungen- und des Körperkreislaufs, die den Conus arteriosus verlassen.

Fressen und Verdauung

Frösche sind wie die meisten anderen adulten Amphibien carnivor und ernähren sich von Insekten, Spinnen, Würmern, Schnecken, Tausendfüßlern und beinahe allem sonst, was sich bewegt und klein genug ist, um als Ganzes verschluckt zu werden. Sie schnappen mit ihrer herausstreckbaren Zunge nach sich bewegender Beute. Die Zunge ist an dem Vorderende des Maules befestigt und dahinter frei beweglich. Das hochgradig drüsige freie Ende der Zunge erzeugt ein klebriges Sekret, an dem Beutetiere kleben bleiben. Falls Zähne an den Prämaxillen, den Maxillen und/oder am Gaumendach (Vomerus) vorhanden sind, werden sie zum Festhalten der Beute benutzt, nicht zum Zerkauen. Der Verdauungstrakt ist bei den adulten Amphibien verhältnismäßig kurz – ein Merkmal der meisten Carnivoren – und er produziert eine Vielzahl von Enzymen zur Verdauung von Proteinen, Kohlenhydraten und Fetten.

Nervensystem und spezialisierte Sinne

Drei grundlegende Teile des Gehirns – das Endhirn (Telencephalon), das mit dem Geruchssinn befasst ist; das Mittelhirn (Mesencephalon), das Seheindrücke verarbeitet; und das Rautenhirn (Rhombencephalon), dessen Aufgabe das Hören und der Gleichgewichtssinn ist – haben dramatische Umgestaltungen durchlaufen, als die Vertebraten auf das Land übergesiedelt sind und ihre Umweltwahrnehmung verbessert haben (siehe Kapitel 33). Der Cephalisationsgrad nimmt mit einer Stärkung der Informationsverarbeitung durch das Gehirn und einem damit einhergehenden Verlust der Unabhängigkeit der Spinalganglien, die nur zu stereotypem Reflexverhalten befähigt sind, zu. Nichtsdestoweniger zeigt ein dekapitierter Frosch weiterhin ein erstaunliches Maß an zielgerichtetem und hochgradig koordiniertem Verhalten. Nur mit Hilfe intakter Spinalganglien hält das Tier eine normale Körperhaltung aufrecht und kann in akkurater Weise ein Bein anheben, um einen störenden Gegenstand von der Haut abzuwischen. Dazu setzt es sogar das gegenüberliegende Bein ein, falls das näher bei der Quelle der Irritation liegende fixiert wird.

Das Endhirn (▶ Abbildung 25.22) beherbergt das Riechzentrum, dem bei der Wahrnehmung verdünnter, aus der Luft stammender Reize an Land eine weitaus größere Bedeutung zukommt. Der Geruchssinn ist tatsächlich eine der dominierenden Sinnesmodalitäten des Frosches. Der Rest des Endhirns, das Cerebrum, ist für die Amphibien von geringer Bedeutung. Komplexe integrative neuronale Aktivitäten sind stattdessen in den optischen Loben des Mittelhirns angesiedelt. Das Stammhirn gliedert sich in ein anteriores Cerebellum (Kleinhirn) und eine posteriore Medulla (verlängertes Mark). Das Kleinhirn (Abbildung 25.22), das für Gleichgewicht und Koordination von Bewegungsvorgängen zuständig ist, ist bei den Amphibien – besonders den terrestrischen Arten, die dicht am Boden bleiben und nicht für ihre Geschicklichkeit und die Behändigkeit ihrer Bewegungen bekannt sind – nicht gut entwickelt. Die Medulla oblongata ist das vergrößerte obere Ende des Rückenmarks. Durch sie hindurch verlaufen alle Ausläufer von sensorischen Neuronen mit Ausnahme derer des Seh- und des Riechapparates. Hier sind Zentren für auditorische Reflexe, die Atmung, das Schlucken und die vasomotorische Kontrolle angesiedelt.

Die Evolution einer semiterrestrischen Lebensweise durch die Amphibien hat eine Umwidmung der sensorischen Prioritäten an Land erforderlich gemacht. Die druckempfindliche Seitenlinie der Fische (das akustik-

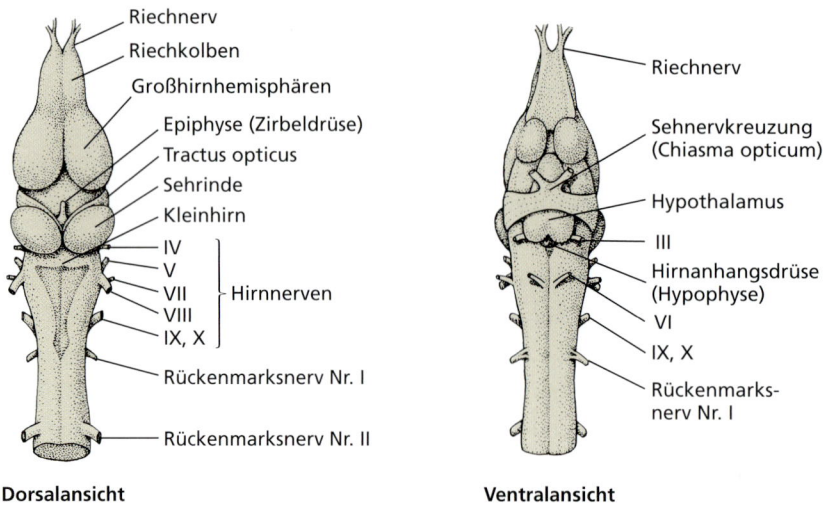

Abbildung 25.22: **Gehirn eines Frosches.** In Dorsal- und Ventralansicht.

olaterale System) ist nur bei den aquatischen Larven der Amphibien und einigen als Adulti streng aquatisch lebenden Arten erhalten geblieben. Auf dem Land kommt diesem Sinnesorgan keine sinnvolle Aufgabe zu, da es dafür ausgelegt ist, Objekte durch reflektierte Druckwellen im Wasser wahrzunehmen und zu lokalisieren. Die Aufgabe, durch die Luft vermittelte Geräusche (Luftdruckwellen) wahrzunehmen, fällt den Ohren zu.

Am amniotischen Maßstab gemessen ist das Ohr eines Frosches ein einfaches Gebilde: ein nach außen durch ein **Trommelfell** (Membrana tympani) verschlossenes Mittelohr, das in seinem Inneren eine **Columella** (lat. *columella*, kleine Säule; dem Steigbügel (Stapes) der Säugetiere homolog) beherbergt, welche die Vibrationen des Trommelfelles an das **Innenohr** weitergibt (▶Abbildung 25.23). Das Innenohr enthält ein **Utrikel** (schlauchförmiges Vorhofbläschen des Labyrinths), aus dem die drei halbkreisförmigen Bogengänge entspringen, und einen **Sacculus** mit einem Divertikel (**Lagena**). Die Lagena ist teilweise mit einer **Tektorialmembran** überzogen, die in ihrem Feinbau der viel komplexeren Cochlea der Säugetiere nicht unähnlich ist. Bei den meisten Fröschen ist dieses Gebilde empfindlich für niederfrequente Schwingungen von nicht mehr als 4000 Hertz (Hz); bei Ochsenfröschen liegt der Bereich der größten Empfindlichkeit des Gehörs zwischen 100 und 200 Hz, was dem Frequenzspektrum des tiefen Gequakes der männlichen Tiere entspricht.

Das Sehen ist für viele Amphibien die dominierende Sinnesmodalität (die zumeist blinden Blindwühlen sind eine offenkundige Ausnahme). Diverse Änderungen des ursprünglichen aquatischen Auges waren erforderlich, um es für die Verwendung im Medium Luft anzupassen. Tränendrüsen und Augenlider evolvierten sich, um das Auge feucht zu halten, es von Staub zu befreien und gegen Verletzungen abzuschirmen. Da die Hornhaut des Auges (Cornea) mit der Luft in Berührung ist, stellt sie eine wichtige lichtbrechende Oberfläche dar. Dies entlastet die Augenlinse und befreit sie von einem großen Teil der Last der Beugung der einfallenden Lichtstrahlen zur Fokussierung des Bildes auf der

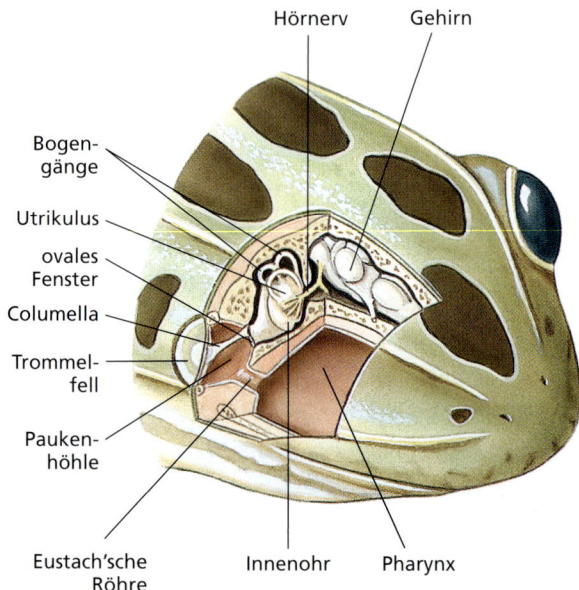

Abbildung 25.23: **Ausschnittdarstellung eines Froschkopfes.** Gezeigt wird der anatomische Bau der Ohren. Schallschwingungen werden vom Trommelfell über die Columella an das Innenohr übermittelt. Die Eustachische Röhre erlaubt den Druckausgleich zwischen der Paukenhöhle und dem Pharynx.

Exkurs

Um ein scharfes Abbild eines sich annähernden oder sich entfernenden Objektes aufrechtzuerhalten, ist eine Akkommodation erforderlich. Bei den verschiedenen Wirbeltieren wird dies auf unterschiedliche Art und Weise bewerkstelligt. Die Augen der Knochenfische und der Neunaugen sind auf Nahsehen eingestellt; um entfernter liegende Objekte scharf abzubilden, muss die Linse zurückgezogen (zur Augenmitte hin bewegt) werden. Bei den Amphibien, den Haien und bei Schlangen ist das entspannte Auge auf entfernte Objekte fokussiert, und die Linse wird nach vorn geschoben, um auf nähergelegene Objekte zu fokussieren. Bei den Vögeln, Säugetieren und allen Reptilien mit Ausnahme der Schlangen, akkommodiert die Augenlinse, indem sie ihre Krümmung verändert statt sich vor und zurück zu bewegen. Bei diesen Tieren ist das Auge im Ruhezustand für das Fernsehen eingestellt; um nähergelegene Objekte zu fokussieren, wird die Krümmung der Linse verstärkt, indem diese in eine rundlichere Form gequetscht (oder – bei manchen Tieren – entspannt) wird.

Lichtverhältnisse anzupassen. Das obere Augenlid ist fixiert, das untere ist jedoch zu einer transparenten **Nickhaut** gefaltet, die befähigt ist, sich über die Oberfläche des Auges zu schieben (▶Abbildung 25.24). Frösche und Kröten besitzen im Allgemeinen ein gutes Sehvermögen – eine Eigenschaft, die für Tiere, die sich auf schnelle Fluchtreaktionen verlassen, um ihren zahlreichen Fressfeinden zu entgehen, und die akkurate Bewegungen ausführen müssen, um sich rasch bewegende Beutetiere zu fangen, von ausschlaggebender Bedeutung ist.

Weitere Sinnesrezeptoren umfassen taktile und chemische Rezeptoren in der Haut, die Geschmacksknospen in der Zunge und am Gaumen sowie ein wohlentwickeltes olfaktorisches Epithel, das die Nasenhöhle auskleidet.

Fortpflanzung

Da die Anuren ektotherm sind, fressen, wachsen und vermehren sie sich nur während der warmen Jahreszeiten. Einer der ersten Triebe nach der Dormanz ist die Fortpflanzung. Im Frühjahr rufen die Männchen stimmgewaltig, um Weibchen anzulocken. Wenn ihre Eizellen ausgereift sind, steigen die Weibchen ins Wasser, wo sie von Männchen umklammert werden. Dieser dauerhafte Paarungsgriff wird als Amplexus bezeichnet (▶Abbildung 25.25). Die Eier werden extern befruchtet, nachdem sie den Körper des Weibchens verlassen haben. Wenn das Weibchen die Eier ablegt, entlässt das Männchen sein Sperma über das Gelege, um die Eizellen zu befruchten. Nach der Fertilisation absorbiert die Gallertschicht, welche die Eier umgibt, Wasser und quillt dadurch auf. Die Eier werden in großen Mengen abgelegt und für gewöhnlich an Wasserpflanzen verankert.

Netzhaut. Wie bei den Fischen wird die Akkomodation (die Adjustierung des Brennpunktes für nahegelegene bzw. weiter entfernte Gegenstände) durch eine Bewegung der Linse erreicht. Anders als die Augen der meisten Fische sind die Augen der Amphibien im (entspannten) Ruhezustand auf entfernte Objekte eingestellt (Unendlichfokus). Um ein nähergelegenes Objekt zu fokussieren, wird die Linse nach vorn geschoben.

Eine Netzhaut (**Retina**) enthält sowohl **Stäbchenzellen** als auch **Zapfenzellen**. Letzere ermöglichen dem Frosch das Farbensehen. Die Iris enthält gut entwickelte Zirkular- und Radialmuskeln und vermag rasch die Apertur (Öffnungsweite) der Pupille an sich ändernde

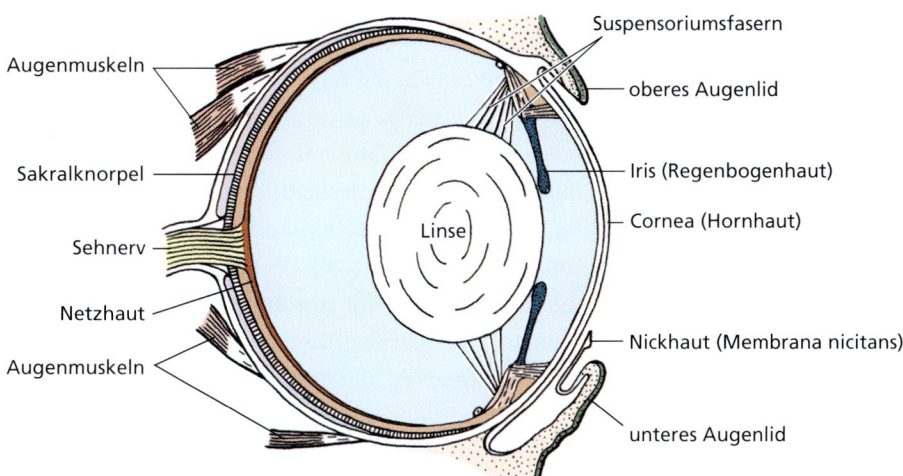

Abbildung 25.24: **Ein Amphibienauge.** Darstellung im Querschnitt.

KLASSIFIZIERUNG

■ Phylum Chordata, Classis Amphibia

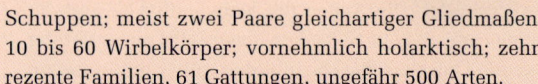

Ordo Gymnophiona (Ordnung der Blindwühlen; gr. *gymnos*, nackt + *ophioneos*, nach Art einer Schlange). (**Apoda**; gr. *a*, nicht/kein/ohne + *podos*, Fuß): **Blindwühlen**. Körper gestreckt; Extremitäten und Extremitätengürtel fehlend; bei einigen mesodermale Schuppen in der Haut; Schwanz kurz oder fehlend; 95 bis 285 Wirbelkörper; pantropisch, fünf Familien, 33 Gattungen, ungefähr 160 Arten.

Ordo Urodela (Ordnung der Schwanzlurche; gr. *oura*, Schwanz + *delos*, hervorstechend). (**Caudata**): **Schwanzlurche**. Körper mit Kopf, Rumpf und Schwanz; keine Schuppen; meist zwei Paare gleichartiger Gliedmaßen; 10 bis 60 Wirbelkörper; vornehmlich holarktisch; zehn rezente Familien, 61 Gattungen, ungefähr 500 Arten.

Ordo Anura (Ordnung der Froschlurche; gr. *an*, ohne/kein + *oura*, Schwanz). (= **Salientia**): **Frösche** und **Kröten**. Kopf und Rumpf verschmolzen; kein Schwanz; keine Schuppen; zwei Gliedmaßenpaare; großes Maul; Lungen; 10 bis 60 Wirbelkörper einschließlich Urostyl (Coccyx); kosmopolitisch, vornehmlich tropisch; 29 Familien; 352 Gattungen; ungefähr 4840 Arten.

Das befruchtete Ei (Zygote) beginnt beinahe unmittelbar mit der Entwicklung (▶ Abbildung 25.26). Durch wiederholte Teilung (Furchung) wandelt sich das Ei in eine Hohlkugel aus Zellen, die Blastula, um. Die Blastula durchläuft die Gastrulation (siehe Kapitel 8) und fährt danach mit der Differenzierung zu einem Embryo mit einer Schwanzanlage fort. Abhängig von der Temperatur, schlüpft nach zwei bis 21 Tagen eine Kaulquappe aus der schützenden Gallerthülle, die das befruchtete Ei umgeben hat.

Zum Zeitpunkt des Schlüpfens besitzt die Kaulquappe einen erkennbaren Kopf und einen Körper mit einem komprimierten Schwanz. Ihr Maul befindet sich an der Ventralseite des Kopfes und besitzt keratinisierte Kiefer zur Abweidung von mikroskopischer Vegetation (Algen) von der Oberfläche harter Gegenstände. Hinter der Mundöffnung befindet sich eine adhäsive Scheibe, mit deren Hilfe sich die Kaulqauppe an größere Gegenstände anheften kann. Vor dem Maul befinden sich zwei tiefe Einsenkungen, aus denen später die Nasenöffnungen werden. Schwellungen zu beiden Seiten des Kopfes entwickeln sich nachfolgend zu äußeren Kiemen. Es gibt drei Paare Außenkiemen, die später zu Innenkiemen werden, die auf beiden Seiten von einem Hautlappen, dem Operkulum, bedeckt werden. Auf der rechten Seite verschmilzt das Operkulum vollständig mit der Körperwandung, auf der linken Seite bleibt jedoch eine kleine Öffnung, das Spirakulum, erhalten (lat. *spiraculum*, Luftloch). Wasser fließt durch das Spirakulum, nachdem es durch das Maul in den Körper gelangt und die inneren Kiemen passiert hat. Während der Metamorphose erscheinen als erstes die Hinterbeine, während die Vorderbeine zeitweilig noch durch Falten des Operkulums verdeckt sind. Der Schwanz wird resorbiert. Das Intestinum verkürzt sich stark. Das Maul durchläuft eine Transformation zum Adultzustand. Die Lungen entwickeln sich, und die Kiemen werden resorbiert (Abbildung 25.26). Der Leopardfrosch absolviert die Metamorphose für gewöhnlich innerhalb von drei Monaten. Bei Ochsenfröschen können zwei bis drei Jahre verstreichen, um den Vorgang abzuschließen.

Die Wanderungen der Anuren sind abhängig von ihren Fortpflanzungsgewohnheiten. Die Männchen kehren für gewöhnlich vor den Weibchen in ihr Laichgewässer zurück, von wo aus sie diese dann mit ihren

Abbildung 25.25: Ein männlicher Karolina-Laubfrosch *(Hyla cinerea)*. Das Tier klammert sich während der Laichzeit in einem Sumpf im amerikanischen Staat Südkarolina an ein größeres Weibchen. Das Festhalten (Amplexus) wird fortgeführt, bis das Weibchen seine Eier abgelegt hat. Wie die meisten anderen Laubfrösche ist auch diese Art befähigt zu raschen und augenfälligen Farbänderungen; das normalerweise (hell-)grüne Männchen hat sich für die Zeit des Amplexus dunkel verfärbt.

Abbildung 25.26: **Lebenszyklus eines Leopardfrosches** *(Rana ripiens)*. Vom befruchteten Ei zum Adultus.

Rufen anlocken. Einige Urodelen besitzen ebenfalls einen ausgeprägten Heimfindeinstinkt, der sie veranlasst, jedes Jahr zur Fortpflanzung zu demselben Laichgewässer zurückzukehren. Dabei werden sie von olfaktorischen Signalen geleitet. Der Auslösereiz für die Laichwanderung ist in vielen Fällen ein jahreszeitlicher Zyklus der Gonaden, verstärkt durch hormonelle Änderungen, die die Empfindlichkeit des Frosches für Schwankungen der Temperatur und der Humidität erhöhen.

ZUSAMMENFASSUNG

Amphibien sind ektotherme, primitiv quadrupedale Vertebraten mit einer drüsigen Haut, die mit Hilfe von Lungen, Kiemen oder der Haut atmen. Sie bilden einen der beiden großen Zweige der Tetrapodenphylogenese – den anderen stellen die Amnioten. Die modernen Amphibien setzen sich aus drei evolutionären Hauptgruppen zusammen. Die Ordnung der Blindwühlen (Gymnophiona) ist eine kleine, tropische Gruppierung extremitätenloser, langgestreckter Formen. Die Ordnung der Schwanzlurche (Urodela) sind beschwänzte Amphibien, die den generalisierten Bauplan ihrer paläozoischen Vorfahren mit vier Gliedmaßen beibehalten haben. Die Ordnung der Froschlurche (Anura) stellt die größte Gruppe der rezenten Amphibien, die sämtlich für eine saltatorische Lokomotion auf dem festen Land spezialisiert sind.

Die meisten Amphibien zeigen einen biphasischen Lebenszyklus, beginnend mit einer aquatischen Larve, die später unter Hervorbringung eines terrestrischen Adultus metamorphiert. Der Adultus kehrt zur Eiablage ins Wasser zurück. Einige Anuren, Urodelen und Gymnophionen haben eine direkte Entwicklung ohne eine aquatische Larvenform evolviert; einige Blindwühlen praktizieren Viviparie. Die Schwanzlurche sind die einzigen Amphibien, die mehrere perennibranchiate Arten evolviert haben, die während des ganzen Lebens eine larvale Morphe beibehalten; die terrestrische Phase ist bei ihnen vollständig eliminiert. Der perennibranchiate Zustand ist bei manchen Arten obligat, andere metamorphieren zu einer terrestrischen Form, falls ihr Gewässer austrocknet.

Obgleich die Amphibien Anpassungen an die aquatische Phase ihres Lebens evolviert haben, verdienen die Adaptionen an die terrestrische Existenz besondere Aufmerksamkeit. Der respiratorische Gasaustausch vollzieht sich bei allen Amphibien über die poröse Haut und wird bei den meisten Amphibien durch Lungen unterstützt. Merkwürdigerweise fehlen bei den am stärksten terrestrischen Urodelen die Lungen, wohingegen einige aquatische Formen Lungen als Hauptatmungsorgane nutzen. Das Leben an Land erforderte eine Verstärkung und Neuausrichtung skelettaler Elemente, insbesondere der Rippen, des Schulter- und des Beckengürtels sowie der Extremitäten. Darüber hinaus ermöglichen abgeleitete Merkmale des auditorischen und des visuellen Systems der Amphibien und assoziierter Hirnbereiche die Sinneswahrnehmung auf dem Land.

Ungeachtet ihrer Anpassungen an eine terrestrische Lebensweise benötigen die Adultformen wie die Eier aller Amphibien kühle und feuchte Umgebungen, wenn nicht gar echte stehende oder fließende Gewässer. Die Eier und die Haut der Adulti besitzen keinen wirksamen Schutz gegen große Kälte, Hitze oder Trockenheit, was die adaptive Radiation der Amphibien stark einengt und auf Umweltbereiche mit gemäßigten Temperaturen und genügend Wasser beschränkt.

ZUSAMMENFASSUNG

Übungsaufgaben

1 Im Vergleich zu aquatischen Lebensräumen bieten terrestrische Habitate für ein Tier, das den Übergang vom Wasser auf das Land vollzieht, sowohl Vor- wie Nachteile. Fassen Sie zusammen wie die Unterschiede zwischen den beiden Milieus die frühe Evolution der Tetrapoden beeinflusst haben.

2 Beschreiben Sie die verschiedenen Arten der Respiration, derer sich die Amphibien bedienen. Welches Paradox stellen die Amphiumen und die terrestrischen Plethodontiden hinsichtlich der Assoziation von Lungen und Landleben dar?

3 Die Evolution der Tetrapodengliedmaßen war einer der bedeutendsten Fortschritte in der Geschichte der Wirbeltiere. Beschreiben Sie die mutmaßliche Ereignisfolge bei ihrer Evolution.

4 Vergleichen Sie den allgemeinen Lebenszyklus eines Salamanders mit dem eines Frosches. Welche der Gruppen zeigt ein höheres Maß an evolutiver Abänderung des ursprünglichen biphasischen Amphibienzyklus?

5 Was bedeutet die Bezeichnung Gymnophiona wörtlich? Welche Tiere sind in dieser Ordnung der Amphibien zusammengefasst, wie sehen sie aus, und wo leben sie?

6 Was bedeuten die Bezeichnungen Urodela und Anura wörtlich? Welche wesentlichen Merkmale unterscheiden diese beiden Ordnungen voneinander?

7 Beschreiben Sie das Fortpflanzungsverhalten eines typischen waldbewohnenden Salamanders.

8 In welcher Weise war die Pädomorphose von Bedeutung für die evolutive Diversifizierung der Schwanzlurche?

9 Beschreiben Sie das Integument eines Frosches. Was ist für die Hautfärbung bei Fröschen verantwortlich?

10 Beschreiben Sie den amphibischen Blutkreislauf.

11 Erläutern Sie, wie das Vorderhirn, das Mittelhirn und die Sinnesmodalitäten, mit denen jeder Hirnbereich befasst ist, sich so entwickelt haben, dass sie den sensorischen Erfordernissen des Landlebens der Amphibien gerecht werden.

12 Beschreiben Sie kurz das Fortpflanzungsverhalten der Frösche. In welcher bedeutsamen Hinsicht unterscheiden sich Frösche und Schwanzlurche bezüglich ihrer Fortpflanzung?

Weiterführende Literatur

Conant, R. und J. Collins (1998): A field guide to reptiles and amphibians: Eastern and Central North America. (Peterson field guide). Houghton-Mifflin; ISBN: 0-3959-7195-0. *Neu aufgelegte Fassung eines populären Bestimmungsbuches; Farbabbildungen und Verbreitungskarten aller Arten.*

Duelman, W. und L. Trueb (1994): Biology of Amphibians. Johns Hopkins University Press; ISBN: 0-8018-4780-X. *Wichtiges, umfassendes Referenzwerk mit Informationen über Amphibien; ausgedehnte Literaturlisten; bebildert.*

Günther, R. (1996): Die Amphibien und Reptilien Deutschlands. Spektrum; ISBN: 3-8274-0863-6.

Haetwole, H. (Hrsg.) (1994/95): Amphibian biology. Surrey Beatty and Sons; Band 1: Integument, ISBN: 0-9493-2454-X; Band 2: Sozialverhalten, ISBN: 0-9493-2460-4. *Zweibändiges Werk, das eine ausgiebige Behandlung des Integuments und des Sozialverhaltens der Amphibien enthält.*

Halliday, T. und K. Adler (Hrsg.): Firefly encyclopedia of reptiles and amphibians. Firefly books (2002); ISBN: 1-5529-7613-0. *Ausgezeichnetes und fachkundiges Referenzwerk mit hochqualitativer Bebilderung.*

Jamieson, B. (Hrsg.): Reproductive Biology and phylogeny of Anura. Volume 2. Science Publishers (2003); ISBN: 1-5780-8288-9. *Bietet eine detailierte Behandlung der Fortpflanzungsbiologie und der frühen evolutiven Diversifizierung der Frösche und Kröten.*

Kardong, K. (2005): Vertebrates: Comparative Anatomy, Function, Evolution. 4. Auflage. McGraw-Hill; ISBN: 0-0712-4457-3. *Ein Lehrbuch der vergleichenden Anatomie der Wirbeltiere für das weiterführende Studium.*

Kelley, D. (2004): Vocal communication in frogs. Current Opinion in Neurobiology 2004, vol. 14: 751–757.

Kiesecker. J. et al. (2001): Complex causes of amphibian declines. Nature, vol. 410: 681–683. *Eine verzwickte Wechselwirkung aus Klimaänderungen, ultravioletter Strahlung und Pilzinfektionen vermag den Rückgang einiger Amphibienpopulationen zu erklären.*

Lewis, S. (1989): Cane toads: an unnatural history. Dolphin/Doubleday; ISBN: 0-3852-6502-6. *Auf der Grundlage eines lustigen und informativen Films gleichen Titels beschreibt dieses Buch die Einschleppung von Aga-Kröten ins australische Queensland und die unerwarteten Folgen, die das explosive Anwachsen der Krötenpopulation dort nach sich zog.*

Narins, P. (1995): Frog communication. Scientific American, vol. 273, no. 8: 78–83. *Frösche setzen diverse Strategien ein, um innerhalb der Kakophonie eines vielstimmigen Froschchores gehört zu werden und selbst zu hören.*

Petranka, J. (1998): Salamanders of the United States and Canada. Smithsonian Institution Press; ISBN: 1-5609-8828-2. *Umfassende Behandlung des Lebens und der Ökologie nordamerikanischer Schwanzlurche.*

Pough, F. et al. (2003): Herpetology. Prentice Hall; ISBN: 0-1310-0849-8. *Ein aktuelles allgemeines Lehrbuch der Herpetologie (Amphibien- und Reptilienkunde).*

Pough, F. et al. (2004): Vertebrate Life. 7. Auflage. Prentice Hall; ISBN: 0-13-145310-6. *Ein fortgeschrittenes Lehrbuch der Wirbeltierbiologie mit einem Schwerpunkt auf der Evolution dieser Tiergruppen.*

Savage, J. (2002): The amphibians and reptiles of Costa Rica. University of Chicago Press; ISBN: 0-2267-3538-9. *Costa Rica beherbergt eine große Vielfalt an Anuren, Blindwühlen und Urodelen. Die Organisation für Tropenstudien bietet Kurse an, die Amphibienfauna dieses Landes zu untersuchen.*

Sever, D. (Hrsg.): Reproductive biology and phylogeny of Urodela (Amphibia). Science Publishers (2003); ISBN: 1-5780-8285-4. *Eine gründliche Übersicht über die Fortpflanzungsbiologie und die evolutiven Verwandtschaftsbeziehungen der Schwanzlurche.*

Shi, Y. (1999): Amphibian Metamorphosis. From Morphology to Molecular Biology. 1. Auflage. Wiley; ISBN: 0-471-24475-9. *Eine Monografie über das faszinierende Phänomen der Metamorphose unter besonderer Berücksichtigung neuerer, physiologisch und molekularbiologisch orientierter Forschungen.*

Stebbins, R. und N. Cohen (1995): A natural history of amphibians. Princeton University Press; ISBN: 0-6910-3281-5. *Weltumspannende Behandlung der Amphibienbiologie mit einer Betonung physiologischer Anpassungen, der Ökologie, der Fortpflanzung und des Verhaltens. Mit einem abschließenden Kapitel zum Rückgang der Amphibien.*

Westheide, W. und R. Rieger (2004): Spezielle Zoologie, Teil 2: Wirbel- oder Schädeltiere. 1. Auflage. Elsevier; ISBN: 3-8274-0900-4. *Gut verständliches, umfassendes Lehrbuch zum vertiefenden Studium der Zoologie.*

Weitere Informationen zu diesem Buchkapitel finden Sie auf der Companion-Website unter
http://www.pearson-studium.de

Der Ursprung der Amnioten und die Reptilien

Phylum Chordata, Classis Reptilia

26

ÜBERBLICK

26.1	**Ursprung und adaptive Radiation der Reptiliengruppen**	829
26.2	**Merkmale, die die Reptilien von den Amphibien unterscheiden**	833
26.3	**Merkmale und Naturgeschichte der Reptilienordnungen**	836
	Zusammenfassung	853
	Übungsaufgaben	854
	Weiterführende Literatur	854

Die Amphibien mit ihren wohlentwickelten Gliedmaßen, den umgebauten Sinnes- und Atmungsorganen und ihren Modifizierungen des postkranialen Skeletts zur Benutzung des Körpers an der Luft, haben eine bemerkenswerte Eroberung des festen Landes zuwege gebracht. Mit ihren schalenlosen Eiern und Larven, die vielfach durch Kiemen atmen, bleibt ihre Individualentwicklung jedoch in gefährlicher Abhängigkeit vom Wasser.

Die Abstammungslinie der Tiere, zu der die Kriechtiere (Reptilien), die Vögel und die Säugetiere gehören, haben evolutiv Eier entwickelt, die an Land abgelegt werden können. Diese schalentragenden Eier haben die frühen Reptilien vielleicht mehr als jede andere Anpassung aus der Bindung an die aquatische Umgebung befreit, indem sie die Entwicklungsprozesse von der Abhängigkeit von aquatischen oder sehr feuchten terrestrischen Umgebungen losgelöst haben. Tatsächlich wurden die „teichbewohnenden" Stadien nicht eliminiert, sondern in eine Serie extraembryonaler Membranen eingeschlossen, die eine vollständige Unterstützung der Embryonalentwicklung vermitteln. Eine dieser Membranen, das Amnion, umschließt einen flüssigkeitsgefüllten Hohlraum – den „Teich" – in dem der sich entwickelnde Embryo schwebt. Ein weiterer Membransack, die Allantois, dient als Atmungsoberfläche und als Kammer für die Einlagerung stickstoffhaltiger Abfälle. Diese Anordnung wird von einer dritten Membran, dem Chorion, umhüllt, durch die Sauerstoff und

Ein schlüpfender Komodowaran *(Voranus komodoensis)*.

Kohlendioxid frei hindurch diffundieren können. Schließlich wird das ganze Gebilde von einer porösen, pergamentartigen oder ledrigen Schale abgeschlossen, die mechanischen Schutz verleiht.

Als die letzten Verbindungsfäden zur aquatischen Fortpflanzung durchschnitten waren, stand der Eroberung des Landes nichts mehr im Wege. Die paläozoischen Tetrapoden, die diese Fortpflanzungsstrategie herausbildeten, waren die Vorfahren einer einzelnen, monophyletischen Gruppierung, der Amnioten, die nach der am weitesten innen liegenden der drei den Embryo umgebenden Membranen, dem Amnion, benannt worden sind. Vor dem Ende des Paläozoikums vor rund 250 Millionen Jahren hatten sich die Amnioten in mehrere Abstammungslinien aufgespalten, aus denen alle unsere heutigen Reptilien, Vögel und Säugetiere hervorgegangen sind.

Zu den Mitgliedern der paraphyletischen Klasse der Kriechtiere (Classis Reptilia; lat. *rapto*, kriechen) zählen die ersten wirklich terrestrischen Wirbeltiere. Mit fast 8000 Arten, die eine Vielzahl aquatischer und terrestrischer Habitate in Beschlag nehmen, ist die Gruppe vielfältig und häufig. Trotzdem leben die Reptilien im Gedächtnis vieler Menschen eher als das weiter, was sie einst waren, statt als das, was sie heute sind. Das Zeitalter der Reptilien, das mehr als 165 Millionen Jahre Erdgeschichte umfasst, sah das Aufkommen einer großen und breit angelegten Radiation reptilischer Abstammungslinien, die sich zu einer verwirrenden Ansammlung landlebender wie wasserbewohnender Formen auswuchs. Darunter waren die pflanzen- und die fleischfressenden Dinosaurier – viele von riesiger Statur und furchteinflößendem Aussehen – die das Leben an Land beherrschten. Durch ein Massensterben am Ende des Mesozoikums vor ca. 65 Millionen Jahren starben viele Abstammungslinien der Kriechtiere aus. Die heutigen Reptilien sind die Nachfahren der Überlebenden dieses Massensterbens am Ende der Kreidezeit. Eine der rezenten Arten, die Brückenechsen (*Sphenodon*) Neuseelands, sind die einzigen Überlebenden einer Gruppe, deren restliche Mitglieder vor 100 Millionen Jahren ausgestorben sind. Andere aber – insbesondere die Eidechsen und die Schlangen – haben sich seit dem Ende des Mesozoikums zu vielfältigen und häufig vorkommenden Gruppen evolviert. Ein Verständnis der 300 Millionen Jahre während Geschichte der Reptilien auf der Erde wird durch weitverbreitete konvergente und parallele Evolution unter den vielen Abstammungslinien sowie durch große Lücken in der Fossilgeschichte erschwert.

Ursprung und adaptive Radiation der Reptiliengruppen 26.1

Wie im Vorspann des Kapitels erwähnt, bilden die Amnioten eine monophyletische Gruppierung, die sich im späten Paläozoikum (545 bis 251 Millionen Jahre vor unserer Zeit) evolutiv herausgebildet hat (letzte Periode des Paläozoikums: das Perm, 296 bis 251 Millionen Jahre vor unserer Zeit). Die meisten Paläontologen stimmen darin überein, dass sich die Amnioten aus einer Gruppe amphibienartiger Tetrapoden, den Anthracosauriern, herleiten. Der Übergang soll sich im frühen Karbon (Karbon, 358 bis 296 Millionen Jahre vor unserer Zeit) vollzogen haben. Bis zur Zeit vor etwa 300 Millionen Jahren im Ober-Karbon hatten sich die Amnioten in drei Gruppen aufgespalten (▶ Abbildung 26.1). Die erste Gruppe, die **Anapsiden** (gr. *an*, ohne + *apsis*, Bogen), sind durch einen Schädel gekennzeichnet, der keine hinter den Augenbechern liegenden Temporalöffnungen aufweist. Der postorbitale Schädel ist durch dermale Knochen vollständig bedeckt (siehe ▶ Abbildung 26.2). Diese Gruppe wird heute allein durch die Schildkröten vertreten. Die verwandtschaftliche Beziehung der Schildkröten zu den anderen Amnioten ist jedoch umstritten. Obgleich einige Fachleute den anapsiden Schildkrötenschädel für sekundär abgeleitet halten und die Schildkröten in die Diapsidenlinie eingliedern, beschränken wir uns hier auf die tradierte Sichtweise, die davon ausgeht, dass die Schildkröten keine Diapsiden sind (Abbildung 26.2). Die Morphologie der Schildkröten ist eine merkwürdige Mischung ursprünglicher und abgeleiteter Merkmale, die sich kaum verändert hat, seit sie vor 200 Millionen Jahren am Ende der Trias erstmal in der Fossilgeschichte in Erscheinung traten.

Die zweite Gruppe, die **Diapsiden** (gr. *di*, zwei, doppelt + *apsis*, Bogen) umfasst alle anderen Reptilgruppen sowie die Vögel (Abbildung 26.1). Der Diapsidenschädel ist durch zwei Temporalöffnungen gekennzeichnet: ein Paar tief an den Wangen sitzende und ein Paar über dem ersten Paar angeordneter, die durch einen knochigen Bogen von ersteren separiert sind (Abbildung 26.2). Vier Untergruppen der Diapsiden traten in Erscheinung. Zu den **Lepidosauriern** gehören alle modernen Reptilien mit Ausnahme der Schildkröten und der Krokodile. Zu den **Archosauriern** gehören die Dinosaurier und ihre Verwandten sowie die rezenten Krokodile und die Vögel. Eine kleine, dritte Untergruppe, die **Sauropterygier**, umfasst mehrere ausgestorbene aquatische Gruppen, unter denen die großen, langhalsigen Pesiosaurier die Augenfälligsten waren. Die **Ichthyosaurier**, die durch ausgestorbene aquatische, delfinähnliche Formen vertreten sind (Abbildung 26.1), bilden die vierte Untergruppe.

Die dritte Gruppierung sind die **Synapsiden** (gr. *syn*, zusammen + *apsis*, Bogen). Hierzu gehören die Säugetiere und ausgestorbene Formen, die traditionsgemäß als säugetierähnliche Reptilien bezeichnet werden. Der Synapsidenschädel weist ein einzelnes Paar von Temporalöffnungen auf, die im unteren Wangenbereich angeordnet sind und von einem knochigen Bogen begrenzt werden (Abbildung 26.2). Die Synapsiden waren die

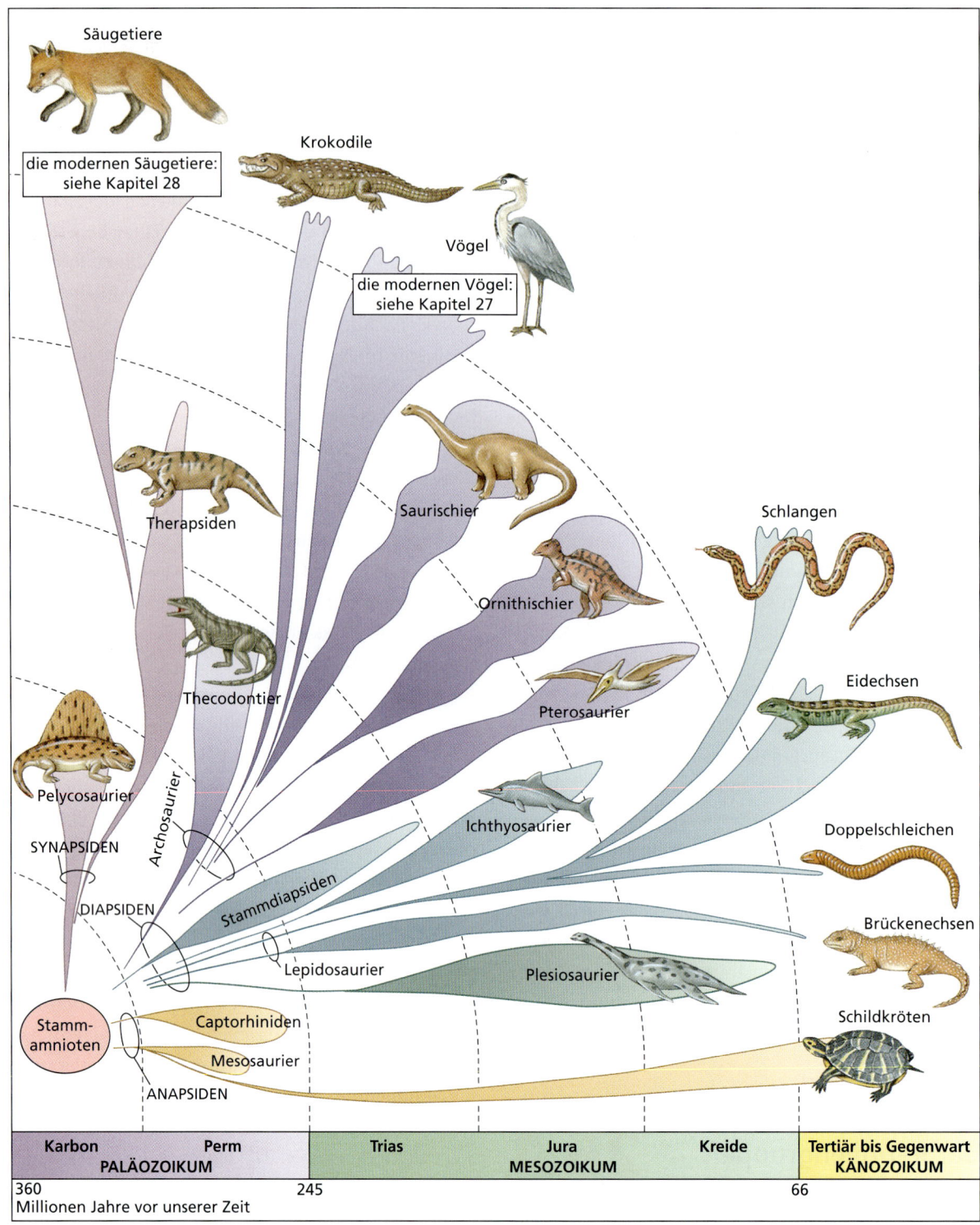

Abbildung 26.1: Die Evolution der Amnioten. Der evolutive Ursprung der Amnioten erfolgte durch die Evolution des Amnioteneies, das die Fortpflanzung an Land ermöglichte. Es ist gut möglich, dass sich dieser Eityp herausgebildet hatte, bevor die frühesten Amnioten weit auf das feste Land vordrangen. Die Amniotengruppe, zu der die Reptilien, die Vögel und die Säugetiere gehören, haben sich aus einer Abstammungslinie kleiner, eidechsenartiger Tiere evolviert, die den anapsiden Schädelbau der frühen Tetrapoden beibehalten hatten. Als erste hat sich von diesem ursprünglichen Bestand die Linie mit dem synapsiden Schädelbau abgesetzt. Alle übrigen Amnioten, zu denen die Vögel und alle rezenten Reptilien mit Ausnahme der Schildkröten gehören, weisen einen als diapsid bezeichneten Schädelaufbau auf. Die Schildkröten zeigen weiterhin den primitiven anapsiden Schädelbau. Die große mesozoische Radiation der Reptilien kann sich teilweise aus einer vergrößerten Vielfalt ökologischer Habitate ergeben haben, die den Amnioten zur Eroberung und Nutzung zur Verfügung gestanden haben.

26.1 Ursprung und adaptive Radiation der Reptiliengruppen

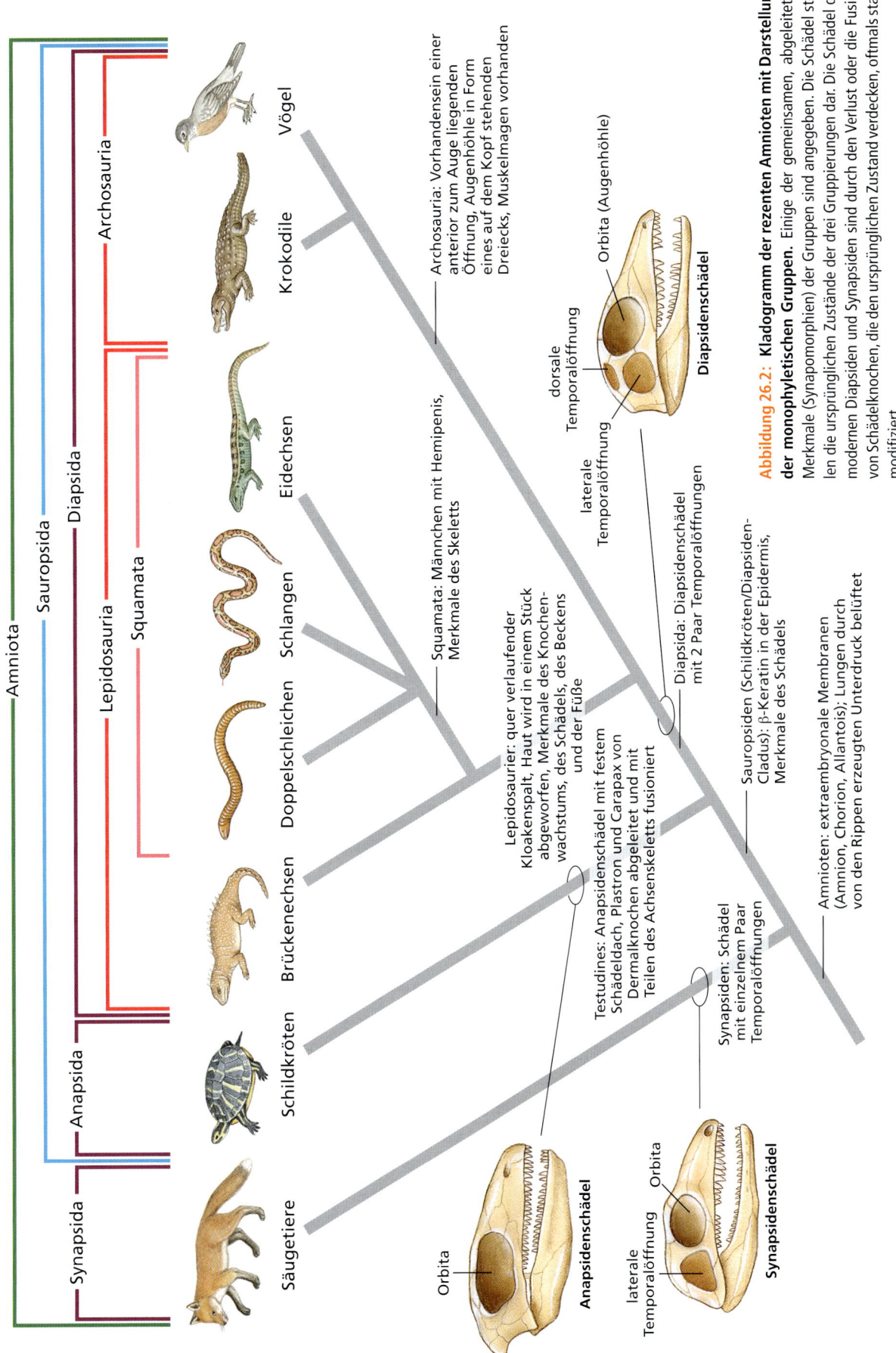

Abbildung 26.2: Kladogramm der rezenten Amnioten mit Darstellung der monophyletischen Gruppen. Einige der gemeinsamen, abgeleiteten Merkmale (Synapomorphien) der Gruppen sind angegeben. Die Schädel stellen die ursprünglichen Zustände der drei Gruppierungen dar. Die Schädel der modernen Diapsiden und Synapsiden sind durch den Verlust oder die Fusion von Schädelknochen, die den ursprünglichen Zustand verdecken, oftmals stark modifiziert.

26 Der Ursprung der Amnioten und die Reptilien

STELLUNG IM TIERREICH

■ Phylum Cordata, Classis Reptilia

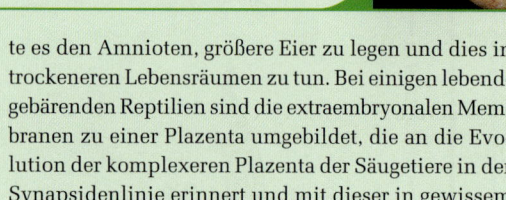

Die modernen Gruppen der Kriechtiere umfassen zwei von drei Abstammungslinien der amniotischen Wirbeltiere, die am Ende des Paläozoikums aus amphibienartigen Tetrapoden hervorgingen. Zu den Reptilien zählen traditionsgemäß anapside Amnioten, die durch die Schildkröten repräsentiert werden, und diapside Amnioten, die durch die Eidechsen, Schlangen, Krokodile und Brückenechsen vertreten werden. Sie sind die Überlebenden einer enormen Radiation mesozoischer Amnioten, zu der die Dinosaurier gehört haben, und von denen die meisten am Ende des Mesozoikums ausstarben. Nach der traditionellen Definition der Reptilien ist die Klasse der Kriechtiere paraphyletisch, weil sie die Vögel ausschließt, die Abkömmlinge des gemeinsamen Vorfahren der Diapsidenlinie sind. Aus einer dritten Abstammungslinie der Amnioten, den Synapsiden, sind die Säugetiere hervorgegangen.

Biologische Merkmale

1. Das **schalentragende amniotische Ei**, das sich mit den frühesten paläozoischen Amnioten evolviert hat, ist mit extraembryonalen Membranen ausgestattet, die ein vollständiges lebenserhaltendes System für den eingeschlossenen Embryo bilden. Diese Innovation erlaubte es den Amnioten, größere Eier zu legen und dies in trockeneren Lebensräumen zu tun. Bei einigen lebendgebärenden Reptilien sind die extraembryonalen Membranen zu einer Plazenta umgebildet, die an die Evolution der komplexeren Plazenta der Säugetiere in der Synapsidenlinie erinnert und mit dieser in gewissem Maße parallel verläuft.
2. Eine **widerstandsfähige, trockene, stark keratinisierte Haut**, die Schutz gegen Austrocknung und Verletzung bietet. Die Schuppen der Reptilien und die Federn der Vögel entstehen als epidermale Erhebungen, die einer nährenden Dermalschicht aufliegen.
3. Größere und kräftigere Kiefermuskeln erlauben einen **kraftvollen Kieferschluss**. Temporalöffnungen im Diapsidenschädel bieten Raum für die Ausbildung temporärer Muskulatur.
4. **Intrakorporale Befruchtung**, bei der das Sperma mittels eines Kopulationsorgans unmittelbar in den Fortpflanzungstrakt des Weibchens überführt wird.
5. Effektive **Anpassungen zur Wassereinsparung** in Form metanephrischer Nieren, die stickstoffhaltige Abfallprodukte in Form von Harnsäure (Diapsiden und Wüstenschildkröten) oder Harnstoff (die meisten Schildkröten) ausscheiden. Solche Anpassungen haben es den Reptilien (und Vögeln) erlaubt, viele terrestrische Lebensräume zu besiedeln.

erste Amniotengruppe, die sich diversifiziert hat. Aus ihr gingen die Pelykosaurier und später die Therapsiden sowie schließlich die Säugetiere hervor (Abbildung 26.1).

26.1.1 Änderungen der traditionellen Klassifizierung der Reptiliengruppen

Mit der Zunahme der Verwendung einer kladistischen Methodologie in der Zoologie und deren Beharren auf einer hierarchischen Anordnung monophyletischer Gruppierungen (siehe Kapitel 10) haben sich bedeutende Unterschiede bezüglich der traditionellen Klassifizierung der Reptilien ergeben. Die Klasse der Kriechtiere (Classis Reptilia) wird von den Kladisten nicht länger als valides Taxon anerkannt, weil es nicht monophyletisch ist. Nach der gebräuchlichen Definition schließt die Klasse der Kriechtiere die Vögel aus, die Abkömmlinge des jüngsten gemeinsamen Vorfahren aller Reptilien sind. Daraus folgt, dass die Reptilien eine paraphyletische Gruppierung sind, weil in ihr nicht alle Nachfahren des jüngsten gemeinsamen Vorfahren enthalten sind. Den Reptilien und Vögeln sind mehrere abgeleitete Merkmale gemeinsam; dies schließt mehrere Schädelmerkmale und eine größtenteils drüsenlose Haut mit einer speziellen Sorte verhärteten Keratins (β-Keratin) ein, durch die sie zu einer monophyletischen Gruppierung vereinigt werden (Abbildung 26.2). Obgleich wir anerkennen, dass die Reptilien nach der althergebrachten Verwendung des Begriffes keine monophyletische Einheit bilden, können wir den Begriff nützlichkeitshalber verwenden, um alle Amnioten damit zu kennzeichnen, die β-Keratin in ihrer Epidermis aufweisen und keine Vögel (die monophyletisch sind) sind. Wir verwenden daher die Bezeichnung „Reptil" für die rezenten Schildkröten, Schlangen, Eidechsen, Amphisbäniden, Brückenechsen und Krokodile sowie für eine Reihe ausgestorbener Gruppierungen wie die Plesiosaurier, die Ichthyosaurier, die Pterosaurier und die Dinosaurier.

Die Krokodile und die Vögel sind Geschwistergruppen; sie haben sich später von einem gemeinsamen

Vorläufer abgespalten als jeder der beiden Gruppen von anderen Abstammungslinien rezenter Reptilien. Vögel und Krokodile gehören mit anderen Worten einer von den restlichen Reptilien abgesetzten monophyletischen Gruppierung an, die nach den Regeln der Kladistik einen eigenen, von den anderen Reptilien gesonderten Kladus innehaben sollte. Dieser Kladus existiert bereits: Es sind die oben erwähnten Archosaurier (Abbildungen 26.1 und 26.2). Zu dieser Gruppe gehören auch die ausgestorbenen Dinosaurier. Nach Meinung der Kladisten sollten daher die Vögel als Reptilien klassifiziert werden. Die Archosaurier bilden im Verbund mit ihrer Schwestergruppe, den Lepidosauriern (Brückenechsen, Eidechsen, Schlangen und Amphisbäniden) eine monophyletische Gruppe, die von den Kladisten Reptilia genannt wird. Der Begriff „Reptilia" wird hiermit im Gegensatz zur althergebrachten Verwendung als die Vögel miteinschließend umdefiniert. Evolutionäre Taxonomen weisen jedoch darauf hin, dass die Vögel einen neuen adaptiven Bereich und eine neue Organisationsstufe darstellen, wohingegen die Krokodile fest in der tradierten Anpassungs- und auf der Organisationsstufe der Reptilien verharren. Nach dieser Sichtweise wird die morphologische wie die ökologische Neuartigkeit der Vögel durch die Beibehaltung der überkommenen Klassifizierung, welche die Krokodile der Klasse der Kriechtiere zuordnet und den Vögeln eine eigene Klasse (Aves) zuweist, deutlich gemacht. Derartige Konflikte zwischen den Vertretern zweier prominenter Schulen der Taxonomie (Kladistik und evolutionäre Taxonomie) haben den wohltuenden Effekt, dass sie die Zoologen dazu zwingen, ihre Sicht der Genealogie der Amnioten und der Art und Weise, wie Wirbeltiere klassifiziert werden, um die Genealogien und die Grade der Divergenz darzustellen, zu überdenken. In unserer nachfolgenden Behandlung des Themas beziehen sich die Begrifflichkeiten „Reptil", „Reptilgruppe" und „reptilisch" auf die Angehörigen der vier rezenten monophyletischen Gruppen (Schildkröten, Krokodile, Squamaten und Brückenechsen), die in der paraphyletischen Klasse der Kriechtiere (Classis Reptilia) zusammengefasst sind.

Merkmale, die die Reptilien von den Amphibien unterscheiden 26.2

1 **Reptilien besitzen eine widerstandsfähige, trockene, schuppige Haut, die Schutz gegen Austrocknung und physikalische Verletzung bietet.** Die Haut besteht aus einer dünnen Epidermis und einer viel dickeren, wohlentwickelten Dermis (▶ Abbildung 26.3). Die Dermis ist mit **Chromatophoren** versehen. Diese farbstoffhaltigen Zellen verleihen vielen Eidechsen und Schlangen ihre Färbungen. Diese Schicht wird zum

MERKMALE
■ **Classis Reptilia**

1. Körper verschiedengestaltig, bei einigen kompakt, bei anderen gestreckt; **Körper ist mit keratinisierten Epidermalschuppen bedeckt**, manchmal zusätzliche knochige Dermalplatten; **Integument mit wenigen Drüsen**.
2. **Zwei paarige Gliedmaßen, für gewöhnlich mit jeweils fünf Zehen**, adaptiert für Klettern, Rennen oder Paddeln; bei den Schlangen, einigen Eidechsen und Amphisbäniden Gliedmaßen verkümmert oder fehlend.
3. Skelett stark ossifiziert; Rippen mit Sternum (Sternum fehlt bei den Schlangen) unter Ausbildung eines vollständigen Brustkorbs; **Schädel mit einer Okzipitalkondyle**.
4. Atmung über Lungen; **keine Kiemen**; Kloake, Pharynx oder Haut von einigen zur Atmung eingesetzt.
5. Kreislaufsystem funktionell in einen **pulmonaren und einen systemischen Kreislauf** unterteilt; Herz im Regelfall bestehend aus einem Sinus venosus, einen vollständig in zwei Kammern untergliederten Atrium und einem unvollständig in drei Kammern untergliederten Ventrikel; Krokodile mit Sinus venosus, zwei Atrien und zwei Ventrikeln.
6. Ektotherm; viele regulieren die Körpertemperatur durch ihr Verhalten.
7. **Metanephrische Nieren (paarig); Harnsäure als Hauptstickstoffausscheidungsprodukt.**
8. Nervensystem mit optischen Loben auf der Dorsalseite des Gehirns; **zwölf Paare Hirnnerven** zusätzlich zum Nervus terminalis; vergrößertes Cerebrum.
9. Geschlechter getrennt; **intrakorporale Befruchtung**.
10. **Eier von einer kalkigen oder ledrigen Schale bedeckt; extraembryonale Membranen (Amnion, Chorion und Allantois)** während der Embryonalphase vorhanden; **keine aquatischen Larvenstadien**.

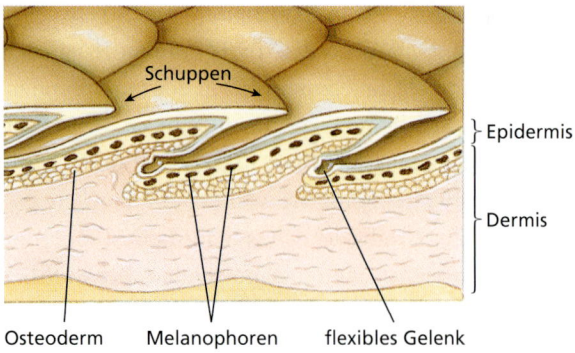

Abbildung 26.3: Schnitt durch die Haut eines Reptils. Die überlappenden, keratinisierten Schuppen in der Epidermis und die knochigen Osteodermen in der Dermis sind erkennbar.

Leidwesen ihrer Besitzer zu Krokodil- und Schlangenleder verarbeitet, die für teure Brieftaschen und Schuhe im höchsten Maß geschätzt werden. Hydrophobe Lipide verleihen der Epidermis Schutz gegen Austrocknung. Die Epidermis enthält außerdem eine besonders harte Isoform des Keratins, das β-Keratin, das nur die Reptilien besitzen. Die charakteristischen **Schuppen** der Reptilien, die größtenteils aus β-Keratin bestehen, verleihen eine Schutzwirkung gegen Abnutzung in der terrestrischen Umwelt. Sie leiten sich zum größten Teil von der Epidermis ab und sind somit den Schuppen der Fische nicht homolog, die knochige, dermale Bildungen sind (siehe Abbildung 24.17). Bei einigen Reptilien, wie den Alligatoren, bleiben die Schuppen lebenslang erhalten. Sie wachsen langsam nach, um den Verlust durch Abnutzung auszugleichen. Bei anderen, wie den Schlangen und Eidechsen, wachsen unterhalb der alten Schuppen neue nach, die dann intervallweise abgeworfen werden. Schildkröten lagern neue Keratinschichten auf den Unterseiten ihrer Schildplatten ab. Die Schildplatten des Bauch- und Rückenpanzers sind modifizierte Schuppen. Bei Schlangen wird die alte Haut (Epidermis und Schuppen) von innen nach außen gekehrt, wenn sie abgeworfen wird. Bei Eidechsen platzt die alte Haut auf und das Tier steigt praktisch aus ihr heraus, so dass die abgeworfene Haut großteils intakt bleibt und Außen- und Innenseite erhalten bleiben. Sie kann sich, je nach Art, auch stückweise abschilfern. Krokodile und viele Eidechsen besitzen Knochenplatten, die **Osteoderme** (lat. *os*, Knochen + gr. *derma*, Haut) heißen (Abbildung 26.3), und die unterhalb der keratinisierten Schuppen in der Dermis liegen.

2 **Das amniotische Ei der Reptilien erlaubt die rasche Entwicklung großer Jungtiere in verhältnismäßig trockenen Umgebungen.** Die Membranen, die das anamniotische Ei der Amphibien umgeben, reichen nicht aus, um den Gasaustausch eines großen, rasch wachsenden Embryos sicherzustellen. Zwei Membranen der Amnioten, das Chorion und die Allantois (▶ Abbildung 26.4), sind beim Austausch von Sauerstoff und Kohlendioxid mit der Umgebung behilflich und erlauben auf diese Weise die Entwicklung großer Jungtiere. Der hohe Energiebedarf dieser Jungen wird durch den großen, extraembryonalen Dottersack sichergestellt. Das Amnion und die fibröse oder kalkige Schale versorgen den wachsenden Embryo und reduzieren die Menge des an die Umwelt verlorenen Wassers. Obwohl das Reptilienei immer noch bei relativ hoher Feuchtigkeit gehalten werden muss, um ein Austrocknen zu verhindern, kann es doch an deutlich trockeneren Plätzen abgelegt werden als selbst das „terrestrischste" Amphibienei. Bei vielen Reptilien vollzieht sich die Eientwicklung im Fortpflanzungstrakt des weiblichen Tieres, was ein noch höheres Maß an Schutz vor Fressfeinden und Austrocknung verleiht. Weiterhin ist die Möglichkeit gegeben, dass das Muttertier die Nährstoffversorgung der Embryonen sowie andere physiologische Leistungen übernimmt.

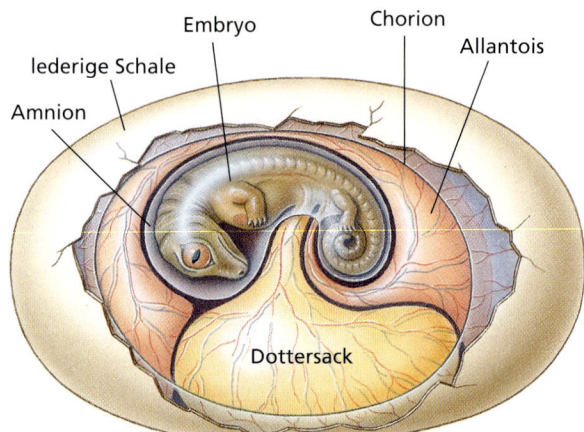

Abbildung 26.4: Das Amnionei. Der Embryo entwickelt sich innerhalb des Amnions und wird von der Amnionflüssigkeit abgefedert und versorgt. Nahrung liegt in Form des Dotters im Dottersack vor. Stoffwechselendprodukte werden in der Allantois eingelagert. Mit fortschreitender Entwicklung fusioniert die Allantois mit dem Chorion, einer Membran, die der inneren Oberfläche des Eies anliegt. Beide Membranen sind von Blutgefäßen durchzogen, die beim Gasaustausch von Sauerstoff und Kohlendioxid über die poröse Eischale behilflich sind. Da dieser Eityp ein in sich geschlossenes System darstellt, wird er häufig als kleidonisches Ei bezeichnet (gr. *kleidoun*, einschließen).

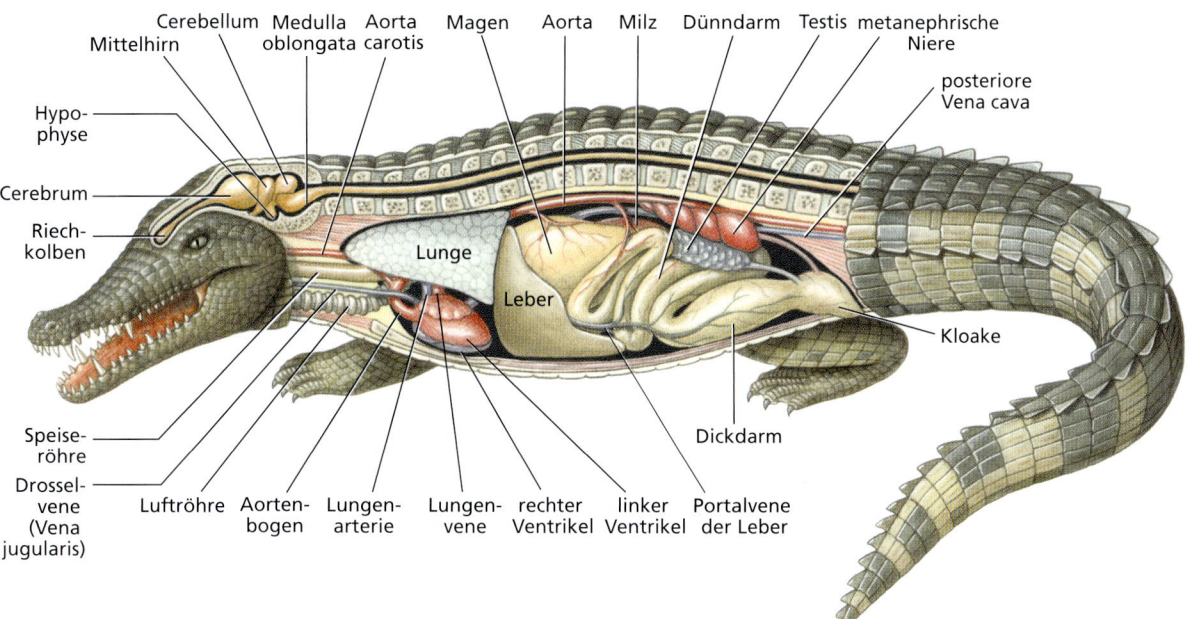

Abbildung 26.5: Die Organe eines Reptils. Anatomische Verhältnisse im Inneren eines männlichen Krokodils.

3 **Reptilienkiefer sind in effizienter Weise dafür ausgelegt, Beutetiere zu ergreifen oder zu zermalmen.** Die Kiefer von Fischen und Amphibien sind für ein schnelles Schließen ausgelegt. Ist ein Beutetier einmal gepackt, kann aber nur eine geringe statische Kraft ausgeübt werden. Bei den Reptilien hat sich die Kiefermuskulatur vergrößert, verlängert und für eine verbesserte mechanische Wirkung umgeordnet.

4 **Reptilien besitzen verschiedene Formen von Kopulationsorganen, das eine intrakorporale Befruchtung ermöglicht.** Die intrakorporale Fertilisation ist eine offenkundige Voraussetzung für schalentragende Eier, weil ein Spermium die Eizelle erreichen muss, bevor diese von der Schale verschlossen wird. Sperma aus den paarigen Hoden wird über die Vasa deferentia zum Kopulationsorgan transportiert, das ein Penis oder ein Hemipenis ist. Ein Hemipenis ist eine Ausstülpung der Kloakenwand. Das weibliche System besteht aus paarigen Ovarien und Eileitern. Die drüsigen Wände der Ovidukte sezernieren Albumin (Quelle für Aminosäuren, Mineralien und Wasser für den Embryo) und die Schalen für große Eier.

5 **Reptilien verfügen über ein effizientes und flexibles Kreislaufsystem und einen höheren Blutdruck als Amphibien.** Bei allen Reptilien ist das rechte Atrium (Vorhof), in welches das an Sauerstoff verarmte Blut aus dem Körper zurückströmt, vollständig vom linken Vorhof getrennt, in den das mit Sauerstoff angereicherte Blut aus den Lungen einfließt. Krokodile besitzen außerdem zwei vollständig voneinander getrennte Ventrikel (Herzkammern; ▶ Abbildung 26.5). Bei den anderen Reptilien sind die Ventrikel unvollständig in multiple Kammern unterteilt. Selbst bei Reptilien mit unvollständiger Trennung der Ventrikel verhindert eine spezielle Strömungsmechanik des Blutes durch das Herz eine Vermischung des pulmonaren (sauerstoffreichen) und des systemischen (sauerstoffarmen) Blutes. Sämtliche Reptilien verfügen also über zwei funktionell getrennte Kreisläufe. Diese unvollständige Trennung zwischen der rechten und der linken Herzseite hat den weiteren Vorteil, dass der Blutstrom so die Lungen (den Lungenkreislauf) umgehen kann, wenn die Lungenatmung nicht abläuft (zum Beispiel beim Tauchen oder während der Ästivation (= sommerliche Diapause)).

6 **Reptilien besitzen Lungen, die besser entwickelt sind als die der Amphibien.** Reptilien sind für den Gasaustausch praktisch ausschließlich von ihren Lungen abhängig. Bei einigen Wasserschildkröten wird dies durch Respiration über Kloaken- oder Schlundmembranen unterstützt. Anders als die Amphibien, die Luft mit Hilfe der Mundmuskulatur in ihre Lungen hineindrücken, saugt ein Reptil Luft in die Lungen, indem es seine Thoraxhöhle erweitert, entweder durch Expansion des Rippenkorbes (Schlangen und Eidechsen) oder durch eine Bewegung der inneren Organe (Schildkröten und Krokodile). Reptilien besitzen kein muskulöses Diaphragma; diese anatomische Bildung findet sich nur bei Säugetieren. Die für die Amphibien so wichtige Hautatmung (kutane Respiration) ist von den Reptilien praktisch völlig aufgegeben worden, obgleich sie bei den Seeschlangen (Subfamilia Hydrophiinae) und einigen Schildkröten weiterhin von Bedeutung ist.

7 **Reptilien haben leistungsfähige Strategien für die Einsparung von Wasser evolviert.** Alle Amnioten besitzen metanephrische Nieren, die über ihren eigenen ableitenden Gang, den Harnleiter (Ureter), entleert werden. Dem Nephron des reptilischen Metanephros fehlt jedoch der spezielle Mittelabschnitt, die Henleschleife (siehe Kapitel 30), der die Niere in die Lage versetzt, gelöste Stoffe im Harn anzureichern. Viele Reptilien besitzen Salzdrüsen in der Nähe der Nase oder der Augen (bei Salzwasserkrokodilen in der Zunge), die eine salzige Flüssigkeit abscheiden, die gegenüber den Körperflüssigkeiten stark hyperton ist. Überschüssiger Stickstoff wird in Form von Harnsäure anstelle von Harnstoff oder Ammoniak ausgeschieden. Harnsäure besitzt in Wasser eine geringe Löslichkeit und fällt daher leicht aus. Dies dient der Konservierung des Körperwassers. Der Harn ist bei vielen Reptilien eine halbfeste Paste.

8 **Alle Reptilien mit Ausnahme der beinlosen Formen verfügen über ein besseres Stützsystem als die Amphibien und über Gliedmaßen mit höherem Wirkungsgrad für die Fortbewegung an Land.** Trotzdem schreiten die meisten Reptilien mit gespreizten Hinterbeinen, den Bauch dicht am Untergrund. Die meisten Dinosaurier (und einige moderne Eidechsen) hingegen schritten mit durchgestreckten Beinen, die unter dem Körper standen. Dies ist die beste Anordnung für schnelle Bewegungen und die Abstützung des Körpergewichtes. Viele Dinosaurier gingen allein mit ihren kraftvoll ausgebildeten Hinterbeinen (bipedale Lokomotion).

9 **Die Nervensysteme von Reptilien sind in beträchtlichem Maße komplexer als die von Amphibien.** Obwohl das Gehirn eines Reptils klein ist, ist das Kleinhirn (Cerebrum) im Verhältnis zum restlichen Gehirn groß. Die Verbindungen der Peripherie mit dem Zentralnervensystem sind fortschrittlicher und erlauben komplexere Verhaltensmuster, die bei Amphibien unbekannt sind. Mit Ausnahme des Gehörs sind die Sinnesorgane für gewöhnlich gut entwickelt. Das Jacobson'sche Organ – eine spezielle olfaktorische Kammer, die bei vielen Tetrapoden ausgebildet ist – ist bei Eidechsen und Schlangen sehr hoch entwickelt. Bei einigen Reptilien können Gerüche mittels der Zunge an das Jacobson'sche Organ weitergetragen werden.

Merkmale und Naturgeschichte der Reptilienordnungen 26.3

26.3.1 Anapside Reptilien: Subclassis Anapsida

Ordo Testudines (Chelonia): Schildkröten

Die Schildkröten leiten sich von einer der frühesten Anapsidenlinien ab; vermutlich von einer als Prokolophoniden bezeichneten Gruppe des späten Perms (Ober-Perm, 260,5 bis 251 Millionen Jahre vor unserer Zeit). Die Schildkröten selbst tauchen in der fossilen Überlieferung nicht vor der Ober-Trias (231 bis 200 Millionen Jahre vor unserer Zeit) vor ungefähr 200 Millionen Jahren auf. Vom Zeitalter der Trias sind die Schildkröten mit nur sehr wenigen Änderungen ihrer Frühformen bis heute erhalten geblieben. Sie sind in einen Panzer eingeschlossen, der aus einem dorsalen **Carapax** (sp. *carapacho*, Bedeckung) und einem ventralen **Plastron** (Brustpanzer) besteht. Die Panzerung setzt sich aus zwei Schichten zusammen: einer äußeren, verhornten Schicht aus Keratin, und einer inneren Schicht aus Knochen. Neue Keratinlagen werden unterhalb der aufliegenden älteren abgelagert, wenn die Schildkröte wächst und älter wird. Die knochige Schicht besteht aus miteinander fusionierten Rippen, Wirbeln und vielen ossifizierten Dermalelementen (▶ Abbildung 26.6). Einzigartig unter den Vertebraten ist, dass die Gliedmaßen und die Gliedmaßengürtel (Schulter- und Beckengürtel) innerhalb der Rippen angeordnet sind! Die Kiefer der zahnlosen Schildkröten sind mit zähen, verhornten Keratinplatten für das Schnappen von Nahrung ausgestattet (▶ Abbildung 26.7).

So unbeholfen und unwahrscheinlich, wie sie in ihren Schutzpanzern erscheinen, sind die Schildkröten trotzdem eine vielgestaltige und ökologisch vielfältige Gruppe, die in der Lage zu sein scheint, sich mit der Anwesenheit des dominierenden Menschen zu arrangieren.

Eine Konsequenz des Lebens in einem starren Panzer mit verschmolzenen Rippen besteht darin, dass eine Schildkröte ihren Brustkorb nicht ausdehnen kann, um zu atmen. Die Schildkröten haben dieses Problem durch die Beteiligung gewisser Abdominal- und Pektoralmuskeln (Bauch- und Brustmuskeln) als „Diaphragma"

26.3 Merkmale und Naturgeschichte der Reptilienordnungen

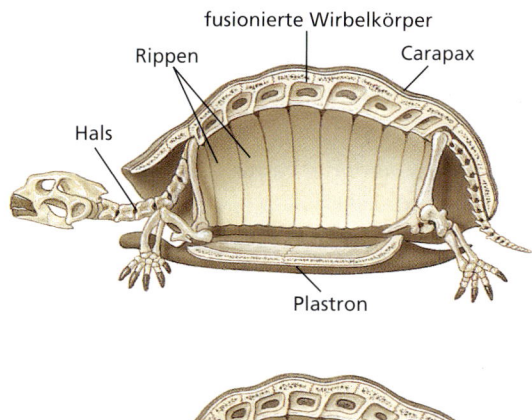

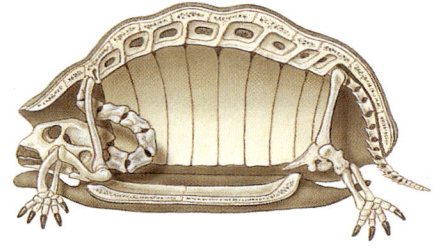

Abbildung 26.6: **Skelett und Panzer einer Schildkröte.** Dargestellt ist die Fusion von Wirbelkörpern und Rippen mit dem Carapax. Der lange und biegsame Hals erlaubt es der Schildkröte, ihren Kopf zum Schutz vollständig in den Panzer einzuziehen.

Abbildung 26.7: **Eine Alligatorschnappschildkröte** *(Chelydra serpentina).* Erkennbar ist das Fehlen von Zähnen. Stattdessen sind die Kieferkanten mit keratinisierten Platten bedeckt.

Abbildung 26.8: **Galapagosschildkröten** *(Geochelone elephantopus)* **bei der Paarung.** Das Männchen besitzt ein konkaves Plastron, das wie ein Abdruck auf den stark konvexen Carapax des Weibchens passt. Dies verleiht mechanische Stabilität während der Paarung. Während der Paarung lassen die Männchen brüllende Laute vernehmen. Es ist die einzige bekannte Gelegenheit, bei der die Tiere Lautäußerungen von sich geben.

gelöst. Luft wird eingesaugt, indem das Volumen der Abdominalhöhle durch Kontraktion von Muskeln, welche die Gliedmaßen flankieren, vergrößert wird. Die Ausatmung geschieht ebenfalls aktiv und wird bewerkstelligt, indem der Schultergürtel in den Panzer zurückgezogen wird. Hierdurch werden die Eingeweide komprimiert und die Luft aus den Lungen gedrückt. Die Atemtätigkeit ist an der blasebalgartigen Bewegung der „Extremitätentaschen" (Hautfalten zwischen den Extremitäten und dem starren Panzer) der Schildkröte ablesbar. Bewegungen der Gliedmaßen während der Ortsveränderung sind ebenfalls beim Luftaustausch der Lunge unterstützend behilflich. Viele Wasserschildkröten erlangen eine ausreichende Menge Sauerstoff, indem sie Wasser durch ihre gut durchblutete Mundhöhle oder die Kloake spülen; diese Tätigkeit versetzt sie in die Lage, für lange Zeit untergetaucht zu bleiben, solange sie dabei inaktiv sind. Wenn sie aktiv werden, müssen sie öfter auf die Lungenatmung zurückgreifen.

Das Gehirn einer Schildkröte ist, wie das anderer Reptilien, so klein, dass es nie mehr als ein Prozent der Körpermasse ausmacht. Das Cerebrum ist jedoch im Verhältnis größer als das der Amphibien. Schildkröten sind in der Lage, den Weg durch ein Labyrinth ebenso rasch zu lernen wie eine Ratte. Schildkröten besitzen sowohl ein Mittel- wie ein Innenohr, doch ist die Geräuschwahrnehmung schlecht entwickelt. Es überrascht daher nicht, dass Schildkröten beinahe stumm sind, obgleich viele von ihnen in der Paarungszeit grunzende oder brüllende Laute von sich geben (▶ Abbildung 26.8). Als Kompensation des schlechten Gehörs ist der Geruchssinn gut ausgebildet. Das Sehvermögen ist gut, und die Farbwahrnehmung ist offensichtlich so gut wie die des Menschen.

Schildkröten sind ovipar. Die Befruchtung erfolgt intrakorporal, und alle Schildkröten – auch die Meeresschildkröten – vergraben ihre schalentragenden, amniotischen Eier im Untergrund. Für gewöhnlich verwenden sie große Sorgfalt auf die Anlage des Nestes, sind die Eier aber einmal abgelegt und zugedeckt, lässt das Weibchen

Abbildung 26.9: **Eine Suppenschildkröte *(Chelonia mydas)*.** Suppenschildkröten sind Herbivoren, die sich von Meergras und Algen ernähren. Meeresschildkröten schwimmen weiträumig im Ozean umher und kehren nur zur Eiablage auf das Land zurück. Meeresschildkröten kommen in allen tropischen Meeren vor.

sie ohne Aufsicht zurück. Ein seltsamer Umstand der Fortpflanzung der Schildkröten besteht darin, dass bei einigen Schildkrötenfamilien die Geschlechtsfestlegung der ausbrütenden Jungen wie bei allen Krokodilen und einigen Eidechsen durch die Nesttemperatur erfolgt. Bei den Schildkröten führt eine niedrige Temperatur während der Inkubationszeit zu männlichen Tieren, hohe Temperaturen erzeugen weibliche Tiere. Allen Reptilien mit temperaturabhängiger Geschlechtsfestlegung während der Embryogenese fehlen Geschlechtschromosomen.

Meeresschildkröten, die durch das Wasser Auftrieb erhalten, können sehr groß werden. Lederschildkröten *(Dermochelys coriacea)* sind mit einer Länge von 2 m und einer Masse von 725 kg die größten unter diesen Tieren. Die Suppenschildkröte (▶ Abbildung 26.9), die als Besonderheit grünlich gefärbtes Körperfett besitzt, kann über 360 kg schwer werden. Allerdings leben die wenigsten Exemplare dieser ökonomisch wertvollen und daher schwer ausgebeuteten Art lange genug, um eine so stattliche Größe auch nur annähernd zu erreichen. Einige Landschildkröten können bis zu mehrere hundert Kilogramm wiegen, etwa die Riesenschildkröten der Galapagosinseln, die Darwin während seines Aufenthaltes auf den Inseln im Jahr 1835 so verblüfft haben. Die meisten Schildkröten bewegen sich recht langsam. Eine Stunde emsigen Marschierens bringt eine Galapagos-Riesenschildkröte ungefähr 300 m voran (obgleich sie über kürzere Distanzen wesentlich schneller laufen können). Ihr niedriger Stoffwechsel ist vermutlich die Erklärung für ihre Langlebigkeit. Von einigen Arten wird angenommen, dass sie bis zu 150 Jahre alt werden können.

Der Panzer einer Schildkröte bietet, wie eine mittelalterliche Rüstung, offenkundige Vorteile. Der Kopf und die Körperanhänge können hineingezogen werden, um sie vor Zugriff zu schützen. Die bekannte Dosenschildkröte *(Terrapene carolina)* besitzt ein Plastron mit Gelenken, wodurch zwei bewegliche Teile entstehen, die so eng an den Carapax gezogen werden können, dass sich kaum eine Messerklinge zwischen die Panzerhälften zwängen lässt. Einige Schildkröten, wie die Geierschildkröte *(Macroclemys temmincki;* Abbildung 26.7) besitzen verkleinerte Panzer, die einen vollständigen Rückzug in das Gehäuse als Schutzmechanismus kaum zulassen. Die zu den Schnappschildkröten gehörende Geierschildkröte verfügt jedoch, wie der Gruppenname andeutet, über eine andere formidable Abwehr. Sie sind vollständig carnivor und ernähren sich von Fischen, Fröschen, Wassergeflügel oder was sonst in die Reichweite ihrer äußerst kraftvollen Kiefer gelangt. Eine Alligatorschnappschildkröte *(Chelydra serpentina)* lockt unaufmerksame Fische mit einer rosafarbenen, wurmartigen Verlängerung ihrer Zunge, die ihr als Köder dient, in ihr Maul (▶ Abbildung 26.10). Alligatorschnappschildkröten sind gänzlich aquatisch und kommen nur zur Eiablage an Land.

26.3.2 Diapside Reptilien: Subclassis Diapsida

Die diapsiden Reptilien mit einem Schädel, der zwei Paare Temporalöffnungen aufweist (Abbildung 26.2) werden in drei Abstammungslinien im Rang von Über-

Abbildung 26.10: **Eine Alligatorschnappschildkröte *(Macroclemys temmincki)* aus dem Südosten der USA.** Das Tier liegt mit geöffnetem Maul am Gewässergrund und lockt Fische mit einer, schlängelnde Bewegungen ausführenden, rosafarbenen Verlängerung ihrer Zunge an. Jedes Beutetier, das sich dem Köder annähert, wird augenblicklich von den kraftvollen Kiefern der Schildkröte gepackt.

26.3 Merkmale und Naturgeschichte der Reptilienordnungen

> **Exkurs**
>
> Viviparie ist bei den rezenten Reptilien auf die Gruppe der Squamaten beschränkt und hat sich mindestens hundertmal Mal in getrennten Evolutionsereignissen herausgebildet. Die Evolution der Viviparie ist für gewöhnlich mit kalten Klimazonen assoziiert und geht mit einer Verlängerung der Verweilzeit der Eier in den Eileitern (Ovidukten) einher. Die sich entwickelnden Jungen atmen durch die extraembryonalen Membranen und beziehen ihre Nährstoffe aus Dottersäcken (**Lezitrophie**) oder über das Muttertier (**Plazentotrophie**) oder einer Kombination von beidem.

ordnungen eingeteilt (siehe „Klassifikation der Amnioten und rezenten Reptilien" weiter unten in diesem Kapitel). Überordnungen mit rezenten Mitgliedern sind die Lepidosaurier, zu denen die Eidechsen, die Schlangen, die Blindschleichen und die Brückenechsen gehören, sowie die Archosaurier, zu denen die Krokodile gehören.

Ordo Squamata:
Eidechsen, Schlangen und Schleichen

Die Squamaten (die Ordnung der Schuppenkriechtiere) stellen die erdgeschichtlich jüngsten und vielfältigsten Produkte der Diapsidenevolution dar. Etwa 95 Prozent aller rezenten Reptilienarten fallen in diese Gruppe. Die Eidechsen lassen sich in der Fossilgeschichte bereits im unteren Jura nachweisen (200 bis 178 Millionen Jahre vor unserer Zeit). Ihre Radiation begann aber erst in der späten Kreide (Ober-Kreide, 99 bis 65 Millionen Jahre vor unserer Zeit) gegen Ende des Mesozoikums, als die Dinosaurier sich des Höhepunktes ihrer Radiation erfreuten. Die Schlangen erscheinen erstmals in späten Jurablagerungen (Ober-Jura, 156,5 bis 142 Millionen Jahre vor unserer Zeit). Sie sind wahrscheinlich aus einer Gruppe von Eidechsen hervorgegangen, zu deren Nachfahren auch die Krustenechsen (Helodermatidae) und die Warane (Varanidae) gehören. Die Schlangen sind insbesondere durch zwei Spezialisierungen gekennzeichnet: eine extreme Streckung des Körpers mit einer damit einhergehenden Verdrängung und Umlagerung der inneren Organe sowie Spezialisierungen zum Verschlingen großer Beutetiere. Die Amphisbäniden (Doppelschleichen), die erstmals im frühen Känozoikum (Erdneuzeit, 65 Millionen Jahre vor unserer Zeit bis heute) in der fossilen Überlieferung nachweisbar sind, weisen strukturelle Spezialisierungen auf, die mit einer grabenden Lebensweise assoziiert sind.

Die Schädel der Squamaten sind gegenüber dem ursprünglichen Diapsidenzustand durch Verlust von Dermalknochen ventral und posterior zur unterem Temporalöffnung modifiziert. Diese Modifikation hat bei den meisten Schlangen und Eidechsen zur Evolution eines beweglichen Schädels mit beweglichen Gelenken geführt. Dieser Schädeltyp wird **kinetischer Schädel** genannt. Das Os quadratum, das bei anderen Reptilien mit dem Schädel verwachsen ist, besitzt zusätzlich zu seiner normalen Befestigung am Unterkiefer an seinem dorsalen Ende ein Gelenk. Darüber hinaus erlauben es Gelenke im Gaumen und am Schädeldach dem Tier, die Schnauze aufwärts zu biegen (▶ Abbildung 26.11). Die spezialisierte Mobilität des Schädels versetzt die Squamaten in die Lage, Beutetiere zu ergreifen und zu handhaben. Sie erhöht außerdem die effektive Schließkraft der Kiefermuskulatur. Der Schädel der Schlangen ist noch stärker kinetisch als der von Eidechsen. Eine so außergewöhnliche Schädelbeweglichkeit wird als wesentlicher Faktor für die Diversifizierung der Eidechsen und Schlangen angesehen.

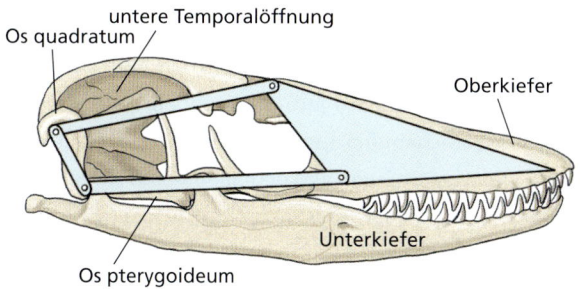 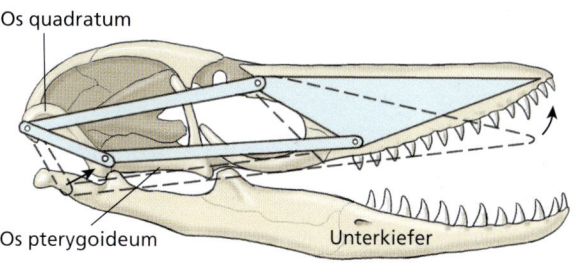

Abbildung 26.11: Kinetischer Diapsidenschädel einer modernen Eidechse (*Varanus* sp.). Darstellung der Gelenke, die es der Schnauze und dem Oberkiefer erlauben, sich gegenüber dem restlichen Schädel zu bewegen. Das Os quadratum kann sich an seinem Dorsalende bewegen, ebenso ventral sowohl am Unterkiefer wie am Pterygoid. Der vordere Teil des Hirnkastens ist ebenfalls flexibel und erlaubt es der Schnauze, sich nach oben zu öffnen. Man beachte, dass die untere Temporalöffnung sehr groß und ohne untere Begrenzung ist; diese Modifizierung des Diapsidenzustandes, die bei den modernen Eidechsen häufig vorkommt, schafft Raum für die Expansion großer Kiefermuskeln. Die obere Temporalöffnung liegt dorsomedial zum postorbital-squamosalen Bogen und ist auf dieser schematischen Darstellung nicht berücksichtigt.

Abbildung 26.12: Ein Tokeh *(Gekko gecko)* aus Südostasien. Das Tier verfügt über eine echte Stimme und ist nach seinem kreischenden Ruf benannt, der wie „to-keh" klingt.

Subordo Sauria (Unterordnung der Echsen): Eidechsen. Die Eidechsen sind eine extrem vielgestaltige Gruppe, die terrestrische, grabende, aquatische, arboreale und luftlebende Mitglieder umfasst. Zu den vertrauteren Gruppen dieser Unterordnung gehören die **Geckos** (Gekkonidae; ▶ Abbildung 26.12). Geckos sind kleine, agile, zumeist nachtaktive Tiere mit adhäsiven Polstern an den Zehen, welche die Tiere in die Lage versetzen, kopfüber und an vertikalen Flächen zu kriechen. Zu den **Leguanen** (Iguanidae) gehören die bekanntesten Eidechsen der neuen Welt. Leguane sind häufig auffallend gefärbt und tragen ornamentale Kämme, Verzierungen und Halsfächer. In diese Gruppe gehört auch die bemerkenswerte Meerechse der Galapagosinseln (▶ Abbildung 26.13). Eine weitere Gruppe stellen die Skinke (Scincidae) dar. Viele Arten besitzen gestreckte Körper und zurückgebildete Beine. Im Deutschen sind die Begriffe

Abbildung 26.14: Ein Chamäleon schnappt eine Libelle. Nachdem es sich mit großer Vorsicht an sein Beutetier angenähert hat, stützt das Chamäleon plötzlich nach vorn, wobei es sich mit den Hinterbeinen und dem Schwanz an einem Ast festhält. Einen Bruchteil einer Sekunde später schnellt es seine körperlange, mit einer klebrigen Spitze versehene Zunge vor, um das Beutetier einzufangen. Die Augen dieser verbreiteten europäischen Art *(Chamaeleo chamaeleon)* sind nach vorn gerichtet, um ein binokulares Sehen mit ausgezeichneter Tiefenwahrnehmung zu vermitteln.

Abbildung 26.13: Eine große Meerechse *(Amblyrhynchus cristatus)* der Galapagosinseln. Die Tiere ernähren sich unter Wasser von Algen. Diese Art ist die einzige meeresbewohnende Eidechse der Welt. Sie besitzt spezielle salzabscheidende Drüsen in den Augenhöhlen sowie lange Klauen, mit denen sie sich am Boten festkrallen kann, während sie kleine Rot- und Grünalgen abweidet, die ihre Hauptnahrung darstellen. Meerechsen können mehr als 10 m tief tauchen und für mehr als 30 Minuten untergetaucht bleiben.

Skinke und Glattechsen für die Vertreter dieser Familie gebräuchlich. Die **Chamäleons** (Chamaeleonidae) sind eine Gruppe baumbewohnender Echsen, von denen die meisten in Afrika und auf Madagaskar leben. Chamäleons sind interessante Tiere, die Insekten mit Hilfe ihrer klebrigen Zunge fangen, die sie passgenau und blitzartig über Distanzen, die ihre Körperlänge übertreffen, heraus schnellen können (▶ Abbildung 26.14). Die große Mehrzahl der Eidechsen besitzt vier Gliedmaßen und einen verhältnismäßig kurzen Rumpf. Bei vielen sind aber auch die Extremitäten verkümmert; bei einigen, wie den Schleichen (▶ Abbildung 26.15), fehlen sie gänzlich. Die bis zu 32 cm lange Zauneidechse *(Lacerta agilis)* gehört zu den „echten" Eidechsen (Lacertida) und findet sich in Europa von Schottland bis zum Baikalsee und von Karelien bis in die Pyrenäen. Auf La Gomera wurde kürzlich erst die Riesenkanareneidechse *(Gallotia simonyi)* entdeckt, nachdem sie auf der benachbarten Insel El Hierro bereits beinahe ausgestorben wäre. Durch internationale Bemühungen versucht man heute beide Inselformen durch Erhaltungszucht und Wiederausbürgerung zu schützen.

Die meisten Echsen verfügen über bewegliche Augenlider, wohingegen die Augen von Schlangen dauerhaft von einer durchsichtigen Kappe bedeckt sind. Echsen besitzen ein scharfes Tagsehvermögen (die Netzhaut ist reich an Zapfen- wie an Stäbchenzellen; Mechanismus des Farbensehens, siehe Kapitel 33). Eine Gruppe – die

Abbildung 26.15: Eine Glasschleiche (*Ophisaurus* sp.) aus dem Südosten Nordamerikas. Diese beinlose Eidechse fühlt sich bei Berührung steif und brüchig an und besitzt einen extrem langen, fragilen Schwanz, der leicht abbricht, wenn das Tier gepackt und festgehalten wird. Die meisten Exemplare, so wie das abgebildete, zeigen eine nur teilweise regenerierte Schwanzspitze, die einen vormals viel längeren, aber verlorenen Schwanz ersetzt. Glasschleichen lassen sich anhand der tiefen, biegsamen Furchen, die zu beiden Seiten des Körpers verlaufen, leicht von Schlangen unterscheiden. Sie ernähren sich von Würmern, Insekten, Spinnen, Vogeleiern und kleinen Reptilien.

Abbildung 26.16: Eine Krustenechse der Art *Heloderma suspectum* aus den südwestlichen Wüstengebieten Nordamerikas. Diese und die nah verwandte Art *Heloderma horridum* sind die einzigen bekannten giftigen Echsen. Die auffallend gefärbten, plump aussehenden Tiere ernähren sich in erster Linie von Vogeleiern, Nestlingen, Säugetieren und Insekten. Anders als Giftschlangen sekretieren die Krustenechsen ihr Gift aus Drüsen im Unterkiefer (Schlangen: Oberkiefer), und es fließt nicht durch Giftzähne. Der kauende Biss, durch den das Gift praktisch in die Bisswunde einmassiert wird, ist für Menschen schmerzhaft, aber nur selten tödlich.

nachtaktiven Geckos – besitzen Netzhäute, die ausschließlich Stäbchenzellen enthalten.

Die meisten Echsen verfügen über ein äußeres Ohr, welches den Schlangen fehlt. Das Innenohr der Echsen ist von variablem Bau, aber wie bei den übrigen Reptilien spielt das Gehör im Leben der meisten Echsen keine bedeutende Rolle. Die Geckos bilden eine Ausnahme, weil die Männchen hier sehr stimmstark sind (um ihr Territorium abzustecken und um die Annäherung anderer Männchen zu verhindern). Dazu müssen sie natürlich befähigt sein, ihre eigenen Lautäußerungen wahrzunehmen. Andere Echsenarten setzen Lautäußerungen im Rahmen ihres Verteidigungsverhaltens ein.

Viele Echsen leben in den heißen und ariden Gebieten der Erde. Da ihre Haut drüsenlos ist, ist ein Wasserverlust über diesen Weg stark herabgesetzt. Echsen produzieren einen halbfesten Harn mit einem hohen Gehalt an kristalliner Harnsäure. Dieser ausgeklügelte Mechanismus zur Wassereinsparung findet sich auch bei anderen Gruppen, die sich erfolgreich in sehr trockenen Lebensräumen behaupten (Vögel, Insekten und Lungenschnecken). Einige Arten, wie die Krustenechsen der südwestlichen Wüstengebiete Nordamerikas, lagern Speicherfette in ihren Schwänzen ein, die sich in Trockenzeiten zur Energieversorgung und als Quelle von Stoffwechselwasser heranziehen (▶ Abbildung 26.16). Krustenechsen der Gattung *Heloderma* sind die einzigen Sauriden mit Giftdrüsen, die beim Biss Gift in das Opfer injizieren.

Echsen sind, wie fast alle Reptilien, ektotherm und regeln ihre Körpertemperatur durch aktives Aufsuchen unterschiedlicher Mikroklimazonen (siehe Kapitel 30). Kalte Klimata bieten Ektothermen nur wenige und begrenzte Möglichkeiten, ihre Körpertemperaturen auf das bevorzugte Maß anzuheben. Als Folge davon gibt es in kalten Klimazonen nur verhältnismäßig wenige Reptilarten. Da ektotherme Tiere aber beträchtlich weniger Energie verbrauchen als endotherme, sind Reptilien in solchen Ökosystemen erfolgreich, in denen eine niedrige Produktivität mit einem warmen Klima einhergeht, zum Beispiel in tropischen Wüsten und Graslandgebieten. Die Ektothermie der Reptilien ist daher nicht als ein Merkmal der „Unterlegenheit" zu werten, sondern vielmehr als eine erfolgreiche Strategie zur Bewältigung spezieller Herausforderungen gewisser Umwelten.

Subordo Amphisbeania (Unterordnung der Doppelschleichen). Der Trivialname Doppelschleichen (= Ringelschleichen) umschreibt eine Gruppierung hoch spezialisierter, grabender Formen, die keine echten Eidechsen, aber sicherlich mit diesen verwandt sind. Der wissenschaftliche Name der Gruppe bedeutet wörtlich „doppelt gehen" und bezieht sich auf die besondere Fähigkeit der Tiere, sich rückwärts beinahe genauso schnell bewegen zu können wie vorwärts (*Amphisbäne*, zweiköpfige Schlange der Fabelwelt, oft mit Flügeln dargestellt). Sie besitzen gestreckte, zylindrische Körper von beinahe überall gleichmäßigem Durchmesser, und den meisten Arten fehlt jede Spur von Gliedmaßen

Abbildung 26.17: Eine Doppelschleiche (Unterordnung Amphisbaenia). Doppelschleichen sind grabende Tiere mit einem solide gebauten Schädel, der als Grabwerkzeug eingesetzt wird. Die abgebildete Art *Amphisbaena alba* ist in Südamerika weit verbreitet.

(▶ Abbildung 26.17). Der Schädel der Doppelschleichen ist solide gebaut und speziell so geformt, dass er das Graben im Erdreich erleichtert. Die weiche Haut ist in zahlreiche Ringe unterteilt, die in Verbindung mit dem scheinbaren Fehlen von Augen und Ohren (beide Sinnesorgane liegen verborgen unter der Haut) den Doppelschleichen bei oberflächlicher Betrachtung das Aussehen von Regenwürmern verleihen. Obgleich die Ähnlichkeit nur oberflächlich besteht, ist sie die Art von morphologisch-baulicher Konvergenz, die oft auftritt, wenn zwei nicht miteinander verwandte Gruppierungen ähnliche Lebensräume besiedeln und einer ähnlichen Lebensweise nachgehen. Die Amphisbäniden besitzen in Südamerika und im tropischen Afrika ein ausgedehntes Verbreitungsgebiet. In Nordamerika findet sich eine Art *(Rhineura floridana)* in Florida, wo sie landläufig als „Friedhofsschlange" bekannt ist. In Europa kommt auf der iberischen Halbinsel die ca. 30 cm lange Maurische Netzwühle *(Blanus cinerus)* vor. Die zur gleichen Gattung gehörende Türkische Ringelwühle *(Blanus strauchi)* kommt auf den Ägäisinseln Rhodos und Kos sowie auf Zypern, der Türkei und südlich bis nach Syrien vor. Zu den **Anguimorpha** (Schleichen) gehört auch die heimische Blindschleiche *(Anguis fragilis)*, die eine Länge von 45 cm erreichen kann. Sie bevorzugt bodenfeuchte Biotope mit deckungsreicher Vegetation, die ihr Schutz bietet. Blindschleichen besitzen keine Extremitäten und ernähren sich von Nacktschnecken und Regenwürmern. Die dämmerungsaktiven Tiere sind ovovivipar und bringen pro Wurf bis zu 26 Jungtiere auf die Welt.

Subordo Serpentes: Unterordnung der Schlangen.
Schlangen sind extremitätenlos, und es fehlen für gewöhnlich sowohl der Schulter- wie der Beckengürtel (Letzterer ist bei den Pythons, den Boas und einigen anderen Schlangen jedoch erhalten). Die zahlreichen Wirbelkörper einer Schlange, die kürzer und breiter als die anderer Tetrapoden sind, erlauben schnelle, laterale Undulationsbewegungen (Schlängelbewegungen) durch das Gras und über rauen Untergrund. Die Rippen erhöhen die Festigkeit (= Rigidität) der Wirbelsäule und verleihen mehr Widerstand gegen laterale Scherkräfte. Die Verlängerung der Dornfortsätze (Processi spinosi) verleiht den zahlreichen ansetzenden Muskeln einen längeren Hebelarm.

Viele Abstammungslinien der Echsen und der Amphisbäniden zeigen eine Rückbildung oder einen vollständigen Verlust von Gliedmaßen, doch erfuhr keine dieser Entwicklungslinien eine so bemerkenswerte Radiation wie die Schlangen. Aufgrund des Fehlens oder der Begrenztheit der Beweglichkeit der Amphisbäniden- und Echsenschädel (Abbildung 26.11), sind diese Squamaten nur dazu in der Lage, relativ kleine Nahrungsbrocken zu verschlucken. Im Gegensatz dazu stellt der hochkinetische Schädel und Fressapparat der Schlangen, der sie in die Lage versetzt, Beutetiere zu verschlingen, die einen Durchmesser besitzen, der ihren eigenen um ein Mehrfaches übertrifft, bemerkenswerte Spezialisierungen dar, die für den unglaublichen Erfolg dieser Gruppe verantwortlich sein könnten. Anders als bei den Kiefern der Echsen sind die beiden Hälften des Unterkiefers (Mandibeln) bei den Schlangen nur durch Muskeln und Haut miteinander verbunden, wodurch es möglich ist, sie weit auseinanderzubiegen. Viele Schädelknochen sind so locker miteinander verbunden, dass der gesamte Schädel sich asymmetrisch verbiegen kann, um übergroße Beutetiere unterzubringen (▶ Abbildungen 26.18 und 32.3). Da eine Schlange während des langsamen Schluckvorgangs weiter atmen muss, liegt ihre Luftröhrenöffnung (Glottis) weit vorn zwischen den beiden Mandibeln.

Die Hornhaut (Cornea) des Schlangenauges ist dauerhaft von einer als Spektakel bezeichneten, durchsichtigen Membran überzogen, die in Verbindung mit der verminderten Beweglichkeit der Augäpfel den Schlangen ihren „kalten", starrenden Blick ohne Blinzelbewegungen verleiht, den viele Menschen so irritierend finden. Das Sehvermögen der meisten Schlangen ist verhältnismäßig bescheiden. Baumschlangen tropischer Wälder stellen in Bezug auf die Sehfähigkeit eine bemerkenswerte Ausnahme dar (▶ Abbildung 26.19). Einige Baumschlangen verfügen über eine ausgezeichnete binokulare Sehfähigkeit, die ihnen dabei hilft, Beutetiere

26.3 Merkmale und Naturgeschichte der Reptilienordnungen

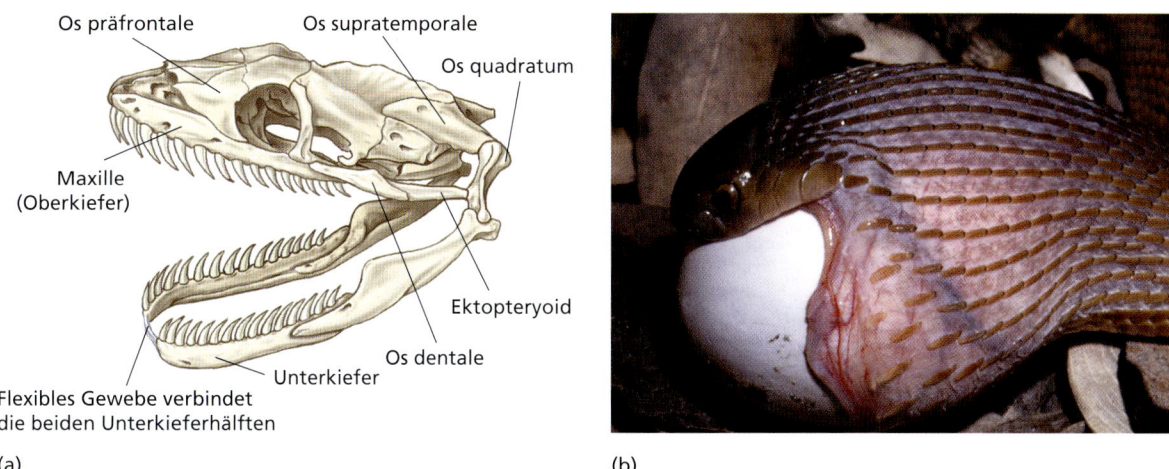

(a) (b)

Abbildung 26.18: Schlangenschädel. (a) Seitenansicht eines Pythonschädels. Jede Seite des extrem kinetischen Schädels weist mehrere bewegliche Knochen (angegeben) auf, die eine außergewöhnliche Beweglichkeit der Kiefer beim Fressakt ermöglichen. Die Unterkieferhälften werden von dehnbarem Weichgewebe zusammengehalten, das eine weite Trennung und eine unabhängige Bewegung beider Hälften ermöglicht. (b) Die große Beweglichkeit des Schlangenkiefers und der Schädelelemente treten bei dieser, ein Ei verschluckenden, Schlange deutlich in Erscheinung.

durch das Geäst zu verfolgen, wo es unmöglich wäre, Geruchsfährten zu verfolgen.

Schlangen besitzen keine Außenohren oder Trommelfelle. Diese anatomischen Verhältnisse haben, in Verbindung mit dem Fehlen jeglicher sichtbarer Reaktion auf luftgetragene Geräusche, zu der weit verbreiteten Meinung geführt, dass Schlangen vollständig taub sind. Doch besitzen Schlangen ein Innenohr, und neuere Forschungsarbeiten haben ziemlich klar erwiesen, dass Schlangen in einem begrenzten, niedrigen Frequenzbereich (zwischen 100 und 700 Hertz) sich in Bezug auf das Hörvermögen erfolgreich mit den meisten Echsen messen können. Schlangen sind außerdem ziemlich empfindlich für Schwingungen, die über den Untergrund übertragen werden. Trotzdem sind es die chemischen Sinnesmodalitäten und nicht das Sehen und Hören, dass von den meisten Schlangen zum Aufspüren und Erjagen ihrer Beute eingesetzt werden. Zusätzlich zu den normalen olfaktorischen Bereichen in der Nase, die nicht gut entwickelt sind, haben Schlangen **Jacobson'sche Organe** (vomeronasale Organe). Dabei handelt es sich um ein Paar grubenartiger Organe im Gaumendach. Diese Gruben sind mit einem reich innervierten, chemosensorischen Epithel ausgekleidet. Die gegabelte Zunge, die durch die Luft „züngelt", nimmt Geruchsmoleküle auf und bringt sie in den Rachenraum. Die Zunge wird dann an den Jacobson'schen Organen vorbeigeführt; von dort aus gelangt die codierte Sinnesinformation in das Gehirn, wo die Gerüche identifiziert werden (▶ Abbildung 26.20).

Abbildung 26.19: Eine Schlanknatter *(Leptophis ahaetulla)*. Der sehr schlanke Körper dieser mittelamerikanischen Baumschlange ist eine Anpassung an das Gleiten auf Ästen und Zweigen, ohne diese zu stark herab zu biegen.

Abbildung 26.20: Eine züngelnde Schwarzschwanz-Klapperschlange *(Crotalus molossus)*. Sie nimmt mit ihrer Zunge Gerüche aus der Umgebung auf. Geruchspartikel, die auf der Zungenoberfläche hängenbleiben, werden zu den Jacobson'schen Organen (olfaktorische Organe im Gaumendach) übertragen. Man beachte das wärmeempfindliche Grubenorgan zwischen Auge und Nasenloch.

26 Der Ursprung der Amnioten und die Reptilien

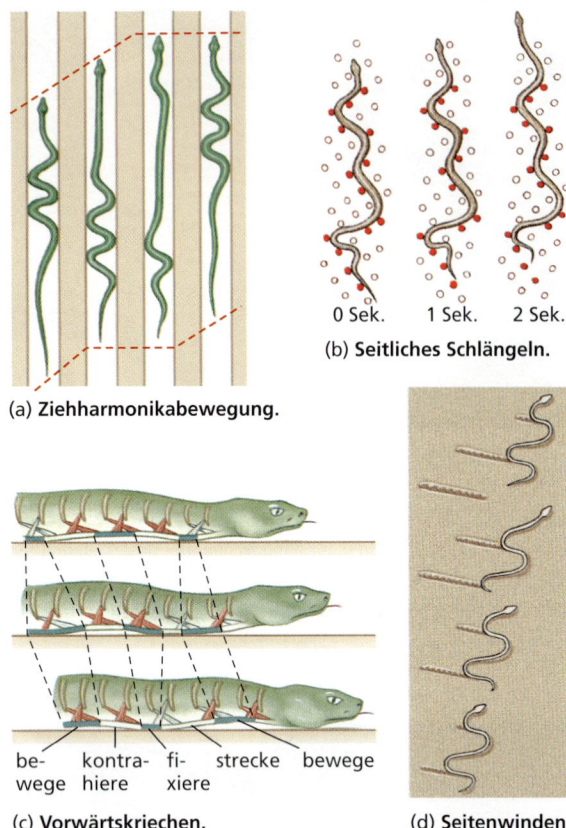

Abbildung 26.21: Fortbewegungsweisen von Schlangen. (a) Ziehharmonikabewegung. (b) Seitliches Schlängeln. (c) Vorwärtsbewegung. (d) Seitenwindebewegung. Einzelheiten im Text.

Schlangen haben mehrere Lösungen für die offenkundigen Probleme der Fortbewegung ohne Gliedmaßen evolviert. Die am häufigsten mit Schlangen assoziierte Fortbewegungsweise ist die **laterale Undulation**, das **Schlängeln** (▶ Abbildung 26.21b). Die Bewegung folgt einer S-förmigen Bahn; dabei treibt sich die Schlange durch Ausübung einer lateral gegen Unregelmäßigkeiten der Oberfläche einwirkenden Kraft vorwärts. Aus einiger Entfernung betrachtet, scheint eine Schlange zu „fließen", da die sich bewegenden Schlängel relativ zum Untergrund unbeweglich zu sein scheinen. Das Schlängeln ist unter den meisten, aber nicht allen, Umständen schnell und effizient. Die **Ziehharmonikabewegung** (Abbildung 26.21a) versetzt die Schlange in die Lage, einen engen Durchgang zu passieren, zum Beispiel, wenn sie einen Baum emporkriecht, indem sie unregelmäßig geformte Klüfte in der Borke als Kriechkanal nutzt. Die Schlange streckt sich nach vorn, während sie mit den S-förmigen Schleifen gegen die Seitenwände des Kanals drückt. Um sich in einer geraden Linie vorwärts zu bewegen – etwa, wenn sie ein Beutetier verfolgen – setzen viele schwer gebaute Schlangen eine **geradlinige Bewegung** ein. Zwei oder drei Abschnitte des Körpers liegen auf dem Grund auf, um das Gewicht der Schlange aufzunehmen. Dazwischenliegende Abschnitte werden vom Untergrund abgehoben und durch Muskeln vorwärts gezogen (in Abbildung 26.21c in Rot dargestellt), die an den Rippen ansetzen und in die Bauchhaut inserieren. Die Geradeausbewegung ist langsam, aber eine effektive Weise, sich unbemerkt an ein Beutetier anzunähern, selbst dann, wenn es keine Unregelmäßigkeiten der Oberfläche gibt. Das **Seitenwinden** ist die vierte Form des lokomotorischen Ortswechsels, die in Wüsten lebenden Vipern eine überraschend schnelle Fortbewegung über lockeren Sand mit geringstmöglichem Oberflächenkontakt ermöglicht (Abbildung 26.21d). Die Seitenwinderklapperschlange bewegt sich fort, indem sie ihren Körper in Schlaufen nach vorn wirft; dabei liegt der Körper in einem Winkel von etwa 60 Grad zur Wanderrichtung.

Die meisten Schlangen fangen ihre Beutetiere, indem sie sie mit ihrem Maul schnappen und sie lebend verschlingen. Da das Verschlucken eines strampelnden, sich widersetzenden Tieres gefährlich sein kann, haben sich die meisten Schlangen, die lebende Beute verschlucken, auf kleine Beutetiere spezialisiert, etwa Würmer, Insekten, (kleine) Fische, Frösche und – weniger häufig – kleine Säugetiere. Viele dieser Schlangenarten, die ziemlich schnell sein können, spüren ihre Beute durch aktive Suche auf. Schlangen, die ihre Beutetiere durch Erdrücken töten (Abbildung 26.22), sind oftmals auf große Säugetiere spezialisiert. Die größten Würgeschlangen sind in der Lage, Beutetiere von der Größe eines Hirschen, eines Leopards oder eines Krokodils zu töten und zu verschlucken. Da die Muskelanordnungen, die ein Erwürgen der Beute erlauben, auch die Lokomotionsgeschwindigkeit vermindern, liegen die meisten Würgeschlangen in einem Hinterhalt auf der Lauer.

Andere Schlangen töten ihre Beutetiere vor dem Verschlucken durch Injektion eines Giftes. Weniger als ein Fünftel aller Schlangenarten ist giftig. Nur in Australien beträgt das Verhältnis von giftigen zu ungiftigen Schlangenarten 4:1. Die Giftschlangen werden gemeinhin in fünf Familien unterteilt. Die Unterscheidung gründet sich zum Teil auf die verschiedenen Typen von Giftzähnen. Die Vipern (Familia Viperidae) besitzen hoch entwickelte, bewegliche, röhrenförmige Giftzähne, die weit vorn im Maul stehen. Zu dieser Familie gehören die amerikanischen Grubenottern (Subfamilia Crotalinae) und die echten Vipern der alten Welt, denen die wärmeempfindlichen Grubenorgane fehlen. Zu dieser letzt-

26.3 Merkmale und Naturgeschichte der Reptilienordnungen

Abbildung 26.22: **Eine ungiftige afrikanische Hausschlange** *(Boaedon fuluginosus)*. Das Tier erdrosselt eine Maus, bevor es diese ganz verschluckt.

Abbildung 26.23: **Eine auch als Brillenschlange bezeichnete indische Kobra** *(Naja naja)*. Kobras erheben den Vorderteil ihres Körpers und platten ihren Nackenbereich ab, um größer zu erscheinen. Diese Drohgebärde geht einem Angriff voraus. Obwohl die Reichweite einer Kobra begrenzt ist, sind alle Kobras aufgrund der extremen Toxizität ihres Giftes gefährlich.

genannten Gruppe gehören die europäische Kreuzotter *(Vipera berus)* und die afrikanischen Puffottern *(Bitis* sp.). Eine zweite Familie der Giftschlangen, die Familie der Giftnattern (Familia Elapidae), besitzt kurze, permanent aufgestellte Giftzähne vorne im Maul. Zu dieser Gruppe gehören die Kobras (▶ Abbildung 26.23), die afrikanischen Mambas, die Korallenschlangen und die südostasiatischen Kraits *(Bungarus* sp.). Die hochgiftigen Seeschlangen werden für gewöhnlich einer dritten Familie (Familia Hydrophiidae) zugerechnet. Die Familie der Erdvipern (Familia Atractaspididae) zeichnet sich durch Giftzähne aus, die im Allgemeinen denen der Vipern ähnlich sind, obgleich ihre Verwandtschaftsbeziehung zu den übrigen Giftschlangen noch nicht geklärt ist. Die sehr umfangreiche Familie der Nattern (Familia Colubridae), zu der die meisten bekannten (und ungiftigen) Schlangen gehören, enthält auch einige Mitglieder, die für Todesfälle beim Menschen verantwortlich sind. Zwei Beispiele hierfür sind die afrikanische Baumschlange *(Dispholidus typus)* und die afrikanische Astschlange. Bei beiden Schlangen stehen die Giftzähne hinten im Kiefer, und die Tiere setzen ihr Gift normalerweise gegen Beutetiere ein, um sie zu lähmen.

Die Schlangen der Unterfamilie der Grubenottern (Subfamilia Crotalinae) innerhalb der Familie der Vipern (Viperidae) werden deshalb als **Grubenottern** bezeichnet, weil sie besondere, wärmeempfindliche Organe an ihrem Kopf besitzen, die seitlich zwischen den Nasenlöchern und den Augen liegen (Abbildungen 26.20 und ▶ 26.24). Alle wohlbekannten nordamerikanischen Giftschlangen gehören zu den Grubenottern, so etwa die Mokassinschlange *(Agkistrodon piscivorus)*, die Kupferkopfschlange *(Agkistrodon contortrix)* sowie mehrere Klapperschlangenarten. Die Grubenorgane sind dicht mit freien Nervenenden des 5. Hirnnerven (Nervus trigeminus) vollgepackt. Die Nervenenden reagieren auf

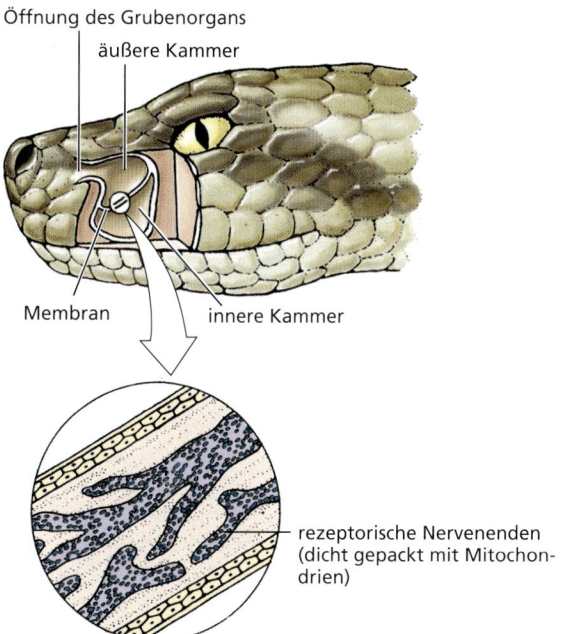

Abbildung 26.24: **Grubenorgan einer Klapperschlange, die zu den Grubenottern gehört.** Die Ausschnittzeichnung verdeutlicht die Lage einer tiefen Membran, welche die Grube in eine innere und eine äußere Kammer unterteilt. Wärmeempfindliche Nervenenden sind in der Membran konzentriert.

HINTERGRUND

■ Die mesozoische Welt der Dinosaurier

Als der englische Anatom Richard Owens im Jahr 1842 den Begriff Dinosaurier („Schreckensechse") prägte, um damit fossile Reptilien des Mesozoikums, die gigantische Körpergrößen erreicht hatten, zu beschreiben, waren nur drei schlecht charakterisierte Dinosauriergattungen bekannt. Durch neue und erstaunliche Fossilfunde, die bald folgten, waren die Zoologen 1887 in der Lage, zwei Gruppen von Dinosauriern zu unterscheiden, die sich im Bau des Beckengürtels unterschieden. Die Saurischier (Saurischia, Dinosaurier mit einem echsenartigen Beckenbau) hatten ein einfaches, dreizackiges Becken mit Hüftknochen, die beinahe so wie bei anderen Reptilien angeordnet waren. Das große, klingenförmige Darmbein (Os ilium) ist mit der Wirbelsäule über kräftig gebaute Rippen verbunden. Das Schambein (Os pubis) und das Sitzbein (Os ischium) dehnen sich anterior- bzw. ventralwärts aus, und alle drei Knochen treffen an der Hüftgelenkspfanne aufeinander. Die Ornithischia (Dinosaurier mit einem vogelartigen Beckenbau) zeigen einen etwas komplexeren Bau des Beckens. Darmbein und Sitzbein waren bei den Ornithischiern ähnlich wie bei den Saurischiern angeordnet, doch war bei den Ornithischiern das Schambein ein dünner, stabförmiger Knochen mit anterioren und posterioren Fortsätzen, die parallel zum Sitzbein lagen. Seltsam ist, dass die Vögel sich von den Saurischiern (also den Dinosauriern mit Echsenbecken herleiten), während gleichzeitig der Begriff Ornithischier (gr. *ornithos*, Vogel) darauf hinweist, dass diese Abstammungslinie der Dinosaurier einen vogelartigen Beckenaufbau zeigt.

Die Dinosaurier, und ihre heute noch lebenden Nachfahren, die Vögel, sind Archosaurier – eine Gruppierung, zu der auch die Thekodontier (frühe, nur in der Trias vorkommende Archosaurier), die Krokodile und die Pterosaurier (Flugsaurier; siehe Kasten zur *Klassifizierung der Amnioten* weiter unten) gehören. Nach dem tradierten Verständnis der Dinosaurier, muss diese Gruppe heute als paraphyletisch erachtet werden, da sie die Vögel nicht miteinschließt, welche sich von der theropoden Abstammungslinie der Dinosaurier ableiten.

Aus den verschiedenen Archosaurierradiationen, die in der Trias (251 bis 200 Millionen Jahre vor unserer Zeit) stattfanden, ist die Abstammungslinie der Thekodontier hervorgegangen, deren Mitglieder Extremitäten aufweisen, die unter dem Körper stehen und so eine aufrechte Haltung ermöglichen. Diese Abstammungslinie brachte in der Ober-Trias (231 bis 200 Millionen Jahre vor unserer Zeit) die Dinosaurier hervor. Bei Herrerasaurus, einem in Argentinien gefundenen, bipedalen Dinosaurier erkennen wir einen der hervorstechendsten Merkmale der Dinosaurier – aufrechtes Gehen auf säulenartigen Gliedmaßen statt auf seitlich ausladenden Beinen wie bei den modernen Amphibien und Reptilien. Diese Anordnung erlaubte die Unterstützung großer Körpermassen bei gleichzeitig effizientem und raschem Schreiten.

Obwohl ihre Abstammung bislang unklar ist, werden auf der Basis von Unterschieden in der Ernährung und der Fortbewegungsweise zwei Saurischiergruppen unterschieden: die carnivoren, bipedalen Theropoden und die herbivoren, quadrupedalen Sauropoden (Sauropodomorphen). *Coelophysis* war ein früher Theropode mit einer für alle Theropoden typischen Körperform: kraftvolle Hinterbeine mit „dreifingerigen" Füßen, einem langen, schweren Schwanz, der als Gegengewicht diente, schlanken, zum Greifen geeigneten Vorderbeinen, einem biegsamen Hals und einem großen Kopf mit Kiefern, die dolchartige Zähne trugen. Große Räuber wie *Allosaurus*, die während der Jurazeit (200 bis 142 Millionen Jahre vor unserer Zeit) verbreitet waren, wurden schließlich in der Kreidezeit (142 bis 65 Millionen Jahre vor unserer Zeit) durch noch massigere Carnivoren wie *Tyrannosaurus* verdrängt. *Tyrannosaurus* hatte eine Körperlänge von 14,5 m und war aufrecht stehend fast 6 m hoch. Das Gesamtgewicht wird auf über 8 t geschätzt. Nicht alle jagenden Saurischier waren riesig; mehrere Arten waren flink und wendig, wie etwa *Velociraptor* (lat. *velox*, schnell + *rapto*, gewaltsam entreißen, oder: *raptare*, rauben, wegschleppen) aus der oberen Kreide (99 bis 65 Millionen Jahre vor unserer Zeit).

Die herbivoren Saurischier (die vierfüßigen Sauropoden) erscheinen in der Ober-Trias (231 bis 200 Millionen Jahre vor unserer Zeit). Obschon die frühen Sauropoden kleine bis mittelgroße Dinosaurier waren, erreichten die des Jura und der Kreide gigantische Proportionen. Sie waren die größten landlebenden Wirbeltiere, die jemals die Erde bevölkert haben. *Brachiosaurus* konnte eine Länge von 25 m erreichen und mag über 33 t schwer gewesen sein. Inzwischen sind noch größere Sauropoden entdeckt worden. *Argentinosaurus* war 40 m lang und wog mindestens 80 t. Mit langen Hälsen und langen Vorderbeinen waren die Sauropoden die ersten Vertebraten, die für das Fressen an Bäumen vom Boden aus adaptiert waren. Sie erlebten ihre größte Diversität im Zeitalter des Jura; in der Kreidezeit nahm die allgemeine Häufigkeit wie auch die Artenvielfalt langsam ab.

Die zweite Gruppe der Dinosaurier, die Ornithischier, waren sämtlich herbivor. Obwohl sie in ihren Erscheinungsformen vielgestaltiger waren als die Saurischier, werden die Ornithischier durch mehrere abgeleitete Skelettmerkmale vereint, die auf eine gemeinsame Abstammung hindeuten. Der gewaltige, mit großen Rückenplatten ausgestattete *Stegosaurus* der Jurazeit ist ein weithin bekanntes Beispiel für einen gepanzerten Ornithischier. Zwei der fünf Hauptgruppen der Ornithischier gehören in die Obergruppe der gepanzerten Vogelbeckensaurier. Noch stärker durch Knochenplatten gepanzert als die Stegosaurier waren die schwer gebauten Ankylosaurier – die „Panzer" des Dinosaurierzeitalters. Als das Jurazeitalter vor 142 Millionen Jahren der Kreidezeit Platz machte, erschienen mehrere Gruppen ungepanzerter Ornithischier auf der Bildfläche, von denen viele beeindruckende Hörner trugen. Der stetige Anstieg der Ornithischiervielfalt in der Kreidezeit ging mit einem parallel verlaufenden, allmählichen Niedergang der großen Sauropoden einher, die

26.3 Merkmale und Naturgeschichte der Reptilienordnungen

in der Zeit des Jura ihre Blütezeit durchlebt hatten. *Triceratops* ist ein Repräsentant der gehörnten Dinosaurier, die in der Ober-Kreide verbreitet waren. Noch prominenter in den Ablagerungen der oberen Kreide vertreten sind die Hadrosaurier wie *Parasaurolophus*, von denen angenommen wird, dass sie in Herden lebten. Viele Hadrosaurier besaßen Schädel, die mit Knochenkämmen verziert waren, die wahrscheinlich als Stimmresonatoren gedient haben, um artspezifische Laute hervorzubringen. Die bipedalen Pachycephalosaurier, die in der Spätphase der Kreidezeit auftauchen, hatten dicke Schädel, die für Rangkämpfe, bei denen sich die Tiere gegenseitig beiseite geschoben haben sollen, oder zum Rammen von Feinden eingesetzt worden sein.

Die elterliche Fürsorge für den Nachwuchs war bei den Dinosauriern mutmaßlich viel höher entwickelt als bei anderen Reptiliengruppen. Unterstützung für die These von den fürsorglichen Dinosauriern findet man bei der Untersuchung der stammesgeschichtlichen Verwandtschaftsbeziehungen unter den Archosauriern. Zwei rezente Gruppen, die Vögel und die Krokodile, gehören dem Kladus Archosauria an, der auch die Dinosaurier umfasst (Abbildung 26.1). Da sowohl die Krokodile wie die Vögel hochentwickeltes Elternverhalten zeigen, ist es möglich, dass auch die Dinosaurier ähnliche Verhaltensweisen zeigten. Darüberhinaus sind fossilierte Nester mehrerer Dinosauriertypen bekannt. In einem Fall wurde ein fossiliertes Alttier des kleinen Theropoden *Oviraptor* („Eiräuber") gefunden, der anscheinend ein Nest bewachte. Ursprünglich hatte man gedacht, dass das Alttier die Eier als Nahrung für sich erbeuten wolle (Name!). Später konnte in einem ähnlichen Ei ein Embryo nachgewiesen werden, der als zur Gattung *Oviraptor* gehörig identifiziert wurde. Die Untersuchung eines frisch geschlüpften *Maiasaura* (eines jungen Hadrosauriers), der in einem Nest gefunden worden war, ergab, dass die Zähne der Tiere ein beträchtliches Maß an Abnutzung erkennen ließen. Dies deutet darauf hin, dass die Jungsaurier im Nest verblieben und vermutlich von den Elterntieren während dieser Phase ihres frühen Lebens mit Nahrung versorgt wurden.

Vor rund 65 Millionen Jahren starben die letzten mesozoischen Dinosaurier aus. Zurück blieben als einzige Überlebende der Archosaurierlinie die Vögel und die Krokodile. Der Niedergang der Dinosaurier stimmt zeitlich mit dem Einschlag eines großen Asteroiden oder Kometen vor der Halbinsel Yucatan in der heutigen karibischen See östlich der mittelamerikanischen Landbrücke einher. Dieser Einschlag hat nach den Befürwortern dieses Szenarios eine weltumspannende Umweltkatastrophe ausgelöst haben. Der Asteroideneinschlag am Ort des heutigen Chicxulub-Kraters gilt als wahrscheinlichste Ursache für das Massensterben am Ende der Kreidezeit. Damals gingen die Dinosaurier und mehr als drei Viertel aller Tier- und Pflanzenarten zu Grunde. Der Einschlag war so enorm, dass weltweit verheerende Umweltkatastrophen ausgelöst wurden und die Vegetation ganzer Kontinente ging in Flammen auf. Da aber nicht alle Gebiete gleich stark betroffen waren, überlebten viele Arten vor allem weit nördlich von der Einschlagstelle, von wo aus das Leben sich anschließend die Erde zurückeroberte. Dieses, als Einschlagshypothese bekannt gewordene, Modell vermag somit befriedigend zu erklären, warum die Dinosaurier ausgestorben sind, während einige andere Abstammungslinien der Wirbeltiere weiterexistiert haben. Manche Paläontologen bevorzugen jedoch Modelle, die von Änderungen des Klimas und der Landverteilung am Ende der Kreidezeit ausgehen. Die Faszination, die von den furchteinflößenden, oft schwindelerregend riesenhaften Kreaturen ausgeht, welche die mesozoische Ära der Erdgeschichte 165 Millionen Jahre – eine unvorstellbar lange Zeitspanne – lang beherrschten, hält bis heute an – und wird von der Unterhaltungsindustrie kräftig geschürt und gleichermaßen ausgebeutet. Heute sind ungezählte Spezialisten dabei, aus Fossilien und Fußabdrücken, die uns aus dieser untergegangenen Welt überliefert worden sind, das Puzzle, wie die verschiedenen Dinosauriergruppen entstanden sind, wie sie sich verhalten und sich diversifiziert haben, Stück für Stück zusammenzulegen.

Strahlungsenergie im langewelligen Infrarotbereich (5000 bis 15.000 nm) und sind so besonders empfindlich für Wärme, die von warmblütigen Vögeln und Säugetieren abgestrahlt wird, die ihre Hauptbeute sind. Diese endothermen Tiere strahlen Körperwärme mit einer Wellenlänge im Bereich von etwa 10.000 nm (= 10 μm) ab. Messungen zeigten, dass die Grubenorgane Temperaturunterschiede von nur 0,003 °C an einer abstrahlenden Oberfläche zu detektieren vermögen. Grubenottern setzen ihre Grubenorgane ein, um warmblütige Beutetiere zu verfolgen und Bissattacken mit hoher Genauigkeit gegen diese auszuführen. Dabei sind sie in völliger Dunkelheit ebenso effizient wie am Tage. Boas und Pythons besitzen ebenfalls Wärmerezeptoren (in ihren Lippen), doch ist der Bau dieser Organe sehr verschieden von dem der Grubenorgane der Vipern, was darauf hindeutet, dass sich diese Wärmefühler vermutlich unabhängig evolviert haben.

Alle Vipern zeichnen sich durch ein, zu Giftzähnen modifiziertes, Zahnpaar an den Maxillenknochen aus. Diese Zähne liegen in einer Membranscheide, wenn das Maul geschlossen ist. Wenn die Viper zubeißt, stellt ein spezielles System aus Muskeln und einem Knochenhebel die Giftzähne auf (▶ Abbildung 26.25). Dies geschieht aufgrund der mechanischen Konstruktion automatisch, wenn das Tier sein Maul öffnet. Die Giftzähne werden durch die Wucht der Beißbewegung in das Beutetier hineingetrieben. Das Gift wird durch einen Kanal in den Giftzähnen in die Bisswunde injiziert. Eine Viper lässt sofort von ihrem Beutetier ab, sobald das Gift verabreicht ist, und wartet, bis das Tier gelähmt oder tot ist. Dann verschlingt die Schlange das Beutetier im Ganzen. Der Biss einer Grubenotter kann für den Menschen gefährlich sein, obgleich die Schlange in vielen Fällen nur eine geringe Giftmenge ausstößt, wenn sie zubeißt. In den USA, wo diese Tiere in den südlichen Regionen vorkommen, werden jährlich etwa 8000 Fälle von Grubenotternbissen verzeichnet. Dabei kommt es nur zu etwa einem Dutzend Todesfälle.

Selbst der Speichel harmloser Schlangen besitzt eine begrenzte Giftwirkung, und es erscheint logisch, dass es eine natürliche Selektion dieser toxischen Tendenzen im Verlauf der Evolution der Schlangen gab. Schlangengifte werden traditionell in zwei Sorten unterteilt. Der

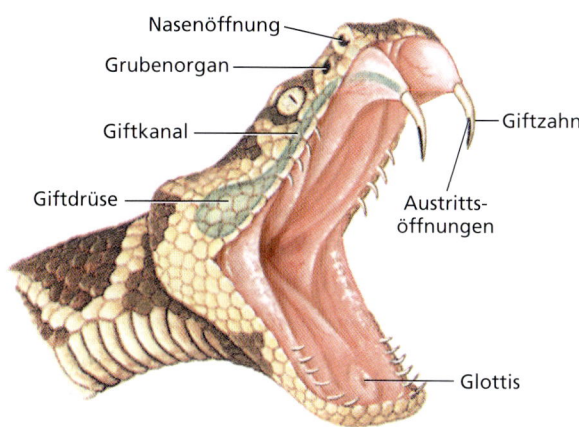

Abbildung 26.25: Kopf einer Klapperschlange mit Darstellung des Giftapparates. Die Giftdrüse, die eine umgewandelte Speicheldrüse ist, ist über einen Gang mit dem hohlen Giftzahn verbunden.

neurotoxische Typ wirkt in der Hauptsache auf das Nervensystem ein, indem er die Sehnerven (führt zur Erblindung) oder die phrenischen Nerven des Bauchfells (Diaphragma; führt zur Atemlähmung) angreift. Der **hämorrhagische** Typ bewirkt eine Zerstörung der roten Blutkörperchen und der Blutgefäße, so dass es zu ausgedehnten Gewebeblutungen und Einblutungen in Hohlräume kommt (Hämorrhagie). Tatsächlich sind die meisten Schlangengifte komplizierte Gemische verschiedener Stoffe, die sich in Fraktionen unterteilen lassen, die unterschiedliche Organe auf spezifische Weise angreifen. Nur selten lassen sie sich kategorisch dem einen oder anderen der traditionellen Haupttypen zuordnen. Darüberhinaus enthalten alle Schlangengifte weitere Enzyme, die den Verdauungsvorgang beschleunigen (die hämolytischen Lipasen gehören in diese Gruppe von verdauenden Enzymen).

Die Toxizität eines Schlangengiftes wird wie bei anderen Giften durch die mittlere Lethaldosis (LD_{50}) an Versuchstieren ermittelt. An diesem Standard gemessen, sind das Gift der australischen Tigerschlange und die Gifte einiger Seeschlangen pro Volumeneinheit die stärksten. Die aggressive indische Kobra, deren Länge über 5,5 m hinausgehen kann, ist die größte und vielleicht die gefährlichste aller Giftschlangen. Es wird geschätzt, dass weltweit 50.000 bis 60.000 Menschen pro Jahr an Schlangenbissen sterben. Die meisten Todesfälle ereignen sich in Indien, Pakistan, Myanmar (das ehemalige Burma) und benachbarten Ländern, wo die Menschen in ärmlichen Gegenden häufig in Kontakt mit giftigen Schlangen kommen und gleichzeitig keine ausreichende oder gar keine medizinische Versorgung nach einem Biss gegeben ist. Die in diesen Gegenden für die Mehrzahl der Todesfälle verantwortlichen Arten sind Russel's Vipern (= Kettenviper, *Daboia russelii*), Sandrasselottern (*Echis* sp.) sowie diverse Kobraarten (mehrere Gattungen!).

Die meisten Schlangen sind ovipar (eierlegend), die ihre beschalten, elliptischen Eier unter verrottendem Holz, unter Steinen oder in Erdlöchern ablegen. Der größte Teil der übrigen Arten (einschließlich aller amerikanischen Grubenottern mit Ausnahme des tropischen Buschmeisterschlange (*Lachesis* sp.) sind ovovivipar, die gut entwickelte Junge zur Welt bringen. Nur sehr wenige Schlangen sind vivipar; bei diesen Arten bildet sich eine primitive Plazenta aus, die einen Austausch von Stoffen zwischen den embryonalen und dem mütterlichen Blutstrom erlaubt. Schlangen sind in der Lage, Sperma zwischenzulagern. Dadurch können sie nach einer einzigen Paarung mehrere Gelege von Eiern in größeren Zeitabständen und an verschiedenen Orten deponieren.

Ordo Sphenodonta: Brückenechsen

Die Ordnung der Brückenechsen ist durch zwei rezente Arten der Gattung *Sphenodon* (gr. *sphenos*, Keil + *odontos*, Zahn) aus Neuseeland vertreten (▶ Abbildung 26.26). Die Brückenechsen sind die einzigen Überlebenden der Sphenodontidenlinie, die im frühen Mesozoikum eine bescheidene Radiation erlebte, aber gegen das Ende des Erdmittelalters einen Niedergang durchmachen musste. Auf den beiden neuseeländischen Hauptinseln waren einst mehrere Brückenechsenarten weit verbreitet; heute sind die beiden noch lebenden Arten auf kleine Insel-

Exkurs

Der LD_{50}-Test (mittlere Lethaldosis) ist ein standardisiertes Verfahren für die Messung der Giftigkeit von Stoffen. In seiner ursprünglichen Form wurde die Testmethode um 1920 von Pharmakologen entwickelt. In der Praxis wird einer statistisch aussagefähige Anzahl von Versuchstieren der zu untersuchende Stoff verabreicht (üblich sind Labormäuse). Dies geschieht in einer ansteigenden Dosierung. Diejenige Dosis des Stoffes, der die Hälfte (also 50 Prozent) der Versuchstiere in einer bestimmten Zeit tötet, ist der LD_{50}-Wert der Substanz. Da das Testverfahren sowohl teuer wie zeitaufwendig ist, werden diese klassischen Verfahren zunehmend durch Alternativmethoden ersetzt, die billiger sind und weniger Tiere verbrauchen. Zu diesen, nicht allgemein anerkannten, Alternativen gehören Cytotoxizitätstests, welche die Giftwirkung auf Zellkulturen messen, sowie toxikokinetische Verfahren, um die Wechselwirkung eines Stoffes (Gifte, Medikamentenwirkstoffe usw.) in einem lebenden System messen.

Abbildung 26.26: *Sphenodon* sp., ein rezenter Vertreter der Ordnung der Brückenechsen (Ordo Sphenodonta). Dieses „lebende Fossil" unter den Reptilien besitzt auf der Oberseite seines Kopfes ein gut entwickeltes Scheitelauge (Parietalauge) mit einer Netzhaut, einer Linse und Verbindungen zum darunterliegenden Gehirn. Obwohl es durch Schuppen überdeckt ist, ist dieses funktionstüchtige dritte Auge lichtempfindlich. Das Scheitelauge kann bei den frühen Reptilien ein wichtiges Sinnesorgan gewesen sein. Brückenechsen finden sich heute nur noch auf bestimmten Inseln entlang der neuseeländischen Küstenlinie.

chen in der Cook-Straße und solchen, die der Nordinsel nordöstlich vorgelagert sind, beschränkt. Auf einigen dieser Inseln, die von der neuseeländischen Regierung unter Schutz gestellt worden sind, gedeihen die Tiere.

Brückenechsen sind eidechsenähnliche Tiere von 66 cm Länge oder weniger, die in Bauen leben, die sie sich oft mit Sturmvögeln teilen. Es sind langsam wachsende, langlebige Tiere. Von einem Exemplar ist bekannt, dass es 77 Jahre alt geworden ist.

Die Brückenechsen haben das Interesse der Zoologen erregt, weil sie zahlreiche Merkmale besitzen, die praktisch identisch mit solchen von Tieren sind, die im Mesozoikum vor 200 Millionen Jahren gelebt haben (daher die Einstufung als „lebende Fossilien"). Zu diesen urtümlichen Merkmalen gehört ein diapsider Schädel mit zwei Temporalöffnungen, die durch vollständige Knochenbögen begrenzt werden. Brückenechsen besitzen weiterhin ein wohlentwickeltes, medianes Scheitelauge (Parietalauge) mit einem vollständigen Satz anatomischer Augenelemente wie einer Hornhaut (Cornea), einer Linse und einer Netzhaut (Retina). Da das Scheitelauge unter einer eingetrübten Haut verborgen liegt, kann dieses „dritte Auge" nur Veränderungen in der Lichtintensität wahrnehmen. Seine Funktion, wenn es denn eine für das Tier besitzt, ist weiterhin spekulativ. In vielerlei sonstiger Hinsicht ähneln die Vertreter der Gattung Sphenodon den Diapsiden des frühen Mesozoikums. Sphenodon repräsentiert eine der langsamsten Evolutionsraten, die im Bereich der Wirbeltiermorphologie bekannt sind.

Ordo Crocodilia: Krokodile und Alligatoren

Die modernen Krokodile sind die einzigen Überlebenden der Abstammungslinie der Archosaurier, aus der die große mesozoische Radiation der Dinosaurier und ihrer Verwandten einschließlich der Vögel hervorgegangen ist. Obwohl die Krokodile zu einer Evolutionslinie gehören, die ihre Radiation in der späten Kreidezeit (Ober-Kreide, 99 bis 65 Millionen Jahre vor unserer Zeit) begonnen hat, unterscheiden sie sich im Bauplan nur wenig von den primitiven Krokodilen des frühen Mesozoikums. Seit fast 200 Millionen größtenteils unverändert, sehen die Krokodile in einer vom Menschen beherrschten Welt einer unsicheren Zukunft entgegen. Die modernen Krokodile werden in drei Familien unterteilt: Alligatoren und Kaimane (eine größtenteils in der neuen Welt beheimatete Gruppe), Krokodile (die weit verbreitet sind und zu der die Salzwasserkrokodile gehören, die zu den größten rezenten Reptilien gehören), und Gaviale (die durch eine einzige, in Indien und Myanmar (früher Burma) vorkommende, Art vertreten sind).

Alle Krokodile besitzen einen langgestreckten, robusten, gut verstärkten Schädel und eine massige Kiefermuskulatur, die so angeordnet ist, dass sie eine weite Maulöffnung und ein schnelles, kraftvolles Verschließen des Mauls ermöglicht. Die Zähne sitzen in Vertiefungen, ein Bezahnungstypus, der als **thekodont** bezeichnet wird, und der typisch für alle Archosaurier sowie die frühesten Vögel ist. Eine weitere Anpassung, die sich mit Ausnahme der Säugetiere bei keiner anderen Gruppe von Wirbeltieren findet, ist ein vollständig ausgebildeter sekundärer Gaumen. Diese Neuerung erlaubt es den Krokodilen, zu atmen, wenn ihr Maul mit Wasser oder Nahrung (oder beidem) gefüllt ist. Die Krokodile haben mit den Vögeln und den Säugetieren außerdem das vierkammerige Herz mit vollständig getrennten Atrien und Ventrikeln gemeinsam.

Das Leistenkrokodil *(Crocodylus porosus)*, das in Südasien vorkommt, und das Nilkrokodil (*C. niloticus*; ▶ Abbildung 26.27 a) erreichen gewaltige Größen (von ausgewachsenen Tiere, die 1000 kg wiegen sollen, ist berichtet worden). Die Tiere sind sehr flink und aggressiv. Von Krokodilen ist bekannt, dass sie andere Tiere von der Größe eines Rindes, eines Hirschen oder eines Menschen angreifen. So gut die konischen Zähne der Krokodile und Alligatoren zum Ergreifen und Festhalten der Beute geeignet sind, so ungeeignet sind sie, um die Beute zu zerkleinern. Daher haben einige Arten die so genannte Todesrolle entwickelt, bei der die Beute unter Wasser um das Krokodil herumgeschleudert wird und

KLASSIFIZIERUNG

■ Amnioten

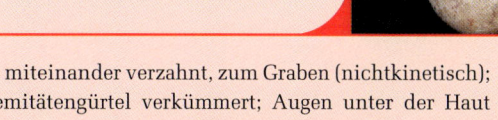

Die folgende, Linné'sche Klassifizierung folgt im Wesentlichen der von Carroll aus dem Jahr 1988[*] und stimmt mit den genealogischen Verwandtschaftsbeziehungen der Abbildung 26.2 überein. Ausgestorbene Gruppen sind durch ein Symbol (†) kenntlich gemacht.

Subclassis Anapsida (gr. *an*, ohne, kein + *apsis*, Bogen): Unterklasse der **Anapsiden** (Reptilien ohne Schläfengruben). Amnioten mit einigen primitiven Merkmalen, wie einem Schädel ohne Temporalöffnungen.

Ordo Captorhinida[†] (gr. *kapto*, greifen + *rhinos*, Nase). Amnioten des Karbons und frühen Perms.

Ordo Testudines (= Chelonia) (lat. *testudo*, Schildkröte): Ordnung der **Schildkröten**. Körper in einen knochigen Panzer aus dorsalem Carapax und ventralem Plastron eingeschlossen; Kiefer mit keratinisierten Rändern anstelle von Zähnen; Wirbel und Rippen mit dem oberhalb liegenden Carapax fusioniert; Zunge nicht vorstreckbar; Hals für gewöhnlich einziehbar; ungefähr 300 Arten.

Subclassis Diapsida (gr. *di*, zwei, doppelt + *apsis*, Bogen): Unterklasse der **Diapsiden**. Amnioten mit zwei Schläfengruben auf jeder Schädelseite.

Superordo Lepidosauria (gr. *lepidos*, Schuppe + *sauros*, Echse): Überordnung der **Schuppenechsen**. In der Trias erscheinende Diapsidenlinie; charakterisiert durch eine Körperhaltung mit abgespreizten Beinen; keine bipedalen Spezialisierungen; der Diapsidenschädel ist oft durch den Verlust von einem oder beiden Temporalbögen modifiziert; quer verlaufende, schlitzförmige Kloakenöffnung; Haut wird in einem Stück abgeworfen.

Ordo Squamata (lat. *squamatus*, schuppig + *ata*, gekennzeichnet durch): Ordnung der **Schuppenkriechtiere (Schlangen, Eidechsen, Doppelschleichen)**. Haut aus hornigen Epidermalschuppen oder -platten, die abgeworfen (gehäutet) wird; Os quadratum beweglich; Schädel kinetisch (außer bei den Amphisbäniden); Wirbelkörper für gewöhnlich auf der Vorderseite konkav; paarige Kopulationsorgane.

Subordo Lacertalia (= **Sauria**; lat, *lacerta*, Eidechse): Unterordnung der **Eidechsen**. Körper schlank, für gewöhnlich mit vier Gliedmaßen; Rami des Unterkiefers fusioniert; Augenlider beweglich; Außenohr vorhanden; diese paraphyletische Gruppe umfasst ungefähr 4600 Arten.

Subordo Amphisbaenia (lat. *amphis*, doppelt + *baina*, laufen): **Doppelschleichen**. Körper gestreckt und von nahezu gleichmäßigem Durchmesser; keine Beine (mit Ausnahme einer Gattung mit kurzen Vorderbeinen); Schädelknochen miteinander verzahnt, zum Graben (nichtkinetisch); Extremitätengürtel verkümmert; Augen unter der Haut verborgen; nur eine Lunge; ungefähr 160 Arten.

Subordo Serpentes (lat. *serpere*, kriechen): Unterordnung der **Schlangen**. Körper gestreckt; Gliedmaßen, Ohröffnungen und Mittelohr fehlen; Mandibeln anterior durch Ligamente verbunden; Augenlider zu transparenten Spektakeln fusioniert; Zunge gegabelt und vorstreckbar; linke Lunge reduziert oder fehlend; ungefähr 2900 Arten.

Ordo Sphenodonta (gr. *sphen*, Keil + *odontos*, Zahn; = **Rhynchocephalia**): Ordnung der **Brückenechsen**. Primitiver Diapsidenschädel; Wirbelkörper bikonkav; Os quadrate unbeweglich; Parietalauge vorhanden; zwei rezente Arten der Gattung *Sphenodon*.

Superordo Ichthyosauria[†] (gr. *ichthys*, Fisch + *sauros*, Echse): Überordnung der **Fischechsen**. Delfinförmige Meeresdiapsiden des Mesozoikums mit reduzierten Gliedmaßen.

Superordo Sauropterygia[†] (gr. *sauros*, Echse + *pteryginos*, geflügelt): Überordnung der **Flossenechsen**. Mesozoische Meeresreptilien.

Ordo Plesiosauria[†] (gr. *plesios*, nahe + *sauros*, Echse): Ordnung der „Echsennahen". Mesozoische Meeresreptilien mit langem Hals und paddelartigen Gliedmaßen.

Superordo Archosauria (gr. *archon*, herrschen + *sauros*, Echse): Fortschrittliche Diapsiden, zumeist terrestrisch, einige für das Fliegen spezialisiert; Muskelmagen vorhanden.

Ordo Thecodontia[†] (gr. *theka*, Kasten, Schachtel + *odontos*, Zahn): **Thekodontier**. Paraphyletische Gruppierung dominierender Archosaurier der Trias mit in Vertiefungen sitzenden Zähnen; Tendenz zur Bipedalität.

Ordo Crocodilia (lat. *crocodilus*, Krokodil): Ordnung der **Krokodile**. Schädel gestreckt und massiv; Nasenlöcher terminal an der Schnauzenspitze; sekundärer Gaumen vorhanden; vierkammeriges Herz; Wirbelvorderseiten für gewöhnlich konkav; Vordergliedmaßen für gewöhnlich mit fünf Fingern, Hintergliedmaßen vierfingrig; Os quadratum unbeweglich; fortgeschrittenes Sozialverhalten; 23 Arten.

Ordo Pterosauria[†] (gr. *pteron*, Flügel + *sauros*, Echse): Ordnung der **Flugsaurier**. Flugfähige, mesozoische Archosaurier mit membranösen Flügeln; ausgedehnte Radiation.

Ordo Saurischia (gr. *sauros*, Echse + *ischion*, Hüfte). Mesozoische Dinosaurier; bipedale Carnivoren und quadrupedale Herbivoren; primitive (reptilische) Beckenanatomie.

Subordo Sauropodomorpha[†] (gr. *sauros*, Echse + *podos*, Fuß + *morphe*, Gestalt): Unterordnung der **Echsenfüßler**. Herbivore Saurischier, zu denen die mesozoische Riesenformen wie *Brachiosaurus*, *Apatosaurus* und *Diplodo*cus gehören.

---

[*] Carroll, R. (1988): Vertebrate paleontology and evolution. Freeman & Co.; ISBN: 0-7167-1822-7.

> **Subordo Theropoda** (gr. *ther*, Wildtier + *podos*, Fuß): Unterordnung der **Tierfüßler**. Carnivore Saurischier, zu denen die Riesenraubformen wie *Tyrannosaurus* und kleine, agile Räuber wie *Deinonychus* und *Velociraptor* gehören. Die Vögel (Aves, siehe Kapitel 27) leiten sich von dieser Linie ab.
>
> **Ordo Ornithischia**† (gr. *ornis*, Vogel + *ischion*, Hüfte). Mesozoische Dinosaurier; bipedale und quadrupedale Herbivoren wie *Stegosaurus, Triceratops* und *Parasaurolophus*; fortschrittliche (vogelartige) Beckenanatomie.
>
> **Subclassis Synapsida** (gr. *syn*, zusammen + *apsis*, Bogen): Unterklasse der Synapsiden. Amnioten mit einem Schädel, welcher ein Paar seitliche Temporalöffnungen aufweist.
>
> **Ordo Pelycosauria**† (gr. *pelyx*, Holzschüssel + *sauros*, Echse). Synapsiden des Karbons und des Perms mit vielen primitiven Amniotenmerkmalen; carnivore und herbivore Formen.
>
> **Ordo Therapsida** (gr. *ther*, Wildtier + *apsis*, Bogen): Ordnung der „**Säugetierähnliche Reptilien**". Synapsiden des Perms und der Trias mit vielen säugetierähnlichen Merkmalen; carnivore und herbivore Formen. Die Säugetiere (Mammalia; siehe Kapitel 28) leiten sich von dieser Linie ab.

auf diese Art und Weise langsam in Teile gerissen wird, die das Krokodil dann verschlingen kann. Alligatoren (Abbildung 26.27 b) sind für gewöhnlich weniger aggressiv als Krokodile und für den Menschen viel weniger gefährlich. In Nordamerika ist *Alligator mississipiensis* die einzige Alligatorart (Abbildung 26.27 b).

(a)

(b)

Abbildung 26.27: **Krokodile.** (a) Ein Nilkrokodil *(Crocodylus niloticus)* beim Sonnenbaden. Der vierte Zahn im Unterkiefer ragt über den schlanken Unterkiefer hinaus. Alligatoren fehlt dieses Merkmal. (b) Ein amerikanischer Alligator *(Alligator mississipiensis)* – ein immer häufiger anzutreffender Bewohner von Flüssen, Seitenarmen und Sümpfen im Südosten der USA.

Crocodylus acutus ist auf Gebiete im äußersten Süden Floridas beschränkt; dies ist einzige auf dem nordamerikanischen Kontinent vorkommende Krokodilart. Große Alligatoren sind aber natürlich trotzdem sehr kraftvolle Tiere, und die ausgewachsenen Tiere haben außer dem Menschen praktisch keine Feinde. Das „Lindenblatt" in ihrer vorzüglichen Panzerung sind ihre frühen Entwicklungsstadien. Nester, die vom Muttertier unbeaufsichtigt gelassen werden, werden fast mit Sicherheit entdeckt und von Säugetieren, die Eier in ihrem Ernährungsplan schätzen, ausgeräumt. Die frisch geschlüpften Jungechsen werden von großen Fischen verspeist.

Alligatoren sind in der Lage, definierte Lautäußerungen zu vollbringen. Männliche Alligatoren machen sich in der Paarungszeit durch lautes Bellen bemerkbar. Alligatoren und Krokodile sind ovipar. Für gewöhnlich werden 20 bis 50 Eier in aufgehäuftem abgestorbenem Pflanzenmaterial abgelegt und vom Muttertier bewacht. Das Muttertier nimmt die Lautäußerungen der schlupfbereiten Jungen wahr und reagiert darauf mit einer Öffnung des Nestes, die den Jungen beim Verlassen der Brutstätte hilft. Wie bei vielen Schildkröten und einigen Eidechsen bestimmt die Bebrütungstemperatur der Eier im Nest über das Geschlecht der ausschlüpfenden Tiere. Anders als bei den Schildkröten (siehe weiter oben) erzeugt hier eine niedrige Temperatur im Nest ausschließlich weibliche Tiere; eine hohe Temperatur im Nest begünstigt die Entwicklung von Männchen. Dies führt in einigen Gegenden des Verbreitungsgebietes zu einem sehr unausgeglichenen Geschlechterverhältnis. In einem Untersuchungsgebiet in Louisiana im Süden der USA übertraf die Zahl der ausschlüpfenden Weibchen die Zahl der Männchen um das Fünffache.

Krokodile und Alligatoren lassen sich anhand ihrer Kopfform unterscheiden. Krokodile besitzen eine relativ schmale Schnauze, und wenn ihre Mäuler geschlossen sind, ragt der vierte Zahn des Unterkiefers hervor. Alligatoren besitzen im Allgemeinen eine breitere Schnauze, und ihr vierter Unterkieferzahn ist bei geschlossenem Maul nicht zu sehen, weil er in eine Aussparung im Oberkiefer passt (Abbildung 26.27). Gaviale sind durch sehr schmale Schnauzen gekennzeichnet; sie ernähren sich größtenteils von Fischen.

ZUSAMMENFASSUNG

Die Reptilien (Kriechtiere) haben sich stammesgeschichtlich im späten Paläozoikum vor ungefähr 300 Millionen Jahren von einer Gruppe labyrinthodonter Amphibien abgezweigt. Ihr Erfolg als landlebende Vertebraten ist zu großen Teilen auf die Evolution des amniotischen Eies zurückzuführen, das mit seinen drei extraembryonalen Membranen die Grundlage für eine vollständige Embryonalentwicklung innerhalb einer schützenden Eihülle ermöglicht hat. So konnten die Reptilien ihre Eier an Land ablegen. Die Reptilien unterscheiden sich weiterhin von den Amphibien durch ihre trockene, schuppige Haut, die Wasserverluste herabsetzt, durch kraftvolle Kiefer, die intrakorporale Befruchtung sowie durch fortschrittlichere Organsysteme des Kreislaufs, der Atmung, der Ausscheidung und der Informationsverarbeitung (Nervensystem). Wie die Amphibien, sind die Reptilien ektotherm, doch üben die meisten Arten ein beträchtliches Maß an Kontrolle über ihre Körpertemperatur durch ihr Verhalten aus.

Vor dem Ende des Paläozoikums vor 250 Millionen Jahren begannen die Amnioten mit einer Radiation, die zur Aufspaltung in drei Linien führte: 1) Die Anapsiden, aus denen die Schildkröten hervorgegangen sind, 2) die Synapsiden – eine Abstammungslinie, aus der die Säugetiere hervorgegangen sind, 3) die Diapsiden; diese Linie hat zu allen übrigen Reptilien und zu den Vögeln geführt. Der große Ausbruch der reptilischen Radiation im Verlauf des Mesozoikums führte zu einer weltweiten Fauna von großer Diversität, welche die ausgestorbenen Ichthyosaurier, Plesiosaurier, Pterosaurier und Dinosaurier einschließt.

Die Ordnung der Schildkröten (Testudines) mit ihren charakteristischen Panzern hat sich in ihrem Bau seit der Trias wenig verändert. Die Schildkröten sind eine kleine Gruppierung mit langlebigen terrestrischen, halbaquatischen und aquatischen Formen, die auch Arten des Meeres einschließt. Ihnen fehlen Zähne. Alle sind ovipar und alle – einschließlich der marinen Formen – vergraben ihre Eier. Die Eidechsen, die Schlangen und die Doppelschleichen (Ordnung der Schuppenkriechtiere, Squamata) machen 95 Prozent aller rezenten Reptilarten aus. Die Eidechsen (Unterordnung Lacertalia) sind eine vielfältige und erfolgreiche Gruppe, die für das Laufen, Rennen, Klettern, Schwimmen und Graben adaptiert ist. Sie unterscheiden sich von den Schlangen im Regelfall durch den Besitz von zwei Gliedmaßenpaaren (einige Formen, wie die Schleichen, sind beinlos), vereinigten Unterkieferhälften, beweglichen Augenlidern und einem Außenohr. Viele Eidechsenarten sind gut an ein Überleben unter heißen und trockenen Wüstenbedingungen angepasst.

Die Doppelschleichen (Unterordnung Amphisbaenia) sind eine kleine, tropische Gruppe beinloser Squamaten, die hochgradig an eine grabende Lebensweise angepasst ist.

Die Schlangen (Unterordnung Serpentes) zeichnen sich neben der vollständigen Beinlosigkeit durch ihre langgestreckten Körper und einen hochkinetischen Schädel aus. Letzterer erlaubt es den Tieren, Beutetiere, deren Durchmesser viel größer als der der Schlange sein kann, als Ganzes zu verschlucken. Die meisten Schlangen stützen sich beim Aufspüren von Beutetieren im Wesentlichen auf ihre chemischen Sinne, insbesondere die Jacobson'schen Organe, statt auf ihren nur schlecht entwickelten Seh- oder Hörsinn. Zwei Gruppen von Schlangen (Grubenottern und einige Boas) verfügen über einzigartige Infrarotsinnesorgane zum Verfolgen warmblütiger Beutetiere. Einige Schlangen sind giftig.

Die Brückenechsen Neuseelands (Ordnung Sphenodonta) sind Relikte und die einzigen Überlebenden einer Gruppe, deren übrige Vertreter vor 100 Millionen Jahren verschwanden. Sie tragen bis heute mehrere Merkmale, die beinahe identisch mit solchen fossiler, mesozoischer Diapsiden sind.

Krokodile, Alligatoren und Kaimane (Ordnung Crocodilia) sind die einzigen rezenten reptilischen Vertreter der Archosaurierlinie, die neben diesen Formen auch die ausgestorbenen Dinosaurier und die rezenten Vögel hervorgebracht hat. Die Krokodile zeigen diverse Anpassungen an die carnivore, halbaquatische Lebensweise; hierzu gehören der massive Schädel mit mächtigen Kiefern und ein sekundärer Gaumen. Sie zeigen von allen rezenten Reptilien das komplexeste Sozialverhalten.

Übungsaufgaben

1. Welches waren die drei wesentlichen Radiationsprozesse der Amnioten im Mesozoikum, und von welchen Evolutionslinien stammen die Vögel und die Säugetiere ab? Anhand welcher Merkmale lassen sich die Schädel, die kennzeichnend für die verschiedenen Radiationen sind, voneinander unterscheiden?

2. Welche Veränderungen im Aufbau der Eier haben es den Reptilien erlaubt, ihre Eier an Land abzulegen? Warum werden ihre Eier oft als „Amnioteneier" bezeichnet? Was sind „Amnioten"?

3. Warum werden die Reptilien heute als paraphyletische und nicht mehr als monophyletische Gruppierung angesehen? Wie haben kladistisch orientierte Taxonomen den Inhalt dieses Taxons umgeordnet, um es zu einem monophyletischen zu machen?

4. Beschreiben Sie biologische Eigenschaften, durch die Reptilien funktionell wie strukturell besser an eine terrestrische Existenz angepasst sind als Amphibien.

5. Welches sind die Hauptmerkmale der Reptilienhaut, und wie lässt sie sich von der Haut eines Frosches unterscheiden und abgrenzen?

6. Beschreiben Sie die hauptsächlichen anatomischen Merkmale von Schildkröten, durch die sie sich von allen anderen Reptilienordnungen unterscheiden.

7. Wie kann die Temperatur des Nestes die Eientwicklung von Schildkröten beeinflussen? Wie bei den Krokodilen?

8. Was versteht man unter einem „kinetischen Schädel", und welche Vorteile bringt er mit sich? Wie ist es Schlangen möglich, derartig große Beute(tiere) zu fressen?

9. Auf welche Weise ähneln die speziellen Sinne von Schlangen denen von Eidechsen, und auf welche Weise haben sich diese im Hinblick auf spezialisierte Ernährungsstrategien hin evolviert?

10. Was sind Amphisbäniden? Welche morphologischen Anpassungen besitzen sich für das Graben?

11. Grenzen Sie bei den Dinosauriern auf der Grundlage der Anatomie der Hüfte die Ornithischia von den Saurischia ab. Welche Evolutionslinie führte zu den Vögeln?

12. Wie atmen Schlangen und Krokodile, wenn ihr Mund voller Nahrung ist?

13. Nennen Sie die Funktion/en des Jakobson'schen Organs der Schlangen.

14. Nennen Sie die Funktion der „Grube" bei den Grubenottern?

15. Wie unterscheiden sich die Giftzähne von Klapperschlangen, Kobras und Afrikanischen Baumschlangen in Bezug auf ihren Bau und ihre Anordnung?

16. Die meisten Schlangen sind ovipar, einige aber ovovivipar oder vivipar. Was bedeuten diese Fachbegriffe, und was muss man wissen, um eine bestimmte Schlangenart einer dieser Fortpflanzungsmethoden zuordnen zu können?

17. Beschreiben Sie, wie sich eine Schlange durch laterale Undulation fortbewegt. Warum kann diese Form der Lokomotion ineffizient sein, falls der Untergrund instabil ist (wie Sand) oder ihm Unregelmäßigkeiten fehlen? Welche Form der Lokomotion würde unter solchen Bedingungen bei einer Schlange funktionieren?

18. Warum sind Tuataras *(Sphenodon)* von besonderem Interesse für Biologen? Wohin müsste man reisen, um eines dieser Tiere in seinem natürlichen Lebensraum sehen zu können?

19. Von welcher Abstammungslinie der Diapsida stammen die Krokodile ab? Welche anderen bedeutenden fossilen oder rezenten Wirbeltiergruppen gehören zur gleichen Abstammungslinie? In Bezug auf welche anatomischen Gegebenheiten und Verhaltensweisen sind die Krokodile weiter entwickelt als andere rezente Reptilien?

Weiterführende Literatur

Alexander, R. (1991): How dinosaurs ran. Scientific American, vol. 264: 130–136. *Durch Anwendung moderner Techniken der Physik und des Ingenieurwesens berechnet ein Zoologe, dass große Dinosaurier sich langsam bewegt haben, aber durchaus in der Lage waren, schnell zu rennen. Keiner benötigte die Auftriebskraft des Wassers zur Stützung des Körpers.*

Alvarez, W. und F. Asaro (1990): An extraterrestrial impact. Scientific American, vol. 263: 78–84. *Dieser Artikel und ein nachfolgender von V. Courtillot mit dem Titel „A volcanic eruption" stellen einander widersprechende Deutungen der Ursachen des Massensterbens am Ende der Kreidezeit, das zum Niedergang der Dinosaurier führte, vor.*

Weiterführende Literatur

Appenzeller, T. (1999): T. rex was fiercé, yes, but feathered, too. Science, vol. 285: 2052–2053. *Hinweise aus einer chinesischen Fossilfundstätte deuten darauf hin, dass diverse räuberische Dinosaurier, die mit der Entwicklungslinie der Vögel in Beziehung stehen, zu irgendeinem Zeitpunkt in ihrem Leben Federn getragen haben.*

Cogger, H. und R. Zweifel (Hrsg.): Encyclopedia of reptiles and amphibians. Academic Press (1998); ISBN: 0-1217-8560-2. *Dieser umfassende, aktuelle und verschwenderisch illustrierte Band wurde von einigen der führenden Herpetologen verfasst.*

Crews, D. (1994): Animal sexuality. Scientific American, vol. 270: 108–114. *Die Fortpflanzungsstrategien von Reptilien, einschließlich der nichtgenetischen Geschlechtsfestlegung, verleihen Einsichten in die Ursprünge und die Funktionen der Sexualität.*

Erickson, G. (1999): Breathing life into Tyrannosaurus rex. Scientific American, vol. 281, no. 9: 42–49. *Die gegenwärtige Befundlage lässt den Schluss zu, dass T. rex ein geselliges Herdentier war und seine Nahrung durch aktive Jagd wie als Aasfresser erwarb.*

Fish, F. E. et al. (2007): Death roll of the alligator: mechanics of twist feeding in water. Journal of Experimental Biology, 210: 2811–2818. *Beschreibung, wie Krokodile und Alligatoren mit Hilfe der „Todesrolle" große Beute zerkleinern und verzehren können.*

Greene, H. (1997): Snakes: The evolution of mystery in nature. University of California Press; ISBN: 0-5202-2487-6. *Sehr schöne Fotografien begleiten einen gut geschriebenen Text in einem Band, der für Wissenschaftler ebenso geeignet ist wie für Neulinge.*

Halliday, T. und K. Adler (Hrsg.): The encyclopedia of reptiles and amphibians. Facts on File (1986); ISBN: 0-8160-1359-4. *Umfassendes und hübsch illustrierte Abhandlung über die Gruppen der Reptilien mit einführenden Abschnitten über ihre Ursprünge und Merkmale.*

Kardong, K. (2005): Vertebrates: Comparative Anatomy, Function, Evolution. 4. Auflage. McGraw-Hill; ISBN: 0-0712-4457-3

King, G. (1996): Reptiles and herbivory. Chapman & Hall; ISBN: 0-4124-6110-2. *Erklärt die Anpassungen, die Reptilien nutzen, um Nährstoffe aus pflanzlicher Nahrung zu ziehen.*

Kring, D. A. und D. D. Durda (2005): Der Tag, an dem die Erde brannte. Spektrum der Wissenschaft, Februar 2005, S. 48–55; *Sehr gute Beschreibung des Asteroideneinschlags und der globalen Folgen, was zum Aussterben der Dinosaurier führte.*

Lillywhite, H. (1988): Snakes, blood circulation and gravity. Scientific American, vol. 259, no. 12: 92–98. *Selbst lange Schlangen sind in der Lage, ihren Blutkreislauf aufrechtzuhalten, wenn ihr Körper mit dem Kopf nach oben vertikal ausgestreckt ist. Sie bewerkstelligen dies durch spezielle Kreislaufreflexe, die den Blutdruck regeln.*

Lohmann, K. (1992): How sea turtles navigate. Scientific American, vol. 266, no. 1: 100–106. *Neure Befunde legen nahe, dass Meeresschildkröten das Magnetfeld der Erde und die Richtung von Meereswellen nutzen, um zur Eiablage zu den Stränden ihrer eigenen Geburt zurückzufinden.*

Mattison, C. (2007): The New Encyclopedia of Snakes. Cassell Illustrated; ISBN: 1-8440-3571-9. *Großzügig bebildertes Buch, das die Evolution, die Physiologie, das Verhalten und die Klassifikation der Schlangen behandelt.*

Norman, D. (1991): Dinosaur! Prentice-Hall; ISBN: 0-6718-7472-1. *Sehr gut lesbare Darstellung des Lebens und der Evolution der Dinosaurier mit feinen Illustrationen.*

Paul, G. (2000): The Scientific American book of dinosaurs. St. Martin's Press; ISBN: 0-3122-6226-4. *Aufsätze, die die funktionelle Morphologie, das Verhalten, die Evolution und das Aussterben der Dinosaurier behandeln.*

Pough, F. et al. (2003): Herpetology. Prentice Hall; ISBN: 0-1310-0849-8. *Ein umfassendes Lehrbuch, das die Vielfalt, die Physiologie, das Verhalten, die Ökologie und den Artenschutz der Reptilien und der Amphibien behandelt.*

Pough, F. et al. (2004): Vertebrate Life. 7. Auflage. Prentice Hall; ISBN: 0-13-145310-6.

Westheide, W. und R. Rieger (2004): Spezielle Zoologie, Teil 2: Wirbel- oder Schädeltiere. 1. Auflage. Elsevier; ISBN: 3-8274-0900-4. *Gut verständliches, umfassendes Lehrbuch zum vertiefenden Studium der Zoologie.*

Zug, G. et al. (2001): Herpetology: An Introductory Biology of Amphibians and Reptiles. Academic Press; ISBN: 0-1278-2622-X. *Ein aktuelles, allgemeines Lehrbuch der Herpetologie.*

Weitere Informationen zu diesem Buchkapitel finden Sie auf der Companion-Website unter http://www.pearson-studium.de

Vögel (Aves)
Phylum Chordata, Classis Aves

27.1	Ursprung und Verwandtschaftsverhältnisse	859
27.2	Form und Funktion	865
27.3	Vogelzug und Navigation	880
27.4	Sozialverhalten und Fortpflanzung	883
27.5	Vogelpopulationen	887
	Zusammenfassung	892
	Übungsaufgaben	893
	Weiterführende Literatur	893

27

ÜBERBLICK

Vögel (Aves)

Vielleicht war es unvermeidlich, dass die Vögel, welche die Fähigkeit zu fliegen entwickelt haben, diese Fähigkeit nutzen würden, um ausgedehnte, jahreszeitliche Wanderungen zu unternehmen, die immer wieder die Neugier und das Interesse des Menschen auf sich gezogen haben. Denn die Vorteile des Vogelzuges sind vielgestaltig. Das Pendeln zwischen südlichen Winterquartieren und sommerlichen Brutregionen im Norden mit ihrer langen Tageshelligkeit und einem reichen Angebot an Insekten liefert den Elternvögeln mehr als genug Nahrung, um ihre Jungen aufzuziehen. Im hohen Norden sind Raubfeinde, die den Vögeln nachstellen, nicht so häufig, und das alljährliche Auftreten verletzlicher Jungvögel über einen kurzen Zeitraum fördert den Aufbau einer starken Jägerpopulation kaum. Das Zugverhalten vergrößert außerdem den für die Fortpflanzung zur Verfügung stehenden Raum immens und vermindert aggressives Territorialverhalten. Schließlich begünstigt die Wanderung die Homöostase – den Ausgleich physiologischer Vorgänge, welche die Stabilität des inneren Milieus aufrechterhalten – indem sie es den Vögeln erlaubt, klimatische Extreme zu vermeiden.

Und doch bleibt das Wunder des Vogelzuges bestehen, über dessen Mechanismen es noch vieles zu lernen gibt. Was legt den Zeitplan des Zuges fest? Was bestimmt die Anlage ausreichender Energiespeicher, die es jedem einzelnen Vogel ermöglichen, die Reise zu überstehen? Welchen Ursprung haben die manchmal komplizierten Zugrouten? Und welche Signale benutzen die Vögel, um während der Wanderung zu navigieren? Welches ist der Ursprung des instinktiven Antriebes, dem zurückweichenden Winter nordwärts zu folgen? Denn es ist ein Instinkt, der die Wanderwellen der ziehenden Vögel im Frühjahr und im Herbst in Gang setzt – blinder, instinktiver Gehorsam, der die meisten Vögel mit Erfolg in ihre nördlichen Nistgebiete bringt, während ungezählte es nicht schaffen und umkommen, hinweggerafft von der unerbittlichen Umwelt.

Störche während eines nächtlichen Zuges.

Von allen Wirbeltieren sind die Vertreter der Klasse der Vögel (Classis Aves) (lat. *avis*, Vogel; *aves*, Vögel) die auffälligsten, die stimmfreudigsten, und in der Meinung vieler Menschen auch die schönsten. Mit mehr als 9900 über beinahe die ganze Welt verbreiteten Arten übertreffen die Vögel jede andere Wirbeltiergruppe mit Ausnahme der Fische an Artenvielfalt. Vögeln begegnet man in Wäldern und in Wüsten, in den Bergen und im Grasland sowie auf allen Weltmeeren. Von vier Arten ist bekannt, dass sie den Nordpol besucht haben, eine weitere – die Skua-Raubmöwe – wurde am Südpol gesichtet. Einige Vögel leben in der totalen Dunkelheit von Höhlen und finden ihren Weg per Echoortung; andere tauchen in Tiefen von mehr als 45 m hinab, um nach Wassertieren zu jagen, von denen sie sich ernähren. Der auf Kuba lebende Hummelkolibri ist mit einer Körpermasse von nur 1,8 g eines der kleinsten endothermen Wirbeltiere.

Das nur Vögeln eigene, kennzeichnende Merkmal, das sie von allen anderen rezenten Tieren unterscheidet, ist ihr Federkleid. Falls ein Tier Federn besitzt, ist es ein Vogel; fehlen die Federn, ist es kein Vogel. Keine andere Gruppe der rezenten Vertebraten verfügt über ein derartig leicht zu erkennendes und narrensicheres Erkennungsmerkmal. Federn waren vermutlich bereits bei einigen theropoden Dinosauriern vorhanden, doch waren diese untauglich zum Fliegen.

Der anatomische Bau der Vögel zeigt ein hohes Maß an Uniformität. Ungeachtet einer Spanne von fast 150 Millionen Jahren der Evolution, während derer sie sich fortgepflanzt und an spezialisierte Lebensweisen adaptiert haben, haben wir kaum Schwierigkeiten, einen rezenten Vogel als solchen zu erkennen. Zusätzlich zu den Federn weisen alle Vögel zu Flügeln modifizierte Vordergliedmaßen auf (obgleich diese nicht immer zum Fliegen verwendet werden); alle besitzen Hinterextremitäten, die für das Laufen, Schwimmen oder Greifen adaptiert sind; alle besitzen einen keratinisierten Schnabel; und alle legen Eier. Der Grund für diese hohe bauliche und funktionale Gleichförmigkeit liegt in dem Umstand, dass sich die Vögel zu Flugapparaten evolviert haben. Diese Tatsache schränkt die morphologische Diversität, die bei den anderen Wirbeltierklassen so hervorstechend ist, stark ein. So erreichen die Vögel beispielsweise nicht die Vielgestaltigkeit ihrer endothermen evolutiven Schwestergruppe, den Säugetieren, zu denen so unterschiedliche Formen wie Wale, Stachelschweine, Fledermäuse, Giraffen und Menschen gehören.

Die gesamte Anatomie eines Vogelkörpers dreht sich um das Fliegen und ist um diese Fortbewegungsart „herumkonstruiert". Eine luftgestützte Existenz ist für einen großen Vertebraten eine große evolutive Herausforderung. Ein Vogel muss natürlich Flügel besitzen, die ihn tragen und für Vortrieb sorgen. Die Knochen müssen leicht sein und gleichzeitig einen starren Tragrahmen bilden. Das Atmungssystem muss hocheffizient sein, um den hohen metabolischen Anforderungen des Fliegens gerecht zu werden, und es muss außerdem zur Temperaturregulierung dienen können, um die Körpertemperatur nahezu konstant zu halten. Ein Vogel muss über ein rasch arbeitendes und leistungsfähiges Verdauungssystem verfügen, um die energiereiche Nahrung zu verarbeiten; er muss eine hohe Stoffwechselrate besitzen; und er muss mit einem Hochdruckkreislaufsystem ausgestattet sein. Vor allem aber müssen Vögel ein fein austariertes Nervensystem und scharfe Sinne – insbesondere ein exquisites Sehvermögen – besitzen, um die vielfältigen Probleme des Hochgeschwindigkeitsfluges in Blickrichtung zu meistern.

27.1 Ursprung und Verwandtschaftsverhältnisse

Vor ungefähr 147 Millionen Jahren fiel ein fliegendes Tier in eine flache Meereslagune und ertrank an einem Ort, der nachfolgend trockenfiel und heute in Bayern liegt. Auf den Grund der Lagune abgesunken, wurde der Kadaver rasch von Schlamm bedeckt und schließlich fossiliert. Er blieb in der Sedimentschicht liegen, bis er im Jahr 1861 von einem Arbeiter in einem Steinbuch beim Spalten von Schieferplatten zufällig entdeckt wurde. Das Fossil hat die ungefähre Größe einer Krähe, mit einem Schädel, der dem moderner Vögel nicht unähnlich ist, mit der Ausnahme, dass der schnabelartige Kiefer kleine knochige Zähne trägt, die wie die der Reptilien in Einsenkungen des Kieferknochens liegen (▶ Abbildung 27.1). Das Skelett war entschieden reptilartig, mit einem langen, knochigen Schwanz, klauenbewehrten Fingern und Abdominalrippen. Es hätte als theropoder Dinosaurier klassifiziert werden können, trüge es nicht die unverwechselbaren Abdrücke von **Federn**, diesen Wunderwerken der biologischen Ingenieurskunst, über die nur die Vögel verfügen. *Archaeopteryx lithographica* (gr. *archaeo*, alt + *pteros*, Flügel + *lithos*, Stein + *grapho*, schreiben) – zu Deutsch etwa „alter, versteinerter Flügel" – wie das Fossil bald nach seiner Entdeckung genannt wurde, erwies sich als besonders glückliche Entdeckung, weil die Fossilgeschichte der Vögel enttäu-

27 Vögel (Aves)

Abbildung 27.1: Archaeopteryx, ein 147 Millionen Jahre alter Vorläufer der modernen Vögel. (a) Relief (Gegenplatte) des zweiten und beinahe perfekt erhaltenen *Archaeopteryx*-Fossils, das in einem bayerischen Steinbruch entdeckt worden ist. Bis heute sind zehn Exemplare von *Archaeopteryx* entdeckt worden. (b) Rekonstruktion des *Archaeopteryx* nach Fossilfunden.

schend dünn ist. Der Fund war auch deshalb von so dramatischer Wirkung, weil er zweifellos die stammesgeschichtliche Verwandtschaft der Vögel mit den theropoden Dinosauriern bewies.

Den Zoologen war schon lange vorher die Ähnlichkeit von Vögeln und Reptilien aufgefallen. Die Schädel von Vögeln und Reptilien sind am ersten Nackenwirbel durch eine einzelne, okzipitale Kondyle (ein kleiner Knochenhöcker; Säugetiere weisen zwei solcher Höcker auf) befestigt. Die Vögel und die Reptilien zeigen einen einzelnen Mittelohrknochen, den Steigbügel (Stapes), der bei den Säugetieren einer von drei Mittelohrknochen ist. Vögel und Reptilien besitzen einen Unterkiefer, der aus fünf oder sechs Knochen zusammengesetzt ist, wohingegen der Unterkiefer der Säugetiere aus nur einem Knochen besteht, dem Dentale (= Mandibula). Vögel scheiden wie Reptilien überschüssigen Stickstoff in Form von Harnsäure ($C_5H_4N_4O_3$) aus, während die Säugetiere ihn als Harnstoff (CH_4N_2O) abgeben. Vögel und die meisten Reptilien legen ähnlich dotterreiche Eier, in denen sich der Frühembryo durch oberflächliche Furchungsteilungen als dünne Scheibe auf der Dotterkugel entwickelt.

Der englische Zoologe Thomas Huxley (1825–1895) war von diesen und noch weiteren anatomischen und physiologischen Affinitäten zwischen den beiden Tiergruppen so beeindruckt, dass er die Vögel als „glorifizierte Reptilien" bezeichnete und sie systematisch zu einer als Theropoden bezeichneten Gruppe von Dinosauriern stellte, die mehrere vogelartige Merkmale erkennen lassen (▶ Abbildungen 27.2 und 27.3). Die theropoden Dinosaurier haben viele abgeleitete Merkmale mit den Vögeln gemeinsam, von denen der augenfälligste der gestreckte, bewegliche, S-förmige Hals ist.

Die Dromeosaurier – eine Gruppe innerhalb der Theropoden, zu denen Velociraptor gehört – haben viele weitere abgeleitete Merkmale mit den Vögeln gemeinsam, etwa die Furkula (fusionierte Klavikeln, Schlüsselbeine) und die lunaten (= spezieller Handknochen) Handgelenksknochen, welche die beim Fliegen eingesetzten Drehbewegungen ermöglichen (▶ Abbildung 27.3). Zusätzliche Belege, welche die Vögel mit den Dromeosauriern in Verbindung bringen, stammen von den in jüngerer Zeit beschriebenen Fossilien des späten Jura und der frühen Kreide aus der Fossilienfundstätte in der chinesischen Provinz Liaoning. Diese spektakulären Fossilien, zu denen *Protarchaeopteryx* und *Caudipteryx* gehören, sind dromeosaurierartige Theropoden – aber Theropoden, die mutmaßlich Federn trugen. Es ist unwahrscheinlich, dass diese befiederten Dinosaurier fliegen konnten, da sie nur kurze Vordergliedmaßen und Federn mit symmetrischen Fahnen besaßen (die Flugfedern der modernen, flugfähigen Vögel sind asymmetrisch). Obwohl diese Federn für einen aktiven Vortriebsflug nicht zu gebrauchen waren, waren sie vielleicht von Nutzen für kontrollierte Gleitflüge oder das Herabsprin-

27.1 Ursprung und Verwandtschaftverhältnisse

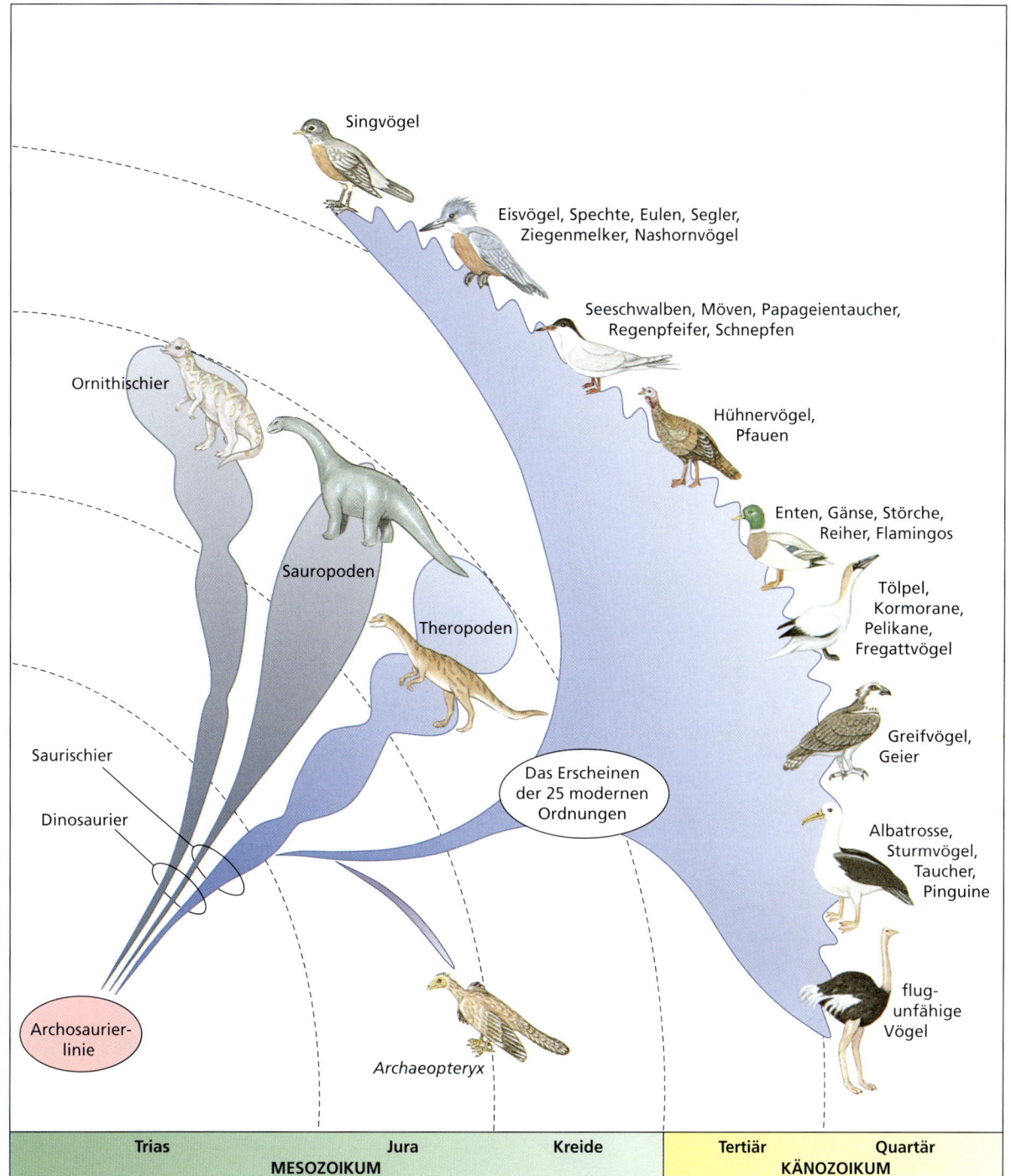

Abbildung 27.2: Die Evolution der modernen Vögel. Von den 25 Ordnungen der rezenten Vögel sind die neun umfangreichsten dargestellt. Der früheste bekannte Vogel, *Archaeopteryx*, lebte im Ober-Jura vor etwa 147 Millionen Jahren. *Archaeopteryx* zeigt auf einzigartige Weise viele spezialisierte Skelettmerkmale, die er mit den theropoden Dinosauriern gemeinsam hat. Es wird daher angenommen, dass er sich innerhalb oder aus der Abstammungslinie der Theropoden evolviert hat. Die Evolution der Ordnungen der modernen Vögel vollzog sich rasch während der Erdepochen der Kreide und des Tertiärs.

gen von Bäumen. Diese primitiven Federn könnten, wie die modernen Federn, farbig gewesen sein und eine Rolle bei der sozialen Zurschaustellung gespielt haben. In jüngster Zeit sind in China weitere theropode Dinosaurier wie *Sinosauropteryx* ausgegraben worden, die mit Filamenten bedeckt sind, die homolog zu Federn zu sein scheinen. Die filamentöse Körperbedeckung dieser Dinosaurier diente wahrscheinlich der thermischen Isolierung und stellt eine Vorläuferform der fahnentragenden Federn dar. Andere, aus Spanien und Argentinien

27 Vögel (Aves)

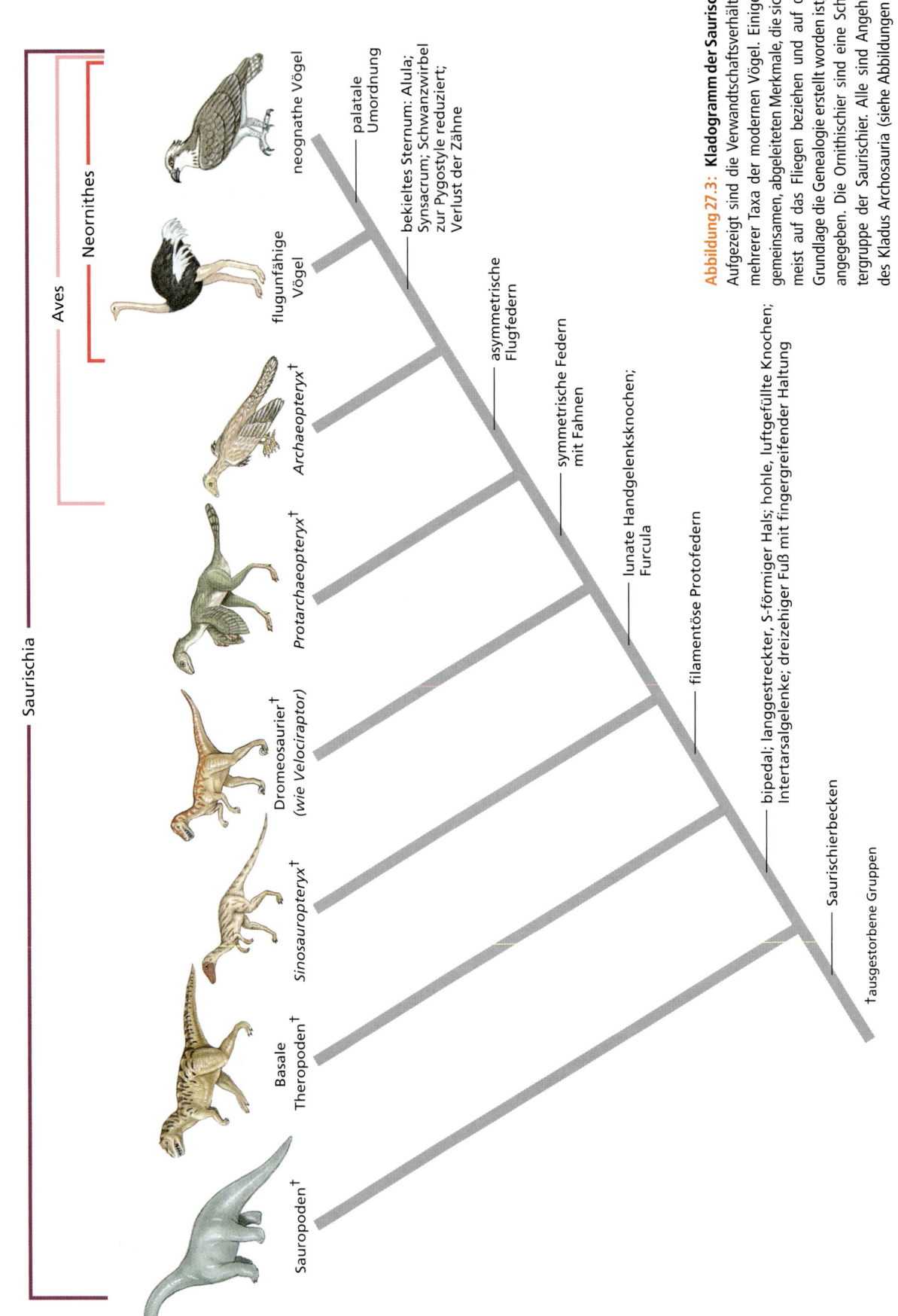

Abbildung 27.3: Kladogramm der Saurischier. Aufgezeigt sind die Verwandtschaftsverhältnisse mehrerer Taxa der modernen Vögel. Einige der gemeinsamen, abgeleiteten Merkmale, die sich zumeist auf das Fliegen beziehen und auf deren Grundlage die Genealogie erstellt worden ist, sind angegeben. Die Ornithischier sind eine Schwestergruppe der Saurischier. Alle sind Angehörige des Kladus Archosauria (siehe Abbildungen 26.1 und 26.2).

27.1 Ursprung und Verwandtschaftverhältnisse

STELLUNG IM TIERREICH

■ **Vögel (Aves)**

Die Vögel bilden eine Abstammungslinie endothermer, diapsider Amnioten, die in der erdgeschichtlichen Epoche des Jura (200 bis 142 Millionen Jahre vor unserer Zeit) die Fähigkeit zu fliegen evolviert hat. Stammesgeschichtlich sind sie am nächsten mit den theropoden Dinosauriern – einer Gruppe bipedaler Carnivoren mit vogelähnlichen Skelettmerkmalen – verwandt. Ihre engsten rezenten Verwandten sind die Krokodile (siehe Kapitel 26 bezüglich der gemeinsamen Abstammung der Vögel und der Krokodile). Die morphologischen Merkmale und die große Einheitlichkeit des anatomischen Baues der Vögel gehen fast sämtlich auf die strengen Anforderungen der Flugfähigkeit zurück, und der Grad der Mobilität, den das Fliegen verleiht, ist für viele kennzeichnende Aspekte des Verhaltens und der Ökologie der Vögel verantwortlich.

Biologische Merkmale

1. Der Besitz von Federn unterscheidet die Vögel von allen übrigen rezenten Tieren. Die Evolution der Federn war das bedeutsamste Einzelereignis, das zum Flugvermögen der Vögel geführt hat.
2. Über die Federn hinaus tragen weitere essenzielle Anpassungen zu den beiden Haupterfordernissen der Flugfähigkeit bei: eine Erhöhung des Leistungsvermögens und eine Gewichtsreduktion. Zu diesen Anpassungen gehören die zu starken Schwingen umgebildeten Vordergliedmaßen, hohle Knochen, ein keratinisierter Schnabel (anstelle schwerer Kiefer und Zähne), die Endothermie, eine hohe Stoffwechselrate (sechs- bis zehnmal höher als bei einem Reptil vergleichbarer Masse und Körpertemperatur), ein großes Herz und ein Hochdruckkreislaufsystem, ein hocheffizientes Atmungssystem, ein scharfes Sehvermögen sowie eine ausgezeichnete neuromuskuläre Koordination.
3. Vögel besetzen beinahe jedes erreichbare Habitat auf der Erdoberfläche und haben innerhalb der von den Anforderungen der Flugtüchtigkeit gesetzten Grenzen eine moderate Radiation der Körperform – insbesondere in der Anpassung der Schnäbel – erfahren.
4. Die ihres Gleichen suchende Mobilität der Vögel hat viele von ihnen in die Lage versetzt, von den Vorteilen jahreszeitlicher und über weite Strecken reichender Wanderungen zu profitieren. Der Vogelzug erlaubt es den Vögeln, saisonale Habitate in Besitz zu nehmen, die für das Brüten, das Finden von Nahrung, die Vermeidung von Raubfeinden und die Verminderung zwischenartlicher Konkurrenz günstigste Voraussetzungen bieten.

stammende Fossilien von Vögeln, die stärker abgeleitet als *Archaeopteryx* sind, dokumentieren die evolutive Entwicklung des bekielten Sternums und der Alula (Digitus alula = Daumenfittich) (siehe Abbildung 27.7), den Verlust der Zähne und die Fusion von Knochen, die charakteristisch für die modernen Vögel sind. Ein phylogenetischer Klassifizierungsansatz würde die Vögel klar zu den theropoden Dinosauriern stellen. Nach dieser Sichtweise ist die Entwicklungslinie der Dinosaurier nicht spurlos ausgestorben, sondern lebt in Form ihrer direkten Nachfahren, den Vögeln, bis auf den heutigen Tag fort.

Die rezenten Vögel (Neornithes) werden in zwei Großgruppen unterteilt: (1) die **Paleognathae** (gr. *palaios*, alt, ur + *gnathos*, Kiefer; Urkiefervögel), zu denen die großen, flugfähigen Strauße und die Kiwis gehören (auch als Ratiten (Flachbrustvögel) oder Laufvögel bezeichnet), die ein flaches Sternum mit nur schwach entwickelter Pektoral- (= Brust)muskulatur aufweisen, und (2) die **Neognathae** (gr. *neos*, neu + *gnathos*, Kiefer; Neukiefervögel), zu denen die flugfähigen Vögel mit einem bekielten Sternum (Brustbein) gehören, an dem die kräftige Flugmuskulatur ansetzt. Diese Untergliederung setzt voraus, dass die Ratiten eine monophyletische Gruppierung bilden. Die Beweislage für diese Eingruppierung ist jedoch schwach, und die Verwandtschaftsbeziehungen der Ratiten zu den anderen Vögeln sind kontrovers. Die straußenartigen Paläognathiden leiten sich klar ersichtlich von flugfähigen Vorfahren her. Darüber hinaus können nicht alle Neognathiden fliegen, und vielen von ihnen fehlt sogar der Kiel am Brustbein (▶ Abbildung 27.4). Die Fluguntüchtigkeit hat sich unabhängig voneinander bei vielen Vogelgruppen ergeben; die Fossilgeschichte belegt, dass flugunfähige Zaunkönige, Tauben, Papageien, Kraniche, Enten, Alken und sogar eine fluguntüchtige Taube existiert haben. Die Pinguine sind flugunfähig, obgleich sie ihre Flügel benutzen, um durch das Wasser zu „fliegen" (Abbildung 10.8). Die Flugunfähigkeit hat sich fast immer auf Inseln evolviert, auf denen sich nur wenige landlebende Beutegreifer finden. Heute auf den kontinentalen Landmassen lebende, fluguntüchtige Vögel sind die Paläognathiden (Strauße, Rheas, Kasuare, Emus), die schnell zu rennen vermögen, um Feinden zu

27 Vögel (Aves)

Abbildung 27.4: Der flugunfähige Kormoran *Nannopterum harrisi*. Einer der seltsamsten Vögel in einer seltsamen Umgebung – die Art lebt auf den Galapagosinseln und ist hier zu sehen, wie sie nach einem Aufenthalt im Wasser zum Erbeuten von Fischen das Gefieder trocknet. Nannopterum ist ein ausgezeichneter Schwimmer, der sich mit Hilfe seiner Füße im Wasser vorantreibt, um Fischen und Tintenfischen nachzustellen. Die flugunfähige Kormoranart ist ein Beispiel für eine karinate (mit einem bekielten Sternum ausgestattete Vogelart), die den Kiel und damit die Flugfähigkeit verloren hat.

Exkurs

Die Körper flugunfähiger Vögel sind in dramatischer Weise umgestaltet, um alle Einschränkungen, die durch die Flugtüchtigkeit entstanden sind, zu beseitigen. Der Kiel des Sternums ist verlorengegangen, ebenso die schwere Flugmuskulatur (die bei flugfähigen Vögeln bis zu 17 Prozent der Körpermasse ausmachen kann) und weitere Spezialisierungen des Flugapparates. Da die Körpermasse nicht länger ein begrenzender Faktor ist, neigen die flugunfähigen Vögel dazu, größer und schwerer zu werden. Mehrere ausgestorbene flugunfähige Vögel waren von enormer Größe: Die Riesenmoas Neuseelands wogen mehr als 225 kg, und der Elefantenvogel Madagaskars – der größte Vogel, der jemals gelebt hat – wog beinahe 450 kg. Seine Körperhöhe betrug an die 2 m.

entgehen. Ein Strauß kann bis zu 70 km/h schnell rennen; sogar Geschwindigkeiten von bis zu 96 km/h sind berichtet, oder besser behauptet, worden. Die Evolution und die geografische Verbreitung flugunfähiger Vögel werden in den Kapiteln 6 bzw. 37 erörtert.

MERKMALE

■ Classis Aves

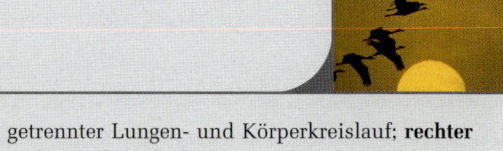

1. Körper für gewöhnlich spindelförmig, mit vier Abschnitten: Kopf, Hals, Rumpf und Schwanz; **Hals unverhältnismäßig lang** zum Halten des Gleichgewichts und zur Nahrungsaufnahme.
2. Gliedmaßen paarig; **Vordergliedmaßen meist zum Fliegen modifiziert**; das posteriore Paar verschiedenartig adaptiert zum Greifen, Laufen oder Schwimmen; Füße mit vier Zehen (bei einigen zwei oder drei Zehen).
3. Epidermale **Bedeckung aus Federn** und **Beinschuppen**; dünnes Integument aus Epidermis und Dermis; keine Schweißdrüsen; Öl- oder Bürzeldrüse an der Schwanzbasis; **Ohrmuschel rudimentär**.
4. **Vollständig verknöchertes Skelett mit Luftkammern**; Schädelknochen fusioniert, mit einer **okzipitalen Kondyle**; Schädel diapsid mit antorbitalem Fenestra; beide Kiefer von einer keratinisierten Scheide überzogen, einen **Schnabel** bildend; **keine Zähne**; Rippen mit Verstärkungsfortsätzen, der Processus uncinatus verbindet die Rippen miteinander; **Schwanz nicht gestreckt**; Sternum für gewöhnlich gut entwickelt und bekielt; einzelner **Mittelohrknochen**.
5. Nervensystem wohlentwickelt, mit zwölf Paaren Hirnnerven und einem Gehirn mit **großem Cerebellum und großen optischen Loben**.
6. Kreislaufsystem bestehend aus einem **vierkammerigen Herzen** mit zwei Atrien und zwei Ventrikeln; vollständig getrennter Lungen- und Körperkreislauf; **rechter Aortenbogen dauerhaft** als Aorta dorsalis; verkleinertes renales Pfortadersystem; rote Blutkörperchen mit Zellkernen.
7. Endotherm.
8. Atmung mittels leicht aufblähbarer Lungen, mit dünnen **Luftsäcken** zwischen den inneren Organen und dem Skelett; **Syrinx** (**Kehlkopf**) in der Nähe des Verzweigungspunktes von Trachea und Bronchien.
9. Exkretorisches System aus metanephrischen Nieren; Harnleiter mündet in eine Kloake; **keine Blase**; halbfester Harn; Harnsäure als Ausscheidungsform des Stickstoffs.
10. Geschlechter getrennt; Testes paarig, Vas deferens mündet in die Kloake; **nur linkes Ovar und linker Eileiter der Weibchen funktionstüchtig**; Kopulationsorgan (Penis) bei Enten, Gänsen, Paläognathiden sowie einigen anderen.
11. Innere Befruchtung; **amniotische, dotterreiche Eier mit harter Kalkschale**; Entwicklung im Ei mit Embryonalmembranen; **Brütung außerhalb des Körpers**; Junge zum Zeitpunkt des Schlüpfens aktiv (**Nestflüchter**) oder hilflos und nackt (**Nesthocker**); Geschlechtsfestlegung chromosomal (heterogametische Weibchen).

Form und Funktion 27.2

Genauso wie ein Flugzeug gemäß strenger aerodynamisch notwendiger Spezifizierungen entworfen und gebaut sein muss, damit es fliegen kann, muss auch ein Vogel strengen strukturellen Anforderungen genügen, wenn er sich in der Luft halten will. Alle spezialisierten Anpassungen, die man bei den flugtüchtigen Vögeln antrifft, tragen zu zweierlei bei: mehr Leistung und geringeres Gewicht. Der Mensch konnte sich mit seinen Maschinen erstmals in die Luft erheben, als es ihm gelungen war, einen Verbrennungsmotor zu entwickeln und er gelernt hatte, das Masse/Leistungsverhältnis unter einen kritischen Wert zu drücken. Den Vögeln gelang es bereits vor Jahrmillionen, sich in die Luft zu erheben. Aber ein Vogel muss mehr leisten als zu fliegen: Er muss sich mit Nahrung versorgen und die Nahrung in einen energiereichen Treibstoff verwandeln; er muss Feinden entwischen; er muss in der Lage sein, Verletzungen und Beschädigungen selbst zu reparieren; er muss sich selbst klimatisieren – abkühlen, wenn er sich überhitzt und aufwärmen, wenn er zu stark abkühlt; und – am wichtigsten überhaupt – er muss sich fortpflanzen, um seine Fähigkeiten weitergeben zu können.

27.2.1 Federn

Federn sind sehr leicht, besitzen aber gleichzeitig eine bemerkenswerte Widerstandsfähigkeit und Zugfestigkeit. Die meisten der typischen Vogelfedern sind **Konturfedern** – bekielte Federn, die den Körper eines Vogels bedecken und ihm strömungsgünstige Eigenschaften verleihen. Eine Konturfeder besteht aus einem hohlen **Kiel** (= Federkiel; **Calamus**), der aus einem Hautfollikel entspringt, und einem **Schaft** (**Rachis**), der die Fortsetzung des Kieles darstellt, und der die zahlreichen **Federäste** (**Barbae**) trägt (▶ Abbildung 27.5). Die Federäste sind dicht nebeneinander gelagert und erstrecken sich diagonal zu beiden Seiten des zentralen Schaftes, wobei sie eine flache, ausladende, verwobene Oberfläche, die **Fahne**, ausbilden. Eine Fahne kann aus mehreren Hundert Federästen bestehen.

Untersucht man eine Vogelfeder unter dem Mikroskop, so erscheint jeder Federast als eine miniaturisierte Replik einer ganzen Feder, mit zahlreichen, parallel angeordneten Filamenten, den **Bogen-** und **Hakenstrahlen**, die zu beiden Seiten des Federastes sitzen und lateral von diesem ausstrahlen. Auf jeder Seite eines Federastes können bis zu 500 Bogen- bzw. Hakenstrahlen aufgereiht sein. Dies addiert sich zu einer Gesamtzahl von mehr als einer Million Bogen- und Hakenstrahlen an jeder Konturfeder. Die Bogenstrahlen des einen Federastes überlappen mit den Hakenstrahlen eines benachbarten Federastes unter Ausbildung eines Fischgrätenmusters. Diese Anordnung wird durch feine Häkchen an den Hakenstrahlen, die sich mit den benachbarten Bogenstrahlen verhaken, in Form gehalten, und dies mit hoher struktureller Festigkeit. Werden zwei benachbart liegende Strahlen getrennt – auf die Größe der beteiligten Strukturen umgerechnet, ist dazu ein beträchtlicher Kraftaufwand vonnöten – lässt sich der verzahnte Zustand augenblicklich wieder herstellen, wenn man die Feder mit wenig Druck durch die Fingerspitzen laufen lässt. Ein Vogel führt diese Gefiederrestaurierung natürlich mit seinem Schnabel durch, und jeder Vogel wendet einen Großteil seiner Zeit für die Pflege seines Gefieders auf, um es in makellosem Zustand zu halten.

Federtypen

Die verschiedenen Federtypen eines Vogels dienen unterschiedlichen Zwecken. **Konturfedern** (Abbildung 27.5 e) verleihen dem Vogel seine äußere Erscheinung. Diesen Federtyp haben wir bereits beschrieben. Konturfedern, die sich über den eigentlichen Körper hinaus erstrecken und zum Fliegen eingesetzt werden, heißen Flugfedern. Daunen (Abbildung 27.5 h) sind weiche Büschelfedern, die hinter den Konturfedern verborgen liegen. Sie sind deshalb weicher, weil ihren Federästen die Haken fehlen. Sie sind im Brustbereich und am Abdomen von Wasservögeln und jungen Wachteln und Gänsen besonders zahlreich und dicht. Sie dienen in erster Linie der Wärmeisolierung. **Fadenfedern** (Abbildung 27.5 g) sind haarartige, degenerierte Federn. Jede besteht aus einem schwach ausgebildeten Schaft mit einem Büschel kurzer Strahlen an der Spitze. Dies sind die „Haare" eines gerupften Huhns. Fadenfedern haben keine bekannte Funktion. Die bei dem Buchentyrann (*Empidonax virescens*) und der Echten Nachtschwalbe (auch Ziegenmelker genannt, *Caprimulgus vociferens*) um den Schnabel stehenden Borsten sind vermutlich modifizierte Fadenfedern.

Ein vierter, ebenfalls hochgradig modifizierter Federtyp ist die **Puderfeder** (Pulvipluma). Sie findet sich bei Reihern (Ardeidae), Dommeln (Ardeidae), Falken (Falconidae) und Papageien (Psittaciformes). Die Spitzen dieser Federn zerfallen während des Wachstums. Dabei wird ein talgartiges, pulveriges Material freigesetzt, das dabei hilft, das Gefieder wasserabweisend zu machen,

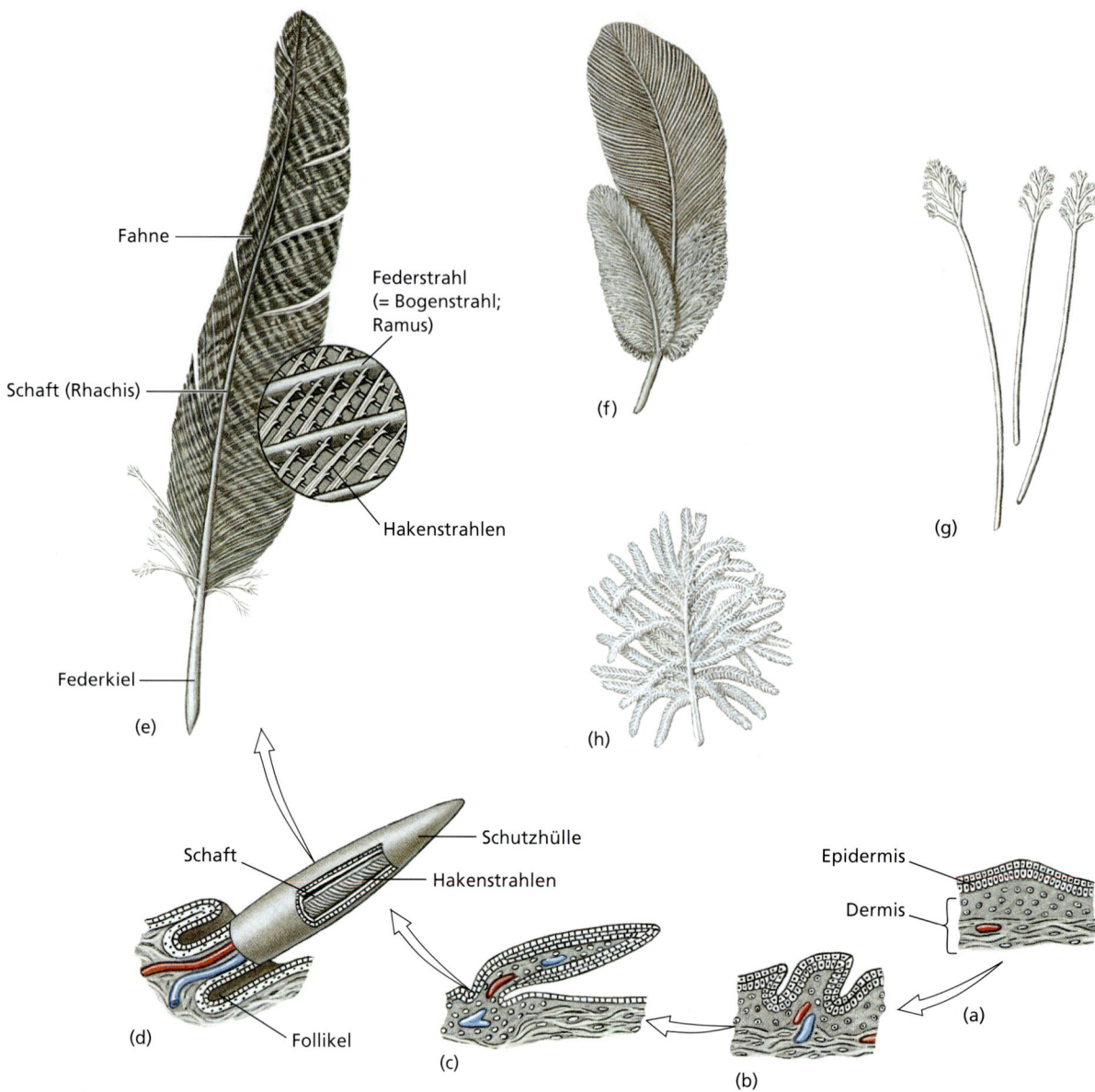

Abbildung 27.5: Verschiedene Typen von Vogelfedern und ihre Entwicklung. (a) bis (e) Sukzessive Stadien der Entwicklung einer Konturfeder. Das Wachstum vollzieht sich innerhalb einer Schutzhülle, (d) die aufreißt, wenn das Wachstum abgeschlossen ist und die ausgewachsene Feder sich flach ausbreiten kann. (f) bis (h) Andere Federsorten, einschließlich einer Fasanenfeder mit Hinterschaft (f) Haarfedern (g) und einer Daunenfeder (h).

und welches ihm gleichzeitig einen metallischen Glanz verleiht.

Ursprung und Entwicklung

Wie die Reptilienschuppe, zu der sie homolog ist, entwickelt sich die Vogelfeder aus einer epidermalen Erhebung, die über einem der Nährstoffversorgung dienenden, dermalen Kernbereich liegt (Abbildung 27.5a). Statt sich aber wie eine Schuppe abzuplatten, rollt sich eine knospende Feder zu einem Zylinder zusammen und sinkt in den Follikel ein, aus dem sie auswächst. Während des Wachstumsvorgangs werden Pigmente (Lipochrome und Melanin) in die Epidermiszellen eingelagert. Wenn sich eine Feder dem Ende ihres Wachstums nähert, werden die noch weiche Rachis und die Strahlen durch die Einlagerung von Keratin in Hartgebilde umgewandelt. Die Schutzhülle reißt auf, was es der Spitze der Feder erlaubt, hervorzubrechen. Kurz danach richten sich die Strahlen beiderseits der Mittelachse auf.

Die Mauser

Im voll ausgewachsenen Zustand ist die Vogelfeder, genau wie das Säugetierhaar, ein totes Gebilde. Das Abwerfen (= Mausern) von Federn ist ein hochgeordneter

Abbildung 27.6: Ein Fischadler (*Pandion haliaetus*; Order Falconiformes) landet mit einem gefangenen Fisch. Federn werden nacheinander in sich exakt entsprechenden Paaren gemausert, so dass das Gleichgewicht während des Fluges erhalten bleibt.

Exkurs

Die lebhaften Farben vieler Federn haben zweierlei Ursachen: Pigmente und Strukturfarben. Rote, orangefarbige und gelbe Federn sind durch Lipochrome, eine spezielle Pigmentklasse, eingefärbt. Schwarz-, Braun-, Rotbraun- und Grautöne entstehen durch ein anderes Pigment, das Melanin. Blaue Federn wie die von Blaukehlchen, Eisvögeln und Papageien (Wellensittiche, Aras usw.) entstehen nicht durch Pigmente, sondern erlangen ihre Färbung durch Lichtbrechung durch mikroskopische Partikel in den Federn. Alle Blautöne stellen also Strukturfarben dar. Unter blauen Federn liegt meist eine melaninhaltige Schicht, die Licht anderer als der gestreuten Wellenlängen zusätzlich absorbiert. Dies führt zu einer Intensivierung der Blautöne. Derartige Federn erscheinen aus allen Richtungen gleich gefärbt. Grüne Farbtöne entstehen fast immer durch eine Kombination eines gelben Pigments mit einer blauen Strukturfarbe. Eine weitere Art von Strukturfarbe ist der hübsche Schillereffekt, den die Farben vieler Vögel aufweisen (zum Beispiel Eisvogel, Glanzstare, grüne Kopfbefiederung männlicher Stockenten). Das Farbspektrum der Schillerfarben reicht von Rot über Orange und kupfer- und goldfarben bis hin zu Grau, Blau und Violett. Schillerfarben beziehen ihre eigentümlichen Reiz aus der Interferenz, also der selektiven Verstärkung bzw. Abschwächung bis hin zur vollständigen Auslöschung von Lichtwellen. Schillerfarben können je nach Betrachtungswinkel ihre Farbqualität verändern. Der südamerikanische (*Pharomachrus mocinno*) sieht aus einer Blickrichtung blau, aus einer anderen grün aus. Ganz ähnliche Farbeffekte zeigt der mitteleuropäische Eisvogel (*Alcedo atthis*). Unter den Wirbeltieren können es hinsichtlich der Intensität und Lebhaftigkeit der Färbung nur die tropischen Rifffische mit den Vögeln aufnehmen.

Vorgang. Außer bei den Pinguinen, die ihr gesamtes Federkleid auf einmal mausern, werden Federn nach und nach abgestoßen und durch neue ersetzt, um das Entstehen kahler Stellen zu vermeiden. Flügel- und Schwanzfedern werden symmetrisch-paarweise abgestoßen (eine Feder und ihr Gegenstück auf der anderen Körperseite), damit das Gleichgewicht beim Fliegen erhalten bleibt (▶ Abbildung 27.6). Die neuen Federn erscheinen, bevor das nächste Federpaar abgeworfen wird, so dass die meisten Vögel während der Mauser weiterhin ungehindert fliegen können. Viele Wasservögel (Enten, Gänse, Taucher, u. a. m.) verlieren jedoch alle ihre Primärfedern zur selben Zeit und sind somit während der Mauserzeit flugunfähig. Viele dieser während der Mauser erdgebundenen Arten suchen zur Vorbereitung isoliert liegende Gewässer auf, wo sie ausreichend Futter finden und vor Raubfeinden geschützt sind oder diesen einfacher entkommen können. Fast alle Vögel mausern sich wenigstens einmal pro Jahr. Für gewöhnlich passiert dies im Spätsommer nach Abschluss der Brutsaison.

27.2.2 Das Vogelskelett

Ein wesentliches bauliches Merkmal für ein fliegendes Tier ist ein leichtes und gleichzeitig robustes Skelett. Im Vergleich zu dem ersten bekannten Vogel, dem Urvogel *Archaeopteryx*, sind die Knochen der modernen Vögel von phänomenaler Leichtigkeit (▶ Abbildung 27.7a). Sie sind von fragilem Bau und durchsetzt mit luftgefüllten Hohlräumen. Solche pneumatisierten Knochen besitzen dennoch mechanische Stärke (▶ Abbildung 27.8). Das Skelett eines Fregattvogels mit einer Flügelspannweite von knapp über zwei Metern hat eine Masse von nur 114 Gramm – weniger als die Masse aller Federn des Vogels.

Als Archosaurier haben sich die Vögel aus Vorfahren mit einem diapsiden Schädel evolviert (siehe Kapitel 26). Die Schädel der modernen Vögel sind jedoch derart spezialisiert, dass es schwierig ist, noch irgendwelche Spuren des ursprünglichen, diapsiden Zustands zu finden. Ein Vogelschädel ist leicht gebaut, und die meisten Knochen sind zu einem einzigen Element fusioniert. Der Hirnschädel und die Augenhöhlen sind groß, um Platz für ein sich aufwölbendes Gehirn und große Augen zu schaffen, die für eine schnelle Bewegungskoordination in Verbindung mit einem überlegenen Sehvermögen notwendig sind. Doch macht der Schädel einer Taube nur 0,2 Prozent der Körpermasse aus; im Vergleich dazu entfallen auf den Schädel einer Ratte 1,25 Prozent der Körpermasse. Als Ganzes betrachtet ist jedoch das Skelett eines Vogels nicht leichter als das eines Säugetiers vergleichbarer Größe. Der Unterschied liegt in der Vertei-

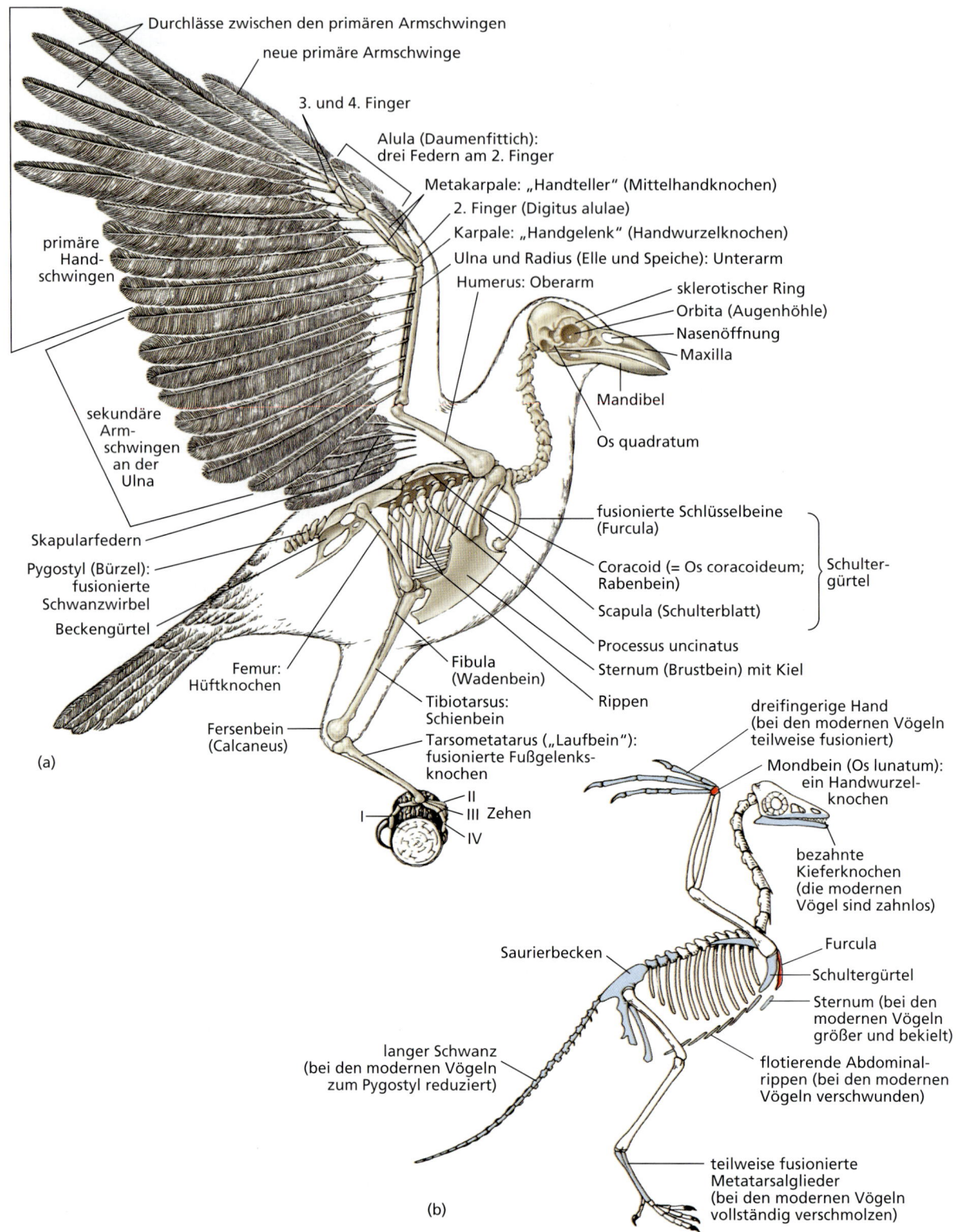

Abbildung 27.7: Vogelskelette. (a) Skelett einer Krähe mit Darstellung eines Teils der Befiederung. (b) Skelett von *Archaeopteryx* mit Darstellung der Reptilstrukturen (blau unterlegt), die bei den modernen Vögeln erhalten geblieben, modifiziert oder verloren gegangen sind. Die Furkula und das lunate Handgelenk (rot) sind bei den Vögeln und ihren Dromeosauriervorfahren neu auftretende Bildungen.

lung der Masse: Während der Schädel und die pneumatisierten Flügelknochen besonders leicht sind, sind die Beinknochen relativ schwerer als die von Säugetieren. Dies hilft, den Schwerpunkt eines Vogels nach unten zu verlagern, was für die aerodynamische Stabilität beim Fliegen günstig ist.

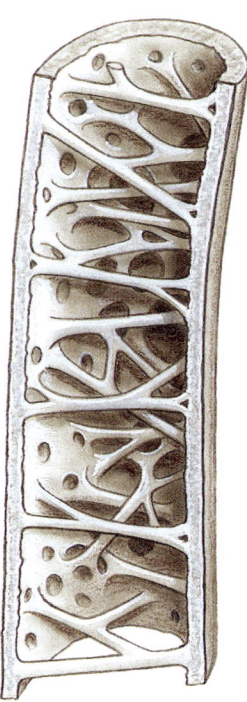

Abbildung 27.8: Hohlknochen eines Singvogels. Erkennbar sind die Festigkeit verleihenden Streben und die luftgefüllten Hohlräume, die das Knochenmark ersetzen. Solche pneumatisierten Knochen sind von erstaunlicher Leichtigkeit und Festigkeit.

Bei *Archaeopteryx* waren noch beide Kiefer mit Zähnen besetzt, die in Vertiefungen saßen – ein Archosauriermerkmal. Die modernen Vögel sind vollständig unbezahnt. Sie besitzen stattdessen einen verhornten (keratinisierten) Schnabel, der um die knochigen Kiefer herum modelliert ist. Der Unterkiefer ist ein Komplex aus mehreren Knochen, die gelenkig verbunden sind, um eine Doppelgelenkswirkung zu erzielen, die es ermöglicht, das Maul weit aufzureißen. Die meisten Vögel besitzen kinetische Schädel (die kinetischen Schädel von Eidechsen haben wir in Kapitel 26 beschrieben). Die Befestigung des Oberkiefers am Schädel ist flexibel. Dies ermöglicht es, den Oberkiefer etwas zu bewegen, was den Öffnungswinkel weiter vergrößert. Bei einigen Vogelgruppen wie den Papageien ist der Oberkiefer besonders flexibel und beweglich, weil er gelenkig mit dem Schädel verbunden ist.

Das kennzeichnendste Merkmal der Vogelwirbelsäule ist ihre Steifigkeit (= Rigidität). Die meisten Wirbelkörper – mit Ausnahme der **Halswirbel** (Zervikalwirbel) – sind miteinander fusioniert. Die Mehrzahl der Schwanzwirbel (Caudalwirbel) sind zur **Pygostyle** (Bürzel; Abbildung 27.7a) fusioniert. Viele der verbleibenden, dazwischenliegenden Wirbelkörper des Rumpfes sind zum **Synsacrum** fusioniert. Diese miteinander verschmolzenen Wirbel bilden zusammen mit dem Beckengürtel einen starren, aber leichten Rahmen als Stütze für die Beine und für den Flug. Um die Steifigkeit dieser Konstruktion weiter zu erhöhen, sind die Rippen durch unciforme (hakenförmige) Fortsätze miteinander verklammert (Abbildung 27.7 a). Außer bei den flugunfähigen Vögeln trägt das Sternum (Brustbein) einen großen, dünnen Kiel, der als Ansatzstelle für die kräftige Flugmuskulatur dient. Die fusionierten Schlüsselbeine (Klavikeln; lat. *clavicula*, Schlüsselbein) bilden eine elastische **Furcula** (lat. *furca*, Mist-/Heugabel), die offenbar nach Art einer Blattfeder während des Flügelschlages mechanische Energie zwischenspeichert. Eine Untersuchung der anatomischen Verhältnisse bei *Archaeopteryx* lieferte einige Hinweise auf eine mögliche Flugtüchtigkeit des Urvogels. Die asymmetrisch gebauten Federn und die große Furcula sind starke Hinweise darauf, dass *Archaeopteryx* ein flugfähiger Vogel gewesen ist. Im Vergleich mit den modernen Vögeln war er wahrscheinlich kein kraftvoller oder ausdauernder Flieger, weil sein kleines Sternum nur eine geringe Ansatzfläche für Flugmuskeln bot (Abbildung 27.7 b).

Die Knochen der Vordergliedmaßen sind für den Flug hochgradig modifiziert. Ihre Zahl ist vermindert und mehrere von ihnen sind miteinander verschmolzen. Ungeachtet dieser Abänderungen ist der Flügel eines Vogels klar erkennbar eine Variation der grundlegenden Tetrapodenextremität der Wirbeltiere (Abbildung 25.1), aus der sie sich evolutiv entwickelt hat. Alle Knochenelemente des Flügels – Oberarm, Unterarm und Finger – sind in abgewandelter Form erhalten (Abbildung 27.7).

27.2.3 Das Muskelsystem

Die lokomotorischen Muskeln der Flügel sind verhältnismäßig massig ausgelegt, um den Anforderungen des Fluges zu entsprechen. Der Größte unter ihnen ist der **Musculus pectoralis** (Brustmuskel), der die Flügel während des Schlages nach unten zieht. Sein Gegenspieler ist der **Musculus supracoracoideus**, der den Flügel nach oben zieht (▶ Abbildung 27.9). Es überrascht vielleicht, dass dieser Muskel nicht am Rückgrat ansetzt (jeder, der schon einmal ein gebratenes Huhn zerlegt hat, weiß aus Erfahrung, dass die Rückenpartie wenig Fleisch zu bieten hat), sondern vielmehr unterhalb des M. pectoralis an der Brust. Er ist über eine Sehne mit der Oberseite des Humerus (Oberarmknochen) verbunden. Der Flügel wird also über ein ausgetüfteltes „Flaschenzugsystem" nach aufwärts bewegt. Sowohl der M. pectoralis wie der

Vögel (Aves)

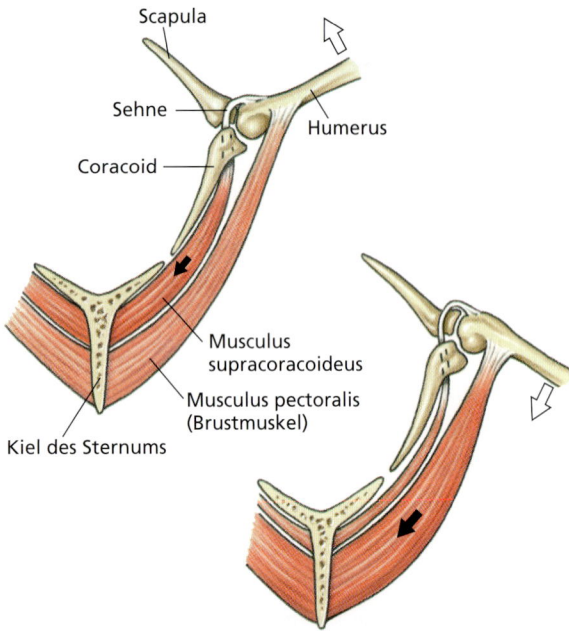

Abbildung 27.9: **Die Anordnung der Flugmuskulatur.** Sie verleiht dem Körper einen tiefliegenden Schwerpunkt. Beide Hauptflugmuskeln setzen am Kiel des Brustbeins (Sternum) an. Kontraktion des Musculus pectoralis zieht den Flügel nach unten. Wenn sich der M. pectoralis entspannt, kontrahiert der M. supracoracoideus und zieht nach Art eines Flaschenzuges den Flügel nach oben.

M. supracoracoideus sind am Kiel des Brustbeins verankert. Die Positionierung der Hauptflugmuskeln an der Unterseite des Rumpfes senkt den Schwerpunkt ab und trägt dadurch zur aerodynamischen Stabilität des fliegenden Vogels bei.

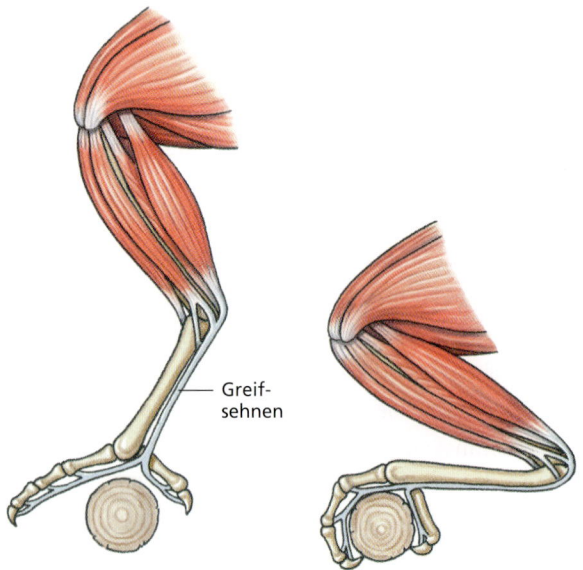

Abbildung 27.10: **Der Greifmechanismus eines Vogels.** Wenn sich ein Vogel auf einem Ast niedersetzt, spannen sich Sehnen im Fuß automatisch an. Dies führt zum Zusammenkrallen der Zehen um den Ast.

Von der Hauptmuskelmasse der Beine am Hüftknochen ziehen sich dünne, aber zugfeste Sehnen durch ärmelartige Sehnenscheiden abwärts zu den Zehen. Als Folge davon sind die Füße eines Vogels praktisch frei von Muskeln, was das dürre, zerbrechlich wirkende Erscheinungsbild eines Vogelbeins erklärt. Die anatomische Anordnung platziert die Muskelmasse in der Nähe des Schwerpunktes des Vogelkörpers, verschafft gleichzeitig aber den schlanken, leichtgewichtigen Vogelfüßen eine sehr große Bewegungsfreiheit. Da die Füße eines Vogels zum größten Teil aus Knochen, Sehnen und zäher, schuppiger Haut bestehen, sind sie hochgradig resistent gegen Frostschäden. Wenn sich ein Vogel auf einem Ast niedersetzt, wird ein trickreicher Zehenarretierungsmechanismus aktiviert, der automatisch verhindert, dass der Vogel herabfällt, wenn er einschläft (▶ Abbildung 27.10). Derselbe Mechanismus sorgt dafür, dass die Fänge eines Greifvogels oder einer Eule sich automatisch schließen und tief in den Körper eines Beutetiers eindringen, wenn die Beine des Greifs oder der Eule beim Zustoßen auf ein Beutetier abgewinkelt werden. Der mächtige Griff eines Greifvogels wurde von L. Brown in seinem Buch über Adler[*] so beschrieben:

> „Wenn ein Adler ernsthaft zupackt, wird die Hand (des Falkners) taub, und es ist fast unmöglich, sie frei zu bekommen, oder auch nur den Griff der Adlerklauen mit der anderen Hand zu lockern. Man kann nur warten, bis der Vogel loslässt; und während man darauf wartet, hat man reichlich Zeit, sich auszumalen, dass ein Tier wie ein Kaninchen unter einem solchen Griff rasch paralysiert werden würde, unfähig nach Luft zu schnappen, und vielleicht im festen Griff der Fänge von Seite zu Seite durchbohrt werden würde."

Die Vögel haben den langen Schwanz der Reptilien, der bei *Archaeopteryx* noch voll in Erscheinung tritt, eingebüßt. An seine Stelle ist ein aufgewölbter, in der Form an ein Nadelkissen erinnernder Muskel getreten, in den die Schwanzfedern eingebettet sind. In dieser Muskelmasse findet sich eine verblüffende Ansammlung winziger Muskeln (bis zu eintausend bei manchen Vogelarten), welche die für die Flugsteuerung entscheidend wichtigen Schwanzfedern steuern. Das komplexeste Muskelsystem eines Vogels findet sich in seinem

---

[*] Brown, L. (1970): Eagles. Arco; ISBN: 0-2131-7871-0.

Nacken: Die dünnen, saitenförmigen Muskeln, die auf verwickelte Weise miteinander verflochten und unterteilt sind, machen den Vogelhals zur Ultima Ratio in Sachen Flexibilität unter den Wirbeltieren.

27.2.4 Nahrung, Ernährung und Verdauung

In der Frühphase ihrer Evolution waren die meisten Vögel Fleischfresser und haben sich in erster Linie wohl von Insekten ernährt, die es zur Zeit der Entstehung der ersten Vögel bereits in großer Zahl und Vielfalt gab. Mit dem Vorteil der Flugfähigkeit ausgestattet, konnten die Vögel auch fliegende Insekten erjagen und Attacken auf Rückzugsgebiete von Insekten ausführen, die ihren erdgebundenen Tetrapodenvettern versagt waren. Heute wird fast jede Insektenart von irgendeiner Vogelart gejagt und gefressen. Vögel durchstochern den Erdboden (Amseln), suchen die Borke (Kleiber, Spechte), Blätter und Zweige ab (Meisen), oder bohren sich sogar bis in die in Baumästen verborgenen Gänge und Kammern von Insekten und ihren Larven vor (Spechte).

Andere tierische Nahrung (Würmer, Mollusken, Crustaceen, Fische, Frösche, Reptilien, Säugetiere, und auch andere Vögel) hat ebenfalls Eingang in den Speiseplan von Vögeln gefunden. Eine sehr große Gruppe der Vögel, die fast ein Fünftel aller Vogelarten umfasst, ernährt sich von Nektar. Einige Vögel sind Allesfresser (anstelle von omnivor verwendet man in der Vogelkunde hierfür den Begriff **euryphag**; gr. *eury*, breit, weit + *phagein*, ich esse); diese Vogelarten fressen, was immer jahreszeitlich bedingt gerade verfügbar ist. Die omnivoren Vögel stehen jedoch in Konkurrenz zu anderen Allesfressern, die das gleiche breite Nahrungsspektrum nutzen. Andere sind Nahrungsspezialisten (**stenophage** Arten; gr. *stenos*, eng + *phagein*, ich (fr)esse). Sie haben ihre speziellen Nahrungsgründe für sich, müssen dafür aber einen Preis bezahlen. Sollte die Nahrung, auf die sie spezialisiert sind, knapp werden oder ganz ausbleiben (durch Faktoren wie Krankheit, ungünstiges Wetter bzw. Klima, und so weiter), kann ihr Überleben in Gefahr sein.

Die Schnäbel von Vögeln sind in hohem Maße an ihre speziellen Ernährungsgewohnheiten angepasst – von generalisierten Typen wie kräftigen, zugespitzen Schnäbeln wie dem von Rabenvögeln, bis hin zu grotesken, hochspezialisierten Formen bei Flamingos, Pelikanen und Sichelschnäblern (▶ Abbildung 27.11). Der Schnabel eines Spechts ist ein gerades, hartes, meißelartiges Gebilde. An einem Baumstamm festgekrallt, mit dem Schwanz als Gegenstütze, schlägt ein Specht kraftvoll und schnell auf den Stamm ein, um eine Bruthöhle auszumeißeln oder die Gänge von Insekten und Insektenlarven freizulegen, die im Holz oder unter der Borke leben. Hat der Specht Zugang zu einem solchen Insektenversteck erlangt, verwendet er seine lange, flexible und stachelige Zunge, um die Kerbtiere oder ihre Larven aus ihren Gängen zu ziehen. Der Schädel eines Spechtes ist besonders robust ausgelegt, um die Stöße des Schnabels abfedern zu können.

Wie viel frisst ein Vogel? Die umgangssprachliche Redewendung „essen wie ein Spatz" bedeutet, dass man nur sehr wenig und dies in winzigen Portionen zu sich nimmt. Vögel sind jedoch aufgrund ihres intensiven Stoffwechsels gierige Fresser. Im Verhältnis zu ihrer Körpermasse fressen kleine Vögel – genau wie kleine Säugetiere – infolge ihrer hohen Stoffwechselrate mehr als große Vögel. Das liegt daran, dass der Sauerstoffverbrauch weniger schnell anwächst wie die Körpermasse. So liegt beispielsweise die Umsatzrate des Ruhestoffwechsels (gemessen anhand des Sauerstoffverbrauchs pro Gramm Körpermasse) bei einem Kolibri zwölfmal höher als bei einer Taube und fünfundzwanzigmal höher als bei einem Huhn. Ein drei Gramm schwerer Kolibri kann im Verlauf von 24 Stunden das Äquivalent seiner eigenen Körpermasse an Nahrung zu sich nehmen und verstoffwechseln; eine elf Gramm schwere Blaumeise (*Parus caeruleus*) konsumiert 30 Prozent ihrer eigenen Körpermasse; und ein Haushuhn von 1880 Gramm nur 3,4 Prozent. Offenbar hängt die konsumierte Nahrungsmenge auch vom Wassergehalt der Nahrung ab, da Wasser keinen Nährwert hat. Ein 57 Gramm schwerer Seidenschwanz (*Bombycilla garrulus*) verzehrt schätzungsweise 170 Gramm Mispelbeeren (*Cotoneaster* sp.) am Tag – das Dreifache seiner eigenen Masse. Ein Samenfresser (der nur die energiereicheren Samenkörner von Pflanzen frisst statt der ganzen Früchte) gleicher Größe frisst im Vergleich vielleicht nur acht Gramm trockne Samen pro Tag.

Vögel verarbeiten ihre Nahrung rasch und vollständig mit ihrem effizienten Verdauungssystem. Ein Würger (Familia Laniidae) kann eine Maus in nur drei Stunden verdauen. Beeren durchlaufen den gesamten Verdauungstrakt einer Drossel (Familia Turdidae) in nur einer halben Stunde. Da Vögel keine Zähne besitzen, wird Nahrung, die zermahlen werden muss, in einem Muskelmagen zerkleinert. Die nur schwach ausgebildeten Speicheldrüsen scheiden Speichel in erster Linie für die Verbesserung der Gleitfähigkeit der zu verschluckenden

27 Vögel (Aves)

Abbildung 27.11: Eine Auswahl von Schnabelformen von Vögeln. Erkennbar werden unterschiedliche Anpassungen.

Nahrung und der langen, verhornten Zunge ab. Es finden sich nur wenige Geschmacksknospen, obgleich alle Vögel über ein gewisses Geschmacksempfinden verfügen. Viele Vögel besitzen einen Kropf, der anatomisch eine Aussackung des unteren Endes der Speiseröhre (Ösophagus) darstellt. Der Kropf dient als Zwischenspeicher und Transportbehälter.

Bei Tauben und einigen Papageienarten dient der Kropf nicht bloß als Zwischenlager, sondern ist außerdem eine Drüse, die eine lipid- und proteinreiche „Milch" absondert, die aus abgeschilferten Epithelzellen der Kropfinnenwand besteht. Für einen Zeitraum von einigen Tagen unmittelbar nach dem Schlupf werden die hilflosen Jungen von beiden Eltern mit herauf gewürgter Kropfmilch versorgt.

Der eigentliche Magen besteht aus zwei Kompartimenten, einem **Proventrikulus**, der die Magensäure absondert, und dem **Muskelmagen**, der mit keratinisierten Platten ausgekleidet ist, die als Mühlsteine zur Zerkleinerung der Nahrung fungieren. Um den Mahlprozess zu unterstützen, verschlucken Vögel kantige Kieselsteinchen, die im Muskelmagen hängenbleiben. Bestimmte Greifvögel wie Eulen bilden im Proventrikulus Gewölle (Klumpen unverdaulichen Materials, zum Beispiel aus Knochen und Fell). Dazu wird die Auskleidung des Darms abgeschilfert, um das Material einzuhüllen. Das ganze Gebilde wird schließlich ausgewürgt. An der Übergangsstelle vom Dünn- zum Dickdarm liegt ein paariger Blinddarm. Diese Blinddärme sind bei pflanzenfressenden Vögeln, denen sie als Gärkammern dienen, gut entwickelt.

Bei jungen Vögeln liegt in der dorsalen Wandung der Kloake die **Bursa Fabricii** („Tasche des Fabrizius", nach Girolamo Fabrizio, italienischer Anatom, 1537–1619) in der die für die Immunabwehr wichtigen B-Lymphozyten (siehe Kapitel 35) gebildet werden und heranreifen (bei Säugetieren entstehen diese Zellen im Knochenmark, das bei den Vögeln zur Gewichtseinsparung des Skeletts kaum ausgebildet ist). Die Bezeichnung „B-Zelle" (= Bursalymphozyten) leitet sich davon ab.

27.2.5 Kreislaufsystem

Der allgemeine Bauplan des Kreislaufsystems eines Vogels unterscheidet sich nicht sehr von dem eines Säugetiers, obwohl sich ihre gemeinsamen abgeleiteten Merkmale parallel evolviert haben. Das vierkammerige Herz ist groß, mit kräftigen Ventrikelwänden. Vögeln und Säugetieren ist also eine vollständige Trennung von Lungen- und systemischem Kreislauf gemeinsam.

Der rechte Aortenbogen führt bei den Vögeln zur Aorta dorsalis, nicht der linke wie bei den Säugetieren. Die beiden Drosselvenen (Vena jugularis externa und Vena jugularis interna) im Halsbereich sind durch eine Quervene miteinander verbunden – eine Anpassung für die Umleitung des Blutstroms von einer der Drosselvenen zur anderen, wenn der Kopf stark gedreht wird. Die Brachial- und Pektoralarterien (Arm- und Brustarterien), die in die Flügel und den Brustraum ziehen, sind ungewöhnlich groß.

Der Herzschlag ist extrem schnell, und wie bei den Säugetieren besteht auch hier ein reziprokes Verhältnis zwischen der Herzschlagrate und der Körpermasse. So hat etwa ein Truthahn eine Pulsfrequenz von etwa 93 Schlägen pro Minute, ein Huhn hat schon einen Ruhepuls von ca. 250 Schlägen pro Minute, das Herz einer Schwarzkopfmeise *(Poecile atricapillus = Parus atricapillus)* schlägt selbst im Schlaf noch fünfhundertmal pro Minute. Bei Anstrengung kann sich dieser Wert auf phänomenale eintausend Schläge pro Minute steigern. Der Blutdruck eines Vogels ist in etwa mit dem eines ähnlich großen Säugetiers vergleichbar.

Das Vogelblut enthält **bikonvexe, kernhaltige Erythrozyten**. (Säugetiere als die einzigen anderen endothermen Vertebraten haben dagegen bikonkave rote Blutkörperchen, die zudem keinen Zellkern enthalten. Der Säugetiererythrozyt ist außerdem etwas kleiner als der Vogelerythrozyt.) Die **Phagozyten** oder im Blut enthaltene amöboid-mobile Zellen sind sehr aktiv und von hoher Effizienz bei der Reparatur von Wunden und der Vernichtung von Mikroben.

27.2.6 Das Atmungssystem

Das Atmungssystem der Vögel unterscheidet sich radikal von den Lungen der Reptilien und Säugetiere, und es ist in wundervoller Weise an den hohen metabolischen Bedarf beim Fliegen angepasst. Bei Vögeln sind die feinsten Verästelungen der Branchien zu röhrenförmigen **Parabronchien** ausgebildet, durch die kontinuierlich Luft strömt (statt als sackartige Alveolen zu enden, wie es bei den Säugetieren der Fall ist). Ebenfalls einzigartig ist ein ausgedehntes System aus neun, untereinander verbundenen Luftsäcken, die paarweise im Thorax und Abdomen angeordnet sind (ein letzter ist unpaarig) und sogar über winzige Röhren in die Innenräume der langen Knochen reichen (▶ Abbildung 27.12). Die Luftsäcke sind so mit der Lunge verschaltet, dass der Großteil der eingeatmeten Luft an den Lungen vorbeiströmt und zunächst unmittelbar in die posterioren Luftsäcke gelangt, die als Vorratsbehälter für Frischluft dienen. Beim Ausatmen strömt dann diese sauerstoffreiche Luft durch die Lungen und wird in den anterioren Luftsäcken zwischengelagert. Von dort aus strömt sie dann ins Freie. Es bedarf daher zweier respiratorischer Zyklen, um einen Atemzug aus dem Atmungssystem wieder hinauszubefördern. Dieses verwickelte System erlaubt einen kontinuierlichen Einwegluftstrom durch die als respiratorische Austauschzellen dienenden Parabronchien. Der Verlauf des Luftstroms und die Schrittfolge sind in Abbildung 27.12 schematisch dargestellt. Die Vorteile eines

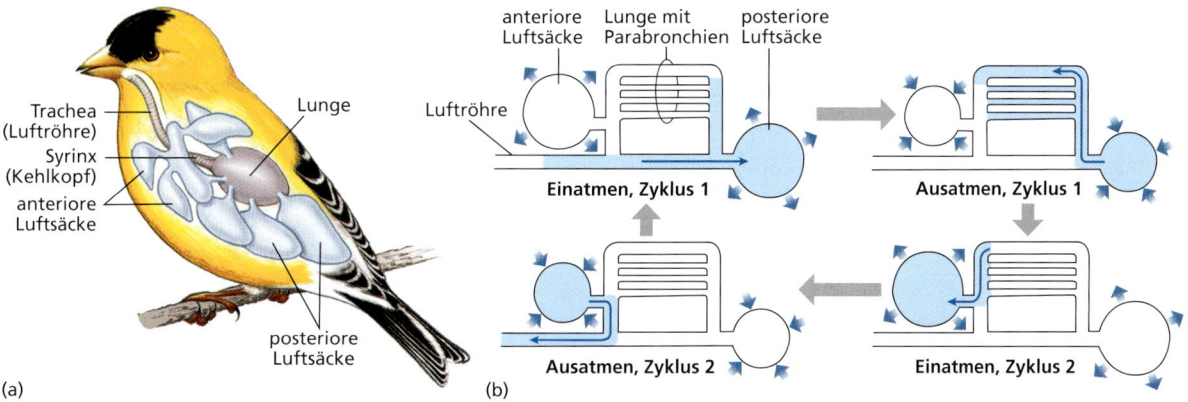

Abbildung 27.12: **Atmungssystem eines Vogels.** (a) Lungen und Luftsäcke. Dargestellt ist eine Seite des bilateralen Systems. (b) Strömung einer Luftfüllung durch die Atemwege eines Vogels. Zwei vollständige respiratorische Zyklen sind notwendig, um die Luft durch das System zu führen.

> **Exkurs**
>
> Die bemerkenswerte Effizienz des Atmungssystems von Vögeln wird von den Streifengänsen *(Anser indicus)* unter Beweis gestellt, die regelmäßig über die Himalayabergkette fliegen und schon über dem Gipfel des Mount Everest (8848 m) gesichtet worden sind. In dieser Höhe leidet ein Mensch unter schwerem Sauerstoffmangel. Die Gänse erreichen Flughöhen von 9000 m in weniger als einem Tag, ohne eine Akklimatisierung, wie sie für einen Menschen unabdingbar ist, um überhaupt die Höhenlagen im Gipfelbereich des Mount Everest ohne Atemhilfsgeräte erreichen zu können.

solchen Systems liegen in dem beinahe ununterbrochenen Strom sauerstoffreicher Luft, die durch den Verbund der stark vaskularisierten Parabronchien fließt. Obwohl viele Details des Atmungssystems von Vögeln noch nicht aufgeklärt sind, ist es klar, dass es sich um den leistungsfähigsten Atmungsapparat unter allen landlebenden Wirbeltieren handelt.

Über seine vorrangige Aufgabe bei der Unterstützung der Atmung hinaus hilft das System der Luftsäcke auch bei der Wärmeabfuhr bei großer körperlicher Anstrengung. Eine Taube erzeugt während des Fluges beispielsweise siebenundzwanzig Mal mehr Wärme als im Ruhezustand. Die Luftsäcke sind durch zahlreiche Divertikel (Aussackungen) erweitert, die sich bis in das Innere der größeren pneumatisierten Knochen der Schulter- und des Beckengürtels, der Flügel und der Beine erstrecken. Da sie angewärmte Luft enthalten, tragen sie in beträchtlichem Maß zum Auftrieb des Vogelkörpers bei.

27.2.7 Das Ausscheidungssystem

Harn wird in den verhältnismäßig großen, paarigen metanephrischen Nieren durch glomeruläre Filtration, gefolgt von selektiver Modifikation des Filtrats im Tubulus gebildet (die Einzelheiten dieser Schrittfolge werden in Kapitel 30 beschrieben und erörtert). Der Harn gelangt über die **Harnleiter** (Ureter) zur **Kloake**. Eine Harnblase fehlt.

Vögel scheiden wie Reptilien überschüssigen Stickstoff in Form von Harnsäure aus, nicht als Harnstoff. In beschalten Eiern müssen sämtliche Ausscheidungsprodukte innerhalb der Eischale verbleiben, während der Embryo heranwächst. Harnsäure ist schlechtlöslich und fällt aus einer Lösung leicht aus und kann so problemlos unterhalb der Schale in fester Form eingelagert werden. Aufgrund der geringen Löslichkeit der Harnsäure kann ein Vogel 1 g Harnsäure in nur 1,5 bis 3 ml Wasser ausscheiden, wohingegen ein Säugetier 60 ml Wasser aufwenden muss, um 1 g Harnstoff auszuscheiden. Die Konzentrierung der Harnsäure erfolgt praktisch vollständig in der Kloake, wo sie mit den Fäzes vermengt wird; das Wasser wird reabsorbiert.

Der Wirkungsgrad der Vogelniere bei der Entnahme gelöster Stoffe wie Natrium-, Kalium- und Chloridionen ist viel geringer als bei der Säugerniere. Die meisten Säugetiere können gelöste Stoffe gegenüber der Konzentration im Blut vier- bis achtmal aufkonzentrieren. Manche Wüstennagetiere können ihren Harn gegenüber dem Blut auf das fast Fünfundzwanzigfache aufkonzentrieren. Im Vergleich dazu konzentrieren die meisten Vögel gelöste Stoffe nur wenig über die Werte in ihrem Blut (die Bestmarke, die irgendein Vogel erreichen kann, liegt bei einer Sechsfachkonzentration im Vergleich zur Blutkonzentration).

Um die schwache Konzentrierungsfähigkeit der Nieren für gelöste Substanzen wettzumachen, setzen manche Vögel – insbesondere Seevögel, die große Salzmengen mit der Nahrung und dem Trinken von Meerwasser aufnehmen – extrarenale Mechanismen ein, um überschüssiges Salz aus dem Körper zu entfernen. **Salzdrüsen**, die bei Meeresvögeln jeweils über den Augen angeordnet sind, können hochkonzentrierte Kochsalzlösungen absondern, welche die doppelte Kochsalzkonzentration von Meerwasser erreichen (▶ Abbildung 27.13). Die Salzlösung läuft über die inneren oder äußeren Nasenlöcher nach vorne ab, was Möwen, Sturm- und anderen Meeresvögeln eine unablässig „laufende Nase" beschert. Die Größe der Salzdrüsen hängt bei einigen Vögeln davon ab, wie viel Salz der Vogel mit der Nahrung aufnimmt. So verfügt etwa eine halbmarin lebende Stockentenrasse *(Anas platyrhynchos)* in Grönland über Salzdrüsen, die gegenüber denen der gewöhnlichen Süßwasserstockenten um das Zehnfache vergrößert sind.

27.2.8 Nervensystem und Sinnesorgane

Der Aufbau des Nervensystems und der Sinnesapparate eines Vogels spiegelt die Probleme der fliegenden Fortbewegung und einer in hohem Maße auf den Sehsinn gestützten Existenz wieder, in welcher der Vogel Futter suchen, sich paaren, ein Revier verteidigen, brüten, Junge aufziehen sowie korrekt Freund von Feind unterscheiden muss. Das Gehirn eines Vogels besitzt wohlentwickelte **Großhirnhemisphären**, ein gut entwickeltes **Kleinhirn** (Cerebellum) und große **Sehlappen** (Lobi optici) (▶ Abbildung 27.14). Der cerebrale Cortex (**Großhirnrinde**) –

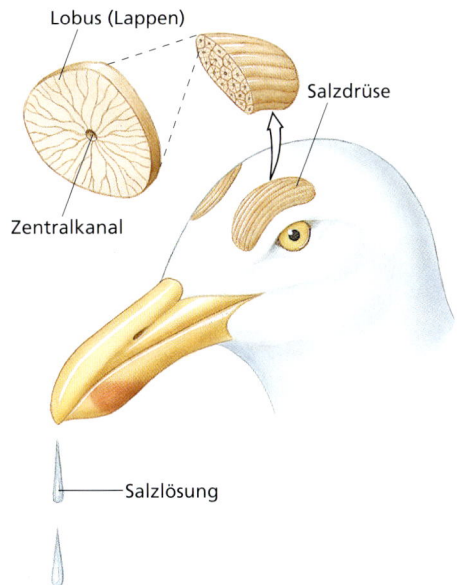

Abbildung 27.13: Salzdrüsen eines Seevogels (Möwe). Je eine Salzdrüse ist oberhalb der beiden Augen angesiedelt. Jede Drüse besteht aus mehreren Loben, die parallel zueinander angeordnet sind. Ein Lobus ist stark vergrößert im Querschnitt dargestellt. Das Salz wird in viele radial angeordnete Tubuli sezerniert und fließt dann in einen zentral gelegenen Kanal, der in die Nase mündet.

das Hauptkoordinationszentrum eines Säugetiergehirns – ist bei Vögeln dünn, ungefurcht und schwach entwickelt. Der Kernbereich des Cerebrums (= Telencephalon, Endhirn), der **dorsalventrikulare Wulst**, hat sich zum Hauptintegrationszentrum des Gehirns entwickelt. Es steuert Aktivitäten wie Fressen, Singen, Fliegen sowie sämtliche instinktiven Fortpflanzungsaktivitäten. Intelligente Vögel wie Rabenvögel (Familia Corvidae) und Papageien (Ordo Psittaciformes) besitzen große Großhirnhemisphären als weniger intelligente wie Hühner (Ordo Galliformes) oder Tauben (Familia Columbidae). Das Kleinhirn ist bei Vögeln viel größer ausgebildet als bei Reptilien und dient ihnen als entscheidendes Koordinierungszentrum, in dem Sinnesinformationen über die Muskelstellung, das Gleichgewicht und visuelle Signalreize zusammengeführt werden, um Bewegungen und Körpergleichgewicht koordiniert zu steuern. Die **Sehlappen** – lateral aus dem Mittelhirn hervortretende Bildungen – bilden einen visuellen Assoziationsapparat, der dem visuellen Cortex (Sehrinde) der Säugetiere funktionell vergleichbar ist.

Geruchs- und Geschmackssinn sind bei manchen Vögeln nur schwach, bei vielen anderen aber verhältnismäßig gut entwickelt (zum Beispiel bei fleischfressenden Arten, den flugunfähigen Vögeln, Vögeln des freien Ozeans sowie beim Wassergeflügel). Vögel verfügen über ein gutes Gehör und einen ausgezeichneten Sehsinn. Ihr Sehvermögen ist das schärfste im gesamten Tierreich. Wie bei Säugetieren, besteht das Ohr eines Vogels aus drei Bereichen: (1) dem **Außenohr**, das ein schallleitender Kanal ist, der zum **Trommelfell** führt, (2) dem **Mittelohr**, das eine stabförmige **Columella** (Säulchen; Gehörknöchelchen der Vögel und Reptilien) enthält, die die Schwingungen weiterleitet, und (3) dem **Innenohr**, in dem das eigentliche Hörorgan, die **Hörschnecke** (**Cochlea**), lokalisiert ist. Die Cochlea eines Vogels ist viel kürzer als die aufgerollte Hörschnecke eines Säugetiers, und doch können sie in etwa das gleiche Frequenzspektrum wahrnehmen wie das Ohr eines Menschen. Vögel hören jedoch hohe Töne nicht so gut wie ein Säugetier vergleichbarer Größe. Tatsächlich übertrifft das Ohr eines Vogels das eines Menschen bei weitem in Hinblick auf die Unterscheidung von Tonlautstärken und in seiner Reaktion auf schnelle Fluktuationen der Tonhöhe.

Das Auge eines Vogels ähnelt in seinem grundsätzlichen Aufbau dem anderer Wirbeltiere, doch ist es im Verhältnis zum Rest des Körpers größer, weniger kugelförmig und beinahe unbeweglich. Statt ihre Augen zu verdrehen, drehen Vögel den ganzen Kopf mit Hilfe ihres langen und sehr flexiblen Halses, um die Umgebung abzusuchen. Die lichtempfindliche **Netzhaut** (Retina; ▶ Abbildung 27.15) ist sehr gut mit Sehstäbchen (für die Wahrnehmung schwachen Lichtes) und Sehzäpfchen (für hohes Auflösungsvermögen und Farbensehen) ausgestattet. Zäpfchen sind bei tagaktiven Vögeln vorherrschend; Stäbchenzellen sind bei nachtaktiven Vögeln relativ zahlreicher. Ein dem Vogelauge eigentümliches Merkmal ist das **Pecten** (lat. *pecten*, Kamm), ein stark vaskularisiertes Organ, das an der Netzhaut in der Nähe des Sehnerven ansetzt und in den Glaskörper hineinreicht (Abbildung 27.15). Es wird angenommen, dass der Kamm der Nährstoff- und Sauerstoffversorgung des Auges dient. Vielleicht tut er noch mehr für die Funktion dieses Sin-

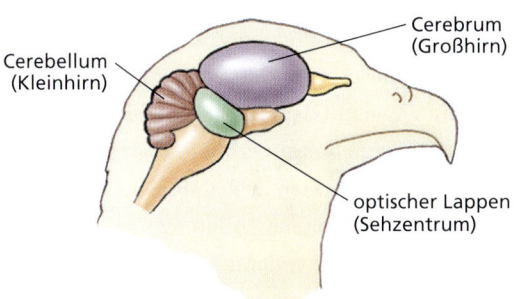

Abbildung 27.14: Gehirn eines Vogels. Die wesentlichen Teile eines Vogelgehirns.

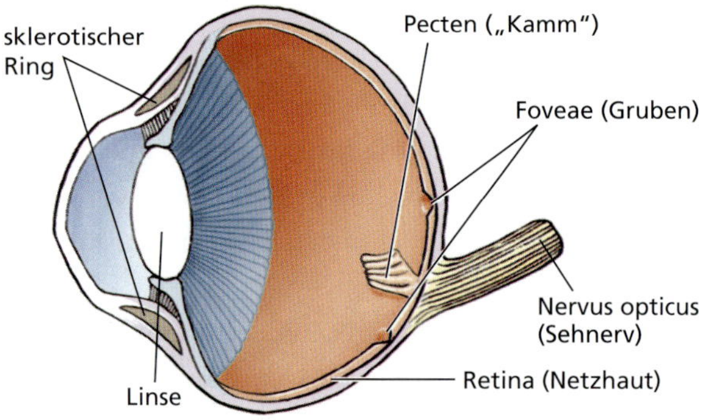

Abbildung 27.15: **Das Auge eines Greifvogels zeigt alle Bauelemente eines Säugetierauges.** Zusätzlich enthält es eine besondere, in Falten gelegte Bildung, das Pecten (Augenkamm). Es wird angenommen, dass der Augenkamm an der Nährstoffversorgung der Netzhaut beteiligt ist. Das außerordentlich hochentwickelte Sehvermögen der Greifvögel geht auf die extrem hohe Dichte von für das Farbensehen verantwortlichen Zapfenzellen („Sehzäpfchen") in der Fovea (Fovea centralis; Sehgrube) zurück: Sie beträgt 1,5 Millionen Sehzäpfchen im Vergleich zu 0,2 Millionen in der menschlichen Fovea.

nesorgans, doch liegt seine genaue Funktion noch weitgehend im Dunkeln. Auf der anterioren Seite des Auges liegt ein **sklerotischer Ring** aus plattenartigen Knochen, die der strukturellen Verstärkung und zur Fokussierung des großen Augenkörpers dienen (Abbildung 27.7).

Die Stellung der Augen im Kopf eines Vogels ist mit seiner Lebensweise korreliert. Herbivore Arten müssen vor Räubern auf der Hut sein. Ihre Augen sitzen seitlich, um ein großes Sehfeld zu schaffen. Raubvögel wie Falken, Adler und Eulen besitzen Augen, die mehr nach vorn gerichtet sind, um ein besseres räumliches Sehen (= bessere Tiefenwahrnehmung) zu ermöglichen. Bei Greifvögeln und einigen anderen Vogeltypen liegt die **Fovea centralis**, der Bereich der höchsten Sehschärfe in der Netzhaut, in einer tief eingesenkten Grube (lat. *fovea*, Einsenkung, Grube). Dies macht es erforderlich, dass der Vogel das betrachtete Objekt genau anpeilt. Viele Vögel verfügen darüber hinaus über zwei Foveen in jeder Netzhaut (Abbildung 27.15). Die zentrale Fovea dient dem scharfen monokularen (einäugigen) Sehen, die posteriore dem binokularen (beidäugigen). Waldschnepfen (*Scolopax* sp.) können wahrscheinlich sowohl nach vorwärts wie nach rückwärts binokular (= räumlich) sehen. Die Sehschärfe (= das Auflösungsvermögen) der Augen eines Falken ist etwa achtmal besser als die eines Menschen (was es dem Greifvogel ermöglicht, ein kauerndes Kaninchen über eine Strecke von mehr als einem Kilometer auszumachen). Die Fähigkeit einer Eule im schwachen Licht der Nacht Dinge zu sehen, ist zehnmal besser als beim Menschen. Vögel verfügen über ein ausgezeichne-

Exkurs

Viele Vögel können im ultravioletten Spektralbereich bei Wellenlängen zwischen 300 und 400 nm sehen. Dies ermöglicht es ihnen natürliche, Dinge wahrzunehmen, die wir nicht, aber zum Beispiel viele Insekten sehr wohl erkennen können (etwa Nektarmarken auf Blüten, die bestäubende Insekten anlocken). Diverse Enten-, Kolibri-, Eisvogel- und Singvogelarten sehen im nahen Ultraviolettbereich bis zu Wellenlängen von etwa 370 nm (ein gegenüber dem menschlichen Auge erweitertes Spektrum, das nur bis ca. 400 nm reicht, niedrigere Wellenlängen werden gefiltert). Welchen Zwecken dient den Vögeln ihre Ultraviolettempfindlichkeit? Einige, wie die Kolibris, werden vielleicht ähnlich wie Insekten von den im Ultravioletten reflektierenden Nektarmarken zu ihren Futterpflanzen gelockt. Bei anderen liegen die Vorteile der UV-Sichtigkeit mehr im Spekulativen. Allerdings weiß man seit einiger Zeit, dass sich zum Beispiel die Gefieder vieler Vögel, die dem menschlichen Auge völlig gleich erscheinen, bei den beiden Geschlechtern unterscheiden, wenn man das Spektrum in den ultravioletten Bereich hinein erweitert. Ein Vogel ist dann sehr wohl in der Lage, auf den ersten Blick zu sehen, ob er es mit einem männlichen oder weiblichen Artgenossen zu tun hat. Weiterhin ist denkbar, dass manche Vögel ultraviolette Strahlung der Sonne zur Navigation benutzen.

tes Farbsehvermögen, insbesondere zum langwelligen („roten") Ende des Spektrums hin.

27.2.9 Der Vogelflug

Was hat zur Evolution der Flugfähigkeit bei den Vögeln Anlass gegeben? Zur Zeit der Evolution der ersten Vögel war die Luft ein verhältnismäßig unerschlossener Lebensraum, der mit fliegenden Insekten, die sich als Nahrung eignen, angefüllt war. Die Flugfähigkeit bot weiterhin die Möglichkeit, sich terrestrischen Räubern wirkungsvoll zu entziehen, und schnell weite Entfernungen zu überbrücken, um neue Brutgebiete zu erobern oder ganzjährig von günstigen klimatischen oder sonstigen Umweltbedingungen zu profitieren, indem man jahreszeitenabhängig nord- bzw. südwärts zog.

Für den Ursprung der Flugfähigkeit sind zwei widerstreitende Hypothesen vorgelegt worden: Nach der einen sollen die Vögel mit dem Fliegen begonnen haben, indem sie vom Boden aus auf erhöhte Plätze geklettert und heruntergesprungen sind, wobei sie sich einen Gleitflug zunutze gemacht haben sollen (Von-oben-nach-unten-Modell). Nach der anderen Vorstellung sind die Vögel mit Flatterbewegungen vom Boden aus in die Luft gestartet (Von-unten-nach-oben-Modell). Die erste Hypothese ist lange Zeit favorisiert worden. Die Befürworter dieser Sichtweise stellen sich einen Vorfahren von *Archaeopteryx* vor, der von Baum zu Baum gleitet oder sich vielleicht von einer erhöhten Warte aus auf Beutetiere herabstürzt und dabei seine Flügel zur Steuerung des Anfluges einsetzt. Evolutive Modifikationen, die Auftrieb verleihen und/oder einen aktiven, durch Muskelkraft angetriebenen Flug erlauben, hätten einen hohen Selektionswert für diese Art von Lebensführung. Tatsächlich gibt es viele baumbewohnende Hörnchen und Eidechsen, die noch heute den kontrollierten Gleitflug benutzen, um von einem Baum zum anderen zu wechseln. Die Art von Lokomotion, welche die Verfechter der „Von-den-Bäumen-herab"-Hypothese im Sinn haben, wird vielleicht am besten vom Kakapo *(Strigops habroptilus)*, einer „flugunfähigen" Papageienart Neuseelands demonstriert, der mit Hilfe seiner Hinterbeine schrägstehende Bäume hinaufklettert und dann im Gleitflug von Baum zu Baum fliegt, wobei er gelegentlich mit den Flügeln flattert, um den Gleitflügen etwas nachzuhelfen. Eine Schwäche dieses Modells liegt in dem Umstand, dass die mutmaßlich befiederten Dromeosaurier primär bodenlebende Tiere waren. Einige Vertreter scheinen allerdings über morphologische Anpassungen zum Klettern verfügt zu haben.

Die Befürworter der „Vom-Boden-aufwärts"-Hypothese weisen darauf hin, dass die befiederten Flügel der bipedalen, bodenlebenden Vorfahren der ersten Vögel diese vielleicht dazu eingesetzt haben, um Insekten einzufangen oder um die aerodynamische Kontrolle beim Sprung nach fliegender Insektenbeute zu verbessern. Als sich größere Flügel evolviert haben, erlangten die Tiere schließlich eine aktive Flugfähigkeit, die es ihnen erlaubte, sich vom Boden zu erheben. Ein Start vom Boden aus erfordert jedoch einen Aufwand an Arbeit gegen die Schwerkraft statt sich ihrer – wie im konkurrierenden Modell – zur Unterstützung des Fluges zu bedienen. Es gibt keine rezenten Arten gleitender Tiere, die vom Boden aus starten. Außerdem fehlen Beispiele für bodenbewohnende Wirbeltiere, die nach im Flug befindlichen Insekten jagen. Obwohl der aktuelle Wissensstand also eher für die Von-oben-nach-unten-Hypothese zu sprechen scheint, ist die Auseinandersetzung um die Ursprünge des Vogelfluges noch nicht zur Ruhe gekommen (und wird es vermutlich auch vorerst nicht). Es ist interessant, an dieser Stelle festzuhalten, dass Federn unbezweifelbar eine Vorrausetzung für den Vogelflug sind, das aktive Flugvermögen sich aber in drei anderen Evolutionslinien – den Flugsauriern (Pterosaurier) und den Fledermäusen bei den Wirbeltieren sowie den Insekten – unabhängig von Federn erfolgreich herausgebildet hat. Zumindest für die beiden flugfähigen Vertebratengruppen (Reptilien und Säugetiere) ergeben sich prinzipiell die gleichen Erklärungsnöte für den Entwurf einer überzeugenden Hypothese zum Ursprung und der Evolution der Flugfähigkeit.

Der Vogelflügel als Auftriebskörper

Um fliegen zu können, muss ein Vogel eine für seine Körpermasse ausreichende Auftriebskraft erzeugen, um in die Luft steigen zu können. Um vorwärts zu kommen, muss eine zusätzliche Vortriebskraft erzeugt werden. Zu beiden Zwecken setzen die Vögel ihre Flügel ein. Im Allgemeinen wirken die distalen Anteile des Flügels – die umgebildeten Handknochen mit den ansetzenden Primärschwingen – als „Propeller", die den Vortrieb erzeugen. Der Auftrieb wird von den Federn im weiter mittig gelegenen Teil des Flügels mit den Sekundärschwingen erzeugt. Der Unterarm wirkt dabei unterstützend mit. Der Querschnitt eines Flügels besitzt Stromlinienform: Die Unterseite ist leicht konkav und dort, wo die Vorderkante mit der Luft in Berührung kommt, mit kleinen, dicht anliegenden Federn besetzt (▶ Abbildung 27.16). Die Luft streicht glatt über den Flügel und erzeugt so Auftrieb bei minimalem Widerstand. Ein Teil des Auftriebs wird durch einen auf die Flügelunterseite wirkenden Überdruck erzeugt. An der konvex gebogenen Flügeloberseite, an der die Luft eine weitere Strecke überstreichen und schneller strömen muss, entsteht ein Unterdruck, der mehr als Zweidrittel des Gesamtauftriebes erzeugt.

Das Verhältnis von Auftrieb zu Widerstand einer Tragfläche wird vom Anstellwinkel und der Strömungsgeschwindigkeit der vorbeistreichenden Luft bestimmt (Abbildung 27.16). Ein Flügel, der eine bestimmte Last zu tragen hat, kann dies tun, indem er sich mit kleinem Anstellwinkel schnell durch ein Luftvolumen bewegt oder mit größerem Anstellwinkel bei niedrigerer Geschwindigkeit. Mit abnehmender Geschwindigkeit kann der Auftrieb durch eine Vergrößerung des Anstellwinkels aufrechterhalten werden; dabei nimmt der Widerstand aber ebenfalls zu. Schließlich wird ein Punkt erreicht (in der Regel bei einem Winkel von ca. 15 Grad), an dem der Anstellwinkel zu steil wird: An der Oberkante kommt es zur Bildung von Turbulenzen, die den Auftrieb zunichte machen; es kommt zum Strömungsabriss. Der Strömungsabriss kann verzögert oder verhindert werden, indem ein Lufteinlassschlitz an der Flügelvorderkante integriert wird. Diese Vorrichtung leitet

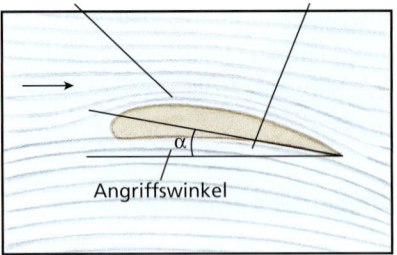
Luftströmung um einen Flügel

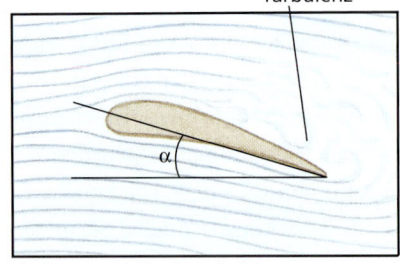
Strömungsabriss bei niedriger Geschwindigkeit

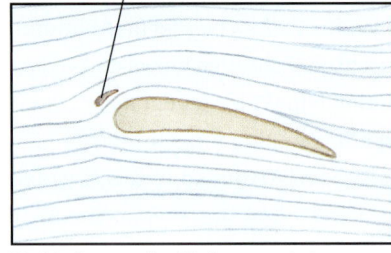
Verhinderung des Strömungsabrisses durch Durchlässe in den Flügeln

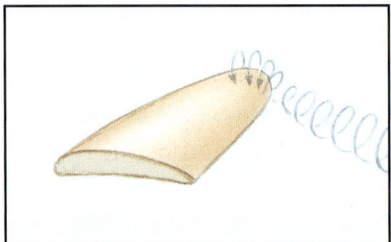
Bildung des Flügelspitzenwirbels („Wirbelschleppe")

Abbildung 27.16: **Strömungsmuster, die von einer Tragfläche (= Flügel) erzeugt werden.** Die Tragfläche bewegt sich von rechts nach links (Luftströmung daher von links nach rechts). Bei niedriger Geschwindigkeit muss der Anstellwinkel (α) erhöht werden, um den Auftrieb aufrecht zu erhalten, doch bringt dies eine erhöhte Gefahr des Strömungsabrisses mit sich. Die obere Abbildung zeigt, wie sich der Strömungsabriss bei niedriger Fluggeschwindigkeit durch Flügelklappen (Schlitze, durch die die Luft strömen kann) verhindern lässt. Turbulenzen an den Flügelspitzen (unten) – eine Form der Turbulenz, die dazu neigt, bei hohen Geschwindigkeiten aufzutreten – vermindert den Wirkungsgrad des Fliegens. Der Effekt ist bei Flügeln, die nach hinten geneigt sind und sich zur Spitze hin verjüngen (sichelförmige Flügel), geringer ausgeprägt.

eine Schicht sehr schnell strömender Luft über die obere Flügelfläche. Flügelschlitze kommen traditionell bei langsam fliegenden Flugzeugen zum Einsatz. Moderne Großraumflugzeuge verfügen hierzu über ausfahrbare Klappen, die bei höheren Geschwindigkeiten eingefahren werden. Bei Vögeln haben sich zwei verschiedene Arten von Flügelschlitzen herausgebildet: (1) die **Alula** (Daumenfittich) – eine Gruppe kleiner Federn, die am Daumen ansetzen (Abbildungen 27.6 und 27.7) und die einen Spalt im Mittelschwingenbereich erzeugt; und (2) **Spalten zwischen den Primärschwingen**, die einen Spalt an der Flügelspitze erzeugen. Bei einer Reihe von Singvögeln erzeugen diese Einrichtungen gemeinsam einen Spalt zur Vermeidung eines Strömungsabriss, der sich beinahe über die gesamte äußere Hälfte (der aerodynamisch bedeutsameren Hälfte) des Flügels erstreckt.

Der Flatterflug

Zwei Kräfte sind für den Flatterflug erforderlich: eine vertikal einwirkende Auftriebskraft, die das Gewicht des Vogelkörpers trägt, und eine horizontal einwirkende Kraft, die den Vogel gegen die Widerstandskraft der Luftreibung vorantreibt. Vortrieb wird in erster Linie von den Primärschwingen des Flügels erzeugt, während die Sekundärschwingen des inneren Flügelbereichs, die sich weder sehr weit noch sehr rasch bewegen, als Tragfläche dienen, die in der Hauptsache Auftrieb erzeugen. Die größte Kraft wird für den Abwärtsschlag aufgewendet. Die Primärschwingen werden dabei aufwärts gebogen und verbiegen sich bis hin zu einem steilen Anstellwinkel, wobei sie die umgebende Luft wie ein Propeller angreifen (▶ Abbildung 27.17). Der gesamte Flügel (und mit ihm der Rest des Vogelkörpers) werden dabei nach vorn beschleunigt. Während des Aufschlages werden die Primärschwingen in die Gegenrichtung gebogen, so dass die oberen Schwingenflächen einen positiven Anstellwinkel einnehmen und so Vortrieb erzeugen – ebenso, wie es die unteren Schwingenflächen beim Abschlag des Flügels getan haben. Ein muskulär getriebener, aktiver Aufschlag ist unabdingbar für den Schwebflug, wie ihn Kolibris vollführen (▶ Abbildung 27.18). Er ist ebenfalls sehr wichtig für den raschen, steilen Aufstieg kleiner Vögel mit elliptischen Flügeln.

Grundformen des Vogelflügels

Vogelflügel unterscheiden sich in Form und Größe, weil die erfolgreiche Ausnutzung unterschiedlicher Lebensräume spezielle aerodynamische Anforderungen stellt.

27.2 Form und Funktion

Abbildung 27.17: Flatterflug. Beim normalen Flatterflug kräftiger Flieger wie Enten werden die Flügel im ganz ausgestreckten Zustand abwärts und vorwärts geschlagen. Vortrieb wird von den Primärfedern an den Flügelspitzen erzeugt. Um den Aufschlag einzuleiten, wird der Flügel durchgebogen, was ihn nach oben und hinten bringt. Der Flügel streckt sich dann und ist bereit für den nächsten Abschlag.

Vier Grundtypen von Vogelflügeln lassen sich leicht unterscheiden.*

Elliptische Flügel. Vögel, die in Habitaten wie Wäldern oder Buschland manövrieren müssen, wie zum Beispiel Sperlinge, Laubsänger, Tauben, Spechte und Elstern (Abbildung 17.19a), besitzen Flügel von elliptischer Form. Dieser Flügeltyp ist durch ein niedriges Längen/Breitenverhältnis. Elliptische Flügel waren es, die den britischen Spitfire-Kampfflugzeugen des 2. Weltkrieges ihre hohe Manövrierfähigkeit verliehen. Die Flügelform dieses Flugzeugtyps war in ihrem Umriss der von Sperlingen ähnlich. Elliptische Flügel sind mit Schlitzen zwischen den Primärschwingen versehen. Diese Anordnung hilft bei der Verhinderung von Strömungsabrissen während scharfer Kehren, beim Fliegen mit niedriger Geschwindigkeit sowie bei sich oft wiederholenden Lande- und Startmanövern. Jede einzelne Primärschwinge verhält sich dabei wie ein eigener kleiner Flügel mit hohem Anstellwinkel, der bei niedriger Geschwindigkeit einen starken Auftrieb erzeugt. Die hohe Manövrierfähigkeit elliptischer Flügel wird durch die winzigen Schwarzkopfmeisen verdeutlicht, die – wenn sie aufgeschreckt werden – ihre Flugrichtung in nur 0,03 Sekunden ändern können.

Hochgeschwindigkeitsflügel. Vögel, die während des Fluges fressen, wie zum Beispiel Schwalben, Kolibris und Mauersegler, oder solche, die Langstreckenflüge unternehmen, wie Regenpfeifer, Strandläufer, Seeschwalben oder Möwen (Abbildung 27.10b), besitzen Flügel, die nach hinten abgewinkelt sind und deren Enden spitz ausgezogen sind. Das Profil ist im Querschnitt ziemlich flach. Dieser Flügeltyp besitzt ein mittleres Längen/Breitenverhältnis. Die für elliptische Flügel charakteristischen Flügelvorderkantenschlitze fehlen. Die Abwinklung nach hinten und die weit auseinanderliegenden Flügelspitzen vermindern die Bildung von Wirbeln (Widerstand erzeugende Turbulenzen, die sich bei höheren Geschwindigkeiten an Flügelspitzen bilden; Abbildung 27.16). Diese Flügelform ist bei hohen Geschwindigkeiten aerodynamisch von hohem Wirkungsgrad,

Abbildung 27.18: Flügelbau beim Kolibri. Das Geheimnis für die Fähigkeit eines Kolibris, abrupt die Richtung zu ändern oder „regungslos" in der Luft zu schweben, während er Nektar aus einer Blüte saugt, liegt im Bau seiner Flügel. Der Kolibriflügel ist beinahe starr, aber an der Schulter durch ein Kugelgelenk in alle Richtungen drehbar artikuliert. Er wird durch einen Supracoracoidealmuskel angetrieben, der für einen Vogel dieser Größe ungewöhnlich groß ist. Beim Schwebflug bewegt sich der Flügel mit einer rudernden Bewegung. Das Vorderende des Flügels bewegt sich beim Vorwärtsschlag aufwärts, dreht sich dann an der Schulter um fast 180°, um sich beim Rückwärtsschlag nach unten zu bewegen. Der Zweck des Bewegungsablaufes besteht darin, sowohl beim Vorwärts- wie beim Rückwärtsschlagen Auftrieb ohne Vortrieb zu erzeugen.

---

* Saville, D. (1957): Adaptive evolution in the avian wing. Evolution, vol. 11: 212–224.

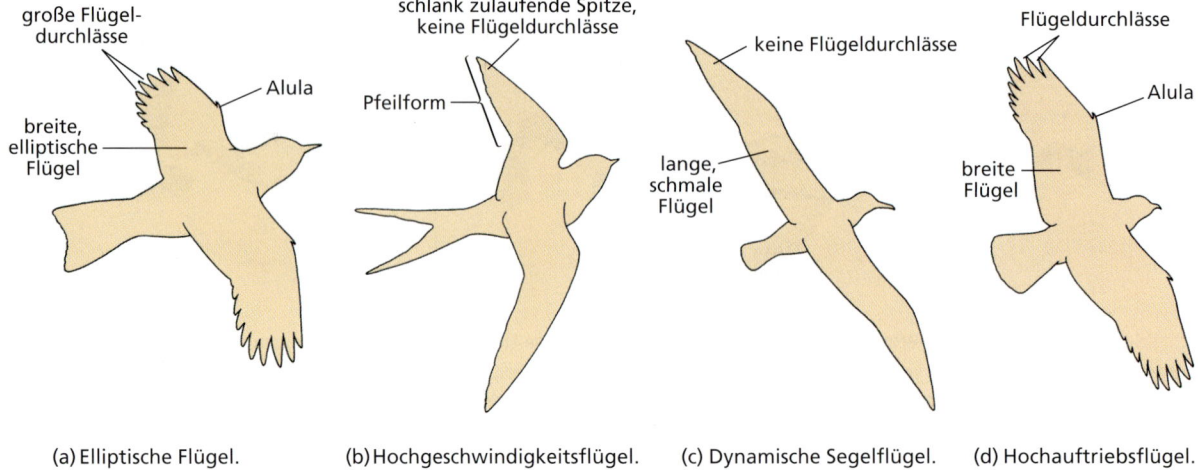

(a) Elliptische Flügel.   (b) Hochgeschwindigkeitsflügel.   (c) Dynamische Segelflügel.   (d) Hochauftriebsflügel.

Abbildung 27.19: **Die vier grundlegenden Formen des Vogelflügels.** (a) Schnäpper, (b) Schwalbe, (c) Albatross, (d) Greifvögel.

vermag aber einen Vogel bei niedrigen Fluggeschwindigkeiten nicht leicht in der Luft zu halten. Die schnellsten Flügel, wie etwa Strandläufer, deren Maximalgeschwindigkeit bei ca. 175 km/h liegt, gehören in diese Gruppe.

Dynamische Aufwindflügel. Ozeanische Aufwindflügel besitzen ein hohes Längen/Breitenverhältnis; ihre Form erinnert an Segelflugzeuge (oder umgekehrt). Zu den Vögeln, die diese Flügelform zeigen, gehören die Albatrosse, die Fregattvögel und die Tölpel (▶ Abbildung 27.19c). Diesen langgezogenen, schmalen Flügeln fehlen jegliche Flügelschlitze. Sie sind an hohe Geschwindigkeit, hohe Auftriebswerte und Verwendung in dynamischen Aufwinden angepasst. Sie besitzen unter allen Flügeln den höchsten aerodynamischen Wirkungsgrad, sind aber weniger manövrierfähig als die breiten, geschlitzten Flügel der landbewohnenden Aufwindnutzer. Dynamische „Auftriebler" nutzen die sehr verlässlich wehenden Winde der offenen See, wobei sie es verstehen, geschickt aneinandergrenzende Luftschichten unterschiedlicher Strömungsgeschwindigkeit auszunutzen.

Flügel mit hohen Auftriebswerten. Geier, Falken, Adler, Eulen und andere Greifvögel (▶ Abbildung 27.19d) – räuberische Arten, die oft schwere Lasten tragen – besitzen Flügel mit Schlitzen, Daumenfittichen und ausgeprägt konkav-konvexem Querschnitt – alles Eigenschaften, die bei niedrigen Geschwindigkeiten hohe Auftriebswerte erzeugen. Viele dieser Vögel fliegen in Aufwinden über Land mit breiten, geschlitzten Flügeln, die eine sensible Rückmeldung geben und gute Manövrierbarkeit erlauben, was für ein statisches Aufwindfliegen in den instabilen Luftströmungen über Land erforderlich sind.

27.3 Vogelzug und Navigation

Wir haben die Vorteile, die der Vogelzug mit sich bringt, im Eröffnungstext zu diesem Kapitel angerissen. Nicht alle Vogelarten ziehen, aber die meisten europäischen und nordamerikanischen Arten zeigen dieses Verhalten, und die zweimal jährlich stattfindenden Reisen einiger Arten sind wahrhaft außergewöhnliche Unternehmungen.

27.3.1 Zugrouten

Die meisten ziehenden Vögel verfügen über wohletablierte Zugrouten, die eine allgemeine Nord/Südausrichtung zeigen. Da die meisten Vögel (wie auch andere Tiere) auf der Nordhalbkugel brüten, in der sich der größte Teil der Landmassen der Erde konzentrieren, ziehen auch die meisten Vogelarten nach Süden, wenn auf der Nordhalbkugel Winter herrscht, und kehren zum Nisten nach Norden zurück, wenn dort das Sommerhalbjahr anbricht. Von den 4.000 oder mehr Zugvogelarten (das ist etwas weniger als die Hälfte aller Vogelarten), brüten die meisten in den nördlichen Breiten der Nordhalbkugel. Einige Arten benutzen im Frühjahr und Herbst unterschiedliche Zugrouten (▶ Abbildung 27.20). Einige – insbesondere bestimmte Wasservogelarten – vollenden ihren Zug in sehr kurzer Zeit. Andere lassen sich bei ihrem Zug Zeit und machen bei ihrer Wanderung oft Rast, um zu fressen. Von einigen Waldsängerarten (*Parulidae*) ist bekannt, dass sie 50 bis 60 Tage für die Reise von ihren Winterquartieren in Mittelamerika bis in die sommerlichen Brutgebiete in Kanada benötigen. Viele kleinere Vogelarten ziehen in der Nacht und fres-

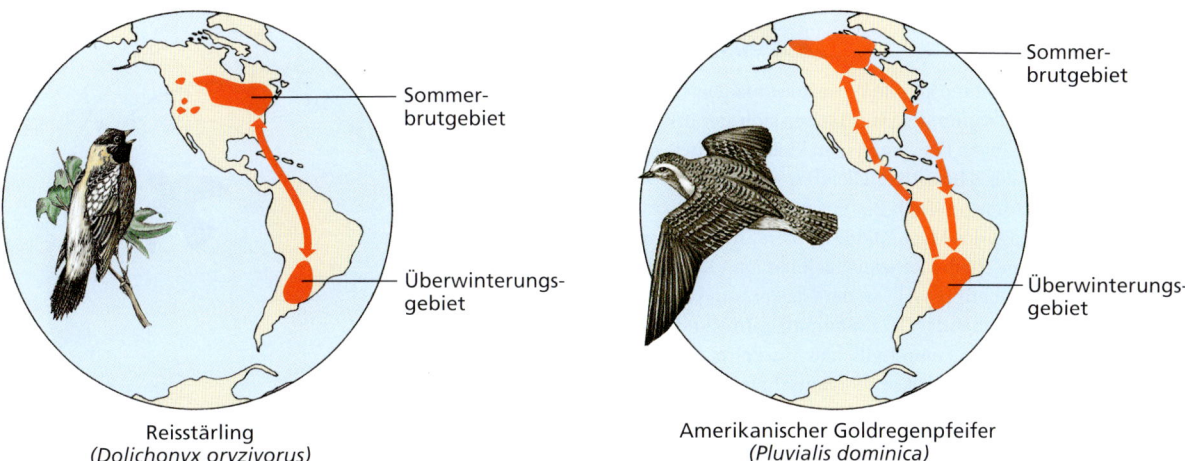

Abbildung 27.20: Zugrichtung und -entfernung des Reisstärlings *(Dolichonyx oryzivorus)* und des Pazifischen Goldregenpfeifers *(Pluvialis dominica)*. Reisstärlinge ziehen jedes Jahr 22 500 km weit von ihren Nistgebieten in Nordamerika zu ihren Überwinterungsgebieten in Argentinien – eine phänomenale Leistung für einen so kleinen Vogel. Obwohl sich die Brutgebiete durch Kolonien im nordamerikanischen Westen erweitert haben, nehmen diese Vögel bei ihren Wanderungen keine Abkürzungen, sondern folgen den angestammten Routen entlang der Meeresküste. Die Pazifischen Goldregenpfeifer vollführen einen zweigleisigen Zug, der bei den herbstlichen Zügen nach Süden über den Atlantik führt. Im Frühjahr ziehen die Vögel über Mittelamerika und das Tal des Mississippi, weil hier die ökologischen Bedingungen zu dieser Zeit günstiger sind.

sen am Tage; andere ziehen hauptsächlich während des Tages, und viele Wasser- und Watvögel ziehen entweder tagsüber oder nachts.

Von vielen Vogelarten ist bekannt, dass sie sich nach Geländemerkmalen wie Flussläufen und Küstenlinien richten, doch zögern andere Arten nicht, große Wassergebiete zu überfliegen, die auf ihrem direkten Kurs liegen. Einige Vogelarten haben sehr breite Zugstraßen, während andere – wie etwa bestimmte Strandläuferarten – sehr eng begrenzten Zugrouten folgen, die sie nicht weit von den Küstenstreifen wegführt, auf die sie zur Nahrungssuche angewiesen sind.

Einige Arten sind für ihre langen Zugstrecken bekannt. Arktische Seeschwalben sind die größten Weltenbummler. Sie brüten im Sommer im nördlichen Polargebiet und ziehen vor dem arktischen Winter des hohen Nordens in die Antarktis. Außerdem folgen diese Arten bei ihrer jährlichen Wanderung einem Rundkurs, der sie aus dem nördlichen Nordamerika entlang der europäischen und afrikanischen Küste in die Antarktis führt (eine Reise, die sich über mehr als 18.000 km erstrecken kann).

Viele kleine Singvogelarten unternehmen ebenfalls weit ausgedehnte Züge (Abbildung 27.20). Zahlreiche Vogelarten, die in Europa oder Zentralasien nisten, verbringen den Winter in Afrika.

27.3.2 Auslöser des Vogelzuges

Die Menschen wissen von alters her, dass der Beginn der Fortpflanzungszeit bei Vögeln eng mit den Jahreszeiten verknüpft ist. Aber erst in jüngster Zeit konnte experimentell gezeigt werden, dass die Zunahme der hellen Tagesstunden zum Winterende und Frühjahrsbeginn die Gonadenentwicklung und die Akkumulation von Körperfett anregt – beides wichtige innere Veränderungen, die einen Vogel dafür vorbereiten, nordwärts zu ziehen. Die Zunahme der hellen Tagesstunden stimuliert den Hypophysenvorderlappen. Die Freisetzung gonadotroper Hormone aus der Hirnanhangsdrüse setzt ihrerseits eine komplexe Folge physiologischer und verhaltensbiologischer Veränderungen in Gang, die zu Gonadenwachstum, Fetteinlagerung, Zug, Werbung, Paarung und Jungenaufzucht führen.

27.3.3 Richtungsfindung während des Zuges

Zahlreiche Experimente haben den Verdacht genährt, dass die meisten Vögel zur Navigation in der Hauptsache den Gesichtssinn einsetzen. Vögel erkennen topologische Merkmale der Landschaften, die sie überfliegen und folgen vertrauten Zugrouten – ein Verhalten, das durch die Wanderung großer Schwärme (etwa bei Staren) noch unterstützt wird, da hierbei die navigatorischen Fähigkeiten und die Erfahrungen älterer Vögel dem gesamten Zugverband nutzen. Zusätzlich zur visuellen Navigation machen sich Vögel noch eine Reihe anderer Orientierungshinweise zunutze. Vögel besitzen einen sehr akkuraten innewohnenden Zeitsinn. Neuere Arbeiten haben eine alte, oft infrage gestellte Hypothese untermauert, der

27 Vögel (Aves)

Exkurs

In den frühen 70er Jahren konnte W. Keeton aufzeigen, dass die Flugrichtungsbestimmung von Tauben sich signifikant durcheinanderbringen ließ, wenn man kleine Magnete an den Köpfen der Vögel befestigte. Gleiches bewirkten Fluktuationen im Erdmagnetfeld. Bis vor kurzem waren die Natur und die Lage des Magnetfeldrezeptors im Kopf von Tauben unbekannt. In der Zwischenzeit hat man Kristalle des Minerals Magnetit (Fe_3O_4) in der Nackenmuskulatur von Tauben und ziehender Dachsammern entdeckt. Falls diese Einlagerungen mit empfindlichen Muskelrezeptoren verschaltet sind, könnten diese anorganischen Gebilde als Magnetkompass dienen, der die Vögel in die Lage versetzt, das Erdmagnetfeld wahrzunehmen und zur Orientierung zu nutzen.

zufolge Vögel das Magnetfeld der Erde zur Wegfindung einsetzen sollen. Die navigatorischen Fähigkeiten von Vögeln sind großenteils angeboren; es kann aber eine Kalibrierung durch existierende Navigationshilfsmittel wie Landschaftsmerkmale erforderlich sein. Darüber hinaus können Lernvorgänge eine Rolle spielen, weil die navigatorischen Fähigkeiten eines Vogels sich durch Erfahrung verbessern können.

Experimente der deutschen Verhaltensforscher G. Kramer und E. Sauer sowie des amerikanischen Vogelkundlers S. Emlen haben überzeugend demonstriert, dass Vögel mit Hilfe von Orientierung an Himmelskörpern navigieren können. Am Tag nutzen sie die Sonne, bei Nacht den Sternenhimmel. Unter Zuhilfenahme spezieller Käfige kam Kramer zu dem Schluss, dass die Tiere ihren Kompass nach der Sonne ausrichten (▶ Abbildung 27.21). Dieser Effekt wird als **Sonnenazimutausrichtung** bezeichnet (Azimut: als Winkel angegebene Himmelskoordinate, die angibt, bei welchem Horizontalwinkel ein Gestirn über dem Horizont sichtbar ist). Um die Sonne als Kompass verwenden zu können, muss ein Vogel die Tageszeit kennen, da sich die Stellung der Sonne am Himmel im Tageslauf fortwährend ändert. Indem sie ihre Versuchsvögel sich ändernden Beleuchtungszyklen unterwarfen, die langsam den Zeitpunkt des wahrgenommenen Tagesanbruchs verschoben, konnten die Forscher nachweisen, dass sich Vögel einer inneren Uhr zur Abstimmung bedienen. Sauers und Emlens gut ausgedachte Planetariumsexperimente (siehe Kasten) haben starke Hinweise darauf geliefert, dass manche Vögel, und vielleicht viele Arten, in der Lage sind, die Richtung des Nordsterns (= Polarstern), um den sich die Sternbilder aus der Sicht der Erde drehen, auszumachen und navigatorisch zu nutzen.

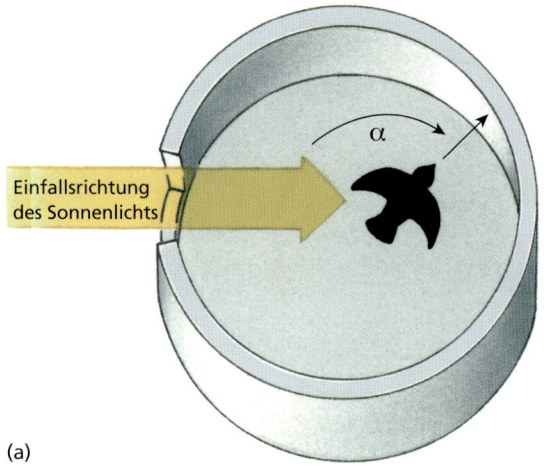

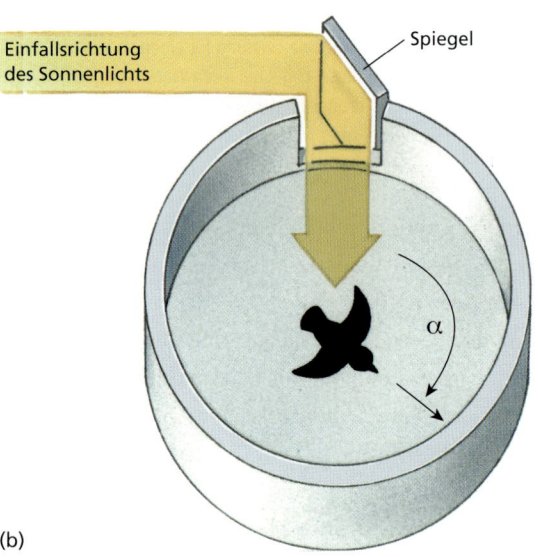

Abbildung 27.21: Gustav Kramers Experimente zum Sonnenkompass bei Staren. (a) In einem mit einem Fenster versehenen runden Käfig richtet sich der Vogel in der Richtung aus, in der er normalerweise ziehen würde, wenn er frei wäre. (b) Wenn der Winkel, in dem die Sonne steht, durch einen Spiegel umgelenkt wird, hält der Vogel dieselbe relative Position zum einfallenden Licht ein. Dies belegt, dass die Vögel die Sonne als Kompass bei der Navigation benutzen. Der Vogel navigiert während des ganzen Tages in korrekter Weise und ändert seine Orientierung zur Sonne mit fortschreitender Tageszeit (= sich verändernder Stellung der Sonne am Himmel).

Einige bemerkenswerte Kunstfertigkeiten, die Vögel bei der Navigation zeigen, harren noch der Aufklärung. Die meisten Vögel bedienen sich unbezweifelbar einer Kombination aus angeborenen und aus der Umwelt stammenden Richtungshinweisen für den Zug. Der Vogelzug ist ein rigoroses Unterfangen. Das Ziel ist oftmals klein, und die natürliche Selektion eliminiert unerbittlich solche Individuen aus, die bei der Wanderung Fehler begehen, so dass nur die besten Navigatoren übrig bleiben, um die Linie der Art fortzuführen.

27.4 Sozialverhalten und Fortpflanzung

Exkurs

In einer eleganten Folge von Experimenten, die dazu ausgelegt waren, zu ergründen, ob nächtlich ziehende Vögel einen angeborenen Richtungssinn besitzen oder sie als Küken im Nest die Richtung erlernen, zog S. Emlen Gruppen von Indigofinken *(Passerina cyanea)* unter drei verschiedenen Bedingungen in einem Planetarium auf, so dass die sichtbaren Sternenkonstellationen verändert werden konnten. Einer Gruppe von Vögeln wurde ein normaler Nachthimmel vorgeführt, der sich um den Polarstern „dreht". Eine zweite Gruppe sah einen Nachthimmel, der um den Stern Beteigeuze (der hellste Stern im Sternbild Orion) rotierte. Für diese Gruppe war also Beteigeuze sozusagen zum Ersatzpolarstern geworden. Einer dritten Gruppe von Jungvögeln wurden nur leuchtende Punkte vorgeführt, die sich überhaupt nicht bewegten.

Als die Vögel ein Alter erreicht hatten, in dem sich der innere Drang zum Ziehen zeigte, wurden sie in Volieren gesetzt, die einen Blick auf den echten Nachthimmel erlaubte. Gleichzeitig wurde aufgezeichnet, in welche Richtung bei ihren Bewegungen oder ihrem Zugbestreben neigten. Die Vögel, die das starre Punktmuster ohne irgendeine Rotation erlebt hatten, zeigten keinerlei Fähigkeiten, die Richtung festzulegen und bewegten sich ungeordnet. Diejenigen Vögel, die unter dem künstlichen Himmel aufgezogen worden waren, der dem natürlichen Nachthimmel entsprach, richteten sich in artgerechter Weise für den Zug aus. Die letzte Gruppe, mit dem falsch gepolten Sternenhimmel, zeigte eine konsistente Ausrichtung nach einem Himmelskompass, auf dem Beteigeuze in „Nordrichtung" stand, und dies selbst, wenn die Vögel sich unter einem natürlichen Nachthimmel befanden, an dem sich die Sterne um den Polarstern „drehten". Emlen konnte auf diese Weise sehr elegant nachweisen, dass diese Vögel nicht mit einem angeborenen Richtungssinn auf die Welt kommen, sondern das Richtungssystem erst durch Beobachtung des Drehsinns des nächtlichen Himmels erlernen müssen.

Abbildung 27.22: Ein Teil einer Kolonie von Basstölpeln *(Morus bassanus;* Order Pelecaniformes). Das extrem enge Beieinandersein dieser sehr sozialen Vögel ist deutlich zu sehen.

in Schwärmen sammeln. Das Zusammensein bietet gewisse Vorteile: gegenseitiger Schutz vor Räubern, erleichterte Partnerfindung, geringere Gefahr einer falschen Navigation während des Zuges für den einzelnen Vogel sowie Zusammenkauern zum Schutz vor niedrigen Temperaturen in der Nacht. Bestimmte Arten, wie Pelikane (▶ Abbildung 27.23), zeigen hochorganisiertes Kooperationsverhalten bei der Futterbeschaffung. Zu keiner Zeit aber treten die hochgradig organisierten sozialen Wechselwirkungen von Vögeln offenkundiger zu Tage als während der Brutzeit, wenn sie ihre Revieransprüche kundtun und ausfechten, Paarungspartner

(a)

(b)

Abbildung 27.23: Kooperatives Fressverhalten des weißen Pelikans *(Pelecanus onocrotalus).* (a) Die Pelikane bilden einen hufeisenförmigen Verband, um Fische zusammenzutreiben. (b) Dann tauchen sie gleichzeitig ab, um die Fische mit ihren riesigen Schnäbeln abzuschöpfen. Die Bilder entstanden im Abstand von zwei Sekunden.

Sozialverhalten und Fortpflanzung 27.4

Ein Blick auf die Tauben in einer Großstadt oder auf eine Stromleitung im frühen Herbst zeigen deutlich, dass viele Vögel sehr soziale Kreaturen sind. Besonders während der Brutzeit sammeln sich Meeresvögel zu Kolonien von oftmals enormer Größe, um zu nisten und ihre Jungen aufzuziehen (▶ Abbildung 27.22). Landbewohnende Vögel neigen – mit wenigen augenfälligen Ausnahmen wie Staren *(Sturnus vulgaris)* und Saatkrähen *(Corvus frugilegus)* – weniger zur Schwarmbildung. Auch gesellige Landvögel brüten für gewöhnlich isoliert und nicht in Kolonien. Aber auch Arten, die allein brüten, können sich zur Futtersuche oder zum herbstlichen Zug

auswählen, Nester bauen, die Eier bebrüten und die Jungen aufziehen.

27.4.1 Das Fortpflanzungssystem

Während der meisten Zeit des Jahres sind die Hoden männlicher Vögel winzige, bohnenförmige Körper. Während der Fortpflanzungs- und Brutzeit vergrößern sie sich beträchtlich (bis zum Dreihundertfachen ihrer Größe während der Nichtfortpflanzungszeit). Danach schrumpfen sie wieder auf ihre Ruhegröße zurück. Diese Organveränderungen sind als Anpassung an den hohen Energieverbrauch beim Fliegen zu sehen. Für den männlichen Vogel macht es Sinn, während der reproduktiv unproduktiven Zeiten des Jahres kein überflüssiges Fluggewicht in Form nicht zum Einsatz kommender Organe mitzuführen. Da den Männchen der allermeisten Vogelarten ein Penis fehlt, werden bei der Kopulation die Kloaken der beiden beteiligten Vögel zusammengebracht. Dabei steht das Männchen für gewöhnlich auf dem Rücken des Weibchens (▶ Abbildung 27.24). Einige Schwalben- und Falkenarten kopulieren im Flug.

Bei den Weibchen der meisten Vogelarten kommen nur der linke Eierstock und der linke Eileiter zur Entwicklung. Die entsprechenden Organbildungen der rechten Körperseite sind verkümmert (▶ Abbildung 27.25). Die aus dem Ovar (Eierstock) entlassenen Eier werden von dem aufgeweiteten Ende des Eileiters, dem **Infundibulum**, aufgenommen. Der Eileiter (Ovidukt) verläuft posterior zur Kloake. Während die Eier den Eileiter hinab wandern, wird durch spezielle Drüsen Albumin, das Hauptprotein des Eiweißes, eingelagert. Weiter stromabwärts im Eileiter werden die Eimembran, die Eierschale und die Schalenpigmente gebildet und um das Ei herum abgelagert. Die Befruchtung erfolgt im oberen Eileiter. Dies geschieht einige Stunden, bevor das Albumin eingelagert und die Schale gebildet wird. Das Sperma überlebt nach einer Paarung im Eileiter viele Tage lang. Hennen zeigen für fünf bis sechs Tage nach der Paarung eine gute Fertilität, danach fällt sie rasch ab. In gelegentlichen Fällen kann ein sich entwickelndes Ei bis zu 30 Tage nach der Trennung von Henne und Hahn noch befruchtet werden.

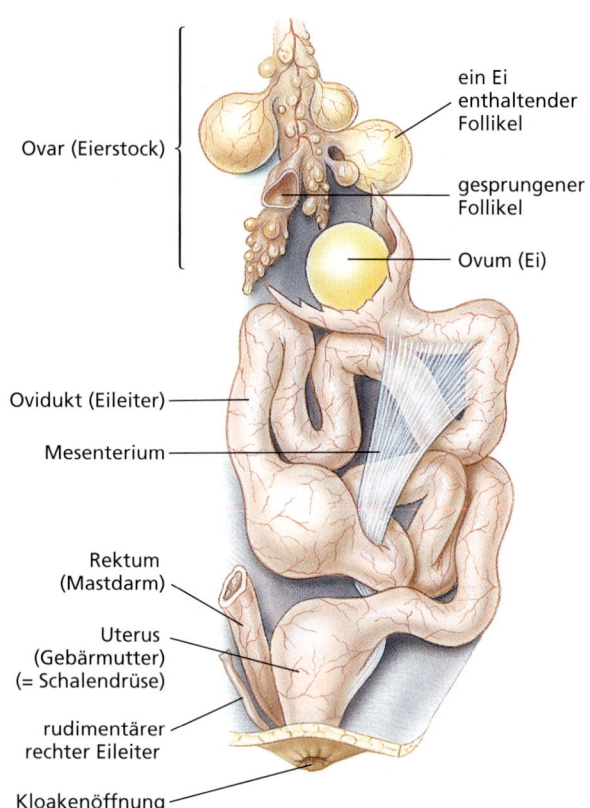

Abbildung 27.25: **Die Fortpflanzungsorgane eines weiblichen Vogels.** Bei den meisten Vögeln sind nur das linke Ovar und der linke Eileiter funktionstüchtig. Die entsprechenden Organbildungen der rechten Körperseite verkümmern.

Abbildung 27.24: **Kopulation bei Vögeln.** Den Männchen der meisten Vogelarten fehlt ein Penis. Ein Männchen führt die Kopulation durch, indem es sich auf den Rücken des Weibchens setzt. Dabei presst es seine Kloake gegen die des Weibchens, wobei Sperma an das Weibchen übergeben wird.

27.4.2 Paarungsstrategien

Zwei oft angetroffene Paarungsstrategien unter Tieren sind die Monogamie, bei der ein Individuum nur einen Paarungspartner hat, und die Polygamie, bei der ein Individuum mehrere Paarungspartner in einer Fortpflanzungsperiode hat. Monogamie ist bei den meisten Tiergruppen selten, bei Vögeln jedoch häufig. Mehr als 90 Prozent aller Vogelarten gelten als monogam. Bei einigen wenigen Vogelarten, wie etwa Gänse- und Schwanarten,

27.4 Sozialverhalten und Fortpflanzung

> **Exkurs**
>
> Der Begriff „Polygamie" wird allgemein für beide Geschlechter verwendet. Die verbreitetste Form der Polygamie ist die Polygynie (Vielweiberei), bei der ein Männchen sich mit mehr als einem Weibchen paart. Viel weniger verbreitet ist der umgekehrte Fall der Polyandrie (Vielmännerei), bei der sich ein Weibchen in einer Brutsaison mit mehr als einem Männchen verpaart.

wird ein lebenslanger Partner ausgewählt, mit dem man oft auch über das ganze Jahr hinweg zusammenbleibt. Saisonale Monogamie ist unter der großen Mehrheit der Zugvögel verbreitet, die nur während der Brutzeit feste Paare bilden. Für den Rest des Jahres leben diese Vögel unabhängig voneinander. Für die Brutzeit des Folgejahres wird dann vielleicht ein anderer Paarungspartner ausgewählt.

Obgleich die meisten Vögel monogames Paarungsverhalten zeigen, kann sich jeder Partner eines Brutpaares auch mit einem weiteren Individuum verpaaren, das nicht der eigentliche Partner ist. Neuere DNA-Untersuchungen an brütenden Vögeln haben ergeben, dass viele Singvögel häufig „untreu" sind, also außerpartnerschaftliche Kopulationen durchführen. Als Folge davon enthalten die Nester vieler dieser „monogamen" Vögel Junge, von denen ein beachtlicher Teil (ein Drittel oder mehr) von Vätern stammt, die nicht das an der Aufzucht beteiligte Männchen sind.

Ein Grund dafür, dass Monogamie unter Vögeln viel weiter verbreitet ist als unter Säugetieren, ist in der Tatsache zu suchen, dass männliche Vögel ebenso gut für die Aufzucht der Jungen geeignet sind wie weibliche. Säugetiermännchen tragen die Jungen nicht aus, und sie können sie nicht mit Milch versorgen und stellen daher in der Frühzeit der Jungenaufzucht nur eine begrenzte Hilfe dar (sie können aber zum Beispiel das Weibchen mit Futter versorgen, während dieses die Jungen säugt). Vogelmännchen und Vogelweibchen können sich bei der Versorgung des Nestes und der Jungen abwechseln (sowohl beim Brüten wie bei der Futterbeschaffung), so dass einer der Elternvögel praktisch immer am Nest anwesend ist. Bei einigen Vogelarten verbleibt das Weibchen über Monate hinweg auf dem Nest; in dieser Zeit wird es vom Männchen mit Futter versorgt. Diese permanente Beaufsichtigung des Nestes ist bei solchen Arten von besonderer Bedeutung, die sonst unter hohen Verlusten durch Räuber oder rivalisierende Artgenossen zu leiden hätten, wenn sie das Nest verließen. Bei vielen Vogelarten verbietet der hohe Aufwand bei der Versorgung der Jungen eines Paarungspartners die Einrichtung mehrerer Nester mit verschiedenen Weibchen durch ein und dasselbe Männchen.

Die am weitesten verbreitete Form der Polygamie bei Vögeln, ist die Polygynie (Vielweiberei). Bei vielen Gänsearten versammeln sich die Männchen an einem gemeinsamen Balzplatz, der in Territorien der Einzeltiere unterteilt ist, die von den Männchen, von denen sie besetzt sind, heftig verteidigt werden (▶ Abbildung 27.26). An einem Balzplatz gibt es für ein Weibchen nichts von Wert, mit Ausnahme der anwesenden Männchen. Der einzige Beitrag der Männchen sind ihre Erbanlagen, da die Weibchen die Jungen allein aufziehen (dies ist möglich, weil die Jungen Nestflüchter sind, die weit entwickelt zur Welt kommen und sich praktisch unmittelbar nach dem Schlüpfen selbstständig mit Futter versorgen). Meist finden sich an einem Balzplatz ein dominierendes und mehrere rangniedere Männchen. Die Konkurrenz unter den männlichen Vögeln um die Weibchen ist ausgeprägt, doch scheinen die Weibchen für die Paarung das dominierende Männchen auszuwählen, weil sich im sozialen Rang mutmaßlich die genetische Qualität widerspiegelt.

Polyandrie (Vielmännerei), bei der sich ein Weibchen mit mehreren Männchen verpaart und die Männchen dann die Eier bebrüten, ist unter Vögeln ziemlich selten. Diese Praxis findet sich bei manchen Küstenvögeln, zum Beispiel beim Drosseluferläufer *(Actitis macularia)*. Weibliche Drosseluferläufer verteidigen die Reviere und paaren sich mit mehreren Männchen. Die Männchen bebrüten die Eier auf einem Nest innerhalb des Reviers des Weibchens und erbringen den Großteil der Aufzucht-

Abbildung 27.26: **Ein dominanter Hahn des Beifußhuhns *(Centrocercus urophasianus)*.** Das Tier ist von mehreren Weibchen umringt, die von der Zurschaustellung seines Federkleides angelockt wurden.

leistung. Diese ungewöhnliche Fortpflanzungsstrategie und die Zusammenrottung von Individuen könnte eine Reaktion der Drosseluferläufer auf hohe Verluste durch Raubfeinde sein.

27.4.3 Nestbau und Jungenaufzucht

Um Nachkommen zu erzeugen, legen alle Vögel Eier, die von einem oder beiden Elternteilen bebrütet werden müssen. Die meisten Brutaufgaben fallen in der Regel dem Weibchen zu, obwohl in vielen Fällen sich beide Eltern die Aufgabe teilen, und in manchen Fällen allein die Männchen das Brutgeschäft betreiben.

Die meisten Vögel bauen irgendeine Art von Nest, in dem die Eier abgelegt und die Jungen bis zum Flüggewerden versorgt werden. Einige Vogelarten legen ihre Eier einfach auf den nackten Boden, ohne sich mit dem Nestbau aufzuhalten. Andere wieder bauen kunstvolle Nester, wie etwa die hängenden Nester der Pirole, die mit Flechten bedeckten Schlammnester von Kolibris (▶ Abbildung 27.27), die kaminartigen Schlammnester der Fahlstirnschwalben *(Petrochelidon pyrrhonota)* oder die schwebenden Nester der Rothalstaucher *(Podiceps grisegena)*. Die meisten Vogelarten betreiben einen hohen Aufwand, um ihre Nester vor der Entdeckung durch Feinde zu tarnen. Spechte, Meisen, Käuze und viele andere Arten nützen Löcher in Baumstämmen oder sonstige Hohlräume zur Anlage ihrer Nester. Eisvögel graben Tunnel in sandige Uferabhänge, in denen sie ihre Nester unterbringen. Greifvögel bauen ihre Nester in der Regel weit oben in den Kronen hoher Bäume oder auf Felsvorsprüngen an Berghängen. Brutparasiten wie der Kuckuck *(Cuculus canorus)* legen ihre Eier in die Nester von Vögeln, die kleiner sind als sie selbst. Wenn die Jungen ausschlüpfen, versorgen die Stiefeltern das Kuckucksjunge wie ein eigenes Junges; da es rasch heranwächst, setzt es sich gegenüber den artgemäßen Jungen durch und verdrängt diese oftmals völlig aus dem Nest.

Der Entwicklungszustand eines frisch geschlüpften Jungvogels hängt von der Art ab. **Nestflüchter** wie Wachteln, Hühner, Enten und die meisten anderen Wasservögel, sind zum Zeitpunkt des Ausschlüpfens mit Daunen bedeckt und können laufen und schwimmen, sobald ihr Gefieder getrocknet ist (▶ Abbildung 27.28). Die am weitesten entwickelten Nestflüchter sind einige australische Großfußhühner, die ihre Eier im Sand oder auf selbstgebauten Hügelnestern aus pflanzlichem Material ablegen, ähnlich wie Krokodile. Die Jungen dieser Vögel sind bereits zum Zeitpunkt des Schlüpfens flugfähig!

Abbildung 27.27: Ein Annakolibri *(Calypte anna)* bei der Fütterung seiner Jungen. Sie sitzen in einem Nest aus Fasern und Flaum, die von Spinnweben zusammengehalten werden, und das durch Flechten getarnt ist. Das Weibchen baut das Nest, bebrütet die erbsengroßen Eier und zieht die Jungen ohne Unterstützung durch das Männchen auf. Der Annakolibri ist ein häufig vorkommender Bewohner Kaliforniens. Er ist die einzige Kolibriart, die in Nordamerika überwintert.

Die meisten Nestflüchter – selbst die, die fähig sind, das Nest sehr kurze Zeit nach dem Schlüpfen zu verlassen – werden von ihren Eltern für einige Zeit mit Futter versorgt oder vor Räubern beschützt. **Nesthocker** sind dagegen zum Zeitpunkt des Schlüpfens nackt und blind und nicht in der Lage, zu laufen. Sie verbleiben für eine Woche oder länger im Nest. Die Eltern von Nesthockern müssen ihre Jungen praktisch ohne Unterlass mit Futter versorgen, da die Jungvögel zur Vollendung ihrer Entwicklung täglich mehr Nahrung als ihre eigene Körpermasse benötigen.

Obgleich es so scheinen mag, als ob die Nestflüchter mit der besseren Fähigkeit, selbstständig Nahrung zu finden und sich vor Räubern in Sicherheit zu bringen,

(a) **Nesthocker**
1 Tag alte Heidelerche

(b) **Nestflüchter**
1 Tag altes Kragenhuhn

Abbildung 27.28: Vergleich eines eintägigen Nesthockers mit einem gleichalten Nestflüchter. (a) Das Junge der Wiesenlerche *(Sturnella* sp.*)* schlüpft als Nesthocker beinahe nackt, blind und hilflos. (b) Das Junge des Kragenhuhns *(Bonasa umbellus)* ist als Nestflüchter zum Zeitpunkt des Schlüpfens mit Daunen bedeckt, sensorisch gut ausgestattet, besitzt kräftige Beine und ist in der Lage, sich selbstständig zu ernähren.

alle Vorteile auf ihrer Seite hätten, können auch die Nesthocker einige Vorteile für sich ins Feld führen. Da Nesthockerarten verhältnismäßig kleine Eier mit minimalem Dottervorrat legen, ist die Investition des Muttertiers in die Produktion der Eier vergleichsweise gering. Eier, die Räubern oder extremen Wetterbedingungen zum Opfer fallen, können leicht ersetzt werden. Nesthocker wachsen auch relativ schneller heran (vielleicht aufgrund des höheren Entwicklungspotenzials des nicht ausgereiften Gewebes). Viele Vogelarten lassen sich nicht eindeutig einer der vorgenannten Gruppen zuordnen, da der Entwicklungszustand ihrer Jungen zum Zeitpunkt des Schlüpfens irgendwo zwischen dem von Nesthockern und Nestflüchtern liegt. So werden etwa Möwen- und Seeschwalbenjunge mit Daunen und geöffneten Augen geboren, sind aber vorerst nicht in der Lage, das Nest zu verlassen.

Vogelpopulationen 27.5

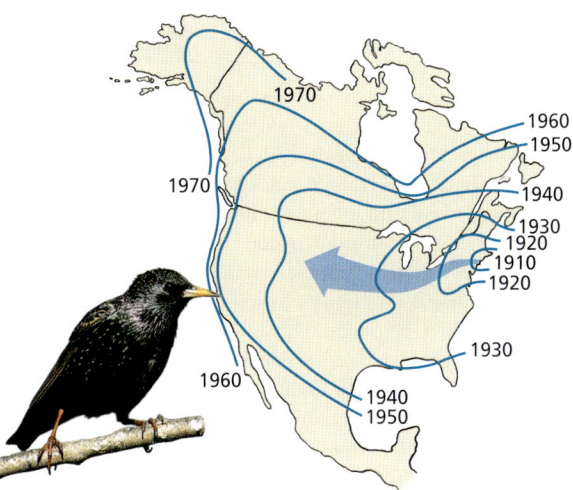

Abbildung 27.29: Die Besiedelung Nordamerikas durch Stare (Sturnus vulgaris). 120 dieser Vögel waren im Jahr 1890 im Zentralpark von New York City freigesetzt worden. Heute gibt es schätzungsweise 200 Millionen Stare allein in den USA – ein Beleg für das hohe Fortpflanzungsvermögen von Vögeln. Stare sind Allesfresser, die im Frühjahr und Sommer zumeist Insekten verzehren; im Herbst verlegen sie sich dann auf Wildfrüchte.

Die Größe von Vogelpopulationen variiert, genau wie die anderer Tiere, von Jahr zu Jahr. Schneeeulen *(Nyctea scandiaca)* unterliegen beispielsweise Populationszyklen, die eng an die ihrer Hauptnahrung – in der Hauptsache Nagetiere – geknüpft sind. Die Populationen von Maulwürfen, Mäusen und Lemmingen des hohen Nordens unterliegen einem einigermaßen regelmäßigen Vierjahreszyklus. Erreichen die Bestandsdichten dieser Nagetiere Spitzenwerte, nehmen auch die Bestände räuberischer Arten, die sich von ihnen ernähren, wie die von Füchsen, Wieseln, Bussarden und Schneeeulen zu, weil es genügend Nahrung gibt, um viele Junge großzuziehen. Nach dem Zusammenbruch einer Nagetierpopulation wandern die Schneeeulen südwärts und suchen nach alternativen Futterquellen. Sie tauchen dann gelegentlich in großer Zahl im südlichen Kanada und den nördlichen USA auf, wo ihre totale Furchtlosigkeit dem Menschen gegenüber sie zu einer leichten Beute für auf Trophäen abzielende Jäger werden lässt.

Hin und wieder führen Aktivitäten des Menschen zu spektakulären Veränderungen in der Verbreitung gewisser Vogelarten. Sowohl Stare (▶ Abbildung 27.29) und Haussperlinge sind unabsichtlich in zahlreiche Länder eingeführt worden, was sie zu den beiden häufigsten Vogelarten der Erde hat werden lassen (abgesehen vom Haushuhn).

Der Mensch ist außerdem verantwortlich für das Aussterben mehrerer Vogelarten. Seit 1681 sind mehr als 80 bekannte Vogelarten dem Schicksal des Dodos in den Untergang der Art gefolgt. Die meisten sind Opfer von Veränderungen in ihrer gewohnten Umwelt oder der Konkurrenz durch eingeschleppte andere Vogelarten geworden. Einige sind aber bis zur Ausrottung bejagt worden, darunter die Wandertaube, die vor gerade einmal einem Jahrhundert mit ihrem Bestand von geschätzten mehreren Milliarden Exemplaren den Himmel über Nordamerika „verdunkelt" hat (▶ Abbildung 27.30).

Abbildung 27.30: Jagd auf Wandertauben *(Ectopistes migratorius)* im Süden der USA im 19. Jahrhundert. Eine unablässige Bejagung zum Vergnügen wie zum Verkauf der Vögel hat dazu geführt, dass die Population noch vor der Einführung landes- oder bundesweiter Jagdgesetze unter das Niveau für den Erhalt des in Kolonien brütenden Vogels abgesunken ist. Die letzte Wandertaube starb 1914 in Gefangenschaft. Durch die extreme Bejagung wurde die Art ausgerottet.

Exkurs

Bleivergiftungen von Wassergeflügel ist eine Nebenwirkung der Jagd. Bevor 1991 endlich eine lange hinausgezögerte gesetzliche Regelung in Kraft getreten ist, welche die Verwendung von bleilosem Schrot für die Jagd auf Wasservögel sowohl im Inland wie an der Küste vorschreibt, haben Schrotflinten allein in den USA pro Jahr rund 3000 Tonnen Blei in der Landschaft verteilt. Wenn Wasservögel die Schrotkörner fressen, weil sie sie irrtümlich für Samenkörner halten, werden die Schrotkugeln in den kräftigen Muskelmägen der Vögel regelmäßig kleingemahlen, was der Absorption gelöster Bleiionen in das Blut im weiteren Verdauungstrakt Vorschub leistet. Chronische Bleivergiftungen schwächen die Vögel oder führen sogar zu Lähmungserscheinungen, was schließlich sogar zum Tod durch Verhungern führen kann. Auch heute noch sterben viele Vögel durch die Aufnahme von bleihaltigem Schrot, das sich über die Jahre überall angesammelt hat. In Deutschland sind bleihaltige Zerlegegeschosse noch nicht verboten und werden nach wie vor zur Jagd benutzt. Untersuchungen des Instituts für Zoo- und Wildtierforschung (IZW) in Berlin haben ergeben, dass zahlreiche Seeadler aufgrund von Bleivergiftungen verendet sind. Die Innereien von geschossenem Wild werden oft einfach liegen gelassen und von den gesetzlich streng geschützten Vögeln gefressen. Die großen Bleigeschosse schlucken sie einfach herunter. Wegen der hohen Magensäurekonzentration der Tiere wirkt das Blei als tödliches Gift und die Adler gehen daran zu Grunde. Auch andere Vogelarten sind von Bleivergiftungen durch Jagdmunition gefährdet.

Heute ist die Freizeitjagd auf Vögel in Nordamerika eine gut organisierte Angelegenheit. Und obwohl Jäger jedes Jahr Millionen von Vögeln schießen, ist keine der 74 legal jagdbaren Vogelarten in ihrem Bestand bedroht. Die Interessen der Jägerschaft nach Revieren und Wildtieren, die man schießen kann, haben dazu geführt, dass große Feuchtgebiete, die als Rastplätze für durchziehende Vögel dienen, aufgekauft worden sind. Dies hat zu einer Erholung der Bestände von jagdbaren wie von nichtjagdbaren Arten geführt.

Besonders besorgniserregend ist der in jüngster Zeit zu beobachtende, starke Rückgang von Singvögeln in den USA und im südlichen Kanada. Hobbyvogelbeobachter und Ornithologen haben anhand von Langzeitbeobachtungen festgestellt, dass viele Singvogelarten, die vor nur vierzig Jahren noch häufig waren, heute plötzlich selten geworden sind. Für den Rückgang werden mehrere Faktoren verantwortlich gemacht. Die Intensivierung der Landwirtschaft mit der Ausräumung der einst vielfältigeren Feldflur hat Bodenbrütern viele Nistgelegenheiten geraubt, die Verwendung von Insektiziden (möglicherweise auch von Herbiziden). Eine Fragmentierung der Waldgebiete in vielen Teilen der USA hat dazu geführt, dass eine zunehmende Anzahl von Nestern waldbewohnender Arten Räubern wie Blauhähern, Waschbären und Opossums und Brutparasiten wie Kuckucken zugänglich geworden sind. Gleiche rückläufige Vogelpopulationen aus den oben genannten Gründen werden auch in Europa beobachtet.

Der rapide Verlust tropischer Urwaldgebiete (pro Jahr etwa 170.000 Quadratkilometer, das Doppelte der Fläche Österreichs) entzieht vielen jährlich ziehenden Singvogelarten ihre Überwinterungsquartiere. Neuere Untersuchungen deuten darauf hin, dass Stresswirkungen im Winterquartier den physiologischen Zustand der Vögel merklich in Mitleidenschaft ziehen. Dies betrifft besonders Singvögel in der Zeit vor ihrer Nordwanderung. Von allen langfristigen Gefahren, denen Singvogelpopulationen ausgesetzt sind, ist die Abholzung der Tropenwälder die größte und am schwierigsten aufzuhaltende oder umzukehrende. Falls die Rate der Entwaldung über die nächsten Jahrzehnte wie befürchtet weiter ansteigt, werden die Tropenwälder der Erde bis zum Jahr 2040 völlig verschwunden sein und damit unwiederbringlich viele Tier- und Pflanzenarten (Terborgh, 1992).

Einige Vogelarten, wie Rotkehlchen, Haussperlinge, Stare und Tauben, vermögen sich leicht den veränderten Bedingungen anzupassen und können unter Umständen sogar von ihnen profitieren. Terborgh warnt in seiner Abhandlung aus dem Jahr 1992 davor, dass wir in absehbarer Zeit dem „stummen Frühling" entgegensehen könnten, den Rachel Carson in ihrem berühmten Roman aus dem 1962 apokalyptisch vorhergesehen hat. Die Warnungen aus dem Jahr 1992 haben sich mittlerweile leider als sehr zutreffend herausgestellt. Die dramatische Situation verschiedener Vogelpopulationen lässt sich sehr gut an dem Beispiel des heimischen Haussperlings demonstrieren.

Der **Haussperling** (*Passer domesticus*) – auch **Spatz** genannt – ist eine Vogelart aus der Familie der Sperlinge (Passeridae) und einer der bekanntesten und am weitesten verbreiteten Singvögel in Mitteleuropa. Der Spatz ist ein Kulturfolger und hat sich vor über 10.000 Jahren dem Menschen angeschlossen. Nach zahlreichen, teils beabsichtigten, teils unbeabsichtigten Einbürgerungen ist er mit Ausnahme der Tropen fast überall anzutreffen, wo Menschen sich das ganze Jahr aufhalten. Der weltweite Bestand wird auf etwa 500 Millionen Individuen geschätzt. Nach deutlichen Bestandsrückgängen in der zweiten Hälfte des 20. Jahrhunderts vor allem im Westen Mitteleuropas wurde diese Art in die Vorwarnliste von

KLASSIFIZIERUNG

■ **Rezente Vögel der Klasse Aves**

Die Klasse der Vögel umfasst mehr als 9900 Arten, die auf 25 Ordnungen rezenter und einige weniger fossiler Vögel aufgeteilt sind. Es besteht nur geringe Übereinstimmung unter den Vogelkundlern hinsichtlich der verwandtschaftlichen Beziehungen der Vogelordnungen untereinander, und die Monophylie mehrerer Ordnungen ist infrage gestellt worden. Bis vor kurzer Zeit hat sich die Klassifizierung auf gemeinsame abgeleitete morphologische Merkmale gestützt. Auf der Grundlage von DNA-Hybridisierungsexperimenten ist von Sibley und Ahlquist (1990) ein alternatives taxonomisches System vorgeschlagen worden. Diese Untersuchung gelangte zu einer Reihe überraschender mutmaßlicher Verwandtschaftsbeziehungen; hierzu gehört beispielsweise die Eingruppierung der Familien der Pinguine (Spheniscidae), der Taucher (Gaviidae), der Lappentaucher (Podicipediformes), der Albatrosse (Diomedeidae) und die Ordnung der Greifvögel (Falconiformes) in die Ordnung Ciconiiformes (Schreit- oder Stelzvögel), zu der traditionell nur die Familie der Reiher (Ardeidae) und ihre Verwandten gehörten. Von solchen biochemischen Untersuchungen nahegelegte Verwandtschaftsverhältnisse sind bislang noch nicht durch andere molekular-phylogenetische Methoden überprüft worden. Es bestehen weiterhin Fragen zur Validität des Konzeptes der „molekularen Uhren", das von entscheidender Bedeutung für die Interpretation von DNA-Hybridisierungsergebnissen ist. Die Nucleinsäurehybridisierung ist eine grobe Methode, deren Aussagewert allgemein nicht überschätzt werden darf. Darüber hinaus stellt ein solches Ergebnis lediglich ein einziges weiteres Merkmal dar, dessen Bedeutung nicht höher anzusiedeln ist als irgendein morphologisches Einzelmerkmal. Aufgrund dieser bestehenden Unsicherheiten präsentieren wir hier eine traditionelle Klassifizierung der Vögel, die sich in erster Linie auf morphologische Merkmale stützt.

Classis Aves (lat. *avis*, Vogel)

Subclassis Archaeornithes (gr. *archaios*, alt + *ornis*, Vogel). Unterklasse der **Urvögel**. Vögel des späten Jura und der frühen Kreide, die viele primitive Merkmale zeigen. *Archaeopteryx*.

Subclassis Neornithes (gr. *neos*, neu + *ornis*, Vogel). Unterklasse der **modernen Vögel**. Ausgestorbene und rezente Arten mit wohlentwickeltem Sternum (Brustbein), im Allgemeinen mit einem Kiel versehen; Schwanz zurückgebildet; Metakarpale und einige Karpale miteinander fusioniert. Kreidezeit bis heute.

Superordo Paleognathae (gr. *palaois*, alt + *gnathos*, Kiefer). Überordnung der **Urkiefervögel**. Moderne Vögel mit einem primitiven Archosauriergaumen. Laufvögel (Struthioniformes) mit unbekieltem Sternum und Steißhühner (Tinamidae) mit bekieltem Sternum.

Ordo Struthioniformes (lat. *struthio*, Strauß + lat. *forma*, Form, Gebilde): Ordnung der **Laufvögel** (Strauße, Rheas, Kasuare, Emus, Kiwis). Fünfzehn Arten flugunfähiger Vögel Afrikas, Südamerikas, Australiens, Neuguineas und Neuseelands. Der afrikanische Strauß (*Struthio camelus*; ▶ Abbildung 27.31) ist der größte rezente Vogel mit einer Standhöhe von bis zu 2,4 m und einer Körpermasse von bis zu 135 kg. Die Füße sind mit nur zwei Zehen unterschiedlicher Größe versehen, die an der Unterseite Laufpolster tragen, welche es den Vögeln erlauben, auf sandigem Untergrund rasch zu laufen. Kiwis, die etwa die Größe von Haushühnern haben, sind ungewöhnlich, weil sie nur winzigste Reste zurückgebildeter Flügel besitzen.

Ordo Tinamiformes: Steißhühner. Bodenlebende, gänseartige Vögel Mittel- und Südamerikas. 47 Arten.

Superordo Neognathae (gr. *neos*, neu + *gnathos*, Kiefer): **Neukiefervögel.** Moderne Vögel mit biegsamem Gaumen.

Ordo Sphenisciformes (gr. *spheniskos*, Verkleinerungsform von *sphen*, Keil + lat. *forma*, Gestalt, Aussehen): Ordnung der **Pinguine**. Füße mit Schwimmhäuten. Meeresvögel

Abbildung 27.31: Ein Strauß *(Struthio camelus)* in Afrika – der größte aller rezenten Vögel. Order Struthioniformes (Ordnung der Laufvögel).

der Südhemisphäre, von der Antarktis nördlich bis Galapagosinselgruppe. Obwohl die Pinguine carinate Vögel (Vögel mit bekieltem Sternum) sind, benutzen sie ihre Flügel als Paddel zum Schwimmen auf dem und unter Wasser statt zum Fliegen. 17 Arten.

Ordo Gaviiformes (lat. *gavia*, (namensgebende Gattung) + lat. *forma*, Gestalt, Aussehen): Ordnung der **Meerestaucher**. Die fünf Meerestaucherarten sind bemerkenswert gute Schwimmer und Taucher mit kurzen Beinen und schweren Körpern. Sie leben ausschließlich von Fisch und anderem kleinen Wassergetier. Der bekannte Eistaucher *(Gavia immer)* lebt im hohen Norden von Alaska bis Island und zieht im Winter bis Portugal und zum Golf von Mexiko.

Ordo Podicipediformes (lat. *podex*, Gesäß + *pedis*, Fuß + *forma*, Gestalt, Aussehen): Ordnung der **Lappentaucher**. Bei diesen handelt es sich um kurzbeinige Taucher mit lappenartigen Schwimmhäuten an den Füßen. Der Bindentaucher *(Podilymbus podiceps)* ist ein Beispiel für einen Vertreter aus dieser Ordnung. Lappentaucher sind an alten Teichen am häufigsten, wo sie floßartige Treibnester bauen. 21 Arten; weltweit verbreitet.

Ordo Procellariiformes (gr. *procella*, Sturm + lat. *forma*, Gestalt, Aussehen): Ordnung der **Röhrennasenvögel** (Albatrosse, Sturmvögel, Sturmtaucher). Ausnahmslos Meeresvögel mit hakenförmigem Schnabel und tubulären Nasenlöchern. Mit Flügelspannweiten von über 3,6 m sind einige Albatrosarten die größten flugfähigen Vögel. 115 Arten; weltweit verbreitet.

Ordo Pelecaniformes (gr. *pelekan*, Pelikan + lat. *forma*, Gestalt, Aussehen): Ordnung der **Ruderfüßer** (Pelikane, Kormorane, Tölpel usw.). Koloniale Fischfresser mit Schlundtaschen. Alle vier Zehen mit Schwimmhäuten verwachsen. 65 Arten; weltweit verbreitet, insbesondere in den Tropen. In Mitteleuropa ist der Kormoran *(Phalacrocorax carbo)* weit verbreitet.

Ordo Ciconiiformes (lat. *ciconia*, Storch + *forma*, Gestalt, Aussehen): Ordnung der **Schreitvögel** (Reiher, Störche, Ibisse, Flamingos, Löffelschnäbler, Geier) (▶ Abbildung 27.32). Langhalsige, langbeinige, zumeist kolonial lebende Watvögel und Geier. Eine bekannte mitteleuropäische Art ist der Graureiher *(Ardea cinerea)*, der Seen und Sumpfgebiete bewohnt. Etwa 120 Arten; weltweit verbreitet.

Ordo Falconiformes (lat. *falco*, Falke + *forma*, Gestalt, Aussehen): Ordnung der **Greifvögel** (Adler, Falken, Kondore, Bussarde, Weihen, Habichte, Sperber). Tagaktive Raubvögel. Sämtlich kraftvolle Flieger mit scharfem Sehvermögen und scharfen, gekrümmten Krallen. Etwa 310 Arten; weltweit verbreitet.

Ordo Anseriformes (lat. *anser*, Gans + *forma*, Gestalt, Aussehen): Ordnung der **Gänseartigen** (Gänse, Schwäne, Enten). Die Angehörigen dieser Ordnung besitzen breite Schnäbel mit Filterreusen an den Rändern. Schwimmhäute sind auf die nach vorn gerichteten Zehen beschränkt. Langes Brustbein mit flachem Kiel. Etwa 160 Arten; weltweit verbreitet.

Ordo Galliformes (lat. *gallus*, Hahn + *forma*, Gestalt, Aussehen): Ordnung der **Hühnervögel** (Hühner, Wachteln, Fasane, Truthähne). Hühnerartige, bodenbrütende Pflanzenfresser mit kräftigen Schnäbeln und schweren Füßen. Der in antiker Zeit aus Asien nach Mitteleuropa eingeführte Fasan *(Phasianus colchicus)* ist überall verbreitet und ein beliebtes Jagdwild. Die Wachtel *(Coturnix coturnix)* zieht im Herbst von Europa nach Afrika. Das Rebhuhn *(Perdix perdix)* ist in der offenen Feldflur allgemein verbreitet. Etwa 290 Arten; weltweit verbreitet.

Ordo Gruiformes (lat. *grus*, Kranich + *forma*, Gestalt, Aussehen): Ordnung der **Kranichartigen** (Kraniche, Rallen, Trappen). Zumeist Brutvögel des offenen Graslandes und von Feuchtgebieten. Etwa 215 Arten; weltweit verbreitet. In Mittel- und Nordeuropa als einzige Art der Kranich *(Grus grus)*.

Ordo Charadriiformes (lat. *Charadrius*, (namensgebende Gattung) + *forma*, Gestalt, Aussehen): Ordnung der **Watvögel (= Limikolae)** ▶ Abbildung 27.33; (Austernfischer, Regenpfeifer, Schnepfen, Säbelschnäbler, Seeschwalben,

Abbildung 27.32: Rosa Flamingos *(Phoenicopterus ruber)* an einem Sodasee in Ostafrika. Order Ciconiiformes (Ordnung der Schreitvögel).

Abbildung 27.33: Aztekenlachmöwen *(Larus atricilla)*. Order Charadriiformes (Ordnung der Watvögel).

Triele, und andere mehr). Alle sind Küstenvögel. Kraftvolle Flieger; für gewöhnlich koloniebildend. Etwa 330 Arten; weltweit verbreitet.

Ordo Columbiformes (lat. *columba*, Taube + *forma*, Gestalt, Aussehen): Ordnung der **Taubenartigen**. Sämtlich kurzhalsig, mit kurzen Beinen und kurzem, dünnem Schnabel. Der in die Gruppe gehörige flugunfähige Dodo *(Raphus cucullatus)* der Insel Mauritius wurde 1681 ausgerottet. Etwa 320 Arten; weltweit verbreitet. Verbreitete Wildtaubenarten Mitteleuropas sind die Türkentaube *(Streptopelia decaocto)* und die Ringeltaube *(Columba palumbus)*.

Ordo Psittaciformes (lat. *psittacus*, Papagei + *forma*, Gestalt, Aussehen): Ordnung der **Papageien**. Vögel mit gelenkigem und beweglichem Oberschnabel und fleischiger Zunge. Etwa 370 Arten; pantropisch.

Ordo Musophagiformes (lat. *musa*, Banane + gr. *phago*, essen + lat. *forma*, Gestalt, Aussehen): Ordnung der **Turakos**. Mittelgroße bis große Vögel, die in dichten Wäldern und am Waldrand leben. Die Vögel zeigen auf ihren ausgebreiteten Flügeln auffällige, karminrote Flecke. Der Schnabel ist leuchtend gefärbt; die Flügel sind kurz und abgerundet. 23 Arten in Afrika.

Ordo Cuculiformes (lat. *cuculus*, Kuckuck + *forma*, Gestalt, Aussehen): Ordnung der **Kuckucksvögel**. Der europäische Kuckuck (Cuculus canorus) ist ein Brutparasit, der seine Eier in die Nester anderer Vogelarten legt, die dann die Kuckucksküken aufziehen. Amerikanische Kuckucke ziehen ihre Jungen in der Regel selbst auf. Etwa 150 Arten; weltweit verbreitet.

Order Strigiformes (lat. *strix*, Eule + *forma*, Gestalt, Aussehen): Ordnung der **Eulen**. Nachtaktive Raubvögel mit großen Augen, kräftigen Schnäbeln und Füßen. Lautloser Flug. Etwa 185 Arten; weltweit verbreitet.

Ordo Caprimulgiformes (lat. *caprimulgus*, Ziegenmelker *forma*, Gestalt, Aussehen): Ordnung der **Schwalmartigen**. In der Nacht und der Dämmerung aktive Insektenjäger. Kleine, schwache Beine und breites Maul, das von Borsten umsäumt ist. Aus der Familie der Nachtschwalben (Caprimulgidae) als Brutvögel in Europa nur der Ziegenmelker *(Caprimulgus europaeus)* und der Rothalsziegenmelker *(Caprimulgus ruficollis)*.

Ordo Apodiformes (gr. *a*, ohne, kein + *podos*, Fuß + lat. *forma*, Gestalt, Aussehen): Ordnung der *Seglerartigen* (Segler und Kolibris). Kleine Vögel mit kurzen Beinen und schnellem Flügelschlag. Der Schornsteinsegler *(Chaetura pelagia)* ist eine amerikanische Art, die ihr mit Speichel verklebtes Nest in Kaminen baut. Die ebenfalls aus Speichel bestehenden Nester einer chinesischen Seglerart werden in der chinesischen Küche zur Herstellung einer Suppe verwendet. In Mitteleuropa kommt der Mauersegler *(Apus apus)* als Brutvogel im Sommer häufig vor. Überwindern tut der Mauersegler im tropischen Afrika. Akrobatische Flieger; extrem flugaktiv. Die meisten Kolibriarten leben in den Tropen, doch finden sich auch 14 Arten auf dem Gebiet der USA, von denen nur eine Art im Osten des Kontinents lebt. Etwa 435 Arten; weltweit verbreitet.

Ordo Coliiformes (gr. *kolios*, Grünspecht + lat. *forma*, Gestalt, Aussehen): Ordnung der **Mausvögel**. Kleine Vögel mit Federhaube auf dem Kopf. Verwandtschaftsverhältnis zu anderen Vögeln unsicher. sechs Arten in zwei Gattungen im südlichen Afrika.

Ordo Trogoniformes (gr. *trogon*, knabbern + lat. *forma*, Gestalt, Aussehen): Ordnung der **Trogone**. Üppig gefärbte, langschwänzige Vögel. Etwa 40 Arten; pantropisch.

Ordo Coraciiformes (gr. *korakias*, rabenartig + lat. *forma*, Gestalt, Aussehen): Ordnung der **Rackenartigen** (Eisvögel, Hornschnäbel u. a.). Vögel mit kräftigem, vorstechendem Schnabel. Höhlenbrüter. In Mitteleuropa ist der Eisvogel *(Alcedo atthis)* einer der am auffälligsten gefärbten Brutvögel, der an Gewässerrändern von Ansitzen aus auf kleine Fische jagt. Etwa 220 Arten; weltweit verbreitet.

Ordo Piciformes (lat. *picus*, Specht + *forma*, Gestalt, Aussehen): Ordnung der **Spechtartigen** (Spechte, Tukane, Honigzeiger, Faulvögel). Vögel mit stark spezialisierten Schnäbeln. Zwei Zehen sind nach vorn gerichtet, zwei nach hinten. Sämtlich Höhlenbrüter. Der häufigste mitteleuropäische Specht ist der Buntspecht *(Dendrocopus major)*; die größte bei uns heimische Art ist der Schwarzspecht *(Dryocopus martius)*. Neben dem Buntspecht stößt auch der Grünspecht *(Picus viridis)* häufig bis in Gärten vor. Etwa 410 Arten; weltweit verbreitet.

Ordo Passeriformes (lat. *passer*, Sperling + *forma*, Gestalt, Aussehen): Ordnung der **Sperlingsvögel** (▶ Abbildung 27.34). Größte Vogelordnung mit 56 Familien, die 60 Prozent aller Vogelarten umfassen. Die meisten Arten besitzen einen hochentwickelten Kehlkopf (Syrinx). Die Füße sind für das Greifen von und Sitzen auf dünnen Ästen und Zweigen adaptiert. Die Jungen sind Nesthocker. Zu dieser Ordnung gehören alle vertrauten Singvögel wie Sperlinge, Meisen, Drosseln, Lerchen, Laubsänger, Gimpel, Finken, und viele weitere. Andere Vertreter dieser Ordnung, wie Schwalben, Stare, Rabenvögel (Raben, Elstern, Häher, Krähen), sind keine großen Sänger. Mehr als 500 Arten; weltweit verbreitet.

Abbildung 27.34: Kleiner Grundfink *(Geospiza fuliginosa)*. Dies ist einer der berühmten Darwin-Finken der Galapagosinseln. Order Passeriformes (Ordnung der Singvögel).

bedrohten Arten aufgenommen. Für die nächsten zehn Jahre wird ein weiterer Rückgang der Bestände um 20 bis 30 Prozent vorhergesagt.

Die Gründe für diese dramatische Entwicklung sind vielschichtig: Moderne oder sanierte Gebäude bieten kaum noch Nischen oder Hohlräume, die als Brutplätze verwendet werden können. Durch den Einsatz effizienterer Erntemaschinen verbleibt weniger verwertbare Nahrung nach der Ernte auf den Feldern. Durch die Intensivierung der Landwirtschaft kam es weitgehend zur Einstellung der offenen Nutztierhaltung. Der vermehrte Einsatz von Pestiziden in der Landwirtschaft verringert das Angebot und die Qualität der tierischen Nahrung, die vor allem für die Nestlinge wichtig ist. Die gleiche negative Konsequenz hat ebenfalls der im Bereich von Städten und Vorstädten gestiegene Anteil der versiegelten Flächen und auch, dass dort vielerorts die natürliche Vegetation durch gebietsfremde Pflanzen (beispielsweise Ziersträucher) ersetzt wurde.

Die Situation hängt jedoch sehr von den lokalen Bedingungen ab. In verschiedenen europäischen Großstädten wie London, Paris, Warschau, Hamburg und München wurde in den letzten Jahren ein sehr starker Rückgang der Haussperling-Populationen beobachtet. Eine besonders erschreckende Entwicklung wurde im Hamburger Stadtteil St. Georg festgestellt, wo zwischen 1983 und 1987 die Zahl der Haussperlinge von 490 auf 80 Vögel pro Quadratkilometer zurückging.

Nie zuvor mussten Vögel weltweit so viele Federn lassen wie in unseren Zeiten. Seit dem Aussterben der Dinosaurier vor 65 Millionen Jahren habe es keinen derart dramatischen Artenrückgang mehr gegeben, warnt eine Studie des Worldwatch Institute in Washington. Nach dieser Prognose sterben noch in diesem Jahrhundert 1200 Vogelarten unwiederbringlich aus. Neben Haussperling sind in Deutschland Mehlschwalbe, Kiebitz und Feldlerche betroffen. Zusätzlich gibt es erste Berichte, dass die globale Erwärmung bereits drastische Auswirkungen auf Zugvogelarten hat. Diese Zahlen sind nicht nur hin Hinblick auf das Verschwinden der Vögel alarmierend; sie zeigen auch, dass die Qualität der Umwelt, auf die der Mensch auf Gedeih und Verderb angewiesen ist, dramatisch abnimmt (Quelle: NABU, Naturschutz Bund Deutschland).

ZUSAMMENFASSUNG

Die mehr als 9000 rezenten Vogelarten sind eierlegende, endotherme Wirbeltiere mit Federn und Vordergliedmaßen, die zu Flügeln umgebildet sind. Die Vögel sind stammesgeschichtlich am engsten mit den Theropoden verwandt, einer Gruppe mesozoischer Dinosaurier mit diversen vogelartigen Merkmalen. Der älteste bekannte, fossil überlieferte Vogel ist Archaeopteryx lithographica aus dem Jura (200 bis 142 Millionen Jahre vor unserer Zeit). Dieser besaß zahlreiche Reptilienmerkmale und war mit der Ausnahme des Federkleides mit bestimmten theropoden Dinosauriern fast identisch. Es handelt sich wahrscheinlich um das Schwestertaxon der modernen Vögel.

Die Anpassungen der Vögel an das Fliegen bestehen hauptsächlich aus zwei großen Entwicklungen: einerseits solche, welche die Körpermasse verringern, und andererseits solche, die mehr Kraft für das Fliegen bereitstellen.

Federn, das herausragende Kennzeichen aller Vögel, sind komplexe evolutive Derivate der Reptilienschuppe. Sie vereinigen die Eigenschaften der Leichtbauweise mit struktureller Stärke, einem wasserabweisenden Charakter und einem hohen thermischen Isolationswert. Die Reduktion des Körpergewichtes wird durch die Eliminierung gewisser Knochen erreicht; die Fusion anderer Knochen dient der Schaffung eines starren Rahmens für den Flugapparat. Der leichte, verhornte (= keratinisierte) Schnabel, der die schweren Kiefer und Zähne der Reptilien ablöst, dient allen Vögeln gleichzeitig als „Hand" und Maul. Der Vogelschnabel ist in vielgestaltiger Weise an die unterschiedlichen Ernährungsgewohnheiten der Vögel angepasst.

Anpassungen, welche die zum Fliegen notwendige Leistung ermöglichen, sind eine hohe Stoffwechselrate und eine hohe Körpertemperatur. Beide stehen in ursächlicher Verbindung zur energiereichen Nahrung. Ein hocheffizienter Atmungsapparat besteht aus einem System von Luftsäcken, die so angeordnet sind, dass ein konstanter Einwegluftstrom durch die Lungen zustande kommt. Kräftige Flug- und Beinmuskeln sind so angeordnet, dass der Schwerpunkt des Körpers niedrig liegt. Ein leistungsfähiger Hochdruckblutkreislauf komplettiert die Anpassungen.

Vögel besitzen ein scharfes Sehvermögen, ein gutes Gehör und eine vorzügliche Koordinationsfähigkeit für die fliegende Fortbewegung. Die metanephrischen Nieren stellen Harnsäure als Hauptausscheidungsform für überschüssigen Stickstoff her.

Vögel gehorchen beim Fliegen den allgemeinen aerodynamischen Prinzipien, nach denen auch Flugzeuge konstruiert werden. Menschliche Flugmaschinen bedienen sich zahlreicher, auch bei Vögeln realisierter Einrichtungen: Tragflächen für die Erzeugung von Auf- und Vortrieb, einen Schwanz (Steuerruder) zur Lagesteuerung und -veränderung sowie zur Landung und Flügelspalten zur Steuerung bei niedrigen Fluggeschwindigkeiten. Flugunfähigkeit ist bei Vögeln die Ausnahme, hat sich aber in mehreren Ordnungen unabhängig voneinander evolviert – für gewöhnlich auf Inseln, auf denen bodenlebende Räuber fehlten. Alle flugunfähigen Vögel stammen von flugfähigen Ahnen ab.

Der Vogelzug ist ein regelmäßig wiederkehrendes Wanderphänomen, bei dem Vögel zwischen sommerlichen Bruthabitaten und Überwinterungsquartieren hin- und herziehen. Der Frühjahrszug vollzieht sich nordwärts, wo mehr Nahrung für die Küken zur Verfügung steht, was den Fortpflanzungserfolg erhöht. Zur Richtungsbestimmung und -festlegung während des Zuges werden vielerlei Orientierungshinweise ausgenutzt, einschließlich eines angeborenen Richtungssinns und der Fähigkeit, mit Hilfe der Sonne, nächtlicher Sterne und/oder dem Erdmagnetfeld zu navigieren.

Das hochentwickelte Sozialverhalten der Vögel manifestiert sich in lebhaften Werbungsritualen, Partnerwahl, Revierverhalten und der Brutfürsorge (Ausbrüten der Eier und Versorgung der Jungen).

ZUSAMMENFASSUNG

Übungsaufgaben

1. Welche Bedeutung hatte die Entdeckung des *Archaeopteryx*? Warum war dieses Fossil geeignet, zweifelsfrei zu belegen, dass die Vögel mit einigen Gruppen der Reptilien einen gemeinsamen Vorfahren besitzen?
2. Die speziellen Anpassungen von Vögeln tragen zu zwei wesentlichen Voraussetzungen für das Fliegen bei: mehr Kraft und weniger Gewicht. Erklären Sie, wie jeder der folgenden Faktoren zu einer oder beiden Voraussetzungen beitrug: Federn, Skelett, Verteilung der Muskeln, Verdauungssystem, Kreislaufsystem, Atmungssystem, Ausscheidungssystem, Fortpflanzungssystem.
3. Wie befreien sich Meeresvögel von überschüssigem Salz?
4. In welcher Weise sind Ohren und Augen von Vögeln für die Anforderungen beim Fliegen spezialisiert?
5. Erläutern Sie, wie die Konstruktion eines Vogelflügels Auftrieb verleiht. Welche baulichen Merkmale helfen, bei niedrigen Fluggeschwindigkeiten einen Strömungsabriss zu vermeiden?
6. Beschreiben Sie die vier grundlegenden Formen von Vogelflügeln. Wie ist die Flügelform mit der Größe eines Vogels und der Natur seines Fluges (durch Flügelschlag oder durch Aufwinde) korreliert?
7. Welche Vorteile haben die jahreszeitlichen Vogelzüge?
8. Beschreiben Sie verschiedene Navigationsmöglichkeiten, die Vögel bei Langstreckenwanderungen nutzen können.
9. Nennen Sie einige Vorteile der sozialen Akkumulation unter Vögeln.
10. Mehr als 90 Prozent aller Vogelarten gelten als monogam. Versuchen Sie zu erklären, warum Monogamie bei Vögeln viel häufiger zu sein scheint als unter Säugetieren.
11. Beschreiben Sie in aller Kürze ein Beispiel für Polygynie und eines für Polyandrie unter Vögeln.
12. Geben Sie Definitionen für die Begriffe Nesthocker und Nestflüchter.
13. Geben Sie einige Beispiele dafür, wie menschliche Aktivitäten Vogelpopulationen beeinflusst haben.

Weiterführende Literatur

Ackerman, J. (1998): Dinosaurs take wing. Nat. Geography, vol. 194, no. 1: 74–99. *Schön bebilderte Zusammenfassung der Vogelevolution aus den Dinosauriern.*

Brooke, M. et al. (1991): The Cambridge encyclopedia of ornithology. Cambridge University Press; ISBN: 0-5213-6205-9. *Umfassende, reich illustrierte Abhandlung, die eine Übersicht über alle Ordnungen der modernen Vögel enthält.*

Elphick, J. et al. (1995): The atlas of bird migration: tracing the great journeys of the world's birds. Random House; ISBN: 0-6794-3827-0. *Üppig bebilderte Sammlung von Karten mit den Brut- und den Überwinterungsgebieten von Vögeln, Zugrouten und vielen weiteren Fakten über die Zugreisen jeder besprochenen Vogelart.*

Emlen, S. (1975): The stellar-orientation system of a migratory bird. Scientific American, vol. 233, no. 8: 102–111. *Beschreibt die faszinierenden Forschungen mit Indigofinken, die deren Fähigkeit offengelegt haben, mit Hilfe des Himmelsnordpols zu navigieren.*

Feduccia, A. (1999): The origin and evolution of birds. 2. Auflage. Yale University Press; ISBN: 0-3000-

7861-7. *Eine überarbeitete, aktualisierte Fassung des Buches „The Age of Birds" vom selben Autor aus dem Jahr 1980. Reichhaltige Informationsquelle zur den evolutiven Verwandtschaftsbeziehungen unter den Vögeln.*

Gill, F. (2006): Ornithology. 3. Auflage. Freeman; ISBN: 0-7167-4983-1.

Glutz von Blotzheim, U. et al. (div.): Handbuch der Vögel Mitteleuropas. 14 Bände. Aula; ISBN: 978-3-89104-650-0. *Dieses wohl umfassendste Werk über die Vogelwelt Mitteleuropas vermittelt den gesamten Kenntnisstand zur Biologie aller einheimischen Vogelarten. Meisterhafte Zeichnungen, detaillierte Verbreitungskarten und Sonagramme ergänzen den Text. 14 Bände und Registerband (mit Teilbänden insges. 23 Bücher).*

Kardong, K. (2005): Vertebrates: Comparative Anatomy, Function, Evolution. 4. Auflage. McGraw-Hill; ISBN: 0-0712-4457-3.

Kremer, B. et al. (2000): Plattenkalk und Urvogel. *Archaeopteryx auch nach 140 Jahren in den Schlagzeilen.* Biologie in unserer Zeit, vol. 30, no. 6: 322–331.

Norbert, U. (1990): Vertebrate flight. Springer; ISBN: 3-5405-1370-1 (vergriffen). *Detailierte Übersicht über die Mechanik, die Physiologie, die Morphologie, die Ökologie und die Evolution des Fliegens bei Wirbeltieren. Behandelt die Fledermäuse ebenso wie die Vögel.*

Padian, K. und L. Chiappe (1998): The origin of birds and their flight. Scientific American, vol. 279, no. 2: 38–47. *Die Autoren vertreten die Ansicht, dass die Vögel sich aus kleinen, bodenlebenden Raubdinosauriern evolviert haben.*

Paul, G. (2002): Dinosaurs of the Air: The Evolution and Loss of Flight in Dinosaurs and Birds. Johns Hopkins University Press; ISBN: 0-8018-6763-0.

Podulka, S. et al. (2004): Handbook of Bird Biology, 2. Auflage. Princeton University Press; ISBN: 0-938-02762-X.

Pough, F. et al. (2004): Vertebrate Life. 7. Auflage. Prentice Hall; ISBN: 0-13-145310-6.

Proctor, N. und P. Lynch (1993): Manual of ornithology: avian structure and function. Yale University Press; ISBN: 0-3000-7619-3.

Sibley, C. und J. Ahlquist (1990): Phylogeny and classification of birds: a study in molecular evolution. Yale University Press; ISBN: 0-3000-4085-7. *Eine umfassende Anwendung von DNA-Hybridisierungsexperimenten zur Lösung des Problems der Vogelphylogenese.*

Terborgh, J. (1992): Why american songbirds are vanishing. Scientific American, vol. 266, no. 5: 98–104. *Die Zahl der Singvögel in Nordamerika ist stark rückläufig. Der Autor spürt den möglichen Ursachen nach.*

Terres, J. (1980): The Audubon Society encyclopedia of north american birds. Knopf; ISBN: 0-5170-3288-0. *Umfassend, kompetent und reich bebildert.*

Waldvogel, J. (1990): The bird's eye view. American Scientist, vol. 78, nos. 7–8: 342–353. *Vögel besitzen visuelle Fähigkeiten, die die des Menschen übersteigen. Woher wissen wir, was sie tatsächlich sehen?*

Wellnhofer, P. (1990): Archaeopteryx. Scientific American, vol. 262, no. 5: 70–77. *Beschreibung des vielleicht bedeutendsten aller Fossilien.*

Welty, J. und L. Baptista (1988): The life of birds. 4. Auflage. Saunders; ISBN: 0-0306-8923-6. *Gehört zu den besten Ornithologielehrbüchern. Klarer Schreibstil und gut bebildert. Nicht mehr ganz aktuell.*

Weitere Informationen zu diesem Buchkapitel finden Sie auf der Companion-Website unter
http://www.pearson-studium.de

Säugetiere (Phylum Chordata)
Classis Mammalis

28

28.1	Ursprung und Evolution der Säugetiere	898
28.2	Bauliche und funktionelle Anpassungen der Säugetiere	904
28.3	Der Mensch und (andere) Säugetiere	923
28.4	Die Evolution des Menschen	925
	Zusammenfassung	936
	Übungsaufgaben	937
	Weiterführende Literatur	938

ÜBERBLICK

Säugetiere (Phylum Chordata)

*F*alls der Teddybär keine Haare hätte, also wirklich gänzlich haarlos wäre, könnte er kein Bär und noch nicht einmal ein Säugetier sein. Haare sind für Säugetiere ein genauso unverkennbares Merkmal wie es Federn für die Vögel sind. Falls ein Tier Haare hat, ist es ein Säugetier; falls ihm die Haare fehlen, muss es irgendetwas anderes sein. Es ist richtig, dass viele aquatisch lebende Säugetiere beinahe haarlos sind (Wale zum Beispiel), doch lassen sich Haare (wenn man ein bisschen nach ihnen sucht) in verkümmerter Form irgendwo auf einem Körper eines ausgewachsenen Tieres immer auffinden. Anders als die Vogelfedern, die sich aus umgewandelten Reptilienschuppen evolviert haben, sind die Haare der Säugetiere eine ganz und gar neue epidermale Bildung. Säugetiere verwenden ihre Haare als Schutz gegen widrige Umweltbedingungen, als Mittel der Tarnung (Schutzfärbung/Tarnmusterung), zur Abdichtung gegen Wasser und als Auftriebskörper sowie als Kommunikationsmittel (Übermittlung von Verhaltenssignalen). Sie haben Haare zu empfindlichen Vibrissen (Sinneshaaren) an ihren Schnauzen und zu harten Stacheln umgebildet. Vielleicht am wichtigsten ist der Umstand, dass die Säugetiere ihr Haarkleid zur Wärmeisolierung einsetzen, was ihnen erlaubt, die vielen Vorteile von Homoiothermie und Endothermie zu nutzen. Warmblütige Tiere in den meisten Klimazonen und zu Zeiten fehlenden Sonnenscheins profitieren von dieser natürlichen und kontrollierbaren, schützenden Isolierung.

Ein junger Grizzlybär *(Ursus arctos horribilis)*.

Haare sind natürlich nur eines von mehreren Merkmalen, die zusammen ein Säugetier kennzeichnen und uns helfen, die evolutiven Errungenschaften der Säugetiere zu verstehen. Die meisten Säugetiere verfügen über eine hochentwickelte Plazenta zur Ernährung der Embryonen, Milchdrüsen für die Ernährung der Säuglinge, spezialisierte Zähne und Kiefer für die Verarbeitung vielfältiger Nahrung sowie ein unübertroffen weit entwickeltes Nervensystem, dessen Leistung weit über die entsprechenden Systeme jeder anderen Tiergruppe hinausgeht. Es ist jedoch zweifelhaft, dass die Säugetiere selbst mit dieser erfolgversprechenden Kombination von Anpassungen zu ihrem evolutiven Triumph hätten gelangen können, besäßen sie nicht ihre Haare.

Säugetiere, mit ihrem hochentwickelten Nervensystem und den zahlreichen ausgeklügelten und raffinierten Anpassungen, besetzen beinahe jede Nische auf der Erde, die Leben überhaupt ermöglicht. Obwohl sie keine umfangreiche Gruppe darstellen (ca. 4800 Arten, im Vergleich zu mehr als 9900 bei den Vögeln, 24.600 bei den Fischen und mehr als 800.000 bei den Insekten), gehört die Klasse der Säugetiere (Classis Mammalia; lat. *mamma*, (weibliche) Brust) zu den biologisch differenziertesten Gruppen des Tierreichs. Die Säugetiere sind außerordentlich vielgestaltig hinsichtlich Größe, Gestalt, Form und Funktion. Ihr Größenspektrum reicht von der kürzlich entdeckten Hummelfledermaus *(Craseonycteris thonglongyal)*, einer in Thailand vorkommenden Art, die nur 1,5 g wiegt, bis zum Blauwal *(Balaenoptera musculus)*, der mehr als 130 Tonnen auf die Waage bringen kann.

Ungeachtet ihrer Anpassungsfähigkeit – und in manchen Fällen gerade aufgrund ihrer enormen Anpassungsfähigkeit – hat das Handeln des Menschen die Säugetiere stärker als jede andere Tiergruppe beeinflusst. Wir haben zahlreiche Säugetierarten als Lieferanten von Nahrung und Bekleidung, als Arbeitstiere oder als Haustiere domestiziert. Jährlich werden Millionen von Säugetieren als Versuchstiere in der biomedizinischen Forschung und der Industrie verbraucht. Wir haben vormals fremde Säugetierarten in neue Lebensräume verfrachtet; in manchen Fällen mit geringen Folgewirkungen, häufiger jedoch mit desaströsen Folgen. Obgleich die Geschichte viele warnende Beispiele bereithält, fahren wir fort, wertvolle wildlebende Säugetierbestände über alle Vernunft auszubeuten und zu strapazieren. Die Walfangindustrie hat sich selbst an den Rand des Zusammenbruchs gebracht, indem sie ihre eigene Ressource der vollständigen Ausrottung entgegentrieb – ein klassisches Beispiel für selbstzerstörerische Tendenzen der modernen Welt des Menschen, in der konkurrierende Industriesparten kurzsichtig und engstirnig den maximal heute und hier möglichen Profit herauspressen, als ob das Morgen von keinerlei Belang wäre. In einigen Fällen geschah die Vernichtung wertvoller Säugetierbestände vorsätzlich wie im Fall der offiziell gutgeheißenen (und auf tragische Weise erfolgreichen) Vernichtung der nordamerikanischen Bisonbestände im Rahmen der Indianerkriege, um die in den weiten Ebenen Nordamerikas lebenden Indianer in den Hungertod zu treiben. Obwohl die kommerzielle Jagd abgenommen hat, hat die unaufhörlich anwachsende Weltbevölkerung der Art Homo sapiens mit der damit einhergehenden Vernichtung wilder Lebensräume die Säugetierfaunen in Aufruhr versetzt und entstellt. Etwa 300 der 4800 Arten und Unterarten der Säugetiere sind nach Einschätzung der International Union for the Conservation of Nature and Natural Resources (IUCN; Internationale Vereinigung für den Erhalt der Natur und natürlicher Ressourcen) in ihrem Bestand bedroht. Hierzu gehört die Mehrzahl der Cetaceen (Walartige), die Katzen (mit Ausnahme der Hauskatze), die Otter und die Primaten (mit Ausnahme des Menschen). Die bereits weit fortgeschrittene globale Erwärmung, die sich ohne sofortige, drastische globale Maßnahmen zur Reduzierung der Treibhausgase noch dramatisch verstärken wird, sorgt nun für eine ganz neue Dimension der Umweltzerstörung. Vorsichtige und sehr konservative Berechnungen des *Intergovernmental Panel on Climate Change* (IPPC; die Arbeit der Wissenschaftler dieses internationalen Komitees wurde mit dem Friedensnobelpreis 2007 ausgezeichnet) gehen davon aus, dass bis Mitte dieses Jahrhunderts ca. 30 Prozent aller Tier- und Pflanzenarten ausgestoben sein werden. Gleichzeitig werden Krankheiten und Todesfälle durch Hitzewellen, Sturmfluten, extreme Trockenperioden und andere Naturkatastrophen stark ansteigen. Dennoch sehen sich die Menschen und deren Politiker in vielen Nationen unseres Planeten nicht genötigt, massiv gegen diese globale existenzielle Bedrohung des Lebens vorzugehen.

Es tritt in zunehmendem Maße in das allgemeine Bewusstsein, dass unsere Gegenwart auf diesem Planeten als einzige einsichtsvolle, bewusst planende Lebensform eine Verantwortung für unsere natürliche Umwelt mit sich bringt (wovon auch immer dieses Konzept der Verantwortlichkeit sich im Einzelnen ableiten mag). Da unser eigenes Wohlergehen eng mit dem anderer Säuge-

Exkurs

Im Jahr 1986 wurde ein internationales Moratorium des Walfangs in Kraft gesetzt. Einige Länder, vor allem Japan, Norwegen und Island, lehnten und lehnen dieses Moratorium ab und töten weiterhin alljährlich Hunderte von Walen unter dem dubiosen und fadenscheinigen Deckmantel des Walfangs aus angeblich „wissenschaftlichen Gründen". Tatsächlich bringt der Verkauf von Walfleisch an japanische „Feinschmecker-Restaurants" derzeit 600 US-Dollar pro Kilogramm! Allerdings geht der Konsum von Walfleisch in Japan zurück, so dass die Regierung, die um Einnahmen von rund 50 Millionen Dollar pro Jahr fürchtet, eine Kampagne zur Konsumsteigerung gestartet hat. Gleichzeitig hat Japan 2007 erklärt, seine Fangmenge für „wissenschaftliche Zwecke" zu erhöhen und hat damit im November des gleichen Jahres auch begonnen.

tiere verknüpft war und ist, sollte es offensichtlich sein, dass die Erhaltung der natürlichen Umwelt, von der alle Säugetiere – einschließlich wir selbst – ein Teil sind, in unserem ureigensten Interesse liegt. Natur-, Umwelt- und Tierschutz sind also am besten und wirkungsvollsten pragmatisch-egoistisch motivierbar. Wir müssen uns immer wieder klar machen, dass die Natur sehr gut ohne den Menschen, der Mensch aber nicht ohne die Natur auskommen kann.

Ursprung und Evolution der Säugetiere 28.1

Die evolutive Abstammung der Säugetiere von ihren frühesten Amniotenvorfahren ist vielleicht der am vollständigsten dokumentierte Übergang in der Geschichte der Wirbeltiere. In der Fossilgeschichte können wir die Ableitung endothermer, pelziger Säugetiere von ihren kleinen, ektothermen, haarlosen Vorfahren über 150 Millionen Jahre weit zurückverfolgen. Schädel und Schädelteile – insbesondere Zähne – sind häufig vorkommende Fossilien, und es sind eben diese anatomischen Gebilde, anhand derer die evolutive Herkunft der Säugetiere zum großen Teil abgeleitet werden konnte.

Der Bau des Schädeldaches erlaubt es uns, drei Hauptamniotengruppen zu unterscheiden, die sich im Verlauf des Karbons (358 bis 296 Millionen Jahre vor unserer Zeit) divergierend herausgebildet haben: die **Synapsiden**, die **Anapsiden** und die **Diapsiden**. Die Gruppe der Synapsiden, zu der die Säugetiere und ihre Vorfahren gehören, weist ein Paar temporal gelegene Öffnungen im Schädel als Ansatzstellen der Kiefermuskulatur auf (Abbildung 28.1b). Die Synapsiden waren die erste Amnio-

STELLUNG IM TIERREICH

■ Säugetiere

Die modernen Säugetiere sind Abkömmlinge der Linie der synapsiden Amnioten, die in der Fossilgeschichte im Karbon erstmals in Erscheinung treten. Die Abstammungslinie der Synapsidier ist durch einen Schädel mit einer einzelnen Temporalöffnung als urtümlich gekennzeichnet (▶ Abbildung 28.1). Die modernen Säugetiere sind endotherm und homoiotherm. Ihre Körper sind ganz oder teilweise von Haaren bedeckt, und sie besitzen Milchdrüsen (Mammae) zur Ernährung der Jungen. Diese abgeleiteten Merkmale – in Verbindung mit mehreren kennzeichnenden Skelettmerkmalen, einem hochentwickelten Nervensystem und komplexem Individual- und Sozialverhalten – unterscheiden die Säugetiere von allen anderen rezenten Amnioten. Ihre genetische Plastizität und zahlreiche abgeleitete Anpassungen haben die Säugetiere in die Lage versetzt, praktisch jede Umwelt, die Leben generell ermöglicht, zu erobern und zu besiedeln.

Biologische Merkmale

1. Mit den Vögeln haben die Säugetiere die **Endothermie** und die **Homoiothermie** gemeinsam. Diese physiologischen Merkmale erlauben ein hohes nokturnales (nachtaktives) Aktivitätsniveau und das ganzjährige Vordringen in Habitate mit niedrigen Temperaturen, die den ektothermen Vertebraten versperrt bleiben.
2. Die **Plazenta** der plazentalen Mammalier erlaubt es, die sich entwickelnden Jungen während der empfindlichsten Phase ihres Lebens in der geschützten Umgebung des mütterlichen Körpers zu ernähren und heranwachsen zu lassen. Nach der Geburt wird die mütterliche Nahrungsversorgung durch das Saugen an den **Milchdrüsen** fortgesetzt. Eine lange Phase elterlicher Fürsorge und Anleitung erlaubt es den Jungen, die für das Überleben notwendigen Fähigkeiten zu erlernen.
3. Die **Spezialisierung der Zähne** der Säugetiere für verschiedenartige Aufgaben ermöglichte die Nutzbarmachung eines breiten Nahrungsangebotes. Der **sekundäre Gaumen**, der die Luftwege vom Nahrungskanal trennt, versetzt die Säugetiere in die Lage, bei ununterbrochener Atmung Nahrung im Maul zu behalten und dort partiell zu zerkleinern und die ersten Verdauungsschritte einzuleiten.
4. Die konvoluten, **turbinaten Knochen** in der Nasenhöhle stellen eine große Oberfläche für Anwärmung und Befeuchtung der eingeatmeten Luft sowie zur Verminderung des Feuchtegehaltes der ausgeatmeten Luft zur Verfügung.
5. Das hochevolvierte Gehirn – insbesondere der große **Neocortex** (siehe Kapitel 33) – hat die Säugetiere mit einem hochentwickelten Gedächtnis und dem Vermögen ausgestattet, rasch zu lernen und auf Probleme, denen man zuvor noch nicht begegnet ist, angemessen zu reagieren. **Hochentwickelte Sinnesorgane** – insbesondere solche des Hörens, Riechens und Tastens – liefern umfangreiche Informationen aus der Umwelt, die im Verbund mit den verarbeitenden Hirnzentren die Säugetiere mit einem Maß der Umweltwahrnehmung und der Reaktionsfähigkeit ausstatten, die im Tierreich ohnegleichen ist.

28.1 Ursprung und Evolution der Säugetiere

MERKMALE

■ Classis Mammalia

1. **Körper zumeist von Haaren bedeckt;** Haarbedeckung bei einigen Formen reduziert.
2. Integument mit Schweiß-, Duft-, Talg- und Milchdrüsen.
3. Schädel mit **zwei Okzipitalkondylen** und **sekundärem Gaumen; turbinate Knochen** in der Nasenhöhle; Kiefergelenk zwischen Os squamosum und Os dentale (Abbildung 28.4), Mittelohr mit **drei Gehörknöchelchen** (Malleus, Incus, Stapes = Hammer, Amboss, Steigbügel); **sieben Zervikalwirbel** (außer bei einige xenarthrischen (= edentaten) Arten und bei den Seekühen); Beckenknochen fusioniert.
4. Maul mit **diphyodonten Zähnen** (Milchzähne, die von einem Satz bleibender Zähne ersetzt werden); Zähne bei den meisten **heterodont** (verschiedenartig in Bau und Funktion); Unterkiefer in Form eines **einzelnen, vergrößerten Knochens (Os dentale** = Os mandibulum).
5. Bewegliche Augenlider und fleischige äußere Ohrmuscheln (Pinnae).
6. Kreislaufsystem mit vierkammerigem Herzen (zwei Atrien und zwei Ventrikel), **persistierender linker Aorta** und **zellkernlosen, bikonkaven Erythrocyten**.
7. Respiratorisches System aus Lungen mit Alveolen, und Larynx; **sekundärer Gaumen** (anteriore Knochenplatte und posteriore Fortsetzung aus Weichgewebe) trennt die Luftwege vom Nahrungskanal (Abbildung 28.5); **muskuläres Diaphragma** (Zwerchfell) zwischen Thorakal- und Abdominalhöhle für den Luftaustausch.
8. Exkretorisches System aus metanephrischen Nieren mit Harnleitern, die für gewöhnlich in eine Blase münden.
9. Gehirn hoch entwickelt, besonders der **Cortex cerebri;** zwölf Paare Hirnnerven.
10. Endotherm und homoiotherm.
11. Kloake nur bei den Monotrematen (vorhanden, aber sehr flach bei Marsupialiern).
12. Geschlechter getrennt; Fortpflanzungsorgane Penis, Testes (für gewöhnlich in einem Skrotum), Ovarien, Ovidukte und Uterus; Geschlechtsfestlegung chromosomal (Männchen sind heterogametisch).
13. Innere Befruchtung; **Embryonen entwickeln sich in einem Uterus** mit **plazentalem Kontakt** (Plazenta fehlt bei den Monotrematen); Fötalmembranen (**Amnion, Chorion, Allantois**).
14. Versorgung der Jungen mit **Milch aus Milchdrüsen**.

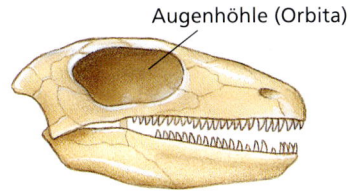

(a) Anapsid.

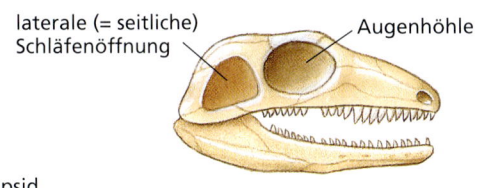

(b) Synapsid.

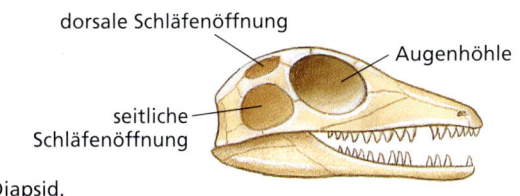

(c) Diapsid.

Abbildung 28.1: **Schädel früher Amnioten.** Gezeigt wird das Muster der Temporalöffnungen, durch die sich die Gruppen unterscheiden.

tengruppe, die sich radierend weit in terrestrische Lebensräume hinein ausgebreitet hat. Wie wir in Kapitel 26 ausgeführt haben, ist die Gruppe der Anapsiden durch einen soliden Schädel gekennzeichnet und umfasst die Schildkröten und ihre Vorfahren (Abbildung 28.1 a). Die Diapsiden besitzen zwei Paare temporaler Schädelöffnungen (Abbildung 28.1 c; siehe auch Abbildung 26.2); hierher gehören die Dinosaurier, die Eidechsen, die Schlangen, die Krokodile, die Vögel sowie deren Vorfahren.

Die frühesten Synapsiden durchliefen eine ausgedehnte Radiation in vielgestaltige herbivore wie carnivore Formen, die zusammenfassend oft als **Pelycosaurier** bezeichnet werden (Abbildungen ▶ 28.2 und ▶ 28.3). Diese frühen Synapsiden waren im frühen Perm (Unterperm: 296 bis 272,5 Millionen Jahre vor unserer Zeit) die verbreitetsten und größten Amnioten. Die Pelycosaurier zeigen eine generelle äußere Ähnlichkeit mit den Eidechsen, doch ist diese Ähnlichkeit irreführend. Die Pelycosaurier sind nicht eng mit den Eidechsen, die Diapsiden sind, verwandt, und sie sind auch keine monophyletische Gruppierung. Aus einer Gruppe früher, car-

28　Säugetiere (Phylum Chordata)

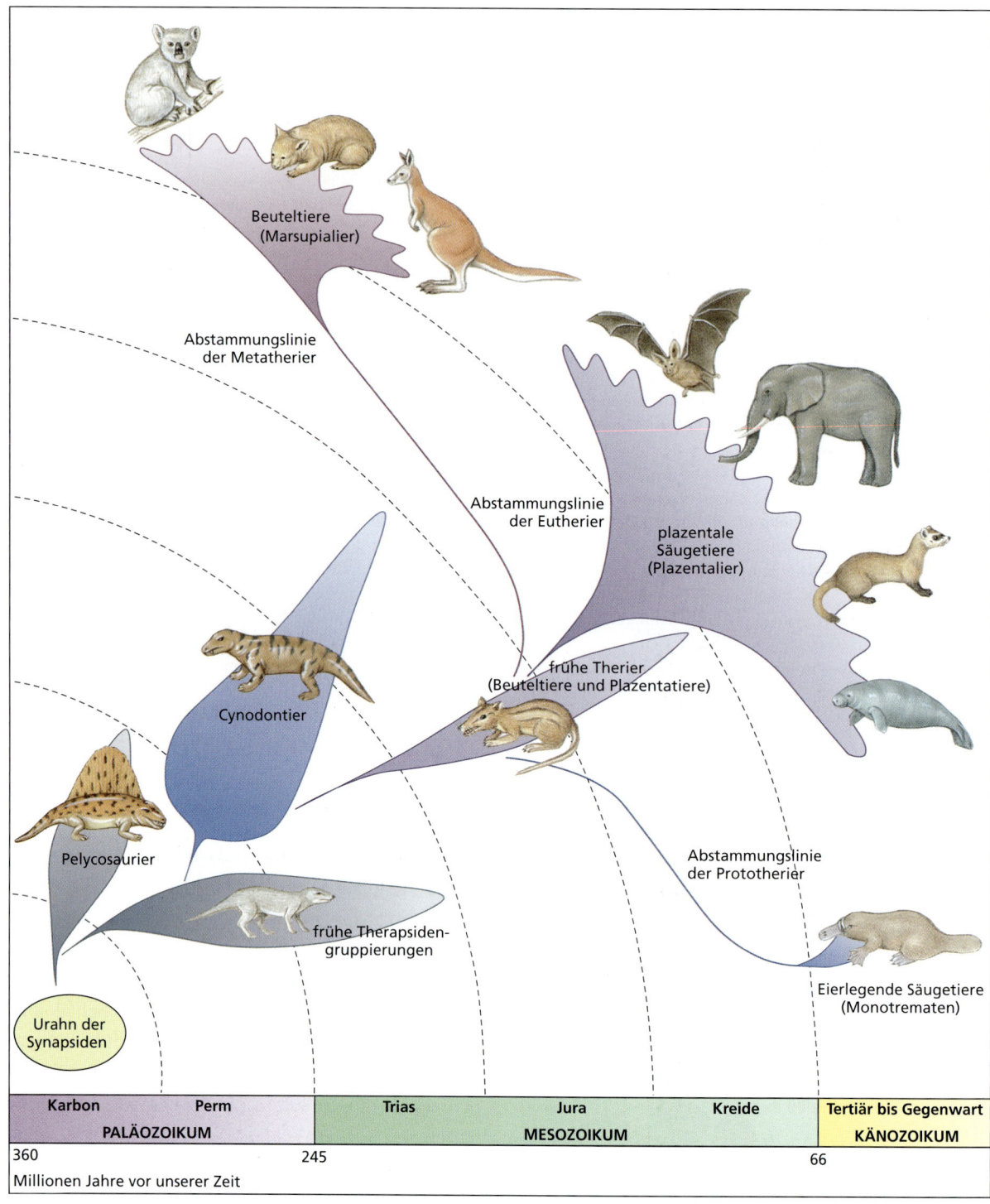

Abbildung 28.2: Evolution der Hauptgruppen der Synapsiden. Die Abstammungslinie der Synapsiden, die durch eine laterale Temporalöffnung gekennzeichnet ist, nahm mit den Pelycosauriern – dominanten Amnioten des frühen Perms (296 bis 251 Millionen Jahre vor unserer Zeit) – ihren Anfang. Die Pelycosaurier erlebten eine ausgedehnte Radiation und evolvierten Veränderungen der Kiefer, der Zähne und der Knochenform, die mehrere Säugetiermerkmale vorwegnahmen. Diese evolutiven Trends setzten sich bei ihren Nachfahren, den Therapsiden, fort – insbesondere in der Cynodontenlinie. Eine Abstammungslinie der Cynodonten brachte im Trias (251 bis 200 Millionen Jahre vor unserer Zeit) die Therier (plazentale Säugetiere) hervor. Die Fossilgeschichte, so wie sie gegenwärtig interpretiert wird, belegt, dass alle drei Gruppierungen der rezenten Säugetiere – die Monotremen, die Marsupialier (Beuteltiere) und die Plazentalier – sich von derselben Abstammungslinie herleiten. Die große Radiation der modernen Plazentalierordnungen fand in der Kreidezeit (142 bis 65 Millionen Jahre vor unserer Zeit) und im Tertiär (65 bis 1,8 Millionen Jahre vor unserer Zeit) statt.

28.1 Ursprung und Evolution der Säugetiere

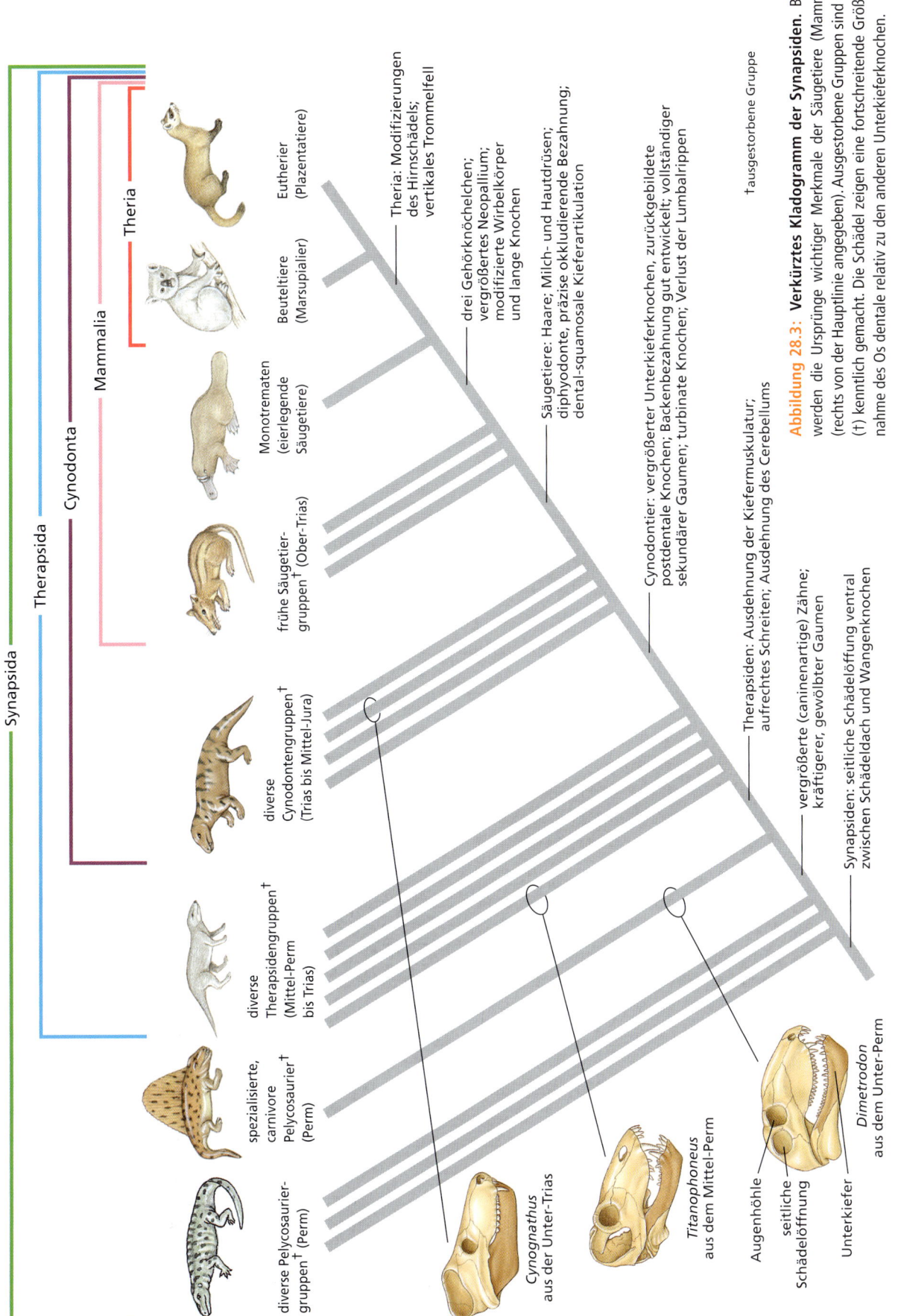

Abbildung 28.3: Verkürztes Kladogramm der Synapsiden. Betont werden die Ursprünge wichtiger Merkmale der Säugetiere (Mammalia) (rechts von der Hauptlinie angegeben). Ausgestorbene Gruppen sind durch (†) kenntlich gemacht. Die Schädel zeigen eine fortschreitende Größenzunahme des Os dentale relativ zu den anderen Unterkieferknochen.

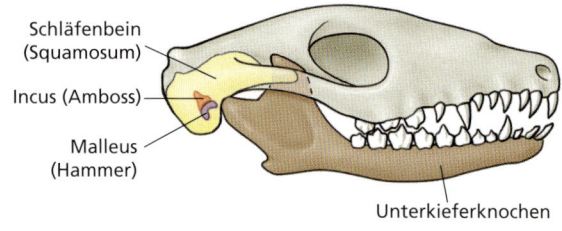

(d) Säugetier.

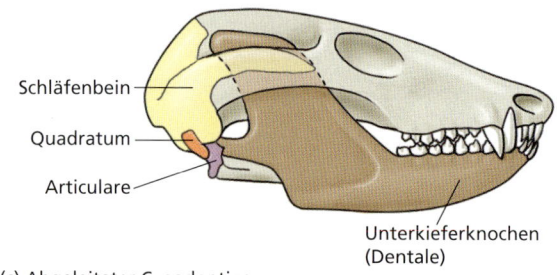

(c) Abgeleiteter Cynodontier.

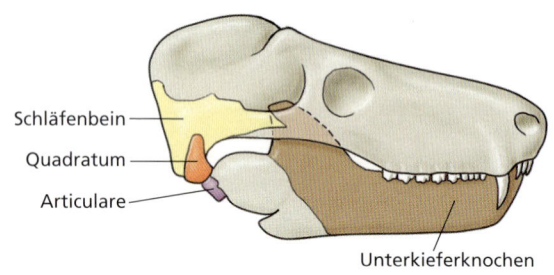

(b) Primitiver Cynodontier.

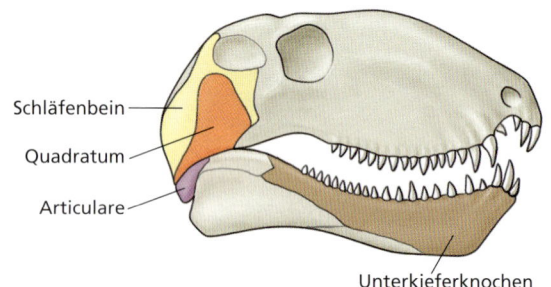

(a) Pelycosaurier.

Abbildung 28.4: Die Evolution des Kiefergelenkes und der Mittelohrknochen in der Synapsidenlinie. Das Kiefergelenk der frühesten Synapsiden, der Pelycosaurier, war zwischen dem Os articulare und dem Os quadratum angeordnet.

nivorer Synapsiden sind die **Therapsiden** (Abbildung 28.3) hervorgegangen; sie sind die einzige Synapsidengruppe, die über das Ende des Paläozoikums (am Ende des Perms vor 251 Millionen Jahren) hinaus überlebt hat. Mit den Therapsiden taucht zum ersten Mal eine effiziente aufrechte Körperhaltung mit gestreckten, unterhalb des Rumpfes positionierten Extremitäten in Erscheinung. Da durch die Entfernung des Körperschwerpunktes vom Boden die Stabilität des Tieres vermindert wurde, erweiterte sich die Aufgabenstellung des Kleinhirns (Cerebellum), welches das Zentrum der muskulären Steuerung im Gehirn ist. Änderungen der Schädelform und der mandibularen Adduktoren, die mit einer verbesserten Effizienz beim Fressen verbunden sind, nahmen ebenfalls mit den Therapsiden ihren Anfang. Die Therapsiden erlebten eine Radiation in zahlreiche herbi- wie carnivore Formen. Die meisten Frühformen gingen jedoch im Rahmen des gewaltigen Massensterbens am Ende des Perms zugrunde. Früher sind die Pelycosaurier und die Therapsiden als „säugetierähnliche Reptilien" bezeichnet worden, doch ist diese Bezeichnung aus der Mode gekommen, da sie nicht Teil der Abstammungslinie der Reptilien sind.

Eine der Therapsidengruppen, die das Massenaussterben am Ende des Perms überlebten und in der sich anschließenden Trias des Mesozoikums fortbestanden, waren die Cynodonten. Die **Cynodonten** haben eine Reihe von Merkmalen evolviert, die Anpassungen an oder für eine hohe Stoffwechselrate sind: eine verstärkte und spezialisierte Kiefermuskulatur, die stärkeres Zubeißen erlaubt; diverse Veränderungen am Skelett, die ein höheres Maß an Agilität vermitteln; eine *heterodonte Bezahnung*, die eine wirkungsvollere Zerkleinerung der Nahrung erlaubt (▶ Abbildung 28.4); **turbinate Knochen** in der Nasenhöhle zur verbesserten Retention der Körperwärme (▶ Abbildung 28.5); sowie einen sekundären, verknöcherten Gaumen (Abbildung 28.5), der es dem Tier erlaubt, weiterhin zu atmen, während es ein Beutetier mit den Kiefern gepackt hat oder seine Nahrung zerkaut. Der sekundäre Gaumen erwies sich als bedeutungsvoll für die weitere Evolution der Säugetiere, weil er es den Jungen ermöglichte, zu saugen und gleichzeitig zu atmen. Zusammen mit einer verbesserten biomechanischen Tendenz zu einer aufrechten Körperhaltung bei den Cynodonten entwickelten sich die langen Knochen zu einer schlankeren Form, und es bildeten sich knöcherne Fortsätze (Processi) an den Gelenken für eine festere Verankerung der Muskeln. Der Verlust der Lumbalrippen (Rippen der Lendenwirbelsäule) bei den Cynodonten ist evolutiv mit der Herausbildung eines Diaphragmas korreliert und hat auch zu einer größeren dorsoventralen Flexibilität der Wirbelsäule geführt. Innerhalb der verschiedenen Cynodontenkladi (Abbildung 28.3) besitzt die kleine, carnivore Gruppe der Trithelodontiden die größte Ähnlichkeit mit den Säugetieren. Mit ihnen haben sie diverse abgeleitete Merkmale des Schädelbaus und der Zähne gemeinsam.

28.1 Ursprung und Evolution der Säugetiere

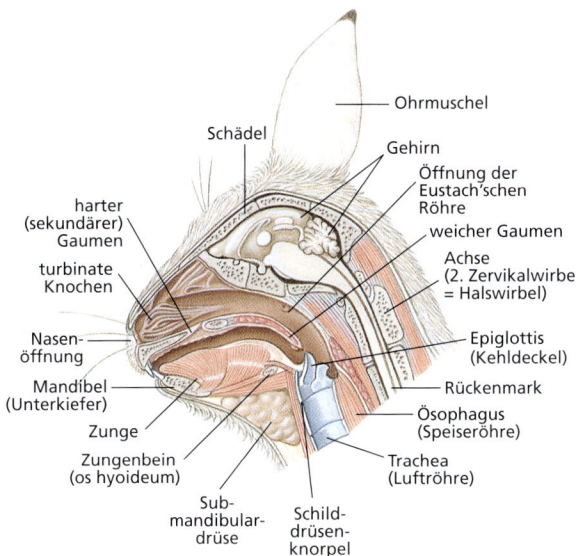

Abbildung 28.5: **Ein Kaninchen.** Sagittalschnitt durch den Kopf.

Die frühesten Säugetiere der Obertrias (231 bis 200 Millionen Jahre vor unserer Zeit) waren kleine Tiere von der Größe einer Maus oder Spitzmaus mit vergrößertem Cranium, umgebildeten Kiefern und einer neuartigen – **diphyodonten – Bezahnung**, bei der die Zähne nur einmal gewechselt werden (Milchzähne und bleibende Zähne). Dies steht der Situation bei den primitiven Amnioten gegenüber, bei denen die Zähne lebenslang kontinuierlich ersetzt werden (**polyphyodonte Bezahnung**). Mit der Evolution eines neuen Kiefergelenks zwischen dem Os dentale und dem Os squamosum, setzten die Knochen, die das vorherige Kiefergelenk gebildet hatten – Os articulare und Os quadrate – ihre graduelle Größenreduktion fort verlagerten sich ins Mittelohr, wo sie heute in Form der Mittelohrknochen Hammer (Malleus) und Amboss (Incus) weiterexistieren (Abbildung 28.4). Die frühesten Säugetiere waren fast sicher endotherm, obgleich ihre Körpertemperatur im Vergleich zu der moderner Plazentalier ziemlich niedrig gelegen haben mag. Haare waren für die Isolation von großer Bedeutung, und das Vorhandensein von Haaren impliziert, dass Talg- und Schweißdrüsen sich zu dieser Zeit ebenfalls evolviert haben müssen, um die Haare zu fetten bzw. überschüssige Wärme durch Verdunstung abgeben zu können. Die Fossilgeschichte schweigt zur Frage des Auftretens von Milchdrüsen, doch müssen sich diese noch vor dem Ende der Trias vor 200 Millionen Jahren herausgebildet haben. Die Jungen der frühen Säugetiere sind vermutlich in einem sehr unfertigen Zustand aus Eiern geschlüpft und waren somit vollständig von der mütterlichen Milch, Wärme und Schutz abhängig. Dieser Fortpflanzungsmodus existiert heute nur noch bei den eierlegenden Säugetieren (Monotremata; zu dieser Untergruppe gehören das Schnabeltier und der Schnabeligel).

Es mutet etwas seltsam an, dass die frühen Säugetiere der Mitteltrias (244 bis 231 Millionen Jahre vor unserer Zeit), die bereits alle neuartigen Attribute der modernen Mammalia evolviert hatten, weitere 150 Millionen Jahre warten mussten, bis sie die Stufe ihrer größten Vielfalt erreichen konnten. Während der Zeit, als die Dinosaurier ihren Artenreichtum und ihre Individuenzahl erhöhen konnten, starben alle Nichtsäugetiergruppierungen der Synapsiden aus. Die Säugetiere aber überlebten – zunächst als spitzmausartige, wahrscheinlich nachtaktive, Geschöpfe. Dann, in der Kreidezeit, aber mehr noch in der Erdepoche des Eozäns (55 bis 33,5 Millionen Jahre vor unserer Zeit), begannen die modernen Säugetiere sich zu entfalten und zu diversifizieren. Die große känozoische Radiation der Säugetiere wird zum Teil den vielen am Ende der Kreidezeit vor 65 Millionen Jahren durch das Aussterben vieler Amniotengruppen freigewordenen Habitaten und Nischen zugeschrieben. Die Radiation der Mammalia ist sicherlich dadurch gefördert worden, dass die Säugetiere agil, endotherm, intelligent, anpassungsfähig und lebend-

Exkurs

Neuere Fossilfunde und kladistische Analysen haben Licht auf den Ursprung der Wale (Order Cetacea) geworfen (für Einzelheiten siehe Literaturliste am Ende des Kapitels) und illustrieren die Bedeutung von Fossilien für die Beantwortung phylogenetischer Fragen. Obgleich die tradierte Ansicht die Wale mit den Mesonachiden, einer ausgestorbenen Gruppe wolfsartiger Kreaturen, in Verbindung brachte, stellten molekulare Analysen rezenter Arten die Wale als eine Schwestergruppe neben die Flusspferde innerhalb der Ordnung der Paarhufer (Artiodactylia). Neuere Fossilfunde aus Pakistan und anderen Fundorten liefern dem Paläontologen eine beinahe ununterbrochene Kette von Indizien zur Rekonstruktion der frühen Evolution der Wale. Von besonderer Bedeutung sind Überbleibsel der Fußgelenksknochen, die für die Artiodaktylen diagnostischen Wert besitzen. Die frühesten Wale weisen einen flaschenzugartig wirkenden Os astragalus (Sprungbein) auf, der einen klaren Verweis auf die Paarhufer darstellt. Obwohl die kladistische Analyse dieser neueren Fossilien den vorläufigen Schluss nahelegt, dass die Wale eine Schwestergruppe sämtlicher Paarhufer sind (nicht nur der Flusspferde), weist das Fehlen einer Übereinstimmung unter den Fachleuten darauf hin, dass zusätzliche Fossilien und andere Analysen notwendig sind, um die evolutionsbiologischen Hypothesen weiter zu verfeinern.

gebärend waren. Die Jungen wurden durch die Elterntiere beschützt und mit einer eigenständigen Milchversorgung ernährt, wodurch die Ablage empfindlicher Eier in Nestern und die damit verbundenen Risiken obsolet wurden.

Die Geschichte der Säugetierevolution wird oft als mehr oder weniger geradlinige Entwicklung spezieller charakteristischer Strukturen von Reptilien ähnlichen Vorfahren hin zu den vierbeinigen Mammalia beschrieben. Diese Sicht könnte falscher nicht sein: Alle fossilen Funde zeigen, dass die Entwicklung der Säugetiere ein komplexes, verzweigtes Netzwerk mit vielen Sackgassen ist. Außerdem entwickelten sich verschiedene Strukturen und Funktionen mehrfach vollkommen unabhängig voneinander und viele gingen auf dem Wege zu den heutigen erhaltenen Formen auch wieder verloren.

Die Klasse der Säugetiere (Classis Mammalia) umfasst 27 Ordnungen: Eine Ordnung umfasst die Monotremen (eierlegende Säugetiere), sieben weitere die Marsupialien (Beuteltiere), die verbleibenden Ordnungen enthalten die Plazentalier (Plazentatiere). Eine vollständige Übersicht über die gültige Klassifizierung der Säugetiere ist am Ende des Kapitels gegeben.

Bauliche und funktionelle Anpassungen der Säugetiere 28.2

28.2.1 Das Integument und seine Derivate

Die Haut der Säugetiere und besonders ihre Modifizierungen grenzen die Mammalia als Gruppe ab. Als Grenzfläche zwischen dem Tier und seiner Umwelt, wird die Ausgestaltung der Haut stark von der Lebensweise des jeweiligen Tieres mitbestimmt. Allgemein lässt sich feststellen, dass sie bei den Säugetieren dicker ist als bei den anderen Klassen der Wirbeltiere, obgleich sie bei allen Vertebraten aus einer Epidermis und einer Dermis besteht (▶ Abbildung 28.6). Die Epidermis ist an solchen Stellen, an denen sie durch Haare bedeckt ist, dünner; dort, wo sie einer größeren Beanspruchung durch Kontakt mit der Umwelt oder häufigen Gebrauch ausgesetzt ist (Handflächen, Fußsohlen) verdicken sich die äußeren Schichten und werden durch die Einlagerung von Keratin verhornt.

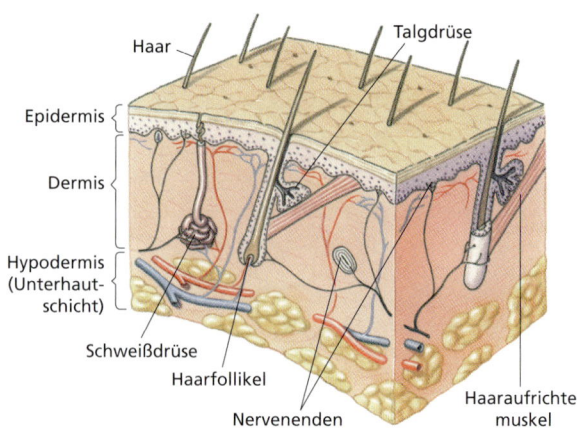

Abbildung 28.6: **Die Haut.** Anatomischer Bau der menschlichen Haut (Epidermis und Dermis) und der Hypodermis mit Darstellung der Haare und Drüsen.

Haare

Die Haare sind ein besonderes Kennzeichen der Säugetiere, auch wenn der Mensch keine sonderlich stark behaarte Art ist und die Behaarung bei den Walen auf einige wenige Sinnesborsten an der Schnauze reduziert ist. Ein Haar hat seinen Ursprung in einem Haarfollikel, aus dem es auswächst. Der Haarfollikel ist eine epidermale Bildung, die sich jedoch bis in die darunterliegende Dermis einsenkt (Abbildung 28.6). Haare wachsen unaufhörlich durch rasche Proliferation von Zellen im Haarfollikel. In dem Maß, in dem der Schaft des Haares nach außen geschoben wird, werden immer neue Zellen von ihrer Nährstoffquelle entfernt, so dass sie schließlich absterben. Vorher füllen sie sich mit der gleichen Sorte **Keratin** (einem Faserprotein hoher Dichte), aus der auch Nägel, Klauen, Hufe und Federn bestehen. Echte Haare, die nur bei Säugetieren vorkommen, bestehen also aus toten, mit Keratin vollgepackten Epidermiszellen.

Säugetiere sind durch den Besitz von zwei Typen von Haaren gekennzeichnet, die ihr **Haarkleid** bilden: (1) dichte und weiche **Unterhaare**, die zur Wärmeisolierung dienen, und (2) gröbere und längere **Deckhaare**, die als Schutz gegen Abnutzung (Abrasion) und zur Farbgebung dienen. Die Unterhaarschicht immobilisiert eine Schicht wärmeisolierender Luft. Bei aquatischen Tieren wie Robben, Ottern und Bibern ist die Unterbehaarung so dicht, dass es praktisch unmöglich ist, sie zu durchnässen. Im Wasser werden die Deckhaare nass und legen sich mattenartig nieder. Dadurch entsteht eine Art Schutzdecke, die sich auf die Unterhaarschicht legt (▶ Abbildung 28.7).

Wenn Haare eine bestimmte Länge erreicht haben, hören sie auf zu wachsen. Normalerweise verbleibt ein

28.2 Bauliche und funktionelle Anpassungen der Säugetiere

Abbildung 28.7: Ein amerikanischer Biber *(Castor canadensis)*. Das Tier nagt an einem Ahornbaum.

Exkurs

Ein Haar ist mehr als bloß ein Keratinstrang. Es besteht aus drei Schichten: der Medulla (dem Mark) in der Mitte des Haares, dem Cortex (der Rinde) mit den Pigmentgranula, der dem Mark aufliegt, und der äußeren Kutikula, die sich aus überlappenden Schuppen zusammensetzt. Die Haare der unterschiedlichen Säugetiere zeigen ein beträchtliches Maß an Variation bezüglich des Feinbaus. So kann etwa der Cortex fehlen, wie es bei den brüchigen Haaren von Hirschen der Fall ist. Oder es kann die Medulla fehlen, wie bei den hohlen, luftgefüllten Haaren von Vielfraßen. Die Haare von Kaninchen und einigen anderen Säugern sind derart beschuppt, dass sie sich miteinander verhaken, wenn sie zusammengedrückt werden. Lockige Haare wie die von Schafen wachsen aus gekrümmten Follikeln heraus.

Haar dann in seinem Follikel, bis ein neues zu wachsen beginnt. Erst dann fällt es aus. Bei den meisten Säugetieren kommt es periodisch zu einem Fellwechsel, bei dem das gesamte Haarkleid erneuert wird. Beim Menschen werden die Haare lebenslang kontinuierlich abgeworfen und ersetzt (obwohl kahl werdende Männer ein Beleg dafür sind, dass der dauerhafte Ersatz keine garantierte Eigenschaft ist!).

Im einfachsten Fall, wie bei Füchsen oder Seehunden, wird das Fell jedes Jahr im Sommer einmal gewechselt. Die meisten Säugetiere erleben zwei jährliche Fellwechsel – einen im Frühjahr und einen weiteren im Herbst. Das Sommerfell ist immer sehr viel dünner als das Winterfell, und bei einigen Säugetieren besitzt es auch eine andere Farbe. Mehrere im Norden lebende Marder, zum Beispiel das Wiesel *(Mustela erminea)*, zeigen ein weißes Winter- und ein braunes Sommerfell. Man dachte früher, dass die weißen inneren Haarkleider arktischer Tiere die Körperwärme besser zurückhielten und so Wärmeverluste vermindern; tatsächlich strahlen aber dunkle und helle Haarkleider Wärme gleich gut ab. Das weiße Winterfell arktischer Tiere dient also allein der Tarnung in einer verschneiten, einheitlich weißen Umgebung. Der Pelz eines Eisbären aber ist eigentlich gar nicht weiß, sondern durchsichtig. Es hat sich gezeigt, dass jedes einzelne Haar als optischer Lichtleiter wirkt, der die UV-Strahlung der Sonne auf die schwarze Haut des Tieres überträgt, wo die Energie absorbiert und in Körperwärme umgewandelt wird. Der nordamerikanische Schneeschuhhase *(Lepus americanus)* macht drei Fellwechsel pro Jahr durch: Das weiße Winterfell wird durch ein bräunlich-graues Sommerfell abgelöst, und dieses wieder im Herbst von einem grauen, das bald abgeworfen wird, wodurch das darunterliegende weiße Winterfell sichtbar wird (▶ Abbildung 28.8). Das Auftreten weißer Fellzeichnungen bei arktischen Tieren im Winter (Leukämismus; gr. *leukos*, weiß) darf nicht mit dem Albinismus verwechselt werden, das einen mutativen Zustand darstellt, der durch ein rezessives Allel ausgelöst wird, dass die Melaninbildung unterdrückt.

(a)

(b)

Abbildung 28.8: Der Schneeschuhhase *(Lepus americanus)*. Darstellung in (a) brauner Sommerfärbung und (b) weißer Winterfärbung.

Säugetiere (Phylum Chordata)

Abbildung 28.9: **Hunde werden häufig Opfer der Stacheln von Stachelschweinen.** Falls sie nicht entfernt werden (im Regelfall durch einen Veterinär), bohren sich die Stacheln immer weiter in das Fleisch und verursachen erhebliche Schmerzen und können sogar (durch Infektion und Entzündung) zum Tod des betroffenen Tieres führen.

Albinos haben charakteristische rote Augen und eine rosafarbene Haut, wohingegen arktische Tiere auch im Winterfell dunkle Augen besitzen und vielfach zusätzlich dunkel gefärbte Ohrenspitzen, Nasen und/oder Schwanzspitzen.

Außerhalb der Arktis zeigen die meisten Säugetiere gedämpfte bis düstere Farben, die durch ihre Unauffälligkeit oder Tarnwirkung Schutz verleihen. Oftmals ist eine Art durch eine „Salz-und-Pfeffer"-Musterung oder eine unterbrochene (disruptierte) Fellzeichnung ausgezeichnet, die dabei hilft, das Tier in seiner natürlichen Umgebung unauffällig bis kaum erkennbar werden zu lassen. Beispiele für solche Tarnzeichnungen sind die Fleckenzeichnung des Jaguarfells und das Streifenmuster des Tigerfells. Stinktiere weisen dagegen durch eine auffällige Fellzeichnung geradezu auf ihre Anwesenheit hin (Warnfärbung).

Die Haare der Säugetiere sind für vielerlei Zwecke modifiziert worden. Die Stacheln des Stachelschweins, die Borsten des Wildschweins und die Vibrissen an den Schnauzen der meisten Säugetiere sind Beispiele. **Vibrissen** (Tasthaare, Schnurrhaare) sind echte Sinneshaare, die bei vielen Säugetieren ein Teil des Tastsinns darstellen. Die geringste Auslenkung der Vibrissen aus der Ruhelage löst einen Nervenreiz aus, der an spezialisierte sensorische Bereiche im Gehirn weitergeleitet wird. Die Vibrissen sind bei nachtaktiven und grabenden Tieren besonders lang ausgebildet. Seehunde können mit ihren Vibrissen hydrodynamische Spuren registrieren, die von vorbei schwimmenden Fischen hinterlassen werden. Die Tiere sind auf diese Weise in der Lage, Beutefische noch aus einer Entfernung von 180 m zu orten.

Stachelschweine, Igel, Stacheligel und einige andere Säugetiere haben einen wirkungsvollen und gefährlichen Stachelpanzer entwickelt. Wenn es in die Enge getrieben wird, dreht das nordamerikanische Stachelschwein (*Hystix* sp.) seinem Angreifer den Rücken zu und schlägt mit seinem stachelbewehrten Schwanz zu. Die nur locker befestigten Stacheln brechen an ihren Basen ab, wenn sie in die Haut eingedrungen sind, in die sie sich mit Hilfe von Widerhaken tief ins Gewebe eingraben. Hunde werden häufig Opfer solcher Begegnungen (▶ Abbildung 28.9). Fischmarder (*Martes pennanti*), Vielfraße (*Gulo gulo*) und Rotluchse (*Lynx rufus*) sind in der Lage, ein Stachelschwein auf den Rücken zu werfen und so an dessen ungeschützte Unterseite zu gelangen.

Hörner und Geweihe

Bei den Säugetieren finden sich mehrere Arten von Hörner und hornartigen Gebilden. **Echte Hörner**, wie sie bei den Angehörigen der Familie Bovidae (Familie der Hornträger, Ordnung der Paarhufer (Artiodactyla), Unterordnung der Wiederkäuer (Ruminantia)) vorkommen, sind Hohlkörper aus verhornter Epidermis, die einen knöchernen Kern, der aus dem Schädel hervor wächst, umgeben (siehe Abbildung 29.3). Echte Hörner werden nicht abgeworfen, sind nicht verzweigt (obgleich sie stark gebogen sein können), wachsen kontinuierlich und kommen bei beiden Geschlechtern vor.

Die **Geweihe** der Mitglieder der Familie Cervidae (Familie der Hirsche, Ordnung der Paarhufer (Artiodactyla), Unterordnung der Wiederkäuer (Ruminantia) sind hingegen verzweigt und bestehen im ausgereiften Zustand aus solidem Knochen. Während des jährlichen Frühjahrswachstums entwickelt sich das Geweih unter einer Deckschicht stark vaskularisierter, weicher Haut, die als **Basthaut** bezeichnet wird (▶ Abbildung 28.10). Mit Ausnahme des Rentiers (Abbildung 28.17 a) bilden nur die männlichen Hirsche Geweihe aus. Wenn das Geweihwachstum kurz vor Beginn der Fortpflanzungszeit im Herbst abgeschlossen ist, verengen sich die Blutgefäße und das Tier scheuert die Basthaut an Zweigen und Baumstämmen ab. Die Geweihe werden nach Abschluss der Fortpflanzungszeit abgeworfen. Einige Monate später erscheinen neue Geweihknospen, um das baldige Wachstum eines neuen Geweihes anzukündigen. Für ei-

28.2 Bauliche und funktionelle Anpassungen der Säugetiere

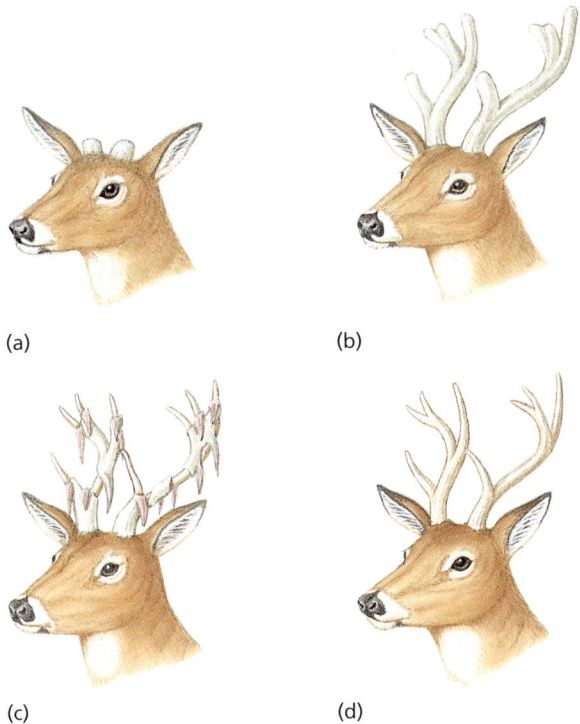

Abbildung 28.10: Jährliches Wachstum eines Hirschgeweihes. (a) Das Geweih beginnt sein Wachstum im späten Frühling, angeregt durch Gonadotropine der Hirnanhangsdrüse. (b) Der Knochen wächst sehr rasch, bis das Wachstum durch einen schnellen Anstieg der Testosteronkonzentration durch die Hoden gestoppt wird. (c) Die Basthaut stirbt ab und wird abgestreift. (d) Die Testosteronwerte erreichen im Herbst zur Fortpflanzungszeit ihren Höchststand. Das Geweih wird im Januar abgeworfen, wenn die Testosteronkonzentration wieder absinkt.

Exkurs

Ein ausufernder Handel mit Nashornprodukten – insbesondere den Hörnern der Tiere – hat im Verlauf der vergangenen Jahrzehnte die Bestände afrikanischer wie asiatischer Nashörner an den Rand des Aussterbens gebracht. In der unwissenschaftlichen chinesischen „Medizin" wird das Rhinozeroshorn als Mittel zur Fiebersenkung, zur Behandlung von Herz-, Leber- und Hautkrankheiten und als Aphrodisiakum angesehen; in Nordindien ist es als prototypisches Phallussymbol als vermeintliches Potenzmittel gefragt. Diese unterstellte „Wirkungsbreite" wird durch keinerlei biochemische oder pharmakologische Daten untermauert, es handelt sich also um reinen Aberglauben. Die Hauptverwendung für Rhinozeroshörner besteht jedoch in der Verarbeitung zu modischen Dolchgriffen, die als Statussymbole im Mittleren Osten hoch gehandelt werden. Aufgrund ihrer augenfälligen phallischen Form haben sich Rhinozeroshorndolche als Geschenke für Pubertierende im Rahmen von Mannbarkeitsriten eingebürgert. Zwischen 1969 und 1977 wurden allein in den (nicht mehr bestehenden) Kleinstaat Nordjemen die Hörner von rund 8000 abgeschlachteten Nashörnern importiert.

nige Jahre ist das neue Geweih jeweils größer und stärker verzweigt als das vorhergehende. Die jährliche Anlage eines neuen Geweihs ist eine Belastung des Mineralhaushaltes, da beispielsweise ein älterer Elch in der Zeit der Geweihbildung 25 kg und mehr an Calciumsalzen mit seiner vegetarischen Nahrung zu sich nehmen muss.

Die Hörner der Gabelbockantilope (*Antilocapra americana*; Familia Antilocapridae) sind den echten Hörnern der Boviden ähnlich, nur dass bei den Antilopen der keratinisierte Anteil gegabelt ist und jährlich abgeworfen wird. Giraffenhörner sind den Hirschgeweihen ähnlich, behalten jedoch ihre Bedeckung durch Integument bei und werden nicht abgeworfen. Das Horn eines Nashorns besteht aus haarähnlichen, keratinisierten Filamenten, die aus zusammengewachsenen Dermalpapillen entspringen, ist aber nicht im Schädel verankert sind.

Drüsen

Unter allen Wirbeltieren besitzen die Säugetiere die größte Vielfalt an Drüsen in der Haut. Die meisten gehören einer von vier Klassen an: Schweißdrüsen, Duftdrüsen, Talgdrüsen und Milchdrüsen. Alle leiten sich histologisch von der Epidermis ab (Abbildung 28.6).

Schweißdrüsen sind tubuläre, stark gewundene Drüsen, die bei den meisten Säugetieren über einen Großteil der Körperoberfläche verstreut liegen (Abbildung 28.6). Man findet sie bei anderen Vertebraten nicht. Es werden zwei Typen von Schweißdrüsen unterschieden: exokrine und apokrine. **Exokrine Drüsen** schütten eine wässrige Flüssigkeit aus, die beim Verdunsten auf der Haut Wärme abführt und so die Haut (damit indirekt den Körper) abkühlt. Exokrine Drüsen liegen bei den meisten Säugetieren an haarlosen Stellen, besonders den Fußsohlen. Bei Pferden und den meisten Primaten sind sie jedoch über den Körper verstreut. Bei Nagetieren und Walen sind sie zurückgebildet. **Apokrine Drüsen** sind größer als exokrine und besitzen längere und zusammengerollte Gänge. Ihre sekretorischen Spulengänge liegen in der Dermis und erstrecken sich bis tief in die Hypodermis. Sie münden immer in ein Haarfollikel oder eine Stelle, an der vormals ein Haar gelegen hat. Die Entwicklung der apokrinen Drüsen vollzieht sich im zeitlichen Umfeld der Pubertät und ist beim Menschen auf die Armbeugen (Axillae), die Mons pubis (Venushügel der Frau), die Brustdrüsen, die Vorhaut des Mannes (Präputium), den Hodensack (Skrotum) und die äußeren Gehörgänge beschränkt. Im Gegensatz zu den wässrigen Absonderungen der exokrinen Drüsen, sind die Sekrete der apokrinen Drüsen milchig, von weißlicher bis gelblicher Farbe und trocknen auf der Haut zu einem Film. Die apokrinen Drüsen sind nicht bei der Regulation des Wärmehaushaltes beteiligt. Ihre Aktivität ist mit bestimmten Aspekten des Fortpflanzungszyklus korreliert.

Duftdrüsen sind bei fast allen Säugetieren vorhanden. Ihre anatomische Lokalisation und die Funktionen zeigen eine große Schwankungsbreite. Sie werden zur chemischen Kommunikation mit Artangehörigen eingesetzt, zur Markierung von Reviergrenzen, zur Warnung und zur Verteidigung. Duftstoffe produzierende Drüsen finden sich bei Hirschen im Orbital-, im Metatarsal- und im Interdigitalbereich, bei Pfeifhasen (Ochotonidae) und Murmeltieren *(Marmota monax)* liegen sie hinter den Augen und an den Wangen, bei Bisamratten, Bibern und vielen Hundeartigen am Penis, bei Wölfen und Füchsen (ebenfalls Hundeartige) an der Schwanzwurzel, bei Dromedaren am Hinterkopf, und bei Stinktieren und Mardern im Analbereich. Die zuletzt genannten Analdrüsen, die zu den geruchsintensivsten aller Drüsen gehören, münden in einen Gang, der im Anus liegt; ihre Sekrete können von den Tieren mit Wucht zwei bis drei Meter weit versprizt werden. Während der Paarungszeit sondern viele Säugetiere starke Geruchsstoffe ab, um Geschlechtspartner anzulocken (Lockstoffe). Der Mensch verfügt ebenfalls über Duftdrüsen. Die Zivilisation hat es jedoch mit sich gebracht, dass der Mensch eine Abneigung gegen seinen artspezifischen Geruch entwickelt hat. Diese Verhaltensneigung hat sich zu einem lukrativen Geschäftszweig entwickelt, den eine Deodorant- und Parfümindustrie bedient, die eine endlose Palette von Produkten (Seifen, Lotionen, Duftwässerchen, Rasierwasser, Parfüm usw.) herstellt. Kurioserweise sind viele Menschen nicht damit zufrieden, ihren natürlichen Körpergeruch zurückzudrängen, sondern ersetzen ihn oftmals durch einen genauso penetranten künstlichen. Beim Menschen trägt der körpereigene Geruch anscheinend Informationen über die Art des MHC-Komplexes (MHC = *major histocompatibility complex*, Regulatoren des Immunsystems). Oft wird bei der Partnerwahl automatisch der Partner favorisiert, des MHC-Komplex anders ist als der eigene, was potenziell zu Nachkommen mit einem leistungsfähigen Immunsystem führen könnte.

Talgdrüsen (Abbildung 28.6) sind auf das Engste mit Haarfollikeln vergesellschaftet, obgleich einige frei und offen unmittelbar auf der Oberfläche liegen. Die zelluläre Auskleidung wird im Rahmen des Sekretionsvorganges abgestoßen und muss vor einer neuerlichen Sekretausschüttung ersetzt werden. Diese Drüsenzellen blähen sich durch die Ansammlung des fettigen Sekretes auf, sterben dann ab und werden zusammen mit dem fettigen Sekret in einer als **Talg** (**Sebum**) bezeichneten, schmierigen Mischung in den Haarfollikel abgegeben. Als „freundliches Fett" bezeichnet, weil es nicht ranzig wird, dient der Talg als Überzug, der die Haut und die Haare geschmeidig und glänzend hält. Bei den meisten Säugetieren liegen die Talgdrüsen über den gesamten Körper verteilt; beim Menschen sind sie in der Kopf- und Gesichtshaut am zahlreichsten.

Milchdrüsen (Mammae, Singular: Mamma = Glandula mammaria (lat. *mamma*, Zitze, weibliche Brust, Euter; gr. *mastos*, Euter), die den Säugetieren ihren wissenschaftlichen Namen Mammalia (Milchdrüsentiere) gegeben haben, sind bei allen weiblichen Säugetieren ausgebildet. Bei männlichen Säugetieren sind sie rudimentär ausgeprägt. Sie entwickeln sich durch Verdickung der Epidermis zur Herstellung einer Milchleiste, die beim Embryo beiderseits entlang des Abdomens verläuft.

An bestimmten Stellen entlang dieser Leisten treten die Mammae hervor, während die dazwischenliegenden Teile des Wulstes verschwinden. Die Milchdrüsen steigern mit der Geschlechtsreife ihre Größe und nehmen während einer Trächtigkeit und der nachfolgenden Zeit des Säugens der Jungen noch einmal beträchtlich an Größe zu. Beim weiblichen *Homo sapiens* beginnt sich während der Pubertät um die Milchdrüse herum Fettgewebe abzulagern, was zur Ausbildung der weiblichen Brust führt. Bei den meisten Säugetieren wird die Milch über Brustwarzen (Mamillen) nach außen geleitet. Den Monotrematen fehlen die Mamillen; sie sezernieren die Milch einfach in eine Vertiefung am Bauch des Weibchens, wo sie von den Jungen aufgeleckt statt eingesaugt wird.

28.2.2 Nahrung und Nahrungsaufnahme

Die Säugetiere nutzen ein enormes Spektrum von Nahrungsquellen; einige Säugetiere sind auf hochspezialisierte Nahrung angewiesen, während andere Arten opportunistische Allesfresser sind, die sich aus vielfältigen Quellen bedienen. Die Ernährungsgewohnheiten und der physische Bau sind direkt miteinander korreliert. Die Anpassungen eines Säugetieres für Angriff und Verteidigung sowie seine Spezialisierungen zum Auffinden, Einfangen, Zerkauen, Verschlucken und Verdauen

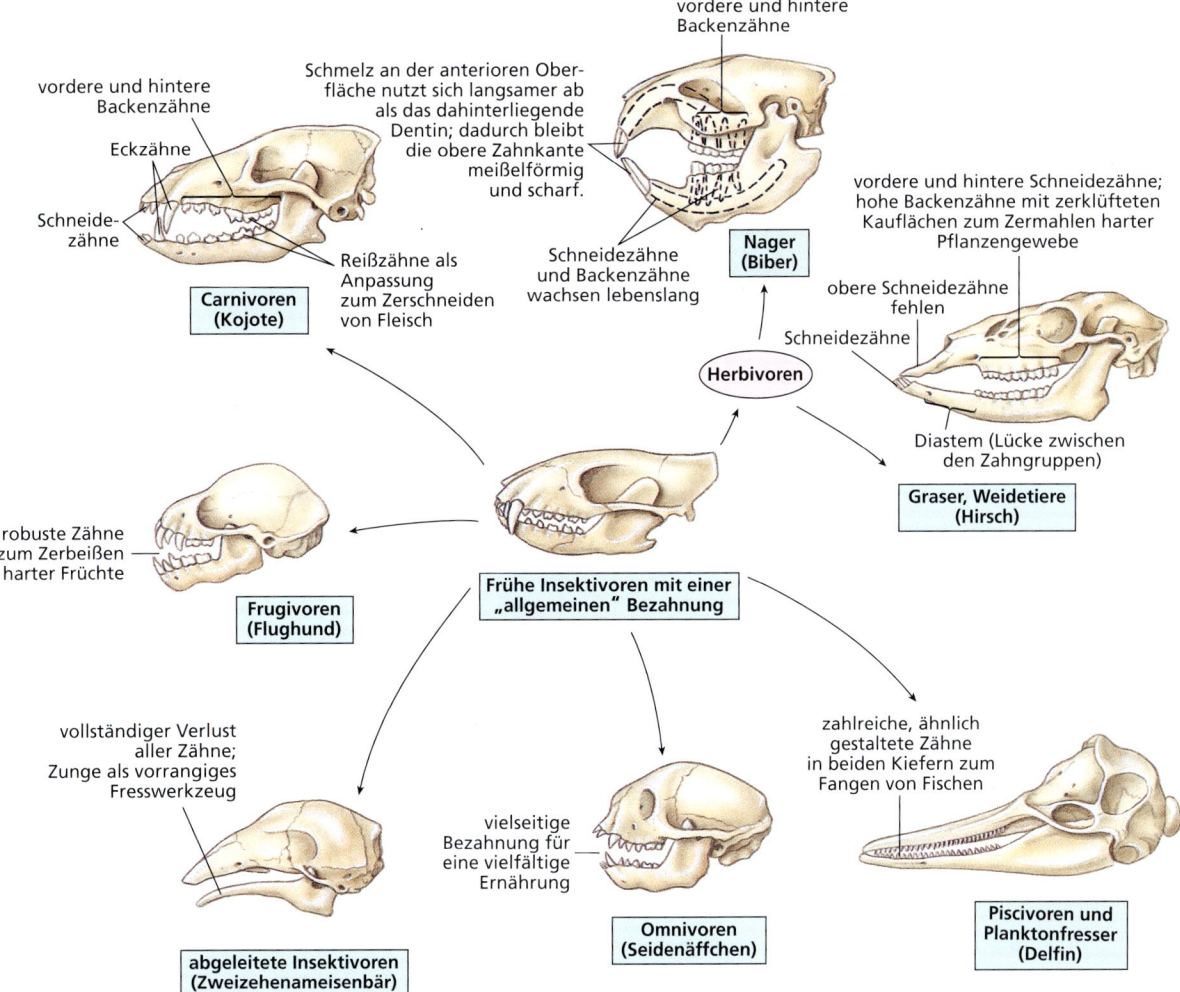

Abbildung 28.11: Spezialisierungen des Fressapparates der trophischen Gruppierungen eutherischer Mammalia. Die frühen Eutherier waren Insektivoren; alle anderen Typen haben sich davon abgeleitet.

seiner Nahrung bestimmen insgesamt seine Körperform und Verhaltensgewohnheiten.

Die Zähne spiegeln die Lebensgewohnheiten eines Säugetiers vielleicht in höherem Maße wider als alle sonstigen körperlichen Merkmale (▶ Abbildung 28.11). Mit bestimmten Ausnahmen (Kloakentiere, Ameisenfresser, bestimmte Wale) besitzen alle Säugetiere Zähne, und deren Modifikationen sind mit dem korreliert, was das Tier frisst.

Als sich die Säugetiere im Verlauf des Mesozoikums evolutiv herausbildeten, gingen damit wesentliche Umbildungen der Zähne und der Kiefer einher. Anders als die **homodonte** Bezahnung der ersten Synapsiden, differenzierten sich die Zähne der Mammalier für spezialisierte Aufgabenstellungen wie das Zerschneiden, Ergreifen, Zerkauen, Zerreißen und Zermahlen der Nahrung. Auf diese Weise differenzierte Bezahnungen werden als **heterodont** bezeichnet. Die Bezahnung eines Säugetiers ist zu vier Zahntypen differenziert: **Schneidezähne** (**Incisivi**) mit einfachen Kronen und scharfen Kanten, die in der Hauptsache zum Schnappen oder Zerbeißen verwendet werden; **Eckzähne** (**Canini**) mit langen, konischen Kronen, die auf das Durchstoßen/Durchstechen spezialisiert sind; sowie **vorderen** (**Prämolaren**) und **hinteren Backenzähnen** (**Molaren**) mit komprimierten Kronen und einem oder mehreren Höckern, die zur Scherung, dem Zerteilen, Zerquetschen oder Zermahlen geeignet sind. Die primitive Zahnformel (gibt die Anzahl jedes Zahntyps in einer Hälfte des Ober- und des Unterkiefers an) lautet I 3/3, C 1/1, PM 4/4, M 3/3 = 44. Die Gesamtzahl der Zähne eines ursprünglichen Säugetiergebisses beläuft sich also auf 44 (2×22) Zähne. Die Angehörigen der Ordnung der Insektenfresser (Order Insectivora) (Spitzmäuse, Igel usw.), einiger Omnivoren und Carnivoren kommen diesem Urzustand am nächsten (Abbildung 28.11).

Anders als die Reptilien ersetzen Säugetiere im Verlauf ihres Lebens nicht kontinuierlich ihre Zähne. Die meisten Säugetiere bringen nur zwei Zahnsätze hervor: einen temporären Satz von **Milchzähnen**, der vom **Dauergebiss** ersetzt wird, sobald der Kiefer groß genug ist, um das vollständige Gebiss des erwachsenen Tieres aufzunehmen. Nur die Schneide-, Eck- und die vorderen Mahlzähne sind Bestandteile des Milchgebisses; Molaren werden niemals ersetzt und der einzige, dauerhafte Satz muss ein Leben lang halten.

Nahrungsspezialisierung

Der Fressapparat eines Säugetiers, Zähne, Kiefer, Zunge und Verdauungskanal, sind an besondere Fressgewohnheiten angepasst. Die Säugetiere werden per Konvention in vier grundlegende trophische Kategorien unterteilt: Insektivoren, Carnivoren, Omnivoren und Herbivoren, doch haben sich wie bei anderen Lebensformen viele weitere Ernährungsspezialisierungen evolviert, und die Ernährungsgewohnheiten vieler Säugetiere entziehen sich einer exakten Klassifizierung. Die wichtigsten Spezialisierungen des Fressapparates sind in Abbildung 28.11 zusammengefasst.

Die **Insektenfresser** (**Insectivora**) wie Spitzmäuse, Maulwürfe, Ameisenbären sowie die meisten Fledermäuse, sind kleine Tiere. Sie ernähren sich von Kerbtieren (Insekten) sowie einer Vielzahl anderer Wirbelloser wie Würmern und Maden. Da Insektenfresser wenig unverdauliche pflanzliche Ballaststoffe zu sich nehmen, die eine längerdauernde Fermentierung erfordern würde, tendieren diese Tiere zu kurzen Verdauungssystemen (▶ Abbildung 28.12). Die insektenfressenden Säugetiere besitzen Zähne mit zugespitzten Enden, die es ihnen erlauben, das Exoskelett oder die Haut ihrer Beutetiere zu durchstoßen. Die Kategorie der Insektenfresser ist nicht scharf abgegrenzt, da Carnivoren und Omnivoren auch Insekten auf ihrem Speiseplan haben können.

Die **Pflanzenfresser** (**Herbivora**) unter den Säugetieren ernähren sich von Gräsern und anderer Vegetation. Man unterscheidet zwei wesentliche Gruppen: **Äser** und **Graser**, wie die Ungulaten (Huftiere wie Pferde, Hirsche, Antilopen, Rinder, Schafen und Ziegen) einerseits und **Nager** wie die meisten Rodentia (Nagetiere) und Hasen (Lagomorpha) andererseits. Bei den Herbivoren fehlen die Eckzähne oder sind deutlich in der Größe reduziert, wohingegen die Molaren, die an eine mahlende Arbeitsweise angepasst sind, breit und für gewöhnlich hochkronig sind. Die Nagetiere (zum Beispiel der Biber) besitzen meißelartige, scharfe Schneidezähne (Incisivi), die lebenslang nachwachsen und abgenutzt werden *müssen*, um ihrem kontinuierlichen Wachstum entgegenzuwirken (Abbildung 28.11).

Die herbivoren Säugetiere weisen eine Reihe interessanter Anpassungen für den Umgang mit ihrer balaststoffreichen Pflanzennahrung auf. Die **Zellulose**, das maßgebliche strukturgebende Kohlenhydrat der Pflanzen, besteht aus langen Ketten miteinander verbundener Glucoseeinheiten, die durch kovalente chemische Bindungen zusammengehalten werden, die nur von wenigen Enzymen aufgebrochen werden können. Kein Wirbeltier verfügt über zellulosespaltende Enzyme. Stattdessen beherbergen die pflanzenfressenden Wirbeltiere in ihren Verdauungskanälen in speziellen Gärkammern anaerobe Bakterien und Protozoen. Diese Mikroorganismen verstoffwechseln die Zellulose und setzen als Endprodukte ihres eigenen katabolen Stoffwechsels eine Anzahl von Fettsäuren und Zuckern sowie Stärke frei, die der tierische Wirt absorbieren und verwerten kann.

Einige Pflanzenfresser wie Pferde, Zebras, Elefanten, einige Primaten und viele Nagetiere besitzen einen Darm mit einer geräumigen Aussackung (einem Divertikulum) an der Übergangsstelle von Dick- und Dünndarm, gemeinhin **Blinddarm** (Zäkum oder **Caecum**) genannt. Er dient als Gärkammer und Absorptionsfläche (Abbildung 28.12). Bei diesen Enddarmfermentierern findet die Vergärung hinter dem primären absorptiven Bereich statt. Hasen, Kaninchen und einige andere Nagetiere fressen oft ihrer eigenen Exkrementkügelchen (**Koprophagie**), so dass die Nahrung ein zweites Mal durch den Darm läuft, um zusätzliche Nährstoffe aus ihr zu extrahieren.

Die **Wiederkäuer** (**Ruminantia**) wie Rinder, Büffel, Ziegen, Antilopen, Schafe, Hirsche, Giraffen und Okapis besitzen einen riesigen **vierkammerigen Magen** (Abbildung 28.12). Frisst ein Wiederkäuer, gelangt die Nahrung durch die Speiseröhre (Ösophagus) in den Pansen, wo sie von Mikroorganismen chemisch zerkleinert wird, bevor sie portionsweise wieder hochgewürgt wird, wo die vorverdauten Nahrungsbrocken ein weiteres Mal ausgiebig durchgekaut werden, um die Ballaststoffe zu zerlegen. Nach abermaligem Verschlucken gelangt die zerkaute Nahrung zunächst zurück in den Pansen, wo zellulolytisch (Zellulose spaltende) aktive Mikroorganismen sie weiter verdauen. Der Nahrungsbrei wird in den **Netzmagen** (**Reticulum**) weitergeleitet, von dort aus in das **Omasum** (**Blättermagen**) wo Wasser, lösliche Nahrungsbestandteile und mikrobielle Stoffwechselprodukte absorbiert werden. Der verbleibende Rest wird in das

28.2 Bauliche und funktionelle Anpassungen der Säugetiere

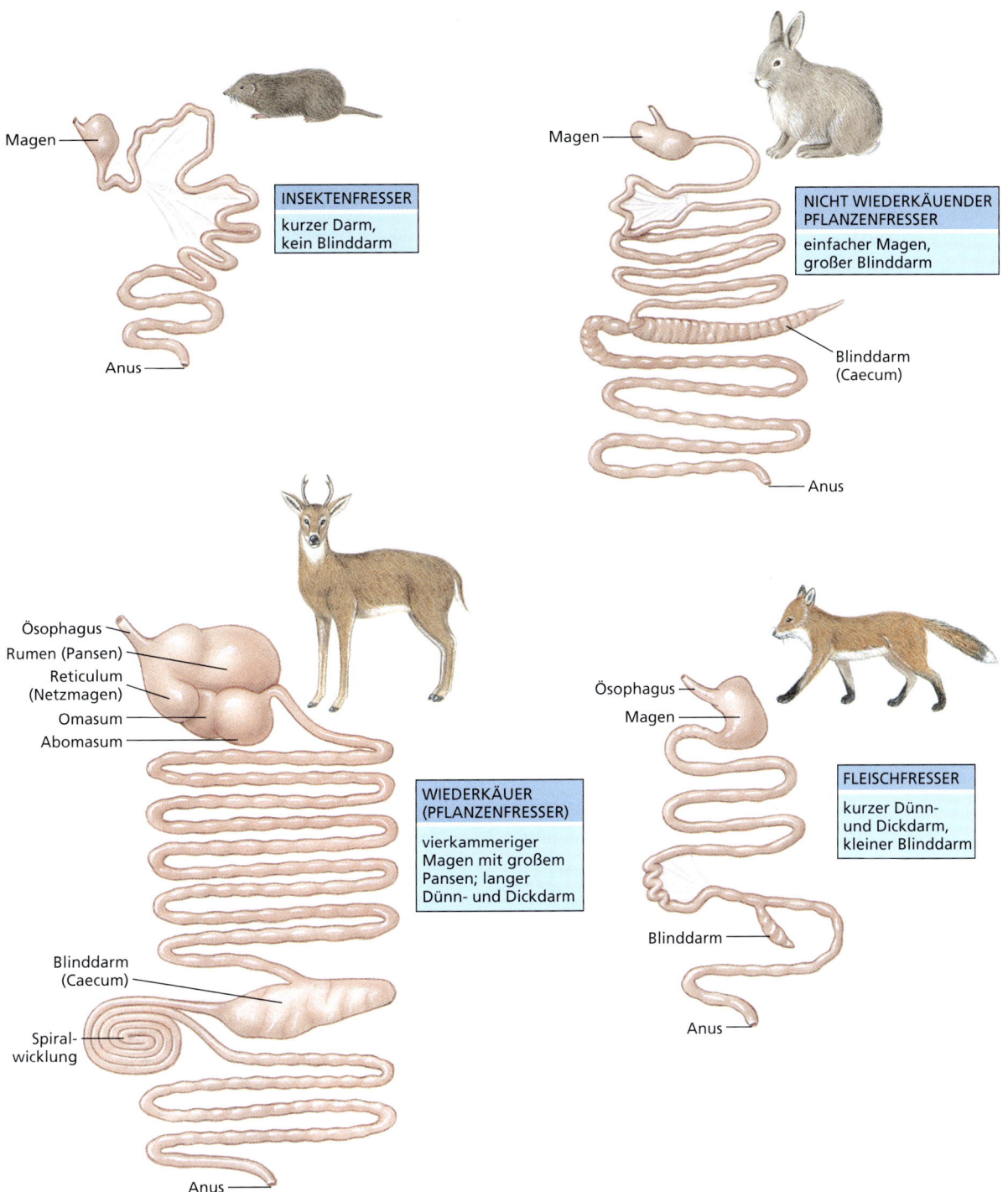

Abbildung 28.12: Verdauungssysteme von Säugetieren. Aus dem Vergleich wird die unterschiedliche morphologische Ausgestaltung in Abhängigkeit von der bevorzugten Nahrung ersichtlich.

Abomasum (**Labmagen**) überführt, der als saures Kompartiment dem Magen nichtwiederkauender Säugetiere entspricht. Hier werden proteolytische Enzyme sezerniert; hier kommt es also zur Verdauung von Eiweiß (Protein). Da die Wiederkäuer bei der Extraktion von Nährstoffen aus ihrer Nahrung einen besonders hohen Wirkungsgrad erreichen, sind sie in Ökosystemen, in denen Nahrung knapp ist (Tundren, Wüsten usw.) die primären großen Pflanzenfresser.

Die **Fleischfresser** (**Carnivora**) ernähren sich zumeist von Pflanzenfressern. Zu dieser Gruppe gehören die Füchse, Hunde, Marder, Vielfraße, Hauskatzen, Löwen und Tiger. Die Carnivoren sind mit schneidenden und durchstoßenden Zähnen und starken, klauentragenden

911

Gliedmaßen bewaffnet, um ihre Beutetiere packen und töten zu können. Da ihre proteinreiche Nahrung leichter verdaulich ist als die pflanzliche Nahrung der Herbivoren, sind ihre Verdauungstrakte kürzer und das Caecum (Zäkum) ist nur klein oder fehlt ganz (Abbildung 28.12). Die Carnivoren unterteilen ihre Nahrungsaufnahme in diskrete Mahlzeiten statt kontinuierlich zu fressen, wie es die meisten Pflanzenfresser tun. Die Fleischfresser verfügen daher über viel größere zeitliche Freiräume.

Im Allgemeinen führen die Carnivoren ein aktiveres und – nach menschlichen Maßstäben – vielseitigeres Leben als die Pflanzenfresser. Da ein Fleischfresser seine Beute zuerst finden und einfangen muss, ist Intelligenz ein entschiedener Vorteil. Viele Carnivoren, wie die Katzenartigen, sind für ihre Lautlosigkeit und Geschicklichkeit beim Erjagen von Beutetieren bekannt (▶ Abbildung 28.13). Dies hat zu einer Selektion solcher Pflanzenfresser geführt, die sich gegen Carnivoren verteidigen oder ihnen entkommen können. Unter den Herbivoren waren daher scharfe Sinne, Schnelligkeit und Agilität entscheidende Vorteile. Einige Pflanzenfresser überleben aber durch ihre reine Körpergröße (Nashörner, Elefanten) oder durch defensives Gruppenverhalten (wie etwa die Moschusochsen).

Der Mensch hat die Regeln des Carnivor/Herbivor-Überlebenskampfes verändert. Ungeachtet ihrer Intelligenz haben die Fleischfresser durch die Anwesenheit des Menschen viel zu leiden und sind in manchen Gegenden praktisch ganz verschwunden. Kleine Pflanzenfresser mit ihrer Befähigung zu hoher reproduktiver Potenz haben sich allen noch so ausgefeilten Bestrebungen widersetzt, sie aus unserer Umgebung zu verbannen. Das Problem von Nagetierplagen in der Landwirtschaft hat sich sogar noch verstärkt (Abbildung 28.30). Wir haben Carnivoren verdrängt, die als natürliche Gegen-

Abbildung 28.13: Weibliche Löwen (*Panthera leo*, Familia Felidae, Order Carnivora) beim Fressen eines Büffelkadavers. Da Löwen die Ausdauer für eine lange Verfolgungsjagd fehlt, lauern sie Beutetieren auf und schlagen plötzlich los, um ihre Beute zu überrumpeln. Löwen verschlingen so viel von ihrer Beute, wie sie können und schlafen und ruhen sich dann für längere Zeit (bis zu einer Woche) aus, bevor sie wieder fressen.

spieler viele Herbivorenpopulationen im Zaum gehalten haben, waren aber unfähig, einen geeigneten Ersatz für diese Kontrollinstanz zu finden.

Die **Allesfresser** (**Omnivoren**) wie Schweine, Waschbären, viele Nagetiere, Bären und die meisten Primaten einschließlich des Menschen nutzen sowohl pflanzliche wie tierische Nahrung. Viele primär carnivore Tiere fressen auch Früchte oder Gräser, wenn es notwendig wird. Füchse, die sich normalerweise von kleinen Nagetieren und Vögeln ernähren, fressen gefrorene Äpfel, Bucheckern und Maiskörner, wenn ihre normalen Nahrungsquellen knapp sind. Andere Säugetiere, die regelmäßig als Pflanzenfresser angesehen werden, wie etwa einige Nagetiere, haben tatsächlich einen gemischten Ernährungsplan, der aus Insekten, Samen und Früchten besteht.

Viele Säugetiere legen Nahrungsspeicher an, wenn Nahrung reichlich vorhanden ist. Diese Eigenart ist bei den Nagetieren am stärksten ausgeprägt (zum Beispiel bei Eich- und anderen Hörnchen (Sciuridae), Taschenratten (Geomyidae) und bestimmten Mäusen). Eichhörnchen sammeln Nüsse, Koniferensamen und Pilze und lagern diese in Verstecken für den Winter ein. Oft wird jedes Teil an einem anderen Platz versteckt (Streuhortung) und durch eine Duftmarkierung gekennzeichnet, um ein Wiederfinden in der Zukunft zu erleichtern. Einige der Verstecke von Taschenratten und Eichhörnchen können recht umfangreich sein (▶ Abbildung 28.14).

> ### Exkurs
>
> Man beachte, dass die Begriffe „Insektivor" und „Carnivor" bei den Säugetieren zwei verschiedene Bedeutungen haben: Einmal beschreiben sie eine bestimmte Art von Nahrung bzw. eine bevorzugte Nahrungsquelle, das andere Mal sind die taxonomischen Einheiten mit dem Rang von Ordnungen innerhalb der Klasse der Säugetiere gemeint. So gehören beispielsweise nicht alle carnivoren Säugetiere (fleischfressende Säugetiere) zur Ordnung der Carnivora (viele Beuteltiere und Wale sind carnivor), und nicht alle Angehörigen der Ordnung der Fleischfresser (Order Carnivora) fressen auch Fleisch. Viele sind opportunistische Alles- und/oder Aasfresser, einige – wie die Pandabären – sind sogar strenge Vegetarier.

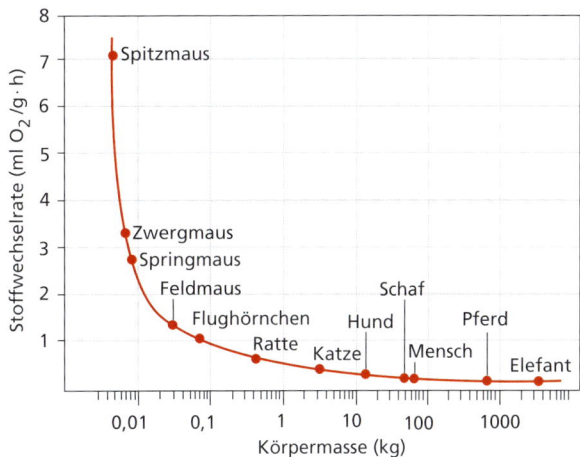

Abbildung 28.15: Zusammenhang zwischen Körpermasse und Stoffwechselrate bei Säugetieren. Diese Beziehung, die oft locker als „Maus-Elefanten-Kurve" bezeichnet wird, lässt erkennen, dass die Stoffwechselrate bei kleinen Tieren wie Spitzmäusen und Mäusen hoch ist und mit zunehmender Körpermasse der Art abnimmt.

Abbildung 28.14: Streifenbackenhörnchen (*Tamias striatus*, Familia Sciuridae, Order Rodentia).[*] Zu sehen sind die gefüllten Backentaschen, in denen es Pflanzensamen zu einem geheimen Vorratslager trägt. Es wird versuchen, ein Volumen von mehreren Litern Nahrung für den Winter einzulagern. Das Tier hält Winterschlaf, wacht aber in bestimmten Abständen auf, um etwas von der versteckten Nahrungsreserve zu fressen.

Abbildung 28.16: Kurzschwanzspitzmaus (*Blarina brevicauda*, Familia Soricidae, Order Insectivora)[**] **beim Verzehr einer Heuschrecke.** Dieses winzige, aber wilde und ungestüme Säugetier mit einem unersättlichen Appetit auf Insekten, Mäuse, Schnecken und Würmer verbringt den größten Teil des Tages unter der Erde und wird daher selten beobachtet. Man nimmt an, dass die rezenten Spitzmäuse den insektivoren Ahnherren der plazentalen Säugetiere ähnlich sehen.

Körpermasse und Nahrungsmenge

Die Abhängigkeitsbeziehung von Körpergröße und Stoffwechselrate haben wir im Zusammenhang mit der Nahrungsaufnahme von Vögeln erörtert (Kapitel 27). Je kleiner ein Säugetier ist, desto höher ist seine Stoffwechselrate und umso mehr muss es im Verhältnis zu seiner Körpermasse fressen (▶ Abbildung 28.15). Diese Beziehung besteht, weil die Stoffwechselrate eines Säugetiers – und damit die Nahrungsmenge, die es vertilgen muss, um diese Rate aufrecht zu erhalten – in erster Näherung proportional zur relativen Oberfläche ist und nicht zur relativen Körpermasse. Die Oberfläche ist ungefähr proportional zur Körpermasse (M_k) hoch Nullkommasieben ($A \mu M_k^{0,7}$). Das bedeutet, dass eine 3 g schwere Maus pro Gramm Körpermasse fünfmal mehr Nahrung benötigt als ein 10 kg schwerer Hund, und dreißigmal mehr als ein 5000 kg schwerer Elefant. Kleine Tiere (Mäuse, Fledermäuse, Spitzmäuse) müssen daher viel mehr Zeit auf die Jagd und das Fressen verwenden als große Tiere. Die kleinsten Spitzmäuse, die gerade einmal 2 g wiegen, fressen pro Tag mehr als ihre eigene Körpermasse und verhungern innerhalb von Stunden, wenn ihnen die Nahrungsgrundlage entzogen wird (▶ Abbildung 28.16). Im Gegensatz dazu kann ein großer Fleischfresser mit nur einer Mahlzeit alle paar Tage

---

[*] Familie der Hörnchen, Ordnung der Nagetiere.

[**] Familie der Spitzmäuse, Ordnung der Insektenfresser.

dick und bei guter Gesundheit bleiben. Berglöwen *(Puma concolor)* töten durchschnittlich einen Hirsch pro Woche, obgleich sie öfter Beute machen, wenn reichlich Wild vorhanden ist.

28.2.3 Wanderungen (Migration)

Wanderungen sind für Säugetiere ein schwierigeres Unterfangen als für Vögel oder Fische, weil die terrestrische Fortbewegung energiezehrender ist als Schwimmen oder Fliegen. Daher überrascht es nicht, dass nur wenige Säugetiere regelmäßig jahreszeitliche Wanderungen unternehmen, und sie es in der Regel vorziehen, das Zentrum ihrer Aktivitäten in einem festgelegten und begrenzten Wohn- und Streifgebiet zu haben. Trotzdem gibt es einige ins Auge fallende Beispiele für Wanderungen landlebender Säugetiere. In Nordamerika finden sich mehr wandernde Säugetierarten als auf jedem anderen Kontinent.

Ein Beispiel ist das in Kanada und Alaska heimische nordamerikanische Rentier (Rangifer tarandus), das zweimal jährlich zielgerichtete Massenwanderungen ohne Umweg über Distanzen von 160 bis 1100 km durchführt (▶ Abbildung 28.17). Von den Wintergebieten im borealen Nadelwald (Taiga) wandern die Tiere im Spätwinter und Frühjahr zum Kalben in die baumlose Tundra. Die Kälber werden Mitte Juni geboren. Mit Fortschreiten des Sommers werden die Rentiere zunehmend von Haut- und Rachendasseln heimgesucht, die

> **Exkurs**
>
> Die Rentierbestände haben einen drastischen Niedergang erlebt, seit sich ihre Zahl einst auf mehrere Millionen belief. Um 1958 gab es in ganz Kanada weniger als 200.000 Tiere. Für den Rückgang sind mehrere Faktoren verantwortlich gemacht worden: Veränderung des Lebensraumes durch menschliche Exploration und Erschließung des hohen Nordens; besonders aber eine übermäßige Bejagung. So belief sich der Bestand der westlichen Arktisherde Alaskas im Jahr 1970 noch auf über 250.000 Tiere. Nach fünf Jahren starker, unkontrollierter Bejagung kam eine Bestandszählung im Jahr 1976 auf nur noch 75.000 Rentiere. Nach der Beschränkung der Rentierjagd hatte sich der Bestand bis 1988 wieder auf 340.000 Tiere erholt; 2003 wurden 490.000 gezählt. Diese Genesung des Bestandes wird jedoch durch eine geplante Ausweitung der Ölgewinnung in mehreren Wildrückzugsgebieten einschließlich des Arctic National Wildlife Refuge bedroht.

Löcher in die Haut bzw. die Schleimhäute der Rentiere und anderer Wildtiere stechen und darin ihre Eier ablegen. Eine weitere schlimme Plage für die Säugetiere sind Stechmücken (es wurde hochgerechnet, dass auf dem Höhepunkt der Mückensaison jedes Rentier pro Woche einen Liter Blut an die Stechmücken verliert). Schließlich stellen Wölfe den jungen Rentieren nach. Die Herden ziehen im Juli und August weiter südwärts; dabei fressen sie unterwegs wenig. Im September erreichen sie die Taiga und fressen dort fast unablässig an der niedrigen Bodenvegetation. Die Paarung (Brunft) findet im Oktober statt.

(a)

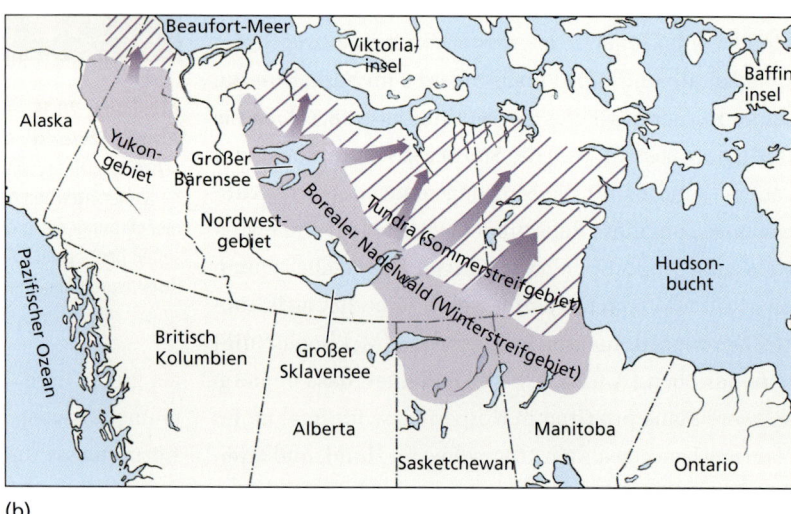
(b)

Abbildung 28.17: **Ein nordamerikanisches Rentier *(Rangifer tarandus)*.** (a) Adultes männliches Rentier im Herbstfell und mit Bastgeweih. (b) Sommer- und Winterterritorien einiger großer Rentierherden Kanadas und Alaskas (andere, hier nicht aufgeführte Herden existieren auf der Baffininsel sowie in West- und Zentralalaska). Die Hauptzugrouten im Frühjahr sind durch Pfeile kenntlich gemacht. Die genauen Zugwege variieren jedoch von Jahr zu Jahr in beträchtlichem Umfang. In Nordamerika ist für Rentiere die Bezeichnung Karibu gebräuchlich. Es handelt sich jedoch um dieselbe Art wie in Nordeuropa und Sibirien. Fachleute unterscheiden mehrere Unterarten von *Rangifer tarandus*.

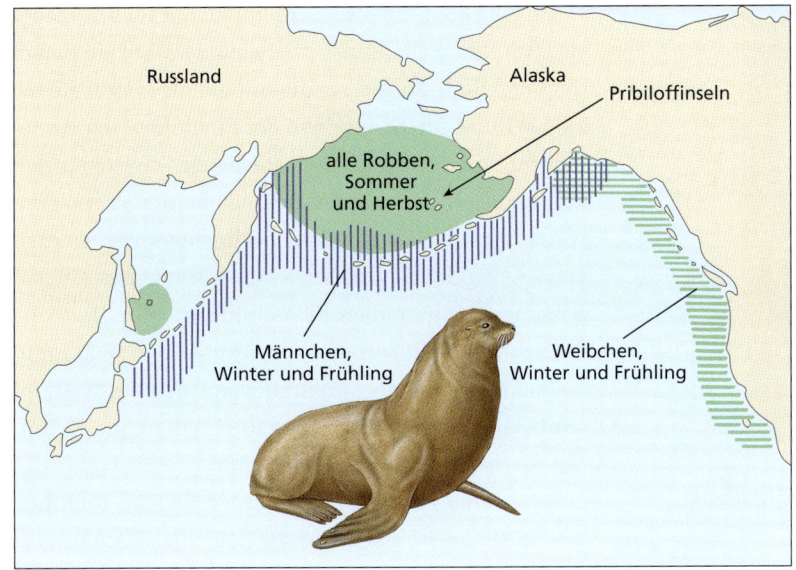

Abbildung 28.18: Jährliche Wanderungsbewegungen des Nördlichen Seebären (*Callorhinus ursinus*, Familia Otariidae, Order Carnivora).[*] Sowohl die Männchen wie die Weibchen der größeren Pribilof-Population wandern im Frühsommer zu den Pribiloffinseln, wo die Weibchen ihre Jungen zur Welt bringen und sich dann erneut paaren.

Die Bisonherden der weiten Ebenen im Inneren Nordamerikas unternehmen vor ihrer vorsätzlichen Beinaheausrottung durch den Menschen gewaltige Kreiswanderungen zwischen ihren Sommer- und Winterwohngebieten.

Die längsten Wanderungen aller Säugetiere unternehmen die im Meer lebenden Robben und Wale. So wandern etwa Grauwale *(Eschrichtius robustus)* von Sommergebieten vor Alaska zur nordmexikanischen Küste von Baja California, was einer Jahreswanderleistung von über 18.000 km entspricht. Eine der bemerkenswertesten Wanderungen ist die der Nördlichen Seebären *(Callorhinus ursinus)*, die sich auf den nördlich der Inselkette der Aleuten und ca. 300 km vor der Küste Alaskas liegenden Pribilofinseln fortpflanzen. Von den Überwinterungsgründen vor der südkalifornischen Küste legen die weiblichen Robben eine Strecke von bis zu 2800 km auf dem offenen Meer zurück, um sich im Frühjahr in riesigen Stückzahlen auf den Pribilofinseln zu versammeln (▶ Abbildung 28.18). Die Jungen werden innerhalb weniger Stunden bis Tage nach der Ankunft der Kühe auf den Inseln geboren. Danach bilden die Bullen, die bereits zuvor angekommen waren und Reviere eingerichtet hatten, Harems aus Gruppen weiblicher Tiere, die heftig verteidigt werden. Nachdem die Robbenkälber für etwa drei Monate umsorgt worden sind, brechen die Robbenkühe und die Jungtiere zu ihrer langen Wanderung nach Süden auf. Die männlichen Tiere folgen ihnen nicht nach, sondern verbringen den Winter im Golf von Alaska.

Obwohl man annehmen könnte, dass die Fledermäuse als einzige beflügelte Säugetiere ihre besondere Fähigkeit für Wanderungen einsetzen, tun dies nur wenige Arten. Die meisten verbringen die kalte Jahreszeit im Winterschlaf. Vier nordamerikanische Fledermausarten, die wandern, verbringen den Sommer in den nördlichen oder westlichen Bundesstaaten der USA und überwintern in den südlichen US-Staaten und/oder Mexiko.

28.2.4 Flug und Echoortung

Viele Tiere huschen mit erstaunlicher Behändigkeit durch die Wipfelregion von Bäumen; einige besitzen die Fähigkeit, von Baum zu Baum zu gleiten (▶ Abbildung 28.19). Eine Gruppe, die Fledermäuse, vermag richtig zu fliegen. Das Gleiten und das Fliegen haben sich bei unterschiedlichen Säugetiergruppen unabhängig voneinander evolviert – so bei den Beuteltieren, den Nagetieren, den „fliegenden" Lemuren und den Fledermäusen. Die Gleithörnchen (Abbildung 28.19) gleiten durch die Luft, fliegen also nicht im tatsächlichen Sinne, indem sie eine Gleithaut (Patagium) zu beiden Seiten des Körpers aufspannen, die als Tragfläche dient.

Fledermäuse sind größtenteils nacht- bzw. dämmerungsaktive Tiere und besetzen damit eine Nische, die von den allermeisten Vögeln nicht genutzt wird. Ihre Leistung geht auf zwei Attribute zurück: die Flugfähigkeit und die Fähigkeit, sich durch Echoortung zurechtzufinden. Zusammengenommen versetzen diese Anpassungen die Tiere in die Lage, in absoluter Dunkelheit zu fliegen und dabei Hindernisse wahrzunehmen und

---

[*] Familie der Ohrenrobben, Ordnung der Fleischfresser.

28 Säugetiere (Phylum Chordata)

Abbildung 28.19: **Nördliches Gleithörnchen** (*Glaucomys sabrinus*, **Familia Sciuridae, Order Rodentia).**[*] Das Tier setzt nach einem Gleitflug zur Landung an. Die Fläche der Unterseite des Tieres wird durch das Aufspannen der Haut zwischen den Beinen beinahe verdreifacht. So sind Gleitflüge von 40 bis 50 m Weite möglich. Eine gute Manövrierbarkeit während des Fluges wird durch Nachregulierung der Stellung der Gleithäute durch spezielle Muskeln bewerkstelligt. Gleithörnchen sind nachtaktiv und besitzen überragende Nachtsichteigenschaften.

ihnen auszuweichen, fliegende Insekten präzise zu lokalisieren und zu fangen sowie ihren Weg tief in das Innere dunkler Höhlen (einem Habitat, das von anderen Säugetieren und Vögeln großenteils unerschlossen ist) zu finden, wo sie den Tag schlafend verbringen.

Die Forschung hat sich auf die Angehörigen der Familie Vespertilionidae (Glattnasenfledermäuse) konzentriert. Diese Familie ist mit ca. 350 Arten, die sich auf 45 Gattungen verteilen, die artenreichste Gruppierung innerhalb der Ordnung und stellt somit ein Drittel aller bekannten Fledermausarten. In Europa sind 35 Arten beheimatet, 25 davon kommen in Mitteleuropa vor. Mit wenigen Ausnahmen gehören alle europäischen Fledermausarten dieser Familie an. Im Flug emittieren Fledermäuse kurze Schallpulse von fünf bis zehn Millisekunden Dauer in Form eines eng begrenzten Strahls aus dem Maul oder der Nase (▶ Abbildung 28.20). Jeder Puls ist frequenzmoduliert, das bedeutet, dass die Schwingungszahl sich im Verlauf der Lautäußerung verändert. Zu Beginn ist sie mit bis zu 100 Kilohertz (kHz; = 100.000 Hz; Hz = 1/s) am höchsten. Die Schwingungszahl geht dann kontinuierlich auf etwa 30.000 Hz (30 kHz) gegen Ende des Rufes zurück. Für den Menschen mit seiner oberen Hörgrenze von ca. 16 kHz sind diese Schreie unhörbar; sie liegen für *Homo sapiens* weit im Ultraschallbereich.

Wenn eine Fledermaus nach Beutetieren sucht, erzeugt sie etwa zehn Schallpulse pro Sekunde. Wird ein Beutetier detektiert, steigert sie die Impulsfolge rasch auf bis zu 200 Pulse pro Sekunde in der Finalphase der Annäherung und dem Ergreifen der Beute. Zwischen den Schallpulsen liegen kurze Pausen, damit das von dem Hindernis ausgehende Echo wahrgenommen werden kann, bevor der nächste Ruf ausgestoßen wird – ein Anpassung, die Zusammenstöße verhindern hilft. Da sie die Zeitspanne zwischen dem Aussenden und dem Empfangen eines Signals verkürzt, wenn sich der Abstand zum Objekt verkleinert, kann die Fledermaus die Impulsfrequenz steigern, um mehr Informationen über das Objekt, seine Entfernung, Geschwindigkeit, Richtung usw. zu erlangen. Die Länge der Schallimpulse wird bei der Annäherung an ein Objekt ebenfalls verkürzt. Es ist interessant, dass einige Beutetiere von Fledermäusen, zum Beispiel bestimmte nachtaktive Motten, Detektoren zur Wahrnehmung von Ultraschall evolviert haben und so eine sich nähernde Fledermaus wahrnehmen können (Abbildung 33.23).

Das äußere Ohr einer Fledermaus ist groß, wie ein Schalltrichter, und bei den verschiedenen Arten unterschiedlich ausgeformt. Über das Innenohr von Fledermäusen weiß man weit weniger, doch muss dieses offensichtlich in der Lage sein, die von dem Tier selbst ausgesandten Ultraschallaute wahrzunehmen. Die Sinnesphysiologen sind der Ansicht, dass das Navigations-

Exkurs

Viele Insektenfresser (zum Beispiel Spitzmäuse (Soricidae) und Tenreks (Tenrecidae)) setzen die Echoortung ein, doch ist diese Fähigkeit bei diesen terrestrischen Tieren im Vergleich zu den Fledermäusen nur schwach entwickelt. Die Zahnwale (Suborder Odontoceti) verfügen über ein hochentwickeltes *System*, um Objekte durch Echoortung zu lokalisieren. Es sind völlig blinde Pottwale *(Physeter macrocephalus)* mit Nahrung im Magen gefunden worden. Obgleich die Mechanismen der Schallerzeugung und -wahrnehmung bei diesen Tieren bislang nur unvollständig verstanden sind, wird angenommen, dass nieder- und hochfrequente Klicklaute in den Paranasalsini (Nasennebenhöhlen) erzeugt und durch einen linsenförmigen Körper (die Melone) im vorderen Kopfbereich fokussiert werden. Reflektierte Echos werden durch mit Öl gefüllte Hohlräume im Unterkiefer zum Innenohr geleitet. Die Zahnwale, zu denen auch die Delfine und der Schwertwal gehören, können offensichtlich die Größe, die Form, die Geschwindigkeit, die Entfernung, die Richtung und die Dichte eines Objektes im Wasser feststellen und kennen die aktuelle Position jedes Wals in ihrer „Schule" (Walgruppe).

---

[*] Familie der Hörnchen, Ordnung der Nagetiere.

28.2 Bauliche und funktionelle Anpassungen der Säugetiere

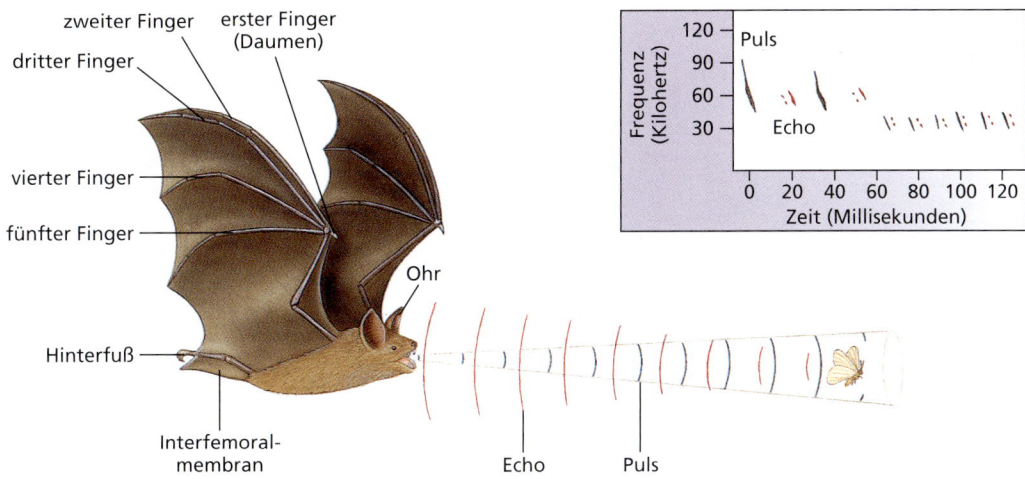

Abbildung 28.20: Echoortung eines Insekts durch ein Kleines Braunes Mausohr (*Myotis lucifugus*, Familia Vespertilionidae, Order Chiroptera).* Frequenzmodulierte Schallimpulse werden in einem eng gebündelten Strahl vom Maul der Fledermaus ausgesandt. Mit der Annäherung an das Beutetier, sendet die Fledermaus kürzere Signale mit einer niedrigeren Frequenz, aber in kürzeren Abständen aus.

system einer Fledermaus so hoch entwickelt ist, dass das Tier eine mentale Abbildung seiner Umgebung anhand des zurückgeworfenen Schalls erstellt, dass in seiner Auflösung dem visuellen Bild der Augen eines diurnalen (= tagaktiven) Tieres nahekommt.

Nicht alle Fledermäuse setzen die Echoortung zur Navigation ein. Den etwa 170 Arten der Unterordnung der Flughunde (Suborder Megachiroptera) fehlt die Befähigung zur Echoortung. Sie sind primär nachtaktiv, obgleich mehrere Arten diurnal sind. Diese Fledermäuse ernähren sich von Früchten und Nektar; dabei setzen sie ihre großen Augen und den Geruchssinn ein, um ihre Nahrung aufzuspüren. Die Blüten von Pflanzen, die nachts geöffnet sind und von Fledermäusen bestäubt werden, sind von weißer Farbe und strömen einen moschusartigen (fledermausartigen) Geruch aus, den nektarsammelnde Fledermäuse anziehend finden.

Die berühmt-berüchtigten Vampirfledermäuse der Tropen (Infrafamilia Desmodontinae; Unterfamilie der Vampirfledermäuse) besitzen rasierklingenscharfe Schneidezähne, die eingesetzt werden, um die Epidermis von Beutetieren aufzuritzen. Dadurch werden die darunterliegenden Kapillaren freigelegt. Nach der Absonderung eines gerinnungshemmenden Stoffes mit dem Speichel, der verhindert, dass der Blutfluss ins Stocken gerät, lecken sie das aus der Wunde auftretende Blut auf und lagern es in einem speziell für diese flüssige Nahrung modifizierten Magen ein. Vampirfledermäuse sind Überträger gefährlicher Krankheiten wie der Tollwut.

28.2.5 Fortpflanzung

Fortpflanzungszyklen

Die meisten Säugetiere haben festgelegte Paarungszeiten, die meist im Winter oder Frühjahr liegen und zeitlich so abgestimmt sind, dass sie mit den günstigsten Bedingungen für die Aufzucht der Jungen nach deren Geburt zusammenfallen. Viele männliche Säugetiere sind zu jeder Zeit zu einer zur Befruchtung führenden Kopulation imstande, doch ist die Fertilität der Weibchen auf einen spezifischen Zeitraum innerhalb eines periodisch wiederkehrenden Zyklus, dem **Östralzyklus**, beschränkt. Die Weibchen der allermeisten Arten kopulieren mit den Männchen nur während dieser verhältnismäßig kurzen Zeitdauer, die als **Hitze** oder **Östrus** bezeichnet wird (▶ Abbildung 28.21).

Wie oft ein Weibchen in den Zustand des Östrus gelangt, ist bei den verschiedenen Säugetieren höchst un-

> **Exkurs**
>
> Ein merkwürdiges Phänomen, das die Tragzeit vieler Säugetiere verlängert, ist die verzögerte Einnistung (retardierte Implantation). Die Blastozyste verbleibt im Zustand der Dormanz, während ihre Einnistung in die Gebärmutterwand für einen Zeitraum von einigen Wochen bis mehrere Monate verzögert wird. Bei vielen Säugetieren (zum Beispiel bei Bären, Robben, Mardern (Wiesel und Dachse), Fledermäusen und vielen Hirschen) ist die verzögerte Einnistung ein Mittel zur Verlängerung der Tragzeit, so dass die Jungen zu einem Zeitpunkt zur Welt kommen, wenn die Bedingungen für ein Überleben am günstigsten sind.

---
* Familie der Glattnasenfledermäuse, Ordnung der Flattertiere.

28 Säugetiere (Phylum Chordata)

Abbildung 28.21: Afrikanische Löwen (*Panthera leo*, Familia Felidae, Order Carnivora)* bei der Paarung. Löwen pflanzen sich zu jeder Zeit des Jahres fort, bevorzugt allerdings in den Monaten des Frühjahrs und des Sommers. Während der kurzen Zeitspanne, in der ein Weibchen empfängnisbereit ist, kann sie sich wiederholt verpaaren. Nach einer Tragzeit von 100 Tagen werden Würfe von drei oder vier Jungen geboren. Nachdem das Muttertier die Jungen einmal in das Rudel eingeführt hat, werden diese sowohl von den erwachsenen Männchen wie den erwachsenen Weibchen mit großer Zuneigung behandelt. Die Jungen wachsen in einer 18 bis 24 Monate dauernden „Lehrzeit" heran, während derer sie das Jagen erlernen. Danach werden sie häufig vom Rudel verjagt, um ein eigenständiges Dasein zu beginnen.

terschiedlich. Tiere, die in ihrer alljährlichen Fortpflanzungszeit nur einen Östrus erleben, werden **monöstrisch** genannt; solche mit wiederkehrenden Hitzeperioden im Verlauf der Fortpflanzungszeit heißen **polyöstrisch**. Einige Hunde, Füchse (hundeartige Raubtiere) und Fledermäuse gehören zur ersten Gruppe; Feldmäuse und Eichhörnchen sind sämtlich polyöstrisch, ebenso viele Säugetiere, die in tropischen und tropennahen Gebieten der Erde leben.

Die Altweltaffen und der Mensch zeigen einen etwas abweichenden Zyklus, bei der postovulative Zeitspanne durch die **Menstruation** beendet wird, während derer das Endometrium (die Gebärmutterschleimhaut) kollabiert und mit einer geringen Menge Blut ausgestoßen wird (Menstruationsblutung). Der **Menstruationszyklus** wird in Kapitel 7 eingehender beschrieben.

Fortpflanzungsstrategien

Es gibt bei den Säugetieren drei verschiedene Modalitäten der Fortpflanzung. Eine ist durch die eierlegenden (oviparen) Säugetiere, die **Monotremen** (Kloakentiere), repräsentiert. Das mit einem an Enten erinnernden Schnabel versehene Schnabeltier (*Ornithorhynchus ana-*

tinus; gr. *ornithos*, Vogel + *rhynchos*, Schnabel + lat. *anas*, Ente) durchläuft in jedem Jahr eine Fortpflanzungszeit. Die ovulierten Eier (für gewöhnlich zwei Stück) werden im Eileiter (Ovidukt) befruchtet. Die Embryonen entwickeln sich weitere zehn bis zwölf Tage im Uterus, wo sie sich aus Dottervorräten, die vor der Ovulation (Eisprung) in der Eizelle deponiert worden waren, sowie aus intrauterinen Absonderungen des Muttertiers ernähren. Vor der Eiablage wird sekretorisch eine dünne, lederige Schale um den Embryo gebildet. Das Schnabeltier legt seine Eier in einem Bau ab, wo nach etwa zwölf Tagen die Jungen in einem verhältnismäßig unentwickelten Zustand ausschlüpfen. Stachelgel brüten ihre Eier in einer abdominalen Tasche. Nach dem Schlüpfen ernähren sich die Jungen von Milch, die von den Milchdrüsen des Muttertiers produziert wird. Da die Kloakentiere keine Brustwarzen besitzen, durch die die Milch austritt, lecken die Jungtiere die ausgeschüttete Milch aus dem Bauchfell der Mutter.

Die **Beuteltiere** (**Marsupialier**) sind vivipare (lebendgebärende) Säugetiere, die den zweiten Fortpflanzungsmodus repräsentieren. Obwohl nur die Eutherier (siehe weiter unten) als Plazentalier bezeichnet werden, findet sich auch bei den Beuteltieren ein primitiver Plazentatyp, der als choriovitelline Plazenta oder Dottersackplazenta bezeichnet wird. Ein Frühembryo (Blastozyste) eines Beuteltiers wird zunächst von Hüllmembranen eingekapselt und schwebt für einige Tage frei in der Uterusflüssigkeit. Nach dem „Ausschlüpfen" aus den Hüllmembranen implantieren sich die meisten Beuteltierembryonen nicht in der Uteruswand, wie es die Embryonen der Eutherien tun. Sie erodieren vielmehr einen kleinen Bereich der Uteruswand und legen sich in die dadurch entstandene, flache Vertiefung. In diesem Zustand ernährt sich der Embryo von Nährsekreten der Uterusschleimhaut, die er über seinen vaskularisierten Dottersack aufnimmt. Die Tragzeit (die Spanne der intrauterinen Entwicklung) ist bei den Beuteltieren kurz. Beuteltiere bringen daher winzige Junge zur Welt, die effektiv – sowohl anatomisch wie physiologisch – noch Embryonen sind. Der frühen Geburt folgt jedoch eine verlängerte Zeit des Säugens und der elterlichen Fürsorge (▶ Abbildung 28.22).

Der Gedanke, dass die flüchtige choriovitelline Plazenta der Beuteltiere ein Übergangszustand zwischen dem plazentalosen Zustand der Monotremen und der persistierenden chorioallantonischen Plazenta der Plazentalier sein könnte, ist verlockend. Kladistische Analysen deuten aber darauf hin, das dies vielleicht nicht

---

* Familie der Katzen, Ordnung der Fleischfresser.

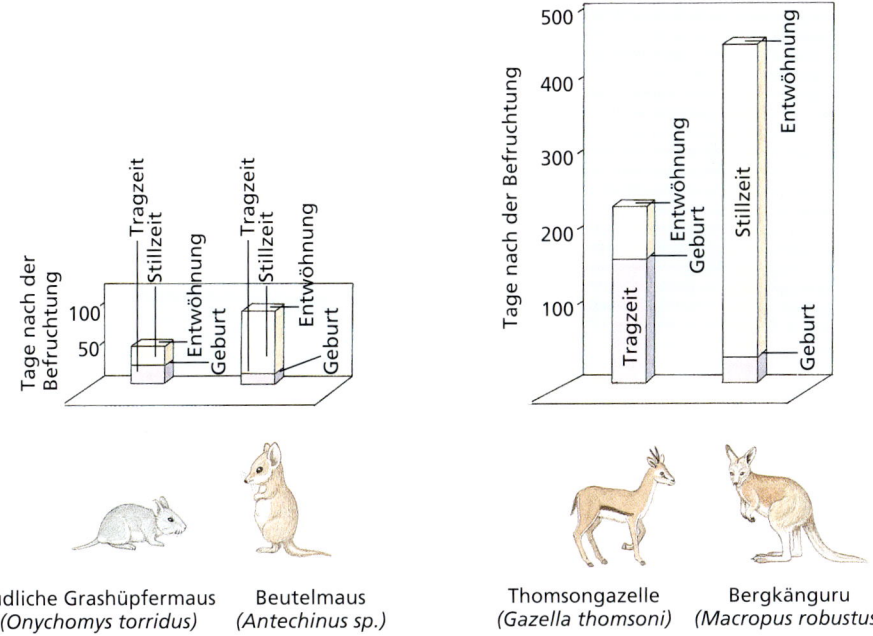

Abbildung 28.22: **Vergleich der Trag- und Säugezeiten bei ökologisch ähnlichen Arten von Beuteltieren und plazentalen Säugetieren.** Die Grafik lässt erkennen, dass Beuteltiere kürzere Tragzeiten, aber viel längere Säugezeiten aufweisen als ähnliche Planzentalier.

der Wahrheit entspricht. Alle Marsupialier und Plazentalier besitzen eine choriovitelline Plazenta, und eine chorioallantonische Plazenta ist bei den primitiven Beuteltieren vorhanden. Vielleicht war die chorioallantonische Plazenta bei den gemeinsamen Vorfahren der Marsupialier und der Plazentalier bereits vorhanden, ging dann aber später bei den meisten Marsupialiern wieder verloren.

Beim Roten Riesenkänguru (▶ Abbildung 28.23) beginnt die erste Trächtigkeit der Fortpflanzungssaison mit einer 33-tägigen Schwangerschaft, nach der das Junge geboren wird, ohne Hilfe der Mutter in den Beutel kriecht und sich an einer Brustwarze festsaugt. Das Muttertier wird sofort wieder trächtig; dieses Mal hält aber die Anwesenheit des Säuglings im Beutel die Entwicklung des neuen Embryos im Uterus auf dem (ungefähr) 100-Zellen-Stadium an. Diese Ruhephase, die als **embryonale Diapause** bezeichnet wird, dauert ungefähr 235 Tage. Während dieser Zeit wächst das im Beutel befindliche Junge weiter heran. Wenn das Junge den Beutel verlässt, nimmt der im Uterus befindliche Embryo seine Entwicklung wieder auf und wird einen Monat später geboren. Das Muttertier wird abermals trächtig, weil aber das zweite Jungtier saugt, wird die Entwicklung des dritten Embryos wiederum angehalten. Währenddessen kehrt das erste Junge von Zeit zu Zeit in den Beutel zurück, um zu trinken. Zu diesem Zeitpunkt versorgt das Muttertier drei Jungtiere in verschiedenen Entwicklungsphasen, die von ihr abhängen: ein aus dem Beutel geklettertes Junges, ein Junges im Beutel, und ein drittes in Form eines diapausierenden Embryos in der Gebärmutter. Es gibt Abweichungen von dieser bemerkenswerten Abfolge der Ereignisse: Nicht alle Beuteltiere zeigen Entwicklungsverzögerungen wie die Kängurus, und einige besitzen nicht einmal Beutel. Bei allen werden jedoch die Jungen zu einem extrem frühen Zeitpunkt ihrer Entwicklung zur Welt gebracht und durchlaufen eine verlängerte Entwicklung, während sie noch an der Mutterbrust hängen (▶ Abbildung 28.24).

Der dritte Fortpflanzungsmodus ist der der viviparen **plazentalen Säugetiere** (= Eutherier). Bei den Plazentaliern besteht die größte Investition in die Fortpflanzung in einer verlängerten Tragzeit, während bei den Beuteltieren diese in der verlängerten Säugungszeit zu suchen ist (Abbildung 28.22). Der Embryo verbleibt in der Gebärmutter, wo er anfangs durch eine choriovitelline, später von einer chorioallantoiden Plazenta (siehe Kapitel 8) – dies stellt eine sehr enge Verbindung zwischen dem Mutter- und den Jungtieren dar – mit Nährstoffen versorgt wird. Die Dauer der Tragzeit (= Trächtigkeit) ist bei den Plazentaliern länger als bei den Marsupialiern; bei großen Säugetieren ist sie sehr viel länger (Abbildung 28.22). Bei Mäusen beträgt die Trächtigkeitsdauer 21 Tage, bei Kaninchen und Hasen 30 bis 36 Tage, bei Katzen und Hunden 60 Tage, bei Rindern 280 Tage und bei Elefanten 22 Monate (ca. 660 Tage) –

28 Säugetiere (Phylum Chordata)

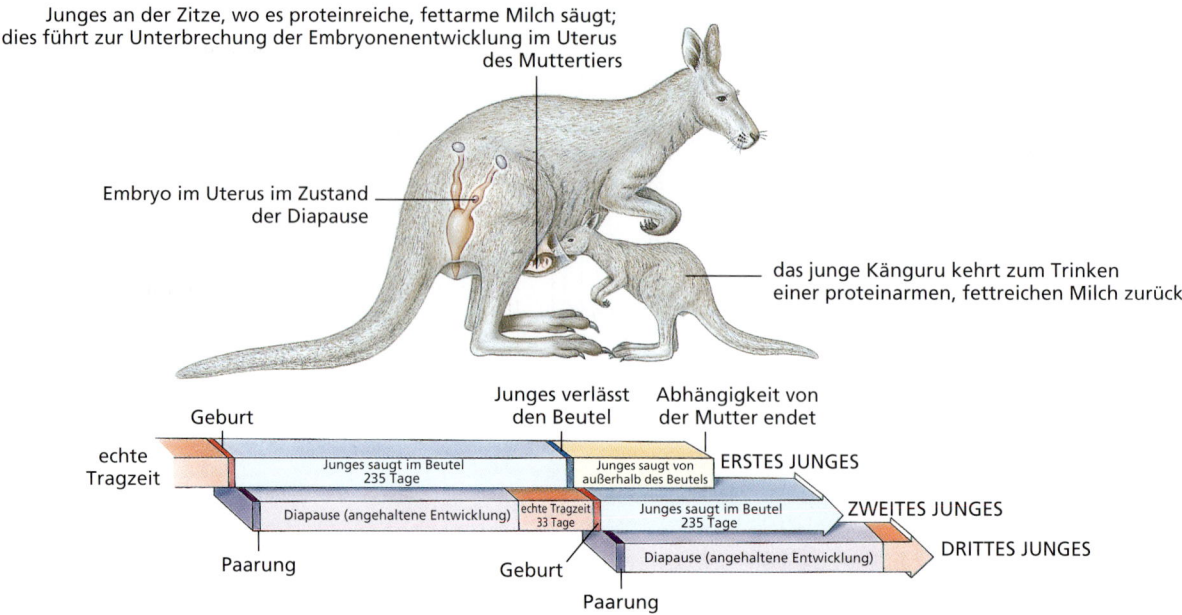

Abbildung 28.23: Kängurus* **zeigen eine komplizierte Fortpflanzungsstrategie.** Das Muttertier kann drei Jungtiere in unterschiedlichen Entwicklungsstadien zur gleichen Zeit versorgen.

die längste Tragzeit aller Säugtiere. Es gibt jedoch bedeutsame Ausnahmen von dieser Regel (die belebte Natur liefert selten perfekte Korrelationen). Bartenwale (Suborder Mysticeti) – die größten aller Säugetiere – tragen ihre Jungen nur für zwölf Monate, während Fledermäuse, die nicht größer als echte Mäuse sind, Tragzeiten von vier bis fünf Monaten zeigen können. Der Zustand, in dem die Jungen zur Welt kommen, ist ebenfalls variabel. Eine junge Antilope kommt mit einem gut ausgebildeten Fell, offenen Augen und der Fähigkeit, sich rennend fortzubewegen, zur Welt. Neugeborene Mäuse sind dagegen blind, nackt und hilflos. Jeder Leser weiß, wie lange es dauert, bis ein Menschenjunges gelernt hat, auf den eigenen Füßen zu stehen und zu laufen. Das Wachstum des Menschen verläuft tatsächlich langsamer als das jeden anderen Säugetiers. Dies ist eines der kennzeichnenden Attribute, die uns von anderen Säugetieren unterscheiden.

Ist der plazentale Fortpflanzungsmodus dem der Beuteltiere überlegen? Die tradierte Sichtweise bejaht die Frage und weist auf die geringe Artenvielfalt und das kleine geografische Verbreitungsgebiet der Marsupialier hin. Der Erfolg nach Australien eingeschleppter Plazentalier auf Kosten einiger der dort lebenden Beuteltiere

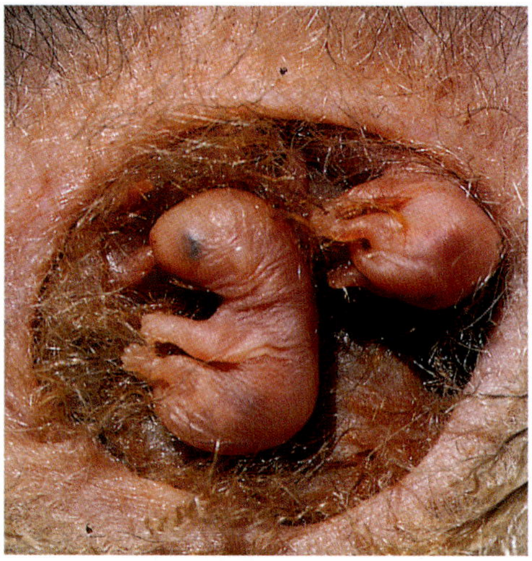

Abbildung 28.24: Opossums (*Didelphis marsupialis*, Familia Didelphidae, Order Didelphimorpha).** Die Tiere sind 15 Tage alt und an den Brustwarzen im Beutel der Mutter festgesaugt. Wenn sie nach einer Tragzeit von nur zwölf Tagen geboren werden, haben die jungen Opossums die Größe von Honigbienen.

unterstützt diese Ansicht. Plazentale Säugetiere haben den Vorteil einer höheren Fortpflanzungsrate auf ihrer Seite. Weiterhin ist es Beuteltieren, die ein Junges im Beutel tragen, nicht möglich, einer aquatischen Lebensweise nachzugehen. Die Beuteltiere besitzen aber auch selbst einige Vorzüge. Da die Beuteltiere weniger Ener-

---

* Familia Macropodidae, Order Diprotodontia; Familie der Kängurus, Ordnung der Diprotodontiden (gr. *makro*, groß, riesig + *podos*, Fuß; gr. *di*, zwei + *proto*, erst + lat. *dentis*, Zahn).

** Familie der Beutelratten, Ordnung der Beutelrattenartigen.

gie in ihre Neugeborenen investieren, steht ihnen im Prinzip mehr Energie für den Ersatz eines verlorenen Jungen zur Verfügung (dies trifft natürlich nur dann zu, wenn die Umweltbedingungen – Nahrungsgründe usw. – nicht limitierend wirken). In hochgradig unstabilen Klimazonen wie denen Australiens kann sich dies als Vorteil erweisen. Ungeachtet dieser Für-und-wider-Argumentation haben sich einige Beuteltiere in Süd- und Mittelamerika an der Seite plazentaler Säugetiere erfolgreich behaupten können. Auf diesem Kontinent haben sie eine moderate Radiation zu einer etwa achtzig Arten umfassenden Gruppierung erfahren. Und wer in Nordamerika wüsste nicht um die Zähigkeit des dort lebenden Opossums?

Die Zahl der Jungen, die eine Säugetierart in einer Fortpflanzungssaison hervorbringt, hängt von der Sterblichkeitsrate ab. Für einige Arten wie Mäuse liegt diese in allen Lebensphasen auf einem hohen Niveau. Im Allgemeinen gilt, dass die Nachkommenzahl umso kleiner ist, je größer die Tiere der betreffenden Art sind. Kleinere Nagetiere, die vielen Raubtieren als Beute dienen, bringen für gewöhnlich in jeder Fortpflanzungssaison mehrere Würfe zur Welt. Wiesenwühlmäuse *(Microtus pennsylvanicus)* sind bekannt dafür, dass sie bis zu 17 Würfe von vier bis neun Jungen pro Jahr zu produzieren vermögen. Die meisten Carnivoren kommen dagegen auf nur einen Wurf von drei bis fünf Jungen pro Jahr. Große Säugetiere wie Elefanten und Pferde bringen mit jeder Trächtigkeit jeweils nur ein Junges zur Welt. Eine Elefantenkuh bringt es im Verlauf ihrer fortpflanzungsfähigen Zeit, die etwa 50 Jahre umfasst, auf durchschnittlich vier Junge.

28.2.6 Territorium (Revier) und Streifgebiet

Viele Säugetiere sind territorial. Sie besetzen Areale, aus denen Angehörige derselben Art vertrieben werden. Tatsächlich verhalten sich viele wild lebende Säugetiere – wie zahlreiche Menschen – gegenüber ihren Artgenossen unfreundlich. Dies gilt insbesondere für Mitglieder desselben Geschlechtes zur Fortpflanzungszeit. Falls ein Säugetier in einem Bau lebt, bildet dieser das Zentrum des beanspruchten Reviers. Falls es keine festgelegte „Adresse" besitzt, wird das Territorium markiert; dies geschieht für gewöhnlich mit Hilfe von hochentwickelten Duftdrüsen (siehe weiter oben). Die Größe der Territorien schwankt sehr stark in Abhängigkeit von der Größe des Tieres und seinen Fressgewohnheiten. Grizzlybären beanspruchen Territorien von etlichen Qua-

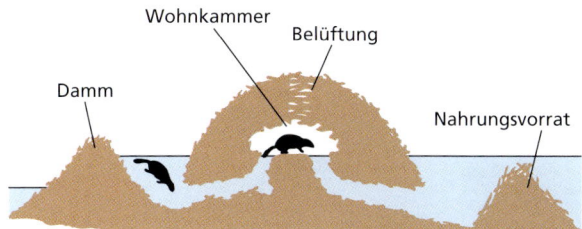

Abbildung 28.25: Eine Biberkolonie. Der Bau, die Biberburg, wird in einem Teich angelegt, der durch das Aufstauen von Fließgewässern durch von den Bibern angelegte Dämme entstanden ist. Jedes Jahr bringt das Muttertier vier oder fünf Junge zur Welt. Wenn der dritte Wurf geboren wird, werden die Zweijährigen aus der Kolonie vertrieben. Sie müssen dann andernorts eine eigene Kolonie begründen. Biber (*Castor fiber*, Familia Castoridae, Order Rodentia; Familie der Biberartigen, Ordnung der Nagetiere).

dratkilometern, die sich emsig und eifersüchtig gegen andere Grizzlybären verteidigen.

Säugetiere nutzen gerne natürliche Gegebenheiten in ihrer Umgebung, um ihre Ansprüche abzustecken. Solche natürlich vorkommenden „Grenzsteine" wie Bäume und vieles andere mehr werden mit Sekreten aus den Duftdrüsen besprizt oder durch das Absetzen von Urin bzw. Exkrementen für andere Tiere kenntlich gemacht. Wenn ein Eindringling wissentlich in das markierte Revier eines Artgenossen einwandert, befindet er sich unmittelbar in einem psychologischen Nachteil. Sollte es durch Begegnung mit dem Revierinhaber zu einer Konfrontation kommen, zieht sich der Eindringling fast immer unter Zurschaustellung eines arttypischen Unterwürfigkeitsverhaltens aus der Situation zurück. Territorialität sowie aggressives und submissives Verhalten werden im Detail in Kapitel 36 beschrieben.

Eine Biberkolonie bildet eine familiäre Einheit. Biber gehören zu den Säugetierarten, bei denen die Männchen und die Weibchen eine starke monogame Bindung eingehen, die lebenslang anhält. Da Biber ein beträchtliches Maß an Zeit und Energie in den Bau einer Biberburg, die Anlage von Dämmen und Nahrungsvorräten für den Winter investieren (▶ Abbildung 28.25), verteidigt die Biberfamilie – insbesondere das ausgewachsene Männchen – seine „Immobilien" heftig gegen jeden anderen Biber, der einzudringen versucht. Der größte Teil der Arbeit für das Errichten von Staudämmen und Biberburgen wird von den Männchen geleistet. Die Weibchen unterstützen die Männchen, wenn sie nicht mit der Versorgung der Jungen beschäftigt sind.

Eine interessante Ausnahme der Regel von der streng territorialen Natur der meisten Säugetiere sind die Präriehunde, die in großen, freundschaftlichen Gemein-

28 Säugetiere (Phylum Chordata)

Abbildung 28.26: Noch nicht ausgewachsene Präriehunde (*Cynomys ludovicianus*, Familia Sciuridae, Order Rodentia).* Die Jungtiere begrüßen ein Alttier. Diese hochsozialen Graslandbewohner sind Herbivoren, die vielen anderen Tieren als wichtige Nahrungsquelle dienen. Sie leben in einem verwickelten Tunnelsystem, das so eng vernetzt ist, dass man von „Städten" spricht. Eine Präriehundkolonie kann bis zu 1000 Individuen umfassen. Die Städte sind in Familienverbände untergliedert, die jeweils aus ein oder zwei Männchen, mehreren Weibchen und deren Würfen bestehen. Obwohl Präriehunde den Besitzanspruch auf ihre Baue mit Revierrufen anzeigen, verhalten sie sich den Bewohnern benachbarter Bauten gegenüber freundlich. Die Bezeichnung Präriehund geht auf das scharfe, hundeartige Bellen zurück, das die Tiere als Warnruf erklingen lassen, wenn Gefahr im Verzug ist.

schaften leben, die als „Präriehundstädte" bezeichnet werden (▶ Abbildung 28.26). Wenn ein neuer Wurf Junge großgezogen worden ist, überlassen die Elterntiere den Jungtieren den Bau und wandern an den Rand der Präriehundstadt aus, um dort ein neues Heim zu beziehen. Dieses Verhalten unterscheidet sich vollkommen vom Verhalten der meisten anderen Säugetiere, die ihre Jungen verjagen, wenn sie ein ausreichendes Maß an Selbstständigkeit erlangt haben.

Das **Streifgebiet** eines Säugetiers ist ein viel ausgedehnteres Areal, in dem Futter gesucht wird, und welches das verteidigte Territorium umgibt. Streifgebiete werden nicht in gleicher Weise verteidigt wie Reviere. Streifgebiete können sich in der Tat überlappen. Dabei bilden sich neutrale Zonen (Niemandsland) aus, die von den Besitzern diverser Territorien gemeinsam zur Nahrungssuche genutzt werden.

* Familie der Hörnchen, Ordnung der Nagetiere.

28.2.7 Säugetierpopulationen

Eine Tierpopulation umfasst alle Angehörigen einer Art, die einen definierten Lebensraum gemeinsam bewohnen und sich in diesem (potenziell) miteinander verpaaren (siehe Kapitel 38). Alle Säugetiere (wie andere Lebewesen auch) leben in ökologischen Gemeinschaften, die jeweils aus zahlreichen Populationen verschiedener Tier-, Pflanzen und Bakterienarten bestehen. Jede Art wird durch die Aktivitäten der anderen Arten sowie durch sonstige Veränderungen – insbesondere klimatische – beeinflusst. Populationen verändern daher ständig ihre Größe und Zusammensetzung. Die Populationen kleiner Säugetiere sind vor Einsetzen der Fortpflanzungszeit am niedrigsten besetzt und nach Abschluss der Fortpflanzungszeit durch die hinzugekommenen neuen Mitglieder am zahlenstärksten. Jenseits dieser zu erwartenden Änderungen der Populationsgröße, fluktuieren Säugetierpopulationen auch noch aus anderen Gründen.

Unregelmäßige Fluktuationen werden häufig von klimatischen Veränderungen wie ungewöhnlich kaltem, heißem oder trockenem Wetter oder durch Naturkatastrophen wie Feuer, Hagel, Wirbelstürme oder Überschwemmungen ausgelöst. Dies sind **dichteunabhängige Faktoren**, weil sie eine Population in Mitleidenschaft ziehen, egal ob diese eine hohe oder eine geringe Populationsdichte aufweist. Die spektakulärsten Fluktuationen sind jedoch die durch **dichteabhängige Faktoren**, also solche, die mit der Populationsdichte in Zusammenhang stehen. Diese extrinsischen Grenzen des Wachstums werden in Kapitel 38 erörtert.

Zyklische Massenvermehrungen mit nachfolgend hohen Bestandsdichten sind bei vielen Nagetierarten ein bekanntes und wiederkehrendes Phänomen. Eines der bekanntesten Beispiele sind die Massenwanderungen von Lemmingen Nordskandinaviens und arktischer Breiten Nordamerikas, die Spitzenwerten der Populationsdichte nachfolgen. Lemminge (▶ Abbildung 28.27) pflanzen sich das ganze Jahr über fort. Die Geburtenrate liegt jedoch im Sommer höher als im Winter. Die Tragzeit beträgt nur 21 Tage. Im Sommer geborene Jungtiere werden nur 14 Tage gesäugt und sind am Ende des Sommers geschlechtsreif. Hat die Populationsdichte ihren Spitzenwert erreicht, und ist die umliegende Vegetation durch Abfressen und Tunnelbau verwüstet, setzen sich die Lemminge zu langen Massenwanderungen in Gang, um neue, unbeschädigte Habitate als Lebensraum und Nahrungsquelle zu erschließen. Dabei durchqueren sie schwimmend Fließgewässer und kleine Seen, vermö-

Abbildung 28.27: Halsbandlemminge (*Dicrostonyx* sp., Familia Muridae, Order Rodentia).* Dies sind kleine Nagetiere der hohen nördlichen Breiten. Die Populationen der Lemminge unterliegen starken Schwankungen.

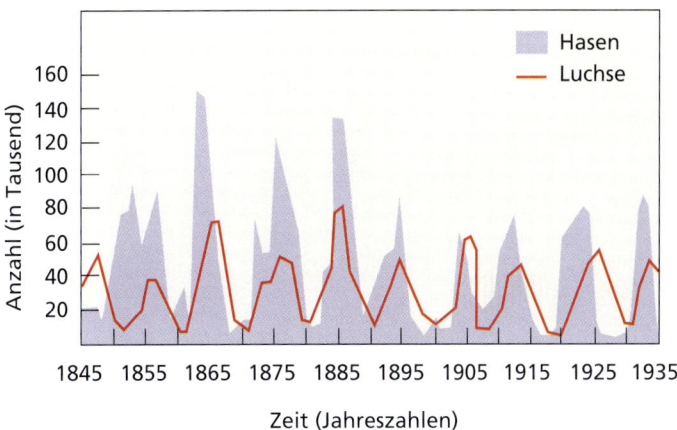

Abbildung 28.28: Änderungen der Populationsgröße von Hasen und Luchsen in Kanada. Ermittelt wurden sie nach der Zahl der Pelze, die bei der Hudson Bay Company in einem Zeitraum von 90 Jahren abgeliefert worden sind. Die Häufigkeit der Luchse (Fressfeind) folgt verzögert der Häufigkeit der Hasen (Beute).

gen diese aber nicht von großen Seen und Flüssen oder vom Meer zu unterscheiden. In diesen Großgewässern ertrinken sie leicht. Da Lemminge in den hohen Breiten die Hauptnahrungsquelle vieler carnivorer Säugetiere und Vögel sind, beeinflusst jede Veränderung der Populationsdichte des Lemmingbestandes auch die von ihnen lebenden Räuber.

Die Schneeschuhhasen (Abbildung 28.8) Nordamerikas zeigen einen Zehnjahreszyklus ihrer Bestandsentwicklung. Die wohlbekannte Vermehrungsfreude von Hasen und Kaninchen ist auf das Zustandebringen von bis zu fünf Würfen mit jeweils drei oder vier Jungen pro Jahr zurückzuführen. Die Dichte der Population kann bis auf über 1500 Tiere pro Quadratkilometer in nördlichen Wäldern ansteigen, die auf dieser Fläche um Nahrung konkurrieren. Raubfeinde (Eulen, Marder, Füchse und insbesondere Luchse) nehmen in der Folge ebenfalls in ihrem Bestand zu (▶ Abbildung 28.28). Dann bricht die Population aus Gründen, die den Wissenschaftlern lange Zeit unerfindlich waren, zusammen. Die Hasen sterben in großer Zahl, und zwar weder aus Mangel an Nahrung noch durch eine sich epidemisch ausbreitende Krankheit (wie man einst gedacht hatte), sondern augenscheinlich aufgrund einer dichteabhängigen psychogenen Ursache (Dichtestress). Mit zunehmender Bestandsdichte steigt die Aggressivität der Hasen, sie zeigen Symptome der Angst und der Verteidigungsbereitschaft und hören auf, sich zu vermehren. Die gesamte Population zeigt Symptome einer Auslaugung der Hypophysen-Nebennieren-Achse (Teil der so genannten Stressachse des endokrinen Systems). Diese endokrine Disruption scheint so schwerwiegend zu verlaufen, dass die Tier an einer als „Schocksyndrom" bezeichneten akuten Erkrankung verenden. Diese dramatischen Bestandseinbrüche sind noch nicht gut verstanden. Was immer die ausschlaggebende Ursache ist – Populationseinbrüche, die einer Überbevölkerung folgen, erlauben es der Vegetation, sich zu erholen und verschaffen so den Überlebenden eine bessere Chance auf eine erfolgreiche Fortpflanzung. Es ist nicht zu übersehen, dass die übergroße Population von *Homo sapiens* ebenfalls viele Symptome von Dichtestress zeigt. Globale Folgewirkungen der Überbevölkerung auf die Umwelt sind deutlich sichtbar. Die langfristigen Folgen für die menschliche Population und ihren Lebensraum sind nicht vorhersehbar.

Der Mensch und (andere) Säugetiere 28.3

Vor etwa 10.000 Jahren, als der Mensch die Landwirtschaft erfand, begann er gleichzeitig mit der Domestizierung von Säugetieren. Hunde gehörten sicherlich zu den ersten domestizierten Säugetieren. Wahrscheinlich begaben sich ihre Ahnherren freiwillig in die Abhängigkeit vom Menschen. Hunde sind eine extrem anpassungsfähige und genetisch plastische Art bzw. Unterart, die sich vom Wolf *(Canis lupus)* herleitet. Vor ca. 15 Millionen Jahren haben sich die verschiedenen Carnivoren (= Hundeartige) in die verschiedenen Gruppen wie

---
* Familie der Langschwanzmäuse, Ordnung der Nagetiere.

Säugetiere (Phylum Chordata)

Abbildung 28.29: Rentierherde (*Rangifer tarandus*, Familia Cervidae, Order Artiodactyla).* Zu sehen ist der alljährliche Zusammentrieb durch Lappländer in Nordschweden.

Wolf, Fuchs und Hund aufgespalten.** Molekulare Daten geben Hinweise darauf, dass die Domestikation der Hunde erst vor ca. 15.000 Jahren begann; alles in allem eine sehr kurze Zeitspanne für die Entwicklung der verschiedenen Hunderassen, die wir heute kennen. Diese riesige Diversifizierung innerhalb einer so kurzen Zeit ist nur durch gezielte künstliche Selektion, also gezielte Zucht zu erklären.

Genetisch viel weniger variabel und offenkundig auch deutlich weniger sozial als Hunde sind Hauskatzen, die vermutlich von einer afrikanischen Rasse der Wildkatze abstammen. Wildkatzen sehen wie übergroße Hauskatzen aus und kommen auch heute noch über einen großen geografischen Bereich von Eurasien und Afrika hinweg vor (obgleich die scheuen Tiere in den meisten Gebieten selten geworden sind). Die Domestizierung (Adaptieren der Wildtiere als Haustiere) von Katzen, Büffeln, Schafen und Schweinen erfolgte wahrscheinlich viel später. Lasttiere wie Pferde, Kamele, Ochsen und Lamas wurden vermutlich durch frühe Nomadenstämme gezähmt. Bestimmte Haustierarten sind als Wildtiere nicht länger existent – zum Beispiel das einhöckerige Dromedar Nordafrikas und die Lamas und Alpakas Südamerikas. Alle echten Haustiere vermehren sich in Gefangenschaft. Viele von ihnen sind durch selektive Züchtung auf wünschenswerte Eigenschaften bzw. Merkmale gezüchtet worden, die menschlichen Zwecken oder Bedürfnissen entsprechen.

Einige Arten nehmen einen besonderen Platz als „Haustiere" ein. Elefanten beispielsweise sind nie im eigentlichen Sinne domestiziert worden, weil sie sich in Gefangenschaft nur selten vermehren. In Asien werden Arbeitselefanten als ausgewachsene Tiere eingefangen und unterwerfen sich einem Leben der Plackerei für den Menschen mit erstaunlicher Duldsamkeit. Die Rentiere im hohen Norden Skandinaviens sind nur in dem Sinn domestiziert, als dass sie halbnomadischen Lappländern „gehören", die ihnen auf ihren saisonalen Wanderungen folgen und sie bewirtschaften (▶ Abbildung 28.29). Elenantilopen (*Taurotragus* sp.) werden in Afrika an mehreren Orten dem Versuch einer Domestizierung unterzogen. Die Tiere sind gutmütig, von ruhigem Wesen und immun gegen gewisse einheimische Krankheiten; weiterhin produzieren sie ausgezeichnetes Fleisch.

Die Aktivitäten von anderen Säugetieren können in manchen Fällen in Konflikt mit denen des Menschen geraten. Kaninchen und andere Nagetiere sind in der Lage, Nutzpflanzenbeständen und eingelagerten Nahrungsmitteln schwindelerregende Schäden beizubringen (▶ Abbildung 28.30). Wir haben mit der Erfindung der Landwirtschaft den Nagetieren einladende Nahrungsgründe erschaffen. Mit der Ausmerzung ihrer natürlichen Feinde haben wir ihnen einen weiteren Gefallen getan und ihr Leben nochmals erleichtert. Nagetiere sind Brutstätten für verschiedene Krankheiten. Pest, Typhus und andere Krankheiten werden durch verschiedene Nagetiere einschließlich Hausratte und Präriehund verbreitet. Die Hasenpest (Tulariämie) wird durch Zecken auf den Menschen übertragen, die vorher bei Hasen, Kaninchen, Waldmurmeltieren, Bisamratten oder anderen Nagetieren Blut gesaugt hatten. Das Rocky-Mountain-Fleckfieber wird ebenfalls von Zecken auf den Menschen übertragen; die Nagetierreservoire sind hier Erdhörnchen und Hunde. Die Lyme-Borreliose ist eine von Hirschen ausgehende Bakterieninfektion, die ein weiteres Beispiel für eine von Zecken übertragene Krankheit ist. Trichinen und Bandwürmer werden von Menschen aufgegriffen, die das nicht ausreichend erhitzte Fleisch infizierter Schweine, Rinder oder anderer Säugetiere verzehren.

In der Einleitung zu diesem Kapitel haben wir auf die erschreckende Ausbeutung der Walbestände Bezug genommen als ein Beispiel für die Unfähigkeit, menschliche Bedürfnisse mit der Erhaltung von Wildtierbeständen in Einklang zu bringen. Die Ausrottung von Tierarten aus rein kommerziellem Gewinnstreben ist so

---

* Familie der Hirsche, Ordnung der Paarhufer.
** Lindblad-Toh, K. et al. (2005). Genome sequence, comparative analysis and haplotype structure of the domestic dog. Nature, 438: 803–819.

Abbildung 28.30: Eine Wanderratte (*Rattus norvegicus*, Familia Muridae, Order Rodentia).* Diese Ratten leben mehr als erfolgreich in der Nähe menschlicher Ansiedlungen. Wanderratten können nicht nur große Schäden an Lebensmittellagern anrichten, sie übertragen auch Infektionskrankheiten wie Pest (eine gefährliche bakterielle Erkrankung, die von infizierten Rattenflöhen weitergetragen wird und die eine große Wirkung auf das spätmittelalterliche Europa hatte), Typhus, infektiöse Gelbsucht, Salmonellose und Tollwut.

unhaltbar, dass sich jede Debatte darüber erübrigt. Ist eine Art einmal ausgestorben, vermag kein wissenschaftlicher oder technischer Geniestreich, sie zurückzubringen. Was Millionen von Jahren brauchte, um sich zu evolvieren, kann innerhalb weniger Dekaden gedankenloser Ausbeutung vernichtet werden. Viele Menschen sind besorgt wegen des beunruhigenden Einflusses, den die Menschheit auf Wildtiere und Ökosysteme hat. Heute gibt es einen größeren Willen, diesen bedauerlichen Trend umzukehren als jemals zuvor. Gleichzeitig verschlimmern sich die Zustände in vielen Bereichen der Biosphäre, nicht zuletzt durch das rasante Anwachsen der Menschheit und deren ebenfalls stark steigendem negativen Einfluss auf die Biosphäre. Falls sie Gelegenheit dazu bekommen, erholen sich die Bestände von Säugetieren manchmal in spektakulärer Weise, wenn der vom Menschen ausgehende Druck auf die Population nachlässt. Dies wurde am Beispiel der Seeotter oder der Saigaantilope deutlich, die beide vom Aussterben bedroht waren, heute aber wieder zahlreich vorkommen.

Die Evolution des Menschen 28.4

Charles Darwin widmete eines seiner Bücher, *The Descent of Man and Selection in Relation to Sex*, aus dem Jahr 1871 zum großen Teil der Evolution des Menschen. Die Vorstellung, dass der Mensch auf eine gemeinsame Abstammung mit Affen und anderen Tieren zurückblickt, war der viktorianischen Welt des 19. Jahrhunderts zuwider. Erwartungsgemäß reagierten weite Teile der Gesellschaft zu Darwins Lebzeiten mit Empörung und brüsker Ablehnung auf seine Theorien (siehe Abbildung 6.14). Da zu dieser Zeit praktisch noch keine Fossilfunde bekannt waren, die Menschen und Affen in Verbindung zueinander brachten, stützte Darwin seine Argumentation zum größten Teil auf anatomische Vergleiche zwischen dem Menschen und Menschenaffen. Für Darwin war es klar, dass die große Ähnlichkeit zwischen den Menschenaffen und dem Menschen nur durch eine gemeinsame Abstammung zu erklären sei.

Die Suche nach Fossilien – insbesondere dem „fehlenden Bindeglied" – die geeignet sein konnten, eine Verbindung zwischen Menschenaffen und Menschen herzustellen, hatte ihren ersten Erfolg mit der Entdeckung von zwei Neandertaler-Skeletten in den 80er Jahren des 19. Jahrhunderts. 1891 entdeckte Eugene Dubois (1858–1940; niederländischer Anthropologe und Geologe) dann den berühmten Javamann *(Homo erectus)*. Die spektakulärsten Funde wurden jedoch viel später – zwischen 1967 und 1977 – in Ostafrika gemacht, so dass sich der US-amerikanische Paläoanthropologe Donald Johanson veranlasst sah, diese Zeitspanne als die „goldende Dekade" seiner Disziplin zu titulieren. Zur selben Zeit gelang es, durch vergleichende biochemische Untersuchungen zu zeigen, dass Menschen und Schimpansen auf der molekularen Ebene ein ebenso großes Maß an Ähnlichkeit aufweisen wie viele andere Schwesterarten. Die vergleichende Cytogenetik konnte aufzeigen, dass die Chromosomen des Menschen und der Menschenaffen zueinander homolog sind. Wir müssen nicht länger nach einem mysteriösen „fehlenden Bindeglied" suchen, um die gemeinsame Abstammung von Mensch und Menschenaffen, die unsere engsten lebenden Verwandten im Tierreich sind, zu beweisen.

28.4.1 Die evolutive Radiation der Primaten

Der Mensch ist ein Primat – eine Tatsache, die schon der präevolutionäre Gelehrte Linné anerkannte. Allen Primaten sind bestimmte, signifikante Merkmale gemeinsam: Greiffinger an allen vier Gliedmaßen, flache Fingernägel anstelle von Klauen sowie nach vorn gerichtete Augen, die ein binokular-stereoskopisches Sehen mit ausgezeichneter Tiefenwahrnehmung erlauben. Die Details der Stammgeschichte der Primaten sind nicht

---

* Familie der Langschwanzmäuse, Ordnung der Nagetiere.

Säugetiere (Phylum Chordata)

Abbildung 28.31: Ein Halbaffe, der Philippinen-Koboldmaki *(Tarsius syrichta carbonarius)*. Die Art ist auf der Insel Mindanao des Philippinenarchipels beheimatet. Order Primates, Familia Tarsiidae.*

mit letzter Sicherheit geklärt. Die folgende Zusammenfassung stellt die wahrscheinlichen Verwandtschaftsbeziehungen der Hauptprimatengruppen heraus.

Die frühesten Primaten waren vermutlich kleine, nachtaktive Tiere, die in ihrer Erscheinung Ähnlichkeit mit den Spitzhörnchen (Scandentia) hatten. Dieser ursprüngliche Primatenbestand spaltete sich in zwei Hauptlinien auf, von denen eine zu den **Prosimiden** (Halbaffen) führte, zu denen die **Lemuren** (Lemuridae), die **Koboldmakis** (Tarsiidae; ▶ Abbildung 28.31) und die Loris (Loridae) gehören. Die andere Evolutionslinie führt zu den (Echten) **Affen** (Simiiformes oder Anthropoidea); hierher gehören die Affen (▶ Abbildung 28.32) und die Menschenaffen (▶ Abbildung 28.33). Die Halbaffen und viele Affen sind Baumbewohner. Diese Lebensweise ist vermutlich für beide Gruppierungen die ursprüngliche. Flexible Gliedmaßen sind von wesentlicher Bedeutung für aktive Tiere, die sich durch die Bäume bewegen. Greifhände und -füße, die einen Kontrast zu den Klauenfüßen der Hörnchen und anderer Nagetiere bilden, erlauben es den Primaten, Äste zu greifen, sich von Ästen herunterhängen zu lassen, Nahrung zu greifen und mit den Händen zu bearbeiten, und – vielleicht am bedeutsamsten – um Werkzeuge zu benutzen. Primaten verfügen über hochentwickelte Sinnesorgane, insbesondere ein gutes Raumwahrnehmungsvermögen sowie eine gute Koordination der Gliedmaßen- und der Fingermuskulatur, die ihr aktives Baumleben unterstützt. Natürlich sind Sinnesorgane nur so gut wie das Gehirn, das die eingehenden Sinnesreize verarbeitet. Eine präzise zeitliche Koordination, akkurates Abschätzen von Entfernungen und hohe Aufmerksamkeit erfordern einen großen zerebralen Cortex. Die frühesten Affenfossilien tauchen in Afrika in etwa 40 Millionen Jahre alten Ablagerungen aus dem späten Eozän (Eozän: 55 bis 33,5 Millionen Jahre vor unserer Zeit) auf. Viele dieser Primaten waren tagaktiv und nicht mehr nachtaktiv. Dies führte dazu, dass das Sehen zur wichtigsten Sinnesmodalität wurde. Verstärkt wurde dies durch die Fähigkeit zum Farbensehen. Man unterscheidet drei Hauptkladi der Affen: Dies sind (1) die Neuweltaffen Mittel- und Südamerikas (die Platyrrhini, Nasenlöcher weit auseinander, früher Ceboidae; Abbildung 28.32 a; Familia Cebidae; Familie der Kapuzineraffenartigen). Hierher gehören die Brüllaffen, die Spinnenaffen und die Tamarinden. Die nächste Gruppe sind (2) die Altweltaffen (Cercopithecoiden (= Zerkopithekoiden), heute Catarrhini, Nasenlöcher eng beieinander; Abbildung 28.32 b) (Suprafamilia Cercopithecoidea; Überfamilie der Geschwänzten Altweltaffen), zu denen die Paviane, die Mandrille und die Colobusaffen (schwarz-weiße Stummelaffen) gehören. Die letzte Gruppe sind (3) die anthropoiden Menschenaffen (Abbildung 28.33). Die Altweltaffen und die Menschenaffen (einschließlich des Menschen) sind Schwestertaxa; zusammen bilden sie eine Schwestergruppe der Neuweltaffen. Über ihre geografische Trennung hinaus, unterscheiden sich die Altweltaffen von den Neuweltaffen durch das Fehlen eines Greifschwanzes. Hingegen besitzen sie eng nebeneinanderliegende Nasenlöcher, besser opponierende Greifdaumen und ein fortschrittlicheres Gebiss. Die Menschenaffen unterscheiden sich von den Altweltaffen durch das größere Cerebrum (Kleinhirn), ein mehr nach dorsal verschobenes Schulterblatt (Scapula) sowie den vollständigen Verlust des Schwanzes.

Menschenaffen erscheinen in der Fossilgeschichte zum ersten Mal vor 25 Millionen Jahren. Zu dieser Zeit waren Baumsavannen in Afrika, Europa und Nordamerika auf dem Vormarsch. Vielleicht durch ein reicheres Nahrungsvorkommen auf dem Boden motiviert, verließen die Menschenaffen die Bäume und wurden zu größtenteils terrestrischen Tieren.

28.4.2 Die ersten Hominiden

Die schrittweise Ablösung von Wäldern durch Graslandschaften in Ostafrika lieferte den auslösenden Im-

---

* Ordnung der Herrentiere, Familie der Koboldmakis.

28.4 Die Evolution des Menschen

(a)   (b)

Abbildung 28.32: **Affen.** (a) Brüllaffen (*Alouatta seniculus*; Order Primates, Familia Cebidae)[*] als Beispiel eines Neuweltaffen. (b) Mantelpaviane (*Papio hamadryas*; Order Primates, Familia Cercopithecidae)[**] als Beispiel für einen Altweltaffen.

Abbildung 28.33: **Gorillas (*Gorilla gorilla*, Familia Hominidae, Order Primates).**[***] Als Beispiel für einen anthropoiden Affen.

puls, der dazu führte, dass die Menschenaffen sich an die offenen Graslandschaften der Savanne adaptierten. Aufgrund der Vorteile, die das Aufrechtstehen mit sich brachte (bessere Übersicht, früheres Erkennen von Raubfeinden, Freiwerden der Hände für Verrichtungen wie das Sammeln von Nahrung, die Versorgung der Jungen, zur Verteidigung und zum Gebrauch von Werkzeugen) evolvierten die neu in Erscheinung tretenden Hominiden nach und nach eine aufrechte Körperhaltung. Dieser bedeutsame Übergang stellt einen enormen Entwicklungssprung dar, weil damit eine ausgedehnte Umbildung des Skeletts und des Muskelapparates verbunden ist. Im Jahre 2005[****] wurde die komplette Sequenz des Genoms von Schimpansen veröffentlicht und mit dem Genom des Menschen verglichen: Beide Genome unterscheiden sich nur in ca. 1,23 Prozent aller Basenpaare der DNA. Das klingt nach sehr geringen Unterschieden; wenn man aber von einer Gesamtgröße des menschlichen Genoms von ca. 3×10^9 (= 3 Milliarden) Basenpaare ausgeht, dann bedeutet dieser Prozentsatz immerhin noch ca. 67 Millionen unterschiedliche Basenpaare! Aus diesen Daten kann man außerdem ableiten, dass sich die Entwicklungslinien von Schimpanse und Mensch vor ca. fünf bis sieben Millionen Jahren getrennt haben.

Der Wissensstand zu den frühesten Hominiden dieser Evolutionsphase ist äußerst dürftig. Im Jahr 2002 wurde im Wüstensand des afrikanischen Staates Tschad ein bemerkenswert vollständiger Schädel eines Homi-

---

[*]   Ordnung der Herrentiere, Familie der Kapuzinerartigen
[**] Ordnung der Herrentiere, Familie der Meerkatzenartigen
[***] Familie der Menschenaffen, Ordnung der Herrentiere.

[****] The Chimpanese Sequencing and Analysis Consortium (2005). Nature, 437: 69–87.

28 Säugetiere (Phylum Chordata)

niden gefunden, dessen Alter auf fast sieben Millionen Jahre datiert worden ist. Dieser Fund stellt daher eine höchst erstaunliche Entdeckung dar, die für eine der wichtigsten der modernen Paläontologie gehalten wird. Von seinem Entdecker, dem französischen Paläontologen Michel Brunet als *Sahelanthropus tschadensis* (nach der Sahelzone + gr. *anthropos*, Mensch + dem Fundort Tschad) genannt, ist dieses schimpansenähnliche Geschöpf der bei weitem älteste bis heute entdeckte Hominide, der den Spitzname „Toumai" erhielt (Abbildung 28.36). Obgleich sein Gehirn nicht größer als das eines Schimpansen ist (320 bis 380 cm^3), belegen seine verhältnismäßig kleinen Eckzähne, die massiven Augenbrauenbögen über einem kurzen Gesichtsschädel sowie die Mundpartie und die Kiefer, die weniger vorstehen als bei den meisten Menschenaffen, dass es sich tatsächlich um den Schädel eines Hominiden handelt. Bis zur Entdeckung dieses Schädels war *Ardipithecus ramidus* aus der äthiopischen Wüste (ursprünglich auf ein Alter von 4,4 Millionen Jahren datiert) der älteste Hominidenfund (Abbildung 28.36). *Ardipithecus ramidus* erscheint wie ein Mosaik primitiver, affenartiger, und abgeleiteter, hominider, Merkmale, mit indirekten (und umstrittenen) Belegen dafür, dass die Art möglicherweise bipedal gewesen sein könnte. Zwischen 1997 und 2001 wurden weitere Überreste von *Ardipithecus ramidus* gefunden, welche die Existenz dieser Art mindestens bis auf einen Zeitpunkt vor 5,5 Millionen Jahren zurückzudatieren erlauben. Diese älteren Fossilien wurden mit vorläufiger Wirkung einer neuen Unterart, *Ardipithecus ramidus kadabba* zugeordnet.

Bis zur Entdeckung von *Sahelanthropus tschadensis* war das am intensivsten zelebrierte Hominidenfossil

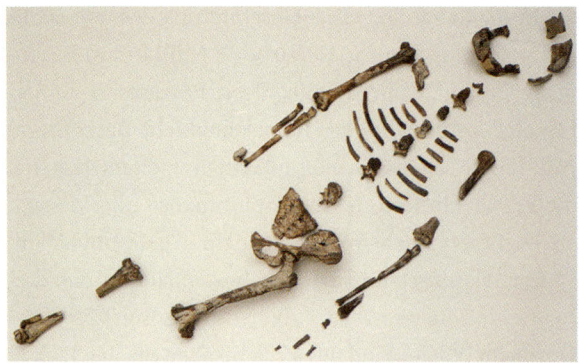

Abbildung 28.34: „Lucy" *(Australopithecus afarensis)*, **das vollständigste Skelett eines frühen Hominiden, das jemals gefunden worden ist.** Das Alter von „Lucy" wurde auf 3,0 Millionen Jahre bestimmt. Ein fast vollständiger Schädel eines *A. afarensis* wurde im Jahr 1994 entdeckt.

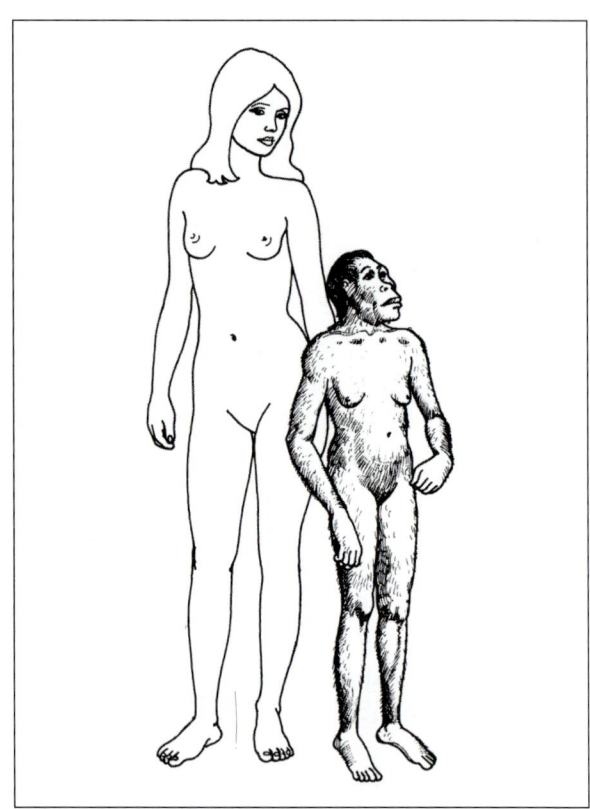

Abbildung 28.35: Rekonstruktion des Erscheinungsbildes von „Lucy" (rechts) im Vergleich zu einem modernen Menschen (links). Beide: Order Primates (Ordnung der Herrentiere).

das etwa 40 Prozent der Knochen umfassende fragmentarische Skelett eines weiblichen *Australopithecus afarensis* (▶ Abbildungen 28.34 und ▶ 28.35). Im Jahr 1974 ausgegraben und von seinem Entdecker D. Johanson mit dem Kosenamen „Lucy" belegt, ist *A. afarensis* ein gedrungener, bipedaler Hominide mit dem Gesicht und dem Hirnvolumen eines Schimpansen. In der Zwischenzeit sind zahlreiche weitere fossile Überreste dieser Art entdeckt worden. Das Zeitfenster, aus dem die *A. afarensis*-Funde datieren, liegt zwischen 3,7 und 3,0 Millionen Jahren vor unserer Zeit. Im Jahre 2006[*] berichteten Forscher des Max-Planck-Instituts für evolutionäre Anthropologie in Leipzig die Entdeckung und Charakterisierung eines bemerkenswert vollständigen Skeletts eines ca. dreijährigen Mädchens, das vor 3,3 Millionen Jahren im heutigen Nordosten von Äthiopien gelebt hat. Der sensationelle Fund umfasste viele Skelett-Teile von *A. afarensis* und lieferte viele neue Anhaltspunkte über die Evolution des aufrechten Ganges. Das „Selam"

---

[*] Alemseged, Z. et al. (2006), A juvenile early hominin skeleton from Dikika, Ethiopia. Nature, 443: 296–301.

(= Friede) genannte ist das bisher älteste kindliche Fossil in der menschlichen Ahnenreihe.

1995 wurde im kenianischen Grabenbruchtal *Australopithecus anamensis* entdeckt. Viele Forscher vertreten die Ansicht, dass diese Art, die vor 4,2 bis 3,9 Millionen Jahren gelebt hat, eine Zwischenstellung zwischen *A. ramidus* und *A. afarensis* einnimmt. Die extrem menschenartigen Unterschenkelknochen von *A. anamensis* sind ein starkes Indiz dafür, dass diese Art bipedal war.

Im letzten Jahrzehnt konnten wir eine regelrechte Explosion von Fossilfunden von Australopithecinen verzeichnen. Acht mutmaßliche neue Arten warten noch auf eine tiefergehende Interpretation der Befunde. Viele dieser Funde sind als grazile Australopithecinen bekannt, weil ihre Knochengerüste einen vergleichsweise leichten Bau erkennen lassen, insbesondere im Bereich des knöchernen Schädels und der Zähne. Allerdings waren sie immer noch robuster gebaut als der moderne Mensch. Die grazilen Australopithecinen werden allgemein als direkte Vorfahren früher Populationen der Gattung *Homo* und damit der zum modernen Menschen führenden Evolutionslinie angesehen. Auf *A. anamensis* und *A. afarensis* folgte der bipedale *Australopithecus africanus*. Diese Art lebte vor 3 bis 2,3 Millionen Jahren. Sie war *A. afarensis* ähnlich, hatte aber ein dem Menschen ähnlicheres Gesicht, einen etwas größeren Körper und ein Gehirn von etwa einem Drittel der Größe des *Homo sapiens*-Gehirns. 1998 wurden in Äthiopien Schädelteile entdeckt, deren Alter auf 2,5 Millionen Jahre bestimmt wurde. Diese als *Australopithecus garbi* bezeichnete Art unterscheidet sich von den übrigen Australopithecinen in ihrer Merkmalskombination, besonders der auffälligen Größe ihrer Backenzähne.

In Coexistenz mit den frühesten Arten der Gattung *Homo* lebte im Zeitraum von 2,5 bis 1,2 Millionen Jahre vor heute eine andere Linie großer und robuster Australopithecinen. Ein Vertreter dieser Australopithecinenlinie war *Paranthropus robustus* (▶ Abbildung 28.36; gr. *para*, neben + *anthropos*, Mensch + lat. *robustus*, stark, kräftig). Diese Art war vermutlich in der Größe mit Gorillas vergleichbar. Die robusten Australopithecinen waren im Gegensatz zu den grazilen mit schweren Kiefern, knöchernen Schädelwulsten und großen hinteren Backenzähnen ausgestattet. Daraus wurde geschlossen, dass ihre Nahrung aus harten Wurzeln und Knollen bestand, die sie zerkaut haben. Sie sind eine Seitenlinie der Hominidenevolution und gehören nicht der Abstammungslinie an, die zu dem modernen Menschen geführt hat.

28.4.3 Das Erscheinen der Gattung *Homo*, der echten Menschen

Obwohl die Fachleute uneins darüber sind, welches der erste Vertreter der Gattung *Homo* war, und sogar darüber, wie die Gattung *Homo* abzugrenzen sei, ist die Art *Homo habilis* (lat. *homo*, Mensch, Mann + *habilis*, geschickt, tauglich) die erste uns *bekannte* Art dieser Gattung vollständig aufrecht gehender Hominiden. Es wird angenommen, dass *Homo habilis* etwa 125 bis 130 cm groß war und etwa 45 kg wog. Die Weibchen waren vermutlich kleiner und leichter. Diese Art besaß ein größeres Gehirn als die Australopithecinen; seine Form war der des menschlichen Gehirns ähnlicher. Ein Abguss einer *H. habilis*-Hirnschale lässt einen Abdruck einer Hirnwindung erkennen, die als Broca'sches Areal (ein motorischer Bereich des Sprachzentrums) gedeutet wird. Dies legt die Spekulation nahe, dass *Homo habilis* vielleicht eine rudimentäre Sprachfähigkeit besessen haben könnte.

Vor etwa 1,8 Millionen Jahren erschien *Homo erectus* (lat. *homo*, Mann, Mensch + *erectus*, aufrecht) auf der Bildfläche. *H. erectus* war ein vergleichsweise großer Hominide von 1,5 bis 1,7 m Körpergröße, mit einer niedrigen, aber vorstechenden Stirn und ausgeprägten Augenbrauenwülsten. Sein Hirnvolumen betrug etwa 1000 cm^3 und lag damit zwischen dem von *H. habilis* und dem modernen Menschen (Abbildung 28.36). *Homo erectus* lebte sozial in Stammesverbänden von 20 bis 50 Individuen. Die Art besaß eine weit entwickelte und erfolgreiche Kultur und konnte sich in den tropischen und gemäßigten Breiten der alten Welt überall ausbreiten.

28.4.4 *Homo sapiens*: Der moderne Mensch

Neuere, molekulargenetische Untersuchungen deuten darauf hin, dass sich die Populationen des Menschen vor etwa 1,7 Millionen Jahren aus einer einzigen Abstammungslinie entwickelt haben. Zu dieser Zeit ließen die Populationen auf den verschiedenen Kontinenten ein gewisses Maß an geografischer Differenzierung erkennen, doch gab es weiterhin zumindest ein geringes Maß an genetischem Austausch, und alle damaligen Populationen haben genetische Beiträge zum modernen Menschen geliefert. Während dieser Zeit fanden mehrere umfangreiche Expansionen von Populationen statt, die von Afrika ausgingen.

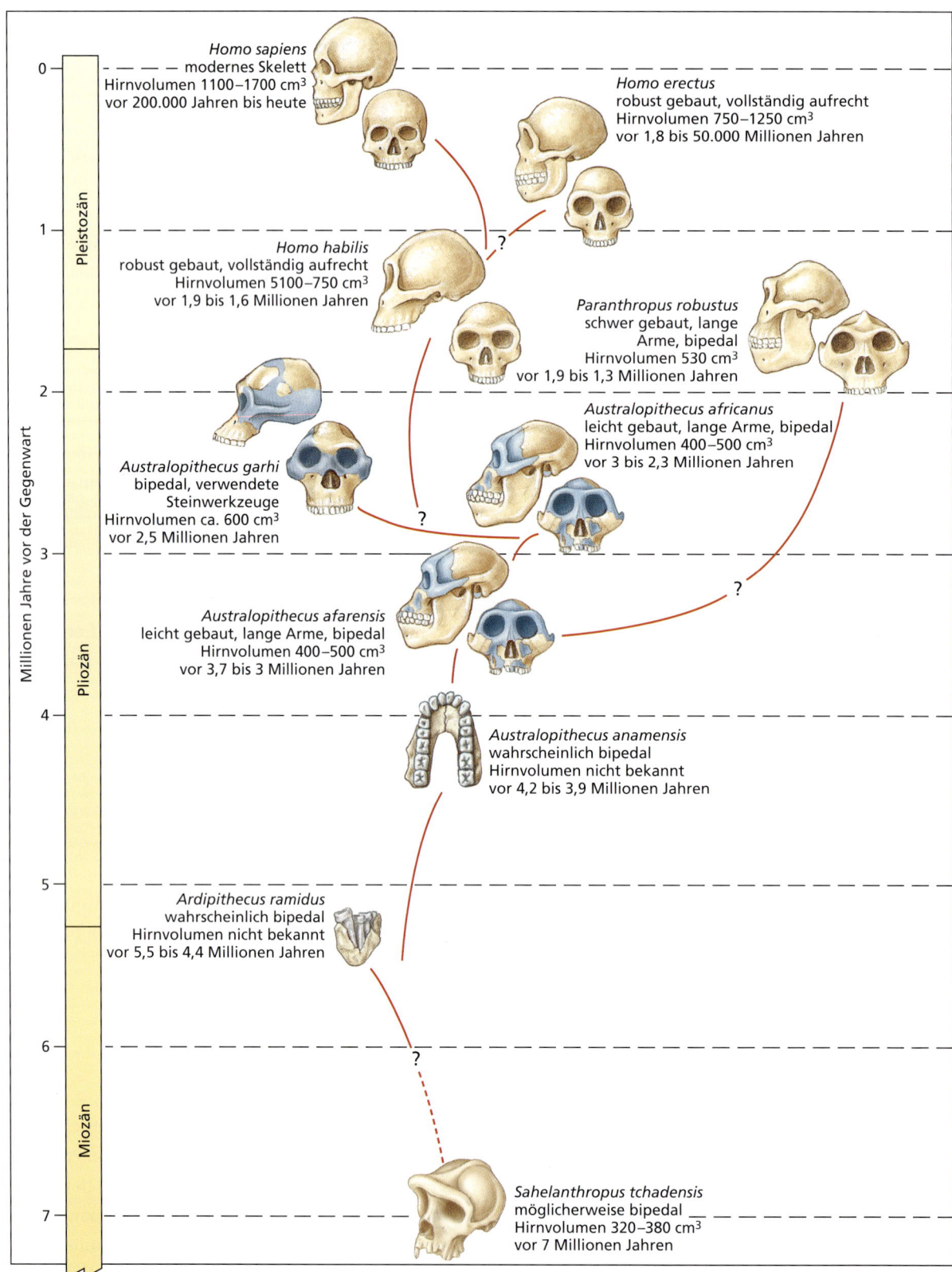

Abbildung 28.36: **Hominidenschädel.** Dargestellt sind einige der am besten bekannten Hominidenlinien, die dem modernen Menschen *(Homo sapiens)* vorausgehen.

Die Anthropologen haben die unterscheidbaren Fossilien mit unterschiedlichen Namen belegt, um räumliche und zeitliche Variationen des Phänotyps innerhalb dieser Abstammungslinie zu kennzeichnen; auf der Grundlage der meisten biologischen Kriterien würde diese Linie jedoch einer einzigen Art zugeordnet werden. Die frühesten menschlichen Überreste, die man als zur Art *Homo sapiens* (lat. *homo*, Mann, Mensch + *sapiens*, einsichtsvoll, verständig) gehörig klassifiziert hat, sind 300.000 bis 500.000 Jahre alt. Sie wurden als *Homo heidelbergensis* identifiziert. Skelett-Teile des *H. heidelbergensis* wurde im Jahr 1907 in der Nähe von Heidelberg in einer Grube gefunden. Eine weithin bekannte Gruppe von Frühmenschen sind die Neandertaler (früher: Neanderthaler), die vor 150.000 Jahren auftauchten. Diese morphologisch robusten Menschen wurden ursprünglich als Unterart von *H. sapiens* geführt (*H. sapiens neanderthalensis*). Neuere Befunde heben allerdings die Unterschiede hervor, so dass die Anthropologen den Neandertaler heute als eigene Art, *Homo neanderthalensis,* ansehen. Mit einem Hirnvolumen, das im Streuungsbereich des modernen Menschen liegt, darf man annehmen, dass die Neandertaler geschickte Jäger und Werkzeugmacher und -benutzer gewesen sind. Die Neandertaler waren keine homogene Gruppierung, sondern zeigen geografische Variation als Reaktion auf lokal unterschiedliche Bedingungen und aufgrund einer Isolierung von Populationen. Sie dominierten die alte Welt in der Epoche des späten Pleistozäns (1,8 bis 0,01 Millionen Jahre vor unserer Zeit).

DNA aus Fossilien und von Mitochondrien heutiger Menschen deuten darauf hin, dass der moderne Mensch, Homo sapiens, seinen Ursprung vor ca. 200.000 Jahren in Afrika hatte (Abbildung 28.36). Vor etwa 30.000 Jahren verschwinden die Neandertaler und verbliebene *Homo erectus* plötzlich – etwa 10.000 Jahre, nachdem *Homo sapiens* in Europa und Ostasien in Erscheinung getreten ist. Der moderne Mensch war hochgewachsen und hatte eine Kultur, die sehr verschieden von der des Neandertalers ist. Der handwerkliche Werkzeugebrauch entwickelte sich rasch weiter, und die menschliche Kultur wurde durch die neuen Aspekte der Ästhetik, der Kunst und einer ausgefeilten Sprache bereichert.

Um unsere Diskussion der Evolution des Menschen abschließen zu können, ist es von Bedeutung, sich zu vergegenwärtigen, dass die Anerkennung der Art *Homo sapiens* sich vollständig auf morphologische Kriterien stützt (wie dies auch bei zahllosen anderen Tierarten der Fall ist). Die Anerkennung von drei oder mehr weiteren Arten der Gattung *Homo* impliziert aber nicht notwendigerweise, dass im Verlauf der Entwicklung dieser Abstammungslinie eine sich verzweigende Speziation stattgefunden hat. Es ist vielmehr möglich, dass wir eine phyletische Veränderung innerhalb einer einzelnen Art durch die Zeit beobachten und beschreiben, und dass die verwendeten Artnamen lediglich der Unterscheidung verschiedener Evolutionsstufen dienen. Nichtsdestotrotz bleibt abschließend festzustellen, dass die Säugetiergattung *Homo* heute nur eine einzige rezente Art, den Menschen *(Homo sapiens)* umfasst.

28.4.5 Die einzigartige Stellung des Menschen

Biologisch ist *Homo sapiens* ein Produkt genau derselben Prozesse, welche die Evolution jeder Lebensform seit der Zeit der Lebensentstehung auf der Erde vorangetrieben und gesteuert haben. Mutation, Isolation, genetische Drift, natürliche und geschlechtliche Selektion waren bei unserer Art genauso am Werk wie bei allen anderen Tieren. Und doch hat der Mensch etwas, was keine andere Tierart besitzt – eine nichtgenetische kulturelle Evolution, die eine unablässige Rückkoppelung zwischen vergangenen, gegenwärtigen und zukünftigen Ereignissen und Erfahrungen vermittelt. Unsere symbolhafte, abstrakte Sprache, die Fähigkeit zum konzeptuellen Denken, das Wissen um unsere Geschichte sowie die Fähigkeit, unsere Umwelt mehr als jede andere Lebensform zu verändern, treten als Ergebnisse aus dieser nichtgenetischen kulturellen Mitgift hervor. Schlussendlich verdanken wir einen großen Teil unserer kulturellen und intellektuellen Errungenschaften unseren in den Bäumen liegenden Ursprüngen, die uns mit der Fähigkeit zum räumlichen Sehen, einer außergewöhnlichen viseotaktilen Unterscheidungsfähigkeit und der Geschicklichkeit beim Gebrauch unserer Hände ausgestattet hat. Wie hätten die Pferde (mit nur einem Zeh statt mit fünf Fingern) das erreichen können, was der Mensch erreicht hat, hätten sie dieselben mentalen Kapazitäten wie dieser?

KLASSIFIZIERUNG

■ Classis Mammalia

Subclassis Prototheria (gr. *protos*, erst- + *ther*, Wildtier)

Infraclassis Ornithodelphia (gr. *ornis*, Vogel + *delphys*, Becken) Eierlegende Säugetiere (= Kloakentiere). Monotremata.

Order Monotremata (Ordnung der Eierlegenden Säugetiere; gr. *monos*, ein/einzeln + *trema*, Loch): **Eierlegende (ovipare) Säugetiere: Schnabeltier, Ameisenigel.** Die drei Arten dieser Ordnung leben in Australien, Tasmanien und Neuguinea. Das auffälligste Mitglied ist das Schnabeltier (Ornithorhynchus anatinus). Die Ameisenigel (Familia Tachyglossidae) besitzen eine lange, dünne Schnauze, die für das Aufpicken von Ameisen, ihrer Hauptbeute, adaptiert ist.

Subclassis Theria (gr. *ther*, Wildtier).

Infraclassis Metatheria (gr. *meta*, mit, mitten (unter), mitten (hinein) + *ther*, Wildtier) Beuteltiere (Marsupialier).

Order Didelphimorpha (gr. *di*, zwei + *delphi*, Gebärmutter + *morphos*, Form, Gestalt): Opossums. Diese Säugetiere sind, wie andere Beuteltiere, durch eine abdominale Tasche (das Marsupium) gekennzeichnet, in dem die Jungen großgezogen werden. Die meisten Arten finden sich in Süd- und Mittelamerika; eine einzige Art (*Didelphis virginiana*, Virginia-Opossum) lebt in Nordamerika. 66 Arten.

Order Paucituberculata (lat. *pauci*, wenig, wenige + *tuberculum*, kleiner Höcker, Knubbel): Mausopossums. Sehr kleine, spitzmausartige Beuteltiere, die im westlichen Südamerika vorkommen. 7 Arten.

Oder Microbiotheria (gr. *mikron*, klein + *bios*, Leben + *ther*, Wildtier): Chiloé-Beutelratte. Ein mausgroßes, südamerikanisches Beuteltier, das möglicherweise enger mit den australischen Beuteltieren verwandt ist. 1 Art.

Order Dasyuromorphia (gr. *dasy*, haarig + *uro*, Schwanz + *morphos*, Gestalt, Form): Australische Carnivoren (Raubbeutler). Zusätzlich zu einer Anzahl größerer Fleischfresser umfasst diese Ordnung eine Reihe marsupialer „Mäuse", die sämtlich carnivor sind. Auf Australien, Tasmanien und Neuguinea beschränkt. 64 Arten.

Order Peramelemorphia (gr. *per*, Tasche, Beutel + *mel*, Dachs + *morphos*, Gestalt, Form): **Dachsbeutler.** Wie die Plazentalier, besitzen die Angehörigen dieser Gruppe eine chorioallantoide Plazenta und eine für Beuteltiere hohe Vermehrungsrate. Auf Australien, Tasmanien und Neuguinea beschränkt. 22 Arten.

Order Notoryctemorphia (gr. *noto*, Rücken + *orykton*, Dolch + *morphos*, Form, Gestalt): Beutelmulle. Eigenartige, halbgrabende Beuteltiere aus Australien. 2 Arten.

Order Diprotodontia (gr. *di*, zwei + *pro*, vor + *odont*, Zahn): Koalas, Wombats, Kletterbeutler, Wallabys, Kängurus. Vielgestaltige Beuteltiergruppe mit einigen der größten und vertrautesten Beuteltieren. In Australien, Tasmanien Neuguinea und vielen südostasiatischen Inseln. 131 Arten.

Infraclassis Eutheria (gr. *eu*, echt, wahr + *ther*, Wildtier). Lebendgebärende (vivipare) planzentale Säugetiere. Plazentatiere.

Oder Insectivora (lat. *insecta*, eingeschnitten, eingekerbt + *vorare*, verschlingen): **Insektenfresser: Spitzmäuse, Igel, Tenreks, Maulwürfe.** Die vorrangige Nahrungsquelle sind Kerbtiere (Insekten). Die Insektenfresser, die mit Ausnahme von Australien und Neuseeland über die ganze Welt verbreitet sind, sind kleine, spitzschnäuzige Tiere mit für Säugetiere primitiven Merkmalen. Sie verbringen vielfach einen großen Teil ihres Lebens unter der Erde. Die Spitzmäuse gehören zu den kleinsten bekannten Säugetieren. 440 Arten.

Order Macroscelidea (gr. *makros*, groß + *skelos*, Bein): Elefantenspitzmäuse (Rüsselspringer). Diese versteckt lebenden Säugetiere besitzen lange Beine, eine schnauzenartige Nase zum Aufspüren von Insekten sowie große Augen. In Afrika weit verbreitet. 15 Arten.

Order Dermoptera (gr. *derma*, Haut + *pteron*, Flügel): Riesengleiter. Sie sind mit den echten Fledermäusen verwandt. Die Ordnung umfasst nur eine Gattung: *Galeopithecus*. Sie besitzen kein echtes Flugvermögen, sondern beherrschen ähnlich wie die Gleithörnchen den Gleitflug über kurze Distanzen. Man findet sie im Malaysischen Archipel Südostasiens. 2 Arten.

Order Chiroptera (gr. *cheir*, Hand + *pteron*, Flügel): Fledermäuse. Die Flügel der Fledermäuse, die einzigen Säugetiere mit echtem Flugvermögen, sind modifizierte Vordergliedmaßen, bei denen der zweite und der fünfte Finger verlängert sind, um eine dünne, aus Haut gebildete Membran aufzuspannen, die als Flügel dient. Der erste Finger (Daumen) ist kurz und trägt eine Klaue.

In Mitteleuropa sind zwei Dutzend verbreitet, die sämtlich zur Familie der Hufeisennasen (Rhinolophidae) oder der Familie der Glattnasen (Vespertilionidae) gehören. Beispiele: Braunes Langohr *(Plecotus auritus)*, Große Hufeisennase *(Rhinolophus ferrumequinum)*, Großer Abendsegler *(Nyctalus noctula)*, Großes Mausohr *(Myotis myotis)*, Zwergfledermaus *(Pipistrellus pipistrellus)*. Die in den Tropen der Alten Welt beheimateten Flughunde der Gattung Pteropus gehören mit einer Flügelspannweite von 1,2 bis 1,5 m zu den größten aller Fledermäuse. Sie ernähren sich in der Hauptsache von Früchten. In Obstplantagen können sie als Schädlinge auftreten. 977 Arten.

Order Scandentia (lat. *scandendere*, erklimmen): **Spitzhörnchen.** Die Spitzhörnchen sind kleine, eichhörnchenartige Säugetiere der tropischen Regenwälder Süd- und Südostasiens. An das Leben auf Bäumen sind sie nicht sehr gut angepasst, und einige Arten leben tatsächlich vollständig terrestrisch. 16 Arten.

Order Primates (lat. *primum*, erst, zuerst, als erster): **Herrentiere: Halbaffen, Affen, Menschenaffen, Menschen.**

In Bezug auf die Gehirnevolution nimmt diese Ordnung den 1. Rang im Tierreich ein. Die Vertreter der Ordnung zeichnen sich durch besonders groß entwickelte Großhirnhälften aus. Die meisten Arten sind baumbewohnend und leiten sich scheinbar von baumbewohnenden Insektivoren ab. Die Primaten stellen den Endpunkt einer Evolutionslinie dar, die sich früh von den anderen Säugetieren abgezweigt und viele primitive Merkmale beibehalten hat. Es wird angenommen, dass das Ausmaß der Gewandtheit dieser Baumbewohner beim Fangen von Beutetieren oder auf der Flucht vor Feinden in erheblichem Ausmaß für die Fortschritte bei der Weiterentwicklung des Gehirns verantwortlich war. Als Gruppe sind sie durch fünf Digiti (Finger mit meist flachen Nägeln) sowohl an den Vorder- wie den Hintergliedmaßen ausgezeichnet. Bei allen Arten mit Ausnahme des Menschen ist der Körper von Haaren bedeckt. Die Vorderextremitäten sind oft für Greifbewegungen adaptiert, manchmal zusätzlich auch die Hinterextremitäten. Der Gruppe fehlen als einziger Klauen, Schuppen, Hörner und Hufe. Zwei Unterordnungen. 279 Arten.

Suborder Strepsirhini (gr. *strepso*, (ver)biegen + *rhinos*, Nase). Feuchtnasenaffen (= Halbaffen; Lemuren, Ayays, Loris, Buschbabys, Pottos). Sieben Familien baumbewohnender Primaten. Vormals als Prosimiden bezeichnet. Hauptverbreitungsgebiet Madagaskar, mit einigen Arten in Afrika, Südostasien und dem malaysischen Archipel. Alle weisen einen feuchten, unbehaarten Bereich (das Rhinarium) auf, der die kommaförmigen Nasenlöcher umgibt, einen langen, nicht zum Greifen geeigneten Schwanz sowie einen mit einer Klaue bewehrten zweiten Finger. Ihre Ernährung umfasst pflanzliche wie tierische Nahrung. 49 Arten.

Suborder Haplorhini (gr. *haplos*, einzel-, einfach + *rhinos*, Nase). Trockennasenaffen (= Echte Affen): Koboldmakis, Büschelaffen, Neuweltaffen, Altweltaffen, Gibbons, Gorillas, Schimpansen, Orang-Utans, Menschen). Sechs Familien, von denen vier früher als Anthropoidea abgegrenzt wurden. Die haplorhinen Primaten besitzen eine trockene, haarige Nase, ringförmige Nasenlöcher und zeigen Abweichungen in der Uterusanatomie, der Plazentaentwicklung und der Schädelmorphologie. Durch diese Merkmale unterscheiden sie sich von den strepsirhinen Primaten. Die Familie Tarsiidae (Koboldmakis) umfasst dämmerungs- und nachtaktive Tiere (Abbildung 28.31) mit großen, nach vorn gerichteten Augen und einer zurückgebildeten Schnauzenpartie. Fünf Arten. Die wegen ihrer weit auseinanderliegenden Nasenlöcher auch als Platyrrhinae (= Plattnasenaffen) bezeichneten Neuweltaffen werden in zwei Familien eingruppiert.

Die Vertreter der Familien **Callitrichidae** (Krallenaffen; 35 Arten) und Cebidae (Kapuzineraffenartige; 65 Arten), zu denen die farbenprächtigen Löwenäffchen (*Leontopithecus* sp.) gehören, besitzen Greifschwänze und zeigen eine quadrupedale Fortbewegung. Die Cebiden sind viel größer als jeder Callitrichide. In diese Gruppe gehören die Kapuzineraffen (*Cebus* sp.), die Spinnenaffen (*Ateles* sp.) und die Brüllaffen (*Alouatta* sp.). Einige Cebiden, einschließlich der Spinnen- und Brüllaffen, besitzen Greifschwänze, die als zusätzliche „Hand" beim Klettern in den Baumkronen eingesetzt wird.

Die Altweltaffen – aufgrund ihrer nahe zusammenliegenden und sich nach vorn öffnenden Nasenlöcher als catarrhine Affen (Catarrhini) bezeichnet – fallen in die Familie **Cercopithecidae** (Meerkatzenartige), die 96 Arten umfasst. Zu dieser Gruppierung gehören die Mandrille (*Mandrillus* sp.), die Paviane (*Papio* sp.), die Makaken (*Macaca* sp.) und die Languren (*Presbytis* sp.). Die Daumen und die großen Zehen sind bei diesen Tieren opponierbar. Einige besitzen Backentaschen, keine Art verfügt über einen Greifschwanz. Die Familie **Hylobatidae** (Gibbonfamilie) umfasst die Gibbons und den Siamang *(Hylobates syndactylus)*. Elf Arten der Gattung Hylobates. Die Arme sind deutlich länger als die Beine. Die Tiere besitzen Greifhände mit vollständig opponierbaren Daumen. Die Lokomotion erfolgt durch echte Brachiation (Hangeln mit den Armen). Die Familie **Hominidae** (Menschenartige) umfasst vier rezente Gattungen mit fünf Arten: Gorilla, Pan (zwei Schimpansenarten), Pongo (Orang-Utan) und Homo. Die ersten drei Gattungen wurden vormals der paraphyletischen Familie Pongidae zugeordnet; die Familie der Hominiden enthielt nur den Menschen. Diese Trennung wird von der kladistischen Taxonomie nicht anerkannt, weil der jüngste gemeinsame Vorfahrer der Pongiden auch der Vorfahr des Menschen war.

Order Xenathra (gr. *xenos*, Fremder, Gast + *arthron*, Gelenk; Nebengelenkstiere; früher: Order Edentata; lat. *edentatus*, zahnlos): **Ameisenbären, Gürteltiere, Faultiere.** Die Arten dieser Ordnung sind entweder unbezahnt (Ameisenbären) oder besitzen einfache, stiftartige Zähne (Faultiere, Gürteltiere). Die meisten leben in Süd- und Mittelamerika. Das Neunbindengürteltier *(Dasypus novemcinctus)* ist im Süden Nordamerikas verbreitet. 29 Arten.

Order Pholidota (gr. *pholis*, Hornschuppe): **Schuppentiere.** Eine seltsame Gruppe von Säugetieren, deren Körper mit sich überlappenden, hornigen Schuppen bedeckt ist, die sich aus miteinander fusionierenden Haarbündeln bilden. Ihre Heimat ist das tropische Asien und Afrika. 7 Arten.

Order Lagomorpha (gr. *lagos*, Hase + *morphos*, Form, Gestalt; **Hasenartige**): Kaninchen, Hasen und Pfeifhasen (▶ Abbildung 28.37). Die Lagomorphen besitzen wie die Nagetiere lange, fortwährend nachwachsende Schneidezähne. Im Unterschied zu den Nagetieren weisen die Hasenartigen ein zusätzliches Paar stiftartiger Schneidezähne auf, die hinter dem ersten Paar hervor wachsen. Alle Lagomorphen sind Herbivoren mit kosmopolitischer Verbreitung. 81 Arten.

Order Rodentia (lat. *rodere*, knabbern, nagen; **Nagetiere**): Hörnchen (▶ Abbildung 28.38), Ratten, Mäuse, Bilche, Wühlmäuse, Biber. Die Nagetiere stellen 43 Prozent aller Säugetierarten. Sie sind durch den Besitz von zwei Paaren messerscharfer Schneidezähne (Nagezähne) gekennzeichnet, mit deren Hilfe sie härteste Nahrung wie Holz, Nussschalen, usw. öffnen und zerbeißen können. Mit ihrer beeindruckenden Vermehrungsfreude, ihrer Anpassungsfähigkeit und dem Vermögen, in jedes terrestrische Habitat einzudringen, ist die Gruppe von höchster ökolo-

Abbildung 28.37: Amerikanischer Pfeifhase (*Ochotona princeps*, Order Lagomorpha, Familia Ochotonidae).* Fotografiert auf einer Felsspitze in Alaska. Dieses kleine, rattengroße Säugetier hält keinen Winterschlaf, sondern bereitet sich auf den Winter vor, indem es trockenes Gras unter großen Steinen einlagert.

Abbildung 28.38: Ein Grauhörnchen (*Sciurus carolinensis*, Order Rodentia, Familia Sciuridae).** Dieser auch nach Europa eingeschleppte, baumbewohnende Nager ist ein Kulturfolger, der auch in menschliche Ansiedlungen eindringt. Durch das Vergraben von Nüssen und anderen Pflanzenfrüchten und -samen, die später auskeimen, ist er als „Aufforstungsgehilfe" nützlich für die natürliche Verjüngung des Waldes.

gischer Signifikanz. Wichtige Familien dieser Ordnung sind die Hörnchen (**Sciuridae**), die Mäuse (**Muridae**; hierher gehören auch die Ratten), die Biber (**Castoridae**), die Stachelschweine (**Erethizontidae**), die Taschenratten (**Geomyidae**) und die Hamsterartigen (**Cricetidae**; Hamster, Rennmäuse, Lemminge, Wühlmäuse, Neuweltmäuse usw.). 2052 Arten.

Order Carnivora (lat. *caro*, Fleisch + *vorare*, verschlingen) (**Fleischfresser**): Hundeartige, Katzenartige, Bären (▶ Abbildung 28.39), Marderartige, Robben (▶ Abbildung 28.40). Alle Carnivoren mit Ausnahme des großen Pandas (*Ailuropoda melanoleuca*) leben räuberisch. Ihre Gebisse sind an das Zerfleischen tierischer Beute angepasst. Mit Ausnahme Australiens und der Antarktis sind unterschiedliche Vertreter der Ordnung weltweit verbreitet. Am Rand der Antarktis leben diverse Robbenarten. Die vertrauteste Familie ist die der Hundeartigen (**Canidae**), zu der die Wölfe, Füchse, Schakale und Kojoten gehören (Haushunde sind degenerierte Wölfe). Die Familie der Katzenartigen (**Felidae**) umfasst Haus- und Wildkatzen, Tiger, Löwen, Pumas, Luchse und diverse weitere Arten. In der Familie der Bärenartigen (**Ursidae**) sind die großen Bären (= Echte Bären) zusammengefasst, in der Familie der Kleinbären (**Procyonidae**) die Waschbären. In der Familie der Marderartigen (**Mustelidae**) finden sich die Marder, die Stinktiere, die Wiesel, die Otter, die Dachse, die Hermeline und Zobel sowie die Vielfraße. Die Familie der Ohrenrobben (**Otariidae**) beherbergt die Seehunde, Seelöwen und Verwandte. 280 Arten.

Order Tubulidentata (lat. *tubulus*, Röhrchen + *dens*, Zahn) (**Röhrenzähner**): Erdferkel. Erdferkel sind sonderbare Tiere mit einem an Schweine erinnernden Körperbau. Sie leben in Afrika. 1 Art.

Order Proboscidea (gr. *proboskis*, Rüssel; **Rüsseltiere**): Elefantenartige. Größte landlebende Säugetiere. Zwei Incisivi (Schneidezähne) des Oberkiefers zu Stoßzähnen umgebildet. Gut entwickelte Backenbezahnung. Der indische Elefant (*Elephas maximus*) wird seit langem als halbzahmes Arbeitstier zur Verrichtung schwerer Tätigkeiten gehalten. Der afrikanische Elefant (*Loxodonta africana*) ist schwieriger zu zähmen, doch wurde dies ausgiebig von den Karthagern und Römern in antiker Zeit durchgeführt, welche die Tiere zu militärischen Zwecken einsetzten. 2 Arten.

Order Hyracoidea (gr. *hyrax*, Spitzmaus): **Schliefer**. Die Schliefer sind Herbivoren, deren Verbreitung auf Afrika und Syrien beschränkt ist. Sie ähneln im Habitus in gewisser Weise kurzohrigen Kaninchen, ihre Bezahnung erinnert dagegen an Nashörner. Die Zehen enden in kleinen Hufen; die Unterseiten der Füße tragen Polster. Vier Zehen an den Vordergliedmaßen, drei an den Hintergliedmaßen. 7 Arten.

Order Sirenia (gr. *seiren*, Meeresnymphe, Meerjungfrau): **Seekühe**. Die Seekühe sind große, behäbige, aquatisch lebende Säugetiere mit großem Kopf, ohne Hinterbeine und mit zu Paddelflossen umgestalteten Vorderextremitäten. Der Dugong (*Dugong dugon*) der tropischen Küstengebiete Ostafrikas, Asiens und Australiens, und die drei Manatiarten der karibischen See, des Amazonasgebietes und Westafrikas sind die einzigen rezenten Arten. Eine fünfte Art, die Steller'sche Seekuh (*Hydrodamalis gigas*) wurde vom Menschen im 18. Jahrhundert durch übermäßige Bejagung ausgerottet. 4 Arten.

Order Perissodactyla (gr. *perissos*, seltsam + *daktylos*, Finger, Zeh): **Unpaarhufer**: Pferde, Esel, Zebras, Tapire, Nashörner. Die Unpaarhufer besitzen eine ungerade Zahl von Zehen (einen oder drei), die jeweils in einem verhornten

---

* Ordnung der Hasenartigen, Familie der Pfeifhasen.

** Ordnung der Nagetiere, Familie der Hörnchen.

28.4 Die Evolution des Menschen

Abbildung 28.39: Ein Grizzlybär (*Ursus arctos horribilis*, Order Carnivora, Familia Ursidae).* Grizzlybären, die einstmals auf dem nordamerikanischen Kontinent häufig waren, sind heute großenteils auf Wildreservate beschränkt.

Abbildung 28.40: Ein männlicher Galapagosseelöwe (*Zalophus californianus*, Order Carnivora, Familia Otariidae).** Der Seelöwe bellt, um seinen Besitzanspruch auf ein Revier anzumelden.

Huf enden. Die Unpaarhufer und die Paarhufer (siehe nachfolgend) werden oft zu den Huftieren (Ungulata) zusammengefasst (lat. ungula, Huf). Ihre Zähne sind zum Zermahlen von Pflanzen ausgelegt. Die Familie der Pferdeartigen (Equidae), zu der auch die Esel und die Zebras gehören, besitzt nur einen voll ausgebildeten Zeh. Die Tapire besitzen einen kurzen Rüssel, der durch die Oberlippe und die Nase gebildet wird. Die Gattung *Rhinoceros* (Nashörner) umfasst mehrere, in Afrika und Südostasien beheimatete Arten. Sämtliche Unpaarhufer sind Pflanzenfresser. 17 Arten.

Order Artiodactyla (gr. *artios*, gleich + *daktylos*, Finger, Zeh): **Paarhufer**: Schweine, Kamele, Hirsche, Flusspferde, Antilopen, Rinder, Schafe, Ziegen. Die meisten dieser Ungulaten (Huftiere) besitzen zwei Zehen an jedem Fuß, obgleich das Flusspferd und einige andere Arten vier Zehen aufweisen (▶ Abbildung 28.41). Jeder Zeh ist in einen verhornten Huf eingebettet. Viele Arten, wie Rinder, Hirsche und Schafe, besitzen Hörner oder Geweihe. Viele sind Wiederkäuer (Rinder, Ziegen, Hirsche usw.). Die meisten sind streng herbivor; einige Arten, wie Schweine, sind omnivor. Die Ordnung ist in neun rezente Familien untergliedert, viele weitere sind ausgestorben. Die Ordnung stellt viele wertvolle Nutztiere. Die Paarhufer werden gemeinhin in drei Unterordnungen unterteilt: die **Suina** (**Schweineartige**: Schweine, Pekaris und Flusspferde), die **Tylopoda** (**Schwielensohler**) und die **Ruminantia** (**Wiederkäuer**: Hirsche, Giraffen, Schafe, Rinder). 221 Arten.

Order Cetacea (lat. *cetus*, Meerungeheuer): **Wale** (▶ Abbildung 28.42): **Bartenwale** (Mysticeti) und **Zahnwale** (Odontoceti). Die Vordergliedmaßen der Cetaceen sind zu breiten Flossen umgebildet; Hintergliedmaßen fehlen. Einige tragen eine fleischige Rückenflosse. Der Schwanz ist

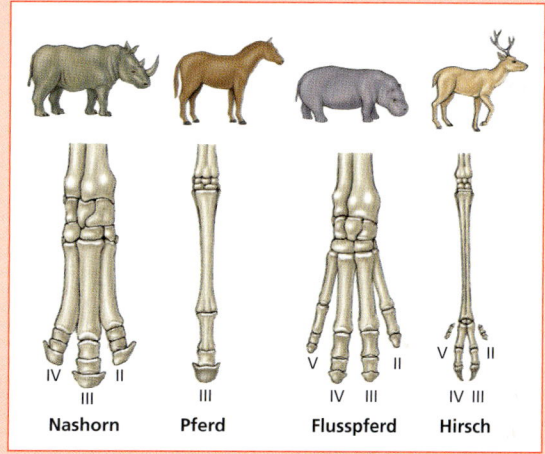

Abbildung 28.41: Unpaarhufer und Paarhufer. Nashörner und Pferde (Order Perissodactyla, Ordnung der Unpaarhufer) sind Unpaarhufer; Nilpferde und Hirsche (Order Artiodactyla, Ordnung der Paarhufer) sind Paarhufer. Die leichteren, schnelleren Säugetiere laufen auf nur einem oder zwei Zehen.

zu einer querliegenden, muskulösen Flosse umgebildet. Nasenöffnung in Form eines einzelnen oder doppelten Blaslochs auf der Kopfoberseite. Haare fehlen mit Ausnahme einiger weniger an der Schnauzenspitze. Keine Hautdrüsen mit Ausnahme der Milchdrüsen (Mammae) und der der Augen (Tränendrüsen). Kein Außenohr; kleine Augen. Die Ordnung zerfällt in die Unterordnung der Zahnwale (Suborder Odontoceti) – Delfine, Schweinswale und Pottwale – und die Unterordnung der Bartenwale (Suborder Mysticeti), vertreten unter anderem durch Grauwal, Buckelwal und Blauwal. Die Bartenwale sind allgemein

---

* Ordnung der Fleischfresser, Familie der Bären.

** Ordnung der Fleischfresser, Familie der Ohrenrobben.

größer als die **Zahnwale**. Der Blauwal ist das schwerste Tier, das je gelebt hat. Anstelle von Zähnen besitzen die **Bartenwale** einen Siebapparat aus Walknochen – die Barten – der am Gaumen ansetzt, und der zum Filtern von Plankton aus dem Meerwasser eingesetzt wird. 78 Arten.

Abbildung 28.42: Buckelwal (*Megaptera novaeanglieae*, Order Cetacea, Familia Balaenopteridae).* Zu den akrobatischsten Walen gehörend, scheinen Buckelwale aus dem Wasser zu springen, um Fischschwärme zu irritieren, oder um mit anderen Mitgliedern ihres Verbandes zu kommunizieren.

* Ordnung der Wale, Familie der Furchenwale.

ZUSAMMENFASSUNG

Säugetiere sind endotherme und homoiotherme Vertebraten, deren Körper durch Haare isoliert wird, und die ihre Jungen mit Milch großziehen. Die ungefähr 4800 rezenten Säugetierarten stammen von der Synapsidenlinie der Amnioten ab, die ihren Ursprung im paläozoischen Zeitalter des Karbons (Kohlezeitalter) hatte. Ihre Evolution lässt sich von den Pelycosauriern des Perms zu den Therapsiden des ausgehenden Permzeitalters und der dem Mesozoikum zugerechneten Trias zurückverfolgen. Eine Gruppe der Therapsiden, die Cynodonten, brachten während der Trias (250 bis 200 Millionen Jahre vor unserer Zeit) die Säugetiere hervor. Die Evolution der Säugetiere wurde von dem Auftauchen vieler wichtiger abgeleiteter Merkmale begleitet. Zu diesen gehören ein vergrößertes Gehirn mit einem höheren Grad an sensorischer Integration, eine hohe Stoffwechselrate, die Endothermie sowie viele Veränderungen am Skelett, die einen aktiveren Lebenswandel erlauben. Die Säugetiere diversifizierten sich in der Erdneuzeit (Känozoikum) im Verlauf des Tertiärs (65 bis 1,8 Millionen Jahre vor unserer Zeit) rasch.

Die Säugetiere (Mammalia) sind nach den glandulären, Milch absondernden Organen ihrer Weibchen benannt (rudimentär auch noch bei den Männchen angelegt), die eine einzigartige Anpassung darstellen. Diese Milchdrüsen bewahren im Zusammenspiel mit der verlängerten elterlichen Fürsorge die Jungtiere vor den hohen Anforderungen des eigenständigen Nahrungserwerbs und erleichtern den Übergang ins Erwachsenendasein. Haare – eine Auswachsung des Integuments, das den Körper der meisten Säugetiere bedeckt – dient verschiedenartigen Zwecken, so dem mechanischen Schutz, der thermischen Isolierung, der Tarnung und dem Schutz vor Wasser. Die Haut der Säugetiere ist reich an Drüsen: Schweißdrüsen, die der Kühlung durch Verdunstung dienen, Duftdrüsen, die der sozialen Wechselwirkung oder der Verteidigung dienen, und Talgdrüsen, die ein Hautöl absondern, das der Schmierung (chemische Imprägnierung) dient. Alle plazentalen Säugetiere besitzen ein Milchgebiss, das durch ein bleibendes Gebiss ersetzt wird (diphyodonte Bezahnung). Die vier Zahnsorten (Schneidezähne, Eckzähne, vordere Backenzähne und hintere Backenzähne) können bei den verschiedenen Säugetieren in hohem Maß für die Wahrnehmung spezieller Aufgaben modifiziert sein oder fehlen (einzelne Gruppen von Zähnen oder vollständig).

Die Ernährungsgewohnheiten eines Säugetieres beeinflussen stark seine Körperform und Physiologie. Die Insektenfresser haben spitze Zähne zum Durchstechen des Exoskeletts von Insekten und anderen kleinen Wirbellosen. Herbivore Säugetiere besitzen spezialisierte Zähne für das Zermahlen von zellulose- und holzreichen Pflanzenteilen sowie spezielle Bereiche in ihrem Darm mit Bakterien, die imstande sind Zellulose abzubauen. Carnivore Säugetiere besitzen Anpassungen für das Töten und Zerkleinern ihrer Beutetiere – zumeist herbivore Säugetiere – einschließlich einer spezialisierten Kiefermuskultur und spezialisierten Zähnen. Allesfresser ernähren sich sowohl von pflanzlicher wie von tierischer Nahrung und weisen eine Vielzahl von Zahntypen auf.

Einige im Meer, auf dem Land und in der Luft lebende Säugetiere führen Wanderungen durch. Manche Wanderungen, wie die der Seebären und der Rentiere, gehen über weite Strecken. Langstreckenwanderungen erfolgen meist hin zu Gebieten mit günstigeren Klima-, Nahrungs- oder Geburtsbedingungen, oder dienen dem Zusammenfinden der Geschlechter zum Zweck der Fortpflanzung.

Säugetiere mit echtem Flugvermögen, die Fledermäuse, sind in der Hauptsache nachtaktiv und vermeiden so eine direkte Konkurrenzsituation mit den Vögeln. Die meisten Arten benutzen die Ultraschallechoortung zur Navigation und zum Auffinden von Nahrung in der Dunkelheit der Nacht.

Die eierlegenden Monotrematen Australiens sind unter den rezenten Säugetieren diejenigen mit den primitivsten Fortpflanzungsmerkmalen. Nach dem Ausschlüpfen werden die Jungen vom Muttertier mit Milch versorgt. Alle anderen Säugetiere sind lebendgebärend (vivipar). Die Embryonen der Beuteltiere (Marsupialier) durchlaufen eine kurze Tragzeit und werden in unterentwickeltem Zustand geboren. Sie vollenden ihr frühes Wachstum im Beutel des

Muttertiers, von der sie mit Milch gesäugt werden. Die verbleibenden Säugetiere bilden die Gruppierung der Eutherier, das sind die Säugetiere, die eine fortgeschrittene plazentale Verbindung zwischen dem Körper des Muttertiers und dem Embryo herstellen, über die der Embryo über eine längere Zeitspanne hinweg versorgt wird.

Säugetierpopulationen unterliegen ständigen Fluktuationen durch bestandsabhängige sowie bestandsunabhängige Ursachen, und einige Säugetiere – insbesondere Nagetiere – können extreme Zyklen in der Populationsgröße durchlaufen. Der uneingeschränkte evolutive Erfolg der Säugetiere als Gruppe lässt sich nicht auf ein höheres Maß an Perfektion eines bestimmten Organsystems zurückführen, sondern vielmehr auf ihre beeindruckende Gesamtanpassungsfähigkeit – das Vermögen, sich in perfekterem Maße in die Gesamtorganisation der jeweiligen Umweltsituation einzupassen und so praktisch jeden Lebensraum auf der Erde besiedeln zu können.

Die Evolutionsprinzipien Darwins vermitteln uns tiefe Einsichten in unsere eigenen Ursprünge. Menschen sind Primaten, gehören also einer Säugetiergruppe an, die sich von spitzmausartigen Vorfahren ableitet. Der gemeinsame Urahn aller modernen Primaten war ein Baumbewohner mit Greiffingern und nach vorn gerichteten Augen, die ihrem Besitzer die Befähigung zum räumlichen Sehen verliehen. Die Radiation der Primaten erfolgte im Verlauf der letzten 80 Millionen Jahre, ausgehend von zwei Hauptabstammungslinien: den Prosimiden (Lemuren, Loris und Koboldmakis) und den Simiden (Affen, Menschenaffen und Hominiden).

Die frühesten Hominiden tauchten vor ca. sieben Millionen Jahren in Afrika auf und brachten mehrere Australopithecinenarten hervor, die vier Millionen Jahre überlebten. Aus den Australopithecinen ging Homo habilis hervor, der erste Anwender von Steinwerkzeugen. Zumindest für einige Zeit lebten diese verschiedenen Primaten neben einander. Homo erectus trat vor etwa 1,8 Millionen Jahren zu Beginn des Pleistozäns in Erscheinung und wurde schließlich vom modernen Menschen, Homo sapiens, ersetzt oder verdrängt.

ZUSAMMENFASSUNG

Übungsaufgaben

1 Beschreiben Sie die Evolution der Säugetiere. Verfolgen Sie dabei ihre Abstammung der Synapsidenlinie von den frühen amnioten Vorfahren bis zu den echten Säugetieren. Wie würden Sie Pelycosaurier, frühe Therapsiden, Cynodonten und Säugetiere gegeneinander abgrenzen?

2 Beschreiben Sie die baulichen und funktionellen Anpassungen, die bei den frühen Amnioten auftraten und die in der Rückschau den Säugetierbauplan voraussahnen ließen. Welche Säugetierattribute waren Ihrer Meinung nach besonders bedeutungsvoll für die erfolgreiche Radiation der Säugetiere?

3 Man nimmt an, dass sich die Haare als eine Anpassung zur Wärmeisolation bei den Therapsiden evolutiv herausgebildet haben. Die modernen Säugetiere haben Haare auch für diverse andere Zwecke adaptiert. Beschreiben Sie diese.

4 Was ist kennzeichnend für die folgenden Strukturen: die Hörner der Boviden, die Geweihe der Hirschfamilie, die Hörner von Nashörnern? Beschreiben Sie den Wachstumszyklus des Geweihes. Was versteht man unter dem Bast? Warum wird er so bezeichnet?

5 Beschreiben Sie die anatomischen Positionen und (vordringliche) Funktion/en der folgenden Hautdrüsen: Schweißdrüsen (exokrin und apokrin), Duftdrüsen, Talgdrüsen, Milchdrüsen.

6 Geben Sie Definitionen für die Begriffe „diphyodont" und „heterodont", und erläutern Sie, warum beide Begriffe auf die Bezahnung von Säugetieren anwendbar sind.

7 Beschreiben Sie die Nahrungsgewohnheiten von insektivoren, herbivoren, carnivoren und omnivoren Säugetieren. Geben Sie die Trivialnamen einiger Säugetiere an, die zu diesen Gruppen gehören.

8 Die meisten herbivoren Säugetiere stützen sich auf Zellulose als Hauptenergiequelle, aber kein Säugetier stellt zellulosespaltende Enzyme her. Wie sind die Verdauungssysteme von Säugetieren auf eine symbiontische Verdauung der Zellulose eingerichtet?

9 Wie unterscheidet sich die Fermentation bei Pferden und Rindern?

10 Welche Beziehung besteht zwischen der Körpermasse und der Stoffwechselrate eines Säugetiers?

11 Beschreiben Sie die jährlichen Wanderungen von Rentieren und von Pelzrobben.

12 Erläutern Sie, was kennzeichnend für den Lebensstil und den Modus der Navigation bei den Fledermäusen ist.

13 Beschreiben Sie die Muster der Fortpflanzung bei Monotremen, Beuteltieren und Plazentaliern und grenzen Sie diese gegeneinander ab. Welche Aspekte der Säugetierfortpflanzung sind bei *allen* Säugetieren vorhanden, die bei allen anderen Wirbeltieren fehlen?

14 Treffen Sie eine Unterscheidung zwischen dem Territorium und dem Heimatgebiet eines Säugetieres.

15 Worin besteht der Unterschied zwischen bestandsabhängigen und bestandsunabhängigen Ursachen von Fluktuationen in der Populationsgröße von Säugetieren?

16 Beschreiben Sie den Hasen/Luchs-Populationszyklus, der als klassisches Beispiel für eine Räuber/Beute- (Jäger/Jagdbeute-)Beziehung gilt (Abbildung 28.28). Leiten Sie aus Ihrer Untersuchung des Zyklus eine Hypothese ab, die geeignet ist, die Oszillationen zu erklären.

17 Was bedeuten die Fachbegriffe Theria, Metatheria, Eutheria, Monotremata und Marsupialia? Listen Sie Säugetierarten auf, die unter jedes der genannten Taxone fallen.

18 Welche anatomischen Merkmale unterscheiden die Primaten von anderen Säugetieren?

19 Welche Rolle spielt das „Lucy" genannte Fossil für die Rekonstruktion der Evolutionsgeschichte des Menschen?

20 In welcher Weise unterscheiden sich die Gattungen *Australopithecus* und *Homo*, die für wenigstens eine Million Jahre gemeinsam existierten?

21 Wann erschienen die verschiedenen Arten der Gattung *Homo*, und wie unterschieden sie sich in sozialer Hinsicht?

22 Welche Hauptattribute machen die Stellung des Menschen in der Evolution der Tiere einzigartig?

Weiterführende Literatur

Cachel, S. (2006): Primate and Human Evolution. Cambridge University Press; ISBN: 0-5218-2942-9.

Feldhammer, G. et al. (1999): Mammalogy: adaptation, diversity and ecology. McGraw-Hill; ISBN: 0-0712-3240-0. *Modernes, gut illustriertes Lehrbuch.*

Grzimek's Encyclopedia of Mammals (1990). 5 Bände. McGraw-Hill; ISBN: 0-0790-9508-9. Deutsche Originalausgabe: Grzimeks Enzyklopädie der Säugetiere. Kindler (1987); ISBN: 3-4639-2026-3. *Wertvolle Quelle für Informationen über alle Säugetierordnungen.*

Johanson, D. und M. Edey (1981): Lucy, the beginnings of mankind. Simon & Schuster; ISBN: 0-6717-2499-1. *Unterhaltsame Darstellung zu Johansons berühmt gewordener Entdeckung eines nahezu vollständigen Skeletts von Australopithecus afarensis.*

Jones, S. et al. (1992): Cambridge Encyclopedia of Human Evolution. Cambridge University Press; ISBN: 0-5214-6786-1. *Umfassendes und informatives Nachschlagewerk für Nichtfachleute. Sehr gut lesbar und sehr empfehlenswert.*

Kardong, K. (2005): Vertebrates: Comparative Anatomy, Function, Evolution. 4. Auflage. McGraw-Hill; ISBN: 0-0712-4457-3.

Kemp, T. (2004): The Origin and Evolution of Mammals. 1. Auflage. Oxford University Press; ISBN: 0-19-850760-7 (gebunden); 0-19-850761-5 (broschiert). *Das aktuell gültige Standardwerk zur Evolution der Säugetiere.*

Luo, Z.-X. (2007): Transformation and diversification in early mammal evolution. Nature, 450:1011-1019. *Ein hervorragender, hochaktueller Übersichtsartikel, der sehr schön unseren heutigen Wissenstand über die komplexe, verzweigte Entwicklung der frühen Säugetiere zeigt.*

Macdonald, D. (2004): Die große Enzyklopädie der Säugetiere. Könemann; ISBN: 3-833-1100-66. Deutsche Ausgabe von: The Encyclopedia of Mammals. Oxford University Press (2006); ISBN: 0-1992-0608-2. *Behandelt alle Säugetierordnungen und -familien. Enthält viele schöne Farbfotos und Farbzeichnungen.*

Niethammer, J. und F. Krapp (Hrsg.) (div.): Handbuch der Säugetiere Europas. 6 Bände mit Teilbänden. Aula; ISBN: 978-3-89104-699-9. *Inhalt der Bände: Nagetiere, Paarhufer, Insektenfresser, Herrentiere, Hasentiere, Fledertiere, Raubsäuger, Meeressäuger.*

Nowak, R. (1999): Walker's Mammals of the World. 6. Auflage. 2 Bände. Johns Hopkins University Press; ISBN: 0-8018-5789-9. *Definitives, illustriertes Referenzwerk zu den Säugetieren mit Beschreibungen aller rezenten und kürzlich ausgestorbenen Arten.*

Pough, F. et al. (2004): Vertebrate Life, 7. Auflage. Prentice Hall; ISBN: 0-13-145310-6. *Diskutiert die Evolution und die funktionelle Morphologie der Säugetiere im Kontext der Entwicklungsgeschichte der Wirbeltiere als Ganzes. Gut lesbar.*

Preston-Mafham, R. und K. (1992): Primates of the world. Facts on File; ISBN: 0-8160-5211-5. *Eine kurze Einführung mit hochqualitativen Fotografien und brauchbaren Beschreibungen.*

Rice, J. (Hrsg.): The marvelous mammalian parade. Natural History, vol. 103, no. 4: 39–91 (1994). *Eine spe-*

zielle, von mehreren Autoren verfasste Abhandlung zur Evolution der Säugetiere.

Rismiller, P. und R. Seymour (1991): The echidna. Scientific American, vol. 294, no. 2: 96–103. *Neuere Untersuchungen an diesem faszinierenden Monotrematen haben viele „Geheimnisse" seiner Naturgeschichte und Fortpflanzung offengelegt.*

Stringer, C. (1990): The emergence of modern humans. Scientific American, vol. 263, no. 12: 98–104. *Übersicht über die geografischen Ursprünge des modernen Menschen.*

Suga, N. (1990): Biosonar und neural computation in bats. Scientific American, vol. 262, no. 6: 60–68. *Allgemeinverständliche Darstellung darüber, wie das Nervensystem von Fledermäusen Echoortungssignale verarbeitet.*

Tattersall, I. (2001): How we came to be human. Scientific American, vol. 285, no. 12: 56–63. *Wie der Erwerb der Sprache und die Befähigung des Ausdrucks durch symbolische Kunstwerke Homo sapiens vom Neandertaler unterscheidet.*

Templeton, A. (2002): Out of Africa again and again. Nature, vol. 416: 45–51. *Eine umfassende molekulare Analyse der molekulargenetischen Daten, die darauf hindeuten, dass sich der Mensch als zusammenhängende Abstammungslinie über die vergangenen 1,7 Millionen Jahre evolviert hat, wobei mehrfach eine Auswanderung von Populationen aus Afrika stattgefunden haben soll.*

Wong, K. (2002): The mammals that conquered the sea. Scientific American, vol. 286, no. 5: 70–79. *Neue Fossilien und molekulargenetische Befunde helfen dabei, die Evolutionsgeschichte der Wale zu enträtseln.*

Wuethrich, B. (1997): Will fossil from down under upend mammal evolution? Science, vol. 278: 1401–1402. *Falls der in diesem Artikel beschriebene Kieferknochen von einem Plazentalier stammt, dann gab es in Australien vor 115 Millionen Jahre plazentale Säugetiere – nicht erst vor 5 Millionen Jahren – und sie waren bis zu ihrer Wiedereinführung zwischenzeitlich ausgestorben.*

Weitere Informationen zu diesem Buchkapitel finden Sie auf der Companion-Website unter
http://www.pearson-studium.de

TEIL IV

Lebens-äußerungen

29	Halt, Schutz und Bewegung	943
30	Homöostase	975
31	Innere Flüssigkeiten und Atmung	1005
32	Verdauung und Ernährung	1039
33	Nervöse Steuerung	1067
34	Chemische Koordination	1109
35	Immunsystem	1137
36	Das Verhalten der Tiere	1161

Halt, Schutz und Bewegung

29

29.1	**Das Integument (Haut) bei verschiedenen Tiergruppen**	945
29.2	**Skelettsysteme**	950
29.3	**Tierische Bewegungsvorgänge**	957
	Zusammenfassung	971
	Übungsaufgaben	971
	Weiterführende Literatur	973

ÜBERBLICK

Halt, Schutz und Bewegung

„Ein Hund", so bemerkte Galileo Galilei im 17. Jahrhundert, „könnte vermutlich zwei oder drei vergleichbare Hunde auf seinem Rücken tragen, doch glaube ich, dass ein Pferd nicht einmal eines seiner eigenen Größe zu tragen vermöchte." Galilei nahm damit Bezug auf das Skalierungsprinzip – ein Verfahren, das es uns erlaubt, die Folgen von Veränderungen der Körpergröße abzuschätzen und zu verstehen. Ein Grashüpfer kann fünfzigmal so hoch springen, wie sein Körper lang ist; ein Mensch dagegen kann aus dem Stand springend kein Hindernis überwinden, das kaum so hoch ist wie er selbst. Ohne ein Verständnis der Skalierung, der Maßstabsveränderung, könnte uns dies zu der falschen Annahme verführen, dass es mit der Insektenmuskulatur eine spezielle Bewandtnis haben muss. Den Autoren eines Lehrbuchs der Entomologie des 19. Jahrhunderts erschien es, dass „diese wundervolle Kraft der Insekten zweifelsohne das Ergebnis irgendeiner Besonderheit im Bau und der Anordnung ihrer Muskeln – vor allem in ihrer außerordentlichen Kontraktionskraft – sein müsse". Doch die Muskeln eines Grashüpfers sind tatsächlich nicht stärker als die Muskeln eines Menschen, da die Muskeln kleiner wie großer Tiere pro Einheitsfläche des Muskelquerschnitts die gleiche Kraft erzeugen. Außerdem sind in den Muskeln aller Tiere die molekularen Bausteine und deren Funktion fast identisch. Grashüpfer springen im Verhältnis zu ihrer Größe sehr hoch, weil sie klein sind, nicht weil sie über in irgendeiner Weise außergewöhnliche Muskeln verfügen.

Eine Ameise trägt mit Leichtigkeit ein Blatt, das schwerer ist als sie selbst.

Die Autoren des zitierten Textes aus dem 19. Jahrhundert führten weiter aus, dass es ein günstiger Umstand sei, dass den höheren Tieren nicht die Körperkräfte der Insekten zur Verfügung stünden, da dies sonst „eine frühzeitige Verwüstung der ganzen Welt" zur Folge gehabt hätte. Es ist wahrscheinlicher, dass solche Kräfte zu der Verwüstung dieser Supermann-Tiere geführt hätten. Für Normalsterbliche bedürfte es mehr als der Muskeln von „Supermann", um ähnliche Sprungleistungen zu vollbringen wie eine Heuschrecke. Sie müssten Supermannsehnen, Supermannligamente und Supermannknochen haben, um der Krafteinwirkung übermächtiger Kontraktionen widerstehen zu können – von den verheerenden Wirkungen des Aufpralls mit der dann erreichten Endgeschwindigkeit gar nicht zu reden. Die Kunststückchen der Fantasiefigur Supermann wären auch dann praktisch unerreichbar, wäre der Superheld aus den Baumaterialien zusammengesetzt, die erdgebundenen Tieren zur Verfügung stehen (anstelle der Wunderwerkstoffe, die den Bewohnern des Fantasiereichs auf dem Planeten Krypton zugänglich sind).

Das Integument (Haut) bei verschiedenen Tiergruppen 29.1

Das Integument bildet den äußeren Überzug des Körpers – eine schützende Hülle, welche die Haut und alle sich von ihr ableitenden Bildungen wie Haare, Seten, Schuppen, Federn und Hörner umfasst. Bei den meisten Tieren ist es widerstandsfähig und biegsam, verleiht eine mechanische Schutzwirkung gegen Abnutzung und Durchlöcherung und bildet eine wirksame Barriere gegen das Eindringen von Bakterien und Pilzen. Es kann eine Abdichtung gegen den Verlust oder das Eindringen von Feuchtigkeit sein. Die Haut hilft dabei, die darunterliegenden Zellen gegen die schädigende Wirkung der ultravioletten Sonnenstrahlung abzuschirmen. Über die Funktion als Schutzüberzug hinaus, dient die Haut einer Vielzahl wichtiger Regulationsaufgaben. Bei endothermen Tieren ist sie beispielsweise in vitaler Weise an der Temperaturregulation beteiligt, da der größte Anteil des Wärmeverlustes des Körpers über die Hautoberfläche vonstatten geht; sie ist mit Einrichtungen zur Kühlung des Körpers versehen, wenn es zu heiß wird, und sie verringert Wärmeverluste, wenn der Körper zu stark abkühlt. Die Haut enthält Sinnesrezeptoren, die wesentliche Informationen über die unmittelbare Umgebung liefern. Sie besitzt exkretorische Funktion und bei einigen Tiergruppen auch respiratorische. Durch die Pigmentierung ihrer Haut vermögen sich manche tierische Organismen mehr oder weniger gut zu tarnen. Hautsekrete können ein Tier sexuell anziehend oder abstoßend machen, oder sie können Signale darstellen, die die Verhaltenswechselwirkungen zwischen Individuen beeinflussen. Die Haut ist bei vielen Säugetieren ein wichtiger Bestandteil des Immunsystems und kann aufgrund ihrer vielfältigen Aufgaben getrost als Organ bezeichnet werden.

29.1.1 Das Integument bei Invertebraten

Viele Protozoen verfügen als äußere Bedeckung nur über eine zarte Zell- oder Plasmamembran. Andere, wie das Pantoffeltierchen *Paramecium* haben ein schützendes Pellikel entwickelt. Die meisten vielzelligen Wirbellosen besitzen jedoch komplexere Bedeckungen aus Gewebe. Das Hauptabschlussgewebe ist eine einschichtige Epidermis. Einige Invertebraten haben dem eine sezernierte, nichtzelluläre Kutikula hinzugefügt, die über der Epidermis liegt und zusätzliche Schutzwirkung verleiht.

Die Epidermis der Mollusken (Weichtiere) ist zart und weich und enthält Schleimdrüsen, von denen einige den Kalk (Calciumcarbonat) für die Schale abscheiden. Cephalopode Mollusken (Tintenfische wie Kalmare und Kraken) haben ein komplexeres Integument entwickelt, das aus einer Kutikula, einer einfachen Epidermis, Bindegewebslagen, einer Schicht aus reflektierenden Zellen (Iridocyten) und einer dickeren Lage von Bindegewebe besteht.

Die Arthropoden (Gliederfüßler) weisen den kompliziertesten Integumentaufbau auf, der sich bei den Wirbellosen findet. Ihr Integument verleiht nicht nur Schutz, sondern dient auch als skelettaler Stützapparat. Die Entwicklung eines festen Exoskeletts und gelenkiger Extremitäten, die als Ansatzstellen für Muskeln geeignet sind, sind ein Schlüsselmerkmal, das der außerordentlichen Vielgestaltigkeit dieses Tierstammes – der weitaus größten aller Tiergruppen – zugrunde liegt. Das Integument der Arthropoden besteht aus einer einlagigen **Epidermis** (die genauer als **Hypodermis** bezeichnet wird), und die eine komplexe, aus zwei Zonen bestehende Kutikula abscheidet (▶ Abbildung 29.1a). Die dickere, innere Zone (die **Prokutikula**) besteht aus Protein und Chitin (einem Polysaccharid). Sie wird in Schichten (Lamellen) angelegt, in etwa so wie Leimholzplatten aus mehreren Sperrholzlagen. Die äußere Zone der Kutikula, die auf der Außenseite (zur Umwelt hin) der Prokutikula aufliegt, ist die dünne Epikutikula. Die **Epikutikula** ist ein nichtchitinöser Verbund aus Proteinen und Lipiden, der eine wasserdichte Abschlussschicht des Integuments bildet.

Die Kutikula der Arthropoden kann als widerstandsfähige, aber weiche und biegsame Schicht ausgebildet sein, wie es bei vielen Mikrocrustaceen und Insektenlarven der Fall ist. Sie kann aber auch auf eine von zwei möglichen Weisen verhärtet sein. Bei den dekapoden Crustaceen (Dekapoden; Krabben, Langusten, Hummer usw.) ist die Kutikula durch **Calzifizierung**, der Einlagerung von Calciumcarbonat in den äußeren Schichten der Prokutikula, versteift. Bei den Insekten erfolgt die Versteifung durch die Quervernetzung von Proteinen innerhalb von und zwischen benachbart liegenden Lamellen der Prokutikula. Das als **Sklerotisierung** bezeichnete Ergebnis dieses Vorgangs ist die Ausbildung eines hoch widerstandsfähigen und unlöslichen Proteins, das Sklerotin heißt. Die Kutikula der Arthropoden ist einer der widerstandsfähigsten Werkstoffe, die von Tieren synthetisiert werden. Sie ist hoch widerstandsfähig gegen Druck und Zug und übersteht Kochen in konzen-

29 Halt, Schutz und Bewegung

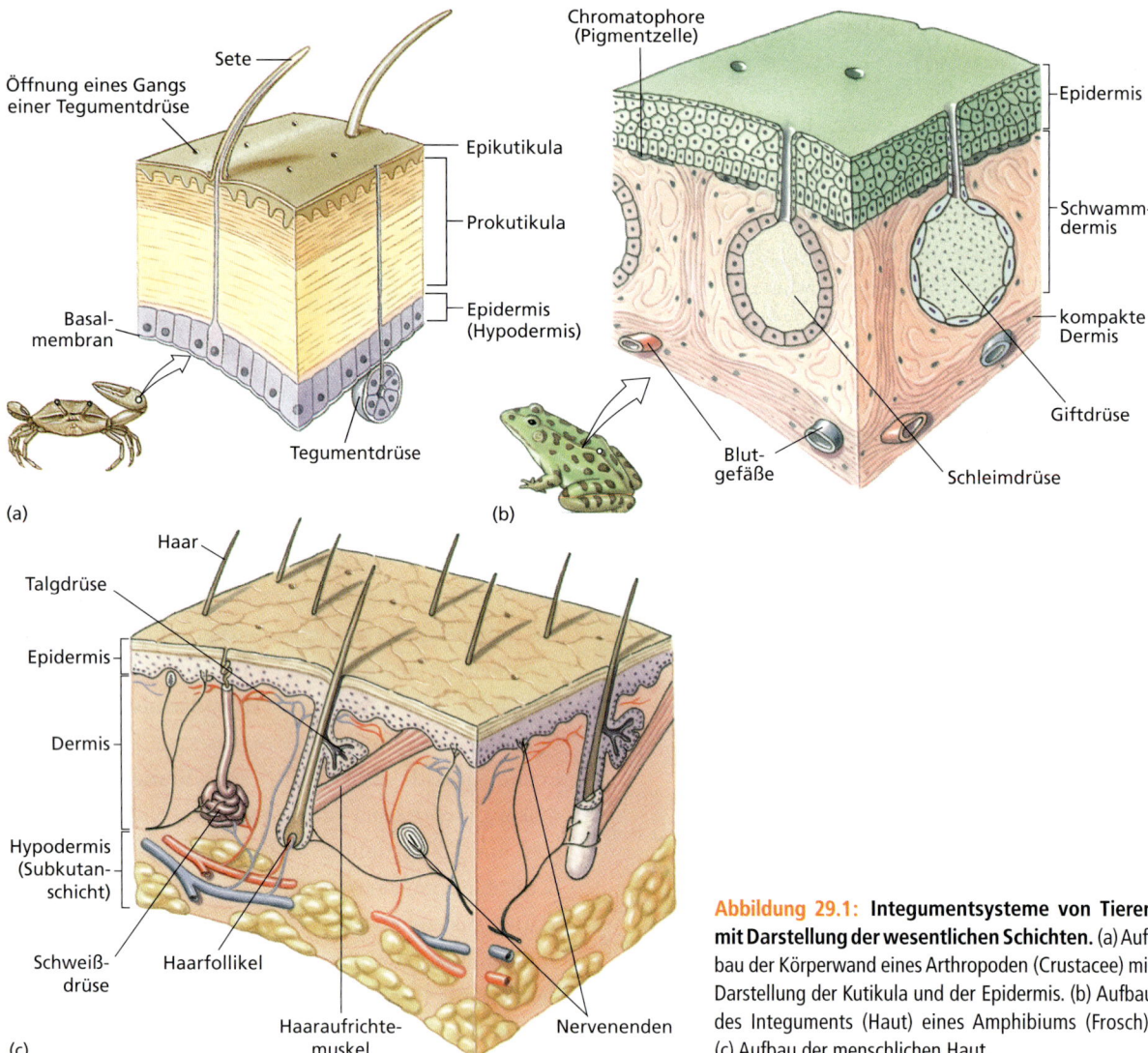

Abbildung 29.1: Integumentsysteme von Tieren mit Darstellung der wesentlichen Schichten. (a) Aufbau der Körperwand eines Arthropoden (Crustacee) mit Darstellung der Kutikula und der Epidermis. (b) Aufbau des Integuments (Haut) eines Amphibiums (Frosch). (c) Aufbau der menschlichen Haut.

trierten Laugen (das darin befindliche Tier selbstverständlich nicht); gleichzeitig ist sie leicht, mit einem spezifischen Gewicht von nur 1,3 (Wasser = 1).

Wenn sich Arthropoden häuten, teilen sich als Erstes die Epidermiszellen mitotisch. Von der Epidermis abgesonderte Enzyme verdauen den größten Teil der Prokutikula. Das verdaute Material wird nachfolgend absorbiert und geht dem Körper folglich nicht verloren. Im Raum unterhalb der alten Kutikula bilden sich eine neue Epikutikula und Prokutikula. Nachdem die alte Kutikula abgestreift worden ist, wird die neue Kutikula verdickt und calzifiziert bzw. sklerotisiert.

29.1.2 Das Integument und seine Derivate bei Vertebraten

Zum Grundbauplan des Vertebratenintegumments gehören, wie am Beispiel der Haut eines Frosches und des Menschen gezeigt wird (Abbildungen 29.1 b + c), eine dünne, äußere, stratifizierte (= geschichtete) Epithelschicht (die **Epidermis**), die sich vom Ektoderm ableitet und eine innere, dickere (die **Dermis** oder echte Haut), die mesodermalen Ursprungs ist. (Ektoderm und Mesoderm sind zwei der drei Keimblätter der Wirbeltiere; für Einzelheiten siehe Abbildung 8.26).

Obgleich die Epidermis dünn ist und in ihrem Aufbau einfach erscheint, gehen aus ihr die meisten Derivate des Integuments hervor, so etwa Haare, Federn, Klauen und Hufe. Die Epidermis ist ein stratifiziertes Schwammepithel (siehe Kapitel 9), das für gewöhnlich aus mehreren Zelllagen besteht. Zellen des basalen Anteils durchlaufen häufige Mitosen, um die darüber liegenden Schichten zu erneuern. In dem Maß, in dem weiter oben liegende Zellen durch neue Generationen von Zellen, die von unten nachschieben, ersetzt werden, sammelt sich ein außerordentlich widerstandsfähiges

29.1 Das Integument (Haut) bei verschiedenen Tiergruppen

Exkurs

Eidechsen, Schlangen, Schildkröten und Krokodile gehörten zu den ersten Tieren, welche die adaptiven Möglichkeiten des bemerkenswert widerstandsfähigen Proteins Keratin auszunutzen wussten. Die Epidermalschuppen von Reptilien, die sich aus Keratin bilden, sind wesentlich leichtere und flexiblere anatomische Bildungen als die knochigen Dermalschuppen von Fischen. Gleichzeitig verleihen sie eine ausgezeichnete Schutzwirkung gegen Abrieb und Austrocknung (Abbildung 29.2). Schuppen können – wie bei den Schlangen und einigen Eidechsen – überlappende Strukturen sein oder sich zu Platten entwickeln, wie im Fall der Schildkröten und Krokodile. Bei den Vögeln findet das Keratin eine neuartige Verwendung. Federn, Schnäbel und Klauen sowie Schuppen sind epidermale Bildungen, die aus dichtem Keratin bestehen. Die Säugetiere haben diese Entwicklung weitergeführt und die nützlichen Eigenschaften des Keratins für sich ausgenutzt, indem sie es zu Haaren, Hufen, Klauen und Nägeln verbaut haben. Als Folge des Keratingehalts sind Haare das kräftigste Baumaterial des Körpers. Sie besitzen eine Zugfestigkeit, die der von gerolltem Aluminium entspricht; sie ist beinahe doppelt so hoch wie die des stärksten Knochens (bezogen auf die Masse).

Die **Dermis** kann auch echte Knochenbildungen dermalen Ursprungs enthalten. Schwere Knochenplatten waren bei den Ostrakodermen und den Plakodermen des Paläozoikums verbreitet (siehe Abbildung 23.17) und kommen bis heute bei einigen rezenten Fischen wie den Stören vor (siehe Abbildung 24.19). Die Schuppen heutiger Fische sind knochige Dermalbildungen, die sich evolutiv aus den Knochenpanzern paläozoischer Fische entwickelt haben, die aber viel kleiner und flexibler sind. Fischschuppen sind dünne, knochige Splitter, die mit einer schleimabsondernden Epidermis überzogen sind (▶ Abbildung 29.2). Den meisten Amphibien fehlen die Dermalknochen in der Haut (mit Ausnahme von Überbleibseln von Dermalschuppen, die sich bei einigen tropischen Blindwühlen finden). Bei den Reptilien stützen Dermalknochen die Panzerung der Krokodile, die „körnige" Haut vieler Eidechsen und tragen zum Panzer der Schildkröten bei. Dermalknochen bringen weiterhin Geweihe sowie den knochigen Kern von Hörnern hervor.

Faserprotein, das **Keratin**, im Inneren der Zellen an. Nach und nach verdrängt das Keratin das gesamte metabolisch aktive Cytoplasma der Zelle. Die Zelle stirbt ab und wird schließlich – leblos und schuppenartig verändert – abgeschilfert. Dies ist die Ursprungsquelle der Haut- und Haarschuppen, die einen beträchtlichen Teil des Hausstaubes ausmachen. Der ganze Vorgang der Keratineinlagerung wird als **Keratinisierung** bezeichnet, und man sagt, dass eine derartig transformierte Zelle **verhornt**. Verhornte Zellen, die sehr widerstandsfähig gegen Abnutzung (= Abrasion) und die Diffusion von Wasser sind, bilden das ganz außen liegende **Stratum corneum** (Hornschicht). Die epidermalen Lagen werden dort besonders dick, wo die betreffenden Hautbereiche beständiger Druckbelastung oder Abnutzung unterliegen, wie etwa Schwielen, Fußsohlen von Säugetieren und den Schuppen von Reptilien und Vögeln.

Die Dermis ist eine Lage aus dichtem Bindegewebe (siehe Kapitel 9), das Blutgefäße, Kollagenfasern, Nerven, Pigmentzellen, Fettzellen und als Fibroblasten bezeichnete Bindegewebszellen enthält. Diese Elemente stützen, dämpfen und nähren die Epidermis, die frei von Blutgefäßen ist. Andere in diesen Bindegewebslagen vorhandene Zellen (Makrophagen, Mastzellen und Lymphocyten; siehe Kapitel 35) bilden eine erste Verteidigungslinie, falls die äußeren Epidermalschichten verletzt werden.

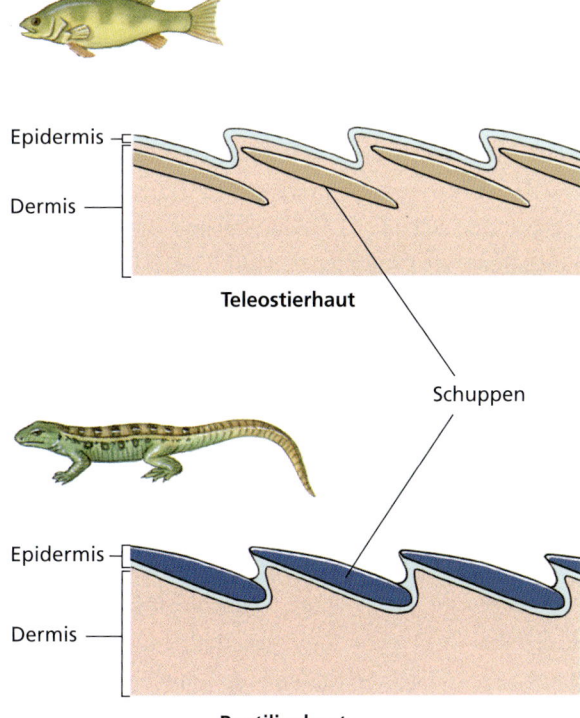

Abbildung 29.2: Das Integument von Knochenfischen und von Eidechsen. Knochenfische (Teleostier) besitzen knochige Schuppen aus Dermis; Eidechsen besitzen hornige Schuppen aus Epidermis. Es handelt sich also nicht um homologe Strukturen. Die Dermalschuppen der Fische bleiben lebenslang erhalten. Da jedes Jahr ein neuer Wachstumsring hinzutritt, ziehen Fischereibiologen Schuppen heran, um das Alter eines Fisches zu bestimmen. Die Epidermalschuppen von Reptilien werden periodisch abgeworfen und durch neue ersetzt.

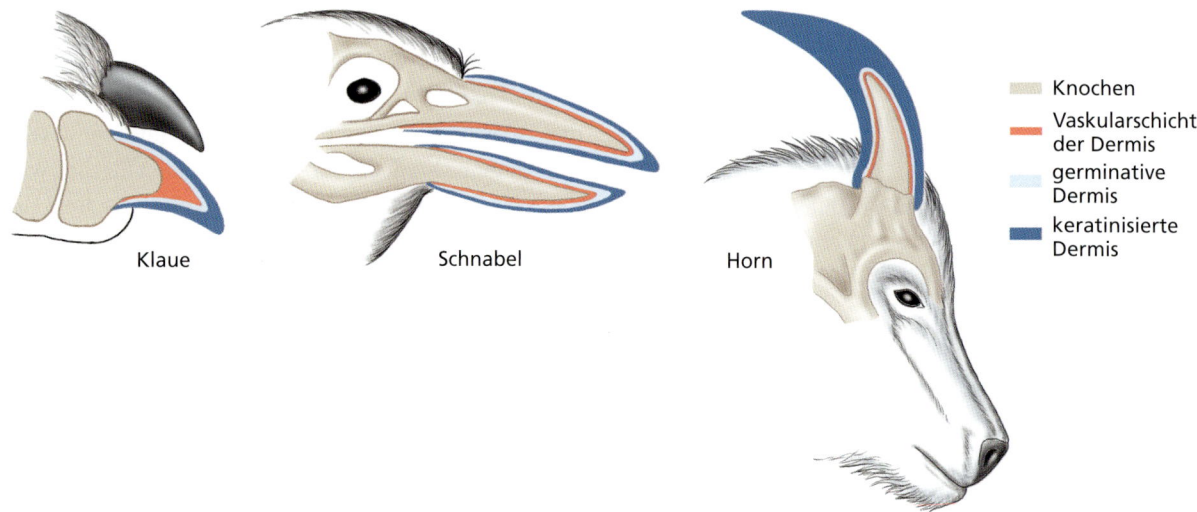

Abbildung 29.3: Ähnlichkeiten im Aufbau von Integumentderivaten. Klauen, Schnäbel und Hörner setzen sich alle aus ähnlichen Kombinationen von epidermalen (keratinisierten) und dermalen (nichtkeratinisierten) Elementen zusammen. Ein mittig liegender, knocherner Kern ist mit einer vaskularisierten, nutritiven Dermisschicht überzogen. Eine äußere Epithelschicht besitzt eine basale germinative Komponente, die proliferiert, um das fortgesetzte Wachstum dieser Bildungen zu ermöglichen. Das verdickte Oberflächenepithel ist keratinisiert oder verhornt. (Man beachte, dass die relative Dicke der einzelnen Komponenten in diesen schematischen Zeichnungen nicht maßstabsgerecht dargestellt ist.)

Bildungen wie Klauen, Schnäbel, Nägel und Hörner enthalten Kombinationen epidermaler (keratinisierter) und dermaler Bestandteile. Ihr Grundaufbau ist gleich, mit einem zentralen Knochenkern, der von einer vaskularisierten Schicht aus Dermis und einer äußeren Epithelschicht überzogen ist. Diese Epithelschicht besitzt eine germinative (= keimfähige) Komponente, die für das fortgesetzte Wachstum von Hörnern, Hufen, Klauen und Schnäbeln verantwortlich ist. Die äußere Epithellage ist keratinisiert. Das Überwachsen dieser Strukturen wird durch konstante Beanspruchung und Abnutzung verhindert (▶ Abbildung 29.3).

Die Färbung von Tieren

Die Färbung eines Tieres kann lebhaft und schrill sein, wenn sie als wichtiges Erkennungsmerkmal oder als Warnfarbe dient; oder sie kann gedämpft oder abgetönt sein, wenn sie der Tarnung dient. Die Farbe des Integuments wird meist durch Pigmente hervorgerufen. Bei vielen Insekten und einigen Wirbeltieren – insbesondere bei Vögeln – werden bestimmte Farbtöne aber durch den anatomischen Feinbau der Oberfläche hervorgerufen. Die physikalischen Eigenschaften des mikroskopischen Aufbaus führen dazu, dass bestimmte Lichtwellenlängen zurückgeworfen (reflektiert), andere aufgenommen (resorbiert) werden. Farben, die auf diese Weise zustande kommen, werden als **Strukturfarben** bezeichnet und sind verantwortlich für die meisten der schillernden (irisierenden) und metallischen Farbtöne, die sich im Tierreich finden. Viele Schmetterlinge und Käfer sowie einige Fische teilen sich mit den Vögeln den Vorzug, zu den strahlendsten Tieren der Erde zu gehören. Bestimmte Strukturfarben von Federn werden durch winzigste, luftgefüllte Hohlräume oder Poren hervorgerufen, die weißes Licht (weiße Federn) oder Teile des Spektrums reflektieren (zum Beispiel die Tyndall-Blaufärbung, die auf Lichtbrechung beruht; siehe Kapitel 27 zur Färbung von Vogelfedern). Schillerfarben, die ihren Farbton in Abhängigkeit vom Betrachtungswinkel verändern, entstehen, wenn Licht durch mehrere Lagen eines dünnen, transparenten Films reflektiert wird. Durch Phaseninterferenz werden die Lichtwellen verstärkt, abgeschwächt oder ausgelöscht; dabei entstehen einige der reinsten und leuchtkräftigsten Farben, die wir kennen.

Weiter verbreitet als Strukturfarben sind bei den Tieren Pigmentfarben (**Pigmente** = Biochrome; gr. *bios*, Leben + *chroma*, Farbe), die durch eine chemisch extrem vielfältige Klasse von Molekülen zustande kommen, die Licht selektiv absorbieren. Bei Crustaceen und ektothermen Vertebraten sind diese Pigmente in großen Zellen mit sich verzweigenden Fortsätzen (**Chromatophoren**) eingeschlossen (Abbildungen 29.1 und 29.4a). Das Pigment kann im Zentrum der Zelle konzentriert (manchmal in einem Areal, das zu klein ist, um sichtbar ins Auge zu fallen) oder über die ganze Zelle und ihre Ausläufer verteilt (dispergiert) sein, um einen maximalen Farbeffekt zu erzeugen. Die Chromatophoren

(a) Crustaceenchromatophoren

(b) Cephalopodenchromatophoren

Abbildung 29.4: **Chromatophoren.** (a) Die Crustaceenchromatophore, einmal mit dispergiertem (links), das andere Mal mit konzentriertem Pigment (rechts). (b) Die Cephalopodenchromatophore ist eine elastische Kapsel, die von Muskelfasern umgeben ist, die bei der Kontraktion (links) die Kapsel ausdehnen und so das Pigment flächig verteilen.

von Cephalopoden (Kopffüßlern) sind hiervon gänzlich verschieden (▶ Abbildung 29.4). Jede Chromatophore ist hier eine kleine, sackartige Zelle, die mit Pigmentgranula angefüllt und von Muskelzellen umgeben ist, die – wenn sie sich kontrahieren – das Ganze zu einem Pigmentfleck ausdehnen. Wenn sich die Muskelzellen entspannen, schrumpft die elastische Chromatophore zu einer kleinen Kugel. Mit Hilfe solcher Pigmentzellen können Tintenfische und Kraken ihre Färbung schneller verändern als jedes andere Tier.

Die am weitesten verbreiteten unter den tierischen Pigmenten sind die **Melanine**, eine Gruppe schwarzer bis brauner Polymere, die für verschiedene erdfarbene Farbtöne verantwortlich sind, die die meisten Tiere aufweisen. Gelbe bis rote Farbtöne werden in vielen Fällen durch **Carotinoide** hervorgerufen, die häufig in speziellen Pigmentzellen, den **Xanthophoren**, konzentriert sind. Die meisten Wirbeltiere sind nicht in der Lage, selbst Carotinoide herzustellen und müssen diese auf direktem oder indirektem Weg aus ihren pflanzlichen Quellen beziehen. Zwei völlig verschiedene Klassen von Pigmenten sind die Ommochrome und die Pteridine, die für gewöhnlich für gelbe Färbungen bei Mollusken und Arthropoden verantwortlich zeichnen. Grüne Färbungen sind selten; wenn sie auftreten, sind sie für gewöhnlich das Produkt eines gelben Pigments, das von einer blauen Strukturfarbe überlagert wird. **Iridophoren** – ein dritter Chromatophorentyp – enthalten Kristalle von Guanin oder einem anderen Purinderivat anstelle von Pigmenten. Sie erzeugen durch zurückgeworfenes Licht einen silberigen oder metallischen Glanzeffekt.

Am Wirbeltierstandard gemessen, sind die Säugetiere eine eher düster gefärbte Gruppe (siehe Kapitel 28). Die meisten Säugetiere sind großenteils farbenblind – eine Defizienz, die zweifellos mit dem Fehlen leuchtender Färbungen in dieser Gruppe in Verbindung steht. Ausnahmen sind die strahlend gefärbten Hautbereiche bei einigen Pavianen und Mandrills. Es ist daher von Bedeutung, dass die Primaten ein Farbsehvermögen besitzen und dadurch solche augenfälligen Ornamente wahrzunehmen vermögen. Die stumpfen Farbtönungen der Säugetiere werden vom Melanin hervorgerufen, das durch dermale Melanophoren in wachsende Haare eingelagert wird.

Schädliche Wirkungen des Sonnenlichts

Die bekannte Empfindlichkeit der menschlichen Haut für Sonnenbrand erinnert uns daran, dass der ultraviolette Anteil des Sonnenlichtes eine potenziell schädigende Wirkung auf das Cytoplasma der Zellen hat. Viele Tiere, wie etwa Plattwürmer, die im flachen Wasser dem Sonnenlicht ausgesetzt sind, werden durch die ultraviolette Strahlung geschädigt oder sogar abgetötet. Die meisten Landtiere werden vor solchen Schädigungen durch die abschirmende Wirkung spezieller Körperbedeckungen geschützt. Beispiele sind die Kutikula der Arthropoden, die Schuppen der Reptilien, die Federn der Vögel und die Felle der Säugetiere. Menschen sind dagegen „nackte Affen" – ein von dem englischen Zoologen Desmond Morris geprägter Begriff – denen das schützende Fell fehlt, das die meisten anderen Säugetiere besitzen. Wir sind für eine Schutzwirkung auf die Verdickung der Epidermis (**Stratum corneum**) oder eine epidermale Pigmentierung angewiesen. Der größte Teil der ultravioletten Strahlung wird von der Epidermis absorbiert, aber etwa zehn Prozent durchdringen die Dermis. Geschädigte Zellen sowohl in der Epidermis wie der Dermis setzen Histamin und andere Stoffe mit vasodilatatorischer (gefäßerweiternder) Wirkung frei. Dies führt zu einer Weitstellung der Gefäße in der Dermis, die für das mit einem Sonnenbrand verbundene Wärmegefühl verantwortlich ist. Andere Wirkungen dieser Signalstoffe sind die Rotfärbung und das Schmerzgefühl. Helle Haut entwickelt durch verstärkte Melaninbildung in der tiefen Epidermis eine Sonnenbräunung, die durch eine photochemische Oxidation bereits ausgeblichener Pigmente in der Epidermis, die eine Schwarzfärbung bewirkt, noch verstärkt wird. Unglücklicherweise ist der Schutz durch die Pigmentierung nicht perfekt. Das Sonnenlicht lässt die Haut trotzdem vorzeitig altern, und die Bräunung selbst führt dazu, dass die Haut austrocknet und ledrig wird. Sonnenstrahlung ist weiterhin für die meisten Fälle von Hautkrebs verantwortlich, von denen es allein in den USA etwa eine Million neuer Fälle pro Jahr gibt. Unter Menschen kaukasischer Herkunft sind maligne Entartungen der Haut damit eine der häufigsten Krebsformen. Jüngste molekulare Daten deuten darauf hin, dass Mutationen, die durch hohe Sonnenlichtdosen in Jugendjahren entstanden sind, für Ausbrüche von Hautkrebs verantwortlich sind, die jenseits des mittleren Lebensalters auftreten.

Skelettsysteme 29.2

Skelette sind Stützsysteme, die dem Körper Steifigkeit verleihen, Oberflächen für den Ansatz von Muskeln bieten und empfindlichen Organen wie dem Gehirn Schutz verleihen. Der vertraute Knochen des Wirbeltierskeletts ist nur einer von verschiedenen Typen von Stütz- und Bindegewebe, die verschiedenen Bindungs- und Tragefunktionen dienen. Sie werden im Folgenden beschrieben.

29.2.1 Hydrostatische Skelette

Nicht alle Skelette sind starr. Viele Gruppen von Wirbellosen setzen ihre Körperflüssigkeiten als inneres, hydrostatisches Skelett ein. So haben beispielsweise die Muskeln in der Körperwand eines Regenwurms keine feste Ansatzstelle, sondern entfalten ihre Kraft durch Kontraktion gegen die nicht komprimierbare Coelomflüssigkeit, die in einem umgrenzten Raum eingeschlossen ist, ähnlich wie die hydraulische Bremse eines Automobils.

Sich abwechselnde Kontraktionen der Ring- und der Längsmuskulatur in der Körperwand versetzen den Wurm in die Lage, sich zu strecken und zu verdicken. Dadurch wird eine nach rückwärts laufende Welle von Bewegungen erzeugt, die das Tier nach vorn schiebt (▶ Abbildung 29.5). Die Bewegung bei Regenwürmern und anderen Ringelwürmern (Anneliden) wird durch Septen (Scheidewände) unterstützt, die das Körperinnere in mehr oder weniger unabhängige Kompartimente unterteilen (siehe Abbildung 17.1). Ein offenkundiger Vorteil liegt darin, dass ein Wurm, der durchstochen oder gar in Teile zerrissen wird, in jedem der getrennten Teile noch Druck aufbauen und sich weiterbewegen kann. Würmer, denen eine innere Kompartimentierung fehlt, wie etwa dem Wattwurm *Arenicola* (Abbildung 17.5),

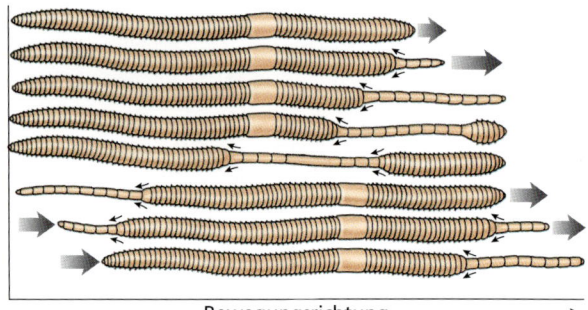

Abbildung 29.5: **Vorwärtsbewegung eines Regenwurms.** Wenn die Ringmuskulatur kontrahiert, wird die Längsmuskulatur durch den inneren Flüssigkeitsdruck gestreckt, wodurch sich der gesamte Wurm streckt. Durch sich abwechselnde Kontraktionen der Ring- und der Längsmuskulatur läuft eine Kontraktionswelle von anterioren zum posterioren Ende. Borstenartige Seten werden abgespreizt, um das Tier kurzzeitig zu verankern und ein Zurückgleiten zu verhindern.

sind hilflos, falls Körperflüssigkeit durch eine Wunde austritt.

Es gibt im Tierreich zahlreiche Beispiele für Muskeln, die nicht nur Bewegungen erzeugen, sondern gleichzeitig auch eine einmalige Form der skelettalen Stützung vermitteln. Der Elefantenrüssel ist ein ausgezeichnetes Beispiel für eine anatomische Bildung, der jede Form eines offensichtlichen Skeletts fehlt, und die doch in der Lage ist, sich zu verbiegen, zu verdrehen, sich zu strecken und sogar schwere Gewichte anzuheben (▶ Abbildung 29.6). Der Elefantenrüssel, die Zungen von Säugetieren und Reptilien und die Tentakelarme von Kopf-

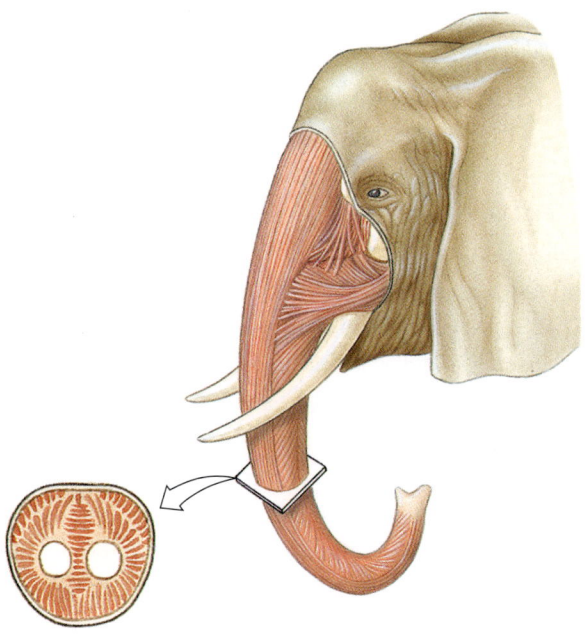

Abbildung 29.6: **Der Rüssel eines Elefanten.** Ein Beispiel für einen muskulären Hydrostaten.

füßlern sind Beispiele für muskuläre Hydrostaten. Wie die hydrostatischen Skelette von Würmern, funktionieren die **muskulären Hydrostaten**, weil sie aus einem nicht komprimierbaren Gewebe bestehen, das sein Volumen beibehält. Die bemerkenswert vielfältigen Bewegungen muskulärer Hydrostaten sind von Muskeln abhängig, die in komplexen Mustern angeordnet sind.

29.2.2 Starre Skelette

Starre Skelette unterscheiden sich von den hydrostatischen in einer grundlegenden Weise: Starre Skelette bestehen aus starren Elementen, die üblicherweise gelenkig miteinander verbunden sind, und an die Muskeln ansetzen. Da sich Muskeln nur zusammenziehen, aber nicht wieder aktiv entspannen können, stellen starre Skelette die Verankerungspunkte, die für antagonistische Muskelgruppen wie die Beuger (Flexoren) und Strecker (Extensoren), die Bewegungen in mehr als einer Richtung erlauben, notwendig sind.

Man unterscheidet zwei Grundtypen starrer Skelette: **Exoskelette**, wie sie typisch für Weichtiere (Mollusken), Arthropoden und zahlreiche andere Evertebraten sind, und **Endoskelette**, die charakteristisch für die Stachelhäuter (Echinodermaten), die Wirbeltiere (Vertebraten) und einige Nesseltiere (Cnidarier) sind. Das Exoskelett (deutsch: Außengerüst) eines Wirbellosen kann hauptsächlich Schutzwirkung haben, es kann aber auch eine wesentliche Rolle bei Ortsveränderungsbewegungen (Lokomotion) spielen. Ein Exoskelett kann die Form einer Schale, einer Spikula oder einer kalkigen, proteinösen oder chitinösen Platte annehmen. Es kann starr sein, wie bei den Mollusken, oder gelenkig und beweglich wie bei den Arthropoden. Anders als ein Endoskelett, das mit dem Tier mitwächst, ist ein Exoskelett vielfach ein begrenzender Panzer, der periodisch durch „Häutung" abgeworfen werden muss, um einem geräumigeren Ersatz Platz zu machen (die Häutung und die Ecdysis der Crustaceen wird in Kapitel 19 beschrieben). Einige Exoskelette von Wirbellosen, wie die Schalen von Schnecken und Muscheln, wachsen mit dem Tier.

Das Endoskelett der Wirbeltiere bildet sich innerhalb des Körpers und besteht aus Knochen und Knorpel, die von spezialisiertem Bindegewebe gebildet werden (siehe Kapitel 9). Knochen stützen und schützen nicht nur, sondern stellen darüber hinaus einen Hauptspeicher für die Elemente Calcium und Phosphor dar. Schließlich bilden sich bei den amniotischen Wirbeltieren die roten Blutkörperchen (Erythrocyten), die Blutplättchen (Thrombocyten) sowie die meisten Typen weißer Blutkörperchen (Leukocyten) im Knochenmark.

Chorda dorsalis und Knorpel

Die **Chorda dorsalis** (Abbildung 23.1) ist ein halbstarrer Achsenstab der Protochordaten, der auch bei den Larven und Embryonen aller Vertebraten in Erscheinung tritt. Sie besteht aus großen, vakuolisierten Zellen und ist von Lagen elastischer und faseriger Hüllen umgeben. Die Chorda dorsalis ist ein Versteifungselement, das die Form des Körpers bei der Fortbewegung aufrechterhält. Außer bei den kieferlosen Vertebraten (Neunaugen und Schleimaale) wird die Chorda dorsalis im Verlauf der Embryonalentwicklung von einer Wirbelsäule umwachsen oder ganz von dieser ersetzt.

Knorpel ist bei einigen Vertebraten ein Hauptbaustein des Skeletts. Die kieferlosen Fische (Agnathen wie die Neunaugen) und die Knorpelfische (Elasmobranchier wie Haie und Rochen) besitzen Skelette, die ausschließlich knorpelig aufgebaut sind. Seltsam daran ist, dass es sich um ein abgeleitetes und nicht um ein ursprüngliches Merkmal handelt, da die paläozoischen Vorfahren dieser Fische knochige Skelette besaßen. Die anderen Vertebraten weisen als Adulti prinzipiell knochige Skelette auf, die einige eingestreute knorpelige Elemente enthalten. Knorpel ist ein weiches, biegsames Gewebe, das Kompressionen widersteht. Anders als andere Bindegewebstypen, die in ihrer Form ziemlich variabel sind, ist der Knorpel ungeachtet seiner Herkunft praktisch immer gleich. Die grundlegende Ausprägungsform, der **hyaline Knorpel**, besitzt eine klare, glasartige Erschei-

> **Exkurs**
>
> Das Exoskelett vom Arthropodentyp ist für kleine Tiere vielleicht eine bessere Lösung als ein Endoskelett nach Art der Wirbeltiere, weil ein Hohlzylinder eine größere Gewichtskraft zu tragen vermag als ein solider, zylindrischer Stab aus demselben Material und von derselben Masse. Die Arthropoden vermögen sich daher der Schutzwirkung und der strukturellen Stützwirkung ihrer Außenskelette erfreuen. Für größere Tiere wäre das Hohlzylinderbauprinzip gänzlich unpraktikabel. Wäre der Hohlzylinder dick genug, um das Gewicht des Körpers zu tragen, wäre er zu schwer, um ihn anzuheben. Machte man ihn ausreichend dünn und leicht, wäre er extrem empfindlich gegen ein Einknicken oder Zerbrechen, wenn eine stärkere Kraft einwirkt. Schließlich kann man sich das traurige Bild vorstellen, das ein Tier von der Größe eines Elefanten liefern würde, wenn es sein hypothetisches Exoskelett bei einer Häutung abwerfen müsste.

nung (Abbildung 9.11). Er besteht aus Knorpelzellen (**Chondrocyten**), die von einer komplexen extrazellulären Matrix umgeben sind. Diese extrazelluläre Matrix des Knorpels besteht aus einem Proteoglykangel mit einem darin eingebetteten Maschenwerk aus Kollagenfasern. Blutgefäße fehlen praktisch vollständig, was der Grund dafür ist, das orthopädische Verletzungen, die den Knorpel betreffen, nur langsam heilen. Neben der Funktion bei der Ausbildung der Knorpelskelette mancher Vertebraten und aller Wirbeltierembryonen, bildet der hyaline Knorpel bei den Knochengelenken der meisten adulten Vertebraten auch die befestigenden Oberflächen sowie die Stützringe der Luftröhre, des Kehlkopfes und der Bronchien der Atemwege (siehe Kapitel 31).

Knorpel, der dem hyalinen Knorpel ähnlich ist, findet sich bei einigen Wirbellosen, zum Beispiel in der Radula der Gastropoden (siehe Kapitel 16) und den Lophophoren der Brachiopoden. Der Knorpel der Cephalopoden ist ein besonderer Knorpeltyp. Seine Zellen haben lange, sich verzweigende Fortsätze, die den Zellen des Vertebratenknochens ähneln.

Knochen

Bei Knochen handelt es sich um lebendes Gewebe, das sich von anderem Binde- und Stützgewebe durch die Einlagerung signifikanter Mengen von Calciumsalzen unterscheidet, die in einer extrazellulären Matrix aus Kollagenfasern in einem Proteoglykangel abgelagert sind. Anders als der Knorpel ist der Knochen stark vaskularisiert. Durch die spezielle strukturelle Organisation erreichen Knochen beinahe die Zugfestigkeit von Gusseisen, sind dabei aber dreimal leichter.

Knochengewebe wird nie in freien Räumen gebildet, sondern ersetzt stets irgendeine andere Form von Bindegewebe, die zuvor an dem betreffenden anatomischen Ort vorhanden gewesen ist. Die meisten Knochen entwickeln sich aus Knorpel; man spricht hier von **endochondralem** (gr. *endo*, innen, innerhalb + *chondros*, Knorpel) **Knochenwachstum** bzw. von **Ersatzknochen**. Embryonaler Knorpel erodiert zusehends und nimmt dadurch eine ausgedehnte Bienenwabenstruktur an. In diese Bereiche wandern dann knochenbildende Zellen (Osteoblasten) ein und beginnen mit der Abscheidung von schwerlöslichen Calciumverbindungen. Die Ablagerung erfolgt um Reste des Knorpels herum. Ein zweiter Knochentyp ist der **intramembranöse Knochen**, der sich unmittelbar aus Schichten embryonaler Zellen entwickelt. Dermalknochen, die weiter oben bei der Diskussion der Haut Erwähnung fanden, sind ein Typ intramembranöser Knochen. Bei den tetrapoden Vertebraten beschränken sich die intramembranösen Knochen hauptsächlich auf die Gesichts- und Schädelknochen sowie auf die Schlüsselbeine. Der Rest des Skeletts besteht aus endochondralen Knochen. Wie der embryonale Ursprung auch sein mag – nach Abschluss ihrer Bildung sehen sich endochondrale und intramembranöse Knochen sehr ähnlich.

Voll ausgebildete Knochen können sich jedoch in ihrer Dichte unterscheiden. **Schwammknochen** bestehen aus einem offenen, ineinandergreifenden Gerüst aus Knochengewebe, das so ausgerichtet ist, dass bei normalen Belastungen und Krafteinwirkungen eine maximale Festigkeit besteht. Alle Knochen nehmen als Schwammknochen ihren Anfang. Bei manchen Knochen schreitet die Entwicklung durch Einlagerung weiterer Knochensalze zum **kompakten Knochen** fort. Kompakte Knochen sind dicht und erscheinen dem bloßen Auge als solider Körper. In den typischen Röhrenknochen von Tetrapoden finden sich sowohl schwammige wie kompakte Anteile (▶ Abbildung 29.7).

Der mikroskopische Aufbau des Knochens. Der kompakte Knochen besteht aus einer calzifizierten Knochenmatrix, die in konzentrischen Ringen angeordnet ist. Zwischen den Ringen liegen ausgesparte Bereiche (**Lakunen**), die mit Knochenzellen (**Osteocyten**) ausgefüllt sind, die durch viele winzige Durchgänge (**Kanälchen**) untereinander verbunden sind. Diese Durchgänge dienen als Verteilungswege der Nährstoffversorgung des Knochens. Die gesamte Organisation mit Lakunen und Kanälchen ist zu einer höheren Baueinheit zusammengefasst, die als **Osteon** bezeichnet wird und die Form eines länglichen Zylinders hat (Abbildung 29.7). Ein

Exkurs

Wie die Muskeln, so reagieren auch die Knochen auf Gebrauch und Vernachlässigung. Wenn wir unsere Muskeln beanspruchen, so reagieren auch die Knochen mit der Bildung neuer Knochensubstanz, um durch die Verstärkung der mechanischen Einwirkung der Muskulatur entgegenzuwirken. Die Knubbel und Fortsätze, an die Muskeln ansetzen, werden vom Knochen als Reaktion auf die von den Muskeln ausgeübten Kräfte gebildet. Wenn Knochen keinerlei Belastungen ausgesetzt sind, wie es etwa beim Raumflug in der Schwerelosigkeit der Fall ist, resorbieren die anderen Organe die Mineralien der Knochen, was zu einer strukturellen Schwächung der Knochen führt. Astronauten, die sich für Monate in der Umlaufbahn aufhalten, müssen deutlich mehr Arbeit als auf der Erde verrichten, um den Abbau und die dadurch bedingte Schwächung ihrer Knochen zu verhindern.

29.2 Skelettsysteme

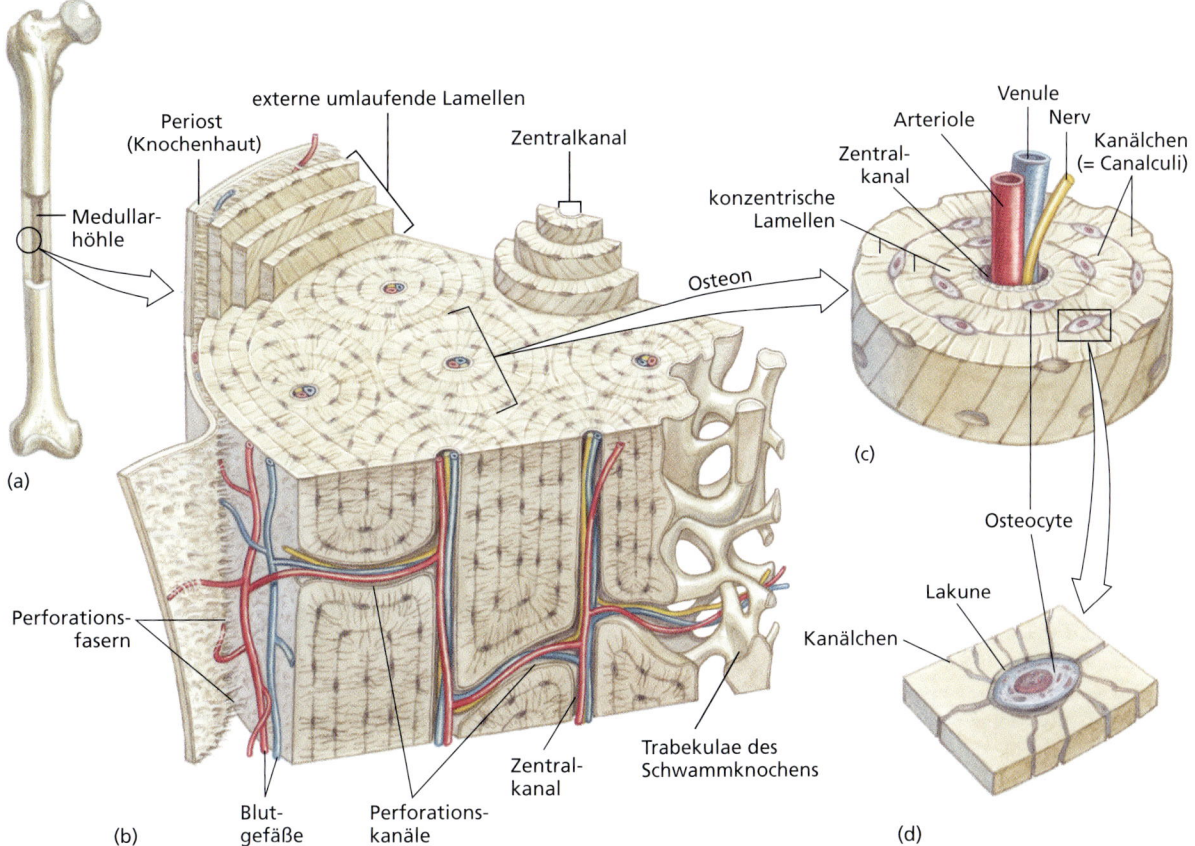

Abbildung 29.7: Aufbau eines kompakten Knochens. (a) Adulter Röhrenknochen mit einem Anschnitt in die Knochenmarkshöhle. (b) Vergrößerter Ausschnitt mit Osteonen – der histologischen Grundeinheit des Knochens. (c) Vergrößerte Darstellung eines Osteons. Erkennbar sind die konzentrischen Lamellen und die Osteocyten (Knochenzellen), die in den Lakunen angesiedelt sind. (d) Eine Osteocyte in einer Lakune. Knochenzellen beziehen ihre Nährstoffe aus dem Blutkreislauf über winzige Kanälchen welche die calzifizierte Matrix durchziehen. Knochenzellen, die Knochenmasse aufbauen, heißen Osteoblasten. In einem ausgewachsenen Knochen wie dem hier dargestellten, werden sie zu ruhenden Osteocyten. Der Knochen ist von einem dichten Bindegewebe, der Knochenhaut (Periost) überzogen.

Knochen besteht aus Bündeln aus Osteonen, die gemeinschaftlich in die Grundsubstanz einzementiert sind und durch Nerven und Blutgefäße miteinander verbunden sind. Da sich die Blutgefäße und Nerven durch den gesamten Knochen ziehen, handelt es sich klar um ein lebendes Gewebe, wenn auch die mineralische, nichtlebende Grundsubstanz anteilig vorherrscht. Da es sich um lebendes Gewebe handelt, kann ein gebrochener Knochen wieder verheilen, und Knochenerkrankungen sind ebenso schmerzhaft wie die jedes anderen Gewebes des Körpers.

Der Knochen ist ein dynamisches Gewebe. Knochenwachstum und -umbau sind komplexe Umgestaltungsprozesse, die sowohl die Abbautätigkeit von knochenresorbierenden Zellen (**Osteoklasten**) wie die Aufbautätigkeit von knochenbildenden Zellen (**Osteoblasten**) umfassen. Beide Vorgänge vollziehen sich gleichzeitig. Neue Osteonen werden angelegt, während parallel dazu alte resorbiert werden. Die Knochenmarkshöhle im Knocheninneren vergrößert sich, indem Knochenmasse der inneren Oberfläche der Höhlung resorbiert wird, während gleichzeitig auf der Außenseite des Knochens neue Schichten abgelagert werden. Das Knochenwachstum wird von mehreren Hormonen beeinflusst, besonders dem **Nebenschilddrüsenhormon (= Parathormon)**, das die Knochenresorption fördert, und dem **Calcitonin** der Schilddrüse, das den Knochenabbau hemmt. Diese beiden Hormone sind zusammen mit einem Derivat des Vitamins D – dem **1,25-Dihydroxyvitamin D_3** – für die Aufrechterhaltung einer konstanten Calciumkonzentration im Blut verantwortlich. Die Wirkungen der Hormone auf das Knochenwachstum und die Knochenresorption werden in weiteren Einzelheiten in Kapitel 34 beschrieben.

Der Bauplan des Wirbeltierskeletts

Das Wirbeltierskelett besteht aus zwei Hauptabteilungen: dem **Achsenskelett**, zu dem der Schädel, die Wir-

Halt, Schutz und Bewegung

Exkurs

Nach der Menopause (dem Abklingen der Menstruationstätigkeit) büßt eine Frau durchschnittlich fünf bis sechs Prozent ihrer Knochenmasse pro Jahr ein. Dies führt in vielen Fällen zur Ausbildung des Krankheitsbildes der **Osteoporose** („Knochenschwund"), das mit einer erhöhten Gefahr von Knochenbrüchen behaftet ist. Eine Ergänzung der Nahrung mit Calcium und Vitamin D ist empfohlen worden, um dieser Entwicklung vorzubeugen. Es hat sich jedoch erwiesen, dass selbst hohe Dosierungen dieser Stoffe keine oder nur eine geringe Wirkung auf die Verlangsamung der Demineralisation der Knochen nach Eintritt der Menopause hatten. Eine Behandlung mit feminisierenden Geschlechtshormonen aus der Gruppe der Östrogene wird bei postmenopausalen Frauen vielfach vorgeschlagen oder durchgeführt, weil die ovariale Östrogenproduktion nach Einsetzen der Menopause merklich abnimmt. Häufig wird dabei niedrig dosiertes Östrogen in Verbindung mit ebenfalls niedrig dosiertem Progesteron eingesetzt, da diese Kombination angeblich das Risiko für Brust- und Gebärmutterkrebs herabsetzt. Eine alleinige Östrogentherapie führt nämlich zur Erhöhung des Risikos dieser gefährlichen Krankheiten. **Bisphosphonate** sind eine alternative Hormonersatztherapie für Frauen, in deren Familien bereits Fälle von Brust- oder Gebärmutterkrebs aufgetreten sind. Diese Wirkstoffe haben keine Hormonwirkung und reduzierenden den Knochenabbau durch eine Hemmung der Osteoklasten. Schließlich stehen selektive Östrogenrezeptormodulatoren zur Verfügung. Dies ist eine ziemlich neue Behandlungsmethode der Osteoporose. Hierbei handelt es sich um vollsynthetische Hormonersatzpräparate, die eine Östrogenwirkung auf den Knochen nachahmen, das Krebsrisiko aber nicht zu erhöhen scheinen. Wie bei allen neuartigen Medikamenten müssen erst Langzeitbeobachtungen durchgeführt werden. Die Hormonersatztherapien haben jedoch nicht nur Befürworter; viele Endokrinologen beurteilen das gesamte, zugrunde liegende Konzept skeptisch, manche lehnen es sogar als „Modemedizin" gänzlich ab. Unter allen Tieren ist der Mensch wohl die einzige Art, die von Osteoporose geplagt wird. Dies ist mit hoher Wahrscheinlichkeit auf die hohe Lebenserwartung in der postreproduktiven Phase zurückzuführen. Die Osteoporose wird gemeinhin als weibliches Problem aufgefasst; neuere Hochrechnungen gehen davon aus, dass einer von acht Männern ebenfalls von Osteoporose bedroht ist.

belsäule, das Steißbein und die Rippen gehören, sowie dem **Appendikularskelett**, zu dem die Gliedmaßen (bzw. Flossen oder Flügel) und der Schulter- und der Beckengürtel gehören (▶ Abbildungen 29.8 und ▶ 29.9). Es überrascht nicht, dass das Skelett im Verlauf der Evolution der Wirbeltiere zahlreiche Umgestaltungen erfahren hat. Der Übergang vom Wasser auf das Land hat drastische Änderungen der Körperform erzwungen. Mit einer zunehmenden Cephalisation – der weitergehenden Zentralisierung des Gehirns, der Sinnesorgane und des Fressapparates im Kopf – wurde der Schädel zum kompliziertesten Anteil des Skeletts. Einige frühe Fische besaßen bis zu 180 Schädelknochen (eine Quelle des Verdrusses für den Paläontologen), doch durch den Verlust einiger und die Fusion anderer Knochen verringerte sich die Anzahl der Schädelknochen im Laufe der Evolution der Tetrapoden stark. Amphibien und Eidechsen besitzen 50 bis 95, Säugetiere 35 oder weniger Schädelknochen. Der Schädel des Menschen besteht aus 29 Knochen.

Die Wirbelsäule ist die Hauptversteifungsachse des postkranialen Skeletts. Bei den Fischen erfüllt es in weitem Maße dieselben Aufgaben wie die Chorda dorsalis, von der es sich ableitet, das heißt, es bietet den Muskeln Ansatzstellen und dem Körper als Ganzes Steifigkeit, wodurch die Körperform bei Kontraktionen der Muskulatur erhalten bleibt. Mit der Evolution der amphibischen und der terrestrischen Tetrapoden ging der Umstand einher, dass der Wirbeltierkörper nicht länger vom Auftrieb des Wassers getragen wurde. Die Wirbelsäule wurde strukturell so angepasst, dass sie den neuen, in gewissen Bereichen auftretenden Kräften, die von zwei Paar Körperanhängen auf sie übertragen wurden, zu widerstehen vermochte. Bei den amnioten Tetrapoden (Reptilien, Vögel und Säugetiere) sind die Wirbelkörper in **Halswirbel** (Zervikalwirbel), **Brustwirbel** (Thorakalwirbel), **Rückenwirbel** (Lumbalwirbel), **Beckenwirbel** (Sakralwirbel) und **Schwanzwirbel** (Caudalwirbel) differenziert. Bei den Fröschen, den Vögeln und beim Menschen sind die Schwanzwirbel in Zahl und Größe zurückgebildet, die Sakralwirbel sind fusioniert. Die Zahl der Wirbelkörper variiert bei den verschiedenen Wirbeltieren. Riesenschlangen aus der Gruppe der Pythons stehen mit über 400 Wirbeln oben auf der Liste. Beim Menschen finden sich beim jungen Kind 33 Wirbelkörper, beim Erwachsenen sind fünf zum Kreuzbein (Sacrum) und weitere vier zum Steißbein (Coccyx) verschmolzen. Neben dem Kreuz- und dem Steißbein verfügt der Mensch über sieben Hals-, zwölf Brust- und fünf Lumbalwirbel. Die Zahl der Halswirbel (sieben Stück) ist bei fast allen Säugetieren konstant – ob der Hals so kurz ist wie bei einem Delfin oder so lang wie bei einer Giraffe.

Bei den Säugetieren sind die beiden ersten Halswirbel, der **Atlas**- und der **Axiswirbel**, so modifiziert, dass sie den Schädel stützen und Kugelgelenksbewegungen erlauben. Der Atlaswirbel trägt die „Schädelkugel" ähnlich wie der Held Atlas der altgriechischen Mythenwelt die Weltkugel auf seinen Schultern trug. Der Axis-

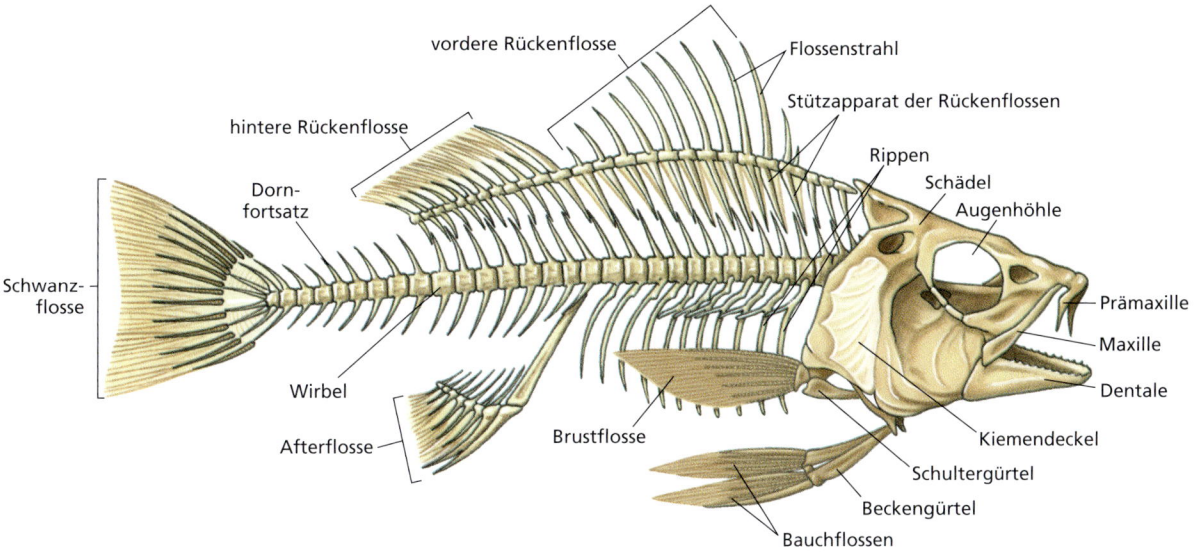

Abbildung 29.8: **Skelett eines Barsches.** Seitenansicht.

wirbel – der zweite Wirbel der Wirbelsäule – erlaubt die seitliche Drehung des Kopfes.

Rippen sind lange oder kurze Skelettbildungen, die seitlich an den Wirbeln ansetzen und sich in die Körperhülle erstrecken. Fische besitzen an jedem Wirbelkörper ein Rippenpaar (Gräten; Abbildung 29.8). Sie dienen als Versteifungselemente in den Bindegewebssepten, welche die Muskelsegmente (Myomeren) voneinander trennen und helfen so, die Wirksamkeit der Muskelkontraktionen zu steigern. Viele Fische verfügen sowohl über Dorsal- wie Ventralrippen, und einige besitzen außerdem zahlreiche, rippenartige Intermuskularknochen. Alle diese Knochen erhöhen die Mühe und vermindern das Vergnügen beim Essen dieser Fischsorten. Andere Wirbeltiere zeichnen sich durch eine geringere Rippenzahl aus; einige – wie der Leopardenfrosch – haben überhaupt keine Rippen. Bei den Säugetieren bilden die Rippen gemeinschaftlich den Brustkasten, welche die Brusthülle stützt und das Zusammenfallen der Lungen verhindert. Säugetiere wie Faultiere besitzen 24 Rippenpaare, Pferde nur 18. Nichtmenschliche Primaten besitzen 13 Rippenpaare, der Mensch (Frau wie Mann) haben zwölf. Etwa einer von zwanzig Menschen besitzt aber ein zusätzliches, dreizehntes Rippenpaar.

Die meisten Wirbeltiere einschließlich der Fische verfügen über paarige Anhangsbildungen. Alle Fische mit Ausnahme der Agnathen besitzen dünne Bauch- und Beckenflossen, die vom Schulter- bzw. dem Beckengürtel getragen werden (Abbildung 29.8). Tetrapoden besitzen zwei Paare pentadaktyler (fünffingriger) Gliedmaßen, die ebenfalls von den Gliedmaßengürteln gestützt werden. Die **pentadaktyle Gliedmaße** ist bei allen Tetrapoden – rezenten wie ausgestorbenen – in ihrem grundlegenden Bau ähnlich. Selbst wenn die Extremitäten für verschiedene Lebensstile stark umgebildet sind, lassen sich die einzelnen Bauteile recht leicht homologisieren (einander zuordnen). Die Evolution der pentadaktylen Gliedmaße ist in Abbildung 25.1 illustriert.

Modifizierungen der grundlegenden fünffingrigen Gliedmaße in verschiedenartigen Umwelten gehen oft mit dem Verlust oder der Fusion von Knochen einher statt mit der Entwicklung zusätzlicher Knochen. Die Enden der Körperanhänge (Teile der Hand oder des Fußes) zeigen dabei eine höhere Wahrscheinlichkeit, modifiziert zu sein. Die Pferde und ihre Verwandten haben durch Verlängerung des dritten Zehs eine Fußgestalt evolviert, die der raschen, dahinfliegenden Fortbewegung dient. Ein Pferd steht praktisch auf den Fingernägeln seiner mittleren (dritten) Finger bzw. Zehen, ähnlich einer menschlichen Balletttänzerin. Ein Vogelflügel ist ein gutes Beispiel für eine distale Modifikation. Ein Vogelembryo zeigt 13 unterscheidbare Handgelenks- und Handknochen (Karpale und Metakarpale), doch bilden sich die meisten dieser Knochen sowie der Fingerknochen (Phalangen) im Verlauf der Ontogenese zurück (sie regredieren), so dass beim adulten Vogel vier Knochen in drei Fingern übrigbleiben (siehe Kapitel 27). Die proximalen Knochen (Humerus, Radius und Ulna) sind jedoch auch im Vogelflügel nur mäßig modifiziert.

Bei beinahe allen Tetrapoden ist der Beckengürtel fest mit dem Achsenskelett verbunden, da die größten lokomotorischen Kräfte von den Hintergliedmaßen auf den

Halt, Schutz und Bewegung

Rest des Körpers (in der Hauptsache den Rumpf) übertragen werden. Der Schultergürtel ist dagegen viel lockerer mit dem Achsenskelett verbunden, wodurch die Vordergliedmaßen ein höheres Maß an Freiheit bei manipulativen Bewegungen erlangen.

Auswirkung der Körpergröße auf die Belastung der Knochen

Wie Galilei im Jahr 1638 auffiel, nimmt die Fähigkeit der Gliedmaßen eines Tieres, eine bestimmte Last zu tragen mit zunehmender Größe des Tieres ab (siehe hierzu auch den Eröffnungstext zu diesem Kapitel). Stellen wir uns zwei Tiere vor, das eine doppelt so groß

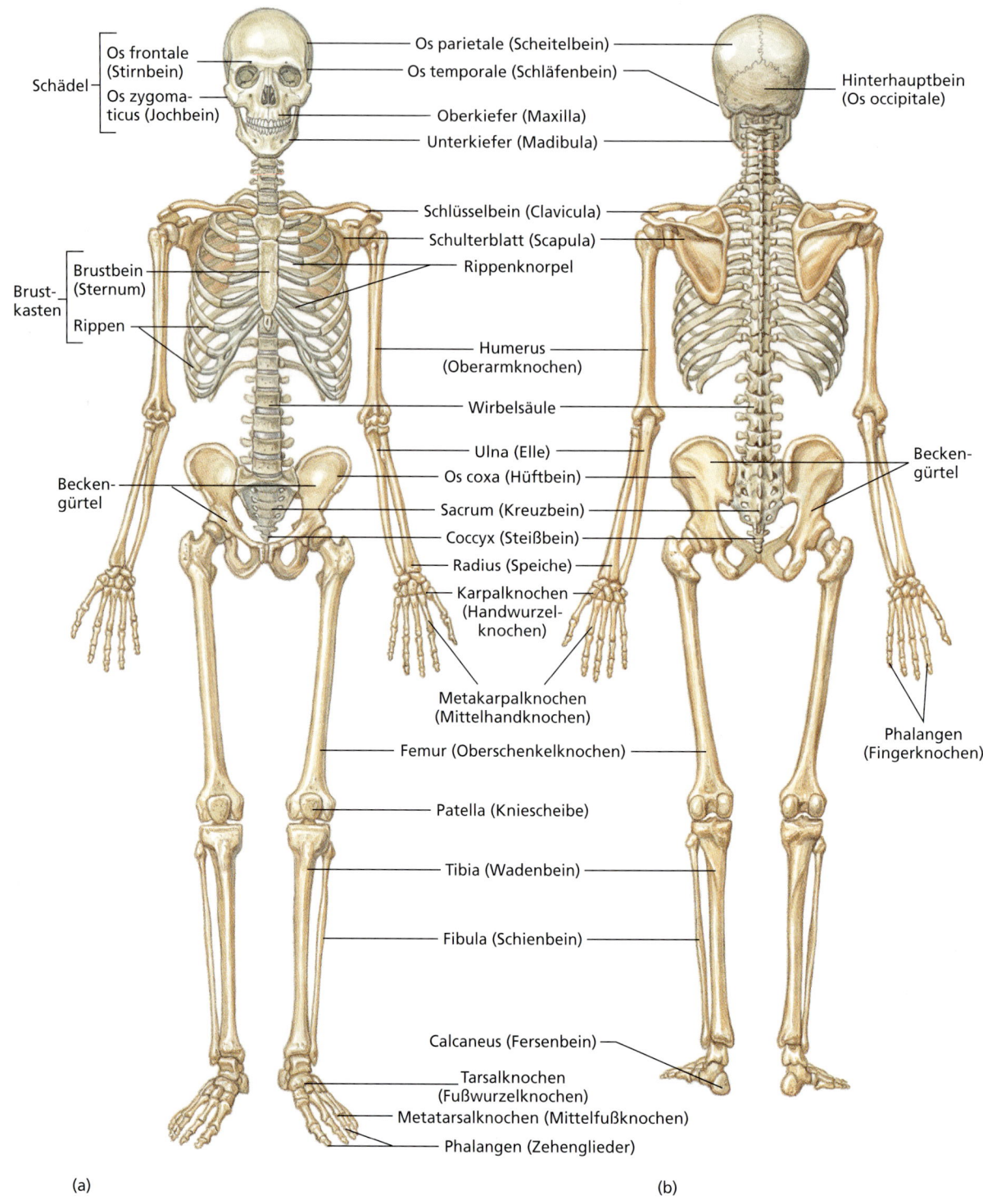

Abbildung 29.9: Das Skelett des Menschen. (a) Ventralansicht. (b) Dorsalansicht.

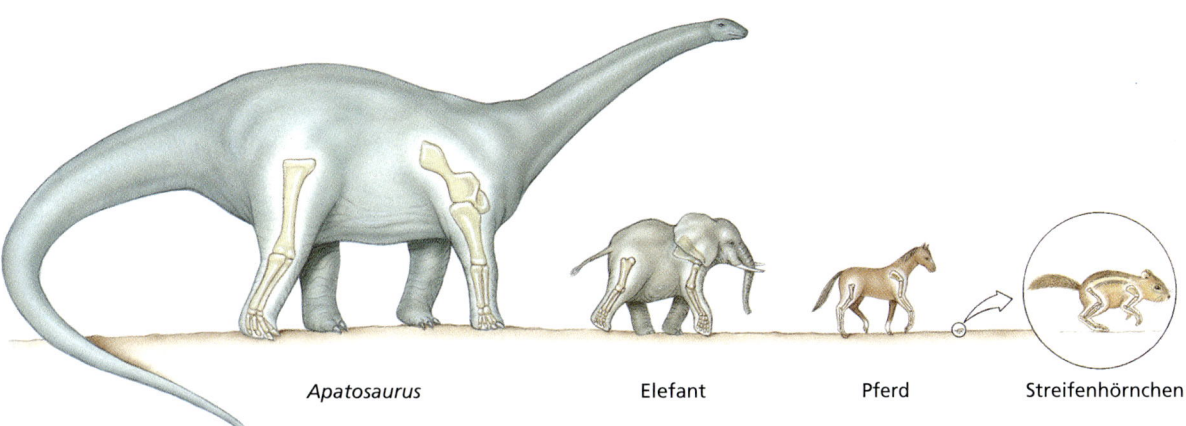

Apatosaurus — Elefant — Pferd — Streifenhörnchen

Abbildung 29.10: **Vergleich der Körperhaltung kleiner und großer Säugetiere und eines Reptils.** Infolge der aufrechten Haltung ist die Knochenbelastung bei einem Pferd der bei einem Eichhörnchen vergleichbar. Bei Säugetieren, die größer als ein Pferd von etwa 300 kg sind, macht die zunehmende Gewichtsbelastung es erforderlich, dass die Knochen sehr robust ausgeführt werden. Dies geht mit einem Verlust an Agilität für das Tier einher.

wie das andere, deren Körperproportionen aber identisch sind. Das größere Tier ist zweimal so lang, zweimal so breit und zweimal so hoch wie das kleinere. Das Volumen des größeren Tieres beträgt jedoch das Achtfache ($2 \times 2 \times 2 = 8$) des kleineren Tieres. Die Stärke der Beine des größeren Tieres beträgt jedoch nur das Vierfache, da die Stärke der Knochen, Sehnen und Muskeln proportional zur Querschnittsfläche ist. Die in dem achtfachen Volumen enthaltene achtfache Masse, der ein achtfaches Gewicht entspricht, muss also – wie dem Astronomen Galilei auffiel – von einer nur vervierfachten Stütze getragen werden. Wie kann ein Tier größer werden, ohne eine buchstäblich untragbare Belastung für die langen Röhrenknochen der Gliedmaßen darzustellen, wenn die maximale Stärke eines Säugetierknochens pro Flächenquerschnitt ziemlich gleichförmig ist? Eine offensichtliche Lösung des Problems besteht darin, die Knochen kürzer und dicker zu machen, was ihre Belastungsfähigkeit erhöht. Über einen großen Teil des Größenspektrums ändert sich jedoch die Knochenform bei verschieden großen Säugetieren nur wenig. Stattdessen haben die Säugetiere die Stellung der Extremitäten so angepasst, dass die Krafteinwirkung mit der Längsachse der Knochen zusammenfällt statt transversal zu ihr zu verlaufen. Kleine Tiere von der Größe eines Eichhörnchens rennen in einer geduckten Haltung mit angewinkelten Gliedmaßen, wohingegen ein größeres Säugetier, wie zum Beispiel ein Pferd, eine aufrechte Haltung angenommen hat (▶ Abbildung 29.10). Knochen und Muskeln können ein weitaus größeres Gewicht tragen, wenn sie sich in größerer Nähe zur Bodenrückstellkraft befinden, wie es im Fall des Pferdebeins der Fall ist. Auf diese Weise ist der Spitzenwert der Knochenbelastung bei hoher Anstrengung für ein galoppierendes Pferd nicht höher als für ein rennendes Hörnchen oder einen rennenden Hund.

Für Tiere, die größer als ein Pferd sind, sind weitere Vorteile durch eine Veränderung der Gliedmaßenstellung nicht möglich, da die Gliedmaßen bereits völlig gestreckt sind. Ab jetzt kommt eine Verstärkung der Knochen zum Tragen. Die Röhrenknochen eines Elefanten wiegen rund 2,5 Tonnen, die des Riesensauriers *Apatosaurus* gar geschätzte 34 Tonnen, und sie waren extrem dick und von robustem Bau (Abbildung 29.10). Darin ist eine Sicherheitsreserve enthalten, die für das Abfedern von kurzzeitigen Spitzenbelastungen so massereicher Tiere notwendig ist. Die Höchstgeschwindigkeit, mit der sich die größten Landtiere fortbewegen können, nimmt jedoch mit zunehmender Körpermasse ab. Neuere retrospektive Analysen eines der bekanntesten Dinosauriers, der Raubechse *Tyrannosaurus*, haben ergeben, dass dieser nicht fähig war, sich rennend fortzubewegen (Hutchinson und Garcia, 2002).

Tierische Bewegungsvorgänge 29.3

Bewegungen sind ein wichtiges Merkmal der Tiere. Bewegungen von Tieren vollziehen sich auf vielerlei Weise in den Geweben von Tieren – von der kaum wahrnehmbaren Cytoplasmaströmung in den Zellen bis hin zu weiträumigen Bewegungen kraftvoller Skelettmuskeln. Die meisten tierischen Bewegungsvorgänge stützen sich auf einen einzigen, grundlegenden Mechanismus: die geordneten, molekularen Bewegungen **kontraktiler Proteine**, die ihre Molekülform und somit die Position zueinander verändern und sich so zusammenziehen oder entspannen können. Die kontraktile Maschinerie besteht in jedem Fall aus ultrafeinen Fasern, die so angeordnet sind, dass sie sich unter der Wirkung des „Treibstoffs" ATP (siehe die Kapitel 2 bis 4) kontrahieren können. Das weitaus wichtigste System kontraktiler Proteine ist das **Aktomyosinsystem** aus den beiden Proteinen **Aktin** (= Actin) und **Myosin**. Es handelt sich hierbei um ein beinahe universell vorkommendes biomechanisches System, das sich im Tierreich von den einzelligen Protozoen bis zu den Wirbeltieren findet. Es vollführt eine lange Liste verschiedenartiger funktioneller Aufgaben. Cilien (Zellwimpern) und Flagellen (Zellgeißeln) enthalten jedoch andersartige Proteine und bilden daher die Ausnahme zu dieser Regel. An dieser Stelle wollen wir die drei Grundarten tierischer Bewegungen eingehender betrachten: die amöboide, die ciliäre und flagelläre sowie schließlich die muskuläre Bewegung.

29.3.1 Die amöboide Bewegung

Die amöboide Bewegungsform ist charakteristisch für die einzelligen Wechseltierchen (Amöben; siehe Kapitel 11) und andere Einzeller. Sie findet sich außerdem bei vielen im Körper umherwandernden Zellen von Metazoen, zum Beispiel bei weißen Blutkörperchen (Leukocyten), im embryonalen Mesenchym sowie bei zahlreichen anderen mobilen Zellsorten, die sich durch Zwischenräume in Geweben bewegen.

Forschungen an einer Vielzahl amöboider Zelltypen, einschließlich der gegen Pathogene im Körper vorgehenden Phagocyten (Fresszellen; siehe Kapitel 35), hat zu einem Modell zur Erklärung der Ausbildung und des Rückzugs von **Pseudopodien** (Scheinfüßchen) und der amöboiden Kriechbewegung geführt. Lichtmikroskopische Untersuchungen an sich bewegenden Amöben haben zu der Beobachtung geführt, dass ein äußerer Bereich aus einem nichtgranulären, gelartigen **Ektoplasma** einen inneren Bereich höherer Fluidität, das **Endoplasma**, umgibt (siehe Abbildung 11.10). Die Bewegung stützt sich auf das Protein Aktin und mit diesem assoziierte regulatorische Proteine. Nach diesem Modell (Stossel, 1994) drückt der herrschende hydrostatische Druck monomere Aktinuntereinheiten aus dem Endoplasma in das sich ausdehnende Pseudopodium. Dort dissoziieren die Aktinmonomere von anhaftenden, regulatorischen Proteinen ab und lagern sich zu Aktinfilamenten zusammen, die in dem gelartigen Ektoplasma ein fibrilläres Maschenwerk ausbilden. Am hinteren Ende des Gelbereiches – dort, wo sich das Aktinmaschenwerk wieder auflöst – wechselwirken die in Freiheit gesetzten Aktinmoleküle in Gegenwart von Calciumionen mit Myosinmolekülen, was in einer Kontraktionskraft resultiert, welche die Zelle vorwärts zieht, hinter dem sich ausstreckenden Pseudopodium her. Die lokomotorische Bewegung wird von Membranadhäsionsproteinen unterstützt, die sich vorübergehend an den Untergrund, über den sich die Zelle bewegt, anheften, um eine Traktion (Haftwiderstand) zu erzeugen. In der Summe erlauben diese Vorgänge es der Zelle, sich stetig vorwärts zu bewegen (siehe Abbildung 11.12).

29.3.2 Cilien- und Flagellenbewegung

Cilien (Zellwimpern) sind winzige, haarartige, bewegliche Zellfortsätze, die von den Oberflächen vieler Tierzellen ausgehen. Sie sind ein besonders kennzeichnendes Merkmal der ciliaten Protisten (Ciliaten; siehe Kapitel 11). Mit Ausnahme der Nematoden (Fadenwürmer), bei denen sie gänzlich fehlen, und den Arthropoden (Gliederfüßler), bei denen sie selten sind, finden sich Cilien auf den Zellen aller wesentlichen Tiergruppen. Cilien vollführen zahlreiche Aufgaben, zum Beispiel bei der Fortbewegung kleiner Organismen wie der einzelligen Ciliaten (Wimperntierchen) und der Ctenophoren (Abbildung 29.12b) durch ihre aquatischen Lebensräume. Weiterhin wirken sie beim Vorwärtstreiben von Flüssigkeiten und festen Teilchen über die Epitheloberflächen größerer Tiere (zum Beispiel dem Lungen- und Bronchienepithel des Menschen).

Die Cilien aller untersuchten Zellen sind von bemerkenswert gleichförmigem Durchmesser (0,2 bis 0,5 µm). Elektronenmikroskopische Aufnahmen haben gezeigt, dass jedes Cilium an seiner Basis einen **Basalkörper** (= Kinetosom) besitzt, das in seinem Aufbau einem Zentriol ähnlich ist (siehe Abbildung 3.14). Aus jedem Basalkörper geht ein peripherer Kreis von neun Mikrotubuluspaaren hervor, der gleichmäßig um zwei einzelne, mittig angeordnete Mikrotubuli im Zentrum des Organells verteilt sind (▶ Abbildung 29.11). Sie bilden das strukturelle Gerüst und die Maschinerie für die Cilienbewegung in dessen Innerem. Zu der allgemeinen „9+2"-Anordnung der Mikrotubuli kennt man inzwischen mehrere Ausnahmen, so zum Beispiel die Schwänze von Plattwurmspermien, die nur einen zentralen Mikrotu-

29.3 Tierische Bewegungsvorgänge

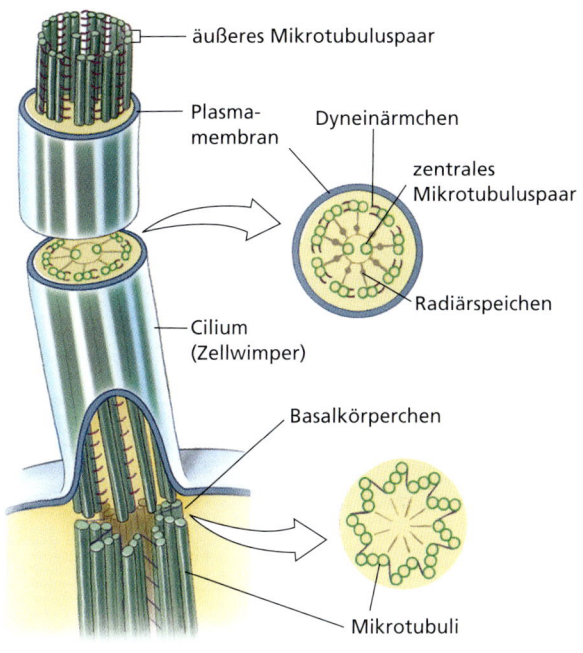

(a)

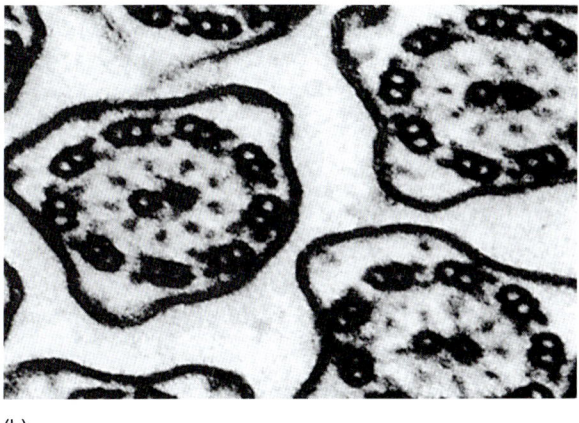

(b)

Abbildung 29.11: **Aufbau von Cilien.** (a) Schematischer Längs- und Querschnitt durch ein Cilium mit Darstellung der Mikrotubuli und der mikrotubulusassoziierten Proteine (MAPs). Die für Cilien wie für Flagellen typische „9+2"-Anordnung wird deutlich. Das zentrale Mikrotubuluspaar endet in der Nähe der durch die Plasmamembran definierten Zelloberfläche. Die peripheren Mikrotubuli des Organells setzen sich für eine kurze Strecke weiter fort, um je zwei der Tripletts des Basalkörperchens – des Kinetosoms – zu bilden. (b) Elektronenmikroskopische Aufnahme eines Querschnitts durch eine Reihe von Cilien (Vergrößerung: 133.000-fach).

bulus enthalten, sowie die Spermienschwänze einer Eintagsfliegenart ganz ohne Zentralmikrotubulus. Jeder Mikrotubulus besteht aus einer großen Zahl von Monomeren des Proteins **Tubulin**, die spiralig zu einer Hohlröhre, dem Tubulus, angeordnet sind (siehe Abbildung 3.13 b). Die Mikrotubulusdoubletten in der Peripherie der Organellen sind untereinander und mit dem Zentralpaar verbunden. Diese Querverbindungen werden von **mikrotubulusassoziierten Proteinen** (MAPs) vermittelt. Von jedem Mikrotubuluspaar erstreckt sich weiterhin ein Paar von „Armen", die aus dem Protein **Dynein** bestehen. Die Dyneinarme, die als Querbrücken zwischen den Doubletten fungieren, sind die beweglichen Einheiten, die die Gleitbewegung der Mikrotubuli relativ zueinander bewerkstelligen.

Obwohl noch nicht alle Einzelheiten der Ciliarbewegung aufgeklärt sind, weiß man, dass sich die Mikrotubuli als „Gleitfilamente" verhalten, die sich ähnlich wie die Gleitfilamente der Skelettmuskeln von Wirbeltieren aneinander vorbeibewegen. Die Details der Muskelkontraktion werden weiter unten in diesem Kapitel beschrieben. Kommt es zu einer Verbiegung eines Ciliums, so bilden die Dyneinarme Kontakte mit benachbarten Mikrotubuli aus, drehen sich dann und lösen sich wieder ab; diese Schrittfolge wiederholt sich, was dazu führt, dass die Mikrotubuli auf der konkaven Seite relativ zu denen auf der konvexen Seite nach auswärts gleiten. Dieser Vorgang verstärkt die Krümmung des Ciliums. Während des Rückstellschlages gleiten die Mikrotubuli auf der gegenüberliegenden Seite nach auswärts, um das Cilium in seine Ausgangslage zurückzubefördern. Jüngste Forschungsergebnisse haben gezeigt, dass beinahe jede Zelle des menschlichen Körpers zumindest eine, meist unbewegliche Cilie (= primäre Cilie) trägt. Die genaue Funktionen dieser primären Cilien sind noch weitgehend unklar, allerdings führen Mutationen in den entsprechenden Genen zu heftigen Erkrankungen des betroffenen Organs (zum Beispiel Polyzystisches Nierenversagen).

Ein **Flagellum** (**Zellgeißel**) ist ein peitschenartiges (= geißelartiges) Organell, das länger als ein Cilium ist und für gewöhnlich einzeln oder in geringer Zahl an einem Ende des Zellkörpers auftritt. Geißeln finden sich bei vielen einzelligen Eukaryonten (namentlich den Flagellaten; siehe Kapitel 11), den tierischen Spermatozoen sowie einigen Schwämmen. Der Hauptunterschied zwischen einem Cilium und einer Flagelle (= einem Flagellum) liegt in ihrem Schlagverhalten und weniger in ihrem inneren Aufbau, da dieser sich bei beiden Organellen gleich darstellt. Ein Flagellum schlägt symmetrisch mit schlangenartigen Undulationen, so dass Wasser parallel zur Längsachse der Geißel vorwärts getrieben wird. Ein Cilium schlägt im Gegensatz dazu unsymmetrisch, mit einem schnellen Kraftschlag in einer Richtung, dem eine langsame Erholungsphase folgt, in der sich das Cilium zurückbiegt, bis es wieder seine Startposition einnimmt (▶ Abbildung 29.12 a). Das Was-

Halt, Schutz und Bewegung

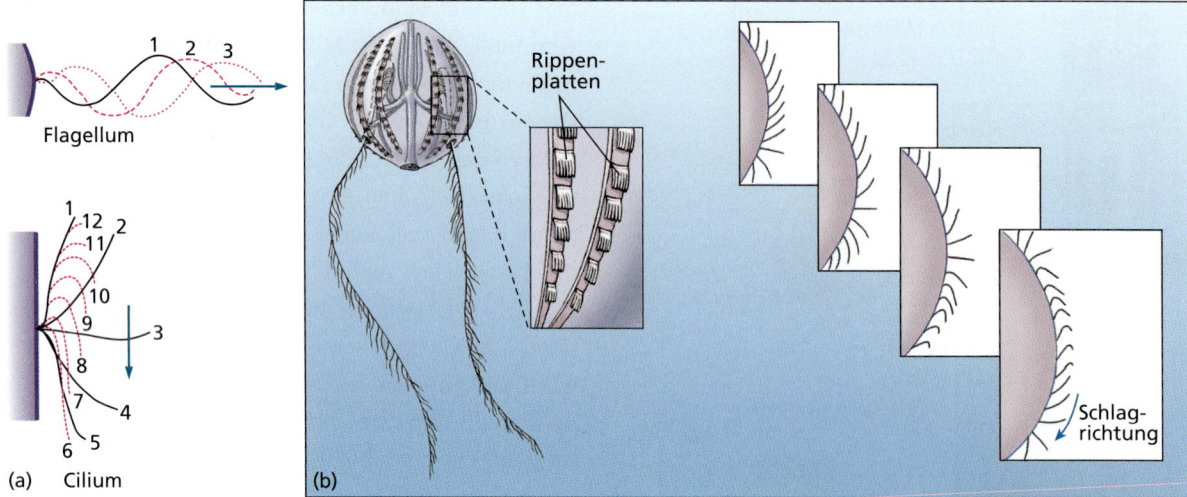

Abbildung 29.12: **Funktion von Cilien.** (a) Eine Zellgeißel (Flagellum) schlägt mit wellenartigen Undulationen. Dabei wird Wasser parallel zur Hauptachse des Organells vorangetrieben. Eine Zellwimper (Cilium) treibt Wasser parallel zur Zelloberfläche vorwärts. (b) Die Bewegung der Cilien auf einer Rippenplatte einer Rippenqualle (Ctenophore). Man beachte, wie die Welle des Cilienschlages der Rippenplatten eine „Rippe" hinab läuft, der Schlagrichtung des einzelnen Ciliums gerade entgegengesetzt. Die Bewegung der einen Rippenplatte hebt die darunterliegende Platte an und löst dadurch die Bewegung der nächsten aus (und immer so weiter).

ser wird parallel zu der mit Cilien besetzten Zelloberfläche vorangetrieben (Abbildung 29.12 a+b).

29.3.3 Die muskuläre Bewegung

Die kontraktilen Gewebe des Körpers erreichen in den als **Muskelfasern** bezeichneten Muskelzellen ihren höchsten Entwicklungsstand. Obgleich Muskelfasern nur durch ihre Verkürzung (Kontraktion) Arbeit verrichten, sich aber nicht wieder selbsttätig verlängern können, können sie auf so vielfältige Art und Weise und in so zahlreichen Kombinationen relativ zueinander angeordnet werden, dass praktisch jede denkbare Bewegung realisiert werden kann.

Muskeltypen bei Vertebraten

Die Muskeln der Wirbeltiere lassen sich auf der Grundlage des Erscheinungsbildes ihrer Zellen – der Muskelfasern – im Lichtmikroskop grob unterteilen. **Skelettmuskeln** erscheinen durch eine abwechselnd dunkelhelle Bänderung **quergestreift** (▶ Abbildung 29.13). Der **Herzmuskel** besitzt wie der Skelettmuskel ebenfalls eine Streifung, doch sind die Herzmuskelzellen einkernig und verzweigt. Ein dritter Muskeltyp der Wirbeltiere ist die **glatte Muskulatur** (auch als Eingeweidemuskulatur bezeichnet), der die charakteristische Bänderung der gestreiften Muskultur fehlt.

Skelettmuskeln sind meist in feste, kompakte Bündel oder Bände untergliedert (Abbildung 29.13 a). Man spricht von Skelettmuskeln, weil diese Muskeln an Elementen des Skeletts (Knochen) ansetzen und für die Bewegungen des Rumpfes, der Extremitäten, der Atmungsorgane, der Augen, des Gesichtes und anderer Teile des Körpers verantwortlich sind. **Skelettmuskelfasern** sind extrem lange, zylindrische, vielkernige Zellen, die üblicherweise von einem Ende des Muskels zum anderen reichen. Sie sind zu Bündeln zusammengepackt, die **Faszikel** genannt werden (lat. *fasciatim*, bündelweise). Die Faszikel sind in Bindegewebe eingehüllt (Abbildung 29.14). Die Faszikel sind ihrerseits zu diskreten Muskeln zusammengruppiert, die von dicken Bindegewebsschichten umgeben sind. Die meisten Skelettmuskeln verjüngen sich an ihren Enden und setzen mit ihren zugespitzten Enden an Knochen oder Sehnen an. Andere Muskeln, wie die ventrale Abdominalmuskulatur, bestehen aus abgeflachten Muskellagen.

Bei den meisten Fischen, Amphibien und bis zu einem gewissen Grad auch bei den rezenten Eidechsen und Schlangen, ist die Muskulatur in Segmente unterteilt, die sich in der Reihenfolge mit den Wirbeln abwechselt. Die Skelettmuskeln anderer Wirbeltiere haben sich durch Aufspaltung, Fusion und Verlagerung zu spezialisierten Muskeln entwickelt, die bestmöglich dafür geeignet sind, die gelenkigen Extremitäten zu bewegen, die sich zum Zweck der Lokomotion auf dem Land evolviert haben. Skelettmuskeln kontrahieren kräftig und schnell, ermüden aber dafür schneller als glatte Muskeln. Die Skelettmuskulatur wird oft auch

29.3 Tierische Bewegungsvorgänge

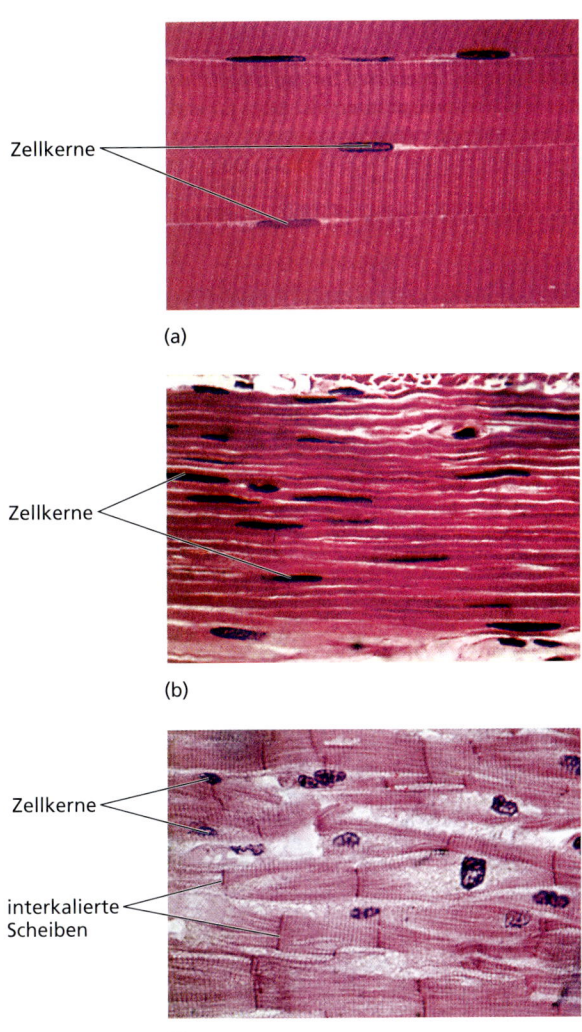

Abbildung 29.13: Lichtmikroskopische Aufnahmen von verschiedenen Muskeltypen bei Wirbeltieren. (a) Skelettmuskel eines Menschen. Erkennbar sind mehrere gestreifte Muskelfasern (Muskelzellen), die Seite an Seite liegen. Man beachte die peripher, zur Seite gedrängten Zellkerne. (b) Glatte Muskelzellen des Menschen mit erkennbar fehlender Streifung. Man beachte die langgestreckte Form der Zellkerne in diesen Zellen. (c) Herzmuskelzellen vom Affen. Man beachte die in dieser Darstellung vertikal verlaufenden Balken, die die einzelnen Muskelfasern an ihren Enden miteinander verbinden. Die Balken werden interkalierende Scheiben genannt.

kelzellen sind zu Muskellagen angeordnet, die Hohlräume und Gefäße im Körper umgeben, zum Beispiel die Wandungen des Verdauungskanals, der Blutgefäße, der Atemwege sowie der ableitenden Gänge (Harnleiter, Geschlechtsgänge). Glatte Muskeln reagieren meist langsam auf einen Reiz und können für lange Zeit im kontrahierten Zustand verharren, ohne dabei viel Energie zu verbrauchen. Die glatte Muskulatur steht unter der steuernden Kontrolle des autonomen Nervensystems (= Eingeweidenervensystem; siehe Kapitel 33). Außerdem wird es von Hormonen und lokalen Steuerungsmechanismen beeinflusst. Anders als im Fall der Skelettmuskulatur erfolgen die Kontraktionen der glatten Muskulatur unwillkürlich und gehen unbewusst vonstatten. Die Hauptfunktionen der glatten Muskulatur bestehen darin, Material durch Kontraktionen in einer vorgegebenen Richtung durch eine Röhre zu befördern (wie im Fall der Darmmuskulatur), oder darin, den Durchmesser einer Röhre durch anhaltende Kontraktion oder Relaxation zu regulieren (wie im Fall der Blutgefäße).

Der **Herzmuskel**, jener scheinbar unermüdliche Muskel des Vertebratenherzens, verbindet die Merkmale von Skelettmuskeln und glatten Muskeln in sich (Abbildung 29.13 c). Er reagiert schnell und ist wie ein Skelettmuskel gestreift, doch erfolgen die Kontraktionen unwillkürlich und stehen wie die der glatten Muskulatur unter autonom-nervöser und hormoneller Kontrolle. Externe Steuerungsmechanismen dienen tatsächlich lediglich dazu, die intrinsische Kontraktionsrate der Herzmuskelzellen auf- oder abzuregulieren (den Herzschlag zu beschleunigen oder zu verlangsamen). Seinen Ursprung hat der Herzschlag in speziellen Herzmuskelzellen, so dass das Herz sogar dann weiterschlägt, wenn es aus dem Körper entnommen wird (was zweifelsohne zu der mythologischen Überhöhung dieses Organs in den vorwissenschaftlichen Vorstellungen vieler Völker

als **willkürliche Muskulatur** bezeichnet, weil ihre Kontraktionen durch Motorneuronen (siehe Kapitel 33) stimuliert wird und unter der „bewussten" (= willkürlichen) Kontrolle des zentralen Nervensystems steht.

Der **glatten Muskulatur** fehlt die für Skelettmuskeln typische Streifung (Abbildung 29.13b). Die Zellen der glatten Muskulatur sind lange, sich verjüngende Stränge; jede enthält einen einzigen, mittig angeordneten Zellkern. Die Zellen greifen ineinander, so dass das auslaufende Ende der einen Zelle etwa auf der Mitte der anschließenden Zellen zu liegen kommt. Glatte Mus-

Exkurs

Muskeln können sich nur zusammenziehen und wieder entspannen. Sie vermitteln nur die Bewegung in einer Richtung und sind daher meistens zu antagonistischen Muskelpaaren oder -gruppen zusammengefasst. Antagonistische Muskeln sind funktionelle Gegenspieler, deren Wirkungen einander entgegen gesetzt sind. So ist beispielsweise der Musculus biceps brachii auf der einen Seite des Oberarms der Gegenspieler des Musculus triceps brachii auf der gegenüberliegenden Seite desselben Oberarmes. Durch gegenläufige Kontraktionen gleichen sie ihre opponierenden Wirkungen aus und „glätten" auf diese Weise rasche Bewegungen.

geführt hat). Die Einzelheiten der Anregung der Herztätigkeit werden in Kapitel 31 ausgeführt. Der Herzmuskel besteht aus dicht gepackten, aber voneinander abgegrenzten, einkernigen Zellfasern, die über Zellkontakte (siehe Kapitel 3) in den als **interkalierende Scheiben** bezeichneten, vertikal verlaufenden Balken miteinander in Verbindung stehen.

Muskeltypen bei Evertebraten

Glatte und gestreifte Muskeln finden sich auch bei den Wirbellosen, doch existieren viele Variationen beider Grundtypen und sogar Fälle, in denen die baulichen wie funktionalen Merkmale des glatten und des gestreiften Muskels miteinander kombiniert sind. Gestreifte Muskulatur tritt bei so verschiedenartigen Invertebraten-Gruppierungen wie den Cnidariern (Nesseltiere) und den Arthropoden (Gliederfüßler) auf. Die dicksten bekannten Muskelfasern mit einem Durchmesser von etwa 3 mm und einer Länge von 6 cm sind die der Riesenseepocken und der Alaska-Königskrabbe der nördlichen Pazifikküste Nordamerikas. Derartig riesige Muskelzellen bieten sich als Untersuchungsobjekte für physiologische Studien an und erfreuen sich daher einer nachvollziehbaren Popularität unter den Muskelphysiologen.

Für den begrenzten Raum, der für die Erörterung der großen Vielfalt an Muskelstrukturen und -funktionen bei den Wirbellosen an dieser Stelle zur Verfügung steht, haben wir für unseren Exkurs zwei funktionale Extreme ausgewählt: die spezialisierten Adduktormuskeln der Mollusken und die schnellen Flugmuskeln von Insekten.

Die Muskeln von Muscheln (Bivalvia, siehe Kapitel 16) enthalten Fasern zweierlei Typs. Eine Sorte besteht aus gestreiften Muskelfasern, die sich rasch kontrahieren können. Sie ermöglichen es der Muschel, ihre Schale zuschnappen zu lassen, wenn das Tier gestört wird. Kammmuscheln (Pectinidae) benutzen diese „schnellen" Muskelfasern für ihre eigentümliche Schwimmweise (siehe Abbildung 16.24b). Der zweite Muskeltyp besteht aus glatten Muskelfasern, die zu langsamen, langandauernden Kontraktionen befähigt sind. Mit Hilfe dieser Fasern kann eine Muschel ihre Schalenhälften über Stunden oder sogar Tage hinweg dicht geschlossen halten. Derartige Adduktoren verbrauchen wenig Stoffwechselenergie und erhalten erstaunlich wenige Nervenimpulse, um ihren aktivierten Zustand aufrechtzuerhalten. Der kontrahierte Zustand dieser Muskeln ist mit einem „Einschnapp-Mechanismus" verglichen worden, der sich auf eine niedrige Rate von

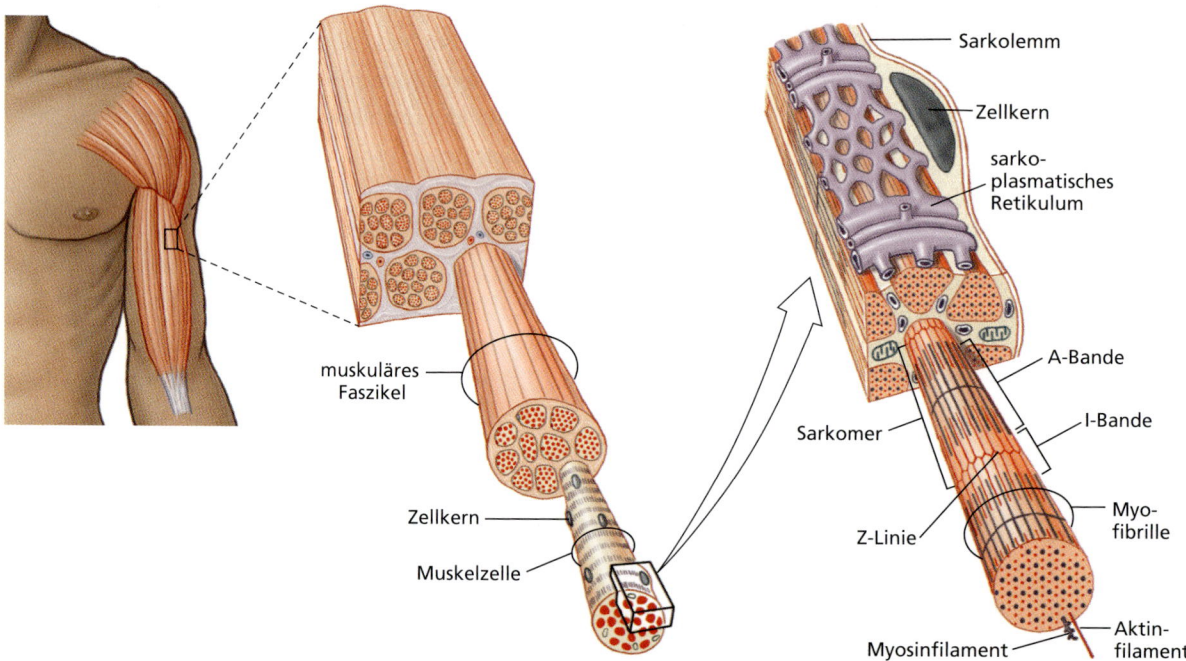

Abbildung 29.14: **Aufbau eines Skelettmuskels von der makroanatomischen bis zur molekularen Ebene.** Ein Skelettmuskel (links im Bild) besteht aus Tausenden vielkerniger Muskelfasern (Muskelzellsyncytien; Mitte). Jede Muskelfaser enthält Tausende von Myofibrillen (rechts). Jede Myofibrille enthält zahlreiche Myosin- und Aktinfilamente, die bei ihrer Wechselwirkung aneinander vorbeigleiten. Diese Molekülbewegungen führen makroskopisch zur Verkürzung (Kontraktion) des Muskels. Das sarcoplasmatische Reticulum ist ein modifiziertes endoplasmatisches Reticulum (siehe Kapitel 3), das als Netzwerk die Myofibrillen umgibt und als Speicherort für Calciumionen (Ca^{2+}) dient, die auf eine als Auslösesignal dienende Membrandepolarisation hin ausgeschüttet werden. Die Freisetzung der Calciumionen aus dem sarcoplasmatischen Reticulum löst die zur Muskelkontraktion führende Filamentwechselwirkung aus (Filamentgleiten).

Quervernetzungszyklen der beteiligten kontraktilen Proteinsysteme mit nur niedrigem Energieumsatz stützt (siehe weiter unten in diesem Kapitel). Die Forschungen zur genauen Klärung der beteiligten Mechanismen sind noch im Gang, und ähnliche Mechanismen sind zwischenzeitlich auch bei manchen glatten Muskeln von Wirbeltieren entdeckt worden (namentlich Sphinktermuskeln, deutsch: Schließmuskeln).

Die Flugmuskulatur der Insekten ist praktisch das funktionale Gegenteil zu den langsamen Adduktoren der Muscheln mit ihrer Haltefunktion. Die Flügel einiger kleiner Insekten operieren mit Frequenzen von mehr als 1000 Schlägen pro Sekunde (1000 Hertz). Die so genannten **Fibrillarmuskeln**, die mit derartig hohen Frequenzen kontrahieren – die weitaus höher liegen als die Kontraktionsraten selbst der aktivsten Wirbeltiermuskeln –, zeigen einzigartige Merkmale. Sie besitzen eine sehr begrenzte Streckbarkeit: Das Hebelsystem der Flügel ist so angeordnet, dass die Muskeln sich während jedes Flügelabschlags nur sehr wenig verkürzen. Darüber hinaus operieren die Muskeln wie die Flügel gemeinschaftlich mit dem elastischen Thorax des Tieres als rasch schwingendes System (schneller Oszillator; siehe Abbildung 20.13). Da die Muskeln elastisch zurückschnellen und während des Fluges durch Streckung aktiviert werden, erhalten sie nur periodisch anregende Nervensignale und nicht getrennte Einzelsignale für jede Kontraktion. Ein Verstärkungssignal alle 20 oder 30 Kontraktionen reicht aus, um das System im Zustand der Aktivität zu halten. Die Flugmuskulatur der Insekten wird in weiteren Einzelheiten in Kapitel 20 beschrieben (siehe dort).

Der Aufbau quergestreifter Muskeln

Wie wir weiter oben bemerkt haben, hat die quergestreifte Muskulatur ihren Namen nach der auffälligen Bänderungen ihrer Zellen, die sich über deren gesamte Breite erstreckt, erhalten, die im Lichtmikroskop sichtbar wird. Jede Muskelzelle (= **Muskelfaser**) ist eine vielkernige Röhre, die zahlreiche **Myofibrillen** enthält, die dicht zusammengepackt und von der Plasmamembran eingehüllt sind. Die Plasmamembran einer Muskelfaser wird aus historischen Gründen als **Sarcolemma** bezeichnet (▶ Abbildung 29.14). Die Myofibrillen enthalten zwei verschiedene Typen von Filamenten, solche aus dem Protein **Myosin** und solche aus dem Protein **Aktin**. Aktin und Myosin sind die Proteine des kontraktilen Apparates der Muskeln. Die Aktinfilamente werden durch eine „dichte" (= im Elektronenmikroskop dunkel erscheinende) Strukturen zusammengehalten, die Z-Linien heißen. Die Funktionseinheit einer Myofibrille ist das **Sarcomer**. Ein Sarcomer ist der Bereich zwischen zwei Z-Linien. Diese mikroanatomischen Verhältnisse werden in Abbildung 29.14 verdeutlicht.

Jedes Myosinfilament besteht aus einer großen Zahl von Myosinmolekülen, die zu einem langgestreckten Bündel, der Fibrille, zusammengepackt sind (▶ Abbildung 29.15). Jedes Myosinmolekül setzt sich aus zwei Polypeptidketten zusammen, die jeweils in einer keulenförmigen Verdickung enden (Abbildung 29.15 a). Sie sind in einem Myosinfilament zu zwei gegenläufigen Bündeln zusammengeschnürt. Die beiden Myosinmolekülbündel sind in der Mitte eines Sarcomers Ende an Ende zusammengelegt, so dass die Doppelköpfe jedes Myosindimers vom Zentrum des Filaments weg in Richtung auf die Z-Linie zeigen, an welcher die Aktinfilamente ansetzen (Abbildung 29.15 b). Die Kopfbereiche der Myosinmoleküle stellen die ATP-Bindungsstellen dar; die Hydrolyse von ATP am Myosinköpfchen liefert die Energie für die Muskelkontraktion; Myosin besitzt also eine ATPase-Funktion. Die Myosinkopfbereiche treten unmittelbar mit den Aktinfilamenten in Wechselwir-

> **Exkurs**
>
> Das Muskelgewebe des Menschen bildet sich vor der Geburt aus. Die Ausstattung mit Muskelfasern, die ein neugeborenes Kind in sich trägt, ist daher der eines Erwachsenen ähnlich. Obwohl aber ein professioneller Gewichtheber und ein kleiner Junge über eine ähnlich Anzahl an Muskelfasern verfügen können, können die des Gewichthebers gegenüber denen des Jungen ein Mehrfaches an Kraft entfalten, weil sie durch wiederholte, sehr intensive Kurzzeitbelastung trainiert sind. Das Training durch Nutzung induziert die Synthese zusätzlicher Aktin- und Myosinfilamente. Jede Faser des Gewichthebers ist hypertrophiert (übergroß und überstark). Die Art von Training, die ein Gewichtheber durchführt, begünstigt die Hypertrophierung schneller, glycolytischer Muskelfasern (siehe weiter unten), die rasch ermüden. Ausdauertraining wie das eines Langstreckenläufers ruft eine wesentlich andere Reaktion des muskulären Systems hervor. Die Bildung schneller oxidativer und intermediärer Fasertypen wird durch diese Trainingsform stimuliert (siehe ebenfalls weiter unten). Die Fasern bilden mehr Mitochondrien und mehr Myoglobin und adaptieren sich an eine hohe Rate oxidativer Phosphorylierung in den Mitochondrien, ohne dabei ihre Stärke wesentlich zu steigern. Diese intrazellulären Veränderungen führen im Verbund mit der Verbesserung der Blutversorgung der Fasern durch das Auswachsen neuer Kapillaren zu einer erhöhten Kapazität für Langzeitbelastungen.

Halt, Schutz und Bewegung

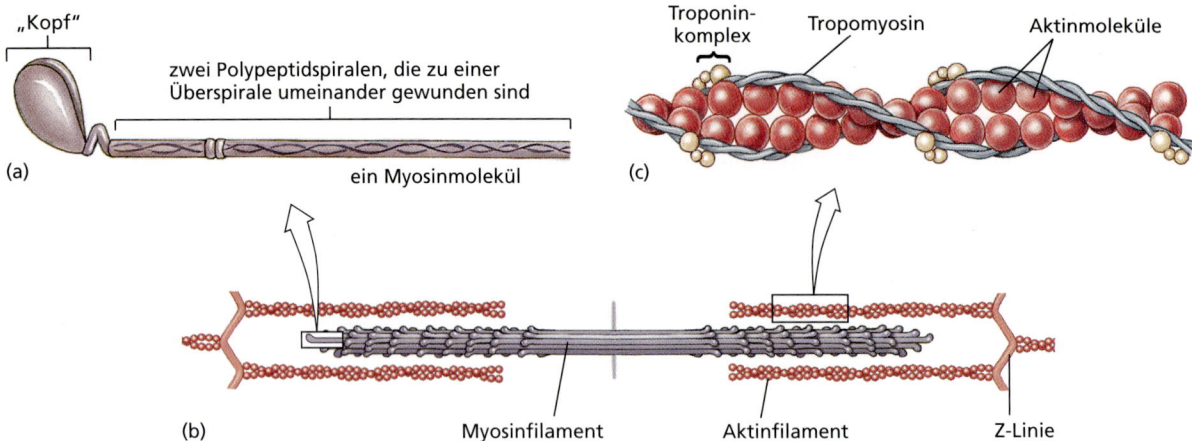

Abbildung 29.15: Molekularer Aufbau von Aktin- und Myosinfilamenten einer Skelettmuskelzelle. (a) Das Myosinmolekül besteht aus zwei Polypeptiden, die umeinandergeschlungen sind und sich an ihren Enden zu globulären Endstücken („Köpfen") erweitern. (b) Das Myosinfilament besteht aus einem Bündel von Myosinmolekülen, deren Köpfe zu beiden Seiten nach außen in Richtung auf die Aktinfilamente zu ausgestreckt sind. (c) Das Aktinfilament besteht aus einem Doppelstrang aus Aktinuntereinheiten (G-Aktin), der von zwei Tropomyosinsträngen umlaufen wird. Ein globuläres, multimeres Protein, das Troponin, liegt in Paaren an jeder siebten Aktinuntereinheit des Aktinfilaments. Troponin ist ein calciumabhängiger Schalter, der die Wechselwirkung zwischen Aktin und Myosin steuert.

kung und verzahnen die beiden Filamenttypen funktional miteinander.

Die Aktinfilamente sind etwas komplizierter gebaut, weil sie aus zwei, zu einer Doppelhelix gewundenen Strängen aus Aktinmolekülen bestehen. Über die Aktinmoleküle hinaus gehören als weitere Komponenten die beiden aktinbindenden Proteine Tropomyosin und Troponin zu einem vollständigen Aktinfilament. Diese zusätzlichen Proteine sind von Bedeutung für die Regulation der Wechselwirkungen des Aktins mit dem Myosin bei der Muskelkontraktion. Zwei dünne Stränge aus **Tropomyosin** liegen in der Nähe von Furchen zwischen den Aktinsträngen. Jeder Tropomyosinstrang ist selbst wieder eine Doppelhelix aus Tropomyosinmolekülen (▶ Abbildung 29.15 c). **Troponin** ist ein trimeres Protein, das aus drei globulären Polypeptiden zusammengesetzt ist. Es ist in Intervallen entlang der Aktinfilamente angeordnet. Troponin fungiert als calciumabhängiger Schalter, der den Kontraktionsvorgang kontrolliert.

Der Aktinfilamentkomplex erstreckt sich zu beiden Seiten der Z-Linien und überlappt mit den Myosinbündeln im Bereich der Mitte jedes Sarcomers (Abbildungen 29.15 b und ▶ 29.16).

Die Gleitfilamenthypothese der Muskelkontraktion

In den 50er Jahren haben die englischen Physiologen Huxley und Hodgkin unabhängig voneinander die so genannte **Gleitfilamenthypothese** entwickelt, um zu erklären, wie die Kontraktion eines quergestreiften Muskels auf molekularer Ebene vonstatten geht. Nach diesem Modell treten die Aktin- und die Myosinfilamente über molekulare Querverbindungen miteinander in Wechselwirkung. Die Querbrücken wirken dabei wie Hebelarme, welche die beiden Filamenttypen gegeneinander bewegen; sie werden durch die energieabhängige Reaktion aneinander vorbeigeschoben. Während der Kontraktion bilden die verdickten Endstücke der Myosinmoleküle diese Querverbindungen, die rasch hin- und herschwingen. Dabei binden sich die Kopfbereiche der Myosinmoleküle an Rezeptorstellen der Aktinfilamente und lösen sich, nachdem die Filamente sich gegeneinander verschoben haben, wieder von diesen ab und

Exkurs

Physiologie ist das Studium wie die Aktivität von Genen, Molekülen, Zellen, Geweben und Organen miteinander verschaltet sind, um die komplexen Funktionen zu erfüllen, die einen lebenden Organismus ausmachen. Selbst sehr einfache Organismen weisen eine enorme strukturelle und funktionelle Komplexität auf, so dass die Physiologie auf viele andere wissenschaftliche Disziplinen zurückgreift und sie integriert. Zu diesen Disziplinen gehören unter anderem die Molekular- und Zellbiologie, Physik und Biophysik, Chemie und Biochemie und nicht zuletzt Informatik, Mathematik und Medizin, um nur einige zu nennen. Aus der medizinischen Sichtweise ist das Verständnis der normalen Funktion eine Voraussetzung für das Verständnis von Krankheiten, die letztlich nichts anderes darstellen als nicht oder falsch ablaufende physiologische Prozesse.

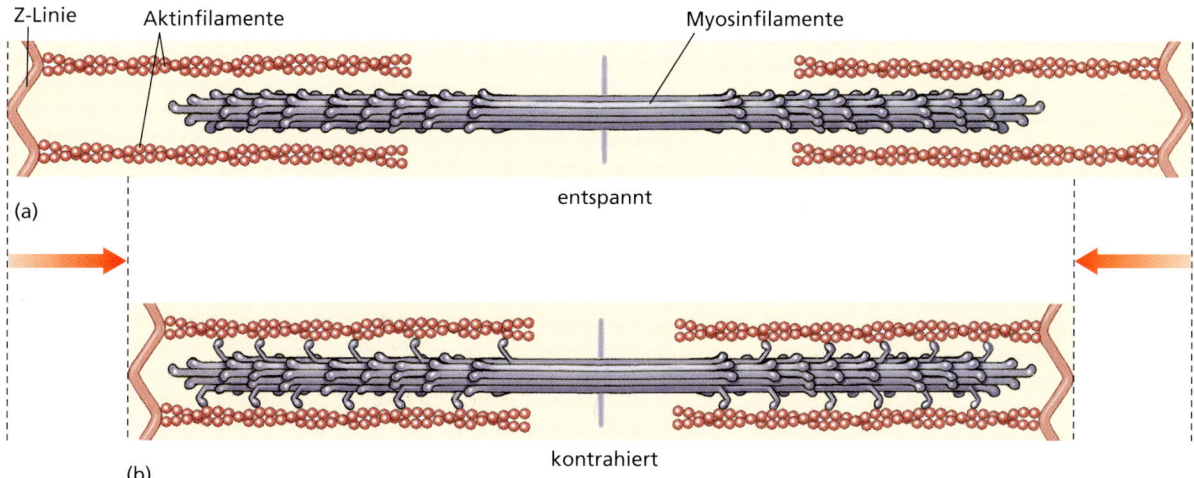

Abbildung 29.16: Die Gleitfilamenthypothese. Sie erklärt, wie die Aktin- und Myosinfilamente während der Kontraktion wechselwirken. (a) entspannter Muskel. (b) Kontrahierter Muskel.

schwingen in ihre Ausgangslage zurück. Der ganze Vorgang hat Ähnlichkeit mit der Bewegung in einer Knarre (= Ratsche), wie sie beispielsweise in einem Drehmomentschlüssel oder in mechanischen Uhrwerken verwirklicht ist. Mit zunehmender Kontraktion der Muskelfasern, wandern die Z-Linien aufeinander zu (Abbildung 29.16). Insgesamt beobachtet man eine Verkürzung des Sarcomers. Da sich alle Sarcomereinheiten der Faser gleichzeitig verkürzen, kontrahiert schließlich der gesamte Muskel. Die Entspannung (Relaxation) ist ein passiver Vorgang. Wenn sich die Querbrücken zwischen den Aktin- und Myosinfilamenten auflösen, können sich die Sarcomere wieder auf ihre Ursprungslänge ausdehnen. Dazu ist eine Kraft erforderlich, die durch die Rückstellkraft elastischer Fasern (zum Beispiel durch Titin, das größte Protein des menschlichen Körpers) innerhalb der Bindegewebsschichten eines Muskels ausgeübt wird (siehe Kapitel 9). Weiterhin können antagonistisch wirkende Muskeln oder die Schwerkraft dabei unterstützend mitwirken.

Steuerung der Kontraktion

Muskeln kontrahieren sich als Reaktion auf einen Nervenreiz. Falls der Nerv, der einen Muskel versorgt, durchtrennt wird, atrophiert (verkümmert) der betreffende Muskel (**Muskelschwund**). Skelettmuskelfasern werden von Motorneuronen innerviert, deren Zellkörper im Rückenmark liegen (siehe Kapitel 33). Jeder Nervenzellkörper (Perikaryon) sendet ein motorisches Axon aus, das aus dem Rückenmark austritt und in einem peripheren Nervenstrang zu einem Muskel (seinem Zielmuskel) verläuft, wo es sich wiederholt verzweigt und so schließlich viele Terminalverzweigungen mit Synapsen ausbildet. Jede Terminalverzweigung des Axons innerviert eine einzelne Muskelfaser. Abhängig vom Typ des Muskels, kann ein einzelnes motorisches Axon nur drei oder vier Muskelfasern innervieren (dort, wo eine sehr präzise Bewegungskontrolle notwendig ist, wie etwa in den kleinen Muskeln, die die Augen bewegen) oder bis zu zweitausend Muskelfasern (dort, wo eine hochpräzise Steuerung nicht vordringlich ist, wie etwa in den großen Beinmuskeln). Ein Motorneuron und alle von ihm innervierten Muskelfasern bildet eine **motorische Einheit**. Die motorische Einheit ist die funktionelle Grundeinheit der Steuerung der Skelettmuskulatur. Wenn ein Motorneuron einen Nervenimpuls aussendet, läuft das Aktionspotenzial zu allen Fasern der motorischen Einheit und stimuliert alle gleichzeitig zur Kontraktion. Die Gesamtkraft, die eine Muskelkontraktion ausübt, hängt von der Anzahl der aktivierten motorischen Einheiten ab. Eine präzise Steuerung von Bewegungen wird durch Abwandlung der Zahl der motorischen Einheiten erreicht, die zu einem bestimmten Zeitpunkt aktiviert werden. Eine glatt verlaufende und stetige Zunahme der Muskelanspannung wird durch ein gleichmäßiges Ansteigen der Zahl der aktivierten motorischen Einheiten erreicht, die an dem Bewegungsvorgang beteiligt sind. Dieses Phänomen wird als Rekrutierung der motorischen Einheiten bezeichnet.

Der neuromuskuläre Kontakt

Der Ort, an dem ein motorisches Axon an einer Muskelfaser endet, wird der **neuromuskuläre** (= *myoneuronale*) **Kontakt** genannt (▶ Abbildung 29.17). An der

29 Halt, Schutz und Bewegung

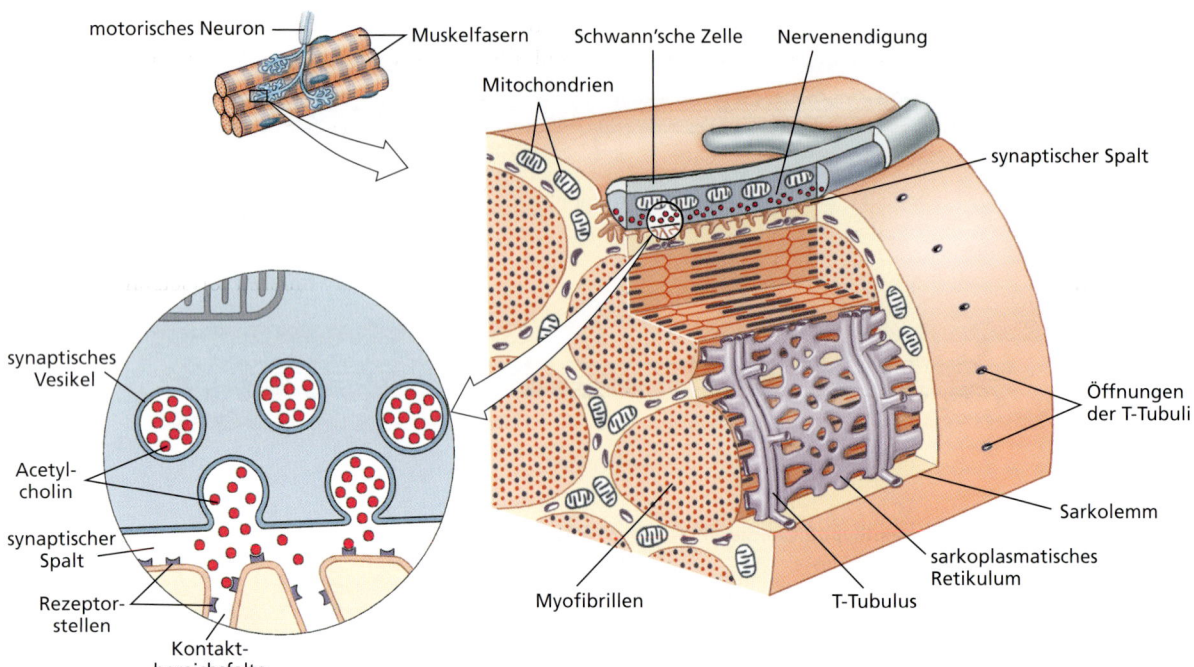

Abbildung 29.17: **Schnitt durch einen Skelettmuskel eines Wirbeltieres.** Dargestellt werden die Nerv/Muskelsynapsen (neuromuskuläre oder myoneuronale Kontakte), das sarcoplasmatische Reticulum und die verbindenden Transversaltubuli (T-Tubuli). Das Einlaufen eines Nervenimpulses (= Aktionspotenzials) an einer neuromuskulären Synapse löst die Freisetzung von Acetylcholin in den synaptischen Spalt aus (schematische Detailvergrößerung links). Die Transmittermoleküle binden an Rezeptorproteine in der postsynaptischen Membran, wo die Transmitterbindung eine Depolarisierung der Membran auslöst. Diese Depolarisation breitet sich über das Sarcolemma (die Plasmamembran der Muskelfaser) in die T-Tubuli und das sarcoplasmatische Reticulum aus, aus dem eine plötzliche Freisetzung von Calciumionen in das Zellplasma erfolgt, welche die kontraktile Maschinerie der Myofibrillen in Gang setzt.

Kontaktstelle trennt die beiden beteiligten Zellen eine feine Lücke, der **synaptische Spalt**, an dem sich die Plasmamembranen der Muskel- und der Nervenzelle gegenüberliegen, sich aber nicht berühren. In der Nähe dieser Kontaktstelle hält die Nervenzelle unterhalb der präsynaptischen Membran einen neuronalen Botenstoff (Transmitter) in winzige Vesikel verpackt bereit. Mit Neurotransmittern bepackte Vesikel im Bereich einer Nervenzellsynapse heißen **synaptische Vesikel**. An der neuromuskulären Synapse ist **Acetylcholin** der das Signal übermittelnde Transmitter. Das Acetylcholin wird freigesetzt, wenn ein Nervenimpuls (= Aktionspotenzial; siehe Kapitel 33) am Ende des Axons an der Synapse ankommt. Das Aktionspotenzial löst die Fusion der synaptischen Vesikel mit der Plasmamembran aus. Der Transmitter Acetylcholin diffundiert nach seiner Ausschüttung durch die Nervenzelle durch den synaptischen Spalt, hin zur Plasmamembran der Muskelfaser, dem Sarcolemma. Dort löst die Ankunft des Transmitters eine Depolarisierung der Muskelfasermembran aus (siehe Kapitel 33). Die Depolarisierung breitet sich rasch über das gesamte Sarcolemma aus. Die Synapse erweist sich somit als eine spezialisierte chemische Brücke, welche die elektrischen Aktivitäten von Nerven- und Muskelzelle miteinander „kurzschließt". Der Mechanismus der Übertragung eines elektrischen Signals von einer Nerven- auf eine Muskelfaser ist der Signalübertragung zwischen zwei Nervenfasern, den wir in Kapitel 33 im Detail beschreiben, sehr ähnlich (siehe Abbildungen 33.7 und 33.8).

In den Skelettmuskel eines Wirbeltiers ist ein ausgetüftelter Leitungsmechanismus eingebaut, der dazu dient, die Depolarisation von der neuromuskulären Kontaktstelle auf die dicht gepackten Filamente im Inneren der Faser zu übertragen. Entlang der Oberfläche des Sarcolemmas finden sich zahlreiche Invaginationen der Membran, die sich in die Muskelfaser erstrecken und ein System aus feinen Röhrchen, die **T-Tubuli**, bilden (Abbildung 29.17). Die Membrandepolarisierung läuft über diese T-Tubuli in das Innere der Muskelfaser. Die T-Tubuli sind über verschiedene Rezeptorproteine eng mit dem sarcoplasmatischen Reticulum der Faser vergesellschaftet. Das **sarcoplasmatische Reticulum (SR)** ist ein strukturell angepasstes endoplasmatisches Reticulum, das parallel zu den Aktin- und Myosinfilamenten verläuft. In diesem intrazellulären Membransystem werden Calciumionen gespeichert, die als Reaktion auf eine Depolarisation der Membran aus dem Lumen des sarcoplasmatischen Reticulums durch Ca^{2+}-Kanäle rasch freigesetzt werden. Die in das umgebende Zellplasma strömenden Calciumionen lösen die Kontraktion der Muskelfaser aus.

Die Koppelung von Erregung und Kontraktion

Wie aktiviert die elektrische Depolarisierung des Sarcolemmas und der T-Tubuli den kontraktilen Apparat? Im ruhenden, nichtstimulierten Muskel kommt es nicht zur Verkürzung, weil die Tropomyosinstränge, die die Aktinmyofilamente umgeben, in einer Position liegen, die verhindert, dass die Köpfe der Myosinmoleküle sich an die Aktinmoleküle anlagern können. Wenn der Muskel stimuliert wird und die elektrische Erregung das sarcoplasmatische Reticulum erreicht, das um die Fibrillen herumliegt, werden Calciumionen aus den Zisternen des sarcoplasmatischen Reticulums durch Ionenkanäle entlassen (▶ Abbildung 29.18). Die Calciumionen binden an das Steuerprotein Troponin. Durch die Ionenbindung erfährt das Troponin eine Konformationsänderung, die dazu führt, dass das Troponin vom Aktin abdissoziiert, wodurch die vorher blockierten aktiven Zentren der Aktinfilamente zugänglich werden. An diese Stellen binden dann die Kopfbereiche der Myosinmoleküle – es bilden sich direkte Querverbindungen zwischen den Myosin- und den Aktinfilamenten aus. Dies setzt einen **Zyklus** (Aktin-Myosin-Bindung, Kraftschlag, Lösung der Bindungen = **Querverbrückungszyklus**) in Gang, der die in Abbildung 29.18 dargelegte Schrittfolge vollzieht. Die Freisetzung von Bindungsenergie durch die Hydrolyse von ATP aktiviert die Myosinköpfe, die eine Kipp- oder Schwingbewegung von 45 Grad ausführen (eine für Proteinmoleküle sehr starke Konformationsänderung). Dabei wird gleichzeitig das Hydrolyseprodukt ADP freigesetzt. Dies ist der Kraftschlag, der die Aktinfilamente an den Myosinfilamenten entlang über eine Strecke von etwa 10 nm vorwärtsbewegt. Er kommt zum Erliegen, wenn der Phosphorsäurerest abdissoziiert und ein neues ATP-Molekül an den Kopf des Myosins bindet. Diese neuerliche ATP-Bindung führt zu einer Konformationsänderung des Myosins, die das Abdissoziieren vom Aktin nach sich zieht (= Weichmacherwirkung des ATP; steht kein ATP mehr zur Verfügung, verfällt der Muskel in Starre wie zum Beispiel nach dem Tode des Organismus, wenn sich die Totenstarre bildet). Jeder Zyklus erfordert daher den Einsatz von chemischer Energie in Form vom ATP (Abbildung 29.18). Ein Zurückgleiten in die Ausgangslage wird verhindert, weil nicht alle Myosinmoleküle gleichzeitig vom Aktin abdissoziieren.

Die Verkürzung setzt sich fort, solange Nervenimpulse an der neuromuskulären Synapse eintreffen und freies Calcium in der Umgebung der Aktin- und Myosinfilamente verfügbar ist. Der Kontakt-Zug-Freisetzungs-Zyklus kann sich immerzu fortsetzen – fünfzig- bis hundertmal pro Sekunde – und dabei die Aktin- und Myosinfilamente gegeneinander verschieben. Während die Strecke, die ein Sarcomer sich verkürzen kann, absolut sehr kurz ist, addieren sich die Werte Tausender von Sarcomeren, die hintereinander in einer Muskelfaser liegen. Aufsummiert führen diese winzigen Verkürzungen dazu, dass sich ein stark kontrahierender Muskel um bis zu ein Drittel seiner Länge im Ruhezustand verkürzen kann.

Wenn die nervöse Stimulation zum Erliegen kommt, werden die Calciumionen durch Ca^{2+}-ATPasen rasch wieder in das sarcoplasmatische Reticulum zurückgepumpt. Die Troponinmoleküle nehmen wieder die Konformation ein, in der sie an die Aktinfilamente binden, und das Tropomyosin besetzt wieder seine blockierende Position an den Aktinfilamenten ein. Der Muskel entspannt sich.

Die Energie für die Kontraktion

Für die Muskelkontraktion sind große Mengen an Energie erforderlich. ATP ist die unmittelbare Energiequelle der Muskeltätigkeit. Die ATP-Menge im Muskel wird durch Nachschub aus drei Quellen nahezu konstant gehalten: Mit dem Blut in den Muskel transportierter Traubenzucker (Glucose) wird aerob abgebaut (siehe Kapitel 4); dabei entsteht viel ATP. Überschüssige Glucose wird in Form des Polymers **Glycogen** („tierische Stärke") im Muskelgewebe gespeichert und kann zur ATP-Produktion herangezogen werden. Die Verstoffwechselung erfolgt nach Freisetzung der Glucosemonomere auf dem gewöhnlichen Weg. Schließlich besitzt der Muskel eine kleine Energiereserve in Form vom **Kreatinphosphat**.

Das Glycogen ist, wie wir wissen (Kapitel 2) eine hochpolymere Form der Glucose, die in der Leber und in den Muskeln gespeichert wird. Die Muskeln sind dabei der weitaus größere Speicherort; etwa Dreiviertel des Glycogenvorrats liegen im Muskelgewebe. Als Energiereserve für die Muskelkontraktion besitzt das Glycogen drei wesentliche Vorteile: Es ist verhältnismäßig reichlich vorhanden, es lässt sich rasch mobilisieren, und es

Halt, Schutz und Bewegung

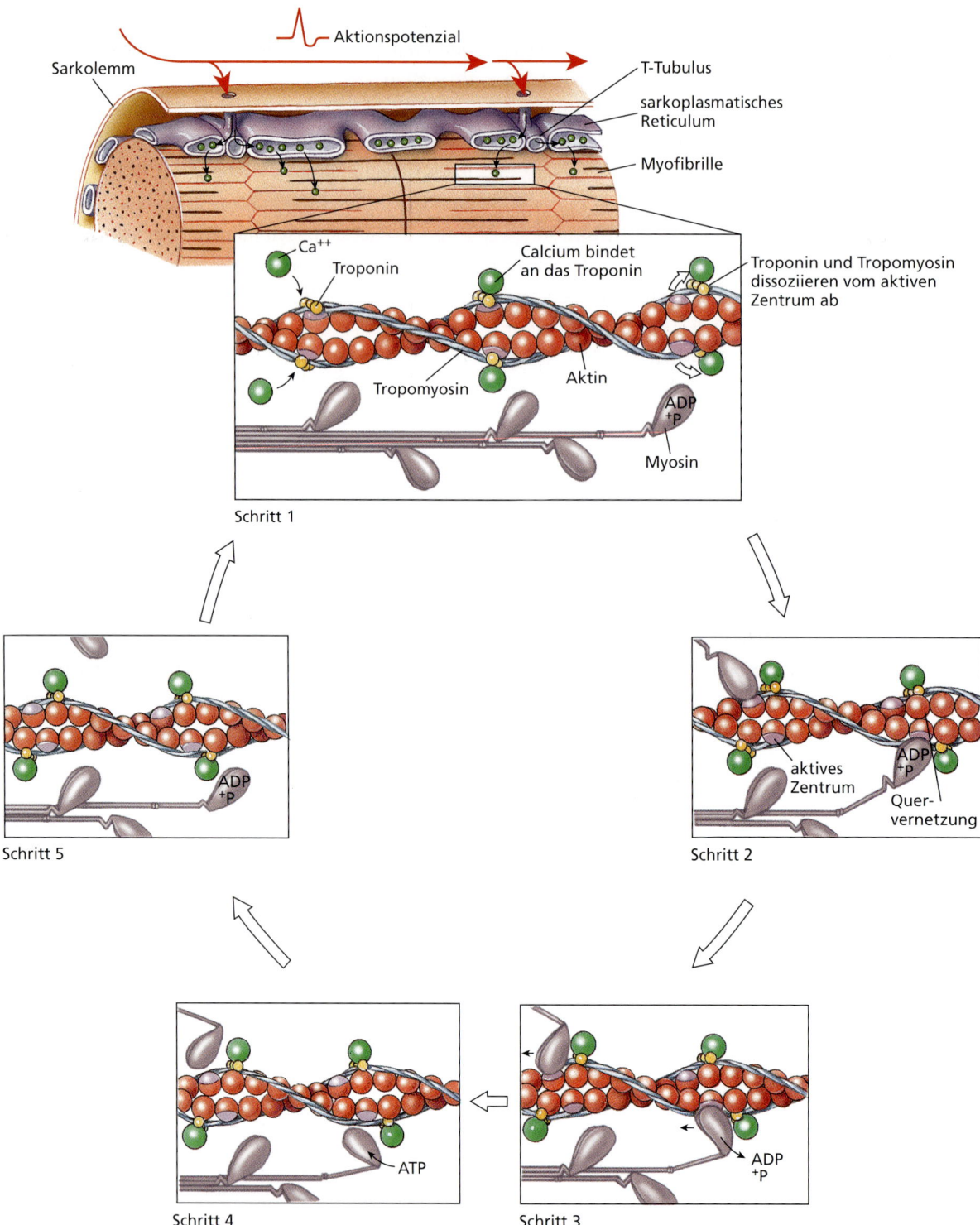

Abbildung 29.18: Erregungs-/Kontraktionskoppelung im Skelettmuskel eines Vertebraten. *Schritt 1:* Ein Aktionspotenzial breitet sich auf das Sarcolemma der Faser aus und wird über die T-Tubuli in das Zellinnere zum sarcoplasmatischen Reticulum fortgeleitet. Aus dem sarcoplasmatischen Reticulum werden Calciumionen ausgeschüttet, die zu den umliegenden Myofibrillen diffundieren. Dort binden die Calciumionen an die Troponinmoleküle der Aktinfilamente. Das Troponin und die Tropomyosinmoleküle dissoziieren von den aktiven Zentren ab. *Schritt 2:* Myosinmoleküle bilden Querverbindungen mit den freigesetzten aktiven Zentren der Aktinfilamente aus. *Schritt 3:* Unter Aufwendung von Energie in Form von ATP schwingen die Köpfe der Myosinmoleküle gegen die Mitten der Sarcomere. Die Spaltprodukte ADP und Phosphat werden freigesetzt. *Schritt 4:* Die Köpfe der Myosinmoleküle binden ein weiteres Molekül ATP; dies löst die Myosinköpfe von den aktiven Zentren der Aktinmoleküle (Dissoziation von Aktin und Myosin). *Schritt 5:* Die Myosinköpfe spalten das zweite ATP-Molekül; dabei speichern sie die chemische Energie, die bei der Spaltung in ADP und Phosphat in Freiheit gesetzt wird. Das ADP und die Phosphatgruppe bleiben an das Myosin gebunden. Der Zyklus kann sich nunmehr wiederholen, solange Calciumionen an die offenliegenden aktiven Zentren der Aktinmoleküle gebunden sind und die Wiederanlagerung des Troponins dadurch unterbunden bleibt.

kann auch unter anaeroben Bedingungen teilweise verstoffwechselt werden. Enzyme zerlegen das Glycogen und überführen es in Glucose-6-phosphat, das als erstes Substrat der Glycolyse den Abbau der Glucose einleitet. Auf die Glycolyse kann die aerobe Atmung folgen (siehe Kapitel 4).

Kreatinphosphat ist wie ATP eine Phosphorsäurederivat, das zu den so genannten „energiereichen" Verbindungen gehört. In Ruhephasen wird ein Überschuss an Energie zur Synthese dieser Verbindung genutzt. Wenn bei der Muskelkontraktion ADP entsteht, wird mit der Hilfe von Kreatinphosphat das ADP rasch wieder in ATP überführt:

$$\text{Kreatinphosphat} + \text{ADP} \longrightarrow \text{Kreatin} + \text{ATP}$$

Einige Muskeltypen (**langsame** und **schnelle oxidative Fasern**; siehe weiter unten) stützen sich zu einem großen Teil auf Glucose und Sauerstoff, die über den Blutkreislauf in das Muskelgewebe transportiert werden. Falls die muskuläre Kontraktionstätigkeit nicht zu heftig oder zu langanhaltend ist, kann der Traubenzucker des Blutes oder der aus dem Glycogen freigesetzte durch aeroben Stoffwechsel vollständig zu Kohlendioxid und Wasser abgebaut werden. Bei langandauernder oder sehr heftiger Dauerleistung vermag die Durchblutung des Muskels – obwohl weit über das im Ruhezustand vorliegende Maß hinaus gesteigert – nicht mehr genügend Sauerstoff zu den Mitochondrien der Muskelzellen zu transportieren, um eine vollständige Oxidation der Glucose zu ermöglichen. Der Kontraktionsapparat bezieht seine Energie dann zu einem großen Teil aus der (anaerob verlaufenden) **Glycolyse** (Kapitel 4). Die Fähigkeit, auf diesen anaeroben Stoffwechselweg zurückgreifen zu können, ist – obgleich dieser sehr viel weniger effizient ist als die vollständige, aerobe Oxidation – von hoher Bedeutung, da ohne sie praktisch alle Formen der starken Muskelbeanspruchung unmöglich wären. Tatsächlich stützen sich die **schnellen glycolytischen Fasern** fast gänzlich auf die Glycolyse zur Erzeugung der Energie für die Kontraktion.

Die Glycolyse des Muskels schließt mit der Milchsäuregärung ab; das Endprodukt dieses Stoffwechselweges ist also die Milchsäure (Laktat). Milchsäure sammelt sich im Muskelgewebe und diffundiert rasch in das Kreislaufsystem. Hält die Muskelbeanspruchung an, kommt es zur Ermüdung der Muskeln. Ursprünglich hatte man dies auf darauf zurückgeführt, dass die sich anstauende Milchsäure Enzyme hemmen sollte. Heute geht man jedoch eher davon aus, dass sich anstauendes Hydrogenphosphat und Dihydrogenphosphat (aus den aus dem ATP abgespaltenen terminalen „Phosphatgruppen") der Grund für die Muskelermüdung sind. Zumindest scheint dies in solchen Muskeln der Fall zu sein, die sich stark auf ihren Vorrat an Kreatinphosphat stützen. Der anaerobe Stoffwechselweg ist somit selbstbegrenzend, da eine fortdauernde, schwere Beanspruchung zu seiner Erschöpfung führt. Die Muskulatur erleidet eine **Sauerstoffschuld**, da die sich anstauende Milchsäure unter Verbrauch von zusätzlichem Sauerstoff beseitigt werden muss. Nach einer Phase der Anstrengung bleibt der Sauerstoffverbraucht erhöht, bis sämtliche Milchsäure oxidiert oder durch die Resynthese von Glycogen im Rahmen der Gluconeogenese verbraucht worden ist.

29.3.4 Muskelleistung

Schnelle und langsame Fasern

Die Skelettmuskeln von Wirbeltieren setzen sich aus mehr als einem Fasertyp zusammen. **Langsame oxidative Fasern**, die auf langsame, andauernde Kontraktionen ohne Ermüdungserscheinungen spezialisiert sind, sind von Bedeutung für die Aufrechterhaltung der Körperhaltung bei terrestrischen Vertebraten. Derartige Muskeln werden manchmal als „rote Muskulatur" bezeichnet, weil sie über eine ausgedehnte Blutversorgung, eine hohe Dichte an Mitochondrien für die ATP-Produktion und reichlich eingelagertes Myoglobin verfügen, das als Sauerstoffspeicher dient. Das durchströmende Blut und das Myoglobin geben dem Gewebe seine rote Färbung.

Man kennt zwei Arten schneller Fasern, die zu raschen, kraftvollen Kontraktionen fähig sind. Einer Sorte schneller Fasern, den **schnellen glycolytischen Fasern**, fehlt eine effiziente Blutversorgung sowie eine hohe Dichte an Mitochondrien und viel Myoglobin. Muskeln, die einen hohen Anteil solcher Fasern aufweisen werden aufgrund ihrer blasseren Färbung manchmal als „weiße Muskeln" bezeichnet. Sie arbeiten anaerob und ermüden rasch. Das helle Geflügelfleisch (Huhn) ist ein Beispiel für diesen Typ. Die Angehörigen der Familie der Katzen (Felidae) besitzen Laufmuskeln, die fast vollständig aus schnellen glycolytischen Fasern bestehen, die anaerob arbeiten. Während einer Verfolgungsjagd bauen diese Muskeln eine erhebliche Sauerstoffschuld auf, die nach dem Ende der Jagd abgearbeitet werden muss. Ein Gepard atmet nach einer Verfolgungsjagd, die kaum eine Minute gedauert hat, noch für 30 bis 40 Minuten schwer, bevor die in der kurzen Zeit angefallene Sauer-

29 Halt, Schutz und Bewegung

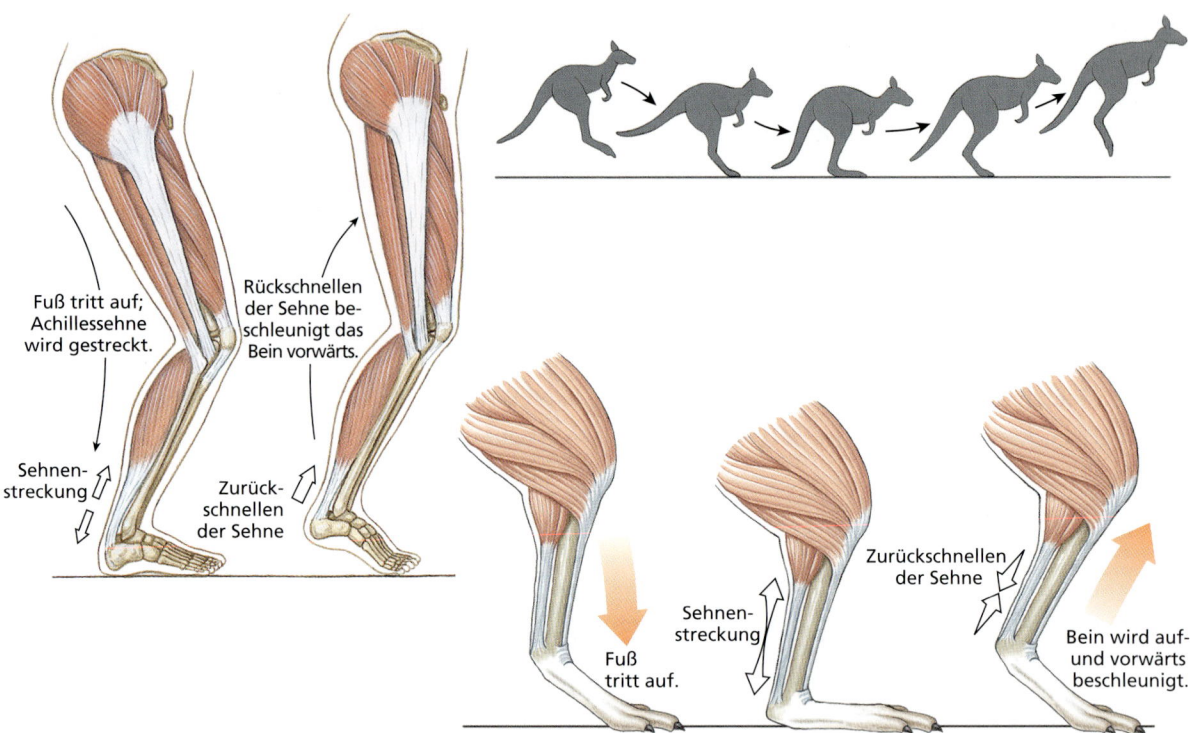

Abbildung 29.19: **Energiespeicherung in der Achillessehne beim Menschen- und beim Kängurubein.** Beim Laufen kommt es zu einer Streckung der Achillessehne, wenn der Fuß auf dem Boden aufsetzt. Durch die Streckung wird kinetische Energie in potenzielle umgewandelt und in der Sehne gespeichert (wie in einem in die Länge gezogenen Gummiband). Wird die Energie durch das Zurückschnellen der Sehne in die entspannte Ausgangslage freigesetzt, beschleunigt sie das Bein in Laufrichtung.

stoffschuld „abbezahlt" ist. Gewichtheber favorisieren die Aktivierung und Entwicklung dieses Muskelfasertyps; dies erklärt, warum sie nicht in der Lage sind, die Gewichte, die sie für Sekunden hochstemmen, nicht längere Zeit halten können. Die andere Art schneller Fasern sind die **schnellen oxidativen Fasern**. Sie verfügen über eine ausgedehnte Blutversorgung, eine hohe Mitochondrien-Dichte und reichlich Myoglobin. Sie arbeiten weitgehend anaerob. Einige Tiere setzen diesen Muskeltyp für schnelle, andauernde Aktivitäten ein. Die meisten Zugvögel, wie Gänse und Schwäne sowie Hunde (Canidae) und Huftiere (Ungulaten) besitzen Gliedmaßen- bzw. Flugmuskeln mit einem hohen prozentualen Anteil an schnellen oxidativen Fasern, die zu einer aktiven Bewegung über lange Zeitdauern befähigt sind. Die meisten Muskeln setzen sich aus einer Mixtur dieser verschiedenartigen Fasertypen zusammen, um ein breites Spektrum an Aktivitäten zu ermöglichen.

Die Bedeutung der Sehnen für die Energiespeicherung

Wenn ein Säugetier geht oder rennt, wird ein großer Teil der kinetischen Energie der Schrittfolge als elastische Streckungsenergie in den Sehnen der Beine zwischen- gespeichert. So wird beim Laufen die Achillessehne am hinteren, unteren Bein durch eine Kombination aus einer in Richtung Boden wirkenden, vom Körper auf den Fuß wirkenden Kraft (Gewichtskraft des Körpers) und einer Kontraktion der Unterschenkelmuskulatur gestreckt. Die Sehne schnellt dann zurück. Dabei wird der Fuß gestreckt, währen die Muskeln noch kontrahiert sind, was das Bein nach vorn beschleunigt (Abbildung 29.19). Ein Extrembeispiel für dieses Hüpfballprinzip ist die Hüpfbewegung eines Kängurus, das im Wesentlichen auf seinen Sehnen wie auf Sprungfedern umher hüpft und sich dabei die Wirkung der Schwerkraft zunutze macht (▶ Abbildung 29.19). Dieser Bewegungstyp erfordert wesentlich weniger Energie als erforderlich wäre, wenn sich jeder einzelne Schritt auf sich abwechselnde Kontraktionen und Relaxationen von Muskeln stützen würde.

Es gibt im Tierreich viele Beispiele für elastische Energiespeicherung. Sie findet sich in den ballistischen Weitsprüngen von Heuschrecken und Flöhen wieder; ebenso in den Flügelgelenken fliegender Insekten, in den Scharnierligamenten von Muscheln sowie schließlich in den elastischen großen Dorsalligamenten (Ligamentae nuchae), die bei den Huftieren helfen, das Gewicht des Kopfes abzustützen.

ZUSAMMENFASSUNG

Ein Tier ist in eine schützende Hülle, das Integument oder bei vielen Tieren die Haut, eingehüllt. Diese können so zerbrechlich sein wie die Plasmamembran einer Amöbe oder so komplex und zäh wie die Haut eines Säugetiers. Das Exoskelett der Arthropoden ist das am kompliziertesten aufgebaute Integument bei Wirbellosen. Es besteht aus einer zweischichtigen Kutikula, die von einer einschichtigen Epidermis abgesondert wird. Die Kutikula kann durch Calzifizierung oder Sklerotisierung verhärtet sein und muss periodisch gehäutet werden, um ein Wachstum des Körpers zu ermöglichen. Das Integument von Wirbeltieren besteht aus zwei Schichten: einer Epidermis, die verschiedene Derivate wie Haare, Federn und Klauen hervorbringt, sowie einer Dermis, welche die aufliegende Epidermis nährt und stützt. Die Dermis ist außerdem der Ursprungsort knochiger Derivate wie Fischschuppen oder Hirschgeweihen.

Die Färbung des Integuments kann zwei Ursachen haben: Strukturfarben entstehen durch die Brechung oder Streuung von einfallendem Licht durch Partikel im Integument. Pigmentfarben werden durch Farbstoffe (Pigmente) erzeugt, die in der Haut liegen und für gewöhnlich auf spezielle Pigmentzellen (Chromatophoren) beschränkt sind.

Skelette sind Stützsysteme, die hydrostatischer oder starrer Natur sein können. Das hydrostatische Skelett diverser Invertebraten-Gruppen mit weicher Körperhülle stützt sich auf Muskeln in der Körperwandung, die sich gegen den Widerstand eines im Körperinneren liegenden, konstanten Flüssigkeitsvolumens kontrahieren. In ähnlicher Weise stützen sich die muskulären Hydrostaten wie die Zungen von Säugetieren und Reptilien und die Rüssel von Elefanten bei ihrer Funktion auf Muskelgruppen, die auf verwickelte Art und Weise so angeordnet sind, dass eine geordnete Bewegung ohne unterstützende Skelettelemente oder flüssigkeitsgefüllte Hohlräume ermöglicht werden. Starre Skelette haben sich im Verbund mit an ihnen ansetzenden Muskeln evolviert. Die Muskeln ermöglichen im Zusammenspiel mit dem Stützapparat des starren Skeletts vielfältige Bewegungen. Arthropoden besitzen ein Außenskelett, das periodisch abgeworfen werden muss, um einem größeren Ersatzskelett Platz zu machen. Die Wirbeltiere haben ein Innenskelett evolviert, das ein Gerüst aus Knorpel und/oder Knochen bildet, das mit dem Rest des Körpers mitwächst, und das – wie im Fall der Knochen – außerdem als Speicher für essenzielle chemische Komponenten wie Calcium und Phosphor dienen kann.

Tierische Bewegungen – ob es sich um Cytoplasma-Strömungen, amöboide Zellbewegungen oder die Kontraktion organisierter Muskelmassen handelt – sind abhängig von spezialisierten Proteinen, die kontraktile Elemente bilden. Das wichtigste dieser Proteinsysteme ist das Aktomyosinsystem, das im Regelfall zu langgestreckten Aktin- und Myosinfilamenten angeordnet ist, die sich bei einer Kontraktion gegeneinander verschieben. Wenn ein Muskel stimuliert wird, wird ein elektrischer Impuls über die T-Tubuli in das sarcoplasmatische Reticulum der Zelle fortgeleitet, wo er die Ausschüttung von Calciumionen auslöst. Die Calciumionen binden an den mit dem Aktinfilamentsystem assoziierten Troponinkomplex. Die Bindung der Ionen führt dazu, dass das Tropomyosin sich aus seiner blockierenden Position verlagert, so dass die Myosinköpfe Querverbindungen mit den Aktinfilamenten ausbilden können. Durch ATP angetrieben, schwingen die Köpfe der Myosinmoleküle hin und her und ziehen dabei die Myosinfilamente an den Aktinfilamenten entlang. Die Energie für die Muskelkontraktion entstammt letztlich dem Kohlenhydratabbau, der zur Erzeugung der energiereichen Phosphorsäurederivate wie ATP führt, die unmittelbar am Kontraktionsvorgang beteiligt sind.

Die Skelettmuskulatur von Wirbeltieren besteht zu unterschiedlichen Mengenanteilen aus langsamen Fasern, die vorrangig für andauernde Kontraktionen des Haltungsapparates eingesetzt werden, sowie aus schnellen Fasern, die für die Lokomotion eingesetzt werden. Sehnen sind für lokomotorische Bewegungen von Bedeutung, weil die in ihnen an einem Punkt der zyklischen Vorgänge einer Bewegung im gestreckten Zustand kurzzeitig gespeicherte Energie an einem anderen Zykluspunkt wieder nutzbar gemacht wird. Sehnen steigern also den Wirkungsgrad der muskulären Bewegungsmaschinerie.

ZUSAMMENFASSUNG

Übungsaufgaben

1 Das Exoskelett der Arthropoden ist das Wirbellosenintegument mit dem komplexesten Aufbau. Beschreiben Sie seinen Bau, und erklären Sie den Unterschied in der Art und Weise, wie die Kutikula bei den Crustaceen und den Insekten verhärtet wird.

2 Grenzen Sie die Dermis von der Epidermis des Wirbelinteguments ab. Beschreiben Sie strukturelle Derivate dieser beiden Schichten.

3 Worin besteht der Unterschied zwischen Strukturfarben und Pigmentfarben? Wie unterscheiden sich die Chromatophoren von Vertebraten und Cephalopoden in Bau und Funktion?

Halt, Schutz und Bewegung

4 Als „nacktem Affen" fehlt dem Menschen die Schutzwirkung eines Felles, das andere Säugetiere vor schädlichen Einwirkungen der Sonnenstrahlung bewahrt. Wie reagiert die menschliche Haut auf ultraviolette Strahlung (a) kurzfristig und (b) bei länger andauernder Einwirkung?

5 Hydrostatische Skelette sind ihrer Definition nach Flüssigkeitsansammlungen, die durch eine muskulöse Wandung eingeschlossen werden. Wir würden Sie diese Festlegung abwandeln, um sie auf einen muskulären Hydrostaten anwenden zu können? Geben Sie Beispiele für hydrostatische Skelette und muskuläre Hydrostaten.

6 Eine der besonderen Qualitäten des Vertebraten-Knochens besteht darin, dass es sich um ein lebendes Gewebe handelt, das einen fortwährenden Umbau erlaubt. Erläutern Sie, wie die Struktur des Knochens diese Umbauvorgänge vonstatten zu gehen erlaubt.

7 Worin besteht der Unterschied zwischen endochondralen und membranösen Knochen? Zwischen spongiformen und kompakten Knochen?

8 Erörtern Sie die Rolle der Osteoklasten, der Osteoblasten, des Nebenschilddrüsenhormons und des Calcitonins beim Knochenwachstum.

9 Die Maßstabsgesetze besagen, dass eine Verlängerung der Körperlänge eines Tieres zu einer Verachtfachung seiner Körpermasse führen wird, während die Belastung der Knochen durch Krafteinwirkung nur eine Vervierfachung auszuhalten vermag. Welche Lösungen für dieses Problem haben sich evolviert, um es Tieren zu erlauben, sich zu vergrößern und dabei gleichzeitig die Belastung der Knochen in sicheren Grenzen zu halten?

10 Nennen Sie die wesentlichen Bestandteile des Achsen- und des Appendikularskeletts.

11 Eine unerwartete Entdeckung, die sich bei der Untersuchung der amöboiden Fortbewegung ergab, war, dass einige der Proteine des kontraktilen Systems von Metazoenmuskeln – das Aktin und das Myosin – schon in amöboiden Zellen zu finden waren. Erläutern Sie, wie diese und wie andere Proteine nach dem gegenwärtigen Verständnis bei der amöboiden Zellbewegung zusammenwirken.

12 Eine „9+2"-Anordnung von Mikrotubuli ist sowohl für Cilien wie für Flagellen typisch. Erklären Sie, wie nach heutigem Verständnis dieses System eine Biegebewegung hervorbringt. Worin besteht der Unterschied zwischen einer Cilie (Zellwimper) und einem Flagellum (Zellgeißel)?

13 Welche funktionellen Merkmale der glatten Muskulatur von Mollusken und der fibrillären Muskeln von Insekten grenzen diese Muskeltypen von allen bekannten Vertebraten-Muskeln ab?

14 Das Gleitfilamentmodell der Skelettmuskelkontraktion geht von einem Aneinander-vorbei-Gleiten miteinander verschränkter Filamente aus Aktin und Myosin aus. Elektronenmikroskopische Aufnahmen zeigen, dass im Verlauf der Kontraktion die Aktin- und die Myosinfilamente ihre Länge unverändert beibehalten, während sich der Abstand zwischen den Z-Linien verringert. Erläutern Sie in Begriffen des molekularen Aufbaus von Muskelfasern, wie dieses Phänomen zustande kommt. Worin besteht die Rolle der regulatorischen Proteine Troponin und Tropomyosin bei der Kontraktion?

15 Obwohl das sarcoplasmatische Reticulum der Muskeln zum ersten Mal bereits von Histologen des 19. Jahrhunderts beschrieben worden ist, wurde sein verwickelter Bau erst sehr viel später durch elektronenmikroskopische Untersuchungen erhellt. Was könnten Sie einem Anatomen des 19. Jahrhunderts mitteilen, um ihn über den Aufbau des sarcoplasmatischen Reticulums und seine Rolle bei der Koppelung von Erregung und Kontraktion weiterzubringen?

16 Die Filamente der Skelettmuskeln werden durch freie Energie aus der Hydrolyse von ATP in Bewegung versetzt. Während fortdauernder Muskelkontraktion bleibt die ATP-Menge ziemlich konstant, während die Konzentration von Kreatinphosphat abfällt. Erklären Sie, warum dies so ist. Unter welchen Umständen kommt es im Verlauf von Muskelkontraktionen zu einer „Sauerstoffschuld"?

17 Im Verlauf der Evolution wurde die Skelettmuskulatur an die funktionellen Anforderungen eines weiten Bereiches angepasst, der von den Rückzugsbewegungen eines irritierten Wurmes über die Dauerkontraktionen zur Aufrechterhaltung der Körperhaltung eines Säugetieres bis zur Ermöglichung einer langen, schnellen Verfolgungsjagd in der afrikanischen Savanne reicht. Nennen Sie einige der Fasertypen des Vertebraten-Muskels, die sich evolutiv herausgebildet haben, um diese Aktivitäten möglich werden zu lassen.

Weiterführende Literatur

Anderson, J. et al. (2000): Muscle, genes and athletic performance. Scientific American, vol. 283, no. 9: 48–55. *Gute Diskussion des Muskelaufbaus und der Muskelfunktion im Hinblick auf sportliche Leistungen beim Menschen.*

Biewener, A. (2003): Animal Locomotion. Oxford University Press; ISBN: 0-19-850023-8.

Caplan, A. (1984): Cartilage. Scientific American, vol. 251, no. 10: 84–94. *Aufbau, Alterung und Entwicklung des Wirbeltierknorpels.*

Hadley, N. (1986): The arthropod cuticle. Scientific American, vol. 255, no. 7: 104–112. *Beschreibt die Eigenschaften dieser kompliziert gebauten Körperbedeckung, die für einen Großteil des adaptiven Erfolges der Arthropoden verantwortlich ist.*

Hutchinson, J. und M. Garcia (2002): *Tyrannosaurus* was not a fast runner. Nature, vol. 415: 1018–1021. *Die vorgestellten Analysen kommen zu dem Schluss, dass Tyrannosaurus weniger als die Hälfte der erforderlichen Beinmuskelmasse gehabt hat, um rennen zu können, und die Echsen deshalb wohl nur geschritten sind.*

Leffell, D. und D. Brash (1996): Sunlight and skin cancer. Scientific American, vol. 275, no. 7: 52–29. *Hautkrebs, der bei älteren Menschen auftritt, hat seinen Ursprung in Schäden, die Jahrzehnte zuvor erworben worden waren. Viele Fälle lassen sich auf eine Mutation in einem einzelnen Gen zurückführen.*

McNeill Alexander, R. (1992): The human machine. Columbia University Press; ISBN: 0-1131-0040-X. *Beschreibt alle Arten menschlicher Bewegungen aus der Sichtweise des menschlichen Körpers als die eines technischen Apparates. Gut ausgesuchte Abbildungen.*

McNeill Alexander, R. (2006): Principles of Animal Locomotion. Princeton University Press; ISBN: 0-6911-2634-8.

Moyes, C. und P. Schulte (2008): Tierphysiologie. Pearson Studium; ISBN: 3-8273-7270-4.

Pickett, J. (2007): Cell signalling: A ciliary sensor. Nature Reviews Molecular Cell Biology 8: 676–677. *Sehr gute, hochaktuelle Übersicht über dieses junge Thema der Physiologie.*

Randall, D. et al. (2001): Eckert's Animal Physiology. 5. Auflage. Freeman; ISBN: 0-7167-3863-5. *Umfassendes Lehrbuch der vergleichenden Physiologie der Tiere.* Deutsche Ausgabe: R. Eckert (2002): Tierphysiologie. 4. Auflage. Thieme; ISBN: 9-7831-366-4004-3.

Shipman, P. et al. (1985): The human skeleton. Harvard University Press; ISBN: 0-6744-1610-4. *Umfassende Abhandlung über das Skelett des Menschen.*

Stossel, T. (1994): The machinery of cell crawling. Scientific American, vol. 271, no. 9: 54–63. *Kriechbewegungen von Zellen sind vom geordneten Auf- und Abbau eines intrazellulären Skeletts aus dem Protein Aktin abhängig.*

Westerblad, H. et al. (2002): Muscle fatigue: lactic acid or inorganic phosphate as the major cause? News in Physiological Sciences, vol. 17: 17–21. *Gut geschriebene Übersicht, der neuere Daten zugrunde liegen, und die eine alternative Erklärung für die Ermüdung von Muskeln liefert.*

Willmer, P. et al. (2004): Environmental physiology of animals. 2. Auflage. Blackwell; ISBN: 1-4051-0724-3. *Gut geschriebene Information über Umweltanpassungen von Wirbeltieren und Wirbellosen.*

Weitere Informationen zu diesem Buchkapitel finden Sie auf der Companion-Website unter
http://www.pearson-studium.de

Homöostase
Osmotische Regulation, Exkretion und Temperaturregulierung

30.1 Das Wasser und die osmotische Regulation 977
30.2 Ausscheidungsorgane von Wirbellosen 983
30.3 Die Wirbeltierniere 986
30.4 Temperaturregulierung 994
Zusammenfassung 1001
Übungsaufgaben 1002
Weiterführende Literatur 1003

Homöostase

Die Tendenz zur inneren Stabilisierung des tierischen Körpers wurde zuerst von Claude Bernard beschrieben – einem großen französischen Physiologen des 19. Jahrhunderts –, der bei seinen Untersuchungen zum Blutzucker und zum Glycogen der Leber zum ersten Mal innere Sekretionsvorgänge entdeckte. Aus seinen lebenslangen Untersuchungen und Experimenten erwuchsen nach und nach die Erkenntnisse, die zur Formulierung des Prinzips von der Konstanz des inneren Milieus führen sollten, wofür dieser Physiologe in Erinnerung geblieben ist. Im Laufe der Zeit hat dieses Prinzip über die Physiologie Eingang in die Biologie und die Medizin gefunden. Viele Jahre später hat der US-amerikanische Physiologe Walter Cannon (▶ Abbildung 30.1) Bernards Ideen neu formuliert. Durch seine Untersuchungen des Nervensystems und dessen Reaktionen auf Stress, gelang es ihm, die unablässige Ausgleichstätigkeit der physiologischen Prozesse aufzuklären und zu beschreiben, welche die innere Stabilität eines Lebewesens ausmachen und den Normalzustand wiederherstellen, wenn dieser gestört wurde. Cannon prägte dafür den auch heute noch üblichen Begriff Homöostase. In der Zeit nach 1930 überflutete dieser Begriff die medizinische Fachliteratur. Die Ärzte sprachen davon, dass sie ihre Kunden wieder „in die Homöostase" bringen müssten. Selbst Politiker und Soziologen sprangen auf den Zug auf und meinten, tiefgehende nichtphysiologische Implikationen aus diesem Prinzip ableiten zu können und zu müssen.

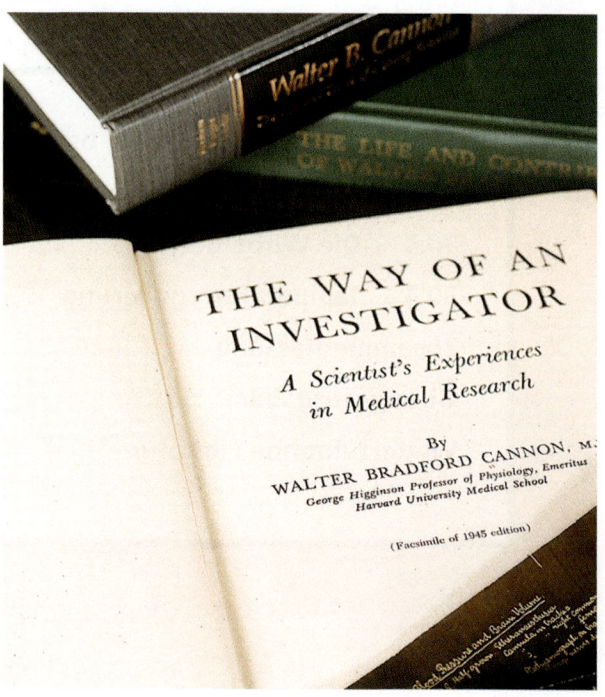

Die Titelseite von Walter Cannons Autobiografie.

Cannon freute sich über diese ausufernde Anwendung seines Konzeptes, verließ später sogar sein Fachgebiet und ließ sich zu der Aussage verleiten, dass die Demokratie eine Herrschaftsform sei, bei der die Regierung einen „homöostatischen" Mittelweg einschlage. Ungeachtet der andauernden Bedeutung des Konzepts der Homöostase für die Biologie, hat Cannon nie einen Nobelpreis im Fach Physiologie/Medizin bekommen. Cannon hat in seinen späten Jahren seine Vorstellungen von der wissenschaftlichen Forschung in seiner Autobiografie „The Way of an Investigator" beschrieben. Dieses unterhaltsame Buch beschreibt die Laufbahn eines einfach gestrickten, aber erfindungsreichen Mannes, dessen Leben glücklich verlief und zu einem erfolgreichen Dasein als Forscher führte.

Das Konzept der Homöostase, das im Eingangstext zu diesem Kapitel beschrieben wird, beherrscht das gesamte physiologische Denken und bildet das zentrale Thema dieses und des folgenden Kapitels. Obgleich dieses Konzept zuerst durch Untersuchungen an Säugetieren entwickelt worden ist, ist es auf einzellige Organismen ebenso anwendbar wie auf vielzellige. Mögliche Änderungen des inneren Zustandes erwachsen aus zweierlei Quellen. Erstens erfordern die Stoffwechselaktivitäten einen fortwährenden Nachschub von Stoffen wie Sauerstoff, Nährstoffen, Wasser, Salzen und vieler anderer Substanzen; diese müssen die Zellen aus ihrer Umgebung beziehen und deren Sollmengen müssen kontinuierlich austariert werden. Die zellulären Aktivitäten führen weiterhin zur Produktion von Abfallstoffen, die aus der einzelnen Zelle bzw. aus dem vielzelligen Organismus entfernt werden müssen. Zweitens reagiert das innere Milieu auf Veränderungen in der Umgebung des Lebewesens. Änderungen von außen müssen durch die physiologischen Mechanismen der Homöostase abgepuffert werden, um den inneren Zustand des Lebewesens in engen Grenzen konstant zu halten – nur so kann ein ordnungsgemäßes Funktionieren des Gesamtsystems sichergestellt werden.

Bei komplexer gebauten Metazoen wird die Homöostase durch die koordinierte Aktivität aller Systeme des Körpers mit Ausnahme des Fortpflanzungssystems aufrechterhalten. Die verschiedenartigen homöostatischen Aktivitäten werden vom Kreislauf-, Nerven- und endokrinen System koordiniert; dabei werden sie von den Organen unterstützt, die als Orte der Prozessierung verschiedener Substanzen und des Stoffaustausches dienen. Diese spezialisierten Organsysteme, über die sich der Austausch mit der Außenwelt vollzieht, sind die Nieren, die Lungen oder Kiemen, der Verdauungstrakt und das Integument. Über die oberflächlichen Austauschschichten (= Epithelien, innere bzw. äußere) dieser Organe gelangen Sauerstoff, (energieliefernde) Nährstoffe, Mineralien und andere Bestandteile von Körperflüssigkeiten in den Körper; Wasser wird ausgetauscht, Wärme wird abgegeben und Stoffwechselendprodukte werden aus dem Körper eliminiert.

Die Systeme eines Lebewesens arbeiten in einer integrierten Art und Weise, um ein konstantes inneres Milieu in Bezug auf einen Sollwert aufrechtzuerhalten. Kleine Abweichungen vom Sollwert von Stellgrößen wie dem pH-Wert, der Temperatur, des osmotischen Druckes, der lokalen Glucosekonzentration, der Sauerstoffspannung usw. aktivieren physiologische Mechanismen,

Abbildung 30.1: Walter Bradford Cannon (1871–1945). Cannon war Professor für Physiologie und prägte den Begriff „Homöostase". Er entwickelte das von dem französischen Physiologen Claude Bernard (siehe Abbildung 31.2) ins Leben gerufene Konzept weiter.

welche die Stellgrößen zumeist durch eine **negative Rückkopplung** wieder auf den Sollwert bzw. in den Toleranzbereich des Sollwertes einpegeln (siehe Kapitel 34).

Wir werden zunächst die Probleme betrachten, die bei der Steuerung des inneren Flüssigkeitsmilieus bei Tieren auftreten, die in aquatischen Habitaten leben. Danach werden wir kurz untersuchen, wie diese Probleme von Landtieren gelöst werden, indem wir die Funktion der Organe betrachten, die ihre inneren Verhältnisse regulieren. Abschließend werden wir erfahren, welche Strategien sich evolutiv herausgebildet haben, um in einer Umgebung mit sich ändernder Temperatur zu überleben.

Das Wasser und die osmotische Regulation 30.1

30.1.1 Wie marine Invertebraten die Probleme des Salz- und Wasserhaushaltes bewältigen

Die meisten im Meer lebenden Wirbellosen befinden sich im osmotischen Gleichgewicht mit ihrer Umgebung aus Meerwasser. Wenn Oberflächen des Körpers durchlässig für Ionen und Wasser sind, fallen und steigen die inneren Konzentrationen dieser Stoffe, wenn es zu Konzentrationsänderungen im Umgebungswasser kommt. Da solche Tiere nicht fähig sind, den osmotischen Druck ihrer Körperflüssigkeiten zu regulieren, werden sie

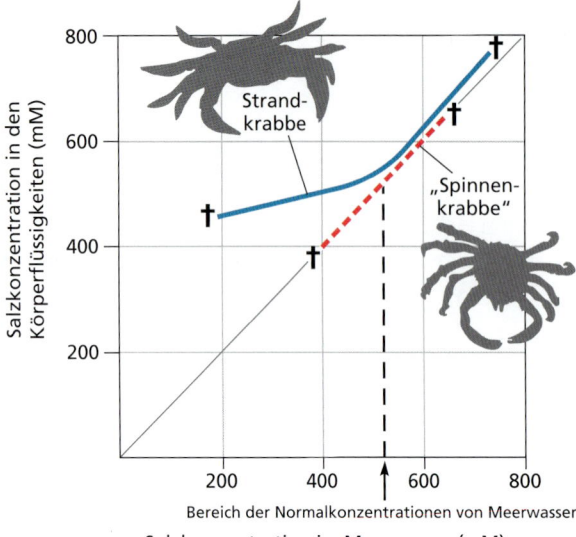

Abbildung 30.2: Salzkonzentrationen in den Körperflüssigkeiten zweier Krabbenarten in Meerwasser. Die durch die Abbildung laufende Diagonale markiert den Konzentrationsbereich, in dem die Zusammensetzung der Körperflüssigkeiten gleich der des Umgebungswassers ist. Da die Seespinne (*Maia* sp.) den Salzgehalt ihrer Körperflüssigkeiten nicht regulierend beeinflussen kann, passt sie sich notgedrungen jeder Änderung der Milieubedingungen in der Umgebung an (gestrichelte rote Linie). Die Wollhandkrabbe (*Eriocheir* sp.) kann dagegen die Zusammensetzung und das osmotische Potenzial ihrer Körperflüssigkeiten in gewissen Grenzen regulatorisch beeinflussen, wenn sie in Wasser mit geringerem Salzgehalt gesetzt wird. Beträgt beispielsweise die Salzkonzentration des Wassers 200 Millimol pro Liter (mmol/l), liegt die Konzentration in den Körperflüssigkeiten von *Eriocheir* bei ca. 430 mmol/l (durchgezogene blaue Linie). Die Symbole an den Endpunkten der Linie geben die Grenzen des Toleranzbereiches für das betreffende Tier an.

osmotisch konform (**Osmokonformer**) genannt. Im offenen Meer lebende Wirbellose sind nur selten osmotischen Fluktuationen ausgesetzt, weil die riesigen Wassermassen der Ozeane sehr stabile Umwelten darstellen. Ozeanische Wirbellose haben tatsächlich nur eine sehr gering entwickelte Fähigkeit, osmotischen Änderungen zu trotzen. Kommen sie mit verdünntem Meerwasser in Berührung, sterben sie rasch ab, weil ihre Körperzellen der verdünnten (hypoosmotischen) Flüssigkeit ausgesetzt werden und das Tier nichts unternehmen kann, um dies zu vermeiden. Solche Tiere sind darauf beschränkt, in einem engen Salinitätsbereich (Salinität = Salzgehalt) zu leben. Aufgrund dieser Eigenschaft heißen sie **stenohalin** (gr. *stenos*, eng + *hal*, Salz). Ein Beispiel für eine stenohaline Art ist die Kleine Seespinne (*Maia* sp.; ▶ Abbildung 30.2).

Die Bedingungen im Küstenbereich und in Mündungsgebieten von Flüssen sind viel weniger konstant als im offenen Meer. Die hier lebenden Tiere müssen mit großen und oftmals abrupt eintretenden Veränderungen im Salzgehalt fertig werden, zum Beispiel als Folge der Gezeiten. Tiere, die diese Toleranzfähigkeit besitzen, heißen **euryhalin** (gr. *eurys*, breit + *hal*, Salz). Das bedeutet, dass sie stärkere Schwankungen in der Salinität verkraften, hauptsächlich durch die in verschiedenem Grad ausgeprägte Fähigkeit zur **Osmoregulation**. So vermag die Wollhandkrabbe (*Eriocheir* sp.) einer Verdünnung ihrer Körperflüssigkeiten durch niedriger konzentriertes Umgebungswasser zu widerstehen (Abbildung 30.2). Obwohl die Salzkonzentration in den Körperflüssigkeiten absinkt, tut sie es langsamer als im Umgebungswasser. Diese Krabbenart ist ein hyperosmotischer Regulator. Das bedeutet, dass sie die Konzentration im Körperinneren höher hält als im umgebenden Wasser.

Durch regulativen Widerstand gegen eine übermäßige Verdünnung und den dadurch erreichten Schutz ihrer Zellen vor zu extremen Änderungen des Milieus kann die Wollhandkrabbe erfolgreich in physikalisch instabilen aber biologisch reichhaltigen Küstenbiotopen leben. Da die Fähigkeit zur osmotischen Regulation nur innerhalb gewisser Grenzen möglich ist, sterben die Tiere aber, wenn der Salzgehalt des Umgebungswassers auf zu niedrige Werte absinkt. Um verstehen zu können, wie die Wollhandkrabbe und andere wirbellose Küstenbewohner ihre hyperosmotische Regulierung betreiben, wollen wir zunächst das Problem in Augenschein nehmen, vor dem sie stehen. Da die Körperflüssigkeiten der Krabbe höher konzentriert sind als das Umgebungswasser (= die Ionenkonzentration ist höher als die des umgebenden Wassers), gibt es aufgrund des osmotischen Gefälles eine Neigung des Wassers, in den Körper einzuströmen – insbesondere über die dünnen, permeablen Membranen der Kiemen. Wie im Fall des in Kapitel 3 vorgestellten Membran-Osmometers, diffundiert selektiv Wasser ein, weil das osmotische Potenzial im Inneren höher ist. Wäre dieser Einstrom bei der Krabbe unkontrolliert, würde es rasch zu einer Verdünnung der Körperflüssigkeiten kommen mit der Folge eines physiologischen Ungleichgewichtes. Dieses Problem wird von den Nieren (den Antennendrüsen im Kopf der Krabbe) überwunden, die überschüssiges Wasser als verdünnten Harn ausscheiden.

Das zweite Problem ist der Salzverlust. Weil der Körper des Tieres einen höheren Salzgehalt als die Umgebung aufweist, ist ein Verlust von Ionen durch Diffusion nach außen über die Kiemen unvermeidbar. Weiterhin wird eine gewisse Menge Salz mit dem Harn ausgeschieden. Um diesen Verlust an gelösten Stoffen auszugleichen, entnehmen spezielle Salz absorbierende Zellen in den Kiemen aktiv Ionen aus dem Meerwasser und transportieren sie ins Blut, wodurch das innere osmotische Potenzial aufrechterhalten wird. Bei diesem Vorgang handelt es sich um ein Beispiel für **aktiven Transport** (siehe Kapitel 3), für den Stoffwechselenergie in Form von ATP notwendig ist, weil die Ionen gegen ein Konzentrationsgefälle (niedrige Salzkonzentration im Brackwasser hin zu einer höheren im Blut) befördert werden müssen.

30.1.2 Die Besiedelung des Süßwassers

Vor etwa 400 Millionen Jahren – im Silur (443 bis 417,5 Millionen Jahre vor unserer Zeit) und im unteren Devon (417,5 bis 392 Millionen Jahre vor unserer Zeit) – begannen die Hauptgruppen der kiefertragenden Fische in Brackwassermündungsgebiete und von dort aus nach und nach in Süßwasserflüsse vorzudringen. Vor ihnen lag ein neuer, ungenutzter Lebensraum, der bereits mit Nahrungsquellen in Form von Insekten und anderen Wirbellosen, die zuvor schon das Süßwasser für sich entdeckt hatten, reichhaltig bestückt war. Die Vorteile, die der neue Lebensraum bot, wurden jedoch durch ein schwieriges physiologisches Problem aufgewogen: die Notwendigkeit, eine wirkungsvolle osmotische Regulation zu evolvieren.

Süßwassertiere sehen sich einem ähnlichen, aber noch extremeren, Problem gegenüber wie die eben unter die Lupe genommene Wollhandkrabbe. Sie müssen die Salzkonzentration in ihren Körperflüssigkeiten auf einem höheren Wert halten als dem des Wassers, in dem sie leben. Wasser gelangt durch Osmose in den Körper hinein, und Salz wird durch Diffusion nach außen verloren. Süßwasser ist noch weitaus verdünnter als das Brackwasser, in dem die Wollhandkrabbe lebt, und es gibt kein Rückzugsgebiet, keine salzige Zuflucht, in der sich ein Süßwassertier osmotisch erholen könnte. Die Bewohner des Süßwassers haben sich daher gezwungenermaßen zu permanenten und hoch effizienten hyperosmotischen Regulatoren entwickelt.

Die mit Schuppen besetzte und mit Schleim überzogene Körperoberfläche eines Fisches ist so wasserdicht, wie es eine flexible Oberfläche nur sein kann. Zusätzlich besitzen Süßwasserfische mehrere physiologische Strategien, um die Probleme des Wassergewinns und Salzverlustes zu lösen. Zunächst wird Wasser, das zwangsläufig durch Osmose in den Körper gelangt, von den Nieren – die einen sehr stark verdünnten Harn erzeugen können – wieder aus dem Körper herausgepumpt (▶ Abbildung 30.3 a). Daneben nehmen spezielle Salzabsorptionszellen in den Kiemen Ionen aktiv aus dem Wasser ins Blut auf. Bei diesen Ionen handelt es sich in erster Linie um Natriumkationen (Na^+) und Chloridanionen (Cl^-), die selbst im Süßwasser in geringen Mengen vorhanden sind. Dieser Vorgang ersetzt zusammen mit dem aus der Nahrung stammenden Salz das durch Diffusion verlorene Salz. Diese Mechanismen sind so wirkungsvoll, dass ein Süßwasserfisch nur einen kleinen Teil seines Gesamtenergieumsatzes für den Erhalt seines osmotischen Sollzustandes im Salzhaushalt aufwenden muss.

Langusten, aquatische Insektenlarven, Muscheln und andere Süßwassertiere sind ebenfalls hyperosmotische Regulatoren und stehen vor den gleichen Problemen und Gefahren wie Süßwasserfische. Sie neigen dazu, zu viel Wasser aufzunehmen und zu viel Salz zu verlieren. Wie Süßwasserfische scheiden sie überschüssiges Wasser in Form von Harn aus und ersetzen eingebüßtes Salz durch aktiven Ionentransport über die Kiemen.

Im Wasser lebende Amphibien müssen Salzverluste ebenfalls durch aktive Aufnahme von Ionen aus dem Wasser ausgleichen (▶ Abbildung 30.4). Zu diesem Zweck setzen sie ihre Haut ein. Isolierte Froschhaut kann noch Stunden nach ihrer Entnahme Natrium- und Chloridionen transportieren, wenn sie in eine physiologische Salzlösung gelegt werden. Zur Freude der Biologen, aber wohl nicht der Frösche, lassen sich diese Tiere so leicht fangen und im Labor halten, dass Froschhaut zu einem bevorzugten Modellsystem für die Untersuchung von Phänomenen des Ionen-Transports geworden ist. Tatsächlich sind die grundlegenden Prinzipien des Salztransportes über Epithelien mit umfangreichen Experimenten an der Froschhaut aufgeklärt worden.

30.1.3 Fische, die ins Meer zurückkehren

Knochenfische des Meeres halten die Salzkonzentration ihrer Körperflüssigkeiten bei etwa einem Drittel der Meerwasserkonzentration (Körperflüssigkeit = 0,3 bis 0,4 M; Meerwasser = 1 M). Sie sind **hypoosmotische Regulatoren**, weil ihre innere Elektrolytkonzentration niedriger als die der Umgebung liegt. Die heute in den Ozeanen lebenden Knochenfische sind Nachfahren früherer Süßwasserknochenfische, die während der Trias (251 bis 200 Millionen Jahre vor unserer Zeit) vor etwa 200 Millionen Jahren ins Meer zurückgekehrt sind. Über Millionen von Jahren hinweg haben die Süßwasserfische

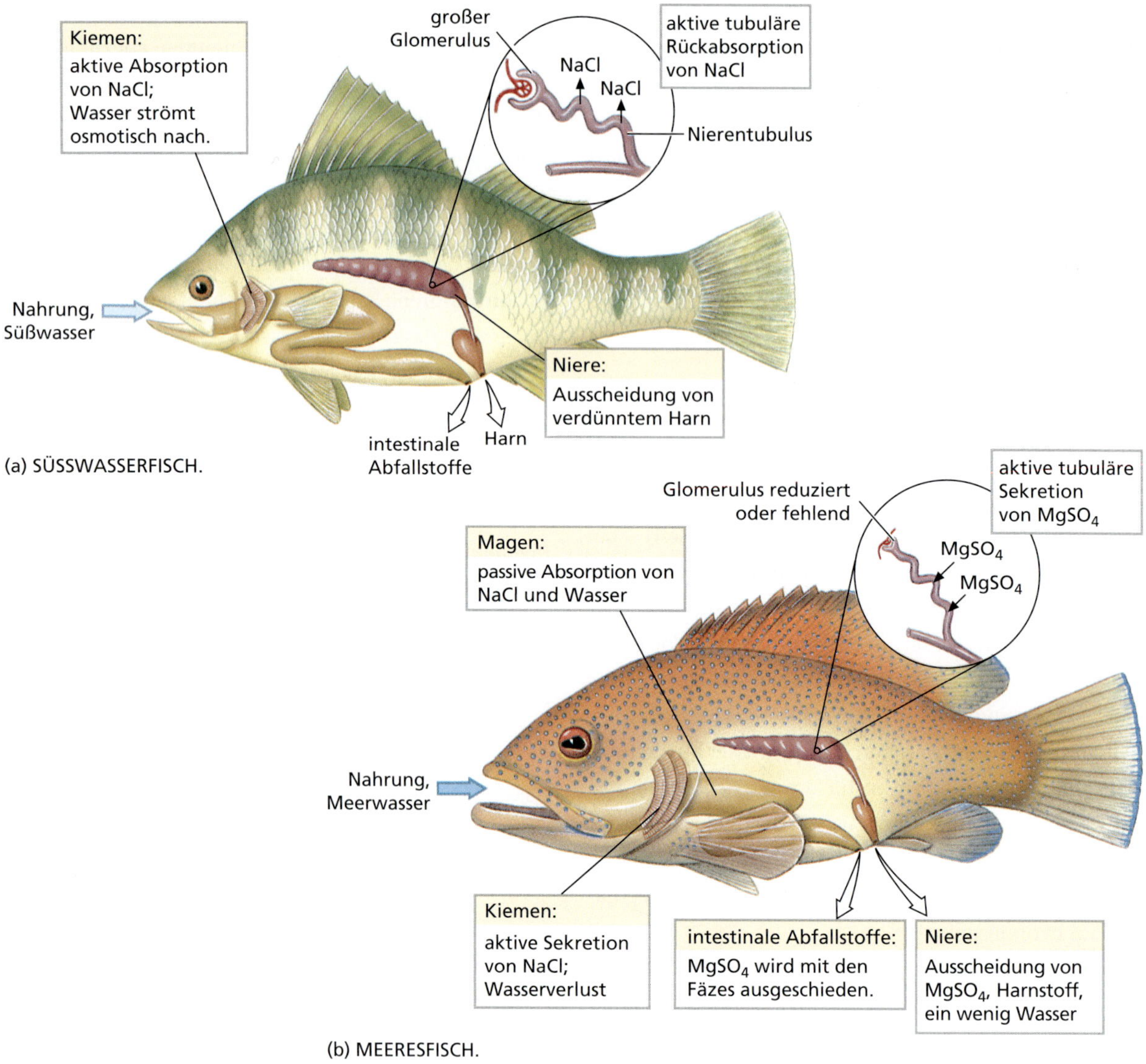

Homöostase

Abbildung 30.3: Osmotische Regulation bei Knochenfischen des Süßwassers und des Meeres. (a) Ein Süßwasserfisch hält sein chemisches (ionisches) und osmotisches Gleichgewicht aufrecht, indem er aktiv Natrium- und Chloridionen über die Kiemen aufnimmt (etwas Salz gelangt zusätzlich mit der Nahrung in den Körper). Um überschüssiges Wasser, das permanent in den Körper einströmt, wieder abzugeben, produziert die glomeruläre Niere durch die Rückabsorption von Natriumchlorid einen verdünnten Harn. (b) Ein Meeresfisch muss Meerwasser trinken, um Wasser zu ersetzen, dass er auf osmotischem Wege an die salzreiche Umgebung verloren hat. Natriumchlorid und Wasser werden aus dem Magen absorbiert. Überschüssige Natrium- und Chloridionen werden über die Kiemen ausgeschieden. Divalente Ionen des Meerwassers (zumeist Mg^{2+} und SO_4^{2-}) werden mit den Fäzes eliminiert und durch die tubuläre Niere sezerniert.

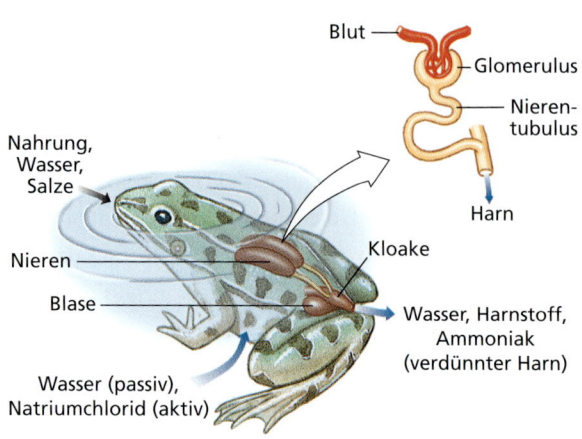

Abbildung 30.4: Der Austausch von Wasser und gelösten Stoffen beim Frosch. Wasser dringt über die höchst permeable Haut ein und wird über die Nieren exkretiert (ausgeschieden). Die Haut transportiert außerdem aktiv Ionen (Na^+, Cl^-) aus der Umgebung in den Körper. Die Nieren bilden durch die Reabsorption von Natriumchlorid verdünnten Harn. Dieser fließt in die Harnblase, wo während einer zeitweiligen Zwischenlagerung der größte Teil des verbliebenen Natriumchlorids aus dem Harn absorbiert und in das Blut zurückgeführt wird.

in ihren Körperflüssigkeiten eine Ionenkonzentration etabliert, die bei etwa einem Drittel der von Meerwasser liegt. Die Körperflüssigkeiten landlebender Wirbeltiere ist der von verdünntem Meerwasser ebenfalls erstaunlich ähnlich – ein Umstand, der zweifellos auf ihr uraltes marines Erbe hinweist.

Als einige Knochenfische des Süßwassers in der Trias ins Meer zurückkehrten, sahen sie sich neuen Problemen gegenüber. Mit einer viel geringeren osmotisch wirksamen Konzentration im Inneren als die von Meerwasser, verloren sie Wasser an die Umgebung und nahmen unweigerlich Salz auf. Tatsächlich sieht sich ein Knochenfisch des Meeres dem Problem der Austrocknung ausgesetzt, ähnlich einem Säugetier in der Wüste, dem das Wasser ausgeht.

Um den Wasserverlust auszugleichen, trinkt ein Meeresfisch Meerwasser (Abbildung 30.3b). Das Meerwasser wird im Darm absorbiert, und die Hauptsalzkomponente – Natriumchlorid – wird mit dem Blut zu den Kiemen befördert, wo spezialisierte Salzausscheidungszellen es aktiv in das umgebende Meer zurücktransportieren. Ionen, die im verbleibenden Darmabschnitt noch vorhanden sind – in erster Linie Magnesium-, Sulfat- und Calciumionen – werden mit den Fäzes freigesetzt oder über die Nieren ausgeschieden. Auf diese indirekte Art entledigen sich Meeresfische überschüssigen Salzes, das sie beim Trinken aufgenommen haben, und ersetzen verloren gegangenes Wasser durch Osmose. Samuel

Exkurs

Die hohe Harnstoffkonzentration im Blut und in den festen Geweben von Knorpelfischen – mehr als hundertmal höher als bei einem Säugetier – würde von den meisten anderen Wirbeltieren nicht toleriert. Bei den Letzteren würde eine so hohe Harnstoffkonzentration zur Spaltung der Peptidbindungen in den Proteinmolekülen führen. Dies würde auch bei den Haien und Rochen stattfinden, hätte nicht das TMAO gerade den entgegengesetzten Effekt. Es dient den Tieren zur Stabilisierung ihrer Proteine in Gegenwart großer Harnstoffmengen. Die Elasmobranchier sind so sehr an den Harnstoff in ihren Geweben angepasst, dass diese ohne einen derart hohen Harnstoffgehalt überhaupt nicht zuverlässig funktionieren würden. In Abwesenheit von Harnstoff hört das Herz sehr schnell auf zu schlagen.

Taylor Coleridges alter Seefahrer, der von „Wasser, Wasser überall, nicht ein Tropfen zu trinken" umgeben war, hätte die Verzweiflung noch mehr übermannt, hätte er von der genialen Lösung der Meeresfische gegen den Durst gewusst. Ein Meeresfisch reguliert die Meerwassermenge, die er trinkt, und nimmt nur so viel zu sich, um das eingebüßte Wasser zu ersetzen, nicht mehr.

Knorpelfische (Haie und Rochen) stellen ihr osmotisches Gleichgewicht auf anderem Wege her. Diese Gruppe lebt fast vollständig im Meer. Die Salzzusammensetzung des Haiblutes ist der von Knochenfischen ähnlich, aber das Blut enthält zusätzlich noch große Mengen der organischen Verbindungen Harnstoff und Trimethylaminoxid (TMAO). Harnstoff ist ein Stoffwechselendprodukt, das die meisten Tiere rasch ausscheiden. Die Niere der Haie jedoch hält den Harnstoff zurück. Dadurch steigt die Osmolarität des Blutes und der Gewebe auf einen Wert, der dem des Meerwassers gleicht oder sogar leicht darüber liegt. Da das osmotische Gefälle zwischen dem Blut und dem Meerwasser dadurch aufgehoben ist (für das osmotische Gleichgewicht ist nur die Zahl der Teilchen, nicht aber deren chemische Natur ausschlaggebend, die so genannte **kolligative Eigenschaft**), ist der Wasserhaushalt für die Haie und ihre Verwandten kein Problem – sie stehen mit ihrer Umgebung im osmotischen Gleichgewicht.

30.1.4 Wie terrestrische Tiere ihren Salz- und Wasserhaushalt aufrechterhalten

Die Probleme, die mit einem Leben in einer aquatischen Umgebung verbunden sind, nehmen sich im Vergleich zu denen eines Lebens an Land klein aus. Da die Körper

Exkurs

Wenn wir die Salzkonzentration im Meerwasser als Molarität (M =: mol/l) angeben, so sagen wir damit implizit aus, dass die osmotische Stärke bzw. die Ionenstärke äquivalent zur molaren Konzentration einer idealen Lösung derselben osmotischen Stärke ist. Tatsächlich sind aber weder das Meerwasser noch die Körperflüssigkeiten von Organismen ideale Lösungen, weil die Konzentrationen der gelösten Stoffe zu hoch sind, um mit dieser Näherung rechnen zu können. Bei strenger Betrachtung wären also statt der Konzentrationen die Aktivitäten der Stoffe einzusetzen. Darüber hinaus ist Vorsicht geboten, weil der elektrolytische Zerfall von Salzen bei der Betrachtung ihrer osmotischen Wirkung zu berücksichtigen ist. Ein Mol Kochsalz, das in Natriumkationen und Chloridionen zerfällt, hat naturgemäß eine höhere osmotische Stärke als ein Mol Glucose. Aus diesem Grund geben Biologen die osmotische Stärke biologischer Lösungen lieber in Form der Osmolarität statt durch die Molarität an. Eine 1-osmolare Lösung übt denselben osmotischen Druck aus wie eine 1-molare Lösung eines Nichtelektrolyten. Die Unterscheidung zwischen der Konzentration und der Aktivität eines Stoffes bleibt hiervon unberührt.

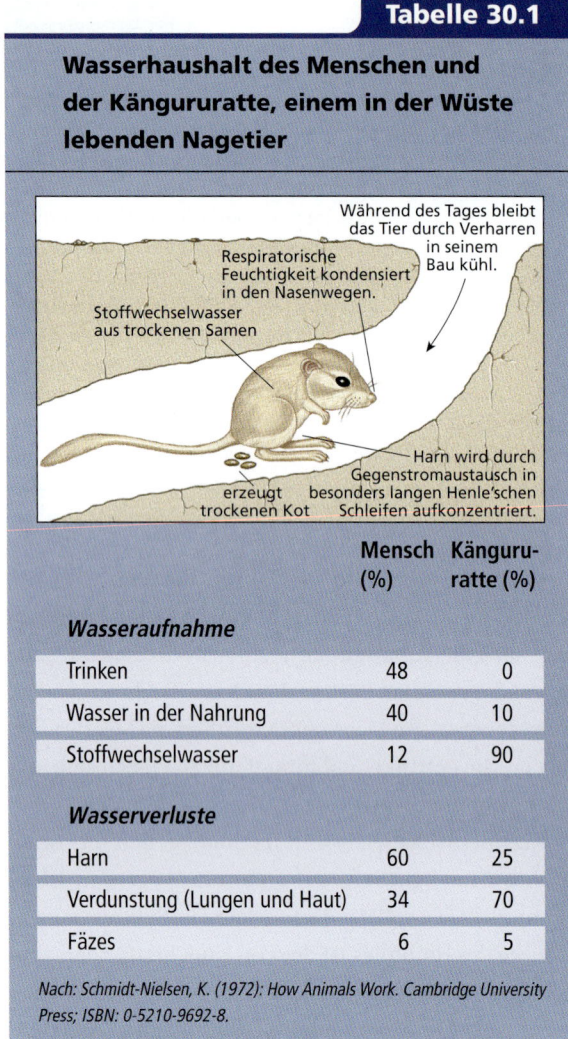

Tabelle 30.1

Wasserhaushalt des Menschen und der Kängururatte, einem in der Wüste lebenden Nagetier

	Mensch (%)	Kängururatte (%)
Wasseraufnahme		
Trinken	48	0
Wasser in der Nahrung	40	10
Stoffwechselwasser	12	90
Wasserverluste		
Harn	60	25
Verdunstung (Lungen und Haut)	34	70
Fäzes	6	5

Nach: Schmidt-Nielsen, K. (1972): How Animals Work. Cambridge University Press; ISBN: 0-5210-9692-8.

die Ausscheidung von Harn und Fäzes. Das so verloren gegangene Wasser ersetzen sie durch in der Nahrung enthaltenes Wasser, Trinkwasser (sofern dieses verfügbar ist) sowie durch die **metabolische Retention (Zurückhaltung) von Stoffwechselwasser**, das in den Zellen bei der Oxidation der Nahrung (Fette und Kohlenhydrate) anfällt. Speicherfett ist bei tauchenden Säugetieren eine wichtige Quelle für Stoffwechselwasser. Bestimmte Arthropoden – zum Beispiel Wüstenschaben, bestimmte Zecken, Milben und Mehlwürmer – sind in der Lage, Wasserdampf direkt aus der Atmosphäre zu absorbieren. Bei einigen Nagetieren der Wüste kann die metabolische Wassergewinnung die Hauptmasse des Wassernachschubs der Tiere ausmachen.

Besonders aufschlussreich ist ein Vergleich des Wasserhaushaltes beim Menschen (einem Nichtwüstensäugetier), das Wasser trinkt, mit dem von Kängururatten (Wüstentiere), die überhaupt kein Wasser trinken (▶ Tabelle 30.1). Kängururatten beziehen ihr gesamtes Wasser aus ihrer Nahrung: 90 Prozent ist Stoffwechselwasser, das der Oxidation von Nahrungsstoffen entstammt (siehe Abbildung 4.14 und die dazugehörige Beschreibung der Wasserausbeute in der oxidativen Phosphorylierung); die verbleibenden zehn Prozent entstammen dem natürlichen Feuchtegehalt ihrer Nahrung. Obwohl der Mensch Nahrung verzehrt, die einen wesentlich höheren Wassergehalt aufweist als die Nahrung der Kängururatten, die aus trockenen Pflanzensamen besteht, müssen wir immer noch mindestens die Hälfte unseres Wasserbedarfs durch Trinken decken.

Die Ausscheidung von Abfallstoffen stellt im Hinblick auf die Einsparung von Wasser ein besonderes Problem dar. Das primäre Endprodukt des Proteinabbaus ist Ammoniak, das durch seine alkalische Reaktion giftig wirkt. Fische scheiden Ammoniak leicht durch Diffusion über ihre Kiemen aus, da Wasser in ihrem Lebensraum reichlich vorhanden ist und das Ammoniak fortspült. Landlebende Insekten, Reptilien und Vögel verfügen über keinen bequemen Mechanismus, um sich von dem giftigen Ammoniak zu befreien. Sie überführen das Ammoniak (NH_3) in Harnsäure ($C_5H_4N_4O_3$), eine ungiftige, schlechtlösliche Verbindung. Durch diese Umwandlung können diese Tiere einen halbfesten Harn ausscheiden, der zu nur geringem Wasserverlust führt. Harnsäure als Endprodukt des Stickstoffstoffwechsels hat noch einen anderen Vorteil: Reptilien und Vögel legen amniotische Eier, die ihre Embryonen einschließen (Abbildung 26.4). In den Eiern sind Nahrungs- und Wasservorräte für das sich entwickelnde Tier enthalten. Durch die Stoffwech-

von Tieren zum größten Teil aus Wasser bestehen, laufen alle Stoffwechselvorgänge im Wasser ab. Diese Tatsache, und der Umstand, dass das Leben seinen Ursprung mit größter Wahrscheinlichkeit ebenfalls im Wasser genommen hat, scheinen darauf hinzudeuten, dass es den Tieren bestimmt war, im Wasser zu bleiben. Dennoch sind viele Tiere – wie die Pflanzen, die ihnen vorausgegangen sind – auf das Land gestiegen und haben dabei ihre wasserreiche Körperzusammensetzung mitgenommen. Einmal auf dem Land angekommen, setzten die nunmehr terrestrischen Tiere ihre adaptive Radiation fort, lösten die Probleme, die von der Gefahr des Austrocknens ausgingen, und vermehrten sich, bis sie so vielgestaltig und zahlreich geworden waren, dass sie die meisten ariden (= trocken; die potenzielle Verdunstung einer Region übersteigt die Niederschlagsmenge) Landschaften der Erde besiedelt hatten.

Landtiere verlieren Wasser durch Verdunstung über die Körperoberfläche und die Atemwege sowie durch seltätigkeit reichern sich im Verlauf der Embryonalentwicklung Abfälle an. Durch die Überführung des Ammoniaks in Harnsäure kann ein Embryo seine stickstoffhaltigen Abfälle ausfällen und in harmloser, kristalliner Form bis zum Schlüpfen im Ei ablagern.

Meeresvögel und Schildkröten haben eine effektive Lösung für die Ausscheidung der großen Salzmengen entwickelt, die sie mit der Nahrung aufnehmen. Oberhalb der Augen befinden sich bei diesen Tieren spezielle Salzdrüsen, die in der Lage sind, eine hochkonzentrierte Kochsalzlösung von der doppelten Natriumchloridkonzentration des Meerwassers abzusondern. Bei den Vögeln fließt diese Salzlake über die Nasenlöcher ab (siehe Abbildung 27.13). Meeresechsen und -schildkröten entleeren ihre Salzdrüsen durch das Absondern salziger Tränenflüssigkeit. Salzdrüsen sind bei diesen Tieren wichtige akzessorische Organe der Salzausscheidung, weil ihre Nieren keinen konzentrierten Harn bilden können, wie es die Nieren der Säugetiere vermögen.

Ausscheidungsorgane von Wirbellosen 30.2

> **Exkurs**
>
> Wenn ein Mensch genügend Wasser zu trinken bekommt, kann er extrem hohe Außentemperaturen ertragen, ohne dass es zu einem Anstieg der Körpertemperatur kommt. Unsere Fähigkeit, uns durch Verdunstung (Schwitzen) abzukühlen, wurde vor mehr als 200 Jahren von einem britischen Wissenschaftler in eindrucksvoller Weise demonstriert. Er blieb 45 Minuten in einem auf 126 °C aufgeheizten Raum. Ein Steak, das er bei dem Versuch bei sich hatte, war hinterher gut durch gekocht, der Mann blieb jedoch unverletzt und verspürte keine Erhöhung seiner Körpertemperatur. Unter solchen Bedingungen kann die Verdunstungsrate durch Schwitzen drei Liter Wasser pro Stunde überschreiten; dies lässt sich nur durchhalten, wenn das verdunstete Wasser durch ständiges Trinken ersetzt wird. Ohne Trinken schwitzt der Körper unablässig weiter, bis ein Wasserdefizit von mehr als zehn Prozent des Körpergewichtes erreicht ist. In diesem Bereich kommt es zum Kollaps durch Kreislaufversagen. Bei einem Wasserdefizit von zwölf Prozent ist man nicht länger fähig, zu schlucken, selbst wenn man Wasser zu trinken bekommt. Bei einem Wasserdefizit von 15 bis 20 Prozent tritt der Tod ein. Nur wenige Menschen vermögen mehr als einen oder zwei Tage ohne Wasser in einer Wüste zu überleben. Der Mensch ist also physiologisch nicht gut an das Wüstenklima angepasst, vermag aber infolge seiner technologischen Kultur selbst in einer ihm so wenig zuträglichen Umgebung zu überleben.

Viele Gruppen von Protozoen und einige Süßwasserschwämme besitzen spezialisierte Ausscheidungsorganellen, die kontraktilen Vakuolen. Invertebraten mit komplexerem Körperbau verfügen über spezielle Ausscheidungsorgane, die aus röhrenförmige (tubuläre) Gebilden bestehen. Diese bilden einen Primärharn, indem sie zunächst ein Ultrafiltrat oder ein flüssiges Sekret des Blutes erzeugen. Diese flüssige Abscheidung tritt in das proximale Ende des Tubulus (Geweberöhrchen) ein und wird kontinuierlich in seiner Zusammensetzung verändert, während es durch den Tubulus strömt. Das Endprodukt des Vorgangs ist Harn (= Urin).

30.2.1 Kontraktile Vakuolen

Die winzigen, kugelförmigen, intrazellulären Vakuolen der Protozoen und Süßwasserschwämme sind keine echten Ausscheidungsorgane, da Ammoniak und andere stickstoffhaltige Abfallstoff des Stoffwechsels leicht in das umgebende Wasser abdiffundieren. Die kontraktile Vakuole ist bei Protozoen des Süßwassers ein Organell (Zellorgan) des Wasserhaushaltes, durch das überschüssiges Wasser, das auf osmotischem Weg in die Zelle gelangt ist, ausgestoßen wird. In dem Maß, in dem Wasser in die Zelle eindringt, vergrößert sich die Vakuole.

Schließlich zieht sie sich zusammen und entleert ihren Inhalt durch eine Pore in der Zelloberfläche in die Umgebung. Dieser Zyklus wiederholt sich in regelmäßigen Abständen. Obwohl der molekulare Mechanismus, nach dem sich die Vakuole füllt, noch nicht völlig verstanden ist, deuten neuere Forschungen daraufhin, dass kontraktile Vakuolen von einem Netzwerk aus membranösen Kanälen umgeben sind, die mit zahlreichen Protonenpumpen (H^+-Ionen transportierenden Transmembranproteinen; siehe Kapitel 4) ausgestattet sind. Die Protonenpumpen erzeugen offensichtlich Gradienten von Wasserstoffionen (H^+) und Hydrogencarbonationen (HCO_3^-), die Wasser in die Vakuole nachziehen und so eine isoosmotische Lösung herzustellen. Diese Ionen werden zusammen mit dem Wasser ausgeschieden, wenn die Vakuole entleert wird (siehe Abbildung 11.16).

Kontraktile Vakuolen sind bei Protozoen, Schwämmen und Radiaten (wie *Hydra*) des Süßwassers verbreitet, kommen bei Meerestieren dieser Gruppen aber nur selten vor oder fehlen ganz, da diese Formen isoosmotisch mit ihrer Umgebung, dem Meerwasser sind, und folglich weder eine Nettoaufnahme noch ein Nettoverlust an Wasser stattfindet.

30 Homöostase

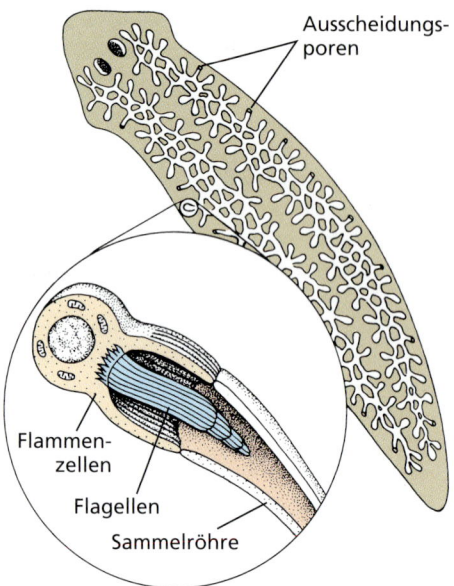

Abbildung 30.5: Protonephridiensystem bei einem Plattwurm. Die Körperflüssigkeiten sammeln sich in den Protonephridien („Flammenzellen") und werden über ein System aus Gängen zu den ausleitenden Poren an der Körperoberfläche weitergeleitet.

30.2.2 Nephridien

Der häufigste Typ von Ausscheidungsorgan bei den Wirbellosen ist das Nephridium – ein tubuläres Gebilde zur Aufrechterhaltung des geeigneten osmotischen Gleichgewichtes für das betreffende Tier. Eine der einfachsten Anordnungen bildet das protonephridiale System der Acoelomaten (Plattwürmer) und einiger Pseudocoelomaten.

Bei den Planarien und anderen Plattwürmern nimmt das System der Protonephridien die Form zweier reich verzweigter Gangsysteme an, die über den gesamten Körper verteilt liegen (▶ Abbildung 30.5). Flüssigkeit gelangt über spezielle „Flammenzellen" in das System, strömt langsam in und durch die Tubuli und wird schließlich durch Öffnungen, die sich intervallartig öffnen, an der Körperoberfläche nach außen geleitet. Das rhythmische Schlagen der Flagellenbüschel, das an eine züngelnde Flamme erinnert, erzeugt einen Unterdruck, der die Flüssigkeit in den tubulären Teil des Systems hinein saugt. Im Tubulus werden Wasser und für den Organismus wertvolle Metabolite resorbiert; zurück bleiben Abfallstoffe zur Ausscheidung. Stickstoffhaltige Abfallstoffe (in der Hauptsache Ammoniak) diffundieren über die Körperoberfläche nach außen.

Das System der Protonephridien ist im Körper eines Plattwurmes ausgiebig verzweigt, weil die acoelomaten Tiere kein Kreislaufsystem besitzen, mit dessen Hilfe Abfallstoffe zu einem zentralisierten Ausscheidungsorgan (wie die Nieren bei einem Wirbeltier und auch bei vielen Wirbellosen) verbracht werden könnten.

Das eben beschriebene Protonephridium stellt ein geschlossenes System dar. Die Tubuli sind am inneren Ende geschlossen, und der Harn bildet sich aus einer Flüssigkeit, die in die Tubuli gelangt, indem sie zunächst durch die Flammenzellen hindurch transportiert wird. Ein weiter entwickelter Typ eines Nephridiums ist das Metanephridium (auch: offenes oder echtes Nephridium), das sich bei verschiedenen Eucoelomaten-Stämmen wie den Anneliden (▶ Abbildung 30.6), den Mollusken und mehreren kleineren Stämmen findet. Ein Metanephridium stellt deshalb einen höher evolvierten Typus als ein Protonephridium dar, weil es sich auf zweierlei Weise von diesem unterscheidet. Erstens sind seine Tubuli an beiden Enden offen, so dass Flüssigkeit durch eine trichterförmige, mit Cilien besetzte Öffnung, das Nephrostom, einströmen kann. Zweitens ist ein Metanephridium von einem Netzwerk aus Blutgefäßen umgeben, das bei der Rückgewinnung von Wasser und anderen wertvollen Stoffen wie Ionen, Zuckern und Aminosäuren aus der tubulären Flüssigkeit unterstützend tätig sein kann.

Ungeachtet dieser Unterschiede, ist der grundlegende Vorgang der Harnbildung bei Proto- und Metanephridien der gleiche: Flüssigkeit strömt ein und fließt kontinuierlich durch eine Röhre (den Tubulus), in der die Flüssigkeit selektiv modifiziert wird: (1) durch aktive Entnahme

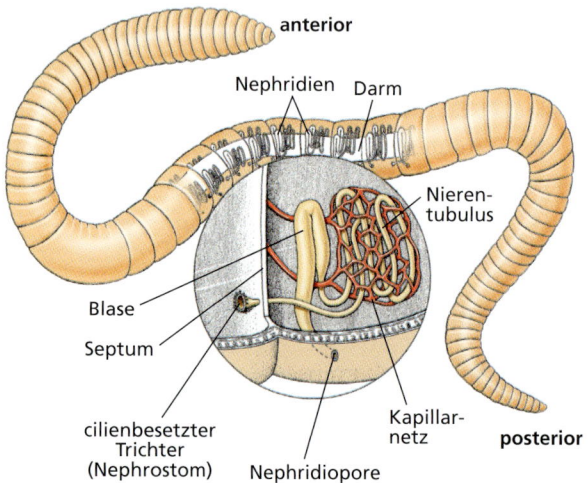

Abbildung 30.6: Ausscheidungssystem bei einem Regenwurm. Jedes Segment enthält ein Paar großer Nephridien, die im flüssigkeitsgefüllten Coelom liegen. Jedes Nephridium erstreckt sich über zwei Segmente, weil die cilienbesetzten Trichter (Nephrostome) das Segment entwässern, das vor dem Segment mit dem Rest des Nephridiums liegt. Die nephridischen Tubuli resorbieren wertvolle Stoffe aus der Tubulusflüssigkeit in das Kapillarnetzwerk.

30.2 Ausscheidungen von Wirbellosen

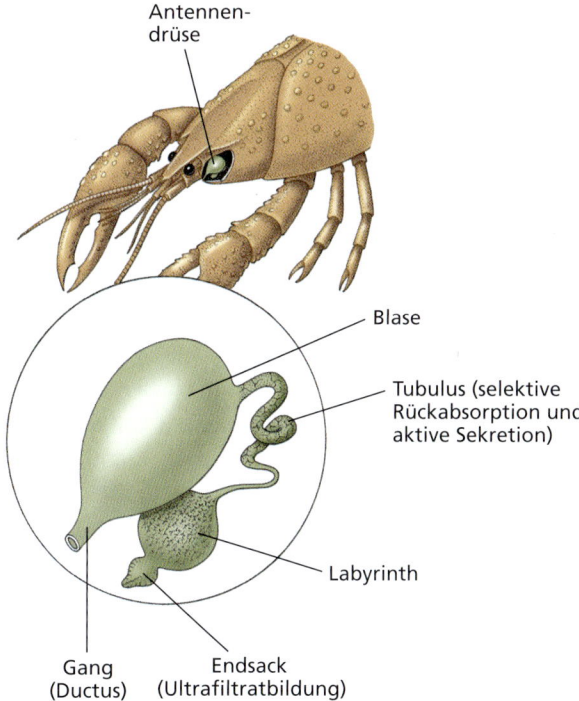

Abbildung 30.7: Antennendrüsen einer Languste. Bei diesen handelt es sich um Filtrationsnieren, in denen in den Endsäcken ein Filtrat des Blutes erzeugt wird. Das Filtrat wird beim Durchgang durch die Tubuli hin zur Blase in Harn überführt.

wertvoller gelöster Stoffe und Rückführung dieser in den Körper (Resorption), und (2) durch aktive Zugabe (Sekretion) von löslichen Abfallstoffen. Die Reihenfolge stellt sicher, dass Abfallstoffe aus dem Körper entfernt werden, ohne dass gleichzeitig Stoffe, die für den Körper wertvoll sind, verlorengehen. Wir werden in der Folge sehen, dass die Nieren von Wirbeltieren auf eine grundlegend ähnliche Weise funktionieren.

30.2.3 Arthropodennieren

Die paarigen Antennendrüsen der Crustaceen, die am ventralen Teil des Kopfes angesiedelt sind (▶ Abbildung 30.7) sind eine Weiterentwicklung des zugrunde liegenden Nephridialprinzips. Allerdings fehlen ihnen offene Nephrostome. Stattdessen wird durch den hydrostatischen Druck des Blutes ein proteinfreies Ultrafiltrat in den Endsäcken der Drüsen erzeugt. Im tubulären Anteil der Drüse wird das Filtrat während seiner Wanderung zur Blase durch die selektive Rückabsorption von Ionen und die aktive Sekretion anderer Stoffe in seiner Zusammensetzung verändert. Die Crustaceen verfügen damit über Ausscheidungsorgane, die in der Reihenfolge der Prozesse der Harnbildung im Grundsatz denen der Vertebraten ähnlich sind.

Insekten und Spinnen besitzen ein eigenes exkretorisches System aus **Malpighi'schen Röhren**, die im Verbund mit speziellen Drüsen in der Wand des Rektums ihre Aufgabe vollführen (▶ Abbildung 30.8). Die dünnen, elastischen, blind endenden Malpighi'schen Röhren sind geschlossen, und es fehlt eine arterielle Blutversorgung. Die Harnbildung wird durch die aktive Sekretion von Ionen – hauptsächlich Kalium – aus der Hämolymphe (dem Blutäquivalent dieser Tiere) in die Tubuli ausgelöst. Diese primäre Kaliumsekretion erzeugt ein osmotisches Gefälle, das Wasser, andere gelöste Stoffe und stickstoffhaltige Abfälle – insbesondere Harnsäure – in die Malpighi'schen Röhren nachzieht. Die Harnsäure tritt am oberen Ende der Tubuli als lösliches Kaliumurat in das System ein. Bis zum proximalen Ende der Tubuli fällt die unlösliche Harnsäure durch die zunehmende Veränderung des chemischen Milieus aus. Nachdem der sich bildende Harn in den Enddarm übergegangen ist, werden der größte Teil des Wassers und des Kaliums durch spezielle Rektaldrüsen resorbiert. Die Harnsäure und andere Abfallstoffe bleiben zurück und werden mit den Fäzes abgegeben. Das exkretorische System der Malpighi'schen Röhren ist in idealer Weise für ein Leben in trockenen Umgebungen geeignet und hat ohne Zweifel viel zur adaptiven Radiation der Insekten auf dem Land beigetragen.

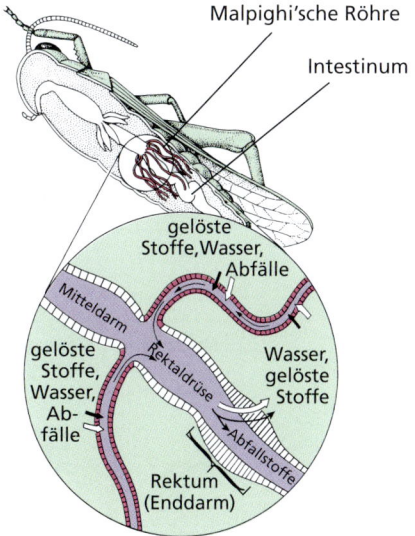

Abbildung 30.8: Malpighi'sche Röhren eines Insekts. Die Malpighi'schen Röhren sind an der Verbindungsstelle des Mitteldarms mit dem Enddarm (Rektum) lokalisiert. Gelöste Stoffe – besonders Kaliumionen – werden aus der umgebenden Hämolymphe (dem Blut der Insekten) aktiv in die Tubuli abgesondert. Wasser, Harnsäure und andere Abfallstoffe folgen nach. Diese Flüssigkeit wird in das Rektum abgeleitet, wo gelöste Stoffe (einschließlich der Kaliumionen) und das Wasser aktiv zurückgewonnen werden. Die übrigbleibenden Abfälle werden ausgeschieden.

Die Wirbeltierniere 30.3

30.3.1 Abstammung und Embryologie

Aus vergleichenden Untersuchungen des Entwicklungsganges hat man zurückgeschlossen, dass die Nieren der frühesten Wirbeltiere sich durch die ganze Länge des Coeloms gezogen haben und aus segmental angeordneten Tubuli bestanden haben, die in ihrem Aufbau einem Invertebraten-Nephridium ähnlich gewesen sein sollen. Jeder Tubulus mündete mit einem offenen Ende (Nephrostom) in das Coelom, mit dem anderen in einen gemeinsamen **archinephridischen Gang**. Diese Urniere wird als Archinephros bezeichnet, und noch heute findet man bei den Embryonen von Schleimaalen und Doppelschleichen segmentale Nieren, die einem **Archinephros** sehr ähnlich sind, (▶ Abbildung 30.9). Praktisch von Anfang an benutzte das Fortpflanzungssystem, das sich zusammen mit dem exkretorischen im Verlauf der Embryogenese aus denselben Rumpfmesodermblöcken bildet, die Nierengänge als ein bequemes Ausleitungssystem für Fortpflanzungsprodukte. Obwohl die beiden Organsysteme funktionell nichts gemeinsam haben, sind sie durch die Verwendung derselben Ausführgänge eng miteinander assoziiert; deshalb spricht man von dem Urogenitalsystem der Wirbeltiere (Abbildung 30.9).

Die Nieren der rezenten Wirbeltiere haben sich auf der Grundlage dieser primitiven Anlage entwickelt. Im Verlauf der Embryogenese beobachtet man bei den amniotischen Vertebraten eine Sukzession von drei Entwicklungsstadien der Nieren: **Pronephros**, **Mesonephros** und **Metanephros** (Abbildung 30.9). Einige, aber nicht alle dieser Stadien lassen sich auch bei den übrigen Wirbeltieren nachweisen. Bei allen Wirbeltierembryonen ist das Pronephros die erste in Erscheinung tretende Niere. Sie liegt anterior im Körper und bleibt nur bei den

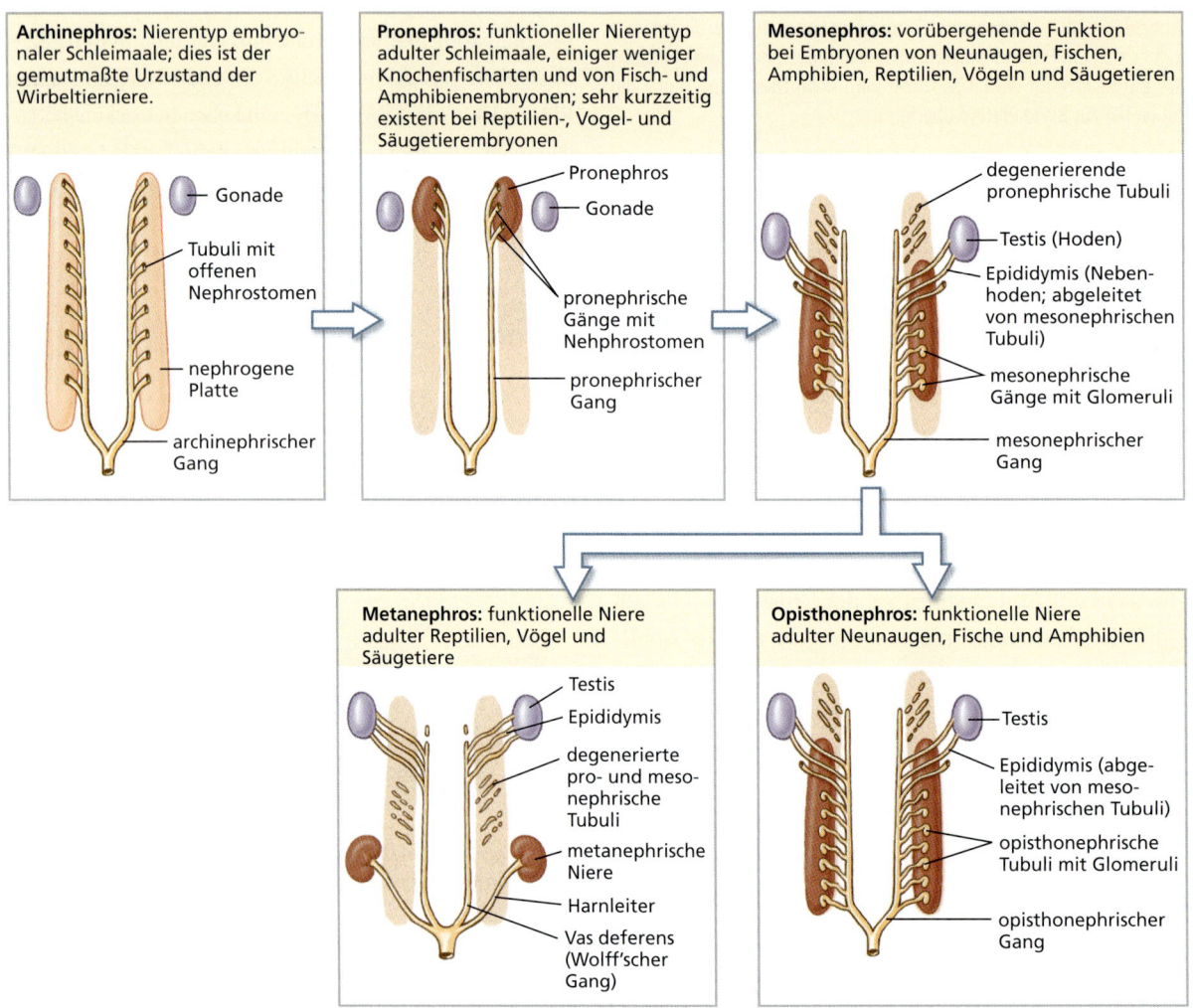

Abbildung 30.9: Vergleichende Entwicklung der männlichen Wirbeltierniere. *Rot*: funktionelle Bildungen. *Hellrot*: degenerative oder nicht entwickelte Anteile.

Schleimaalen und einigen wenigen Knochenfischen als Teil der Adultniere erhalten. Bei allen übrigen Wirbeltieren degeneriert das Pronephros im Verlauf der Ontogenese und wird durch einen mehr mittig angeordneten Mesonephros ersetzt. Das Mesonephros ist die funktionelle Niere der embryonalen Amnioten (Reptilien, Vögel, Säugetiere). Das Mesonephros bildet zusammen mit dem Metanephros den Opisthonephros (Abbildung 30.9). Das Opisthonephros bildet die adulte Form der Niere bei den meisten Fischen und Amphibien.

Das Metanephros, das typisch für die adulten Amnioten ist, unterscheidet sich auf mehrfache Weise vom Pro- und vom Mesonephros. Es ist weiter caudal angesiedelt und größer und kompakter mit einer sehr großen Zahl darin enthaltener nephridischer Tubuli. Die Ableitung aus dem Metanephros erfolgt über eine neuen Gang, den Ureter (Harnleiter), der sich entwickelte, als der ursprüngliche archinephridische Gang umgewidmet und für die Durchleitung von Sperma in das männliche Fortpflanzungssystem integriert wurde. Die drei aufeinanderfolgenden Nierentypen – Pronephros, Mesonephros und Metanephros – lösen sich in der Embryonalentwicklung wechselseitig ab; bei Amnioten in gewissem Maß auch phylogenetisch.

30.3.2 Funktionsweise der Wirbeltierniere

Die Wirbeltierniere ist ein Teil eines vielgliedrigen, ineinandergreifenden Räderwerks zur Aufrechterhaltung der Homöostase. Die Niere spielt im regulatorischen Getriebe eine herausragende Rolle, weil sie das Hauptorgan zur Regulierung des Volumens und der Zusammensetzung der inneren Körperflüssigkeiten ist. Obwohl die Niere der Wirbeltiere vielfach als ein Ausscheidungsorgan beschrieben wird, ist die Entnahme von Stoffwechselendprodukten aus den durchströmenden Flüssigkeiten beinahe ein Nebenaspekt ihrer regulatorischen Funktionen.

Die Organisation der Niere unterscheidet sich bei den verschiedenen Wirbeltiergruppen etwas. Bei allen ist jedoch das **Nephron** die grundlegende Funktionseinheit, und der Harn wird durch drei wohldefinierte physiologische Prozesse gebildet: **Ultrafiltration**, **Rückabsorption** und **Sekretion**. Unsere Beschreibung bezieht sich in erster Linie auf die Säugetierniere, bei der die physiologischen Prozesse am besten verstanden sind.

Die beiden Nieren des Menschen sind kleine Organe, die weniger als ein Prozent des Körpergewichtes ausmachen. Dennoch beziehen sie den bemerkenswerten Anteil von 20 bis 25 Prozent der kardialen Blutmenge:

Pro Tag durchlaufen 1140 bis 1800 Liter Blut die Nieren. Dieser gewaltige Blutstrom wird durch ungefähr zwei Millionen Nephrone geleitet, welche die Hauptmasse der beiden Nieren ausmachen. Jedes Nephron nimmt seinen Anfang in einer erweiterten Kammer, der **Bowman'schen Kapsel**, die ein Kapillarbüschel, den **Glomerulus** (**Mehrzahl: Glomeruli**), beherbergt. Bowman'sche Kapsel und Glomerulus werden gemeinschaftlich als **Nierenkörperchen** (= Corpusculum renale) bezeichnet. Der Blutdruck in den Kapillaren führt dazu, dass ein beinahe proteinfreies Filtrat – der Primärharn oder Ultrafiltrat – in die Bowman'sche Kapsel und in einen **Nierentubulus** gedrückt wird. Dieser besteht aus mehreren Abschnitten, die bei der Harnbildung verschiedene Aufgaben erfüllen. Das Filtrat gelangt zunächst in einen proximalen, verschlungenen Tubulus, den **Tubulus contortus proximale** (**proximaler Tubulus**), danach in die lange, dünnwandige **Henle-Schleife**, die tief in das innenliegende **Nierenmark** (Medulla renis) eintaucht, bevor sie wieder in die äußere Nierenrinde (Cortex renis) aufsteigt. Der wieder verschlungene, in der Rinde liegende Teil des Nierentubulus heißt **Tubulus contortus distalis** (**distaler Tubulus**). Vom distalen Tubulusabschnitt gelangt die Flüssigkeit in einen Sammelgang (**Tubulus renalis colligens, Sammelrohr**), der sich in das **Nierenbecken** entleert. Hier sammelt sich der Harn, bevor er durch den **Harnleiter (Ureter)** zur Harnblase (Vesica urinaria) weitertransportiert wird. Diese verwickelten anatomischen Verhältnisse werden in ▶ Abbildung 30.10 verdeutlicht.

Der Harn, der den Sammelgang verlässt, unterscheidet sich in seiner Zusammensetzung stark von dem Filtrat, das die Nierenkörperchen anfangs gebildet haben. Während seiner Reise durch den Nierentubulus verändern sich sowohl die chemische Zusammensetzung wie auch die Konzentrationen der gelösten Stoffe im Nierenfiltrat. Einige gelöste Stoffe wie Glucose, Aminosäuren und Natriumionen werden reabsorbiert, während andere Stoffe wie Harnstoff und Wasserstoffionen sich während der Bildung des Harns darin anreichern.

Das Nephron mit seinem Druckfilter und dem Tubulus steht auf das Engste mit dem Blutkreislauf in Kontakt (Abbildungen 30.10 und ▶ 30.11). Blut aus der Aorta gelangt durch die große **Nierenarterie** (Arteria renalis), die sich in ein System aus kleineren Arterien verzweigt, in die Nieren. Das arterielle Blut erreicht den Glomerulus durch **afferente Arteriolen** und verlässt es durch **efferente Arteriolen**. Aus einer efferenten Arteriole fließt das Blut zu einem ausgedehnten Kapillarnetz, das den proximalen und den distalen Tubulus contortus und

Homöostase

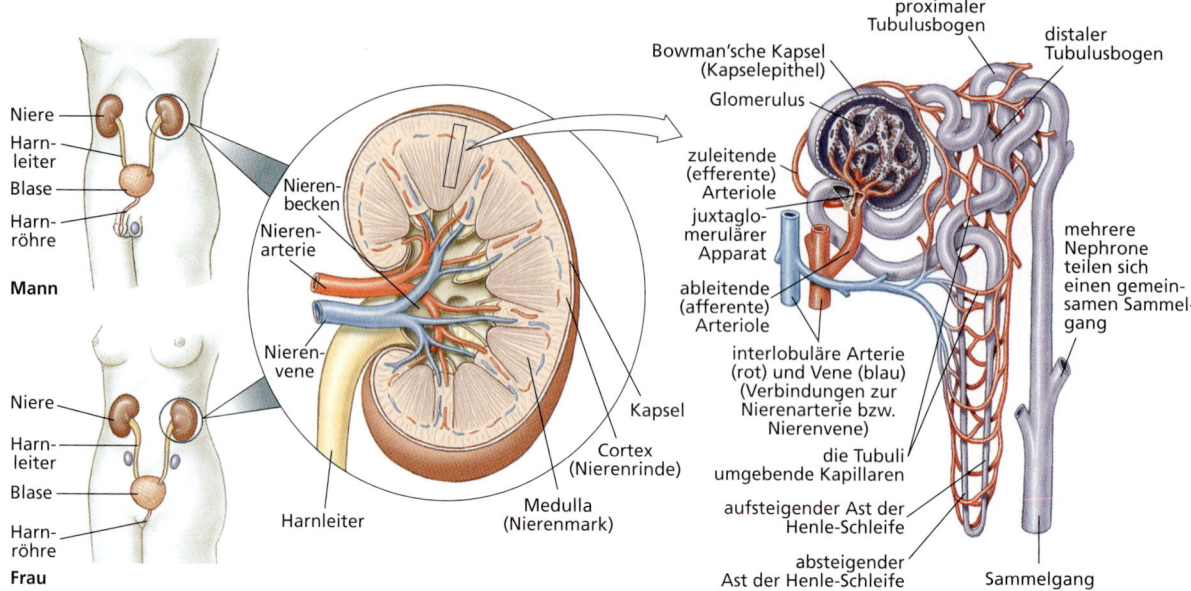

Abbildung 30.10: **Das harnbildende System des Menschen.** Die Vergrößerung in der Mitte zeigt den makroanatomischen Bau der Niere. Die Detailzeichnung rechts verdeutlicht den Aufbau eines einzelnen Nephrons.

die Henle-Schleife umgibt. Dieses Kapillarnetz stellt ein Aufnahme- und Anlieferungssystem für die Stoffe dar, die im Nierentubulus ausgeschieden oder zurückgewonnen werden. Das Blut aus diesen Kapillaren sammelt sich in Venen, die sich schließlich zur **Nierenvene** vereinigen. Diese Vene führt das Blut zur Hohlvene (Vena cava) zurück.

30.3.3 Glomeruläre Filtration

Wir wollen nunmehr zum Glomerulus zurückkehren, wo der Vorgang der Harnbildung beginnt. Der Glomerulus wirkt als ein spezialisierter mechanischer Filter, in dem ein fast völlig proteinfreies Ultrafiltrat des Blutplasmas – der Primärharn – durch den Blutdruck durch die Wände der Kapillaren in den flüssigkeitsgefüllten Innenraum der Bowman'schen Kapsel gedrückt wird. Gelöste Teilchen, deren Teilchengröße klein genug ist, um durch die Spaltporen der Kapillarwände zu passen, werden von dem durchtretenden Wasser, in dem sie gelöst sind, mitgenommen. Rote Blutkörperchen und praktisch alle Proteine des Blutplasmas werden jedoch zurückgehalten, weil sie zu groß sind als dass sie diese Poren passieren könnten (▶ Abbildung 30.12).

Der Primärharn setzt seinen Weg durch den Nierentubulus fort, wo er einer ausgedehnten Umbildung unterzogen wird, bevor er zu eigentlichen Harn (= Endharn) wird, der über die Blase ausgeschieden wird. Die Nieren eines Menschen bilden pro Tag 170 bis 180 Liter Primärharn (= Ultrafiltrat der Nierenkörperchen) – eine Mengen, die das Blutvolumen des Körpers um ein Vielfaches übersteigt. Falls diese gewaltige Flüssigkeitsmenge mit allen im Wasser gelösten Nährstoffen und Salzen dem Körper verlorenginge, wäre er rasch ausgelaugt oder müsste eine unglaubliche Nachschubleistung vollbringen. Zu einem derartigen Verlust riesiger Flüssigkeitsmengen kommt es hingegen nicht, weil praktisch das gesamte Filtrat reabsorbiert wird. Die pro Tag von einem Menschen gebildete Menge Endharn liegt bei durchschnittlich 1,2 Litern.

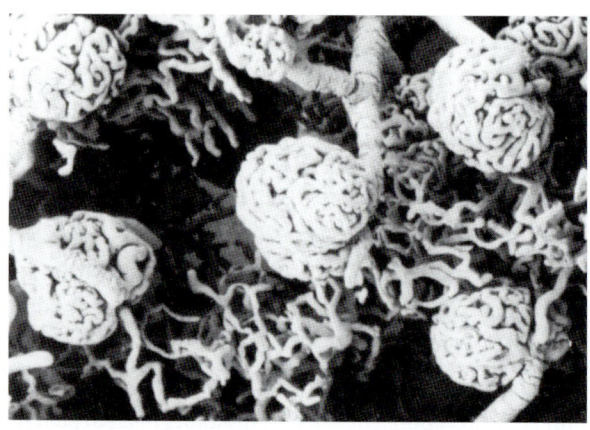

Abbildung 30.11: **Rasterelektronenmikroskopische Aufnahme eines Ausschnittes der Mikrozirkulation in einer Säugetierniere.** Erkennbar sind mehrere Glomeruli und die assoziierten Blutgefäße. Die Bowman'schen Kapseln, die normalerweise jeden Glomerulus umgeben, sind vor der Erstellung der Aufnahme entfernt worden. (Aus: Kessel, R. und Kardon, R. (1979): Tissues and Organs: A Text-Atlas of Scanning Electron Microscopy. Freeman; ISBN: 0-7167-0090-5.)

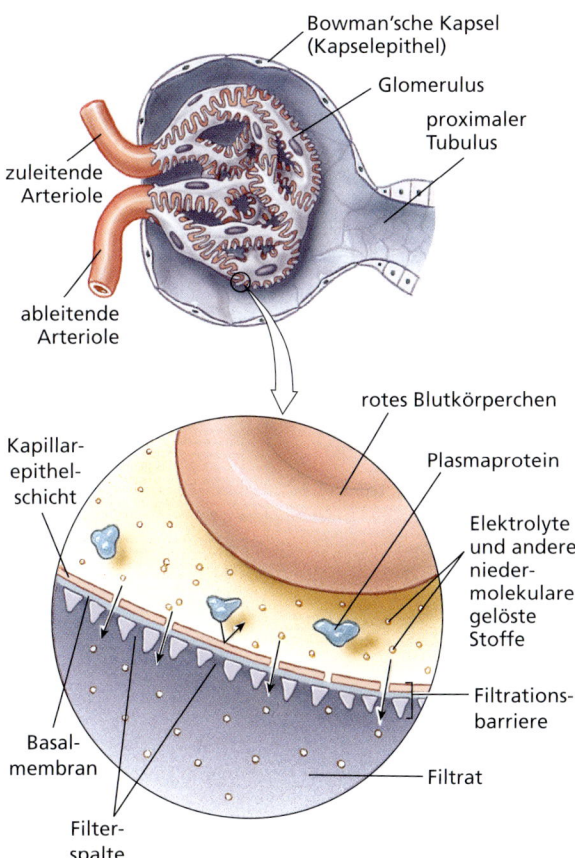

Abbildung 30.12: Aufbau eines Nierenkörperchens. Die Vergrößerung verdeutlicht den Vorgang der Filtration durch die glomeruläre Kapillarmembran. Wasser, Elektrolyte und andere niedermolekulare Stoffe passieren die poröse Filtrationsgrenze. Die meisten Proteine des Blutplasmas sind jedoch zu groß, um durch die Grenzschicht treten zu können. Das Filtrat (Primärharn) ist daher praktisch frei von Eiweiß. Der Nachweis von Eiweiß (Protein) im Harn ist daher ein diagnostischer Hinweis auf eine Nierenfunktionsstörung.

Die Überführung des Primärharns in Endharn (= Urin) beinhaltet zwei Vorgänge: (1) die Veränderung der Zusammensetzung des Filtrates durch Reabsorption und Sekretion, sowie (2) eine Veränderung der Osmolarität des Harns durch Regulierung der Wasserausscheidung.

30.3.4 Tubuläre Reabsorption

Ungefähr 60 Prozent der Ultrafiltratmenge und praktisch die gesamte gelöste Glucose, alle Aminosäuren, Vitamine und sonstige wertvolle Nährstoffe werden im proximalen Tubulus rückabsorbiert. Ein großer Teil dieser Reabsorption geschieht durch aktiven Transport, also unter Aufwendung chemischer Energie, welche die Zellen benötigen, um Stoffe aus der Tubulusflüssigkeit in das umliegende Kapillarsystem zurück zu transportieren. Von dort aus gelangen die zurückgewonnenen Stoffe in den allgemeinen Blutkreislauf. Elektrolyte wie Natrium-, Kalium-, Calcium-, Hydrogencarbonat- und Hydrogenphosphationen werden durch Ionenkanäle und -pumpen in den Zellmembranen zurückgeholt. Die Ionenpumpen verbrauchen dabei Energie in Form von ATP (siehe Kapitel 3). Da eine der wesentlichen Funktionen der Nieren darin besteht, die Blutplasmakonzentrationen der Elektrolyte zu regulieren, werden die einzelnen Ionensorten von spezifischen Ionenpumpen reabsorbiert. Einige werden stark reabsorbiert, andere nur schwach – je nach dem aktuellen Bedarf des Körpers für das betreffende Ion. Einige Stoffe werden passiv reabsorbiert. Die negativ geladenen Chloridionen beispielsweise strömen passiv den positiv geladenen Natriumionen in den proximalen Tubulus nach. Wasser wird ebenfalls passiv aus dem Tubulus entnommen, da es durch Osmose den aktiv reabsorbierten Elektrolyten folgt.

Für die meisten Substanzen gibt es eine Obergrenze, bis zu der sie reabsorbierbar sind. Diese Obergrenze wird als das **Transportmaximum** (renale Schwelle) des betreffenden Stoffes bezeichnet. So wird beispielsweise Traubenzucker (Glucose) normalerweise vollständig von der Niere resorbiert, weil das Transportmaximum für die Glucose weit über den normalerweise im Primärharn vorherrschenden Glucosewerten liegt. Übersteigt die Plasmaglucosekonzentration aber diesen Schwellenwert, wie bei Vorliegen einer Zuckerkrankheit (Diabetes mellitus) der Fall ist, erscheint Glucose im Harn (▶ Abbildung 30.13).

Exkurs

Bei der Zuckerkrankheit steigen die Blutplasmawerte für Glucose auf abnorm hohe Konzentrationen an. Man spricht dann von Hyperglykämie. Zugrunde liegt meist ein Mangel an dem Hormon Insulin, das die Glucoseaufnahme in die Zellen reguliert. Möglich ist auch ein angeborener Defekt des Insulinrezeptors, der dann nicht auf das Hormon reagiert. Die Wirkung des Insulins wird in Kapitel 34 eingehender beschrieben. In dem Maß, in dem die Blutglucosekonzentration über den Normwert von 100 mg/100 ml (= 1 g/l) ansteigt, steigt die Glucosekonzentration auch im Ultrafiltrat der Nieren an, so dass immer mehr Glucose im proximalen Tubulus reabsorbiert werden muss. Bei etwa 300 mg/100 ml ist die Reabsorptionskapazität der Tubuluszellen erschöpft. Bei Konzentrationen über dem Transportmaximum fließt der Glucoseüberschuss in den Endharn ab. Bei einer unbehandelten Zuckerkrankheit schmeckt der Harn des Betroffenen infolge des darin enthaltenen Zuckers süß; davon leitet sich der Name der Krankheit her. Ein unablässiges Durstgefühl stellt sich ein und der Körper beginnt – ungeachtet einer ausreichenden Nahrungszufuhr – an Auszehrung zu leiden.

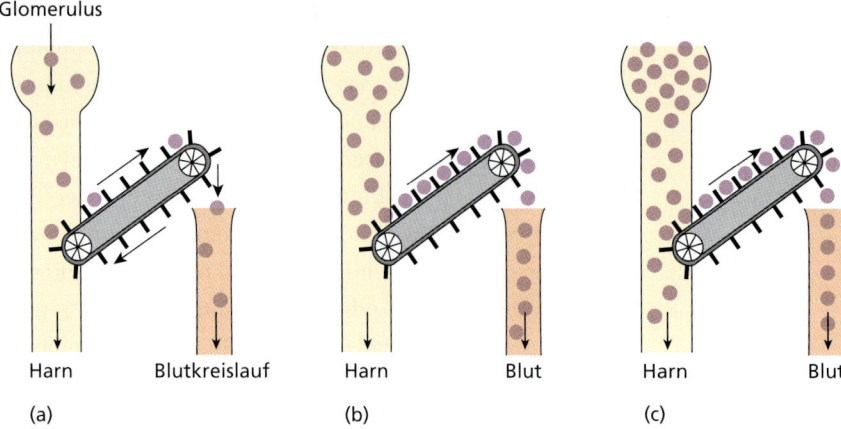

Abbildung 30.13: **Der Mechanismus der tubulären Reabsorption von Glucose.** Er lässt sich mit einem Fließband von gleichmäßiger Geschwindigkeit vergleichen. (a) Wenn die Traubenzuckerkonzentration im Filtrat niedrig ist, wird die gesamte Menge reabsorbiert. (b) Wenn die Traubenzuckerkonzentration im Filtrat das Transportmaximum erreicht, sind alle Transportermoleküle voll ausgelastet. (c) Steigt der Glucosetiter weiter an, wie es bei Vorliegen einer Zuckerkrankheit (Diabetes mellitus) der Fall ist, kann nicht die gesamte Zuckermenge von den Transportermolekülen zurückgeführt werden; ein Teil erscheint dann im Harn.

Anders als Glucose, werden die meisten Elektrolyte in variablen Mengen mit dem Harn ausgeschieden. Die Reabsorption von Natriumionen – dem dominierenden Kation des Blutplasmas – verdeutlicht die Flexibilität des Reabsorptionsvorganges. Die menschliche Niere filtert in 24 Stunden ungefähr 600 g Natrium. Praktisch die gesamte Menge wird in den Kreislauf zurückgeführt, doch wird die genaue Menge des reabsorbierten Natriums exakt an die Natriumaufnahme mit der Nahrung und dem Trinkwasser angepasst. Bei einer normalen Natriumaufnahme von 4 g pro Tag, scheidet die Niere 4 g Natrium aus und reabsorbiert 596 g. Ein Mensch, dessen Nahrung nur wenig Natrium enthält, erhält trotzdem seine physiologische Normalkonzentration an Natrium aufrecht. Enthält die Nahrung nur 0,3 g Natrium, wird auch nur 0,3 g Natrium ausgeschieden. Bei einer hohen Salzaufnahme von mehr als 20 g in 24 Stunden vermag die Niere das Salz nicht mehr so schnell auszuscheiden wie es anfällt. Das nicht ausgeschiedene Kochsalz hält zusätzliches Wasser im Körper zurück, und der Organismus nimmt an Gewicht zu. (Die Salzaufnahme eines Durchschnittsbürgers in den USA liegt zwischen 6 und 18 g Kochsalz pro Tag; das ist etwa das 20-fache der Menge, die wir tatsächlich aufnehmen müssen, um unvermeidliche Verluste auszugleichen. Es ist dreimal mehr als die Menge, die für einen Menschen mit einer Neigung zum Bluthochdruck als akzeptabel angesehen wird.)

Der distale Tubulus führt die abschließende Einstellung der Filtratzusammensetzung durch. Das im proximalen Tubulusteil reabsorbierte Natrium, das ca. 85 Prozent der filtrierten Gesamtnatriummenge ausmacht, wird obligatorisch reabsorbiert. Die Reabsorption erfolgt also unabhängig vom Natriumeintrag in den Körper. Im distalen Teil des verschlungenen Tubulus wird die Natriumrückführung jedoch von dem Hormon **Aldosteron** reguliert. Das Aldosteron gehört zu den Mineralocorticoiden und wird von der Nebenniere gebildet (siehe Kapitel 34). Aldosteron erhöht sowohl die aktive Reabsorption des Natriums wie die Sekretion von Kalium durch die distalen Nierentubuli. Das Hormon vermindert also Natriumverluste und erhöht die Kaliumausscheidung über den Harn. Die Ausschüttung des Aldosterons wird durch das Enzym **Renin** reguliert. Renin wird vom **juxtaglomerulären Apparat** gebildet – einem Zellkomplex, der an der Verzweigungsstelle der afferenten Arteriole mit dem Glomerulus liegt (Abbildung 30.10). Erhöhte Kaliummengen im Blut wirken ebenfalls beeinflussend auf die Aldosteronproduktion ein. Renin wird

Exkurs

Die Niere des Menschen kann sich unter Bedingungen hohen Salzeintrags an die Ausscheidung großer Kochsalzmengen (Natriumchlorid, NaCl) gewöhnen. In menschlichen Gesellschaften, in denen die Konservierung von Lebensmitteln durch Einsalzen (= pökeln) weit verbreitet ist (Salzheringe, Pökelfleisch usw.), kann die tägliche Kochsalzaufnahme Werte von 100 g oder mehr erreichen. Das Körpergewicht bleibt aber selbst unter diesen Bedingungen ziemlich unverändert. Eine akute Aufnahme von Mengen zwischen 20 und 40 g Kochsalz durch Personen, die nicht an die Aufnahme großer Salzmengen gewöhnt waren, führte bei diesen zu Gewebeschwellungen, einer Zunahme des Körpergewichtes und einer Erhöhung des Blutdrucks.

als Reaktion auf niedrige Blutnatriumwerte, einen zu niedrigen Blutdruck (zu dem es kommen kann, wenn das Blutvolumen sich zu stark verringert), oder durch niedrige Natriumwerte im glomerulären Ultrafiltrat freigesetzt. Renin leitet dann eine Reihe enzymatischer Ereignisse ein, die schließlich zur Produktion von Angiotensin führen. **Angiotensin** ist ein Blutprotein, das mehrere, miteinander verwandte Effekte besitzt. Zunächst stimuliert es die Freisetzung von Aldosteron, das wiederum die Reabsorption von Natrium und die Ausscheidung von Kalium im distalen Tubulus veranlasst. Zweitens führt es zur Steigerung der Ausschüttung von antidiuretischem Hormon (= ADH oder Vasopressin; siehe Kapitel 34), das die Rückhaltung von Wasser durch die Niere fördert. Drittens bewirkt es eine Erhöhung des Blutdrucks. Schließlich erzeugt es ein Durstgefühl, welches auch durch ein verringertes Blutvolumen oder eine Erhöhung der Osmolarität des Blutes ausgelöst wird. Diese Wirkungen des Angiotensins wirken den auslösenden Faktoren für die Ausschüttung des Renins (niedrige Blutnatriumwerte und geringer Blutdruck bzw. geringes Blutvolumen) entgegen. Natrium und Wasser werden zurückgehalten und das Blutvolumen sowie der -druck gehen auf Normalwerte zurück.

Die Flexibilität der distalen Reabsorption des Natriums unterscheidet sich unter den Tieren in beträchtlichem Maß: Beim Menschen ist sie begrenzt, bei vielen Nagetieren aber sehr ausgedehnt. Die Unterschiede haben sich infolge selektiver Drücke im Verlauf der Evolution herausgebildet, die zur Anpassung von Nagetieren an trockene Lebensräume geführt haben. Unter solchen Bedingungen müssen die Tiere Wasser sparen und gleichzeitig Natrium in beträchtlicher Menge ausscheiden. Der Mensch ist jedoch nicht dafür ausgelegt, die hohe Salzaufnahme, die viele Mitglieder der Art praktizieren, zu bewältigen. Unsere nächsten Verwandten, die Menschenaffen, sind Vegetarier mit einer durchschnittlichen Salzaufnahme von weniger als 0,5 g pro Tag.

30.3.5 Tubuläre Sekretion

Zusätzlich zur Reabsorption von Stoffen aus dem Plasmafiltrat kann das Nephron Stoffe über das tubuläre Epithel in das Filtrat hinein sekretieren. Bei diesem Vorgang, der die Umkehrung der tubulären Reabsorption ist, verfrachten Transporterproteine in den tubulären Epithelzellen selektiv Stoffe aus dem Blut der Kapillaren außerhalb der Tubuli in das in diesen befindliche Ultrafiltrat. Die tubuläre Sekretion versetzt die Nieren in die Lage, die Harnkonzentration auszuscheidender Stoffe (H^+, K^+, Medikamentenwirkstoffe und verschiedene andere Fremdstoffe oder nicht mehr verwertbare körpereigene Substanzen) zu erhöhen. Das Tubulusepithel ist fähig, körperfremde organische Verbindungen zu erkennen, weil diese in der Leber in ionische Formen überführt werden. Diese Ionen werden vom Tubulusepithel, dessen Zellen in ihrem Membranen Transporterproteine sowohl für Anionen wie für Kationen enthalten, ausgeschleust. Der distale Tubulus ist der überwiegende Ort der tubulären Sekretion.

In den Nieren von Knochenfischen, Reptilien und Vögeln ist die tubuläre Sekretion ein viel höher entwickelter Vorgang als in den Nieren von Säugetieren. Knochenfische des Meeres sezernieren aktiv große Mengen an Magnesium- und Sulfationen, Bestandteilen des Meerwassers, die als Abfallprodukte ihrer osmotischen Regulation anfallen. Reptilien und Vögel scheiden anstelle von Harnstoff Harnsäure aus Hauptausscheidungsform des Stickstoffs aus. Diese Substanz wird vom tubulären Epithel aktiv ausgeschieden. Da Harnsäure in Wasser beinahe unlöslich ist, fällt es im Harn in Form von Kristallen aus und erfordert nur eine geringe Menge Wasser zur Exkretion. Die Ausscheidung von Harnsäure ist daher eine wichtige Anpassung zur Einsparung von Wasser.

30.3.6 Wasserausscheidung

Nieren regulieren den osmotischen Druck des Blutes in engen Grenzen. Wenn eine hohe Flüssigkeitsaufnahme stattfindet, scheiden die Nieren verdünnten Harn aus, indem sie Wasser absondern und Ionen zurückhalten. Wenn die Flüssigkeitsaufnahme dagegen gering ist, sparen die Nieren Wasser und bilden einen höher konzentrierten Harn. Eine dehydrierte Person kann ihren Harn bis zum Vierfachen der osmotisch wirksamen Konzentration des Blutes aufkonzentrieren. Die wichtige Fähigkeit zur Konzentrierung des Harns versetzt uns in die Lage, Abfallstoffe bei minimalem Wasserverlust auszuscheiden.

Die Leistungsfähigkeit der Nieren von Säugetieren und einigen Vögeln bei der Herstellung eines konzentrierten Harns beinhaltet die Wechselwirkung zwischen den Henle-Schleifen und den Sammelgängen der Nephrone. Dieses Wechselspiel führt zur Ausbildung eines osmotischen Gradienten im Nierengewebe (▶ Abbildung 30.14). Im Nierencortex (= Nierenrinde) ist die interstitielle Flüssigkeit isoosmotisch mit dem Blut. Tief

Homöostase

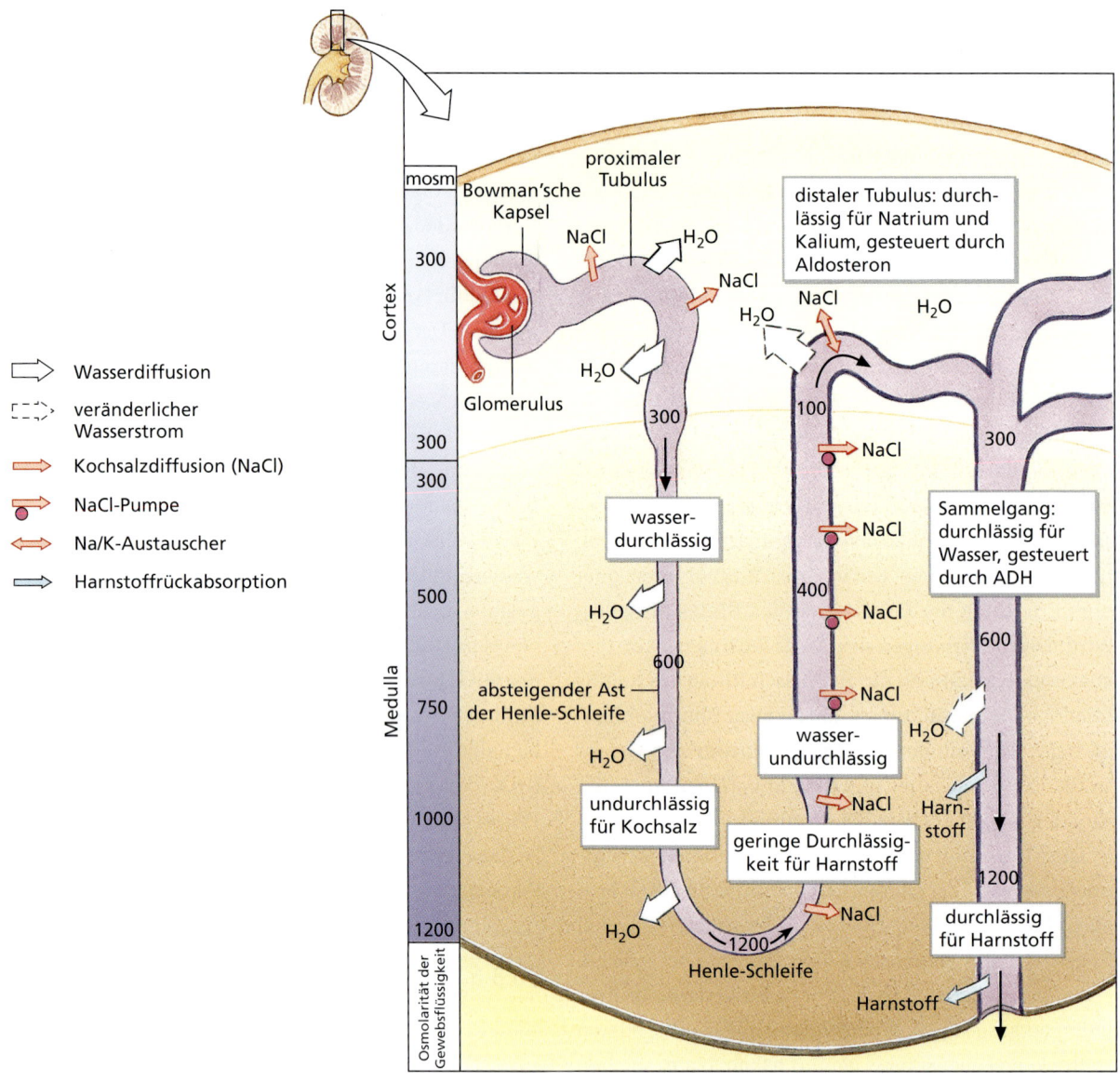

Abbildung 30.14: Mechanismus der Harnkonzentrierung bei Säugetieren. Natrium- und Chloridionen diffundieren aus dem aufsteigenden Arm der Henle-Schleife ins umgebende Nierenmark oder werden aktiv heraus transportiert. Wasser wird passiv aus dem absteigenden Ast, der undurchlässig für Na$^+$- und Cl$^-$-Ionen ist, herausgezogen. Vom aufsteigenden Ast der Henle-Schleife reabsorbierte Na$^+$- und Cl$^-$-Ionen, und vom Sammelrohr reabsorbierter Harnstoff erhöhen das osmotische Potenzial des Nierenmarks. Dadurch wird ein osmotischer Gradient für die kontrollierte Reabsorption von Wasser aus den Sammelrohren erzeugt.

im Nierenmark (= Nierenmedulla) ist die osmotisch wirksamen Konzentration gelöster Stoffe viermal höher als im Blut (bei Nagetieren und Wüstensäugetieren, die höher konzentrierten Harn bilden können, ist der osmotische Gradient noch viel steiler als beim Menschen). Die hohe osmotisch wirksame Konzentration in der Medulla wird durch einen Ionenaustausch mit **Gegenstrommultiplikation** in der Henle-Schleife erzeugt. Der Begriff Gegenstrom bezieht sich hier auf die gegenläufigen Strömungsrichtungen der Flüssigkeit in den beiden Schenkeln der Henle-Schleife: abwärts im absteigenden Schenkel und aufwärts im aufsteigenden Schenkel. Der Begriff der Multiplikation soll die ansteigende osmotisch wirksame Konzentration gelöster Stoffe in der die Henle-Schleife und die Sammelgänge umgebende Medulla beschreiben, die sich aus dem Ionenaustausch zwischen den beiden Schenkeln der Schleife ergibt.

Die funktionellen Merkmale dieses Systems sind wie folgt: Der absteigende Schenkel der Henle-Schleife ist für Wasser permeabel, aber undurchlässig für darin gelöste Stoffe. Der aufsteigende Schenkel ist praktisch undurchlässig für Wasser. Natrium- und Chloridionen treten aus dem dünnen Teil des aufsteigenden Schenkel passiv aus und werden aus dem verdickten Anteil des

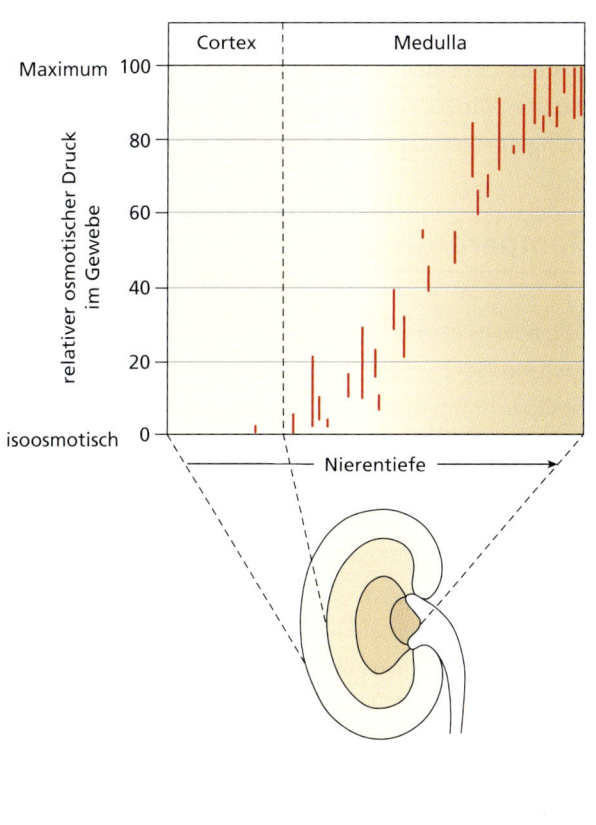
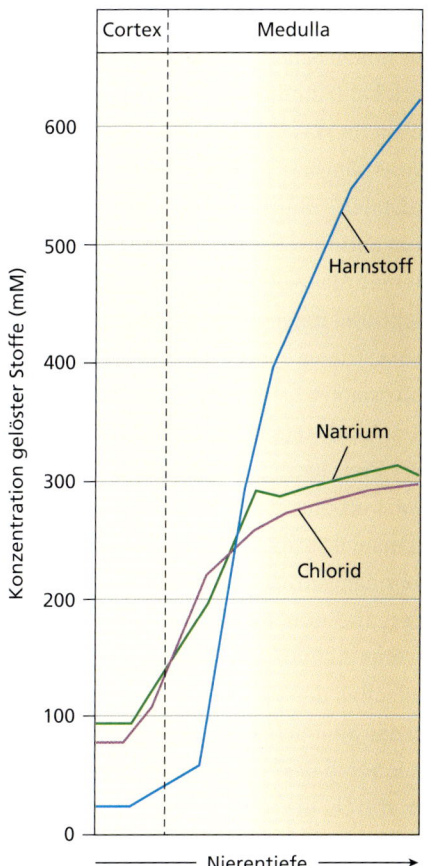

Abbildung 30.15: Das osmotische Potenzial in der Gewebsflüssigkeit einer Säugetierniere. Die Gewebsflüssigkeit ist in der Nierenrinde (Cortex renii; in der Abbildung *links*) isoosmotisch. Im Nierenmark (Medulla) steigt das osmotische Potenzial kontinuierlich an und erreicht in der Papille, über die der Harn in den Harnleiter übergeht, seinen Maximalwert.

aufsteigenden Schenkels aktiv in die umgebende Gewebsflüssigkeit transportiert (Abbildung 30.14). In dem Maß, in dem sich das die Schleife umgebende Interstitium mit gelösten Substanzen anreichert, wird Wasser auf osmotischem Weg aus dem absteigenden Schenkel nachgesaugt. Die Tubulusflüssigkeit an der Basis der Schleife, die nun höher konzentriert ist, steigt den aufsteigenden Schenkel hoch, wo noch mehr Natrium- und Chloridionen hinaus diffundieren oder gepumpt werden. Auf diese Weise wird der Effekt der Ionenverfrachtung im aufsteigenden Schenkel vervielfältigt, da noch mehr Wasser aus dem absteigenden Schenkel herausgesaugt und eine noch höher konzentrierte Flüssigkeit dem aufsteigenden Schenkel dargeboten wird (Abbildungen 30.14 und ▶ 30.15). Die Blutkapillaren, welche die Henle-Schleife umgeben (Vasa recta), sind ebenfalls so angeordnet, dass sich ein Gegenstrom des Blutes in ihnen ergibt. Diese Anordnung der Blutgefäße ist von Bedeutung für die Aufrechterhaltung des osmotischen Konzentrationsgefälles der Medulla und des Cortex der Niere.

Die abschließende Einstellung der Konzentrationen an Harninhaltsstoffen geschieht nicht in den Henle-Schleifen, sondern in den Sammelrohren. Sich bildender Harn, der aus der Henle-Schleife in den distalen Tubulus gelangt, ist verdünnt (aufgrund der Ionenrückführung); und er wird durch die aktive Reabsorption von Natrium- und Chloridionen im distalen Tubulus noch weiter verdünnt. Der sich bildende Harn, der Harnstoff, aber nur geringe Mengen anderer gelöster Stoffe enthält, fließt nun abwärts in das Sammelrohr. Aufgrund der hohen Konzentration gelöster Stoffe in der Umgebung des Sammelrohres wird dem Harn Wasser entzogen. In dem Maß, in dem der Harn sich aufkonzentriert, diffundiert auch Harnstoff aus ihm heraus. Die unteren Bereiche des Sammelrohrs sind durchlässig für Harnstoff; bis heute hat man vier verschiedene Transporter für Harnstoff gefunden und beschrieben. Ein Teil dieses Harnstoffs fließt in den unteren Abschnitt des aufsteigenden Schenkels der Henle-Schleife zurück. Da die Henle-Schleife aber für Harnstoff weniger permeabel ist, baut sich die Harnstoffkonzentration in der Gewebsflüssigkeit der Medulla auf. Dieser Rückstau des Harnstoffs trägt in erheblichem Maß zur hohen osmotisch aktiven Konzentration im Nierenmark bei (Abbildung 30.15).

Die reabsorbierte Wassermenge und die Endkonzentration des Harns hängen von der Permeabilität der Wandungen des distalen Tubulus und des Sammelrohrs ab. Diese wird vom **antidiuretischen Hormon** (ADH = Vasopressin) gesteuert, das vom Hypophysenhinterlappen (= Neurohypophyse) freigesetzt wird (siehe Kapitel 34). Im Gegenzug registrieren spezielle Rezeptoren im Gehirn unablässig den osmotischen Druck der umgebenden Körperflüssigkeiten und steuern nach der Maßgabe dieser Reize die ADH-Freisetzung. Wenn sich der osmotische Druck des Blutes erhöht oder sich das Blutvolumen verringert (zum Beispiel bei einer Dehydrierung des Tieres), setzt die Hirnanhangsdrüse mehr ADH in Freiheit. Das ADH vergrößert die Permeabilität der Sammelgänge der Nieren durch eine Aktivitätszunahme der Wasserkanäle in den Epithelzellen der Sammelgänge. Wenn dann die Flüssigkeit in den Sammelgängen sich durch den hyperosmotischen Bereich des Nierenmarks bewegt, diffundiert Wasser durch die molekularen Wasserkanäle (= Aquaporine) in die umgebende interstitielle Flüssigkeit und wird vom Blutstrom weggeführt. Der Harn verliert so Wasser und wird höher konzentriert. In Kenntnis der Ereignisfolge bei einem Wassermangel ist es nicht schwierig, vorauszusagen, wie das System auf einen Wasserüberschuss reagieren wird: Die Hypophyse stellt die Freisetzung von ADH ein, die Wasserkanäle (Aquaporine) in den Epithelzellen der Sammelgänge der Nieren verringern ihre Aktivität, und es wird eine große Menge Harn abgegeben.

Die unterschiedlich ausgeprägte Fähigkeit verschiedener Säugetiere zur Bildung eines konzentrierten Harns ist eng mit der Länge der Henle-Schleifen ihrer Nieren korreliert. Biber etwa, die sich in ihrer aquatischen Umwelt keiner Notwendigkeit für das Einsparen von Wasser gegenübersehen, besitzen kurze Henle-Schleifen und vermögen ihren Harn nur bis zum Zweifachen der Osmolarität ihres Blut auf zu konzentrieren. Der Mensch mit seinen etwas längeren Henle-Schleifen kann seinen Harn gegenüber dem Blut um etwas mehr als das Vierfache aufkonzentrieren. Wie man erwarten würde, besitzen Säugetiere der Wüste ein viel höheres Harnkonzentrierungsvermögen. Ein Kamel vermag Urin zu bilden, der achtmal höher konzentriert ist als sein Blutplasma. Eine Wüstenrennmaus schafft eine Konzentrierung um das Vierzehnfache, eine australische Springmaus gar um das Zweiundzwanzigfache. Damit gelingt diesen Tieren die höchste Aufkonzentrierung von Harn unter den Säugetieren. Bei ihnen erstrecken sich die Henle-Schleifen bis zur Spitze langer Nierenpapillen, die bis in die Öffnung des Harnleiters hineinragen.

Temperaturregulierung 30.4

Wir haben gelernt, dass ein fundamentales Problem, dem sich ein Tier in seiner Umwelt gegenübersieht, darin besteht, sein inneres Milieu in einem Zustand zu halten, der ein normales ungestörtes Funktionieren seiner Zellen erlaubt. Die biochemischen Aktivitäten werden empfindlich von der chemischen Umgebung beeinflusst, in der sie ablaufen. Unsere bisherige Diskussion hat sich mit der Frage befasst, wie das chemische Umfeld stabilisiert wird. Die biochemischen Reaktionen lebender Zellen sind daneben natürlich ebenso temperaturabhängig wie jede andere chemische Reaktion. Alle Enzyme besitzen ein Temperaturoptimum; bei Temperaturen, die wesentlich über oder unter diesem Optimum liegen, ist die katalytische Aktivität des jeweiligen Enzyms stark eingeschränkt. Die Temperatur des Körpers ist daher für ein Tier ein wichtiger limitierender Faktor. Es ist für alle Tiere essenziell, die physiologischen Abläufe im Körper möglichst gut zu stabilisieren. Sinkt die Körpertemperatur zu sehr ab, verlangsamen sich die Stoffwechselvorgänge entsprechend und schränken die Energiemenge stark ein, die dem Tier für seine Lebensfunktionen zur Verfügung stehen. Falls die Körpertemperatur zu sehr ansteigt, geraten die Stoffwechselprozesse aus dem physiologischen Gleichgewicht und Proteine können sogar dauerhaft zerstört werden (Hitzekoagulation). Tiere vermögen daher nur in einem begrenzten Temperaturbereich zwischen etwa 0 °C und 40 °C (Innentemperatur

Exkurs

Ein Temperaturunterschied von zehn Grad ist als Standard für die Messung der Temperaturempfindlichkeit eines biologischen Vorgangs etabliert. Dieser als Q_{10} bezeichnete Wert wird ermittelt, indem man zum Beispiel die Umsatzgeschwindigkeit der zu untersuchenden Reaktion bei zwei Temperaturen misst, die gerade zehn Grad auseinanderliegen, und den Quotienten aus den Messwerten bildet. Im Allgemeinen haben metabolische Reaktionen Q_{10}-Werte zwischen zwei und drei. Physikalische Vorgänge ohne enzymatische Reaktionen, wie etwa die Diffusion, weisen viel niedrigere Q_{10}-Werte auf, die für gewöhnlich im Bereich um eins liegen (also temperaturunabhängig sind).

bzw. Körpertemperatur) existieren. Ein Tier muss entweder einen Lebensraum finden, in dem es keinen Temperaturextremen ausgesetzt ist, oder es muss einen Weg finden, seinen Stoffwechsel anzugleichen und vor Temperaturextremen zu bewahren.

30.4.1 Ektothermie und Endothermie

Lange Zeit hat man die Begriffe „warmblütig" und „kaltblütig" verwendet, um die Tiere in zwei große Gruppen zu unterteilen: Wirbellose und Wirbeltiere, die sich bei Berührung kalt anfühlen, und solche, die sich – wie der Mensch, andere Säugetiere, und die Vögel – beim Anfassen warm anfühlen. Es ist richtig, dass die Körpertemperatur von Säugetieren und Vögeln normalerweise (aber nicht in jedem Fall) höher liegt als die der umgebenden Luft. Ein „kaltblütiges" Tier ist aber nicht notwendigerweise kalt. Tropische Fische und Insekten oder Reptilien, die „sonnenbaden", können Körpertemperaturen aufweisen, die denen von Säugetieren gleichkommen oder sogar höher liegen. Umgekehrt halten viele „warmblütige" Tiere einen Winterschlaf, während dessen sich ihre Körpertemperatur dem Gefrierpunkt des Wassers annähert. Die Begriffe „warm-", und „kaltblütig" erweisen sich daher als subjektiv und für eine wissenschaftliche Betrachtung der physiologischen Temperatur. Regulation als kaum geeignet.

Daher wurden die Begriffe **poikilotherm** zur Beschreibung von Tieren, deren Körpertemperatur mit der Umgebungstemperatur übereinstimmt und **homoiotherm** zur Beschreibung von Tieren mit einer Körpertemperatur, die von der Umgebungstemperatur unabhängig ist, eingeführt. Diese Begriffe, die sich auf eine Variabilität der Körpertemperatur beziehen, bereiten aber noch immer gewisse Schwierigkeiten. So leben etwa die Fische der Tiefsee in einer Umwelt praktisch ohne Temperaturschwankungen. Obgleich ihre Körpertemperaturen tagein, tagaus absolut gleichbleibend sind, kann man diese Fische nicht als homoiotherm bezeichnen, da sich ihre Körpertemperatur im Prinzip mit der der Umgebung verändert, ihre gleichmäßige Innentemperatur also nicht die Folge innerer Vorgänge ist. Darüber hinaus finden sich unter den homoiothermen Vögeln und Säugetieren viele Beispiele für Arten, deren Körpertemperatur im Tageslauf schwankt. Außerdem sind diese Begriffe nicht korrekt in Hinblick auf die Winterschläfer, deren Körpertemperaturen jahreszeitlichen Schwankungen unterliegen.

Es hat sich daher in den letzten Jahren eine andere Terminologie zur Beschreibung der Temperaturverhältnisse von Tieren durchgesetzt, welche die Körpertemperatur eines Tieres als reguliertes Gleichgewicht zwischen Wärmeerzeugung und Wärmeverlusten beschreibt. Alle Tiere erzeugen Wärme als Nebenprodukt ihrer Stoffwechseltätigkeit. Bei den meisten wird diese Wärme jedoch genau so schnell abgeführt wie sie entsteht. Diese Tiere werden als **ektotherm** bezeichnet. Die überwältigende Mehrheit aller Tierarten ist ektotherm. Bei ihnen wird die Körpertemperatur allein von der Umgebung bestimmt. Viele ektotherme Tierarten suchen gezielt solche Umgebungen auf, die eine aktuell günstige Temperatur aufweisen (zum Beispiel zum Sonnenbaden), doch entstammt die Energie zur Erhöhung der Körpertemperatur aus der Umwelt und nicht aus dem Körperinneren. Manche Tiere sind in der Lage, genügend Wärme mit ihrem Stoffwechsel zu erzeugen, um ihre Körpertemperatur auf ein hohes und gleichbleibendes Niveau anzuheben. Da die Energiequelle für die Wärmeerzeugung im Körperinneren liegt, nennt man diese Tiere **endotherm**. Zu den endothermen Tieren gehören die Vögel (siehe Kapitel 27) und die Säugetiere (siehe Kapitel 28) sowie einige wenige Reptilien- und einige schnellschwimmende Fischarten. Außerdem sind einige Insekten zumindest partiell endotherm. Mit Hilfe der Endothermie gelingt es den Vögeln und den Säugetieren, ihre Innentemperatur konstant zu halten, was wiederum eine Stabilisierung aller biochemischen Reaktionen und sonstiger physiologischer Vorgänge einschließlich der Funktionen des Nervensystems auf einem gleichmäßig hohen Aktivitätsniveau erlaubt. Die Endothermen können daher auch im Winter aktiv bleiben und Habitate besiedeln, die Ektothermen versagt bleiben.

30.4.2 Wie ektotherme Tiere von der Temperatur unabhängig werden

Verhaltensanpassungen

Obwohl ektotherme Tiere ihre Körpertemperatur nicht physiologisch steuern können, sind viele in der Lage, ihre Körpertemperaturen mit beachtlicher Präzision durch ihr Verhalten zu regulieren. Ektothermen steht oftmals die Möglichkeit offen, bestimmte Bereiche in ihrer Umwelt aufzusuchen, in denen die Temperatur günstig für die Entfaltung ihrer Aktivitäten ist. Manche Ektotherme, wie Wüsteneidechsen, nutzen stündliche Veränderungen des Sonnenstandes, um ihre Körpertemperaturen verhältnismäßig konstant zu halten (▶ Abbildung 30.16). Am frühen Morgen verlassen sie ihre Bauten und baden flach ausgestreckt in der Sonne, um sich aufzuheizen.

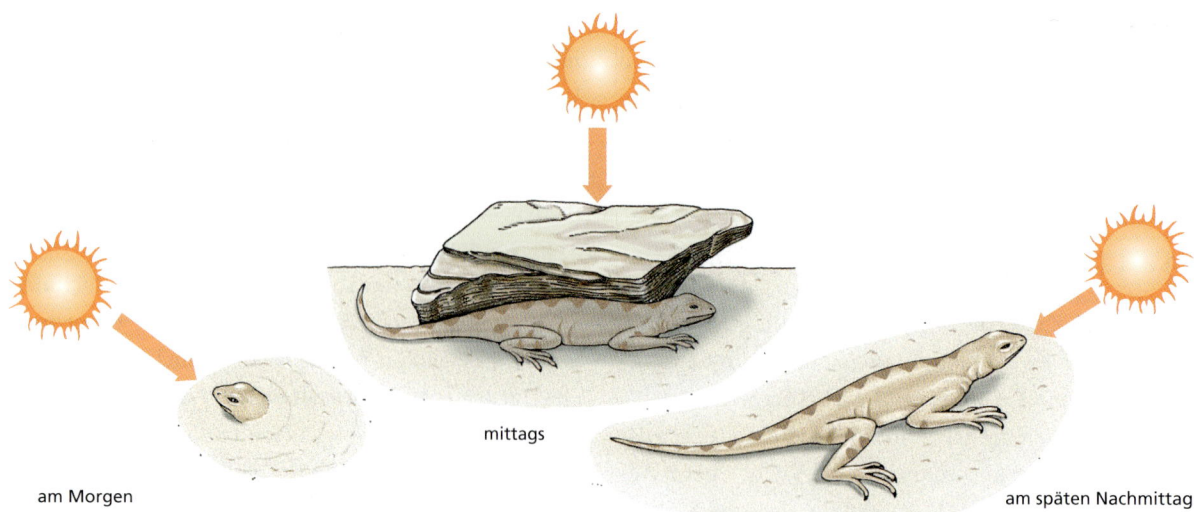

Abbildung 30.16: **Wie eine Eidechse ihre Körpertemperatur durch ihr Verhalten reguliert.** Am Morgen absorbiert die Eidechse Sonnenwärme über ihren Kopf, während sie gleichzeitig den Rest des Körpers vor der kühlen Morgenluft verborgen hält. Später taucht sie dann zum Sonnenbaden ganz auf. Gegen Mittag, wenn die Körpertemperatur hoch ist, sucht sie Schattenplätze auf, um eine Überhitzung zu vermeiden. Wenn die Lufttemperatur am späten Nachmittag wieder zu sinken beginnt, kommt sie aus dem Schatten hervor und richtet sich parallel zum Sonneneinfall aus.

Nimmt die Strahlungsstärke der Sonne im Tageslauf zu, richten sie sich längs zur Sonne aus, um die bestrahlte Fläche zu verkleinern. Außerdem heben sie ihren Körper vom heißer werdenden Untergrund ab. In den heißesten Tagesstunden ziehen sie sich wieder in ihre Behausungen zurück. Später am Tag kriechen sie erneut heraus, um ein weiteres Sonnenbad zu nehmen, bevor die Sonne untergeht und die Luft sich zur Nacht abkühlt.

Diese Verhaltensweisen helfen dabei, eine verhältnismäßig gleichbleibende Körpertemperatur von 36 bis 39 °C zu erreichen, während gleichzeitig die Lufttemperatur zwischen 29 und 44 °C schwankt. Einige Eidechsen ertragen die Mittagshitze ohne Schattenplätze aufsuchen zu müssen. Der Wüstenleguan im Südwesten Nordamerikas hat eine bevorzugte Körpertemperatur von 42 °C, wenn er aktiv ist, toleriert aber bis 47 °C – eine Körpertemperatur, die tödlich für sämtliche Vögel und Säugetiere sowie die meisten anderen Eidechsen ist.

Metabolische Anpassungen

Selbst ohne die Hilfe von Anpassungen durch Verhalten, wie wir sie soeben beschrieben haben, vermögen die meisten ektothermen Tiere ihre Stoffwechselraten in der Weise an die vorherrschende Umgebungstemperatur anzupassen, dass diese größtenteils unverändert ablaufen können. Dieser Effekt wird als Temperaturkompensation bezeichnet und beinhaltet komplexe biochemische und zelluläre Regulationsvorgänge. Diese Anpassungen erlauben es Fischen oder Lurchen, in kalten und in warmen Umgebungen beinahe dasselbe Aktivitätsniveau zu erreichen. Während endotherme Tiere ihre metabolische Homöostase aufrecht erhalten, indem sie ihre Körpertemperatur auf einem konstanten Wert halten, erreichen ektotherme Tiere das gleiche, indem sie ihre Stoffwechselrate unabhängig von der Temperatur konstant halten. Diese Stoffwechselregulation ist ebenfalls eine Form der Homöostase.

30.4.3 Temperaturregulation bei Endothermen

Die meisten Tiere weisen Körpertemperaturen zwischen 36 und 38 °C auf. Das ist etwas weniger als die durchschnittliche Körpertemperatur von Vögeln, die zwischen 38 und 40 °C liegt. Eine gleichbleibende Temperatur wird durch ein fein ausbalanciertes Gleichgewicht zwischen Wärmeproduktion und Wärmeabgabe erreicht – keine einfache Aufgabe, wenn ein Tier zwischen Phasen der Ruhe und Phasen hektischer, mit der Produktion von Wärme einhergehender Aktivität hin und her pendelt.

Wärme wird durch den Stoffwechsel des Tieres erzeugt. Dazu gehören die Oxidation von Nährstoffen, der Grundstoffwechsel der Zellen und die Muskelkontraktion. Da ein großer Teil des kalorischen Eintrags eines endothermen Tieres zur Erzeugung von Wärme aufgewendet wird – dies gilt insbesondere bei kaltem Wetter – muss ein endothermes Tier mehr Nahrung zu sich nehmen als ein ektothermes der gleichen Größe. Wärme geht durch Abstrahlung, Wärmeleitung und Konvektion (vorbeiströmende Luft) an eine kühlere Umgebung verloren. Ein weiterer wärmezehrender Faktor ist die Verdunstung von Wasser (▶ Abbildung 30.17). Ein Vogel oder ein Säugetier kann sowohl seine Wärmeproduktion wie seine Wärmeverluste in weiten Grenzen regulieren. Falls das Tier zu stark abkühlt, kann es Wärme erzeugen, indem es seine Muskelaktivität erhöht (durch körperliche Betätigung oder durch Zittern) und/oder durch Verminderung der Wärmeabgabe durch Verbesserung der Isolierung. Falls es sich zu stark aufheizt, verringert es seine Wärmeerzeugung und steigert seine Wärmeabgabe. Wir werden diese Vorgänge im Folgenden an einigen Beispielen genauer beschreiben.

Anpassungen an heiße Umgebungen

Ungeachtet der harschen Umweltbindungen in einer Wüste – intensive Sonnenstrahlung und Hitze während des Tages und Kälte in der Nacht, Wasserknappheit, wenig Vegetation und Versteckmöglichkeiten – behaupten sich viele Tierarten erfolgreich in diesem extremen Lebensraum. Die kleineren Wüstensäugtiere leben zumeist **unterirdisch** oder sind **nachtaktiv**. Die niedrigere Temperatur und höhere Feuchtigkeit in einem Bau hilft bei der Verringerung von Wasserverlusten durch Verdunstung. Wie wir weiter oben ausgeführt haben, können Wüstentiere wie die Kängururatte und die amerikanischen Wüstenerdhörnchen falls notwendig das Wasser, das sie benötigen, aus ihrer trockenen Nahrung beziehen (metabolisches Wasser), so dass sie ohne zu trinken überleben können. Solche Tiere produzieren einen hochkonzentrierten Harn und Fäzes, die fast vollständig trocken sind.

Große Ungulaten der Wüste (wiederkäuende Huftiere) können der Wüstenhitze nicht durch das Ausweichen in Behausungen entweichen. Tiere wie Kamele und Wüstenantilopen (Gazellen, Oryxantilopen u. a.) verfügen über eine Reihe von Anpassungen, um mit der Hitze und der Dehydrierung zurechtzukommen. ▶ Abbildung 30.18 zeigt die Anpassungen der Elenantilope *(Taurotragus oryx)*. Die Mechanismen zur Eindämmung der Wasserverluste und dem Schutz vor Überhitzung sind eng miteinander verbunden. Das fahl glänzende Fell reflektiert einen großen Teil des Sonnenlichts und ist gleichzeitig eine ausgezeichnete Isolationsschicht, die der Hitzeeinwirkung widersteht. Wärme wird durch Konvektion und durch Wärmeableitung an der Körperunterseite abgegeben. Dort ist das Fell sehr dünn. Das Fettgewebe – eine essenzielle Energiereserve – ist in einem einzigen Höcker

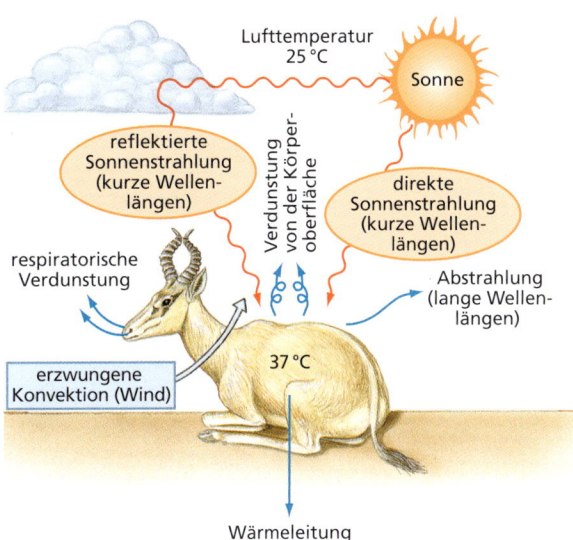

Abbildung 30.17: Austausch von Wärme eines großen Säugetiers mit der Umgebung an einem warmen Tag. Die roten Pfeile bezeichnen Quellen, die für das Tier einen Nettogewinn an Wärme bedeuten (sämtlich Strahlungsquellen). Die blauen Pfeile sind Wege der Wärmeabgabe durch das Tier (Kühlung durch Verdunstung, Wärmeableitung in den Untergrund, langwellige Wärmeabstrahlung und Konvektion). Falls die Temperatur der Luft und des Erdbodens höher als die Körpertemperatur des Tieres liegen, kehrt sich die Richtung der blauen Pfeile für die Konvektion, die Wärmeleitung und die Abstrahlung um. Dann kann das Tier nur auf dem Weg der Verdunstung Wärme abgeben. Verdunstung sind aber auch Grenzen in feuchtem Klima gesetzt, wenn die Luftfeuchtigkeit den Sättigungspunkt erreicht.

auf dem Rücken konzentriert statt gleichförmig unter der Haut verteilt zu sein (Unterhautfettgewebe), wo es die Wärmeabstrahlung einschränken würde. Säugetiere, die im kalten Wasser leben, wie viele Wale und Robben, zeichnen sich dagegen eben durch ein den Rumpf ummantelndes subkutanes Fettgewebe aus. Elenantilopen vermeiden die Abkühlung durch Verdunstung, da dies mit Wasserverlusten einhergeht. Dieses ist der einzige Mechanismus, der einem Tier zur Verfügung steht, wenn die Umgebungstemperatur über der Körpertemperatur liegt. Die Antilopen lassen ihre Körpertemperatur nachts, wenn es kühl ist, absinken und während des Tages langsam wieder ansteigen. Nur wenn die Körpertemperatur bis auf 41 °C ansteigt, muss auch die Elenantilope auf das Mittel der Verdunstung (Schwitzen) zurückgreifen, um einen weiteren Temperaturanstieg zu verhindern. Die Tiere sparen Wasser, indem sie einen konzentrierten Harn und trockene Exkremente produzieren.

Kamele haben alle diese Anpassungen ebenfalls in ähnlicher oder noch stärkerer Ausprägung evolviert. Von allen Großsäugetieren der Wüste sind sie vielleicht die am perfektesten angepassten.

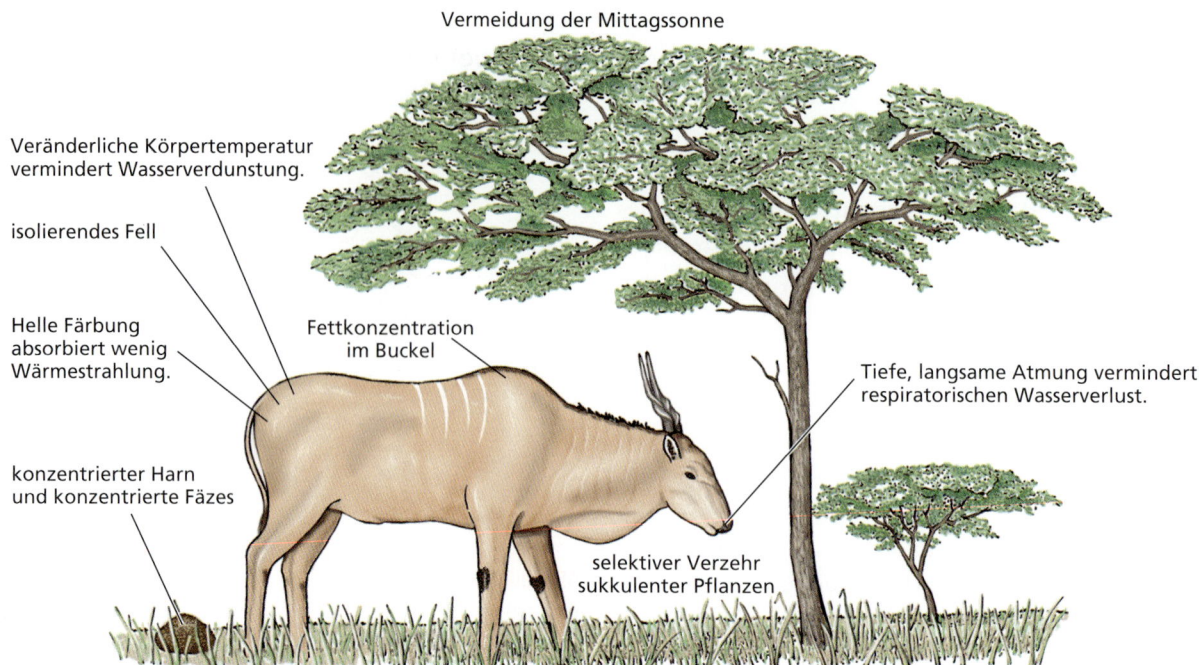

Abbildung 30.18: Physiologische und Verhaltensanpassungen der Elenantilope. Sie dient der Regulierung der Körpertemperatur in der trocken-heißen Savanne Zentralafrikas.

Anpassungen an kalte Umgebungen

In kalten Umgebungen greifen Säugetiere und Vögel (endotherme Tiere) auf zwei Hauptmechanismen zurück, um ihre Körpertemperatur konstant zu halten: (1) **herabgesetzte Wärmeleitung** – also die Verminderung von Wärmeverlusten durch Verbesserung der Isolierung des Körpers, und (2) **vermehrte Wärmeerzeugung**.

Bei allen Säugetierarten, die in kalten Regionen der Erde leben, nimmt die Felldicke zum Winter hin zu – manchmal bis zu 50 Prozent. Dichte Unterwolle ist die vorrangige Isolationsschicht, wohingegen das längere und stärker sichtbare Deckhaar als Schutz gegen Abnutzung und als Sichtschutz (Tarnfärbung, -zeichnung) dient. Anders als der wohlisolierte Rumpf sind die Extremitäten (Beine, Schwanz, Ohren, Nase) arktischer Säugetiere nur dünn isoliert und einer raschen Abkühlung unterworfen. Um zu verhindern, dass über diese Körperteile zu viel Wärme abgegeben wird, können sie sich auf sehr niedrige Temperaturen bis hin zum Gefrierpunkt abkühlen. Die Wärme des arteriellen Blutes geht dem Körper jedoch nicht verloren. Ein Gegenstromwärmetauscher zwischen dem nach auswärts strömenden warmen Blut und dem in den Körper zurückkehrenden kalten Blut verhindert oder vermindert Wärmeverluste. Das arterielle Blut in den Beinen eines arktischen Säugetiers oder Vogels läuft in direkter Nähe an einem Netzwerk aus kleinen Venen vorbei. Da der arterielle Blutfluss dem des zurückströmenden venösen Blutes entgegengesetzt ist, wird Wärme mit hohem Wirkungsgrad von den Arterien auf die Venen übertragen. Wenn das arterielle Blut den Fuß erreicht, hat es fast seine gesamte Wärme an das Blut in den Venen abgegeben, die es in den Rumpf zurückleiten (▶ Abbildung 30.19). Aus den entfernt liegenden und nur schwach isolierten Bereichen der Beine geht daher nur wenig Wärme an die kalte Luft verloren.

Das Prinzip des Gegenstromwärmetauschs ist auch in den Extremitäten bei wasserlebenden Säugetieren wie Robben und Walen verbreitet, deren Flossen nur eine dünne Isolationsschicht aufweisen und die deshalb bei Fehlen dieses wärmesparenden Mechanismus viel Wärme verlieren würden.

Eine Folge des peripheren Wärmetausches in den Beinen und Füßen von Säugetieren und Vögeln ist die Notwendigkeit, dass die Gliedmaßen auch bei tiefen Temperaturen noch funktionstüchtig bleiben müssen. Die Temperaturen der Füße arktischer Füchse und Rentiere liegt knapp über dem Gefrierpunkt. In den Ballen der Fußsohlen und in Hufen kann die Temperatur sogar unter 0 °C fallen. Um die Füße bei so tiefen Temperaturen geschmeidig und beweglich zu erhalten, sind in den Extremitäten spezielle Fette mit niedrigem Schmelzpunkt eingelagert; die Schmelzpunkte dieser Fette kann um 30 °C unter der des gewöhnlichen Körperfetts liegen.

30.4 Temperaturregulierung

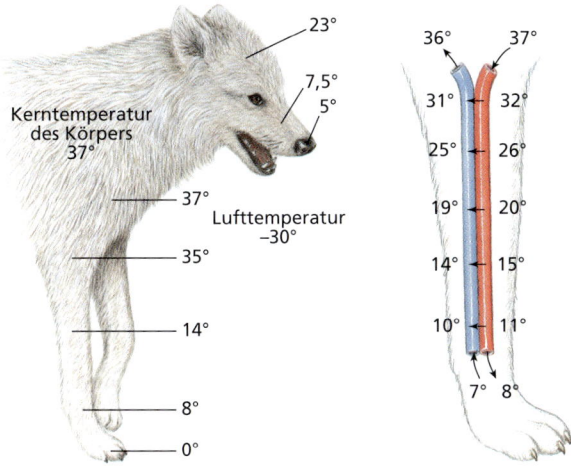

Abbildung 30.19: Gegenstromwärmetauscher im Bein eines arktischen Wolfes. Die Zeichnung auf der linken Seite gibt an, in welchem Maß sich die Extremitäten des Tieres bei niedriger Lufttemperatur gegenüber dem Körperinneren abkühlen. Die schematische Darstellung auf der rechten Seite zeigt einen Ausschnitt der Blutadern des Vorderbeines, aus dem ersichtlich wird, wie Wärme zwischen dem arteriellen und dem venösen Blut ausgetauscht wird. Ein großer Teil der Wärme wird so in das Innere des Rumpfes zurückgeführt und bleibt dem Tier auf diese Weise erhalten.

In sehr großer Kälte können alle Säugetiere zusätzliche Wärme durch **vermehrte Muskelaktivität** erzeugen, entweder durch körperliche Anstrengung oder durch Zittern. Jeder Mensch ist sich der Effektivität beider Strategien bewusst. Durch starkes Zittern kann ein Mensch seine Wärmeproduktion bis zum Achtzehnfachen steigern, wenn der Kältestress seinen Maximalwert erreicht. Eine weitere Wärmequelle ist eine vermehrte Oxidation von Nahrungsreserven, besonders braunen Speicherfetts (zum braunen Fett siehe Kapitel 32). Dieser Mechanismus wird als **zitterfreie Thermogenese** bezeichnet.

Kleine Säugetiere von der Größe eines Maulwurfs oder einer Maus stellen sich den Herausforderungen kalter Umgebungen auf andere Weise. Kleine Säugetiere sind nicht so gut isoliert wie große, weil die Dicke des Fells durch die Notwendigkeit des Erhalts der Mobilität begrenzt wird. Daher machen sich diese Kleintiere die ausgezeichneten wärmeisolierenden Eigenschaften von Schnee zunutze, indem sie ihren Lebensraum unter die Schneeschicht auf den Waldboden verlegen, wo sie auch ihre Nahrung finden. In diesem Lebensraum unter dem Schnee sinkt die Temperatur selten unter $-5\,°C$ ab, selbst dann, wenn die Lufttemperatur auf $-50\,°C$ abfällt. Die Schneeisolierung vermindert die Wärmeableitung aus kleinen Tieren genauso wie es ein dicker Pelz bei großen Säugetieren tut. Das Leben unter dem Schnee ist ein Weg, der ärgsten Kälte zu entgehen.

30.4.4 Adaptive Hypothermie bei Vögeln und Säugetieren

Endothermie ist energetisch kostspielig. Während ein ektothermes Tier in einer kalten Umgebung über Wochen hinweg überleben kann, ohne zu fressen, muss ein endothermes Tier immer über Energiequellen verfügen, auf die es zurückgreifen kann, um seine hohe Stoffwechselrate aufrechtzuerhalten. Dieses Problem ist bei kleinen Säugetieren und Vögeln besonders ausgeprägt, weil ihr Oberfläche-Volumen-Verhältnis ungünstig ist und sie aufgrund ihres intensiven Stoffwechsels eine konstante Nahrungszufuhr benötigen. Sie müssen ungefähr so viel Nahrung zu sich nehmen, wie sie selbst wiegen, um den homoiothermen Zustand zu erhalten (den Nahrungsbedarf von Vögeln haben wir in Kapitel 27, den von Säugetieren in Kapitel 28 erörtert). Es überrascht daher nicht, dass einige Kleinsäuger und kleine Vögel Mittel und Wege evolviert haben, um ihre Körpertemperatur für Zeiträume von einigen Stunden bis hin zu mehreren Monaten abzusenken. Dabei können diese Tiere ihre Körpertemperatur so weit abfallen lassen, dass sie der Umgebungstemperatur nahekommt oder dieser entspricht.

Einige sehr kleine Säugetiere wie Fledermäuse behalten eine hohe Körpertemperatur bei, wenn sie aktiv sind, senken sie aber sehr deutlich ab, wenn sie inaktiv sind oder schlafen. Diese tägliche **Erstarrung (Torpor)** ist eine adaptive Hypothermie, die für kleine endotherme Tiere, die bei normaler Körpertemperatur nie mehr als einige Stunden vom Hungertod entfernt sind, eine enorme Energieeinsparung bedeutet. Kolibris senken in der Nacht, wenn sie keine Nahrung finden können, ebenfalls ihre Körpertemperatur ab (▶ Abbildung 30.20).

Viele kleine und mittelgroße Säugetiere der gemäßigten Breiten der Nordhalbkugel lösen das Problem der Nahrungsknappheit und der niedrigen Temperaturen des Winters, indem sie in einen langdauernden und kontrollierten Zustand der Dormanz, den **Winterschlaf**, eintreten. Echte Winterschläfer wie die Erdhörnchen, Springmäuse, Murmeltiere und Bilche bereiten sich durch die Anlage von Fettreserven auf den Winterschlaf vor (▶ Abbildung 30.21). Der Übergang in den Winterschlaf erfolgt nach und nach. Nach einer Reihe von „Probeschlummern", während derer die Körpertemperatur um wenige Grade absinkt und dann auf den Normalwert zurückgeht, kühlt sich das Tier bis auf ein Grad oder weniger an die Umgebungstemperatur herunter. Der Metabolismus fällt dabei auf einen Bruchteil seines Normalwertes ab. Bei Erdhörnchen geht beispielsweise die

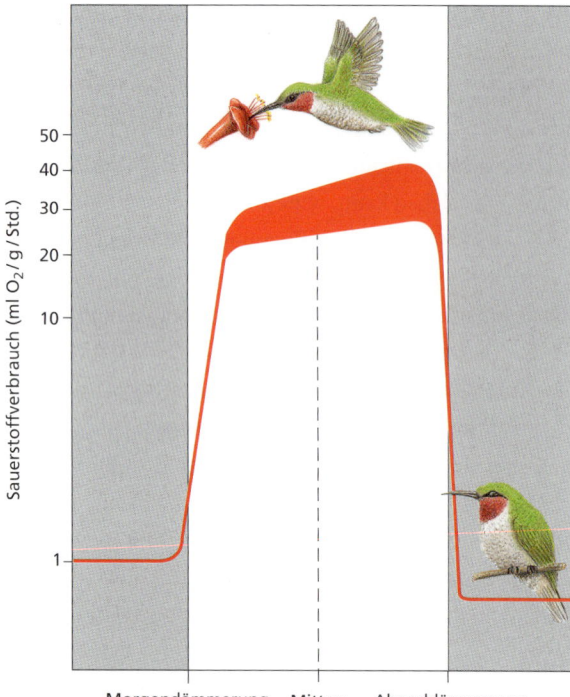

Abbildung 30.20: Torpor bei Kolibris. Die Körpertemperatur und der Sauerstoffverbrauch (rote „Linie") sind hoch, wenn der Kolibri während des Tages aktiv ist, können aber in Zeiten der Nahrungsknappheit bis auf ein Zwanzigstel des Spitzenwertes absinken. Der Torpor (Körperstarre) verringert die Beanspruchung der begrenzten Energiereserven des Vogels drastisch.

Abbildung 30.21: Waldmurmeltier (*Marmota monax*; Ordo Rodentia, Ordnung der Nagetiere) im Winterschlaf. Der Bau, in den sich das Tier zurückgezogen hatte, wurde bei Straßenbauarbeiten versehentlich freigelegt. Das Tier „schläft" weiter, sich der umwälzenden Veränderungen unbewusst. Der Winterschlaf der Waldmurmeltiere beginnt im späten September, wenn die Witterung noch mild bis warm ist, und kann sich über sechs Monate erstrecken. Das Tier ist in diesem Zustand starr und fühlt sich bei Berührung deutlich kalt an. Die Atmung ist nicht wahrnehmbar; die Atemfrequenz liegt bei einem Atemzug alle fünf Minuten. Obwohl es einen toten Eindruck macht, wacht das Tier auf, falls die Temperatur im Inneren des Baues auf lebensgefährliche Werte absinkt.

Atemfrequenz von 200 pro Minute auf vier bis fünf pro Minute herunter, die Herzfrequenz sinkt von 150 auf fünf Schläge pro Minute. Während des Aufwachvorgangs zittert ein Winterschläfer heftig und setzt zusätzlich die zitterfreie Thermogenese (= Wärmeproduktion anstatt ATP-Bildung) ein, um Wärme zu erzeugen und die Körpertemperatur wieder anzuheben.

Einige Säugetiere wie Bären, Dachse, Waschbären und Opossums treten im Winter in einen anhaltenden Ruhezustand ohne oder mit nur geringer Reduktion der Körpertemperatur ein. Diese Winterruhe ist kein echter Winterschlaf. Die Bären der nördlichen Waldgebiete schlafen mehrere Monate. Die Herzfrequenz eines Bären kann dabei von 40 auf zehn Schläge pro Minute zurückgehen, doch bleibt die Körpertemperatur auf ihrem Normalwert, und der Bär wacht auf, wenn er heftig genug gestört wird. Ein unerschrockener, aber anscheinend unerfahrener Biologe ist nur knapp mit dem Leben davongekommen, als er in eine Bärenhöhle kroch, um mit einem Fieberthermometer eine rektale Temperaturmessung an einem Bären in Winterruhe vorzunehmen.

Einige Wirbellose sowie Wirbeltiere treten während des Sommers in einen als **Estivation** („Sommerschlaf") bezeichneten Zustand der Dormanz ein. In diesem Zustand gehen die Atemfrequenz und der Stoffwechsel zurück, wenn die Temperaturen zwar hoch sind, Nahrung aber knapp ist und Austrocknung droht. Beispiele für estivierende Tiere sind Landschnecken, die blaue Landkrabbe, der afrikanische Lungenfisch, die Wüstenschildkröte, die Zwergmaus und das kolumbianische Erdhörnchen.

ZUSAMMENFASSUNG

Während des gesamten Lebens fließen Materie und Energie durch den Körper eines Lebewesens. Dies ist zur Lebenserhaltung unabdingbar, kann aber potenziell den inneren, physiologischen Zustand stören. Als Homöostase wird die Fähigkeit eines Lebewesens bezeichnet, seinen inneren Zustand in einem arttypischen Toleranzbereich weitgehend stabil zu halten. An der Homöostase sind diverse physiologische und biochemische Mechanismen beteiligt, deren Aktivitäten fein aufeinander abgestimmt sind. Es ist möglich, einige Entwicklungen im Verlauf der Evolution der Tiere mit einer Zunahme der inneren Unabhängigkeit von Veränderungen in der Umwelt in Verbindung zu bringen. In diesem Kapitel haben wir zwei Aspekte der Homöostase in Augenschein genommen: (1) die verschieden stark ausgebildete Fähigkeit von Tieren, die osmotischen Verhältnisse und die chemische Zusammensetzung ihres Blutes zu steuern, und (2) das Vermögen von Tieren, ihre Körpertemperatur in thermisch ungünstigen Umgebungen zu regulieren.

Die meisten Wirbellosen des Meeres verlassen sich entweder auf die osmotische Stabilität des Ozeans, an dessen Salzkonzentration sie sich anpassen; oder sie müssen in der Lage sein, breite Schwankungen im Salzgehalt des Umgebungswassers zu tolerieren. Einige der Arten vom letztgenannten Typ zeigen ein begrenztes Vermögen zur Osmoregulation, die Befähigung, osmotischen Veränderungen im Körperinneren durch die Evolution spezialisierter Regulatororgane entgegenzuwirken. Alle Lebewesen des Süßwassers sind gegenüber ihrer Umgebung hyperosmotisch und haben Mechanismen zur Rückhaltung oder Rückgewinnung von Elektrolyten aus der Umwelt und/oder zur Eliminierung überschüssigen Wassers, das auf osmotischem Wege in den Körper eindringt, entwickelt.

Alle Wirbeltiere, mit Ausnahme der Schleimaale, lassen eine ausgezeichnete osmotische Homöostase erkennen. Die Knochenfische des Meeres halten ihre Körperflüssigkeiten gegenüber ihrer Umgebung deutlich hypoosmotisch, indem sie Meerwasser trinken und dies physiologisch „destillieren". Die Elasmobranchier haben eine andere Strategie gewählt, indem sie sich durch die hohe Konzentrationen von Harnstoff und Trimethylaminoxid in ihrem Blut diesem ein osmotisches Potenzial verschaffen, das praktisch dem des Umgebungswassers entspricht.

Die Niere ist das wichtigste Organ für die Regulation der chemischen Zusammensetzung und des osmotischen Potenzials des Blutes. Die Nieren aller Metazoen sind Variationen, die nach einem gemeinsamen grundlegenden Prinzip funktionieren: Eine tubuläre Struktur bildet vorläufigen Harn, indem eine abgesonderte Flüssigkeit oder ein Ultrafiltrat des Blutes und der interstitiellen Flüssigkeit in den Tubulus geleitet wird und beim Durchströmen unter Bildung von Endharn (= Urin) selektiv modifiziert wird. Terrestrische Vertebraten besitzen besonders hochentwickelte Nieren, da sie in der Lage sein müssen, den Wassergehalt ihres Blutes in engen Grenzen regulierend beeinflussen zu können, indem sie Zugewinn und Verluste ausgleichen. Die grundlegende exkretorische Einheit ist das Nephron, das aus einem Glomerulus, in dem das Ultrafiltrat des Blutes gebildet wird, und einem langen nephridischen Tubulus, in dem der Primärharn durch das Tubulusepithel selektiv modifiziert wird, besteht. Wasser, Ionen und andere wertvolle Stoffe gelangen auf dem Weg der Reabsorption in die peritubuläre Zirkulation zurück. Bestimmte Abfallstoffe gelangen aus dem Kreislauf durch Sekretion in den tubulären, sich bildenden Harn. Alle Säugetiere und manche Vögel vermögen Harn zu bilden, der höher konzentriert ist als ihr Blut. Dies geschieht mit Hilfe eines Gegenstrommultiplikatorsystems, das in der Henle-Schleife angesiedelt ist – eine Spezialisierung, die sich bei anderen Wirbeltieren nicht findet.

Die Temperatur hat tiefgreifende Wirkungen auf die Geschwindigkeiten (bio)chemischer Reaktionen und folglich auf den Stoffwechsel und die Gesamtaktivitäten eines Tieres. Tiere lassen sich danach klassifizieren, ob ihre Körpertemperatur variabel (poikilotherme Arten) oder stabil (homoiotherme Arten) ist; oder nach der Quelle für die Körperwärme. Liegt diese im Körper selbst, spricht man von Endothermie, kommt die Wärme von außen in das Tier, so spricht man von Ektothermie.

Ektotherme Tiere befreien sich zum Teil von thermischen Einschränkungen, indem sie Habitate oder Plätze in ihrem Habitat mit für sie günstiger Temperatur aufsuchen (Thermoregulation durch Verhalten). Manche können auch durch biochemische Modifikationen ihren Stoffwechsel an die vorherrschende Umgebungstemperatur anpassen.

Die endothermen Vögel und Säugetiere unterscheiden sich von den ektothermen Gruppen durch die Erzeugung von viel mehr metabolischer Wärme und einer viel niedrigeren Wärmeableitung aus dem Körper. Sie halten ihre Körpertemperatur konstant, indem sie die Wärmeproduktion und Wärmeverluste in der Waage halten.

Kleine Säugetiere in heißen Umgebungen entziehen sich zum größten Teil der intensiven Wärme und vermindern den Wasserverlust durch Verdunstung, indem sie sich in kühlere Bereiche zurückziehen. Große Säugetiere bringen mehrere Strategien zum Einsatz, um mit der direkten Hitzeeinwirkung auf den Körper zurechtzukommen. Dazu gehören eine reflektierende Isolationsschicht, Wärmespeicherung im Körper und Abkühlung durch Verdunstung (Schwitzen).

Endotherme Tiere in kalten Umwelten halten ihre Körpertemperatur aufrecht, indem sie Wärmeverluste mit der Hilfe verdickter Felle oder Gefieder vermindern, durch gezieltes Abkühlen peripherer Körperteile sowie durch Erhöhung der Wärmeproduktion durch Zittern und zitterfreie Thermogenese. Kleine endotherme Arten vermeiden es, sehr tiefen Temperaturen ausgesetzt zu sein, indem sie ihre Aktivitäten unter die Schneedecke verlagern.

Adaptive Hypothermie ist eine physiologische Strategie, die von kleinen Säugetieren und Vögeln eingesetzt wird, um den Energiebedarf während Perioden der Inaktivität (tägliche Erstarrung) oder Phasen anhaltender Kälte und minimaler Verfügbarkeit von Nahrung (Winterschlaf) stark abzusenken. Einige Vertebraten und Evertebraten treten während des Sommers, wenn die Temperaturen hoch sind und Nahrung knapp ist und Austrocknung droht, in einen vergleichbaren Ruhezustand, die Estivation, ein.

ZUSAMMENFASSUNG

Übungsaufgaben

1. Geben Sie eine Definition des Begriffes Homöostase. Welche evolutiven Vorteile könnten sich für eine Art ergeben, die eine erfolgreiche Aufrechterhaltung der inneren Homöostase zustande bringt?

2. Das Problem der Wasserbalance könnte sich ergeben haben, als frühe Metazoen begannen, in Mündungsgebiete und Flüsse einzuwandern. Beschreiben Sie die physiologischen Herausforderungen, denen sich marine Evertebraten gegenübersehen, wenn sie in das Süßwasser vordringen, und geben Sie am Beispiel der Crustaceen Beispiele für Lösungsansätze für die sich stellenden Probleme.

3. Grenzen Sie folgende Begriffspaare gegeneinander ab: osmotische Konformität und osmotische Regulation; stenohalin und euryhalin; hyperosmotisch und hypoosmotisch.

4. Junge, stromabwärts wandernde Lachse, die aus ihrem Geburtsgewässer ins Meer ziehen, verlassen dabei ein beinahe salzfreies Milieu und wechseln in eines über, das fast dreimal soviel Salz enthält wie ihre Körperflüssigkeiten. Beschreiben Sie die osmotischen Herausforderungen jeder der Umwelten und schlagen Sie physiologische Anpassungen vor, die ein Lachs vornehmen muss, um vom Süß- ins Meerwasser wechseln zu können.

5. Die meisten marinen Invertebraten sind osmotische Konformisten. Wie unterscheiden sich ihre Körperflüssigkeiten von denen eines Haies oder Rochens, beides Knorpelfische, die mit ihrer Umwelt beinahe im osmotischen Gleichgewicht stehen.

6. Welcher Strategie bedient sich die Kängururatte, um ohne die Notwendigkeit, irgendwelches Wasser trinken zu müssen, in der Wüste leben zu können?

7. Bei welchen Tieren würden Sie erwarten, eine Salzdrüse zu finden? Welches ist/sind die Funktion/en einer Salzdrüse?

8. Stellen Sie die Funktion einer kontraktilen Vakuole in Beziehung zu folgenden experimentellen Beobachtungen: Der Ausstoß einer Flüssigkeitsmenge, die dem Volumen nach dem Volumen des Tieres entspricht, erfordert bei manchen Süßwasserprotozoen zwischen vier und 53 Minuten, bei einigen Meeresarten zwischen zwei und fünf Minuten.

9. Wie unterscheidet sich ein Protonephridium strukturell und funktionell von einem echten Nephridium (= Metanephridium)? In welcher Hinsicht ähneln sie sich?

10. Beschreiben Sie die Entwicklungsstadien der Niere bei Amnioten. Wie unterscheidet sich der Entwicklungsgang der Amnioten von dem bei Amphibien und Fischen?

11. In welcher Hinsicht gleicht das Nephridium eines Regenwurms dem menschlichen Nephron in Bau und Funktionsweise?

12. Beschreiben Sie, was während der folgenden Stadien der Harnbildung im Nephron eines Säugetiers passiert: Filtration, tubuläre Reabsorption, tubuläre Sekretion.

13. Erklären Sie, wie der zyklische Verkehr von Kochsalz (Natriumchlorid) zwischen dem absteigenden und dem aufsteigenden Ast einer Henleschleife in der Säugetierniere und die spezielle Permeabilität dieser Tubuli zu hohen osmotisch wirksamen Konzentrationen in der Interstitialflüssigkeit der Medulla der Niere führt. Erläutern Sie die Rolle des Harnstoffs bei der Erzeugung hoher osmotisch wirksamer Konzentrationen in der Interstitialflüssigkeit der Medulla.

14. Erklären Sie, wie das antidiuretische Hormon (ADH, Vasopressin) die Ausscheidung von Wasser durch die Säugetierniere steuert.

15. Geben Sie Definitionen für folgende Begriffe und machen Sie Aussagen zu den Beschränkungen (so vorhanden) jeder der Begriffe hinsichtlich der Beschreibung der thermischen Beziehung eines Tieres zu seiner Umwelt: poikilotherm, homoiotherm, ektotherm, endotherm.

16. Verteidigen Sie die Aussage: „Sowohl Ekto- wie Endotherme erreichen in einer thermisch instabilen Umgebung die metabolische Homöostase, doch

erreichen sie dieses Ziel durch den Einsatz verschiedener physiologischer Strategien."

17 Große Säugetiere leben erfolgreich in der Wüste und in der Arktis. Beschreiben Sie verschiedenartige Anpassungen, derer sich Säugetiere bedienen, um in den beiden genannten Extremumwelten ihre konstante Körpertemperatur aufrechtzuerhalten.

18 Erläutern Sie, warum es für bestimmte kleine Vögel und Säugetiere von Vorteil ist, ihre konstante Körpertemperatur während kurzer oder ausgedehnterer Phasen ihres Lebens aufzugeben.

Weiterführende Literatur

Beauchamp, G. (1987): The human preference for excess salt. American Scientist, vol. 75: 27–33. *Der Mensch nimmt mit der Nahrung viel mehr Salz auf, als physiologisch erforderlich ist. Eine solche Vorliebe für Hochsalznahrung wird durch frühe Erfahrungen bei der Ernährung erlernt (Konditionierung).*

Cossins, A. und K. Bowler (1987): Temperature biology of animals. Chapman and Hall; ISBN: 0-4121-5900-7. *Umfassende Behandlung von Ekto- wie Endothermen.*

Dantzler, W. (1989): Comparative Physiology of the Vertebrate Kidney. Springer; ISBN: 0-3871-9445-2. *Umfassende Übersicht über die Nierenfunktion bei Wirbeltieren.*

Eckert, R. (2002): Tierphysiologie. 4. Auflage. Thieme; ISBN: 9-783-1366-4004-3.

Heinrich, B. (1996): The thermal warriors: strategies of insect survival. Harvard University Press; ISBN: 0-6748-8341-1. *Beschreibt die vielen faszinierenden Wege, auf denen Insekten auf ihre Umgebungstemperatur reagieren.*

Karasov, W. und C. Martinez Del Rio (2007): Physiological Ecology: How Animals Process Energy, Nutrients, and Toxins. Princeton University Press; ISBN: 0-6910-7453-4.

Klinke, R. et al. (Hrsg.): Physiologie. 5. Auflage. Thieme (2005); ISBN: 9-783-1379-6005-8.

Louw, G. (1993): Physiological animal ecology. Longman; ISBN: 0-5820-5922-4. *Klar präsentierte Übersicht mit einer Betonung der Thermoregulation und des Wasserhaushaltes bei Tieren.*

Moyes, C. und P. Schulte (2008): Tierphysiologie. Pearson Studium; ISBN: 3-8273-7270-4.

Penzlin, H. (2005): Lehrbuch der Tierphysiologie. 7. Auflage. Spektrum; ISBN: 3-8274-0170-4.

Riegel, J. (1972): Comparative physiology of renal excretion. Hafner; ISBN: 0-0500-2454-X. *Ausgezeichnete Übersicht über die Ausscheidungssysteme von Wirbeltieren und Wirbellosen.*

Sands, J. (1999): Urea transport: it's not just „freely diffusable" anymore. News in Physiological Sciences, vol. 14: 46–47. *Fasst Untersuchungen zusammen, in denen berichtet wird, dass spezielle Harnstofftransporterproteine in den Sammelgängen der Nephrone existieren.*

Schmidt-Nielsen, K. (1981): Countercurrent systems in animals. Scientific American, vol. 244, no. 5: 118–128. *Erklärt, wie Gegenstromsysteme Wärme, gelöste Gase oder Ionen zwischen Flüssigkeiten hin und her transportieren, die in entgegengesetzte Richtungen fließen.*

Schmidt-Nielsen, K. (1999): Physiologie der Tiere. Spektrum; ISBN: 3-8274-0562-9.

Schmitt, R. F. und F. Lang (2007): Physiologie des Menschen. 30. Auflage. Springer Verlag; ISBN: 3-5403-2908-0. *Hervorragendes aktuelles Physiologiebuch.*

Schultz, S. (1996): Homeostasis, Humpty Dumpty and integrative biology. News in Physiological Sciences, vol. 11: 238–246. *Beschreibt die zentrale Rolle, welche die Homöostase bei der Untersuchung physiologischer Systeme einnimmt.*

Silverthorn, D. (2006): Human Physiology. 4. Auflage. Benjamin Cummings; ISBN: 0-321-39623-5.

Storey, K. und J. (1990): Frozen and alive. Scientific American, vol. 263, vol. 12: 92–97. *Erklärt, wie Tiere Strategien zum Überleben vollständigen oder fast vollständigen Einfrierens während der Wintermonate evolviert haben.*

Willmer, P. et al. (2004): Environmental physiology of animals. 2. Auflage. Blackwell; ISBN: 1-4051-0724-3. *Gut geschriebenes Buch zur Umweltanpassungen bei Wirbeltieren wie Wirbellosen.*

Weitere Informationen zu diesem Buchkapitel finden Sie auf der Companion-Website unter
http://www.pearson-studium.de

Innere Flüssigkeiten und Atmung

31

31.1	**Das Milieu der inneren Flüssigkeiten**	1007
31.2	**Die Zusammensetzung des Blutes**	1009
31.3	**Kreislaufsysteme**	1013
31.4	**Atmung**	1024
	Zusammenfassung	1035
	Übungsaufgaben	1036
	Weiterführende Literatur	1037

ÜBERBLICK

Innere Flüssigkeiten und Atmung

*I*m Verlauf eines menschlichen Lebens pumpt das Herz unablässig Blut durch die Arterien, Kapillaren und Venen des Körpers: ca. 5 Liter pro Minute. Bis zum Ende eines normal langen Lebens hat sich das Herz ungefähr 2,5 Milliarden Mal zusammengezogen und dabei 300.000 Tonnen Blut bewegt. Wenn das Herz seine Kontraktionen einstellt, endet auch das Leben.

Die lebensentscheidende Bedeutung des Herzens und seiner Kontraktionen sind schon seit der Antike bekannt, vielleicht schon so lange, wie es Menschen gibt. Die Erkenntnis aber, dass das Blut in einem Kreislauf fließt, vom Herzen in die Arterien gepumpt und durch die Venen zu diesem zurückkehrend, ist nur wenige hundert Jahre alt. Die erste, im Jahr 1628 veröffentlichte Beschreibung des Blutflusses im Körper stammt von dem englischen Mediziner William Harvey (1578–1657) und stieß anfangs auf erbitterten Widerstand.

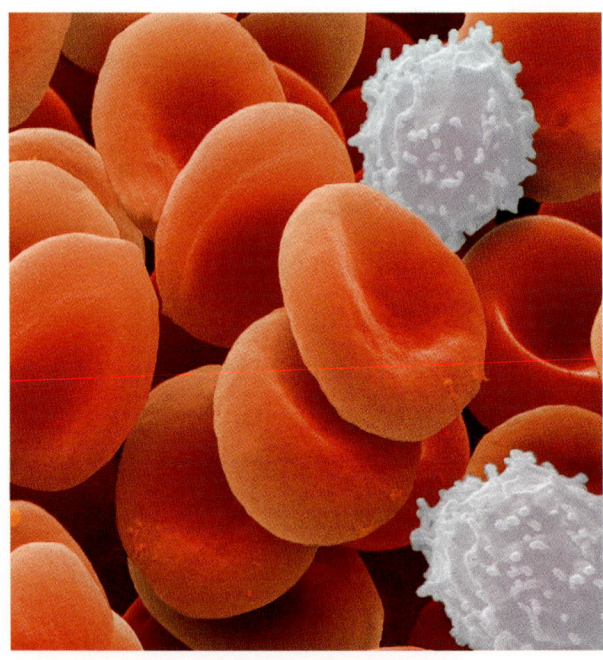

Rasterelektronenmikroskopische Aufnahme von Blutzellen.

Viele Jahrhunderte davor hatte der griechische Arzt Galen (ca. 129–ca. 216) angenommen, dass Luft aus der Luftröhre in das Herz gelangt, und dass Blut durch Poren in der Scheidewand (interventrikulares Septum) von einer Herzkammer in die andere gelangt. Galen war außerdem überzeugt, dass das Blut vom Herzen aus zunächst in alle Blutgefäße einströmt und dann in es zurückfließt – eine Art Gezeitenströmung des Blutes nach dem Vorbild von Ebbe und Flut. Obwohl praktisch nichts von diesen antiken Vorstellungen richtig war, hing man ohne jeden greifbaren Beweis noch zu Harveys Zeit getreulich an dieser überkommenen Ansicht.

Harvey traf seine Schlussfolgerungen auf der Grundlage solider experimenteller Befunde. Er verwendete für seine Experimente eine Reihe verschiedener Tiere und schalt die Anatomen seiner Zeit, indem er ihnen vorhielt, dass sie den Blutkreislauf richtig verstanden hätten, wenn sie sich nur mit den anatomischen Verhältnissen niederer Wirbeltiere vertraut gemacht hätten. Durch das Abbinden von Arterien gelang er zu der Beobachtung, dass der zwischen der Ligatur und dem Herzen liegende Bereich anschwoll. Band er eine Vene ab, trat die Schwellung hinter der Ligatur auf. Wurden Blutgefäße durchschnitten, trat das Blut im Fall einer Arterie aus dem Ende des Gefäßes aus, das näher beim Herzen lag, im Fall einer Vene trat gerade das Umgekehrte ein – das Blut floss aus dem herzfernen Ende. Durch solche Experimente erschloss Harvey das korrekte Flussschema des Blutes in seinem Kreislauf, obgleich er das Kapillarsystem, das den arteriellen Fluss mit dem venösen verbindet, aufgrund seiner Kleinheit nicht sehen konnte.

Einzellige Organismen leben in unmittelbarem Kontakt mit ihrer Umwelt. Sie nehmen Nährstoffe unmittelbar über ihre Zelloberfläche auf und geben Abfallstoffe auf gleichem Wege ab. Diese Organismen sind so klein, dass die normalen zellulären Transportsysteme der Plasmaströmung und des vesikulären Transportes ausreichen. Selbst einigen vielzelligen Tieren wie den Schwämmen, den Nesseltieren und den Plattwürmern fehlen die Komplexität des inneren Baues und die metabolischen Anforderungen, die ein Kreislaufsystem erforderlich machen würden. Die meisten anderen vielzelligen Tiere benötigen aufgrund ihrer Größe, ihres Aktivitätsgrades und der Komplexität ihres Baues ein spezialisiertes Kreislaufsystem, um Nährstoffe, Abfallstoffe und Atemgase zu den Geweben des Körpers hin bzw. aus diesen herauszuleiten. Zusätzlich zu diesen primären Transportbedürfnissen erfüllt das Kreislaufsystem noch weitere Funktionen: Hormone werden von ihren Ursprungsdrüsen zu den Zielorganen gebracht (siehe Kapitel 34), wo sie im Zusammenspiel mit dem Nervensystem wirken (siehe Kapitel 33). Wasser, darin gelöste Elektrolyte und viele weitere Bestandteile der Körperflüssigkeiten werden durch den Kreislauf zwischen verschiedenen Organen und Geweben verfrachtet. Eine wirkungsvolle Reaktion auf Verletzungen und diverse andere Krankheitszustände wird durch ein leistungsfähiges Kreislaufsystem stark beschleunigt. Homoiotherme Vögel und Säugetiere stützen sich bei der Speicherung oder Abgabe von Wärme zur Aufrechterhaltung einer gleichmäßigen Körpertemperatur stark auf ihr Kreislaufsystem.

Der Gasaustausch per Diffusion durch Oberflächenmembranen allein ist nur für sehr kleine Lebewesen von weniger als 1 mm Durchmesser ein praktikabler Weg. Einzellige Organismen versorgen sich auf diese Weise mit Sauerstoff und entledigen sich des Kohlendioxids, da die Diffusionswege kurz sind und die Oberfläche im Verhältnis zum Volumen ausreichend groß ist. In dem Maß, in dem die Größe der Tiere anwuchs und sie sich mit einer wasserdichten Schicht bedeckten, evolvierten sich mehr oder weniger parallel Strukturen wie Lungen oder Kiemen, um die wirksame Oberfläche für den Gasaustausch zu vergrößern. Darüber hinaus wurde ein Kreislaufsystem notwendig, um die Gase zu den tieferen Geweben des Körpers hin und von diesen weg zu befördern, da Diffusionsprozesse über größere Strecken (insbesondere in dichten Medien wie biologischen Geweben) zu langsam ablaufen. Aber selbst diese Anpassungen waren für komplex strukturierte Tiere mit hohen Raten zellulärer Atmung nicht ausreichend. Die Löslichkeit von Sauerstoff im Blutplasma ist so gering, dass Blutplasma allein nicht genügend Sauerstoff aufnehmen und transportieren kann, um die metabolischen Anforderungen zu erfüllen. Mit der Evolution spezieller Sauerstoff transportierender Blutproteine wie zum Beispiel Hämoglobin, das sich wahrscheinlich parallel zu dem Kreislaufsystem evolviert hat, konnte die Sauerstofftransportleistung des Blutes immens gesteigert werden. Diese speziellen Entwicklungen resultierten schließlich in der Evolution von mehreren komplexen und unverzichtbaren Anpassungen des Atmungs- und Kreislaufapparates.

31.1 Das Milieu der inneren Flüssigkeiten

Die Körperflüssigkeit eines Einzellers ist sein Cytoplasma – eine gelartige Substanz, die durch verschiedenartige Membransysteme und Organellen stark strukturiert ist. Bei vielzelligen Tieren ist die Gesamtkörperflüssigkeit auf zwei Hauptkompartimente verteilt, das intrazelluläre und das extrazelluläre Kompartiment. Das **intrazelluläre Kompartiment** ist die Gesamtheit aller intrazellulären Flüssigkeiten, also der flüssigen Inhalte aller Zellen des Körpers. Das **extrazelluläre Kompartiment** (die extrazelluläre Flüssigkeit) ist diejenige Flüssigkeitsmenge, die die Zellen des Körpers umgibt (▶ Abbildung 31.1a). Die Zellen des Körpers – die Orte der lebenswichtigen metabolischen Aktivitäten – werden also von ihrem eigenen, wässrigen See umspült, und es ist die extrazelluläre Flüssigkeit, welche die Körperzellen gegen die oftmals extremen physikalischen und chemischen Veränderungen der Umgebung abpuffert. Die Bedeutung der extrazellulären Flüssigkeit wurde von dem französischen Physiologen Claude Bernard (▶ Abbildung 31.2) erkannt. Bei Tieren mit einem geschlossenen Kreislaufsystem (Wirbeltiere, Ringelwürmer und einige wenige andere Gruppen von Wirbellosen; siehe Kapitel 16) ist die extrazelluläre Flüssigkeit noch einmal unterteilt. Man unterscheidet das **Blutplasma** (oft kurz Plasma) und die **Gewebsflüssigkeit** (**interstitielle Flüssigkeit**; Abbildung 31.1a). Das Plasma ist in den Blutgefäßen eines geschlossenen Kreislaufsystems eingeschlossen, wohingegen die Gewebsflüssigkeit die Zwischenräume zwischen den Zellen des Körpers ausfüllt. Nährstoffe und Gase, die zwischen dem vaskulären Plasma und den außerhalb der Gefäße liegenden Zellen hin- und herwandern, müssen dieses schmale, flüssigkeitsgefüllte

Innere Flüssigkeiten und Atmung

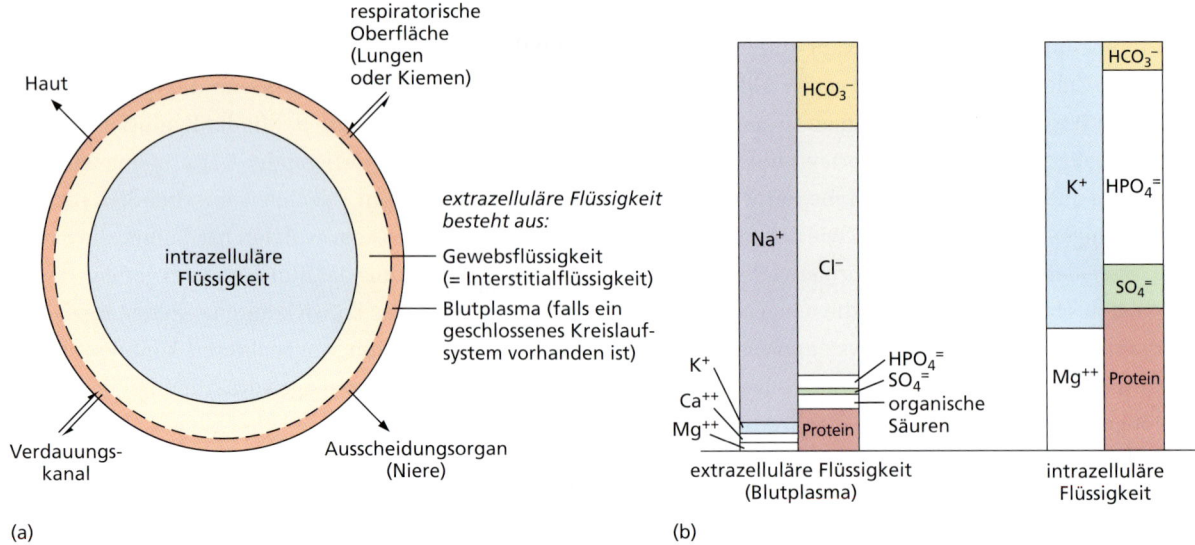

Abbildung 31.1: Flüssigkeitskompartimente eines Tierkörpers. (a) Alle Körperzellen können als Teile eines gemeinsamen großen Flüssigkeitskompartimentes angesehen werden, das vollständig vom extrazellulären Milieu abgetrennt ist. Zur Unterscheidung vom extrazellulären Milieu wird die Gesamtheit der intrazellulären Flüssigkeiten oft als inneres Milieu bezeichnet. Bei Tieren mit einem geschlossenen Kreislaufsystem zerfällt die extrazelluläre Flüssigkeit in die Unterkompartimente des Blutplasmas (kurz Plasma) und der Gewebsflüssigkeit (interstitielle Flüssigkeit). Alle Austauschvorgänge mit der Umwelt finden über das Kompartiment des Blutplasmas statt. (b) Typische Elektrolytzusammensetzungen der extrazellulären und der intrazellulären Flüssigkeit(en). Dargestellt sind Gesamtäquivalentkonzentrationen jedes Kompartiments. In jedem Flüssigkeitskompartiment gibt es gleiche Gesamtmengen von Anionen und Kationen. Man beachte, dass Natrium- und Chloridionen, welche die Hauptelektrolyte des Plasmas darstellen, in der intrazellulären Flüssigkeit praktisch völlig fehlen (ihre Konzentrationen sind bei dieser Betrachtung vernachlässigbar). Auffällig ist dagegen die wesentlich höhere intrazelluläre Konzentration an Proteinen.

Trennungsband überwinden. Die Gewebsflüssigkeit wird dauernd aus dem Reservoir des Blutplasmas nachgebildet, indem Flüssigkeit ohne darin suspendierte Zellen aus den feinsten, mikroskopischen Kapillaren in die Zellzwischenräume übertritt. Aufbau und Funktion der Kapillaren werden weiter unten beschrieben.

31.1.1 Die Zusammensetzung der Körperflüssigkeiten

All diese Flüssigkeiten – Blutplasma, Gewebsflüssigkeit und intrazelluläre Flüssigkeit – unterscheiden sich in ihrer Zusammensetzung voneinander. Ihnen allen ist jedoch gemeinsam, dass sie sämtlich zum größten Teil aus Wasser bestehen. Ungeachtet ihrer festen Erscheinung, bestehen Tiere zu 70 bis 90 Prozent aus Wasser. Der Mensch besteht zu etwa 70 Prozent aus Wasser. 50 Prozent sind Zellwasser, 15 Prozent Gewebsflüssigkeit, die verbleibenden 5 Prozent finden sich im Blutplasma. Das Plasma dient als Vermittler des Austausches zwischen den Zellen und der Außenwelt. Der Austausch von Atemgasen, Nähr- und Abfallstoffen wird von spezialisierten Organen bewerkstelligt (Nieren, Lungen, Kiemen, Verdauungsorganen) sowie bei manchen Tieren von der Haut (Abbildung 31.1 a).

Die Flüssigkeiten des Körpers enthalten viele gelöste anorganische und organische Substanzen. An vorderster Stelle sind die anorganischen Elektrolyte und die Proteine zu nennen. Natrium (= Fa^+), Chlorid (Cl^-) und Hydrogencarbonat (HCO_3^-) sind die wichtigsten extrazellulären Elektrolyte; Kalium (K^+), Magnesium (Mg^{2+}) und Hydrogenphosphat/Dihydrogenphosphat (HPO_4^{2-}/$H_2PO_4^-$) sowie die Proteine sind die wichtigsten intrazellulären Elektrolyte (Abbildung 31.1b). Diese Unterschiede zwischen dem Zellinneren und der Umgebung sind dramatisch. Ungeachtet des unablässigen Flusses von Stoffen in die Zellen hinein und aus ihnen heraus, wird diese unterschiedliche chemische Zusammensetzung stets aufrechterhalten. Die beiden Unterabteilungen der extrazellulären Flüssigkeit – das Plasma und die Gewebsflüssigkeit – besitzen dagegen ähnliche Zusammensetzungen, mit der Ausnahme, dass im Blutplasma eine höhere Proteinkonzentration vorherrscht. Dies ist darauf zurückzuführen, dass die meisten Proteinmoleküle zu groß sind, um durch die Kapillarwände in das Interstitium überzutreten.

Abbildung 31.2: **Der französische Physiologe Claude Bernard (1813 – 1878).** Er war einer der einflussreichsten Physiologen des 19. Jahrhunderts. Bernard war überzeugt von der Konstanz des „inneren Milieus", das sich aus der extrazellulären Flüssigkeit zusammensetzt, welche die Zellen umspült. Er glaubte daran, dass sich die Aufnahme von Nahrung und der Austausch von Gasen über dieses „milieu intérieur" vollziehen, und dass auch chemische Botenstoffe über es verteilt werden. Bernard schrieb: „Der lebende Organismus existiert nicht wirklich in der äußeren Umwelt (der umgebenden Luft oder umgebendem Wasser), sondern in der Flüssigkeit des ‚milieu intérieur' … das die Gewebeelemente umspült."

Die Zusammensetzung des Blutes 31.2

Bei den Wirbellosen ohne ein Kreislaufsystem (wie den Nesseltieren und den Plattwürmern) ist es nicht möglich, von „Blut" im eigentlichen Sinn zu sprechen. Diese Organismen besitzen eine klare, wässrige Flüssigkeit, die phagocytierende Zellen, aber nur wenig Protein sowie eine Salzmischung enthält, die der des Meerwassers ähnlich ist. Das „Blut" der Invertebraten mit einem offenen Kreislaufsystem (siehe weiter unten) ist von höherer Komplexität und wird als Hämolymphe bezeichnet (gr. *haema*, Blut + *lympha*, Wasser). Invertebraten mit einem geschlossenen Kreislauf halten auf der anderen Seite eine strenge Trennung ihres Blutes in den Blutgefäßen und der Gewebsflüssigkeit des Interstitiums, das die Blutgefäße umgibt und direkten Kontakt mit den restlichen Zellen hat, aufrecht.

Bei den Wirbeltieren ist das Blut eine kompliziert zusammengesetzte Flüssigkeit, die aus dem Blutplasma und zellulären Bestandteilen (Blutzellen) besteht, die im Plasma kolloidal (= äußerst fein verteilt) suspendiert vorliegen. Trennt man die zellulären Bestandteile durch Zentrifugation auf, so findet man ein Mengenverhältnis von 55 Prozent Plasma zu 45 Prozent zellulärer Anteile.

Es folgt eine Auflistung der Zusammensetzung durchschnittlichen Säugetierblutes:

Blutplasma – 55 Prozent

1. Wasser: 90 Prozent
2. Gelöste, nichtflüchtige Stoffe (Plasmaproteine wie Albumin, Globuline, Fibrinogen u. a. m., Glucose, Aminosäuren, Elektrolyte, diverse Enzyme, Antikörper (Immunglobuline), Hormone, Stoffwechselabfälle sowie Spuren weiterer organischer und anorganischer Stoffe.
3. Gelöste Gase, insbesondere Sauerstoff, Kohlendioxid und Stickstoff.

Zelluläre Blutbestandteile (Abbildung 31.1) – 45 Prozent

1. Rote Blutkörperchen (Erythrocyten), die das Hämoglobin für den Transport von Sauerstoff und Kohlendioxid enthalten.
2. Weiße Blutkörperchen (Leukocyten), die als Abwehrzellen und Müllabfuhr fungieren.
3. Zellbruchstücke (bei Säugetieren Blutplättchen = Thrombocyten) oder ganze Zellen, die eine Rolle bei der Blutgerinnung spielen.

Die Blutplasmaproteine sind eine umfangreiche und vielgestaltige Gruppe großer und kleiner Proteine, die zahlreiche Aufgaben erfüllen. Die wichtigsten Gruppen der Plasmaproteine sind: (1) die **Albumine**, die mit 60 Prozent den größten Anteil an der Plasmafraktion haben, und deren Aufgabe es ist, das Blutplasma im osmotischen Gleichgewicht mit den Zellen des Körpers zu halten; (2) die **Globuline** (35 Prozent Gesamtanteil) – eine diverse Gruppe hochmolekularer Proteine, zu der die Immunglobuline (= Antikörper; siehe Kapitel 35) sowie verschiedene metallionenbindende Proteine gehören; (3) das **Fibrinogen**, ein sehr großes Protein, das die inaktive Vorstufe des thrombotischen Proteins Fibrin ist und die Hauptrolle bei der Blutgerinnung (Koagulation) spielt. Unter dem **Blutserum** (kurz: **Serum**) versteht man das Blutplasma ohne die an der Gerinnung beteiligten Faktoren.

Die roten Blutkörperchen (= Erythrocyten) kommen im Blut in gewaltiger Zahl vor. Beim erwachsenen Mann beträgt ihre durchschnittliche Zahl etwa 54 Millionen pro Kubikmilliliter Blut ($54 \times 10^6 / cm^3$), bei der erwachsenen Frau etwa 48 Millionen pro Kubikmilliliter

31 Innere Flüssigkeiten und Atmung

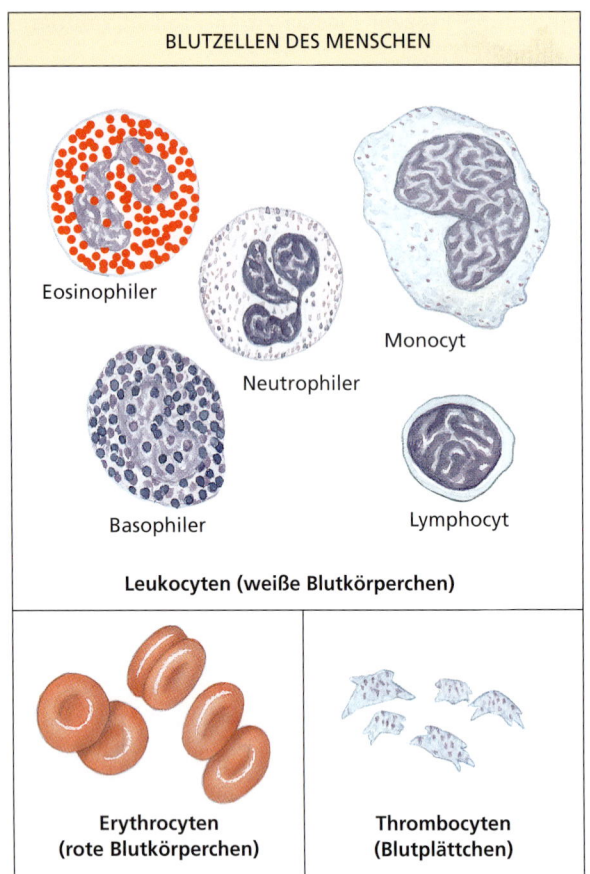

Abbildung 31.3: **Zelluläre Elemente des menschlichen Blutes.** Hämoglobinhaltige rote Blutkörperchen (Erythrocyten) des Menschen und anderer Säugetiere besitzen keinen Zellkern mehr, die roten Blutkörperchen der übrigen Wirbeltiere sind kernhaltig. Verschiedenartige weiße Blutkörperchen (Leukocyten) bilden ein diffuses, kreisendes System zum Schutz des Körpers (Immunsystem). Die Blutplättchen (Thrombocyten) sind Komponenten des Gerinnungssystems des Blutes.

Blut ($48 \times 10^6 / cm^3$). Bei den Säugetieren und den Vögeln werden Erythrocyten unablässig aus großen, zellkernhaltigen Erythroblasten im roten Knochenmark nachgebildet (bei anderen Wirbeltieren sind die Nieren und die Milz die Hauptproduktionsstätten für rote Blutkörperchen). Im Verlauf der Bildung der roten Blutkörperchen (Erythropoiese) wird Hämoglobin synthetisiert; dabei teilt sich die Vorläuferzelle mehrmals. Bei den Säugetieren verkümmert der Zellkern im Verlauf dieser Zelldifferenzierung zu einem kleinen Rest, der schließlich durch Exocytose abgestoßen wird. Die Mehrheit der anderen Zellorganellen (Mitochondrien, Lysosomen usw.) und die meisten Enzymsysteme gehen ebenfalls verloren. Was übrigbleibt, ist eine bikonkave Scheibe aus einer Cytoplasmamembran, die mit dem darunterliegenden, strukturgebenden Cytoskelett verbunden ist. Jeder Erythrocyt trägt in seinem Inneren etwa 280 Millionen Moleküle des Transportpigments Hämoglobin. Das Hämoglobin macht ca. 33 Prozent eines Erythrocyten aus. Die bikonkave Zellform (▶ Abbildung 31.3) ist eine Innovation der Säugetiere, die eine für den Gasaustausch günstige größere Oberfläche bietet als eine linsenförmige oder rundliche Zellform. Alle übrigen Vertebraten besitzen Erythrocyten mit Zellkern, die für gewöhnlich von ellipsenförmiger Gestalt sind (▶ Abbildung 31.4).

Ein rotes Blutkörperchen hat nach seinem Übertritt in den Kreislauf eine durchschnittliche Lebensdauer von vier Monaten. Während dieser Einsatzzeit legt es bis zu 11.000 Kilometer zurück; dabei quetscht es sich regel-

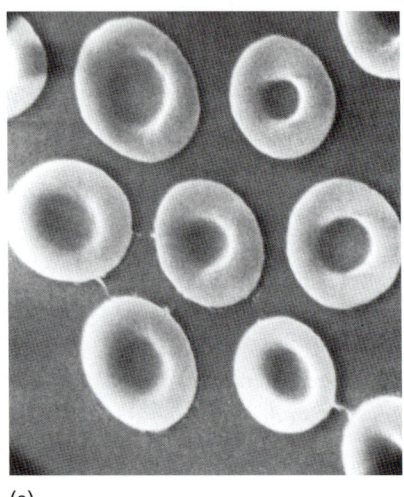
(a)

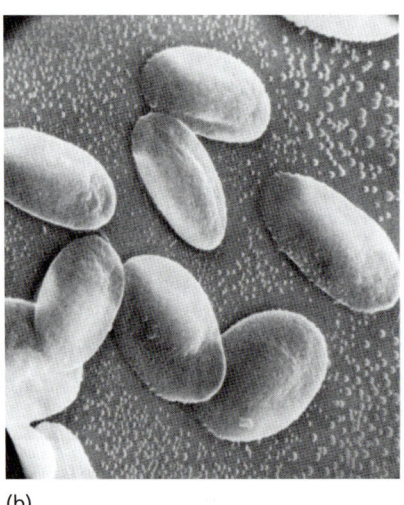
(b)

Abbildung 31.4: **Rote Blutkörperchen von Säugetieren und Amphibien.** (a) Die Erythrocyten einer Rennmaus (Gerbillinae) sind bikonkave Scheiben, die Hämoglobin enthalten und von einem widerstandsfähigen Stroma umgeben sind. (b) Die Erythrocyten eines Frosches sind konvexe Scheiben, die einen Zellkern enthalten. Die Zellkerne sind auf dieser rasterelektronenmikroskopischen Aufnahme als Ausbuchtungen in der Mitte einiger der Zellen erkennbar. (Vergrößerungen: Säugetiererythrocyten, 6300-fach; Froscherythrocyten: 2400-fach.)

mäßig durch engste Kapillaren, deren Innendurchmesser so klein ist, dass sich der Erythrocyt verbiegen muss, um hindurch gleiten zu können. Schließlich löst sich der Erythrocyt auf. Die Überreste werden rasch von **Makrophagen beseitigt**, einer zu den Leukocyten gehörenden Gruppe von Phagocyten, die sich im Blut, in der Leber, im Knochenmark und in der Milz sowie praktisch allen übrigen Geweben des Körpers finden (Gewebsmakrophagen). Das Häm-Eisen aus den Hämoglobinmolekülen wird für eine neuerliche Verwendung recycelt. Der Rest des Häm-Moleküls wird zu **Bilirubin**, einem Gallenfarbstoff, verstoffwechselt. Man hat hochgerechnet, dass der menschliche Körper in jeder Sekunde (!) zehn Millionen rote Blutkörperchen bildet; zehn Millionen überalterte Erythrocyten werden gleichzeitig aus dem Verkehr gezogen und vernichtet.

Die weißen Blutkörperchen oder **Leukocyten** bilden ein diffus verteiltes Schutzsystem, das sich ständig in Bewegung befindet. Beim Erwachsenen beträgt ihre Zahl zwischen 50.000 und 100.000 pro Milliliter Blut (5 bis $10 \times 10^5 / cm^3$). Das entspricht einem Verhältnis von 500 bis 1000 roten auf ein weißes Blutkörperchen. Die Gesamtheit der weißen Blutkörperchen setzt sich aus zahlreichen, funktionell verschieden spezialisierten Untergruppen zusammen: **Granulocyten** (die nach ihrer Anfärbbarkeit mit histochemischen Farbstoffen ihrerseits in **Neutrophile**, **Basophile** und **Eosinophile** unterteilt werden), **Lymphocyten**, Monocyten (unausgereifte Vorstufen der Makrophagen), Dentritenzellen, und andere mehr (Abbildung 31.3). Wir betrachten die Rolle der Leukocyten bei der Immunabwehr des Körpers im Detail in Kapitel 35.

31.2.1 Hämostase: Die Verhinderung von Blutverlusten

Es ist von wesentlicher Bedeutung, dass ein Tier über einen Mechanismus verfügt, einen schnellen Flüssigkeitsverlust nach einer Verletzung zu verhindern oder in Grenzen zu halten. Bei Tieren mit einem geschlossenen Kreislauf (siehe weiter unten) steht das fließende Blut unter einem beträchtlichen hydrostatischen Druck. Diese Organe bzw. Tiere sind daher besonders von einer Schädigung durch Blutverlust bedroht.

Wird ein Blutgefäß verletzt, zieht sich die glatte Muskulatur der Gefäßwand zusammen. Dies führt zu einer Verkleinerung des Gefäßlumens (= Durchmesser), die in manchen Fällen so stark ausfallen kann, dass der Blutfluss an dieser Stelle gänzlich zum Stehen kommt. Die-

Abbildung 31.5: Rote Blutkörperchen (hier grün koloriert) des Menschen in einem Geflecht von Fibrinfasern. Die Blutgerinnung wird nach einer Schädigung des Gewebes durch den Zerfall von Blutplättchen ausgelöst. Dies setzt eine komplizierte Kaskade intravaskulärer Ereignisse in Gang, die mit der Umwandlung des Plasmaproteins Fibrinogen in lange, widerstandsfähige und unlösliche Fasern aus Fibrin endet. Die Fibrinfasern bilden ein Maschenwerk, indem sich Zellen fangen. Das Geflecht aus Fibrinfasern und roten Blutkörperchen bildet einen Thrombus (Blutgerinnsel), das die Wunde verschließt und so die Blutung zum Stillstand bringt.

ses einfache, aber höchst wirksame Mittel zur Verhinderung von Blutungen wird von den Wirbellosen ebenso eingesetzt wie von den Wirbeltieren. Jenseits dieser ersten Verteidigungslinie gegen Blutverluste verfügen alle Vertebraten, aber auch einige größere, aktivere Invertebraten mit hohem Blutdruck in ihrem Blut über spezielle Proteine und zelluläre Bestandteile, die Gerinnsel (Thromben) an verletzten Stellen bilden und diese so verschließen können.

Bei den Wirbeltieren ist die **Blutgerinnung (Koagulation)** die dominierende hämostatische Verteidigungsstrategie. Blutgerinnsel (Thromben) bilden sich aus dem Plasmaprotein **Fibrinogen**, das durch eine enzymatische Umwandlung in Fibrin übergeht, welches aufgrund seiner Unlöslichkeit ausfällt (präzipitiert) und dabei ein faseriges Maschenwerk ausbildet (▶ Abbildung 31.5), in dem sich Blutzellen verfangen. Die Umwandlung des Fibrinogens (= Fibrin-Vorstufe) in **Fibrin**

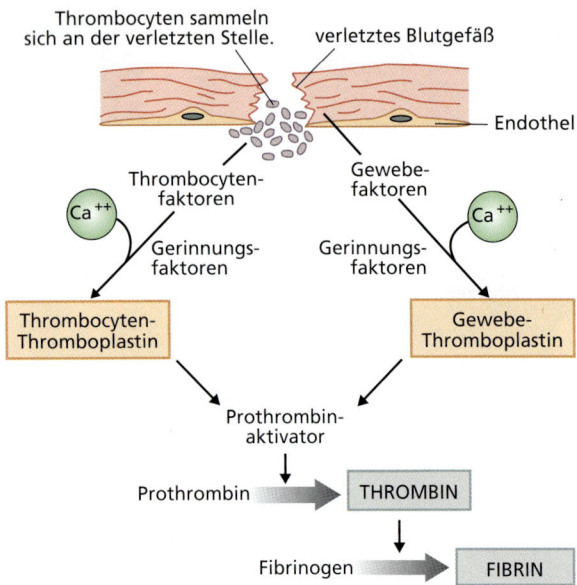

Abbildung 31.6: Fibrinbildung. Die einzelnen Stadien.

wird von der Protease (= Protein spaltendes Enzym) Thrombin katalysiert. Das **Thrombin** liegt seinerseits unter normalen Umständen in einer aktiven Vorform, dem **Prothrombin**, im Blut vor, und muss selbst erst aktiviert werden, um die Koagulation einleiten zu können.

Bei diesem Vorgang spielen die Blutplättchen (Thrombocyten; Abbildung 31.3) und die geschädigten Zellen der Blutgefäße eine entscheidende Rolle. Die Thrombocyten bilden sich im roten Knochenmark aus sehr großen, vielkernigen Vorläuferzellen, die regelmäßig Teile ihres Cytoplasmas abschnüren. Diese abgeschnürten Cytoplasmabereiche der **Megakaryocyten** (gr. *mega*, riesig + *karyon*, Kern + *cyto*, Zelle) sind die kernlosen Thrombocyten oder Blutplättchen. Sie stellen also im strengen Sinn Zellfragmente dar. Jeder Kubikmillimeter Blut enthält zwischen 150.000 und 300.000 Blutplättchen (1,5 bis $3 \times 10^5 / mm^3$); pro Kubikmilliliter beträgt ihre Zahl – um einen Vergleich mit den oben genannten Zellzahlen zu erleichtern – also 150 bis 300 Millionen (1,5 bis $3 \times 10^8 / cm^3$). Wenn die unter normalen Umständen glatte Innenwand eines Blutgefäßes in Mitleidenschaft gezogen wird (durch mechanische Beschädigung wie einen Riss oder ein Loch oder die Ablagerung von Cholesterin), lagern sich an diesen Bereich rasch Thrombocyten an, die dann Thromboplastin und andere gerinnungsfördernde Faktoren freisetzen. Diese sowie weitere, aus dem geschädigten Gewebe selbst freigesetzte Faktoren, setzen in Verbindung mit Calciumionen die Umwandlung von löslichem Prothrombin in unlösliches Thrombin in Gang (▶ Abbildung 31.6).

Die katalytische Sequenz dieses Vorgangs ist kompliziert und ist hier nur stark vereinfacht dargestellt. Beteiligt sind viele Plasmaproteinen, die unter normalen physiologischen Umständen inaktiv sind und durch in der Ereignisfolge der Gerinnungskaskade vorgeschalteten Faktor erst aktiviert werden müssen. Diese Folge molekularer Aktivierungsschritte ist selbstverstärkend; jeder aktivierte Stoff der Kaskade führt zu einem starken Anstieg in der Menge des nächsten. Wenigstens 13 verschiedene, im Blutplasma vorliegende Gerinnungsfaktoren sind charakterisiert worden. Ein Mangel oder das Fehlen nur eines dieser Faktoren kann den gesamten Gerinnungsvorgang verlangsamen oder unter Umständen ganz zum Erliegen bringen. Warum hat sich ein derartig komplizierter Mechanismus evolviert? Wahrscheinlich war es von Vorteil, ein narrensicheres System zu etablieren, dass in der Lage ist, auf jegliche Art innerer und äußerer Blutung zu reagieren und dabei gleichzeitig größtmögliche Sicherheit vor einer versehentlichen und potenziell sehr gefährlichen Bildung intravaskulärer Thromben (= Gerinnsel in Blutgefäßen) bietet.

Man kennt beim Menschen eine ganze Reihe von Gerinnungsstörungen (Hämophilien). Bei dienen Krankheiten ist die Fähigkeit des Blutes, zu gerinnen, mehr oder weniger stark eingeschränkt. Selbst unbedeutende Wunden können dann zu erheblichen Blutverlusten bis hin zum Tod führen, weil sie nicht aufhören zu bluten.

Exkurs

Die Bluterkrankheit (Hämophilie) ist einer der bekanntesten und bestuntersuchten geschlechtsgebunden Erbkrankheiten des Menschen. Es sind zwei verschiedene Genorte auf dem X-Chromosom bei der Krankheit beteiligt. Die klassische Hämophilie vom Typ A liegt bei rund 80 Prozent der Betroffenen vor, die verbleibenden 20 Prozent leiden an einer Hämophilie vom Typ B. Die Allele, welche die Krankheit verursachenden, sind mutierte Formen von Genen für Gerinnungsfaktoren des Blutes. Bei der Hämophilie A ist der Gerinnungsfaktor VIII (= antihämophiles Globin) betroffen, bei der Hämophilie B der Gerinnungsfaktor IX (= Christmas-Faktor). Neben den Hämophilien der Typen A und B kennt man weitere erbliche Blutungsneigungen, denen Gendefekte anderer Gerinnungsfaktoren zugrundeliegen. Die heutige Behandlung besteht darin, dass man nach positiver Diagnose den fehlenden Gerinnungsfaktor durch medikamentöse Gabe zuführt. Früher wurden die Gerinnungsfaktoren aus Spenderblut isoliert, was die Gefahr einer Infektion mit anderen Krankheiten beinhaltete. Heute werden die Gerinnungsfaktoren hochrein mit gentechnologischen Methoden produziert, womit das Risiko einer unerwünschten Infektion gebannt ist.

Gerinnungshemmende Stoffe werden als verzögert und systemisch wirkende Gifte zur Bekämpfung von Nagetieren eingesetzt („Rattengift"). Erbliche Hämophilien werden durch seltene Mutationen am X-Chromosom hervorgerufen (mit einer Rate der phänotypischen Expression von 1:10.000 beim Mann). Es fehlt dann einer der Gerinnungsfaktoren oder ist in seiner Funktionsweise gestört. Bei X-chromosomal vererbten Mutationen sind Männer immer betroffen, Frauen nur, wenn sie homozygot für das betreffende Allel sind, oder wenn es sich um eine dominante Mutation handelt. Infolge ausgedehnter Inzucht war die Bluterkrankheit (Hämophilie) in der Vergangenheit in Familien des europäischen Hochadels verbreitet; der genetische Defekt soll auf die Eltern der britischen Königin Victoria zurückgehen.

Kreislaufsysteme 31.3

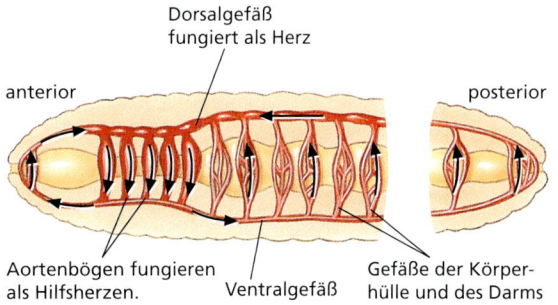

Abbildung 31.7: **Blutfluss durch das geschlossene Gefäßsystem.** Kreislaufsystem eines Regenwurms.

Die meisten Tiere haben für den Transport von Stoffen in die verschiedenen Bereiche ihrer Körper spezielle Mechanismen evolviert, die über die einfache, passive Diffusion hinausgehen. Bei den Schwämmen (siehe Abbildung 12.7) und Radiaten (Kapitel 13) ist das Wasser, in dem die Tiere leben, das Transportmedium. Das von Cilien, Flagellen oder Bewegungen des ganzen Körpers vorangetriebene Wasser strömt durch Kanäle oder Kompartimente, um Nahrung, Atemgase oder Abfallstoffe anzuliefern oder wegzutransportieren. Echte Kreislaufsysteme mit Gefäßen, durch die Blut fließt, sind für Tiere, die so groß sind, dass Diffusionsvorgänge allein ihren Sauerstoffbedarf nicht mehr decken können, unabdingbar. Die Form des Tierkörpers ist dabei offenkundig von Bedeutung. Bei abgeplatteten und blattförmigen acoelomaten Würmern (Kapitel 14) besteht – ungeachtet der Tatsache, dass viele Arten verhältnismäßig groß sind – keine Notwendigkeit für ein Kreislaufsystem, weil die Entfernungen aller inneren Strukturen bis zur Körperoberfläche kurz sind. Atemgase und Abfallprodukte des Stoffwechsels gelangen durch Diffusion in den Körper bzw. aus ihm heraus.

Ein Kreislaufsystem mit einer vollständigen Ausstattung seiner Bauteile – einem Antriebsorgan, einem arteriellen Verteilungssystem, Kapillaren, welche die Kontaktstellen mit den Zellen der zu versorgenden Gewebe bilden, sowie einem venösen Reservoir und Rückführungssystem – ist bei den Ringelwürmern (Anneliden; Kapitel 17) erstmalig realisiert. Beim Regenwurm (▶ Abbildung 31.7) gibt es zwei Hauptgefäße – ein Dorsalgefäß, das Blut in Richtung Kopf befördert, und ein Ventralgefäß, in dem der Blutfluss posteriorwärts verläuft. Von diesen aus wird das Blut über segmental angeordnete Adern und ein dichtes Kapillarnetzwerk in die Gewebe transportiert. Das Dorsalgefäß befördert das Blut durch peristaltische Bewegungen der Gefäßwand vorwärts. Es dient dem Wurm als Herz. Fünf Aortenbögen auf beiden Seiten verbinden das Dorsal- mit dem Ventralgefäß. Die Aortenbögen sind ebenfalls mit der Fähigkeit zur Kontraktion ausgestattet. Sie dienen als akzessorische Herzen (Hilfsherzen), die einen stetigen Blutdurchfluss durch das Ventralgefäß gewährleisten. Viele kleinere, segmental angeordnete Gefäße, die das Blut in die Gewebskapillaren drücken, sind ebenfalls kontraktil. Bei Anneliden gibt es also keine lokalisierte Pumpe, die das Blut durch ein System passiver Leitungen befördert. Die kontraktile Kraft, die den Blutstrom antreibt, ist stattdessen weiträumig über das vaskuläre System verteilt.

31.3.1 Offene und geschlossene Kreislaufsysteme

Das eben beschriebene System der Anneliden ist ein Beispiel für einen **geschlossenen Kreislauf**, weil das umlaufende Medium – das **Blut** – während seiner gesamten Reise durch den Körper in die Blutgefäße (**Adern**) eingeschlossen bleibt. Viele Wirbellose besitzen einen **offenen Kreislauf**, in dem es keine kleinen Adern oder Kapillaren gibt, die in direktem Kontakt mit außerhalb liegenden Zellen stehen, oder die Arterien mit Venen verbinden. Bei Insekten und anderen Gliederfüßlern (siehe Kapitel 18 bis 20) sowie bei den meisten Weichtieren (siehe Kapitel 16) und vielen der weniger umfangreichen Invertebraten-Gruppen ersetzen Blutsini (Einzahl: Blutsinus), die in ihrer Gesamtheit ein **Hämocoel** bilden, die Kapillarbetten, die man bei Tieren mit geschlossenen Kreisläufen antritt. Im Verlauf der Entwicklung der Lei-

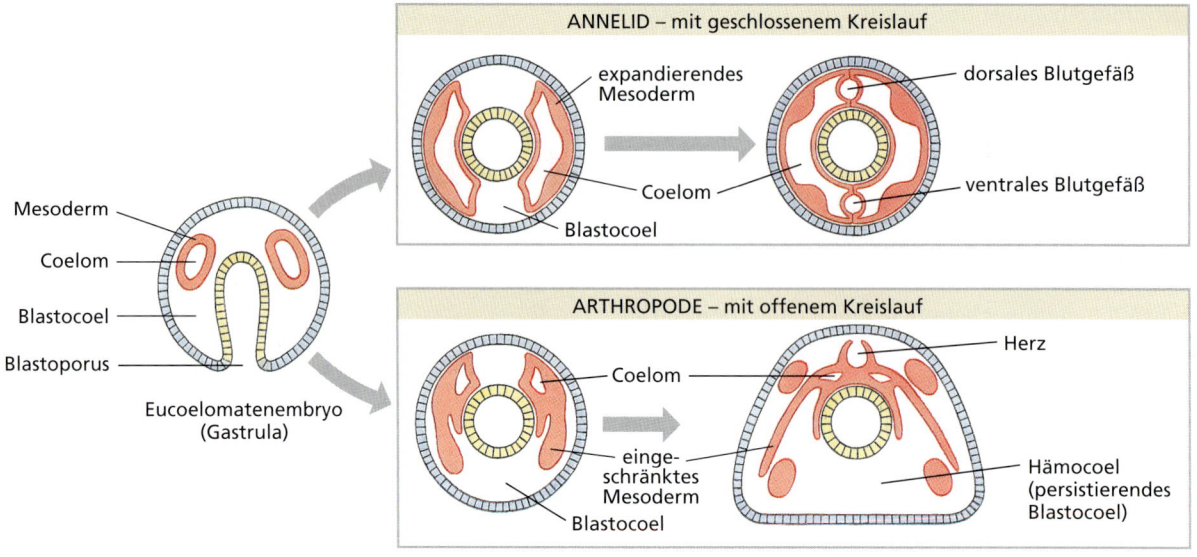

Abbildung 31.8: **Schematische Darstellungen der Entwicklung geschlossener und offener Kreislaufsysteme.** Die Hauptleibeshöhle der Arthropoden ist das dauerhafte Blastocoel, das zum Hämocoel wird. Das eigentliche (echte) Coelom bleibt zumeist unentwickelt.

beshöhle wird bei diesen Tieren das Blastocoel nicht vollständig durch das Mesoderm zurückgedrängt (▶ Abbildung 31.8). So wird aus dem Blastocoel schließlich das Hämocoel, das nichts weiter ist als die primäre Leibeshöhle (das dauerhafte Blastocoel), durch die das Blut (hier auch als **Hämolymphe** bezeichnet) frei zirkulieren kann (Schemazeichnungen unten in Abbildung 31.8). Da es keine Trennung der extrazellulären Flüssigkeit in ein Blutplasma und eine Lymphflüssigkeit gibt, wie sie in einem geschlossenen Kreislauf realisiert ist), ist das Blutvolumen groß und kann 20 bis 40 Prozent des Körpervolumens ausmachen. Im Vergleich dazu macht das Blutvolumen bei Tieren mit geschlossenen Kreisläufen (zum Beispiel den Wirbeltieren) nur etwa 5 bis 10 Prozent des Körpervolumens aus.

Bei den Arthropoden liegen das Herz und alle Eingeweide (Viszera) im Hämocoel und werden vom Blut umspült (Abbildung 31.8). Das Blut gelangt durch Ostien (Öffnungen mit Klappen, die einen Rückstrom verhindern) in das Herz. Die Kontraktionen des Herzens, die einer sich vorwärts bewegenden peristaltischen Welle gleichen, befördern das Blut in das begrenzte Arteriensystem. Das Blut wird zum Kopf und anderen Organen geleitet und läuft dann in das Hämocoel zurück. Es wird durch ein System aus Abschirmeinrichtungen und längs verlaufender Membranen (Septen) durch den Körper geführt, bevor es in das Herz zurück gelangt (▶ Abbildung 31.9).

Da der Blutdruck in offenen Kreisläufen sehr niedrig ist und nur selten 4 bis 10 mm Hg übersteigt, verfügen viele Arthropoden über Hilfsherzen oder kontraktile Gefäße, um den Blutfluss zu unterstützen.

Bei Tieren mit geschlossenen Kreisläufen (die meisten Anneliden, die Cephalopoden und alle Wirbeltiere) nimmt das Coelom im Verlauf der Embryonalentwicklung an Größe zu und verdrängt das Blastocoel vollständig unter Bildung einer sekundären Leibeshöhle (dem Coelom; siehe Schemazeichnungen oben in Abbildung 31.8). Innerhalb des Mesoderms entwickelt sich ein System aus fortlaufend untereinander verbundenen Blutgefäßen. Alle geschlossenen Kreislaufsysteme haben einige Merkmale gemeinsam: Ein Herz pumpt das Blut in Arterien, die sich zu Arteriolen verzweigen und dann weiter zu Kapillaren verengen. Die Kapillaren liegen

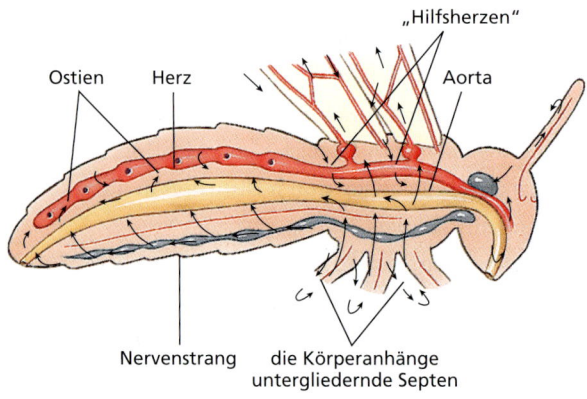

Abbildung 31.9: **Kreislaufsystem eines Insekts.** Obwohl der Kreislauf offen ist, wird der Blutfluss durch die Körperanhänge richtungsgebunden durch Kanäle geführt, die durch längs verlaufende Septen gebildet werden. Die Pfeile zeigen die Strömungsrichtung im Kreislauf an.

31.3 Kreislaufsysteme

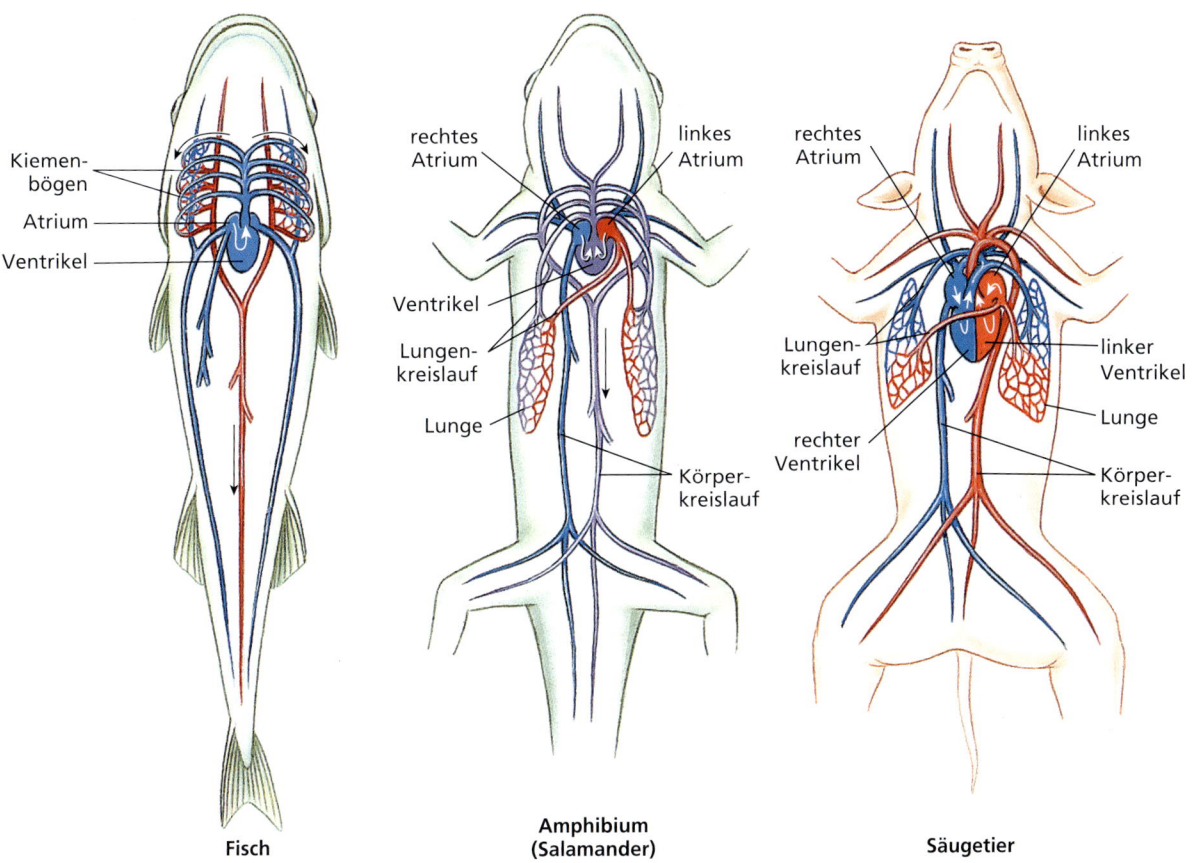

Abbildung 31.10: Die Kreislaufsysteme von Fischen, Amphibien und Säugetieren. Aus dem Vergleich wird die Evolution getrennter Körper- und Lungenkreisläufe bei den mit Hilfe von Lungen atmenden Vertebraten verständlich.

zwischen den Zellen der umliegenden festen Gewebe des Körpers an. Das die Kapillaren verlassende Blut gelangt in die Venolen und von diesen in die Venen, die das Blut sammeln und schließlich zum Herzen zurückführen. Die Wände der Kapillaren sind dünn und erlauben einen raschen Stoffaustausch zwischen dem Blut und den zu versorgenden Geweben. Geschlossene Kreisläufe sind für größere und aktivere Tiere besser geeignet, weil das Blut in ihnen rascher zu den Geweben befördert werden kann, die es benötigen. Darüber hinaus kann der Blutfluss zu den verschiedenen Organen durch Veränderung des Durchmessers der Gefäße reguliert und angepasst werden, um sich verändernden Bedürfnissen in unterschiedlichen Teilen des Körpers Rechnung zu tragen.

Da der Blutdruck in einem geschlossenen Kreislauf viel höher ist als in einem offenen, entweicht unablässig Flüssigkeit durch die Kapillarwände in die umgebenden Gewebe. Der größte Teil dieser Flüssigkeit wird durch osmotische Prozesse in die Kapillaren zurückgeholt (siehe weiter unten). Der verbleibende Rest wird über das Lymphsystem gesammelt (= lymphatisches System;

siehe weiter unten), das sich getrennt vom, aber in Verbindung mit dem Hochdruckkreislauf der Wirbeltiere evolviert hat.

31.3.2 Der Bauplan des Kreislaufsystems der Wirbeltiere

Bei den Wirbeltieren liegen die hauptsächlichen Unterschiede in den jeweiligen Blutgefäßsystemen in der schrittweisen Aufteilung des Herzens in zwei getrennte Pumpen. Diese Evolution erfolgte im Zusammenhang mit dem Übergang vom Wasserleben mit Kiemenatmung zu einer vollständig landgebundenen Lebensweise mit Lungenatmung. Diese Veränderungen sind in ▶ Abbildung 31.10 dargestellt, die einen Vergleich der Kreisläufe bei Fischen, Amphibien und Säugetieren zeigt.

Das Fischherz enthält zwei hintereinandergeschaltete Kammern – einen **Vorhof (Atrium)** und eine **Hauptkammer (Ventrikel)**. Vor dem Atrium liegt eine weitere, vergrößerte Kammer, der **Sinus venosus** (lat. *sinus*, Krümmung, Busen, Bucht, Ausbuchtung, Schoß), in dem sich das Blut des venösen Systems sammelt, um einen

Innere Flüssigkeiten und Atmung

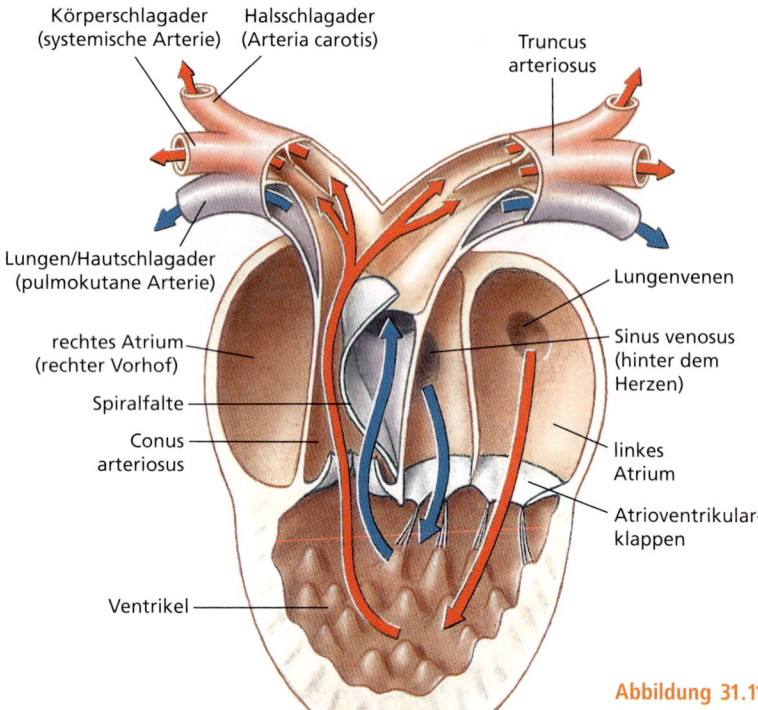

Abbildung 31.11: Blutfluss durch ein Froschherz. Die Vorhöfe (Atrien) sind vollständig getrennt. Eine Spiralfalte hilft, die Blutströme des Lungen- und des Körperkreislaufs getrennt zu halten.

gleichbleibenden Bluteinstrom in das Herz zu gewährleisten. Das Blut vollführt einen einzelnen Kreislauf durch das Gefäßsystem eines Fisches gegenüber den getrennten Kreisläufen bei höheren Wirbeltieren (= Lungen- und Körperkreislauf). Vom Herzen wird es zu den Kiemen gepumpt, wo es mit Sauerstoff angereichert wird, fließt dann in die Aorta dorsalis, von der aus es im Rest des Körpers verteilt wird. Schließlich kehrt es über die Venen zum Herzen zurück. In diesem Kreislaufsystem muss das Herz einen ausreichenden Druck erzeugen, um das Blut durch zwei, einander nachfolgende Kapillarsysteme zu pumpen – zunächst durch das Kapillarsystem der Kiemen, danach durch das im Rest des Körpers. Der wichtigste Nachteil eines einzelnen Kreislaufsystems liegt in dem Umstand, dass die Kiemenkapillaren dem Blutstrom so viel Widerstand entgegensetzen, dass der Blutdruck in den übrigen Geweben stark vermindert ist.

Mit der Evolution der Lungenatmung, die zur Eliminierung der Kiemen zwischen Herz und Aorta geführt hat, entwickelte sich bei den Vertebraten ein **doppelter Hochdruckkreislauf**. Ein **systemischer Kreislauf** (= **Körperkreislauf**) versorgt die inneren Organe und die Muskeln mit sauerstoffreichem Blut. Ein Lungenkreislauf versorgt ausschließlich die Lungen mit Blut. Die Anfänge dieser wesentlichen evolutiven Veränderungen haben wahrscheinlich dem Zustand geähnelt,

den man heute noch bei Lungenfischen und Amphibien beobachten kann. Bei den modernen Amphibien (Anuren und Schwanzlurche, siehe Kapitel 25) ist das Atrium durch eine Scheidewand vollständig in zwei Kammern unterteilt (▶ Abbildung 31.11). In den rechten Vorhof (= rechtes Atrium) strömt das venöse Blut aus dem größten Teil des Körpers, während gleichzeitig der linke Vorhof mit Sauerstoff angereichertes Blut aus den Lungen und der Haut durch leitet. Der Ventrikel ist ungeteilt, doch bleiben das venöse und das arterielle Blut infolge einer speziellen Anordnung von Septen und Falten, spezieller Strömungsmechanik sowie unterschiedlicher Blutdrücke in den das Herz verlassenden Blutgefäßen weitgehend voneinander getrennt (Abbildung 31.11). Die Trennung der Herzkammern ist bei einigen Reptilien (Krokodile) beinahe vollständig; bei den Vögeln und Säugetieren sind die Ventrikel anatomisch immer vollständig getrennt (▶ Abbildung 31.12). Der Körper- und der Lungenkreislauf sind nun eigenständige funktionelle Systeme; jeder wird von einer Hälfte des Doppelherzens versorgt (Abbildung 31.12).

Das Säugetierherz

Das vierkammerige Säugetierherz (lat. *cor*, Herz; Abbildung 31.12) ist ein Muskelorgan, das im Thorax (= Brustkorb) liegt und von einer festen Bindegewebshülle, dem **Perikard** (**Herzbeutel**), umgeben ist.

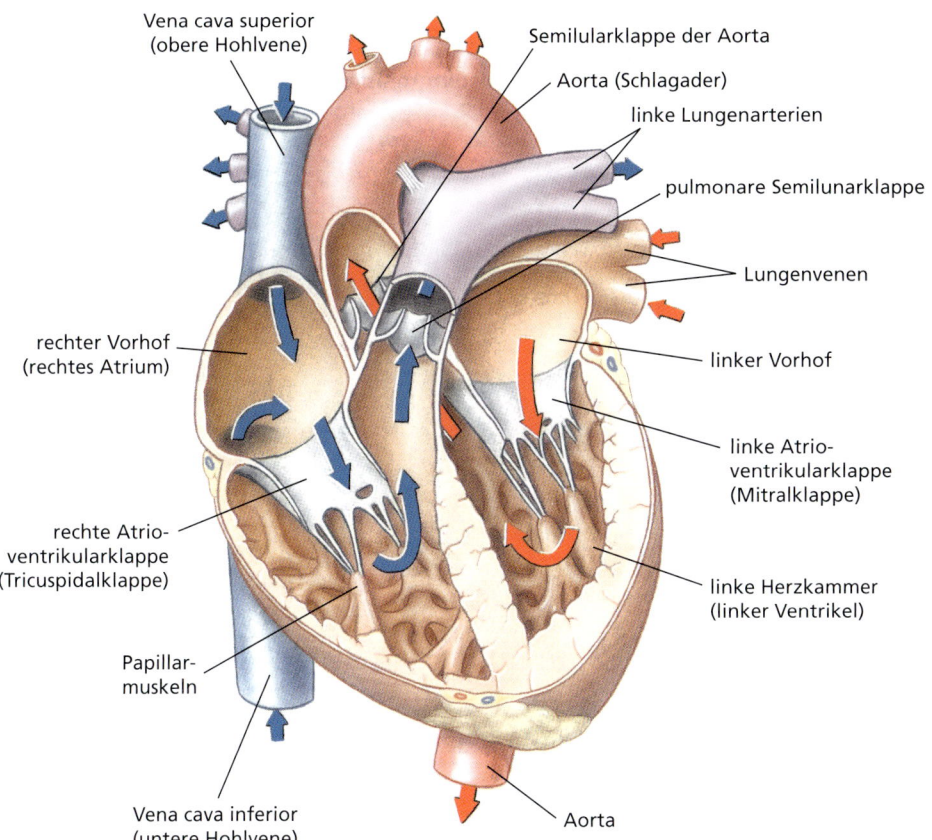

Abbildung 31.12: Das menschliche Herz (Cor). Sauerstoffarmes Blut strömt in die rechte Herzseite und wird vom rechten Herzen zu den Lungen gepumpt. Sauerstoffreiches Blut, das von den Lungen zurückströmt, fließt in die linke Herzhälfte und wird von der linken Herzkammer in den Körperkreislauf gepumpt. Die rechte Herzkammerwand ist dünner als die der linken – eine Folge der relativen Nähe der Lungen, die weniger Muskelkraft erfordert, um das Blutvolumen in diese nahegelegenen Organe zu pumpen.

Das aus den Lungen zurückkehrende Blut fließt durch die **Lungenvenen** in den linken Vorhof und durchfließt die linke Herzkammer, von der es über die **Hauptschlagader (Aorta)** in den Körperkreislauf gepumpt wird. Das aus dem Körperkreislauf zurückströmende Blut wird durch die **große** und die **kleine Hohlvene (Vena cava superior** und **Vena cava inferior)** zum rechten Vorhof zurückgeführt, von dem aus es in die rechte Herzkammer gelangt. Von der rechten Herzkammer aus gelangt es durch die Lungenarterien in die Lungenflügel. Der anfänglich als **Lungenstamm (Truncus pulmonalis)** bezeichnete gemeinsame Teil der Lungenarterie (Arteria pulmonalis) teilt sich in die **rechte** und **linke Lungenarterie**, welche die beiden Lungenflügel ansteuern. Ein Rückstrom wird durch zwei Sätze von Herzklappen verhindert, die Auswüchse der inneren Herzwand (Endokard) sind. Sie öffnen und schließen sich passiv in Reaktion auf Druckunterschiede zwischen den Herzkammern. Die **linke Atrioventrikularklappe** (= Bikuspidalklappe oder Mitralklappe) und die **rechte Atrioventrikularklappe** (= Trikuspidalklappe) trennen die Hohlräume des Atriums und des Ventrikels auf beiden Herzseiten. Sie werden gemeinschaftlich als Segelklappen bezeichnet. Dort, wo die großen Arterien das Herz verlassen (die Lungenarterie die rechte Herzkammer und die Schlagader die linke Herzkammer) verhindern Taschenklappen (Pulmonalklappe und Aortenklappe) den Rückstrom in die Ventrikel.

Die Kontraktion des Herzens wird als **Systole** bezeichnet, die Erschlaffung als **Diastole** (▶ Abbildung 31.13). Wenn sich die Atrien zusammenziehen (atriale Systole), entspannen sich die Ventrikel (ventrikuläre Diastole) und füllen sich mit Blut. Die ventrikuläre Systole wird während der gleichzeitigen atrialen Diastole von einer neuerlichen Füllung der Vorkammern begleitet. Die Kontraktionsrate (Puls) des Herzschlages ist abhängig vom Alter, Geschlecht und der jeweiligen Belastung. Körperliche Anstrengung kann den kardialen Ausstoß (das pro Minute von einer Herzkammer ausgetriebene Blutvolumen) um das Fünffache erhöhen. Sowohl die Schlagrate wie das Schlagvolumen (das pro Herzschlag von einer Herzkammer ausgetriebene Blutvolumen) erhöhen sich

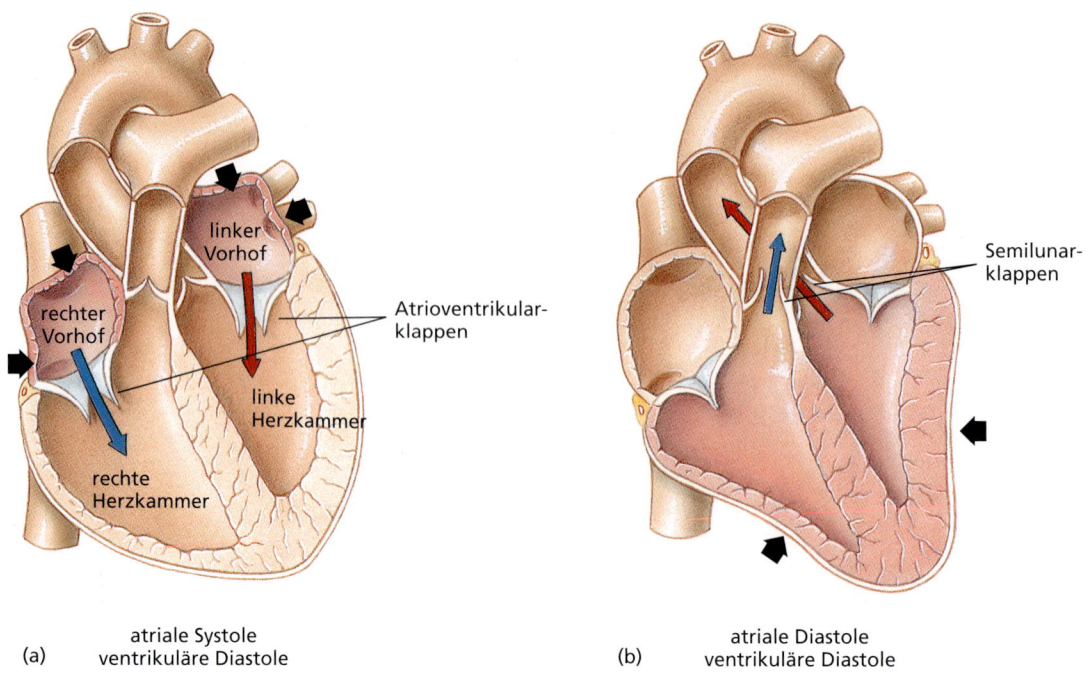

Abbildung 31.13: **Das menschliche Herz.** (a) Im systolischen und (b) im diastolischen Zustand.

dabei. Die Herzschlagraten sind unter den Wirbeltieren von der Körpergröße und der allgemeinen Stoffwechselrate der Tierart abhängig. Ektotherme Dorsche haben Pulsfrequenzen im Bereich von 30 Schlägen pro Minute. Endotherme Kaninchen von etwa vergleichbarer Körpermasse kommen auf rund 200 Schläge pro Minute. Allgemein gilt, dass kleinere Tiere höhere Herzfrequenzen haben als größere. Dies spiegelt eine Steigerung der Stoffwechselrate mit abnehmender Körpergröße wider (siehe Abbildung 28.15). Die Herzfrequenz eines Elefanten liegt bei etwa 25 pro Minute, die eines Menschen bei 70 pro Minute, die einer Katze bei 125 / Min., und die einer Maus bei 400 pro Minute. Die kleinsten Säugetiere sind mit einer Masse von etwa 4 g Spitzmäuse, deren Herzen es auf erstaunliche 800 Schläge pro Minute bringen. Man kann nur darüber staunen, dass das Herz einer Spitzmaus diese rasende Aktivität ein ganzes Leben lang durchhält, so kurz das Leben einer Spitzmaus auch ist.

Erregung und Steuerung der Herztätigkeit

Das Wirbeltierherz ist eine muskuläre Pumpe, die aus dem **Herzmuskel** besteht. Der Herzmuskel ähnelt dem Skelettmuskel. Bei beiden handelt es sich um gestreifte Muskeln, doch sind die Herzmuskelzellen verzweigt und Ende-an-Ende durch Kontaktstellen, die interkalierende Scheiben heißen, zu einem komplex ausladenden, reich verzweigten Netzwerk verknüpft (siehe Abbildung 9.12). Anders als der Skelettmuskel ist der Herzmuskel der Wirbeltiere zur Initiation einer Kontraktion nicht auf nervöse Aktivität angewiesen. Die regelmäßigen Kontraktionen werden vielmehr durch spezialisierte Herzmuskelzellen (**Schrittmacherzellen**) ausgelöst. Beim Tetrapodenherz liegen diese Schrittmacherzellen im **Sinusknoten** (Nodus sinuatrialis; auch: Sinuatrial-Knoten (= SA-Knoten)), einem Überbleibsel des Sinus venosus der fischartigen Urahnen. Die vom Schrittmacherzentrum im Sinusknoten initiierte elektrische Aktivität breitet sich über den Muskel der beiden Vorhöfe aus, danach – mit einer kurzen Verzögerung – auf ein zweites Schrittmacherzentrum, den **Atrioventrikularknoten** (Nodus atrioventricularis; auch: AV-Knoten), der oben auf den Herzkammern im Koch'schen Dreieck sitzt. An diesem Punkt wird die elektrische Aktivität schnell durch das His'sche Bündel geleitet, von dort aus durch sich nach rechts und links verzweigende Bündel zum Apex der Ventrikel. Danach wird es durch spezialisierte Fasern, die Purkinjefasern, die Ventrikelwände hinaufgeleitet (▶ Abbildung 31.14). Diese Anordnung erlaubt es, die Kontraktion am Apex (dem Scheitelpunkt) der Herzkammern beginnen und aufwärts fortpflanzen zu lassen. Auf diese Weise wird das Blut auf die effizienteste Weise aus den Ventrikeln in die Adern befördert. Sie stellt außerdem sicher, dass sich beide Herzkammern gleichzeitig und mit genügender Verzögerung zusammenziehen, um den Vorhöfen zu gestatten, sich erneut zu füllen, bevor eine neue Welle der elektrischen Reizung

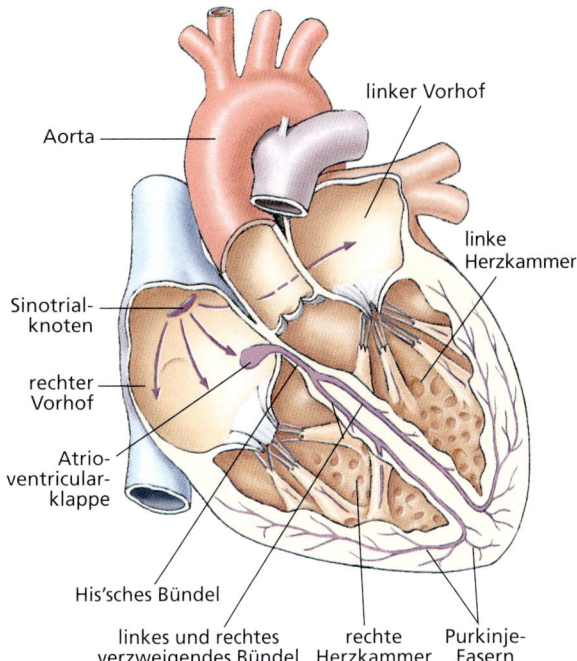

Abbildung 31.14: Neuronale Mechanismen, die den Herzschlag steuern. Die Pfeile zeigen eine Ausbreitung der Erregung vom sinoatrialen Knoten aus, hin zum atrioventrikulären Knoten hin an. Die Welle der Erregung wird dann sehr schnell über spezielle Leitungsbündel und Purkinjefasern auf den Herzkammermuskel fortgeleitet.

durch den Sinusknoten in Gang gesetzt wird. Strukturelle Spezialisierungen in den Purkinjefasern, wie etwa gut entwickelte interkalierende Scheiben und zahlreiche gap junctions (= Zell-Zell-Verbindungen, durch die Erregung fortgeleitet werden kann) erleichtern die schnelle Reizleitung in diesen Fasern.

Das nervöse Kontrollzentrum für die Herztätigkeit liegt im Gehirn im Bereich der Medulla oblongata (verlängertes Mark; siehe Kapitel 33). Es ist mit dem Herzen über zwei Nervenverbindungen verbunden. Über den parasympathischen Nervus vagus (Vagusnerv) gesandte Impulse wirken bremsend auf die Herztätigkeit. Impulse, die über sympathische Nerven auf das Herz einwirken, beschleunigen den Herzschlag. Beide Nervengruppen enden im Sinusknoten und steuern durch ihre Einflussnahme den Aktivitätszustand des Schrittmachers.

Das Herzkontrollzentrum wird seinerseits durch eine Reihe von Reizen sensorisch versorgt. Druckrezeptoren an den Gefäßwänden, die auf den Blutdruck reagieren, sowie chemische Rezeptoren (solche, die primär empfindlich für Kohlendioxid und den pH-Wert sind), sind an strategischen Punkten im Gefäßsystem platziert. Das Herzkontrollzentrum des Gehirns verwendet diese Informationen, um die Herzfrequenz und den Ausstoß des Herzens als physiologische Antwort auf Beanspruchung oder Änderungen der Körperhaltung und -lage zu erhöhen oder abzusenken. Das Herz wird also über Rückkopplungsmechanismen gesteuert und seine Tätigkeit fortwährend an die aktuellen Bedürfnisse des Gesamtsystems Organismus angepasst.

Da der Herzschlag von speziellen Muskelzellen initiiert wird, werden die Herzen von Wirbeltieren sowie die von Weichtieren und einigen anderen Wirbellosen als **myogene Herzen** bezeichnet (gr. *myo*, Muskel + *genein*, ich bilde). Obwohl das Nervensystem auf das Schrittmacherzentrum Einfluss nimmt und die Schlagrate erhöht oder vermindert, schlägt ein myogenes Herz spontan (= unwillkürlich), und das selbst dann, wenn es aus dem Körper entnommen und vollständig von diesem abgetrennt wird. Ein isoliertes Schildkröten- oder Froschherz schlägt über Stunden weiter, wenn es in einer physiologischen Kochsalzlösung bei geeigneter Temperatur inkubiert wird. Einige Evertebraten – so etwa die Dekapoden (siehe Kapitel 19) – besitzen **neurogene Herzen**. Bei diesem Herztyp dient ein Herzganglion, das am Herzen selbst lokalisiert ist, als Schrittmacherzentrum. Wird die Verbindung dieses Ganglions vom Herzen unterbrochen, hört das Herz auf zu schlagen, auch wenn das Ganglion selbst weiterhin rhythmisch aktiv bleibt.

Der Koronarkreislauf

Es überrascht nicht, dass ein so aktives Organ wie das Herz eine eigenständige und großzügige Blutversorgung benötigt. Der Herzmuskeln von Fröschen und anderen

> **Exkurs**
>
> Chronische koronar-arterielle Erkrankungen und deren Folgen sind in den meisten Industrieländern heute Todesursache Nr. 1. Die dafür verantwortlichen Risikofaktoren lassen sich unterteilen in solche, die vom Einzelnen beinflussbar sind, und solche, die man nicht beeinflussen kann. Nichtbeeinflussbare Risikofaktoren sind eine familiäre Prädisposition für Herz/Kreislauferkrankungen wie essenzielle Hypertonie (chronischer Bluthochdruck unbekannter Herkunft), männliches Geschlecht, höheres Lebensalter (über 45) und das Überschreiten der Wechseljahre bei der Frau. Zu den beeinflussbaren Risikofaktoren gehören solche, die sich aus der Lebensführung ergeben wie Rauchen, hohe Blutfettwerte, nichtessenzielle Hypertonie, unbehandelte Zuckerkrankheit, starkes Übergewicht oder Fettleibigkeit, chronischer Stress, eine Ernährung mit einem hohen Anteil an gesättigten Fetten und/oder Cholesterin sowie Bewegungsmangel. Die Einflussnahme auf die beeinflussbaren Faktoren im Sinne einer Reduzierung der negativen Faktoren kann das Risiko für Herz/Kreislauferkrankungen deutlich mindern.

> **Exkurs**
>
> Eine Verdickung mit einhergehendem Verlust der Elastizität von Arterienwänden wird als Arteriosklerose („Arterienverkalkung") bezeichnet. Synonym wird in der angelsächsischen Literatur der Begriff Atherosklerose verwendet. Oft liegt dieser Erkrankung eine Ablagerung von Lipiden wie Cholesterin an den inneren Gefäßwänden zugrunde. Viele klinische Wissenschaftler sind heute der Ansicht, dass der Lipidablagerung ein Entzündungsprozess an der betreffenden Stelle vorangeht. Unregelmäßigkeiten der Gefäßwände sind oft auslösende Momente für die Bildung von Blutgerinnseln (Thromben) an diesen Stellen. Durch diese Mechanismen kommt es zur Gefäßverengung (Angina). Löst sich ein Stück von einem Thrombus ab, wird das Gerinnsel mit dem Blutstrom fortgespült und verfrachtet, bis es an einer engen Stelle in einem weniger weitlumigen Gefäß steckenbleibt. Man bezeichnet es dann als Embolus; der resultierende akute Krankheitszustand heißt Embolie. Falls eine Embolie in einem der Herzkranzgefäße eintritt, erleidet der Betroffene einen Herzanfall (Herzinfarkt). Wird ein Gefäß des Lungenkreislaufs betroffen, spricht man von einer Lungenembolie. Der von dem betreffenden Gefäß versorgte Organabschnitt erleidet einen Sauerstoffmangel. Dies kann in schweren Fällen zum Absterben (Nekrose) der mangelversorgten Gewebebereiche führen. Falls der Betroffene überlebt, bildet sich als Ersatz für das abgestorbene Gewebe Narbengewebe. Je nach Größe des verursachenden Thrombus und Ort des verstopften Gefäßes sind die Folgen mehr oder minder gravierend. Kommt es zum Herzinfarkt, einem Schlaganfall (= „Hirninfarkt") oder zur Lungenembolie besteht Lebensgefahr.

Amphibien ist so ausgiebig mit Blutgefäßen zwischen den Muskelfasern durchzogen, dass die eigene Pumptätigkeit ausreicht, um den Herzmuskel mit sauerstoffreichem Blut zu versorgen. Bei Vögeln und Säugetieren stehen jedoch die Dicke der Herzmuskelwände und die hohe Stoffwechselrate einer solchen Lösung entgegen. Hier ist das Herz auf ein eigenes Gefäßsystem angewiesen, die Herzkranzgefäße (Koronargefäße). Das Herz versorgt sich über den Koronarkreislauf selbsttätig mit Blut. Die Koronararterien teilen sich unter Bildung eines ausgedehnten Kapillarnetzwerkes, das die Muskelfasern umgibt und diese mit Sauerstoff und Nährstoffen versorgt. Der Herzmuskel hat einen extrem hohen Sauerstoffbedarf. Selbst im Ruhezustand entnimmt das Herz 70 Prozent des Sauerstoffs aus dem Blut, das durch die Herzkranzgefäße fließt – im Vergleich zu etwa 25 Prozent bei anderen Organen (mit Ausnahme des Gehirns, das ebenfalls einen hohen Sauerstoffbedarf hat). Eine Steigerung der Arbeitsleistung des Herzens muss daher mit einer massiven Steigerung des koronaren Blutdurchflusses einhergehen, der während großer körperlicher Anstrengung bis zum Neunfachen des Ruhewertes betragen kann. Jede Verminderung des Blutflusses in den Herzkranzgefäßen infolge einer teilweisen oder vollständigen Verstopfung des Gefäßlumens (Koronarthrombose) kann zum Herzinfarkt (genauer: Myokardinfarkt) führen, bei dem Herzmuskelzellen an Sauerstoffmangel zugrunde gehen.

31.3.3 Arterien

Alle Blutgefäße, die vom Herzen wegführen, werden als Arterien bezeichnet, egal ob sie sauerstoffreiches (wie die Schlagader = Aorta) oder sauerstoffarmes Blut (wie die Lungenarterie) transportieren. Um dem hohen, pulsatilen Druck, der durch die ventrikuläre Systole (siehe oben) erzeugt wird, sind die größten, dem Herzmuskel am nächsten liegenden Arterien (elastische Arterien) mit einer dicken Schicht aus elastischen Fasern, sehr wenig glatter Muskulatur und zähem, unelastischen Bindegewebe ummantelt (▶ Abbildung 31.15). Die Elastizität dieser Arterien ermöglicht es ihnen, sich auszudehnen, wenn ein Schwall Blut das Herz bei der Systole der Herzkammer verlässt, und dann während der Herzkammer-Diastole in die Ausgangslage zurückzukehren. Bei dieser Verengung wird die Flüssigkeitssäule, die in das Gefäß eingeflossen ist, beschleunigt, da die sie wie alle Flüssigkeiten nicht komprimierbar ist. Die elastischen Eigenschaften dieser Gefäße erhalten den hohen Druck des Blutes, den der Herzschlag erzeugt hat, aufrecht. Der normale arterielle Blutdruck schwankt beim Menschen lediglich zwischen 12 mm Hg (systolischer Blutdruck) und 80 mm Hg (diastolischer Blutdruck). In der medizinischen Terminologie werden diese beiden Blutdruckwerte in Form eines Quotienten – 120/80 – oder als „120 zu 80" angegeben). Arterien, die weiter vom Herzen

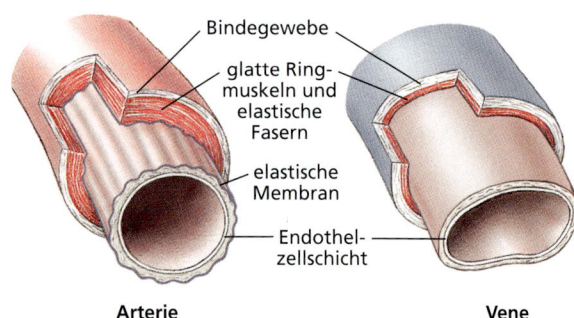

Abbildung 31.15: **Schichtaufbau der Wände von Arterien und Venen im Vergleich.** Man beachte die größere Stärke der Muskelschicht (Tunica media) in der Arterienwand. Diese Gewebeschicht enthält in dehnbaren Arterien mehr elastische Fasern und in musklären Arterien mehr glatte Muskulatur.

entfernt sind, enthalten einen höheren Anteil glatter Muskulatur und weniger elastische Fasern in ihren Wandungen. Diese als muskuläre Arterien bezeichneten Adern können ihren Durchmesser vergrößern oder verengen, um den hohen Blutdruck oder die durch den Herzrhythmus bedingten Oszillationen des Blutflusses abzumildern, bevor das Blut schließlich die Zielorgane erreicht.

In dem Maß, in dem sich Arterien verzweigen und zu Arteriolen verengen, werden ihre Wände auch dünner und bestehen nur noch aus ein oder zwei Schichten glatter Muskelzellen. Eine Kontraktion dieser Gefäßmuskelzellen verengt die Arteriolen und vermindert den Blutfluss zu den versorgten Organen und leitet ihn zu solchen Orten im Körper, wo am dringendsten Blut benötigt wird. Große Tiere haben normalerweise einen höheren Blutdruck als kleine.

Der Blutdruck wurde erstmals im Jahr 1733 von Stephan Hales, einem englischen Geistlichen mit ungewöhnlicher Erfindungsgabe und Neugier gemessen. Hales hatte einen altersschwachen Gaul, den er schlachten lassen wollte, weil er „zu nichts mehr nutze" war. Hales gelang es, das Tier auf den Rücken zu drehen und es festzubinden. Er legte die Femoralarterie (Oberarmarterie) frei und schob eine Messingkanüle in die Ader, die er mit der Luftröhre einer Gans als flexiblem Verbindungsrohr mit einem schlanken, hohen Glasgefäß verband. Die Verwendung einer Luftröhre war sowohl einfallsreich wie praktisch: Sie verlieh dem Versuchsaufbau eine strukturelle Flexibilität, die vorteilhaft war, um – wie Hales schrieb – „Unbequemlichkeiten zu vermeiden, die aufgetreten wären, falls das Pferd gestrampelt hätte", um freizukommen.

Das Blut in Hales Auffanggefäß stieg rund 2,4 m hoch an und schwappte mit den Diastolen und Systolen des Herzschlages auf und ab. Das Gewicht der 2,4 m hohen Flüssigkeitssäule aus Blut war gleich dem Blutdruck. Heute gibt man den Blutdruck als Höhe einer (sehr schweren) Säule aus flüssigem Quecksilber (Hg) an. Das spezifische Gewicht des Quecksilbers ist 13,6 Mal größer als das von Wasser. Umgerechnet ergibt das für Hales Befunde am Pferd einen Blutdruck von 180 bis 200 mm Hg (im Vergleich zu etwa 120 für den gesunden Menschen) – ein Wert, der für ein Pferd vollkommen normal ist.

Der Blutdruck des Menschen wird heute regelmäßig mit einem Gerät gemessen, dass **Sphygmomanometer** heißt. Am Oberarm wird eine Manschette angebracht, die mit Luft aufgepumpt werden kann, um die Arterie abzudrücken. Ein Stethoskop wird in der Nähe des Ellenbogengelenks auf die Armarterie gelegt, dann wird langsam der Druck in der Oberarmmanschette verringert. Im Stethoskop kann man dann das erste Rauschen des einströmenden Blutes hören, wenn der nachlassende Druck in der Manschette die Oberarmarterie wieder freigibt. Dies entspricht dem systolischen Druck. Wenn der Druck in der Manschette weiter nachlässt, verschwindet das turbulente Rauschen, weil das Blut gleichmäßig und ruhig durch das Gefäß fließt. Der Druck, bei dem das Geräusch verschwindet, ist der diastolische Druck.

31.3.4 Kapillaren

Der Italiener Marcello Malpighi (1628–1694) war der Erste, der im Jahr 1661 Kapillaren beschrieb. Er konnte damit die von William Harvey vorausgesagten Verbindungen zwischen dem arteriellen und dem venösen System auf kleinster Ebene nachweisen. Malpighi untersuchte die Kapillaren einer lebenden Froschlunge, die bis heute eines der einfachsten und eindrücklichsten Präparate zur Demonstration des kapillaren Blutflusses geblieben ist.

Kapillaren gibt es in ungeheurer Zahl. Sie bilden ausgedehnte Netzwerke in beinahe allen Geweben des Körpers (▶ Abbildung 31.16). In Muskeln existieren mehr als 2000 pro Quadratmillimeter (zweihunderttausend pro Quadratzentimeter), doch sind nicht alle zur selben Zeit geöffnet. In einem Muskel im Ruhezustand sind vielleicht gerade einmal ein Prozent aller Kapillaren geöffnet. Wenn der Muskel aktiv ist, können

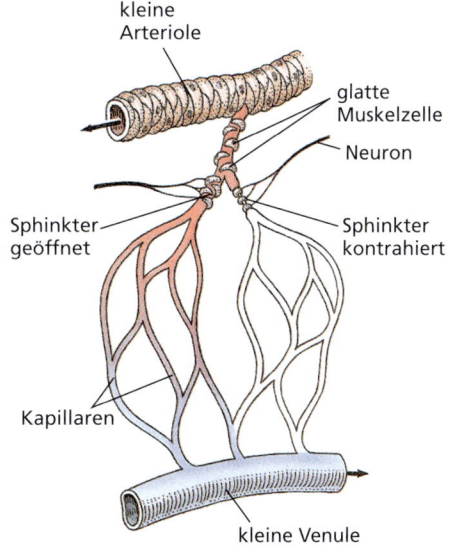

Abbildung 31.16: Ein Kapillarbett. Die präkapillaren Sphinkter (ringförmige, glatte Muskulatur, die eine Öffnung umgibt) steuern den Blutfluss durch die Kapillaren.

Innere Flüssigkeiten und Atmung

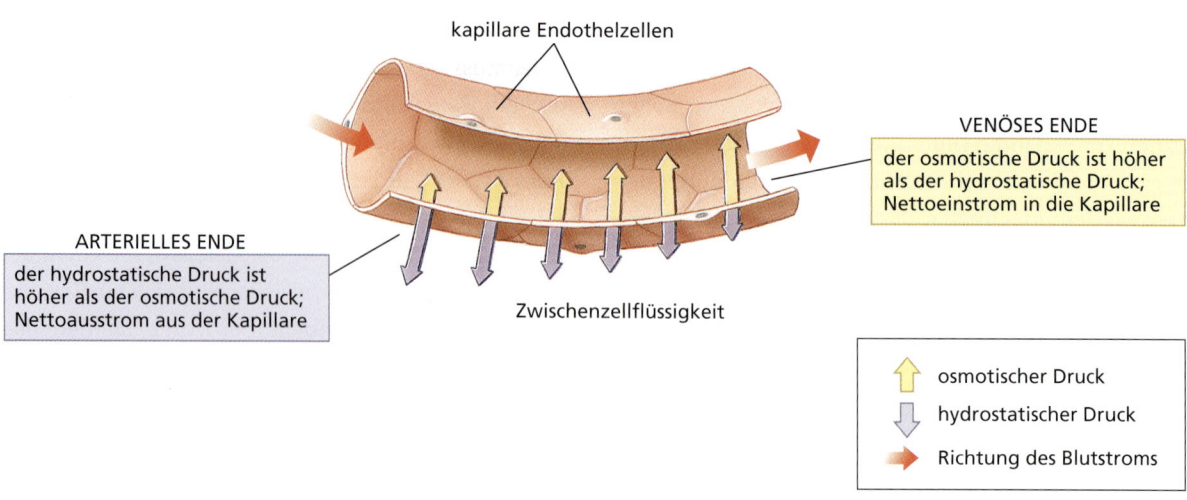

Abbildung 31.17: Flüssigkeitsstrom durch kapillare Endothelzellspalten. Am arteriellen Ende einer Kapillare übersteigt der hydrostatische Druck (= Blutdruck) den von den Plasmaproteinen beigesteuerten kolloid-osmotischen Druck, so dass ein Plasmafiltrat aus den Kapillaren herausgepresst wird. Am venösen Ende übersteigt der kolloidale osmotische Druck den hydrostatischen, und es wird Flüssigkeit in die Kapillare hineingesaugt. Auf diese Weise werden Nährstoffe im Blutplasma in die interstitiellen Räume verfrachtet, von wo aus sie in die Zellen übertreten können. Gleichzeitig werden Stoffwechselendprodukte aus den Zellen in das Plasma gesaugt und fortgeschwemmt.

sich aber alle Kapillaren öffnen, um Sauerstoff und Nährstoffe in das Muskelgewebe zu befördern und Stoffwechselendprodukte abzuführen.

Kapillaren sind extrem englumige Gefäße. Ihr durchschnittlicher Durchmesser beträgt bei einem Säugetier 8 Mikrometer (8 µm). Das ist nur geringfügig mehr als der Durchmesser eines roten Blutkörperchens, das hindurch wandern muss. Tatsächlich gibt es noch engere Kapillaren, die es erforderlich machen, dass sich die Erythrocyten verbiegen, um hindurch gleiten zu können. Die Kapillarwände bestehen aus einer einzelnen Schicht aus Endothelzellen, die von einer feingliedrigen Basalmembran mit wenigen Bindegewebsfasern zusammengehalten wird.

Der kapillare Stoffaustausch

Kapillaren sind für niedermolekulare Teilchen wie Ionen, Nährstoffmoleküle und Wasser ziemlich durchlässig. Der Blutdruck in den Kapillaren treibt Flüssigkeiten zwischen den Endothelzellen oder sogar durch diese hindurch in den umliegenden interstitiellen Raum (siehe weiter oben). Flüssigkeit kann zwischen den Endothelzellen durch feine, mit Wasser gefüllte Spalten von ungefähr 4 nm Breite hindurchtreten. Alternativ kann der Transport über pinocytotische Vesikel auf dem Weg der Transcytose durch die Endothelzellen erfolgen (für Einzelheiten, siehe Kapitel 3). Transcytotische Vesikel werden auf einer Seite der Zelle gebildet und entleeren ihren Inhalt auf der gegenüberliegenden Seite ohne im Zellinnern etwas aufzunehmen oder abzugeben. Lipophile (= lipidlösliche) Stoffe können sich leicht in der Plasmamembran der Zellen lösen und in dieser Phase durch Diffusion in die interstitielle Flüssigkeit übertreten. Da größere Moleküle wie Plasmaproteine nicht durch die endothelialen Spalten der Kapillarwände treten können, wird ein praktisch proteinfreies Ultrafiltrat durch die Zellschicht aus dem Gefäß nach außen gedrückt. Dieser Flüssigkeitsstrom ist von Bedeutung für die „Bewässerung" des interstitiellen Raumes. Er versorgt die im umliegenden Gewebe liegenden Zellen mit Sauerstoff, Glucose, Aminosäuren und anderen Nährstoffen und schwemmt gleichzeitig metabolische Abfälle fort. Damit der kapillare Stoffaustausch effektiv vonstatten gehen kann, müssen Flüssigkeiten, welche die Kapillaren verlassen, an anderer Stelle wieder in den Kreislauf zurückkehren. Falls sie dies nicht tun, würde sich rasch Flüssigkeit in den Gewebszwischenräumen anstauen und ein Ödem (Gewebsschwellung durch Flüssigkeitsstau) hervorrufen. Das fein ausbalancierte Fließgleichgewicht des Flüssigkeitsaustausches über die Kapillarwände wird durch die beiden entgegengesetzten Kräfte des hydrostatischen Blutdruckes und des kolloid-osmotischen Druckes bewirkt (▶ Abbildung 31.17).

In einer Kapillare ist der Blutdruck, der das Wasser und die darin gelösten Substanzen durch die Spalten zwischen den Endothelzellen der Kapillarwände drückt, am arteriellen Ende am höchsten und fällt über die Länge des Gefäßes hin ab (Abbildung 31.17). Dem hydrostatischen Druck des Blutes ist ein kolloid-osmotischer

Druck entgegengesetzt, der durch die Proteine erzeugt wird, die nicht durch die Endothelspalten der Kapillarwände durchtreten können. Dieser **kolloid-osmotische Druck**, der im Blutplasma von Säugetieren etwa 25 mm Hg beträgt, hat die Wirkung, Wasser aus der Gewebsflüssigkeit zurück in die Kapillaren zu saugen. Die Gesamtwirkung dieser beiden entgegengesetzten Kräfte ist, dass Wasser und die darin gelösten niedermolekularen Stoffe aus dem arteriellen Ende der Kapillare herausgefiltert werden, weil dort der hydrostatische Druck den kolloidosmotischen übersteigt, und diese Stoffe am venösen Ende, wo der kolloid-osmotische Druck den hydrostatischen übersteigt, wieder in das Gefäß hinein gesaugt werden.

Die Menge der Flüssigkeit, die auf diese Weise durch die Endothelzellen der Kapillaren filtriert wird, fluktuiert unter den verschiedenen Kapillaren in hohem Maße. Für gewöhnlich überwiegt der Ausfluss gegenüber dem Einstrom, und es bleibt etwas Flüssigkeit in den interstitiellen Zwischenräumen der Zellen zurück. Dieser Überschuss wird über die Lymphkapillaren des **lymphatischen Systems** (siehe unten) abgeführt. Schließlich gelangt diese Flüssigkeit, die **Lymphe** oder Lymphflüssigkeit über die größeren Lymphgefäße in den Kreislauf zurück.

31.3.5 Venen

Venolen und Venen, in die das Kapillarblut abfließt, um seine Rückreise zum Herzen anzutreten, sind dünnwandiger, weniger elastisch und von wesentlich größerem Durchmesser als die korrespondierenden Arterien und Arteriolen (Abbildung 31.15). Der Blutdruck im Venensystem ist gering; er reicht von etwa 10 mm Hg dort, wo die Kapillaren in die Venolen münden, bis ungefähr null im rechten Vorhof (Atrium). Da der Druck so niedrig ist, wird der venöse Rückstrom von Klappen in den Venen, der um die Venen herumliegenden Skelettmuskulatur, der Saugwirkung der Diastole des Herzschlages sowie der rhythmischen Bewegung der Lungen bei der Atmung unterstützt. Ohne die Hilfe dieser Mechanismen würde sich das Blut in den unteren Extremitäten eines stehenden Tieres sammeln – Menschen, die regelmäßig lange stehen müssen, sind mit diesem Problem vertraut. Venen, die das Blut aus den Extremitäten aufwärts in Richtung Herz führen, sind mit Klappen ausgestattet, welche die lange Flüssigkeitssäule des Blutes in einzelne Abschnitte unterteilen. Die Klappen werden durch Einfaltung der endothelialen Zelllagen und des darunterliegenden Bindegewebes gebildet. Wenn sich die Skelettmuskulatur kontrahiert, wie es bereits bei leichter körperlicher Aktivität der Fall ist, werden die Venen zusammengedrückt und das in ihnen enthaltene Blut wird in Richtung Herz transportiert, weil die Klappen in den Venen als Rückschlagventile wirken, die einen Rückfluss verhindern. Wenn man bei heißer Witterung lange Zeit still verharrt, kann es zu Schwindel oder zur Ohnmacht kommen. Dies lässt sich vermeiden, indem man von Zeit zu Zeit die Beinmuskeln anspannt; dadurch wird das Blut durch die Venen gedrückt. Ein Unterdruck im Thorax, der durch die Bewegungen der Lungen beim Einatmen entsteht, beschleunigt ebenfalls den venösen Rückfluss, indem er Blut die große Hohlvene in Richtung Herz saugt.

31.3.6 Das lymphatische System

Das Lymphsystem der Wirbeltiere besteht aus einem ausgedehnten Netzwerk dünnwandiger Gefäße, die als blind endende Lymphkapillaren in den meisten Geweben des Körpers ihren Ausgang nehmen. Diese vereinigen sich zu einer baumartigen Struktur zunehmend größerer Lymphgefäße, die schließlich in Venen im unteren Halsbereich einmünden (▶ Abbildung 31.18). Eine Hauptfunktion des Lymphsystems besteht in der Rückführung überschüssiger, durch das kapillare Endothel gefilterter Flüssigkeit – der Lymphe – in das Blut. Die Lymphe ist in ihrer Zusammensetzung dem Blutplasma ähnlich, enthält als Ultrafiltrat aber eine viel geringere Menge an Proteinen. Andere Stoffe, wie etwa im Darm absorbierte Fette, erreichen ebenfalls über das lymphatische System den Kreislauf. Die Flussrate im Lymphsystem ist niedrig, sie beträgt nur einen winzigen Bruchteil der des Blutflusses.

Das lymphatische System spielt außerdem eine entscheidende Rolle bei der Immunabwehr. Entlang der Lymphgefäße sind in Abständen **Lymphknoten** angesiedelt (Abbildung 31.18), die diverse Aufgaben im Zusammenhang mit der Immunabwehr erfüllen (für Einzelheiten, siehe Kapitel 35). Zellen in den Lymphdrüsen, wie etwa Makrophagen, beseitigen Fremdpartikel und insbesondere Bakterien, die sonst in den allgemeinen Kreislauf gelangen könnten. Weiterhin gibt es Zentren (zusammen mit dem Knochenmark und dem Thymus) für die Bildung, Erhaltung und Verteilung von Lymphocyten, die als Untergruppe der weißen Blutkörperchen wichtige Bestandteile der körperlichen Abwehr sind.

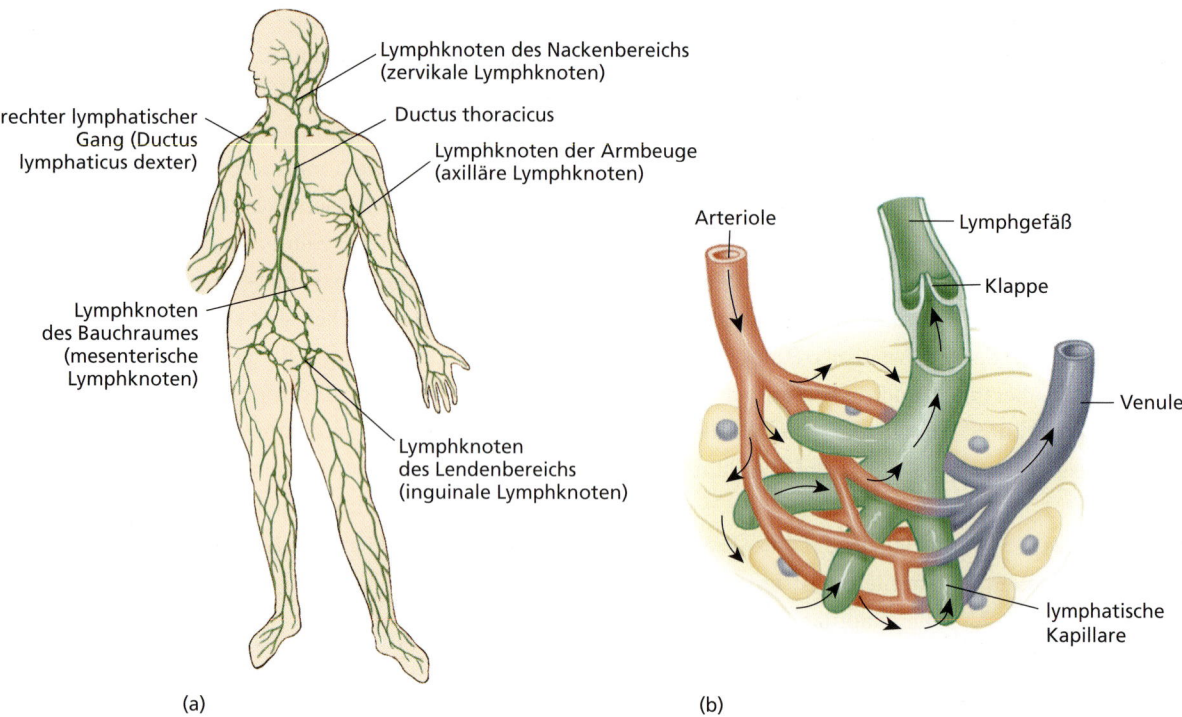

Abbildung 31.18: **Das Lymphsystem des Menschen.** Dargestellt sind (a) die Hauptlymphbahnen und (b) eine Detaildarstellung von Blut- und Lymphkapillaren.

Atmung 31.4

Die Energie der Nahrung wird durch zelluläre Oxidationsvorgänge freigesetzt. Dabei ist meist molekularer Sauerstoff (O_2) der terminale Elektronenakzeptor (= Oxidationsmittel). Der für diesen Zweck notwendige Sauerstoff wird über respiratorische Oberflächen in den Körper aufgenommen. In der Physiologie unterscheidet man zwei getrennte, aber miteinander in Verbindung stehende Atmungsvorgänge: erstens die **Zellatmung**, die den oxidativen Prozess darstellt, durch welchen der Sauerstoff chemisch umgewandelt („verbraucht") wird, und zweitens die **äußere Atmung**, durch die Sauerstoff und Kohlendioxid zwischen dem Organismus und der Umwelt ausgetauscht werden. In diesem Abschnitt beschreiben wir die äußere Atmung und den Transport von Gasen von den respiratorischen Oberflächen zu den Geweben, in denen der Verbrauch stattfindet.

31.4.1 Probleme der aquatischen und der terrestrischen Atmung

Wie ein Tier atmet, wird großenteils von der Natur seiner Umgebung festgelegt. Die beiden großen Schauplätze der tierischen Evolution – das Wasser und das Land – unterscheiden sich in ihren physikalischen Eigenschaften ganz erheblich. Der offenkundigste Unterschied besteht in dem viel höheren Sauerstoffgehalt der Luft (mindestens zwanzigmal mehr) gegenüber dem Wasser. Wasser mit einer Temperatur von 5 °C, das mit Luft gesättigt ist, enthält etwa 9 ml Sauerstoff pro Liter (= 0,9 Prozent). Im Vergleich dazu enthält die Luft 209 ml Sauerstoff pro Liter (= 20,9 Prozent). Die Dichte des Wassers ist achthundertmal höher als die von Luft, seine Viskosität ist fünfzigmal höher. Darüber hinaus diffundieren Gasmoleküle in Luft rund zehntausendmal schneller. Diese Unterschiede bedeuten, dass im Wasser lebende Tiere sehr leistungsfähige Systeme für die Aufnahme von Sauerstoff aus dem Wasser evolviert haben müssen. Dennoch müssen auch die fortschrittlichsten Fische mit hocheffizienten Kiemen und Pumpmechanismen für das Wasser bis zu 20 Prozent ihrer Energie nur dafür aufwenden, Sauerstoff aus dem Wasser aufzunehmen. Im Vergleich dazu wendet ein Säugetier nur ein bis zwei Prozent seiner Stoffwechselenergie im Ruhezustand für die Atmung auf.

Die respiratorischen Oberflächen müssen dünn und immer durch einen feinen Flüssigkeitsfilm feucht gehalten werden, um die Diffusion von Gasen von der Umgebung (Atmosphäre) in die unter der Oberfläche verlaufenden Blutgefäße und in Gegenrichtung zu erlauben. Für wasserlebende Tiere ist dies – untergetaucht, wie sie leben – kaum ein Problem, für Luftatmer stellt es jedoch eine Herausforderung dar. Um die respiratorischen Membranen feucht zu halten und vor Verletzungen zu schützen, sind sie bei Luftatmern im Allgemeinen in Form von Einfaltungen der Körperoberfläche in das Körperinnere ausgebildet. Ein Pumpmechanismus befördert dann die Luft in den Körper hinein und wieder heraus. Die Lunge ist das beste Beispiel für eine erfolgreiche Lösung für Atmung auf dem Land. Weiter gilt, dass **Ausstülpungen (Exvaginationen)** der Körperoberflächen, wie Kiemen, für die aquatische Atmung am besten geeignet sind. **Einstülpungen (Invaginationen)**, wie Lungen und Tracheen, sind für die terrestrische Atmung am besten geeignet. Wir werden nun einige bedeutsame Beispiele für Atmungsorgane von Tieren näher betrachten.

31.4.2 Atmungsorgane

Gasaustausch durch direkte Diffusion

Protozoen, Schwämme, Nesseltiere und viele Würmer atmen durch unmittelbare Diffusion von Gasen zwischen dem Organismus und der Umgebung. Wie wir zu Beginn des Kapitels angemerkt haben, ist diese Form der **Kutanatmung (Hautatmung)** nicht hinreichend, wenn Zell-/Gewebemassen von mehr als 1 mm Durchmesser zu versorgen sind. Durch eine starke Vergrößerung der Körperoberfläche relativ zum Körpergewicht (hohes Oberflächen/Volumenverhältnis), vermögen viele vielzellige Tiere ihren Sauerstoffbedarf teilweise oder gänzlich durch direkte Diffusion decken. Die Plattwürmer (Kapitel 14) sind ein Beispiel für eine Tiergruppe, die sich dieser Strategie bedient.

Die kutane Atmung unterstützt bei größeren Tieren wie Amphibien und Fischen oftmals die Kiemen- oder Lungenatmung. So kann etwa ein Aal 60 Prozent des Sauerstoffs und Kohlendioxids über seine stark durchblutete Haut austauschen (die verbleibenden 40 Prozent entfallen auf die Kiemen). Während des Winterschlafs führen Frösche und sogar Schildkröten den gesamten Atemgasaustausch über die Haut durch, wenn sie untergetaucht in Teichen oder sonstigen Kleingewässern liegen. Die lungenlosen Schwanzlurche bilden die größte Familie der Schwanzlurche (Urodelen; Kapitel 25). Die Larven mancher lungenloser Urodelen tragen Kiemen, und bei einigen bleiben die Kiemen bis in das Adultstadium erhalten, doch fehlen den Adulti der meisten Arten sowohl Lungen wie Kiemen.

Gasaustausch durch Röhren: Tracheensysteme

Insekten und bestimmte andere terrestrische Arthropoden (Hundertfüßler, Tausendfüßler sowie manche Spinnen) besitzen ein hochspezialisiertes Atmungssystem, das in vielerlei Hinsicht das einfachste, direkteste und effizienteste Atmungssystem ist, das man bei körperlich aktiven Tieren antrifft. Es besteht aus einem sich verzweigenden System aus Röhren (= **Tracheen**), die sich in alle Teile des Körpers hinein erstrecken (▶ Abbildung 31.19). Die kleinsten Endkanäle des Systems sind flüssigkeitsgefüllte **Tracheolen** von weniger als 1 µm Durchmesser, die in enger Nachbarschaft zu den Plasmamembranen der Körperzellen enden. Luft tritt durch ventilartige Öffnungen, die **Spirakel**, in das Tracheensystem ein und aus. Die Spirakel können verschlossen werden, um Wasserverluste zu vermindern. Es kann ein Filter vorhanden sein, um das Eindringen von Wasser, Schmutz oder Parasiten zu verhindern (Abbildung 20.20). Nach bisher gängiger Meinung erfolgt die Sauerstoffversorgung durch das Tracheensystem rein passiv. Jüngste Forschungen mit einem extrem leistungsfähigen Röntgenmikroskop zeigten jedoch, dass diese vermeintlich starren Tracheen-Röhren rhythmisch pulsieren können, um den Sauerstoff effektiv an die einzelnen Zellen zu bringen[*]. Einige Insekten können das Tracheensystem zusätzlich noch durch Bewegungen des Körpers

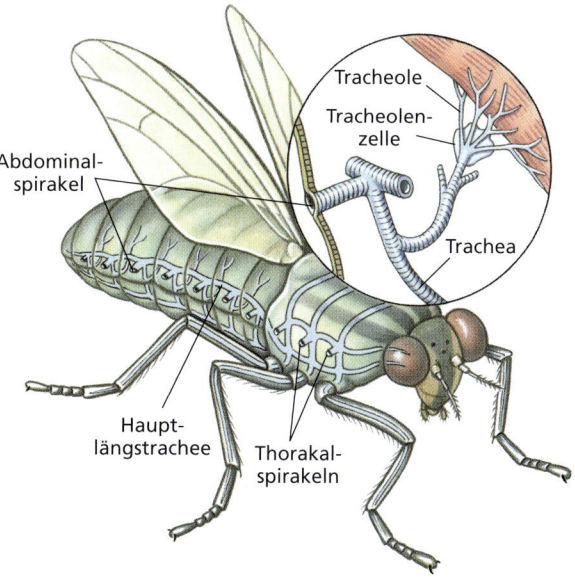

Abbildung 31.19: **Das Tracheensystem der Insekten.** Luft strömt durch die Spirakel ein und wird dann über die Tracheen auf Tracheolen verteilt, die in Kontakt mit den Zielgeweben stehen.

---

[*] Westnead, M.W. et al. (2003): Tracheal Respiration in Insects Visualized with Synchrotron X-ray Imaging. Science, 299: 558–560.

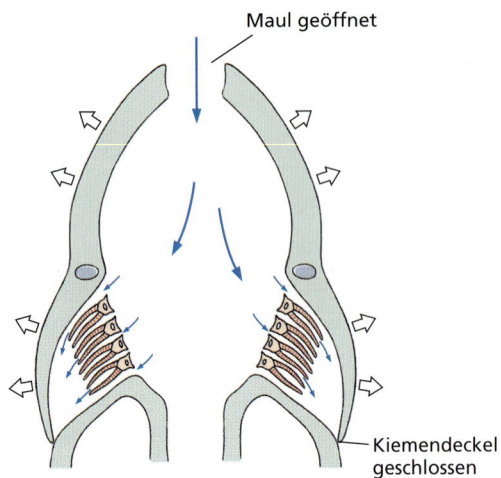
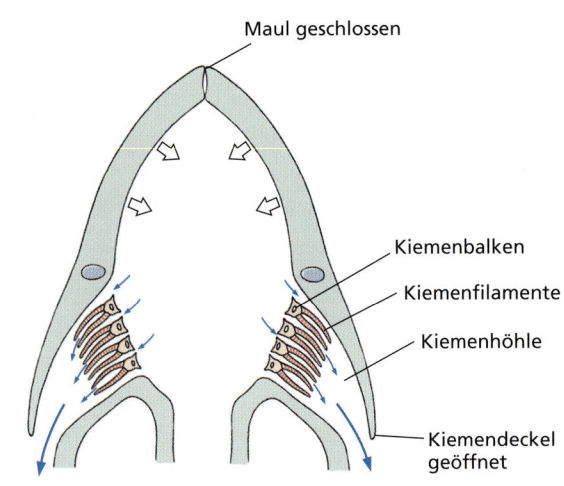

Mundhöhle weitet sich, Kiemendeckel ist verschlossen, Kiemenhöhle weitet sich, Wasser wird durch das Maul eingesaugt und über die Kiemen geführt

Maul geschlossen, Mundhöhle wird zusammengepresst, Kiemendeckel öffnet sich, Wasser wird durch die Kiemen getrieben

Abbildung 31.20: **Ventilation der Kiemen beim Fisch.** Durch die Wirkung zweier Skelettmuskelpumpen – eine im Rachenraum, die andere in den Kiemenhöhlen – wird Wasser durch die Mundöffnung eingesaugt, strömt über die Kiemen und tritt durch die Kiemenspalten (Kiemendeckelöffnungen) wieder aus.

ventilieren. Die bekannten ziehharmonikaartigen Abdominalbewegungen von Bienen an heißen Sommertagen sind ein Beispiel hierfür. Im Insektenblut finden sich zwar Atmungspigmente, da aber jede einzelne Zelle mit dem Tracheensystem über eine direkte Rohrleitung zur Außenwelt verfügt, ist die Anlieferung von Sauerstoff und die Abfuhr des Kohlendioxids bei einem Insekt unabhängig von seinem Kreislaufsystem. Folglich spielt das Blut der Insekten keine unmittelbare Rolle beim Sauerstofftransport.

Effizienter Austausch im Wasser: Kiemen

Kiemen (= **Branchien**) verschiedenen Typs sind wirkungsvolle Atmungseinrichtungen für ein Leben im Wasser. Kiemen können einfache externe Erweiterungen der Körperoberfläche sein, wie etwa die **Dermalpapillen** der Seesterne (Abbildung 22.3), oder die **Branchialbüschel** (Kiemen) von Meereswürmern (Abbildung 17.4) und wasserlebenden Amphibien (Abbildung 25.10). Die Dorsalloben der flossenartigen Anhangsbildungen (**Parapodien**) einiger Polychäten des Meeres (Abbildung 17.3) dienen ebenfalls als externe respiratorische Oberfläche. Den höchsten Wirkungsgrad erreichen die **inneren Kiemen** der Fische (Abbildung 24.29) und Arthropoden. Fischkiemen sind dünne, filamentöse Organe, die stark mit Blutgefäßen durchzogen sind. Diese sind angeordnet sind, dass die Richtung des Blutflusses der Durchflussrichtung des Wassers entgegengesetzt ist. Diese als **Gegenstromprinzip** bezeichnete Anordnung (siehe Kapitel 24 und 30) erlaubt die größtmögliche Sauerstoffentnahme aus dem vorbeifließenden Wasser. Das Wasser strömt in Form eines ständigen Flusses über die Kiemen. Dabei wird es von einer effizienten, zweiklappigen Branchialpumpe bewegt, die sich aus dem Rachenraum und den durch die Kiemendeckel verschlossenen Kiemenhöhlen zusammensetzt (▶ Abbildung 31.20). Die Ventilation der Kiemen wird oft von der Vorwärtsbewegung des Fisches durch das Wasser bei geöffnetem Maul noch unterstützt.

Lungen

Kiemen sind für ein Leben an der Luft ungeeignet, weil die Kiemenfilamente zusammenfallen, austrocken und zusammenkleben würden, wenn sie aus dem Auftrieb verleihenden Medium Wasser herausgenommen werden. Ein Fisch erstickt trotz der ausreichenden Menge an Sauerstoff in seiner Umgebung außerhalb des Wassers sehr rasch. Es ist daher nur folgerichtig, dass die meisten luftatmenden Vertebraten Lungen besitzen – hochgradig vaskularisierte innere Hohlräume. Eine Art von Lunge findet sich auch bei bestimmten Wirbellosen (Lungenschnecken, Skorpione, einige Spinnen, einige kleine Crustaceen), doch können diese Organe nicht mit hohem Wirkungsgrad ventiliert werden.

Lungen, die durch Muskelbewegungen ventiliert werden können und so die Luft rhythmisch austauschen, sind kennzeichnend für die landlebenden Wirbeltiere. Die rudimentärsten Vertebratenlungen sind die der Lun-

31.4 Atmung

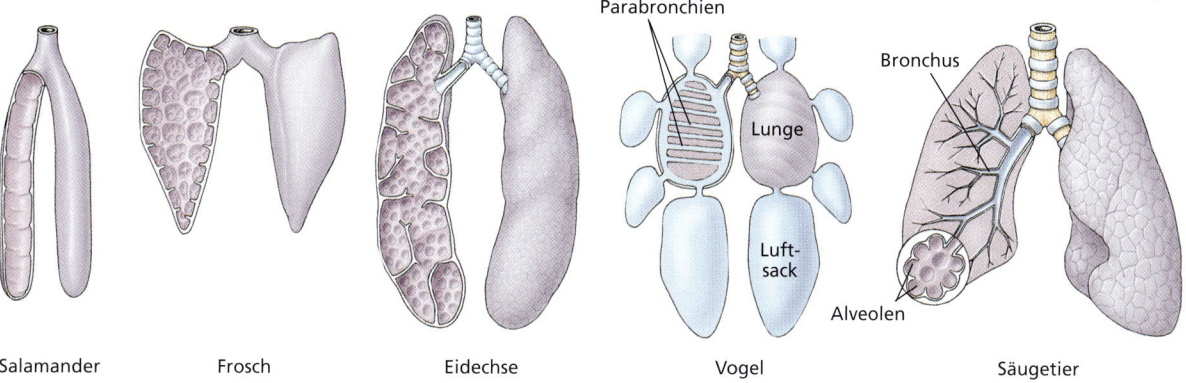

Abbildung 31.21: **Variantenreichtum des inneren Aufbaus von Lungen unter Wirbeltieren.** Die Vielfalt reicht von einfachen Säcken mit kleiner Austauschoberfläche zwischen Blut und Luftraum bei Amphibien bis hin zu komplexen, lappigen Strukturen mit jeweils wiederum einer komplexen Untergliederung und ausgedehnten Austauschoberflächen bei Vögeln und Säugetieren.

genfische (Dipneusti), die sie einsetzen, um die Kiemenatmung zu unterstützen oder gar zu ersetzen, wenn längere Trockenzeiten anbrechen. Obgleich sie von einfacherem Bau ist, sind die weitgehend ungefurchten Wandungen der Lunge eines Lungenfisches mit einem Netzwerk aus Kapillaren durchzogen. Daneben findet sich eine röhrenförmige Verbindung zum Pharynx und ein primitiver Ventilationsapparat, um Luft in die Lunge und wieder hinaus zu befördern.

Die Lungen von Amphibien reichen von einfachen, glattwandigen, beutelförmigen Lungen bei einigen Schwanzlurchen bis hin zu den untergliederten Lungen der Frösche und Kröten (▶ Abbildung 31.21). Die für den Gasaustausch zur Verfügung stehende Gesamtoberfläche der Lungen wird bei den Reptilien, die in zahlreiche, miteinander verbundene Luftsäcke untergliedert ist, stark vergrößert. Am höchsten entwickelt von allen Lungentypen ist die Säugetierlungen mit Millionen kleiner **Alveolen** (= **Lungenbläschen**; ▶ Abbildung 31.22). Jedes Lungenbläschen wird von einem reichhaltigen Netzwerk aus Blutgefäßen umhüllt. Die Lungen eines Menschen haben eine Gesamtoberfläche von 50 bis 90 m^2 (das Fünfzigfache der Hautoberfläche) und enthalten rund 1000 km Kapillaren. Eine große Oberfläche ist unabdingbar für eine hohe Sauerstoffaufnahmerate, die wiederum eine notwendige Voraussetzung für die Aufrechterhaltung der hohen Stoffwechselrate endothermer Säugetiere ist.

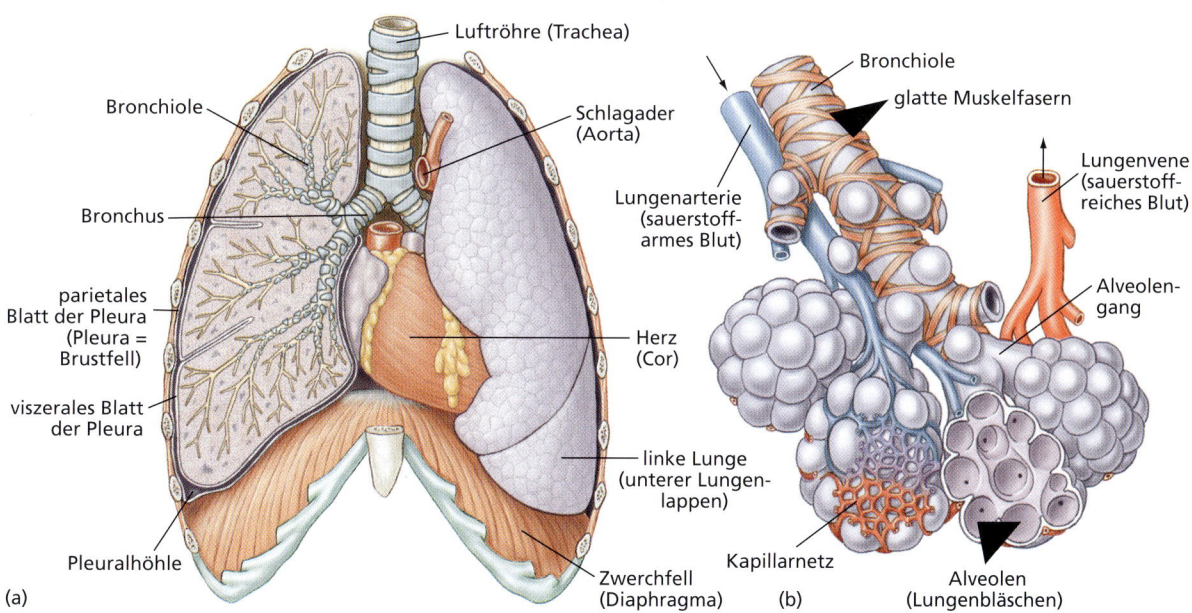

Abbildung 31.22: **Lungen.** (a) Die menschlichen Lungen. Der rechte Lungenflügel ist im Längsschnitt dargestellt. (b) Terminaler Anteil einer Bronchiole, aus der die Anordnung der Lungenbläschen und deren Blutversorgung erkennbar sind. Die Pfeile geben die Fließrichtung des Blutes an.

Ein Nachteil von Lungen liegt darin, dass der Gasaustausch nur in den Alveolen und Alveolargängen, die an den Enden des sich verzweigenden Baumes aus Luftkanälen (Luftröhre, Bronchien und Bronchiolen; Abbildung 31.22) stattfindet. Das Luftvolumen in den Atemwegen einer Lunge, in denen kein Gasaustausch stattfindet, wird als „Totraum" bezeichnet. Anders als der effiziente Einwegstrom des Wassers über die Fischkieme, muss die Luft über denselben Weg in die Lunge ein- und wieder ausströmen. Nach dem Ausatmen werden die Luftwege mit „verbrauchter" Luft aus den Alveolen gefüllt, die während des nachfolgenden Einatmens zusammen mit der Frischluft wieder in die Lungen gedrückt wird. Diese Luft fließt mit jedem Atemzug hin und her und trägt so zur Schwierigkeit einer ordentlichen Ventilation der Lungen bei. Tatsächlich ist die Ventilation der menschlichen Lunge so ineffizient, dass beim normalen Atmen bei jedem Atemzug nur etwa ein Sechstel (ca. 15 Prozent) der Luft erneuert wird. Selbst nach einem kraftvollen Ausatmen verbleiben noch 20 bis 35 Prozent der Luft in den Lungen. Allerdings trägt das geringe Austauschvolumen dazu bei, Unter- und Auskühlung zu verhindern, wenn kalte Luft geatmet wird. Einströmende kalte Luft wird durch die Vermischung mit der im Körper befindlichen warmen Luft angewärmt, so dass einige Krankheitsprozesse wie die Besiedelung mit Erregern begünstigende Abkühlung des empfindlichen Alveolargewebes verhindert werden.

Bei Vögeln wird der Wirkungsgrad der Lungen durch Hinzufügung eines ausgedehnten Systems aus Luftsäcken stark verbessert (Abbildungen 31.21 und 27.12). Diese dienen während der Ventilation als Luftreservoire. Beim Einatmen streicht etwa 25 Prozent der einfließenden Luft über die **Parabronchien** (einschichtige dicke Luftkapillaren) der Lungen; hier findet der Gasaustausch statt. Die verbleibenden 75 Prozent der einströmenden Luft fließt an den Lungen vorbei und gelangt in die Luftsäcke (hier findet kein Gasaustausch statt). Beim Ausatmen strömt ein Teil dieser Frischluft direkt durch die Luftwege der Lungen und so schlussendlich in die Parabronchien. Die Parabronchien kommen daher beim Ein- wie beim Ausatmen mit beinahe reiner Frischluft in Berührung. Die leistungskräftig ausgelegte Vogellunge ist ein Ergebnis selektiver Mechanismen im Verlauf der Evolution des Fliegens mit seinem hohen metabolischen Anspruch.

Amphibien bedienen sich der Wirkung des **Überdrucks**, um Luft in ihre Lungen zu pressen. Dies geschieht im Unterschied zu den Reptilien, Vögeln und Säugetieren, die ihre Lungen vermittels eines **Unterdrucks** ventilieren; hier wird Luft durch Ausdehnung der Thoraxhöhle in den Brustraum gesaugt. Frösche ventilieren ihre Lungen, indem sie zunächst durch die äußeren Nasenöffnungen Luft in den Rachenraum einsaugen. Dann verschließen sie die Nasenlöcher und drücken die Luft durch Zusammenziehen der Schlundhöhle (von außen sichtbares Hochziehen der Halsunterseite) in die Lungen (▶ Abbildung 31.23). Einen großen Teil der Zeit ventilieren Frösche allerdings lediglich die Schlundhöhle selbst, die eine gut durchblutete respiratorische Oberfläche darstellt und die kutane und pulmonare Atmung unterstützt.

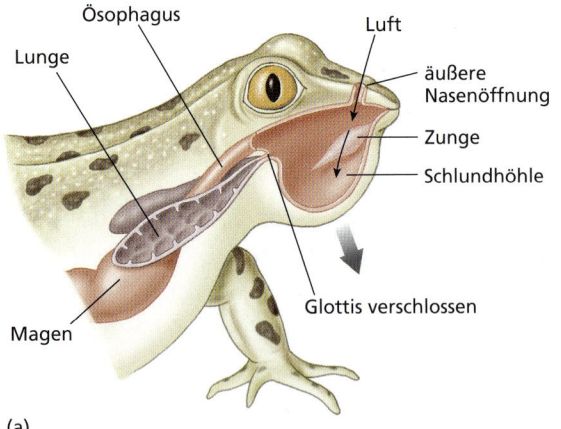
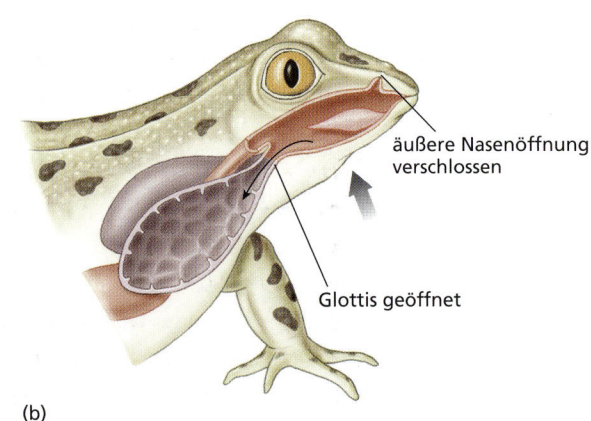

Abbildung 31.23: **Die Atmung beim Frosch.** Frösche sind Überdruckatmer. Sie befüllen ihre Lungen, indem sie Luft in sie hineindrücken. (a) Der Grund der Schlundhöhle wird abgesenkt. Durch das sich vergrößernde Volumen wird Unterdruck erzeugt, so dass Luft durch die Nasenlöcher eingesaugt wird. (b) Wenn die Nasenlöcher verschlossen und die Glottis stattdessen geöffnet wird, drückt der Frosch durch Anheben seines Schlundbodens die Luft in die Lungen. Die Schlundhöhle kann für eine Weile rhythmisch ventiliert werden, bevor die Lungen durch Kontraktion der Körperwandmuskulatur und eine elastische Rückstellkraft der Lungen wieder entleert werden.

31.4.3 Bau und Funktionsweise des Atmungsapparates der Säugetiere

Luft gelangt über die Nasenöffnungen in die Atemwege, strömt durch die **Nasenhöhle**, die mit einem Schleim abscheidenden Epithel ausgekleidet ist, und dann durch die **inneren Nasenlöcher**, die in den Schlund (**Pharynx**) münden. Dort, wo sich Atemwege und der Verdauungskanal kreuzen, verlässt die eingeatmete Luft den Schlund durch einen schmalen Durchlass, die **Glottis** (Stimmritze). Verschluckte Nahrung gelangt durch die Speiseröhre (Ösophagus) in den Magen (Abbildung 32.10). Die Glottis mündet in den **Kehlkopf** (**Larynx**), an den sich die **Luftröhre** (**Trachea**) anschließt. Die Luftröhre verzweigt sich in an der Bifurcatio tracheae (Luftröhrengabelung) in zwei (Haupt-)**Bronchien**, von denen je einer zu den beiden Lungenflügeln führt (Abbildung 31.22). In den Lungenflügeln teilt sich jede der Bronchien wieder und wieder in immer kleinere Röhren (**Bronchiolen**), die über die Alveolargänge zu den **Lungenbläschen** (**Alveolen**) führen (Abbildung 31.22). Die einschichtige Endothelwand der Alveolen und Alveolargänge ist dünn und feucht, um den Austausch zwischen der Luft und den benachbarten Blutkapillaren zu erleichtern. Die Luftwege sind sowohl mit schleimbildenden, cilientragenden Epithelzellen ausgekleidet, die wichtige Rollen bei der Aufbereitung der Luft spielen, bevor diese in die Lungenbläschen gelangt. Die teilweise oder ganz umlaufende Knorpelringe in den Wänden der Luftröhre, der Bronchien und sogar mancher der größeren Bronchiolen verhindern, dass diese Organe beim Ausatmen, wenn Unterdruck anliegt, in sich zusammenfallen.

Bei ihrem Übertritt in die Lungenbläschen erfährt die Atemluft drei bedeutsame Veränderungen: (1) Erstens werden Staub und andere Schwebeteilchen herausgefiltert, (2) zweitens wird sie abschließend auf Körpertemperatur angewärmt (der erste Schritt der Erwärmung der eingeatmeten Luft vollzieht sich bereits im Nasenraum), und (3) drittens wird sie mit Feuchtigkeit (Wasserdampf) gesättigt.

Die Lungen bestehen zum großen Teil aus elastischem Bindegewebe. Sie sind mit einer dünnen Lage eines zähen Epithels, der **Viszeralpleura** (= **Lungenfell**), überzogen. Diese Gewebeschicht setzt sich in einer ähnlich strukturierten Gewebslage, der **Parietalpleura** (= **Rippenfell**), fort, die die Innenwand der Brusthöhle auskleidet (Abbildung 31.22). Die beiden Pleuralagen stehen in engen Kontakt miteinander und gleiten übereinander hinweg, wenn sich die Lungen beim Atemvorgang ausdehnen und zusammenziehen. Der schmale Spaltraum zwischen Lungen- und Rippenfell, die **Pleurahöhle** (Cavitas pleuralis = Cavum pleurae), in der ein **intrapleuraler Unterdruck** herrscht, hilft dabei, die Lungen ausgedehnt zu halten, damit sie die Pleurahöhle vollständig ausfüllen und das maximale Atemvolumen zur Verfügung steht. Eine echte Pleurahöhle existiert daher nicht. Die beiden Pleuren reiben sich aneinander, ein Film aus Gewebsflüssigkeit dient als Schmiermittel. Die Brusthöhle wird von der Wirbelsäule, den Rippen und dem Brustbein umgrenzt. Nach unten wird es vom **Zwerchfell** (**Diaphragma**), einer kuppelförmigen, muskulären Scheidewand zwischen Brustraum und Abdominalraum (= Bauchhöhle), begrenzt. Ein muskuläres Zwerchfell findet sich nur bei den Säugetieren.

Die Ventilierung der Lungen

Die Brusthöhle ist ein luftdichter Raum. Während des Einatmens werden die Rippen nach oben gezogen, und das Zwerchfell flacht sich ab. Die resultierende Volumenzunahme in der Brusthöhle bewirkt einen weiteren Abfall des intrapleuralen wie des intrapulmonaren Drucks (▶ Abbildung 31.24). Als Folge davon strömt Luft durch die Atemwege ein, bis ein Druckausgleich hergestellt ist. Das **Atemvolumen** ist die Luftmenge (angegeben in ml), die während dieses Vorgangs eingeatmet wird. Das normale **Ausatmen** ist ein weniger aktiver Vorgang als das Einatmen. Wenn sich die Muskeln entspannen, kehren die Rippen und das Zwerchfell in ihre Ausgangslagen zurück, Intrapulmonar- und Intrapleuraldruck nehmen zu, die elastischen Lungen fallen zusammen und Luft entweicht (Abbildung 31.24).

Steuerung der Atemtätigkeit

Die Atmung verläuft normalerweise unwillkürlich und vollautomatisch, kann aber in gewissen Grenzen unter willkürliche Kontrolle gestellt werden. Neuronen im verlängerten Mark des Gehirns (siehe Kapitel 33) regulieren die normale Ruheatmung. Die Nervenzellen erzeugen spontan rhythmische Nervensignale, welche die Kontraktion des Zwerchfells und der äußeren Interkostalmuskulatur (Musculus intercostalis externus = äußerer Zwischenrippenmuskel) während des Einatmens auslösen. Die Atemtätigkeit muss sich jedoch dem sich ändernden Sauerstoffbedarf des Körpers anzupassen. Kohlendioxid und nicht Sauerstoff beeinflusst die Atemfrequenz am meisten, weil unter normalen Bedingungen der arterielle Sauerstoffgehalt nicht stark genug abfällt, um die Chemorezeptoren im verlängerten Mark (Medul-

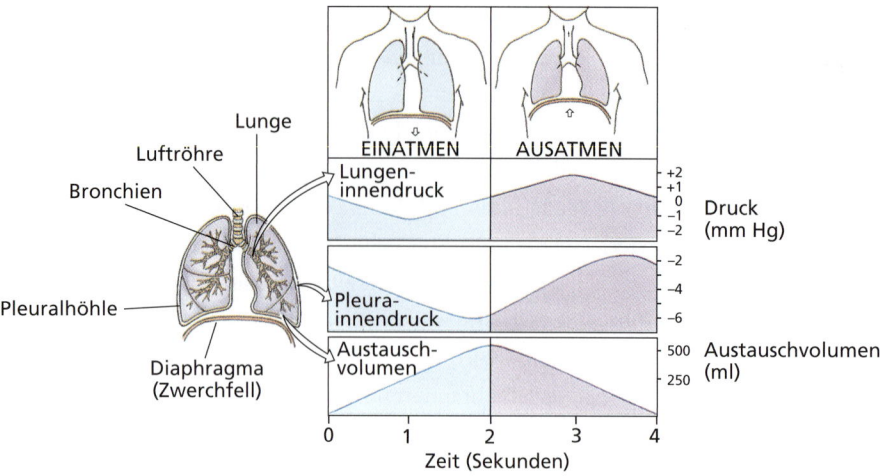

Abbildung 31.24: **Die Atmung.** Mechanismus der Atmung beim Menschen.

la oblongata) zu stimulieren. Selbst der kleinste Anstieg der Kohlendioxidkonzentration im Blut hat dagegen ausgeprägte Wirkungen auf die respiratorische Aktivität. Tatsächlich geht die stimulatorische Wirkung des Kohlendioxids zum Teil auf eine Erhöhung der Oxonium-Konzentration (H_3O^+, auch protoniertes Wasser genannt; führt zur Ansäuerung) der Cerebrospinalflüssigkeit zurück. Dies ist eine direkte Folge der Protolyse der instabilen Kohlensäure, die sich durch die Reaktion von Kohlendioxid mit Wasser bildet:

$$CO_2 + H_2O \rightleftharpoons H_2CO_3 \rightleftharpoons H^+ + HCO_3^-$$

Das Gleichgewicht der Reaktion liegt weit auf der linken Seite, doch zerfällt jedes sich bildende Kohlensäuremolekül (H_2CO_3) praktisch augenblicklich protolytisch zu einem Oxonium- und einem Hydrogencarbonat-Ion ($H_2CO_3 + H_2O \rightleftharpoons H_3O^+ + HCO_3^-$). Die Ansäuerung der Cerebrospinalflüssigkeit aktiviert respiratorische Rezeptoren in der Medulla des Gehirns. Als Reaktion darauf erhöhen sich die Frequenz wie die Tiefe der Atemzüge. Periphere Chemorezeptoren, die sich in der Nähe des Herzens und im Nackenbereich finden, registrieren Veränderungen im Kohlendioxidgehalt und der Azidität (= Säuregehalt) des Blutes und senden augenblicklich stimulatorische Signale an das Atemzentrum im verlängerten Mark, falls die Konzentrationen ansteigen.

Gasaustausch in Lungen und Körpergeweben: Diffusion und Partialdruck

Luft ist ein Gasgemisch. Sie besteht zu etwa 78 Prozent aus Stickstoff, zu 20,9 Prozent aus Sauerstoff, dazu kommen Prozentbruchteile anderer Gase (= Spurengase), unter denen mit einem Anteil von fast einem Prozent das Edelgas Argon überwiegt. Der Anteil des Kohlendioxids beträgt 0,03 Prozent (Volumenprozent). Die Schwerkraft bindet die Luft in Form der Atmosphäre an die Erdkugel. Auf Meereshöhe übt die Lufthülle einen Druck aus, der dem einer 760 mm hohen Quecksilbersäule entspricht (= 760 Torr). Die veraltete, aber in der Medizin weiterhin gebräuchliche Maßeinheit für mg Hg heißt „Torr"; nach dem gültigen System der physikalischen Grundeinheiten erfolgt die korrekte Angabe von Drücken in Pascal. Dabei gilt $1\,Pa = 1\,N/m^2 = 1\,kg/ms^2$. Der Luftdruck auf Meereshöhe beträgt $101.325\,Pa = 1013,25\,hPa$ (hPa = Hektopascal). Früher waren Druckangaben in bar üblich: $101.325\,Pa = 1,01325\,bar = 1013,25\,mbar$ (mbar = Millibar). Da die Luft ein Gemisch aus verschiedenen chemischen Bestandteilen ist, entfällt auf jeden der in der Luft enthaltenen Stoffe ein Anteil zur Gesamtgewichtskraft (= Druck), den die Luftsäule ausübt. Der auf eine Komponente i entfallende Anteil des Gesamtdruckes (pg) heißt **Partialdruck** der Komponente i (p_i). So entspricht etwa der Partialdruck des Sauerstoffs in Luft 159 Torr (nach: $0,2097 \times 760 = 159$), der von Kohlendioxid in trockener Luft $0,0003 \times 760 = 0,23$ Torr. Atmosphärische Luft ist niemals vollständig trocken, sondern enthält immer eine variable Menge an Wasserdampf, der natürlich ebenfalls einen Partialdruck beisteuert.

Sobald Luft in die Atemwege einströmt, ändert sich ihre Zusammensetzung (▶ Tabelle 31.1 und ▶ Abbildung 31.25). Die eingeatmete Luft sättigt sich mit Wasserdampf, während sie durch die Atemwege zu den Lungenbläschen strömt. Wenn die eingeatmete Luft am Endpunkt ihrer Reise – den Lungenbläschen – angelangt ist, vermischt sie sich mit der dort noch vorhandenen

31.4 Atmung

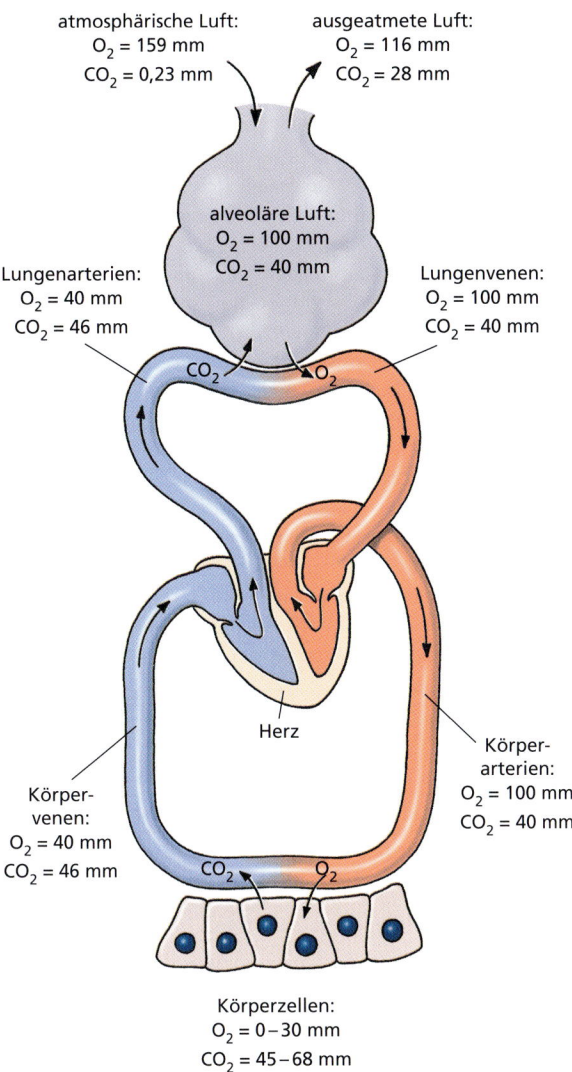

Abbildung 31.25: Austausch der Atemgase in den Lungen und den Zellen anderer Gewebe. Die Zahlenwerte geben Partialdrücke in Millimeter Quecksilbersäule (mm Hg) an.

Exkurs

Es ist bekannt, dass Schwimmer und Taucher wesentlich länger untergetaucht bleiben können, wenn sie vor dem Abtauchen zunächst heftig hyperventilieren, um möglichst viel Kohlendioxid aus den Lungen zu vertreiben, was ein Absenken der Kohlendioxid-Konzentration im Blut durch Gleichgewichtseinstellung nach sich zieht. Dadurch lässt sich der überwältigende Drang, an die Oberfläche aufzusteigen und Luft zu holen, verzögern. Diese Praxis ist jedoch gefährlich, weil der Sauerstoff beim Tauchen genauso schnell verbraucht wird wie ohne vorheriges Hyperventilieren und der Taucher das Bewusstsein verlieren kann, wenn der Sauerstoffpartialdruck im Gehirn unter einen kritischen Wert absinkt. Es sind mehrere Fälle bekannt, bei denen Schwimmer und Taucher wegen dieser Technik ertrunken sind, die versucht haben, neue Tieftauchrekorde aufzustellen oder besonders lange Strecken unter Wasser zu schwimmen.

Diese Strategie setzt allerdings ein tiefes Hyperventilieren voraus. Bei flacher Hyperventilation stellt sich der gegenteilige Effekt ein: Es wird weniger Kohlendioxid abgeatmet. Durch den Rückstau des Kohlendioxids verschiebt sich das chemische Gleichgewicht des Kohlensäurezerfalls in Richtung Protolyse. Die daraus folgende Übersäuerung des Blutes führt im Gehirn zu unkontrollierter nervöser Aktivität mit der Erzeugung von halluzinativen Wahnzuständen (man bekommt das Gefühl, fliegen zu können; man meint, seinen Körper verlassen zu können, und Ähnliches). Das vorsätzliche flache Hyperventilieren gehört zum Ritus bestimmter „Meditationstechniken". Das sich dabei bei „Geübten" einstellende Gefühl der „Bewusstseinserweiterung" und/oder Entgrenzung ist eine Störung der Säure/Basehomöostase des Großhirns durch die erzwungene Überlastung des Hydrogencarbonat-Puffersystems des Blutes.

Tabelle 31.1

Partialdrücke und relative Konzentrationen der Gasbestandteile der Luft und in Körperflüssigkeiten*

	Stickstoff (N$_2$)	Sauerstoff (O$_2$)	Kohlendioxid (CO$_2$)	Wasserdampf (H$_2$O)
Eingeatmete Luft (trocken)	600 (78,0 %)	159 (20,9 %)	0,2 (0,03 %)	–
Alveolare Luft (gesättigt)	573 (75,4 %)	100 (13,2 %)	40 (5,2 %)	47 (6,2 %)
Ausgeatmete Luft (gesättigt)	569 (74,8 %)	116 (15,3 %)	28 (3,7 %)	47 (6,2 %)
Arterielles Blut	573	100	40	
Periphere Gewebe	573		0–30	45–68
Venöses Blut	573	40	46	

* Die Werte sind in mm Quecksilber (Hg) angegeben. Die Prozentangaben beziehen sich auf die Gesamtluftdruck auf Meereshöhe (760 mm Hg). Eingeatmete Luft ist als trocken angenommen, obwohl atmosphärische Luft immer einen gewissen Wasseranteil besitzt. Wenn zum Beispiel Luft bei 20 °C halb Wasserdampf gesättigt ist (= relative Luftfeuchtigkeit 50 Prozent), würden sich die Partialdrücke und Prozentangaben folgendermaßen verschieben: N$_2$: 593,5 (78,1); O$_2$: 157 (20,6); CO$_2$: 0,2 (0,03); H$_2$O: 8,75 (1,1).

Restluft des vorhergehenden Atemzuges. Der Partialdruck des Sauerstoffs sinkt, der von Kohlendioxid steigt an. Beim Ausatmen vermischt sich die Luft aus den Alveolen mit der Luft des Totraumes, woraus ein Gasgemisch noch anderer Zusammensetzung resultiert (Tabelle 31.1). Obwohl im Totraum kein signifikanter Gasaustausch stattfindet, ist es diese Luft, die beim Ausatmen als erste ausströmt.

Da der Sauerstoffpartialdruck in den Alveolen mit 100 Torr größer ist als der im Blut, das durch die Lungenkapillaren fließt (40 Torr), diffundiert Sauerstoff in die Kapillaren. Dagegen hat das Kohlendioxid im Kapillarblut der Lungen mit 46 Torr einen geringfügig höheren Partialdruck als das Gas in den Lungenbläschen (40 Torr). Kohlendioxid diffundiert daher aus den Kapillaren in die Alveolen.

In allen übrigen Geweben wandern die Gase ebenfalls entlang ihrer Konzentrationsgradienten (= Partialdruckunterschieden; Abbildung 31.25). Der Partialdruck des Sauerstoffs im arteriellen Blut, das in die Gewebe einfließt, ist mit 100 Torr größer als der Sauerstoffpartialdruck in den umliegenden Gewebezellen (0 bis 30 Torr). Der Partialdruck des Kohlendioxids ist gleichzeitig mit 45 bis 68 Torr höher als der in den Blutzellen (40 Torr). In allen Fällen diffundieren die Gase vom Ort mit der höheren Konzentration (= höherem Partialdruck) zu dem mit der geringeren Konzentration.

Wie Atemgase transportiert werden

Bei manchen Wirbellosen werden die Atemgase einfach in Körperflüssigkeiten gelöst transportiert. Die Löslichkeit von Sauerstoff in Wasser ist aber so gering, dass dies nur bei Tieren mit niedrigen Stoffwechselraten funktioniert. So kann nur etwa ein Prozent des Sauerstoffbedarfs eines Menschen auf diese Weise transportiert werden. Deshalb werden bei vielen Invertebraten und praktisch allen Vertebraten nahezu der gesamte Sauerstoff und ein signifikanter Teil des Kohlendioxids durch spezialisierte, gefärbte Proteine im Blut transportiert. Diese speziellen Transportproteine werden **Atempigmente (= respiratorische Pigmente)** genannt. Bei allen Wirbeltieren sind diese respiratorischen Pigmente in die roten Blutkörperchen eingeschlossen.

Das am weitesten verbreitete respiratorische Pigment des Tierreichs ist das **Hämoglobin** – ein rotes, eisenhaltiges Protein, das bei allen Wirbeltieren und vielen Wirbellosen vorkommt. Fünf Prozent der Molmasse eines Hämoglobins entfallen auf den Hämanteil, eine eisenhaltige prosthetische Gruppe (= meist kovalent gebundene Nicht-Proteinkomponente mit katalytischer Wirkung), die dem Blut seine rote Farbe verleiht und die der Bindungsort für den Sauerstoff ist. Die restlichen 95 Prozent entfallen auf die Polypeptidketten des Globins. Die Hämgruppen eines Hämoglobinmoleküls besitzen eine hohe Affinität für Sauerstoff. Jedes Gramm Hämoglobin vermag ein Maximum von 1,34 ml Sauerstoff zu binden (Hüfner'sche Zahl). Da in 100 ml Blut ca. 15 g Hämoglobin enthalten sind, enthält vollständig oxygeniertes Blut ungefähr 20 ml Sauerstoff pro 100 ml. Damit die Sauerstoffbindungsfähigkeit des Hämoglobins von Nutzen für

> **Exkurs**
>
> Die Sichelzellenanämie ist eine gegenwärtig noch unheilbare Erbkrankheit, die auf dem mutativen Austausch einer einzelnen Aminosäure beruht. Dabei ist eine Glutaminsäure des normalen Hämoglobins (HbA) gegen ein Valin vertauscht. Es resultiert das Sichelzellenhämoglobin (HbS). Die Fähigkeit des Hämoglobins S zum Transport von Sauerstoff ist stark eingeschränkt, und die Erythrocyten deformieren sich unter Sauerstoffstress (zum Beispiel bei körperlicher Anstrengung). Die Kapillaren der Betroffenen werden von den missgebildeten roten Blutkörperchen leicht verstopft. Das davon betroffene Gewebe-/Organgebiet schmerzt stark, und das Gewebe kann bei andauernder oder weitreichender Mangelversorgung absterben. Rund einer von zehn Afroamerikanern in den USA trägt das Sichelzellenallel des β-Globingens in seinem Erbgut. Bei Heterozygoten kommt es nicht zur Ausbildung einer Sichelzellenanämie, und der Merkmalsträger kann ein normales Leben führen. Sind beide Eltern heterozygot für das HbS-Allel, haben ihre Nachkommen mit einer Wahrscheinlichkeit von 25 Prozent eine Sichelzellenanämie.

> **Exkurs**
>
> Das aufgrund seiner im Vergleich zu Luft sehr schwere, weil sehr dichte Wasser übt einen Druck aus, der pro 10 m Wassertiefe einer „Atmosphäre" (ungefähr 1000 Hektopascal) entspricht. Der einem Taucher zugeführte Luftdruck muss entsprechend ansteigen, um Luft in die Lungen bringen zu können. Unter den Bedingungen des erhöhten Drucks löst sich eine entsprechend größere Menge Luft im Blut (ohne an Transportproteine gebunden zu sein). Die genaue Menge hängt von der Tauchtiefe und -dauer ab. Falls ein Taucher langsam wieder aufsteigt, entweicht die Luft unmerklich aus der Lösung (dem Blut) und wird über die Lungen ausgeatmet. Falls der Aufstieg jedoch zu rasch erfolgt, gast die gelöste Luft aus und bildet Luftblasen in den Blutadern und im Gewebe – ein gefährlicher Zustand, der als „Taucherkrankheit" bekannt ist. Der Zustand ist schmerzhaft und kann unter Umständen zu Lähmungen und zum Tod führen.

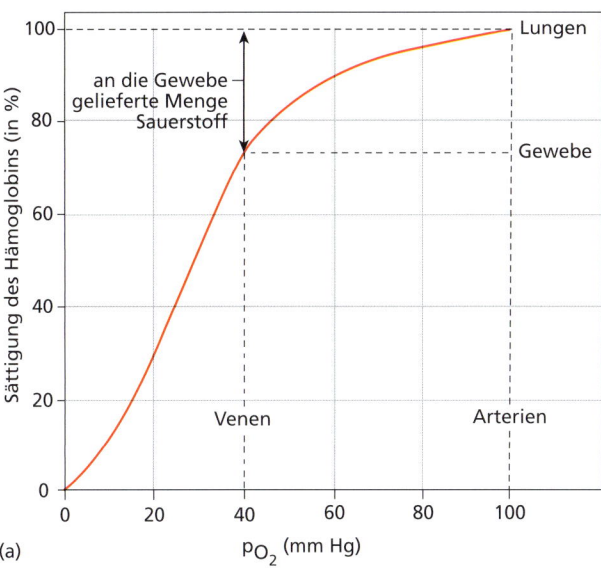 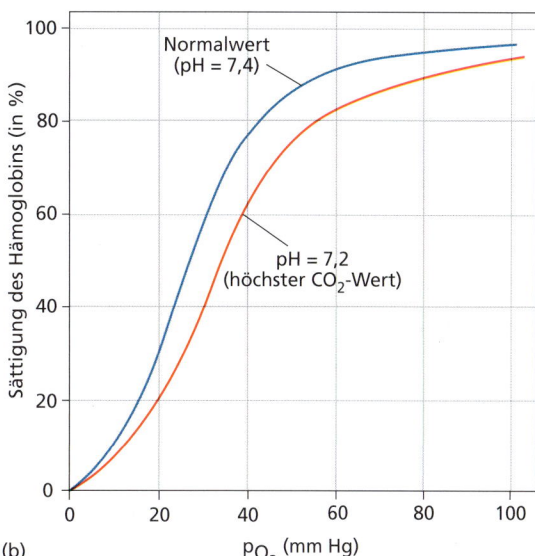

Abbildung 31.26: **Die Sättigungskurven des Hämoglobins.** Aus den Kurven lässt sich ablesen, in welcher Beziehung die Sauerstoffmenge, die das Hämoglobin zu binden in der Lage ist, vom Sauerstoffpartialdruck abhängt. (a) Beim höheren Partialdruck in den Lungen kann das Hämoglobin mehr Sauerstoff binden. In den Geweben, wo der Verbrauch stattfindet, ist die Sauerstoffkonzentration (= Partialdruck) niedrig. Aufgrund der verschobenen Gleichgewichtslage, dissoziiert Sauerstoff vom Hämoglobin ab. (b) Das Hämoglobin reagiert auch auf den Partialdruck des Kohlendioxids (Bohr-Effekt). Wenn Kohlendioxid aus den festen Geweben in das Blut strömt, verschiebt sich die Kurve nach rechts. Die Affinität des Hämoglobins für Sauerstoff sinkt. Hämoglobin gibt daher in solchen Geweben, die eine hohe lokale Kohlendioxidkonzentration oder einen niedrigen pH-Wert aufweisen, mehr gebundene Sauerstoffmoleküle ab.

den Körper sein kann, muss der Sauerstoff in einer lockeren, reversiblen Verbindung mit dem Hämoglobin vorliegen; die chemische Bindung zum Sauerstoff muss in anderen Worten leicht spaltbar sein, um den Sauerstoff am Ort, wo er gebraucht wird, freisetzen zu können. Die tatsächliche Menge an Sauerstoff, die an Hämoglobin gebunden vorliegt, hängt von der Form ab, welche die Hämoglobinmoleküle einnehmen (ihrer Konformation). Die Konformation der Hämoglobinmoleküle wird von mehreren Faktoren beeinflusst, einschließlich der Sauerstoffkonzentration selbst: Wenn die Sauerstoffkonzentration hoch ist, wie es in den Kapillaren der Lungenbläschen der Fall ist, bindet das Hämoglobin den Sauerstoff gut. In den Geweben, in denen der Verbrauch stattfindet, ist der lokale Sauerstoffpartialdruck niedrig; hier gibt das Hämoglobin seinen gespeicherten Sauerstoff ab (▶ Abbildung 31.26).

Man kann die quantitative Beziehung zwischen der Sauerstofftransportkapazität des Hämoglobins und der Sauerstoffspannung der Umgebung in Form von Sättigungskurven (= Dissoziationskurven des Sauerstoffs; Abbildung 31.26) darstellen. Aus diesen Kurven lässt sich ablesen, dass die Menge des freigesetzten (abdissoziierten) Sauerstoffs umso größer ist, je niedriger der Sauerstoffpartialdruck der Umgebung ist. Diese wichtige Eigenschaft des Hämoglobins erlaubt es, eine größere Menge Sauerstoff in solche Gewebe zu liefern, in denen er am dringendsten benötigt wird (= die, in denen der niedrigste O_2-Partialdruck herrscht).

Ein weiterer Faktor, der die Konformation des Hämoglobins und damit dessen Sauerstofffreisetzung im Gewebe, ist die Empfindlichkeit – seine chemische Affinität – des **Oxyhämoglobins** für Kohlendioxid. Kohlendioxid verschiebt die Sauerstoffsättigungskurve des Hämoglobins nach rechts (Abbildung 31.26b). Dieses Phänomen wird nach seinem Entdecker (Christian Bohr,

Exkurs

Obgleich das Hämoglobin bei den Wirbeltieren das einzige respiratorische Pigment ist, kennt man bei Wirbellosen diverse andere Atmungspigmente. Hämocyanin, ein blaues Kupferprotein, kommt bei Crustaceen und den meisten Mollusken vor. Weitere Atmungspigmente sind das Chlorocruorin – ein grünes, eisenhaltiges Pigment, dessen Sauerstofftransportvermögen dem des Hämoglobins sehr ähnlich ist. Allerdings liegt das Chlorocruorin nicht in Zellen eingeschlossen, sondern frei gelöst im Blutplasma vor. Hämerythrin ist ein rotes Pigment, das sich bei einigen Polychäten (siehe Kapitel 17) findet. Obwohl es Eisen enthält, liegen die Metallionen nicht an eine Hämgruppe koordiniert vor (ungeachtet des irreführenden Namens des Proteins). Seine Sauerstofftransportkapazität ist im Vergleich zu der des Hämoglobins relativ schwach.

1855–1911; dänischer Physiologe) als **Bohr-Effekt** bezeichnet. Wenn Kohlendioxid aus den Geweben, in denen die Zellatmung vonstatten geht, in das Blut übertritt, bewirkt es dort ein verstärktes Abdissoziieren der Sauerstoffmoleküle von den Hämoglobinmolekülen. Der entgegengesetzte Effekt tritt in den Lungen auf: Hier diffundiert Kohlendioxid aus dem Blut in die Alveolarräume über und die Sauerstoffsättigungskurve des Hämoglobins verschiebt sich wieder nach links (Abbildung 31.26). Dies erlaubt eine verstärkte Beladung der Hb-Moleküle mit Sauerstoff. Ein Anstieg der Kohlendioxidmenge im Blut führt zu einem Absinken des Blut-pH-Wertes, da die sich intermediär bildende Kohlensäure zur Ansäuerung des Blutes führt. Ein niedriger pH-Wert verschiebt die Sättigungskurve des Hämoglobins nach rechts und führt zur Freisetzung von Sauerstoff in stoffwechselaktiven Geweben (Abbildung 31.26 b).

Das gleiche Blut, das den Sauerstoff aus den Lungen zu den anderen Organen verfrachtet, muss auf seiner Rückreise das Kohlendioxid zur Lunge befördern. Anders als die Sauerstoffmoleküle, die praktisch ausschließlich an Hämoglobinmoleküle gebunden transportiert werden, wird Kohlendioxid in dreierlei verschiedener Form transportiert. Ein kleiner Teil des Kohlendioxids von ungefähr fünf Prozent liegt einfach physikalisch gelöst im Blutplasma vor (als einzelne, freie CO_2-Moleküle). Der große verbleibende Anteil diffundiert in die roten Blutkörperchen hinein. In den Erythrocyten wird der größere Teil von ca. 70 Prozent durch die Carboanhydrase in Kohlensäure überführt. Kohlensäuremoleküle sind aber höchst instabil (das Gleichgewicht liegt daher stark auf der linken Seite, also den Ausgangsverbindungen). Ein Teil der Kohlensäuremoleküle dissoziiert protolytisch zu Hydrogencarbonat und einem (formalen!) Wasserstoffion. Diese chemischen Gleichgewichte werden durch folgende Reaktionsgleichung beschrieben:

$$CO_2 + H_2O \rightleftharpoons H_2CO_3 \rightleftharpoons H^+ + HCO_3^-$$

Die Wasserstoffionen werden sofort auf Desoxyhämoglobinmoleküle übertragen, die also die eigentlichen Reaktionspartner sind. Die Protonierung der Hämoglobinmoleküle geht mit der Abdissoziation der Sauerstoffmoleküle einher. Die Hydrogencarbonationen werden aus den Erythrocyten heraus transportiert und gegen Chloridionen ausgetauscht; dies ist die Voraussetzung, damit die Carboanhydrase angesichts des weit auf Seiten des Kohlendioxids und des Wassers liegenden Gleichgewichtes überhaupt genügend Substrat zur Verfügung hat, um ihre katalytische Wirkung entfalten zu können (Chloridverschiebung). Alle Hydrogencarbonate sind ausgezeichnet löslich, die Hydrogencarbonationen bleiben daher im Blutplasma gelöst (▶ Abbildung 31.27) und tragen als maßgebliches Puffersystem des Blutes zur Stabilisierung des Blut-pH-Wertes bei.

Ein weiterer Teil des Kohlendioxids von ungefähr 25 Prozent bindet sich reversibel an Hämoglobin. Die Kohlendioxidmoleküle binden nicht, wie die Sauerstoffmoleküle, an die Hämgruppen, von denen jedes Hämoglobinmolekül vier Stück trägt, sondern an die Aminofunktionen diverser Aminosäurereste. Dabei entsteht eine chemische Verbindung, die **Carbaminohämoglobin** heißt.

Alle diese Reaktionen sind umkehrbar. Wenn das Blut die Lungen erreicht, wird das Hydrogencarbonat zurück in die roten Blutkörperchen verfrachtet, wo es zu Kohlensäure reprotoniert (= mit einem H^+ versehen) wird, die augenblicklich in Kohlendioxid und Wasser zerfällt. Das Kohlendioxid diffundiert aus den roten Blutkörperchen in die Alveolarräume über und wird nachfolgend abgeatmet.

> **Exkurs**
>
> Hämoglobinmoleküle besitzen neben ihrer Affinität für Sauerstoff auch eine hohe Affinität für Kohlenmonoxid (CO). Die Affinität für CO ist 200-mal höher als die für Sauerstoff. Selbst wenn Kohlenmonoxid nur in geringer Menge in der Atmosphärenluft vorhanden ist, verdrängt es aufgrund seiner hohen Bindungsfähigkeit leicht Sauerstoff von seinen Bindungsplätzen am Hämoglobin. Es bildet sich eine ziemlich stabile Verbindung, das Carboxyhämoglobin. Luft mit einem Kohlenmonoxidgehalt von nur 0,2 Prozent kann tödlich sein. Aufgrund ihrer hohen Respirationsrate werden Kinder und kleine Tiere schneller vergiftet als Erwachsene. Kohlenmonoxid wird in immer höherem Maße zu einem Luftschadstoff, weil die Bevölkerungsexplosion und die fortschreitende Industrialisierung immer größere Mengen freisetzt, welche die Konzentration ansteigen lässt (dies gilt insbesondere für Ballungsräume).

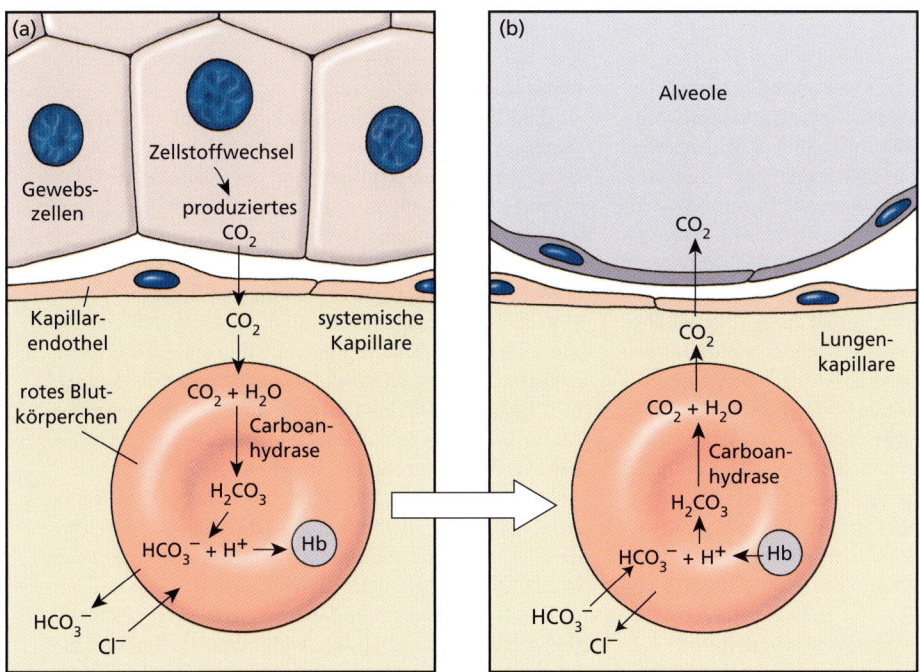

Abbildung 31.27: Der Transport von Kohlendioxid im Blut. (a) Das durch die Verstoffwechselung von Glucose entstehende Kohlendioxid (CO_2) diffundiert aus dem Gewebe in das Blutplasma und die roten Blutkörperchen. Die Carboanhydrase der roten Blutkörperchen katalysiert die Umwandlung von Kohlendioxid zu Kohlensäure, die dann protolytisch zu einem Hydrogencarbonation weiterreagiert, indem sie ein Wasserstoffion abspaltet. Das Hydrogencarbonation diffundiert aus der Zelle; ein in Gegenrichtung ablaufender Einstrom von Chloridionen in die Erythrocyten gewährleistet das elektrische Gleichgewicht. Die H^+-Ionen werden vom Hämoglobin gebunden. (b) Der niedrigere Partialdruck des Kohlendioxids in den Lungenbläschen begünstigt die Umkehrung dieser Reaktionsfolge.

ZUSAMMENFASSUNG

Flüssigkeiten des Körpers – ob Intrazellularflüssigkeit, Blutplasma oder Gewebsflüssigkeit – bestehen zum größten Teil aus Wasser, enthalten aber zusätzlich zahlreiche gelöste Stoffe wie Elektrolyte und Proteine.

Das Blut von Wirbeltieren besteht aus dem Blutplasma und zellulären Bestandteilen (rote Blutkörperchen, weiße Blutkörperchen, Blutplättchen). Im Blutplasma sind viele Feststoffe, aber auch Gase gelöst. Die roten Blutkörperchen der Säugetiere büßen im Laufe ihrer Entwicklung ihre Zellkerne ein und enthalten große Mengen eines Sauerstofftransportpigments, des Hämoglobins. Die weißen Blutkörperchen sind die Abwehrzellen des Körpers und stellen so wesentliche Bestandteile des Immunsystems dar. Die Blutplättchen (= Thrombocyten) sind wesentliche Elemente der Blutgerinnung. Mit Hilfe dieses Vorgangs werden Blutverluste verhindert, wenn Blutgefäße beschädigt werden. Thrombocyten setzen eine Reihe von Faktoren frei, welche die Umwandlung von Prothrombin in Thrombin veranlassen. Thrombin ist das Schlüsselenzym der Gerinnung, das Fibrinogen in Fibrin umwandelt. Fibrin ist das Faserprotein von Blutgerinnseln, das die Matrix für Gerinnselbildung liefert.

In offenen Kreislaufsystemen wie denen der Arthropoden und der meisten Mollusken entweicht das Blut aus den Arterien und ergießt sich ins Hämocoel, das eine primäre Leibeshöhle darstellt, die sich vom embryonalen Blastocoel herleitet. In geschlossenen Kreislaufsystemen wie denen von Anneliden, Vertebraten und Cephalopoden pumpen Herzen das Blut in die Arterien, die in Arteriolen von geringerem Durchmesser übergehen und schließlich zu feinen Kapillaren werden. Von den Kapillaren fließt das Blut durch Venolen in Venen, die das Blut zum Herzen zurückführen. Bei Fischen, die ein zweikammeriges Herz mit einem einzelnen Vorhof (Atrium) und einer einzelnen Hauptkammer (Ventrikel) besitzen, wird das Blut zu den Kiemen gepumpt und danach unmittelbar über das systemische Kapillarsystem überall im Körper verteilt, ohne vorher zum Herzen zurückzukehren.

Mit der Evolution der Lungen ging die Evolution eines doppelten Kreislaufs einher, der in einen systemischen Kreislauf („Körperkreislauf") und einen Lungenkreislauf geteilt ist. Um voll wirksam werden zu können, machte diese Veränderung die Untergliederung des Atriums wie des Ventrikels zu einer Doppelpumpe erforderlich. Eine partielle Trennung tritt bei den Lungenfischen und den Amphibien auf, die zwei Atrien, aber einen ungeteilten Ventrikel besitzen. Bei den Vögeln und Säugetieren ist die Trennung vollständig; es liegt ein vierkammeriges Herz vor.

Der durch die Kontraktionen des Herzmuskels (ventrikuläre Systole) und die nachfolgende Erschlaffung (ventrikuläre Diastole) bewirkte Blutfluss erfolgt in nur einer Richtung. Dies wird durch Klappen zwischen den Atrien und den Hauptkammern sowie zwischen den Lungenarterien (Lungenschlagader) und der Aorta (Körperschlagader) sichergestellt. Obwohl das Herz aufgrund von Schrittmacherzellen ohne äußeres Zutun spontan schlägt, wird die Herzfrequenz durch Hormone und Nervenimpulse des Zentralnervensystems gesteuert. Der Herzmuskel verbraucht viel Sauerstoff und verfügt zu diesem Zweck über einen wohlentwickelten Koronarkreislauf. Die Wände von Arterien sind dicker als die von Venen, und das elastische Bindegewebe in den Wänden großer Arterien erlaubt es diesen, sich während einer ventrikulären Systole zu erweitern und während der ventrikulären Diastole zusammenzuziehen. Der normale arterielle Blutdruck des Menschen beträgt systolisch 120 mm Hg (= 120 Torr) und diastolisch 80 mm Hg. Da zwischen den Endothelzellen der Kapillaren winzige, wassergefüllte Spalten liegen, tritt durch die Kapillarwände ein proteinfreies Ultrafiltrat über. Der Flüssigkeitsstrom wird vom Gleichgewicht zwischen den beiden, einander widerstrebenden Kräften des hydrostatischen und des von den gelösten Proteinen ausgeübten kolloid-osmotischen Druckes bestimmt. Stoffe verlassen den Blutstrom auch auf dem Weg der Transcytose oder durch Diffusion durch die Endothelzellen oder treten auf diesen in ihn ein. Gewebsflüssigkeit, die nicht wieder in das Kapillarsystem zurückfließt, sammelt sich in den Gängen des Lymphsystems und gelangt durch dieses Leitungssystem schließlich in das Blut zurück.

Sehr kleine Tiere können sich allein auf die Diffusion zwischen der Umwelt und ihren Geweben bzw. (bei Einzellern) dem Cytoplasma stützen, um Atemgase auszutauschen. Größere Tiere müssen jedoch über spezielle Organe wie Kiemen, Tracheen oder Lungen verfügen, welche die Funktion des Gasaustausches erfüllen. Kiemen und Lungen liefern vergrößerte Oberflächen für den Gaswechsel zwischen dem Blut und der Umwelt. Viele Tiere verfügen über spezielle respiratorische Pigmente und andere Mechanismen, die beim Transport von Sauerstoff und Kohlendioxid behilflich sind. Das im Tierreich am weitesten verbreitete Atmungspigment ist das Hämoglobin. Es besitzt bei hohen Sauerstoffkonzentrationen eine hohe Affinität für Sauerstoff, setzt diesen bei niedriger Umgebungskonzentration aber bereitwillig wieder frei. Das Hämoglobin der Wirbeltiere ist in rote Blutkörperchen eingeschlossen; es lagert in den Kiemen oder Lungen leicht Sauerstoff an und entlässt ihn in den atmenden Geweben wieder, wo der Sauerstoffpartialdruck infolge des Verbrauchs im Stoffwechsel niedrig ist. Das Blut transportiert Kohlendioxid in Form von Hydrogencarbonationen, chemisch an Hämoglobin gebunden sowie als im Blutplasma gelöstes Gas, von den inneren Geweben zur Lunge.

ZUSAMMENFASSUNG

Übungsaufgaben

1 Nennen Sie die wichtigsten intrazellulären und extrazellulären Elektrolyte.

2 Wie sieht das Schicksal verbrauchter Erythrocyten im Körper aus?

3 Umreißen oder beschreiben Sie knapp die Abfolge der Ereignisse bei der Blutgerinnung (Koagulation).

4 Bei den Tieren haben sich evolutiv zwei grundlegende Typen von Kreislaufsystemen herausgebildet: offene und geschlossene. Was ist bei einem offenen Kreislaufsystem „offen"? Geschlossene Systeme werden manchmal adaptiv für sich aktiv bewegende Tiere mit (mindestens zu Zeiten) hohem Stoffwechselbedarf beschrieben. Können Sie mögliche Gründe für diese Annahme angeben?

5 Ordnen Sie die folgenden Organe in der richtigen Reihenfolge und beschreiben Sie den Kreislauf des Blutes durch das Gefäßsystem eines Fisches: Ventrikel, Kiemenkapillaren, Sinus venosus, Gewebekapillaren des Körpers, Atrium, Aorta dorsalis.

6 Verfolgen Sie den Fluss des Blutes durch das Herz eines Säugetiers, benennen Sie die vier Kammern, ihre Klappen, und erläutern Sie, woher das in die beiden Atrien einströmende Blut stammt, und wohin das die beiden Ventrikel verlassende Blut jeweils fließt. Was verhindert den Rückstrom des Blutes in die Atrien, wenn sich die Ventrikel kontrahieren?

7 Erläutern Sie den Ursprung und die Fortleitung der Erregung, die zu einer Herzkontraktion führt. Warum sagt man, das Wirbeltierherz sei ein myogenes Herz? Wenn es sich um ein myogenes Herz handelt, wie erklären Sie dann Änderungen in der Frequenz des Herzschlages?

8 Geben Sie Definitionen für die Begriffe Systole und Diastole. Grenzen Sie die atriale Systole und Diastole gegen die ventrikulare Systole/Diastole ab.

9 Erklären Sie die „Bewegung" von Flüssigkeit über das kapillare Endothel hinweg (durch die Endothelzellen hindurch). Wie bestimmt das Gleichgewicht aus hydrostatischem Druck und kolloidalem osmotischen Druck die Richtung des Nettoflüssigkeitsstromes?

10. Der Blutdruck am arterialen Ende von Kapillaren beträgt beim Menschen ca. 40 mm Hg. Wie groß ist der Nettoeffekt auf den Flüssigkeitsstrom zwischen Kapillaren und Gewebezwischenräumen, falls der Blutdruck am venösen Ende ca. 15 mm Hg und der kolloidale osmotische Druck 25 mm Hg betragen?
11. Geben Sie eine kurze Beschreibung des lymphatischen Systems. Welches sind seine vordringlichen Aufgaben? Warum verläuft die Bewegung der Lymphe durch das lymphatische System äußerst langsam?
12. Worin liegen die Vorteile einer Fischkieme für die Atmung im Wasser und ein Nachteil dieses Systems für eine Atmung an Land?
13. Beschreiben Sie das Tracheensystem der Insekten. Worin liegen die Vorteile eines solchen Systems für ein kleines Tier?
14. Verfolgen Sie den Weg der eingeatmeten Luft bei einem Menschen von den Nasenlöchern bis in die kleinsten Räume der Lungen. Was versteht man unter dem „Totraum" einer Säugetierlunge, und wie beeinflusst dieser den Partialdruck des Sauerstoffs in den Alveolen?
15. Die Zeit, die ein Flaschentaucher unter Wasser verbringen kann, wird von mehreren Faktoren bestimmt, unter anderem der Zeitspanne, die notwendig ist, um den Luftvorrat in den Druckflaschen zu erschöpfen. Um den Luftvorrat länger nutzen zu können, könnte man Tauchneulingen den Rat erteilen, langsam zu atmen und so langsam wie möglich auszuatmen. Können Sie sich einen Grund vorstellen, warum dieses Verhalten den Luftvorrat eines Tauchers zu strecken vermag?
16. Wie ventiliert ein Frosch seine Lungen? Stellen Sie die Überdruckatmung eines Amphibiums der Unterdruckatmung eines Säugetiers gegenüber.
17. Welches ist die Rolle des Kohlendioxids bei der Steuerung der Frequenz und der Tiefe der Atmung bei einem Säugetier?
18. Der einem Flaschentaucher zugeführte Luftdruck muss gleich dem vom umgebenden Wasser ausgeübten Druck sein. Pro 10 m Wassertiefe nimmt der Druck des Umgebungswassers um eine volle Atmosphäre zu. Welchen Sauerstoffpartialdruck würde ein Taucher in einer Tiefe von 30 m atmen, unter der Annahme, dass der Partialdruck des Sauerstoffs auf Meereshöhe (1 Atmosphäre) gleich $0{,}209 \times 760$ mm Hg (= 159 mm Hg) beträgt?
19. Erläutern Sie, wie Sauerstoff im Blut transportiert wird. Beziehen Sie dabei im Besonderen die Rolle des Hämoglobins mit ein. Beantworten Sie die gleiche Frage auch in Bezug auf den Kohlendioxidtransport.
20. Die Fähigkeit des Hämoglobins, Sauerstoff zu binden, nimmt mit abnehmender Sauerstoffkonzentration ab, und ebenso mit zunehmender Kohlendioxidkonzentration. Welche Wirkung haben diese beiden Phänomene auf die Anlieferung von Sauerstoff zu den Geweben des Körpers?

Weiterführende Literatur

Berenbrink, M. (2006): Evolution of vertebrate haemoglobins: Histidine side chains, specific buffer value and Bohr effect. Respiratory Physiology & Neurobiology, vol. 154, nos. 1–2: 165–184.

Burggren. W. (1997): Identifying and evaluating patterns in cardiorespiratory physiology. American Zoologist, vol. 37: 109115. *Eine von mehreren Abhandlungen in dieser Ausgabe der Fachzeitschrift, in der die Beiträge eines Symposiums zur kardiorespiratorischen Physiologie zusammengefasst sind.*

Feder. M. und W. Burggren (1995): Skin breathing in vertebrates. Scientific American, vol. 253, no. 11: 126–142. *Bei vielen Amphibien und Reptilien unterstützt die Haut den Gasaustausch und kann unter Umständen sogar die Arbeit der Kiemen oder Lungen vollständig übernehmen.*

Jain, R. und P. Carmeliet (2001): Vessels of death or life. Scientific American, vol. 285: 38–43. *Übersicht über die Entwicklung von Blutgefäßen (Angiogenese) und ihrer Bedeutung für zahlreiche Krankheitsprozesse.*

Kiberstis, P. und J. Marx (1996): Cardiovascular medicine. Science, vol. 272: 663. *Einführung zu einer Serie von Artikeln über damals aktuelle Forschungen zur Herzentwicklung, der Genetik des Blutdrucks, der genetischen Grundlagen von Herz-/Kreislauferkrankungen, Mäusemodellen für die Arteriosklerose, molekulare Therapieansätze für Gefäßkrankheiten und neue Medikamente zur Behandlung von Schlaganfällen.*

Klinke, R. et al. (Hrsg.): Physiologie. 5. Auflage. Thieme (2005); ISBN: 9-783-1379-6005-8. *Ein Standardwerk der Humanphysiologie.*

Libby, P. (2002): Artherosclerosis: the new view. Scientific American, vol. 286, no. 5: 47–55. *Beschreibt neuere Erkenntnisse zur Entstehung der Arteriosklerose (Gefäßverkalkung).*

Lillywhite, H. (1988): Snakes, blood circulation and gravity. Scientific American, vol. 259, no. 12: 92–98. *Wie das Gefäßsystem einer Schlange den Wirkungen der Schwerkraft entgegenwirkt.*

Moyes, C. und P. Schulte (2007): Tierphysiologie. Pearson Studium; ISBN: 3-8273-7270-4.

Nucci, M. und A. Abuchowski (1998): The search for blood substitutes. Scientific American, vol. 278: 73–77. *Eine Knappheit an Blutkonserven und das Risiko der Kontamination mit Krankheitserregern haben dazu geführt, dass nach synthetischen Blutersatzstoffen geforscht wird.*

Penzlin, H. (2005): Lehrbuch der Tierphysiologie. 7. Auflage. Spektrum; ISBN: 3-8274-0170-4.

Randall, D. et al. (2001): Animal Physiology: mechanisms and adaptations. Freeman; ISBN: 0-7167-3863-5. *Eine umfassende Darstellung der vergleichenden Tierphysiologie mit besonders guter Darstellung des Nervensystems und der Sinnesorgane.* Deutsche Ausgabe: Tierphysiologie 4. Auflage (2002). Thieme; ISBN: 978-31366-4004-3.

Roger, E. (2002): Tierphysiologie. 4. Auflage. Thieme; ISBN: 9-783-1366-4004-3.

Schmidt, R. und F. Lang (Hrsg.): Physiologie des Menschen. Mit Pathophysiologie. 30. Auflage. Springer (2007); ISBN: 978-3-540-21882-1. *Standardwerk der Humanphysiologie. Regelmäßig aktualisiert und umfangreich.*

Thews, G. und Vaupel, P. (2005): Vegetative Physiologie. 5. Auflage. Springer; ISBN: 978-3-540-24070-9.

Weitere Informationen zu diesem Buchkapitel finden Sie auf der Companion-Website unter **http://www.pearson-studium.de**

Verdauung und Ernährung

32.1	Ernährungsweisen	1041
32.2	Verdauung	1046
32.3	Aufbau und Funktionsweise der einzelnen Abschnitte des Verdauungstraktes	1048
32.4	Regulation der Nahrungsaufnahme	1057
32.5	Regulation der Verdauung	1059
32.6	Nährstoffbedarf	1060
	Zusammenfassung	1064
	Übungsaufgaben	1065
	Weiterführende Literatur	1066

Sir Walter Raleigh (englischer Seefahrer und Schriftsteller des 16. Jahrhunderts) machte die Beobachtung, dass der Unterschied zwischen einem reichen und einem armen Mann darin bestehe, dass ersterer isst, wenn ihm danach ist, während letzterer isst, wenn er etwas zu essen hat. In der heutigen, übervölkerten Welt, in der die Weltbevölkerung pro Jahr um 80 Millionen Menschen anschwillt und gegenwärtig mehr als 6600 Millionen (= 6,6 Milliarden) Menschen umfasst, gemahnt uns die Trennlinie zwischen den Wohlgenährten und im Überfluss Lebenden und den Hungernden und Fehlernährten, dass der Lauf der Zeit die sarkastische Wahrheit von Raleigh's Bonmot nicht überholt, ja nicht einmal abgeschwächt hat. Anders als in Ländern des Überflusses, in denen sich die Nahrungsbeschaffung für die meisten Menschen auf die Auswahl abgepackter Lebensmittel in wohlsortierten Supermärkten beschränkt, vermögen die Armen der Welt zu ermessen, dass für sie – wie für den ganzen Rest des Tierreichs – der Nahrungserwerb eine fundamentale Voraussetzung für das bloße Überleben darstellt. Für die meisten Tiere stellt Fressen die Hauptbeschäftigung des Lebens dar.

Mögliche Nahrung findet sich überall, und nur weniges bleibt unangetastet. Tiere beißen, kauen, knabbern, zerbeißen, grasen, äsen, fressen kahl, raspeln ab, filtern, umfließen, umgarnen, saugen, zermalmen, zerreißen und absorbieren Nahrung auf unvorstellbar vielgestaltige Weise. Was ein Tier frisst, und wie es frisst, beeinflusst die Ernährungsgewohnheiten, das Verhalten, die Physiologie sowie die innere wie äußere Anatomie eines Tieres –

Leierantilopen *(Damaliscus lunatus)* und Zebras *(Equus quagga)* in der afrikanischen Savanne.

kurz gesagt, seine Körperform und seinen Platz im Netz der belebten Natur. Das immerwährende und andauernde evolutive Hin und Her zwischen Jägern und Gejagten, zwischen Räuber und Beute, führte zu adaptiven Kompromissen in Bezug auf das Fressen und Anpassungen mit dem Ziel, es zu vermeiden, gefressen zu werden. Auf welche Art und Weise ein Tier auch seiner Nahrung habhaft werden mag – in der nachfolgenden verdauenden Zerlegung der Nahrung gibt es sehr viel weniger Vielfalt unter den verschiedenen Tieren. Wirbeltiere wie Wirbellose nutzen ähnliche Verdauungsenzyme. Die finalen biochemischen Abbauwege der Nährstoffverwertung und Energieumwandlung sind sogar noch weitaus gleichförmiger. Die Ernährung eines Tieres gleicht einem Füllhorn, in das die Nahrung hineinfällt, statt aus ihm heraus. Ein breites Spektrum an Nahrungsquellen, die mit Hilfe der ungezählten Anpassungen der Fressapparate erschlossen werden, strömt in den Trichter des Füllhorns, wird zerlegt und dient schließlich allen Lebensformen zum Überleben und zur Sicherung der Fortpflanzung.

Alle Lebewesen benötigen Energie, um ihre hochorganisierte innere Ordnung aufrecht erhalten zu können. Diese Energie ist in chemischen Bindungen komplexer organischer Verbindungen gespeichert, die der Organismus aus der Umwelt aufnimmt, in einfachere umwandelt, dabei die Energie freisetzt und für sich nutzbar macht.

Die ultimative Quelle der Energie für das Leben auf der Erde ist die Sonne. Sonnenlicht wird durch Chlorophyll in Pflanzen und Cyanobakterien eingefangen, und ein Teil dieser Energie wird in Form neuer chemischer Bindungen festgelegt (Speicherstoffe). Pflanzen sind autotrophe Lebewesen; sie benötigen lediglich Kohlendioxid und anorganische (kohlenstofffreie) Verbindungen, die sie aus der Umwelt absorbieren, um wachsen zu können. Die meisten autotrophen Organismen sind **Phototrophe**, die Chlorophyll enthalten. Einige, nicht auf Licht angewiesene autotrophe Organismen sind **chemoautotrophe** Bakterien, die ihre notwendige Energie aus der Umsetzung anorganischer (kohlenstofffreier) Stoffe ziehen.

Fast alle Tiere sind dagegen heterotroph, das heißt, sie benötigen zum Überleben und zur Fortpflanzung vorsynthetisierte organische Verbindungen in Form von anderen Lebewesen (Pflanzen, andere Tiere, Pilze, Bakterien) oder Teilen davon. Da die Nahrung eines Tieres – normalerweise mehr oder weniger feste Gewebe anderer Lebewesen – für gewöhnlich zu sperrig sind, um unmittelbar von den Zellen absorbiert werden zu können, muss sie verdaut werden, also in lösliche Bestandteile zerlegt werden, die klein genug sind, um genutzt werden zu können. Alle Tiere, und somit natürlich auch der Mensch, sind absolut abhängig von den Produkten der autotrophen Primärkonsumenten; der Mensch kann sich definitiv kein Nahrungsmittel ohne Bestandteile autotropher Organismen selbst herstellen.

Tiere lassen sich aufgrund ihrer Ernährungsgewohnheiten in Kategorien einteilen. **Herbivoren** (= herbivore Tiere) ernähren sich ausschließlich oder zum überwiegenden Teil von Pflanzen. **Carnivoren** (= carnivore Tiere) ernähren sich ausschließlich oder zum überwiegenden Teil von anderen Tieren (Herbivoren oder anderen Carnivoren). **Omnivoren** (Allesfresser) nehmen sowohl pflanzliche wie tierische Nahrung zu sich. **Saprophagen** ernähren sich von zerfallender organischer Substanz.

Die **Einverleibung** (Ingestion; lat. *ingestio*, Einführung) von Nahrung und ihre Zerlegung im Rahmen der **Verdauung** (Digestion; lat. *digestio*, Verdauung) sind nur die einleitenden Schritte der Ernährung. Nahrung wird durch die Verdauung zu chemisch einfacheren und löslichen Bestandteilen abgebaut, in das Kreislaufsystem befördert und dann zu den Organen und Geweben des Körpers transportiert. Dort werden die Nährstoffe von den einzelnen Zellen verwertet. Sauerstoff wird ebenfalls durch das Blut zu den Geweben befördert, wo Nahrungsbestandteile oxidiert werden, um Betriebsenergie und Wärme für den Körper zu erzeugen. Nahrungsbestandteile, die der Körper nicht unmittelbar benötigt, werden zur späteren Nutzung eingelagert (abgespeichert). Abfallstoffe, die bei der Oxidation entstehen, müssen ausgeschieden (exkretiert) werden. Nahrungsbestandteile, die unverdaulich sind, werden als Fäzes (Kot, Exkrement) ausgeschieden.

Wir werden uns zunächst den Anpassungen des Fressapparates verschiedener Tiere zuwenden und die Verdauung und die Absorption der Nahrung erörtern. Wir schließen unsere Betrachtung mit einem Blick auf die Ernährungsanforderungen von Tieren.

Ernährungsweisen 32.1

Nur wenige Tiere können Nährstoffe unmittelbar aus ihrer Umgebung absorbieren. Zu diesen wenigen Ausnahmen gehören Blutparasiten, bestimmte parasitäre Darmprotozoen, Bandwürmer und die Acanthocephalen, die sich von primären organischen Verbindungen ernähren, die sie direkt über ihre Körperoberflächen aufnehmen. Diese Nährstoffe sind bereits von ihren Wirten vorverdaut. Die meisten Tiere müssen aber für ihr Essen arbeiten. Sie fressen aktiv und haben zahlreiche Spezialisierungen evolviert, um sich Nahrung zu verschaffen. Mit der Nahrungsbeschaffung als einer der wirkungsvollsten Triebkräfte der Tierevolution, hat die natürliche Selektion Anpassungen für die Erschließung neuer Nahrungsquellen und Mitteln zum Nahrungseinfang und zur Nahrungsaufnahme eine hohe Priorität zugewiesen. In dieser knappen Erörterung wollen wir einige der wichtigsten Einrichtungen zur Nahrungsaufnahme in Augenschein nehmen.

32.1.1 Ernährung durch kleine organische Partikel

Freischwebende mikroskopische Partikel finden sich in den oberen hundert Metern des Meerwassers. Der größte Teil dieser Vielfalt ist Plankton – Organismen, die zu klein sind, um sich aktiv fortbewegen zu können und sich in der Meeresströmung treiben zu lassen. Der Rest ist organischer Abfall, zerfallende Überbleibsel toter Pflanzen und Tiere. Obwohl dieser ozeanische Planktonschwarm eine reiche Domäne des Lebens ist, ist er ungleichmäßig verteilt. Die stärkste Planktonvermehrung findet in Flussmündungen und in Gebieten aufsteigender Tiefenströmungen statt, weil hier ein stetiger, reicher Nachschub an Nährstoffen stattfindet. Das sich vermehrende Plankton wird von zahlreichen größeren Tieren aufgezehrt, Wirbellosen wie Wirbeltieren, die dazu eine Vielzahl von Fressmechanismen einsetzen.

Eine der bedeutendsten und am weitesten verbreiteten Methoden ist das Strudeln (▶ Abbildung 32.1). Die Mehrheit der **Strudler** setzt mit Cilien besetzte Oberflächen ein, um Strömungen zu erzeugen und damit treibende Nahrungsteilchen zu ihren Mundöffnungen zu bringen. Die meisten strudelnden Wirbellosen, wie zum Beispiel die in Röhren lebenden polychäten Ringelwürmer, die Muscheln, die Hemichordaten sowie die meisten Protochordaten, fangen Nahrungsteilchen in Schleimschichten, die mit der Nahrung in den Verdauungstrakt befördert werden. Andere wie die Kiemenfüßler (Anostraca), Wasserflöhe und Entenmuscheln setzen fegende Bewegungen ihrer mit Seten besetzten Beine ein, um Wasserströmungen zu erzeugen und Nahrung einzufangen, die dann zur Mundöffnung gebracht wird. Im Süßwasser lebende Entwicklungsstadien bestimmter Insektenordnungen nutzen fächerartige Strukturen aus Seten oder Spinnseide, um an Nahrung zu kommen.

Eine Form des Strudelns wird vielfach als **Filtern** oder **Seihen** bezeichnet. Dieser Ernährungsmodus hat sich oftmals als sekundäre Modifikation unter Repräsentanten solcher Gruppen evolviert, die in erster Linie Selektierer sind. Diese Tiere besitzen Filterapparate, die Nahrung aus dem Wasser „kämmen", wenn dieses durch den Filterapparat strömt. Beispiele für diesen Typus sind viele Mikrocrustaceen, Fische wie der Hering und der Riesenhai, bestimmte Vögel wie Flamingos sowie die größten unter allen Tieren, die Bartenwale. Die vitale Bedeutung einer Komponente des Planktons, der Diatomeen oder Kieselalgen, für die Aufrechterhaltung einer riesigen Anzahl von Filtrierern wurde von N. Berrill in seinem Buch „You and the Universe" von 1958 herausgestellt:

„Ein Buckelwal … benötigt eine Tonne Heringe, um seinen Magen wohlig zu füllen – das sind fünftausend einzelne Fische. Jeder Hering mag selbst sechs- oder siebentausend kleine Krustentiere in seinem Magen haben, von dem jedes einzelne wieder bis zu hundertdreißigtausend Kieselalgen enthält. Mit anderen Worten können ungefähr vierhundert Millionen gelbgrüne Kieselalgen einen einzigen, mittelgroßen Wal gerade für ein paar Stunden am Leben erhalten."

Ein weiterer Ernährungstyp ist abhängig von kleinsten Teilchen zerfallender organischer Substanz (Detritus), die sich auf und im Untergrund ansammeln. Einige Detritus-Sammler, wie zum Beispiel viele Anneliden und einige Hemichordaten, lassen das Substrat einfach durch ihre Körper wandern. Dabei entnehmen sie alle Nährstoffe, die enthalten sind. Andere, wie etwa einige Mollusken (Scaphopoda), bestimmte Muscheln und einige sesshafte und in Röhren lebende Polychäten, setzen Körperanhänge ein, um organische Teilchen in einiger Entfernung vom Körper aufzusammeln und zur Mundöffnung zu befördern (▶ Abbildung 32.2).

32.1.2 Ernährung durch kompakte Nahrung

Zu den interessantesten tierischen Anpassungen gehören solche für die Beschaffung und Zerlegung fester Nahrung. Derartige Anpassungen und die entsprechenden Tiere sind großenteils durch das bestimmt, was die Tiere fressen.

Beutegreifer müssen in der Lage sein, Beutetiere aufzuspüren, zu fangen, festzuhalten, gegebenenfalls vor dem Verzehr zu töten und zu zerkleinern, und sie zu verschlucken. Die meisten carnivoren Tiere ergreifen einfach ihre Nahrung und verschlucken sie als Ganzes, obgleich es einige gibt, die Gift einsetzen, um ein Beutetier beim Einfangen zu lähmen oder zu töten. Obwohl bei den Invertebraten keine echten Zähne vorhanden sind, besitzen doch viele Schnäbel oder zahnartige Bildungen zum Beißen und/oder Festhalten. Ein vertrautes Beispiel ist der carnivore Ringelwurm *Nereis*, der einen muskulösen Pharynx (Schlund) besitzt, der mit chitinösen Kiefern bewehrt ist, die mit hoher Geschwindigkeit vorgestreckt werden können, um Beute zu ergreifen (siehe Abbildung 17.3 a). Nachdem das Tier einen Fang gemacht hat, wird der Schlund zurückgezogen und die Beute verschluckt. Fische, Amphibien und Reptilien setzen ihre Zähne in erster Linie ein, um Beutetiere zu packen und ein Entkommen zu verhindern, bis es als

32.1 Ernährungsweisen

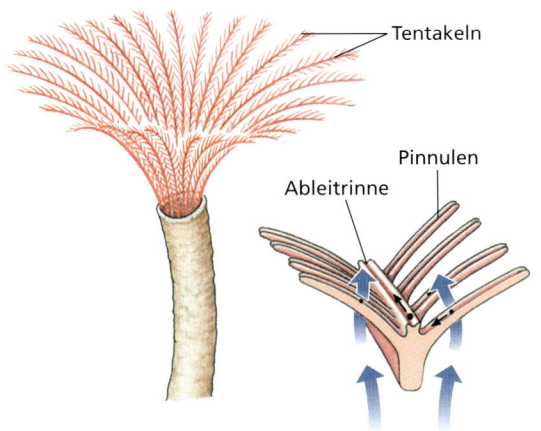

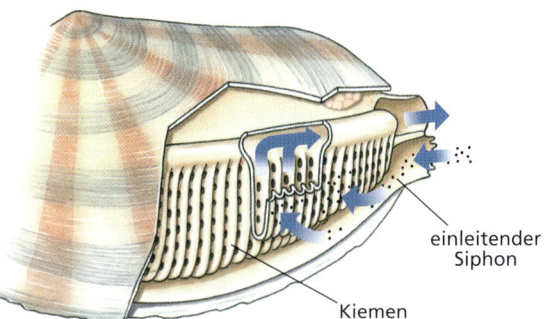

(a) Meeresfächerwürmer (Classis Polychaeta, Phylum Annelida) besitzen einen Tentakelkranz. Zahlreiche Cilien an den Kanten der Tentakel ziehen Wasser (dicke Pfeile) zwischen den Pinnulen durch, wo Nahrungsteilchen sich im Schleim verfangen. Die Teilchen werden dann entlang einer „Abflussrinne" in der Mitte der Tentakel zur Mundöffnung verfrachtet (kleine Pfeile).

(b) Muscheln (Classis Bivalvia, Phylum Mollusca) setzen ihre Kiemen zur Nahrungsaufnahme ebenso wie zur Atmung ein. Durch mit Cilien in den Kiemen erzeugte Wasserströmungen streichen über die Kiemen. Nahrungsteilchen fangen sich im Einströmsiphon und zwischen den Kiemenschlitzen, wo sie sich in einer Schleimschicht verfangen, welche die Kiemenoberfläche überzieht. Mit Cilien besetzte Nahrungsfurchen transportieren dann die Teilchen zur Mundöffnung (nicht dargestellt). Die Pfeile geben die Strömungsrichtung des Wassers an.

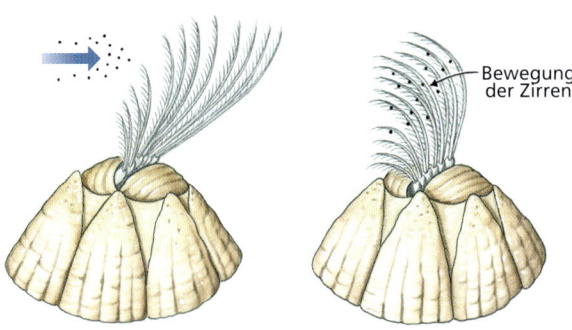

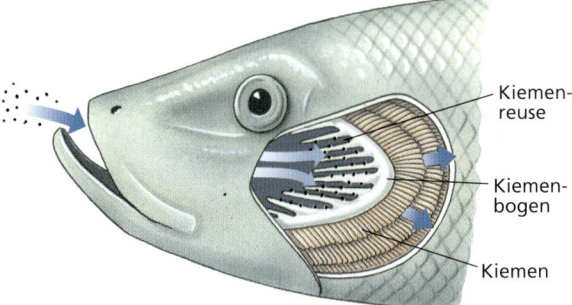

(c) Entenmuscheln (Classis Maxillopoda, Subphylum Crustacea, Phylum Arthropoda) wedeln ihre Thoraxanhänge (Zirren) durch das Wasser, um Planktonorganismen und andere organische Partikel auf feinen Borsten, welche die Zirren säumen, einzufangen. Die Nahrung wird durch die erste, kurze Zirre zur Mundöffnung befördert.

(d) Heringe und andere filtrierende Fische (Classis Actinopterygii, Phylum Chordata) setzen Kiemenharken ein, die, von den Kiemenbögen ausgehend, nach vorn in die Schlundhöhle gerichtet sind, um Plankton aus dem Wasser herauszukämmen. Heringe schwimmen beinahe unablässig; dabei halten sie ihr Maul geöffnet, so dass permanent Wasser mit darin befindlicher Nahrung einströmt. Die Nahrung wird von den Kiemenharken herausgekämmt, das Wasser strömt durch die Kiemenöffnungen nach außen.

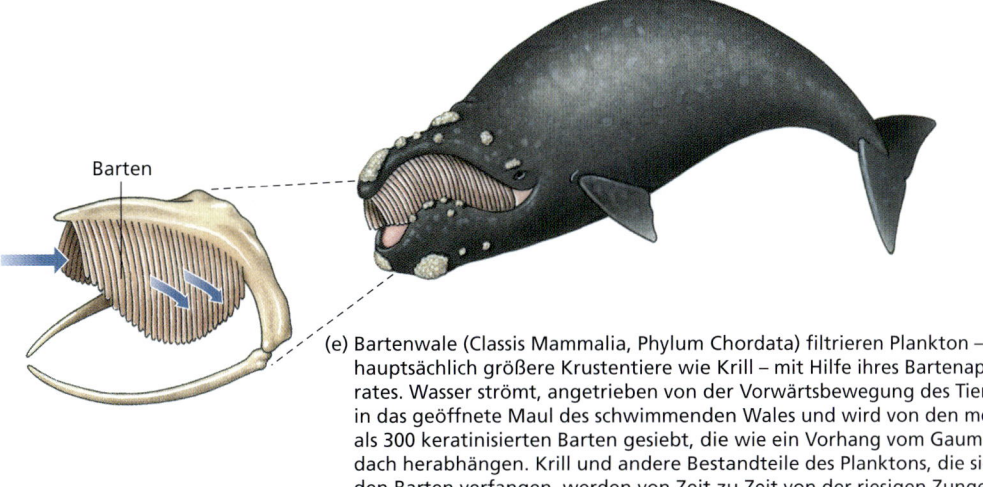

(e) Bartenwale (Classis Mammalia, Phylum Chordata) filtrieren Plankton – hauptsächlich größere Krustentiere wie Krill – mit Hilfe ihres Bartenapparates. Wasser strömt, angetrieben von der Vorwärtsbewegung des Tieres, in das geöffnete Maul des schwimmenden Wales und wird von den mehr als 300 keratinisierten Barten gesiebt, die wie ein Vorhang vom Gaumendach herabhängen. Krill und andere Bestandteile des Planktons, die sich in den Barten verfangen, werden von Zeit zu Zeit von der riesigen Zunge eingesammelt und verschluckt.

Abbildung 32.1: **Eine Auswahl von Strudlern und Filtrierern und ihre Fressapparate.** (a) Meeresfächerwürmer. (b) Muscheln. (c) Entenmuscheln. (d) Heringe. (e) Bartenwale.

32 Verdauung und Ernährung

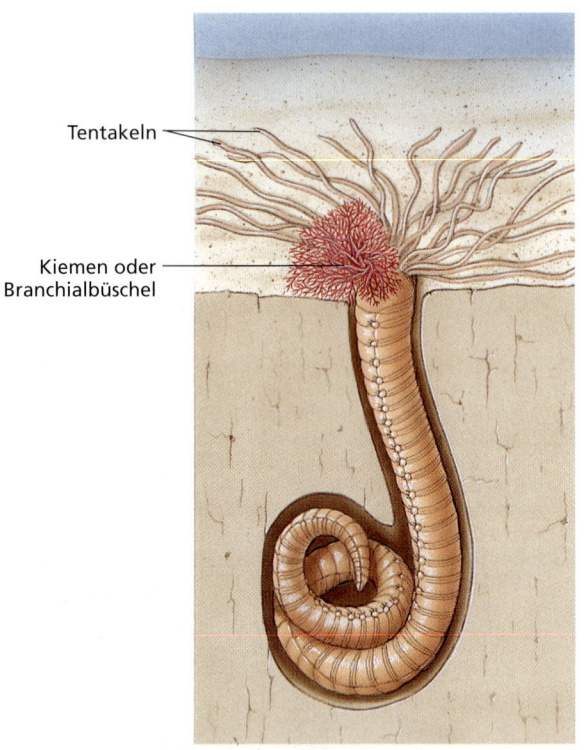

Abbildung 32.2: Der Ringelwurm *Amphitrite* (Phylum Annelida). Er ist ein Sammler, der in einem mit Schleim ausgekleideten Bau lebt und lange Fresstentakel in alle Richtungen über die Oberfläche des Meeresbodens aussendet. Nahrung, die sich im Schleim verfangen hat, wird über die Tentakel zur Mundöffnung transportiert.

Ganzes verschluckt werden kann. Schlangen und manche Fische können enorme Mahlzeiten verschlingen. Das Packen der Beute bei gleichzeitigem Fehlen von Gliedmaßen hat bei diesen Gruppen zu einigen verblüffenden Adaptionen des Fressapparates geführt: zurückgebogene Zähne zum Ergreifen und Festhalten von Beutetieren und dehnbare Kiefer und Mägen zur Unterbringung der großen und zeitlich unvorhersehbaren Mahlzeiten (▶ Abbildung 32.3). Den Vögeln fehlen Zähne, doch weisen ihre Schnäbel nicht selten gesägte Ränder auf, oder der Oberschnabel ist zum Packen und Zerreißen von Beutetieren hakenförmig ausgebildet (siehe Abbildung 27.11).

Viele Wirbellose sind in der Lage, die Größe der Nahrung durch den Einsatz von Raspelapparaten (zum Beispiel die raspelnden Mundwerkzeuge vieler Krustentiere) oder von Werkzeugen zum Zerpflücken oder Zerreißen (zum Beispiel die schnabelartigen Kiefer von Cephalopoden; siehe die Abbildungen 16.36 und 16.38) zu zerkleinern. Insekten verfügen an ihren Köpfen über drei Paare von Anhangsbildungen, die als Kiefer, Chitinzähne, Meißel, Zungen oder Saugröhren dienen (siehe Abbildung 20.19). Für gewöhnlich dient das erste Paar als Mahlzähne, das zweite als Greifkiefer, und das dritte als Sonden- und Tastzunge.

Echte Mastikation – das Kauen von Nahrung im Gegensatz zum Zerreißen oder Zermalmen – findet man nur bei Säugetieren. Säugetiere verfügen normalerweise über vier verschiedene Zahntypen, die jeweils für eine andere Aufgabenstellung adaptiert sind. **Schneidezähne (Incisivi)** sind für das Beißen, Schneiden und Abziehen von Teilen ausgelegt, **Eckzähne (Canini)** für das Packen, Durchstoßen, Eindringen und Zerreißen, die **Prämolaren (vordere Backenzähne)** und die **Molaren (hintere Backenzähne)** im hinteren Teil des Kiefers zum Zerbeißen, Zermahlen und Zermalmen (▶ Abbildung 32.4). Dieses Grundmuster ist bei Tieren mit spezialisierten Ernährungsgewohnheiten oft stark modifiziert (▶ Abbildung 32.5; siehe auch Abbildung 28.11). Herbivoren zeichnen sich durch zurückgebildete Eckzähne bei

Abbildung 32.3: Die afrikanische Eierschlange (*Dasypeltis* sp.). Sie ernährt sich ausschließlich von hartschaligen Vogeleiern, die sie als Ganzes verschluckt. Ihre spezialisierten Anpassungen sind in Anzahl und Größe reduzierte Zähne, enorm erweiterbare Kiefer, die mit elastischen Bändern (Ligamenten) ausgestattet sind, sowie zahnartige Wirbelfortsätze, welche die Eischale durchlöchern. Kurz nach der Aufnahme des unteren Bildes, durchstieß die Schlange das Ei und drückte es zusammen, verschluckte den Inhalt und würgte die zerstoßene Eischale wieder aus.

32.1 Ernährungsweisen

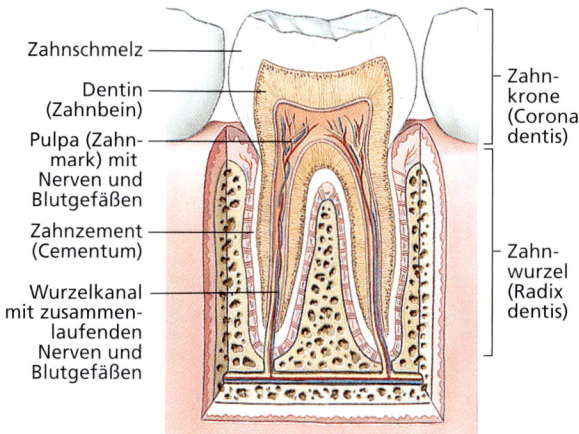

Abbildung 32.4: **Aufbau eines menschlichen Backenzahns.** Ein Zahn besteht aus drei Schichten calzifizierter Gewebeüberzüge: Zahnschmelz, der zu 98 Prozent mineralischer Natur ist und der härteste Werkstoff des Körpers ist. Der Zahnschmelz überzieht die Zahnkrone. Dentin (Zahnbein), das die Hauptmasse des Zahnes ausmacht und zu 75 Prozent mineralisch ist, sowie dem Zahnzement, der einen dünnen Überzug auf dem Dentin im Wurzelbereich des Zahns bildet und in seiner Zusammensetzung sehr knochenähnlich ist. Die Zahnhöhle im Inneren des Zahnes enthält lockeres Bindegewebe, Blutgefäße, Nerven und zahnbildende Zellen.

modifizierte Eckzähne (Hauer), die als Waffe eingesetzt werden können. Viele weitere Spezialisierungen der Säugetiere, die sich für spezielle Formen der Nahrungsaufnahme entwickelt haben, werden in Kapitel 28 beschrieben.

Pflanzenfresser (Herbivoren) haben spezielle Einrichtungen zum Zermahlen und Zerschneiden von pflanzlichem Material evolviert. Einige Wirbellose besitzen raspelnde Mundwerkzeuge, beispielsweise die Radula der Schnecken (siehe Abbildung 16.3). Pflanzenfressende Insekten wie Heuschrecken verfügen über mahlende und schneidende Mandibeln. Herbivore Säugetiere wie Pferde und Rinder nutzen breite, zerklüftete Molaren zum Zermahlen der Nahrung. Mit diesen Mechanismen zerreißen oder zerfasern sie die widerstandsfähigen pflanzlichen Zellwände mit ihren Fasern aus Zellulose und anderen Polymeren und helfen so, die Verdauung durch die mikrobielle Darmflora zu beschleunigen. Die Zellinhalte werden so dem enzymatischen Verdau zugänglich. Herbivoren sind auf diese Weise befähigt, Nahrung zu verdauen, die Carnivoren nicht verwerten können. Dadurch wandeln sie letzten Endes pflanzliches Material in Protein für den Verzehr durch Carnivoren und Omnivoren um.

32.1.3 Ernährung durch Flüssigkeiten

Ernährung durch flüssige Nahrung ist besonders für Parasiten kennzeichnend, wird aber auch von vielen freilebenden Tieren praktiziert. Einige Endoparasiten absorbieren einfach Nährstoffe, von denen sie umgeben sind, weil der befallene Wirt sie unfreiwillig zur Verfügung stellt. Andere beißen Stücke aus dem Gewebe des Wirtes oder raspeln es ab, saugen Blut oder ernähren

gleichzeitig wohlentwickelten Molaren mit Schmelzrändern zum Zermahlen aus. Wohlentwickelte, selbstschärfende Schneidezähne, die lebenslang weiterwachsen, finden sich bei den Nagetieren (Rodentia). Sie müssen ständig durch Gebrauch (Nagetätigkeit) abgenutzt werden, um mit dem konstanten Wachstum Schritt zu halten. Manche Zähne sind so stark abgewandelt, dass sie nicht länger zum Beißen oder Kauen der Nahrung eingesetzt werden können. Die Stoßzähne eines Elefanten (▶ Abbildung 32.6) sind umgebildete Schneidezähne, die zur Verteidigung, zum Angriff und zum Graben eingesetzt werden. Männliche Wildschweine besitzen

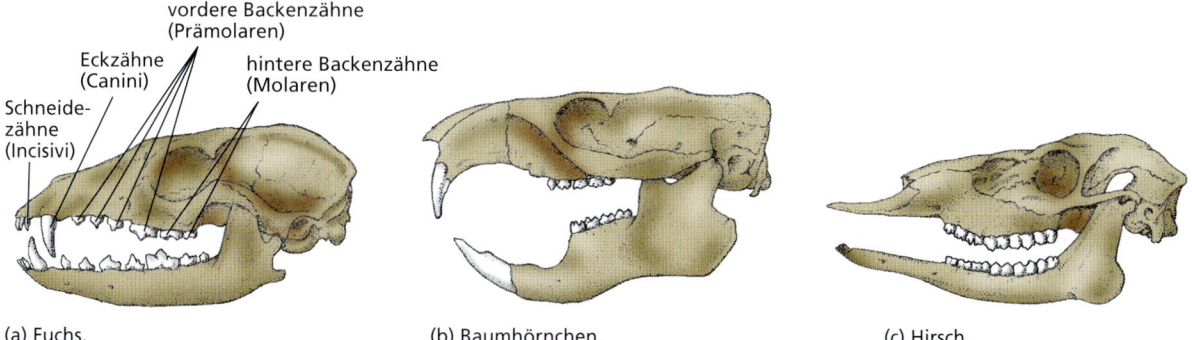

(a) Fuchs. (b) Baumhörnchen. (c) Hirsch.

Abbildung 32.5: **Bezahnung von Säugetieren.** (a) Zähne eines Fuchses als Beispiel für einen Carnivoren. Das Gebiss zeigt alle vier Zahntypen. (b) Murmeltiergebiss als Beispiel für ein Nagetiergebiss mit meißelartigen Schneidezähnen, die ständig nachwachsen, um der Abnutzung entgegenzuwirken. (c) Gebiss eines Weißwedelhirsches als Beispiel für einen grasenden (herbivoren) Ungulaten. Das Gebiss weist flache Prämolaren und Molaren auf, die ein kompliziertes Muster von Höckern zeigen. Die zerklüfteten Oberflächen sind zum Mahlen geeignet.

Abbildung 32.6: Ein afrikanischer Elefant. Er lockert mit seinen Stoßzähnen den Boden eines Salzlagers auf. Elefanten setzen ihre mächtigen modifizierten Schneidezähne auf vielerlei Weise ein, um nach Nahrung und Wasser zu suchen, den Erdboden auf der Suche nach Wurzeln umzupflügen, um Zweige und Äste auseinanderzubiegen, um an das Kambium in der Rinde von Bäumen zu gelangen, sowie dazu, in ausgetrockneten Flussbetten nach Wasser zu „bohren".

sich vom Darminhalt des Wirtes (siehe Abbildung 24.6). Ektoparasiten wie Egel, Neunaugen (Abbildung 24.6), parasitäre Crustaceen (Karpfenläuse und Ähnliches) und Insekten setzen eine Vielzahl effizienter stechender und saugender Mundwerkzeuge ein, um sich von Blut oder anderen Körperflüssigkeiten zu ernähren. Es gibt zahlreiche Arthropoden, die sich von Flüssigkeiten ernähren, zum Beispiel Flöhe, Stechmücken, Läuse, Bettwanzen, Zecken und Milben, um nur einige zu nennen, die Menschen wie auch andere Wirbeltiere heimsuchen. Viele von ihnen sind Überträger ernsthafter Erkrankungen des Menschen und erweisen sich dadurch als mehr als nur nervtötend und lästig.

Zum Leidwesen des Menschen und anderer warmblütiger Tiere, sind die allgegenwärtigen Stechmücken hervorragende Blutsauger. Nach einer mehr als sanften Landung durchsticht die Mücke die Haut des Opfers mit einer Batterie von sechs nadelartigen Mundwerkzeugen (siehe Abbildung 20.19b und c). Eines davon wird benutzt, um einen gerinnungshemmenden Speichel (der auch für den später folgenden Juckreiz verantwortlich ist, und welcher bakteriellen und viralen Erregern, wie denen der Malaria, des Gelbfiebers, der Enzephalitis und vielen anderen als Vehikel der Ausbreitung dient) in die Stichwunde zu injizieren. Ein anderes Mundwerkzeug ist der Kanal, durch den Blut eingesaugt wird. Es ist ein schwacher Trost, dass nur die Weibchen Blut saugen, um an Nährstoffe zu gelangen, die für die Eibildung notwendig sind.

Verdauung 32.2

Im Verlauf der Verdauung werden organische Nahrungsmittel mechanisch und chemisch aufgeschlossen und zu kleineren chemischen Einheiten abgebaut, die absorbiert werden können. Obwohl die Hauptnährstoffe der Nahrung in der Hauptsache den Verbindungsklassen der Kohlenhydrate, Proteine und Fette angehören – den gleichen, aus denen auch der Konsument besteht – müssen diese Bestandteile der Nahrung zunächst in ihre einfachsten molekularen Bausteine zerlegt werden, bevor sie assimiliert (= verwertet) werden können. Jedes Tier baut einige dieser verdauten und absorbierten Einheiten in organische Verbindungen ein, die typisch für die chemische Ausstattung des jeweiligen Tieres sind. Kannibalismus ist daher mit keinerlei metabolischem Vorteil verbunden: Artgenossen werden in gleicher Weise verdaut wie die Vertreter anderer Arten, die als Nahrung dienen.

Bei Protozoen und Schwämmen erfolgt die Verdauung vollständig intrazellulär (▶ Abbildung 32.7). Ein Nahrungsteilchen wird phagocytotisch in eine Nahrungsvakuole eingeschlossen. Verdauungsenzyme, die in der Vakuole vorhanden sind oder durch Vesikel geliefert werden, entfalten ihre Wirkung, und die Abbauprodukte ihrer Arbeit – Monosaccharide, Di- und Tripeptide, Aminosäuren, Fette und so weiter – werden in das Cytoplasma überführt, wo sie unmittelbar verwertet werden, oder von wo aus sie, wie bei vielzelligen Tieren, den Weg in andere Zellen antreten. Abfallstoffe der Verdauungsprozesse werden durch Exocytose oder spezielle Transporter aus der Zelle entfernt (siehe Kapitel 3).

Die intrazelluläre Verdauung einzelner Zellen ist auf bedeutsame Weise begrenzt. Nur Teilchen, die durch Phagocytose oder Membrantransporter aufgenommen werden können, steht dieser Weg offen. Jede Zelle muss alle notwendigen Verdauungsenzyme selbst herstellen und die Verdauungsprodukte in ihr Cytoplasma übernehmen. Diese Limitierungen wurden durch die Evolution eines Verdauungskanals überwunden, in der die extrazelluläre Verdauung großer Nahrungsmengen erfolgen kann. Bei der extrazellulären Verdauung spezialisieren sich bestimmte Zellen, die das Lumen (den freien Innenraum) des Verdauungskanals auskleiden, darauf, verschiedene Verdauungssekrete zu bilden, die Enzyme enthalten, während gleichzeitig andere Zellen größtenteils oder ausschließlich der Absorption dienen. Viele Metazoen von einfacherem Bau wie Radiaten,

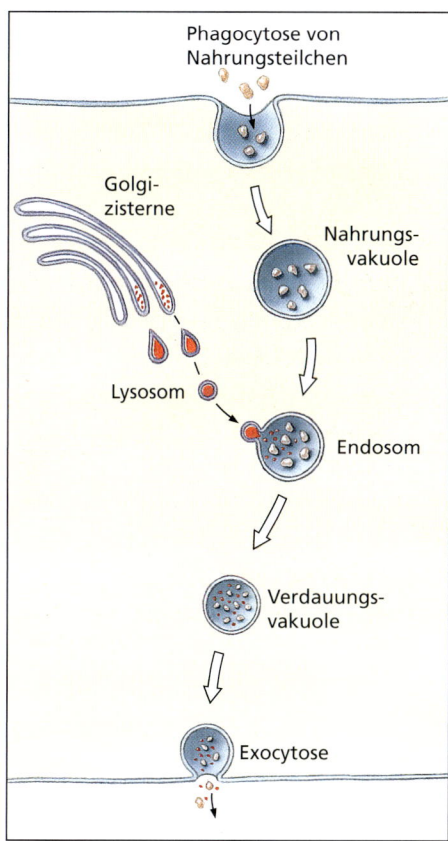

Abbildung 32.7: Intrazelluläre Verdauung. Lysosomen enthalten Verdauungsenzyme (Nucleasen, Phosphatasen, Proteasen, Lipasen, und andere mehr), die vom endoplasmatischen Reticulum erzeugt und über den Golgi-Apparat mit Transportvesikeln in die Lysosomen gelangt sind. Lysosomen fusionieren mit Nahrungsvakuolen. Die lysosomalen Enzyme verdauen die in dem Kompartiment eingeschlossenen Nahrungsmoleküle. Verwertbare Verdauungsprodukte werden in das Cytoplasma abgegeben, unverdauliche exocytotisch ausgestoßen.

Turbellarien und Schnurwürmer praktizieren sowohl eine intra- wie eine extrazelluläre Verdauung. Mit der Evolution größerer anatomischer Komplexität und dem Erscheinen eines vollständigen Verdauungskanals (der am Mund beginnt und mit dem Anus endet; Röhre-in-der-Röhre-Prinzip) erlangte die extrazelluläre Verdauung eine größere Bedeutung, einhergehend mit einer verstärkten regionalen Spezialisierung des Verdauungstraktes. Bei den Arthropoden und den Vertebraten vollzieht sich die Verdauung fast vollständig extrazellulär. Aufgenommene Nahrung wird auf verschiedene mechanische, chemische und bakterielle Weisen prozessiert. Diese Modifikationen laufen in bestimmten Abschnitten des Verdauungssystems mit verschiedenen Säure- bzw. Basizitätsgraden ab. Durch die Sekretion von Verdauungssäften in verschiedenen Abschnitten des Darmtraktes wird der Aufschluss der verschiedenen Nahrungskomponenten gefördert.

32.2.1 Die Wirkung der Verdauungsenzyme

Die mechanische Zerkleinerung durch das Zerbeißen und Zermahlen mit den Zähnen sowie die muskulär betriebene Durchmischung durch den Darmtrakt sind für die Verdauung wichtige Vorgänge. Die Zerlegung der Nahrung in kleine, absorbierbare Einheiten geschieht in erster Linie aber durch Enzyme, die den chemischen Abbau katalysieren (siehe Kapitel 4). Verdauungsenzyme sind Hydrolasen (= hydrolytische Enzyme), die Nahrungsstoffe durch die Einlagerung von Wasser (Hydrolyse) in kleine Moleküle spalten:

$$R\text{—}R + H_2O \xrightleftharpoons{\text{Verdauungsenzym}} R\text{—}OH + H\text{—}R$$

Bei dieser verallgemeinerten enzymkatalysierten Hydrolyse stellt R—R ein größeres Nährstoffmolekül dar, das in die beiden Reaktionsprodukte R—OH und R—H gespalten wird. Für gewöhnlich müssen diese Reaktionsprodukte ihrerseits wieder mehrfach gespalten werden, bevor das ursprüngliche Molekül in seine zahlreichen Untereinheiten zerlegt ist. Proteinmoleküle bestehen beispielsweise aus hunderten, manchmal sogar tausenden von miteinander verknüpften Aminosäuren, die vollständig in Tri-, Dipeptide und Aminosäuren zerlegt werden müssen, bevor diese absorbiert werden können. In ähnlicher Weise werden komplexe Kohlenhydrate in Monosaccharide (Einfachzucker) aufgespalten. Fette werden durch Lipasen hydrolytisch in Glycerin und Fettsäuren aufgespalten (Näheres im Abschnitt zur Verdauung im Wirbeltierdünndarm weiter unten in diesem Kapitel). Manche Fette können im Unterschied zu Proteinen und Kohlenhydraten absorbiert werden, ohne vorher vollständig in ihre Bestandteile zerlegt werden zu müssen, da sie in der Lage sind, durch die Plasmamembranen der Darmzellen zu diffundieren. Für jede Klasse der organischen Verbindungen, die als Nährstoffe dienen, gibt es spezifisch wirksame Enzyme (Proteinasen, Glycolasen, Lipasen). Diese Enzyme finden sich in bestimmten Abschnitten des Verdauungskanals und sind zu „Enzymkaskaden" angeordnet. Weiter stromabwärts liegende Enzyme setzen die Abbautätigkeit von weiter stromaufwärts gelegenen Enzymen fort.

32.2.2 Bewegungen des Verdauungstraktes

Nahrung wird durch Cilien oder mit einer spezialisierten Muskulatur durch den Verdauungstrakt eines Tieres befördert. Oft findet man eine Kombination beider Mechanismen. Bei acoelomaten und pseudocoelomaten Metazoen erfolgt die Vorwärtsbewegung meist durch Cilien, da diesen Tieren eine sich vom Mesoderm ableitende Darmmuskulatur fehlt, wie sie echten Coelomaten zur Verfügung steht. Cilien befördern auch bei einigen Eucoelomaten, bei denen das Coelom nur schwach entwickelt ist (bei den meisten Mollusken), intestinale Flüssigkeiten und sonstige Inhaltsstoffe vorwärts. Bei Tieren mit wohlentwickeltem Coelom ist der Darm üblicherweise mit zwei übereinanderliegenden Schichten aus glatter Muskulatur ummantelt: einer Schicht längs verlaufender Zellen (in der die Muskelfasern parallel zur Längsachse des Darmrohrs liegen) und einer, in der die Muskelfasern das Darmrohr quer umlaufen (Abbildung 32.13). Eine charakteristische Darmbewegung ist die segmentale Bewegung, bei der abwechselnde Konstriktionen von Ringen glatter Muskeln des Darms den Darminhalt fortwährend abschnüren und hin und her bewegen (▶ Abbildung 32.8 a). Der bereits erwähnte Walter Cannon hat schon 1900 Röntgenstrahlen eingesetzt, um die segmentale Bewegung bei Versuchstieren sichtbar zu machen, denen er das Kontrastmittel Bariumsulfat verabreicht hatte. Die **Segmentierung** dient der Durchmischung des Nahrungsbreies, erreicht aber keine Nettovorwärtsbewegung des Darminhalts. Eine andere Art von Muskeltätigkeit, die **Peristaltik**, befördert den Nahrungsbrei gerichtet durch das Darmrohr. Dabei läuft eine Kontraktionswelle den Darm entlang. Durch Entspannung der Ringmuskeln vor dem Nahrungsbrei und Kontraktion hinter ihm wird der Nahrungsbrei (der Bolus) langsam in Richtung Darmende befördert (Abbildung 32.8 b).

32.3 Aufbau und Funktionsweise der einzelnen Abschnitte des Verdauungstraktes

Die Verdauungskanäle von Metazoen lassen sich in fünf Hauptabschnitte untergliedern: (1) Aufnahmebereich, (2) Weiterleitungs- und Speicherbereich, (3) Bereich der Zerkleinerung und der Frühverdauung, (4) Bereich des Endverdaus und der Absorption, und (5) Bereich der Wasserreabsorption und Konzentrierung der festen Rückstände. Die Nahrung wird von einem Abschnitt zum nächsten weitergeleitet. Die Verdauung erfolgt dabei in einer festgelegten Schrittfolge (▶ Abbildungen 32.9 und 32.10; siehe auch Abbildung 28.12).

32.3.1 Bereich der Nahrungsaufnahme

Der erste Abschnitt des Verdauungskanals besteht aus Einrichtungen zum Fressen und Verschlucken der Nahrung. Dazu gehören die Mundwerkzeuge (zum Beispiel Mandibeln, Kiefer, Zähne, Radula, Schnäbel), die Schlundhöhle (= Rachenraum) und ein muskulärer Pharynx. Die meisten Metazoen (außer Strudler), besitzen Speicheldrüsen (Bukkaldrüsen), die lubrifizierende Sekrete (= schleimhaltige Substanzen) bilden und so das Schlucken erleichtern (Abbildung 32.9). Speicheldrüsen besitzen oft noch andere spezialisierte Funktionen wie die Absonderung giftiger Enzyme zur Ruhigstellung zappelnder Beutetiere und die Ausscheidung von Speichelenzymen, die den Verdauungsprozess in Gang setzen (zum Beispiel stärkeabbauende Amylase im Speichel des Menschen). Die Speichelsekrete von Egeln sind komplexe Gemische, die eine anästhetisch wirkende Substanz enthalten, die den Biss der Tiere beinahe schmerzfrei machen, sowie mehrere

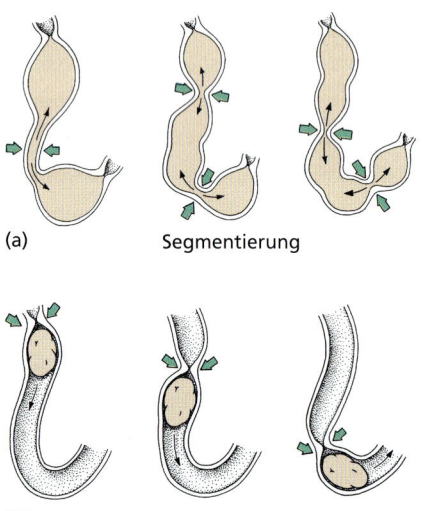

Abbildung 32.8: Die Bewegungen des Darminhaltes durch Segmentierung und Peristaltik. (a) Bei der segmentalen Bewegung wird durch Konstriktionen des Darms der Nahrungsbrei im Darm vor und zurück gedrückt; bei dieser „Knetbewegung" erfolgt die Durchmischung mit Verdauungssäften und den darin enthaltenen Enzymen. Die sequenziellen Durchmischungsbewegungen erfolgen in Intervallen von einer Sekunde. (b) Durch peristaltische Bewegungen wird der Nahrungsbrei im Darm vorwärtsbewegt. Durch diese gerichtete Kontraktionswelle wird die Darmpassage bewerkstelligt.

32.3 Aufbau und Funktionsweise der einzelnen Abschnitte des Verdauungstraktes

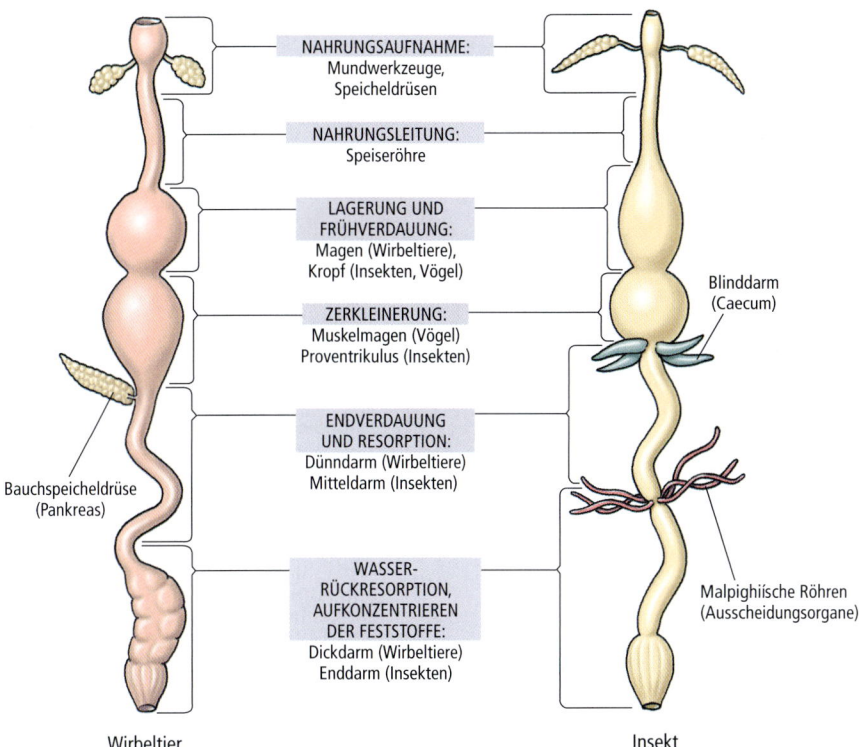

Abbildung 32.9: Schematische Darstellung des Verdauungstraktes eines Wirbeltiers und eines Insekts. Dargestellt sind die wichtigsten funktionellen Bereiche des Verdauungssystems von Metazoen.

Enzyme, welche die Gerinnung des Blutes verhindern und so den Blutfluss durch eine Weitstellung der Venen und den Abbau von Zelladhäsionsmolekülen zwischen den Zellen verbessern.

Amylase im Speichel ist ein kohlenhydratspaltendes Enzym, das die Hydrolyse pflanzlicher und tierischer Stärke beginnt. Man findet es nur bei bestimmten herbivoren Mollusken, einigen Insekten und Primaten inklusive des Menschen. Stärke besteht aus langen Ketten von Glucosemolekülen. Die Speichelamylase führt keine vollständige Verdauung der Stärke-Molekülketten durch, sondern setzt den Zweifachzucker Maltose (= Malzzucker) frei, der aus zwei Glucosemolekülen besteht. Etwas Glucose und längere Hydrolysebruchstücke entstehen ebenfalls. Wenn der Nahrungsbrei verschluckt wird, übt die Amylase noch für einige Zeit ihre hydrolytische Wirkung aus. Dabei wird etwa die Hälfte der Stärke abgebaut, bevor das Enzym im sauren Milieu des Magens schließlich inaktiviert wird. Der weitere Abbau der Stärke vollzieht sich, nachdem der Speisebrei den Magen verlassen hat im Dünndarm.

Die Zunge ist eine Erfindung der Wirbeltiere. Sie ist normalerweise am Boden der Mundhöhle befestigt und ist bei der Handhabung und beim Verschlucken der Nahrung unterstützend tätig. Zungen werden außerdem als Chemosensoren eingesetzt. Sie sind mit Geschmacksknospen besetzt und werden zur Feststellung der Genießbarkeit von Nahrung verwendet (siehe Kapitel 33). Eine Zunge kann auch noch andere Zwecke erfüllen, so zum Beispiel beim Einfangen von Beutetieren (bei Fröschen, Chamäleons, Spechten, Ameisenbären, und anderes) oder als Riechorgan (bei vielen Eidechsen und Schlangen).

Beim Menschen beginnt der Schluckvorgang damit, dass die Zunge die eingespeichelte und zerkleinerte Nahrung in den Schlund drückt. Die inneren Nasenlöcher werden währenddessen durch einen Reflex, der das Anheben des weichen Gaumens bewirkt, gegen den Rachenraum verschlossen. Während die Nahrung den Schlund hinab rutscht, biegt sich die Epiglottis (= Kehldeckel) abwärts über die Luftröhre und verschließt diese dadurch fast vollständig (Abbildung 32.10). Einige Nahrungspartikel können unter Umständen in die Luftröhrenöffnung geraten, doch verhindern Kontraktionen der Kehlkopfmuskulatur, dass sie weiter in die Luftwege hinab rutschen. Nachdem die Nahrung in die Speiseröhre eingetreten ist, befördern peristaltische Kontraktionen der Ösophagusmuskulatur sie gleichmäßig in den Magen. Das obere Drittel der Speiseröhre ist sowohl von quergestreifter wie von glatter Muskulatur umgeben, so

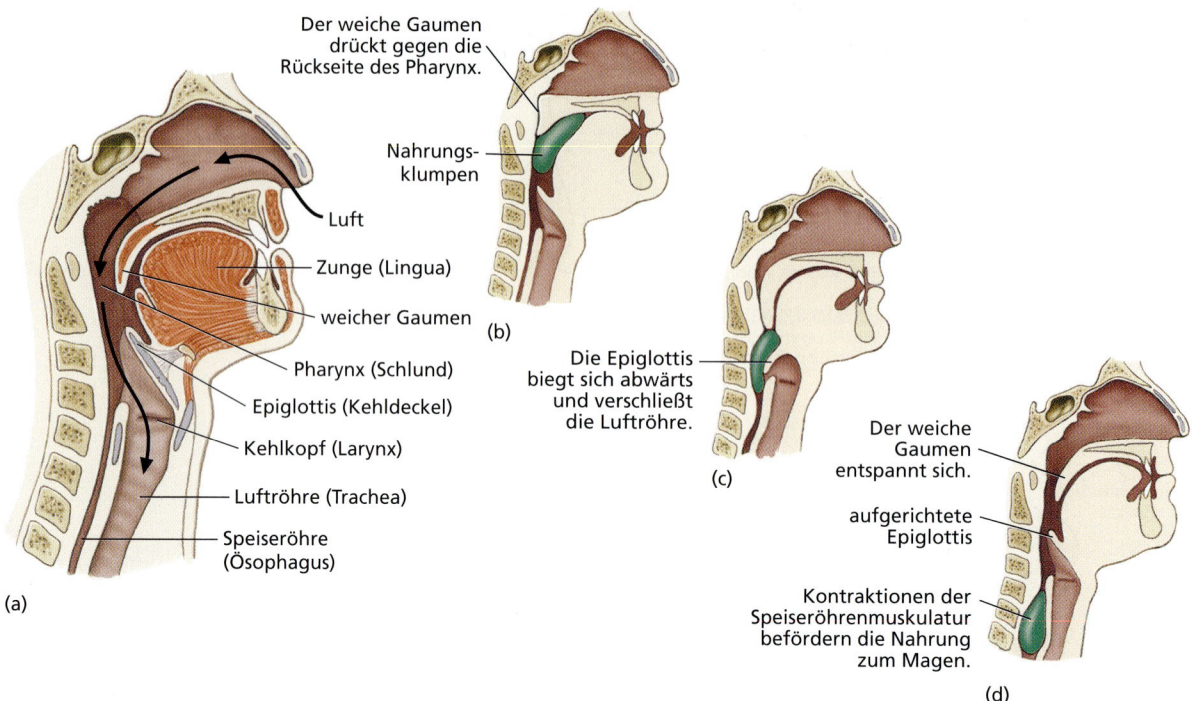

Abbildung 32.10: Mundhöhle und Rachen eines Menschen. (a) Sagittalschnitt. (b)–(d) Schlucksequenz.

dass der Schluckvorgang bis zum Ende dieses oberen Abschnitts einer willkürlichen Kontrolle unterliegt.

32.3.2 Weiterleitung und Zwischenlagerung des Speisebreis

Die Speiseröhre (Ösophagus) dient bei Wirbeltieren und vielen Wirbellosen zur Überführung der Nahrung in den Abschnitt der Verdauung. Bei vielen wirbellosen Tieren (Anneliden, Insekten, Oktopoden) erweitert sich der Ösophagus zu einem Kropf (Abbildung 32.9), welcher der Zwischenlagerung von Nahrung vor der Verdauung dient. Bei den Wirbeltieren verfügen nur die Vögel über einen Kropf. Der Vogelkropf dient zur Aufbewahrung auf zur Aufweichung (Quellung) von Nahrung (zum Beispiel Pflanzensamen), bevor sie in den Magen weitergeleitet wird, oder um eine Fermentation (Vorverdauung) der Nahrung durchzuführen, bevor sie hochgewürgt wird, um die im Nest hockenden Küken damit zu füttern, denen damit der Aufschluss der Nahrung erleichtert wird.

32.3.3 Zermahlen und Frühverdauung des Speisebreis

Bei den meisten Vertebraten sowie bei manchen Invertebraten, führt der **Magen** (gr. *gaster*; lat. *stomachus*) die anfänglichen Stufen der Verdauung durch. Gleichzeitig dient er der Zwischenlagerung und Durchmischung der Nahrung mit den Magensäften, die verschiedene Enzyme enthalten. Die mechanische Zerkleinerung der Nahrung – insbesondere pflanzlicher Nahrung mit ihren widerstandsfähigen Zellwänden – setzt sich bei Pflanzenfressern durch mahlende und quetschende Tätigkeit des Magens fort. Der Muskelmagen terrestrischer Oligochäten und von Vögeln enthält Steine (Gastrolithen), die mit der Nahrung verschluckt werden und dem mechanischen Zerkleinern der Nahrung dienen. Arthropoden verfügen über eine verhärtete Innenauskleidung des Magens, zum Beispiel in Form von Chitinzähnen im Proventrikulus (Drüsenmagen) von Insekten (Abbildung 32.9) oder von Kalkzähnen im Mühlmagen von Crustaceen (siehe Abbildung 19.13).

Divertikel (blind endende Aussackungen des Verdauungstraktes; „Blinddärme") sind bei vielen Wirbellosen oft zusätzlich zum Magen vorhanden. Sie sind meist mit einem Mehrzweckepithel ausgekleidet, in dem sich Zellen finden, die für die Abscheidung von Schleim oder Verdauungsenzymen, für die Absorption oder die Lagerung von Nahrung spezialisiert sind. Beispiele für derartige Divertikel sind die Caecae (Zäken) der Polychäten (siehe Kapitel 17), die Verdauungsdrüsen der Muscheln (siehe Abbildung 16.31), der Hepatopankreas der Crustaceen und die pylorischen Caecen der Seesterne (siehe Kapitel 22).

Die herbivoren Vertebraten haben diverse Strategien zur Ausnutzung der Fähigkeiten celluloseverdauender Mikroorganismen evolviert, um eine maximale Verwertung der pflanzlichen Nahrung zu erreichen. Die in ungeheurer Menge auf der Erde vorkommende Cellulose in den Wänden aller Pflanzenzellen wird mit Hilfe von **Cellulasen** abgebaut, die in der belebten Welt eine nur begrenzte Verbreitung besitzen. Kein vielzelliges Tier (Metazoon) erzeugt eine intestinale Cellulase für die direkte Verdauung der Cellulose (die ebenso wie Stärke ein Glucosepolymer ist; für Einzelheiten, siehe Lehrbücher der Biochemie). Viele pflanzenfressende Metazoen beherbergen jedoch Mikroorganismen (Bakterien und Protozoen) in ihren Därmen, die Cellulasen produzieren. Diese Mikroorganismen bauen unter den anaeroben Bedingungen des Darms die in der Nahrung enthaltene Cellulose ab. Die dabei freigesetzten Einfachzucker werden zum Teil vom Wirt, zum Teil von den Mikroben verwertet. Der Wirt verwertet weiterhin Fettsäuren, welche die Darmbakterien biosynthetisch erzeugen. Der am höchsten entwickelte Gärbottich ist der mehrkammerige Magen der Wiederkäuer (siehe Kapitel 28), doch enthalten auch viele andere Tiere Mikroorganismen in Teilen ihres Darmes, etwa im Intestinum oder in ihrem Caecum (siehe Abbildung 28.12).

Die Mägen carnivorer und omnivorer Vertebraten sind im Regelfall U-förmige, muskuläre Röhren, die mit Drüsen ausgestattet sind, welche proteolytische Enzyme (Proteasen) und starke Säure absondern. Letzteres ist wahrscheinlich eine Anpassung zur Abtötung von Beutetieren und zur Eindämmung von Bakterien. Wenn die Nahrung am Magen ankommt, öffnet sich reflexartig ein Schließmuskel am Übergang von Speiseröhre und Magen, der **Cardia** („Magenmund") heißt. Nach dem Durchtritt der Nahrung schließt er sich wieder, um einen Rückfluss in den Ösophagus zu verhindern. Beim Menschen laufen sachte peristaltische Wellen mit einer Frequenz von ungefähr drei pro Minute über den gefüllten Magen. Das Durchmischen des Nahrungsbreies ist am intestinalen Ende des Magens am heftigsten. Hier wird der Nahrungsbrei nach einer einiger Zeit in den **Zwölffingerdarm** (= **Duodenum**) entlassen, der den ersten Abschnitt des Dünndarms bildet. Der Übertritt vom Magen in den Zwölffingerdarm wird durch einen weiteren Schließmuskel, den **Pförtner** (= **Pylorus**) reguliert, der einen Rückfluss in den Magen verhindert. Tief in die Magenwand eingesenkte Drüsen bilden den **Magensaft**, von dem ein Mensch pro Tag ca. zwei Liter bildet. In diesen Drüsen lassen sich drei verschiedene Sorten von Drüsenzellen ausmachen: **Nebenzellen** (Mucocyti cervicales) bilden Schleim, die **Hauptzellen** (Exocrinocyti principales) schütten **Pepsinogen** aus (eine inaktive Vorstufe des Magenenzyms Pepsin), und die **Belegzellen** (Exocrinocyti parietales) sondern **Salzsäure** (HCl) ab, die für das saure Milieu des Magens verantwortlich ist. Die Aktivierung des Pepsinogens zu **Pepsin** durch partielle Proteolyse vollzieht sich nur in der sehr sauren Umgebung des Magens (pH = 1,6 bis 2,4). Dieses hochspezifische Enzym spaltet die Polypeptidketten von Proteinen an bestimmten Stellen entlang des Polyamidrückgrats (Pepsin ist eine Endopeptidase und spaltet „hinter" = carboxyterminal von Phenylalanyl-, Leucyl- und Glutaminylresten). Aufgrund der Sequenzspezifität seiner Wirkung vermag das Pepsin Proteine nicht vollständig abzubauen, sondern zerlegt diese nur in mehr oder weniger lange Oligopeptide. Im Dünndarm besorgen dann weitere Peptidasen und Proteasen die vollständige Zerlegung der Peptide in Di-, Tripeptide und Aminosäuren. Pepsin findet sich in den Mägen beinahe aller Wirbeltiere.

Labferment (= **Chymosin**; auch **Rennin**; nicht zu verwechseln mit dem von der Niere produzierten *Renin* (!); siehe Kapitel 30) ist ein Milchgerinnungsenzym, das sich in den Mägen, genauer dem Labmagen, von Wiederkäuern findet. Es kommt vermutlich bei vielen anderen Säugetieren vor. Durch Verklumpung und Ausfällung des Milcheiweißes verzögert es den Durchgang von Milch durch den (Kälber)Magen. Labferment, das aus den Labmägen von Kälbern gewonnen wurde, ist lange Zeit zur Herstellung von Käse eingesetzt worden (heute verwendet man überwiegend biotechnologisch hergestelltes Labferment hierzu). Menschliche Säuglinge, die kein Labferment bilden, verdauen Milcheiweiß mit Hilfe des Pepsins (die Ausfällung erfolgt durch den niedrigen pH-Wert im Magen); die gleichen Prozesse finden bei Erwachsenen statt.

Die Absonderung des Magensaftes geschieht periodisch. Obwohl eine geringe Menge Magensaft selbst während längerer Hungerphasen fortwährend gebildet wird, nimmt die Sekretion normalerweise zu, wenn Nahrung erblickt oder gerochen wird (wenn einem das „Wasser im Munde zusammenläuft"), wenn Nahrung in den Magen gelangt sowie durch Gefühlszustände wie Angst und Wut („Das hat mir den Magen umgedreht!").

Eine höchst ungewöhnliche und klassische Untersuchung zur Verdauung wurde von dem US-amerikanischen Militärarzt W. Beaumont zwischen 1825 und 1833 durchgeführt. Sein Versuchsobjekt war ein Franko-

Exkurs

Eine andere Absonderung der Schleimhaut – der aus Wasser, Ionen und Mucin bestehende Magenschleim – verhindert, dass die Magenschleimhaut von der von ihr produzierten Säure angegriffen und von den Enzymen verdaut wird. Mucine sind stark wasseranziehende (hygroskopische) Glycoproteine. Der Schleim überzieht und schützt so die Schleimhaut vor chemischen wie mechanischen Einwirkungen. Es soll an dieser Stelle darauf hingewiesen werden, dass eine „Übersäuerung" des Magens nicht ungesund ist. Die falsche Vorstellung einer „Übersäuerung" wird von der Werbung der pharmazeutischen Industrie gefördert, doch ist der hohe Säuregrad im Magen nicht nur normal, sondern notwendig für dessen ordnungsgemäßes Funktionieren. Ebenso gehören immer wieder zu hörende Behauptungen von einer „Übersäuerung" oder „Verschlackung" des Körpers, denen man mit speziellen Kuren oder Wundermitteln zu Leibe rücken müsste, ins Reich der Märchen. Die schützende Schleimschicht der Magenwand kann jedoch gelegentlich Schäden erleiden. Dann kommt es leicht zu einer Infektion mit dem Bakterium *Helicobacter pylori*, das sich dann in der Magenwand ansiedelt und Toxine ausschüttet, die Entzündungen hervorrufen. Diese können die Bildung eines Magengeschwürs begünstigen. Magengeschwüre sind also – zumindest in einigen Fällen – nicht eine Folge von Stress, falscher Ernährung oder einer „Übersäuerung", sondern einer Bakterieninfektion, die durch Antibiotika behandelt werden kann. Helicobacter-Träger haben ein erhöhtes Risiko für Magengeschwüre und Magenkrebs, ein verringertes allerdings für Erkrankungen der Speiseröhre. Seit einiger Zeit geht die Häufigkeit von Helicobacter-Infektionen in den Industrieländern stark zurück – gleichzeitig steigen aber die Fälle von Speiseröhrenkrebs.[*]

Wenn allerdings Magensäure in die Speiseröhre (= Ösophagus) zurückfließt, kommt es zu Schmerzen in der oberen Magengegend, die landläufig als Sodbrennen bekannt sind. Ein geringer gastroösophagealer Reflux ist normal (zum Beispiel nach sehr fetthaltigem Essen); der pathologische Zustand ist aber gefährlich und muss unbedingt behandelt werden.

___

[*] Blaser, M. J. (2005): Eine bedrohte Art im Magen. Spektrum der Wissenschaft, September: 82–89.

Abbildung 32.11: **Dr. W. Beaumont.** In einer Armeekaserne in Michigan bei der Abnahme von Magensaft an dem Probanden A. St. Martin.

kanadier namens Alexis St. Martin, der sich 1822 mit einer Muskete (großkalibriges Vorderladergewehr) versehentlich selbst einen Bauchschuss beigebracht hatte. Aufgrund ihrer Konstruktion und der verwendeten Munition führten Schusswunden mit diesem Waffentyp regelmäßig zu großflächigen Verletzungen. St. Martin erlitt durch seinen Nahschuss „ein Wegreißen der Integumente und der Muskeln in der Größe einer Männerhand, einen Bruch und eine Absprengung der anterioren Hälfte der sechsten Rippe, einen Bruch der fünften Rippe, eine Lazeration (Zerreißung) des unteren Teils des linken Lungenflügels, des Zwerchfells sowie eine Perforation des Magens". Wie durch ein Wunder verheilten diese großräumigen Thorax- und Abdominalwunden, doch blieb eine Fistel (dauerhafte Öffnung) bestehen, durch die Beaumont in den Magen des Probanden Einblick nehmen konnte (▶ Abbildung 32.11). St. Martin wurde zu einem Dauerpatienten Beaumonts, der gegen Kost und Logis bei ihm einquartiert wurde. Über den Zeitraum von acht Jahren gelang es Beaumont, zu beobachten und aufzuzeichnen, wie sich die innere Auskleidung des Magens unter verschiedenen psychologischen und physiologischen Bedingungen veränderte, wie sich die Nahrung während der Verdauung veränderte, wie sich Gefühlszustände auf die Motilität des Magens auswirkten sowie viele weitere Fakten über den Verdauungsprozess seines heute berühmten Patienten.

32.3.4 Bereich der Endverdauung und Absorption: Der Darm

Die Bedeutung des Intestinums für das Tier schwankt unter den verschiedenen Tiergruppen erheblich. Bei Wirbellosen, die über ausgedehnte Divertikel zur Verdauung verfügen, in denen die Nahrung aufgeschlossen und phagocytiert wird, dient das Intestinum vielleicht nur zur Ausscheidung unverdaulicher Abfallprodukte. Bei anderen Invertebraten, die nur einfache Mägen besitzen, sowie bei allen Wirbeltieren, ist der Darmtrakt sowohl für die Verdauung der Nahrung wie für die Absorption der Nährstoffe ausgestattet.

Entwicklungen, die der Vergrößerung der inneren Oberfläche des Darmrohres dienen, sind bei den Vertebraten in hohem Maß entwickelt, fehlen im Allgemeinen aber bei Wirbellosen. Der vielleicht direkteste Weg zur Vergrößerung der für die Absorption zur Verfügung stehenden Oberfläche ist eine einfache Verlängerung des Darms. Faltungen, Verwindungen oder Zusammenrollen des Intestinums ist unter allen Wirbeltieren verbreitet und erreicht bei den Säugetieren die höchste Ausprägung. Bei ihnen kann die Länge des Darms das Achtfache der Gesamtkörperlänge erreichen. Obwohl durch Faltung vergrößerte Därme unter Invertebraten selten sind, findet man hier andere Strategien zur Vergrößerung der Oberfläche. So führt beispielsweise das **Typhlosol** der terrestrischen Oligochäten (Abbildung 17.12) – eine Einwärtsfaltung der dorsalen Darmwand, welche die ganze Länge des Darms durchzieht – zu einer effektiven Vergrößerung der inneren Oberfläche eines Darms in einem langgestreckten Körper, der keinen Platz für einen irgendwie aufgefaltetes Intestinum bietet.

Neunaugen und Haie besitzen in ihrem Därmen längs oder spiralig verlaufende Falten. Andere Vertebraten haben hochentwickelte Falten (Amphibien, Reptilien, Vögel und Säugetiere) und winzige, fingerartige Ausstülpungen **(Villi)** entwickelt (Vögel und Säugetiere), die der inneren Oberfläche frischen Darmgewebes das Erscheinungsbild von Samt verleihen (▶ Abbildung 32.12). Das Elektronenmikroskop enthüllt, dass die zelluläre Auskleidung der Darmhöhlung zusätzlich mit Hunderten kurzer, feingliedriger Fortsätze besetzt ist, die Mikrovilli heißen (▶ Abbildungen 32.13 c und d; und Abbildung 3.16). Diese Fortsätze können in Verbindung mit den größeren Villi und den Intestinaleinfaltungen die innere Oberfläche eines Darms um mehr als das Tausendfache in Vergleich zu einem völlig glatten Zylinder gleichen Durchmessers erhöhen. Diese ausgefeilte Oberflächenstruktur steigert die Absorptionsleistung für Nährstoffmoleküle ganz erheblich.

Verdauung im Dünndarm von Wirbeltieren

Der Nahrungsbrei wird durch den Pförtner (Pylorus) genannten Schließmuskel in den Darm entlassen, der sich periodisch entspannt, um den sauren Mageninhalt in den ersten Dünndarmabschnitt, den Zwölffingerdarm (Duodenum; der Name kommt von der Länge dieses Abschnitts: Er hat die ungefähre Länge von zwölf Fingerbreiten) zu überführen. In diesen Abschnitt ergießen sich zwei verschiedene Verdauungssäfte: der Bauchspeichel aus der Bauchspeicheldrüse (Pankreas) und die von der Leber gebildete und in der Gallenblase gesammelte Galle (▶ Abbildung 32.14). Beide Sekrete weisen eine hohe Hydrogencarbonat-Konzentration auf. Dies gilt insbesondere für den Bauchspeichel, der wirkungsvoll die verbliebene Magensäure neutralisiert. Dabei steigt der pH-Wert des Nahrungsbreies beim Übertritt in das Duodenum auf 7 (neutral) an. Diese Veränderung des pH-Wertes ist unabdingbar, weil alle Darmenzyme nur im neutralen bis leicht alkalischen Bereich ihre Wirkung entfalten können (bei deutlich sauren pH-Werten verlieren sie ihre Aktivität).

Pankreasenzyme. Der Bauchspeichel (= Pankreassaft) von Wirbeltieren enthält diverse Enzyme, die von größter Bedeutung für die Verdauung sind (Abbildung 32.14). Zwei hochwirksame Proteasen, das **Trypsin** und das **Chymotrypsin**, setzen die im Magen vom Pepsin begonnene enzymatische Zerlegung von Proteinen (Proteolyse) fort. Das Pepsin ist im neutral/alkalischen Milieu des Darms nicht mehr aktiv. Trypsin und Chymotrypsin

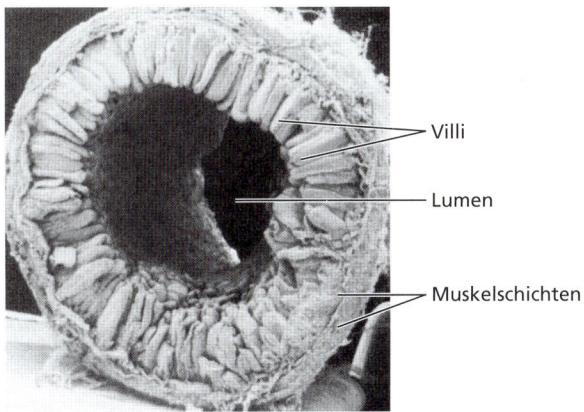

Abbildung 32.12: Rasterelektronenmikroskopische Aufnahme eines Rattendarms. Erkennbar sind die zahlreichen, fingerförmigen Villi, die sich in das Darmlumen erstrecken und die effektive absorptive und sekretorische Oberfläche des Darms stark vergrößern. (Vergrößerung: 21-fach). Aus: R. Kessel und R. Kardon (1979): Tissues and Organs: A text-atlas of scanning electron microscopy. Freeman; ISBN: 0-7167-0090-5.

> **Exkurs**
>
> Die Zellen der Darmschleimhaut sind, wie die der Magenschleimhaut, einer erheblichen Beanspruchung und einem hohen Verschleiß unterworfen und werden daher fortwährend ersetzt. Zellen, die tief in den Krypten zwischen benachbarten Villi liegen, teilen sich rasch und wandern den Villus hinauf. Bei Säugetieren erreichen die Zellen nach etwa zwei Tagen die Villusspitze. Dort werden sie zusammen mit ihren Membran-Enzymen mit einer Rate von ca. 17 Milliarden Stück pro Tag über die ganze Länge des menschlichen Darms abgeschilfert. Bevor sie sich aus dem Gewebeverband lösen, differenzieren sich diese Zellen jedoch zu Absorptionszellen, die aufgenommene Nährstoffe in das feine Netzwerk aus Blut- und Lymphgefäßen überführen, wenn die Verdauung abgeschlossen ist.

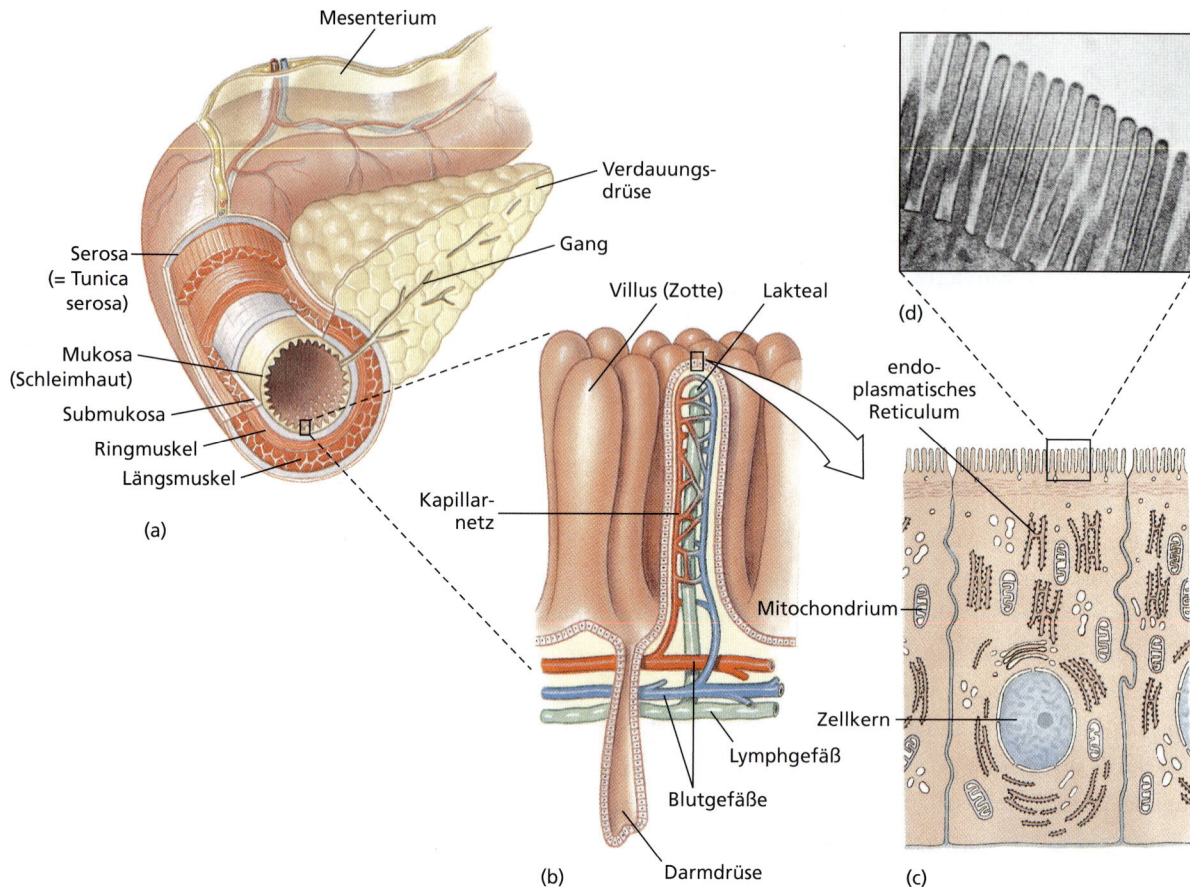

Abbildung 32.13: **Aufbau des Verdauungstraktes von Wirbeltieren.** (a) Die aufeinanderfolgenden Gewebeschichten der Mukose, Submukosa, der Muskulatur und der umhüllenden Serosa (= Tunica serosa), eine enzymabsondernde Verdauungsdrüse (zum Beispiel die Bauchspeicheldrüse), und das dünne Mesenterium, das den Darm in der Bauchhöhle in seiner Position hält. (b) Teil der Darmschleimhaut, welche die Innenseite des Darms auskleidet, mit ihren fingerartigen Villi. (c) Schematischer Schnitt durch eine einzelne Schleimhautzelle. (d) Mikrovilli an der Oberfläche einer Schleimhautzelle aus dem Darm einer Ratte (elektronenmikroskopische Aufnahme; Vergrößerung: 16.400-fach).

sind ebenso wie das Pepsin sequenzspezifische Endopeptidasen, die nur ausgewählte Peptidbindungen im für sie richtigen Sequenzkontext spalten. Das allgemeine Schema der Hydrolyse einer Peptidbindung ist wie folgt:

Der Bauchspeichel enthält weiterhin eine **Carboxypeptidase**, die einzelne Aminosäuren ungeachtet ihrer chemischen Natur vom carboxyterminalen Ende der Peptidkette her abspaltet. Weiterhin finden sich im Bauchspeichel die **Pankreaslipase**, die Neutralfette in Fettsäuren und Glycerin spaltet, **Pankreasamylase**, die genau wie die Speichelamylase Stärke abbaut, sowie **Nucleasen**, die Nucleinsäuren (DNA und RNA) zu Nucleotiden abbaut. Alle diese Enzyme gehören in die große Gruppe der Hydrolasen.

Membranenzyme. Die Zellen, die den Darm auskleiden, haben verschiedene Verdauungsenzyme in ihren dem Darmlumen zugewandten Cytoplasmamembranen eingebettet, welche die Verdauung von Kohlenhydraten, Proteinen und phosphathaltigen Verbindungen fortsetzen (Abbildung 32.14). Zu diesen Enzymen der Mikrovilli-Membranen gehören eine Aminopeptidase (eine Exopeptidase, die Aminosäuren vom aminoterminalen Ende einer Peptidkette abspaltet) sowie diverse Disaccharidasen, die Zweifachzucker (= Disaccharide) hydrolytisch in Einfachzucker (= Monosaccharide) spalten (Abbildung 32.13 d). Die hier gespaltenen Disaccharide sind Malzzucker (Maltose), die zwei Moleküle Glucose ergibt, Saccharose (Rohrzucker), die in Fructose und Glucose zerfällt, und Milchzucker (Laktose), aus dem hydrolytisch Glucose und Galactose entstehen. Weiterhin finden sich eine alkalische Phosphatase, ein Multi-

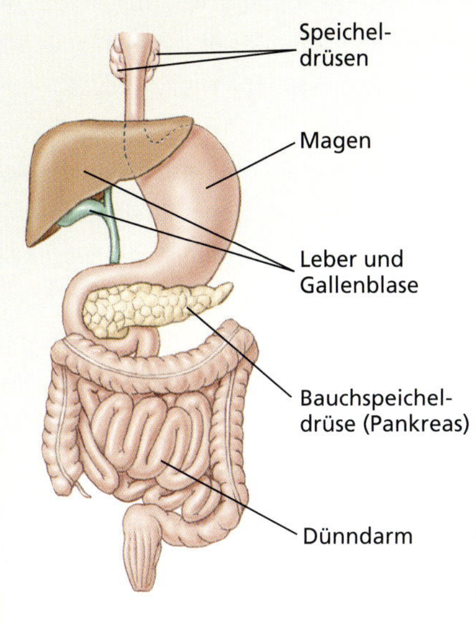

32.3 Aufbau und Funktionsweise der einzelnen Abschnitte des Verdauungstraktes

BEREICH	SEKRET	pH-Wert	ZUSAMMENSETZUNG
Speicheldrüsen	Speichel	6,5	Amylase, Hydrogencarbonat
Magen	Magensaft	1,5	Pepsinogen, HCl, Rennin (= Lab) bei Wiederkäuern
Leber und Gallenblase	Galle	7–8	Gallenfarbstoffe und -salze, Cholesterin
Bauchspeicheldrüse (Pankreas)	Pankreassaft	7–8	Trypsin, Chymotrypsin, Carboxypeptidase, Lipasen, Amylase, Nucleasen, Hydrogencarbonat
Dünndarm	Membranenzyme	7–8	Aminopeptidase, Maltase, Laktase, Saccharase, alkalische Phosphatase, Nucleotidase, Nucleosidase

Abbildung 32.14: **Sekrete des Verdauungstrakts von Säugetieren.** Aufgelistet sind ihre Hauptinhaltsstoffe und pH-Werte.

funktions-Enzym, das eine Reihe chemisch unterschiedlicher Substrate angreift, sowie Nucleotidasen und Nucleosidasen, die den Abbau der Nucleotide bis auf die Stufe der freien Zucker (Ribose bzw. Desoxyribose) und Basen (Purin- und Pyrimidinderivate) fortführen.

Galle. Die Leber bildet das Gallensekret (= Galle; gr. *chole*, lat. *bilis*) und schüttet es in die **Gallengänge** aus, die in den Zwölffingerdarm münden. Zwischen den Mahlzeiten, wenn kein Nahrungsabfluss aus dem Magen stattfindet, sammelt sich die Galle in der **Gallenblase** – einem dehnbaren Hohlraum zur Zwischenspeicherung des Gallensekrets. Es wird ausgeschüttet, wenn fettreiche Nahrung in das Duodenum gelangt, die als Auslöser der Gallenausschüttung wirkt. Die Galle enthält Wasser, Gallensalze und Gallenfarbstoffe, aber keine Enzyme. Die **Gallensalze** (in der Hauptsache Natriumtaurocholat und Natiumglycocholat) sind essenziell für die Verdauung von Fett. Fette sind aufgrund ihrer Tendenz, große, wasserunlösliche Tröpfchen zu bilden, ziemlich resistent gegen den enzymatischen Abbau. Die Gallensalze lagern sich in die Fett-Tröpfchen ein und setzen die Oberflächenspannung herab (biologische Tenside). Die Fett-Tröpfchen zerfallen dann beim Weitertransport und der Durchmischung des Nahrungsbreies in sehr feine Mikrotröpfchen; es bildet sich eine Emulsion. Die Galleninhaltsstoffe wirken als Emulgatoren. Durch die Zerteilung der Fettkügelchen vergrößert sich die für den enzymatischen Angriff zur Verfügung

Exkurs

Obwohl Muttermilch das universelle Nahrungsmittel aller neugeborenen Säugetiere und eines der vollwertigsten Nahrungsmittel des Menschen ist, können viele erwachsene Menschen Kuhmilch nicht richtig verdauen, da ihnen das Enzym Laktase (= Lactase) fehlt, das den Milchzucker (Laktose) hydrolysiert. Diese Laktose-Intoleranz (Laktose-Unverträglichkeit) ist erblich bedingt. Die Veranlagung drückt sich in Symptomen wie Blähungen, Krämpfen und Flatulenz, wässrigem Durchfall aus. Die Symptome machen sich 30 bis 90 Minuten nach dem Genuss von Milch oder unfermentierten Milchprodukten bemerkbar. Fermentierte Milchprodukte wie Joghurt und Käse verursachen auch bei Laktase-defizienten Menschen keine Probleme, da der Milchzucker im Rahmen der mikrobiellen Fermentation abgebaut wird.

Nordeuropäer und ihre Nachfahren zeigen das höchste Maß an Toleranz (Verträglichkeit) für Milch. Viele andere Volksstämme zeigen ganz allgemein eine Milch- bzw. Milchzuckerunverträglichkeit. Hierher gehören die Ostasiaten (Japaner, Chinesen usw.), die Eskimos, die südamerikanischen Indianer sowie die meisten Afrikaner. Etwa ein Drittel der Afroamerikaner zeigt Toleranz; sie können ihre Ursprünge im Allgemeinen auf Vorfahren aus Ost- und Zentralafrika zurückführen, wo die Milchviehhaltung eine lange Tradition hat und die Laktosetoleranz eine hohe Verbreitungshäufigkeit hat (zum Beispiel fast exklusive Ernährung durch die Milch und das Blut von Rindern beim ostafrikanischen Stamm der Massai). In Europa nimmt die Häufigkeit der Milchzucker-Unverträglichkeit von Norden nach Süden hin zu. Im Umkreis des Mittelmeers ist Laktose-Intoleranz unter Erwachsenen häufig.

stehende Oberfläche erheblich, so dass die Lipasen die Fettmoleküle nach und nach in wasserlösliche Verbindungen spalten können. Die gelblich-grüne Farbe des Gallensaftes geht auf die **Gallenfarbstoffe** (Bilirubin und Biliverdin) zurück, die Abbauprodukte der Hämgruppen von Hämoglobinmolekülen aus roten Blutkörperchen darstellen. Die Gallenfarbstoffe werden im Lauf der Darmpassage oxidiert und nehmen dadurch eine bräunliche Farbe an, die den Fäzes ihre charakteristische Farbe verleiht.

Die Produktion der Galle ist nur eine von vielen Aufgaben der Leber. Dieses höchst vielseitige Organ ist ein Speicherort für Glycogen („tierische Stärke"), der Herstellungsort für Blutplasmaproteine, ein Zentrum der Proteinsynthese und des Proteinabbaus, der Ort der Vernichtung überalterter Erythrocyten sowie eine Zentralstelle des Stoffwechsels von Fetten, Aminosäuren, Kohlenhydraten und Xenobiotika (körperfremden Stoffen). Nicht zuletzt wirkt die Leber als Entgiftungsort für alle möglichen Substanzen (körpereigene wie körperfremde), die eine schädliche Wirkung auf dem Organismus haben könnten. Sie werden von der Leber abgebaut oder – sofern ein Abbau nicht möglich ist – für die Eliminierung in geeignete Transportformen umgewandelt (Konjugatbildung wie Glycosylierung und Ähnliches).

Absorption

Im Magen erfolgt nur eine geringe Absorptionsleistung, weil hier die Verdauung der Nahrung noch unvollständig ist und nur eine begrenzte Absorptionsfläche zur Verfügung steht. Einige Stoffe, wie etwa lipidlösliche Medikamentenwirkstoffe und Alkohol, werden jedoch in der Hauptsache hier absorbiert, was zu ihrem raschen Wirkungseintritt beiträgt. Der größte Teil der absorbierten Nahrung wird durch den Dünndarm absorbiert, wo zahllose fingerförmige Villi und Mikrovilli eine enorme Oberfläche erschaffen, über die Stoffe aus dem Darmlumen in den Kreislauf übertreten können.

Kohlenhydrate werden fast ausschließlich in Form von Einfachzuckern (Monosacchariden) wie Glucose (Traubenzucker), Fructose (Fruchtzucker) und Galactose absorbiert, da der Darm für Oligo- und Polysaccharide praktisch impermeabel ist. Proteine werden nur in sehr geringem Maße absorbiert; diese Absorptionstätigkeit ist auf kleine Proteine und/oder Peptide beschränkt. Die Absorption von Eiweiß erfolgt in erster Linie in Form von Tripeptiden, Dipeptiden und Aminosäuren. Sowohl aktive (energieabhängige) wie passive Transportvorgänge verfrachten Einfachzucker werden meist durch Na^+-gekoppelte Cotransportsysteme aufgenommen, Tri- und Dipeptide durch H^+-gekoppelte Peptidtransporter und Aminosäuren durch Na^+-gekoppelte Cotransporter. Die Energie für diese Transportleistungen werden letztendlich durch aktive Transportsysteme wie die Na^+/K^+-ATPase bereitgestellt.

Unmittelbar nach einer Mahlzeit finden sich die Bestandteile in so hohen Konzentrationen in den Epithelzellen des Darms, dass sie leicht auf dem Weg der erleichterten Diffusion in den Blutstrom übertreten, wo ihre Konzentrationen anfänglich niedrig sind, so dass das Konzentrationsgefälle die Triebkraft für den Vorgang liefert. Verliefe die Absorption allerdings ausschließlich passiv, würde der Transport zum Erliegen kommen, wenn Konzentrationen zu beiden Seiten der Grenzfläche des Darmepithels ausgeglichen wären. Dies würde bedeuten, dass regelmäßig wertvolle Nährstoffe mit den Exkrementen verloren gingen. Tatsächlich geht aber nur ein sehr geringer Anteil verloren, weil der passive Transfer durch den aktiven Transport (siehe Kapitel 3) verstärkt wird. Das bedeutet, dass die Epithelzellen des Darmes unter Aufwendung chemischer Energie Stoffe in das Blut überführen. Dabei können Stoffe auch gegen ein herrschendes Konzentrationsgefälle befördert werden. Obgleich nicht alle Nahrungsinhaltsstoffe aktiv transportiert werden, gibt es verschiedene spezifische sekundär und tertiär aktive Transportsysteme (zum Beispiel für Glucose, Galactose, die meisten Aminosäuren, Tri- und Dipeptide; siehe oben). Wie bereits früher erwähnt, werden Fett-Tröpfchen durch die Tensidwirkung der Gallensalze emulgiert und dann von der Pankreaslipase hydrolytisch zerlegt. Triglyceride (Neutralfette) werden in zwei Fettsäuren und ein Monoglycerid gespalten, die zusammen mit den Gallensalzen Micellen bilden. Wenn solche Micellen mit den Mikrovilli der Darmzotten in Berührung kommen, werden die lipophilen Fettsäuren und das Monoglycerid durch einfache Diffusion absorbiert. Sie werden dann in das endoplasmatische Reticulum der absorbierenden Zelle verbracht, wo die Resynthese zu artspezifischen Triglyceriden (Neutralfettmolekülen) erfolgt, bevor sie in Lymphgefäßen der Darmzotten weitergeleitet werden (Abbildung 32.13 b). Aus den Lymphgefäßen der Zotten gelangen die Fett-Tröpfchen in das lymphatische System (siehe Abbildung 31.18) und über den Ductus thoracicus (großer Lymphsammelgang in der Brusthöhle) schließlich in den Blutkreislauf. Nach einem fettreichen Mahl – dazu reicht schon ein Butterbrot – führen die zahlreichen winzigen Fett-Tröpfchen im Blut dazu, dass das Blutplasma vorübergehend eine milchige Trübung (Lichtbrechung der emulgierten Fett-Tröpfchen) annimmt.

32.3.5 Wasserabsorption und der Aufkonzentrierung von Feststoffen

Der Dickdarm (Colon) verfestigt die unverdaulichen Überbleibsel der Verdauung durch Reabsorption von Wasser unter Bildung eines halbfesten bis festen Stuhls (Fäzes), der durch Defäkation des Mastdarms (Rektum) aus dem Körper ausgeschieden werden. Die Reabsorption des Wassers ist bei Insekten von besonderer Bedeutung – besonders solchen, die in Trockengebieten heimisch sind – die praktisch alles Wasser, das seinen Weg bis ins Rektum findet, zurückgewinnen müssen. Spezielle Rektaldrüsen absorbieren nach Bedarf Wasser und Ionen; zurück bleiben Fäkalpellets, die fast vollständig trocken sind. Bei Reptilien und Vögeln, die ebenfalls beinahe trockene Exkremente erzeugen, wird das meiste Wasser in der Kloake reabsorbiert. Das ausgeschiedene Endprodukt sind weiße, pastenartige Fäzes, die sowohl unverdauliche Nahrungsrückstände sowie Harnsäure enthalten.

Der Dickdarm des Menschen enthält ungeheure Mengen von Bakterien, die mit der Nahrung in den zunächst beinahe sterilen Dickdarm des Neugeborenen gelangen. Beim Erwachsenen besteht rund ein Drittel der Trockenmasse des Kots aus Bakterien. Diese Bakterien bilden die normale „Darmflora" und sind, solange sie im Darm verbleiben, harmlos oder sogar nützlich. Sollten diese Bakterien jedoch in die Bauchhöhle oder in den Blutstrom gelangen, können sich ernste bis lebensbedrohliche Krankheitsbilder ergeben (Sepsis, Peritonitis). Ursache kann zum Beispiel eine verschleppte Blinddarmentzündung sein, die zu einem Blinddarmdurchbruch (Darmperforation) führen kann. Unter normalen Umständen verhindert das Immunsystem eine Invasion durch entwichene Darmbakterien. Die Darmbakterien bauen organische Abfallstoffe im sich bildenden Stuhl ab und liefern dem Wirt durch ihre Synthesetätigkeiten sogar einige nützliche bis essenzielle Stoffe, zum Beispiel bestimmte Vitamine (K, B_{12}). Diese werden absorbiert und in den Stoffwechsel eingeschleust.

32.4 Regulation der Nahrungsaufnahme

Die meisten Tiere passen unbewusst die Nahrungsaufnahme an ihren Energieverbrauch an. Falls sich der Energieverbrauch durch hohe körperliche Aktivität erhöht, wird mehr Nahrung konsumiert. Die meisten Vertebraten – von den Fischen bis zu den Säugetieren – fressen dem Energiegehalt ihrer Nahrung gemäß, nicht nach der einverleibten Menge. Falls ihr Futter mit Ballaststoffen „verdünnt" wird, reagieren sie darauf, indem sie mehr fressen. In gleicher Weise wird die Nahrungsaufnahme gedrosselt, wenn über einen Zeitraum von mehreren Tagen der kalorische Eintrag zu hoch gewesen ist.

Hungerzentren im Hypothalamus und im Hirnstamm (siehe Kapitel 33) regulieren die Nahrungsaufnahme. Ein Absinken des Blutzuckerwertes stimuliert das Verlangen nach Nahrung. Während die meisten Tiere in der Lage zu sein scheinen, ihr Körpergewicht ohne Schwierigkeiten auf einem normalen Niveau zu halten, vermag der Mensch dies nicht. Fettleibigkeit (Obesitas = Adipositas) ist in allen Industrieländern auf dem Vormarsch und bereits heute in vielen Ländern ein volksgesundheitliches Problem. Nach einer neueren Erhebung sind in den USA 65 Prozent (2/3) der Erwachsenen und 15 Prozent der Kinder übergewichtig oder fettleibig. Obgleich die Zahlen noch hinterher hinken, verzeichnet auch Kanada einen ähnlichen Anstieg auf 32 Prozent in den Jahren 2000/2001; noch im Jahr 1985 lag der Anteil bei erst 5,6 Prozent! Die quantitative Abschätzung des Übergewichts stützt sich auf den so genannten **body mass index** (Körpermassenindex, Abk. **BMI**), den Körperumfang in der Körpermitte (Bauchumfang) sowie Risikofaktoren für durch Übergewicht begünstigte Zivilisationskrankheiten wie Diabetes vom Typ 2, Herz-/Kreislauferkrankungen sowie bestimmte Krebsformen. Der Körpermassenindex berechnet sich aus dem Quotienten des Körpergewichts (in kg) und dem Quadrat der Körpergröße (in Meter):

$$\text{Körpermassenindex (BMI)} = \frac{\text{Gewicht [kg]}}{\text{Größe}^2 \text{ [m]}}$$

Ein Körpermassenindex von über 25 wird als Indikator für Übergewicht gewertet, einer von 30 oder darüber als solcher für das Vorliegen einer Fettsucht (= Obesitas, Adipositas).

Eine Minderheit der an Fettleibigkeit leidenden Menschen isst nicht signifikant mehr als andere, dünn bleibende Menschen. Sie leiden vielmehr an einer angeborenen, ererbten Veranlagung (Prädisposition), bei einer Ernährung mit hohem Fett- und/oder Kohlenhydratanteil rasch und massiv dicker zu werden. Dies trifft jedoch für die Mehrzahl der Fälle nicht zu. Eine genetische Prädisposition ist nicht geeignet, das epidemische Anwachsen des Anteils Übergewichtiger in der Population hochindustrialisierter Länder zu erklären. Es gibt keinen bekannten Vererbungsmechanismus, der ein solches Merkmal in einer Zeit von weniger als zwei Generationen in solchem Ausmaß in einer Population verbreiten könnte, die noch vor wenigen Jahrzehnten das Problem der Fettleibigkeit praktisch nicht kannte. Der Anstieg des Anteils von Schnellgerichten in der Ernährung, größeren Portionen und ein, oft beruflich bedingter bewegungsarmer Lebensstil sind Faktoren, die mit der Ausbreitung der Obesitas in entwickelten Ländern einhergehen. Fettleibige Menschen können auch an einer verminderten Fähigkeit zur Verbrennung überschüssiger Kalorien durch eine „nahrungsinduzierte Thermogenese" leiden. Die Plazentalier unter den Säugetieren (siehe Kapitel 28) zeichnen sich durch den Besitz einer speziellen, dunklen Form des Fettgewebes aus, das aufgrund seiner Färbung als **braunes Fettgewebe** bezeichnet wird. Dieses Fettgewebe ist speziell für die Verstoffwechselung von Fetten zur Erzeugung von Wärme zuständig. Neugeborene Säugetiere einschließlich menschlicher Säuglinge weisen einen sehr viel höheren Anteil an braunem Fett auf als ausgewachsene. Beim menschlichen Säugling befindet sich das braune Fettgewebe im Brustraum, dem oberen Rücken und in der Nähe der Nieren. Die in den Zellen des braunen Fettgewebes reichlich vorhandenen Mitochondrien enthalten ein spezielles Protein, das **Entkopplungsprotein**, das die Bildung von ATP während der oxidativen Phosphorylierung unterbricht (ATP-Bildung und Endoxidation in der Atmungskette werden „entkoppelt"). Die Thermogenese im braunen Fettgewebe wird durch einen Überschuss an Nahrung und durch niedrige Temperaturen (zitterfreie Thermogenese; siehe Kapitel 30) angestoßen und durch das sympathische Nervensystem in Gang gesetzt, das auf Signaleingänge aus dem Hypothalamus und dem Hirnstamm reagiert. Bei Menschen mit durchschnittlicher Körpermasse induziert ein erhöhter kalorischer Eintrag das braune Fettgewebe dazu, durch Aktivierung des Entkopplungsproteins vermehrt überschüssige Energie als Wärme abzugeben. Die Pima-Indianer in Arizona im Südwesten Nordamerikas besitzen eine niedrige intrinsische Aktivität des sympathischen Nervensystems, was

> ### Exkurs
>
> Die Körper vieler Säugetiere enthalten zwei verschiedene Arten von Fettgewebe, denen vollständig unterschiedliche physiologische Aufgaben zufallen. Das **weiße Fettgewebe**, das die Masse des Körperfettes ausmacht, ist ein Fettspeichergewebe, das sich in der Hauptsache aus überschüssigem Fett und Kohlenhydraten in der Nahrung speist. Es ist über den ganzen Körper verteilt und findet sich insbesondere in den tieferen Hautschichten (Unterhautfettgewebe). Die Speicherkapazitäten für Kohlenhydrate sind begrenzt, wohingegen für Fetteinlagerung keine Grenzen bestehen. Diese physiologische Tatsache spiegelt unser evolutionäres Erbe wider: Kohlenhydrate standen immer reichlich zur Verfügung, während tierische Fette eher sporadisch auf dem Speisezettel standen. Das **braune Fettgewebe** ist eine spezialisierte Form von Fettgewebe, das zur Energieversorgung der zitterfreien und nahrungsinduzierten Thermogenese dient statt der Nährstoffeinlagerung zur späteren Grundversorgung in Zeiten knapper Nahrung. Braunes Fettgewebe, das nur bei plazentalen Säugetieren vorkommt, bei Arten, die Winterschlaf halten (Fledermäuse, Nagetiere) besonders gut ausgebildet ist, kommt aber auch bei vielen Arten vor, die keinen Winterschlaf halten (Carnivoren, Primaten, Artiodaktylier, manche Nagetiere wie Kaninchen). Seine braune Farbe resultiert aus einer hohen Dichte an Mitochondrien, die große Mengen eisenhaltiger Cytochrome enthalten. In „gewöhnlichen" Körperzellen wird ATP bei der Durchleitung von Elektronen durch die Atmungskette erzeugt (Kapitel 4). Das so erzeugte ATP treibt dann die vielfältigen zellulären Vorgänge an. In braunen Fettzellen wird anstelle von ATP Wärme erzeugt („Entkopplung"; siehe Haupttext).

zur Häufigkeit des Krankheitsbildes der Obesitas in dieser Population beitragen könnte. Gegenwärtige Forschungsanstrengungen widmen sich dem Zusammenhang zwischen nahrungsinduzierter Thermogenese und Fettleibigkeit, um aus den so gewonnenen Erkenntnissen vielleicht neue Therapieansätze für dickleibige Menschen ableiten zu können.

Über die einfache Tatsache, dass sehr viele Menschen einfach zu viel essen (= zu viel Energie mit der Nahrung aufnehmen) und zu wenig Energie durch körperliche Anstrengung verbrauchen, hinaus, gibt es noch andere ursächliche Faktoren für das Zustandekommen von Fettleibigkeit. Die Fettspeicher des Körpers stehen unter der Aufsicht des Hypothalamus und des Hirnstamms. Der Sollwert dieser Kontrollzentren kann über oder unter der „Norm" für die Art liegen. Ein zu hoch eingestellter Sollwert kann durch Steigerung der körperlichen Aktivität etwas abgesenkt werden, wie aber alle Diättreibenden aus schmerzlicher Erfahrung wissen, neigt das unbewusst arbeitende System dazu, seine Energie-(= Fett) reserven hartnäckig zu verteidigen. Im Jahr 1995 wurde ein von Fettzellen hergestelltes Hormon entdeckt, das bei Mutantenmäusen, denen das Gen für dieses Hormon fehlt, die sich daraufhin einstellende Fettleibigkeit zu kurieren vermochte. Das Hormon heißt **Leptin** (gr. *leptos*, leicht, fein, dünn, klein, gering), und es scheint über ein Rückkopplungssystem seine Wirkung zu entfalten, das dem Hypothalamus und dem Hirnstamm signalisiert, wie viel Fett der Körper gespeichert hat. Ist der prozentuale Fettanteil hoch, führt die Freisetzung von Leptin aus den Fettzellen zu einer Verminderung des Appetits und einer Steigerung der Thermogenese. Die Entdeckung des Leptins hat eine Welle von Forschungsaktivitäten zu den Ursachen der Adipositas und einem gewaltigen kommerziellen Interesse an der Entwicklung und Vermarktung von „Schlankheitspillen" auf der Grundlage des Wirkstoffs Leptin geführt. Es hat sich jedoch bald gezeigt, dass die Mehrzahl adiposer Menschen auf Leptininfusionen nicht reagiert und diese Personen sogar von sich aus höhere Leptinmengen in ihrem Fettgewebe erzeugen. Es scheint so zu sein, dass die Gehirne dieser Personen gegen die Wirkung des Leptins weitgehend resistent sind oder im Laufe der Zeit geworden sind und nicht mehr mit einer Drosselung des Hungergefühls auf das Hormon reagieren. Gegenwärtige Forschungen zielen daher auf eine Verminderung bzw. Überwindung der Leptinresistenz des Gehirns hin.

Regulation der Verdauung 32.5

Der Verdauungsvorgang unterliegt der Steuerung durch eine Gruppe von Hormonen, die von dem am diffusesten verteilten endokrinen Organsystem des Körpers – dem Gastrointestinaltrakt – gebildet werden (siehe Kapitel 34). Diese Hormone sind Beispiele für die vielen Substanzen mit Hormonwirkung, die ein Wirbeltier herstellt, die aber nicht notwendigerweise von diskreten endokrinen Drüsenzellen gebildet werden müssen. Aufgrund ihrer diffusen (= nicht lokal begrenzten) Entstehung, waren die Gastrointestinal-Hormone schwierig zu isolieren und zu untersuchen, so dass genaueres Wissen über ihre Wirkungsweisen und Regulation erst in jüngerer Zeit zugänglich geworden ist.

Zu den primären Gastrointestinal-Hormonen gehören das Gastrin, das Cholecystokinin (CCK) und das Sekretin (▶ Abbildung 32.15). **Gastrin** ist ein Polypeptidhormon, das von endokrinen Zellen im pylorischen (= Übergang vom Magen zum Zwölffingerdarm) Teil des Magens gebildet wird. Gastrin wird in Reaktion auf eine Anregung durch parasympathische Enden des Vagusnervs (Nervus vagus, 10. Hirnnerv) hin ausgeschüttet, oder wenn proteinreiche Nahrung in den Magen gelangt. Die Hauptwirkung des Gastrins besteht darin, die Sekre-

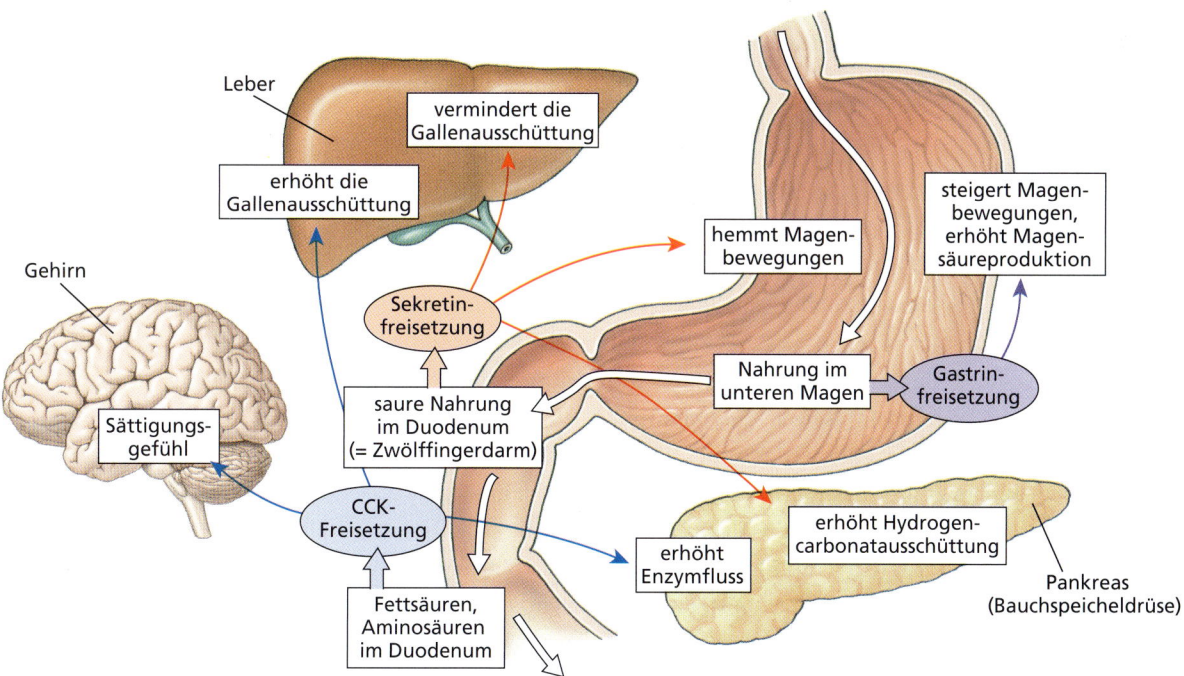

Abbildung 32.15: Drei Verdauungshormone. Abgebildet sind die wichtigsten Wirkungen der Hormone Gastrin, Cholecystokinin (CCK) und Sekretin.

tion von Salzsäure (= Magensäure) aus den Partietalzellen der Magenwand und die Steigerung der gastrischen Motilität zu veranlassen. Gastrin ist insofern ein ungewöhnliches Hormon, weil es auf das Organ einwirkt, von dem es selbst erzeugt wird. Das Cholecystokinin (CCK) ist ebenfalls ein Polypeptidhormon. Es weist eine auffällige Ähnlichkeit zum Gastrin auf, was darauf hindeutet, dass die beiden zugrundeliegenden Gene sehr wahrscheinlich durch Duplikation eines Ausgangsgens hervorgegangen sind. CCK wird von endokrinen Zellen in den Wänden des oberen Dünndarms in Reaktion auf die Anwesenheit freier Fett- und Aminosäuren im Duodenum gebildet. Es besitzt mindestens drei verschiedene Wirkungen. Cholecystokinin regt die Kontraktion der Gallenblase und damit den Ausfluss von Galle in den Dünndarm an, es stimuliert die Ausschüttung des proteinreichen Bauchspeichels aus dem Pankreas, und es wirkt auf den Hirnstamm ein und vermittelt dadurch die Ausbildung des Sättigungsgefühls nach einer Mahlzeit – insbesondere wenn diese fettreich war. Das erste jemals entdeckte Hormon war das **Sekretin**, das im Eingangstext zu Kapitel 34 Erwähnung findet. Es wird von endokrinen Zellen in der Wand des Zwölffingerdarms gebildet. Sekretin wird als Reaktion auf Nahrung und starke Säure im Magen und im Dünndarm ausgeschüttet, und seine vorrangige Wirkung besteht darin, die Freisetzung eines alkalisierend wirkenden Pankreassekrets zu veranlassen, das die verbliebene Magensäure neutralisiert, wenn der Nahrungsbrei in den Darm übertritt. Es ist außerdem bei der Fettverdauung durch die Hemmung der Motilität des Magens behilflich und steigert die Produktion eines alkalischen Gallensekrets durch die Leber.

Weitere gastrointestinale Hormone wurden isoliert und ihre Strukturen aufgeklärt. Alle bisher gefundenen sind Peptide, und viele liegen sowohl im Gastrointestinaltrakt wie im zentralen Nervensystem vor. Eines dieser Hormone ist das Cholecystokinin, das sich in hoher Konzentration im Cortex cerebri (= Großhirnrinde) und im Hypothalamus von Säugetieren findet. Durch die Erzeugung eines Sättigungsgefühls nach einer Mahlzeit spielt es möglicherweise eine Rolle bei der Appetitsteuerung. Mehrere andere gastrointestinale Peptide – zum Beispiel das vasoaktive intestinale Peptid (VIP), das gastrisch-inhibitorische Peptid (GIP), das Ghrelin und das PYY – scheinen im Gehirn als Neurotransmitter zu wirken. Ghrelin und PYY scheinen auch kurzzeitig wirkende Regulatoren der Nahrungsaufnahme zu sein. Die Ghrelinmenge steigt zwischen den Mahlzeiten langsam an und scheint das Hungergefühl anzuregen, während die PYY-Menge während des Essens zunimmt und das Sättigungsgefühl induziert. Viele Forschungsvorhaben konzentrieren sich auf diese beiden und andere jüngst entdeckte Peptide, durchaus mit der naiven Hoffnung, dabei das magische „Allheilmittel" für die gegenwärtige Adipositaskrise der Industrieländer zu finden.

Nährstoffbedarf 32.6

Die Nahrung eines Tieres muss Kohlenhydrate, Proteine, Fett, Wasser, Elektrolyte („Mineralien"), Vitamine und andere wichtige Spurenelemente enthalten. Kohlenhydrate und Fette sind Energiequellen und liefern Baustoffe für die Biosynthese der verschiedenen Körperbausteine. Proteine – oder vielmehr die Aminosäuren, aus denen sie sich zusammensetzen – dienen als Baustoffe für die Herstellung eigener, artspezifischer Proteine und anderer stickstoffhaltiger Verbindungen. Wasser ist als Lösungsmittel ist unverzichtbar für die biochemischen Reaktionen, die sich im Körper abspielen, und stellt den mengenmäßig häufigsten Bestandteil aller Körperflüssigkeiten dar. Anorganische Ionen (Kationen wie Anionen) liegen in allen Zellen und den extrazellulären Flüssigkeiten gelöst vor und nehmen als physiologische Komponenten an fast allen Vorgängen im Körper aktiv teil. Vitamine sind aus der Nahrung stammende Zusatzfaktoren, die oftmals als Reaktionspartner bei enzymatischen Reaktionen dienen.

Ein **Vitamin** ist eine (im Vergleich zu den Makromolekülen) verhältnismäßig einfach gebaute organische Verbindung, die kein Kohlenhydrat, Fett oder Protein ist und in sehr geringer Menge in der Nahrung vorhanden sein muss, und die für bestimmte Zellfunktionen unabdingbar ist. Vitamine sind keine Energiequellen, sondern fungieren direkt oder in modifizierter Form als Coenzyme, die für die Aktivitätsentfaltung mancher Enzyme mit lebensnotwendiger katalytischer Wirkung unbedingt notwendig sind. Pflanzen und viele Mikroorganismen stellen sämtliche organischen Stoffe, die sie benötigen, selbst her. Tiere, die sich aus fremden Quellen versorgen können, haben jedoch vielfach die Befähigung zur Synthese bestimmter Stoffe verloren, weil die Stoffe aus der Nahrung bezogen werden können und eine Eigensynthese nicht länger notwendig war. Sie hängen nunmehr von den Pflanzen oder Einzellern für die Versorgung mit diesen essenziellen Nährstoffen ab. Vitamine zeigen damit metabolische Lücken in der Stoffwechselmaschinerie eines Tieres an.

Vitamine werden meist nicht nach ihrer chemischen Beschaffenheit, sondern aufgrund ihrer Löslichkeitseigenschaften eingeteilt, also danach, ob sie wasser- oder fettlöslich sind. Zu den wasserlöslichen Vitaminen gehören die der B-Gruppe (B-Vitamine) und das Vitamin C (▶ Tabelle 32.1). Die chemisch uneinheitlichen B-Vitamine werden bis heute als Gruppe geführt, weil das ursprüngliche „Vitamin B" sich als Gemisch aus verschiedenen Substanzen mit unterschiedlichen Wirkungen erwiesen hat. Sie neigen jedoch dazu, in der Natur zusammen aufzutreten. Praktisch alle Tiere – Wirbellose wie Wirbeltiere – sind auf die Zufuhr von B-Vitaminen angewiesen. Man spricht deshalb von universellen Vitaminen. Die Notwendigkeit einer Zufuhr von Vitamin C (Ascorbinsäure) und den fettlöslichen Vitaminen A, D, E und K beschränkt sich jedoch im Wesentlichen auf die Vertebraten, obgleich einige dieser Stoffe auch für manche Evertebraten Vitamine sind. Selbst in Gruppen eng miteinander verwandter Tiere sind die Vitaminbedürfnisse der einzelnen Arten oft unterschiedlich. Ein Kaninchen etwa benötigt keine Zufuhr von Vitamin C, Meerschweinchen und Menschen hingegen sind auf eine Zufuhr von außen angewiesen. Manche Singvögel benötigen Vitamin A in der Nahrung, andere nicht.

Die vor vielen Jahrzehnten gewonnene Erkenntnis, dass einige Krankheiten des Menschen und seiner Haus- und Nutztiere auf einen Mangel an bestimmten Inhaltsstoffen der Nahrung zurückzuführen sind, hat dazu geführt, dass man gezielt nach Nahrungsinhaltsstoffen gefahndet hat, die diese Krankheiten verhindern können. Diese Untersuchungen haben zu einer Liste essenzieller Nährstoffe für den Menschen und anderer untersuchter Tierarten geführt. **Essenzielle Nährstoffe** sind solche, die für ein normales Wachstum und die Aufrechterhaltung der Gesundheit notwendig sind und in der Nahrung unabdingbar enthalten sein müssen. Es ist mit anderen Worten von essenzieller Bedeutung, dass diese Nährstoffe mit der Nahrung zugeführt werden, da das Tier sie nicht selbst aus anderen Bestandteilen der Nahrung herstellen kann. Für den Menschen sind beinahe 30 organische Verbindungen (Vitamine und Aminosäuren) und 21 chemische Elemente (die ohnedies nicht „herstellbar" sind) essenziell (Tabelle 32.1). In Anbetracht der Tatsache, dass unsere Körper viele Tausend unterschiedliche Verbindungen enthalten, mag die Tabelle 32.1 erstaunlich kurz erscheinen. Tierzellen verfügen über eine bewundernswerte Fähigkeit zur Synthese, die sie in die Lage versetzt, Verbindungen von enormer Vielfalt und Komplexität aus einer kleinen Gruppe ausgewählter Rohstoffe aufzubauen.

In der als durchschnittlich geltenden Nahrung eines Nordamerikaners stammen ungefähr 50 Prozent der Energie („Kalorien") aus Kohlenhydraten und 40 Prozent aus Lipiden (Fetten und fettähnlichen Stoffen). Proteine – essenziell wie sie hinsichtlich ihres strukturellen Bedarfs sein mögen – tragen nur etwas mehr als 10 Prozent zur Gesamtenergiezufuhr eines Nordamerikaners bei. Diese Mengenverhältnisse sind vermutlich ohne größere Verschiebungen auf die Einwohner anderer Industrieländer übertragbar. Kohlenhydrate werden vorrangig konsumiert, weil sie reichlicher verfügbar und billiger als Proteine und Lipide sind. In vielen ärmeren Ländern bilden sie die Hauptnahrungsquelle. Tatsächlich können der Mensch und viele andere Tierarten ohne Kohlenhydrate in der Nahrung auskommen, vorausgesetzt dass die Nahrung eine ausreichende Gesamtenergiemenge (in Form von Fett oder Eiweiß) enthält sowie die notwendigen essenziellen Nährstoffe, die natürlich auch bei einer kohlenhydratlastigen Ernährung genauso vonnöten sind. So haben etwa die Eskimos ihr Leben mit einer fett- und eiweißreichen, in der Hauptsache

Tabelle 32.1

Nährstoffbedarf des Menschen

Wasserlösliche Vitamine

Thiamin (B_1), Riboflavin (B_2), Niacin (Nikotinsäure), Pyridoxin (B_6), Panthothensäure, Folsäure, Cobalamin (B_{12}), Biotin, Ascorbinsäure (C)

Fettlösliche Vitamine

Vitamin A, Vitamin D_3, Vitamin E, Vitamin K

Elektrolyte („Mineralstoffe")

Makroelemente

Calcium, Phosphor, Schwefel, Kalium, Chlor, Natrium, Magnesium

Spurenelemente

Eisen, Fluor, Zink, Kupfer, Silizium, Vanadium, Zinn, Nickel, Selen, Mangan, Jod, Molybdän, Chrom, Cobalt

Essenzielle Aminosäuren

Phenylalanin, Lysin, Isoleucin, Leucin, Valin, Methionin, Tryptophan, Threonin, Arginin*, Histidin*

Mehrfach ungesättigte Fettsäuren

Arachidonsäure, Linolsäure, Linolensäure

* für normales Wachstum und Entwicklung von Kindern erforderlich.

Exkurs

Die Arteriosklerose ist eine degenerative Erkrankung, bei der fetthaltige Substanzen an den Innenwänden von Arterien abgelagert werden, was mit einer Verengung der betroffenen Gefäße und mit einer Verhärtung („Verkalkung") der Gefäßwände mit einer damit einhergehenden Abnahme der Elastizität verbunden ist. Der gegenwärtige Wissensstand deutet darauf hin, dass der Ablagerung der Lipide eine Entzündung der Arterienwände vorangeht. Erhöhte Cholesterinwerte (Hypercholesterinämie) im Blut können einem solchen Entzündungsgeschehen Vorschub leisten.

---

auf den Verzehr von Tieren beruhenden Ernährung bestritten, bevor ein kultureller Umschwung hin zu einer an den Industrieländern orientierten Ernährungsweise stattgefunden hat.

Lipide werden in erster Linie zur Energieversorgung benötigt. Allerdings sind wenigstens drei Fettsäuren (langkettige Monocarbonsäuren) für den Menschen essenziell – müssen also in der Nahrung vorhanden sein, damit es nicht zu einem krankhaften Mangelzustand kommt. Diese speziellen Fettsäuren vermag der Mensch nicht selbst biosynthetisch aufzubauen. Ein hohes Maß an Interesse und Forschungsaufwand ist den Lipiden in unserer Nahrung zuteil geworden, weil ein Zusammenhang zwischen einer fettreichen Ernährung und der Gefäßkrankheit Arteriosklerose besteht. Die Zusammenhänge sind kompliziert, doch deutet alles darauf hin, dass ein erhöhtes Risiko für Arteriosklerose („Arterienverkalkung") besteht, wenn die Nahrung einen hohen Anteil an gesättigten Fettsäuren (solchen ohne olefinische Doppelbindungen in der Kohlenwasserstoffkette) enthält. Das Risiko vermindert sich, wenn ein hoher Anteil an mehrfach ungesättigten Fettsäuren (solche mit mehr als einer olefinischen Doppelbindung der Kohlenwasserstoffkette) in der Nahrung enthalten sind.

Proteine sind teure Nahrungsmittel und in der Nahrung daher nur begrenzt vorhanden. Einige der im Nahrungseiweiß enthaltenen Aminosäuren sind jedoch essenziell. Von den zwanzig proteinogenen (= proteinbildenden) Aminosäuren, die sich im Eiweiß finden, sind acht – vielleicht zehn – für den Menschen essenziell (Tabelle 32.1). Der Mensch hat die Fähigkeit zur Eigensynthese dieser Aminosäuren eingebüßt. Die restlichen Aminosäuren können wir selbst synthetisieren. Damit eine ordnungsgemäße Proteinbiosynthese erfolgen kann, müssen alle acht essenziellen Aminosäuren in der Nahrung vorhanden sein. Fehlt nur eine, kommt der Gesamtprozess ins Stocken. Eine Speicherung essenzieller Aminosäuren im Sinne einer Vorratshaltung (wie im Fall des Fettgewebes als Energiespeicher) ist nicht möglich. Überschüssige Aminosäuren werden vielmehr zur Energiegewinnung verstoffwechselt. Strenger Vegetarismus mit einer Konzentration auf wenige Pflanzenarten führt daher unweigerlich zu einem Eiweißmangelzustand. Dieses Problem kann teilweise überwunden werden, indem Pflanzen mit unterschiedlichen, komplementären Gehalten an essenziellen Aminosäuren ausgewählt werden. So fehlt in etwa Weizenmehl die Aminosäure Lysin. Hülsenfrüchte wie Erbsen und Bohnen sind dagegen eine gute Lysinquelle, gleichzeitig enthalten sie aber nicht die schwefelhaltigen Aminosäuren Methionin und Cystein. Die beiden Pflanzentypen ergänzen sich also wechselseitig und gleichen die Mängel der jeweils anderen aus.

Da tierisches Eiweiß reich an essenziellen Aminosäuren ist (tierische Produkte sind ganz allgemein proteinreicher als pflanzliche), besteht in allen Ländern ein hoher Bedarf an ihnen. Nordamerikaner essen wesentlich mehr tierisches Eiweiß als Asiaten und Afrikaner. Im Jahr 2001 lag der Jahresverbrauch an Fleisch pro Kopf in den USA bei 122 kg, in Europa bei 72 kg, in Asien bei 27 kg, in Nordafrika bei 15 kg, und im mittleren und südlichen Afrika bei 11 kg.[*] 28 Prozent der Energie in der Nahrung eines US-Amerikaners stammt aus tierischen Produkten. In China entstammen dagegen nur 19 Prozent der Energie der Nahrung tierischen Quellen.[**] Die Bewohner Nordamerikas konsumieren etwa ein Viertel des weltweit produzierten Rindfleisches. Der hohe Fleischkonsum in Nordamerika und Europa ist mit einer hohen Sterberate durch so genannte Zivilisationskrankheiten verbunden: Herz-/Kreislaufkrankheiten, Schlaganfälle und bestimmte Krebsformen.

Unter- und Mangelernährung rangieren unter den ältesten Problemen der Menschheit und sind bis heute wesentliche Gesundheitsprobleme geblieben, die ein Achtel der Weltbevölkerung betreffen. Heranwachsende Kinder und schwangere und stillende Frauen sind für die verheerenden Wirkungen einer Mangel- und Fehlernährung besonders anfällig. Die Zellvermehrung und das Zellwachstum des menschlichen Gehirns verlaufen in den Endmonaten der Schwangerschaft und im ersten Lebensjahr am raschesten. Eine adäquate Versorgung mit

---

[*] Quelle: Food and Agriculture Organization (FAO) der Vereinten Nationen (http://www.fao.org/Faostat/).
[**] Quelle: The World Resource Institute (http://earthtrends.wri.org/).

32.6 Nährstoffbedarf

Exkurs

Man unterscheidet zwei Formen schwerer Nahrungsmangelzustände: Marasmus – eine allgemeine Unterernährung, bei der die Nahrung sowohl protein- wie energiedefizient ist, und Kwashiorkor – ein Proteinmangel bei ausreichender Energiezufuhr. Der Marasmus ist bei Kleinkindern verbreitet, die zu früh abgestillt und auf eine protein- und energiearme Ernährung umgestellt werden. Diese Kinder sind apathisch und ihre Körper magern stark ab. Kwashiorkor ist ein aus Westafrika entlehntes Wort, das eine Krankheit beschreibt, die sich bei einem Kind einstellt, wenn ein Kleinkind durch einen neugeborenen Säugling von der mütterlichen Milchversorgung verdrängt wird. Generell entsteht die Krankheit aber durch Fehlernährung, die durch das Fehlen essenzieller Aminosäuren gekennzeichnet ist. So fehlt zum Beispiel in Mais, der in vielen Ländern Afrikas die Hauptnahrungsquelle darstellt, die essenzielle Aminosäure Lysin. Aufgrund der Mangelversorgung mit Lysin kommt es zu einer starken Abnahme von Blutproteinen (vor allem Albumine) und zu einem Abfall des kolloidosmotischen Druckes. Dies hat zur Folge, dass die Gewebsflüssigkeit – vor allem im Bereich des Bauches – nicht mehr in die venösen Kapillaren aufgenommen werden kann und sich dort ansammelt. Die Krankheit ist durch verzögertes Wachstum, Anämie, Muskelschwäche und einen aufgetriebenen Körper mit einem ganz typisch aufgequollenen Bauch sowie akute Durchfälle, eine Empfänglichkeit für Infektionen und eine hohe Sterblichkeit gekennzeichnet.

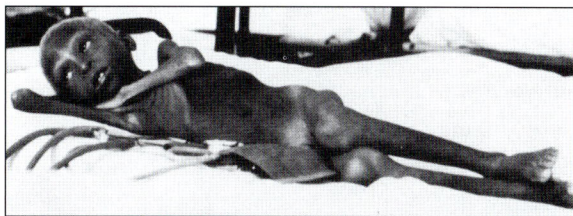

Abbildung 32.17: Unterernährung. Ein an schwerer Unterernährung leidendes Flüchtlingskind.

oder mangelernährte Kinder, die diese Phase überleben, leiden dann an einem dauerhaften Hirnschaden; spätere Interventions- und Heilungsversuche schlagen regelmäßig fehl (▶ Abbildung 32.17). Mangelernährung wird in der Regel durch Armut verursacht und geht meist einher mit anderen Faktoren wie mangelnder Ausbildung, fehlender medizinischer Betreuung und fehlenden Perspektiven.*

Die prekäre Nahrungsmittelversorgung der Weltbevölkerung wird durch die nicht zum Stillstand kommende Bevölkerungsexplosion verschärft. Im Jahr 1927 betrug die Weltbevölkerung 2 Milliarden, 1974 waren 4 Milliarden erreicht. Im Januar 2005 betrug die Zahl der Menschen 6,35 Milliarden und Ende 2007 6,6 Milliarden. Für das Jahr 2030 werden gar 8 Milliarden Menschen vorausgesagt (▶ Abbildung 32.18).** Jedes Jahr kommen etwa 80 Millionen netto hinzu (= über 210.000 pro Tag), und

Proteinen für die neuronale Entwicklung ist in dieser kritischen Phase ein Muss, um neurologische Dysfunktionen zu verhindern. Die Gehirne von Kindern, die im ersten Lebensjahr an einem Eiweißmangel gelitten haben, weisen 15 bis 20 Prozent weniger Zellen auf als die normal entwickelter Kinder (▶ Abbildung 32.16). Unter-

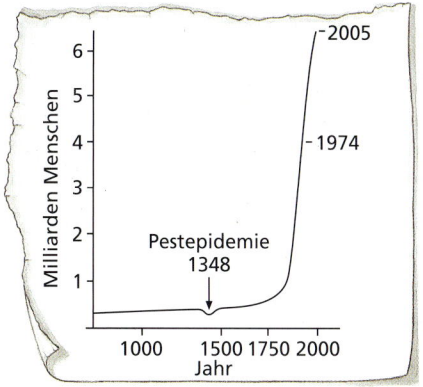

Abbildung 32.18: Ausschnitt eines Graphen der Populationsentwicklung des Menschen seit dem Jahr 800. Die Abbildung wurde der Ausgabe des vorliegenden Werkes aus dem Jahr 1979 entnommen. Die Weltbevölkerung hatte fünf Jahre zuvor die Viermilliardenmarke durchstoßen (1974). Die Abbildung wurde aktualisiert, um dem Bevölkerungsstand von 6,35 Milliarden im Jahr 2005 Rechnung zu tragen.

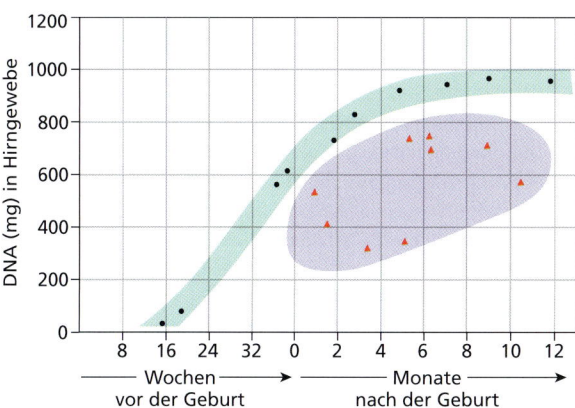

Abbildung 32.16: Wirkung früher Mangelernährung auf die Zellzahl eines menschlichen Gehirns (abgeschätzt anhand des Gesamt-DNA-Gehaltes). Diese Grafik zeigt, das mangelernährte Kleinkinder (lila unterlegter Bereich) weitaus weniger Hirnzellen besitzen als normalernährte Kleinkinder (grün unterlegter Bereich).

---

* Brown, J. und E. Pollitt (1996): Malnutrition, poverty and intellectual development. Scientific American, vol. 274, no. 2: 38–43.
** US Bureau of the Census (http://www.census.gov/ipc/www/worldpop.html)

der jährliche Zuwachs vergrößert sich unablässig. Damit geht eine entsprechende Erhöhung im Nahrungsbedarf einher. Aber schon heute ist die Prokopfproduktion an Getreide und gefangenen Fischen (vorrangig Meeresfische) im Abnehmen begriffen.* Darüber hinaus büßt die Erde jedes Jahr durch Erosion Milliarden von Tonnen an oberen Bodenschichten ein sowie Abermillionen Kubikmeter Grundwasser, die für die landwirtschaftliche Produktion benötigt werden. Die in explosivem Wachstum begriffene Menschheit ist die Haupttriebkraft für die globale Umweltzerstörung und viele andere menschliche Katastrophen. Auf das wahrscheinlich nicht mehr abzuwendende gigantische Artensterben und weitere irreversiblen Störungen in unserem Lebensraum durch die fortschreitende globale Erwärmung wurde bereits an anderer Stelle dieses Buches hingewiesen.

ZUSAMMENFASSUNG

Autotrophe Organismen (in der Mehrzahl Pflanzen) verwerten anorganische Verbindungen als Rohstoffe, fangen mit Hilfe der Photosynthese die Energie des Sonnenlichtes ein und stellen unter Verwendung dieser Energie komplexe organische Verbindungen her. Heterotrophe Organismen (Tiere, Pilze und die meisten Bakterien) verwerten die chemische Energie organischer Verbindungen, die von den Pflanzen hergestellt worden sind, um ihren eigenen Nährstoff- und Energiebedarf zu decken.

Eine große Gruppe von Tieren mit sehr verschiedener Organisationshöhe ernährt sich dadurch, dass sie winzige Organismen und andere im Wasser schwebende Teilchen aus diesem herausfiltern. Andere ernähren sich vom herab gesunkenen organischen Detritus, den sie vom Untergrund absammeln. Sich selektiv ernährende Arten haben andererseits Mechanismen für die Handhabung größerer Nahrungsmengen evolviert, darunter verschiedenartige Einrichtungen zum Ergreifen, Abschaben, Bohren, Zerreißen, Zubeißen und Kauen. Eine Flüssigernährung ist typisch für Endoparasiten, die Nahrung über die Außenoberfläche des Körpers absorbieren, sowie für Ektoparasiten, Herbivore und räuberische Arten, die spezielle stechend-saugende Mundwerkzeuge evolutiv entwickelt haben.

Die Verdauung ist ein Vorgang, bei dem die Nahrung mechanisch und chemisch bis auf für die Absorption geeignete molekulare Einheiten in ihre Bestandteile zerlegt wird. Die Verdauung verläuft bei Protozoen und Schwämmen ausschließlich intrazellulär.

Bei Metazoen von komplexerem Bau wird die intrazelluläre Verdauung durch eine extrazelluläre Verdauung mehr und mehr unterstützt und schließlich ganz abgelöst. Die extrazelluläre Verdauung vollzieht sich in verschiedenen Stufen in einer röhrenförmigen Leibeshöhle, dem Verdauungskanal. Über die Mundöffnung wird Nahrung aufgenommen, mit Speichel vermengt, dann durch die Speiseröhre (Ösophagus) in Bereiche des Körpers weitergeleitet, in denen die Nahrung eingelagert (Kropf), zermahlen (Muskelmagen), oder angesäuert und einem Frühverdau zugeführt werden kann (Wirbeltiermagen). Bei den Wirbeltieren vollzieht sich der größte Teil des Verdauungsprozesses im Dünndarm. Enzyme aus der Bauchspeicheldrüse (Pankreas) und der Darmschleimhaut (intestinale Mukosa) hydrolysieren Proteine, Kohlenhydrate, Fette, Nucleinsäuren und verschiedene andere Phosphorsäurederivate. Die Leber sezerniert Galle; die darin enthaltenen Gallensalze emulgieren das Nahrungsfett. Nachdem die Nahrung verdaut ist, werden die Verdauungsprodukte in niedermolekularer Form (Monosaccharide, Aminosäuren, Fettsäuren, Glycerin usw.) mit Hilfe der Darmzotten (Villi) absorbiert und in Blut- und Lymphgefäße überführt. Der Dickdarm (Colon) dient in der Hauptsache zur Absorption von Wasser und Elektrolyten aus den Verdauungsrückständen während des Durchgangs durch den Dickdarm. Das Colon enthält außerdem symbiontische Bakterien, die bestimmte Verbindungen mit Vitamincharakter herstellen, die vom Wirt ebenfalls absorbiert werden.

Die meisten Tiere gleichen ihre Nahrungszufuhr mit ihrem Energiebedarf ab. Die Nahrungsaufnahme wird in erster Linie durch Hungerzentren im Hypothalamus und im Hirnstamm reguliert. Bei Säugetieren wird überschüssige Energie – sofern der kalorische Eintrag über dem aktuellen Bedarf für die Energie- und Nährstoffversorgung liegt – mithilfe des spezialisierten braunen Fettgewebes als Wärme abgegeben.

Diverse gastrointestinale Hormone koordinieren die Abläufe der Verdauung. Hierzu gehören das Gastrin, das die Säureproduktion des Magens anregt, das Cholecystokinin (CCK), das die Sekretausschüttung aus der Gallenblase und der Bauchspeicheldrüse anregt und ein Sättigungsgefühl hervorruft, sowie das Sekretin, das die Hydrogencarbonat-Ausschüttung aus der Bauchspeicheldrüse anregt und die Motilität des Magens hemmt. Es steht zu erwarten, dass noch weitere Gastrointestinal-Hormone entdeckt werden. Zu den jüngsten Entdeckungen auf diesem Gebiet zählen das Ghrelin, das appetitanregend wirkt, und das Peptid PYY, das ein Sättigungsgefühl erzeugt.

---

* Nach dem Bericht „State of the World 1996" des Worldwatch-Institutes hat die weltweite Getreideproduktion seit 1990 kein Wachstum mehr erfahren, und 13 der 15 führenden Fischfangindustrien sind im Niedergang begriffen. Siehe hierzu auch: Safina, C. (1995): The world's imperiled fish. Scientific American, vol. 273, no. 11: 46–53.

ZUSAMMENFASSUNG

Alle Tiere sind auf eine ausgeglichene Ernährung angewiesen, die sowohl „Treibstoffe" (zur Energiegewinnung verstoffwechselbare Stoffe, in der Hauptsache Kohlenhydrate und Fette) sowie baulich und funktionell verwertbare Stoffe (Eiweiß, Elektrolyte, Vitamine) enthält. Für jedes vielzellige Tier lassen sich „essenzielle" Nahrungsinhaltsstoffe (Aminosäuren, Vitamine, Lipide, und andere mehr) angeben, die in der Nahrung enthalten sein müssen, weil das betreffende Tier diese mit Hilfe seines eigenen Syntheseapparates nicht herstellen kann. Tierisches Eiweiß ist eine weit besser ausbalancierte Aminosäurequelle als pflanzliches Eiweiß, weil letzeres dazu neigt, einen unzureichenden Gehalt an bestimmten essenziellen Aminosäuren (des Menschen) zu enthalten. Unterernährung und Proteinmangel in der Nahrung gehören zu den in vielen Teilen der Welt vorherrschenden Gesundheitsproblemen, von denen viele Millionen Menschen betroffen sind.

Übungsaufgaben

1. Grenzen Sie die folgenden Begriffspaare jeweils gegeneinander ab: autotroph und heterotroph; phototroph und chemotroph; herbivor und carnivor; omnivor und insectivor.

2. Das Filtrieren (= Nahrungsfilterung) ist eine der wichtigsten Methoden des Nahrungserwerbs unter Tieren. Erläutern Sie die Kennzeichen, Vorteile und Grenzen des Filtrierens und nennen Sie drei Tiergruppen, die Filtrierer sind oder Filtrierer enthalten.

3. Die sich auf das Fressen beziehenden Anpassungen sind integraler Bestandteil des Verhaltensspektrums des betreffenden Tieres und haben üblicherweise Einfluss auf das Erscheinungsbild des gesamten Tieres. Erörtern Sie die sich auf die Nahrungsaufnahme beziehenden Adaptionen von Carnivoren im Vergleich zu Herbivoren.

4. Erklären Sie, wie Nahrung durch den Verdauungstrakt befördert wird.

5. Vergleichen Sie die intrazelluläre mit der extrazellulären Verdauung und spekulieren Sie darüber, warum es bei einigen Tieren einen phylogenetischen Trend zu einer Verlagerung von der intra- zur extrazellulären Verdauung gibt.

6. Welche strukturellen Modifikationen vergrößern die innere Oberfläche des Intestinums (sowohl bei Wirbellosen wie bei Wirbeltieren) sehr stark, und warum ist diese große Oberfläche von Wichtigkeit?

7. Verfolgen Sie den Verdau und die Absorption eines Kohlenhydrates im Wirbeltierdarm am Beispiel der Stärke; benennen Sie die kohlenhydratspaltenden Enzyme, ihre Synthese- bzw. Wirkorte, die Abbauprodukte des Stärkeverdaus sowie die Form, in der diese schließlich absorbiert werden.

8. Verfolgen Sie in Anlehnung an Frage 7 den Verdau und die Absorption eines Proteins nach.

9. Erläutern Sie, wie Fette im Wirbeltierdarm emulgiert und verdaut werden. Erklären Sie, wie die Galle den Verdauungsvorgang unterstützt, obwohl sie selbst keine Enzyme enthält. Geben Sie ein Beispiel für die folgende Beobachtung: Fette werden im Darmlumen zu Fettsäuren und Monoglyceriden hydrolysiert, erscheinen später im Blut aber als Fett-Tröpfchen.

10. Erläutern Sie den Begriff „nahrungsinduzierte Thermogenese" und beziehen Sie ihn auf das Problem der Obesitas bei manchen Menschen. Welche anderen Faktoren tragen zum Problem der menschlichen Fettleibigkeit bei?

11. Nennen Sie drei Hormone des Gastrointestinaltraktes und erklären Sie, wie sie bei der Koordination der gastrointestinalen Funktionen behilflich sind.

12. Nennen Sie die grundlegenden Klassen von Nahrungsmitteln, die in erster Linie als (a) Treibstoffe und (b) als bauliche und funktionelle Komponenten dienen.

13. Was kennzeichnet die Vitamine als abgrenzbare Gruppe von Nährstoffen, wenn sie weder chemisch ähnliche Verbindungen sind, noch ähnliche biochemische Funktionen erfüllen, noch Energiequellen sind?

14. Nennen Sie einige Nährstoffe, die als „essenziell" gelten und andere, die als „nichtessenziell" gelten, obgleich beide Nährstofftypen beim Wachstum und bei der Gewebereparatur Verwendung finden.

15. Erklären Sie den Unterschied zwischen gesättigten und ungesättigten Lipiden, und nehmen Sie Stellung zum gegenwärtigen Interesse an diesen Verbindungen im Hinblick auf die menschliche Gesundheit.

16 Was versteht man unter „Proteinkomplementarität" zwischen pflanzlichen Nahrungsmitteln?

Weiterführende Literatur

Bachman, E. et al. (2002): βAR signalling required for diet-induced thermogenesis and obesity resistance. Science, vol. 297: 83–845. *Diese Veröffentlichung beschreibt eine wichtige, an Mäusen vorgenommene Untersuchung, die aufgezeigt hat, dass die nahrungsinduzierte Thermogenese vom sympathischen Nervensystem reguliert wird.*

Blaser, M. (1996): The bacteria behind ulcers. Scientific American, vol. 274, no. 1: 104–107. *Man weiß heute, dass die meisten Fälle von Magengeschwüren durch säureresistente Bakterien verursacht werden. Mindestens ein Drittel aller Menschen sind mit Helicobacter infiziert, von denen allerdings die meisten nie ein klinisch relevantes Krankheitsgeschehen entwickeln.*

Bray, G. et al. (2007): The Metabolic Syndrome and Obesity. Springer; ISBN: 978-1-58829-802-7.

Chivers, D. et al. (2005): The Digestive System in Mammals: Food, Form and Function. Cambridge University Press; ISBN: 0-5210-2085-9.

Eckert, R. et al. (2002): Tierphysiologie. 4. Auflage. Thieme; ISBN: 9-783-1366-4004-3.

Hill, J. et al. (2003): Obesity and the environment: where do we go from here? Science, vol. 299: 853–855. *Man lese diesen und nachfolgende, thematisch verwandte Artikel in dieser Spezialausgabe der Zeitschrift Science (AAAS).*

Klinke, R. et al. (Hrsg.): Physiologie. 5. Auflage. Thieme (2005); ISBN: 9-783-1379-6005-8.

Magee, D. und A. Dalley (1986): Digestion and the structure and function of the gut. Karger; ISBN: 3-8055-4204-6. *Umfassende Abhandlung der Verdauung bei Säugetieren (in erster Linie beim Menschen). Vergriffener Titel.*

Milton, K. (1993): Diet and primate evolution. Scientific American, vol. 269, no. 8: 86–93.

Morrison, S. (2004): Central pathways controlling brown adipose tissue thermogenesis. News in Physiological Sciences, vol. 19: 67–74. *Eine lesbare Übersicht, die eine Verbindung zwischen der Thermogenese und dem Energieverbrauch herstellt.*

Moyes, C. und P. Schulte (2007): Tierphysiologie. Pearson Studium; ISBN: 3-8273-7270-4.

Penzlin, H. (2005): Lehrbuch der Tierphysiologie. 7. Auflage. Spektrum; ISBN: 3-8274-0170-4.

Rehner, G. und H. Daniel (2002): Biochemie der Ernährung, 2. Auflage. Spektrum; ISBN: 3-8274-1157-2. *Hochaktuelles, einziges Buch am Markt, das die molekularen Vorgänge der Verdauung so umfangreich und kompetent beschreibt.*

Sanderson, S. und R. Wassersug (1990): Suspension-feeding vertebrates. Scientific American, vol. 262, no. 3: 96–101. *Eine Reihe von Wirbeltieren – darunter einige von enormer Größe – fressen, indem sie kleine Organismen aus riesigen Wassermengen herausfiltern, die sie durch ihren Fressapparat strudeln.*

Schmidt, R. und F. Lang (Hrsg.): Physiologie des Menschen. Mit Pathophysiologie. 29. Auflage. Springer (2005); ISBN: 978-3-540-21882-1. *Beschreibt die neuesten Erkenntnisse der molekularen Prozesse der Verdauung und räumt u. a. auch mit dem Märchen auf, dass nur Aminosäuren resorbiert werden können (wie leider es in vielen Lehrbüchern noch zu lesen steht). Viele Aspekte sind auch direkt auf andere Tiere zu übertragen.*

Stevens, C. (2004): Comparative physiology of the vertebrate digestive system. 2. Auflage. Cambridge University Press; ISBN: 0-5216-1714-6. *Klare und ausgewogene Darstellung der anatomischen Merkmale der Verdauungssysteme von Wirbeltieren sowie der Physiologie und Biochemie des Verdauungsvorgangs.*

Tarnopolsky, M. et al. (1999): Gender Differences in Metabolism. Practical and Nutritional Implications. Springer; ISBN 0-8493-8194-0. *Über Geschlechtsunterschiede des Stoffwechsels beim Menschen.*

Thews, G. und P. Vaupel (2005): Vegetative Physiologie. 5. Auflage. Springer; ISBN: 978-3-540-24070-9.

Weindrach, R. (1996): Caloric intake and aging. Scientific American, vol. 274, no. 1: 46–52. *Lebewesen, von den einzelligen Protozoen bis hin zu den Säugetieren, leben mit einer ausgewogenen, aber energiearmen Ernährung länger. Die möglichen Nutzeffekte für den Menschen werden erörtert.*

Willmes, P. et al. (2004): Environmental physiology of animals. 2. Auflage. Blackwell; ISBN: 1-4051-0724-3. *Gut geschriebenes Lehrbuch zu Umweltanpassungen von Wirbeltieren und Wirbellosen.*

Weitere Informationen zu diesem Buchkapitel finden Sie auf der Companion-Website unter
http://www.pearson-studium.de

Nervöse Steuerung

33.1 Neuronen: Die funktionellen Baueinheiten des Nervensystems 1069

33.2 Synapsen: Kontaktstellen zwischen Nerven 1075

33.3 Die Evolution von Nervensystemen 1078

33.4 Sinnesorgane 1088

Zusammenfassung 1105

Übungsaufgaben 1106

Weiterführende Literatur 1107

33

Der Mensch erfreut sich – welchen Maßstab man auch anlegen mag – einer an Sinneseindrücken reichen Welt. Wir werden unablässig von Informationen des Seh-, des Hör-, des Geschmacks-, des Geruchs- und des Tastsinnes durchflutet. Diese klassischen fünf Sinnesmodalitäten oder kurz Sinne werden durch weitere Sinneseindrücke wie dem Temperatursinn, dem Gleichgewichtssinn, der Wahrnehmung von Erschütterungen und Schmerz sowie Einträgen zahlreicher anderer sensorischer Rezeptoren ergänzt, die geräuschlos und automatisch und damit oftmals ganz unbemerkt dafür sorgen, dass unsere innere Maschinerie reibungslos funktioniert.

Die uns von unseren Sinnen erfahrbar gemachte Welt ist entschieden „menschlich", wenngleich es jeder einzelne unserer Sinne für sich nicht ist. Wir teilen diese exklusive Weltwahrnehmung mit keinem anderen Tier – in letzter Instanz nicht einmal mit einem anderen Menschen –, und wir können auch nicht in die Sinneswelt irgendeines anderen Tieres eindringen, außer in Form einer Abstraktion durch unsere Vorstellung oder in Form abstrahierter, objektiver Messungen physikalischer und chemischer Vorgänge als Reaktionen auf einwirkende Reize.

Eine Zecke wartet, auf einem Grashalm sitzend, auf einen Wirt.

Die Vorstellung, dass jedes Tier sich einer einzigartigen sinnlichen Erfahrung der Welt erfreut, wurde zum ersten Mal von J. J. von Uexküll publiziert (1864–1944), einem weitgehend vergessenen estnischen Biologen. Von Uexküll forderte seine Leser auf, sich – gestützt auf das, was wir über die Biologie von Zecken wissen – die Welt aus der Sicht einer Zecke vorzustellen. Es ist dies eine Welt der Temperatur, von Helligkeit und Dunkelheit und des Geruchs von Buttersäure („Mageninhalt"). Unempfänglich für alle anderen Reize, klettert die Zecke an der Blattspreite eines Grasblattes empor und wartet – wenn nötig über Jahre hinweg – auf Hinweise, die auf die Anwesenheit eines möglichen Wirtes deuten. Später, wenn sie durch das gesaugte Blut dick angeschwollen ist, fällt sie zur Erde, legt ihre Eier ab und stirbt. Die eingeschränkte und, aus menschlicher Sicht, kümmerliche Sinneswelt der Zecke, der es an jeglichem sensorischen Luxus mangelt und die von der natürlichen Selektion auf die Welt, in der sie sich bewegt, fein abgestimmt ist, hat den einzigen Zweck ihres Daseins, die Fortpflanzung, sichergestellt.

Ein Vogel und eine Fledermaus teilen sich für Momente genau die gleiche Umwelt. Ihre Wahrnehmungswelten sind jedoch im höchsten Maße unterschiedlich, strukturiert von den Begrenzungen der Wahrnehmungsfenster der Sinnesmodalitäten, die jedes der Tiere einsetzt, und von den nachgeschalteten Gehirnen, die solche Informationen sammeln und verarbeiten, die für das Überleben des jeweiligen Tieres von Nutzen sind. Im einen Fall – dem des Vogels – ist dies eine vom Sehsinn dominierte Welt, im anderen – dem der Fledermaus – eine akustische, von der Echoortung geprägte. Die Welt des jeweils anderen ist dem Gegenüber fremd, genauso wie es beide für uns sind.

Das Nervensystem entspringt einer fundamentalen Eigenschaft alles Lebendigen – der **Erregbarkeit**, also der Fähigkeit, Umweltreize wahrzunehmen (und auf sie zu reagieren) (siehe Kapitel 1). Die Reaktion kann einfacher Natur sein, wie etwa bei einem Protozoon, das sich wegbewegt, um sich von der Quelle eines Schadreizes zu entfernen; oder auch sehr komplex wie etwa die eines Wirbeltieres, das auf die hochentwickelten Signale der Partnerwerbung seiner Art reagiert. Ein Protist (Einzeller) nimmt Reize wahr und reagiert auf sie; dies alles vollzieht sich in den engen Grenzen einer einzelnen lebenden Zelle. Die Evolution der Vielzelligkeit und noch höher entwickelter Ebenen der tierischen Organisation haben zunehmend komplexere Mechanismen der Kommunikation zwischen Zellen und Organen und schließlich Organismen notwendig gemacht. Eine verhältnismäßig schnelle Kommunikation kommt durch neuronale Mechanismen zustande und beinhaltet die Fortleitung elektrischer und chemischer Signale entlang von und zwischen Zellen mittels molekularer Prozesse an deren Membranen. Der grundlegende Schaltplan eines Nervensystems besteht im Empfang von Informationen aus der äußeren und inneren Umgebung, der Kodifizierung dieser Informationen, ihrer Fortleitung (Weitergabe) und Verarbeitung zur Einleitung geeigneter Aktionen. Diese Funktionen tierischer Organismen sind Gegenstand dieses Kapitels. Im Vergleich mit diesen Vorgängen langsam stattfindende oder länger anhaltende Adjustierungen des tierischen Körpers unterliegen hormonellen Mechanismen, die im anschließenden vierunddreißigsten Kapitel behandelt werden.

33.1 Neuronen: Die funktionellen Baueinheiten des Nervensystems

Eine Nervenzelle (= Neuron) kann, abhängig von seiner Funktion und Stellung im System, viele Formen annehmen. Eine typische Sorte ist schematisch in ▶ Abbildung 33.1 dargestellt. Ausgehend vom Zellkörper mit Zellkern (Perikaryon) erstrecken sich cytoplasmatische Fortsätze, die von zweierlei Art sind. Ein Neuron besitzt einen oder mehrere Dendriten (mit Ausnahme der allereinfachsten Formen) sowie ein einzelnes Axon. Wie der Name Dendrit andeutet (gr. *dendron*, Baum), sind diese Zellfortsätze oftmals vielfältig verästelt. Sie, und mit ihnen die gesamte Oberfläche des Zellkörpers, sind der Empfangsapparat, über den die Nervenzelle Reize wahrnimmt. Dies geschieht nicht selten an mehreren Stellen gleichzeitig. Die Reize (Nervenimpulse) können dabei verschiedene Ursprungsorte haben. Einige dieser Signaleingänge sind erregend (exzitatorisch), veranlassen also, dass ein Nervenzellsignal erzeugt und fortgeleitet wird. Andere sind hemmender (inhibitorischer) Natur und führen dazu, dass der Zustand der Zelle so verändert wird, dass eine Signalerzeugung und -fortleitung weniger wahrscheinlich wird.

Das in Einzahl vorhandene **Axon** (gr. *axis*, Achse, Straße) ist oft als lange Faser ausgebildet, die bei den größten Säugetieren eine Länge von Metern erreichen kann. Axone sind von recht einheitlichem Durchmesser und leiten einen Nervenimpuls im Regelfall vom Zellkörper

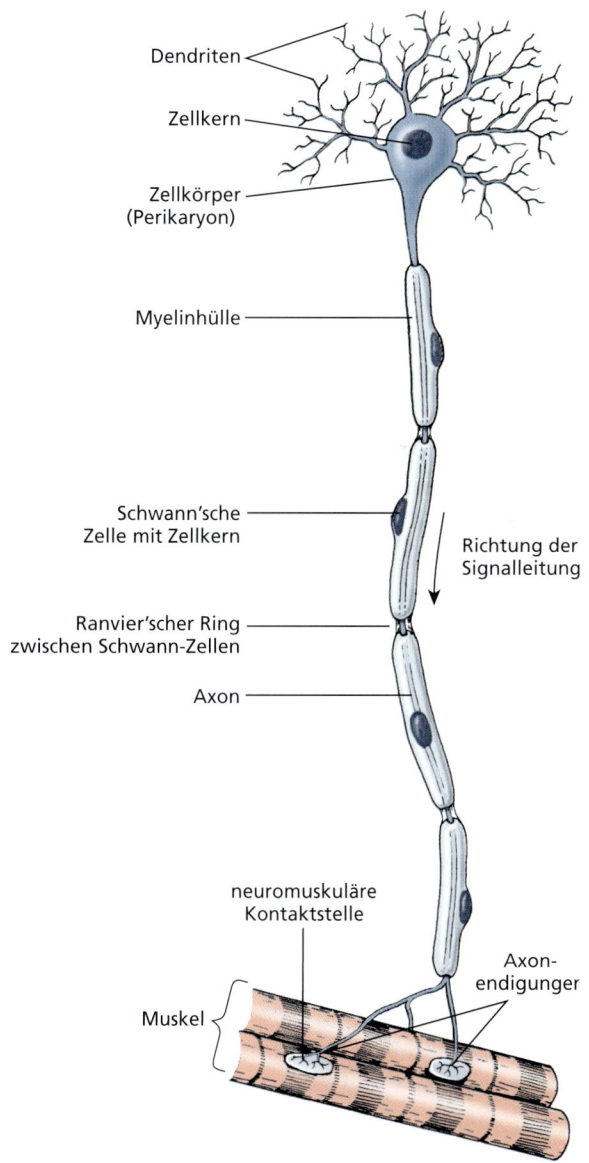

Abbildung 33.1: **Die Nervenzelle.** Bau eines motorischen (efferenten) Neurons.

33 Nervöse Steuerung

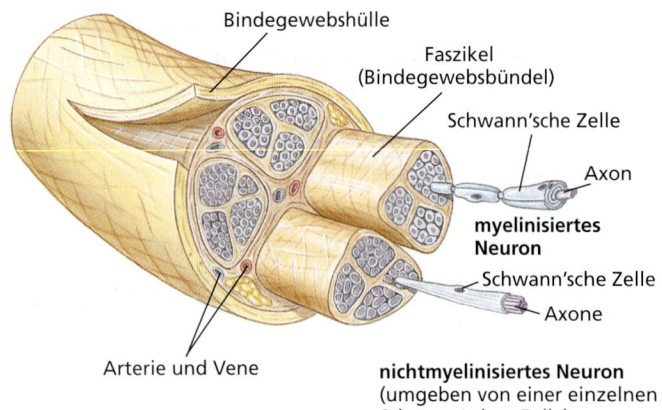

Abbildung 33.2: **Bau eines peripheren Nervs.** Dargestellt sind die von mehreren Lagen Bindegewebe umgebenen Nervenfasern. Ein Nerv kann Tausende von Nervenfasern – efferente wie afferente – enthalten.

weg. Bei den Wirbeltieren und einigen höheren Wirbellosen sind Axone oft von einer isolierenden **Myelinscheide** ummantelt. Dies erhöht die Geschwindigkeit der Impulsfortleitung enorm.

Neuronen (= Nervenzellen) werden gemeinhin in afferente (hinleitende, = sensorische) und efferente (wegleitende, = motorische) sowie Interneuronen (Zwischennervenzellen) unterteilt. Interneuronen sind weder sensorisch noch motorisch, sondern verbinden Neuronen mit anderen Neuronen als zwischengeschaltete Signalleiter. Afferente und efferente Neuronen liegen zumeist außerhalb des zentralen Nervensystems (Gehirn und Rückenmark) im peripheren Nervensystem. Die Interneuronen, die beim Menschen 99 Prozent aller Nervenzellen ausmachen, liegen ausschließlich im zentralen Nervensystem. Afferente Neuronen (im Jargon der Neurobiologie kurz *Afferenzen*) sind mit Rezeptoren verbunden. Rezeptoren fangen Sinnesmodalitäten (Reize) auf und wandeln die aufgefangenen Reize in elektrische Nervensignale (exzitatorische Impulse) um, die dann von den afferenten Neuronen in das zentrale Nervensystem übertragen werden. Dort werden die Signale verarbeitet und können bei ausreichender Organisationshöhe des verarbeitenden neuronalen Apparates als bewusste Sinnesempfindung in Erscheinung treten. Nervensignale, die vom zentralen Nervensystem ausgehen, wandern die efferenten Bahnen entlang zu **Erfolgsorganen** (**Effektoren**), wie etwa Muskeln oder Drüsen, die von den Nervensignalen zu einer Reaktion veranlasst werden.

Bei Wirbeltieren sind die Nervenzellfortsätze (meistens Axone) oft zu Bündeln zusammengefasst, die in einer wohlgeordneten Weise in einer Hülle aus Bindegewebe liegen. Eine solche Gewebeanordnung wird als **Nerv** bezeichnet (▶ Abbildung 33.2). Die Zellkörper dieser Nervenzellfortsätze liegen entweder im Zentralnervensystem oder in Ganglien konzentriert. Ganglien sind abgegrenzte Gruppen von Nervenzellkörpern (Perikarien), die außerhalb des zentralen Nervensystems liegen.

Um die Neuronen herum liegen nicht direkt an der Reizleitung und -verarbeitung beteiligte **Neurogliazellen** (kurz Gliazellen), die ein besonderes Verhältnis zu den benachbarten Neuronen unterhalten. Die **Gliazellen** sind im Wirbeltiergehirn überaus zahlreich, wo ihre Anzahl die der Neuronen um das Zehnfache übersteigt und fast die Hälfte des Gehirnvolumens ausmachen kann. Einige der Gliazellen bilden eng anliegende Hüllen aus lipidhaltigem **Myelin** um die Nervenfasern (Axone). Die Nerven von Wirbeltieren sind oft von konzentrischen Ringen aus Myelin umgeben, die im peripheren Nervensystem von spezialisierten Gliazellen, den **Schwann'schen Zel-**

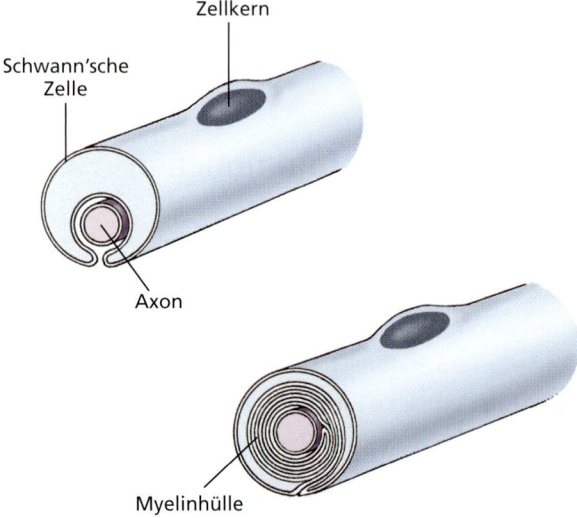

Abbildung 33.3: **Entwicklung der Myelinhülle eines myelinisierten Neurons im peripheren Nervensystem.** Die gesamte Schwann'sche Zelle umwächst das Axon und rotiert dann um es herum, wodurch das Axon mit einer dicht anliegenden, vielschichtigen Umhüllung versehen wird. Die Myelinscheide isoliert das neuronale Axon elektrisch und erleichtert dadurch die Weiterleitung von Nervenimpulsen (= Aktionspotenzialen).

len (= Schwann'sche Scheidenzellen; ▶ Abbildung 33.3), und im Zentralnervensystem von **Oligodendrocyten** umgeben sind. Bestimmte andere Gliazellen, die aufgrund ihrer ausstrahlenden, sternförmigen Gestalt **Astrocyten** heißen, dienen den Neuronen als Nährstoff- und Ionenspeicher sowie während der Hirnentwicklung als Gerüst, das es den umherwandernden Neuronen gestattet, von Ausgangspunkt ihrer Migration aus ihre Zielpunkte zu erreichen. Die Astrocyten und die kleineren **Mikrogliazellen** sind unabdingbar für regenerative Prozesse nach Hirnverletzungen. Unglücklicherweise sind die Astrocyten auch an der Ätiologie von Erkrankungen des Zentralnervensystems wie dem Morbus Parkinson, der multiplen Sklerose und Hirntumoren beteiligt. Nach heutigem Erkenntnisstand dienen Gliazellen als Stützgerüst und sorgen für eine elektrische Isolation der Nervenzellen. Sie sind an der Aufrechterhaltung der Homöostase im Gehirn beteiligt sowie am Stoff- und Flüssigkeitstransport. Es gibt außerdem Hinweise, dass Gliazellen auch an Prozessen der Informationsverarbeitung, -speicherung und -weiterleitung beteiligt sind. Jüngste Erkenntnisse lassen vermuten, dass Gliazellen an Vorgängen des Lernens und der Erinnerung beteiligt sind; außerdem sind sie bei der Reparatur von Nervenschäden beteiligt. Die vielfältigen – bis heute bekannten-Funktionen der Gliazellen gehen also weit über eine reine Kittfunktion hinaus. Nervensysteme von Tieren haben im Vergleich zum Menschen wesentlich weniger Gliazellen.[*] Die Rolle der mengenmäßig bedeutenden Glia an der Funktion des Gehirns ist weitaus mysteriöser als die Rolle der weitaus besser verstandenen Neuronen.

33.1.1 Die Natur eines Nervenaktionspotenzials

Ein Nervenimpuls, der auch als Aktionspotenzial bezeichnet wird ist eine elektrochemische Botschaft eines Neurons und stellt die gemeinsame funktionelle Grundwährung aller Aktivitäten des Nervensystems dar. Ungeachtet der ungeheuren Komplexität des Nervensystems vieler Tiere, gleichen sich die Aktionspotenziale aller Nervenzellen bei allen Tieren. Ein Aktionspotenzial ist ein Alles-oder-Nichts-Phänomen: Entweder leitet die Nervenfaser einen Nervenimpuls oder sie tut es nicht. Da alle Aktionspotenziale gleich sind, besteht der einzige Weg, wie eine Nervenzelle ihre Signaltätigkeit variieren kann, darin, die Frequenz der Signalfortleitung zu verändern (also die Zahl der Impulse pro Sekunde zu steigern oder zu senken). Frequenzänderungen sind die Sprache, in der Nervenfasern „reden". Eine Faser kann überhaupt kein Aktionspotenzial erzeugen oder einige wenige pro Sekunde bis zu einer maximalen Anzahl von fast eintausend pro Sekunde. Je höher die Frequenz der Impulse ist, desto höher liegt der Erregungszustand der Zelle.

Das Ruhepotenzial der Membran

Die Membranen von Neuronen besitzen, wie alle zellulären Membranen, eine spezifische und selektive Permeabilität, die ein Ungleichgewicht der Ionenverteilung zwischen innen und außen erzeugt. Die die Neuronen umgebende interstitielle Flüssigkeit enthält verhältnismäßig hohe Konzentrationen an Natrium- (Na^+) und Chloridionen (Cl^-), aber eine niedrige Konzentration an Kaliumionen (K^+) und großen, nicht membrangängigen Anionen wie Proteine. Innerhalb des Neurons sind die Verhältnisse umgekehrt: Die Konzentration an Kaliumionen und nicht membrangängigen Anionen ist hoch, die Na^+- und Cl^--Konzentration dagegen niedrig (▶ Abbildung 33.4, siehe auch Abbildung 31.1b). Diese Konzentrationsunterschiede sind mehr als deutlich: Außerhalb der Zelle ist die Natriumkonzentration ungefähr zehnmal so hoch wie innerhalb, die Kaliumkonzentration ist im Zellinneren 25 bis 30 Mal höher als außerhalb.

Im Ruhezustand ist die Cytoplasmamembran eines Neurons selektiv permeabel für K^+-Ionen, welche die Membran über spezielle Kaliumkanäle durchqueren (siehe Kapitel 3). Die Permeabilität für Na^+ ist hingegen so gut wie Null, weil alle Natriumkanäle im Ruhezustand geschlossen sind. Die Kaliumionen haben das Bestreben, nach außerhalb der Zelle zu diffundieren, da ein starkes Konzentrationsgefälle in dieser Richtung besteht. Sehr schnell erreicht aber die Menge überschüssiger positiver Ladungen außerhalb der Zelle ein Niveau, das verhindert, dass weitere K^+-Ionen ausströmen (das chemische Potenzial µ der Kaliumionen ist dann außen genauso groß wie innen $\mu_{K+i} = \mu_{K+a}$), da keine Gegenionen (Anionen) mit wandern, um Elektroneutralität zu gewährleisten. Es stellt sich ein Gleichgewichtszustand mit einer Ungleichverteilung der Kaliumionenmengen ein. Man sagt, dass dies der Ruhezustand der Membran ist. Aufgrund der Ungleichverteilung der Ionen herrscht an der Membran eine elektrische Spannung, die als Ruhepotenzial der Membran bezeichnet wird und deren Wert im

---

[*] Fields, R. D. (2004): Die unbekannte Seite des Gehirns. Wie Gliazellen im Kopf mitreden. Spektrum der Wissenschaft, September: 46–56.

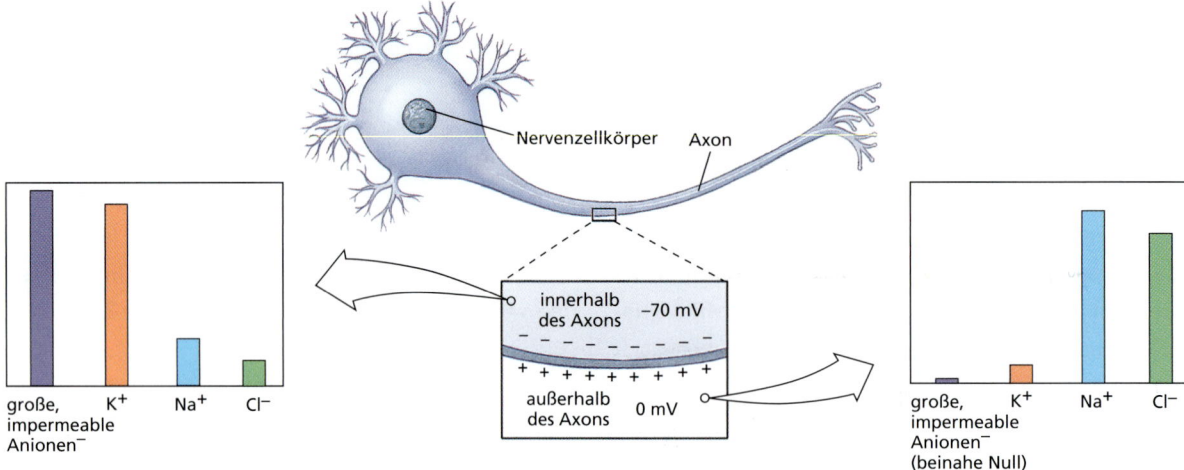

Abbildung 33.4: **Ionische Zusammensetzung innerhalb und außerhalb einer Nervenzelle im Ruhezustand.** Eine Natrium/Kalium-Austauschpumpe (= Na$^+$/K$^+$-ATPase) in der Zellmembran befördert durch aktiven Transport Natriumionen (Na$^+$) aus der Zelle heraus, so dass intrazellulär die Konzentration an diesen Ionen niedrig ist. Die Kaliumkonzentration ist intrazellulär dagegen hoch. Obgleich die Membran für Kaliumionen (K$^+$) „durchlässig" ist, wird diese Ionensorte durch die elektrische Spannung (= die hohe Kationenkonzentration außerhalb der Zelle) in der Zelle gehalten. Negativ geladene Ionen (Anionen) auf der Innenseite der Membran üben zusätzlich eine anziehende Wirkung auf die K$^+$-Ionen aus.

Allgemeinen bei −70 mV (Millivolt) liegt. Die Innenseite der Membran ist gegenüber der Außenseite negativ polarisiert (negative Ladungsträger überwiegen).

Die Natriumpumpe

Eine Zellmembran hat im Ruhezustand eine sehr geringe Permeabilität für Natriumionen. Aufgrund des starken Konzentrationsgefälles zwischen dem Zellinneren und der Umgebung, unterstützt durch das negative Membranpotenzial von −70 mV, gelangt eine kleine Menge an Na$^+$-Ionen auch im Ruhezustand durch die Membran. Wird das Axon aktiviert – fließt mit anderen Worten ein Nervenimpuls (= Aktionspotenzial) an ihm entlang – strömen jedesmal Natriumionen in die Zelle ein. Falls dieser Zustand nicht umgekehrt, die Ionen also wieder aus der Zelle heraus befördert würden, würde der Anstau von Na$^+$-Ionen im Innern des Axons dazu führen, dass das Ruhepotenzial bald abgebaut wäre. Dieser Abbau des Ruhepotenzials (Nachlassen der elektrischen Spannung) wird von **Natriumpumpen** verhindert. Jede Natriumpumpe ist ein Multiproteinkomplex aus mehreren Untereinheiten, die in die Membran eingebettet sind und auf beiden Seiten mit der Umgebung in Kontakt stehen (siehe Abbildung 3.20). Jede Natriumpumpe verbraucht Energie in Form von ATP, um Natriumionen von innen nach außen zu verfrachten. Die Natriumpumpen in Axonen befördern, wie in allen anderen tierischen Membranen auch, gleichzeitig auch K$^+$-Ionen in das Zellinnere. Man spricht daher von einer Natrium/Kalium-Austauschpumpe (oder Na$^+$/K$^+$-ATPase), die so simultan die Ionengradienten der Natrium- wie der Kaliumionen aufrechterhält. Darüber hinaus sind im Zentralnervensystem Astrocyten (siehe weiter oben) daran beteiligt, die physiologisch notwendige „Balance" zwischen den Ionenverhältnissen im Umfeld der Neuronen aufrecht zu erhalten, indem sie überschüssige Kaliumionen, die während der neuronalen Tätigkeit anfallen, einlagern.

Das Aktionspotenzial

Das Aktionspotenzial einer Nervenzelle ist eine sich rasch ausbreitende Änderung der elektrischen Potenzialdifferenz (der elektrischen Spannung, U), die zwischen der Außen- und der Innenseite der Zellmembran herrscht (▶ Abbildung 33.5). Es besteht aus einer sehr schnellen und kurzzeitigen **Depolarisation** (Spannungsverminderung) der Membran der Nervenfaser. Quantitativ bedeutet das, dass das Membranpotenzial vom Ruhezustand (ca. −70 mV) sich bis auf ca. +35 mV ändert; die Gesamtpotenzialänderung über die Membran beläuft sich also beim Durchgang eines Aktionspotenzials auf etwas mehr als 100 mV. Das Vorzeichen kehrt sich demnach für einen Moment lang um – die Zellaußenseite wird relativ zum Zellinneren negativ. Das Aktionspotenzial pflanzt sich wellenförmig fort und der depolarisierte Membranbereich kehrt zu seinem Ruhezustand zurück. Mit dem Erreichen des „vorgespannten" Ruhezustandes ist der Membranabschnitt bereit für die Durchleitung eines weiteren Signals. Das gesamte Ereignis beansprucht etwa eine Millisekunde. Die vielleicht bedeutendste Eigenschaft eines Aktionspotenzials besteht darin, dass es sich

33.1 Neuronen: Die funktionellen Baueinheiten des Nervensystems

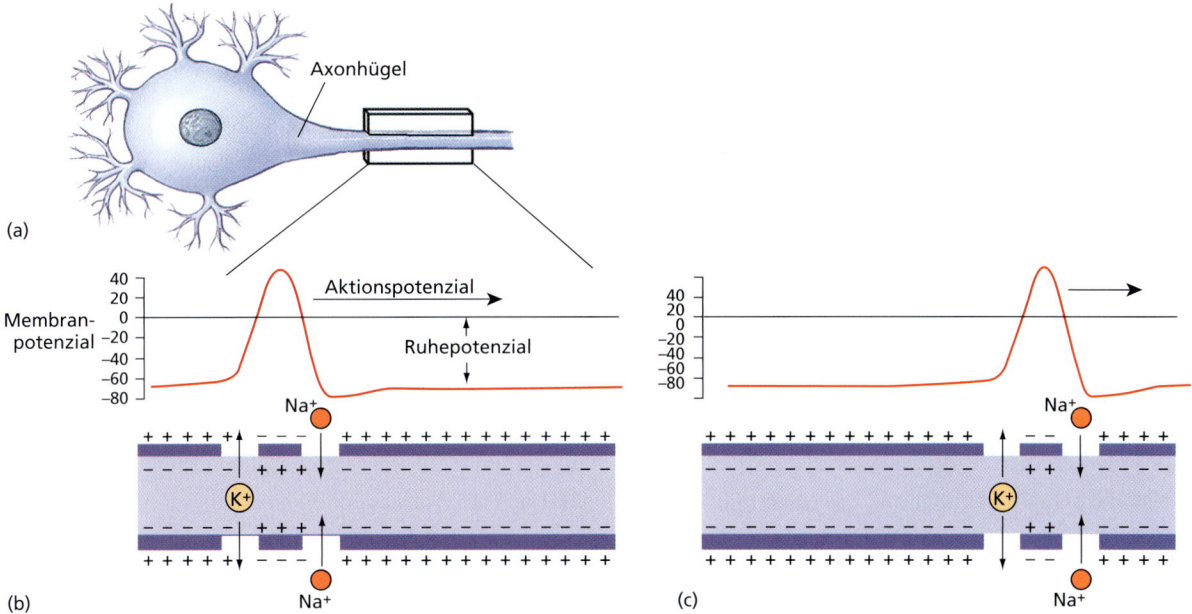

Abbildung 33.5: **Weiterleitung eines Aktionspotenzials (= Nervenimpulses).** (a) Das Aktionspotenzial entsteht im Axonhügel an der Grenze zum Perikaryon und pflanzt sich in der Abbildung nach rechts zum distalen Ende des Axons hin fort. (b) und (c) zeigen schematisch die elektrischen und damit verbundene Veränderungen der örtlichen Membran-Permeabilität im Hinblick auf Natrium- und Kaliumionen. Die Position des Aktionspotenzials am Axon in Abbildung (c) entspricht dem Zustand, der ca. vier Millisekunden nach dem in (b) gezeigten. Wenn das Aktionspotenzial einen bestimmten Ort erreicht hat, öffnen sich an dieser Stelle spannungsgesteuerte Natriumkanäle, die es den Natriumionen gestatten, in die Zelle einzuströmen. Der Natriumeinstrom kehrt die Polarität (das elektrische Vorzeichen) der Membran um: Die Innenseite der Axonmembran wird positiv und die Außenseite negativ. Die Natriumkanäle schließen sich wieder und spannungsgesteuerte Kaliumkanäle öffnen sich. Kaliumionen strömen auswärts und stellen das normale elektrische Ruhepotenzial wieder her. Man beachte, dass der ursprüngliche elektrische Spannungszustand so wiederhergestellt worden ist, die chemische Zusammensetzung aber eine andere als zu Beginn ist.

selbsttätig fortpflanzt: Ist es einmal ausgelöst, läuft es aufgrund der „Vorspannung" der Membran automatisch und ohne Intensitätsverlust weiter – ähnlich wie eine brennende Lunte.

Was verursacht nun die Umkehrung der Polarität an der Zellmembran beim Durchlaufen eines Aktionspotenzials? Wir haben gesehen, dass das Ruhepotenzial von der hohen Durchlässigkeit der Membran für K^+-Ionen abhängt, die fünfzig- bis siebzigmal höher ist als die für Na^+-Ionen. Wenn das Aktionspotenzial an einem gegebenen Punkt der neuronalen Membran ankommt, führt die Änderung des Membranpotenzials (= Änderung der elektrischen Spannung) zur Öffnung **spannungsabhängiger (= spannungsgesteuerter) Natriumkanäle** (siehe Kapitel 3). Durch die plötzliche Öffnung dieser Transmembranproteine kommt es zu einem schnellen, diffusiven Einstrom von Natriumionen (positiven Ladungsträgern), die dem Konzentrationsgradienten (einem der elektrischen Spannung analogen Potenzialgefälle) der Natriumionen folgen. Die spannungsgeregelten Natriumkanäle bleiben für weniger als eine Millisekunde geöffnet. Während dieser Zeit strömt nur eine bestimmte Menge von Na^+-Ionen durch die Membran (ein einzelner Natriumkanal kann pro Sekunde 10^6 bis 10^7 Na^+-Ionen befördern; die Gesamtzahl der transportierten Na^+-Ionen wird durch die Offendauer und die Anzahl der Kanäle bestimmt.) Diese plötzliche Flut positiver Ladungsträger reicht jedoch aus, um lokal das Ruhepotenzial der Membran aufzuheben, diese also zu depolarisieren. Nach der Schließung der Natriumkanäle gelangt die Membran rasch wieder in ihren elektrischen Ruhezustand zurück, weil Kaliumionen durch spannungsgesteuerte Kaliumkanäle rasch nach außen diffundieren. Die Kaliumkanäle öffnen sich als Reaktion auf die Depolarisation kurzzeitig. Die Membran ist nun wieder praktisch undurchlässig für Natriumionen, und der Kaliumausstrom kommt zum Erliegen, wenn sich die spannungsgesteuerten Kaliumkanäle wieder schließen. Mit dem Erreichen des Ruhezustandes erlangt die Membran wieder ihre normale Teildurchlässigkeit für Kaliumionen.

Die Anstiegsphase eines Aktionspotenzials ist also mit einem raschen Einstrom von Natriumionen verbunden (Abbildung 33.5). Wenn das Aktionspotenzial seinen Spitzenwert erreicht, geht die Permeabilität für Na^+ auf ihr Normalmaß zurück und die Permeabilität für K^+ steigt kurzzeitig über den Wert im Ruhezustand an, was dazu

Exkurs

Manche Wirbellose, wie Garnelen und Insekten, verfügen ebenfalls über schnell leitende Axone, die von mehreren Lagen einer myelinartigen Substanz ummantelt sind. Wie die myelinisierten Axone der Wirbeltiere ist auch diese Ummantelung in regelmäßigen Intervallen unterbrochen. Die Signalleitungsraten sind nicht so hoch wie im Fall der saltatorischen Leitung der Vertebraten, doch liegen sie viel höher als bei unmyelinisierten Axonen gleichen Durchmessers anderer Invertebraten.

führt, dass Kaliumionen nach außen strömen. Die erhöhte Permeabilität für Kalium bewirkt, dass das Aktionspotenzial schnell abklingt und das Membranpotenzial wieder gegen den Wert des Ruhezustandes geht. Diese Phase wird als **Repolarisation** bezeichnet. Die Membran ist jetzt bereit für die Weiterleitung eines weiteren Aktionspotenzials.

Signalleitung mit Hochgeschwindigkeit

Obgleich Ionenverschiebungen und andere elektrische Ereignisse, die mit einem Aktionspotenzial verbunden sind, überall im Tierreich im Wesentlichen gleich ablaufen, schwanken die Leitungsgeschwindigkeiten von Nerv zu Nerv und von Tierart zu Tierart in enormer Weise. Die Leitungsgeschwindigkeiten reichen von 0,1 m/s bei Seeanemonen bis zu 120 m/s in einigen motorischen Axonen von Säugetieren. Die Leitungsgeschwindigkeit ist mit dem Durchmesser des leitenden Axons hochgradig korreliert. Dünne Axone leiten den Strom langsam, weil der innere Widerstand gegen den Stromdurchfluss hoch ist. Bei den meisten Wirbellosen, wo hohe Leitungsgeschwindigkeiten wichtig für rasche Reaktionen sind (bei der Lokomotion, dem Beutefang oder bei Fluchtbewegungen), sind die Axon-Durchmesser größer. Die Riesenaxone von Tintenfischen haben Durchmesser von fast 1 mm und leiten Impulse zehnmal schneller als die gewöhnlichen Axone im selben Tier. Das Riesenaxon eines Tintenfisches innerviert die Mantelmuskulatur, welche die kraftvollen Mantelkontraktionen steuern, die das Tier einsetzt, um sich durch Rückstoßantrieb vorwärts zu bewegen. Ähnliche Riesenaxone erlauben es Regenwürmern, die normalerweise langsame Tiere sind, sich praktisch augenblicklich in ihre Röhren zurückzuziehen, wenn sie gestört werden.

Obwohl Wirbeltiere keine Riesenaxone besitzen, erreichen sie hohe Leitungsgeschwindigkeiten durch ein kooperatives Verhältnis zwischen Axonen und isolierenden Myelinlagen, die von Schwann'schen Zellen oder Oligodendrocyten erzeugt werden, wie wir weiter oben ausgeführt haben. Die isolierenden Myelinscheiden um die Nervenfasern werden in Abständen von 1 mm oder weniger durch Einschnürungen (**Ranvier'sche Ringe**) unterbrochen. An diesen Stellen steht das Axon mit der interstitiellen Flüssigkeit, die den Nerven umgibt, in Kontakt. In solchen **myelinisierten Fasern** führt ein Aktionspotenzial nur an solchen eingeschnürten Bereichen zu einer Depolarisation, da die Myelin-Ummantelung an den übrigen Stellen eine Depolarisation verhindert (▶ Abbildung 33.6). Ionenpumpen und -kanäle, die Ionen durch eine Membran befördern, sind in den Bereichen der Ranvier'schen Ringe konzentriert. Hat sich ein Aktionspotenzial an einem Axon in Bewegung gesetzt, führt die Depolarisierung am ersten Ranvier'schen Ring dazu, dass „der Funke" auf den nächsten Ring überspringt (die lokale Potenzialänderung breitet sich als elektrisches Feld im Raum aus und erreicht den Bereich des nächstliegenden Ringes). Die Feldveränderung im Bereich des nachfolgenden Ranvier'schen Ringes löst dort ebenfalls eine Depolarisation aus, indem die oben beschriebenen spannungsabhängigen Membrankanäle geöffnet werden. Das Aktionspotenzial springt auf diese Weise von einem Ranvier'schen Ring zum nächsten, ein Fortleitungsmodus, der als

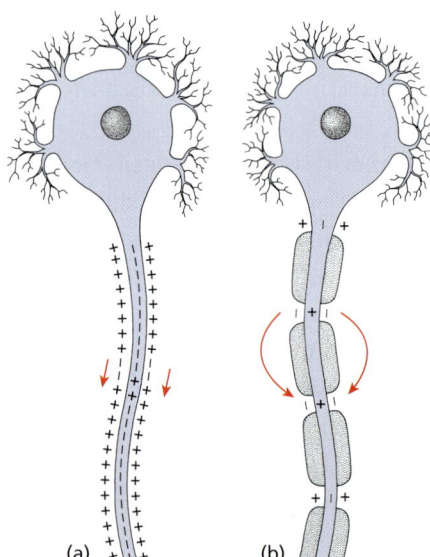

Abbildung 33.6: Fortleitung von Aktionspotenzialen in unmyelinisierten und myelinisierten Nervenfasern. (a) In unmyelinisierten Fasern breitet sich das Aktionspotenzial kontinuierlich aus und muss die ganze Länge der axonischen Membran depolarisieren. (b) In einer myelinisierten Faser springt das Aktionspotenzial von Knoten zu Knoten; dabei werden die isolierten Teile der Faser umgangen. Dieser Signalfortleitungsmodus wird als saltatorische (springende) Impulsleitung bezeichnet. Sie erfolgt deutlich schneller als die kontinuierliche Reizleitung.

saltatorische Reizleitung bezeichnet wird (lat. *saltus*, Sprung bzw. *saltare*, tanzen, hüpfen). Der Zuwachs in der Leitungsgeschwindigkeit gegenüber nichtmyelinisierten Axonen ist eindrucksvoll. Ein myelinisiertes Axon eines Froschnerves von nur 12 µm Durchmesser leitet Nervenimpulse ebenso schnell wie ein nichtmyelinisiertes Tintenfisch-Axon von 350 µm Durchmesser. Bei vergleichbaren Axon-Querschnitten steigt die Leitungsgeschwindigkeit in Wirbeltieren zum Beispiel von 3 m/s in unmyelinisierten Axonen auf 150 m/s bei saltatorischer Reizleitung.

Synapsen: Kontaktstellen zwischen Nerven 33.2

Wenn ein Aktionspotenzial ein Axon zum Axonende hinläuft, muss es schließlich einen schmalen Spalt, die **Synapse** (gr. *synapsis*, Kontakt, Vereinigung) überwinden, der die Nervenzelle, zu der das Axon gehört, von einer anderen Nervenzelle oder einer Zelle eines Effektor-Organs trennt. Man unterscheidet zwei Grundtypen von Synapsen – chemische und elektrische.

Elektrische Synapsen hat man – obgleich sie viel seltener sind als chemische Synapsen – sowohl bei Wirbellosen wie bei Wirbeltieren gefunden. Elektrische Synapsen sind Kontaktbereiche, an denen Ionenströme unmittelbar durch den engen Kanal eines gap junction (siehe Abbildung 3.15) von einem Neuron zu einem nachfolgenden fließen. Elektrische Synapsen zeigen keine zeitliche Verzögerung der Weiterleitung und sind folglich von Bedeutung für Fluchtreaktionen. Man hat sie auch an anderen erregbaren Zelltypen gefunden, und sie bilden eine wichtige Möglichkeit der Kommunikation zwischen Herzmuskelzellen (siehe Kapitel 31) und glatten Muskelzellen (zum Beispiel im Uterus; siehe Kapitel 7).

Von bedeutend komplexerem Bau als elektrische Synapsen sind die **chemischen Synapsen**, die Ansammlungen von Vesikeln enthalten, in denen als Neurotransmitter bezeichnete Signalbotenstoffe gespeichert sind. Neuronen, die ein Aktionspotenzial zu einer chemischen Synapse hinleiten, werden als **präsynaptische Neuronen** bezeichnet; solche, die ein Aktionspotenzial von einer Synapse hin zum Perikaryon fortleiten, heißen **postsynaptische Neuronen**. Man beachte, dass diese Begrifflichkeiten relativer Natur sind und sich immer auf eine gegebene, betrachtete Synapse beziehen. Eine einzige Nervenzelle kann hinsichtlich der zahlreichen synaptischen Kontakte, die sie ausbildet, gleichzeitig sowohl post- wie präsynaptisch sein. An einer Synapse sind die Membranen durch einen engen Spalt, den **synaptischen Spalt**, voneinander getrennt. Die Breite eines synaptischen Spaltes beträgt ungefähr 20 nm. Wir erinnern uns, dass die durchschnittliche Dicke einer Lipiddoppelschichtmembran bei ungefähr 7 nm liegt.

Das Axon der meisten Nervenzellen teilt sich gegen das Ende hin in viele Zweige auf, von denen ein jeder an seinem Endpunkt eine synaptische Endplatte trägt, die mittelbaren Kontakt mit einem Dendriten oder dem Perikaryon einer anderen Nervenzelle oder dem Zellkörper eines anderen Zelltyps hat (▶ Abbildung 33.7 a). Da ein einzelnes Aktionspotenzial, das an einem Axon entlangläuft, über die zahlreichen Verzweigungen an die vielen synaptischen Enden weitergeleitet wird, laufen viele gleichzeitig viele Impulse an ein und demselben Zellkörper ein oder verteilen sich divergierend auf mehr als eine postsynaptische Zelle. Darüber hinaus treffen sich die axonischen Endglieder vieler Neuronen auf dem Zellkörper und den Dendriten anderer Nervenzellen, deren Oberflächen fast ganz mit Tausenden von Synapsen überzogen sein können.

Die 20 nm breite, flüssigkeitsgefüllte Spalte zwischen der prä- und der postsynaptischen Membran (der synaptische Spalt) verhindert, dass Aktionspotenziale direkt auf das postsynaptische Neuron überspringen. Stattdessen schütten die synaptischen Endplatten Neurotransmitter aus, die auf chemischem Wege mit der postsynaptischen Zelle kommunizieren. Eine einzelne Synapse schüttet hierbei immer nur einen, für sie typischen Transmitter aus. Einer der häufigsten Transmitter im peripheren Nervensystem ist das **Acetylcholin**, an dessen Beispiel man den typischen Ablauf einer synaptischen Informationsübertragung verdeutlichen kann. Unterhalb der präsynaptischen Membran befinden sich zahlreiche, winzige **synaptische Vesikel**, in denen jeweils Tausende von Transmitter-Molekülen (hier: Acetylcholin) enthalten sind. Wenn ein Aktionspotenzial an den präsynaptischen Endplatten angelangt, läuft die in den Abbildungen 33.7 und ▶ 33.8 gezeigte Ereignisfolge ab. Ein Aktionspotenzial führt durch Öffnung von Calciumkanälen zu einem Einstrom von Calciumionen, was wiederum die Exocytose der transmitterhaltigen Vesikel auslöst. Die so freigesetzten Acetylcholinmoleküle diffundieren in Bruchteilen einer Millisekunde über den synaptischen Spalt zur postsynaptischen Membran und binden dort an Rezeptoren, die mit Ionenkanälen in Verbindung stehen oder Teile von diesen sind. Diese **ligandengesteuerten**

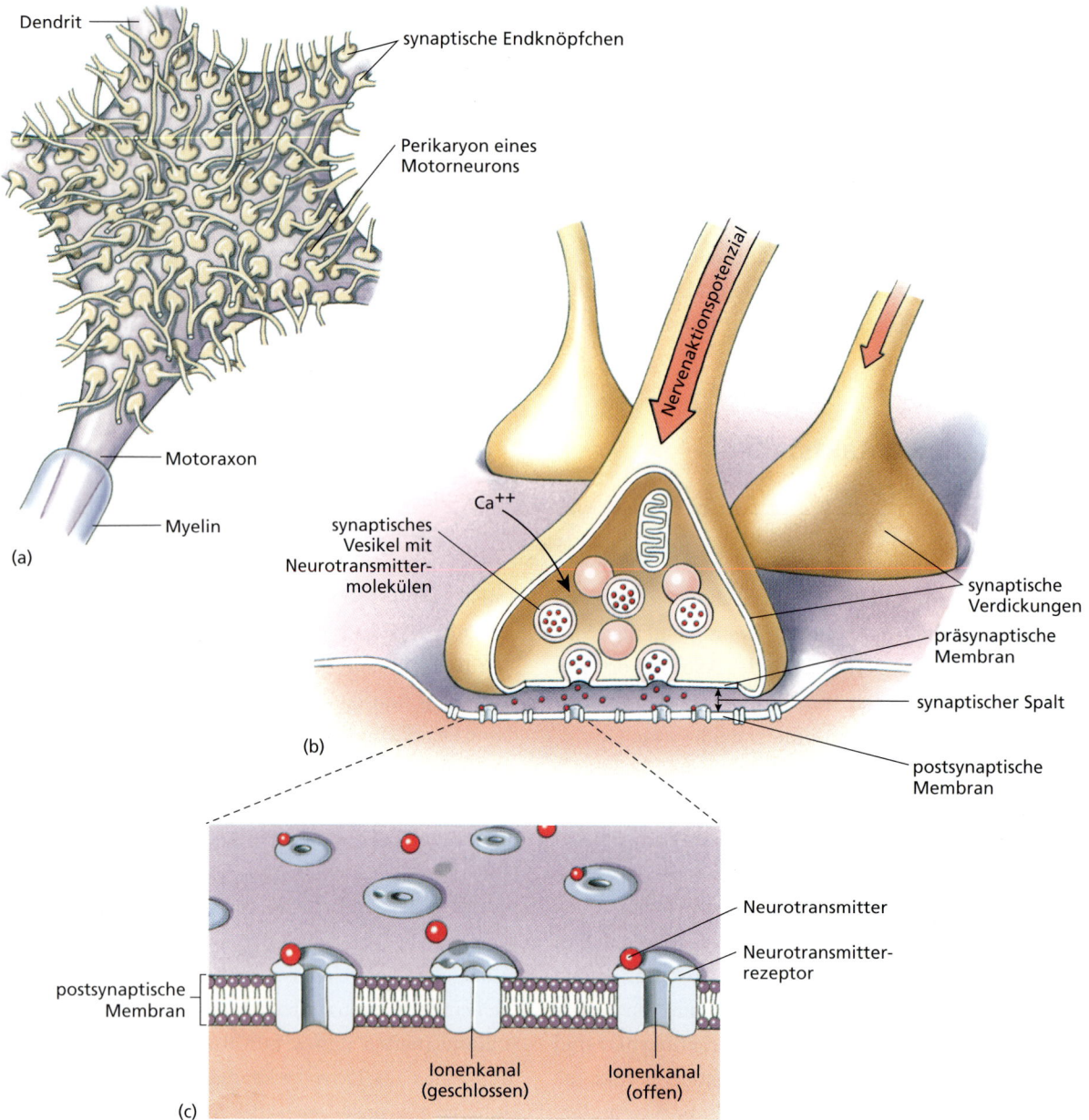

Abbildung 33.7: Übertragung von Aktionspotenzialen an Nervensynapsen. (a) Ein Zellkörper eines motorischen Nervs ist mit Synapsen von Axonendigungen überzogen, die zumeist von Interneuronen stammen. Jedes Axonende weitet sich zu einer synaptischen Endplatte auf. Auf einem einzigen Nervenzellkörper (Perikaryon) und seinen Dendriten können Tausende von synaptischen Endplatten zu liegen kommen. (b) Eine synaptische Endplatte, die im Vergleich zu Teilabbildung (a) noch einmal um das Sechzigfache vergrößert wurde. Ein Aktionspotenzial, das am Axon entlangläuft, löst die Verschmelzung von Speichervesikeln mit der präsynaptischen Membran aus, was zur exocytotischen Freisetzung von Neurotransmittern in den synaptischen Spalt führt. (c) Schematische Darstellung eines Teils eines synaptischen Spalts auf der elektronenmikroskopischen Ebene. Nach der vesikulären Exocytose, diffundieren die freigesetzten Neurotransmitter sehr rasch über den engen synaptischen Spalt und binden sich kurzzeitig an ligandengesteuerte Ionenkanäle der postsynaptischen Membran. Die Bindung der als Liganden wirkenden Neurotransmitter-Moleküle führt zur Öffnung der Kanäle; der dadurch ausgelöste Ionenfluss führt zur Änderung des elektrischen Spannungszustandes der postsynaptischen Membran. Diese Potenzialänderung kann – je nach der Natur der aktivierten Ionenkanäle – aktivierend (depolarisierend) oder inaktivierend (hyperpolarisierend) auf die postsynaptische Zelle wirken.

Kanäle (siehe Kapitel 3) öffnen sich, und es fließen Ionen durch sie hindurch. Dies führt natürlich zu einer Spannungsänderung an der postsynaptischen Membran. Ob das so erzeugte postsynaptische Erregungspotenzial ausreicht, um ein Aktionspotenzial in Gang zu setzen, hängt von der Menge des freigesetzten Acetylcholins ab, was wiederum bestimmt, wie viele Ionenkanäle sich öffnen. Das Acetylcholin im synaptischen Spalt wird durch das Enzym Acetylcholinesterase gespalten; es zerlegt das Acetylcholin hydrolytisch in Cholin und Acetat. Falls

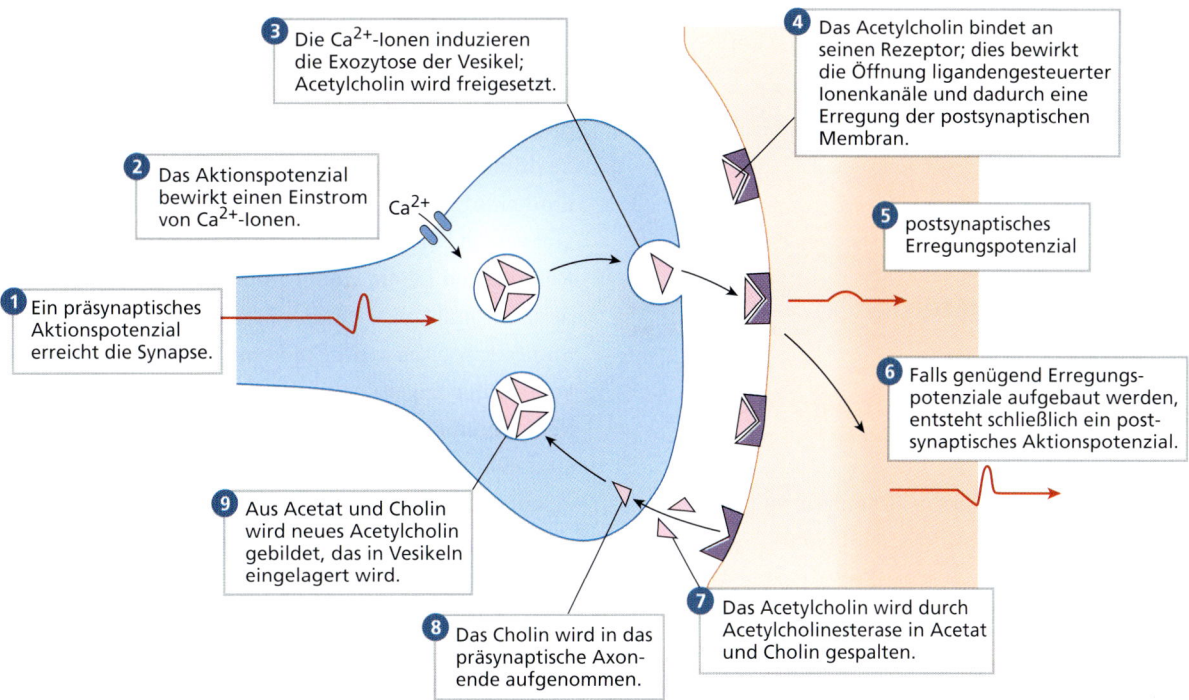

Abbildung 33.8: **Synaptische Transmission an einer erregenden Synapse.** Ereignisfolge.

er nicht auf diese Weise inaktiviert würde, bliebe die postsynaptische Membran durch den Transmitter kontinuierlich stimuliert, so dass die Ionenkanäle für unbegrenzte Zeit offen blieben. Als Insektizide wirkende Organophosphor-Verbindungen wie das berühmte E605 und bestimmte als chemische Waffen eingesetzte Nervengase wie Tabun oder Sarin sind aus eben diesem Grund stark giftig: sie inaktivieren die Acetylcholinesterase. Der abschließende Schritt in der Ereignisfolge ist die Wiederaufnahme des Cholins in die präsynaptischen Axonenden. Dort erfolgt durch Acetylierung die Rückbildung des Acetylcholins und die erneute Verpackung in synaptische Vesikel, die in der Nähe der Membran verharren, bis ein neuerliches Aktionspotenzial eintrifft.

In den Nervensystemen von Wirbellosen und Wirbeltieren hat man viele verschiedene Neurotransmitter (Nervenbotenstoffe) identifiziert. Solche, die zu einer Depolarisation der postsynaptischen Membran führen (und also potenziell ein Aktionspotenzial auslösen), werden **exzitatorische (= erregende) Transmitter** genannt. Die Synapsen, die exzitatorische Transmitter freisetzen, heißen dementsprechend **erregende** oder **exzitatorische Synapsen**. Transmitter und Synapsen, die zu einer Hyperpolarisation der postsynaptischen Membran führen und durch die Vergrößerung der negativen Polarisation der Membran die Auslösung eines Aktionspotenzials unwahrscheinlicher machen, heißen **hemmende** oder **inhibitorische Transmitter** bzw. Synapsen. Ob ein Neurotransmitter eine erregende oder eine hemmende postsynaptische Membranpotenzial-Änderung bewirkt, hängt davon ab, welche Ionensorte durch die Kanäle fließt, die mit den Rezeptoren für den betreffenden Transmitter vergesellschaftet ist. Neurotransmitter können also sowohl exzitatorisch wie inhibitorisch wirken. Beispiele für solche ambivalenten Transmitter sind das Acetylcholin, das Noradrenalin, das Dopamin und das Serotonin. Einige Transmitter scheinen jedoch in jedem Fall eine inhibitorische Wirkung zu entfalten, so etwa die Aminosäuren Glycin und γ-Aminobuttersäure (GABA). Andere, wie die Glutaminsäure, scheinen immer exzitatorisch zu wirken. Unter den Tausenden von synaptischen Kontakten, die eine Nervenzelle des zentralen Nervensystems auf seinem Perikaryon und Dendriten unterhält, befinden sich sowohl exzitatorische wie inhibitorische.

Die Nettowirkung aller erregenden und hemmenden Signaleingänge, die eine postsynaptische Zelle erhält, bestimmt, ob diese einen Nervenimpuls (= Aktionspotenzial) auslöst oder nicht (Abbildung 33.8). Falls zahlreiche erregende Signale zur gleichen Zeit empfangen werden, können diese das Ruhepotenzial der empfangenden Nervenzelle ausreichend herabsetzen, um an der postsynaptischen Membran ein Aktionspotenzial auszulösen. Hemmende Signale stabilisieren dagegen den Ruhezustand der postsynaptischen Membran, wodurch die

Auslösung eines Nervenimpulses unwahrscheinlicher wird. Die Synapse ist ein wesentlicher Teil des „Entscheidungsapparates" des zentralen Nervensystems, das den Informationsfluss von einem Neuron zum nächsten moduliert.

Die Evolution von Nervensystemen 33.3

33.3.1 Wirbellose: Die Entwicklung zentralisierter Nervensysteme

Die verschiedenen Metazoenstämme zeigen eine fortschreitende Zunahme im Komplexitätsgrad ihrer Nervensysteme, die wahrscheinlich auf eine allgemeine Weise Stadien in der Evolution von Nervensystemen wiederspiegelt. Das einfachste Beispiel eines Nervensystems bei einem wirbellosen Tier ist das Nervennetz der Radiaten wie den Seeanemonen, Quallen, Polypen und Rippenquallen (▶ Abbildung 33.9a; siehe auch Kapitel 13). Ein Nervennetzwerk ist ein großer Sprung im Vergleich zu den sensorischen Systemen von Einzellern, denen Nerven natürlicherweise fehlen. Ein Nervennetz bildet eine ausgedehnte Verzweigung, die innerhalb und unter der Epidermis den ganzen Körper durchzieht. Ein Signal, das in einem Teil dieses Netzwerks seinen Ausgang nimmt, breitet sich in alle Richtungen aus, da die Synapsen der meisten Radiaten die Übertragung nicht auf eine Ausbreitungsrichtung beschränken, wie es vielfach in den Nervensystemen von Tieren mit komplexer gebauten Nervensystemen der Fall ist. Es gibt keine differenzierten sensorischen, motorischen und verbindende Zwischenkomponenten im strengen Sinn. Es gibt jedoch Hinweise darauf, dass eine Organisation zu **Reflexbögen** (siehe weiter unten) mit Verzweigungen des Nervennetzes vorliegt, die Verbindungen zwischen Sinnesrezeptoren in der Epidermis und Epithelzellen mit kontraktilen Eigenschaften herstellt. Obwohl die meisten Reaktionen dieser Tiere eher allgemeiner Natur sind, sind viele für ein derartig einfaches Nervensystem von erstaunlich komplexer Natur. Dieser Typ von Nervensystem findet sich bei Vertebraten in Nervenplexi konzentriert – etwa in der Darmwand. Solche Nervenplexi steuern generalisierte Bewegungen des Darms wie die Peristaltik und die Segmentierung (siehe Kapitel 32).

Die Nervensysteme von Bilateraliern, deren einfachste Ausführungen sich bei den Plattwürmern finden, stellen gegenüber den Nervennetzen der Radiaten eine deutliche Zunahme im Komplexitätsgrad dar. Plattwürmer besitzen zwei anteriore Ganglien, die aus Gruppen von Nervenzellkörpern bestehen, von denen aus zwei Hauptnervenstränge posteriorwärts verlaufen. Von diesen zweigen überall im Körper laterale Äste ab (Abbildung 33.9b). Dies ist der einfachste Fall eines Nervensystems mit einer Differenzierung in ein **peripheres Nervensys-**

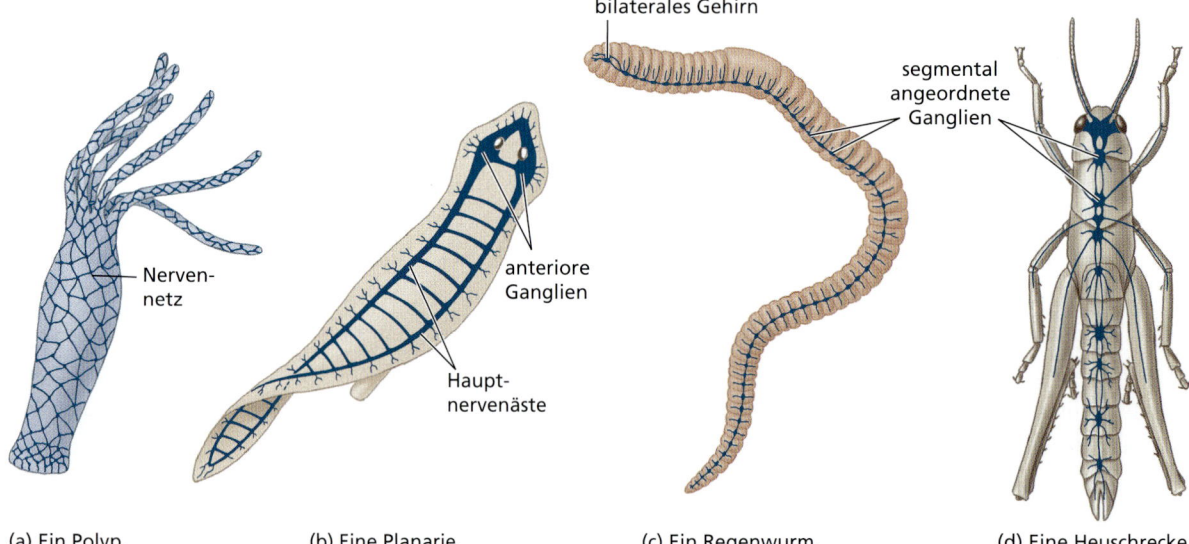

(a) Ein Polyp.   (b) Eine Planarie.   (c) Ein Regenwurm.   (d) Eine Heuschrecke.

Abbildung 33.9: **Nervensysteme von Wirbellosen.** (a) Nervennetz eines Radiaten – die einfachste Form der neuronalen Organisation. (b) Das Plattwurm-Nervensystem – das einfachste lineare Nervensystem mit zwei Nervensträngen, die an ein kompliziertes neuronales Netzwerk angeschlossen sind. (c) Das Anneliden-Nervensystem ist in ein zweilappiges Gehirn und einen ventralen Strang mit segmental angeordneten Ganglien untergliedert. (d) Das Arthropoden-Nervensystem, das ebenfalls segmental organisiert ist, weist große Ganglien und höher entwickelte Sinnesorgane auf.

tem (einem Kommunikationsnetzwerk, das in alle Teile des Körpers ausstrahlt) und ein **zentrales Nervensystem** (einer konzentrierten Ansammlung von Nervenzellkörpern), das die Gesamtaktivität koordiniert. Komplexer gebaute Invertebraten zeigen ein noch weiter zentralisiertes Nervensystem (Gehirn), mit zwei longitudinal fusionierten Nervensträngen und vielen Ganglien. Die ausgefeilteren Nervensysteme von Anneliden (Ringelwürmern) enthalten ein zweilappiges Gehirn, einen doppelten Nervenstrang mit segmental angeordneten Ganglien sowie unterscheidbare **afferente** (sensorische) und **efferente** (motorische) Neuronen (Abbildung 33.9 c). Segmental auftretende Ganglien sind Umschaltstationen zur Koordinierung regionaler Aktivitäten des Systems.

Der Grundbauplan des Mollusken-Nervensystems besteht aus einer Folge von drei Paaren wohldefinierter Ganglien; bei den Kopffüßlern (Cephalopoden) wie Kraken und Kalmaren sind diese Ganglien zu strukturierten Nervenzentren von großer Komplexität zusammengefasst. Die von Kraken umfassen mehr als 160 Millionen Zellen. Die Sinnesorgane sind ebenfalls hochentwickelt. Als Folge davon ist das Verhalten der Cephalopoden weitaus vielschichtiger als das jeder anderen Wirbellosengruppe.

Der grundlegende Bauplan des Arthropoden-Nervensystems ähnelt dem der Anneliden (Abbildung 33.9 d), doch sind die Ganglien größer und die Sinnesorgane viel besser entwickelt. Das Sozialverhalten ist oft ausgefeilt, insbesondere unter den Hautflüglern (Hymenoptera) wie Bienen, Wespen und Ameisen, und die meisten Gliederfüßler sind in der Lage, ihre Umgebung in beträchtlicher Weise umzugestalten. Ungeachtet des Komplexitätsgrades eines großen Teil des Verhaltens von Insekten, sind Kerbtiere nichtsdestotrotz reflexgebundene Tiere, die unfähig zu aktiv erlerntem Verhalten sind, was in erster Linie auf ihre geringe Größe zurückzuführen ist.

33.3.2 Wirbeltiere: Die Früchte der Cephalisation

Der Grundbauplan des Wirbeltiernervensystems ist ein hohler, dorsaler Nervenstrang, der anterior in einer großen, ganglionären Masse, dem Gehirn, endet. Dieses Baumuster steht dem Baumuster bei den bilateralen Invertebraten mit ihrem ausgefüllten und ventral des Verdauungskanals liegenden Nervensträngen gegenüber. Der bei weitem wichtigste Trend in der Evolution der Nervensysteme von Wirbeltieren ist die große Erweiterung hinsichtlich der Größe, der Konfiguration und der funktionellen Kapazität des Gehirns – ein Vorgang, der in seiner Gesamtheit als **Cephalisation** bezeichnet wird. Die Cephalisierung der Vertebraten hat mehrere einzigartige funktionelle Fähigkeiten zur vollen Ausprägung gebracht, unter anderem schnelle Reaktionen, ein großes Speichervermögen für Informationen sowie eine gesteigerte Komplexität und Flexibilität des Verhaltens. Eine weitere Konsequenz der Cephalisation liegt in der Fähigkeit, assoziative Verknüpfungen zwischen vergangenen, gegenwärtigen und (zumindest im Fall des Menschen) zukünftig möglichen Ereignissen herzustellen.

Das Rückenmark

Das Gehirn und das Rückenmark bilden zusammen das zentrale Nervensystem (= Zentralnervensystem, ZNS). In der frühen Embryonalentwicklung nehmen das Gehirn wie das Rückenmark von der ektodermalen Neuralrinne ihren ontogenetischen Ausgang. Die Neuralrinne faltet sich auf und vergrößert sich; schließlich verschließt sie sich zum hohlen Neuralrohr (siehe Abbildung 8.14). Das cephale Ende vergrößert sich zu den Hirnbläschen (Cerebralvesikel), der Rest wird zum Rückenmark. Anders als im Fall der Nervenstränge von Wirbellosen, sind die segmentalen Nerven des Rückenmarks bei Vertebraten (beim Menschen 31 Paare) in dorsale, sensorische und ventrale, motorische Wurzeln unterteilt. Die sensorischen Nervenzellkörper sind in dorsalen Spinalganglien zusammengezogen. Sowohl die dorsalen (sensorischen) wie die ventralen (motorischen) Wurzeln treffen sich jenseits des Rückenmarks unter Bildung gemischter Spinalnerven (▶ Abbildung 33.10).

Das Rückenmark umschließt einen zentralen Spinalkanal und wird seinerseits von drei als Meningen bezeichneten Membranlagen eingehüllt (gr. *meningos*, Membran; lat. *membrana*, Häutchen). Im Querschnitt sind im Mark zwei Zonen erkennbar (Abbildung 33.10). Eine innere Zone aus grauer Substanz, deren Querschnittsform an Schmetterlingsflügel erinnert, enthält die Zellkörper von Motor- und Interneuronen. Eine äußere Zone aus weißer Substanz enthält Axon- und Dendritenbündel, die verschiedene Ebenen des Marks miteinander und mit dem Gehirn verknüpfen.

Reflexbögen

Viele Neuronen arbeiten in als Reflexbögen bezeichneten Verbänden zusammen. Dies scheint die fundamentale neuronale Funktionseinheit zu sein, die im Laufe der Evolution des Nervensystems erhalten geblieben ist. Ein

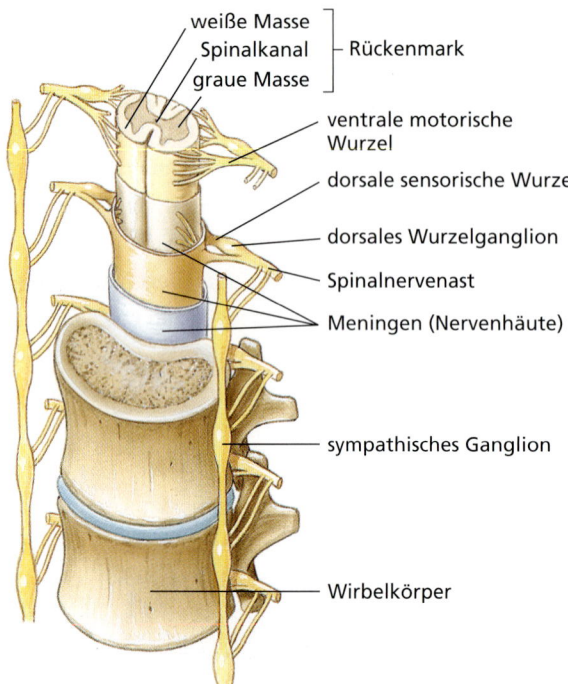

Abbildung 33.10: Menschliches Rückenmark und seine Schutzorgane. Die zwei dargestellten Wirbelkörper zeigen die Lage des Rückenmarks, austretender Spinalnerven und des sympathischen Gerüstes. Das Mark ist in drei Membranlagen (Meningen) eingehüllt. Zwischen zwei der drei Meningen befindet sich als flüssiger Puffer die Cerebrospinalflüssigkeit (Hirn-/Rückenmarksflüssigkeit).

Reflexbogen besteht aus mindestens zwei Neuronen, doch sind für gewöhnlich mehr beteiligt. Die Teile eines Reflexbogens sind (1) ein Rezeptor – ein Sinnesorgan in der Haut, einem Muskel oder einem anderen Organ, (2) eine Afferenz – ein sensorisches Neuron, das einen Sinnesreiz an das Zentralnervensystem fortleitet, (3) das zentrale Nervensystem, in dem synaptische Verbindungen zwischen sensorischen Nervenzellen und Interneuronen hergestellt werden, (4) eine Efferenz – zum Beispiel ein Motorneuron, das an ein Interneuron angeschlossen ist und Impulse vom ZNS fortleitet, und (5) ein Effektor (= Erfolgsorgan), durch den das Tier eine Reaktion auf den reflexauslösenden Reiz erkennen lässt. Beispiele für Effektoren sind Muskeln, Drüsen, cilientragende Zellen, die Nesselzellen von Radiaten, die elektrischen Organe bestimmter Fische und Chromatophoren (regulierbare Pigmentzellen bestimmter Tiere; siehe Kapitel 29).

Ein Reflexbogen eines Wirbeltiers umfasst im einfachsten Fall lediglich zwei Nervenzellen – ein sensorisches, afferentes (aufsteigendes) Neuron und ein motorisches, efferentes (absteigendes). Ein Beispiel für diesen einfachen Reflextyp ist der Patellarsehnen- oder Kniebeugereflex (▶ Abbildung 33.11a). Für gewöhn-

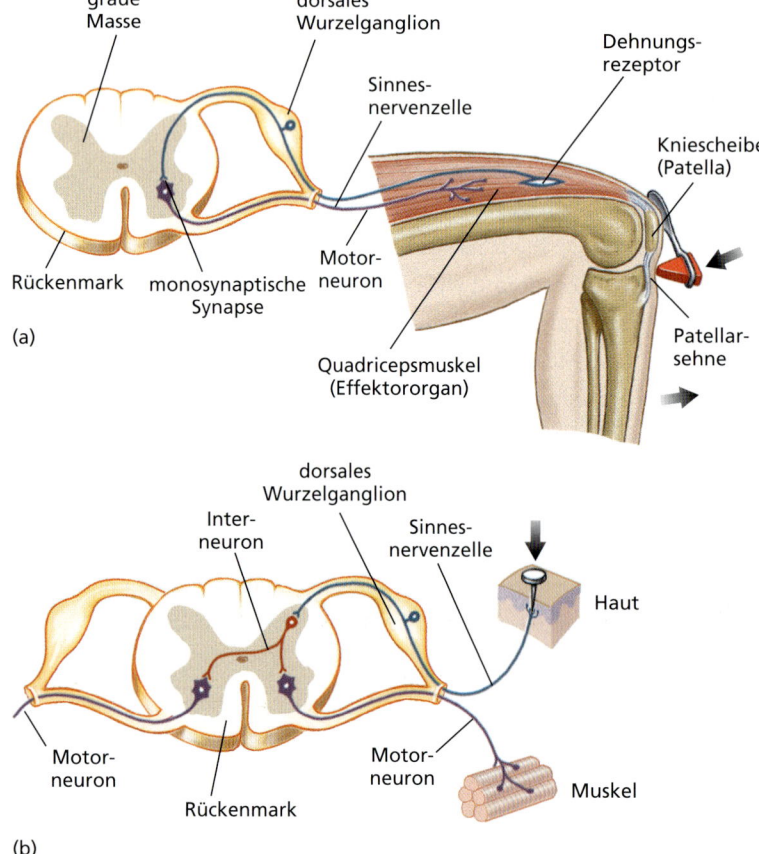

Abbildung 33.11: Der Reflexbogen. (a) Der Patellarsehnen- oder Kniereflex – ein einfacher Reflexbogen. Plötzliche Druckeinwirkung auf die Patellarsehne (zum Beispiel durch einen leichten Schlag) führt zu einer Streckung der Muskeln im Oberschenkel. Von Dehnungsrezeptoren ausgelöste Aktionspotenziale werden über afferente (sensorische) Nervenzellen zum Rückenmark fortgeleitet und von dort unmittelbar zu einem efferenten (motorischen) Neuron umgeschaltet. Aktionspotenziale fließen über die Fortsätze efferenter Nervenzellen zu Beinmuskeln (die Effektoren dieses Reflexes) und stimulieren diese zu Kontraktionen. (b) Ein multisynaptischer Reflexbogen. Ein weiterer Reflexbogentyp ist der, bei dem zwischen das sensorische und das motorische Neuron Interneurone (Zwischennervenzellen) eingeschaltet sind. Ein Nadelstich wird von Schmerzrezeptoren in der Haut registriert und das Signal über afferente Fasern an das Rückenmark weitergeleitet, wo synaptische Verbindungen zu Interneuronen hergestellt werden. In dieser schematischen Darstellung ist ein Interneuron zu sehen, das Verbindungen zu motorischen Nervenzellen auf beiden Seiten des Rückenmarks hat. Dies erlaubt die Koordination gleichzeitiger Reaktionen der Muskulatur auf Stichreize an mehreren Stellen des Körpers (zum Beispiel simultan in beiden Beinen).

lich sind zwischen das sensorische und das motorische Neuron Interneurone zwischengeschaltet (Abbildung 33.11b). Ein Interneuron kann afferente und efferente Neuronen auf derselben oder auf verschiedenen Seiten des Rückenmarks miteinander verschalten; es kann solche Zellen auch auf verschiedenen Ebenen des Rückenmarks miteinander verknüpfen, ebenfalls auf derselben oder gegenüberliegenden Seiten.

Eine **Reflexhandlung** (kurz: ein **Reflex**) ist eine Reaktion auf einen Reiz, die über einen Reflexbogen verläuft. Sie geht unwillkürlich vonstatten, was bedeutet, dass sie zumeist nicht der willentlichen Kontrolle unterliegt. So sind viele lebenserhaltende Reaktionen des Körpers wie etwa die Steuerung der Atmung, des Herzschlages, der Weite der Blutgefäße und damit verbunden des Blutdrucks und die Schweißabsonderung Reflexe (reflektorische Handlungen). Einige Reflexe sind angeboren (unbedingte Reflexe), andere werden durch Lernvorgänge erworben (bedingte Reflexe).

In fast allen Fällen sind mehrere Reflexbögen als Reflexhandlungen beteiligt. Beispielsweise kann eine einzelne afferente Sinnesnervenzelle synaptische Verbindungen zu vielen efferenten Motorneuronen ausbilden. In ähnlicher Weise kann eine efferente Nervenzelle Signale von vielen afferenten Neuronen empfangen. Afferente Neuronen von Reflexbögen bilden außerdem Kontakte mit aufsteigenden Sinnesnervenzellen aus, die in die weiße Substanz des Rückenmarks ziehen. Dadurch gelangen Informationen über periphere Reflexe in das Gehirn. Die reflektorische Aktivität kann daraufhin durch absteigende Motorneuronen beeinflusst werden, die Einfluss auf die finalen Efferenzen eines Reflexbogens nehmen, bevor diese das Rückenmark verlassen.

Das Gehirn

Anders als das Rückenmark, das seinen Aufbau im Verlauf der Vertebratenevolution nur wenig verändert hat, hat sich das Gehirn dramatisch verändert. Ein primitives, lineares Gehirn wie das von Fischen und Amphibien, hat sich in der zu den Säugetieren führenden Evolutionslinie unter Bildung eines tief eingekerbten und enorm komplizierten Organs vergrößert und erweitert (▶ Abbildung 33.12). Dieser evolutive Fortschritt hat im Gehirn des Menschen mit seinen 35 Milliarden Nervenzellen, von denen jede einzelne Informationen von Zehntausenden von Synapsen gleichzeitig erhalten kann, ihren Höhepunkt erreicht. Das Verhältnis der Masse eines Gehirns zu der des angeschlossenen Rückenmarks erlaubt einen

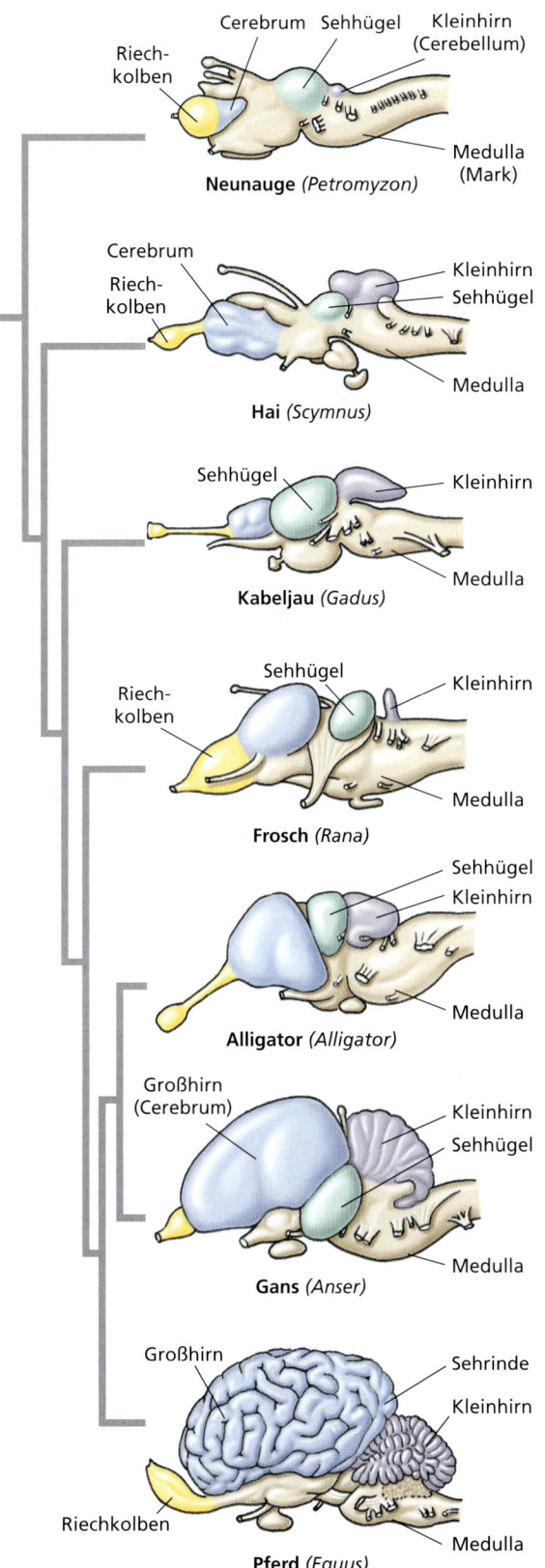

Abbildung 33.12: Die Evolution des Wirbeltiergehirns. Man beachte die fortschreitende Größenzunahme des Großhirns (Cerebrum). Das Kleinhirn (Cerebellum), das mit der Steuerung des Gleichgewichtes und von Bewegungen zu tun hat, ist bei solchen Tieren am größten ausgebildet, deren Gleichgewichtssinn und präzise Bewegungskontrolle am höchsten entwickelt ist (Fische, Vögel, Säugetiere).

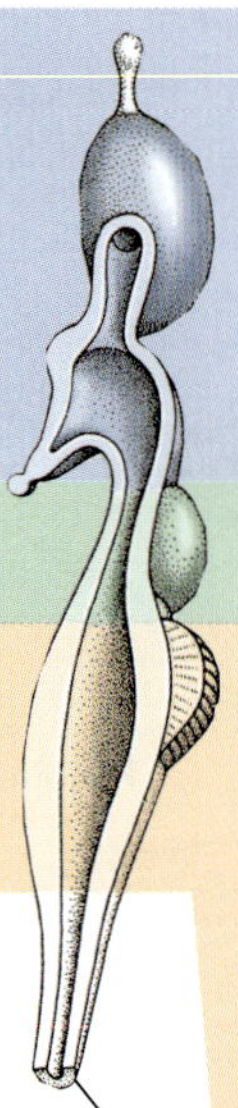

embryonales Vesikel		Hauptkomponenten bei Adulten	Funktion
Frühembryo	Spätembryo		
Vorderhirn (Prosencephalon)	Endhirn (Telencephalon)	Cerebrum	Motorischer Steuerungsbereich für willkürliche Muskelbewegungen; sensorischer Cortex ist Zentrum der bewussten Wahrnehmung von Berührungen, Druck, Schwingungen, Schmerz, Temperatur und Geschmack; assoziative Bereiche integrieren und verarbeiten Sinnesdaten
	Zwischenhirn (Diencephalon)	Thalamus	Teil des limbischen Systems; integriert sensorische Informationen, die im Thalamus eingehen und projiziert in den Frontallappen der Großhirnrinde
		Hypothalamus	Steuert vegetative (autonome) Funktionen; löst Appetenz- (Durst, Hunger, sexuelles Verlangen) und Fortpflanzungsverhalten aus; Beteiligung an emotionalen Reaktionen; schüttet ADH und Oxytocin aus; sezerniert Freisetzungshormone, die auf den Hypophysenvorderlappen wirken
Mittelhirn (Mesencephalon)	Mesencephalon	optische Loben (Tectum)	Integriert visuelle Informationen mit anderen Sinnesreizen; leitet auditorische Informationen weiter
		Mittelhirnkerne	Unwillkürliche Steuerung der Muskelspannung; Verarbeitung einlaufender Sinnesreize und abgehender motorischer Befehle
Rautenhirn (Rhombencephalon)	Metencephalon	Kleinhirn (Cerebellum)	Unwillkürliche Koordination und Steuerung abgehender Bewegungen zur Aufrechterhaltung des Gleichgewichtes, der Muskelspannung und der Körperhaltung
		Brücke (Pons)	Verbindet das Kleinhirn mit anderen Hirnzentren und mit dem verlängerten Mark (Medulla) und dem Rückenmark; modifiziert die ausgehenden Signale des Atemzentrums im verlängerten Mark
	Myelencephalon	verlängertes Mark (Medulla oblongata)	Reguliert die Schlagrate und Kontraktionsstärke des Herzmuskels; vasomotorische Steuerung; legt die Atemfrequenz fest; leitet Informationen an das Kleinhirn weiter; integriert Fress- und Sättigungsreize

Abbildung 33.13: **Die Gehirne früherer Wirbeltiere.** Untergliederung des Wirbeltiergehirns.

einigermaßen sicheren Rückschluss auf die Intelligenz des betreffenden Tieres. Bei Fischen und Amphibien beträgt das Verhältnis ungefähr 1:1 – beim Menschen beträgt es 55:1. Anders ausgedrückt, ist das Gehirn des Menschen 55-mal schwerer als das Rückenmark. Obwohl das Gehirn eines Menschen nicht das größte (das Gehirn eines Pottwals ist siebenmal massereicher) und auch nicht das am stärksten gefurchte im Tierreich ist (das von Delfinen ist noch stärker zerfurcht), ist es in jeder Hinsicht das leistungsfähigste. Dieser geheimnisvolle „gordische Knoten" der Biologie hat in der Tat manche Physiologen daran zweifeln lassen, ob es jemals gelingen wird, ein volles Verständnis seiner Funktion zu erreichen.

Die Gehirne früher Wirbeltiere zeigen einen grundlegend dreiteiligen Aufbau, bestehend aus einem Vorderhirn (**Prosencephalon**), einem Mittelhirn (**Mesencephalon**) und einem Rautenhirn (**Rhombencephalon**) (▶ Abbildung 33.13). Jeder der Teile war mit einer oder mehreren Sinnesmodalitäten befasst: das Vorderhirn mit dem Geruch, das Mittelhirn mit dem Sehen, und das Rautenhirn mit dem Hören und dem Gleichgewichtssinn. Diese ursprünglich, aber gerade deshalb sehr grundlegenden Aufgaben des Gehirns sind im Verlauf der andauernden Evolution in manchen Fällen in dem Maß, in dem sich die Prioritäten der verschiedenen Sinnesmodalitäten durch den Lebensraum oder die Lebensweise geändert haben, verstärkt und in anderen verringert oder überlagert worden.

Das Rautenhirn. Die **Medulla oblongata** (das **verlängerte Mark**) ist der am weitesten posterior liegende Anteil des Gehirns. Tatsächlich handelt es sich um eine konische Fortsetzung des Rückenmarks (▶ Abbildungen 33.14 a und b). Die Medulla konstituiert zusammen mit dem weiter anterior gelegenen Mittelhirn den Hirnstamm – ein Gebiet, das zahlreiche lebenserhaltende und größtenteils unbewusst ablaufende Prozesse wie den Herzschlag, die Atmung, den Blutdruck, die sekretorische Tätigkeit des Magens und das Schlucken steuert. Das Stammhirn enthält außerdem Zentren, die Informa-

33.3 Die Evolution von Nervensystemen

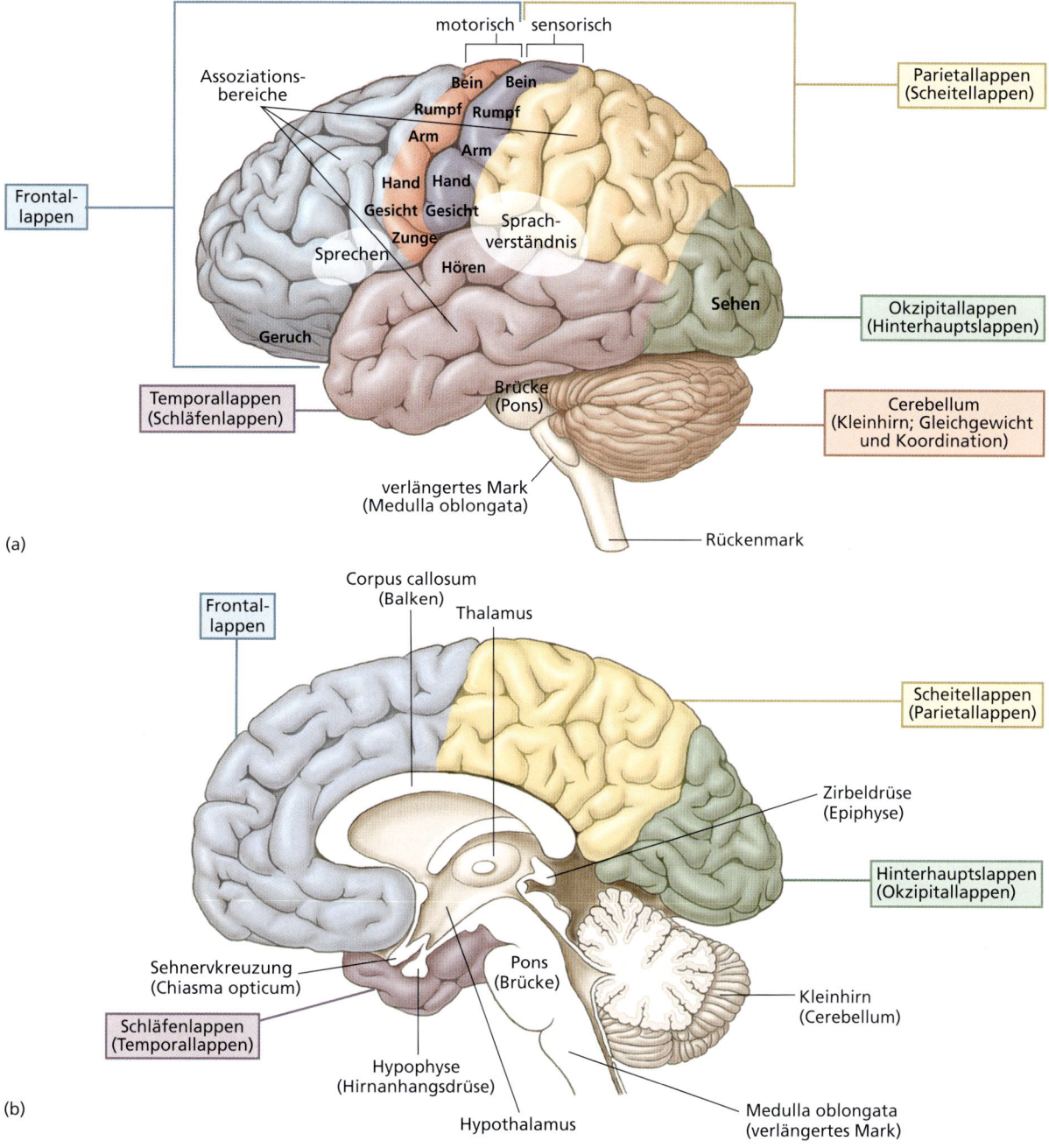

Abbildung 33.14: Das menschliche Gehirn. (a) Außenansicht des menschlichen Gehirns mit Kennzeichnung der Cerebrallappen und der Lokalisation wesentlicher Funktionen des Groß- und des Kleinhirns. (b) Schnitt durch die Mitte des menschlichen Gehirns mit Darstellung einer Hemisphäre des Großhirns (Cerebrum), dem Thalamus, dem Hypothalamus des Vorderhirns sowie der Brücke (Pons), dem verlängerten Mark (Medulla) und dem Kleinhirn (Cerebellum) als Anteile des Rautenhirns.

tionen zusammenzufassen scheinen, die das Hunger- und das Sättigungsgefühl betreffen. Die **Brücke (Pons)** ist ebenfalls ein Teil des Rautenhirns; sie enthält ein dickes Faserbündel, das Impulse von einer Seite des Cerebellums (Kleinhirn) zur anderen transportiert und darüber hinaus das verlängerte Mark wie das Kleinhirn mit anderen Hirnbereichen verbindet (Abbildung 33.14a und b).

Das **Kleinhirn (Cerebellum)**, das dorsal von der Medulla liegt, steuert das Gleichgewicht, die Haltung und Bewegungen (Abbildungen 33.14a und b). Seine Entwicklung ist unmittelbar mit der Lokomotionsweise, der Agilität, mit der die Extremitäten bewegt werden und dem Gleichgewichtsvermögen korreliert. Es ist bei den Amphibien und Reptilien – Tieren, die in Bodennähe leben – für gewöhnlich schwach entwickelt. Gut entwi-

Exkurs

Obwohl die überdurchschnittliche Größe seines Gehirns den Menschen zweifellos zum schlauesten und einsichtsvollsten aller Tiere macht, ist es offensichtlich so, dass auch der Mensch auf einen großen Teil seines Gehirns verzichten und immer noch intelligent bleiben kann. Untersuchungen an den Gehirnen von Menschen, die an der Krankheit Hydrocephalie* (Wasserköpfigkeit) leiden, haben gezeigt, dass manche der Betroffenen funktionell stark behindert sind, während andere beinahe normale Leistungen erbringen. Der Schädel einer untersuchten hydrocephalischen Person war beinahe vollständig mit Flüssigkeit angefüllt, und der einzige Rest der Großhirnrinde war eine dünne Gewebeschicht von etwa 1 mm Dicke, die gegen die Schädeldecke gepresst war. Der betreffende junge Mann, der nur fünf Prozent der normalen Hirnmasse eines Menschen seiner Größe aufwies, erlangte an einer britischen Universität einen Abschluss in Mathematik und verhielt sich sozial unauffällig ("normal"). Diese und andere Beobachtungen von ähnlicher biologischer Dramatik legen den Schluss nahe, dass es bei den corticocerebralen Funktionen eine erhebliche Redundanz und reichlich freie Kapazitäten gibt. Es könnte auch bedeuten, dass die tiefer gelegenen Anteile des Gehirns, die bei einem Wasserkopf relativ unbehelligt bleiben, vielleicht an Funktionen beteiligt sind oder diese gänzlich ausführen, die man früher allein dem Cortex zugeschrieben hat.

---

ckelt ist das Kleinhirn dagegen bei den agileren Knochenfischen. Seinen Entwicklungshöhepunkt erreicht es bei den Vögeln und den Säugetieren, bei denen es stark erweitert und gefaltet ist. Das Cerebellum initiiert keine Bewegungsvorgänge, sondern wirkt als Präzisierungs- und Fehlerkontrollzentrum (oder Servosystem), das die Feinsteuerung der Bewegungen durchführt, die anderenorts – zum Beispiel in den motorischen Arealen der Großhirnrinde – ausgelöst worden sind (Abbildung 33.14a). Primaten, und im Besonderen der Mensch mit seinen feinmotorischen Fähigkeiten, welche die aller anderen Tiere weit überragen, besitzen das Kleinhirn mit dem komplexesten Aufbau. Die Bewegungen der Hände und der Finger können die cerebellare Steuerung gleichzeitiger Kontraktionen und Relaxationen von Hunderten einzelner Muskeln umfassen.

Das Mittelhirn. Das Mittelhirn (Abbildung 33.13) besteht in der Hauptsache aus dem **Tectum** (einschließlich der **optischen Loben**; lat. *tectum*, (Haus-)Dach), das Kerne enthält, die als Zentren visueller und auditorischer Reflexe dienen. (In der Sprache der Neurobiologie ist ein "Kern" eine kleine Ansammlung von Nervenzellkörpern innerhalb des Zentralnervensystems.) Das Mittelhirn hat in seinem Aufbau bei den Wirbeltieren nur wenig evolutive Veränderung erfahren, doch hat sich seine Funktion merklich gewandelt. Es vermittelt bei Fischen und Amphibien die kompliziertesten Verhaltensweisen und integriert visuelle, taktile und auditorische Informationen. Bei den Amnioten sind diese Aufgabenstellungen nach und nach vom Vorderhirn übernommen worden. Bei den Säugetieren ist das Mittelhirn im Wesentlichen eine Umschaltstation für Informationen auf ihrem Weg zu höheren Hirnzentren.

Das Vorderhirn. Unmittelbar anterior vom Mittelhirn liegen der **Thalamus** und der **Hypothalamus**, die am weitesten posterior liegenden Anteile des Vorderhirns (Abbildung 33.14b). Der eiförmige Thalamus ist eine Hauptumschaltstation, die sensorische Signaleingänge analysiert, filtert und an höhere Hirnbereiche weiterleitet. Der Hypothalamus beherbergt diverse „Grundversorgungszentren", die physiologische Parameter wie die Körpertemperatur, den Wasserhaushalt, das Hunger- und das Durstgefühl steuern – alles in allem Funktionen mit Bezug zur Aufrechterhaltung der Konstanz des inneren Milieus (Homöostase). Neurosekretorische Zellen im Hypothalamus produzieren diverse Neurohormone (für Einzelheiten, siehe Kapitel 34). Der Hypothalamus enthält außerdem Zentren für die Regulation der Fortpflanzungstätigkeiten und des Sexualverhaltens; weiterhin ist er an emotionalen Verhaltensreaktionen beteiligt.

Der anteriore Teil des Vorderhirns – das **Cerebrum** (= **Telencephalon**, deutsch: **Großhirn** oder **Endhirn**) – (Abbildung 33.14a und b) lässt sich anatomisch in zwei unterscheidbare Bereiche untergliedern: den **Paläocortex** und den **Neocortex**. Ursprünglich mit dem Geruchssinn befasst, wurde es bei den fortschrittlicheren Fischen und den frühen terrestrischen Vertebraten zu einer wohlentwickelten Struktur, die mit dieser Sinnesmodalität in Verbindung steht. Bei den Säugetieren, und insbesondere den Primaten, ist der Paläocortex (die „alte Rinde") ein tiefliegender Bereich, der auch als Rhinencephalon (Riechhirn) bzw. als olfaktorischer Cortex bezeichnet wird, weil viele seiner Funktionen mit dem Geruchssinn in Zusammenhang stehen. Zusammen mit subkortikalen Anteilen bildet es das (nicht scharf definierte) limbische System, das verschiedene artspezifische Verhaltensweisen vermittelt und koordiniert, die sich auf Grundbedürfnisse wie die Ernährung und den Geschlechtstrieb sowie emotionale Zustände beziehen. Ein Bereich des limbischen Systems, der **Hippo-**

---

* Bei dieser Krankheit sind die flüssigkeitsgefüllten Hohlräume des Gehirns, die Ventrikel, durch einen Flüssigkeitsstau auf ein Mehrfaches ihrer normalen Größe aufgebläht.

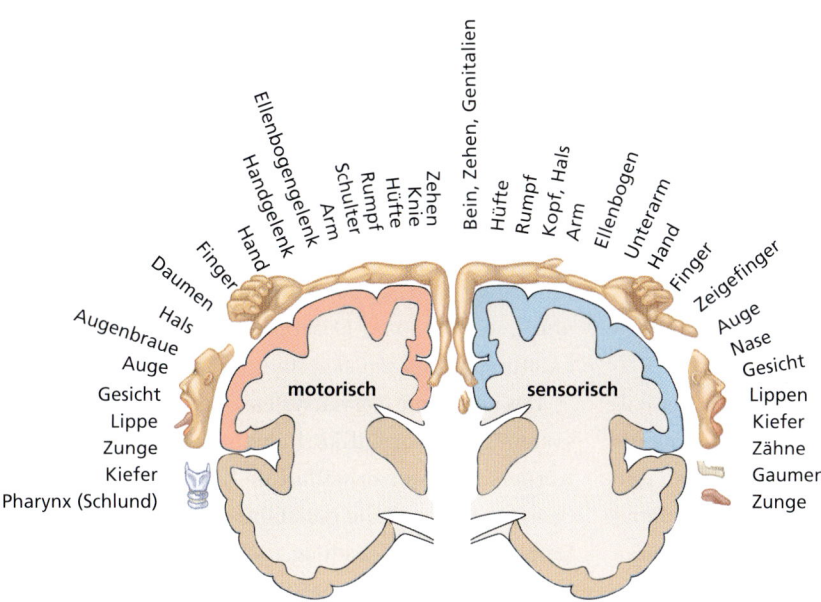

Abbildung 33.15: **Sensorische und motorische Cortexbereiche in einem transversalen Schnitt des Gehirns.** Die Lokalisation sensorischer Endpunkte, die aus unterschiedlichen Bereichen des übrigen Körpers stammen, ist auf der rechten Seite wiedergegeben. Die Ursprungspunkte absteigender, motorischer Signalwege sind auf der linken Seite dargestellt. Der motorische Cortex liegt vor dem sensorischen Cortex, so dass sich beide nicht überlagern. Diese schematische Repräsentationskarte beruht weitgehend auf Untersuchungen des kanadischen Neurochirurgen Penfield aus den 30er Jahren. Neuere Forschungen zeigen, dass der motorische Cortex nicht so scharf unterteilt ist, wie es diese Darstellung vermuten lässt. Die Entsprechungen zwischen Cortexarealen und den Bereichen des Körpers, die sie steuern, haben sich als diffuser erwiesen.

campus, ist als Ort des räumlichen Lernens und des Gedächtnisses (oder Teilen davon) intensiv untersucht worden. Neuerdings hat der Hippocampus wieder Aufmerksamkeit auf sich gezogen, weil man entdeckt hat, dass dessen Neuronen auch bei Erwachsenen teilungsfähig sind – ein bis dahin unbekanntes Phänomen bei den Neuronen von Säugetieren.

Obwohl er eine späte evolutive Bildung der Wirbeltierevolution ist, überdeckt der Neocortex (die „neue Rinde") den Paläocortex vollkommen und hat sich im Laufe der Zeit so stark erweitert, dass er einen großen Teil des Vorderhirns und das gesamte Mittelhirn einhüllt (Abbildung 33.14). Praktisch alle integrativen Leistungen, die ursprünglich dem Mittelhirn zugefallen waren, sind auf den **Neocortex** (die **Großhirnrinde**) übergegangen.

Funktionen des Gehirns sind durch direkte Stimulation freiliegender Hirnteile von Menschen bei Operationen oder bei Versuchstieren lokalisiert worden. Weiterhin wurden Erkenntnisse aus Autopsien von Gehirnen Verstorbener gewonnen, die an bekannten und dokumentierten Ausfallserscheinungen gelitten hatten. Die chirurgische Entfernung von Hirnteilen oder Eingriffe am Gehirn haben ebenfalls Einsichten in die funktionelle Organisation des Endhirns geliefert. Der Cortex enthält diskrete motorische und sensorische Bereiche (Abbildungen 33.14 und ▶ 33.15). Die motorischen Areale steuern willkürliche Muskelbewegungen, während der sensorische Cortex das Zentrum der bewussten Wahrnehmung von Berührungsreizen, Druck-, Schmerz-, Temperatur- und Geschmacksempfindungen ist. Die Bereiche für das Sehen, das Riechen, das Hören und das Sprechen sind rein sensorische oder motorische Bereiche, die in bestimmten Arealen der cerebralen Lappen angeordnet sind. Darüber hinaus gibt es große „stumme" Bereiche – so genannte Assoziationsfelder – die mit Leistungen wie dem Gedächtnis, der Einschätzung, dem logischen (Nach)Denken und anderen integrativen Funktionen zu tun haben. Diese Bereiche des Gehirns sind nicht direkt mit Sinnesorganen oder Muskeln verbunden.

Bei den Säugetieren und insbesondere dem Menschen sind daher getrennte Bereiche des Gehirns mit bewussten und unbewussten Funktionen befasst. Der unbewusste Teil der Hirnaktivitäten, der das gesamte Gehirn mit Ausnahme des Cortex cerebri umfasst, überwacht und steuert die zahlreichen Vitalfunktionen, die sich der bewussten Kontrolle entziehen: Atmung, Blutdruck, Herzschlag, Hunger, Durst, Körpertemperatur, Salzhaushalt, Geschlechtstrieb sowie grundlegende (manchmal irrationale) Emotionen. Das Gehirn ist außerdem eine komplex organisierte endokrine Drüse, die das übrige endokrine System reguliert und Rückmeldungen aus anderen Teilen des Systems erhält (siehe hierzu Kapitel 34). Das in der Großhirnrinde lokalisierte Bewusstsein ist der Sitz höherer mentaler Aktivitäten (zum Beispiel des Planens und Nachsinnens), des bewussten Gedächtnisses und der Integration sensorischer Informationen. Das Gedächtnis scheint eine Gesamtfunktion des Gehirns zu sein und nicht eine Eigenschaft irgendeines speziellen Teils des Gehirns, wie einst eingenommen wurde.

Die rechte und die linke Hemisphäre der Großhirnrinde werden durch eine verbindende Struktur, den Balken (Corpus callosum) miteinander verbunden. Der Balken ist eine neuronale Verbindungsstrecke, über die die beiden Großhirnhälften Informationen übertragen und die mentalen Aktivitäten abstimmen und integrieren können. Beim Menschen sind die beiden Hemisphären auf völlig verschiedene Aufgaben spezialisiert: die linke Großhirnhälfte auf die Sprachentwicklung, mathematisches Denken und das Lernen sowie sequenzielle Denkvorgänge; die rechte Großhirnhälfte dagegen auf die Raumwahrnehmung, Musikwahrnehmung und -ausführung, künstlerische, intuitive und perzeptuelle (= sinnliche) Aufgaben. Jede der Hemisphären steuert die Motorik der gegenüberliegenden Seite des Körpers. Es ist seit Langem bekannt, dass eine ausgedehnte Schädigung der rechten Cortexhemisphäre zu linksseitigen Lähmungen verschiedenen Ausmaßes führen kann, die intellektuellen und sprachlichen Fähigkeiten aber nur wenig in Mitleidenschaft zieht. Umgekehrt führt eine Schädigung der linken Cortexhemisphäre oft zu einer Beeinträchtigung oder dem Verlust des Sprachvermögens und kann desaströse Folgen für den Intellekt des Betroffenen haben. Da diese Unterschiede in der Symmetrie (oder Asymmetrie) des Gehirns schon bei der Geburt ausgebildet sind, dürfen sie als angeborene Eigenschaften gelten und sind nicht das Ergebnis von Umwelteinflüssen oder Lern- und Erfahrungsvorgängen, wie man einst gedacht hatte.

Die hemisphärische Spezialisierung ist lange als eine typisch menschliche Eigenschaft betrachtet worden, doch hat man in jüngster Zeit entdeckt, dass die Gehirne von Singvögeln ebenfalls asymmetrisch organisiert sind und eine Seite des Vogelhirns für die Erzeugung des arttypischen Gesangs verantwortlich zeichnet.

Das periphere Nervensystem

Das periphere Nervensystem umfasst alles Nervengewebe außerhalb des Zentralnervensystems. Man unterscheidet zwei funktionelle Abteilungen: die **sensorische (= afferente) Abteilung** (lat. *affero*, herbeischaffen, herantragen), die Sinnesinformationen an das Zentralnervensystem übermittelt, und die **motorische (= efferente) Abteilung** (lat. *effero*, entfernen, wegbringen), die motorische Befehle an die Muskeln und Signale an Drüsen weiterleitet. Die efferente Abteilung zerfällt wiederum in zwei Bestandteile: (1) das **somatische Nervensystem** (gr. *soma*, Körper), das die Skelettmuskulatur innerviert, und (2) das **autonome Nervensystem** (gr. *autos*, selbst + *nomo*, Gesetz, Regel), das die glatte Muskulatur, den Herzmuskel und die Drüsen innerviert.

Das autonome Nervensystem. Das autonome Nervensystem steuert unwillkürliche innere Funktionen des Körpers, die im Normalfall nicht in das Bewusstsein dringen, wie etwa die peristaltischen Bewegungen des Darms und den Herzschlag, die Kontraktionen der glatten Muskulatur der Blutgefäße, der Harnblase, der Regenbogenhaut (Iris) der Augen, und anderer mehr. Daneben steuert es die Sekretionstätigkeit verschiedener Drüsen.

Die Nerven des autonomen Nervensystems haben ihre Ursprünge im Gehirn oder dem Rückenmark. Dies gilt ebenfalls für die Nerven des somatischen Nervensystems. Anders als im Fall des somatischen Systems bestehen die Fasern der Nerven des autonomen Systems aber nicht aus einem, sondern aus zwei motorischen Neuronen. Sie enthalten also eine Synapse, die außerhalb des Rückenmarks liegt, sowie eine zweite, die am Effektororgan die Signalumschaltung vermittelt. Die intermediären Synapsen liegen außerhalb des Rückenmarks in Ganglien zusammengefasst. Die Axone, die aus dem Rückenmark austreten und zu diesen Ganglien laufen, heißen präganglionäre Axone; die Zellen, zu denen sie gehören, als ganzes präganglionäre autonome Neurone. Die Zellen, die in den Ganglien liegen und die Signale an die Zielorgane weiterleiten, heißen postganglionäre Neurone. Diese anatomischen Verhältnisse sind in ▶ Abbildung 33.16 schematisch dargestellt.

Das autonome Nervensystem zerfällt seinerseits in einen sympathischen und einen parasympathischen Zweig (= **sympathisches Nervensystem** bzw. **parasympathisches Nervensystem**; im Jargon der Medizin auch kurz: Sympathikus und Parasympathikus; gr. *syn/sym*, zusammen + *para*, neben, wider, bei, gegen + *pathos*, (das) Leiden). Die meisten inneren Organe des Körpers werden sowohl sympathisch wie parasympathisch innerviert. Die Wirkungen des sympathischen und des parasympathischen Systems sind, wie die Namen andeuten, antagonistisch. Sympathikus und Parasympathikus sind funktionelle Gegenspieler (▶ Abbildung 33.17). Wenn eine Nervenzelle des einen Systems einen Prozess

33.3 Die Evolution von Nervensystemen

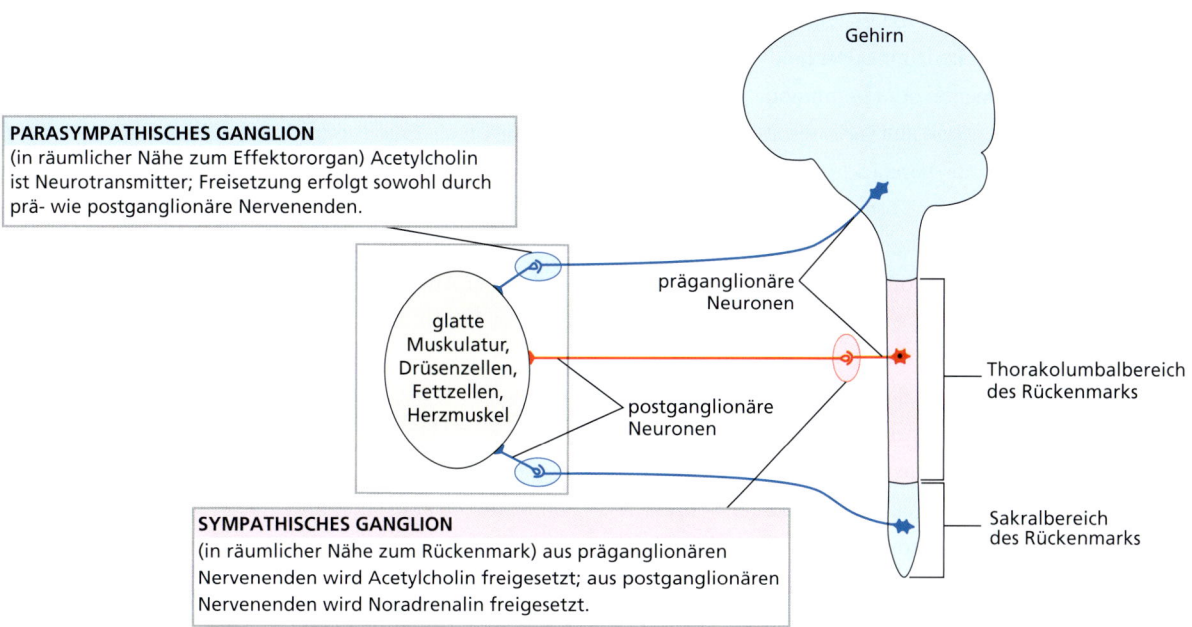

PARASYMPATHISCHES GANGLION
(in räumlicher Nähe zum Effektororgan) Acetylcholin ist Neurotransmitter; Freisetzung erfolgt sowohl durch prä- wie postganglionäre Nervenenden.

SYMPATHISCHES GANGLION
(in räumlicher Nähe zum Rückenmark) aus präganglionären Nervenenden wird Acetylcholin freigesetzt; aus postganglionären Nervenenden wird Noradrenalin freigesetzt.

Abbildung 33.16: **Das autonome Nervensystem.** Allgemeiner Aufbau.

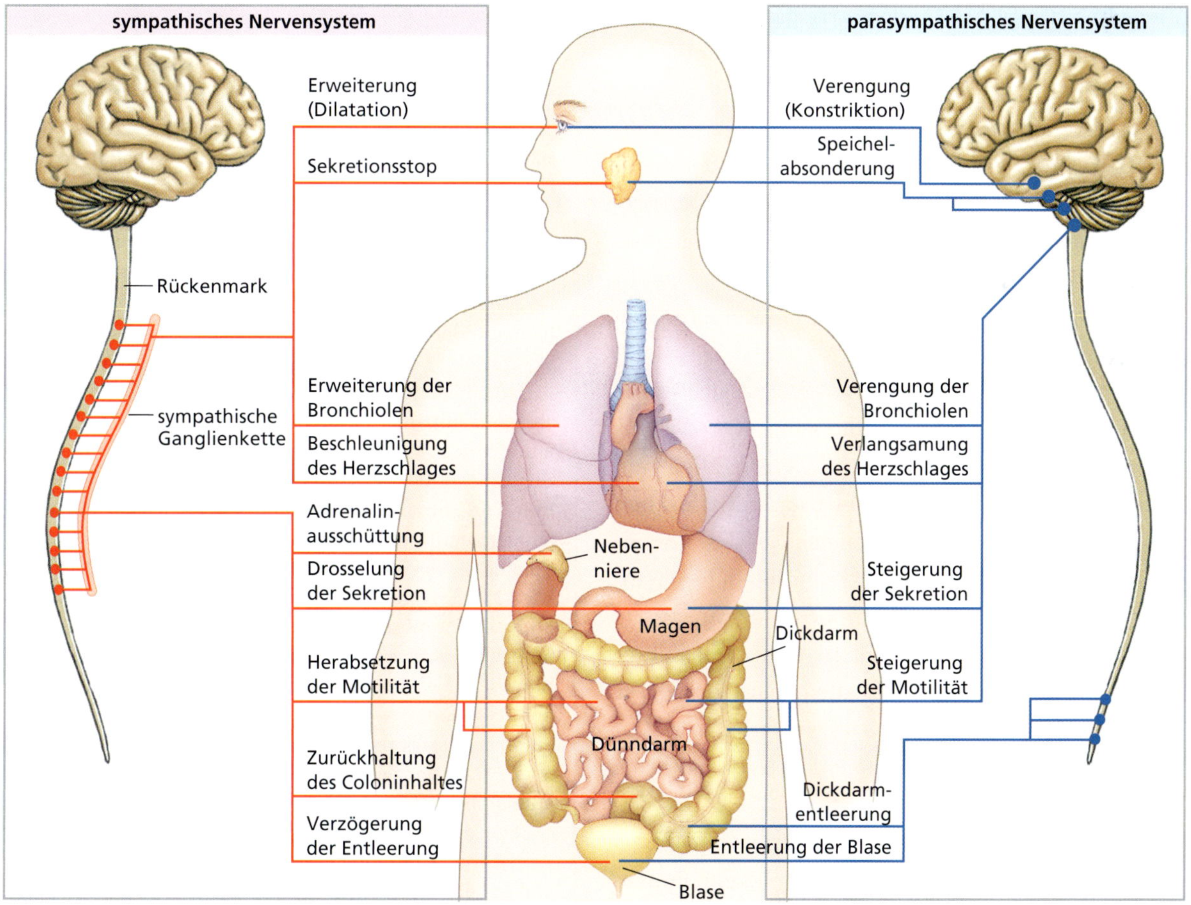

Abbildung 33.17: **Das autonome Nervensystem des Menschen.** Die Signalflüsse vom zentralen zum autonomen Nervensystem sind auf der linken Seite dargestellt. Der sympathische Signalabfluss (rot) erfolgt über den Thorax- und dem Lumbalbereich über eine Kette aus sympathischen Ganglien. Der parasympathische Signalfluss (blau) erfolgt zum Teil im Bereich der Hirnnerven, zum anderen über den Sakralbereich des Zentralnervensystems. Die hier nicht dargestellten parasympathischen Ganglien liegen in den oder in der Nähe der von diesen innervierten Erfolgsorganen. Die meisten inneren Organe werden sowohl von Fasern des sympathischen wie des parasympathischen Zweiges innerviert.

1087

stimuliert, wird derselbe Prozess von den Zellen des anderen Systems gehemmt. Keines der beiden Subsysteme ist jedoch allein erregend oder hemmend. So führen parasympathische Neurone zur Verlangsamung des Herzschlages, aber zu einer Verstärkung der Darmperistaltik. Sympathische Neurone erhöhen die Schlagzahl des Herzmuskels, hemmen aber die peristaltischen Bewegungen des Darms.

Das parasympathische System besteht aus motorischen Nervenzellen, von denen einige im Hirnstamm ihren Ausgang nehmen und über einige der Hirnnerven ihre Wirkung entfalten; andere treten aus dem Sakralbereich (Bereich der Lendenwirbelsäule) aus dem Rückenmark aus (Abbildungen 33.16 und 33.17). Im sympathischen Anteil des autonomen Systems liegen alle präganglionären Nervenzellkörper im Thorax- und oberen Lumbalbereich des Rückenmarks. Die Fortsätze dieser Neurone treten über die ventralen Wurzeln der Spinalnerven nach außen, trennen sich dann von diesen und führen weiter zu den sympathischen Ganglien (Abbildungen 33.10 und 33.17), die paarig angelegt sind und jeweils eine Ganglienkette zu beiden Seiten der Wirbelsäule bilden.

Die Ganglien des sympathischen Systems liegen üblicherweise weit von den Effektororganen entfernt, die sie ansteuern (zum Beispiel in der erwähnten sympathischen Ganglienkette). Die parasympathischen Ganglien hingegen liegen oft in Gewebeschichten eingebettet in enger räumlicher Nachbarschaft ihrer Effektororgane (Abbildung 33.16).

Alle präganglionären Neurone – egal ob sie sympathisch oder parasympathisch sind – setzen an den Synapsen zu den postganglionären Nervenzellen den Transmitter Acetylcholin frei. Die parasympathischen postganglionären Neurone setzen auch an ihren Axonenden (an den Effektororganen) Acetylcholin frei, während die postganglionären Neurone des Sympathikus mit wenigen Ausnahmen Noradrenalin als Transmitter aus den präsynaptischen Endplatten freisetzen. Dieser Unterschied ist ein weiteres wichtiges Merkmal, in dem sich die beiden Zweige des autonomen Nervensystems unterscheiden.

Als allgemeine Regel gilt, dass der Parasympathikus mit Nichtstressreaktionen assoziiert ist (Essen, Ruhen, Verdauung, Urinieren). Der Sympathikus ist demgegenüber in Stresssituationen aktiv (physischen wie psychischen). Unter solchen Bedingungen beschleunigt sich der Herzschlag, die Blutgefäße der Skelettmuskulatur erweitern sich, die Blutgefäße in den Eingeweiden verengen sich, die Aktivität des Darmtraktes verringert sich, und die Stoffwechselrate erhöht sich. Die Bedeutung dieser Reaktionen in Notfallsituationen wird in ihrer Summe oft als Flucht-oder-Kampf-Reaktion bezeichnet. Wir werden sie im nachfolgenden Kapitel im Einzelnen beschreiben. An dieser Stelle sollte noch angemerkt werden, dass der Sympathikus auch im Ruhezustand aktiv und an der Aufrechterhaltung des normalen Blutdrucks und der Körpertemperatur beteiligt ist.

Sinnesorgane 33.4

Tiere stützen sich bei der Regulierung ihrer Lebensvorgänge auf einen konstanten Informationsfluss aus der Umwelt. Sinnesorgane sind spezialisierte Empfänger von komplexem anatomischem Bau zur Wahrnehmung des Zustandes der Umwelt und von Veränderungen in dieser. Die Sinnesorgane stellen die erste Ebene der Wahrnehmung der Umwelt durch das Tier dar. Sie sind Kanäle,

Exkurs

Tatsächlich gibt es Fälle solcher Fehlschaltungen zwischen Sinnesorganen und verarbeitenden Hirnbereichen. Das Krankheitsbild heißt Synästhesie (gr. *syn*, zusammen, mit(einander) + *aisthesis*, Wahrnehmung). Synästhetiker „sehen" zum Beispiel Musik, haben also beim Hören von Musik oder anderen Geräuschen Sehempfindungen wie Farben oder geometrischen Mustern. Ebenso können beliebige andere Sinnesmodalitäten betroffen sein, und sogar abstrakte Wahrnehmungsinhalte wie Zahlen und andere mathematische Konstrukte, die dann zum Beispiel ebenfalls mit einer für den Betroffenen realen Wahrnehmung von Farben oder ähnlichem verknüpft sind. Der Synästhesie liegt eine fehlerhafte neuronale Verknüpfung von Hirnarealen mit Sinnesorganen oder untereinander zugrunde. Eine erbliche Grundlage gilt als wahrscheinlich, da vielfach eine familiäre Häufung beobachtet wird. Häufig kommt es statt zu einer vollständigen Umwidmung der Empfindung zu einer Addition der Wahrnehmungen: Ein Sinnesreiz ruft zwei oder (selten) mehrere Sinnes*eindrücke* hervor. Musik wird dann nicht nur ganz normal gehört, sondern ruft, wie beschrieben, gleichzeitig zusätzliche sensorische Assoziationen wie Farben, Muster oder Ähnliches hervor. Halluzinogene Drogen wie LSD können Synästhesien hervorrufen oder bestehende verstärken. Frauen sind häufiger von Synästhesie betroffen als Männer. Über die Fallhäufigkeit in der Bevölkerung gibt es keine verlässlichen Zahlen (die Schätzungen reichen von 1:500 bis 1:2000). Viele Synästhetiker sind sich ihrer Fehlempfindung gar nicht bewusst und realisieren ihre Synästhesie erst, wenn sie darauf angesprochen werden. Deshalb ist von einer sehr hohen Dunkelziffer auszugehen.

über die Informationen in das zentrale Nervensystem gelangen.

Ein **Reiz** (= **Stimulus**; lat. *stimulus*, Ansporn, Antrieb, Stachel; bzw. *stimulatio*, Reiz) stellt eine bestimmte Form von Energie dar, etwa in Form von elektrischen Impulsen, einer mechanischen Krafteinwirkung, einer chemischen Substanz oder einer Strahlung, die auf ein Sinnesorgan einwirkt. Das Sinnesorgan wandelt die Energie des Reizes in ein Nervensignal (Aktionspotenzial(e)) um – die gemeinsame „Sprache" aller Teile des Nervensystems. In einem sehr realen Sinn erweisen sich die Sinnesorgane als biologische Transduktoren (lat. *trans*, jenseits, darüber, hinüber + *ductor*, Führer bzw. *ductus*, Führung oder *ductio*, Leitung). Ein Mikrofon ist beispielsweise ein Transduktor (= „Umwandler"), der kinetische Energie (Luftschwingungen) in elektrische Energie umwandelt. Wie ein Mikrofon, das nur für Schall empfindlich ist, gilt die Regel, dass ein Sinnesorgan nur für eine Art von Reiz empfänglich ist. Augen reagieren nur auf Licht, Ohren auf Geräusche, Druckrezeptoren auf Druckveränderungen und Chemorezeptoren (Nase, Zunge) auf verschiedene Substanzen. Alle diese Reizmodalitäten werden in Aktionspotenziale (elektrische Signale) von Nerven umgewandelt, die an das zentrale Nervensystem fortgeleitet werden können und eine Reaktion über die zuvor beschriebenen Reflexbögen, die grundlegend für alle Nervensysteme sind, hervorrufen.

Da alle Aktionspotenziale von Nervenzellen qualitativ gleichartig sind, erhebt sich die Frage, wie ein Tier die unterschiedlichen Sinneseindrücke der vielfältigen einwirkenden Reize von verschiedenen Quellen wahrnehmen und unterscheiden kann. Die Antwort findet sich in der Reizverarbeitung durch das Gehirn, das Sinneswahrnehmungen in Abhängigkeit von der Quelle (dem das Signal übermittelnden Sinnesorgan) an jeweils anderen Stellen verarbeitet. Jedes Sinnesorgan verfügt also über eine eigene Kontaktstelle im Gehirn. Dieses Konzept der „markierten Übertragungskabel" für die Kommunikation mit bestimmten Hirnbereichen wurde zum ersten Mal um 1830 von Johannes Müller (1801–1858) beschrieben, der es als das *Gesetz der spezifischen Sinnesenergien* bezeichnete. Aktionspotenziale, die in einem bestimmten Bereich des Gehirns einlaufen, können dort nur auf eine bestimmte Art und Weise interpretiert werden. So wird eine Reizung des Auges immer als Lichterscheinung wahrgenommen. Wirkt auf das Auge kein Licht, sondern ein mechanischer Reiz in Form eines Schlages ein, so „sieht man Sternchen". Die Druckwelle, die bei einer mechanischen Einwirkung durch den Augapfel läuft, löst am Sehnerv Aktionspotenziale aus, die an das Gehirn weitergeleitet werden. Die mechanische Energie, die im Auge ankommt, wird vom Gehirn als Sehreiz interpretiert, auch wenn es sich wie in diesem Fall um einen *inadäquaten Reiz* (nämlich um einen Schlag) handelt. Würde man in einem Gedankenexperiment in einer Operation die Bahnen der Seh- und der Hörnerven vertauschen, so dass die Sinnesorgane in die Hirnareale der jeweils anderen Sinnesmodalität projizierten, könnte der Operierte hinterher wahrscheinlich bei einem Gewitter Donner sehen und Blitze hören. Dieses Gedankenexperiment ist natürlich sehr hypothetisch und vernachlässigt die komplexen Verschaltungen der einzelnen Sinnesqualitäten.

33.4.1 Klassifizierung der Rezeptoren

Rezeptoren werden traditionell nach ihrer Lokalisation im Körper in Klassen eingeteilt. Solche, die sich in der Nähe der Körperoberfläche befinden, werden **Exterorezeptoren** genannt. Sie informieren das Tier über die Umwelt. Innere Organe des Körpers senden Signale über **Interorezeptoren**. Muskeln, Sehnen und Gelenke verfügen über **Propriorezeptoren**, die auf Änderungen der Muskelspannung und der Stellung von Gliedmaßen reagieren. Sie vermitteln dem System einen Eindruck von der Haltung bzw. Stellung von Teilen und des gesamten Körpers. Eine alternative Klassifizierung gründet sich auf die Reizqualität, auf welche die Rezeptoren reagieren. Hiernach unterscheidet man **Chemo-**, **Mechano-**, **Licht-**, und **Wärmerezeptoren**. Diese Einteilung setzt sich zunehmend durch, je mehr einzelne spezielle Rezeptoren isoliert und auf molekularer Ebene beschrieben werden konnten. In den letzten Jahren haben Wissenschaftler die dreidimensionale Struktur vieler Rezeptoren aufklären können und aus diesen Strukturen Aussagen über die molekularen Wirkungsmechanismen machen können.

33.4.2 Chemorezeption

Die Wahrnehmung chemischer Reize, die Chemorezeption, ist der älteste und der universellste Sinn im Tierreich. Er bestimmt das Verhalten von Tieren wahrscheinlich in stärkerem Maße alle jeder andere Sinn. Schon einzellige Lebensformen benutzen Kontaktrezeptoren für Stoffe, um Nahrung oder sauerstoffreiches Wasser aufzuspüren, oder um schädliche Stoffe in ihrer Umgebung zu identifizieren und zu vermeiden. Diese Rezeptoren rufen ein Orientierungsverhalten aus, das **Chemo-**

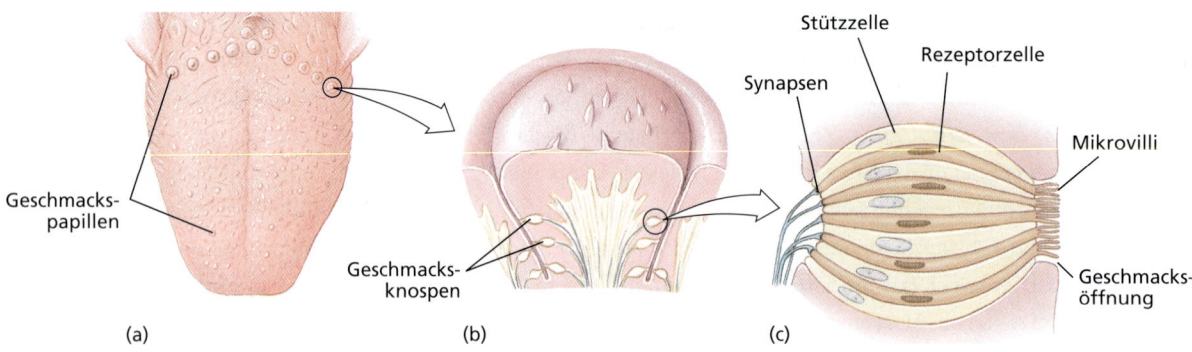

Abbildung 33.18: Geschmacksrezeptoren. (a) Oberfläche einer menschlichen Zunge mit der Anordnung der Geschmackspapillen. (b) Teil einer Geschmacksknospe auf einer Geschmackspapille. (c) Aufbau einer Geschmacksknospe.

taxis heißt, und das auf die Reizquelle hin (positive Chemotaxis) oder von der Reizquelle weg (negative Chemotaxis) gerichtet sein kann. Die meisten Metazoen besitzen spezielle Entfernungsrezeptoren für Chemikalien, die oftmals eine bemerkenswerte Empfindlichkeit aufweisen. „Entfernungs-Chemorezeption" ist ein Begriff, der sich auf die Reizquelle bezieht, nicht aber auf das den Reiz vermittelnde Agenz, denn die Stoffe, welche die Rezeptoren stimulieren, müssen genau wie im vorgenannten Fall in direkten Kontakt mit dem Rezeptor treten (Rezeptor/Ligandenkomplex). Statt von Entfernungs-Chemorezeption spricht man gemeinhin von Geruch (= Olfaktion). Gerüche steuern das Fressverhalten, führen zur Lokalisation und zur Auswahl von Geschlechtspartnern, dienen zur Revier- und Wegmarkierung sowie als Alarm- oder sonstige Botenstoffe zahlreicher Tierarten.

Bei allen Wirbeltieren und bei Insekten sind die Sinnesmodalitäten des Geschmacks und des Geruchs klar unterschieden. Obgleich es Ähnlichkeiten zwischen den Rezeptoren für **Geruch** und **Geschmack** gibt, ist der Geschmackssinn im Allgemeinen beschränkter und weniger empfindlich als der Geruchssinn. Die zentralnervösen Zentren für Geschmack und Geruch sind, ungeachtet der Nähe dieser Sinnesmodalitäten im Bewusstsein, in unterschiedlichen Teilen des Gehirns angesiedelt!

Bei den Wirbeltieren finden sich die Geschmacksrezeptoren in der Mundhöhle, und hier insbesondere auf der Zunge (▶ Abbildung 33.18). Dort dienen sie als Kontrollinstanz, mit der Speisen bewertet werden, bevor sie verschluckt werden. Eine **Geschmacksknospe** besteht aus einem Verbund von Sinneszellen, der von Stützzellen umgeben ist. Die Geschmacksknospe ist mit einer kleinen Öffnung ausgestattet, durch die sich dünne Fortsätze der Sinneszellen nach außen strecken. Substanzen, die geschmacklich erfasst werden können, binden an spezielle Rezeptormoleküle in der Mikrovilli-Membran der Sinneszellen. Geschmacksempfindungen werden gemeinhin in süß, salzig, sauer und bitter unterschieden. Manchmal wird als fünfte Kategorie des Geschmacks „fleischig" genannt (= umami nach dem japanischen Wort für Fleisch; diese Geschmacksqualität wird durch die Aminosäure Glutamat hervorgerufen. Wahrscheinlich wird deshalb Glutamat als „Geschmacksverstärker" in vielen Gewürzkombinationen und Fertiggerichten eingesetzt). Obwohl der Mechanismus für jede der grundlegenden Geschmacksempfindungen unterschiedlich ist, löst eine Bindung geeigneter Stoffe eine Depolarisation der Sinneszelle und damit ein Aktionspotenzial aus. Im Gegensatz zu dem, was man ursprünglich angenommen hatte, können Geschmackssinneszellen auf verschiedene Geschmacksreize reagieren, allerdings reagieren sie hauptsächlich auf einen speziellen Typ von Geschmacksreiz (salzig, bitter, sauer, süß, umami). Die von diesen Zellen abgehenden Aktionspotenziale werden über chemische Synapsen (siehe weiter oben) an sensorische Nervenzellen weitergegeben, die in bestimmte Hirnbereiche projizieren. Die Unterscheidung von Geschmacksrichtungen hängt von der Auswertung des Gehirns der relativen Aktivität der vielen unterschiedlichen Geschmacksrezeptoren ab. Diese synthetische (= integrative) Bewertung ist der beim Farbensehen der Wirbeltiere ähnlich, die es erlaubt, durch eine differenzielle Erregung von nur drei Sorten von Farbsinneszellen in der Netzhaut ein weites Spektrum an Farbtönen zu erzeugen (siehe weiter unten). Da Sinneszellen dem Verschleiß unterliegen, werden sie regelmäßig ersetzt. Die Sinneszellen der Geschmacksknospen werden durch den mechanischen Kontakt mit der Nahrung verschlissen, so dass sie nur eine kurze mittlere Lebensdauer haben (fünf bis zehn Tage bei Säugetieren).

Die Population der Geschmacksknospen unterliegt daher einer beständigen Erneuerung. Der aktuelle Stand der Forschung in Bezug auf Geschmack und Geschmacksrezeptoren wird von Chandrashekar et al.[*] sehr schön zusammengefasst.

Obwohl der Geruchssinn für viele Tiere der vorrangige Sinn ist, der für die Identifizierung von Nahrung, Artgenossen, Paarungspartnern und Räubern verwendet wird, ist die Olfaktion bei den Säugetieren am höchsten entwickelt. Selbst der Mensch kann, obwohl er sich selbst hinsichtlich seiner Geruchsleistungen gemeinhin nicht sehr hoch einschätzt, wohl etwa 2000 unterschiedliche Gerüche unterscheiden (die in vielen Lehrbüchern zu findende Angabe von 10.000 ist eher fiktiv; außerdem ist es vollkommen unbekannt, wie viele Gerüche es überhaupt gibt). Merkaptane (übel riechende Thioalkohole der allgemeinen Konstitution R-SH) werden noch in einer Verdünnung von 1:200 Millionen wahrgenommen. Ein solcher flüchtiger Thioalkohol findet sich beispielsweise im Stinkdrüsensekret von Stinktieren. Im Vergleich zu anderen Säugetieren, deren schieres Überleben von ihren geruchlichen Fähigkeiten abhängt, ist unser Geruchssinn allerdings nur schwach ausgebildet. Ein Hund erforscht eine neue Umgebung mit seiner Nase, wie es ein Mensch mit seinen Augen tut. Die Hundenase verdient tatsächlich ihren legendären Ruf: Bezüglich einiger Gerüche erweist sich die Nase des Hundes als um einen Faktor von einer Million empfindlicher als die menschliche Nase. Den Hunden kommt bei ihrer Geruchswahrnehmung der Umstand zugute, dass sich ihre Nasen relativ nah am Boden befinden (gleiches gilt natürlich für viele andere Säuge- und andere Tiere). In Bodennähe schweben viele riechbare Substanzen anderer Organismen in der Luft.

Die olfaktorischen Sinnesendigungen liegen in einem speziellen Epithel, das von einer dünnen Schleimschicht bedeckt ist, und das sich tief im Inneren der Nasenhöhle befindet (▶ Abbildung 33.19). In diesem **Riechepithel** liegen Millionen olfaktorischer Nervenzellen. Jedes olfaktorische Neuron trägt mehrere haarförmige Cilien (Zellwimpern), die aus dem freien Ende an der Oberfläche des Epithels hervorragen. Geruchsmoleküle, die in die Nase gelangen, binden dort an spezielle Rezeptorproteine, die in den Membranen der Cilien lokalisiert sind. Die Bindung geeigneter Moleküle führt zu einer Konformationsänderung der Rezeptoren, die ein Signal

---

[*] Chandrashekar, J. et al. (2006): The receptors and cells for mammalian taste. Nature, 444: 288–294.

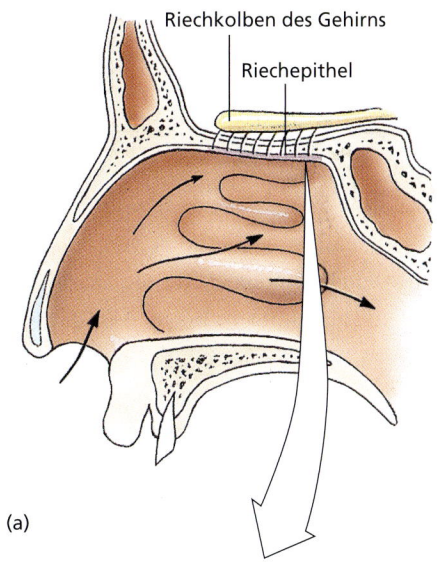

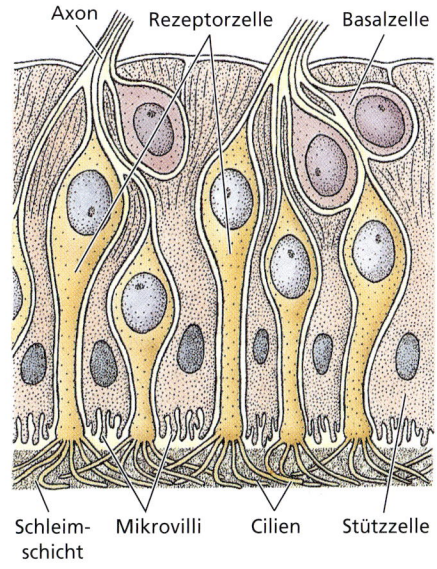

Abbildung 33.19: Riechepithel des Menschen. (a) Das Epithel ist ein flächiges Gewebe im Dach der Nasenhöhle. (b) Es besteht aus Stützzellen, Basalzellen und Riechsinneszellen (olfaktorischen Rezeptorzellen), aus deren freiliegenden Enden Cilien hervorragen.

in das Zellinnere leiten. Dieses Signal führt zur Öffnung von Ionenkanälen, was schließlich in ein Aktionspotenzial der Zelle mündet, wenn eine ausreichende Menge Geruchsmoleküle gleichzeitig Rezeptoren aktivieren. Der Nervenimpuls wandert über Axone des Riechnervs zum Bulbus olfactorius (Riechkolben) des Gehirns. Vom Riechkolben aus werden die Nervensignale weiter zum olfaktorischen Cortex (der Riechrinde) geleitet, wo die Analyse der Geruchsinformation erfolgt. Diese vorverarbeitete neuronale Information über die in der Nase eingefangenen Gerüche werden dann weiter in andere, übergeordnete Hirnzentren projiziert (assoziative Cortexbereiche), wo sie mit Gedächtnisinhalten verknüpft werden, die – oft emotional eingefärbt – das Verhalten beeinflussen.

In jüngerer Zeit haben molekularbiologische Techniken wie das Klonieren von Genen und Nucleinsäurehybridisierungen dazu geführt, dass eine sehr umfangreiche Gruppe miteinander verwandter (homologer) Gene für Rezeptorproteine entdeckt worden ist, die für G-Protein-gekoppelte Rezeptoren codieren. Allein in der Taufliege *Drosophila* sp. sind rund 70 Gene dieser Familie gefunden worden. Der Fadenwurm *Caenorhabditis elegans* verfügt ebenfalls zumindest über einige Mitglieder dieser Genfamilie. Diese Befunde belegen, dass die zugehörige Gen- und Proteinfamilie stammesgeschichtlich alt ist und im Verlauf der Evolution erkennbar erhalten geblieben ist. Jedes der etwa eintausend Gene dieser Genfamilie, die man bei Säugetieren gefunden hat, codiert für einen etwas anderen Typ von Rezeptor (mutmaßlich einen mit einer anderen Bindungsspezifität für flüchtige Stoffe). Jeder Rezeptor kann ein oder mehrere, strukturell nah miteinander verwandte Moleküle binden. Wahrscheinlich kann auch ein und dieselbe Substanz an unterschiedliche, in ihrer Bindungsspezifität ähnliche Rezeptoren binden. Neurophysiologische Kartierungsversuche haben gezeigt, dass jedes olfaktorische Neuron auf einen für es charakteristischen Ort im Riechkolben projiziert. Dadurch entsteht eine zweidimensionale Abbildung (Karte) derjenigen Rezeptoren in der Nasenschleimhaut, die beim Geruchsvorgang aktiviert worden sind. Darüber hinaus konvergieren die Nervenzellfortsätze aller Sinnesnervenzellen, die ein gegebenes Geruchsrezeptorgen zur Expression bringen, im selben Areal des Riechkolbens. Die Reize einer bestimmten Geruchsqualität laufen also im Riechkolben am selben Ort zusammen. Dies liefert vielleicht einen Ansatz zur Erklärung der hohen Empfindlichkeit des Geruchssinnes. Nach der Projektion in die verarbeitenden Zentren des Gehirns wird die olfaktorische Sinnesinformation als eigentümlicher Geruch erkannt. Die verbale Beschreibung von Geruchsempfindungen erweist sich dabei regelmäßig als schwieriger als eine vergleichbare Beschreibung anderer Sinnesmodalitäten wie Seh- oder Höreindrücke. Für ihre bahnbrechenden Ergebnisse zum Geruchssinn der Wirbeltiere wurden Linda Buck und Richard Axel 2004 mit dem Nobelpreis für Physiologie geehrt.

Da das Aroma der Nahrung von Gerüchen abhängt, die das Riechepithel der Nase über den Rachenraum erreichen, werden Geschmack und Geruch leicht ver-

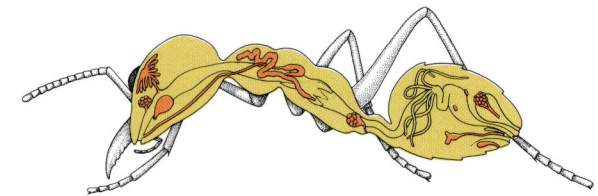

Abbildung 33.20: **Pheromone.** Die pheromonproduzierenden Drüsen einer Ameise (orange).

wechselt (in der Alltagssprache wird zwischen diesen Sinnesmodalitäten auch kaum unterschieden). Alle „Geschmäcker" jenseits der vier oder fünf grundlegenden (süß, sauer, salzig, bitter sowie möglicherweise „fleischig") rühren von leichtflüchtigen Aromastoffen her, die in der Mundhöhle oder schon davor freigesetzt werden und das Riechepithel erreichen. Bei einer gewöhnlichen Erkältung mit einem Schnupfen (Rhinitis) verlieren Speisen leicht ihren Reiz, weil die Erkrankung der Nasenschleimhaut durch den Befall mit Schnupfenviren die Geruchsempfindung einschränkt oder ganz zum Erliegen bringt („fader Geschmack").

Soziale Insekten und viele andere Tiere einschließlich der Säugetiere, stellen artspezifische Stoffe her, die **Pheromone** genannt werden, und die eine hochentwickelte chemische „Sprache" darstellen. Pheromone werden aufgrund ihrer Wirkung als solche eingestuft und sind keine chemisch einheitliche Stoffgruppe. Sie gehören vielmehr unterschiedlichen Verbindungsklassen an. Gemeinsam ist ihnen lediglich, dass es sich um flüchtige Substanzen handelt, die leicht in die Gasphase übergehen. Sie werden von den Produzenten freigesetzt, um die inneren Vorgänge oder das Verhalten anderer Individuen derselben Art zu beeinflussen. Informationen über Reviergrenzen, soziale Hierarchien, das Geschlecht und den Fortpflanzungsstatus werden über dieses Kommunikationssystem ausgetauscht. So sind Ameisen etwa wandelnde Arsenale von Drüsen (▶ Abbildung 33.20), die zahlreiche chemische Signale erzeugen. Dazu gehören Auslöserpheromone (Schreck- und Spurpheromone) sowie Prägungspheromone, welche die endokrinen und die Fortpflanzungssysteme der verschiedenen Kasten in einer Ameisenkolonie verändern können. Insekten tragen auf ihren Körperoberflächen eine Vielzahl von Chemorezeptoren zur Wahrnehmung spezifischer Pheromone sowie anderer, nichtspezifischer Gerüche.

Viele landlebende Wirbeltiere besitzen noch ein weiteres Geruchsorgan, das **Vomeronasalorgan** (= **Jacobson'sches Organ**), das auf Pheromonreize reagiert. Das Vomeronasalorgan (VNO) ist ebenfalls mit einem Riechepithel ausgekleidet und in paarigen, blind endenden Vertiefungen angeordnet, die je nach Tierart in die Nasen- oder die Mundhöhle münden. Die olfaktorischen Rezeptorzellen des VNOs reagieren auf Stoffe, die aufgrund ihrer Bindung an die Zellen dieses Organs eine Pheromonwirkung entfalten. Die Existenz von Pheromonen beim Menschen ist umstritten, ein Nachweis für ein VNO fehlt trotz intensiver Suche von Anatomen. Als mutmaßliches VNO angesprochene Vertiefungen in der Nasenwand besitzen keine Verbindung zu afferenten Nervenzellen und daher keine Funktionalität. Neuere Forschungen zu Substanzen mit einer unterstellten Pheromonwirkung auf den Menschen sind ebenfalls kontrovers. Das beste Beispiel für einen physiologischen Effekt, der einer gemutmaßten Pheromonwirkung zugeschrieben wird, ist die Synchronisierung von Menstruationszyklen bei Frauen, die in einer engen Gemeinschaft leben (zum Beispiel einer WG). Der wissenschaftliche Nachweis einer echten Pheromonwirkung ist aber hier noch nicht gelungen.

33.4.3 Mechanorezeption

Mechanorezeptoren sind empfindlich für Krafteinwirkungen, die sich in Aktionen wie Berührung, Druck, Streckung, Geräusche, Schwingungen und Schwerkraft manifestieren. Sie reagieren auf Bewegungen (beschleunigte und unbeschleunigte). Um mit der Umwelt in Wechselwirkung zu treten, sich zu ernähren, eine normale Körperhaltung einzunehmen oder um sich fortzubewegen (Laufen, Fliegen, Schwimmen), benötigt ein Tier einen konstanten Zustrom an Informationen seiner Mechanorezeptoren.

Berührung

Die **Pacini'schen Körperchen** sind verhältnismäßig große Mechanorezeptoren, die bei Säugetieren Berührungen und Druckeinwirkungen auf die Haut registrieren. Sie sind geeignet, die allgemeinen Eigenschaften von Mechanorezeptoren zu illustrieren. Diese Körperchen sind in tieferen Hautschichten, dem die Muskeln und Sehnen umgebenden Bindegewebe sowie den abdominalen Mesenterien verbreitet. Jedes Pacini'sche Körperchen besteht aus einer Nervenendigung, die von einer Kapsel aus zahlreichen, konzentrisch-zwiebelschalenartig angeordneten Bindegewebsschichten umgeben ist (▶ Abbildung 33.21). Eine Druckeinwirkung auf irgendeinen Punkt der Kapsel verbiegt die Nervenendigung und erzeugt dadurch ein abgestuftes **Rezeptorpotenzial** – einen lokalen Stromfluss, der einem erregenden postsynaptischen Potenzial (siehe weiter oben) ähnlich ist. Zunehmend stärkere Reize führen zu einem zunehmend höheren Rezeptorpotenzial. Überschreitet das Potenzial einen Schwellenwert (**Schwellenstrom**) führt dies zur Auslösung eines Aktionspotenzials in einer sensorischen Nervenfaser. Ein zweites Aktionspotenzial wird ausgelöst, wenn es zur Druckentlastung kommt. Während der Zeitdauer der Druckeinwirkung ist der Rezeptor allerdings stumm. Eine derartige Reaktion wird als Adaption bezeichnet und ist charakteristisch für viele Berührungsrezeptoren, die in hervorragender Weise dafür ausgelegt sind, eine plötzlich erfolgende mechanische Einwirkung zu registrieren, sich aber bereitwillig auf einen neuen Sollzustand einstellen. Wir werden uns neu einwirkender Druckbelastung bewusst, wenn wir beispielsweise Schuhe anziehen oder Kleidung anlegen, doch ist es höchst angenehm, dass uns die dadurch auf den Körper ausgeübten mechanischen Drücke nicht die ganze Zeit ins Bewusstsein dringen.

Wirbellose Tiere – insbesondere Insekten – verfügen über viele Arten von Rezeptoren, die empfindlich auf Berührung reagieren. Derartige Rezeptoren sind gut mit Sinneshärchen ausgestattet, die sowohl für Berührung wie für Schwingungen empfindlich sind. Oberflächlich liegende Berührungsrezeptoren liegen bei Wirbeltieren

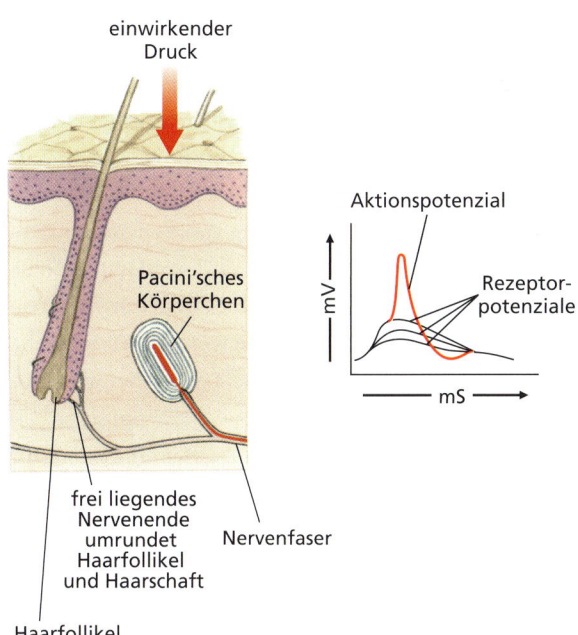

Abbildung 33.21: **Reaktion eines Pacini'schen Körperchens auf einwirkenden Druck.** Zunehmend stärker werdender Druck erzeugt höhere Rezeptorpotenziale. Wenn ein Schwellenwert der Erregung des Rezeptors erreicht ist, wird in einer afferenten (aufsteigenden) Nervenfaser ein Alles-oder-Nichts-Aktionspotenzial erzeugt.

über den ganzen Körper verstreut, zeigen aber eine Tendenz dazu, sich in solchen Bereichen zu konzentrieren, die von besonderer Bedeutung für die Erkundung und Deutung der Umwelt sind. Bei den meisten Vertebraten liegen diese Bereiche im Gesicht und an den Extremitäten. Von den mehr als eine halbe Million berührungsempfindlichen Punkten eines menschlichen Körpers finden sich die meisten auf der Zunge, den Lippen und den Fingerspitzen. Dies spiegelt sich in den ausgedehnten Bereichen der sensorischen Hirnrinde wieder, die Informationen aus diesen Regionen erhalten (Abbildung 33.15). Die einfachsten Berührungsrezeptoren sind freiliegende Nervenenden in der Haut, doch gibt es eine ganze Anzahl anderer Rezeptortypen unterschiedlicher Form und Größe. Jeder Haarfollikel ist eng von Rezeptoren umgeben, die empfindlich für Berührungen sind.

Schmerz

Schmerzrezeptoren sind relativ unspezialisierte Nervenfaserenden, die auf eine Vielzahl von Reizen reagieren, die eine mögliche oder tatsächliche Schädigung des Gewebes signalisieren. Diese freiliegenden Nervenenden reagieren auch auf andere Reize wie mechanische Einwirkungen (Stöße, Bisse usw.) und Temperaturänderungen (Kälte, Hitze). Die schmerzleitenden Fasern des Nervensystems reagieren auf Signalpeptide des Körpers wie die Substanz P und Bradykinin, die von verletzten Zellen freigesetzt werden. Dieser Reaktionstyp wird als langsamer Schmerz bezeichnet. Schnelle Schmerzreaktionen (zum Beispiel nach einem Stich oder durch Hitzeeinwirkung) sind direktere Reaktionen der Nervenenden auf mechanische oder thermische Reize. In jüngster Zeit hat man neben den bekannten Schmerzrezeptoren auch die Beteiligung ganzer Familien von Ionenkanälen bei der Schmerzrezeption erkannt und beschrieben (der aktuelle Stand der Forschung kann bei Julius und Basbaum[*] nachgelesen werden). Viele Mechanismen der Schmerztransduktion liegen aber weiterhin im Dunkeln und erfordern noch viel Forschungsarbeit.

Genauso wie Schmerzen ein Zeichen für Gefahr für den Körper sind, ist ein sensorischer Lustgewinn ein Anzeichen für die Einwirkung eines Reizes, der nützlich für den Körper ist. Das Gefühl der Lust ist abhängig vom inneren Zustand, in dem sich ein Tier befindet und wird relativ zur Homöostase und zu physiologischen Sollwerten eingeschätzt und bewertet. Lust wie Schmerz können durch die Freisetzung bestimmter, kurzkettiger Peptide, die Transmittereigenschaften im zentralen Nervensystem haben, ausgelöst werden. Diese Peptide werden als endogene Opioide bezeichnet. Drogen wie Alkohol, zahlreiche pflanzliche Alkaloide, gewisse Inhaltsstoffe von Pilzen usw. wirken auf die gleichen Rezeptoren ein wie die Lust erzeugenden endogenen Peptide. Sie sind unnatürliche Substrate für diese Rezeptoren. Ihre stimulatorische Wirkung auf diese Rezeptoren und die mit ihnen verbundenen Hirnzentren stellen einen inadäquaten Reiz im Sinne der Physiologie dar. Da ihre Wirkung entweder stärker ist oder länger anhält, und die Substanzen oft langsamer abgebaut werden oder keiner geeigneten Regulation durch die Regelkreise des Körpers unterliegen, sind sie mit der Gefahr der Suchtbildung verbunden.

Das Seitenliniensystem der Fische und Amphibien

Eine Seitenlinie ist ein über die Entfernung wirkendes Wahrnehmungssystem für „Berührungen" in Form von wellenförmigen Schwingungen und Strömungen im Wasser. Als **Neuromasten** bezeichnete Rezeptorzellen sind bei Amphibien und einigen wasserlebenden Amphibien auf der Körperoberfläche verteilt; bei den meisten Fischen liegen sie jedoch in Kanälen, die unterhalb der Epidermis verlaufen. Diese Kanäle öffnen sich in gewissen Abständen zur Oberfläche hin (▶ Abbildung 33.22). Jeder Neuromast ist eine Ansammlung aus **Haarzellen** mit sensorischen Enden oder Cilien, die in eine gelatinöse, keilförmige Masse, die **Cupula**, eingebettet sind. Die Cupula erstreckt sich in die Mitte des Seitenlinienkanals, so dass sie sich als Reaktion auf jede Erschütterung oder sonstige mechanische Störung des

---

> **Exkurs**
>
> Der Schmerz ist ein Warnsignal von Teilen des Körpers, das irgendeinen einwirkenden Schadreiz oder inneren Fehlzustand anzeigt. Obwohl es in der Hirnrinde kein Schmerzzentrum gibt, sind diskrete Bereiche im Hirnstamm lokalisiert worden, in denen Schmerzsignale aus der Peripherie ankommen. Diese Bereiche des Gehirns enthalten zwei Arten kurzer Oligopeptide – Endorphine und Enkephaline – die morphin- oder opiumähnliche Wirkungen entfalten. Wenn sie freigesetzt werden, binden sie an Opiatrezeptoren im Mittelhirn (diese Substanzen sind die *natürlichen* Substrate dieser Rezeptoren!). Sie sind körpereigene Antischmerzmittel (Analgetika), die zum Beispiel nach anhaltenden Belastungen (Marathonlauf, Ironman) freigesetzt werden.

---

[*] Julius, D. und Basbaum, A. L. (2001): Molecular mechanism of nociception. Nature, 413: 203–210.

33.4 Sinnesorgane

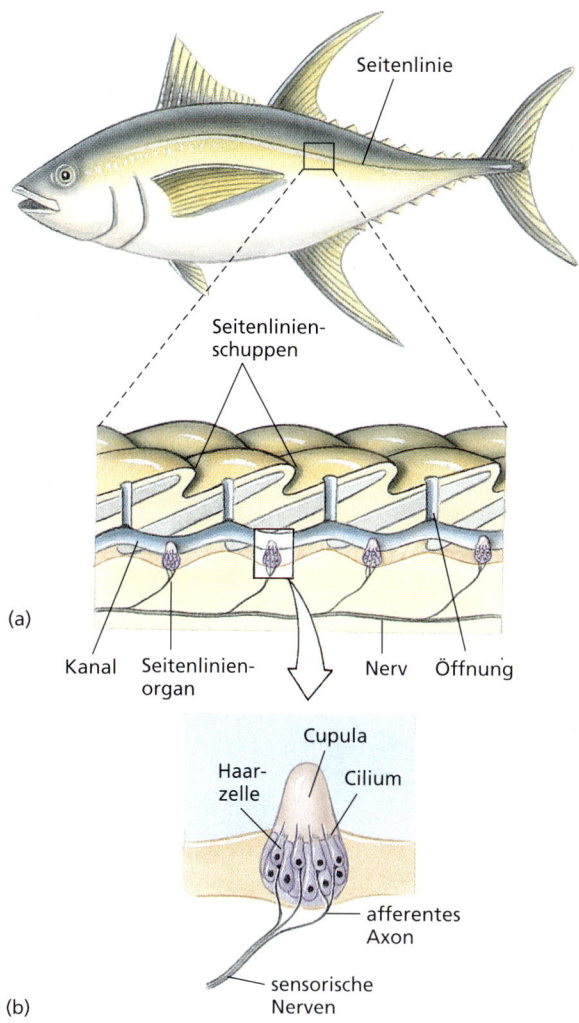

Abbildung 33.22: Das Seitenliniensystem. (a) Seitenlinie eines Knochenfisches mit freiliegenden sowie versteckten Neuromasten. (b) Aufbau eines Neuromasten (Seitenlinienorgan).

Wassers an der Körperoberfläche verbiegen kann. Das Seitenliniensystem ist eines der Hauptsinnessysteme, die Fische bei ihren Bewegungen im Wasser und der Lokalisierung von Räubern, Beute und Sozialpartnern leiten (siehe Abbildung 24.10).

Haarzellen bilden eine wichtige sensorische Komponente verschiedener Mechanorezeptoren, die sich sowohl bei Wirbellosen (Statozysten) wie bei Wirbeltieren (Bogengänge, Vestibularapparat) in Gleichgewichtsorganen finden. Mit diesen Sinnesorganen werden wir uns im folgenden Abschnitt befassen.

Hören

Ein Ohr ist ein spezialisierter Rezeptor für die Wahrnehmung von Schallwellen im umgebenden Medium (gemeinhin Luft oder Wasser, selten der Erdboden). Da die klangliche Kommunikation und die Klangwahrnehmung ein integraler Bestandteil des Lebens terrestrischer Vertebraten ist, überrascht es uns als Vertreter dieser Gruppe, dass die meisten Wirbellosen in einer stummen Welt leben. Lediglich ausgewählte Arthropoden-Gruppen – Crustaceen, Spinnen und Insekten – haben evolutiv echte Organe zur Geräuschwahrnehmung entwickelt. Selbst unter den Insekten ist der Besitz von Ohren auf die Gruppen der Springschrecken (Heupferdchen, Grashüpfer, Grillen usw.), Zikaden und Motten (nachtaktive Schmetterlinge) beschränkt, und diese Organe sind von einfachem Bau: ein Paar luftgefüllte Taschen, jeweils mit einem Trommelfell, das die Erschütterungen auf Sinneszellen überträgt. Ungeachtet ihrer spartanischen Ausstattung, sind die Ohren von Insekten sehr gut geeignet, die Geräusche eines potenziellen Paarungspartners, eines rivalisierenden Geschlechtsgenossen oder eines das Leben bedrohenden Raubfeindes wahrzunehmen.

Besonders interessant sind die Ultraschalldetektoren einiger nachtaktiver Falter. Diese haben sich evolviert,

Exkurs

Die Seitenlinie dient bei einigen Fischen noch zu einem anderen Zweck, nämlich der Wahrnehmung biogener elektrischer Felder (hervorgerufen durch die Herztätigkeit und die Aktivität von Muskeln) anderer Mitglieder derselben Art oder von Eindringlingen oder Beutetieren. Die Elektrorezeptoren (Sinneszellen, die empfindlich für elektrische Felder sind) liegen in Poren, die eng mit dem Seitenliniensystem vergesellschaftet sind. Bei einigen Fischgruppen wie den Haien sind sie in erster Linie im Kopfbereich konzentriert (Abbildung 24.10). Über die Wahrnehmung elektrischer Felder hinaus, sind einige Fische in der Lage, mit Hilfe elektrischer Organe selbst schwache bis starke elektrische Felder zu erzeugen. Die elektrogenen Organe sind modifizierte Muskeln, die in der Nähe des Schwanzes liegen. Beispiele für elektrische Fische sind die Süßwasser vorkommenden Zitteraale (Electrophorus electricus) Südamerikas und die afrikanischen Zitterwelse (Malapteruridae). Im Meer kommen Zitterrochen (Unterfamilie Torpedinidae) vor. Eindringlinge oder Beutetiere können wahrgenommen werden, weil ihre Anwesenheit und ihre Bewegungen zu Störungen (Deformationen) des elektrischen Feldes im Umkreis der Fische führen, die dieses Feld erzeugen. Potenzielle Paarungspartner werden von einigen Arten an den zwischen den Geschlechtern unterschiedlichen Frequenzen der Felder erkannt. Fische, die in der Lage sind, starke elektrische Felder zu erzeugen, können mit deren Hilfe Beutetiere sowohl ausfindig machen (zum Beispiel in trübem Wasser in der Nacht) als auch durch verabreichte Stromschläge lähmen (Zitteraale). Die im Meer lebenden Zitterrochen (Abbildung 24.13) besitzen keine Elektrorezeptoren und setzen die zu beiden Seiten des Kopfes angeordneten elektrischen Organe zur Lähmung von Beutetieren oder zur Abwehr von Angreifern ein.

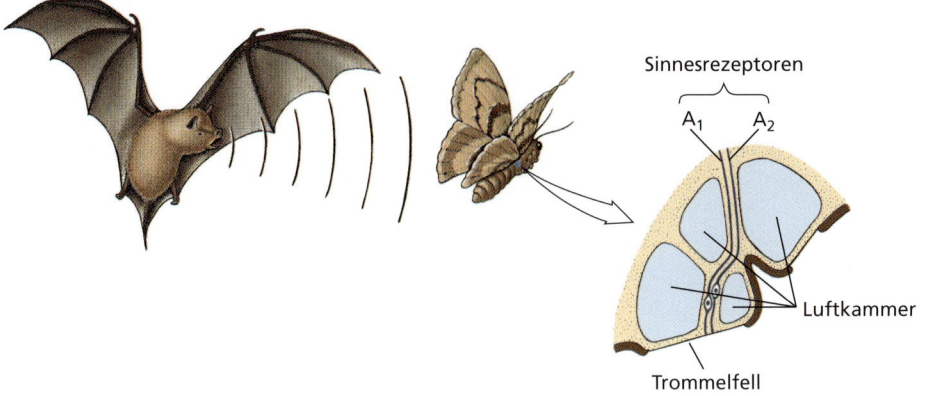

Abbildung 33.23: Sinnesrezeptoren bei nachtaktiven Faltern. Wie eine Motte ihre Ohren einsetzt, um eine herannahende Fledermaus zu erfassen.

weil sie einen hohen adaptiven Wert für die Tiere bei der Wahrnehmung herannahender Fledermäuse haben. Dadurch verringert sich das Risiko dieser Tiere, von den Fledermäusen gefressen zu werden (die Echoortung der Fledermäuse wird in Kapitel 28 beschrieben (siehe Abbildung 28.20). Jedes Ohr des Nachtfalters besitzt nur zwei Sinnesrezeptoren, die als A_1 und A_2 bezeichnet werden (▶ Abbildung 33.23). Der A_1-Rezeptor reagiert auf Ultraschallsignale einer Fledermaus, die noch zu weit entfernt ist, um die Motte wahrnehmen zu können. Wenn sich die Fledermaus nähert und ihre Ultraschallrufe lauter werden, feuert der Rezeptor im Ohr des Insekts schneller; dies informiert die Motte darüber, dass sich eine Fledermaus annähert. Da die Motte zwei Ohren besitzt, kann das Nervensystem die Position der Fledermaus durch Abgleich der Signalraten der beiden Ohren errechnen. Die Strategie der Motten besteht darin, wegzufliegen, bevor eine Fledermaus sie detektieren kann. Gelingt dies nicht und die Fledermaus kommt weiter näher, beginnt der zweite Rezeptor im Ohr des Falters (A_2), der nur auf Ultraschallsignale hoher Intensität reagiert, Impulse abzugeben. Als Reaktion auf die Aktivierung dieses Rezeptors reagiert die Motte augenblicklich mit einem Ausweichmanöver. Dies besteht für gewöhnlich darin, dass das Insekt steil nach unten in die Deckung von Pflanzen oder zur Erde fliegt. Dort ist es sicher, weil die Fledermaus es vor dem Hintergrund anderer fester Gegenstände nicht mehr ausmachen kann.

Das Ohr der Wirbeltiere leitet sich evolutiv von einem Gleichgewichtsorgan, dem **Labyrinth**, her. Bei allen kiefertragenden Wirbeltieren von den Fischen bis zu den Säugetieren und Vögeln besitzt das Labyrinth einen

> **Exkurs**
>
> Der Ursprung der drei winzigen Gehörknöchelchen des Mittelohrs – Hammer, Amboss und Steigbügel – stellt einen der außergewöhnlichsten und am besten belegten Übergänge in der Evolution der Wirbeltiere dar. Amphibien, Reptilien und Vögel besitzen einen einzelnen, stabförmigen Gehörknochen, den Steigbügel (Stapes, auch als Columella bezeichnet), der bei den Fischen als Stützknochen des Kiefers (Hyomandibulare) vorkommt (siehe Abbildung 23.16). Mit der Evolution der frühesten Tetrapoden wurde der Hirnschädel fest mit dem Gesichtsschädel verbunden. Das Hyomandibulare wurde, da es zur Versteifung der Kiefer nicht länger erforderlich war, im Verlauf dieser evolutiven Entwicklung zum Steigbügelknochen des Hörapparates. In ähnlicher Weise nahmen die beiden verbleibenden Gehörknöchelchen, der Hammer und der Amboss, ihren Ursprung in Teilen der Kiefer früherer Vertebraten. Das Os quadrate des Oberkiefers der Reptilien wurde zum Amboss (Incus). Das Os articulare des Unterkiefers wurde zum Hammer (Malleus). Die Homologie der reptilischen Kieferknochen mit den Gehörknochen der Säugetiere ist in der Fossilgeschichte klar belegt und lässt sich in der Embryonalentwicklung der Säugetiere nachvollziehen.

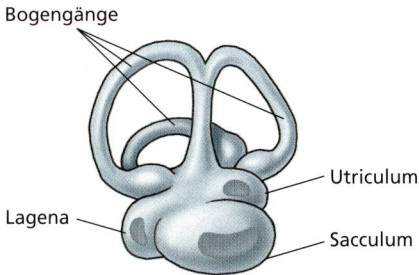

Abbildung 33.24: Vestibular-Apparat eines Teleostiers. Zu sehen sind die drei Bogengänge, die auf Beschleunigungen in den drei Raumrichtungen reagieren. Daneben finden sich zwei weitere Gleichgewichtsorgane (Utriculum und Sacculum), die Statorezeptoren sind und dem Fisch seine Lage im Wasser (relativ zum einwirkenden Schwerkraftvektor) anzeigen. Schließlich enthält der Organkomplex eine kleine Kammer, die Lagena, die auf die Wahrnehmung von Geräuschen spezialisiert ist.

33.4 Sinnesorgane

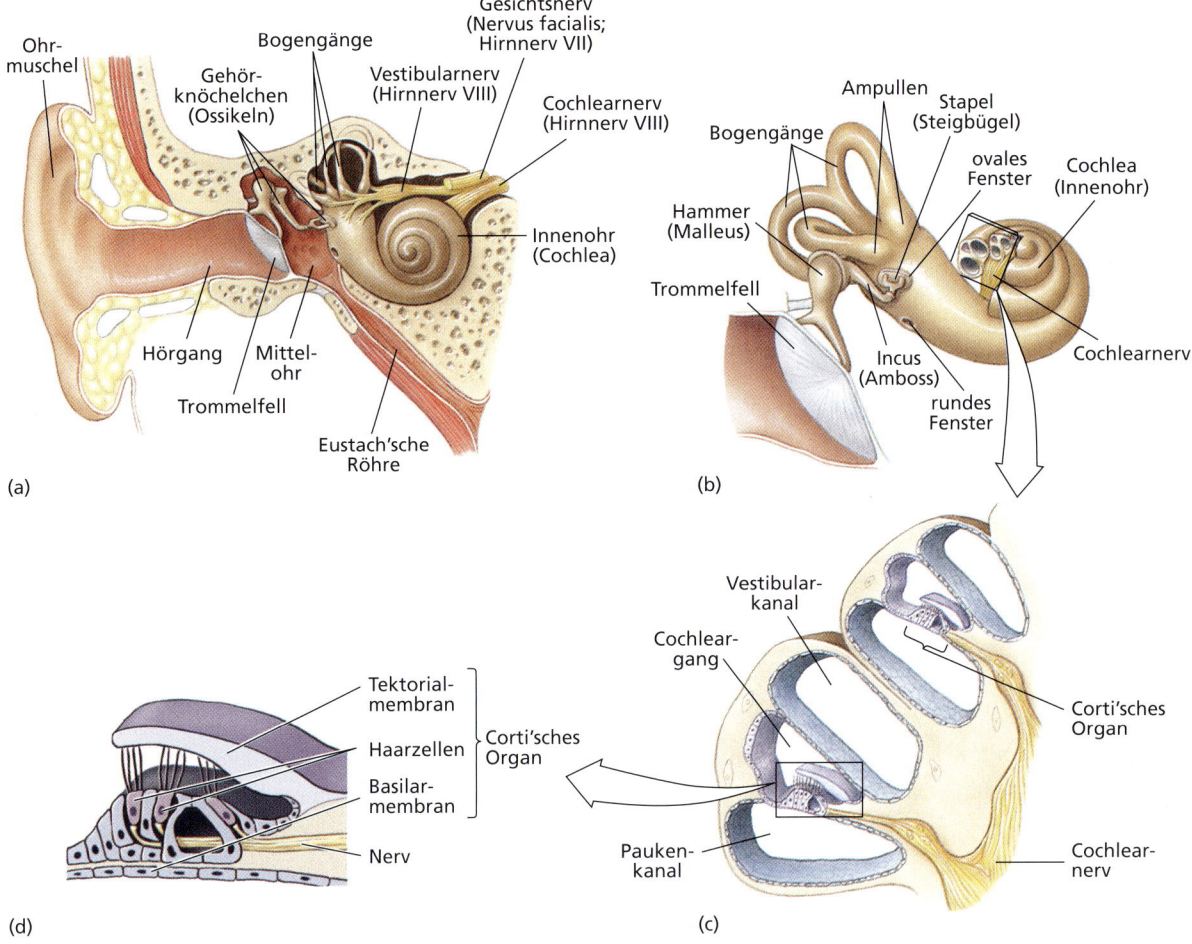

Abbildung 33.25: **Das menschliche Ohr.** (a) Längsschnitt durch das Außen-, Mittel- und Innenohr. (b) Vergrößerte Darstellung des Mittel- und des Innenohr. (c) Vergrößerter Querschnitt durch die Cochlea mit Darstellung des Corti'schen Organs. (d) Detaildarstellung des mikroskopischen Aufbaus des Corti'schen Organs.

ähnlichen Bau aus zwei kleinen Kammern, die **Sacculum** und **Utriculum** heißen. Dazu kommen die drei **Bogengänge** (▶ Abbildung 33.24). Bei Fischen ist die Basis des Sacculums zu einer kleinen Tasche, der **Lagena**, erweitert, die sich im Verlauf der Evolution der Vertebraten zum Schallrezeptor der Tetrapoden entwickelt hat. Durch fortgesetzte Verfeinerung im Bau und Streckung in der Form ist die fingerartige Lagena bei den Vögeln und zur **Cochlea** (**Hörschnecke**) bei den Säugetieren umgebildet worden.

Das menschliche Ohr (▶ Abbildung 33.25) steht stellvertretend für die Ohren der Säugetiere. Das äußere Ohr (Auris externa) dient als Schalltrichter und fängt die Schallwellen ein. Sie werden durch den **Gehörgang** (Meatus acusticus externus et internus) zum Trommelfell (Membrana tympani) geleitet. Das Trommelfell bildet den Übergang zum Mittelohr. Das Mittelohr (Auris media) ist eine luftgefüllte Kammer, die drei miteinander verbundene Mikroknochen (**Gehörknöchelchen**) ent-

hält. Diese sind der **Hammer** (**Malleus**), der **Amboss** (**Incus**) und der **Steigbügel** (**Stapes**). Diese Knochen leiten Schallwellen (Luftschwingungen) durch das Mittelohr (Abbildung 33.25b). Die Knochenbrücke ist so angeordnet, dass die Kraft, mit der Schallwellen auf das Trommelfell drücken, an der Stelle, an der der Steigbügel dem **ovalen Fenster** des Innenohrs anliegt, um das Neunzigfache verstärkt werden. Am Mittelohr ansetzende Muskeln ziehen sich zusammen, wenn sehr laute Geräusche in das Ohr dringen, was dem Innenohr einen gewissen Schutz vor Schädigung durch Überreizung verleiht. Das Mittelohr ist über die Eustachischen Röhren mit dem Rachenraum verbunden. Die **Eustachischen Röhren** erlauben einen Druckausgleich der Lufträume auf beiden Seiten des Trommelfells (Mittelohrraum und Außenwelt).

Im Innenohr (Arius interna) liegt das eigentliche Hörorgan, die **Hörschnecke** (**Cochlea**; lat. *cochlea*, Schneckenhaus). Bei den Säugetieren ist sie aufgerollt. Beim Menschen weist sie zweieinhalb Windungen auf (Ab-

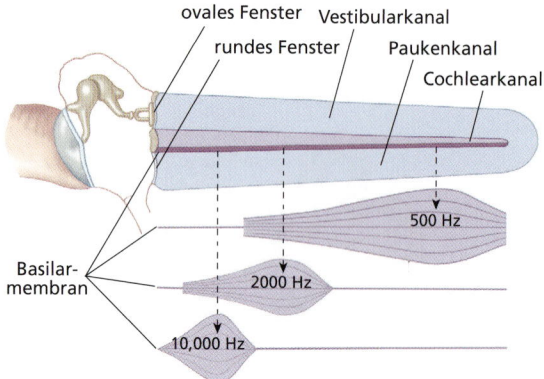

Abbildung 33.26: Frequenzabbildung in der Cochlea des Säugetierohres in einer hypothetischen ausgestreckten Form des Organs. Die vom ovalen Fenster übermittelten Schallwellen wandern die Basilarmembran entlang. Hochfrequente Schwingungen versetzen die Basilarmembran nahe dem ovalen Fenster in Schwingung. Niederfrequentere Töne wandern weiter durch die Hörschnecke und erregen die Basilarmembran an weiter entfernten Punkten.

bildung 33.25 b). Die Cochlea ist in Längsrichtung in drei röhrenförmige Kanäle untergliedert, die parallel zueinander verlaufen. Diese anatomischen Beziehungen sind aus ▶ Abbildung 33.26 ersichtlich. Diese Kanäle verjüngen sich von der Basis zum Apex (= Spitze) der Cochlea zunehmend. Einer dieser Kanäle wird als **Vestibularkanal** (Scala vestibuli) bezeichnet; seine Basis wird vom **ovalen Fenster** (Fenestra vestibuli = Fenestra ovalis) verschlossen. Der **Paukenkanal** (Scala tympani) steht an der Spitze der Hörschnecke (Apex) mit dem Vestibularkanal in Verbindung. An seiner Basis liegt als Verschluss das **runde Fenster** (Helicotrema). Zwischen diesen beiden Kanälen erstreckt sich der Schneckengang (Ductus cochlearis = Scala media), der das Corti'sche Organ enthält, welches den eigentlichen Sinnesapparat des Gehörs darstellt (Abbildung 33.25 c und d). Innerhalb des Corti'schen Organs verlaufen Reihen feiner Haarzellen von der Basis der Länge nach zur Spitze des Organs. In einem menschlichen Ohr finden sich mindestens 24.000 solcher **Haarzellen**. Die 80 bis 100 auf jeder dieser Zelle vorhandenen „Sinneshärchen" sind tatsächlich Mikrovilli sowie ein einzelnes, großes Cilium (siehe hierzu die Kapitel 3 und 29). Sie ragen in die Endolymphe des Schneckenganges. Jede Haarzelle ist mit Neuronen des Hörnervs verbunden. Die Haarzellen liegen der **Basilarmembran** auf, die den Paukengang vom Schneckengang trennt, und sie sind von der **Tektorialmembran** (= Reißner'sche Membran), die unmittelbar über ihnen liegt, überdeckt (Abbildung 33.25 d).

Trifft eine Schallwelle auf das Ohr, wird deren Energie über die Gehörknöchelchen des Mittelohrs auf das ovale Fenster übertragen, das vor und zurück schwingt. Dadurch versetzt es die Flüssigkeit im Inneren des Vestibular- und des Paukenganges in Bewegung. Da diese Flüssigkeiten nicht komprimierbar sind, erzeugt die einwärts laufende, vom ovalen Fenster ausgehende Welle eine korrespondierende auswärts laufende Welle, die eine gegenläufige Auslenkung am runden Fenster erzeugt. Die Oszillationen der Flüssigkeit führen außerdem dazu, dass gleichzeitig die Basilarmembran mit ihren Haarzellen in Schwingungen versetzt wird.

Nach der **Ortshypothese der Tonhöhenunterscheidung** von G. Bekesy reagieren unterschiedliche Stellen der Basilarmembran auf unterschiedliche Frequenzen (= Tonhöhen). Für jede Tonhöhe gibt es einen spezifischen Ort auf der Basilarmembran, an dem die Haarzellen auf Schwingungen dieser Frequenz ansprechen (Abbildung 33.26).

Die anfängliche Auslenkung der Basilarmembran nimmt ihren Ausgang in einer Welle, welche die Membran entlangläuft, ähnlich einem an einem Ende fixierten Seil, das vom anderen Ende her von oben nach unten bewegt wird (▶ Abbildung 33.27). Die Auslenkungswelle nimmt an Amplitude zu, während sie vom ovalen Fenster aus in Richtung Apex (Scheitelpunkt) der Hörschnecke läuft. Die Amplitude erreicht ihr Maximum dort, wo die Eigenfrequenz der Membran der Frequenz der durchlaufenden Schallwelle entspricht (Resonanzbedingung). An dieser Stelle schwingt die Membran mit derartiger Leichtigkeit, dass die Energie der durchlaufenden Welle vollständig abgegeben wird. Die Haarzellen des Corti'schen Organs werden in diesem Bereich gereizt und zur Auslösung eines Aktionspotenzials ver-

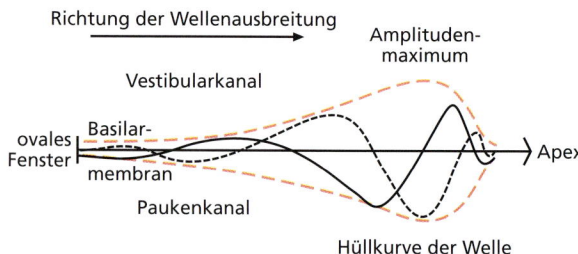

Abbildung 33.27: **An der Basilarmembran entlangwandernde Wellen.** Das ovale Fenster befindet sich auf der linken Seite, der Apex der Cochlea auf der rechten. Die beiden Wellenzüge (durchgehende bzw. gestrichelte Linie) durchlaufen das Organ zeitlich verzögert. Die farblich abgehobene Kurve verdeutlicht die extreme Auslenkung der Membran durch durchlaufende Schallwellen, die ihre maximale Amplitude dort erreichen, wo die Frequenz der Eigenschwingung der Basilarmembran der Frequenz der Schallwelle entspricht (Resonanzbedingung). An diesen Stellen der Basilarmembran werden die Haarzellen im Corti'schen Organ stimuliert.

anlasst, das über die Axone des Hörnerven (Nervus acusticus) fortgeleitet wird. Man konnte zeigen, dass isolierte Haarzellen auf einen begrenzten Frequenzebereich ansprechen, die von ihrem ursprünglichen Standort in der Cochlea abhängig waren. Die erzeugten Aktionspotenziale werden von den jeweiligen Axonen fortgeleitet, die zu bestimmten Haarzellen gehören und werden daher im Hörzentrum des Gehirns als Töne spezifizierter Tonhöhe wahrgenommen (interpretiert). Die **Lautstärke** einer Lautwahrnehmung hängt von der Zahl der Haarzellen ab, die gleichzeitig erregt werden. Die **Klangfarbe** des wahrgenommenen Geräusches hängt von der Verteilung (dem Muster) der gleichzeitig erregten Haarzellen einer multifrequenten Schallwelle ab. Letzteres Merkmal erlaubt die Unterscheidung menschlicher Stimmen, musikalischer Instrumente, und so weiter, obgleich die Tonhöhen und die Lautstärke gleich sein können.

Der Großteil der jüngeren Forschungen zur Gehörphysiologie hat sich auf die Rolle der Haarzellen im Corti'schen Organ konzentriert. Die Experimente konnten zeigen, dass die äußeren Haarzellen auf Schallwellen reagieren, indem sie ihre Länge verändern und so auf mechanischem Wege die Stellung bzw. den Abstand von Basilar- und Tektorialmembran verändern. Obwohl eine biologische Funktion dieser Bewegungen in vivo noch nicht nachgewiesen werden konnte, wurde die Hypothese vorgebracht, dass diese aktive Reaktion dieser Sinneszellen im Corti'schen Organ die Empfindlichkeit wie die Selektivität des Hörsinns steigern könnte. Die aktuellen Ergebnisse der Forschung werden in dem sehr anschaulichen Übersichtsartikel von Gillespie und Walker[*] beschrieben.

Der Gleichgewichtssinn

Bei Wirbellosen liegen spezialisierte Sinnesorgane für die Wahrnehmung der Schwerkraftwirkung und niederfrequenter Schwingungen oft in Form von Statozysten vor. Jede dieser Strukturen ist ein einfacher, mit Haarzellen ausgekleideter Sack, der ein schweres kalkiges Gebilde, den **Statolithen** (gr. *statikos*, Stillstand + *lithos*, Stein), enthält (▶ Abbildung 33.28). Die zarten, haarartigen Filamente der Sinneszellen werden durch eine Verlagerung des Statolithen („Schwerestein") ausgelenkt und somit aktiviert, wenn das Tier seine Lage relativ zum Schwerkraftvektor verändert. Statozysten (gr. *statos* = ruhend, stillstehend, *kystein* = Blase) finden sich

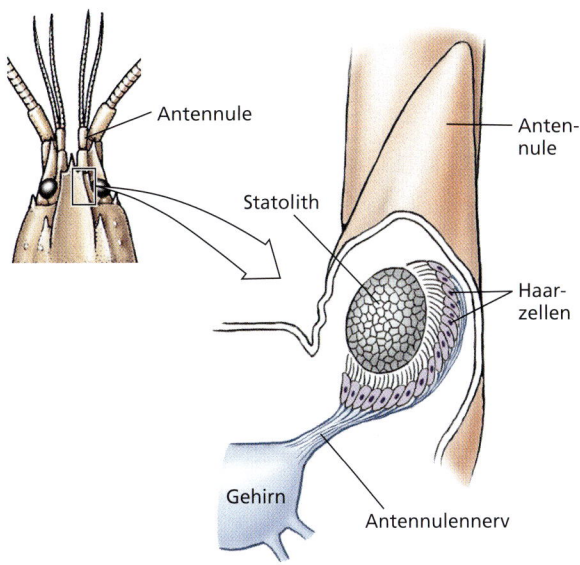

Abbildung 33.28: **Statolithen einer Languste.** Ein Beispiel für ein Gleichgewichtsorgan bei wirbellosen Tieren.

bei vielen Stämmen der Wirbellosen, von den Radiaten bis zu den Arthropoden. Alle sind nach dem gleichen grundlegenden Prinzip aufgebaut.

Das Gleichgewichtsorgan der Wirbeltiere ist das **Labyrinth** (= **Vestibularorgan**). Es besteht aus zwei kleinen Kammern (**Sacculum und Utriculum**) plus den drei **Bogengängen** (Abbildung 33.25 b). Utriculum und Sacculum sind statische Gleichgewichtsorgane, die wie die Statozysten der Invertebraten Informationen über die Lage des Kopfes oder Körpers relativ zum Vektor des Schwerefeldes liefern (der Ausfall dieser Sinnesinformation in der Schwerelosigkeit des Weltraums führt leicht zu anhaltender Übelkeit). Wird der Kopf in die eine oder andere Richtung geneigt, drücken winzige Steinchen („Gehörsand") auf unterschiedliche Gruppen von Haarzellen. Die so gereizten Haarzellen schicken nervöse Aktionspotenziale an das Gehirn, das diese Impulse als Lageinformationen des Kopfes interpretiert.

Die **Bogengänge** der Vertebraten sind dafür ausgelegt, **Rotationsbeschleunigungen** wahrzunehmen. Daher sind sie für lineare Beschleunigungen verhältnismäßig unempfindlich. Die drei Bogengänge stehen rechtwinklig aufeinander – einer für jede Rotationsachse bzw. Raumrichtung. Sie sind mit Flüssigkeit (Endolymphe) gefüllt, und innerhalb jedes Bogenganges gibt es einen verdickten Bereich, die **Ampulle**, der die Haarzellen enthält. Die Haarzellen sind in eine gelatinöse Membran, die Cupula, eingebettet, die sich in die Flüssigkeit erstreckt. Die Cupula ist in ihrem Aufbau der Cupula des Seitenliniensystems der Fische (siehe oben) ähnlich. Wird der Kopf

---

[*] Gillespie, P.G. und Walker, R.G. (2001): Molecular basis of mechanosensory transduction. Nature, 413: 194–202.

33 Nervöse Steuerung

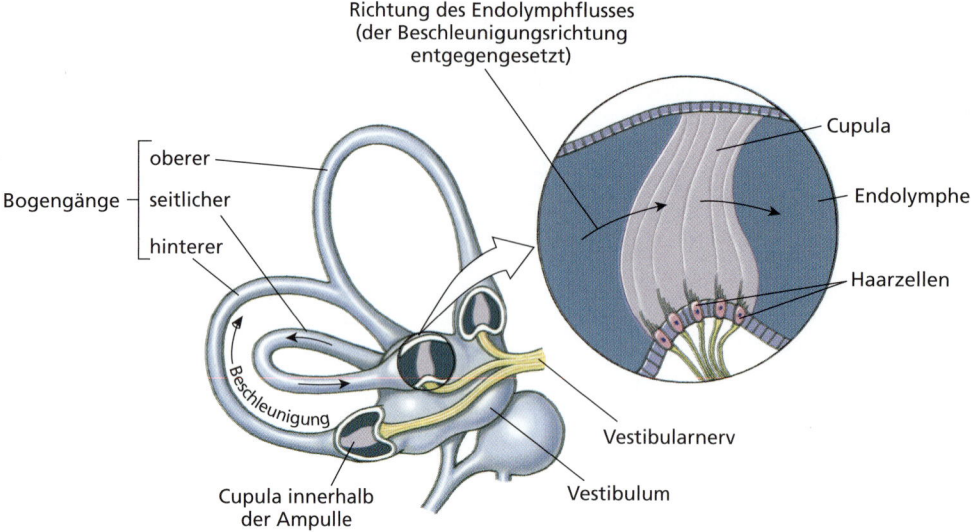

Abbildung 33.29: Die Reaktion der Bogengänge auf Winkelbeschleunigungen. Aufgrund der Massenträgheit bewegt sich die Endolymphe in dem Bogengang, der in der Bewegungsebene liegt, über die Cupula in die Richtung, die der Bewegungsrichtung des Kopfes als Ganzes entgegen gerichtet ist. Die Beschleunigung der Cupula reizt die Haarzellen.

gedreht, neigt die Flüssigkeit im Inneren der Bogengänge zunächst dazu, die Bewegung des Kopfes nicht mitzumachen (Massenträgheit). Da die Cupula festgeheftet ist, wird ihr freies Ende in die der Rotationsrichtung entgegengesetzte Richtung gezogen (beschleunigt; ▶ Abbildung 33.29). Eine Verbiegung der Cupula zieht eine Auslenkung der in sie eingebetteten Haarzellen nach sich, wodurch diese erregt werden. Diese Stimulation führt zur Erhöhung der Entladungsrate angeschlossener afferenter Nervenfasern, die von der Ampulle zum Gehirn führen. Diese gesteigerte Entladungsrate ruft die Sinneswahrnehmung einer Drehbewegung hervor. Da die drei Bogengänge in den beiden Ohren in unterschiedlichen Ebenen liegen, führt jede Beschleunigung in eine beliebige Richtung zur Reizung wenigstens einer der Ampullen.

33.4.4 Photorezeption: Das Sehen

Lichtempfindliche Sinneszellen werden als **Photorezeptoren** bezeichnet. Das Spektrum dieses Rezeptortyps reicht von einfachen lichtempfindlichen Zellen, die bei vielen Wirbellosen regellos über den Körper verstreut sind (dermaler Lichtsinn), bis zu den außerordentlich hoch entwickelten Linsenaugen vom Kameratyp bei den Vertebraten und den Cephalopoden. Augenflecke mit erstaunlich fortgeschrittenem Organisationsgrad finden sich sogar bei einigen einzelligen Eukaryonten. Der Augenfleck des Dinoflagellaten *Nematodinium* trägt sogar eine Linse, ist mit einer lichtbündelnden Kammer ausgestattet und verfügt über einen Pigmentbecher zur eigentlichen Lichtwahrnehmung. Dies alles hat sich innerhalb eines winzigen, einzelligen Lebewesens entwickelt (▶ Abbildung 33.30). Die dermalen Photorezeptoren vieler Invertebraten sind von viel einfacherem Bau. Sie sind viel weniger empfindlich als optische Rezeptoren, aber sie sind von Wichtigkeit für die lokomotorische Orientierung des Tieres, die Pigmentverteilung in Chromatophoren, die photoperiodische Angleichung von Fortpflanzungszyklen sowie weiterer Verhaltensänderungen.

Augen mit einem höheren Organisationsgrad, von denen viele mit einer ausgezeichneten Fähigkeit zur Erzeugung von Abbildern ausgestattet sind, gründen sich auf zwei verschiedene Bauprinzipien: Entweder

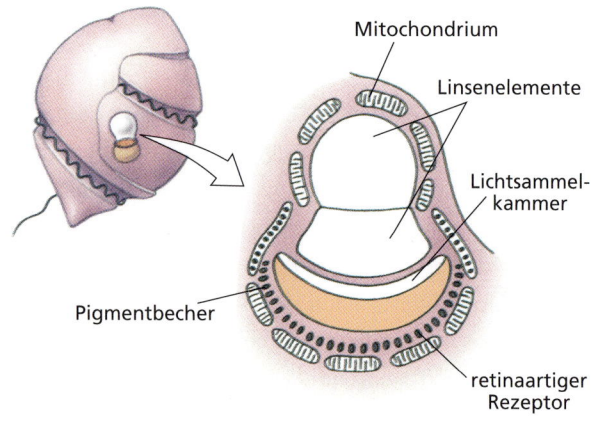

Abbildung 33.30: Augenflecke. Augenfleck des Dinoflagellaten *Nematodinium*.

33.4 Sinnesorgane

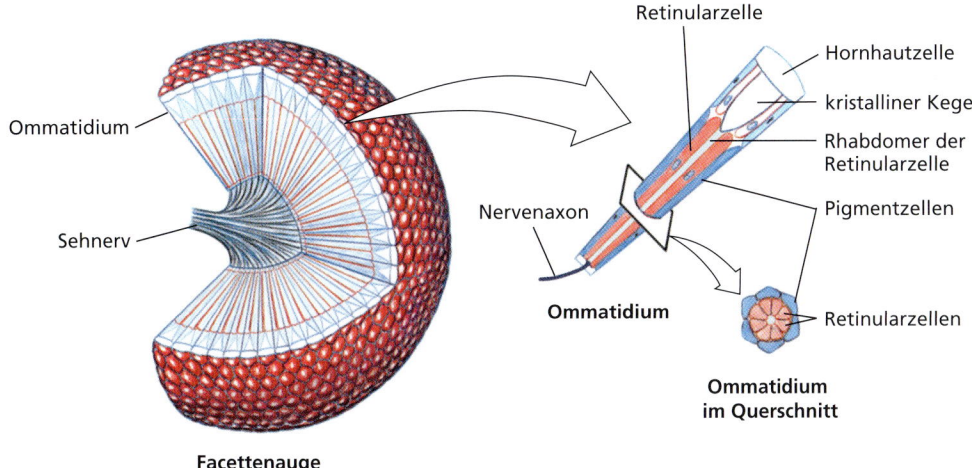

Abbildung 33.31: Facettenauge eines Insekts. Rechts ist der Aufbau eines einzelnen, isolierten Ommatidiums dargestellt.

handelt es sich um einlinsige Augen vom Kameratyp, wie er bei den Cephalopoden (Kopffüßler; siehe Kapitel 16) und den Vertebraten (siehe Kapitel 23 ff.) realisiert ist, oder um Facettenaugen wie im Fall der Arthropoden (Gliederfüßler; Kapitel 18 bis 20). Die **Facettenaugen** der Arthropoden setzen sich aus vielen, unabhängigen visuellen Einheiten zusammen, die Ommatidien heißen (▶ Abbildung 33.31). Licht dringt durch die Hornhautlinsen der einzelnen Ommatidien ein und wird vom Sehpigment im Rhabdomer der Retinularzellen absorbiert. Diese Sinneszellen depolarisieren auf den Lichtreiz hin und erzeugen in den Axonen, welche die Ommatidien verlassen, Aktionspotenziale. Die Augen von Bienen enthalten ungefähr 15.000 dieser Einheiten, von denen eine jede einen winzigen Ausschnitt des Gesichtsfeldes wahrnimmt. Derartige Augen bilden aus den getrennten Einheiten ein Mosaikbild variierender Helligkeit. Das Auflösungsvermögen dieses Augentyps ist im Vergleich zum Vertebratenauge gering. Eine Fruchtfliege muss beispielsweise in einem Abstand von weniger als 3 cm vor einer anderen Fruchtfliege sitzen, um diese als mehr als einen Punkt oder Fleck wahrzunehmen. Facettenaugen sind aber besonders gut dazu geeignet, Bewegungen wahrzunehmen, wie jedermann weiß, der je versucht hat, eine Fliege zu fangen.

Die Augen bestimmter Anneliden (Kapitel 17), Mollusken (Kapitel 16) sowie die sämtlicher Wirbeltiere (Kapitel 23 ff.) sind ähnlich wie eine Kamera gebaut (eigentlich sollte man korrekter sagen, dass eine Kamera nach dem Modell eines Wirbeltierauges gebaut ist). Ein **Kameraauge** enthält eine gegen Lichteinfall abgeschirmte Kammer und ein Linsensystem, durch das Licht einfällt und welches das Licht auf die Ebene einer lichtempfindlichen Zellschicht (Netzhaut = Retina) an der Rückseite des Auges projiziert und fokussiert (▶ Abbildung 33.32).

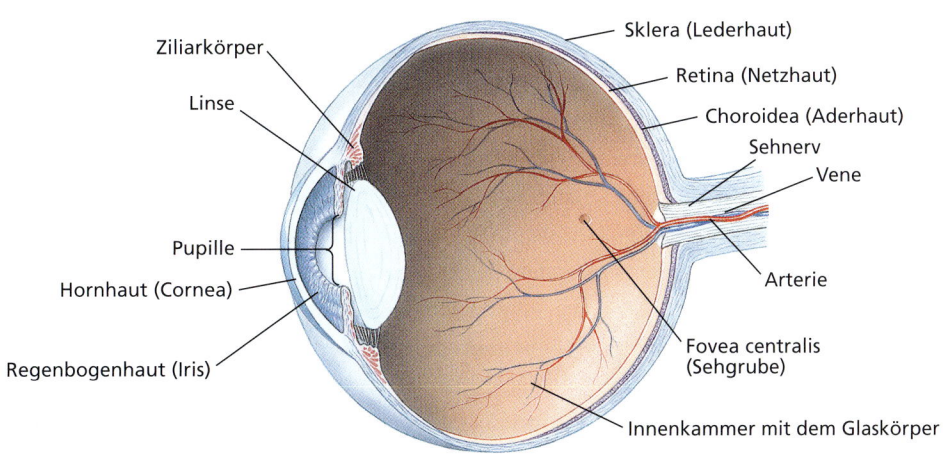

Abbildung 33.32: Das menschliche Auge. Querschnitt.

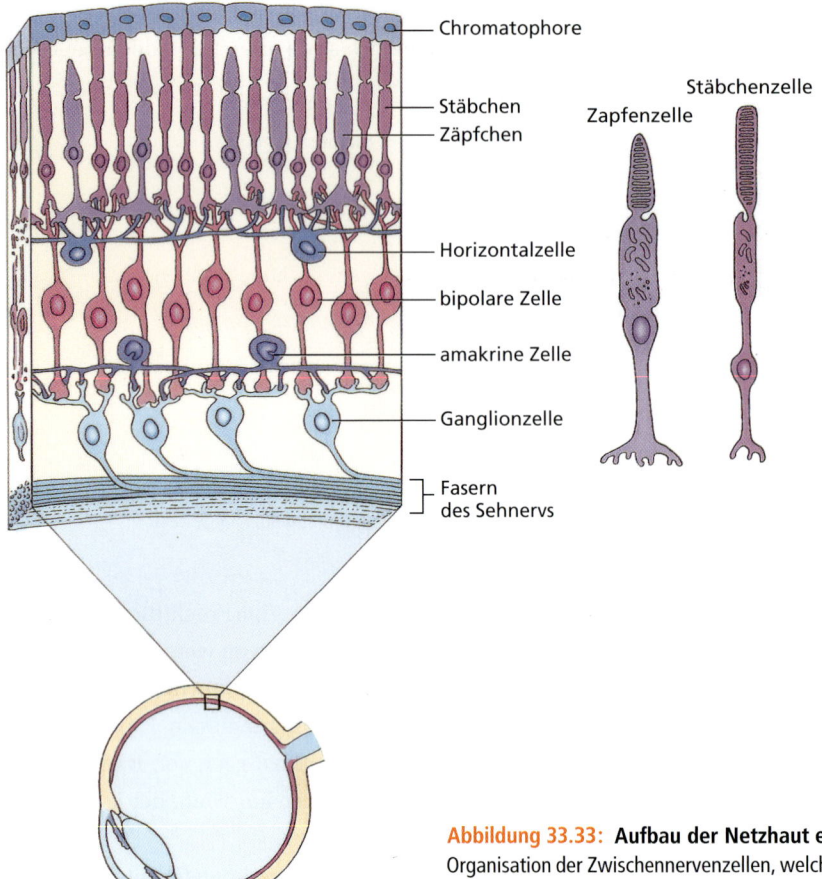

Abbildung 33.33: Aufbau der Netzhaut eines Primaten. Dargestellt ist die zelluläre Organisation der Zwischennervenzellen, welche die Photorezeptorzellen mit den Ganglienzellen des Sehnervs (Nervus opticus) verbinden.

Der kugelförmige **Augapfel** besteht aus drei Schichten: (1) einer außenliegenden, widerstandfähigen, weißen **Lederhaut** (**Sclera**), die der Formgebung und als Schutzmantel dient, (2) der mittig liegenden **Aderhaut** (**Chorioidea**), in der die Blutgefäße für die Nährstoffversorgung liegen, und (3) die innenliegende, lichtempfindliche **Netzhaut** (**Retina**) (Abbildung 33.32). Die Hornhaut (Cornea) ist ein durchsichtiger Bereich der äußeren Augenhaut an der Vorderseite des Augapfels; wie die Lederhaut ist sie ein Teil der Tunica externa bulbi (äußere Augenhaut). Ein ringförmiger, pigmentierter Vorhang, die **Regenbogenhaut** (**Iris**), reguliert die Größe der Lichteinfallsöffnung (**Pupille**) des Auges. Die Iris ist wie die Aderhaut Teil der mittleren Augenhaut (Tunica media bulbi). Unmittelbar hinter der Iris liegt die **Augenlinse** (**Lens**) – eine durchsichtige, elastische, ovale Scheibe, welche die durch die Hornhaut einfallenden Lichtstrahlen beugt, um auf der Netzhaut ein scharfes Abbild zu erzeugen. **Ziliarmuskeln**, die an der Linse ansetzen und diese umgeben, können durch Zug den Linsenkörper verformen und so die Brechkraft der Linse beeinflussen. Die Gesamtheit der Ziliarmuskeln wird als **Ziliarkörper** oder Ziliarapparat (**Corpus ciliare**) bezeichnet; er ist Teil der mittleren Augenhaut. Durch die Verformung der Augenlinse lassen sich Objekte, die sich in unterschiedlichen Abständen zum Augenhintergrund befinden, scharf abbilden. Bei den landlebenden Vertebraten wird der größere Anteil der Lichtbrechung tatsächlich von der Hornhaut zustande gebracht; die Augenlinse dient in erster Linie der Fokussierung auf nahe gelegene oder weiter entfernte Objekte. Zwischen Hornhaut (Cornea) und Linse liegt die **vordere Augenkammer** (Camera anterior bulbi), die mit Kammerwasser (Humor aquosus) angefüllt ist. Zwischen der Linse und der Netzhaut liegt die weitaus größere **hintere Augenkammer**, die mit dem viskosen **Glaskörper** (**Corpus vitreum**) angefüllt ist.

Die **Netzhaut** (**Retina**) besteht aus mehreren Zellschichten (▶ Abbildung 33.33). Die am weitesten außen liegende Schicht (also die, die der Sclera am nächsten ist) besteht aus Pigmentzellen (= Chromatophoren). In Nachbarschaft zu dieser Schicht liegen die Photorezeptoren (**Stäbchenzellen** und **Zapfenzellen**, kurz Stäbchen und Zäpfchen). In jedem menschlichen Auge finden sich rund 125 Millionen Stäbchenzellen und etwa eine Million Zapfenzellen. Die Zäpfchen sind in erster Linie für das Farbensehen bei ausreichend starkem Lichteinfall

> **Exkurs**
>
> Einer von vielen verblüffenden Aspekten des Wirbeltierauges ist seine Fähigkeit, die enorme Bandbreite an Lichtintensitäten, denen sich ein Tier zu verschiedenen Zeiten ausgesetzt sieht, in ein schmales Band von Reizstärken umzuwandeln (zu komprimieren), die der Sehnerv aufnehmen und weiterleiten kann. Der Unterschied in der Beleuchtungsstärke zwischen dem Mittag eines sonnigen Tages und einem nächtlichen Sternenhimmel kann mehr als zehn Milliarden zu eins (10^{10}:1) betragen! Bei hoher Lichtstärke erreichen die Stäbchen rasch ihren Sättigungswert (maximale Photonenzahl, die detektiert werden kann), die Zäpfchen hingegen nicht. Sie verschieben ihren Arbeitsbereich, so dass über einen breiten Bereich von Beleuchtungssituationen eine Abbildung mit hohem Kontrast erreicht wird. Diese Verschiebung wird durch komplexe Wechselwirkungen im Netzwerk der Nervenzellen erreicht, die zwischen den Zäpfchen und den Ganglienzellen liegen, welche die zum Gehirn abgehenden Sehreize erzeugen.

zuständig, die Stäbchen für das Schwarzweißsehen bei schwachem Licht. Die nächste Zellschicht besteht aus einem Netzwerk von **intermediären Neuronen** (**Zwischennervenzellen**; bipolare, horizontale und amakrine Zellen). Diese verarbeiten die primäre visuelle Information und leiten sie von den Lichtsinneszellen zu Ganglienzellen weiter, deren Axone in der Summe den **Sehnerv** (**Nervus opticus**) ausmachen. Das Nervenzellnetzwerk ist eine Ebene der Signalzusammenführung (Konvergenz), besonders für die Stäbchenzellen. Informationen (Sinnesreize) mehrerer hundert Stäbchen können so in einer einzigen Ganglienzelle zusammenlaufen – eine Anpassung, welche die Wirksamkeit der Stäbchenzellen für die Wahrnehmung schwacher Lichteinfälle bei Dunkelheit stark erhöht. Durch die Koordinierung der Aktivitäten der verschiedenen Ganglienzellen und einer Adjustierung der Empfindlichkeit der Bipolarzellen verbessern die horizontalen und die amakrinen Zellen den Gesamtkontrast und die -qualität des Abbildes (= Seheindrucks).

Die in der Mitte des gelben Fleckes (Macula lutea) gelegene **Fovea centralis** (**Sehgrube**) ist der Bereich der größten Sehschärfe. Die Sehgrube liegt in der Mitte der Netzhaut (Abbildung 33.32), also in einer Linie mit der Mitte der Augenlinse und der Hornhaut (Sehachse). In der Sehgrube finden sich nur Zäpfchen, eine Spezialisierung der Vertebraten an das Tagsehen. Die **Sehschärfe**, zu der ein Tier befähigt ist, hängt von der Dichte der Zapfenzellen in der Fovea centralis ab. Die Fovea eines Menschen oder eines Löwen enthalten jeweils ungefähr 150.000 Zäpfchen pro Quadratmillimeter ($1,5 \times 10^5/mm^2$). Viele Vogelarten erreichen jedoch Zelldichten von bis zu einer Million Zäpfen pro Quadratmillimeter. Die Augen dieser Vögel sind so gut wie unsere, wenn wir ein Fernglas mit achtfacher Vergrößerung und gutem Auflösungsvermögen benutzen.

In den Randbereichen der Retina finden sich ausschließlich Stäbchenzellen. Die Stäbchen sind die hochempfindlichen Rezeptoren für Schwachlicht. Bei Nacht ist die mit Zäpfchen angefüllte Fovea inaktiv, und wir werden funktionell farbenblind („Bei Nacht sind alle Katzen grau."). In der Dämmerung oder bei Nacht liegt der Bereich der größten Sehschärfe nicht in der Mitte der Fovea centralis, sondern an ihrem Rand. In tiefer Dunkelheit ist es daher leichter, ein Objekt wie einen Stern am Nachthimmel scharf zu sehen, wenn man geringfügig an ihm „vorbeischaut".

Chemie des Sehvorgangs

Sowohl die Stäbchen als auch die Zäpfchen enthalten lichtempfindliche Pigmente (Photopigmente) aus der Gruppe der **Rhodopsine**. Jedes Rhodopsinmolekül besteht aus einem Proteinanteil, dem **Opsin**, und einem Carotinoidanteil, dem **Retinal** (ein Derivat des Vitamins A). Wenn ein Lichtquant im geeigneten Energiebereich den kovalent angebundenen Retinalanteil des Sehpigments trifft, wird es von diesem absorbiert und regt eine Isomerisierung einer C=C-Doppelbindung (cis/trans-Isomerisierung) des Retinalrestes an. Diese Photoisomerisierung führt zu einer starken Formänderung des Retinalrestes und dadurch bedingt des gesamten Rhodopsinmoleküls. Diese Konformationsänderung des Proteins löst die Signaltransduktionskaskade aus, die zur Erregung der Sehzelle führt. Die durch die Lichtabsorption eingeleitete Reaktionsfolge ist kompliziert, aber recht gut verstanden. Im Laufe der nicht mehr von Licht abhängigen Folgeschritte wird das Signal des Photoneneinfangs durch das Sehpigment immens verstärkt, so dass es schließlich zur Hyperpolarisation der Sehzellmembran kommt. Diese Vorgänge sind bei Stäbchen und Zäpfchen gleich. Der Zustand der Hyperpolarisierung der Sinneszelle wird an die Zwischennervenzellen übermittelt, die darauf mit einer Depolarisation reagieren, die sich aktivierend auf die Ganglienzellen auswirkt, die ebenfalls ein Aktionspotenzial aussenden. Auf dieser Ebene der elementaren Ereignisse ist es interessant, dass die Lichtwahrnehmung bei Wirbellosen zu einer Depolarisation der Sinneszellen (= Rezeptorzellen) führt, während ähnliche Lichtreize bei den Sinneszellen von Wirbeltieren eine Hyperpolarisation hervorrufen.

Die Menge des Rhodopsins in den Sinneszellen der Netzhaut, die reagiert, hängt von der Intensität des Lichts (also der Zahl der Photonen) ab, welche die Rezeptoren erreichen. Ein dunkeladaptiertes Auge enthält sehr viel Rhodopsin und ist dadurch sehr empfindlich für kleinste Lichtmengen. Umgekehrt liegt in einem lichtadaptierten Auge ein großer Teil der Pigmentmoleküle in Opsin und Retinal gespalten vor und ist nicht zur Lichtabsorption bereit. Für die Akkommodation an die Dunkelheit benötigt ein lichtadaptiertes Auge ungefähr eine halbe Stunde, bis die maximale Empfindlichkeit erreicht ist. In dieser Zeit wird der Rhodopsinvorrat langsam aufgefüllt, so dass alle Rezeptoren empfangsbereit sind.

Farbensehen

Die Zäpfchen der Netzhaut dienen zur Wahrnehmung von Farben (der differenziellen Wahrnehmung von Licht unterschiedlicher Wellenlängenbereiche). Hierfür ist 50 bis 100 Mal mehr Licht erforderlich als zur Erregung der Stäbchenzellen. Folglich stützt sich das Nachtsehen beinahe ausschließlich auf die Stäbchenzellen. Anders als der Mensch, der über ein Tag- wie ein Nachtsehvermögen verfügt, haben sind manche Vertebraten auf das eine oder das andere spezialisiert. Streng nachtaktive Tiere wie Fledermäuse und Eulen besitzen Netzhäute, die ausschließlich mit Stäbchenzellen besetzt sind. Rein tagaktive Tiere wie Eichhörnchen und viele Vögel besitzen nur Zäpfchenzellen. Bei Nacht sind diese Tiere praktisch völlig blind.

Im Jahr 1802 spekulierte der englische Physiker und Mediziner Thomas Young (1773–1829) darüber, dass wir Farben wahrnehmen, weil eine relative Erregung dreier Sorten von Photorezeptoren vorliegen sollte: eine für rotes, eine für grünes und eine für blaues Licht. Dieser Ansatz wurde in der Folge von dem deutschen Physiker und Physiologen Hermann Helmholtz (1821–1894) zur Dreifarbentheorie (= Young/Helmholtz-Theorie) maßgeblich weiterentwickelt. Diese bemerkenswert weitsichtige Hypothese konnte in den 60er Jahren des 20. Jahrhunderts durch die gemeinsamen Anstrengungen mehrerer Forschergruppen tatsächlich bestätigt werden. Der Mensch besitzt drei Typen von Sehzäpfchen. Jeder Typ enthält ein spezifisches Sehpigment, das auf

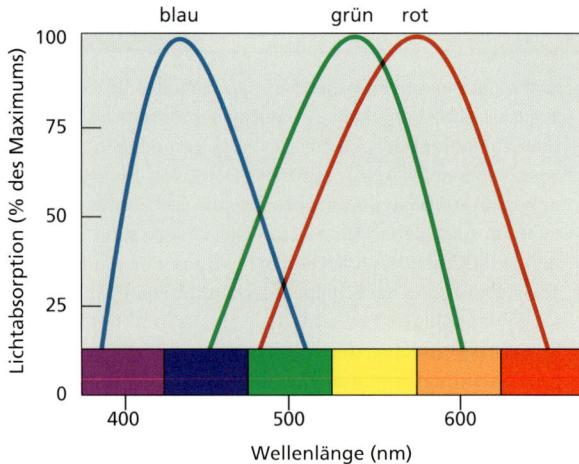

Abbildung 33.34: **Das Absorptionsspektrum des menschlichen Sehapparates.** Die drei Arten von Sehpigmenten in den Sehzäpfchen absorbieren maximal bei 430 nm (blauempfindliche Zäpfchen), 540 nm (grünempfindliche Zäpfchen), und 575 nm (rotempfindliche Zäpfchen).

einen bestimmten Wellenlängenbereich reagiert (▶ Abbildung 33.34). Blauempfindliche Sehzäpfchen absorbieren Licht am stärksten bei Wellenlängen um 430 nm, grünempfindliche haben ihr Empfindlichkeitsmaximum bei 540 nm, und rotempfindliche bei 575 nm. Abweichungen in der Struktur der Opsine sind die Grundlage für die unterschiedlichen Sehpigmente in den Stäbchen und den drei unterschiedlichen Zäpfchentypen. Die Farbwahrnehmung erfolgt durch den neuronalen Vergleich des jeweiligen Anregungsniveaus der drei verschiedenen Typen von Sehzäpfchen. Die Farbwahrnehmung geschieht also auf synthetischem Wege und erfolgt erst im Sehzentrum des Gehirns. So regt etwa Licht der Wellenlänge 530 nm die grünempfindlichen Sehzäpfchen zu 95 Prozent an, die rotempfindlichen zu 70 Prozent, und die blauempfindlichen überhaupt nicht. Dieser Abgleich erfolgt in seinen Grundzügen bereits in den Nervenzellschaltkreisen der Retina und wird im visuellen Cortex des Großhirns fortgesetzt. Das Gehirn interpretiert diese kombinierte Erregung der Sehzellen als Farbqualität „Grün".

Ein Farbensehen gibt es bei manchen Mitgliedern aller Wirbeltiergruppen, mit der möglichen Ausnahme der Amphibien. Knochenfische und Vögel verfügen über ein besonders gut entwickeltes Farbsehvermögen. Es mag überraschen, dass die meisten Säugetiere farbenblind sind! Ausnahmen sind die Primaten und einige andere Gruppen wie die Hörnchen.

ZUSAMMENFASSUNG

Das Nervensystem stellt ein rasch arbeitendes Kommunikationssystem dar, das bei der steuernden Koordination der Körperfunktionen fortwährend mit dem endokrinen System in Wechselwirkung steht. Die Grundeinheit der nervösen Integration ist bei allen Tieren das Neuron (= die Nervenzelle) – ein hochspezialisierter Zelltyp, der dafür ausgelegt ist, sich selbst fortpflanzende elektrische Signale zu erzeugen, die Aktionspotenziale genannt werden und an andere Zellen übermittelt werden.

Aktionspotenziale werden von einem Neuron über eine Synapse zu einem weiteren Neuron oder einer anderen Effektorzelle weitergegeben. Man unterscheidet chemische und elektrische Synapsen. Der enge Spalt zwischen Nervenzellen im Bereich chemischer Synapsen wird von Neurotransmittern (Nervenbotenstoffen) überwunden, die aus einer synaptischen Endplatte freigesetzt werden und auf die nachgeschaltete Zelle eine hemmende oder eine erregende Wirkung haben können.

Die einfachste Zusammenfassung von Neuronen zu einem System findet sich im Nervennetz von Nesseltieren (Cnidariern), das im wesentlichen ein Plexus aus Nervenzellen ist, der – mit zusätzlichen Elementen ausgestattet – die Grundlage des Nervensystems verschiedener Stämme der Wirbellosen bildet. Mit dem Auftreten von Ganglien (Nervenzentren) bei den bilateralsymmetrischen Plattwürmern, differenzierten sich die Nervensysteme in einen zentralen und einen peripheren Anteil. Bei den Vertebraten besteht das Zentralnervensystem aus einem Gehirn und dem angeschlossenen Rückenmark. Fische und Amphibien besitzen ein dreigliedriges Gehirn mit linearer Anordnung der einzelnen Teile. Bei den Säugetieren ist die Großhirnrinde (Cortex cerebri) zu einer sehr stark vergrößerten Mehrkomponentenstruktur geworden und hat die wichtigsten integrativen Aufgaben des Nervensystems übernommen. Es überdeckt die älteren Hirnteile vollständig. Diese sind auf die Rolle einer Umschaltstelle „zurückgestuft". Weiterhin dienen diese älteren Anteile des Gehirns der Steuerung unbewusster Vitalfunktionen wie der Atmung, des Blutdrucks und des Herzschlags.

Beim Menschen ist die linke Großhirnhälfte auf sprachliche und mathematische Leistungen spezialisiert, während die rechte Großhirnhälfte auf räumlich-visuelle Wahrnehmung und musikalische Leistungen spezialisiert ist.

Das periphere Nervensystem verbindet das zentrale Nervensystem mit Rezeptoren und Erfolgsorganen (Effektoren). Es lässt sich grob unterteilen in einen afferenten Ast, der Sinnesreize zum Zentralnervensystem übermittelt, und einen efferenten Ast, der motorische Impulse an die Erfolgsorgane übermittelt. Der efferente Anteil des peripheren Nervensystems wird weiter in ein somatisches Nervensystem, das die Skelettmuskulatur innerviert, und ein autonomes Nervensystem, das die glatte Muskulatur, das Herz und Drüsen innerviert, untergliedert. Das autonome Nervensystem zerfällt wiederum in die anatomisch abgrenzbaren Teile des sympathischen und des parasympathischen Nervensystems. Beide Teile sind über Fasern mit den meisten inneren Organen verbunden. Allgemein gilt, dass das sympathische Nervensystem (der Sympathikus) eine erregende Aktivität entfaltet, während der Parasympathikus die Wiederherstellung und die Aufrechterhaltung des körperlichen Normalzustandes und der körperlichen Reserven bewirkt.

Sinnesorgane sind Empfangsstellen (Rezeptoren), die in besonderer Weise dafür ausgelegt sind, auf Veränderungen innerhalb oder außerhalb des Körpers zu reagieren. Der primitivste und am weitesten verbreitete Sinn ist die Chemorezeption. Chemorezeptoren können Rezeptoren wie die der Wirbeltiere für Geschmack oder den Geruch sein. In beiden Fällen wechselwirken Stoffe mit einem mehr oder weniger spezifisch agierenden Rezeptormolekül. Dies führt zur Auslösung eines Impulses, der an das Gehirn übermittelt und von diesem interpretiert wird. Unter den beiden mechanistisch sehr ähnlichen Sinnes des Geschmacks und des Geruchs ist der Geruchssinn (Olfaktion) sehr viel empfindlicher und höher entwickelt.

Die Rezeptoren für Berührungen, Schmerz, den Gleichgewichtssinn und das Hören sind sämtlich Mechanorezeptoren, die auf die Einwirkung mechanischer Kräfte reagieren. Berührungs- und Schmerzrezeptoren sind im Regelfall einfache Gebilde, doch stellen das Gehör und das Gleichgewichtsorgan hoch spezialisierte Sinnesleistungen dar, die sich auf spezielle Haarzellen stützen, die auf mechanische Auslenkungen reagieren. Schallwellen, die das Ohr erreichen, werden mechanisch verstärkt und an das Innenohr weitergeleitet, wo unterschiedliche Bereiche der Hörschnecke (Cochlea) auf charakteristische Frequenzen ansprechen. Rezeptoren für das Gleichgewicht, die ebenfalls im Innenohr angesiedelt sind, bestehen aus zwei sackartigen statischen Gleichgewichtsorganen und drei Bogengängen, die Beschleunigungen bei Neige- und Drehbewegungen wahrnehmen.

Lichtsinnesorgane (Photorezeptoren) sind mit speziellen Pigmentmolekülen ausgestattet, die sich bei Lichteinfall photochemisch verändern und dadurch Aktionspotenziale in den Fasern des Sehnervs auslösen. Das fortschrittliche Facettenauge ist besonders gut zur Wahrnehmung von Bewegungen geeignet. Wirbeltiere verfügen über Kameraaugen mit einem Fokussier-Apparat. Lichtsinneszellen kommen in der Netzhaut (Retina) in zwei unterschiedlichen Grundformen vor: Stäbchenzellen mit hoher Empfindlichkeit für das Sehen bei schwachem Licht, und Zäpfchenzellen für das Farbensehen bei ausreichender Beleuchtungsstärke (Tagsehen). In der Fovea centralis, dem Bereich der höchsten Sehschärfe des menschlichen Auges, sind Sehzäpfchen vorherrschend. Stäbchenzellen sind in den Randbereichen der Netzhaut zahlreicher.

Übungsaufgaben

1. Geben Sie Definitionen für die folgenden Begriffe: Neuron, Axon, Dendrit, Myelinscheide, afferentes Neuron, efferentes Neuron, assoziatives Neuron.

2. Die Zahl der Gliazellen übertrifft im Nervensystem der Säugetiere die Zahl der Neuronen. Die Glia macht rund die Hälfte der Masse des Nervensystems aus. Geben Sie Beispiele für die Funktion von Gliazellen im peripheren und im zentralen Nervensystem.

3. Die Konzentration an Kaliumionen (K^+) innerhalb einer Nervenzelle ist höher als die Konzentration an Natriumionen (Na^+) außerhalb der Nervenzelle. Dennoch ist das elektrische Potenzial der Nervenzellmembran auf der Innenseite negativer (wo die Kationenkonzentration höher liegt). Erklären Sie diese Beobachtung durch Bezugnahme auf die Permeabilitätseigenschaften der Membran.

4. Welche ionialen und elektrischen Veränderungen finden während des Durchgangs eines Aktionspotenzials entlang eines Axons statt?

5. Erläutern Sie die verschiedenen Wege, auf denen Invertebraten und Vertebraten hohe Leitungsgeschwindigkeiten für Aktionspotenziale zustande gebracht haben. Können Sie sich denken, warum die Lösung der Wirbellosen für homoiotherme Tiere wie Vögel und Säugetiere nicht geeignet wäre?

6. Warum ist die Natriumpumpe indirekt für das Aktionspotenzial und für die Aufrechterhaltung des Ruhepotenzials verantwortlich?

7. Beschreiben Sie den mikroskopischen Aufbau einer chemischen Synapse. Fassen Sie zusammen, was geschieht, wenn ein Aktionspotenzial an der Synapse ankommt.

8. Beschreiben Sie das (radiäre) Nervensystem der Cnidarier. Wie manifestiert sich eine Tendenz zur Zentralisierung des Nervensystems bei Plattwürmern, Anneliden, Mollusken, Arthropoden?

9. Wie unterscheidet sich das Rückenmark eines Wirbeltieres morphologisch von Nervensträngen bei Invertebraten?

10. Der Kniereflex wird oft als Streckungsreflex bezeichnet, weil ein kurzer Schlag auf das Patellarligament den Musculus quadriceps femoris – den Streckmuskel des Beines – streckt. Beschreiben Sie die Komponenten und die Ereignisfolge, die am Kniereflex beteiligt sind. Warum ist dieser Reflex einfacher als die meisten Reflexbögen? Worin besteht der Unterschied zwischen einem Reflexbogen und einer Reflexhandlung?

11. Nennen Sie die Hauptfunktionen, die mit folgenden Hirnstrukturen assoziiert sind: Medulla oblongata, Cerebellum, Tektum, Thalamus, Hypothalamus, Cerebrum, limbisches System.

12. Welche funktionellen Aktivitäten sind mit der linken bzw. der rechten Hemisphäre des Cortex cerebri verknüpft?

13. Was versteht man unter dem autonomen Nervensystem, und welche Aktivitäten führt es aus, die es vom zentralen Nervensystem abgrenzen? Warum lässt sich das autonome Nervensystem als ein „Zweineuronensystem" beschreiben?

14. Erklären Sie die Bedeutung der Aussage: „Die Vorstellung, dass alle Sinnesorgane als biologische Transduktoren wirken, ist ein vereinheitlichendes Konzept der Sinnesphysiologie."

15. Die Chemorezeption wird bei Wirbeltieren und Insekten von den klar unterscheidbaren und gegeneinander abgrenzbaren Sinnen Geschmack und Geruch vermittelt. Stellen Sie diese beiden Sinne am Beispiel des Menschen im Hinblick auf die anatomische Lokalisation, die Natur der Rezeptoren und die Empfindlichkeit für chemische Stoffe einander gegenüber.

16. Was ist das Vomeronasalorgan, welche Aufgabe vollführt es? Warum wird seine Funktion als vom Geschmack und Geruch verschieden, aber als Bestandteil des olfaktorischen Systems angesehen?

17. Erläutern Sie, wie die Ultraschalldetektoren bestimmter nokturnaler Mottenarten dafür adaptiert sind, es den Tieren zu ermöglichen, einer sich nähernden Fledermaus zu entkommen.

18. Geben Sie einen Abriss der Ortstheorie der Tonhöhenunterscheidung als eine Erklärung für die Fähigkeit des menschlichen Ohres, zwischen Tönen unterschiedlicher Frequenzen unterscheiden zu können.

19. Erläutern Sie, wie die Bogengänge des Innenohrs dafür ausgelegt sind, die Rotation eines menschlichen Kopfes in jeder Richtungsebene wahrzunehmen.

20. Erläutern Sie, was passiert, wenn Licht ein dunkeladaptiertes Stäbchen trifft und dies zur Auslösung eines Nervenimpulses führt. Welches ist der Unterschied zwischen Stäbchen und Zäpfchen im Hinblick auf die Lichtempfindlichkeit?

21 Im Jahr 1802 stellte Thomas Young die Hypothese auf, dass wir Farben unterscheiden können, weil die Retina drei Arten von Rezeptoren enthält. Welche Befunde stützen die Young/Helmholtz Hypothese? Wie können wir alle Farben des sichtbaren Spektrums wahrnehmen, wenn die Netzhäute unserer Augen nur drei Klassen von Farbzapfen enthalten?

Weiterführende Literatur

Axel, R (1995): Die Entschlüsselung des Riechens. Spektrum der Wissenschaft, Dezember: 72–78. *Neuere Forschungen haben eine riesige Genfamilie zutage gefördert, die Geruchsrezeptormoleküle codiert. Diese und andere Befunde helfen dabei, Licht darauf zu werfen, wie die Nase und das Gehirn Gerüche wahrnehmen. Richard Axel erhielt zusammen mit Linda Buck für ihre Arbeiten über die molekularen Vorgänge des Riechens 2004 den Nobelpreis für Physiologie.*

Changeuex, J. (1993): Chemical signaling in the brain. Scientific American, vol. 269, no. 11: 58–62. *Untersuchungen an den elektrischen Organen von Fischen haben zu Einsichten in die Informationsweiterleitung zwischen Neuronen geführt.*

Delcomyn, F. (1998): Foundation of neurobiology. Freeman; ISBN: 0-7167-3295-5. *Eine gute Einführung in die Neurobiologie, welche die Vielfalt der Tierwelt und interessante neue Erkenntnisse der neurobiologischen Forschung berücksichtigt.*

Deller, T. et al. (2007): Fotoatlas Neuroanatomie. Präparate, Zeichnungen und Text. Urban & Fischer; ISBN: 978-3-437-41213-4

Dudel, J. et al. (Hrsg.): Neurowissenschaft. Vom Molekül zur Kognition. 2. Auflage. Springer (2001); ISBN: 3-540-41335-9. *Deutschsprachiges Grundlagenlehrbuch der Neurobiologie.*

Jacobson, M. (1993): Foundations of neuroscience. Plenum Press; ISBN: 0-3064-4540-9. *Die historische Entwicklungsneurobiologie und ihre herausragenden Persönlichkeiten – und die Gefahr, die mit der heldenhaften Verehrung einzelner Wissenschaftler verbunden ist!*

Kandel, E. et al. (2000): Principles of Neural Science. 4. Auflage. McGraw-Hill; ISBN: 0-0711-2000-9. *Sehr umfangreiches, sehr gutes Lehrbuch der Neurobiologie mit angrenzenden Fachgebieten.*

M. Burns and D. Baylor (2001): Activation, deactivation, and adaptation in vertebrate photoreceptor cells. Annual Reviews in Neuroscience, vol. 24: 779–805. *Lichtsinneszellen sind weit mehr als einfache Detektoren für das Registrieren von Lichtteilchen. Die lichtempfindlichen Zellen in der Netzhaut von Wirbeltieren vollführen vielmehr die erste von mehreren, aufeinanderfolgenden Stufen der sensorisch-neuronalen Verarbeitung von Sehreizen, die in bewussten Seheindrücken gipfelt.*

Margolskee, R.F. und D.V. Smith (2001): Das Geheimnis des Geschmackssinns. Spektrum der Wissenschaft, September: 38–48. *Eine hervorragend bebilderte, aktuelle Übersicht über die Physiologie des Schmeckens. Darüber hinaus sehr ansprechend und eingängig zu lesen.*

McClintock, M. (2000): Human pheromones: primers, releasers, signalers, or modulates? In: K. Wallen et al.: Reproduction in context. MIT Press; ISBN: 0-2622-3204-9. *Eine Erörterung von Pheromonen mit besonderer Berücksichtigung der widersprüchlichen Sachlage beim Menschen.*

Nathan, P. (1997): The nervous system. 4. Auflage. Whurr; ISBN: 1-8615-6007-9. *Eine der besten halbpopulären Darstellungen des Nervensytems.*

Nef, P. (1998): How we smell: the molecular and cellular bases of olfaction. News in Physiological Sciences, vol. 13, no. 2: 1–5. *Beschreibt drei Modelle für die Geruchswahrnehmung, die auf experimentelle Daten gestützt sind.*

Nicholls, J. et al. (2001): From Neuron to Brain. 4. Auflage. Sinauer; ISBN: 0-8789-3439-1. *Sehr gutes Lehrbuch der Neurobiologie mittleren Umfanges.*

Randall, D. et al. (2001): Eckert Animal Physiology: mechanisms and adaptations. Freeman; ISBN: 0-7167-3863-5. *Eine umfassende Darstellung der vergleichenden Tierphysiologie mit besonders guter Darstellung des Nervensystems und der Sinnesorgane.* Deutsche Ausgabe: Tierphysiologie 4. Auflage (2002). Thieme; ISBN: 978-31366-4004-3.

Schmidt, R. und F. Lang (Hrsg.): Physiologie des Menschen. Mit Pathophysiologie. 29. Auflage. Springer (2005); ISBN: 978-3-540-21882-1. *Beschreibt die neuesten Erkenntnisse der molekularen Prozesse der Sinnesphysiologie. Viele Aspekte sind auch direkt auf andere Tiere zu übertragen.*

Schmidt, R. und H. Schaible (Hrsg.): Neuro- und Sinnesphysiologie. 5. Auflage. Springer (2006); ISBN: 3-540-25700-4. *Kurzes Lehrbuch der Neuro- und Sin-*

nesphysiologie des Menschen mit Ausrichtung auf Medizinstudenten als primärer Leserschaft.

Smith, D. und R. Margolskee (2001): Making sense of taste. Scientific American, vol. 284, no. 3: 32–39. *Beschreibt die Mechanismen der Geschmackswahrnehmung auf sehr leicht lesbare Weise.*

Squire, L. et al. (2002): Fundamental Neuroscience. 2. Auflage. Academic Press; ISBN: 0-1266-0303-0. *Sehr umfangreiches, sehr gutes Lehrbuch der Neurobiologie mit angrenzenden Fachgebieten.*

Stevens, C. (2003): Neurotransmitter Release at Central Synapses. Neuron, vol. 40: 381–388. *Übersichtsartikel über die molekularen Vorgänge bei der Freisetzung von Botenstoffen an synaptischen Nervenzellenden.*

Stryer, L. (1987): The molecules of visual excitation. Scientific American, vol. 257, no. 7: 42–50. *Beschreibt die Kaskade molekularer Ereignisse, die der Lichtabsorption durch eine Stäbchenzelle folgen und die zu einem Nervensignal führen.*

Ulfendahl, M. und A. Flock (1998): Outer hair cells provide active tuning in the organ of Corti. News in Physiological Sciences, vol. 13, no. 7: 107–111. *Beschreibt jüngere Experimente, die auf eine aktivere Rolle der sensorischen Haarzellen im auditorischen System der Säugetiere hinweisen.*

Weitere Informationen zu diesem Buchkapitel finden Sie auf der Companion-Website unter
http://www.pearson-studium.de

Chemische Koordination

34.1	**Mechanismen der Hormonwirkung**	1112
34.2	**Hormone wirbelloser Tiere**	1114
34.3	**Endokrine Drüsen und Hormone von Wirbeltieren**	1116
Zusammenfassung		1132
Übungsaufgaben		1134
Weiterführende Literatur		1134

*A*ls „Geburtsjahr" der Endokrinologie als wissenschaftliche Disziplin wird vielfach das Jahr 1902 genannt – das Jahr, in dem die beiden englischen Physiologen W. Bayliss und E. Starling (▶ Abbildung 34.1) in einem klassischen Experiment, das bis heute als modellhaft für die Anwendung der wissenschaftlichen Methodik gilt, die Wirkung eines Hormons demonstrieren konnten. Bayliss und Starling waren daran interessiert, wie der Pankreas (die Bauchspeicheldrüse) das von ihm produzierte Verdauungssekret zur rechten Zeit für den Verdauungsvorgang in den Dünndarm absondert. Sie testeten die Hypothese, dass der angesäuerte Nahrungsbrei, der in den Darm eintritt, einen nervösen Reflex auslöst, der den Pankreassaft freisetzt. Um diese Hypothese im Experiment zu überprüfen, durchtrennten Bayliss und Starling alle Nervenzuleitungen an einem abgeschnürten Abschnitt des Dünndarms eines narkotisierten Hundes. Der isolierte Darmabschnitt war nur noch über den Blutkreislauf mit dem Rest des Körpers verbunden. Nach der Injektion von Säure in den nervenlosen Darmteil konnten sie einen ausgeprägten Einstrom von Pankreassekret beobachten. Anstelle eines nervösen Reflexes war irgendein chemischer Botenstoff mit dem Blutstrom aus dem Darm zur Bauchspeicheldrüse gelangt und hatte diese zur Sekretion veranlasst.

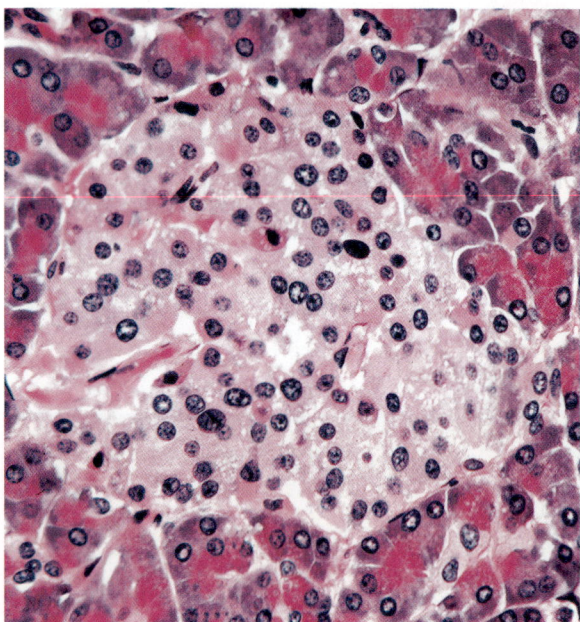

Eine Langerhans'sche Insel – der Ort der Synthese der Hormone Insulin und Glucagon. Angefärbter Gewebeschnitt durch eine menschliche Bauchspeicheldrüse.

Bayliss und Starling entwarfen dann das entscheidende Experiment, das der Startschuss für das neue Teilgebiet der Biologie werden sollte, das heute Endokrinologie genannt wird. Da sie annahmen, dass der chemische Botenstoff seinen Ursprung in der Darmschleimhaut hatte, stellten sie einen Extrakt aus Schleimhautabstrichen her, injizierten diesen in den Blutkreislauf des Hundes und erhielten als Antwort auf diesen Stimulus einen starken Sekretausstoß der Bauchspeicheldrüse. Den chemischen Botenstoff aus der Darmschleimhaut nannten sie Sekretin. Starling prägte später den Begriff Hormon als allgemeinen Begriff für solche chemischen Botenstoffe, da er korrekterweise mutmaßte, dass das Sekretin nur der erster Vertreter einer Vielzahl von Hormonen war, die es zu entdecken galt.

(a) (b)

Abbildung 34.1: Die Gründerväter der Endokrinologie. (a) William H. Bayliss (1860–1924). (b) Ernest H. Starling (1866–1927).

Das endokrine System – das zweite große integrative System, das die Aktivitäten eines Tieres kontrolliert – verständigt sich durch chemische Botenstoffe, die als **Hormone** bezeichnet werden (gr. *hormon*, anregen, erregen). Die klassische Definition eines Hormons besagt, dass es sich bei einem Hormon um eine chemische Verbindung handelt, die in kleinen Mengen in den Blutstrom entlassen wird und durch das Kreislaufsystem im Körper verbreitet wird, um an einem anderen als dem Entstehungsort auf **Zielzellen** bzw. Zielgewebe oder Zielorgane einzuwirken, an denen eine physiologische Reaktion ausgelöst wird.

Viele Hormone werden von **endokrinen Drüsen** freigesetzt – kleinen, gut durchbluteten, ganglosen Drüsen, die aus Gruppen von Zellen bestehen, die schnur- oder plattenartig arrangiert sind. Da endokrine Drüsen keine Ausfuhrgänge besitzen, ist ihre einzige Verbindung mit dem Rest des Körpers das Blut oder eine andere Körperflüssigkeit. Sie beziehen ihre Rohstoffe durch ihre gut ausgebildete Blutversorgung und schütten ihre finalen Hormonprodukte in den Blutstrom aus. **Exokrine Drüsen** besitzen im Gegensatz dazu Ausfuhrgänge zur Ausschüttung ihrer Sekrete auf eine freiliegende Oberfläche. Beispiele für exokrine Drüsen sind die Schweißdrüsen und die Talgdrüsen der Haut, die Speicheldrüsen sowie die verschiedenen enzymausschüttenden Drüsen in den Wandungen des Magens und des Darms (vergleiche Kapitel 32).

Die klassischen Definitionen für Hormone und endokrine Drüsen, die wir gerade gegeben haben, verändern sich, wie so viele andere Generalisierungen in der Biologie, in dem Maß, in dem neue Informationen gewonnen werden. Einige Hormone – zum Beispiel bestimmte Neurosekrete – gelangen nie in den allgemeinen Blutkreislauf. Darüber hinaus gibt es Erkenntnisse, die zu dem Schluss geführt haben, dass zahlreiche Hormone, wie das Insulin und viele an der Verdauung beteiligte Hormone (siehe Kapitel 32: „Regulation der Verdauung"), in winzigen Mengen in einer Vielzahl nichtendokriner Gewebe (zum Beispiel Nervenzellen) synthetisiert werden; und einige, wie die Cytokine, werden von Zellen des Immunsystems gebildet und freigesetzt (siehe Kapitel 35: „Cytokine"). Solche Hormone fungieren dann im Gehirn als **Neurotransmitter** oder als lokal wirksame Gewebefaktoren (**Parahormone**), die das Zellwachstum oder irgendwelche spezifischen biochemischen Vorgänge stimulieren. Die meisten Hormone werden jedoch mit dem Blutstrom verteilt und diffundieren daher in jeden Geweberaum des Körpers.

Verglichen mit dem Nervensystem reagiert das endokrine System langsam. Das hängt von der Zeit ab, die ein Hormon braucht, um in das Zielgebiet zu gelangen, das kapillare Endothel zu durchqueren und in die Gewebsflüssigkeit – und manchmal in das Zellinnere – zu diffundieren. Die minimale Reaktionszeit liegt im Bereich von Sekunden, kann aber wesentlich länger sein. Hor-

> **Exkurs**
>
> Obwohl Bayliss und Starling (siehe einführenden Text zu diesem Kapitel) als die Gründerväter der Endokrinologie angesehen werden, wurde das erste formal als solches geltende endokrinologische Experiment schon im Jahr 1849 durch Arnold Berthold, Professor an der Universität zu Göttingen, durchgeführt. Er konnte überzeugend demonstrieren, dass ein durch das Blut übertragenes Signal von den Hoden (Testes) ausgeht und dass diese Substanz sowohl für die körperlichen wie die Verhaltensmerkmale verantwortlich ist, die einen erwachsenen Hahn von unreifen männlichen Küken und von Kapaunen (kastrierten ausgewachsenen männlichen Hühnern) unterscheiden. Berthold kastrierte männliche Hühnchen und unterteilte sie in drei Gruppen. Eine Kontrollgruppe ließ er ohne Hoden normal aufwachsen, einer zweiten Gruppe reimplantierte er die Hoden. Der dritten Gruppe wurden Hoden anderer Hühnchen eingepflanzt. Als die Hühnchen heranwuchsen, beobachtete er, dass die Gruppe der Kastrierten zu Kapaunen heranwuchsen, die keinerlei Interesse an Hennen zeigten und denen das typische Hahnengefieder sowie das männliche Aggressionsverhalten fehlte. Die zweite und die dritte Gruppe der Vögel waren voneinander nicht zu unterscheiden: Sie zeigten ein voll entwickeltes männliches Gefieder, normales Aggressionsverhalten sowie ein Interesse an Hennen. Berthold tötete dann die Vögel und sezierte sie. Er fand, dass die transplantierten Hoden eine eigenständige Blutversorgung entwickelt hatten und funktionell normal waren. Aus diesem klassischen Experiment zog Berthold den Schluss, dass die Hoden ein über das Blut verteiltes Signal aussenden, das alle Merkmale der Männlichkeit hervorbrachte, da keine Nervenverbindungen zu den Hoden zu finden waren.

monwirkungen sind in der Regel lang anhaltend (Minuten bis Tage), wohingegen solche Reaktionen, die unter nervöser Kontrolle stehen, meist von kurzer Dauer sind (Millisekunden bis Minuten). Überwiegend finden wir eine endokrine Kontrolle dort, wo ein anhaltender Effekt erforderlich ist, wie es bei vielen metabolischen, Wachstums- und Fortpflanzungsvorgängen der Fall ist. Ungeachtet solcher Unterschiede arbeiten das Nervensystem und das endokrine System ohne eine scharf verlaufende Trennlinie in der Tat als ein einziges, integriertes System mit wechselseitigen Abhängigkeiten. Endokrine Drüsen erhalten oft Anweisungen vom Gehirn – die endokrine Funktion steht also unter einer unmittelbaren, schnell wirksamen Kontrolle durch Nervenzellen. Umgekehrt wirken viele Hormone auf das Nervensystem ein und beeinflussen in signifikanter Weise ein weites Spektrum tierischer Verhaltensweisen.

Alle Hormone sind „Niedrigkonzentrationssignale", wirken also in sehr kleiner Konzentration. Selbst wenn eine endokrine Drüse maximal sekretorisch aktiv ist, wird das betreffende Hormon durch das im Verhältnis große Blutvolumen so stark verdünnt, dass die Plasmakonzentration selten über 10^{-9} M (ein Milliardstel Mol pro Liter) hinausgeht. Einige Zielzellen reagieren auf Plasmahormonkonzentrationen von nur 10^{-12} M. Da Hormone häufig weitreichenden und oftmals sehr starken Einfluss auf Zellen ausüben, ist es offensichtlich, dass ihre Wirkungen auf der zellulären Ebene in sehr hohem Maße verstärkt werden.

Mechanismen der Hormonwirkung 34.1

Die weiträumige Verteilung von Hormonen (zum Beispiel Wachstumshormon aus der Hirnanhangsdrüse der Wirbeltiere) im Körper eines Tieres erlaubt es bestimmten Hormonen, die meisten, wenn nicht gar alle Zellen des Körpers während spezifischer Stadien der zellulären Differenzierung zu beeinflussen. Ob ein Hormon eine generelle oder lediglich eine hochspezifische Reaktion in bestimmten Zellen und zu bestimmten Zeitpunkten veranlasst, hängt von dem Vorhandensein von **Rezeptormolekülen** auf oder in den Zielzellen ab. Ein Hormon wird nur solche Zellen zu einer Reaktion veranlassen, die den entsprechenden Rezeptor ausprägen, der aufgrund seiner molekularen Struktur in der Lage ist, das Hormon gezielt zu binden. Andere Zellen sind unempfindlich für die Hormonwirkung, weil ihnen die entsprechenden Rezeptoren fehlen. Für die Hormonwirkungen gibt es zwei Klassen von Rezeptoren: **Membranrezeptoren** und **Zellkernrezeptoren**.

34.1.1 Membranständige Rezeptoren und das Second-messenger-Konzept

Viele Hormone, wie zum Beispiel die meisten Aminosäurederivate und Peptidhormone, die zu groß oder zu polar sind, um die Plasmamembran durchqueren zu können, binden an Transmembranproteine (siehe Abbildung 3.6), die an den Oberflächen von Zielzellen als Empfangsstationen für die Hormonsignale fungieren. Hormon und Rezeptor bilden einen Komplex, der in der Zelle eine Kaskade molekularer Ereignisse auslöst. Das Hormon verhält sich dabei wie der Überbringer einer Nachricht *(first messenger)*, der die Aktivierung eines Signalfortleitungssystems *(Second-messenger-System)* im Cytoplasma aktiviert. Sehr viele unterschiedliche Moleküle sind bis heute als second messenger (englisch: „Zweitbote") identifiziert worden und es kommen laufend neue hinzu. Jeder dieser second messenger wirkt über eine spezifische **Kinase**, die durch Phosphorylierung die Aktivierung oder Inaktivierung eines geschwindigkeitsbestimmenden Schlüsselenzyms bewirkt. Dieses Enzym modifiziert den Verlauf und die Geschwindigkeit der Prozesse im Cytoplasma (▶ Abbildung 34.2). Da auf jeder Ebene des Second-messenger-Systems viele Moleküle aktiviert werden, nachdem ein einziges Hormonmolekül an den Rezeptor gebunden hat, wird das Signal verstärkt, und dies unter Umständen mehrere tausendmal.

Second messenger, von denen bekannt ist, dass sie an Hormonwirkungen beteiligt sind, sind **cyklisches AMP** (cAMP), **cyklisches GMP** (cGMP), **das Ca^{2+}/Calmodulin**-System, **Inositoltrisphosphat** (IP_3) und **Diacylglycerin** (DAG). Das cAMP-System war das erste, das untersucht worden ist. Dabei hat sich gezeigt, dass es die Wirkungen vieler Peptidhormone wie dem Parathormon (PTH), dem Glucagon, dem adrenocortikotropen Hormon (ACTH, Adrenocortikotropin), dem thyreotropen Hormon (TSH, Thyreotropin), dem melanocytenstimulierenden Hormon (MSH) und dem Vasopressin überträgt. Es vermittelt außerdem die Wirkung des Adrenalins, einem Aminosäurederivat. Interessanterweise vermag dasselbe Hormon in den verschiedenen Typen von Zielzellen jeweils unterschiedliche Second-messenger-Systeme zu aktivieren. Auf diese Weise kann ein einzelnes Hormon in ein und demselben Tier eine Vielzahl von Wirkungen zu entfalten.

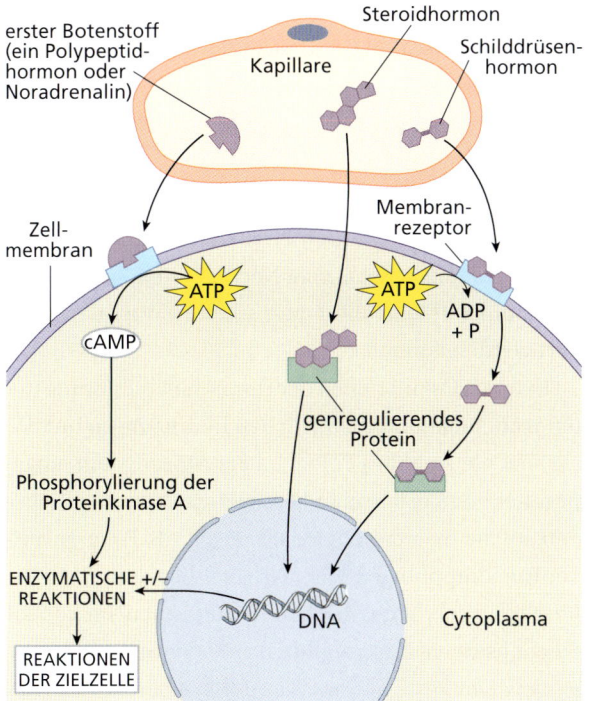

Abbildung 34.2: Mechanismen der Hormonwirkung. Peptidhormone und Adrenalin entfalten ihre Wirkungen über Second-messenger-Systeme, zum Beispiel das hier gezeigte zyklische AMP (cAMP). Die Bindung eines Hormons mit einem Membranrezeptor stimuliert das Enzym Adenylylzyklase (früher auch als Adenylatzyklase bezeichnet), das die Bildung von cAMP (dem second messenger) katalysiert. Schilddrüsenhormone binden an einen Membranrezeptor und werden durch diesen aktiv in die Zelle transportiert. Dort binden sie im Cytoplasma an Rezeptoren, die in den Zellkern transportiert werden, wo die die Transkription von Genen regulatorisch beeinflussen. Steroidhormone durchdringen die Zellmembran, um sich im Cytoplasma oder dem Zellkern mit Rezeptoren zu verbinden. Die Komplexe aus Rezeptor und Hormon ändern wiederum regulatorisch die Gentranskription.

34.1.2 Zellkernrezeptoren

Anders als die Peptidhormone, die viel zu groß sind, um die Plasmamembran überwinden zu können, und das Adrenalin, das für den Membrandurchtritt zu polar ist, sind die **Steroidhormone** (zum Beispiel die Östrogene, das Testosteron und das Aldosteron) lipophile (lipidlösliche) Stoffe, die leicht durch die Plasmamembranen von Zellen diffundieren können. Einmal im Cytoplasma der Zielzellen angelangt, binden die Steroidhormon-Moleküle selektiv an Rezeptormoleküle. Obgleich diese Rezeptormoleküle sowohl im Cytoplasma wie im Kern der Zelle lokalisiert sein können, ist ihr endgültiger Wirkort der Zellkern. Der Hormon/Rezeptorkomplex, der zusammen als **genregulierendes Protein** wirkt, aktiviert oder hemmt dann bestimmte Gene (Genaktivator- bzw. Genrepressorwirkung). Als Folge wird die Gentranskription verändert, da mRNA-Moleküle an spezifischen Sequenzabschnitten der DNA synthetisiert werden. Der Hormon/Rezeptorkomplex bindet also an regulatorische Bereiche von Genen, deren regulatorische Bereiche Bindungsstellen (hormonresponsive Elemente) für die Steroidrezeptoren enthalten. Die Stimulation oder Inhibition der mRNA-Bildung beeinflusst die Produktion bestimmter Proteine in der Zelle. Diese Veränderung der Proteinausstattung setzt dann die beobachtbaren Hormonwirkungen in Gang (Abbildung 34.2). Schilddrüsenhormone und das Häutungshormon der Insekten, Ecdyson (ein Steroid, siehe Kapitel 2: Lipide), wirken ebenfalls über Zellkernrezeptoren. Die Schilddrüsenhormone binden zunächst an ein Transmembranprotein, das als Transporter fungiert (siehe Abbildung 3.19); dieses transportiert unter ATP-Verbrauch die Hormonmoleküle in die Zelle.

Verglichen mit Peptidhormonen, die über Secondmessenger-Systeme *indirekt* wirken, entfalten Steroid- und Schilddrüsenhormone einen *direkten* Effekt auf die Proteinsynthese, weil sie an Zellkernrezeptoren binden, die Genaktivitäten auf spezifische Weise modifizieren.

Neuere Befunde deuten darauf hin, dass für lipidlösliche Hormone wie das Östrogen ebenfalls membranständige Rezeptoren existieren, die Second-messenger-Systeme auf die gleiche Weise aktivieren, wie es Peptidhormone tun. Dadurch wird eine multiple und komplexe Kontrolle über die Zielzellen bewerkstelligt.

34.1.3 Die Kontrolle der hormonellen Sekretionsraten

Hormone beeinflussen zelluläre Funktionen durch Veränderungen der Raten vieler unterschiedlicher biochemischer Abläufe. Viele beeinflussen die Aktivitäten von Enzymen und dadurch den Zellstoffwechsel; einige führen zu einer Veränderung der Permeabilität von Membranen; einige greifen regulatorisch in die Proteinbiosynthese der Zellen ein; und wieder andere stimulieren die Freisetzung von Hormonen durch andere endokrine Drüsen. Da dies alles dynamisch veränderliche Vorgänge sind, die sich den ändernden metabolischen Anforderungen anpassen müssen, müssen sie durch geeignete Hormone reguliert, nicht bloß aktiviert, werden. Diese Regulation wird erreicht, indem die Freisetzung eines Hormons in den Blutstrom präzise kontrolliert wird. Die Konzentration eines Hormons in den Körperflüssigkeiten hängt jedoch von zwei Faktoren ab: Der Sekretionsrate und der Rate, mit der es inaktiviert und aus dem

34 Chemische Koordination

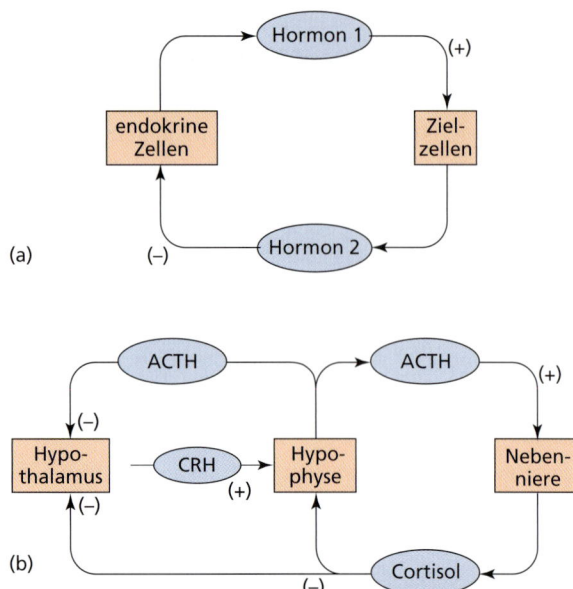

Abbildung 34.3: Negativ rückgekoppelte Systeme. (a) Allgemeines Schema einer negativen Rückkopplung. (b) Spezielles Beispiel für ein System mit negativer Rückkopplung.

Kreislauf entfernt wird. Folglich muss eine endokrine Drüse, wenn die Kontrolle der Sekretion korrekt erfolgen soll, Informationen über die Menge des von ihr selbst produzierten Hormons im Blutplasma erhalten.

Die meisten Hormone werden über negativ rückgekoppelte Systeme kontrolliert, die zwischen den das Hormon freisetzenden Drüsen und Produkten oder Antworten der Zielzellen operieren (▶ Abbildung 34.3). Eine Rückkopplung ist ein Vorgang, bei dem die Endwirkung (die Stellgröße) beständig mit einem Vergleichswert (Sollwert, Referenzwert) verglichen wird (wie bei einem Thermostaten). So stimuliert beispielsweise das Hormon CRH (corticotropin-releasing hormone; Corticotropin freisetzendes Hormon), das vom Hypothalamus sezerniert wird, die Hypophyse (die die Zielzellen des CRHs enthält), ACTH (= Acetylcholin) freizusetzen. ACTH stimuliert seinerseits die Nebenniere (welche die Zielzellen des ACTHs enthält), Cortisol auszuschütten. Mit steigender Blutplasmakonzentration des ACTHs wirkt dieses auf den Hypothalamus zurück. Es findet eine Rückkopplung statt, die eine Hemmung der CRH-Ausschüttung zur Folge hat. Ansteigende Cortisolmengen im Blutplasma führen ebenfalls zu einer Rückkopplung sowohl im Hypothalamus wie in der Hirnanhangsdrüse (Hypophyse). Sowohl die Ausschüttung von CRH wie von ACTH werden hierdurch gehemmt. Jede Abweichung vom Sollwert (einer bestimmten Plasmakonzentration eines Hormons) führt zu einer korrigierenden Aktion in Gegenrichtung (Abbildung 34.3). Solch eine **negative Rück-**kopplung ist ein hoch effektives System, um extreme Schwankungen der Hormonausschüttung zu verhindern. Hormonelle Regelkreise sind jedoch komplexer organisiert als eine starre „geschlossene Schleife", wie wir es beispielsweise bei einem Thermostaten vorfinden, der die Zentralheizung eines Hauses regelt, da hormonelle Rückkopplungen durch zusätzliche Einflussgrößen wie Signaleingänge aus dem Nervensystem, Stoffwechselprodukte (Metabolite) oder andere Hormone verändert werden können.

Extreme Oszillationen der Hormonausschüttung treten manchmal unter natürlichen Bedingungen auf. Da sie aber ein so hohes Potenzial zur Störung fein eingepegelter homöostatischer Mechanismen besitzen, werden solche extremen Schwankungen als Folge **positiver Rückkopplungen** sehr stark reguliert und verfügen über offensichtliche Abschaltmechanismen. Im Verlauf einer positiven Rückkopplung wirkt das Signal des Systems verstärkend auf das Kontrollsystem zurück und bewirkt eine Verstärkung des anfänglichen Signals. Auf diese Weise wird das Anfangssignal zunehmend verstärkt, mit dem Endresultat einer explosionsartigen Wirkung. So steigert sich etwa die Menge der Hormone, welche den Geburtsvorgang kontrollieren, relativ zu ihrem Normalwert, bis ihre Produktion durch den Austritt des neu geborenen Tieres aus dem Uterus abgeschaltet wird (siehe Kapitel 7). Positive Rückkopplung ist bei Säugetieren allerdings wesentlich seltener als negative Rückkopplung.

Hormone wirbelloser Tiere 34.2

Bei vielen Metazoen-Stämmen sind **neurosekretorische Zellen** die primäre Hormonquelle. Neurosekretorische Zellen sind spezialisierte Nervenzellen, die zur Synthese und Ausschüttung von Hormonen befähigt sind. Ihre Produkte, so genannte Neurosekrete oder neurosekretorische Hormone, werden unmittelbar in das Kreislaufsystem freigesetzt und dienen als entscheidendes Verbindungsglied zwischen dem Nerven- und dem endokrinen System. Insekten besitzen ebenfalls endokrine Drüsen, die Prothoraxdrüsen, die das Hormon Ecdyson sezernieren.

Neurosekretorische Hormone oder Neuropeptide treten bei allen Metazoen-Gruppen auf. Neuropeptide regulieren bei Wirbellosen viele physiologische Vorgänge. Bei den Crustaceen erhöht das **kardioaktive**

34.2 Hormone wirbelloser Tiere

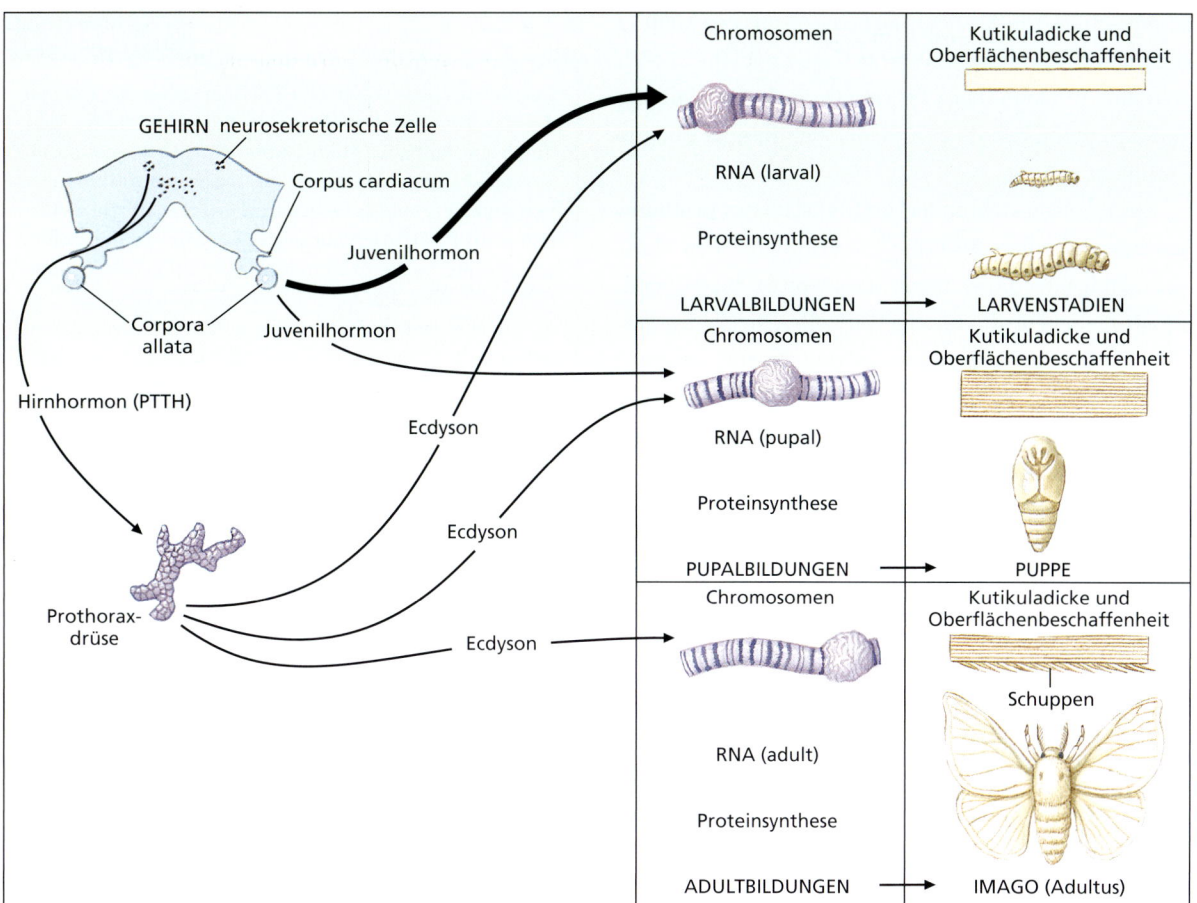

Abbildung 34.4: **Die endokrine Kontrolle der Häutung eines Nachtfalters.** Sie ist typisch für Insekten mit einer vollständigen Metamorphose. Viele Motten paaren sich im Frühjahr oder Sommer, und die Eier schlüpfen bald darauf zum ersten von mehreren Larvenstadien aus. Nach der endgültigen Larvenhäutung spinnt die letzte und größte Larve (die Raupe) einen Kokon, in der sie sich verpuppt. Die Puppe überwintert, und im darauffolgenden Frühling schlüpft die Adultform (der Schmetterling), um eine neue Generation zu beginnen. Das Juvenilhormon und das Ecdyson wechselwirken bei der Kontrolle der Häutung und der Verpuppung. Viele Gene werden während der Metamorphose aktiviert, wie an der Puffbildung der Chromosomen (mittlere Bildreihe) erkennbar ist. Puffs bilden sich im Verlauf sukzessiver Häutungen der Reihe nach aus. Änderungen der Kutikuladicke und charakteristisches Aussehen der einzelnen Stadien sind in der rechten Bildreihe dargestellt.

Peptid die Schlagzahl des Herzens. Hormone, die bei Insekten den Stoffwechsel der Kohlenhydrate, der Fette und der Aminosäuren regulieren, gehören zur Familie der **adipokinetischen Hormone**. **Diuretische Hormone** stimulieren die Sekretion von Flüssigkeit in die Malpighi'schen Röhren (Abbildung 30.8). Ein ausgiebig untersuchter neurosekretorischer Prozess bei Invertebraten ist die Kontrolle der Entwicklung und der Metamorphose der Insekten. Bei den Insekten vollzieht sich das Wachstum, wie bei anderen Arthropoden auch, durch eine Abfolge von Schritten, in denen das starre, nicht dehnungsfähige Exoskelett periodisch abgestoßen und durch ein neues, größeres ersetzt wird. Die meisten Insekten durchlaufen eine Metamorphose (Kapitel 20), mit einer Folge von Juvenilstadien, die jeweils die Bildung eines neuen Exoskeletts erfordern und mit einer Häutung enden.

Spezialisten für die Physiologie von Insekten haben herausgefunden, dass die Häutung und die Metamorphose in erster Linie durch die Wechselwirkung zweier Hormone kontrolliert wird: Eines begünstigt das Wachstum und die Differenzierung adulter Gewebe, das andere begünstigt die Erhaltung juveniler Bildungen. Bei diesen beiden Hormonen handelt es sich um das **Häutungshormon** (**Ecdyson**), das von der Prothoraxdrüse gebildet wird, und das **Juvenilhormon**, das von den Corpora allata gebildet wird (▶ Abbildung 34.4). Die chemischen Strukturen beider Hormone sind bekannt. Um zu beweisen, dass das Ecdyson ein Steroid ist, war es notwendig Extrakte von 1000 kg Puppen von Seidenspinnern herzustellen und aufzuarbeiten. Die Reindarstellung und Strukturaufklärung des Ecdysons wurde von den deutschen Biochemikern Adolf Butenandt und Peter Karlson in den Jahren zwischen 1953 und 1955 durchgeführt. Die Ausbeute an Ecdyson aus den 1000 kg Schmetterlingspuppen belief sich auf ungefähr 25 Milligramm. Butenandt war für seine Forschungen an Steroidhormonen bereits 1939 der Nobelpreis für Chemie verliehen worden.

Das Ecdyson steht unter der Kontrolle des **prothorakotropen Hormons** (**PTTH**). Dieses Hormon ist ein Polypeptid mit einer molekularen Masse von ca. 5000 Dalton. Es wird von neurosekretorischen Zellen im Gehirn produziert und durch die Axone zu den Corpora cardiaca transportiert, wo es eingelagert wird. Während verschiedener Stadien des Juvenilwachstums stimuliert eine Freisetzung von PTTH in das Blut in bestimmten Intervallen die Prothoraxdrüse zur Sekretion von Ecdyson. Der Zellkernrezeptor des Ecdysons wirkt im Verbund mit dem gebundenen Hormon als genregulatorisches Protein direkt auf die Chromosomen ein (Abbildung 34.2). Es setzt Veränderungen in Gang, die zur Häutung führen, indem es die Bildung adulter Strukturen begünstigt. Es wird durch das Juvenilhormon kontrolliert, das die Entwicklung juveniler Merkmale begünstigt. Während der Juvenilphasen überwiegt die Wirkung des Juvenilhormons, und jede Häutung führt zu einem weiteren, größeren Juvenilstadium (Abbildung 34.4). Schließlich nimmt die Produktion von Juvenilhormon ab, wodurch die endgültige Metamorphose zum Adultus ermöglicht wird.

Das Juvenilhormon scheint zumindest bei einigen Insekten während der **Diapause** (angehaltene Entwicklung) von Bedeutung zu sein; diese kann auf jeder Stufe der Metamorphose einsetzen. Die Diapause vollzieht sich für gewöhnlich nach Maßgabe saisonaler Änderungen der Umweltbedingungen, wie etwa kühle Temperaturen oder Änderungen der Tageslänge. Bei einigen Insekten hemmen hohe Konzentrationen des Juvenilhormons die Freisetzung von PTTH, so dass der Ecdysonspiegel niedrig bleibt und die Weiterentwicklung zum nächsten Stadium unterbleibt. Bei anderen Insekten kommt es infolge einer Abnahme der neurosekretorischen Aktivität des Gehirns und einer direkten Verminderung des PTTHs oder durch eine direkte Wirkung der Temperatur auf die Prothoraxdrüse, die zu einer Verminderung der Ecdysonsekretion führt, zum Einsetzen der Diapause. Das Juvenilhormon findet sich auch in adulten Insekten, wo es an der Regulation der Eientwicklung bei weiblichen Tieren beteiligt ist. Darüber hinaus führen niedrige Juvenilhormonspiegel zu einer herabgesetzter Fortpflanzungsfunktion im Verlauf der adulten Diapause (= Dormanz), die bei einigen Insekten im Winter stattfindet.

> **Exkurs**
>
> Die genaue Lokalisation des PTTHs im Gehirn der Puppen des Tabakschwärmers (*Manduca sexta*) gelang N. Agui durch eine knifflige Mikrosektion. Unter Verwendung eines menschlichen Augenbrauenhaares war es ihm möglich genau die eine Zelle in jeder Hirnhemisphäre zu isolieren, die PTTH-Aktivität zeigte. Nur diese beiden Zellen von jeweils ca. 20 μm Durchmesser stellen das gesamte PTTH her, über das das Insekt verfügt. Zu einer Zeit, in der hochentwickelte Instrumente dem Forscher einen großen Teil der Arbeit (und einen Teil der Kreativität) abgenommen haben, ist es beruhigend, zu erfahren, dass manche biologische Geheimnisse sich schließlich nur dem Erfindungsgeist und dem geschickten Einsatz der menschlichen Hand geschlagen geben.

Chemikern ist die Synthese mehrerer hochwirksamer Juvenilhormon-Analoga gelungen, die als vielversprechende Insektizide angesehen werden. Winzige Mengen dieser synthetischen Analoga induzieren abnorme Finalhäutungen, oder sie verzögern oder blockieren die Entwicklung. Anders als andere Insektizide wirken diese Stoffe mit hoher Spezifität und gelten als ökologisch unbedenklich.

Endokrine Drüsen und Hormone von Wirbeltieren 34.3

Im weiteren Verlauf des Kapitels wollen wir einige der am besten untersuchten und wichtigsten Hormone der Wirbeltiere vorstellen. Obwohl diese Erörterung sich in erster Linie auf eine kurze Übersicht der Hormonmechanismen bei Säugetieren beschränkt (weil Mammalia als Versuchstiere im Labor und der Mensch in der Medizin zu allen Zeiten die am intensivsten erforschten Objekte waren), werden wir auf einige bedeutungsvolle Unterschiede zwischen den funktionellen Rollen bei den unterschiedlichen Wirbeltiergruppen hinweisen.

34.3.1 Hormone des Hypothalamus und der Hypophyse

Die Hypophyse (Hirnanhangsdrüse; *Glandula pituitaria*) ist eine kleine Drüse (beim Menschen von ungefähr 0,5 g Masse und der Größe eines Kirschkerns), die an einem gut geschützten Ort zwischen dem Gaumendach und dem Gehirn liegt (▶ Abbildung 34.5). Sie ist eine zweiteilige Drüse, die einen doppelten embryonalen Ur-

34.3 Endokrine Drüsen und Hormone von Wirbeltieren

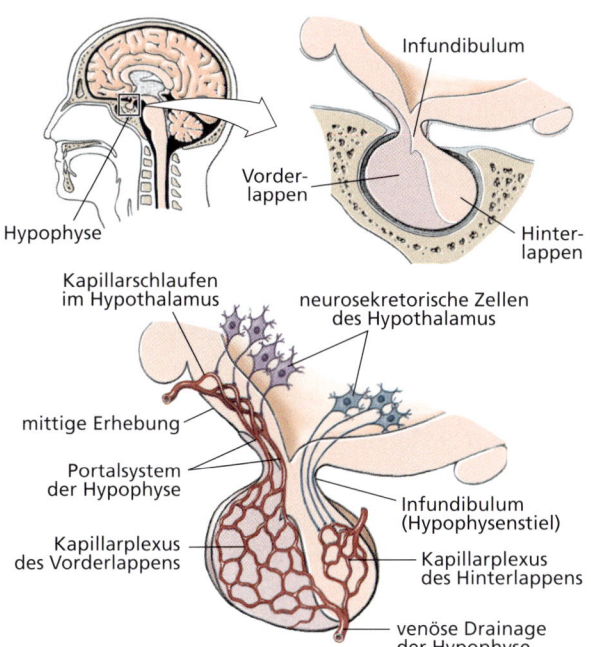

Abbildung 34.5: Der menschliche Hypothalamus und die Hirnanhangsdrüse. Der Hypophysenhinterlappen ist durch Axone der neurosekretorischen Zellen direkt mit dem Hypothalamus verbunden. Der Vorderlappen ist über einen Pfortaderkreislauf, der in der Hypothalamusbasis beginnt und im Hyophysenvorderlappen endet, indirekt mit dem Hypothalamus verbunden (rot gezeichnet).

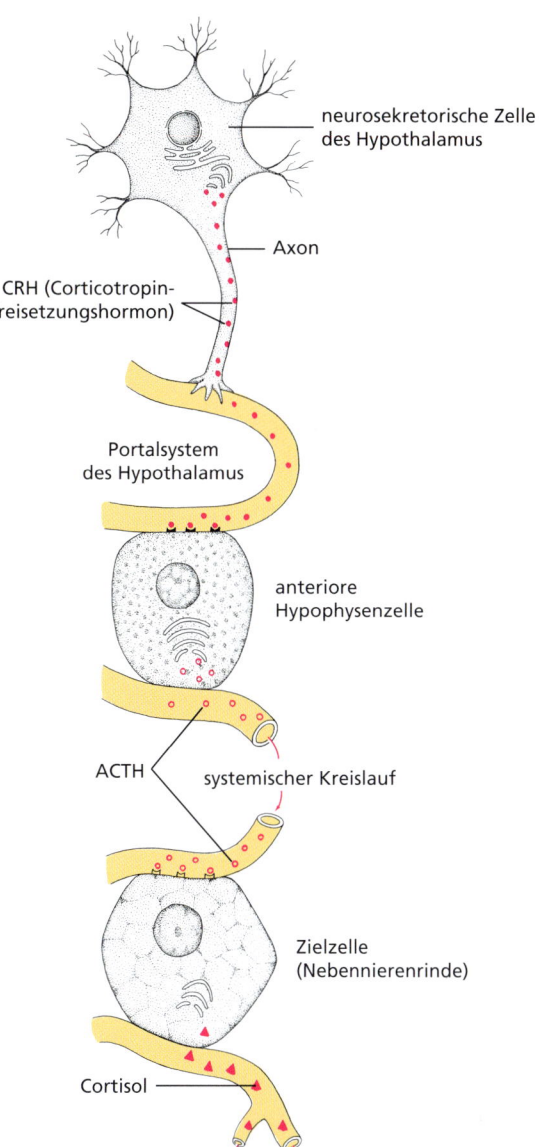

Abbildung 34.6: Beziehungen zwischen den Hormonen des Hypothalamus, der Hypophyse und denen der Effektordrüse. Die Abfolge der Hormone, welche die Freisetzung des Cortisols aus der Nebennierenrinde kontrolliert, ist als Beispiel dargestellt.

sprung hat. Der **Hypophysenvorderlappen** (die **Adenohypophyse**) leitet sich embryonal vom Gaumendach ab. Der **Hypophysenhinterlappen** (die **Neurohypophyse**) entspringt aus einem ventralen Teil des Gehirns, dem **Hypothalamus**, durch den sie über einen Stiel, das **Infundibulum**, verbunden ist. Obwohl dem Hypophysenvorderlappen jegliche anatomische Verbindung mit dem Gehirn fehlt, ist er funktionell über einen speziellen Portalkreislauf mit diesem verknüpft. Ein Pfortaderkreislauf transportiert Blut von einem Kapillargeflecht zu einem anderen (Abbildungen 34.5 und ▶ 34.6). In dem hier betrachteten Fall stellt der Pfortaderkreislauf eine Verbindung zwischen den neurosekretorischen Zellen des Hypothalamus und dem Hypophysenvorderlappen her.

Hypothalamus und Neurosekretion

Infolge der strategischen Bedeutung der Hypophyse, die diese Drüse bei der Steuerung der meisten hormonellen Aktivitäten des Körpers besitzt, wurde die Hirnanhangsdrüse früher gern als die „Haupthormondrüse" bezeichnet. Diese Sichtweise ist jedoch nicht wirklich gerechtfertigt, da der Hypophysenvorderlappen durch eine höhere Instanz – die neurosekretorischen Zentren des Hypothalamus – reguliert wird. Der Hypothalamus seinerseits steht unter der letztendlichen Kontrolle durch Eingänge aus anderen Bereichen des Gehirns. Der Hypothalamus enthält Gruppen neurosekretorischer Zellen, die spezialisierte Nervenzellen darstellen (Abbildungen 34.5 und 34.6). Diese stellen Neurohormone her, die als **Freisetzungshormone** (releasing hormones) oder **Freisetzungshemmhormone** (release-inhibiting hormones) bzw. -faktoren bezeichnet werden. Diese Neurohormone werden die Axone der Nervenzellen entlang transportiert, bis zu deren Endigungen in der medianen Erhebung (median eminence). Hier treten sie in ein

1117

Netzwerk aus Kapillaren ein, um ihre Reise zum Hypophysenvorderlappen über das Pfortadersystem der Hypophyse zu vollenden. Die Hypothalamushormone stimulieren oder hemmen dann die Freisetzung der verschiedenen Hypophysenhormone. Mehrere hypothalamische Freisetzungs- und Freisetzungshemmfaktoren sind beschrieben, chemisch charakterisiert und rein dargestellt worden (▶ Tabelle 34.1). Die Identifizierung und Wirkungsweise einiger der in Tabelle 34.1 aufgelisteten Hypothalamushormone ist jedoch noch spekulativ.

Die Vorderhypophyse

Der vordere, anteriore Teil der Hypophyse besteht aus dem **Vorderlappen** (Pars distalis), wie in Abbildung 34.5 zu sehen, und einem **Mittellappen** (Pars intermedia), der bei einigen Tierarten (zum Beispiel dem Menschen) fehlt. Die Vorderhypophyse erzeugt sieben Hormone, und bei Tieren mit einem Mittellappen, werden alle außer einem durch den Vorderlappen freigesetzt.

Vier der Hormone der Vorderhypophyse sind **trophische Hormone** (gr. *trope*, hinwenden), die regulierend auf andere endokrine Drüsen einwirken (Tabelle 34.1). Das **schilddrüsenstimulierende Hormon (TSH**; auch **Thyreotropin** genannt) regt die Bildung der Schilddrüsenhormone durch die Schilddrüse an. Zwei trophische Hormone werden gemeinhin als **Gonadotropine** bezeichnet, weil sie ihre Wirkung auf die Gonaden (Keimdrüsen: Ovarien bei weiblichen und Testes bei männlichen Tieren) entfalten. Dieses sind das **follikelstimulierende Hormon (FSH)** und das **luteinisierende Hormon (LH)**. FSH fördert die Eibildung und die Ausschüttung von Östrogenen in weiblichen Tieren sowie die Spermienproduktion bei männlichen. Das LH induziert die Ovulation (den Eisprung), die Bildung des Gelbkörpers (Corpus luteum) sowie die Ausschüttung weiblicher Geschlechtssteroide wie Progesteron und Östrogen. Bei männlichen Tieren fördert das LH die Produktion von männlichen Sexualsteroiden (in erster Linie Testosteron). Es wurde früher bei Männchen ICSH (interstitialzellenstimulierendes Hormon) genannt, bevor man entdeckte, dass es chemisch mit dem LH der Weibchen identisch ist. Das vierte trophische Hormon, das adrenocorticotrope Hormon (ACTH) steigert die Produktion und Ausschüttung von Steroidhormonen wie Cortisol aus der Nebennierenrinde.

Prolaktin (auch: *luteotropes Hormon* (LTH), *laktotropes Hormon* oder *Laktotropin*) und das strukturverwandte **Wachstumshormon (GH**, von: growth hormone) sind Proteine. Das Prolaktin ist unverzichtbar für die Vorbereitung der Milchdrüse der Säugetiere für die Laktation (Milchausschüttung); nach der Geburt ist es notwendig für die Produktion der Muttermilch. Bei einer Vielzahl von Wirbeltieren ist das Prolaktin weiterhin an der Auslösung des elterlichen Verhaltens beteiligt. Jenseits seiner mehr traditionellen Rolle bei der Fortpflanzung reguliert das Prolaktin bei vielen Arten den Wasser- und Elektrolythaushalt. In jüngerer Zeit konnte gezeigt werden, dass Prolaktin ein chemischer Mediatorstoff des Immunsystems und von Bedeutung für die Bildung neuer Blutgefäße (die Angiogenese) ist. Anders als trophische Hormone, wirkt das Prolaktin direkt auf das/die Zielgewebe ein statt dieses indirekt über zwischengeschaltete andere Hormone zu tun.

Das **Wachstumshormon** (auch *Somatotropin* genannt) vollführt eine vitale Aufgabe bei der Steuerung des Körperwachstums durch seinen stimulatorischen Effekt auf die zelluläre Mitose, die Synthese von Boten-RNAs (mRNA) und Proteinen sowie auf den allgemeinen Stoffwechsel, insbesondere in neuen Geweben junger Wirbeltiere. Das Wachstumshormon wirkt unmittelbar auf Wachstum und Stoffwechsel ein, aber auch mittelbar über ein Polypeptidhormon, den **insulinähnlichen Wachstumsfaktor IGF** (insulin-like growth factor), der auch als Somatomedin bezeichnet und von der Leber gebildet wird.

Das einzige Hormon der Vorderhypophyse, das vom Mittellappen gebildet wird, ist das **melanocytenstimulierende Hormon (MSH)**. Bei den Knorpel- und den Knochenfischen, den Amphibien und Reptilien ist das MSH ein direktwirkendes Hormon, das die Feinverteilung des Pigmentes Melanin in den Melanocyten fördert, wodurch die Zellen dunkler werden. Bei den Vögeln und Säugetieren wird das MSH von Zellen von der Vorderlappen der Hypophyse gebildet statt vom Mittellappen, doch ist seine physiologische Funktion in diesen Organismengruppen weiterhin unklar. Neueste Erkenntnisse deuten darauf hin, dass MSH wichtige Funktionen bei der Regulation des Hungergefühls und der sexuellen Erregung hat; außerdem scheint dieses Hormon bei der Begrenzung der Fieberreaktion eine Rolle zu spielen. Bei den endothermen Gruppen scheint das MSH nicht an der Steuerung der Pigmentierung beteiligt zu sein, obgleich es zu einer Dunkeltönung der Haut kommt, wenn MSH beim Menschen in den Blutstrom injiziert wird. Bis vor kurzem waren viele Endokrinologen der Meinung, dass das MSH bei den Säugetieren ein rudimentäres Hormon sei; das Interesse an ihm ist jedoch erwacht, weil es Untersuchungen gibt, die gezeigt haben, dass es das Gedächtnis verbessert und das Wachstum des

34.3 Endokrine Drüsen und Hormone von Wirbeltieren

Tabelle 34.1
Hormone der Wirbeltierhypophyse

	Hormon	Chemische Natur	Hauptsächliche Wirkung	Hypothalamische Kontrolle
Adenohypophyse				
Vorderlappen	Schilddrüsenstimulierendes Hormon (TSH)	Glycoprotein	Stimulation der Synthese und Freisetzung von Schilddrüsenhormon	TSH-Freisetzungshormon (TRH)
	Follikelstimulierendes Hormon (FSH)	Glycoprotein	♀: Follikelreifung, Östrogensynthese ♂: Stimulation der Spermienreifung	Gonadotropin-Freisetzungshormon (GnRH)[1]
	Luteinisierendes Hormon (LH)	Glycoprotein	♀: Stimulation des Eisprungs, Bildung des Gelbkörpers, Östrogen- und Progesteron-Synthese ♂: Testosteron-Ausschüttung	Gonadotropin-Freisetzungshormon (GnRH)[1]
	Prolaktin (PRL)	Protein	Wachstum der Milchdrüse, Milchsynthese, Immunantwort und Blutgefäßbildung bei Säugetieren; Brutverhalten, Kontrolle des Elektrolyt- und Wasserhaushalts bei niederen Vertebraten	Dopamin (Prolaktin-Freisetzungshemmhormon oder PIH) Prolaktin-Freisetzungsfaktor (PRF)?
	Wachstumshormon (= Somatotropin) (GH)	Protein	Stimulation von Gewebe- und Knochenwachstum, Proteinsynthese; Mobilisierung von Glycogen und Energie aus Fettreserven	Wachstumshormon-Freisetzungshormon (GHRH) Wachstumshormon-Freisetzungshemmhormon (GHIH) (= Somatostatin)
	Adrenocorticotropes Hormon (ACTH)	Polypeptid	Stimulation der Glucocorticoid-Synthese in der Nebennierenrinde	Corticotropin-Freisetzungshormon (CRH)
Zwischenlappen[2]	Melanocytenstimulierendes Hormon (MSH)	Polypeptid	Erhöhte Melaninproduktion in Melanocyten der Epidermis von Ektothermen; Regulation von Hunger und sexueller Erregung, Begrenzung der Fieberreaktion bei Endothermen	Melanocytenstimulierendes Hormon-Hemmhormon (MSHIH)
Neurohypophyse				
Hinterlappen	Oxytocin	Oktapeptid (Peptid aus acht Aminosäuren)	Milchausstoß, Uteruskontraktion, Sexualverhalten und Paarbildung bei monogamen Tieren	
	Vasopressin[3] (= antidiuretisches Hormon) (ADH)	Oktapeptid	Wasser-Reabsorption in den Nieren von Säugetieren	
	Vastocin[4]	Oktapeptid	Erhöhung der Wasser-Reabsorption	

[1] Ein GnRH reguliert sowohl FSH und LH; einige neuere Befunde deuten jedoch darauf hin, dass ein separates FSH-Freisetzungshormon (FSH-RH) existiert.
[2] Den Vögeln und einigen Säugetieren fehlt der Hypophysenzwischenlappen. Bei diesen Formen wird das MSH vom Vorderlappen gebildet.
[3] Bei Säugetieren.
[4] In allen Klassen der Wirbeltiere mit Ausnahme der Mammalia, obgleich weitere verwandte Hormone identifiziert worden sind.

Fötus verstärkt. Darüber hinaus ist MSH aus bestimmten Bereichen des Hypothalamus isoliert worden. Dort soll es bei adulten Säugetieren an der Regulierung der Nahrungsaufnahme und des Stoffwechsels beteiligt sein. Zukünftige Untersuchungen müssen erbringen, ob das MSH auch bei der Entwicklung eine ähnliche Rolle spielt. MSH und ACTH leiten sich von einem Vorläufermolekül, dem Pro-opiomelanocortin (POMC) ab, welches das Translationsprodukt eines einzigen Gens ist und somit ein Präprohormon darstellt.

Der Hypophysenhinterlappen

Der Hypothalamus ist die Quelle zweier Hormone des Hypophysenhinterlappens (Tabelle 34.1). Sie werden von neurosekretorischen Zellen des Hypothalamus gebildet, deren Axone sich in den Infundibularstiel ausdehnen, der in den Hinterlappen hineinreicht. Die Hormone werden an den axonalen Endigungen in der unmittelbaren Nachbarschaft von Blutkapillaren freigesetzt. In diese treten die Hormone nach der Ausschüttung ein (siehe Abbildung 34.5). In gewissem Sinn ist also der Hypophysenhinterlappen keine echte endokrine Drüse, sondern ein Speicher- und Freisetzungsorgan für Hormone, die vollständig vom Hypothalamus gebildet werden. Die beiden Hypophysenhinterlappen-Hormone der Säugetiere, Oxytocin und Vasopressin, sind sich chemisch sehr ähnlich. Beides sind Oligopeptide aus je acht Aminosäuren Länge (Oktapeptide; ▶ Abbildung 34.7). Diese Hormone gehören zu den am schnellsten wirkenden, da sie bereits wenige Sekunden nach ihrer Freisetzung aus dem Hinterlappen der Hypophyse zu einer messbaren Reaktion führen.

Das **Oxytocin** besitzt zwei wichtige, spezialisierte Funktionen in der Fortpflanzungsphysiologie adulter weiblicher Säugetiere. Es stimuliert die Kontraktion der glatten Muskulatur des Uterus (der Gebärmutter) während des Geburtsvorganges. In der klinischen Praxis wird Oxytocin eingesetzt, um bei langanhaltenden Wehen eine Geburt einzuleiten und um uterine Blutungen nach der Geburt zu verhindern. Eine weitere Wirkung des Oxytocins besteht darin, dass es den Milchausstoß der Milchdrüsen auf einen Saugreiz hin veranlasst. Neuere Arbeiten haben außerdem ergeben, dass das Oxytocin eine Rolle bei der Paarbindung im Verhalten beider Geschlechter bei monogamen Mullen spielt.

Das **Vasopressin** (= **antidiuretisches Hormon, ADH**), das zweite der Hinterlappen-Hormone, wirkt auf die Sammelrohre der Niere und führt dort zu einer Steigerung der Rückresorption von Wasser und wirkt so der

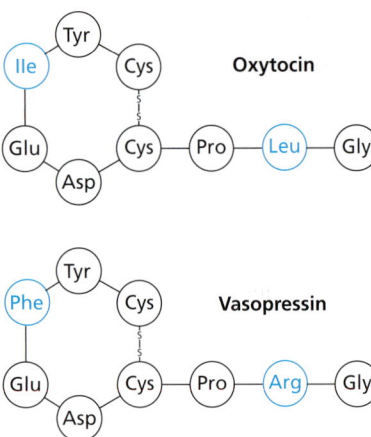

Abbildung 34.7: **Hypophysenhinterlappen-Hormone der Säugetiere.** Oxytocin und Vasopressin bestehen aus je acht Aminosäuren (die beiden sulfurverbundenen Cystein-Moleküle werden als eine einzige Aminosäure betrachtet: Cystin). Oxytocin und Vasopressin sind identisch bis auf die blau markierten Austausche der Aminosäuren. Die Abkürzungen stehen für Aminosäuren.

Harnbildung entgegen (siehe Kapitel 30: Wasserausscheidung). Es entfaltet seine Wirkung durch einen vermehrten cAMP-vermittelten Einbau von Wasserkanälen (= Aquaporine) in die apikale Membran von Epithelzellen der Sammelrohre. Das Vasopressin wird aus diesem Grund auch als **antidiuretisches Hormon** (**ADH**) bezeichnet. Durch seine allgemein konstriktorische Wirkung auf die glatte Muskulatur und die Arteriolen steigert das Vasopressin außerdem den Blutdruck. Schließlich wirkt das Vasopression zentral, indem es das Durstgefühl verstärkt und dadurch das Trinkverhalten auslöst.

Alle kiefertragenden Wirbeltiere schütten zwei Hinterlappen-Hormone aus, die denen der Säugetiere recht ähnlich sind. Alle sind Oktapeptide, doch weichen ihre Strukturen ab, weil an drei der acht Positionen im Molekül Austausche der Aminosäuren stattgefunden haben.

Von allen Hinterlappen-Hormonen weist das **Vasotocin** (Tabelle 34.1) die breiteste phylogenetische Verbreitung auf. Man nimmt daher an, dass es sich bei ihm um die Stammverbindung handelt, aus dem die anderen Oktapeptid-Hormone sich evolutiv entwickelt haben. Man findet es bei allen Vertebraten mit Ausnahme der Säugetiere. Bei den Amphibien – insbesondere den Kröten – wirkt es ausgleichend auf den Wasserhaushalt, indem es (1) die Permeabilität der Haut steigert (um die Absorption von Wasser aus der Umgebung zu fördern), (2) die Rückresorption von Wasser aus der Harnblase stimuliert, und (3) die Harnbildung drosselt. Die Wirkungen des Vasotocins sind bei den Amphibien am besten verstanden, doch scheint es auch bei den Vögeln und den Reptilien eine gewisse Rolle bei der Regulierung des Wasserhaushaltes zu spielen.

34.3.2 Die Epiphyse (Zirbeldrüse)

Bei allen Wirbeltieren bringt der dorsale Anteil des Gehirns, das Diencephalon (Zwischenhirn; Abbildung 33.13) eine sackartige Einstülpung hervor, der als Pinealkomplex bezeichnet wird, und welcher unmittelbar unter dem Schädeldach in einer medianen Position liegt. Bei den ektothermen Vertebraten enthält der Pinealkomplex drüsiges Gewebe und ein Lichtsinnesorgan, das an der Steuerung der Hell/Dunkelrhythmik und der Pigmentierung beteiligt ist. Bei den Neunaugen, vielen Amphibien, den Eidechsen und den Brückenechsen (*Sphenodon*; Kapitel 26: Ordnung Sphenodonta) ist das mediane Lichtsinnesorgan so gut entwickelt – mit Strukturen die der Linse und der Cornea (Hornhaut) der Lateralaugen analog sind – dass es oft als *Scheitelauge* (Parietalauge) bezeichnet wird. Bei den Vögeln und den Säugetieren ist der Pinealkomplex eine vollständig drüsige Bildung, die als **Zirbeldrüse** der **Epiphyse** (*Glandula pinealis*) bezeichnet wird. Die Zirbeldrüse produziert das Hormon **Melatonin**. Die Melatonin-Ausschüttung wird stark durch die Lichtmenge beeinflusst. Die Produktion ist während der hellen Tagesstunden am geringsten und während der Nacht am höchsten. Bei den Vertebraten außer den Säugetieren ist die Epiphyse verantwortlich für die Aufrechterhaltung des circadianen Rhythmus – dem endogenen Tagesrhythmus von ungefähr 24 Stunden Zykluslänge. Ein **circadianer Rhythmus** (lat. *circa*, ungefähr + *dies*, Tag) dient als biologische Uhr zur Steuerung und zum Abgleich vieler physiologischer Vorgänge, die einem regelmäßigen Muster folgen.

Bei den Säugetieren ist ein Teil des Hypothalamus, der **suprachiasmatische Kern** (*Nucleus suprachiasmaticus*) zum primären circadianen Taktgeber geworden, obgleich die Zirbeldrüse weiterhin nachts Melatonin produziert und der Verstärkung des vom suprachiasmatischen Kern vorgegebenen Takts dient. Bei Vögeln und Säugetieren, bei denen die jahreszeitlichen Rhythmen der Fortpflanzung von der Zahl der hellen Tagesstunden (Photoperiode) abhängen, spielt das Melatonin eine bedeutende Rolle bei der zeitlichen Steuerung der Gonadenaktivität. Bei Langtagtieren wie Frettchen (*Mustela putorius furo*), Hamstern (*Cricetus* sp.) und Weißfuß- oder Hirschmäusen (*Peromyscus* sp.) führt die verminderte Lichtmenge, die mit der Abnahme der hellen Tagesstunden im Herbst einhergeht, zu einer verstärkten Melatonin-Ausschüttung, so dass bei diesen Tieren die Fortpflanzungsaktivität in den Wintermonaten unterdrückt wird. Die Zunahme der hellen Tagesstunden im Frühling hat den gegenteiligen Effekt, und die Fortpflanzungsaktivitäten kommen wieder in Gang. Kurztagtiere wie die Weißwedelhirsche (*Odocoileus virginianus*), der Silberfuchs (eine gräulich gefärbte Morphe des Rotfuchses (*Vulpes vulpes*), der Fleckenskunk (*Spilogale putorius*, eine Stinktierart) und Schafe (*Ovis* sp.) werden durch das Zurückgehen der hellen Tagesstunden im Herbst stimuliert; die im Herbst ansteigenden Melatonin-Konzentrationen sind mit einer gesteigerten Fortpflanzungstätigkeit verbunden. Die Rolle des Melatonins ist in beiden Fallen eine indirekte, da das Melatonin selbst die „Fortpflanzungsachse" (die Abfolge funktionell miteinander in Verbindung stehender, an der Fortpflanzung beteiligter Organe) nicht anregt oder hemmt.

Die Zirbeldrüse übt subtile und unvollständig verstandene Wirkungen auf die circadiane wie auf die annuelle Rhythmik nichtphotoperiodischer Tiere wie den Menschen aus. Die Melatonin-Ausschüttung ist beispielsweise mit einer Schlaf- und Ess-Störung beim Menschen in Verbindung gebracht worden, die als saisonale affektive Störung bezeichnet wird. Manche Menschen hoher Breiten, die in Gebieten leben, in denen im Winter die Zahl der hellen Tagesstunden sehr klein und die Melatonin-Produktion dann sehr hoch ist, leiden in dieser Zeit unter depressiver Verstimmung („Winterdepression"), sie schlafen lange und zeigen in manchen Fällen ein gestörtes, unregelmäßiges Essverhalten mit übermäßiger Nahrungsaufnahme. Oftmals kann diese winterliche Gemütstörung durch eine Lichttherapie behandelt werden, indem die Patienten mit Licht bestrahlt werden, das alle sichtbaren Wellenlängen enthält. Das helle Licht reduziert die Melatonin-Sekretion durch die Epiphyse. Gestörte physiologische Rhythmen, die durch „Jetlag" (die schnelle Überwindung von Zeitzonen der Erde), Schichtarbeit und die biologische Alterung ausgelöst werden, sind ebenfalls mit einer abweichenden Melatonin-Rhythmik in Verbindung gebracht worden.

34.3.3 Neuropeptide des Gehirns

Die verwischte Grenzlinie zwischen dem endokrinen System und dem Nervensystem tritt an keiner Stelle deutlicher in Erscheinung als innerhalb des Nervensystems, in dem eine ständig wachsende Zahl hormonähnlicher Neuropeptide entdeckt worden ist, und das sowohl in den peripheren wie den zentralen Nervensystemen von Vertebraten wie Invertebraten. Bei Säugetieren sind ungefähr vierzig unterschiedliche Neuropeptide durch immunologischen Nachweis mit markierten Antikörpern, die sich an histologischen Schnitten unter dem Mikroskop sichtbar machen lassen, nachgewiesen worden, und es werden immer noch neue gefunden. Von vielen weiß man, dass sie ein „Doppelleben" führen, sie sich also wie Hormone verhalten können, indem sie Signale von Drüsenzellen zu Zielzellen übermitteln, sich andererseits aber auch wie Neurotransmitter verhalten können, indem sie Signale von einer Nervenzelle zur nächsten übermitteln. So wurden beispielsweise sowohl Oxytocin wie Vasopressin durch immunhistochemische Methoden an vielen, weit verteilten Stellen im Gehirn nachgewiesen. Mit dieser Entdeckung ist die faszinierende Beobachtung verbunden, dass Menschen und Versuchstiere, denen kleinste Vasopressin-Mengen in die Blutbahn injiziert wurden, eine verbesserte Lernfähigkeit und verbesserte Gedächtnisleistungen zeigten. Diese Wirkung des Vasopressins auf das Gehirn ist unabhängig von seiner gut untersuchten antidiuretischen Wirkung auf die Nieren (Kapitel 30: Wasserausscheidung). Mehrere Hormone, wie zum Beispiel das Gastrin und das Cholezystokinin (Kapitel 32: Regulation der Verdauung), von denen man lange gedacht hatte, dass sie nur im Gastrointestinaltrakt ihre Wirkung entfalten, sind auch in der Hirnrinde (Cortex cerebri), dem Hippocampus und dem Hypothalamus gefunden worden. Über seine gastrointestinalen Wirkungen hinaus, weiß man, dass das Cholezystokinin bei der Kontrolle des Fressverhaltens und des Sättigungsgefühls eine Rolle spielt und vielleicht noch weitere Funktionen als Neuroregulator im Gehirn hat.

Zu den dramatischen Entwicklungen auf dem Feld der Endokrinologie gehörte um 1975 die Entdeckung der Endorphine und Enkephaline, Neuropeptide, die an Opiatrezeptoren binden und Empfindungen wie Schmerz und Wohlbefinden beeinflussen (siehe Kapitel 33: Mechanorezeption: Schmerz). Die Endorphine und Enkephaline finden sich auch in neuronalen Schaltkreisen des Gehirns, die verschiedene andere Funktionen modulieren, welche ohne Bezug zu Wohlbefinden und Schmerz sind, etwa die Kontrolle des Blutdruckes, der Körpertemperatur, von Körperbewegungen, Nahrungsaufnahme und Fortpflanzung. Noch erstaunlicher ist der Umstand, dass sich die Endorphine von dem gleichen Prohormon (POMC) ableiten, aus dem auch die anterioren Hypophysenhormone ACTH und MSH entstehen.

34.3.4 Prostaglandine und Cytokine

Prostaglandine

Die **Prostaglandine** sind Derivate langkettiger, ungesättigter Fettsäuren, die in den 30er Jahren des 20. Jahrhunderts in der Samenflüssigkeit entdeckt worden sind. Zunächst hatte man angenommen, dass sie ausschließlich von der Prostata (Vorsteherdrüse) gebildet werden; danach wurden sie benannt. In der Folgezeit hat man sie in praktisch allen Geweben der Säugetiere gefunden. Die Prostaglandine sind lokal wirksame Hormone und besitzen diverse Wirkungen auf viele unterschiedliche Gewebe, was allgemeine Aussagen hinsichtlich ihrer Effekte schwierig macht. Aufgrund ihrer in der Regel lokalen Effekte werden sie auch als *Mediatoren* bezeichnet, um sie von den klassischen Hormonen abzugrenzen, deren Wirkung sich in der Regel auf Zielorgane richten, die nicht das Bildungsorgan des Hormons sind. Viele der Wirkungen der Prostaglandine betreffen jedoch die glatte Muskulatur. In einigen Geweben regulieren Prostaglandine

> **Exkurs**
>
> Die von Solomon Berson und Rosalyn Yalow um 1960 entwickelte Technik des Radioimmunoassays (RIA) hat seinerzeit die Endokrinologie und die Neurochemie revolutioniert. Als erstes erzeugt man Antikörper gegen das zu untersuchende Hormon (zum Beispiel Insulin), in dem man ein Tier wie ein Kaninchen oder ein Meerschweinchen mit dem Antigen (hier das Hormon) immunisiert. Dann wird eine festgelegte Menge radioaktiv markierten Insulins und unmarkierter Antiinsulinantikörper mit einem Aliquot Blutplasma des zu untersuchenden Blutes vermischt. Das native (unmarkierte) Insulin im Blutplasma und das radioaktive Insulin konkurrieren um die Antiinsulinantikörper. Je mehr Insulin in der zu untersuchenden Probe vorhanden ist, desto weniger radioaktives Insulin wird an die Antikörper binden. Das gebundene und das nichtgebundene Insulin werden dann voneinander getrennt und die Radioaktivität gemessen. Gleichzeitig werden geeignete Referenzlösungen mit standardisierten Insulinmengen vermessen, um einen Vergleichsmaßstab zur Kalibrierung des Verfahrens zu erhalten. Diese Methode ist so unvorstellbar empfindlich, dass sich mit ihr Konzentrationen messen lassen, die einem im Bodensee aufgelösten Stück Würfelzucker entsprechen. Heute werden solche, auf radioaktiver Markierung beruhenden Messmethoden zunehmend durch nichtradioaktive Alternativen (vor allem Fluoreszenzmethoden) verdrängt, welche die gleiche Empfindlichkeit erreichen, aber gegenüber dem Arbeiten mit strahlenden Isotopen mehrere Vorteile besitzen.

die Vasodilatation bzw. Vasokonstriktion (den Spannungszustand der Wände von Blutgefäßen) durch ihre Wirkung auf die glatten Muskelzellen in den Gefäßwänden. Man weiß weiterhin, dass sie die Kontraktion der glatten Muskulatur der Gebärmutter (Uterus) während der Geburt stimulieren. Es gibt außerdem Hinweise dafür, dass eine Überproduktion uteriner Prostaglandine für die schmerzhaften Menstruations-Symptome (Dysmenorrhoe) verantwortlich ist, unter denen viele Frauen leiden. Mehrere Hemmstoffe, welche die Prostaglandin-Produktion unterdrücken und so diese Symptome lindern, sind mittlerweile pharmazeutisch zugelassen. Zu den weiteren Wirkungen der Prostaglandine zählt ihr verstärkender Effekt auf den von geschädigten Geweben ausgehenden Schmerzreiz sowie eine Mediatorrolle bei Entzündungsvorgängen und Fieber.

Cytokine

Seit etlichen Jahren weiß man, dass die Zellen des Immunsystems miteinander kommunizieren und dass diese Verständigung von entscheidender Bedeutung für die Immunantwort ist. Mittlerweile ist bekannt, dass eine umfangreiche Gruppe von Polypeptid-Hormonen, die zusammenfassend als **Cytokine** (siehe Kapitel 35: Cytokine) bezeichnet werden, die Kommunikation unter den Zellen vermittelt, die an einer Immunreaktion teilnehmen. Cytokine können auf die Zellen rückwirken, die sie herstellen, auf in der Nähe befindliche Zellen einwirken oder – wie andere Hormone auch – Zellen beeinflussen, die sich an weit entfernten Orten aufhalten. Die Zielzellen tragen spezifische Rezeptoren für bestimmte Cytokine in Form von Transmembranproteinen der Cytoplasmamembran an ihren Oberflächen. Die Cytokine koordinieren ein kompliziertes Netzwerk, bei dem gewisse Zielzellen aktiviert und dadurch zur Teilung angeregt werden. Oftmals schütten dann die so stimulierten Zielzellen ihrerseits wieder eigene Cytokine aus. Das gleiche Cytokin, das einige Zellsorten aktiviert, mag gleichzeitig die Teilung anderer Effektorzellen unterdrücken. Cytokine sind außerdem bei der Blutbildung beteiligt, und seit kurzem wird ihre Beteiligung an der Regulation des Energiehaushaltes des Zentralnervensystems untersucht.

34.3.5 Stoffwechselhormone

Eine wichtige Hormongruppe adjustiert das fein ausbalancierte Gleichgewicht der metabolischen Aktivitäten. Die Raten der chemischen Reaktionen in den Zellen werden vielfach durch mehrere Enzyme reguliert, die in Kaskaden hintereinander geschaltet sind (siehe Kapitel 4). Obwohl solche Reaktionsfolgen oftmals kompliziert sind, ist in den meisten Fällen jeder Einzelschritt eines Stoffwechselweges selbstregulierend, solange das stationäre Gleichgewicht (Fließgleichgewicht) zwischen dem Substrat, dem katalysierenden Enzym und den Reaktionsprodukten erhalten bleibt. Hormone vermögen jedoch die Aktivitäten von Schrittmacherenzymen metabolischer Vorgänge zu verändern und damit den Gesamtvorgang zu beschleunigen oder abzubremsen. Die wichtigsten Stoffwechselhormone sind die der Schilddrüse, der Nebenschilddrüse, der Nebennieren und der Bauchspeicheldrüse sowie das schon zuvor erwähnte Wachstumshormon der vorderen Hirnanhangsdrüse. Schließlich wurde die Liste der Stoffwechselhormone in jüngerer Zeit um Leptin und Ghrelin erweitert.

Schilddrüsenhormone

Von der Schilddrüse werden zwei Hormone, das **Trijodthyronin** (T_3) und das **Thyroxin** (T_4), abgesondert. Diese große endokrine Drüse ist bei allen Wirbeltieren im Halsbereich angesiedelt. Die Schilddrüse setzt sich aus tausenden winziger, kugelförmiger Einheiten zusammen, die als Follikel bezeichnet werden. In diesen Follikeln werden die Schilddrüsenhormone synthetisiert, gespeichert und in den Blutstrom abgegeben, wenn dies erforderlich wird. Die Größe der Follikel und die Mengen an Trijodthyronin und Thyroxin, die in ihnen gelagert werden, hängen von der Aktivität der Drüse ab (▶ Abbildung 34.8).

Ein einzigartiges Kennzeichen der Schilddrüse ist die hohe Konzentration an **Jod**. Bei den meisten Säugetieren enthält diese einzige Drüse mehr als die Hälfte des im Körper gespeicherten Jods. Die Epithelzellen der Schilddrüsenfollikel entnehmen aktiv Jod aus dem Blutstrom und bauen es in die Aminosäure Tyrosin ein, wodurch die beiden Schilddrüsenhormone Trijodthyronin (T_3) mit drei Jodatomen und Thyroxin (T_4) mit vier Jodatomen pro Molekül entstehen. T_4 wird in viel größerer Menge gebildet als T_3, doch ist bei vielen Tieren T_3 das physiologisch wirksamere Hormon. Thyroxin wird heute als Vorläufer des Trijodthyronins angesehen. Die wichtigsten Wirkungen des Thyronins und des Thyroxins sind (1) die Förderung des normalen Wachstums und der Entwicklung des Nervensystems sich im Wachstum befindlicher Tiere und (2) die Ankurbelung des Stoffwechsels.

Eine Unterversorgung mit Schilddrüsenhormonen führt bei Fischen, Vögeln und Säugetieren zu einer dra-

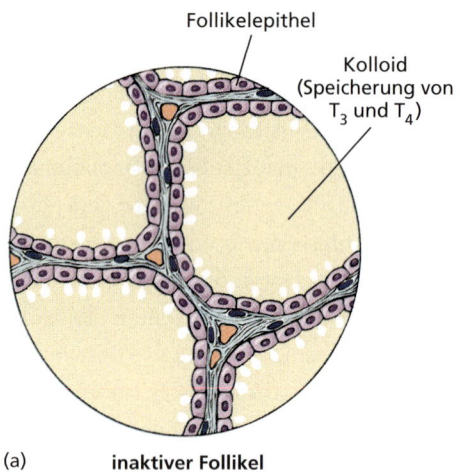

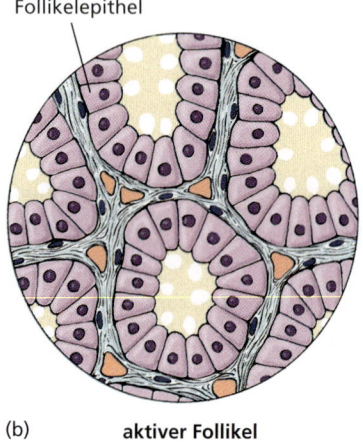

Abbildung 34.8: Schilddrüsenfollikel im Lichtmikroskop bei ca. 350-facher Vergrößerung. (a) Im Zustand der Inaktivität sind die Follikel durch ein eingelagertes Kolloid – eine Speicherform der Schilddrüsenhormone – erweitert; die Epithelzellen sind abgeflacht. (b) Im Zustand der Aktivität verschwindet das Kolloid in dem Maß, in dem die Hormone in den Kreislaufstrom abgegeben werden, und die Epithelzellen vergrößern sich stark.

matischen Behinderung des Wachstums, insbesondere des Nervensystems. Kretinismus, eine angeborene Krankheit, führt zu geistig zurückgebliebenen Zwergwüchsigen und ist das Ergebnis einer Schilddrüsenfehlfunktion im frühen Alter. Umgekehrt führt eine Überfunktion der Schilddrüse bei allen Wirbeltieren zu einer überschießenden, vorzeitigen Entwicklung, obgleich dieser Effekt bei Fischen und Amphibien besonders hervorstechend ist. Bei Fröschen und Kröten vollzieht sich die Metamorphose von der aquatisch lebenden, herbivoren Kaulquappe ohne Lungen und Beine zur semiterrestrischen oder terrestrischen, karnivoren Adultform mit Lungen und vier Beinen, wenn die Schilddrüse am Ende der Larvalentwicklung ihre Aktivität aufnimmt. Durch ansteigende Schilddrüsenhormon-Mengen im Blut sti-

muliert, kommt es zu Metamorphose und Klimax (▶ Abbildung 34.9). Das Wachstum des Frosches nach der Metamorphose wird vom Wachstumshormon gesteuert.

Bei den Vögeln und den Säugetieren ist die Kontrolle der Sauerstoffaufnahme und die Wärmeproduktion des Körpers die bestuntersuchte Wirkung der Schilddrüsenhormone.

Die Schilddrüse hält die Stoffwechselaktivität homoiothermer Tiere (Vögel und Säugetiere) im normalen Bereich. Eine Überaktivität der Schilddrüse mit erhöhter Ausschüttung der Schilddrüsenhormone kann die Vorgänge im Körper um bis zu 50 Prozent beschleunigen. Dies führt zu Reizbarkeit, Nervosität, beschleunigtem Herzschlag, Vermeidung warmer Umgebungen und Gewichtsverlust ungeachtet gesteigerten Appetits. Eine Unterversorgung mit Schilddrüsenhormonen verlangsamt die Stoffwechselaktivität, was einen Verlust der geistigen Regsamkeit, eine Verlangsamung des Herzschlags, Muskelschwäche, erhöhte Kälteempfindlichkeit und eine starke Gewichtszunahme zur Folge hat. Eine wichtige Funktion der Schilddrüse ist die Förderung der Adaption an kalte Umgebungen durch Steigerung der Wärmeerzeugung. Die Schilddrüsenhormone regen die Zellen dazu an, mehr Wärme abzugeben und weniger chemische Energie in Form von ATP zu speichern. Anders ausgedrückt, setzen die Schilddrüsenhormone den Wirkungsgrad der oxidativen Phosphorylierung in den Zellen herab (siehe Kapitel 4: Wirkungsgrad der oxidativen Phosphorylierung). Als Folge zeigen viele kälteadaptierte Tiere im Winter einen größeren Appetit und nehmen mehr Futter auf als im Sommer, obwohl ihre Aktivitätsniveaus zu beiden Jahreszeiten ungefähr gleich sind. Im Winter wird ein größerer Teil der Nahrung direkt in den Körper aufheizende Wärme umgewandelt.

Die Synthese und die Freisetzung der Schilddrüsenhormone werden vom thyreotropen Hormon (= TSH, Schilddrüsenstimulierendes Hormon, Thyreotropin) aus dem Hypophysenvorderlappen gesteuert (Tabelle 34.1). Das TSH unterliegt seinerseits der Regulation durch das Thyreotropinfreisetzungs-Hormon (TRH) aus dem Hypothalamus. Wie bereits weiter oben angemerkt, ist das TRH Teil einer höheren regulatorischen Ebene, welche die Kontrolle über die trophischen Hormone der anterioren Hypophyse ausübt. Die Überwachung der Schilddrüsenfunktion durch TRH und TSH sind ein ausgezeichnetes Beispiel einer negativen Rückkopplung (siehe hierzu weiter oben in diesem Kapitel). Diese Rückkopplungsschleife kann jedoch durch neuronale Stimuli – zum Beispiel durch eine Kälteempfindung – die un-

34.3 Endokrine Drüsen und Hormone von Wirbeltieren

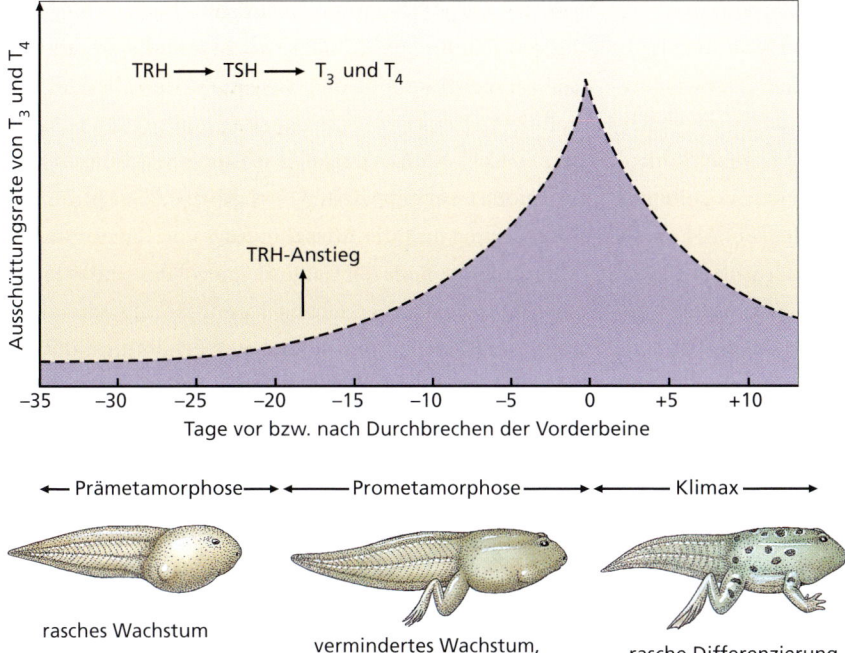

Abbildung 34.9: **Wirkungen der Schilddrüsenhormone (T_3 und T_4) auf das Wachstum und die Metamorphose eines Frosches.** Die Freisetzung von TRH aus dem Hypothalamus am Ende der Prämetamorphose setzt die hormonellen Änderungen (vermehrte Ausschüttung von TSH, T_3 und T_4) in Gang, die zur Metamorphose führen. Zum Zeitpunkt des Erscheinens der Vordergliedmaßen erreicht die Konzentration der Schilddrüsenhormone ihren Maximalwert.

mittelbar zu einer erhöhten Freisetzung von TRH und in der Folge TSH führen, aufgehoben werden.

Vor einigen Jahren war bei den Bewohnern der Region um die großen Seen im Grenzbereich zwischen Kanada und den USA der Kropf eine verbreitete Krankheit. Dies galt ebenso für die Alpenländer und weite Teile Deutschlands, die ebenfalls als Jodmangelgebiete eingestuft wurden. Als Folge eines chronischen Jodmangels in der Nahrung kommt es zu einer reaktiven Kropfbildung. Durch den Abfall der Menge an Schilddrüsenhormonen, die aufgrund des fehlenden Jods nicht gebildet werden können, kommt es durch negative Rückkopplung zu einem Ansteigen der TSH-Konzentration. Eine Überstimulation der Schilddrüse durch die erhöhten TSH-Mengen führt zu einer Hypertrophie (= übermäßiges Wachstum von Geweben und Organen) der Drüse, die versucht, durch Vergrößerung des Organs die Hormonproduktion zu steigern. Dies kann dazu führen, dass die Halsregion der Betroffenen stark anschwillt (▶ Abbildung 34.10). In den Industrieländern ist ein durch Jodmangel bedingter Kropf heute nur noch selten zu finden, da großflächig jodiertes Kochsalz Verwendung findet, so dass eine ausreichende Jodversorgung sichergestellt ist. Man schätzt jedoch, dass trotzdem weltweit immer noch 200 Millionen Menschen unter verschiedenen Schweregraden eines Kropfes leiden; die Fallhäufigkeit ist dabei in den Hochgebirgslagen Südamerikas, Europas und Asiens am höchsten.

Die hormonelle Regulation des Calcium-Stoffwechsels

Eng mit der Schilddrüse vergesellschaftet, und bei einigen Tieren tief im Körperinneren verborgen, liegen die **Nebenschilddrüsen**. Beim Menschen sind diese winzigen Drüsen in zwei Paaren ausgeprägt, doch schwankt

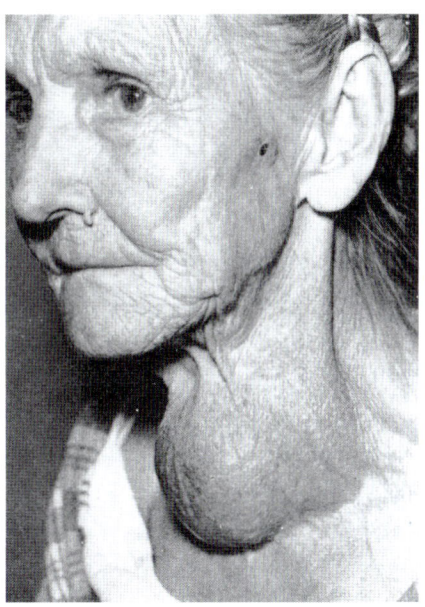

Abbildung 34.10: **Ein durch Jodmangel bedingter großer Kropf.** Eine Überstimulation durch zu viel TSH führt dazu, dass die Schilddrüse sich enorm vergrößert, da die Drüse auf diese Weise versucht, eine ausreichende Menge an Jod aus dem Blutstrom zu entnehmen, um die für den Körper erforderliche Menge an Schilddrüsenhormonen synthetisieren zu können.

ihre Anzahl und Position unter den Wirbeltieren. Sie wurden gegen Ende des 19. Jahrhunderts entdeckt, als die tödlichen Folgen einer vollständigen Thyreodektomie (operative Entfernung der Schilddrüse) auf die gleichzeitige unabsichtliche Entfernung der Nebenschilddrüsen zurückgeführt werden konnte. Bei den Vögeln und den Säugetieren (einschließlich des Menschen) kommt es nach der Entfernung der Nebenschilddrüsen zu einem raschen Abfall der Calciummenge im Blut. Diese bleibende Konzentrationsabnahme des Calciums führt zu einer erhöhten nervösen Erregbarkeit, schweren Muskelspasmen (= Muskelkrämpfe) und Tetanie (= Starrkrampf); schließlich tritt der Tod ein. Nachfolgend wurde erkannt, dass die Nebenschilddrüsen ein Hormon ausschütten – das **Nebenschilddrüsenhormon** oder **Parathormon** (Abk.: **PTH**; auch: *parathyroidales Hormon* oder *Parathyrin*), das zwingend notwendig für die Aufrechterhaltung der Calciumhomöostase ist. Calciumionen sind von extremer Wichtigkeit für den Aufbau gesunder Knochen. Darüber hinaus wird Ca^{2+} sie für solche lebensnotwendigen zellulären Aufgaben wie die Freisetzung von Neurotransmittern und Hormonen aus Speichervesikeln, die Muskelkontraktion, die Weiterleitung intrazellulärer Signale und die Blutgerinnung benötigt.

Bevor wir erörtern wollen, wie Hormone die Homöostase des Calciums aufrechterhalten, ist es hilfreich, den Mineralhaushalt der Knochen, die ein vollgestopftes Lagerhaus für Calcium und Phosphor darstellen, zusammenzufassen (siehe auch Abbildung 29.7 bezüglich des Aufbaus und der Funktion von Knochen). Die Knochen des Menschen enthalten ungefähr 98 Prozent des Calciums und 80 Prozent des Phosphats des Körpers. Obwohl die Knochen in Bezug auf ihre Haltbarkeit nur von den Zähnen übertroffen werden (wie sich anhand Millionen Jahre alter fossiler Knochenfunde leicht belegen lässt), befinden sie sich im lebenden Wirbeltier in einem Zustand konstanten Umbaus und Stoffdurchsatzes. Knochenbildende Zellen (**Osteoblasten**) synthetisieren die organischen Fasern und Glycoproteine der Knochenmatrix, die später durch eine als Hydroxylapatit $[Ca_5(PO_4)_3(OH)]$ bezeichnete Form des Calciumphosphats mineralisiert wird. Knochenresorbierende (knochenabbauende) Zellen (**Osteoklasten**) sind Riesenzellen, welche die Knochenmatrix aufzulösen vermögen; dabei werden Calcium- und Phosphationen ins Blut freigesetzt. Diese einander entgegengesetzten Aktivitäten erlauben es den Knochen, sich unablässig umzubilden – insbesondere bei jungen Tieren – um durch strukturelle Verbesserungen neuen mechanischen Beanspruchungen des Körpers Rechnung zu tragen. Die Knochen stellen darüber hinaus ein riesiges und mobilisierbares Reservoir an Mineralien dar, die je nach den allgemeinen zellulären Erfordernissen herangezogen werden können.

Die Ca^{2+}-Konzentration des Blutes wird durch drei Hormone aufrechterhalten, welche die Absorption, die Einlagerung und die Ausscheidung von Calciumionen koordinieren. Falls der Calciumspiegel des Blutes leicht absinkt, steigert die Nebenschilddrüse die Ausschüttung von **PTH** (Parathormon). Diese Erhöhung der PTH-Menge stimuliert die Osteoklasten, Knochengewebe in der Nähe dieser Zellen aufzulösen. Dadurch werden Calcium- und Phosphationen in den Blutstrom entlassen, was die Ca^{2+}-Konzentration wieder in den Normalbereich bringt. Das PTH setzt außerdem die Rate der Ca^{2+}-Ausscheidung durch die Nieren herab und steigert die Produktion der 1,25-Dihydroxyform des Vitamins D_3 (Calcitriol). Aus ▶ Abbildung 34.11 lässt sich ablesen, dass der Parathormonspiegel reziprok zum Blutcalciumspiegel verläuft.

Ein zweites Hormon, das bei allen Tetrapoden an dem Ca^{2+}-Stoffwechsel beteiligt ist, leitet sich vom Vitamin D_3 ab. Vitamin D_3 muss, wie alle Vitamine, mit der Nahrung zugeführt werden. Anders als andere Vitamine kann Vitamin D_3 auch durch die Einwirkung ultravioletter Strahlung in der Haut aus einer Vorstufe synthetisiert werden. Das Vitamin D_3 wird dann in einem zweistufigen Prozess in die hormonell aktive Form 1,25-Dihydroxyvitamin D_3 überführt. Dieses Steroidhormon ist essenziell für die aktive Ca^{2+}-Absorption aus dem Darm (▶ Abbildung 34.12). Die Bildung von 1,25-Dihydroxyvitamin D_3 wird durch niedrige Phosphatkonzentrationen im Blutplasma sowie durch eine Zunahme der PTH-Ausschüttung stimuliert.

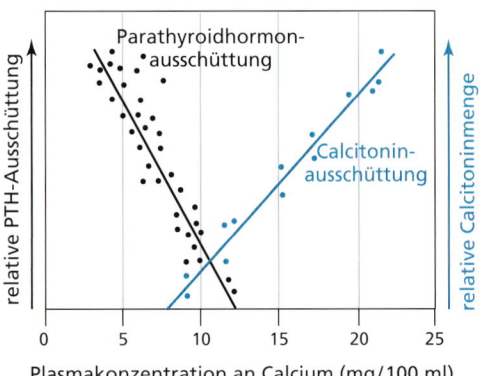

Abbildung 34.11: **Die Bildungsraten des Parathormons (PTH) und des Calcitonins.** In Abhängigkeit des Blutcalciumgehaltes bei einem Säugetier.

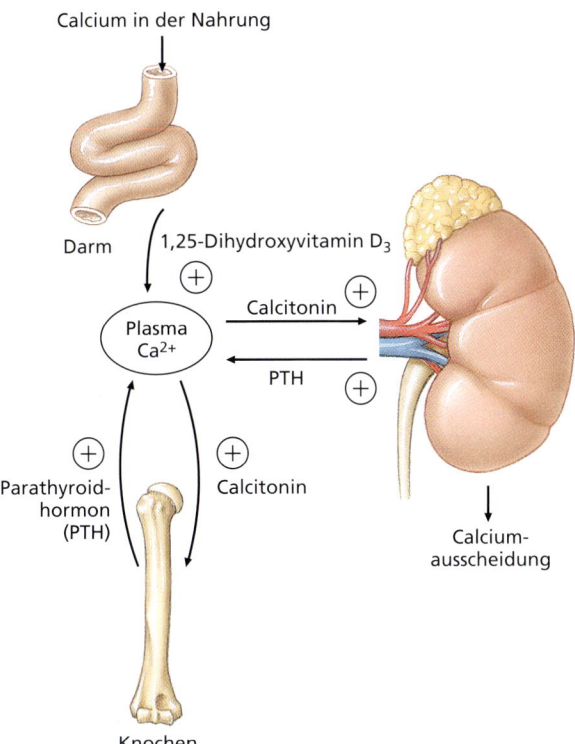

Abbildung 34.12: Ca^{2+}-Absorption. Die Regulation des Blutcalciumgehaltes bei Vögeln und Säugetieren.

Ein drittes, Ca^{2+}-regulierendes Hormon ist das **Calcitonin**, das von spezialisierten Zellen – den C-Zellen – der Schilddrüse von Säugetieren gebildet wird. Bei den anderen Vertebraten findet die Synthese des Calcitonins in der Ultimobranchialdrüse statt. Calcitonin wird auf erhöhte Blutcalciumwerte hin freigesetzt. Es unterdrückt rasch den Entzug von Calcium aus den Knochen, setzt die intestinale Ca^{2+}-Absorption herab und löst die Steigerung der Ca^{2+}-Ausscheidung durch die Nieren aus. Das Calcitonin schützt somit den Organismus gegen eine Überhöhung der Ca^{2+}-Mengen im Blut, genauso wie das Parathormon ihn vor einem zu starken Abfall der Blutcalciumkonzentration schützt (Abbildung 34.12). Calcitonin ist in allen Vertebraten-Gruppen nachgewiesen worden, doch ist seine Bedeutung nicht abgesichert, da es zumindest beim Menschen für die Aufrechterhaltung der Ca^{2+}-Homöostase nicht erforderlich ist: Nach einer chirurgischen Entfernung der Schilddrüse (bei der auch die C-Zellen mit entfernt werden) ist eine Calcitonin-Ersatztherapie nicht notwendig.

Beim Menschen führt ein Vitamin D-Mangel zu Rachitis, einer Krankheit, die durch niedrige Blutcalciumwerte gekennzeichnet ist und zu strukturell schwachen, schlecht calzifizierten Knochen führt, die dazu neigen, sich unter haltungs- und schwerkraftbedingter Belastung zu verbiegen. Die Rachitis ist als „Krankheit des Nordwinters" bezeichnet worden, da dann ein Mangel an Sonnenlicht herrscht. Sie war einst in den rauchgeschwärzten Städten des frühindustriellen Großbritanniens und anderer europäischer Länder weit verbreitet.

Die Hormone der Nebennierenrinde

Die Nebenniere der Säugetiere ist eine Doppeldrüse, die aus zwei nicht miteinander verwandten Drüsengeweben besteht: einem äußeren Bereich adrenocorticaler Zellen, der **Nebennierenrinde** (lat. *cortex*, Rinde) und einem inneren Bereich spezialisierter Zellen, der **Medulla** (lat. *medulla*, Mark) (▶ Abbildung 34.13). Bei den Vertebraten außer den Säugetieren sind die Homologen der adrenocorticalen und medullären Zellen ganz anders organisiert. Sie können miteinander vermischt oder voneinander abgesetzt sein, sind aber in keinem Fall in einer Cortex/Medulla-Anordnung wie bei den Säugetieren angeordnet.

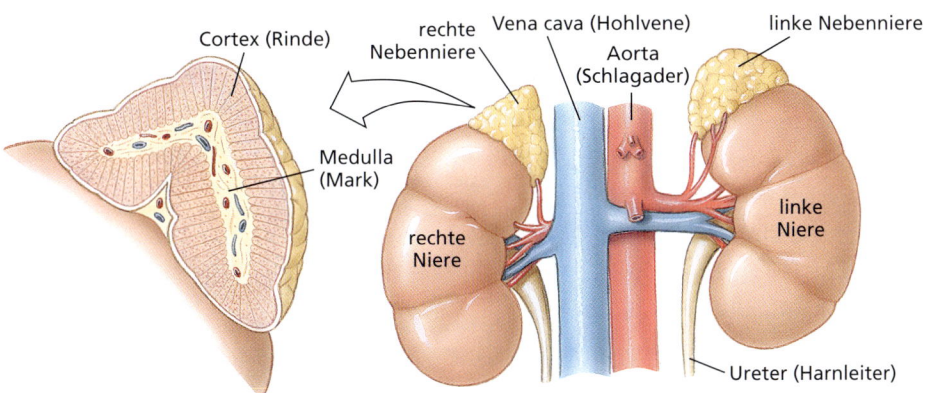

Abbildung 34.13: Die paarigen Nebennieren des Menschen. Erkennbar ist der grobe Aufbau und die den Nieren aufsitzende anatomische Positionierung. Steroidhormone werden von der Rinde (Cortex) produziert. Die Hormone des Sympathikus Adrenalin und Noradrenalin werden von der Medulla (Mark) hergestellt.

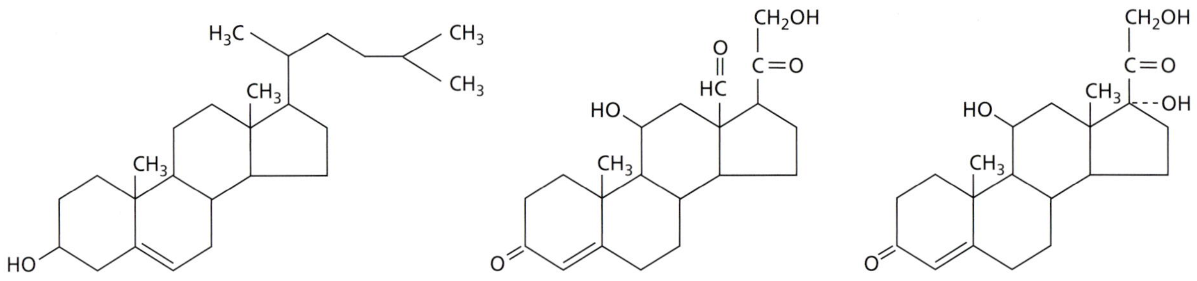

Abbildung 34.14: **Hormone der Nebennierenrinde.** Cortisol (ein Glucocortikoid) und Aldosteron (ein Mineralocortikoid) sind zwei von mehreren Steroidhormonen, die in der Nebennierenrinde aus Cholesterin gebildet werden.

Aus dem Rindengewebe der Nebenniere sind wenigstens 30 unterschiedliche chemische Verbindungen isoliert worden, die alle zur chemisch eng verwandten Gruppe der Steroide, einer Lipidklasse, gehören. Nur einige wenige dieser Verbindungen sind echte Steroidhormone, die meisten sind diverse Zwischenstufen der Steroidhormonsynthese aus der Stammverbindung **Cholesterin** (▶ Abbildung 34.14). Die Corticosteroide (Nebennierenrindenhormone) werden allgemein nach ihren Funktionen in zwei Gruppen unterteilt: die Glucocortikoide und die Mineralocortikoide.

Die **Glucocortikoide**, zu denen das **Cortisol** (Abbildung 34.14) und das **Corticosteron** gehören, sind mit dem Stoffwechsel von Nahrungsstoffen, Entzündungs- und Stressreaktionen befasst. Sie fördern sie Synthese von Glucose aus Verbindungen, die keine Kohlenhydrate sind, insbesondere aus Aminosäuren und Fetten. Das Gesamtergebnis dieser Vorgänge, die **Gluconeogenese** (gr. *glykos*, Zucker + *neo*, neu + *genos*, Bildung) ist eine Erhöhung der Glucosekonzentration im Blut. Der im Blut gelöste Zucker bildet eine rasch verfügbare Energiequelle für das Muskel- und das Nervengewebe. Die Glucocortikoide sind auch für die Abschwächung der Immunantwort bei diversen Entzündungszuständen von Bedeutung. Da etlichen Krankheitsbildern des Menschen entzündliche Prozesse zugrundeliegen (zum Beispiel Allergien, Gelenkrheuma) sind diese Corticosteroide von erheblicher medizinischer Bedeutung.

Die Synthese und die Sekretion der Glucocortikoide werden in erster Linie durch das ACTH des Hypophysenvorderlappens kontrolliert (siehe Abbildung 34.6). Das ACTH wird seinerseits durch das Corticotropinfreisetzungshormon CRH aus dem Hypothalamus kontrolliert (Tabelle 34.1). Wie im Fall der Kontrolle der Schilddrüse durch die Hypophyse existiert zwischen CRH, ACTH und der Nebennierenrinde eine negativ rückgekoppelte Wechselbeziehung (Abbildung 34.3). Eine Steigerung der Freisetzung an Glucocortikoiden reduziert den Ausstoß von CRH und ACTH; die resultierende Abnahme in den Blutgehalten an CRH und ACTH hemmt dann die weitere Ausschüttung von Glucocortikoiden aus der Nebennierenrinde. Genau das Gegenteil passiert, falls die Glucocortikoid-Konzentration im Blut einen Schwellenwert unterschreitet: Die CRH- und die ACTH-Ausschüttung nehmen zu, was wiederum die Glucocortikoid-Sekretion ankurbelt. Man weiß, das CRH über die HPA-Achse (Hypothalamus-Hypophyse-Nebennierenachse = Stressachse) Stressempfindungen vermittelt.

Als zweite Gruppe der Corticosteroide regulieren die **Mineralocortikoide** den Salzhaushalt des Körpers. Unter den Steroiden dieser Gruppe ist das **Aldosteron** (Ab-

Exkurs

Die Steroidhormone der Nebenniere – insbesondere die Glucocortikoide – sind bei der Linderung der Symptome von rheumatoider Arthritis, Allergien und verschiedenen Krankheiten des Bindegewebes, der Haut und des Blutes von erstaunlicher Wirksamkeit. Nach der Bekanntmachung von P. Hench und seinen Kollegen im Jahr 1948, dass die Gabe von Cortison eine dramatische Linderung der Schmerzen und anderer Krankheitszeichen bei fortgeschrittenem Gelenkrheuma zur Folge hat, wurden die Steroide in den Medien rasch als „Wundermedikamente" gefeiert. Der Optimismus verschwand jedoch bald wieder, als die Nebenwirkungen bekannt wurden, die mit einer Langzeitverabreichung antientzündlicher Steroide einhergehen. Eine Therapie mit Steroiden bringt die Nebennierenrinde in einen Zustand der Inaktivität und kann zur Folge haben, dass der Körper die Fähigkeit zu einer eigenständigen Produktion von Steroiden verliert. Heute wird die Steroidtherapie mit größerer Vorsicht durchgeführt, weil man erkannt hat, dass die entzündliche Reaktion ein notwendiger Bestandteil der körpereigenen Abwehrmaßnahmen ist.

34.3 Endokrine Drüsen und Hormone von Wirbeltieren

Exkurs

Die Anwendung anaboler Steroide durch Sportler wurde zu einer Hauptnachricht, nachdem der US-amerikanische Sprintläufer Ben Johnson bei den Olympischen Spielen 1988 seinen Gewinn des 100-m-Rennens unter dem Einfluss solcher Stoffe erreicht hat. Ungeachtet der fast einstimmigen Ablehnung durch Funktionäre aus den Kreisen der Olympiakomitees, der Medizin, der Sportwissenschaftler und der Zuschauer, erfreut sich das heimliche und unwissenschaftliche Herumexperimentieren mit anabolen Steroiden bei Amateur- wie Berufssportlern in vielen Ländern einer hohen Popularität. Diese synthetischen Stoffe (wie auch Testosteron und seine biochemischen Vorläufersubstanzen) bewirken eine Hypertrophie (= Anwachsen) der Skelettmuskulatur und verbessern die auf Muskelkraft beruhende Leistungsfähigkeit. Unglücklicherweise sind sie mit schwerwiegenden Nebenwirkungen behaftet. Zu diesen gehören eine testikuläre Atrophie (Hodenverkümmerung) bis hin zur Unfruchtbarkeit, zeitweilige Gereiztheit und erhöhte Aggressivität, Störungen der Leberfunktion sowie kardiovaskuläre Erkrankungen. Neuere Erhebungen deuten darauf hin, dass der Steroidmissbrauch unter Heranwachsenden im Ansteigen begriffen ist. Im Jahr 1999 ergaben freiwillige Umfragen, dass 2,7 Prozent der Acht- und Zehntklässler, und 2,9 Prozent der Zwölftklässler solche Substanzen einnahmen. Diese Zahlen stellen eine signifikante Zunahme gegenüber dem Jahr 1991 dar, als 1,9 Prozent der Achtklässler, 1,8 Prozent der Zehntklässler und 2,1 Prozent der Zwölftklässler zugaben, anabole Steroide zu benutzen (Zahlen der US-amerikanischen Gesundheitsbehörde NIH; siehe hierzu: http://www.steroidabuse.org/). Die Verwendung bei Erwachsenen und Berufssportlern ist nicht gut dokumentiert, obwohl anekdotische Berichte klar darauf hinweisen, dass solche Medikamente bei den Athleten einer breiten Palette von Sportarten sehr populär sind. Einige prominente Berufssportler haben schon unumwunden öffentlich zugegeben, dass regelmäßiges „Doping" – mit Steroiden und anderen Stoffen – längst „Teil des Geschäftes" geworden sei, weil die abverlangten Höchstleistungen „anders gar nicht mehr zu bringen" seien. Es sind auch viele Todesfälle durch bewiesenes Doping bekannt. Trauriger Höhepunkt der Dopingskandale war die vollkommen missglückte „Tour de France" von 2007, bei der ganze Radteams wegen Dopings von der Teilnahme ausgeschlossen wurden.

bildung 34.14) das bei weitem wichtigste. Das Aldosteron fördert in den Nieren die tubuläre Reabsorption von Natriumionen und die tubuläre Ausscheidung von Kaliumionen. Da es in der Nahrung vieler Tiere an Natrium mangelt, wohingegen Kalium im Überschuss vorliegt, spielen die Mineralocorticoide eine lebenswichtige Rolle bei der Aufrechterhaltung des Elektrolytgleichgewichtes des Blutes. Die salzregulierende Wirkung des Aldosterons wird durch das Renin/Angiotensinsystem sowie durch die Blutkonzentration an Kaliumionen kontrolliert (siehe Kapitel 30 zur Nierenfunktion).

Das Rindengewebe der Nebenniere erzeugt außerdem **Androgene** (gr. *andros*, Mann + *genesis*, Ursprung), die – wie der Name andeutet – in der Wirkung dem männlichen Sexualhormon Testosteron ähnlich sind. Die Nebennierenandrogene fördern im Rahmen der Individualentwicklung einige Wachstumsvorgänge, etwa das verstärkte Längenwachstum vor dem Einsetzen der Pubertät beim Menschen. Die in jüngster Zeit möglich gewordene Entwicklung so genannter **anaboler Steroide** – synthetischer Hormone mit testosteronähnlicher Wirkung – hat unter Athleten zu einem weit verbreiteten Missbrauch von Steroiden geführt (siehe nachfolgenden Kasten).

Die Hormone der Medulla der Nebenniere

Die medullären Zellen der Nebenniere (die Zellen des Nebennierenmarks) sezernieren zwei in der chemischen Struktur ähnliche Hormone: **Adrenalin** und **Noradrenalin** (diese werden gelegentlich, und vorwiegend in der angelsächsischen Literatur, auch als Epinephrin bzw. Norepinephrin bezeichnet). Das Mark der Nebenniere leitet sich embryonal von demselben Gewebe ab, das auch die postganglionären sympathischen Neuronen des autonomen Nervensystems hervorbringt (siehe Kapitel 33: Das periphere Nervensystem). Das Noradrenalin dient als Neurotransmitter an den Endigungen sympathischer Nervenzell-Axone. Funktionell wie embryologisch kann man die Medulla der Nebenniere somit als ein sehr großes sympathisches Ganglion ansehen.

Es ist daher nicht überraschend, dass Nebennierenmarks-Hormone und das sympathische Nervensystem die gleichen allgemeinen Effekte auf den Körper haben. Diese Effekte konzentrieren sich auf Reaktionen auf Notfallsituationen wie akute Angst und starke emotionale Erregung, die Flucht vor einer Gefahr, Kampf, Sauerstoffmangel, Blutverlust und die Einwirkung von Schmerzen. Walter Cannon (Abbildung 30.1) erfand dafür den allgemeinen Begriff „Kämpfen-oder-flüchten"-Reaktion (fight oder flight response), die Teil der basalen Überlebensstrategien ist. Wir alle kennen die Symptome: beschleunigter Herzschlag, Magendrücken, trockener Mund, zitternde Muskeln, ein generalisiertes Gefühl der Angst und der Zustand gesteigerter Aufmerksamkeit. Alle diese Symptome gehen mit plötzlichen Schreckerlebnissen oder anderen starken Gefühlsregungen einher. Diese Effekte gehen auf die erhöhte Aktivität des sympathischen Nervensystems und der raschen Freisetzung von Adrenalin und Noradrenalin aus dem Nebennierenmark in den Blutstrom zurück. Die Aktivierung des Nebennierenmarks durch das sympathische Nervensystem verlängert die Wirkungen der Erregung des sympathischen Systems.

Adrenalin und Noradrenalin besitzen noch viele andere Wirkungen, die uns nicht bewusst werden, zum Beispiel eine Verengung der Arteriolen (was im Zusammenhang mit dem beschleunigten Herzschlag zu einem Ansteigen des Blutdruckes führt), die Mobilisierung von Glycogen aus der Leber sowie der Fettspeicher, um Glucose (aus dem Glycogen) und Fettsäuren für die akute Energieversorgung bereitzustellen, eine gesteigerte Sauerstoffaufnahme und Wärmeproduktion, eine Beschleunigung der Blutgerinnung sowie eine allgemeine Hemmung des Gastrointestinaltraktes. Diese Veränderungen bereiten den Organismus auf eine Notfallsituation vor und werden in Stress-Situationen aktiviert.

Das Insulin und das Glucagon der Inselzellen der Bauchspeicheldrüse

Der Pankreas (die Bauchspeicheldrüse) ist sowohl ein exokrines als auch ein endokrines Organ (▶ Abbildung 34.15). Der exokrine Anteil stellt den Pankreassaft – eine wässrige Lösung mit einer Mixtur aus Verdauungsenzymen und Hydrogencarbonat-Ionen – her, der durch einen Gang (oder Gänge) in den Verdauungstrakt transportiert wird (siehe Kapitel 32). Über den ausgedehnten exokrinen Teil der Bauchspeicheldrüse verstreut finden sich zahlreiche kleine Inselchen anders gearteten Gewebes, die als **Langerhans'sche Inseln** bezeichnet werden (siehe Abbildung 34.15 und die Fotografie am Kapitelanfang). Dieser endokrine Teil der Bauchspeicheldrüse macht nur ein bis zwei Prozent der Gesamtmasse des Organs aus. Die Inseln sind ohne Ausführgänge und schütten ihre Hormone unmittelbar in die Blutgefäße aus, die sich überall im Pankreas erstrecken.

Von unterschiedlichen Zellen der Langerhans'schen Inseln werden zwei Polypeptidhormone gebildet und sezerniert: Insulin, das von den Betazellen (β-Zellen) produziert wird, und Glucagon, das von den Alphazellen (α-Zellen) erzeugt wird. Insulin und Glucagon üben antagonistische Wirkungen von großer Bedeutung auf den Stoffwechsel der Kohlenhydrate und der Fette aus. Kohlenhydratreiche Nahrung stimuliert die Freisetzung von Insulin, wenn der Blutglucosegehalt nach der Verdauung und Resorption ansteigt (siehe Kapitel 32: Absorption). Insulin ist unabdingbar für die Aufnahme von Glucose durch die Zellen aus dem Blutstrom, insbesondere durch die Muskelzellen. Insulin fördert den

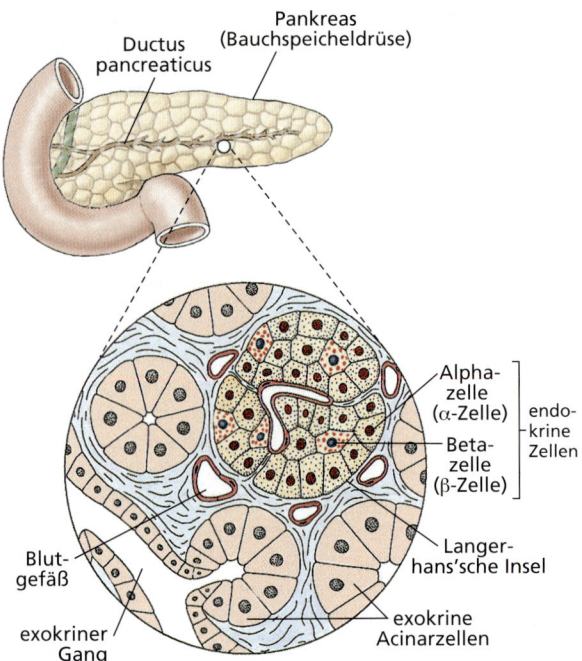

Abbildung 34.15: **Der Pankreas setzt sich aus zwei Arten von Drüsengewebe zusammen.** Exokrine Acinarzellen schütten Verdauungssäfte aus, die in den Darm durch den Ductus pancreaticus eintreten. Langerhans'sche Inseln schütten die Hormone Insulin und Glucagon unmittelbar in die Blutgefäße aus.

Übertritt von Glucosemolekülen in die Zellen durch seine Wirkung auf einen speziellen Glucosetransporter in den Plasmamembranen der Zellen. Obwohl man zeigen konnte, dass insulinabhängige Glucosetransporter auf den Neuronen des zentralen Nervensystems vorkommen, sind die Neuronen für den Glucoseimport nicht auf Insulin angewiesen. Diese Unabhängigkeit vom Insulin ist von großer Bedeutung, weil Neuronen sich – anders als andere Zellen des Körpers – sich als Energiequelle praktisch exklusiv auf den Traubenzucker, die Glucose, stützen. Die genaue Rolle, die der insulinabhängige Glucosetransporter im Gehirn spielt, ist noch nicht klar, doch ist das Insulin wichtig für die zentrale Regulation der Nahrungsaufnahme und des Körpergewichts. Die Zellen im Rest des Körpers sind aber zur Verwertung von Glucose auf das Insulin angewiesen; ohne Insulin steigt die Glucosekonzentration im Blut bis auf krankhafte Werte, ein Zustand, der als Hyperglykämie (gr. *hyper*, über + *glykos*, Zucker + *haema*, Blut) bezeichnet wird. Wenn diese Konzentration das Transportmaximum der Nieren übersteigt (siehe Abbildung 30.13), erscheint Zucker (Glucose) im Urin. Eine Insulindefizienz hemmt außerdem die Aufnahme von Aminosäuren durch die Skelettmuskeln, und es werden Fett und Muskelgewebe metabolisiert, um Energie zu gewinnen. Die Körperzellen sterben ab, während der Urin mit genau der Substanz überschwemmt wird, nach der der Körper verlangt. Diese Form der Insulindefizienz, die als **insulinabhängiger Diabetes mellitus** oder **Diabetes mellitus vom Typ I** (Zuckerkrankheit, Typ I) bezeichnet wird, betrifft in unterschiedlichen Schweregraden fast fünf Prozent aller Menschen. Unbehandelt kann die Krankheit zu schweren Schädigungen der Nieren, der Augen und der Blutgefäße führen und die Lebenserwartung stark herabsetzen. Der Mensch kann außerdem eine Insulin-Unempfindlichkeit (**Diabetes mellitus vom Typ II** oder **insulinunabhängiger Diabetes mellitus**) entwickeln, deren Symptome der Zuckerkrankheit vom Typ I ähnlich sind. Die Fallhäufigkeit dieser Erkrankung nimmt in dem Maße zu, in dem Individuen übergewichtig oder gar fettleibig (adipos) werden (siehe Kapitel 32: Regulation der Nahrungsaufnahme). Eine Steigerung der körperlichen Aktivität und eine Veränderung der Ernährung können bei diesem Personenkreis zu einem Absenken der Insulinmengen und einer Linderung der Symptome führen.

Die erstmalige Extraktion von Insulin durch die beiden kanadischen Forscher Frederick Banting und Charles Best im Jahr 1921 war wohl eines der dramatischsten und folgenreichsten Ereignisse in der Geschichte der Medizin. Viele Jahre zuvor hatten die beiden deutschen Wissenschaftler J. Mering und O. Minkowski entdeckt, dass die chirurgische Entfernung der Bauchspeicheldrüse beim Hund unvermeidlich zu schweren Symptomen einer Zuckerkrankheit führte, die innerhalb einiger Wochen den Tod des Tieres nach sich zog. Viele Anstrengungen wurden unternommen, um den Diabetes-Schutzfaktor zu isolieren, die jedoch alle scheiterten, weil sehr wirkungsvolle proteinspaltende Enzyme (Proteasen) aus dem exokrinen Anteil der Bauchspeicheldrüse das Hormon im Verlauf der Aufarbeitungsprozedur regelmäßig zerstörten. Einer Eingebung folgend, band Banting in Zusammenarbeit mit Best und seinem Physiologieprofessor J. Macleod die Pankreasgänge bei mehreren Hunden ab. Dies führte zur Degeneration des exokrinen Teiles der Drüse mit ihren hormonzersetzenden Enzymen, zog jedoch die Langerhans'schen Inseln gerade so wenig in Mitleidenschaft, dass Banting und Best daraus mit Erfolg Insulin isolieren konnten. In einen anderen Hund injiziert, vermochte dieses Insulin augenblicklich den Blutzuckerspiegel zu senken (▶ Abbildung 34.16). Ihr Experiment bereitete den Grund für die kommerzielle Extraktion von Insulin aus den Bauchspeicheldrüsen von Schlachtvieh. Es bedeutete, dass Millionen von Menschen mit Diabetes, die vorher schweren Folgeschäden oder dem Tod durch die Krankheit entgegengesehen hatten, die Aussicht auf ein normaleres Leben hatten.

> **Exkurs**
>
> Im Jahr 1982 wurde Insulin das erste auf gentechnischem Wege (durch die Technik der rekombinanten DNA; siehe Kapitel 5: Molekulare Genetik; Rekombinante DNA) hergestellte Hormon, das für die Anwendung am Menschen freigegeben wurde. Rekombinantes Insulin besitzt exakt dieselbe Struktur wie vom menschlichen Körper gebildetes Insulin und löst daher keine Immunreaktion aus (siehe Kapitel 35: Erworbene Immunantwort), was bei Diabetes-Patienten, die Insulin aus den Bauchspeicheldrüsen von Schweinen oder Rindern verabreicht bekamen, vielfach zu starken Nebenwirkungen und Immunreaktionen führte.

Glucagon, das zweite Hormon der Bauchspeicheldrüse, besitzt mehrere Wirkungen auf den Kohlenhydrat- und Fetthaushalt, die denen des Insulins entgegengesetzt sind. Niedrige Blutzuckerwerte und die Absorption von Aminosäuren in den Blutstrom während der Verdauung (Kapitel 32: Absorption) stimulieren die Glucagon-Ausschüttung. So führt das Glucagon beispielsweise zur Anhebung der Glucose-Konzentration im Blut (indem es die Freisetzung von Glucose aus dem in der Leber gespeicherten Glycogen veranlasst), wohingegen Insulin die Glucosemenge im Blut reduziert. Das Glu-

Abbildung 34.16: Charles Best und Frederick Banting im Jahr 1921. Mit im Bild ist der erste Hund, der durch Insulin am Leben gehalten werden konnte.

cagon und das Insulin besitzen nicht bei allen Wirbeltieren dieselben Wirkungen, und bei einigen fehlt Glucagon ganz.

Wachstumshormon und Stoffwechsel

Das Wachstumshormon (GH) ist bei jungen, im Wachstum befindlichen Tieren ein besonders wichtiges Stoffwechselhormon. Es wirkt unmittelbar auf die langen Knochen und fördert das Knorpelwachstum und die Knochenbildung durch Zellteilung und Proteinbiosynthese; dadurch wird eine Längenzunahme und eine Erhöhung der Knochendichte bewirkt. Das Wachstumshormon wirkt außerdem indirekt über die Stimulation des insulinähnlichen Wachstumsfaktors IGF oder Somatostatin auf das Wachstum ein, indem es seine Freisetzung aus der Leber auslöst. Dieses Polypeptidhormon fördert die Mobilisierung des Glycogens aus den Speichern in der Leber sowie die Freisetzung von Fett aus Fettgewebe, die für Wachstumsvorgänge nötig ist. Das Wachstumshormon wird als **diabetogenes Hormon** (= Diabetes auslösendes) bezeichnet, da eine übermäßige Sekretion zu einer Erhöhung der Glucose-Konzentration im Blut führt und langfristig zu einer Insulin-Unempfindlichkeit, also einer Zuckerkrankheit vom Typ II führen kann. Wird es im Übermaß produziert, führt das Wachstumshormon zum Riesenwuchs (Gigantismus). Eine Mangel dieses Hormons beim Kind führt zum Zwergwuchs.

Leptin

Nach der Entdeckung des *ob*-Gens (*ob*, kurz für *obesitas*, Fettsucht) im Jahr 1994, erfanden J. Friedman und seine Mitarbeiter für das Produkt dieses Gens, welches eines der neuesten entdeckten Hormone darstellt, bald den Namen **Leptin** ein (gr. *leptos*, dünn). Das im Körper kreisende Hormon wird von weißen Fettzellen hergestellt. In der Folge hat man in vielen Geweben Rezeptoren für Leptin gefunden, doch scheint der primäre Wirkort des Leptins das Gehirn zu sein, und dort besonders der Hypothalamus und der Hirnstamm. Leptin ist ein wichtiges Hormon, das als Teil eines Rückkopplungskreislaufs, der das Gehirn über den energetischen Status der Körperperipherie informiert, das Fressverhalten und die langfristige Energiebalance steuert. Neuere Befunde deuten darauf hin, dass das Leptin in Zeiten der Nahrungsknappheit und damit der Verfügbarkeit von Energie von größerer Bedeutung ist, da zurückgehende Fettspeicher weniger Leptin ausschütten. In solchen Phasen reagiert das Gehirn damit, dass es die verfügbare Energie von nichtlebensnotwendigen Prozessen wie der Fortpflanzung umleitet und ein gesteigertes Nahrungsfindungs- und Fressverhalten anregt. Leptin ist von großer Bedeutung für die Erforschung von Sättigungssignalen und des Energieverbrauchs, da diese Untersuchungen mit dem riesigen medizinischen Problem der Fettleibigkeit beim Menschen in Verbindung stehen (Kapitel 32: Regulation der Nahrungsaufnahme). Es ist dabei von Interesse, dass die Blutplasma-Konzentration an Leptin die von Insulin widerspiegelt, das ebenfalls ein wichtiges Rückkopplungssignal zum im Körper vorhandenen Speicherfett an das Gehirn übermittelt.

Ghrelin

Das appetitanregende Hormon Ghrelin (für engl. *Growth Hormone Release Inducing*, das heißt Wachstumshormon freisetzend) wird in der Magenschleimhaut produziert und ist eines der jüngsten Mitglieder der bisher beschriebenen Hormone. Ghrelin ist an der Regulation der Nahrungsaufnahme beteiligt und induziert die Sekretion von Wachstumshormon. Es wird angenommen, dass dieses Hormon bei der Entstehung von Fettleibigkeit (Adipositas) beteiligt ist. Während Phasen der eingeschränkten Nahrungsaufnahme steigt die Ghrelin-Konzentration im Blut an, nach Nahrungsaufnahme fällt diese wieder ab. Außerdem regt Schlafmangel die Ghrelin-Ausschüttung an und ist auf diese Weise vermutlich an der Entwicklung der Adipositas beteiligt.

ZUSAMMENFASSUNG

Hormone sind chemische Botenstoffe, die von spezialisierten endokrinen und anderen Zellen synthetisiert und durch das Blut oder andere Körperflüssigkeiten zu Zielzellen transportiert werden, wo sie die Zellfunktionen beeinflussen, indem sie bestimmte biochemische Vorgänge beeinflussen. Die Spezifität der Reaktion wird durch Proteinrezeptoren auf oder in den Zielzellen sichergestellt, die nur bestimmte Hormone binden. Die Hormonwirkung wird in der Zielzelle über einen von zwei grundlegenden Mechanismen sehr hoch verstärkt. Viele Hormone wie zum

Beispiel Adrenalin, Glucagon, Vasopression und einige Hormone der anterioren Hypophyse lösen die Bildung eines second messenger wie des zyklischen AMPs aus, der das hormonelle Signal vom Plasmamembran-Rezeptor an die biochemische Maschinerie der Zelle weiterleitet. Die Steroid- und die Schilddrüsenhormone operieren hauptsächlich über die Wechselwirkung mit cytoplasmatischen oder nucleären Rezeptoren. Es bildet sich ein Hormon/Rezeptorkomplex, der durch Stimulierung oder Inhibierung der Gentranskription die Proteinsynthese der Zielzellen verändert.

Bei den Invertebraten werden die meisten Hormone in neurosekretorischen Zellen gebildet; sie regulieren viele physiologische Vorgänge. Das bestuntersuchte endokrine System bei Invertebraten ist dasjenige, das die Häutung und die Metamorphose der Insekten steuert. Ein juveniles Insekt wächst, indem es eine Abfolge von Häutungen durchläuft, die unter der Kontrolle zweier Hormone vonstatten gehen. Eines (Ecdyson) begünstigt die Häutung zum Adultus, während das andere (Juvenilhormon) die Erhaltung der juvenilen Merkmale begünstigt. Das Ecdyson steht unter der Kontrolle des neurosekretorischen Hormons PTTH, das im Gehirn gebildet wird. Das Juvenilhormon, das Ecdyson und das PTTH spielen die wichtigsten Rollen bei der Regulation der Diapause (der angehaltenen Entwicklung), die in jedem Stadium der Metamorphose wie auch im Adultzustand (Dormanz) einsetzen kann.

Das endokrine System der Vertebraten wird vom Hypothalamus gesteuert. Die Freisetzung aller anterioren Hypophysen-Hormone wird primär durch neurosekretorische Produkte des Hypothalamus, die Freisetzungs- und die Freisetzungshemmhormone gesteuert. Der Hypothalamus erzeugt weiterhin zwei neurosekretorische Hormone, die im Hypophysenhinterlappen gespeichert und aus diesem freigesetzt werden. Bei den Säugetieren sind dies das Oxytocin, das die Milchproduktion und die Uteruskontraktionen bei der Geburt stimuliert, und das Vasopression (= antidiuretisches Hormon), das auf die Nieren wirkt, wo es die Harnbildung drosselt, eine Konstriktion der Blutgefäße auslöst und das Durstgefühl steigert. Bei den Amphibien, Reptilien und Vögeln ersetzt das Vasotocin das Vasopressin bei der Regulation des Wasserhaushaltes.

Der Vorderlappen der Hirnanhangsdrüse (Hypophyse) erzeugt sieben gut charakterisierte Hormone. Vier von ihnen sind trophische Hormone, die untergeordnete endokrine Drüsen kontrollieren: das thyreotrope Hormon (TSH), das die Ausschüttung der Schilddrüsenhormone reguliert; das adrenocorticotrope Hormon (ACTH), das die Freisetzung von Steroidhormonen aus der Nebennierenrinde (in erster Linie die Glucocorticoide Cortisol (17a-Hydroxycorticosteron) und Corticosteron); sowie das follikelstimulierende Hormon (FSH) und das luteinisierende Hormon (LH), die auf die Ovarien und die Testes einwirken. Drei direktwirkende Hormone sind (1) das Prolaktin, das diverse Rollen spielt, u.a. die Auslösung der Milchproduktion im Verlauf der Laktation, (2) das Wachstumshormon, welches das Körperwachstum und den Stoffwechsel steuert, und (3) das melanocyten-stimulierende Hormon (MSH), das die Verteilung der Melanocyten bei den ektothermen Vertebraten kontrolliert.

Die Epiphyse (Zirbeldrüse) ist ein Derivat des Pinealkomplexes des Zwischenhirns (Diencephalon); sie produziert das Hormon Melatonin. Bei vielen Vertebraten wird Melatonin als Reaktion auf Dunkelheit als Teil der circadianen Rhythmik freigesetzt. Bei solchen Vögeln und Säugetieren, die sich jahreszeitenabhängig fortpflanzen, liefert der Melatoninspiegel Informationen über die Tageslänge und reguliert auf diesem Wege indirekt die saisonalen Fortpflanzungsaktivitäten.

Durch den Einsatz hochempfindlicher immunchemischer Nachweisverfahren hat man in der jüngeren Vergangenheit viele Neuropeptide im Gehirn gefunden, von denen sich verschiedene im Gehirn als Neurotransmitter verhalten, in anderen Bereichen des Körpers aber als Hormone. Die klassische Definition eines Hormons ist modifiziert worden, um auch andere chemische Botenstoffe wie die Prostaglandine und die Cytokine einbeziehen zu können, die an anderen Orten als den klar definierten endokrinen Drüsen gebildet werden.

Mehrere Hormone spielen wichtige Rollen bei der Regulation der Stoffwechselaktivitäten von Zellen. Zwei Schilddrüsenhormone – Trijodthyronin (T3) und Thyroxin (T4) – kontrollieren das Wachstum, die Entwicklung des Nervensystems und den zellulären Stoffwechsel. Der Calciumhaushalt wird primär durch drei Hormone reguliert: das Parathormon der Nebenschilddrüsen, das hormonell aktive Vitamin D-Derivat 1,25-Dihydroxyvitamin D3 sowie das Calcitonin der Schilddrüse. Das Parathormon und das 1,25-Dihydroxyvitamin D3 führen zur Steigerung des Calciumspiegels im Blutplasma, Calcitonin senkt den Calciumgehalt im Blutplasma.

Die wichtigsten Steroidhormone der Nebennierenrinde sind die Glucocortikoide, welche die Gluconeogenese (die Neubildung von Glucose) anregen, und die Mineralocortikoide, die den Elektrolythaushalt regulieren. Das Nebennierenmark ist der Bildungsort für Adrenalin und Noradrenalin, die zahlreiche Wirkungen besitzen, darunter Hilfestellung für das sympathische Nervensystem bei Notfall- und Gefahrensituationen. Sie bewirken außerdem eine Erhöhung der Konzentration von Substraten des Energiestoffwechsels im Blut, damit in Notfall- und Gefahrensituationen ausreichend sofort verfügbare Stoffwechselenergie bereitsteht.

Der Traubenzuckerstoffwechsel (Glucosemetabolismus) wird durch die antagonistische Wirkung zweier Pankreas-Hormone reguliert. Insulin wird für die Aufnahme von Glucose aus dem Blutstrom in Zellen benötigt. Es steigert außerdem die Einlagerung von Fett in das Fettgewebe sowie die Aufnahme von Aminosäuren durch Muskelzellen. Das Glucagon wirkt dem Insulin entgegen.

Eines der zuletzt entdeckten Hormone, das Leptin, wird vom Fettgewebe ausgeschüttet und wirkt auf den Hypothalamus zurück, wo es die Nahrungsaufnahme und das langfristige Energiegleichgewicht moduliert.

Übungsaufgaben

1. Geben Sie einen Abriss des berühmten Berthold'schen Experimentes, das den Beginn der Endokrinologie markiert. Welches mag die zugrunde liegende Hypothese gewesen sein?
2. Geben Sie Definitionen für folgende Begriffe: Hormon, endokrine Drüse, exokrine Drüse, Hormonrezeptor(molekül).
3. Hormonrezeptoren sind der Schlüssel zum Verständnis der Spezifität der Hormonwirkung auf Zielzellen des betreffenden Hormons. Beschreiben Sie die Rezeptoren, die man an den Oberflächen von Zellen findet, sowie die, die sich innerhalb von Zellen finden, und treffen Sie eine Unterscheidung zwischen beiden Klassen. Nennen Sie je zwei Hormone, die über diese beiden grundlegenden Rezeptortypen ihre Wirkung entfalten.
4. Welche Bedeutung haben Rückkopplungen (rückgekoppelte Kontrollsysteme) bei der Überwachung der Hormonausschüttung? Geben Sie ein Beispiel für eine hormonelle Rückkopplungsschleife.
5. Erläutern Sie, wie die drei am Insektenwachstum beteiligten Hormone Ecdyson, Juvenilhormon und PTTH bei den Vorgängen der Häutung und der Metamorphose zusammenwirken.
6. Nennen Sie die sieben Hormone, die vom Hypophysenvorderlappen gebildet werden. Warum werden vier dieser sieben Hormone als „trophische Hormone" bezeichnet? Erklären Sie, wie die Ausschüttung der Hypophysenvorderlappen-Hormone durch neurosekretorische Zellen des Hypothalamus gesteuert wird.
7. Beschreiben Sie die chemische Natur und die Funktion der beiden Hinterlappenhormone Oxytocin und Vasopressin. Wie unterscheidet sich die Freisetzung dieser neurosekretorischen Hormone von der Art und Weise, in der neurosekretorische Freisetzungs- und Freisetzungshemm-Hormone die Ausschüttung der Vorderlappenhormone kontrollieren?
8. Welches ist der evolutive Ursprung der Zirbeldrüse der Vögel und der Säugetiere? Erläutern Sie die Rolle des Zirbeldrüsenhormons Melatonin bei der Regulation jahreszeitlicher Fortpflanzungsrhythmen bei Vögeln und Säugetieren. Hat das Melatonin beim Menschen irgendeine Funktion?
9. Was sind Endorphine und Enkephaline? Was sind Prostaglandine?
10. Nennen Sie einige Funktionen der als Cytokine bezeichneten Hormone.
11. Welches sind die beiden wichtigsten Funktionen der Schilddrüsenhormone?
12. Erläutern Sie, wie Sie den Graphen der Abbildung 34.11 interpretieren würden, um aufzuzeigen, dass PTH und Calcitonin reziproke Wirkungen bei der Kontrolle des Blutcalciumgehaltes haben.
13. Beschreiben Sie die Hauptfunktionen der beiden Hauptgruppen der Steroide der Nebennierenrinde, der Glucocortikoide und der Mineralocortikoide. In welchem Grad liefern diese Namensgebungen Hinweise auf die Funktion dieser Hormone?
14. Wo werden die Hormone Adrenalin und Noradrenalin gebildet, und welches ist ihre Beziehung zum sympathischen Nervensystem und dessen Reaktion auf Notfall- und Gefahrensituationen?
15. Erläutern Sie die Wirkungen der Hormone der Langerhans'schen Inseln auf den Glucosegehalt des Blutes. Welches sind die Folgen einer Insulininsuffizienz oder –resistenz, wie sie bei der Krankheit Diabetes mellitus (Zuckerkrankheit) vorliegt?
16. Welches ist die Funktion des Hormons Leptin? Warum hat sich seine Entdeckung als bedeutsam für das Feld der Hunger- und Stoffwechselforschung erwiesen?

Weiterführende Literatur

Bentley, P. (1998): Comparative vertebrate endocrinology, 3rd edition. Cambridge University Press; ISBN: 0-5216-2002-3 (gebunden); 0-5216-2998-5 (broschiert). *Lehrbuch für Studenten mit einer guten, evolutiven Sichtweise.*

Bolander, F. (1994): Molecular endocrinology, 2nd edition. Academic Press; ISBN: 0-1211-1231-4. 3. Auflage 2004; ISBN: 0-1211-1232-2. *Ausgezeichnete Synthese eines rasch voranschreitenden Feldes.*

Clapp, C. und G. de la Escalera (1997): Prolactin: novel regulator of angiogenesis. News Physiol. Sci., vol. 13: 231–237. *Übersichtsartikel zu einer neuentdeckten Funktion des Prolaktins.*

Gard, P. (1998): Human endocrinology. Taylor & Francis; ISBN: 0-7484-0655-7. *Gute, kurz gefasste Abhandlung über die Endokrinologie des Menschen.*

Gibbs, W. (1996): Gaining on fat. Scientific American, vol. 275: 88–94. *Die Forschung gibt Grund zu der*

Hoffnung, dass Wege gefunden werden könnten, Fettleibigkeit zu behandeln und zu verhindern. Die Obesitas (Fettleibigkeit) ist eine kostspielige Epidemie, die sich in allen industrialisierten Ländern ausbreitet.

Griffin, J. und S. Ojeda (2004): Textbook of endocrine physiology, 5th edition. Oxford University Press; ISBN: 0-1951-6565-9. *Ausgezeichnetes Lehrbuch für fortgeschrittene Studenten und Doktoranden.*

Hadley, M. (2006): Endocrinology, 6th edition. Prentice-Hall; ISBN: 0-1318-7606-6. *Lehrbuch der Wirbeltierendokrinologie für Studenten im Grundstudium.*

Kleine, B. und W. Rossmanith (2007): Hormone und Hormonsystem. Eine Endokrinologie für Biowissenschaftler. 1. Auflage. Springer; ISBN: 978-3-540-37702-3.

Laufer, H. und G. Downer (Hrsg.): Endocrinology of selected invertebrate types. Liss (1988); ISBN: 0-8451-2903-1. *Achtzehn Kapitel von eingeladenen Spezialisten sowie ein einführendes Kapitel über die vergleichende Endokrinologie der Wirbellosen von den Radiaten bis zu den Echinodermen.*

Nelson, R. (2005): An Introduction to Behavioral Endocrinology. 3rd edition. Palgrave Macmillan; ISBN: 0-8789-3617-3. *Lehrbuch zu den Einflüssen endokriner Vorgänge auf das Verhalten.*

Norman, A. und G. Litwack (1997): Hormones, 2nd edition. Academic Press; ISBN: 0-1252-1441-3. *Gründliche Darstellung der Endokrinologie der Wirbeltiere.*

Norris, D. (2007): Vertebrate Endocrinology. 4. Auflage. Elsevier; ISBN: 0-1208-8768-1. *Eine Übersicht über das endokrine System der Wirbeltiere, das zunächst die Begriffe am Beispiel der Säugetiere einführt und die Mechanismen dann auf die übrigen Wirbeltierklassen ausdehnt.*

Siegel, G. et al. (Hrsg.): Basic Neurochemistry – Molecular, Cellular and Medical Aspects. 7th edition. Academic Press (2005); ISBN: 0-1208-8397-X. *Ein umfassendes Werk über die Biochemie von Nervenzellen und des Nervensystems für Fortgeschrittene, das auch die neurosekretorischen und neurohormonellen Aktivitäten diskutiert.*

Woods, S. et al. (2001): Neuropeptides and the control of energy homeostasis. Nutrition and Brain, vol. 5: 93–115. *Eine gut lesbare Erörterung der Regulation der Nahrungsaufnahme der Kontrolle des Körpergewichtes, die neuere Hypothesen zum Leptin mit einschließt.*

Weitere Informationen zu diesem Buchkapitel finden Sie auf der Companion-Website unter http://www.pearson-studium.de

Immunsystem

35

35.1	Empfindlichkeit und Resistenz	1139
35.2	Angeborene Abwehrmechanismen	1139
35.3	Die erworbene Immunantwort bei Wirbeltieren	1143
35.4	Blutgruppenantigene	1153
35.5	Immunität bei Invertebraten	1155
	Zusammenfassung	1157
	Übungsaufgaben	1158
	Weiterführende Literatur	1159

ÜBERBLICK

Immunsystem

Seit über 100 Jahren wissen die Wissenschaftler, dass bestimmte Zellen im Körper eines Tieres Stoffe ausschütten können, die unterschiedliche Abläufe in anderen, Zielzellen genannten, Zellen auslösen können, die beispielsweise den Stoffwechsel oder andere physiologische Vorgänge wie die Differenzierung der Zellen betreffen. Das genaue Kommunikationsmedium, dessen sich die Zellen bedienen, blieb jedoch lange mysteriös. Der Schleier konnte erst durch recht neue Entdeckungen und Einsichten ein gutes Stück gehoben werden. Signalmoleküle mit oft spezifischer Wirkung – vielfach Proteine oder Peptide – werden von bestimmten Zellen ausgeschüttet. Zielzellen besitzen durch die Plasmamembran Rezeptoren, die in ebenfalls spezifischer Weise Signalmoleküle (und nur diese) binden. Die Bindung eines Signalstoffes führt zu einer Änderung am Rezeptormolekül oder einem mit dem Rezeptor vergesellschafteten anderen Membranprotein. Dies setzt eine Aktivierungskaskade in Gang, in die Proteinkinasen und Phosphorylasen (die die Kinasewirkungen aufheben) eingeschaltet sind. Im weiteren Verlauf werden Transkriptionsfaktoren mobilisiert, die im Zellkern die Ablesung zuvor inaktiver Gene initiieren, was zur Synthese neuer Genprodukte führt (siehe Kapitel 5).

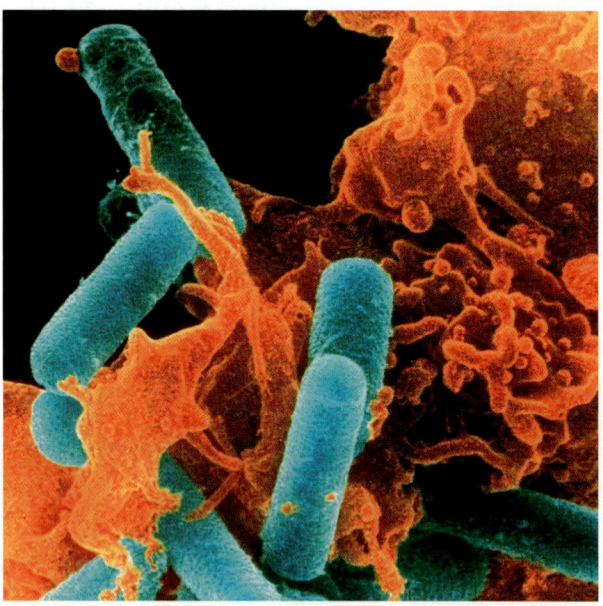

Ein Leukocyt (orange unterlegt) heftet sich an Bacillus-Zellen und (blau unterlegte Stäbchen) und verleibt sie ein. Der Leukocyt setzt nachfolgend Enzyme ein, um die Bakterien zu verdauen. Der Gesamtvorgang wird Phagocytose genannt.

Wir wissen heute, dass Hormone Zielzellen vermittels solcher Mechanismen beeinflussen (siehe Kapitel 34). Die Zellen des Immunsystems bedienen sich der gleichen prinzipiellen Verfahrensweise, um untereinander und mit anderen Zellen in Kontakt zu treten. Wichtige Signalmoleküle des Immunsystems sind die Cytokine. Cytokine und ihre Rezeptoren vollführen ein filigranes und kompliziertes Ballett von Aktivierungs- und Regulationsvorgängen, das dazu führt, dass manche Zellen zur Teilung veranlasst werden, die Vermehrung anderer unterdrückt wird und wieder andere dazu angeregt werden, weitere Cytokine oder Abwehrstoffe zu bilden und auszuschütten. Eine präzise Signalübermittlung und eine exakte Ausführung der übermittelten Befehle sind von höchster Bedeutung für die Aufrechterhaltung der Gesundheit und die Verteidigung gegen eindringende Viren, Bakterien und Parasiten sowie zur Verhinderung einer ungeregelten, hemmungslosen Vermehrung von Zellen im Körper, die zu Krebs führen kann. Die erfolgreiche Besiedelung des Körpers durch eindringende Keime setzt ein Umgehen oder Unterlaufen der Abwehrmaßnahmen des Immunsystems voraus, und fehlgeleitete oder überschießende Reaktionen von Zellen der Immunabwehr können selbst schwere Krankheiten hervorrufen. Wir haben es gelernt, die Immunreaktion in gewissen Grenzen zu steuern, so dass Organverpflanzungen von Mensch zu Mensch möglich geworden sind; ein fortschreitendes Versagen der Kommunikation unter den Abwehrzellen führt aber zu tiefgreifenden Krankheitszuständen wie der Immunschwäche AIDS.

Das Immunsystem ist über den ganzen Körper eines Tieres verteilt, und es ist ebenso wie die Atmung, der Kreislauf, das Nervensystem, das Skelett oder irgendein anderes Organsystem ausschlaggebend für das Überleben. Die Umwelt jedes Tieres ist mit einer unvorstellbaren Zahl von Parasiten und potenziellen Parasiten wie Platt- und Fadenwürmern, Arthropoden, eukaryontischen Einzellern, Bakterien und Viren angefüllt. Ob irgendwelche Parasiten im Körper eines Tieres (dem Wirt) zu überleben vermögen sowie der Schweregrad einer Erkrankung, die der Parasit vielleicht auslöst, hängen zum großen Teil von der Reaktion des Abwehrsystems des Wirtes ab.

35.1 Empfindlichkeit und Resistenz

Ein Wirt gilt als **suszeptibel** (empfindlich) für einen Parasiten, falls der Wirt den Parasiten nicht zu eliminieren vermag, bevor dieser sich in dem Wirt festgesetzt hat. Der Wirt gilt als resistent (widerstandsfähig), falls sein physiologischer Status die Etablierung und das Überleben des Parasiten verhindert. Entsprechende Begriffe aus der Sicht des Parasiten wären **infektiös** und **nichtinfektiös**.

Diese Begriffe beziehen sich nur auf den Erfolg oder den Misserfolg des Infektionsgeschehens, nicht auf den Mechanismus oder die Mechanismen, die dafür verantwortlich sind. Mechanismen, die geeignet sind, den Resistenzgrad zu erhöhen (und umgekehrt die Suszeptibilität und Infektiosität vermindern), können Eigenschaften des Wirtes umfassen, die nicht mit aktiven Abwehrmechanismen in Beziehung stehen, oder spezifische Abwehrmaßnahmen, die ein Wirt als Reaktion auf einen eindringenden Fremdorganismus in Gang setzt. Es ist wichtig, im Gedächtnis zu behalten, dass diese Begriffe relativer Natur sind und nicht absoluter. So kann beispielsweise ein Individuum resistenter oder weniger resistent als ein anderes derselben Art sein, und dasselbe Individuum kann zu verschiedenen Zeitpunkten in seinem Leben in Abhängigkeit vom Alter, dem Gesundheitszustand sowie einwirkenden Umweltfaktoren verschiedene Resistenzgrade gegen einen bestimmten Erregertyp aufweisen.

Der Begriff Immunität wird vielfach synonym mit Resistenz gebraucht, wird aber auch mit der empfindlichen und spezifischen Immunantwort in Verbindung gebracht, die wir bei Wirbeltieren finden. Da jedoch auch viele Wirbellose immun gegen die Infektion mit verschiedenen Erregern sein können, besagt eine genauere Formulierung, dass *ein Tier dann immun ist, wenn es über Gewebe verfügt, die befähigt sind, Invasoren als körperfremd zu erkennen und den tierischen Organismus gegen diese zu verteidigen.* Die meisten Tiere zeigen einen gewissen Grad an **angeborener (unspezifischer) Immunität** – ein Verteidigungsmechanismus, der nicht von einem früheren Kontakt mit dem Eindringling abhängig ist. Zusätzlich zu dieser angeborenen Immunität entwickeln Wirbeltiere (und in einem geringeren Ausmaß auch Wirbellose) eine **erworbene (spezifische) Immunität**, die sich gezielt gegen bestimmte als „Nichtselbst" klassifizierte Stoffe richtet, und die Zeit für ihre Entwicklung benötigt. Die spezifische Immunreaktion erfolgt bei sekundärem Kontakt rascher und heftiger als beim Erstkontakt. Viele angeborene Mechanismen, die wir im nachfolgenden Abschnitt erörtern, werden *bei Wirbeltieren aufgrund der erworbenen Immunantworten in dramatischer Weise beeinflusst und verstärkt.*

Vielfach ist die von den Immunmechanismen vermittelte Resistenz keine vollkommene. In manchen Fällen erholt sich ein Wirt nie wirklich ganz und wird gegen eine spezifische Bedrohung völlig resistent. Dann verbleiben einige Parasiten im Körper und vermehren sich langsam; dies ist zum Beispiel bei der Toxoplasmose, der Chagas-Krankheit und der Malaria (siehe Kapitel 11) der Fall. Man spricht hier von **chronifizierten Infektionen** oder von **Dauerinfektionen**.

35.2 Angeborene Abwehrmechanismen

35.2.1 Physische und chemische Barrieren

Die unverletzte Oberfläche stellt bei den meisten Tieren eine Sperre gegen eindringwillige Fremdorganismen dar. Sie kann widerstandsfähig und verhornt sein, wie im Fall vieler landlebender Vertebraten, oder sklerotisiert, wie bei den Arthropoden. Weiche äußere Oberflächen sind meist durch eine Schleimschicht geschützt, welche die Oberfläche befeuchtet und hilft, Partikel von ihr fernzuhalten oder zu entfernen.

In den Körpersekreten von Wirbeltieren findet sich eine Vielzahl antimikrobieller Substanzen. Zu den chemischen Abwehrmaßnahmen, die man bei vielen Vertebraten antrifft, gehören ein niedriger pH-Wert im Magen und in der Vagina sowie hydrolytische Enzyme in den Sekreten des Verdauungskanals. Von den Schleimhäuten, die den Verdauungstrakt und die Atemwege der Wirbeltiere auskleiden, wird Schleim gebildet, der parasitizide (= Parasiten abtötende) Stoffe wie **IgA (Immunglobulin A)** und **Lysozym** (eine Hydrolase) enthält. IgA ist eine von verschiedenen Antikörperklassen (siehe weiter unten), die zelluläre Barrieren leicht überwinden können und ein wichtiger Schutzfaktor im Schleim des Darmepithels sind. IgA bezeichnet eine von mehreren Antikörperklassen (siehe weiter unten). Das Immunglobulin A vermag leicht zelluläre Barrieren zu überwinden und ist eine wichtige Substanz mit Schutzwirkung im Schleim des Darmepithels. Es wird als Reaktion auf eine Invasion bestimmter Bakterien von den antikörperproduzierenden Zellen auf den Oberflächen von Zellen abgelagert, die den Verdauungskanal auskleiden. Das IgA ist eine Komponente der erworbenen Immunantwort (siehe weiter unten). IgA findet sich außerdem im Speichel und im Schweiß sowie in der Tränenflüssigkeit. Lysozym ist ein Enzym, das die Zellwände vieler Bakterien angreift; es findet sich zum Beispiel im Nasenschleim.

Verschiedenartige Zellen, einschließlich derer, die an der erworbenen Immunantwort beteiligt sind, setzen Schutzfaktoren frei. Eine Familie kleiner, monomerer Glycoproteine, die **Interferone**, werden von einer Vielzahl eukaryontischer Zellen als Reaktion auf den Befall durch intrazelluläre Parasiten (Viren, Bakterien, Protozoen usw.) oder andere auslösende Reize freigesetzt. Interferone gehören zur Klasse der Cytokine, die bereits im letzten Kapitel besprochen wurden. Der **Tumornekrosefaktor (TNF)** ist ebenfalls ein Mitglied einer umfangreichen Familie von Signalproteinen, die Cytokine genannt werden (Tabelle 35.1). TNF wird vor allem von **Makrophagen** und einigen **T-Lymphocyten** (siehe weiter unten) hergestellt. TNF ist ein wichtiger Mediator von Entzündungsreaktionen, wie wir weiter unten ausführen werden, und führt in ausreichend hoher Konzentration zu **Fieber**. Fieber ist bei den Säugetieren eines der häufigsten Symptome bei Infektionen. Die Schutzfunktion des Fiebers ist bis heute unklar, doch könnte eine Erhöhung der Körpertemperatur unter anderem dazu beitragen, bestimmte Viren und Bakterien zu destabilisieren.

Der Darm der meisten Tiere beherbergt Bakterienpopulationen, die von den Abwehrmaßnahmen des Wirtes nicht in Mitleidenschaft gezogen zu werden scheinen, und sie lösen auch selbst keine der Abwehrreaktionen zum Schutz des Körpers aus. Tatsächlich hat die normale Mikroflora des Darms sogar zusätzlich die Tendenz, die Einnistung pathogener Mikroben zu verhindern.

Stoffe in der normalen Muttermilch des Menschen können Darmprotozoen wie *Giardia lamblia* und *Entamoeba histolytica* (siehe Kapitel 11) abtöten. Diese Inhaltsstoffe der Muttermilch können von Bedeutung für den Schutz von Säuglingen gegen die Infektion mit diesen und vielleicht auch noch anderen Erregern sein. Zu den antimikrobiell wirkenden Bestandteilen der menschlichen Muttermilch gehören das Lysozym, Immunglobulin A (IgA), Immunglobulin G (IgG, eine weitere Klasse von Antikörpern), Interferone und – als zelluläre Bestandteile – Leukocyten (weiße Blutkörperchen; Kapitel 31).

Einige Säugetierarten sind empfindlich für Infektionen durch vielzellige Parasiten wie *Schistosoma mansoni* (Kapitel 14); andere sind teilweise oder vollständig resistent. Die Makrophagen (gr. *makros*, groß + *phagein*, ich (fr)esse) resistenter Arten (Ratten, Meerschweinchen, Kaninchen) können Juvenilformen der Schistosomen ohne die Unterstützung von Antikörpern abtöten; dies vermögen die Makrophagen anfälliger Arten nicht.

Das **Komplement** besteht aus einer Reihe von Proteinen, die in einer bestimmten Reihenfolge aktiviert werden. Die Aktivierung erfolgt als Reaktion des Wirtsorganismus auf das Eindringen von Fremdorganismen. Es existieren mindestens zwei Wege, auf denen das Komplement aktiviert werden kann. Erfolgt die Aktivierung über den **klassischen Weg** (klassisch, weil er als erster entdeckt worden ist), so erfolgt die Komplement-Aktivierung durch Antikörpermoleküle an den Oberflächen der eingedrungenen Fremdorganismen. Das Komplement erweist sich hier als Effektor-Mechanismus der erworbenen (antikörperabhängigen) Immunantwort. Die Komplement-Aktivierung auf dem so genannten **alternativen Weg** (= alternative Komplement-Aktivierung) ist ein wichtiger Zweig der angeborenen Immunreaktionen, die gegen eine Invasion von Bakterien und einigen Pilzen in Gang gesetzt werden. Die alternative Komplement-Aktivierung erfolgt durch die Wechselwirkung früher (= früh in der Komplementkaskade wirkender) Komplementfaktoren mit Polysacchariden auf den Außenhüllen der invasiven Mikroorganismen. Der klassische und der alternative Weg haben einige der Komplementfaktoren gemeinsam, aber nicht alle. Beide Wege sind auf die Aktivierung des dritten Komplementfaktors (C3) angewiesen. Stromabwärts von C3 verlaufen beide Komplementreaktionen auf identische Weise. Das aktivierte C3 setzt eine Kaskade von Aktivierungsschritten in Gang, an deren Ende die Lyse (= Auflösung) der attackierten Zelle steht. Die eigenen Zellen des Wirtsorganismus werden nicht durch das Komplement lysiert, weil regulatorisch wirkende Proteine die ersten aktiven Komplementfaktoren rasch wieder inaktivieren, falls diese an (körpereigene) Wirtszellen binden. Diese Inaktivierung unterbleibt, wenn die Faktoren an fremde Zellen binden. Das aktivierte C3 bindet sich also an eindringende (Ziel-) Zellen und induziert die Phagocytose dieser so markierten Zellen. Schließlich lockt das aktivierte C3 Lymphocyten zum Infektionsort, und es verstärkt eine entzündliche Reaktion (Inflammation; siehe weiter unten).

35.2.2 Zelluläre Abwehr: Phagocytose

Um sich gegen einen Angreifer zur Wehr setzen zu können, müssen die Zellen eines Tieres erkennen können, ob eine Substanz körpereigen ist oder nicht. Sie müssen mit anderen Worten „Selbst" von „Nichtselbst" unterscheiden können. Am Beispiel der Phagocytose kann man den Vorgang der Nichtselbst-Erkennung zu illustrieren. Die Phagocytose dient außerdem zur Beseitigung seneszenter (gealterter) Zellen und von Zelltrümmern abgestorbener Zellen des Körpers. Phagocytose findet bei praktisch allen Metazoen statt; bei vielen Einzellern ist sie ein bevorzugter oder der einzige Mechanismus der Nahrungsaufnahme. Eine Zelle mit der Befähigung zur Phagocytose wird als **Phagocyt** (ein, der) bzw. **Phagocyte** (eine, die) bezeichnet. Phagocyten umfließen ein zu phagocytierendes Teilchen. Im Verlauf des Vorgangs bildet sich eine Einbuchtung (Invagination) der Zellmembran (Cytoplasmamembran) des Phagocyten (siehe Kapitel 3). Der eingebuchtete Bereich schnürt sich schließlich in das Zellinnere ab; das umflossene Gebilde befindet sich nunmehr in einer aus der Plasmamembran der Phagocyte gebildeten Vakuole in deren Innerem. Andere cytoplasmatische Organellen, die **Lysosomen**, fusionieren mit der phagocytischen Vakuole zu einem Phagolysosom. Die Verdauungsenzyme aus den Lysosomen gelangen in Kontakt mit der Phagocytosefracht und zerlegen diese. Die Lysosomen vieler Phagocyten enthalten spezielle Enzyme, die **reaktive, intermediäre Sauerstoffteilchen** und/oder reaktive intermediäre Stickstoffverbindungen bilden. Beispiele für solche reaktiven Sauerstoffteilchen sind das Superoxidradikal (O_2^-), Wasserstoffperoxid (H_2O_2) und das Hydroxylradikal (OH•). Zu den **reaktiven stickstoffhaltigen Intermediaten** gehören Stickstoffmonoxid (NO) und höher oxidierte Formen wie Nitrit (NO_2^-) und Nitrat (NO_3^-). Diese Zwischenverbindungen des Stoffwechsels sind giftig für eindringende Mikroorganismen und/oder vielzellige Parasiten. Allerdings sind diese Substanzen generell cytotoxisch und müssen daher nach getaner Arbeit durch geeignete Mechanismen schnell wieder unschädlich gemacht werden.

Phagocyten und andere Abwehrzellen

Viele Wirbellose besitzen spezialisierte Zellen, die als umherwandernde, patrouillierende Eingreifkräfte innerhalb des Körpers fungieren. Sie verleiben sich Fremdmaterial ein (Tabelle 35.3) und helfen bei der Reparatur von Wunden. Solche Zellen tragen (je nach Tiergruppe) verschiedenartige Bezeichnungen wie Amöbocyten, Hämocyten oder Coelomocyten. Falls ein Fremdpartikel klein genug ist, wird er durch Phagocytose in die Zelle aufgenommen. Ist das Teilchen größer als etwa 10 µm, wird es für gewöhnlich eingekapselt. Arthropoden vermögen ein körperfremdes Objekt durch Ablagerung von Melanin um es herum einzuschließen. Das Melanin wird entweder von den Zellen der Kapsel oder durch Ausfällung aus der Hämolymphe (dem Blut der Arthropoden) abgeschieden.

Bei den Wirbeltieren sind mehrere Kategorien von Zellen mit der Fähigkeit zur Phagocytose ausgestattet. **Monocyten** bilden sich aus Stammzellen des Knochenmarks (▶ Abbildung 35.1) und sind Vorläuferstadien der Makrophagen. Diese Zellen gehören zum **mononuclearen phagocytotischen System** (früher als **reticuloendotheliales System** bezeichnet). Diese phagocytierenden Zellen sind überall im Körper stationiert. Das mononucleare phagocytotische System umfasst die Makrophagen im Bindegewebe, den Lymphknoten, der Milz und der Lunge (Gewebsmakrophagen), die Kupfferzellen der Sinusoide in der Leber, die Osteoklasten (Knochen abbauende Zellen) des Knochens sowie die Mikrogliazellen des Zentralnervensystems. Die Makrophagen spielen außerdem eine bedeutende Rolle in der spezifischen Immunantwort der Wirbeltiere (siehe weiter unten).

Einige **polymorphkernige Leukocyten** (PML) fungieren als im Blut kreisende Phagocyten (Abbildung 31.3). Ihr Name bezieht sich auf die höchst variable Form, die der Zellkern in diesen Zellen annehmen kann. Eine alternative Bezeichnung für diese Zellen ist **Granulocyten** (= polymorphkernige Granulocyten); diese Namensgebung bezieht sich auf die zahlreichen, im Cytoplasma verstreut liegenden Granula (= Körperchen) in diesen Zellen, die sich mit Hilfe histochemischer Färbetechniken sichtbar machen lassen. Nach den Eigenschaften der vorhandenen Granula in der Färbung unterscheidet man neutrophile, eosinophile und basophile Granulocyten (kurz: **Neutrophile**, **Eosinophile** und **Basophile**). Die Neutrophilen sind die am häufigsten vorkommenden

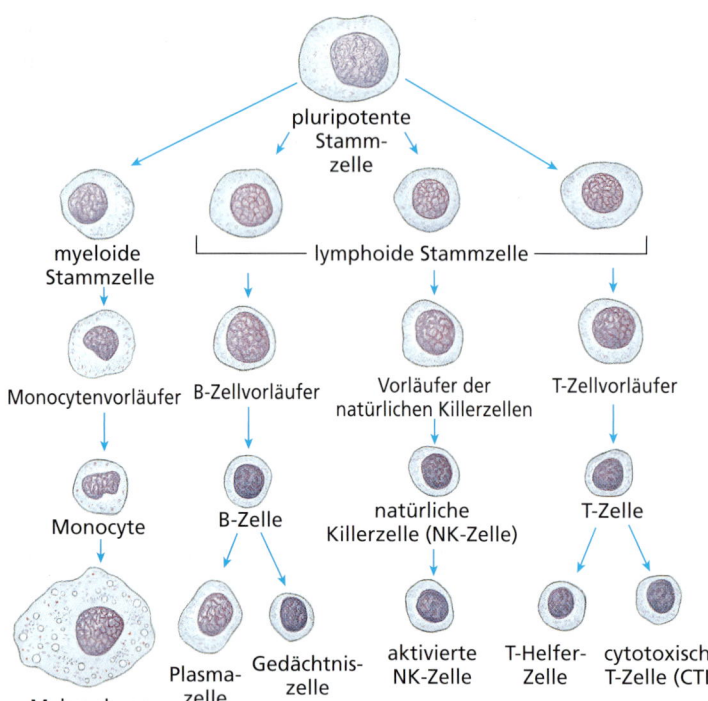

Abbildung 35.1: Herkunft einiger der bei der Immunabwehr aktiven Zelltypen. Diese Zellen leiten sich – ebenso wie die roten Blutkörperchen und weitere weiße Blutkörperchen – von pluripotenten Stammzellen des Knochenmarks ab. Die B-Zellen reifen im Knochenmark aus und werden in das Blut oder die Lymphe entlassen. Die Vorläufer der T-Zellen vollenden ihre Entwicklung im Thymus. Die Vorstufen der Makrophagen kreisen als Monocyten im Blutstrom.

unter ihnen (60 bis 70 Prozent der gesamten Leukocyten). Sie bilden die erste Verteidigungslinie bei einer Infektion. Die Eosinophilen machen in einem normalen (gesunden) Blutbild 2 bis 5 Prozent der Gesamtleukocyten aus. Die Basophilen sind mit einem Anteil von etwa 0,5 Prozent die am wenigsten häufigen Granulocyten. Ein hoher Eosinophilenanteil im Blut (**Eosinophilie**) ist oftmals ein Anzeichen für das Vorliegen einer allergischen Erkrankung oder einer parasitären Infektion.

Diverse andere Zelltypen – darunter die Basophilen – sind nicht als Phagocyten, sondern durch ihre Funktion als andere zelluläre Bestandteile der Körperabwehr von Bedeutung. **Mastzellen** sind Zellen, die den Basophilen ähnlich sind, und die sich in der Dermis und anderem Bindegewebe finden (siehe Kapitel 9). Wenn sie dazu angeregt werden (im Rahmen einer Entzündungsreaktion), setzen Basophile und Mastzellen eine Reihe von physiologisch aktiven Stoffen frei, welche die umgebenden Zellen beeinflussen. **Lymphocyten** – unter ihnen **T-Zellen** (= **T-Lymphocyten**) und **B-Zellen** (= **B-Lymphocyten**) – sind die entscheidenden Akteure der erworbenen oder spezifischen Immunantwort von Vertebraten. **Natürliche Killer Zellen** (**NK-Zellen**) sind lymphocytenähnliche Zellen, die virusinfizierte und tumorartig entartete Zellen des Körpers ohne Zutun von Antikörpern abzutöten vermögen. Sie setzen Interferone frei, die andere Abwehrzellen aktivieren, sowie andere Substanzen, die Zielzellen lysieren.

35.2.3 Antimikrobiell wirkende Peptide

Insekten sind gegen Infektionen durch viele mikrobielle Pathogene resistent. In den 80er Jahren wurde entdeckt, dass die Impfung von Mottenlarven mit Bakterien zu einer Freisetzung einer Flut antimikrobiell wirkender Agenzien führt, welche die Bakterien abtöten – selbst wenn es zuvor zu keinem Kontakt mit den Erregern gekommen war. Seit der Entdeckung dieses Phänomens sind hunderte von antimikrobiell wirksamen Peptiden beschrieben worden, sowohl bei Invertebraten wie bei Vertebraten. Diese Stoffe sind besonders an Körperoberflächen wichtig, an denen der Kontakt mit der Umwelt stattfindet, zum Beispiel der Haut oder den Schleimhäuten. Diese Substanzen zeigen keine so spezifische Wirkung wie die erworbene Immunreaktion der Wirbeltiere. Vielmehr ist jedes der Peptide wirksam gegen eine andere Gruppe von Mikroben, zum Beispiel grampositive Bakterien, gramnegative Bakterien oder Pilze. Die Freisetzung der Peptide erfolgt unmittelbar auf die Detektion der Anwesenheit des Fremdkörpers und hängt nicht von einer vorherigen Begegnung mit den Zielmikroben ab. Antimikrobielle Peptide wirken durch Störung intrazellulärer Signalkaskaden oder indem sie Löcher in der Membran der Zielzellen erzeugen.

Die antimikrobiell wirkenden Peptide von Säugetieren heißen **Defensine** (lat. *defensio*, Abwehr, Verteidigung); diese Bezeichnung wird auch für einige Peptide benutzt, die man bei Insekten oder Pflanzen gefunden hat, die aber zu den Säugetier-Defensinen nicht homolog sind. Defensine sind für die eigenen Zellen des Organismus nicht schädlich. Makrophagen, Neutrophile, Eosinophile und andere Zellen im Umfeld der Auskleidungen des Darms, der Atem- und der Harnwege schütten als Reaktion auf die Stimulation durch Oberflächenmoleküle von Mikroben, die durch Rezeptoren auf den Schleimhautzellen erkannt werden (in manchen Fällen wirken auch Stoffwechselprodukte von Mikroben auslösend), Defensine aus. Als derartige Auslöserstoffe wirken regelmäßig Substanzen, die bei einer Vielzahl von Mikroorganismen vorkommen, sich aber auf den Zellen des Wirtes nicht finden (zum Beispiel Bestandteile von Zellwänden).

Die Freisetzung der Peptide setzt ein, wenn Rezeptoren auf der Zelloberfläche ein geeignetes mikrobielles Molekül erkennen (durch spezifische Bindung an den Rezeptor). Eine große Gruppe dieser Rezeptoren sind die **Toll-Proteine** und die **Toll ähnlichen Rezeptoren (Toll-Like Receptors, TLR)**. Für den Menschen sind mindestens neun verschiedene TLRs beschrieben worden. Jeder von ihnen erkennt ein spezifisches molekulares Muster, das zu einer Mikrobenklasse gehört. Die Aktivierung eines bestimmten TLR-Signals wird an den Zellkern weitergeleitet, wo es die Synthese eines antimikrobiellen Peptids auslöst, das gegen die betreffende Mikrobengruppe wirksam ist.

Die erworbene Immunantwort bei Wirbeltieren 35.3

Das spezialisierte System der Nichtselbst-Erkennung, über das die Vertebraten verfügen, führt zu einer verbesserten Resistenz gegenüber *spezifischen* (bestimmten) Fremdstoffen oder Eindringlingen bei wiederholtem Kontakt mit diesen. Untersuchungen zu den Mechanismen, die daran beteiligt sind, sind gegenwärtig und in vollem Gang und werden sicherlich auch in Zukunft noch mit vielen Überraschungen aufwarten. Als Folge dieser Forschungsanstrengungen nimmt unser Wissen über die Vorgänge bei der spezifischen oder erworbenen Immunabwehr rasch zu.

Die Immunantwort wird durch eine oder mehrere spezifische Fremdsubstanzen in Gang gesetzt, die Antigene genannt werden; ein **Antigen** ist also jede Substanz, die eine Reaktion des erworbenen Immunsystems auslöst. Antigene können irgendwelche Stoffe mit einer Molmasse von mehr als 3000 sein (eine spezifische Immunreaktion auf Stoffe mit einer geringeren Molmasse wurde noch nicht beobachtet). Dabei handelt es sich zumeist um Proteine oder Peptide oder Kohlenhydrate oder Verbindungen aus beiden, die meist (aber nicht immer) körperfremd sind. Die Immunreaktion setzt sich aus zwei Teilen zusammen, der humoralen und der zellulären Abwehr. Die **humorale Immunität** stützt sich auf die **Antikörper**, die sich sowohl gebunden an den Oberflächen bestimmter Zellen wie in gelöster Form im Blut und in der Lymphe finden. Die **zelluläre Immunität** ist, wie der Begriff erkennen lässt, vollständig zellgebunden. Zwischen den Zellen beider Teile des Immunsystems herrscht eine stete und ausgedehnte, wechselseitige Kommunikation.

35.3.1 Die Grundlagen der Selbst-/Nichtselbst-Unterscheidung

Der Haupthistokompatibilitätskomplex

Seit vielen Jahren ist bekannt, dass die Nichtselbst-Erkennung in sehr spezifischer Weise erfolgt. Falls Gewebe eines Individuums in ein anderes Individuum derselben Art verpflanzt wird (Transplantation), wird das verpflanzte Gewebe für eine Weile weiterwachsen, dann aber absterben, weil eine Immunreaktion gegen es erfolgt. Werden keine Substanzen verabreicht, welche die Abwehrreaktion gegen das Transplantat unterdrücken, kann sich ein solches nur dann erfolgreich im Empfänger etablieren, falls Spender und Empfänger eineiige Zwillinge oder Mitglieder einer Zuchtlinie mit hochgradiger Inzucht sind. Die molekulare Grundlage für diese Nichtselbst-Erkennung bildet eine Gruppe von Proteinen, die in die Zelloberflächen eingebettet sind. Diese Proteine werden von einer ausgedehnten Gruppe von Genen codiert, die in ihrer Gesamtheit als **Haupthistokompatibilitätskomplex (MHC**, von engl. *major histocompatibility complex*) genannt werden.

Die MHC-Proteine gehören zu den variabelsten aller bekannten Proteine. Die zugrunde liegenden MHC-Gene

> **Exkurs**
>
> In der Medizin werden die MHC-Proteine aus historischen Gründen als HLA-Proteine bezeichnet (HLA = Hauptleukocytenantigene). Später wurde erkannt, dass die HLA-Proteine des Menschen homolog zu den MHC-Proteinen anderer Säugetiere sind. Die etablierte Nomenklatur wurde aus „menschlichen" Gründen von den beiden Lagern beibehalten. HLA und MHC sind also Synonyme.

> **Exkurs**
>
> Die Fähigkeit zu einer erworbenen Immunantwort entwickelt sich über eine gewisse Zeitspanne hinweg während der Frühentwicklung eines Lebewesens. Alle Stoffe, die während dieser Entwicklungsphase im Organismus vorhanden sind, werden später als zum „Selbst" gehörig erkannt. Unglücklicherweise kommt es manchmal zu einem Zusammenbruch des Systems der Selbst-/Nichtselbst-Unterscheidung. In der Folge kann es dazu kommen, dass Antikörper gegen körpereigene Stoffe gebildet werden. Ein solcher Zustand wird als Autoimmunkrankheit bezeichnet. Zu den Autoimmunkrankheiten gehören das Gelenkrheuma (rheumatoide Arthritis), die multiple Sklerose, der Lupus erythematodes und der Diabetes mellitus, Typ I.

gehören entsprechend zu den Genen mit den höchsten bekannten Mutationsraten. Dies führt dazu, dass zwei nicht miteinander verwandte Individuen praktisch immer unterschiedliche Sequenzen dieser Gene aufweisen (mit korrespondierenden Unterschieden in den Aminosäure-Sequenzen der Genprodukte). Man unterscheidet im Wesentlichen zwei Gruppen von MHC-Proteinen (neben einigen weiteren, kleineren Untergruppen, die ebenfalls zum MH-Komplex gezählt werden): MHC-Proteine der Klasse I und MHC-Proteine der Klasse II. Die MHC-Proteine der Klasse I finden sich auf den Oberflächen praktisch aller Zellen des Körpers, wohingegen die MHC-Proteine der Klasse II auf bestimmte Zelltypen beschränkt sind, die Funktionen in der Immunabwehr haben, zum Beispiel Lymphocyten und Makrophagen. Die MHC II-Proteine finden sich genauer auf so genannten antigenprozessierenden Zellen und dienen der Antigenpräsentation.

35.3.2 Erkennungsmoleküle

Wir kommen auf die Rolle der MHC-Proteine bei der Nichtselbst-Erkennung weiter unten zurück. An dieser Stelle gilt es festzustellen, dass die MHC-Proteine selbst nicht diejenigen Moleküle sind, die eine Fremdsubstanz als solche erkennen. Diese Aufgabe fällt zwei weiteren grundlegenden Molekülklassen des Immunsystems zu, die sich wahrscheinlich aus einer gemeinsamen Vorläuferform evolviert haben: Antikörper und T-Zellrezeptoren. Jedes individuelle Wirbeltier verfügt über ein enormes Repertoire unterschiedlicher Antikörper. Jeder der verschiedenen Antikörper bindet in spezifischer Weise an ein bestimmtes Antigen oder einen Teil eines Antigens, und dies sogar, wenn das betreffende Antigen noch nie zuvor im Körper zugegen gewesen ist. Es gibt wahrscheinlich ein ebenso großes Repertoire an T-Zellrezeptoren, die ebenfalls jeweils spezifisch für ein bestimmtes Antigen sind.

Antikörper

Antikörper werden auch synonym als **Immunglobuline** bezeichnet. Sie kommen an die Oberfläche von B-Zellen gebunden vor oder werden von **Plasmazellen ausgeschüttet**, die eine Entwicklungsstufe der B-Zellen sind. Ein Antikörpermolekül besteht aus vier Polypeptidketten: zwei identischen leichten Ketten und zwei identischen schweren Ketten (die mehr Aminosäuren enthalten). Zusammen bilden die vier Polypeptide ein Y-förmiges Proteinmolekül, das durch kovalente Disulfidbrücken und nichtkovalente Wasserstoffbrücken-Bindungen zusammengehalten wird (▶ Abbildung 35.2). Die Aminosäure-Sequenz gegen das obere Ende der beiden „Arme" des Ys sind sowohl bei den leichten wie den schweren Ketten variabel (**variable Regionen**); diese Bereich bestimmen die Spezifität des betreffenden Antikörpers, legen also fest, welche Antigene gebunden werden. Jedes Ende der Arme des Ys bildet eine Vertiefung, Rinne oder Tasche, die als eigentliche Antigenbindungsstelle dient (Abbildung 35.2). Die Spezifität des Antikörpers hängt somit von der Form dieser Vertiefungen und den chemischen Eigenschaften der dort befindlichen Aminosäuren ab. Der Rest des Antikörpermoleküls (der Stiel des Ys) wird als **konstanter Bereich** bezeichnet. Die variablen

> **Exkurs**
>
> Eine wesentliche Herausforderung für die Immunologen bestand darin, zu verstehen, wie das Genom eines Säugetiers die notwendigen Informationen zur Produktion von mindestens einer Million unterschiedlicher Antikörper speichern kann. Die Antwort ergibt sich aus der Struktur der Genorte für die Immunglobuline. Die Antikörper-Gene liegen gestückelt vor und nicht als durchgehende Abschnitte der DNA. Insbesondere die die Antigene bindenden variablen Bereiche der leichten und der schweren Ketten werden aus Informationen mehrerer, getrennter DNA-Abschnitte „zusammengestückelt". Diese codierenden Abschnitte können miteinander und in ihrer Reihenfolge vermischt werden, um die Vielfalt der Genprodukte zu erhöhen. Das immense Repertoire an Antikörper wird teilweise durch verwickelte Gen-Umlagerungen erzeugt, teilweise durch an diesen Genorten häufig stattfindende somatische Mutationen, die zusätzliche Variationen der Proteinstrukturen in den variablen Bereichen der leichten und der schweren Ketten der Antikörper hervorbringen. Analoge Vorgänge laufen an den Genorten für die T-Zellrezeptoren ab.

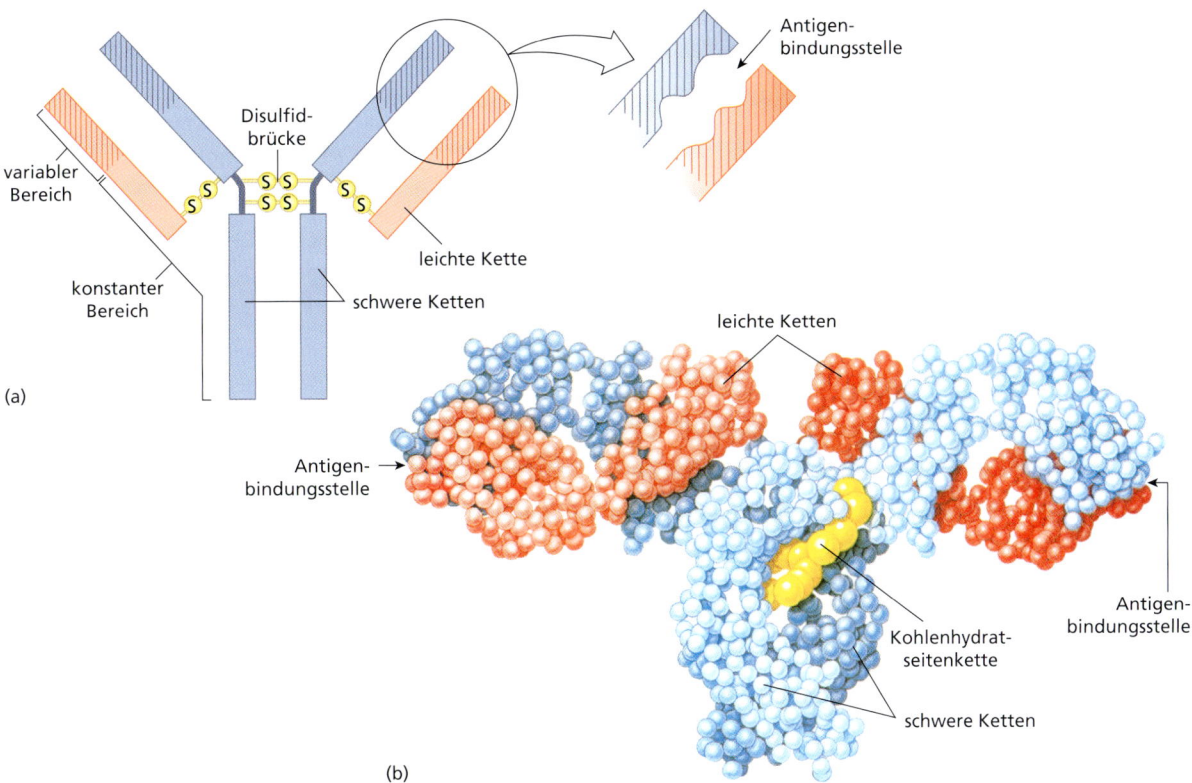

Abbildung 35.2: Antikörpermoleküle. (a) Antikörpermoleküle bestehen aus zwei kürzeren Polypeptidketten (leichten Ketten) und zwei längeren (schweren Ketten), die durch Disulfidbrücken zusammengehalten werden. Die einzelnen Ketten werden weiter in variable und konstante Bereiche (Abschnitte) untergliedert. Diese Bereiche sind unabhängige Faltungseinheiten der Polypeptidkette (Domänen) von etwa 110 Aminosäuren Umfang. Das Faltungsmuster ist komplexer als in dieser Abbildung zu erkennen. Disulfidbrücken an den Scharnierstellen zwischen den Ketten verleihen dem Gesamtmolekül an diesen Stellen Flexibilität. Die variablen Domänen beider Kettentypen (leichte und schwere) besitzen hypervariable Enden, die als Antigenbindungsstellen dienen. (b) Molekülmodell eines Antikörpermoleküls, an dem die tatsächliche Molekülgestalt erkennbar ist.

Endbereiche werden mit F_{ab} (**F**ragment der **A**ntigen**b**indung) bezeichnet, der nichtvariable Bereich als F_c (kristallisierbares **F**ragment, von engl. **c**rystallizable; Abbildung 35.2). Der als konstant bezeichnete Bereich ist jedoch nicht wirklich völlig unveränderlich: Bei den leichten Ketten gibt es zwei Typen; die schweren Ketten entstammen einem von fünf möglichen Typen. Der Typ der vorhandenen schweren Kette legt die Klasse fest, zu welcher der betreffende Antikörper gehört. Es werden daher fünf **Antikörperklassen** unterschieden: **IgG** (Immunglobulin G; im medizinischen Sprachgebrauch: *Immunglobulin gamma*), **IgM**, **IgA**, **IgD** und **IgE**. Die Antikörperklasse bestimmt, welche genaue Rolle der Antikörper im Rahmen der erworbenen Immunantwort spielt (Die Rollen mancher Antikörperklassen sind noch nicht ganz klar, zum Beispiel, ob ein Antikörper aus der Zelle sezerniert wird oder an die Zelloberfläche gebunden bleibt). Die Antikörperklasse hat jedoch keinen Einfluss auf die Antikörperbindung.

Funktionen der Antikörper bei der Abwehrreaktion des Wirtes. Antikörper können auf mehrere Weisen die Zerstörung eines Eindringlings (Antigens) bewirken. Ein Fremdkörper kann zum Beispiel von Antikörpermolekülen geradezu überzogen werden, wenn sich die F_{ab}-Bereiche von Immunglobulinmolekülen an mehreren Stellen an ihn binden. Makrophagen (Fresszellen des Immunsystems) erkennen den F_c-Bereich der gebundenen Antikörper und werden dadurch stimuliert, den Antigen/Antikörper-Verbund zu phagocytieren. Dieser Vorgang der Markierung durch Antikörper wird als **Opsonierung** (= Opsonisation) bezeichnet. Antikörper können außerdem Toxine mit ausreichend hoher Molmasse durch Bindung zu neutralisieren. Dies macht man sich zum Beispiel in Form von Gegengiften (Antiseren) gegen die Bisse von Schlangen und anderen Gifttieren zunutze.

Ein weiterer wichtiger Vorgang, der insbesondere bei der Zerstörung von Bakterienzellen zum Tragen kommt, ist die Wechselwirkung von Antikörpern mit dem Komplement-System, das hierbei auf dem klassischen Weg aktiviert wird. Wie wir weiter oben ausgeführt haben, wird die erste Komponente des Komplements (C1) durch Antikörpermoleküle aktiviert, die an die Oberfläche eines eingedrungenen Erregers gebunden sind. Das Endergebnis der Komplementaktivierung auf dem klassischen ist dasselbe wie auf dem alternativen Weg – es kommt zur Lyse der fremden Zelle. Beide Wege führen auch zur Opsonisierung oder zur Verstärkung einer bestehenden Entzündungsreaktion (siehe weiter unten). Die Bindung des Komplements an einen Antigen/Antikörperkomplex kann die Beseitigung dieser potenziell schädlichen Massen durch phagocytierende Zellen herbeiführen.

Antikörper, die an die Oberflächen von eingedrungenen Antigenen binden, lösen bei Zellen das Abtöten durch natürliche Killerzellen (NK-Zellen) aus. **NK-Zellen** gehören zu den Effektorzellen des Immunsystems, den „ausführenden Organen" der Abwehrmaßnahmen. Die durch Antikörper ausgelöste Aktivität von NK-Zellen wird als **antikörperabhängige, zellvermittelte Cytotoxizität** bezeichnet. Fc-Rezeptoren für an Mikroben oder Tumorzellen gebundene Antikörper an der Oberfläche einer NK-Zelle führen zur Bindung an die immobilisierten Antikörper und zur Ausschüttung cytotoxischer Inhalte aus Vakuolen der NK-Zelle.

T-Zellrezeptoren

T-Zellrezeptoren (**TCR**, von engl. *T cell receptor*) sind Transmembranproteine an den Oberflächen von T-Zellen (= T-Lymphocyten = Thymusabängige Lymphocyten). Wie die Antikörper, verfügen auch T-Zellrezeptoren über einen konstanten Bereich und einen variablen Bereich. Der konstante Bereich erstreckt sich ein bisschen in das umliegende Cytoplasma; der variable Bereich, der in spezifischer Weise Antigene bindet, erstreckt sich davon ausgehend weiter nach außen. Die meisten T-Zellen tragen darüber hinaus noch andere Transmembranproteine, die eng mit den T-Zellrezeptoren assoziiert sind, und die als **Corezeptoren** fungieren. Einige davon gehören zu der umfangreichen und chemisch heterogenen Gruppe der CD-Antigene. Man kennt heute über 200 solcher **CD-Antigene** (CD = clusters of differentiation). Eines davon, das CD3, ist mit dem konstanten Bereich von T-Zellrezeptoren assoziiert. Die anderen CD-Antigene binden an spezifische Liganden an Zielzellen.

Unterklassen der T-Zellen

Lymphocyten werden aktiviert, wenn sie dazu angeregt werden, aus ihrer Erkennungsphase, in der sie einfach bestimmte Antigene binden, in eine Folgephase überzugehen, in der sie sich vermehren und zu Zellen differenzieren, die an der Eliminierung von Anti-

> **Exkurs**
>
> Die als Interleukine bezeichneten Cytokine haben ihren Namen daher, dass sie von Leukocyten erzeugt werden und auf andere Leukocyten einwirken, also Signale zwischen Leukocyten vermitteln. Heute weiß man, dass auch einige andere Zelltypen Interleukine bilden und die von Leukocyten gebildeten Interleukine auch auf andere Zellen eine Wirkung haben können.

genen beteiligt sind. Man spricht allgemein von Aktivierung, wenn Effektorzellen des Immunsystems durch ein Signal dazu angeregt werden, ihre Schutzfunktion zu entfalten.

Die Kommunikation zwischen den an einer Immunreaktion beteiligten Zellen, die Regulation der Immunantwort und bestimmter Effektorfunktionen werden von verschiedenen, spezialisierten T-Zelltypen vollzogen (▶ Abbildung 35.3). Obwohl sie sich morphologisch gleichen, lassen sich die verschiedenen Untergruppen der T-Zellen anhand charakteristischer Oberflächenproteine unterscheiden und sogar trennen. So werden etwa solche T-Zellen, die an ihren Oberflächen die Proteine CD4 und CD28 tragen, als **T-Helferzellen** (T_H-Zellen) bezeichnet. Diese Zellen schütten im Verlauf einer Immunreaktion Cytokine aus und modulieren die Aktivität anderer Lymphocytensorten und von Makrophagen. Eine als T_H1-Zellen bezeichnete Untergruppe der T-Helferzellen aktiviert die zellvermittelte Immunantwort auf Bakterien und Viren, eine als T_H-2 bezeichnete zweite Untergruppe aktiviert die humorale Immunantwort und damit die Freisetzung von Antikörpern.

Cytotoxische T-Lymphocyten (**CTL**, von engl. *cytotoxic T-lymphocytes*) sind Zellen, die den Corezeptor CD8 exprimieren; man sagt, diese Zellen seien CD8-positiv und macht dies durch die Abkürzung $CD8^+$ kenntlich. Sie töten Zielzellen ab, die bestimmte, auslösende Antigene exprimieren. Eine cytotoxische T-Zelle bindet dicht an ihre Zielzelle und schüttet ein Protein aus, das in der Zellmembran des Opfers Löcher erzeugt, wodurch es zur Lyse der attackierten Zelle kommt. **T-Suppressorzellen** (T_S-Zellen) bewirken eine Unterdrückung der Immunreaktion, indem sie hemmend auf andere T- und B-Zellen einwirken. **Gedächtnis-T-Zellen** stellen ein Antigengedächtnis dar, das für die Aktivierung bei zukünftigen Antigen-Kontakten zur raschen Auslösung einer geeigneten Immunreaktion zur Verfügung steht.

35.3 Die erworbene Immunantwort bei Wirbeltieren

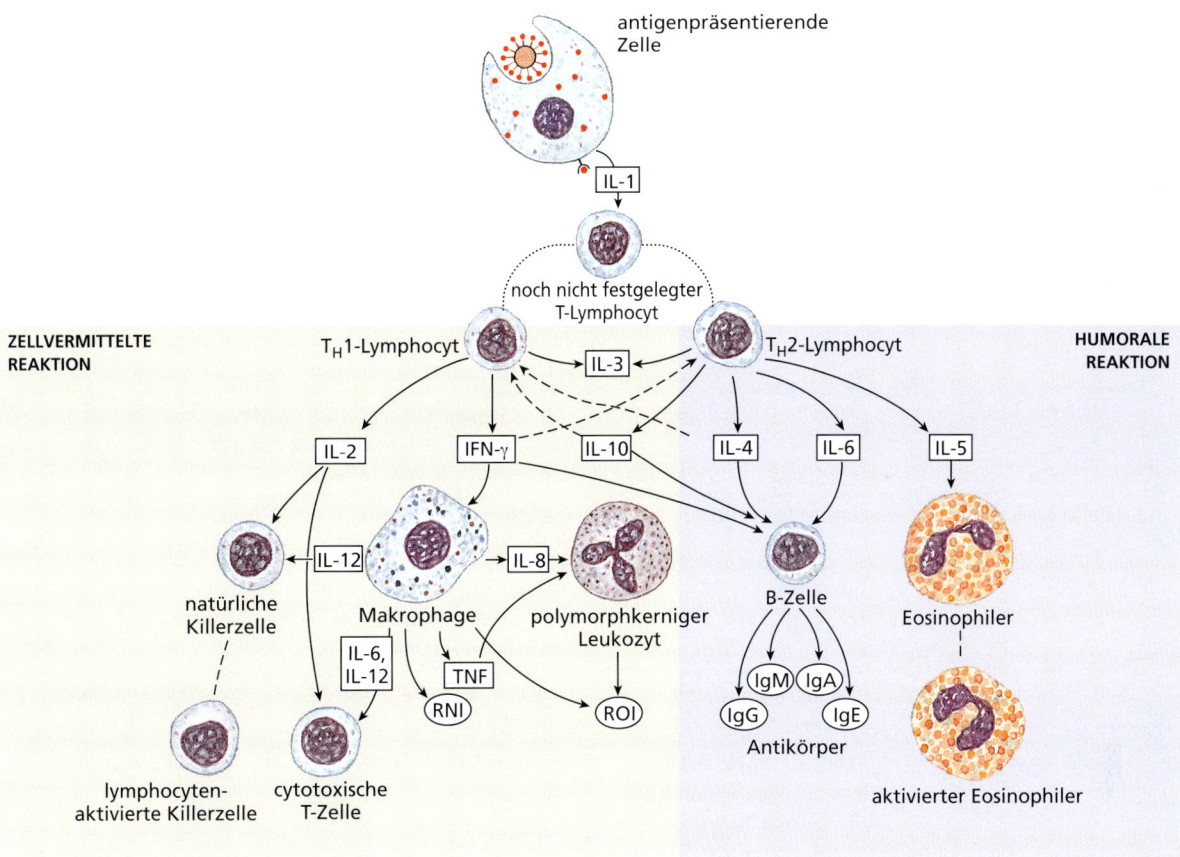

Abbildung 35.3: **Hauptwege der zellvermittelten (T$_H$1) und der humoralen (T$_H$2) Immunreaktion.** Ebenfalls gezeigt wird die Beeinflussung durch Cytokine. Durchgehende Pfeile repräsentieren positive (aktivierende) Signale; gestrichelte Pfeile zeigen hemmende (negative) Signale an. Gestrichelte Linien ohne Pfeilspitzen symbolisieren Wege der Zellaktivierung. INF-γ: Interferon-gamma; Ig: Immunglobulin; IL: Interleukin; T$_H$: T-Helferzelle; TNF: Tumornekrosefaktor; RNI und ROI: giftige Sauerstoffverbindungen, die auf den Eindringling losgelassen werden.

35.3.3 Cytokine

In den 80er Jahren hat sich unser Wissen darüber, wie Zellen des Immunsystems miteinander kommunizieren, rasch vergrößert. Sie tun dies mit Hilfe von Proteinhormonen, die als **Cytokine** bezeichnet werden (▶ Tabelle 35.1; siehe hierzu auch Kapitel 34). Cytokine können ihre Wirkung auf die Zellen ausüben, die sie hergestellt und freigesetzt haben (autokrine Wirkung), auf nahegelegene Zellen oder auf Zellen, die an weit entfernten Orten liegen.

35.3.4 Die Anregung einer humoralen Immunreaktion: Die T$_H$2-Antwort

Wenn ein Antigen in den Körper gelangt, wird es dort in aller Regel von einem Antikörper gebunden, der sich auf der Oberfläche einer B-Zelle befindet, doch reicht diese Bindung allein meist nicht aus, um die B-Zelle zur Vermehrung zu veranlassen. Die B-Zelle internalisiert („verschluckt") den Antigen/Antikörperkomplex und baut dann einen Teil des Antigens in eine Bindungsstelle eines MHC-Klasse II-Moleküls ein. Der Antigen/MHC II-Komplex wird dann zur Zelloberfläche befördert, um das prozessierte Antigen zu präsentieren (auszustellen) (▶ Abbildungen 35.4 und ▶ 35.5). Der Anteil des Antigens, der an das MHC II-Molekül gebunden und an der Oberfläche einer **antigenpräsentierenden Zelle** (B-Zelle, Dendritenzelle usw.) präsentiert wird, heißt **Epitop** (oder antigene Determinante). T$_H$2-Zellen mit einem T-Zellrezeptor, der eine Spezifität für das präsentierte Epitop besitzt, erkennt den Epitop/MHC II-Komplex auf der antigenpräsentierenden Zelle. Die Bindung des T-Zellrezeptors an den Epitop/MHC II-Komplex wird durch den Corezeptor CD4 verstärkt; dieser bindet an den konstanten Teil des MHC II-Proteins (Abbildung 35.5). Die gebundenen CD4-Moleküle leiten ein stimulierendes Signal in das Innere der T-Zelle weiter. Zur Aktivierung der T-Zelle sind weitere Wechselwirkungen costimulierender Signale zwischen Oberflächenproteinen der B- und der T-Zelle notwendig (zum Beispiel zwischen CD40 und

Tabelle 35.1

Einige wichtige Cytokine

Cytokin	Hauptquelle	Funktion
Interleukin-1 (IL-1)	Aktivierte Makrophagen	Vermittelt Entzündungsreaktionen, aktiviert T-Zellen, B-Zellen und Makrophagen
Interleukin-2 (IL-2)	T_H1-Zellen	Hauptwachstumsfaktor für T- und B-Zellen; steigert die cytolytische Aktivität von natürlichen Killerzellen; veranlasst ihre Proliferation und Differenzierung zu lymphocyten aktivierten Killerzellen (LAKs)
Interleukin-3 (IL-3)	Aktivierte T- und B-Zellen	Koloniestimulierender Faktor für mehrere Zelllinien; fördert das Wachstum und die Differenzierung aller Zelltypen im Knochenmark (myeloide Reihe)
Interleukin-4 (IL-4)	Zumeist T_H2-Zellen	Wachstumsfaktor für B- und einige Typen von T- sowie Mastzellen; fördert die Antikörperausschüttung
Interleukin-5 (IL-5)	T_H2-Zellen	Aktiviert Eosinophile; wirkt mit IL-2 und IL-4 bei der Stimulation des Wachstums und der Differenzierung von B-Zellen zusammen
Interleukin-6 (IL-6)	Makrophagen, Endothelzellen, Fibroblasten, T_H2-Zellen	Wichtiger Wachstumsfaktor für die späte B-Zellentwicklung, aktiviert CTLs
Interleukin-8 (IL-8)	Antigenaktivierte T-Zellen, Makrophagen, Endothelzellen, Fibroblasten, Thrombocyten	Aktivierender chemotaktischer Faktor für Neutrophile und – in geringerem Maß – PMNs
Interleukin-10 (IL-10)	T_H2-Zellen	Hemmt die Cytokinsynthese von T_H1- und NK-Zellen sowie Makrophagen, fördert die Proliferation von B-Zellen
Interleukin-12 (IL-12)	Makrophagen und B-Zellen	Aktiviert NK- und T-Zellen; induziert möglicherweise die Produktion von INF-γ; verschiebt die Immunreaktion hin zu T_H1
Transformierender Wachstumsfaktor β (TGF-β)	Makrophagen, Lymphocyten und andere Zellen	Hemmt die Lymphocytenproliferation, die Bildung von CTL und LAK sowie die Cytokinproduktion durch Makrophagen
Interferon-α (INF-α)	Von Viren befallene Zellen	Aktiviert NK-Zellen und Makrophagen
Interferon-β (INF-β)	Von Viren befallene Zellen	Aktiviert NK-Zellen und Makrophagen
Interferon-γ (IFN-γ)	T_H1-Zellen und LAK-Zellen	Starke makrophagenaktivierende Wirkung; induziert bei einer Vielzahl von Zellen die Produktion von MHC II-Molekülen; fördert die Differenzierung von T- und B-Zellen; aktiviert Neutrophile; aktiviert Endothelzellen, um den Austritt von Lymphocyten durch die Gefäßwände zu erlauben (Exvasation)
Tumornekrosefaktor (TNF)	Aktivierte Makrophagen	Hauptmediatorstoff von Entzündungen; niedrige Konzentrationen aktivieren Endothelzellen, aktivieren PNMs, stimulieren Makrophagen und die Produktion von Cytokinen (IL-1, IL-6, IL-12 und TNF selbst); höhere Konzentrationen führen zur Synthese von Prostaglandinen und zur Auslösung von Fieber

dem Rezeptor). Die CD8-Corezeptoren der cytotoxischen T-Zellen (CTLs) wirken auf eine ganz ähnliche Weise. Sie unterstützen die Bindung des T-Zellrezeptors und leiten ein anregendes Signal in das Zellinnere.

Aktivierte T_H2-Zellen schütten IL-4, IL-5, IL-6 und IL-10 aus. Diese Interleukine aktivieren B-Zellen, die das gleiche Epitop und das gleiche MHC-Molekül der Klasse II exprimieren. Dieser B-Zellklon vermehrt sich rasch durch Teilung und erzeugt so viele Plasmazellen, die große Mengen an Antikörpern sezernieren. Die Antikörper binden an Antigene, und Makrophagen erkennen diese Antigen/Antikörperkomplexe. Durch die Opsonierung werden die Antigene für die Phagocytierung durch die Fresszellen markiert. Die Antikörperausschüt-

35.3 Die erworbene Immunantwort bei Wirbeltieren

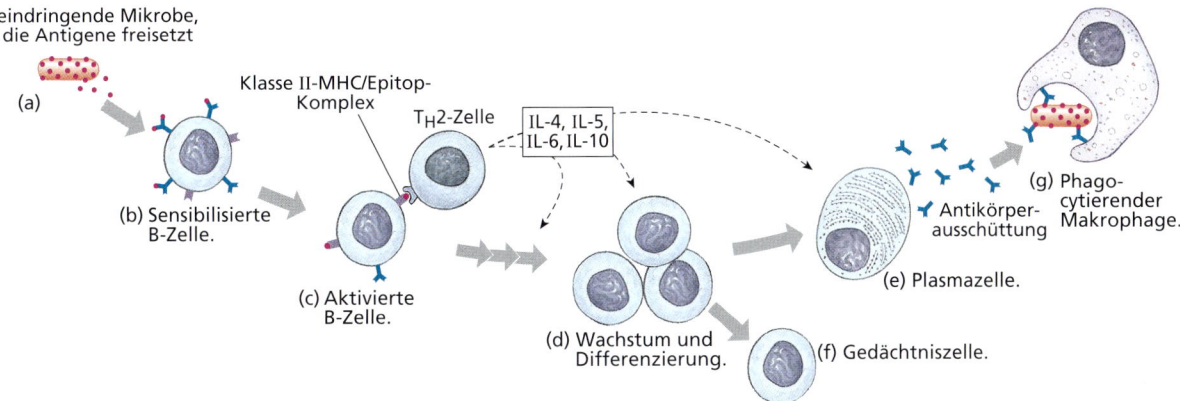

Abbildung 35.4: Die humorale Immunantwort. (a) Oberflächenantikörper von B-Zellen binden Antigene. Die B-Zellen internalisieren die Antigen/Antikörperkomplexe, verdauen diese partiell und präsentieren Teile der Antigene (Epitope) an MHC-Proteine der Klasse II gebunden an ihren Oberflächen. (b) T_H2-Zellen erkennen an MHC II-Proteine gebundene Antigene an der Oberfläche der B-Zellen, werden dadurch aktiviert und schütten daraufhin die Interleukine 4, 5, 6 und 10 aus (IL-4, IL-5, IL-6, IL-10). (c) Die T_H2-Zellen regen die Vermehrung der B-Zellen mit dem korrespondierenden Epitop/MHC II-Komplex an (klonale Expansion der aktivierten B-Zellen). (d) Die Interleukine 4 bis 6 und 10 fördern die Aktivierung und Differenzierung der B-Zellen (e) zu Plasmazellen, die beständig Antikörper ausschütten. (f) Einige der B-Zellnachkommen entwickeln sich zu Gedächtniszellen. (g) Die von den Plasmazellen freigesetzten Antikörper binden an Antigene und stimulieren Fresszellen wie Makrophagen, die opsonisierten Antigene zu phagocytieren.

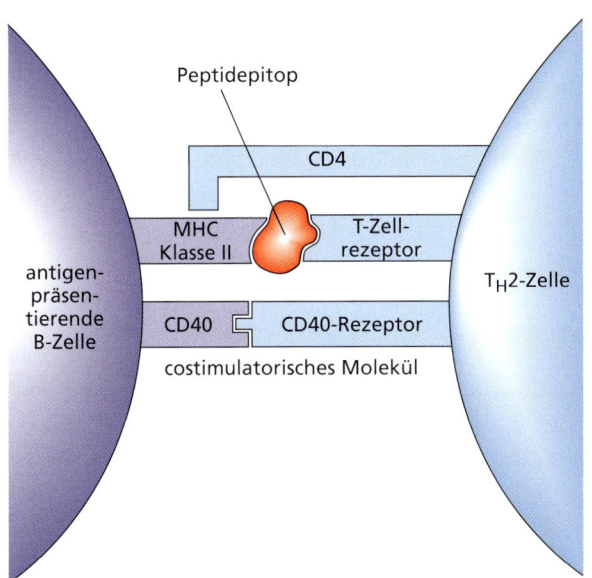

Abbildung 35.5: Aktivierung einer T_H2-Helferzelle. Bei der Aktivierung durch eine antigenpräsentierende B-Zelle wechselwirkende Moleküle.

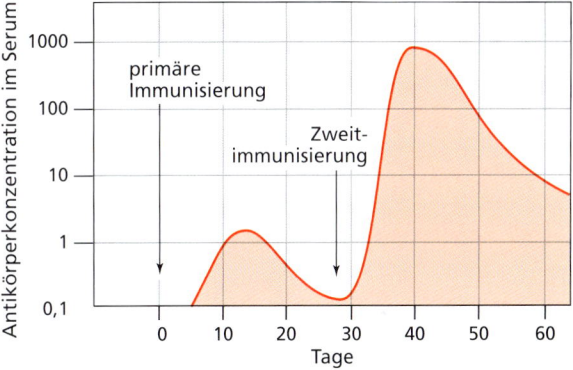

Abbildung 35.6: Verlauf einer Antikörperantwort des Immunsystems nach einer primären und einer sekundären Immunisierung. Die sekundäre Immunantwort ist ein Ergebnis der großen Zahl von Gedächtniszellen, die sich nach der primären B-Zellaktivierung gebildet haben.

tung vollzieht sich für eine gewisse Zeit, dann stirbt die Plasmazelle ab. Misst man die Konzentration eines antigenspezifischen Antikörpers (seinen **Titer**) kurz nach der Injektion des Antigens, so lässt sich nur eine sehr geringe Menge oder gar kein Antikörper nachweisen. Der Titer steigt rasch an, wenn die Plasmazellen aktiv sind und Antikörper ausschütten und geht nach dem Absterben der Plasmazellen etwas zurück, weil Antikörper abgebaut werden (zum Beispiel durch Phagocytose von Antigen/Antikörperkomplexen; ▶ Abbildung 35.6). Verabreicht man aber eine weitere Dosis Antigen (**Auffrischung**), so sieht man keine oder eine nur geringe zeitliche Verzögerung; der Antikörpertiter steigt rascher und auf ein höheres Niveau als bei der ersten Exposition. Dieser Effekt wird als **sekundäre Immunreaktion** (= anamnestische Reaktion) bezeichnet. Er kommt zustande, weil einige der beim Erstkontakt aktivierten B-Zellen sich zu langlebigen **Gedächtniszellen** entwickelt haben. Nach der klonalen Expansion sind wesentlich mehr Gedächtniszellen mit der Antikörperspezifität für dieses spezielle Antigen im Körper vorhanden als ursprüngliche B-Zellen mit dieser Spezifität. Die Gedächtniszellen

Exkurs

Viele Zweige der immunologischen Forschung und der praktischen Immunologie haben in hohem Maße von der Erfindung einer Methode zur Erzeugung stabiler Zellklone zur Herstellung von Antikörpern nur einer einzigen Epitopspezifität profitiert. Da die antikörperproduzierenden Zellen einen Zellklon bilden, werden solche Antikörper als monoklonale Antikörper bezeichnet. Alle Antikörper, die ein solcher B-Zellklon ausschüttet, weisen dieselbe Epitopspezifität auf, binden also an die gleiche antigene Determinante (die meisten antigen wirkenden Proteine und Polysaccharide verfügen über mehrere bis viele potenzielle antigene Determinanten = Epitope). Zellklone zur Produktion monoklonaler Antikörper werden hergestellt, indem man eine normale, antikörperproduzierende Plasmazelle mit einer unendlich teilungsfähigen Tumorzelle fusioniert. So erhält man einen unbegrenzt weiterwachsenden Zellklon mit der gewünschten Epitopspezifität. Da die neue antikörperbildende Zelle ein Hybrid aus der ursprünglichen B-Zelle und einer Tumorzelle ist, wird sie als Hybridomazelle bezeichnet, der gesamte so gebildete Zellklon als Hybridom. Praktisch geht man so vor, dass man eine ganze Population von B-Zellen durch die Fusion mit Tumorzellen immortalisiert (potenziell unsterblich macht) und danach unter den Fusionsprodukten nach der gewünschten Spezifität sucht. Die Zellen lassen sich verhältnismäßig leicht halten und die Antikörper aus dem Kulturüberstand kontinuierlich gewinnen. Die um 1975 von Milstein und Köhler entwickelte Hybridomtechnik hat sich zu einem überaus wichtigen Werkzeug im Methodenarsenal nicht nur der Immunologie, sondern darüber hinaus auch anderer Bereiche der Zell- und Molekularbiologie sowie verschiedener Felder der Medizin entwickelt.

belle 35.1). Interleukin-2 fördert die Aktivität aktivierter B- und T-Zellen und steigert die cytotoxische Aktivität von NK-Zellen, veranlasst sie zur Proliferation und zum Übergang in **lymphocytenaktivierte Killerzellen** (**LAKs**). LAK-Zellen setzen ebenfalls INF-γ frei. Interferon-gamma ist ein potenter Aktivator von Makrophagen. Es fördert weiterhin die Differenzierung von T- und B-Zellen sowie die B-Zellproliferation, und es aktiviert Endothelzellen derart, dass sich ihre Zwischenzellkontakte lockern und Leukocyten aus dem Blutstrom in das umliegende Gewebe übertreten können (Exvasation der Leukocyten). INF-γ ist außerdem ein Hauptinduktor einer nichtspezifischen **Entzündungsreaktion**. Der Tumornekrosefaktor (TNF) aktiviert PMNs und stimuliert Makrophagen sowie die Produktion von Cytokinen. Cytotoxische T-Zellen (CTLs) treten ebenfalls mit den Oberflächenrezeptoren von antigenpräsentierenden Zellen in Wechselwirkung. Zusammen mit der Stimulation durch IL-2 und INF-γ, die von den aktivierten TH1-Zellen sezerniert wurden, bewirkt dies eine Proliferation der CTLs und veranlasst sie, Proteine auszuschütten (Perforine und Granzyme), die Löcher in den Membranen der infizierten Zellen erzeugen und so deren Lyse herbeiführen.

Wie die humorale Immunreaktion, zeigt auch die zellvermittelte Immunabwehr eine sekundäre Reaktion, die auf die große Zahl an Gedächtnis-T-Zellen zurückgeht, welche durch die ursprüngliche Aktivierung erzeugt können sich schnell vermehren und so zusätzliche Plasmazellen zu erzeugen. Die sekundäre Immunreaktion hat große praktische Bedeutung, da sie die physiologische Grundlage für Schutzimpfungen ist.

35.3.5 Die zellvermittelte Reaktion: Die T_H1-Antwort

An vielen Reaktionen des Immunsystems sind nur geringe Mengen oder gar keine Antikörper beteiligt. Diese Immunreaktionen stützen sich allein auf die Wirkung von Zellen. Bei einer solchen zellvermittelten Immunreaktion werden ebenfalls Epitope von antigenpräsentieren Zellen erzeugt und präsentiert, doch erfolgt in diesem Fall eine Aktivierung des T_H1-Zweiges des adaptiven Immunsystems. Die antigenpräsentierende Zelle kann in diesem Fall zum Beispiel eine viral infizierte Zelle sein oder ein durch intrazelluläre Bakterien infizierter Makrophage. T_H1-Zellen erkennen den Epitop/MHC II-Komplex an den Oberflächen solcher Zellen und werden aktiviert. Sie setzen IL-2, TNF und INF-γ frei (Ta-

Exkurs

Vor wenigen Jahrzehnten erschien die Aussicht, jemals ein Organ von einer Person auf eine andere zu verpflanzen, als unmöglich. Nach Grundlagenforschungen von Biologen begannen dann Mediziner, Nieren zu verpflanzen und die Immunantwort des Empfängers zu unterdrücken (Immunsuppression). Es erwies sich erwartungsgemäß als sehr schwierig, die Immunabwehr des Organempfängers ausreichend abzuschwächen, so dass das neue Organ nicht abgestoßen wurde, gleichzeitig aber eine Restaktivität zu erhalten, damit der Transplantierte nicht allen Infektionen schutzlos ausgeliefert war. Seit der Entdeckung der aus Pilzen stammenden Substanz Cyclosporin werden nicht nur Nieren, sondern auch andere innere Organe wie Herzen, Lungen und Lebern erfolgreich transplantiert. Cyclosporin hemmt IL-2 und beeinflusst die CTLs mehr als die T_H2-Antwort. Es hat keine Wirkung auf andere weiße Blutkörperchen oder Heilungsmechanismen der Gewebe, so dass ein Empfänger immer noch zu einer Immunreaktion fähig ist, ohne das Transplantat sofort abzustoßen. Der Organempfänger muss jedoch das Cyclosporin kontinuierlich einnehmen, da beim Absetzen des Wirkstoffs die Abwehrzellen das transplantierte Organ als fremd (= „Nichtselbst") erkennen und angreifen.

worden sind. So wird etwa ein zweites Gewebetransplantat desselben Spenders auf denselben Empfänger viel rascher abgestoßen als das erste.

35.3.6 Entzündung

Die Entzündungsreaktion (kurz: Entzündung) ist ein wesentlicher Vorgang zur Mobilisierung der Körperabwehr gegen eindringende Fremdorganismen oder andere Gewebeschädigungen sowie der nachfolgenden Reparatur solcher Schäden. Die Ereignisfolge bei einem Entzündungsvorgang wird stark durch die vorhergegangenen, immunisierenden Erfahrungen beeinflusst, die der Organismus mit dem betreffenden Eindringling (Infektionserreger, Parasit usw.) gemacht hat und der Verweildauer des Eindringlings bzw. dem Grad seiner Persistenz im Körper. Die Prozesse, durch die der Eindringling schließlich vernichtet wird, sind jedoch unspezifischer Natur. Die Manifestationen einer Entzündung sind eine **Überempfindlichkeit vom verzögerten Typ** und eine **Überempfindlichkeit vom Soforttyp**.

Die Überempfindlichkeit vom verzögerten Typ ist eine Art der zellvermittelten Immunantwort, bei der die letztendlichen Effektoren aktivierte Makrophagen sind. Der Terminus *Überempfindlichkeit vom verzögerten Typ* leitet sich von dem Umstand her, dass eine Zeitspanne von 24 Stunden oder mehr vom Antigenkontakt bis zum Erscheinen einer sichtbaren Reaktion eines immunisierten Subjekts verstreicht. Das ist deshalb der Fall, weil die T_H1-Zellen mit den für das betreffende Antigen spezifischen Rezeptoren an ihren Oberflächen einige Zeit benötigen, um am Infektionsort einzutreffen und die dort von antigenpräsentierenden Zellen dargebotenen Epitope zu registrieren und eine Reaktion darauf einzuleiten. Durch die so erfolgte Aktivierung werden sie veranlasst, IL-2, TNF und INF-γ auszuschütten. Der Tumornekrosefaktor bewirkt, dass die Endothelzellen von umliegenden Blutgefäßen Oberflächenmoleküle zur Expression bringen, die als Adhäsionspunkte für weiße Blutkörperchen dienen. Zuerst lagern sich Neutrophile an, nachfolgend Lymphocyten und Monocyten. Der TNF veranlasst das Endothel außerdem Entzündungscytokine wie IL-8 auszuschütten, welche die Mobilität von Leukocyten erhöhen und ihren Durchtritt durch das Endothel erleichtern. TNF und INF-γ bewirken weiterhin, dass sich die Form der Endothelzellen verändert, was das Durchsickern von Makromolekülen und die Passage von Zellen von einer zur anderen Seite erleichtert. Der Austritt von Fibrinogen aus den Blutgefäßen führt zu einer Umwandlung von

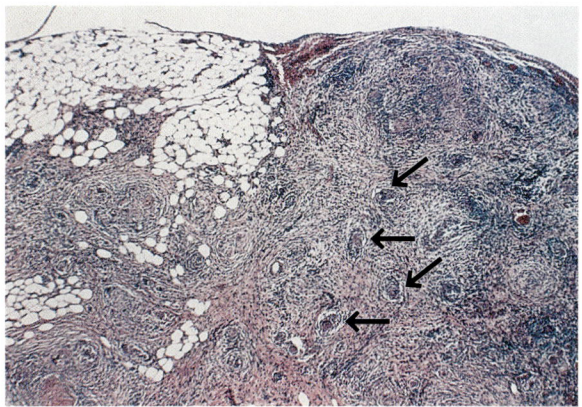

Abbildung 35.7: Granulomatöse Reaktion. Im Umfeld von Eiern (Pfeile) von *Schistosoma mansoni* in Mesenterien.

Fibrinogen in Fibrin. Durch die Fibrinbildung schwillt der betroffene Gewebebereich an (Ödembildung) und gerät unter Spannung. Die Fibrinbildung verstärkt die Verfestigung des Gewebes. Durch die Ausfällung des Fibrins in Form des Gerinnsel-typischen Fasergewirrs werden eingedrungene Fremdorganismen festgehalten, so dass eine Ausbreitung im Körper verhindert oder zumindest erschwert wird.

Monocyten differenzieren sich nach der Auswanderung aus dem Blutstrom zu aktiven Makrophagen, welche die Haupteffektoren der Überempfindlichkeitsreaktion vom verzögerten Typ sind. Sie phagocytieren größere Antigene und schütten Mediatoren aus, die eine lokale Entzündungsreaktion verstärken, sowie Cytokine und Wachstumsfaktoren, welche die Gewebeheilung fördern. Falls das Antigen nicht zerstört und beseitigt werden kann, führt dessen chronische Anwesenheit zur Bildung fibrösen Bindegewebes (Fibrose). Durch die Bildung solcher Bindegewebskapseln werden widerstandsfähige Erreger wie beispielsweise Tuberkulosebakterien eingekapselt. Knoten entzündeten Gewebes, die als Granulome bezeichnet werden, können sich um persistierende Antigene herum ausbilden; dies ist zum Beispiel bei zahlreichen parasitären Infektionen der Fall (▶ Abbildung 35.7).

Die Überempfindlichkeitsreaktion vom Soforttyp ist bei einigen Parasiteninfektionen von ziemlicher Bedeutung. An dieser Reaktion sind Mastzellen am Infektionsort beteiligt, die sich auf einen entsprechenden Reiz hin degranulieren (im Zellinneren eingelagerte Vesikel im großen Maß zeitgleich exocytotisch entleeren). Mastzellen tragen an ihren Oberflächen Fc-Rezeptoren, die insbesondere auf die Antikörperklasse Immunglobulin E (IgE) ansprechen. Die Besetzung dieser Rezeptorstellen mit antigenspezifischen Antikörpern führt zur Degra-

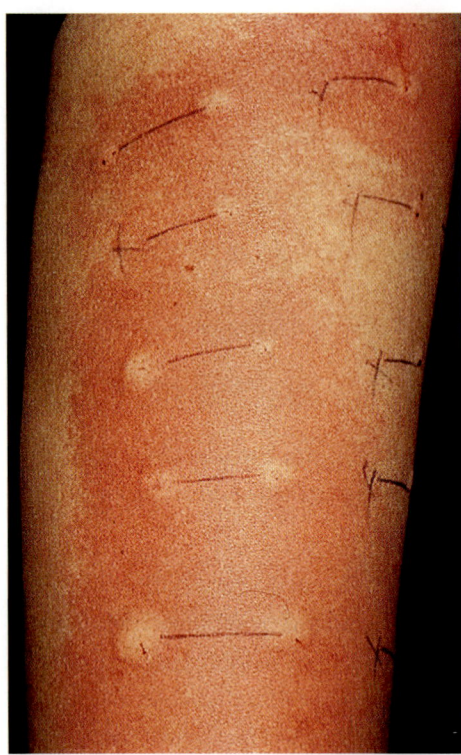

Abbildung 35.8: Ödembildung. Ödeme und Rötung an Injektionsstellen, an denen Antigene für einen Allergietest gespritzt wurden.

nulation, wenn die F_{ab}-Anteile der IgE-Moleküle ihr korrespondierendes Antigen binden und dadurch eine Konformationsänderung induziert wird. Es kommt zu einer raschen Freisetzung von verschiedenen Mediatorstoffen aus den degranulierten Vesikeln, zum Beispiel **Histamin**, das zur Erweiterung (Dilatation) der lokalen Blutgefäße führt und die Durchlässigkeit der Gefäßwände erhöht. Der Austritt von Blutplasma ins umliegende Gewebe führt zu einer Schwellung (**Ödembildung**). Durch die erhöhte Blutmenge in den erweiterten Gefäßen tritt eine **Rötung** des betroffenen Bereichs ein (▶ Abbildung 35.8). Falls sich eine solche akute Überempfindlichkeitsreaktion über den ganzen Körper ausbreitet, spricht man von einer systemischen Reaktion, die im schlimmsten Fall das Ausmaß einer lebensbedrohlichen anaphylaktischen Reaktion annehmen kann. Ein anaphylaktischer Schock kann tödlich verlaufen und bedarf der akutmedizinischen Behandlung. Im Verlauf einer nicht ausufernden Entzündungsreaktion besteht der physiologische Zweck in der Schwellung und der Permeabilitätssteigerung der Gefäße darin, es Antikörpern und Leukocyten zu erlauben, aus den Kapillaren an den unmittelbaren Infektionsort zu gelangen und die Erreger vor Ort zu bekämpfen, bevor es zu einer Etablierung oder Ausbreitung kommen kann. Die phagocytotische erste Verteidigungslinie besteht aus Neutrophilen. Sie kann einige Tage lang aufrechterhalten werden. Danach sind Makrophagen (entweder schon bestehende oder neu aus Monocyten differenzierte) vorherrschend.

Bei einer Entzündung kommt es immer in einem gewissen Ausmaß zur **Nekrose** (Gewebstod). Die Nekrose ist jedoch normalerweise nicht sehr ausgeprägt, wenn die Entzündung relativ harmlos ist. Wenn sich die durch eine Nekrose entstandenen Abfälle (tote Zellen und ihre Zerfallsprodukte) in einem abgegrenzten Bereich befinden, kommt es lokal zur Eiterbildung (abgestorbenes Gewebe + Gewebsflüssigkeit + große Zahlen von Leukocyten). Erhöht sich dadurch der hydrostatische Druck im Gewebe, spricht man von einem **Abszess**. Ein Infektionsort, der an der Haut oder einer Schleimhaut aufbricht, wird als **Geschwür** (**Ulkus**) bezeichnet.

Überempfindlichkeitsreaktionen vom Soforttyp sind die Ursachen von **Allergien** und von **Asthma** bronchiale. Beide Krankheitszustände sind überwiegend chronisch und belasten die Betroffenen. Einige Wissenschaftler haben die Frage aufgeworfen, ob es eine evolutive Grundlage für diese überschießenden Reaktionen des Immunsystems gibt, sie – anders ausgedrückt – also eine Funktion jenseits des Pathologischen haben? Einige Allergieforscher sind in der Tat der Meinung, dass sich diese Reaktionen selektiv evolviert haben und dazu dienen, Parasiten zu bekämpfen, da neben eigentlich harmlosen Allergenen nur Parasiten in der Lage sind, eine IgE-vermittelte Reaktion und die Bildung großer Mengen Immunglobulin E hervorzurufen. Die Verhinderung oder Verminderung der Effekte, die Parasiten auf den Wirt haben, wäre ein selektiver Vorteil in der Evolution des Menschen und anderer Säugetiere gewesen. Die Hypothese besagt, dass in Abwesenheit eines schweren Parasitenbefalls das Immunsystem „überschüssige Kapazitäten" hat, die es dann fälschlicherweise dazu einsetzt, gegen andere „harmlose" Fremdkörper wie Pollenkörner von Pflanzen vorzugehen. Die Hypothese wird durch die Beobachtung gestützt, dass in Gegenden, in denen Parasiten noch heute häufig sind, die dort lebende Bevölkerung eine geringere Fallhäufigkeit von Allergien zeigt als Populationen, die in verhältnismäßig parasitenarmen oder parasitenfreien Habitaten leben. Dieses Erklärungsmodell ist als die „Hygienehypothese" bekannt geworden. Nach ihr sind Allergien prototypische „Zivilisationskrankheiten", die dadurch zustande kommen, dass Kinder in einer mehr oder weniger keimfreien Umwelt aufwachsen und das Immunsystem auf diese Weise ungenügend gefordert wird.

35.3.7 Das erworbene Immunschwächesyndrom (AIDS)

AIDS (für engl. *Acquired Immune Deficiency Syndrome*) ist eine schwere und chronisch verlaufende Krankheit, bei der die Fähigkeit, eine Immunreaktion in Gang zu setzen, stark herabgesetzt ist (Immunschwäche). Auslösender Faktor ist das **Humanimmundefizienzvirus (HIV)**. HI-Viren infizieren und zerstören bevorzugt T_H-Lymphocyten, da die Viren an das CD4-Moleküle andocken, dass die Helfer-T-Zellen an ihren Oberflächen tragen. Für gewöhnlich machen die T_H-Zellen 60 bis 80 Prozent der Gesamt-T-Zellpopulation aus. Bei AIDS fällt ihre Zahl unter die Nachweisgrenze ab. Auf diese Weise wird die humorale Abwehr lahmgelegt und die zellvermittelte ebenfalls in Mitleidenschaft gezogen.

Der erste bekannt gewordene Fall von erworbenem Immunschwächesyndrom (AIDS; acquired immune deficiency syndrome) stammt aus dem Jahr 1981. Bis heute ist die Zahl der HIV-Infizierten im Steigen begriffen. Im Jahr 2001 waren etwa 35 Millionen Menschen mit dem Erreger infiziert; bis 2003 ist die Zahl auf 38 Millionen angestiegen. Nur ca. zehn Prozent der Weltbevölkerung leben im mittleren und südlichen Afrika südlich der Sahara, doch verzeichnet man hier rund Zweidrittel aller weltweiten Fälle von HIV-Infektion und AIDS. Im Jahr 2003 hat die Weltgesundheitsorganisation fünf Millionen neue Fälle registriert, 60 Prozent davon in Mittel- und Südafrika. drei Millionen Todesfälle wurden verzeichnet, 75 Prozent davon in den bezeichneten Regionen Afrikas. Für das Jahr 2006 schätzt die Weltgesundheitsorganisation (WHO) die Zahl der HIV-Positiven auf ca. 40 Millionen und geht von 4,3 Millionen Neuinfizierten aus. Auch für 2007 geht man von ähnlichen Zahlen aus, allerdings ist der starke Anstieg der Neuinfektionen in Europa und speziell in Deutschland Besorgnis erregend.

Eine Infektion mit HIV schreitet praktisch immer zum Krankheitsbild AIDS fort, allerdings beträgt die Latenzzeit zwischen der Infektion und dem Ausbruch der ersten Krankheitssymptome regelmäßig einige bis viele Jahre. Da die gesamte TH-Zellpopulation durch die Virusvermehrung praktisch ausgerottet wird, werden AIDS-Patienten in zunehmendem Maße von Infektionen heimgesucht, sowohl von klassischen Infektionserregern wie auch von parasitären Erregern, die bei Personen mit normal funktionierendem Immunsystem wenige bis keine Probleme verursachen, weil die Infektionen eingedämmt werden können. Unbehandelt führt AIDS schließlich zum Tod. Der Tod tritt nicht durch die primäre Virusinfektion mit HIV ein, sondern durch eine Sekundärinfektion mit einem anderen (opportunistischen) Erreger. Heute ist eine Anzahl sehr wirksamer, allerdings teurer, Wirkstoffe verfügbar, die das Fortschreiten der Krankheit verlangsamen können (Hemmstoffe der Virusvermehrung). Einige der Wirkstoffe greifen an dem Enzym an, das das Virus zur Verdoppelung seines Genoms benötigt (AZT und verwandte Substanzen). Andere hemmen Enzyme, die zum Aufbau neuer Viruspartikel notwendig sind (Inhibitoren der viralen Protease). Da das HI-Virus eine sehr hohe Mutationsrate besitzt, bilden sich auch innerhalb eines Infizierten im Verlauf des Infektionsgeschehens zahlreiche neue Stämme. Dies dürfte der Hauptgrund dafür sein, dass alle Bestrebungen, einen Impfstoff gegen AIDS zu entwickeln, bislang erfolglos waren.

Blutgruppenantigene 35.4

35.4.1 Die AB0-Blutgruppen

Blutzellen unterscheiden sich wie andere Körperzellen auch von Mensch zu Mensch. Werden zwei unterschiedliche (inkompatible) Blutsorten miteinander vermischt, kommt es zur Verklumpung (Agglutination) der roten Blutkörperchen (Erythrocyten). Die Ursache für die Agglutination sind die chemischen Unterschiede zwischen den Oberflächenantigenen der Membranen der Erythrocyten. Das am besten bekannte Antigensystem roter Blutkörperchen ist das, welches dem AB0-Blutgruppensystem (A-B-Null-System) zugrundeliegt (siehe auch Abbildung 6.27). Die Antigene A und B sind die Produkte zweier codominanter (= gleichstark auf den Phänotyp einwirkend) Allele eines einzigen Gens. Individuen, die homozygot für ein drittes, rezessives Allel dieses Gens sind, haben die Blutgruppe 0 – diesen Personen fehlen die Antigene A und B auf den Oberflächen ihrer roten Blutkörperchen. Wie aus ▶ Tabelle 35.2 zu ersehen, ist ein Individuum mit den Allelkombinationen I^A/I^A oder I^A/i durch den Phänotyp Blutgruppe A gekennzeichnet, da es das Antigen A bildet. Das Vorhandensein des Allels I^B führt zur Bildung des Antigens B (Blutgruppe B). Bei Vorliegen des Genotyps I^A/I^B resultiert die Blutgruppe AB – die Erythrocyten tragen in diesem Fall sowohl A-Antigene wie B-Antigene. Die Epitope der Antigene A und B sind nicht nur auf den roten Blutkörperchen, sondern ebenso auf den Oberflächen vieler Epithel- und der meisten Endothelzellen vorhanden.

Tabelle 35.2

Wesentliche Blutgruppen

Bluttyp	Genotyp	Antigene auf den Erythrocyten	Antikörper im Blutserum	Blut ist geeignet für Empfänger des Typs	Verträgt Blut des Typs	Häufigkeit in % in		
						Deutschland	Österreich	Schweiz
0	i/i	Keine	Anti-A und anti-B	Alle	0	41	37	41
A	I^A/I^A, i/I^A	A	Anti-B	A, AB	0, A	43	41	47
B	I^B/I^B, i/I^B	B	Anti-A	B, AB	0, B	11	15	8
AB	I^A/I^B	A + B	Keine	AB	Alle	5	7	4

Das AB0-System weist eine merkwürdige Eigenschaft auf. Eigentlich würde man erwarten, dass eine Person mit Blutgruppe A nur dann Antikörper gegen die Blutgruppe B bildet, wenn Zellen mit dem B-Antigen in den Körper eingebracht würden. Tatsächlich lassen sich Anti-B-Antikörper in einer Person der Blutgruppe A aber schon kurz nach der Geburt nachweisen, selbst wenn es keinerlei Kontakt mit Zellen, die das Antigen B tragen, gegeben hat. Umgekehrt finden sich in einer Person mit der Blutgruppe B zu einem gleichfrühen Zeitpunkt Anti-A-Antikörper. Ein Individuum mit der Blutgruppe AB hat weder Antikörper gegen A noch gegen B in seinem Blut, da diese sonst die Zerstörung der eigenen Blutkörperchen veranlassen würden (Hämolyse). Personen mit Blutgruppe 0 haben erwartungsgemäß sowohl Anti-A- wie Anti-B-Antikörper. Man hat Belege dafür, dass sich Epitope, die denen der Blutgruppenantigene A und B entsprechen, auf den Oberflächen von Darmmikroben finden und sich die Antiblutgruppenantikörper eigentlich gegen diese Mikroorganismen richten. Diese Antikörper erscheinen früh in der Individualentwicklung, wenn der Darm nach der Geburt von Bakterien besiedelt wird. In der Folge kommt es dann mutmaßlich zu kleinen und klinisch unauffälligen Infektionen durch diese Bakterien, die durch die Produktion von Antikörpern abgewehrt werden. Die Immunreaktion gegen Erythrocyten-Antigene wäre nach dieser Hypothese eine Kreuzreaktion der gegen die Darmflora gerichteten Antikörper.

Die Blutgruppen haben ihre Namen also nach den eine Immunreaktion auslösenden Antigenen. Personen mit der Blutgruppe 0 werden Universalspender genannt, weil ihr Blut, dem die Antigene A und B fehlen, anderen Personen mit beliebiger AB0-Konstitution übertragen werden kann. Obwohl das Blut eines 0-Spenders Antikörper gegen A und B enthält, stellen diese kein Problem dar, da sie sehr verdünnt sind und ihre Menge nicht ausreicht, um die roten Blutkörperchen des Empfängers zu agglutinieren (verklumpen). Eine Person mit der Blutgruppe AB ist ein Universalempfänger, da aufgrund der Ausprägung der Antigene A und B keine Antikörper gegen die beiden Substanzen vorhanden sind. In der klinischen Praxis werden aber alle individuellen Blutkonserven vor der Verabreichung getestet, um sicherzustellen, dass es keine unerwünschten immunchemischen Reaktionen bei der Kombination gibt.

35.4.2 Der Rhesusfaktor

Der österreichische Arzt Karl Landsteiner (1868–1943) hat das oben beschriebene AB0-Blutgruppensystem im Jahr 1900 entdeckt. 1940, zehn Jahre nach der Verleihung eines Nobelpreises für diese Entdeckung, die das wissenschaftlich begründete Transfusionswesen begründet hat, gelang Landsteiner zusammen mit Alexander Wiener eine weitere Entdeckung, die zu weiter Bekanntheit gelangen sollte. Diese neue Entdeckung war eine neue Blutgruppe, welche die Forscher nach der Tierart benannten, bei der sie zuerst gefunden wurde: den Rhesusfaktor (Rh). In Mitteleuropa (Deutschland, Österreich, Schweiz) sind rund 85 Prozent der Menschen rhesus-positiv (tragen also das Rhesusantigen auf ihren roten Blutkörperchen), die verbleibenden 15 Prozent sind rhesus-negativ. Interessant ist in diesem Zusammenhang der Befund, dass der Anteil rhesus-negativer Personen in den europäischen Bevölkerungen im weltweiten Vergleich am höchsten ist und innerhalb Europas von ca. 5 Prozent am östlichen Rand des Verbreitungsgebietes bis zu 25 Prozent im nördlichen Spanien schwankt. Der Rhesusfaktor wird von einem dominanten Allel eines einzelnen Gens codiert. Rhesus-positives Blut ist mit rhesus-negativem unverträglich (inkompatibel). Wird einer rhesus-negativen Person rhesus-positives Blut verabreicht, wird dieses immunogen und ruft eine Antikörperreaktion mit der Erzeugung von Gedächtniszellen hervor. Kommt es zu einer Sekundärexposition (einer weiteren Verabreichung rhesusinkompatiblen Blutes), kann es durch die verstärkte Sekundärreaktion (siehe weiter oben) zu einem lebensgefährlichen Schockzustand durch eine akute Überempfindlichkeitsreaktion vom anaphylaktischen Typ (siehe oben) kommen. Eine Rhesusunverträglichkeit ist die Ursache für eine oft tödlich verlaufende Akuterkrankung von Neugeborenen, die **fötale Erythroblastose**, eine immunogen bedingte Hämolyse. Falls eine rhesus-negative Frau ein rhesus-positives (Rh$^+$) Kind bekommt, weil der Vater rhesus-positiv ist, kann es während des Geburtsvorganges zu einer Immunisierung der Mutter mit fötalem Blut kommen. In der Folge bildet die Mutter dann Anti-Rhesusfaktor-Antikörper. Diese Antikörper sind vornehmlich vom IgG-Typ (bezüglich der verschiedenen Antikörperklassen, siehe weiter oben). IgG-Moleküle (Molmasse ca. 140.000) vermögen die Plazenta zu durchdringen und können so bei nachfolgenden Schwangerschaften in den fötalen Blutkreislauf Eingang finden. Ist der zweite Embryo wieder rhesuspositiv, kommt es zur besagten Erythroblastose mit ausgedehnter Hämolyse der roten Blutkörperchen. Eine fötale Erythroblastose ist bei einer Inkompatibilität des AB0-Systems zwischen Mutter und Kind normalerweise kein Problem, da die Anti-A- und Anti-B-Antikörper vom pentameren IgM-Typ sind. Diese höhermolekularen Immunglobuline sind nicht in der Lage, die Plazenta zu durchwandern.

35.5 Immunität bei Invertebraten

Ein mögliches Experiment zur Erforschung der Fähigkeiten eines wirbellosen Tieres zur Erkennung von Nichtselbst-Strukturen besteht in der Verpflanzung eines Gewebestückes aus einem anderen Individuum derselben Art (**Allotransplantation**) oder einer fremden Art (**Xenotransplantation**) auf einen Empfängerorganismus. Falls das Transplantat am Transplantationsort ohne Abwehrreaktion des Empfängers anwächst, wird das neue Gewebe vom Empfänger als „Selbst" behandelt. Kommt es zu einer zellulären Reaktion mit Abstoßung des Transplantates, zeigt der Empfänger eine immunologische Erkennung des Fremdgewebes. Die meisten Invertebraten, die man auf diese Weise getestet hat, waren in der Lage, Xenotransplantate zu erkennen und haben diese abgestoßen. Darüber hinaus waren die meisten in der Lage, Allotransplantate bis zu einem gewissen Grad zu erkennen und ebenfalls abzustoßen (▶ Tabelle 35.3). Dabei ergab sich, dass Schnurwürmer (Nemertini) und Weichtiere (Mollusken) Allotransplantate offenbar nicht abstoßen. Es ist verwunderlich, dass einige Tiere mit ziemlich einfachem Körperbau wie Schwämme (Porifera) und Nesseltiere (Cnidaria) Allotransplantate abstoßen. Diese Reaktion könnte eine Anpassung zur Aufrechterhaltung der körperlichen Integrität des Individuums sein, wenn es unter Bedingungen der Koloniebildung zu einer hohen Individuendichte mit einer damit einhergehenden Gefahr des Überwachsens und der Fusion mit anderen Individuen kommt. Die amerikanische Schabe *(Periplaneta americana)* stößt Allotransplantate, die aus derselben Quelle stammen, bei einer Sekundärexposition rascher ab – ein Beleg für das Vorliegen eines wenigstens kurzzeitig wirksamen Immungedächtnisses.

Die Hämocyten von Mollusken setzen während einer Phagocytose und Einkapselung lytische Enzyme frei, und

Exkurs

Die Genetik des Rhesusfaktors hat sich als sehr viel komplizierter erwiesen, als nach der Erstentdeckung aufgrund des dominant-rezessiven Erbganges angenommen worden war. Heute weiß man, dass dem Rhesussystem zwei Gene (CE und D) auf dem Chromosom Nr. 1 zugrunde liegen, die jeweils in allelischen Formen auftreten können.

Die fötale Erythroblastose kann heute durch die Verabreichung von Anti-Rhesus-Antikörpern (Anti-D-Ak) nach der Geburt des ersten Kindes vorbeugend verhindert werden. Das Antiserum wirkt lange genug, um jede rhesuspositive Blutzelle des Kindes, die möglicherweise auf die Mutter übergegangen ist, zu neutralisieren. Dadurch wird die eigene Antikörperproduktion des mütterlichen Körpers nicht zur Bildung eigener Antikörper und langlebiger Gedächtniszellen angeregt. Eine aktive, dauerhafte Immunität wird so verhindert. Die Mutter muss nach jeder nachfolgenden Geburt wieder mit Anti-D-Serum immunisiert werden (vorausgesetzt, der Vater ist rhesus-positiv). Falls die Mutter bereits Immunität gegen das Rhesusantigen entwickelt hat, kann der Säugling durch eine massive Austauschtransfusion vor Schäden bewahrt werden.

Tabelle 35.3

Einige Leukocyten von Invertebraten und deren Funktion

Gruppe	Zelltypen und -funktionen	Phagocytose	Verkapselung	Allotransplantatabstoßung	Xenotransplantatabstoßung
Schwämme	Archäocyten (umherwandernde Zellen, die sich zu anderen Zelltypen differenzieren und die als Phagocyten fungieren können)	+	+	+*	+*
Nesseltiere (Cnidarier)	Amöbocyten: „Lymphocyten"	+		+	+
Schnurwürmer (Nermertini)	Agranuläre Leukocyten; granuläre, makrophagenartige Zellen	+		−	±
Ringelwürmer (Anneliden)	Basophile Amöbocyten (die sich als „braune Körperchen" akkumulieren), acidophile Granulocyten	+	+	+	+
Spritzwürmer (Sipunkuliden)	Mehrere Typen	+	+	±	+
Kerbtiere (Insekten)	Mehrere Typen, abhängig von der Familie; zum Beispiel Plasmatocyten, Granulocyten, Sphärulenzellen, Koagulocyten (Blutgerinnung)	+	+	−	±
Krustentiere (Crustaceen)	Granuläre Phagocyten; refraktäre Zelle, die lysieren und ihre Zellinhalte freisetzen	+	+	−	+
Weichtiere (Mollusken)	Amöbocyten	+	+	−	+
Stachelhäuter (Echinodermen)	Amöbocyten, Sphärulenzellen, Pigmentzellen, vibratile Zelle (Blutgerinnung)	+	+	+	+
Manteltiere (Tunikaten)	Viele Typen, einschließlich Phagocyten; „Lymphocyten"	+	+	+	+

Nach: A. Lackie (1980): Parasitology, vol. 80: 393–412.
* Transplantationsreaktionen treten auf, doch ist das Ausmaß, in dem Leukocyten daran beteiligt sind, unbekannt.

in den Körperflüssigkeiten von verschiedenen Wirbellosen hat man bakterizide Substanzen nachweisen können. Als Opsonine wirkende Stoffe sind bei Anneliden, Insekten, Crustaceen, Echinodermaten und Mollusken beschrieben worden.

Bakterielle Infektionen regen bei einigen Insekten die Produktion antibakterieller Peptide (siehe weiter oben) an, doch zeigen diese Peptide ein breites Wirkungsspektrum und sind nicht spezifisch für einzelne Infektionserreger. Spezifische, induzierbare Reaktionen, die bei einem Zweitkontakt das Phänomen des Gedächtnisses zeigen, und die somit der erworbenen Immunität der Vertebraten ähneln, hat man bei der amerikanischen Schabe nachweisen können.

Ein Kontakt mit infektiösen Organismen oder Viren kann das Abwehrsystem von Schnecken für einen Zeitraum von wenigstens zwei Monaten in einen Zustand erhöhter Abwehrbereitschaft versetzen. Die Suszeptibilität (Empfindlichkeit) eines Schneckenwirtes gegen den parasitären Trematoden *Schistosoma mansoni* hängt stark vom Genotyp der Schnecke ab. Ausscheidungsprodukte und Sekrete der Trematoden stimulieren die Motilität der Hämocyten resistenter Schnecken, hemmen aber die Motilität der Hämocyten suszeptibler Tiere. Die Hämocyten resistenter Schnecken kapseln die Larven der Trematoden ein und töten sie offenbar mit sehr reaktiven Sauerstoffspezies wie Superoxidanionen (O_2^-) oder Wasserstoffperoxid (H_2O_2) ab und beseitigen die Kadaver durch Phagocytose (▶ Abbildung 35.9). Es scheint, dass das Cytokin Interleukin-1 (IL-1) in resistenten Schnecken vorhanden und für die Aktivierung der Hämocyten verantwortlich ist.

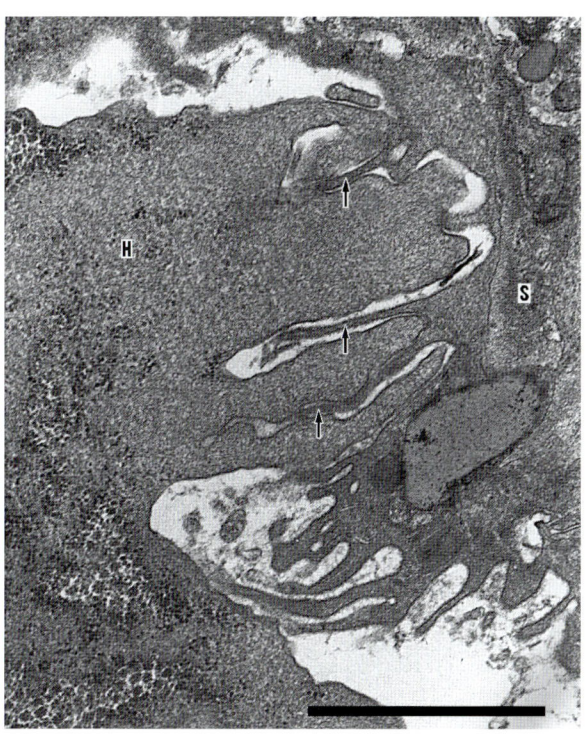

Abbildung 35.9: Elektronenmikroskopische Aufnahme eines Hämocyten (H) eines schistosomen-resistenten Schneckenstammes. Gezeigt wird der Angriff auf eine *Schistosoma mansoni*-Larve (S) unter in vitro-Bedingungen. Man beachte die Fortsätze der Hämocyte, die offenbar im Begriff sind, Teile des Larventeguments phagocytotisch anzugreifen (Pfeile). Größenmaßstab (schwarzer Balken) = 1 μm.

ZUSAMMENFASSUNG

In der Umwelt jedes Tieres findet sich eine Vielzahl viraler, prokaryontischer und eukaryontischer Parasiten. Ein Abwehrsystem (Immunsystem) ist daher von entscheidender Bedeutung für das Überleben. Das Phänomen der Immunabwehr lässt sich knapp als Besitz von Zellen zur Erkennung von physiologischen Bedrohungen und den Schutz des Körpers vor Eindringlingen oder (im Fall von entarteten Zellen) inneren Gefahren definieren. Die meisten Tiere verfügen über ein gewisses Maß an angeborener (unspezifischer) Immunität; Wirbeltiere entwickeln darüber hinaus eine erworbene (spezifische) Immunität. Die Körperoberflächen der meisten Tiere stellen eine physische Barriere gegen ein Eindringen von Fremdorganismen und -körpern dar. Vertebraten verfügen über eine Vielzahl antimikrobiell wirkender Substanzen in ihren Körperausscheidungen.

Phagocyten verleiben sich Partikel ein und töten lebende Erreger meist durch Enzyme und/oder cytotoxische Sekrete ab. Viele Invertebraten besitzen spezialisierte Zellen, die eine abwehrende Phagocytose durchführen können. Mehrere Arten von Wirbeltierzellen – insbesondere Makrophagen und Neutrophile – sind bedeutende Phagocyten, und die Zellen des mononuclearen phagocytotischen Systems (= reticuloendotheliales System) halten sich an verschiedenen Stellen des Körpers auf. Eosinophile spielen eine herausragende Rolle bei Überempfindlichkeits- und allergischen Reaktionen sowie Reaktionen auf Infektionen mit Parasiten. Basophile, Mastzellen, T- und B-Lymphocyten und natürliche Killerzellen besitzen keine phagocytotische Aktivität, spielen aber ebenfalls vitale Rollen bei der Abwehr.

Der Kontakt vieler Tiere – Wirbellosen wie Wirbeltieren – mit zahlreichen Mikroorganismen stimuliert die angeborene Immunabwehr. Diese Reaktionen gründen sich auf die Freisetzung antimikrobieller Peptide, erfolgen ohne zeitlichen Verzug, erfordern keinen vorhergegangenen, immunisierenden Erstkontakt und sind nichtspezifisch, aber mit der Art der eingedrungenen Mikrobe assoziiert.

Eine induzierte Immunreaktion wird von einem bestimmten Antigen hervorgerufen. Vertebraten zeigen bei wiederholtem Kontakt eine erhöhte Resistenz gegen spezifische Fremdsubstanzen (Antigene). Die Resistenz stützt sich auf eine riesige Zahl spezifisch wirkender Erkennungsmoleküle: Antikörper und T-Zellrezeptoren. Die NichtSelbst-Erkennung ist abhängig von Markern auf den Oberflächen der Zellen, die zur Gruppe der Haupthistokompatibilitätsproteine (MHC = HLA) gehören. Antikörper finden sich auf den Oberflächen von B-Zellen (= B-Lymphocyten) sowie frei im Blut und anderen Körperflüssigkeiten wie Tränen und Speichel. Sie werden von Plasmazellen ausgeschüttet, die ein Entwicklungsstadium der B-Zellen sind. T-Zellrezeptoren finden sich nur an den Oberflächen von T-Zellen (= T-Lymphocyten).

Die Zellen des Immunsystems kommunizieren untereinander und mit anderen Zellen des Körpers über Proteinhormone (Cytokine, Chemokine, Interleukine, Interferone, Tumornekrosefaktor, und andere mehr). Die beiden Teile des adaptiven Immunsystems eines Wirbeltieres sind die humorale Antwort (T_H2), an der im wesentlichen Antikörper beteiligt sind, und die zellvermittelte Antwort (T_H1), die im wesentlichen von Zellen ausgeht und an deren

Oberflächen abläuft. Wenn ein Teil aktiviert oder stimuliert wird, setzen dessen Zellen Cytokine frei, die dazu neigen, den anderen Zweig herab zu regeln. Die Aktivierung beider Teile des Immunsystems erfordert es, dass Antigene von geeigneten antigenpräsentierenden Zellen (Dendritenzellen oder B-Zellen) aufgenommen, verarbeitet (prozessiert) und in Form einzelner Epitope im Zusammenhang mit MHC-Proteinen der Klasse II anderen Immunzellen präsentiert werden. Eine ausgedehnte wechselseitige Kommunikation durch Cytokine und Aktivierung (oder Hemmung) verschiedener Zellen als Reaktion darauf führt zur Produktion spezifischer Antikörper oder zur Proliferation von T-Zellen mit bestimmten Rezeptoren, die ein gegebenes Epitop eines Antigens erkennen. Nach der ersten Reaktion verbleiben Gedächtniszellen aus den Reihen der B- und der T-Lymphocyten im Körper. Diese sind bei einem erneuten Kontakt mit dem gleichen Antigen für eine rasche und starke Immunreaktion verantwortlich.

Der vom Humanimmundefizienzvirus (HIV) verursachte Schaden, der im Krankheitsbild AIDS (erworbenes Immunschwächesyndrom) gipfelt, geht primär auf die Zerstörung einer lebensnotwendigen Untergruppe der T-Helferzellen zurück, die CD4-Corezeptoren auf ihren Oberflächen tragen. An diese Proteine heften sich die HI-Viren bei einer Infektion an, um nachfolgend in die Zellen einzudringen.

Eine Entzündung ist ein wichtiger Teil der körperlichen Abwehrreaktionen. Sie wird stark durch eine vorhergegangene Immunisierung mit einem an dem Geschehen beteiligten Antigen beeinflusst.

Menschen tragen genetisch festgelegte Antigene auf den Oberflächen ihrer roten Blutkörperchen, die als Blutgruppen bezeichnet werden (AB0 und zahlreiche andere Systeme). Im Fall einer Transfusion (Blutübertragung) müssen die Blutgruppen von Spender und Empfänger untereinander verträglich sein. Anderenfalls erfolgt eine durch Antikörper herbeigeführte Agglutination des Fremdblutes im Körper des Empfängers.

Viele Wirbellose zeigen ebenfalls eine Nichtselbst-Erkennung, die sich in der Abstoßung von Xenotransplantaten, Allotransplantaten oder beiden äußert. In einigen Fällen beobachtet man bei wiederholter Exposition eine verstärkte Abwehrreaktion.

ZUSAMMENFASSUNG

Übungsaufgaben

1. Grenzen Sie die Suszeptibilität von der Resistenz ab sowie angeborene (unspezifische) von erworbener (spezifischer) Immunität.

2. Geben Sie Beispiele für angeborene Abwehrmechanismen, die chemischer Natur sind. Was versteht man unter dem Komplement?

3. Was passiert mit einem von einem Phagocyten aufgenommenen Teilchen?

4. Nennen Sie einige wichtige Phagocytenklassen von Wirbeltieren.

5. Welches ist die molekulare Grundlage der Selbst-/Nichtselbst-Unterscheidung von Wirbeltieren?

6. Worin besteht der Unterschied zwischen B-Zellen und T-Zellen?

7. Was sind Cytokine? Nennen Sie einige Funktionen von Cytokinen.

8. Beschreiben Sie die Ereignisfolge bei der humoralen Immunantwort, angefangen von der Einbringung des Antigens in den Körper bis zur Produktion von Antikörpern.

9. Geben Sie Definitionen für folgende Begriffe: Plasmazelle, sekundäre Antwort, Gedächtniszelle, Komplement, Opsonisierung, Titer, Reizung, Cytokin, natürliche Killerzelle, Interleukin 2 (IL-2).

10. Welche sind die Funktionen der Proteine CD4 und CD8 auf den Oberflächen von T-Zellen?

11. Nennen Sie die allgemeinen Folgen einer Aktivierung des T_H-1-Zweiges des Immunsystems. Nennen Sie die allgemeinen Folgen einer Aktivierung des T_H-2-Zweiges des Immunsystems.

12. Grenzen Sie die MHC-Proteine der Klasse I gegen die der Klasse II ab.

13. Beschreiben Sie eine typische Entzündungsreaktion.

14. Nennen Sie einen wesentlichen Mechanismus der Schädigung des Immunsystems durch HIV bei AIDS-Patienten.

15. Geben Sie die Genotypen der folgenden Blutgruppen an: A, B, 0, AB. Was wird passieren, wenn einer Person mit der Blutgruppe A Blut einer Person mit der Blutgruppe B verabreicht wird? Was bei Blut des Typs AB? Was bei Blut der Gruppe 0?

16. Was führt bei Neugeborenen zu der hämolytischen Erkrankung der fötalen Erythroblastose? Warum kommt dieser Zustand in Fällen von AB0-Inkompatibilität nicht zustande?

17. Nennen Sie einige Befunde, die belegen, dass die Zellen vieler Wirbelloser auf ihren Oberflächen Moleküle tragen, die spezifisch für die Art und sogar für ein bestimmtes Individuum sind.

18 Geben Sie ein Beispiel für die Existenz eines Immungedächtnisses bei Invertebraten.

Weiterführende Literatur

Aderem, A. und R. Ulevitch (2000): Toll-like receptors in the induction of the innate immune system. Nature, vol. 406: 782–787. *Eine gute Übersicht über die Rolle der toll-ähnlichen Rezeptoren im angeborenen Immunsystem.*

Beck, G. und G. Habicht (1996): Immunity and the invertebrates. Scientific American, vol. 275, no. 11: 60–66. *Den Wirbellosen fehlen Lymphocyten, doch verfügen sie über makrophagenartige Zellen wie Coelomocyten. Auch fehlt die antikörpergestützte humorale Abwehr. Sie besitzen Moleküle, die den Immunglobulinen der Vertebraten ähnlich sind, sowie verschiedene Cytokine, die Vorläuferkomponenten des Immunsystems der Wirbeltiere sein könnten.*

Cooper, E. (2003): Comparative Immunology. Integrative and Comparative Biology, vol. 43: 278–280. *Gerade für den Biologen – weit mehr als für den Mediziner – ist ein vergleichender Ansatz bei der Betrachtung von Immunreaktionen von Interesse und kann erhellende Einsichten in die Funktionen und den Ursprung des Systems liefern.*

Dunn, P. (1990): Humoral immunity in insects. BioScience, vol. 40: 738–744. *Es gibt Hinweise darauf, dass Schaben die Fähigkeit zu einer wirbeltierartigen, spezifischen, adaptiven Immunreaktion besitzen.*

Engelhard, V. (1994): How cells process antigens. Scientific American, vol. 271: 54–61. *Dieser Artikel konzentriert sich auf die Rolle der MHC-Proteine.*

Fehervari, Z. und S. Sakaguchi (2007): Wie sich das Immunsystem selbst reguliert. Spektrum der Wissenschaft, August: 54–61. *Kurzer Abriss des Immunsystems und dessen Autoregulation. Hochaktuell!*

Garrett, L. (1995): The coming plague: newly emerging diseases in a world out of balance. Pinguin; ISBN: 0-1402-5091-3. *Neue Pathogene treten in Erscheinung und vertraute Erreger evolvierten Mehrfachresistenzen gegen Wirkstoffe. Schlechte hygienische Verhältnisse in vielen Ballungszentren der Welt und eine immer weiter zunehmende Verdichtung der Weltbevölkerung begünstigen Krankheitserreger. Schlechte Ernährung und die Ausbreitung der Immunschwäche AIDS tun ein Übriges, um die Ausbreitung von Infektionskrankheiten zu erleichtern.*

Gartner, L. und J. Hiatt (2001): Color textbook of histology. Saunders; ISBN: 1-4160-2945-1. *Ausgezeichnete Kapitel, die die Zellen des Immunsystems von Säugetieren und deren Funktionen beschreiben.*

Glausiusz, J. (1999): The chasm in care. Discover, vol. 20: 40–42. *Mehr als 30 Millionen Menschen in aller Welt leiden an AIDS oder einer Infektion mit HIV, fast 90 Prozent davon in Entwicklungsländern Afrikas und Asiens. Ein weiterer Schwerpunkt der Seuche ist die Karibik. Jeden Tag infizieren sich weitere 16.000 Menschen. In Simbabwe sind 25 Prozent der Erwachsenen mit HIV infiziert.*

Gura, T. (2001): Innate immunity: ancient system gets new respect. Science, vol. 291: 2068–2071. *Die angeborene Immunität hat sich früh in der Evolution der Tiere herausgebildet.*

Janeway C. A. et al. (2002): Immunologie. Spektrum Akademischer Verlag. ISBN 3-8274-1079-9. *Aktuelles Lehrbuch der Immunologie.*

Karp, R. (1990): Cell-mediated immunity in vertebrates. BioScience, vol. 40: 732–737. *Experimente zeigen, dass die Allotransplantat-Abstoßung bei Insekten eine zumindest kurzfristig wirksame Gedächtniskomponente beinhaltet; sekundäre Allotransplantate wurden rascher abgestoßen als Kontrolltransplantate aus einem dritten Tier.*

Mann, J. und D. Tarantola (1998): HIV 1998: The global picture. Scientific American, vol. 279, no. 7: 82–83.

Medzitov, R. und C. Janeway (2002): Decoding the patterns of self and nonself by the innate immune system. Science, vol. 296: 298–300. *Die diversen Strategien des angeborenen Immunsystems für die Unterscheidung von Selbst und Nichtselbst.*

Parkin, J. und B. Cohen (2001): An overview of the immune system. Lancet, vol. 357: 1777–1789. *Das beste globale Übersichtskapitel über das Immunsystem, wenn man nicht zu einem ganzen Lehrbuch zu diesem Thema greifen will.*

Paul, W. (1993): Infectious diseases and the immune system. Scientific American, vol. 269, no. 9: 90–97. *Beschreibt die Immunreaktion gegen bestimmte virale, bakterielle und parasitäre Infektionen.*

Pier, G. et al. (2004): Immunology, Infection, and Immunity. 1. Auflage. ASM Press; ISBN: 1-55581-246-5. *Ein hervorragendes aktuelles Lehrbuch der allgemeinen Immunologie.*

Robert-Koch-Institut (2000): Die HIV-Infektion (AIDS) Merkblatt für Ärzte. Bundesgesundheitsblatt, vol. 43: 1021–1030.

Roberts, J. (2004): Are HIV vaccines fighting fire with gasoline? The Scientist, vol. 18: 26–27. *Klare und knappe Zusammenfassung zu der Frage, warum ein Impfstoff gegen HIV/AIDS so schwierig zu generieren ist. Begleitendes Material beinhaltet neuere Informationen darüber, welche experimentellen Impfstoffe sich gegenwärtig in der Erprobung befinden.*

Steinman, L. (1993): Autoimmune disease. Scientific American, vol. 269, no. 9: 106–114. *Bei etwa fünf Prozent der Erwachsenen in Europa und Nordamerika versagt das Immunsystem bei der Unterscheidung von „Selbst" und „Nichtselbst" – für gewöhnlich mit sehr ernsthaften Konsequenzen.*

Verlag Spektrum der Wissenschaft (2006): Seuchen. Dossier 3/2006. *Eine aktuelle Übersicht der modernen Geißeln der Menschheit wie AIDS, SARS/Vogelgrippe, Malaria usw.*

Weitere Informationen zu diesem Buchkapitel finden Sie auf der Companion-Website unter
http://www.pearson-studium.de

Das Verhalten der Tiere

36

36.1	Beschreibung des Verhaltens: Prinzipien der klassischen Ethologie	1164
36.2	Verhaltenssteuerung	1166
36.3	Sozialverhalten	1171
	Zusammenfassung	1187
	Übungsaufgaben	1189
	Weiterführende Literatur	1189

ÜBERBLICK

36 Das Verhalten der Tiere

Ralph Waldo Emerson (amerik. Schriftsteller, 1802–1882) hat gesagt, dass eine Institution der verlängerte Schatten einer einzelnen Person sei. Im Fall von Charles Darwin ist der Schatten in der Tat ein sehr langer, da er den Grundstein zu vollständig neuen Wissensgebieten wie die Evolutionsbiologie, die Ökologie und – nach einer schwierigen Geburt – die Verhaltensforschung legte. Vor allem aber hat er die Art und Weise nachhaltig verändert, wie wir uns selbst, die Erde, die wir bewohnen, und die Tiere, die uns umgeben, sehen.

Charles Darwin hat mit dem untrüglichen Instinkt des Genies erkannt, dass die natürliche Selektion spezialisierte Verhaltensmuster herausbildet, die das Überleben begünstigen. Darwins grundlegendes Buch *The Expression of the Emotions in Man and Animals*, das er im Jahr 1872 veröffentlichte, entwarf eine Strategie für die verhaltensbiologische Forschung, die noch heute Anwendung findet. Der Wissenschaftsbetrieb war jedoch 1872 noch nicht bereit für Darwins zentrale Einsicht, dass Verhaltensmuster genauso wie körperbauliche Merkmale der Selektion unterliegen und eine evolutive Geschichte haben. Es sollten weitere sechzig Jahre vergehen, bevor derartige Konzepte in der Verhaltenskunde zu voller Blüte gelangten.

Der Nobelpreis im Fach Physiologie bzw. Medizin ging im Jahr 1973 an die drei Zoologen Karl von Frisch, Konrad Lorenz und Nikolaas Tinbergen (▶ Abbildung 36.1), die auf dem Gebiet der Verhaltensforschung Pionierarbeit geleistet hatten. Die Begründung des Preiskomitees besagte, dass diese drei Forscher die vorrangigen Architekten der neuen Wissenschaftsdisziplin der Ethologie – der wissenschaftlichen Untersuchung des tierischen Verhaltens, insbesondere unter natürlichen Bedingungen – seien. Dies war das erste Mal, dass Vertreter der Verhaltensforschung eine derartige Ehrung erfahren hatten, und es bedeutete, dass das Fach der Tierverhaltensforschung nun anerkannt und etabliert war.

Schwertwal *(Orcinus orca)* bei einer Vorführung im Aquarium von Vancouver (Kanada).

  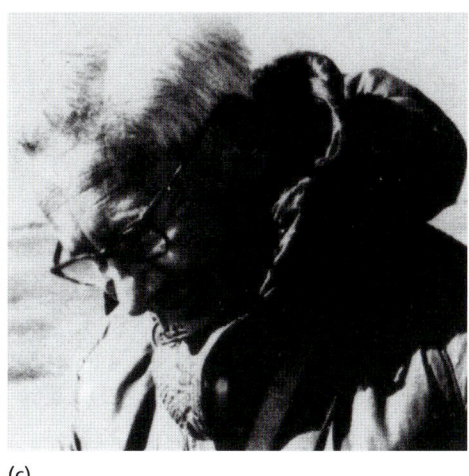

(a) (b) (c)

Abbildung 36.1: Pioniere der Ethologie. (a) Konrad Lorenz (1903–1989). (b) Karl von Frisch (1886–1982). (c) Nikolaas Tinbergen (1907–1988).

Verhaltensbiologen haben seit alters her zwei Arten von Fragen zum Verhalten von Tieren gestellt: Wie verhalten sich Tiere, und warum verhalten sie sich so, wie sie es tun. Die „Wie-Fragen" zielen auf die **unmittelbaren** oder proximalen **Ursachen** und werden experimentell untersucht (siehe Kapitel 1). So könnte etwa ein Biologe den Gesang eines Haussperlings im Frühjahr auf hormonelle und/oder neuronale Mechanismen zurückführen. Solche physiologischen oder mechanistischen Ursachen des Verhaltens nennt man unmittelbare oder proximale Ursachen. Proximale Faktoren, die dem tierischen Verhalten zugrundeliegen, werden in den Kapiteln 33 und 34 im Einzelnen behandelt. Kapitel 33 behandelt Nervensysteme, Kapitel 34 Hormone und ihre Wirkung. Alternativ hierzu kann ein Biologe auch die Frage stellen, welchem Zweck der Gesang eines Sperlings dient und dann die Ereignisse zu rekonstruieren versuchen, die in der Ahnenreihe des Vogels dazu geführt haben, dass Frühlingsgesänge entstanden. Dies sind „Warum-Fragen", die auf die **Endursachen** abzielen, die im evolutiven Ursprung und dem Zweck, dem ein Verhalten dient, zu suchen sind. Fragen nach den Endursachen werden durch vergleichende Untersuchungen (siehe Kapitel 1) unter Zugrundelegung eines phylogenetischen Ansatzes (siehe Kapitel 10) angegangen, um die evolutiven Veränderungen im Verhalten und die damit einhergehenden und vorausgegangenen assoziierten morphologischen und ökologischen Zusammenhänge zu verstehen. Das Hauptaugenmerk dieses Kapitels liegt in der evolutionären Erklärung des tierischen Verhaltens und den Herausforderungen, welche die Verhaltensevolution für die Darwin'sche Theorie der natürlichen Selektion (Kapitel 6) bietet.

Das Studium des Tierverhaltens stützt sich auf verschiedene historische Wurzeln, und es existiert kein allgemein akzeptierter Begriff für das Gesamtgebiet. Die **vergleichende Psychologie** erwuchs aus den Bemühungen, allgemeine Gesetzmäßigkeiten des Verhaltens zu finden, die auf viele Arten, einschließlich des Menschen, anwendbar sind. Frühe Forschungen, die sich stark auf extrapolierende Schlussfolgerungen stützten, wurden in der Folge durch reproduzierbare Experimentalansätze verdrängt, die sich auf einige wenige Modell- oder Stellvertreterarten konzentrierten. Hier sind insbesondere die weiße Laborratte, die Taube, der Hund und in einigen Fällen Primaten zu nennen. Auf Kritik reagierend, der Disziplin fehle eine evolutionäre Perspektive und sie konzentriere sich zu sehr auf die Ratte als Modell für andere Tierarten, entwickelten viele vergleichende Psychologen Untersuchungsmethoden, die tatsächlich vergleichend waren; einige der Untersuchungen wurden unter natürlichen oder fast natürlichen Verhältnissen durchgeführt.

Das Ziel des zweiten Ansatzes, der **Ethologie**, ist es, das Verhalten eines Tieres in seinem natürlichen Lebensraum zu beschreiben. Die meisten Ethologen sind ihrer Ausbildung nach Zoologen. Ethologen sammeln ihre Daten durch Feldforschung und Experimente. Dabei liefert oftmals die Natur die Variablen, die durch den Einsatz von Tiermodellen, das Abspielen von Tierlauten oder die Veränderung des Habitats abgeändert werden. Die heutigen Ethologen führen außerdem zahlreiche Experimente im Labor durch, wo sie ihre Hypothesen unter streng kontrollierbaren und daher reproduzierbaren Bedingungen überprüfen können. Ergebnisse, die im Laboratorium gewonnen worden sind, leiten dann

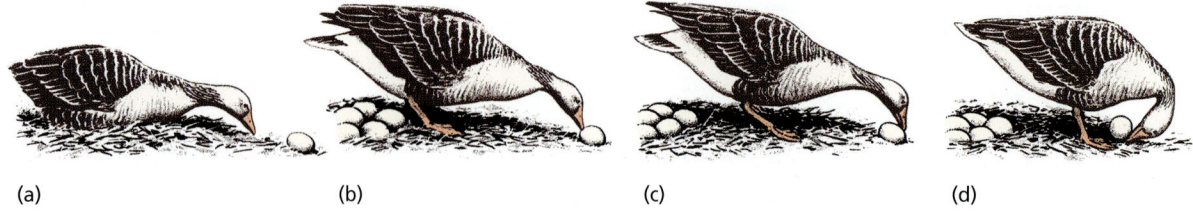

Abbildung 36.2: **Das Eirollverhalten der Graugans** *(Anser anser)*. Dieses Verhalten wurde von Lorenz und Tinbergen erstmals beschrieben.

die Überprüfung der Hypothesen durch Beobachtungen an freilebenden Tieren in weitgehend unbeeinflussten natürlichen Umgebungen ein.

Die Ethologie betont die Bedeutung der Endursachen, die das Verhalten beeinflussen. Eine der großen Leistungen der Pioniere von Frisch, Lorenz und Tinbergen bestand darin, zu zeigen, dass Verhaltensmerkmale messbare Größen sind, ebenso wie es anatomische oder physiologische Merkmale sind. Die zentrale Aussage der Ethologie ist es, dass Verhaltensmerkmale bzw. Verhaltensweisen sich identifizieren und messen lassen, und dass ihre evolutive Historie ergründbar ist, um kausale Erklärungen abzuleiten.

Ein großer Teil der Arbeit der vergleichenden Psychologen und der Ethologen spielt sich auf dem Feld der **Verhaltensökologie** ab. Verhaltensökologen ermitteln, wie sich ein Individuum verhalten sollte, um seinen Fortpflanzungserfolg zu maximieren. Der Verhaltensökologe konzentriert sich dabei oft auf einen speziellen Aspekt des Verhaltens, zum Beispiel die Partnerwahl, die Nahrungssuche oder die elterliche Fürsorge. Die **Soziobiologie** – die ethologische Erforschung des Sozialverhaltens – wurde im Jahr 1975 durch die Veröffentlichung von Edward Wilsons Buch *Sociobiology: The New Synthesis* auf eine formale Grundlage gestellt. Wilson beschreibt das Sozialverhalten als eine wechselseitige, reziproke Kommunikation kooperativer Natur (die über rein sexuelle Aktivität hinausgeht), die es einer Gruppe von Organismen derselben Art erlaubt, sich in einer kooperativen Art und Weise zu organisieren. In einem komplexen System sozialer Wechselwirkungen, hängen Individuen in ihrem täglichen Leben in hohem Maße von den anderen Mitgliedern der Gemeinschaft ab. Sozialverhalten lässt sich in vielen Tiergruppen beobachten. Wilson extrahierte aus den gemachten Beobachtungen vier „Gipfelpunkte" komplexen Sozialverhaltens. Dies sind (1) koloniebildende Wirbellose wie die Portugiesische Galeere (siehe Abbildung 13.14), die ein Verbund aus wechselseitig abhängigen Organismen ist; (2) soziale Insekten wie Ameisen, Bienen und Termiten, die ausgefeilte Systeme der Kommunikation innerhalb des Staates entwickelt haben; (3) nichtmenschliche Säugetiere wie Delfine, Elefant und einige Primaten, die über hochentwickelte Sozialsysteme verfügen; und (4) schließlich der Mensch.

Wilsons Einbeziehung des menschlichen Verhaltens in die Soziobiologie und seine Annahme der Existenz genetischer Grundlagen für viele Aspekte des menschlichen Sozialverhaltens sind scharf kritisiert worden. Die komplizierten Systeme der sozialen Wechselbeziehungen unter den Menschen wie ökonomische Systeme, Religionen und selbst Widerwillen erregende Verhaltensweisen wie Rassismus, Sexismus und Krieg sind emergente Eigenschaften (siehe Kapitel 1) der menschlichen Kulturgeschichte. Ist es sinnvoll, nach spezifischen genetischen Grundlagen oder „Rechtfertigungen" für solche Phänomene zu suchen? Viele beantworten diese Fragen mit „Nein" und verweisen stattdessen auf die Soziologie anstelle der Soziobiologie bezüglich der Analyse der komplexen emergenten Eigenschaften menschlicher Gesellschaften.

36.1 Beschreibung des Verhaltens: Prinzipien der klassischen Ethologie

Die Ethologen der ersten Stunde trachteten danach, verhältnismäßig invariante Komponenten des Verhaltens, die sich bei verschiedenartigen Tierarten finden lassen, aufzuspüren und zu erklären. Aus derartigen Untersuchungen kristallisierten sich mehrere Konzepte heraus, die zum ersten Mal von Tinbergen in einem 1951 erschienenen und einflussreichen Buch *The Study of Instinct* einer größeren Öffentlichkeit vorgestellt wurden.

Einige grundlegende Konzepte des Tierverhaltens lassen sich anhand des Eirollverhaltens der Graugans verdeutlichen (▶ Abbildung 36.2), das von Lorenz und Tinbergen in einer berühmt gewordenen Abhandlung aus dem Jahr 1938 beschrieben worden ist. Wenn Lorenz und Tinbergen einer weiblichen Gans in einer kurzen Entfernung vom Nest ein Ei anboten, so stand die Gans auf, streckte ihren Hals aus, bis der Schnabel gerade über dem Ei lag und bog dann ihren Hals körperwärts, um das Ei vorsichtig in das Nest zu rollen.

Obwohl dieses Verhalten den Anschein des Intelligenten macht, bemerkten Lorenz und Tinbergen, dass die Gans auch dann mit der Rückholbewegung fortfuhr, wenn sie das Ei entfernten, nachdem die Rückholaktion von der Gans eingeleitet worden war. Die Gans machte sogar weiter, wenn sie das eingefangene Ei wieder aus dem Nest nahmen und seitlich herunter rollen ließen, bis sie sich schließlich wieder in einer bequemen Haltung auf dem Nest niederließ. Als die Gans dann feststellte, dass das Ei wieder vom Nest entfernt lag, wiederholte das Tier die ganze Sequenz des Eirollvorgangs.

Der Vogel führt also das Eirollverhalten als ein Programm aus, dass – einmal in Gang gesetzt – in einer standardisierten Weise zu Ende geführt werden muss. Tinbergen und Lorenz betrachteten die Eirückholung als ein „fixiertes" Verhaltensmuster: ein motorisches Verhalten, das in seiner Ausführung größtenteils unabänderlich ist. Eine Verhaltensweise dieses Typs, die in einer geordneten, vorsagbaren Ereignisfolge abläuft, wird als **stereotypes Verhaltensmuster** bezeichnet. Natürlich muss ein stereotypisiertes Verhalten nicht unter allen Umständen genau gleich vonstatten gehen, es sollte aber auch denn erkennbar sein, wenn es in abgeänderter Weise ausgeführt wird. Folgeexperimente von Tinbergen ergaben, dass die Graugans nicht sehr wählerisch bezüglich des Gegenstandes war, den sie zurückholte. Praktisch jeder glatte und abgerundete Gegenstand, der außerhalb des Nestes in Sicht- und Reichweite der Muttergans abgelegt wurde, war geeignet, das Eirollverhalten auszulösen; selbst ein kleiner Spielzeughund oder ein großer, gelber Ballon wurden pflichtgemäß zum Nest hin gerollt. Wenn sich dann die Gans auf einem solchen Objekt niederließ, fühlte sie offenbar, dass etwas nicht stimmte und entfernte das fehlerhafte Objekt.

Lorenz und Tinbergen erkannten, dass ein außerhalb des Nestes gelegenes Ei als ein Reiz oder Auslöser wirken musste, der das Eirückholverhalten in Gang setzte. Lorenz prägte dafür den Begriff **Auslösereiz** oder Auslöser. Ein **Auslöser** ist ein einfaches Signal aus der Umgebung, das ein bestimmtes, angeborenes Verhaltensmuster in Gang setzt. Da das Tier normalerweise auf einen bestimmten Aspekt des Auslösers (Klang, Form, Farbe usw.) reagierte, wurde der tatsächlich wirksame Stimulus als **Signalreiz** bezeichnet. In der Folgezeit haben die Ethologen hunderte von Signalreizen identifiziert und beschrieben. In jedem Fall ist die durch ihn ausgelöste Reaktion hochgradig vorhersagbar. So löst beispielsweise der Alarmruf der adulten Heringsmöwe ein regungsloses Ducken bei ihren Jungen aus. Bestimmte nachtaktive Motten leiten Ausweichmanöver ein oder lassen sich einfach zu Boden fallen, wenn sie die Ultraschalllaute von Fledermäusen wahrnehmen, deren Beute sie sind (siehe Abbildung 33.23). Die meisten anderen Geräusche sind nicht geeignet, diese Reaktion bei den Insekten auszulösen.

Diese Beispiele illustrieren die vorhersagbare und vorprogrammierte Natur eines großen Teils des tierischen Verhaltens. Dies wird umso augenfälliger, wenn ein stereotypes Verhalten unangemessen ausgelöst wird. Im Frühjahr sucht sich das Männchen des dreistacheligen Stichlings (*Gasterosteus aculeatus*) ein Revier aus, das es heftig gegen andere Männchen verteidigt. Die Bauchseite der Männchen färbt sich während dieser Zeit leuchtend rot, und die Annäherung eines anderen rotbäuchigen Männchens löst das Annehmen einer Drohhaltung oder sogar eines aggressiven Angriffsverhaltens aus. Tinbergens Verdacht, dass der rote Bauch als Auslöser des aggressiven Verhaltens dienen könnte wurde bestärkt, als ein vorbeifahrendes (englisches) rotes Postauto bei den männlichen Fischen im Aquarium in seinem Labor ein Angriffsverhalten auslöste. Nach dieser Beobachtung führte Tinbergen gezielt Experimente durch, bei denen den männlichen Stichlingen eine Reihe von Modellen präsentiert wurde. Dabei fand er, dass jedes Modell, das einen roten Streifen trug, heftig attackiert wurde, selbst ein plumper Wachsklumpen mit einer roten Bemalung an der Unterseite. Eine sorgfältig erstellte Nachbildung eines männlichen Stichlings, der jedoch die rote Unterseite fehlte, wurde dagegen signifikant weniger häufig angegriffen (▶ Abbildung 36.3). Tinbergen entdeckte noch andere Beispiele für stereotypes Verhalten, das durch einfache Signalreize ausgelöst wird.

Männliche Rotkehlchen (*Erithacus rubecula*) attackieren ein in ihr Territorium gestelltes Büschel aus roten Federn, ignorieren aber ausgestopfte juvenile Rotkehlchen, die noch keine rötlichen Federn besitzen (▶ Abbildung 36.4).

Diese Beispiele führen uns die Nachteile vor Augen, die mit vorprogrammierten Verhaltensweisen verbunden sind. Sie können zu fehlgeleiteten Reaktionen führen. Zum Glück für die rotbäuchigen Stichlinge und die rotbrüstigen Rotkehlchen funktioniert ihre aggressive Reaktion auf die Farbe Rot die meiste Zeit korrekt, weil

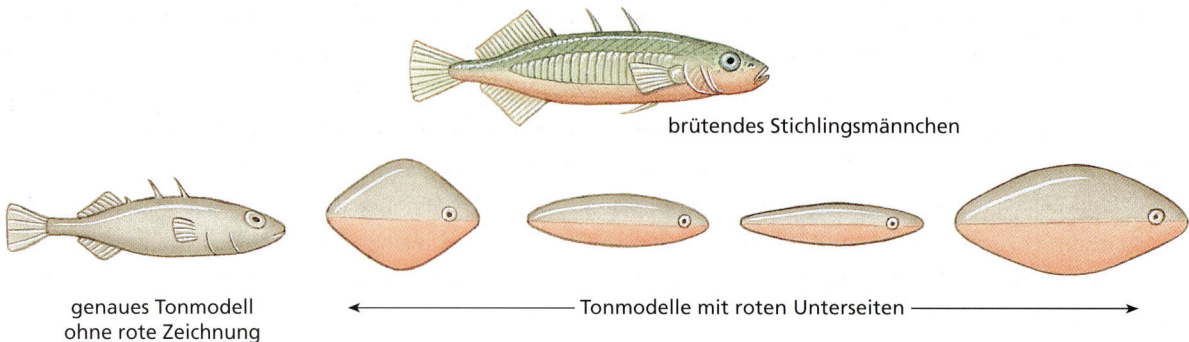

Abbildung 36.3: Stichlingsmodelle zum Studium des Territorialverhaltens. Das sorgfältig der Natur nachgestellte Modell eines Stichlings *(untere Reihe, links)* ohne rote Bauchseite wird viel weniger häufig durch ein sein Revier verteidigenden Männchen angegriffen als die vier einfachen rotbäuchigen Modelle.

rote Objekte der passenden Größe in der natürlichen Umgebung dieser Tiere selten vorkommen. Warum setzen diese und andere Tiere nicht Verstand und Überlegung ein, statt sich auf automatisierte Reaktionsmuster zu verlassen? Unter Bedingungen, die verhältnismäßig konsistent und vorhersagbar sind, können automatisierte, vorprogrammierte Reaktionen die effizientesten sein. Selbst wenn ein Tier die Fähigkeit des Nachdenkens besäße oder besitzt, kann das Nachdenken über eine Entscheidung oder das Erlernen einer geeigneten Reaktion zu viel Zeit in Anspruch nehmen. Auslösereize haben den Vorteil, die Aufmerksamkeit des Tieres auf das relevante Signal zu lenken, und das Auslösen eines vorprogrammierten, stereotypen Verhaltens versetzt das Tier in die Lage, sehr rasch zu reagieren, wenn die Geschwindigkeit der Reaktion entscheidend – vielleicht sogar lebensentscheidend – ist.

36.2 Verhaltenssteuerung

Das stereotype Verhalten, das sie beobachteten, verwies die Ethologen darauf, dass sie es mit **angeborenen Verhaltensweisen** zu tun hatten. Viele Arten des vorprogrammierten Verhaltens treten in der Ontogenese eines Tieres plötzlich in Erscheinung und sind von ähnlichen Verhaltensmustern, die ein ausgewachsenes, erfahrenes Tier zeigt, praktisch nicht zu unterscheiden. Netzspinnen bauen ihre Netze ohne jede vorhergehende Übung, und männliche Grillen bezirzen die Weibchen ohne Unterweisung durch erfahrenere Grillenmännchen oder Lernen durch Versuch und Irrtum. Solche Verhaltensweisen werden als angeborenes oder instinktives Verhalten bezeichnet. Diese Begriffe legen den Schluss nahe, dass die betreffenden Verhaltensweise absolut vorbestimmt sind und sich in immer gleicher Weise ausbilden, egal wie die Umwelt beschaffen ist. Diese Vorstellung, Instinkttheorie genannt, ist bei vielen Verhaltensforschern allerdings in Ungnade gefallen, weil nicht nachgewiesen werden konnte, dass sich eine Verhaltensweise ohne Erfahrung entwickelt. Kritiker der Instinkttheorie wenden ein, dass alle Formen des Verhaltens auf einer Wechselwirkung des Lebewesens mit seiner Umwelt beruhen, angefangen mit der befruchteten Eizelle. Gene codieren für Proteine und niemals unmittelbar für eine Verhaltensweise. Selbst beim Netzbau der Spinne oder dem Zirpen der Grille muss die Umgebung irgendeinen Einfluss ausüben. In einer veränderten Umwelt kann das resultierende Verhalten anders ausfallen.

Abbildung 36.4: Zwei Rotkehlchenmodelle. Das teilweise rot gefärbte Federbüschel *(links)* wird von männlichen Rotkehlchen angegriffen, das ausgestopfte echte Rotkehlchen im Jugendkleid *(rechts)* wird dagegen ignoriert.

Trotzdem scheint es unbestreitbar, dass viele komplexe Verhaltenssequenzen wirbelloser Tiere zum großen Teil in ihrer Ausführung unabänderlich und nicht erlernt sind, und durch einprogrammierte Regeln zustande kommen. Es ist leicht einzusehen, warum vorprogrammierte Verhaltensweisen für das nackte Überleben wichtig sind oder sein können, insbesondere für Tiere, die ihre Eltern nie zu Gesicht bekommen. Sie müssen dafür ausgestattet sein, auf einwirkende Reize sofort und in geeigneter Weise zu reagieren, sobald sie diesen zum ersten Mal ausgesetzt sind. Es ist ebenfalls unmittelbar augenfällig, dass komplexere Tiere mit einer längeren Lebenserwartung und elterlicher Fürsorge oder einer anderen Art von sozialer Interaktion ihr Verhalten durch Lernvorgänge abändern und verbessern können.

36.2.1 Die Genetik des Verhaltens

Die erbliche Weitergabe der meisten angeborenen Verhaltensweisen ist von komplexer Natur. Jedes Verhaltensmerkmal wird von zahlreichen, miteinander in Wechselwirkung stehenden Genen beeinflusst und von Umweltfaktoren modifiziert. Einige wenige Beispiele für Verhaltensunterschiede innerhalb einer Art reichen jedoch aus, um eine einfache, „mendelsche" Weitergabe von den Eltern auf ihre Nachkommen zu belegen. Das vielleicht überzeugendste Beispiel hierfür liefert das Hygieneverhalten von Bienen. Honigbienen *(Apis mellifera)* sind empfindlich für eine Infektion durch Bakterien der Art *Bacillus larvae*, welche die amerikanische Brutfäule hervorrufen. Eine Bienenlarve, die sich mit dem Erreger infiziert, stirbt an der Infektion. Falls die adulten Bienen die toten Larven aus dem Bienenstock entfernen, vermindern sie dadurch das Risiko einer Ausbreitung der Krankheit.

Manche Bienenstämme, als „hygienisch" bezeichnet, öffnen Wabenzellen mit verrottenden Larven und schaffen sie aus dem Bienenstock. W. Rothenbühler konnte nachweisen, dass diese Verhaltensweise aus zwei Komponenten besteht: erstens der Entfernung der Zellendeckel und zweitens der Entfernung der toten Larve. Hygienische Bienen sind homozygot rezessiv für zwei unterschiedliche Gene. Das Entfernen der Deckel wird von solchen Individuen ausgeführt, die homozygot für das rezessive Allel u des einen Gens sind; die Larvenbeseitigung wird von solchen Individuen vollzogen, die homozygot für das rezessive Allel r des zweiten beteiligten Gens sind. Als Rothenbühler hygienische Bienen (u/u r/r) mit unhygienischen (U/U R/R) kreuzte, erhielt er Hybride (U/u R/r), die sämtlich unhygienisch waren. Nur Arbeiterbienen, die bezüglich beider Genorte homozygot für das rezessive Allel sind, zeigen die vollständige Verhaltensweise. Als nächstes führte er eine Rückkreuzung zwischen dem Hybridstamm und einem hygienischen Ausgangsstamm durch. Wie nach den Mendel'schen Regeln zu erwarten, wenn das Hygieneverhalten durch allelische Variation zweier Gene zustande kommt, ergaben sich aus der Rückkreuzung vier verschiedene Sorten von Bienen (▶ Abbildung 36.5). Etwa ein Viertel der Bienen war homozygot bezüglich

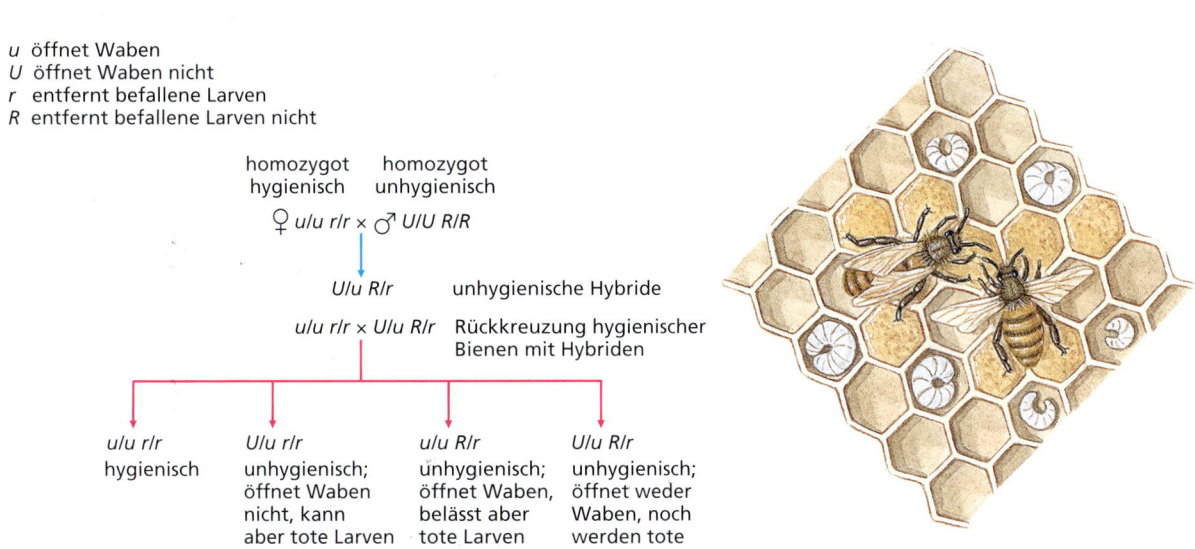

u öffnet Waben
U öffnet Waben nicht
r entfernt befallene Larven
R entfernt befallene Larven nicht

Abbildung 36.5: **Die Genetik des Hygieneverhaltens der Honigbiene, wie von W. Rothenbühler nachgewiesen.** Die Ergebnisse lassen sich erklären, wenn man davon ausgeht, dass zwei nicht miteinander gekoppelte Genorte beteiligt sind, einer, der mit dem Öffnen der Waben erkrankter Larven zu tun hat, und ein zweiter, der mit der Entfernung toter Larven aus den Zellen assoziiert ist. (Weitere Erläuterungen im Haupttext.)

der rezessiven Allele u und r und zeigten das vollständige Verhalten: Sie öffneten die Larvenzellen und entfernten die infizierten Larven. Ein weiteres Viertel der Nachkommen (u/u R/r) öffnete die Zellen, entnahm daraus aber nicht die toten Bienenlarven. Ein weiteres Viertel (U/u r/r) öffnete selbst keine Zellen, entfernte aber tote Larven aus Zellen, die eine andere Arbeiterbiene eröffnet hatte. Arbeiterinnen, die heterozygot für die dominanten Allele beider Gene waren (U/u R/r) führten keine der beiden Handlungen des Beseitigungsrituals aus (Abbildung 36.5). Die Versuchsergebnisse lassen klar erkennen, dass beide Komponenten des Hygieneverhaltens jeweils mit einem eigenen, unabhängig vererbten Genort verbunden sind.

Die meisten vererblichen Verhaltensweisen zeigen kein einfaches Aufspaltungsmuster und Unabhängigkeit voneinander; Art- oder Unterarthybride zeigen vielmehr häufig ein intermediäres oder verwirrtes Verhalten. Eine klassische Untersuchung der Verhaltenskreuzung stammt von W. C. Dilger (und bezieht sich auf Nestbauverhalten unterschiedlicher Zwergpapageienarten. Zwergpapageien sind kleine Papageien der Gattung *Agapornis* (▶ Abbildung 36.6). Jede Art besitzt ihr eigenes Werbungsverhalten und ihre eigene Methode zum Transport von Nistmaterial. Pfirsichköpfchen *(Agapornis personata fischeri)* reißen lange Streifen von Nistmaterial von Pflanzen ab und bringen dies dann Streifen für Streifen einzeln zum Nistplatz. Rosenköpfchen *(Agapornis roseicollis)* transportieren mehrere Streifen abgerissenen Nistmaterials auf einmal, indem sie die Stücke in ihr Gefieder am unteren Rücken und an der Bauchseite einflechten. Dilger, dem es gelang, die beiden Arten erfolgreich miteinander zu kreuzen, beobachtete, dass die Nachkommen einen auf Verwirrung beruhenden Konflikt zwischen der Neigung, Nistmaterial im Gefieder zu tragen (ererbt von den Rosenköpfchen) und der Neigung zum Transport von Nistmaterial im Schnabel (ererbt von den Pfirsichköpfchen) zeigten (Abbildung 36.6). Die Hybridvögel versuchten sowohl die eine wie die andere Tragemethode, führten jedoch keine von beiden Verhaltensweisen korrekt aus. Die Hybridgeneration hatte ein Verhaltensmuster ererbt, das zwischen dem beider Eltern lag. Mit wachsender Erfahrung verbesserten die Hybridvögel ihre Transportfähigkeiten, indem sie sich zunehmend dem Schnabeltransportmodus der Pfirsichköpfchen zuwandten.

36.2.2 Lernen und Verhaltensvielfalt

Ein weiterer Aspekt des Verhaltens von Tieren ist das Lernen, das wir als Modifikation von Verhaltensweisen durch Erfahrung definieren wollen. Als ausgezeichnetes Modellsystem für die Erforschung von Lernvorgängen haben sich die Meeresschnecken der Gattung *Aplysia* erwiesen (▶ Abbildung 36.7), die das bevorzugte Untersuchungsobjekt von E. Kandel und seinen Mitarbeitern war. Die Kiemen von *Aplysia* sind teilweise durch die Mantelhöhle bedeckt stehen mit der Außenwelt über

Abbildung 36.6: Verwirrtes Verhalten bei Hybrid-Zwergpapageien *(Agapornis* sp.). Rosenköpfchen *(Agapornis roseicollis)* tragen Nistmaterial zum Nistplatz, das sie in ihr Gefieder gesteckt haben. Pfirsichköpfchen *(Agapornis fischeri)* tragen Nistmaterial im Schnabel. Pfirsichköpfchen/Rosenköpfchen-Hybride versuchen beide Transportweisen zu kombinieren, führen jedoch keine von beiden erfolgreich aus.

Abbildung 36.7: Der Seehase *(Aplysia* sp.). Ein Gastropode aus der Gruppe der Opisthobranchia, der in vielen neurophysiologischen und verhaltensbiologischen Untersuchungen als Versuchstier eingesetzt wurde.

einen Siphon in Verbindung (▶ Abbildung 36.8). Berührt man den Siphon, zieht *Aplysia* ihn und die Kiemen zurück und faltet die Strukturen unter der Mantelhöhle zusammen. Diese einfache Schutzreaktion, die als Kiemenrückzugsreflex bekannt ist, wird wiederholt, wenn *Aplysia* ihren Siphon wieder ausstreckt. Wird der Siphon jedoch mehrfach wiederholt berührt, nimmt die Stärke der Kiemenrückzugsreaktion ab, bis die Schnecke den Reiz schließlich ignoriert. Diese Verhaltensänderung illustriert eine weit verbreitete Form des Lernens, die als **Habituation** (Gewöhnung) bezeichnet wird. Wird nun Aplysia ein Schadreiz (zum Beispiel ein elektrischer Schlag) am Kopf zur selben Zeit zugefügt, wenn der Siphon berührt wird, wird das Tier für den zweiten Reiz wieder sensibilisiert und zieht die Kiemen vollständig ein, wie es das vor der Gewöhnung getan hatte. Eine **Sensibilisierung** kann somit eine vorausgegangene Gewöhnung wieder umkehren oder aufheben.

Die zugrundeliegenden Mechanismen der Habituation und Sensibilisierung sind bei Aplysia bekannt, weil diese Verhaltensweisen einen der seltenen Fälle darstellen, in denen die nervösen Signalwege identifiziert werden konnten. Rezeptoren im Siphon sind über sensorische Nervenzellen (schwarzer Signalpfad in Abbildung 36.8) mit motorischen Neuronen verbunden, welche die Kiemenrückzugsmuskeln und die Muskulatur der Mantelhöhle innervieren (Abbildung 36.8, blauer Signalpfad). Kandels Mitarbeiter fanden heraus, dass die wiederholte Stimulation des Siphons die Freisetzung synaptischer Transmittersubstanzen aus den Sinnesneuronen herabsetzt. Die Sinnesneuronen fahren fort,

Signale auszuschicken, wenn der Siphon berührt wird, doch zeigt das System infolge der sich verringernden Menge freigesetzten Transmitters im Laufe der Zeit eine Abnahme der Reaktivität (Abstumpfung).

Die Sensibilisierung erfordert die Wirkung eines anderen Typs von Nervenzelle, eines vermittelnden Interneurons. Diese Interneuronen (Zwischennervenzellen) verbinden die Sinnesnervenzellen im Kopf der Schnecke mit den Bewegungsneuronen, welche die Muskulatur der Kiemen und der Mantelhöhle steuern (Abbildung 36.8). Wenn sensorische Neuronen im Kopf durch einen elektrischen Reiz stimuliert werden, senden sie einen Nervenimpuls über ihr Axon an das vermittelnde Interneuron, das den Impuls über eine synaptische Endigung wahrnimmt (roter Signalpfad in Abbildung 36.8). Diese Nervenzellenden bewirken ihrerseits eine Zunahme der von den sensorischen Neuronen des Siphons freigesetzten Transmittermenge. Diese synaptische Botenstoff-Freisetzung steigert die Erregung des exzitatorischen Interneurons und der Motorneuronen, die zu den Kiemen und zur Mantelmuskulatur führen. Die motorischen Nervenzellen feuern nun leichter als zuvor Signale (Aktionspotenziale) ab. Das System ist nunmehr sensibilisiert, weil jede Reizung des Siphons zu einer starken Kiemenretraktion führen wird.

Die Untersuchungen des Kandel'schen Laboratoriums deuten daraufhin, dass eine Verstärkung oder eine Abschwächung des Kiemenrückzugsreflexes mit einer Veränderung der ausgeschütteten Transmittermengen an bereits existierenden Synapsen einhergeht. Wir wissen jedoch heute, dass komplexere Arten des Lernens

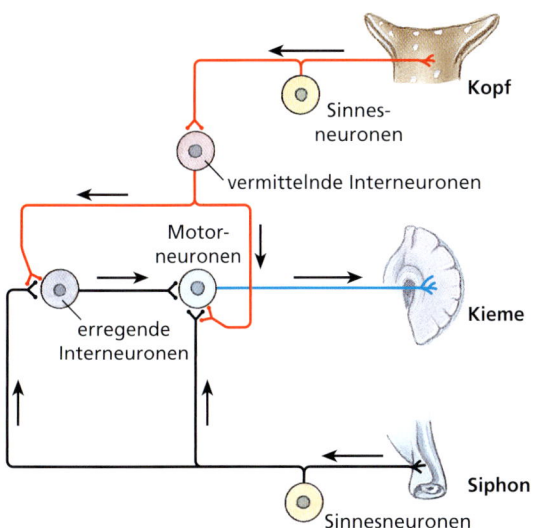
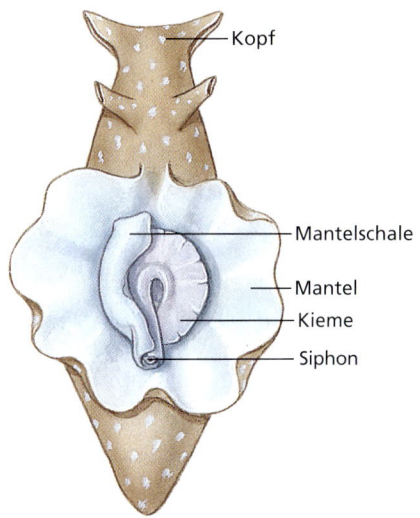

Abbildung 36.8: Neuronale Schaltkreise. Sie sind an der Habituation und der Sensibilisierung des Kiemenrückzugsreflexes der Meeresschnecke Aplysia beteiligt.

Prägung

Eine andere Art des Lernens ist die Prägung, das „Einbrennen" eines stabilen Verhaltensmusters in ein junges Tier durch Einwirkung eines bestimmten Reizes während einer kritischen Zeitspanne in der Entwicklung des Tieres. Sobald ein frischgeschlüpftes Gänse- oder Entenküken kräftig genug zum Laufen ist, folgt es seiner Mutter weg vom Nest (Nestflüchter). Nachdem es seiner Mutter einige Zeit gefolgt ist, folgt es keinem anderen Tier mehr. Werden die Eier jedoch in einen Brutkasten ausgebrütet oder die Mutter von den Eiern getrennt, wenn die Jungen ausschlüpfen, folgen die frischgeschlüpften Küken dem ersten großen Objekt, das sie sehen und das sich bewegt. Beim Heranwachsen ziehen diese Gänseküken dann diese künstliche „Mutter" allem anderen vor; dies schließt selbst die echte Mutter ein. Man sagt, die Jungen seien auf den künstlichen Mutterersatz geprägt.

Das Phänomen der Prägung wurde schon im ersten Jahrhundert von dem römischen Naturforscher Plinius dem Älteren entdeckt, der schrieb, dass „eine Gans, die dem Lacydes überallhin folgte, so treu wie ein Hund" gewesen sei. Konrad Lorenz war dann im 20. Jahrhundert derjenige, der die Prägung erstmals systematisch untersuchte. Wenn Lorenz junge Gänse mit der Hand aufzog, dann bildeten diese sofort und dauerhaft eine Bindung zu ihm aus und watschelten oder schwammen ihm nach, wohin immer er sich begab (▶ Abbildung 36.9). Es gelang dann nicht mehr, sie auf irgendeinen anderen Menschen oder ihre eigene Mutter umzuprägen. Lorenz fand bei seinen Experimenten heraus, dass die Prägung auf einen kurzen Zeitraum im Leben beschränkt ist, den er die „sensible Periode" nannte. Weiterhin konnte er zeigen, dass eine einmal erfolgte Prägung für gewöhnlich lebenslang erhalten bleibt.

Was das Phänomen der Prägung verdeutlicht, ist der Umstand, dass das Gehirn einer Gans (oder das Gehirn vieler anderer Vogel- und Säugetierarten, die prägungsartiges Verhalten zeigen) das prägende Ereignis dauerhaft verinnerlicht. Die natürliche Selektion begünstigt die Evolution von Gehirnen, die sich auf diese Art prägen lassen, weil es wichtig ist, dem Muttertier zu folgen und die Kommandos der Elterntiere zu befolgen; das kann unter Umständen das schiere Überleben bedeuten.

Abbildung 36.9: **Auf den Forscher Konrad Lorenz (rechts im Bild) geprägte Entenküken.** Sie folgen ihm so treu, wie sie ihrer natürlichen Mutter folgen würden.

Die Tatsache, dass ein Gänseküken sich unter den Bedingungen des wissenschaftlichen Experiments auf eine Spielzeugente oder einen Menschen prägen lässt, ist ein Preis, der tolerabel ist, weil frisch geschlüpfte Gänse oder andere Vögel unter den natürlichen Bedingungen in ihrem Nest in der Prägungsphase kaum etwas anderes zu Gesicht bekommen dürften als ihre Eltern. Die Nachteile, die das System in sich trägt und die auf seine Einfachheit zurückgehen, werden durch die Vorteile aufgewogen, die sich aus der so gewonnenen Robustheit und Verlässlichkeit ergeben.

Ein letztes Beispiel soll unsere Betrachtungen zum Lernverhalten abschließen. Singvögel zeigen in vielen Bereichen ihres Verhaltens Geschlechtsunterschiede. Die Männchen vieler Vogelarten lassen charakteristische Reviersänge verlauten, durch die sich der Sänger anderen Vögeln zu erkennen gibt und seine Gebietsansprüche den anderen Männchen seiner Art verkündet. Wie viele andere Vogelarten, müssen auch die männlichen Dachsammern *(Zonotrichia leucophrys)* ihren artspezifischen Gesang zuerst von ihren Vätern erlernen. Falls eine Dachsammer akustisch isoliert von Hand aufgezogen wird, entwickelt sich spontan ein abnormer Gesang (▶ Abbildung 36.10). Falls einem solchen, isoliert aufgezogenen Vogel in der lern-kritischen Zeitspanne seines Lebens, nämlich im Alter von 10 bis 50 Tagen nach dem Schlüpfen der normale Gesang einer Dachsammer vorgespielt wird, lernt der Jungvogel, normal zu singen. Dabei ahmt er sogar den lokalen Dialekt des Vogels nach, der ihm vorsingt.

Aus diesen Versuchsergebnissen könnte man vorschnell schließen, dass die Merkmale eines arttypischen

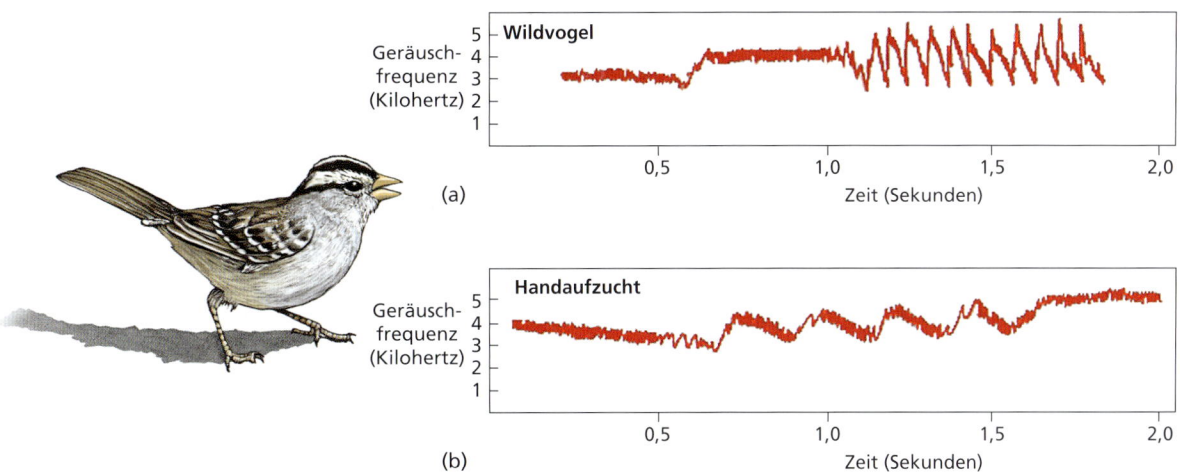

Abbildung 36.10: Klang-Spektrogramme des Gesangs einer Dachsammer *(Zonotrichia leucophrys)*. (a) Natürlicher Gesang eines Wildvogels. (b) Abnormer Gesang eines in Isolation aufgewachsenen Vogels.

Gesangs allein auf Lernen beruhen. Es zeigt sich jedoch in den Experimenten, dass eine isoliert aufwachsende Dachsammer die Gesänge anderer Ammernarten – selbst nah verwandter – auch in der kritischen Zeitspanne nicht lernt. Es lernt nur den seiner Art gemäßen Gesang. Obwohl also der Gesang gelernt werden muss, ist das Gehirn dieses Vogels in seiner Lernfähigkeit darauf beschränkt, nur die Lautbildungen von Männchen der eigenen Art zu erkennen und nachahmend zu lernen. Das Erlernen eines falschen Gesangs würde zu einem Verhaltenschaos führen, und die natürliche Selektion begünstigt ein System, das solche Fehler eliminiert.

Ein weiteres Beispiel für komplizierte Wechselbeziehungen zwischen erlerntem und angeborenem Verhalten wird durch die Wegfindung von Zugvögeln illustriert (siehe Kapitel 27).

Sozialverhalten 36.3

Wenn wir von sozial organisierten Tieren sprechen, denken wir zuallererst an die hoch organisierten Bienenvölker, die grasenden Antilopenherden in der afrikanischen Savanne (▶ Abbildung 36.11), und die riesigen Herings- und Starenschwärme. Doch ist das Sozialverhalten zusammenlebender Tiere *derselben Art* bei weitem nicht auf so offenkundige Beispiele der gegenseitigen Beeinflussung von Individuen beschränkt.

In einem weiteren Sinn ist jede Wechselwirkung eines Tieres mit einem anderen derselben Art ein soziales Verhalten. Selbst ein Paar rivalisierender Männchen, die um den Besitz eines Reviers oder eines Weibchens kämpfen, zeigen eine soziale Wechselwirkung (ungeachtet einer möglichen Einstufung einer solchen Verhaltensweise als „antisozial"). Soziale Verbände sind nur eine Ausdrucksform sozialen Verhaltens, und tatsächlich sind nicht alle Ansammlungen von Tieren sozialer Natur.

Schwärme von Motten, die in der Nacht durch eine Laterne angelockt werden, Entenmuscheln, die von einem Stück Treibholz angelockt werden, oder Forellen, die in der kühlsten Strömung eines Flusses zusammen-

Abbildung 36.11: **Gemischte Herden.** Leierantilopen *(Damaliscus lunatus)* und Steppenzebras *(Equus quagga)* beim Grasen in einer Savanne im Tropengürtel Afrikas.

kommen, sind Ansammlungen von Tieren, die sich als Reaktion auf Signale aus der Umwelt ergeben. Soziale Zusammenrottungen sind dagegen von Signalen abhängig, die von den Tieren selbst ausgehen und welche die Tiere dazu veranlassen, im Verband zusammenzubleiben und gegenseitig Einfluss aufeinander zu nehmen.

Nicht alle Tiere, die irgendeine Form von Sozialverhalten zeigen, sind in gleicher Weise oder im gleichen Grad sozial. Obwohl alle sich geschlechtlich fortpflanzenden Tiere zumindest in genügender Weise kooperativ interagieren müssen, um eine Befruchtung zustande zu bringen, ist bei manchen Tieren das Sozialverhalten auf das Brutgeschäft beschränkt. Ein alternatives Modell ist bei Schwänen, Gänsen, Albatrossen und Bibern – um nur einige wenige Beispiele zu nennen – verwirklicht, die starke monogame Bindungen aufbauen, die lebenslang erhalten bleiben. Die stabilsten sozialen Bindungen bestehen in der Regel zwischen Müttern und ihren Nachkommen. Bei den Vögeln und den Säugetieren enden diese Bindungen für gewöhnlich mit dem Flüggewerden oder dem Ende der Stillzeit.

36.3.1 Selektionierende Konsequenzen des Sozialverhaltens

Ein Zusammenleben kann auf vielerlei Weise nützlich sein. Ein offenkundiger Vorteil sozialer Verbände besteht in der Möglichkeit verbesserter Verteidigungsfähigkeit gegen Räuber, sowohl passiv wie aktiv. Eine Gruppe von Moschusochsen, die sich zu einem Kreis gruppieren, wenn sie von Wölfen bedroht oder angegriffen werden, zeigen ein passives Verteidigungsverhalten, bei dem die Gruppe viel weniger verwundbar ist als ein einzelnes Individuum, das sich derselben Bedrohung gegenübersähe.

Als ein Beispiel für aktives Verteidigungsverhalten soll eine Brutkolonie von Möwen dienen, die – aufgeschreckt durch die Alarmrufe einiger Mitglieder – Raubfeinde im Rudel angreift. Ein solcher kollektiver Angriff entmutigt einen Fressfeind viel wirkungsvoller als individuelle Attacken einzelner Vögel. Die Mitglieder einer Präriehundkolonie (siehe Abbildung 28.26), die zu sozialen Einheiten zusammengeschlossen sind, die Cliquen genannt werden, kooperieren, indem sie bellende Warnlaute ausstoßen, wenn Gefahr droht. So profitiert jedes Individuum in einem sozialen Verband von den Augen, Ohren und Nasen aller anderen Mitglieder der Gruppe. Experimente mit einem breiten Spektrum an Räuber- und Beutearten unterstützen die Vorstellung, dass es umso unwahrscheinlicher wird, dass ein Gruppenmitglied gefressen wird, je größer der Sozialverband ist, in dem es lebt.

Sozialverhalten bietet im Hinblick auf die Fortpflanzung mehrere potenzielle Vorteile. Sie erleichtert Begegnungen zwischen den Weibchen und den Männchen der Art – ein Akt, für den solitär lebende Tiere unter Umständen ein beträchtliches Maß an Zeit und Energie aufwenden müssen. Sie ist durch die wechselseitige Verhaltensstimulation, die sich Individuen untereinander zuteil werden lassen, außerdem bei der zeitlichen Abstimmung der Fortpflanzungsaktivitäten behilflich. Bei in Kolonien lebenden Vögeln setzen die Gesänge und Zurschaustellungen balzender Individuen in anderen Individuen derselben Art endokrine Veränderungen in Gang, die im Zusammenhang mit der Fortpflanzung stehen. Da es ein höheres Maß an sozialer Stimulation gibt, bringen größere Möwenkolonien pro Nest im Durchschnitt größere Gelege hervor als kleinere Kolonien. Darüber hinaus führt die elterliche Fürsorge für die Jungen bei sozial organisierten Tieren zu einer erhöhten Überlebensrate ihrer Nachkommen (▶ Abbildung 36.12). Soziales Zusammenleben bietet den beteiligten Individuen Gelegenheit, auch anderen Jungtieren als den eigenen Hilfe und Futter zukommen zu lassen. Solche Wechselwirkungen innerhalb eines Sozialverbandes haben zu mancherlei kooperativem Verhalten zwischen Elterntieren, ihren Jungen und ihren näheren Verwandten geführt.

Von den vielen Vorteilen einer sozialen Organisation einer Population, welche die Ethologen zutage gefördert haben, können in unserem kurzen Abriss nur einige wenige zur Sprache kommen: Kooperation bei der Nah-

Abbildung 36.12: Ein junger Steppenpavian *(Papio cynocephalus)*, der huckepack auf dem Rücken seiner Mutter reitet. Später, wenn das Junge entwöhnt ist, lockert sich die Mutter/Kind-Bindung, und die Mutter duldet dieses Verhalten nicht mehr.

rungsbeschaffung, Zusammenrottung zum Schutz vor widrigen Umständen wie schlechtem Wetter, Gelegenheit zur Arbeitsteilung (besonders gut entwickelt bei staatsbildenden Insekten mit ihren Kastensystemen) sowie die Möglichkeit des Lernens und der Übermittlung nützlicher Informationen innerhalb einer Population.

Forscher, die eine halbnatürlich lebende Makakenkolonie in Japan beobachtet haben, berichten von einem interessanten Beispiel des Erwerbs und der Weitergabe einer Tradition in dieser Affengesellschaft. Die Affen wurden an einer am Strand gelegenen Futterstelle mit Süßkartoffeln und Weizen gefüttert. Eines Tages wurde ein junges Weibchen dabei beobachtet, wie es im Meer anhaftenden Sand von den Süßkartoffeln abwusch. Diese Verhaltensweise wurde von den Spielkameraden der Äffin rasch nachgeahmt und später auch vom Muttertier der „Erfinderin". Als später die Tiere, die dieses neue Verhalten gelernt hatten, geschlechtsreif wurden und selbst Junge hatten, führten sie die Kartoffelwaschung im Meer fort, und ihre eigenen Jungen imitierten dieses Verhalten ohne Zögern. So wurde diese Verhaltensweise in der Affengruppe fest verankert (▶ Abbildung 36.13).

Einige Jahre später entdeckte die Erfinderin des Kartoffelwaschens, dass man Weizen von Sand trennen kann, wenn man eine Handvoll sandigen Weizens ins Wasser wirft und das auf dem Wasser treibende Getreide ab sammelt, nachdem die schweren Sandkörner abgesunken sind. Im Verlauf einiger Jahre hatte sich der Vorgang der Traditionsbildung wiederholt; die Weizenreinigung durch Aufschwemmung hatte sich in der gesamten Affenhorde ausgebreitet.

Die ranggleichen wie die rangniederen Mitglieder der Horde der erfindungsreichen Äffin kopierten deren Verhalten bereitwillig. Die adulten Männchen, die in der sozialen Hierarchie der Affenhorde über ihr standen, übernahmen die Praxis jedoch nicht und fuhren fort, den anhaftenden Sand mühsam von den Süßkartoffeln abzulesen und den Strand nach einzelnen Weizenkörnern abzusuchen.

Der Erwerb von Fähigkeiten zur Reinigung von Nahrung durch das japanische Makakenweibchen und ihre Gruppengenossen zeigt, dass ein soziales Umfeld Gelegenheiten für den Erwerb und die gemeinsame Nutzung komplexen, erlernten Verhaltens bietet. Verhaltensweisen, die über einfache Prägung und Habituation hinausgehen. Das Nahrungsreinigungsverhalten stellt eine konditionierte Reaktion dar. Ihm liegt ein Lernvorgang zugrunde, bei dem die Ausführung einer gewissen Verhaltensweise wiederholt (= vorhersagbar) zum gleichen, gewünschten Ergebnis führt. Dazu kommen Überlegung und Einsicht, welche Methode/n nutzbringend bei der Reinigung verschiedener Nahrungsmittel sind.

Soziales Zusammenleben kann für einige Tiere im Vergleich zu einer solitären Lebensweise auch Nachteile mit sich bringen. Arten, deren Überleben sich auf Tarnung stützt, um Raubfeinden zu entgehen, profitieren davon, verstreut zu leben. Große Raubtiere profitieren aus einem anderen Grund – ihrem hohen Bedarf an Beute – von einer solitären Lebensweise. Weiterhin ist die Ausbreitung infektiöser Krankheiten und von Parasiten bei sozialen Tieren viel wahrscheinlicher. Es gibt daher keinen alles überragenden adaptiven Vorteil des Sozialverhaltens, der einen solitären Lebensstil unvermeidlich benachteiligen würde. Vor- und Nachteile einer sozialen Organisation hängen von der ökologischen Situation der Art ab.

Der Ethologe Clutton-Brock unterscheidet **sozial koordiniertes Verhalten**, bei dem ein Individuum sein Verhalten an die Anwesenheit von Artgenossen anpasst, um in direkter Weise seinen eigenen Fortpflanzungserfolg zu erhöhen, von **kooperativem Verhalten**, bei dem ein Individuum Aktivitäten erkennen lässt, die anderen nützt, da solches Verhalten schlussendlich dem genetischen Beitrag des kooperativen Individuums zu nächsten Generation zugute kommt (indirekter Nutzeffekt). In die erste Kategorie fallen agonistisches (= kämpferisch) und Konkurrenzverhalten, Revierverhalten sowie die Ausbildung verschiedener Arten des Fortpflanzungsverhaltens.

Abbildung 36.13: **Ein japanischer Makake beim Abwaschen einer Süßkartoffel.** Diese tradierte Verhaltensweise nahm ihren Anfang mit einem jungen Weibchen, das begann, Sand von den Kartoffeln abzuwaschen, bevor es sie fraß. Jüngere Mitglieder der Horde lernten dieses Verhalten rasch durch Nachahmung.

Zur zweiten Kategorie gehören Kooperation bei der Nahrungssuche und beim Brüten bzw. der Jungenaufzucht sowie insbesondere Verhaltensweisen, die den engsten Verwandten eines Individuums zugute kommen oder andere dazu veranlassen, ein nutzbringendes Verhalten zu erwidern. Falls die Anwesenheit eines Individuums in einer Gruppe dem Überleben oder der Fortpflanzung der Gruppe nützt, sollte die Selektion die evolutive Entwicklung und Weiterentwicklung kooperativer Strategien begünstigen.

36.3.2 Agonistisches (kämpferisches) oder Konkurrenzverhalten

Tiere konkurrieren um Nahrung, Wasser, Geschlechtspartner oder Versteckmöglichkeiten, wenn diese Ressourcen begrenzt vorhanden sind und sich deshalb ein Kampf darum lohnt. Vieles von dem, was Tiere tun, um Konkurrenzsituationen zu entscheiden, wird als Aggression bezeichnet. Als **Aggression** oder **aggressives Verhalten** definieren wir eine offensive körperliche Aktion oder Drohung, was andere dazu bringt oder bringen soll, etwas herzugeben oder aufzugeben, das sie in Besitz haben oder nach dem sie trachten. Viele Ethologen betrachten aggressives Verhalten als Teil einer umfassenderen Verhaltenskategorie, die als **agonistisches Verhalten** bezeichnet wird (gr. *agonistis*, der Handelnde, Tätige, Führende; gr. *agon*, Handlung, Anstrengung, Kampf; gr. *agonia*, Qual, Kampf). Damit ist jede Handlung gemeint, die im Zusammenhang mit einem Kampf steht, Aggression ebenso wie Verteidigung, Unterwerfung oder Rückzug.

Entgegen einer weit verbreiteten Ansicht, die davon ausgeht, dass es das Ziel jedes Aggressionsverhaltens ist, den Gegner zu vernichten oder niederzuzwingen, fehlt den meisten aggressiven Auseinandersetzungen der Gewaltaspekt, den wir meist mit einer Kampfhandlung in Verbindung bringen. Viele Arten verfügen über spezielle Waffen wie scharfe Zähne, Schnäbel, Klauen oder Hörner, die zum eigenen Schutz oder der Überwältigung von Beutetieren dienen. Obwohl sie potenziell gefährlich sind, werden derartige, körpereigene Waffen nur selten auf wirklich Schaden verursachende Weise gegen Mitglieder der eigenen Art eingesetzt.

Innerartliche Aggressionen führen nur selten zu Verletzungen oder dem Tod, weil die meisten Tiere viele ritualisierte, symbolhafte Drohverhaltensweisen evolviert haben. Dieses Drohverhalten wird von den Artangehörigen verstanden und eingesetzt, um eine auf Ver-

Abbildung 36.14: Männliche Giraffen *(Giraffa camelopardalis)* bei einem Kampf um die soziale Vormachtstellung. Solche Rangordnungskämpfe sind größtenteils symbolischer Natur (ritualisierte Kämpfe), die nur selten zu Verletzungen der beteiligten Tiere führen.

haltensdominanz gründende Hierarchie in der Gruppe oder der Population zu errichten. Eine ritualisierte Zurschaustellung (Drohverhalten) ist eine Verhaltensweise, die durch die Evolution so abgeändert worden ist, dass sie zunehmend wirkungsvoller als Mittel zum Zweck der Kommunikation von Absichten eingesetzt werden konnte. Durch die **Ritualisierung** werden einfache Bewegungen oder Abläufe in ihrer Intensität gesteigert, auffälliger oder präziser und nehmen schließlich die Funktion eines reinen Signals an. Ein Ergebnis einer solchen Intensivierung ist eine Verminderung von Missverständnissen. Kämpfe um Paarungspartner, Nahrung oder Reviere werden zu ritualisierten Schaukämpfen anstelle von blutigen, unkontrollierten oder tödlichen Kämpfen. Wenn Winkerkrabben (Abbildung 19.26c) sich auf Sandbänken in der Gezeitenzone zu Auseinandersetzungen um Fortpflanzungsreviere zusammenfinden, öffnen sie ihre großen Klauen normalerweise nur wenig. Selbst bei intensiven Kämpfen, bei denen die Klauen zum Einsatz kommen, packen sich die Krabben gegenseitig nur so, dass gegenseitige Verletzungen vermieden werden. Männliche Giftschlangen, die um ein Weibchen konkurrieren, zeigen ein stilisiertes Kräftemessen, bei dem sie sich umeinander winden. Jede Schlange versucht dabei, die andere mit dem Kopf zu stoßen, bis eine auf den Boden niedergedrückt ist und sich zurückzieht. Die Rivalen beißen sich jedoch nicht. Die Männchen vieler Fischarten treten an ihren Reviergrenzen mit Konkurrenten in Wettstreit, indem sie spezielle Drohhaltungen einnehmen. Dabei werden die Flossen abgespreizt, um möglichst groß auszusehen. Vielfach intensiviert oder ändert sich hierbei auch die Körperfärbung. Eine solche Begegnung ist üblicherweise dann zu Ende, wenn eines der Tiere eine eindeutig unterlegene Position in der sozialen Hierarchie akzeptiert, ausweicht und davon schwimmt. Rivalisierende Giraffen vollführen zum größten Teil symbolische „Halsringkämpfe", bei denen zwei Männchen seitlich zueinander stehen und ihre langen Hälse umeinander winden und sich gegenseitig wegzudrücken versuchen (▶ Abbildung 36.14). Keiner der Kombattanten setzt dabei seine potenziell tödlichen Hufe ein, um den Gegner zu treten, und keines der Tiere geht normalerweise mit Verletzungen aus dem Kräftemessen hervor.

Tiere kämpfen daher mittels vorprogrammierter Regeln, die ernsthafte Verletzungen in der Regel ausschließen. Kämpfe zwischen rivalisierenden Dickhornschafen sind spektakulär anzuschauen, und das Geräusch der aufeinander krachenden Geweihe ist über hunderte von Metern vernehmbar (▶ Abbildung 36.15). Die Schädel der Tiere sind aber durch die massiven Hornbildungen so gut geschützt, dass es nur durch gelegentliche Unfälle zu Verletzungen kommt. Ausnahmen von dieser Regel sind dennoch möglich und kommen gelegentlich vor. Ungeachtet dieser Einschränkungen können daher aggressive Auseinandersetzungen in echte Kämpfe münden, die mit dem Tod eines der Rivalen enden. Falls afrikanische Elefanten nicht in der Lage sind, Dominanz-Konflikte durch rituelles Posieren schmerzfrei zu lösen, folgen unglaublich gewalttätige Schlachten, bei denen die Tiere versuchen, ihre Stoßzähne in die ungeschützten Körperteile des Gegners zu rammen.

Häufiger kommt es jedoch vor, dass der Verlierer einer ritualisierten Begegnung einfach davonläuft oder seine Niederlage durch ein spezielles Unterordnungsritual zu erkennen gibt. Falls für den Streiter offenkundig wird, dass er unterliegen wird, profitiert er davon, seine Unterlegenheit so rasch wie möglich anzuzeigen und dadurch die nachteiligen Folgen unnötiger Prügel zu vermeiden. Solche Unterwerfungsgesten, die das Ende eines Kampfes signalisieren, können gerade das Gegenteil einer am Anfang der Auseinandersetzung stehenden Drohgebärde sein (▶ Abbildung 36.16). In seinem Buch *Der Ausdruck von Gefühlszuständen bei Mensch und Tier (The Expression of the Emotions in Man and Animals)* von 1872 beschreibt Charles Darwin die scheinbar entgegengesetzte Natur von Droh- und Beschwichtigungsgesten als das „Prinzip der Antithese". Das Prinzip gilt bis heute unter Ethologen als unangefochten.

Der Gewinner einer aggressiven Auseinandersetzung dominiert über den Verlierer (den Unterlegenen). Für den Sieger bedeutet die Dominanz-Stellung ein bevorrechtigter Zugang zu allen umstrittenen Ressourcen, die für den eigenen Fortpflanzungserfolg förderlich sein können: Nahrung, Paarungspartner und Revier. Bei so-

(a)

(b)

Abbildung 36.15: **Männliche Dickhornschafe *(Ovis canadensis)*.** Während der Fortpflanzungszeit kämpfen sie um die soziale Vormachtstellung.

Abbildung 36.16: **Darwins eigene Illustration zu seinem Prinzip der Antithese, gezeigt an Haltungen von Hunden.** (a) Ein Hund nähert sich einem anderen Hund mit feindseligen, aggressiven Absichten. (b) Derselbe Hund in einer unterwürfigen und beschwichtigenden Gemütshaltung. Die Signale der aggressiven Zurschaustellung sind hier ins Gegenteil verkehrt.

zial organisierten Arten führen Dominanz-Wechselwirkungen oft zur Bildung einer Dominanz-Hierarchie. Ein Tier, das an der Spitze einer solchen Hierarchie steht, hat alle Zusammenstöße mit anderen Mitgliedern seiner sozialen Gruppe für sich entscheiden können. Das ihm an zweiter Stelle nachfolgende Tier hat alle Auseinandersetzungen mit Ausnahme der mit dem ranghöchsten Tier gewinnen können.

Solch eine einfache, wohlgeordnete Hierarchie wurde von Schjeldrerup-Ebbe zuerst bei Hühnern beobachtet; für das Phänomen erfand er den Begriff der „Hackordnung". Ist die soziale Ordnung einmal errichtet, hört das tatsächliche Auf-einander-Einhacken auf und wird durch Drohgebärden, Scheinangriffe und Niederducken ersetzt. An der Spitze der Hackordnung stehende Hennen und Hähne haben ungehinderten Zugang zu Nahrung und Wasser, zu Staubbädern und zu (höher liegenden) Schlafplätzen. Das System funktioniert, weil es soziale Spannungen vermindert, die fortwährend zutage treten würden, falls die Tiere unablässig über ihre sozialen Stellungen in Kämpfe ausbrechen würden.

Nicht alle auf Dominanz fußenden Hierarchien jedoch zeichnen sich durch klar unterscheidbare dominierende und unterlegene Individuen aus. In einigen Hierarchien werden die dominierenden Tiere häufig von solchen auf einer rangniederen Stufe herausgefordert.

Die rangniederen Mitglieder jeder sozialen Ordnung sind entbehrlich. In vielen Systemen erhalten sie nie die Möglichkeit zur Fortpflanzung, und oft sind sie die ersten, die sterben. In Zeiten der Nahrungsknappheit, schont der Tod schwächerer Mitglieder der Population die Ressourcen für die stärkeren. Statt Nahrung aufzuteilen, entledigt sich das System eines Populationsüberschusses. Diese Überschussbeseitigung wird von den heutigen Ethologen nicht als die Folge eines zweckgerichteten Prozesses zum „Wohle der Art" angesehen, sondern vielmehr als Folge des individuellen Vorteils, den stärkere, dominantere Individuen unter solchen Bedingungen besitzen.

36.3.3 Revierverhalten

Der Besitz von Revieren ist eine weitere Facette im Sozialverhalten in Tierpopulationen. Ein Revier (= Territorium) ist ein festgelegter Bereich, aus dem Eindringlinge derselben Art vertrieben werden. Dieses Ausschließen beinhaltet die Verteidigung des Areals gegen Eindringlinge und die Aufwendung von viel Zeit für die Bewachung des Ortes oder Gebietes. Revierverteidigung lässt

> **Exkurs**
>
> Manchmal wandert der verteidigte Raum (das Revier) mit dem Besitzer. Der Individual-Abstand, wie dieses Kleinrevier genannt wird, lässt sich am Abstand, mit dem Vögel auf einem Zaun oder einer elektrischen Leitung sitzen, ebenso ablesen wie an dem Sitzabstand brütender Möwen in einer Kolonie oder an einer Schlange wartender Menschen.

sich bei vielen Tierarten beobachten. Man findet es bei Insekten, Crustaceen, Fischen, Amphibien, Eidechsen, Vögeln und Säugetieren einschließlich des Menschen.

Revierverhalten ist im Allgemeinen eine Alternative zum Dominanzverhalten, obgleich beide Systeme bei ein und derselben Art greifen und beobachtbar sein können. Ein territoriales System kann gut funktionieren, wenn die Populationsdichte niedrig ist, kann aber bei zunehmender Populationsdichte versagen und dann durch eine auf Dominanz beruhende Hierarchie ersetzt werden, bei der alle Tiere den gleichen, gemeinsamen Raum bewohnen.

Wie jede andere Konkurrenz auch, so ist auch das Revierverhalten mit Kosten wie mit Nutzen behaftet. Es ist nutzbringend, wenn es Zugang zu begrenzt verfügbaren Ressourcen eröffnet oder sicherstellt. Dies gilt, solange die Reviergrenzen nicht mit einem unverhältnismäßigen Aufwand aufrecht gehalten werden müssen. Die möglichen Vorzüge eines Reviers sind tatsächlich zahlreich: uneingeschränkter Zugang zu einem nahrungsliefernden Gebiet und erhöhte Attraktivität für Weibchen mit einhergehender Reduzierung der Probleme zur Aufrechterhaltung der Paarbindung, der Paarung und der Jungenaufzucht. Weitere Vorteile sind verminderte Krankheitsübertragung und eine herabgesetzte Gefährdung durch Raubfeinde. Die Vorteile der Inbesitznahme eines Reviers werden aufgewogen, wenn ein Tier den größten Teil seiner Zeit dafür aufwenden muss, Grenzstreitigkeiten mit den Besitzern angrenzender Reviere auszufechten.

Den größten Aufwand an Zeit und Energie erfordert es beim Territorialverhalten, um ein Revier zum ersten Male zu erobern. Ist die Grenzziehung einmal erfolgt, wird sie im Regelfall respektiert, und aggressives Verhalten lässt nach, wenn sich die Revierbesitzer kennen und einzuschätzen gelernt haben. Tatsächlich können die Besitzer aneinander grenzender Reviere so friedlich aussehen, dass ein argloser Beobachter, der nicht zugegen war, als die Reviergrenzen festgelegt wurden, denken könnte, dass die Tiere gar nicht territorial (= revierbildend) sind. Ein als „Strandwächter" etablierter Seelöwe (ein dominantes Männchen mit vielen Weibchen in einem „Harem") streitet sich nur selten mit seinen Nachbarn, da diese ihre eigenen Reviere zu verteidigen haben. Der Revierbesitzer muss aber stets wachsam gegen „Junggesellen" sein, die seine Privilegien bei der Paarung infrage stellen und ihn herausfordern könnten.

Vögel sind auffällig territorial. Die meisten männlichen Singvögel errichten früh im Jahr Reviere und verteidigen diese gegen Männchen derselben Art während des Frühlings und des Sommers, wenn Paarung und Aufzucht stattfinden. Ein männlicher Sperling (*Passer* sp.) besetzt beispielsweise ein Revier von etwa einem Dreiviertelhektar Größe (ca. 7000 Quadratmeter). In einem gegebenen Gebiet bleibt daher die Zahl der Sperlinge in jedem Jahr in etwa gleich. Die Population bleibt auf einem stabilen Niveau, weil Jungtiere freiwerdende Territorien besetzen, wenn Altvögel sterben. Jeder Überschuss in der Sperlingspopulation wird aus den bestehenden Revieren ausgeschlossen und muss sich geeignete unbesetzte Reviere andernorts suchen und erobern, oder die betreffenden Tiere erhalten nicht die Gelegenheit zur Paarung und/oder den Nestbau.

Seevögel wie Möwen, Tölpel und Albatrosse bilden Kolonien, die in sehr kleine Reviere unterteilt sind, die gerade groß genug für den Bau eines Nestes sind (▶ Abbildung 36.17). Die Reviere dieser Vögel können ihre Futtergründe nicht mit einschließen, da die Nahrungssuche auf dem offenen Meer erfolgt, die tierische Nahrung im Wasser ihren Aufenthaltsort ständig wechselt und die Nahrungsquelle von allen Koloniebewohnern gemeinsam genutzt wird.

Bei den Säugetieren ist das Revierverhalten nicht so ausgeprägt wie bei den Vögeln. Säugetiere sind im Allgemeinen weniger mobil als Vögel, was es schwieriger macht, an den Reviergrenzen entlangzuwandern und durchwandernde Fremdlinge aufzuspüren. Stattdessen verfügen viele Säugetiere über **Streifgebiete** (siehe hierzu den entsprechenden Abschnitt in Kapitel 28). Ein Streifgebiet ist die Gesamtfläche, die ein Individuum im Zuge seiner Aktivitäten durchstreift. Dabei handelt es sich nicht um ein exklusiv genutztes, verteidigtes Besitztum; vielmehr überlappen die Streifgebiete der Individuen einer Art.

So zeigen etwa die Streifgebiete von Pavianhorden eine ausgedehnte Überlappung. Dabei wird jeweils ein kleiner Teil des von einer Horde bewohnten und durchstreiften Gebietes als exklusives Territorium von anderen Verbänden anerkannt. Streifgebiete können sich jahres-

Abbildung 36.17: **Eine Brutkolonie von Tölpeln.** Man beachte die genau eingehaltenen Abstände der Nester, bei denen jeder brütende Vogel gerade außerhalb der Hackreichweite seiner Nachbarn ist.

zeitenabhängig stark verschieben oder in der Größe ändern. Für eine Pavianhorde kann es beispielsweise notwendig werden, während der Trockenzeit ihr Streifgebiet zu verlagern, um Zugang zu Wasser oder besserem Gras zu erlangen. Elefanten unternehmen, bevor ihre Wandertätigkeit durch den Menschen eingeschränkt wurde, lange saisonale Wanderungen durch die afrikanische Savanne, hin zu neuen Nahrungsgründen. Die für eine herrschende Jahreszeit festgelegten Streifgebiete sind jedoch von bemerkenswert konsistenter Größe.

36.3.4 Paarungsverhalten

Tiere zeigen vielfältiges Paarungsverhalten. Verhaltensökologen klassifizieren Paarungssysteme im Allgemeinen nach dem Grad, in dem sich Männchen und Weibchen während der Paarungszeit miteinander verpaaren. Als **Monogamie** bezeichnet man eine stabile Verbindung zwischen einem Männchen und einem Weibchen. **Polygamie** ist ein allgemeiner Begriff, der besagt, dass ein Paarungsverhalten vorliegt bei dem ein Paarungspartner – gleich ob Männchen oder Weibchen – mehr als einen Paarungspartner hat. **Polygynie** (Vielweiberei) liegt dann vor, wenn sich ein Männchen mit mehr als einem Weibchen paart. **Polyandrie** (Vielmännerei) liegt dann vor, wenn sich ein Weibchen mit mehr als einem Männchen paart. Bei der Polygynie unterscheidet man mehrere Typen: Bei der **Ressourcenverteidigungs-Polygynie** gewinnt ein Männchen indirekt Zugang zu mehreren Weibchen, weil das Männchen wichtige Ressourcen verwaltet. So bevorzugen weibliche Ochsenfrösche die Paarung mit größeren und älteren Männchen. Diese besetzen und verteidigen Reviere höherer Qualität als die kleineren Männchen. Die Reviere der größeren Männchen haben oft eine für die Entwicklung der Kaulquappen günstigere Temperatur, oder sie sind frei von räuberischen Egeln, die den Kaulquappen nachstellen. **Weibchenverteidigungs-Polygynie** tritt dann auf, wenn sich Weibchen zusammenrotten und folglich als Gruppe gegen andere paarungswillige Männchen verteidigt werden können. Wenn etwa weibliche Seeelefanten eine kleine Insel besiedeln, kann ein dominantes Männchen eine solche Kolonie verhältnismäßig leicht in Besitz nehmen und gegen konkurrierende Männchen verteidigen (▶ Abbildung 36.18). Die Kolonie der weiblichen Tiere wird so zum „Harem" des siegreichen Männchens. **Männchendominanz-Polygynie** liegt vor, wenn Weibchen zur Paarung Männchen aus Ansammlungen vieler männlicher Tiere auswählen. Bei einigen Tierarten treffen sich die Konkurrenten auf Balzplätzen. Ein **Balzplatz** ist ein Gemeinschaftsplatz, an dem sich männliche Tiere versammeln, um Imponiergehabe vorzuführen oder Schaukämpfe auszutragen. Die weiblichen Tiere beobachten das Geschehen und paaren sich mit dem oder den Männchen, das/die die höchste Anziehungskraft hat (▶ Abbildung 36.19). Balzplätze sind charakteristisch für manche Vögel, zum Beispiel den selten gewordenen Auerhahn *(Tetrao urogallus)*. Bei diesen Paarungssystemen ist die sexuelle Selektion (siehe Kapitel 6) oftmals sehr ausgeprägt, was zur Evolution bizarrer Werbungsrituale und ausufernder morphologischer Merkmale wie der enormen Schwanzbefiederung bei Pfauen oder Paradiesvögeln führen kann.

36.3.5 Kooperatives Verhalten, Altruismus und Sippenselektion

Darwin ging nach seinen langen Beobachtungen davon aus, dass Tiere sich selbstsüchtig verhalten und danach trachten sollten, so viele Nachkommen wie möglich hervorzubringen. Wie ist es aber dann zu erklären, dass manche Tiere anderen der eigenen Art helfen, wobei sie oft ein Risiko für die eigene Existenz eingehen? Wie wir bereits weiter oben ausgeführt haben, sind die allgemeinen Vorteile eines Gruppendaseins geeignet, die Selektion kooperativer Verhaltensweisen zu erklären. Einige Formen des kooperativen Handelns sind jedoch von so extremer Natur, dass die oben gelieferten Erklärungen nicht ausreichend erscheinen und zusätzliche Erklärungsfaktoren als notwendig erscheinen. Wieso verzichten manche Individuen auf eigene Nachkommen, um dem Fortpflanzungserfolg anderer Individuen dienlich zu sein? Wieso scheinen sich manche Individuen zu „opfern", damit die Gruppe als solche überleben kann? Bis um die Mitte der 60er Jahre hatten die Biologen und

Abbildung 36.18: Zwei Seeelefanten *(Morounga anguistirostris)* kämpfen miteinander um die Vorherrschaft in der Kolonie. Die Seeelefantenmännchen sind viel größer als die Weibchen. Die Robben leben in einer hochgradig polygynen Sozialordnung.

Abbildung 36.19: Männliches Beifußhuhn *(Centrocercus urophasianus)*. Zu sehen ist die Zurschaustellung seines Imponiergehabes an seinem Balzplatz.

Psychologen arge Schwierigkeiten vor der allgemeinen Gültigkeit der Darwin'schen Evolutionsprinzipien befriedigend zu erklären, wie derartiges **altruistisches (uneigennütziges) Verhalten** entstehen und in einer Population erhalten bleiben kann.

Altruismus war zuvor mit dem Argument der **Gruppenselektion** erklärt worden. Die Vertreter der Gruppenselektionshypothese gingen davon aus, dass Tiere, die anderen halfen oder sich nicht paarten, dies zum Wohl der Gruppe als Ganzem taten. Derartiges Verhalten führte zu einer gesteigerten Überlebenswahrscheinlichkeit von Gruppen, deren Mitglieder sich altruistisch verhielten. Nach den Befürwortern dieser Hypothese findet die Selektion auf der Ebene der Gruppe statt und nicht auf der Ebene des Einzelwesens, wie Darwin angenommen hatte. Das zuerst von Wynne-Edwards (britischer Zoologe, 1906–1997) im Jahr 1962 vorgebrachte Argument der Gruppenselektion wird jedoch von den meisten Verhaltensökologen aus mehreren Gründen abgelehnt.

Geht man beispielsweise von einer erblichen Grundlage altruistischer Verhaltensweisen aus, so sollten in einer Gruppe Tiere, die Allele für dieses Verhalten in sich tragen, und die infolgedessen zum Beispiel Warnrufe beim Herannahen von Raubfeinden abgeben, gegenüber solchen, die solche Anlagen nicht tragen, im Nachteil sein, wenn diese Allele in dem betreffenden Sozialverband zufällig verteilt wären. Tiere ohne derartige genetische Anlagen würden von der Warnung profitieren, ohne je selbst dem Risiko ausgesetzt zu sein, durch die uneigennützige Warnung von Fressfeinden entdeckt zu werden. Die Aussicht auf Fortpflanzung wäre bei diesen nichtaltruistischen Tieren größer, und so sollten im Laufe der Zeit die „selbstsüchtigen" Allele die „altruistischen" aus dem Genpool der Gruppe verdrängen.

Auf seine Untersuchungen an Insekten gestützt, schlug W. Hamilton (1936–2000) im Jahr 1964 ein neues Modell zur Erklärung altruistischen Verhaltens vor, zu dem er durch Modifizierung des Darwin'schen Ursprungskonzeptes der evolutiven Fitness gelangt war. Hamilton ging davon aus, dass die Fitness nicht allein durch die Zahl der erzeugten Nachkommen festgelegt wird, sondern durch eine Zu- oder Abnahme der Häufigkeit bestimmter (der selektierten) Allele im Genpool einer Population. Ein Individuum, das sich altruistisch verhält, kann so – selbst bei erhöhtem eigenem Risiko – dabei behilflich sein, den Erhalt oder die Ausbreitung der eigenen Allele im Genpool zu fördern. Die in dem altruistischen Individuum vorkommenden Allele hat dieses zum großen Teil mit seinen nahen Verwandten gemeinsam (Eltern, Nachkommen, Geschwister, Vettern usw.). Allele, die altruistische Verhaltensweisen unter Verwandten beeinflussen, würden so in Folgegenerationen persistieren. Da die am nächsten miteinander verwandten Tiere aufgrund ihrer gemeinsamen Abstammung die meisten Gene gemeinsam haben, könnte man erwarten, dass sich altruistisches Verhalten am häufigsten unter engen Verwandten zeigt. Elterliches Verhalten, das dem Überleben der Nachkommen zugute kommt, ist ein offenkundiges Beispiel (siehe Kapitel 27: „Nestbau und Jungenaufzucht"). Falls alle anderen Einflussgrößen unverändert sind, sollten sich also Brüder oder Schwestern, die durchschnittlich die Hälfte ihrer Allele gemeinsam haben, mit höherer Wahrscheinlichkeit gegenseitig helfen als Vettern, die nur etwa 25 Prozent ihrer Allele gemeinsam haben. Hamiltons Hypothese für diesen genetischen Erklärungsansatz altruistischen Verhaltens ist als **Sippenselektion** (engl. *kin selection*) bekannt geworden. Auf den Punkt gebracht behauptet die Hypothese von der Sippenselektion, dass Einzelwesen beim Überleben und der Fortpflanzung anderer Individuen mit gleichen oder sehr ähnlichen Genausstattungen, die auf gemeinsamer Herkunft beruhen, unterstützend tätig sind.

Hamiltons Hypothese war für die Evolutions- und die Verhaltensbiologie eine Revolution. Das Hauptkriterium der Darwin'schen Fitness wird durch die relative Anzahl der Allele eines Individuums repräsentiert, die an zukünftige Generationen weitergegeben werden. Hamilton entwickelte später das Konzept der **Gesamtfitness** *(inclusive fitness)*, das sich auf die relative Anzahl von Allelen eines Individuums bezieht, die entweder durch eigenen Fortpflanzungserfolg oder den nah verwandter Individuen stützt. Sippenselektion und Gesamtfitness sind geeignet, altruistisches Verhalten zu erklären, das die Biologen so viele Jahre vor Rätsel gestellt hat. Diese Überlegungen von Hamilton erweitern das Konzept der Darwinschen Individual-Selektion zum Konzept der Gen- bzw. Sippenselektion (kin selection) bei der bisher schwer verständlichen phylogenetischen Entstehung von Sozialverhalten.

Es darf jedoch nicht verschwiegen werden, dass diese Modelle keineswegs allgemein akzeptiert sind und die Frage nach der Ebene der Selektion, der Validität von Gruppen- und Sippenselektion sowie dem Ursprung und der Funktion altruistischen Verhaltens weiterhin unter den Fachleuten hitzig diskutiert werden.

Ein gutes Beispiel für Altruismus und Sippenselektion in der Natur ist die bemerkenswerte Kooperation und Koordination bei eusozialen Insekten wie Ameisen,

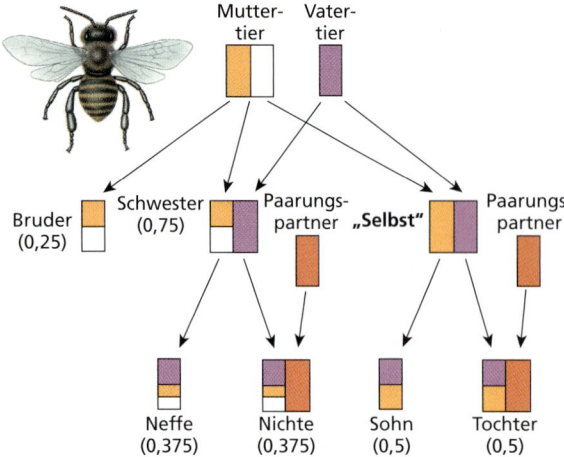

Abbildung 36.20: Haplodiploidie bei Honigbienen. Das Schema zeigt den Verwandtschaftsgrad zwischen einer (weiblichen) Arbeitsbiene („Selbst") und anderen Individuen, die sie vielleicht großzieht. Bei den Honigbienen entwickeln sich wie bei anderen haplodiploiden Tieren aus befruchteten Eiern Weibchen, aus unbefruchteten Männchen. Jedes Tochtertier eines Männchens erbt alle seine Gene (lila Kästchen), Geschwister erhalten die gleiche Menge Erbgut des Vatertiers. Weiße Kästchen symbolisieren andere, nichtverwandte Allele. Da Geschwister außerdem die Hälfte des Erbgutes gemeinsam haben, das von ihrer gemeinsamen Mutter stammt (orangefarbige Kästchen), beträgt der Verwandtschaftsgrad des „Selbst"-Tieres zu seinen Geschwistern 0,75, dem Mittelwert zwischen 0,5 und 1. (In einem diploid/diploiden System wie dem des Menschen beträgt der Verwandtschaftsgrad unter Geschwistern 0,5, weil die Hälfte des Erbgutes vom Vater und die Hälfte von der Mutter stammt.) Man beachte, dass der Verwandtschaftsgrad weiblicher Arbeitsbienen zu einem Brudertier nur 0,25 beträgt, weil die Brüder vaterlos sind.

Bienen, Wespen und Hummeln. Mittels der Haplodiploidie (siehe Kapitel 7) – einem Modus, bei dem die Männchen haploid, die Weibchen dagegen diploid sind – sind Schwesterntiere zu 75 Prozent miteinander verwandt statt nur zu 50 Prozent im diploid/diploiden Fall (▶ Abbildung 36.20). Schwestern sind hier untereinander näher verwandt als sie es mit den eigenen Töchtern sind! Daher neigen sie zur Kooperation mit anderen Angehörigen desselben sozialen Verbandes, verzichten auf eigene Bruten und helfen der Königin bei der Produktion einer noch größeren Zahl von Schwestertieren, die enger mit ihnen verwandt sind (75 Prozent) als es eigene Nachkommen wären (50 Prozent).

Belding-Ziesel, eine Hörnchenart, die in der hohen Sierra Kaliforniens leben, geben Warnrufe ab, wenn sich ein Raubfeind nähert (▶ Abbildung 36.21). Warnrufe alarmieren andere Mitglieder des Sozialverbandes und stellen für den Rufer ein Risiko dar, weil er damit auf sich selbst aufmerksam macht. Die Vorteile der Warnrufe überwiegen aber die Risiken, weil die Rufer mit ihnen verwandte Individuen alarmieren. Das Warnrufverhalten kann auf diese Weise von der Selektion begünstigt sein, selbst wenn es für den Ausführenden risikoreich ist und es die einschließende Fitness auch des rufenden Tiers indirekt erhöht. Die Validität dieses theoretischen Ansatzes steht und fällt mit der Antwort auf die schwierige Frage, auf welcher Ebene die Selektion angreift.

Die Sippentheorie deutet auf den Schluss hin, dass Tiere evolutiv die Fähigkeit entwickeln können, Verwandtschaftsbeziehungen zu erkennen, so dass kooperatives oder helfendes Verhalten mit wirkungsvoller direkt an Verwandte gerichtet sein kann. Obgleich Sippenerkennungsverhalten schon von Hamilton selbst diskutiert worden ist, hatte man zu dieser Frage wenige konkrete Anhaltspunkte. Es mussten nach der Veröffentlichung von Hamiltons Abhandlungen zwei Jahrzehnte vergehen, bis sich diese Situation änderte. Durch Experimente mit vielen Tierarten wissen wir heute, dass viele Tiere Sippenmitglieder von Nichtsippenmitgliedern unterscheiden können. Unter den Arten mit derartigen Fähigkeiten finden sich Wirbellose wie Isopoden (Asseln) und Insekten sowie Wirbeltiere wie Fische, Frösche und ihre Kaulquappen, Vögel, Hörnchen und Affen. Die Angehörigen mancher Arten sind sogar in der Lage, Geschwister von Halbgeschwistern oder Vettern von nicht-

Abbildung 36.21: Ein Belding-Ziesel *(Spermophilus beldingi)*. Er gibt einen Alarmruf ab, um vor einem herannahenden Räuber zu warnen. Dieses risikoreiche Verhalten bringt die Wächter zum Wohl der Gewarnten in Gefahr.

verwandten Individuen zu unterscheiden. Manche Tierarten haben also einen fein entwickelten Sinn für die Identifizierung von Verwandten verschiedenen Grades. Die für die Erkennung der Sippenzugehörigkeit herangezogenen Signale und Merkmale sind von Art zu Art verschieden. Vögel stützen sich hierbei oft auf Lautäußerungen, während bei vielen anderen Gruppen chemische Signale (Gerüche) im Vordergrund stehen.

Da in vielen natürlichen Populationen altruistisches Verhalten auch unter nichtverwandten Individuen zu beobachten ist, reicht die Sippenselektionstheorie zur alleinigen Erklärung aller Schattierungen des Phänomens nicht aus. Die Theorie vom **reziproken (= wechselseitigen) Altruismus**, die auf R. Trivers (US-amerikanischer Biologe, *1943) zurückgeht, liefert eine alternative darwinistische Begründung zur Erklärung altruistischen Verhaltens; dieser theoretische Ansatz schließt auch solche Interaktionen ein, die unter nicht miteinander verwandten Tieren stattfinden. Nach dieser Theorie gründet sich die Selektion eines Individuums, das altruistisches Verhalten zeigt, auf die Erhöhung der Wahrscheinlichkeit, dass es selbst in den Genuss einer gleichgroßen oder sogar größeren Menge vorteilhaften Verhaltens anderer Individuen gelangt (gewissermaßen als Belohnung für das selbstlose Verhalten). Reziproker Altruismus sollte sich mit höchster Wahrscheinlichkeit bei solchen Arten evolvieren, die in stabilen sozialen Verbänden organisiert sind und deren Mitglieder wechselseitige Abhängigkeit bei der Verteidigung der Gruppe, der Nahrungsversorgung oder der Fortpflanzung zeigen. Ein solcher situativer Kontext liefert reichlich Möglichkeiten für altruistische Wechselwirkungen. Man kann hier natürlich einwenden, dass es sich aufgrund der auf einer Kosten/Nutzenanalyse fußenden Gebens-und-Nehmens nicht um ein altruistisches Verhalten im strengen Sinn handelt. Der selbstlose Charakter echten altruistischen Verhaltens geht natürlich verloren, wenn berechnend darauf spekuliert wird, dass man für sein eigenes pseudoaltruistisches Verhalten einen gleich großen oder sogar größeren Gegenwert erhält.

G. Wilkinsons Untersuchungen der gemeinsamen Nutzung von Nahrungsquellen durch Vampirfledermäuse zeigen, dass Individuen altruistisches Verhalten anderer belohnen, indem sie sich dafür revanchieren. Die Vampire sammeln sich an Ruheplätzen und verlassen diese in der Nacht, um Blut an größeren Säugetieren zu saugen. Ausreichend große Beutetiere sind oft nicht leicht zu finden. Eine Vampirfledermaus, der es gelungen ist, ein Beutetier ausfindig zu machen und an

Exkurs

Darwins selektionistische Erklärungen des Sozialverhaltens von Tieren sind auf der theoretischen Ebene ausgiebig mit Hilfe der mathematischen Ansätze der Spieltheorie untersucht worden, um zu ermitteln, welche Verhaltensweisen als **evolutiv stabile Strategien (ESS)** angesehen werden können. Eine ESS könnte über lange evolutive Zeiträume bestehen bleiben, weil sie sich in der Konkurrenz mit aufkommenden alternativen Strategien durchgesetzt hat. Eine altruistische Verhaltensweise wäre keine evolutiv stabile Strategie (EES), falls Betrügern Missbrauch leicht gemacht würde und sie sich von anderen altruistische Leistungen erschleichen könnten, selbst aber keine Gegenleistung dafür erbringen. Da altruistisches Verhalten in der Natur nur mit größten Schwierigkeiten zu untersuchen ist, sind die Ergebnisse der ESS-Theorie hilfreich bei der Fokussierung von Forschungsansätzen auf Populationen und Verhaltensweisen, die den höchsten Wahrscheinlichkeitswert für evolutive Stabilität zeigen. Ritualisierte aggressive Präsentationen (siehe weiter oben) werden als gute Beispiele für evolutiv stabile Strategien erachtet, weil sie verhindern, dass Konflikte eskalieren und zu ernsthaften Verletzungen führen; dadurch erhöhen sie die Überlebensrate. Die Selektion sollte ritualisierte Zurschaustellungen gegenüber alternativen Verhaltensweisen begünstigen, welche die beteiligten Individuen tatsächlicher Gewalt aussetzen. Ein bedeutendes Forschungsgebiet ist die Bestimmung, wie ehrlich die von Tieren eingesetzten Zurschaustellungen zur Vermeidung gewalttätiger Konflikte oder zur Anlockung von Paarungspartnern sind. Wäre es eine evolutiv stabile Strategie, Zurschaustellungsrituale zu evolvieren, die in trügerischer Weise ihre tatsächliche Stärke oder die Attraktivität für Geschlechtspartner verschleiern?

ihm zu trinken, kann altruistisches Verhalten zeigen, indem es ihre Blutmahlzeit beim Zusammentreffen mit Artgenossen wieder auswürgt und an hungrige Gruppenmitglieder weitergibt. Wilkinson und seine Mitarbeiter konnten in Laborexperimenten zeigen, dass hungrige Fledermäuse nicht nach dem Zufallsprinzip gefüttert wurden, sondern dass solche Fledermäuse, die zuvor das gleiche Verhalten gezeigt hatten, eine größere Chance hatten, von dem uneigennützigen Verhalten ihrer Schwarmgenossen zu profitieren. Diese Ergebnisse belegen, dass Vampire sich gegenseitig als Individuen erkennen, sich daran erinnern können, welche Tiere altruistisches Verhalten an den Tag gelegt haben, und solches Verhalten belohnen. Ungeachtet solcher ermutigender Befunde ist der „reziproke Altruismus" in der Natur schwierig zu untersuchen, da hierzu in der Regel Langzeitbeobachtungen markierter Individuen notwendig sind und das Verhalten unter Umständen in Verbindung mit Sippenselektion auftritt.

36.3.6 Tierische Kommunikation

Nur auf dem Weg der Kommunikation kann ein Tier das Verhalten eines anderen beeinflussen. Im Vergleich zur menschlichen Sprache mit ihrem enormen kommunikativen Potenzial ist die nichtmenschliche Kommunikation im Tierreich in ihrem Ausmaß und ihrer Ausdruckskraft stark beschränkt. Tiere können durch Lautäußerungen, Gerüche, Berührungen und Bewegungen miteinander kommunizieren. Tatsächlich kann jede verfügbare Sinnesmodalität zum Zweck der Kommunikation herangezogen werden. Dies verleiht der Kommunikation zwischen Tieren Reichhaltigkeit und Vielfalt.

Anders als die Sprachen des Menschen, die aus Wörtern mit mehr oder weniger streng festgelegten Bedeutungen bestehen und die immer wieder neu gruppiert werden können, um ein praktisch unbegrenztes Spektrum neuer Bedeutungen und Darstellungen zu schaffen, besteht das Repertoire zur Kommunikation anderer Tierarten aus einem vergleichsweise eingeschränkten Bestand an Signalen. Im Regelfall übermittelt jedes Signal eine, und nur eine, Botschaft. Diese Botschaften werden nicht untergliedert oder umgruppiert, um neue oder gar neuartige Botschaften zu konstruieren. Eine einzelne Botschaft kann jedoch dem Empfänger mehrere, für ihn relevante Informationseinheiten übermitteln.

Das Zirpen einer Grille verkündet unbefruchteten Weibchen die Anwesenheit männlicher Grillen, deren Artzugehörigkeit (die Männchen der verschiedenen Arten haben unterschiedliche „Gesänge"), das Geschlecht (nur die Männchen erzeugen Laute), den Standort (Ursprungsort der Geräusche) sowie den sozialen Status (nur eine männliche Grille, die in der Lage ist, das Areal im Umkreis seines Baues zu verteidigen, kann von diesem einen ortsfesten Standpunkt aus zirpen). Diese Informationen sind von hoher Bedeutung für die Weibchen und erfüllen eine biologische Funktion. Es gibt jedoch für die männliche Grille keinen Weg, um seine Lautäußerungen zu verändern, um zusätzliche Informationen über verfügbare Nahrung, Raubfeinde oder andere Aspekte des Habitats zu übermitteln, die seine Aussichten auf eine Paarung, das Überleben des potenziellen Paarungspartners und damit beider Fitness vergrößern könnten.

Sexuallockstoffe bei Motten

Das Anlocken von Paarungspartnern bei Seidenspinnern *(Bombyx mori)* ist ein extremes Beispiel für eine stereotype Kommunikation aus einer einzigen Botschaft, die sich evolviert hat, um einem einzigen biologischen Zweck zu dienen – der Fortpflanzung. Jungfräuliche Seidenspinnerweibchen besitzen spezielle Drüsen, die einen Sexuallockstoff produzieren und absondern, auf den die Männchen sehr empfindlich reagieren. Adulte Seidenspinnermännchen riechen mit ihren ausladenden, buschigen Antennen, die mit Tausenden von Sinneshaaren bedeckt sind, welche als Rezeptoren dienen (▶ Abbildung 36.22). Die meisten dieser Rezeptoren reagieren auf den Duftstoff **Bombykol** (E,Z-10,12-Hexadekadien-1-ol, ein langkettiger, ungesättigter Alkohol) und auf keinen anderen Stoff.

Um Männchen anzulocken, sitzen die weiblichen Tiere ruhig an einem Platz und geben eine winzige Men-

> **Exkurs**
>
> Phylogenetische Studien sind von Bedeutung für die Überprüfung von Hypothesen zur Evolution von Paarungs-, Verhaltens- und Gestaltmerkmalen durch geschlechtliche Auslese (sexuelle Selektion). Stammesgeschichtliche und verhaltensbiologische Untersuchungen an Schwertträgern (*Xiphophorus helleri*, ein kleiner, in der Aquaristik beliebter Karpfenfisch) durch Alexandra Basolo und ihre Mitarbeiter haben gezeigt, dass sich die weibliche Vorliebe für die Schwerter der Männchen (Verlängerungen der unteren Hälfte der Schwanzflosse) vor der morphologischen Herausbildung dieser Flossenform evolviert hat. Dies steht im Einklang mit der Hypothese, dass die initiale Bildung und Verlängerung der unteren Schwanzflosse bei den Männchen unter dem Einfluss einer sexuellen Selektion durch die Weibchen stattgefunden hat. Eine weitere bedeutende phylogenetisch ausgerichtete Untersuchung zum Paarungsverhalten hat die Evolution des männlichen Imponierverhaltens an Balzplätzen südamerikanischer Laubenvögel (Ptilonorhynchidae). Richard Prum konnte 44 Verhaltensmerkmale bestimmen, die eingesetzt worden waren, um artspezifisches Zurschaustellungsverhalten bei diesen Vögeln zu evolvieren. Er konnte sogar die historische Abfolge rekonstruieren, mit der sich diese Zurschaustellungen evolutiv herausgebildet hatten. Seine Ergebnisse lassen einen allgemeinen evolutiven Trend hin zu einer zunehmenden Verkomplizierung der Zurschaustellungen sowie eine Tendenz zu Verhaltensänderungen erkennen, denen Veränderungen in der Befiederung nachfolgen. Ein neues Zurschaustellungsverhalten, das einen bestimmten Bereich des Gefieders heraushebt, macht diesen Gefiederbereich zum Gegenstand der sexuellen Selektion, die dann im Laufe der Generationen zu einer morphologischen Verfeinerung führen kann. Diese Forschungsarbeiten legen den Schluss nahe, dass die Verhaltensevolution ein Hauptfaktor für die Wirkung der Selektion im Hinblick auf Gestaltmerkmale sein kann. Einige Evolutionsbiologen haben den Gedanken vorgebracht, dass die Verhaltensevolution ganz allgemein die morphologische Evolution beschleunigt und dass Verhaltensänderungen oftmals kritische Faktoren in der Evolution neuer adaptiver Zonen darstellen.

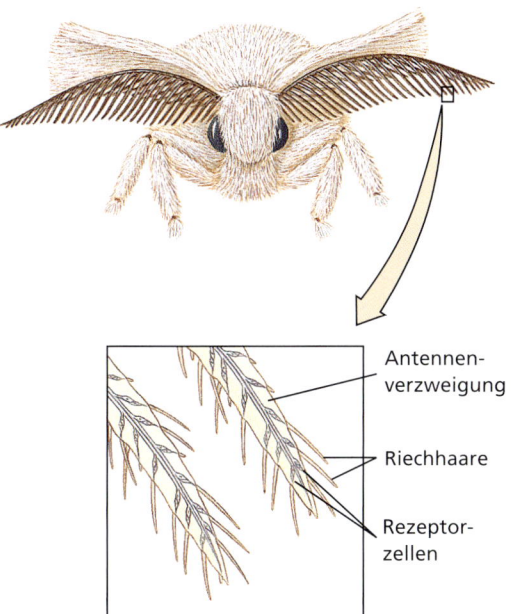

Abbildung 36.22: **Die großen Antennen eines männlichen Seidenspinners *(Bombyx mori).*** Sie sind besonders empfindlich für die Sexuallockstoffe (Pheromone), die von den Weibchen dieser Schmetterlingsart abgegeben werden.

Die Sprache der Honigbienen

Zu den am höchsten entwickelten und daher kompliziertesten nichtmenschlichen Kommunikationssystemen gehört die abstrakte Symbolsprache der Bienen. Honigbienen teilen ihren Artgenossen die Fundorte von Nahrungsquellen (= Nektarquellen) mit, wenn diese Quellen zu weit entfernt sind, um von einzelnen Bienen leicht selbst lokalisiert zu werden. Bienen kommunizieren über eine als „Tanz" bezeichnete Bewegungsfolge, die in der Hauptsache zwei Formen annimmt. Die Form mit dem höchsten Informationsgehalt ist der **Schwänzeltanz** (▶ Abbildung 36.23). Bienen führen diese Tänze am häufigsten aus, wenn ein Tier mit Nektar im Magen oder

ge Bombykol ab, die vom Wind davongetragen wird. Wenn einige wenige Moleküle dieser Substanz die Antennen eines männlichen Seidenspinners erreichen, wird es dadurch angeregt, gegen den Wind loszufliegen und sich auf die Suche nach dem aussendenden Weibchen zu machen. Die Suche erfolgt anfangs ziellos. Kommt das Männchen dabei mehr oder weniger durch Zufall auf mehrere hundert Meter an ein Weibchen heran, nimmt es einen Konzentrationsgradienten des Lockstoffes wahr. Von diesem Konzentrationsgefälle geleitet, fliegt das Männchen schließlich zielgerichtet auf das Weibchen los und kopuliert mit ihm, sofort nachdem sie sich gefunden haben.

In diesem Beispiel für chemische Kommunikation unter Tieren war der Lockstoff Bombykol, ein Pheromon (siehe Kapitel 33), das Signal, um Tiere unterschiedlichen Geschlechts zusammenzubringen. Dessen Wirksamkeit wird dadurch sichergestellt, dass die natürliche Selektion die Evolution von Männchen begünstigt, die Antennenrezeptoren besitzen, die auf den Lockstoff reagieren und empfindlich genug sind, diesen über Kilometer hinweg wahrzunehmen. Männchen, deren Genotyp zu einem Phänotyp mit einem weniger empfindlichen Sinnesapparat führt, versagen bei der Lokalisation der Weibchen und geraten so in einen reproduktiven Nachteil, der schließlich zu ihrem Aussterben innerhalb der Population führen kann.

> **Exkurs**
>
> Die Bedeutung des Schwänzeltanzes der Bienen wurde 1943 von dem deutschen Zoologen Karl von Frisch erkannt. Für seine Forschungsleistungen wurde ihm 1973 ein Nobelpreis verliehen (zusammen mit seinen Verhaltensforscherkollegen Lorenz und Tinbergen). Ungeachtet detaillierter und umfangreicher Experimente durch Frisch und andere Forscher, welche die ursprünglichen Interpretationen der Beobachtungen bestätigt haben, sind die Experimente immer wieder kritisiert worden, insbesondere von dem US-amerikanischen Biologen A. Wenner, welcher der Meinung ist, dass die Korrelation zwischen dem Symbolismus der Bienentänze und der Nahrungslokalisation rein zufällig sei. Wenner behauptet, dass die von der Nahrungssuche in den Stock zurückkehrenden Bienen Duftsignale mitbringen, die charakteristisch für die Futterquelle seien und dass die heimgekehrten Bienen durch ihren Tanz andere Bienen lediglich dazu anregten, nach Blüten mit dem passenden Geruch zu suchen. Da die akademische Welt die Argumente Wenners nach gewisser Zeit nicht mehr ernst nahm, weil er offensichtlich keine ausreichenden experimentellen Beweise vorlegen konnte, verfasste der beleidigte Bienenforscher zusammen mit einem Co-autor eine polemische Autobiografie (Anatomy of a Controversy: The Question of a Language among Bees). Die darin wiederholten Behauptungen Wenners und seines Mitverfassers Wells haben wiederum starken Widerspruch hervorgerufen und weitere, streng kontrollierte Forschungen zum rituellen Tanz der Bienen angeregt. In jüngster Zeit haben Ingenieure einen Bienenroboter gebaut, der in der Lage ist, einen Schwänzeltanz aufzuführen und mit seinen metallischen Flügeln das charakteristische Summen zu erzeugen. Wenn man ihn in einem Bienenstock zum Einsatz brachte, konnte diese künstliche Biene die Aufmerksamkeit echter Bienen auf sich ziehen und diese veranlassen, präparierte Futterschalen außerhalb des Bienenstocks aufzusuchen, die nie zuvor von einer Biene besucht worden waren. Diese eleganten und über jeden Zweifel erhabenen Experimente beweisen unwiderlegbar, dass der Schwänzeltanz tatsächlich Informationen über die Richtung und die Entfernung zu einer Futterquelle übermittelt.

Das Verhalten der Tiere

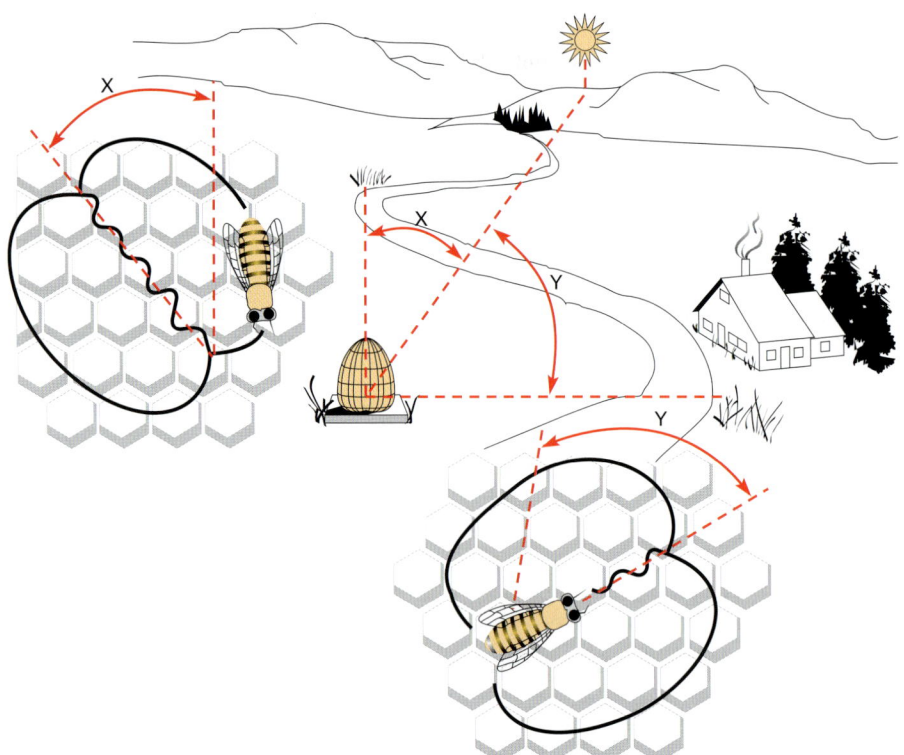

Abbildung 36.23: Schwänzeltanz der Honigbienen. Er dient der Angabe der Richtung und der Entfernung, in der sich eine gefundene Nahrungsquelle befindet. Die gerade Linie (= Schwänzelmarsch), entlang derer der Schwänzeltanz aufgeführt wird, gibt die Richtung zur entdeckten Nahrungsquelle relativ zum Sonnenstand an (Winkel X und Y).

Pollenkörnern in den aus Haaren gebildeten Taschen an den Hinterbeinen (Pollenkörbchen) von einer reichhaltigen Futterquelle von der Nahrungssuche in den Stock zurückkehrt. Der Schwänzeltanz hat grob die Form der Zahl „8" und wird an einer vertikalen Fläche im Inneren einer Wabe im Inneren des Bienenstockes vollführt. Ein Zyklus des Informationstanzes besteht aus drei Teilen: (1) einem Kreis mit einem Durchmesser von etwa dem Dreifachen der Körperlänge der Biene, (2) einem Marsch in gerader Linie, wobei das Tier sein Abdomen rasch von einer Seite zur anderen schwenkt und gleichzeitig einen tiefen Surrton abgibt, und (3) einem weiteren Kreis, dessen Umlaufrichtung der des ersten beschriebenen Kreises entgegengesetzt ist. Dieser Tanz wird viele Male hintereinander aufgeführt, wobei die Kreisbeschreibung abwechselnd im und gegen den Uhrzeigersinn erfolgt.

Der in gerader Linie erfolgende Schwänzelmarsch ist die wichtige, Informationen enthaltende Komponente des Bienentanzes. Schwänzeltänze werden fast immer aufgeführt, wenn klares Wetter herrscht, und es zeigt sich, dass die Richtung des Schwänzelganges in einem bestimmten Verhältnis zum Stand der Sonne steht. Falls die heimgekehrte Biene eine Futterquelle entdeckt hat, die genau in Richtung zur Sonne liegt, verläuft der Schwänzelmarsch entlang der vertikalen Wabenoberfläche genau nach oben. Liegt die Futterquelle 60 Winkelgrade rechts von der Sonne, erfolgt der Schwänzelgang ebenfalls in einem Winkel von 60 Grad zur Vertikalen. Der Schwänzelgang weist somit im gleichen Winkel zur Futterquelle, der dem Winkel des aktuellen Sonnenstandes relativ zur Futterquelle entspricht.

Die Entfernung zur Futterquelle wird von der tanzenden Biene ebenfalls codiert. Liegt die Futterquelle in der Nähe des Bienenstocks (weniger als 50 m entfernt), vollführt die signalgebende Biene einen einfacher gearteten Tanz, der als **Rundtanz** bezeichnet wird. Die von der Futtersuche zurückgekehrte Biene schlägt einfach einen Rundkurs mit einem vollen Umlauf ein, der gegen den Uhrzeigersinn verläuft und viele Male wiederholt wird. Andere Arbeiterbienen versammeln sich dicht gedrängt um die „Pfadfinderbiene" und werden durch den Tanz sowie den Geruch von Nektar und Pollen der von ihr besuchten Blüten dazu angeregt, ebenfalls auszuschwärmen. Die so angeregten Bienen schwärmen in alle Richtungen aus, entfernen sich dabei aber nicht allzu weit vom Stock. Der Rundtanz übermittelt die Botschaft, dass im Umkreis des Bienenstocks Futter zu finden ist.

Liegt die Futterquelle verhältnismäßig weit entfernt, geht der Rundtanz in den Schwänzeltanz über, der sowohl Entfernungs- wie Richtungsangabe enthält. Die Geschwindigkeit bei der Aufführung des Schwänzeltanzes steht in umgekehrter Beziehung zur Entfernung der Futterquelle. Ist Futter in etwa 100 m Entfernung zu finden, dauert jeder an eine „8" erinnernde Durchgang etwa 1,25 Sekunden; ist es in etwa 1000 m Entfernung zu finden, dauert ein Durchgang etwa drei Sekunden. Liegt die Futterquelle in 8 km Entfernung, dauert ein tänzerischer Umlauf rund acht Sekunden. Ist Nahrung reichlich vorhanden, tanzen die Bienen überhaupt nicht. Verknappt sich die Nahrung, wird die Tanztätigkeit intensiviert. Andere Arbeiterbienen scharen sich dann um heimkehrende Pfadfinderbienen und folgen ihnen bei der Ausführung der Tanzfiguren.

Kommunikation durch Zurschaustellung

Eine Zurschaustellung ist eine Verhaltensweise oder eine Abfolge von Verhaltensäußerungen, die einen kommunikativen (= informationsaustauschenden) Zweck erfüllen. Die Freisetzung von Sexuallockstoffen durch weibliche Nachtfalter und die Tänze der Bienen, die wir im vorangegangenen Abschnitt beschrieben haben, sind Beispiele für Präsentierverhalten. Das Gleiche gilt für die Warnrufe von Heringsmöwen, die Gesänge von Sperlingen und anderen Singvögeln, die Werbungs- und Imponiertänze von Auerhühnern und für die Augenflecke auf den Hinterflügeln von Schmetterlingen wie dem Tagpfauenauge, die potenzielle Fressfeinde erschrecken sollen.

Das hoch entwickelte Paarbindungsverhalten von Blaufußtölpeln (▶ Abbildung 36.24) wird dann mit maximaler Intensität ausgeführt, wenn die Vögel sich nach einer Phase der Trennung wiedertreffen. Das in der Abbildung rechts zu sehende Männchen reckt den Schnabel und den Schwanz zum Himmel. Die Flügel werden nach vorn gekippt, um dem Weibchen die glänzenden Oberseiten zu präsentieren. Diese Zurschaustellung wird von einem hochtonigen Pfeiflaut begleitet. Das links zu sehende Weibchen stolziert derweil vorüber. Sie setzt dabei ihre Schritte vorsätzlich mit übertriebener Langsamkeit, wobei sie jeden ihrer leuchten blau gefärbten Füße abwechselnd auffällig in die Höhe hebt, als wollte sie diese dem Männchen einen Augenblick lang vorführen, damit dieses sie bewundern kann. Derartige, hochgradig personalisierte Zurschaustellungen, die mit belustigender Feierlichkeit vollführt werden, erscheinen dem menschlichen Beobachter voller Komik zu sein, vielleicht erwecken sie bei manchen sogar den Eindruck der Dümmlichkeit. Vermutlich ist auf diesen Eindruck die Bezeichnung Tölpel für die Vertreter dieser Vogelfamilie (Sulidae) zurückzuführen, die in gleicher Form auch in den englischen Trivialnamen der Vertreter dieser Gruppe auftaucht (engl. *boobies*).

Die übertriebene Natur der Zurschaustellungen stellt sicher, dass die Botschaft nicht untergeht oder missver-

Abbildung 36.24: **Ein Paar Blaufußtölpel *(Sula nebouxii)* der Galapagosinseln beim Imponieren.** Ein Männchen (rechts im Bild) reckt den Kopf himmelwärts; ein Weibchen (links im Bild) stolziert vorbei. Derartig lebhafte, stereotypisierte kommunikative Zurschaustellungen dienen der Aufrechterhaltung der wechselseitigen Stimulation und des kooperativen Verhaltens während der Zeit der Partnerwerbung, der Paarung, des Nestbaus und des Brutgeschäftes.

standen wird. Derartige Zurschaustellungen sind wesentlich für die Errichtung und Aufrechterhaltung einer starken Paarbindung zwischen Männchen und Weibchen. Diese Erfordernis erklärt auch die repetitive Natur des Zurschaustellungsverhaltens, das während einer Partnerwerbung bis zur Eiablage ausgeführt wird. Sich wiederholende Zurschaustellungen halten einen Gemütszustand wechselseitiger Stimulation zwischen Weibchen und Männchen aufrecht und stellen damit die Kooperation sicher, die notwendig für die Kopulation und die nachfolgende Bebrütung der Eier und die Aufzucht der Jungen ist. Ein sexuell erregtes Männchen hat bei einem indifferenten Weibchen wenig Erfolg.

Kommunikation zwischen dem Menschen und anderen Tieren

Eine Unsicherheit bei Untersuchungen zur tierischen Kommunikation ergibt sich aus der Schwierigkeit, zu verstehen welche Sinneskanäle ein Tier zu diesem Zweck verwendet. Signale können in Form von visuellen Zurschaustellungen, Gerüchen, Lautäußerungen, taktilen Vibrationen oder elektrischen Strömen (bei bestimmten Fischen) übermittelt werden. Noch schwieriger ist die Herstellung einer interaktiven Kommunikation zwischen Menschen und anderen Tieren, da der Forscher Bedeutungen in Symbole übersetzen muss, die ein Tier verstehen kann. Darüber hinaus sind Menschen für die Mehrzahl aller Tiere schlechte Sozialpartner. Allerdings sind solche Kommunikationen nicht unmöglich: Hunde können ohne Probleme die Bedeutung vieler verschiedener Handzeichen erlernen und mit den entsprechenden Handlungen antworten.

Tierisches Bewusstsein

Eines der faszinierendsten Forschungsgebiete der zoologischen Verhaltensforschung zielt auf die Intelligenz von Tieren und die Frage nach einem möglichen Bewusstsein. Tierisches Bewusstsein ist ein allgemeiner Terminus für mentale Leistungen einschließlich Wahrnehmung, Denken und Gedächtnis. Viele Biologen erachten einige der mentalen Prozesse in den Gehirnen anderer Tiere als denen des menschlichen ähnlich. Neuere Untersuchungen zum Bewusstsein bei nichtmenschlichen Primaten und bei Graupapageien und einigen anderen Vogelarten haben zu faszinierenden Ergebnissen geführt.

In den späten 60er Jahren begannen Beatrix und Allen Gardner von der Universität von Nevada damit, einem Schimpansen Teile der von taubstummen Menschen verwendeten Zeichensprache beizubringen. Bis zum Alter von fünf Jahren hatte der Affe 132 Symbole der Zeichensprache gelernt und konnte diese zu einfachsten Phrasen und „Sätzen" zusammenfügen. Der Affe konnte auf einfache Fragen antworten, selbst Fragen stellen, Vorschläge machen und seine Stimmung mitteilen. Der Schimpanse versuchte auch mit Artgenossen auf die von ihm gelernte Art zu kommunizieren. Zunächst wurden die Zeichen nur spielerisch verwendet, doch bald begannen auch die anderen Affen, die gelernten Zeichen für einfache Anforderungen wie „trinken", „kitzeln" oder „knuddeln" zu verwenden. Ähnliche Lernexperimente sind mit anderen Primaten wie Gorillas, Orang-Utans und Zwergschimpansen unternommen worden. Die extreme Gelehrigkeit des Mutteraffen der Gardners wurde dabei allerdings nie wieder erreicht.

I. Pepperberg hat in Arizona lange Jahre mit einem Graupapagei *(Psittacus erithacus)* experimentiert. Da Papageien die menschliche Stimme nachahmen können, konnte die Forscherin mit dem Vogel sprachlich kommunizieren. Im Laufe der Jahre lernte der Papagei Eigenschaften wie Farben, Formen und Werkstoffe von über hundert Gegenständen zu benennen. Der Vogel konnte Objekte nicht nur anhand ihrer Farbe und Form zu identifizieren; er vermochte darüber hinaus Unterschiede zwischen Objekten anzugeben. Präsentierte man dem Tier zwei Objekte gleicher Farbe und Form, aber unterschiedlicher Größe, konnte er auf die Frage nach dem Unterschied „Größe" als Kategorie angeben. Dieser Graupapagei hatte auch das Zählen gelernt und konnte auf Kommando die Anzahl von Objekten einer bestimmten Kategorie aus einer größeren Anzahl von Objekten angeben. Ähnlich spektakuläre Experimente zum überlegten Werkzeuggebrauch bei Vögeln, dem offenbar abstrakte Überlegungen zugrundeliegen, sind in jüngerer Zeit von Verhaltensökologen an der Universität von Oxford in England durchgeführt worden.

Ein Ichbewusstsein ist ein Teilaspekt des weiter gefassten Begriffs des Bewusstseins. Der Autor Donald Griffin hat sich in zwei Büchern dafür ausgesprochen, dass viele Tiere ein Selbstbewusstsein haben und denken oder sinnieren können. Nachgewiesen ist diese Leistung einer höheren Hirntätigkeit allerdings nur bei sehr wenigen Tierarten. Die Fähigkeit von Menschenaffen, Papageien und einigen anderen Tierarten, sprachähnliche Fertigkeiten zu entwickeln, ist dabei von großer Bedeutung, da sie kognitive Leistungen offenbaren, die es erlauben, mit ihnen in einen kommunikativen Kontakt zu treten. Die Möglichkeit, dass Tiere eine Denkfähigkeit besitzen könnten und über ein (gewisses) Ichbewusstsein verfügen, hat ein neues Fenster der Verhaltensforschung aufgestoßen und der Tierforschung ganz allgemein eine neue Bedeutung gegeben. Die Studien zu den Denkleistungen und dem Bewusstsein von Tieren außer dem Menschen sind und bleiben bis auf weiteres jedoch höchst kontrovers.

Der Verhaltensforscher I. DeVore berichtet davon, wie die Auswahl eines geeigneten Kommunikationskanals für einen Dialog über das rein akademische Interesse des Forschers hinausweisen kann[*]:

Eines Tages war ich draußen in der Savanne weit weg von meinem Auto und beobachtete eine Pavianhorde, als sich ein Jungtier näherte und meinen Feldstecher aufhob. Ich wusste, dass mein Fernglas für immer verloren sein würde, wenn es in der Affenhorde verschwände, und so grabschte ich es mir zurück. Der Jungaffe fing an zu schreien. Sofort stürzten alle ausgewachsenen Männchen der Horde auf mich los, und ich begann zu verstehen, wie ein in die Enge getriebener Leopard sich fühlen musste. Das Auto war dreißig oder vierzig Meter weit weg. Ich musste mich also den männlichen Affen stellen. Ich begann laute Schmatzlaute auszustoßen. Diese Geste bedeutet unter Pavianen: „Ich will dir nichts tun!". Die Paviane kamen heran geschossen, brüllten, schnarrten und zeigten ihre Zähne. Unmittelbar vor mir hielten sie an, legten die Köpfe zur Seite ... und begannen ebenfalls Schmatzlaute auszustoßen. Sie schmatzten mit den Lippen. Ich schmatze mit meinen. „Ich will dir nichts tun!" „Ich will dir nichts tun!" In der Rückschau war das eine wundervolle Konversation. Aber während ich so mit dem Mund Pavianisch redete, tasteten sich meine Beine zurück zum Wagen, bis ich hineinspringen und die Tür zuschlagen konnte.

Das Studium der tierischen Kommunikationsfähigkeiten hat große Fortschritte gemacht, getragen von einer Fülle zusammengesammelter Fakten und Informationen über das Kommunikationsverhalten vieler Arten. Die Tierwelt ist voll von Kommunikation. Indem wir erkennen, dass bewusstes Nachdenken und Einsicht in das eigene Handeln und das anderer nicht zwingend notwendig für ein effektives, hochgradig organisiertes Verhalten ist, sollte uns das nicht zu dem Schluss verleiten, dass Tiere nichts weiter sind als – wie Descartes im 17. Jahrhundert kategorisch proklamiert hatte – Maschinen.

ZUSAMMENFASSUNG

Die Verhaltensforschung als wissenschaftliche Disziplin speist sich aus vier verschiedenen Ansätzen. Die vergleichende Psychologie betont die Identifizierung der Mechanismen der Verhaltenssteuerung. Sie stützt sich dabei auf verhältnismäßig wenige (Modell)arten. Dabei wird davon ausgegangen, dass die gefundenen Mechanismen unter den Tieren breite Anwendbarkeit finden. Die Ethologie befasst sich mit der Untersuchung des angeborenen wie des erlernten Verhaltens von Tieren in ihrer natürlichen Umgebung. Die Verhaltensökologen konnten aufzeigen, dass Verhaltensmerkmale evolutive Wurzeln haben und durch natürliche Selektion entstanden sind. Die Soziobiologie zielt darauf, zu verstehen, wie und warum sich unter Tieren soziales Verhalten evolviert hat. Sowohl die Ethologie wie die Soziobiologie unterscheiden zwischen Ansätzen, die auf die Mechanismen des Verhaltens (proximale Ursachen) gerichtet sind, und solchen, die auf die Funktion oder/und die Evolution des Verhaltens zielen (ultimative Ursachen oder Endursachen).

Bei der Untersuchung des tierischen Verhaltens hat man zahllose Beispiele für Verhaltensmuster gefunden und katalogisiert, die hochgradig vorhersagbar und praktisch unabänderlich in ihrer Ausführung durch das Tier sind. Diese Verhaltensweisen werden oft durch spezifische, und in der Regel einfache, Auslöser in Gang gesetzt. Solche Auslöser können Umweltreize sein, die als Signalreize bezeichnet werden, und die meist sehr einfacher Natur sind. Obgleich derartig formalisiertes Verhalten gelegentlich in versehentlich angestoßen werden kann und dann abläuft, sind diese Verhaltensmuster von hoher Effizienz und erlauben dem Tier eine schnelle Reaktion auf wiederkehrende Situationen. Die Entwicklung von Verhaltensmustern ist abhängig von der Wechselwirkung zwischen einem Lebewesen und seiner Umwelt. Aus diesem Grund verwenden Verhaltensforscher auch für Verhaltensweisen, die in ihrem Ablauf zum großen Teil automatisiert und invariant sind, nicht gern Begriffe wie „instinktiv" oder „angeboren".

---

[*] Devore, I. (1972): The marvels of animal behaviour. National Geographic Society.

Verhalten der Tiere

Das Verhalten kann durch Erfahrungslernen verändert werden. Zwei einfache Beispiele für Lernprozesse sind die Habituation (Gewöhnung), die zu einer Abnahme der Stärke oder dem völligen Verschwinden einer Verhaltensreaktion bei Fehlen jeglicher Belohnung oder Bestrafung führt sowie die Sensibilisierung, bei der ein sich wiederholender Stimulus die Stärke einer Verhaltensreaktion erhöht. Der Kiemenrückzugsreflex der Meeresschnecke Aplysia wird als Schutzreaktion beschrieben, die experimentell im Sinne einer Habituation oder einer Sensibilisierung modifiziert werden kann. Die Abänderung der Warnreaktion von Heringsmöwenküken ist ein weiteres Beispiel für Habituation. Eine weitere Form des Lernens ist die Prägung, die ein unumkehrbarer Lernvorgang ist, der zu einer bleibenden, auf individueller Erkennung beruhenden, Bindung führt, die sich im Leben vieler sozial organisierter Tiere früh im Leben zwischen einem Jung- und einem Muttertier ausbildet.

Als Sozialverhalten bezeichnet man solche Verhaltensweisen, die aus der Wechselwirkung von Tieren mit Artgenossen resultieren. In sozialen Verbänden organisierte Tiere neigen dazu, zusammenzubleiben, miteinander zu kommunizieren und sich für gewöhnlich gegen das Eindringen von Außenstehenden in den Sozialverband abzuschotten. Die Vorteile des Sozialverhaltens liegen in kooperativen Verteidigungsanstrengungen gegen Raubfeinde, dem gemeinschaftlichen Suchen nach Futter, einer verbesserten Fortpflanzungs- und Aufzuchtleistung sowie der Möglichkeit der Weitergabe nutzbringender Informationen innerhalb der Tiergesellschaft. Da sozial lebende Tiere um Ressourcen wie Nahrung, Paarungspartner und Schutzräume in Konkurrenz zueinander stehen, werden dadurch bedingte Konflikte häufig durch eine Form der offenen Feindseligkeit (= Aggression) ausgetragen. Die meisten aggressiven Auseinandersetzungen unter Artgenossen finden in Form stilisierter Kämpfe statt, die mehr aus Drohungen und Einschüchterungsversuchen bestehen als aus tatsächlichen Absichten, den Gegner zu verletzen oder zu töten, da damit das Risiko der eigenen Versehrtheit verbunden ist. Auf Dominanz gründende Hierarchien, in denen ein privilegierter Zugang zu gemeinsam genutzten Ressourcen durch aggressives Verhalten errungen wird, sind in sozial organisierten Verbänden häufig. Revierverhalten ist eine Alternative zur Dominanz. Ein Revier (= Territorium) ist ein verteidigtes Gebiet, aus dem Eindringlinge derselben Art vertrieben werden.

Beim Paarungsverhalten unterscheidet man Monogamie – die Paarung eines Individuums mit nur einem Partner des anderen Geschlechts in jeder Fortpflanzungsperiode – und Polygamie – die Paarung eines Individuums mit zwei oder mehr Geschlechtspartnern in derselben Brutsaison. Zwei Unterformen der Polygamie sind die Polygynie (Vielweiberei), bei der sich ein Männchen mit mehreren Weibchen paart, und die Polyandrie (Vielmännerei), bei der sich ein Weibchen mit mehreren Männchen verpaart. Weiterhin unterscheidet man auch noch mehrere Formen der Polygynie.

Eine Verhaltensweise, die dazu führt, dass ein Tier seinen eigenen Fitnesswert zugunsten einer Fitnesssteigerung anderer Artmitglieder vermindert, wird als altruistisches Verhalten bezeichnet. Beispiele für Altruismus sind zum Beispiel risikoreiches Verhalten von Mitgliedern sozialer Verbände bei der Warnung vor einem Raubfeind oder das kooperative Verhalten sozialer Insekten, in dessen Rahmen sich Individuen für das Überleben oder Wohlergehen der eigenen Kolonie opfern (zum Beisiel Bienen, die einen Angriff auf den Stock abwehren und nach dem Stich durch Verlust des Stachelapparates zugrundegehen). Prototypisches altruistisches Verhalten beim Menschen ist der Verzicht von Eltern zugunsten von Vorteilen ihrer Kinder. Der gegenwärtig bevorzugte Erklärungsansatz für den Altruismus ist die Sippenselektion, die darauf aufbaut, dass der Nutznießer eines altruistischen Verhaltens ausreichend eng mit dem Altruisten verwandt ist, so dass das Überleben oder der Vorteil, den der Nutznießer aus dem altruistischen Verhalten zieht, dem Teil des Erbgutes zugute kommt, den Geber und Nehmer der altruistischen Gunst gemeinsam haben.

Kommunikation, die oft als Essenz der sozialen Organisation angesehen wird, ist ein Mittel, durch das Tiere das Verhalten anderer Tiere beeinflussen. Dazu verwenden sie Töne, Gerüche, visuelle Signale, Berührungen oder noch andere Sinnesmodalitäten. Im Vergleich zum Reichtum der menschlichen Sprache, kommunizieren andere Tiere mittels sehr eingeschränkter Signalrepertoire. Eines der bekanntesten Beispiele für tierische Kommunikation ist die Tanzsprache der Honigbienen. Vögel kommunizieren durch Rufe und Gesänge sowie visuelle Zurschaustellung. Durch Ritualisierung haben sich einfache Bewegungsmuster zu auffälligen, in der Regel artspezifischen, Signalen mit definierten Bedeutungen evolviert.

Z U S A M M E N F A S S U N G

Übungsaufgaben

1. Wie unterscheiden sich die experimentellen Ansätze der vergleichenden Psychologie und der Ethologie? Nehmen Sie Stellung zu den Zielen und Methoden der beiden Disziplinen.

2. Das Eirückführungsverhalten (Eirollen) der Graugans ist ein ausgezeichnetes Beispiel für ein hochgradig vorhersagbares Verhalten. Interpretieren Sie dieses Verhalten innerhalb des Rahmens der klassischen Ethologie. Verwenden Sie dabei folgende Begriffe: Auslöser, Signalreiz, stereotypes Verhalten. Interpretieren Sie das Verhalten der Territoriumsverteidigung beim Dreistacheligen Stichling im gleichen Kontext.

3. Die Vorstellung, dass ein Verhalten entweder angeboren oder erlernt sein muss, ist als „Vererbungs/Lern-Kontroverse" bekannt worden. Welche Gründe existieren für die Annahme, dass ein solch strikter Gegensatz nicht gerechtfertigt ist, weil er nicht der biologischen Wirklichkeit entspricht?

4. Zwei Spielarten einfachen Lernens sind die Habituation und die Prägung. Grenzen Sie diese beiden Arten des Lernens voneinander ab und geben Sie jeweils Beispiele.

5. Einige Bienenstämme zeigen ein Hygieneverhalten, indem sie Zellen öffnen, in denen sich Larven befinden, die von einer Bakterieninfektion betroffen sind, und die abgestorbenen Larven aus dem Bienenstock entfernen. Welche Befunde belegen, dass dieses Verhalten von zwei ungekoppelten Genen weitergegeben wird?

6. Erörtern Sie einige Vorteile des Sozialverhaltens unter Tieren. Warum leben so viele Tiere erfolgreich solitär, wenn ein soziales Zusammenleben so viele Vorteile mit sich bringt?

7. Spekulieren Sie darüber, warum unter sozial lebenden Tieren Aggression existiert (obwohl diese kontraproduktiv erscheint).

8. Worin besteht der selektive Vorteil für Gewinner und Verlierer, wenn innerartliche aggressive Auseinandersetzungen um soziale Dominanz sich für gewöhnlich in ritualisierten Zurschaustellungen oder symbolischen Kämpfen äußert statt in ungehemmten Kämpfen bis zum Tod?

9. Welchen Nutzen hat ein Territorium (Revier) für ein Tier, und wie wird ein Territorium/Revier etabliert und behauptet? Worin besteht der Unterschied zwischen einem Territorium und einem Wohngebiet?

10. Polygynie ist eine Form der Polygamie, bei der sich ein Männchen mit mehreren Weibchen paart. Erläutern Sie, wie sich die drei Formen der Polygynie – Ressourcenverteidigungs-, Weibchenverteidigungs-, Männchendominanz-Polygynie – voneinander unterscheiden.

11. Geben Sie ein Beispiel für altruistisches Verhalten und erläutern Sie, warum ein solches Verhalten im Konflikt mit Darwins Erwartung steht, dass Tiere selbstsüchtig sein und so viele Nachkommen wie möglich hervorbringen sollten.

12. Frühere Erklärungsversuche für altruistisches Verhalten als Form der Gruppenselektion sind durch Hamiltons Hypothese der Sippenselektion verdrängt worden. Was kennzeichnet die Sippenselektion, und wie trägt das Konzept für die Vorstellung der Gesamtfitness – der relativen Zahl von Allelen eines Individuums, die an die nächste Generation weitergegeben werden – Rechnung?

13. Nehmen Sie Stellung zu den Grenzen der Kommunikation unter Tieren im Vergleich zur Kommunikation unter Menschen.

14. Das Tänzeln heimkehrender Arbeitsbienen zur Mitteilung des Fundortes von Nahrung ist ein Beispiel für eine Kommunikation von bemerkenswerter Komplexität unter „einfachen" Tieren. Wie werden Richtung und Entfernung im Wackeltanz der Biene codiert?

15. Was versteht man unter „Ritualisierung" bei der zur Schau stellenden Kommunikation? Worin besteht die adaptive Bedeutung der Ritualisierung?

16. Frühe Anstrengungen von Menschen, mit Schimpansen stimmlich zu kommunizieren, waren praktisch vollständige Fehlschläge. In jüngerer Zeit haben jedoch Forscher gelernt, erfolgreich mit Menschenaffen zu kommunizieren. Wie bewerkstelligen sie diese Aufgabe?

Weiterführende Literatur

Alcock, J. (2005): Animal behaviour. An evoutionary approach. 8. Auflage. Sinauer; ISBN: 0-87893-005-1. *Klar geschriebenes und gut illustriertes Lehrbuch, das Diskussionen zur Genetik, der Physiologie, der Ökologie und der Naturgeschichte des Verhaltens enthält. Alles wird aus einem evolutionären Blickwinkel betrachtet.*

Attenborough, D. (1990): The trials of life: a natural history of animal behaviour. Collins; ISBN: 0-0021-

9940-8. *Tolle Fotos und ein flüssiger Text beschreiben den Lebenszyklen von Organismen und konzentrieren sich dabei oftmals auf ungewöhnliche und faszinierende Verhaltensweisen.*

Barnard, C. (2003): Animal Behaviour: Mechanism, Development, Ecology and Evolution. Prentice Hall; ISBN: 0-1308-9936-4.

Basolo, A. (1996): The phylogenetic distribution of a female preference. Systematic Biology, vol. 45: 290–307. *Eine stammesgeschichtliche Analyse der Verhaltensevolution.*

Bekoff, M. et al. (1996): Readings in animal cognition. MIT Press; ISBN: 0-2625-2208-X. *Ausgewählte Originalarbeiten aus dem Feld der zoologischen Bewusstseinsforschung. Schwierig zu lesen.*

Bekoff, M. et al. (2004): Encyclopedia of Animal Behavior. 1. Auflage. Greenwood Press; ISBN: 0-313-32745-9. *Umfassendes, mehrbändiges Bibliothekswerk mit Aufsätzen zu praktisch allen Aspekten des Verhaltens.*

Bradbury, J. und S. Vahrenkamp (1998): Principles of animal communication. Sinauer; ISBN: 0-87893-100-7. *Umfassendes Lehrbuch über die Kommunikation bei Tieren.*

Clutton-Brock, T. (2002): Breeding together: kin selection and mutualism in cooperative vertebrates. Science, vol. 296: 69–72. *Gute Einführung zu Erklärungsansätzen zum kooperativen Verhalten.*

Drickamer, L. et al. (1996): Animal behaviour: mechanisms, ecology and evolution. 3. Auflage. Brown; ISBN: 0-6971-3642-6. *Umfassendes Lehrbuch mit hilfreichen Erörterungen zu den Methoden und experimentellen Ansätzen, die eingesetzt werden, um Fragestellungen der Verhaltensforschung anzugehen.*

Eibl-Eibesfeldt, I. (2004): Grundriss der vergleichenden Verhaltensforschung. Nachdruck der 8. Auflage. Blank; ISBN: 3-937-50102-9.

Greenspan, R. (1995): Understanding the genetic construction of behaviour. Scientific American, vol. 272, no. 4: 72–78. *Untersuchungen des Werbungs- und Paarungsverhaltens von Fruchtfliegen deuten daraufhin, dass das Verhalten von einer Vielzahl unterschiedlicher Gene beeinflusst wird, von denen jedes einzelne vielfältige Aufgaben in verschiedenen Teilen des Körpers wahrnehmen kann.*

Houck, L. et al. (1996): Foundations of animal behaviour. Classic papers with commentaries. University of Chicago Press; ISBN: 0-2263-5457-1. *Klassische Originalabhandlungen der Verhaltensforschung mit begleitenden Kommentaren. Von historischem Interesse. Schwierig zu lesen.*

Kirchner, W. und W. Towne (1994): The sensory basis of the honeybee's dance language. Scientific American, vol. 270, no. 6: 74–80. *Experimente mit einer Roboterbiene, die sich bewegen und Töne aussenden kann, die denen einer echten Biene ähnlich sind, haben überzeugend bewiesen, dass durch die Tanzsprache erfolgreich Botschaften über Orte, an denen Nahrung zu finden ist, an andere Bienen übermittelt werden kann.*

Lorenz, K. (1977): Das sogenannte Böse. Zur Naturgeschichte der Aggression. Deutscher Taschenbuch Verlag; ISBN: 3-423-01249-8.

Lorenz. K. (1952): King Solomon's ring. Taylor and Francis; ISBN: 0-4152-6747-1. *Eines der vergnüglichsten Bücher, das je über tierisches Verhalten geschrieben worden ist.*

Manning, A. und M. Stamp Dawkins (1998): An introduction to animal behaviour. 5. Auflage. Cambridge University Press; ISBN: 0-5215-7891-4. *Kurzes Lehrbuch der Verhaltensforschung, das sich auf die Ethologie, die Physiologie und die vergleichende Psychologie stützt.*

Preston-Mafham, R. und K. (1993): The encyclopedia of land invertebrate behaviour. MIT Press; ISBN: 0-7137-2196-0. *Zahlreiche Beispiele des faszinierenden Verhaltens von Wirbellosen in einer Serie informativer und hübsch bebilderter Aufsätze. Sehr empfehlenswert.*

Prum, R. (1990): Phylogenetic analysis of the evolution of display behaviour in the neotropical manakins (Aves: Ppridae). Ethology, vol. 84: 202–231. *Eine stammesgeschichtliche Analyse der Verhaltensevolution.*

Queller, D. und J. Strassmann (1998): Kin selection and social insects. BioScience, vol. 48, no. 3: 165–175. *Wie die Sippenselektion bei sozialen Insekten vonstatten geht, und warum die meisten Fälle von Altruismus bei sozial organisierten Insekten zu finden sind.*

Ridley, M. (1995): Animal behaviour. A concise introduction. 2. Auflage. Blackwell; ISBN: 0865423903. *Sehr kurzes, einführendes Lehrbuch zu den Prinzipien des tierischen Verhaltens. Präsentiert mit gut ausgewählten Beispielen und klaren Abbildungen.*

Savage-Rumbaugh, S. et al. (2001): Apes, Language, and the Human Mind. Oxford University Press; ISBN: 978-0-19-514712-4.

Searcy, W. und S. Nowicki (2005): The Evolution of Animal Communication: Reliability and Deception in Signaling Systems. Princeton University Press; ISBN: 0-691-07095-4 (broschiert), ISBN: 0-691-07094-6. (gebunden).

Weitere Informationen zu diesem Buchkapitel finden Sie auf der Companion-Website unter
http://www.pearson-studium.de

TEIL V

Tiere und ihre Lebensräume

37 Die Biosphäre und die geografische Verbreitung von Tieren 1195

38 Tierökologie 1223

Die Biosphäre und die geografische Verbreitung von Tieren

37.1 Die Verteilung des Lebens auf der Erde 1197

37.2 Zoogeografie: Die Verteilung und Verbreitung der Tiere auf der Erde 1211

Zusammenfassung 1219

Übungsaufgaben 1220

Weiterführende Literatur 1220

Die Biosphäre und die geografische Verbreitung von Tieren

Alles Leben auf der Erde ist auf eine dünne Schicht an der Oberfläche des Planeten beschränkt, die als Biosphäre (gr. bios, Leben + sphaeron, Kugel) bezeichnet wird. Seit der Zeit der ersten, von den Apollo-Raumkapseln gemachten Weltraumbildern, die einen wunderschönen blau-weißen Globus zeigten, hat es den Betrachtern den Atem verschlagen und vielleicht bei vielen ein Gefühl der Isolation und Bedeutungslosigkeit unseres Platzes im Weltall hinterlassen. Das Wort vom „Raumschiff Erde" machte die Runde und drang in den allgemeinen Wortschatz ein, als die Menschheit sich klar darüber wurde, dass alle Ressourcen, die für die Aufrechterhaltung des Lebens zur Verfügung stehen, in einer dünnen Schicht aus Land und Wasser und dem darüber liegenden dünnen Schleier der Atmosphäre konzentriert sind. Wir könnten uns ein besseres Bild davon machen, wie dünn diese belebte Schicht tatsächlich ist, wenn wir die gesamte Erde auf einen Ball von 1 m Durchmesser zusammenschrumpfen könnten. Wir könnten an der Oberfläche keine Unebenheiten und Erhebungen mehr ausmachen. Die höchsten Berge wären in diesem Maßstab nicht in der Lage, eine dünne Farbschicht zu durchstoßen, und ein von einem Fingernagel herrührender Kratzer hätte eine Tiefe, welcher die des tiefsten Tiefseegrabens überträfe.

Das Raumschiff Erde.

Die Biosphäre und die in ihr lebenden Organismen haben sich zusammen entwickelt. Ein Lebewesen ist ein vergängliches Glied, entstanden aus Stoffen seiner Umwelt, die nach dem Ableben des Wesens in sie zurückfließen, um neuerlich in die Produktion neuen Lebens einzugehen. Leben, Tod, Zerfall und Wiedererstehung haben den Kreislauf der Existenz aller Lebewesen ausgemacht, seit das Leben entstanden ist.

Die Urerde vor beinahe fünf Milliarden Jahren – öde, stürmisch und gebeutelt von vulkanischer Aktivität, mit einer reduzierenden Atmosphäre aus Ammoniak, Methan und Wasser (▶ Abbildung 37.1) – erwies sich auf wundervolle Weise als geeignet für die präbiotischen Synthesen, die zum Ursprung des Lebens führten (siehe Kapitel 2, chemische Evolution). Doch war die Erde zu dieser Zeit ganz und gar ungeeignet – ja, sogar absolut tödlich – für die Organismen, die sie heute bevölkern, ebenso wie die frühen Formen des Lebens in unserer heutigen Umwelt nicht überleben könnten. Das Erscheinen freien Sauerstoffs in der Atmosphäre, der seine Existenz größtenteils – wenn nicht sogar vollständig – der Aktivität lebender Wesen verdankt, ist ein Beispiel für die Wechselbeziehungen zwischen Lebewesen und ihrer Umwelt. Obwohl elementarer Sauerstoff giftig für die frühen Lebensformen war, erzwang seine allmähliche Ansammlung infolge der stattfindenden Photosynthese die Entwicklung Schutz verleihender biochemischer Anpassungen, die letztlich zu einer vollständigen Abhängigkeit vieler Organismen von eben diesem Sauerstoff führen sollte. Alle Lebewesen adaptieren sich und evolvieren, und dabei verändern sie ihre Umwelt. Indem sie dies tun, müssen sie sich selbst (weiter) verändern.

37.1 Die Verteilung des Lebens auf der Erde

37.1.1 Die Biosphäre und ihre Untergliederung

Die Biosphäre ist, einer verbreiteten Definition gemäß, die dünne äußere Schicht der Erde, welche alle notwendigen Grundlagen für jegliche Lebensvorgänge bietet. Man betrachtet sie wohl am besten als ein globales System, dass alles Leben auf der Erde und die physikalischen Umwelten einschließt, in denen Lebewesen vorkommen und miteinander in Wechselwirkung stehen. Die physikalischen, nichtlebendigen Unterkategorien der Biosphäre, die gewissermaßen das Substrat für das Leben bilden, sind die Lithosphäre, die Hydrosphäre und die Atmosphäre.

Die **Lithosphäre** (gr. *lithos*, Stein) ist das feste Material des Außenmantels des Erdkörpers. Sie ist letztlich die Quelle aller mineralischen Bestandteile, die Lebewesen benötigen. Die Hydrosphäre (gr. *hydros*, Wasser) ist die Gesamtheit des Wassers auf oder in der Nähe der Erdoberfläche. Die Hydrosphäre reicht in die Lithosphäre und die Atmosphäre hinein. Wasser wird über einen erdumspannenden hydrologischen Zyklus aus Verdunstung, Niederschlag und fließendem Wasser über die gesamte Erde verteilt. Fünf Sechstel der Verdunstung ge-

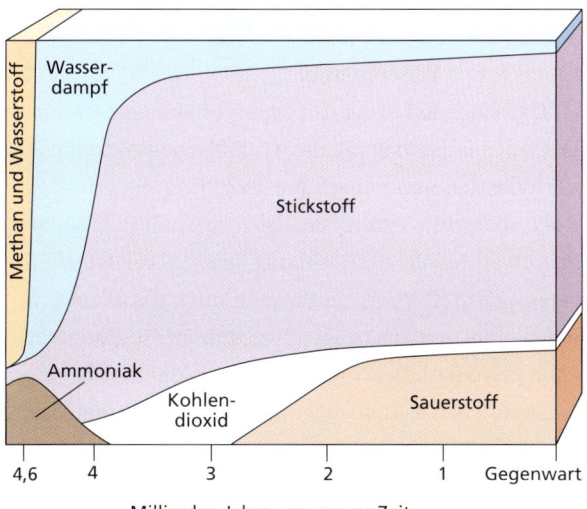

Abbildung 37.1: Sich verändernde Zusammensetzung der Erdatmosphäre im Verlauf geologischer Zeiträume. Der prozentuale Gehalt jeden Gases in der Atmosphäre ist proportional zur Dicke der Schicht auf der Y-Achse. Die Uratmosphäre bestand aus Wasserstoff (H_2), Methan (CH_4) und Ammoniak (NH_3). Der Wasserstoff, der zu leicht ist, um vom Schwerefeld der Erde zurückgehalten werden zu können, hat sich zum größten Teil in den Weltraum verflüchtigt. Stickstoff (N_2), Kohlendioxid (CO_2), Schwefeldioxid (SO_2) und Wasserdampf (H_2O) – ausgedünstet von Vulkanen – haben die ursprüngliche Gashülle im Laufe der Zeit verdrängt. Der erste freie Sauerstoff (O_2) wurde durch eine photochemische Dissoziation durch Sonnenlicht aus Wassermolekülen in der Atmosphäre gebildet. Als vor drei bis dreieinhalb Milliarden Jahren sauerstoffproduzierende Organismen auf der Bildfläche erschienen, war dies der Anstoß zu einem allmählichen Ansteigen der atmosphärischen Sauerstoffmenge, die vor ca. 400 Millionen Jahren ihren heutigen Wert erreichte.

Exkurs

Die vielen Eigenschaften, welche die Erde in so wunderbarer Weise für das Leben geeignet machen, wurden zum ersten Mal von Lawrence Henderson (1878–1942) in einem 1913 erschienenen Buch *The fitness of the environment* im Detail beschrieben und analysiert. Die profunden Einsichten dieses amerikanischen Biochemikers und Physiologen sind bemerkenswert, da sie erschienen sind, lange bevor sich die Ökologie zu einer eigenständigen Disziplin emanzipiert hatte. Sein einsichtsvolles Verständnis der Wechselbeziehung zwischen Organismus und Umwelt ist zu einem Prinzip avanciert, das der gesamten modernen Ökologie zugrundeliegt. Hendersons klassisches Buch verdient größere Aufmerksamkeit, als es besitzt. So wird es beispielsweise nur selten in Lehrbüchern der Ökologie erwähnt.

Die Biosphäre und die geografische Verbreitung von Tieren

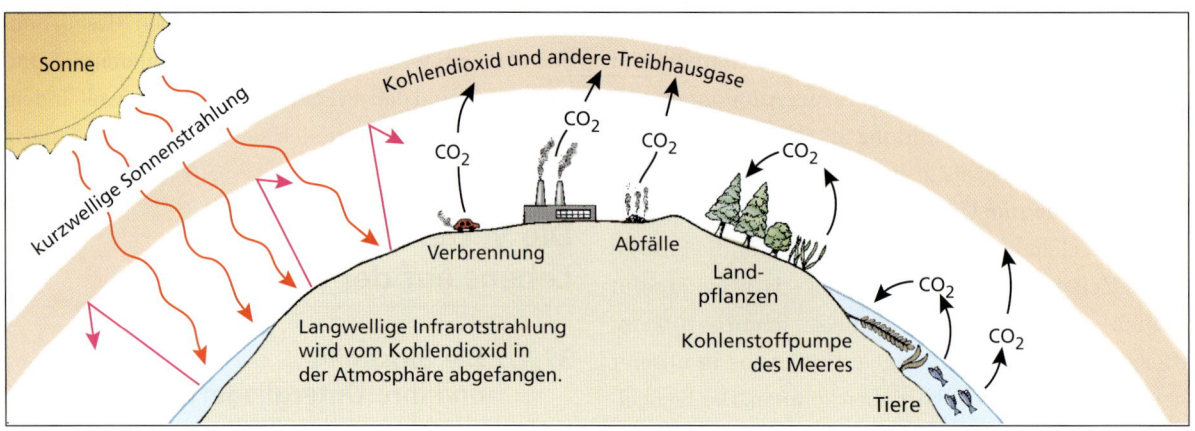

Abbildung 37.2: Der „Treibhauseffekt". Kohlendioxid und Wasserdampf in der Atmosphäre sind durchlässig für Sonnenlicht, absorbieren aber Wärmestrahlung, die von der Erdoberfläche zurückgeworfen wird, was zu einer Erwärmung der Atmosphäre führt. Durch die marine Kohlenstoffpumpe wird Kohlendioxid von Meerespflanzen (vor allem Phytoplankton) fixiert. In Form von Hydrogencarbonationen (HCO_3^-) durch kalte Strömungen in die Tiefe befördert, sinkt es schließlich in große Tiefen ab und schlägt sich zum Teil als Carbonat in Sedimenten nieder. Damit ist es der Atmosphäre entzogen, bis Tiefseeströmungen es in tropischen Gebieten wieder an die Oberfläche des Meeres zurücktransportieren.

hen von den Ozeanen aus, und die Meere verdunsten mehr Wasser, als durch Niederschlag in sie zurückfällt. Die Verdunstung an den Meeresoberflächen steuert somit einen großen Teil der Niederschläge in Form von Regen und Schnee bei, die das Leben auf dem Land ermöglichen. Der gasförmige Anteil der Biosphäre – die **Atmosphäre** – erstreckt sich ca. 3500 Kilometer (km) hoch über die Erdoberfläche, aber alles Leben findet sich in deren unteren 8 bis 15 Kilometern, der Troposphäre. Die Ozonschutzschicht der Atmosphäre erreicht ihre höchste Konzentration im Bereich zwischen 20 und 25 km über der Erdoberfläche. Die Hauptbestandteile der Troposphäre sind (in Volumenprozent) Stickstoff (78 Prozent), Sauerstoff (21 Prozent), Argon (0,93 Prozent), Kohlendioxid (0,03 Prozent) sowie variierende Mengen von Wasserdampf.

Der Sauerstoff in der Atmosphäre hat seinen Ursprung fast vollständig in der photosynthetischen Aktivität grüner Pflanzen und blaugrüner Bakterien. Seit der Mitte des Erdaltertums (mittleres Paläozän) hält sich der Sauerstoffverbrauch durch Atmung und die Sauerstoff-Freisetzung durch Photosynthese in etwa die Waage (mit deutlichen Schwankungen in gewissen erdgeschichtlichen Perioden). Der Nachschub an freiem, elementarem Sauerstoff in der Atmosphäre scheint ungefährdet, da die Sauerstoffreserven in der Atmosphäre und in den Meeren so enorm sind, dass die Versorgung aus diesen Reserven für Jahrtausende reichen würde, selbst wenn alle photosynthetischen Aktivitäten plötzlich zum Erliegen kämen.

Der rasche Eintrag von Kohlendioxid in die Atmosphäre durch die Verbrennung großer Mengen fossiler Rohstoffe hat, wie heute unbezweifelbar feststeht, Folgen für den Wärmehaushalt der Erde. Ein großer Teil der kurzwelligen Lichtstrahlung der Sonne, die auf die Erdoberfläche trifft, wird nach der Absorption in Form langwelliger, infraroter Strahlung zurückgestrahlt (▶ Abbildung 37.2). Chemische Verbindungen in der Atmosphäre – besonders Kohlendioxid und Wasser – behindern diese Wärmeabstrahlung und tragen so zur Erhöhung der Temperatur der Atmosphäre bei. Diese

Exkurs

Die Kohlendioxidkonzentration in der Atmosphäre hat von ca. 280 ppm (parts per million; Teile auf eine Million Teile) vor der industriellen Revolution im 19. Jahrhundert auf etwa 375 ppm heute zugenommen. Im nächsten Jahrhundert scheint ein Wert von 600 ppm erreichbar zu sein. Im Verlauf des letzten Jahrhunderts hat die globale Durchschnittstemperatur um 0,4° zugenommen, und die meisten Klimaexperten stimmen darin überein, dass mit einem Anstieg im Bereich von 2 bis 6° zu rechnen ist, falls sich die Menge des Kohlendioxids und anderer Treibhausgase in diesem Jahrhundert nochmals verdoppelt. Der atmosphärische Kohlendioxidgehalt und die mittlere Erdtemperatur sind zu verschiedenen Zeiten in der Erdgeschichte schon wesentlich höher als diese vorausgesagten Werte gewesen, und das für Millionen von Jahren, zum Beispiel in Teilen des Paläozoikums (Devon bis Karbon). In diesen erdgeschichtlichen Epochen war das Klima der gesamten Erde heiß und feucht (Blütezeit der Landpflanzen, Bildung der großen Kohlelagerstätten). Allerdings hat zu keinem Zeitpunkt der Erdgeschichte ein so schneller und steiler Anstieg der Kohlendioxidkonzentration stattgefunden.

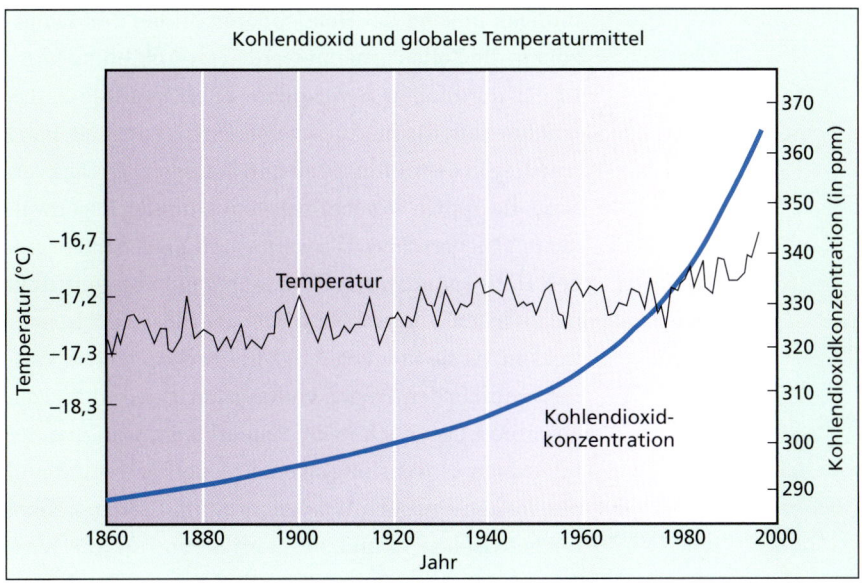

Abbildung 37.3: **Anstieg des weltweiten Kohlendioxidgehaltes der Atmosphäre und der mittleren globalen Temperatur über die letzten 140 Jahre.** Messdaten von vor 1958 stammen aus der Analyse von Lufteinschlüssen in Gletschereis von überall auf der Welt. Die atmosphärische Kohlendioxidkonzentration steigt seit mehr als einem Jahrhundert stetig an, während die Erdtemperatur in einem ungleichmäßigeren und etwas sprunghaften Aufwärtstrend folgt.

Aufheizung der Lufthülle wird als „Treibhauseffekt" bezeichnet, da die Atmosphäre des Planeten die abgestrahlte Wärmestrahlung ebenso einfängt wie die Glasscheiben eines Treib- oder Gewächshauses die von den Pflanzen und dem Erdboden im Inneren abgegebene Wärmestrahlung einschließen. Obwohl der Treibhauseffekt Bedingungen hervorruft, die für alles Leben auf der Erde von essenzieller Bedeutung sind, hat die allmähliche Ansammlung von Kohlendioxid und anderen Treibhausgasen wie Methan und Wasserdampf die Temperatur der ganzen Biosphäre bereits messbar erhöht und es ist sehr wahrscheinlich, dass die globalen Temperaturen weiter rapide steigen werden. Wie wir bereits jetzt beobachten können, wird es auch weiterhin in zunehmenden Maß zu einem signifikanten Ansteigen des Meeresspiegels und einem Abschmelzen des Polareises kommen (▶ Abbildung 37.3).

37.1.2 Terrestrische Umwelten: Biome

Ein Biom ist ein Großlebensraum der Biosphäre, der durch eine leicht wiedererkennbare Pflanzenformation gekennzeichnet ist. Die Botaniker wissen schon seit Langem, dass sich die terrestrischen Umwelten auf der Erde in großräumige Einheiten unterteilen lassen, die sich durch eine charakteristische Vegetation auszeichnen – zum Beispiel Wälder, Grasländer und Wüsten. Die Verteilung von Tieren zu kartieren, erwies sich dagegen als schwieriger, da die Verteilung von Pflanzen und Tieren nicht deckungsgleich sind. Mit der Zeit lernten die Zoogeografen zu akzeptieren, dass die Verteilungsmuster der Pflanzengesellschaften die grundlegenden biotischen Einheiten bildeten, und man erkannte Biome als unterscheidbare Zusammenstellungen von Pflanzen und Tieren. Ein Biom wird daher durch seine dominierende Pflanzenformation gekennzeichnet (▶ Abbildung 37.4); da jedoch Tiere von Pflanzen abhängig sind, weist jedes Biom eine charakteristische Fauna auf.

Jedes Biom unterscheidet sich von den anderen, seine Grenzen sind jedoch nicht scharf zu ziehen. Jeder, der einen Kontinent durchreist hat, weiß, dass die Pflanzengesellschaften über breite geografische Bereiche unscharf ineinander übergehen. Die meisten Laubwälder der Appalachen im Osten der USA gehen nach und nach in die trockeneren Eichenwälder des oberen Mississippitales über, die sich dann selbst zu Eichenwaldarealen mit grasigem Unterholz verändern, die in hohe und durchmischte Prärien übergehen (die heute meist zugunsten von Ackerland für Mais und Weizen verschwunden sind); diese gehen in Wüstengrasland über, die schließlich der Strauchwüste Platz macht. Die unscharfen Grenzbereiche, in denen sich die dominierenden Pflanzengemeinschaften benachbarter Biome vermischen und einen beinahe kontinuierlich verlaufenden Gradienten ausbilden, werden als **Ökokline** bezeichnet. Biome erweisen sich somit als Abstraktionen, als nützliches Mittel zur

37 Die Biosphäre und die geografische Verbreitung von Tieren

Abbildung 37.4: Die Hauptbiome Nordamerikas. Die Grenzbereiche zwischen den Biomen verlaufen nicht so scharf, wie es diese Schemazeichnung andeutet. Sie fließen vielmehr in breiten Überlappungsbereichen ineinander.

konzeptuellen Organisation unseres Bildes verschiedener ökologischer Gemeinschaften. Trotzdem vermag jedermann ein Steppengebiet, einen Laub- und einen Nadelwald oder eine Strauchwüste an ihrem dominierenden Bewuchs zu erkennen, und wir können vernünftige Annahmen hinsichtlich der in dem betreffenden Biom zu erwartenden Tierwelt machen.

Die Eigenheiten eines Bioms werden hauptsächlich durch das Klima, das jahreszeitliche Muster der Regenfälle und des Temperaturverlaufs und die Menge der auftreffenden Sonnenstrahlung bestimmt. Die globalen Klimavariationen kommen durch die ungleichmäßige Aufheizung der Atmosphäre durch die Sonne zustande. Da die Sonnenstrahlung in höheren (polnahen) Breiten in einem flacheren Winkel auf die Erde auftrifft, ist die Erwärmung der Atmosphäre dort geringer als am Äquator (▶ Abbildung 37.5). Die am Äquator erwärmte Luft steigt auf und wandert polwärts. Sie wird durch kältere Luft ersetzt, die in geringerer Höhe von den Polregionen fortströmt. Die Rotation der Erde verkompliziert dieses Strömungsmuster. Der Corioliseffekt bewirkt, dass die Luft auf der Nordhalbkugel nach rechts und auf der Südhalbkugel nach links abgelenkt wird. Die Luftströmungen in jeder der Hemisphären bilden drei Längszonen, die Zellen genannt werden (▶ Abbildung 37.6). In der nördlichen Hemisphäre kühlt sich die heiße, feuchte Luft, die im Äquatorialbereich aufsteigt, beim Aufstieg in der Lufthülle ab und kondensiert. Dies versorgt die üppige Vegetation der äquatorialen Regenwälder mit Niederschlag. Die warme Luft fließt dann in großen Höhen nordwärts, kühlt sich weiter ab und sinkt bei 20 bis 30° nördlicher Breite ab. Diese Luft ist sehr trocken, da sie ihre Feuchtigkeit (ihren Gehalt an Wasserdampf) in den Tropen verloren hat. Beim Aufheizen absorbiert Luft noch mehr Feuchtigkeit, was zu einer intensiven Verdunstung an der Erdoberfläche führt und einen subtropischen Wüstengürtel im Breitengradbereich zwischen 15 und 30° Nord hervorruft (die Wüsten des nordamerikanischen Südwestens, die Sahara in Afrika, die Wüsten der arabischen Halbinsel und die Wüsten Nordindiens). Die Luft fließt dann wieder südwärts in Richtung Äquator. Beim Überqueren der Ozeane nimmt sie wieder Wasserdampf auf und wird in Form der nördlichen Passatwinde nach rechts abgelenkt. Der Zyklus in dieser Zelle schließt sich, wenn die Luft – nun mit Wasserdampf beladen – den Äquator erreicht.

Eine zweite Zirkulationszelle zwischen 30 und 60° Nord kommt zustande, wenn kühle Luft, die bei etwa 30° Nord absinkt und sich in Nähe der Oberfläche nordwärts bewegt. Zwischen 50 und 60° Nord stößt sie auf kalte Luftmassen, die sich vom Nordpol aus südwärts bewegen. Diese Begegnung führt zur Ausbildung eines stürmischen, instabilen Gebietes mit reichlich Niederschlag. Wärmere Luft aus dem Süden wird aufwärts geleitet und wendet sich in großen Höhen südwärts, um

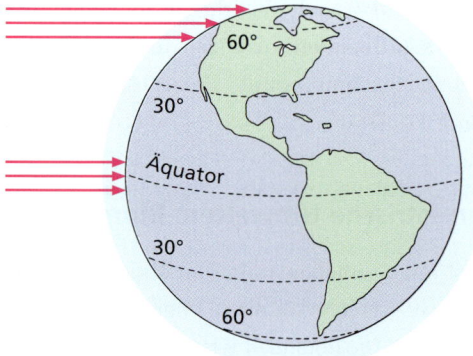

Abbildung 37.5: Das Erdklima. Es wird durch den differenziellen Einfall der Sonnenstrahlung zwischen den höheren Breiten und dem Äquatorbereich bestimmt. In höheren Breiten wird die Energie der Sonnenstrahlung über einen viel größeren, geneigten Oberflächenbereich verstreut als ein äquivalenter Betrag an Strahlungsenergie am Äquator.

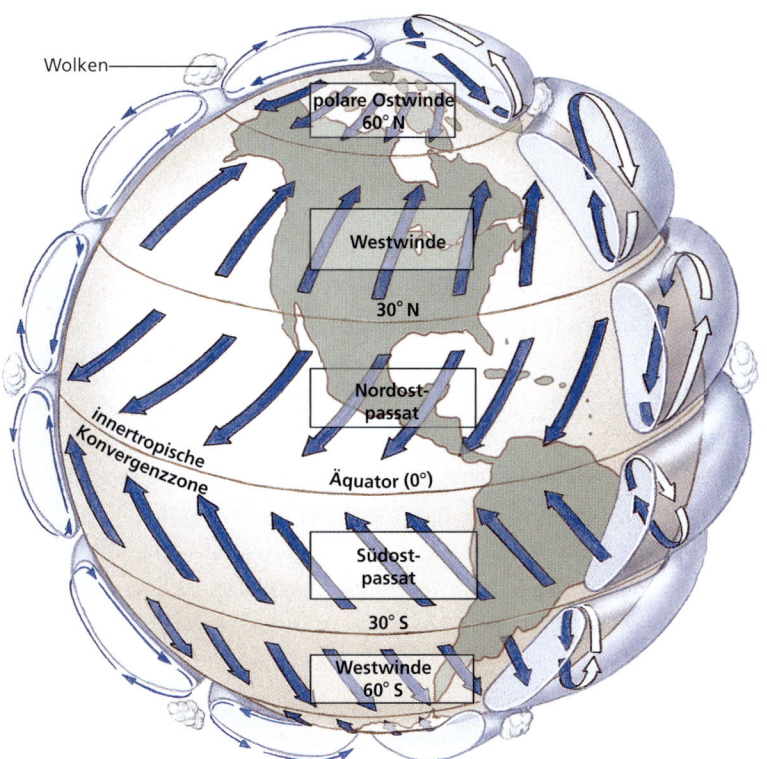

Abbildung 37.6: Die Erde als Wärmekraftmaschine. Als Ergebnis der ungleichmäßigen Aufheizung an der Erdoberfläche – im Verbund mit anderen Faktoren wie der Erdrotation, der Meeresströmungen und der Verteilung der Landmassen – arbeitet die Erde wie eine gigantische Wärmekraftmaschine, die ein kompliziertes Flickenmuster von Klimazonen erzeugt. (Weitere Erläuterungen im Haupttext.)

den Kreislauf in der zweiten Zelle zu vervollständigen. Eine dritte, polare Zelle bildet sich aus, wenn kalte, südwärts strömende arktische Luft in großen Höhen zum Pol zurückströmt.

Die erstrangigen terrestrischen Biome sind die Laubwälder gemäßigter Breiten, die Nadelwälder gemäßigter Breiten, Tropenwälder, Gräsländer (Steppen, Savannen), Tundren und Wüsten. Bei unserer knappen Übersicht werden wir uns in erster Linie auf die Biome des nordamerikanischen Kontinents konzentrieren und die vorherrschenden Merkmale jedes Bioms betrachten.

Laubwälder der gemäßigten Breiten

Die Laubwälder der gemäßigten Breiten – beispielhaft ausgebildet im Osten der USA und in Mitteleuropa – umfassen mehrere Waldtypen, die sich allmählich vom Nordosten zum Süden fortschreitend verändern. Laubwerfende Bäume wie Eichen, Ahorn und Buchen, die im Winter unbelaubt sind, herrschen vor. Die jahreszeitlichen Veränderungen sind in diesem Biom klarer ausgebildet als in jedem anderen. Der Laubfall im Herbst stellt eine Art von Dormanz (= Winterruhe) dar und ist eine Anpassung an den geringeren Energieeintrag durch die Sonneneinstrahlung sowie die frostigen Temperaturen im Winterhalbjahr. Während des Sommers bilden die vergleichsweise dichten Wälder ein geschlossenes Laubdach mit einem darunterliegenden, tief abgeschatteten Bereich. Als Anpassung an diese Verhältnisse zeigt die Unterholzvegetation ein rasches Wachstum im Frühjahr und eine Blüte, bevor sich das Laubdach voll ausgebildet hat. Die mittlere jährliche Niederschlagsmenge ist relativ hoch (75 bis 125 cm), und Regen fällt periodisch das ganze Jahr hindurch. Die mittlere Jahrestemperatur liegt zwischen 5 und 18 °C.

Die Tiergemeinschaften in den Laubwäldern der gemäßigten Breiten reagieren auf unterschiedliche Weisen auf die jahreszeitlichen Schwankungen. Einige, wie insektenfressende Singvögel, wandern. Andere, wie Bilche, halten Winterschlaf. Wiederum andere, die sich nicht zurückziehen können, überleben durch die Nutzung der verfügbaren Futterquellen (zum Beispiel Hirsche) oder mit Hilfe angelegter Futtervorräte (zum Beispiel Eichhörnchen). Bejagung und Habitatverlust haben viele große Carnivoren (Berglöwen, Wölfe, Bären, Luchse) größtenteils aus den östlichen Waldgebieten der USA verdrängt. In Mitteleuropa sind die entsprechenden Arten durch intensive Bejagung schon vor langem ausgerottet worden. Hirsche gedeihen jedoch in Aufforstungsgebieten unter dem Schutz einer strikten Jagdbewirtschaftung. Insekten und andere Gemeinschaften von Wirbellosen sind in den Laubwäldern der gemäßigten Breiten häufig, weil verrottendes Holz und das am Waldboden liegende, sich zersetzende Laub ausgezeichnete Versteckmöglichkeiten sowie Nahrung bieten.

Abbildung 37.7: Ein Elchbulle äst an Zwergbirken in einem Nadelwaldbiom. Man beachte das sich ablösende Bastgewebe des Geweihes, welches signalisiert, dass das Geweihwachstum abgeschlossen ist und die Fortpflanzungszeit herannaht.

Die massive Ausbeutung der nordamerikanischen Laubwälder begann im 17. Jahrhundert und erreichte im 19. Jahrhundert seinen Höhepunkt. Der Holzeinschlag hat die einstmals riesigen Bestände gemäßigter Harthölzer zum Verschwinden gebracht. Mit der Nutzung der Prärien für die landwirtschaftliche Nutzung wurden viele Bauernhöfe im Osten aufgegeben und die brachliegenden Flächen langsam wieder vom Laubwald zurückerobert.

Nadelwälder der gemäßigten Breiten

In Nordamerika bilden Nadelwälder einen breiten, fortlaufenden Gürtel, der in West-Ostrichtung von Alaska aus ganz Kanada durchzieht, und der sich in Nord-Südrichtung über die Rocky Mountains bis nach Mexiko erstreckt. Dieses Biom setzt sich im nördlichen Eurasien fort, wo es Sibirien durchzieht und über Nordrussland bis nach Finnland und Nordschweden reicht. Diese gewaltige Ausdehnung macht es zu einem der größten Pflanzenformationen der Erde. Das Nadelwaldbiom wird von immergrünen Holzpflanzen dominiert (Kiefern, Fichten, Tannen und Zedern), die daran angepasst sind, Winterfrösten zu widerstehen und die kurzen, sommerlichen Wachstumsperioden bestmöglich auszunutzen. Bäume mit einer konischen Statur und biegsamen Zweigen können eine Schneelast leicht abwerfen, wenn sie zu groß wird. Dieser nördliche Bereich wird als **borealer Nadelwald** (gr. *Boreas*, Gott des Windes; Sohn des Astraios und der Eos) bezeichnet; gebräuchlich ist auch die aus dem Russischen entlehnte Bezeichnung **Taiga**. Die Taiga wird von Weiß- (*Picea glauca*) und Schwarzfichten (*Picea mariana*), Balsamtannen (*Abies balsamea*), Felsengebirgstannen (*Abies lasiocarpa*), Lärchen (*Larix* sp.) und Birken (*Betula* sp.) dominiert. Die mittlere jährliche Niederschlagsmenge beträgt weniger als 100 cm; die mittlere Jahrestemperatur schwankt zwischen −5 und +3 °C.

Im zentralen Teil Nordamerikas geht im Bereich der großen Seen der boreale Nadelwald in die „Seenwälder" über, die von Kiefern (*Pinus* sp.) und Hemlocktannen (*Tsuga* sp.) dominiert werden. Der größte Teil dieser Wälder ist durch Abholzung zerstört worden und durch einen buschigen Sekundärwald verdrängt worden, der heute wesentliche Teile der Staaten Michigan, Wisconsin, Minnesota sowie die südlichen Teile der kanadischen Provinz Ontario kennzeichnet. Die großen südlichen, immergrünen Wälder überziehen einen großen Teil der südöstlichen USA. Die letzten ursprünglichen Nadelwälder des pazifischen Nordwestens fallen in raschem Tempo dem kommerziellen Holzeinschlag zum Opfer.

Zu den Säugetieren des borealen und des Seennadelwaldes gehören Hirsche – einschließlich der größten Hirschart, dem Elch (▶ Abbildung 37.7) – Schneehasen, verschiedene Nagetiere, Carnivoren wie Wölfe, Füchse, Vielfraße, Luchse, Wiesel sowie die omnivoren Bären. Sie sind physiologisch oder verhaltensbiologisch an die langen, kalten, schneereichen Winter angepasst. Verbreitete Vögel sind Meisen, Kleiber, Waldsänger und Häher. Ein Vogel, der Fichtenkreuzschnabel, besitzt einen speziell gestalteten Schnabel, der an das Herauslösen von Samenkörnern aus den Zapfen von Nadelbäumen angepasst ist. Mücken und Fliegen plagen Mensch und Tier in diesem Biom. In den südlichen Nadelwaldgebieten fehlen viele der Säugetiere, die in den nördlichen beheimatet sind; dafür finden sich hier mehr Schlangen, Eidechsen und Amphibien.

Tropenwälder

Ein weltweiter äquatorialer Gürtel tropischer Wälder zeichnet sich aus durch starke Regenfälle (mehr als 200 cm/m^2 pro Jahr), hohe Luftfeuchtigkeit, eine relativ hohe und ziemlich konstante Temperatur, deren Jahresmittel über 17 °C liegt, sowie eine nur unwesentlich mit der Jahreszeit schwankende Tageslänge. Diese Bedingungen begünstigen ein üppiges, ununterbrochenes Wachstum, das seine höchste Intensität in den Regenwäldern findet. In scharfem Kontrast zu den Laubwäldern der gemäßigten Zonen, in denen einige wenige Baumarten vorherrschen, enthält der Tropenwald tausende von Arten, von denen keine dominant ist. Ein Hektar typischen Tropenwalds beherbergt 50 bis 70 Baumarten, im Vergleich zu 10 bis 20 auf einer äquivalenten Fläche Hartlaubwald in den östlichen USA.

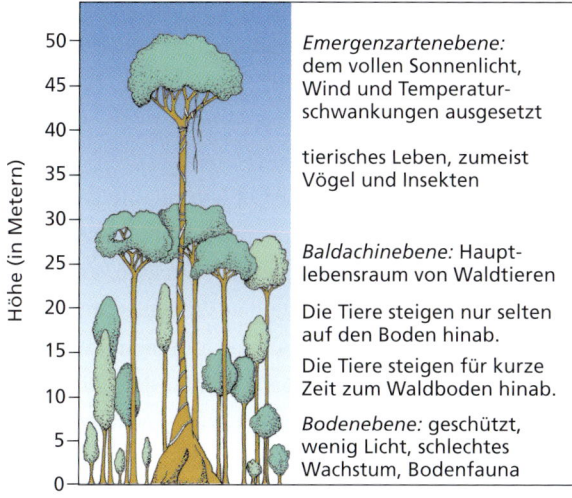

Abbildung 37.8: Profil eines Tropenwaldes. Erkennbar wird die Stratifizierung des tierischen und pflanzlichen Lebens in sechs Schichten. Im Vergleich zur pflanzlichen Biomasse ist die tierische Biomasse klein.

Kletterpflanzen und Epiphyten treten an den Stämmen und Ästen auf. Ein kennzeichnendes Merkmal der tropischen Wälder ist ihre horizontale Stratifikation in sechs bis acht Nährschichten (▶ Abbildung 37.8).

Insektenfressende Vögel und Fledermäuse bewohnen den Luftraum über dem Laubdach. Unter dem Laubbaldachin ernähren sich Vögel, fruchtfressende Fledermäuse und Säugetiere von Blättern und Früchten. In der mittleren Zone leben arboreale (baumbewohnende) Säugetiere wie Affen und Faultiere, zahlreiche Vögel, insektivore Fledermäuse, Insekten und Amphibien. Kletternde Tiere wie Hörnchen und Schleichkatzen laufen über die Baumäste und finden in allen Schichten Nahrung. Auf dem Waldboden leben große Säugetiere wie die Großnagetiere Südamerikas (zum Beispiel Capybaras („Wasserschweine"; Familie Hydrochaeridae), Pacas (Unterfamilie Cuniculinae) und Agoutis (Familie Dasyproctidae)) sowie Paarhufer aus der Gruppe der Schweine (in Südamerika Neuweltschweine oder Pekaris (Tayassuidae)). Schließlich durchwühlen kleine Insektivoren, Carnivoren und Herbivoren die Humusschicht und die niedrig hängenden Äste nach Nahrung. Kein anderes Biom nimmt es hinsichtlich der unglaublichen Vielfalt an Tierarten mit den tropischen Wäldern auf. Die Nahrungsnetze (Kapitel 38: Ökosysteme) sind kompliziert und bekannt dafür, dass sich ihre Analyse schwierig gestaltet.

Tropische Waldgebiete – insbesondere das sich im Amazonasbecken erstreckende, zusammenhängende Gebiet – sind die am stärksten bedrohten Waldökosysteme. Weite Bereiche werden durch Brandrodung für die landwirtschaftliche Nutzung des Bodens vernichtet. Die entstehenden Bauernhöfe werden aber in der Regel bald wieder aufgegeben, weil die Fruchtbarkeit des Bodens gering ist. Es mag paradox erscheinen, dass ein Biom, das so üppig ist wie der Tropenwald auf einem mageren Boden stehen soll. Die durch die Zersetzung frei werdenden Nährstoffe werden jedoch durch die Pflanzen, Pilze und Bakterien rasch in den ökologischen Kreislauf zurückgeführt; für die Humusbildung bleiben keine ausreichenden Reste zurück. In vielen Gebieten verwandelt sich der Erdboden nach der Entfernung der Pflanzendecke rasch in eine harte, ziegelsteinartige Kruste, die als **Laterit** bezeichnet wird. Tropische Pflanzen vermögen solche Gebiete nicht wieder zu besiedeln. Weiterer Druck auf die tropischen Wälder geht vom Holzeinschlag multinationaler Holzhandelsfirmen aus sowie von der Abholzung zur Errichtung von extensiven Rinderzuchtbetrieben.

Grasländer

Die nordamerikanische Prärie ist eines der ausgedehntesten Grasländer der Erde. Es erstreckt sich vom Ostrand der Rocky Mountains nach Osten bis zu den Laubwäldern des Ostrandes des Kontinents und von Nordmexiko nordwärts bis in die kanadischen Provinzen Alberta, Saskatchewan und Manitoba. Die ursprünglichen Graslandlebensgemeinschaften aus Pflanzen und Tieren sind weitgehend zur produktivsten landwirtschaftlichen Nutzfläche der Welt umgewandelt worden, in der Getreidemonokulturen vorherrschen. In den vormaligen Grasungsgebieten der Wildtiere sind praktisch alle wesentlichen heimischen Gräser durch Fremdarten verdrängt worden. Von der einst dominierenden Herbivorenart, dem Bison (▶ Abbildung 37.9), sind nur wenige Exemplare erhalten geblieben. Hasen, Erdmännchen wie

Abbildung 37.9: Grasland. Eine grasende Bisonherde in der Kurzgrasprärie.

37 Die Biosphäre und die geografische Verbreitung von Tieren

Abbildung 37.10: **Ein großes männliches Rentier in der Tundra Alaskas.** Rentiere leben in großen Herden, die gemeinschaftlich wandern und sich im Sommer von Gräsern, Zwergweiden und Birken ernähren, im Winter fast ausschließlich von Flechten.

Ziesel und Präriehunde sowie Antilopenarten haben überlebt. Zu den räuberischen Säugetieren dieses Lebensraumes gehören Kojoten, Wiesel und Dachse, obwohl von diesen nur die Kojoten richtig zahlreich sind. In den Flint Hills von Kansas und im nördlichen Oklahoma finden sich noch riesige, ausgedehnte Züge offener Prärie mit hochwüchsigen Gräsern. Große Präriegebiete mit niedrigwüchsigen Gräsern sind im westlichen Kansas und Nebraska erhalten. In diesen Arealen kommen noch native Vegetation und native Beutegreifer wie Greifvögel, Berglöwen (Pumas) und Rotluchse vor. Die jährlichen Niederschlagsmengen der nordamerikanischen Graslandgebiete bewegen sich im Bereich von 80 cm im Osten bis 40 cm im Westen (jeweils pro Quadratmeter). Die mittlere Jahrestemperatur liegt zwischen 10 und 20 °C.

Tundra

Die Tundra ist eine kennzeichnende Landschaftsform strenger, kalter Klimazonen, insbesondere der baumlosen arktischen Bereiche und des Hochgebirges. Das pflanzliche Leben muss sich an eine kurze Vegetationsperiode von ungefähr 60 Tagen und einen Boden anpassen, der einen Großteil des Jahres gefroren ist. Die mittlere jährliche Niederschlagsmenge beträgt weniger als 25 cm, und die Jahresmitteltemperatur erreicht ca. −10 °C.

Die meisten Tundrengebiete sind von Hochmooren, Marschen, Teichen und schwammigen Matten zerfallender Vegetation bedeckt. Die hohen Tundrengebiete sind jedoch oft nur von Flechten und Gräsern überzogen. Ungeachtet des dünnen Bodenprofils und der kurzen Vegetationszeit, kann der Bewuchs mit zwergwüchsigen Holzpflanzen, Gräsern, Seggen und Flechten üppig sein. Charakteristische Tiere der arktischen Tundra sind Lemminge, Rentiere (▶ Abbildung 37.10), Moschusochsen, Polarfüchse, Schneehasen, Raufußhühner und (während des Sommers) viele Zugvögel.

Wüsten

Wüsten sind aride (= trockene) Gebiete mit sehr geringem Niederschlag (weniger als 25 cm pro Jahr) bei gleichzeitig hoher Verdunstung. Die nordamerikanische Wüste besteht aus zwei Teilen – den heißen Wüstengebieten des Südwestens (Mojave, Sonora und Chihuahua) und den kühlen Hochwüsten im Regenschatten der Hohen Sierra und des Kaskadengebirges. Wüstenpflanzen wie dornige Sträucher und Kakteen weisen eine reduzierte Belaubung, trockenheitsresistente Samen und andere Anpassungen zum Einsparen von Wasser auf. Viele große Wüstentiere besitzen bemerkenswerte anatomische und physiologische Anpassungen zur Kühlung und Wassereinsparung (Kapitel 30: Temperaturregulation). Die meisten kleineren Tiere vermeiden extreme Bedingungen, indem sie in Höhlen leben oder einer nächtlichen Lebensweise nachgehen. Zu den Säugetieren der Tundra gehören der Großohrhirsch *(Odocoileus hemionus)*, Weißbartpekaris *(Tayassu pecari)*, Baumwollschwanzkaninchen (*Sylvilagus* sp.), Hasen, Kängururatten und Erdhörnchen. Typische Wüstenvögel sind Rennkuckucke, Kaktuszaunkönige, Truthahngeier und in Erdbauen lebende Kaninchenkäuze *(Athene cunicularia)*. Reptilien sind zahlreich; einige wenige Krötenarten sind verbreitet. Arthropoden erscheinen in Form einer Vielzahl von Insekten und Arachniden.

37.1.3 Süßgewässer

Von dem auf der Erde vorhandenen Wasser sind nur 2,5 Prozent Süßwasser. Der größte Anteil des Süßwassers liegt – noch! – in Form der polaren Eiskappen vor, gefolgt

> **Exkurs**
>
> Die Wüstengebiete sind in rascher Ausbreitung befindlich. Zwischen 1882 und 1952 hat sich die Landfläche, die von Wüsten eingenommen wird, von schätzungsweise 9,4 Prozent der nicht von Wasser bedeckten Erdoberfläche auf 22,3 Prozent erhöht. Seit 1965 hat sich die Sahara um 650.000 km² Grasland ausgedehnt. Die Sahara ist die größte Wüste der Erde. Der gewaltige Flächenzuwachs dieser Wüste ist auf andauernde Dürren und Überweidung der ehemaligen Graslandareale zurückzuführen. Durch Überweidung durch Nutzvieh sind auch die Grasländer Arizonas und Neumexikos im Südwesten der USA in Wüsten übergegangen.

von Grundwasser in Grundwasserleitern und im Erdboden. Als Habitat für aquatisches Leben verbleiben ganze 0,01 Prozent des Süßwassers. Ein Viertel aller Wirbeltiere und beinahe die Hälfte aller Fische leben auf diesen fragilen „Inseln" aus Wasser, die außerdem die menschlichen Bedürfnisse (Trinkwasser, Energiegewinnung aus Wasserkraft, Landbewässerung, Abwasser zum Abfalltransport) befriedigen müssen.

Das kontinentale Süßwasser kommt als **Fließgewässer** und als **stehende Gewässer** vor. Die Fließgewässer folgen einem Schwerkraftgradienten, der in Gebirgsbächen seinen Anfang nimmt und in Flüsse und Ströme mündet. Bäche und schnell fließende Flüsse enthalten infolge der turbulenten Wasserströmungen viel gelösten Sauerstoff. Nährstoffe werden in der Hauptsache aus organischem Detritus eingetragen, der aus benachbarten terrestrischen Bereichen ausgewaschen wird. Weniger rasch fließende Flüsse weisen einen geringeren Sauerstoffgehalt auf, und es finden sich mehr treibende Algen und mehr Pflanzenbewuchs. Ihre Fauna toleriert niedrigere Sauerstoffkonzentrationen.

Stehende Gewässer wie Teiche und Seen weisen noch niedrigere Sauerstoffkonzentrationen auf, besonders in größeren Tiefen. Tiere, die auf dem Grund oder an submerser Vegetation (dem **Benthos**) leben, sind Schnecken und Muscheln, Crustaceen sowie ein breites Spektrum an Insekten und deren Larven. Viele freischwimmende Formen – das **Nekton** – sind in Seen und größeren Teichen anzutreffen. Abhängig von den verfügbaren Nährstoffen kann ein größeres Kontingent an kleinen, schwebenden oder durch Schwimmen schwach beweglichen Pflanzen und Tieren (das **Plankton**) auftreten. Teiche und Seen besitzen kurze Lebenszeiten von einigen hundert bis mehreren tausend Jahren – abhängig von der Größe und Sedimentationsrate. Sie durchlaufen mit zunehmendem Alter ausgeprägte physikalische Veränderungen. Die großen Seen Nordamerikas, die Geländevertiefungen ausfüllen, die im Verlauf des Pleistozäns von den sich vorwärtsschiebenden Eismassen ausgekehlt worden sind, sind seit etwa 5000 Jahren eisfrei.

Viele Süßwasserhabitate sind durch menschliche Umweltverschmutzungen wie die Einleitung giftiger Industrieabwässer und enormer Güllemengen stark geschädigt. Unter den großen Seen Nordamerikas ist der Eriesee am stärksten durch den Eintrag an Nitrat und Phosphaten betroffen. Diese Nährstoffe überdüngen den See und führen so zu starken Algenblüten. Die Algen sinken nach dem Absterben auf den Seegrund und zersetzen sich dort unter Verbrauch des vorhandenen Sauerstoffs. Als Folge davon werden alle Ebenen des aquatischen Lebens nachteilig beeinflusst.

37.1.4 Ozeanische Umwelten

Die Ozeane stellen den bei weitem größten Teil der Biosphäre der Erde. Sie bedecken 71 Prozent der Oberfläche des Planeten mit einer durchschnittlichen Wassertiefe von 3,75 km. Der tiefste Punkt liegt im pazifischen Ozean bei 11,5 km unter dem Meeresspiegel. Der augenscheinlichen Eintönigkeit der Meeresoberfläche steht eine Vielfalt des Lebens darunter gegenüber. Die Ozeane sind die Wiege des Lebens. Dies spiegelt sich in der Vielfalt der Organismen in ihnen wieder – mehr als 200.000 Arten einzelliger Formen, Pflanzen und Tiere leben hier. Etwa 98 Prozent dieser Lebensformen leben auf dem Meeresgrund (**benthisch**); nur ca. zwei Prozent leben frei im offenen Ozean (**pelagisch**). Bei den benthischen Formen findet man die höchste Konzentration von Biomasse in der Gezeitenzone oder in flachen Meeresbereichen, doch nimmt die Artenvielfalt von den Flachmeeren bis in Tiefen von 2000 bis 3000 m zu, um dann bei noch größeren Tiefen wieder abzufallen.

Die produktivsten Bereiche konzentrieren sich entlang der Kontinentalränder und einiger weniger weiterer Gebiete, in denen das Wasser durch organische Nährstoffe und Material angereichert wird, das durch aufsteigende Strömungen ans Sonnenlicht gebracht wird. Der vom Sonnenlicht erhellte Bereich des Meeres wird als dessen **photische Zone** bezeichnet. Hier kann Photosynthese stattfinden. Mit einigen beachtenswerten Ausnahmen (siehe Kasten „Leben ohne Sonne" im Kapitel 38, Abschnitt „Energiefluss und Produktivität") wird alles Leben unterhalb der photischen Zone durch einen leichten „Regen" organischer Partikel von oberhalb unterhalten.

Eine **Mündung** ist eine Übergangszone, in der Süßwasser in das Meer fließt. Ungeachtet der instabilen Salinität (= Salzgehalt), die durch den wechselnden Eintrag an Süßwasser hervorgerufen wird, ist ein Mündungs-

> **Exkurs**
>
> Eine augenfällige Ausnahme von der Regel, dass die meisten Seen eine kurze Existenzzeit besitzen, ist der Baikalsee in Südsibirien. Dieser enorme See mit seiner Tiefe von 1741 m ist der mit Abstand älteste der Welt. Er geht mindestens bis auf das Paläozän vor mehr als 60 Millionen Jahren zurück. Die Speziation der Groppen (Cottidae) im Baikalsee ist in Abbildung 6.20 dargestellt.

Die Biosphäre und die geografische Verbreitung von Tieren

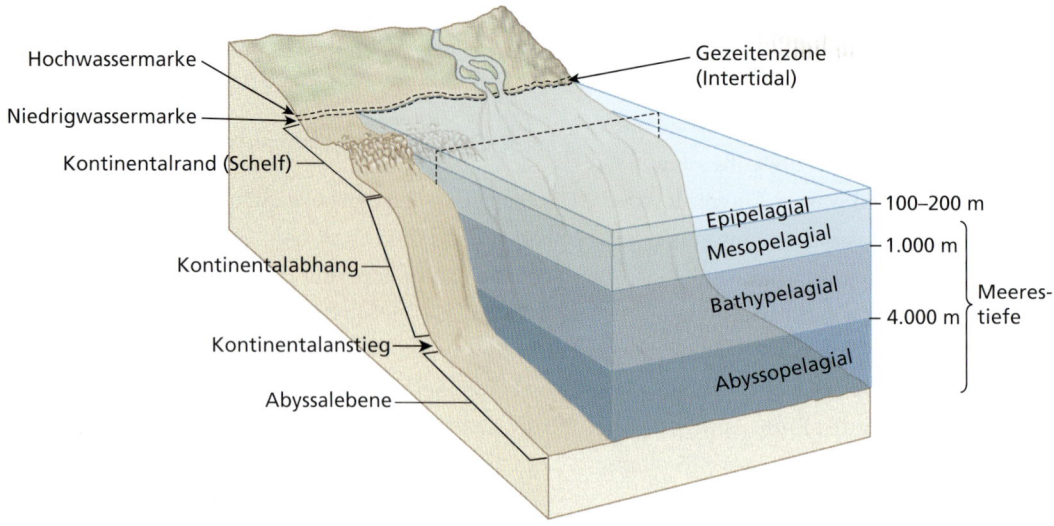

Abbildung 37.11: **Die Hauptzonen des Meeres.** Der Kontinentalschelf, der Kontinentalabhang und der Kontinentalsockel bilden zusammen den Kontinentalrand.

gebiet ein nährstoffreiches Habitat, in dem sich eine vielgestaltige Fauna findet.

Die benthischen Gemeinschaften am Meeresboden belegen geologische Bereiche, die durch ihre Topografie, das Substrat (den Untergrund) und die Entfernung von der Küste kategorisiert werden (▶ Abbildung 37.11). Der Küste am nächsten liegt der **Kontinentalrand** des Meeres, der (1) einen **Kontinentalschelf** enthält, der sich vom flachen, strandnahen Wasser bis in Tiefen von 120 bis 400 m erstreckt, (2) einen **Kontinentalabhang**, der einen scharfen Abstieg vom äußeren Schelfrand bis in eine Tiefe von 3000 bis 5000 m markiert, und (3) einen **Kontinentalsockel** – dicke Sedimentschichten, die an der Basis des Kontinentalabhang aufgetürmt sind. Jenseits dieser Kontinentalränder liegen die Tiefseebecken oder **Abyssalebenen** – küstenferne Ebenen mit submarinen Kanälen und Bergen mit einer Durchschnittstiefe von 4000 m, die örtlich aber bis auf 11.000 m abfallen können. Die Abyssalebenen unterliegen nur geringen jahreszeitlichen Schwankungen der Temperatur und Beleuchtung und sind deshalb ungeachtet ihrer beträchtlichen räumlichen Unterschiede vergleichsweise stabile Umwelten.

Die felsige Gezeitenzone

Die **Gezeitenzone** (manchmal auch Eulitoral genannt) ist der Teil des Kontinentalschelfs, der bei Niedrigwasser trockenfällt und der Luft ausgesetzt ist. Die Tiere der Gezeiten-Lebensgemeinschaften unterliegen täglichen Fluktuationen mit einem steten Wechsel zwischen einer marinen und einer terrestrischen Umwelt. An felsiges oder steiniges Substrat angeheftet finden sich Strand-

schnecken, Entenmuscheln und andere Lebensformen, deren Exoskelett sie vor Austrocknung und physikalischem Abrieb durch Wellenschlag schützt (▶ Abbildung 37.12). Diese sessilen (= sesshaften) Formen werden von Meeresschnecken und Seesternen verzehrt. Wechselwirkungen zwischen physikalischem Stress, Verfolgung durch räuberische Arten und zwischenartlicher Konkurrenz (Kapitel 38, Abschnitt „Gemeinschaftsökologie") bringen oft sichtbare Bänderungen hervor, in denen Strandschnecken auf den exponiertesten Felsen anzutreffen sind, die zu den Crustaceen gehörenden Entenmuscheln in intermediären Bereichen und Muscheln auf den am stärksten untergetauchten Oberflächen. Einsenkungen in der felsigen Oberfläche haben oftmals die Bildung von Gezeitentümpeln zur Folge, die

Abbildung 37.12: Lebensgemeinschaft der Felsgezeitenzone. Dort findet man häufig sesshafte Bivalvia und Entenmuscheln, deren Exoskelett Schutz vor Austrocknung und Wellenschlag sowie gefräßigen Seesternen verleiht.

(a) (b)

Abbildung 37.13: **Seetangwälder der felsigen Unterwasserzone.** Sie werden (a) von Seeigeln beweidet, die ihrerseits (b) Seeottern als Nahrung dienen. Eine große Seeotterpopulation erhält einen Seetangwald, indem sie Seeigel abfischt.

isoliert am ansonsten freiliegenden Küstensaum liegen. Diese Gezeitentümpel bieten Seeanemonen, Korallen, Manteltieren und anderen Lebensformen des Meeres, die an ein vollständig trockenfallendes Habitat nur schlecht angepasst sind, einen Überlebensraum. In die Fauna des felsigen Gezeitenraumes eingestreut finden sich oft Tange. Faunen der Felsgezeitenzone finden sich verbreitet an den nördlichen Küsten Nordamerikas sowohl auf der atlantischen wie der pazifischen Seite.

Die felsige Unterwasserzone

Seetangwälder (▶ Abbildung 37.13), die von Braunalgen dominiert werden, besetzen flache Unterwasserbereiche rund um die Welt. Dabei erreichen sie auch die Polarkreise der Arktis und der Antarktis. Die Tange heften sich an einem festen Untergrund mit speziellen Haftorganen fest und wachsen aufwärts. Einige erreichen dabei die Oberfläche und bilden ein „Laubdach", das analog zum Laubdach eines Waldes ist. Beweidung durch Seesterne und Schäden durch Stürme verändern die Struktur eines Seetangwaldes gravierend. Zahlreiche Muschel-, Seestern- und Napfschneckenarten weiden die Seetangwälder (Kelpwälder) vor der Pazifikküste Nordamerikas ab.

Diese Kelpwälder bilden die Grundlage für vielfältiges tierisches Leben, darunter filtrierende Muscheln und ihnen nachstellende Crustaceen. Seeotterpopulationen, die Mollusken, Seesterne und Fische der Seetangwälder vertilgen, helfen auf diese Weise indirekt, die Dichte der Tangwälder zu erhöhen, indem sie die Population der Seesterne, die sehr gierige Tangfresser sind, im Zaum halten.

Korallenriffe treten vor den Kontinentalküsten und um Vulkaninseln herum auf. Hierher gehören auch die Atolle, die eine Abfolge von Riffen sind, die ringförmig den Bereich einer versunkenen Vulkaninsel umgeben. Riffe schützen eine besonders vielfältige Unterwasser-Gemeinschaft vor Schäden durch Wellenschlag (▶ Abbildung 37.14). Der Untergrund ist ein topografisch komplexes Gebilde, das durch das wechselseitige Wachstum von Korallen und einzelligen Algen aufgebaut wird (siehe Kapitel 13). Ein einzelnes Riff kann 50 oder mehr Korallenarten enthalten, wobei in unterschiedlichen Wassertiefen unterschiedliche Korallenarten vorherrschen. Die komplexen topografischen Verhältnisse eines Riffs untergliedern seine Oberfläche in zahlreiche Untergemeinschaften, die mit verschiedenen Lichtmengen und physikalischen Ausrichtungen verbunden sind.

Abbildung 37.14: Die topografische Komplexität eines Korallenriffs. Sie bietet Raum für diverse Lebensgemeinschaften mit komplexen symbiontischen Beziehungen unter den verschiedenen Arten.

Durch diese Unterteilung bieten sich Lebensräume für hunderte von Fisch- und Schneckenarten, zuzüglich anderer Nesseltiere (neben den Korallen), Crustaceen, Schwämme, Polychäten, Mollusken, Echinodermaten, Tunikaten und anderer Wirbelloser. Da die Lebensgemeinschaft eines Korallenriffs durch komplexe, symbiontische Wechselbeziehungen gekennzeichnet ist, wird ihr Aufbau von keiner einzelnen Art dominiert.

Riffe werden daher durch Veränderungen, die eine einzelne Art betreffen, weniger in ihrem Aufbau und ihrer Funktion gestört als die pazifischen Tangwälder, deren Gemeinschaftsstruktur sich stark in Abhängigkeit von der lokalen Bestandsdichte der Otterpopulation verändert.

Viele Arten, die in einem Korallenriff um den begrenzten Platz konkurrieren, zeigen agonistische Wechselwirkungen. Moostierchen (Ectoprocta), die sich schnell durch Teilung vermehren können, treten mit anderen in Konkurrenz, indem sie diese überwachsen. Das führt dazu, dass einige Gruppen ein rasches Abknospen von identischen Tochtertieren und aufrechte Strukturen evolviert haben, die resistent gegen ein Überwachsen durch Moostierchen sind. Einige langsam wachsende Korallen vernichten ihre Nachbarn durch den Einsatz von nesselnden Tentakeln und Verdauungssekreten. Andere wechselseitige Beziehungen existieren ebenfalls, etwa in Form des Schutzes, der für bestimmte kleine Riffbarsche der Gattung *Amphiprion* von sonst räuberischen Seeanemonen ausgeht (siehe Kapitel 13). Die scheinbare Stabilität von Korallenriffen kommt durch dynamische Wechselwirkungen zwischen vielen Arten zustande.

Küstennahe Weichsedimente

Küstennahe Umweltbereiche in der Gezeitenzone und im anschließenden Unterwasserbereich (den dauerhaft überschwemmten Bereichen), die einen weichen Untergrund aufweisen, sind die Lebensräume einer Reihe mariner Biome. Hierher gehören Strände, Schlickflächen (Watt), Salzmarschen, Seegrasfelder und Mangrovengemeinschaften. Eine Sandbank des Gezeitenbereiches wird anfänglich durch Gräser besiedelt; ihnen folgen Marschmuscheln, grabende Krabben und Garnelen sowie detritusfressende Polychäten. Diese Artengemeinschaften kennzeichnen eine Salzmarsch (▶ Abbildung 37.15). Der Begriff Marsch leitet sich aus dem Altniederdeutschen ab und bedeutet soviel wie Schwemmland. Kleine Bäche in den Salzmarschen (sporadisch von Meerwasser überspülten Bereichen im Küstenhinterland) sind besonders günstige Lebensräume für viele Polychäten, Muscheln, Uferschnecken, Krustentiere und Fische. Kleinere Fische wie Killifische (eierlegende Zahnkarpfen) locken Seeschwalben und Eisvögel an. In Europa kommen Killifische, von denen viele Arten als Aquarienfische beliebt sind, nur im Umkreis des Mittelmeers vor, wo sie auch Brackwasserhabitate bewohnen. Diese Marschen sind wichtige Quellen organischer Substanz und bilden „Kinderstuben" für viele Meeresfischarten.

Zu den flachen, küstennahen benthischen Bereichen gehören auch Seegraswiesen, die sich oft auf erst kürzlich abgelagerten Sedimenten bilden und entlang der europäischen und nordamerikanischen Atlantikküsten dichte Bestände bilden. Hydroide, Schwämme und Ektoprokten kommen in diesen Unterwasserwiesen vor, die außerdem der Lebensraum von Kammmuscheln (Pectinidae) sind.

In ruhigen Gewässern tropischer und subtropischer Meeresküsten wachsen in submersen Weichsedimenten Mangrovenbäume (salztolerante Baumarten, die verschiedenen Gattungen und Familien angehören), die entlang der Küsten dichte, beinahe undurchdringliche Waldsäume bilden. Die benthischen Wurzelbereiche

37.1 Die Verteilung des Lebens auf der Erde

Abbildung 37.15: **Küstennahe Meeresumwelten mit Weichsedimenten.** (a) Salzmarschen und (b) Mangrovenwälder.

der Mangroven bieten einer reichhaltigen Gemeinschaft von Detritusfressern wie Austern, Krabben und Garnelen Lebensraum. Fische sind ebenfalls sehr häufig. Die Mangroven sind vermutlich dadurch einzigartig, dass sie in ihrem Wurzelbereich einer marinen Lebensgemeinschaft Unterschlupf geben und gleichzeitig in ihrem Astwerk und Laubdach eine terrestrische Lebensgemeinschaft beherbergen.

Tiefsee-Sedimente

Der Bereich der Tiefsee umfasst die Kontinentalabhänge, den Kontinentalsockel und die Tiefsee-Ebenen (Abyssalebenen). Diese Bereiche sind zumeist von weichen Sedimenten überdeckt. Sauberer Sand herrscht dort vor, wo starke Strömungen über den Grund hinweg ziehen; wo die grundnahen Strömungen schwach sind, findet sich feiner Schlamm (Schlick). Wirbellose Strudler (Kapitel 32) dominieren den sandigen Untergrund, sind aber in Schlickbereichen selten. Experimente mit strudelnden Muscheln haben gezeigt, dass die feinen Schwebeteilchen, die das Wasser über schlickigem Untergrund trüben, dem Strudelapparat zusetzen und beschädigen. Auf schlickigem Untergrund überwiegen daher Arten, die auf dem Untergrund fressen. Dies führt auf dem Grund der Tiefsee zu flickenteppichartig verstreuten Tiergemeinschaften, die den Typus des Substrates widerspiegeln. Vom Untergrund fressende Seegurten, polychäte Anneliden und Würmer erzeugen Kothaufen, die ein Substrat für kleinere Strudler wie Muscheln, weitere Polychäten und Crustaceen bilden. Ohne diese Kothaufen könnten reine Strudler sonst in diesen Bereichen nicht leben. Tote Fische und Pflanzen fallen zum Meeresgrund hinab und bilden die Lebensgrundlage für Bakterien und vom Untergrund fressende Tiere.

Hydrothermale Quellen

Das sporadische Auftreten hydrothermaler Quellen (siehe Kapitel 38) trägt weiter zur ungleichmäßigen Verteilung der Tiergemeinschaften in den Lebensräumen der Tiefsee bei. Hydrothermale Quellen kommen auf den Abyssalebenen dort vor, wo unterirdische Vulkanaktivität am Meeresboden austritt. Die vulkanischen Aktivitäten erzeugen ein hartes Substrat und heißes, sulfidreiches Wasser. Archaebakterien, die ihre Energie aus der Oxidation des Sulfids beziehen, bilden auf dem steinigen Untergrund in der Nähe der heißen Quellen Matten. Diese Mikrobenmatten werden von Muscheln, Schnecken und Krebstieren abgeweidet. Andere Muscheln beherbergen schwefeloxidierende Archaebakterien als Symbionten in ihren Kiemen. Pogonophore Riesenwürmer (siehe Kapitel 21) enthalten ebenfalls symbiontische Archaebakterien, von denen sie Nährstoffe beziehen. Die Hydrothermalquellen der Tiefsee sind ephemere (= kurzlebige) Erscheinungen; diese Lebensgemeinschaften pflanzen sich durch wiederholte Kolonisierung neu entstandener heißer Quellen fort.

Das Pelagial

Die gewaltigen Bereiche des offenen Meeres werden das Pelagial genannt (▶ Abbildung 37.16). Ungeachtet seiner Größe (90 Prozent der gesamten Meeresfläche) ist das Pelagial biologisch verhältnismäßig arm, weil Organismen, die absterben, aus der photischen Zone zum Grund hinab sinken und dabei Nährstoffe in den bathypelagi-

37 Die Biosphäre und die geografische Verbreitung von Tieren

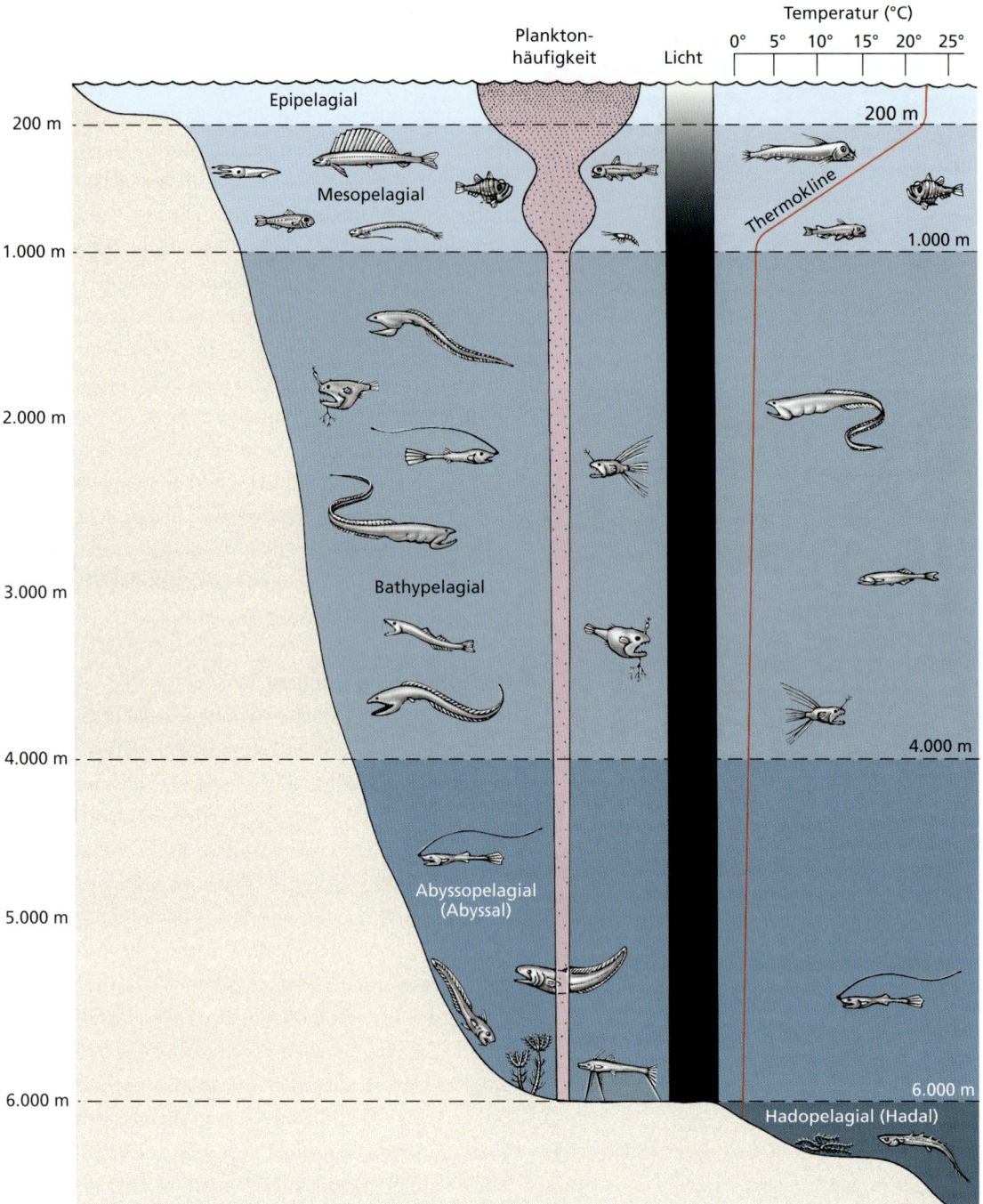

Abbildung 37.16: Das Leben in den Zonen des Pelagials. Jede Zone unterhält eine bestimmte, für sie typische Gemeinschaft von Lebewesen. Die Tiere in den Zonen unterhalb des Mesopelagials sind von einem mageren „Regen" aus Nahrungsstoffen abhängig, der aus dem Epi- und dem Mesopelagial auf sie „herabregnet".

schen (= lichtlosen; auch aphotische Zone genannt) Bereich verfrachten.

Bereiche aufsteigender Strömungen und Konvergenzzonen, in denen Meeresströmungen aufeinandertreffen, sind lebenswichtige Quellen der Nährstoffrückführung in die oberflächennahe photische Zone. Die enorm produktiven Polarmeere sind dafür Beispiele. Bevor ihre Populationen durch menschlichen Zugriff zerstört wurden, haben die großen Bartenwale geschätzte 77 Millionen Tonnen Krill (siehe Abbildung 19.25) pro Jahr vertilgt. Diese Menge übersteigt die gesamte Fangmenge sämtlicher Fische, Krustentiere und Mollusken, die von den weltweit operierenden Fischereiflotten gefangen wird. Die enorme Krillpopulation wurde durch das Phytoplankton ermöglicht und aufrechterhalten, das die Grundlage der Nahrungskette ist (siehe Kapitel 38). Das

Phytoplankton gedeiht seinerseits hervorragend aufgrund der im antarktischen Meer reichlich vorhandenen Nährstoffe.

Die produktivsten Fischgründe der Welt haben ihre Zentren in den Bereichen aufsteigender Strömungen. Vor ihrem Zusammenbruch im Jahr 1972 hat die peruanische Sardellenfischerei, die sich auf den Perustrom stützt, 22 Prozent des gesamten, weltweit gefangenen Fisches geliefert. Die kalifornische Sardinen- und die japanische Heringsfischerei, die sich beide in Bereichen aufsteigender Strömungen vollzogen, haben die jeweiligen Fischbestände so intensiv abgeerntet, dass die Populationen schließlich zusammenbrachen und sich bis heute nicht erholt haben. Die Fischbestände in aller Welt sind heute durch Überfischung ernsthaft bedroht. Weitere Faktoren, die den Fischbeständen zusetzen, sind eine Zerstörung von Lebensräumen durch Schleppnetzfischerei (trawling), andere Fischereimethoden mit hoher Abfallquote sowie die Meeresverschmutzung. Einige der ergiebigsten Fischgründe der Welt, wie die Grand Banks und die Georges Banks östlich von Nordamerika, sind bereits vernichtet worden.

Unter der Meeresoberfläche, dem **Epipelagial**, bilden die Schichten der Tiefmeerbereiche das Reich des Pelagials, die durch einen enormen Druck, beständige Dunkelheit und eine konstante Wassertemperatur nahe 0 °C gekennzeichnet sind. Bis vor sehr kurzer Zeit war dies eine Welt, die dem Menschen verschlossen und gänzlich unbekannt war. Erst in der zweiten Hälfte des 20. Jahrhunderts wurden ferngesteuerte Kameras, Tiefseetauchboote und Tiefseeschleppnetze verfügbar, mit denen es gelang, einen Blick vom Meeresboden in großen Tiefen zu erhaschen und Proben aus großen Tiefen zu nehmen. In der Tiefsee lassen sich mehrere, deutlich voneinander abgesetzte Habitate unterscheiden (Abbildung 37.16). Das **Mesopelagial** ist die Dämmerungszone, in der noch schwaches Licht wahrnehmbar ist und sich abwechslungsreiche Tiergemeinschaften finden. Unterhalb des Mesopelagials liegt eine Welt, die in völlige Dunkelheit gehüllt ist. Wie in Abbildung 37.16 dargestellt, wird dieser Bereich in drei Tiefenbereiche unterteilt: das Bathypelagial, das Abyssopelagial und das Hadopelagial. Lebensformen der Tiefsee stützen sich auf einen mageren „Regen" aus organischem Abfall und Bruchstückchen, der von oberhalb herab rieselt und aus Material besteht, das dem Konsum von Organismen weiter oben in der Wassersäule entgangen ist („Krümel", die vom Tisch der oberflächennah lebenden Tiere herabfallen.)

Zoogeografie: Die Verteilung und Verbreitung der Tiere auf der Erde 37.2

Die Zoogeografie beschreibt die Verbreitungsmuster und Diversitätsverteilung von Tieren und sucht nach Erklärungen dafür, warum Arten und die Artenvielfalt so auf der Erde verteilt sind, wie wir es heute vorfinden. Die meisten Arten besetzen eingeschränkte geografische Areale. Warum Tiere so verbreitet sind, wie sie es sind, ist nicht immer offenkundig, weil ähnliche Habitate auf verschiedenen, voneinander getrennten Kontinenten ziemlich unterschiedliche Arten von Tieren beherbergen können. Eine spezielle Art kann in einer bestimmten Region fehlen, die ähnliche Tiere beherbergt, weil Verbreitungsbarrieren eine Ausdehnung in diese Region verhindern, oder weil bereits etablierte Populationen anderer Tiere eine weitere Besiedelung verhindern. Wir würden daher gern herausfinden, warum Tiere dort auftreten, wo sie tatsächlich anzutreffen sind, und nicht dort, wo man denken sollte oder es sich vorstellen könnte.

Erklärungen für die geografische Verbreitung von Tieren finden sich in der Naturgeschichte. Die fossile Überlieferung zeigt, dass Tiere einst in Regionen zahlreich waren und gediehen, in denen sie heute nicht mehr vorkommen. Das Aussterben hat eine wesentliche Rolle gespielt, doch hinterließen auch viele Gruppen Nachfahren, die in andere Regionen abgewandert sind und dort überlebt haben. So hatten beispielsweise die Kamele ihren Ursprung in Nordamerika (wo man die ältesten Kamelfossilien gefunden hat). Im Verlauf des Pleistozäns (1,8 bis 0,01 Millionen Jahre vor unserer Zeit) haben sich die Kamele über Alaska nach Eurasien und Afrika ausgebreitet, wo die echten Kamele heute leben, sowie über Mittel- nach Südamerika, wo die Lamas, die Alpakas, die Guanakos und die Vikunias die rezenten Angehörigen der Kamelfamilie sind. In Nordamerika starben die Kamele vor etwa 10.000 Jahren zum Ende der Eiszeit aus. Die Geschichte einer Tierart und ihrer Vorfahren muss daher erforscht und dokumentiert sein, bevor man wirklich verstehen kann, warum sie dort lebt, wo wir sie heute beobachten können. Die Oberfläche der Erde ist enormen und unaufhörlichen Umgestaltungen unterworfen. Viele heutige Landgebiete waren einstmals vom Meer bedeckt. Vorrückende Wüsten haben sich vormals fruchtbare Ebenen einverleibt. Unüberwindliche Bergmassive haben sich gebildet, wo vorher keine waren. In einem sich erwärmenden Klima haben sich ausgedehn-

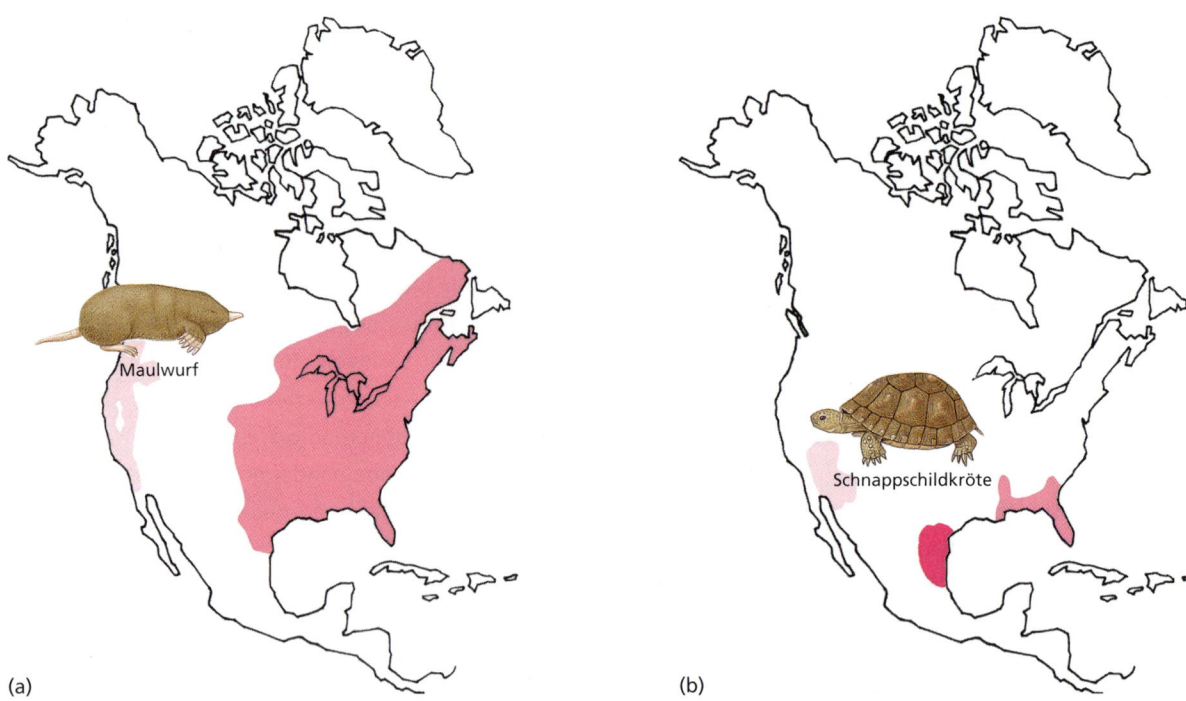

Abbildung 37.17: Unzusammenhängende Verbreitungsgebiete in Nordamerika. (a) Maulwürfe der Familie Talpidae sind vermutlich über die Bering-Landbrücke, die während des Tertiärs (65 bis 1,8 Millionen Jahre vor unserer Zeit) Nordamerika mit Asien verband, ins nördliche Amerika gelangt. Westliche und östliche Populationen sind heute durch die Gebirgskette der Rocky Mountains voneinander getrennt. (b) Die Schnappschildkröten der Gattung Gopherus kommen heute in drei vollständig isolierten Populationen vor.

te Schnee- und Eisfelder zurückgebildet und wurden durch Wälder ersetzt. Geologische Veränderungen sind für einen Großteil der Veränderungen in der Verbreitung von Tieren und Pflanzen verantwortlich. Der beständige geologische Wandel ist ein machtvoller Gestaltungsfaktor der organismischen Evolution.

Die phylogenetische Systematik erlaubt es uns, den geschichtlichen Verlauf von Tierartenverbreitungen zu rekonstruieren (siehe Kapitel 10). Ein Kladogramm bildet die evolutive Abstammung von Arten oder Tiergruppen ab. Die geografische Verbreitung eng verwandter Arten werden in ein Kladogramm eingetragen, um Hypothesen über die geografische Geschichte einer Art oder Gruppe bilden zu können. Die großen, aquatisch lebenden Riesensalamander im Osten Nordamerikas unterscheiden sich von denen Ostasiens. Eine kalibrierte molekulare Abschätzung ihrer Phylogenese besagt, dass sich die amerikanischen Riesensalamander vor ca. 28 Millionen Jahren von ihren asiatischen Verwandten getrennt haben. Zu der damaligen Zeit bestand eine zeitweilige Verbindung zwischen Nordamerika und Asien über Alaska/Nordkanada mit durchgehenden Waldgebieten und Flussläufen. Im weiteren Verlauf der Erdgeschichte wurden die Bedingungen in diesen Gebieten für Salamander völlig unzuträglich. Da die nächsten lebenden Verwandten die kleineren, asiatischen Landsalamander (= Hynobiidae, Winkelzahnmolche) sind, deren Ursprung in Asien liegt, ist die beste Hypothese zur Herkunft der amerikanischen Riesensalamander die, dass die Tiere ursprünglich aus Asien stammten und sich die Linie vor etwa 28 Millionen Jahren nach Nordamerika ausgebreitet hat. Viele weitere Tier- und Pflanzenpopulationen sind zu dieser Zeit ebenfalls zwischen Ostasien und Nordamerika hin- und her gewandert. Dieses Modell liefert eine historische Erklärung für viele beobachtbare, nichtzusammenhängende (entkoppelte) Verbreitungen von Arten.

37.2.1 Fragmentierte Verbreitung

Die Zoogeografen sehen sich der Herausforderung gegenüber, die zahlreichen fragmentierten, also **unzusammenhängende Verbreitungsgebiete** erklären zu müssen. Nah verwandte Arten kommen in weit voneinander getrennten Arealen eines Kontinentes oder sogar auf verschiedenen Kontinenten – im Extremfall rund um die Welt – vor (▶ Abbildung 37.17). Wie kann sich eine Tiergruppe geografisch so weit verstreuen? Entweder wandert eine Population von ihrem Ursprungsort zu einem neuen Lebensraum (**Dispersion**) und durchquert dabei dazwischenliegendes Terrain, das für eine langfristige Besiedelung ungeeignet ist, oder es verändert sich die Umwelt derart, dass ein vormals zusammenhängendes Verbreitungsgebiet in geografisch getrennte Verbreitungsräume einzelner Populationen zerfällt (**Vikarianz**). Klimaveränderungen können zum Zusammenschrumpfen oder zur Fragmentierung von Habitaten führen, die eine Art besiedeln kann. Auf einer noch wesentlich längeren Zeitskala können sich Landmassen voneinander fortbewegen oder sich Wasserstraßen bilden, die unterschiedliche Populationen einer Art dauerhaft voneinander trennen.

37.2.2 Verbreitung durch Dispersion

Durch Dispersion (lat. *dispergere*, verbreiten, zerstreuen) gelangen Tiere, ausgehend von ihrem Ursprungsort, in neue Umgebungen. Zu einer Dispersion gehören die Emigration (Auswanderung) aus einer Region und die Immigration (Einwanderung) in eine neue. Eine Dispersion ist ein auswärts gerichteter Einwegvorgang, der von periodischen Wanderbewegungen zwischen zwei Örtlichkeiten, wie etwa dem jahreszeitlichen Vogelzug, unterschieden werden muss. Sich zerstreuende Tiergruppen können sich entweder durch eigene Kraft (aktiv) oder passiv durch den Wind, Wasserströmungen, Sich-treiben-lassen (auf „Flößen" in Flüssen, Seen oder dem Meer) oder durch Huckepackreiten auf anderen Tieren verbreiten. Tierarten sollten auf diese Weise ihre geografische Verbreitung in alle ihnen zugänglichen, für sie günstigen Habitate ausdehnen. Als sich im Pleistozän (1,8 bis 0,01 Millionen Jahre vor unserer Zeit) die eiszeitlichen Gletscher zurückzogen, wurden in vormals vereisten Gebieten Europas, Asiens und Nordamerikas neue Lebensräume zugänglich, die für viele Arten der gemäßigten Breiten günstig waren. Arten, die unmittelbar südlich der vergletscherten Regionen ihre Ursprünge genommen hatten, weiteten ihren Lebensraum nordwärts aus. Da die Fortpflanzungsraten von Tierpopulationen hoch sind, herrscht ein konstanter Druck, der Populationen dazu treibt, sich in alle verfügbaren Lebensräume mit geeigneten Umweltbedingungen hinein auszudehnen. Anpassungsfähige, vielseitige Arten haben es hierbei leichter als hoch spezialisierte Arten mit eng gesteckten ökologischen Anforderungen.

Die Dispersion ist geeignet, auf einfache Weise die Einwanderung von Tierpopulationen in zuträgliche Habitate zu erklären, die geografisch an ihr Ursprungsgebiet anschließen. Diese Ausbreitungen erzeugen ein erweitertes, aber geografisch kontinuierliches Verbreitungsgebiet.

Vermag die Dispersion auch die Ursprünge geografisch fragmentierter Verbreitungsgebiete zu erklären? So bewohnen etwa die flugunfähigen Ratiten (Flachbrustvögel, auch Laufvögel genannt, Abbildung 6.15) unzusammenhängende Landmassen, die primär auf der Südhalbkugel der Erde in Afrika, Australien, Madagaskar, Neuguinea, Neuseeland und Südamerika liegen. Diese Landmassen sind durch Ozeane voneinander getrennt, die sehr starke Verbreitungsbarrieren für flugunfähige Vögel darstellen. Um das vorliegende Verbreitungsmuster durch Dispersion erklären zu können, muss ein **Ursprungszentrum** postuliert werden, von dem aus sich die Gruppe auf alle Landmassen, auf denen heute rezente Vertreter anzutreffen sind, dispergiert hat. Da die Ratiten nicht fliegen, macht eine auf die Dispersion gestützte Hypothese es notwendig, ein passives Verdriften (zum Beispiel auf Flößen) einzelner Individuen bzw. kleiner Gruppen von Individuen über Meeresbereiche hinweg anzunehmen. Ist diese Hypothese eine vernünftige? Wir wissen heute aus Untersuchungen, die auf den Galapagosinseln und auf den Inseln des Hawaiianischen Archipels durchgeführt worden sind (siehe Kapitel 6), das gelegentliche Weitstreckendispersion terrestrischer Tiere und Pflanzen über Ozeane hinweg tatsächlich stattfindet. Dies ist der einzige Weg, auf dem Landtiere Inseln besiedeln können, die von untermeerischen Vulkanen gebildet worden sind. Im Fall der flugunfähigen Vögel und vieler anderer, diskontinuierlich verbreiteter Tiere ist jedoch die Vikarianz (lat. *vicarius*, Stellvertreter) eine alternative Hypothese.

37.2.3 Verbreitung durch Vikarianz

Fragmentierte Verbreitungen von Tieren können durch physische Veränderungen der Umwelt verursacht werden und dazu führen, dass vormals zusammenhängende Verbreitungsgebiete in mehrere, nicht mehr miteinander verbundene fragmentieren. Gebiete, die in der Vergangenheit zusammenhingen, können durch das Entstehen von Barrieren, die für viele Tiere unüberwindbar sind, zerfallen. Das Studium der Fragmentierung von biologischen Artgemeinschaften auf diese Weise ist der Gegenstand der **Vikarianz-Biogeografie**. Auf der Artebene wird der Begriff „Vikarianz" oft synonym mit dem der „Allopatrie" verwendet, der einfach die Verbreitung von Populationen in geografisch voneinander getrennten Gebieten beschreibt. Lavaflüsse eines Vulkans können beispielsweise dazu führen, dass ein zuvor kontinuierliches Waldgebiet in geografisch unzusammenhängende Waldstücke zerfällt, wodurch die Verbreitungsgebiete

37 Die Biosphäre und die geografische Verbreitung von Tieren

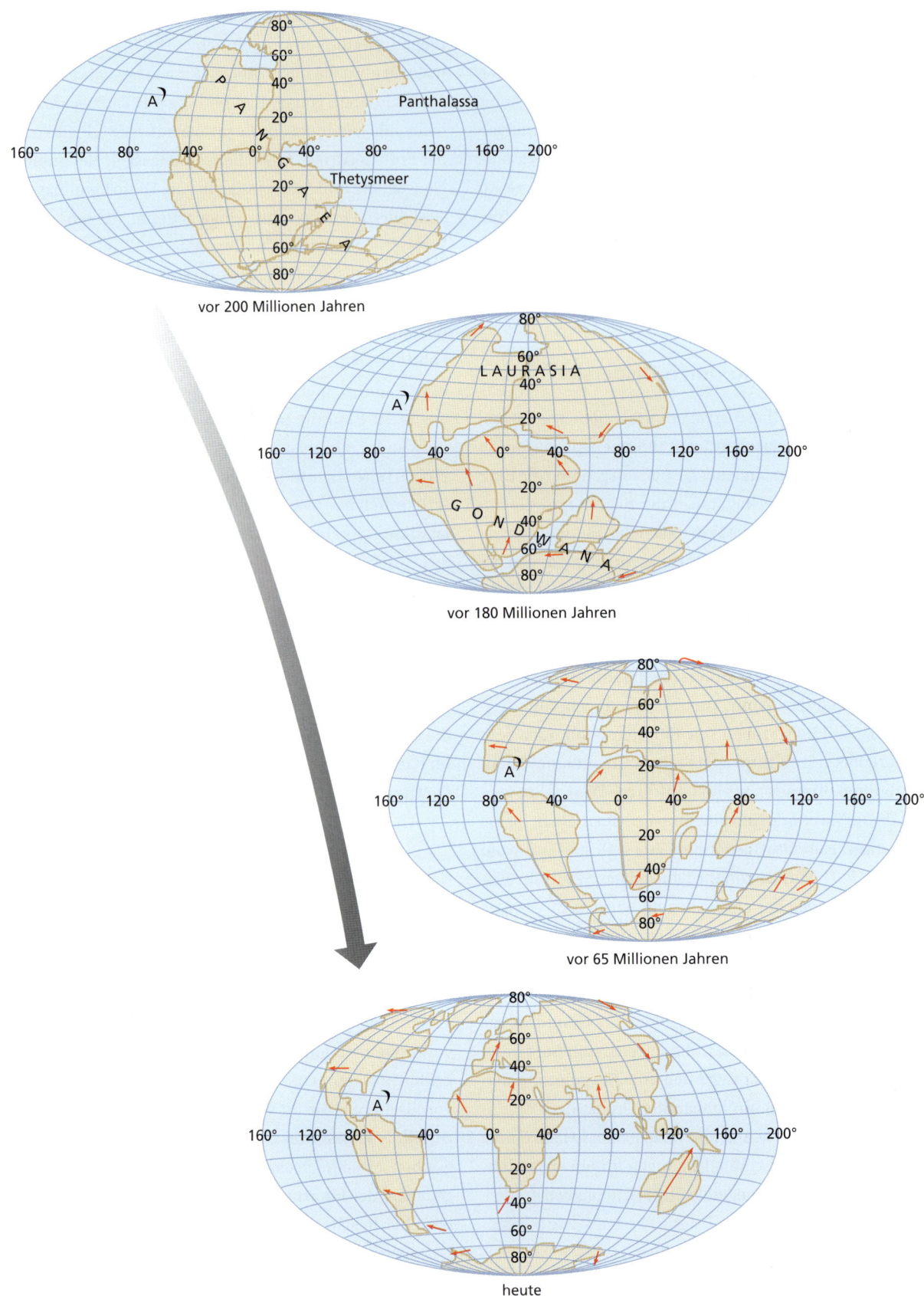

Abbildung 37.18: Hypothese der Kontinentaldrift über die letzten 200 Millionen Jahre von einer ursprünglich einzigen Landmasse zur heutigen Position der Kontinente. Die Landmasse Pangaea teilte sich zunächst in zwei kleinere Kontinente, Laurasia und Gondwana. Diese teilten sich später wiederum in kleinere Kontinente. Die roten Pfeile zeigen die Vektorbewegungen der Kontinente an. Der schwarze Halbmond, mit A bezeichnet, ist ein aktueller geografischer Referenzpunkt, der die Position der Antillen im indischen Ozean markiert.

vieler Pflanzen und Tiere in geografisch isolierte Populationen aufgespalten werden.

Das vielleicht dramatischste Vikarianz-Phänomen ist die fortwährende Drift der Kontinente, durch die eine einstmals zusammenhängende Landmasse nach und nach in Kontinente und Inseln zerfällt, die durch Meeresbereiche (von schmalen Meerengen bis zu den großen Ozeanen) voneinander getrennt sind. Alle Land- und Süßwassertierarten, die sich über die ursprüngliche, zusammenhängende Landmasse ausgebreitet hatten, würden durch diese geologischen Prozesse in eine Reihe von Populationen aufgespalten, die sich auf den verschiedenen Landmassen der Kontinente und Inseln wiederfinden. Die Vikarianz durch Kontinentaldrift liefert uns eine weitere Hypothese zur Erklärung der unzusammenhängenden Verbreitungsgebiete flugunfähiger Vögel. Sie können von einer Ahnenart abstammen, die vor langer Zeit auf der Südhalbkugel weit verbreitet gewesen sein mag, zu einer Zeit, als Afrika, Australien, Madagaskar, Neuguinea, Neuseeland und Südamerika noch in engem räumlichen Kontakt zueinander standen (▶ Abbildung 37.18). Als sich diese Landmassen voneinander entfernten und sich zwischen ihnen Meeresbereiche bildeten, wäre die Population des Urahnen aller heutigen Ratiten in viele Teilpopulationen zerfallen, deren weitere Evolution unabhängig von den anderen Populationen vorangeschritten ist. Als Ergebnis wäre dann die heute beobachtbare Artenvielfalt dieser Gruppe entstanden.

Wir wollen annehmen, dass die verschiedenen Arten flugunfähiger Vögel sich allopatrisch evolviert haben, nachdem die Kontinentaldrift ihre terrestrische Umwelt nach und nach in isolierte Stücke zerbrochen hatte. Wenn wir ein Kladogramm (phylogenetischen Stammbaum) dieser Vögel erstellen, wie er in ▶ Abbildung 37.19 dargestellt ist, sollte die erste Verzweigung des Stammbaumes mit dem ersten Vikarianz-Ereignis zusammenfallen, das die Population der gemeinsamen Stammart dieser Vogelgruppe fragmentiert hat. Alle nachfolgenden Verzweigungen sollten demnach auf nachfolgende Vikarianz-Ereignisse zurückzuführen sein, welche die Abstammungslinien weiter unterteilt haben. Unser Stammbaum bildet somit auf hypothetische Weise die Geschichte der Vikarianz-Ereignisse, die diese Gruppierung geprägt haben, nach. Falls wir die Artnamen an den Endpunkten der Zweige gegen geografische Verbreitungsgebiete vertauschen, gelangen wir zu einer Hypothese über die aufeinanderfolgenden Separationen der verschiedenen beteiligten Verbreitungsareale. Wir können diese Vikarianz-Hypothese weitergehend über-

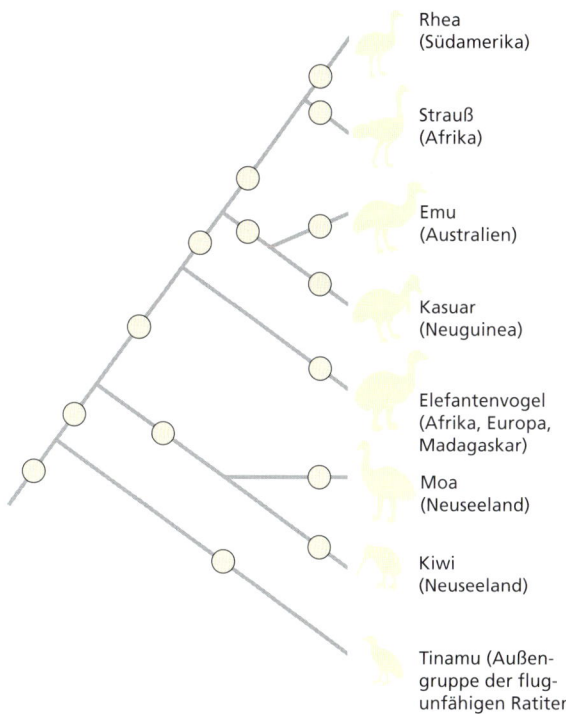

Abbildung 37.19: Phylogenetische Verwandtschaftsbeziehungen der flugunfähigen Vögel. Die Vikarianz-Biogeografie stellt die Hypothese auf, dass diese flugunfähigen Arten von einer Art abstammen, die in der südlichen Hemisphäre verbreitet war, als Afrika, Australien, Madagaskar, Neu-Guinea, Neuseeland und Südamerika miteinander verbunden waren.

prüfen, indem wir andere Gruppen terrestrischer Tiere einbeziehen, deren Verbreitungsgebiete mit denen der flugunfähigen Vögel überlappen oder übereinstimmen. Falls unsere Hypothese richtig ist, wurden diese anderen Gruppierungen durch dieselben Vikarianz-Ereignisse geografisch fragmentiert, die auch die Verbreitung und die Evolution der flugunfähigen Vögel geprägt haben. Die Hypothese führt daher zu der Vorhersage, dass das Kladogramm (der Stammbaum) für die Vergleichsgruppe dasselbe Verzweigungsmuster zeigen wird wie das Kladogramm der flugunfähigen Vögel, wenn wir wiederum die Artnamen durch die Verbreitungsgebiete ersetzen. Falls sich diese Hypothese bestätigen lässt, gelangen wir zu einem **allgemeinen Gebiets-Kladogramm**, das die Geschichte der Fragmentierung unterschiedlicher geografische Bereiche wiederspiegelt. Diese verallgemeinerte Hypothese der Vikarianz kann durch weitergehende und ergänzende geologische und klimatische Untersuchungen verfeinert werden.

Bei den meisten Organismengruppen haben sowohl die Vikarianz wie die Dispersion zur evolutiven Herausbildung entkoppelter Verbreitungsmuster beigetragen. Die Methoden der Vikarianz-Biogeografie sind nützlich, um solche Fälle aufzuspüren. Tatsächlich ist das Kladogramm der flugunfähigen Vögel nicht bloß eine einfache Gruppierung von Vögeln, die einander nahegelegene Gebiete bevölkern. Wir können die Frage stellen, ob irgendein Zweig des Kladogramms, der eine spezielle Gruppe von Arten repräsentiert, inkonsistent mit dem allgemeinen Gebiets-Kladogramm für die geografischen Areale ist, die diese Arten bewohnen. Nehmen wir an, dass das Kladogramm für ein bestimmtes Taxon konsistent mit dem Gebiets-Kladogramm ist, mit Ausnahme der Platzierung eines einzelnen Zweiges. Wir erklären die meisten der geografischen Fragmentierungen innerhalb des betreffenden Taxons durch Vikarianz, greifen jedoch auf die Dispersion zurück, um erklären zu können, warum der eine, vereinzelte Zweig nicht kompatibel mit dem allgemeinen Gebiets-Kladogramm ist. Auf diese Weise können wir unsere Untersuchungen zur Dispersion auf spezifische Fälle konzentrieren, in denen die Wahrscheinlichkeit am höchsten ist, dass dieser Mechanismus am Werk gewesen ist.

37.2.4 Wegeners Theorie der Kontinentaldrift

Es ist sicher kein Zufall, dass der gegenwärtige Enthusiasmus, deren sich die Vikarianztheorie unter den Biogeografen erfreut, mit der allgemeinen Akzeptanz der Theorie von der Kontinentaldrift unter den Geologen zusammenfällt. Die Theorie der Kontinentaldrift ist keine neue Theorie; sie wurde zuerst im Jahr 1912 von dem deutschen Meteorologen und Polarforscher Alfred Wegener (1880–1930) vorgebracht. Die Theorie wurde lange Zeit misstrauisch beäugt und fiel in Ungnade, bis nachfolgend die Theorie der Plattentektonik an Einfluss unter den Geowissenschaftlern gewann und in den 60er Jahren durch geophysikalische Messungen bewiesen werden konnte. Die Plattentektonik erklärt den Mechanismus, durch den ganze Kontinente ihre Position auf der Erde durch langsame Bewegung (Driften) verändern. Die Oberfläche der Erde setzt sich aus sechs bis zehn festen Kontinentalplatten zusammen, die jeweils etwa 100 km dick sind, und die ihre Lage durch Gleiten auf dem darunterliegenden, halbflüssigen Erdmantel verändern können. Wegener ging davon aus, dass die Kontinente wie Flöße auf der flüssigen Phase umher driften. Die aus dem Wasser ragenden Kontinente hatten zu einem früheren Zeitpunkt der Erdgeschichte als zusammenhängender Urkontinent Pangäa einen Superkontinent gebildet. Der Zerfall Pangäas begann vor ungefähr 200 Millionen Jahren am Übergang der Erdepoche der Trias in das Jura. Aus diesem Zerfall gingen zwei große neue Superkontinente hervor: das auf der Nordhalbkugel gelegene Laurasia und das auf der Südhalbkugel befindliche Gondwana. Beide wurden durch das Thetysmeer voneinander getrennt (Abbildung 37.18). Am Ende des Jura vor rund 140 Millionen Jahren, begannen die Superkontinente zu zerfallen und auseinanderzutreiben. Laurasia zerfiel in Nordamerika, Grönland und den größten Teil von Eurasien. Gondwana zerfiel in Südamerika, Afrika, Madagaskar, Arabien, Indien, Australien, Neuguinea, die Antarktis und zahlreiche kleinere Bruchstücke, die heute in Südostasien liegen. Die Bruchstücke Arabien, Indien und Südostasien bewegten sich langsam durch das Thetysmeer und lagerten sich schließlich dem eurasischen Anteil Laurasias an, mit dem sie noch heute verbunden sind. Das plattentektonische Modell wird durch eine Vielzahl von Beweisen untermauert, so der Passform der Kontinente zueinander, paläomagnetischen Messungen (Ausrichtung des Erdmagnetfeldes in der Vergangenheit), seismografische Untersuchungen, dem Vorhandensein und der sichtbaren Aktivität von mittelozeanischen Rücken, an denen neues Plattenmaterial aufquillt, sowie durch eine Fülle biologischer Daten.

Die gegenwärtige Verbreitung der Beuteltiere ist ein ausgezeichnetes Beispiel für den Einfluss des Zerfalls der Urkontinente. Die Beuteltiere traten um die Mitte der Kreidezeit vor rund 100 Millionen Jahren auf den Plan, wahrscheinlich zuerst in Südamerika. Da Südamerika zu dieser Zeit über die Antarktis (die seinerzeit viel wärmer war als heute) mit Australien in Verbindung stand, konnten sich die Beuteltiere über alle drei Kontinente ausbreiten. Sie wanderten auch nördlich bis ins heutige Nordamerika, doch trafen sie dort auf die plazentalen Säugetiere, die von Asien aus dorthin vorgedrungen waren. Die Beuteltiere unterlagen der Konkurrenz und konnten offensichtlich nicht mit den Plazentaliern koexistieren, so dass sie in Nordamerika schließlich wieder ausstarben. (Die heute in Nordamerika heimischen Opossums sind in viel jüngerer Zeit aus Südamerika über die mittelamerikanische Landbrücke eingewandert.) Die Plazentalier drangen im Gegenzug nach Südamerika vor. Bis zum Eintreffen der plazentalen Säugetiere hatten sich aber die Beuteltiere in Südamerika ausgedehnt und zu fest etabliert, um vollständig verdrängt werden zu können. In der Zwischenzeit (vor ca. 50 Millionen Jahren in der Frühzeit des Eozäns) hatte sich Australien von der Antarktis abgespalten, was den Plazentaliern das Eindringen verwehrte. Australien blieb isoliert, was es den Beuteltieren erlaubte, sich zu der heutigen, reichen und vielfältigen Fauna des Inselkontinents zu diversifizieren. Plazentale Säugetiere erreichten erst mit dem Menschen Australien.

37.2.5 Temporäre Landbrücken

Temporäre Landbrücken sind ebenfalls bedeutende Wege der dispersiven Verbreitung gewesen. Eine wichtige und wohletablierte Landbrücke, die heute nicht mehr existiert, war die, die einst über die Beringstraße Asien mit Nordamerika verbunden hat. Über diesen Korridor sind die Plazentalier von Asien her nach Nordamerika eingewandert.

Heute verbindet ein Isthmus (= schmale Landverbindung zwischen zwei Festlandteilen) von Panama Nordamerika mit Südamerika. Vom frühen Eozän vor etwa 50 Millionen Jahren bis zur Mitte des Pliozäns vor drei Millionen Jahren waren die beiden Kontinente jedoch durch eine dazwischenliegende Wasserstraße vollständig voneinander getrennt. Während dieser langen Zeit haben sich die Hauptgruppen der Säugetiere auf beiden Kontinenten in deutlich unterschiedliche Richtungen evolviert. Als die Landbrücke um die Mitte des Pliozäns erneut entstanden ist, fluteten Säugetiere in beiden Richtungen in den jeweils anderen Kontinent ein (▶ Abbildung 37.20). Diese Dispersion wird der große amerikanische Austausch genannt – eine der bedeutendsten Durchmischungen unterschiedlicher Kontinentalfaunen in der Geschichte der Erde. Für eine Weile nahm auf beiden Kontinenten die Vielfalt an Säugetieren zu, doch folgte dieser Steigerung der Diversität bald ein Aussterben großer Zahlen von Säugetierarten auf beiden Kontinenten. Die nordamerikanischen Carnivoren wie Waschbären, Marder, Füchse, Hunde, Katze (einschließlich der Säbelzahntiger) und Bären begannen, den südamerikanischen Säugetieren nachzustellen. Diese hatten sich bis zum Eintreffen der Beutegreifer aus dem Norden einer Umwelt erfreut, die frei von Raubtieren gewesen war. Andere aus Nordamerika stammende Einwanderer waren Huftiere (Pferde, Tapire, Pekaris, Kamelartige, Hirsche, Antilopen und Mastodons), Kaninchen und mehrere andere Nagetierfamilien. Diese Säugetiere verdrängten viele in Südamerika einheimische Arten und besetzten ähnliche Nischen und Habitate. Fast die Hälfte der heute in Südamerika vorkommenden Säugetiere stammt von Einwanderern aus Nordamerika ab. Nur wenige südamerikanische Einwanderer überlebten dagegen in Nordamerika: Stachelschweine, Gürteltiere und Opossums. Mehrere andere aus Südamerika stammende Gruppen, darunter die Riesenfaultiere, die Glyptodontiden (Gürteltierartige), die Ameisenbären, die Riesenwasserschweine, die Toxodontiden und die Riesengürteltiere sind in der Folge wieder ausgestorben.

Exkurs

Viele Wissenschaftshistoriker betrachten Alfred Wallace (Abbildung 6.1 b) als Gründervater der modernen historischen Biogeografie. Wallace führte ausgedehnte Feldstudien auf dem Malaiischen Archipel durch, wo er einen abrupten Faunawechsel zwischen der Tierwelt Kontinentalasiens und der Neuguineas/Australiens bemerkte. Fasanen, Papageien, Affen, zahlreiche Eidechsengruppen und sogar Wirbellose des Meeres gehören zu den faunistischen Elementen, deren geografische Verbreitungen abrupt verlaufende Grenzlinien in dieser geografischen Region aufweisen. Die biogeografische Grenzziehung wird als „Wallace-Linie" bezeichnet. Sie durchschneidet das heutige Indonesien. Die Wallace-Linie ist seit ihrer Erstbeschreibung ein Mysterium geblieben, da es keine offenkundigen Veränderungen oder Barrieren in der Umwelt gibt, die den plötzlich verlaufenden Faunawechsel, der sich entlang dieser Linie vollzieht, erklären könnte. Die Plattentektonik liefert die beste Erklärung für den Verlauf der Wallace-Linie. Obwohl sie gegenwärtig nahe beieinander liegen, waren die südostasiatische Platte und die australische Platte nach dem Zerfall von Gondwana voneinander getrennt und verbrachten viele Millionen Jahre getrennt voneinander. Dabei bewegten sich die Landmassen mit ihren tektonischen Platten durch das Tethysmeer, bis sie ihre heutigen Positionen erreichten. Die Wallace-Linie markiert die ungefähre Grenzlinie zwischen der südostasiatischen Platte und der australischen Platte, auf der auch Neuguinea liegt. Während der langen Zeit der evolutiven Trennung, nahm die Entwicklung der Tierwelten unterschiedliche, divergierende Verläufe. Neuere molekulare Stammbaumforschungen, die Eidechsengruppen miteinander verglichen haben, die beiderseits der Wallace-Linie beheimatet sind, unterstützen die Interpretation, dass diese Gruppierungen zur Zeit des Zerfalls von Gondwana voneinander isoliert worden waren und erst in erdgeschichtlich jüngerer Zeit zu Nachbarn auf dem Malaiischen Archipel geworden sind.

Abbildung 37.20 Der große amerikanische Austausch. Die panamaische Landbrücke trat vor etwa drei Millionen Jahren in Erscheinung und erlaubte es vielen Familien von Säugetieren, einen ausgedehnten Artaustausch zwischen Nord- und Südamerika vorzunehmen. Oben sind Repräsentanten der 38 südamerikanischen Gattungen dargestellt, die über die Landbrücke nach Norden vordrangen. Unten in der Abbildung sind Repräsentanten der 47 nordamerikanischen Gattungen zu sehen, die nach Südamerika eingewandert sind. Die nordamerikanischen Einwanderer haben sich nach ihrem Vordringen auf den Südkontinent rasch diversifiziert. Die auf den Nordkontinent gewanderten Einwanderer aus Südamerika diversifizierten sich wenig und starben in der großen Mehrzahl der Fälle aus.

ZUSAMMENFASSUNG

Die Biosphäre ist eine dünne, das Leben beherbergende Schicht, welche die Oberfläche der Erde bedeckt. Das Leben auf der Erde wird durch den permanenten Einstrom von Energie in Form von Sonnenstrahlung, das Vorhandensein von Wasser, einem für das Leben zuträglichen Bereich von Temperaturen und einer günstigen Verteilung der Makro- und Mikroelemente lebender Systeme ermöglicht. Die im Prinzip tödliche Ultraviolett-Strahlung im Sonnenlicht wird durch den Ozonanteil in der Atmosphäre absorbiert. Die Umwelt der Erde und die Lebewesen haben sich gemeinschaftlich coevolviert; Umwelt und Lebewesen haben tiefe Spuren am jeweils anderen Teil hinterlassen.

Die Biosphäre umfasst die Lithosphäre (die feste Gesteinshülle der Erdkruste), die Hydrosphäre (den Anteil flüssigen Wassers) und die Atmosphäre (die Lufthülle der Erde).

Die terrestrische Umwelt der Erde besteht aus verschiedenen Biomen, von denen ein jedes eine charakteristische Formation von Pflanzen und mit diesen assoziierten Tieren aufweist. Die Laubmischwälder der gemäßigten Breiten zeigen einen auffälligen jahreszeitlichen Entwicklungsgang mit herbstlichem Laubfall. Nördlich schließen sich an die Laubwälder immergrüne boreale Nadelwälder an, deren Verbreitungsgebiet als Taiga bezeichnet wird. Die in diesem Bereich vorherrschenden Nadelbäume sind an die dortigen, schweren Schneefälle und andere begrenzende Umweltfaktoren angepasst. Die Tiere der Taiga sind ebenfalls an lange, schneereiche Winter angepasst.

Die Tropenwälder sind die artenreichsten Biome, die zum Teil durch die große Vielfalt an Pflanzen und die vertikale Schichtung der tierischen Habitate gekennzeichnet sind. Der größte Teil des tropischen Waldbodens zeigt einen sehr raschen Niedergang, wenn der Wald entfernt wird.

Das am stärksten modifizierte Biom sind die weiten Grasländer (Prärien), die zum großen Teil zu landwirtschaftlichen Nutzflächen in Form von Äckern und Weideflächen umgestaltet wurden. Die Tundra als Biom der hohen nördlichen Breiten und die Wüsten sind für tierisches Leben extreme, gewöhnungsbedürftige Umwelten. Trotzdem sind sie von Organismen bevölkert, die geeignete Anpassungen evolviert haben.

Die Süßwasserhabitate umfassen Fließgewässer (Flüsse und Bäche) sowie stehende Gewässer (Teiche, Seen). Alle Süßgewässer sind geologisch betrachtet ephemere (vorübergehende) Gebilde, die stark durch den Nährstoffeintrag beeinflusst werden.

Das Meer bedeckt 71 Prozent der Oberfläche der Erde. Die photische Zone (der vom Sonnenlicht durchdrungene Oberflächenbereich) unterhält die photosynthetische Aktivität des Phytoplanktons. Ozeanische Tiergemeinschaften werden nach topografischen Kriterien, dem Untergrund und der Entfernung zur Küstenlinie klassifiziert. Benthische (= am Boden lebende) Gemeinschaften auf Gesteinsuntergrund trifft man im Gezeitenbereich in Tidenbecken an, ebenso in Korallenriffen und Seetangwäldern sowie schließlich an hydrothermalen Tiefseequellen am Boden sehr tiefer Meeresbereiche. Benthosgemeinschaften mit weichem Untergrund sind küstennahe Salzwiesen (Marschgebiete), submerse Seegraswiesen und Mangrovenwälder. Die benthischen Tiefseegemeinschaften bilden ein stark inhomogenes Muster aus Strudlern auf sandigem Untergrund und Oberflächensammlern auf schlickigem Grund mit lokalen Verdichtungen und dazwischenliegenden Ödnisflächen. Unter den Benthosgemeinschaften sind die Korallenriffe die ökologisch diversifiziertesten. Zu den pelagischen Gemeinschaften gehört eine über dem Kontinentalrand liegende Flachwasserzone (zum Beispiel die Nordsee). In dieser Zone konzentriert sich der größte Teil der weltweiten Fischvermehrung. Besonders produktive Fischgründe finden sich in Bereichen, in denen aufsteigende Strömungen einen ständigen Nachstrom an Nährstoffen sicherstellen. Die tieferen Wasserbereiche des offenen Ozeans nehmen den größten Teil der Meeresfläche wie des Meeresvolumens ein, doch ist die biologische Produktivität in diesen großen Räumen gering.

Die Zoogeografie ist der Teil der Zoologie, der sich mit der Verbreitung von Tieren auf der Erde und den historischen Verläufen befasst, die zu dieser Verteilung geführt haben. Erfasst werden die gegenwärtige Verbreitung von Tieren, die Fundstätten von Fossilien und stammesgeschichtlich-systematische Analysen. Die Tiere haben sich durch Dispersion (die Ausbreitung von Populationen von einem Ursprungspunkt aus) und durch Vikarianz (die Trennung von Populationen durch Barrieren) verbreitet. Die Kontinentaldrift – eine Folge der wohletablierten Plattentektonik der Erdkruste – hilft bei der Erklärung, wie es zu den beobachteten geografischen Verbreitungen von Tiergruppen und anderen Lebensformen gekommen ist, so dass eine evolutive Diversifizierung einsetzen konnte. Sie erklärt ebenfalls, wie bestimmte Gruppen wie etwa die Beuteltiere sich von anderen isoliert haben. Temporäre Landbrücken haben als wichtige Wege der dispersiven Verbreitung von Tieren gedient.

Übungsaufgaben

1. Welches sind die speziellen Bedingungen auf der Erde, die diesen Planeten besonders geeignet für Leben, so wie wir es kennen, machen?
2. Welches ist die Rechtfertigung für die Aussage, dass die Erde und das Leben auf ihr sich zusammen evolviert haben, und das beide sich gegenseitig stark beeinflusst haben?
3. Was versteht man unter der Biosphäre? Wie lassen sich folgende Unterabteilungen der Biosphäre unterscheiden: Lithosphäre, Hydrosphäre, Atmosphäre?
4. Welches ist der Ursprung des Sauerstoffs in der Erdatmosphäre? Was würde mit dem Vorrat an Sauerstoff in der Atmosphäre der Erde geschehen, falls die Photosynthese plötzlich zum Erliegen käme?
5. Welche Beweise gibt es für die Hypothese, dass ansteigende Kohlendioxidkonzentrationen in der Atmosphäre für den sich verstärkenden „Treibhauseffekt" sind?
6. Was versteht man unter einem Biom? Beschreiben Sie knapp sechs Beispiele für Biome.
7. Beschreiben Sie drei Arten mariner Benthosgemeinschaften, die sich auf Hartsubstrate stützen und drei, die auf Weichsubstraten aufbauen. Welches sind die wesentlichen physikalischen Faktoren, welche die Typen der Lebensgemeinschaften innerhalb jeder Substratkategorie trennen?
8. Nennen Sie einige sehr produktive Meeresumwelten und die Gründe, warum diese derartig produktiv sind.
9. Welches ist die Nährstoffquelle für Tiere, die in Tiefseehabitaten leben?
10. Welches sind einige der Gründe, warum eine Art in einem Habitat, an das sie eigentlich gut angepasst sein sollte, fehlen kann?
11. Geben Sie eine Definition und grenzen Sie die alternativen Erklärungen für entkoppelte Verbreitung (Dispersion und Vikarianz) unter Tieren ein.
12. Wer ist der Urheber der Kontinentaldrift-Theorie? Welche drei Linien der Beweisführung überzeugten die Geologen, dass die Theorie zutreffend ist?
13. Wie hilft die Theorie der Kontinentaldrift, die gestückelte Verbreitung der Marsupialia in Australien und in Südamerika zu erklären?
14. Was war der „Große Amerikanische Austausch"? Wann fand er statt, und was waren seine Ergebnisse bzw. Folgen?

Weiterführende Literatur

Beierkuhnlein, C. (2006): Biogeographie. UTB ISBN: 3-8252-8341-0.

Berner, E. und R. (1996): Global environment: water, air and geochemical cycles. Prentice-Hall; ISBN: 0-1330-1169-0. *Ein Lehrbuch der Geochemie mit einer guten Behandlung der globalen Wasser- und Luftkreisläufe, des Treibhauseffektes, des sauren Regens sowie der Geochemie von Gewässern.*

Castro, P. und M. Huber (2005): Marine biology. 5. Auflage. McGraw-Hill; ISBN: 0-0711-0788-6. *Eine Einführung in die Meeresbiologie für das Studium im Nebenfach.*

Cox, C. und P. Moore (2000): Biogeography: an ecological and evolutionary approach. 6. Auflage. Blackwell; ISBN: 1-4051-1898-9. *Sehr gut lesbare Darstellung mit einem stark ökologischen Schwerpunkt.*

Henderson, L. (1913): The fitness of the environment. Macmillan; ISBN: 0-8446-0691-X. *Dieses kurze, aber einflussreiche Büchlein – einer der großen Klassiker der biologischen Literatur – erklärt, wie die Bedingungen auf unserem Planeten das Leben möglich gemacht haben.*

Levington, J. (2001): Marine biology. 2. Auflage. Oxford University Press; ISBN: 0-1951-4172-5. *Eine tiefschürfende Abhandlung der Meeresökosysteme mit Fotografien vieler Gemeinschaften.*

Lieberman, B. (2000): Paleobiogeography. Kluwer; ISBN: 0-3064-6277-X. *Eine aktuelle Darstellung der historischen Biogeografie mit einer Betonung der Nutzung von Fossilien zum Studium globaler Veränderungen, der Plattentektonik und der Evolution.*

Lomolino, M. et al. (2004): Foundations of biogeography. University of Chicago Press; ISBN: 0-2264-9237-0. *Sammlung klassischer Originalarbeiten von 1700–1975 mit Kommentaren.*

MacDonald, G. (2003): Biogeography: introduction to space, time and life. Wiley; ISBN: 0-471-24193-8. *Ein einführendes Lehrbuch jüngeren Datums.*

Marshall, L. (1988): Land mammals and the great american interchange. American Scientist, vol. 76: 380–388. *Die Säugetierfaunen Süd- und Nordamerikas, die sich über Jahrmillionen hinweg getrennt voneinander entwickelt haben, erlangten vor drei Millionen Jahren plötzlich die Möglichkeit zur Vermischung, als die panamaische Landbrücke entstand.*

Rothschild, L. und A. Lister (2003): Evolution of planet Earth: the impact of the physical environment.

Academic Press; ISBN: 0-1259-8655-6. *Die Evolutionsgeschichte des Lebens aus einer geologisch-klimatologischen Perspektive.*

Van Oosterzee, P. (1997): Where worlds collide: the Wallace line. Cornell University Press; ISBN: 0-8014-8497-9. *Eine unterhaltsame Darstellung der grundlegenden biogeografischen Arbeiten von Alfred Wallace mit einer Betonung des Paradoxes eines abrupten Faunenwechsels auf dem Malaiischen Archipel.*

Whitfield, P. et al. (2002): Biomes and habitats. Macmillan; ISBN: 0-0286-5633-4. *Eine neuere Abhandlung über die Biome der Erde.*

Weitere Informationen zu diesem Buchkapitel finden Sie auf der Companion-Website unter
http://www.pearson-studium.de

Tierökologie

38

38.1 Die Hierarchie der Ökologie 1225
38.2 Aussterben und biologische Vielfalt 1245
Zusammenfassung 1249
Übungsaufgaben 1249
Weiterführende Literatur 1251

Tierökologie

Der verschwenderische Reichtum der Biomasse auf der Erde ist in Form einer hierarchischen Abfolge miteinander wechselwirkender Einheiten organisiert: ein Einzelwesen, eine Population, eine Art, eine Gemeinschaft und schließlich das Ökosystem, dieser verwirrendste Komplex unter allen natürlichen Systemen. Von zentraler Bedeutung für ökologische Studien ist das Habitat – der Lebensraum – in dem ein Tier lebt. Die Ressourcen, die ein Tier in seinem Lebensraum für sich nutzt, und die Bedingungen, die es in seinem Habitat zu tolerieren vermag, bilden seine (ökologische) „Nische": wie es an Nahrung gelangt, wie es seine „reproduktive Ewigkeit" erlangt – kurz, wie es überlebt und sich fortpflanzt. Das Konzept der Nische ist ebenso auf Populationen und Arten anwendbar und wird von den Ökologen meist auch auf diesen Ebenen der biologischen Organisation erforscht. Die Nische einer Art umfasst beispielsweise die kollektiv genutzten Ressourcen und die Bedingungen, die von den Angehörigen der Art toleriert werden, und die geeignet sind, die Art in ihrem Ökosystem zu erhalten.

Gottesanbeterin beim Fressen einer Heuschrecke.

Die Nische einer Art ist ein Produkt ihrer Evolution, und nachdem sie einmal etabliert ist, kann sich keine andere Art in der Gemeinschaft so evolvieren, dass sie genau dieselben Ressourcen auszuschöpfen vermag. Das „Prinzip des konkurrierenden Ausschlusses" besagt, dass keine zwei Arten dieselbe Nische in demselben geografischen Gebiet besetzen. Unterschiedliche Arten sind daher in der Lage, eine ökologische Gemeinschaft auszubilden, in der jeder in der gemeinsam genutzten Umwelt eine andere Rolle übernimmt.

Um die Mitte des 19. Jahrhunderts hat der bedeutende deutsche Zoologe Ernst Haeckel den Begriff Ökologie geprägt und ihn als das „Verhältnis des Tiers zu seiner belebten wie unbelebten Umwelt" definiert. Umwelt bedeutet hier alles, was außerhalb des Tieres liegt. Am wichtigsten ist dabei die unmittelbare Umgebung. Obwohl wir heute den Begriff der Ökologie nicht länger nur auf Tiere beziehen, ist Haeckels Definition noch immer gültig. Man muss nur das Wort „Tier" durch „Organismen" ersetzen, um zu einer allgemeingültigen Definition zu gelangen. Die Tierökologie ist heute eine hochgradig synthetische Wissenschaft, die alles einschließt, was wir über das Verhalten, die Physiologie, die Genetik und die Evolution der Tiere wissen, wenn wir dieses Wissen auf die Untersuchung von Wechselwirkungen von Tierpopulationen mit ihren Umwelten anwenden. Das Hauptziel ökologischer Forschungen ist es, zu verstehen, wie diese vielfältigen Wechselwirkungen die geografische Verteilung und die Häufigkeiten von Tierpopulationen beeinflussen. Dieses Wissen ist grundlegend zur Sicherstellung des zukünftigen Überlebens vieler Populationen, wenn ihre natürlichen Umwelten durch die Aktivitäten des Menschen verändert werden.

Die Hierarchie der Ökologie 38.1

Die Ökologie befasst sich mit der Untersuchung der Hierarchie biologischer Systeme in ihren Wechselwirkungen mit ihrer Umgebung. An der Basis der ökologischen Hierarchie steht der Organismus – das einzelne Lebewesen. Um zu verstehen, warum sie dort leben, wo sie es tun, muss der Ökologe die verschiedenartigen physiologischen und verhaltensbiologischen Mechanismen ergründen, die Tiere benutzen, um zu überleben, zu wachsen und sich fortzupflanzen. Beispielsweise ist ein beinahe perfektes Gleichgewicht zwischen der Erzeugung und dem Verlust von Wärme für den Erfolg bestimmter endothermer Arten (wie Vögel und Säugetiere) unter extremen Temperaturbedingungen notwendig, wie sie etwa in der Arktis oder in einer Wüste herrschen. Andere Arten behaupten sich unter solchen Bedingungen, indem sie den Extremen durch Abwanderung, Winterschlaf oder Erstarrung ausweichen. Insekten, Fische und andere Ektotherme (Tiere, deren Körpertemperatur von der Umgebung bestimmt wird) kompensieren Temperaturfluktuationen durch Änderung des Verhaltens und/oder Veränderung biochemischer und zellulärer Prozesse im Inneren. Auf diese Weise erlaubt es das physiologische Potenzial eines Tieres ihm, unter veränderlichen und oftmals widrigen Umgebungsbedingungen zu leben. Verhaltensreaktionen sind von Bedeutung für die Erlangung von Nahrung, das Auffinden von geschützten Stellen, der Flucht vor Feinden und ungünstigen Umweltbedingungen, das Finden eines Paarungspartners und die Versorgung des Nachwuchses. Physiologische Mechanismen und Verhaltensweisen, welche die Anpassungsfähigkeit an die Umwelt erhöhen, sind für das Überleben des Einzelwesens hilfreich. Ökologen, die ihre Untersuchungen auf die organismische Ebene konzentrieren, heißen – je nach genauer Ausrichtung – Ökophysiologen bzw. Verhaltensökologen.

Tiere leben in der Natur in Koexistenz mit anderen Tieren derselben Art. Solche Gruppierungen von Lebewesen heißen (nicht nur bei Tieren) **Populationen**. Populationen besitzen Eigenschaften, die man auf der Ebene des Einzellebewesens nicht beobachten kann. Zu diesen Eigenschaften gehören genetische Verschiedenartigkeit (Polymorphismus) zwischen den Individuen einer Population, eine Zunahme der Individuenzahl mit der Zeit sowie Faktoren, welche die Bestandsdichte in einem Gebiet begrenzen. Ökologische Studien auf der Ebene der Population helfen uns, den zukünftigen Erfolg gefährdeter Arten vorherzusagen und Kontrollmechanismen für Schädlinge zu finden.

Genauso wie Individuen in der Natur nicht allein leben, treten Populationen unterschiedlicher Arten in komplexeren Assoziationen gemeinsam auf, die **Gemeinschaften** genannt werden. Der Komplexitätsgrad einer Gemeinschaft wird durch die **Artenvielfalt** angegeben – also der Anzahl verschiedener Arten, die in einer Gemeinschaft koexistent vorkommen. Die Populationen der Arten in einer Gemeinschaft wechselwirken auf vielfältige Weise miteinander. Die am häufigsten vorkommenden Wechselwirkungsformen sind die **Jagd**, der **Parasitismus** und die **Konkurrenz**. **Jäger** (= räuberische Arten) beziehen ihre Energie und Nährstoffe aus dem Töten und Verzehren von Beutetieren. **Parasiten** (= Schmarotzer) ziehen ähnliche Vorteile aus ihren Wirten, doch bringen sie diese normalerweise nicht um. Konkurrenz tritt auf, wenn Nahrung oder Lebensraum begrenzt sind und Angehörige derselben oder unterschiedlicher Arten bezüglich der Nutzung gemeinsamer Ressourcen konkurrieren. Man spricht von **Mutualismus**, wenn beide Mitglieder eines Artenpaares von der Wechselwirkung profitieren – für gewöhnlich durch das Vermeiden negativer Wechselwirkungen mit der anderen Art. Gemeinschaften sind deshalb von komplexer Natur, weil alle diese Interaktionen gleichzeitig stattfinden können und ihre individuellen Wirkungen auf die Gemeinschaft oft nicht isoliert betrachtet und bewertet werden können.

Ökologische Gemeinschaften sind biologische Komponenten noch größerer und noch komplexer strukturierter Gebilde, die Ökosysteme genannt werden. Ein **Ökosystem** besteht aus allen Populationen in einer Gemeinschaft (Pflanzen und Tiere), zusammen mit deren unbelebter (physikalischer) Umwelt. Die Untersuchung von Ökosystemen legt zwei Schlüsselvorgänge in der belebten Natur offen: den (Durch-)Fluss von Energie und die Rückführung von Stoffen durch biologische Kanäle. Das größte Ökosystem ist die **Biosphäre**. Darunter versteht man die dünne Schicht aus Land, Wasser und Luft-

> **Exkurs**
>
> Die meisten Menschen wissen, dass Löwen, Tiger und Wölfe Jäger (Räuber) sind, doch kommen auch in der Welt der Wirbellosen zahlreiche räuberische Tiere vor. Zu diesen Räubern gehören schon einzellige Lebewesen, ebenso Quallen und ihre Verwandten, verschiedene Würmer, räuberische Insekten, Seesterne und viele andere mehr.

hülle, die unseren Planeten einhüllt und alles Leben auf der Erde trägt (siehe Kapitel 37).

38.1.1 Umwelt und ökologische Nische

Die Umwelt eines Tieres besteht aus allen „Voraussetzungen", die sein Überleben und seine Fortpflanzung direkt beeinflussen. Zu diesen Faktoren gehören das Territorium, Energieformen wie Sonnenlicht, Wärme, Wind und Wasserströmungen sowie Substanzen und Stoffgemische wie das Erdreich, Luft, Wasser sowie zahllose andere chemische und organische Verbindungen. Zur Umwelt gehören auch andere Lebewesen, welche die Nahrung eines Tieres bilden können oder ihm nachstellende Fressfeinde, Konkurrenten, Wirte, Parasiten oder (Paarungs-)Partner sein können. Die Umwelt schließt also sowohl abiotische (unbelebte) wie biotische (belebte) Größen ein. Einige Umweltfaktoren wie der zur Verfügung stehende Raum und die Nahrung, die unmittelbar von dem Tier genutzt werden, werden allgemein als **Ressourcen** bezeichnet.

Eine Ressource kann konsumierbar oder nichtkonsumierbar sein; dies hängt davon ab, wie ein Tier sie nutzt. Nahrung ist eine konsumierbare Ressource, da sie – wenn sie einmal gefressen ist – nicht länger vorhanden bzw. verfügbar ist. Raum dagegen – ob als Gesamtlebensraum oder in Form oder Anzahl geeigneter Nistplätze oder Ähnliches – wird durch die Benutzung nicht verbraucht oder verschlissen (= nicht konsumiert).

Der physische Raum, in dem ein Tier lebt und der die Umwelt enthält, wird als der **Lebensraum** oder das **Habitat** des Tieres bezeichnet. Die Größe eines Habitats ist variabel. Ein Stück verrottenden Holzes ist das gewöhnliche Habitat von Holzameisen. Solches Totholz findet sich in größeren Habitaten wie Wäldern, in denen zum Beispiel auch Hirsche leben. Hirsche äsen jedoch auf offenen Lichtungen – ihr Habitat umfasst also mehr als nur den Wald. Auf einem noch größeren Maßstab bewohnen einige Zugvögel während des Sommers Wälder der gemäßigten nördlichen Breiten (zum Beispiel in Mitteleuropa) und wandern für das Winterhalbjahr in die Tropen. Das Habitat wird also durch die normalen Aktivitäten eines Tieres und nicht durch willkürliche physikalische Grenzen festgelegt.

Tiere einer jeden Art sind in ihrer Umwelt durch verschiedene Faktoren wie Temperatur, Feuchtigkeit und Nahrungsangebot eingeschränkt. Solche Faktoren legen den Bereich fest, in denen ein bestimmtes Tier heranwachsen, überleben und sich fortpflanzen kann. Eine zuträgliche Umwelt muss daher allen Erfordernissen des Lebens gerecht werden. Eine Süßwassermuschel in einem tropischen See könnte die Temperatur in einem tropischen Meeresgebiet tolerieren, würde aber durch den Salzgehalt des Meerwassers abgetötet werden. Ein im arktischen Ozean lebender Schlangenstern könnte den Salzgehalt des Tropenmeeres tolerieren, nicht aber dessen hohe Temperatur. Die Temperatur und der Salzgehalt (die Salinität) sind also zwei unabhängige, getrennte Dimensionen der Umweltgrenzen eines Tieres. Wenn wir eine weitere Variable hinzufügen – zum Beispiel den pH-Wert –, erweitern wir unsere Beschreibung um eine zusätzliche auf drei Dimensionen (▶ Abbildung 38.1). Wenn wir alle Umweltfaktoren, die es einer Art erlauben, zu überleben und sich zu vermehren, in die Betrachtung einbeziehen, definieren wir die Rolle, die die betreffende Art im Verhältnis zu allen anderen spielt. Diese einzigartige, mehrdimensionale Beziehung einer Art mit ihrer Umwelt wird ihre (ökologische) **Nische** genannt (siehe Eingangstext zu diesem Kapitel). Die Dimensionen einer Nische können unter den Mitgliedern einer Art schwanken, wodurch die Nische zu einem Gegenstand der Evolution durch natürliche Selektion wird. Die Nische einer Art macht über mehrere, aufeinanderfolgende Generationen evolutive Änderungen durch.

Tiere können im Hinblick auf die Toleranz von Umweltbedingungen bzw. der Schwankungsbreite von Um-

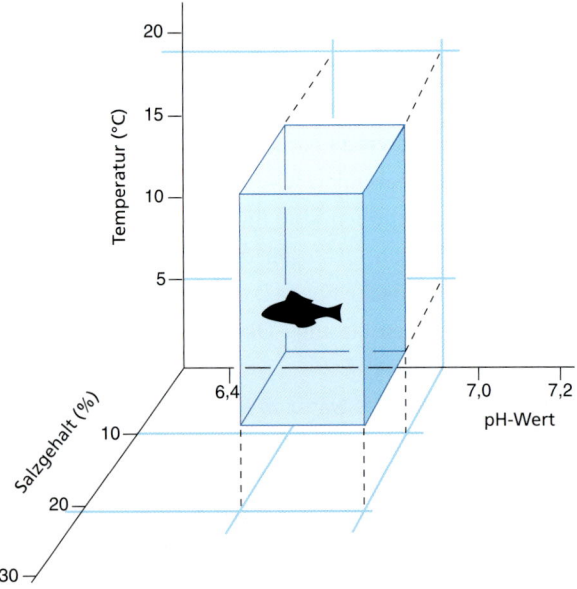

Abbildung 38.1: Dreidimensionales Nischenvolumen einer hypothetischen Tierart. Dargestellt sind drei Toleranzbereiche. Diese grafische Darstellung ist eine Möglichkeit, um einen Teil der mehrdimensionalen Natur von Umweltbeziehungen von Lebewesen zu verdeutlichen.

weltbedingungen, Generalisten oder Spezialisten sein. Beispielsweise sind die meisten Fische entweder an das Süß- oder an das Meerwasser angepasst, nicht aber an beides. Solche Arten, die küstennahe Sumpfgebiete (Marschen) oder Mündungsgebiete bewohnen (etwa die Elritze (*Fundulus heteroclitus*)), sind fähig, Änderungen im Salzgehalt zu ertragen, wie sie mit dem Gezeitenwechsel in Mündungshabitaten einhergehen, wenn sich wechselnde Mengen Süßwasser mit Meerwasser vermischen. In ähnlicher Weise gilt, dass manche Schlangen, eng gesteckte Nahrungsanforderungen aufweisen, obgleich die meisten Schlangenarten ein weites Spektrum an Beutetieren akzeptieren. So ist etwa die afrikanische Eierschlange *(Dasypeltis scaber)* auf Vogeleier als Nahrung spezialisiert (siehe Abbildung 32.3).

Wie breit der Toleranzbereich eines Tieres auch sein mag – es erfährt zu einem gegebenen Zeitpunkt immer nur einen einzelnen, speziellen Satz von Bedingungen. Ein Tier wird mit einiger Wahrscheinlichkeit im Verlauf seines Lebens nicht alle Umweltbedingungen, die es zu tolerieren in der Lage ist, unmittelbar erfahren. Wir müssen daher die **grundlegende Nische** eines Tieres, das seine potenzielle Rolle umschreibt, von der tatsächlichen, der **realisierten Nische**, welche die Untergruppe potenziell zuträglicher Umwelten, die ein Tier tatsächlich selbst erfährt, unterscheiden. Gleichfalls müssen wir auf den Ebenen der Population und der Art zwischen der grundlegenden und der realisierten Nische unterscheiden. Es sind diese Ebenen, auf denen diese Phänomene in der Hauptsache untersucht werden. So kann beispielsweise Konkurrenz innerhalb einer Gemeinschaft die realisierte Nische einer Art auf einen wesentlich kleineren Bereich von Bedingungen begrenzen als von ihrer fundamentalen Nische vorhergesagt wird.

38.1.2 Populationen

Ein Tier existiert in der Natur als Mitglied einer Population – einer reproduktiv interagierenden Gruppe von Tieren derselben Art (siehe Kapitel 6). Eine Art kann aus einer einzelnen, zusammenhängenden Population bestehen oder aus vielen, geografisch getrennten Populationen, die vielfach als **Deme** (Einzahl: Dem; aus dem Griechischen *demos* = Volk) bezeichnet werden. Da die Angehörigen eines Dems sich miteinander fortpflanzen, bilden sie einen gemeinsamen Genpool.

Die Wanderung von Individuen zwischen Demen einer Art kann in gewissem Umfang zur evolutiven Einheitlichkeit der Art als Ganzem beitragen. Lokale Umwelten können sich in unvorhergesehener Weise verändern, was manchmal dazu führen kann, dass ein lokales Dem in seiner Individuenzahl stark abnimmt oder gänzlich verschwindet. Die Wanderung (Migration) ist daher eine sehr bedeutsame Quelle des Austausches unter und des Ersatzes von Demen innerhalb eines Gebietes. Das Aussterben einer Art kann vermieden werden, falls das Risiko des Aussterbens auf viele Deme verteilt ist, weil die gleichzeitige Zerstörung der Umwelt aller beteiligten Deme auf diese Weise unwahrscheinlich gemacht wird, wenn nicht eine weit ausgreifende Katastrophe eintritt. Die Wechselwirkung von Demen in einer derartigen Weise wird als **Metapopulationsdynamik** bezeichnet. Eine Metapopulation ist eine Population, die in mehrere, genetisch wechselwirkende Deme zerfällt. Bei einigen Arten können der Genfluss und die Relokalisierung zwischen den Demen beinahe symmetrisch sein. Falls einige Deme stabil, andere aber eher vom Aussterben bedroht sind, werden die stabileren als **Quelldeme** bezeichnet, die in differenzieller Weise Migranten in die weniger stabilen **Senkendeme** abgeben.

Jede Population oder jedes Dem besitzt eine charakteristische Altersverteilung, ein charakteristisches Geschlechterverhältnis und eine charakteristische Wachstumsrate. Die Untersuchung dieser Eigenschaften und der Faktoren, die sie beeinflussen, wird Demografie genannt. Demografische Merkmale variieren in Abhängigkeit der Lebensweise der untersuchten Art. Beispielsweise sind einige Tiere sowie die meisten Pflanzen modular. **Modulare Tiere** wie Schwämme, Korallen und die Ektoprokten (Moostierchen) bestehen aus Kolonien genetisch identischer Organismen – also aus Klonen. Die Fortpflanzung geschieht mittels ungeschlechtlicher **Klonierung**, wie wir für das Beispiel der Hydrozoen in Kapitel 13 beschrieben haben. Die meisten Kolonien zeichnen sich durch festgelegte Perioden der Gametenbildung und der geschlechtlichen Fortpflanzung aus. Kolonien vermehren sich außerdem durch Fragmentierung, wie man es bei Korallenriffen nach schweren Stürmen beobachten kann. Teile einer Koralle können durch den Wellengang über das Riff verstreut werden und woanders abgelagert werden. Das ist dann der Grundstock für neue Riffe. Bei diesen modularen Tieren sind der Altersaufbau und das Geschlechterverhältnis nur schwierig zu ermitteln. Veränderungen der Koloniegröße werden herangezogen, um Wachstumsraten zu ermitteln, doch ist das Zählen von Individuen schwieriger und weniger aussagekräftig als bei **unitären Tieren**, die als unabhängige Einzelwesen existieren.

Die meisten Tiere sind unitär. Aber selbst einige unitäre Tierarten pflanzen sich durch **Parthenogenese** (Jungfernzeugung; siehe Kapitel 7) fort. Parthenogenetische Arten finden sich in vielen Taxa der Tierwelt, einschließlich der Insekten, der Reptilien und der Fische. Derartige Gruppen umfassen nur weibliche Tiere, die unbefruchtete Eier ablegen, aus denen Tochtertiere schlüpfen, deren Genotypen vollständig von ihren Müttern herstammen. Die Gottesanbeterin *Bruneria borealis*, die im Südosten der USA verbreitet ist, ist ein Beispiel für eine parthenogenetische, unitäre Tierart.

Die meisten Metazoen sind biparental („zweielterlich"; siehe Kapitel 7), und die Fortpflanzung folgt einer Phase des organismischen Wachstums und der Reifung (Maturierung). Jede neue Generation nimmt mit einer **Kohorte** aus Individuen, die zur gleichen Zeit geboren werden, ihren Ausgang. Natürlich kommen nicht alle Individuen einer Kohorte zur Fortpflanzung. Damit eine Population über die Generationen hinweg ihre Größe beibehält, muss sich jedes Weibchen *im Durchschnitt* durch eine Tochter ersetzen, die sich ihrerseits fortpflanzt. Falls Weibchen im Durchschnitt mehr als eine lebensfähige Tochter hinterlassen, kommt es zum Populationswachstum; falls die Durchschnittszahl kleiner als eins ist, kommt es zum Populationsrückgang.

Tierarten zeichnen sich durch verschiedenartige, aber charakteristische **Überlebensformen** von der Geburt bis zum Tod des letzten Mitglieds einer Kohorte aus. Die drei prinzipiellen Überlebensformen sind in ▶ Abbildung 38.2 verdeutlicht. In der Kurve I sterben alle Individuen zur gleichen Zeit, was in der Natur wahrscheinlich nur sehr selten vorkommt. In der Kurve II, ist die Sterblichkeitsrate als Anteil der Überlebenden über alle Altersklassen konstant. Dies ist kennzeichnend für solche Tiere, die ihre Jungen versorgen, wie zum Beispiel viele Vogelarten. Menschliche Populationen fallen im Allgemeinen irgendwo zwischen die idealisierten Fälle der Kurven I und II. Der genaue Verlauf hängt hier von der Ernährung und der medizinischen Versorgung ab.

Die Überlebensform der meisten Wirbellosen sowie von Wirbeltieren wie Fischen, die große Nachkommenzahlen hinterlassen, ähnelt der Kurve III. So produziert etwa die Meeresschnecke *Ilyanassa obsoleta* aus der Gruppe der Prosobranchiata in jeder Fortpflanzungszeit Tausende von Eiern. Die Zygoten entwickeln sich zu freischwimmenden, planktonischen Veligerlarven, die durch Meeresströmungen weit vom Habitat des Muttertiers fortgetragen werden. Als Teile des Planktons wird ihre Zahl durch die zahlreichen Tiere, die sich vom Plankton ernähren, stark dezimiert. Darüber hinaus benötigen die Larven einen bestimmten, sandigen Untergrund, auf dem sie sich absetzen und die Metamorphose zur adulten Schnecke durchlaufen können. Die Wahrscheinlichkeit, dass eine Larve lange genug überlebt, um ein geeignetes Habitat zu finden, ist sehr gering, und die meisten Mitglieder der Kohorte versterben im Verlauf des Veligerstadiums. Man verzeichnet daher einen scharfen Abfall des Anteils der Überlebenden im ersten Teil der Kurve. Die wenigen Larven, die überleben und schließlich zu Schnecken werden, haben ihre Überlebenschancen noch weiter erhöht; dies wird durch die flachere Steigung der Kurve angezeigt. Eine hohe Vermehrungsrate gleich eine Mortalitätsrate in der Jugend aus.

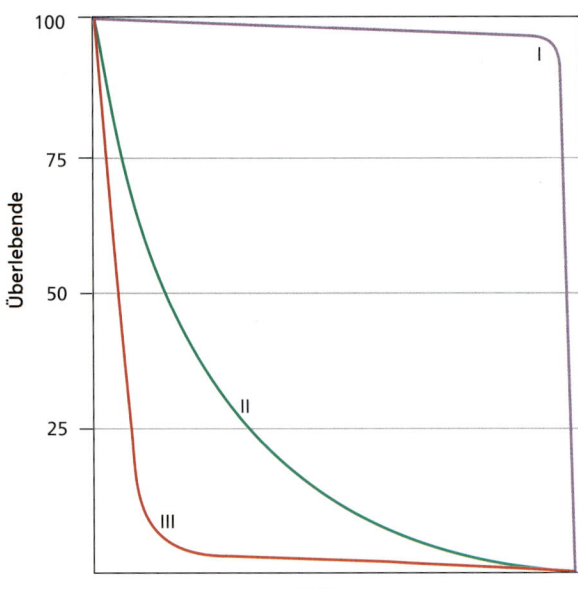

Abbildung 38.2: Drei Haupttypen theoretischer Überlebenskurven. Weitere Erklärungen im Haupttext.

Viele Tiere überleben nur so lange, bis sie sich einmal erfolgreich fortgepflanzt haben. Dies trifft für viele Insekten der gemäßigten Breiten zu. In diesen Fällen reproduzieren sich die Adulti vor Einsetzen des Winters und sterben dann. Nur die Eier überwintern und bevölkern das Habitat im nachfolgenden Frühjahr erneut. Lachse kehren nach mehreren Jahren im Meer zurück ins Süßwasser, wo sie nur einmal ablaichen. Nach dem Ablaichen sterben alle erwachsenen Mitglieder einer Kohorte. Andere Tiere überleben (zumindest im Prinzip) lange genug, um mehrere Kohorten von Nachkommen hervorzubringen, und vermögen sich fortzupflanzen, während ihre Eltern noch leben und sich ebenfalls aktiv fortpflanzen.

Tierpopulationen, die mehrere Kohorten enthalten – wie die von Rotkehlchen, Schildkröten und Menschen –

38.1 Die Hierarchie der Ökologie

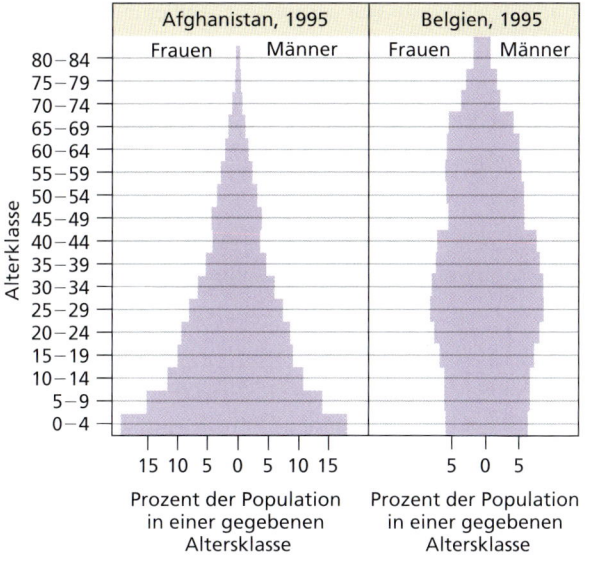

Abbildung 38.3: Altersstruktur der Einwohner von Afghanistan und Belgien im Jahr 1995. Gegenübergestellt sind die rasch anwachsende, jugendliche Population Afghanistans und die stabile Population Belgiens, in der die Vermehrungsrate unterhalb des Niveaus des Bevölkerungswachstums liegt, das heißt die Einwohnerzahl Belgiens ist rückläufig.

weisen eine bestimmte **Altersverteilung** auf. Analysen der Altersverteilungen zeigen an, ob eine Population zunimmt, stabil ist oder im Rückgang begriffen ist. ▶ Abbildung 38.3 zeigt die Altersverteilungsprofile zweier Populationen. Bei globaler Betrachtung zeigt die menschliche Bevölkerung eine Altersverteilung, die ähnlich der von Kurve I in Abbildung 38.2 ist. Die Altersverteilung schwankt beim Menschen allerdings regional.

Populationswachstum und intrinsische Regulation

Unter einem Populationswachstum versteht man die Differenz zwischen der Geburts- und der Todesrate der betreffenden Population. Wie Darwin durch die Lektüre eines Aufsatzes von Thomas Malthus erkannte (siehe Kapitel 6), wohnt allen Populationen die Fähigkeit inne, exponentiell anzuwachsen. Diese Fähigkeit wird als die **intrinsische Wachstumsrate** bezeichnet und mit dem Symbol **r** belegt. Die steil ansteigende Kurve in ▶ Abbildung 38.4 zeigt ein solches, exponentielles Wachstumsverhalten. Falls irgendwelche Populationen oder Arten fortgesetzt auf diese Weise anwüchsen, käme es rasch zu einer Erschöpfung der verfügbaren Ressourcen und in der Folge zu einem Massensterben. Ein Bakterium, das sich dreimal pro Stunde teilt (ausreichend verdünnte Laborkulturen erreichen unter optimalen Bedingungen vorübergehend solche Zuwachsraten), könnte im Verlauf von 36 Stunden eine Kolonie hervorbringen (vorausgesetzt, alle neu entstehenden Zellen teilen sich ebenfalls mit maximaler Rate weiter), welche die ganze Erde mit einer mehr als 25 cm dicken Bakterien-Schicht bedecken würde! Nur eine Stunde danach, würde uns diese hypothetische Riesenkolonie bereits buchstäblich über den Kopf wachsen. Tiere besitzen viel niedrigere potenzielle Wachstumsraten als Bakterien, doch können sie theoretisch über einen entsprechend längeren Zeitraum das gleiche Resultat erzielen. Dies würde wiederum unbegrenzte Ressourcen voraussetzen. Viele Insekten legen jedes Jahr Tausende von Eiern. Ein einziger Kabeljau (= Dorsch; *Gadus morhua*) kann in einer Saison bis zu sechs Millionen Eier ablegen. Eine Feldmaus (*Microtus arvalis*) kann jedes Jahr bis zu 17 Würfe mit je fünf bis sieben Jungen hervorbringen. Es ist offensichtlich, dass unbegrenzte Vermehrung in der Natur ungewöhnlich ist.

Selbst in einer optimalen Umgebung erschöpft eine im Wachstum begriffene Population schließlich die Nahrung oder/und den Raum. Exponentielle Zunahmen wie Massenvermehrungen von Heuschrecken oder Planktonblüten in Seen müssen notwendigerweise ihr natürliches Ende finden, wenn die Nahrung oder der Raum aufgebraucht sind. Unter allen Ressourcen, welche die Größe einer Population begrenzen können, wird in der Regel eine – die am knappsten bemessene – erschöpft sein, bevor die anderen ihr Limit erreichen. Diese Ressource wird als **begrenzende Ressource** bezeichnet. Gebräuchlich ist auch der noch weiter ausgreifende Begriff **begrenzender Faktor** (des Wachstums). Die größte Population, die ein Habitat zu versorgen vermag, bis der

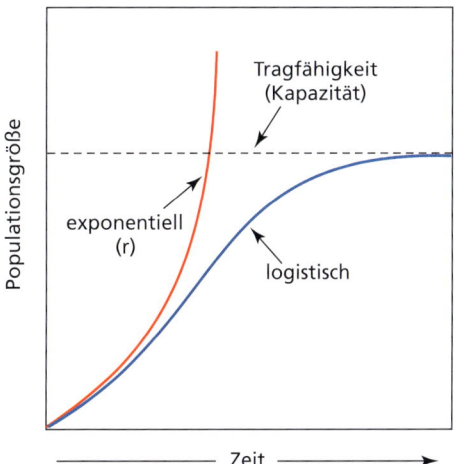

Abbildung 38.4: Populationswachstum. Dargestellt ist das exponentielle Wachstum einer Art in einer Umwelt ohne begrenzende Faktoren sowie logistisches (= sigmoides) Wachstum in einer Umwelt mit begrenzendem Faktor.

begrenzende Faktor greift, wird die **Tragfähigkeitsgrenze** oder **Tragkapazität** der Umwelt genannt. Sie wird durch den Buchstaben **K** symbolisiert. Im idealisierten Fall würde eine Population ihr Wachstum als Reaktion auf abnehmende Ressourcen verlangsamen, bis gerade der Wert K erreicht ist. Dieser Verlauf wird durch die sigmoide (= S-förmige) Kurve in Abbildung 38.4 dargestellt. Die mathematischen Gleichungen, die das exponentielle und das sigmoide Wachstum beschreiben, werden weiter unten in einem gesonderten Kasten beschrieben. Sigmoide Wachstumsverläufe entstehen, wenn es eine negative Rückkopplung zwischen der Wachstumsgeschwindigkeit und der Populationsdichte gibt. Dieses Phänomen wird als Dichteabhängigkeit bezeichnet, und es stellt den Mechanismus zur intrinsischen Regulation von Populationen dar. Wir können die dichteabhängige Regulierung einer Population durch negative Rückkopplung mit der Art und Weise vergleichen, wie endotherme Tiere ihre Körpertemperatur regulieren, wenn die Temperatur der Umgebung einen Optimalwert überschreitet. Im Fall einer konsumierbaren Ressource wie der Nahrung, ist die Tragfähigkeitsgrenze dann erreicht, wenn die Rate der Ressourcen-Wiederherstellung durch Nachschub gleich der Entnahmerate durch die Population ist. Die Population befindet sich dann am K-Punkt für diesen begrenzenden Faktor. Nach dem logistischen Modell kommt das Wachstum einer Population zum Erliegen, wenn die Populationsdichte den Wert K erreicht; Geburts- und Sterberate sind dann gleich groß. Falls der Nachschub an Nahrung die Aufrechterhaltung der gegenwärtigen Population zulässt, aber auch nicht mehr (also kein weiteres Anwachsen der Population), kann etwa eine Grashüpfer-Population auf einer grünen Weide die Tragfähigkeitsgrenze erreicht haben, selbst dann, wenn wir noch reichlich nichtverzehrte Nahrung vor uns sehen.

Obgleich experimentelle (Labor-)Populationen von Protozoen sich sehr nach an die sigmoide (= logistische) Kurve annähern können, fluktuieren die meisten Populationen in der Natur um Werte ober- wie unterhalb der Tragfähigkeitsgrenze. Nachdem auf der südpazifischen Insel Tasmanien um 1800 Schafe eingeführt worden waren, veränderte sich deren Zahl logistisch mit kleinen Oszillationen um eine durchschnittliche Populationsgröße von 1,7 Millionen Tieren. Daraus können wir schließen, dass die Tragfähigkeitsgrenze der Umwelt bei rund 1,7 Millionen Schafen lag (▶ Abbildung 38.5). Fasane, die auf einer Insel in der kanadischen Provinz Ontario freigelassen worden waren, zeigten weitaus stärkere Oszillationen der Populationsgröße (Abbildung 38.5b).

Warum oszillieren intrinsisch regulierte Populationen auf diese Weise? Zunächst kann sich die Tragfähigkeitsgrenze einer Umwelt mit der Zeit verändern. Dies macht eine Veränderung der Populationsdichte notwendig, um sich an die veränderten Bedingungen anzupassen. Zweitens gibt es immer eine zeitliche Verschiebung zwischen dem Zeitpunkt, an dem eine Ressource beginnt, begren-

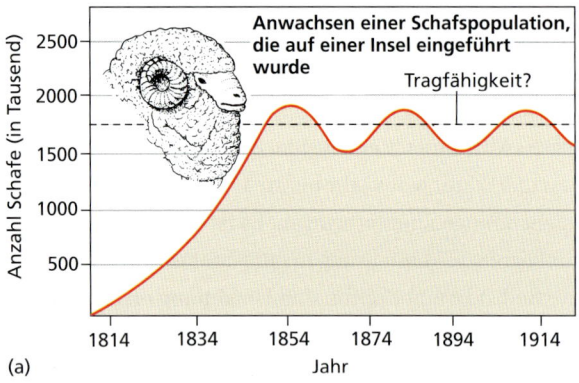

(a)

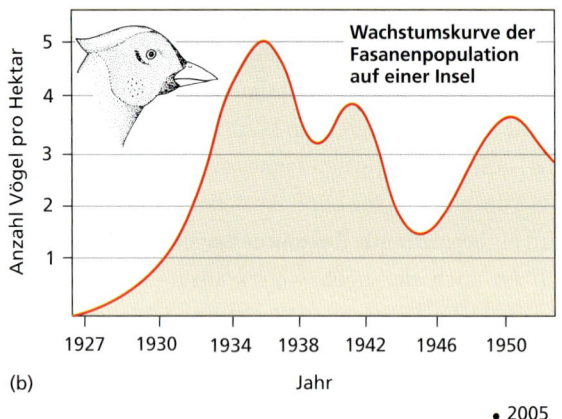

(b)

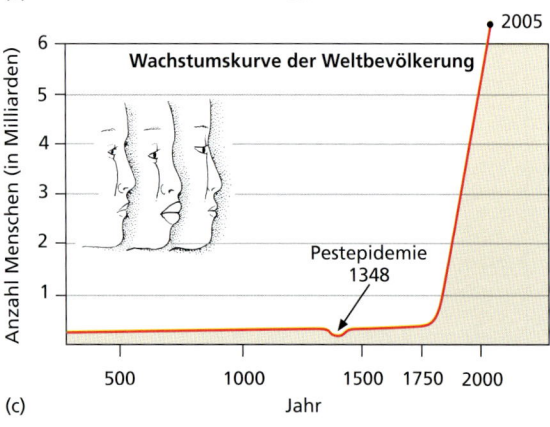

(c)

Abbildung 38.5: Wachstumskurven. Hier gezeigt für eine (a) Schaf- (b) eine Fasan- und (c) die menschliche Population über geschichtliche Zeiträume. Die Schafspopulation auf einer Insel ist stabil, weil ein eingreifendes Steuern durch den Menschen erfolgt. Die Fasanenpopulation oszilliert stark – vermutlich aufgrund großer Änderung in der Tragfähigkeit des Verbreitungsgebietes. Wo würden Sie die Tragfähigkeitsgrenze der Weltbevölkerung des Menschen ansetzen?

zend zu wirken, und der sichtbaren Reaktion einer Population durch Verminderung ihrer Wachstumsrate. Drittens wirken gelegentlich **extrinsische Faktoren** begrenzend auf das Wachstumsverhalten einer Population, bevor die Tragfähigkeitsgrenze des Habitats erreicht ist. Wir werden uns den extrinsischen Faktoren weiter unten gesondert zuwenden.

Auf der globalen Ebene zeigt die menschliche Population (Weltbevölkerung) die längste Geschichte eines exponentiellen Populationswachstums (Abbildung 38.5c). Tatsächlich ist das Anwachsen der Weltbevölkerung sogar hyperbolisch, also überexponentiell. Der Ratenansatz wird dadurch größer als linear, was gravierende Folgen für das Ökosystem hat. Obwohl Hungersnöte, Seuchen und Kriege das Anwachsen der menschlichen Bevölkerung lokal zeitweise beschränkt oder umgekehrt haben, geht der einzige sichtbare Einbruch der Weltbevölkerung auf die Zeit der spätmittelalterlichen Pestepidemien in Europa zurück, welche die Bevölkerung Europas im 14. Jahrhundert stark dezimiert haben. Wo liegt angesichts dieses ungehemmten und weiterhin anhaltenden Wachstums die Tragfähigkeitsgrenze für die menschliche Population? Die Antwort ist alles andere als leicht, und es müssen mehrere bedeutsame Faktoren in Betracht gezogen werden, wenn wir den K-Wert für die Art Mensch näherungsweise ermitteln wollen.

Mit dem Aufkommen der Landwirtschaft nahm die Tragfähigkeitsgrenze zu und die menschliche Bevölkerung wuchs von ca. fünf Millionen um das Jahr 8000 vor unserer Zeitrechnung (vor unserer Zeit, als die Landwirtschaft ihren Anfang nahm) bis zum Jahr 4000 vor unserer Zeit auf etwa 16 Millionen an. Ungeachtet des Tributs, den Dürren, Krankheiten und der nur beim Menschen zu beobachtende Krieg gefordert haben, hat die Weltbevölkerung um 1650 die 500-Millionen-Marke durchbrochen. Der industriellen Revolution im Europa des 18. Jahrhunderts, der eine Revolution des medizinischen Fortschritts und die Entdeckung neuer Länder und Kontinente folgten, kam es in Verbindung mit weiter verbesserten landwirtschaftlichen Methoden zu einem dramatischen Anstieg der Tragfähigkeitsgrenze der menschlichen Population. Die Weltbevölkerung verdoppelte sich bis 1850 auf eine Milliarde. 1927 war eine abermalige Verdoppelung auf zwei Milliarden erreicht. 1974 war das Jahr einer neuerlichen Verdoppelung auf nunmehr vier Milliarden Menschen. Der Wert von sechs Milliarden war im Oktober 1999 erreicht, und es wird erwartet, dass spätestens um 2040 acht Milliarden Menschen die Erde überbevölkern werden. Trägt man die Wachstumswerte graphisch auf, so erkennt man eine Verkürzung der Verdoppelungszeiträume. Es handelt sich also um ein hyperbolisches Wachstum; bei exponentiellem Wachstum bleibt der Zeitraum einer Verdoppelung der Individuenzahl konstant (auch im Fall der explosiven Bakterienvermehrung, die wir oben als Beispiel ins Feld geführt hatten) (Abbildung 38.5c). Der gravierende qualitative Unterschied zwischen exponentiellem und hyperbolischem Wachstum besteht darin, dass eine exponentiell wachsende Population eine andere, im gleichen Lebensraum vorhandene Population niemals völlig auswachsen kann; bei hyperbolischem Wachstum ist dies hingegen der Fall (für Einzelheiten zu den Wachstumsgesetzen und ihren Folgen, siehe das ausgezeichnete Buch *Das Spiel* von Eigen und Winkler-Oswatitsch).

Obgleich rasche Fortschritte in der Landwirtschaft, der Industrie und der Medizin ohne Zweifel die Tragfähigkeitsgrenze der Erde für die menschliche Population nach oben verschoben haben, haben diese Fortschritte auch den Abstand zwischen der Geburten- und der Sterberate größer werden lassen. Dies hat den Ratenansatz des Bevölkerungswachstums noch weiter gesteigert. Jeden Tag kommen 208.000 Menschen zu den im Jahr 2007 schon lebenden 6,6 Milliarden hinzu (Wert des Nettozuwachses). Unter der Annahme, dass diese Wachstumsrate konstant bleiben wird, wird der tägliche Zuwachs im Jahr 2030 bei rund 500.000 Menschen pro Tag liegen (diese Beschleunigung der Zunahme ist gerade das Kennzeichen des hyperbolischen Wachstums). Anders

Exkurs

Neuere Erhebungen deuten darauf hin, dass das Anwachsen der Weltbevölkerung vielleicht im Begriff ist, sich zu verlangsamen. Zwischen 1970 und 2004 ging die jährliche Zuwachsrate von 1,9 auf 1,23 Prozent zurück. Bei einer Rate von 1,23 Prozent sind 57 Jahre für eine Verdoppelung der Zahl der lebenden Menschen notwendig; bei 1,9 Prozent würde dies in 36,5 Jahren der Fall sein. Der Rückgang wird auf bessere Familienplanung in einigen Teilen der Welt zurückgeführt. Trotzdem bleibt der Umstand bestehen, dass die Hälfte der Weltbevölkerung unter 25 Jahre alt ist und zum größten Teil in unterentwickelten Ländern lebt, wo verlässliche Verhütungsmittel nur begrenzt vorhanden sind oder ganz fehlen. Trotz dieses leichten Rückgangs der Zuwachsrate liegt immer noch die schlimmste Bevölkerungsschwemme vor uns. Es wurde hochgerechnet, dass in den kommenden fünf Jahrzehnten weitere drei Milliarden Menschen hinzukommen. Das ist der schnellste absolute Zuwachs in der Geschichte der Menschheit.

ausgedrückt, wird dann in nur zehn Tagen eine Menschenmenge erzeugt, die der gesamten Weltbevölkerung im Jahr 8000 vor unserer Zeit entspricht.

Um die Tragfähigkeitsgrenze für die Art Mensch abzuschätzen, müssen wir nicht nur die verfügbaren Ressourcenmengen in Betracht ziehen, sondern auch die Lebensqualität. Ungefähr zwei der sechseinhalb Milliarden Menschen, die heute leben, leiden an Mangel- oder Fehlernährung. Gegenwärtig stammen 99 Prozent unserer Nahrung vom Land, und der winzige Anteil, der aus dem Meer stammt, ist infolge der übergroßen Ausbeutung der Fischbestände in einem starken Rückgang begriffen (siehe Kapitel 37). Obwohl die maximale, langfristig erreichbare landwirtschaftliche Produktionsleistung nicht mit ausreichender Sicherheit zu ermitteln ist, erwarten Wissenschaftler, dass die Nahrungsmittelproduktion auf lange Sicht nicht mit der Bevölkerungsexplosion Schritt halten kann.

Extrinsische Grenzen des Wachstums

Wir haben gesehen, dass die intrinsische Tragfähigkeitsgrenze einer Umwelt bezüglich einer Population ein unbegrenztes Wachstum – exponentiell oder nach einer anderen Funktion – verhindert. Das Populationswachstum kann auch durch extrinsische biotische Faktoren wie Verfolgung durch Fressfeinde, Parasitismus (einschließlich krankheitserregender Pathogene) und zwischenartliche Konkurrenz oder durch abiotische Faktoren wie Überflutungen, Feuer oder Stürme eingeschränkt werden. Obwohl abiotische Faktoren ganz sicher Populationen in der Natur dezimieren, können sie das Populationswachstum nicht wirklich regulieren, weil ihre Wirkungen gänzlich unabhängig von der Populationsgröße sind. Abiotische Faktoren sind dichteunabhängig. Ein einzelner Hagelschlag vermag die meisten Jungen einer Wattvogel-Population zu töten, und ein Waldbrand kann ganze Populationen vieler Tierarten vernichten,

---

HINTERGRUND

■ **Exponentielles und logistisches Wachstum**

Wir beschreiben die sigmoide Wachstumskurve in Abbildung 38.4 durch ein einfaches mathematisches Modell, dass die logistische Gleichung genannt wird. Die Steigung an jedem Punkt der Kurve entspricht der Wachstumsgeschwindigkeit, also dem Maß dafür, wie schnell sich die Größe der Population zu diesem Zeitpunkt ändert. Wenn N die Zahl der Organismen und t die Zeit angibt, können wir das Wachstum als Ratenansatz (Ableitung der Anzahl nach der Zeit) angeben:

dN/dt = Momentane Änderung der Organismenzahl zu einer gegebenen Zeit t
(Ableitung der Organismenzahl N nach der Zeit)

Wenn Populationen sich in einer Umwelt mit unbegrenzten Ressourcen (unbegrenzte Nahrung und unbegrenzter Raum sowie keine Konkurrenz durch andere Organismen) befinden, wird das Populationswachstum lediglich durch die immanente reproduktive Kapazität der Population begrenzt und bestimmt. Unter diesen Idealbedingungen wird der Zuwachs durch das Symbol **r** ausgedrückt. r ist definiert als die intrinsische Wachstumsrate der Population pro Kopf (also eine normalisierte Wachstumsrate). Der Faktor r gibt letztendlich die Differenz zwischen der Geburten- und der Sterberate pro Individuum pro Zeiteinheit in der Population an. Die Wachstumsgeschwindigkeit der Population als Ganzes wird dann:

$$dN/dt = rN$$

Dieser Ausdruck beschreibt das exponentielle Wachstum, das durch den aufwärtsgebogenen Anteil der sigmoiden Kurve in Abbildung 38.4 graphisch symbolisiert wird.

Die Geschwindigkeit des Populationswachstums verringert sich in der wirklichen Welt, wenn sich die Population der oberen Grenze annähert und geht schließlich auf Null zurück. An diesem Punkt hat N seinen Maximalwert erreicht (die Populationsdichte hat ihren Höchstwert erreicht); anders ausgedrückt, ist der zur Verfügung stehende Lebensraum mit Lebewesen der betreffenden Art „gesättigt". Diese Grenze wird die Tragfähigkeit der Umwelt genannt und durch **K** ausgedrückt. Die sigmoide Wachstumskurve wird nunmehr durch die logistische Gleichung beschrieben.

$$dN/dt = rN\,([K-N]/K)$$

Diese Gleichung besagt, dass der Zuwachs pro Zeiteinheit (dN/dt) gleich der Zuwachsrate pro Kopf (r) mal der Populationsgröße (N) mal des ungenutzten Freiraums für weiteres Wachstum ([K−N] / K) ist. Aus dieser Gleichung lässt sich ablesen, dass dN/dt gegen 0 geht, wenn sich die Differenz K−N gegen 0 geht (sich die Kurve also immer mehr abflacht).

Populationen schießen gelegentlich über die Tragfähigkeitsgrenze ihrer Umwelt hinaus (N > K). Die Population erschöpft dann eine der notwendigen Ressourcen total (für gewöhnlich Nahrung oder Zufluchtsorte). Die Zuwachsrate wird dann kleiner als Null (dN/dt < 0), das heißt, dass die Population schrumpft, bis eine tragfähige Größe erreicht ist.

unabhängig davon, wie viele Individuen vor dem Ereignis existiert haben.

Im Gegensatz dazu wirken biotische Faktoren auf eine dichteabhängige Weise. Räuber und Parasiten reagieren auf Veränderungen in der Bestandsdichte ihrer Beutetiere bzw. Wirte, um diese Populationen bei einer ziemlichen konstanten Größe zu halten. Diese Populationsgrößen liegen unterhalb der Tragfähigkeitsgrenze, weil Populationen, die von Beutegreifern oder Parasiten reguliert werden, nicht durch die verfügbaren Ressourcen begrenzt werden. Konkurrenz zwischen Arten um eine gemeinsam genutzte, begrenzende Ressource vermindert die effektive Tragfähigkeit für jede der Arten auf ein Niveau unterhalb des für jede einzelne Art theoretisch Möglichen.

38.1.3 Gemeinschaftsökologie

Die Wechselwirkung von Populationen in Lebensgemeinschaften

Tierpopulationen, die eine ökologische Gemeinschaft bilden, treten auf verschiedene Weise miteinander in Wechselwirkung. Diese Wechselwirkungen können, abhängig von der genauen Wechselwirkung, für jede beteiligte Art nachteilig (–), nutzbringend (+) oder von neutraler Natur (0) sein. Betrachten wir zum Beispiel den Effekt eines Jägers auf seine Beute, so ist diese aus der Sicht der Beutetiere nachteilig (–), weil die Überlebensrate der Beutetiere vermindert wird. Dieselbe Wechselwirkung ist aus Sicht des Raubtieres eine nutzbringende (+), weil die Beutetiere als Nahrung seiner Art die Aussicht auf das Überleben und eine Fortpflanzung verbessern. Die Räuber/Beute-Wechselwirkung als Ganzes ist daher (+/–). Ökologen verwenden diese Kurzschreibweise, um zwischenartliche Wechselwirkungen zu kennzeichnen, weil sie die Richtung angibt, in welche die Beeinflussung der betrachteten Art durch die beobachtete Wechselwirkung geht.

Man kennt andere Arten von (+/–)-Wechselwirkungen. Eine solche Wechselwirkung ist der **Parasitismus**, bei dem der Parasit profitiert, weil er den Wirt als Wohnstatt und Nahrungsquelle benutzt (+), während der Wirt durch den Parasiten geschädigt wird (–). Die **Herbivorie** (Pflanzenfressertum) ist ein weiteres Beispiel für eine (+/–)-Wechselwirkung. **Kommensalismus** ist eine Form der Wechselwirkung, die einem der Interaktionspartner zugute kommt, der andere Teil aber weder profitiert noch geschädigt wird (+/0). Die meisten Bakterien, die in unserem Darm leben, beeinflussen uns nicht (0), doch zie-

Abbildung 38.6: Vier Schiffshalter (*Remora* sp.), festgesaugt an einem Hai. Schiffshalter ernähren sich von Bruchstücken der Nahrung, die ihr Wirt selbst nicht vertilgt. Obwohl sie eigentlich gute Schwimmer sind, ziehen es die Schiffshalter vor, sich von anderen Bewohnern des Meeres oder von Booten, an die sie sich ebenfalls festklammern, durchs Wasser ziehen zu lassen. Der als Wirt dienende Hai zieht wahrscheinlich dadurch Nutzen aus seinen „Trittbrettfahrern", weil die Schiffshalter parasitäre Copepoden ab sammeln, die sich auf seiner Haut eingenistet haben.

hen die Bakterien Nutzen aus der Beziehung (+) durch das Vorhandensein von Nahrung und Lebensraum. Es gibt Hinweise dafür, dass die harmlosen Bakterien in unserem Verdauungstrakt die Besiedelung durch schädlichere Bakterien verhindern, indem sie als schon vor Ort befindliche Konkurrenten wirken. Dies würde diesen Fall von Kommensalismus zu einem von Mutualismus machen. Ein klassisches Beispiel für Kommensalismus ist die Assoziation von Pilotfischen und Schiffshaltern mit Haien (▶ Abbildung 38.6). Diese Fische picken die „Krümel" auf, die „vom Tisch fallen", wenn der Hai Beute macht. Heute weiß man, dass einige Schiffshalter, die sich mit Saugorganen an ihrem Wirt festhalten, sich auch von Ektoparasiten von der Haut des Reisebegleiters ernähren. Durch den Nutzen, welche die Parasitenverminderung für den Hai hat, wandelt sich auch dieser Fall von Kommensalismus in einen von Mutualismus (lat. *mutua*, gegenseitig) um.

Organismen, die sich in einer mutualistischen Beziehung zueinander befinden, weisen ein freundlicheres Arrangement auf als kommensalistische Arten, da die Fitness beider Partner gesteigert wird (+/+). Man findet bei genauer Betrachtung viel häufiger mutualistische Beziehungen in der Natur als man früher angenommen hatte (▶ Abbildung 38.7). Einige mutualistische Beziehungen sind nicht nur nutzbringend, sondern sogar notwendig für das Überleben der einen oder beider beteiligter Arten. Ein Beispiel ist die Beziehung zwischen einer Termite und den Protozoen in ihrem Darm. Die Protozo-

Abbildung 38.7: Mutualismus. Zu den vielen Beispielen für Mutualismus, die sich in der Natur finden lassen, gehört die Beziehung der afrikanischen Flötenakazie *(Acacia dreparalobium)* mit Ameisen, die an der Akazie eine Gallenbildung auslösen. Die Akazie steuert einen Schutz für die Ameisenlarven (Foto einer geöffneten Ameisengalle, rechts) und eine honigartige Ausscheidung, die den Ameisen als Nahrung dient, bei. Im Gegenzug beschützen die Ameisen den Baum vor Herbivoren, indem sie ausschwärmen, sobald der Baum berührt wird. Giraffen, welche die weichen Akazienblätter als Nahrung schätzen, scheinen gegen die brennenden Stiche der Ameisen unempfindlich zu sein.

en verdauen das Holz, das die Termite frisst, weil diese Darmprotozoen ein Enzym bilden, das Zellulose verdaut (Zellulase) und das den Termiten selbst fehlt. Die Termite lebt gewissermaßen von den Abfallprodukten, die der Stoffwechsel der Protozoen hinterlässt. Im Gegenzug erhalten die Protozoen ein Habitat und einen steten Zufluss von aufbereiteter Nahrung. Solche Fälle von absoluter wechselseitiger Abhängigkeit zwischen Arten ist eine auf Gedeih und Verderb, da der Untergang eines Partners den des anderen notwendig nach sich zieht. *Calvaria*-Bäume *(Sideroxylon grandiflorum)*, die auf der Insel Mauritius vorkommen, haben sich seit 300 Jahren nicht mehr erfolgreich fortgepflanzt, weil ihre Samen nur keimten, wenn sie von dem ausgestorbenen Dodo (= Dronte; *Raphus cucullatus*) – ein auf Mauritius endemischer, flugunfähiger Vogel – gefressen wurden und dessen Verdauungstrakt durchlaufen hatten.

Zwischenartliche **Konkurrenz** senkt die Fitness beider an dem Konkurrenzverhältnis beteiligten Arten. Viele Biologen (zu ihnen gehörte auch Darwin) hielten die Konkurrenz für die bedeutendste und am weitesten verbreitete Wechselwirkung in der Natur. Die Ökologen haben die meisten ihrer Theorien über den Aufbau von Organismen-Gemeinschaften auf der Voraussetzung aufgebaut, dass die Konkurrenz der Hauptorganisationsfaktor in Artgefügen ist. Manchmal ist die Wirkung, die ein Konkurrenzverhältnis auf eine der beteiligten Arten hat, vernachlässigbar. Diese Situation wird als **Amensalismus** oder **asymmetrische Konkurrenz** bezeichnet (0/–). So stehen beispielsweise in der felsigen Gezeitenzone die Entenmuscheln *Chthamalus stellatus* und *Balanus balanoides* in Konkurrenz um Raum miteinander. Ein berühmt gewordenes Experiment von Joseph Connell[*] konnte aufzeigen, dass *B. balanoides* die konkurrierende Art *C. stellatus* aus einem Teil des Habitats ausschließen konnte, während *C. stellatus* keine Wirkung auf die Population von *B. balanoides* hatte.

Wir haben bis hierher Wechselwirkungen zwischen Artpaaren betrachtet. In vielen natürlichen Gemeinschaften, die Populationen vieler Arten enthalten, kann etwa ein Räuber mehrere verschiedene Beutearten haben, und mehrere Tierarten können um ein und dieselbe Ressource konkurrieren (zum Beispiel dieselbe Beutetier- oder Nahrungspflanzenart). Ökologische Gemeinschaften erweisen sich als komplex und dynamisch. Dies ist für den Ökologen, der die Organisation der belebten Welt auf dieser Ebene untersucht, eine große Herausforderung.

Konkurrenz und Merkmalsverdrängung

Konkurrenz tritt ein, wenn zwei oder mehr Arten im Wettstreit um eine nur begrenzt verfügbare Ressource liegen. Eine gemeinsame Nutzung von Nahrungsquellen oder Lebensraum führt nicht automatisch zur Konkurrenz, solange die betreffende Ressource nicht relativ zu den Ansprüchen mindestens einer der Arten verknappt ist. Man kann also nicht allein aufgrund der gemeinschaftlichen Nutzung einer Ressource in der Natur von einer Konkurrenzsituation ausgehen. Beweise für eine Konkurrenz lassen sich jedoch durch die Untersuchung

---

[*] J. Connell (1961): The influence of interspecific competition and other factors on the distribution of the barnacle Chthamalus stellatus. Ecology, vol. 42: 710–723.

der verschiedenen Arten und Weisen, durch die eine Art eine Ressource ausnutzt, beibringen.

Konkurrierende Arten können Konflikte vermindern, indem sie die Überlappung ihrer Nischen verkleinern. Als **Nischenüberlappung** bezeichnet man denjenigen Anteil an Ressourcen, der von den Nischen zweier oder mehrerer Arten gleichzeitig genutzt wird. Falls beispielsweise die Vertreter zweier Vogelarten Pflanzensamen genau gleicher Größe fressen, wird die Konkurrenz unter den Arten schließlich dazu führen, dass eine von ihnen aus dem Habitat ausgeschlossen wird. Dieses Bespiel ist geeignet, das Prinzip des **konkurrierenden Ausschlusses** zu illustrieren: Stark miteinander konkurrierende Arten können nicht für unbegrenzte Zeit koexistieren. Um in demselben Lebensraum koexistieren zu können, müssen sich die dort lebenden Arten spezialisieren, um eine gemeinsam genutzte Ressource aufzuteilen und jeweils unterschiedliche Anteile der Ressource zu nutzen. Eine auf diese Weise erfolgende Spezialisierung wird als **Merkmalsverdrängung** bezeichnet.

Zur Merkmalsverdrängung kommt es meist dann, wenn Unterschiede im Verhalten oder in der Gestalt von Organismen auftreten, die mit der Nutzung einer Ressource in Verbindung stehen. In seiner klassisch gewordenen Untersuchung an Galapagosfinken (= Darwinfinken; siehe Kapitel 6) fiel dem englischen Ornithologen David Lack auf, dass die Schnabelgrößen bei diesen Vögeln davon abhing, ob sie auf derselben Insel vorkamen oder nicht (▶ Abbildung 38.8). Auf den Inseln Daphne und Los Hermanos (sp. *los hermanos*, die Brüder), auf denen die Arten *Geospiza fuliginosa* und *G. fortis* getrennt vorkommen und daher notwendigerweise nicht zueinander in Konkurrenz stehen, sind die Schnabelgrößen beinahe identisch. Auf der Insel Santa Cruz, wo. *G. foliginosa* mit *G. fortis* coexistent lebt, findet man keine Überlappung in der Schnabelgröße der Arten. Diese Forschungsergebnisse deuten auf eine Ressourcenaufteilung hin, weil von der Schnabelgröße abhängt, welche Pflanzensamen gefressen werden können. Neuere Arbeiten des amerikanischen Vogelkundler Peter Grant bestätigen die Vermutungen Lacks: *G. fuliginosa* bevorzugt als Art mit dem kleineren Schnabel kleinere Samenkörner als *G. fortis* als Art mit dem größeren Schnabel. Dort, wo diese beiden Arten koexistieren, hat die Konkurrenz unter ihnen zu einer evolutiven Verdrängung der Tiere mit ähnlichen Schnabelgrößen und somit zur Verminderung des Konkurrenzdruckes geführt. Das heutige Fehlen einer Konkurrenzsituation ist treffend poetisch als „der Schatten früherer Konkurrenz" bezeichnet worden (in Anspielung auf die Geschichte „Ein Weihnachtslied" von Charles Dickens).

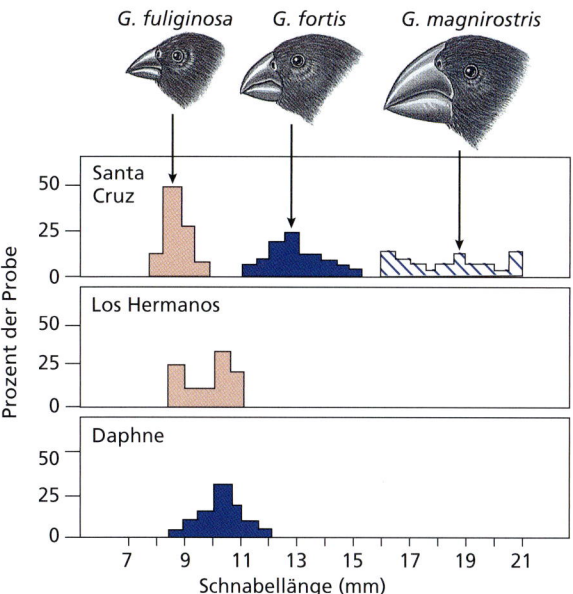

Abbildung 38.8: **Verdrängung von Schnabelgrößen bei Darwinfinken der Galapagosinseln.** Angegeben sind die Schnabeldicken der Bodenfinken *Geospiza fuliginosa* (rosa Balken) und der verwandten Art *Geospiza fortis* (blaue Balken) in einem Gebiet, in dem die Arten zusammen (sympatrisch) vorkommen (Santa Cruz) sowie in einem Gebiet, in dem die Arten jeweils einzeln vorkommen (Daphne und Los Hermanos). *Geospiza magnirostris* ist eine weitere große Bodenfinkenart, die auf Santa Cruz lebt.

Die Merkmalsverdrängung fördert die Koexistenz durch Verminderung der Nischenüberlappung. Wenn mehrere Arten sich die gleiche allgemeine Ressource auf diese Weise untereinander (unbewusst) aufteilen, bilden die beteiligten Arten eine **Gilde** (= **Zunft**: insbesondere im europäischen Mittelalter ein Standesvertretung von Handwerkern oder Kaufleuten eines Gebietes (vornehmlich Städten) zur Vertretung und Durchsetzung gemeinsamer Interessen gegenüber Dritten). So wie die Gilden der Handwerker und Kaufleute im Mittelalter, gehen die Arten einer ökologischen Gilde einem gemeinsamen „Gewerbe" nach. Diesen Begriff prägte 1967 Richard Root in einer Abhandlung über Nischenmuster beim Blaumückenfänger (*Polioptila caerulea*), einer nordamerikanischen Singvogelart.[*] Ein klassisches Beispiel für eine Vogelgilde ist die Gemeinschaft von fünf Arten in Robert MacArthur's Untersuchung an Waldsängern in den nordöstlichen Fichtenwäldern der USA.[**]

---

[*] Root, R. (1967): The niche exploitation pattern of the blue-gray gnatcatcher. Ecological Monographs, vol. 38: 317–350.

[**] MacArthur, R. (1958): Population ecology of some warblers of northeastern coniferous forests. Ecology, vol. 39: 599–619.

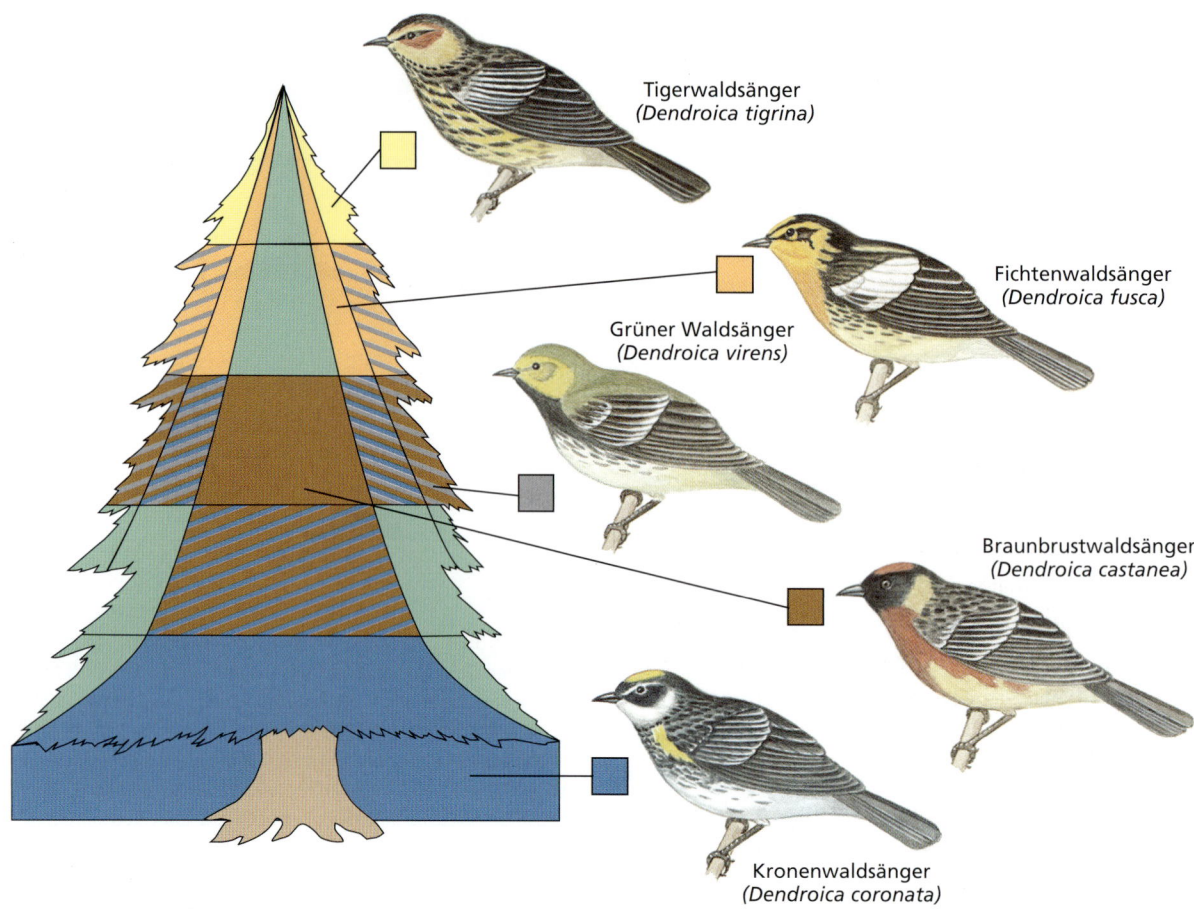

Abbildung 38.9: Verteilung der Nahrungssuch-Aktivitäten von fünf Waldsänger-Arten in den nordöstlichen Fichtenwäldern Nordamerikas. Die verschiedenen Waldsänger bilden eine Fressgilde.

Auf den ersten Blick ist man versucht, zu fragen, wie fünf Vogelarten, die sich in Größe und Erscheinung ähnlich sind, auf derselben Baumart leben und sich auch noch ausnahmslos von Insekten ernähren können. Bei näherer Untersuchung fand MacArthur jedoch subtile Unterschiede im Ernährungsverhalten dieser Vogelarten (▶ Abbildung 38.9). Eine Art sucht nur auf den Außenzweigen der Fichtenkronen nach Nahrung, eine andere Art nutzte die oberen 60 Prozent der inneren wie der äußeren Zweige. Wieder eine andere konzentrierte sich bei der Nahrungssuche auf die inneren Zweige in Stammnähe. Eine vierte nutze die mittleren Abschnitte in der Peripherie, und die letzte der untersuchten Arten suchte die unteren 20 Prozent des Baumes ab. Diese Beobachtungen legen den Schluss nahe, dass jede der Vogelarten in dieser Gilde von den strukturellen Unterschieden in diesem Mikrohabitat geprägt wird.

Gilden gibt es natürlich nicht nur bei Vögeln. Eine in England durchgeführte Untersuchung an Insekten, die mit Ginsterpflanzen *(Cytissus scoparius)* assoziiert sind, ergab neun verschiedene Insektengilden, darunter drei Arten von Bohrern, zwei gallenbildende Arten, zwei, die sich von Pflanzensamen, und weitere fünf, die sich von Blättern ernähren. Eine weitere Insektengilde besteht aus drei Arten von Gottesanbeterinnen, die sowohl Konkurrenz wie Fressfeindschaft vermeiden, indem sie sich hinsichtlich der Größe ihrer bevorzugten Beute, der Zeit ihrer Eiablage bzw. des Schlüpfens ihrer Nachkommen sowie in der Höhe der Vegetation, in der sie auf Nahrungssuche gehen, unterscheiden.

Räuber und Parasiten

Die ökologische Kriegsführung von räuberischen Arten gegen ihre Beutetiere führt zu einer Coevolution der beteiligten Arten: Die Räuber verbessern ihre Fähigkeiten, Beute aufzuspüren und zu fangen, die Beutetiere verbessern im Gegenzug ihre Fähigkeiten der Wahrnehmung und der Flucht vor den Fressfeinden. Dieser Verlauf ist ein evolutives Wettrüsten, dass die Räuber sich nicht leisten können zu gewinnen. Falls eine räuberische Art so erfolgreich würde, dass sie ihre Beute ausrotten könnte, würde die jagende Art in der Folge durch Nahrungsmangel aussterben. Da die meisten räuberischen Arten sich von mehr als nur einer Art von Beutetier ernähren, ist ein Räuberdruck auf eine Beuteart, die diese an den Rand der Ausrottung bringt, selten.

Eine Ausnahme von dieser Regel ist der omnivore Mensch, dessen Möglichkeiten, anderen Lebensformen nachzustellen, über die durch die natürliche Selektion gegebenen Grenzen hinausgewachsen sind. Aufgrund seiner fehlenden Nahrungsspezialisierung hat das technisch unterstützte, hochentwickelte Jagdverhalten des Menschen nachweislich bereits zur Ausrottung von Beutearten aus verschiedenen Tiergruppen ohne nachteilige Wirkung auf die menschliche Population geführt.

Wenn sich eine räuberische Art vorrangig oder ausschließlich auf eine einzige Beutetierart spezialisiert hat, neigen die Populationen beider Arten zu zyklischen Fluktuationen der Bestandsdichte (Räuber/Beutezyklus). Zunächst nimmt die Bestandsdichte der Beutetiere zu, nachfolgend der Bestand der Beutegreifer, bis zu dem Punkt, an dem sich die Beutetiere verknappen. Jenseits dieses Punktes müssen die Raubtiere ihren Bestand durch ein Verlassen des Jagdgebietes, durch Verringerung der Fortpflanzungsrate oder durch ein Absterben eines Teils der Population herunter regeln, um sich an den aktuellen Bestand an Beutetieren anzupassen. Wenn die Bestandsdichte der Räuber in einem ausreichenden Maß abgefallen ist, um es der Beutetierpopulation zu ermöglichen, ihre Fortpflanzungsrate über die Mortalitätsrate hinaus zu steigern, wiederholt sich der Zyklus. Die Populationen der Räuber wie der Beutetiere zeigen einen zyklischen Verlauf der Individuen-Häufigkeit, doch sind die Zu- wie die Abnahme im Bestand der Raubtiere im Verhältnis zum Populationsverlauf ihrer Beutetiere zeitlich etwas verzögert. Der Grund dafür ist die Trägheit, mit der das System auf eine Veränderung in der Bestandsdichte der Beutetiere reagiert. Im Labor lässt sich dieser Prozess anhand von leicht handhabbaren und auf der Populationsebene rasch reagierenden Protozoen demonstrieren (▶ Abbildung 38.10). Das vielleicht zeitlich am längsten dokumentierte Beispiel eines Räuber/Beutezyklus in der Natur ist das zwischen den kanadischen Schneeschuhhasen und den kanadischen Luchsen (siehe Abbildung 28.28).

Der Wettlauf zwischen einem Räuber und seiner Beute erreicht seinen evolutiven Höhepunkt in der Herausbildung von Verteidigungsstrategien potenzieller Beutetiere. Viele fressbare Tiere entgehen der Wahrnehmung ihrer Fressfeinde durch Anpassung an die Umgebung (Tarnung), oder indem sie einem ungenießbaren

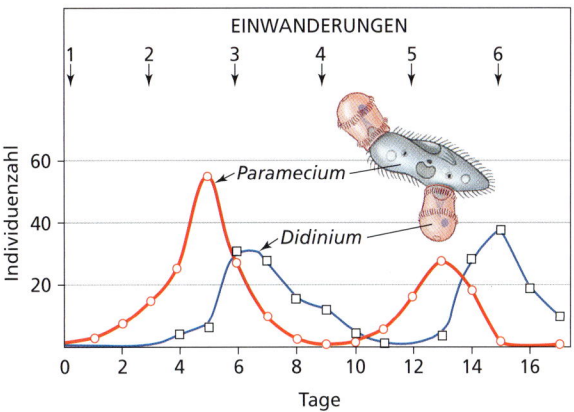

Abbildung 38.10: Das klassische Räuber/Beute-Experiment des Biologen Georgij Gause aus dem Jahr 1934. Es zeigt die zyklische Wechselbeziehung zwischen einer räuberischen Art *(Didinium)* und ihrer Beute *(Paramecium)* am Beispiel von Laborkulturen dieser Protozoen. Wenn die Didinium-Zellen sämtliche Pantoffeltierchen (Paramecien) finden und auffressen, drohen sie selbst zu verhungern. Gause konnte die Cokultur nur dadurch aufrechterhalten, indem er von Zeit zu Zeit eine neue *Didinium-* und eine neue *Paramecium-*Zelle in die Kultur einführte (durch Pfeile kenntlich gemachte Zeitpunkte). Dieses Einbringen neuer Mikroben stellte in dem Laborexperiment das Einwandern neuer Individuen von außerhalb in natürlichen Habitaten nach.

Teil ihrer Umgebung im Aussehen ähnlich werden (zum Beispiel einem verholzten Zweig). Solche Verteidigungsmaßnahmen werden als Kryptose bezeichnet. Im Gegensatz zur kryptotischen Verteidigung machen giftige oder übelschmeckende Tiere ihre Anwesenheit und ihre besonderen Eigenschaften oft durch auffällige Färbungen oder/und ebensolches Verhalten besonders deutlich. Derartige Verteidigungsstrategien werden aposemantisch genannt. Diese Arten sind dadurch geschützt, dass potenzielle Raubfeinde lernen, sie zu erkennen und zu vermeiden, nachdem es zu einem ersten, abschreckenden Zusammentreffen gekommen ist.

Wenn übelschmeckende Beutetiere eine Warnfärbung zeigen, bieten sich für potenziell schmackhafte Beutetiere Möglichkeiten der Täuschung durch Nachahmung. Genießbare Beutetiere können potenzielle Raubfeinde dadurch irreleiten, dass sie eine ungenießbare oder gar giftige Art in ihrem Aussehen nachahmen – ein Phänomen, das als **Mimikry** bezeichnet wird. Ein Fall von **Bates'scher Mimikry** (nach Henry Bates, der um 1860 das Phänomen erstmals wissenschaftlich beschrieben hat) liegt bei Korallenschlangen und Monarchschmetterlingen – auffallend gefärbten giftigen bzw. noxischen Arten – vor. Korallenschlangen (verschiedene Gattungen) verfügen über Giftzähne, mit denen sie zubeißen und ein Nervengift verabreichen können. Den giftigen Korallenottern der Gattungen *Micrurus* und *Micruroides*

Abbildung 38.11: Kunstvolle Erscheinungen sind in den Tropen häufig zu finden. (a) Ein genießbarer *Limenitis archippus* (oberes Bild) ahmt einen nicht genießbaren Monarchfalter *(Danaus plexippus)* nach. (b) Ein harmloser Glasflügelfalter (oberes Bild) aus der Familie Sesiidae ahmt eine stachelbewehrte Wespe nach (Bild unten). (a) und (b) stellen Fälle von Bates'scher Mimikry dar. (c) Zwei ungenießbare tropische Schmetterlingsarten, die unterschiedlichen Familien angehören, ähneln einander in auffälliger Weise – ein Beispiel für Müller'sche Mimikry.

sieht die kaum giftige und daher harmlose Dreiecksnatter *(Lampropeltis triangulum)* zum Verwechseln ähnlich. Ein ähnlich gelagerter, in Mitteleuropa zu beobachtender Fall liegt bei den Schwebfliegen der Familie Syrphidae vor, die in ihrem Habitus und der gelb-schwarzen Ringelung des Abdomen den mit einem Giftapparat bewehrten Wespen sehr ähnlich sehen, im Gegensatz zu diesen ihre Flügel im Ruhezustand rechtwinklig vom Körper abgespreizt lassen. Monarchfalter *(Danaus plexippus)* sind giftig, weil ihre Raupen giftige, herzaktive Glycoside der Pflanzen, an denen sie fressen *(Asclepius sp.)*, aufnehmen und im Körper speichern. Beide Tierformen dienen stellvertretend als **Modelle** für andere Arten (**Mimeten** = Nachahmer; gr. *mimesis*, Nachahmung), die selbst kein Gift besitzen, aber der Modellart ähnlich sehen, die über diese Eigenschaft verfügt (▶ Abbildung 38.11a und b).

Eine andere Form der Mimikry ist die **Müller'sche Mimikry**. Hierbei ähneln sich zwei oder mehr giftige Arten in ihrem Aussehen (Abbildung 38.11c). Worin mag der Gewinn bestehen, den ein Tier hat, das selbst giftig ist, wenn es sich derart evolviert, dass es einem anderen, ebenfalls giftigen Tier ähnlich sieht? Die Antwort ist, dass ein Räuber nur einmal Bekanntschaft mit der Giftwirkung einer der Arten zu machen braucht, um danach die Vertreter beider, sich ähnlich sehender Arten zu vermeiden. Ein Räuber tut sich leichter damit, ein Warnsignal zu erlernen als mehrere! Den Nutzen, den die beiden ungenießbaren Arten aus der Mimikry ziehen, ist nicht immer gleich verteilt, zum Beispiel dann, wenn eine nur wenig giftige Art eine stark giftige nachahmt. Derartig gelagerte Fälle belegen einen schleichenden, kontinuierlichen Übergang zwischen der Bates'schen und der Müller'schen Mimikry (die man somit als Grenzfälle ein und desselben Phänomens ansehen kann).

Manchmal ist der Einfluss einer Population auf andere derartig durchdringend, dass der Ausfall dieser einflussreichen Population die gesamte Gemeinschaft drastisch verändert. Eine solche Population bezeichnet man als **Grundstein-Art**.[*] In den Gezeitenbereichen der felsigen Pazifikküste Nordamerikas ist der Seestern *Pisaster ochraceus* eine solche Grundstein-Art. Die Seesterne sind die Haupträuber, die den Muscheln der Art *Mytilus californianus* nachstellen. Als man die Seesterne in einem Experiment aus einem Abschnitt der Küstenlinie des Staates Washington entfernte, nahm dort die Zahl der Muscheln signifikant zu, so dass die Tiere schließlich allen Raum belegten, in dem zuvor 25 weitere Arten von Wirbellosen und Algen angesiedelt gewesen waren

---

[*] Paine, R. (1969): A note on trophic complexity and community stability. American Naturalist, vol. 103: 91–93.

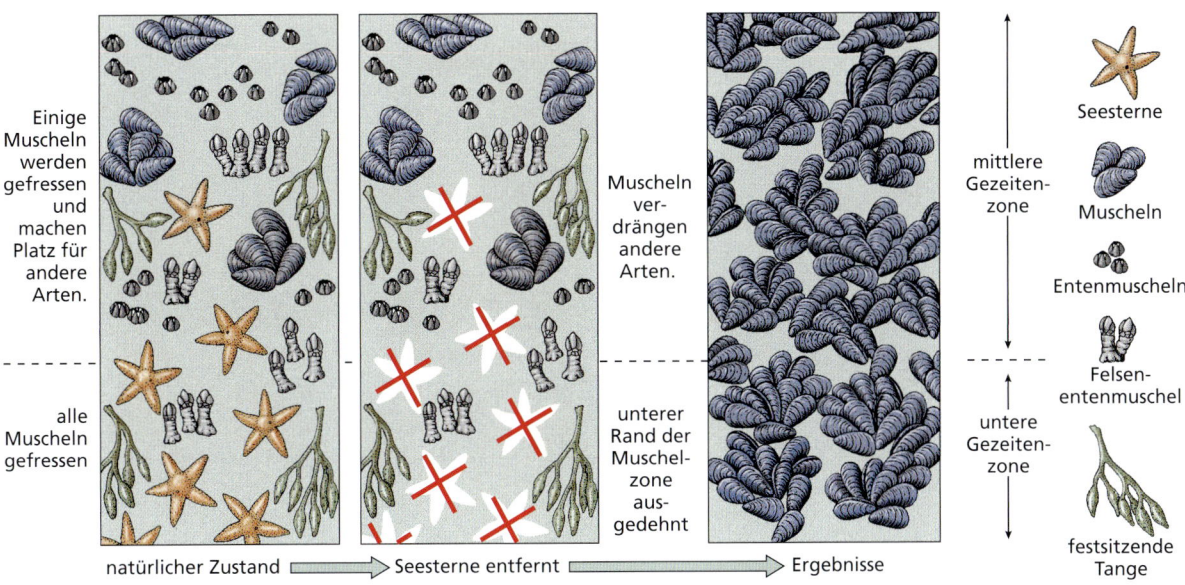

Abbildung 38.12: **Grundstein-Arten.** Die experimentelle Entfernung einer Grundstein-Art, dem räuberischen Seestern *Pisaster ochraceus*, aus einer Fels-Gezeitengemeinschaft führt zu einer völligen Veränderung der Bevölkerungsstruktur der Gemeinschaft. Nach dem Ausfallen ihres Hauptfressfeindes bilden die Muscheln dichte Bänke. Sie übertrumpfen und verdrängen dabei andere, vormals heimische Arten der Gezeitenzone.

(▶ Abbildung 38.12). Räuberische Grundstein-Arten entfalten ihre Wirkung auf das jeweilige Ökosystem, indem sie die Populationen von Beutetieren auf ein Niveau herunterdrücken, auf dem noch keine Begrenzung der Populationsgröße durch Ressourcenlimitierung greift. Die ursprüngliche Vorstellung, dass alle Grundstein-Arten räuberisch seien, wurde erweitert, um alle Arten aufzunehmen, deren Verschwinden das Aussterben anderer Arten nach sich zieht.

Durch die Verminderung des Konkurrenzdruckes ermöglicht eine Grundstein-Art es einer größeren Zahl von Arten, in einem bestimmten Gebiet durch Nutzung derselben Ressourcen zu koexistieren. Folglich tragen solche Arten zur Aufrechterhaltung der Vielfalt einer Lebensgemeinschaft bei. Grundstein-Arten sind geeignet, ein allgemeineres Phänomen, das der Störung, zu illustrieren. Periodisch auftretende, natürliche Störungen wie Feuer oder schwere Stürme können ebenfalls eine Monopolisierung der Ressourcennutzung und den konkurrierenden Ausschluss durch einige wenige, auf breiter Basis angepasste Konkurrenten unterbinden. Störungen können es einer größeren Zahl von Arten erlauben, in so hoch diversifizierten Gemeinschaften wie Korallenriffen oder Regenwäldern zu leben.

Parasiten werden oft als ökologische Trittbrettfahrer angesehen, weil sie Nutzen aus ihrem Wirt zu ziehen scheinen, ohne dafür einen Preis zu bezahlen. Die Coevolution von Wirt und Parasit führt, so die Annahme, zu einer gutartigeren, weniger virulenten Beziehung. Die Selektion begünstigt eine gutartige Beziehung, weil die Fitness eines Parasiten herabgesetzt wird, wenn der Wirt stirbt. Diese tradierte Sichtweise ist in der jüngeren Vergangenheit infrage gestellt worden. Die Virulenz ist zumindest zu einem Teil mit der Verfügbarkeit neuer Wirte korreliert. Wenn alternative Wirte häufig und die Übertragungsraten hoch sind, führt die fortgesetzte Besiedelung neuer Wirte dazu, dass das Leben eines einzelnen Wirtes für den Parasiten als Art weniger Wert hat, so dass aus einer höheren Virulenz kein Nachteil – zumindest kein kurzfristiger – für den Parasiten erwächst.

38.1.4 Ökosysteme

Der Durchsatz von Energie und Substanzen durch die Organismen eines Ökosystems ist die ultimative Ebene der Organisation der belebten Natur. Energie und diverse Stoffe sind notwendig, um lebende Systeme aufzubauen und zu erhalten; ihre Einfügung in biologische Systeme wird als die **Produktivität** des Systems bezeichnet. Die Produktivität wird auf der Grundlage, wie die beteiligten Organismen ihre Energie und Substrate beziehen, auf verschiedene **Trophieebenen** (= trophische Ebenen) verteilt. Die trophischen Ebenen sind zu **Nahrungsketten** verwoben (▶ Abbildung 38.13), welche die Durchleitungswege für Energie und Stoffe unter den Lebewesen eines Ökosystems darstellen.

Primärproduzenten sind solche Organismen, die am Anfang der Produktivitätskette stehen und Energie von

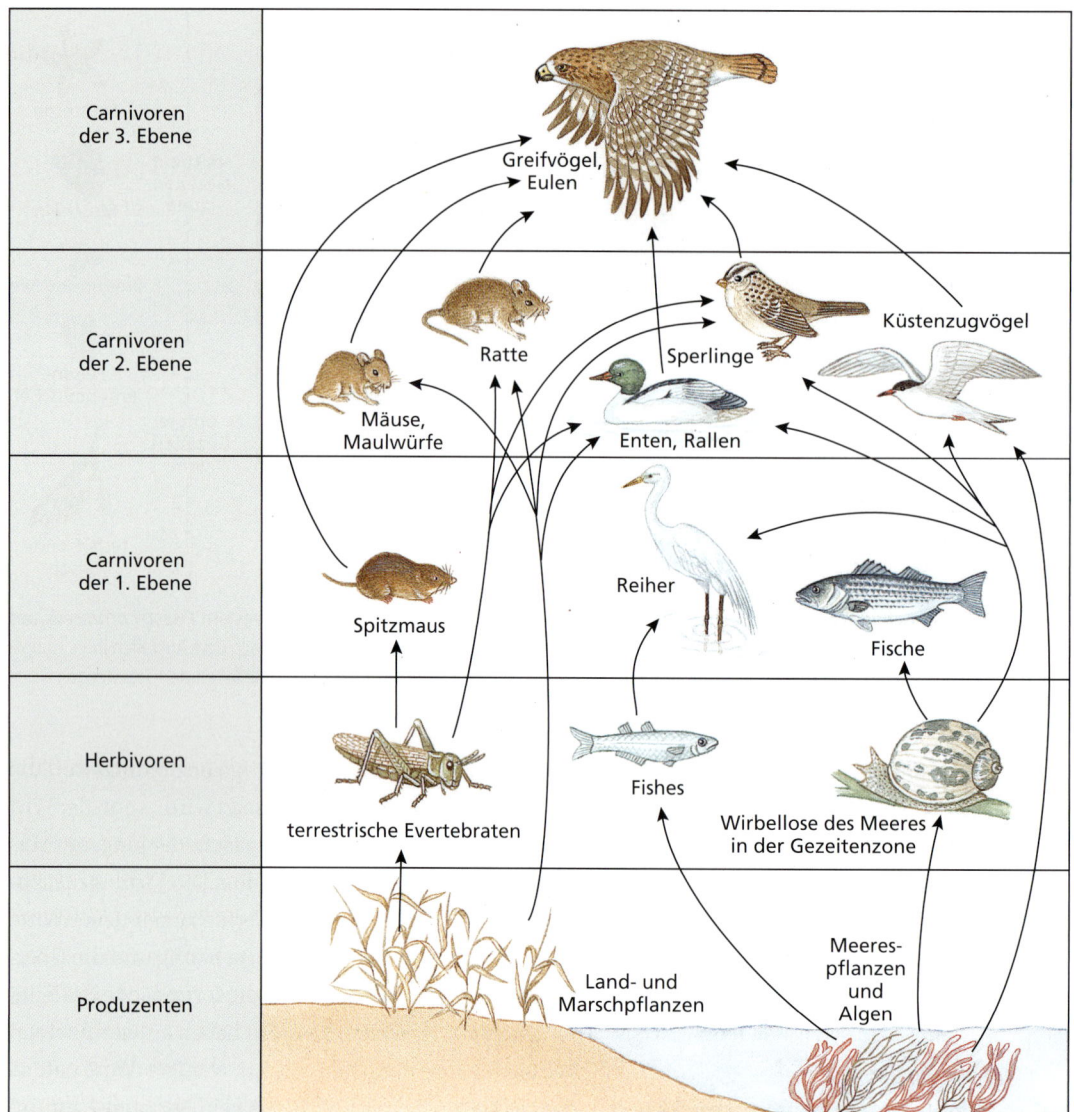

Abbildung 38.13: Winterliche Nahrungsketten. Am Beispiel der Salicornia-Salzmarsch in der Bucht von San Francisco.

außerhalb des Ökosystems einfangen und speichern. Primärproduzenten sind überwiegend Pflanzen, die Strahlungsenergie der Sonne einfangen und durch **Photosynthese** in Biomasse umwandeln (eine Ausnahme von dieser Regel ist in dem Kasten „Leben ohne Sonne" weiter unten ausgeführt). Durch die Energie des Sonnenlichts angetrieben, assimilieren die Pflanzen Ionen aus Mineralien, Wasser und Kohlendioxid und bauen diese Stoffe in lebende Gewebe ein. Fast alle anderen Organismen verdanken ihr eigenes Überleben dem direkten oder indirekten Verzehr dieser pflanzlichen Biomasse (indirekt durch den Verzehr von Organismen, die zuvor die Pflanzen verzehrt haben). Die **Konsumenten** (Verbraucher) werden in **Herbivoren** (Pflanzenfresser) und **Carnivoren** (Fleischfresser) unterteilt. Die ökologisch bedeutsamsten Konsumenten sind die **Destruenten** (**Zersetzer**) – zumeist Bakterien und Pilze, die abgestorbene organische Substanz bis auf die Stufe mineralischer Komponenten abbauen und sie so in eine für die an der Basis des Nährstoffkreislaufes stehenden Pflanzen nutzbare Form überführen (zu den Nährstoffzyklen, siehe auch weiter unten). Wichtige chemische Elemente wie Stickstoff und Kohlenstoff werden in den biologischen Stoffkreisläufen endlos wiederverwertet. Trotzdem geht die komplette in das System eingetragene Energie dem Ökosystem schließlich durch Wärmeabgabe verloren, die nicht mehr für die Verrichtung von Arbeit nutzbar gemacht werden kann (2. Hauptsatz der Thermodynamik; siehe Kapitel 4). Ökosysteme sind offene Systeme im Sinne der Thermodynamik: Stoffe und Energie fließen in das System ein und aus ihm heraus. Alle neu einströmende Energie entstammt der Sonne oder den geologischen Prozessen im Inneren der Erde (hydrothermale Quellen; siehe weiter unten).

Energiefluss und Produktivität

Jedes Lebewesen in der Natur verfügt über einen Energiehaushalt. Genauso wie ein Mensch sein Einkommen auf die Kosten für Miete, Lebensmittel, Verbrauchsgüter, Steuern usw. aufteilen muss, ist jedes Lebewesen darauf angewiesen, ausreichend Energie zu erwirtschaften, um die Kosten für seinen Stoffwechsel (Lebenserhaltung), sein Wachstum und seine Vermehrung zu decken.

Der Ökologe unterteilt das Budget in drei Hauptkomponenten: Bruttoproduktivität, Nettoproduktivität und Respiration (Atmung). Die Bruttoproduktivität entspricht einem Bruttoeinkommen. Es entspricht im Betrag der Gesamtenergiemenge, die assimiliert (= aufgenommen) wird (analog zu einem Einkommen vor Steuern und anderen Abzügen). Wenn ein Tier frisst, durchläuft die Nahrung sein Verdauungssystem und Nährstoffe werden absorbiert. Der größte Teil der Energie, die aus diesen Nährstoffen gewonnen wird, dient zur Deckung der unvermeidlichen metabolischen „Ausgaben" des Körpers. Hierzu gehört der Zellstoffwechsel sowie bei Endothermen die Aufrechterhaltung der artspezifischen Körpertemperatur. Die zur Aufrechterhaltung des Stoffwechsels notwendige Energie ist die Respiration, die von der Bruttoproduktivität abzuziehen ist, um die Nettoproduktivität (die Energiemenge, über die ein Tier frei verfügen kann) zu erhalten. Die Nettoproduktivität ist die Energiemenge, die von einem Tier in seinen Geweben in Form von **Biomasse** gespeichert wird. Diese Energie steht für Wachstumsvorgänge und für die Fortpflanzung (die als überorganismisches Wachstum der Population betrachtet werden kann) zur Verfügung.

Die Energiebilanz eines Tieres lässt sich durch eine einfache Gleichung ausdrücken, in der die Bruttoproduktivität als Pg (Produktivität gesamt) und die Nettoproduktivität als Pn (Produktivität netto) bezeichnet wird; R bedeutet Respiration:

$$Pn = Pg - R$$

Diese Gleichung stellt nichts anderes als eine alternative Formulierung des 1. Hauptsatzes der Thermodynamik (des Energieerhaltungssatzes) in einer für die Ökologie brauchbaren Form dar (siehe Kapitel 1). Die für die Ökologie wichtigste Folgerung daraus ist, dass das Energiebudget eines Tieres begrenzt ist und limitierend wirken kann. Weiterhin besagt die Gleichung, dass Energie für das Wachstum eines Individuums wie einer Population erst dann zur Verfügung steht, nachdem die grundlegende Lebenserhaltung sichergestellt ist.

Der 2. Hauptsatz der Thermodynamik, der besagt, dass der Ordnungsgrad eines Systems beim Ablauf irreversibler Vorgänge immer zunimmt (Entropiesatz), kommt zum Tragen, wenn wir die Energieflüsse zwischen den Trophie-Ebenen in Nahrungsketten betrachten. Die für die Lebenserhaltung notwendige Energie, R, umfasst bei tierischen Konsumenten in aller Regel mehr als 90 Prozent der assimilierten Energie, Pg. Mehr als 90 Prozent der in der Nahrung eines Tieres enthaltenen Energie geht als Wärme (Entropiezunahme) verloren, weniger als zehn Prozent können in Form von Biomasse längerfristig gespeichert werden. Jede höhere Trophie-Ebene enthält daher nur etwa zehn Prozent der Energiemenge der unmittelbar darunterliegenden Trophie-Ebene. Die meisten Ökosysteme sind aus diesem Grund auf (höchstens) fünf oder weniger trophische Ebenen begrenzt.

Unsere Fähigkeit, eine immer weiter anwachsende Weltbevölkerung zu ernähren, wird in tiefgreifender Weise durch den 2. Hauptsatz der Thermodynamik beeinflusst (siehe Kapitel 1 und 2). Der Mensch, der am Ende der Nahrungskette steht, kann Samen, Früchte und ganze Pflanzen, die die Energie der Sonne in Form von chemischer Energie speichern, unmittelbar verzehren. Diese sehr kurze Nahrungskette stellt eine effiziente Nutzung dieser Form der potenziellen Energie dar. Der Mensch kann aber auch Rinder und andere herbivore Nutztiere essen, die das Gras fressen, in denen die Ener-

> ### Exkurs
>
> Das Konzept der Nahrungsketten und der ökologischen Pyramiden wurde von Charles Elton, einem jungen englischen Ökologen im Jahr 1923 vorgestellt und erläutert. Bei einem sommerlichen Forschungsaufenthalt auf einer baumlosen Insel in der Arktis beobachtete Elton Füchse beim Umherstreifen, zeichnete auf, was sie fraßen, und ebenso, was ihre Beutetiere gefressen hatten. Er führte diese Untersuchungen fort, bis er in der Lage war, den komplizierten Weg nachzuzeichnen, den das Element Stickstoff in der Nahrung durch die Tiergemeinschaft nimmt. Elton begriff, dass das Leben in einer Nahrungskette in diskreten Formaten in Erscheinung tritt, da jede beteiligte Lebensform sich so evolviert hatte, dass sie sehr viel größer war als das, was sie fraß. So war er in der Lage, die oft bestätigte Beobachtung zu erklären, dass große Tiere selten sind, während ihre kleineren Beutetiere häufig vorkommen. Die anschauliche ökologische Pyramide, die diesen Sachverhalt schematisch darstellt, trägt heute Eltons Namen.

gie der Sonne fixiert wurde. Diese zusätzliche Trophie-Ebene vermindert die nutzbare Energiemenge, wie wir gelernt haben, um einen Faktor 10. Anders ausgedrückt, ist zehnmal so viel pflanzliche Biomasse notwendig, um (ausschließlich) carnivore Menschen am Leben zu erhalten wie ausschließlich herbivore (reine Vegetarier). Stellen wir uns einen Menschen vor, der einen Hecht isst, der einen Barsch gefressen hat, der einen Stichling gefressen hat, der Zooplankton gefressen hat, das Phytoplankton gefressen hat, das photosynthetisch die Energie der Sonne eingefangen hat. Die zehnfache Verminderung der Nutzenergie auf jeder Trophie-Ebene dieser sechsteiligen Nahrungskette hat zur Folge, dass ein See 100 Tonnen Phytoplankton erzeugen muss, damit der Mensch durch den Verzehr von Hechten 1 kg an Körpermasse zulegen kann. Falls die menschliche Population zu ihrem Überleben von Hechten abhinge, wäre diese Ressource sehr schnell total erschöpft.

Diese groben Richtwerte müssen wir im Kopf behalten, wenn wir das Meer als Nahrungsquelle in Betracht ziehen. Die Produktivität der Ozeane pro Kubikmeter Wasser ist sehr niedrig und im wesentlichen auf Mündungsgebiete, küstennahe Überflutungsgebiete, Riffe und Bereiche aufsteigender Tiefenströmungen beschränkt, wo dem Phytoplankton als Produzentenebene ein ausreichender Nährstoffnachschub zur Verfügung steht (siehe Kapitel 37). Derartige Areale machen nur einen kleinen Teil der Meere aus. Der ganze Rest ist eine wässrige Leere.

Die weltweite Fischereiindustrie liefert ein Fünftel des Nahrungsproteins der Menschheit. Ein großer Teil dieses Proteins wird dazu benutzt, um Nutzvieh und Geflügel zu mästen. Wenn wir uns die 10:1-Regel des Energieverlustes auf jeder Trophie-Ebene ins Gedächtnis rufen, erkennen wir, dass die Verwendung von Fisch als Nahrung für Nutztiere und nicht unmittelbar für den

HINTERGRUND

Leben ohne Sonne

Über viele Jahre waren die Ökologen davon überzeugt, dass alles tierische Leben direkt oder indirekt von der durch die Sonnenstrahlung gespeisten Primärproduktion abhängig sei. In den Jahren 1977 und 1979 wurden jedoch bei der Erforschung des Tiefseebodens mit Forschungs-U-Booten in Bereichen der Galapagos-Inseln und des Ostpazifik Tiergemeinschaften mit hoher Individuendichte im unmittelbaren Umkreis heißer untermeerischer Quellen entdeckt. Diese Punkte, an denen sehr heißes Wasser aus dem Gesteinsuntergrund in das kalte, umgebende Meerwasser schießt, liegen an Spalten, wo Kontinentalplatten durch aufsteigendes Material aus dem Erdmantel langsam auseinanderdriften. Diese Gemeinschaften (siehe nebenstehendes Foto) umfassen diverse Arten von Mollusken, einige Krabbenarten, Polychäten (Ringelwürmer; siehe Kapitel 17), Enteropneusten (Eichelwürmer) und Riesenröhrenwürmer (Pogonophoren). Die Temperatur des Meerwassers über und unmittelbar um die heißen Quellen herum liegt zwischen 7 und 23 °C. In diesen, in unmittelbarer Nähe zum Gestein befindlichen Bereichen, wird das Meerwasser durch aufsteigendes Magma unter den Gesteinsschichten aufgeheizt. In größerer Entfernung liegt die Temperatur des Wassers in der Tiefsee normalerweise bei 2 °C.

Die Produzenten in diesen Quellengemeinschaften sind chemoautotrophe Bakterien, die Energie aus der Oxidation von Schwefelwasserstoff (H_2S) gewinnen, dass in dem aus den Quellen strömenden Wasser reichlich vorhanden ist. Mit Hilfe der gewonnenen Energie fixieren sie Kohlendioxid, ähnlich wie es an Land und im Flachwasser die Pflanzen tun. Einige tierische Mitglieder dieser ungewöhnlichen Gemeinschaften – zum Beispiel Muscheln – sind Filtrierer,

die sich die Bakterien einverleiben. Andere, wie die Riesenröhrenwürmer (siehe Kapitel 21), denen sowohl eine Mundöffnung wie ein Verdauungstrakt fehlen, beherbergen Kolonien symbiontischer Bakterien in ihren Geweben. Sie ernähren sich von den organischen Verbindungen, die diese Bakterien synthetisieren.

Eine Population von Riesenröhrenwürmern wächst und gedeiht an einer heißen Tiefseequelle in der Nähe des Galapagos-Grabens in 2800 m Wassertiefe. Das Foto ist bei einer Forschungsfahrt des Tiefseetauchbootes Alvin entstanden. Auf dem Foto sind weiterhin Muscheln und Krabben, die zu dieser Lebensgemeinschaft gehören, zu sehen.

Menschen eine schlechte Nutzung einer wertvollen Ressource in einer proteindefizienten Welt darstellt. Zu den Fischen, die der Mensch selbst verzehrt, gehören Plattfische wie Flundern, Schollen und Heilbutt sowie Thunfische – alles Arten, die drei oder vier Ebenen oberhalb der Produzentenebene in der Nahrungskette stehen. Um 125 g Thunfisch zu erzeugen, ist eine Tonne (eine Million Gramm) Phytoplankton notwendig (ein Verhältnis von 8000:1). Falls der Mensch sich den Ozean als Nahrungsquelle nutzbar machen will, muss er sich daran gewöhnen, auch weniger attraktive Fische und andere Meerestiere der unteren Trophie-Ebenen zu verspeisen.

Wenn wir die Nahrungsketten in Bezug auf ihre Biomasse auf den verschiedenen Ebenen analysieren, gelangen wird zu **ökologischen Pyramiden**, in denen entweder die Individuenzahlen, die Energiemenge oder die Biomasse aufgetragen sind. Eine Zahlenwerte repräsentierende Pyramide wird auch als Elton'sche Pyramide bezeichnet (▶ Abbildung 38.14a). In ihr sind die Individuenzahlen der einzelnen trophischen Ebenen angegeben. Diese Pyramide gibt einen lebhaften Eindruck von den großen Unterschieden in der Organismenzahl auf jeder Stufe der Nahrungskette und bestätigt die Beobachtung, dass große Raubtiere seltener als die kleineren Tiere oder die Grasfresser sind, von denen sie sich ernähren. Eine solche Zahlenpyramide spiegelt jedoch nicht die in den Organismen der einzelnen Stufen festgelegte Biomasse wieder.

Instruktiver sind Biomassenpyramiden (Abbildung 38.14b), welche die Gesamtmasse der Lebewesen auf jeder Trophie-Ebene darstellen. Solche Pyramiden haben die typische, sich nach oben verjüngende Form, weil bei jedem Übergang zur nächsthöheren Ebene Masse wie Energie verlorengehen (offenes System). In einigen aquatischen Ökosystemen, in denen Algen mit einer kurzen Lebenserwartung und einer hohen Umsatzrate die Produzenten sind, kann die Form der Pyramide invertiert sein (die Pyramide steht „auf dem Kopf"). Algenbestände tolerieren eine starke Ausbeutung durch Konsumenten des Zooplanktons. Aus diesem Grund ist die Grundseite der Pyramide (die Biomasse des Phytoplanktons) schmaler als die Biomasse des darüber liegenden Zooplanktons, das vom Phytoplankton lebt. Eine Analogie für eine solche invertierte Pyramide ist ein Mensch, der viel mehr wiegt als die Lebensmittel, die er in seinem Kühlschrank hat, sich aber trotzdem vom Inhalt des Kühlschranks ernähren und am Leben erhalten kann,

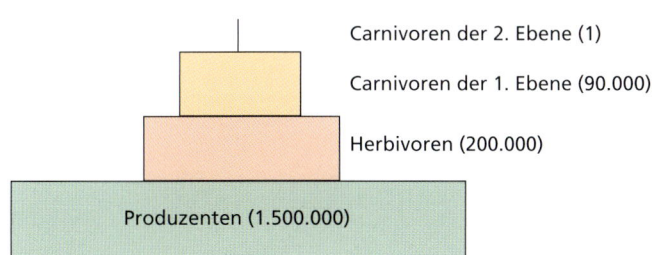

(a) Anzahlpyramide (Grasland).

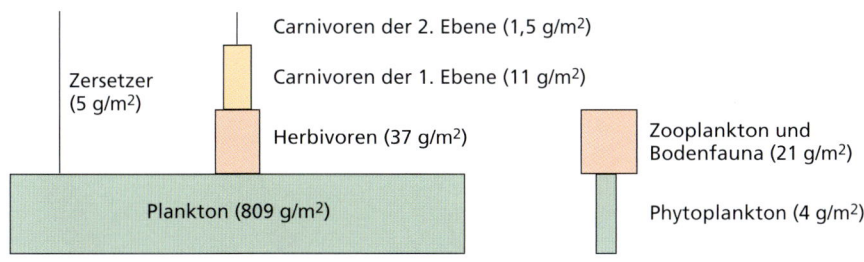

(b) Biomassenpyramide (aquatisches Ökosystem).

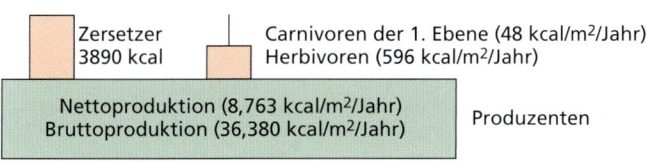

(c) Energiepyramide (Tropenwald).

Abbildung 38.14: Ökologische Zahlen-, Biomassen- und Energiepyramiden. Die Pyramiden sind verallgemeinert, da die zu jeder trophischen Ebene gehörenden Flächeninhalte nicht proportional zu den Differenzen der angegebenen Zahlenwerte sind.

weil der Nahrungsvorrat im Kühlschrank beständig aufgefüllt wird.

Ein dritter Pyramidentyp ist die Energiepyramide, die den Energiefluss zwischen den Ebenen verdeutlicht (Abbildung 38.14c). Eine Energiepyramide ist nie invertiert, weil die Energiemenge, die auf eine höhere ökologische Ebene gelangt, immer geringer ist als die der Ebene, welche die Energie überträgt – eine Konsequenz, die sich zwanglos aus dem 2. Hauptsatz der Thermodynamik (siehe oben) ergibt. Eine Energiepyramide gibt das beste Gesamtbild einer ökologischen Gemeinschaft, weil sie auf der Produktion aufbaut. In dem obigen Beispiel übersteigt die Produktivität des Phytoplanktons die des Zooplanktons, obwohl die Biomasse des Phytoplanktons aufgrund der starken und kontinuierlichen Abweidung durch das Zooplankton unter der des Zooplanktons liegt.

Nährstoffkreisläufe

Alle chemischen Elemente, die unabdingbar für den Aufbau und das Funktionieren von Lebewesen sind, entstammen letztlich der umgebenden Luft, dem Erdboden, dem Gestein und dem Wasser der Erde. Wenn Lebewesen absterben und ihre Körper zerfallen, oder wenn organische Substanz verbrannt oder anderweitig oxidiert wird, werden reine Elemente wie Stickstoff oder so genannte anorganische Verbindungen freigesetzt und gelangen zurück in die Umwelt, die für die Fortführung der Lebensvorgänge von essenzieller Bedeutung sind. Die Destruenten (Zersetzer) erfüllen in Ökosystemen eine enorm wichtige Rolle, indem sie abgestorbene Organismen (Pflanzen, Tiere, Pilze, Bakterien) oder ihre Ausscheidungen als Nahrung für sich selbst nutzen. Das Gesamtergebnis ist, dass Nährstoffe in unaufhörlichen Kreisläufen zwischen den biotischen und den abiotischen Teilen eines Ökosystems „fließen". Nährstoffzyklen werden vielfach auch als biogeochemische Kreisläufe bezeichnet, weil sie Austauschprozesse (stationäre Gleichgewichte) zwischen Lebewesen (der „Bio"-Komponente) und der Atmosphäre, der Hydrosphäre und der Lithosphäre der Erdoberfläche (der „Geo"-Komponente) umfassen und beschreiben. Der kontinuierliche Energieeintrag durch die Sonne treibt die Nährstoffkreisläufe an und stellt dadurch indirekt das Funktionieren der Ökosysteme sicher (▶ Abbildung 38.15).

Die synthetischen Verbindungen, die der Mensch massenweise herstellt, stellen für die Nährstoffkreisläufe in der Natur eine Herausforderung dar, weil die Destruenten noch keine geeigneten Abbauwege für sie evolviert haben. Die Stoffe mit der größten Schadwirkung auf Ökosysteme sind wahrscheinlich die Pestizide (Mittel zur Abtötung unerwünschter Lebensformen = Schäd-

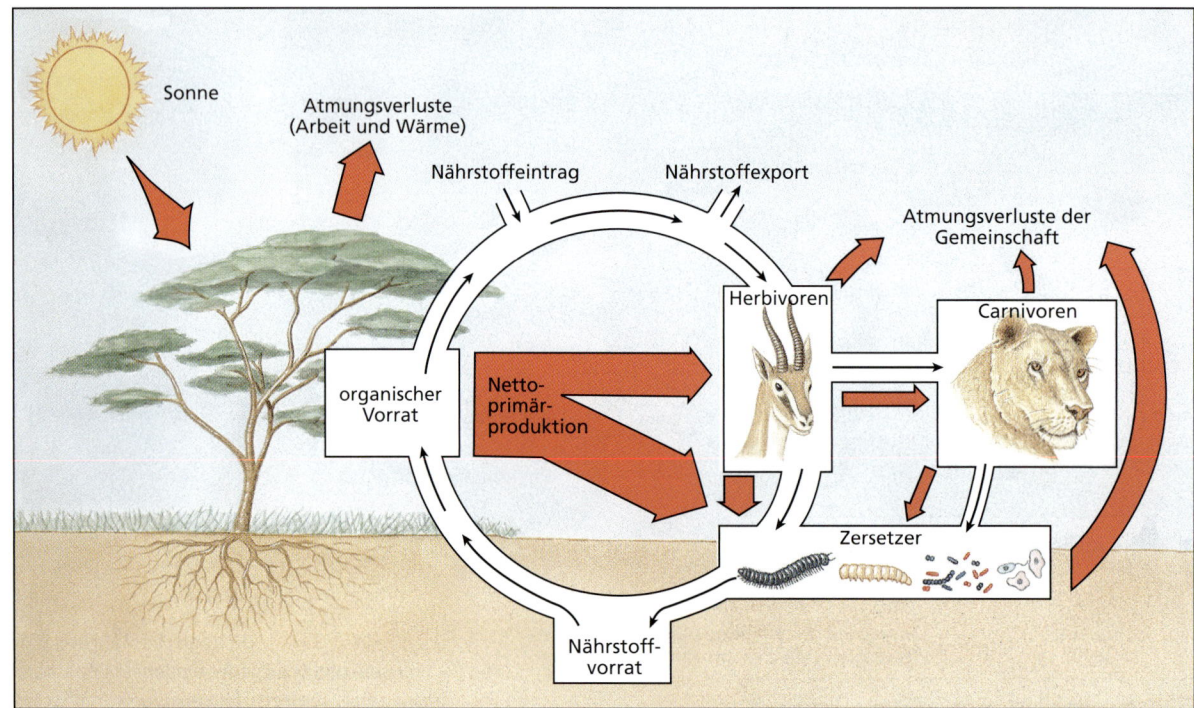

Abbildung 38.15: **Nährstoffzyklen und Energieflüsse in einem terrestrischen Ökosystem.** Man beachte, dass Nährstoffe in Kreisläufen rückgeführt werden, während der Energiedurchfluss nur in eine Richtung erfolgt.

lingsbekämpfungsmittel). Pestizide können sich aus dreierlei Gründen in Nahrungsketten als heimtückisch erweisen. Zunächst können sie sich von einer Trophie-Ebene zur nächsten anreichern, so dass ihre Konzentration in Lebewesen beim Durchlaufen der Nahrungskette immer weiter ansteigt. Die höchsten Konzentrationen finden sich dann in den am weitesten oben, am Ende der Nahrungskette stehenden Carnivoren wie Eulen und anderen Greifvögeln – aber auch im Menschen. Dies kann unter Umständen deren Fortpflanzungsfähigkeit beeinträchtigen. Zweitens werden durch Pestizide oft auch Organismen abgetötet, die keine Schädlinge sind, sondern nur als „Passanten" zufällig in die Schusslinie der Schädlingsbekämpfer geraten. Zu solchen Streueffekten kommt es zum Beispiel, wenn schwer abbaubare Pestizide aus dem direkten Anwendungsareal in umliegende oder weiter entfernte Bereiche gelangen. Dazu kann es beispielsweise durch ein Versickern ins Grundwasser kommen, wenn Regen die Chemikalien von den Pflanzen und dem Erdboden fortspült. Flüchtige Substanzen können auch vom Wind verfrachtet werden. Das dritte Problem ist das der Persistenz. Einige – insbesondere ältere – Pestizide und Herbizide zeichnen sich durch hohe Stabilität und somit lange Verweilzeiten in der Umwelt aus. Die nachteiligen, nicht auf die eigentlichen Ziele gerichteten Nebenwirkungen können aus diesem Grund von langer Dauer sein. Als Beispiel für eine Substanz mit hoher Persistenz sei an dieser Stelle das DDT (Dichlordiphenyltrichlorethan) genannt. Dieses Insektenvernichtungsmittel ist, wie viele andere Insektizide auch, eine organische Chlorverbindung, die sich in der Nahrungskette anreichert (Biomagnifikation). DDT ist seit 1979 verboten und darf seit 2004 nur noch zur Bekämpfung krankheitsübertragender Insekten insbesondere der Malaria-Überträger eingesetzt werden.

Diesen Problemen wurde in der Zwischenzeit durch die Entwicklung neuer Generationen leicht abbaubarer und daher nicht akkumulierender Wirkstoffe begegnet. Die gentechnische Züchtung von Nutzpflanzen zielt unter anderem auf eine Verbesserung der Resistenz gegen Schädlinge, um die Notwendigkeit für den Einsatz von Pestiziden zu vermindern.

Aussterben und biologische Vielfalt 38.2

Die Vielfalt der biologischen Welt existiert deshalb, weil die Artbildungsraten die Aussterberaten im Mittel der Evolutionsgeschichte des Lebens auf der Erde leicht übersteigen. Paläontologen schätzen, dass 99 Prozent aller Arten, die auf der Erde gelebt haben, heute ausgestorben sind. In den Artbildungsraten spiegeln sich die andauernden Prozesse der geografischen Expansion von Populationen durch Dispersion wieder, denen geografische Fragmentierung der Populationen folgt, was schließlich zu einer Vermehrung der Arten führt. Die Artbildungsraten variieren in Abhängigkeit vom betrachteten Taxon und des Verbreitungsgebietes in erheblicher Weise. Als typische Raten gelten Werte im Bereich von 0,2 bis 0,4 Artbildungsereignisse pro Million Jahre. Diese Werte sind anhand von Meeresgastropoden der Atlantikküste der Kreidezeit abgeleitet worden. Die durchschnittliche Lebensdauer dieser Gastropoden-Arten lag zwischen zwei und sechs Millionen Jahren.

Verfolgt man die Evolutionsgeschichte, so verzeichnet man bei den Aussterberaten (der bekannten Aussterbeereignisse) episodische Spitzenwerte und dazwischen liegende Abschnitte mit deutlich niedrigeren Werten. Der Paläontologe David Raup hat den episodischen Charakter der Extinktions-Spitzenwerte (= Aussterbe-Spitzenwerte) über einen Zeitraum von 600 Millionen Jahren zurückverfolgt und anhand von Meeresfossilien ausgewertet. Das Zeitfenster der Analyse war eine Million Jahre. In diesen Intervallen hat er den Prozentsatz der ausgestorbenen und der noch existenten Arten bekannter und nachweisbarer Tiere ausgezählt. Die Aussterberaten liegen über die Gesamtzeitdauer von 600 Millionen Jahren zwischen 96 Prozent und null Prozent, mit einem Mittelwert von etwa 25 Prozent (▶ Abbildung 38.16 a). Der episodische Charakter der Aussterbeereignisse enthüllt sich, wenn man Fragen wie die folgenden stellt: „Wie viel Zeit vergeht durchschnittlich, bis ein Spitzenwert der Aussterbehäufigkeit erreicht wird, bei dem mindestens 30 Prozent der berücksichtigten Arten aussterben? Wie viel Zeit vergeht, bis 65 Prozent ausgestorben sind? Die Antworten auf derartige Fragen sind in Raups „Aussterbekurve" zusammengefasst (Abbildung 38.16 b). Aussterbeereignisse, bei denen (extrapoliert aus der analysierten Stichprobe!) mindestens fünf Prozent der existierenden Arten aussterben, lassen sich praktisch während der ganzen Zeit der erd-

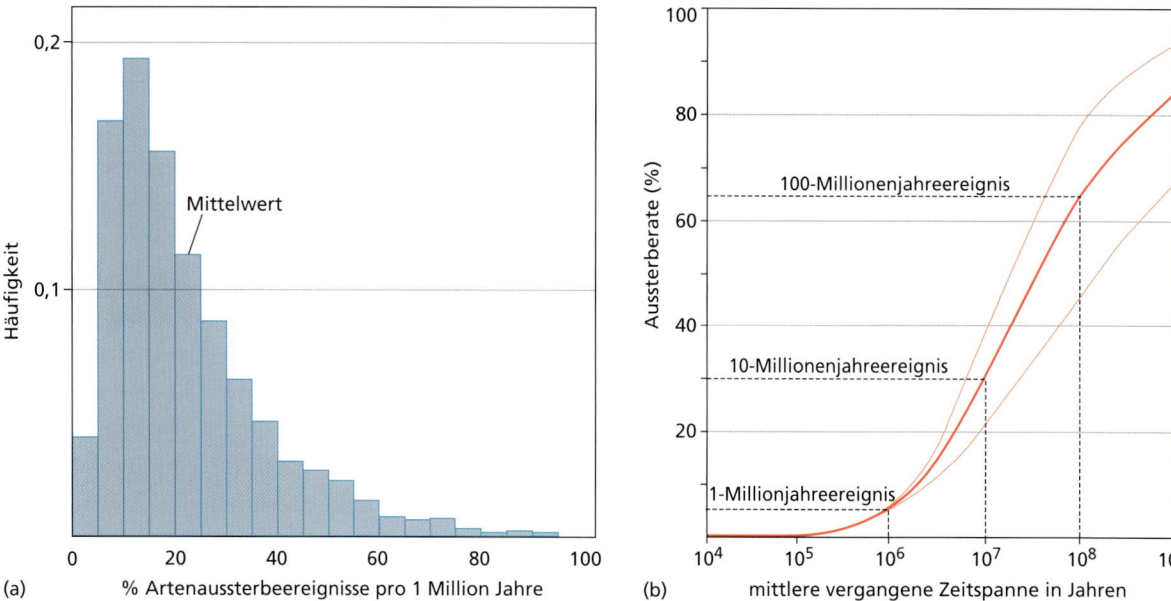

Abbildung 38.16: Aussterberaten. (a) Veränderung der Aussterberaten von Meeresarten in der fossilen Überlieferung. Die Daten wurden ermittelt, indem das Zeitintervall der vergangenen 600 Millionen Jahre Erdgeschichte in 600 gleichgroße Intervalle von je einer Million Jahre unterteilt wurde. Der Prozentualwert der ausgestorbenen Arten wurde für jedes der sechshundert gewählten Intervalle ermittelt. Fast ein Fünftel der Intervalle hatten Aussterberaten im Bereich zwischen 10 und 15 Prozent (die höchste – die dritte – Säule in diesem Diagramm). Die mittlere Aussterberate für Arten liegt bei 25 Prozent pro eine Million Jahre, die mittlere Lebensdauer einer Art liegt bei vier Millionen Jahren. (b) Artensterbekurve für die in (a) zusammengefassten Daten. Die mittlere vergangene Zeitspanne in Jahren ist die durchschnittliche Zeitdauer, die zwischen Ereignissen liegt, die gleich groß oder größer als eine gegebene Aussterbeintensität von Arten ist. Die Aussterbekurve belegt eine episodische Verteilung von Spitzenwerten der Aussterbehäufigkeit im Verlauf der vergangenen 600 Millionen Jahre. Falls die Aussterberate konstant gewesen wäre, würde der Funktionsgraph parallel zur X-Achse verlaufen. Die helleren der eingezeichneten Kurven zu beiden Seiten der mittleren, dunkler gezeichneten Kurve bezeichnen die Streubreite der Messwerte. Die dunklere Linie zeigt also einen mittleren Verlauf an, der die beste Passung der tatsächlichen Messwerte darstellt.

geschichtlichen Vergangenheit nachweisen. Aussterbeereignisse, denen mindestens 30 Prozent der existierenden Arten zum Opfer fallen, treten im Durchschnitt etwa alle zehn Millionen Jahre ein, solche, die zum Aussterben von wenigstens Zweidritteln der Arten führen etwa alle 100 Millionen Jahre. Die zuletzt genannten Ereignisse stellen unzweifelhaft Fälle von Massensterben dar (siehe Kapitel 6). Abbildung 38.16a enthüllt einen kontinuierlichen Verlauf der Aussterberaten von sehr hohen zu sehr niedrigen Werten; eine häufig getroffene, dichotome Unterscheidung von „Massensterben" und einem stetigen „Hintergrund" von „normalen" Aussterbeereignissen erweist sich dadurch als irreführend. Am dramatischsten stellen sich fünf große Aussterbeereignisse dar, die zum erdgeschichtlich raschen Aussterben von mehr als 75 Prozent der bekannten Arten der Zeit geführt haben (▶ Tabelle 38.1). Diese Ereignisse machen zusammengenommen aber nur ca. vier Prozent aller in den vergangenen 600 Millionen Jahren erfolgten Fälle von Artensterben aus!

Untersuchungen an Fossilien haben ergeben, dass Arten mit einer weiten geografischen Verbreitung niedrigere durchschnittliche Aussterberaten aufweisen als solche mit einer enger begrenzten Verbreitung (ein unmittelbar einsichtiger Zusammenhang). Die weiter oben erwähnten atlantischen Gastropoden der Kreidezeit unterschieden sich in Abhängigkeit von der Ernährungsweise ihrer Larven stark in ihrer Verbreitung. Einige Arten besaßen pelagische, planktonfressende Larven, die durch Meeresströmungen über weite Entfernungen verdriftet wurden. Das Verbreitungsgebiet dieser Arten umfasste durchschnittlich 2000 km entlang der Atlantikküste. Andere Arten besaßen schwere Larven, die sich bald nach dem Schlüpfen aus dem Ei als Benthosbewohner auf dem Meeresboden niederließen. Das Verbreitungsgebiet dieser nichtplanktotrophen Arten (= Tiere, die sich nicht von Plankton ernähren) war im Durchschnitt mehr als viermal kleiner als das ihrer planktonfressenden Verwandten. Eine nichtplanktotrophe Art hatte ein etwa dreimal so hohes Aussterberisiko wie eine weiter verbreitete, planktotrophe Art,

Tabelle 38.1

Vergleich der Anzahl bekannter ausgestorbener Arten bei den fünf großen Massensterben in der Erdgeschichte*

Zeitpunkt des Massensterbens am Ende des Erdzeitalters	Vor Millionen Jahren	Prozentsatz ausgestorbener bekannter Arten
Kreide	65	76
Trias	208	76
Perm	245	96
Devon	367	82
Ordovizium	439	85

* Nach: D. Raup (1995).

Dinosaurier und Ammoniten des Meeres am Ende der Kreidezeit (Tabelle 38.1) – sind daran vermutlich ungewöhnliche, katastrophale Ursachen beteiligt.

Ein Asteroiden- oder Kometeneinschlag vor etwa 65 Millionen Jahren wird als Ursache für eine solche Katastrophe diskutiert. Ein solcher Einschlag von ausreichender Größe könnte in sehr kurzer Zeit (erdgeschichtlich praktisch „augenblicklich") zu weit um sich greifenden Feuern und Perioden extremer Dunkelheit und Kälte geführt haben, der eine ebenso extreme Wärme gefolgt sein mag – sämtlich Bedingungen jenseits der Toleranzbereiche vieler Tiertaxa, deren Mitglieder zuvor zahlreich gewesen waren. Nur zufällig hätte ein Taxon auch Arten umfasst, die in der Lage waren, eine solche, in der Evolutionsgeschichte der Gruppe noch nicht da gewesene Herausforderung, zu überstehen. Die Krokodile sind ein Beispiel für eine Tiergruppe, die dieses Glück hatte.

Darwin hat das Aussterben höherer Taxa durch zwischenartliche Konkurrenz erklärt. Paläontologische Untersuchungen haben jedoch dazu geführt, dass diese Hypothese heute als überholt gilt. Der Paläontologe Michael Benton hat geschätzt, dass weniger als 15 Prozent (also weniger als eine von sieben) aller ausgestorbenen Tetrapoden-Familien durch Konkurrenz anderer Tierfamilien zum Aussterben gebracht worden sein können. Ökologische und paläontologische Untersuchungen an Moostierchen (Ektoprokta) (Kapitel 21) haben gezeigt, dass Arten einer Ordnung (Cheilostomida) die Vertreter einer anderen Ordnung (Tubuliporata) ökologisch ausmanövriert haben, indem ihre Kolonien die der anderen Gruppe über Millionen von Jahren hinweg überwuchert haben, ohne dass dies zum Aussterben der Tubuliporaten geführt hat. Der Niedergang oder das Aussterben eines Taxons macht oftmals Ressourcen verfügbar, an die sich ein anderes Taxon erst zu einem viel späteren Zeitpunkt adaptiert, was eine evolutive Proliferation ökologisch vielfältiger Arten in der überlebenden Gruppe nach sich ziehen kann. Ressourcen, die durch das Aussterben der Dinosaurier am Ende der Kreidezeit frei geworden sind, werden als bedeutsam für die in der Folge stattgefundene Proliferation der Säugetierarten und ihrer adaptiven Diversifizierung im Känozoikum erachtet (siehe Kapitel 6).

Paläontologische Untersuchungen an Fossilien zum Aussterben von Arten helfen uns dabei, die Folgen der vom Menschen verursachten ökologischen Veränderungen der biologischen Vielfalt in einem evolutionären Licht zu sehen. Die Fragmentierung von Populationen,

doch lag andererseits die Wahrscheinlichkeit für eine Speziation durch Fragmentierung des Verbreitungsgebietes bei den stärker lokalisierten, nichtplanktotrophen Arten doppelt so hoch wie bei den hochdispersen Arten.

Ein Paradox der Biodiversitätsforschung liegt darin, dass die **Habitatfragmentierung** gleichzeitig sowohl die Wahrscheinlichkeit für ein lokales Aussterben als auch für eine Speziation der Art mit sich bringt. Die in Abbildung 6.33 beschriebenen afrikanischen Antilopen verdeutlichen einen ähnlichen Gegensatz: In den vergangenen sechs Millionen Jahren hat eine Gruppe (welche, die Leierantilope, Kuhantilope und Gnu umfasst und heute durch sieben rezente Arten repräsentiert ist) mehrere Artbildungs- und Aussterbeereignisse erlebt, während die andere Abstammungslinie (die der Impalas) über die gesamte Zeitspanne als eine unveränderte Art überdauert hat. Dieser Kontrast zwischen den Gruppierungen verdeutlicht, dass die Evolution einer erhöhten Artenvielfalt mit der Gefahr eines erhöhten Aussterberisikos für jede einzelne Art einhergeht.

Höhere Taxa wie Ordnungen, Familien und Gattungen sind ebenfalls durch weite Verbreitungsgebiete in einem gewissen Ausmaß gegen das Aussterben geschützt. Raup merkt an, dass höhere Taxa, die zahlreiche Arten enthalten und die gemeinschaftlich über ein großes Verbreitungsgebiet verteilt sind, einem geringen Risiko des Aussterbens ausgesetzt sind. Wenn es zu solchen Aussterbeereignissen kommt – wie im Fall der die sich besonders auf Inseln zeigt (Galapagosinseln; siehe Kapitel 6) führen lokal zu hohen Raten der Artbildung und des Endemismus, doch sind diese jungen Arten auch mit einem ungewöhnlich hohen Aussterberisiko behaftet, weil ihre Verbreitungsgebiete klein sind. Etwa die Hälfte aller Gebiete der Erde, die wenigstens zwei endemische Vogelarten aufweisen, sind Inseln, und das, obwohl Inseln weniger als zehn Prozent aller terrestrischen Habitate ausmachen. Auf Inseln beschränkte Arten sind oft besonders anfällig für zerstörerische Wirkungen, die von eingeführten invasiven Arten (Neozoen) ausgehen. So waren etwa Landschnecken der Gattung *Partula* auf der zu Tahiti gehörenden Insel Moorea ein Hauptstudienobjekt für die Artbildung auf Inseln, bis eingeführte, nichtheimische Schnecken die nativen Arten verdrängt haben (ein Beleg dafür, dass entgegen eines landläufigen Vorurteils heimische Arten eben nicht immer die am besten angepassten – fittesten – sind). Festlandhabitate wie große Wälder werden faktisch in „Inseln" zerteilt, wenn Landentwicklungsprojekte zur Abholzung großer Areale führen. Invasive Arten können dann leicht in solche Gebiete einwandern. Da die tropischen Regionen einen hohen Artendemismus aufweisen, ist die Fragmentierung dieser Umweltbereiche durch den Menschen mit einem besonders hohen Risiko des Aussterbens von Arten behaftet.

Eine wesentliche Herausforderung für den Arten- und Naturschutz besteht darin, eine Inventur der Artenvielfalt der Erde (eine Bestimmung möglichst aller rezenten Arten) durchzuführen. Schätzungen (die allerdings den Charakter von reinen und unwissenschaftlichen Ratespielen haben) der Gesamtzahl der rezenten Arten auf der Erde gehen regelmäßig bis auf Werte von zehn Millionen hinauf. Manche Spekulationen, die aber ohne vernünftige Datengrundlage sind, wollen sogar diese freischwebenden Zahlen um einen Faktor zehn erhöhen. Man hüte sich vor derartigen, wüsten Zahlenspielen, die keine Aussagekraft haben. Der mehr als vage Charakter dieser hochmultiplizierten Schätzwerte spiegelt sowohl praktische wie konzeptuelle Probleme wider. Eine gründliche Erhebung der geografischen Verteilung genetischer Vielfalt in natürlichen Populationen erfordert zeit- und kostenintensive molekulargenetische Analysen (siehe Kapitel 6) und hängt in kritischer Weise von dem zugrundegelegten Artkonzept ab (zu dieser Problematik siehe Kapitel 10). Solche Analysen sind nur für Taxa mit verhältnismäßig niedrigen Zahlen großer Individuen durchführbar – etwa solche, die an der Spitze einer Nahrungskette oder einer ökologischen Pyramide stehen. Käfer (die artenreichste aller definierten Tiergruppen) und Fadenwürmer sind zwei Taxa, deren immense Zahlen kleiner Organismen die Hoffnungen auf eine allumfassende taxonomische Erhebung auf eine schwere Probe stellen, wenn nicht sogar unmöglich machen. Selbst wenn geeignete Datensätze vorlägen, würden im Widerstreit liegende Ansichten darüber, was eine Art ausmacht (wir haben dies ausführlich in Kapitel 10 erörtert), eine zweifelsfreie Angabe von Artenzahlen verhindern. Solche Konflikte kommen mit besonderer Intensität bei Tiergruppen zum tragen, die nicht primär einen einfachen, zweigeschlechtlichen Fortpflanzungsmodus erkennen lassen. Es ist klar, dass Anstrengungen des Natur- und Umweltschutzes nicht auf eine gründliche taxonomische Inventur aller Tier- und Pflanzenpopulationen warten können. Die Erhaltung der vielgestaltigen Ökosysteme, die wir in Kapitel 37 beschrieben haben, hat höchste Priorität zur Verhinderung eines weit um sich greifenden Artensterbens.

Man kann nur hoffen, dass die gegenwärtig zu beobachtende fortlaufende Zerstörung natürlicher Umwelten sich in der Zukunft nicht zu einem Ereignis auswachsen wird, das sich den fünf bekannten Massensterben in der jüngeren und mittleren Erdgeschichte als sechster Fall hinzugesellen wird, die wir in Tabelle 38.1 in aller Kürze zusammengefasst haben. Die Aktivitäten des Menschen haben unzweifelhaft zum Aussterben einer Reihe von Arten geführt oder dazu beigetragen, und wir müssen versuchen zu verhindern, dass unsere Gegenwart nicht zu einem Zeitpunkt der Evolutionsgeschichte wird, die einen all zu hohen Punkt auf der Raup'schen Aussterbekurve (Abbildung 38.16b) erreicht. Evolutionsbiologische Studien deuten jedoch darauf hin, dass höhere Taxa mit weiter Verbreitung mit einem geringen Aussterberisiko behaftet sind, selbst in Phasen hoher Aussterbeaktivität. Da wir über keine umfassende Inventarisierung der Tierwelt verfügen, müssen wir es vermeiden, Bedingungen zu schaffen, die zur selektiven Vernichtung höherer Taxa beitragen könnten.

ZUSAMMENFASSUNG

Die Ökologie ist das Teilgebiet der Biologie, das sich mit der Untersuchung der Beziehungen zwischen Lebewesen und ihrer Umwelt befasst, um die Verteilung und die Häufigkeit von Arten auf der Erde verstehen und erklären zu können. Der Bereich der Umwelt, indem ein Tier lebt und seinen Aktivitäten nachgeht, ist sein Lebensraum (= Habitat). In diesem Habitat sind die physischen wie biologischen Randbedingungen dem Überleben und der Fortpflanzung der betreffenden Art zuträglich; diese Bedingungen definieren die Nische eines Tieres, einer Population oder einer Art.

Tierpopulationen bestehen aus Demen sich untereinander wechselseitig fortpflanzender Einzelwesen, die einen gemeinsamen Genpool besitzen bzw. ausmachen. Tierkohorten zeigen charakteristische Muster des Überlebens, die adaptive Kompromisse zwischen der individuellen elterlichen Fürsorge und der Zahl der Nachkommen darstellen. Tierpopulationen setzen sich aus sich überlappenden Tierkohorten zusammen und weisen Altersverteilungen auf, die anzeigen, ob die Population im Wachstum oder im Niedergang begriffen ist oder sich in einem stationären Zustand (Fließgleichgewichtszustand) befindet.

Jede Art in der Natur ist durch eine intrinsische Vermehrungsrate gekennzeichnet, welche die prinzipielle Möglichkeit eines potenziellen oder gar hyperbolischen Wachstums in sich trägt. Die menschliche Population vermehrt sich hyperbolisch mit einer Wachstumsrate von 1,23 Prozent pro Jahr, aus der sich ein Anwachsen der Weltbevölkerung von ca. 6,6 Milliarden heute auf über 8 Milliarden im Jahr 2040 ergibt. Das Populationswachstum kann einer intrinsischen Regulierung durch die Tragfähigkeit des Lebensraums unterworfen sein, oder einer extrinsischen durch Konkurrenz zwischen Arten um begrenzt verfügbare Ressourcen, oder durch Raubfeinde oder/und Parasiten. Dichteunabhängige abiotische Faktoren können das Wachstum einer Population begrenzen, aber nicht wirklich regulieren.

Gemeinschaften bestehen aus Populationen, die untereinander durch Konkurrenz, räuberisches Nachstellen, Parasitismus, Kommensalismus oder/und Mutualismus in Wechselwirkung stehen. Diese Wechselbeziehungen ergeben sich durch eine Coevolution der Populationen einer Gemeinschaft. Artengilden verhindern eine Ausschlusskonkurrenz durch die Verdrängung von Merkmalen oder die Aufteilung begrenzter Ressourcen durch morphologische Spezialisierung. Grundstein-Räuber sind solche Arten, welche die Zusammensetzung einer Gemeinschaft kontrollierend beeinflussen und die Konkurrenz unter den Beutearten herabsetzen; dies führt zu einer Erhöhung der Artenvielfalt. Parasiten und deren Wirte evolvieren eine gutartige Beziehung, die eine Koexistenz sicherstellt.

Ökosysteme bestehen aus Gemeinschaften und ihrer abiotischen Umwelt. Tiere bevölkern in Ökosystemen trophische Ebenen aus herbivoren und carnivoren Konsumenten. Alle Lebewesen verfügen über ein Energiebudget aus Brutto- und Nettoproduktivität plus Respiration. Bei Tieren macht die Respiration normalerweise wenigstens 90 Prozent des Energiebudgets aus. Die Weitergabe von Energie von einer trophischen Ebene zur nächsten ist dadurch auf ca. zehn Prozent begrenzt, was seinerseits die Zahl der trophischen Ebenen eines Ökosystems beschränkt. Ökologische Energiepyramiden verdeutlichen die Abnahme der Produktivität in aufeinanderfolgenden Trophie-Ebenen einer Nahrungskette.

Die Produktivität eines Ökosystems ist eine Folge des Energieflusses und der Nährstoffkreisläufe innerhalb und zwischen den Systemen. Alle Energie geht letztlich als Wärme verloren; Nährstoffe und andere Substanzen werden aber rückgewonnen und in Kreisläufen wiederverwertet. Ökosysteme sind notwendigerweise offene Systeme, die vom Austausch von Energie und Stoffen mit außerhalb liegenden Quellen abhängen.

Die biologische Vielfalt existiert deshalb, weil die Rate der Artbildung im Verlauf der Evolutionsgeschichte die Rate des Aussterbens von Arten im Durchschnitt geringfügig übersteigt. Der Großteil der vormals existenten Arten ist wieder ausgestorben. Es wird angenommen, dass die heute zu beobachtende Artenvielfalt nur einen kleinen Ausschnitt aus der Gesamtartenvielfalt ausmacht, welche die Erde im Laufe der biologischen Evolution beherbergt hat. Die Aussterberaten unterlagen in der Vergangenheit starken Schwankungen mit Werten von nahe Null bis nahe 96 Prozent über Zeiträume von einer Million Jahren. Arten mit einem großen Verbreitungsgebiet zeigen niedrigere durchschnittliche Aussterberaten als solche mit kleinem Verbreitungsgebiet (eine sich selbst erklärende Korrelation). Die gleiche Beziehung zwischen Verbreitung und Aussterbewahrscheinlichkeit greift bei höheren Taxa. Paläontologische Untersuchungen zum Aussterben von Arten und Gruppen liefern eine wichtige Perspektive für die Einschätzung möglicher evolutiver Konsequenzen von durch den Menschen verursachten Fällen des Aussterbens von Arten.

Übungsaufgaben

1 Der Begriff „Ökologie" leitet sich von dem altgriechischen Wort für Haus oder „Platz, an dem man lebt" (oikos) her. In dem Sinn, in dem ihn der Wissenschaftler verwendet, ist er jedoch nicht mit „Umwelt" gleichzusetzen. Wie unterscheiden sich diese beiden Begriffe?

2 Grenzen Sie Ökosystem, Gemeinschaft und Population gegeneinander ab.

3 Worin besteht der Unterschied zwischen einem Habitat und einer Umwelt?

4. Geben Sie eine Definition für das Konzept der „Nische". Wie unterscheidet sich die „realisierte Nische" einer Population von ihrer „grundlegenden Nische"? Wie unterscheidet sich das Konzept der Nische vom Konzept der Gilde?

5. Populationen unabhängig voneinander (solitär) lebender Tiere weisen eine charakteristische Altersstruktur, ein charakteristisches Geschlechterverhältnis sowie eine kennzeichnende Wachstumsrate auf. Diese Eigenschaften sind jedoch für modulare Tiere schwierig zu bestimmen. Warum?

6. Erläutern Sie, welche der drei Überlebenskurven von Abbildung 38.2 am besten zu folgenden Szenarien passt: (a) eine Population, in der die Sterblichkeitsrate als Anteil der Überlebenden konstant ist; (b) eine Population, in der es wenige frühe Todesfälle gibt und die meisten Individuen ein hohes Alter erreichen; (c) eine Population, in der ein Großteil der Jungen umkommt, die Überlebenden aber ein hohes Alter erreichen. Geben Sie ein reales Beispiel für jedes Überlebensszenario.

7. Stellen Sie das exponentielle Wachstum einer Population einem logistischen Wachstum gegenüber. Unter welchen Bedingungen könnten Sie erwarten, dass eine Population ein exponentielles Wachstum zeigt? Warum kann eine exponentielle Wachstumsphase nicht für unbegrenzte Zeit aufrechterhalten werden? Was ist hyperbolisches Wachstum?

8. Das Wachstum einer Population kann entweder durch dichteabhängige oder durch dichteunabhängige Mechanismen behindert werden. Geben Sie Definitionen für die beiden Mechanismen und stellen Sie die Mechanismen einander gegenüber. Geben Sie Beispiele dafür, wie das Wachstum der menschlichen Bevölkerung durch jeden der Mechanismen gezügelt werden kann.

9. Die Herbivorie ist ein Beispiel für eine interspezifische Wechselwirkung, die günstig für das Tier (+), aber nachteilig für die Pflanze (−) ist. Können Sie einige (+/−)-Wechselwirkungen zwischen Tierpopulationen benennen? Worin besteht der Unterschied zwischen Kommensalismus und Mutualismus?

10. Erklären Sie, wie Merkmalsverdrängung die Konkurrenz zwischen koexistierenden Arten lindern kann.

11. Geben Sie eine Definition für den Begriff Räubernachstellung. Wie unterscheidet sich die Räuber/Beutebeziehung von einer Parasit/Wirtsbeziehung? Warum ist das evolutive Wettrennen zwischen einem Jäger (Räuber) und dem Gejagten (Beute) so, dass der Jäger nicht gewinnen darf?

12. Die Mimikry von Monarchfaltern *(Danaus plexippus)* durch Schmetterlinge der Art *Limenitis archippus* ist ein Beispiel dafür, wie eine fressbare Art eine giftige nachahmt. Worin besteht der Vorteil für *Limenitis* bei dieser Form der Mimikry? Worin besteht der Vorteil für eine giftige Art, eine andere giftige Art nachzuahmen?

13. Eine „Grundsteinart" ist eine, deren Entfernung aus einer Lebensgemeinschaft das Aussterben anderer Arten nach sich zieht. Wie kommt es zu solchen Aussterbevorgängen?

14. Was ist eine Trophie-Ebene, und in welcher Beziehung steht sie zu einer Nahrungskette?

15. Geben Sie eine Definition des Begriffes Produktivität wie er in der Ökologie verwendet und verstanden wird. Was versteht man unter einem Primärproduzenten? Grenzen Sie die Begriffe Bruttoproduktivität, Nettoproduktivität und Respiration gegeneinander ab. In welcher Beziehung steht die Nettoproduktivität zur Biomasse?

16. Was versteht man unter einer Nahrungskette? Wie unterscheidet sich eine Nahrungskette von einem Nahrungsnetzwerk?

17. Wie ist es möglich, zu einer umgekehrten Biomassenpyramide zu gelangen, bei der die Konsumenten eine größere Biomasse besitzen als die Produzenten? Können Sie sich ein Beispiel für eine umgedrehte Pyramide aus *Zahlen* ausdenken, in der es beispielsweise mehr Herbivoren als Pflanzen gibt, von denen sich die Herbivoren ernähren?

18. Die Energiepyramide ist als ein biologisches Beispiel für den 2. Hauptsatz der Thermodynamik beschrieben worden. Warum?

19. Tiergemeinschaften im Umfeld hydrothermaler Tiefseequellen existieren offenbar vollständig unabhängig von solarer Energie. Worauf gründet sich eine derartige Existenz?

20. Was sagen paläontologische Untersuchungen uns über die Beziehungen zwischen der geografischen Verbreitung einer Art und der Wahrscheinlichkeit ihres Aussterbens oder der Wahrscheinlichkeit, dass aus dieser Art eine neue Art hervorgeht? Wie stellt sich dies als ein Paradox für die Frage der biologischen Vielfalt dar?

Weiterführende Literatur

Benton, M. (1996): On the nonprevalence of competitive replacement in the evolution of tetrapods. In: D. Jablonski et al.: Evolutionary paleobiology. University of Chicago Press; ISBN: 0-2263-8911-1. *Das Kapitel zeigt auf, dass ökologische Konkurrenz das Aussterben von Tetrapodenfamilien nicht zu erklären vermag.*

Chase, J. und M. Leibold (2003): Ecological niches: linking classical and contemporary approaches. University of Chicago Press; ISBN: 0-2261-0180-0. *Eine tiefsinnige Abhandlung des Nischenkonzepts der Gemeinschaftsökologie.*

Krebs, C. (2001): Ecology: the experimental analysis of distribution and abundance. 5. Auflage. Benjamin-Cummings; ISBN: 0-0650-0410-8. *Bedeutende Abhandlung zur Populationsökologie.*

Molles, M. (2004): Ecology: concepts and applications. 3. Auflage. McGraw-Hill; ISBN: 0-0711-1168-9. *Eine kurzgehaltene und gut illustrierte Übersicht über das Gebiet der Ökologie.*

Pianka, E. (2000): Evolutionary ecology. 6. Auflage. Benjamin-Cummings; ISBN: 0-321-04288-3. *Eine Einführung in die Ökologie aus evolutionärer Perspektive.*

Raup, D. (1995): The role of extinction in evolution. In: W. Fitch und F. Ayala: Tempo and mode of evolution: Genetics and Paleontology 50 Years after Simpson National Academy Press; ISBN: 0-3090-5191-6. *Ansichten eines Paläontologen zu den Themen Aussterben und biologische Vielfalt.*

Ricklefs, R. und G. Miller (2000): Ecology. 4. Auflage. Freeman; ISBN: 0-7167-2829-X. *Klar geschriebenes, gut illustriertes, allgemeines Lehrbuch der Ökologie.*

Rose, M. und L. Mueller (2005): Evolution and Ecology of the Organism. Prentice Hall; ISBN: 0-1301-0404-3.

Smil, V. (1997): Global population and the nitrogen cycle. Scientific American, vol. 277: 78–81. *Das schnelle Anwachsen der Weltbevölkerung im 20. Jahrhundert geht mit einem parallel verlaufenden Anstieg der Verwendung stickstoffhaltiger Dünger in der Landwirtschaft einher, die für die Nutzpflanzenproduktion notwendig ist. Für die Umwelt ergeben sich dadurch teilweise nachteilige Wirkungen (aus der Sicht bestimmter Organismen).*

Smith, R. und T. (2008): Ökologie. Pearson Studium; ISBN: 3-8273-7313-X. *Klar geschriebenes, gut illustriertes, allgemeines Lehrbuch der Ökologie.*

Tunnicliffe, V. (1992): Hydrothermal-vent communities of the deep sea. American Scientist, vol. 80: 336–349. *An heißen Quellen entlang der mittelozeanischen Rücken ermöglicht die aufsteigende Energie aus dem Erdinneren die Existenz exotischer Ökosysteme, die sich in beinahe völliger Isolation entwickelt haben.*

Weitere Informationen zu diesem Buchkapitel finden Sie auf der Companion-Website unter
http://www.pearson-studium.de

Anhang

A	**Glossar**	1254
B	**Bildnachweis**	1309
C	**Index**	1312

ANHANG A: Glossar

Abgeleitet Ein Merkmalszustand, von dem vorausgesetzt wird, dass er innerhalb des betrachteten Taxons, in dem er vorgefunden wird, evolutiv herausgebildet worden ist, und der in der jüngsten Ahnenpopulation noch nicht vorhanden war, auf die das betreffende Taxon zurückgeht.

Abiotisch (gr. *a*, un, ohne + *bios*, Leben): unbelebt, leblos, ohne die Beteiligung von Lebewesen.

Abomasum (lat. *ab*, von + *omasum*, Pansen): Labmagen. Vierter und letzter Magen von Wiederkäuern.

Aboral (lat. *ab*, von + *os*, Mund, Maul): Der Mundöffnung entgegengesetzt, gegenüberliegend, abgewandt.

Abszess (lat. *abscessus*, Abgang, Abwesenheit): Eiteransammlung in einem Hohlraum, der keine eigentliche Leibeshöhle ist.

Acanthodier (gr. *ankantha*, stachelig, dornig): Zusammen mit den Plakodermen gehören die Vertreter dieser Gruppe zu den ersten bekannten echten Knochenfischen. Man findet sie in Gesteinsschichten vom unteren Silur (vor ca. 400 Millionen Jahren) bis zum Unter-Perm (vor ca. 280 Millionen Jahren).

Acanthor (gr. *acantha*, Stachel, Dorn): Erste Larvenform von Acanthocephalen (Kratzwürmer) in ihrem Zwischenwirt.

Acetabulum (lat. *acetabulum*, Essigschale): Echtes Saugorgan, insbesondere bei Plattwürmern und Egeln; die Gelenkspfanne des Hüftgelenks, an der das kugelige Ende des Oberschenkelknochens ansetzt.

Acicula (lat. *acicula*, kleine Nadel): Nadelförmige Stützborste der Parapodien einiger Polychaeten (vielborstige Ringelwürmer).

Acinus (lat. *acinus*, Traube): Plural: Acini. Lappen einer zusammengesetzten Drüse oder eine beutelförmige Höhle (Erweiterung) am Ende eines Ganges.

Acoelomat (gr. *a*, nicht, kein + *koiloma*, Höhle): Ohne Coelom; zum Beispiel Plattwürmer (Plathelminthes) und Probosciswürmer.

Acontium (gr. *akontion*, Pfeil): Plural: Akontien. Fadenförmige Struktur, welche am Ende eine Nematozyste trägt; im Mesenterium von Seeanemonen.

Adaption (lat. *adapto*, anpassen, passend machen, herrichten): Anpassung. Eine anatomische Bildung, ein physiologischer Vorgang oder eine Verhaltensweise, die sich auf dem Weg der natürlichen Selektion evolviert hat, und die geeignet ist, die Fähigkeit eines Lebewesen, zu überleben und Nachkommen zu hinterlassen, zu vergrößern.

Adaptive Radiation Evolutive Diversifizierung, die zahlreiche, ökologisch auseinanderstrebende Abstammungslinien aus einem einzigen Urahnen generiert; insbesondere, wenn sich diese Diversifizierung innerhalb einer nach geologischen Maßstäben kurzen Zeitspanne vollzieht.

Adaptive Zone Eine charakteristische Reaktion und Wechselbeziehung zwischen der Umwelt und einem Organimus („Lebensweise"), die von einer Gruppe evolutiv verwandter Lebewesen an den Tag gelegt wird.

Adaptiver Wert Ausmaß, bis zu welchem ein Merkmal seinem Besitzer dabei hilft, zu überleben und/oder sich fortzupflanzen oder zu einer verbesserten Fitness in der Umwelt des Lebewesens führt; selektiver Vorteil.

Adduktor (lat. *ad*, hin, auf … zu, + *ducere*, führen, leiten): Ein Muskel, der einen Körperteil zur Mittelachse des Körpers hin bewegt; Muskel, der die beiden Schalenhälfte einer Muschel zusammenzieht.

Adenin (gr. *aden*, Drüsen): Ein Purinderivat. In allen Zellen als Bestandteil von Nucleinsäuren, Nucleotiden und Nucleosiden.

Adenosin-(mono, di, tri)-phosphat Kondensationsprodukt aus Adenin, einem Monosaccharid und ein, zwei oder drei Orthophosphorsäuremolekülen. Nucleosidphosphate werden auch als Nucleotide bezeichnet. Adeninnucleotide bestehen aus einem Adenylrest, einem Ribosylrest und ein bis drei Orthophosphorsäureresten. Adenosinmonophosphat (AMP) trägt einen, Adenosindiphosphat (ADP) zwei, und Adenosintriphosphat (ATP) trägt Phosphorsäurereste. ATP ist eine „energiereiche" Verbindung, die – zusammen mit ADP und GTP – zur Übertragung chemischer Energie in allen lebenden Zellen dient.

Adenosin Kondensationsprodukt aus Adenin und einem Monosaccharid.

Adhäsionskontakt Kontaktstelle zwischen Zellen. Transmembranproteine dienen als interzelluläre Verankerungspunkte.

Adipo- fett-, wie in Adipocyte = Fettzelle.

Adipos (lat. *adeps*, Fett): fettleibig.

Adrenalin (lat. *ad*, hin, auf … zu, + *ren*, Niere): Ein in den Nebennieren gebildetes und bei Stress-Situationen ausgeschüttetes Hormon. Als „Stresshormon" steigert A. die Herzfrequenz und den Blutdruck, erweitert die Bronchien und sorgt für eine schnelle Energiebereitstellung durch Fettabbau und Glucose-Freisetzung. A. reguliert die Magen-Darmtätigkeit ebenso wie die Durchblutung; im Zentralnervensystem (ZNS) wirkt A. als Neurotransmitter.

Adsorption (lat. *ad*, hin, auf … zu, + *sorbeo*, schlürfen): Ein Niederschlag oder das Festheften von Stoffen auf einer Oberfläche durch atomare Wechselwirkungen.

Aerob gr. *aer*, Luft): Unter Luftzufuhr; unter Luftverbrauch. Im engeren Sinn ein sauerstoffverbrauchender Prozess in einem Lebewesen oder das sauerstoffabhängige Wachstum.

Afferent (lat. *ad*, hin, auf … zu, + *ferre*, tragen, bringen): zuleitend, hinführend (insbesondere in Bezug auf Nerven und Gefäße). Afferente Nerven leiten Reize zum Gehirn; afferente Blutgefäße befördern Blut zum Herzen hin. Siehe auch: efferent.

Aggression (lat. *aggressio*, Angriff): Eine feindselige Handlung oder Äußerung.

Agonistisches Verhalten (gr. *agonistes*, Kämpfer): Feindseliges Verhalten oder Drohung, das/die gegen ein anderes Lebewesen gerichtet ist; kämpferisches Verhalten.

AIDS (Abk. für engl. *aquired immune deficiency syndrome*, Erworbenes Immunschwächesyndrom): Viral bedingte, chronische Immunschwäche, die schließlich zum Tod führt. Siehe: HIV.

Akklimatisierung (lat. *ad*, zu, hin + gr. *klima*, Klima): Allmähliche physiologische Anpassung als Reaktion auf verhältnismäßig langandauernde Umweltveränderungen.

Akron (gr. *akros*, Spitze, Gipfel): Vor der Mundöffnung (präoral) liegender Bereich eines Insekts.

Akrozentrisch (gr. *akros*, Spitze, Gipfel + *kentron*, Zentrum, Mitte): Bei akrozentrischen Chromosomen liegt das Zentromer nahe einem der Enden. Siehe: telozentrisch.

Aktin (gr. *aktis*, Strahl): Filamentbildendes Protein des Cytoskeletts. Sehr hohe Expression in Muskelzellen. Bildet die dünnen Filamente des gestreiften Muskels.

Aktinotroch (gr. *aktis*, Strahl + *trochos*, Rad): Larvenform der Phoroniden.

Aktiver Transport Transport durch eine Membran unter Aufwendung von Stoffwechselenergie (meist ATP). Vermittelt von einem Transmembranprotein, das einen Stoff durch die Membran transportiert, für den diese sonst unpassierbar wäre, oder Transport gegen ein bestehendes Konzentrationsgefälle. Siehe auch: erleichterte Diffusion.

Alat (lat. *alatus*, Flügel): geflügelt.

Albumine (lat. *albumen*, das Weiße): Gruppe löslicher, globulärer Proteine. Bedeutende Bestandteile des Blutplasmas und der Gewebsflüssigkeit. Außerdem in Milch, Eiklar und anderen Tierprodukten. Hauptverantwortliche Substanzen des kolloidosmotischen Druckes in tierischen Geweben.

Alimentär (lat. *alimentum*, Nahrung, Entlohnung): mit der Ernährung oder Verdauung in Beziehung stehend.

Allantois (gr. *allas*, Würstchen + *eidos*, Form, Gestalt): Eine der extraembryonalen Membranen der Amnioten, die in den Eiern von Vögeln und Reptilien der Atmung und Ausscheidung dient. Sie spielt eine wichtige Rolle bei der Entwicklung der Plazenta der meisten Säugetiere.

Allel (gr. *allelon*, einer von mehreren): Alternative Formen eines Gens (Genvarianten), die dasselbe erbliche Merkmal beeinflussen und sich auf homologen Chromosomen am selben Lokus (Genort) befinden.

Allelhäufigkeit (= Allelfrequenz) Häufigkeitswert, der angibt, zu welchen Anteilen bestimmte Allele (Genvarianten) in einer Population (Genpool) auftreten.

Allometrie (gr. *allos* ander/e/s + *metron*, Maß): Messen und Vergleichen von Körperteilen. Diese Daten werden dann in Beziehung zueinander und zur Körpergröße gesetzt. Allometrisches Wachstum = relatives Wachstum eines Teiles im Verhältnis zum Gesamtorganismus.

Allopatrisch (gr. *allos* ander/e/s + *patros*, Vaterland): in voneinander getrennten und sich wechselseitig ausschließenden geografischen Bereichen.

Allotransplantat (gr. *allos*, ander/e/s + lat. *trans*, (hin)über, zu ... hin + *plantare*, pflanzen): Zellen, Gewebe oder Organe, die von einem Individuum einer Art zu einem anderen derselben Art verpflanzt werden, wenn es sich bei Spender und Empfänger nicht um eineiige Zwillinge handelt.

Alpha-Helix (α-Helix) (gr. *alpha*, a (1. Buchstabe des Alphabets) + lat. *helica*, Schnecke, Spirale, Wendel): regelmäßiges Sekundärstrukturelement von Proteinen, das durch Zusammenrollung der Polypeptidkette nach Art einer Wendel (Helix) entsteht.

Alula (lat. *ala*, Flügel): Daumenfittich. Der erste Finger (Daumen) einer Vogelhand (= Flügel). Stark in der Größe zurückgebildet.

Alveolat (lat. *alveus*, Kahn, Mulde, Wanne): Als Alveolaten werden die Mitglieder einer Gruppe von Protozoen bezeichnet, die Alveolarsäcke besitzen und als Kladus zusammengefasst werden. Dazu gehören die Ciliaten, die Apikomplexier und die Dinoflagellaten.

Alveole (lat. *alveus*, Kahn, Mulde, Wanne): Eine kleine Höhlung oder Einsenkung, wie die winzigen Lungenbläschen, die terminalen Anteile alveolärer Drüsen oder die Knochenlöcher, in denen die Zahnwurzeln sitzen. Membranöse Einsackungen unterhalb der Plasmamembran bestimmter Protozoen.

Ambulakrum (lat. *ambulare*, spazieren gehen, umherschreiten): Ausstrahlende Furchen an den Körpern von Echinodermaten, in denen sich die Podien des Wasser/Gefäßsystems charakteristischerweise nach außen erstrecken.

Amiktisch (gr. *a*, ohne, kein + *miktos*, (Ver-, Durch) Mischung): bezieht sich auf weibliche Rotatorien, die nur diploide Eier erzeugen, die nicht befruchtbar sind, oder auf solche Eier. Siehe auch: miktisch.

Aminosäure Eine Carbonsäure mit (mindestens) einer Aminogruppe (—NH$_2$) im Molekül. Eine kleine Gruppe von 20 α-Amino-α-Carbonsäuren stellt die Bausteine aller Peptide und Proteine aller Lebewesen.

Amitose (gr. *a*, ohne, kein + *mitos*, Faden): Form der Zellteilung, bei der es nicht zur Kernteilung durch Mitose kommt. Teilung der Zelle ohne Trennung des verdoppelten Chromosomensatzes.

Ammocoet (gr. *ammo*, Sand + *coet*, Bett): Die strudelnde Larve der Neunaugen.

Amnion (lat. *amnion*, innere Eihaut): Innere Eihaut. Am weitesten innen liegende der extraembryonalen Membranen, welche die flüssigkeitsgefüllte Fruchtblase bilden, in der bei den Amnioten der Embryo liegt.

Amniot Amniontier. Ein Tier, das in seiner Embryonalentwicklung ein Amnion ausbildet (Reptilien, Vögel und Säugetiere).

Amniotisches Ei Beschaltes Wirbeltierei, das vier Membranen enthält (Dottersack, Amnion, Chorion und Allantois).

Amniozentese (lat. *amnion*, (eine Fötalmembran) + gr. *centes*, Einstich): Fruchtwasseruntersuchung. Klinisches pränatales Untersuchungsverfahren, bei dem Fruchtwasser aus der Fruchtblase, in der sich der Embryo befindet, entnommen und auf Zellen und Erbmaterial des sich entwickelnden Embryos hin untersucht wird. Zur Erfassung von Erbschäden beim Ungeborenen, wird häufig bei älteren Schwangeren angewandt.

Amöboid (gr. *amoibe*, Veränderung): amöbenartig in Aussehen oder Verhalten. Mit Pseudopodien.

Amöbocyte (gr. *amoibe*, Veränderung + *kytos*, Hohlkörper): Spezialisierte Zellen mobile metazoischer Invertebraten, die oft eine Rolle bei der Abwehr von außen eindringender Partikel spielen.

Amöbozoa (gr. *amoibe*, Veränderung + *zoon*, Tier): Amöben = Wechseltierchen. Ein Protozoenkladus, der die Schleimpilze und die Amöben mit stumpfen, lappenförmigen Pseudopodien zusammenfasst.

Amphiblastula (gr. *amphi*, beid-, beiderseits + *blastos*, Keim): Freischwimmendes Larvenstadium bestimmter Meeresschwämme; blastulaartig, mit flagellentragenden Zellen am animalen Pol und flagellenlosen am vegetativen Pol.

Amphid (gr. *amphidea*, von etwas umgeben sein): Eines von zwei anterioren Sinnesorganen bei bestimmten Nematoden.

Amphipathisch (gr. *amphi*, beid-, beidseitig + *pathos*, Leiden): Eigenschaft von Molekülen, sowohl hydrophobe wie hydrophile Eigenschaften zu zeigen, weil sie einen polaren (wasserlöslichen, hydrophilen) und einen unpolaren (wasserunlöslichen, hydrophoben) Anteil besitzen.

Amplexus (lat. *amplexus*, Umarmung): Kopulationsstellung der Froschlurche.

Ampulle (lat. *ampulla*, Fläschchen): Membranöses Vesikel; Erweiterung an einem Ende eines Bogengangs, die ein Sinnesepithel beherbergt; muskuläres Vesikel oberhalb eines Röhrenfüßchens im Wasser/Gefäßsystem von Echinodermaten.

Amylase (lat. *amylum*, Speisestärke + *ase*, (allgemeine, ein Enzym anzeigende Endung)): Amylasen sind Enzyme, die Stärke hydrolytisch in kleinere Einheiten zerlegen.

Anabolismus (gr. *ana*, aufwärts + *bol*, werfen): Die Gesamtheit der aufbauenden Stoffwechselreaktionen.

Anadrom (gr. *anadromos*, aufwärtsverlaufend): Verhalten von Fischen, die vom Meer in Flüsse aufsteigen, um in deren Oberlauf abzulaichen.

Anaerob (gr. *an*, ohne, nicht + *aer*, Luft + *bios*, Leben): Ohne Luftzufuhr; ohne Luftverbrauch. Im engeren Sinn ein sauerstoffunabhängiger Prozess in einem Lebewesen oder das sauerstoffunabhängige Wachstum.

Analogie (lat. *analogia*, gleiches Verhältnis): Ähnlichkeit in Bau und/oder Funktion bei gleichzeitig anderem evolutiven Ursprung.

Anaphylaxie (gr. *ana*, aufwärts + *phylax*, Wache, Wächter): Eine systemische (den ganzen Körper betreffende) Überempfindlichkeitsreaktion vom Soforttyp.

Anapsid (gr. *an*, ohne, kein + *apsis*, Bogen): Bei anapsiden Amnioten fehlt die temporale Schädelöffnung. Schildkröten als einzige rezente Vertreter der Anapsiden.

Anastomose (gr. *an*, nicht, un, ohne + *a*, kein, ohne + *stoma*, Mund, Maul): Anatomischer Zusammenschluss von zwei oder mehr Blutgefäßen, Lymphgefäßen, Nervenfasern oder anderen leitungsartigen Bildungen, die ein sich verzweigendes Netzwerk bilden.

Ancestrula Erstes Individuum (Zooid) einer Moostierchenkolonie, das durch Metamorphose aus einer freischwimmenden Larve (bei marinen Arten) oder einem Statoblasten (bei Süßwasserarten) hervorgeht.

Androgen (gr. *andros*, Mann + *genos*, Bildung): Geschlechtshormone von Wirbeltieren mit maskulinisierender Wirkung.

Androgendrüse (gr. *andros*, Mann + *gennaein*, bilden): Endokrine Drüse von Krustentieren, deren Tätigkeit zur Ausbildung männlicher Geschlechtsmerkmale bei den Tieren führt.

Aneuploidie (gr. *an*, nicht, ohne + *eu*, echt, gut + *ploid*, Mehrfaches): Verlust oder Hinzugewinn von Chromosomen, so dass die Zelle ein oder mehr überschüssige Chromosomen aufweist bzw. ein Chromosomenmangel vorliegt. Beispiel: Trisomien wie die (lebensfähige) Trisomie 21 (Down-Syndrom, Mongolismus) des Menschen.

Angeborene Immunität Nichterlernte Fähigkeit, sich ohne vorausgegangenen Kontakt erfolgreich gegen einen Krankheitserreger zur Wehr zu setzen.

Angiotensin (gr. *angeion*, Gefäß + lat. *tensio*, spannen, strecken): Oligopeptid aus zehn Aminosäuren (Dekapeptid) mit blutdruckregulierender Wirkung. Teil des Renin-Angiotensin-Aldosteron-Systems der Blutdruckregulation. Entsteht durch Einwirkung des Enzyms Renin auf die Vorstufe Angiotensinogen. Durch Einwirkung des Angiotensin konvertierenden Enzyms geht Angiotensin I in Angiotensin II (ein Oktapeptid) über, das die eigentliche vasokonstriktive Substanz ist, die zur Erhöhung des Blutdrucks führt. Regt die Freisetzung von Aldosteron und ADH (antidiuretisches Hormon = Vasopressin) an.

Ångström Nach dem schwedischen Physiker Anders Ångström (1814–1874) benannte Längeneinheit: 1 Å = 100 pm = 10^{-1} nm = 10^{-4} µm = 10^{-7} mm = 10^{-10} m.

Anhangsbildung Multifunktionelle Ausstülpungen der Körperoberfläche an verschiedenen Körperteilen, Extremitäten oder Vorläufer davon, erfüllen eine Vielzahl verschiedener Funktionen.

Anhydrase (gr. *an*, un, nicht, kein + *hydor*, Wasser + *ase*, Enzym anzeigende Wortendung): Ein wasserentziehendes Enzym; ein Enzym, das die Freisetzung von Wasser aus dem/den Substrat/en katalysiert. Physiologisch bedeutsam ist die Carboanhydrase, welche die Dehydratisierung von Kohlensäure zu Kohlendioxid katalysiert.

Animaler Pol Bei telolecithalen (dotterreichen) Eiern der dotterarme oder dotterfreie Bereich der Eizelle.

Anisogameten (gr. *an*, nicht, kein + *iso*, gleich + *gametes*, Gatte): (Männliche und weibliche) Keimzellen, die sich in Größe und Form unterscheiden (zum Beispiel Ei- und Samenzellen des Menschen).

Anlage rudimentäre Form eines Organs; Primordium.

Annulus (lat. *annulus*, Ring): Jede ringförmige anatomische Bildung; etwa die Ringel an der Körperoberfläche von Ringelwürmern (Regenwürmer, Egel usw.).

Antenne (lat. *antenna*, Mast (eines Segelbootes)): Sensorisches Anhangsgebilde am Kopf von Arthropoden; das zweite Paar der Kopfanhänge von Crustaceen.

Antennendrüse Ausscheidungsorgan von Crustaceen, das im Antennenmetamer lokalisiert ist.

Anterior (lat. *anterioris*, der frühere): anatomische Richtungsangabe; zum Kopfende eines Lebewesens hin.

Anthracosaurier (gr. *anthrax*, Kohle + *sauros*, Eidechse): Gruppe labyrinthodonter Amphibien des Paläozoikums.

Anticodon Folge von drei Nucleotiden eines Transfer-RNA-Moleküls, die komplementär zu einer drei Nucleotide langen, als Codon bezeichneten, Folge ähnlicher Bausteine eines mRNA-Moleküls ist. Von Bedeutung beim Translationsvorgang der Genexpression.

Antigen Jede Substanz, die von einem Antikörpermolekül an dessen antigenbindenden Bereichen gebunden wird. Ein Stoff, der eine antikörperabhängige (humorale) Immunreaktion hervorruft. Häufig Proteine oder Polysaccharide.

Antigendeterminante siehe Epitop.

Antikörper Synonym für Immunglobuline. Gelöst oder an der Oberfläche bestimmter Zellen vorkommende Proteine mit spezifischen Bindungseigenschaften für bestimmte Substrate, die Antigene genannt werden. Durch die Bildung von Antikörper/Antigenkomplexen werden eindringende Fremdorganismen immobilisiert. Die Antikörper dienen als Erkennungssignal für phagocytierende Zellen, welche die Antikörper/Antigenkomplexe aufnehmen.

Antiparallel Gegenläufige Ausrichtung von Nucleinsäuremolekülsträngen relativ zueinander.

Anzestral Ursprünglich. Ein anzestrales Merkmal ist eines, das im jüngsten gemeinsamen Vorfahren einer Gruppe von Organismen ausgeprägt gewesen ist.

Apertur (lat. *apertum*, *apertus*, geöffnet): Öffnung; lichte Weite. Die Öffnung des ersten Wirtels einer Gastropodenschale (= Schneckengehäuse).

Apex (lat. *apex*, Scheitel): Höchster Punkt; das untere, zugespitzte Ende des Herzens.

Apikal (lat. *apex*, Scheitel): am oder in der Nähe des Scheitelpunktes liegend.; bei Epithelien: die dem Lumen zugewandte Seite.

Apikalkomplex Eine gruppentypische Zusammenballung von Organellen in den Zellen von Protozoen des Phylums Apicomplexa.

Apokrin (gr. *apo*, von ... her, seit, von, ab + *krinein*, trennen): Begriff der Endokrinologie. Dort: apokrine Sekretion, apokrine Drüsen. Bei der apokrinen Sekretion einer apokrinen Drüse wird beim Sezernierungsvorgang ein Teil des Cytoplasmas der ausschüttenden Drüsenzelle abgeschnürt (bei Milchdrüsen, Duft- und Schweißdrüsen der Haut, der Vorsteherdrüse (Prostata) und anderen mehr).

Apoptose (gr. *apo*, von ... her, seit, von, ab + *ptosis*, (Ab-, Hin-) Fall): Synonym: Vorprogrammierter Zelltod. Ein im Erbgut bestimmter Zellen vorprogrammierter und von einer spezialisierten biochemischen Maschinerie zuwege gebrachter „Selbstmord". Von Bedeutung bei Entwicklungsvorgängen vielzelliger Tiere.

Apopyle (gr. *apo*, von ... her, seit, von, ab + *pyle*, Tor): Die Einmündung des Radiärkanals in das Spongocoel bei Schwämmen.

Appendikular (lat. *ad*, hin ... zu + *pendere*, hängen): anhängend.

Appendix (1) Anhang. (2) Anatomisch: Der Blinddarm des Menschen.

Aquaporine (lat. *aqua*, Wasser + *porus*, Öffnung): Transmembranproteine, die als selektive Wasserkanäle dienen, um den Durchtritt von Wassermolekülen durch die sonst wasserundurchlässige Lipidphase von Zellmembranen zu ermöglichen.

Arboreal (lat. *arbor*, Baum): auf Bäumen lebend.

Archäocyten (gr. *archaios*, alt + *kytos*, Hohlkörper): Amöboide Zellen verschiedenartiger Funktion bei Schwämmen.

Archenteron (gr. *archaios*, alt + *enteron*, Darm): Urdarm. Hauptleibeshöhle eines Embryos im Gastrulastadium. Der Urdarm wird vom Entoderm ausgekleidet und stellt den zukünftigen Verdauungskanal dar.

Archinephros (gr. *archaios*, alt, vormalig + *nephros*, Niere): Urniere. Ursprünglicher Nierentyp der Wirbeltiere; heute nur noch bei den Embryonen der Schleimaale.

Archosaurier (gr. *archon*, Herrscher, Anführer + *sauros*, Eidechse): Fortgeschrittene diapside Wirbeltiere. Zu dieser Gruppierung gehören die rezenten Krokodile und die ausgestorbenen Pterosaurier (Flugsaurier) und Dinosaurier.

Areolar (lat. *areola*, kleines Gebiet, kleiner Bereich): Ein kleiner anatomischer Bereich, etwa der Raum zwischen Fasern des Bindegewebes.

Argininphosphat Phosphatspeicherverbindung (Phosphagen) vieler Wirbelloser; wird zur schnellen Regeneration von ATP-Molekülen herangezogen.

Art (= Spezies). (1) Gruppe sich untereinander fortpflanzender Individuen gemeinsamer Abstammung, die reproduktiv von allen anderen ähnlichen oder gleichartigen Gruppen isoliert ist. (2) Taxonomische Einheit unterhalb der Ebene der Gattung. Eindeutige Benennung durch einen vom Artnamen gefolgten Gattungsnamen (zum Beispiel *Homo sapiens* = der Mensch; binomiale (= binomische) Nomenklatur).

Arterie (lat. *arteria*, Arterie): Ein Blutgefäß, das Blut vom Herzen weg in die Peripherie des Körpers leitet.

Arteriole Eine kleine Arterie. Ein von einer Arterie abzweigendes, zentrifugales Blutgefäß geringen Durchmessers. Transportiert Blut zum Kapillarnetz.

Arteriosklerose „Arterienverkalkung". Die Ablagerung von fettigen „Plaques" an den Innenwänden von Arterien.

Artiodaktyl (gr. *artios*, gleich(mäßig) + *daktylos*, Finger): „paarhufig". Artiodaktyle Ungulaten sind solche Huftiere, die eine gerade Zahl von Zehen (Fingern) an jedem Fuß aufweisen.

Artname Zweites Wort zur eindeutigen Benennung einer biologischen Art im zweigliedrigen (binomischen) Benennungssystem (Nomenklatur) nach Linné, das dem Gattungsnamen folgt. Immer klein geschrieben (zum Beispiel *sapiens* in: *Homo sapiens*, Mensch).

Asexuell Ungeschlechtlich; ohne erkennbare Geschlechtsorgane; ohne die Bildung von Keimzellen (Gameten).

Askonoid (gr. *askos*, Blase): Einfachster Schwammtyp, mit Kanälen die auf direktem Weg von der Außenwelt nach innen führen.

Assimilation (lat. *assimilatio*, in Einklang bringen): Absorption und Einbau verdauter Nährstoffe in organische Protoplasmabestandteile von komplexer chemischer Struktur.

Athekat (gr. *a*, ohne, kein + *theka*, Kasten, Kiste): Ein Lebewesen ohne Theka.

Atok (gr. *a*, ohne, kein + *tokos*, Nachfahren): Anteriorer, nicht der Fortpflanzung dienender Teil mariner Polychaeten als Abgrenzung zum posterioren, der Fortpflanzung dienendem (epitoken) Teil während der Fortpflanzungszeit.

Atoll Korallenriff oder bogenförmige Insel, die einen Flachwasserbereich (Lagune) umsäumt.

Atom (gr. *a-*, nicht + *tomos*, teilen, zerschneiden): Kleinste Einheit eines chemischen Elementes, bestehend aus einem kleinen, dichten, massereichen Atomkern (seinerseits aus Nucleonen zusammengesetzt) und einer großen, wenig dichten, massearmen Elektronenhülle.

ATP Adenosintriphosphat. Verbindung aus Adenosin und drei Orthophosphorsäuremolekülen, von denen das erste esterartig, die beiden folgenden anhyridisch kovalent gebunden sind.

Atrium (lat. *atrium*, Vorhof, Innenhof): Anatomisch: Vorhof des Herzens; auch für die Paukenhöhle des Mittelohres gebräuchlich sowie für die große Schlundhöhle der Tunikaten und Cephalochordaten.

Auricularia Larvenform der Holothurien (Seegurken).

Aurikel (lat. *auricula*, Öhrchen): Eine der weniger muskulären Kammern des Herzens; Atrium; das Außenohr (= Ohrmuschel); jeder ohrenförmige Lappen oder Fortsatz.

Auslese (= Selektion). Differenzielles Überleben und differenzielle Fortpflanzung unter sich unterscheidenden Organismen. Oft mit der natürlichen Selektion (siehe dort) als *einem möglichen* Ausleseprozess verwechselt/irrtümlich gleichgesetzt.

Auslöser Einfacher Reiz, der eine angeborene Verhaltensweise in Gang setzt.

Außengruppe In der phylogenetischen Systematik eine Art oder eine Artengruppe, die eng mit dem betrachteten Taxon verwandt ist, diesem aber nicht angehörig ist. Wird herangezogen, um Merkmalsvariationen zu verschärfen (sichtbar zu machen) und um den erstellten Stammbaum zu verankern.

Autogamie (gr. *autos*, selbst + *gamos*, Gatte): Selbstbegattung, Selbstbefruchtung. Fortpflanzungsvorgang, bei dem die durch Meiose erzeugten Gametenzellkerne innerhalb des Lebewesens, das sie hervorgebracht hat, miteinander fusionieren, um den diploiden Zustand wiederherzustellen.

Autosom (gr. *autos*, selbst + *soma*, Körper): Sammelbegriff für Chromosomen, die keine Geschlechts-Chromosomen sind.

Autotomie (gr. *autos*, selbst + *tomos*, Schnitt, Zerteilung): Das vorsätzliche Abtrennen eines Körperteils durch seinen Besitzer.

Autotroph (gr. *autos*, selbst + *trophein*, ich esse): (1) Ernährungsweise, bei der ein Lebewesen seine organischen Nährstoffe aus anorganischen Stoffen selbst herstellt. Beispiel: Pflanzen. (2) Ein autotrophes Lebewesen.

Autotrophe Ernährung Ernährungsweise, die durch die Fähigkeit zur Verwertung einfacher, anorganischer Substanzen für die Synthese komplizierter gebauter organischer Verbindungen gekennzeichnet ist. Realisiert bei Pflanzen und manchen Bakterien.

Avicularium (lat. *avicula*, Vögelchen + *aria*, ähnlich wie): Modifizierter Zooid, der an die Oberfläche eines Fresszooiden angeheftet ist und einem Vogelschnabel ähnlich sieht. Bei Ektoprokten (Moostierchen).

Axial (lat. *axis*, Achse): in Bezug zur/auf eine Achse; auf oder entlang einer Achse.

Axocoel (lat. *axis*, Achse + gr. *koilos*, Höhle, Hohlraum): Das am weitesten anterior liegende der drei Coelomkompartimente, die im Verlauf der Larvalentwicklung der Echinodermen in Erscheinung treten.

Axolotl (Atztekisch: *atl*, Wasser + *xolotl*, Puppe, Diener, Geist (*Xolotl*: mythische Atztekengottheit)): Larvenstadium mehrerer Molcharten der Gattung *Ambystoma*, die eine neotene Fortpflanzung zeigen.

Axon (gr. *axon*, Achse): Langgestreckter Zellfortsatz eines Neurons (= Nervenzelle) zur Fortleitung von Nervenreizen (Aktionspotenzialen) hin zum synaptischen Ende des Axons.

Axonem (lat. *axis*, Achse + gr. *nema*, Faden): Achsenfaden. (1) Gesamtheit der Mikrotubuli in einem Cilium (Zellwimper) oder Flagellum (Zellgeißel), die für gewöhnlich kreisförmig zu neun Paaren angeordnet sind, die ein weiteres, mittig liegendes Mikrotubuluspaar umgeben. (2) Die Mikrotubuli in einem Axopodium.

Axopodium (gr. *axon*, Achse + *podion*, Füßchen): Langes, schlankes, mehr oder weniger permanent vorhandenes Pseudopodium bei bestimmten Amöben.

Azide (lat. *acida*, *acidum*, *acidus*, sauer): (chemisch) sauer; von niedrigem pH-Wert; eine wässrige Lösung mit hoher H^+-Ionenkonzentration.

Barriereriff Korallenriff, das in erster Näherung parallel zur Küstenlinie verläuft und von dieser durch einen dazwischenliegenden Lagunenbereich abgesondert ist.

Basalkörperchen (= Kinetosom, Blepharoblast). Zylinder aus neun Mikrotubuli-Tripletts, der an der Ansatzstelle (Basis) eines Flagellums oder Ciliums in der Peripherie einer Zelle liegt. Gleicher ultrastruktureller Aufbau wie ein Zentriol.

Basalscheibe Aborale Verankerungsstelle eines Nesseltierpolypen.

Base Ein Stoff, der in einer Säure/Basereaktion Wasserstoffionen aufnimmt. Wasserstoffionenakzeptor. Substanz, die in wässriger Lösung unter Bildung von Hydroxidionen protolysiert.

Basis, Basipodit (gr. *basis*, Ansatzstelle + *podos*, Fuß): Das distale oder das zweite Gelenk des Protopodiums einer Anhangsbildung eines Krustentiers.

Bathypelagisch (gr. *bathys*, tief + *pelagos*, das offene Meer): mit Bezug auf die Tiefsee oder in der Tiefsee lebend.

Benthisch Zum Benthos gehörend.

Benthos (gr. *benthos*, Tiefsee): Gesamtheit der Organismen, die auf dem Boden von Meeren oder Seen leben. Bodenfauna von Gewässern.

Bibliothek (= „Bank"). In der Molekularbiologie werden Sammlungen von Klonen als Bibliotheken oder Banken bezeichnet (Genbibliothek = Genbank, genetische Bibliothek, cDNA-Bibliothek = cDNA-Bank usw.).

Bilateralfurchung Furchungsverlauf, bei dem die Teilungsebene der ersten Furchungsteilung die Zygote in eine rechte und eine linke Hälfte zerteilt, die bei nachfolgenden Furchungsrunden beibehalten werden.

Bilirubin (lat. *bilis*, Galle + *ruber*, rot): Ein Gallenfarbstoff. Abbauprodukt des Häms.

Binärteilung Form der ungeschlechtlichen Vermehrung durch Zellteilung, bei der sich die Ausgangszelle in zwei etwa gleiche Tochterzellen teilt.

Binomische Nomenklatur Das auf Carl Linné zurückgehende Benennungssystem von Lebewesen durch zweiteilige Artnamen, bei denen das erste Wort die Gattungsbezeichnung, das zweite die Artbezeichnung angibt. Die Gattungsbezeichnung wird dabei stets groß, die Artbezeichnung klein geschrieben; beide zusammen werden meist *kursiv* dargestellt.

Biogenese (gr. *bios*, Leben + *genesis*, Entstehung): (1) Die Entstehung von Stoffen, Strukturen oder neuen Organismen aus bereits existierenden. (2) Die Entstehung des Lebens an sich.

Biogenetisches Grundgesetz Auf Ernst Haeckel zurückgehende Hypothese, nach der ein Tier in seiner Embryonalentwicklung seine stammesgeschichtliche Entwicklung (= Evolution) verkürzt wiederholt.

Biologisches Artkonzept Definitorischer Ansatz zur Erfassung des für die Biologie zentralen Konzeptes der „Art". Das biologische Artkonzept definiert eine Art als Gemeinschaft von reproduktiv voneinander isolierten Populationen, die spezifische Nischen in der Natur besetzen.

Biolumineszenz (gr. *bios*, Leben + lat. *luminosus*, leuchtend): Lichterzeugung durch Lebewesen. Biologische Leuchterscheinungen. Verschiedene Lebewesen verfügen über spezielle Proteine oder symbiontische Mikroorganismen, die chemische Reaktionen ablaufen lassen, die unter Lichtabgabe vonstatten gehen. Zu den im Tierreich vorkommenden, Licht erzeugenden Proteinen gehören das Enzym Luziferase und das GFP (grün fluoreszierendes Protein), das heute in der Molekularbiologie sehr häufig zur Markierung und Sichtbarmachung von Proteinen gebraucht wird.

Biom Komplex aus Pflanzen- und Tiergemeinschaften, der durch die vorherrschenden klimatischen Bedingungen und die Bodenbeschaffenheit des Ortes geprägt wird. Größte betrachtete Organisationseinheit in der Ökologie.

Biomasse Gesamtmasse aller Lebewesen, einer Art oder ausgewählten Organismengruppen in einem betrachteten Raumelement (Biomasse pro Kubikmeter, pro Hektar usw.).

Biosphäre (gr. *bios*, Leben + *sphaera*, Kugel): Der von Lebewesen bewohnte Teil der Erde.

Biotisch (gr. *biotos*, belebt): belebt; mit Bezug zum Leben; vom Leben herrührend.

Bipinnaria (lat. *bis*, doppelt, zweifach + *pinna*, Flügel): Freischwimmende, cilienbesetzte, bilateralsymmetrische Larve der Seesterne; entwickelt sich zur Brachiolaria weiter.

Biram (lat. *bis*, doppelt, zweifach + *ramus*, Zweig, Ast): beschreibt Verzweigungen von Anhangsbildungen mit zwei deutlich ausgebildeten Ästen; verzweigt. Gegenteil: uniram.

Bivalent (lat. *bis*, doppelt, zweifach + *valens*, kräftig): (= Tetrade) Ein Paar homologer Zweichromatid-Chromosomen im Zustand der Synapsis während der ersten meiotischen Teilung.

Blastocoel (gr. *blastos*, Keim + *koilos*, Höhlung, Hohlraum): Blastulahöhle. Nicht mit Zellen angefüllter Hohlraum im Innern einer Blastula.

Blastomer (gr. *blastos*, Keim + *meros*, Teil): Zelle eines Frühembryos im Furchungsstadium. Die Blastomeren sind die aus der Furchung der Zygote hervorgehenden Folgezellen.

Blastoporus (gr. *blastos*, Keim + *poros*, Durchgang, Öffnung): Urmund. Öffnung des Urdarms (Archenteron) der Gastrula.

Blastozyste (gr. *blastos*, Keim + *kystis*, Blase): Spezialbegriff für den Säugetierembryo im Blastulastadium.

Blastula (gr. *blastos*, Keim + lat. *ula*, Verkleinerung anzeigende Endung): „Keimchen". Frühes Embryonalstadium vieler Tiere, bestehend aus einer kugelförmigen, innen hohlen Zellmasse. Hohlkugel aus Zellen.

Blepharoplast (gr. *blepharon*, Augenlid + *plastos*, formbar): Zylinder aus neun Mikrotubuli-Tripletts, der an der Ansatzstelle (Basis) eines Flagellums oder Ciliums in der Peripherie einer Zelle liegt. Gleicher ultrastruktureller Aufbau wie ein Zentriol. Basalkörperchen.

Blutgruppen Antigene auf der Oberfläche von Blutzellen, insbesondere der roten Blutkörperchen (Erythrocyten). Aufgrund von Immunreaktionen kommt es bei der Vermischung von Blut unterschiedlicher Blutgruppen zur Verklumpung (Agglutination). Bekanntestes Blutgruppensystem ist das AB0-System. Weiterhin bekannt ist der Rhesusfaktor (Rh). Daneben zahlreiche weitere Blutgruppensysteme.

Blutplasma Der flüssige, zellfreie Anteil des Blutes.

Bohr-Effekt Eigenschaft des Hämoglobins, in Gegenwart hoher Kohlendioxidkonzentrationen gebundenen Sauerstoff rascher abzugeben. Differenzielle Affinität des Hämoglobins zu Sauerstoff in Abhängig vom herrschenden Kohlendioxidpartialdruck und pH-Wert.

Boreal (lat. *boreas*, Nordwind): die nördlichen geografischen Breiten beschreibend. Beispiel: borealer Nadelwald (Taiga) – der von Kiefern dominierte Wald hoher Breiten. Daneben zahlreiche Sumpf- und Moorgebiete, nördlich anschließend die baumlose Tundra. Die boreale Ökozone kommt nur auf der Nordhalbkugel vor. Es herrscht ein kalt-gemäßigtes Klima vor.

Brachial (lat. *brachium*, Arm): zum Arm gehörig.

Brachiation (lat. *brachium*, Arm): Lokomotion durch an den Armen hängendes Schwingen von einem Haltepunkt zum nächsten.

Brachiolarie (lat. *brachiola*, Ärmchen): Seesternlarve, die sich aus der Bipinnarie entwickelt und drei präorale Fortsätze zum Festhalten aufweist.

Brackig brackiges Wasser weist einen Salzgehalt auf, der zwischen dem von Süß- und Meerwasser liegt, und der im Bereich von 0,5 bis 30 % liegt.

Brackwasser (ndt. *Brack*, Deichdurchbruch): Wasser mit Salzgehalt zwischen dem von Süß- und Meerwasser. Ein ausgedehntes Brackwassergebiet Europas ist die Ostsee (Salzgehalt etwa 2,5 Prozent) östlich der dänischen Jütland und 0,3 bis 0,5 Prozent im Finnischen Meerbusen. Brackwasserzonen finden sich in den Mündungsgebieten aller großen Flüsse bei deren Übertritt ins Meer.

Bradyzoit (gr. *bradys*, langsam): Einzelindividuum einer Kokzidienart, wie etwa von *Toxoplasma gondii*, das in eine Gewebszyste eingeschlossen ist und sich nur langsam teilt.

Branchial (gr. *branchia*, Kieme): die Kiemen betreffend; zu den Kiemen gehörig.

Braunes Fett Mitochondrienreiches Fettgewebe endothermer Wirbeltiere, das der Wärmeerzeugung dient.

Bronchiole (gr. *bronchion*, Luftröhrchen): Kleiner, dünnwandiger, knorpelloser Abzweig eines Bronchus.

Bronchus (gr. *bronchus*, Luftröhre): Die beiden, durch Knorpelringe verstärkten Hauptzweige, in die sich die Luftröhre aufteilt. Jeder der beiden Bronchen führt zu einem der Lungenflügel (Hauptbronchen). Weitere Unterteilung und Übergang in die Bronchiolen.

Bryophyten (gr. *bryo*, aussprießen + *phyton*, Pflanze): Moose und ihre Verwandten (Hornmoose, Lebermoose, Laubmoose).

Bryozoen (= Ektoprokten) Moostierchen.

Bukkal (lat. *bucca*, Backe, Wange): Schlund-. Zur Mundhöhle/zum Schlund gehörig. Beispiel: Bukkalganglion = Schlundganglion.

Bursa (lat. *bursa*, Tasche, Beutel): Eine sackartige Körperhöhle. Bei den Ophiuriden (Schlangensterne) Taschen, die an den Ansatzstellen der Arme münden und der Atmung wie der Fortpflanzung dienen (genitorespiratorische Bursen).

B-Zelle (= B-Lymphocyt) Untergruppe der Lymphocyten. Weiße Blutkörperchen, die Antikörper herstellen. Von entscheidender Bedeutung bei der humoralen Immunantwort.

Caecum (lat. *caecum*, Blinddarm): Blinddarm. (= Zäkum, Cecum)

Calyx (lat. *calyx*, Knospe): Verschiedenartige anatomische Bildungen werden als Calyx bezeichnet.

Capitulum (lat. *caput*, Kopf): Kleine, kopfartige Bildungen verschiedener Tiere, einschließlich der die Mundwerkzeuge tragenden Körpervorsprünge von Zecken und Milben.

Captacula (lat. *captare*, fangen, fassen, erhaschen, jagen): Vom Kopf ausgehende, zur Nahrungsbeschaffung dienende Tentakeln bei Scaphopoden (Kahnfüßler – eine Gruppe der Weichtiere).

Carapax (sp. *carapacho*, Schale; alternativ: gr. *charax*, Wehranlage, Palisade + *pagios* – fest, hart): Schildförmige Platte, die den Cephalothorax bestimmter Crustaceen überdeckt; Dorsalanteil eines Schildkrötenpanzers. Allgemein: harte Bedeckung der Körperoberseite.

Carboxylgruppe Funktionelle Gruppe der Carbonsäuren (R—COOH) mit dem Aufbau: —C(=O)OH.

Carinat (lat. *carina*, Kiel, Nussschale): bekielt. Bei Vögeln zeigt der Begriff an, dass der betreffende Vogel ein Brustbein mit kielförmigem Auszug hat, an dem die Flugmuskeln ansetzen.

Carnivor (lat. *car*, Fleisch + *vorare*, (ver)schlingen, fressen): fleischfressend.

Carnivora Gruppe von Säugetieren (Ordnung der Fleischfresser).

Carnivorer Fleischfresser. Ein Tier, dessen Nahrung ganz oder zum überwiegenden Teil aus anderen Tieren besteht.

Carotin (lat. *carota*, Möhre): Mehrfach ungesättigte Kohlenwasserstoffe aus der Gruppe der Terpene (Isoprenoidlipide). Als Farbstoffe in Pflanzen. Je nach chemischer Konstitution gelbe, orangene oder rote Farbe. Vorstufe (Provitamin) des Vitamins A.

Causa proxima Unmittelbare Ursache. Erklärungsversuch, der auf das Funktionieren eines biologischen Systems zu einer bestimmten Zeit an einem bestimmten Ort zielt (zum Beispiel, wie ein Tier seine metabolischen und sonstigen physiologischen Aktivitäten einschließlich seines Verhaltens bewerkstelligt).

Caveolen (lat. *cavea*, Höhle): Eingestülpte (invaginierte) Membran-Bereiche an der Plasmamembran von Zellen mit spezifischer biochemischer Zusammensetzung; Orte der pinocytotischen Endocytose.

cDNA (1) Abk. für engl. *complementary DNA*, komplementäre DNA (= komplementäres DNA-Molekül). (2) Wird in der Molekularbiologie häufig auch für cloned DNA (= klonierte DNA) benutzt.

Cellulose (= Zellulose) Mengenmäßig überwiegendes Polysaccharid pflanzlicher Zellwände. Kommt auch bei manchen Pilzgruppen vor. In Wasser und wässrigen Lösungen unlöslich. Chemisch ist die Cellulose eine Polyglucose aus β-D-Glucosyleinheiten, die β-1$\longrightarrow$4-glycosidisch verknüpft sind.

Centriol (= Zentriol). (gr. *kentron*, Mitte): (= Centriol). Winziges, cytoplasmatisches Organell, das man für gewöhnlich im Zentrosom antrifft, und das als das aktive Teilungszentrum einer Tierzelle angesehen wird. Organisationszentrum des Spindelapparates während Mitose und Meiose. Gleicher Aufbau wie Kinetosomen (= Basalkörperchen).

Centromer (= Zentromer). (gr. *kentron*, Mitte + *meros*, Teil): Lokalisierte Einschnürung an einem Chromosom, die an einer für das betreffende Chromosom charakteristischen Stelle liegt. Trägt das Kinetochor. Anheftungspunkt des Spindelapparates.

Centrosom (= Zentrosom). (gr. *kentron*, Mitte + *soma*, Körper): Mikrotubulusorganisationszentrum der Zellkernteilung in den meisten eukaryontischen Zellen. Bei Tieren und vielen Einzellern umgibt das Zentrosom die Zentriolen.

Cephalisation (gr. *kephale*, Kopf): (Evolutions-)Vorgang, durch welchen die Sinnesorgane und spezialisierte Anhangsbildungen sich am Kopfende eines Tieres zusammenfinden.

Cephalothorax (gr. *kephale*, Kopf + lat. *Thorax*, Brust, Brustraum, Brustkorb): Abschnitt des Körpers vieler Arachniden und Crustaceen, bei denen der Kopf mit einigen oder allen Thoraxsegmenten verschmolzen ist.

Cervikal (lat. *cervix*, Hals): (= zervikal); hals-, zum Hals gehörig.

Cheliceren (gr. *chele*, Klaue + *keras*, Horn): Kieferklauen. Die am weitesten anterior stehenden Kopfanhänge der Angehörigen des Unterstammes der Kieferklauenträger (Subphylum Chelicerata).

Chelipedien (gr. *chele*, Klaue + lat. *pedis*, Fuß): Pinzettenartiges erstes Beinpaar der meisten Dekapoden (Zehnfußkrebse); für das Greifen und Zerdrücken spezialisiert.

Chemoautotroph (gr. *chemeia*, (Metall)gießerei, übertragen: Umwandlung + *autos*, selbst + *trophos*, essen): (1) Ernährungsweise, die sich allein auf anorganische Grundstoffe stützt und (ohne Beteiligung von Licht) Energie aus der Umwandlung dieser Substanzen zieht. (2) Ein Lebewesen, das sich chemoautotroph ernährt.

Chemotaxis (aus: „Chemie", „chemisch" + gr. *tattein*, ordnen): Orientierungsbewegung von Zellen oder vielzelligen Lebewesen als Reaktion auf einen chemischen Reiz.

Chemotroph (gr. *trophein*, ich esse): Ein Lebewesen, das seinen Nahrungsbedarf allein durch anorganische Stoffe ohne die Beteiligung von Lichtenergie deckt. Chemotrophie kommt bei diversen Bakterien vor.

Chiasma (gr. *chiasma*, Kreuzung): Eine Überkreuzung biologischer Strukturen; zum Beispiel eine Überkreuzung von Nerven; Verbindungs-/Überkreuzungspunkt homologer Chromosomen, an dem sich während der Synapsis der Strangaustausch (crossing over) vollzogen hat.

Chitin (gr. *chiton*, im antiken Griechenland das unmittelbar am Körper getragene Untergewand, „Unterwäsche"): Hornartige Substanz in der Kutikula von Gliederfüßlern (Arthropoden), seltener auch bei anderen Wirbellosen sowie bei Pilzen; stickstoffhaltiges Polysaccharid, das in Wasser, Alkohol, verdünnten Säuren und den Verdauungssäften der meisten Tiere unlöslich ist. Chemisch-systematische Benennung: Poly-[β-1$\longrightarrow$4-(2-acetamido-2-desoxy-D-glucopyranose)].

Chlorocruorin (gr. *chloros*, (hell)grün + lat. *cruor*, Blut): Grünliches, eisenhaltiges Atmungspigment im Blutplasma mancher Meerespolychaeten.

Chlorogogenzellen (gr. *chloros*, (hell)grün + *agogos*, Führer): Modifizierte Peritonealzellen von grünlicher bis bräunlicher Färbung, die um den Verdauungstrakt bestimmter Anneliden versammelt liegen. Offenbar sind sie bei der Ausscheidung stickstoffhaltiger Stoffwechselabfälle sowie dem Nahrungstransport dienlich.

Chlorophyll (gr. *chloros*, (hell)grün + *phyllon*, Blatt): Das Blattgrün. Grünes Pigment der Pflanzen und zahlreicher Photosynthese treibender Bakterien. Auch bei manchen Tieren. Als lichtsammelnder Stoff unabdingbar für die pflanzliche Photosynthese.

Chloroplast (gr. *chloros*, (hell)grün + *plastos*, Form): Chlorophyllhaltige Organellen der Photosynthese aus der Organellenfamilie der Plastiden im Cytoplasma von Pflanzenzellen.

Choanoblast (gr. *choane*, Trichter + *blastos*, Keim): Eines von verschiedenen zellulären Elementen im syncytialen Gewebe eines Schwammes aus der Gruppe Hexaktinellida. Choanoblasten tragen flagellenbesetzte Auszüge, die als Kragenkörper bezeichnet werden.

Choanoflagellaten (gr. *choane*, Trichter + lat. *flagellum*, Geißel, Peitsche): Protozoenkladus, dessen Mitglieder durch den Besitz eines einzelnen Flagellums gekennzeichnet sind, das von einem Saum aus Mikrovilli umgeben ist. Einige Formen sind koloniebildend. Alle werden in dem größeren Kladus Ophistokonta zusammengefasst.

Choanocyte (gr. *choane*, Trichter + *kytos*, Zelle): Eine der flagellenbesetzten Kragenzellen, die die Kanäle und Innenräume bei Schwämmen auskleiden.

Cholinerg (gr. *chole*, Galle + *ergon*, Arbeit): Nervenfasertyp, der an den axonalen Enden (Synapsen) den Neurotransmitter Acetylcholin freisetzt.

Chorda dorsalis (gr. *chorda*, Strang, Saite + lat. *dorsum*, Rücken): Langgestreckter, zellulärer Strang oder Stab, der in eine Gewebescheide eingehüllt ist. Bildet sich bei den Embryonen von Chordatieren (= Chordaten), den kieferlosen Fischen (Agnathen) und adulten Cephalochordaten (= Acraniata, Schädellose).

Chorioallantoide Membran (gr. *chorion*, Haut + *allas*, Wurst + *eidos*, Form, Gestalt): Vaskuläre Umhüllung mancher Amnioten-Embryonen, die durch die Fusion von mesodermalem Gewebe des Chorions und der Allantois gebildet wird.

Chorioidea (gr. *chorion*, Haut + *eidos*, Form, Gestalt): Aderhaut. Zarte, stark vaskularisierte Membran des Wirbeltierauges; Schicht zwischen Retina (Netzhaut) und Sclera (Lederhaut).

Chorion (gr. *chorion*, Haut): Zottenhaut. Äußerer Anteil einer Doppelmembran, der die Embryonen von Reptilien, Vögeln und Säugetieren umgibt. Bei Säugetieren an der Plazenta beteiligt.

Chorionzotten (gr. *chorion*, Haut + lat. *villus*, Zotte, (Haar-)Zottel): Fingerförmige Ausstülpungen an der Außenfläche der Zottenhaut (Chorion) von Wirbeltieren, die Blutgefäße enthalten.

Chromatid (gr. *chroma*, Farbe): Chromosomenfaden. Das chromosomale DNA-Molekül mit allen anhaftenden Proteinen.

Chromatin Das die Chromosomen enthaltende Material im Innern eines Zellkerns; die DNA mit ihren anhaftenden Proteinen im nichtkondensierten Interphasenzustand.

Chromatophore (gr. *chroma*, Farbe + *pherein*, ich trage): Für gewöhnlich in der Dermis liegende Pigmentzelle, in der normalerweise das Pigment kontrolliert dispergiert oder konzentriert werden kann.

Chromomer (gr. *chroma*, Farbe + *meros*, Teil): Ein Chromatingranulum von charakteristischer Größe an einem Chromosom. Kann einem Gen oder einer Gengruppe entsprechen.

Chromonem (gr. *chroma*, Farbe + *nema*, Faden): (1) Verknäuelter Faden (Chromosomenzutand) der mitotischen Prophase. (2) Zentraler (DNA)Faden eines Chromosoms.

Chromoplast (gr. *chroma*, Farbe + *plastos*, Formung, Erschaffung): Pigmenthaltiges Plastid (Organellentyp in Pflanzenzellen).

Chromosom (gr. *chroma*, Farbe + *soma*, Körper): Meist mehr oder weniger stabfömiger, manchmal sphäroidaler, supramolekularer Zusammenschluss aus einem oder mehreren DNA-Molekülen mit einer großen Zahl chromosomentypischer Proteine, die im Vorfeld von Mitose und Meiose eine starke und geordnete Kompaktierung der chromosomalen DNA herbeiführen. Träger der Hauptmasse der Erbanlagen eines Lebewesens. Vor einer Zellteilung in der Regel Reduplikation (identitätssichernde Verdoppelung) der DNA-Moleküle. Nachfolgend Längsteilung und geordnete Verteilung der Chromosomensätze auf die Folgezellen.

Chromosomentheorie der Vererbung Synthetische (= vereinigende) Theorie, welche die Erkenntnisse der Mendel'schen Vererbungslehre mit denen der Zellteilungsforschung vereinigt. Besagt, dass die Erbfaktoren auf den Chromosomen (und bei Eukaryonten im Zellkern) lokalisiert sind.

Chrysalis (gr. *chrysos*, Gold): Puppenstadium bei Schmetterlingen.

Chyme (gr. *chymos*, Saft): Halbflüssige Masse teilverdauter Nahrung in Magen und Dünndarm.

Cilium (lat. *cilium*, Augenwimper): (Zell)wimper. Haarförmiges, vibratiles Organell eukaryontischer Zellen, das sich an der Oberfläche vieler Tierzellen findet. Cilien können von innen heraus geordnet bewegt werden und dienen der Fortbewegung der Zelle (bei Ciliaten), dem gerichteten Transport von Partikeln oder der Erzeugung eines Flüssigkeitsstroms an der Zelloberfläche.

Cincliden (gr. *kinklis*, Gittertor): (= Zinkliden). Kleine Öffnungen in der äußeren Körperhülle von Seeanemonen für die Ausstoßung der Akontien.

Circadian (lat. *circa*, ungefähr + *dies*, Tag): (= zirkadian). Mit einer Periode von mehr oder weniger als einmal pro Tag auftretend. Tagesrhythmisch.

Cirrus (lat. *cirrus*, Locke): (= Zirrus). Zirre. Haarförmiges Büschel an einem Anhangsgebilde eines Insekts. Lokomotorisches Organell aus fusionierten Cilien; männliches Kopulationsorgan einiger Invertebraten.

Cistron (lat. *cista*, Kiste): In der Genetik eine Vererbungseinheit, innerhalb derer sich Mutationen nicht wechselseitig zu komplementieren vermögen; daher definitionsgemäß phänotypischer Merkmale nicht weiter unterteilbare Größe der Vererbung. Weitgehend deckungsgleich mit den Begriffen „Gen" bzw. „offener Leserahmen".

Clathrin (lat. *clatri*, Gitter; *clatratus*, vergittert): Ein Protein, das gitterförmige supramolekulare Strukturen ausbildet, welche Membraneinsenkungen auf der Zellinnenseite bedecken, und aus denen schließlich clathrin-ummantelte Vesikel hervorgehen. Orte der rezeptorvermittelten Endocytose.

Clitellum (lat. *clitellae*, Packsattel): Verdickter, sattelförmiger Teil aus bestimmten Mittelsegmenten vieler Oligochaeten und Egel (Ringelwürmer = Anneliden).

Coacervat (lat. *coacervare*, anhäufen): Eine Zusammenballung kolloidaler Tröpfchen, die durch elektrostatische Wechselwirkungen zusammengehalten wird.

Coagulation (lat. *coagulare*, gerinnen, stocken): (= Koagulation; siehe dort).

Cochlea (lat. *cochlea*, Schnecke): Schnecke des Innenohrs; tubulärer Innenraum des Innenohrs, in dem sich der eigentliche Hörapparat befindet; bei Krokodilen, Vögeln und Säugetieren ausgebildet; bei den Säugetieren spiralig (Name!) aufgerollt.

Codominanz (= Kodominanz; siehe dort)

Codon (lat. *caudex*, Baumstamm, Dokument, hölzerne (Schreib-)Tafel): Eine Folge von drei Nucleotiden einer mRNA (bzw. eines Exonbereiches eines offenen Leserahmenes auf einer DNA), welche die codierte Information für einen Aminosäurerest einer Polypeptidkette darstellt. Codierende Einheit der Translation (siehe dort).

Coelenteron (gr. *koilos*, hohl, Höhle + *enteron*, Darm): Körperhöhle eines Nesseltiers (= Cnidarier); Gastrovaskularraum; Archenteron.

Coelom (gr. *koiloma*, Höhle): (= Cölom, Zölom). Die sekundäre Leibeshöhle triblastischer (dreikeimblättriger) Tiere; vom mesodermalen Peritoneum ausgekleidet.

Coelomocyte (gr. *koiloma*, Höhle + *kytos*, Hohlkörper): (= Amöbocyte). Primitive oder undifferenzierte Zellform im Coelom und im Wasser/Gefäßsystem der Echinodermaten.

Coelomodukt (gr. *koiloma*, Höhle + lat. *ductus*, Gang, Kanal, Leitung): Ein anatomischer Gang, der Gameten oder Ausscheidungsprodukte (oder beides) aus dem Coelom ins Freie befördert.

Coenaecium (gr. *koiloma*, Höhle + *oikion*, Haus): (= Coenocecium). Die gemeinschaftlich erbrachte Sekretionsleistung einer Ektoproktenkolonie; kann chitinös, gelatinös oder kalkig ausfallen.

Coenenchym (gr. *koinos*, gemeinschaftlich + *enchyma*, das Hineingegossene): Ausgedehntes Mesogloea-Gewebe zwischen Polypen einer Oktokorallenkolonie (Phylum Cnidaria, Stamm der Nesseltiere).

Coenocytisch (gr. *koinos*, gemeinschaftlich + *kytos*, Hohlkörper): (= syncytial). Ein coenocytisches Gewebe ist eines, in dem die Zellkerne nicht durch Zellmembranen voneinander getrennt sind; vielkerniges Gewebe bzw. vielkernige Zelle.

Coenosarc (gr. *koinos*, gemeinschaftlich + *sarkos*, Fleisch, Muskel): Der innere, lebende Teil der Hydrocauli von Hydroiden.

Coenzym (lat. *co*, (zusammen) mit + gr. *en*, in + *zymos*, Hefe): Eine für eine gegebene enzymatische Umsetzung neben dem eigentlichen Substrat notwendige, niedermolekulare Verbindung, die als Reaktionspartner des katalytischen Vorgangs auftritt. Eine an der katalysierten Reaktion als stöchiometrischer Reaktionspartner teilnehmende prosthetische Gruppe.

Collagen (= Kollagen; siehe dort).

Collenchym (= Kolleenchym; siehe dort).

Columella (lat. *columella*, Säulchen): Zentrale Säule eines Schneckengehäuses (= Gastropodenschale).

Condyl (gr. *kondylos*, Beule): Fortsatz eines Knochens, der der Artikulation dient (= Gelenkskopf, der in der Gelenkspfanne liegt).

Conodonten (gr. *con*, Kegel + *odous*, Zahn): „Kegelzähner". Mikroskopische, zahnförmige Fossilien, die zu einem ausgestorbenen, wirbeltierähnlichen Tier gehören, das in den Sedimentschichten des Kabriums bis in die Trias nachweisbar ist.

Corium (lat. *corium*, Leder, Fell, Haut): Die tiefe Hautschicht; (= Dermis).

Cornea (lat. *cornus*, Horn; *cornuum*, Geweih): Hornhaut. Die äußere, transparente Abschlussschicht des Augapfels.

Corneum (lat. *cornus*, Horn): Epithelschicht aus toten, keratinisierten Zellen. (= Stratum corneum).

Cornifiziert (lat. *cornus*, Horn): (= kornifiziert). Verhornt (= keratinisiert).

Corona (lat. *corona*, Kranz, Krone): (1) Kopfteil oder oberes Ende einer Struktur. (2) Die cilienbesetzte Scheibe am anterioren Ende von Rotatorien.

Corpora allata (lat. *corpus*, Körper + *alatus*, geflügelt; übertragen: erhaben, emporgehoben): Plural von Corpus allatum. Endokrine Drüsen von Insekten, die das Juvenilhormon erzeugen.

Corpora caridiaca (lat. *corpus*, Körper + gr. *kardia*, Herz): Paarige Organe im Gehirn von Insekten, die der Zwischenspeicherung und Ausschüttung von Hirnhormonen dienen.

Cortex (lat. *cortex*, Rinde): Die Außenschicht einer anatomischen Struktur (zum Beispiel Cortex cerebri = Hirnrinde).

Coxa, Coxopodit (lat. *coxa*, Hüfte + gr. *podos*, Fuß): Das proximale Gelenk eines Insekten- oder Arachnidenbeines; bei Crustaceen das proximale Gelenk des Protopodiums.

Crista (lat. *crista*, Helmbusch, Hahnenkamm): Ein Wulst oder Kamm an einem Organ oder Organell; eine plattenförmiger Fortsatz (Einstülpung) der inneren Mitochondrien-Membran. Plural: Cristae.

Crossing over (engl. *to cross over*, herüberkreuzen, hinüberwechseln): Molekulargenetischer Rekombinationsmechanismus im Rahmen der Keimzellbildung. Austausch von Teilen homologer Chromosomen während der Synapsis der ersten meiotischen Teilung; Strang- = Chromatidaustausch von Chromosomen während der Reifeteilung.

Ctenidien (gr. *kteis*, Kamm): Kammartige Strukturen, insbesondere an den Kiemen von Weichtieren; auch für die Kammplatten von Ctenophoren.

Ctenoidschuppen (gr. *kteis, ktenos*, Kamm): Kammschuppen. Dünne, überlappende Dermalschuppen höher evolvierter Fische; die freiliegenden, posterioren Ränder weisen feine, zahn- oder kammförmige Dornfortsätze auf.

Cupula (lat. *cupa*, Fass, Tonne, Bottich): Kleine, invertierte, becherartige Struktur, die eine andere anatomische Bildung beherbergt; gelatinöse Matrix, welche in Seitenlinien- und Gleichgewichtsorganen die Haarzellen umgibt und bedeckt.

Cuticula (lat. *cutis*, Haut): (= Kutikula; siehe dort).

Cyanobakterien (gr. *kyanos*, blaugrüner Farbton + *bakter*, Stab): Zur oxygenen Photosynthese befähigte Bakteriengruppe. Setzen bei der Photosynthese Sauerstoff frei. In der Evolution vermutlich Ausgangspunkt für die Bildung von Chloroplasten.

Cyanophyten (gr. *kyanos*, blaugrün + *phyton*, Pflanze): Blaualgen. Veraltete, biologisch nicht mehr haltbare Bezeichnung für Cyanobakterien (siehe dort). Obsolet!

Cycline (gr. *kyklos*, Kreislauf): Gruppe von Proteinen, die an der Steuerung des Zellzyklus entscheidend beteiligt sind. Der Name leitet sich von der zyklischen Zu- und Abnahme der Menge dieser Proteine im Verlauf des Zellzyklus ab.

Cycloidschuppen (gr. *kyklos*, Kreis(lauf): (= Zykloidschuppen). Dünne, überlappende Dermalschuppen primitiverer Fische mit glattrandigen Hinterkanten.

Cydippidenlarve (gr. *Kydippe*, (Sagen?)Gestalt des antiken Griechenland): (1) Mutter des Geschwisterpaares Kleobis und Biton; Herapriesterin in Argos. (2) Tochter des Keyx (König von Thessalien) aus Naxos. Freischwimmende Larve der meisten Ctenophora (Rippenquallen), gleicht vordergründig den Adulti.

Cynodonten (gr. *kynodon*, Hundezahn): Gruppe säugetierartiger, carnivorer Synapsiden des Ober-Perms (260,5 bis 251 Millionen Jahre vor unserer Zeit) und der Trias (251 bis 200 Millionen Jahre vor unserer Zeit).

Cyrtocyte (gr. *kyrte*, Fischreuse, Käfig + *kytos*, Hohlkörper): Eine Protonephridialzelle mit einem einzelnen Flagellum, das in einen Zylinder aus cytoplasmatischen Stäbchen eingeschlossen ist.

Cystacanth (gr. *kystis*, Blase + *akantha*, Dorn, Stachel): Juvenilstadium von Acanthocephalen, das infektiös für den Endwirt dieser Würmer ist.

Cysticercoid (gr. *kystis*, Blase + *kerkos*, Schwanz + *eidos*, Form, Gestalt): (= Zystizerkoid). Eine juvenile Bandwurmform, die durch eine hartwandige Zyste gekennzeichnet ist, die einen invaginierten Scolex besitzt. Siehe: Cysticercus.

Cysticercus (gr. *kystis*, Blase + *kerkos*, Schwanz): (= Zystizerkus). Eine juvenile Bandwurmform mit einem invaginierten und eingezogenen Scolex, der sich in einer flüssigkeitsgefüllten Blase befindet.

Cystid (gr. *kystis*, Blase): Bei Ektoprokten (Moostierchen) die toten, sezernierten äußeren Teile zuzüglich der darunterliegenden, adhärenden lebenden Anteile.

Cytochrome (gr. *kytos*, Hohlkörper + *chroma*, Farbe): Gruppe eisenhaltiger Hämproteine, die als „Elektronenüberträger" bei zellulären Redoxreaktionen fungieren. Cytochrome spielen wichtige Rollen in der Zellatmung (Atmungskette der Mitochondrien), der Photosynthese und anderen mehr.

Cytokine (gr. *kytos*, Hohlkörper + *kinein*, ich bewege mich): (= Zytokine). Proteine mit Hormonwirkung, die einen Signalaustausch (Zell/Zellkommunikation) zwischen den Zellen des Immunsystems vermitteln. Es sind zahlreiche Cytokine isoliert worden, die auf die Zellen, die sie produzieren und ausschütten, zurückwirken und/oder auf in der Nähe oder in größerer Entfernung befindliche Zellen einwirken können.

Cytokinese (gr. *kytos*, Hohlkörper + *kinesis*, Bewegung): (= Zytokinese). Teilung des Zellplasmas im Rahmen einer Zellteilung.

Cytopharynx (gr. *kytos*, Hohlkörper + *pharynx*, Schlund): (= Zytopharynx). Zellschlund. Kurzer, tubulärer Schlund bei Ciliaten.

Cytoplasma (gr. *kytos*, Hohlkörper + *plasma*, (Press)Form, Model): (= Zytoplasma). Zellinhalt (je nach Definition den Zellkern mit einbeziehend oder ausschließend).

Cytoprokt (gr. *kytos*, Hohlkörper + *proktos*, After): (= Zytoprokt). Zellafter. Stelle einer Protozoenzelle, an der unverdauliches Material ausgeschieden wird.

Cytopyge (gr. *kytos*, Hohlkörper + *pyge*, Rumpf, Gesäß): (= Zytopyge). Umgrenzte Stelle für den Ausstoß von Abfällen bei manchen Protozoen.

Cytoskelett (gr. *kytos*, Hohlkörper + *skeleton*, Mumie, skeletös, ausgetrocknet, vertrocknet): (= Zytoskelett). Gesamtheit der dynamischen Filamentsysteme einer Zelle, die strukturgebend für den Zellkörper sind und als „Transportschienen" für Vesikel und Organellen bei intrazellulären Transport- und Verteilungsvorgängen im normalen Zellhaushalt und bei der Zellteilung sind.

Cytosol (gr. *kytos*, Hohlkörper + lat. *solutus*, aufgelöst bzw. *solutio*, Lösung): (= Zytosol): Im Mikroskop unstrukturiert erscheinender, flüssiger Teil des Zellplasmas, in dem sich die Organellen befinden, und durch den sich das Cytoskelett erstreckt.

Cytostom (gr. *kytos*, Hohlkörper + *stoma*, Mund): (= Zytostom). Zellmund. Ort der Nahrungsaufnahme bei vielen Protozoen.

Cytotoxische T-Zellen (gr. *kytos*, Hohlkörper + lat. *toxicon*, (Pfeil-)Gift): (= cytotoxische T-Zellen). Untergruppe der T-Zellen (= T-Lymphocyten), die durch Ausscheidung von speziellen Zellgiften durch Viren infizierte Zellen im Rahmen der zellvermittelten Immunreaktion abtöten.

Daktylozooid (gr. *daktylos*, Finger + *zoon*, Tier): Ein Polyp eines kolonialen Hydroiden, der auf das Abtöten von Nahrungstieren spezialisiert ist.

Darwinismus Nach Charles Darwin benanntes Theoriegebäude der Evolutionsbiologie, welche die gemeinsame stammesgeschichtliche Herkunft aller Lebewesen, den allmählichen (evolutiven) Wandel, die Vermehrung der Arten durch Evolution und die natürliche Selektion betont.

Daten (gr. *dateomei*, zerteilen; lat. *datum*, gegeben): Die Ergebnisse wissenschaftlicher Experimente oder beschreibender Beobachtungen, auf die sich die Schlussfolgerungen der Analyse gründen.

Deduktion (lat. *deductus, deduco*, abführen, hinabführen bzw. *deducere*, hinführen, wegführen, geleiten, abrechnen): Vom Allgemeinen ausgehend folgern. Schlüsse über Spezialfälle aus allgemeinen Erkenntnisgrundsätzen ziehen. Aus allgemeinen Prämissen spezielle Folgerungen ableiten. Siehe: Induktion.

Defensine (lat. *defendo*, abwehren): Antimikrobiell wirkende Peptide, die von Zellen produziert werden, die im oder um das Intestinum, die ableitenden Harn- und die Atemwege von Säugetieren angeordnet liegen. Auch von Neutrophilen des Immunsystems erzeugt und ausgeschüttet. Manche antimikrobiell wirksamen Peptide von Insekten und Pflanzen. Diese Defensine sind jedoch denen der Säugetiere nicht homolog.

Deletion (lat. *delet*, vernichtet, zerstört bzw. *delere*, tilgen, ausmerzen, vernichten): Die Entfernung definierter oder undefinierter Abschnitte genetischer Information aus Nucleinsäuremolekülen (Chromsomen, Plasmiden, Viren usw.).

Dem (gr. *demos*, Volk): Eine lokale Population von eng miteinander verwandten Tieren.

Demographie (gr. *demos*, Volk + *graphos*, Schrift, Schreiben): (= Demografie). „Volksbeschreibung". Wissenschaftliche Disziplin, welche die Eigenschaften und den Aufbau von Völkern und/oder Teilen davon qualitativ und quantitativ beschreibt.

Dendrit (gr. *dendros*, Baum): Fortsatz einer Nervenzelle, der Nervensignale (= Nervenreize, Nervenimpulse) zum Zellkörper (Perikaryon) der Nervenzelle hinleitet. Siehe: Axon.

Dendritenzelle Spezialisierte Immunzelle (weißes Blutkörperchen), deren vornehmliche Aufgabe die Aufnahme und Prozessierung von Antigenen ist, die anderen Immunzellen präsentiert werden. Entscheidend für die Auslösung und Steuerung von immunologischen Abwehrreaktionen.

Depolarisation Spannungsabbau. Änderung der elektrischen Spannung in Richtung auf eine Verminderung des elektrischen Potenzials. In der Biologie Spannungsänderung in Richtung auf einen positiveren Wert an einer Zellmembran. Durch solche Spannungsänderungen (Depolarisationen) werden durch erregbare Zellen (Nervenzellen, Muskelzellen, Sinneszellen) Signale übertragen. Siehe: Membranpotenzial.

Dermal (gr. *derma*, Haut): haut-; (= kutan).

Dermis (gr. *derma*, Haut): Die innere, empfindliche Mesodermschicht der Haut; (= Corium).

Desmosom (gr. *desmos*, Bindung + *soma*, Körper): „Verbindungskörperchen" (zwischen Zellen). Knopfartige Fläche, die als interzelluläre Brücke zwischen benachbarten Zellen fungiert, durch die Stoffe von einer Zelle zur nächsten übertreten können. Definierte makromolekulare Zusammensetzung. Stellt ein funktionelles Syncytium her.

Desoxyribonucleinsäure (Abk.: DNA oder DNS). Informationstragende, unverzweigte Ketten bildende Makromolekülsorte biogenen Ursprungs, die in allen Lebewesen sowie in zahlreichen Viren das Erbgut bildet.

Desoxyribose 2-Desoxy-β-D-ribofuranose. Einfachzucker (Monossaccharid) der Summenformel $C_5H_{10}O_4$. Bestandteil aller Nucleotide von Desoxyribonucleinsäuremolekülen (= DNA-, DNS-Molekülen).

Determinierte Furchung Furchungstyp, bei dem das weitere Schicksal der Blastomeren zu einem sehr frühen Zeitpunkt der Entwicklung unumkehrbar festgelegt wird. Meist im Rahmen der Spiralfurchung; Mosaikfurchung.

Detritus (lat. *detrimentum*, Verlust, Abbruch, Schädigung): Fein verteiltes, leicht aufzuwirbelndes Material auf dem Grund von Gewässern, das zumeist von organischen Zersetzungsprozessen herrührt.

Deuterostomier (gr. *deuteros*, zweit, zweitrangig + *stoma*, Mund): „Zweitmünder". Gruppenbezeichnung einer Anzahl höherer Tiertaxa, bei denen die Furchung undeterminiert (= regulativ) und primitiv-radiär verläuft. Das Endomesoderm ist enterocoel, und die definitive Mundöffnung entwickelt sich nicht aus dem Urmund (= Blastoporus). In diese Gruppe gehören die Echinodermaten, die Hemichordaten und die Chordaten. Siehe: Protostomier.

Dextral (lat. *dexter*, rechts): rechts-, rechtsgängig, nach rechts weisend. Bei Gastropoden liegt bei einem dextralen (rechtsgängigen) Gehäuse die Apertur (Gehäuseöffnung) rechts von der Columella, wenn die Gehäusespitze nach oben, auf den Betrachter zuweist.

Diapause (gr. *dia*, durch, hindurch + *pausis*, Unterbrechung): Eine Zeitspanne, in der eine ontogenetische Entwicklung zum Stehen kommt (angehaltene Entwicklung); im Lebenszyklus von Insekten und bestimmten anderen Tieren. In der Diapause sind die physiologischen Aktivitäten sehr stark gedrosselt, und das Tier ist gegen widrige äußere Bedingungen sehr resistent.

Diapsiden (gr. *di*, zwei + *apsis*, Bogen): Amnioten, deren Schädel zwei Paare seitlicher Öffnungen im Schläfenbereich aufweist. Hierzu gehören als rezente Vertreter die Reptilien mit Ausnahme der Schildkröten und die Vögel.

Diastole (gr. *diastole*, Erweiterung): Entspannung aus Ausdehnung des Herzens während der Phase der Kammerfüllung im Rahmen eines Herzschlages.

Diblastisch (gr. *di*, doppel(t), zwei + *blastos*, Keim, Knospe): zweikeimblättrig. Diblastische Tiere bauen ihren Körper embryonal aus zwei Keimblättern – Ektoderm und Entoderm – auf. Siehe: triblastisch.

Diffusion (lat. *diffundere*, verbreiten bzw. *diffundo*, ausgießen): Die Bewegung von kleinsten Teilchen (Atome, Moleküle, suspendierte Teilchen, die der Brown'schen Bewegung folgen), getrieben von Zusammenstößen zwischen den Teilchen. Die Diffusion ist ein regelloser Bewegungsvorgang, der einer statistischen Systematik gehorcht und mit der Zeit zu einer gleichförmigen (homogenen) Verteilung des diffundierenden Stoffes (Konzentrationsausgleich) führt. Ein auf (sub)molekularen Bewegungen fußender Durchmischungs- bzw. Ausdehnungsprozess.

Digestion (lat. *digestio*, Verdauung): Verdauung: Zerkleinerung von aufgenommener Nahrung durch mechanische und/oder chemische Mittel in einfache, lösliche Produkte, die von den Zellen des Körpers aufgenommen und weitertransportiert werden können.

Digitigrad (lat. *digitus*, Finger + *gradus*, Schritt, Stufe): auf den Zehen gehend. Bewegungsweise, bei der nur die Fingerglieder aufgesetzt werden, während der hintere Teil des Fußes angehoben ist. Tiere mit einer digitigraden Fortbewegung heißen Zehengänger. Siehe: plantigrad.

Dihybrid (gr. *dis*, zwei(mal) + lat. *hybrida*, Mischling): Ein Mischling (Hybrid), deren Eltern sich in zwei Merkmalen unterscheiden; ein Nachfahre, der zwei unterschiedliche Allele an zwei verschiedenen Genorten (Loki) aufweist (A/a, B/b).

Diktyosom (gr. *diktio*, werfen + *soma*, Körper): Membranstapel des Golgi-Apparates. Die Diktyosomen des Golgi-Apparates bilden ein intrazelluläres Membransystem, das eine Polarität besitzt, welche den Durchfluss von Stoffen anzeigt. Man unterscheidet eine cis-Seite, an die Vesikel des endoplasmatischen Reticulums andocken und fusionieren, und eine trans-Seite, von der Membranvesikel (Golgi-Vesikel) abknospen.

Dimorphismus (gr. *di/dis*, zwei, zweifach + *morphe*, morphos, Form, Gestalt): Das Vorliegen von zwei alternativen Erscheinungsformen bei Vertretern einer Art, die sich in Größe, Farbe, Geschlecht, Organbau oder sonstigen Eigenschaften unterscheiden. Das Auftreten zweier unterschiedlicher Zooidtypen bei koloniebildenden Organismen.

Dinoflagellat (gr. *deinos*, schrecklich, gewaltig + lat. *flagellum*, Peitsche, Geißel): Panzergeißler. Kladus der Protozoen, deren Vertreter zwei Flagellen (Zellgeißeln) besitzen – eine im Bereich des Zelläquators den Körper umlaufend, die andere als Längs- oder Schleppgeißel am Ende der Zelle. Zellen nackt oder mit einer Panzerung (Testa) aus Celluloseplatten. Dinoflagellaten enthalten Plastiden, sind also zur Photosynthese befähigt und werden daher auch zu den einzelligen Algen gezählt.

Diözisch (gr. *dis*, zwei(fach) + *oikos*, Haus): zweihäusig (= getrenntgeschlechtlich). Arten, bei denen die weiblichen und die männlichen Keimdrüsen in unterschiedlichen Individuen exklusiv vorkommen.

Diphyodont (gr. *diphyes*, zweifach + *odous*, Zahn): „doppelzähnig". Mit einem Milchgebiss, das von einem bleibenden (Adult-)Gebiss abgelöst wird.

Diphyzerk (gr. *diphyes*, zweifach + *kerkos*, Schwanz): bezeichnet eine Schwanzform, bei der die Schwanzflosse zu einer Spitze ausgezogen ist. Die Wirbelsäule erstreckt sich bis zur Spitze, ohne sich aufwärts zu biegen. Zum Beispiel bei Lungenfischen.

Diploid (gr. *diploos*, doppel(t), zweifach): mit einem doppelten Chromosomensatz ausgestattet (im Vergleich zum Chromosomengehalt der Keimzellen der betreffenden Art).

Diplomonaden (gr. *diploos*, doppel(t) + *monos*, einzeln): Protozoenkladus, dessen Vertreter sich durch den Besitz von vier Kinetosomen und das Fehlen von Mitochondrien auszeichnen.

Direkte Entwicklung Entwicklungsgang, der ohne Larvenstadien zum Adultus führt. Siehe: indirekte Entwicklung.

Disaccharide (gr. *dis*, zweifach + lat. *saccharum*, Zucker): Zweifachzucker. Kondensationsprodukte aus zwei Monosacchariden. Zerfallen bei der Hydrolyse wieder in ihre konstituierenden Monosaccharide. Beispiele: Rohrzucker (Saccharose), Milchzucker (Laktose), Malzzucker (Maltose) usw.

Diskoidalfurchung (lat. *discus*, Teller, Scheibe): oberflächlicher Furchungsverlauf, bei dem die Furchungsteilungen nur in einer dünnen Zellschicht ablaufen, die einer großen Dotterkugel des Eies aufliegt. Bei Fischen, Vögeln, Reptilien.

Disruptive Selektion Ein Selektionsprozess, bei dem der Mittelwert eines quantitativen phänotypischen Merkmals gegenüber Extremwerten benachteiligt ist, was zur Evolution einer bimodalen Phänotypverteilung führen kann.

Distal (lat. *distare*, entfernt (von etwas) sein; *distantia*, Abstand): Weiter vom Körpermittelpunkt entfernt als ein anderer, als Bezugspunkt, gewählter Ort.

DNA Siehe unter: Desoxyribonucleinsäure.

DNA-Ligase Enzym, das die Enden von DNA-Molekülen kovalent miteinander verknüpft.

Dominant (lat. *dominare*, herrschen): In der Genetik ein Allel, das ungeachtet der Natur des korrespondierenden Allels auf einem homologen Chromosom phänotypisch zum Ausdruck kommt. Sich phänotypisch durchsetzendes Allel.

Dominanzhierarchie Soziale Rangfolge, die durch agonistisches Verhalten ausgebildet wird. Individuen assoziieren sich derart, dass manche einen besseren Zugang zu Ressourcen bekommen als andere.

Doppeldrüsenadhäsionsorgan Organ in der Epidermis der meisten Turbellarien (Strudelwürmer) mit drei Zelltypen: viszide Zellen, Freisetzungszellen (Drüsenzellen in sensu strictu) und Verankerungszellen.

Doppelhelix (lat. *helica*, (gewundenes) Schneckenhaus): Konformationstyp doppelsträngiger DNA-Moleküle, bei dem sich zwei Molekülstränge um einander winden. Kommt durch Paarung komplementärer Basen durch Wasserstoffbrückenbindungen zustande. Die gepaarten Basen liegen auf der Helix-Innenseite. Die beiden Stränge einer DNA-Doppelhelix verlaufen antiparallel zueinander: Das 3'-Ende des einen Stranges weist zum 5'-Ende des anderen.

Dorsal (lat. *dorsum*, Rücken): rückenseitig; auf der Rückseite (Oberseite, Dorsalseite) liegend/angeordnet.

Down-Syndrom (= Mongolismus, Trisomie-21). Erbkrankheit, die auf einem überzähligen Chromosom Nr. 21 beruht. Diverse anatomische und kognitive Symptome.

3'-Ende „Drei-Strich-Ende". Dasjenige Ende eines Nucleinsäuremoleküls, welches in einer freien (unveresterten) Hydroxylgruppe (—OH) endet (5'-Hydroxylende). Die OH-Gruppe am 3'-Kohlenstoffatom des zum letzten Nucleotid gehörigen Zuckerrestes (Ribose- oder Desoxyriboserest). Bei der biogenen Neusynthese von Nucleinsäuren erfolgt die Kettenverlängerung durch das Ankondensieren von Nucleotiden an dieses Ende des Moleküls. Siehe: 5'-Ende.

Duodenum (lat. *duodecim*, zwölf; bzw. *duodeni*, je zwölf (Stück): Zwölffingerdarm. Erster und kürzester Abschnitt des Dünndarms zwischen dem pylorischen Magenausgang und dem Jejunum.

Duplikation (lat. *duplico*, verdoppeln): (1) Verdoppelung der chromosomalen DNA (= Reduplikation) vor einer Zellteilung. (2) Eine zusätzliche Kopie eines Gens als Insertion in einem Chromosom (dupliziertes Gen).

Duplikatur (lat. *duplio*, das Doppelte, die doppelte Menge): die zumeist eng anliegende Verdoppelung einer anatomischen Bildung wie etwa einer Gewebeschicht. Duplikaturen können normale oder pathologische Bildungen sein. Beispiel: die Vorhaut (Präputium) an der Eichel (Glans penis).

Durchbrochenes Gleichgewicht Hypothese zum Evolutionsverlauf, die davon ausgeht, dass morphologisch-evolutive Veränderungen sich diskontinuierlich vollziehen und in erster Linie mit kurzzeitigen, aber gravierenden geologischen Veränderungen einhergehen oder von diesen verursacht/ausgelöst werden, und welche zu Verzweigungen des Stammbaumes der betroffenen Abstammungslinie führen. Zwischen solchen evolutiv aktiven Phasen sollen lange Zeiträume evolutiver Ruhe (Stasis) ohne Artbildungsprozesse liegen. Siehe: phyletischer Gradualismus.

Dyade (gr. *dyas*, zwei): Chromosomenpaar, das durch die Aufteilung der Tetrade während der ersten meiotischen Teilung entsteht.

Ecdysiotropin (gr. *ekdysis*, abstreifen + *tropos*, Drehung, Wendung): (= prothorakotropes Hormon, Hirnhormon). Vom Gehirn von Insekten ausgeschüttetes Hormon, das die Prothoraxdrüse dazu stimuliert, das Häutungshormon freizusetzen.

Ecdysis (gr. *ekdysis*, Abstreifung): Häutung bei Insekten und Crustaceen; Abwerfen der äußeren Kutikula-Lagen.

Ecdyson (gr. *ekdysis*, Abstreifung): Häutungshormon von Arthropoden aus der Gruppe der Steroidhormone. Stimuliert das Wachstum und die Ecdysis (siehe dort). Bei den Insekten von den Prothoraxdrüse, bei den Krustentieren von den Y-Organen hergestellt und ausgeschüttet.

Ecdysozoische Protostomier (gr. *ekdysis*, Häutung + *zoon*, Tier + *protos*, der Erste + *stoma*, Mund): Kladus innerhalb der Protostomier, deren Angehörige während des Wachstums ein- oder mehrmals die Kutikula abwerfen. Hierzu gehören die Arthropoden (Gliederfüßler), die Nematoden (Fadenwürmer) sowie mehrere kleinere Stämme.

Effektor (lat. *efficere*, *efficio*, durchsetzen): Erfolgsorgan, -ort. Ziel(organ) eines Reizes. Organ, Gewebe oder Zelle, welche/s als Reaktion auf einen Reiz hin aktiv wird.

Efferent (lat. *effero*, entfernen, (hin)wegführen): absteigend. Zu einem anatomischen Ort (Organ) hinführend (weg vom Ursprungsort); Begriff der Neurobiologie. Dort spezieller: Signale, die vom Gehirn/Zentralnervensystem zu den ausführenden Organen laufen. Im Kreislauf das aus einem Organ abfließende Blut. Siehe: afferent.

Egestion (lat. *egestus*, weg-, fortschaffen): Das Auswerfen unverdaulicher Nahrungs- oder sonstiger Abfälle aus dem Körper über jeden normalen Ausschleusungsweg.

Ekrin (gr. *ek*, aus, heraus + *krinein*, trennen): Ekrine Drüsen sondern ihr wässriges Sekret nach außen (aus dem Körper heraus) ab. Beispiel: Schweißdrüsen von Säugetieren.

Ektoderm (gr. *ekto*, außen + *derma*, Haut): Äußeres Keimblatt. Äußere Zellschicht eines Frühembryos im Gastrulastadium.

Ektodermal Vom Ektoderm ausgehend; sich ontogenetisch vom Ektoderm ableitende Bildungen (Gewebe, Organe).

Ektognath (gr. *ekto*, außen + *gnathos*, Kiefer): abgeleiteter Merkmalszustand bei den meisten Insekten; die Mandibeln und Maxillen liegen nicht in Taschen/Vertiefungen.

Ektolecithal (gr. *ekto*, außen + *lekithos*, Dotter): Ablagerung des Eidotters im Außenbereich eines Eies. Der Dottervorrat ist nicht in der Eizelle niedergelegt, sondern umgibt diese als Hülle innerhalb der Eischale.

Ektoneuronal (gr. *ekto*, außen + *neuron*, Nerv): dem Oralnervensystem zugehörig (bei Echinodermaten).

Ektoplasma (gr. *ekto*, außen + *plasma*, Form, Model): Der Randbereich einer Zelle; der Teil des Zellplasmas unmittelbar unterhalb der Zelloberfläche. Siehe: Endoplasma.

Ektotherm (gr. *ekto*, außen + *therme*, *thermos*, Wärme): die Körperwärme von außen beziehend; ektotherme Tiere werden durch die Umgebungswärme aufgeheizt. Siehe: endotherm.

Elektrolyt (gr. *elektron*, Bernstein + *lysis*, Auflösung): Ein Stoff, der in einer (wässrigen) Lösung in Ionen (elektrische Leiter 2. Klasse) dissoziiert und so eine elektrisch leitfähige Lösung bildet. Starke Elektrolyte zerfallen zum großen Teil oder ganz in Ionen, schwache Elektrolyte nur zu einem geringen Anteil.

Elektron (gr. *elektron*, Bernstein): Elementarteilchen mit einer (negativen) Elementarladung und der Ruhemasse $9{,}1066 \times 10^{-28}$ Gramm. Bestandteil aller Atome.

Eleocyte (gr. *elaion*, Öl + *kytos*, Hohlkörper): Fetthaltige Zelle von Anneliden, die ihren Ursprung im Chlorogengewebe hat.

Elephantiasis Elefantenfußkrankheit. Entstellende Parasiteninfektion durch die Filarienart *Wuchereria bancrofti* oder durch *Brugia malayi* mit starker Anschwellung von Körperteilen durch Rückstau von Lymphflüssigkeit, wenn die Würmer Lymphgefäße verstopfen.

Embryogenese (gr. *embryon*, Embryo + *genesis*, Ursprung): Embryonalentwicklung. Ursprung und Entwicklung eines Embryos.

Emergenz (lat. *emergo*, auftauchen, erscheinen): Das Auftreten von Eigenschaften oder Merkmalen in biologischen Systemen (Zellen, Organismen, Gemeinschaften, Ökosytemen usw.), die sich nicht deduktiv aus den Eigenschaften und/oder Merkmalen der Konstituenten (oder anderen) oder partiellen Zusammenschlüssen dieser zwanglos ergeben („emergente Eigenschaften").

Emmigration (lat. *emigro*, auswandern): Auswanderung. Das Überwechseln in einen neuen Lebensraum.

Emulsion (lat. *emulgeo*, ausschöpfen): Kolloidaldisperses Flüssig-flüssig-System. Eine feinverteilte Gemisch Mischung nicht mischbarer) Flüssigkeiten.

Endemisch (gr. *en*, in + *demos*, Volk, Bevölkerung): für eine bestimmte geografische Region typisch; in einem begrenzten Gebiet vorkommend.

Endergonisch (gr. *ento*, innen + *ergon*, Arbeit): Begriff der Thermodynamik. Eine endergonische Reaktion ist eine, die nicht spontan abläuft, sondern eine Zuführung von Energie von außerhalb des Systems erfordert (also unter „Energieverbrauch" verläuft). Siehe: exergonisch.

Endit (gr. *ento*, innen, innerhalb): Medialer Fortsatz einer Arthropodengliedmaße.

Endochondrale Osteogenese Knochenbildung aus dem Knorpel heraus/vom Knorpel ausgehend.

Endochrondral (gr. *ento*, innen + *chondros*, Knorpel): innerhalb des Knorpels/des Knorpelgewebes.

Endokrin (gr. *ento*, innen + *krinein*, trennen, scheiden): Endokrine Drüsen sind Drüsen ohne Ausführgang, die ihr Sekret unmittelbar in das Blut oder die Lymphflüssigkeit abgeben.

Endolecithal (gr. *ento*, innen + *lekithos*, Dotter): Modus der Dotterbildung, bei dem der Dottervorrat in die Eizelle selbst eingelagert wird.

Endolymphe (gr. *ento*, innen + *lympha*, (klares) Wasser): Die Flüssigkeit, die den größten Teil des Labyrinthorgans im Innenohr ausfüllt.

Endometrium (gr. *ento*, innen + *metra*, Gebärmutter, Unterleib): Schleimhaut der Gebärmutter.

Endoplasma (gr. *ento*, innen + *plasma*, (Press)Form, Model): (1) Der Teil des Zellplasmas, der den Zellkern unmittelbar umgibt. (2) Der Teil des Zellplasmas, der die (von Membranen umhüllten) Organellen ausfüllt (mit Ausnahme des Zellkerns). Siehe: Ektoplasma, Karyoplasma, Protoplasma, Cytoplasma.

Endoplasmatisches Reticulum (gr. *ento*, innen + *plasma*, Model, (Press)Form + lat. *reticulum*, Netzwerk): (Abk.: ER). Ausgedehntes und verwickeltes Membransystem innerhalb eukaryontischer Zellen. Die Membran des endoplasmatischen Reticulums setzt sich in der äußeren Kernmembran fort. Teile des endoplasmatischen Reticulums sind mit Ribosomen besetzt (raues ER); hier findet die Synthese von Membranproteinen und den Proteinen des sekretorischen Weges statt. Das glatte, nicht mit Ribosomen besetzte ER ist der Hauptort der zellulären Lipidsynthese. Vom ER gehen Transportvesikel ab, die vornehmlich am Golgi-Apparat andocken.

Endopodit (gr. *ento*, innen + *podos*, Fuß): Mittlerer Teil eines verzweigten Anhangsgebildes eines Krustentiers.

Endopterygot (gr. *ento*, innen + *pteron*, Flügel): Bei endopterygoten Insekten entwickeln sich die Flügel aus im Körperinneren liegenden Organanlagen. Verlauf mit holometaboler Metamorphose.

Endorphine Kurz für: „endogenes Morphin". Sammelbezeichnung für eine Gruppe von Neuropeptiden mit opiat-/morphinartiger Wirkung, die auf Schmerzrezeptoren einwirken und deren Aktivität regulierend beeinflussen. Viele weitere physiologische Wirkungen (zum Beispiel Hungerempfindung).

Endoskelett (gr. *ento*, innen + *skeletos*, Härte): Knochengerüst oder sonstiger Stützapparat, der zwischen den Geweben und Organen im Körperinneren angesiedelt ist. Siehe: Exoskelett.

Endostyle (gr. *ento*, innen + *stylos*, Säule): Schleim abscheidende, mit Cilien besetzte Furche am Schlundboden von Tunikaten, Cephalochordaten und den Larven kieferloser Fische. Nützlich für das Sammeln und Vorwärtstransportieren von Nahrungsteilchen zum Magen.

Endosymbiose (gr. *ento*, innen + *syn*, zusammen, mit + *bios*, Leben): Assoziation von Lebewesen verschiedener Arten, von denen der eine Partner im Körper des anderen lebt.

Endothel, Endothelium (gr. *ento*, innen + *thele*, Nippel, Noppe, Brustwarze): Schwammepithel, das die Innenseite von Hohlräumen im Körperinneren auskleidet (Herz, Blutgefäße usw.).

Endotherm (gr. *ento*, innen + *thermos*, Wärme): Endotherme Tiere erzeugen die zur Erreichung ihrer Körpertemperatur notwendige Wärme durch oxidativen Stoffwechsel selbst („von innen heraus"), sind damit von der Wärmezufuhr aus der Umgebung unabhängig.

Endocytose (gr. *ento*, innen + *kytos*, Hohlkörper, Zelle): Regulierte und aktive Aufnahme von Stoffen (gelöste oder Teilchen) in die lebende Zelle durch Einstülpung und Abschnürung der Cytoplasmamembran. Man unterscheidet phänomenologisch Phagocytose, Potocytose, Pinocytose, rezeptorvermittelte Endocytose + (unspezifische) Massenendocytose.

Endursache (= ultimative Ursache). Evolutionsfaktoren, die für den Ursprung, den Zustand oder „Zweck" eines biologischen Systems verantwortlich gemacht werden.

Endwirt Derjenige Wirt eines Parasiten, in dem die geschlechtliche Vermehrung stattfindet. Falls keine geschlechtliche Fortpflanzung stattfindet, derjenige Wirt, in dem der Parasit ausreift und sich fortpflanzt. Siehe: Zwischenwirt.

Enkephalin (gr. *ento*, innen + *kephale*, Kopf): Gruppe kleiner Neuropeptide mit opiatähnlicher Wirkung. Siehe: Endorphine.

Enterocoele Mesodermbildung Embryonale Anlage des Mesoderms (mittleres Keimblatt) vermittels taschenartiger Ausstülpungen des Archenterons (= Urdarm), die sich in der Folge erweitern und das Blastocoel verdrängen. Es bildet sich eine große, von Mesoderm ausgekleidete, sekundäre Leibeshöhle, das Coelom.

Enterocoelie (gr. *enteron*, Darm + *koilos*, Höhle): Modus der Coelombildung durch Aussackung des Mesoderms aus dem Entoderm des Urdarms.

Enterocoelomat (gr. *enteron*, Darm + *koiloma*, Höhle): Ein Tier mit einem Enterocoel; zum Beispiel Echinodermaten und Vertebraten.

Enteron (gr. *enteron*, Darm): Darm.

Entoderm (gr. *ento*, innen + *derma*, Haut): Das innere Keimblatt, aus dem der Urdarm hervorgeht.

Entodermal Vom Entoderm abgeleitet; ontogenetisch auf das Entoderm zurückführbar.

Entognath (gr. *ento*, innen + *gnathos*, Kiefer): Ursprünglicher anatomischer Zustand bei Insekten (rezent in den Ordnungen Diplura, Collembola und Protura), bei dem die Mandibeln und die Maxillen in Vertiefungen Taschen liegen.

Entomologie (gr. *entoma*, Kerbtier („das Eingeschnittene") + *logos*, Sinn, Rede, Lehre): Insektenkunde, Kerbtierkunde.

Entozoisch (gr. *ento*, innen + *zoon*, Tier): innerhalb eines Tieres lebend.

Entropie (gr. *en*, in + *tropos*, Veränderung, Wandel): Zustandsgröße der Thermodynamik. Symbol: S. Quantitatives Maß für die Wahrscheinlichkeit bzw. den Ordnungszustand eines Systems. Nach Clausius das Verhältnis (Quotient) von übertragener (vom betrachteten System umgesetzter) Wärmemenge und absoluter Temperatur.

Entzündung Komplizierter physiologischer Prozess, der mit der Mobilisierung von Abwehrzellen und anderer immunologischer Effektormechanismen einhergeht (Freisetzung von verschiedenen Stoffen) und gegen Infektionserreger gerichtet ist und deren Eindämmung und/oder die Reparatur geschädigter Gewebebereiche anstrebt.

Enzym (gr. *en*, in + *zymos*, Hefe): Ein Protein mit katalytischer Wirkung, das eine oder eine kleine Gruppe chemischer Umsetzungen beschleunigt und dabei selbst nicht verbraucht wird.

Eocyten (gr. *eos*, Morgendämmerung + *kytos*, Hohlkörper, Zelle): Gruppe von Prokaryonten, die gegenwärtig zu den Archaebakterien gezählt werden und möglicherweise stammesgeschichtlich eine Schwestergruppe der Eukaryonten sind.

Ephyra (gr. *Ephyra*, antike griechische Stadt): Begriffsbildung, auf ein festungsartiges Erscheinungsbild hinweist. Medusenknospe eines scyphozoischen Polypen.

Epidermis (gr. *epi*, auf + *derma*, Haut): Die äußere, gefäßfreie Schicht der Haut. Ektodermaler Ursprung. Bei Wirbellosen ein einlagiges, ektodermales Epithel.

Epididymis (gr. *epi*, auf + *didymos*, Hoden): Nebenhoden. Genitalorgan, das dem Hoden aufliegt. Besteht in der Hauptsache aus einem langen, stark gewundenen Gang von 4 bis 6 m Länge.

Epigenese (gr. *epi*, auf + *genesis*, Bildung, Ursprung): Allgemein akzeptierte Erkenntnis der Embryologie, die besagt, das ein Embryo im Verlauf seiner Entwicklung durch schrittweise Differenzierung neue Strukturen und Eigenschaften herausbildet, die im Anfangszustand – der Zygote – noch nicht existent gewesen (= vorgebildet, präformiert) gewesen sind.

Epigenetik (gr. *epi*, auf + *genos*, Nachkomme(nschaft)): (1) Die Untersuchung der Beziehungen zwischen Genotyp und Phänotyp, wie sie in Entwicklungsvorgängen zu Tage tritt. (2) Die Erforschung epigenetischer Vererbungsvorgänge

Epigenetische Vererbung Die Weitergabe von Eigenschaften von Elternorganismen auf die Nachkommen, die nicht in der DNA-Basensequenz der Chromosomen codiert ist. Extrachromosomale Vererbung.

Epipodit (gr. *epi*, auf + *podos*, Fuß): Ein seitlicher Fortsatz am Protopodium von Crustaceen. Oft zu Kiemen umgebildet.

Epistase (gr. *epi*, auf + *stasis*, Stillstand, Stockung): Verhinderung der Expression eines Allels an einem Genort durch die Wirkung eines Allels an einem anderen Genort.

Epistom (gr. *epi*, auf + *stoma*, Mund): Die Mundöffnung überdeckende Hautfalte mancher Lophophoraten, welche das Protocoel beherbergt.

Epithel (gr. *epi*, auf + *thele*, Mutterbrust, Brustwarze): Zelluläres Gewebe, das eine freiliegende Oberfläche oder eine Höhlung oder Röhre auskleidet.

Epitok (gr. *epitokos*, fruchtbar): Posteriorer Teil mariner Polychaeten, wenn dieser während der Fortpflanzungszeit durch die sich entwickelnden Gonaden (Keimdrüsen) angeschwollen ist. Siehe: Atok.

Epitop (gr. *epi*, auf + *topos*, Ort): (= antigene Determinante). Derjenige Teil eines Antigens, der an die Antigenbindungsstelle eines Antikörpers oder eines T-Zellrezeptors (Abk.: TCR) bindet. Ein Antigen kann mehrere Epitope enthalten, die an unterschiedliche Antikörper/TCR mit verschiedenen Epitopspezifitäten binden.

Erleichterte Diffusion Durch Transmembranproteine vermittelter Transportvorgang an Zellmembranen, der den diffusiven Durchtritt von Stoffen durch die Lipidphase der Membran erleichtert. Der Diffusionsvorgang verläuft entlang des herrschenden Konzentrationsgefälles. Siehe: aktiver Transport.

Erster Hauptsatz der Thermodynamik (= Energieerhaltungssatz). Fundamentalsatz der Wärmelehre, der qualitativ besagt, dass Energie weder erschaffen noch zerstört, sondern nur umgewandelt werden kann. Alternative Formulierung: Die Gesamtenergie eines abgeschlossenen Systems ist konstant.

Erworbene Immunität „Erlernte" Fähigkeit des Immunsystems, sich erfolgreich gegen eindringende Krankheitserreger zur Wehr zu setzen mit rascherer und verstärkter Reaktion bei Folgekontakten nach einem überlebten Erstkontakt.

Erythroblastosis fetalis (gr. *erythro*, rot + *blastos*, Keim + lat. *fetus*, Brut, Nachkommenschaft): Akute Erkrankung Neugeborener, die durch Anti-Rhesusantikörper einer rhesusnegativen Mutter ausgelöst werden, wenn diese in rhesusfaktor-positives Blut des Fötus gelangen. Die Anti-Rhesusfaktorantikörper lösen eine akute Hämolyse (Zerstörung der roten Blutkörperchen) aus.

Erythrocyt (gr. *erythro*, rot + *kytos*, Hohlgefäß): Rotes Blutkörperchen. Bei weitem häufigster Blutzelltyp. Enthält große Mengen des Blutfarbstoffs Hämoglobin für den Transport von Sauerstoff von den Lungen oder Kiemen in die übrigen Teile des Körpers. Die Erythrocyten der Säugetiere verlieren im Laufe ihrer Entwicklung ihre Zellkerne. Die der anderen Vertebraten sind kernhaltig.

Esthet Lichtsinnesrezeptor an der Schale einer großen Meeresschnecke.

Estivation (lat. *aestiva*, sommerlich): „Sommerschlaf". Sommerliche Dormanz, wenn die Umgebungstemperatur sehr hoch oder die Nahrung knapp ist, oder wenn Austrocknung droht. Stoffwechsel und Atmung sind herabgesetzt.

Ethologie (gr. *ethos*, Sitte, Gewohnheit, Brauch + *logos*, Rede, Sinn, Lehre): Verhaltenskunde. Teilgebiet der Zoologie, welches das Verhalten von Tieren in ihren natürlichen Lebensräumen untersucht.

Euchromatin (gr. *eu*, gut, echt + *chroma*, Farbe): Der Teil des Chromatins, der in der Interphase des Zellzyklus beim Anfärben im Lichtmikroskop und im Durchlicht-Elektronenmikroskop heller erscheint. Aufgelockertes Chromatin, das weniger dicht gepackt ist als das Heterochromatin (siehe dort). Transkriptionell aktive Chromosomenbereiche.

Eukaryonten (gr. *eu*, gut, echt + *karyon*, Kern): Zellen mit einem (echten) Zellkern. Zellen, deren Erbgut in einem von einer Membran umschlossenen Zellkern eingelagert ist. Organismen, die aus eukaryontischen Zellen aufgebaut sind. Einer der fundamentalen Zelltypen des irdischen Lebens. Siehe: Prokaryonten.

Eukaryontisch (gr. *eu*, gut, echt + *karyon*, Kern): mit einem Zellkern ausgestattet.

Eumetazoen (gr. *eu*, gut, echt + *meta*, hinter + *zoon*, Tier): Alle vielzelligen Tiere mit unterscheidbaren Keimblättern, die echte (differenzierte) Gewebe ausbilden. Tiere, die ein höheres Organisationsniveau als das zelluläre erreichen.

Euploidie (gr. *eu*, gut, echt + *ploid*, das Mehrfache: mit einem vollständigen, ganzzahlig-mehrfachen Chromosomensatz ausgestattet. Veränderung der Chromosomenzahl von einer Generation zur nächsten durch Hinzufügung oder Wegfall eines oder mehrerer vollständiger haploider Chromosomensätze. Häufigster Typ: Polyploidie. Siehe: haploid, diploid, polyploid.

Euryhalin (gr. *eurys*, breit + *hal*, Salz): Einen weiten Bereich von Salzkonzentrationen tolerierend. Siehe: stenohalin.

Euryphag (gr. *eurys*, breit + *phagos*, Essen, Fressen): Ein breites Nahrungsangebot akzeptierend/vertilgend.

Eurytop (gr. *eurys*, breit + *topos*, Ort): mit einem breiten Verbreitungsgebiet.

Eutelie (gr. *euteia*, Sparsamkeit): Zellkonstanz. Phänomen des Aufbaus von Tierkörpern aus einer immer gleichen Anzahl von Zellen oder Zellkernen beim Adultus, unabhängig von äußeren Bedingungen. Bei Rotatorien, Acanthocephaen und Nematoden.

Evagination (lat. *vagina*, Hülle, Scheide): Ausstülpung einer hohlen anatomischen Bildung.

Evolution (lat. *evolvo*, aufschlagen, ausrollen): Entwicklung des Lebens/der Lebensformen. Entwicklungsvorgang allgemein. Die organismische Evolution ist die mit Veränderungen der Form und Funktion einhergehende Weiterentwicklung der Lebensformen auf der Erde von ihren primitiven Anfängen bei der Lebensentstehung bis zur Artenvielfalt von heute.

Evolutionäre Taxonomie Klassifizierungssystem, das auf George Simpson zurückgeht. Es gruppiert Arten in höhere Taxa im Sinne Linnés, die eine Hierarchie abgrenzbarer adaptiver Zonen darstellen. Diese Taxa können mono- oder paraphyletisch, aber nicht polyphyletisch sein.

Evolutionäres Artkonzept Das evolutionäre Artkonzept gründet sich auf einzelne Abstammungslinien, die sich von einer Ursprungspopulation ableiten und ihre Identität/Abgrenzung gegen andere solche Abstammungslinien aufrecht erhalten und eigene evolutive Tendenzen und ein unabhängiges historisches Schicksal aufweisen. Es unterscheidet sich vom biologischen Artkonzept durch die ausdrückliche Einbeziehung der Zeit als definitorische Dimension und durch die Anwendbarkeit auf sich ungeschlechtlich fortpflanzende Abstammungslinien.

Evolutionsdauer Zeitspanne, die eine Art oder ein höheres Taxon erdgeschichtlich existiert.

Exergonisch (gr. *exo*, außen + *ergon*, Arbeit): Begriff der Thermodynamik. Eine exergonische Reaktion ist eine, die spontan abläuft, ohne Zuführung von Energie von außerhalb des Systems (also unter Energiefreisetzung verläuft). Siehe: endergonisch.

Exit (gr. *exo*, außen): Seitlicher Fortsatz an einer Arthropodengliedmaße.

Exokrin (gr. *exo*, außen + *krinein*, ich trenne): Exokrine Drüsen schütten ihr Sekret über einen Gang aus. Siehe: endokrin.

Exon Teil eines offenen Leserahmens eines Gens oder einer prä-mRNA, der für eine Folge von Aminosäuren eines Translationsproduktes codiert und der in der reifen (maturierten) mRNA auftaucht. Siehe: Intron.

Exopterygot (gr. *exo*, außen + *pteron*, Flügel): Bei exopterygoten Insekten entwickeln sich die Flügel aus außenliegenden Organanlagen während der Nymphenstadien. Hemimetabole Metamorphose.

Exoskelett (gr. *exo*, außen + *skeletos*, Härte): Außenskelett. Stützapparat, der vom Ektoderm oder der Epidermis sezerniert wird; außenliegend, nicht von lebendem Gewebe eingehüllt. Siehe: Endoskelett.

Exocytose (gr. *exo*, außen + *kytos*, Hohlgefäß, Zelle): Regulierte Ausschleusung von Stoffen aus Zellen. Die Fusion von Transportvesikeln oder Vakuolen mit der Plasmamembran unter Ausschüttung des Vesikel-/Vakuoleninhalts in die Zellumgebung.

Experiment (lat. *experiri*, erproben, versuchen, ausprobieren): Ein Versuch, der ausgeführt wird, um eine Hypothese zu untermauern oder zu widerlegen. Entscheidende Methode der Beweisführung in der Naturwissenschaft. „Nur das Experiment ist schlüssig!" (Francis Bacon).

Expodit (gr. *exo*, außen + *podos*, Fuß): Laterale Abzweigung einer verzweigten Anhangsbildung bei Crustaceen.

Exterozeptor (lat. *extero*, austreiben, zerreiben + *capere*, fangen, greifen, fassen): Ein Sinnesorgan, das Reize aus der Außenwelt auffängt.

Extrusom (lat. *extrudo*, hinaus stoßen): Organell in Protozoenzellen, um etwas aus der Zelle heraus zu befördern.

Exzisionsreparatur (lat. *excisio*, Zerstörung + *reparatio*, Wiederherstellung): Ausschneidungsreparatur. Die Reparatur bestimmter Schäden an DNA-Molekülen durch Herausschneiden der beschädigten Abschnitte und Ersatz durch unbeschädigte Nucleotide (zum Beispiel photochemisch dimerisierte Pyrimidinbasen).

FAD (Abk. für Flavinadenindinucleotid): Coenzym bei Redoxreaktionen der Atmungskette (oxidative Phosphorylierung), der β-Oxidation (Fettsäureabbau) und anderen mehr. Biosynthetisch aus Vitamin B_2 als einer Vorstufe.

Fangkollagen Bei Stachelhäutern ein veränderliches, unter neuronaler Kontrolle stehendes, kollagenhaltiges Gewebe, das sehr rasch einen Phasenübergang von „flüssig" nach „fest" durchmachen kann.

Faser (1) Langgestreckte Zelle, zum Beispiel Muskelfaser. (2) ein langgestreckter Zellfortsatz (zum Beispiel Nervenfasern = Axone).

Faserprotein Proteine, die eine stark gestreckte, faserartige Konformation besitzen. Proteine, die sich zu fadenförmigen supramolekularen Aggregaten zusammenlagern (zum Beispiel Kollagenfasern).

Faszikel (lat. *fasciculus*, Bündelchen): Kleines Bündel aus Muskel- oder Nervenfasern.

Fell Haarige Körperbedeckung bei Säugetieren.

Fermentation (lat. *fermentum*, Gärung): Gärung. Enzymatisch katalysierte Stoffwechselreaktion – im Allgemeinen eine von mehreren Enzymen katalysierte Reaktionsfolge (= Stoffwechselweg) – die ohne die Beteiligung von molekularen Sauerstoff (O_2) abläuft. Gärungen sind anaerobe Verstoffwechselungen. Im engeren Sinn der anaerobe Abbau von Kohlenhydraten zu Alkoholen, Carbonsäuren, Kohlendioxid und ähnlichen Endprodukten. Die Endprodukte von Gärungen sind organische Verbindungen, die noch nicht erschöpfend oxidiert sind (Ethanol, Essigsäure, Buttersäure, Aceton usw.).

Fettsäure In Fetten als Acylrest vorkommende Carbonsäure. Bestimmte, geradekettige gesättigte oder ein- bis mehrfach ungesättigte Monocarbonsäuren (R—COOH). Mit dem Alkohol Glycerin verestert in Fetten und fettähnlichen Lipiden in allen lebenden Zellen. Siehe: gesättigte Fettsäuren, ungesättigte Fettsäuren, Fette, Triglyceride.

Fibrillär Aus Fibrillen bestehend oder fibrillenähnlich.

Fibrille (lat. *fibra*, Faden): (1) Protoplasmastrang innerhalb einer Zelle. (2) Faden-/faserartige Makromolekülaggregate in Zellwänden (zum Beispiel Cellulosefibrillen in pflanzlichen Zellwänden). (3) Bindegewebsfasern aus Faserproteinen. (4) eine zur Kontraktion befähigte Funktionseinheit in einer Muskelzelle (Myofibrille). (5) Kondensierte Chromatinfasern (Chromatinfibrillen).

Fibrin (lat. *fibra*, Faden): Blutfaserstoff. Blutprotein, das bei der Blutgerinnung durch enzymatische Aktivierung der Vorstufe Fibrinogen gebildet wird und ein dreidimensionales Maschenwerk ausbildet, in dem sich Blutplättchen und rote Blutkörperchen verfangen, die einen Wundverschluss herbeiführen.

Fibrose Ablagerung fibrösen (faserigen) Bindegewebes an einem umschriebenen Ort im Verlauf einer Gewebereparatur (zum Beispiel Wundheilung) oder zur Verkapselung einer Antigenquelle. Krankhafte (= übermäßige) Vermehrung von Bindegewebe mit einer einhergehenden Verhärtung der betroffenen Gewebsareale.

Filipodium (lat. *filum*, Faden, Saite, Draht + gr. *podos*, Fuß): Ausprägungsform von Pseudopodien (Scheinfüßchen), die von sehr schlanker (gestreckter) Gestalt ist und sich verzweigen kann, sich aber nicht zu einem Maschenwerk zusammenlagert.

Filtrierer Ernährungstyp bei Tieren, bei dem feine Nahrungsteilchen aus dem Wasser, in dem sie schweben, herausgefiltert werden. Hierzu werden verschiedenartige anatomische Vorrichtungen wie Reusenapparate, klebrige Schleimfäden und -flächen und anderes mehr eingesetzt.

Fitness (engl. *fitness*, Eignung, Tauglichkeit, Leistungsvermögen): In der Ökologie und Evolutionslehre Grad der Anpassung/des Angepasstseins an eine gegebene Umwelt. In der Genetik der relative Beitrag eines bestimmten Lebewesens (= Genotyps) zur nächsten Generation. Organismen mit hoher genetischer Fitness (Genotypen mit hoher Fitness) werden von der natürlichen Selektion begünstigt und erreichen in ihrer Population eine weite Verbreitung.

Flagellum (lat. *flagellum*, Geißel, Peitsche): Zellgeißel. Fadenartiges Zellorganell mit peitschenartiger Bewegungsweise. Zur zellulären Lokomotion.

Flammenzelle Spezialisierte, hohle Anordnung aus einer oder mehreren Zellen, die ein Flagellenbüschel (die „Flamme") enthält und exkretorische oder osmoregulatorische Funktion hat. Befindet sich am Ende einer winzigen Röhre. Mit ihr in Verbindung stehenden Tubuli, die sich schließlich nach außen münden. Siehe: Solenocyte.

FMN (Abk. für Flavinmononucleotid): Gelber Naturfarbstoff. Prosthetische Gruppe von Flavoproteinen. Coenzym bei enzymkatalysierten Redoxreaktionen. Biosynthetisch aus Vitamin B_2. Chemisch verwandt mit FAD (siehe dort).

Foraminiferen (lat. *foramen*, Loch, Öffnung + *ferre*, tragen): Granuloreticulöse Amöben, die in eine Testa mit vielen Öffnungen eingeschlossen sind. Bedeutende Mikrofossilien.

Fossil (lat. *fossa*, Graben, Grube): Versteinerung. Versteinerter Überrest eines Lebewesens. Überbleibsel oder Abdrücke eines Lebewesens, die in Sedimentlagen eingebettet und durch geologische Umwandlungsprozesse in fossiler Form im verhärteten Sedimentgestein erhalten geblieben sind.

Fossoria (lat. *fossor*, Grabender): Tiere mit einer grabenden Lebensweise, die in Bauen leben oder unter der Erde nach Nahrung suchen, heißen fossorial.

Fovea (lat. *fovea*, Grube): Anatomisch eine kleine Einsenkung. Fovea centralis = Nur Sehzäpfchen enthaltende Vertiefung in der Netzhaut (Retina) mancher Wirbeltiere; Ort des höchsten Auflösungsvermögens (= schärfstes Sehvermögen).

Freie Energie (= Helmholtz-Energie, Helmholtz'sche freie Energie). Thermodynamische Zustandsgröße. Symbol: F (oder A). $F = U - TS$. Verknüpft die innerer Energie (U) eines Systems mit dessen Entropie (S).

Freilebend Jedes Lebewesen, das nicht eng mit einem Wirtsorganismus assoziiert ist.

Frontalebene Eine (anatomische) Ebene, die parallel zur Körperhauptachse verläuft und rechtwinklig zur Saggitalebene (siehe dort).

5'-Ende „Fünf-Strich-Ende". Dasjenige Ende eines Nucleinsäuremoleküls, welches in einem Phosphorsäurerest endet (5'-Phosphatende). Der Phosphorsäurerest ist mit der OH-Gruppe am 5'-Kohlenstoffatom des zum letzten Nucleotid gehörigen Zuckerrestes (Ribose- oder Desoxyriboserest) verestert. Siehe: 3'-Ende.

Furchung Untergliederung der Zygote durch Zellteilungen in kleinere Folgezellen (Blastomeren).

Furchungszellen (= Blastomeren). Die aus den Furchungsteilungen der Zygote entstehenden neuen Zellen (die ersten Zellen des sich entwickelnden Embryos).

Fusiform (lat. *fusus*, Spindel + *forma*, Gestalt, Aussehen): spindelförmig; beidseitig zugespitzt.

Gamet (gr. *gamos*, Paarung, Begattung): Keimzelle. Eine ausgereifte, haploide Geschlechtszelle (= Fortpflanzungszelle). Für gewöhnlich lassen sich weibliche und männliche Gameten unterscheidet (Anisogamie). Eizellen und Samenzellen (Spermien, Spermatozoen) sind Gameten des Tierreichs.

Gametische Meiose Zur Bildung von Keimzellen führende Reifeteilung (= Reduktionsteilung) bei Metazoen.

Gametocyte (gr. *gametes*, Gatte + *kytos*, Hohlkörper, Zelle): Ausgangsform einer Keimzelle (= unreifer Gamet).

Ganglion (gr. *ganglion*, Tumörchen): Zusammenballung von Nervengewebe, genauer von Perikaryen (Nervenzellkörpern). Nervenzellhaufen. Nervenknoten. In der Regel werden nur Nervenzellhaufen außerhalb des Zentralnervensystems als Ganglien bezeichnet; liegt ein Nervenzellhaufen innerhalb des zentralen Nervensystems, spricht man von einem „Kern" (Nucleus).

Ganoidschuppen (gr. *ganos*, Helligkeit, Glanz, Schmuck): Schmelzschuppe. Dicke, knochige, rhomboide Schuppen einiger primitiver Knochenfische, die nichtüberlappend angeordnet sind.

Gap junction (engl. *gap*, Lücke + *junction*, Knotenpunkt): weiter Zell/Zellkontakt. Bereich winziger Poren in den verbundenen Plasmamembranen von benachbarten Zellen, durch die sich das Cytoplasma der einen Zelle in das der anderen hinein erstreckt. Siehe: tight junction.

Gapgene (engl. *gap*, Lücke): (= Lückengene). Gruppe von die Embryonalentwicklung steuernden Genen, die in breiten Bereichen des Körpers entlang der anterior-posterioren Achse exprimiert werden (bei Drosophila zum Beispiel in den Abschnitten Kopf, Thorax, Abdomen). Funktionsverlustmutationen dieser Gene führen zum Ausfall von Segmenten („Lücken" im Körperbau).

Gärung (= Fermentation; siehe dort).

Gastrocoel (gr. *gaster*, Magen + *koilos*, hohl, Höhle): (= Archenteron). Urdarm. Primäre embryonale Leibeshöhle, die sich im Verlauf der Gastrulation ausbildet und später zum Darm des Tieres wird.

Gastrodermis (gr. *gaster*, Magen + *derma*, Haut): Auskleidung des Verdauungskompartiments bei Nesseltieren (Cnidariern).

Gastrolith (gr. *gaster*, Magen + *lithos*, Stein): Magenstein. (1) Kalkige Körper in der Wand des Herzmagens (= Konkretionen) von Langusten und anderen Malakostraken, die der Häutung vorausgehen. Dienen hier der Zwischenlagerung von Mineralien zur Wiederverwertung. (2) Vorsätzlich durch Verschlucken (Lithophagie) in den Magen beförderte Steine. Solche Gastrolithen hat man vor allem bei Vögeln, aber auch verschiedentlich bei Reptilien (Krokodilen) gefunden. Von anderen (zum Beispiel Dinosauriern) sind Magensteine fossil überliefert. Bei Vögeln helfen die Gastrolithen im Muskelmagen (= Ventriculus) bei der mechanischen Zerkleinerung pflanzlicher Nahrung (harte Samen usw.).

Gastrovaskularhöhlung (gr. *gaster*, Magen + lat. *vasculum*, Gefäß): Leibeshöhle bei bestimmten niederen Invertebraten, die sowohl der Verdauung wie dem Kreislauf dient und eine einzelne Öffnung besitzt, die zugleich als Mund wie als After dient.

Gastrozooid (gr. *gaster*, Magen + *zoon*, Tier): Fresspolyp eines Hydroiden; ein Hydranth.

Gastrula (gr. *gaster*, Magen): Embryonalstadium. Für gewöhnlich becher- oder sackförmig; mit Wandungen aus zwei Zelllagen, die eine Leibeshöhle (den Urdarm = Archenteron) umgeben. Eine Öffnung (Blastoporus = Urmund).

Gastrulation Gastrulabildung. Vorgang der frühen Embryonalentwicklung, durch den bei Metazoen die Gastrula entsteht. Übergang vom zwei- zum dreikeimblättrigen Zustand.

Gattung Gruppe verhältnismäßig nahe miteinander verwandter Arten. Taxonomischer Rang zwischen den Ebenen der Art und der Familie.

Gedächtniszelle Eine langlebige B-Zelle (= B-Lymphocyt), der nach einer initialen Aktivierung der humoralen Immunantwort erhalten und für die Sekundärantwort des adaptiven Immunsystems (erworbene Immunität) zur Verfügung steht.

Gel (lat. *gelare*, gefrieren): Mehrphasiges kolloidales System, bei dem feinstverteilte feste Teilchen die gelöste Phase bilden, die in einer flüssigen Dispersionsphase gelöst sind. Die feste Phase liegt in so hoher Konzentration vor, dass sie ein spongoides räumliches Maschenwerk ausbildet (stationäre Phase). Die Hohlräume dieses Maschenwerks sind mit den kleinmolekularen Molekülen des Lösungsmittels angefüllt (mobile Phase).

Gemeinschaft Eine Zusammenballung von Lebewesen in einem gemeinsamen Lebensraum, die miteinander auf eine sich selbst erhaltende und selbstregulierende Weise in Wechselwirkung stehen.

Gemmule (lat. *gemma*, Knospe): Ungeschlechtliche, zystenähnliche Vermehrungseinheit von Süßwasserschwämmen. Bildet sich im Sommer oder Herbst als Überwinterungsform.

Gen (gr. *genos*, Nachkomme bzw. *genesis*, Entstehung, Bildung): Erbfaktor. (Unscharf definierte) Basensequenz eines Nucleinsäuremoleküls, das eine oder mehrere codierte Anweisungen für die Synthese eines oder mehrerer Polypeptide oder RNA-Moleküle umfasst. Eine erbliche Informationseinheit, die ein vererbliches Merkmal festlegt. Ein offener Leserahmen zuzüglich aller weiteren, regulatorischen Sequenzabschnitte, welche die Transkription des betreffenden offenen Leserahmens determinieren.

Genetische Drift (engl. to *drift*, (weg-, dahin-)treiben, (weg-)wehen): Zufällige Veränderungen der Allelfrequenzen in einer Population. Bei kleinen Populationen können genetische Varianten eines Genorts (Allele) verloren gehen, wenn durch Zufall ein bestimmtes Allel fixiert wird.

Genetischer Code Universeller Übersetzungsschlüssel für die Übertragung von Basenfolgen der in Nucleinsäuren niedergelegten Erbinformation in Aminosäurefolgen von Peptiden/Proteinen. Der genetische Code ist für alle Lebensformen gleich.

Genom Gesamtheit der DNA eines haploiden Chromosomensatzes (Zellkerngenom), der Organellen-DNA (Mitochondriengenom, Plastidengenom) oder eines Virus (Virusgenom). Bei Viren kann das Genom aus DNA oder RNA bestehen. Bei allen Lebewesen besteht das Genom stets aus DNA.

Genomik Teilgebiet der Genetik, das sich der Erforschung von Genomen, ihrem Aufbau und ihrer Evolution widmet. Wesentliche Arbeitsmethoden sind die Kartierung und Sequenzierung von ganzen Genomen. Wesentliches Werkzeug sind auch Computer, die die Verwaltung und den Vergleich der anfallen großen Datenmengen erlauben. Funktionelle Genomik = Entwicklung und Anwendung von Methoden zur experimentellen Untersuchung der Funktion von Genen und ihres Funktionszusammenhangs im Genom. Dabei stützt sich die Funktionsgenomik auch auf Informationen und Erkenntnisse der Strukturgenomik.

Genotyp (gr. *genos*, Nachkomme + *typos*, Gestalt, Modell): die genetische Konstitution eines Lebewesens oder eines Virus. Die im Erbgut gespeicherte Erbinformation, ob sie nun phänotypisch zum Ausdruck kommt oder nur latent vorhanden ist. Gesamtheit aller Gene. Siehe: Phänotyp.

Genpool (gr. *genesis*, Bildung, Entstehung + engl. *pool*, (gemeinsamer) Vorrat, das Zusammengelegte, Tümpel, Pfuhl, Lache): Gesamtheit aller Allele eines Gens in einer Population.

Geografische Verbreitung Das von den Mitgliedern einer Population, einer Art oder eines sonstigen Taxons bewohnte Gebiet.

Gerichtete Selektion Selektionsprozess, bei dem ein Extremwert eines quantitativen Merkmals begünstigt ist, was möglicherweise zu einer Verschiebung des phänotypischen Mittels führen kann.

Germinalvesikel (lat. *germen*, Keim + *vesicula*, Bläschen): Keimbläschen. Maturierter Zellkern einer primären Oocyte; vergrößert und mit RNA angefüllt.

Germovitellarium (lat. *germen*, Keim + *vitellus*, Dotter): Eng miteinander assoziiertes Ovar (Germarium) und Dotterbildungsorgan (Vitellarium) bei Rädertierchen (Rotatorien).

Gesättigte Fettsäuren Fettsäuren ohne olefinische Doppelbindungen (= —C=C-Gruppen). Bestimmte, geradekettige Monocarbonsäuren (R—COOH) mit Alkylresten ohne Doppelbindungen. Siehe: Fette, ungesättigte Fettsäuren.

Geschlechtliche Selektion (= sexuelle Selektion). (1) Differenzielle Fortpflanzung bei sich unterscheidenden Organismen, die auf dem höheren Erfolg bestimmter Individuen bei der Partnerfindung und Jungenaufzucht beruht. (2) Auswahl, die auf den variablen sekundären Geschlechtsmerkmalen beruht; führt zur Verstärkung des Sexualdimorphismus. Ein Selektions-/Evolutionsmodus, der auf der bevorzugten, nichtzufälligen Fortpflanzung von Individuen einer Population mit ausgewählten gegengeschlechtlichen Populationsmitgliedern beruht. Ein von der geschlechtlichen Selektion begünstigtes Merkmal (zum Beispiel eine auffällige Färbung, die Ausbildung ausladender Körperanhänge usw.) kann sich als nachteilig für die Überlebenswahrscheinlichkeit auswirken und durch die natürliche Selektion (siehe dort) ganz oder teilweise kontakariert (gegenselektiert) werden.

Geschlechtschromosomen (= Gonosomen, Heterosomen). (1) Die Chromosomen, die bei Tieren mit genetischer Geschlechtsdetermination das Geschlecht festlegen. Man beachte, dass nach dieser Definition beim Menschen (bei Säugetieren) nur das Y-Chromosom als Geschlechtschromosom anzusprechen wäre! (2) Die in diploiden Organismen kein homologes Autosomenpaar bildenden Chromosomen. (3) Paar verschieden großer, nichthomologer Chromosomen mit unterschiedlichem Gengehalt, von denen mindestens eines an der Festlegung des Geschlechts bei der Art, bei der die Chromosomen vorkommen, beteiligt ist.

Gestation (lat. *gestare*, tragen): Trächtigkeit, Schwangerschaft.

Gewebe Aggregation von gleichartigen oder ähnlichen Zellen zu einem geordneten Verband, der als Gesamtheit eine gemeinschaftliche Funktion ausübt.

Gilde Eine Gruppe von Arten, die den gleichen Umwelttyp in ähnlicher Weise nutzen.

Globuline (lat. *globus*, Kugel): Große Gruppe mehr oder minder kugelförmiger (kompakter) Proteine. Molmassen von ca. 40 kDa bis über eine Million Dalton (Da). Unterteilung in mehrere Untergruppen. Zahlreiche Proteine des Blutplasmas gehören in diese Gruppe. Hauptbildungsort der tierischen Globuline ist die Leber. Die Globuline bilden jedoch weder strukturell noch funktionell eine Proteinfamilie.

Glochidium (gr. *glochis*, Punkt): Zweischaliges Larvenstadium bei Süßwassermuscheln.

Glomerulus (lat. *glomus*, Knäuel): „Knäulchen". (1) Kapillarbüschel, das in ein Nierenkörperchen der Niere ausstrahlt. (2) Kleines Schwammgewebe in der Proboscis von Hemichordaten; vermutlich mit exkretorischer Funktion. (3) Ansammlung von Nervenfasern im Riechkolben (Bulbus olfactorius).

Gluconeogenese (gr. *glykos*, süß, Zucker + *neos*, neu + *genesis*, Bildung): Synthese von Traubenzucker (Glucose) aus Nichtkohlenhydratvorstufen (Pyruvat (= Brenztraubensäure), Oxalacetat und Dihydroxyacetonphosphat).

Glucose (auch: Glukose). Traubenzucker. Eine Hexose (= Zucker mit einem Grundgerüst aus sechs Kohlenstoffatomen). Summenformel: $C_6H_{12}O_6$. Energielieferant und Baustoff in allen lebenden Zellen. Universelles Anfangssubstrat der Glycolyse. Kommt in Lebewesen monomer wie in (verschiedenen) polymerisierten Formen (Stärke, Cellulose usw.) vor.

Glycogen (gr. *glykos*, süß genein, ich bilde): „Tierische Stärke". Verzweigtes Polysaccharid aus Glucosemolekülen. Speicherform des Traubenzuckers. Hauptspeicherort bei Säugetieren ist die Leber.

Glycolyse (gr. *glykos*, süß + *lysis*, Auflösung): Reaktionsfolge des Energiestoffwechsels. Mehrschrittiger enzymatischer Abbau von Glucose in mit Phosphorsäure veresterten Spaltprodukten zur Energiegewinnung.

Gnathobasis (gr. *gnathos*, Kiefer + lat. *basis*, Sockel, Ansatzpunkt): Medianer, basaler Fortsatz an bestimmten Körperanhängen mancher Arthropoden. Für gewöhnlich zum Beißen oder Zermalmen von Nahrung.

Gnathosomier (gr. *gnathos*, Kiefer + *stoma*, Mund): Kiefermäuler. Mit Kiefern ausgestattete Wirbeltiere.

Golgi-Apparat (= Golgi-Komplex). Nach seinem Entdecker Camillo Golgi benanntes Organell eukaryontischer Zellen. Endomembranverbund, der der Durchleitung und chemischen Modifikation von Makromolekülen und der Synthese gewisser Makromoleküle dient. Besteht aus typischen Membranstapeln (Diktyosomen) mit Polarität (Richtungssinn) der Zisternen.

Gonade Keimdrüse. Primäre Geschlechtsorgane, die der Herstellung von Keimzellen (Gameten) dienen.

Gonangium Fortpflanzungszooid von Hydroidkolonien (Nesseltiere, Cnidarier).

Gonodukt (gr. *gonos*, Nachkomme + lat. *ductus*, Gang, Kanal, Leitung): Ableitender Gang für die Geschlechtsprodukte. Gang, der von den Gonaden zur Geschlechtsöffnung führt.

Gonophor (gr. *gonos*, Nachkomme + *phoros*, Träger): Geschlechtliche Organbildung, die sich bei einigen Hydrozoen aus zurückgebildeten Medusen entwickelt. Kann auf der Kolonie verbleiben oder in Freiheit gesetzt werden.

Gonoporus (gr. *gonos*, Nachkomme + lat. *porus*, Öffnung): Genitalöffnung, die sich bei vielen Wirbellosen findet.

Gonosomen (= Geschlechtschromosomen; siehe dort).

Gradualismus Bestandteil der Darwin'schen Evolutionstheorie, welcher postuliert, dass sich die Evolution durch langsame Akkumulation schrittweiser kleiner Veränderungen vollzieht. Dies geschieht für gewöhnlich über sehr lange, „geologische" Zeiträume. Dem steht die Ansicht gegenüber, dass sich evolutive Veränderungen durch große, sprunghafte Veränderungen (Makromutationen) vollziehen.

Gradus (lat. *gradus*, Stufe, Schritt): Niveau organismischer Komplexität oder adaptive Zone, die für eine Gruppe evolutiv miteinander verwandter Organismen kennzeichnend ist.

Granulocyten (lat. *granulum*, Körnchen + gr. *kytos*, Hohlkörper, Zelle): Untergruppe der weißen Blutkörperchen (Leukocyten) mit einem im Lichtmikroskop „körnig" erscheinenden Protoplasma. Die Granula (Vesikel, Vakuolen usw.) lassen sich differenziell anfärben. Danach werden die Granulocyten weiter in die neutrophilen, die basophilen und die eosinophilen Granulocyten untergliedert.

Granuloreticulosarier Angehörige eines Protozoenkladus, die verzweigte und netzartige Pseudopodien ausbilden. In die Gruppe fallen die Foraminiferen (siehe dort).

Grundsteinarten Eine Tierart (im Regelfall eine räuberische Art), deren Entfernung aus dem Ökosystem zu einer Verminderung der Artenvielfalt in der betreffenden Lebensgemeinschaft führt.

Gründungsereignis Etablierung einer neuen Population durch eine kleine Anzahl von Individuen (oder manchmal ein einzelnes trächtiges Weibchen), die sich von ihrer Ursprungspopulation abgesetzt und in ein neues Gebiet eingewandert sind, das geografisch isoliert vom Verbreitungsgebiet der Ausgangspopulation ist.

Grüne Drüse Ausscheidungsdrüse bestimmter Crustaceen. Die Antennendrüse.

Guanin 2-Amino-6-oxopurin. Purinderivat. Summenformel: $C_5H_5N_5O$. Zweikernige heterozyklische Verbindung, die weiße Kristalle bildet. Kommt in verschiedenen tierischen Geweben sowie im Guano (Vogelkot) und anderen tierischen Exkrementen vor. Als Nucleosid Baustein von Nucleinsäuren.

Gyandromorph (gr. *gyn*, weiblich + *andro*, männlich + *morphe*, Form, Gestalt): (= androgyn). Abnorme Erscheinungsform, bei der ein Individuum an verschiedenen Teilen des Körpers Merkmale beider Geschlechter zeigt. Beispielsweise kann die linke Seite eines bilateralsymmetrischen Tieres weibliche und die rechte Seite männliche Geschlechtsmerkmale zeigen.

Gynokophorischer Kanal (gr. *gyne*, Frau + *pherein*, ich trage): Körperfurche bei männlichen Schistosomen (Plattwürmer), in denen sie ein Weibchen mit sich herumtragen.

Haarzelle Sinneszelltyp. Wichtiger Bestandteil verschiedener mechanosensorischer Reizempfänger bei Wirbellosen (Statozysten) und Wirbeltieren (Gleichgewichtsorgan, Corti'sches Organ des Innenohrs). Die „Haare" der Haarzellen sind Cilien (Zellwimpern) oder sensorische Endigungen, die sich als Fortsätze über die Zelloberfläche erheben. Bei Einwirkung eines mechanischen Reizes (Beschleunigung, Schwerkraft, Schall) werden die „Haare" der Haarzellen verbogen. Dabei werden mechanosensitive Kanäle in der Membran geöffnet, die ein Aktionspotenzial erzeugen, das an nachgeschaltete Zellen des Nervensystems übermittelt wird.

Habitat (lat. *habitare*, bewohnen): Lebensraum.

Habituation (lat. *habitus*, Haltung, Zustand): Lernvorgang, bei der die fortgesetzte Einwirkung des gleichen Reizes zu einer abnehmenden Reaktion auf diesen führt.

Hackordnung Hierarchie sozialer Privilegien in einem Vogelschwarm. Auch auf andere Tierformen übertragen.

Halbaffen Unterordnung der Primaten (Subordo Prosimiae). Baumlebende Primaten. Zu dieser Gruppe gehören die Koboldmakis, die Lemuren und die Loris.

Haltere (gr. *haltere*, hüpfen): Schwingkölbchen. Bei Insekten aus der Gruppe der Dipteren (Zweiflügler) kleine, keulenförmige Gebilde zu beiden Seiten des Metathorax. Die Schwingkölbchen (Halteren) sind verkümmerte Hinterflügel. Hypothesen zur Funktion der Halteren: (1) Sinnesorgane des Gleichgewichts; (2) aktiv an der Einstellung der Gleichgewichtslage beim Fliegen beteiligte, dynamische Stützgebilde („Flugstabilisatoren").

Hämalsystem (gr. *haema*, Blut + *systema*, Gebilde, das Zusammengefügte): System aus kleinen Gefäßen bei Echinodermaten. Die Funktion besteht vermutlich in der Verteilung von Nährstoffen auf die verschiedenen Körperteile.

Hämerythrin (gr. *haema*, Blut + *erythros*, rot): Rotes, eisenhaltiges Atmungspigment im Blut mancher Polychaeten, Sipunkuliden, Priapuliden und Brachiopoden.

Hämocoel (gr. *haema*, Blut + *koiloma*, Höhle): Hauptleibeshöhle der Arthopoden, die das Coelom ersetzt. Enthält die Hämolymphe (= Arthropodenblut).

Hämoglobin (gr. *haema*, Blut + lat. *globus*, Kugel): Roter Blutfarbstoff. Tetrameres Hämprotein. Eisenhaltiges Atmungspigment in den roten Blutkörperchen (Erythrocyten) von Wirbeltieren sowie frei im Blutplasma vieler Wirbelloser. Enthält einen Porphyrinkomplex des Eisens als prosthetische Gruppe, die an Globine gebunden sind.

Hämolymphe (gr. *haema*, Blut + *lymphe*, Wasser): Flüssigkeit im Coelom oder Hämocoel mancher Invertebraten, die die gemeinsame Entsprechung des Blutes und der Lymphflüssigkeit der Vertebraten ist.

Hämozoin (gr. *haema*, Blut + *zoon*, Tier): Unlösliches Verdauungsprodukt des Hämoglobinverdaus durch Malariaparasiten (*Plasmodium*-Zellen).

Haplodiploidie (gr. *haploos*, ein, einzeln + *diploos*, doppelt): Generationswechsel, bei dem parthenogenetisch haploide Männchen erzeugt werden. Aus befruchteten (diploiden) Eiern schlüpfen Weibchen.

Haploid (gr. *haploos*, ein, einzeln): mit einfachem Chromosomensatz (n Chromosomen). Typischer genetischer Zustand von Gameten, im Gegensatz zu diploiden somatischen Zellen (2n Chromosomen). Bei den Vertretern bestimmter Gruppierungen können auch die geschlechtsreifen Tiere ein haploides Genom aufweisen.

Hardy/Weinberg-Gleichgewicht Mathematische Beweisführung für den Umstand, dass der Mendel'sche Vererbungsprozess die Allel-/Genotyphäufigkeiten in einer Population über die Generationen hinweg nicht verändert. Die Veränderung von Allel-/Genotypfrequenzen (= -häufigkeiten) erfordert andere wirksame Faktoren wie die natürliche Selektion, die genetische Drift, die sexuelle (geschlechtliche) Selektion, wiederholte Mutationen, die Ein- oder Abwanderung einer signifikanten

Zahl von Individuen in die Population bzw. aus ihr heraus oder nichtzufällige Verpaarung.

Haupthistokompatibilitätskomplex (Abk.: MHC; von engl. *major histocompatibility complex*). Umfangreiche, höchst veränderliche Gengruppe, die für Zellmembranproteine codiert. Mehrere Untergruppen. Die MHC-Proteine sind die molekulare Grundlage der Selbst-/Nichtselbst-Unterscheidung. Aufgrund hoher Variabilität (Mutabilität) individuelle phänotypische Ausprägung. In der Medizin ist der synonyme Begriff Hauptleukocytenantigene (Abk.: HLA) geläufig.

Hektokotyl (gr. *hekaton*, hundert + *kotyle*, Becher): Bei Cephalopoden ein spezialisierter und manchmal autonomer Arm, der als männliches Kopulationsorgan dient.

Heliozoon (gr. *hel*, Sonne bzw. *Helios*, Sonnengott der antiken Mythologie + *zoon*, Tier): Sonnentierchen. Die Heliozoen sind eine Gruppe von Süßwasserprotozoen, die beschalt (testat) oder nackt sein können. Die testaten Formen bilden an mit einem Strahlenkranz umgebene Sonne erinnernde kugelige Formen aus.

Hemidesmosom (gr. *hemi*, halb + *desmos*, Verbindung + *soma*, Körper): Hälfte eines Desmosoms (siehe dort). Knopfartige, flächige Bildung in der Plasmamembran von Zellen, bestehend aus organellspezifischen Transmembranproteinen an der Basis von Zellen. Dienen der Verankerung der Zellen am darunterliegenden Bindegewebe.

Hemimetabol (gr. *hemi*, halb + *metabole*, Wechsel, Veränderung): Der hemimetabole Entwicklungsgang zeichnet sich durch eine graduale Metamorphose ohne Puppenstadium aus. Bei Insekten.

Hemizygot (gr. *hemi*, halb + *zygon*, Joch, (Ochsen)Gespann): Bei Tieren mit chromosomaler Geschlechtsfestlegung (zum Beispiel Säugetiere) das Vorliegen nur jeweils eines Allels der auf den Geschlechts-Chromosomen liegenden Gene bei demjenigen Geschlecht, das zwei verschiedene Geschlechts-Chromosomen aufweist (bei Säugetieren die Männchen) im Unterschied zur Situation bei den Autosomen (siehe dort), bei denen auf den homologen Chromosomen unterschiedliche Allele an einem gegebenen Genort (Lokus) vorliegen können (heterozygoter Zustand). Die Tiere mit zwei unterschiedlichen Geschlechtschromosomen werden heterogametisch genannt.

Hepatisch (lat. *hepar*, Leber): leber-, zur Leber gehörig, die Leber betreffend.

Hepatitis Leberentzündung.

Herbivor (lat. *herba*, Kraut + *vorare*, verschlingen): pflanzenfressend.

Herbivor Pflanzenfresser.

Hermaphrodit (*Hermaphroditis*, Sagengestalt der griechischen Mythologie, Sohn der Liebesgöttin Aphrodite und des Götterboten Hermes. Durch Einwirkung anderer „Gottheiten" wurde sein Körper mit dem der Nymphe Salmakis verschmolzen, wodurch er zum doppelgeschlechtlichen Mischwesen („Zwitter") wurde): Zwitter. Zweigeschlechtliches Tier. Tier mit (funktionstüchtigen) weiblichen und männlichen primären Geschlechtsorganen. Einhäusiges (monözisches) Tier.

Hermaphroditismus Zwittrigkeit. Kann für eine Tierart ein normaler Zustand oder eine pathologische Entwicklungsstörung sein.

Hermatypisch (gr. *herma*, Riff + *typos*, Schlag, Gepräge bzw. lat. *typus*, Form, Figur): riffbildend (zum Beispiel bei Korallen).

Heterochromatin (gr. *heteros*, verschieden + *chroma*, Farbe): Stärker anfärbbarer Teil des Chromatins im Zellkern. Höher verdichteter Zustand des Chromatins mit molekularer Kompaktierung. Genetisch weitgehend inaktiv. Siehe: Euchromatin.

Heterochronie (gr. *heteros*, verschieden + *chronos*, Zeit): Evolutive Veränderung im relativen Zeitpunkt des Auftretens oder der Geschwindigkeit, mit der Merkmale hervortreten (im Vergleich von Vorfahren und stammesgeschichtlichen Nachfahren).

Heterodont (gr. *heteros*, verschieden + *odous*, Zahn bzw. lat. *dens*, Zahn): Bezahnungstyp mit Differenzierung der Zähne in Schneide-, Eck- und Backenzähne.

Heterogametisch (gr. *heteros*, verschieden + *gametes*, Gatte): Tiere mit zwei unterschiedlichen Geschlechtschromosomen werden genannt (zum Beispiel Säugetiere (X/Y) und Vögel (W/Z)).

Heterokont (gr. *heteros*, verschieden + *kont*, Pol): mit unterschiedlichen Geißel ausgestattet. Von heterokonter Begeißelung spricht man, wenn eine Zelle mit zwei verschiedenartig gestalteten anterioren Zellgeißeln (Flagellen) bewehrt ist. Die eine ist lang und „haarig" und nach vorn gerichtet (in Schwimmrichtung), die andere ist kurz, glatt, weist nach hinten und wird hinterher geschleppt.

Heteroloboseen (gr. *heteros*, verschieden + lat. *lobos*, Lappen): (= Heterolobosea). Protozoenkladus, dessen Vertreter in der Mehrzahl sowohl eine amöboide wie eine flagellate Zellgestalt anzunehmen vermögen.

Heterosomen (= Geschlechtschromosomen; siehe dort).

Heterostraken (gr. *heteros*, verschieden + *ostrakon*, Schale, Gehäuse): Gruppe ausgestorbener Fische mit dermaler Panzerung; ohne Kiefer und paarige Flossen. Vom Ordovizium bis ins Devon.

Heterotroph (gr. *heteros*, verschieden + *trophein*, ich esse): Organismen, die sowohl organische wie anorganische Nahrung aufnehmen, werden heterotroph genannt. Heterotroph sind alle Tiere, alle Pilze, einige wenige Pflanzen, die die Fähigkeit zur Photosynthese verloren haben sowie die Mehrzahl der Bakterien.

Heterozerk (gr. *heteros*, verschieden + *kerkos*, Schwanz): Schwanzform bei Fischen, bei der der obere Flossenteil größer/länger ist als der untere und das Ende der Wirbelsäule nach oben gekrümmt bis in den oberen Schwanzflossenlappen reicht. Zum Beispiel bei Haien.

Heterozygot (gr. *heteros*, verschieden + Zygote = befruchtete Eizelle): Genetischer Zustand, bei dem an homologen Genorten verschiedene Allele in einem mindestens diploiden Organismus vorliegen (oft dominant/rezessive Allelpaare). Bildet sich durch die Bildung einer Zygote aus Keimzellen mit unterschiedlicher Allelausstattung. Siehe: homozygot.

Hexagonal (gr. *hexa*, sechs + *gonos*, Winkel): „sechswinklig" = sechseckig. Hexagonale Symmetrie: von der Form/mit den Symmetrieeigenschaften eines regelmäßigen Sechsecks.

Hexamer (gr. *hexa*, sechs + *meros*, Teil): sechsteilig, sechsgliedrig. Aus sechs Teilen bestehend.

Hibernation (lat. *hiberno*, überwintern bzw. *hibernus*, winterlich): Winterschlaf. Besonders bei Säugetieren vorkommender physiologischer Zustand der Winterruhe mit Körperstarre, Herabsetzung der Körpertemperatur, der Atmung, der Kreislauftätigkeit und des Stoffwechsels.

Hierarchisches System (gr. *hiere*, heilig + *arche*, Herrschaft, Ordnung + *systema*, Gebilde, das Zusammengefügte): Ordnungsschema, das die Lebensformen in eine Folge von Taxa (siehe dort) zunehmender Umfassenheit eingliedert. Siehe: Linné'sches System.

Histogenese (gr. *histos*, Gewebe + *genesis*, Bildung): Gewebsbildung.

Histone Gruppe strukturgebender Proteine der Chromosomen. Mengenmäßig überwiegende chromosomale Proteine, die heteromere Aggregate bilden, um die sich Schlaufen des chromosomalen DNA-Moleküls wickeln (Nucleosomen). Histone zeichnen sich durch einen hohen Gehalt basischer Aminosäuren aus, die unter physiologischen Bedingungen positiv geladenen sind und zur elektrostatischen Bindung der negativ geladenen Phosphorsäurereste des DNA-Rückgrats dienen.

Holoblastische Furchung (gr. *holo*, ganz, gänzlich + *blastos*, Keim): Furchungsverlauf, bei dem die Zygote total und äqual gefurcht wird. Bei Säugetieren, Lanzettfischchen und vielen aquatischen Invertebraten, die dotterarme Eier besitzen.

Holometabol (gr. *holo*, ganz, gänzlich + *metabole*, Wechsel, Veränderung): Entwicklungsverlauf mit vollständiger Metamorphose, die ein Puppenstadium einschließt. Siehe: hemimetabol.

Holophytische Ernährung (gr. *holo*, ganz + *phyton*, Pflanze): Die Synthese von Kohlenhydraten aus den Grundstoffen Kohlendioxid und Wasser in Gegenwart von Licht (Photosynthese) bei Pflanzen und manchen Protisten (einzelligen Algen) mit Hilfe von Chlorophyll und diversen Enzymen.

Holozoische Ernährung (gr. *holo*, ganz + *zoon*, Tier): Ernährungsweise, die die Einverleibung von gelösten flüssigen oder festen organischen Nährstoffen erfordert.

Hominide (lat. *homo*, Mensch, Mann): Vertreter aus der Gruppe der Hominiden. Menschenähnliche Primaten. Einzige rezente Art: *Homo sapiens*, der Mensch.

Hominoid (lat. *homo*, Mensch, Mann): zur Gruppe der Hominoiden gehörig. Hominoidea = Überfamilie aus der Ordnung der Herrentiere (Ordo Primates). Umfasst die Menschenaffen und die Menschen.

Homodont (gr. *homoios*, gleich, ähnlich + lat. *dens*, Zahn): mit gleichförmiger Bezahnung. Bezahnungsform, bei der alle Zähne von gleicher Gestalt sind.

Homoiotherm (gr. *homoios*, ähnlich + *iso-*, gleich + *thermos*, Wärme): von gleichbleibender Körpertemperatur. Homoiotherme Tiere sind solche von nicht wechselnder Körperinnentemperatur. Obsoletes Synonym: „warmblütig".

Homologie (gr. *homoios*, gleich, ähnlich + *logos*, Rede, Sinn, Lehre; homolegeo, übereinstimmen): Ähnlichkeit von Teilen von Organismen oder ganzen Organismen. Durch gemeinschaftliche Herkunft der homologen Bildungen aus einem evolutiven Ursprung (gemeinsamer Vorfahre bzw. gemeinsame Vorform) erklärlich. Auf molekulare Bestandteile von Lebewesen (Makromoleküle, Gene) ebenso anwendbar wie auf Organe und andere anatomische Strukturen.

Homologie, serielle Entsprechung von Bildungen an ein und demselben Individuum, zum Beispiel von sich wiederholenden anatomischen Gebilden (Körpersegmente, Anhangsbildungen wie Beine, Flügel usw.).

Homöobox (gr. *homoios*, ähnlich, gleich + engl. *box*, Schachtel, Kästchen, Behältnis): Stark konservierte, ca. 180 Basen umfassende Nucleotidsequenz der so genannten Homöoboxgene. Für Homöoboxgene typisches Sequenzmotiv. Die Homöobox ist ein codierender Abschnitt der jeweiligen Gene, der eine DNA-Bindungsdomäne der zugehörigen Translationsprodukte (Proteine) dieser Gene spezifiziert.

Homöoboxgene Gene, deren offener Leserahmen eine Homöoboxsequenz enthält.

Homöoboxproteine Gruppe DNA-bindender Proteine mit Regulatorfunktionen (Transkriptionsfaktoren; siehe dort) während der Embryonalentwicklung.

Homöostase (gr. *homoios*, gleich, ähnlich + *stasis*, Stockung, Stillstand): Aufrechterhaltung des inneren Sollzustandes eines Lebewesens durch Selbstregulationsvorgänge.

Homöotische Gene (= Hox-Gene). Entwicklungskontrollgene mit Homöoboxsequenzen (siehe dort). Legen das Wesen von Körperabschnitten durch Einwirkung auf nachgeschaltete Gene fest.

Homoplasie (gr. *homoios*, gleich, ähnlich + *plasis*, Formgebung): Phänotypische Ähnlichkeit von Merkmalen verschiedener Arten oder Populationen, die nicht notwendigerweise auf einen gemeinsamen evolutiven Ursprung hinweisen (= nichthomologe Ähnlichkeiten/Entsprechungen). Kommt durch evolutiven Parallelismus, Konvergenz (siehe dort) oder Revertierung zustande. Offenbart sich durch Inkongruenzen von Merkmalssätzen beim Aufstellen eines Kladogramms oder Stammbaumes.

Homosexuell Gleichgeschlechtlich; dem eigenen Geschlecht zugewandt.

Homozerk (gr. *homoios*, gleich, ähnlich + *kerkos*, Schwanz): Schwanzform, bei der der obere und der untere Lappen der Schwanzflosse von gleicher Gestalt ist. Symmetrische Schwanzflossenform. Die Wirbelsäule endet in der Mitte der Schwanzflossenbasis. Bei den meisten Teleostiern (siehe dort).

Homozygot (gr. *homo*, Mensch, gleich(artig) + Zygote = befruchtete Eizelle): Genetischer Zustand, bei dem an homologen Genorten identische Allele in einem mindestens diploiden Organismus vorliegen. Bildet sich durch die Bildung einer Zygote aus Keimzellen mit gleicher Allelausstattung. Siehe: heterozygot.

Humoral (lat. *humor*, Flüssigkeit): vermittels/über Körperflüssigkeiten (vonstatten gehend). Als humorale Immunantwort wird die Produktion von löslichen (in Körperflüssigkeiten gelösten) Antikörpern bezeichnet.

Humorale Immunantwort (1) Die Produktion von löslichen (in Körperflüssigkeiten gelösten) Antikörpern. (2) Durch T-Helferzellen der Gruppe 2 (T_H2-Zellen) koordinierte Immunreaktion.

Hyalin (gr. *hyalos*, Glas): (1) glasig, durchscheinend. (2) Glasig-durchsichtig amorphes Material. Zum Beispiel in Knorpel, dem Glaskörper des Auges, Schleim und Glycogen.

Hyaliner Knorpel Zellarmer Knorpeltyp, der im Lichtmikroskop glasig-durchscheinend erscheint.

Hybrid (lat. *hybrida*, Mischling): Mischling. Nachkomme einer Kreuzung genetisch unterscheidbarer Individuen (aus verschiedenen Populationen). Taxonomisch-systematisch als Varietäten, Sorten, Rassen, Spielarten.

Hybridisierung (= Hybridbildung). (1) Natürliche oder artifizielle Kreuzung von Vertretern genetisch unterschiedlicher Populationen (Angehörige unterschiedlicher Arten, Rassen, Sorten usw.). (2) In der Molekularbiologie die Zusammenlagerung von Nucleinsäuremolekülen durch Ausbildung komplementärer Basenpaarungen.

Hybridom Zusammenfassend aus Hybrid + Myelom. Zelllinie, die aus der Fusion zweier verschiedenartiger Zelltypen resultiert, von der die eine Myelomzelle ist.

Hybridomtechnik Verfahren zur Herstellung monoklonaler Antikörper mit der Hilfe von antikörperproduzierenden Hybridomzell-Linien.

Hydatide Zyste (gr. *hydatis*, Wasserblase): (= Echinokokkenzyste). Zystenform, die durch Juvenilformen bestimmter Bandwürmer der Gattung *Echinococcus* im Gewebe ihrer Wirbeltierwirte hervorgerufen wird. Auch als Hydatide oder Blasenwurm bezeichnet.

Hydranth (gr. *hydor*, Wasser + *anthos*, Blume): Nährzooid einer Hydroidenkolonie.

Hydrocaulus (gr. *hydor*, Wasser + lat. *caulis*, Stängel, Stamm): Stiele oder Stängel einer Hydroidenkolonie; die Teile zwischen der Hydrorhiza (siehe dort) und den Hydranthen (siehe dort).

Hydrocoel (gr. *hydor*, Wasser + *koilos*, hohl, Höhle): Zweites oder mittleres Coelomkompartiment bei Echinodermaten. Aus dem linken Hydrocoel geht das Wasser/Gefäßsystem hervor.

Hydrogenosom (Hydrogen = Wasserstoff + gr. *soma*, Körper): Zellorganell, dessen Stoffwechseltätigkeit zur Freisetzung von elementarem Wasserstoff (H_2) führt.

Hydroid (gr. *hydor*, Wasser): (1) (= Polyp). Die Polypenform der Nesseltiere (Cnidarier) im Unterschied zur Medusenform. (2) Mitglied der Ordnung der Hydroiden aus der Klasse der Hydrozoen im Stamm der Nesseltiere.

Hydrokorallen Untergruppe des Stamms der Nesseltiere (Phylum Cnidaria) aus der Klasse der Hydrozoen (Classis Hydrozoa) mit massiven Kalkskeleten.

Hydrolyse (gr. *hydor*, Wasser + *lysis*, Spaltung, Auflösung): (1) Spaltung einer chemischen Verbindung durch die Einlagerung von Wasser. (2) Chemische Reaktion unter Beteiligung von Wasser als Reaktionspartner, die zur Auflösung der Substanz führt. Siehe: Kondensation(sreaktion).

Hydrorhiza (gr. *hydor*, Wasser + *rhiza*, Wurzel): Wurzelartiges Stolon, mit dem sich ein Hydroid am Untergrund verankert.

Hydrosphäre (gr. *hydor*, Wasser + *sphaeron*, Kugel): Die Wasserhülle der Erde. Die Gesamtheit aller Gewässer.

Hydrostatischer Druck Derjenige Druck, der von einer Flüssigkeitssäule auf die Umgebung durch die Schwerkraftwirkung der Masse des drückenden Mediums ausgeübt wird. Hängt allein von der Höhe der Flüssigkeitssäule und deren Dichte (spezifischem Gewicht) ab. Quantitative Beschreibung durch das Pascal'sche Gesetz: $p = r \cdot g \cdot h$. p = (hydrostatischer) Druck; r = Dichte des Mediums; h = Höhe der (Flüssigkeits)säule; g = Gravitationsbeschleunigung. Das Konzept ist auch auf Gase anwendbar.

Hydrostatisches Skelett Eine Flüssigkeitsmenge oder ein plastisch verformbares Parenchym (siehe dort), das durch eine muskuläre Wandung umschlossen ist, und das als Stützapparat dient und antagonistische Muskelkontraktionen erlaubt. Beispiele: Parenchym von Acoelomaten, Periviszeralflüssigkeit bei Pseudocoelomaten.

Hydrothermalquelle Untermeerische Quelle, aus der heißes Wasser ausströmt. In den Meeresboden eingesickertes Wasser wird durch oberflächennahe Magmaschichten aufgeheizt und strömt unter Druck an bestimmten Punkten (Hydrothermalquellen) in den ozeanischen Wasserkörper zurück.

Hydroxidion Elektrisch geladenes Teilchen der Konstitution OH^-. Zum Beispiel durch Abspaltung eines H^+-Ions aus einem Wassermolekül im Rahmen einer Protolysereaktion.

Hydroxyl Bezeichnung für das elektrisch neutrale Radikal der Zusammensetzung $OH\cdot$.

Hydroxylgruppe In der Organischen Chemie Vorsilbe für den kovalent gebundenen Substituenten —OH.

Hyperosmotisch (gr. *hyper*, darüber (hinaus) + *osmos*, Schub, Stoß): Von höherem osmotischem Potenzial. Eine Lösung, deren osmotisches Potenzial größer ist als das einer Vergleichsflüssigkeit, wird als hyperosmotisch bezeichnet. Siehe: hypoosmotisch, isoosmotisch.

Hyperparasitismus Befall eines Parasiten durch einen anderen Parasiten.

Hyperplasie Abnormes Wachstum eines Körperteils oder Organs über das für die Art Normale hinaus durch Vergrößerung der Zellzahl bei gleichbleibender Zellgröße. Siehe: Hypertrophie.

Hyperpolarisation Veränderung des elektrischen Potenzials einer Zellmembran in Richtung auf eine Vergrößerung der an der Membran anliegenden Spannung. Siehe: Membranpotenzial, Depolarisation.

Hypertrophie (gr. *hyper*, darüber (hinaus) + *trophein*, ich esse): Abnormes Wachstum eines Körperteils oder Organs über das für die Art Normale hinaus durch Vergrößerung der Zellen bei gleichbleibender Zellzahl. Siehe: Hyperplasie.

Hypodermis (gr. *hypo*, unter, darunter + *derma*, Haut): Zellschicht unterhalb der Kutikula bei Anneliden, Arthropoden und gewissen anderen Wirbellosen, durch welche die Kutikula sezerniert wird.

Hypohpyse (gr. *hypo*, unter, darunter + *physis*, Gewächs): Hirnanhangsdrüse (= Glandula pituitaria). Hormondrüse des Wirbeltiergehirns.

Hypoosmotisch (gr. *hypo*, unter, darunter + *osmos*, Stoß, Schub): Von niedrigerem osmotischem Potenzial. Eine Lösung, deren osmotisches Potenzial kleiner ist als das einer Vergleichsflüssigkeit, wird als hypoosmotisch bezeichnet. Siehe: hyperosmotisch, isoosmotisch.

Hypostom (gr. *hypo*, unter, darunter + *stoma*, Mund): Körperstruktur bei verschiedenen Wirbellosen (Milben, Zecken usw.), die sich posterior oder ventral zur Mundöffnung befindet.

Hypothalamus (gr. *hypo*, unter, darunter + *thalamos*, Innenraum): Ventraler Teil des Vorderhirns unterhalb des Thalamus (siehe dort). Eines der Zentren des autonomen Nervensystems.

Hypothese (gr. *hypothesis*, Behauptung, Unterstellung, Annahme): In der Wissenschaft die Formulierung einer Annahme oder Ausgangsvoraussetzung, die durch das Experiment überprüft und gegebenenfalls verworfen oder modifiziert wird.

Hypothetiko-deduktiv (gr. *hypothesis*, Annahme, Behauptung + lat. *deducere*, abführen, (hin)wegführen): Wissenschaftstheoretischer Ansatz, der von einer Annahme ausgeht und dann nach empirischen Beweisen sucht, die zu einer Widerlegung der Ausgangsannahme geeignet sind.

Imago (lat. *imago*, Ebenbild): Adultes/geschlechtsreifes Insekt.

Immunglobulin (= Antikörper). Von B-Zellen und Plasmazellen gebildete Proteine, die Antigene erkennen und binden. Wichtige Effektormoleküle des Immunsystems.

Immunität Fähigkeit eines Lebewesens, sich erfolgreich gegen eindringende Krankheitserreger zur Wehr zu setzen. Siehe: angeborene Immunität, erworbene Immunität.

Incus (lat. *incus*, Amboß): Der mittlere der drei Gehörknöchelchen beim Mittelohr von Säugetieren. Homolog zum Os quadratum der frühen Wirbeltiere.

Indeterminierte Furchung (lat, *in*, nicht, kein + *determino*, festsetzen, festlegen): Furchungstyp, bei dem das Entwicklungsschicksal der Blastomeren nicht von Anfang an festgelegt ist. Regulative Furchung. Zum Beispiel bei Echinodermaten und Vertebraten.

Indigen (lat. *indigena*, eingeboren): eingeboren. Natürlicherweise an einem Ort vorkommend; nicht eingeschleppt.

Indirekte Entwicklung Entwicklungsgang von der Zygote zum Adultus mit dazwischenliegenden Larvenstadien.

Induktion (lat. *inducere*, einführen, veranlassen, verleiten): (1) In der Philosophie Schlussfolgern vom Speziellen auf das

Allgemeine. Die Ableitung einer allgemeingültigen Aussage (Verallgemeinerung) aus speziellen Beobachtungen (an einzelnen oder wenigen Fällen, Objekten, Individuen usw.). Siehe: Deduktion. (2) In der Embryologie die Abänderung des Schicksals/der weiteren Entwicklung von Zellen als Ergebnis der Einflussnahme von benachbarten Zellen oder anderen von außen einwirkenden Faktoren.

Induktor In der Embryologie ein Gewebe, Organ oder chemischer Faktor, der Zellen oder Gewebe dazu veranlasst, einen Differenzierungsprozess einzuleiten. Ein eine Induktion (siehe dort) auslösender Einfluss.

Infraciliatur An der Basis der Cilien liegende Organellen bei Ciliaten.

Infundibulum (lat. *infundere*, eingießen; *infundibulum*, Trichter): Stiel der Neurohypophyse (= Hypophysenhinterlappen), der die Hirnanhangsdrüse (Hypophyse) mit dem Zwischenhirn (Diencephalon) verbindet.

Ingression (lat. *ingressus*, Eintritt, Hereinschreiten): Wanderung einzelner Zellen von der Oberfläche eines Embryos in das Embryoinnere.

Instar (lat. *instar*, Gehalt): Zwischen zwei Häutungen liegendes Stadium im Leben eines Insekts oder eines anderen Gliederfüßlers.

Insterstitiell (lat. *interstinctus*, hier und da mit etwas besetzt): In den Zwischenräumen (dem Interstitium) liegend. Zwischen Zellen, Organen, Sandkörnern usw.

Instinkt (lat. *instinctus*, Anreiz): Stereotypes, vorhersagbares, genetisch festgelegtes Verhalten. An der Ausbildung eines Instinktverhaltens kann ein Lernvorgang beteiligt sein.

Integument (lat. *integumentum*, Decke): Äußere Bedeckung oder sich entwickelnde Schicht.

Interferone (lat. *interficere*, töten, niedermachen bzw. engl. to *interfere*, einschreiten, (sich) einmischen): Gruppe von Cytokinen (siehe dort). Signalmoleküle des Immunsystems. Vermittlung von Abwehr- und Entzündungsreaktionen, besonders der Abwehr von Virusinfektionen. Verschiedene Subtypen. Verhältnismäßig kleine, monomere Glycoproteine.

Interleukin-1 (lat. *inter*, zwischen + gr. *leukos*, weiß): Zwischen (verschiedenen) weißen Blutkörperchen (Leukocyten) vermittelndes Signalmolekül. Von Makrophagen, Endothelzellen und einigen anderen Zelltypen produziert. Wirkt auf T-Helferzellen.

Interleukin-2 (lat. *inter*, zwischen + gr. *leukos*, weiß): Zwischen (verschiedenen) weißen Blutkörperchen (Leukocyten) vermittelndes Signalmolekül. Von T-Helferzellen produziert. Regt die Proliferation von B- und T-Zelle an und verstärkt die Aktivität von natürlichen Killerzellen (NK-Zellen).

Interleukine (lat. *inter*, zwischen + gr. *leukos*, weiß): Zwischen (verschiedenen) weißen Blutkörperchen (Leukocyten) vermittelnde Signalmoleküle. Gruppe von Cytokinen, die in erster Linie von Zellen des Immunsystems gebildet werden, aber auch von Endothelzellen und Fibroblasten. Zielzellen sind verschiedene Leukocyten (weiße Blutkörperchen) und andere Zelltypen. Der Begriff „Interleukin" bezieht sich auf die Signalwirkung zwischen weißen Blutkörperchen.

Intermediäre Meiose Meiose (Reifeteilung, Reduktionsteilung), die weder während der Gametenbildung noch unmittelbar nach der Zygotenbildung erfolgt. Führt sowohl zu haploiden wie diploiden Folgegenerationen. Zum Beispiel bei Foraminiferen (siehe dort).

Intermediärer Erbgang Mendel'sche Vererbung ohne vollständige Dominanz (siehe dort) eines der beteiligten Allele. Mischerbige (heterozygote) Organismen zeigen einen Phänotyp, der zwischen den reinerbigen Phänotypen der beteiligten Allele liegt. Siehe: dominant-rezessiver Erbgang.

Interstitielle Flüssigkeit (= Gewebsflüssigkeit). Körperflüssigkeiten, die den interstitiellen Raum durchfluten (Lymphe, Hämolymphe usw.).

Interstitium (= Stroma). In der Anatomie das parenchymatische Organe durchziehende Zwischengewebe.

Interzellulär (lat. *inter*, zwischen + *cellula*, Zelle, Kämmerchen): Zwischen den Zellen gelegen.

Intrazellulär (lat. *intra*, innen, in, innerhalb + *cellula*, Zelle, Kammer): im Inneren einer Zelle gelegen.

Intrinsisch (lat. *intrinsecus*, inwendig): innewohnend.

Intrinsische Wachstumsrate Die einer Population innewohnende Wachstumsrate (= Vermehrungsrate). Die Differenz zwischen den dichteunabhängigen Komponenten der Geburts- und Sterberaten einer natürlichen Population mit stabiler Altersverteilung.

Intron Teil eines offenen Leserahmens eines Gens oder einer prä-mRNA, der nicht für eine Folge von Aminosäuren eines Translationsproduktes codiert und der in der reifen (maturierten) mRNA nicht auftaucht. Siehe: Exon. Introns werden durch den Vorgang des Spleißens aus der prä-mRNA entfernt.

Introvert (lat. *intro*, hinein, herein + *verto*, hinwenden): Der anteriore, verengte Teil eines Sipunkuliden, der in den Rumpf zurückgezogen werden kann.

Invagination (lat. *vagina*, Scheide): Einstülpung. (1) Einfaltung einer Gewebeschicht unter Ausbildung einer sackartigen Form. (2) Einstülpung von Zellmembranen (flächig oder fingerartig); zum Beispiel bei der Abschnürung von Vesikeln oder der Ausbildung von Caveolen.

Inversion (lat. *inverto*, umwenden): Eine Umkehrung von außen nach innen oder von innen nach außen. Eine Umstülpung oder Umkehrung. Anatomisch, genetisch und chemisch.

Inzucht Die Paarung und Fortpflanzung mit nahen Verwandten.

Ion Atom oder Molekül mit einer oder mehreren überschüssigen elektrischen Ladungen. Atom oder Molekül mit einer elektrischen (nichtkompensierten) Nettoladung.

Ionenbindung (= ionische Bindung, heteropolare Bindung, Salzbindung). Auf elektrostatischer Anziehung ungleichnamig geladener Ionen beruhender Typ der chemischen Bindung. Quantitative Beschreibung durch das Coulomb'sche Gesetz: $F = (4\pi e_0)^{-1} q_1 q_2 r^{-2}$.

Iridophore (gr. *iris*, Regenbogen): Irisierende oder silbrig glänzende Chromatophore (Farbpigmentzelle), die plättchenförmige oder sonstige Kristalle aus Guanin oder einem anderen Purinderivat enthält, die das Licht brechen und reflektieren.

Irritabilität (lat. *irrito*, erregen): Erregbarkeit. Allgemeine Eigenschaft aller Lebewesen, mit der die Fähigkeit beschrieben wird, auf einwirkende Reize oder sonstige Veränderungen in und aus der Umwelt zu reagieren.

Isogameten (gr. *isos*, gleich + *gametes*, Gatte): Gleich große Gameten. Männliche und weibliche Keimzellen von gleicher Größe und Erscheinung.

Isolecithal (gr. *isos*, gleich + *lecithos*, Dotter): Eizellen, deren Dottervorrat gleichmäßig über die Zelle verteilt ist, heißen isolecithal. Siehe: zentrolecithal, telolecithal.

Isoosmotisch (gr. *isos*, gleich + *osmos*, Schub, Stoß): den gleichen osmotischen Druck aufweisend.

Isotonisch (gr. *isos*, gleich + *tonikos*, Spannung): (= isoosmotisch).

Isotop (gr. *isos*, gleich + *topos*, Ort, Platz): Atomkerne, die die gleiche Anzahl Protonen (= Ordnungszahl) aufweisen, aber verschiedene Zahlen von Neutronen, werden Isotope genannt, weil sie im Periodensystem der Elemente am selben Platz stehen. Sie unterscheiden sich in der Masse (Protonenzahl + Neutronenzahl), nicht aber in den chemischen Eigenschaften der Atome, denen sie angehören. Die Isotope gleicher Ordnungszahl gehören daher zum selben chemischen Element.

Joule Maßeinheit der Wärmemenge. 1 J = 1 kg m^2 s^{-2} = 1 Nm.
Jungfernflug Paarungsflug bei Insekten (insbesondere dem von „Königinnen" staatenbildender Insekten mit einem oder mehreren Männchen).
Juvenilhormon Von den Corpora allata der Insekten gebildetes Hormon, das die Aufrechterhaltung der Larven- oder Nymphengestalt kontrolliert. Jugendstadien begünstigendes Entwicklungshormon bei Insekten.
Juxtaglomerulärer Apparat (lat. *juxta*, nahe bei, gleich bei + *glomus*, Knäuel): „gleich beim Knäulen liegender Apparat". In den afferenten (zuleitenden) Arteriolen liegender Komplex aus Sinneszellen in Nachbarschaft zum Glomerulus und einer Schleife des distalen Tubulus einer Niere. Herstellungsort des Hormons Renin.

Kalkdrüsen Drüsen eines Regenwurms, die Calciumionen in den Darm sezernieren.
Kalorie (lat. *calor*, Hitze, Wärme, Glut): veraltete Maßeinheit der Wärmemenge. Wärmemenge, die notwendig ist, um 1 g Wasser von 14,5 °C auf 15,5 °C zu erwärmen. Gültige Maßeinheit der Wärme: Joule. Umrechnung: 1 J = 0,239 cal; 1 cal = 4,184 Joule.
Kammplatte Eine aus fusionierten Cilien gebildeten Platte bei Ctenophoren. In Reihen an der Körperoberfläche angeordnet. Dienen der Lokomotion der Tiere.
Kapillare Extrem enges (= englumiges) Blutgefäß, welches das arterielle und venöse Gefäßsystem mit den Geweben verbindet. Durchmesser bei Säugetieren, ca. 8 µm. Kapillarwand bestehend aus einem einzelligen Endothel. Die Kapillaren stellen die Grenzfläche zwischen dem Kreislauf und den zu versorgenden Zellen der Organe dar und dienen der Anlieferung/ dem Austausch von Atemgasen wie Sauerstoff, Nährstoffen, Signalstoffen (zum Beispiel Hormone) sowie dem Abtransport von Stoffwechselabfallprodukten.
Kardial (gr. *kardia*, Herz): zum Herzen gehörig; mit Bezug zum Herzen.
Kaste (lat. *castus*, keusch, rein, züchtig): Eine von verschiedenen, polymorphen Formen innerhalb eines Insektenstaates. Dabei fallen jeder Kaste bestimmte Aufgaben zu (Königin, Arbeiter, Soldat usw.).
Katabolismus (gr. *kata*, abwärts + *bol*, werfen): Abbauender Stoffwechsel. Die Zerlegung von chemischen Verbindungen in einfachere Verbindungen oder (selten) Elemente zur Gewinnung von Energie, zur Ausscheidung oder Entgiftung.
Katadrom (gr. *kata*, abwärts + *dromos*, Lauf, Rennen): Die Wanderung von Fischen von den Laichplätzen im Oberlauf von Flüssen ins Meer (zum Beispiel Lachse und Aale).
Katalysator (gr. *kata*, abwärts + *lysis*, Spaltung, Trennung): Reaktionsbeschleuniger. Ein Stoff, der eine chemische Reaktion beschleunigt und selbst unverändert aus dieser hervorgeht. Biologische Katalysatoren sind die Enzyme.
Kaudal (lat. *cauda*, Schwanz): zum Schwanz(bereich) gehörig; mit Bezug zum Schwanz; caudalwärts: in Richtung auf den Schwanz zu.
Keimblatt Grundlegende Zellschicht eines Frühembryos. Die drei Keimblätter Entoderm, Mesoderm und Ektoderm werden unterschieden. Aus den Keimblättern bilden sich im weiteren Verlauf der Embryonalentwicklung die Organe und sonstigen Teile des Körpers vielzelliger Tiere.
Keimplasma Zelllinien, aus denen bei vielzelligen Tieren später die Keimzellen (Gameten) hervorgehen. Siehe: Somatoplasma.
Kentrogon (gr. *kentron*, Mitte, Mittelpunkt + *gonos*, Nachfahre): Cirripedienlarve aus der Ordnung der Rhizocephalen (Subphylum Crustacea), die dazu dient, die Parasitenzellen in das Hämocoel des Wirtes zu praktizieren.
Keratin (gr. *kera*, Horn): Hornprotein. Ein Skleroprotein epidermaler Gewebe. Abgesondert zum Aufbau von Hartbildungen wie Haaren, Nägel (Finger-, Zehen-), Hörnern, Geweihen und Reptilschuppen.
Kinese (gr. *kinesis*, Bewegung): Regellose, in zufälliger Richtung erfolgende Bewegung eines Lebewesens als Reaktion auf einen Reiz.
Kinetochor (gr. *kinesis*, Bewegung + *chora*, Land, Erde): Ein scheibenförmiges Aggregat aus Proteinmolekülen am Zentromer zur Wechselwirkung des Chromosoms mit den Fasern des mitotischen Spindelapparates.
Kinetodesmen (gr. *kinesis*, Bewegung + *desma*, Verbindung): Aus dem Kinetosom eines Ciliums (Zellwimper) ausstrahlende Fibrillen bei Ciliaten (Wimperntierchen). Verlaufen entlang der Kinetosomen einer Cilienreihe.
Kineton Alle Kinetosome und Kinetodesmen einer Cilienreihe.
Kinetoplast (gr. *kinesis*, Bewegung + *plastos*, Formgebung): Zellorganell, das an der Basis einer Zellgeißel (Flagellum) in Verbindung mit einem Kinetosom seine Funktion ausübt. Vermutlich ein stark modifiziertes Mitochondrium.
Kinin Gruppe von Gewebshormonen, die chemisch zu den Oligopeptiden zählen.
Kladistik Taxonomische Lehrmeinung, die Taxa nach evolutiv abgeleiteten Merkmalen anordnet, so dass die sich aus der Analyse der sich so ergebenden Anordnung die stammesgeschichtlichen Verwandtschaftsbeziehungen wiederspiegelt.
Kladogramm (gr. *klados*, Zweig, Ast, Spross + *gramma*, Buchstabe): Sich verzweigendes Diagramm zur Darstellung des Verteilungsmusters gemeinsamer und abweichender, evolutiv abgeleiteter Merkmale zwischen Arten oder anderen taxonomischen Einheiten.
Kladus (gr. *kladus*, Zweig, Spross, Ast): Taxonomisch-systematische Größe. Ein Taxon oder eine andere Gruppierung, die aus einer Ursprungsart und allen ihren Nachfahren besteht, die einen abgrenzbaren Zweig eines Stammbaumes bilden.
Klimax (gr. *klimax*, Leiter, Steigerung): (1) Stadium relativer Stabilität, den eine Gemeinschaft von Organismen erreicht hat (oftmals Kulminationspunkt der Entwicklung einer natürlichen Sukzession) („Klimaxgesellschaft"). (2) sexueller Höhepunkt (= Orgasmus).
Kloake (lat. *cloaca*, Abwasserkanal): Posteriore Kammer des Verdauungstraktes vieler Vertebraten, über die die Exkremente (Fäzes) und der Harn abgegeben werden. Gemeinsames Mündungsgebiet der ableitenden Wege. Bei bestimmten Wirbellosen der terminale Anteil des Verdauungstraktes, der als Atmungs-, Ausscheidungs- und Fortpflanzungstrakt dient.
Klon (gr. *klon*, Zweig): Alle durch ungeschlechtliche Vermehrung entstandenen, genetisch identischen Nachfahren eines einzelnen Individuums.
Knidie (gr. *knide*, Nessel): Stechendes oder klebriges Organell, das bei Angehörigen des Stamms der Nesseltiere (Phylum Cnidaria) in Nesselzellen (Cnidocyten) gebildet wird. Nematozysten sind ein verbreiteter Typus.

Knidoblast (gr. *knide*, Nessel + *blastos*, Keim): Siehe unter: Knidocyte.
Knidocyte (gr. *knide*, Nessel + *kytos*, Hohlkörper): Modifizierte Interstitialzelle, die eine Nematozyste beherbergt. Während ihrer Entwicklung zur Knidocyte wird die Zelle als Knidoblast bezeichnet.
Knidozil (gr. *knide*, Nessel + lat. *cilium*, Wimper): (= Cnidocil). Umgebildetes Cilium nematozystentragender Knidocyten bei Cnidariern; Auslöser der Nemastozysten.
Knorpel (lat. *cartilago*, Knorpel): Durchscheinendes, spezialisiertes Bindegewebe, das beim Embryo, sehr jungen Wirbeltieren und adulten Knorpelfischen (Chondrichthyes) den Großteil oder den gesamten Stützapparat ausbildet. Bei den höheren Wirbeltieren wird es im Verlauf der Entwicklung zunehmend von Knochen verdrängt.
Knospung Fortpflanzungsweise, bei der die Nachkommen als Auswüchse ihrer Elternorganismen ihren Ursprung nehmen und daher anfänglich kleiner als diese sind. Versagt die Ablösung vom Elternorganismus kommt es zur Bildung von fadenförmigen oder verzweigten Kolonien.
Koagulation (lat. *coagulare*, gerinnen): Blutgerinnung (durch Aktivierung der Gerinnungskaskade). Gerinnung von Flüssigkeiten im Allgemeinen (zum Beispiel von Milch durch Einwirkung von Bakterien).
Kodominanz (lat. *dominare*, herrschen, gebieten): Gleichrangigkeit von Allelen bei der Vererbung; beide Allele vermögen im heterozygoten Genotyp ihren phänotypischen Einfluss durch Merkmalsexpression zum Ausdruck zu bringen, ohne dass es zu einer Vermischung der homozygoten Phänotypmerkmale kommt (siehe hierzu: intermediäre Vererbung, intermediärer Erbgang). Beispiel für genetische Codominanz: die Blutgruppen A und B.
Kohlenhydrat (lat. *carbo*, Kohle + gr. *hydor*, Wasser): Aufgrund der allgemeinen Summenformel $(CH_2O)_n$ als „Hydrate des Kohlenstoffs" bezeichnete Gruppe organischer Verbindungen, genauer Polyhydroxaldehyde, Polyhydroxyketone oder Verbindungen, die zu solchen hydrolysierbar sind und der allgemeinen Summenformel gehorchen. Zahlreiche Kohlenhydrate biogenen Ursprungs. Wichtige strukturelle wie funktionelle Bestandteile aller Lebewesen.
Kokon (fr. *cocon*, Hülle, Schale): Schützende Hülle von Ruhe- oder bestimmten Entwicklungsstadien. Beispiele: Eikokons von Spinnen; Puppenhüllen von Insekten; Ei-/Embryonalkokons mancher Anneliden.
Kollagen (gr. *kolla*, Leim + *genos*, Bildung): Bedeutendes Strukturprotein, das zu den mengenmäßig häufigsten Proteinen im Tierreich gehört. Bestandteil des Knorpels und anderer Bindegewebstypen. Charakteristisch für Kollagene ist ein hoher molarer Anteil an Glycin, Alanin, Prolin und Hydroxyprolin.
Kollenchym (gr. *kolla*, Leim + *enchyma*, Einlauf, Eingießen): (= Collenchym). Gelatinöses Mesenchym, das undifferenzierte Zellen enthält; findet sich bei Cnidariern und Ctenophoren.
Kollencyte (gr. *kolla*, Leim + *en*, in + *kytos*, Hohlkörper): (= Collenzyte). Sternförmiger Zelltyp von Schwämmen, der offenbar kontraktile Eigenschaften besitzt.
Kolloblast (gr. *kolla*, Leim + *blastos*, Keim): Eine ein klebriges Sekret abscheidende Zelle an den Tentakeln von Ctenophoren.
Kolloid (gr. *kolla*, Leim + *eidos*, Form, Gestalt): Zweiphasiges System, bei dem eine feinstverteilte Phase mit Teilchengrößen zwischen 1 nm und 1 µm in einer zweiten Phase (Dispersionsmittel) gelöst ist. Das Gesamtsystem wird als kolloidal-dispers bezeichnet. Kolloidal-disperse Systeme nehmen eine Zwischenstellung zwischen echten Lösungen und Suspensionen ein.
Kolloidal Mit den Eigenschaften eines Kolloids.
Kommensalismus (lat. *cum*, zusammen + *mensa*, Tisch): Ökologische Beziehung, bei der ein Lebewesen auf, in oder in unmittelbarer Nähe zu einem anderen lebt und daraus Nutzen zieht, ohne den Beziehungspartner zu schädigen; oft symbiontisch.
Komplement (lat. *complementum*, Ergänzung): Eine Gruppe von Blutproteinen, die an der Abwehr von mikrobiellen Infektionserregern beteiligt sind („Komplementkaskade"). Das Komplementsystem des Menschen umfasst nach derzeitigem Kenntnisstand mehr als 30 verschiedene Proteine, die teils gelöst im Blutplasma, teils an Zellen gebunden vorliegen. Der Name rührt daher, dass man zum Zeitpunkt der Entdeckung des Systems angenommen hat, dass es sich um einen ergänzenden Teil der Antikörperantwort auf Antigene handele. Die Aktivierung des Komplements führt zur Ruptur und dadurch zur Lyse eingedrungener Fremdzellen. Einige Komplementkomponenten interagieren mit Antikörper/Antigenkomplexen und verstärken deren Phagocytose durch Fresszellen des Immunsystems.
Komplementäre DNA (Abk.: cDNA). Einsträngige DNA, die durch Transkription einer mRNA mit dem Enzym Reverse Transkriptase erhalten wird. cDNA-Moleküle enthalten im Gegensatz zu eukaryontischen Primärtranskripten keine Introns. Komplementäre DNA spielt eine wichtige Rolle in der Molekulargenetik und Gentechnik.
Kondensation(sreaktion) Chemische Reaktion, bei der zwei Reaktionspartner unter Eliminierung eines im Vergleich zum Hauptreaktionsprodukt kleinmolekularen weiteren Reaktionsproduktes zusammentreten. Bei biochemischen Kondensationsreaktionen ist in aller Regel Wasser (H_2O) das eliminierte Reaktionsprodukt. Kondensationen sind die der biogenen Erzeugung sehr vieler Makromoleküle (Biopolymere) zugrunde liegenden Reaktionen (Bildung von Proteinen, Polysacchariden, Nucleinsäuren).
Königin In der Entomologie (Insektenkunde) Bezeichnung für das einzige vollentwickelte, zur Fortpflanzung befähigte Weibchen eines Insektenstaates (Bienen, Wespen, Hummeln, Ameisen, Termiten). Siehe: Kasten, Arbeiter, Soldaten.
Konjugation (lat. *conjugare*, zusammenfügen, zusammenbinden): (1) Die zeitweilige Vereinigung zweier Ciliatenzellen zur Durchführung des Austausches von Erbmaterial und im Zellkern ablaufender Prozesse, die zur Binärspaltung führen („Ciliatensex"). (2) Die durch Pili vermittelte Verbindung von zwei Bakterienzellen zum Austausch von Plasmiden („Bakteriensex").
Konkurrenz (lat. *concurro*, zusammenstoßen): Ein gewisses Maß an Überlappung der ökologischen Nischen zweier Populationen derselben Organismengemeinschaft, so dass beide aus denselben Nahrungs- und anderen Quellen schöpfen und das Überleben der jeweils anderen nachteilig beeinflussen.
Konspezifisch (lat. *com*, zusammen + *species*, Art): der gleichen Art angehörig.
Kontraktile Vakuole Eine mit einem farblosen, flüssigen Inhalt angefüllte Zellvakuole bei bestimmten Protozoen und niederen Metazoen. Dient der Aufnahme und Abgabe von Wasser nach außen. Die Wasserausscheidung erfolgt in zyklischer Manier und dient der Osmoregulation und (in gewissem Maß) der Ausscheidung von Zellabfällen.
Kontrolle (fr. *contre-rôle*, „Gegen-Rolle" zum Abgleich (von Dokumenten)): (1) Steuerung (von Lebensvorgängen), wie in „neuronale Kontrolle". (2) Im Rahmen eines wissenschaftli-

chen Experiments ein parallel durchgeführter Versuch, bei dem eine in einem anderen Ansatz abgeänderte Variable konstant gehalten wird, bei dem eine Komponenten, deren Wirkung zu ermitteln ist, weggelassen wird usw. Genauer unterscheidet man Positivkontrollen und Negativkontrollen.

Koppelung (= Genkoppelung). Nichtunabhängige Vererbung von Genen, die auf demselben Chromosom liegen.

Koppelungsgruppe Die auf einem Chromosom liegenden Gene bilden eine Koppelungsgruppe. Gene, die in der großen Mehrzahl der Fälle gemeinsam vererbt werden.

Koprophagie (gr. *kopros*, Kot, Dung + *phagein*, ich esse): Exkrementfresser, Kotfresser. (1) Koprophage Arten verzehren als normalen Teil ihrer Nahrung den Kot anderer Tiere und fördern damit die Rückführung der Bestandteile in die ökologischen Stoffkreisläufe. (2) Die Wiedereinverleibung der Fäzes.

Kopulation (lat. *copulare*, sich paaren, verbinden; *copula*, Band): Die geschlechtliche Vereinigung zur Übertragung von Sperma vom Männchen auf das Weibchen.

Koralline Alge Algen, die in ihrem Gewebe Calciumcarbonat (Kalk) abscheiden; wichtige Beitragende zum Aufbau von Korallenriffen.

Kosmopolitisch (gr. *kosmos*, Welt + *polites*, Bürger): Eine Art oder ein höheres Taxon von Organismen wird kosmopolitisch genannt, wenn sie/es ein sehr großes, quasi weltweites Verbreitungsgebiet besitzen.

Kovalenzbindung (lat. *con-*, zusammen + *valens*, kräftig): (= kovalente Bindung, homöopolare Bindung, Atombindung). Typ der chemischen Bindung, bei der sich Atome (Bindungs-)Elektronen(paare) teilen.

Kragenzelle Zellen mit einem einzelnen Flagellum, das von einem Kranz (= Kragen) aus Mikrovilli umstanden ist. Die Choanocyten der Schwämme sind Beispiele für Kragenzellen, ebenso wie die einzelligen Choanoflagellaten. Kragenzellen kommen aber auch außerhalb der beiden genannten Taxa vor.

Kreatinphosphat (= Creatinphosphat). „Energiereiches Phosphat". Phosphorsäureester des Kreatins (3-Methylguanidinoessigsäure) im Muskel von Wirbeltieren und manchen Wirbellosen zur Zwischenspeicherung von Stoffwechselenergie; zur raschen Wiederauffüllung des zellulären ATP-Vorrats.

Kretin (fr. *cretin*, Schwachkopf, Idiot): Mensch mit schwerer mentaler, sonstiger körperlicher und sexueller Retardation (Zurückgebliebenheit) als Folge einer Schilddrüsenunterfunktion (kann durch Jodmangel ausgelöst werden) während der Embryonalentwicklung (Kretinismus).

Kryptobiotisch (gr. *krypton*, verborgen, versteckt + *bios*, Leben): im Verborgenen/versteckt lebend; kryptobiotisch lebende Insekten und andere Tiere leben in unzugänglichen Lebensräumen (in Holz, in Felsspalten, im Erdboden usw.) und entziehen sich so weitgehend der Entdeckung von Raubfeinden; auch auf Tardigraden und manche Nematoden und Rotatorien angewendet, die sehr ungünstige Umweltbedingungen überstehen, indem sie vorübergehend einen Zustand sehr niedriger Stoffwechselrate annehmen.

K-Selektion Natürliche Selektion unter Bedingungen, die ein Überleben begünstigen, wenn die Populationen in erster Linie von dichteabhängigen Faktoren kontrolliert werden.

Kupffer-Zellen (= Kupffer'sche Sternzellen). Phagocyten der Leber; Teil des reticuloendothelialen Systems. Nach Karl von Kupffer (1829–1902); deutscher Anatom, Histologe und Embryologe.

Kutikula (lat. *cutis*, Haut): Nichtzelluläre Schutzschicht aus organischer Substanz, die vom Außenepithel (= Hypodermis) vieler Wirbelloser abgesondert wird. Bildet nach Aushärtung mehr oder weniger starres Exoskelett. Bei vielen höheren Tieren bezeichnet der Begriff die Außenhaut (= Epidermis).

Kwashiokor (Ghanaisch *kwashiokor*, erstens-zweitens): Mangelzustand, der durch eine kohlenhydratreiche, aber sehr proteinarme Ernährung verursacht wird.

Labium (lat. *labium*, Rand): (1) „Unterlippe" bei Insekten; bildet sich durch Fusion des zweiten Maxillenpaares. (2) lippenförmiger Rand oder Wulst einer anatomischen Bildung (zum Beispiel eines Knochens). (3) Lippe im engeren Sinn. (4) die weiblichen Schamlippen (Labia pudendi = Labia majora, große Schamlippen + Labia minora, kleine Schamlippen).

Labrum (lat. *labrum*, Lippe): (1) „Oberlippe" bei Insekten und Crustaceen oberhalb oder vor den Mandibeln. (2) Außenrand eines Schneckengehäuses.

Labyrinth (lat. *labyrinthus* (aus dem Kretischen), Irrgarten): Innenohr der Wirbeltiere, bestehend aus einer Abfolge flüssigkeitsgefüllter Kammern und Röhren (Tubuli) (membranöses Labyrinth), die in einer knochigen Höhlung (knochiges Labyrinth) liegen. Hörschnecke + Bogengänge.

Lachrymal (lat. *lacrima*, Träne bzw. *lacrimare*, weinen, Tränen vergießen): mit dem Tränenfluss; mit der Tränenflüssigkeit.

Lagena (lat. *lagena*, großer Behälter): Teil des primitiven Ohres, in welchem Schall in Nervenimpulse umgewandelt wird. Evolutiver Ausgangspunkt für die Cochlea (Hörschnecke).

Lakune (lat. *lacuna*, Loch, Ausfall, Mangel): Ein Sinus (lat. *sinus*, Busen, Bucht, Ausbuchtung). Zwischen auseinanderklaffenden Zellen liegender Raum. Höhlung im Knorpel oder in Knochen.

Lamarckismus Nach Jean-Baptiste Lamarck (franz. Botaniker und Zoologe, 1744–1829) benannte Theorie zur Evolution von Lebewesen durch im Laufe des Lebens erworbene Merkmale/Eigenschaften, die an die Nachfahren weitervererbt werden.

Lamelle (lat. *lamella*, metallisches Blättchen): Eine der beiden Platten, die bei Muscheln eine Kieme ausbilden. Eine der dünnen Knochenschichten, die konzentrisch um ein Osteon herum niedergelegt sind (Havers'scher Kanal). Jede dünnwandige, plattenförmige anatomische Bildung.

Larve (lat. *larva*, Geist): Noch nicht geschlechtsreifes Jugendstadium bei vielen Tierarten, das sich in Aufbau, Aussehen und Lebensweise in der Regel stark vom geschlechtsreifen Adultus unterscheidet. Allgemeine Merkmale lassen sich kaum angeben, da die Larven der verschiedenen Gruppen äußerst vielgestaltig sind.

Laryngeal Zum Kehlkopf gehörig; sich auf den Kehlkopf beziehend.

Larynx (gr. *larynx*, Kehlkopf): Kehlkopf. Umgebildeter oberer Teil der Atemwege luftatmender Vertebraten. Oben von der Glottis (Stimmritze), unten von der Trachea (Luftröhre) begrenzt.

Lateral (lat. *latus*, Seite, Flanke): seitlich.

Laterit (lat. *later*, Ziegel(stein)): In den Tropen vorkommender Bodentyp, der durch starke Verwitterung des Gesteins entsteht. Leicht lösliche Elemente wie die Alkalimetalle (Natrium, Kalium) und mäßig bis leicht lösliche Elemente wie die Erdalkalimetalle (Magnesium, Calcium), wie auch Kieselsäure werden durch hohe Niederschlagsmengen ausgewaschen. Zurück bleiben schwerlösliche Verbindungen (Oxide, Hydroxide) von Elementen wie Aluminium und Eisen sowie Quarz.

Laterne des Aristoteles Kompliziert gebauter Kauapparat einiger Seeigel.

Lecithotrophie (gr. *lekithos*, dotter + *trophos*, Essen): Nährstoffversorgung eines Embryos durch den im Ei vorhandenen Dottervorrat.

Leishmaniose Nach W. Leishman, einem englischen Medizinaloffizier, benannte Protozoen-Infektion durch Vertreter der Gattung *Leishmania* (Flagellaten). Zwei mögliche Verläufe, Hautleishmaniose und Eingeweideleishmaniose (= viszerale Leishmaniose). Eine der häufigsten Tropenkrankheiten. Schwerpunkt im östlichen Afrika. Verbreitung bis in den Mittelmeerraum. Übertragung durch Sandmücken (Phlebotominae).

Lentisch (lat. *lentus*, langsam, zäh): Lentische Gewässer sind solche mit stehendem oder sehr langsam fließendem Wasser (Sumpfgebiete, Moore, Teiche, Seen).

Lentiviren (lat. *lentus*, langsam, zäh + *virus*, Gift): Untergruppe der Retroviren. Einzelstrang-RNA-Viren. Die Namensgebung gründet sich auf die Tatsache, dass zahlreiche der in diese Gruppe fallenden Viren langsam fortschreitende, chronische Infektionen verursachen. Bekanntes Beispiel für ein Lentivirus ist das Humanimmundefizienzvirus (HIV = AIDS-Virus).

Lepidosaurier (gr. *lepidos*, Schuppe + *sauros*, Echse): Schuppenechsen. Abstammungslinie diapsider Reptilien, die im Perm (296 bis 251 Millionen Jahre vor unserer Zeit) auftauchen. In diese Gruppe fallen alle rezenten Schlangen, Eidechsen, Amphisbäniden und Brückenechsen, außerdem die ausgestorbenen Fischsaurier (Ichthyosaurier).

Lepospondylier (gr. *lepos*, Schuppe + *spondylos*, Wirbel): Gruppe paläozoischer Amphibien, deren Vertreter durch eine spindel-/spulenförmige Gestalt der Wirbelkörper (Vertebrae) gekennzeichnet sind.

Leptocephalus (gr. *leptos*, dünn + *kephale*, Kopf): Transparente, schnurförmige Wanderlarve von Aalen und verwandten Teleostiern.

Leukämie (gr. *leukos*, weiß + *haema*, Blut): Maligne Entartung (Krebs) der weißen Blutkörperchen. Blutkrebs.

Leukämismus (gr. *leukos*, weiß): (= Albinismus). Das Vorhandensein von weißem Gefieder oder weißem Fell bei Tieren, die normalerweise pigmentierte Augen und Haut haben.

Leukocyten (gr. *leukos*, weiß + *kytos*, Hohlgefäß, Zelle): Weiße Blutkörperchen. Teilungsfähige, mit Zellkernen ausgestattete Blutzellen. Zahlreiche Untergruppen (Lymphocyten, Dendritenzellen, Granulocyten, Makrophagen und andere mehr). Wirkzellen der Immunabwehr.

Leukonoid (gr. *leukos*, weiß): Der leukonoide Typus ist eine Form des Kanalsystems bei Schwämmen, bei welchem die Choanocyten in Kammern liegen.

Ligament (lat. *ligamen, ligamentum*, Band): Widerstandsfähige, dichte Bindegewebsschicht, die Knochen miteinander verbindet.

Ligand (lat. *ligare*, verbinden): In der Chemie gemeinhin ein kovalent gebundener Bindungspartner. In der Biochemie auch nichtkovalent gebundene Bindungspartner (Effektoren von Rezeptoren, Substrate und Coenzyme von Enzymen, prosthetische Gruppen und Ähnliches). Allgemein ein kleineres Teilchen (Atom, Molekül, Ion), das an ein größeres chemisches Teilchen gebunden ist.

Ligase Ein eine Ligation katalysierendes Enzym.

Ligation (lat. *ligare*, verbinden): die kovalente Verknüpfung von Nucleinsäuremolekülen durch eine Ligase.

Limaxform (lat. *limax*, Nacktschnecke): Form der pseudopodialen Fortbewegung, bei der sich der gesamte Organismus vorwärtsbewegt, ohne ein abgrenzbares Pseudopodium auszustrecken.

Lipase (gr. *lipos*, Fett): Lipid spaltendes Enzym.

Lipid (gr. *lipos*, Fett): Eine hydrophobe chemische Verbindung mit einem fettähnlichen Löslichkeitsverhalten. Eine lipophile Substanz. In lebenden Systemen zahlreich und chemisch vielfältig (Fette, Phospholipide, Lecithine, Carotinoide, Terpene, Steroide, Eicosanoide, Thromboxane und andere mehr).

Lithosphäre (gr. *lithos*, Stein + *sphaira*, Ball, Kugel): Die äußere Gesteinshülle der Erde.

Littoral (lat. *litoralis*, Ufer): Der Ufer-/Küstenbereich. In der Ökologie (1) der Teil des Meeresboden, der bei Ebbe trockenfällt und bei Flut überspült ist, (2) der flache Teil von Seen und Teichen, in dem verwurzelte Wasserpflanzen wachsen.

Lobopodium (gr. *lobos*, Lappen + *podos*, Fuß): Stumpfendiges, lappiges Pseudopodium.

Lobosea (gr. *lobos*, Lappen): Protozoenkladus, der die Lobopodien ausbildenden Amöben umfasst.

Logistische Gleichung Mathematische Gleichung, die eine idealisierte sigmoide Kurve des Populationswachstums beschreibt.

Lokomotion (gr. *lokus*, Platz, Ort + lat. *motus, motio*, Bewegung): Eine Ortsveränderung. Eine Bewegung des gesamten Körpers, die zur Ortsveränderung führt.

Lokus (lat. *locus*, Ort): Genort. Platz, an dem ein Gen sich auf einem Chromosom befindet.

Lophocyte (gr. *lophos*, (Berg-)Kamm + *kytos*, Hohlkörper, Zelle): Schwammamöbocyte, die Faserbündel sezerniert.

Lophophor (gr. *lophos*, (Berg-)Kamm + *phoros*, Träger): Tentakelbesetzter Rand oder Arm, in den hinein sich bei Lophophoraten (Lophophortiere) eine Erweiterung des Coeloms erstreckt. Bei Ektoprokten, Brachiopoden und Phoroniden).

Lophotrochozoische Protostomier (gr. *lophos*, (Berg-)Kamm + *trochos*, Rad + *zoon*, Tier): Diejenigen Mitglieder des Kladus Protostomia (siehe dort), die entweder eine Trochophoralarve oder ein Lophophor besitzen. Beispiele: Anneliden (Ringelwürmer), Mollusken (Weichtiere), Ektoprokten.

Lorica (lat. *lorica*, Harnisch): (= Brustpanzer). Schützende äußere Umhüllung bei manchen Protozoen, Rotatorien und anderen mehr.

Lotisch (lat. *lotos*, Lotospflanze): fließend. In der Gewässerkunde. Siehe: limnisch.

Lumbal (lat. *lumbus*, Lende): lenden-; zum Beispiel in Lumbalgie = Rückenschmerzen im unteren Rücken.

Lumen (lat. *lumen*, Licht, Leuchte, Leuchten, Glanz): (1) In der Physik Maßeinheit der Lichtmenge. (2) In der Biologie die lichte Weite (eines Organs, eines Gefäßes usw.). (3) Verallgemeinert „das Innere" (Zelllumen = das Zellinnere).

Lymphe (gr. *lympha*, Wasser): (= Lymphflüssigkeit). Die die Gefäße des lymphatischen Systems ausfüllende, leicht gelbliche Flüssigkeit. Entsteht aus überschüssiger Gewebsflüssigkeit, die beim kapillaren Austausch anfällt und aus dem Interstitium abgeführt und im Lymphsystem gesammelt wird.

Lymphocyte (gr. *lympha*, Wasser + *kytos*, Hohlkörper, Zelle): Untergruppe der weißen Blutkörperchen (Leukocyten). Wichtige Abwehrzellen des Körpers. Hauptuntergliederung in T-Lymphocyten (= T-Zellen) und B-Lymphocyten (= B-Zellen) sowie NK-Zellen (natürliche Killerzellen). Darin jeweils mehrere Unterabteilungen mit spezialisierter Aufgabenstellung.

Lymphokine (gr. *lympha*, Wasser + *kinesis*, Bewegung): Untergruppe der Cytokine (siehe dort). Von Lymphocyten produzierte Cytokine. Botenstoffe, die auf andere Zellen einwirken und dort eine Reaktion auslösen. Siehe: Interleukine, Cytokine, Interferone.

Lysosom (gr. *lysis*, Auflösung + *soma*, Körper): Lytisches Zellorganell in eukaryontischen Zellen. Enthält zahlreiche Enzyme; vornehmlich saure Hydrolasen. Lysosomen sind saure Kompartimente, das heißt der pH-Wert in ihrem Inneren ist deutlich niedriger als im umgebenden Zellplasma. In Pilz- und Pflanzenzellen werden die Lysosomen als Vakuolen bezeichnet.

Lysozym (gr. *lysis*, Auflösung): (= Muraminidase). In Körperflüssigkeiten und Sekreten (Speichel, Tränenflüssigkeit, Nasenschleim, Ohrenschmalz usw.) vorkommendes Enzym, das antibakterielle Wirkung hat (Auflösung kovalenter Bindung in bakteriellen Zellwänden; dadurch strukturelle Schwächung der Zelle bis zur Ruptur).

Madreporenplatte (= Madreporit, Siebplatte). Siebartige Struktur, die als Einlassöffnung des Wasser/Gefäßsystems der Echinodermaten (Stachelhäuter) dient.

Makroevolution (gr. *makros*, groß, riesig + lat. *evolvo*, auseinanderrollen): Evolutive Veränderungen in großem Maßstab. Umfasst den Ursprung neuartiger Entwürfe, evolutiver Trends, adaptiver Radiationen und Massenaussterben.

Makrogamet (gr. *makros*, groß, riesig + *gamos*, Gatte): Der größere der Gameten bei heterogametischen Organismen. Als weibliche Keimzelle angesprochen (auch bei Arten, die keine klar erkennbaren Geschlechter besitzen). Siehe: Mikrogamet.

Makromeren (gr. *makros*, groß, riesig + *meros*, Teil): Die größeren Blastomeren (= Furchungszellen; siehe dort) eines Frühembryos, wenn diese in verschiedenen Größen auftreten. Siehe: Mikromeren, Mesomeren.

Makromolekül (gr. *makros*, groß, riesig + lat. *moles*, Masse): (= Polymer). Riesenmolekül. Ein Molekül mit sehr großer Molmasse. Keine scharfe Abgrenzung. In der Regel für Moleküle, die aus zahlreichen, mehr oder minder gleichförmigen, sich wiederholenden Baugruppen aufgebaut sind. In der Biochemie ubiquitär und als Baustoffe wie als Funktionsträger von größter Bedeutung. Beispiele: Proteine, Nucleinsäuren, Polysaccharide, Lignin, Murein.

Makronucleus (gr. *makros*, groß, riesig + lat. *nucleus*, Kern): Großkern. Der größere der beiden Zellkerne von Ciliaten (Wimperntierchen). Genetisch polyploid. Dient als „Arbeitskern" der Zelle. Steuert alle Zellfunktionen mit Ausnahme der Fortpflanzung. Siehe: Mikronucleus.

Makrophage (gr. *makros*, groß, riesig + *phagein*, ich esse): Riesenfresszelle. Phagocytotischer Zelltyp der Vertebraten, dem wesentliche Bedeutung bei der Immunabwehr und bei Entzündungsprozessen zukommt. Eine der zahlreichen Untergruppen der weißen Blutkörperchen. Entwickelt sich aus Monocyten. Von Bedeutung für die Vernichtung von Antigenen und die Präsentation von Antigenfragmenten. Erzeugt mehrere Cytokine.

Malakostraken (gr. *malako*, weich + *ostracon*, Schale, Gehäuse): Unterklasse der Krustentiere. Angehörige der Crustaceengruppierung Malacostraca (Subclassis). Sowohl aquatische wie terrestrische Formen. Krabben, Krebse, Hummer, Langusten, Garnelen, Strandflöhe und andere mehr.

Malleus (lat. *malleus*, Hammer): Erster, an das Trommelfell ansetzende Gehörknochen im Mittelohr von Säugetieren.

Malpighi'sche Gefäße Nach M. Malpighi (italienischer Anatom, 1628–1694) benanntes Röhrensystem bei Arthopoden. Blind endende, in den Enddarm mündende Tubuli bei beinahe allen Insekten sowie einigen Myriapoden und Arachniden. Dienen primär als Ausscheidungsorgane.

Mantel (1) Weiche Erweiterung der Körperhülle bei bestimmten Invertebraten (zum Beispiel Brachiopoden und Mollusken), die für gewöhnlich eine (harte) Schale sezernieren. (2) Die dünne Körperwandung bei Tunikaten.

Manubrium (lat. *manubrium*, Heft, Handgriff, Griff): (1) Der von der Oralseite einer Quallenmeduse ausstrahlende Teil des Tieres, der die Mundöffnung beherbergt; (2) Oralkegel; (3) Prästernum oder anteriorer Teil des Sternums; (4) griffartiger Teil des Hammers (= Malleus; siehe dort).

Marasmus (gr. *marasmos*, Verwelken, Dahinsiechen): Form der Fehl-/Mangelernährung. Insbesondere bei Kleinkindern. Ursache ist eine gleichzeitig energie- wie proteindefiziente Nahrung.

Marsupialier (gr. *marsypion*, Täschchen): Beuteltiere. Angehörige der Unterklasse der Metatherien (Subclassis Metatheria) der Säugetiere.

Mastax (gr. *mastax*, Kiefer): Schlundmühle von Rotatorien.

Mastzellen Untergruppe der weißen Blutkörperchen. Entzündungszellen. An verschiedensten Stellen des Körpers im Interstitium zwischen den ortsansässigen Gewebszellen. Wichtiger Mediator von Überempfindlichkeitsreaktionen (Allergien). Nach der Bindung von Immunglobulin E (IgE)/Antigen-Komplexen Stimulierung der Mastzelle zur Freisetzung von Entzündungsmediatoren (Degranulation) wie Histamin, Leukotriene und anderen

Matrix (lat. *matrix*, Muttertier): (1) Anatomisch die interzelluläre Substanz eines Gewebes oder derjenige Teil eines Gewebes, in das ein Organ oder Fortsatz eingebettet ist. (2) Grundsubstanz. (3) Einbettungsmedium.

Matrize (fr. *matrice*, Gebärmutter): (1) Allgemein: Kopiervorlage, Abgussform (= Model, Mutterform) zur Herstellung von Abgüssen, Kopien, Reliefs, Duplikaten. (2) In der Molekularbiologie ein Nucleinsäurestrang, der als Vorlage für die Neusynthese eines sequenzkomplementären, gegenläufigen Nucleinsäuremoleküls dient (Transkription, Replikation, Telomerbildung usw.).

Maturierung (lat. *maturare*, reifen, ausreifen): Reifungs-/Ausreifungsprozess. Das Erreichen des Reifegrades. Erreichen der Geschlechtsreife.

Maxille (lat. *maxilla*, Oberkiefer, Kinnbacken): (1) Einer der Oberkieferknochen von Wirbeltieren. (2) Einer der Kopfanhänge bei Arthopoden (Gliederfüßler).

Maxillipedium (lat. *maxilla*, Oberkiefer + *pedis*, Fuß): Einer der paarig ausgebildeten Kopfanhänge von Crustaceen, die unmittelbar posterior zu den Maxillen liegen – ein thorakales Anhangsgebilde, das in die Mundwerkzeuge des Fressapparates inkorporiert worden ist.

Median (lat. *medius*, mittig, in der Mitte): in der Körpermitte gelegen.

Medulla (lat. *medulla*, Mark): Der innere Teil eines Organs. Siehe: Cortex.

Medulla oblongata Das verlängerte Rückenmark. Teil des Hirnstammes.

Meduse (gr. *Medusa*, antike Sagengestalt; eine der Gorgonen; von der „Göttin" Athene in ein (Meer)Ungeheuer verwandelt): (= Qualle). Freischwimmendes (Quallen)Stadium im Generationszyklus von Nesseltieren (Cnidariern).

Mehlis'sche Drüse Drüsen noch nicht genau bekannter Funktion, die bei Trematoden und Cestoden die Ootypen umgeben.

Meiofauna (gr. *meion*, kleiner + *Fauna*, biologischer Fachbegriff (= Tierwelt)): Kleine Wirbellose, die sich in den Zwischenräumen zwischen Sandkörnern finden.

Meiose (gr. *mieoun*, verkleinern): Reduktionsteilung (= Reifeteilung). Verringerung der Chromosomenzahl vom diploiden

(2n) zum haploiden (n) Zustand. Zellteilungstyp, bei dem die Chromosomenzahl halbiert wird. Umfasst mindestens zwei getrennte Zellteilungen. Essenziell bei der Keimzellbildung (Gametogenese).

Melanin (gr. *melas*, schwarz): Rötlich dunkelbraun bis schwarzes Pigment. Kommt bei Tieren, aber auch bei Pflanzen vor.

Melanophore (gr. *mela*, schwarz + *phorein*, ich trage): Pigmentzelle (Chromatophore) mit Melanin als Pigment.

Membran (lat. *membrana*, Häutchen): (1) allgemein dünnwandige, auf Druck nachgebende Wandung. (2) In der Zellbiologie die in ihrem Grundaufbau aus Phospholipidschichten mit integrierten Proteinen bestehenden, halbflüssigen Grenzflächen, die Zellen und subzelluläre Kompartimente (= Organellen) abgrenzen. (3) In der Anatomie als Basalmembran Grenzschicht zwischen Epithelien und den darunterliegenden Bindegewebsschichten. (4) Membrana tympani = Trommelfell. (5) Die Flughaut von Fledermäusen und Flughunden wird auch als Flug- oder Gleitmembran bezeichnet.

Membrankanäle Durch spezielle Transmembranproteine erzeugte wassergefüllte Poren in einer zellulären Lipidmembran, die den selektiven Durchtritt von Ionen oder anderen niedermolekularen Substanzen wie Wassermoleküle erlauben. Solche Membrankanäle können dauerhaft (konstitutiv) geöffnet sein oder sich auf spezifische Reize hin öffnen und schließen (gesteuerte Membrankanäle; zum Beispiel spannungsgesteuerte, ligandengesteuerte, mechanosensitive usw.).

Membranpotenzial (lat. *membrana*, Häutchen + *potentia*, Macht, Vermögen, Gewalt, Kraft): Elektrische Spannung (= Potenzialdifferenz), die an einer zellulären Membran anliegt. Beruht auf einer von der Zelle unter Verbrauch von Stoffwechselenergie aktiv herbeigeführten Ungleichverteilung bestimmter Ionen innerhalb und außerhalb der Zelle. Das Membranpotenzial wird durch die selektive Permeabilität der Membran und die regulierbaren Transportproteine in ihr aufgebaut und aufrechterhalten. Grundlage für die Erregungsleitung (von Nerven-, Muskel- und anderen Zellen).

Meningen Hirnhäute. Sammelbezeichnung für drei Membranen, die das Gehirn und das Rückenmark von Wirbeltieren einhüllen (harte Hirnhaut = Dura mater, Spinnenhaut = Arachnoidea mater, und weiche Hirnhaut = Pia mater).

Meningitis Hirnhautentzündung.

Meninx Hirnhaut.

Menopause (gr. *men*, Monat + *pauein*, pausieren, innehalten): Das Aufhören der monatlichen Ovulation bei der Frau.

Menstruation (lat. *menstrua*, monatlich bzw. *mensis*, Monat): Ungefähr monatlich erfolgende Ovulationsblutung mit Freisetzung einer kleinen Menge Blut (Menstruationsblut) und Gebärmuttergewebe mit dem Eifollikel aus der Vagina (Beginn des Menstruationszyklus) im Verlauf der ersten Tage des Ovarialzyklus.

Merkmal Bestandteil des Phänotyps (dies schließt molekulare, morphologische, verhaltensbiologische oder andere Aspekte ein), das von einem systematisch arbeitenden Biologen herangezogen wird, um eine taxonomische Einheit (Art oder höheres Taxon) festzulegen, um die verwandtschaftliche Beziehung einer Art oder einer höheren taxonomischen Gruppierung zu anderen solchen Gruppen oder das Verhältnis von Populationen innerhalb einer Art zu ermitteln und zu beschreiben.

Merkmalsträger Ein heterozygotes Individuum, das ein rezessives Allel beherbergt. Phänotypisch entspricht der Merkmalsträger dem Wildtyp, kann aber das rezessive Allel an seine Nachkommen vererben, bei denen es unter Umständen phänotypisch zum Ausdruck kommt.

Meroblastisch (gr. *meros*, Teil + *blastos*, Keim): Eine Teilfurchung sehr dotterreicher befruchteter Eizellen wird als meroblastische Furchung bezeichnet. Die Furchung beschränkt sich auf einen kleinen Bereich an der Oberfläche des Eies.

Merozoit (gr. *meros*, Teil + *zoon*, Tier): Sehr kleiner Trophozoit (siehe dort) kurz nach einer Cytokinese. Bei Mehrfachteilungen gewisser Protozoen.

Mesenchym (gr. *mesos*, mittig, in der Mitte + *enchyma*, Einstrom, Einlauf): Embryonales Bindegewebe. Zellen von unregelmäßiger, amöboider Gestalt. Oft in eine gelatinöse Matrix eingebettet.

Mesenterium Bandartige Falte der Coelomwand, an welcher der Darm aufgehängt ist. Bei Säugetieren werden die Mesenterien als Gekröse. Dient der stabilen Lagerung der Eingeweide in der Bauchhöhle.

Mesocoel (gr. *mesos*, mittig, in der Mitte + *koilos*, hohl, Höhle): Mittleres Coelomkompartiment. Bei manchen Deuterostomiern. Bei Lophophoraten anterior. Entspricht dem Hydrocoel der Echinodermaten.

Mesoderm (gr. *mesos*, mittig, in der Mitte + *derma*, Haut): Das mittlere Keimblatt. Bildet sich im Gastrulastadium der Embryonalentwicklung. Aus ihm gehen Bindegewebe, Muskeln, das Urogenital- und das Gefäßsystem sowie das Peritoneum hervor. Siehe: Entoderm, Ektoderm.

Mesogloea (gr. *mesos*, mittig, in der Mitte + *glia*, Leim): (1) Schicht aus gelartiger bis zementartiger Substanz zwischen der Epidermis und der Gastrodermis von Cnidariern und Ctenophoren. (2) die gelartige Matrix zwischen den Epithelschichten bei Schwämmen.

Mesohyl (gr. *mesos*, mittig, in der Mitte + *hyle*, Wald): Gelatinöse extrazelluläre Matrix von Schwämmen, welche die Zellen des Schwammes umgibt. Siehe: Mesogloea, Mesenchym.

Mesolecithal (gr. *mesos*, mittig, in der Mitte + *lekithos*, Dotter): Mesolecithale Eier weisen einen mittelgroßen Dottervorrat auf, der am vegetativen Pol konzentriert liegt.

Mesomeren Mittelgroße Blastomeren (Furchungsprodukte einer Zygote).

Mesonephros (gr. *mesos*, mittig, in der Mitte + *nephros*, Niere): Das mittlere von drei Paaren embryonaler Nieren bei Wirbeltieren. Die funktionelle Niere embryonaler Amnioten. Sammelgang des Mesonephros ist der Wolff'sche Gang (siehe dort).

Mesosom (gr. *mesos*, mittig, in der Mitte + *soma*, Körper): Teil des Körpers von Lophophoraten und manchen Deuterostomiern, der das Mesocoel enthält.

Metabolismus (gr. *metabole*, Veränderung): Stoffwechsel. (1) Im weiteren Sinn alle in einem Lebewesen ablaufenden chemischen Reaktionen. Die Gesamtheit der Stoffwechselreaktionen (aufbauender + abbauender). (2) Gruppe körperlicher Vorgänge, zu der die Verdauung, die „Energieerzeugung" (Respiration) und die Synthese von Körperbausteinen gehören.

Metacoel (gr. *meta*, zwischen, inmitten, mitten (unter) + *koilos*, hohl, Höhle): Das hintere (posteriore) Coelomkompartiment mancher Deuterostomier und Lophophoraten. Entspricht dem Somatocoel der Echinodermaten.

Metamorphose (gr. *meta*, zwischen, inmitten, mitten (unter) + *morphos*, Gestalt): Gestaltwechsel als Teil der normalen Individualentwicklung bei vielen Tierarten. Übergang von einem Larven- zum Adultzustand, einhergehend mit einem deutlichen Umbau des Körpers (Ausbildung neuer Organe, Verlust von Organen, Wechsel des Lebensraumes usw.).

Metanephridium (gr. *meta*, zwischen, inmitten, mitten (unter) + *nephros*, Niere): Type des tubulären Nephridiums mit innen liegendem offenen Ende, welches in das Coelom mündet und aus diesem gespeist wird. Das äußere offene Ende mündet ins Freie.

Metanephros (gr. *meta*, zwischen, inmitten, mitten (unter) + *nephros*, Niere): Embryonale Niere von Wirbeltieren, die nach dem Mesonephroszustand (siehe dort) in Erscheinung tritt. Funktionelle Niere der Reptilien, Vögel und Säugetiere. Ableitung durch einen Harnleiter (Ureter).

Metasom (gr. *meta*, zwischen, inmitten, mitten (unter) + *soma*, Körper): Bei Lophophoraten und einigen Deuterostomiern der Teil des Körpers, welcher das Metacoel beherbergt.

Metazentrisch (gr. *meta*, zwischen, mitten (unter), mit/nach + lat. *centrum*, Mitte): Bei metazentrischen Chromosomen liegt das Zentromer in oder nahe der Mitte. Siehe: akrozentrisch, telozentrisch.

Metazerkarien (gr. *meta*, zwischen, inmitten, mitten (unter) + *kerkos*, Schwanz): Juvenilform eines Plattwurms (Zerkarie), die ihren Schwanz verloren und sich enzystiert hat.

Metazoen (gr. *meta*, zwischen, inmitten, mitten (unter) + *zoon*, Tier): Die vielzelligen Tiere.

MHC (Abk. für engl. *major histocompatibility complex*): (= Haupthistokompatibilitätskomplex; siehe dort).

Mikroevolution (gr. *mikron*, klein + lat. *evolvo*, auseinanderrollen, entrollen): Veränderung im Genpool einer Population über Generationen hinweg.

Mikrofilament (gr. *mikron*, klein + lat. *filamentum*, Faden): (= Aktinfilamente). Aus Monomeren des Proteins Aktin bestehende, fadenförmige supramolekulare Aggregate. Teil des Cytoskeletts. Durchmesser ca. 6 Nanometer. Dünner als Intermediärfilamente (siehe dort) und Mikrotubuli (siehe dort). Wesentlicher Bestandteil des muskulären Kontraktionsapparates.

Mikrofilarien (gr. *mikron*, klein + lat. *filum*, *filamentum*, Faden): Teilentwickelte, lebendgeborene Juvenilformen von Filarien (Fadenwürmer, Nematoden). Larvenstadien von Filarien, die weniger als 1 mm groß sind.

Mikrogamet (gr. *mikron*, klein + *gamos*, Gatte): Bei heterogametischen Organismen der kleinere Gametentyp. Als männliche Keimzelle angesprochen.

Mikrogliazellen (= Mesoglia, Hortegazellen). Phagocytierende Zellen des Zentralnervensystems. Teil des reticuloendothelialen Systems.

Mikromeren Die kleineren Blastomeren bei inäqualer Furchung einer Zygote.

Mikron (= Mikrometer). Längeneinheit. Tausendstel Millimeter (mm^{-3}). Symbol: μ.

Mikronem (gr. *mikros*, winzig, sehr klein + *nema*, Faden): Teil des Apikalkomplexes bei Protozoen des Phylums Apicomplexa (= Sporozoa; Stamm der Sporentierchen). Schlang und langgestreckt. Zum anterioren Zellende weisend. Vermutlich beim Eindringvorgang in Wirtszellen beteiligt.

Mikronucleus (gr. *mikros*, winzig, sehr klein + lat. *nucleus*, Kern): Kleinkern. Der kleinere der beiden Zellkerne von Ciliaten (Wimperntierchen). Genetisch polyploid. Dient der sexuellen Fortpflanzung. Siehe: Makronucleus.

Mikropyle (gr. *mikros*, winzig, sehr klein + *pyle*, Tür, Tor): (1) Winzige Öffnung, durch welche die Zellen aus einer Gemmule (Phylum Porifera, Stamm der Schwämme) ins Freie treten. (2) In der Botanik Öffnung an der Apikalseite der Integumente bei der Samenanlage von Gymnospermen (nacktsamige Pflanzen).

Mikrosporidien (gr. *mikros*, winzig, sehr klein + *spora*, Same): Protozoenkladus intrazellulärer Parasiten mit gruppentypischer Morphologie der Sporen. Kleine Zellen von ca. 2 bis 12 μm Länge. Verbreitung durch Sporen.

Mikrotubulus (gr. *mikros*, winzig, sehr klein + lat. *tuba*, Röhre): Langes, röhrenförmiges (hohles) Cytoskelettelement (Proteinfilamente). Außendurchmesser ca. 20 bis 27 nm. Supramolekulare Zusammenschlüsse aus Tubulinmolekülen. Beeinflussen die Form von Zellen und erfüllen wichtige Aufgaben bei intrazellulären Transportvorgängen (Zellteilung, Organellentransport, Vesikelverkehr). Regulierter, dynamischer Auf- und Abbau des Mikrotubulusapparates.

Mikrovillus (gr. *mikros*, winzig, sehr klein + lat. *villus*, Haartolle, Zotte): Englumige, zylindrische Cytoplasma-Ausstülpung von Epithelzellen. Mikrovilli bilden den Zottensaum mehrerer Typen von Epithelzellen. Mikrovilli mit ungewöhnlicher Struktur überziehen das Tegument von Cestoden (Bandwürmern). Dienen der Oberflächenvergrößerung der Zellen (Vergrößerung der absorptiven Oberfläche).

Miktisch (gr. *miktos*, vermischt): haploide Eier von Rotatorien oder die solche Eier legenden Weibchen.

Mimikry (engl. *to mimic*, nachahmen, nachäffen bzw. gr. *mimesis*, Nachahmung): Evolution ähnlich aussehender Arten durch natürliche Selektion, bei der eine Art den Habitus einer mit Selektionsvorteilen behafteten Art „nachahmt", ohne selbst über die den Selektionsverteil vermittelnden Merkmale zu verfügen (zum Beispiel Giftigkeit). Abschreckende oder entmutigende Wirkung auf Fressfeinde. (1) Bastes'sche Mimikry: Nachahmung von Warnsignalen einer ungenießbaren/gefährlichen Art durch eine genießbare/ungefährliche. (2) Müller'sche Mimikry: Parallelevolution von (gemeinsamen) Warnsignalen durch mehr als eine ungenießbare/gefährliche Art zur Abschreckung des gleichen Räubers.

Mineralocortikoide Den Elektrolythaushalt regulierende Steroidhormone. In der Nebennierenrinde gebildet.

Mirazidium (gr. *meirakidion*, Jugendlicher): Winziges, cilienbesetztes Larvenstadium von Plattwürmern.

Mitochondrium (gr. *mitos*, Faden + *chondros*, (Getreide-) Korn): Zellorganell, in dem der aerobe Zellstoffwechsel (Atmungskette, oxidative Phosphorylierung) vonstatten geht. Höchstwahrscheinlich aus einem symbiontischen, zum respirativen Stoffwechsel befähigten Bakterium hervorgegangen. Doppelte Membran. Innenmembran eingefaltet. Eigene DNA-Ausstattung in Form eines plasmidähnlichen, ringförmigen Chromosoms.

Mitose (gr. *mitos*, Faden): Zellkernteilung mit qualitativ wie quantitativ gleichmäßiger Verteilung des zuvor verdoppelten Erbgutes (Chromosomen) auf die beiden sich bildenden Folgekerne. Der gewöhnliche Zellteilungsvorgang, bei dem zwei identische Folgezellen (= Tochterzellen) entstehen.

Molekül Anordnung aus Atomen, die durch chemische Bindungen in dieser definierten Anordnung zusammengehalten wird.

Monocyte (gr. *monos*, ein, einzeln + *kytos*, Hohlkörper, Zelle): Leukocytensorte. Vorläuferform der Makrophagen (siehe dort).

Monogamie (gr. *monos*, ein, einzeln + *gamos*, Gatte): Einehe. Paarbildung mit einem festen und exklusiven Geschlechtspartner.

Monohybrid (gr. *monos*, ein, einzeln + lat. *hybrida*, Mischling): Nachfahre von Elternorganismen, die sich nur in einem Merkmal unterscheiden.

Monomer (gr. *monos*, ein, einzeln + *meros*, Teil): Niedermolekulare chemische Verbindung, die als wiederholte Baueinheit

in Polymeren (siehe dort) auftritt. Baustein von repetitiven Makromolekülen.
Monophylie (gr. *monos*, ein, einzeln + *phyle*, Stamm): „Einstämmigkeit". Die Abstammung einer Gruppe von Organismen oder Arten von einer einzigen Stammform (= Urform, Ahnform). Schließt den stammesgeschichtlich jüngsten Ahnherrn der Gruppe mit ein. Siehe: Polyphylie, Paraphylie.
Monosaccharid (gr. *monos*, ein, einzeln + lat. *saccharum*, Zucker): Einfachzucker. Ein Zucker, der nicht in einfachere Zuckermoleküle zerlegt werden kann. Chemisch ein Polyhydroxyaldehyd oder Polyhydroxyketon (Oxidationsprodukte mehrwertiger Alkohole („Zuckeralkohole")). Biologisch als Baustoffe und Energielieferanten von größter Bedeutung. Ubiquitär in allen lebenden Zellen. Kohlenstoffgrundgerüst als drei bis sieben Kohlenstoffatomen. Verschiedene Molekülformen (offenkettig, ringförmig geschlossen). In biologischen Systemen am häufigsten Pentosen (5 C-Atome) und Hexosen (6 C-Atome). Außerdem Triosen (3 C-Atome) als Reaktionszwischenstufen der Glycolyse.
Monosomie (gr. *monos*, ein, einzeln + *soma*, Körper): Genetische Abweichung eines diploiden Lebewesens, wenn ein Homolog eines homologen Chromosomenpaares verlorengeht und das verbleibende Homolog ungepaart ist. Gesamtzahl der Chromosomen dann 2n-1.
Monotrematen (gr. *monos*, ein, einzeln + *trema*, Loch): Eierlegende Säugetiere. Ordnung oviparer Säugetiere innerhalb der Klasse der Säugetiere (Classis Mammalia). Rezente Vertreter: Schnabeltier und Schnabeligel.
Monözisch (gr. *monos*, ein, einzeln + *oikos*, Haus): einhäusig. (= zwittrig, hermaphroditisch). Monözische Organismen sind sowohl mit männlichen wie weiblichen primären Geschlechtsorganen ausgestattet.
Monozoisch (gr. *monos*, ein, einzeln + *zoon*, Tier): Monozoische Bandwürmer sind solche mit einer einzelnen Proglottis. Keine Strobilation unter Bildung von Proglottidenketten.
Morphogen (gr. *morphos*, Gestalt + *genesis*, Bildung): „Gestaltbildner". (Lösliche) Substanz, die auf Zielzellen einwirkt und einen ontogenetischen Differenzierungsprozess auslöst. Eine die Gestaltbildung im Rahmen der Embryonalentwicklung auslösende Chemikalie. Ein eine Induktion oder eine Epistase herbeiführender Stoff.
Morphogenese (gr. *morphos*, Gestalt + *genesis*, Bildung): Gestaltbildung. Entwicklung der Körpergrundgestalt und der Organe im Verlauf der Ontogenese (= Individualentwicklung).
Morphogenetische Determinante (gr. *morphos*, Gestalt + *genesis*, Bildung + lat. *determinare*, festlegen, bestimmen): Bestimmte Proteine oder mRNA-Spezies im Cytoplasma einer Eizelle, die im Verlauf der Furchungsteilungen asymmetrisch (= ungleichmäßig) auf die entstehenden Folgezellen verteilt werden und dort die Genexpression und hierüber das weitere Zellschicksal festlegen oder maßgeblich beeinflussen. Molekulare Grundlagen der Mosaikentwicklung (siehe dort).
Morphologie (gr. *morphos*, Gestalt + *logos*, Rede, Sinn, Lehre): Gestaltlehre. Teilgebiet der Biologie, das die Formgebung von Lebewesen und die ihr zugrundeliegenden Regeln und Gesetzmäßigkeiten ergründet und beschreibt. Als Teilgebiete der Morphologie gelten die Cytologie (= Zellbiologie), die Histologie (= Gewebekunde) und die Anatomie.
Morula (lat. *morum*, Maulbeere): Kugelförmiger Zellhaufen. Frühes Embryonalstadium zwischen Furchungsteilungen und Blastulation.

Mosaikentwicklung Embryonalentwicklung, die durch unabhängige Differenzierung der verschiedenen Körperteile des Embryos gekennzeichnet ist. Determinierte Entwicklung. Siehe: Indeterminierte Entwicklung.
mRNA (Abk. für messenger RNA; von engl. *messenger*, Bote): Boten-RNA (= Boten-Ribonucleinsäure). Diejenige RNA-Form, welche als Transkript (siehe dort) die genetische Information eines Gens aus dem Zellkern zu den Ribosomen bringt, wo die Translation zum Genprodukt erfolgt. Zwischenstufe der Genexpression bei proteinerzeugenden Genen. Die Reihenfolge der Nucleobasen der mRNA legt die Reihenfolge der Aminosäuren eines Proteins fest. Siehe: tRNA, rRNA.
Mucine (lat. *mucus*, (Nasen)Schleim): Gruppe von sezernierten, schleimbildenden Glycoproteinen. Besonders von den Zellen der Speicheldrüsen gebildet.
Mukös Schleimig.
Mukosa Schleimhaut.
Mukus (lat. *mucus*, (Nasen)Schleim): Viskoses, schlüpfriges Sekret, das reich an Mucinen ist. Wird von spezialisierten Drüsenzellen (Schleimdrüsenzellen) produziert und ausgeschüttet.
Müller'scher Gang Epithelialer Schlauch, der seitlich des Wolff'schen Ganges liegt. Bei der Frau Entwicklung zum Eileiter, beim Mann Entwicklung zum Utriculus prostaticus.
Müller'sche Larve Freischwimmende, cilienbesetzte Larve, die einer umgebildeten Ctenophore ähnlich sieht. Kennzeichnend für bestimmte polyclade Turbellarien des Meeres.
Mündung (lat. *aestuarium*, Mündung): Übergangsgebiet von Flüssen bei Einstrom in das Meer. Bereich, in dem sich einströmendes Süß- mit Salzwasser vermischt. Salzgehalt oft intermediär (brackig) und Schwankungen unterliegend.
Mutation (lat. *mutare*, verändern, verwandeln, vertauschen): Veränderung am Erbmaterial eines Organismus, die stabil an die Nachkommen weitergegeben wird. Kann Vor- oder Nachteile haben. Stabile, abrupt entstehende Veränderung an einem Gen. Vererbliche Abänderung eines Merkmals.
Mutualismus (lat. *mutua*, gegenseitig, wechselseitig): Wechselwirkung, bei dem beide Partner (Arten, Individuen) Nutzen aus der Assoziation ziehen und die Assoziation für beide von notwendiger Bedeutung ist.
Mycetozoen (gr. *myketos*, Pilz + *zoon*, Tier): Eukaryontenkladus, der zelluläre, azelluläre und protostelide Schleimpilze umfasst.
Myelin (gr. *myelos*, Mark): Fettige Substanz, welche die medulläre Scheide von Nerven und Nervenfasern bildet (Myelinscheide). Hoher Lipidgehalt.
Myelom Bösartige Erkrankung (Krebs) des Knochenmarks, bei der die Zellen betroffen sind, die zu den antikörperproduzierenden B-Zellen führen. Einwanderung von defizienten (teilungsgestörten) Plasmazellen (siehe dort) in das Knochenmark. Dort Störung der Blutbildung und des Knochenwachstums.
Myocyte (gr. *mys*, Muskel + *kytos*, Hohlkörper, Zelle): Kontraktile Zelle (Pinakocyte) von Schwämmen.
Myofibrille (gr. *mys*, Muskel + lat. *fibra*, Faser): Muskelfaser. Kontraktiles Filament eines Muskels.
Myogen (gr. *mys*, Muskel + *genesis*, Bildung, Entstehung): seinen Ursprung im Muskel habend (etwa der Herzschlag von Wirbeltieren, der seinen Ursprung in der spontanen Kontraktionstätigkeit der Herzmuskelzellen statt in Nervenimpulsen hat).
Myomer (gr. *mys*, Muskel + *meros*, Teil): Ein Muskelsegment als Teil der segmental untergliederten Rumpfmuskulatur.

Myosine Große, aktinbindende Proteine des kontraktilen Apparates eukaryontischer Zellen (Aktomyosinsystem). ATPase-Wirkung. Motorproteine, die an der Muskelkontraktion essenziell beteiligt ist. Bildet im quergestreiften Muskel dicke Filamente. Unterteilung der Myosinfamilie in verschiedene Untergruppen (Klassen). In Nichtmuskelzellen am Organellentransport beteiligt.

Myotom (gr. *mys*, Muskel + *tomos*, Schnitt): (1) Teil eines Somiten (siehe dort), aus dem sich Muskeln bilden. (2) Eine Muskelgruppe, die durch einen einzelnen Spinalnerven innerviert wird.

NAD (Abk. für Nicotinadeninnucleotid): Coenzym von Redoxenzymen. Oxidationsmittel (Elektronenakzeptor) bei vielen Stoffwechselreaktionen.

Nahrungsvakuole Verdauungsorganell in eukaryontischen Zellen. Verhältnismäßig großes Volumen, saurer pH-Wert im Inneren. Enthält zahlreiche hydrolytisch wirkende Enzyme.

Nährzellen (= Ammenzellen). Einzelne oder in Schichten angeordnete Zellen, die in der Nachbarschaft liegende Zellen mit Nährstoffen oder anderen Substanzen versorgen (zum Beispiel die Oocyten von Insekten, die ihren Dottervorrat von solchen, umliegenden Nährzellen beziehen).

Natürliche Killerzelle (= NK-Zelle). Lymphocytenartiges weißes Blutkörperchen, das virusinfizierte Zellen und maligne entartete Zellen (Krebszellen, Tumorzellen) ohne vermittelnde Wirkung von Antikörpern zu erkennen und abzutöten vermag.

Natürliche Selektion Nichtzufällige Vermehrung/Fortpflanzung sich unterscheidender Organismen in einer Population als Ergebnis unterschiedlich guter Anpassung an die herrschende (biotische + abiotische) Umwelt bei gleichzeitiger Eliminierung (direkte oder indirekte) weniger gut angepasster Individuen. Falls die Merkmale, durch die sich die unterschiedlich erfolgreichen Individuen unterscheiden, erblich sind, resultiert im Laufe der Zeit evolutive Veränderung (bei stabiler Umwelt!).

Nauplius Primärlarve der Crustaceen. Freischwimmende, mikroskopische Larve bestimmter Krustentiere mit drei Paar Anhangsbildungen (Antennulen, Antennen, Mandibeln) und einem Medianauge. Charakteristisch für Ostrakoden, Copepoden, Entenmuscheln und andere mehr.

Nekton (gr. *nektos*, Schwimmen): Aktiv durch eigenständiges Schwimmen bewegliche Tiere des freien Wasserkörpers. Siehe: Plankton.

Nematozyste (gr. *nema*, Faden + *kystis*, Blase): Nesselorganell der Nesselzellen von Nesseltieren (Cnidarier).

Neodarwinismus Erweiterte und modernisierte Evolutionstheorie, die auf der von Charles Darwin formulierten aufbaut. Eliminiert lamarckistische Elemente über die Vererbung erworbener Merkmale und der Pangenese. Ausgehend von August Weismann gegen Ende des 19. Jahrhunderts. Nach Einbeziehung der Mendel'schen Erkenntnisse zur Vererbung von Merkmalen die bis in die Gegenwart von den Fachleuten favorisierte Theorie zur Beschreibung der biologischen Evolution.

Neopterygier (gr. *neos*, neu + *pteryx*, Flügel, Flosse): „Neuflosser". Artenreiche Gruppe der Knochenfische, die die meisten modernen Fischarten umfasst.

Neotenie (gr. *neos*, neu + *teinein*, sich erstrecken, sich ausdehnen): Evolutionsprozess, bei dem die ontogenetische Entwicklung gegenüber der Geschlechtsreife verzögert ist (Erlangung der Geschlechtsreife bereits im morphologischen Juvenilzustand). Führt zu Nachfahren, die den Zustand der Geschlechtsreife bereits im präadulten oder sogar im Larvenstadium des evolutiven Vorfahren erlangen.

Neotenin (= Juvenilhormon).

Nephridien (gr. *nephros*, Niere): Segmental angeordnete, paarige Exkretionstubuli bei vielen Wirbellosen, insbesondere den Anneliden (Ringelwürmer). Im weiteren Sinn jeder für die Ausscheidung (Exkretion) und die Osmoregulation spezialisierte Tubulus (mit Öffnung nach außen; mit oder ohne innere Öffnung).

Nephridienpore (gr. *nephros*, Niere + lat. *porus*, Öffnung; Nephridiopore): Nach außen mündende Ausscheidungsöffnung bei Wirbellosen.

Nephron (gr. *nephros*, Niere): Funktionelle Einheit der Wirbeltierniere. Bestehend aus einer Bowman'schen Kapsel, einem eingefassten Glomerulus und dem nachgeschalteten, harnbildenden Tubulus.

Nephrostom (gr. *nephros*, Niere + *stoma*, Mund): Cilienbesetzte, trichterförmige Öffnung eines Nephridiums (siehe Nephridien).

Neritisch (gr. *Nereus*, Meeresgottheit der griechischen Antike): Mehr oder weniger vom Licht beschienene Flachwasserbereiche (Schelfgebiete) von Meeren mit Wassertiefen bis etwa 200 m werden als neritische Bereiche bezeichnet. Siehe: pelagisch, littoral, abyssal.

Nestflüchter Organismen, die unmittelbar oder kurz nach der Geburt zu einer selbstständigen, von den Eltern weitgehend unabhängigen Existenz befähigt sind. Für gewöhnlich auf landlebende Wirbeltiere angewandter Begriff. Siehe: Nesthocker.

Nesthocker Ein Jungtier – insbesondere ein Vogel – das in einem unreifen, von den Elterntieren abhängigen Zustand geboren wird und für längere Zeit am Geburtsort verharrt.

Neuralwulst Populationen sich vom Ektoderm ableitender Embryonalzellen, aus denen sich durch Differenzierung zahlreiche Skelett-, Nerven- und Sinnesorgane bilden, die den Vertebraten eigentümlich sind. Sich aufwölbende Ränder der Neuralplatte. Schließt sich zum Neuralrohr.

Neurochord (gr. *neuron*, Nerv + *chorda*, Strang): Längs verlaufender Nervenstrang der Hemichordaten, der über der Chorda dorsalis liegt.

Neurogen (gr. *neuron*, Nerv + *genesis*, Bildung): von Nervenzellen/Nervengewebe ausgehend (zum Beispiel das rhythmische Schlagen mancher Herzen von Arthropoden).

Neuroglia (gr. *neuron*, Nerv + *glia*, Leim): Stützgewebe, das die Zwischenräume des Zentralnervensystems zwischen den Neuronen (= Nervenzellen) ausfüllt.

Neurolemma (gr. *neuron*, Nerv + *lemma*, Haut): (= Schwann'sche Scheide). Isolierende Zellschicht aus Schwann'schen Scheidenzellen, die Nerven umgibt.

Neuromasten (gr. *neuron*, Nerv + *mastos*, Hügel, Erhebung): Gruppe von Sinneszellen auf oder in der Haut von Fischen und Amphibien, die empfindlich für Erschütterungen und Schallwellen (Druckschwankungen) im Wasser ist.

Neuron (gr. *neuron*, Nerv): (= Nervenzelle).

Neuropodium (gr. *neuron*, Nerv + *podos*, Fuß): Näher zur Ventralseite hin gelegener Lobus eines Parapodiums bei Polychaeten (Vielborster; Untergruppe der Ringelwürmer).

Neurosekretorische Zellen Zelle des Nervensystems, welche Hormone produziert und freisetzt.

Neutron Elektrisch neutrales Teilchen aus drei Quarks. Bestandteil fast aller Atomkerne (mit Ausnahme des Wasserstoffisotops ^1H). 1839-fache Ruhemasse des Elektrons.

Nickhaut (lat. *nicto*, blinzeln, zwinkern): „Drittes Augenlid". Transparente Membran bei Vögeln und vielen Reptilien und

Säugetieren, die zum Schutz über den Augapfel geschoben werden kann.

Nische (= ökologische Nische). Rolle, die in Organismus in einer ökologischen Artengemeinschaft spielt. Seine einzigartige Lebensweise einschließlich seiner Wechselbeziehungen zu anderen Lebewesen und den abiotischen Umweltfaktoren.

Nitrifizierung Enzymatisch katalysierte Oxidation von Ammoniak (NH_3) zu Nitrit (NO_2^-) oder Nitrat (NO_3^-). Stoffwechselleistung von Bakterien und Pflanzen.

Nondisjunktion (lat. *non*, nicht, nein + *dis*, entzwei + *jungere*, verbinden, verknüpfen): „Nichttrennung" von Paaren homologer Chromosomen während der Meiose. Führt zu Gameten mit n+1 Chromosomen und anderen mit n−1 Chromosomen. Siehe: Trisomie, Aneuploidie.

Notopodium (gr. *notos*, Rücken + *podos*, Fuß): Näher zur Dorsalseite hin gelegener Lobus eines Parapodiums bei Polychaeten (Vielborster; Untergruppe der Ringelwürmer).

Nucleinsäuren (lat. *nucleus*, Kern): Klasse von Makromolekülen, die als Erbmaterial ubiquitär in der belebten Welt sowie bei Viren vorkommen. Monomere Baueinheiten sind kovalent verknüpfte Nucleotide (siehe dort). Hauptunterscheidung in Ribonucleinsäuren (RNA, RNS) und Desoxyribonucleinsäuren (DNA, DNS). In den Zellkernen eukaryontischer Zellen (Chromosomen, Chromatin, Nucleoli), in Prokaryontenzellen, in Mitochondrien, in Plastiden und in Viren. Außerdem als struktureller Bestandteil von Ribosomen (siehe dort) sowie einigen wenigen Enzymen (zum Beispiel Telomerase).

Nucleoid (lat. *nucleus*, Kern): Bereich der prokaryontischen Zellen, in der sich die chromosomale DNA befindet.

Nucleolus (lat. *nucleolus*, Kernchen): Anfärbbare Struktur in Zellkernen, die viel RNA (siehe dort) enthält. Bildungsort der ribosomalen RNA und der Ribosomenuntereinheiten. Bereich der Chromosomen, welche die rRNA-Gene enthalten und an denen die Biogenese der Ribosomen stattfindet.

Nucleoplasma (lat. *nucleus*, Kern + gr. *plasma*, Model, (Guss-)Form): Das im Zellkern eingeschlossene Protoplasma mit seiner spezifischen chemischen Zusammensetzung. Siehe: Cytoplasma.

Nucleoprotein (lat. *nucleus*, Kern + gr. *proteus*, der Erste): Supramolekularer Zusammenschluss aus Nucleinsäure- und Proteinmolekülen.

Nucleoproteine Proteinsorten, die sich an Nucleinsäuremoleküle anlagern (Histone, Transkriptionsfaktoren, Kondensine usw.).

Nucleosom (lat. *nucleus*, Kern + gr. *soma*, Körper): „Kernkörperchen". Sich wiederholende Struktureinheit des Chromatins aus einem DNA-Abschnitt, der um eine Gruppe von Histonmolekülen gewunden ist. Erste Stufe der Kompaktierung (= Kondensation) der chromosomalen DNA. Um ein Oktamer aus Histonen (siehe dort) ist sequenzunspezifisch ein Abschnitt von ca. 150 Basenpaaren der DNA des Chromosoms gewickelt, der ca. eineinhalb Umrundungen macht und dann in einen freien, als „Linker" (engl. *to link*, verbinden, verknüpfen) bezeichneten, freien Abschnitt variabler Länge übergeht, bevor ein neues Nucleosom erreicht wird.

Nucleotid Organische Moleküle aus einem heterozyklischen Anteil, einem Kohlenhydratrest und einem oder mehreren Phosphorsäureresten. Ubiquitär in allen lebenden Zellen. Als monomere Bausteine von Nucleinsäuren und frei als energieliefernde und regulatorische Moleküle (ATP, GTP). Außerdem als Derivate in Coenzymen. Die in biogenen Nucleotiden auftretenden Heterozyklen („Nucleobasen") sind Derivate des Purins und des Pyrimidins. Als Basenbausteine von Nucleinsäuren dienen die Purinderivate Adenin und Guanin, und die Pyrimidinderivate Cytosin, Thymin und Uracil.

Nucleus (= Zellkern; siehe dort).

Nymphe (lat. *nympha*, Nymphe, Braut bzw. gr. *nympha*, Braut, heiratswilliges Mädchen; Natur-/Wassergeist in der antiken griechischen wie römischen Mythologie; auch weibliche Gottheiten niederen Ranges): Unreifes Stadium (nach dem Schlupf) hemimetaboler (siehe dort) Insekten. Noch nicht geschlechtsreifes Entwicklungsstadium bei Insekten ohne Puppenstadium.

Ocellus (lat. *ocellus*, Äuglein): Einfaches Auge oder Augenfleck bei vielen Wirbellosen.

Ödem (gr. *oidema*, Schwellung): Ansammlung von Flüssigkeit in Zellzwischenräumen (Interstitium), die zu einer Gewebsschwellung führt.

Odontophore (gr. *odous*, Zahn + *phorein*, ich trage): Zahntragendes Organ bei Mollusken. Schließt die Radula, den Radulasack sowie die zugehörigen Muskel- und Knorpelanteile ein.

Ökokline (gr. *oikos*, Haus + *klino*, Neigung, Hang): Das Gefälle zwischen benachbarten Biomen; ein Gradient von Umweltbedingungen.

Ökologie (gr. *oikos*, Haus + *logos*, Wort, Sinn, Rede, Lehre): Teilgebiet der Biologie, das sich mit den Beziehungen von Organismen untereinander und mit ihrer Umwelt befasst.

Ökosystem (gr. *oikos*, Haus + *systema*, Gebilde, das Zusammenhängende): Eine ökologische Einheit aus biotischen Gemeinschaften und deren abiotischer Umgebung. Alle Lebewesen und ihre unbelebte Umwelt als Ausschnitt aus der Gesamtheit der belebten Welt. Unscharf abgegrenzt.

Ökoton (gr. *oikos*, Haus + *tonos*, Spannung): Übergangszone zwischen zwei benachbarten Gemeinschaften.

Oktamer (gr. *octa*, acht + *meros*, Teil): achtteilig, achtgliedrig. Aus acht Teilen zusammengesetztes Gebilde.

Olfaktion (lat. *olfacio*, riechen): Das Riechen. Der Geruchssinn.

Olfaktorisch Riechend; durch den Geruch.

Omasum (lat. *omasum*, Rinderkaldunen): Blättermagen. Dritter Magen der Wiederkäuer.

Ommatidium (gr. *omma*, Auge): (= Ommatidion, Ommatidie). „Äuglein". Einzelauge eines aus zahlreichen Ommatidien (= Facetten) bestehenden Facettenauges.

Omnivor (lat. *omnis*, all, alle/s + *vorare*, verschlingen): „allesfressend". Tiere, die sowohl pflanzliche wie tierische Nahrung annehmen, werden omnivor genannt (=Allesfresser). Beispiele: Bären, Menschen.

Onkogen (gr. *onkos*, Geschwulst, Wucherung + *genesis*, Bildung, Entstehung): „Krebsgen". Ein Gen, das in mutierter Form die Entstehung von Krebsgeschwulsten begünstigt oder an deren Entstehung aktiv beteiligt ist. Siehe: Protoonkogen, Tumorsuppressorgen.

Onkologie Teilgebiet der Medizin, dass sich mit der Erforschung, Erkennung und Behandlung von bösartigen Tumoren (= Krebs) befasst.

Onkomirazidium (gr. *onkos*, Schwellung, Wucherung, Geschwulst + *meirakidion*, Jungendlicher): Cilienbesetzte Larve monogenetischer Trematoden (Monogenea = Hakensaugwürmer). Hakensaugwurmlarve. Beispiele: Leberegel, Pärchenegel.

Onkosphäre (gr. *onkos*, Schwellung, Wucherung, Geschwulst + *sphaeron*, Kugel): Mit Haken bewehrte, rundliche Larve der Bandwürmer (= Cestoden).

Ontogenese (gr. *ontos*, das Seiende + *genesis*, Bildung, Hervorbringung, Entstehung): Individualentwicklung. Entwicklung des Einzelwesens von der befruchteten Eizelle bis zur Seneszenz.
Ontogenetisch Die Individualentwicklung betreffend.
Oocyte (gr. *oion*, Ei + *kytos*, Hohlkörper): Eizelle. Die weibliche Fortpflanzungszelle. Stadium der Eibildung, das der ersten meiotischen Teilung unmittelbar vorausgeht (primäre Oocyte) oder dieser unmittelbar folgt (sekundäre Oocyte).
Oogenese (gr. *oion*, Ei + *genesis*, Bildung, Entstehung): Ei-(zell-)bildung. Bildung, Entwicklung und Ausreifung einer weiblichen Keimzelle oder eines Eies.
Oogononium (gr. *oion*, Ei + *gonos*, Nachkommenschaft): Oocytenvorläuferzelle. Eine Zelle, aus der durch fortgesetzte Teilung die Oocyten hervorgehen. Ein Ei (Ovum) in einem Primärfollikel unmittelbar vor dem Einsetzen der Reifungsphase.
Ookinete (gr. *oion*, Ei + *kinesis*, Bewegung): Die motile (selbstständig bewegliche) Zygote von Malariaerregern.
Ootide (gr. *oion*, Ei): „Eichen". Stadium im Verlauf der Bildung des Eies (Ovum) nach der zweiten meiotischen Teilung nach Ausstoß des zweiten Polkörperchens.
Ootyp (gr. *oion*, Ei + *typos*, Modell, Form, Vorlage): Teil des Eileiters (Ovidukt) bei Plattwürmern, in welchen die Gänge der Dotterdrüsen und der Mehlis'schen Drüse münden.
Oözium (gr. *oion*, Ei + *oikos*, Haus): Bruttasche. Kompartiment zur Aufnahme sich entwickelnder Embryonen bei Ektoprokten.
Oozyste (gr. *oion*, Ei + *kystis*, Blase): Sich um die Zygote von Malariaerregern und verwandten Organismen bildende Zyste.
Operkulum (lat. *operculum*, Deckel): (1) Kiemendeckel (bei Knochenfischen). (2) eine hornige Platte bei manchen Schnecken.
Operon (lat. *operor*, mit etwas beschäftigt sein): Gruppe von Genen im Genom von Prokaryonten, die unter der gemeinsamen Kontrolle eines einzelnen Promotors (siehe dort) steht. Ein Operon umfasst einen Promotor, einen Operator sowie mehrere Strukturgene (= Cistrons, offene Leserahmen).
Ophthalmisch (gr. *ophthalamos*, Auge): die Augen betreffend.
Ophthalmologie Augenheilkunde.
Opisthaptor (gr. *opisthen*, hinter + *haptein*, befestigen): Posteriores Anheftungsorgan von Monogeneen (= monogenetischen Trematoden).
Opisthokonten (gr. *opisthen*, hinter + *kontos*, Pfahl, Stange): Eukaryontenkladus, der die Pilze, Mikrosporidien, Choanoflagellaten und die Metazoen umfasst. Sofern vorhanden, besitzen die flagellentragenden Zellen ein einzelnes, posteriores Flagellum (= Zellgeißel).
Opisthonephros (gr. *opisthen*, hinter + *nephros*, Niere): Niere, die sich aus dem mittleren und dem posterioren (hinteren) Anteilen der nephrogenen Region von Wirbeltieren bildet und in den Wolff'schen Gang (siehe dort) oder akzessorische Gänge mündet. Funktionelle Niere der meisten adulten Anamnioten (Fische und Amphibien).
Opisthosoma (gr. *opisthen*, hinter + *soma*, Körper): Posteriorer Körperbereich bei Arachniden und Pogonophoren. Siehe: Prosoma.
Opsonine Körpereigene Stoffe, die körperfremde Stoffe (Antigene) „erkennen" und sich an diese anlagern, um die Phagocytierung der Antigene herbeizuführen oder zu fördern. Zu den Opsoninen zählen Antikörper (siehe dort), bestimmte Komplementfaktoren und anderes mehr.
Opsonisierung (gr. *opsonein*, verproviantieren, heran-/herbeischaffen): Das Kenntlichmachen von Fremdstoffen (Antigenen) durch Opsonine für die Vernichtung durch Phagocyten (Fresszellen). Belegung von Antigenoberflächen mit opsonisierenden Substanzen.
Organell (gr. *organon*, Organ, Werkzeug, Hilfsmittel): „Organchen". (1) Funktionell und strukturell spezialisierter Teil einer Zelle. (2) Von einer Membran umschlossenes Kompartiment einer eukaryontischen Zelle (Mitochondrien, Zellkern, Lysosomen, Mitochondrien, Plastiden, Golgi-Zisternen usw.).
Organisator Bereich eines Embryos, der die nachfolgenden Entwicklungsschritte anderer Teile anstößt oder steuert.
Orthogenese (gr. *ortho*, recht, richtig + *genesis*, Bildung): (1) Unidirektionaler Trend in der Evolutionsgeschichte einer Abstammungslinie, wie sie sich in der fossilen Überlieferung darstellt. (2) Eine heute verworfene antidarwinistische Evolutionstheorie, die um 1900 herum populär gewesen ist, und welche besagt, dass ein genetischer Impuls eine Abstammungslinie dazu zwingen soll, sich ungeachtet von außen einwirkender Faktoren in eine vorbestimmte Richtung zu entwickeln, die oft zum Niedergang und zum Aussterben der Linie führt.
Os hyomandibulare (gr. *hyoeides*, „von der Form eines Y" + lat. *mando, manduco*, kauen): Sich von hyoiden Kiemenbögen ableitender Kiefer; bildet einen Teil Unterkiefergelenks bei Fischen. Bei amniotischen Wirbeltieren bildet sich daraus der Steigbügel des Innenohres.
Osculum (lat. *osculum*, Mündchen, Kuss): Ausströmöffnung von Schwämmen (Porifera).
Osmolalität (= Osmolarität): Konzentration (= Anzahl) der osmotisch aktiven Teilchen in einem Liter Lösungsmittel. Siehe: Osmose, Molarität.
Osmolarität Konzentration (= Anzahl) der osmotisch aktiven Teilchen in einem Liter Lösung. Siehe: Osmose, Osmolalität, Molarität.
Osmoregulation Physiologische Vorgänge, die der Aufrechterhaltung der artspezifisch richtigen Elektrolyt- und Wasserkonzentration im Körper dienen. Die aktive Einstellung des osmotischen Binnendrucks.
Osmose (gr. *osmos*, Stoß, Anschub): Selektive Diffusion. Diffusion einer Komponente eines Mehrkomponentensystems (Mischphase) durch eine selektiv durchlässige (semipermeable) Membran bis zum Erreichen des chemischen Gleichgewichts. Der osmotische Diffusionsvorgang findet statt, bis auf beiden Seiten der Membran das chemische Potenzial (μ_i) des diffundierenden Stoffes gleich ist ($\mu_I = \mu_{II} \equiv \Delta\mu_i = 0$).
Osmotisches Potenzial Das chemische Potenzial (μ_i) eines durch eine selektiv permeable Membran diffundierenden Stoffes (in biologischen Systemen ist dies in erster Näherung immer Wasser = das chemische Potenzial (μ_i) des Wassers in einem osmotischen System).
Osmotropher (gr. *osmos*, Stoß, Anschub + *trophein*, ich esse): Ein heterotropher Organismus, der aufgelöste Nährstoffe zu sich nimmt.
Osphradium (gr. *osphradion*, Sträußchen): Paariges chemosensorisches Organ aquatischer Schnecken und Muscheln, mit welchem das einströmende Wasser untersucht wird.
Ossikeln (lat. *ossiculum*, Knöchelchen): (1) Kleine, getrennte Teile des Echinodermatenendoskeletts. (2) Die Gehörknöchelchen im Mittelohr von Wirbeltieren.
Osteoblast (lat. *os*, Knochen bzw. gr. *osteon*, Knochen + gr. *blastos*, Keim): (= Knochenmutterzelle). Knochenbildende Zelle. Siehe: Osteoklast.
Osteocyte (gr. *osteon*, Knochen + *kytos*, Hohlkörper, Zelle): Knochenzelle des adulten Knochens, hervorgegangen aus ei-

nem Osteoblasten. Liegt isoliert in einer Lakune der Knochengrundsubstanz (Knochenmatrix).

Osteoderm (gr. *osteon*, Knochen + *derma*, Haut): „Knochenhaut" (nicht zu verwechseln mit dem Periost; siehe dort). Knochige Dermalplatte unterhalb einer Epidermisschuppe; diese stützend.

Osteoklast (lat. *os*, Knochen + *klastos*, (ab)gebrochen, zertrümmert): (= Knochenfresszelle). Knochenabbauende Riesenzelle.

Osteostraken (gr. *osteon*, Knochen + *ostrakon*, Schale): Gruppe kieferloser Fische mit dermaler Panzerung und Bauchflossen. Ausgestorben. Vom Silur bis zum Devon.

Ostium (lat. *ostium*, Tür): Eine (Körper-)Öffnung.

Östrus (lat. *oestrus*, (Pferde)Bremse, Raserei): (= Brunst, Brunft). Zeit der Paarungsbereitschaft bei weiblichen Tieren in zeitlicher Nachbarschaft zum Eisprung (Ovulation). Zeit erhöhter sexueller Bereitschaft.

Otolith (gr. *otos*, Ohr + *lithos*, Stein): (= Statolithen). Kalkkörner im membranösen Labyrinth des Innenohrs niederer Vertebraten. Auch im auditorischen System bestimmter Invertebraten. Beschwerungskörperchen zur Schwerkraftwahrnehmung.

Oviger (lat. *ovum*, Ei + *gerere*, ausführen): Bei Pyknogoniden das die Eier tragende Bein.

Oviparie (lat. *ovum*, Ei + *parere*, gebären): eierlegend. Fortpflanzungsweise, bei der das weibliche Tier Eier ablegt. Die Embryonalentwicklung der Nachkommen vollzieht sich in den Eiern außerhalb des mütterlichen Körpers.

Ovipositor (lat. *ovum*, Ei + *positor*, Erbauer): Legestachel. Verlängerte Röhre am Hinterende des Körpers zur Ablage der Eier an arttypischen Orten. Bei vielen weiblichen Insekten am posterioren Ende des Abdomens.

Ovoviviparie (lat. *ovum*, Ei + *vivus*, lebendig + *parere*, gebären): Fortpflanzungsmodus, bei dem sich die Eier im Innern des mütterlichen Körpers autonom (ohne zusätzliche Nährstoffzufuhr) entwickeln. Der Schlupf erfolgt ebenfalls im Körper des Muttertiers (oder unmittelbar nach der Eiablage), so dass quasi lebende Junge geboren werden.

Ovum (lat. *ovum*, Ei): Die ausgereifte weibliche Keimzelle. Das Ei.

Oxidation (nach dem chemischen Begriff Oxygen = Sauerstoff): Elektronenabgabe. Teilreaktion einer Redoxreaktion. Chemische Reaktion, bei der der betrachtete Reaktionspartner Elektronen an einen anderen Reaktionsteilnehmer (das Oxidationsmittel) abgibt. Geht immer mit einer parallel ablaufenden Reduktion einher; daher spricht man gemeinhin von Redoxreaktionen.

Oxidative Phosphorylierung Biochemische Überführung von Phosphorsäureionen in „energiereiche" organische Phosphorsäurederivate (Ester, Anhydride) in Verbindung mit oxidoreduktivem Elektronentransport durch die Atmungskette mit molekularem Sauerstoff als terminalem Oxidationsmittel.

p53 Ein zellregulatorisches Protein von der Molmasse 53 kDa. Translationsprodukt eines Tumorssuppressorgens (siehe dort). Mutationen des p53-Gens können zum Verlust der Zellzykluskontrolle führen und dadurch die Krebsentstehung begünstigen.

Paarbindung Zusammenschluss eines Männchens und eines Weibchens zum Zweck der Fortpflanzung. Charakteristisch für monogame Arten.

Pädogenese (gr. *pais*, Kind + *genesis*, Bildung, Entstehung): Fortpflanzung bei nicht geschlechtsreifen Tieren oder Larven durch Beschleunigung der Maturierung (Erreichen der Geschlechtsreife).

Pädomorphose (gr. *pais*, Kind + *morphe*, Gestalt): Das Erhaltenbleiben anzestraler (stammesgeschichtlich ursprünglicher) Jugendmerkmale bis in späte ontogenetische Entwicklungsstadien bei Nachfahren der als Bezugspunkt dienenden Urform.

Pangenese (gr. *pan*, all, alles + *genesis*, Bildung, Entstehung): Auf Charles Darwin zurückgehende Hypothese. Besagt, dass die erblichen Merkmale ihren Ursprung in den konstituierenden Zellen eines Lebewesens haben, die „Partikel" hervorbringen, die Eingang in die Keimzellen (= Gameten, Fortpflanzungszellen) finden.

Pansen (fr. *panse*, (dicker) Bauch, Wanst): (= Vormagen). Einer der Mägen von Wiederkäuern. Magen von wiederkäuenden Tieren, in denen eine von symbiontischen Mikroben vollzogene anaerobe Verdauung abläuft.

Papille (lat. *papilla*, Warze, Brustwarze): Warze. Warzenartige anatomische Struktur. Körperteil, dessen Aussehen an eine Warze erinnert.

Papula (lat. *papula*, Bläschen): (1) Respiratorischer Fortsatz auf der Haut von Seesternen. (2) Pusteln auf der Haut (zum Beispiel bei Windpocken und Nesselfieber).

Parabasaliden Protozoenkladus, dessen Mitglieder eine Zellgeißel (= Flagellum) und Parabasalkörperchen besitzen.

Parabasalkörperchen Zellorganellen, die Golgi-Körperchen (= Diktyosomen) ähnlich sehen und vermutlich eine Rolle des sekretorischen Endomembransystems eukaryontischer Zellen spielen. Bei phototrophen Arten möglicherweise eine Rolle in der Phototaxis.

Parabiose (gr. *para*, neben, bei + *bios*, Leben): Fusion zweier Individuen, die zu einer wechselseitigen physiologischen Intimität (= enge Verbundenheit) führt.

Paradigma (gr. *paradeigma*, Beispiel; aus: *para*, neben, bei + *deikynai* = zeigen, begreiflich machen, erläutern): Beispiel, Vorbild, Muster, (vorherrschende) Lehrmeinung. In der Erkenntnistheorie meint ein Paradigma eine grundlegende Denkweise, die das Theoriengebäude und das gegenwärtige Verständnis einer Disziplin prägt.

Paradigmenwechsel Ablösung einer anerkannten, fast allgemein verbreiteten Lehrmeinung durch eine neue (ein neues Erklärungsmodell).

Paramylongranula (gr. *para*, neben, bei + *mylos*, Mühle, Mahlwerk): Organellen, die eine stärkeähnliche Substanz, das Paramylon (wie die Stärke eine Polyglucose), enthalten. Bei manchen Algen und Flagellaten.

Paraphylie (gr. *para*, neben, bei + *phylos*, Stamm): Begriff der Systematik. Paraphylie liegt dann vor, wenn ein Taxon oder eine anders konstruierte Organismengruppe den jüngsten gemeinsamen Vorfahren aller Gruppenmitglieder einschließt, einige Nachfahren dieser Ahnform jedoch nicht. Siehe: Monophylie, Polyphylie.

Parapodien (gr. *para*, neben, bei + *podos*, Fuß): Paarige, laterale Fortsätze an den meisten Körpersegmenten polychaeter Anneliden (vielborstiger Ringelwürmer). Verschiedenartig für lokomotorische Aufgaben, die Atmung oder die Futteraufnahme modifiziert.

Parasit (= Schmarotzer). Ein Organismus, der auf Kosten eines anderen lebt. Ein Lebewesen, das sich einen Vorteil durch Ausbeutung eines anderen Lebewesens verschafft, während dem von dem Parasiten befallenen Organismus (= Wirt) ein Nachteil bis hin zum Tod entsteht.

Parasitismus (gr. *para*, neben, bei + *sitos*, Nahrung): Lebensführung auf Kosten der Lebensleistung eines anderen Lebewesens. Dabei lebt der Parasit in oder auf dem von ihm befallenen Wirt (siehe dort). Eine destruktive Form der Symbiose (siehe dort).

Parasympathikus (gr. *para*, neben, bei + *syn*, zusammen + *pathos*, Leiden): (= parasympathisches Nervensystem). Der parasympathische Zweig des autonomen Nervensystems (= vegetatives Nervensystem). Die Neuronen des parasympathischen Systems liegen im Gehirn. Ihre Fortsätze erreichen die Peripherie des Körpers über die anterioren und die posterioren Anteile des Rückenmarks. Siehe: Sympathikus.

Parasympathisch Zum parasympathischen Nervensystem gehörend. Vom parasympathischen Zweig des autonomen Nervensystems (= Parasympathikus) ausgehend.

Parenchym (gr. *para*, neben, bei + *enchyma*, Füllung): (1) Bei niederen Tieren eine schwammartige Masse vakuolisierter Mesenchymzellen, die die Räume zwischen den Viszera, Muskeln oder Epithelien ausfüllt. (2) Bei manchen Arten die Zellkörper von Muskelzellen. (3) Das spezialisierte Gewebe eines Organs im Unterschied zu seinem Stützgewebe.

Parenchymula (gr. *para*, neben, bei + *enchyma*, Füllung): Flagellenbesetzte, festkörperige Larve mancher Schwämme.

Parietal (lat. *paries*, Wand, Mauer): In der Anatomie etwas, das neben einer Wandung liegt oder ein Teil von ihr ist.

Parietallappen Scheitellappen (des Großhirns).

Parsimonie (engl. *parsimony*, Sparsamkeit, Geiz): (= Occam's Razor). (1) Ein auf Wilhelm Ockham (1285–1349) zurückreichendes methodologisches Prinzip, die davon ausgeht, dass die einfachste Hypothese, die zur Erklärung der beobachteten Phänomene geeignet ist, die beste Arbeitshypothese zur Fortsetzung des erkenntnisgewinnenden Prozesses ist und der Überprüfung unterzogen werden sollte, bevor kompliziertere Erklärungsansätze in Betracht gezogen werden. (2) In der phylogenetischen Systematik die Erstellung von Stammbäumen mit der geringstmöglichen Anzahl von Verzweigungen.

Parthenogenese (gr. *parthenon*, Jungfrauengemächer + *genesis*, Bildung): Jungfernzeugung. Ungeschlechtlicher Fortpflanzungsmodus, bei dem Junge von Weibchen geboren werden, die zuvor nicht durch ein Männchen befruchtet worden sind. Verbreitet bei Rotatorien, Kladoceriern, Läusen und Hautflüglern (Bienen, Wespen, Ameisen). Parthenogenetisch entstandene Eier können haploid oder diploid sein.

Partikulare Vererbung Vererbungstheorie, die davon ausgeht, dass die Erbfaktoren diskrete Einheiten darstellen, die sich bei der Weitergabe nicht vermischen und sich so verhalten, wie die Merkmalspaare bei den Mendel'schen Kreuzungsexperimenten.

Pathogen (gr. *pathos*, Leiden, Krankheit + *genesis*, Bildung, Entstehung): krankheitserregend. Befähigt zur Hervorrufung eines Krankheitszustandes.

Pathogen Ein Krankheitserreger. Für gewöhnlich einschränkend für mikrobielle (Bakterien, Pilze, Protozoen, Würmer usw.) Erreger und Viren verwendeter Begriff.

PCR (Abk. für engl *Polymerase Chain Reaction*): (= Polymerasekettenreaktion). Molekularbiologische Labormethode zur Vervielfältigung von Nucleinsäuremolekülen. Man beachte, dass es sich im Sinne der chemischen Reaktionstheorie *nicht* um eine Kettenreaktion handelt!

Pecten (lat. *pecten*, Kamm): (1) Allgemeiner anatomischer Begriff für diverse, nicht notwendigerweise homologe Bildungen bei verschiedenartigen Organismen. (2) Eine pigmentierte, vaskularisierte, kammartige, in den Glaskörper hineinreichende Auswachsung der Netzhaut (Retina) bei Vögeln und vielen Reptilien. Das Pecten erhebt sich dort aus der Netzhaut, wo der Sehnerv (Nervus opticus) in den Augenhintergrund eintritt.

Pectines (lat. *pectines*, Kämme): Sensorische Anhangsbildungen am Abdomen von Skorpionen.

Pedale Lazeration (lat. *pedis*, Fuß + *lacero*, zerfetzt, zerrissen): Ungeschlechtlicher Fortpflanzungsmodus bei Seeanemonen. Eine Form der Spaltung (= Fission).

Pedalium (lat. *pedis*, Fuß): Abgeplattete Basis der Tentakeln von Würfelquallen (Cubozoen; Phylum Cnidaria = Stamm der Nesseltiere).

Pedicel (lat. *pedis*, Fuß): (1) Ein kleiner oder kurzer Stiel. (2) Bei Insekten das zweite Antennensegment. (3) Die Einschnürung am Hinterleib von Ameisen.

Pedicellarien (lat. *pedis*, Fuß): Eines der vielen winzigen, pinzettenartigen Organe an der Oberfläche bestimmter Stachelhäuter (Echinodermaten).

Pedipalpen (lat. *pedis*, Fuß + *palpo*, streicheln, liebkosen): Zweites Paar Anhangsbildungen bei Arachniden. Umgebildete Arthropodenextremität am Kopf von Spinnentieren.

Pedunculus (lat. *pedunculus*, Stiel): Anatomischer Begriff für eine dünne, stielförmige Verbindung zweier Strukturen. Zum Beispiel Pedunculus cerebelli = Kleinhirnschenkel, Pedunculus glandulae pinealis = Stiel der Zirbeldrüse.

Pektoral (lat. *pectoris*, Brust): (1) den Brustraum (= Throrax) betreffend (= thorakal). (2) zum Schultergürtel gehörig. (3) zu einem Paar von Hornschilden am Plastron bestimmter Schildkröten gehörig.

Pelagial (gr. *pelagos*, (offenes) Meer, die See): Der Freiwasserbereich des Meeres. Das offene Meer. Je nach Tiefenstufe zahlreiche Unterkategorien: Epipelagial, Mesopelagial, Bathypelagial, Abyssopelagial, Hadopelagial.

Pelagisch (gr. *pelagos*, (offenes) Meer): Zum Pelagial gehörend.

Pellikel (lat. *pellicula*, Fellchen; von *pellis*, Fell): Dünne, durchscheinende, sezernierte Hülle vieler Protozoen.

Pelvikal (lat. *pelvis*, Becken): anatomisch zum Becken(-gürtel) gehörend.

Pelycosaurier (gr. *pelyx*, Becken, Senke + *sauros*, Echse): Gruppe von Synapsiden des Perms, die durch eine homodonte Bezahnung und ausgestellte Gliedmaßen gekennzeichnet ist.

Pentadaktyl (gr. *penta*, fünf + *daktylos*, Finger): fünffingrig.

Pentagonale Symmetrie Mit den Symmetrieeigenschaften eines regelmäßigen Fünfecks.

Penumostom (gr. *pneuma*, Luftstrom, Luftzug + *stoma*, Mund): Öffnung in der Mantelhöhle (= Lunge) pulmonater Gastropoden (= Lungenschnecken) nach außen.

Peptid (gr. *peptos*, verdaut): Chemische Verbindungsklasse. Entsteht durch Zusammenschluss von Aminosäuren durch Kondensation unter Wasserabspaltung. Kovalent durch Peptidbindungen (siehe dort) miteinander verknüpfte Aminosäuren. In biologischen Systemen häufig und vielfältig. Fließender Übergang zu den Proteinen (= Polypeptiden). Daneben zahlreiche andere Naturstoffe mit Peptidgruppen.

Peptidase (gr. *peptos*, verdaut): Ein Enzym, welches Peptidbindungen spaltet. Setzt als Spaltprodukte kleinere Peptide oder einzelne Aminosäuren in Freiheit.

Peptidbindung (gr. *peptos*, verdaut): Säureamidbindung zwischen Aminosäuren. Entsteht durch eine Kondensationsreaktion unter Wasserabspaltung zwischen einer Carboxylgruppe (—COOH) und einer primären Aminogruppe (—NH$_2$). Chemische Konstitution: —C(=O)NH—.

Perennibranchiat (lat. *perennis*, ganzjährig, dauerhaft + gr. *branchia*, Kieme): Dauerhaft mit Kiemen ausgestattet. Bezieht sich auf bestimmte, pädomorphe (siehe dort) Salamanderarten.

Perikard (gr. *peri*, um, bei + lat. *cardia*, Herz): Der Herzbeutel (lat. *pericardium*).

Perikardial (1) Zum Herzbeutel gehörig. (2) im unmittelbaren Umkreis des Herzens.

Periost (gr. *peri*, um, bei + *osteon*, Knochen): Die einen Knochen einhüllende Bindegewebshülle.

Periostrakum (gr. *peri*, um, bei + *ostrakon*, Schale, Gehäuse): Äußere, verhornte Schicht einer Weichtierschale.

Peripher (gr. *peripherein*, herumtragen, umlaufen): am Rand liegend; entfernt von einem Bezugspunkt (Zentrum) liegend.

Peripherie Randbereich. Saum. (Weitere) Umgebung.

Periprokt (gr. *peri*, um, bei + *proktos*, After, Anus): Bereich der Aboralplatten im Umkreis der Afteröffnung bei Echinoiden (Seeigeln).

Perisarc (gr. *peri*, um, bei + *sarkos*, Fleisch, Muskel): Den Stiel und die Zweige eines Hydroiden überziehende Hülle.

Perissodaktyl (gr. *perissos*, ungleich(mäßig), unegal + *daktylos*, Finger): unpaarhufig. Anatomisches Merkmal von Huftieren (Ungulaten) mit einer ungeraden Zahl von Zehen. Ordo Perissodactyla = Ordnung der Unpaarhufer.

Peristaltik (gr. *peri*, um, bei + *stellein*, in Gang setzen, antreiben): (= peristaltische Bewegung). Wellenartig fortschreitende, ringförmige Muskelkontraktionen von Hohlorganen zur gerichteten Weiterbeförderung des Organinhalts.

Peristom (gr. *peri*, um, bei + *stoma*, Mund): Erstes echtes Körpersegment der Anneliden (= Ringelwürmer). Trägt die Mundöffnung. Siehe: Prostom.

Peritoneum (gr. *peri*, um, bei + *tonaion*, aufspannen): Bauchfell. Membran, die das Coelom auskleidet und die intracoelomalen Viszeren umhüllt.

Perlmutt (= Hypostrakum): Innerste, glänzende Schicht einer Weichtierschale. Vom Mantelepithel abgesondert. Besteht ganz überwiegend als Kalkplättchen (Calciumcarbonat in der Modifikation des Minerals Aragonit), die in eine Matrix aus organischem Material – vorwiegend Protein – eingebettet sind.

Petaloiden (gr. *petalon*, Blatt): Blütenförmige Anordnung respiratorischer Podien bei unregelmäßigen Seeigeln.

Pfortadersystem (lat. *porta*, Tor, Tür + gr. *systema*, Gebilde, das Zusammengefügte; Portalsystem): System großer Venen, die von einem Kapillarbett ausgehend und in einem solchen enden. Beispiele: Das Portalsystem der Leber und der Nieren bei Wirbeltieren.

Phagocyte (gr. *phagein*, ich esse + *kytos*, Hohlkörper): Fresszelle. Eine Zelle, die befähigt ist, andere Zellen (körpereigene Zellen, Mikroben usw.) oder anderweitige Festteilchen aufzunehmen (und zu zerlegen).

Phagosom (gr. *phagein*, ich esse + *soma*, Körper): „Fresskörperchen". Vesikel, das phagocytiertes Material enthält. Für gewöhnlich Fusion mit einem Lysosom (siehe dort) zum Phagolysosom, um den Phagosomeninhalt zu verdauen.

Phagotroph (gr. *phagein*, ich esse + *trophos*, Nahrung): Ein heterotropher Organismus, der feste Nahrung zu sich nimmt.

Phagocytose Die gerichtete Aufnahme von Zellen, Zellbruchstücken oder anderen Teilchen mit fester Form durch Zellen. Die Phagocytose ist ein regulierter Prozess, der durch Einstülpung der Plasmamembran der phagocytierenden Zelle geschieht.

Phänetisch (gr. *phaneros*, sichtbar, offensichtlich): Kriterien einer über das Ganze gesehen vorhandenen Ähnlichkeit, die zur Klassifizierung von Organismen in Taxa herangezogen werden. Die phänetische Taxonomie stützt sich auf das Erscheinungsbild (den Phänotyp) der Organismen. Dem gegenüber stehen taxonomische Ansätze, die ungeachtet einer vorhandenen Ähnlichkeit die stammesgeschichtlichen Beziehungen zu ergründen und abzubilden versuchen.

Phänotyp (Sichtbares) Erscheinungsbild eines Lebewesens. Summe der durch genetische und außergenetische Einflüsse resultierenden Merkmale eines konkreten Lebewesens (im Unterschied zum Idealtypus). Das tatsächliche Aussehen und der tatsächliche Zustand als Ergebnis des Wechselspiels der Erbanlagen (Genotyp) und der Umwelteinflüsse.

Pharynx (gr. *pharynx*, Schlund): Teil des Verdauungstraktes zwischen Mundhöhle und Speiseröhre (Ösophagus). Bei Vertebraten gemeinsamer Anteil des Verdauungs- und des Atmungssystems. Bei Cephalochordaten münden hier die Kiemenspalten.

Phasmid (gr. *phasma*, Geist, Erscheinung): Drüse oder Sinnesorgan am posterioren Ende bestimmter Nematoden (Fadenwürmer).

Phenotypischer Gradualismus Theorie, welche besagt, dass neue Merkmale – selbst solche, die sich in augenfälliger Weise von denen der Ahnform unterscheiden – sich durch eine lange Abfolge kleinster mutativer Schritte evolvieren.

Pheromon (gr. *pherein*, ich bringe, übermittle, übertrage + *horman*, aufwecken, in Bewegung setzen, anregen): Hormonartige Substanz mit Fernwirkung. Von einem Organismus erzeugte und nach außen abgegebene Substanz, die bei anderen Mitgliedern der eigenen Art eine Reaktion (innere Umstellung, Verhaltensreaktion usw.) hervorruft. Siehe: Hormon.

Phosphagen Sammelbezeichnung für die Phosphorsäureester des Arginins (Argininphosphat) und des Kreatins (Kreatinphosphat = N-(Aminoiminomethyl)-N-methyl-glycin-orthophosphorsäureester). „Energiereiche" Verbindungen zur Überbrückung kurzfristiger ATP-Bedarfsspitzen.

Phosphatid (= Phospholipid).

Phospholipid Lipide, die Phosphorsäurereste enthalten. Im engeren Sinn Ester des dreiwertigen Alkohols Glycerin, wenn eine der Säuregruppen ein Orthophosphorsäurerest, die beiden anderen Säurereste Acylgruppen (= Carbonsäurereste) sind. In allen Zellmembranen als quantitativ prominente Bausteine.

Phosphorylierung Anknüpfung eines Phosphorsäurerestes (chemisch unkorrekt vielfach als „Phosphat" bezeichnet) an ein anderes chemisches Teilchen. In der Biochemie enzymkatalysierte Übertragungen von Phosphorsäureresten auf Substrate in Form von Estern oder Anhydriden.

Photoautotroph (gr. *photon*, Licht + *autos*, selbst + *trophein*, ich esse): Die Verwertung von Lichtenergie zur Generierung organischer Verbindungen aus anorganischen Verbindungen durch lebende Zellen/Lebewesen. Man beachte, dass die Unterscheidung organisch/anorganisch artifiziell ist und keinerlei qualitativen Unterschied zwischen den Verbindungen darstellt, die diesen Gruppen zugeordnet werden.

Phototaxis (gr. *photon*, Licht + *taxis*, Ordnung, Anordnung): Gerichtete Bewegung, ausgelöst durch einen Lichtreiz. Positive Phototaxis: Hinwendung zur Lichtquelle. Negative Phototaxis: Abwendung von der Lichtquelle.

Phototroph (gr. *photon*, Licht + *trophos*, Nahrung): „Lichtfresser". Organismen, die befähigt sind, unter Verwertung der Strahlungsenergie des Lichtes Kohlendioxid reduktiv zu verstoffwechseln. Allgemein: ein zur Photosynthese befähigter Organismus.

pH-Wert Quantitatives Maß für die Säurestärke einer wässrigen Lösung einer Brönstedsäure (H^+-Ionendonator). Mathematisch der negativ dekadische Logarithmus der Wasserstoffionenkonzentration (= Hydroniumionenkonzentration), $-\lg c(H_3O^+)$. Definiert für den Bereich von 0 bis 14 (10^0 bis 10^{-14} mol H^+ pro Liter).

Phyletischer Gradualismus (gr. *phyle*, Stamm + lat. *gradus*, Stufe, Schritt, Grad, Rang): Evolutionstheoretisches Modell, das von einem kontinuierlichen und kleinschrittigen morphologischen Wandel ausgeht, und der sich vornehmlich in unverzweigten Abstammungslinien vollzieht, die für lange stammesgeschichtliche Zeiträume mehr oder minder unverändert bestehen. Siehe: durchbrochenes Gleichgewicht.

Phyllopodium (gr. *phylla*, Blatt + *podos*, Fuß): Blattförmige, zum Schwimmen bestimmte Anhangsbildungen branchiopoder Crustaceen.

Phylogenese (gr. *phyle*, Stamm + *genesis*, Bildung, Entstehung): Stammesgeschichte. Ursprung und evolutive Entwicklung (und ggf. Diversifizierung) eines Taxons. Für gewöhnlich in Form eines Dendrogramms (= Stammbaum) dargestellt.

Phylogenetische Systematik (= Kladistik; siehe dort).

Phylogenetisches Artkonzept Beim phylogenetischen (stammesgeschichtlichen) Artkonzept definiert eine irreduzible (= basale) Gruppe von Organismen eine Art, die sich in diagnostisch unzweideutiger Weise von anderen solchen Gruppierungen unterscheidet, und innerhalb derer ein Eltern/Nachkommen-Verhältnis von Ursprung und Abstammung besteht.

Phylum (gr. *phylo*, Stamm): Stamm. Eine basaler Rang (= Stufe) der biologischen Systematik der Lebewesen. Das Reich der Tiere wird in zahlreiche Stämme untergliedert, die ihrerseits wieder in Unterkategorien zerfallen. Kategorisierung nach gemeinsamer stammesgeschichtlicher Herkunft und Grundbauplänen (Grundmustern der biologischen Ausgestaltung des Körpers) und Gemeinsamkeiten der Individualentwicklung (Ontogenese).

Physiologie (gr. *physis*, Natur + *logos*, Lehre, Meinung, Rede, Sinn): Grundlegendes Teilgebiet der Biologie und der Medizin, das sich mit der Funktion der Körperteile (Zellen, Gewebe, Organe) befasst. Erforscht die in einem Organismus ablaufenden Lebensvorgänge. Ein Zweig der dynamischen Biologie (im Gegensatz zu statischen Disziplinen wie Anatomie, Histologie usw.). Überschneidung mit Nachbarfächern wie Chemie (Biochemie), Physik (Biophysik), Psychologie und anderen. Von der Physiologie ausgehend haben sich andere Fächer verselbstständigt (zum Beispiel die physiologische Chemie = Biochemie).

Physiologie Das Studium wie die Aktivität von Genen, Molekülen, Zellen, Geweben und Organen miteinander verschaltet sind, um die komplexen Funktionen zu erfüllen, die einen lebenden Organismus ausmachen. Selbst sehr einfache Organismen weisen eine enorme strukturelle und funktionelle Komplexität auf, so dass die Physiologie auf viele andere wissenschaftliche Disziplinen zurückgreift und sie integriert. Zu diesen Disziplinen gehören unter anderem die Molekular- und Zellbiologie, Physik und Biophysik, Chemie und Biochemie und nicht zuletzt Informatik, Mathematik und Medizin, um nur einige zu nennen. Aus der medizinischen Sichtweise ist das Verständnis der normalen Funktion eine Voraussetzung für das Verständnis von Krankheiten, die letztlich nichts anderes darstellen als nicht oder falsch ablaufende physiologische Prozesse.

Phytophag (gr. *phyton*, Pflanze + *phagein*, ich esse): pflanzenfressend.

Phytophag Pflanzenfresser.

Pinakocyte (gr. *pinax*, Brett, Holztafel + *kytos*, Hohlkörper): Abgeplatteter Zelltyp, der bei Schwämmen da Dermalepithel stellt.

Pinakoderm (gr. *pinax*, Brett, (Holz-)tafel + *derma*, Haut): Von Pinakocyten bei Schwämmen gebildete Zellschicht.

Pinna (lat. *pinna*, Flosse, Feder): Ohrmuschel. Auch für Feder, Flügel, Flosse oder ähnliche Gebilde.

Pinocytose (gr. *pinein*, trinken + *kytos*, Hohlkörper, Zelle): „Zelltrinken". Regulierte Aufnahme von Flüssigkeiten in eine Zelle durch Membraneinstülpung und Abschnürung von Vesikeln. Möglicherweise ist die Flüssigkeitsaufnahme nur eine Begleiterscheinung der rezeptorvermittelten Endocytose (siehe dort). Siehe: Caveolen.

Placodermen (gr. *plax*, Fleck, Platte + *derma*, Haut): Panzerfische. Gruppe stark gepanzerter Kiefermäuler (kiefertragende Fische) des Silurs (443 bis 417,5 Millionen Jahre vor unserer Zeit) und des Devons (417,5 bis 358 Millionen Jahre vor unserer Zeit). Am Ende des Devons ausgestorben.

Plakode (gr. *plakos*, Fleck, Platte): Umschriebene, plattenförmige Verdickung des Kopfektoderms von Wirbeltieren, aus der sich spezialisierte Bildungen wie die Augenlinse, bestimmte Sinnesorgane und diverse Nervenzellen entwickeln.

Plakoidschuppe (gr. *plax*, *plakos*, Fleck, Platte): Schuppentyp, der sich bei Knorpelfischen findet. Mit in der Haut eingebetteter Basalplatte aus Dentin und einer nach hinten gerichteten, mit Schmelz überzogenen Spitze („Dorn").

Plankton (gr. *planktos*, das Umherirren, der Umherirrende): Passiv schwimmende, verdriftende, im Wasserkörper schwebende Lebensformen. Siehe: Nekton.

Plantigrad (lat. *planta*, Fußsohle + *gradus*, Stufe, Schritt): „sohlengehend". Sohlengänger sind solche Tiere, die beim Vorwärtsschreiten den ganzen Fuß und nicht bloß die Zehen aufsetzen. Beispiele: Mensch, Bären. Siehe: digitigrad, Zehengänger.

Planula (lat. *planus*, flach, eben): Freischwimmende, cilienbesetzte Larve von Cnidariern (Nesseltieren). Für gewöhnlich abgeplattet und ovoid (eiförmig). Mit äußerer Schicht aus Ektodermzellen und einer inneren Zellmasse aus Entodermzellen.

Planuloider Vorläufer Hypothetische Urform, die ein evolutiver Vorläufer der Cnidarier (Nesseltiere) und der Plathelminthen (Plattwürmer) sein soll.

Plasmalemma (gr. *plasma*, (Guss-)Form + *lemma*, das Aufgenommene, Aufgegriffene): (= Plasmamembran, Zellmembran). Auch: Plasmalemm. Ein vor allem in der Botanik (Pflanzenkunde) gebräuchliches Synonym für Plasmamembran.

Plasmamembran Außenmembran einer Zelle, die das Protoplasma gegen die Umgebung (extrazelluläre Matrix, extrazelluläres Milieu) abgrenzt. Die eine Zelle definierende äußere Grenzfläche. Kann von einer mehr oder weniger formstabilen extrazellulären Matrix (Zellwand, Pellikel und anderes mehr) umgeben sein oder unmittelbar mit der Außenwelt in Kontakt stehen (zum Beispiel Protoplasten). Wichtiger struktureller und funktioneller Bestandteil aller lebenden Zellen. Grenzfläche für den regulierten Austausch von Stoffen mit der Umgebung.

Plasmazelle Fortentwicklungsstadium einer B-Zelle (= B-Lymphocyt; siehe dort), die fortwährend Antikörper ausschüttet. Wichtige Effektorzelle des Immunsystems.

Plasmid Kleines, ringförmig geschlossenes oder lineares Minichromosom, das bei Prokaryonten und manchen Eukaryonten (Pilze) neben den regulären Chromosomen vorhanden sein kann. Autonom replizierend. Mit oder ohne Zentromer. Kann in Einzahl (Zentromerplasmid) oder Vielzahl (Vielkopien-

plasmid) vorhanden sein. Träger nichtessenzieller (= nicht überlebensnotwendiger) Erbanlagen. Wichtige Hilfsmittel/Werkzeuge der Gentechnik.

Plasmodium (gr. *plasma*, (Guss-)Form, Model): Vielkernige (syncytiale), amöboide Zellmasse.

Plastid (gr. *plastike*, das Geformte, Gestaltete): Sammelbegriff für eine Gruppe von Bakterien abstammenden Organellen mit dreifacher Membran in Pflanzenzellen. Siehe: Chloroplast(en).

Plastron (fr. *plastron*, Brustharnisch): (1) Ventraler Knochenschild von Schildkröten. (2) Bauchschild bei manchen Arthropoden. (3) Dünne Gas-/Luftschicht, die von der Epikutikularbehaarung aquatischer Insekten zurückgehalten und als Luftvorrat beim Tauchen dient.

Plättchen Kurz für Blutplättchen. (= Thrombocyten). Von Megakaryocyten erzeugte Zellbruchstücke (zellkernlos, nicht teilungsfähig), die eine entscheidende Rolle bei der Blutgerinnung (Thrombusbildung) spielen. Im Blut sehr zahlreich (150.000 bis 300.000 pro Mikroliter = 150 bis 300 Millionen pro Milliliter). Sehr klein (1 bis 3 Mikrometer).

Plazenta (lat. *placenta*, Kuchen): Mutterkuchen. Gemeinsam vom Mutterorganismus und dem sich entwickelnden Embryo (Fötus) hervorgebrachtes anatomisches Mischgebilde mit starker Vaskularisierung zur Ernährung des Embryos während seiner Entwicklung in der Gebärmutter (Uterus). Bei den echten Säugetieren (= Eutheria).

Plazentotrophie (lat. *placenta*, Kuchen + gr. *trophein*, sich ernähren): Nährstoffversorgung des Fötus vermittels einer Plazenta.

Pleiotrop (gr. *pleion*, mehr + *tropos*, Wendung, Umkehr): Ein pleiotropes Gen zeigt mehr als eine phänotypische Wirkung. Die Beeinflussung mehrerer phänotypischer Merkmale durch ein einzelnes Gen.

Pleopodium (gr. *plein*, segeln + *podos*, Fuß): „Segelfuß". Eine der der schwimmenden Fortbewegung dienenden Anhangsbildungen am Abdomen von Crustaceen.

Plesiomorph (gr. *plesios*, annähernd, fast, beinahe + *morphos*, Gestalt): den ursprünglichen Merkmalszustand darstellend. Ein plesiomorphes Merkmal ist eines, das sich in einer evolutiven Abstammungslinie gegenüber dem Urzustand (anzestraler Zustand) kaum verändert hat, bei den Nachfahren der Urform also beinahe unverändert erhalten geblieben ist. Ein Beispiel für ein plesiomorphes Merkmal sind die vier Extremitäten (Gliedmaßen) der landlebenden Wirbeltiere (= Tetrapoden; Amphibien, Reptilien, Vögel, Fische).

Pleura (gr. *pleura*, Seite, Rippe, Flanke): (anatomisch) Brustfell. Membran, welche die beiden Thoraxhälften auskleidet und die Lungen überzieht (dieser Teil wird gesondert als Lungenfell – Pleura pulmonalis – bezeichnet).

Plexus (lat. *plexus*, Geflecht): In der Anatomie ein Geflecht oder (unregelmäßiges) Maschenwerk, insbesondere eines aus Blutgefäßen oder Nerven.

Pluteus (lat. *pluteus*, Schutzwand): Larvenform von Stachelhäutern (Echinodermaten). Seeigel- oder Schlangensternlarve mit verlängerten Fortsätzen, die an Tischbeine erinnern.

Pneumatophore (gr. *pneuma*, Luftstrom, Luftzug + *phoros*, tragend): Gasgefüllter Auftriebskörper von Quallen wie der Portugiesischen Galeere und einigen anderen Siphonophoren, die spezialisierte Hydrozoenkolonien (Phylum Cnidaria, Stamm der Nesseltiere) darstellen.

Podium (gr. *podos*, Fuß): Fußartige anatomische Struktur; zum Beispiel die Röhrenfüßchen der Echinodermaten (= Stachelhäuter).

Poikilotherm (gr. *poikilos*, veränderlich, schwankend + *thermos*, Wärme): wechselwarm. Bei poikilothermen (= wechselwarmen) Tieren schwankt die Körpertemperatur mit der Umgebungstemperatur. Siehe: ektotherm, endotherm, homoiotherm.

Polarisation (1) (= Polarisierung). Die Erschaffung eines polarisierten Zustandes (siehe unter: Polarität). (2) In der Zellbiophysik die ungleichmäßige Verteilung von Ionen zu beiden Seiten einer biologischen (Zell)membran, die mit der Errichtung einer Potenzialdifferenz (= elektrische Spannung) einhergeht (besonders bei Nerven- und Muskelzellen).

Polarität (gr. *polos*, Achse): (1) Allgemein: Richtungssinn. Mit Polen (= verschiedenartigen Enden) ausgestattet. (2) In der Systematik die Anordnung alternativer Zustände taxonomischer Merkmale vom evolutiv ursprünglich hin zu abgeleiteten Zuständen. (3) In der Entwicklungsbiologie die Tendenz der Achse einer Eizelle sich entlang einer Achse des mütterlichen Organismus auszurichten. (4) Richtungssinn eines Nucleinsäuremoleküls (5$\longrightarrow$3'- oder 3'$\longrightarrow$5'-Richtungssinn). (4) In der Chemie die ungleichmäßige Verteilung von Elektronen in einer chemischen Bindung. (5) Differenzielle Konzentrationsverteilung eines Stoffes entlang einer Achse (Siehe: Morphogengradienten).

Poli-Vesikel Nach dem italienischen Naturforscher G. Poli benannte, in den Ringkanal mündende Vesikel der meisten Seesterne und Seegurken.

Polyandrie (gr. *poly*, viel + *andros*, Mann): Vielmännerei. Die Verfügung über mehr als ein Männchen zur selben Zeit durch ein Weibchen. Siehe: Polygamie, Monogamie, Polygynie.

Polyembryonie (gr. *poly*, viel + *en*, in + *bryein*, sprießen, anschwellen): Ungeschlechtliche Vermehrung eines einzelnen unbefruchteten Eies, aus dem mehrere Embryonen hervorgehen.

Polygamie (gr. *poly*, viel + *gamos*, Gatte): Vielehe. Beziehungen zu mehreren Geschlechtspartnern zur selben Zeit. Siehe: Polyandrie, Polygynie.

Polygene Vererbung (gr. *poly*, viel + *genesis*, Bildung, Entstehung): (= quantitative Vererbung). Beeinflussung von Merkmalen durch mehrere Allele (Genorte). Die einer polygenen Beeinflussung unterliegenden, vererblichen Merkmale unterliegen einem kontinuierlichen anstelle eines diskreten Phänotypspektrums. Die Phänotypen der Nachkommen liegen zumeist zwischen denen der Elternorganismen (intermediärer Phänotypus).

Polygynie (gr. *poly*, viel + *gyne*, Frau): Vielweiberei. Die Verfügung über mehr als ein Weibchen zur selben Zeit durch ein Männchen. Siehe: Polygamie, Monogamie, Polyandrie.

Polykondensation (gr. *poly*, viel + lat. *condensus*, zusammengedrängt): Mehrfachkondensation. Kondensationsreaktion, die zur Bildung von Polymeren (Polykondensationsprodukten) führt. Polymerisation durch eine Kondensationsreaktion (siehe dort).

Polymer (gr. *poly*, viel + *meros*, Teil): (= Makromolekül). Chemische Verbindung hoher Molmasse, die aus mehr oder minder gleichen (ähnlichen) Bausteinen (Monomeren; siehe dort) zusammengesetzt ist.

Polymerasekettenreaktion (Abk.: PCR; von engl. *polymerase chain reaction*). Labormethode zur gezielten Vervielfältigung von Nucleinsäuren mit Hilfe eines Enzyms (Polymerase) durch Wiederholung einer Reaktionsfolge („molekulares Klonieren"). Vielfältige Anwendungen in der Molekularbiologie und molekularen Medizin. Im Gegensatz zur Namensgebung der

Methode handelt es sich nicht um eine Kettenreaktion im Sinne der chemischen Reaktionskinetik!

Polymerisation (gr. *poly*, viel + *meros*, Teil): Bildung eines Polymers (siehe dort) durch radikalische Polymerisation, Polykondensation oder Polyaddition.

Polymorphismus (gr. *poly*, viel + *morphos*, Gestalt): Vielgestaltigkeit. (1) Das Auftreten von Vertretern ein und derselben Organismenart in mehr als einer Form. (2) Das Auftreten von Genen in verschiedenen, allelen Formen (genetischer Polymorphismus).

Polynucleotid Synonym für Nucleinsäure im weiteren Sinn. Ein (lineares) Biopolymer aus Nucleotiden. Entsteht durch Polykondensation von Nucleosidtriphosphaten.

Polyp (gr. *poly*, viel + *podos*, Fuß): (1) umgangssprachlich für: Polizist, Bulle. (2) Individuum eines Tiers aus dem Stamm der Nesseltiere (Phylum Cnidaria). Im Allgemeinen für eine Verankerung am Untergrund mittels des aboralen Körperendes adaptiert. Oft koloniebildend.

Polypeptid Synonym für Protein im weiteren Sinn. Ein (lineares) Biopolymer aus Aminosäuren. Entsteht durch Polykondensation von Aminosäuren.

Polyphylie (gr. *poly*, viel + *phylos*, Stamm): „Vielstämmigkeit". Von einem polyphyletischen Zustand spricht man dann, wenn ein Taxon oder eine andere Gruppierung den jüngsten gemeinsamen Vorfahren aller in der Gruppe vereinigten Organismen nicht mit einschließt. Die Gruppe hat dann definitionsgemäß mehrere evolutive Ursprünge bzw. Vorläufer. Derartige Gruppierungen können nicht den Rang eines validen Taxons beanspruchen und werden nur versehentlich als solche angesprochen. Siehe: Monophylie, Paraphylie.

Polyphyodont (gr. *polyphyes*, vielfach + *odous*, Zahn): Entwicklungsverlauf mit mehreren, sich ablösenden Gebissen in Folge.

Polypid Ein Individuum oder ein Zooid in einer Kolonie – insbesondere bei Ektoprokten – das/der ein Lophophor, einen Verdauungstrakt, Muskeln und Nervenzentren besitzt.

Polyploid Genetischer Zustand, bei dem mehr als ein diploider (zweifacher) Chromosomensatz in einer Zelle vorhanden ist.

Polysaccharid (gr. *poly*, viel + lat. *saccharum*, Zucker): Vielfachzucker. Polymere Kohlenhydrate, die durch Polykondensationsreaktionen von Einfachzuckern entstehen. Beispiele: Stärke, Glycogen, Cellulose.

Polysom (gr. *poly*, viel + *soma*, Körper): (= Polyribosom). Verbund aus einem mRNA-Molekül und mehreren angelagerten Ribosomen. Siehe: Ribosom, Translation.

Polyspermie (gr. *poly*, viel + *sperma*, Samen): Zustand, der durch das gleichzeitige Eindringen mehrerer Samenzellkerne in eine Eizelle entsteht.

Polytänchromosom (gr. *poly*, viel + *tainia*, Band + *chroma*, Farbe + *soma*, Körper): Chromosomen aus vielen identischen DNA-Molekülen (Vielchromatid-Chromosomen). Entstehen durch wiederholte Replikation eines chromosomalen DNA-Moleküls ohne nachfolgende Trennung der Chromatiden. In somatischen Zellen mancher Insekten.

Polyzoisch (gr. *poly*, viel + *zoon*, Tier): (1) Ein Bandwurm, der eine Strobila mit mehreren bis vielen Proglottiden ausbildet, wird polyzoisch genannt. (2) Eine Kolonie aus vielen Zooiden wird polyzoische Kolonie genannt.

Pongiden Menschenaffen. Die Angehörigen der Familie der Pongiden (Familia Pongidae = Hominidae). Gorillas, Schimpansen, Gibbons, Orang-Utans.

Population (lat. *populus*, Volk, Bevölkerung): Gruppe von Organismen derselben Art, die dasselbe Verbreitungsgebiet besiedeln.

Populationeller Gradualismus Hypothese, die sich auf die Beobachtung gründet, dass neue genetische Varianten sich in einer Population etablieren, indem sich ihre Häufigkeit über Generationen unmerklich erhöht, ausgehend von einigen wenigen Individuen, bis schließlich die Mehrheit der Population das betreffende Merkmal zeigt.

Porocyte (gr. *poros*, Loch, Öffnung + *kytos*, Hohlkörper): Zelltyp askonoider Schwämme, durch welche Wasser in das Spongocoel gelangt.

Positiv-assortiative Paarung Tendenz zur Verpaarung solcher Individuen, die sich in einem oder mehreren, innerhalb der Population variablen Merkmalen unterscheiden.

Posterior (lat. *posterior*, hintere/s, hinterste/s): zum Ende des Körpers hin; am Ende des Körpers. Posteriores Ende = Hinterende. Anterior-posteriore Körperachse = Längsachse des Körpers, Kopf-Schwanzachse.

Präadaption (gr. *prä*, (zeitlich) vor + lat. *adapto*, (sich) anpassen): Besitz eines Merkmals, das den über ihn verfügenden Organismus für ein Überleben in einer Umwelt prädisponiert, die von den Umwelten verschieden ist, denen die Art in ihrer Evolutionsgeschichte ausgesetzt gewesen ist.

Präbiotische Synthese (gr. *prä*, vor + *bios*, Leben + *synthesis*, Zusammenfügung, Verknüpfung): Die Entstehung von molekularen Komponenten, die sich heute in lebenden Zellen finden, durch abiotische Reaktionen in der Frühgeschichte der Erde vor der Entstehung des Lebens (in präbiotischer Zeit). Man weiß aus Experimenten, dass durch solche prä- oder abiotischen Synthesen Aminosäuren, Zucker (Monosaccharide), Fettsäuren, Heterozyklen wie Purin- und Pyrimidinderivate und anderes mehr entstehen. Lebende Systeme sind also aus solchen chemischen Bausteinen durch eine die Komplexität steigernde Evolution entstanden, die sich unter den Bedingungen auf der Früherde leicht und spontan bilden konnten.

Präformation (gr. *prä*, vor + lat. *formare*, bilden, herausbilden, eine Gestalt geben): Überholtes Konzept, das davon ausging, dass in den Keimzellen (= Gameten) bereits in ihrer endgültigen Gestalt vorgebildete, miniaturisierte Wesen vorhanden sein sollten, dich sich im Verlauf ihrer Entwicklung lediglich entfalten und vergrößern.

Prägung (1) Schnelles und für gewöhnlich stabiles Lernverhalten in zeitlich begrenzten Frühphasen bei Angehörigen sozialer Tierarten mit (im Normalfall) Erkennung von Artangehörigen. Bei Fehlprägung Anerkennung artfremder Tiere als Artgenossen. (2) In der Genetik epigenetische, allel- (= elternspezifische) Vererbung, die nicht den Mendel'schen Vererbungsregeln gehorcht. Die Expression bestimmter, von einem der Eltern in aktiviertem oder inaktiviertem Zustand ererbter Allele. Grundlage der molekulargenetischen Prägung sind Methylierungen von Basen der chromosomalen DNA-Moleküle. Siehe: Epigenetik.

Predator (engl. *predator*, Raubtier): Raubtier, Räuber (= räuberische Art).

Primäre Bilateralsymmetrie Primäre Bilateralsymmetrie liegt bei radiärsymmetrischen Tieren vor, die sich aus einer bilateralsymmetrischen Vorläuferform herleiten und sich aus einer bilateralsymmetrischen Larve entwickeln.

Primäre Radiärsymmetrie Primäre Radiärsymmetrie liegt bei radiärsymmetrischen Organismen vor, die im Unterschied zu sekundär radiärsymmetrischen Formen evolutiv nicht auf eine bilateralsymmetrische Ahnform oder ontogenetisch nicht auf eine bilateralsymmetrische Larve zurückgehen.

Primärer Organisator (= Spemann'scher Organisator). In der Nähe der Urmundlippe liegender Bereich eines Embryos, der

Induktionswirkung hat (nachweisbar durch Transplantation auf einen zweiten (Empfänger)Embryo an einer anderen als der normalen Stelle). Der Transplantatempfänger bildet nach der Verpflanzung des Organisatorbereichs zwei Embryonen.

Primärstruktur (lat. *primus*, erst, vorderst + *structura*, Aufbau): (1) Die Abfolge der Aminosäuren in einem Peptid oder Protein (= Polypeptid) wird als Primärstruktur des Moleküls bezeichnet (= erste Strukturebene). Siehe: Sekundärstruktur, Tertiärstruktur, Quartärstruktur. (2) Die Abfolge der Nucleobasen in einem Nucleinsäuremolekül.

Primaten (lat. *primatus*, der Erstrangige): Alle Säugetierarten, die zur Ordnung der Herrentiere (Ordo Primates) gehören. Dazu gehören die Gruppen der Koboldmakis (= Gespensteräffchen; Infraordo Tarsiiformes), die Lemuren (Familia Lemuridae), die Krallenaffen (Familia Callitrichidae), die Menschenaffen (Familia Pongidae = Hominidae) und der Mensch (Gattung *Homo*).

Primitiv (lat. *primitiae*, Erstlinge): ursprünglich, primordial (lat. *primordium*, Urgrund, erster Anfang); (noch) wenig evolviert; von geringer Evolutionshöhe. Bei Merkmalen solche, die denen eines als Bezugspunkt dienenden evolutiven Vorfahren ähnlich sind.

Primordial (lat. *primordium*, Urgrund, erster Anfang): einen sehr frühen Zustand (Urzustand) darstellend.

Proboscis (lat. *pro*, vor, für + gr. *boskein*, fressen): (1) „Schnauze". Tubuläres Saug- oder Fressorgan mit endständiger Mundöffnung. Bei Planarien, Egeln und Insekten. (2) Sinnes- oder Verteidigungsorgan am anterioren Ende mancher Wirbelloser.

Produktion(sleistung) In der Ökologie die von einem Organismus eingefangene und in neuer Biomasse gespeicherte Energie.

Produktregel Beschreibt die Wahrscheinlichkeit, dass unabhängige Ereignisse zusammenfallen. Produkt der Wahrscheinlichkeiten der unabhängigen Einzelereignisse.

Produzenten (lat. *producere*, hervorbringen, vorführen; dt. *produzieren*, herstellen, anfertigen): Organismen, die fähig sind, ihre eigenen Nährstoffe aus chemisch einfachen, „anorganischen" Substanzen herzustellen. Erste Ebene der ökologischen Nahrungskette.

Progesteron (lat. *pro*, vor, für + *gesto, gestare*, tragen): (= Gelbkörperhormon). Geschlechtshormon aus der Gruppe der Gestagene (Schwangerschaftshormone, Gelbkörperhormone). Vom Gelbkörper (Corpus luteum) und der Platzenta (Mutterkuchen) produziertes Steroidhormon. Bereitet die Gebärmutter (Uterus) für die Einnistung der befruchteten Eizelle vor. Hält die Fähigkeit der Gebärmutter, den sich entwickelnden Embryo zu beherbergen, aufrecht.

Proglottis, Proglottiden Teil/e eines Bandwurmkörpers, welche/r einen Satz Fortpflanzungsorgane beherbergt. Fällt für gewöhnlich mit einem Segment zusammen.

Prohormon Vorform eines Hormons. Für gewöhnlich selbst ohne Hormonwirkung. Durch die Umwandlung vom Prohormon in das Hormon wird die physiologische Wirksamkeit erreicht. Der Übergang vom Prohormon zum Hormon kommt durch eine chemische Abwandlung (Derivatisierung) des Prohormons zustande. Besonders auf Peptidhormone angewandter Begriff; hier Aktivierung durch partielle, enzymatische Proteolyse.

Prokaryont (lat. *pro*, vor, für + gr. *karyon*, Kern): (= Bakterie). (Zumeist einzellige) Lebensformen mit Zellen ohne Zellkern, bei denen das Erbmaterial frei im Zellplasma liegt. Siehe: Eukaryont.

Promotor (lat. *promotio*, Beförderung bzw. *promoveo*, vorwärtsbewegen, voranbringen): Regulatorischer Teil eines Gens (im 5'-untranslatierten Bereich = stromaufwärts des codierenden Bereichs), an dem die RNA-Polymerasemoleküle binden. Startpunkt der Transkription (siehe dort). Enthält verschiedene Sequenzmotive für die Erkennung durch und die Bindung von spezifischen Proteinen (Polymerasen, Transkriptionsfaktoren, Repressoren usw.).

Pronephros (lat. *pro*, vor, für + gr. *nephros*, Niere): Am weitesten anterior liegendes von drei Paaren embryonaler Nieren bei Vertebraten. Nur bei adulten Schleimaalen, Fischlarven und Amphibien funktioneller Zustand. Im Säugetierembryo nur verkümmert in Erscheinung tretend.

Propriorezeptor (lat. *proprius*, ausschließlich, eigen, eigentümlich + *receptor*, Hehler, Wiedereroberer): Empfänger von Sinnesreizen, die aus tiefen Gewebelagen stammen (besonders Muskeln, Sehnen und Gelenken). Reagiert auf Veränderungen der Muskelspannung, der Körperhaltung und auf Bewegungen.

Prosoma (lat. *pro*, vor, für + gr. *soma*, Körper): (1) Anteriorer Teil eines Wirbellosenkörpers, bei welchem die ursprüngliche (primitive) Segmentierung nicht sichtbar ist. (2) Fusionierter Kopf-Thorax bei Arthropoden (Cephalothorax). Siehe: Opisthosoma.

Prosopyle (gr. *proso*, vorwärts + *pyle*, Tor, Tür): Die Verbindungen zwischen Einstromkanälen und Radiärkanälen bei manchen Schwämmen.

Prostaglandine (lat. *prostata*, Vorsteherdrüse + *glandula*, Drüse): Gruppe von Gewebshormonen, die sich biosynthetisch von der Arachnidonsäure (einer vierfach-ungesättigten Fettsäure) ableiten. Grundkörper aus 20 Kohlenstoffatomen. Mediatoren lokaler Zell- und Gewebsreaktionen. Beteiligt an Entzündungs- und Schmerzreaktionen. Einfluss auf Immunzellen. Starke Wirkung auf die glatte Muskulatur, Nerven, den Blutkreislauf und die Fortpflanzungsorgane.

Prostomium (lat. *pro*, vor, für + gr. *stoma*, Mund): Anteriorer Abschluss eines metameren Tieres. Anterior zur Mundöffnung gelegen.

Protandrisch (gr. *proto*, ur bzw. *protos*, der Erste + *andros*, Mann): Zustand bei zwittrigen Tieren und Pflanzen, bei dem zuerst männliche Fortpflanzungsorgane gebildet werden, denen dann später weibliche folgen. Verhindert die Selbstbefruchtung.

Protease (= proteolytisches Enzym). Ein proteinspaltendes Enzym. Gruppe hydrolytischer Enzyme, die Peptidbindungen spalten. Keine scharfe Abgrenzung gegen Peptidasen. Die Begriffe Peptidase, Proteinase und Protease werden weitgehend synonym verwendet. Die Peptidbindungen spaltenden Enzyme bilden keine einheitliche Proteinfamilie, sondern gehören zahlreichen, sich von verschiedenen Genen herleitenden Proteinfamilien an.

Protein (gr. *protein*, ich bin der Erste): Unverzweigtes Makromolekül (= Polymer) aus durch Peptidbindungen kovalent miteinander verknüpften Aminosäuren. Bildung durch Polykondensation von Aminosäuren (siehe dort). Funktionell wie strukturell vielfältiger und ubiquitärer Bestandteil aller lebenden Zellen.

Proteom An den Begriff Genom (siehe dort) angelehnte Wortschöpfung. Bezeichnet die Gesamtheit aller Proteine einer Zelle, eines Gewebes, eines Organs oder eines kompletten Lebewesens.

Proteomik Die Erforschung von Proteomen. Teilgebiet der Molekularbiologie.

Prothorakotropes Hormon (= Ecdysiotropin; siehe dort).

Prothoraxdrüsen Drüsen im Prothorax von Insekten, die die Häutungshormon Ecdyson ausschütten.

Prothrombin (lat. *pro*, vor, für + gr. *thrombos*, Gerinnsel): Inaktive Vorstufe des Thrombins (siehe dort). Ein Proprotein. Bestandteil des Blutplasmas. Aktivierung zu Thrombin durch Prothrombinase (partielle Proteolyse = Abspaltung der Prosequenz). Die Steuerung der Prothrombinaktivierung (= Prothrombinspaltung) steht unter der Kontrolle der Gerinnungskaskade (siehe dort).

Protisten (gr. *protos*, der Erste): Mitglieder des paraphyletischen Regnums Protista (Organismenreich der Protisten). Darunter fallen die Protozoen und die einzelligen Algen. Die Gemeinschaft der einzelligen Eukaryonten.

Protocoel (gr. *protos*, der Erste + *koilos*, Höhle): Anteriores Coelomkompartiment einiger Deuterostomier. Entspricht dem Axocoel der Echinodermaten.

Protokooperation (gr. *protos*, der Erste + lat. *cooperator*, Mitarbeiter): Wechselwirkung zwischen Lebewesen zum gegenseitigen Nutzen, welche für das Überleben beider Partner nicht zwingend notwendig ist.

Proton (gr. *protos*, der Erste): Bestandteil des Atomkerns mit positiver elektrischer Ladung. Ein Nucleon (Atomkernteilchen). Bestehend aus drei Quarks. 1836-fache Ruhemasse des Elektrons (siehe dort). Bestandteil des Atomkerns aller Atome. In chemischen Systemen/auf der Erde in freier Form nicht existenzfähig (aufgrund der enormen elektrischen Feldstärke seiner Ladung).

Protonephridium (gr. *protos*, der Erste + *nephros*, Niere): Primitives osmoregulatorisches oder exkretorisches Organ, bestehend aus einem Tubulus, der im Körperinneren in einen Flammenbulbus oder eine Solencyte mündet. Baueinheit des Flammenbulbussystems.

Protoonkogen Physiologische normale, nichtmutierte Form eines Gens, das für gewöhnlich an der Steuerung des Zellwachstums und/oder der Zellteilung und/oder der Regulation des Zellzyklus beteiligt ist. Vorstufe eines Onkogens (siehe dort). Von Protoonkogenen geht keine krebserzeugende oder -fördernde Wirkung aus. Nach Mutation zum Onkogen Beteiligung an der malignen Entartung von Zellen zum krebsartig wuchernden Wachstumsverhalten.

Protoplasma (gr. *protos*, der Erste + *plasma*, (Guss-)Form, Model): Der (strukturell und funktionell) organisierte Inhalt einer Zelle. Cytoplasma + Nucleoplasma.

Protopodium (gr. *protos*, der Erste + *podos*, Fuß): Basaler Anteil der Anhangsbildungen bei Crustaceen. Umfasst Coxa und Basis.

Protostomier (gr. *protos*, der Erste + *stoma*, Mund): Urmünder (die). Gruppe von Tierstämmen (Phylae), deren Vertreter einen determinierten Furchungsverlauf zeigen, bei denen die Coelombildung bei coelomaten Formen durch Proliferation von Mesodermbändern vonstatten geht (Schizocoelie), das Mesoderm aus einer bestimmten (determinierten) Blastomere mit der Symbolkennzeichnung 4d hervorgeht, und deren Mundöffnung sich vom Urmund (= Blastoporus) ableitet oder in dessen räumlicher Nähe entsteht. Zu den Protostomiern gehören unter anderem die Anneliden (Ringelwürmer), die Arthropoden (Gliederfüßler), die Weichtiere (Mollusken) sowie eine Anzahl kleinerer (artenärmerer) Stämme. Siehe: Deuterostomier.

Proventrikulus (lat. *pro*, vor, für + *ventriculus*, Kammer, Magen, Bauch): (1) Bei Vögeln der Drüsenmagen zwischen Kropf und Muskelmagen. (2) Bei Insekten eine muskuläre Erweiterung (Dilatation) des Vorderdarms, der auf der Innenseite mit Chitinzähnen besetzt ist.

Proximal (lat. *proximus*, der/das Nächste): (anatomisch) nahegelegen. In der Nähe eines Ansatzpunktes oder auf einen solchen zuweisend. Siehe: distal.

Pseudocoel (gr. *pseudos*, Lüge bzw. *pseudein*, täuschen + *koiloma*, Höhle): Leibeshöhle, die nicht von einem Peritoneum (siehe dort) ausgekleidet ist und nicht Teil des Blutkreislauf- oder des Verdauungssystems ist. Leitet sich embryonal vom Blastocoel (= primäre Leibeshöhle) ab.

Pseudocoelomaten Tiere, die ein Pseudocoel besitzen. Tiere mit einer Leibeshöhle, die ein persistierendes Blastocoel (siehe dort) darstellt, und welche nur auf einer Seite von Mesoderm ausgekleidet ist.

Pseudopodium (gr. *pseudos*, Lüge bzw. *pseudein*, täuschen + *podos*, Fuß): Scheinfüßchen. Temporäre Cytoplasmaausstülpung bei amöboiden Protozoen oder anderen amöboiden Zellen. Dient dem Ortswechsel (Lokomotion) und der Nahrungsaufnahme.

Puff (engl. *puff*, Quaste, Bommel): Aufgeblähte Bereiche aus räumlich auseinander strebenden DNA-Strängen von Riesenchromosomen (siehe dort), die an geraffte Kleiderärmel (Puffärmel) erinnern. Bei einigen Fliegenarten. Orte starker transkriptioneller Aktivität.

Puffer Lösung einer schwachen Säure und ihrer konjugierten Base, die beim Zusatz von Säure oder Base den pH-Wert nur wenig ändert.

Pulmonar (lat. *pulmo*, Lunge): die Lunge oder die Atmung betreffend.

Puppe Unbeweglich verharrendes Entwicklungsstadium im Entwicklungsgang holometaboler Insekten zwischen dem letzten Larvenstadium und dem Adultstadium (= Imago). Der äußerlichen Ruhe stehen starke und umfassende innere Umbildungsprozesse gegenüber, die zu einer völligen Umgestaltung des Körpers führen.

Purin 3,5,7-Triazaindol (= 7H-Imidazo(4,5-)pyrimidin). Summenformel: $C_5H_4N_4$. Bizyklischer Heterozyklus. Grundkörper zahlreicher Naturstoffe. Ausgangsverbindung von Nucleobasen (siehe dort), ATP und mehreren Coenzymen sowie anderen Naturstoffen (Purinalkaloide wie Coffein, Theobromin usw.) Siehe: Adenin, Guanin.

Pygidium (gr. *pyge*, Rumpf, Gesäß): (1) Posteriores Abschlussglied eines segmentierten Tierkörpers, welches den Anus trägt. (2) Schwanzschild der Trilobiten (siehe dort). (3) Schwanzabschnitt von Ringelwürmern (Anneliden).

Pyrimidin 1,3-Diazin. Monozyklischer Heterozyklus. Summenformel: $C_4H_4N_2$. Grundkörper zahlreicher Naturstoffe. Ausgangsverbindung von Nucleobasen (siehe dort) und Coenzymen (Flavine) sowie anderen Naturstoffen. Bestandteil bizyklischen Grundkörpers von Purin und dessen Derivaten. Siehe: Thymin, Uracil, Cytosin.

Qualitative Vererbung Siehe unter: polygene Vererbung.

Quartärstruktur Organisationsebene von Proteinmolekülen, die aus mehreren Polypeptidketten bestehen. Die Quartärstruktur beschreibt die gesamte Raumstruktur eines aus mehr als einer Polypeptidkette bestehenden Proteins. Im weiteren (lockereren) Sinn die Lage der einzelnen Peptidketten eines zusammengesetzten (multimeren) Proteins relativ zueinander.

Radiärfurchung Furchungsverlauf, bei dem die frühen Furchungsebenen (= Teilungsebenen der Zellen) symmetrisch (parallel oder orthogonal) zur Polachse der Zygote oder des Zellhaufens verlaufen. Jede Blastomere einer Zellreihe liegt genau über der entsprechenden Blastomere der folgenden Zellschicht. Nichtdeterminierter Furchungsverlauf.

Radiärkanäle (1) Entlang der Ambulakren verlaufende Kanäle, die bei Stachelhäutern vom Ringkanal aus nach außen (radiär) verlaufen. (2) Die mit Choanocyten (siehe dort) ausgekleideten Kanäle Schwämme vom Sykon-Typ.

Radiärsymmetrie Morphologischer Zustand, bei dem die Teile eines (Tier)Körpers konzentrisch um eine oral/aborale Achse angeordnet sind und mehr als eine denkbare Schnittebene, die durch diese Achse verläuft, das Tier in spiegelbildliche Hälften teilt.

Radiolarien (lat. *radiosus*, strahlend + *Laren*, Schutzgeister der Familie und des Hauses in der antik-römischen Mythologie): Strahlentierchen. Protozoen mit Aktinopodien (Strahlenfüßchen) und filigranen Testen (Gehäuseschalen).

Radiolen (lat. *radius*, Strahl, (Rad)Speiche): Federartige Fortsätze am Kopf vieler tubikulöser Polychaeten (vielborstige Ringelwürmer). Primär zur Nahrungsbeschaffung.

Radula (lat. *radula*, Schaber): Raspelzunge der Mollusken (Weichtiere). **Räuber**: (= Raubtier, Beutegreifer, Raubfeind). Arten, die zur Erhaltung ihrer eigenen Existenz/zur Deckung ihrer Ernährungsbedürfnisse darauf angewiesen sind, andere Tiere zu töten und zu verzehren.

Ramicristaten (lat. *ramus*, Zweig + *crista*, Helmschopf, Hahnenkamm): Protozoenkladus, dessen Vertreter in ihren Mitochondrien verzweigt-tubuläre Cristae (siehe dort) zeigen. Typischerweise amöboid; nackt oder beschalt. In diese Gruppe fallen die echten Schleimpilze (Myxomyceten).

Ras-Proteine (1) Umfangreiche Familie GTP-bindender, monomerer Lipoproteine, die mit Hilfe ihres carboxyterminalen Lipidanteils in Membranen verankert sind und Schalterfunktion bei diversen zellulären Prozessen erfüllen (Signaltransduktion, Vesikeltransport, Membranfusion, Organisation des Cytoskeletts usw.). Mehrere Unterfamilien (Ras, Ral, Rab, Rho, Ypt usw.). (2) Im engeren Sinn die Vertreter der eigentlichen Ras-Proteine aus der Superfamilie der Ras-ähnlichen GTPasen. Die eigentlichen Ras-Proteine sind Bestandteile von Signaltransduktionskaskaden, die an der Steuerung des Zellwachstums und der Zellteilung beteiligt sind. Die *ras*-Gene sind Protoonkogene (siehe dort).

Ratit (lat. *ratis*, Floß): unbekielt. Bei ratiten Vögeln ist das Brustbein (Sternum) unbekielt. Siehe: carinat.

Ratiten Vögel mit einem unbekielten Sternum.

Redien Stablarven. Nach dem italienischen Biologen Redi benannte Larvenform bestimmter Plattwürmer. Gehen aus einer Sporozyste hervor und gehen ihrerseits in Zerkarien über.

Reduktion (lat. *reducere*, (zu)rückführen): Elektronenaufnahme. Teilreaktion einer Redoxreaktion. Chemische Reaktion, bei der der betrachtete Reaktionspartner Elektronen von einem anderen Reaktionsteilnehmer (das Oxidationsmittel) übernimmt. Geht immer mit einer parallel ablaufenden Oxidation einher; daher spricht man gemeinhin von Redoxreaktionen. Siehe: Oxidation.

Regulative Entwicklung Form der Embryonalentwicklung, deren Verlauf durch die Wechselwirkung zwischen benachbart liegenden Zellen des Embryos gesteuert und festgelegt wird. Das Schicksal einzelner Zellen und ihrer Teilungsprodukte ist zu frühen Zeitpunkten der Entwicklung noch nicht endgültig entschieden. Siehe: determinierte Entwicklung.

Rekapitulation (lat. *re*, zurück + *capitulatum*, kurz zusammenfassen): (1) Zusammenfassende Wiederholung. (2) Rekapitulationsregel = Biogenetisches Grundgesetz. Auf Ernst Haeckel zurückgehende Hypothese, nach der ein Tier in seiner Embryonalentwicklung seine stammesgeschichtliche Entwicklung (= Evolution) verkürzt wiederholt.

Rekombinante DNA Hybride DNA-Molekülen mit Anteilen, die verschiedenen Quellen entstammen und gezielt mit Hilfe gentechnischer Methoden im Labor erzeugt worden sind. Die verschiedenen Anteile werden kovalent zum rekombinanten DNA-Molekül verknüpft. Die Technik der Herstellung rekombinanter DNA wird Gentechnik genannt.

Renin Ein vom juxtaglomerulären Apparat der Nieren hergestelltes Hormon, das blutdrucksteigernd wirkt und die Rückresorption von Natriumionen fördert.

Rennin (= Labferment). Eine die Milchgerinnung (Ausflockung) herbeiführende Endopeptidase aus dem Magen junger Kälber. Zur Vermeidung einer Verwechselung mit dem phonetisch wie orthografisch ähnlichen Begriff Renin (siehe dort) sollte diese Bezeichnung vermieden werden. Man bevorzuge die tradierte Bezeichnung *Labferment*.

Replikation (lat. *replicatio*, Zurückfalten bzw. *replicare*, erwidern, aufrollen): (= Reduplikation). Verdoppelung der chromosomalen DNA. Herstellung neuer chromosomaler DNA-Moleküle anhand der bestehenden als Synthesevorlage. An der Replikation sind zahlreiche Proteine beteiligt; die eigentliche replikative Syntheseleistung wird von DNA-Polymerasen vollbracht.

Reproduktive Barriere (= Fortpflanzungshindernis). Faktoren, die Mitglieder einer sich geschlechtlich fortpflanzenden Population daran hindern, sich zu paaren und/oder zu vermehren und Gene mit anderen Populationen auszutauschen.

Respiration (lat. *respirare*, aufatmen bzw. *spirare*, atmen): Atmung. (1) Der Gasaustausch zwischen einem Organismus und der Umgebung. (2) Die Oxidation von Nährstoffmolekülen mit Hilfe von Sauerstoff in einer Zelle (Zellatmung).

Restriktion (lat. *restrictus*, straff angezogen): dt. Beschränkung, Einengung. (1) Bakterieller Abwehrmechanismus, bei dem mit Hilfe von in der Zelle vorhandenen Enzymen eingedrungene Fremd-DNA (zum Beispiel von Viren) zerschnitten werden kann, ohne dass die zelleigene DNA in Mitleidenschaft gezogen wird. (2) In der Gentechnik das gezielte beschränkte Zerschneiden von Nucleinsäuren. Dazu bedient man sich sequenzspezifischer bakterieller Enzyme (Restriktions-Endonucleasen), die das gezielte hydrolytische Zerlegen von DNA-Molekülen an bekannten Basenfolgen (Sequenzmotiven) erlauben.

Restriktionsendonucleasen Nucleinsäurespaltende Enzyme (Nucleasen), die bestimmte Basenfolgen (Sequenzmotive) erkennen und an diese binden. Die hydrolytische Spaltung des Nucleinsäuremoleküls kann an der Bindungsstelle oder (je nach Enzym) an einem weiter entfernten Ort erfolgen. Restriktionsendonucleasen (= Restriktionsenzyme), die palindromische Basenfolgen doppelsträngiger DNA-Moleküle erkennen und in vorhersagbarer Weise innerhalb der Erkennungssequenz die Moleküle zerlegen (Restriktionsenzyme der Klasse II), sind wichtige Werkzeuge der Gentechnik. Manche Restriktionsendonucleasen erzeugen überhängende Einzelstrangenden, andere so genannte „stumpfe", doppelsträngige Enden.

Rete mirabilis (lat. *rete*, Nezt + *mirabilis*, erstaunlich, wundervoll): (= Wundernetz). Netzwerk aus kleinen Blutgefäßen, die so angeordnet sind, dass das einströmende Blut entgegengesetzt zum wegströmenden fließt. Dies erlaubt den Ablauf effizienter Austauschprozesse zwischen den Gefäßen beider Strömungsrichtungen. Dient zum Beispiel der Aufrechterhaltung hoher Gaskonzentrationen in der Schwimmblase von Fischen.

Reticulär (lat. *reticulum*, Netzwerk bzw. *reticulatus*, netzförmig): netzförmig.
Reticuloendotheliales System Ortsfestes System phagocytierender Zellen in den Geweben des Körpers, insbesondere der Leber, den Lymphknoten und der Milz (= mononucleares Phagocytensystem).
Reticulopodien (lat. *reticulum*, Netz + *pedis*, Fuß): Netzfüßchen. Pseudopodien (siehe dort), die sich ausgiebig verzweigen und wieder vereinigen.
Reticulum (lat. *reticulum*, Netz, Netzwerk): Netz, Netzwerk, Gitterwerk.
Retina (lat. *retina*, Netzhaut): Netzhaut des Auges. An der Rückseite des Augapfels gelegene Schicht aus lichtempfindlichen Sinneszellen, welche die primäre Empfangsstation für Seheindrücke (= visuelle Reize) sind. Auf der Netzhaut entsteht bei Wirbeltieren mit Linsenaugen ein Abbild des Gesehenen, das codiert in Form von Nervenreizen über den Sehnerv (Nervus opticus) an das Gehirn übermittelt wird.
Retortamonaden (lat. *retorqueo*, zurückdrehen, zurückbiegen + gr. *monon*, einzeln): Protozoenkladus, in dem verschiedene heterotrophe Flagellaten zusammengefasst sind.
Rezeptorvermittelte Endocytose Die regulierte Aufnahme von Stoffen auf dem Weg der Endocytose (siehe dort), die an Rezeptormoleküle gebunden sind, die in die Plasmamembran der Zelle eingebettet sind. Die Bindung des zum betreffenden Rezeptor gehörenden Liganden an ihn induziert ein Signal, das die Endocytose des Rezeptor/Ligandenkomplexes auslöst. Viele Rezeptoren werden nach der Internalisierung wieder zur Zelloberfläche zurücktransportiert, nachdem im Zellinneren der Ligand abdissoziiert ist. Die rezeptorvermittelte Endocytose bedient sich der clathrinummantelten Transportvesikel, um das Frachtgut in die Zelle zu bringen.
Rezessiv (lat. *recessus*, Rückgang, Einbuchtung, Nische, Vertiefung): Ein phänotypisch unterdrückbares Allel. Rezessive Allele kommen nur im homozygoten Zustand phänotypisch zur Expression. Siehe: dominant, intermediär.
Rhabditen (gr. *rhabdos*, Stab): Stabartige Bildung in Zellen der Epidermis oder darunterliegender Parenchymlagen bei bestimmten Turbellarien (Strudelwürmern). Werden in schleimigen Sekreten abgestoßen.
Rheozeptor (gr. *rheos*, Fluß, Fließen + lat. *receptio*, Aufnahme, In-Empfang-Nahme): Sinnesorgan wasserlebender Tiere zur Wahrnehmung von Wasserströmungen.
Rhinarium (gr. *rhis*, Nase): Haarloser, die Nase umgebender Bereich bei Säugetieren.
Rhinophore (gr. *rhis, rhinos*, Nase + *phorein*, ich trage): Chemorezeptive Tentakel mancher Mollusken, genauer von opisthobranchiaten Gastropoden).
Rhizopoden Wurzelfüßler. Heute nicht mehr als Taxon anerkannter, ehemaliger Stamm der Protozoen.
Rhizopodien (gr. *rhizos*, Wurzel + *podos*, Fuß): Wurzelfüßchen. Verzweigte, filamentöse Pseudopodien (siehe dort) bei manchen Amöben (siehe dort).
Rhopalium (gr. *rhopalon*, Keule): Randständiges, keulenförmiges Sinnesorgan bei manchen Quallen (= Tentakulozyste).
Rhoptrien (gr. *rhopalon*, Keule + *tryo*, reiben, abwetzen): Keulenförmige Körperchen in den Zellen von Apicomplexa (siehe dort), bestehend aus Strukturen des Apikalkomplexes. Am anterioren Ende offen, offenbar der Penetration von Wirtszellen dienend.
Rhynchocoel (gr. *rhynchos*, Schnauze + *koilos*, hohl): Bei Schnurwürmern (Nemertinen) eine dorsal gelegene, tubuläre Leibeshöhle, in welcher die invertierte Proboscis liegt. Keine Öffnung nach außen.
Ribonucleinsäure (engl. *Ribonucleic acid*): (Abk.: RNA oder RNS. In allen lebenden Zellen und bei manchen Viren vorkommender Makromolekültyp. Eine der Erscheinungsformen von Nucleinsäuren (siehe dort). Bestehend aus linearen Folgen (Sequenzen) von Nucleotiden (siehe dort). Bei Viren als Genom. In lebenden Zellen vielgestaltig und mit diversen Aufgaben. Neben den schon länger bekannten polymeren Vertretern zahlreiche, in jüngerer Zeit entdeckte, biologisch aktive oligomere Formen (Mikro-RNAs). Siehe: Transfer-RNA, ribosomale RNA, mRNA.
Ribose Ein in allen lebenden Zellen vorkommender Einfachzucker (Monosaccharid) mit einem Grundgerüst aus fünf Kohlenstoffatomen (Pentose). Bestandteil von Nucleosiden, Nucleotiden (zum Beispiel ATP), manchen Coenzymen und anderen Naturstoffen. Summenformel $C_5H_{10}O_5$.
Ribosom Aus mehreren Ribonucleinsäuremolekülen (= RNA-Molekülen) und zahlreichen verschiedenen Proteinen zusammengesetzter supramolekularer Verband. Je nach herangezogener Definition als Organell oder molekulare Maschine bezeichnet. Ort und Produktionsmaschinerie der Proteinbiosynthese (= Translation). Besteht aus zwei Untereinheiten (kleine und große ribosomale Untereinheit). Biogenese zum Teil im Nucleolus (siehe dort). Können frei im Cytoplasma oder verankert an Membranen des endoplasmatischen Reticulums vorkommen.
Ritualisierung Evolutive, üblicherweise mit einer Verstärkung einhergehende, Abänderung einer im Dienst der innerartlichen Kommunikation stehenden Verhaltensweise.
RNA (Abk. für Ribonucleinsäure; siehe dort).
RNA-Welt Hypothetisches Stadium in der Frühevolution des Lebens, in welchem katalytische Aufgaben wie die Speicherung präbiotischer oder früher biologischer Information den von der RNA übernommen wurden. Mutmaßlicher, aber experimentell nicht gesicherter Zustand vor der Evolution der DNA (siehe dort) und Enzymen (siehe dort). Möglicherweise einhergehend mit einer unabhängigen präbiotischen, nicht genetisch codifizierten Evolution von Peptiden (siehe dort).
Röhrenfüßchen (= Podien). Kleine, muskuläre, flüssigkeitsgefüllte Röhren, die aus den Körpern von Echinodermaten (Stachelhäutern) hervorragen. Zahlreich. Teil des Wasser/Gefäßsystems. Zur Fortbewegung, zum Festhalten, zum Ergreifen und Manipulieren von Nahrung/Beute und zur Atmung (Atemgasaustausch).
Rostellum (lat. *rostrum*, Schnabel): Vorstehende Struktur am Scolex (siehe dort) von Bandwürmern (Cestoden). Oft mit Haken besetzt.
Rostral Zum Rostrum gehörig; ein Rostrum (siehe dort) bildend.
Rostrum (lat. *rostrum*, Schnabel): Schnauzenartig vorstehender Teil am Kopf.
Rotationsfurchung Eigentümlicher Furchungsverlauf, der bei den meisten Säugetieren vorkommt. Die Zellen der zweiten Zellteilungsrunde (zweite Furchungsteilung) scheinen gegenüber denen der vorangegangenen verschoben zu sein.
Rudiment (lat. *rudimentum*, Anfang, erster/früher Versuch): Im Verlauf der Stammesgeschichte (Phylogenese) verkümmertes und teilweise oder gänzlich funktionslos gewordenes Organ oder sonstige Körperstruktur.
Rudimentär (lat. *rudimentum*, Anfang, erster/früher Versuch): nur in Ansätzen vorhanden/ausgebildet/entwickelt.

Rumen (lat. *rumen*, Pansen, Vormagen): Der Pansen (= Vormagen der Wiederkäuer).
Ruminantia (lat. *rumino*, wiederkäuen): Die Unterordnung der Wiederkäuer.
Ruminantier (lat. *ruminatio*, Wiederkäuen): Wiederkäuer.

Sacculus (lat. *sacculus*, Säckchen, Beutel): (1) (anatomisch) Säckchen, Beutel. (2) Kleine Kammer im membranösen Labyrinth des Innenohrs.
Sacrum (lat. *sacrum*, Heiligtum, Opfer): (= Os sacrum). Kreuzbein. Aus miteinander fusionierten Wirbelkörpern (Vertebrae) bestehender Knochen, dem der Beckengürtel ansetzt.
Sagittal (lat. *sagitta*, Pfeil; *sagittariusus*, Bogenschütze): Die mediane (mittige) anterior-posteriore Schnittebene betreffend, welche einen bilateralsymmetrischen Organismus in zwei spiegelbildliche Hälften zerteilt.
Sagittalebene Die ein Lebewesen vom Vorder- zum Hinterende in zwei Hälften zerteilende, vertikale Schnittebene.
Sakral (lat. *sacrare*, weihen, widmen): (anatomisch) zum Bereich der Kreuzwirbel(säule) gehörend.
Sakralwirbel Kreuzbeinwirbel. Wirbelkörper der unteren Wirbelsäule.
Salz Eine aus Ionen (siehe dort) bestehende chemische Verbindung. Dissoziiert in geeigneten Lösungsmitteln in einzelne Ionen (positiv geladene Kationen + negativ geladene Anionen). Aufgrund der elektrischen Ladungen der Teilchen physikalisch ein Leiter 2. Klasse. Im kristallinen Zustand (Festkörper) durch Ionenbindung (siehe dort) Ausbildung regelmäßiger Kristallgitter. Eine durch Ionenbindung zusammengehaltene chemische Substanz.
Saprobionten Fäulnisbewohner.
Saprophag (gr. *sapros*, Verrottendes, Fauliges, (sich) Zersetzendes + *phagos*, Fressen): sich von zerfallender organischer Substanz ernährend (= saprobisch, saprozoisch). Typische saprophage Organismen sind die meisten Pilze.
Saprophyt (gr. *sapros*, Verrottendes, Fauliges, (sich) Zersetzendes + *phytos*, Pflanze): Eine sich von zerfallender organischer Substanz ernährende, heterotrophe Pflanze, welche die Fähigkeit zur Photosynthese verloren hat.
Saprozoische Ernährungsweise Ernährungsweise bei Tieren, die sich auf die Aufnahme (Absorption) gelöster Elektrolyte und einfacher organischer Verbindungen aus sich zersetzender organischer Substanz aus dem umgebenden Medium stützt.
Sarcolemma (gr. *sarkos*, Fleisch, Muskel + *lemma*, Haut, Rinde): (= Sarkolemm). Dünne, azelluläre Membran, die gestreifte Muskelfasern umgibt. Die Plasmamembran von Muskelzellen (= Muskelfasern).
Sarcomer (gr. *sarkos*, Fleisch, Muskel + *meros*, Teil): Transversales Segment der quergestreiften Muskulatur. Bildet die grundlegende Kontraktionseinheit der Skelettmuskulatur.
Sarcoplasma (gr. *sarkos*, Fleisch, Muskel + *plasma*, (Guss-)Form, Model): Das klare, halbflüssige Zellplasma zwischen den Fibrillen einer Muskelfaser.
Saumriff Korallenrifftyp, der im Flachwasser in Landnähe liegt und eine Lagune abgrenzt, die zwischen Riff und Festland liegt, oder ohne Lagune dem Land unmittelbar vorgelagert ist.
Sauropterygier (gr. *sauros*, Echse + *pteros*, Flügel, Flosse): Mesozoische Meeresreptilien (= das Meer bewohnende Kriechtiere des Erdmittelalters).
Schizocoel (gr. *schizos*, Spaltung, Zerreißung + *koiloma*, Höhle): Sekundäre Leibeshöhle (= Coelom), welche sich durch Aufreißen des embryonalen Mesoderms (siehe dort) bildet. Das Mesoderm schizocoeler Arten bildet sich in Form von zwischen Ekto- und Entoderm liegenden Zellsträngen, die sich nachfolgend in getrennte, mesodermale Zellagen mit dazwischenliegendem Schizocoel aufteilen.
Schizocoelie (= schizocoele Mesodermbildung). Coelombildung auf dem Wege der Mesodermspaltung.
Schizocoelomat Ein Tier, dessen Coelom durch Schizocoelie entstanden ist.
Schizogonie (gr. *schizein*, ich spalte + *gonos*, Samen): Vermehrung durch mehrfache ungeschlechtliche Teilung.
Schwammepithel Einfacher Epitheltyp aus flachen, kernhaltigen Zellen.
Schwestergruppe Taxonomische Gruppierung, welche die phylogenetisch nächsten Verwandten eines betrachteten Taxons enthält.
Scolex (gr. *skolex*, Wurm, Raupe, Made): Halteorgan („Kopf") von Bandwürmern (= Cestoden), welches die Saugnäpfe oder – bei manchen Formen – Haken trägt. Posterior vom Scolex werden durch Differenzierung neue Proglottiden (siehe dort) gebildet.
Scrotum (lat. *scrotum*, Hodensack): Hodensack. Bindegewebshülle, in welcher bei Säugetieren die Hoden (= Testes) liegen.
Scyphistom (gr. *skyphos*, Becher + *stoma*, Mund): Stadium in der Individualentwicklung von Scyphozoen (Schirmquallen) unmittelbar nach dem Festsetzen der Larve am Substrat. Polypenform von Schirmquallen.
Segmentierung (lat. *segmentum*, Abschnitt): (= Metamerisierung). Untergliederung des Körpers in eine Folge diskreter (gegeneinander abgegrenzter) Teile (Segmente = Metamere). Siehe: Metamerie.
Segmentpolaritätsgene Gene, die im Verlauf der Individualentwicklung die anterior-posteriore Struktur von Körpersegmenten festlegen.
Segregationsregel (lat. *segregare*, (ab-)trennen, absondern): (= 1. Mendel'sches Gesetz). Besagt, dass bei der Vererbung eines Paares diskreter Erbfaktoren, die Spielarten (Varianten) eines Merkmals beeinflussen, diese sich bei der Gametenbildung voneinander trennen (segregieren) und jede der gebildeten Keimzellen nur eine Variante des betreffenden Erbfaktors (= Gen) in sich trägt.
Sehne Fibröses Band, das einen Muskel mit einem Knochen oder einer anderen beweglichen Struktur verbindet. Bestehen aus Bindegewebsfasern, die zu festen Bündeln angeordnet sind, die in einer kollagenreichen extrazellulären Matrix eingebettet sind. Von einer Sehnenhaut (= Sehnenscheide) umgeben.
Sekundärinduktion (lat. *secundus*, der Zweite, der Nächste, der Nachfolgende + *inducere*, veranlassen, (zu etwas) verleiten): Spezifikation des Schicksals von Zellen durch die Wechselwirkung mit Zellen, welche nicht zum primären Organisator (siehe dort) eines Embryos gehören.
Sekundärstruktur Das lokal begrenzte Faltungsmuster von Peptidketten in Proteinen. Die Konformation von kurzen Peptiden oder Abschnitten längerer Polypeptidketten. Beschreibt die konformativen Bindungswinkel zwischen den Aminosäuren, die das betreffende sekundäre Strukturelement ausbildenden. Man unterscheidet eine geringe Zahl von in verschiedenen Zusammenhängen wiederkehrenden Sekundärstrukturmotiven wie α-Helices (alpha-Helizes; siehe dort), β-Faltblättern (beta-Faltblättern; siehe dort) und einigen weiteren mehr. Siehe: Primärstruktur, Tertiärstruktur, Quartärstruktur.
Selektiv permeabel (lat. *selectio*, Auswahl + *permeare*, durchwandern): für bestimmte, ausgewählte Stoffe durchlässig, für

andere undurchlässig. Eigenschaft von biologischen Membranen (siehe dort). Biologische Membranen sind für lipophile und einige niedermolekulare Substanzen durchlässig (zum Beispiel für Wasser und Gase), nicht aber für Ionen und Makromoleküle. Der Transport solcher Substanzen erfolgt selektiv und gerichtet über spezielle Transportproteine in den Membranen.
Semipermeabel Halbdurchlässig. Mehr oder weniger bedeutungsgleich mit selektiv permeabel.
Sensillum (lat. *sensus*, Sinn, Bewußtsein, Gefühl): (= Sensille). Ein kleines Sinnesorgan; insbesondere bei Arthropoden (Gliederfüßlern).
Septenfilament (lat. *saeptum*, Einfriedung, Umzäunung + *filamentum*, Faden): Unbefestigte Kante einer inneren Scheidewand (= Septum) in der Gastrovaskularhöhle von Seeanemonen, die sich in diese Leibeshöhle hinein erstreckt und mit Nematozysten und Drüsenzellen besetzt ist.
Septum (lat. *saeptum*, Einfriedung, Umzäunung; Plural: Septen): Scheidewand im Körperinneren die Hohlräume unterteilt; oft mit Poren, durch die Ribosomen, Mitochondrien und manchmal auch Zellkerne ausgetauscht werden können.
Serielle Homologie Siehe unter: Homologie.
Serös (Blut)serumähnlich.
Serosa (1) Bei Amnioten (Reptilien, Vögel und Säugetiere) die über/außerhalb des Amnions (siehe dort) liegende, zweite Eihaut. (2) Bei Insekten eine Embryonalhülle, die den Dotter und den Keimstreifen umschließt. (3) In der Medizin die glatte Auskleidung von Brusthöhle, Bauchhöhle und Herzbeutel (= Tunica serosa).
Serotonin (lat. *serum*, Molke + *tonus*, Spannung, Akzent): (= 5-Hydroxytryptamin, = 3-(2-Aminoethyl)-1H-indol-5-ol). Summenformel: $C_{10}H_{12}N_2O$. Im Tierreich verbreitetes Alkaloid. Ein Derivat der aromatischen, stickstoffheterozyklischen Verbindung Indol. Zur Gruppe der Monoamine gehörende Transmittersubstanz (Nervenbotenstoff). Neben der Funktion als Neurotransmitter auch Wirkung als Gewebshormon. Physiologisch vielfältige Wirkungen, unter anderem als Transmitter bei höheren Hirnfunktionen (Stimmung, Bewußtsein).
Serum (lat. *serum*, Molke): (1) Flüssige Grundsubstanz des Blutes ohne die Blutzellen und die Gerinnungsfaktoren. Der Überstand des geronnenen Blutes. (2) Eine Antikörper (= Antitoxin) enthaltende Präparation aus dem Blut immunisierter Organismen (= Immun- oder Impfserum). (3) Manchmal als Begriff für eine klare Flüssigkeit biogener Herkunft nach Entfernung aller zellulären Anteile (um Verwechselung mit den hämatologisch und immunologisch definierten Verwendungen zu vermeiden, sollte diese Verwendung obsolet sein).
Sesshaft (= ortsfest). Sesshafte Arten sind solche, deren Mitglieder an einem Ort verharren (zum Beispiel am Untergrund verankerte Organismen). Nicht zu verwechseln mit sessil!
Sessil (lat. *sessio*, Sitz, Sitzen, Sitzplatz): festsitzend. Sessile Lebensformen sind an ihrem Standort dauerhaft verankert. Ohne die Fähigkeit zur Ortsveränderung (= Lokomotion).
Sete (lat. *seta*, Borste): Borste. Nadelförmige chitinöse Struktur am Integument von Anneliden, Arthropoden und anderen Wirbellosen.
Sexuelle Selektion (= geschlechtliche Selektion; siehe dort).
Sichelzellenanämie Erbkrankheit, die sich diagnostisch in einer sichelförmigen Deformation der roten Blutkörperchen (= Erythrocyten) bemerkbar macht. Die sichelartige Verformung der Zellen kommt besonders bei Sauerstoffstress zum Tragen. Dominant-rezessiver Erbgang. Die Krankheit macht sich nur bei homozygoten Merkmalsträgern für das Sichelzellenallel des β-Globingens phänotypisch bemerkbar (ausschließliche Bildung von Sichelzellenhämoglobin, HbS). Erste menschliche Erbkrankheit, deren molekulare Ursache aufgeklärt werden konnte.
Silikatisch Aus Silikaten bestehend; einen signifikanten Silikatanteil aufweisend.
Silizisch (lat. *silex*, Kiesel): das Element Silizium (Si) enthaltend.
Sinistral (lat. *sinister*, links, linkisch, dunkel, finster): links, linkswendig. Schneckengehäuse werden als sinistral (= linksgängig, linkswendig) bezeichnet, wenn die Gehäuseöffnung (Apertur) links der Columella (siehe dort) liegt, wenn das Schneckenhaus mit dem Wirtel nach oben gehalten wird und auf den Betrachter zuweist. Siehe: dextral.
Sinoatrialknoten (lat. *sinus*, Krümmung, Bucht, Ausbuchtung + *atrium*, Saal, Vorhof, Innenhof): Spezialisierte Ansammlung von Herzmuskelzellen, die im Tetrapodenherz als autonomer Taktgeber des Herzschlages fungieren. Wird häufig auch als Sinusknoten bezeichnet.
Sinus (lat. *sinus*, Krümmung, Bucht, Ausbuchtung): Hohlraum oder Zwischenraum in Geweben oder im Knochen. Bei Tieren mit offenem Blutkreislauf die Hohlräume, welche die Organe umschließen.
Siphonoglyph (gr. *siphon*, Wasserrohr + *glyphe*, Abbild/Darstellung eines Symbols): Cilienbesetzte Rinne am Schlund von Seeanemonen.
Siphunkel (lat. *sipho*, Röhre): Gewebeband, das durch die Schale von Nautiloiden (Perlbooten) verläuft und alle Kammern des Gehäuses miteinander verbindet.
Sklera (gr. *skleros*, hart, verhärtet): Lederhaut (= weiße Augenhaut).
Sklerit (gr. *skleros*, hart, verhärtet): Harte, chitinöse oder kalkige Platte oder Spikel. Eine der das Exoskelett von Arthropoden (= Gliederfüßler) – insbesondere Insekten – bildende Platte.
Skleroblast (gr. *skleros*, hart, verhärtet + *blastos*, Keim): Eine auf die Sezernierung von Spikulae spezialisierte Amöbocyte bei Schwämmen.
Sklerocyte (gr. *skleros*, hart, verhärtet + *kytos*, Hohlkörper, Zelle): Eine Spikulae absondernde Amöbocyte bei Schwämmen. Siehe: Skleroblast.
Sklerose Medizinisch (pathologisch) für Verhärtung von Geweben oder Organen durch Vergrößerung des Bindegewebsanteils.
Sklerotisch (gr. *skleros*, hart, verhärtet): sich verhärtend.
Sklerotisiert Verhärtet.
Sklerotisierung Verhärtung der Kutikula von Arthropoden (Gliederfüßlern). Nach der Häutung wird durch Bildung von Querbrücken zwischen benachbarten Peptidketten der Kutikulaproteine die Struktur stabilisiert.
Skrotum (= Scrotum) Hodensack. Bindegewebshülle, in welcher bei Säugetieren die Hoden (= Testes) liegen.
Sohlengänger Tiere, die beim Vorwärtsschreiten den ganzen Fuß und nicht bloß die Zehen aufsetzen. Beispiele: Mensch, Bären. Siehe: Zehengänger.
Solenia (gr. *solen*, Rohr(leitung)): Durch das Coenenchym (siehe dort) verlaufende Kanäle der Polypen von Oktokorallierkolonien (Phylum Cnidaria, Stamm der Nesseltiere).
Solenocyte (gr. *solen*, Rohr + *kytos*, Hohlkörper): Spezielle Form von Flammenbulbus (siehe dort), bei welcher der Bulbus ein Flagellum (= Zellgeißel) anstelle eines Flagellenschopfes trägt. Siehe: Flammenzelle, Protonephridium.
Soma (gr. *soma*, Körper): Die Gesamtheit eines Lebewesens mit Ausnahme der Keimzellen (Keimbahn).

Somatisch (gr. *soma*, Körper): körperlich; zum Körper gehörig. Histologisch, zellbiologisch als Gegenbegriff zu germinativ.

Somatocoel (gr. *soma*, Körper + *koiloma*, Höhle): Posteriores Coelomkompartiment der Echinodermaten (Stachelhäuter). Das linke Somatocoel bringt das Oralcoelom hervor, das rechte wird zum Aboralcoelom.

Somatoplasma (gr. *soma*, Körper + *plasma*, (Guss-)Form, Model): Die belebte Materie eines Lebewesens mit Ausnahme des Keimplasmas (siehe dort). Die Gesamtheit des Protoplasmas der den Organismus konstituierenden Zellen (abzüglich des Protoplasmas der Keimzellen).

Somit (gr. *soma*, Körper): (= Mesodermblock, Metamer). Mesodermale Gewebemasse. Im Embryo segmental (= metamerisch) entlang der Körperlängsachse beiderseits des Neuralrohrs angeordnet. Siehe: Metamer, Metamerie.

Soziobiologie (lat. *societas*, Gesellschaft + gr. *bios*, Leben + *logos*, Rede, Sinn, Lehre): Untersuchung des Sozialverhaltens von Menschen und anderen Tierarten im Rahmen der Ethologie (siehe dort).

Spaltung Ungeschlechtliche Vermehrungsweise, bei welcher der Körper in zwei oder mehr Teile aufgeteilt wird, die als unabhängige Individuen weiterexistieren.

Spemann'scher Organisator Gewebebereich in einem Frühembryo, der als primärer Organisator (siehe dort) fungiert.

Spermathek (gr. *sperma*, Same + *theka*, Kasten, Behältnis): Hohlraum im weiblichen Fortpflanzungstrakt, der zur Aufnahme und Zwischenlagerung von übertragenen Spermapaketen zur späteren Befruchtung von Eiern dient.

Spermatide (gr. *sperma*, Same): Spätes Entwicklungsstadium der Samenzellbildung (= Spermatogenese). Geht aus der Teilung der sekundären Spermatocyte hervor. Durch einen letzten Differenzierungsschritt entsteht aus der Spermatide das Spermatozoon (= Spermium).

Spermatocyte (gr. *sperma*, Same + *kytos*, Hohlkörper, Zelle): Mittleres Entwicklungsstadium der Samenzellbildung (= Spermatogenese). Geht aus der Teilung des Spermatogoniums hervor. Man unterscheidet Spermatocyten 1. und 2. Ordnung. Differenzierungsstadium zwischen Spermatogonie und Spermatide.

Spermatogenese (gr. *sperma*, Same + *genesis*, Bildung): Samenzellbildung. Die Bildung der männlichen Keimzellen in den primären männlichen Geschlechtsorganen (= Keimdrüsen).

Spermatogonium (gr. *sperma*, Same + *gone*, Nachkomme): (= Spermatogonie). Frühes Entwicklungsstadium der Samenzellbildung (= Spermatogenese). Entsteht aus der Differenzierung von Urkeimzellen. Ein früher Stammzelltyp der Keimzellbildung bei männlichen Tieren.

Spermatophore (gr. *sperma*, Same + *phorein*, tragen): Kapsel oder Paket die das Sperma umhüllen. Ein Spermapaket. Wird von den Männchen diverser Wirbelloser und einigen wenigen Wirbeltieren erzeugt. Übertragungseinheit der männlichen Keimzellen bei diesen Arten.

Speziation (lat. *species*, Art): Artbildung. Der evolutive Prozess, durch welchen neue biologische Arten entstehen. Das Entstehen neuer Arten durch Evolution.

Sphinkter (gr. *sphinkter*, Band bzw. *sphingein*, eng zusammenschnüren): Schließmuskel. Ein ringförmiger Muskel aus glatter Muskulatur, der eine tubuläre Öffnung durch Kontraktion verschließt.

Spikulum (lat. *spiculum*, Spitze; Plural: Spikulae): Winzige, kalkige oder silikatische Skelettelemente von Schwämmen, Radiolarien, Weichkorallen und Seegurken.

Spirakel (lat. *spiraculum*, Luftloch, Atemloch): (1) Nach außen mündende Endöffnung der Tracheen von Arthropoden. (2) Paarig angelegte Öffnung im Kopf von Elasmobranchiern (Haie und Rochen) zur Durchleitung von Wasser. (3) Auslassöffnung der Kiemenräume von Kaulquappen.

Spiralfurchung Determinierter, inäqualer Furchungsverlauf, bei dem die Furchungsachsen diagonal zur Polachse des prospektiven Embryos liegen. Abwechselnd Furchung im und gegen den Uhrzeigersinn relativ zur Polachse.

Spongin (lat. *spongia*, Schwamm): Fibröser, kollagenartiger Stoff, der bei Hornschwämmen das skelettale Netzwerk ausbildet. Ein dem Kollagen (siehe dort) ähnliches Protein der extrazellulären Matrix gewisser Schwämme.

Spongioblasten (lat. *spongia*, Schwamm + gr. *blastos*, Keim): Spongin bildende und -sezernierende Zellen von Schwämmen. Siehe: Spongin.

Spongocoel (lat. *spongia*, Schwamm + gr. *koilos*, Höhle): Zentraler Hohlraum im Körper von Schwämmen.

Spongocyte (lat. *spongia*, Schwamm + gr. *kytos*, Hohlkörper, Zelle): Eine Spongin (siehe dort) bildende Zelle von Schwämmen.

Sporogonie (gr. *sporos*, Same + *gonos*, Geburt): Periodische, mehrfache Teilung der Sporozoen zur Bildung von Sporozoiten (siehe dort) nach der Zygotenbildung.

Sporozoit (gr. *sporos*, Same + *zoon*, Tier): Stadium im Entwicklungszyklus vieler Sporozoen (Sporentierchen, = Apicomplexa; siehe dort). Werden aus den Oozysten freigesetzt.

Sporozyste (gr. *sporos*, Same + *kystis*, Tasche, Aussackung): Larvenstadium von Saugwürmern. Entstehen aus Mirazidien.

Squalen (lat. *squalus*, großer Meeresfisch): Ein Triterpen (ungesättigter Kohlenwasserstoff aus der Gruppe der Isoprenoidlipide). Systematisch heißt das Squalen 2,6,10,15,19,23-Hexamethyl-2,6,10,14,18,22-tetracosahexaen. Summenformel: $C_{30}H_{50}$. Vorstufe im Biosyntheseweg der Steroide (siehe dort).

Stabilisierende Selektion Selektionsverlauf, bei dem der Mittelwert eines quantitativen Merkmals (siehe dort) gegenüber phänotypischen Extremwerten begünstigt ist, was den Mittelwert potenziell in der Population stabilisiert.

Stammbaum Baumartiges, verzweigtes Diagramm (Dendrogramm), dessen Zweige bis heute bestehende oder vormalige Evolutions-/Abstammungslinien repräsentieren und die ein hypothetisches Flechtwerk gemeinsamer evolutiver Herkunft (= Abstammung) unter den dargestellten Organismen wiedergibt. Das Konzept des Stammbaumes geht auf den Zoologen Ernst Haeckel zurück.

Stapes (lat. *stapes*, Steigbügel): Steigbügel. Am weitesten innenliegender der Gehörknöchelchen im Mittelohr.

Statoblast (gr. *statikos*, Stillstand + *blastos*, Keim): Bikonvexe Kapsel, die germinative Zellen enthält. Wird von den meisten Ektoprokten (Moostierchen) durch ungeschlechtliche Knospung gebildet. Keimt unter günstigen Umweltbedingungen unter Hervorbringung von Zooiden aus.

Statolith (gr. *statikos*, Stillstand + *lithos*, Stein): Kleine Kalkkörperchen, die im Inneren von Statozysten (siehe dort) auf Cilienbüscheln ruhen. Dienen als träge Massen bei der Wahrnehmung der Schwerkraft und von Beschleunigungen.

Statozyste (gr. *statikos*, Stillstand + *kystis*, Blase): Gleichgewichtsorgan. Mit Flüssigkeit gefüllte, zelluläre Zyste, die einen oder mehrere Statolithen (siehe dort) enthält. Dient zur Wahrnehmung der Schwerkraft bzw. von Beschleunigungen.

Stenohalin (gr. *stenos*, eng + *hals*, Salz): eine geringe Schwankungsbreite im Salzgehalt tolerierend. Siehe: euryhalin.

Stenophag (gr. *stenos*, eng + *phagein*, ich esse): mit engem Nahrungsspektrum; wählerisch in Bezug auf die Nahrung.

Stenotop (gr. *stenos*, eng + *topos*, Ort, Platz): mit geringer Anpassungsfähigkeit an veränderte Umgebungen; mit sehr eng begrenzten Umweltansprüchen.

Stereogastrula (gr. *stereos*, starr, hart, fest + *gaster*, Magen): Eine Gastrula (siehe dort) ohne inneren Hohlraum (= Leibeshöhle). Beispiel: Planulalarve von Nesseltieren.

Stereom (gr. *stereos*, starr, hart, fest): Maschenartige Struktur aus Endoskelettossikeln bei Echinodermaten (Stachelhäutern).

Stereotypes Verhalten Verhaltensweise (= Verhaltensmuster), die nach Einwirkung eines auslösenden Reizes wiederholt mit geringer oder ohne Veränderung ausgeführt wird.

Sterine Gruppe von Naturstoffen. Untergruppe der Steroide (siehe dort). Grundkörper der Sterine ist der Alkohl Sterin (= Sterol, 3β-Hydroxysteran).

Sternum (lat. *sternum*, Brustbein): (1) Brustbein. Bei Wirbeltieren zentraler Knochen des vorderen Thorax, an welchem die Rippen ansetzen. (2) Bei Arthropoden (Gliederfüßler) zentrale Außenskelettplatte eines Körpersegments.

Steroide Umfangreiche Klasse von Naturstoffen, die sich von dem polyzyklischen Kohlenwasserstoff Steran (eine C_{17}-Verbindung) als Grundkörper ableiten. Zahlreiche Derivatklassen mit vielfältigen biologischen Aufgaben/physiologischen Wirkungen (Vitamine, Hormone, Membranlipide, Pflanzengifte und andere mehr).

Steroidhormone Hormone, die chemisch zu den Steroiden (siehe dort) gehören. Zahlreiche Vertreter mit vielfältigen Wirkungen: Geschlechtshormone (= Sexualhormone; Androgene, Östrogene), Schwangerschaftshormone (Gestagene), Pheromone (Androstenon), Cortikosteroide (Mineralocortikoide, Glucocortikoide), Stresshormone (Cortisol), Häutungshormone (Ecdyson) usw.

Sterole (= Sterine; siehe dort).

Stickstofffixierung Enzymatisch katalysierte Reduktion von elementarem Stickstoff (N_2) zu Ammoniak. Stark endergonische chemische Reaktion. Von einigen Bakterienarten (wie manchen Cyanobakterien) durchgeführte Stoffwechselleistung. Auf die Stickstofffixierung folgt vielfach die Nitrifizierung (siehe dort).

Stigma (lat. *stigma*, Fleck, (Brand)Mal, Markierung): (1) Augenfleck bei bestimmten, phototaktischen Protisten (Protozoen, einzellige Algen). (2) Spirakel (siehe dort) bei bestimmten terrestrischen Arthropoden.

Stolon Ausläufer (zoologisch und botanisch). Wurzelähnlicher Auswuchs der Körperhülle, aus der Knospen hervorbrechen, die sich zu neuen Zooiden entwickeln können. Zusammengesetzte Tiere bilden sich, wenn die Zooide mit dem Stolon verbunden bleiben. Bei manchen kolonialen Anthozoen (Blumentieren), Hydrozoen, Ektoprokten und Ascidien.

Stoma (gr. *stoma*, Mund): (1) Mundartige Öffnung. (2) Schließzellenöffnung an den Blättern höherer Pflanzen.

Stomochord (gr. *stoma*, Mund + *chorda*, Strang, Saite): Anteriore Evagination der Dorsalwandung der Bukkalhöhle bei Hemichordaten, die bis in die Proboscis (siehe dort) hineinreicht. Bukkaldivertikulum.

Stramenopile Protozoenkladus, deren Vertreter in ihren Mitochondrien tubuläre Cristae zeigen, und welche typischerweise an einem langen, anterioren Flagellum (= Zellgeißel) dreiteilige, tubuläre „Haare" aufweisen.

Streifgebiet Das Gebiet, durch ein Tier im Verlauf seiner Aktivitäten durchstreift. Ein Streifgebiet wird im Unterschied zu einem Revier (= Territorium) nicht verteidigt.

Strobila (gr. *strobile*, Zapfen): (1) Stadium im Entwicklungsgang von Scyphozoen (Schirmquallen). (2) Fortpflanzungsorgane (Proglottidenkette) von Bandwürmern (Cestoden).

Strobilation (1) Wiederholte lineare Abknospung von Individuen als Form der ungeschlechtlichen Fortpflanzung bei Scyphozoen (Schirmquallen; Phylum Cnidaria). (2) Fortpflanzung durch Abschnürung von Körpersegmenten bei Bandwürmern (Phylum Plathelminthes).

Stroma (gr. *stroma*, Einbettung): (1) Aus Bindegewebe gebildeter Stützrahmen von Organen bei Tieren. (2) das intrazelluläre, formgebende Zellskelett von roten Blutkörperchen (Erythrocyten) und bestimmten anderen Zellen. (3) die intraorganellare Grundsubstanz (Plasma) von Plastiden (siehe dort). (4) Hyphengeflecht, das bei Ascomyceten (Schlauchpilzen) den Fruchtkörper umgibt.

Strukturgen Ein Gen, das die Information für ein Strukturprotein oder ein Enzym enthält.

Subnivisch (lat. *sub*, unter, unten + *nivis*, Schnee): unter dem Schnee.

Substrat (lat. *substructio*, Unterbau): (1) Untergrund (auf dem sessile Tiere verankert sind). (2) Die von einem Enzym umgesetzte chemische Ausgangsverbindung (das Edukt der katalysierten Reaktion). (3) Medium, auf oder in dem Organismen (besonders Mikroorganismen oder Pflanzen) wachsen und aus dem sie Nährstoffe entnehmen.

Sykon (gr. *sykon*, Feige(nbaum)): Kanalsystemtyp bei Schwämmen. Einer der drei Grundbaupläne von Schwämmen.

Sykonoid Mit einem Sykon als Kanalsystem ausgestattet (bei Schwämmen). Siehe: Sykon.

Symbiont (gr. *syn, sym*, zusammen + *bios*, Leben): Teilnehmender Partner bei einer Symbiose (siehe dort).

Symbiose (gr. *syn, sym*, zusammen + *bios*, Leben): Zusammenleben von zwei oder mehr unterschiedlichen Lebensformen (Arten) in einem engen wechselseitigen Verhältnis zum beiderseitigen Nutzen. Siehe: Kommensalismus, Parasitismus, Mutualismus.

Sympatrisch (gr. *syn, sym*, zusammen + lat. *patria*, Vaterland, Heimat): im gleichen oder in überlappenden Verbreitungsgebieten vorkommend.

Symplesiomorph (gr. *syn, sym*, zusammen + *plesios*, beinahe, fast, annähernd + morphos, Gestalt): mit gleichartigen ursprünglichen Merkmalen ausgestattet, welche nicht bedeuten, dass die symplesiomorphen Arten eine monophyletische Gruppierung bilden.

Symplesiomorphie (gr. *syn, sym*, zusammen + *plesios*, beinahe, fast, annähernd + morphos, Gestalt): Der Besitz gleichartiger ursprünglicher Merkmale. Siehe: Synapomorphie.

Synapomorphie (gr. *syn, sym*, zusammen + *apo*, von ... weg + *morphos*, Gestalt): Der Besitz gemeinsamer, evolutiv abgeleiteter Merkmalszustände bei verschiedenen Arten, die geeignet sind, die Abstammungslinie bzw. die Abstammungsverhältnisse von verglichenen Arten zu erhellen. Siehe: Symplesiomorphie.

Synapse (gr. *syn, sym*, zusammen + *haptein*, halten, haften): (1) Allgemein: Kontaktstelle. (2) Reizübertragende Kontaktstelle zwischen zwei Nervenzellen oder einer Nervenzelle und einer anderen Zelle. Synapsen finden sich an den, im typischen Fall knopfartig erweiterten, Enden von Nervenzellfortsätzen (= Axone; siehe dort). Zellsynapsen verfügen über eine typische Ausstattung mit spezifischen Proteinen und Lipiden. Sie sind Orte der regulierten Fusion von Speichervesikeln (= Ausschüttung von Vesikelinhalten).

Synapsiden (gr. *syn, sym*, zusammen + *haptein*, halten, haften): Gruppe amniotischer Wirbeltiere, zu der die rezenten Säugetiere und die ausgestorbenen säugetierähnlichen Reptilien gehören. Schädel mit einem Paar temporaler Öffnungen.

Synapsis (gr. *syn, sym*, zusammen + *haptein*, halten, haften): Paarung homologer Chromosomen während der ersten meiotischen Teilung. Dabei sind die Chromatiden der homologen Chromosomen exakt parallel zueinander ausgerichtet und werden durch spezifische Kontaktproteine fixiert. In diesem Zustand vollzieht sich der rekombinative Strangaustausch (= crossing over; siehe dort).

Synaptonemaler Komplex (gr. *syn, sym*, zusammen + *nema*, Faden + lat. *com*, zusammen + *plicare*, flechten): Gesamtheit der Moleküle, die während der Synapsis (siehe dort) die homologen Chromosomen zusammenhält.

Syncytium (gr. *syn, sym*, zusammen + *kytos*, hohl, Höhle): Eine vielkernige (= polyenergide) Zelle. Kann durch die Fusion bestehender Zellen oder fortgesetzte Kernteilung ohne nachfolgende Zellteilung entstehen.

Syndrom (gr. *syn, sym*, zusammen + *dramein*, rennen): Gruppe von Symptomen, die charakteristisch für eine bestimmte Krankheit ist. Mehr oder minder wohldefiniertes Krankheitsbild mit zumeist noch unbekannter Ursache. Ein Symptomenkomplex, der diagnostischen Wert hat. Ein Symptomenkomplex, der geeignet ist, bei einem vorliegenden Krankheitsbild zu einer Diagnose der zugrundeliegenden Erkrankung zu gelangen.

Syngamie (gr. *syn, sym*, zusammen + *gamos*, Gatte): Befruchtung einer Keimzelle (= Gamet) durch eine andere Keimzelle unter Bildung einer Zygote (= befruchtete Keimzelle). Verschmelzung gegengeschlechtlicher Fortpflanzungszellen (= Keimzellen, Gameten). Bei den meisten Tieren mit geschlechtlicher Fortpflanzung verwirklichter Fortpflanzungsmodus.

Synkaryon (gr. *syn, sym*, zusammen + *karyon*, Kern): (Diploider) Zygotenzellkern, der durch die Fusion (Verschmelzung) der (haploiden) Gametenzellkerne (= Vorkerne, Pronuclei) entstanden ist.

Syrinx (lat. *syrinx*, Rohr bzw. gr. *Syrinx*, Name einer Nymphe der antiken griechischen Mythologie; auf der Flucht vor dem zudringlichen „Gott" Pan in Schilfrohr verwandelt; aus diesem schnitt sich Pan verschieden lange Stücke (Pfeifen), die er zur „Panflöte" (= Syrinx) zusammenband): (1) Lauterzeugendes Organ („Kehlkopf") von Vögeln an der Basis der Luftröhre (= Trachea). (2) Panflöte.

Systematik (gr. *systema*, das Zusammengefügte): Teilgebiet der Biologie, das sich mit der Identifizierung, Zuordnung und Eingruppierung von Lebensformen befasst. Die moderne biologische Systematik ist bemüht, in ihrem Klassifizierungssystem die evolutive Stammesgeschichte (= Phylogenese) des Lebens nachzubilden.

Systole (gr. *systole*, zusammenziehen): Teil des Herzschlages, bei dem sich der Herzmuskel zusammenzieht (= kontrahiert). Siehe: Diastole.

Tagma, Tagmata (gr. *tagma*, Anordnung, Ordnung): Ein zusammengesetzter Körperteil von Arthropoden, der aus der embryonalen Fusion von zwei oder mehr Körpersegmenten resultiert. Beispiele: Kopf, Thorax, Abdomen.

Tagmatisierung, Tagmose Untergliederung/Organisation des Körpers von Arthropoden in Tagmata.

Taiga (Russ. *Taiga*, Name einer Stadt in Sibirien): nördliche, subpolare Vegetationszone. Charakterisiert durch weite Nadelwaldgebiete (borealer Nadelwald), lange, kalte Winter und kurze Sommer. Im hohen Norden (Sibirien, Alaska, Kanada).

Taktil (lat. *tactio*, Berührung): berührungs-.

Taktile Reize Berührungsreize.

Talg (= Rindertalg). Aus Rindern gewonnenes, bei Zimmertemperatur festes Körperfett. Allgemein ist Talg eine weißlichgelbe, schmierige Substanz, die vornehmlich aus gesättigten Fettsäuren (siehe dort) besteht und von Talgdrüsen produziert wird (siehe dort).

Talgdrüse (= Glandula sebacea). Eine am Haaransatz in der Haut liegende Drüse, die Talg (siehe dort) produziert und absondert. Hautfettdrüse.

Talgig Dem Sekret von Talgdrüsen ähnlich.

Tantulus (lat. *tantulus*, so klein, so wenig): Larve der Tantulocariden (Phylum Arthopoda, Stamm der Gliederfüßer; Subphylum Crustacea, Unterstamm der Krustentiere).

Taxis (gr. *taxis*, Anordnung, Ausrichtung): Orientierungs-/Ausrichtungsbewegung bei freibeweglichen (meist einfach gebauten) Lebewesen als Reaktion auf einen Reiz (Phototaxis, Chemotaxis, Galvanotaxis usw.). Siehe: Tropismen, Nastien.

Taxon (gr. *tattein*, (an)ordnen, ausrichten): Eine Organismengruppe im Sinn der biologischen Systematik mit einem definierten Rang im systematischen System.

Taxonomie Hierarchische Klassifizierung der Lebensformen auf wissenschaftlicher Grundlage. Teilgebiet der Biologie, das sich der Erfassung der Verwandtschaftsbeziehungen der Lebensformen untereinander und ihrer Eingliederung in ein hierarchisches System widmet.

Taxonomischer Rang Stellung eines Taxons (siehe dort) im System der Lebensformen/in der biologischen Systematik. Eine Kategorie im Linné'schen System. Allgemein anerkannte taxonomische Ränge sind: das (Organismen)Reich, der Stamm, die Klasse, die Ordnung, die Familie, die Gattung, die Art. Daneben Unter- und Überkategorien, die sich von diesen Grundkategorien (= Rängen) ableiten.

Tectum (lat. *tectum*, Dach): Eine dachförmige anatomische Bildung. Zum Beispiel der dorsale Anteil des Capitulums bei Zecken und Milben.

Tegmen (lat. *tegmen*, Bedeckung, Decke): Außenepithel von Crinoiden (Phylum Echinodermata, Stamm der Stachelhäuter).

Tegument (lat. *integumentum*, Decke): (= Integument). Insbesondere für die äußere Körperhülle von Cestoden (Bandwürmern) und Trematoden (Saugwürmern) verwendeter Begriff. Früher als Kutikula angesprochen.

Teilung Ungeschlechtliche Vermehrungsweise, bei welcher der Körper in zwei oder mehr Teile aufgeteilt wird, die als unabhängige Individuen weiterexistieren.

Telencephalon (gr. *tele*, Ferne + *enkephalon*, Gehirn): (= Cerebrum). Endhirn. Evolutiv jüngster und größter Teil des Großhirns. Besteht aus den beiden Großhirnhemisphären (Cortex cerebri) und einigen darunterliegenden Kernen. Am weitesten anterior gelegener Anteil des Prosencephalons (= Vorderhirn).

Teleologie (gr. *telos*, Ferne, das Ende + *logos*, Rede, Sinn, Lehre): Überholte philosophische Hypothese, die davon ausging, das Naturvorgänge in einem metaphysischen Sinn zielgerichtet und zweckbestimmt sind. Dies sollte insbesondere für die belebte Welt, also Lebewesen und ihr Verhalten gelten. Wissenschaftlich nicht haltbar.

Teleologisch Das (unterstellte) Ergebnis vorwegnehmend.

Telolecithal (gr. *telso*, Ferne + *lekithos*, Dotter): Ist der Dottervorrat eines Eies an einem Pol konzentriert, spricht man

von einer telolecithalen Dotterverteilung. Vergleich: mesolecithal, zentrolecithal.
Telozentrisch (gr. *tele*, Ferne, das Ende + *kentron*, Mitte): Bezeichnet die Lage des Zentromers (siehe dort) an einem Chromosom. Bei telozentrischen Chromosomen liegt das Zentromer nahe dem Ende oder ganz am Ende der Chromatidfaser(n).
Telson (gr. *telson*, Außengrenze): (= Pygidium; siehe dort). Posteriore Erweiterung des letzten Körpersegmentes bei vielen Crustaceen. Am Telson finden sich auch After und Eiablageapparat der Krustentiere. Das Telson trägt allerdings kein Extremitätenpaar und stellt daher kein echtes Segment dar.
Temnospondylier (gr. *temno*, schneiden + *spondylos*, Wirbel): Umfangreiche Gruppe früher Tetrapoden, die vom Karbon (358 bis 296 Millionen Jahre vor unserer Zeit) bis zum Ende der Trias (251 bis 200 Millionen Jahre vor unserer Zeit) gelebt haben.
Tentakulozyste (lat. *tentare*, prüfen + gr. *kystis*, Blase): (1) Sinnesorgantyp. An den Schirmrändern von Nesseltiermedusen. (2) Ein Rhopalium (siehe dort).
Tergum (lat. *tergum*, Rücken): Dorsaler Anteil eines Körpersegments von Arthropoden.
Territorium (lat. *territorii*, Bezirk): Revier. Verteidigtes Wohngebiet. Bevorzugtes Aufenthaltsgebiet eines Tieres oder einer Gruppe von Tieren (zum Beispiel Rudel), das von diesem/diesen verteidigt wird und als Brutgebiet oder zum Nahrungserwerb dient. Individuen derselben Art werden nach Möglichkeit vertrieben.
Tertiärstruktur (lat. *tertio*, drittens + *structura*, Aufbau): Dritte Ebene der Beschreibung der Molekülgestalt von Proteinen (siehe dort). Die vollständige Raumstruktur eines Proteinmoleküls unter Angabe der mittleren relativen Lagen aller vorhandenen Atome einschließlich der Bindungslängen und Bindungswinkel. Siehe: Primärstruktur, Sekundärstruktur, Quartärstruktur.
Testa (lat. *testa*, Schale, (Ton)Scherbe): Eine (Gehäuse-)Schale oder eine feste Außenbedeckung.
Testat mit einer Testa versehen, eine Testa (siehe dort) besitzend.
Testkreuzung (= Prüfkreuzung). Kreuzung von Individuen zur Feststellung oder Bestätigung eines vermuteten Genotyps (homozygot/heterozygot) bei Individuen, die einen genetisch dominanten Phänotyp zeigen. Erfordert den Einsatz eines für das betreffende Merkmal homozygot rezessiven Kreuzungspartners. Ein für das dominante Merkmal homozygotes Lebewesen bringt dabei nur Nachfahren mit dominantem Phänotyp hervor; ein heterzygotes bringt in etwa gleiche Anteile von Nachkommen (Filialgeneration) mit dominantem und rezessivem Phänotyp hervor.
Tetrade (gr. *tetra*, vier): (1) (= Bivalent). Gruppe aus vier Chromatiden (siehe dort) (= zwei 2-Chromatidchromosomen) im Zustand der Synapsis (siehe dort) während der ersten meiotischen Teilung. Entsteht durch synaptische Assoziation der replizierten homologen Chromosomenpaare. (2) Der Ascus (Fruchtkörper) haploider Ascomyceten nach der Meiose.
Tetrapoden (gr. *tetra*, vier + *podos*, Fuß): Vierfüßler. Die (primär) vierfüßigen Wirbeltiere (= Vertebraten). Amphibien, Reptilien, Vögel und Säugetiere. Bei manchen Formen sind Gliedmaßen ganz oder teilweise zurückgebildet (evolutive Regression).
Thecodontier (gr. *theke*, Kasten, Behältnis + *odontos*, Zahn): Umfangreiche Gruppe triassischer Archosaurier (Diapsiden; siehe dort) der Ordnung Thecondontia. Charakteristisch sind die in Vertiefungen im Kiefer inserierten Zähne.

Theka (gr. *theke*, Kasten, Behältnis bzw. lat. *theca*, Büchse): Schützende Hülle eines Lebewesens oder Organs.
Thekat Mit einer Theka versehen, eine Theka besitzend.
Therapsiden (gr. *theraps*, Diener, Wärter): „Säugetierähnliche Reptilien". Ausgestorbene Gruppe von Amnioten, von denen sich die echten Säugetiere (Mammalia; siehe dort) herleiten. Vom Perm (296 bis 251 Millionen Jahre vor unserer Zeit) bis zur Trias (251 bis 200 Millionen Jahre vor unserer Zeit).
Thermokline (gr. *therme*, Wärme + *klinein*, abbiegen, abschweifen): Sprungschicht. Horizontale Grenzschicht im Wasserkörper, an welcher sich die Temperatur des Wassers sprunghaft ändert. Übergangszone zwischen einer wärmeren und einer kälteren Wasserschicht.
Thorakal Zum Thorax (siehe dort) gehörig.
Thorax (lat. *thorax*, Brustkorb, Brustharnisch): (1) Der Brustkorb (bei Wirbeltieren). (2) Das mittlere Tagma (siehe dort) zwischen Kopf und Abdomen bei Gliederfüßlern.
Thrombin (gr. *thrombos*, Gerinnsel): Blutenzym, das die Umwandlung von Fibrinogen (siehe dort) in Fibrin katalysiert. Liegt im Blutplasma zunächt als Prothrombin in einer inaktiven Vorstufe (Proenzym) vor, die durch partielle Proteolyse zum Thrombin aktiviert werden muss. Siehe: Blutgerinnung, Fibrin, Fibrinogen, Gerinnung.
Thrombose (gr. *thrombos*, Gerinnsel): Durch ein intravaskuläres Blutgerinnsel verursachte Verlegung (= Verstopfung) eines Gefäßes.
Thrombocyten (gr. *thrombos*, Gerinnsel + *kytos*, Hohlkörper, Zelle): Blutplättchen. Von Megakaryocyten erzeugte Zellfragmente, die an der Gerinnselbildung beteiligt sind. Im Blut sehr zahlreich.
Thrombus (gr. *thrombos*, Gerinnsel): (= Embolus). (Blut-)Gerinnsel. (= Blutkuchen, Blutpfropf). Ansammlung geronnenen Blutes in einem Blutgefäß. Gerinnsel aus Blutplättchen und Fibrin, das den Austritt von Blut aus der Schadstelle verhindert.
Tiedemann'sche Körperchen Nach Franz Tiedemann (deutscher Anatom und Physiologe, 1781–1861) benannte Bildungen. Vier oder fünf paarige, taschenartige, am Ringkanal von Seesternen ansetzende Körper, die offenbar die Coelomocyten hervorbringen.
Tight junction (engl. *tight*, eng, knapp + *junction*, Knotenpunkt, Kreuzungspunkt): Bereich fusionierter Zellmembranen zwischen benachbarten Zellen. Zell-Zell-Verbindungen, die einfach Diffusion von Stoffen zwischen den Zellen regulieren. Siehe: gap junctions, Desmosomen.
Titer (fr. *titre*, Gehalt; bzw. *titrer*, den Gehalt von etwas ermitteln): (1) Die durch Titration ermittelte Konzentration einer Substanz in einer Lösung. (2) in Biologie und Medizin ein Maß für die Konzentration einer biologisch wirksamen Substanz (Antikörper, Antigene, Viren usw.). (3) In der analytischen Chemie ein Umrechnungsfaktor, der die Nenn-Konzentration einer Maßlösung mit der effektiven (= tatsächlichen) Konzentration in Beziehung setzt. Siehe: Titration.
Titration (= Volumetrie, Maßanalyse). Verfahren der quantitativen analytischen Chemie zur mengenmäßigen Erfassung der Konzentration gelöster Stoffe durch Zusatz einer Vergleichslösung bekannter Konzentration (= Maßlösung) bis zum Erreichen des Äquivalenzpunktes einer zum Nachweis des gewünschten Stoffes geeigneten Reaktion. Aus dem zum Erreichen des Äquivalenzpunktes verbrauchten Volumen der Maßlösung lässt sich rechnerisch der Gehalt (die Konzentration) des Analysengutes in der Probe ermitteln.

T-Lymphocyten (= T-Zellen; siehe dort).
Toll-ähnliche Rezeptoren: (Abk.: TLR; von engl. *Toll-like receptors*). Nach dem bei der Taufliege (*Drosophila* sp.) entdeckten Toll-Protein benannte Proteinfamilie. Bestandteile der angeborenen (unspezifischen) Immunabwehr. Rezeptormoleküle, die auch auf den Zellmembranen von Wirbeltierzellen gefunden werden. Mustererkennungsmoleküle mit geringer Spezifität (keine Erkennung bestimmter molekularer Konfigurationen). Nach Bindung an eine Mikrobenoberfläche übermitteln sie ein Signal (Signaltransduktion) in das Zellinnere, das dort die Synthese antimikrobiell wirkender Peptide auslöst. Wichtige Bestandteile der Immunantwort.
Tornarien (lat. *torno*, drechseln): Freischwimmende Larve von Enteropneusten, die sich beim Schwimmen um sich selbst dreht. Ähnelt etwas der Bipinnarialarve der Echinodermaten.
Torsion (lat. *tortus*, gedreht): (1) Allgemein: (relative) Drehung von Teilen, Verdrehung, Verwindung. (2) Bei Gatropoden (Schnecken) die Verwindung der Eingeweide (Viszera) und Pallialorgane (Mantel) um ca. 180 Grad im Verlauf der Individualentwicklung (= Ontogenese).
Toxizyste (gr. *toxikon*, Gift + *kystis*, Blase): Subzelluläre Struktur (Organell) räuberischer Ciliaten (Wimperntierchen), die bei Stimulation eine für ihre Beuteorganismen giftige Substanz ausschütten (sezernieren).
Trabekel, Trabekeln Knochenbälkchen (das, die).
Trabekuläres Reticulum (lat. *trabeculua*, Balken + *reticulum*, Netz): Zweilagiges Syncytium (siehe dort), das bei hexactinelliden Schwämmen (Phylum Porifera, Stamm der Schwämme) die Hauptkörperstruktur ausmacht.
Trachea (lat. *trachea*, Luftröhre): Luftröhre.
Tracheen (lat. *trachea*, Luftröhre): Luftleitende, chitinöse Röhren im Körper von Gliederfüßlern (Arthropoden).
Trachylineen-Linie (gr. *trachys*, rau + lat. *lini*, Bindfaden, Flachs(-faden)): Ungewöhnlicher Entwicklungsgang bei Hydrozoen (Phylum Cnidaria, Stamm der Nesseltiere), bei dem eine Larve ohne dazwischenliegendes Polypenstadium unmittelbar zur Meduse metamorphiert.
Tragfähigkeit Maximale Anzahl von Individuen, die unter bestimmten Umweltbedingungen in einem Ökosystem überlebensfähig sind.
Transduktion (lat. *trans*, über ... hinaus + *ductor*, Führer): „Überführung". Durch Bakterienviren (= Bakteriophagen, Phagen) vermittelter Gentransfer bei Bakterien. Das Einschleusen viralen Erbgutes in eine Bakterienzelle durch eine Phageninfektion. Natürlicher Vorgang oder im Rahmen eines gezielten gentechnischen Experiments.
Transfektion (= Transformation, 4). In der Gentechnik die Einschleusung von DNA – insbesondere von rekombinanter DNA (siehe dort) – in (eukaryontische) Empfängerzellen (= Zielzellen).
Transfer-Ribonucleinsäure (Abk.: tRNA oder tRNS) (= Überträger-Ribonucleinsäure oder Überbringer-Ribonucleinsäure). Adaptermoleküle der Proteinbiosynthese. Verhältnismäßig kleine Ribonucleinsäuremoleküle von 70 bis 80 Nucleotiden Länge, die kovalent angeknüpfte Aminosäuren für die Translation (siehe dort) zu den Ribosomen (siehe dort) befördern. Sequenzspezifischer Einbau in eine wachsende Polypeptidkette durch Basenpaarung des Anticodons (siehe dort) der tRNA mit einem Codon (siehe dort) einer zu translatierenden mRNA. Für jeden proteinogenen Aminosäuretyp gibt es mindestens eine spezifische tRNA-Sorte. Bestandteil der Translationsmaschinerie. tRNA-Moleküle enthalten regelmäßig „ungewöhnliche" Nucleobasen (siehe dort), das heißt, Derivate, die in anderen Ribonucleinsäuren durchaus üblich sind.
Transfer-RNA Kurz für: Transfer-Ribonucleinsäure.
Transformanden Durch gentechnischen Eingriff umgewandelte Zellen/Organismen.
Transformation (lat. *transformo*, umgestalten, umbauen, umwandeln): (1) Allgemein: Umwandlung (von einer Form in eine andere). (2) In der Mikrobiologie die Aufnahme freier DNA aus der Umgebung durch Bakterienzellen. (3) In der Medizin die Umwandlung eines Zelltyps in einen anderen, insbesondere die Umwandlung normaler, teilungsbeschränkter Körperzellen (somatische Zellen) in sich ungehemmt teilende Tumorzellen (maligne Entartung). (4) (= Transfektion). In der Gentechnik die Einschleusung von DNA – insbesondere von rekombinanter DNA (siehe dort) – in Empfängerzellen (= Zielzellen).
Transkription (lat. *transcribo*, umschreiben): „Umschrift". Das Umschreiben der genetischen Information von der Speicherform DNA in die Transportform (= Übermittlungsform) mRNA (siehe dort). Die Herstellung einer Boten-RNA (= mRNA) anhand einer DNA als Matrize durch eine RNA-Polymerase. Teil der Ereignisfolge der Genexpression (siehe dort). Siehe: Translation.
Translation (lat. *translatio*, Übertragung, Übersetzung): (= Proteinbiosynthese). „Übersetzung" der Basenfolge (= Basensequenz) der in einem DNA- oder RNA-Molekül niedergelegten genetischen Information in eine Folge von Aminosäureresten eines Proteins im Zuge der Proteinbiosynthese. Vollzieht sich in einem komplizierten, mehrschrittigen Prozess an den Ribosomen (siehe dort).
Translokation (lat. *trans*, über ... hinaus + *locus*, Ort, Stelle, Platz): (= Translozierung). „Orts-/Platzwechsel". (1) Der Wechsel eines Chromosomenstücks von einem Chromosom zu einem anderen. (2) Der Wechsel eines DNA-Abschnittes von einem (Gen-)Ort an einen anderen innerhalb desselben Nucleinsäuremoleküls. Allgemein: Platz- oder Umgebungswechsel genetischer Information innerhalb des Gesamtbestandes (Chromosom, Genom usw.).
Transporter (lat. *transporto*, übersetzen, hinüberbringen): Jargonausdruck für Transmembranproteine, die – zumeist unter direkter oder indirekter Aufwendung von Stoffwechselenergie – Stoffe selektiv und gerichtet durch (= über) biologische (= zelluläre) Membranen verfrachten. Siehe: Carrier.
Transversalebene (lat. *transversus*, quer): Querschnittsebene. (= Horizontalebene). Horizontal (= quer) durch den Körper verlaufende Schnittebene. Durch einen gegebenen Körper lassen sich (theoretisch) beliebig viele Transversalebenen legen.
Traubenzucker (= Glucose; siehe dort).
Triblastisch (gr. *tris*, drei, dreifach + *blastos*, Keim): (= dreikeimblättrig). Triblastische Tiere = dreikeimblättrige Tiere. Tiere, deren Körper sich embryonal aus den drei Keimblättern Entoderm, Mesoderm und Ektoderm entwickeln heißen triblastisch. Siehe: diblastisch, zweikeimblättrig.
Trichine Parasitärer Fadenwurm der Gattung *Trichinella*.
Trichinose (= Trichinellose). Von parasitären Fadenwürmern der Gattung Trichinella hervorgerufene Krankheit. Vor allem durch den Verzehr von rohem oder nicht ausreichend erhitztem infizierten Schweinefleisch. Fieber, Muskelschmerzen und Ödeme im Augenbereich. Bei Befall des Herzbeutels potenziell tödlicher Verlauf.
Trichom (gr. *thrix*, Haar): Zellhaar. Haarförmig gestreckte Zelle.

Trichozyste (gr. *thrix*, Haar + *kystis*, Blase): Sackförmiges, vorstreckbares Organell im Ektoplasma (siehe dort) von Ciliaten (Wimperntierchen). „Schießt" bei Stimulation (Auslösung) explosionsartig eine fadenförmige, dolchartige Verteidigungswaffe ab. Bei Ciliaten zu finden.

Triglyceride (= Neutralfette). Dreifachester des Glycerins. Ester des dreiwertigen Alkohols Glycerin mit drei Fettsäuren.

Trimer (gr. *tris*, drei, dreifach + *meros*, Teil): dreiteilig, aus drei Teilen zusammengesetzt. (1) Anatomisch, aus einem dreigliedrigen Körper bestehend; wie bei Lophophoraten und manchen Deuterostomiern. (2) Chemisch, ein Oligomer aus drei Monomeren.

Trisomie (gr. *tris*, drei, dreifach + *soma*, Körper): Chromosomale Abberation mit einem überschüssigen Chromosom. Gesamtchromosomenzahl einer diploiden Zelle bei Trisomie: 2n+1. Mit einem überschüssigen Chromosom.

Trisomie-21 (= Mongolismus, Down-Syndrom). Erbkrankheit des Menschen, die auf dem Vorliegen eines überzähligen, dritten Chromosoms Nr. 21 beruht.

tRNA Abkürzung von: Transfer-Ribonucleinsäure.

tRNA-Beladung Kovalente Anbindung einer Aminosäure an eine für sie spezifische Transfer-Ribonucleinsäure (tRNA) durch ein für die Reaktion spezifisches Enzym (Aminoacyl-tRNA-Synthetase).

Trochophora (gr. *trochos*, Rad + *pherein*, tragen): Freischwimmende, cilienbesetzte, im Meer lebende Larve. Kennzeichnend für die meisten Mollusken (Weichtiere) und bestimmte Ektoprokten, Brachiopoden und Meereswürmer. Eiförmige Gestalt mit präoralem Cilienkranz; manchmal zweiter Cilienkranz hinter der Mundöffnung.

Trommelfell Membran am Übergang vom Außen- zum Mittelohr. Ansatzstelle der Gehörknöchelchen. Schallübertragungsmembran des Wirbeltierohres.

Tropen Äquatornahe Klimazone vom nördlichen bis zum südlichen Wendekreis. Geringe Schwankung der Dauer der hellen Tagesstunden (mehr oder weniger genau zwölf Stunden Tag und zwölf Stunden Nacht). Feuchtwarmes Klima mit hohem Jahresniederschlag.

Trophallaxie (gr. *trophe*, Nahrung + *allaxis*, Austausch): (= Trophallaxis). Austausch von Nahrung zwischen Alt- und Jungtieren, insbesondere bei staatenbildenden (sozialen) Insekten.

Trophi (gr. *trophos*, Fressen, Essen): Kieferartige Struktur im Mastax von Rotatorien.

Trophisch (gr. *trophe*, Nahrung): sich auf das Essen, die Ernährung beziehend.

Trophoblast (gr. *trophe*, Nahrung + *blastos*, Keim): Äußere, ektodermale Nährschicht blastodermer Vesikel. Bei Säugetieren Teil des Chorions (siehe dort). An der Gebärmutterwand verankert. Äußere Zellschicht einer Blastozyste oder Blastula. Ursprung des embryonalen Anteils an der Plazenta (siehe dort).

Trophosom (gr. *trophe*, Nahrung + *soma*, Körper): Organ bei Pogonophoren (Bartwürmer), das symbiontische (= mutualistische) Bakterien beherbergt. Leitet sich vom Mitteldarm ab.

Trophozoit (gr. *trophe*, Nahrung + *zoon*, Tier): Adultstadium bei bestimmten Protozoen, das aktiv Nährstoffe absorbiert. Kleinstes Stadium im Entwicklungszyklus von Malariaerregern (Plasmodien).

Tropisch (gr. *tropein*, (sich) hinwenden): (1) zur Klimazone der Tropen (siehe dort) gehörend, in den Tropen lebend. (2) Endokrinologisch für Hormone, die auf andere – nachgeschaltete, untergeordnete – Hormonsysteme einwirken. Zum Beispiel Gonadotropine, cortikotrope Hormone.

Tropomyosin (gr. *tropein*, (sich) hinwenden + *mys*, Muskel): Aktinbindendes Protein des kontraktilen Apparates von Muskelzellen. Umgibt die Aktinfilamente im gestreiften Muskel. Arbeitet im Verbund mit Troponin (siehe dort) bei der Regulation der Muskelkontraktion.

Troponin (gr. *tropein*, (sich) hinwenden): Calciumbindendes, multimeres Muskelprotein. Wechselwirkung mit den Aktinfilamenten (siehe dort). Liegt in Skelettmuskeln in Abständen entlang der Aktinfilamente. Calciumabhängiger Schalter für die Regulation der Muskelkontraktion.

Tuberkel (lat. *tuberculum*, Höckerchen, Beulchen): Kleine Erhebung (Protuberanz) oder Schwellung an der Körperoberfläche.

Tubulär (lat. *tubulus*, Röhrchen): röhrenförmig.

Tubulin (lat. *tubulus*, Röhrchen): Protein, das die röhrenförmige Filamente des Cytoskeletts bildet. Baustein der Mikrotubuli (siehe dort). Tubulinfilamente (= Mikrotubuli) bestehen aus zahlreichen Tubulinuntereinheiten. Zwei Hauptformen: α-Tubulin und β-Tubulin. Daneben mehrere andere Isoformen. GTP-abhängige Polymerisation zu Mikrotubuli. Der extrinsischen Regulation unterliegende GTPaseaktivität.

Tubulus (lat. *tubulus*, Röhrchen): Anatomisch, histologisch, cytologisch eine röhrenförmige Bildung.

Tumornekrosefaktor (Abk.: TNF). Ein Signalprotein aus der Gruppe der Cytokine (siehe dort). Hauptquelle für TNF sind Makrophagen (siehe dort) und T-Helferzellen (siehe unter: T-Zellen). Ein Hauptvermittler (Mediator) von Entzündungsreaktionen.

Tumorsuppressorgen (lat. *tumor*, Anschwellung, Wucherung + *supprimere*, unterdrücken + gr. *genos*, Bildner, Erzeuger): Gene, deren Produkte (= Proteine) an der Regulation der Zellteilung/des Zellzyklus oder der Einleitung der Apoptose (siehe dort) beteiligt sind. Hemmende oder anhaltende Wirkung auf die Zellvermehrung. Mutantenformen, die ihre normale Funktion verloren haben (Funktionsverlustmutanten), können im homozygoten Zustand an der Krebsentstehung beteiligt sind („rezessive Onkogene"). Siehe: Onkogene, Protoonkogene.

Tundra Subpolare Vegetationszone zwischen Taiga (siehe dort) und Polargebieten (= arktische Gebiete). Kurze Vegetationsperiode. Kalt bis sehr kalt. Typische Vegetationsformen: Niedriger Strauchbewuchs, Moose, Flechten, Bäume fehlen. In der zwei- bis viermonatigen Vegetationszeit auch krautige Blütenpflanzen. Boden während der größten Zeit des Jahres gefroren (Permafrostboden).

Tunica (lat. *tunica*, Tunika, altrömisches Wickelgewand): Kutikulare, zellulosehaltige, azelluläre Körperbedeckung von Tunikaten (= Manteltieren). Von der darunterliegenden zellulären Körperhülle sezerniert.

Typenmuster In einer anerkannten Sammlung (für gewöhnlich einem forschenden Naturkundemuseum) hinterlegtes, konserviertes Individuum, das zur formalen Definition der Art dient, die es repräsentiert.

Typhlosol (gr. *typhlos*, blind + *solen*, Kamin, (Ofen-)Rohr): In das Intestinum ragende, längs verlaufende Falte bei bestimmten Wirbellosen, etwa Regenwürmern.

Typologie (gr. *typos*, Urbild, Sinnbild, Vorbild + *logos*, Rede, Sinn, Lehre): Typenlehre. Klassifizierung von Lebewesen, bei der die Angehörigen eines Taxons intrinsische, essenzielle Eigenschaften gemeinsam haben sollen und Abweichungen von diesem Idealtypus (Varianten) als uninteressant und unerheblich (= biologisch ohne Aussagewert) erachtet werden.

T-Zellen (= T-Lymphocyten): Thymus-abhängige Lymphocyten. Untergruppe der weißen Blutkörperchen (Leukocyten). Wichtige Effektorzellen der zellulären Immunantwort und Regulatoren der Immunreaktion im Allgemeinen. Mehrere, funktionell spezialisierte Untergruppen.

T-Zellrezeptor (Abk.: TCR; von engl. *T cell receptor*). Multimeres Oberflächenprotein von T-Zellen. In die Plasmamembran eingebetteter Rezeptormolekülkomplex, der über einen variablen Bereich seiner Untereinheiten Antigenbindungseigenschaften besitzt. Der variable Bereich bindet an das Antigen. Erkennt Antigenmoleküle, die an MHC-Moleküle (siehe dort) gebunden sind (Antigen/MHC-Komplexe).

Überempfindlichkeitsreaktion vom verzögerten Typ Entzündungsreaktion, die sich im Wesentlichen auf zellvermittelte Immunreaktionen gründet.

Überempfindlichkeitsreaktion von Soforttyp Entzündliche Reaktion, die sich vorrangig auf Effektoren der humoralen Immunantwort stützt.

Ulkus (lat. *ulcus*, Geschwür): Geschwür. Ein offenliegender Abszess (siehe dort) in der Haut- oder Schleimhautoberfläche.

Umbilikal (lat. *umbilicus*, Nabel): die Nabelschnur betreffend, sich auf die Nabelschnur beziehend.

Umbo (lat. *umbo*, Schildknopf, Schildbuckel): (1) Erhebung/Aufwölbung im Gelenksbereich einer Muschelschale. (2) Der „Schnabel" einer Brachiopodenschale.

Ungesättigte Fettsäuren Fettsäuren mit olefinischen Doppelbindungen (= —C=C-Gruppen). Bestimmte, geradkettige Monocarbonsäuren (R—COOH) mit Alkylresten, welche Kohlenstoff-Kohlenstoff-Doppelbindungen enthalten. Siehe: Fette, Fettsäuren, gesättigte Fettsäuren.

Ungulaten (lat. *ungula*, Huf): Huftiere. Untergruppe der Säugetiere ohne taxonomischen Rang. Umfasst die Paarhufer und die Unpaarhufer.

Uniformitarismus (= Aktualismus, Uniformitätsprinzip). Grundlegende wissenschaftliche Hypothese, die davon ausgeht, dass die heute beobachtbaren und ableitbaren, den Naturvorgängen zugrundeliegenden Gesetzmäßigkeiten zeitinvariant sind, dass heißt, sich im Laufe der Entwicklungsgeschichte der Erde und des Universums als Ganzes nicht verändert haben. Die Unveränderlichkeit der Naturgesetze.

Ureter (lat. *ureter*, Harnleiter): Harnleiter. Paariger, ableitender Harnweg, der von den Nieren zur Harnblase führt.

Urethra (lat. *urethra*, Harnröhre): Harnröhre. Ausleitender Harngang von der Harnblase zur (a) Eichel (Glans penis) am vorderen Penisende (beim Mann) bzw. (2) dem Scheidenvorhof (Vestibulum vaginae) (bei der Frau). Länge beim Mann ca. 20 cm, bei der Frau 3 bis 4 cm.

Uropodien (gr. *ura*, Schwanz + *podos*, Fuß): Die am weitesten posterior gelegenen Anhangsbildungen bei vielen Crustaceen.

Utrikel (lat. *utriculus*, Säckchen): Teil des Innenohr, der die Beschleunigungs-Rezeptoren enthält. Bestandteil des Gleichgewichtsorgans. Der Utriculus ist Ausgangs- und Endpunkt der von ihm abzweigenden Bogengänge (siehe dort).

Vakuole (lat. *vacuum*, leer bzw. *vacuo*, entleeren): (1) Ein von einer Membran umgebener flüssigkeitsgefüllter Raum in einer Zelle. (2) Großes Zellorganell, das im Inneren einen sauren pH-Wert aufweist und zahlreiche hydrolytische Enzyme enthält („Zellmagen"). Eines der lytischen Kompartimente eukaryontischer Zellen. Vor allem bei Pilzen und Pflanzen. Entspricht biogenetisch und funktionell dem Lysosom (siehe dort) tierischer Zellen.

Valenz (lat. *valere*, stark sein, Kraft/Einfluss haben): (= Wertigkeit). Chemische Wertigkeit. (1) Zahl der tatsächlich ausgebildeten oder potenziell ausbildbaren chemischen Bindungen eines Atoms. (2) Das Bindungsvermögen eines Atoms. (3) Anzahl der Bindungsplätze, die für die Bildung von chemischen Bindungen zu Bindungspartnern zur Verfügung stehen. (4) Die Oxidationszahl eines Atoms (so diese eindeutig bestimmbar ist). (5) Die Zahl der für die Ausbildung von Bindungen zur Verfügung stehenden Elektronen.

Variation (lat. *varius*, bunt, abwechselnd, wankelmütig, verschieden): Verschiedenartigkeit. Abweichung. Unterschiede zwischen den Individuen einer Gruppe von Organismen, die nicht auf das Alter, das Geschlecht oder den Zeitpunkt im Lebenslauf zurückzuführen sind.

Varietät (lat. *varius*, bunt, abwechselnd, wankelmütig, verschieden): (= Rasse, Sorte, (Mikroben-)Stamm). Taxonomischer Rang unterhalb der Ebene der Art (siehe dort). Hauptsächlich in der Botanik (Pflanzenzucht, Pflanzensystematik) gebräuchlicher Begriff. Entspricht dem Sinngehalt nach dem in der Tierzucht üblichen Begriff der Rasse.

Vegetalplatte Durch Abplattung gebildeter Bereich am vegetalen Pol der Gastrula (siehe dort).

Vegetativer Pol Bei telolecithalen (siehe dort) Eiern derjenige Zellteil, indem der Dottervorrat liegt. Siehe: animaler Pol.

Vektor (lat. *vector*, Träger): Überträger, Übertragungsvehikel. (1) Jedes Agens, das Krankheitserreger (= pathogene Keime) auf einen Wirt überträgt (zum Beispiel Stechmücken, die Protozoen oder Viren verbreiten). (2) In der Molekularbiologie/Gentechnik ein Hilfsmittel zur Übertragung von genetischen Elementen (zum Beispiel Genen) in lebende Zellen zur molekularen Klonierung (Vervielfältigung) oder zur Expression eines genetischen Funktionsträgers. Gebräuchliche Vektoren sind Plasmide, Viren, Cosmide, künstliche (= artifizielle) Chromosomen (YACs, BACs) usw.

Velarium (lat. *velum*, Vorhang, Gardine, Schleier, Zeltdach): Gewebelappen an der Schirmunterseite von Würfelquallen (Cubozoen).

Veliger (lat. *velum*, Vorhang, Gardine, Schleier, Zeltdach): Larvenform bestimmter Mollusken (Weichtiere). Entwickelt sich aus einer Trochophora (siehe dort) und besitzt die Anfangsgründe eines Fußes, eines Mantels und einer Schale.

Velum (lat. *velum*, Vorhang, Gardine, Schleier, Zeltdach): (1) Membran an der subumbrellaren Seite (Schirmunterseite) von Quallen aus der Klasse der Hydrozoen. (2) Mit Cilien besetztes Schwimmorgan von Veligerlarven (siehe dort).

Vene (lat. *vena*, Vene, (Blut)Ader): (1) Ein Blutgefäß, durch welches Blut in Richtung Herz fließt. (2) Bei Insekten die feinen Verästelungen des Tracheensystems, die das stützendes Gerüst für die Flügel dienen (Flügeladern).

Venole (lat. *venula*, Äderchen): (1) Kleine Vene (siehe dort). Übergang zwischen Kapillaren (siehe dort) und Venen. (2) Kleine Flügelader von Insekten.

Ventral (lat. *venter*, Bauch, Magen): bauchseitig.

Vergleichende Methodik (1) jeder wissenschaftliche Ansatz, bei dem ermittelte Daten verschiedener Untersuchungsobjekte qualitativ und/oder quantitativ in Beziehung zueinander gesetzt werden. (2) Merkmale von miteinander verwandten Populationen oder Arten werden systematisch miteinander verglichen, um Hypothesen über eine gemeinsame evolutive

Abstammung zu untersuchen und die Endursachen aufzuklären, die biologischen Merkmalen zugrunde liegen.
Vermiform (lat. *vermis*, Wurm): wurmförmig.
Vermittelter Transport Transport eines Stoffes durch die Zellmembran, der von Transportermolekülen innerhalb der Zellmembran bewerkstelligt wird.
Verschachtele Hierarchie Systematisches Anordnungsmuster, bei dem biologische Arten auf der Grundlage der taxonomischen Verteilung von Synapomorphien (siehe dort) in eine Abfolge von immer umfassenderen Kladi eingruppiert werden.
Vesikel (lat. *vesicula*, Bläschen): Von einer Lipiddoppelschichtmembran umgebene Organellen eukaryontischer Zellen. In allen Zellen zahlreich vorhanden. Speicher- und/oder Transportvehikel bei intrazellulären Transportvorgängen zwischen Organellen oder Organellen und der Plasmamembran. Bildung durch Abschnürung von bestehenden Membranen. „Verbrauch" durch regulierte Verschmelzung (= Fusion) mit zellulären Membranen.
Vesikulär Bläschenartig, blasig.
Vestigial (lat. *vestigium*, Spur, Fußstapfen): verkümmert, zurückgebildet, nur noch in Ansätzen erkennbar.
Vestigialorgan Rudimentäres (verkümmertes) Organ, das bei einer evolutiven Vorläuferform voll ausgebildet gewesen ist. Zurückgebildetes Organ, das embryonal angelegt war.
Vibraculum (lat. *vibrare*, schwingen, vibrieren): Umgebildeter Zooid bei Bryozoen (Moostierchen), bei dem das Operkulum (siehe dort) hochgradig gestreckt ist und welcher als frei bewegliche „Peitsche" dient.
Vibrissen (lat. *vibro*, vibrare, schwingen, vibrieren): Tasthaare, Schnurrhaare. Für die Wahrnehmung mechanischer Reize (Berührung, Luftzug usw.) spezialisierte Haare im Schnauzenbereich von Säugetieren. Länger und dicker als die normalen Körperhaare.
Vikarianz (lat. *vicarius*, Stellvertreter): Geografische Trennung von Populationen; insbesondere solche, die durch Diskontinuitäten der unbelebten Umwelt verursacht sind und zur Fragmentierung vormalig zusammenhängender Populationen führen.
Villus (lat. *villus*, (Haar)zotte): (1) Kleine, fingerartige Ausstülpung der Wand des Dünndarms, der die für die Absorption zur Verfügung stehende Oberfläche stark vergrößert (= Darmzotten). (2) Sich verzweigender, vaskularisierter Fortsatz des embryonalen Plazentateils (= Chorionzotten). Siehe: Mikrovillus, Mikrovilli.
Virion Virusteilchen. Siehe: Virus.
Virus (lat. *virus*, Gift): Lichtmikroskopisch unsichtbarer, nichtlebendiger Infektionserreger aus einer Nucleinsäure (= Virusgenom; das Virusgenom kann aus DNA oder RNA bestehen) und einer aus Proteinen gebildeten Hülle. Bei manchen Virustypen zusätzlich eine Lipidmembran, die das eigentliche Virusteilchen (= Virion) umgibt. Vermag in parasitärer Weise nach dem Eindringen in eine geeignete Wirtszelle (Wirtsspezifität) die Herstellung neuer Virusteilchen zu veranlassen. Ein Virus ist nicht zur eigenständigen Vervielfältigung fähig, sondern ist zur Vermehrung von der Proteinmaschinerie einer Wirtszelle abhängig. Vermutlich gibt es für jede Lebensform/biologische Art mehr oder minder spezifische Viren, die sie befällt.
Viscera (lat. *viscus*, Fleisch, Innereien): Eingeweide. Die inneren Organe. Gesamtheit der im Schädel (= Cranium) und in den Hohlräumen des Rumpfes gelegenen Organe.
Viszeral Zu den inneren Organen gehörig.
Viszeralorgane Innere Organe, Eingeweide.

Vitalismus (lat. *vita*, Leben): Überholte Ansicht, dass Lebewesen eine spezielle, mit dem Zustand des Lebendigen verbundene oder diese verursachende Kraft („vis vitalis") innewohnt. Gegen Ende des 19. Jahrhunderts durch die experimentelle Naturwissenschaft widerlegt.
Vitamin (lat. *vita*, Leben): Sammelbegriff für chemisch diverse (verschiedenen Stoffgruppen angehörende) organische Naturstoffe, die in kleinen Mengen in der Nahrung vorhanden sein und regelmäßig zugeführt werden müssen, um das ordnungsgemäße Funktionieren aller Organe/den ordnungsgemäßen Ablauf der physiologischen (metabolischen) Reaktionen zu gewährleisten. Bei Mangel eines dieser Stoffe treten typische Mangelsymptome auf, die Krankheitswert haben. Bei chronischem schwerem Vitaminmangel drohen dauerhafte Schäden und schwere Krankheitsbilder bis hin zur Lethalität. Ausnahme: Vitamin D, das im menschlichen Körper hergestellt wird; lediglich einer der finalen, in der Haut stattfindenden Syntheseschritte ist eine photochemische Umwandlung, für die ultraviolettes Licht notwendig ist. Kann durch Zufuhr mit der Nahrung substituiert werden.
Vitellarien (lat. *vitellus, vitellum*, Eidotter): Dotterstöcke. Dotterbildende Zellen hervorbringende Strukturen bei Plattwürmern. Liefern das Material für die Eischalen und Nährstoffe für die Embryonen.
Vitellin Dotterprotein.
Vitellindrüse Siehe unter: Vitellarien.
Vitellinmembran (lat. *vitellus, vitellum*, Eidotter): Azelluläre Membran aus Protein, die eine Eizelle umschließt.
Vivipar (lat. *vivus*, lebend + *partus*, Geburt): lebendgebärend.
Viviparie (lat. *vivus*, lebend + *partus*, Geburt): Fortpflanzungsmodus, bei dem sich die befruchteten Eizellen im Körper des Muttertiers bis zur Geburtsreife entwickeln, so dass schließlich lebende Junge geboren werden. Der mütterliche Organismus stellt dabei Nährstoffe für die Entwicklung der Embryonen zur Verfügung (Theria = nichteierlegende Säugetiere, viele Reptilien, einige Fische). Die Nachkommen werden als Juvenile (siehe dort) geboren.

Wasser/Gefäßsystem System wassergefüllter, geschlossener Röhren und Gänge, die sich nur bei Echinodermaten (Stachelhäuter) finden. Werden von diesen eingesetzt, um die Tentakeln und Röhrenfüßchen zu bewegen, die für das Festhalten, die Manipulation der Nahrung, zur Lokomotion und zur Atmung dienen.
Wasserstoffbrückenbindung Typ der chemischen Bindung aus der Gruppe der „schwachen Bindungen". Beruht auf Dipolwechselwirkungen zwischen einem positiv polarisierten, kovalent gebundenen Wasserstoffatom und einem negativ polarisierten anderen Atom (in biochemischen Systemen überwiegend die elektronegativen Elemente Sauerstoff oder Stickstoff).
Weichtierschale Schützendes, nichtlebendes Hartgebilde von Mollusken (Weichtieren), das durch Biomineralisation gebildet wird. Dreischichtiger Aufbau: (a) Periostrakum (= Kutikula) aus Conchyolin, einem Matrixprotein. (b) Ostrakum (= Prismenschicht) aus prismatischen Kalk- (= Calciumcarbonat)kristallen, die in eine organische Matrix eingebettet sind. (c) Hypostrakum (= Perlmutt; siehe dort).
Wissenschaftliche Revolution Auf dem Philosophen Thomas Kuhn zurückgehender Begriff einer Umwälzung in der Denkweise und/oder dem grundlegenden Theoriengebäude einer wissenschaftlichen Disziplin, die mit der Aufgabe bestehender Paradigmen (siehe dort) verbunden ist. Der Ersatz

bisheriger wissenschaftlicher Lehrmeinungen durch konzeptuell grundlegend neue aufgrund qualitativ neuer Erkenntnisse. Sprunghafte Fortentwicklung des wissenschaftlichen Erkenntnisstandes einer Disziplin.

Xanthophore (gr. *xanthos*, gelb + *pherein*, tragen): Pigmentzelle (= Chromatophore) mit einem gelben oder gelblichen Pigment.

X-Chromosom: „Weibliches" Geschlechtschromosom (Gonosom) von Säugetieren. Bei strenger Auslegung des Begriffes Geschlechtschromosom ist es nicht statthaft, das X-Chromosom als solches anzusprechen, da es sich bei beiden Geschlechtern findet und die auf ihm lokalisierten Gene nicht ursächlich an der Geschlechtsdetermination (= Geschlechtsfestlegung) beteiligt sind. Siehe: Y-Chromosom, Gonosomen.

Xenotransplantat (gr. *xenos*, fremd + lat. *transplantare*, verpflanzen): Gewebe oder Organ, das von einer Art auf ein Tier einer anderen Art verpflanzt wird. Artübergreifende Zell-, Gewebe- oder Organverpflanzung.

X-Organ Neurosekretorisches Organ im Augenstiel von Crustaceen (Phylum Arthropoda), welches das häutungshemmende Hormon ausschüttet.

Y-Chromosom „Männliches" Geschlechtschromosom (Gonosom) von Säugetieren. Kleinstes der menschlichen Chromosomen. Geschlechtsdeterminierendes Chromosom der Säugetiere, das die frühe Embryonalentwicklung durch auf ihm enthaltene entwicklungssteuernde Gene in Richtung des männlichen Phänotyps lenkt.

Y-Organ Drüse in Antennen- oder Maxillensegmenten einiger Crustaceen (Krustentiere; Phylum Arthropoda), welche Häutungshormon produziert und ausschüttet.

Zellbiologie (= Cytologie). Teilgebiet der Biologie, das sich der Erforschung des Aufbaus von Zellen und der in ihnen ablaufenden Lebensvorgänge und chemischen Reaktionen widmet.

Zellkern Organell eukaryontischer Zellen mit doppelter Membran, die das Erbgut (Chromatin, Chromosomen) enthält. Speicherort der Erbinformation. Äußere Membran des Zellkerns setzt sich im endoplasmatischen Reticulum (siehe dort) fort. Reger Stoffaustausch mit dem umgebenden Cytoplasma durch Kernporenkomplexe.

Zellulose (= Cellulose; siehe dort).

Zellvermittelte Immunität Immunabwehrmechanismen, die sich allein auf Reaktionen an Zelloberflächen stützt; Immunreaktion ohne die Beteiligung von Antikörpern; spezifischer die so genannte T_H1-Reaktion der Immunantwort. Gegenstück: humorale Immunantwort.

Zentriol (gr. *kentron*, Mitte): (= Centriol). Winziges, cytoplasmatisches Organell, das man normalerweise im Zentrosom antrifft, und das als das aktive Teilungszentrum einer Tierzelle angesehen wird. Organisationszentrum des Spindelapparates während Mitose und Meiose. Gleicher Aufbau wie Kinetosomen (= Basalkörperchen).

Zentrolecithal (gr. *kentron*, Mitte + *lekithos*, Eidotter): Eier, deren Dottervorrat in der Mitte des Eies konzentriert liegt (zum Beispiel bei Insekten).

Zentromer (gr. *kentron*, Mitte + *meros*, Teil): Lokalisierte Einschnürung an einem Chromosom, die an einer für das betreffende Chromosom charakteristischen Stelle liegt. Trägt das Kinetochor. Anheftungspunkt des Spindelapparates.

Zentrosom (gr. *kentron*, Mitte + *soma*, Körper): Mikrotubulus-Organisationszentrum der Zellkernteilung in den meisten eukaryontischen Zellen. Bei Tieren und vielen Einzellern umgibt das Zentrosom die Zentriolen.

Zerkarien (gr. *kerkos*, Schwanz): Kaulquappenartige Larven von Trematoden (Saugwürmer).

Zervikal (= cervikal; siehe dort)

Zirre (lat. *cirrus*, Locke): (1) Haarförmiges Büschel an einem Anhangsgebilde eines Insekts. (2) Lokomotorisches Organell aus fusionierten Cilien. (3) männliches Kopulationsorgan einiger Invertebraten.

Zisterne (lat. *cista*, Kiste): Raum; Zwischenraum. Lumen eines Organells; etwa Zisternen des endoplasmatischen Reticulums oder des Golgi-Apparates.

Zistron (= Cistron; siehe dort).

Zoecium (gr. *zoon*, Tier + *oikos*, Haus(halt)): (= Zooecium). Kutikulare Scheide oder Schale von Ektoprokten (Moostierchen = Bryozoen).

Zoochlorellen (gr. *zoon*, Tier + *chloros*, grün): Grünalgen der Gattung *Chlorella*, die als Endosymbionten im Cytoplasma mancher Protozoen und anderer Wirbelloser leben.

Zooide (gr. *zoon*, Tier): „Tierchen". Einzelmitglied einer Kolonie bei koloniebildenden Tierarten; zum Beispiel bei (kolonialen) Nesseltieren (Cnidariern) und Ektoprokten (Moostierchen).

Zooxanthellen (gr. *zoon*, Tier + *xanthos*, gelb): Algen aus der Gruppe der Dinoflagellaten (Panzergeißler), die endosymbiontisch in den Geweben vieler mariner Invertebraten (Meereswirbellose) leben.

Zucker Ein süß schmeckendes Kohlenhydrat (siehe dort). Siehe: Kohlenhydrate, Monosaccharide, Disaccharide.

Zweiter Hauptsatz der Thermodynamik Empirisch bestätigter Fundamentalsatz der Wärmelehre. Verschiedene mathematische und nichtmathematische Formulierungen. Qualitativ besagt der 2. Hauptsatz, dass beim Verrichten von Arbeit durch ein System nie der gesamte verfügbare Energiegehalt in Arbeit umgewandelt werden kann. Jeder spontan ablaufende Vorgang eines sich nicht im thermodynamischen Gleichgewicht befindlichen Systems ist mit einer Vergrößerung der Entropie (siehe dort) des Systems verbunden. Ein Perpetuum mobile der zweiten Art ist unmöglich (= Wärme kann nicht restlos in Arbeit umgewandelt werden). Rudolf Clausis (deutscher Physiker (1822–88), einer der Begründer der Wärmelehre) hat den 2. Hauptsatz selbst folgendermaßen formuliert: „Es gibt keine Zustandsänderung, deren einziges Ergebnis die Übertragung von Wärme von einem Körper niederer auf einen Körper höherer Temperatur ist."

Zwillingsarten Reproduktiv isolierte Arten, die sich morphologisch so ähnlich sind, dass es sehr schwierig oder unmöglich wäre, sie allein aufgrund morphologischer Kriterien als unterschiedliche Arten anzusprechen.

Zwischenwirt Ein Wirtsorganismus, in dem ein Teil der Entwicklung eines Parasiten erfolgt, indem jedoch nicht die Geschlechtsreife erlangt wird und in dem nicht die geschlechtliche Fortpflanzung erfolgt. Siehe: Endwirt.

Zygomyceten (gr. *zygon*, Joch + *mycetes*, Pilze): Jochpilze.

Zygotän (gr. *zygon*, Joch): Phase der Paarung der homologen Chromosomen während der Meiose (siehe dort).

Zygote (gr. *zygon*, Joch): die befruchtete Eizelle. Verschmelzungsprodukt von Ei- und Samenzelle.

Zygotische Meiose Reifeteilung (= Meiose), die im Verlauf der ersten Teilungsrunden nach der Zygotenbildung stattfindet. Alle weiteren Stadien im Lebenslauf mit Ausnahme der Zygote sind hier haploid.

Zytogenetik Teilgebiet der Genetik, das die innerhalb von Zellen ablaufenden Vererbungsprozesse erforscht (Replikation, Mitose, Meiose, Rekombination usw.).

Zytokine (gr. *kytos*, Hohlkörper + *kinein*, ich bewege mich): (= Cytokine). Proteine mit Hormonwirkung, die einen Signalaustausch (Zell/Zellkommunikation) zwischen den Zellen des Immunsystems vermitteln. Es sind zahlreiche Cytokine isoliert worden, die auf die Zellen, die sie produzieren und ausschütten, zurückwirken und/oder auf in der Nähe oder in größerer Entfernung befindliche Zellen einwirken können.

Zytokinese Teilung des Zellplasmas im Rahmen einer Zellteilung.

Zytologie (gr. *kytos*, Hohlkörper + *logos*, Rede, Sinn, Lehre): Zellbiologie (siehe dort), Zellkunde.

Zytopharynx (gr. *kytos*, Hohlkörper + *pharynx*, Schlund): (= Cytopharynx). Zellschlund. Kurzer, tubulärer Schlund bei Ciliaten.

Zytoplasma (gr. *kytos*, Hohlkörper + *plasma*, (Press-)Form, Model): Zellinhalt (je nach Definition den Zellkern mit einbeziehend oder ausschließend).

Zytoprokt (gr. *kytos*, Hohlkörper + *proktos*, After): (= Cytoprokt). Zellafter. Stelle einer Protozoenzelle, an der unverdauliches Material ausgeschieden wird.

Zytopyge (gr. *kytos*, Hohlkörper + *pyge*, Rumpf, Gesäß): (= Cytopyge). Umgrenzte Stelle für den Ausstoß von Abfällen bei manchen Protozoen.

Zytoskelett (gr. *kytos*, Hohlkörper + *skeleton*, Mumie bzw. *skeletos*, ausgetrocknet, vertrocknet): Gesamtheit der dynamischen Filamentsysteme einer Zelle, die strukturgebend für den Zellkörper sind und als „Transportschienen" für Vesikel und Organellen bei intrazellulären Transport- und Verteilungsvorgängen im normalen Zellhaushalt und bei der Zellteilung sind.

Zytosol (gr. *kytos*, Hohlkörper + lat. *solutus*, aufgelöst bzw. *solutio*, Lösung): Im Mikroskop unstrukturiert erscheinender, flüssiger Teil des Zellplasmas, in dem sich die Organellen befinden, und durch den sich das Cytoskelett erstreckt.

Zytostom (gr. *kytos*, Hohlkörper + *stoma*, Mund): Zellmund. Ort der Nahrungsaufnahme bei vielen Protozoen.

Zytotoxische T-Zellen (gr. *kytos*, Hohlkörper + lat. *toxicon*, (Pfeil)gift): Untergruppe der T-Zellen (= T-Lymphocyten), die durch Ausscheidung von speziellen Zellgiften durch Viren infizierte Zellen im Rahmen der zellvermittelten Immunreaktion abtöten.

ANHANG B: Bildnachweis

Buchteile: I: Cleveland P. Hickman, Jr.; **II:** Tom Tietz/Stone Images/Getty; **III:** Frank & Joyce Burek/ Getty Images; **IV, V:** Cleveland P. Hickman, Jr.

Kapitel 1 Opener: Cleveland P. Hickman, Jr.; 1.1a: Dave Fleetham/Visuals Unlimited; 1.1b: Steve McCutcheon/Visuals Unlimited; 1.1c: Peter Ziminski/Visuals Unlimited; 1.1d: Link/Visuals Unlimited; 1.2a: IBM U.K. Scientific Centre; 1.3: John D. Cunningham/Visuals Unlimited; 1.4: David M. Phillips/Visuals Unlimited; 1.5a: N.P. Salzman; 1.5b: Ed Reschke; 1.5c: Ken Highfill/Photo Researchers, Inc.; 1.5d oben, unten links: William C. Ober; 1.6a: A. C. Barrington Brown/Photo Researchers, Inc.; 1.7a: M. Abbey/Visuals Unlimited; 1.7b: S. Dalton/National Audubon Society/Photo Researchers, Inc.; 1.8a,b: D. Kline/Visuals Unlimited; 1.11a,b: Michael Tweedie/Photo Researchers, Inc.; 1.12: American Museum of Natural History, Neg. #326669; 1.13: Aus S. Gould, Ontogeny and Phylogeny. Harvard University Press, 1977; 1.16a,b: Gregor Mendel Museum, Brno; 1.18: Prèvost and Dumas; 1.19: Carolina Biological Supply/Phototake.

Kapitel 2 Opener: Larry S. Roberts; 2.12 unten: Kevin Walsh, U.S.C.D.; 2.13: R.M. Syren und S.W. Fox, Institute of Molecular Evolution/University of Miami, Coral Gables, Florida; 2.14: Cleveland P. Hickman, Jr.

Kapitel 3 Opener: William S. Ober; 3.1: Russell Illig/Getty Images; 3.5: A. Wayne Vogl; 3.7: G. E. Palade, University of California School of Medicine; 3.8b: Richard Rodewald; 3.9b: Charles Flickinger; 3.11b: Charles Flickinger; 3.12: A. Wayne Vogl; 3.13: K.G. Murti/Visuals Unlimited; 3.14b: Kent McDonald; 3.16: Susumu Ito; 3.24: Times Mirror Higher Education Group, Inc./Kingsley Stern, photographer.

Kapitel 4 Opener: Gary W. Carter/Visuals Unlimited.

Kapitel 5 Opener: Larry S. Roberts; 5.1: Gregor Mendel Museum, Brno; 5.8a: Peter J. Bryant/Biological Photo Service.

Kapitel 6 Opener: Siede Preis/Getty Images; 6.1a: American Museum of Natural History, New York, Neg. # 32662; 6.1b, 6.2, 6.3: The Natural History Museum, London; 6.5a: The Bridgeman Art Library International; 6.5b: Stock Montage; 6.6, 6.7: Cleveland P. Hickman, Jr.; 6.8a: Ken Lucas/Biological Photo Service; 6.8b: A. J. Copley/Visuals Unlimited; 6.8c: Roberta Hess Poinar; 6.8d: G. O. Poinar, University of California at Berkeley; 6.9a: W. Boehm; 6.10: Cleveland P. Hickman, Jr.; 6.14: Library of Congress; 6.15: J. Cracraft, Ibis 1974; 6.18: M. K. Kelley, Harvard University Press; 6.21: Nach P. R. Grant, Speciation and adaptive radiation of Darwin's finches, American Scientist 1981; 6.22b: Cleveland P. Hickman, Jr.; 6.23: Storrs Agricultural Experiment Station, University of Connecticut at Storrs; 6.26: Fritz Goro; 6.28: Timothy W. Ranson/Biological Photo Service; 6.29: Krasemann/Photo Researchers, Inc.; 6.30b: Dr. Robert K. Selander; 6.33: Nach E. S. Vrba, Living Fossils, Springer Verlag, 1983; 6.34: Canada Center for Remote Sensing, Energy, Mines, and Resources, Canada.

Kapitel 7 Opener: Francis Leroy, Biocosmos/SPL/Photo Researchers, Inc.; 7.3: Robert Humbert/ Biological Photo Service; 7.7: Aus R. G. Kessel und R. H. Kardon, Tissues and Organs, 1979, W. H. Freeman and Co.

Kapitel 8 Opener: Marie A. Vodicka & John C. Gerhart/University of California, Berkeley; 8.1: Aus N. Hartsoeker, Essai de deoprique, 1964; 8.5: G. Schatten; 8.17: F. R. Turner/Biological Photo Service; 8.18: Nach Egg to Adult, A report, Howard Hughes Medical Institute, 1992; 8.19: Nach E.M. De Robertis, O. Guillermo und C. V. E. Wrechts, Homeobox genes and the vertebrate body plan, Sci. Am. 1990.

Kapitel 9 Opener: Larry S. Roberts; 9.9a,b,c, 9.10 oben, Mitte, 9.11a: E. Reschke; 9.11b: Cleveland P. Hickman, Jr.; 9.11c,d, 9.12: E. Reschke.

Kapitel 10 Opener: Cleveland P. Hickman, Jr.; 10.1: Library of Congress; 10.3: Kjell Sandved; 10.5: Nach E. O. Wiley, Phylogenetics, John Wiley & Sons, 1981; 10.7: American Museum of Natural History, Neg. #334101; 10.8a: M. Coe/OSF/Animals Animals/Earth Scenes; 10.8b: D. Allen/OSF/Animals Animals/Earth Scenes; 10.10: Dr. George W. Byers, University of Kansas.

Kapitel 11 Opener: M. Abbey/Visuals Unlimited; 11.3: Dr. David M. Phillips/Visuals Unlimited; 11.4: L. Tetley; 11.5 oben, Mitte, unten: M. Abbey/Visuals Unlimited; 11.8: Manfred Kage/Peter Arnold; 11.9: Dr. Ian R. Gibbons; 11.11a: L. Evans Roth; 11.12: Nach T.P. Stossel. The machinery of cell crawling. Sci. Am. 1994; 11.33a: Manfred Kage/Peter Arnold; 11.33b: A. M. Siegelman/Visuals Unlimited; 11.34: J. und M. Cachon.

Kapitel 12 Opener: William C. Ober; 12.8: Larry S. Roberts; 12.10: William C. Ober; 12.17a,c: Larry S. Roberts; 12.17b: William C. Ober.

Kapitel 13 Opener: 13.1a: William C. Ober; 13.6: R. Harbo; 13.7: Cabisco/Visuals Unlimited; 13.8: Carolina Biological Supply/Phototake; 13.10a: Cleveland P. Hickman, Jr.; 13.11: William C. Ober 13.14: Peter Parks/OSF/Animals Animals/Earth Scenes; 13.15a,: Larry S. Roberts; 13.15b, 13.15b William C. Ober; 13.16: R. Harbo; 13.17: Larry S. Roberts; 13.19: R. Harbo; 13.21: D. W. Gotshall; 13.22a: Jeff Rotman Photography; 13.22b: Larry S. Roberts; 13.24a,b: R. Harbo; 13.25: Larry S. Roberts; 13.26a,c: William C. Ober; 13.28: Larry S. Roberts; 13.29, 13.30a: William C. Ober; 13.32, 13.33a,b,c: Larry S. Roberts; 13.34b: Cleveland P. Hickman, Jr.; 13.35a: William C. Ober; 13.35b: Kjell Sandved; 13.37: Dr. Ronald L. Shimek, 2004.

Kapitel 14 Opener: Fredy Brauchli/Subaqua Pictures; 14.2: John D. Cunningham/Visuals Unlimited, Inc.; 14.10, 14.11, 14.13a: H. Zaiman, M.D.; 14.14: A.W. Cheever; 14.15: Arthur M. Seigelman/Visuals Unlimited; 14.20: Cabisco/Visuals Unlimited; 14.21: Ana Flisser; 14.23: Stan Elems/Visuals Unlimited; 14.25: Cleveland P. Hickman, Jr.

Kapitel 15 Opener: D. Despommier; 15.5a: Frances M. Hickman; 15.5b: Dr. M.A. Ansary/Science Photo Library; 15.6a: Dr. Dennis Kunkel/Visuals Unlimited; 15.6b: E. Pike; 15.8: Larry S. Roberts; 15.9a: R. Calentin/Visuals Unlimited; 15.9b: H. Zaiman, M.D.; 15.11: E. L. Schiller, AFIP; 15.12: Sharon Patton.

Kapitel 16 Opener: Larry S. Roberts; 16.1a: Kjell B Sandved/Visuals Unlimited, Inc.; 16.1b: R. Harbo; 16.1c: Larry S. Roberts; 16.1d: R. Harbo; 16.1e, 16.3b: Larry S. Roberts; 16.7: Kjell Sandved/Visuals Unlimited, Inc.; 16.10: Daniel Gotshall/Visuals Unlimited, Inc.; 16.15a: Gerald und Buff Corsi/Visuals Unlimited, Inc.; 16.15b: David Wrobel /Visuals Unlimited, Inc.; 16.16a,b: A. Kerstitch/Visuals Unlimited; 16.19a: R. Harbo; 16.19b: Tom Phillipp; 16.20a: R. Harbo; 16.20b: Larry S. Roberts; 16.21a,b: Cleveland P. Hickman, Jr.; 16.22, 16.23a:

Larry S. Roberts; 16.23b: Cleveland P. Hickman, Jr.; 16.24a: R. Harbo; 16.24b: D. P. Wilson/Frank Lane Picture Agency Ltd.; 16.25,16.27a,b: Larry S. Roberts; 16.28a: R. Harbo; 16.32: Larry S. Roberts; 16.35b: Richard J. Neves; 16.36a: M. Butschler, Vancouver Public Aquarium; 16.37: Larry S. Roberts; 16.38b: Dave Fleetham/Tom Stack & Associates.

Kapitel 17 Opener: Photo gear; 17.2a: William C. Ober; 17.2b: Lynn Samuel, MD; 17.3e: General Biological Supply; 17.8: Cleveland P. Hickman, Jr.; 17.9: Larry S. Roberts; 17.17g: G. L. Twiest/Visuals Unlimited; 17.19: Photograph by T. Branning; 17.21: Cleveland P. Hickman, Jr.

Kapitel 18 Opener: Brian P. Kenney/Animals Animals; 18.1a,b: A. J. Copley/Visuals Unlimited; 18.3b: Cleveland P. Hickman, Jr.; 18.6, 18.7: J. H. Gerard/Nature Press; 18.8: Todd Zimmerman/Natural History Museum of Los Angeles County; 18.9a,b: J. H. Gerard/Nature Press; 18.10a: Todd Zimmerman/Natural History Museum of Los Angeles County; 18.10b: Cleveland P. Hickman, Jr.; 18.11a,b: J. H. Gerard/Nature Press; 18.12: Aus G.W. Wharton, "Mites and commercial extracts of house dust", Science 1970; 18.13: Larry S. Roberts; 18.14: D. S. Snyder/Visuals Unlimited; 18.15: A. M. Siegelman/Visuals Unlimited; 18.16: John D. Cunningham/Visuals Unlimited.

Kapitel 19 Opener: Cleveland P. Hickman, Jr.; 19.19a: William C. Ober; 19.19b: R. Harbo; 19.21a: Cleveland P. Hickman, Jr.; 19.22: Larry S. Roberts; 19.23a: Kjell Sandved/ Visuals Unlimited; 19.23b,c: Kjell Sandved; 19.24a,b: Larry S. Roberts; 19.26a: Cleveland P. Hickman, Jr; 19.26b: R. Harbo; 19.26c: Cleveland P. Hickman, Jr; 19.26d,e, 19.27: Larry S. Roberts.

Kapitel 20 20.1a, 20.2a: Dr. James L. Castner; 20.3b: Dan Kline/Visuals Unlimited; 20.4b: Larry S. Roberts; 20.7a,b: Ron West/Nature Photography; 20.9a,b: Kjell Sandved; 20.10: Cleveland P. Hickman, Jr.; 20.11: J. H. Gerard/Nature Press; 20.12: Dr. James Castner; 20.15: John D. Cunningham/Visuals Unlimited; 20.16: Jay Georgi; 20.17: Dr. James L. Castner; 20.18a: Cleveland P. Hickman, Jr.; 20.18b: J. H. Gerard/Nature Press; 20.23a,b: Cleveland P. Hickman, Jr.; 20.25a,b: Robert Brons/Biological Photo Service; 20.26a,b: Dr. James L. Castner; 20.28a: Cleveland P. Hickman, Jr.; 20.28b: J. H. Gerard/Nature Press; 20.28c: Carolina Biological Supply/Phototake; 20.29a,b: J. H. Gerard/Nature Press; 20.30a,b,c: Kjell Sandved; 20.31: J. H. Gerard/Nature Press; 20.32: J. E. Lloyd; 20.33: K. Lorenzen/Andromeda /Educational Images; 20.34a: J. H. Gerard/Nature Press; 20.34b, 20.35a: Dr. James L. Castner; 20.35b: Larry S. Roberts; 20.36a,b,c: James Castner; 20.37a: L. L. Rue, III; 20.37b: Dr. James L. Castner; 20.37c: J. H. Gerard/Nature Press; 20.38, 20.39, 20.41, 20.42: Dr. James Castner; 20.43a,b: Kjell Sandved; 20.43c: Cleveland P. Hickman, Jr.; 20.43d: Kjell Sandved.

Kapitel 21 Opener: Cleveland P. Hickman, Jr.; 21.1b,c: Cleveland P. Hickman, Jr.;21.6: J.F. Grassle/Woods Hole Oceanographic Institution; 21.11a,b: Cleveland P. Hickman, Jr.; 21.12a,b: Robert Brons/Biological Photo Service; 21.13: Larry S. Roberts; 21.17: J. Ubelaker; 21.18b: Dr. James L. Castner; 21.20, 21.22: D. R. Nelson; 21.23: Aus R. M. Sayre, Trans. Am. Microsc., 1969. 21.24b: Thuesen, E. V.

Kapitel 22 Opener: Ken Lucas/Visuals Unlimited; 22. 1a,b,c: Larry S. Roberts; 22.1d: Godfrey Merlin; 22.4: Tim Doyle; 22.4f, 22.5a: R. Harbo; 22.5b: D. W. Gotshall; 22.7: Larry S. Roberts; 22.10a: Rick Harbo; 22.10b: Larry S. Roberts; 22.13a,b, 22. 14: R. Harbo; 22.15a: Jeffrey L. Rotman/ CORBIS; 22.15b,c: R. Harbo; 22.15d: W. C. Ober; 22.15e: Robert Yin/Corbis. 22.16a,b: A. Kerstitch/Visuals Unlimited; 22.17a,b: Larry S. Roberts; 22.20a,b,c, 22.23a,b: R. Harbo; 22.23c, 22.25: Larry S. Roberts; 22.26: Nach A. N. Baker, F. W. E. Row, H. E. S. Clark. A new class of Ecinodermata from New Zealand, Nature, 1986.

Kapitel 23 Opener: Heather Angel; 23.5a,b, 23.7: Larry S. Roberts; 23.6a,b, 23.9: Cleveland P. Hickman Jr.; 23.10: Nach S. J. Gould, Wonderful Life. W. W. Norton, 1989.

Kapitel 24 Opener: Scott Henderson; 24.4: Berthoule. Scott/Jacana/Photo Researchers; 24.9: Jeff Rotman Photography; 24.12a: 24.12b: Jeff Rotman Photography; 24.20a,b: John G. Shedd Aquarium/Patrice Ceisel; 24.21a: James D. Watt/Animals, Animals; 24.21b: Biological Photo Service; 24.21c: Jeff Rotman Photography; 24.21d: Fred McConnaughey/Photo Researchers; 24.31: D. W. Gotshall; 24.32: Mary Beth Angelo/Photo Researchers, Inc.; 24.34: Will Troyer/Visuals Unlimited; 24.35: D. W. Gotshall; 24.36: F. McConnaughey.

Kapitel 25 Opener: Cleveland P. Hickman, Jr.; 25.6a,b: L. Houck, 25.9: Cleveland P. Hickman, Jr.; 25.11: Allan Larson; 25.12a: Ken Lucas/ Biological Photo Service; 25.12b, 25.13: Cleveland P. Hickman, Jr.; 25.14: American Museum of Natural History, Neg. #125617; 25.15, 25.18, 25.25: Cleveland P. Hickman, Jr.

Kapitel 26 Opener: Ron Magill/Miami Metrozoo; 26.7, 26.8: Cleveland P. Hickman, Jr.; 26.9: Jonathan Green; 26.10: OSF LTD.; 26.12: John Mitchell/Photo Researchers, Inc.; 26.13: Cleveland P. Hickman, Jr.; 26.14: Stephen Dalton/Photo Researchers, Inc; 26.15, 26.16: L. L. Rue, III; 26.18b: Austin J. Stevens/ Animals, Animals/ Earth Scenes; 26.19: Cleveland P. Hickman, Jr.; 26.20: Joe McDonald/Visuals Unlimited; 26.22: Cleveland P. Hickman, Jr.; 26.23: Renee Lynn/Stone Images/ Getty; 26.26: Zig Leszczynski/Animals, Animals; 26.27a: Cleveland P. Hickman, Jr.; 26.27b: George McCarthy/Corbis.

Kapitel 27 Opener: William J. Weber/Visuals Unlimited; 27.1a: American Museum of Natural History, Neg. #125065; 27.4: Cleveland P. Hickman, Jr.; 27.6: CORBIS; 27.12b: Nach K. Schmidt. Nielsen, Animal Physiology, 4e, Cambridge University Press, 1990; 27.22: D. Poe/ Visuals Unlimited; 27.23a,b: L.L. Rue, III; 27.26: John Gerland/Visuals Unlimited; 27.27: Richard R. Hansen/Photo Researchers, Inc.; 27.29a: L. L. Rue, III; 27.30: Culver Pictures; 27.31, 27.32, 27.33, 27.34: Cleveland P. Hickman, Jr.

Kapitel 28 Opener: L. L. Rue, III; 28.7: L. L. Rue, III; 28.8a: PhotoDisc; 28.8b: CORBIS; 28.9: R. E. Treat; 28.13: L. L. Rue, III; 28.14, 28.16: Gerlach/Visuals Unlimited; 28.17a: Cleveland P. Hickman, Jr.; 28.19: S. Malowski/Visuals Unlimited; 28.20: Nach N. Sugar, Biosonar and neural computation in bats, Sci. Am. 1990; 28.21: Kjell Sandved/Visuals Unlimited; 28.24: L. L. Rue, III; 28.26: M. H. Tierney, Jr./Visuals Unlimited; 28.27: G. Herben/Visuals Unlimited; 28.29: Cleveland P. Hickman, Jr.; 28.30: L. L. Rue,III; 28.31: Cleveland P. Hickman, Jr.; 28.32a: Zoological Society of San Diego; 28.32b: Timothy Ransom/ Biological Photo Services; 28.33: Milton H. Tierney, Jr./Visuals Unlimited; 28.34: John Reader; 28.37, 28.38, 28.39, 28.40: Cleveland P. Hickman, Jr.; 28.42: William C. Ober.

Kapitel 29 Opener: Eric Soder/Photo Researchers, Inc.; 29.11b: Dr. Ian R. Gibbons; 29.13a: G. W. Willis, M. D./Biological Photo Service; 29.13b: E. Reschke; 29.13c: G. W. Willis M. D./Biological Photo Service.

Kapitel 30 Opener: Cleveland P. Hickman, Jr.; 30.1: Aus J. F. Fulton und L. G. Wilson, Selected Readings in the History of Physiology, 1966; 30.11: Aus R. G. Kessel und R. H. Kardon, Tissues and Organs, 1979 W. H. Freeman and Co.; 30.21: L. L. Rue, III.

Kapitel 31 Opener: Andrew Syred / Photo Researchers, Inc.; 31.2: Aus J. F. Fulton und L. G. Wilson, Selected Readings in the History of Physiology, 1966; 31.4a,b: P. P. C. Graziadei; 31.5: David M. Phillips/Visuals Unlimited.

Kapitel 32 Opener: Cleveland P. Hickman, Jr.; 32.3oben, unten: Carl Gans; 32.6: Cleveland P. Hickman, Jr.; 32.11: Wyeth.Ayerst Laboratories; 32.12: Aus R. G. Kessel und R. H. Kardon, Tissues and Organs, 1979 W. H. Freeman and Co.; 32.13b: J. D. Berlin; 32.17: Hospital Tribune, 1974.

Kapitel 33 Opener: D. H. Ellis/Visuals Unlimited.

Kapitel 34 Opener: Ed Reschke; 34.1a,b: Aus J. F. Fulton und L. G. Wilson, Selected Readings in the History of Physiology, 1966; 34.10 Aus J. A. Prior, et al., Physical Diagnosis, 1981, Mosby.Year Book, Inc.; 34.16: Aus J. F. Fulton und L. G. Wilson, Selected Readings in the History of Physiology, 1966.

Kapitel 35 Opener: Dr. Kari Lounatmaa/Photo Researchers, Inc.; 35.7: H. Zaiman, M.D.; 35.8: SUI/Visuals Unlimited; 35.9: Aus Van der Knapp, W. P. W., E. S. Loker, "Immune mechanisms in trematode.snail interactions," Parasit. Today, 1990.

Kapitel 36 Opener: Cleveland P. Hickman, Jr.; 36.1a: Thomas McAvoy/Life Magazine@ 1995. Time Inc./Getty Images; 36.1b,c: W. S. Hoar; 36.2: Nach K. Lorenz, N. Tinbergen, Zeit. Tierpsychol., 1938; 36.7: Cleveland P. Hickman, Jr.; 36.9: Nina Leen/Life Magazine@ 1995. Time Inc./Getty Images; 36.10: Nach J. Alcock, Animal Behavior 3e, Sinauer Associates, 1984; 36.11, 36.12: Cleveland P. Hickman, Jr.; 36.14: Michele Westmorland/Corbis; 36.15: CORBIS; 36.16: Aus C. Darwin, Expression of the Emotions in Man and Animals. Appleton and Co., 1872; 36.17: Cleveland P. Hickman, Jr.; 36.18: Tom McHugh/ Photo Researchers, Inc.; 36.19: Ray Richardson/Animals Animals; 36.21: Richard R. Hansen/Photo Researchers, Inc.

Kapitel 37 Opener: StockTrek/Getty Images; 37.7: Cleveland P. Hickman, Jr.; 37.3: Natural History, March 1990; 37.9: F. Gohier/Photo Researchers, Inc.; 37.10: Cleveland P. Hickman, Jr.; 37.12: Doug WechslerAnimals, Animals/Earth Scenes; 37.13a: Gregory Ochocki/Photo Researchers, Inc.; 37.13b: Stephen J. Krasemann/Photo Researchers, Inc.; 37.14: Frank & Joyce Burek/Getty Images; 37.15a: Raymond Gehman/Corbis; 37.15b: Robert Lubeck/Animals, Animals/Earth Scene; 37.18: Nach "The breakup of Pangaea" von Robert S. Dietz, John C. Holden, Scientific American, 1970; 37.20: Marlene Hill Werner.

Kapitel 38 Opener: Larry Hurd; 38.3: Aus E. Bos et al., 1994; 38.6: Noble Proctor/Photo Researchers, Inc.; 38.7 links, rechts: Cleveland P. Hickman, Jr.; 38.11a1: Patti Murray/Animals, Animals/Earth Scene; 38.11a2: Wild&Natural Animals, Animals/Earth Scenes.

ANHANG C: Index

A

Aale *(Anguilla)*, Wanderung 787–788
AB0-Blutgruppen 1153
Abberation, Chromosomen- 134–136
abgeleitete Merkmalszustände 308
abgeschlossene Systeme 89
Absorption, Nahrung 1056–1057
— Wasser 1057
Absorptionsspektrum, menschlicher Sehapparat 1104
Abstammung
— gemeinsame 23, 171–175, 303
Abszess 1152
Abteilung 321–323
Abwehr
— angeborene Mechanismen 1139–1143
— zelluläre 1141
— *siehe auch* Immunsystem
Abyssalebenen 1207, 1210
Acanthaster planci 699
Acanthocephala (Phylum) 484–486
Acanthodier 749–751
Acari (Ordnung) *siehe* Milben; Zecken
Acetylcholin 966, 1075
Acetyl-Coenzym A 99–100, 106
Achillessehne 970
Achsenskelett 953–954
achtstrahlige Korallen 416, 420
Acoelomata 466, 496
acoelomate Bilateralia 431–462
Actinopterygii (Classis) 747, 771–776, 792
Adaption *siehe* Anpassung
adaptive Beine 625
adaptive Hypothermie, bei Vögeln und Säugetieren 999–1000
adaptive Radiation 179–180, 458–459
— Gliederfüßer (Arthropoda) 583–584
— Hemichordata (Phylum) 721–722
— Insekten 655–659
— Krustentiere (Crustacea) 611
— Primaten 925–926
— Protozoen 366
— Pseudocoelomaten 491
— Radiata 427
— Reptilien 829–833
— Ringelwürmer (Annelida) 561–562
— Schwämme (Porifera) 386–387
— Stachelhäuter (Echinodermata) 713–716
— Weichtiere (Mollusca) 531–535
adaptive Zone 313
Adenophorea (Classis) 474
Adenosintriphosphat *siehe* ATP
Adern 1013–1014
ADH *siehe* antidiuretisches Hormon; Vasopressin
Adhäsionsbereiche 68
Adipositas 106, 1059
Adrenalin 1129
Adultstadium 205
aerober Stoffwechsel 47, 97

Affen, Echte 933
afferente Abteilung 1086
afferente Neuronen 1079
Afrikanische Eierschlange *(Dasypeltis)* 1044
Afrikanischer Krallenfrosch *(Xenopus laevis)* 814
Aggression 1174
Agnatha (Superclassis) 747, 749–751, 757, 792
agonistisches Verhalten 1174
Ahnenreihe 757–759
— Chordatiere 735–736
AIDS *siehe* Immunschwäche
AIDS-Forschung 18
Akkommodation, Froschlurche (Anura) 821
Akrosom 214
Aktin (Actin) 67, 958, 963, 967
Aktionspotenzial 1072–1074
aktive Lokomotion 336, 432
aktiver Transport 74, 979, 1056
Aktivierung, Eizellen 239–242
Aktivierungsenergie, Enzyme 91
Aktivität, Ionen 981
akzessorische Geschlechtsorgane 208
akzessorisches Herz 528, 761
Albinismus 189
Albumin 884, 1009
Aldosteron 990–991, 1128
Allele 119, 129, 152–153, 187–191
Allesfresser *siehe* Carnivoren
Alligatoren 850–852
allopatrische Speziation 176–178
Allotransplantation 1155
Altersverteilung 1229
Altruismus 1178–1179
Altweltaffen 926
Alveolata (Kladus) 349
Alveolen 349, 1027, 1029
Amboss 1097
ameiotische Parthenogenese 209
Ameisen 654
Amensalismus 1234
amerikanischer Austausch, großer 1219
Amerikanischer Hummer *(Homarus americanus)*, Häutung 599
ametabole Entwicklung 640
amiktisch-diploide Eier 483
Aminosäuren 37–39, 107, 141–142, 1061
Ammocoeten 746–748, 762
Ammonoidea (Subclassis) 530
Amnion 263
Amnioten 263–264, 827–856
Amöben 336, 361–365, 958
Amphibia (Classis) 747, 797–825
— Seitenliniensystem 1094–1095
— Unterschiede zu den Reptilien 833–836
Amphiblastula 382
Amphiden 469, 474
Amphioxus 728, 739, 745–746
Amphipoda (Ordnung) 606–607, 610
Amphiprion 414

Amphisbaenia (Unterordnung) 841–842, 851
Amplexus 821
Ampullen
    – Lorenzini'sche 767–768
Amylase 1049
Anabolismus *siehe* Stoffwechsel
anadrom 788
anaerob 97, 104
analoge Strukturen 172
Anaphase 80
Anapsida (Subclassis) 829, 836–838, 851
Androgene 1129
androgene Drüsen 599
„Anemonenfische" (*Amphiprion*) 414–415
Aneuploidie 134
angeborene Abwehrmechanismen 1139–1143
angeborener Richtungssinn, Zugvögel 883
Anguilla 787–788
Anguimorpha 842
Anguis fragilis 842
Anilocra 607
Annelida (Phylum) 539–564
    – Vergleich mit Arthropoden 567
    – *siehe auch* Ringelwürmer
Annuli 541
Anopheles 356–357
Anopla (Classis) 457
Anoplura (Ordnung) 652
Anostraca (Ordnung) 610
Anpassung 25, 184
    – Fische 778–793
    – frühe Vertebraten 741–743
    – Insekten 618, 622–623
    – metabolische 996
    – Säugetiere (Mammalia) 904–923
    – Wärme 995–995
Anseriformes (Ordnung) 890
Anser indicus 874
antagonistische Muskelpaare 961
Antennen 589, 678
Anthozoa (Classis) 411–421
Anthracosaurier 805
antidiuretisches Hormon (ADH) *siehe* Vasopressin
Antigene 1143, 1146, 1153–1155
antigenpräsentierende Zellen 1147
Antikörper 1143, 1150
    – *siehe auch* Immunglobuline
antimikrobielle Peptide 1142–1143
Anura (Ordnung) 810–823
    – Fortpflanzung 806, 821–823
    – Nervensystem und Sinnesorgane 819–821
    – Verbreitung 812–185
    – *siehe auch* Froschlurche
anzestrale Art 195
Aorta, ventrale 740
Apatosaurus 957
aphotische Zone 1211
Apicomplexa (Phylum) 356, 358–359
Apis mellifera 1183
Aplysia 508, 512, 515, 1168
Apoda (Ordnung) 805–806
Apodiformes (Ordnung) 891
Apoptose 82–83

Appendikularskelett 953–954
Apterygota (Subclassis) 651
Aquaporine 73
aquatisch 582, 587–615, 798, 1024–1025
Arachnida (Classis) 573–582
Araneae (Ordnung) *siehe* Spinnen
Archaebakterien 48
Archäocyten 381
Archaeopteryx 859–860
Archaeornithes (Subclassis) 889
Archenteron *siehe* Urdarm
archinephridischer Gang 986
Architeuthis 525
Archosauria (Überordnung) 846–848, 850–852
    – Vogelskelett 867–869
Arenicola 545
Aristoteles 161, 301, 550
    – Laterne des 707
arktische Tundra 1205
Armfüßler 675–676
Artbildung 176–179
    – geologische Zeiträume 195–197
    – *siehe auch* Speziation
Arten 302–3008
    – anzestrale 195
    – Grundstein- 1238
    – invasive 523, 1248
    – Vermehrung 24
    – -zahl 175–180, 569–570
    – Zwillings- 178
Artenexplosion, kambrische 50
Artensterben 519, 813, 888, 907
Artenvielfalt 859, 1203, 1225
Arterien 1020–1021
Arthropoda (Phylum) 565–570, 581–583
    – aquatische Mandibulaten 587–615
    – Chelicerata (Subphylum) 571–581
    – Exoskelett 949
    – Nieren 985–986
    – terrestrische Mandibulaten 617–660
    – Trilobiten 570–571
Arthropodisierung 566, 582
Artiodactyla (Ordnung) 935
Artnamen 302–303
Artselektion 196
    – katastrophale 197
Ascaris lumbricoides 470–471
asexuelle Fortpflanzung *siehe* ungeschlechtliche Fortpflanzung
Asseln 605–606, 610
Asselspinnen 572–573, 582
Asteroidea (Classis) 694–700, 715
Asthma 1152
Astrocyten 1071
Asymmetrie, bilaterale 510
asymmetrische Konkurrenz 1234
Atempigmente 1032
Atmosphäre 1199
Atmung 782–783, 808, 873–874, 1024–1035
    – Froschlurche (Anura) 817–818
Atmungskette 101–105
Atmungspigmente 1033
Atoken 546

ANHANG

Atolle 419
ATP (Adenosintriphosphat) 95–96, 104–105, 967
Atriumshöhle 737
Aufsitzertiere 481
Auftrieb 780–781, 877–878
Augen 526, 575, 603, 1101
— Facetten- *siehe* Facettenauge
Augenfarbe, Vererbung 130
Augenflecken, Rädertierchen (Rotifera) 482
Aurikularia 710
Ausgliederungsvergleich 308
Auslese
— geschlechtliche 1182
— *siehe auch* Selektion
Auslösereiz 1165
Ausscheidung 340, 438, 552, 595, 874, 975–1003
Außenohr 875
Aussterbekurve 1246
Aussterben 195–197, 1245
— Massen- *siehe* Massenaussterben
Australopithecus 927–928
Autoimmunkrankheiten 1144
autonomes Nervensystem 1086
autosomale Koppelung 133–134
Autotomie 692, 700
Autotrophie 46, 331, 1041
Aves (Classis) 747, 857–894
— Atmungssystem 873–874
— Ernährung und Verdauung 871–872
— Federn *siehe* Federn
— Flug *siehe* Vogelflug
— Magnetfeldrezeptor 882
— Nervensystem und Sinnesorgane 874–876
— Skelett 867–869
— Sozialverhalten 883–887
— Taxonomie 889–891
— *siehe auch* Vögel
Axocoel 701
Axolotl 810
Axone 1069, 1074
Axonem 334
Axostylata (Phylum) 358–359

B

Bacillus thuringiensis 654
Bakterien 47–48
— *siehe auch* Prokaryonten
Balanidae *siehe* Seepocken (Familie)
Balzplatz 1178, 1182
Bandwürmer 444, 449–453
— *siehe auch* Cestoda
Banting, Frederick 1131
Barrieren *siehe* Immunsystem
Barriereriffe 419
Bartenwale 1043
Bärtierchen 679–681
Bartwürmer 668–670
Basalkörper(chen) 68, 334
Base (Nucleobase) 137–138, 149, 315
Basentausch 152
Basthaut 906

Bates'sche Mimikri 1237
Bauchhaarlinge 486–487
Bauchspeichel 1053–1054
Bauchspeicheldrüse, Inselzellen 1130–1131
Bauplan
— Acoelomaten–Eucoelomaten–Pseudocoelomaten 466
— bilateralsymmetrische Tiere 260
— Fortpflanzungssysteme 219–222
— Ringelwürmer (Annelida) 542–543
— Tiere 278–297
— Wirbeltiere 746–748, 953–956, 1015–1020
Bayliss, William H. 1110–1111
Bdelloidea (Classis) 484
Beagle (Schiff) 163–164
Befruchtung 205, 219, 229, 239–242
— *siehe auch* Fertil...
begrenzender Faktor 1229
Beine
— adaptive 625
— gelenklose 678
— Schuppen 864
Beintastler 651
Benthos 1205
Bernard, Claude 976, 1007, 1009
Bernstein 166
Beroe 424
Berührungswahrnehmung 1093–1094
Best, Charles 1131
beständiger Wandel 23, 166–171
Beutelmulle 932
Beuteltiere 264, 918, 932, 1217
Bevölkerungsexplosion 1063, 1231
Bewegung 957–970
— aktive gerichtete 432
— amöboide 958
— Cilien- 958–960
— des Verdauungstrakts 1048
— *siehe auch* Fortbewegung
Bewegungsapparat, Entwicklung 269–270
Bewusstsein, bei Tieren 1186
Biberkolonie 921
Bienen 654
Bienensprache 1183
bikonkave Erythrocyten 899
bikonvexe Erythrocyten 873
bilaterale Asymmetrie 510
Bilateralfurchung 248
Bilateralia 281–282, 431–462, 465
Bilateralsymmetrie 260, 281–282, 433, 690
Bilharziose 445–447
Bilirubin 1056
Biliverdin 1056
Binärteilung, Protozoen 342
Bindegewebe, Metazoen 291–292
Bindungsenergie
— chemische 96–97
— *siehe auch* chemische Energie
binomisches System der Artnamen 302
biogenetisches Grundgesetz 174
Biogeographie 1218
Biologie 20–21, 260–261, 289
— Zoologie 15
biologische Grundprinzipien 1–30

biologische Komplexität 9
biologische Merkmale *siehe* Merkmale
biologisches Artkonzept 306
biologische Vielfalt 1245
biologische Zeit 50
Biolumineszenz 608, 645
Biomasse 1241
Biome 1200
Biosphäre 1197–1222
Biradiärsymmetrie 281, 424
Birkenspanner
– Melanismus 17
bisexuelle Fortpflanzung 207–208
Bison *(Bison bison)* 897, 915
Biston betularia (Birkenspanner)
– Melanismus 17
Bivalvia (Classis) 517–525, 535
– *siehe auch* Muscheln
Black Smoker *siehe* hydrothermale Quellen
Blastocoel 244–247, 282, 465
Blastomere 242
Blastoporus 245, 247, 252, 283
Blastozyste 225, 264
Blastula 244–245, 382
Blattfußkrebse 601, 610
Blaualgen *siehe* Cyanobakterien
Blindschleiche *(Anguis fragilis)* 842
Blindwühlen 805–806, 822
Blumentiere 411–421
Blut 1009–1013
Blutegel 559
Blutgruppenantigene 1153–1155
Blutplasma 1006–1009
B-Lymphocyten (B-Zellen) 1142
BMI *siehe* body mass index
Bodenläuse 652
body mass index (BMI) 1057
Bogengänge 1097, 1099
Bogenstrahlen 865
Bohr-Effekt 1034
Bonellia 668
borealer Nadelwald 1203
Borreliose, Lyme- 581
Boten-RNA *siehe* mRNA
Brachiopoda (Phylum) 675–676
Branchialbüschel 1026
Branchien *siehe auch* Kiemen
Branchiopoda (Classis) 601–602, 610
Branchiostoma 728, 739, 747
Branchiura (Subclassis) 604, 610
braunes Fettgewebe 1058
Brenztraubensäure 99
Bronchien 1029
Brückenbindung 38, 42
Brückenechsen 849–850
Brunft 222
Bryozoa (Phylum) 672–674
Buccaltaschen 622
Buchkiemen 572
Bursa Fabricii 872
Bursen 703
Bürzel 869
B-Zellen *siehe* B-Lymphocyten

C

Caecum, hepatisches 740
Caenorhabditis elegans 467
– Apoptose 83
Calcarea (Classis) 383, 386
Calcitonin 1127
Calcium 169
Calcium-Stoffwechsel, hormonelle Regulation 1125
Callorhinus ursinus 915
Calyx 488
cAMP *siehe* zyklisches AMP (cAMP)
Cannon, Walter 976–976, 1048
Canthon pilularis 643
Capitulum 579
Caprimulgiformes (Ordnung) 891
Captaculae 507
Captorhinida (Ordnung) 851
Carapax 572, 590, 836
Carnivora (Ordnung) 911–912, 934
Carnivoren 50, 1041
carriervermittelter Transport 73–75
Caudata (Ordnung) 806–810
Caudofoveata (Classis) 504, 535
CD-Antigene 1146
Cellulase 1051
Cellulose 35, 910
Cephalaspidomorphi (Classis) 747, 761–764, 792
Cephalisation 282, 432, 1079–1088
Cephalocarida (Classis) 601, 610
Cephalochordata (Subphylum) 739–741, 747
Cephalopoda (Classis) 525–531, 535
– *siehe auch* Kopffüßler
Cephalothorax 573–574, 577
Cerebellum *siehe* Kleinhirn
cerebraler Cortex 874
Cerebrum 1084
Cestoda (Classis) 444, 449–453
– *siehe auch* Bandwürmer
Cetacea (Ordnung) 935
Chaetognatha (Phylum) 681–682
Chamäleons 840
Charadriiformes (Ordnung) 890
Chelen 608
Chelicerata (Subphylum) 571–582
Cheliceren 574, 577
Chelonia (Ordnung) 836–838, 851
chemische Energie 95–96, 100–101
chemische Evolution 39–45
chemische Reaktionen 90, 94
– PCR 149–150
– Photosynthese *siehe* Photosynthese
– Redox- *siehe* Redoxreaktionen
– Ursuppe 43
– Wasser 42
chemisches Potenzial 71
chemische Synapsen 1075
Chemoautotrophie 1041, 1242
Chemorezeption 554, 635, 1089
Chemotaxis 1089
Chilopoda (Classis) 619–620, 650
Chimären 770–771, 792
Chinesischer Leberegel *(Clonorchis sinensis)* 443–445

Chironex fleckeri 411
Chiroptera (Ordnung) 932
Chitin 468, 566–567
Chlorophyta (Phylum) 345–346, 358–359
Chloroplasten 339
Choanoblasten 384
Choanocyten 380
Cholesterin 1128
Chondrichthyes (Classis) 747, 765–771, 792
Chondrocyten 950–951
Chondrostei (Subclassis) 792
Chorda dorsalis 729, 732–733, 951–952
Chordata (Phylum) 727–753
– Amphibien 797–825
– Fische 755–796
– frühe Tetrapoden 797–825
– fünf Hauptmerkmale 732
– Linné'sche Taxonomie 747
– Reptilien 827–856
– Säugetiere (Mammalia) 895–939
– Vögel (Aves) 857–894
chordatische Larvenevolution 744–745
Chorion 263–264, 828, 899
Chromatin 63
Chromatophoren, Froschlurche (Anura) 815
Chromosomen 27, 63, 77–78
Chromosomenabberation 134–136
Chromosomensatz, diploider/haploider 119
Chromosomentheorie der Vererbung 27
chronifizierte Infektion 1139
Chymosin 1051
Chymotrypsin 1053
Ciconiiformes (Ordnung) 890
Ciliaten 351–352, 371
Cilien 68, 331, 334–335
cilienbesetzte sensorische Gruben 455
Cilienbewegung 958–960
Ciliophora (Phylum) 349–354, 358–359
circadianer Rhythmus 1121
Cirripedia (Subclassis) 604–605, 610
Citronensäurezyklus *siehe* Zitronensäurezyklus
Classis (Klasse) 302
Clathrin 76
Cleoidea (Subclassis) 530
Clitelli 554
Clitoris 222
Clonorchis sinensis 443–445
Clostridium 46
Cnidaria (Phylum) 393–421
– *siehe auch* Nesseltiere
Cnidocyten 398
Cochlea 875, 1097
Code, genetischer *siehe* genetischer Code
Codon 141–142
Coelom 282–285, 465, 1014
– Bildung 246–247
– Entwicklung 496
– Lophophoraten 670–671
– Protostomier 252–253
– Ringelwürmer (Annelida) 542
– Segmentierung 559–560
– trimeres 683
coelomate Protostomier 665

Coenzyme 92
Coevolution 648, 776
– Räuber und Beute 1236
Coleoptera (Ordnung) 653
Coliiformes (Ordnung) 891
Collembola (Ordnung) 651
Colon 1057
Columbiformes (Ordnung) 891
Concentricycloidea (Classis) 712, 715
Conraua goliath 812
Copepoda (Subclassis) 603, 610
Copes Regel des phyletischen Größenzuwachses 295
Copopoden 611
Cor *siehe* Herz
Coraciiformes (Ordnung) 891
Corezeptoren 1146
Corona 480–481
Corpus callosum 1086
Corpus ciliare 1102
Corpus vitreum 1102
Cortex 874, 1084
Corti'schens Organ 1098
Cortison 1128
Craniata (Subphylum) *siehe* Vertebrata
Cranium 731, 741
Craseonycteris thonglongyal 897
Craspedacusta sowberii 405
Crick, Francis 116
Crinoidea (Classis) 710–712, 715
Crocodilia (Ordnung) 850–852
Crossing Over 133–134, 151
Crotalus molossus 843
Crustacea (Subphylum) 587–615
– *siehe auch* Krustentiere
Cryptosporidium parvum 356
Ctenidien 499, 502, 512, 519–520
Ctenoidschuppen 773, 775
Ctenophora (Phylum) 421–425
Cubozoa (Classis) 410–411, 420
Cuculiformes (Ordnung) 891
Cuticula *siehe* Kutikula
Cuvier'sches Organ 710
Cyanobakterien, Präkambrium 47–48
Cycliophora 489
Cydippidenlarven 423
cyklisches AMP (cAMP) 1112
Cynodonten 900–902
Cytokine 1138, 1147
– Hormone 1123
– Interferone 1139, 1148
– Interleukine 1147
– Tumornekrosefaktor (TNF) 1140, 1148
Cytokinese 78, 80
Cytoplasma 61
cytoplasmatische Spezifikation 255
cytoplasmatische Teilung 80
Cytosin 138
Cytoskelett 67

D

Dachsbeutler 932
Darm 245, 1052–1057
Darmwürmer 470, 475
Darwin, Charles 161, 308, 550
– Abstammung des Menschen 925
– Entdeckungsreise 163
– Verhaltensforschung 1162, 1175
Darwin'sche Evolutionstheorie 22–27, 161–166, 195–198
Darwinfinken 164, 179–181, 1235
Dasypeltis 1044
Dasyuromorphia (Ordnung) 932
Datierungsmethoden, radiometrische 169
Dauerinfektion 1139
DDT 1244
Decapoda (Ordnung) 608–611
deduktive Methode 17
Defensine 1142
Deletion 152
Dem 1227
Demospongiae (Classis) 385–386
Depolarisation 1072
Dermalbranchien 695
dermales Endoskelett 691
Dermalpapullen 1026
Dermaptera (Ordnung) 652
Dermatophagoides farinae 579
Dermis 945
Dermoptera (Ordnung) 932
Desaminierung 107
Desertifikation 1205
Desoxyribonucleinsäuren (DNS) *siehe* DNA
2-Desoxyribose 138
Destruenden 1240
Determinanten, morphogenetische 239
Determination 121–122, 238
Detorsion 509, 516
Deuterostomier 247–254, 665, 721, 729, 735
Devon, Ursprung der Tetrapoden 799–803
dextral 507
DHT *siehe* Dihydrotestosteron
Diabetes 989, 1131
Diadema antillarum 706
Diapause 641, 919
Diaphragma (Zwerchfell) 1029
Diapsida (Subclassis) 829, 837–853, 863
Diastole 1017
diblastische Tiere 286
dichtes Bindegewebe 292
Dickdarm 1057
Didelphimorpha (Ordnung) 932
differenzielle Fortpflanzung 184
Diffusion 71, 1025, 1030–1032
Digenea (Subclassis) 441–443
digenetische Saugwürmer 441–443
Dihybridkreuzungen, Produktregel 130
Dihydrotestosteron (DHT) 212
Dimorphismus 395–396
Dinoflagellata (Phylum) 354–355, 358–359
– Zooxanthellen 410, 414–415, 418
Dinosaurier 846–848
Diözie 208

Diphyllobothrium latum 453
diphyodonte Zähne 899, 903
diploider Chromosomensatz 119
Diplomonaden (Kladus) 348–349, 358–359
Diplopoda (Classis) 620–621, 650
Diplostraca (Ordnung) 610
Diplura (Ordnung) 651
Diprotodontia (Ordnung) 932
Diptera (Ordnung) 654
direktionale Selektion 194
Disaccharide 34
Diskoidalfurchung 249
Dispersion (Verbreitung von Tieren) 1213–1214
Disruption, endokrine 923
Disulfidbrücke 38
Diversifizierung, Eukaryonten 330
Diversität 151, 569–570
– frühe Tetrapoden 799
– Haie 765
– Seeigel 705
– *siehe auch* (Arten-)Vielfalt
DNA 39, 45, 140–142
– rekombinante 148
– Replikation 81
– Schädigung 153
– Sequenzierung 315–317
– *siehe auch* Nucleinsäuren
Doliolarialarven 712
Domestizierung 923–924
dominante Erbfaktoren 123
Dominanz, unvollständige 125
Dominanzverhalten 1174–1176
Doppelhelix 139
Doppelschaler 610
Doppelschleichen 841–842, 851
Doppelschwänze 651
doppelter Kreislauf 777, 833
– Froschlurche (Anura) 818
Dormanz 999, 1202
Dornenkronenseesterne *(Acanthaster planci)* 699
Dornkorallen 416
dorsaler tubulärer Nervenstrang 733
Dotter 216–217, 242–243
Down-Syndrom 135
Dreifaktorkreuzung 127
Dreilapper 570–571
Drift
– genetische 189–190, 192
Drohne 645
Dromeosaurier 860, 877
Drosophila 119, 132–134
– Flugfähigkeit 628
– Homöobox 258
– Mutationen 152
Druck
– hydrostatischer 398
– kolloid-osmotischer 1022–1023
– osmotischer 398
– pulsatiler 1020
Drüsen 1111, 1116
– androgene 599
– Duft- 908
– Hirnanhangs- 223

– Kalk- 552
– Pedal- 482
– Säugerhaut 907–908
– Schild- 734
– Schleim- 761
– Subneural- 737
– Tinten- 530
– Vorsteher- 221
Dünndarm, Wirbeltiere (Vertebrata) 1053–1056
Duodenum 1051
dynamische Aufwindflügel 880
Dynamismus der Artkonzepte 307–308
Dynein 959

E

Ecdyson 1115
Ecdysozoa 467–480, 676–682
ecdysozoische Protostomier 253
Echinococcus granulosus 453
Echinodera (Phylum)
  siehe Kinorhyncha (Phylum)
Echinodermata (Phylum) 691–716
  – *siehe auch* Stachelhäuter
Echinoidea (Classis) 704–708, 715
Echiura (Phylum) 666–668
Echoortung 915–917
Echsenbeckensaurier 846, 851
Echsenfüßler 851
Echsennahe 851
Echte Affen 933
echte Coelomaten 466, 498
Echte Fliegen 654
Echte Läuse 652
Echte Wanzen 652
Ectoprocta (Phylum) 672–674
Edentata (Ordnung) 933
Effektoren 1070
efferente Abteilung 1086
efferente Neuronen 1079
Egel 557–560
Eichelwürmer 716–719
Eidechsen 840–841, 851, 996
Eier 204
  – amiktisch-diploide 482
  – amniotische 263–264, 834
  – schalentragende 828, 832
Eierlegende Säugetiere *siehe* Kloakentiere
Eierstöcke 208
Eileiter 221, 439
Einchromatidchromosom 121
eineiige Zwillinge 228
Einfaktorkreuzung
  siehe monohybride Kreuzung
Ein-Gen-ein-Enzym-Hypothese 136–137
Eingeweidesack 501–503
Einhäusigkeit 208
Einnistung 225
  – verzögerte 917
Einschaler 504, 535
Eintagsfliegen 651
Einwanderung, Tierpopulationen 1214

Einzeller
  – eukaryontische *siehe* Protozoen
  – prokaryontische *siehe* Prokaryonten
Eisprung 225
Eiweiß 1056, 1062
Eizellen 239–242
Ektoderm 245
  – Derivate 267–269
  – *siehe auch* Keimblätter
Ektodermalwulst, apikaler 259
Ektoplasma 335
ektotherm 805, 821, 995–996
Elasmobranchii (Subclassis) 765–770, 792
Elefantenspitzmäuse 932
elektrische Organe 1095
elektrische Synapsen 1075
Elektrolyte („Mineralstoffe") 1061
Elektronenmikroskop 58
Elektronentransport 96–97
Elektrophorese, Gel- 193
Elektrorezeption 768, 1095
Eleutherozoa (Subphylum) 715
elliptische Flügel 879
Elton, Charles 1241
Embioptera (Ordnung) 652
Embryo 174–175, 242, 264, 381–382
Embryoblast 249
Embryologie, Wirbeltierniere 986
embryonale Diapause 919
embryonale Induktion 255–256
Emergenz, lebende Systeme 9
endemische Arten 304
endergonische Reaktionen 95
Endharn 988–989
Endocytose 75–76
Endognathie 657
endokrine Disruption 923
endokrine Drüsen 1111, 1116
endokrine Funktionen, Krustentiere (Crustacea)
  596–600
endokrine Organe, Metamorphose 640
Endokrinologie 1110
Endonucleasen, Restriktions- 147
Endoplasma 335
endoplasmatisches Reticulum (ER) 63–64
Endoskelett 691, 695, 741, 744, 766, 951
Endostyl 734, 737
Endosymbiontenhypothese 49
endotherm 996–1000
Endverdauung 1052–1057
Endwirt, Digenea 441–442
Energie 89–90
  – Bewegung 967–970
  – chemische *siehe* chemische Energie
  – physikalisches Konzept 89–90
Energiefluss 1241–1244
Enopla (Classis) 457
Entamoebidae (Kladus) 363
Enteropneusta (Classis) 716–719
Entoderm *siehe* Keimblätter
Entomologie 622
  – *siehe auch* Insekten
Entoprocta (Phylum) 487–489

Entropie 14, 56, 1241
- lebende Systeme 88
- Makromoleküle 94

Entwicklung
- ametabole (direkte) 640
- Deuterostomier 247–254
- direkte 807
- Federn 866
- Fische 789–791
- indirekte 243
- lebende Systeme 13
- Lebewesen 174–175
- Protostomier 252–254

Entwicklungsbiologie, evolutionäre 260–261
Entwicklungsgene, Mutationen 260
Entzündung 1151–1153
Enzym/Substrat-Komplex (ES-Komplex) 93
Enzyme 39, 91–95
- 1-Gen-1-Enzym-Hypothese 136–137
- Acetyl-Coenzym A 99–100
- Amylase 1049
- Cellulase 1051
- Chymosin 1051
- Chymotrypsin 1053
- DNA-Ligase 141
- EcoRI 148
- hydrolytische 1047
- Labferment 1051
- Lysozym 92
- Membran- 1054
- Pankreas- 1053
- Pepsin 1051
- Phosphorylase 109
- Renin 990–991
- Rennin 1051
- Restriktionsendonukleasen 147
- Thrombin 1011–1012
- Trypsin 1053
- Verdauungs- *siehe* Verdauungsenzyme
- Zellstoffwechsel 91–95
- zyklinabhängige Kinasen 81–82

enzymkatalysierte Reaktionen 94–95
Enzystierung 343–344
Ephemeroptera (Ordnung) 651
Epidermis 945–946
Epigenese 237–238
Epipelagial 1212
Epiphyse 1121
Epithelgewebe, Metazoen 289–291
Epitoken 546
Epitop 1147–1150, 1153–1154
Epizoen 481
Equus, Fossilgeschichte 170–171
ER *siehe* endoplasmatisches Reticulum
Erbfaktoren, dominante/rezessive 123
Erblichkeit 184
Erde
- als Wärmekraftmaschine 1202
- Verteilung des Lebens 1198

Erdferkel 934
Erkennungsmoleküle 1144
Ernährung 1039–1067
- Insekten 629–632
- Nesseltiere (Cnidaria) 399
- Protozoen 339–340
- Säugetiere (Mammalia) 908–914
- Schnecken (Gastropoda) 512–513
- Seesterne (Asteroida) 698
- Vielborster (Polychaeta) 545
- Vögel (Aves) 871–872
- Zusammenhang Körpermasse/Nahrungsmenge 913–914
- *siehe auch* Fressverhalten; Nahrung...

Erregbarkeit *siehe* Reizbarkeit
Erreger
- Abwehr *siehe* Immunsystem
- *Anopheles* 356–357
- Bandwürmer (Cestoda) 449–453
- *Clostridium* 46
- *Cryptosporidium parvum* 356
- Fadenwürmer (Nematoden) *siehe* Nematoda; Fadenwürmer
- *Giardia lamblia* 349
- Hausstaubmilbe 579
- Pärchenegel *(Schistosoma)* 445–447
- *Plasmodium* 356–357
- Saugwürmer 443
- *Toxoplasma gondii* 356
- *Trichomonas* 361
- *Trypanosoma* 348
- Zecken 579–581
- *siehe auch* Krankheiten; Parasiten

Erregung, Herztätigkeit 1018–1019
Erstarrung 999
Erstbezeichner 305
erworbene Immunantwort 1143–1153
Erythema migrans 581
Erythroblastose, fötale 1155
Erythrocyten 873, 899, 1009–1010
ES-Komplex *siehe* Enzym/Substrat-Komplex
ESS *siehe* evolutiv stabile Strategien
essenzielle Aminosäuren 1061
essenzielle Nährstoffe 1061
Estheten 505
Estivation 1000
Ethologie 1162, 1164–1166
- *siehe auch* Verhalten

Eubakterien 48
Eucoelomaten 466, 498
Euglena 15, 319, 347–348
Euglenida (Subphylum) 346–348, 358–359
Euglenozoa (Phylum) 346–348, 358–359
Eukaryonten 49–50, 330
- Einzeller *siehe* Protozoen

eukaryontische Zellen 61–67
Eulen 891
Eulitoral 1207
Eumetazoen, Radiärsymmetrie 393
Euphausiacea (Ordnung) 607–608, 611
Euploidie 134
euryhalin 785, 978
euryphag 871
Eurypterida (Subclassis) 571–572
Eustachi'sche Röhren 1097
Eusthenopteron 800
Eutelie 467
Eutheria (Infraclassis) 932

Euzyte 49
„Evo-devo"-Biologie 259–260
Evolution 195–198
– chemische *siehe* chemische Evolution
– Chordatiere 735–736
– chordatische Larven- 744–745
– Ctenidien 512, 520
– frühe Tetrapoden 799–805
– frühe Vertebraten 741–743
– Knochenfische 771
– Ko- 648
– konvergente 529
– Mensch (*Homo sapiens*) 925–936
– Metamerie 559–561
– moderne Vögel 861
– Nervensysteme 1078–1088
– organismische *siehe* organismische Evolution
– Säugetiere (Mammalia) 898–904
– Schneckengehäuse 510
evolutionäre Entwicklungsbiologie 260–261
evolutionäre Taxonomie, traditionelle 312–317
Evolutionstheorien 22–30, 161–166
evolutive Wissenschaft 21–22
evolutiv stabile Strategien (ESS) 1181
exergonische Reaktionen 90–91
Exkretion *siehe* Ausscheidung
Exocytose 76–77
exokrine Drüsen 1111
Exons 144
Exoskelett 329, 566–567, 569, 951
Exterozeptoren 1089
Extinktion *siehe* Aussterben
extraembryonale Membranen 263
extrakorporale Befruchtung 229
extrazelluläre Komponenten, Metazoenkörper 288
extrazelluläres Kompartiment 1007
extrazelluläre Verdauung 438
Extremitäten 591–593, 800, 802, 869
– Froschlurche (Anura) 815
– Morphogenese 259–260
– pentadaktyle 955
– Vögel *siehe* Flügel
extrinsische Grenzen des Wachstums 1232–1233
Extrusomen, Protozoen 339
exzitatorische Neurotransmitter 1077
Exzystierung 343–344

F

Facettenauge 596, 636, 1101
Fächerflügler 653
Fächerwürmer 549
Fadenwürmer 464
– *siehe auch* Nematoda
Falconiformes (Ordnung) 890
Falsifizierbarkeit 16, 20
Familie 302
Fangfäden 507
Farbensehen 1104
Färbung 948–949
– Froschlurche (Anura) 815–816

Fasern, Muskel- *siehe* Muskelfasern
Faszikel 960
Federn 859, 865–867
Fell
– Wechsel 905
– *siehe auch* Haare
Fermente *siehe* Enzyme
Fertil… *siehe auch* Befruchtung
Fertilisation 205, 229, 238–242
Fertilität, potenzielle 183
Feststoffe, Aufkonzentrierung 1057
Fett… *siehe auch* Lipid…
Fettgewebe, weißes und braunes 1058
Fettleibigkeit 106
Fettsäuren 36, 106, 1061
Fettstoffwechsel *siehe* Lipidstoffwechsel
Feuchtnasenaffen 933
Fibrillarmuskeln 963
Fibrinogen 1009, 1011
Fibrose 446
Fieber 1140
Filarien 474–476
Filialgeneration 123
Filtration 1042
– glomeruläre 988–989
Filtrierer 786, 1242
Fischbandwurm (*Diphyllobothrium latum*) 453
Fische 755–796
– Anpassungen 778–793
– Definition 756
– Fortpflanzung 789–791
– Kieferlose 748–749
– kiefertragende 747
– Kiemen 783
– Lokomotion 778–780
– osmotische Regulation 783–785, 979–981
– Seitenliniensystem 1094–1095
– Taxonomie rezenter Gruppen 792
– Wanderung 787–789
– *siehe auch* Knochenfische; Knorpelfische
Fischechsen 851
Fischfang 761, 767
Fischläuse 604, 610
Fitness, relative 192
Fitzroy, Robert 163
Flagellaten, koloniale 371
Flagellen 68, 332, 334–335, 958–960
Flammenzellen (Protonephridien) 434, 438, 485, 984
Flatterflug 878
Fledermäuse 915–917, 932
Fleischflosser 747
Fleischfresser (Säugerordnung) *siehe* Carnivora
Fließgewässer 1206
Flöhe 654
Flohkrebse 606–607, 610
Flossen, paarige 762
Flossenechsen 851
Flug, Säugetiere (Mammalia) 915–917
Flügel, Vögel (Aves) *siehe* Vogelflügel
Flügelkiemer 719–721
Flügellose (Insekten) 651
Flügeltragende (Insekten) 651

Flugfähigkeit, Insekten 626
Flugmuskulatur 869–870
Flugsaurier 851
flugunfähige Vögel 864
Fluktuationen, Populationsdichte 922
Flüssigkeiten
– als Nahrung 1045–1046
– innere 1007–1013
– interstitielle 1007
Follikel 221
follikelstimulierendes Hormon (FSH) 223, 1118
Follikularphase 224
Foraminiferen 363–364
Fortbewegung
– Insekten 625–627
– Kopffüßler (Cephalopoda) 527
– Muscheln (Bivalvia) 519
– Reptilien 836
– Vögel (Aves) *siehe* Vogelflug
– *siehe auch* Bewegung; Lokomotion
Fortpflanzung 10, 203–237
– asexuelle *siehe* ungeschlechtliche Fortpflanzung
– bisexuelle 207–208
– differenzielle 184
– Fische 789–791
– Froschlurche (Anura) 806, 821–823
– geschlechtliche *siehe* geschlechtliche Fortpflanzung
– Insekten 637–638
– Kopffüßler (Cephalopoda) 530
– Krustentiere (Crustacea) 596–600
– Muscheln (Bivalvia) 523
– Plattwürmer (Plathelminthes) 439–440
– Protozoen 342–343
– Säugetiere (Mammalia) 917–921
– Saugwürmer 443–444
– sexuelle *siehe* geschlechtliche Fortpflanzung
– Spinnen 575–576
– ungeschlechtliche *siehe* ungeschlechtliche Fortpflanzung
– Vögel (Aves) 883–887
– *siehe auch* Vermehrung
Fortpflanzungsgemeinschaft 303
Fortpflanzungsstrategien, Säugetiere (Mammalia) 918–921
Fortpflanzungssysteme 219–222
Fortpflanzungszyklen
– hormonelle Steuerung 222
– Säugetiere (Mammalia) 917–918
Fossilgeschichte 159–202
– Baupläne der Tiere 278
– Dinosaurier 846–848
– Foraminiferen 364
– Hominiden 927–930
– Insekten 626, 655–659
– Kopffüßler (Cephalopoda) 525
– Makroevolution 197
– Massenaussterben 195, 1247–1248
– präkambrische Lebensformen 47
– Protostomier 664
– Punktualismus 182–183
– Säugetiere (Mammalia) 898–899
– Vögel (Aves) 859
– Wale (Cetacea) 903
– Weichtiere (Mollusca) 497, 531

Fossilien, lebende *siehe* lebende Fossilien
fötale Erythroblastose 1155
Fötalentwicklung 82
Fotosynthese *siehe* Photosynthese
Fovea centralis 1103
fragmentierte Verbreitung 1213–1214
Fragmentierung 207
– Habitat 1247
Franklin, Rosalind 139
Fransenflügler 652
freie Energie 90
freie Enthalpie 90
freilebende Ciliaten 352
Fressverhalten 520, 600
– Fische 785–787
– Vögel (Aves) 883
– *siehe auch* Ernährung; Nahrung...
Frisch, Karl von 1162, 1183
Froschlurche 810–823
– *siehe auch* Anura (Ordnung)
Frühentwicklung 242–244, 264–266
frühe Tetrapoden, Evolution 799–805
frühe Vertebraten 727–753
Frühverdauung 1050–1052
FSH *siehe* follikelstimulierendes Hormon
Fünffingrigkeit 20
Furchenfüßler 504–505, 535
Furchung 242–244, 247, 252–254
Fuß
– Bau bei tropischen Salamandern 811
– Weichtiere (Mollusca) 500–501

G

Galapagosinseln 164, 1235
Galen 1006
Galilei, Galileo 944, 956–957
Galle 1055
Galliformes (Ordnung) 890
Gameten 77, 205–207
– *siehe auch* Keimzellen
Gametogenese 213–217
Ganglien
– Entoprocta 488
– Fadenwürmer (Nematoden) 469
– supraösophagische 595
– Ventral- 682
– Zerebral- 553
– *siehe auch* Nerven...
Ganoidschuppen 772–773
Gänseartige 890
Garstangs Hypothese der chordatischen Larvenevolution 744–745
Gartenerbse *(Pisum sativum)* 27, 117
Gasaustausch 632–633, 1025–1032
Gastrin 1059
Gastrocoel 245, 282
Gastrointestinal-Hormon 1059
Gastrolithen 598
Gastropoda (Classis) 508–517, 535
– *siehe auch* Schnecken
Gastrotricha (Phylum) 486–487

Gastrovaskularraum   413
Gastrulation   245, 251
Gattung (Genus)   302
Gaviiformes (Ordnung)   890
Gebärmutter   221
Geburt   225–227
Geckos   840
Gedächtnis-T-Zellen   1146
Gedächtniszellen   1149
Gehäusewindung   510–512
Gehirn
   – dreiteilig untergliedertes   744
   – Rädertierchen (Rotifera)   482
   – Schildkröten   837
   – Wirbeltiere (Vertebrata)   1081–1086
Gehör   *siehe* Hören
Gehörknöchelchen   1096
gekoppelten Reaktionen   95–96
Gelelektrophorese   193
gelenklose Beine   678
gemeinsame Abstammung   23, 171–175, 303
Gemeinschaftsökologie   1225, 1233
gemischte Herden   1171
Gemmulation   207
1-Gen-1-Enzym-Hypothese   136–137
Gene   27, 130
   – Expression   146–147, 256–261
   – *Hox*-   258, 743, 751
   – Krebs-   153–154
   – Mutationen   *siehe* Mutationen
   – Mutationen von Entwicklungsgenen   260
   – SRY   212–213
   – Umlagerung   147
Generationswechsel   395, 404–406
Genetik   114–158
   – Mendel'sche Regeln   123–136
   – phänotypische Variation   151–153
   – Proteomik   150–151
   – Verhalten   1167–1168
   – *siehe auch* Vererbung
genetische Drift   189–190, 192
genetische Information   137–151
genetischer Code   12, 116, 142
genetisches Gleichgewicht   188–189
genetische Vielfalt   187–194
Genitalwülste   212–213
Genomik   150–151
Genorte   121, 129, 133–134
   – homologe   49
   – Immunglobuline   1144
   – Mutationen   152–153
Genotyp   122, 124
Genpool   187, 1227
genregulierende Proteine   1113
Gentechnik   150, 1131
Genus   *siehe* Gattung
geographische Reichweite   304
geologische Zeit   169, 195–197
gerichtete Bewegung, aktive   432
Geruchssinn   743, 1090
gesättigte Fettsäuren   36
geschlechtliche Auslese   1182
geschlechtliche Fortpflanzung   207–210, 343, 382

Geschlechts...   *siehe auch* Sexual...
Geschlechtsfestlegung   121–122, 212–213
geschlechtsgebundene Vererbung   131–132
Geschlechtskoppelung   133
Geschlechtsorgane   208
geschlossene Kreislaufsysteme   1013–1015
Geschmack   1090
Gesetz der spezifischen Sinnesenergien   1089
Gesetze und Regeln
   – biogenetisches Grundgesetz   174
   – Copes Regel des phyletischen Größenzuwachses   295
   – Gesetz der spezifischen Sinnesenergien   1089
   – Hardy/Weinberg-Gesetz   188, 192
   – Mendel'sche Regeln   *siehe* Mendel'sche Regeln
   – physikalische   14–15
   – Prinzip des konkurrierenden Ausschlusses   1235
   – Produktregel (Kreuzungen)   130
   – Produktregel (Wahrscheinlichkeit)   128
Gespenstergarnelen   610
gestreifte Muskulatur   293
Gewässer, Süß-   1205–1206
Gewebe-/Organ-Organisationsstufe   280
Gewebetypen, Metazoen   289–292
Gewebsflüssigkeit   1007
Geweih   906–907
Gezeitenzone   1207–1208
GH   *siehe* Wachstumshormone
Ghrelin   1132
Giardia lamblia   349
Gibbs'sche freie Energie   *siehe* freie Enthalpie
Gift   574, 848–849
Gladiatorschrecken   652
Glaskörper   1102
Glasschwämme   383–386
glatte Muskulatur   961
glattes ER   64
Gleichflügler   652
Gleichgewicht
   – genetisches   188–189
   – Hardy/Weinberg-   192
Gleichgewichtssinn   1096, 1099
Gleitfilamenthypothese, Muskelkontraktion   964
Gliazellen   293, 1070
Gliederfüßler   *siehe* Arthropoda
Gliedmaßen   *siehe* Extremitäten
Globuline   1009
glomeruläre Filtration   744, 988–989
Glucagon   1112, 1130
Glucocortikoide   1128
Glycogen   35, 967
Glycolyse   98–99, 104–105, 969
Glucose   34, 1130
Gnathostomata (Superclassis)   747, 749–751, 757, 792
Gnathostomulida (Phylum)   457–458
Golgiapparat   64, 339
Goliathfrosch *(Conraua goliath)*   812
Gonaden   208
   – undeterminierte   213
Gonadensteroide   223–224
Gonadotropine   223
Gonangium   404
Gondwana   1217–1218
Gonoporen   591

Gradualismus 23–24, 180–183
Gradus 313–314, 322
Granula 216
Granulocyten 1141
Granuloreticulosa (Kladus) 363
Grasländer 1204–1205
Grasmilbe, Biss 580
Graupapagei *(Psittacus erithacus)*, Sprachfähigkeit 1186
Great Barrier Reef 419
Greifvögel 890
großer amerikanischer Austausch 1219
Große Riesenmuschel *(Tridacna gigas)* 497, 522
Großer Spulwurm des Menschen *(Ascaris lumbricoides)* 470–471
Großhirn 874, 1084
Gruben, sensorische 455
Grubenorgan 845
Gruiformes (Ordnung) 890
Grundstein-Art 1238
Gründungsereignis 176
Gruppenselektion 1179
Guanin 138
Gymnophiona (Ordnung) 805–806, 822

H

Haare 896, 904–906
Haarsterne 710–712, 715
Haarzellen
 – sensorische 1094, 1098
Habitat 1226, 1247
 – Froschlurche (Anura) 812–185
 – frühe Tetrapoden 799
Habituation 1169
Haeckel, Ernst 23, 174, 319, 1224
Haementeria ghilianii 557
Haie 747, 765–770, 792
Haikouella 743–744
Hakenrüssler 478–479
Hakensaugwürmer 444, 448–449
Hakenstrahlen 865
Hakenwürmer 472–473
Halbaffen 933
Haldane, John 33, 39, 51
Hales, Stephan 1021
Hämalsystem 691, 699
Hamilton, W. 1179
Hammer 1097
Hämocoel 593, 678, 1013–1014
Hämoglobin 1032–1034
Hämophilie 1012
Hämostase 1011–1013
Haplodiploidie 209, 1180
haploider Chromosomensatz 119
Haplorhini (Unterordnung) 933
Hardy/Weinberg-Gesetz 190, 192
harnbildendes System, Mensch 988
Harnischtierchen 479
Harnkonzentrierung 992
Harnleiter 987
Harnsäure 108
Harnstoff 981
Harvey, William 204, 1006
Hasenartige 933
Häufigkeit
 – Allele 187–191
 – Mehrlingsgeburten 229
 – Mutationen 152–153
Haupthistokompatibilitätskomplex *siehe* MHC
Hauptleukocytenantigene (HLA) 1143
Hauptsätze der Thermodynamik 14, 56, 88, 1241
Haussperling *(Passer domesticus)* 888
Hausstaubmilbe *(Dermatophagoides farinae)* 579
Haut 832, 904–908
 – Schäden durch UV-Strahlung 949–950
 – *siehe auch* Integument
Hautatmung 1025
Hautflügler 652, 654
Hautkiemen 695
Häutung 570, 597, 599
Häutungshormon 640, 1115
Helicobacter pylori 1052
Helix
 – DNA 139, 143
Helmholtz, Hermann von 1104
Hemichordata (Phylum) 716–725, 735
hemimetabole Metamorphose 639–640
Hemiptera (Ordnung) 652
hemizygot 132
Henderson, Lawrence 1198
Hennig'sche Systematik 317
hepatisches Caecum 740
Herbivoren 50, 1041
Herden, gemischte 1171
Hermaphroditismus 208–209, 414
hermatypische Korallen 418
Hermodice carunculata 548
Herrentiere *siehe* Primates
Herz 269–270, 528, 761, 1006, 1016–1020
Herz-/Kreislauferkrankungen 1019
Herzmuskel 960–961, 1018
Heterochronizität 175
heterodont 909
Heterotrophie 46, 331
heterozygot 124
Hexacorallia 415–416
Hexactinellida (Classis) 383–386
HGP *siehe* Humangenomprojekt
Hinterkiemer 514
Hippocampus 1085
Hirnanhangsdrüse 223
Hirudinea (Classis) 557–560
Histamin 1152
Histologie 289
Histone 49, 144
historische Biogeographie 1218
HIV *siehe* Immunschwäche
HLA *siehe* Hauptleukocytenantigene
Hoden 208, 220, 1111
Holocephali (Subclassis) 770–771, 792
holometabole Metamorphose 638–639
Holothuroidea (Classis) 708–710, 715
 – Körperbau 708–710
Holzwurm *(Hermodice carunculata)* 548

Homarus americanus 599
Hominiden 926–930, 933
Homo 929
Homo erectus 925, 929
homoiotherm 995
Homologie 49, 119, 172–174, 308, 593
Homöobox 258
Homöostase 975–1003
homöotische Gene 258
Homoplasie 308
Homoptera (Ordnung) 652
Homo sapiens siehe Mensch
homozygot 124
Honigbiene *(Apis mellifera)* 1183
Honigtau 634
Hooke, Robert 57
Hören
    – Fische 781–782
    – Froschlurche (Anura) 820
    – Physiologie 1095–1099
    – Vögel (Aves) 875
Hormone 223
    – Adrenalin 1129
    – Aldosteron 990–991, 1128
    – Androgene 1129
    – antidiuretisches 1120
    – Calcitonin 1127
    – Cholesterin 1128
    – Cytokine 1123
    – DHT 212
    – Ecdyson 1115
    – follikelstimulierende 1118–1119
    – Gastrin 1059
    – Gastrointestinal- 1059
    – Ghrelin 1132
    – Glucagon 1112, 1130
    – Glucocortikoide 1128
    – Gonadensteroide 223–224
    – Häutungs- 1115
    – Hoden 1111
    – hPGH 226
    – Hypophyse 1116
    – Hypothalamus 1116
    – Inhibin 224
    – Insulin 1130
    – insulinähnlicher Wachstumsfaktor 1118
    – Juvenil- 1115
    – Kontrazeptiva 225
    – Leptin 1059, 1132
    – luteinisierende 223, 1118–1119
    – Nebennieren- 1127–1129
    – Nebenschilddrüsen- 953
    – Noradrenalin 1129
    – Östrogene 223
    – Oxytocin 227, 1119
    – Parathormon 1126
    – Progesteron 223
    – Prolaktin 226, 1118–1119
    – Prostaglandine 227, 1122
    – PTTH 1116
    – Schilddrüse 1123–1125
    – schilddrüsenstimulierende 1118–1119, 1124
    – Schwangerschafts- 225–227
    – Sekretin 1059–1060
    – Sekretionsrate 1113–1114
    – Somatotropin 1119
    – Steroid- siehe Steroide
    – Stoffwechsel- 1123
    – Testosteron 212, 223, 1129
    – Thyroxin 1123
    – Trijodthyronin 1123
    – Vasopressin 991, 994, 1112, 1119–1120, 1122
    – Wachstums- 1119, 1132
    – Wirbellose 1114–1116
    – Wirbeltiere (Vertebrata) 1116
    – Wirkungsmechanismen 1112–1114
hormonelle Regulation 222–223, 598, 1125
Hörner 906–907
Hornkieselschwämme 385–386
Hörschnecke 875, 1097
Hox-Gene 258, 743, 751
hPGH siehe humanes Plazentawachstumshormon
Hufeisenwürmer 670–672
Hühnervögel 890
humanes Plazentawachstumshormon (hPGH) 226
Humangenomprojekt (HGP) 150
Hummelfledermaus *(Craseonycteris thonglongyai)* 897
Hummeln 654
humorale Immunreaktion 1147–1150
Hundebandwurm *(Echinococcus granulosus)* 453
Hundertfüßler 619–620, 650
Hundespulwurm 472
Hungerzentren 1057
Huxley, Thomas 303, 308
hyaline Knorpel 950–951
Hyalospongiae (Classis) 383–386
Hybride 118, 177, 306
Hybridomtechnik 1150
Hydra 401–402
Hydrocoel 701
Hydroide, Kolonien 403–405
Hydrolyse 43, 94, 1047
hydrostatischer Druck, Nematozyste 398
hydrostatisches Skelett 560, 950–951
hydrothermale Quellen 40–41, 1210, 1242
Hydrozoa (Classis) 400–402, 420
Hymenoptera (Ordnung) 654
hyper-/hypoosmotisch 72–73, 783–784, 979–980
Hyperparasitismus 629
Hyperventilation 1031
Hypophyse 223, 1116
Hypothalamus 1083, 1116
    – Neurosekretion 1117
Hypothesen
    – 1-Gen-1-Enzym- 136–137
    – der chordatischen Larvenevolution 744–745
    – der kolonialen Flagellaten 371
    – des synzitialen Ciliaten 371
    – Endosymbionten- 49
    – Garstangs 744–745
    – Gleitfilament- 964
    – orthogenetische 185
    – Ortshypothese der Tonhöhenunterscheidung 1098
    – Roux/Weismann'sche 254

hypothetiko-deduktive Methode 17
hypothetischer Urmollusk 499, 532
Hyracoidea (Ordnung) 934

I

Ichbewusstsein 1186
Ichthyosauria (Überordnung) 851
Ichthyostega 802
IgA *siehe* Immunglobuline
Igelwürmer 666–668
IGF *siehe* insulinähnlicher Wachstumsfaktor
Iguanidae 840
Immunantwort 1143–1153
Immunglobuline 1140, 1144
– *siehe auch* Antikörper
Immunreaktion 264, 1147–1150
Immunschwäche, erworbene 1153
Immunsuppression 1150
Immunsystem 1137–1160
– *siehe auch* Abwehr
Implantation 225, 917
Imponierverhalten 1182, 1185
inadäquater Reiz 1089
Incus 1097
indirekte Entwicklung 243
Individual-Abstand 1176
Individualentwicklung 236–273
Induktion, embryonale 255–256
Infektion 1139
Infraciliatur 350
Infundibulum 1117
Inhibin 224
inhibitorische Neurotransmitter 1077
Innenohr 875
– Froschlurche (Anura) 820
innerartliche Konkurrenz 211
innere Flüssigkeiten 1007–1013
innere Kiemen 734
innere Stabilisierung *siehe* Homöostase
Inositoltrisphosphat 1112
Insectivora (Ordnung) 910, 932
Insekten 582, 622–647
– Anpassungsfähigkeit 622–623
– Bekämpfung 650–655
– Beziehungen zu Krustentieren 612
– Kommunikation 643–647
– Körperbau 623–627
– Sozialverhalten 645–647
– Staaten 645
– Verhalten 643–647
Insekten des Meeres 588
insektivor 910
Inselzellen 1130
Insulin 1129, 1131–1132
insulinähnlicher Wachstumsfaktor (IGF) 1118
integrierte Schädlingsbekämpfung 655
Integument 904–908, 945–950
– Froschlurche (Anura) 815–816
– *siehe auch* Haut
Interferone 1148
Interleukine 1146

intermediäre Vererbung 125–126
Interozeptoren 1089
Interphase 81
interstitielle Flüssigkeit 1007
interstitielle Zellen 401–402
interzelluläre Spezialisierung, Protozoen 329
Intestinum 1052
intrakorporale Befruchtung 219
intramembranöse Knochen 952
intrazelluläres Kompartiment 1007
intrazelluläre Spezialisierung, Protozoen 329
intrazelluläre Verdauung 1047
intrinsische Regulation 1229–1232
Introns 136, 144
invasive Arten 523, 1248
Inversion, Amphiblastula 383
Invertebraten *siehe* Wirbellose
in vitro Fertilisation 229
Inzucht 191
Ionenaktivität 981
Ionenkanäle 73
Iris 1102
Isogametogamie 343
isoosmotisch 72
Isopoda (Ordnung) 605–606, 610
Isoptera (Ordnung) 652

J

Jacobson'sches Organ 843, 1092
Jäger *siehe* Räuber
Jungfernzeugung *siehe* Parthenogenese
Juvenilhormon 1115
juxtaglomerulärer Apparat 990

K

Käfer 653
Käferschnecken 505–507, 535
Kahnfüßler 507–508, 535
Kalium *siehe* Natrium/Kaliumpumpe
Kalium/Argon-Datierung 169
Kalkdrüsen, Regenwürmer 552
Kalkschwämme 383, 386
Kalmare (Gattung *Loligo*), Riesenaxonen 528
kaltblütig 995
Kalzium *siehe* Calcium
kambrische Explosion 50, 278, 664
Kameraauge 1101
kämpferisches Verhalten 1174
„Kampf ums Dasein" 184
Kanäle
– Calcium- 1075
– Diffusion 73
– spannungsgesteuerte Natrium- 1073
Kanalsystemtypen, Schwämme (Porifera) 378–380
Kängururatte 982–983
Kapillaren 1021–1023
Karbon, Radiation der Tetrapoden 804–805
Karpfenläuse 604, 610

Katabolismus *siehe* Stoffwechsel
katadrom 787
Katalysatoren, Enzyme 91
katastrophische Artselektion 197
Kaulquappen 798, 806, 811–812, 822
Kehlkopf 1029
    – Froschlurche (Anura) 817
Keimbahn 212
Keimblätter
    – Bauplan tierischer Körper 282–285
    – Bildung *siehe* Gastrulation
    – Derivate 245
    – drittes Keimblatt 245–246
    – Funktion 267
    – Radiata 393
    – *siehe auch* Ektoderm; Mesoderm
Keimplasma 212
Keimzellen 77, 211–217
    – *siehe auch* Gameten
Kentrogon 605
Kephalisation *siehe* Cephalisation
Keratin 832, 904, 946–947
Kerbtiere *siehe* Insekten
kernhaltige Erythrocyten 873
Kernmagnetresonanz-Spektroskopie
    siehe NMR-Spektroskopie
Kernplasma 63
Kernporenkomplex 63
Kieferläuse 652
kieferlose Fische 747–749, 792
    – rezente 759–764
Kiefermäuler 457–458, 792
kiefertragende Fische 747
Kiemen 734, 1026
    – Buch- 572
    – Fische 783
    – Haut- 695
    – Kopffüßler (Cephalopoda) 527
    – Muscheln (Bivalvia) 519–520
    – Weichtiere (Mollusca) 499
    – *siehe auch* Branchien
Kiemenbögen 175, 268–269
Kiemendeckel 773
Kiemenfußkrebse 601, 610
Kiemenherz 528
Kiemenschlitze 782
Kiemenspalten 717–718, 734
Killerzellen 1142, 1146, 1150
Kinasen, zyklinabhängige 81–82
kinetischer Schädel 839
Kinetochor 78
Kinetoplasta (Subphylum) 348, 358–359
Kinetosom 68, 334
Kinorhyncha (Phylum) 478–479
Kladistik *siehe* phylogenetische Systematik
Kladogramm 309–311
    – Cheliceraten 583
    – Deuterostomier 721
    – Fische 759
    – Insekten 612, 658
    – Prokaryonten und Eukaryonten 330
    – rezente Amnioten 831
    – Ringelwürmer (Annelida) 562

    – Saurischier 862
    – Stachelhäuter (Echinodermata) 714
    – Tetrapoden 803
    – Weichtiere (Mollusca) 534
Kladus 309–311
Klapperschlange, Schwarzschwanz-
    (*Crotalus molossus*) 843
Klasse *siehe* Classis
Klassifizierung, Tiere *siehe* Taxonomie
Kleinhirn 874–875, 1083
Kleinrevier 1176
Klinefelter-Syndrom 136
Klitoris *siehe* Clitoris
Kloake 219, 466, 482, 709
    – Vögel (Aves) 864, 874
Kloakentiere 264, 918, 932
Klonierung 149, 255, 1227
Knochen 952–957, 1097
Knochenfische 757–758, 771–778
    – *siehe auch* Fische
Knorpel 951–952
Knorpelfische 747, 757, 765–771, 792
    – *siehe auch* Fische
Knorpelganoide 792
knorpeliges Endoskelett 766
Knospung 206, 342, 381–382, 395–396
Koagulation 1011
Köcherfliegen 654
Koevolution *siehe* Coevolution
Kohlenhydrate 34–35, 1056
Kohlenstoffdioxid 1199
Kohlenstoffmonoxid 1034
Kohorte 1228
Kolibris 871, 879
    – Torpor 1000
Kollagen 292, 376, 696
kolloidale Systeme 335
kolloid-osmotischer Druck 1022–1023
Kolonien
    – Biber- 921
    – Flagellaten 371
    – Hydroide 403–405
    – Makaken 1173
    – Manteltiere (Urochordata) 737–738
    – Moostierchen (Bryozoa, Ectoprocta)
      672–674
    – Möwen 1172, 1176
Kommensalismus 375, 692, 1233
Kommunikation 1182
    – Insekten 643–647
    – Kopffüßler (Cephalopoda) 529
    – Zellen 1138
    – zwischen Mensch und anderen Tieren
      1186
Komplexität
    – lebende Systeme 7–8
    – Metazoen 293
    – organische 280
Konformation 1033–1034
Konjugation 208
Konkurrenz 211, 1225, 1234
Konkurrenzverhalten 1174
Konsumenten 1240

Kontinentaldrift 1217
kontraktile Proteine 958
kontraktile Vakuolen 340–341, 983–984
Kontrazeptiva 225
Kontrolle
    – Gonadensteroide 223–224
    – hormonelle Sekretionsrate 1113–1114
    – Transkription und Translation 146–147
Konturfedern 865
konvergente Evolution 529
kooperatives Verhalten 1173, 1178–1182
    – Vögel (Aves) 883
Koordination, neuromuskuläre 636–637
Kopffüßler 525–531, 535
    – *siehe auch* Cephalopoda
Koppelung
    – autosomale 133–134
    – Erregung und Kontraktion 967
    – Geschlechtskoppelung 133
Kopulation 219
    – Fadenwürmer (Nematoden) 469–469
    – Insekten 637
    – Kopffüßler (Cephalopoda) 530
    – Regenwürmer 556
    – Vögel (Aves) 884
Korallen 415–421
Korallenriffe 417–421, 699, 1208
Koronarkreislauf 1019–1020
Körperanhänge 592–593, 729
Körperbau
    – Fadenwürmer (Nematoden) 468–469
    – Insekten 623–627
    – Knorpelfische (Chondrichthyes) 766
    – Kopffüßler (Cephalopoda) 526–530
    – Krustentiere (Crustacea) 590–596
    – Muscheln (Bivalvia) 517
    – Plattwürmer (Plathelminthes) 435–440
    – Rädertierchen (Rotifera) 481–484
    – Regenwürmer 550
    – Säugetiere (Mammalia) 904–923
    – Schnecken (Gastropoda) 508–517
    – Schwämme (Porifera) 377
    – Seegurken (Holothuroidea) 708–710
    – Seeigel (Echinoidea) 706–708
    – Seesterne (Asteroida) 694–700
    – Stummelfüßler (Onychophora) 678–679
    – Vielborster (Polychaeta) 544–547
    – Vögel (Aves) 865–880
    – Weichtiere 499–504
Körperflüssigkeiten 288, 1008–1009
Körpergewebe 1030–1032
körperliche Organisation 433
kosmopolitische Arten 304
Kragentiere 716–725
Krallenfrosch *(Xenopus laevis)*, Afrikanischer 814
Kranichartige 890
Krankheiten
    – Adipositas 106, 1059
    – AIDS 356
    – Allergien 1152
    – Arteriosklerose 1020, 1062
    – Asthma 1152
    – Autoimmun- 1144
    – Bilharziose 445–447
    – Bluterkrankheit (Hämophilie) 1012
    – Darmwürmer 470, 475
    – Definition 359–360
    – Diabetes 989, 1131
    – Down-Syndrom 136
    – Durchfallerkrankungen 356
    – Elefantenfußkrankheit 476
    – Fibrose 446
    – fötale Erythroblastose 1155
    – Gelbfieber 649, 1046
    – genetisch bedingte 134–136
    – Giardiose 349
    – Herz-/Kreislauf- 1019–1020
    – Hydrocephalie 1084
    – Klinefelter-Syndrom 136
    – Krebs 153–154
    – Laktose-Intoleranz 1055
    – Lyme-Borreliose 359–360, 581, 924
    – Magengeschwür 1052
    – Malaria 356–357, 359–360, 649, 1046
    – neoplastisches Wachstum 153
    – Parasiten 435
    – Schistosomendermatitis 447
    – Sichelzellenanämie 1032
    – Synästhesie 1089
    – Taucher- 1032
    – Toxoplasmose 356
    – Trisomie 135
    – Vaginitis 361
    – Westnilfieber 650
    – Wurmbefall 472
    – Zuckerkrankheit 989
    – *siehe auch* Erreger
Kratzwürmer 484–486
Kreatinphosphat 967
Kreationismus 16–17, 20
    – Widerlegung 174
Krebse 610
Krebsgenetik 153–154
Kreislauf, Nährstoff- 1244
Kreislaufsysteme 1013–1024
    – Amphibien 1015
    – doppelter Kreislauf 777, 818, 833
    – Fische 1015
    – Froschlurche (Anura) 818–819
    – geschlossene 1013–1015
    – Insekten 632–634, 1014
    – offene 498, 503, 1013–1015
    – Säugetiere (Mammalia) 1015
    – Vögel (Aves) 873
    – Wirbeltiere (Vertebrata) 1015–1020
Kreuzung, monohybride 118
Kriechtiere *siehe* Reptilia
Krill 608, 1211
Krokodile 850–852
Kropf (beim Mensch) 1125
Kropf (Zwischenspeicher) 552, 1050–1052
Kröten 810–823
Krustentiere 582, 587–615
    – Sinnesorgane 595
    – *siehe auch* Crustacea

ANHANG

Krypsis 642
Kryptobiose 491, 684
kuboidales Epithel 290
Kuckucksvögel 891
Kugelsymmetrie, Tiere 281
Kurztagtiere 1121
küstennahe Weichsedimente 1209
Kutanatmung 1025
Kutikula 253, 945
- Fadenwürmer (Nematoden) 468
- Krustentiere (Crustacea) 597
- Nematomorpha (Phylum) 477
- Ringelwürmer (Annelida) 547
- Säugerhaare 905
- Urmollusk 532
kutikuläres Exoskelett 566–567, 569
Kwashiorkor 1063

L

Labferment 1051
Labyrinth 1095, 1099
Lacertalia (Unterordnung) 840–841, 851
Lachse 788–789
Lagomorpha (Ordnung) 933
Laktose-Intoleranz 1055
Lakunen 485, 557
Lamarckismus 161–162
Lampenmuscheln 675–676
Landbrücken, temporäre 1218
Landgang, frühe Tetrapoden 799
Langerhans'schen Inseln 1130–1131
Langtagtiere 1121
Langusten 592
Lanzettfischchen *(Branchiostoma/Amphioxus)* 728, 741
Lappentaucher 890
Larven 498, 503–504, 523, 531, 683
- Ammocoeten- 746–748, 762
- Aurikularia 710
- bilateralsymmetrische 690
- chordatische Evolution 744–745
- Doliolarial- 712
- Insekten- 630
- Kaulquappen *siehe* Kaulquappen
- Nauplius- 597
- Stachelhäuter- 719
- Tantalus- 604
Larynx 1029
- Froschlurche (Anura) 817
laterale Undulation 844
Laterne des Aristoteles 707
Latrodectus 576
Laufbeine 574
Laufen, Insekten 625–626
Laufvögel 889
Laurasia 1217
Lautäußerungen, Froschlurche (Anura) 817–818
LD$_{50}$-Test 849
Leben 1–30, 319–323
- früheste Funde 328
- ohne Sonne 1242
- Präkambrium 47–50
- Ursprung 31–53
- Verteilung auf der Erde 1198
- Zellen als Grundeinheit 55–85
lebende Fossilien
- Lungenfische 776–777
- Pfeilschwänze 571–572
- Quastenflosser 777–778
lebende Systeme 6–14
- Ähnlichkeiten 117
- chemischer Aufbau 33–39
- Entropie 88
- Erregbarkeit 1069
Lebensgemeinschaften 1225, 1233–1234
Lebensraum 1226
Lecithine 36
Leguanen 840
Leibeshöhle 282–285
- sekundäre *siehe* Coelom
- Spongocoel 378
- *siehe auch* Pseudocoelomaten
Leitfossilien 167
Lepidoptera (Ordnung) 654
Lepidosauria (Überordnung) 851
Lepospondylier 805
Leptin 1059, 1132
Lernen 1168
- Insekten 644
Leuchtgarnelen 607–608, 611
Leucochloridium 448
Leukocyten 1009–1011, 1156
leukonoide Schwämme 379–380
Leydigzellen 220, 223
LH *siehe* luteinisierendes Hormon
Libellen 652
ligandengesteuerte Kanäle 1075
linksgängig 507
Linné, Carl von 301–303, 925
- Taxonomie 730, 747
Lipide 35–37, 1061–1062
- Stoffwechsel 105–106
lockeres Bindegewebe 291
logistisches Wachstum 1232
Lokomotion 334–338
- im Wasser 778–780
- *siehe auch* Fortbewegung
lokomotorische Reaktionen 353
Lokus *siehe* Genorte
Loligo 528
Lophophor 670–671
Lophotrochozoen 253, 480–489, 665–676
Lorenz, Konrad 1162, 1170
Lorenzini'sche Ampullen 767–768
Lorica 479, 482
Loricifera (Phylum) 479
Lösungsmittel
- organische 35
- Wasser 43
„Lucy" 927
Luft, Bestandteile 1031
Luftröhre 1029
Lumbricidae 550–555

Lunge 762, 1026–1029
– Reptilien 835
– Schnecken (Gastropoda) 512
Lungenbläschen 1027
Lungenegel *(Paragonimus)* 447–448
Lungenfische 776–777
Lungenschnecken 516
Lurche *siehe* Amphibia
Lutealphase 225
luteinisierendes Hormon (LH) 1118
– FSH 223
Lyell, Charles 162–163
Lyme-Borreliose 359–360, 581, 924
lymphatisches System 1023–1024
Lymphknoten 1023–1024
Lymphocyten 1011, 1142
lymphocytenaktivierte Killerzellen 1150
Lysosomen 65
Lysozym 1140
– Arbeitsweise 92

M

Macrocheira 568
Macroscelidea (Ordnung) 932
Madenwürmer 473
Magen 1050
Magnetfeldrezeptor, Vögel (Aves) 882
major histocompatibility complex *siehe* MHC
Makaken 1173
Makroevolution 195–198
Makromoleküle, Entropie 94
Makrophagen 1011
Malacostraca (Classis) 605–611
Malaria 356–357, 359–360, 649, 1046
Malleus 1097
Mallophaga (Ordnung) 652
Malpighi'sche Röhren 574, 619, 634, 985
Mammalia (Classis) 747, 895–939
– Anpassungen 904–923
– Ernährung 908–914
– Fortpflanzung 917–921
– Taxonomie 932–936
– Ursprung und Evolution 898–904
– *siehe auch* Säugetiere
Mandibulaten
– aquatische 587–615
– terrestrische 617–660
männliches Fortpflanzungssystem 220–221
Mantel
– Muscheln (Bivalvia) 519
– Weichtiere (Mollusca) 501–502
Manteltiere 736–739, 747
Mantophasmatodea (Ordnung) 652
Manubrium 399, 404, 408
Marasmus 1063
Margulis-Modell 50
Marsupialia (Infraclassis) *siehe* Beuteltiere
Massenaussterben (Massenextinktion) 197–198, 664
– Fossilgeschichte 197–198, 1247
Massenvermehrung, *Mnemiopsis leidyi* 425
Mastax 482

Mastikation 1044
Maulbrüter 790
Maus-Elefanten-Kurve 913
Mauser 866–867
Mausopossums 932
Mausvögel 891
Maxillopoda (Classis) 603–605, 610
Mayr, Ernst 306
Mechanorezeption 1093–1100
Mecoptera (Ordnung) 653
medizinischer Blutegel *(Hirudo medicinalis)* 559
Medulla der Nebenniere *siehe* Nebennierenmark
Medulla oblongata 1082
Medusen 395–396, 400, 405–406
Meeresplankton *siehe* Plankton
Meeresringelwürmer *(Nereis)* 547–548
Meerestaucher 890
Meerneunauge *(Petromyzon marinus)* 763
Meerwasser 981
Megaloceros 186
Mehrfachteilung 206, 342
mehrfach ungesättigte Fettsäuren 1061
Mehrlingsgeburten 228–229
Meiose 77, 119–121
meiotische Parthenogenese 209
Melanin 949
Melanismus
– *Biston betularia* (Birkenspanner) 17
Melonenqualle *(Beroe)* 424
Membrana tympani 820
Membranen
– Amnion 263
– Chorion 828, 899
– extraembryonale 263
– Kanäle *siehe* Kanäle
– Meningen 1079
– Neuronen- 1071
– undulierende 350
– Zellen *siehe* Zellmembranen
– Zwischenmembranraum 101
Membranenzyme 1054
Membranflöße 62
Membranosmometer 72
membranständige Rezeptoren 1112
Mendel, Gregor Johann 117
Mendel'sche Regeln 27, 123–136, 189–190
– Verhalten 1167
– *siehe auch* Vererbung
Meningen 1079
Mensch *(Homo sapiens)* 925–936
– Exkretion 982–983, 988, 990
– Fortpflanzung 225–227
– Gehirn 1083
– Herz 1017
– Kommunikation mit anderen Tieren 1186
– Muskelgewebe 963
– Nährstoffbedarf 1061
– Oogenese 215–217
– Sinnesorgane 1097, 1104
Menstruation 224–225, 918
Merkmale
– acoelomate Bilateralia 433

– Amnioten 832
– Amphibien 798–800
– Chordatiere 729
– Fische 759–761
– Gliederfüßer (Arthropoda) 567–568
– Hemichordata (Phylum) 720
– Knorpelfische (Chondrichthyes) 766
– Kombinationen 184
– moderne Amphibien 809
– Muskelflosser (Sarcopterygii) 777
– Nesseltiere (Cnidaria) 395
– Neunaugen (Cephalaspidomorphi) 764
– Plattwürmer (Plathelminthes) 434
– Protozoenstämme 345
– Pseudocoelomaten 465–466
– Radiata 393
– Reptilien 832–833
– Ringelwürmer (Annelida) 541, 547
– Rippenquallen (Ctenophora) 424
– Säugetiere (Mammalia) 898–899
– Schleimaale (Myxini) 761
– Schnurwürmer (Nemertea) 455
– Schwämme (Porifera) 376
– Stachelhäuter (Echinodermata) 691
– Strahlenflosser (Actinopterygii) 773
– taxonomische 308–311
– Variationen 308–310
– Verdrängung 1234–1236
– Vögel (Aves) 864
– Weichtiere (Mollusca) 501
– Wirbeltiere (Vertebrata) 744
Merkmalszustände, ursprüngliche 308
Merostomata (Classis) 571–572, 582
Mesenchym 380
Mesoderm 245–246, 269–270, 283
  – *siehe auch* Keimblätter
Mesogloea 397–398, 416
Mesohyl 380
Mesopelagial 1211
Mesozoa (Phylum) 372–374
Mesozoikum, Dinosaurier 846–848
metabolische Anpassungen 996
metabolische Retention 982
Metabolismus *siehe* Stoffwechsel
metameres Nervensystem 433
Metamerie *siehe* Segmentierung
Metamorphose 13, 570, 638–641
  – Amphibien 798, 805, 807–810, 822
  – Krustentiere (Crustacea) 597
  – Stachelhäuter (Echinodermata) 691
metanephrische Nieren 832–833
Metaphase 80
Metaphasenchromosom 78
Metapopulationsdynamik 1227
Metatheria (Infraclassis) 932
  – Fortpflanzung 918
Metazoen 288–293
  – Mitochondrien 427
  – Ursprung 371–372
  – Zellen 279
  – *siehe auch* Vielzeller
MHC (Haupthistokompatibilitätskomplex) 908, 1143–1144
Microbiotheria (Ordnung) 932

Migration *siehe* Wanderung
Mikroevolution 187–194
Mikrofilamente 67
Mikrogliazellen 1071
Mikroskop 28
Mikrotrichen 449
Mikrotubuli 67, 78–79
Mikrovilli 70
miktisch 482
Milben 579–581
Milchdrüsen 908
Milchzähne 899, 903
Miller, Stanley 40–42
Millipedier *siehe* Tausendfüßler
Mimikri 642, 1237
„Mineralstoffe" 1061
mischerbig 124
Mitochondrien 49, 65–67
  – Metazoen 427
  – Protozoen 338–339
Mitose 77–83
Mittelhirn 1084
Mittelohr 875
Mnemiopsis leidyi, Massenvermehrung 425
Modell des flüssigen Mosaiks 62
Modellorganismen
  – *Caenorhabditis elegans* 467
  – *Drosophila siehe Drosophila melanogaster*
  – Kalmare (Gattung *Loligo*) 528
  – Krallenfrosch *(Xenopus laevis)* 814
  – Lanzettfischchen *(Branchiostoma/Amphioxus)* 741
  – Seehase *(Aplysia)* 508, 512, 515, 1168
  – Stachelhäuter (Echinodermata) 694
moderne Amphibien 805–823
moderner Darwinismus *siehe* Darwin'sche Evolutionstheorie
moderner Mensch 929–931
moderne Vögel 861, 889
Modifikatorgene 130
modulare Tiere 1227
Modulatorgene 130
molekulare Sequenzierung 48
Molekulargenetik 147–151
  – Krebsgene 153–154
Moleküle
  – präbiotische 40–41, 44
Mollusca (Phylum) 495–538
  – *siehe auch* Weichtiere
Monocyten 1141
Monogamie 884–885, 1177
Monogenea (Classis) 444, 448–449
Monogononta (Classis) 484
monohybride Kreuzung 118, 124, 127
monoklonale Antikörper 1150
Monophylie 312
Monoplacophora (Classis) 504, 535
Monosaccharide 34
monosomal 135
Monotremata *siehe* Kloakentiere
Monözie 208
monozygotische Zwillinge 228
Moostierchen 672–674

Morgan, Thomas Hunt   119
Morphogene   257
Morphogenese   259–260
morphogenetische Determinanten   239
Mosaikentwicklung   252
motorische Abteilung   1086
motorische Neuronen   1079
Möwen   1172, 1177
mRNA   139, 142–144
Mücken   654
Müller'sche Mimikri   1238
multipar   228
multiple Allele   129
Mundwerkzeuge   630–632, 1048
Muschelkrebse   602, 610
Muscheln   517–525, 535
    – siehe auch Bivalvia
Musculus pectoralis   869–870
Muskelfasern   960–963
    – schnelle und langsame   969
Muskelflosser   776–778, 792
Muskelfuß   501
Muskelgewebe, Metazoen   293
Muskelkontraktion   964–969
Muskelmagen   872
Muskeln
    – Leistung   969–970
    – segmentierte Rumpfmuskulatur   741
Muskelpaare, antagonistische   961
Muskelschwund   964
Muskelsystem
    – Froschlurche (Anura)   815–816
    – Vögel (Aves)   869–870
Muskeltypen   960–963
muskuläre Bewegung   960–969
muskuläre Hydrostaten   951
muskulärer Pharynx   744
Muskulatur
    – gestreifte   293, 568, 963–964
    – glatte   961
    – willkürliche   961
muskuloskelettale Modifizierungen   741–743
Musophagiformes (Ordnung)   891
Musterbildung   257
Mutantenallele   136, 152–153
Mutationen   152–153
    – Entwicklungsgene   260
    – neutrale   188
Mutterkuchen   221
Mutualismus   1225, 1234
Myelin   554
myelinisierte Axone, Wirbellose   1074
Myelinscheide   1070
Myofibrillen   293, 963
myogene Herzen   1019
Myosin   958, 963, 967
Myriapoden   582
Mystacocarida (Subclassis)   603, 610
Myxini (Classis)   760–761, 792
Myxinoidea (Classis)   747

N

Nachgeburt   227
Nachkommenzahl   921
Nacktkiemer   515
NAD(H) (Nikotinsäureamidadenindinukleotid)
    – Glycolyse   99
    – Zitronensäurezyklus   100
Nagetiere   933–934
Nährstoffbedarf   1060
Nährstoffe, Kreisläufe   1244
Nahrung, kompakte   1042–1045
Nahrung…
    – siehe auch Ernährung; Fressverhalten
Nahrungsaufnahme   402–406, 1048, 1057–1059
Nahrungserwerb, Protozoen   331
Nahrungskette   1239, 1241
    – Pestizide   1244
Nahrungsmangel   1063
Nahrungsspezialisierung   909–913
Nahrungsvakuole   65, 339
Nasenlöcher   767
Nashörner, traditionelle chinesische Medizin   907
Natrium/Kaliumpumpe   74
Natriumkanäle, spannungsgesteuerte   1073
Natriumpumpe   1072
natürliche Killerzellen   1142, 1146
natürliche Ressourcen   184
natürliche Selektion   25, 183–186, 192
natürliches System, Taxonomie   300
Naupliuslarve   597
Nautiloidea (Subclassis)   530
Nautilus   528
Navigation
    – fliegende Säugetiere   915–917
    – Vögel (Aves)   881–883
Neandertaler   931
Nebengelenkstiere   933
Nebenhoden   220
Nebennierenmark, Hormone   1129–1132
Nebennierenrinde, Hormone   1127–1129
Nebenschilddrüsen   1125
Nebenschilddrüsenhormon   953
negative Rückkopplung   977, 1114
Negativkontrolle   21
Nekrose   1152
Nekton   1206
Nematoda (Phylum)   467–476
    – siehe auch Fadenwürmer
Nematomorpha (Phylum)   476–478
Nematozysten   392–393, 398–399
Nemertea (Phylum)   453–457
Neocortex   898, 1084–1085
Neodarwinismus   27, 186–187
Neodermata   440
Neognathae (Überordnung)   863, 889
neoplastisches Wachstum   153
Neopterygii (Subclassis)   792
Neornithes (Subclassis)   889
Neozoen   523, 1248
Nephridien   541, 545, 984–985
Nephron   987
Nereis   547–548

Nerven 1070
- Sehnerv 1103
- Signalgeschwindigkeit 1074–1075
- Wachstum 267–268
- siehe auch Ganglien
Nervenaktionspotenzial 1071
Nervenganglion, Manteltiere (Urochordata) 737
Nervengewebe, Metazoen 293
Nervennetz, Nesseltiere (Cnidaria) 399
Nervenstrang
- dorsaler tubulärer 733
- Fadenwürmer (Nematoden) 469
Nervensystem 1078–1079, 1086–1088
- Entwicklung 267–268
- Froschlurche (Anura) 819–821
- Insekten 635
- Kopffüßler (Cephalopoda) 528
- Krustentiere (Crustacea) 595–596
- metameres 433
- Plattwürmer (Plathelminthes) 438
- Reptilien 836
- Vielborster (Polychaeta) 546–547
- Vögel (Aves) 874–876
nervöse Steuerung 1067–1108
Nesselkapseln siehe Nematozysten
Nesseltiere siehe auch Cnidaria
Nesselzellen 398
Nestbau 886–887
Nestflüchter 886
Nesthocker 886
Netzflügler 653
Netzhaut 821, 875, 1102
Neuflosser 792
Neukiefervögel 889
Neunaugen 747, 761–764, 792
Neuralrohr 267
Neuralwulst 743
Neurochord 718
neurogene Herzen 1019
Neurogliazellen siehe Gliazellen
Neuromasten 1094
neuromuskuläre Koordination, Insekten 636–637
neuromuskulärer Kontakt 964–965
neuromuskuläres System 400
neuronale Plakoden 743
Neuronen 293, 1069–1075, 1079
Neuropeptide, Gehirn 1121–1123
Neuroptera (Ordnung) 653
Neurosekretion 599, 1114
- Hypothalamus 1116
Neurotransmitter 1077, 1111
neutrale Mutation 188
Neutralfette 35
Neutrotransmitter, Acetylcholin 966
Neuweltaffen 926
niedermolekulare organische Moleküle 40–41
Nieren 744, 832–833, 986–987
Nikotinsäureamidadenindinukleotid siehe NAD(H)
Nische, ökologische 1224
Nischenüberlappung 1235
NK-Zellen 1142, 1146
NMR-Spektroskopie 59
Nomenklatur 302–303

Noradrenalin 1129
Nördlicher Seebär (*Callorhinus ursinus*) 915
Notochord siehe Chorda dorsalis
Notoryctemorphia (Ordnung) 932
Notostraca (Ordnung) 610
Nucleinsäuren 39, 45, 137–142
Nucleobase siehe Base
Nucleoid 47
Nucleoli 63, 338
Nucleotide 39, 137
- PCR 149
Nucleus siehe Zellkern
Nudibranchier 515
nützliche Insekten 647–648
Nutzpflanzen, gentechnisch veränderte 150

O

Oberfläche, Zellen 68–70
Oberflächenspannung, Wasser 42
Ocelli 438
Octocorallia 416, 420
Ödembildung 1151–1152
Odonata (Ordnung) 651
Odontophore 500
offene Kreislaufsysteme 498, 503, 1013–1015
Ohr, Mensch 1097
Ohrwürmer 652
Ökokline 1200
Ökologie 13, 1198, 1223–1251
- Verhaltens- 1164
ökologische Nische 1224, 1226–1227
ökologische Pyramide 1241–1243
Ökosysteme 1239–1241
Okzipitalkondyle 833
Olfaktion 743, 1090
Oligochaeta (Classis) 550–557, 560
Oligodendrocyten 1071
Oligosaccharide 34
Ommatidien 596
„omne vivum ex ovo" 204
Omnivoren 912, 1041
Oncorhynchus 789
Onkogene 153–154
Ontogenese siehe Entwicklung
Onychophora (Phylum) 677–679
Oogenese 215–217
Oogonien 215
Oozysten 356–358, 361
Oparin, Alexander 33, 40, 51
Operkulum 73, 508, 773
Ophiuroidea (Classis) 702–704, 715
Opiatrezeptoren 1094
Opiliones (Ordnung) siehe Weberknechte
Opisthobranchier 514
Opisthosoma 669
Opossums 932
Opsonierung 1145
Opsonine 1156
Oralscheibe 412, 416
Ordnung 302
- hierarchische 7–8

Organe
- Corti'schens 1098
- Cuvier'sche 710
- elektrische 1095
- endokrine 640
- Erfolgs- 1070
- Geschlechts- siehe Geschlechtsorgane
- Gruben- siehe Grubenorgan
- innere 259–260, 480
- Jacobson'sche 843
- Parenchym 279
- Sinnes- siehe Sinnesorgane
- Stroma 279
- Vomeronasal- 1092

Organellen 61, 345
Organisation
- soziale 567
- zelluläre 372

Organisationsstufen organischer Komplexität 280
organische Lösungsmittel 35
organische Moleküle, präbiotische Synthese 40–41
organische Partikel, als Nahrung 1041–1042
Organismen, autotrophe 1041
Organismenreich (Regnum) siehe Reich
organismische Evolution 159–202
Organniveau der körperlichen Organisation 433
Organsysteme, Entwicklung 266–270
Organtransplantation 1150
Ornithischia (Ordnung) 846, 852
orthogenetische Hypothesen 185
Orthophosphorsäure 138
Orthoptera (Ordnung) 652
Ortshypothese der Tonhöhenunterscheidung 1098
Osmokonformer 977–978
Osmometer 72
Osmoregulation 340, 438, 783–785, 975–1003
Osmose, Zellmembranen 71
osmotischer Druck 398, 1022–1023
osmotisches Potenzial 72
osmotische Stärke 981
Ösophagus 1050–1052
Osphradium 513
Ossikeln 696, 708–709
Osteichthyes siehe Knochenfische
Osteoblasten 1126
Osteocyten 952
Osteoklasten 78, 1126
Osteoporose 954
Ostien 376
Ostracoda (Classis) 602–603, 610
Ostracodermi 748–749
östraler Zyklus 222
Östralzyklus 917
Östrogene 223
Ovarien 208
Ovidukt 221
Oviparie 217
Oviraptor 848
Ovoviviparie 218
Ovulation 225
oxidative Phosphorylierung 102–105

oxidativer Stoffwechsel 46–47
Oxytocin 227, 1119–1120
ozeanische Umwelten 1206–1212

P

Paarhufer 935
paarige Flossen 762
paarige glomeruläre Nieren 744
paarige Körperanhänge 729
Paarungs… siehe auch Sexual…
Paarungsstrategien, Vögel (Aves) 884–885
Paarungsverhalten 1177–1178
Pacini'sche Körperchen 1093
Pädomorphose 175, 745–745, 809–810
Paläocortex 1084
Paläonisziden 772–773
Paleognathae (Überordnung) 863, 889
Pallialkomplex 501–503
Pangäa 1217
Pankreas 1053, 1129
Pan troglodytes 927–928, 1186
Panzer, Schildkröten 837
Panzergeißler (Phylum) 354–355
Papageien 891
Papulae 695
Parabasalia (Kladus) 361
Parabronchien 873, 1028
Paradigma 20
Paragonimus 447–448
Parahormone 1111
Paraphylie 312, 318
Parapodien 541
Parasiten 435, 1139, 1225, 1233
- Abwehr siehe Immunsystem
- Asseln 607
- Bandwürmer (Cestoda) 449–453
- bei Hunden und Katzen 472
- Chinesischer Leberegel (Clonorchis sinensis) 443–445
- Fadenwürmer siehe Nematoda; Fadenwürmer
- Hundespulwurm 472
- Hyperparasitismus 629
- Insekten 649
- Lungenegel (Paragonimus) 447–448
- Milben 579–581
- Neunaugen siehe Neunaugen
- Ökologie 1236–1239
- rhizoephalische 605
- Zecken 579–581
- Zungenwürmer (Pentastomida) 676–677
- siehe auch Erreger

parasympathisches Nervensystem 1086
Parathormon 953, 1126
Pärchenegel (Schistosoma) 445–447
Parenchym 279, 433–435
Parthenogenese 209–211, 1228
Partialdruck 1030–1032
partikulare Vererbung 26
Passer domesticus 888
Passeriformes (Ordnung) 891
Pasteur, Louis 32

Paucituberculata (Ordnung) 932
Pauropoda (Classis) 621, 650–651
PCR siehe Polymerasekettenreaktion
Pedaldrüsen 482
Pedicel 675
Pedipalpen 574, 577
Pelagial 1206, 1210–1212
Pelecaniformes (Ordnung) 890
Pelecypoda siehe Muscheln
Pellikel 346, 352
Pelmatozoa (Subphylum) 715
Pelycosauria (Ordnung) 852
Penis 220, 439
Pentadaktylie 20, 955
pentagonale Symmetrie siehe Echinodermata
Pentastomida (Phylum) 676–677
Pepsin 1051
Peptidbindungen 37
Peptide, antimikrobielle 1142–1143
Peramelemorphia (Ordnung) 932
perennibranchiat 809
perforierter Pharynx 729
Perikard 1016–1017
Perikardialsinus 595
Periostrakum 502
peripheres Nervensystem 1086–1088
Periprokt 704
Perissodactyla (Ordnung) 934–935
Peristaltik 1048
Peritoneum 465, 542
Perlboot *(Nautilus)* 528, 531
Perlmutt 502
Pestizide 1244–1245
Petromyzon marinus 763
Petromyzontes (Classis) 761–764
Pfeilschwänze 571–572
Pfeilwürmer 681–682
Pferde *(Equus)*, Fossilgeschichte 170–171
Pflasterepithel 290
Phagocyten 1141
Phagocytose 75, 378, 1141–1142
Phagosom 339
phänetische Taxonomie 314
Phänotyp 123–124
phänotypischer Gradualismus 181–182
phänotypische Variation 151–153
Phänotypspektrum, kontinuierliches 195
Pharynx
  – muskulärer 729, 744
Pheromone 644
  – muskulärer 1092
Pholidota (Ordnung) 933
Phoronida (Phylum) 671–672
Phospholipide 36–37
Phosphorsäurederivate 137
Phosphorylase 109
Phosphorylierung, oxidative 102–105
photische Zone 1206
Photophor 608
Photopigmente 1103
Photorezeption siehe Sehen
Photosynthese 34, 46–47, 1240
  phototrophe Organismen 1041

phyletischer Gradualismus 182
phyletischer Größenzuwachs, Copes Regel 295
PhyloCode 319
Phylogenese 24, 174–175
  – Gliederfüßer (Arthropoda) 581–583
  – Hemichordata (Phylum) 721–722
  – Insekten 655–659
  – Krustentiere (Crustacea) 611
  – Lophotrochozoen 682–684
  – Mesozoen 374
  – Protozoen 365–366
  – Pseudocoelomaten 489–491
  – Radiata 425–427
  – Ringelwürmer (Annelida) 561
  – Schwämme (Porifera) 385–386
  – Stachelhäuter (Echinodermata) 713–716
  – Weichtiere (Mollusca) 531–535
phylogenetische Rekonstruktion 172–174, 308–311
  – *siehe auch* Kladus
phylogenetischer Stammbaum, Chordatiere 731
phylogenetisches Artkonzept 307
phylogenetische Systematik 317–319
Phylogenie 458
Phylum siehe Stamm
Physalia 405–406
Physeter macrocephalus 916
Physik, Gesetze der 14–15
Physiologie 13
  – Atmung 1024–1035
  – Bewegung 957–970
  – Definition 964
  – Ernährung 1039–1067
  – Haut (Integument) 945–950
  – Homöostase 975–1003
  – Immunsystem 1137–1160
  – innere Flüssigkeiten 1007–1013
  – Kreislaufsysteme 1013–1024
  – Metamorphose 640–641
  – nervöse Steuerung 1067–1108
  – Salz- und Wasserhaushalt 977–995
  – Sinnesorgane 1088
  – Skelettsysteme 950–957
  – Temperaturregulierung 995–1000
  – Verdauung 1046–1048
  – Wirbeltiere (Vertebrata) 742
physische Barrieren 1139
physoklistöse Fische 781
physostome Fische 781
Piciformes (Ordnung) 891
Pigmente 867, 948–949, 1032
Pigmentgranula 529
Pigmentzellen, Froschlurche (Anura) 815
Pillendreher *(Canthon pilularis)* 643
Pinakocyten 381
Pinguine 889
Pinocytose 76, 340
Pisum sativum 27, 117
Placodermi 751
Placozoa (Phylum) 374–375
Plakoden, neuronale 743
Plankton 355, 608, 681, 1206, 1212
Planulalarve 425–426

planuloider Vorfahre 458
Plasma *siehe* Blutplasma
Plasmamembran 61–65, 70–76
Plasmazellen 1144
Plasmide 148
Plasmodium 356–357
Plastide 49, 62
    – Protozoen 339
Plastizität 151
Plastron 836
Plathelminthes (Phylum) 434–453
    – Fortpflanzung 439–440
    – *siehe auch* Plattwürmer
Plattenepithel 290
Plattenkiemer 765–770, 792
Plattentektonik 1217
Plattwürmer 434–453, 459, 561
    – *siehe auch* Plathelminthes
Plazenta 221, 264–266, 898
Plazentalia 264–266, 919–921, 932, 1217–1218
    – *siehe auch* Säugetiere
Plecoptera (Ordnung) 652
Pleiotropie 129
plesiomorphe Merkmalszustände 309
Plesiosauria (Ordnung) 851
Plinius, der Ältere 1170
Podicipediformes (Ordnung) 890
Pogonophora (Phylum) 668–670
poikilotherm 995
Polarität
    – Embryo 242
    – Taxonomie 308
Polkörperchen 216
Polyandrie 1178
Polychaeta (Classis) 543–550, 560
    – Körperbau 544–547
Polyembryonie 674
Polygamie 885, 1177
polygene Vererbung 129
Polygynie 1178
Polymerasekettenreaktion (PCR) 149–150
Polymorphismus 187, 193, 393, 395–396
Polypen 395–396, 402–403
Polypeptidkette 144–146
Polyphilie 312
Polyplacophora (Classis) 505–507, 535
Polyploidie 134, 179
Polysaccharide 34
Polyspermie, Verhinderung 240–241
Populationen 922–923, 1225, 1227
    – Einwanderung 1214
    – genetische Vielfalt 193
    – Vögel (Aves) 887–892
Populationsgradualismus 180
Populationsgröße 184
Populationszyklen, Vögel (Aves) 887
Poren (Ostien) 376
Porifera (Phylum) 375–387
    – *siehe auch* Schwämme
Portugiesische Galeere *(Physalia)* 405–406
positive Rückkopplung
Postabsomen 577
postanaler Schwanz 735

postsynaptische Neuronen 1075
Potenzial
    – Aktions- 1072
    – chemisches 71–72
    – Nervenaktions- 1071
    – osmotisches 72
    – Rezeptor- 1093
    – Ruhe- 1071
potenzielle Fertilität 183
Pottwal *(Physeter macrocephalus)* 916
Präabdomen 577
präbiotische Moleküle 40–41
präbiotische Umwelt 33, 1198
Präformation 237–238
Prägung 1170–1171
Präkambrium, Leben 47–50
prä-mRNA 143
präsynaptische Neuronen 1075
Preudocoel 478
Priapswürmer 479–480
Priapulida (Phylum) 479–480
primäre Bilateralsymmetrie 433
primäre Geschlechtsorgane 208
primärer Organisator 256
primär heterotroph 46
Primärproduzenten 355, 1239
Primärstruktur 38
Primates (Ordnung) 925–926, 932–933
Primer 149–150
primitive Wirbeltiere 746–748
Primitivstreifen 250
primordiale Keimzellen 211
Prinzip des konkurrierenden Ausschlusses 1235
Proboscidea (Ordnung) 934
Proboscis 479, 484
    – Asselspinnen 573
    – Eichelwürmer (Enteropneusta) 716
    – Igelwürmer (Echiura) 667
    – Spritzwürmer (Sipuncula) 665
Procellariiformes (Ordnung) 890
Produktivität, Ökosysteme 1241–1244
Produktregel (Vererbung) 130
Produktregel (Wahrscheinlichkeitsrechnung) 128
Progesteron 223
Proglottis 449
Prokaryonten 47–48, 330
    – *siehe auch* Bakterien
prokaryontische Zellen, Vergleich zu eukaryontischen 61
Prolaktin 226, 1118
Proliferationsphase 224
Prophase 78–80
Propriozeption 636, 1089
Prosobranchier 514
Prosoma 574
Prostaglandine 227, 1122
Prostata 221
Prostomium 542, 544
protandrisch 414
proteindefiziente Welt 1243
Proteine 37–39
    – Aktin (Actin) 67, 958, 963, 967
    – Albumine 884, 1009
    – als Nährstoffe *siehe auch* Eiweiß, 1062

– Aquaporine 73
– Clathrin 76
– Cytokine *siehe* Cytokine
– Dynein 959
– Entkopplungs- 1058
– Fibrinogen 1009, 1011
– genregulierende 1113
– Globuline 1009
– Hämoglobin 1032–1034
– Histone 144
– Keratin 904, 946–947
– kontraktile 958
– Myosin 958, 963, 967
– Opsonine 1156
– Polymorphismus 193
– Resilin 636–637
– Sklerotin 945
– Stoffwechsel 106–108
– Toll- 1143
– Transmembran- 1112
– Transporterproteine 73–75
– Tropomyosin 964
– Troponin 964, 967
– Tubulin 66–67, 959
– Zyklin 81–82
proteinogene Aminosäuren 141
proteolytische Systeme 94
Proteomik 150–151
prothorakotropes Hormon *siehe* PTTH
Protisten 319–323, 329
Protochordaten 727–753
Protogewebe 372
Protonephridien *siehe* Flammenzellen
Protoonkogene 154
Protoplasma 58
protoplasmatische Organisationsstufe 280
Protostomier 252–254, 663–687
Prototheria (Subclassis) 932
Protozoen 327–368
 – funktionelle Komponenten 338–339
 – inter-/intrazelluläre Spezialisierung 329
 – Mitochondrien 338
 – Phylogenese 365–366
 – Plastiden 339
 – Zysten 343–344
Protozoenstämme 345, 358–359
Protura (Ordnung) 651
Proventrikulus 872
proximale Ursachen 21
Prüfkreuzungen 125
Pseudocoel, Fadenwürmer (Nematoden) 468–469
Pseudocoelomaten 463–494
Pseudopodien 68, 332, 335–338, 958
Psittaciformes (Ordnung) 891
Psittacus erithacus 1186
Psocoptera (Ordnung) 652
Psychologie, vergleichende 1163
Pterobranchia (Classis) 719–721
Pterosauria (Ordnung) 851
Pterygota (Subclassis) 652
PTTH (prothorakotropes Hormon) 1116
Pulmonaten 516
pulsatiler Druck 1020

Punktualismus 182
Punnett-Quadrat 127–128
Pupille 1102
Purinderivate 138
Pycnogonida (Classis) 572–573, 582
Pygostyle 869
Pyrimidinderivate 138
Pyruvat 97, 104

Q

Q_{10} 994
quadrupedal *siehe* Tetrapoden
quantitative Variation 194
Quartärstruktur 38
quasi-terrestrisch 798
Quastenflosser 777–778
Quellen
 – hydrothermale 40–41, 1210, 1242
quergestreifte Muskeln 568, 963–964
Querverbrückungszyklus 967

R

Rackenartige 891
Rädertierchen 480–484
Radialfurchung 247
Radialnerv 695
Radiärsymmetrie 281, 690
Radiata 391–430
Radiation
 – adaptive *siehe* adaptive Radiation
 – Primaten 925–926
Radioimmunassay (RIA) 1122
Radiolarien 364–365
radiometrische Datierungsmethoden 169
Radula 498, 500
Rana 812–813
Rangifer tarandus 914, 924
Rankenfüßler 604–605, 610
Ranvier'sche Ringe 1074
Raubbeutler 932
Räuber 1225, 1236–1239
Räuber-Beute-Zyklus 1237
räuberische Wirbellose 1225
raues ER 64
Raup'sche Aussterbekurve 1246, 1248
Rautenhirn 1082
Reabsorption, tubuläre 989–991
Reaktionen
 – chemische *siehe* chemische Reaktionen
 – lokomotorische 353
 – Vermeidungsreaktion 353
realisierte Nische 1227
Receptaculum proboscis 485
Receptaculum seminis 637
rechtsgängig 507
Redoxreaktionen 96
Reduktionsteilung *siehe* Meiose
Reflexbögen 1078–1081
Reflexhandlung 1080

Regel der unabhängigen Aufteilung (2. Mendel'sche Regel) 126–128
Regeln *siehe* Gesetze und Regeln
Regenbogenhaut 1102
Regeneration 381–382
    – Plattwürmer (Plathelminthes) 439–440
Regenerationsfähigkeit 692
    – Seesterne (Asteroida) 700
Regenwürmer (Lumbricidae) 550–555
    – Ausscheidungssystem 984
Regulation
    – Genexpression 146–147
    – hormonelle 1125
    – intrinsische 1229–1232
    – Nahrungsaufnahme 1057–1059
    – osmotische *siehe* Osmoregulation
    – Temperatur 995–1000
    – Verdauung 1059
    – Zellstoffwechsel 108–109
Regulatoren
    – hypo- bzw. hyperosmotische 783–784
    – hypoosmotische 979
Reich (Regnum) 302, 319–320
Reichweite, geographische 304
Reifung
    – Eizellen 238–239
    – Keimzellen 211–217
reinerbig 124
Reiz 1089, 1165
Reizbarkeit 1069
    – lebende Systeme 13
Reizleitung
    – Geschwindigkeit 554
    – saltatorische 1074
Rekapitulation 174–175
rekombinante DNA 148
Rekonstruktion
    – phylogenetische 172–174, 308–311
relative Fitness 192
Remipedia (Classis) 601, 610
Renin 990
Rennin 1051
Rentier *(Rangifer tarandus)* 914
    – Domestizierung 924
Replikation, DNA 81
Repolarisation 1074
Reptilia (Classis) 747, 827–856
    – Naturgeschichte 836–853
    – säugetierähnliche Reptilien 851
Resilin 636–637
Resistenz 1139
Respiration *siehe* Atmung
respiratorische Pigmente 1032
Ressourcen 184, 1226
Restriktionsendonucleasen 147
    – EcoRI 148
retardierte Implantation 917
Rete mirabile 781
Retention, metabolische 982
Reticulum, trabekuläres 384
Retina 821, 875, 1102
Retortamonada (Kladus) 348–349, 358–359
Revier 921–922, 1176–1177

rezente Amnioten, Kladogramm 831
rezente Chordatiere, Kladogramm 745
rezente Fische, Taxonomie 792
rezente kieferlose Fische 759–764
rezente Reptilienordnungen 836–853
Rezeptoren
    – membranständige 1112
    – Sinnes- *siehe* Sinnesorgane
    – Zellkern- 1113
Rezeptorpotenzial 1093
rezeptorvermittelte Endocytose 75–76
rezessive Erbfaktoren 123
reziproker Altruismus 1181
Rhabditen 435
Rhesusfaktor 1154
Rhipidistinier 776
rhizoephalische Parasiten 605
Rhodopsine 1103
Rhopalium 407
Rhynchocephalia (Ordnung) 851
Rhynchocoela *siehe* Nemertea
Rhythmus, circadianer 1121
RIA *siehe* Radioimmunassays
Ribonucleinsäuren (RNS) *siehe* RNA
Ribose 138
ribosomale RNA *siehe* rRNA
Ribosomen 63, 144–146
Ribozyme 45
Richtungssinn, angeborener 883
Riechen 1090
Riechepithel 1091
Riesenaxonen, Kalmare (Gattung *Loligo*) 528
Riesenfrosch *(Conraua goliath)* 812
Riesengleiter 932
Riesenhirsch *(Megaloceros)* 186
Riesenkalmare *(Architeuthis)* 525–526
Riesenröhrenwurm *(Riftia pachyptila)* 669
Riesenskorpione 571
riffbildende Korallen 418–419
Riftia pachyptila 669
Rinderbandwurm *(Taenia saginata)* 450–451
Ringe, Ranvier'sche 1074
Ringelwürmer 539–564
    – *siehe auch* Annelida
Rippenquallen 421–425
Ritualisierung 1174
RNA 39, 45
    – mRNA *siehe* mRNA
    – ribosomale *siehe* rRNA
    – *siehe auch* Nucleinsäuren
Rochen 747, 765–770, 792
Rodentia (Ordnung) 933–934
Röhren
    – Eustachi'sche 1097
    – Gasaustausch 1025–1026
    – Luft- 1029
    – Malpighi'sche *siehe* Malpighi'sche Röhren
    – Speise- 1050–1052
Röhrenanenomen 416
Röhrennasenvögel 890
Röhrenwürmer 548–549
Röhrenzähner 934
Röntgenbeugung 59

Rostrum 590
Rotationsfurchung 249
Rotifera (Phylum) 480–484
Roux/Weismann'sche Hypothese 254
rRNA 139
Rückenmark 762, 1079
Rückenschaler 610
Rückkopplung
— Fortpflanzungszyklus 225
— negative 977, 1114
Rückkopplungshemmung 109
Ruderfußkrebse 603–604, 610
Ruderfüßler 890
Ruhepotenzial, Neuronenmembran 1071
Rumpfmuskulatur, segmentierte 741
Rundtanz 1184
Rüsselspringer 932
Rüsseltiere 934

S

Saitenwürmer 476–478
Salamander 806–810, 822
Salientia (Ordnung) 810–823
Salinenkrebse 610
Salmo 788–789
Salpen, Kolonie 738–739
saltatorische Reizleitung 1074–1075
Salzdrüsen 874
Salzhaushalt 977–979, 981–983, 990
— Fische 784–785
Salzsäure (Magensäure) 1051
Samenkanal 215
Samenleiter 219
Samenzellen
— Kontakt zu Eizelle 239–240
— *siehe auch* Spermien
Saprophagen 1041
Sarcopterygii (Classis) 747, 776–778, 792
Sarkoplasma 293
sarkoplasmatisches Reticulum (SR) 966–967
Sättigungskurve, Hämoglobin 1033
Sauerstoff, atmosphärischer 1199
säugetierähnliche Reptilien 852
Säugetiere 747, 895–939
— adaptive Hypothermie 999–1000
— Atmungsapparat 1029–1035
— Eierlegende *siehe* Kloakentiere
— Frühentwicklung 264–266
— Harnkonzentrierung 992
— Herz 1016–1020
— Wärmehaushalt 996–1000
— Zähne 1044
— *siehe auch* Mammalia
Saugwürmer
— digenetische 441–443
— Haken- 448–449
Saumriffe 419
Säureamidbindungen *siehe* Peptidbindungen
Sauria (Unterordnung) 840–841, 851
Saurischia (Ordnung) 846, 851, 862

Sauropodomorpha (Unterordnung) 851
Sauropterygia (Überordnung) 851
Scandentia (Ordnung) 932
Scaphopoda (Classis) 507–508, 535
Schädel
— Amnioten 898–899
— Chordatiere 731
— Hominiden 930
— kinetischer 839
— Okzipitalkondyle 833
— Vögel (Aves) 867–868
— Wirbeltiere 741
Schädellose 739–741, 747
Schädeltiere *siehe* Wirbeltiere
Schadinsekten 648–650
Schale
— Kopffüßler (Cephalopoda) 526
— Weichtiere (Mollusca) 502–503
Schalenevolution, Schnecken (Gastropoda) 510
schalentragende Eier 828, 832
schalentragende Protozoen 329
Scheibenquallen 406–410
Scheide 221
Schiffsbohrwürmer 517
Schilddrüse 734
— Hormone 1123–1125
Schildfüßler 504, 535
Schildkröten 836–838, 851
— Gehirn 837
schilddrüsenstimulierendes Hormon (TSH) 1118, 1124
Schimpanse *(Pan troglodytes)* 927–928, 1186
Schirmquallen 406–410
Schistosoma 445–447
Schistosomendermatitis 447
Schizocoel 547
Schizocoelie 252, 285
Schlangen 842–849, 851
— Gift 848–849
Schlangensterne 702–704, 715
Schleichen 842
Schleimaale 747, 760–761, 792
Schleimdrüsen 761
Schleppnetzfischerei 1212
Schliefer 934
Schluckvorgang 1049
Schmecken 1090
Schmerzrezeptoren 1094
Schmetterlinge 654
Schnabel 863
Schnabelfliegen 653
Schnecken 508–517, 535
— *siehe auch* Gastropoda
Schnurwürmer 453–457
Schreitvögel 890
Schulp 527
Schuppen 834, 947
— Bein- 864
— Fisch- 772
— Wachstum 793
Schuppenechsen 851
Schuppenkriechtiere 839–849, 851
Schuppentiere 933
Schwalmartige 891

Schwämme *siehe auch* Porifera
Schwammknochen 952
Schwangerschaftshormone, menschliche 225–227
Schwann'sche Zellen 1071
Schwanz, postanaler 735
Schwänzeltanz 1183–1184
schwarze Raucher *siehe* hydrothermale Quellen
Schwarze Witwe *(Latrodectus)* 576
Schwarzschwanz-Klapperschlange *(Crotalus molossus)* 843
Schweinebandwurm *(Taenia solium)* 452
Schweißdrüsen 907
Schwestergruppen 318
Schwimmblase 780–781
Schwimmgeschwindigkeit, Fische 778
Schwingkölbchen 626
Schwitzen 983
Scorpiones (Ordnung) *siehe* Skorpione
Scyphozoa (Classis) 406–410, 420
Sebum 908
Secernentea (Classis) 474
sechsstrahlige Korallen 415–416
Second-messenger-Konzept 1112
Sedimente 1209–1210
Seeanemonen 412–415
Seegänseblümchen 712, 715
Seegurken 708–710, 715
Seehasen *(Aplysia)* 515, 792, 1168
Seeigel 704–708, 715
Seekühe 934
Seelilien 715
Seepocken (Familie) 596, 604–605
Seeskorpione 571
Seesterne 694–700, 715, 1026
Seetangwälder 1208
Seewespe *(Chironex fleckeri)* 411
Seglerartige 891
segmentierte Würmer *siehe* Ringelwürmer
Segmentierung (Darmbewegung) 1048
Segmentierung (Körperbau) 257–258, 286–288, 540
 – Coelom 559–560
 – Rumpfmuskulatur 741
Sehen
 – Bandbreite der Lichtintensitäten 1103
 – Chemie des Sehvorgangs 1103–1104
 – Froschlurche (Anura) 821
 – Insekten 636–636
 – Krustentiere (Crustacea) 596
 – Maxillopoden 603
 – Physiologie 1100
 – Riesenkalmare 526
 – Spinnen 575
 – Vögel (Aves) 875–876
Sehnen, Energiespeicherung 970
Sehnerv 1103
Sehschärfe 1103
Seihen 1042
Seisonidea (Classis) 484
Seitenliniensystem 768, 1094–1095
Seitenwinden 844
Sekretin 1059–1060
Sekretion, tubuläre 991–994
Sekretionsphase (Menstruation) 225
Sekretionsrate, Hormone 1113–1114

sekundäre Geschlechtsorgane 208
sekundäre Immunreaktion 1149
sekundäre Leibeshöhle *siehe* Coelom
Sekundärstruktur 38
Selbst-/Nicht-Selbst-Unterscheidung 1143–1144
Selektion
 – Art- 196
 – direktionale 194
 – natürliche *siehe* natürliche Selektion
 – sexuelle 1182
 – Sippen- 1178–1182
 – Sozialverhalten 1172
 – stabilisierende 194
Sensibilisierung 1169
Sensillen 559
sensorische Abteilung 1086
sensorische Gruben, cilienbesetzte 455
sensorische Haarzellen 1094, 1098
sensorische Neuronen 1079
Septum 528, 540–542
sequenzielle Hermaphroditen 209
Sequenzierung, molekulare 48
serielle Homologie 593
Serpentes (Unterordnung) 842–849, 851
Sertolizellen 214, 220, 224
Serum 1009
Sesselkonformation, Glukose 34
Seten 542
Sexual… *siehe* Geschlechts…; Paarungs…
Sexualdimorphismus 668
Sexuallockstoffe 1182
sexuelle Fortpflanzung *siehe* geschlechtliche
 Fortpflanzung
sexuelle Selektion 1182
Sichelzellenanämie 1032
Signalleitung, Nerven 1074–1075
Signalreiz 1165
Singvögel 890
sinistral 507
Sinnesrezeptoren, Klassifizierung 1089–1093
Sinneshaare 906
Sinnesorgane
 – Augen *siehe* Augen
 – Berührungswahrnehmung 1093–1094
 – Chemorezeption 1089
 – Eichelwürmer (Enteropneusta) 718
 – Elektrorezeption 768
 – Froschlurche (Anura) 819–821
 – Gehör 1095–1099
 – Geruch 1090
 – Geschmack 1090
 – Gleichgewichtssinn 1099
 – Grubenorgan 845
 – Insekten 635–636
 – Jacobson'sches Organ 843
 – Kopffüßler (Cephalopoda) 528
 – Krustentiere (Crustacea) 595–596
 – Lorenzini'sche Ampullen 768
 – Magnetfeldrezeptor 882
 – Mechanorezeption 1093–1100
 – Osphradium 513
 – Physiologie 1088
 – Plattwürmer (Plathelminthes) 438

– Radiata 393
– Rhopalium 407
– Rippenquallen (Ctenophora) 422
– Schmerzrezeptoren 1094
– Schnecken (Gastropoda) 513
– Seitenliniensystem 768, 1094–1095
– Sinneshaare 906
– spezialisierte 819–821
– Tastsinn 1093–1094
– UV-Sichtigkeit 876
– Vielborster (Polychaeta) 546–547
– Vögel (Aves) 874–876
Sinneszellen, Nesseltiere (Cnidaria) 402
sinnliche Wahrnehmung 1068
Sinnstrang 143
Sinusknoten 270, 1018
Sinus venosus 809
Siphon 736
Siphonaptera (Ordnung) 654
Sippenselektion 1178–1182
Sipuncula (Phylum) 665–666
Sirenia (Ordnung) 934
Skalierungsprinzip 944
Skelett
– Cyto- *siehe* Cytoskelett
– Endo- *siehe* Endoskelett
– Exo- *siehe* Exoskelett
– Froschlurche (Anura) 815–816
– hydrostatisches 560, 950–951
– Luftkammern 864
– Schildkröten 837
– starres 951–957
– Vögel (Aves) 867–869
Skelettmuskeln 960
Skelettsysteme 950–957
Sklerotin 945
Skorpione 577–578
Solenocyten 487
Solenogastres (Classis) 504–505, 535
somatische Embryogenese 381–382
somatisches Nervensystem 1086
Somatotropin 1119
Sommerschlaf 1000
Sonnenazimutausrichtung 882
Sonnenenergie 89
Sonnenkompass 882
Sonnenlicht 949–950
soziale Organisation 567
sozial koordiniertes Verhalten 1173
Sozialverhalten 645–647, 1171–1172
– Vögel (Aves) 883–887
Soziobiologie 1164
Spalt, synaptischer 966
spannungsgesteuerte Natriumkanäle 1073
Sparsamkeitsprinzip 316
Spatz *(Passer domesticus)* 888
Spechtartige 891
Speicherstoffe, Lipide 35–37
Speisebrei 1050–1052
Speiseröhre 1050–1052
Spemann'scher Organisator 236, 254
Spencer, Herbert 185
Sperlingsvögel 891

Spermatogenese 213–214
Spermatogonien 214
Spermatophore 807
Spermien *siehe* Samenzellen
Sperrriff 419
spezialisierte Organellen 345
spezialisierte Sinne 819–821
Spezialisierung
– Ernährung 909–913
– inter-/intrazelluläre 329
– Körpersegmente 567
Speziation 176–179, 1247
– *siehe auch* Artbildung
Spezifikation, cytoplasmatische 255
spezifische Sinnesenergien, Gesetz der 1089
spezifische Wärmekapazität, Wasser 42
Spezifität, Enzyme 93–94
Spezifizierung, Aminosäuren 142
sphärische Symmetrie, Tiere 281
Sphenisciformes (Ordnung) 889
Sphenodonta (Ordnung) 849–851
Sphygmomanometer 1021
Spikulae, kopulatorische 469–469
Spindelapparat 78–79
Spinnen (Araneae) 574–577
Spinnentiere 573–582
Spirakel 632, 1025
Spiralfalte 764
Spiralfurchung 252, 501
Spitzhörnchen 932
Spongin 376
Spongocoel 378
Sporen, Apicomplexa 356
Sporentierchen *siehe* Apicomplexa
Sporozyste 442
Sporozyten 448
Sprache, Honigbienen 1183
Sprachfähigkeit
– Graupapagei 1186
– Schimpansen 1186
Springschrecken 652
Springschwänze 651
Spritzwürmer 665–666
Spulwurm des Menschen, Großer 470–471
Squalen 780
Squamata (Ordnung) 839–849, 851
SR *siehe* sarkoplasmatisches Reticulum
SRY (sex-determining region on the Y chromosome) 212–213
St. Martin, Alexis 1052
Stäbchenzellen 1102–1104
stabile Strategien, evolutiv 1181
stabilisierende Selektion 194
Stabilisierung, innere *siehe* Homöostase
Stachelhäuter 691–716, 735
– *siehe auch* Echinodermata
Stamm (Phylum) 302, 321–323
Stammbaum 171, 308
– aus DNA-Sequenzierung 315–317
– Fische 758
– phylogenetischer 731
Stammesgeschichte 24, 299–326
Stammzellen 401

Stapes 1097
Stare, Sonnenkompass 882
Stärke, osmotische 981
Starling, Ernest H. 1110–1111
starre Skelette 951–957
Statolithen 1099
Staubläuse 652
Stearinsäure 105
Stechmücke *(Anopheles)* 650
Stechmücken 1046
Steigbügel 1097
Steinfliegen 652
Steißhühner 889
stenohalin 785, 978
stenophag 871
Stensiö, Erik 749
stereotypes Verhaltensmuster 1165
sterile Männchen, Insektenbekämpfung 655
Steroide 37, 1128
Steuerung
   – Herztätigkeit 1018–1019
   – hormonelle *siehe* hormonelle Regulation
   – Muskelkontraktion 965–966
   – nervöse 1067–1108
   – Säugeratmung 1029–1030
   – Verhalten 1166–1171
Stimmbänder, Froschlurche (Anura) 817
Stimulus 1089
Stoffaustausch, kapillarer 1022–1023
Stoffwechsel 45–46
   – (an)aerober 97
   – Calcium- 1125
   – lebende Systeme 12–13
Stoffwechselhormone 1123
Strahlenflosser 747, 771–776, 792
Stramenopili (Kladus) 344–345
Strategien
   – evolutiv stabile 1181
   – Fortpflanzung 217–218
Stratum corneum 949
Streifengans *(Anser indicus)* 874
Streifgebiet 921–922, 1177
Strepsiptera (Ordnung) 653
Strepsirhini (Unterordnung) 933
Strickleiternervensystem 433
Stridulation 644
Strigiformes (Ordnung) 891
Strobilation 396, 410
Stroma 279
Strudelwürmer 440–441, 444
Strudler 1042
strukturelle Chromosomenabberation 136
Strukturfarben 867, 948–949
Struthioniformes (Ordnung) 889
Stummelfüßler 677–679
Stützapparat, Entwicklung 269–270
Stylus, kristalliner 521–522
Subclassis *siehe* Unterklasse
Subneuraldrüse 737
Subphylum *siehe* Unterstamm
Substitution 152
Substrat, Enzym/Substrat-Komplex 93
Suktorien 351

superfizielle Furchung 253–254
Superphylum 582
Suprabranchialkammer 520
supraösophagische Ganglien 595
„survival of the fittest" 185
Süßgewässer 1205–1206
Süßwasser, Besiedelung 979
Süßwassermedusen 405–406
Süßwassermuscheln, Nordamerika 519
Süßwasseroligochäten 555–557
Süßwasserpolypen, Hydra 401–402
suszeptibel 1139
sykonoide Schwämme 378
symbiontische Ciliaten 351
Symmetrie 281
   – Bilateral- *siehe* Bilateralsymmetrie
   – Biradiär- 281, 424
   – pentagonale *siehe* Echinodermata
   – Radiär- *siehe* Radiärsymmetrie
   – sphärische 281
sympathisches Nervensystem 1086
sympatrische Speziation 178–179
Symphyla (Classis) 621–622, 650–651
Symplesiomorphie 309, 318–319
Synapsen 1075–1078
Synapsida (Subclassis) 829, 852, 898–901
synaptischer Spalt 966
synaptische Vesikel 1075
synaptonemaler Komplex 133
Synästhesie 1088
syncitiale Ciliaten 371
Syncytium 78
Synthese, präbiotische 40–41
synthetische Theorie 187
System, neuromuskuläres 400
Systematik
   – Hennig'sche 317
   – phylogenetische 317–319
   – *siehe auch* Taxonomie
Systole 1017, 1020

T

T_H1-Antwort 1150–1151
T_H2-Antwort 1147–1150
Taenia 450–451
Tagmata 567–568, 573, 577, 611
   – Insekten 619, 623
Taiga 1203
Talgdrüsen 908
Tantaluslarven 604
Tantulocarida (Subclassis) 604, 610
Tardigrada (Phylum) 679–681
Tarsenspinner 652
Tastsinn 1093
Taubenartige 891
Taubstummensprache, Schimpansen 1186
Taucherkrankheit 1032
Tausendfüßler 620–621, 650
Taxonomie
   – aktuelle Situation 319
   – Amnioten 851–852

– Amöben 362–363
– Amphibien 822
– Arten 303–3008
– Basenfolge 315
– Chordatiere 730–733, 747
– Fadenwürmer (Nematoden) 474
– Gliederfüßer (Arthropoda) 582
– Kopffüßler (Cephalopoda) 530–531
– Krustentiere (Crustacea) 600–611
– Lanzettfischchen *(Branchiostoma/Amphioxus)* 747
– natürliches System 300
– Nesseltiere (Cnidaria) 420
– phänetische 314
– PhyloCode 319
– Plattwürmer (Plathelminthes) 444
– Polarität 308
– Protozoen 329, 344–365
– Protozoenstämme 358–359
– Rädertierchen (Rotifera) 484
– Reptilien 832–833, 851–852
– rezente Fische 792
– Ringelwürmer (Annelida) 560
– Säugetiere (Mammalia) 932–936
– Schnecken (Gastropoda) 514–516
– Schnurwürmer (Nemertea) 457
– Schwämme (Porifera) 386
– Stachelhäuter (Echinodermata) 715
– Taxa (Übersicht) 302
– Theorien 312–319
– Tracheentiere (Tracheata, Uniramia) 650–654
– traditionelle evolutionäre 312–317
– Vögel (Aves) 889–891
– Weichtiere (Mollusca) 534–535
– *siehe auch* Systematik
taxonomische Merkmale 308–311
Tegument 435–437, 485, 559
Teilung
– cytoplasmatische 80
– Protozoen 342–343
Teilungsfurche 80
Telophase 80
Telson 590
Temperaturregulierung 995–1000
temporäre Landbrücken 1218
Tentaculata (Classis) 422–424
Tentakeln, Rippenquallen (Ctenophora) 422
tentakeltragende Rippenquallen 422–424
Terminologie *siehe* Nomenklatur
Termiten 652
terrestrisch 798
terrestrische Atmung 1024–1025
terrestrische Krustentiere 606
terrestrische Mandibulaten 617–660
terrestrische Tiere, Salz- und Wasserhaushalt 981–983
terrestrische Umwelten 1200
terrestrische Vertebraten *siehe* Tetrapoden
Territorium *siehe* Revier
Tertiärstruktur 38
Testes *siehe* Hoden
Testkreuzungen 125
Testosteron 212, 223, 1129
Testudines (Ordnung) 836–838, 851

Tetrapoden 747
– frühe *siehe* frühe Tetrapoden
– Kladogramm 803
– Radiation im Karbon 804–805
Tetrapodenextremität 800, 802, 815
– Vogelflügel 869
Thalamus 1084
Thecodontia (Ordnung) 851
thekodont 850
T-Helferzellen 1146
Therapsida (Ordnung) 852, 900–902
Theria (Subclassis) 932
Thermalkondensationen 44
Thermodynamik
– Hauptsätze der 14, 1241
Thermogenese, zitterfreie 999
Theropoda (Unterordnung) 846, 852
– Dromeosaurier 860, 877
– Federn 859
Thetysmeer 1217–1218
Thorax 623–624
Thrombin 1011–1012
Thyasnoptera (Ordnung) 652
Thymin 138
Thyroxin 1123
Tiedemann'sche Körper 697
Tiefsee 479, 526, 669
– Sedimente 1210
Tierarten, Anzahl 300
Tiere
– Bauplan 278–297
– Bewusstsein 1186
– bilateralsymmetrische 260
– diblastische 286
– Kommunikation 1182
– Körper 279–285
– modulare 1227
– triblastische 286, 433
– unitäre 1227
– Verbreitung auf der Erde 1212
Tierfüßler 852
tierisches Eiweiß 1062
Tierökologie 1223–1251
Tierrechte 18
Tierreich, Hauptabteilungen 321–323
Tiertaxa, Baupläne 286–288
Tierversuche 18
tight junction 68
Tinamiformes (Ordnung) 889
Tinbergen, Nikolaas 1162
Tintendrüse 530
Tintenfische 530–531
Titer 1149
T-Lymphocyten (T-Zellen) 1142, 1146
TMAO *siehe* Trimethylaminoxid
TNF *siehe* Tumornekrosefaktor
Toll-Proteine 1143
Tonhöhenunterscheidung, Ortshypothese der 1098
Torpor 999
Torsion, Schnecken (Gastropoda) 507–510
Toxoplasma gondii 356
Toxoplasmose 356
trabekuläres Reticulum 384

Trachea 1029
Tracheata (Subphylum) 617–660
Tracheen 567, 632–634
Tracheensysteme, Gasaustausch 1025–1026
Tracheolen 1025
traditionelle evolutionäre Taxonomie 312–317
Traditionsbildung 1173
Tragfähigkeitsgrenze 1230
Transaminierung 107
Transcytose 77
Transfer-RNA *siehe* tRNA
transformatorische Evolutionstheorie 162
Transkription 142–144
— Kontrolle 146–147
Translation 144–146
— Kontrolle 147
Transmembranproteine 1112
Transmitter *siehe* Neurotransmitter
Transpiration 983
Transport
— aktiver 74, 979, 1056
— Atemgase 1032–1035
— Elektronen 96–97
— Plasmamembran 70–76
Transporterproteine 73–75
Treibhauseffekt 101, 1199–1200
Trematoda (Classis) 441–448
triblastische Tiere 286, 433
Trichinella spiralis 472
Trichomonas 361
Trichoptera (Ordnung) 654
Trick-Kollagen 696
Tridacna gigas 497, 522
Triglyceride *siehe* Neutralfette
Trijodthyronin 1123
Trilobita (Subphylum) 168, 570–571, 582
trimeres Coelom 683
Trimethylaminoxid (TMAO) 981
Trisomie 135
tRNA 139
Trochophoralarven 498, 503–504, 531, 683
Trockennasenaffen 933
Trogone 891
Trogoniformes (Ordnung) 891
Trommelfell 875
— Froschlurche (Anura) 820
Tropenwälder 1203–1204
Trophieebenen 1239, 1241–1243
Trophoblast 249
Tropomyosin 964
Troponin 964, 967
Trypanosoma 348
Trypsin 1053
TSH *siehe* schilddrüsenstimulierndes Hormon
T-Suppressorzellen 1146
tubuläre Reabsorption 989–991
tubulärer Nervenstrang, dorsaler 733
tubuläre Sekretion 991–994
Tubulidentata (Ordnung) 934
Tubulin 67, 959
Tumornekrosefaktor (TNF) 1140, 1148
Tumorsuppressorgene 153–154
Tundra 1205–1205

Tunikaten 736–739, 747
Turakos 891
Turbellaria (Classis) 440–441, 444, 459
Turgor 468
Typenexemplar 305
Typhlosol 1053
typologisches Artkonzept 305–306
Tyrannosaurus 846, 957
T-Zellen *siehe* T-Lymphocyten
T-Zellrezeptoren 1146

U

Überlebenskurven, theoretische 1228
Überstamm 582
Übertragung chemischer Energie, ATP 95–96
Uexküll, J. J. von 1068
Ulkus 1152
Ultrazentrifugation 59
Umbo 517
Umlagerung, Gene 147
Umwelt
— ozeanische 1206–1212
— präbiotische 33, 1198
— terrestrische 1200
— Tragfähigkeitsgrenze 1230
— und ökologische Nische 1226–1227
Umweltschäden 897
— bleihaltige Munition 888
— DDT 1244
— Desertifikation 1205
— Korallenriffe 421, 699
— Laichgewässer der Lachse 788
— Massenvermehrung von Rippenquallen 425
— Schleppnetzfischerei 1212
— Überdüngung 1206
— Zerstörung der Tropenwälder 1203
unabhängige Aufteilung, Regel der (2. Mendel'sche Regel) 126–128
Unabhängigkeit, zelluläre 381–382
undeterminierte Gonaden 213
Undulation 350, 779, 844
uneigennütziges Verhalten 1179
ungesättigte Fettsäuren 36
— mehrfach 1061
ungeschlechtliche Fortpflanzung 205–207, 210–211
Uniformitätsregel (1. Mendel'sche Regel) 123–126
unipar 228
Uniramia (Subphylum) 582, 617–660
unitäre Tiere 1227
unmittelbare Ursachen 21
Unpaarhufer 934–935
Unterart 302–303
Unterernährung 1063
Unterfamilie 302
Unterklasse (Subclassis) 302
Unterordnung 302
Unterstamm (Subphylum) 302
unvollständige Dominanz 125
unvollständige Metamorphose 639–640
Uracil 138
Uratmosphäre 39

Urdarm   245, 268, 283
Urerde   33, 1198
Ureter   987
Urey, Harold   40
Urin   988–989
Urkiefervögel   889
Urmollusk
– hypothetischer   499, 532
Urmund   siehe Blastoporus
Urmünder   siehe Protostomier
Urochordata (Subphylum)   736–739, 747
Urodela (Ordnung)   806–810, 822
urogenitales System   219
Urostyl   815
Ursprung des Lebens   31–53
ursprüngliche Merkmalszustände   308
Ursuppe   43
Urvögel   889
Uterinrohr   221
Uterus   221
Uterusglocke   486
UV-Sichtigkeit   876
UV-Strahlung, Hautschäden   949–950

V

Vagina   221
Vakuolen   65, 983–984
– kontraktile   340–341
Variation
– genetische   siehe genetische Vielfalt
– lebende Systeme   10
– phänotypische   151–153
– quantitative   194
variatorische Evolutionstheorie   162
Vasopressin   991, 994, 1112, 1119–1120, 1122
Vektoren   148
Veligerlarve   504, 523
Vemehrungszyklus, Rinderbandwurm   451
Venen   1023
Ventilation
– Kiemen   1026
– Lungen   1029
ventrale Aorta   740
Ventralganglion   682
Verbreitung
– durch Dispersion   1214
– durch Vikarianz   1214
– fragmentierte   1213–1214
– Froschlurche (Anura)   812–185
Verbundauge   siehe Facettenauge
Verdampfungswärme, Wasser   42
Verdauung   1039–1067
– extrazelluläre   438
– Froschlurche (Anura)   819
– intrazelluläre   1047
– Nesseltiere (Cnidaria)   399, 402–406
– Vögel (Aves)   871–872
Verdauungsenzyme   1047–1048
Verdauungskanal   268
– Einweg-   433
– Entwicklung   268–269

Verdauungssystem
– Säugetiere (Mammalia)   911
– vollständiges   455
Verdauungstrakt
– Aufbau   1048–1057
– Bewegungen   1048
– Nahrungsaufnahmebereich   1048
Verdrängung, Merkmale   1234–1236
Vererbung   118–122
– Augenfarbe   130
– geschlechtsgebundene   131–132
– intermediäre   125–126
– lebende Systeme   10
– Mendel'sche Regeln   siehe Mendel'sche Regeln
– molekulare Grundlagen   137–142
– partikulare   26
– polygene   129
– siehe auch Genetik
Vererbungstheorien   22–30
– Beiträge der Zellbiologie   28–29
– Chromosomentheorie   27
– Mendel'sche   27
vergleichende Psychologie   1163
Verhalten   1164–1166
– Dominanz   1174
– Fress-   siehe Fressverhalten
– Imponier-   1182, 1185
– Insekten   643–647
– Konkurrenz-   siehe Konkurrenzverhalten
– kooperatives   1173, 1178–1182
– Paarungs-   1178–1182
– Reflexhandlung   1081
– Regenwürmer   554–555
– Revier-   1176–1177
– Sozial-   siehe Sozialverhalten
– sozial koordiniertes   1173
– Temperaturregulierung   995–995
– Wanderung   787–789
Verhaltensforschung   siehe Ethologie
Verhaltensökologie   1164
Verhaltenssteuerung   1166–1171
Verhaltensvielfalt   1168–1171
verhornte Zellen   947
Verhütungsmittel   225
Vermehrung...   siehe auch Fortpflanzung
Vermehrung der Artenzahl   175–180
Vermehrungszyklen, Krustentiere (Crustacea)   596–600
Vermehrungszyklus, Saugwürmer   443–444
Vermeidungsreaktion, Ciliaten   353
Vermiformi   373
verschachtelte Hierarchie   173
Versteinerung   siehe Fossilien
Vertebrata (Subphylum)   741–751
– siehe auch Wirbeltiere
Verteidigung, Insekten   642–643
Verteilung, Insekten   622
Verwandtschaftsbeziehungen
– Fische   757–759
– parasitische Plathelminthes   459
– Pseudocoelomaten   490
– Vögel (Aves)   859–865
– siehe auch Kladogramm

verwirrtes Verhalten 1168
verzögerte Einnistung 917
verzweigte Extremitäten 591
Vesikel, synaptische 1075
Vestibularapparat 1099
Vibrissen 906
Vielborster 543–550, 560
Vielfalt
    – biologische 1245
    – genetische *siehe* genetische Vielfalt
    – Knochenfische 771
    – Verhalten 1168–1171
    – *siehe auch* Diversität
Vielfüßler 582
vielkernige Zellen 78
Vielzeller *siehe auch* Metazoen
Vielzelligkeit 370
vikariante Speziation 176–177
Vikarianz 176, 1214
Villi 1053
Viridiplantae (Kladus) 345–346
Viskosität, Wasser 43
Vitamine 1060–1061
Viviparie 218, 839
VNO *siehe* Vomeronasalorgan
Vögel 747, 857–894
    – adaptive Hypothermie 999–1000
    – flugunfähige 864
    – Navigation 881–883
    – Populationen 887–892
    – *siehe auch* Aves
Vogelbeckensaurier 846
Vogelflug 876–880
Vogelflügel
    – Auftriebskörper 877–878
    – Grundformen 878–880
Vogelzug 858, 880–883
    – Auslöser 881
    – Zugrouten 880–881
vollständige Metamorphose 638–639
vollständiges Verdauungssystem, Schnurwürmer (Nemertea) 455
vollständig knorpeliges Endoskelett 766
Volvox 345–346
Vomeronasalorgan (VNO) 1092
von Frisch, Karl 1162, 1183
von Uexküll, J. J. 1068
Vorderhirn 1084
Vorderhypophyse 1118–1121
Vorderkiemer 514
Vorkerne, Fusion 241–242
Vorsteherdrüse 221
Vortrieb, Vogelflug 877
Vulva 222

W

Wachstum
    – exponentielles und logistisches 1232
    – extrinsische Grenzen 1232–1233
    – Fische 789–791
    – Fischschuppen 793
    – neoplastisches 153
    – Nerven 267–268
    – Populationen 1229–1232
Wachstumshormone 1119, 1132
Wahrnehmung, sinnliche 1068
Wahrscheinlichkeit 127
Wälder, als Biome 1202
Wale 903, 915, 936
Walfang 897
Wallace, Alfred 161, 165, 1218
Wallace-Linie 1218
Wanderröte 581
Wanderung 191
    – Fische 787–789
    – Keimzellen 212
    – Nördlicher Seebär *(Callorhinus ursinus)* 915
    – Säugetiere (Mammalia) 914–915
    – Vogelzug *siehe* Vogelzug
    – Wale 915
warmblütig 995
Wärmehaushalt, Säugetiere (Mammalia) 996–1000
Wärmekapazität, spezifische 42
Wärmerezeptoren 1089
Wasser 42
    – Bedeutung für das Leben 42
    – Lokomotion 778–780
    – osmotische Regulation 977–983
Wasserabsorption 1057
Wasserausscheidung, Nieren 994–995
Wasserdefizit 983
Wasserhaushalt
    – Insekten 634
    – Kängururatte 982–983
    – marine Wirbellose 977–979
    – Mensch 982–983
    – terrestrische Tiere 981–983
Wasserstoffbrückenbindungen 38, 42
Watson, James 116
Wattwurm *(Arenicola)* 545
Watvögel 890
W-Chromosom 122
Weber'scher Apparat 781–782
Weberknechte 578–579
wechselseitiger Altruismus 1181
Wegener, Alfred 1217
Wehen 226
weibliches Fortpflanzungssystem 221–222
Weichsedimente, küstennahe 1209–1210
Weichtiere 495–538
    – *siehe auch* Mollusca
Weinberg *siehe* Hardy/Weinberg-Gesetz
Weismann *siehe* Roux/Weismann'sche Hypothese
weißes Fettgewebe 1058
Weitergabe, genetische Information 137–151
Weltbevölkerung, exponentielles Wachstum 1231
Wenigborster 550–557, 560
Werbungsritual, Spinnen 575–576
Wespen 654
Westnilfieber 650
Wiederkäuer 910
Wilkins, Maurice 139
willkürliche Muskulatur 961
Wimpernträger (Phylum) 349–354

Winterschlaf 999, 1202
– Froschlurche (Anura) 814
Wirbellose
– Atmungspigmente 1033
– Ausscheidungsorgane 983–986
– Fortpflanzungssysteme 219
– Hormone 1114–1116
– Immunabwehr 1155
– Integument 945–946
– Leukocyten 1156
– marine 977–979
– Muskeltypen 962–963
– myelinisierte Axone 1074
– räuberische 1225
– zentralisierte Nervensysteme 1078–1079
Wirbelsäule 762
Wirbeltiere 262–266, 741–751
– Cephalisation 1079–1088
– Dünndarm 1053–1056
– endokrine Drüsen 1116
– erworbene Immunantwort 1143–1153
– Fortpflanzungssysteme 219
– Hormone 1116
– Integument 946–950
– Kreislaufsystem 1015–1020
– Muskeltypen 960–962
– Nervensysteme 1079–1088
– Nieren 986–995
– Parthenogenese 210–211
– primitive 746–748
– Skelettbauplan 953–956
– terrestrische *siehe* Tetrapoden
– *siehe auch* Vertebrata
Wirkungsmakroevolution 196
Wirt 1139
wissenschaftliche Methode 17–20
wissenschaftliches Denken 16
Woese, Carl 48
Wuchereria bancrofti 474–476
Wundernetz 781
Würfelquallen 410–411, 420
Wurmbefall, Katzen und Hunde 472
Wüsten 1205
Wüstentiere 997, 1205
– Wasserhaushalt 982–983

X

X-Chromosom 122
Xenathra (Ordnung) 933
Xenopus laevis 814
Xenotransplantation 1155
Xiphosurida (Subclassis) 572

Y

Y-Chromosom 122
Young, Thomas 1104

Z

zahnbesetzte Kiefer 762
Zähne, Säugetiere (Mammalia) 1044
Zahnlose 933
Zäpfchenzellen 1102–1104
Z-Chromosom 122
Zebramuschel *(Dreissena polymorpha)* 523
Zecken 579–581
Zehen 833
Zehnfußkrebse 608–611
Zeit, geologische 169
Zell-/Gewebe-Organisationsstufe 280
Zellatmung 96–98, 1024
Zellbiologie 27–28
Zellen 55–85
– Abwehr- 1141–1142
– antigenpräsentierende 1147
– Archäocyten 381
– Astrocyten 1071
– Choanocyten 380
– Chondrocyten 950–951
– Cnidocyten 398
– Eizellreifung 238–239
– Erythrocyten 873, 899, 1009–1010
– eukaryontische *siehe* eukaryontische Zellen
– Flammen- *siehe* Flammenzellen
– Gedächtnis- 1149
– Gedächtnis-T- 1146
– Glia- 293
– Granulocyten 1141
– Immunsystem 1141
– Insel- 1129
– interstitielle 401–402
– Keim- *siehe* Keimzellen
– Killer- *siehe* Killerzellen
– Kommunikation 1138
– Leukocyten 1009–1011
– Leydig- 219, 223
– Lymphocyten 1011, 1142
– Metazoen 279
– Mikroglia- 1071
– Monocyten 1141
– Muskelfaser- *siehe* Muskelfasern
– Nessel- 398
– Neuroglia- *siehe* Gliazellen
– Neuronen *siehe* Neuronen
– neurosekretorische 599, 1114
– Oligodendrocyten 1071
– Osteoblasten/Osteoklasten 1126
– Osteocyten 952
– Phagocyten 1141
– Pinakocyten 381
– Plasma- 1144
– prokaryontische *siehe* prokaryontische Zellen
– Samen- *siehe* Samenzellen
– Schwämme (Porifera) 380–381
– Schwann'sche 1070
– sensorische Haar- 1094, 1098
– Sertoli- *siehe* Sertolizellen
– Sinnes- *siehe* Sinneszellen
– Solenocyten 487
– Stäbchen 1102

- Stamm- 401
- Stoffwechsel *siehe* Zellstoffwechsel
- T-Helfer- 1146
- T-Suppressor- 1146
- Untersuchungsmethoden 58–60
- verhornte 947
- vielkernige 78
- Zäpfchen 1102
- Ziel- 1111

Zellflux 82–83
Zellgeißeln *siehe* Flagellen
Zellkern 61, 338
Zellkernäquivalenz 254–255
zellkernlose Erythrocyten 899
Zellkernrezeptoren 1113
Zellkultur 268
Zellmembranen 70–76
Zellstoffwechsel 87–111
- ATP 95–96
- Enzyme 91–95
- Hauptsätze der Thermodynamik 89–90
- Redoxreaktionen 98
- Regulation 108–109

Zellteilung 77–83
Zelltheorie, Grundlagen 57
zelluläre Abwehr 1141–1142
zelluläre Blutbestandteile 1009–1010
zelluläre Komponenten, Metazoenkörper 289–291
zelluläre Organisation 372
zelluläre Organisationsstufe 280
zelluläre Unabhängigkeit, Schwämme (Porifera) 381–382
Zellulose *siehe* Cellulose
zellvermittelte Immunreaktion 1150–1151
Zellwimpern *siehe* Cilien
Zellzyklus 81–82
Zentipeden *siehe* Hundertfüßler
zentralisierte Nervensysteme 1078–1079
Zentromer 78
Zentrosom 67
Zephalisation *siehe* Cephalisation
Zerebralganglien, Regenwürmer 553
Zersetzer 1240
Zielzellen 1111
Ziliarkörper 1102
Zirbeldrüse 1121

Zitronensäurezyklus 100–101
Zittern 999
Zone, adaptive 313
Zoogeographie 1212
Zooide 345, 672–674
Zoologie 15–42
- als Teil der Biologie 15
- als wissenschaftliche Disziplin 1

Zooxanthellen 355, 410, 414, 418
Zoraptera (Ordnung) 652
Zottenhaut 263–264
Zuckerrest 137
Zugvögel *siehe* Vogelzug
Zungenwürmer 676–682
Zweichromatidchromosom 121
Zweifaktorkreuzung 127
Zweiflügler 654
Zweihäusigkeit 208
Zweiteilung 206
Zwerchfell 1029
Zwergfüßler 650–651
Zwillingsarten 178
Zwischenmembranraum 101
Zwischenwirt 441–442, 445
Zwittrigkeit 208–209
Zwölffingerdarm 1051
Zygote 208, 225, 241–242
Zyklin, Proteine 81–82
zyklinabhängige Kinasen 81–82
Zykloidschuppen 773, 775
Zyklus
- Ecdyse- 598
- Fortpflanzungs- *siehe* Fortpflanzungszyklen
- Generationszyklen 396
- Menstruations- *siehe* Menstruation
- östraler 222, 917
- Populations- 887
- Querverbrückungs- 967
- Räuber-Beute- 1237
- Vermehrungs- *siehe* Vermehrungszyklus
- Zell- *siehe* Zellzyklus
- Zitronensäure- *siehe* Zitronensäurezyklus

Zysten 343–344
Zystid 672
Zystostom 352
Zytoskelett *siehe* Cytoskelett